国家出版基金项目
NATIONAL PUBLICATION FOUNDATION

实用英汉技术词典

A PRACTICAL ENGLISH-CHINESE
TECHNICAL DICTIONARY

Editor-in-Chief　　Qin Dihui

主　编　　秦荻辉

西安电子科技大学出版社

图书在版编目(CIP)数据

实用英汉技术词典/秦荻辉主编.
—西安：西安电子科技大学出版社，2013.7
ISBN 978-7-5606-2971-1

Ⅰ. ① 实…　Ⅱ. ① 秦…　Ⅲ. ① 科学技术—词典—英、汉　Ⅳ. ① N61

中国版本图书馆 CIP 数据核字(2013)第 042996 号

责任编辑　阎彬　许青青　张晓燕
出版发行　西安电子科技大学出版社(西安市太白南路 2 号)
电　　话　(029)88242885　88201467　　邮　　编　710071
网　　址　www.xduph.com　　　　　电子邮箱　xdupfxb001@163.com
经　　销　新华书店
印刷单位　陕西天意印务有限责任公司
版　　次　2013 年 7 月第 1 版　　2013 年 7 月第 1 次印刷
开　　本　850 毫米×1168 毫米　1/32　印　张　43.875
字　　数　3517 千字
印　　数　1～4000 册
定　　价　76.00 元(精装)

ISBN 978-7-5606-2971-1/N

XDUP 3263001-1

如有印装问题可调换

实用英汉技术词典

主编：秦荻辉

编撰人员：

周正履	仝文宁	封文和	孙玲玲	任利华	弥晓华
徐艳萍	张鹏华	乔卉娴	聂 琳	袁 苑	孟广兰
彭 瑾	赵姝玥	杨 阳	吴 敏	薛铜军	党美丽
高 磊	洪 卫	郭丽丽	曹 静	马 琪	张晓芳
王燕萍	曹志宏	李长安			

责任编辑：

阎 彬　许青青　张晓燕

目　　录

前　　言

随着我国改革开放的不断深入，国际交流日益增多，尤其在进入 21 世纪后，本科生、研究生和科学技术人员使用国外原版优秀教材或科技图书的情况越发普遍，用英语撰写科技论文(甚至科学论著)的需求也不断增长。但是我们感觉现在能够满足这种需求的合适词典尚不多见，一些词的使用句型及搭配模式很难查到。正是出于这种考虑，我们于本世纪初就开始尝试编写本词典，经过十多年的艰苦努力，现在终于编写完成。本词典一共收录了 71 000 多个词条，总字数约为 350 万。

本词典所含内容是主编 50 多年来的教学体会和对科技书刊的研究成果的总结、提炼与升华。本词典是"人文"与"科技"相结合、"科技阅读"与"科技翻译和写作"相结合的一部新型词典，它所收录的词目既包含普通单词，又包含大量科技用词，既涉及有关单词的使用句型、词的固定搭配和语法内容，又涉及它们在科技文章中的用法。从这个意义上来讲，本词典应该是一本非常实用的工具书，它填补了国内英汉技术类词典在这些方面的空白。

本词典的突出特点是对 1900 个常用词的用法作了详细的说明，具体包括这些词的固定搭配模式、在一些特殊句型中的用法及其翻译等，并特别提醒读者对该词须注意的重点、难点及易忽视的地方，同时还提供了翔实的例句(绝大多数例句摘自英美原版科技书刊，比较有典型性和权威性)，这些例句使读者不仅在阅读科技文章时能够正确理解英语句子的原意，还会对他们撰写科技论文大有帮助。本词典也非常适合作为大学英语教师的教学参考工具书。

本词典的词目、注音、释义和固定词组等内容主要参考了由清华大学外语系编写组所编写的、国防工业出版社出版的《英汉科学技术词典》，由上海译文出版社出版的《世纪版新英汉词典》，以及由吴光华主编、上海交通大学出版社出版的《英汉科技大词典》。在此我们对上述词典的编者和出版社表示衷心的感谢。

科技英语阅读、翻译和写作均离不开科技英语语法知识，所以我们在本词典末尾增添了一个附录——科技英语语法核心内容。本词典中所涉及的、其它语法书中未曾提到的一些特殊语法内容，都可以参阅该附录。这样做就可以将词的用法与语法内容紧密结合，使得读者对词典中所述内容更易理解，这也是本词典的一个特色。附录中的例句绝大多数摘自英美科技书刊，典型而地道，权威性高，许多句型都可以直接套用在科技文写作中。

编者
2012 年夏于
西安电子科技大学"科技英语研究中心"

使 用 说 明

1. 词目排序。词目均根据字母顺序排列，除了外来词印成黑斜体外，其余均印成黑正体。

词目的变体形式中间用逗号分隔，常用形式或英国拼写形式在前。如：

mamelon ['mæmɪlən],**mameron** ['mæmɪrən] *n.* (小)圆丘

2. 单词的注释顺序是：单词→音标→词类(→科目略语)→词义→词组→用法。

3. 音标的标注。单词后空一格标注音标；音标放在方括号内，以英式发音为准。如：

laboratory [lə'bɒrətərɪ]

词目及变体形式并列在同一词条中时，若读音相同，只注一个读音，若读音不同，则分别注出读音。如：

Apprise,**apprize** [ə'praɪz] *vt.* 报告,通知

arcuate ['ɑːkjʊɪt],**arcuated** ['ɑːkjʊɪtɪd] *a.* 弓形的

每个词目一般标注一种读音，较常用的异读音有时也给出，两种读音间用逗号隔开。如：

bouquet ['buːkeɪ, bʊ'keɪ] *n.* ①香味,芳香 ②花束

4. 重音的标注。对双音节及以上的单词，标出其重音的位置，其重音符号处于重音音标的左上方，如：

beside [bɪ'saɪd]

若有次重音，则标在其左下方，如：

application [ˌæplɪ'keɪʃən]

5. 词类的标注。用斜体加黑点表示词类，一般处于音标后空一格处。如果有多个词类，则采用如下写法：

vacuolate ['vækjʊəleɪt] ❶ *vi.* … ❷ *a.* …

6. 科目略语的标注。在词类后用【 】标示科目，如：

swellmeter ['swelmɪtə] *n.*【生】膨胀计

7. 词义的注释。在词义末尾不加任何标点符号。若有多个词义，用①②③…标出，如：

roughly ['rʌflɪ] *ad.* ①粗(糙,暴)地,草率地 ②大致上 ③大致说来

8. 固定词组。所有固定词组均印成黑斜体，并以"☆"作开头标记，如：

☆ ***find application(s)*** 获得应用

若词组中有替换词，把替换词放在六角括号"〖〗"内，括号为黑斜体。如：

approach A on〖to do〗 向 A 接洽〔交涉〕

9. 词的用法注释。对 1900 个词的用法注释放在有关词条的最后，另起一行用〖用法〗引出。除极个别情况外，一般都配有例句。在例句中关键词用下划线标出。如：

about [ə'baʊt] *ad.*; *prep.* ①(在…)周围,围〔环〕绕,到处,在全…范围内 ②大约 ③关于,对于 ④从事 ☆ ***all about*** (在全…)各处,到处;全是关于; ***be about*** 活动,动手做,散布,流行; ***be about to (do)*** 即将〔将要,正准备〕(做),(不久)就要(做); ***bring about*** 引起,使发生; ***come about*** 发生; ***go a long way about*** 绕很多路; ***go about*** 走来走去,东奔西走;开始(工作),将要;传开,流行; ***how〖what〗about A*** A 怎么样〔如何〕

〖用法〗❶ be about to (do) 表示"正要,将要,不久就要"，比 be going to (do) 表示更近的将来，并且不再加表示时间的词。如: In this case control <u>is about to</u> be returned to user mode. 在这种情况下,控制被返回到用户模式。❷ about 作副词表示"大约"时可以与"approximately"换用,不过后者更正式一些。注意: The experiment started (at) <u>about</u> 12 (o'clock). 实验大约在 12 点开始。(有 at 时,about 为副词;没有 at 时,about 就成为介词了。) ❸ about 作介词时一般表示"关于"(=on)、"在…周围,环绕"(=around)、"相对于"(=with respect to)。如: This is a book <u>about</u> computers. 这是一本有关计算机的书。/This rigid body rotates <u>about</u> the x-axis. 这个刚体绕 x 轴转动。/In this case the sum of all the clockwise torques equals the sum of all the counterclockwise torques <u>about</u> any pivot point. 在这种情况下,所有顺时针力矩之和等于(相对于)任何支点的逆时针力矩之和。/The small-signal equivalent circuit is restricted to small variations <u>about</u> the operating point. 小信号等效电路被限于相对于工作点很小的变化(场合)。

10. 动词的不规则变化。动词的不规则变化形式放在词目音标后的圆括号内，如：

drive [draɪv] (drove, driven)

如果动词过去式与过去分词相同，只列出一个形式，如：

find [faɪnd] (found)

如果动词的动名词和现在分词形式特殊，则将其列在过去分词后面，并用分号隔开，如：

let [let] (let; letting)

lie [laɪ] (lay, lain; lying)

11. 形容词和副词的比较级和最高级的不规则变化。形容词和副词的比较级和最高级的不规则变化形式放在音标后的圆括号内，如：

bad [bæd] (worse, worst)

little [ˈlɪtl] (比较级 less 或 lesser,最高级 least)

12. 语法术语等的缩写词。语法术语等的缩写词使用斜体字母加黑点表示。如：

a. = adjective   形容词

ad. = adverb   副词

conj. = conjunction   连接词

int. = interjection   感叹词

n. = noun   名词

prep. = preposition   介词

pron. = pronoun   代词

rel.pron   关系代词

v. = verb   动词

v. aux. = auxiliary verb 助动词

vi. = intransitive verb   不及物动词

vt. = transitive verb   及物动词

pl. = plural   复数

sing=singular 单数

"+inf." 或 "to do" 表示动词不定式

13. 本书中中文标点符号的使用说明。

1) 逗句与分号。在本词典中，逗号置于释文中同义词之间，分号置于释文中同义词群之间，如：

arcing [ˈɑːsiŋ] *n.* 起弧,形成电弧,构成逆弧;严重打火;击穿

逗号还用于词目的变体形式之间，以及词目的常读音和异读音之间。

2) 括号。主要包括：

[　]：只用于音标。

(　)：用于说明性文字，或可增减的部分。

〔　〕：用于替换词。

14. 同形异义词的表示。拼法相同而词源、词义不同的词，分别立为词条，在词目的右上角标注 1、2 等，如：

cleave[1] [kli:v] (clove,cloven 或 cleft) *v.* 劈〔解〕开,分解

cleave[2] [kli:v] (cleaved 或 clave) *vi.* 黏着,固守(to)

15. 派生词的表示。词目的派生词用黑体表示,派生词中与词目相同的部分用 "~" 代替,并以 "‖" 作开头标记,如:

abstruse [æb'stru:s] *a.* 深奥的 ‖ **~ly** *ad.* **~ness** *n.*

科 目 略 语 表

【测绘】	测绘科学技术	【摄】	摄影
【地理】	地理学	【生】	生物学
【地质】	地质学	【生化】	生物化学
【电气】	电气工程	【生理】	生理学
【电子】	电子技术	【史】	历史(学)
【动】	动物学	【数】	数学
【法】	法律、法学	【体】	体育
【纺】	纺织科学技术	【天】	天文学
【海洋】	海洋科学	【通信】	通信技术
【航】	航空、航天科学技术	【统】	统计学
【航海】	航海学	【无】	无线电技术
【核】	核科学技术	【物】	物理学
【化】	化学	【戏】	戏剧、戏曲
【机】	机械工程	【心】	心理学
【计】	计算机科学技术	【药】	药学
【建】	建筑学	【冶】	冶金工程技术
【经】	经济学	【医】	医学
【军】	军事学	【音】	音乐
【矿】	矿物学、采矿	【印】	印刷技术
【逻】	逻辑学	【语】	语言学
【农】	农业、农学	【哲】	哲学
【气】	气象学	【植】	植物学
【商】	商业、商学	【宗】	宗教(学)

本词典采用的国际音标（宽式音标）

元　音

单元音：(12 个)

i:　ɪ　　ɜ:　ə

ɔ:　ɒ　　ʌ　ɑ:

u:　ʊ　　e　æ

双元音：(8 个)

eɪ　aɪ　ɔɪ

ʊə　eə　əʊ　aʊ

辅　音

清辅音：(11 个)

p　t　k　f

θ　s　ʃ　tʃ

tr　ts　h

浊辅音：(17 个)

b　d　g　v

ð　z　ʒ　dʒ

dr　dz　r　m

n　ŋ　l　w　j

A a

a [eɪ,ə] (不定冠词) ①一 (个,种),每 (一) ②(a 和 an 的区别) 在辅音音素开头的单词前用 a, 在元音音素开头的单词前用 an

【用法】 ❶ 不定冠词在科技文中的最基本用法: ①在未特指的可数名词单数前一定要有不定冠词,其基本含义为"一"(也可表示一类)。如: This is a computer. 这是一台计算机。/A rocket is made of metal. 火箭是由金属制成的。②冠词一般应该放在名词及其修饰语的前面。这是一台非常灵敏的万用表。❷ 科技文中可以不用不定冠词的主要场合: ①在图例中。如: Fig. 1-1 (The) Block diagram of (a) typical digital computer. 图 1-1 典型数字计算机的方框图。②在论文的标题或书名及各节的标题中开头的不定冠词可以省去。如:(An) Introduction to Computers. 计算机入门。/(A) Study of Phase-Locked Loops. 锁相环的研究。❸ 在某些不可数的抽象名词(如: knowledge, understanding, awareness, increase, decrease, study, analysis, comparison, description,combination, explanation, discussion,examination,review,treatment,extension,estimate 等等) 前常使用不定冠词的情况。如: An increase in pressure always causes a decrease in volume. 压力的增加总会引起体积的缩小。/The prerequisite is a good knowledge of computer science. 先决条件是要很好地了解计算机科学。/A short calculation will convince you that this is indeed true. 略微计算一下就会使你相信这的确是正确的。/There is a growing awareness that it is urgent to reduce global warming. 人们越来越认识到迫切需要减少全球性变暖。❹ 在序数词前使用不定冠词表示"另一(=another)"的意思,并不强调次序,不过仍可译成"第二、第三…"。如: A second approach is as follows. 第二种方法如下。/The advent of electronics is reckoned from the discovery that the current in a vacuum diode can be controlled by introducing a third electrode. 电子学的诞生是从发现了真空二极管中的电流可以通过引入第三个电极来加以控制算起的。❺ 不定冠词可以起介词"per=每"的作用。如: Readings should be taken three times a day. 读数应该每天取三次。❻ 不定冠词的特殊位置: ①当由 how (多么)、too (太)、so (如此)、as (那么——属于"as...as"句型的第一个"as")修饰可数名词单数前的形容词时,不定冠词一定要处于名词与形容词之间。如:

This will lead to too great a rise in temperature. 这会引起温度上升太大。/It is necessary to find out how long a time is required for an electron to travel the length of the wire. 必须求出电子通过这段导线需要的时间。/This robot can lift as heavy a weight as 100 kilograms. 这个机器人能提起重达 100 千克的重物。/The calculation cannot be finished in so short a time. 在如此短的时间内该计算是不可能完成的。②在 such 之后。如: Fig. 5-6 shows such a case. 图 5-6 显示了这种情况。③half a mile (英)=a half mile (美)。半英里。④rather/quite a difficult problem=a rather/quite difficult problem. 一道相当难的题。❼ 并列的几个可数名词单数前可以共用一个不定冠词。如: The multimeter includes the functions of a voltmeter, ammeter, and ohmmeter within one instrument. 万用表把伏特表、安培表和欧姆表的功能都括在一只仪表内了。

@ (=at) 单价,每…之价;在…处(用于 e-mail 地址中)

aabomycin [æbəˈmaɪsɪn] *n.* 【药】阿博霉素

aar [ɑː] *n.* 【植】欧洲桤木

aardvark [ˈɑːdvɑːk] *n.* 【动】土豚

ab [æb] (拉丁语) *prep.* 从,自(=from,away) ☆*ab extra* 从外部,外来; *ab initio* 从头开始

abac [ˈæbæk] *n.* 列线图,算图

abaca [ɑːbəˈkɑː] *n.* 【植】马尼拉麻

abaci [ˈæbəsaɪ] *n.* abacus 的复数

abaciscus [æbəˈsɪskəs] *n.* 嵌饰

aback [əˈbæk] *ad.* 向后,后退 ☆*all aback* (船) 停止,倒行; *be taken aback* 吃惊,吓一跳

abacterial [əbækˈtɪərɪəl] *a.* 无菌的

abaculus [əˈbækjuləs] *n.* =abaciscus

abacus [ˈæbəkəs] (pl. abacuses 或 abaci) *n.* 算盘 ☆*use(work,move counters of)an abacus* 打算盘

abaft [əˈbɑːft] *ad.; prep.* 在…之后,向…后

abalienation [əbeɪlɪəˈneɪʃən] *n.* 【医】精神错乱

abampere [æbˈæmpeə] *n.* 【物】CGS 电磁制安培

abamurus [æbəˈmjuərəs] *n.* 挡土墙

abandon [əˈbændən] *vt.* 抛弃

abandoned [əˈbændənd] *a.* 被抛弃的

abandonment [əˈbændənmənt] *n.* ①放弃 ②委付

abarthrosis [æbɑːˈθrəʊsɪs] *n.* 【生】动关节

abarticular [æbɑːˈtɪkjulə] *a.* 非关节的,关节外的

A

abarticulation [æbɑ:tɪkjuˈleɪʃən] *n.* 动关节,关节脱位

abas [ˈɑ:bəs] *n.* 列线图,诺谟图

abasable [əˈbeɪsəbl] *a.* 可降低的

abase [əˈbeɪs] *vt.* 降低,自贬

abash [əˈbæʃ] *vt.* 使…害臊 ☆**be (feel) abashed** 害臊

abasia [əˈbeɪsɪə] *n.*【医】步行不能

abate [əˈbeɪt] *v.* ①减少,降低,抑制 ②作废

abatement [əˈbeɪtmənt] *n.* ①减少,降低,取消,抑制,中断 ②废料,刨花

abating *n.* ①减小,降低,抑制,削弱 ②消除,切除 ③撤消

abattis [əˈbaɪtɪs] *n.* ①风挡 ②【军】鹿砦,拒木 ③【地理】三角形木架透水坝

abattoir [ˈæbətwɑ:] *n.* ①屠场 ②挡风装置

abaxial [æbˈæksɪəl] *a.* 轴外的

abb [æb] *n.* ①纬线 ②粗羊毛

abbau [ˈæbaʊ] *n.* 分解与分解代谢

abbertite [ˈæbətaɪt] *n.*【冶】黑沥青

abbreviate [əˈbri:vɪeɪt] *vt.* ①将…缩短,省略 ②缩写 ③【数】约分
〖用法〗它一般用在被动语态中(或用其过去分词形式),在科技书刊中与它搭配的介词"to"往往是省去的。如: This unit is newton,<u>abbreviated N.</u> 这个单位是牛顿,缩写为 N. /The potential difference between the battery terminals is commonly referred to as an electromotive force,<u>abbreviated emf.</u> 电池两端的电位差被称为电动势,缩写为 emf.

abbreviation [əbri:vɪˈeɪʃən] *n.* ①缩短,节略,略语 ②【数】约分,简化
〖用法〗它后面一般跟 for,也有跟 of 的。如: 'ac' is an <u>abbreviation for</u> 'alternating current'. "ac"是"交流电"的缩写。/'Math(s)' is an <u>abbreviation of</u> mathematics. "Math(s)" 是 "数学" 的缩写。

abbreviator [əˈbri:vɪeɪtə] *n.* 节略者

abbreviatory [əˈbri:vɪətərɪ] *a.* 省略的,缩短的

ABC [ˈeɪbi:ˈsi:] (pl. ABC's 或 ABCs) *n.* ①初步,入门 ②基本要素,基础知识 ③字母表 ☆**as easy as ABC** 极为容易

abcoulomb [æbˈku:lɒm] *n.*【物】绝(对)库(仑)

abdicate [ˈæbdɪkeɪt] *v.* ①放弃 ②让(位)

abdication [æbdɪˈkeɪʃən] *n.* 放弃,让位

abdomen [ˈæbdəmən] *n.* (下)腹部

abdominal [æbˈdɒmɪnəl] *a.* 腹部的

abduction [æbˈdʌkʃən] *n.* ①诱拐 ②外展

abeam [əˈbi:m] *ad.* 正横(向)

abecedarian [ˌeɪbi:si:ˈdeərɪən] ❶ *a.* ①初步的 ②字母的 ❷ *n.* 初学者,启蒙老师

abed [əˈbed] *ad.* 在床上

abele [əˈbi:l] *n.*【植】银白杨

Abelian [əˈbi:lɪən] *a.* 阿贝尔的(阿贝尔是挪威数学家)

aber [ˈæbə] *n.*【地理】(两河)汇流点

Aberdeen [æbəˈdi:n] *n.* ①阿伯丁(英国港口) ②

(英国)阿伯丁郡

abernathyite [ˈæbənæθɪaɪt] *n.*【化】水砷钾铀矿

aberrance [æˈberəns], **aberrancy** [æˈberənsɪ] *n.* 越轨

aberrant [æˈberənt] *a.* ①离开正道的 ②畸变的

aberratio [æbəˈreɪʃɪəʊ] *n.* 迷行;像差

aberration [æbəˈreɪʃən] *n.* ①越轨 ②畸变 ③【光】像〔色〕差,【天】光行差 ④偏差

aberwind [æbˈwɪnd] *n.*【气】解冻风

abet [əˈbet] *vt.* 唆使

abetter, abettor [əˈbetə] *n.* 唆使者

abevacuation [æbəvækjuˈeɪʃən] *n.* 排泄失常,转移

abeyance [əˈbeɪəns] *n.* 暂搁,【化】潜态 ☆**be in abeyance** 暂停,未定; **fall into abeyance** 失效; **hold (leave,keep) in abeyance** 暂搁

abfarad [æbˈfærəd] *n.*【物】绝(对)法(拉)

abhenry [æbˈhenrɪ] *n.*【物】绝(对)亨(利)

abherent [æbˈhɪərənt] *n.* 防黏材料

abhesion [æbˈhi:ʒən] *n.* 脱黏

abhor [əbˈhɔ:] (abhorred;abhorring) *vt.* 憎恨

abhorrence [əbˈhɒrəns] *n.* 憎恨 ☆**have an abhorrence of** 痛恨,深恶痛绝

abhorrent [əbˈhɒrənt] *a.* ①可恨的,讨厌的 (to) ②不相容的 (to/from) ☆**be abhorrent to…** 与…不相容

abidance [əˈbaɪdəns] *n.* 遵守,继续

abide [əˈbaɪd] (abode,abided;abiding) *v.* ①继续 ②遵守 ③容忍 ☆**abide by** 遵守,服从,守约
〖用法〗词组 abide by 只能用于主动语态中。如: Everyone must <u>abide by</u> the rules and regulations of this laboratory. 每个人必须遵守这个实验室的规章制度。

abiding [əˈbaɪdɪŋ] *a.* 永久的

abiding-place [əˈbaɪdɪŋpleɪs] *n.* 住宅

Abidjan [æbɪˈdʒɑ:n] *n.* 阿比让(科特迪瓦首都)

abienol [ˈæbɪənɒl] *n.*【化】冷杉醇

abient [ˈæbɪənt] *a.* 避开的

abies [ˈæbɪ:z] *n.*【植】冷杉(属)

abietate [ˈæbɪəteɪt] *n.*【化】枞酸酯〔盐〕,松香酯〔盐〕

abietene [ˈæbɪəti:n] *n.*【化】松香烯

abietic [æbɪˈetɪk] *a.* 松香的

abietin [ˈæbɪətɪn] *n.*【化】松香亭〔烯〕 ‖ **~ic** *a.*

abietine [ˈæbɪətaɪn] *n.*【化】松香素

abietinean [æbɪətaɪniːn] *a.* 松杉的

abietinol [ˈæbɪətaɪnɒl] *n.*【化】枞醇,松香醇

abietyl [ˈæbɪətɪl] *n.* 松香

ability [əˈbɪlɪtɪ] *n.* 能力,本领,(pl.) 才能 ☆**of ability** 有才干的; **to the best (utmost) of one's ability** 尽力地
〖用法〗❶ 这个词后面主要跟动词不定式。如: Energy is <u>the ability to do work.</u> 能量是做功的能力。❷ 在科技英语中常用"the ability of A to do B",表示"A 做 B 的能力"。如: <u>The ability of a body to</u>

do work is called energy. 物体做功的能力被称为能量。/The ability of a computer to store information depends on a few factors. 计算机储存信息的能力取决于几个因素。为了加强语气,可以用"the ability on the part of A to do B"。如: This depends on the ability on the part of the hearer to make inferences. 这取决于听者作出推断的能力。❸ 表示"提高能力"一般写成"increase the ability",也可以用"improve the ability"。

ab init [æbɪ'nɪt], **ab initio** [æbɪ'nɪtʃɪəu] (拉丁语) 从头开始,从开头(=from the beginning)

ab intra [æb'ɪntrə] (拉丁语)从内部

abiochemistry [ˌeɪbaɪəu'kemɪstrɪ] n. 无机化学

abiogenesis [ˌeɪbaɪəu'dʒenɪsɪs], **abiogeny** [eɪbaɪ'ɒdʒənɪ] n. 自然发生(说);无生源说

abiophysiology [æbɪəˌfɪzɪ'ɒlədʒɪ] n. 无机生理学

abiosis [æbɪ'əusɪs] n. 死亡,无生命;生活力缺损

abiotic [eɪbaɪ'ɒtɪk] a. 非生命的,无生命的

abirritant [æb'ɪrɪtənt] ❶ a. 缓和的,镇痛的 ❷ n. 镇定剂

abject ['æbdʒekt] a. ①凄惨的 ②无耻的

abjection [æb'dʒekʃən] n. 落魄;脱落

abjoint [æb'dʒɔɪnt] ❶ v. 分离的 ❷ n. 分隔

abjunction [æb'dʒʌnkʃən] n. 分离,切落

abjure [əb'dʒuə] vt. 放弃,誓绝 ‖ **abjuration** n.

ablastin [əb'læstɪn] n. 抑殖素

ablate [æb'leɪt] vt. ①腐蚀掉,风化 ②切除

ablatio [æb'leɪʃɪəu] n. 脱落,剥离

ablation [æb'leɪʃən] n. ①消融 ②烧(消)蚀,风化 ③(部分)切开(除) ④水蚀,风蚀

ablation-cooled [æbɪ'leɪʃən'ku:ld] a. 烧蚀冷却的

ablative ['æblətɪv] ❶ a. 消融的,脱落的 ❷ n. 烧蚀材料

ablativity [æblə'tɪvətɪ] n. 烧蚀性能,烧蚀率

ablator ['æbleɪtə] n. 烧蚀体

ablaze [ə'bleɪz] a.;ad. 烧起(的),激昂(的) ☆ **set ablaze** 使燃(烧)起…

able ['eɪbl] a. ①有能力的,有才干的 ② 能…的 ☆ **be able to (do)** 能(够),会,有能力;(过去,在某具体条件下)得以,终于; **may (must,shall,will)** be **able to (do)** 也许(必须,将),能; **have (has,had) been able to (do)** 已能,得以 〖用法〗现在时是〔am,are〕able to (do)一般主语为人时使用(也可用 can 来代替),而主语为物时一般都用 can。如: We are able to change sunlight into electricity. 我们能够把阳光转变成电。

able-bodied ['eɪbl'bɒdɪd] a. 强壮的

able-minded ['eɪbl'maɪndɪd] a. 能干的

ablepsia [ə'blepsɪə] n.【医】盲,视觉缺失

ablepsy [ə'blepsɪ] n. =ablepsia

abluent ['æbluənt] ❶ a. 洗涤的 ❷ n. 洗涤剂

ablution [ə'blu:ʃən] n. 清洗

ably ['eɪblɪ] ad. (精明)能干地

abnegate ['æbnɪgeɪt] vt. 拒绝,放弃

abnegation [æbnɪ'geɪʃən] n. 放弃,拒绝,克制

abnormal [æb'nɔ:məl] a. 异常的,不规则的 〖用法〗注意下面例句的含义: Should anything abnormal happen, switch off the power supply at once. 万一〔一旦〕出现异常情况,立即关掉电源。

abnormalism [æb'nɔ:məlɪzm] n. 异常(性)

abnormality [æbnɔ:'mælətɪ], **abnormity** [æb'nɔ:mətɪ] n. ①反常(性) ②紊乱

aboard [ə'bɔ:d] ad.;prep. 在船〔舰,机,火车,火箭,导弹,卫星,飞行器,运载工具〕上,上船〔机,火车〕 ☆ **go aboard** 上船(车),登机 〖用法〗要表示"上(在)…"时,aboard 为介词。如: go aboard a ship〔plane〕上船〔飞机〕

abode [ə'bəud] ❶ n. 住宅(所),居住 ❷ abide 的过去式及过去分词

abohm [æb'əum] n.【物】绝对欧姆(电磁制电阻单位)

aboideau [ɑ:'bədəu] n. 水闸,坝

aboil [ə'bɔɪl] ad.;a. 沸腾地(的)

abolishable [ə'bɒlɪʃəbl] a. 可废除的

abolisher [ə'bɒlɪʃə] n. 废除者

abolishment [ə'bɒlɪʃmənt] n. 废除

abolition [æbə'lɪʃən] n. 废除,取消

abomasum [æb'meɪsəm] n.【生】(反刍动物)第四胃

abominable [ə'bɒmɪnəbl] a. ①讨厌的 ②恶劣的

abominate [ə'bɒmɪneɪt] vt. 憎恨,厌恶

abomination [əbɒmɪ'neɪʃən] n. ①憎恨,厌恶 ②讨厌的事物〔习惯,行为〕(to)

aborad [æ'bɒræd] ad.【生理】离口地

aboral [æ'bɔ:rəl] a. 离口的,反口的

aboriginal [æbə'rɪdʒɪnəl] a.;n. 原始(的),土著(的),土产

aboriginally [æbə'rɪdʒɪnəlɪ] ad. 原来,从最初

aborigine [æbə'rɪdʒɪni:] (拉丁语)从最初,从起源

aborigines [æbə'rɪdʒɪni:z] n. 本地居民,土产,土生动植物

aborning [ə'bɔ:nɪŋ] a.;ad. 正在产生中的,当产生的时候

abort [ə'bɔ:t] v.;n. ①流产 ②失败 ③中止

aborticide [ə'bɔ:tɪsaɪd] n. 堕胎,堕胎药

abortient [ə'bɔ:ʃənt], **abortifacient** [ə,bɔ:tɪ'feɪʃənt] ❶ a. 堕胎的 ❷ n. 堕胎药

abortin [ə'bɔ:tɪn] n. 流产素

abortion [ə'bɔ:ʃən] n. 流产,发育不全

abortionist [ə'bɔ:ʃənɪst] n. 堕胎者

abortive [ə'bɔ:tɪv] a. 早产的,(中途)失败的,未成功的

abound [ə'baund] vi. 丰富,充满 ☆ **abound in (with)** 富于〔有〕,盛产,繁生,多 〖用法〗注意这一特殊情况: A abounds in B=B abounds in A。如: Coal abounds in this area. =This area abounds in coal. 这个地区盛产煤。

about [ə'baut] ad.;prep. ①(在…)周围,围〔环〕绕,

A

到处,在全…范围内 ②大约 ③关于,对于 ④从事于 ☆**all about** (在全…)各处,到处;全是关于; **be about** 活动,动手做,散布,流行; **be about to (do)** 即将〔将要,正准备〕(做),(不久)就要(做); **bring about** 引起,使发生; **come about** 发生; **go a long way about** 绕很多路; **go about** 走来走去,东奔西走;开始(工作),将要;传开,流行; **how (what) about A** A 怎么样〔如何〕

〖用法〗❶ be about to (do) 表示"正要,将要,不久就要",比 be going to (do) 表示更近的将来,并且不再加表示时间的词。如: In this case control is about to be returned to user mode. 在这种情况下,控制被返回到用户模式。❷ about 作副词表示"大约"时可以与"approximately"换用,不过后者更正式一些。注意: The experiment started (at) about 12 (o'clock). 实验大约在 12 点开始。(有时,about 就为副词;没有 at 时,about 就成为介词了。) ❸ about 作介词时一般表示"关于"(=on)、"在…周围,环绕"(=around)、"相对于"(=with respect to)。如: This is a book about computers. 这是一本有关计算机的书。/This rigid body rotates about the x-axis. 这个刚体绕 x 轴转动。/In this case the sum of all the clockwise torques equals the sum of all the counterclockwise torques about any pivot point. 在这种情况下,所有顺时针力矩之和等于(相对于)任何支点的逆时针力矩之和。/The small-signal equivalent circuit is restricted to small variations about the operating point. 小信号等效电路被限于相对于工作点很小的变化(场合)。

about face ❶ [ə'bautfeis] n. (立场、观点的)彻底改变 ❷ [əbaut'feis] vi. 向后转;变卦

aboutship [ə'bautʃip] vt. 改变航向

aboutsledge [ə'bautsledʒ] n. 大锤

above [ə'bʌv] prep. ①高于,在…之上〔上游,那边〕②超过,在…以上 ☆**above all (else,things)** 尤其是,最重要的是,首先是,第一是; **above measure** 非常,无比,极,过度;上述措施; **above the rest** 特别,格外; **as stated above** 如上所述; **from above** 从上面; **well above** 大大超过 ❷ ad.;a.;n. (在)上面,上游,以上,上述,上级

〖用法〗❶ 一般来讲,介词 above 表示"正上方"(这时=over),也可以表示一般的"上方"。above 可以是名词,在用 the above 作主词时,根据其代替的东西的单复数来确定谓语动词的单复数。❷ 它在科技文中经常作后置定语。如: The table above shows that glass and platinum have equal coefficients of expansion. 上面的那个表显示,玻璃和铂的膨胀系数是相同的。❸ 注意下面例句中该词的含义: In this case,we use a data rate of 64 kb/s and above. 在这种情况下,我们使用的数据速率为 64 千比特每秒及以上。

above(-)board [ə'bʌv'bɔ:d] ad.;a. 照直,光明正大的(地)

above-cited [ə'bʌv'saitid] a. 上面引用的

above-critical [ə'bʌv'kritikəl] a. 超临界的

aboveground [ə'bʌvgraund] a.;ad. 地面(上)的,在地上

abovestairs [ə'bʌv'steəz] a.;ad.;n. (在,向)楼上(的)

abovo [æb'əuvəu] (拉丁语)从(头)开始

abradability [ə,breidə'biliti] n. 磨损度(性),耐磨性

abradant [ə'breidənt] ❶ n. ①研磨剂,金刚砂 ②(磨损试验的)对磨体 ❷ a. ①研磨用的 ②磨损的

abrade [ə'breid] v. ①擦伤〔去〕②磨(损,蚀,去,光),研磨 ③(用喷砂或喷丸)清理

abradent [ə'breidənt] n. 磨料

abrader [ə'breidə] n. 研磨机,磨石,磨光〔砂轮〕机

abradibility [əbreidi'biləti] n. 可研磨性

abranchiate [æ'bræŋkieit] n.;a. 无鳃的,无鳃类动物

abrase [ə'breiz] vt. =abrade

abraser [ə'breizə] n. 磨料

abrasion [ə'breiʒən] n. ①擦伤〔掉〕,刮掉 ②磨损(之处),研磨 ③冲蚀

abrasion-proof [ə'breiʒən'pru:f] a. 耐磨的

abrasion-resistance [ə'breiʒənri'zistəns] n. 耐磨性〔度〕

abrasive [ə'breisiv] ❶ n. ①磨料 ②打磨用具 ③摩擦力 ❷ a. ①磨料的 ②磨损的,研磨的

abrasive-laden [ə'breisiv'leidən] a. 含有磨料的

abrasiveness [ə'breisivnis] n. 磨耗(度),磨损性

abrasive-wear tester [ə'breisiv'weə 'testə] n. 磨损试验机

abrasivity [əbrei'siviti] n. 研磨性

abrasor [ə'breisə] n. 打磨器械,擦除器

abrator [ə'breitə] n. 喷丸清理机

abrazite ['æbrəzait] n.【化】水钙沸石

abreast [ə'brest] ❶ ad. ①并肩〔列,排,联〕②平行 ☆**be (keep) abreast of (with)** 与…并进〔并驾齐驱〕,适应; **in line abreast** 并列〔横排〕成一线 ❷ a. 朝同方向并列的

〖用法〗当 abreast 用作形容词时,它一般作表语。如: In Fig.2,two cars are abreast. 在图 2 中,两辆小汽车并排着。

abreuvage [əbrə'va:ʒ] n. 机械黏砂

abreuvoir [ə'breivwa:] n. 石块间缝隙

abri [ɑ:'bri] n. 岩洞〔穴〕,防空洞

abridge [ə'bridʒ] vt. ①删节,摘要 ②剥夺

abridg(e)ment [ə'bridʒmənt] n. ①节略,删节 ②摘要,节本 ③剥夺

abrim [ə'brim] ad. 满满地

abrin ['eibrin] n.【化】红豆因

abrine ['eibri:n] n.【化】红豆碱,N-甲基色氨酸

abroad [ə'brɔ:d] ad. ①在(国,海)外,到国外 ②户外 ③遍布,流行,广泛地 ☆**(at) home and abroad** (在)国内外; **be all abroad** 猜错,不中肯,离题;感到莫名其妙; **from abroad** 从国〔海〕外(来的),国外进口的; **go (travel) abroad** 出国

abrogate ['æbrəʊgeɪt] vt. 废除 ‖ **abrogation** [æbrəʊ'geɪʃən] n.

abrupt [ə'brʌpt] a. ①突然的,意外的 ②突变的,急剧的 ③不连续的,断开的

abruptio [æb'rʌpʃɪəʊ] n. 分裂,剥落

abruption [ə'brʌpʃən] n. 分〔断,破〕裂,断路,【航】离地〔开〕

abruptly [ə'brʌptlɪ] ad. 突然

abruptness [ə'brʌptnɪs] n. 陡度

abscess ['æbses] n.【医】①脓肿 ②砂眼

abscind [æb'sɪnd] vt. 切断,割去

abscisin [æb'sɪsɪn] n.【化】脱落素

abscissa [æb'sɪsə] (pl. abscissas 或 abscissae) n.【数】横(坐)标

abscission [æb'sɪʒən] n. 切除,脱离

abscond [əb'skɒnd] vi. 潜逃,躲避〈from,with〉

abscopal [əb'skɒpəl] a. 界外的,离位的

absence ['æbsəns] n. ①缺少〔席〕②没有,不〔存〕在 ③出神 ☆ *absence from* 缺(勤,席,课);*absence of mind* 不留心,心不在焉;*in one's absence* 当…不在〔场〕的时候;*in the absence of A* 在没有〔缺少〕A 的情况下,由于缺少 A
〖用法〗❶ 当 absence (of…)作主语时往往表示原因。如: Absence of atmosphere in space will allow the space telescope to show scientists light sources as far as 14-billion light years away. 由于太空中没有大气,使得科学家们可以通过太空望远镜观察到离我们远达 140 亿光年的光源。/Absence of rain caused plants to die. 因缺少雨水导致了植物枯死。❷ "the absence of A from B"意为"B 缺少 A"。如: The absence of an electron from a silicon atom can be thought of as a hole. 硅原子中缺少一个电子,可以看成是一个空穴。❸ "in the absence of"可以引出虚拟语气句的条件状语。如: In the absence of gravity,there would be no air around the earth. 没有重力的话,地球周围就没有空气。

absent ❶ ['æbsənt] a. 不〔存〕在的,缺少〔乏,席〕的,不在场的 ☆*(be) absent from* 不在…(地方),缺(勤,席,课),是…所缺少(没有)的; *be absent in* 外出(了)暂时在…; *be absent without excuse* 擅自缺席,擅离职守; *in an absent sort of way* 心不在焉地 ❷ [æb'sent] vt. ☆*absent oneself from* 不在,离开,缺(勤,席,课)
〖用法〗注意下面例句的含义: As attractive as these theories and explanations are,there is no direct evidence that the child has a special language learning capacity which is totally absent in the adult. 虽然这些理论和阐述很吸引人,但并没有直接的证据表明儿童具有成年人完全缺乏的一种特殊的语言学习能力。(注意: 句中第一个"as"是经常省去的。)/All information on excess-carrier distribution in the device is absent from the model. 有关该器件中过剩载流子的一切信息没有出现在这个模型中。

absentee [ˌæbsən'tiː] n. ①缺勤〔席〕者 ②空号

absentia [æb'senʃɪə] n. (=absence)失神,出神

absently ['æbsəntlɪ] ad. 漫不经心地

absent-minded ['æbsənt'maɪndɪd] a. 精神不集中的

absinthin [æb'sɪnθɪn] n.【化】苦艾素

absis ['æbsɪs] n.【物】远日点或近日点

absite ['æbsaɪt] n.【地质】钍钛铀矿

absolute ['æbsəluːt] a. ①绝对的,完全的,不受限制的 ②确实的 ③独立的 ☆ *by absolute necessity* 万不得已

absolutely ['æbsəluːtlɪ] ad. ①绝对,当然 ②实际,真正

absoluteness ['æbsəluːtnɪs] n. 绝对

absolution [æbsə'ljuːʃən] n. 免除,赦免

absolve [æb'zɒlv] vt. 免(除),解除,赦免 ☆ *absolve A from B* 使 A 免予 B

absonant ['æbsənənt] a. 不合拍〔理〕的,不和谐的 ☆*absonant from (to) (nature)* 违反(自然)

absorb [əb'sɔːb] vt. ①吸收,并(吞)②减震,缓冲 ③使…全神贯注 ☆*be absorbed in* 专心于,全神贯注在…上
〖用法〗在实际科技文章中,该词往往可以用作不及物动词。如: At higher frequencies the semiconductor absorbs. 在高频时,该半导体能够吸收能量。/Water and carbon dioxide are among substances that absorb in the infrared. 水和二氧化碳属于能够吸收红外线的物质。

absorbability [əbˌsɔːbə'bɪlətɪ] n. 吸收性

absorbable [əb'sɔːbəbl] a. 可吸收的

absorbance [əb'sɔːbəns], **absorbancy** [əb'sɔː-bənsɪ] n. ①吸收率 ②光密度,吸光度

absorbate [əb'sɔːbeɪt] n. 吸收的物质

absorbed [əb'sɔːbd] a. 吸收的,全神贯注的

absorbedly [əb'sɔːbɪdlɪ] ad. 一心地,专心地

absorbefacient [əbˌsɔːbɪ'feɪʃənt]❶ a. 吸收性的 ❷ n.【化】助吸剂

absorbency [əb'sɔːbənsɪ] n. ①吸收率 ②【物】吸光度

absorbent [əb'sɔːbənt] ❶ a. (能)吸收的 ❷ n. 吸收剂,吸声材料 ☆*be absorbent of (water)* 能吸(水)

absorber [əb'sɔːbə] n.【物】①吸收器〔体,装置〕,中和剂 ②减震〔阻尼〕器

absorbing [əb'sɔːbɪŋ] a.;n. ①吸收(的),减震(的)②引人入胜的

absorpt [əb'sɔːpt] a. (被)吸收的,注意力集中的

absorptance [əb'sɔːptəns] n.【物】吸收比(性)

absorptiometer [əbˌsɔːpʃɪ'ɒmɪtə] n.【物】吸收(率,比色,光度)计

absorptiometric [əbˌsɔːpʃɪə'metrɪk] a. 吸收(比色)计的

absorptiometry [əbˌsɔːpʃɪ'ɒmɪtrɪ] n.【物】吸收测量学,吸光测定法

A

absorption [əbˈsɔːpʃən] n. ①【物】吸收〔入,液〕②【物】缓冲,阻尼 ③专心(in) ④吞并,并吞

absorptive [əbˈsɔːptɪv] a. 吸收(性)的

absorptivity [ˌæbsɔːpˈtɪvətɪ] n.【物】吸收率〔量,系数〕

abstain [əbˈsteɪn] vi. 戒除,弃权(from) ☆**abstain from doing** 不(做)

abstention [æbˈstenʃən] n. 禁戒,弃权(from)

abstergent [æbˈstɜːdʒənt] ❶ a. 洗涤的,去垢的 ❷ n. 洗涤剂,洗涤器

abstersion [æbˈstɜːʃən] n. 洗净,净化

abstersive [æbˈstɜːsɪv] a. 使…洁净的

abstinence [ˈæbstɪnəns], **abstinency** [ˈæbstɪnənsɪ] n. 禁忌

abstract ❶ [æbˈstrækt] vt. ①提取(炼)②摘要 ③转移(注意) ❷ [ˈæbstrækt] n. ①抽象(观念,物),概括 ②提〔摘〕要,摘录 ③【化】引出,蒸馏 ④提出物 ❸ [ˈæbstrækt] a. ①抽象的 ②【数】不名的 ③深奥的 ☆**abstract one's attention from** 从…上转移开某人注意; **in the abstract** 抽象地,理论上; **make an abstract of** 把…的要点摘录下来

〖用法〗注意下面例句的含义: Symbolic models will be useful in making plausible and tangible what would otherwise be _abstract_. 符号模型能用来使本来抽象的概念显得有理而有形。("what would otherwise be abstract"是"making"的宾语从句,而"plausible and tangible"是它要求的宾语补足语。)

abstracted [æbˈstræktɪd] a. ①抽象了的 ②心不在焉的

abstraction [æbˈstrækʃən] n. ①抽象 ②提取 ③抽血,放血 ④心不在焉

abstractly [ˈæbstræktlɪ] ad. 抽象地,理论上

abstractness [ˈæbstræktnɪs] n. 抽象性

abstractor [æbˈstræktə] n. ①摘录者 ②提取器

abstractum [æbˈstræktəm] n.【化】强散剂

abstriction [æbˈstrɪkʃən] n.【化】脱落,(孢子)缢断形成作用

abstruse [æbˈstruːs] a. 深奥的 ‖ **~ly** ad. **~ness** n.

absurd [əbˈsɜːd] a. 荒谬的

absurdity [əbˈsɜːdətɪ] n. 荒谬,荒唐的事

absurdly [əbˈsɜːdlɪ] ad. 荒谬地

absurdness [əbˈsɜːdnɪs] n. 荒谬

abterminal [əbˈtɜːmɪnəl] a. 远末端的

Abu Dhabi [ɑːbuːˈdɑːbiː] n. 阿布扎比(阿拉伯联合酋长国首都)

abundance [əˈbʌndəns] n. ①丰富,充裕 ②丰度 ③个体密度 ☆**(an) abundance of** 许许多多的,丰富的;**in abundance** 多,充足

〖用法〗在 abundance of 前可以有 an,后面可跟不可数名词或可数名词复数;在跟可数名词复数作主语时谓语多用复数,但也可用单数。如: (An) abundance of precision instruments are (is) kept there. 那里存放着许多精密仪器。

abundant [əˈbʌndənt] a. 丰富的 ☆**be abundant in** 富于

abundantly [əˈbʌndəntlɪ] ad. 丰富地

ab uno disce omnes [æbˈjuːnəʊˈdɪsiːˈɒmniːz] (拉丁语)闻一而知十,察微而知著

abusage [əˈbjuːsɪdʒ] n. 滥用

abuse ❶ [əˈbjuːz] vt. ①滥用,糟蹋 ②诋毁 ❷ [əˈbjuːs] n. ①滥用 ②(pl.)恶习,弊病

abusive [əˈbjuːsɪv] a. 滥用的,辱骂的 ‖ **~ly** ad. **~ness** n.

abut [əˈbʌt] ❶ (abutted;abutting) v. ①邻接,接近(on,upon) ②(紧)靠在(…上),支撑在(against,on,upon) ❷ n. ①端 ②支点〔架,座〕,桥台 ③接点

abutilon [əˈbjuːtɪlən] n.【植】白麻,苘麻(等)

abutment [əˈbʌtmənt] n. ①邻接 ②桥台〔墩〕,护壁 ③支(撑)面,接合点

abuttal [əˈbʌtl] n. ①邻接 ②(pl.)地界

abutting [əˈbʌtɪŋ] a. ①毗连的 ②端接的

abvolt [ˈæbvəʊlt] n.【物】绝(对)伏(特)

abysmal [əˈbɪzməl] a. ①深不可测的 ②【地理】深海的

abyss [əˈbɪs] a. ①深渊 ②地狱 ☆**abyss of time** 永远

abyssal [əˈbɪsəl] a. ①深渊的 ②【地理】深海的,深水的

Abyssinia [ˌæbɪˈsɪnɪə] n. 阿比西尼亚(非洲东部国家)

acacia [əˈkeɪʃə] n. ①【植】刺槐 ②【植】阿拉伯橡胶树 ③润滑剂

academia [ˌækəˈdemɪə] n. 学术界,学术生活

academic [ˌækəˈdemɪk] ❶ a. ①高等〔专科〕院校的,学术的 ②学究式的 ❷ n. (大)学生,大学教师;(pl.)(纸上)空论

academical [ˌækəˈdemɪkəl] a. =academic

academician [əˌkædəˈmɪʃən] n. 院士

academy [əˈkædəmɪ] n. ①高等〔专科〕院校,(科)学院 ②(学术)协会 ☆**Chinese Academy of Sciences** 中国科学院

acadialite [əˈkeɪdɪəlaɪt] n.【地质】红斜方沸石

acalcerosis [əˌkælsəˈrəʊsɪs] n.【医】缺钙(症)

acalculia [ˌeɪkælˈkjuːlɪə] n.【医】计算力缺失,失算症

acampsia [əˈkæmpsɪə] n. 屈挠不能

acantha [əˈkænθə] n. 棘

acanthaceous [əˈkænθəsɪəs] a. 有刺的

acanthus [əˈkænθəs] n.【植】①爵状茛苕 ②茛苕叶形装饰;叶板

acapnia [əˈkæpnɪə] n.【医】缺碳酸血(症)

acapsular [əˈkæpsjuːlə] a. 无荚膜的,无荫(果)的

acardite [əˈkɑːdaɪt] n.【化】二苯脲

acaricide [əˈkærɪsaɪd] n.(农药)杀螨剂

acarpia [əˈkɑːpɪə] n. 不结果实,不育

acarpous [eɪˈkɑːpəs] a. 不结果实的

acaryote [əˈkɑːrɪəʊt] n.;a. 无核的,无核细胞的

acatalepsia [əˌkætəˈlepsɪə], **acatalepsy** [əˌkætə-

'lepsɪ] *n.* 领会不能,诊断不明

acataleptic [ə,kætə'leptɪk] *a.* 智能缺陷的

acatamathesia [ə,kætəmə'θiːzɪə] *n.* 理解不能

acataphasia [ə,kætə'feɪzɪə] *n.* 连贯表意不能

acatastasia [ækə,tæs'teɪsɪə] *n.* 反常,失规

acatastatic [əkætəs'tætɪk] *a.* 反常的,失规的

acatharsia [ækə'θɑːsɪə], **acatharsy**[ækə'θɑːsɪ] *n.* 排泄不能

acathectic [ækə'θektɪk] *a.* 排泄失禁的

acathexis [ækə'θeksɪs] *n.* 排泄失禁

acaudal [eɪ'kɔːdəl], **acaudate** [eɪ'kɔːdeɪt] *a.* 无尾的

accede [æk'siːd] *vi.* ①同意,批准(to) ②就职(to) ③加入(to)

accelerant [æk'selərənt] *n.* ①【化】催化剂 ②加速澄清化

accelerate [æk'seləreɪt] *v.* 加速

〖用法〗accelerate 这个动词可以是及物的,也可以是不及物的。如: A car noses up when it _accelerates_. 当小汽车加速时,其车头会向上抬起。/The center of mass is the point through which passes the resultant of the reaction forces when a body _is accelerated_. 质量中心就是当物体被加速时各反作用力的合力所通过的那一点。(在定语从句中是"介词短语+不及物动词+主语"型倒装句。)

acceleration [ækselə'reɪ∫ən] *n.* 加速(度,作用)

accelerative [æk'selərətɪv] *a.* 加速的

accelerator [æk'seləreɪtə] *n.* 加速器,加速〔催化〕剂

accelerin [æk'selərɪn] *n.*【化】促凝血球蛋白;第 V 因子

accelerogram [æk'selərəgræm] *n.* 加速度图

accelerograph [æk'selərəgræf] *n.* 自动加速计

accelerometer [ækselə'rɒmɪtə] *n.* 加速(度)表〔仪〕

accelerometry [ækselə'rɒmɪtrɪ] *n.* 加速度测量术

accelofilter [æk'seləfɪltə] *n.* 加速过滤器

accent ❶ ['æksənt] *n.* ①重音(符号) ②音〔声〕调 ❷ [æk'sent] *vt.* ①强调,重读 ②加重音符号

accentual [æk'sentjuəl] *a.* 重音的

accentuate [æk'sentjueɪt] *vt.* ①着重(指出),重读 ②加重音符号

accentuation [æksentju'eɪ∫ən] *n.*【物】预加重

accentuator [æk'sentjueɪtə] *n.* ①增强器,加重电路 ②增强剂

accept [æk'sept] *vt.* ①接受,验收 ②应答,许可 ☆ **accept A as (to be) B** 把 A 当作 B

〖用法〗❶ 当 accept 意为"同意,答应"时,其后可跟名词或动名词而不能跟动词不定式。如: The professor _accepted making an academic report_ on mobile communication to graduate students next week. 那位教授同意下星期给研究生作一场关于移动通信方面的学术报告。❷ 注意搭配模式"accept A as B",意为"把 A 取作为〔接纳为〕"。

如: After the metric system was adopted in France in 1749, its measures of length and mass were gradually _accepted_, along with the already established unit of time, the second, _as_ the units in which scientific findings in mechanics were reported. 在法国,1749 年采用米制之后,其对长度和质量的度量,与早已确立的时间单位"秒"一起,逐渐被当作报道力学方面的科学发现所使用的单位。

acceptability [ək,septə'bɪlətɪ] *n.* (可)接受(性)

acceptable [ək'septəbl] *a.* 可接受的 ☆**acceptable for** 适用于,可为⋯所接受的

acceptably [ək'septəblɪ] *ad.* 可以接受地

acceptance [ək'septəns] *n.* ①接收 ②答应,认可 ☆**find acceptance with (in)** 得到⋯允许〔承认〕; **receive (wide) acceptance** 得到(广泛)承认; **win the acceptance of A of B** 赢得 A 对 B 的承认

〖用法〗注意下面例句的含义: This dynamic model did not _find wide acceptance_. 这个动态模型(当时)并没有获得广泛的认可。

acceptant [ək'septənt] *a.* 接受的,采纳的

acceptation [,æksep'teɪ∫ən] *n.* 词义,意义

accepter,acceptor [ək'septə] *n.* ①接收器,受主〔体〕②【物】谐振电路

access ['ækses] ❶ *n.* ①接近,(出)入口,调整孔 ②【计】存取,访问,查案 ③接触〔使用,接近〕的机会〔方法〕☆**access to A** ①(能)利用 A,通向 A 的入口; **(be) easy (hard,difficult)of access** 易〔难〕接近〔得到〕的;**access to** 可以使用〔接触,理解〕❷ *vt.* 存取,访问,接近

〖用法〗注意下面例句的汉译形式: All that the user has to do in order to _access_ the records is start a web browser and visit the web site. 用户为了存取这些记录只需要启动浏览器来访问一下网址。/In a distributed operating system,the users _access_ remote resources in the same manner as they do local resources. 在分布式操作系统中,用户访问远程资源的方式与访问本地资源的方式相同。/This system determines who can _access_ which file. 这个系统确定谁能够访问哪个文件。/In this case,users of a common channel are permitted _access to_ the channel in the following way. 在这种情况下,一个普通信道的用户被允许用下面的方法来使用本信道。(注意"access to…"在此是一个"保留宾语"。)

accessary [ək'sesərɪ] *n.* =accessory

accessibility [æk,sesɪ'bɪlətɪ] *n.* ①可达性 ②容易相处

accessible [æk'sesəbl] *a.* 可以接近〔使用〕的,可以理解的 ☆**(be) accessible for** 便于; **(be) accessible to** 为⋯所能接近〔理解〕的 ‖ **accessibly** *ad.*

〖用法〗注意下面例句的句型: There are _accessible to_ you,in libraries,any number of books about different kinds of communication equipment. 在图书馆里你可以借阅到有关各种通信设备方面的无数的书籍。(本句属于"there+连系动词+表语+主

A

语”句型。）

accession [ækˈseʃən] ❶ n. ①接近,到达 ②加入, 新到图书 ③就职 ④同意 ❷ vt. 把(新书)登记入册 ☆**accession (of A) to B** (A)达到 B,(A)接近 B

accessional [ækˈseʃənl] a. 附加的

accessorial [ækˈsesərɪəl] a. 附属的

accessorius [ækˌsəˈsɔːrɪəs] ❶ n.【生】副神经 ❷ a. 副的

accessory [ækˈsesərɪ] ❶ a. 附属的,辅助的,【数】配连的 ❷ n. ①(pl.)附件 ②(pl.)次要矿物,岩屑

access-well [ˈæksəswel] n. 交通〔竖〕井

accidence [ˈæksɪdəns] n. 初步,入门

accident [ˈæksɪdənt] ❶ n. (偶然)事故(故障) ❷ a. 紧急用的 ☆**by accident** 偶然,无意中; **by no accident** 并非偶然; **without accident** 安全地,没有发生事故

accidental [ˌæksɪˈdentl] ❶ a. ①偶然的,意外的 ②附带的 ③【地质】外源的 ❷ n. 偶然事件

accidental-coincidence [ˌæksɪˈdentəlkəʊˈɪnsidəns] n. 偶然符合的

accidentally [ˌæksɪˈdentlɪ] ad. 偶然地,附带地

accident-prone [ˈæksɪdəntprəʊn] a. (因粗枝大叶而)特别易出事故的 ‖ ~**ness** n.

acclaim [əˈkleɪm] vt.;n. (向…)欢呼,称赞 ‖ **acclamation** [ˌækləˈmeɪʃən] n. **acclamatory** [əˈklæmətərɪ] a.
〖用法〗当 acclaim 表示“以欢呼声宣布(拥戴;推举)”时,它可以跟“宾语+宾语补足语”,这个补足语一般为名词,偶尔也可以是“to be+名词”或“as+名词”。如: We acclaimed Professor Li (as;to be) director of the key laboratory. 我们推举李教授为该重点实验室主任。

acclimate [əˈklaɪmeɪt] = acclimatize

acclimation [ˌæklaɪˈmeɪʃən] n. 适应(气候,环境),风土驯化

acclimatization, acclimatisation [əˌklaɪmətaɪˈzeɪʃən] n. 气候〔环境,水土〕适应,驯化

acclimatize, acclimatise [əˈklaɪmətaɪz] v. 服水土,适应气候〔环境〕☆**acclimatize oneself to** 适应(气候,环境)

acclinal [əˈklaɪnəl] a. 倾斜的

acclive [əˈklaɪv] a. 向上斜的

acclivitous [əˈklɪvɪtəs] a. 向上斜的

acclivity [əˈklɪvɪtɪ] n. (向上的)斜坡

acclivous [əkˈlaɪvəs] a. 向上斜的

accolade [ˈækəʊleɪd] n. 连谱号;赞美

Accoloy [ækəˈlɔɪ] n.【冶】镍铬铁耐热合金

accommodate [əˈkɒmədeɪt] v. 调节,(使)适应 ☆**accommodate oneself to** 适应(…的需要); **accommodate (A) of B** 使(A)适应 B; **(be) well accommodated** 设备齐全,设备良好

accommodation [əˌkɒməˈdeɪʃən] n. ①适(供)应,容纳 ②(招待,居住)设备 ☆**accommodation of A to B** A 适应 B

accommodative [əˈkɒmədeɪtɪv] a. 适应的,调节的

accommodator [əˈkɒmədeɪtə] n. 调节器〔者〕

accommodometer [əˌkɒməˈdɒmɪtə] n. 眼调节计,调节测量仪

accommodometry [əˌkɒməˈdɒmɪtrɪ] n. 调节测量

accompaniment [əˈkʌmpənɪmənt] n. 伴随物,伴奏 ☆**to the accompaniment of** (伴)随着

accompanist [əˈkʌmpənɪst] n. 伴随物,伴奏者

accompany [əˈkʌmpənɪ] vt. 伴随〔奏〕☆**(be) accompanied by** 伴随有,附有

accomplice [əˈkɒmplɪs] n. ①帮凶 ②【化】协同菌

accomplish [əˈkɒmplɪʃ] vt. 完成,达到(目的)
〖用法〗注意下面一句的译法: It is often necessary to compare the magnitude of a sine-wave current with a direct current. This is accomplished by comparing the joule heat produced in a resistor by the two currents. 常常需要比较正弦波电流与直流电流的大小,其方法是比较由这两种电流在电阻器中产生的焦耳热。

accomplished [əˈkɒmplɪʃt] a. (已)完成的,竣工的,多才多艺的 ☆**be accomplished in** 擅长于

accomplishment [əˈkɒmplɪʃmənt] n. ①完成 ②成就 ③(pl.)技艺,才能

accord [əˈkɔːd] v.;n. ①一致,和谐 ②给予 ③(国际)条约,协定 (between,with) ☆**accord with** 与…一致(相协调); **(be) in accord (with)** (与…)一致; **(be) out of accord (with)** (与…)不一致; **bring A into accord with B** 使 A 与 B 一致; **of one's own accord** 自动(地),自然而然地,自愿地;**with one accord** 一致地
〖用法〗❶ 当 accord 表示“给予”时,可以带有双宾语,特别要注意其被动句型,在被动的谓语后留有一个“保留宾语”。如: A thorough exposition is accorded principles of computers in this book. 本书详细地论述了计算机原理。❷ 注意下面例句的含义: This is indeed in full accord with Gold's theorem. 这的确与戈尔德定理完全一致。

accordance [əˈkɔːdəns] n. 一致,协调,匹配,相适应 ☆**in accordance with (to)** 按照,根据,与…一致; **out of accordance with** 不按照,同…不协调的
〖用法〗词组 in accordance with 可以像下面例句那样用在定语从句中: The fundamental principle in accordance with which all energy transformation in an electric circuit takes place has been already discussed. 我们已经讨论了电路中发生一切能量转换的基本原理。

accordant [əˈkɔːdənt] a. 一致的,匹配的,协调的 ☆**accordant with (to)** 与…一致的 ‖ ~**ly** ad.

according [əˈkɔːdɪŋ] a. 相符的 ☆**according as** (作连词用)取决于,视…而定; **according to** 按照

【用法】❶ 词组 "according to" 可以像下面例句那样用在定语从句中: Seismographs are based on the principle of inertia,<u>according to which</u> each body at rest tends to preserve its state of rest. 地震仪是基于每个静止的物体趋于保持其静止的状态这一惯性原理之上的。❷ "according to" 后面如果跟人称代词的话,不能跟 "me";它也不与 "opinion" 连用

accordingly [əˈkɔːdɪŋlɪ] *ad.* 因此(=therefore);相应地 ☆*accordingly as* =according as

accordion [əˈkɔːdɪən] ❶ *n.* ①手风琴 ②(印制电路的)"Z"形插孔 ❷ *a.* 褶(状)的,可折叠的

accost [əˈkɒst] *vt.* 向人答话,招呼(不认识的人)

accouchee [əˈkuːʃe] (法语) *n.* 产妇

accoucheur [ˌækuːˈʃɜː] (法语) *n.* 男助产士,产科男医生

accoucheuse [ˌækuːˈʃɜːz] (法语) *n.* 女助产士,产科女医师

account [əˈkaunt] ❶ *n.* ①计算,考虑 ②重要性 ③原因 ④账(户,目),报表 ⑤说明,解释 ☆*an account of* 关于…的说明; *bring (call) A to account* 质问 A; *for every account* 无论如何,总之; *give an account of* 报告,说明; *hold...of no account* 轻视,不算数; *in the last account* 归根到底,终于; *leave (put) ...out of account* 不注意,不把…考虑在内; *make (little,much,no) account of* (不大,非常,完全不)重视; *not...on any account* 决不; *of little (every)account* 无论如何; *on no (not any) account* 决不; *on one's own account* 独自; *on this (that) account* 为了这〔那〕个缘故,因此; *take into account*=*take account of* 考虑(到),把…考虑进去 ❷ *v.* ①认为 ②说明(原因,用途) ③(数量)占 ④算账 ☆*account for* 解释,说明,是(造成)…的原因;(公共)占

【用法】❶ 使用词组 account for 时要根据具体情况选定正确的含义。如: The current in this branch <u>accounts for</u> 1/3 the total current in the circuit. 这个支路中的电流为〔占〕电路中总电流的 1/3。/The increased capacitance <u>is accounted for</u> by the dielectric constant of the insulator. 电容量的增加是由于该绝缘体的介电常数引起的。/In this case,the work done <u>is accounted for</u> by an increase in potential energy. 在这种情况下,所做的功表现为势能的增加。/The source resistor is set equal to zero to <u>account for</u> the shunting action of the source bypass capacitor at signal frequencies. 我们把电源电阻设为零来表示〔说明〕电源旁通电容器在信号频率上的分流作用。这就说明了该电路名称的由来。❷ 注意下面例句的含义: This book <u>gives a good account of</u> related modeling developments in the 1970s. 本书很好地介绍了 20 世纪 70 年代相关的建模发展情况。/What the actual weight of the stone is we do not know and cannot compute until we

have some way of <u>taking into account</u> exactly how strong the pull of gravity is at the particular location we are interested in. 直到我们有了某种方法来考虑在我们感兴趣的特殊位置到底重力的拉力为多强后,我们才能知道并计算出这块石头的实际重量为多大。("What the actual weight of the stone is" 是 "know" 的宾语从句,为了强调而把它倒置在句首了。)

accountability [əˌkauntəˈbɪlətɪ] *n.* 有责任

accountable [əˈkauntəbl] *a.* 负有责任的,可解释的 ‖~ly *ad.*

accountancy [əˈkauntənsɪ] *n.* 会计(学)

accountant [əˈkauntənt] *n.* 会计(员),出纳(员)

accounting [əˈkauntɪŋ] *n.* 会计(学),账

accouplement [əˈkʌplmənt] *n.* 匹配;拼凑

accouter, accoutre [əˈkuːtə] *vt.* 装备 ☆*be accoutred with (in)* 穿着

accoutrements [əˈkuːtəmənts] *n.* (军服及武器以外的)装备

Accra [əˈkrɑː] *n.* 阿克拉(加纳首都)

accredit [əˈkredɪt] *v.* ①信任(托),认可 ②任命(to) ③把…归咎(to,with) ④鉴定…为合格

accreditation [əˌkredɪˈteɪʃən] *n.* 任命,鉴定

accredited [əˈkredɪtɪd] *a.* 被认可的,被普遍采纳的

accrementition [ˌækrɪmenˈtɪʃən] *n.* 增产

accrete [æˈkriːt] ❶ *vt.* 增大,堆积 ❷ *a.* 增积

accretion [æˈkriːʃən] *n.* ①生长,增加物 ②堆积(物),积成物 ③长合,粘连 ④(pl.)(熔炼炉中的)炉结,底结 ‖ ~al *a.* ~ary *a.*

accretive [æˈkriːtɪv] *a.* 增积的,粘连的

accrual [əˈkruːəl] *n.* 增加,增加物

accrue [əˈkruː] *vi.* 增长(殖)

accumbent [əˈkʌmbənt] *a.* 横卧的

accumulate [əˈkjuːmjuleɪt] *v.* 累积(加)

【用法】注意下面例句的含义: By the beginning of last century a substantial body of evidence <u>had been accumulated</u> in support of the idea that the chemical elements consist of atoms. 到上世纪初,已积累了大量的证据来证明这样的概念: 化学元素是由原子构成的。

accumulation [əˌkjuːmjuˈleɪʃən] *n.* 累积,堆积(物)
【用法】该词前往往有不定冠词。如: In this case,<u>an accumulation of</u> molecules in T_1 increases the laser losses. 在这种情况下,T_1 中分子的积累会增加激光器的损耗。

accumulational [əˌkjuːmjuˈleɪʃənəl] *a.* 累积的

accumulative [əˈkjuːmjuleɪtɪv] *a.* 累积(加)的 ‖ ~ly *ad.*

accumulator [əˈkjuːmjuleɪtə] *n.* ①【物】累加器,蓄电〔水〕池 ②【计】记忆装置

accuracy [ˈækjurəsɪ] *n.* 准确(度),精(密)度 ☆*to (within) accuracies (an accuracy) of* 准确到; *with accuracy* 正确〔准确〕地
【用法】❶ accuracy 一般用作不可数名词,不过也

A

有人在其前面加不定冠词 an 或用其复数形式;其前面一般用介词 with(偶尔也有用 at 的),表示"以…精度"。如: Special techniques must be used to measure gain <u>with such accuracy</u>. 必须采用专门的技术来度量这样的精度的增益。/This standard can be measured <u>with an accuracy</u> of one part in ten trillion. 测量这个标准的精度能够达到十兆分之一。/This kind of network is controlled by a master clock <u>with an accuracy</u> of about 1 part in 10^9. 这种网络是由一个主时钟控制的,其精度约为 $1/10^9$。/Such instruments measure resistances <u>at relatively low accuracy</u>. 这种仪表测量电阻的精度比较低。/Here we want to measure to <u>an accuracy</u> within 1dB. 这里我们想要度量到精度达 1 分贝。/This oscilloscope is capable of <u>accuracies</u> to within 1°of phase shift from dc to 50kHz. 这个示波器从直流到 50 千赫能够达到的精度为相位移 1°以内。❷ "精度"的高低一般可用 great,high,poor,low。如: Even <u>greater</u> accuracy can be achieved〔obtained〕with the help of laser beams. 借助于激光射束可以获得更高的精度。/Sometimes we wish to make measurements with <u>high</u> accuracy. 有时候我们希望测量的精度很高。/In this case the accuracy is <u>poor</u>. 在这种情况下精度是低的。❸ "精度"的"提高"一般用 increase 或 improve。如: Computer control can <u>increase</u> the accuracy of measurement. 计算机控制能够提高测量的精度。/In this way accuracy can be <u>improved</u>. 这样就能够提高精度。❹ 注意下面例句的含义: <u>To a very good accuracy</u> $ω_0=(AP_0/τ)^{1/2}$. 我们得到了非常精确的式子: $ω_0=(AP_0/τ)^{1/2}$.

accurate [ˈækjurɪt] a. 准〔精〕确的 ☆*(be) accurate to dimension* 精确符合尺寸的 〖用法〗在科技文中,由它构成的形容词短语放在句首往往可以表示原因状语。如: <u>Accurate in operation</u> and high in speed,computers can save man a lot of time and energy. 由于计算机运算精确、速度快,所以(它们)可以为人类节省大量的时间和精力。(句中的"high in speed"为形容词短语作原因状语)

accursed [əˈkɜːsɪd], **accurst** [əˈkɜːst] a. 可恶〔恨〕的,不幸的

accusant [əˈkjuːzənt] n. 指责者,控告者

accusation [ækjuːˈzeɪʃən], **accusal** [əˈkjuːzəl] n. 责备,控告 ☆*be under an accusation* 受责备,被控告; *bring an accusation against* 控告

accusatory [əˈkjuːzətəri] a. 责问的,控告的

accuse [əˈkjuːz] vt. 控告,指控

accused [əˈkjuːzd] n. 被告

accuser [əˈkjuːzə] n. 原告

accustom [əˈkʌstəm] vt. 使…习惯于 ☆*accustom A to B (doing;do)* 使 A 习惯于 B〔做〕; *be accustomed to A (doing;do)* 习惯于 A〔做〕; *get accustomed to* 对…习以为常,司空见惯

accustomed [əˈkʌstəmd] a. 习惯的,惯例的

accutron [ˈækjutrɒn] n. 电子手表,电子计时计

ace [eɪs] ❶ n. ①(纸牌的)幺,一;一点 ②能手 ③王牌〔一级〕飞行员 ❷ a. 最高的,第一流的 ☆*ace run* 头轮;*aces up* 顶好;*not an ace* 毫无; *within an ace of* 差一点儿

acenaphthene [æsəˈnæfθiːn] n.【化】苊

acentric [əˈsentrɪk] a. ①无中心的,偏心的 ②非中枢(性)的

acer [ˈeɪsə] n.【植】槭属

acerate [ˈæsərɪt] (拉丁语) a. 尖的,针尖状的

acerb(ic) [əˈsɜːb(ɪk)] a. 酸涩的,尖刻的

acerbity [əˈsɜːbəti] n. 酸涩度,尖刻

acerdol [ˈeɪsədɒl] n.【化】高锰酸钙

acerose [ˈæsɪrəus] a. 针叶树的,针叶状的

acerous [ˈæsərəs] a. 针状的

acescence [əˈsesəns], **acescency** [əˈsesənsɪ] n. 变酸,酸度

acescent [əˈsesənt] a. 容易变酸的,有酸味的

acesodyne [əˈsesədaɪn] ❶ a. 止痛的 ❷ n. 止痛药

acet [əˈset] n.【化】乙炔,乙酰

acetal [ˈæsɪtæl] n.【化】乙缩醛

acetalation [æsɪtəˈleɪʃən] n.【化】缩醛化(作用)

acetaldehyde [æsɪˈtældɪhaɪd] n.【化】乙醛

acetaldol [ˈæsɪtældəl] n.【化】丁间(醇)醛;羟基丁醛

acetamide [æsɪˈtæmaɪd] n.【化】乙酰胺

acetanilid [æsɪˈtænɪlɪd], **acetanilide** [æsɪˈtænɪlaɪd] n.【化】乙酰(替)苯胺,退热冰

acetate [ˈæsɪteɪt] n.【化】乙酸盐〔酯,根,基〕,醋酸纤维素

acetic [əˈsiːtɪk] a. (乙)酸的,醋的

acetification [əˌsetɪfɪˈkeɪʃən] n.【化】醋化(作用)

acetifier [əˈsetɪfaɪə] n. 醋化器

acetify [əˈsetɪfaɪ] v. (使)醋化,使酸化

acetimeter [æsɪˈtɪmɪtə] n. 乙酸计,酸度计

acetimetry [æsɪˈtɪmɪtrɪ] n. 乙酸测定(法)

acetin [ˈæsɪtɪn] n.【化】乙酸甘油酯,醋精

acetoacetate [ˌæsɪtəˈæsɪteɪt] n.【化】乙酰乙酸盐〔酯,根〕

acetoin [əˈsetɔɪn] n.【化】羟基丁酮

acetol [ˈæsɪtəul] n.【化】丙酮醇,乙酰甲醇

acetolysis [ˌæsɪˈtɒlɪsɪs] n.【化】乙酰解

acetometer [ˌæsɪˈtɒmɪtə] n.【化】乙酸定量计

acetomorphine [æsɪtəuˈmɔːfiːn] n.【化】海洛因

acetonaphtone [æsɪtəˈnefθəun] n.【化】萘乙酮

acetonation [æsɪtəuˈneɪʃən] n.【化】丙酮化作用

acetone [ˈæsɪtəun] n.【化】丙酮

acetonide [ˈæsɪtənaɪd] n.【化】丙酮化合物

acetonitrile [æsɪtəuˈnaɪtrɪl] n.【化】乙腈,氰甲烷

acetonuria [æsɪtəˈnjuərɪə] n.【化】丙酮脲

acetonyl [ˈæsɪtənɪl] n.【化】丙酮基,乙酰甲基

acetophenone [ˌæsɪtəˈfenəun] n.【化】乙酰苯,苯乙酮

acetose [ˈæsɪtəus], **acetous** [ˈæsɪtəs] 乙酸的,

语。)

含酸的

acetovanillon [ˌæsɪtəʊˈvænələn] n.【化】加拿大麻素

acetoxon [æsɪˈtɒksən] n.【化】乙酯磷

acetoxylation [æsɪtəʊksɪˈleɪʃən] n. 乙酸(基)化

acetum [əˈsiːtəm] n.【化】醋,醋剂

acetyl [ˈæsɪtɪl] n.【化】乙酰(基)

acetylacetonate [ˌæsɪtɪˈlæsɪtəʊneɪt] n.【化】乙酰丙酮化物

acetylacetone [ˌæsɪtɪˈlæsɪtəʊn] n.【化】乙酰丙酮,戊间二酮

acetylase [æsɪtɪˈleɪs] n.【化】乙酰基转移酶

acetylate [æsɪtɪˈleɪt] ❶ v. 乙酰化 ❷ n.【化】乙酰化物

acetylation [əˌsetɪˈleɪʃən] n.【化】乙酰化(作用)

acetylcholine [ˌəsɪtaɪˈkəʊlɪn] n.【化】乙酰胆碱

acetylene [əˈsetɪliːn] n.【化】乙炔气

acetylfluoride [æsɪtɪˈflʊəraɪd] n.【化】乙酰氟

acetylgasoline [æsɪtɪˈɡæsəlɪn] n.【化】乙炔〔酰〕汽油

acetylide [əˈsetɪlaɪd] n.【化】乙炔化物

acetylize [əˈsetɪlaɪz] v. 乙酰化

acetylizer [əˈsetɪlaɪzə] n. 乙酰化器

acetyloxide [æsɪtɪˈlɒksaɪd] n.【化】氧化乙酰

acetylphosphate [æsɪtɪˈfɒsfeɪt] n.【化】乙酰磷酸盐

acetyltryptophan [æsɪtɪˈtrɪptəfən] n.【化】乙酰氨酸

ache [eɪk] ❶ vi. ①(疼,酸)痛 ②渴望 ❷ n. 疼痛
〖用法〗ache 是指连续性的隐隐作痛。它作名词用时可以有 ache,an ache,aches 三种形式,后跟 in 表示疼痛的位置。

achievable [əˈtʃiːvəbl] a. 可完成(达到)的
〖用法〗为了加强语气,该词可以作后置定语。如:This measure is the key for the extremely low dc power achievable. 这一措施是能够获得极低直流功率的关键。

achieve [əˈtʃiːv] vt. 完成,达到(目的)
〖用法〗❶ 它后面可以跟"目的,目标(purpose,goal);成功(success);胜利(victory)"作它的宾语。❷ 注意下面例句的句型是英美科技人员喜欢采用的句型: Large transformers can achieve efficiencies of as much as 99%. 大型变压器可获得的效率高达 99%。(=The efficiency that large transformers can achieve is as much/great as 99%.)

achievement [əˈtʃiːvmənt] n. ①完成 ②成就,功绩
〖用法〗它通常是一个可数名词,所以可以有单、复数形式;与它搭配使用的动词是 make,表示"取得"。注意下面例句的含义及汉译法: Upon making use of this equation,the exact frequencies found in the hydrogen spectrum are obtained—a remarkable achievement. 利用了这一方程式后,就得到了在氢的频谱中所发现的那些频率,这是一个了不得的成就。(破折号后面那部分是前面句子的同位

Achilles [əˈkɪliːz] n.【天】阿基里斯(小行星),勇士星

achloropsia [əkləˈrɒpsɪə] n. 绿色盲

achnakaite [ˈæknəkəaɪt] n.【地质】黑云倍长岩

acholuria [ˌækəˈluːrɪə] n.【医】无胆色(素)尿

achondrite [eɪˈkɒndraɪt] n.【天】无球粒陨石

achrodextrin [ækrəʊˈdekstrɪn] n.【化】消色糊精

achromat [ˈækrəʊmæt] n.【物】消色差透镜

achromate [əˈkrəʊmeɪt] n. 色盲者

achromatic [ækrəʊˈmætɪk] a. ①消色(差)的 ②单色的 ③色盲的

achromaticity [əˌkrəʊməˈtɪsəti], **achromatism** [əˈkrəʊmətɪzəm] n. 消色差(性),无色

achromatin [əˈkrəʊmətɪn] n. 非染色质

achromatize [əˈkrəʊmətaɪz] vt. 使无色,消…色差 ‖ **achromatized** a.

achromatopsia [əˌkrəʊməˈtɒpsɪə], **achromatopsy** [əˌkrəʊməˈtɒpsɪ] n. (全)色盲

achromic [əˈkrəʊmɪk], **achromous** [əˈkrəʊməs] a. 消色的,色素缺乏的

achromycin [ækrəʊˈmaɪsɪn] n.【化】无色霉素,四环素

achylia [əˈkaɪlɪə] n.【医】胃液缺乏

achynite [əˈkaɪnaɪt] n.【地质】氟硅铌钛矿

acicle [ˈɑːsɪkl] n. 针毛

acicular [əˈsɪkjʊlə] a. 针形的

aciculate [əˈsɪkjʊleɪt] a. 针状的

acid [ˈæsɪd] ❶ n. 酸(性物) ❷ a. 酸性的

acidaffin [æˈsɪdəfɪn] n.【化】亲酸物

acidamide [ˈæsɪdəmaɪd] n.【化】酰胺

acidate [ˈæsɪdeɪt] v. 酸〔酰〕化

acidation [æsɪˈdeɪʃən] n.【化】酸化

acid-base [ˈæsɪdbeɪs] a. 酸碱的

acid-catalyzed [ˈæsɪdˈkætələaɪzd] a. 酸催化的

acid-deficient [ˈæsɪddɪˈfɪʃənt] a. 弱酸的,缺酸的

acidemia [ˌæsɪˈdiːmɪə] n.【化】酸血

acid-fast [ˈæsɪdfɑːst] a. 耐酸的

acid-free [ˈæsɪdfriː] a. 无酸的

acidic [əˈsɪdɪk] a. 酸(性)的

acidiferous [æsəˈdɪfərəs] a. 含酸的

acidifiable [əˈsɪdɪfaɪəbl] a. 可酸化的

acidific [æsɪˈdɪfɪk] a. 使酸的

acidification [əˌsɪdɪfɪˈkeɪʃən] n.【化】酸化(作用)

acidifier [əˈsɪdɪfaɪə] n. 酸化剂〔器〕

acidify [əˈsɪdɪfaɪ] v. 酸化

acidimeter [ˌæsɪˈdɪmɪtə] n.【化】酸度计,pH 计

acidimetry [ˌæsɪˈdɪmɪtrɪ] n. 酸量测定

acidite [ˈæsɪdaɪt] n.【地质】酸性岩

acidity [əˈsɪdəti] n. 酸性〔度,味〕

acidize [ˈæsɪdaɪz] v. 酸处理,酸化

acidless [ˈæsɪdlɪs] a. 无酸的

acidness [ˈæsɪdnɪs] n.【化】酸性〔度〕

acidofuge [ˌæsɪdəˈfjuːdʒ] a. 避酸的,嫌酸的

acidogenic [ˌæsɪdəˈdʒenɪk] a. 生酸的

acidoid [ˈæsɪdɔɪd] ❶ a. 似酸的,变酸的 ❷ n. 酸性物质,可变酸的物质

acidolysis [æsɪˈdɒlɪsɪs] (pl. acidolyses [æsɪˈdɒlɪsiːz]) n. 【化】酸解

acidometry [ˌæsɪˈdɒmɪtrɪ] n. 酸定量法

acidophil(e) [ˈæsɪdəfɪl] ❶ n. 嗜酸生物,嗜酸菌 ❷ a. 嗜酸的

acidophilin [æsɪˈdɒfɪlɪn] n. 【化】嗜酸素

acidophobous [æsɪdəˈfəʊbəs] a. 嫌酸的,疏酸的

acidoresistance [æsɪdəʊrɪˈzɪstəns] n. 【化】抗酸性

acidoresistant [æsɪdəʊrɪˈzɪstənt] a. 抗酸的

acidoresistivity [æsɪdəʊrɪzɪsˈtɪvɪtɪ] n. 【化】抗酸性

acidosic [ˌæsɪˈdəʊsɪk] a. 酸中毒的

acidosis [ˌæsɪˈdəʊsɪs] n. 【医】酸中毒

acidotic [ˌæsɪˈdəʊtɪk] a. 酸中毒的

acidproof [ˈæsɪdpruːf] a. 耐酸的

acid-pugged [ˈæsɪdˈpʌgd] a. 用酸拌和的

acid-soluble [ˈæsɪdˈsɒljubl] a. 可溶于酸的

acid-treated [ˈæsɪdˈtriːtɪd] a. 酸化的,酸处理过的

acidulant [əˈsɪdjulənt] a. 酸化剂

acidulate [əˈsɪdjuleɪt] v. 酸化

acidulation [ə,sɪdjuˈleɪʃən] n. 【化】酸化

acidulous [əˈsɪdjuləs] a. 有(带)酸味的;别扭的

acidum [ˈæsɪdəm] n. 【化】酸

aciduric [æsɪˈdjuːrɪk] a. 耐酸的

acidylable [ˈæsɪdɪləbl] a. 酰化的

acidylate [ˈæsɪdɪleɪt] v. 酰化 ‖ **acidylation** n.

acies [ˈeɪsɪiːz] (拉丁语) n. 边缘;棱角

aciesis [æsɪˈiːsɪs] n. 不孕

aciform [ˈæsɪfɔːm] a. 针状的;锐利的

acinar [ˈæsɪnə] n.;a. 腺泡(的)

acinesia [ˌæsɪˈniːzɪə] n. 不能动作

acinose [ˈæsɪnəʊs], **acinous** [ˈæsɪnəs] a. 细粒状的

acisculis [ˈæsɪkjuːlɪs] n. 石工小锤

ack-ack [ˈækˈæk] n.;a. 高射炮(火,的)

ackey [ˈækɪ] n. 【化】硝硫混酸浸渍液

acknowledge [əkˈnɒlɪdʒ] vt. ①(公开)承认,肯定 ②证实,承认 ③感谢
〖用法〗❶ 这个词在科技文中广泛地用来表示感谢。如: The authors <u>would like to acknowledge</u> the valuable comments and suggestions of their associates in Communications Research at Lockheed Missiles and Space Company. 作者们要感谢他们在洛克希德导弹和空间公司通信研究部的同仁们提出的有价值的意见和建议。/Helpful suggestions by D.A.Kleinman <u>are gratefully acknowledged</u>. 对 D·A·克莱恩曼所提的很有帮助的建议表示衷心的感谢。❷ 当它表示"承认"时,可以直接跟名词作宾语,可以跟 that 从句作宾语,可以跟宾语加补足语"acknowledge A as(to be) B",意为"承认 A 是 B",还可以跟完成时的动名

词作宾语(表示已发生了的动作——当然也可以用 that 从句来表示)。

acknowledged [əkˈnɒlɪdʒd] a. 世所公认的,已有评定的

acknowledg(e)ment [əkˈnɒlɪdʒmənt] n. ①认可,承认 ②感谢
〖用法〗❶ 它常用在表示感谢的句型中,多见的有 the author wishes to make (give) the acknowledgment of …/grateful acknowledgment is made to …/the author is in acknowledgment of … 。❷ 在论文中表示"致谢"一项的标题时,它可以用单数形式,也可以用复数形式。

aclastic [eɪkˈlæstɪk] a. 不折射的

aclinal [eɪˈklaɪnəl] a. 无倾角的

acline [eɪˈklaɪn] n. 【地质】水平地层

aclinic [æˈklɪnɪk] a. 无倾角的

acme [ˈækmɪ] n. 顶点,极点 ☆ **be (reach) the acme of perfection** 尽善尽美

acmite [ˈækmaɪt] n. 【化】锥辉石

acne [ˈæknɪ] n. 痤疮,粉刺

acnodal [ˈæknəʊdəl] a. 孤点的

acnode [ˈæknəʊd] n. 孤点,顶点,极点

acoasma [ækˈæzmə] n. 【医】幻听

acock [əˈkɒk] a.;ad. 上翻的(地);警觉的(地)

acoelomate [eɪˈsiːləmeɪt] n. 无体腔动物

acolite [ˈækəlaɪt] n. 低熔合金

acology [əˈkɒlədʒɪ] n. 治疗学

acolous [əˈkɒləs] a. 无肢的

acomia [əˈkəʊmɪə] n. 秃,无发

aconitase [əˈkɒnɪteɪs] n. 【化】乌头酸酶

aconitate [əˈkɒnɪteɪt] n. 【化】乌头酸盐〔酯,根〕

aconitine [əˈkɒnɪtiːn] n. 【化】乌头碱

acor [ˈeɪkɔː] n. ①酸涩 ②辛辣

acoradiene [əˈkɒrədiːn] n. 【化】菖蒲二烯

acorite [ˈækəraɪt] n. 【化】锆石

acorn [ˈeɪkɔːn] n. ①橡实〔子〕②尖(端)③【电子】橡实管,【航】整流罩

acouasm [əˈkuːæzəm] n. 【医】幻听

acouesthesia [əkuːesˈθiːzɪə] n. 听觉

acoumeter [əˈkuːmɪtə] n. 测听计,听力计

acoumetry [əˈkuːmɪtrɪ] n. 测听术

acouometer [əkuːˈɒmɪtə] n. 听力计

acouophone [ˈækuːəfəʊn] n. 助听器

acousimeter [əkuːˈsɪmɪtə] n. =acoumeter

acoustic(al) [əˈkuːstɪk(əl)] a. ①听觉的 ②声(学)的,助听的

acoustician [ækuːsˈtɪʃən] n. 声学工作者,声学家

acousticon [əˈkuːstɪkɒn] n. 助听器

acoustics [əˈkuːstɪks] n. ①声学 ②音质,传音性 ③音响装置〔效果〕

acoustimeter [əkuːˈstɪmɪtə] n. 声强计,噪声仪〔计〕

acoustmeter [əˈkuːstmiːtə] n. =acoumeter

acoustochemistry [əˈkuːstəˈkemɪstrɪ] n. 声化学

A

acoustomotive [ə,ku:stə'məutɪv] *a.* 声波的

acoustooptic(al) [ə,ku:stə'ɒptɪk(əl)] *a.* 声光的

acquaint [ə'kweɪnt] *vt.* 使熟悉(通晓)☆*acquaint oneself with (of)* 通晓,熟悉; *acquaint A with (of,that) B* 把 B 通(告)知 A,使 A 熟悉 B; *be acquainted with* 熟悉,通晓,认识,知道; *get (become)acquainted with* 开始认识; *keep A acquainted with B* 使 A 对 B 保持接触 〖用法〗注意下面例句的含义: This book is intended to <u>acquaint</u> engineers,scientists and program managers <u>with</u> what may be a new and unfamiliar discipline. 本书旨在使工程师、科学家和程序管理员通晓可能是一门新的而不熟悉的学科。

acquaintance [ə'kweɪntəns] *n.* ①熟悉 ②相识的人 ☆*a passing acquaintance with* 对…的肤浅的了解; *have a bowing (nodding) acquaintance with* 与…为点头之交,对…略知一二; *make one's acquaintance* 或 *make the acquaintance of* 和…认识,结识 〖用法〗该词往往带有不定冠词。如: A good designer needs <u>a good acquaintance with</u> the properties of materials used in machines. 一位好的设计人员需要很好地了解机器中所用材料的性质。

acquiesce [,ækwɪ'es] *vi.* 默认,勉强同意(in) ‖ ~nce *n.* ~nt *a.* ~ntly *ad.*

acquire [ə'kwaɪə] *vt.* 获得,得到

acquired [ə'kwaɪəd] *a.* 已得到的,已习成惯的,(后天)获得的 〖用法〗注意在下面例句中该词的含义: Creative thought can also suffer from <u>acquired</u> prejudices and patterned responses. 创新思维也会受到习惯的偏见和定型的反响之害。

acquirement [ə'kwaɪəmənt] *n.* 获得,(pl.)学识,技能

acquisition [,ækwɪ'zɪʃən] *n.* ①获得,获取 ②捕获,拦截 ③目标显示 ④学识

acquisitive [ə'kwɪzətɪv] *a.* 可得到的(获得)的 ☆*be acquisitive of* 渴望得到 ‖ ~ly *ad.* ~ness *n.*

acquit [ə'kwɪt] *vt.* ①赦免,释放(of) ②尽职责(of,from) ③偿还 ☆*acquit oneself of* 尽职责

acquittal [ə'kwɪtl] *n.* ①宣告无罪 ②尽责 ③还清

acquittance [ə'kwɪtəns] *n.* ①免除 ②还清 ③收据,电报收妥通知

acraldehyde [ə'krælə,haɪd] *n.* 【化】丙炔醛

acrasin ['ækrəsɪn] *n.* 【化】聚集素

acrasinase [ə'kreɪsɪnəs] *n.* 【化】聚集素

acratia [ə'kræʃə] *n.* 无力,失禁

acre ['eɪkə] *n.* ①英亩 ②(pl.)耕地,大量

acreage ['eɪkərɪdʒ] *n.* 英亩数,(土地)面积

acree [ə'kri:] *n.* 【地质】岩屑锥

acrefoot ['eɪkəfut] (pl. acrefeet) *n.* 英亩,英尺

acribometer [ækrɪ'bɒmɪtə] *n.* 精微测量器

acricid ['ækrɪsɪd] *n.* 【化】乐杀螨

acrid ['ækrɪd] *a.* (辛,毒)辣的,腐蚀性的,苛性的 ‖ ~ity 或~ness *n.*

acridine [æ'krɪdɪn] *n.* 【化】吖啶

acridone ['ækrədəun] *n.* 【化】吖啶酮

acriflavine [,ækrɪ'fleɪvi:n] *n.* 【化】吖黄素,吖啶黄(素)

acrimonious [,ækrɪ'məunɪəs] *a.* 辛辣的,尖刻的

acrimony ['ækrɪmənɪ] *n.* 辛辣,刻毒

acrinia [eɪ'krɪnɪə] *n.* 分泌缺乏

acritical [eɪ'krɪtɪkəl] *a.* ①不危险的 ②不批评的

acritochromacy [əkrɪtə'krəuməsɪ] *n.* 色盲

acrobacy [æ'krɒbəsɪ] *n.* 高级特技

acrobat ['ækrəbæt] *n.* 特技飞行员

acrobatic [,ækrə'bætɪk] *a.* 特技的,杂技的

acrobatics [,ækrə'bætɪks] *n.* 特技,杂技

acroblast ['ækrəblɑ:st] *n.* 【地质】原顶体

acrocentric [ækrə'sentrɪk] *a.* 具近端着丝点的

acrocephalia [,ækrəse'feɪlɪə] *n.* 尖头(畸形)

acrocephalic [,ækrəse'feɪlɪk] *a.* 尖头的

acrocinesis [,ækrəsaɪ'ni:sɪs] *n.* 运动过度

acrocinetic [,ækrəsaɪ'netɪk] *a.* 运动过度的

acrodynia [,ækrə'dɪnɪə] *n.* 肢端痛

acrogenous [ə'krɒdʒɪnəs] *a.* 顶生的

acrojet ['ækrədʒet] *n.* 特技飞行的喷气飞机

acrokinesia [,ækrəkaɪ'ni:zɪə] *n.* = acrocinesis

acrolein [ə'krəuli:n] *n.* 【化】丙烯醛

acrometer [æ'krɒmɪtə] *n.* 油类比重计

acronychal [ə'krɒnɪkəl] *a.* 日落后出没的(指天气)

acronym ['ækrənɪm] *n.* 首字母缩写语 ‖ ~ic 或 ~ous *a.*

across [ə'krɒs] *prep.;ad.* ①横跨〔穿〕②跨(接在)③交叉,成十字形 ☆*come (run) across* 碰到,发现;*come across one's mind* 忽然想起 〖用法〗❶ 在科技文中,它常常表示"在…两端"之意。如: One filter is placed <u>across</u> resistor R. 在电阻器 R 两端并接一个滤波器。/The voltage <u>across</u> this resistor is 1.2 volts. 这个电阻上的电压为 1.2 伏。/There exists a capacitance <u>across</u> the PN junction. 在 PN 结上存在一个电容。(注意: 在后面的两个例句中不要受到汉语"上"字的影响而用"on"来代替"across"。) ❷ 在下面的例句中介词"across"是不能省去的(这属于"反射式不定式"句型): The Atlantic was too dangerous for Americans to send enough men and war materials <u>across</u>. 当时大西洋太危险了,以至于美国人无法把足够的人员和战争物资送过去(到英国)。

acrotism ['ækrətɪzəm] *n.* 【医】弱脉,无脉

acrotorque ['ækrətɔ:k] *n.* 【物】最大扭力〔矩〕

acryl ['ækrɪl] *n.* 【化】丙烯(醛基)

acrylaldehyde [,ækrɪ'lældə,haɪd] *n.* 【化】丙烯醛

acrylamide [,ækrɪ'læmaɪd] *n.* 【化】丙烯酰胺

acrylate ['ækrɪleɪt] *n.* 【化】丙烯酸盐

acrylics [ə'krɪlɪks] *n.* 【化】丙烯酸树脂

acryloid ['ækrələɪd] *n.* 【化】丙烯(树脂溶)剂

acrylonitrile [,ækrɪlə'naɪtrɪl] *n.* 【化】丙烯腈

A

act [ækt] ❶ *n.* ①行为,行动 ②学位论文答辩 ③法规,规章 ④【戏】幕 ☆*in the (very) act* 当场; *put on an act* 装模作样 ❷ *v.* 行动,扮演,表现(得) ☆*act against* 违反; *act as* 起…作用,作为,充当; *act as though (as if)* 表现得似乎; *act like* (…的)作用象像(…一样); *act on (upon)* 作用上〔在…上〕,对…起作用〔起反应〕,按…行动

〖用法〗在科技文中,常见的用法是 act as(like)"用作;作用就像"(它是主动的形式、被动的含义,等效于"be used as"。它与 function as、serve as、behave as 类同)和 act to (do)"作用是"。如: A PN junction <u>acts like</u>〔as〕a 0.7V battery. 一个 PN 结的作用就像一个 0.7 伏特的电池。/The induced emf <u>acts to oppose</u> the change in current. 感应电动势的作用是阻止电流的变化。

actidione [,ækti'daiəun] *n.*【化】放线菌酮
actification [æktifi'keiʃən] *n.*【化】再生作用
actifier ['æktifaiə] *n.* 再生器
actin ['æktin] *n.*【化】肌动蛋白
actinal ['æktinəl] *a.* 口(腔)的
actinate ['æktineit] *n.*【化】肌动蛋白化物
acting ['æktiŋ] ❶ *a.* ①作用的,代理的 ②演出用的 ❷ *n.* ①行为,动作 ②表演 ③代理
actinic [æk'tinik] *a.* (有)光化(性)的
actinicity [ækti'nisəti] *n.*【物】光化性〔力〕
actinides ['æktinaidz] *n.*【物】锕类
actiniform [æk'tinifɔ:m] *a.* 放射状的
actinism ['æktinizəm] *n.*【物】光化作用,感光度
actinity [æk'tinəti] *n.*【物】光化性〔度〕
actinium [æk'tiniəm] *n.*【化】锕
actinobiology [,æktinəubai'ɔlədʒi] *n.* 放射生物学
actinochemistry [,æktinəu'kemistri] *n.* 光化学,射线化学
actinocongestin [,æktinəukən'dʒestin] *n.*【化】海葵毒素
actinodermatitis [,æktinəudə:mə'taitis] *n.*【医】射线皮炎
actinodielectric [,æktinəudaii'lektrik] *a.* 光敏介电的
actino(-)electricity ['æktinəuilek'trisəti] *n.* 光电
actinogenesis [,æktinəu'dʒenisis] *n.*【物】射线发生
actinogenics [,æktinəu'dʒeniks] *n.* 射线学
actinogram [æk'tinəugræm] *n.* 射线照相
actinograph [æk'tinəgrɑ:f] *n.* ①X 光照片 ②光力计
actinographema [æktinəugrə'fi:mə] *n.* X 光像
actinography [,ækti'nɔgrəfi] *n.* 光量测定(法),光能测定术
actinoid ['æktinɔid] *a.* 放射状的
actinolite [æk'tinəlait] *n.*【地质】阳起石,光化石
actinology [,ækti'nɔlədʒi] *n.* 放射线学

actinolysin [,æktinə'laisin] *n.*【化】放线菌溶素
actinometer [,ækti'nɔmitə] *n.* ①日照仪 ②曝光表
actinometry [,ækti'nɔmitri] *n.* ①日射测定术 ②曝光测定
actinomorphic [,æktinəu'mɔ:fik] *a.* 放射对称的
actinomyces [,æktinəu'maisi:z] *n.*【化】放线菌
actinomycin [,æktinəu'maisin] *n.*【化】放线菌素
actinomycosis [,æktinəumai'kəusis] *n.* 放线菌病
actinon ['æktinɔn] *n.*【化】=acton
actinophage [æk'tinəfeidʒ] *n.*【化】放线菌噬菌体
actinoscope [æk'tinəskəup] *n.* 光能测定仪
actinoscopy [,ækti'nɔskəpi] *n.* 放射检查
actinote ['æktinəut] *n.*【地质】阳起石
actinotherapeutics [,æktinəθerə'pju:tiks] *n.* 射线疗法
actinotherapy [,æktinə'θerəpi] *n.* 射线疗法
actinouranium [,æktinəuju'reinjəm] *n.*【化】锕铀
action ['ækʃən] *n.* ①作用,反应,战斗 ②作用力 ☆*action on A* 对 A 的作用;*(be) in action* (正)在工作〔起作用〕(的); *(be) out of action* 失去作用; *(be) put out of action* 出毛病,停止工作; *bring (call) …into action* 使…生效,实行; *by the action of* 在…作用下; *come into action* 开始动作〔运行,起作用〕; *put (set) …in (into) action* 开动,把…付诸实行; *put…out of action* 使…停止工作〔运行〕,使…中断〔使失去效用,失去战斗力〕; *take action* 采取行动; *take action in* 开始,着手

〖用法〗❶ 表示"完成某个作用〔动作〕"时可用"perform"。如: Here,the low-pass filtering <u>action</u> is actually <u>performed</u> by the integrator. 这里,实际上是由积分器来完成低通滤波作用的。❷ 注意搭配模式"the action of A on〔upon〕B",意为"A 对 B 的作用"。如: Let us consider <u>the action of an acid on metal</u>. 让我们来考虑一下酸对金属的作用。

activable ['æktivəbl] *a.* 能被活化的
activate ['æktiveit] *vt.;n.* ①使…活动,对…起作用,触发 ②使激活,赋能 ③【物】激活物

〖用法〗注意下面例句的含义: Most viruses are not <u>activated</u> until you use the stuff in which they are hiding. 除非你使用藏有病毒的东西,否则大多数病毒是不会激活的。

activated ['æktiveitid] *a.* 激活后的
activation [,ækti'veiʃən] *n.* ①开〔驱,启〕动,触发 ②【物】激活(作用)
activator ['æktiveitə] *n.* ①活化(激活)剂 ②【物】激励器
activatory ['æktiveitəri] *a.* 活化的
active ['æktiv] *a.* ①活(主)动的,积极的 ②活性的 ③有效(源)的,现行(役)的 ☆*in (on) active*

service (服)现役

〖用法〗注意下面例句中该词的含义: A system which provides more energy at the output than is given at the input is said to be active. 如果一个系统在输出端提供的能量大于在输入端获得的能量的话,该系统就被说成是有源的。

actively ['æktɪvlɪ] *ad.* 活 (主,能) 动地,积极地

activeness ['æktɪvnɪs] *n.* 活动,积极性

activist ['æktɪvɪst] *n.* 积极分子

activity [æk'tɪvətɪ] *n.* ①活动,活性,激活性,能动性 ②(线圈的) 占空系数 ③(pl.) 活动范围,领域 ④机构 ☆*be in activity* 在活动中

activity-directed [æk'tɪvətɪdɪ'rektɪd] *a.* 指向活动的

activize ['æktɪvaɪz] *vt.* 激起,使行动起来

actomyosin [,æktəu'maɪəsɪn] *n.* 【化】肌动球蛋白

acton ['æktən] *n.* 【化】①锕射气 ②三乙氧基甲烷 ③铠衣

actor ['æktə] *n.* ①作用 (反应) 物 ②男演员,行动者

actress ['æktrɪs] *n.* 女演员

actual ['æktjuəl] *a.* 实际的,现实的

〖用法〗注意下面例句中的含义: In actual fact,if the phases differ by 180 degrees,we get a negative peak at the sampling instant. 事实上,如果相位相差 180 度,则我们在取样的瞬间获得一个负的峰值。

actuality [,æktju'ælətɪ] *n.* 现实,(pl.) 现状

actualization [,æktjuəlaɪ'zeɪʃ(ə)n] *n.* 实现,实现化

actualize ['æktjuəlaɪz] *vt.* 实现,现实化

actually ['æktjuəlɪ] *ad.* 实际上

actuarial [,æktju'eərɪəl] *a.* 保险公司计算的

actuary ['æktjuərɪ] *n.* 保险统计员

actuate ['æktjueɪt] *vt.* 开 (推) 动,使动作,激励 (磁)

actuation [,æktju'eɪʃ(ə)n] *n.* 活 (开,驱) 动,激励

actuator ['æktjueɪtə] *n.* 促动,激励,调节器,操作机构,执行机构 (元件)

acuesthesia [,ækjues'θiːzɪə] *n.* 听觉

acuition [ækju'ɪʃ(ə)n] *n.* 敏锐性

acuity [ə'kju(ː)ɪtɪ] *n.* ①尖锐,剧烈 ②锐度,分辨能力

aculeate [ə'kju:lɪɪt], **aculeated** [ə'kju:lɪɪtɪd] *a.* 有微刺的,尖锐的

acumen [ə'kju:men] *n.* ①敏锐 ②尖头

acumeter [ə'kju:mɪtə] *n.* 听力计,听力测验器

acuminate ❶ [ə'kju:mɪnɪt] *a.* 尖锐的,有尖头的 ❷ [ə'kju:mɪneɪt] *v.* 使变尖

acumination [ə,kju:mɪ'neɪʃ(ə)n] *n.* 尖锐,尖头

acupuncture ❶ ['ækjupʌŋktʃ(ə)] *n.* 针刺,针刺疗法 ❷ [ækju'pʌŋktʃ(ə)] *v.* 对…施行针刺(疗法)

acutance [ə'kju:təns] *n.* 【物】(曲线) 锐度,分光敏锐度

acute [ə'kju:t] *a.* ①(敏,尖) 锐的 ②锐角的 ③剧烈的 ④高音的

〖用法〗注意下面例句中该词的含义: These angles are not necessarily restricted to being acute. 这些角不一定限于锐角。

acutely [ə'kju:tlɪ] *ad.* 尖 (敏) 锐地,剧烈地

acuteness [ə'kju:tnɪs] *n.* 锐度,剧烈

acyclic [ə'saɪklɪk] *a.* ①非周期(性)的 ②【化】无环(型)的,开链式的 ③非轮生的

acyl ['æsɪl] *n.* 【化】酰基

acylamide [æsɪ'læmaɪd] *n.* 【化】酰胺

acylamino [æsɪ'læmɪnəu] *n.* 【化】酰胺基

acylate ['æsəleɪt] *v.;n.* 酰化 (产物)

acylation [,æsə'leɪʃ(ə)n] *n.* 【化】酰化(作用)

acyloin [ə'sɪləuɪn] *n.* 【化】偶姻

acyloxy [,æsɪ'lɒksɪ] *n.* 【化】酸基,酰氧基

aczoiling [æk'zɔɪlɪŋ] *n.* (电杆)防腐

adage ['ædɪdʒ] *n.* 谚语,格言

adaline ['ædəlɪn] *n.* 适应机,学习机

adamant ['ædəmənt] *a.;n.* ①坚硬无比的(东西) ②硬 (刚) 石

adamantane [,ædə'mæntein] *n.* 【化】金刚烷

adamantine [,ædə'mæntaɪn] *n.;a.* ①坚硬无比的 ②金刚石似的 ③釉质的 ④(金)刚石

adamas ['ædəməs] *n.* 【化】金刚石

adamellite [ə'dæmɪlaɪt] *n.* 【化】石英二长石

adamine ['ædəmaɪn] *n.* 【地质】水砷锌矿

adamite ['ædəmaɪt] *n.* ①【地质】水砷锌矿 ②【化】人造刚玉

adamsite ['ædəmzaɪt] *n.* 【化】①暗绿云母 ②二苯胺氯砷

adapt [ə'dæpt] *v.* ①(使)适应 ②改编 ☆*adapt A into B* 把 A 改编成 B; *adapt oneself to* 适应,习惯于; *adapt (A) to B* 使(A)适应 B; *(be) adapted for* 适宜(合)于,为…改编(修改)的; *(be) adapted to* 适合于

〖用法〗科技文中经常使用 be adapted for (“适用于”) 这一表示法。如: The technique used for low-resistance dc measurements may be adapted for low-impedance ac measurements. 用于低电阻直流测量的方法可适用于低阻抗交流测量。

adaptability [ə,dæptə'bɪlətɪ] *n.* 适应 (合) 性,可用性

adaptable [ə'dæptəbl] *a.* ①可适应的,适合的 ②可改编的 ☆*(be) adaptable to* 可适应(用)于…的

adaptation [ædæp'teɪʃ(ə)n] *n.* ①适应(性) ② 【物】匹配 ③采用 ④改编(本) ⑤适应性 ☆*adaptation of A into (to) B* 把 A 改编成 B,使 A 适应 B

〖用法〗表示“进行 (实现) 匹配 (适应)”可以用动词“perform”。如: We assume that the multipath phenomenon is slow enough to justify the least-mean-square algorithm to perform the adaptation. 我们假定多路现象慢到足以用最小均方算法来进行匹配。

adaptative [æ'dæptətɪv] *a.* 适应 (合) 的

A

adapter [ə'dæptə] n. ①【物】转换器,匹配器 ②【物】(转换,异径)接头 ③改编者

adapterization [ə'dæptə,raɪ'zeɪʃən] n.【化】拾声,换接

adaption [ə'dæpʃən] n. 适应,匹配(to)

adaptive [ə'dæptɪv] a. 适合(配)的

adaptometer [,ædæp'tɒmɪtə] n. 适应测量仪

adaptor [ə'dæptə] n. =adapter

adarce [ə'dɑːs] n.【化】泉渣,石灰华

adatom [æd'ætəm] n. 吸附原子

adaxial [æd'æksɪəl] a. ①向轴的 ②腹面的

add [æd] v.;n. ①加,添 ②补充说 ☆**add in** 加进;**add to** (增)加;**add up** 把…加起来;凑成;**add up to this (that)** 总数为;**added to this (that)** 除此之外(还有)

〖用法〗❶ 在科技文中常会遇到 added 作形容词,表示"另外的",注意这时数词要处于 added 之前;还可表示"附加的,进一步的"。如: This logic circuit has two added inputs. 这个逻辑电路还有(另外)两个输入。/We could now use the first condition for equilibrium. Instead, for added practice in using moments,we take moments about the point A. 我们本来现在可以使用平衡的第一条件。然而,为了进一步练习使用力矩,我们取绕 A 点的那些力矩。❷ added 作定语时,还可表示动作的含义("提高了"、"增加了"等)。如: The disadvantage is the added noise. 其缺点是增加了噪声。❸ 表示"把…加起来"可以用"add up"或"add"。如: Adding (up) the A terms,we obtain (get) the following result. 如果把 A 项加起来的话,我们就得到了下面的结果。

addaverter, addavertor [ædə'vɜːtə] n.【物】加法转换器

addax ['ædæks] n. 曲角羚羊

addend [ə'dend] n. 加数,附加物

addendum [ə'dendəm] (pl. addenda) n. ①补遗,附录 ②齿顶

adder ['ædə] n. ①【物】加法器,加法电路 ②【数】求和部分 ③【物】混频器

addible ['ædɪbl] a. 可添加的

addict ❶ ['ædɪkt] n. 有嗜好者,有瘾者 ❷ [ə'dɪkt] vt. 成瘾 ☆**be addicted to** 或 **addict oneself to** 耽溺于,嗜好

addiction [ə'dɪkʃən] n. 热衷,嗜好

addictive [ə'dɪktɪv] a. 有瘾的,嗜好的

Addis Ababa ['ædɪs'æbəbə] n. 亚的斯亚贝巴(埃塞俄比亚首都)

additament [ə'dɪtəmənt] n. 增加物

addition [ə'dɪʃən] n. ①加(法) ②增(追)加,添加 ③叠加(过程) ④附加部分 ☆**in addition** 此外;**in addition to** 除…以外(还有,又);**with the addition of** 外加

〖用法〗❶ 该名词可以与"do"搭配使用。如: When the angular momenta of several electrons are added,the addition must be done vectorially. 当几个电子的角动量相加时,必须用矢量法来进行相加。

❷ 注意下面例句的译法: The addition of the feedback makes the output stable. 加上反馈就能使输出稳定。

additional [ə'dɪʃənəl] a. 附加的,另外的

〖用法〗当它表示"另外的"时,数词要处于它的前面。如: There are two additional techniques for doing this. 还有另外两种方法也可以做到这一点。/In this case it is only necessary to apply four additional clock pulses. 在这种情况下,只需要另外加四个时钟脉冲。/In a source some additional influence must be present that tends to push positive charges from lower potential to higher potential. 在电源中必须要有另外的某种影响,这种影响会趋于把正电荷从低电位推到高电位。

additionally [ə'dɪʃənəlɪ] ad. 另外,加之,又

additivate ['ædɪtɪveɪt] vt. 给…加添加剂

additive ['ædɪtɪv] ❶ a. (相,附)加的,辅助的,【数】加法的 ❷ n. ①附加(物),添加剂 ②【数】加法

additivity [,ædɪ'tɪvətɪ] n.【数】相加性

additron ['ædɪtrɒn] n. 加法管

addle ['ædl] ❶ a. 坏的,腐败的 ❷ v. (使)变坏

addle-head ['ædlhed] n. 糊涂虫

address [ə'dres] ❶ vt. ①写(收件人)姓名、地址、称呼,写(信)给;向…致词〔讲话〕②向…提〔建议〕(to) ③【计】寻址,访问 ☆**address oneself to** 从事于,向…说话;**address questions to** 向…提出问题 ❷ n. ①(姓名)住址,称呼,致词〔函〕②【计】地址 ☆**with address** 巧妙地

〖用法〗❶ 在科技文中,常遇到 address 表示"谈及,论述"之意。如: Chapter12 addresses this issue in more detail. 第 12 章将更详细地论述这个问题。❷ 注意下面例句中该词的含义: This book is addressed to anyone with some knowledge of electricity,electronics,and circuit theory. 本书是为已具有电学、电子学和电路理论一定知识的读者撰写的。/This book addresses that need. 本书就能满足那一需求。

addressable [ə'dresəbl] a.【计】可寻〔选〕址的,可访问的

addressee [,ædre'siː] n. 收信人

addresser [ə'dresə] n. 发信人

addressing [ə'dresɪŋ] n.【计】寻〔选〕址,访问

addressless [ə'dreslɪs] a. 无地址的

addressograph [ə'dresəɡrɑːf] n. 姓名地址印写机

addressor [ə'dresə] =addresser

adduce [ə'djuːs] vt. 引证,举例,说明理由

adducible [ə'djuːsɪbl] a. 可以引用的

adduct ['ædʌkt] n. ①引证 ②加合物

adduction [ə'dʌkʃən] n. ①引证 ②内收(作用)

adducent [ə'djuːsənt] a. 收的,内收的

adductor [ə'dʌktə] n.【生】内收肌

adele [ə'del] n.【数】赋值矢量

adelpholite [ə'delfəlaɪt] n.【地质】铌铁锰矿

Aden ['eɪdən] n. 亚丁(也门民主人民共和国首都)

adenic [ə'denɪk] a. 腺的

adenine ['ædəni:n] n.【生】腺嘌呤

adenocarcinoma ['ædɪnəu,kɑ:sɪ'nəumə] n. 腺癌

adenohypophysis [,ædənəuhaɪ'pɒfɪsɪs] n.【生】垂体腺体叶,腺垂体

adenovirus [,ædɪnəu'vaɪərəs] n. 腺病毒

adeps ['ædeps] n. 动物脂肪

adept ❶ [ə'dept] a. 熟练的,内行的 ☆*be adept in (at)* 擅长 ❷ ['ædept] n. 擅长者,内行,能手(in) ‖ **-ly** ad. **~ness** n.

adequacy ['ædɪkwəsɪ] n. 足够,适当

adequate ['ædɪkwɪt] a. ①足够的,适当的 ②可以胜任的 ☆*(be) adequate for* 足够…之用,适用于;*(be) adequate to* 对…是恰当的,令人满意的,够作…之用,胜任;*(be) adequate to (do)* 适于,足以 ‖ **-ly** ad. **~ness** n.
〖用法〗❶ 在科技文中,常常有 adequate for 表示"适用于"。如: This technique is often adequate for low-frequency measurement. 这一方法经常适用于低频测量。❷ 注意: adequate for doing…=adequate to do…。如: Our fuel supply is adequate for heating 〔to heat〕the house this winter. 我们的燃料供应够这个冬天房子的取暖了。/This spacing is adequate to guarantee that the phosphorus atoms do not interact. 这个间隔足以保证磷原子不发生相互作用。

adequation [ædɪ'kweɪʃ ən] n. 足够,拉平

ad finem [æd'faɪnem] (拉丁语)到最后

adfluxion [æd'flʌkʃ ən] n. 流集,汇〔合〕流

adhere [əd'hɪə] v. ①黏着(于),黏附(于)(to) ②坚持,遵守(to) ③依附(to)

adherence [əd'hɪərəns], **adherency** [əd'hɪərənsɪ] n. ①黏着,附着(力) ②坚持,遵守(to)

adherend [əd'hɪərənd] n. 被黏物,黏合体

adherent [əd'hɪərənt] ❶ a. 黏着〔附〕的,连生的,焊接住的(to) ❷ n. 胶黏体,依附者

adherography [ədhɪə'rɒɡrəfɪ] n. 胶印法

adherometer [ədhɪə'rɒmɪtə] n. 附着力试验机

adherometry [ədhɪə'rɒmɪtrɪ] n. 黏附测量法

adheroscope [əd'hɪərəskəup] n. 黏附计

adhesion [əd'hi:ʒən] n. ①附着力,黏附(力,现象,物) ②支持,同意(加入) ☆*give in one's adhesion* 表示同意〔支持〕;*give one's adhesion to* 支持

adhesional [əd'hi:ʒənl] a. 黏附〔合〕的

adhesive [əd'hi:sɪv] ❶ a. 附着的,(有)黏性的 ❷ n. ①附着力,黏附(现象) ②黏合剂 ‖ **-ly** ad.

adhesivemeter [əd'hi:sɪvmi:tə] n. 胶黏计

adhesiveness [əd'hi:sɪvnɪs] n. 黏(着,附)性,胶黏度

adhesivity [ədhi:'sɪvətɪ] n. 黏合性

adhibit [əd'hɪbɪt] vt. ①贴,黏 ②容许进入

adhint ['ædhɪnt] n. 黏合接头

ad hoc ['æd'hɒk] (拉丁语) a.;ad. 尤其;特定的,为这一目的而安排的

adiabat ['ædɪəbæt] n.【物】绝热线

adiabatic(al) [,ædɪə'bætɪk(əl)] a. 绝热的

adiabatically [,ædɪə'bætɪkəlɪ] ad. 绝热地

adiabaticity [,ædɪəbə'tɪsətɪ] n.【物】绝热性

adiabatics [,ædɪə'bætɪks] n.【物】绝热(曲)线

adiabator [,ædɪə'bætə] n. 保温材料

adiaphanous [,ædɪə'æfənəs] a. 不透光的,浑白色的

adiathermal [,ædɪə'θɜ:məl], **adiathermic** [ædɪə-'θɜ:mɪk] a. 绝热的

adiathermance [,ædɪə'θɜ:məns], **adiathermancy** [ædɪə'θɜ:mənsɪ] n.【物】绝热性

adiathermanous [,ædɪə'θɜ:mənəs] a. 绝热的,不透红外线的

adicity [ə'dɪsətɪ] n.【化】化合价,原子价

adience ['ædɪəns] n. 趋近

adient ['ædɪənt] a. 趋近的

adieu [ə'dju:] ❶ int. 再见 ❷ n. 告别

ad inf ['æd ɪnf], *ad infinitum* [æd ɪnfɪ'naɪtəm] (拉丁语)至无穷大,无限地

ad init ['æd'ɪnɪt], *ad initium* [ædɪ'nɪʃɪəm] (拉丁语)起始

adinol,adinole ['ædɪnəul], **adinolite** ['ædɪnəulaɪt] n.【化】钠长英板岩

ad int ['æd ɪnt], *ad interim* [æd'ɪntərɪm] (拉丁语)其间;临时的

adion ['ædaɪən] n.【化】吸附离子

adipate ['ædəpeɪt] n.【化】己二酸(盐,酯,根)

adipic [ə'dɪpɪk] (拉丁语) a. 脂肪的

adiponitrile [,ædɪpəu'naɪtri:l] n.【化】己二腈

adipose ['ædɪpəus] a.;n. 动物性脂肪,脂肪质的

adiposis [ædɪ'pəusɪs] n. 肥胖症

adipoyl [ə'dɪpɔɪl] n.【化】己二酰

adipsa [ə'dɪpsə] n.【医】止渴剂

adit ['ædɪt] n. 横坑,入口

aditus ['ædɪtəs] (拉丁语) n. 入口

adjacency [ə'dʒeɪsənsɪ] n. 接近,邻接物

adjacent [ə'dʒeɪsənt] a. 邻近的,相邻的,交界的(to) ☆*be adjacent to* 靠近,与…邻接 ‖ **-ly** ad.

adjection [ə'dʒekʃ ən] n. 附加物,附加作用

adjectival [ædʒɪk'taɪvəl] a. (似)形容词的

adjective ['ædʒɪktɪv] n.;a. 形容词(的),附属的 ‖ **-ly** ad. 作形容词用

adjoin [ə'dʒɔɪn] v. 连接,邻接(近)

adjoining [ə'dʒɔɪnɪŋ] a. 毗连〔邻〕的,伴随的

adjoint [ə'dʒɔɪnt] n.;a.【数】伴随(的),伴(随)矩阵,共轭的

adjourn [ə'dʒɜ:n] v. ①(使)延期,使中止,(使)休〔闭〕会 ②移动到(to)

adjournment [ə'dʒɜ:nmənt] n. 延期,休会

adjudge [ə'dʒʌdʒ] vt. 宣判 ‖ **adjudg(e)ment** n.

adjudicate [ə'dʒu:dɪkeɪt] v. 判决(on upon),宣判 ☆*adjudicate A to B* 将 A 判给 B ‖ **adjudication** n. **adjudicative** a.

adjudicator [ə'dʒu:dɪkeɪtə] n. 审判员

A

adjunct [ˈædʒʌŋkt] *n.;a.* ①附属品,添加剂,附〔配〕件(to) ②助〔副〕手 ③附属的(to,of)

adjunction [əˈdʒʌŋkʃən] *n.* 附属,附加

adjunctive [æˈdʒʌŋktɪv] *a.* 附属的,附加的

adjure [əˈdʒʊə] *vt.* 恳求,严令 ‖ **adjuration** *n.*

adjust [əˈdʒʌst] *vt.* ①调(节,准),校准 ②整理,安排,核对 ③【海洋】使〔拉〕平 ☆*adjust oneself to* 使自己适应于; *adjust A to B* 把 A 调节(准)到 B

adjustability [ədʒʌstəˈbɪlətɪ] *n.* 可调(整,节)性

adjustable [əˈdʒʌstəbl] *a.* 可调(整,节)的,可校准的

adjustage [əˈdʒʌstɪdʒ] *n.* 辅助〔精整〕设备

adjuster [əˈdʒʌstə] *n.* ①调节器,校准器,精调装置 ②调节者

adjustment [əˈdʒʌstmənt] *n.* ①调节〔准〕,校正 ②适应 ③(pl.)调整机构

【用法】该词可以与"make"连用,后跟介词"to"。如: Successive <u>adjustments to</u> the tap-weights of the predictor are <u>made</u> in the direction of the steepest descent of the error surface. 在误差表面最陡下降的方向上对预测算子的分流权值进行相继调整。

adjustor [əˈdʒʌstə] *n.* =adjuster

adjutage [ˈædʒutɪdʒ] *n.* ①喷射管,放水管 ②【冶】管嘴

adjutant [ˈædʒutənt] ❶ *a.* 辅助的 ❷ *n.* 副官,助手

adjuvant [ˈædʒuvənt] ❶ *a.* 辅助的 ❷ *n.* ①辅药 ②助手,副官

ad lib [æd ˈlɪb], ***ad libitum*** [æd ˈlɪbɪtəm] (拉丁语)随意的,即兴的

ad loc [æd ˈlɒk], ***ad locum*** [æd ˈlɒkəm] (拉丁语)在那地方

adman [ˈædmən] *n.* 广告员

admeasure [ædˈmeʒə] *vt.;n.* (测,度)量,分配

admeasurement [ædˈmeʒəmənt] *n.* 测〔计〕量,(外形)尺寸,分配

adminicle [əˈdmɪnɪkl] *n.* 辅助物,副证

adminicular [ædˈmɪnɪkjulə] *a.* 补充的,辅助的

administer [ədˈmɪnɪstə] *v.* ①管理,操纵,照料 ②执行供给(to) ③投药,引入(机体中) ④辅助

administrate [ədˈmɪnɪstreɪt] *n.* =administer

administration [ədmɪnɪˈstreɪʃən] *n.* ①管理机构,行政机关,(管理)局,署,处,政府 ②执行,施行,给予 ③投药,用〔服〕

administrative [ədˈmɪnɪstrətɪv] *a.* 行政(管理)的

administrator [ədˈmɪnɪstreɪtə] *n.* 管理人,行政人员

admirable [ˈædmərəbl] *a.* 极佳的,令人赞美的 ‖ **admirably** *ad.*

admiral [ˈædmərəl] *n.* ①海军上将〔将官〕 ②商船队长

admiralty [ˈædmərəltɪ] *n.* ①海军部 ②制海权

admiration [ædmɪˈreɪʃən] *n.* ①赞赏〔美〕,羡慕

(for) ②令人赞美的对象

admire [ədˈmaɪə] *vt.* 赞美,羡慕;想要(to do) ‖ **admiring** *a.* **admiringly** *ad.*

【用法】❶ 当它表示"羡慕"时,其后只能跟名词或动名词复合结构,而不能跟 that 从句。❷ 注意下面这一长句的含义: When we read that Eratosthenes, in the third century B.C., having measured the angle of the sun's rays in Alexandria at the moment the sun was directly overhead in Syene, and knowing the north-and-south distance between these cities,computed the circumference of the earth as 250 000 stadia,we can only <u>admire</u> his genius,but we cannot check this result with certainty. 当我们读到在公元前 3 世纪,当太阳在赛恩当空照时埃罗托斯西恩斯测出了在亚历山德里亚太阳光线的角度,并由于知道这两个城市的南北距离而计算出了地球的周长为 250 000 视距尺的时候,我们仅能钦佩他的才华,而无法肯定地检验他所得到的这一结果。("having measured"是完成时分词短语作时间状语,"knowing..."是分词短语作原因状语。)

admissibility [ədˌmɪsəˈbɪlətɪ] *n.* 许可,准许

admissible [ədˈmɪsəbl] *a.* 容许的,可采纳的,有资格的(to)

admission [ədˈmɪʃən] *n.* ①进气,进给,进入 ②接纳,允许,入场(费) ☆*admission by ticket only* 凭票入场; *admission free* 免费入场

admissive [ədˈmɪsɪv] *a.* 容许有的(of),许可的,承认的

admit [ədˈmɪt] (admitted;admitting) *v.* ①接纳,许可进入,收入(病人) ②容许,承认 ③导入,进气 ☆*admit A in (into) B* 让 A 进入 B; *admit A to be B* 认为(承认)A 是 B; *it is generally admitted that* 一般认为; *(while) admitting that* 虽然说

【用法】要表示动作的话该词后应该使用动名词,而动名词一般式可以表示在谓语动词前发生的动作。

admittable [ədˈmɪtəbl] *a.* 许入的,可以容许的

admittance [ədˈmɪtəns] *n.* ①许可进入,通道 ②流(诱)导,导纳 ③公差 ☆*gain (get) admittance to* 获准进入; *No admittance (except on business).* 非公莫入。

admitted [ədˈmɪtɪd] *a.* 公认的,断然的

admittedly [ədˈmɪtɪdlɪ] *ad.* 公认地,无可否认

【用法】注意下面例句的含义: This relationship is <u>admittedly</u> non obvious. 这个关系显然是隐性的。

admix [ədˈmɪks] *v.* 掺和(with)

admixer [ədˈmɪksə] *n.* 混合器

admixture [ədˈmɪkstʃə] *n.* 混合(物),附加剂,外加剂

admonish [ədˈmɒnɪʃ] *vt.* 警告,告诫(against) ‖ **admonition** *n.* **admonitory** *a.*

adnascent [ædˈnæsənt] *a.* 附生的

adnexa [ædˈneksə] *n.* 【生】(复)附件

adnexal [ædˈneksəl] *a.* 附件的,附属器的

advert ❶ [əd'vɜ:t] *vi.* 注意,谈到 **❷** ['ædvɜ:t] *n.* 广告

advertence [əd'vɜ:təns], **advertency** [əd'vɜ:tənsɪ] *n.* 谈到,注意

advertent [əd'vɜ:tənt] *a.* 注意的,留心的

advertise, advertize ['ædvətaɪz] *v.* ①做广告,宣传 ②通告(of) ☆**advertise for** 登广告征求 〖用法〗注意该词在下面例句中的含义: This is quite different from what is often underlined as object-oriented programming. 这与人们通常所说的面向对象编程是十分不同的。

advertisement, advertizement [əd'vɜ:tɪsmənt] *n.* 广告,宣传
〖用法〗❶ 表示"(某人)登广告",一般用 place (put) an advertisement;表示"(某报纸等)登有广告"则一般用 carry (run,have) an advertisement;表示"(某人)应聘广告"一般用 answer an (the) advertisement。❷ advertisement 有时可作为抽象名词。如: Advertisement helps sell goods. 广告有助于销售物品。

advertiser, advertizer ['ædvətaɪzə] *n.* ①信号器,广告器 ②登广告者

advertising, advertizing ['ædvətaɪzɪŋ] *n.;a.* 广告(的)

advice [əd'vaɪs] *n.* ①忠告,建议 ②(pl.)报道,消息 ☆ **act by (on) advice** 依照劝告;**ask advice of, ask for one's advice** 向…征求意见;**give (tender) advice** 提出忠告; **take (follow) advice** 接受意见
〖用法〗❶ 要注意 advice 为不可数名词,若要表示"一个(一则)忠告(建议)",要用 a piece (bit,word) of advice。❷ advice 后面一般跟介词 on,有时也可用 about。如: Helpful advice on the techniques of studying and of solving problems will be found in *How to Study Physics* by Chapman. 在由查普曼所著的《如何学习物理学》一书中,读者会发现有关学习和解题方法方面的有帮助的意见。

advice-note [əd'vaɪs'nəut] *n.* 通知单

advisability [ədvaɪzə'bɪlətɪ] *n.* 适当,合理

advisable [əd'vaɪzəbl] *a.* 适当的,可行的 ‖ **~ness** *n.* **advisably** *ad.*
〖用法〗在"it is advisable that …"句型中从句的谓语应该使用"(should+)动词原形"虚拟形式。如: It is advisable that each college student be provided with a computer. 最好给每位大学生配一台计算机。

advise [əd'vaɪz] *v.* ①劝告,建议,作顾问 ②通知 ☆ **advise A against B** 劝 A 别干(提防) B;**advise A of B** 把 B 通知 A; **advise A on B** 向 A 建议 B
〖用法〗❶ 当 advise 意为"建议"且后面跟一个动作时,那个动作一定要用动名词来表示。如: The professor underlined studying the fundamentals of digital computers. 那位教授(向学生)建议学习一下数字计算机基础。❷ 当 advise 意为"建议"且后跟 that 从句时,从句中谓语应该使用虚拟语气形式。如: They underlined that steps be taken immediately to lower the water level. 他们建议立即采取措施来降低水位。

advised [əd'vaɪzd] *a.* 考虑过的,仔细想出的

advisedly [əd'vaɪzɪdlɪ] *ad.* 深思熟虑地,故意地

advisement [əd'vaɪzmənt] *n.* ①劝告,意见 ②深思熟虑

adviser, advisor [əd'vaɪzə] *n.* 顾问,导师 ☆ **adviser on B to A** A 的 B(方面的)顾问

advisory [əd'vaɪzərɪ] **❶** *a.* ①劝告的 ②顾问的,咨询的 **❷** *n.* (气象)报告 ☆**in an advisory capacity** 以顾问资格(身份)

advocacy ['ædvəkəsɪ] *n.* 辩护,支持

advocate ❶ ['ædvəkeɪt] *vt.* 拥护,提倡 **❷** ['ædvəkɪt] *n.* 拥护(者),鼓吹(者),代言人

advocator ['ædvəkeɪtə] *n.* 拥(辩)护人,倡导人

adynamia [ˌædɪ'neɪmɪə] *n.* 无力,衰竭

adynamic [ˌædaɪ'næmɪk] *a.* 虚弱的,无力的

adz(e) [ædz] **❶** *n.* 锛子 **❷** *vt.* 用扁斧锛

aecium ['i:ʃɪəm] *n.* 【生】锈(孢)子器

Aegean [ɪ(:)'dʒi:ən] *a.* 爱琴海的

aeger ['i:dʒə] *n.* ①疾病证明书 ②(拉丁语)男病人

aegiapite ['i:dʒɪəpaɪt] *n.* 【地质】霓磷灰岩(石)

aegirine ['i:dʒəri:n], **aegirite** ['eɪdʒəraɪt] *n.* 【地质】霓石

aegirinolite ['eɪdʒərɪnəlaɪt] *n.* 【地质】斑霓磁岩

aegis ['i:dʒɪs] *n.* 保(掩,庇)护 ☆**under the aegis of** 在…的支持(保护)下,由…主办

aegra ['i:grə] (拉丁语) *n.* 女病人

aenigmatite [i:'nɪgmətaɪt] *n.* 【地质】三斜闪石

aeolation [i:əʊ'leɪʃən] *n.* 【地质】风化(作用)

aeolian [i:'əʊlɪən], **aeolic** [i:'ɒlɪk] *a.* 【地质】风成的

aeolight [i:ə'laɪt] *n.* 辉光灯(管)

aeolipile, aeolipyle [i:'ɒləpaɪl] *n.* 气转球,气转装置

aeolotropic [ˌi:ələ'trɒpɪk] *a.* 各向异性的,偏导性的

aeolotropism [ˌi:ələ'trɒpɪzəm], **aeolotropy** [i:ə'lɒtrəpɪ] *n.* 各向异性,偏方向性

aeon ['i:ən] *n.* 【天】①亿万年,地质年 ②十亿年,吉年 ‖ **~ian** *a.*

aequorin [i:'kwɔ:rɪn] *n.* 【化】水母发光蛋白

aequuum ['i:kwəm] (拉丁语) *n.* 维持量,平衡量

aer ['eɪə,eə] *n.* 气压

aeradio [eə'reɪdɪəʊ] *n.* 航空无线电台

aeragronomy [i:ræg'rɒnəmɪ] *n.* 航空农业

aerarium [ɪ'reərɪəm] (pl. aeraria [ɪ'reərɪə]) *n.* 通风器,供气器

aerate ['eəreɪt] *vt.* ①使通气 ②打松 ③分解

aeration [eə'reɪʃən] *n.* ①使通气 ②【化】砂松 ③【化】分解

aeration-cooling [eə'reɪʃən'ku:lɪŋ] *n.* 通风降温

A

aeration-drying [eəˈreɪʃ ənˈdraɪɪŋ] n. 通风干燥
aerator [ˈeəreɪtə] n. ①充气器,通气 ②鼓风机,砂松机 ☆**aerator tank** 充气槽
aeratron [ˈeərətrɒn] n. 自平衡电子交流电位计
aerial [ˈeərɪəl] ❶ a. ①空气的 ②空中的,架空的 ③天线的 ❷ n. 天线(系统,装置),架空线
aeriality [ˌeərɪˈælətɪ] n. 空气性,空虚
aerially [ˈeərɪəlɪ] ad. 在空中,空气似地
aeriferous [eəˈrɪfərəs] a. 通气的,带空气的
aerification [ˌeərɪfɪˈkeɪʃ ən] n. 气(体)化,充满气体
aeriform [ˈeərɪfɔːm] a. 气态的,无形的
aerify [ˈeərɪfaɪ] v. 吹气,充气
aeriscope [ˈeərɪskəʊp] n. 超光电摄像管
aero-accelerator [ˈeəræækˈseləreɪtə] n. 加速曝气池
aero-acoustics [ˈeərəəˈkuːstɪks] n. 航空声学
aeroallergen [ˌeərəˈælədʒən] n.【地质】空气中变应原
aero-amphibious [ˈeərəʊæmˈfɪbɪəs] a. 海陆空的
aeroasthenia [ˈeərəæsˈθiːnɪə] n. 飞行疲劳,飞行员精神衰弱
aeroastromedicine [ˈeərəæstrəˈmedɪsɪn] n. 航空航天医学
aerobacteria [ˌeərəbækˈtɪərɪə] n.【化】需氧细菌
aeroballistic [ˌeərəbəˈlɪstɪk] a. 空气弹道(学)的
aeroballistics [ˌeərəbəˈlɪstɪks] n. 航空弹道学
aerobat [ˌeərəʊˈbæt] n. ①航空器 ②特技飞行员
aerobatic [ˌeərəˈbætɪk] a. 特技飞行的
aerobatics [ˌeərəʊˈbætɪks] n. 特技飞行(术),航空表演
aerobation [ˌeərəʊˈbeɪʃən] n. 特技飞行
aerobe [ˈeərəʊb] n.【化】需氧菌
aerobian [eəˈrəʊbɪən] ❶ a. 需氧的 ❷ n. 需氧微生物
aerobic [eəˈrəʊbɪk] a. 需氧的,好气的
aerobiology [ˌeərəʊbaɪˈɒlədʒɪ] n. 大气生物学,空气微生物学
aerobiont [ˈeərəʊbɪənt] n. 需氧生物
aerobioscope [eərəʊˈbaɪəskəʊp] n. 空中微生物检查器
aerobiosis [ˌeərəbaɪˈəʊsɪs] n. 需氧生活
aeroboat [ˈeərəbəʊt] n. 水上飞机
aerobronze [eərəˈbrɒnz] n. (航空发动机用)铝(青)铜
aerocade [eərəʊˈkeɪd] n. 飞行队
aerocamera [ˈeərəʊkæmərə] n. 航空照相机
aerocar [ˈeərəʊkɑː] n. 飞行车,气垫车
aerocarburetor [eərəʊˈkɑːbjʊretə] n. 航空汽化器
aerocartograph [ˈeərəʊˈkɑːtəʊɡrɑːf] n. 航空测图仪
aerocasing [ˌeərəʊˈkeɪsɪŋ] n.【化】钙盐氰化
aerochart [ˈeərəʊˈtʃɑːt] n. 航空图

aerochemistry [ˈeərəʊkemɪstrɪ] n. 航空化学
aerochir [ˈeərəʊtʃɜː] n. 手术飞机
aerochronometer [eərəʊkrəˈnɒmɪtə] n. 航空精密测时计
aeroclimatic [eərəʊklaɪˈmætɪk] a. 高空气候的
aeroclinoscope [eərəʊˈklaɪnəʊskəʊp] n. 天候信号器
aeroclub [ˈeərəʊklʌb] n. 航空俱乐部
aerocolloid [eərəʊˈkɒlɔɪd] n. 气溶胶
aerocolloidal [eərəʊˈkɒlɔɪdəl] a. 气溶胶的
aeroconcrete [eərəʊˈkɒnkriːt] n. 加气混凝土
aerocraft [ˈeərəʊkrɑːft] n. 飞机
aerocurve [ˈeərəʊkɜːv] n. 曲翼面(飞机)
aerocycle [eərəʊˈsaɪkl] n. 飞行自行车
aerocyst [ˈeərəʊsɪst] n. 气囊
aerodentistry [eərəʊˈdentɪstrɪ] n. 航空牙科学
aerodiesel [eərəʊˈdiːzəl] n. 狄塞尔航空发动机
aerodome [ˈeərəʊdəʊm] n. 飞机库
aerodone [ˈeərəʊdəʊn] n. 滑翔机
aerodonetics [ˌeərəʊdəˈnetɪks] n. 滑翔力学
aerodontalgia [ˌeərəʊdɒnˈtældʒɪə] n. 高空牙痛
aerodontia [ˌeərəʊˈdɒnʃɪə] n. 航空牙科学
aerodreadnaught [ˈeərəʊˈdrednɔːt] n. 巨型飞机,特大飞行器
aerodrome [ˈeərədrəʊm] n. (飞)机场
aerodromics [eərəˈdrɒmɪks] n. 滑翔学
aerodromometer [ˌeərəʊdrəʊˈmɒmɪtə] n. 空气流速计
aeroduct [eərəʊˈdʌkt] n. 冲压式喷气发动机
aeroduster [ˈeərəʊdʌstə] n. 航空喷粉器
aerodux [ˈeərəʊdʌks] n. 酚醛树脂黏合剂
aerodynamic(al) [ˌeərəʊdaɪˈnæmɪk(əl)] a. 空气动力学的 ‖ **-ally** ad.
aerodynamicist [eərəʊdaɪˈnæmɪsɪst] n. 空气动力学家
aerodynamics [ˌeərəʊdaɪˈnæmɪks] n. (空)气动力学
aerodyne [ˈeərəʊdaɪn] n. 重航空器
aeroelastic [eərəʊɪˈlæstɪk] a. 气动弹性的
aeroelastician [ˈeərəʊˌɪlæsˈtɪʃən] n. 气动弹性力学家
aeroelasticity [ˈeərəʊˌɪlæsˈtɪsətɪ], **aeroelastics** [ˌeərəʊɪˈlæstɪks] n. 气动弹性(力)学
aeroelectromagnetic [ˈeərəʊˌɪlectrəʊmæɡˈnetɪk] a. 航空电磁的
aeroembolism [eərəʊˈembəlɪzəm] n. 高空病
aeroemphysema [eərəʊemfɪˈziːmə] n. 高空气肿
aeroengine [ˈeərəʊˈendʒɪn] n. 航空发动机
aerofilter [ˈeərəʊˈfɪltə] n. 空气过滤器,加气滤池
aerofloat [eərəʊˈfləʊt] n. ①"黑药" ②(水上)飞机浮
aerofluxus [eərəʊˈflʌksəs] n. 排气
aerofoil [ˈeərəʊfɔɪl] n. 翼型,翼面,机翼
aerogel [ˈeərədʒel] n. 气凝胶

aerogene ['eərədʒiːn] n. 产气微生物
aerogenerator [eərəu'dʒenəreitə] n. 风力发电机
aerogenesis [eərəu'dʒenisis] n. 产气
aerogenic [eərə'dʒenik] a. 产气的
aerogenous [eərə'dʒenəs] a. 产气的
aerogeography ['eərədʒi'ɒgrəfi] n. 航空地理学
aerogeology [,eərədʒi'ɒlədʒi] n. 航空地质学
aerogradiometer [eərəugrædi'ɒmitə] n. 航空倾斜计
aerogram(me) ['eərəgræm] n. 航空信件,无线电报〔信〕
aerograph ['eərəgrɑːf] ❶ v. 发无线电报 ❷ n. ①无线电报机 ②(高空,航空)气象(记录)仪
aerographer ['eərəugrɑːfə] n. (航空)气象员
aerography [eə'rɒgrəfi] n. ①(高空)气象学,大气学 ②喷染术
aerogun ['eərəugʌn] n. 高射炮
aerohydrodynamics ['eərəuhaidrədai'næmiks] n. 空气流体动力学
aerohydromechanics ['eərəuhaidrəmi'keniks] n. 空气水力学
aerohydroplane ['eərəu'haidrəuplein] n. 水上飞机
aerohydrous [eərəu'haidrəs] a. 含有空气与水的
aeroionization [eərəuaiənai'zeiʃən] n. 空气离子化
aeroionotherapy [eərəuaiɒnə'θerəpi] n. 离子空气疗法
aerojet ['eərəudʒet] n. 空气喷气〔射〕,空气射流
aerolite ['eərəlait], **aerolith** ['eərəliθ] n. ①【天】陨石 ②【化】硝铵
Aerolite ['eərəlait] n.【冶】埃罗铝全金,活塞铝合金
aerolithology [eərəli'θɒlədʒi] n. 陨星学
aerolitics [eərə'litiks] n. 陨石学
aerolog ['eərəlɒg] n. 航行记录簿
aerological [eərəu'lɒdʒikəl] a. 大气学的
aerologist [eə'rɒlədʒist] n. 大气学家
aerology [eə'rɒlədʒi] n. 航空气象学,大气学
aeromagnetics [eərəmæg'netiks] n. 航(空磁)测
aeromagnetometer [eərəumægni'tɒmitə] n. 航空磁强计
aeromancy ['eərə'mænsi] n. 天气预测
aeromap ['eərəmæp] n. 航空地图
aeromarine [eərəumə'riːn] a. 海上航空的
aeromechanic ['eərəumi'kænik] ❶ a. 航空(动)力学(上)的 ❷ n. 航空机械工
aeromechanics [eərəumi'kæniks] n. 航空力学
aeromedical ['eərəu'medikəl] a. 航空医学的
aeromedicine ['eərəu'medisin] n. 航空医学〔药〕
aerometal ['eərəmetəl] n. 航空(铝)合金
aerometeorograph [eərə'miːtiərəgrɑːf] n. 航

空气象自(动)记(录)仪
aerometer [eə'rɒmitə] n. 气体比重计
aerometry [eə'rɒmitri] n. 气体(比重)测定学〔法〕
aeromicrobe [eərəu'maikrəub] n.【化】需氧菌
aeromobile ['eərəuməubail] n. 气垫汽车
aeromotor ['eərəməutə] n. 航空发动机
Aeron ['iːrɒn] n. 一种铝合金
aeronaut ['eərənɔːt] n. (飞艇,气球)驾驶员,飞艇〔气球〕乘客
aeronautic(al) ['eərə'nɔːtik(əl)] a. 航空(学)的
aeronautics [eərə'nɔːtiks] n. 航空(学)
aero-naval [eərə'neivəl] a. 海空军的
aeronavigation ['eərə,nævi'geiʃən] n. 空中领航学
aeronavigator ['eərə'nævigeitə] n. 领航(飞行)员
aeronef ['eərənef] n. 重航空器
aeroneurosis ['eərəunjuə'rəusis] n. 飞行员神经机能病
aeronomy [eə'rɒnəmi] n. 高空大气学,星体大气物理学
aeropad ['eərəupæd] n. 浮动发射台
aeropause ['eərəpɔːz] n. 大气航空边界,大气上界
aerophare ['eərəufeə] n. (空中导航用的)无线电信标
aerophile ['eərəufil] n.;a. 航空爱好者,好气的
aerophilic ['eərəufilik] a. 需气的,嗜气的
aerophilous ['eərəufiləs] a. 需气的,嗜气的
aerophily [eə'rɒfili] n.【化】亲气性
aerophobia [eərəufəubiə] n. 高空恐惧病
aerophone ['eərəfəun] n. (控测飞机的)助听器,飞机无线电话
aerophore ['eərəfɔː] n. 手提式呼吸器,人工呼吸器
aerophotogrammetry ['eərəufəutəu'græmitri] n. 航空(摄影)测量(学)
aerophotograph ['eərəu'fəutəugrɑːf] n. 航空照片
aerophotography ['eərəufəu'tɒgrəfi] n. 航空摄影学
aerophysics [eərəu'fiziks] n. 航空〔大气〕物理学
aerophyte ['eərəfait] n. 气生植物
aerophytobiont ['eərəufaitəu'baiɒnt] n. 需氧土壤微生物
aeroplane ['eərəplein] n. 飞机
aeroplanist ['eərəpleinist] n. 飞行家
aeroplankton [eərəu'plæŋktən] n. 空气浮游微生物
aeroplethysmograph ['eərəupleθiz'mɒgrɑːf] n. 呼吸气量计
aeroplex ['eərəupleks] n. 航空用安全玻璃
aeropneumatic ['eərəunjuː'mætik] a. 气动的
aeropolitics ['eərəu'pɒlitiks] n. 航空政策

A

aeroport ['eərəpɔ:t] *n.* 机场
aeroprojector [eərəprə'dʒektə] *n.* 航空投影仪
aeropulse ['eərəpʌls] *n.* 脉动式空气喷气发动机
aeropulverizer [eərəu'pʌlvəraɪzə] *n.* 吹气磨粉机
aero-radiator [eərəu'reɪdɪeɪtə] *n.* 航空散热器
aeroradio ['eərə'reɪdɪəu] *n.* 航空无线电
aeroradioactivity ['eərəureɪdɪəuæk'tɪvətɪ] *n.* 大气放射性
aeroradiometric ['eərəureɪdɪəu'metrɪk] *a.* 航空放射性测量的
aeroscloscope ['eərəu'skləuskəup] *n.* 空气电子检查器
aeroscope ['eərəskəup] *n.* 空气集菌器,空气纯度镜检查器
aeroseal ['eərəsi:l] *n.* 空气密封
aeroshed ['eərəʃed] *n.* (飞)机库
aeroshow ['eərəʃəu] *n.* 航空展览
aerosiderite [eərəu'sɪdəraɪt] *n.* 【地质】陨铁
aerosiderolite [eərəu'sɪdərəlaɪt] *n.* 【地质】陨铁石
aerosimplex [eərəu'sɪmpleks] *n.* 航空摄影测图仪
aerosinusitis ['eərəusaɪnə'saɪtɪs] *n.* 航空鼻窦炎
aerosite ['eərəsaɪt] *n.* 【地质】深红银矿
aerosol ['eərəsɒl] *n.* ①悬浮微粒,浮质 ②烟（气）雾剂 ③按钮式喷雾器 ④液化气体
aerosolize [eə'rɒsəlaɪz] *vt.* 使成烟雾状散开
aerosoloscope ['eərəusɒləskəup] *n.* 空气(中)微粒测量表
aerosome ['eərəsəum] *n.* 气障
aerosowing ['eərə'səuɪŋ] *n.* 飞机播种
aerospace ['eərəuspeɪs] *n.* ①航空和航天 ②宇宙空间 ③大气(空间)
aerospacecraft ['eərəuspeɪskrɑ:ft] *n.* 航天飞行器,宇宙飞船
aerospaceplane ['eərəuspeɪspleɪn] *n.* 航天飞机
aerospatial [eərəu'speɪʃəl] *a.* 宇航空间的
aerosphere ['eərəsfɪə] *n.* 大气圈
aerosprayer [eərəu'spreɪə] *n.* 飞机喷雾器
aerostat ['eərəustæt] *n.* ①高空气球 ②气球驾驶员
aerostatic(al) [eərəu'stætɪk(əl)] *a.* 空气静力(学)的
aerostatics [eərəu'stætɪks] *n.* 【物】空气静力学
aerostation [eərəu'steɪʃən] *n.* 浮空术
aerostructure [eərəu'strʌktʃə] *n.* 飞机结构学,升面构造
aerosurvey [eərəsɜ:'veɪ] *n.;v.* 航空测量
aerotar ['eərɒtə] *n.* 航摄镜头
aerotaxis [eərɒ'teksɪs] *n.* 趋氧作用,向阳性
aerotechnics [eərəu'teknɪks] *n.* 航空技术
aerotherapeutics ['eərəuθerə'pju:tɪks] *n.* 空气疗法

aerotherapy [eərəu'θerəpɪ] *n.* 大气疗法
aerothermal [eərə'θɜ:məl] *a.* 气动热的
aero-thermoacoustics ['eərəθɜ:məuə'ku:stɪks] *n.* 湍流声学
aerothermochemistry ['eərəθɜ:məu'kemɪstrɪ] *n.* 气动热化学
aerothermodynamic ['eərəuθɜ:məudaɪ'næmɪk] *a.* 空气热力学的
aerothermodynamics ['eərəθɜ:məudaɪ'næmɪks] *n.* 空气（气动）热力学
aerothermoelastic ['eərəθɜ:məuɪ'læstɪk] *a.* 空气热弹性的
aerothermoelasticity ['eərəθɜ:məuɪlæs'tɪsətɪ] *n.* 空气热弹性力学
aerothermopressor ['eərəθɜ:mə'presə] *n.* 气动热力压缩（增压）器
aerotitis [eərəu'tətɪs] *n.* 高空耳炎症
aerotolerant [eərəu'tɒlərənt] *a.* 耐氧的
aerotonometer [eərətə'nɒmɪtə] *n.* 气体压张力计
aerotonometry [eərətə'nɒmɪtrɪ] *n.* 气体压张力测压术
aerotow ['eərəutəu] ❶ *n.* 空中牵引飞机 ❷ *v.* 空中牵引
aerotrack ['eərəutræk] *n.* (简易)飞机场
aerotrain ['eərəutreɪn] *n.* (螺旋桨带动的)飞行式无轨列车
aerotransport ['eərəu'trænspɔ:t] *n.* ①运输机 ②空运
aerotriangulation [eərətraɪˌæŋgju'leɪʃən] *n.* 航空三角测量
aerotropic [eərə'trɒpɪk] *a.* 向气的
aerotropism [eərə'trɒpɪzəm] *n.* 向气性,嗜氧作用
aeroturbine [eərəu'tɜ:bɪn] *n.* 航空涡轮
aerovan ['eərəvæn] *n.* 货机
aerovane ['eərəveɪn] *n.* ①风向风速仪 ②风车
aeroview ['eərəvju:] *n.* 鸟瞰
aeruginous [ɪə'ru:dʒɪnəs] *a.* 涂氧化铜的,铜绿色的
aerugo [ɪə'ru:gəu] *n.* 氧化铜
aesar ['i:zə] *n.* 蛇丘
aeschynite ['eskənaɪt] *n.* 【地质】易解石
aesculapian [ˌeskju'leɪpɪən] ❶ *a.* 医术的,医学的 ❷ *n.* 医生
Aesop ['i:sɒp] *n.* 伊索
Aesopian [i:'səupɪən] *a.* 伊索(寓言)式的
aesthema [es'θi:mə] *n.* 感觉
aesthesia [i:s'θi:zɪə] *n.* 知觉
aesthesis [es'θi:sɪs] *n.* 感觉
aesthetic(al) [i:s'θetɪk(l)] *a.* 审美的,美学的 ‖ ~ally *ad.*
aestheticism [i:s'θetɪsɪzəm] *n.* 唯美主义,审美感
aesthetics [i:s'θetɪks] *n.* 美学

aestilignosa [,estəlɪgˈnəusə] *n.*【植】夏绿木本群落

aestival [iːsˈtaɪvəl] *a.* 夏季的

aestivate [ˈiːstɪveɪt] *vt.* 消夏

aetatis [iːˈteɪtɪs] (拉丁语) …岁

aethalium [iːˈθeɪlɪəm] *n.*【化】黏菌(孢子体),块状复孢囊

aether [ˈiːθə] *n.*【化】①以太 ②醚,乙醚

aetherial [ɪˈθɪərɪəl] *a.* ①空气一样的,稀薄的 ②醚的

aetiolation [iːtɪəˈleɪʃən] *n.*【地质】黄化

aetiology [iːtɪˈɒlədʒɪ] *n.* 病因学

afar [əˈfɑː] *ad.* 在远处 ☆*afar off* 远远地,在〔从〕远处;*(come) from afar* 从远处(来)

afebrile [əˈfiːbrəl] *a.* 不发烧的

afetal [əˈfetəl] *a.* 无胎的

affair [əˈfeə] *n.* ①事(情),业务 ②(pl.)事务

affect ❶ [əˈfekt] *vt.* ①(一般指不好的)影响 ②感动 ❷ [ˈæfekt] *n.* ①偏爱 ②情感
〖用法〗注意下面例句的含义: The namespace will <u>affect</u> the way the name is accessed in the C++ program. 名称空间会影响在 C++程序中访问名称的方式。(在"way"后面省了一个定语从句的"in+引导词"部分。)

affectation [æfekˈteɪʃən] *n.* 假装,装模作样

affected [əˈfektɪd] *a.* ①受了影响的,已感光的 ②做作的 ③倾向于…的(to) ☆*as affected* 受影响 ‖ *~ly ad.*

affecting [əˈfektɪŋ] *a.* 令人感动的,可怜的

affection [əˈfekʃən] *n.* ①感情 ②影响 ③病(变,患) ④(事物)的属性

affective [əˈfektɪv] *a.* 感情的,情感的

afferent [ˈæfərənt] *a.* 输入的,向中的

afferentia [æfəˈrenʃɪə] (拉丁语) *n.* 输入管

affiliate ❶ [əˈfɪlɪɪt] *n.* ①联号,分公司 ②(pl.)联合广播电台 ③同伙 ❷ [əˈfɪlɪeɪt] *v.* ①使…加入,接纳…为分支机构 ②追溯(to) ☆*affiliate oneself with (to)* 加入…作为成员;*be affiliated with (to)* 与…有关系,加入

affiliation [əfɪlɪˈeɪʃən] *n.* ①加入,接纳 ②追溯由来

affinage [əˈfaɪnɪdʒ] *n.* 精炼

affination [,əfaɪˈneɪʃən] *n.* 精制

affine [əˈfaɪn] ❶ *a.*【化】亲和的,【数】仿射的,拟似的 ❷ *vt.* 精炼

affined [əˈfaɪnd] *a.* ①有密切关系的 ②同类的

affinely [əˈfaɪnlɪ] *ad.* 仿射(地)

affinity [əˈfɪnɪtɪ] *n.* ①类似,亲缘,吸引(between,to) ②【化】亲和 ③【数】仿射性 ☆*have an affinity for* 喜爱,和…有亲和力
〖用法〗注意搭配模式"the affinity of A for B",意为"A 对 B 的亲和力"。如: This is due to <u>the great affinity of</u> silicon <u>for</u> oxygen. 这是由于硅对氧巨大的亲和力所致。/The <u>affinity of</u> one electron <u>for</u> another in a covalent bond is very strong. 共价键中

电子间相互的亲和力是非常大的。

affinor [ˈæfɪnɔː] *n.*【物】反对称张量,张量

affion [ˈæfɪɒn] *n.* 烟土,鸦片土

affirm [əˈfɜːm] *v.* 肯定,确认

affirmable [əˈfɜːməbl] *a.* 可断言的,可确定的

affirmance [əˈfɜːməns] *n.* 断言,确认

affirmation [æfɜːˈmeɪʃən] *n.* 肯定,断言,批准

affirmative [əˈfɜːmətɪv] ❶ *a.* 肯定的,赞成的 ❷ *n.* 肯定(语),断言,赞成 ☆*in the affirmative* 肯定地

affirmatively [əˈfɜːmətɪvlɪ] *ad.* 肯定地,断然

affix ❶ [əˈfɪks] *vt.* ①附加上 ②使固定,贴上,加接(to) ③签署,盖(章) ❷ [ˈæfɪks] *n.* 添加剂,附录,词缀

affixation [æfɪkˈseɪʃən], **affixion** [əˈfɪkʃən] *n.* 添加

affixture [əˈfɪkstʃə] *n.* 添加(物),附加,黏上

afflict [əˈflɪkt] *vt.* 使苦恼,折磨 ☆*be afflicted with* 为…所苦,害(病) ‖ *~ion n.* *~ive a.*

afflight [əˈflaɪt] *n.* ①近月飞行 ②靠近〔并排〕飞行

affluence [ˈæfluəns] *n.* ①富足 ②汇集

affluent [ˈæfluənt] ❶ *a.* ①富足的 ②汇流的 ❷ *n.* 支流 ‖ *~ly ad.*

afflux [ˈæflʌks], **affluxion** [əˈflʌkʃən] *n.* ①集流,流注 ②富(群)集

afford [əˈfɔːd] *vt.* ①(与 can〔be able to,could〕连用)有力(做),担负得起 ②给予,提供
〖用法〗该动词可以带有间接宾语和直接宾语,所以在被动句中就会出现"保留宾语"。如: In this case the detection of information bits at the receiver output <u>is afforded</u> increased reliability. 在这种情况下,在接收机输出端信息位检测的可靠性提高了。("increased reliability"是保留宾语。)

afforest [əˈfɒrɪst] *vt.* 造林,绿化

afforestation [əfɒrɪsˈteɪʃən] *n.* 造林,绿化

affreight [əˈfreɪt] *vt.* 包租

affreightment [əˈfreɪtmənt] *n.* 租船运货〔契约〕

affricate [ˈæfrɪkɪt] *n.* 破擦音

affusion [əˈfjuːʒən] *n.* 灌注,灌注疗法

Afghan [ˈæfgæn] *n.;a.* 阿富汗的,阿富汗人(的)

Afghanistan [æfˈgænɪstæn] *n.* 阿富汗

afield [əˈfiːld] *ad.* (在)野外,上战场 ☆*far afield* 远离,离题太远;*go too far afield* 走入歧途

afire [əˈfaɪə] *ad.;a.* 着火的(的) ☆*set ... afire* 放火烧…
〖用法〗当它为形容词时,一般用作表语,也可作补足语,但不用作定语。

aflame [əˈfleɪm] *ad.;a.* 着火(的),发亮 ☆*set ... aflame* 放火烧…
〖用法〗当它为形容词时一般作表语,也可作补足语,但不作定语用。如: The new laboratory was <u>aflame</u>. 那个新实验室着火了。

aflatoxin(s) [,æfləˈtɒksɪn(s)] *n.*【化】黄曲霉毒素

afloat [əˈfləut] *ad.;a.* ①(漂)浮(的),浮动的 ②在

A

海〔船〕上 ③浸在水中 ④【商】流通,开张(的) ☆**keep afloat** 使漂浮不沉,使流通;**set ... afloat** 使(船)下水,散布

〖用法〗当它作形容词时,一般作表语或后置定语。

aflutter [ə'flʌtə] *ad.;a.* (旗)飘扬(的)

〖用法〗当它作形容词时,一般作表语。

afocal [ə'fəukəl] *a.* 无焦的,非聚焦的

a fond [ɑ: 'fɔ:ŋ] (法语)彻底地

afoot [ə'fut] *ad.;a.* ①徒步 ②在准备中(的),着手 ☆**be early afoot** 早在进行;**be well afoot** 在顺 利进行中;**set ... afoot** 使…开始进行,开始执行

〖用法〗当它作形容词时,多数情况下作表语。

afore [ə'fɔ:] *ad.;prep.* 在(…)前(先),前面

aforecited [ə'fɔ:saitid] *a.* 上述的

aforegoing [ə'fɔ:gəuiŋ] *a.* 上述的

aforehand [ə'fɔ:hænd] *a.;ad.* 事先准备的

aforementioned [ə'fɔ:menʃənd] *a.* 上述的

aforenamed [ə'fɔ:neimd] *a.* 前面所举的

aforesaid [ə'fɔ:sed] *a.* 前述的

aforethought [ə'fɔ:θɔ:t] *a.* 预谋的,故意的

aforetime [ə'fɔ:taim] *ad.* 从前

a fortiori [ˈei fɔ:ˈtiːˈɔ:rai] (拉丁语) *ad.* 更不必说, 何况

afoul [ə'faul] *a.;ad.* 碰撞,冲突,纠缠 ☆**run (fall) afoul of** 和…碰撞(冲突,纠缠)

afraid [ə'freid] *a.* 害怕的

〖用法〗❶ afraid of+名词= "害怕…"。❷ afraid of doing〔to do〕= "害怕做…",不过用不定式时往往 意为 "害怕其结果而不大敢做…"。❸ afraid for+ 名词= "为…担忧"。❹ afraid of doing(或 that 从 句,that 可以省去)= "担心"。❺ I'm afraid+that 从 句(that 可以省去)= "我恐怕…,很遗憾…,很抱 歉…";应答别人的看法表示同意时用 I'm afraid so= "好像是〔会〕,恐怕是的";应答表示不同意 时用 I'm afraid not= "恐怕不是"。❻ I'm afraid= "我恐怕",可以用作为插入语,置于句尾以缓 和语气,并在其前面有逗号。❼ 一般用 very much 来修饰 afraid,但有时美国人仅用 very 来修饰。

afresh [ə'freʃ] *ad.* 重新,另外

Africa ['æfrikə] *n.* 非洲

African ['æfrikən] *n.;a.* 非洲的,非洲人(的)

Afro-Asian ['æfrəu'eiʃən] *a.* 亚非的

afront [ə'frʌnt] *ad.* 在前(对)面

aft [ɑ:ft] ❶ *a.;ad.* 在(从)后部的(的),在(从)尾部的(的) ❷ *n.* 尾部 ☆**fore and aft** 从船头到船尾;**right aft** 就在船后

after ['ɑ:ftə] ❶ *prep.;ad.* ①(在…)以后,跟(接)着, 追随,接替,次于 ②依(按,仿)照,取名于 ③经过 (…之后) ❷ *conj.* 在…以后 ❸ *a.* ①(以,滞)后 的 ②靠近后部的 ☆*a little after* 不久;*after a fashion (sort)* 多多少少,在某种程度上;*after a time* 过一段时间;*after all* 毕竟,终归,到底; *after the manner of* 按照…方法;*before and after* 前后;*day after day* 一天一天地,成天; *one after another* 或 *one after the other* 一个

接一个地,轮流,陆续,依次;*shortly after* 以后不 久;*soon after* 不久以后,很快;*time after time* 一次又一次地,屡次地;*well after* 在…以后很久

〖用法〗❶ 应特别注意介词 after 表示 "按照,根 据" 之意。如: The unit of resistance is labeled the ohm,after George Simon Ohm,who first discovered the relationship between current, voltage, and resistance. 电阻的单位被称为 "欧姆",它是根据 乔治·西蒙·欧姆的名字命名的,他第一个发现了 电流、电压、电阻之间的关系。/This phenomenon is called Brownian motion,after the British botanist Robert Brown (1773-1858). 这种现象被称为 "布 朗运动",它是根据英国植物学家罗伯特·布朗 (1773—1858) 的名字命名的。/This system has been tested after the standard "burn-in" procedure. 这个系统已经按照标准的 "老化" 程序测试过了。 ❷ 连词 after 引导的状语从句有时可以修饰其 前面的名词。如: T*designates the temperature after the time increment has elapsed. T*表示经过了时间 增量后的温度。/The final state after all temporary phenomena have had their effects is called a steady state. 在所有的暂态现象产生了各自的效应后的 最终状态就称为稳态。❸ 由于 after 已经明确表 示了时间的前后关系,所以在它引导的状语从句 中通常用一般过去时代替过去完成时,用一般现 在时代替现在完成时。❹ 注意以下两种表达法 之间的区别: three hours after his arrival 他到达 的三小时以后;the three hours after his arrival 他 到达以后的三小时。❺ 像 three days after "三天 以后" 这样的说法在将来时的句中。❻ 在 有 after...(不论是介词短语还是从句)的主句中严 格来说是不能用完成时的。❼ 在 after 引导的从 句中是不能用将来时的,而要用一般现在时来表 示。

after-accelerated ['ɑ:ftəæk'seləreitid] *a.* 后(段) 加速的

after-action ['ɑ:ftə'ækʃən] *n.*【物】后作用

after-bake ['ɑ:ftə'beik] *v.;n.*【物】后烘,二次焙烧

after-bay ['ɑ:ftə'bei] *n.* 后架间;尾水池,下游河湾

after-birth ['ɑ:ftə'bɜ:θ] *n.*【地质】胞衣

after-blow ['ɑ:ftə'bləu] *v.;n.*【地质】后吹

afterbody ['ɑ:ftəbɔdi] *n.* ①后体,机尾,(火箭载体) 最后一级 ②人造卫星伴体

afterbrain ['ɑ:ftəbrein] *n.* 后脑

afterburner ['ɑ:ftəbɜ:nə] *n.* 补燃器,后燃烧室

afterburst ['ɑ:ftəbɜ:st] *n.*【化】后崩坍

aftercastle ['ɑ:ftəkɑ:sl] *n.* 尾楼

afterchine ['ɑ:ftətʃain] *n.*【海】后(舷)脊

afterclap ['ɑ:ftəklæp] *n.* 意外的变动

after-collector ['ɑ:ftəkə'lektə] *n.* 后加收集器

after-combustion ['ɑ:ftəkəm'bʌstʃən] *n.*【化】 复烧

after-condenser ['ɑ:ftəkən'densə] *n.*【化】二次 冷凝器

after-contraction ['ɑ:ftəkən'trækʃən] *n.* 后(期)

收缩

aftercooler ['ɑ:ftə'ku:lə] n. 后冷却器

after-crop ['ɑ:ftəkrɒp] n. 【农】后作物

after-culture ['ɑ:ftə'kʌltʃə] n. 【农】补播

aftercurrent ['ɑ:ftə'kʌrənt] n. 【物】剩余电流,后电流

afterdamp ['ɑ:ftədæmp] n. 爆后气体

afterdeck ['ɑ:ftədek] n. 【航海】后甲板

after-deflection ['ɑ:ftədɪ'flekʃən] a. 偏转后的

after-depolarization ['ɑ:ftədi:,pəʊləraɪ'zeɪʃən] n. 【物】后去极化

after-discharge ['ɑ:ftədɪs'tʃɑ:dʒ] n. 【物】后续放电

after-drawing ['ɑ:ftə'drɔ:ɪŋ] n. 后拉伸

after-dripping ['ɑ:ftə'drɪpɪŋ] n. 喷油后的燃烧

after-drying ['ɑ:ftə'draɪɪŋ] n. 再次干燥

after-edge ['ɑ:ftəedʒ] n. 【航海】后沿

aftereffect ['ɑ:ftəɪ'fekt] n. 后效应,副作用

after-etching ['ɑ:ftə'ɪtʃɪŋ] n. 残余腐蚀

after-expansion ['ɑ:ftəɪks'pænʃən] n. 后膨胀,附加膨胀

after-exposure ['ɑ:ftəɪks'pəʊʒə] n. 后照射

after-fermentation ['ɑ:ftəfɜ:men'teɪʃən] n.后发酵

after-filter ['ɑ:ftə'fɪltə] n. 后过滤器

after-fire ['ɑ:ftə'faɪə] n.; v. 消音器内爆炸

after-fixing ['ɑ:ftə'fɪksɪŋ] n. 后固定

afterflaming ['ɑ:ftəflæmɪŋ] n. 完全〔补充〕燃烧

after-flow ['ɑ:ftəfləʊ] n. 塑性,后效蠕变

after-frame ['ɑ:ftəfreɪm] n. 后框架

afterglow ['ɑ:ftəgləʊ] n. 余辉,夕照

after-hardening ['ɑ:ftə'hɑ:dənɪŋ] n. 后硬化

afterhatch ['ɑ:ftəhætʃ] n. 【航海】后舱

afterheat ['ɑ:ftəhi:t] ❶ n. 余热,后热 ❷ v. 后加热

afterheater ['ɑ:ftəhi:tə] n. 【化】后热器

afterhold ['ɑ:ftəhəʊld] n. 【航海】后舱

afterimage ['ɑ:ftəɪmɪdʒ] n. 余像,残影

after-impression ['ɑ:ftəɪm'preʃən] n. 残影

after-irrigation ['ɑ:ftəɪrɪ'geɪʃən] a. 灌溉后的

afterlight ['ɑ:ftəlaɪt] n. ①余辉,夕照 ②事后的领悟

after-loading ['ɑ:ftə'ləʊdɪŋ] n. 【物】后装载,后负荷

after-market ['ɑ:ftə'mɑ:kɪt] n. 零件市场

aftermath ['ɑ:ftəmæθ] n. ①后果 ②余波 ③再生草

aftermost ['ɑ:ftəməʊst] a. 最后头的

after-movement ['ɑ:ftə'mu:vmənt] n. 后继性运动

afternoon [ɑ:ftə'nu:n] n. 下午;后半期 ☆**in the afternoon** 在下午

〖用法〗 ❶ 表示某一特定日子的下午时,其前面要用介词"on"。如: We discussed this problem on the afternoon of Monday. 我们在周一下午讨论了这一问题。❷ 在其前面有 this、that、every、tomorrow、yesterday 等词时,则起副词作用了,这时在该短语前不再加任何介词。

after-pains ['ɑ:ftəpeɪnz] n. 产后痛

afterpeak ['ɑ:ftəpi:k] n. (航船)尾尖舱

afterpiece ['ɑ:ftəpi:s] n. ①【海】舵轮脚 ②下一幕,余兴

after-potential ['ɑ:ftəpə'tenʃəl] n. 【物】后电势

afterpower ['ɑ:ftəpaʊə] n. 【物】剩余功率

afterprecipitation ['ɑ:ftəprɪsɪpɪ'teɪʃən] n. 【化】二次沉淀

afterproduct ['ɑ:ftəprɒdəkt] n. 后产品

afterpulse ['ɑ:ftəpʌls] n. 剩余脉冲

afterpulsing ['ɑ:ftəpʌlsɪŋ] n. 跟在主要脉冲后面的寄生脉冲

after-purification ['ɑ:ftə,pjʊrɪfɪ'keɪʃən] n. 后净化

after-quake ['ɑ:ftəkweɪk] n. 余震

after-recording ['ɑ:ftərɪ'kɔ:dɪŋ] n. 后期录音(法)

after-ripening ['ɑ:ftə'raɪpənɪŋ] n. 后熟(作用)

aftersection ['ɑ:ftəsekʃən] n. 尾部

after-sensation ['ɑ:ftəsen'seɪʃən] n. 余留感觉

afterservice ['ɑ:ftəsɜ:vɪs] n. 售后服务

aftershock ['ɑ:ftəʃɒk] n. 余震

after-shrinkage ['ɑ:ftə'ʃrɪŋkɪdʒ] n. 后收缩

afterstain ['ɑ:ftəsteɪn] n. 【化】互补色;后染

after-stretch ['ɑ:ftəstretʃ] v. 后拉伸 ‖ **-ing** n.

aftersummer ['ɑ:ftəsʌmə] n. 秋老虎

aftertable ['ɑ:ftəteɪbl] n. 后工作台

after-tack ['ɑ:ftətæk] n. 回黏(性),软化

aftertaste ['ɑ:ftəteɪst] n. 回味

after-teeming ['ɑ:ftə'ti:mɪŋ] n. 补注,点冒口

after-the-fact ['ɑ:ftəðəfækt] a. 事后的

afterthought ['ɑ:ftəθɔ:t] n. ①回想,后悔 ②马后炮

aftertime ['ɑ:ftətaɪm] n. 业余〔余辉〕时间

aftertossing ['ɑ:ftətɒsɪŋ] n. 【航海】船尾波动,(船尾)余波

after-tow ['ɑ:ftətəʊ] n. 【航海】后曳,船尾浪

aftertreatment ['ɑ:ftətri:tmənt] n. 后处理

after-vision ['ɑ:ftəvɪʒən] n. 视觉遗留

aftervulcanization ['ɑ:ftəvʌlkənaɪ'zeɪʃən] n. 【化】后硫化作用

afterward(s) ['ɑ:ftəwəd(z)] ad. 后来

〖用法〗它可以作后置定语。如: Their total momentum before they collide equals their total momentum *afterward*. 它们在碰撞前的总动量等于碰撞后的总动量。

afterwash ['ɑ:ftəwɒʃ] n. 后洗流

afterwinds ['ɑ:ftəwɪndz] n. 余风

afterword ['ɑ:ftəwɜ:d] n. 后记,跋

after-working ['ɑ:ftə'wɜ:kɪŋ] n. 后效

aft-fan ['ɑ:ftfæn] n. 后风扇

aft-gate ['ɑ:ftgeɪt] n. 【航海】尾水闸门

afunction [eɪˈfʌŋkʃən] *n.* 机能缺损

afunctional [eɪˈfʌŋkʃənəl] *a.* 机能缺失的

afwillite [ˈæfwɪlaɪt] *n.* 【地质】柱(硅)钙石

again [əˈgeɪn] *ad.* ①再,重新 ②再一次,再一倍 ③还,仍然 ④此外 ⑤在另一方面
〖用法〗注意 again 放在句首时可以表示"同时,而且"之意。如: Again, the synthesizer can greatly facilitate surveillance work. 同时,该合成器能够大大地有助于监视工作。

against [əˈgenst] *prep.* 反对,逆着,克服,阻止,防备 ☆*as against* 与…比较; *over against* 在…对面,与…相反
〖用法〗在科技文中 against 往往可表示"随…的变化;相对于"的含义(这时它与 versus 或 vs.的用法相同)。如: A graph of resistance against temperature is plotted in Fig.3-4. 在图 3-4 中画出了电阻随温度变化的曲线图。/A curve of the car's velocity against time is shown below. 下面显示了〔画出了〕小汽车的速度相对于时间的曲线。/The transmission factor is plotted in Fig.9-5 against the applied voltage. 在图 9-5 中画出了传输因子相对于外加电压的曲线图。/This may stabilize the operating point against external changes. 这可以相对于外部的变化而稳定住工作点。

agalite [ˈægəlaɪt] *n.* ①【化】纤维滑石 ②【地质】纤滑石

agamete [ˈægəmiːt] *n.* 【生】无性生殖体

agamic [əˈgæmɪk] *a.* 【生】无性生殖的

agamogenesis [ˌægməˈdʒenəsɪs] *n.* 【生】无性繁殖

agamy [ˈægəmɪ] *n.* 【生】无性生殖

agar [ˈægɑː] *n.* 【化】琼脂,石花菜,细菌培养基

agaricin [əˈgærɪsən] *n.* 【化】蘑菇素,白木耳素

agarics [ˈægərɪks] *n.* 【植】伞菌科

agaropectin [ˌægərəˈpektɪn] *n.* 【化】琼脂胶

agarose [ˈægərəʊz] *n.* 【化】琼脂糖

agate [ˈægət] *n.* 玛瑙

agateware [ˈægətweə] *n.* 玛瑙器皿

agavose [əˈgeɪvəs] *n.* 【化】龙舌兰糖

age [eɪdʒ] ❶ *n.* ①年龄,时代 ②寿命,使用期限 ❷ *v.* 老化
〖用法〗❶ 表示"在…年龄时",其前面用介词"at"。如: At age 18(=At the age of 18), Gauss invented the method of least squares for finding the best value of a sequence of measurements of some quantity. 在 18 岁时,高斯发明了最小平方法来求某个量的一系列测量的最佳值。❷ 在科技文中,age 可以表示时间之意。如: The internal resistance of a dry cell increases with age, even though the cell is not used. 干电池的内阻会随着时间的流逝而增加,即使电池并没有使用。❸ 注意下面例句的含义: Recent studies have shown that many 'rock' musicians have suffered hearing losses typical of persons 65 years of age. 最近的研究表明,许多"摇滚"乐家遭受的听力丧失程度与 65 岁人的情况相同。("65 years of

age" 为名词短语作后置定语。) /Electronic instrumentation came of age in solving the measurement needs of electronics itself. 电子仪表在满足电子学本身的测量需求时蓬勃发展起来了。

age-bracket [ˈeɪdʒˈbrækɪt] *n.* 某一年龄范围(内的人们)

aged [ˈeɪdʒɪd] *a.* 老年的,被老化的

age-dating [ˈeɪdʒˈdeɪtɪŋ] *n.* 时代鉴定,年龄测定

age-diffusion [ˈeɪdʒdɪˈfjuːʒən] *n.* 年龄扩散

age-grade [ˈeɪdʒgreɪd], **age-group** [ˈeɪdʒgruːp] *n.* 同一年龄〔年龄相仿〕的人们

age-growth [ˈeɪdʒgrəʊθ] *n.* 年龄生长

age-hardening [ˈeɪdʒhɑːdənɪŋ] *n.* 时效硬化

age-inhibiting [ˈeɪdʒɪnˈhɪbɪtɪŋ] *a.* 防老化的

agelike [ˈeɪdʒlaɪk] *n.* 同辈,年纪相同的人

agelong [ˈeɪdʒlɒŋ] *a.* 延续很久的

agency [ˈeɪdʒənsɪ] *n.* ①经销,代理,代办(处),办事处,社,所,局,署,公司,机构,通讯社 ②作用,动作,行为,手段 ☆*through (by) the agency of* 借助于,经…的介绍

agenda [əˈdʒendə] *n.* (agendum 的复数)议(事日)程,待办事项,备忘录

agenesia [ˌeɪdʒəˈniːsɪə] *n.* 发育不全,无生殖力

agenesis [əˈdʒenɪsɪs] *n.* 发育不全,阳痿

agent [ˈeɪdʒənt] ❶ *n.* ①试剂,作用力 ②媒介物,工具 ③动因,病原体,刺激物 ④代理人〔店〕⑤特务 ❷ *vi.* 代理〔办〕‖ ~**ial** *a.*

agentia [əˈdʒentɪə] (拉丁语) *n.* 药剂,试剂

age-old [ˈeɪdʒəʊld] *a.* 古老的,从古代传下来的

ageostrophic [ˌeɪdʒɪəʊˈstrɒfɪk] *a.* 【物】非地转的

ageotropic [ˌeɪdʒɪəʊˈtrɒpɪk] *a.* 无向地的

ageotropism [ˌeɪdʒɪˈɒtrəpɪzəm] *n.* 【物】非向地性

ager [ˈeɪdʒə] *n.* 蒸化器,调色装置

agger [ˈædʒə] (pl.aggeres) *n.* 双潮汐;土堆

aggiornamento [əˌdʒɔːnəˈmentəʊ] *n.* 现代化

agglomerability [əˌglɒmərəˈbɪlətɪ] *n.* 【地质】可附聚性,可烧结性

agglomerable [əˈglɒmərəbl] *a.* 可附聚的,可烧结的

agglomerant [əˈglɒmərənt] *n.;a.* ①黏结剂 ②烧结工 ③附聚的,烧结的

agglomerate ❶ [əˈglɒməreɪt] *v.* 结块,成团,烧结 ❷ [əˈglɒmərɪt] *n.* ①附聚物 ②烧结块 ③集块岩 ④大块,聚集 ❸ [əˈglɒmərɪt] *a.* 凝聚的,结块的,烧结的

agglomerater [əˈglɒməreɪtə] *n.* 【地质】烧结机,结块机

agglomeratic [ˌæglɒˈmerɪtɪk] *a.* 团聚的,成块的

agglomeration [əˌglɒməˈreɪʃən] *n.* 凝聚,结块,集块,烧结

agglomerative [əˈglɒməreɪtɪv] *a.* 附聚的,烧结的,成团的,胶凝的

agglomerator [əˈglɒməreɪtə] *n.* 凝聚剂

agglutinability [ə.gluːtɪnəˈbɪlətɪ] *n.*【化】可凝集性

agglutinant [əˈgluːtɪnənt] *n.* 烧结剂,凝集素

agglutinate ❶ [əˈgluːtɪneɪt] *v.* 胶(烧)结,凝集 **❷** [əˈgluːtɪnɪt] *n.* 胶结物 **❸** [əˈgluːtɪnɪt] *a.* 附着的,凝集的

agglutination [ə.gluːtɪˈneɪʃ ən] *n.* 胶结作用,成胶状

agglutinative [əˈgluːtɪnətɪv] *a.* 胶着的,烧结的,凝集的

agglutinin [əˈgluːtɪnɪn] *n.*【化】凝集素

agglutinogen [æglʊˈtɪnədʒən] *n.*【化】凝集原

agglutinoid [æˈgluːtɪnɔɪd] *n.* 类凝集素

aggradate [ˈæɡrədeɪt] *vt.* 使淤积

aggradation [.æɡrəˈdeɪʃ ən] *n.*【地理】淤积,浚填

aggrade [əˈɡreɪd] *v.* 淤积,淤高

aggrandize [ˈæɡrəndaɪz] *vt.* 增大,提高 ‖ **~ment** *n.*

aggravate [ˈæɡrəveɪt] *vt.* 使恶化,激怒 ‖ **aggravation** *n.*

aggregate ❶ [ˈæɡrɪɡeɪt] *v.* ①聚集,集凝 ②计达 **❷** [ˈæɡrɪɡɪt] *n.* ①集(骨)料,颗粒,聚集(体) ②成套设备 ③【数】集合 ④合计 **❸** [ˈæɡrɪɡɪt] *a.* ①集合的 ②合计的 ☆**in the aggregate** 总计,整个

aggregate-surfaced [ˈæɡrɪɡɪtˈsɜːfɪst] *a.* 铺集料的

aggregation [.æɡrɪˈɡeɪʃ ən] *n.* 聚集,群集,集合

aggregative [ˈæɡrɪɡeɪtɪv] *a.* 聚合的

aggremeter [ˈæɡrɪmiːtə] *n.* 集料骨料称量计

aggress [əˈɡres] *v.* 侵略,攻击 (on,against)

aggressin [əˈɡresɪn] *n.*【化】攻击素

aggression [əˈɡreʃ ən] *n.* 侵略〔犯〕

aggressive [əˈɡresɪv] *a.* ①侵略的 ②侵蚀性的 ③进取的,不怕阻力的 ‖ **~ly** *ad.* **~ness** *n.*
〖用法〗注意下句中 aggressive 含义的理解和译法：Aggressive research on gigabit-per-second networks has led to dramatic improvements in network transmission speeds. 对于每秒千兆位网络的研究势头迅猛,已大大提高了网络传输速率。

aggressivity [ə.greˈsɪvətɪ] *n.* 侵蚀性,攻击力

aggressor [əˈɡresə] *n.* 侵略者

aggro [ˈæɡrəʊ] *n.* 挑衅,粗暴

agile [ˈædʒaɪl] *a.* 灵活的,活泼的 ‖ **~ly** *ad.*

agility [əˈdʒɪlətɪ] *n.* 敏捷性,频率快变

aging [ˈeɪdʒɪŋ] *n.* 老化,裂变,变质

aging-resistant [ˈeɪdʒɪŋrɪˈzɪstənt] *n.;a.* 抗老化剂〔的〕

agio [ˈædʒɪəʊ] *n.* 贴水,兑换

agiotage [ˈædʒətɪdʒ] *n.* 兑换,买卖股票

agitate [ˈædʒɪteɪt] *v.* ①搅动,扰动 ②激发,励磁 ③煽动,倡议 (for)

agitation [ædʒɪˈteɪʃ ən] *n.* ①搅动,搅拌;湍流 ②激励,励磁 ③激〔扰〕动 ④兴奋,刺激 ‖ **~al** *a.*

agitator [ˈædʒɪteɪtə] *n.* ①搅拌器,搅拌器 ②鼓动者

agitator-conveyor [ˈædʒɪteɪtəkənˈveɪə] *n.* 搅拌送料器

agitprop [ˈædʒɪtprɒp] *n.;a.* 宣传鼓动(者,性的)

aglet [ˈæɡlɪt] *n.* (绳,带两端的)金属箍

agley [əˈɡliː] *ad.* 歪,斜

aglimmer [əˈɡlɪmə] *a.;ad.* 闪着微光

aglite [ˈæɡlaɪt] *n.* 烧结黏土,轻质骨料

aglitter [əˈɡlɪtə] *a.;ad.* 闪着光

aglow [əˈɡləʊ] *ad.;a.* ①灼热(的) ②发红光的 ☆ **be aglow with** 因而发红〔热〕

agmen [ˈæɡmen] (pl.agmina) *n.* 集合,聚集

agminate(d) [ˈæɡmənɪt(ɪd)] *a.* 聚集的

agnate [ˈæɡneɪt] *a.* ①父系的 ②同种的

agnea [æɡˈnɪə] *n.* 失认

agnosia [æɡˈnəʊsɪə] *n.* 失认

agnostic [æɡˈnɒstɪk] *n.;a.* 不可知论者〔的〕

agnosticism [æɡˈnɒstɪsɪzəm] *n.*【哲】不可知论

ago [əˈɡəʊ] *ad.* 以前 ☆ **a long (short) time ago** 长久〔不久〕以前; **as long ago as** 早在⋯就〔已〕
〖用法〗❶ ago 只能用在"离现在多长时间以前",句子一般要用过去时。❷ "数量状语+ago"可以作后置定语。如：These theories represent the universe as having evolved from a great explosion several billion years ago in a relatively small region of space. 这些理论把宇宙表示成是从一个比较小的空间区域内几十亿年前的一次大爆炸演变来的。/It all began with the development 30 years ago of the transistor. 这一切都起始于 30 年前晶体管的出现。

agog [əˈɡɒɡ] *a.;ad.* 渴望着,激动的 ☆ **be agog for** 急切等待着; **(be) all agog for** 渴望; **(be) all agog to (do)** 急着要(做)

agoing [əˈɡəʊɪŋ] *ad.;a.* 在进行中 ☆ **set agoing** 发起,放行,创始

agon [ˈæɡəʊn] *n.* ①冲突 ②有奖竞赛

agone [əˈɡɒn] **❶** *n.* 无(磁)偏线 **❷** *a.;ad.* 过去

agonic [əˈɡɒnɪk] *a.* 无偏差的

agonist [ˈæɡənɪst] *n.* 兴奋剂,主动肌

agonized [ˈæɡənaɪzd] *a.* 极度痛苦的

agonizing [ˈæɡənaɪzɪŋ] *a.* 令人痛苦的 ‖ **~ly** *ad.*

agony [ˈæɡənɪ] *n.* (极大的)痛苦,苦恼 ☆ **be in agony** 苦恼不安; **in an agony of** 在极度的⋯中

agora [ˈæɡrə] *n.* (pl.agorot)阿格拉(以色列货币单位)

agraff [əˈɡræf] *n.*【化】搭扣〔钩〕

agranulocytosis [ə.ɡrænjʊləʊsaɪˈtəsɪs] *n.*【医】粒性白细胞缺乏症

agraphia [əˈɡræfɪə] *n.* 无写字能力

agraphic [əˈɡræfɪk] *a.* 失写的

agrarian [əˈɡreərɪən] *a.* 土〔耕〕地的,农民的

agravic [əˈɡrævɪk] *a.;n.* ①失重的,(在)无重力的 ②失重

agravity [əˈɡrævətɪ] *n.*【物】失重

agree [ə'griː] v. (意见)一致,赞成 ☆ **agree in (about,as to)** 在…(方面)意见一致; **agree on (upon)** (一致)同意;决定; **agree to** (表示接受的)赞同,答应; **agree to (do)** 同意,答应; **agree with** (出于主观愿望的)赞同,与…一致,与…相符; **it is unanimously agreed that ...** 一致同意… 〖用法〗❶ 科技文中常见 agree with 表示"与…相一致(吻合)"。如: This agrees well with the value found previously. 这与前面求出的值非常一致(吻合)。❷ 当 agree 表示"赞同"而跟有 that 引导的宾语从句时,在从句中往往会使用虚拟语气。如: I agree that she (should) call on me every Saturday. 我赞同她每星期六拜访我。❸ 注意下面例句的译法: $\sqrt{-1} \cdot \sqrt{-1}$, it was agreed, should be replaceable at will by -1. 当时数学界一致同意: $\sqrt{-1} \cdot \sqrt{-1}$ 应该可以任意地用 -1 来替代。("it was agreed"为插入语。)

agreeable [ə'griːəbl] a. 可同意的,一致的,使人愉快的 ☆ **agreeable to...** 依照,适合,与…一致的; **be agreeable to** (欣然)赞同 ‖ ~ness n. 〖用法〗❶ agreeable to do ... 与 agreeable to doing ... 同义,但前者更常见。❷ agreeable 表示"赞成的,感兴趣的"时不作前置定语。

agreeably [ə'griːəblɪ] ad. 欣然,同意,一致 ☆ **agreeably to** 依…

agreed-on [ə'griːdɒn] a. 约定的,同意的

agreement [ə'griːmənt] n. ❶一致,同意,吻合 ❷协定〔议〕,契约 ☆ **agreement on (about,for, upon,concerning)** (…方面)的协议,有关…的协议; **be in agreement on (upon,about)** 对…意见一致; **(be) in agreement (with)** (与…)一致,同意,按照; **by agreement** 经同意,合意; **come to (arrive at) an agreement (with)** (与…)商定,(与…)达成协议; **make (conclude,enter into,sign) an agreement** 签订协定 〖用法〗❶ 在科技文中,agreement 主要表示"一致,吻合",在科技文中常用词组 in agreement with。如: Simulation results are in good agreement with experimental ones. 仿真结果与实验结果很吻合。/Point b is at a potential 3V higher than point a, in agreement with the previous answer. b 点的电位比a 点高 3 伏,这与前面的答案相一致。(注意:本句在逗号后可以看成省去了"which is"或"a fact that is"。)❷ 注意搭配模式"the agreement of A with B"或"the agreement between A and B"。如: It is the insistence on quantitative agreement of theory with experimental fact that distinguishes science from philosophy. 正是(科学)坚持理论与实验结果定量上的一致,把科学与哲学分开了。/At that time good agreement of experiment with theory in various regimes of operation was reported. 那时,在运作的各个方面实验与理论很好地吻合已有报道。/Agreement between the characteristics of this model and experimental measurements is quite good. 这个模型的特点与实验测量之间是十分吻合(一

致)的。

agribusiness ['æɡrɪbɪznɪs] n. (垄断资本的)农业综合企业

agric ['æɡrɪk] n.【农】耕作土层

agricolite [ə'ɡrɪkələɪt] n.【地质】闪铋矿

agricopter [,æɡrɪ'kɒptə] n. 农业用直升机

agricultural [,æɡrɪ'kʌltʃ ərəl] a. 农业〔用〕的

agriculture ['æɡrɪˌkʌltʃ ə] n. 农业〔艺,学〕

agriculturist [,æɡrɪ'kʌltʃ ərɪst] n. 农民,农学家

agrimotor ['æɡrɪməutə] n. 农用动力机,农用汽车

agriology [,æɡrɪ'ɒlədʒɪ] n. 无文字民族的风俗研究,原始人的风俗研究

agrirobot ['æɡrɪrəubɒt] n. 自动犁

agrium ['æɡrɪəm] n. 栽培群落

agro ['æɡrəu] v. 挑衅

agrobiology [æɡrəubaɪ'ɒlədʒɪ] n. 农业生物学

agrochemical [æɡrəu'kemɪkəl] ❶ a. 农业化学的 ❷ n. 农药,农业化肥

agrochemistry [æɡrəu'kemɪstrɪ] n. 农业化学

agrocin ['æɡrəusɪn] n.【化】土壤杆菌素

agroclimatology ['æɡrəklaɪmə'tɒlədʒɪ] n. 农业气候学

agroecology [,æɡrəuiː'kɒlədʒɪ] n. 农业生态学

agro-ecosystem ['æɡrəu'iːkəuˌsɪstəm] n. 农业生态系统

agroecotype [æɡrəu'ekəˌtaɪp] n. 作物生态型

agrogeology [æɡrəudʒɪ'ɒlədʒɪ] n. 农业地质学

agrohydrology [æɡrəuhaɪ'drɒlədʒɪ] n. 农业水文学

agrology [əɡ'rɒlədʒɪ] n. 农业土壤学

agrometeorology [,æɡrəuˌmiːtɪə'rɒlədʒɪ] n. 农业气象学

agromicrobiology [æɡrəumaɪkrəubaɪ'ɒlədʒɪ] n. 农业微生物学

agronomic(al) [æɡrə'nɒmɪk(əl)] a. 农(艺)学的

agronomist [ə'ɡrɒnəmɪst] n. 农学家,农艺师

agronomy [ə'ɡrɒnəmɪ] n. 农业,农村经济,作物学

agrophysics [æɡrəu'fɪzɪks] n. 农业物理学

agrotechnical ['æɡrəu'teknɪkəl] a. 农业技术的

agrotechnician ['æɡrəuˌtek'nɪʃ ən] n. 农业技术员

agrotechnique [æɡrəu'tekniːk] n. 农业技术

agrotechny ['æɡrəuteknɪ] n. 农产品加工学

agro-type ['æɡrəutaɪp] n. 农业土壤类型,农业型

aground [ə'ɡraund] ad.;a. 在地上(的),搁浅(的),触礁(的) ☆ **be (go,run) aground** 搁浅,触礁 〖用法〗这个词作形容词时一般作表语,也可作后置定语,但不能作前置定语。

ague ['eɪɡjuː] n. 疟疾

agustite ['æɡəstaɪt] n.【地质】磷灰石

ah [ɑː] int. 啊呀

aha [ə'hɑː] int. 啊哈

ahead [ə'hed] a.;ad. 在前(面),向前,提前,领先 ☆ **ahead of** 在…前头,领先于; **ahead of estimate** 超出预料; **(n days) ahead of schedule**

(scheduled time,time)（比预定时间）提前（n 天）; *force one's way ahead* 冲向前; *go ahead* （不迟疑地）前进,领先; *go ahead with* 继续（某 事）; *look ahead* 预先作好准备,向前看; *look ahead for (to)* 为…预先作准备,盼望; *push ahead with* 推进; *push A ahead of B* 使 A 超 过 B; *right (straight) ahead* 对直地,直前; *wind ahead* 顶头风
〖用法〗ahead 作形容词时一般作表语,它也可作后 置定语。如: The computer revolution promises to bring about even greater changes in the years <u>ahead</u>. 计算机革命有望在今后几年引起更大的变化。

A-head ['eɪhed] *n.* 核弹弹头

aheap [ə'hi:p] *ad.; a.* 重叠地(的),堆积地(的)

ahemeral [eɪ'hemərəl] *a.* 不够一整天的,非昼夜的

ahistoric(al) [,eɪhɪs'tɔ:rɪk(əl)] *a.* 不顾史实的,无 历史记载的 ‖ **~ally** *ad.*

ahypnia [ə'hɪpnɪə] *n.* 失眠

ahypnosis [əhɪp'nəʊsɪs] *n.* 失眠

aid [eɪd] ❶ *n.* ①帮(援)助,救护 ②(辅助)设备〔手 段〕,工具,仪器 ③助手 ☆*be of (great) aid (to)* (对…)有(很大)帮助; *by the aid of* 借助于; *in aid of* 以帮助,作(帮助)…之用; *with the aid of* 借助于,通过 ❷ *v.* 帮〔援〕助 ☆*aid A in doing (to (do))* 帮助 A(做…)
〖用法〗❶ 当它为名词表示"帮助"作表语时, 其前面要有不定冠词,其后一般跟介词 to。如: This book is <u>a great aid</u> to scientific English writing。本 书对科技英语写作是很有帮助的。但有时也有 跟 in 的。如: The ergodic hypothesis is <u>a convenient aid in</u> analysis. 遍历假设有助于分析。❷ 当它作 及物动词时, "aid+宾语+动词不定式" = "aid+宾 语+in+动名词"。

aide [eɪd] *n.* 副官,助手

aided ['eɪdɪd] *a.* 辅助的,半自动的

aide-memoire ['eɪdmem'wɑ:] (法语) *n.* 备忘录

aiding ['eɪdɪŋ] *n.* 帮助

aigrette ['eɪgret] *n.*【动】白鹭,冠毛

aiguille ['eɪgwi:l] *n.* ①钻头 ②尖峰

ail [eɪl] *v.* 使苦恼,干扰

ailavator ['eɪləveɪtə] *n.*【航】副翼升降舵

aileron ['eɪlərɒn] *n.*【航】副翼,摆板

ailment ['eɪlmənt] *n.* 小病,失调

aim [eɪm] *v.;n.* ①瞄准,制导 ②目标〔的〕,宗旨 ☆ *achieve (attain) one's aim* 达到目的; *aim A against (at) B* 把 A 瞄准 B; *aim at doing (to (do))* 目的在于; *be aimed at* 针对,目的在于; *miss one's aim* 打不中目标,达不到目的; *take aim at* 以为目标,瞄准; *with the aim of* 为了; *without aim* 无目的地

aimafibrite [eɪmə'faɪbraɪt] *n.* ①【化】血纤维石 ②【地质】羟砷锰矿

aimant ['eɪmənt] *n.* 磁铁石

aimer ['eɪmə] *n.* 瞄准器〔手〕,射击员

aiming ['eɪmɪŋ] *n.* ①瞄准,导航 ②感应 ☆*aiming off* 修正瞄准,(瞄准)提前量

aimless ['eɪmlɪs] *a.* 无目的的,紊乱的 ‖ **~ly** *ad.* **~ness** *n.*

aim-off ['eɪmɒf] *n.* 瞄准提前量

ain't [eɪnt] = are not, am not, is not, has not, have not

air [eə] ❶ *n.* ①空气 ②空中 ③航空,空军 ④气派 ❷ *a.* 空气的,气动的,(航)空的 ❸ *vt.* ①通风 ② 晾干 ③充气 ④广播,发表 ⑤夸耀 ☆*by air* 用 〔坐〕飞机,用无线电; *clear the air* 使空气流通, 澄清真相; *give air to* 发表(意见); *go off the air* 停止广播; *hang in the air* 未完成,未证实; *in the air* (计划)悬搁着,渺茫;露天;在空中;无掩 蔽的; *in (the) open air* 户外,露天; *into thin air* 无影无踪; *leave in the air* 使悬而不决; *on the air* (正在)广播; *out of thin air* 无中生有地
〖用法〗在下面的例句中,air 作了状语,表示"用 气": In this case, it is necessary to <u>air</u> cool the equipment。在这种情况下,必须对该设备进行空 (气)冷(却)。

air-actuated [eə'æktjueɪtɪd] *a.* 气动的

airadio ['eəreɪdɪəʊ] *n.* 航空无线电设备

air-agitated [eə'ædʒɪteɪtɪd] *a.* 空气搅拌的

airarmament ['eəa:məmənt] *n.* 航空武器

airator ['eəreɪtə] *n.* 冷却松砂机

air-bag [eəbæg] *n.* 里胎,气袋

airballoon ['eəbəlu:n] *n.* 气球〔艇〕

air-base [eəbeɪs] *n.* 空军〔空〕基地

air-based [eəbeɪst] *a.* 在母机上的

air-bath [eəbɑ:θ] *n.* 空气浴(装置),空气干燥器

air-bed ['eəbed] *n.* 气床(垫),气褥

airblast ['eəblɑ:st] *n.* 鼓风,喷气(器)

air-bleed [eəbli:d] *n.* 抽气

air-bleeder [eə'bli:də] *n.* 放气管〔阀〕

air-block [eəblɒk] *a.* 气阻的

air-blower [eə'bləʊə] *n.* 鼓风机,增压机

air-blowing [eə'bləʊɪŋ] *n.;a.* 吹气(的)

air-blown [eəbləʊn] *a.* 吹气的,吹制的

airbond ['eəbɒnd] *n.*【化】①型芯砂结合剂 ②气 障

air-borne [eəbɔ:n] *a.* 空运的,大气中的,航空的,弹 上的,机载的

airbound ['eəbaʊnd] *a.* 气隔的

air-brake [eəbreɪk] *n.* 气闸,减速板

airbrasive ['eəbreɪsɪv] *n.* 喷气研磨

air-break [eəbreɪk] *n.* 空气断开

air-breather [eə'bri:ðə] *n.* 通气孔,空气吸潮器,吸 气式飞行器,用吸进的大气助燃推动的导弹

air-breathing [eə'bri:ðɪŋ] *a.* 吸气(式)的

air-bridge [eəbrɪdʒ] *n.*【航海】空运线

airbrush ['eəbrʌʃ] ❶ *n.* ①喷枪 ②气刷 ❷ *vt.* 用 喷枪喷

air-bubble [eəbʌbl] *n.* 气泡

airburst ['eəbɜ:st] *n.* 空中爆炸

airbus ['eəbʌs] *n.* 空中客机

aircall ['eəkɔ:l] *n.* 空中呼号

air-casing [eə'keɪsɪŋ] *n.* (空)气套,气隔层
air-cast [eəkɑːst] *n.;vt.* (用)无线电广播
aircav [eəkæv] *n.* 空降部队
air-chamber [eə'tʃeɪmbə] *n.* 气腔(室)
air-choke [eətʃəʊk] *n.* 空心扼流圈
air-circulating [eə'sɜːkjʊleɪtɪŋ] *n.;a.* 空气循环(的)
air-cleaning [eə'kliːnɪŋ] *n.;a.* 空气净化(的)
air-coach [eəkəʊtʃ] *n.* 航空班机
air-coil [eəkɔɪl] *n.* 气冷蛇管
air-compressor [eəkəm'presə] *n.* 空气压缩机
air-condition [eəkən'dɪʃən] *vt.* ①装冷〔暖〕气 ②空气调节
air-conditioned [eəkən'dɪʃənd] *a.* 空调的
air-conditioner [eəkən'dɪʃənə] *n.* 空调器
air-conditioning [eəkən'dɪʃənɪŋ] *n.;a.* 空调的
air-conduction [eəkən'dʌkʃən] *n.;a.* 空气传导(的)
air-conductivity [eəkəndʌk'tɪvətɪ] *n.* 透气性
air-cool [eəkuːl] *vt.* 用空气冷却
air-core [eəkɔː] *a.* 空心的
air-cored [eəkɔːd] *a.* 空心的
aircourse ['eəkɔːs] *n.* 风道,风巷
air-cover [eə'kʌvə] *n.* 空中掩护
air-crack [eəkræk] *v.;n.* 干裂
aircraft ['eəkrɑːft] *n.* 航空器,飞机〔艇,船〕
〖用法〗这个名词单复数同形,如果是单数的话,其前面要用冠词。如: This is an aircraft. 这是一架飞机。/All the aircraft here are home-made. 这里的飞机都是国产的。
aircrash ['eəkræʃ] *n.* 空中碰撞,空中失事
aircrew ['eəkruː] *n.* 空勤人员
aircrewman ['eəkruːmən] *n.* 空勤〔飞行〕人员
air-cured [eəkjʊəd] *a.* 空气养护的,用热空气硫化的
air-current [eə'kʌrənt] *n.* 气流
air-cushion [eə'kʊʃən] *n.* 气垫
air-damped [eədæmpt] *a.* 空气减震的
air-damping [eə'dæmpɪŋ] *n.* 空气制动
air-defence [eədɪ'fens] *a.* 防空的
airdent ['eədənt] *n.* 喷砂磨齿机
air-depolarized [eədiː'pəʊləraɪzd] *a.* 空气去极化的
air-detraining [eədiː'treɪnɪŋ] *n.;a.* 去气(的)
air-dielectric [eə,daɪɪ'lektrɪk] *n.* 空气介质
air-distillation [eə,dɪstɪ'leɪʃən] *n.* 【化】常压蒸馏
air-dock [eədɒk] *n.* 飞机棚
airdox ['eədɒks] *n.* 压气爆破筒
air-drain [eədreɪn] *n.* 气眼,通气管
air-drainage [eə'dreɪnɪdʒ] *n.* 排气
airdraulic ['eədrɔːlɪk] *a.* 气液联动的
air-dried [eədraɪd] *a.* 风干的
air-driven [eə'drɪvən] *a.* 气动的
airdrome ['eədrəʊm] *n.* (飞)机场

airdrop ['eədrɒp] *n.;vt.* 空投
air-drum [eədrʌm] *n.* 气筒,气鼓
airduct ['eədʌkt] *n.* 通风道(沟)
air-dump [eədʌmp] *n.* 气动倾卸
airedale ['eədeɪl] *n.* 海军飞行人员,海军航空地勤人员
air-ejector [eəɪ'dʒektə] *n.* 气动弹射器
air-entrained [eəɪn'treɪnd] *a.* 加气的
air-entrainment [eəɪn'treɪnmənt] *n.* 加气(处理)
air-entrapping [eəɪn'træpɪŋ] *a.* 加气的
air-equivalent [eəɪ'kwɪvələnt] *a.* 空气等价的
air-express [eəɪk'spres] *n.* 航空快递信件
air(-)fast [eəfɑːst] *a.* 不透气的,密封的
air-feed [eəfiːd] *n.* 供气
airfield ['eəfiːld] *n.* (飞)机场
air-fight [eəfaɪt] *n.* 空战
air-filled ['eəfɪld] *a.* 充气的
air-filter [eə'fɪltə] *n.* 空气过滤器
air-fired [eə'faɪəd] *a.* 空中启动的
air-floated [eə'fləʊtɪd] *a.* 空中浮动的
airflow ['eəfləʊ] *n.* 气流,空气流量
air-flue [eəfluː] *n.* 气〔烟,风〕道
airfoil ['eəfɔɪl] *n.* 翼(剖)面,方向舵
airfone ['eəfəʊn] *n.* 传话筒
airforce ['eəfɔːs] *n.* ①气动力 ②空军
airframe ['eəfreɪm] *n.* 弹体构架,机体
air-free [eəfriː] *a.* 无空气的
airfreight ['eəfreɪt] ❶ *n.* 空中货运(费),空运货物 ❷ *vt.* 由空中运输
airfreighter ['eəfreɪtə] *n.* (大型)运输机
air-gap [eəgæp] *n.* 空隙
air-gauge [eəgeɪdʒ] *n.* 气压计
airglow ['eəgləʊ] *n.* (大)气辉(光)
airground ['eəgraʊnd] *a.* 陆空的,空-地的
air-gun [eəgʌn] *n.* 气〔喷〕枪
air-handling [eə'hændlɪŋ] *a.* 空气处理的
air-harbor [eə'hɑːbə] *n.* 水上飞机航站
air-hardening [eə'hɑːdənɪŋ] *n.;a.* 气硬(的),自硬的
airhead ['eəhed] *n.* 【航】空降场
airheater ['eəhiːtə] *n.* 空气加热器,热风炉
air-heating [eə'hiːtɪŋ] *n.* 空气加温法
air-hole [eəhəʊl] *n.* (通)气孔,风眼
airhood ['eəhʊd] *n.* 空气罩
air-hose ['eəhəʊz] *n.* 空气软管
airily ['eərɪlɪ] *ad.* 轻轻地
air-in [eəɪn] *n.* 送气,空气入口
air-induction [eəɪn'dʌkʃən] *n.;a.* 进气(的)
airiness ['eərɪnɪs] *n.* 通风
airing ['eərɪŋ] *n.* ①透〔充〕气 ②晾干 ③无线电或电视广播
air-injection [eəɪn'dʒekʃən] *n.* 空气喷射
air-inlet [eə'ɪnlet] *n.;a.* 进气(口,的)
air-intake [eə'ɪnteɪk] *n.* 吸(进)气

air-interception [eə,ıntə'sepʃən] *a.* 空中截击的
air-lance [eəla:ns] *n.* 空气枪
airland ['eəlænd] *vt.* 空降〔运,投〕
air-lane [eəleın] *n.* 航空路线
air-launch [eəlɔ:ntʃ] *vt.* 空中发射
air-leg [eəleg] *n.* 气动推杆
airless ['eəlıs] *a.* ①无空气的 ②不通风的 ③平静的
airletter ['eəletə] *n.* 航空信
airlift ['eəlıft] *n.;vt.* ①空运 ②空气提升 ③气力升降机
airlike ['eəlaık] *a.* ①空气等价的 ②类空气的
airline ['eəlaın] *n.;a.* ①航线 ②空气管路 ③航空公司
airliner ['eəlaınə] *n.* 班机
airload ['eələud] *n.* 气动负载,空运装载〔载重〕
air-lock [eəlɒk] ❶ *n.* ①气锁,锁风装置 ②密封舱 ❷ *a.* 气密的 ❸ *vt.* 用气塞堵住
air-locked [eəlɒkt] *a.* 密封的,用气堵塞的,因充气而断流的
air-mada [eə'mɑ:də] *n.* 机群,航空大队
airmail ['eəmeıl] ❶ *n.;a.* 航空信 ❷ *vt.* 航空邮寄 ❸ *ad.* 以航空邮寄
air-main [eəmeın] *n.* 风管干线
airman ['eəmən] (pl.airmen) *n.* 飞行员,航空兵
airmanship ['eəmənʃıp] *n.* 飞行〔导航〕技术
air-map [eəmæp] *n.* 航空〔图〕,空中摄影地图
air-mapping [eə'mæpıŋ] *a.* 空中测绘的
airmarker ['eəmɑ:kə] *n.* 飞行的地面标志
air-mass [eəmæs] *n.* 气团
air mat ['eəmæt] *n.* 气席
airmattress ['eəmætrıs] *n.* 气垫(子)
air-meter [eə'mi:tə] *n.* 风速计,气流表
air-mile [eəmaıl] *n.* 空英里
air-mine [eəmaın] *n.* 空投水雷
air-mobile [eə'məubaıl] *a.* 空中机动的
air-monitoring [eə'mɒnıtərıŋ] *n.;a.* 大气监测(的)
air-motor [eə'məutə] *n.* 航空发动机
air-mounted ['eə'mauntıd] *a.* 机载的
air-myelography [eəmaıə'lɒgrəfı] *n.* 【医】脊髓充气造影
airnaut ['eənɔ:t] *n.* 飞行员,航空家
airo-line ['eərəulaın] *n.* 气动调节器
airometer [eə'rɒmıtə] *n.* 空气流速计
air-operated [eə'ɒpəreıtıd] *a.* 风动的
airosol ['eərəsɒl] *n.* 放气,空气出口
air-out [eəaut] *n.* 放气,空气出口
air-oven [eə'ʌvən] *n.* 热空气干燥炉
air-park ['eəpɑ:k] *n.* 小型(飞)机场
airpass ['eəpɑ:s] *n.* 机上自动截击系统
airpatch ['eəpætʃ] *n.* 机场
airpatrol ['eəpə'trəul] *n.* ①空中侦察 ②空中侦察〔巡逻〕队
airphibian [eə'fıbıən] *n.* 陆空两用机

airphibious [eə'fıbıəs] *a.* 空运的,伞兵的
airphoto ['eəfəutəu] *n.* 航空摄影
airpillow ['eəpıləu] *n.* 气垫〔枕〕
air-pipe [eəpaıp] *n.* 通风管
air-placed [eəpleıst] *a.* 喷注的
airplane ['eəpleın] ❶ *n.* 飞机 ❷ *vi.* 坐〔乘〕飞机
airplane-altimeter ['eəpleın'æltımi:tə] *n.* 机载高度计
airplot ['eəplɒt] *n.* ①空中描绘 ②飞行指挥站
airpocket ['eəpɒkıt] *n.* 气阱
airpoise ['eəpɔız] *n.* 空气重量计
airport ['eəpɔ:t] *n.* ①(民航)飞机场 ②风孔
air-portable [eə'pɔ:təbl] *a.* 可空运的
air-position [eəpə'zıʃən] *n.* 空中位置
airpost ['eəpəust] =airmail
airpower ['eəpauə] *n.* 制空权,空中威力
air-powered [eə'pauəd] *a.* 气动的
air-pressure [eə'preʃə] ❶ *a.* 气压的 ❷ *n.* 气压
airproof ['eəpru:f] ❶ *a.* 密封的 ❷ *vt.* 使密封
air-pulsed [eəpʌlst] *a.* 空气脉冲的
air-pump [eəpʌmp] *n.* 抽气机
air-purge [eəpɜ:dʒ] *n.* 空气清洗的
air-purification [eə,pjurıfı'keıʃən] *n.* 空气净化
air-quenching [eə'kwentʃıŋ] *a.* 气淬的
air-raid [eəreıd] *n.* 空袭
air-raider [eə'reıdə] *n.* 空袭者〔飞机〕
air-range [eəreındʒ] *n.* 航程
air-refined [eərı'faınd] *a.* 吹气精制的
air-release [eərı'li:s] *a.* 放气的
air-removal [eərı'mu:vəl] *a.* 除气的
air-right [eəraıt] *n.* 领空权
air-roasting [eə'rəustıŋ] *n.* 【化】氧化焙烧
air-route [eə'ru:t] *n.* 航线
air-sampling [eə'sɑ:mplıŋ] *a.* 空气取样的
air-scape [eəskeıp] *n.* 空〔鸟〕瞰图
air-scattered [eə'skætəd] *a.* (空气)散射的
airscoop ['eəsku:p] *n.* 进气口〔道〕,(招)风斗
air-scout [eəskaut] *n.* 侦察机
airscrew ['eəskru:] *n.* (飞机)螺旋桨
airscrew-propelled ['eəskru:prə'peld] *a.* 螺(旋)桨推进的
air-sea [eəsi:] *a.* 海空的
air-seasoning [eə'si:zənıŋ] *n.* 通风干燥
airsecond [eə'sekənd] *n.* (分析扰动时的)时间标度
air-separating [eə'sepəreıtıŋ] *a.* 吹离的,吹气选分的
air-set [eəset] *a.* 常温〔空气中〕凝固的
air-shaft [eəʃɑ:ft] *n.* (通)风井
air-shed [eəʃed] *n.* 机库
airship ['eəʃıp] *n.* 飞艇〔船〕
airsick ['eəsık] *a.* 晕机的
airsickness ['eəsıknıs] *n.* 晕机(病)
air-slake ['eəsleık] *v.* 潮解,风化
air-sleeve ['eəsli:v] *n.* 【气】圆锥形风标

A

airslide ['eəslaɪd] n.【航】气动滑道
air-sock ['eəsɒk] n.【气】圆锥形风标
airspace ['eəspeɪs] n. ①空域,大气空间 ②空隙 ③广播时间
airspeed ['eəspiːd] n. 风速,(迎面)气流速度,飞行速度
airspeedometer ['eəspiːdɒmɪtə] n. 航速表
air-spot [eəspɒt] n. 落弹的空中观测
air-spray [eəspreɪ] a. 气喷的
air-spring [eəsprɪŋ] n. 气垫
air-stack [eəstæk] n.【航】空中堆旋
air-stage [eəsteɪdʒ] n. 航空(驿)站
air-stair [eəsteə] n. 登机梯
airstart ['eəstɑːt] v.;n. 空中启动
airstation ['eəsteɪʃən] n. 航空站
airstop ['eəstɒp] n. 直升机航空站
air-stove [eəstəʊv] n. 热风炉
airstrainer ['eəstreɪnə] n.【化】滤气网
airstream ['eəstriːm] n. 气流
air-strength [eəstreŋθ] n.【化】自然干燥强度
air-strike [eəstraɪk] n. 空中袭击
airstrip ['eəstrɪp] n. ①飞机跑道 ②小型机场
air-supplied [eəsə'plaɪd] a. 飞机供应的
air-supply [eəsə'plaɪ] a. 供气的
air-take [eəteɪk] n. 进气口
air-taxi [eə'tæksɪ] n. 出租飞机
air-tested [eə'testɪd] a. 经过飞行试验的
air-tight [eətaɪt] a. ①气密的 ②严密的
airtightness ['eətaɪtnɪs] n.【化】密封(度,性)
airtime ['eətaɪm] n. 广播时间
air-to-close [eətəkləʊz] a. 气关式的
air-tool [eətuːl] a. 气动工具的
air-to-open [eətə'əʊpən] a. 气开式的
air-to-space [eətəspeɪs] a. 航空对航天的
air-to-subsurface [eətə'sʌbsəfɪs] a. 空对水下的
air-to-surface [eətə'səːfɪs] a. 空对(地,海)面的
ait-to-underwater [eətə'ʌndəwɔːtə] a. 空对水下的
airtow ['eətəʊ] n. 飞机牵引车
air-train [eətreɪn] n. 空中列车
airtransport ['eətrænspɔːt] n. 空运,运输机
air-transportable [eətræn'spɔːtəbl] a. 可空运的
air-trap [eətræp] n.【农】气阱
air-treating [eə'triːtɪŋ] a. 空气处理的
air-turbine [eə'təːbɪn] n. 空气涡轮,汽轮机
airvane ['eəveɪn] n.【气】空气舵,风标
air-vehicle [eə'viːəkl] n. 飞行器
air-vent [eəvent] ❶ n. 排气口 ❷ a. 排气的
air-view [eəvjuː] n. 空瞰图,航空摄影
air-wall [eəwɔːl] n. 气壁
airway ['eəweɪ] n. ①航路 ②(pl.)航空公司 ③气道,通气孔,风巷
airwing ['eəwɪŋ] n. 空军联队

airwoman ['eəwʊmən] (pl.airwomen) n. 女飞行员
airworthiness [eə'wɜːðɪnɪs] n. 适航性,飞行性能
airworthy ['eəwɜːðɪ] a. 适航的,飞行性能良好的
airy ['eərɪ] a. ①轻的 ②空气的,通风的 ③空想的
aisle [aɪl] n. ①通道,侧廊 ②场
ait [eɪt] n. 河(湖)洲,河(湖)心岛
aitch [eɪtʃ] n.;a. H,H 形(的)
ajar [ə'dʒɑː] ad. ①不调和 ②微开(着)
ajutage ['ædʒʊtɪdʒ] n. 放水管,送风管
akinesia [æk'niːsɪə] n. 运动不能
akinesis [æk'niːsɪs] n. 运动不能
akinesthesia [əkɪnɪs'θiːʒɪə] n. 运动感觉缺失
akinetic [æk'netɪk] a. 运动不能的
akmite ['ækmaɪt] n.【化】锥辉石
akoasm ['ækəʊæzəm] n. 幻听
akouphone ['ækəʊfəʊn] n. 助听器
akrit ['ækrɪt] n. 钴络钨系刀具用铸造合金
aktograph ['æktəɡrɑːf] n. 动物活动记录仪
ala ['eɪlə] (pl.alae ['eɪliː]) n. 翅;翼瓣
Alabama [ælə'bæmə] n. (美国)亚拉巴马(州)
alabamine [ælə'bɑːmiːn], **alabamium** [ælə'bɑːmɪəm] n.【化】(砹的旧称)
alabandite [ælə'bændaɪt] n.【地质】硫锰矿
alabaster ['æləbɑːstə] n.;a. 蜡石;光滑白润的
alabastrian [ælə'bɑːstrɪən], **alabastrine** [ælə'bɑːstrɪn] a. 雪花状的
alalia [ə'leɪlɪə] n. 言语不清
alalic [ə'leɪlɪk] a. 言语不清的
alalite ['æləlaɪt] n.【冶】绿透辉石
alameda [ælə'miːdə] n. 林荫路
alamosite ['æləməʊsaɪt] n.【化】铅辉石
alanate ['æləneɪt] n.【化】铝氢化物
alane [ə'leɪn] n.【化】铝烷
alanine ['æləniːn] n.【化】丙氨酸
alantin [ə'læntɪn] n.【化】菊粉
Alar ['ælə] n.【化】铝硅系合金
alar ['eɪlə] a. 翅的,腋下的
alarm [ə'lɑːm] ❶ n. 警报(机),报警信号(装置) ❷ vt. 报警 ☆ **be alarmed at** 对…惊慌; **be alarmed for** 担心(的安全)
alary ['eɪlərɪ] a. 翼(状)的,腋生(下)的
Alaska [ə'læskə] n. (美国)阿拉斯加(州)
Alaskan [ə'læskən] n.;a. 阿拉斯加的,阿拉斯加人(的)
alaskaite [ə'læskəaɪt] n.【地质】银辉铅铋矿
alaskite [ə'læskaɪt] n.【地质】白(花)岗岩
alate [eɪ'leɪt] a. 有翼的,翼状的
alaterite [eɪ'leɪtəraɪt] n. 矿物性生橡胶
alaum ['æləm] n.【医】明矾
alazimuth [ə'læzɪməθ] n. 地平经纬仪
alb [ælb] n.【地理】高山平地
alba ['ælbə] a. 白(色)的
Albaloy ['ælbəlɔɪ] n.【化】电解沉淀用合金,铜锡锌合金

albamycin [ˌælbə'maɪsɪn] *n.*【化】新生霉素
Albania [æl'beɪnɪə] *n.* 阿尔巴尼亚
Albanian [æl'beɪnɪən] *a.;n.* 阿尔巴尼亚的,阿尔巴尼亚人(的)
albanite ['ɔːlbənaɪt] *n.*【化】地沥青,白榴岩
albarium [æl'bærɪəm] *n.*【化】白石粉
ablation [æl'beɪʃən] *n.* 漂白,白化
albatross ['ælbətrɒs] *n.* 信天翁(鸟)
albedo [æl'biːdəu] *n.* ①(星体)反照率 ②白软皮
albedometer [ˌælbɪ'dɒmɪtə] *n.* 反照率计
albedowave [æl'biːdəweɪv] *n.* 反照波
albefaction [ˌælbɪ'fækʃən] *n.* 漂白
albeit [ɔːl'biːɪt] *conj.* 虽然,即使
〖用法〗这个词等同于让步状语从句引导词though,通常引出一个省略式的从句。如: The amplifier does dissipate power, <u>albeit small</u>. 放大器确实要消耗功率,尽管消耗得很少。
alberene ['ælbəriːn] *n.*【化】高级皂石
Albert ['ælbɜːt] *n.*【天】阿尔伯特(小行星)
albertite ['ælbətaɪt] *n.* 黑沥青
Albertol ['ælbətɒl] *n.* 阿尔别托尔酚甲醛型人造塑料
albescent [æl'besənt] *a.* 发白的
Albian ['ælbɪən] *n.* 阿尔必世〔阶〕
albic ['ælbɪk] *n.* 漂白土
albicans ['ælbɪkəns] (pl.albicantia) *n.* 白体
albidus ['ælbɪdəs] (拉丁语) *a.* 带白的,微白的
albifaction [ælbɪ'fækʃən] *n.* 漂白,白化
albinism ['ælbɪnɪzəm] *n.*【医】白化症,白化(现象)
albino [æl'bɪnəu] *n.*【医】白化病人,白化体
albit ['ælbɪt] *n.*【化】猛性氯酸盐炸药
albite ['ælbaɪt] *n.*【化】钠长石
albitite ['ælbɪtaɪt] *n.*【化】钠长石岩
albitization [ælbɪtaɪ'zeɪʃən] *n.*【化】钠长石化
albitophyre [æl'bɪtəfaɪə] *n.*【化】钠长斑岩
albizziine [æl'bɪ:zɪiːn] *n.*【化】合欢氨酸
albocarbon [ˌælbə'kɑːbən] *n.*【化】萘
albomycin [ˌælbə'maɪsɪn] *n.*【化】白霉素
albond ['ælbɒnd] *n.*【化】黏土(一种高岭土)
alboranite [ælb'ɒrənaɪt] *n.*【化】拉长安山岩
Albrac ['ælbræk] *n.*【化】阿尔布赖科铝砷高强度黄铜
albronze ['ælbrɒnz] *n.*【化】铝(青)铜
album ['ælbəm] *n.* ①图〔纪念,集邮〕册,影集,唱片套〔集〕②来宾签名簿
albumen [æl'bjuːmɪn] *n.* (清,白)蛋白
albumin [æl'bjuːmɪn] *n.* 蛋白质
albuminate [æl'bjuːmɪneɪt] *n.* 清蛋白质
albuminoid [æl'bjuːmɪnɔɪd] ❶ *a.* 蛋白质的 ❷ *n.* 拟〔硬〕蛋白
albuminose [æl'bjuːmɪnəus], **albuminous** [æl'bjuːmɪnəs] *a.* (含)蛋白(质)的
alburnous ['ælbɜːnəs] *a.* 白木质的
alburnum [æl'bɜːnəm] *n.* 白木质
albus ['ælbəs] *n.*【化】铅白(颜料)

albylcellulose [ˌælbɪl'seljuləs] *n.*【化】丙烯基纤维素
alcali ['ælkəlaɪ] *n.* (=alkali)【化】强碱
alcatron ['ælkətrɒn] *n.*【物】圆片式场效应晶体管
alchemic(al) [æl'kemɪk(əl)] *a.* 炼金〔丹〕术的
alchemist ['ælkəmɪst] *n.* 炼金术士
alchemistic [ælkə'mɪstɪk] *a.* 炼金〔丹〕术的
alchemy ['ælkɪmɪ] *n.* 炼金术
alchlor ['ælklɔː] *n.*【化】三氯化铝
Alchrome ['ælkrəum] *n.* 铁铬铝系电炉丝
alclad, Al-clad ['ælklæd] *a.,n.* ①镀铝的,包铝的(的) ②铝衣合金 ③纯铝包皮超硬铝板
Alcoa ['ælkəuə] *n.*【化】耐蚀铝合金
alcogas ['ælkəugəs] *n.*【化】乙醇汽油混合物
alcogel ['ælkəudʒel] *n.*【化】醇凝胶
alcohol ['ælkəhɒl] *n.* 酒精,(乙)醇
alcoholase ['ælkəhəuləs] *n.*【化】醇酶
alcoholate ['ælkəhɒleɪt] *n.* (乙)醇化物
alcoholic [ælkə'hɒlɪk] ❶ *a.* (乙)醇的,(含)酒精的 ❷ *n.* ①(pl.)酒类 ②嗜酒者
alcoholism ['ælkəhɒlɪzəm] *n.* 醇中毒
alcoholization ['ælkəˌhɒlaɪ'zeɪʃən] *n.* ①醇化(作用)②酒精提取法
alcoholize ['ælkəhɒlaɪz] *vt.* ①使醇化 ②用酒精泡 ③用酒精治疗
alcoholysis [ælkə'hɒləsɪs] *n.*【化】醇解
alcomax ['ælkəmæks] *n.*【化】奥尔科麦克斯无碳铝镍钴磁铁
Alcor ['ælkɔː] *n.* ①【天】大熊座 ②【物】"阿尔柯"相干测量雷达
alcosol ['ælkəsəul] *n.* 醇溶胶
alcotate ['ælkəteɪt] *n.* (酒精)变性剂
alcove ['ælkəuv] *n.* 凹室〔壁〕,岸壁,凉亭
alcoxides [æl'kɒksaɪdz] *n.*【化】(酒精)烃氧基金属
Alcres ['ælkres] *n.*【化】铁铬铬耐蚀耐热合金
Alcumite ['ælkjumaɪt] *n.*【化】阿尔克麦特金色氧化膜铝合金,铜镍铁镍耐蚀合金
alcunic [æl'kjuːnɪk] *n.*【化】阿尔科尼克铝铜黄铜
alcyl ['ælsɪl] *n.*【化】脂环基
aldanite ['ældənaɪt] *n.*【化】钍铀铅矿
aldary ['ældɑːrɪ] *n.*【化】铜合金
Aldecor [æl'dekɔː] *n.*【化】高强度低合金钢
aldehyde ['ældɪhaɪd] *n.*【化】(乙)醛
aldehydene ['ældɪhaɪdiːn] *n.*【化】乙炔的别名
aldehydic [ˌældɪ'haɪdɪk] *a.* 醛(式)的
aldehydrol [ˌældɪ'haɪdrɒl] *n.*【化】水合醛
alder ['ɔːldə] *n.* 桤木,赤杨(木)
alderman ['ɔːldəmən] *n.* (pl.aldermen) (英、美)市参议员,市议会长老议员
aldimine ['ældɪmaɪn] *n.*【化】醛亚胺
aldoheptose [ˌældəu'heptəus] *n.*【化】庚醛糖
aldohexose [ˌældə'heksəus] *n.*【化】己醛糖
aldol ['ældəu] *n.*【化】羟(基)丁醛,(丁间)醇醛
aldolactol [ˌældəu'læktɒl] *n.*【化】内缩醛

A

aldolase [ˈældəleɪs] *n.*【化】醛缩酶

aldopentose [ˌældəˈpentəus] *n.*【化】戊醛糖

aldose [ˈældəus] *n.*【化】醛(式)糖

aldosterone [ælˈdɒstərəun] *n.*【化】醛固(甾)酮

aldotetrose [ˌældəˈtetrəus] *n.*【化】丁醛糖

aldotriose [ˈældəutraɪəus] *n.*【化】丙醛糖

aldoxime [ælˈdɒksi:m] *n.*【化】(乙)醛肟

Aldray, Aldrey [ˈældreɪ] *n.*【化】奥特莱铝镁硅合金,无铜硬铝

aldrin [ˈɔ:ldrɪn] *n.*【化】艾氏剂,118 农药

aldural [ælˈdjuərəl] *n.*【化】奥尔杜拉尔高强度铝合金

Aldurbra [ælˈdju:brə] *n.*【化】奥尔杜布拉铝黄铜

aleak [əˈli:k] *a.;ad.* 漏水的〔地〕,漏气的〔地〕

alee [əˈli:] *ad.;a.* 在背风的一边,向下风

alembic [əˈlembɪk] *n.* 蒸馏罐〔釜〕,净化器具

aleph-naught [ˈɑ:lɪfnɔ:t], **aleph-null** [ˈɑ:lɪfnʌl], **aleph-zero** [ˈɑ:lɪfˈzɪərəu] *n.* 阿列夫零

alert [əˈlɜ:t] ❶ *a.* 留心的,警惕的 ❷ *n.* 警戒(状态、期间),报警信号 ❸ *vt.* 向…发出警报,使…处于待机状态 ☆**alert to (do)** 留心(做); **alert…to the fact that** 提醒…注意如下事实; **(be) on the alert** 注意,提防,处于戒备状态 ‖ ~**ly** *ad.*

alertness [əˈlɜ:tnɪs] *n.* 机警〔敏〕,警惕性

alertor [əˈlɜ:tə] *n.* 报警器

alethia [əˈli:θɪə] *n.* 失忘症

aleukaemia [ˌeɪljuˈki:mɪə] *n.*【医】白细胞缺乏症

aleukocytosis [æljukɒsaɪˈtəusɪs] *n.*【医】白细胞减少

aleuriospore [əˈljuərəspɔ:] *n.*【生】侧生孢子

aleurone [əˈljuərɒn] *n.*【农】糊粉

Aleutian(s) [əˈlu:ʃɪən(z)] *a.;n.* 阿留申(群岛)

aleutite [əˈlju:taɪt] *n.*【地质】闪辉长斑岩

aleuvite [əˈlju:vaɪt] *n.*【地质】粉砂岩

alex [əˈleks] *n.*【化】阿莱克斯氧化铝

Alexandria [ˌælɪgˈzɑ:ndrɪə] *n.*(埃及)亚历山大港

alexandrite [ˌælɪgˈzɑ:ndraɪt] *n.*【地质】变石,紫翠玉

alexeteric [əˌleksɪˈterɪk] *a.* 防卫的,解毒的

alexia [əˈleksɪə] *n.* 失读症

alexin [əˈleksɪn] *n.* 杀菌素,补体

alexipharmacon [əˌleksɪˈfɑ:məkɒn] *n.* 解(内)毒药

alexipharmic [əˌleksɪˈfɑ:mɪk] ❶ *a.* 消(解)毒的 ❷ *n.* 解毒药

alfa [ˈælfə] *n.* 芦苇草

alfalfa [ælˈfælfə] *n.*(紫)苜蓿

alfameter [ˈælfæmi:tə] *n.* 阿尔法仪

alfatoxin [ˌælfəˈtɒksɪn] *n.*【化】草毒素

Alfenol [ælˈfenɒl] *n.*【化】阿尔费诺铝铁高导磁合金

Alfer [ˈælfə] *n.*【化】α 铁素体合金,阿尔费尔铝铁合金(磁致伸缩材料)

Alfero [ælˈferəu] *n.*【化】阿尔费罗铝铁合金(磁致伸缩材料)

Alferon [ˈælfərɒn] *n.*【化】阿尔费隆合金

alferric [ælˈferɪk] *a.* 含铝铁的,含有铝质及铁支的

alfresco [ælˈfreskəu] *ad.;a.* 在户外(的)

alftalat [ælfˈteɪlət] *n.*【化】醇酸树脂

alga [ˈælgə] (pl.algae) *n.*【化】海藻,藻(类)

algaecide [ˈældʒɪːsaɪd] *n.*【化】除〔杀〕藻剂

algal [ˈælgəl] *a.* 藻类的

alganesthesia [ælgænesˈθi:zɪə] *n.* 痛觉缺失

algebra [ˈældʒɪbrə] *n.* 代数(学)
〖**用法**〗这个词常可以表示"代数运算"的含义。如: After some algebra, we get the following expression.经过一些代数运算后,我们就得到了以下表达式。/The second derivative involves considerable algebra. 二阶导数涉及相当多的代数运算。

algebraic(al) [ˌældʒɪˈbreɪk(əl)] *a.* 代数(学)的

algebraically [ˌældʒɪˈbreɪkəlɪ] *ad.* 在代数学上,用代数方法

algebraist [ˌældʒɪˈbreɪɪst], **algebrist** [ˈældʒɪbrɪst] *n.* 代数学家

algefacient [ˌældʒɪˈfeɪʃənt] ❶ *a.* 清凉的 ❷ *n.* 清凉剂

Algeria [ælˈdʒɪərɪə] *n.* 阿尔及利亚

Algerian [ælˈdʒɪərɪən] *a.;n.* 阿尔及利亚的,阿尔及利亚人(的)

algerite [ˈældʒɪraɪt] *n.*【化】柱块云母

algesia [ælˈdʒi:zɪə] *n.* 痛觉

algesic [ælˈdʒesɪk] *a.* 疼痛的

algesimeter [ældʒɪˈsɪmɪtə] *n.* 痛觉计

algesimetry [ældʒɪˈsɪmɪtrɪ] *n.* 痛觉测定

algesiometer [ældʒɪsɪˈɒmɪtə] *n.* 痛觉计

algesireceptor [ældʒɪsɪrɪˈseptə] *n.* 痛感受器

algesthesia [ældʒesˈθi:zɪə] *n.* 痛觉

algesthesis [ældʒesˈθi:sɪs] *n.* 痛觉

algicide [ˈældʒɪsaɪd] *n.*【化】杀海藻物质,除〔杀〕藻剂

algidity [ælˈdʒɪdətɪ] *n.* 严寒

Algiers [ælˈdʒɪəz] *n.* 阿尔及尔(阿尔及利亚首都)

algin [ˈældʒɪn] *n.*【化】藻蛋白(酸),藻素,藻胶

alginate [ˈældʒɪneɪt] *n.*【化】藻酸盐

algogenesia [ˌælgədʒeˈni:zɪə] *n.* 疼痛产生

algogenesis [ælgəˈdʒenɪsɪs] *n.* 疼痛产生

algology [ælˈgɒlədʒɪ] *n.* 藻类学

Algonkian [ælˈgɒŋkɪən] *a.* 阿尔冈的

algor [ˈælgɔ:] *n.* 冷,寒战

algorism [ˈælgərɪzəm] *n.* ①阿拉伯计数法 ②算法

algoristic [ælgəˈrɪstɪk] *a.* 算法的

algorithm [ˈælgərɪðəm] *n.* ①算法 ②演示
〖**用法**〗其后面一般跟介词"for",表示"适合于〔用于〕…的算法"。如: Equation1-6 constitutes a powerful algorithm for the propagation of a monochromic wave. 式 1-6 构成了单色波传播很有用的算法。

algorithmic [ˌælgəˈrɪðmɪk] *a.* 算法的

algorithmically [ˌælgəˈrɪðmɪklɪ] *ad.* 在算法上

algovite [ˈælgəvaɪt] *n.*【地质】辉斜岩(类)

algraphy [ˈælgrəfɪ] *n.* 铝版制版法

alias [ˈeɪlɪæs] ❶ *n.;ad.* ①别名,代号 ②(程序,替换)入口 ❷ *v.* 混淆

alibate [ˈælɪbeɪt] *n.*【化】铝护层

alibi [ˈælɪbaɪ] *n.;vi.* ①借口,辩解 ②不在犯罪现场(的证据)

alicyclic [ˌælɪˈsaɪklɪk] *a.* 脂环(族)的

alidade [ˈælɪdeɪd] *n.* 照准仪,视准仪,旋标装置,测高仪

alien [ˈeɪlɪən] ❶ *a.* ①外国的,外来的 ②(与…)相异的,异样的(from) ③(与…)相反的(to) ❷ *n.* 外国人,侨民 ❸ *vt.* 转让

alienable [ˈeɪlɪənəbl] *a.* 可转让的,可让渡的 ‖ **alienability** *n.*

alienate [ˈeɪlɪəneɪt] *vt.* ①使…疏远 ②移交 ☆**be alienated from** 与…不和〔疏远〕

alienation [eɪlɪəˈneɪʃən] *n.* ①疏远 ②精神错乱

alienism [ˈeɪlɪənɪzəm] *n.* 精神错乱,精神病学

aliesterase [ˌælɪˈestəreɪz] *n.*【化】脂族酯酶

aliform [ˈeɪlɪfɔːm] ❶ *a.* 翼(翅)状的 ❷ *n.* 翼墙,八字墙

alight [əˈlaɪt] ❶ *a.* 燃烧的,发亮的 ☆**be alight with** 被…照亮; **set alight** 把烧着,使燃烧起来 ❷ (alighted,alit) *vi.* ①下车(马),从…下来(from) ②碰见(on,upon)

align [əˈlaɪn] *v.;n.* ①(使,排)成一直线 ②校直(准),矫正,使水平 ③定线(中心) ④调整,匹配 ⑤瞄准目标

alignability [əlaɪnəˈbɪlɪtɪ] *n.* 可校直性,对准性

alignable [əˈlaɪnəbl] *a.* 可校直的,可调整的

aligned [əˈlaɪnd] *a.* 对准的,校直〔平〕的

aligner [əˈlaɪnə] *n.* ①校准〔对准,调整〕器 ②前轴定位器

alignment [əˈlaɪnmənt] *n.* ①成直线 ②调整〔准,直〕,匹配 ③准线 ④定线〔位,向〕 ⑤直线〔同轴,平行〕性 ☆**in alignment** 成一直线; **out of alignment** 不成一直线

alike [əˈlaɪk] *a.;ad.* 同样的(地),相似〔同〕的(地),以同样方式 ☆**be (all) alike to** 对…都是一样的 〖用法〗❶ 它作形容词时,不能放在名词前作定语,一般作表语;表示"很相像"时其前面的副词应是 much 或 very much(后者更常用),而不用 very。如: These devices are <u>very much alike</u>. 这些设备很相像。❷ 当它作副词时等效于 in a similar way (manner)。如: The two instruments function <u>alike</u>. 这两台仪器的功能类似。/如果用 A and B alike,则还可表示"不论A还是B同样"。如: Decision tables are extremely useful for describing complex decision processes by <u>programmers and non-programmers alike</u>. 判决表对于不论是由程序员还是由非程序员来描述复杂的决定过程是极为有用的。

alima [ˈælɪmə] *n.* 营养品

aliment ❶ [ˈælɪmənt] *n.* 食物,营养品 ❷ [ˈælɪment] *vt.* 给予养料

alimentary [ælɪˈmentərɪ] *a.* 食物的,营养的

alimentation [ˌælɪmenˈteɪʃən] *n.* ①营养 ②赡养,扶养,抚养

alimentology [ˌælɪmenˈtɒlədʒɪ] *n.* 营养学

aliphatic [ælɪˈfætɪk] *a.* 脂(肪)族的

aliphatics [ælɪˈfætɪks] *n.*【化】脂肪族(化合物)

alipoidic [ælɪˈpɔɪdɪk] *a.* 无脂的

aliquant [ˈælɪkwənt] *a.;n.* 除不尽的(数)

aliquation [ælɪˈkweɪʃən] *n.*【地质】偏析,熔析;层化

aliquot [ˈælɪkwɒt] ❶ *a.* (等分)部分的,除得尽的 ❷ *n.* ①整除数 ②除得部分

alisonite [ˈælɪsənaɪt] *n.*【地质】闪铜矿矿

alit [əˈlɪt] ❶ *n.* alight 的过去式和过去分词 ❷ *n.* 硅酸三钙石

alite [ˈeɪlaɪt] *n.*【化】①硅酸三钙石,A 盐 ②阿利特水泥

aliting [əˈlaɪtɪŋ] *n.* 渗铝

alitizing [ˈeɪlɪtaɪzɪŋ] *n.*【化】(钢铁表面的)渗铝法

alive [əˈlaɪv] *a.* ①活(着)的,充满着…的(with) ②对…敏感的(to) ③作用着的,运行中的 ④带电的 ☆**be fully alive to the danger of** 充分注意到…的危险; **keep alive** 使活着,让(火)烧着,把…保持下去 〖用法〗它不能单独放在名词前作定语,在句中一般作表语;表示"很有活力"时其前面的副词应该用 much 或 very much(后者常用),而不用 very。

alizarin(e) [əˈlɪzərɪn] *n.* 茜素

alkadiene [ælkəˈdaɪ:n] *n.*【化】链二烯,二烯属烃

alkadiyne [ælkəˈdaɪ:n] *n.*【化】链二炔,二炔属烃

alkalemia [ælkəˈli:mɪə] *n.*【医】碱血(症)

alkalescence [ˌælkəˈlesəns], **alkalescency** [ˌælkəˈlesənsɪ] *n.*【化】(微,弱)碱性

alkalescent [ælkəˈlesənt] *a.* (微,弱)碱性的

alkali [ˈælkəlaɪ] (pl.alkalis 或 alkalies) *n.*【化】碱(性,质),强碱,(pl.) 碱金属

alkalic [ælˈkælɪk] *a.* 碱(性)的

alkali-chloride [ˈælkləɪˈklɔ:raɪd] *n.*【化】碱金属氯化物

alkali-fast [ˈælklaɪfɑːst] *a.* 耐碱的

alkaliferous [ælkəˈlɪfərəs] *a.* 含碱的

alkalifiable [ælkəˈlɪfaɪəbl] *a.* 可碱化的

alkali-free [ˈælklaɪfri:] *a.* 不含碱的

alkalify [ˈælkəlfaɪ] *v.* (使)碱化

alkalimeter [ˌælkəˈlɪmɪtə] *n.* 碱量计

alkalimetric [ælkəlɪˈmetrɪk] *a.* 碱量滴定的

alkalimetry [ˌælkəˈlɪmɪtrɪ] *n.* 碱量滴定法,碳酸定量,碱定量法

alkali mist [ˈælkəlɪmɪst] *n.* 碱雾

alkaline [ˈælkəlaɪn] ❶ *n.* 碱性〔度〕 ❷ *a.* 碱(性)的

alkaline-earth [ˈælkəlaɪnˈɜ:θ] *n.;a.* 碱土(的)

alkalinity [ælkəˈlɪnətɪ] *n.* (强)碱性,碱度

A

alkalinization [ˌælkəlɪnaɪˈzeɪʃən] n. 使成碱性
alkalinize [ˈælkəlɪnaɪz] vt. 使碱化
alkalinous [ˈælkəlɪnəs] a. 碱性的
alkali-proof [ˈælkəlaɪpruːf] a. 耐碱的
alkali-reactive [ˈælkəlaɪrɪˈæktɪv] a. (对)碱反应的
alkali-sensitive [ˈælkəlaɪˈsensɪtɪv] a. 对碱敏感的
alkali-soluble [ˈælkəlaɪˈsɒljubl] a. 可溶于碱的
alkality [ˈælkələtɪ] n. 【化】碱性（度）
alkalization [ˌælkəlaɪˈzeɪʃən] n. 碱化
alkalize [ˈælkəlaɪz] vt. (使)碱化,使成碱性
alkalizer [ˈælkəlaɪzə] n. 碱化剂
alkaloid [ˈælkəlɔɪd] ❶ a. (含)碱的,生物碱的 ❷ n. 生物碱 ‖ ~al a.
alkalometry [ˌælkəˈlɒmɪtrɪ] n. 生物碱测定法
alkalosis [ˌælkəˈləʊsɪs] n. 【医】碱中毒,增碱症
alkalotic [ˌælkəˈləʊtɪk] a. 碱中毒的
alkametric [ˌælkəˈmetrɪk] a. 碱量滴定的
alkamine [ˈælkəmaɪn] n. 【化】氨基醇
alkane [ˈælkeɪn] n. 【化】烷烃,(链)烷
alkanisation [ælkeɪnɪˈseɪʃən] n. 【化】烷化(作用)
alkanoate [ˈælkənəʊɪt] n. 【化】链烷酸酯〔盐〕
alkanol [ˈælkənɒl] n. 【化】(链)烷醇
alkatriene [ælkəˈtraɪiːn] n. 【化】三烯属烃,链三烯
alkatriyne [ælkəˈtraɪiːn] n. 【化】三炔烃,链三炔
alkene [ˈælkiːn] n. 【化】烯烃,(链)烯
alkenyl [ˈælkənɪl] n. 【化】链烯基
alki [ˈælkɪ] n. (掺水)酒精
alkide resin [ˈælkaɪdˈrezɪn] n. 【化】醇酸树脂
alkine [ˈælkaɪn] n. 【化】炔属烃,(链)炔
alkone [ˈælkəʊn] n. 【化】酮
alkoxide [ˈælkəsaɪd] n. 【化】醇（酚）盐,(pl.)烃氧化物类
alkoxy [ælˈkɒksɪ] n. 【化】烷（烃）氧基
alkoxyl [ælˈkɒksɪl] n. 【化】烷氧基
alkoxylate [ælˈkɒksɪleɪt] vt. 烷氧基化 ‖ ~tion n.
alkoxyorganosilane [ælˈkɒksɪɔːɡnəʊˈsɪleɪn] n. 【化】烷氧基有机硅烷
alky [ˈælkɪ] n.;a. 酒精(的),乙醇(的)
alkyd [ˈælkɪd] n. 【化】醇酸(树脂)
alkydal [ˈælkɪdəl] n. 【化】邻苯二树脂
alkyl [ˈælkɪl] n. 【化】烷（烃）基
alkylable [ˈælkɪləbl] a. 可烷基化的
alkylamine [ˌælkɪləˈmiːn] n. 【化】烷基胺,烃胺
alkylate [ˈælkɪleɪt] v.;n. 【化】烷基化,烷化物,烃化(产物)
alkylation [ˌælkɪˈleɪʃən] n. 【化】烷基取代,烷（烃）化
alkylbenzene [ˌælkɪlˈbenziːn] n. 【化】烷基苯
alkylene [ˈælkɪliːn] n. 【化】烯属烃,烯烃
alkylide [ˈælkɪlaɪd] n. 【化】(链)烃基化合物
alkylidene [ælˈkɪlədiːn] n. 【化】烷叉,次烷基
alkylogen [ælˈkɪlədʒən] n. 【化】烷基卤,卤代烷
alkylphosphonate [ˌælkɪlˈfɒsfəneɪt] n. 【化】磷

酸烷基酯
alkyls [ˈælkɪlz] n. 【化】烷基类,链烃基化合物
alkylsilanol [ˌælkɪlˈsɪlənɒl] n. 【化】烷基硅醇
alkymer [ˈælkɪmə] n. 【化】烷化(汽)油
alkyne [ˈælkaɪn] n. 【化】炔(属烃)
alkynol [ˈælkɪnɒl] n. 【化】炔醇
all [ɔːl] ❶ a. 全,全部,所有的 ❷ n.;pron. 全部,一切 ❸ ad. 完全,十分 ☆**above all (things)** 尤其是,首先; **after all** 毕（究）竟;到底; **all about** (在…)各处,处处; **all alone** 独自地,独立地; **all along** 始终,连续,一贯,自始至终; **all around** (在…)周围;到处; **all at once** 突然,立刻; **all but** 几乎,几乎接近…一样,除…之外全部; **all by oneself** 独自,自动地; **all day long** 全天,终日; **all for naught** 徒然,无用; **all in all** 全部,总计;最重要地; **all in one** (成)一个整体,一致; **all of a sudden** 突然; **all over** 【化】各处,遍身,整个都,完全,全部结束; **all right** 好,顺利,无误,确实,没有什么; **all the better (more)** 更好〔多〕,更加,反而更(好); **all the same** (虽然如此)仍然,还是,完全一样; **all the time (while)** (那时)一直,始终; **all the world over** 在全世界; **all the year round** 一年到头; **all through** 自始至终,一直,从来就; **all together** 同时(一起),一道;总共; **all too** 真是太,过于; **all up** 彻底完(蛋)了; **all walks of life** 各界,各行各业; **at all** 完全,在每一点上,当真,稍微,多少有一点; **hardly (little,scarcely) ... at all** 几乎不; **if ... at all** 既然,真要,不管在哪一点上,由于任何原因; **if (any) at all** 就算有; **first of all** 首先,第一; **for (with) all** 尽管,虽然; **for all that** 尽管这样,虽然如此; **for good (and all)** 永久; **in all** 总共; **least of all** 最不; **not (no)... at all** 毫(绝)不,一点也不; **not so ... as all that** 不像设想的那么; **once (and) for all** 只此一次(地),永远(地),一劳永逸 〖用法〗❶ 当 all 作形容词修饰其后面的复数名词时,要注意定冠词的特殊位置,也就是定冠词要放在它的后面,实际上在它后面省去了介词 of。如:All the instruments here are home-made. 这里的所有仪器都是国产的。(它等效于"All of the instruments here are home-made"。)/All the terms are positive. 各项均为正。(它等效于"All of the terms are positive"。) 不过,如果是人称代词的话一定要用"all of+人称代词宾格"或"人称代词+all"。如: All of them are home-made. 它们都是国产的。/The definition of current as the flow of charge is familiar to all of us(或 to us all). 把电流定义为电荷的流动(这一点)我们大家都是熟悉的。❷ all 与 not 在同一句中时一般表示部分否定,译成"并非都"。如: These rules will not be valid for all types of circuits. 这些规则并非(都)适用于各类电路。/All these devices are not good in quality. 这些设备的质量并非都很好。但在具体的个别场合,有可能表示全否定的含义。如: All the stable states are circled and all unstable states are not. 所

有的稳定状态都圈起来了,而所有的不稳定状态都没有圈起来。❸ 注意 all 作为代词时的两个常用句型的译法:①All one need do is multiply the current by R. 人们只需要把电流乘以 R(就行)。(注意句中"is"后省去了不定式的标志"to"。) /All you need to do is press this button. 你只需要揿一下这个按钮。/All clocks do is cause interrupts at well-defined intervals. 时钟的功能只是按既定好了的间隔产生间断。/All the user has to do in order to access the records is start a web browser and visit the web site. 为了使用这些记录,用户只需要启动网络浏览器访问一下网址(就行)。/These basic rules are all we need to solve a wide variety of network problems. 要解决各种网络问题我们只需要这些基本的规则(就够了)。②All that is necessary is to know how to measure mass and velocity. 我们只需要懂得如何测量质量和速度。/All that is necessary for a good approximation is that N must be large.为了获得良好的近似只需要使 N 比较大。❹ 修饰 all 的定语从句通常由 that 来引导,而不用 which。如: Close contact is all that is required. 只需要接触紧一些(就行了)。❺ all of 后面的名词前如果没有定语,则一定要有定冠词。如: All of the machines here are home-made. 这里的机器是国产的。❻ "above all"主要表示从事物的重要性方面来说的"首先",而"first of all"则是从事物排列的顺序方面来说的"首先"。❼ "all the+比较级"表示"越发,更"的含义。

allactite [ə'læktaɪt] n.【地质】砷水锰矿
allagite ['æləʤaɪt] n.【地质】绿蔷薇辉石
allalinite [ə'lælənaɪt] n.【地质】蚀变辉长石
allanite ['ælənaɪt] n.【地质】褐帘石
all-around [ɔ:lə'raʊnd] a. 多方面的,全面的
all-arounder [ɔ:lə'raʊndə] n. 多面手,全能运动员
all-attitude [ɔ:l'ætɪtjuːd] a. 全姿态的
allaxis [ə'læksɪs] n. 变形,变化
allay [ə'leɪ] vt. 减轻,缓和
allayer [ə'leɪə] n. 抑制器,消除器
all-basic [ɔ:l'beɪsɪk] a. 全碱性的
all-blank field [ɔ:l'blæŋkfiːld] n. 全空字段
all-brick [ɔ:l'brɪk] a. 全砖的
all-burnt [ɔ:l'bɜ:nt] ❶ n. (火箭)燃料完全烧尽的瞬间 ❷ a. 完全燃烧的
all-cast [ɔ:l'kɑ:st] a. 全铸的
all-cellulose [ɔ:l'seljuləʊs] a. 全纤维的
all-channel [ɔ:l'tʃænəl] a. 全通道的
All-China [ɔ:l'tʃaɪnə] a. 全中国的
all-chloride [ɔ:l'klɔ:raɪd] n.【化】纯氯化物
all(-)clear [ɔ:l'klɪə] n. 解除警报
all-concrete [ɔ:l'kɒnkrɪt] a. 全混凝土的
all-conquering [ɔ:l'kɒnkərɪŋ] a. 所向无敌的
all-cover [ɔ:l'kʌvə] a. 全罩式的
allegation [ælɪ'geɪʃən] n. ①宣〔声〕称 ②断言,主张

allege [ə'leʤ] vt. ①宣称,辩解 ②断定,主张,陈述
☆**allege...as a reason** 提出…作为理由; **it is alleged that** 据说
allegedly [ə'leʤɪdlɪ] ad. 据说,假设
allegiance [ə'liːʤəns] n. ①结〔耦〕合 ②忠诚,专心(to)
allegoric(al) [ælɪ'gɒrɪk(əl)] a. 譬喻的,寓意的 ‖ ~**ally** ad.
allegorize ['ælɪgəraɪz] v. 用比喻说
allegory ['ælɪgərɪ] n. 比喻
allel(e) [ə'liːl] n.【化】等位〔对偶〕基因
allelic [ə'liːlɪk] a. 等位的,对偶的
allelism ['ælɪlɪzəm] n. 对偶性,等位效应
allelomorph [ə'liːləʊmɔːf] n. 等位基因
allelomorphism [ə,liːləʊ'mɔːfɪzəm] n. 异形异链(现象);对偶性
allelotrope [ə'leləʊtrəʊp] n.【化】稳变异构体
allelotropism [,ælə'lɒtrəpɪzəm] n.【化】稳变异构(现象)
allelotropy [,ælə'lɒtrəpɪ] n.【化】稳变异构现象,等位基因现象
all-embracing [ɔ:lɪm'breɪsɪŋ] a. 包括一切的
allemontit(e) [ælə'mɒntaɪt] n.【地质】(自然)砷锑矿
allene ['æliːn] n.【化】丙二烯
allenic [ə'lenɪk] a. 丙二烯(系)的
allenolic [ælə'nɒlɪk] a. 丙二烯的
alleosis [ælɪ'əʊsɪs] n. 变化,精神障碍
allergen ['ælɜːʤən] n.【化】变应〔过敏〕原,变(态反)应素,致过敏物
allergia [ə'lɜːʤɪə] n. 变态反应性,过敏性
allergic [ə'lɜːʤɪk] a. 变态反应的,过敏的,厌恶的(to)
allergy ['ælɜːʤɪ] n. 变态反应,反感,过敏症〔性,反应〕
allevardite ['ælɛvə:daɪt] n.【地质】板石
alleviate [ə'liːvɪeɪt] vt. (使)减轻,(使)缓和 ‖ **alleviation** n.
〖用法〗在它后面跟一个动作时要用动名词。如: This will alleviate dialing (addressing) the site in the network. 这就能缓解寻定网络中的地址(这一任务)。
alleviative [ə'liːvɪeɪtɪv] ❶ a. 减轻痛苦的 ❷ n. 解痛药
alleviator [ə'liːvɪeɪtə] n. 解痛药,减轻装置
alleviatory [ə'liːvɪeɪtərɪ] a. 减轻(痛苦)的,(起)缓和(作用)的
alley ['ælɪ] n. 小巷,胡同
all-gear(ed) [ɔ:l'ɡɪəd] a. 全齿轮的,全齿轮传动的
allgovite ['ælgəvaɪt] n.【地质】辉绿纷岩
all-graphite [ɔ:l'græfaɪt] a. 全石墨的
all-hypersonic [ɔ:lhaɪpə'sɒnɪk] a. 全(纯)高超音速的
alliage ['ælɪeɪʤ] n. 合金术,混合法
alliance [ə'laɪəns] n. 联合,同盟 ☆ **enter into**

A

alliance with 与…结同盟〔订立盟约〕,与…联合; **in alliance with**（与…）联合

allicin ['æləsɪn] *n.*【化】蒜素

allicinol [ə'lɪsɪnɒl] *n.*【化】蒜醇

allied [ə'laɪd] ❶ *a.* ①同类的,相近的,有关的 ②联合的,同盟的 ❷ **ally** 的过去式和过去分词

alligation [ˌælɪ'geɪʃən] *n.* ①（金属的）熔合,合金 ②混合计算法

alligator ['ælɪgeɪtə] ❶ *n.* ①颚式破碎机 ②一种印刷机 ③水陆两用坦克,水陆平底军用车 ④皮带卡子,齿键 ❷ *v.* 龟裂

alliin ['ælɪɪn] *n.*【化】蒜素原,蒜氨酸

alliinase ['ælɪɪneɪs] *n.*【化】蒜氨酸酶

all-important [ˌɔːlɪm'pɔːtənt] *a.* 最（极其）重要的,重大的

allin ['ælɪn] *n.*【化】蒜苷

all-in [ˌɔːl'ɪn] *a.* ①包含一切的,总的 ②全插入的

all-inclusive [ɔːlɪn'kluːsɪv] *a.* 全部的,包括一切的

allingite ['ælɪndʒaɪt] *n.*【化】含硫树脂

all-invar [ˌɔːlɪn'vɑː] *a.* 全殷钢的,全镍铁合金的

allistatin [ælɪ'stætɪn] *n.*【化】蒜制菌素

allivalite ['ælɪvəlaɪt] *n.*【地质】橄(榄钙)长岩

all-jet [ɔːl'dʒet] *a.* 全部喷气(发动机)的

all-magnetic [ɔːlmæg'netɪk] *a.* 全磁(性)的

all-mains [ɔːl'meɪnz] *a.* 可调节以适用于各种电压的

all-metal [ɔːl'metl] *a.* 全金属的

allo ['æləʊ] ❶ *a.* 紧密相连的,【化】同分异构的 ❷〔词头〕异,别

allobar ['æləbɑː] *n.* ①异组分体,同素异重体 ②【气】气压等变线

allobare ['æləbeə] *n.* 异(组)分体

allobiocenosis [ˌæləbaɪə'senɒsɪs] *n.* 异源生物群落

allocatalysis [ælə'kætəlɪsɪs] *n.* 外来,催化,异催化

allocate ['æləkeɪt] *vt.* ①分配(派),配给(to),部署 ②定位(置),配置,【计】地址分配
〖用法〗该动词可以跟双宾语,所以在被动句时会有保留宾语。如: In this technique, each user is allocated the full spectral occupancy of the channel. 在这方法中,每个用户被配有该信道的整个谱占有率。("the full spectral occupancy of the channel"为保留宾语。)

allocation [ælə'keɪʃən] *n.* 配置,分派(配),部署,【计】地址〔存储工作单元〕分配,定位

allocator ['æləkeɪtə] *n.*【计】分配程序,分配器

allochem ['æləkem] *n.*【化】全化学沉积

allochroic [ælə'krɒɪk], **allochromatic** [æləkrɒ'mætɪk] *a.* 别色的,(易)变色的

allochroism [ælə'krəʊɪzəm] *n.* 变色

allochromasia [æləkrə'meɪsɪə] *n.* 变色

allochromatism [æləkrɒ'mætɪzəm] *n.* 掺质色性

allochromy [ælə'krəʊmɪ] *n.*【化】磷光效应

allochthon ['æləkθɒn] *n.* 移置体,外来体

allochthonous [ə'lɒkθənəs] *a.* 移置的,外来的,漂移的

allocinesis [æləsɪ'niːsɪs] *n.* 反射运动

allocolloid [ə'lɒklɔɪd] *n.*【化】同质异相胶体

allocs ['ælɒks] *n.* 艾洛陶瓷

alloeosis [ælɪ'əʊsɪs] *n.* 变化,精神障碍

allogenes ['ælədʒiːnz] *n.* 他生物

allogenic [ælə'dʒenɪk], **allogenetic** [ælədʒɪ'netɪk] *a.* 他生的,外〔异〕源的,同种〔异基因〕的

allogonite ['æləgənaɪt] *n.*【地质】磷铍钙石

allograft ['æləgrɑːft] *n.*【农】同种(异体)移植

alloimmunization [æləɪmjʊnaɪ'zeɪʃən] *n.* 异源免疫

alloisomerism [ælɔɪ'sɒmərɪzəm] *n.* 立体异构(现象)

allokinesis [æləkaɪ'niːsɪs] *n.* 被动运动,反射运动

allokinetic [æləkaɪ'netɪk] *a.* 被动运动的,反射运动的

allokite ['æləkaɪt] *n.*【地质】铝英高岭石

allolalia [ælə'leɪlɪə] *n.* 言语障碍

allomer ['æləmə] *n.* 异质同晶体

allomeric [ælə'merɪk] *a.* 异质同晶的

allomerism [ælə'merɪzəm] *n.* 异质同晶性

allometamorphism [æləmetə'mɔːfɪzəm] *n.* 同源变成作用

allomone ['æləʊməʊn] *n.* 异种信息素

allomorph ['æləmɔːf] *n.* 同质异晶

allomorphes [ælə'mɔːfiːz] *n.* 同源异构包体

allomorphic [ælə'mɔːfɪk] *a.* 同质异晶的,副象的

allomorphism [ælə'mɔːfɪzəm] *n.* 同质异晶(性,现象)

allomorphite [ælə'mɔːfaɪt] *n.*【地质】贝状重晶石

allomorphosis [ælə'mɔːfəsɪs] *n.* 畸形

allomorphous [ælə'mɔːfəs] *a.* 同质异晶的

allonym ['ælənɪm] *n.* 笔名

allopalladium [æləpə'leɪdɪəm] *n.*【地质】硒钯矿

allopatric [ælə'pætrɪk] *a.* 在各区发生的

allophanate [ə'lɒfəneɪt] *n.*【化】脲基甲酸盐(酯)

allophane ['æləfeɪn], **allophanite** [ə'lɒfənaɪt] *n.*【地质】水铝英石

allophanyl [ælə'feɪnɪl] *n.*【化】脲羰基,脲基甲酰

allophasis [ə'lɒfəsɪs] *n.* 语无伦次

allophemy [ə'lɒfəmɪ] *n.* 语无伦次

alloplasm ['æləplæzəm] *n.* 异质

allopolyploid [ælə'pɒlɪplɔɪd] *n.*【农】异源多倍体

alloprene ['æləpriːn] *n.* 氯化橡胶

all-optical [ɔːl'ɒptɪkəl] *a.* 全光学的

all-or-none [ɔːlɔː'nʌn] ❶ *a.* 全或无的 ❷ *n.* 全或无(定)律

all-or-nothing [ˌɔːlɔː'nʌθɪŋ] *a.* 孤注一掷的,"有"或"无"的,非此即彼的

allos ['æləs] *n.* 异源

allose ['æləʊs] *n.*【化】阿洛糖

allosome ['æləsəʊm] *n.*【生】性〔异〕染色体

allostery [ælə'stɜːrɪ] *n.* 变构性

allot [ə'lɒt] (allotted;allotting) v. ①分配〔派〕,配给(to) ②规定 ‖ ~ment n.

allotment [ə'lɒtmənt] n. 分配(额),份额,【药】剂量

allotopia [ælə'təupɪə] n. 错位

allotopic [ælə'tɒpɪk] a. 异位的,错位的

allotrope ['ælətrəup] n. 同素异形体

allotropic(al) [ælə'trɒpɪk(əl)] a. 同素异形〔性〕的 ‖ ~ally ad.

allotropism [ə'lɒtrəpɪzəm] n. 同素异形〔构〕

allotropy [ə'lɒtrəpɪ] n. 同素异构〔性〕

allot(t)ee [əlɒ'tiː] n. 接受调拨者

allot(t)er [ə'lɒtə] n. 分配器〔者〕

allotype ['ælətaɪp] n. 【化】异形

all-out [ɔːlaut] ❶ a.;ad. ①全面的,彻底的 ②全力以赴的 ❷ n. 总功率

allow [ə'lau] v. ①允许 ②给,提供 ③考虑到 ☆ *allow for* 考虑(到),酌情(处理),可以供…之用,为…创造条件; *allow of* 容许(有); *allow of no* 不许(有)
〖用法〗❶ allow 有时允许带双宾语,往往意为"允许有…有…;使…能够"。如: The programmer then allows the assembler the job of assigning numerical values to these symbolic names. 于是程序员就能允许汇编程序执行给这些符号名称赋予数值的工作〔任务〕。/The amplifier input stages must be so isolated that surrounding air is not allowed free movement. 放大器的几个输入级必须相互隔离得使周围的空气不能自由运动。(本句属于被动句,所以"free movement"成了"保留宾语"。) ❷ allow 有时还可以表示"使人们能够获得,给予"的意思。如: The use of digital techniques allows a considerable improvement in accuracy. 使用数字技术能够大大提高精度。❸ 注意下面例句的含义: To allow for the impressive number of developments in an incredibly short time, this second edition has been written. 考虑到短时间内出现的许多新发展而编写了这第二版。/This scheme allows for the separation of the two message signals at the receiver output. 这方法能使这两个信息信号在接收机输出端分离开来。

allowable [ə'lauəbl] a. (可)容许的 ‖ ~ness n.
〖用法〗这个形容词有时可以作后置定语。如: This is the maximum error allowable (=the maximum allowable error). 这是可允许的最大误差(值)。

allowably [ə'lauəblɪ] ad. 可容许地

allowance [ə'lauəns] n. ①容许,(允许)限额 ②考虑,斟酌 ③裕度 ④(孔)隙 ⑤瞄准点前置 ☆ *make allowance(s) for* 考虑〔估计〕到,为…留余量〔留出余地〕,对…进行修正

allowed [ə'laud] a. 容许的

allowedly [ə'lauɪdlɪ] ad. 被许可,肯定地

alloy ❶ ['ælɔɪ,ə'lɔɪ] n. ①合金,【化】纯度 ②混合物 ❷ [ə'lɔɪ] v. 熔成合金 ☆ *alloy A in (into)* 把A熔进去(形成合金); *alloy to A* 熔到A里去(形成合金); *alloy A with B* 把A与B熔合(成合金)

alloyable [ə'lɔɪəbl] a. 可成合金的

alloyage ['ælɔɪɪdʒ] n. 【化】合金法

alloybath ['ælɔɪbɑːθ] n. 【化】沉积合金用电解槽

alloying ['ælɔɪɪŋ] n.;a. 合金(化,的)

alloy-junction ['ælɔɪ'dʒʌŋkʃən] n. 合金结

all-pass [ɔːlpɑːs] a. 全通的

all-pervasive [ɔːlpə'veɪsɪv] a. 无孔不入的

all-position [ɔːlpə'zɪʃən] a. 全位置的

all-possessed [ɔːlpə'zest] a. 入了迷的

all-powerful [ɔːl'pauəful] a. 最强大的,全能的

all-purpose [ɔːl'pəːpəs] a. 通用的,万能的

all-right [ɔːlraɪt] a. 合格的,行了

all-rocket [ɔːl'rɒkɪt] a. 全火箭的

all-round [ɔːl'raund] a. ①全面的,全能的 ②全向的

all-rounder [ɔːl'raundə] n. 多面手,全能运动员

all-shattering [ɔːl'ʃætərɪŋ] a. 把一切都炸碎的

all-sided [ɔːl'saɪdɪd] a. 全面的 ‖ ~ly ad.

all-sidedness [ɔːl'saɪdnɪs] n. 全面性

all-sliming [ɔːl'slaɪmɪŋ] n. 【地质】全矿泥化

all-solid [ɔːl'sɒlɪd] a. 全固体火箭的

all-steel [ɔːlstiːl] a. 全钢的

all-subsonic [ɔːlsʌb'sɒnɪk] a. 全(纯)亚音速的

all-sulfate [ɔːl'sʌlfeɪt] n. 纯硫酸盐

all-sulphide [ɔːl'sʌlfaɪd] n. 全硫化物

all-supersonic ['ɔːlsjuːpə'sɒnɪk] a. 全(纯)超音速的

all-time [ɔːltaɪm] a. ①全时工作的 ②空前的 ③专〔本〕职的

all-transistor [ɔːltræn'sɪstə] a. 全晶体管的

all-transistorised, all-transistorized [ɔːltræn'sɪstəraɪzd] a. 全晶体管化的

allude [ə'ljuːd] vi. ①(间接)提到,引证(to) ②暗示〔指〕 ☆ *be alluded to as A* 称做A

allumage [ə'ljuːmɪdʒ] n. 点火

allumen [ə'ljuːmən] n. 锌铝合金

all-up(-weight) [ɔːlʌp(weɪt)] n. 总〔最大,满载〕重量

allure [ə'ljuə] vt.; n. 吸引(力),诱惑(力)

allurement [ə'ljuəmənt] n. 有吸引力的事物,诱惑

alluring [ə'ljuərɪŋ] a. 有吸引力的

allusion [ə'ljuːʒən] n. ①暗示(to) ②典故(to) ☆ *in allusion to* 暗指,针对…而提的; *make (an) allusion to* (不明言地)提及

allusive [ə'luːsɪv] a. (含)暗示的,引喻的(to) ‖ ~ly ad. ~ness n.

alluvial [ə'luːvɪəl] a.;n. 冲积的,冲积土

alluvial-slope [ə'luːvɪəlsləup] n. 冲积坡的

alluviation [ə,ljuːvɪ'eɪʃən] n. 冲积(作用)

alluvion [ə'luːvɪən] n. ①冲积层〔地〕,沙洲 ②泛滥,洪水

alluvious [ə'luːvɪəs] a. 冲积的

alluvium [ə'luːvɪəm] (pl.alluviums 或 alluvia) n. 冲积土〔物〕,沙洲

all-wave [ɔːlweɪv] a. 全波(段)的

all-way [ɔːlweɪ] ❶ a. 多路的,多跑道的 ❷ n. 全程引导（引导）

all-weather [ɔːlweðə] a. 全天候的,适应各种气候的

all-welded [ɔːlweldɪd] a. 全焊的

all-work [ɔːlwɜːk] n. 全部工程,全线开工

ally ❶ [əlaɪ] v. 同盟,联（结）合 ❷ [ælaɪ] n. ①盟国,同盟者 ②伙伴,助手 ☆*(be) allied to A* 与 A 有关系,与 A 类似; *(be) allied with A* 与 A 有关系,与 A 结成同盟

allyl [ælɪl] n.【化】烯丙基

allylate [æləleɪt] vt.【化】烯丙基化

allylation [æləleɪʃən] n.【化】烯丙基化(作用)

allylene [æləliːn] n.【化】丙炔,甲基乙炔

allylic [əlælɪk] a. 烯丙基的

allylurea [ˌælɪˈljuərɪə] n.【化】烯丙基脲

alm [ɑːm] n. 捐赠,施予

Alma Mater [ælmə ˈmeɪtə] (拉丁语) n. 母校,校歌

almanac [ɔːlmənæk] n. 日（年）历,历书,天文年历〔鉴〕

almandine [ælməndaɪn], **almandite** [ælməndaɪt] n.【地质】铁铝榴石

almanographer [ælmənəgrɑːfə] n. 年历编纂者

Almasilium [ælmæsɪlɪəm] n. 铝镁硅合金

almighty [ɔːlmaɪtɪ] ❶ a. 全能的,无比的 ❷ ad. 非常

Alminal [ælmɪnæl] n. 铝硅系合金

alminize [ælmɪnaɪz] v. 镀铝

Almit [ælmɪt] n.【化】铝钎料

almond [ɑːmənd] n. 杏(仁,核)

almost [ɔːlməust] ❶ ad. 几乎 ❷ 近于的

almost-human [ɔːlməustˈhjuːmən] a. 像人似的

almost-linear [ɔːlməustˈlɪnɪə] a. 准线性的

alms [ɑːmz] n. 救济金

Alneon [ælniːɒn] n. 锌铜铝合金

alni [ælnɪ] n. 阿尔尼铝镍合金

Alnic [ælnɪk] n. 阿尔尼克铁铝镍铝系磁(铁)合金,铝镍磁铁

alnico [ælnɪkəu] n. 阿尔尼科铝镍钴（永磁）合金,(铝镍钴)磁钢,铝镍钴

alnusenone [ælnəsəˈnəun] n.【化】赤杨〔桤木〕酮

aloft [əlɒft] a.;ad. ①高,在高处,在桅杆顶上 ②高空的,空中的,飞行中的

alogous [əlɒgəs] a. 不讲理的,无理性的

aloin [æləuɪn] n.【化】芦荟素,葡萄基蒽酮

alone [əˈləun] a.;ad. 单独（的）,独自（的）,孤单的,仅仅 ☆*all alone* 独个儿(地); *let (leave) ... alone* 听任,别去管; *let alone* 更不用说(了); *stand alone in ...* 在…方面独一无二

〖用法〗❶ 科技文中用 alone 常作“仅仅,只”讲,这时要处于名词(或代词)之后。如: This is <u>a property of the transistor alone</u>. 这只是晶体管的一个特性。

/In this case, <u>the gravitational force alone</u> acts on the object. 在这种情况下,仅仅重力作用在该物体上。/For most purposes <u>the rms value of the ac components alone</u> is of interest. 对大多数目的来说,仅仅交流分量的均方根值是(人们)感兴趣的。❷ 它处于动词后时往往意为“单独地”。如: These parameters are abstract mathematical quantities and never actually <u>exist alone</u> in pure form. 这些参数是抽象的数学量,并且实际上永远不会以纯的形式单独地存在。/The material on bridges and other sophisticated instruments <u>may be read alone</u>. 有关电桥及其它复杂仪器方面的材料〔内容〕可以单独学习。❸ 当它作形容词表示“独自的,孤独的”时,不能放在名词前作定语,它一般作表语,其前面只能用 much 和 very much 修饰,而不能用 very 修饰。

along [əlɒŋ] prep.;ad. ①沿着 ②向前,一道 ☆*all along* 始终,沿…全长; *all along the line* 在整个过程中,全线的; *all the way along* 始终; *along the lines of* 在…方向上,按照; *along with* 与…一道(同时),以及,随着,除…之外(还); *be along* 来到; *come along* 到来,出现; *further along* 更向前,在(本文中)稍后一点; *get along* 进行,过日子; *right along* 继续地,不断地

alongshore [əlɒŋˈʃɔː] a.;ad. 沿岸的(地)

alongside [əlɒŋˈsaɪd] ❶ prep. 靠在…旁边 ❷ ad. 并排地 ☆*alongside of* 与…并排; *alongside with* 与…一道,除…以外(还)

aloof [əluːf] a.;ad. 远离的(地),离〔避〕开 ☆*keep (hold,stand) aloof (from)* 离〔避〕开,不参加 ‖ *~ness* n.

alopecia [æləˈpiːʃɪə] n. 脱毛症

alopecic [æləˈpesɪk] a. 脱发的,秃的

aloud [əlaud] ad. 出声地,高声地

〖用法〗注意 read aloud 意为“读出声来”,而不是“高声地读”;但 cry aloud 和 shout aloud 则分别意为“大声地喊〔哭〕”和“高声地喊”。

aloxite [əˈləuksaɪt] n. 铝砂,(美国)刚玉磨料

alp [ælp] n. 高山（峰）

alpaca [ælˈpækə] n. 羊驼(毛)

Alpaka [ælˈpɑːkə] n. 镍白铜,德国银

alpax [ælpæks] n. 阿尔派克斯铝硅合金,硬铝

alpenglow [ælpəngləu] n. 高山辉,染山霞

Alperm [ælpɜːm] n. 阿尔培姆高导磁(率)合金(一种磁致伸缩材料)

alpha [ælfə] ❶ n. ①希腊字母的第一个字母 α, α 粒子（射线）②最初,(任何物的)居首者 ③(晶体管的共基极)短路电流放大系数 ❷ a.【化】第一位的 ☆*(the) alpha and omega* 首尾,始终,全体

alpha-active [ælfəˈæktɪv] a. α 放射性的

alphabet [ælfəbɪt] n. 字母(表),入门

alphabetic(al) [ælfəˈbetɪk(əl)] a. ABC 的,字母(表)的 ☆*(in) alphabetic order* (按)字母表顺序

alphabetically [ælfəˈbetɪkəlɪ] ad. 按字母(表)顺

序

alphabetic-numeric [ˌælfə'betɪknjuː'merɪk] ❶ a. 字母-数字的 ❷ n. 字母数字,符号

alphabetize ['ælfəbətaɪz] vt. ①按字母(表)顺序排列 ②拼音化

alphameric(al) [ˌælfə'merɪk(əl)] ❶ a. 字母数字的 ❷ n. 字母数字符号

alphametic [ˌælfə'metɪk] n. 字母算术

alphanumeric(al) ['ælfənjuː'merɪk(əl)]-alphameric

alphaphone ['ælfəfəʊn] n. α脑(电)波听器

alpha-rolled ['ælfərəʊld] a. 在α相位中被轧制过的(轴)

alphascope ['ælfəskəʊp] n. 字母显示器

alphatizing ['ælfətaɪzɪŋ] n.【冶】(钢材表面)镀铬,渗铬

alphatopic ['ælfə'tɒpɪk] ❶ a. 失氢的,两核素一α粒子的 ❷ n. 组成差一对α粒子的一对核

alphatron ['ælfətrɒn] n. α电离真空规,α粒子电离压强计,α射线管

alphax ['ælfæks] n.【化】在电场中会变色的特种试纸

alphol ['ælfɒl] n.【化】水杨酸α萘酯

alphyl ['ælfɪl] n.【化】脂基

alpine ['ælpaɪn] a. 高山的

Alpine ['ælpaɪn] ❶ a. 阿尔卑斯(山脉)的 ❷ n. 高山植(动)物

Alps [ælps] n. 阿尔卑斯山脉

alramenting [æl'reɪməntɪŋ] n. 表面磷化(保护钢铁表面)

Alray ['ælreɪ] n. 镍铬铁耐热合金

already [ɔːl'redɪ] ad. 已经,早已

〖用法〗一般来说,在有"already"的句子中应该使用完成时态,但在美国英语中也可使用一般过去时。

alsex ['ælseks] n. 铝赛克斯合金

alshedite ['ælʃədaɪt] n.【地质】钇榍石

Alsical ['ælsɪəl] n. 硅铝钙合金

Alsifer ['ælsɪfə] n. 阿尔西非硅铝铁合金

alsi-film ['ælsɪfɪlm] n.【化】铝硅片

Alsimag ['ælsɪmæg] n. 阿尔西玛格铝硅镁合金

Alsimin ['ælsɪmɪn] n. 阿尔西明硅铝铁合金

Alsiron ['ælsɪrɒn] n. (日本)三菱牌铝铸铁

alsithermic [ælsɪ'θɜːmɪk] a. 铝硅热的

also ['ɔːlsəʊ] ad.;conj. ①也 ②并且,(此外)还,同样地 ☆not only…but also… 不但…而且…

〖用法〗❶ 在科技文中,also 常放在句首并在其后面有逗号,这时为连接词,其意思是"同时,另外"。如: Also, the dc power dissipation is extremely small. 同时,直流功率是极小的。/Also, the use of FM in recording will be discussed. 同时还将讨论调频在录音中的使用。/Also, it is not desirable to increase the number of turns of wire. 同时并不希望增加导线的匝数。❷ 作副词表示"也〔还,同时〕"的含义时,also 在句中的位置比较灵活。如: Also shown in Fig.1-10 is the maximum power

curve. 在图 1-10 中还画出了最大功率的曲线。/Note also that a complex number may be written in terms of its real and imaginary parts. 还(同时)要注意,一个复数可以按照其实部和虚部来表示。/The line of action of F must pass through this point also. F 的作用线也必须通过这一点。❸ 它不能与"not"连用来表示"也不",而应该使用"not (…) either"或"neither"。

alstonite ['ælstənaɪt] n.【地质】碳酸钙钡钡矿,钡霞石

Altai [æl'taɪ] n. 阿尔泰山

Altair [æl'teə] n. "阿泰尔"(远程跟踪测量雷达)

altaite [æl'teraɪt] n.【地质】碲铅矿

Altam ['æltəm] n. 阿尔坦姆钛合金

altar ['ɔːltə] n. ①祭坛,梯座 ②胸墙

altazimuth [æl'tæzəməθ] n. 高度方位仪,地平经纬仪

alter ['ɔːltə] v. ①改变,变更 ②阉割 ☆alter for the better (worse) 变好〔坏〕; alter A from B 使 A 不同于 B

〖用法〗注意下面例句的含义: The apparent Q of the RC network of Fig.10-3 is altered by a factor of $\beta_v / \triangle$.图 10-3 的 RC 网络的视在 Q 值被改变成原来的 $\beta_v / \triangle$ 倍。

alterability [ˌɔːltərə'bɪlətɪ] n. 可变性

alterable ['ɔːltərəbl] a. 可(改)变的 ‖ **alterably** ad.

alterant ['ɔːltərənt] ❶ a. (引起)改变的,变质的 ❷ n. 变色〔变质〕剂

alteration [ˌɔːltə'reɪʃ ən] n. 改变〔建〕,更改,蚀变(作用)

〖用法〗注意下面例句的含义: The gravitational field of a body is the alteration in the properties of the region around it caused by its presence. 一个物体的重力场,就是由于物体的存在而引起的其周围区域性质的改变。("caused by its presence"是修饰"alteration"的。)

alterative ['ɔːltəreɪtɪv] ❶ a. (引起)改变的 ❷ n. 变质剂,恢复药

altern ['ɔːltɜːn] n.【化】对称交替晶体

alternando [ˌɔːltə'nændəʊ] n. 更比定理

alternans [ɔːl'tɜːnəns] (拉丁语) a. 交替的

alternant [ɔːl'tɜːnənt] ❶ n. 交替函数,交错行列式 ❷ a. 交替的,互换的

alternate ['ɔːltɜːneɪt] ❶ v. 交替,轮流 ❷ a. 交替的,另外的,替代的 ❸ n. ①交替,轮流 ②代替者 ☆in alternate lines 隔一行; on alternate days 隔日(地)

〖用法〗注意下面例句的含义: This is an oscillatory series with alternate terms zero. 这是一个相间项为零的振荡级数。("with alternate terms zero"是"with 结构"作后置定语。)

alternately [ɔːl'tɜːnɪtlɪ] ad. ①交替地 ②另一方面

alternating ['ɔːltɜːneɪtɪŋ] a. 交替〔变,流〕的

alternation [ˌɔːltɜː'neɪʃ ən] n. ①交替〔变,流〕②

交替工作 ③(交流电,交变量)半周 ④【数】错列,【计】"或" ⑤互层,互植

alternative [ɔːˈltɜːnətɪv] ❶ a. ①交替〔变,流〕的 ②(二者之中)任取其一的 ❷ n. ①(供选择的)比较方案,两者挑一,替换物 ②选择对象 ☆*(have) no alternative but A* 除 A 之外别无他法 〖用法〗❶ 当它作形容词时,在科技文中一般意为"另一的,另外的"。如: An alternative procedure is to draw the vectors as in Fig.1-5. 另一种做法是把矢量画成如图 1-5 那样。❷ 当它作名词时,后跟介词"to"。如: Noise may be used as an alternative to sine waves. 我们可以用噪声来替代正弦波。/An alternative to indexed addressing is indirect addressing. 变址寻址的一种替代方案是间接寻址。

alternatively [ɔːˈltɜːnətɪvlɪ] ad. ① 二中择一地,(互相)交替地 ②换句话说,另一方面 ☆*or alternatively* 或者,另一个办法是 〖用法〗这个词在科技文中一般处于句首且其后有逗号,意为"或者,另外"。如: Alternatively, we may go around the lower loop.或者,我们可以绕下面的回路走一圈。/Alternatively, by adjusting two of the components for balance, the bridge is capable of determining the frequency of a sine-wave source. 另外,通过调整两个元件来达到平衡,该电桥就能确定一个正弦波源的频率。

alternator [ˈɔːltəneɪtə] n. ①交流发电机 ②振荡器 ③交替符,置换符号,排列符号,e 号

alternizer [ˈɔːltənaɪzə] n.【化】交错化

although [ɔːlˈðəʊ] conj. 虽然,尽管 〖用法〗这个词不能与 but 连用,但可以与 yet、nevertheless、still 等连用。

altichamber [ˈæltɪtʃæmbə] n. 高空试验室

altigraph [ˈæltɪɡrɑːf] n. 高度计,气压计

altimeter [ˈæltɪmɪtə] n. 高度表〔计〕,高程计

altimetric [ˌæltɪˈmetrɪk] a. 高程的

altimetry [ælˈtɪmɪtrɪ] n. 测高学〔术〕

altimolecular [ˌæltɪməˈlekjulə] a. 高分子的

altiport [ˈæltɪpɔːt] n. 高山短距起落机场

altithermal [ˌæltɪˈθɜːməl] n. 冰后期的高温期

altitude [ˈæltɪtjuːd] n. ①高度,海拔 ②【天】地平纬度 ③【数】高(线),顶垂线 〖用法〗表示"在…高度(上)"时,这个词前面要用介词 at。如: In Fig.3-20, vectors are used to represent the gravitational field strength at various altitudes. 在图 3-20 中,用矢量来表示在各个高度上的重力场强度。

alto [ˈæltəʊ] n. 中音(部),男声最高音,女低音

alto-clouds [ˈæltəʊklaudz] n. 高云

alto-cumulus [ˈæltəʊˈkjumjuləs] n. 高积云

altofrequency [ˈæltəʊˈfriːkwənsɪ] n. 高频率

altofrequent [ˈæltəʊˈfriːkwənt] a. 高频(率)的

altogether [ɔːltəˈɡeðə] ❶ ad. ①完全 ②绝对 ③总之 ❷ n. 总共 ☆*taken altogether* 整个说来,总而言之; *in the altogether* 赤身裸体的(地)

altometer [ælˈtɒmɪtə] n. 经纬仪

altonimbus [ˌæltəˈnɪmbəs] n. 高雨云

alto-relievo [ˈæltəʊrɪˈliːvəʊ] n. 高凸浮雕

altostratus [ˈæltəʊˈstrætəs] n. 高层云

altrices [ælˈtriːsɪs] n. 晚成鸟

altricious [ælˈtriːʃəs] a. 长期护理的

altruistic [ˌæltruˈɪstɪk] a. 利他的,爱他的

aludip [əˈljuːdɪp] n.【冶】热浸镀铝(钢板)

Aludirome [æljuˈdaɪrəʊm] n. 阿鲁特罗姆铁铬铝合金

Aludur [ˈæljudjʊə] n. 铝镁合金

alufer [æˈljuːfə] n. ①耐蚀铝锰合金 ②包铝钢板

aluflex [æˈljuːfleks] n. 锰铝合金

alum [ˈæləm] n.【化】明矾

Alumal [æˈljuːməl] n. 铝锰合金

Aluman [æˈljuːmən] n. 阿鲁曼含锰锻造用铝合金

Alumel [ˈæljuməl] n. 阿留迈尔镍铝合金

alumian [æˈljuːmɪən] n.【化】水钠〔无水〕矾石

alumina [əˈljuːmɪnə] n.【化】矾土

aluminate [əˈljuːmɪneɪt] n.【化】铝酸盐,氧化铝夹杂物

aluminated [æˈljuːmɪneɪtɪd] a. 含明矾的

aluminaut [əˈluːmɪnɔːt] n. 铝合金潜艇

aluminide [əˈljuːmɪnaɪd] n.【化】铝化物

aluminiferous [əˌljuːməˈnɪfərəs] ❶ a. 含矾的 ❷ n. 铝铁岩

aluminite [əˈljuːmɪnaɪt] n. 矾石

aluminium [æljuˈmɪnɪəm] n.【化】铝

aluminium-backed [æljuˈmɪnɪəmbækt] a. 覆铝的

aluminize [əˈljuːmɪnaɪz] vt. 镀铝,铝化

aluminized [əˈljuːmɪnaɪzd] a. 镀铝的,铝化的

aluminizer [əˈljuːmɪnaɪzə] n. 铝膜

aluminizing [əˈljuːmɪnaɪzɪŋ] n. 镀铝,铝化,蒸铝

aluminography [əˌljuːmɪˈnɒɡrəfɪ] n. 铝板印刷术

aluminon [əˈljuːmənɒn] n.【化】试铝灵,金精三羧酸

alumino-nickel [əˈljuːmɪnənɪkl] n. 铝镍合金

aluminosilicate [əˌljuːmɪnəˈsɪlɪkeɪt] n.【化】硅酸铝

alumino-thermal [əˈljuːmɪnəˈθɜːməl] a. 铝热的

aluminothermic(al) [əˈljuːmɪnəʊˈθɜːmɪk(əl)] a. 铝热的

aluminothermics [əˌljuːmɪnəʊˈθɜːmɪks] n. 铝热法〔剂〕

aluminotype [əˈljuːmɪnətaɪp] n. 铝凸板

aluminous [əˈljuːmɪnəs] a. (含有)铝土的

aluminum [əˈljuːmɪnəm] = aluminium

aluminum-group [əˈljuːmɪnəmgruːp] n. 铝族

alumiseal [əˈljuːmɪsiːl] n.;vt. 铝密封

alumite [əˈluːmaɪt] n. ①防蚀铝,耐热(绝缘性)铝 ②明矾石

alumna [əˈlʌmnə] (pl.alumnae) n. 女校友

alumnus [əˈlʌmnəs] (pl.alumni) n. 男校友

A

alumobritholite [ə'lu:məbrɪðɒlaɪt] n.【地质】铝铈磷灰石

alumogel [ə'lu:mədʒel] n.【地质】胶铝矿

alumo-silicate [ə'lu:mə'sɪlɪkeɪt] n.【化】铝硅酸盐

alumstone ['æləmstəun] n.【化】明矾石

alumyte ['æljuːmaɪt] n.【地质】铝土矿

alundum [ə'lʌndəm] n. 刚铝石〔石〕,铝氧粉

alunite ['æljuːnaɪt] n.【地质】(钠)明矾石

alure ['æljuə] n. 院廊,通道

alurgite ['ælədʒaɪt] n.【化】淡云母,锰云母

alveolar [æl'vɪələ] a. 气泡的,牙槽的

alveolate [æl'vɪəlɪt] a. 蜂窝状的,有气泡的

alveolus [æl'vɪələs] (pl.alveoli [æl'vɪəlaɪ]) n. 小〔蜂〕窝,腔口,箭石,牙槽

alveolusity [ælvɪə'lʌsɪtɪ] n. 蜂窝

alveus ['ælvɪəs] (pl.alvei) n. 管;(海马)槽;正常河床

alvine ['ælvaɪn] a. 腹的,肠的

alvite ['ælvaɪt] n.【地质】硅铁锆矿,硅酸锌铪钍矿

alvus ['ælvəs] (pl.alvi) n. 腹,腹脏

always ['ɔ:lweɪz] ad. 总是,始终
〖用法〗❶ 如果句子以 not always 开头的话,则后面要部分倒装。如: Not always does the addition or removal of heat to or from a sample of matter lead to a change in its temperature. 把热量加给某一物质或从中取走热量,并不总会导致其温度的变化。❷ 该词与进行时连用时可表示"总〔老〕是",具有感情色彩。如: The sun is always sending out light and heat. 太阳总是在不断地发出光和热。❸ 它也可以处于句尾。如: The elapsed time is positive always. 消逝的时间总是为正的。

Alzen ['ælzən] n. 阿尔曾铝铜锌合金

am [æm] v. be 的第一人称单数现在式

amacrine ['æməkraɪn] n.【生】无足细胞

amadou ['æmədu:] n. 火绒

amagat ['æməgæt] n.【物】阿码(加脱)

amalgam [ə'mælgəm] n. ①汞齐 ②(任何软的)混合物

amalgamate [ə'mælgəmeɪt] v. ①使与汞混合 ②(使)混合

amalgamation [əmælgə'meɪʃən] n. ①汞齐化(作用) ②混合物

amalgamative [əmælgə'meɪtɪv] a. 汞齐的,能混合的

amalgamator [ə'mælgəmeɪtə] n. 混汞器

amalgamize [ə'mælgəmaɪz] v. 混汞,汞齐化

amanuensis [ə,mænju'ensɪs] n. 抄录者,文书

amaranth ['æmərænθ] n. ①苋(菜红) ②苋紫 ‖~ine a.

amaranthus [æmə'rænðəs] n.【植】苋属

amarantite ['æmərəntaɪt] n.【化】红铁矾

amargosa [æmə'gəusə] n. 苦楝树皮

amarmatic [æmə'mætɪk] a. 碎屑注入的

amass [ə'mæs] vt. 聚集 ‖~ment n.

amateur ['æmətɜ:] ❶ n. 业余工作者,(业余)爱好者 ❷ a. 业余的

amateurish [æmə'tɜ:rɪʃ] a. 业余的,浅薄的 ‖~ly ad.

amatol ['æmətɒl] n.【化】阿马图炸药,铵硝甲苯

amausite ['æmɔ:saɪt] n.【化】①燧石 ②奥长石

amaze [ə'meɪz] vt. (使)大为惊奇 ☆be amazed at (by) 对…大为吃惊 ‖~dly ad.

amazement [ə'meɪzmənt] n. 大为惊奇,惊愕 ☆be filled with amazement 大为惊奇; in amazement 惊异地; to one's amazement 使…感到惊奇的是…

amazing [ə'meɪzɪŋ] a. 惊人的,惹人注目的

Amazon ['æməzən] n. 亚马逊河

Amazonia [æmə'zəunɪə] n. 亚马逊古陆

Amazonian [æmə'zouniən] a. 亚马逊河(流域)的

amazonite ['æməzənaɪt], **amazonstone** ['æməzənstəun] n.【地质】天河石,微斜长石

ambassador [æm'bæsədə] n. 大使

ambassadorial [æm,bæsə'dɔːrɪəl] a. 大使(级)的

ambassadress [æm'bæsədres] n. 女大使

amber ['æmbə] ❶ n.;a. ①琥珀(的),淡黄色的 ②线状无烟火药(弹) ❷ vt. 使成琥珀色

amberglass ['æmbəglɑ:s] n. 琥珀玻璃

ambergris ['æmbəgri:s] n.【化】龙涎香

amberite ['æmbəraɪt] n.【化】琥珀炸药

amberlite ['æmbəlaɪt] n.【化】(苯酚甲醛)离子交换树脂,安珀莱特

amberplex ['æmbəpleks] n.【化】离子交换膜

amberwood ['æmbəwud] n.【化】酚醛树脂胶合板

ambidexter ['æmbɪdekstə] n.;a. ①左右手都善于使用的(人) ②两面讨好的(人)

ambidexterity [,æmbɪdeks'terətɪ] n. ①两手同能 ②两面讨好

ambidext(e)rous [æmbɪ'dekstrəs] a. ①左右手都善于使用的,两面讨好的 ②非常灵巧〔熟练〕的 ‖~ly ad. ~ness n.

ambience ['æmbɪəns] n. 环境,气氛,布景

ambient ['æmbɪənt] ❶ a. ①周围的,环境的 ②环绕的,流动的 ❷ n. ①环境 ②包围物

ambiguity [æmbɪ'gjuːtɪ] n. ①模糊(点,度),(意义)不明确 ②多义性,不定性 ③双原子价,双化合价

ambiguous [æm'bɪgjuəs] a. ①(意义)含糊的,模棱两可的 ②歧义的 ③二价的

ambilateral [,æmbə'lætərəl] a. 在两边的;两方面的

ambiophony [æmbɪ'ɒfənɪ] n. 环境立体声

ambiopia [æmbɪ'əupɪə] n. (拉丁语) n. 复视

ambiplasma [,æmbɪ'plæzmə] n.【化】双极性等离子体

ambipolar [,æmbɪ'pəulə] a. 二极的,双极(性)的

ambipolarity [æmbɪpəu'lærətɪ] n. 双极性

ambisexual [,æmbɪˈseksjuəl] *a.* 雌雄同体的

ambit [ˈæmbɪt] *n.* (常用 pl.)境界,范围,轮廓

ambition [æmˈbɪʃən] ❶ *n.* ①野心(for 或 to (do)) ②雄心,志气 ❷ *vt.* 妄想获得,渴望

ambitious [æmˈbɪʃəs] *a.* 有野心的,有雄心的 ‖ ~ly *ad.* ~ness *n.*

ambitus [ˈæmbɪtəs] *n.* 周边

ambivalence [æmˈbɪvələns] *n.* 矛盾心理,两极化 合能力

ambivalent [æmˈbɪvələnt] *a.* ①(对同一人、物、事)有矛盾心理的 ②相对等力的 ③矛盾情绪的

ambloma [æmˈbləumə] *n.* 流产

amblosis [æmˈbləusɪs] *n.* 流产

amblotic [æmˈblɒtɪk] *a.* 使流产的,堕胎的

amblyacousia [æmblɪəˈkuːsɪə] *n.* 听觉迟钝,弱视

amblyaphia [æmblɪˈeɪfɪə] *n.* 触觉迟钝

amblygeustia [æmblɪˈgjuːstɪə] *n.* 味觉迟钝

amblygonite [æmˈblɪgənaɪt] *n.* 【地质】(锂)磷铝石

amblykusis [æmblɪˈkuːsɪs] *n.* 听觉迟钝

amblyope [ˈæmblɪəup] *n.* 弱视者

amblyopia [,æmblɪˈəupɪə] *n.* 弱视,视力衰钝

amboceptor [ˈæmbəseptə] *n.* 双受体,(细胞与补体间的)介体,溶血素

amboceptorgen [æmbəˈseptədʒɪn] *n.* 【化】双受体原

Amboina [æmˈbɔɪnə] *n.* 青龙木

ambosexual [,æmbəˈseksjuəl] *a.* 两性的

ambra [ˈæmbrə] (拉丁语) *n.* 琥珀

Ambrac [ˈæmbræk] *n.* 安白铜,铜镍合金

ambrain [ˈæmbreɪn] *n.* 人造琥珀,龙涎香脂

Ambraloy [ˈæmbrəlɔɪ] *n.* 铜合金

ambrite [ˈæmbraɪt] *n.* 灰黄琥珀

ambroid [ˈæmbrɔɪd] *n.* 人造琥珀

ambroin [ˈæmbrɔɪn] *n.* 假琥珀,安伯罗因绝缘塑料

ambrotype [ˈæmbrətaɪp] *n.* 玻璃板照相

ambry [ˈæmbrɪ] *n.* 橱柜,壁橱,食品室,教堂内的壁龛

ambulance [ˈæmbjuləns] *n.* 救护车,野战医院

ambulant [ˈæmbjulənt] *a.* 走动的,不卧床的

ambulate [ˈæmbjuleɪt] *vi.* 走,移动

ambulator [ˈæmbjuleɪtə] *n.* 测距仪

ambulatorium [æmbjuləˈtəurɪəm] *n.* 诊所

ambulatory [ˈæmbjulətərɪ] ❶ *n.* 回廊,步道 ❷ *a.* (适于)步行的,不卧床的

ambulet [ˈæmbjulɪt] *n.* 流动救护车

ambuscade [,æmbəˈskeɪd] *n.;v.* 伏击〔兵〕,设伏地点

ambush [ˈæmbuʃ] *n.;v.* 伏兵,埋伏,伏击

ambustion [æmˈbʌstʃən] *n.* 灼伤

ameba [əˈmiːbə] *n.* 阿米巴(变形虫)

amelanotic [əmeləˈnɒtɪk] *a.* 无黑素的,无色素的

amelia [əˈmiːlɪə] *n.* 无肢(畸形)

ameliorant [əˈmiːlɪərənt] *n.* 土壤改良剂

ameliorate [əˈmiːlɪəreɪt] *v.* 改善,修正 ‖ **amelioration** *n.* **ameliorative** *a.*

ameliorator [əˈmiːlɪəreɪtə] *n.* 改善者〔物〕

amenability [ə,miːnəˈbɪlətɪ] *n.* 可控制(性),适应(性)

amenable [əˈmiːnəbl] *a.* ①有义务的,应负责的 ②顺从的,可依照的,经得起检验的,适合于…的(to) ③易处理的

〖用法〗这个词后跟介词 to。如: This problem is amenable to simple mathematical treatment. 这个题只要进行简单的数学处理就能解。/This equivalent circuit is amenable to standard circuit-analysis methods. 这个等效电路可以用标准的电路分析法来处理。

amenably [əˈmiːnəblɪ] *ad.* 负责地,服从地(to)

amend [əˈmend] *v.* 改善,修正

amendable [əˈmendəbl] *a.* 能改正的

amende [æˈmend] (法语) *n.* 罚款,赔偿,赔罪

amendment [əˈmendmənt] *n.* ①修正,校正 ②修正值 ③改良剂 ④修正案 ⑤改良措施

amends [əˈmendz] *n.* (pl.)赔偿 ☆**make amends to A for B** 赔偿 A 的 B,由于 B 向 A 道歉

amenity [əˈmiːnətɪ] *n.* 舒适;(pl.)愉快,乐事

amensalism [əˈmensəlɪzəm] *n.* 无害寄生

ament [ˈeɪmənt] *n.* 精神错乱者

amentia [əˈmenʃɪə] *n.* 精神错乱,智力缺陷

amential [əˈmenʃəl] *a.* 精神错乱的

amerce [əˈmɜːs] *vt.* 罚…款,惩罚 ‖ ~ment *n.*

amerciable [əˈmɜːsəbl] *a.* 应罚款的

America [əˈmerɪkə] *n.* 美洲,美国

American [əˈmerɪkən] *a.;n.* 美国的〔人〕,美洲的〔人〕

Americanism [əˈmerɪkənɪzəm] *n.* 美语〔式〕,美国习惯

Americanization [ə,merɪkənaɪˈzeɪʃən] *n.* 美国化

Americanize [əˈmerɪkənaɪz] *vt.* (使)美国化,(使)带美国腔

americium [æməˈrɪsɪəm] *n.* 【化】镅 Am

americyl [əˈmerɪsɪl] *n.* 【化】镅酰

ameripol [əˈmerɪpɒl] *n.* 人造橡皮(丁二烯共聚物)

amesdial [ˈæmɪsdaɪəl] *n.* 测微仪,千分表

ametabola [eɪmetəˈbɒlə] *n.* 无变态类

ametabolous [eɪmeˈtæbələs] *a.* 不变态的

ametamorphosis [eɪmetəˈmɔːfəsɪs] *n.* ①不变态 ②不理会,凝思状态

amethyst [ˈæmɪθɪst] *n.* 【化】紫石英,水碧

amethystine [æmɪˈθɪstaɪn] *n.;a.* 紫水晶,紫晶(质,色)的

amiability [,eɪmɪəˈbɪlətɪ] *n.* 友好,亲切

amiable [ˈeɪmɪəbl] *a.* 和蔼的,亲切的 ‖ **amiably** *ad.*

amianite [ˈeɪmɪənaɪt] *n.* 一种用石棉作填料的塑料

amiant [ˈæmɪənt], **amianthine** [æmɪˈænθaɪn] *n.*

石棉〔绒,麻〕,细丝石棉

amic [ˈæmɪk] *a.* 氨的,酰氨的

amicability [ˌæmɪkəˈbɪlətɪ] *n.* 友好〔谊〕

amicable [ˈæmɪkəbl] *a.* 友好的,亲切的 ‖ **amicably** *ad.*

amicrobic [ˌæmaɪˈkrəubɪk] *a.* 非微生物的,无菌的

amicron(e) [eɪˈmaɪkrɒn] *n.* 次〔亚〕微粒,超微粒

amicroscopic [eɪmaɪkrəˈskɒpɪk] *a.* 超显微镜的

amid [əˈmɪd] =amidst

amidable [ˈæmɪdəbl] *a.* 可酰胺化的

amidase [ˈæmɪdeɪs] *n.* 酰胺酶

amidate [ˈæmɪdeɪt] *v.;n.*【化】酰胺化(物)

amidation [ˌæmɪˈdeɪʃən] *n.*【化】酰胺化(作用)

amide [ˈæmaɪd] *n.*【化】酰胺,氨〔基〕

amidin [ˈæmɪdɪn] *n.* 淀粉在水中的透明溶液,淀粉溶素

amidine [ˈæmɪdiːn] *n.*【化】脒,淀粉溶素

amido(gen) [əˈmiːdəu(dʒən)] *n.*【化】(酰)胺基,氨基

amidol [ˈæmɪdɒl] *n.*【化】阿米酚,二氨酚显影剂

amidolysis [æmɪˈdəulɪsɪs] *n.*【化】酰胺解

amidomethylation [æmɪdəumeθɪˈleɪʃən] *n.*【化】酰胺甲基化作用

amidpulver [æmɪdˈpʌlvə] *n.*【化】酰胺粉,硝铵,硝酸钾

amidships [əˈmɪdʃɪps] *ad.* 在中部,在纵中线上

amidst [əˈmɪdst] *prep.* 在…(当)中,在…的包围中

amilan [ˈæmɪlən] *n.*【化】聚酰胺(树脂,纤维)

aminable [ˈæmɪnəbl] *a.* 可胺化的

aminate [ˈæməneɪt] *v.;n.*【化】胺化(产物)

amination [ˌæmɪˈneɪʃən] *n.* 胺化(作用)

amine [əˈmiːn] *n.* 胺

amino [ˈæmɪnəu] *a.* 氨基的

aminoacetal [æˌmɪnəuˈæsɪtəl] *n.*【化】氨基乙缩醛

aminobenzene [əˌmiːnəuˈbenziːn] *n.*【化】氨基苯,苯胺

aminocellulose [æˌmɪnəuˈseljuləus] *n.*【化】氨基纤维素

aminoethylcellulose [æmɪnəueθɪlˈseljuləus] *n.*【化】氨乙基纤维素

aminoffite [ˈæmɪnəfaɪt] *n.*【地质】铍黄长石,铵密黄石

aminoform [ˈæmɪnəufɔːm] *n.*【化】氨仿

aminogenesis [æmɪnəuˈdʒenəsɪs] *n.*【化】生氨作用,氨基的形成

aminoglucose [æmɪnəuˈgluːkəus] *n.*【化】氨基葡糖,葡糖胺

aminolysis [æmɪˈnɒlɪsɪs] *n.*【化】氨(基分)解,成氨分解

aminomercuration [æmɪnəumɜːkjuˈreɪʃən] *n.*【化】氨基汞化作用

aminomethyl [æmɪnəuˈmeθɪl] *n.*【化】氨甲基

aminomethylation [æmɪnəumeθɪˈleɪʃən] *n.*

【化】氨解,氨甲基化

aminophenol [æmɪnəuˈfiːnəul] *n.*【化】氨基(苯)酚

aminopherase [æməˈnɒfəreɪs] *n.*【化】转氨酶

aminoplast [əˈmiːnəuplɑːst], **aminoplastics** [əˈmiːnəuplæstɪks] *n.*【化】氨基塑料

aminopropanol [æmiːnəuprəˈpænɒl] *n.*【化】氨丙醇

aminosubstrate [æmiːnəuˈsʌbstreɪt] *n.*【化】氨基底物

aminosugar [æmɪnəuˈʃugə] *n.*【化】氨基糖

aminothiol [əmɪnəuˈθaɪəul] *n.*【化】氨基硫醇

aminotransferase [əmɪnəuˈtrænsfəraɪs] *n.*【化】转氨酶

amiss [əˈmɪs] *a.; ad.* 偏,错误地,不适当(的),有故障 ☆**be amiss with...**出了毛病; **come amiss** 不称心,有妨碍,不受欢迎; **go amiss** 出了岔子,不顺当; **not amiss** 不错; **take amiss** 见怪,生气

amital [ˈæmɪtæl] *n.*【化】阿米他

amitrole [ˈæmɪtrɒl] *n.* 杀草强,氨基三唑(一种农药)

amity [ˈæmətɪ] *n.* 友好(关系)

Amman [əˈmɑːn] *n.* 安曼(约旦首都)

ammeter [ˈæmɪtə] *n.* 安培计,电(流)表

ammine [ˈæmiːn] *n.*【化】氨络(物),氨(络)合物

ammino [ˈæmɪnəu] *n.*【化】氨络

ammiolite [ˈæmɪəulaɪt] *n.*【地质】锑酸汞矿

ammo [ˈæməu] *n.* 弹药,军火

ammogas [ˈæməugæs] *n.*【化】离解氨

ammon [ˈæmən] *n.*【化】氨

ammonal [ˈæmənæl] *n.*【化】阿芒拿尔

ammonate [ˈæməneɪt] *v.;n.*【化】氨合(物)

ammonation [ˌæməˈneɪʃən] *n.*【化】氨合

ammonia [əˈməunɪə] *n.*【化】氨(水)

ammoniac [əˈməunɪæk] *n.*【化】氨树胶

ammoniate [əˈməunɪeɪt] ❶ *n.* 氨合物,有机氨肥 ❷ *v.* 充氨,氨化

ammoniated [əˈməunɪeɪtɪd] *a.* 与氨化合的

ammoniation [əˌməunɪˈeɪʃən] *n.*【化】氨化

ammonibacteria [əməunɪbækˈtɪərɪə] *n.*【化】氨细菌类

ammonification [əməunɪfɪˈkeɪʃən] *n.*【化】氨化,氨形成

ammonifier [əˈməunɪfaɪə] *n.*【化】氨化菌

ammonifying [əˈməunɪfaɪɪŋ] *n.;a.* 生氨(的),加氨(的)

ammoniogen [əˈməunɪəudʒən] *n.*【化】生氨剂

ammoniogenesis [əməunɪəuˈdʒenɪsɪs] *n.*【化】生氨作用

ammoniometer [əməunɪˈɒmɪtə] *n.* 氨量计

ammonite [ˈæmənaɪt] *n.*【化】①菊石 ②阿芒炸药

ammonium [əˈməunɪəm] *n.*【化】铵(基)

ammono [ˈæmənəu] *a.* 氨溶的,属于氨(溶物)系的

A

ammonobase [æˈməʊnəʊbeɪs] n.【化】氨基金属

ammonolysis [æməˈnɒlɪsɪs] n.【化】氨解

ammonotelism [æˈməˈnɒtelɪzəm] n.【化】排氨(型)代谢

ammonpulver [æmənˈpʌlvə] n.【化】铵炸药,硝铵发射药

ammoxidation [æmɒksɪˈdeɪʃən] n.【化】氨氧化反应,氨解氧化

ammunition [æmjuˈnɪʃən] ❶ n. 军火,弹药(量) ❷ vt. 供给弹药,装弹药

amnesia [æmˈniːzɪə] n. 健忘症

amnesiac [æmˈniːzɪæk] n. 健忘症患者

amnestic [æmˈnestɪk] a. 遗〔健〕忘的

amoeba [əˈmiːbə] (pl.amoebae 或 amoebas) n. 阿米巴,变形虫 ‖ **amoebic** a.

amoebocyte [əˈmiːbəsaɪt] n.【生】变形细胞

amoeboid [əˈmiːbɔɪd] a. 变形虫状的

amoil [əˈmɔɪl] n.【化】戊(基)测,酰酸戊酯

among [əˈmʌŋ] prep. 在…之中〔间〕,被…所环绕 ☆**among others** (**other things,many other things**) 亦在其中,尤其(还); **among the rest** 其中之一,也在其中; **from among** 从…中 【用法】❶ among 只能用于三者或三者以上(有时可跟集合名词)。如: Fig.2-3 shows the relationship <u>among</u> the metric units of length, area, and volume. 图 2-3 显示了长度、面积和体积的米制单位之间的关系。❷ be among 往往可以表示"属于"之意。如: Water and carbon dioxide <u>are among</u> (=belong to) substances that absorb in the infrared. 水和二氧化碳属于能够吸收红外线的物质。❸ 有时 among 可表示"之一"的意思。如: <u>Among</u>(=One of) the most noteworthy achievements at that time was the realization that light consists of electromagnetic waves. 当时最引人注目的成就之一是人们认识到了光是由电磁波构成的。

amongst [əˈmʌŋgst] = among

amorce [əˈmɔːs] n. 起爆剂,引爆药

amorph [əˈmɔːf] n. 无效等位基因

amorpha [əˈmɔːfə] n. 无定形,非晶形

amorphism [əˈmɔːfɪzəm] n. ①不结晶,无定形 ②无定向,杂乱

amorphous [əˈmɔːfəs] a. ①无定形的,不结晶的 ②无一定方向的,乱七八糟的

amorphousness [əˈmɔːfəsnɪs] n. 非晶形态,无定形态

amort [əˈmɔːt] a. 死了似的,死气沉沉的

amortisation [əˌmɔːtɪˈzeɪʃən] =amortization

amortisseur [æmɔːˈtɪzə] n.【物】①阻尼器,减震器 ②阻尼绕组 ③消音器

amortization [əˌmɔːtɪˈzeɪʃən] n. ①阻尼,衰减,减振,消音,抑制 ②熄灭 ③折旧,分期偿还

amortize [əˈmɔːtaɪz] vt. ①阻尼,减震,熄灭 ②分期偿还

amount [əˈmaʊnt] ❶ vi. 总计,相当于,占(比例)(to) ☆**amount to little** 或 **not amount to much** 没

有什么了不起,没多大道理 ❷ n. ①合计,总数 ②(数,剂)量,(数)值 ③要旨,重要性,价值 ☆**a large** (**small,certain,finite**) **amount of** 大〔少,一定,有限〕量的; **an amount of** 相当的,适量的; **any amount** (**of**) 任何数量(的),大量(的); **be of little amount** 不重要; **in amount** 总之,结局; **in large** (**small**) **amounts** 大〔少〕量地; **no amount of** 怎么〔再多〕也不; (**to**) **the** (**a**) **amount** 到…程度; **to the amount of** 总数〔计〕达 【用法】❶ a … amount of 后一般跟不可数名词,但也能跟可数名词。如: <u>A great amount of time and energy</u> can be wasted if the problem is not adequately defined. 如果问题不加以适当限定的话,就会浪费大量的时间和精力。/The C++ standards committees did <u>an immense amount of constructive work</u> to make C++ what it is today. C++语言标准委员会做了大量的建设性工作使得C++语言成为今天这个样子。/A small amount of these holes is collected by the base. 基极收集了这些空穴中很少的一部分。(注意句子的谓语用了单数形式。) ❷ a large〔great,immense,small〕amount of=large〔great,immense,small〕amounts of。如: In Chap.2 it was observed that <u>a large amount of</u> power is dissipated in the collector resistor. 在第二章我们注意到了在集电极电阻中消耗了大量的功率。/This type of amplifier can deliver <u>large amounts of</u> power. 这类放大器能够输出大量的功率。❸ "amount to+动名词"意为"等于(是)…"。如: This <u>amounts to saying</u> that everything is attracted by the earth. 这等于是说每样东西都受到地球的吸引。❹ 在下面例句中含有它的名词短语作状语: It is not physically possible to have a function (either voltage or current) change <u>a specified amount</u> in zero time. 要使一个函数(不论是电压还是电流)在零时间内变化一个特定的量实际上〔物理上〕是不可能的。❺ 注意下面例句中该词的汉译法: The input is typically 10 pA, <u>an amount</u> small enough to be ignored in many cases. 输入的典型值为 10 皮安,这一数值是足够小的,以至于在许多情况下可以忽略掉。("an amount"是前面的同位语,"small enough to be ignored in many cases"是形容词短语作后置定语。) ❻ 其后面的定语从句可以不用任何引导词(也可用关系副词"that"引导或以"by which"开头)。如: The amount <u>a solid material will expand when heated</u> is measured by its coefficient of linear expansion. 固体物质受热时膨胀的量是由其线膨胀系数度量的。❼ "large amounts of+不可数名词"时,谓语要用复数形式。如: In this case, large amounts of code <u>are</u> needed to handle infrequently occurring cases. 在这种情况下,需要大量的码来处理不常发生的情况。

amoxy [æˈmɒksɪ] n.【化】戊氧基

Amoy [əˈmɔɪ] n. 厦门

amozonolysis [əˌməʊzəʊˈnɒlɪsɪs] n.【化】氨(解)

臭氧化反应〔作用〕

ampacity [æm'pæsətɪ] n. 载流量

ampangabeite [,ɑːmpɑːn'gɑːbɪaɪt] n.【地质】铌钛铁铀矿

Ampco ['æmpkəʊ] n.【化】铝铁青铜

Ampcoloy ['æmpkələɪ] n. 耐蚀耐热铜合金

amperage ['æmpərɪdʒ] n. 安培数

ampere ['æmpeə] n. 安培
〖用法〗❶ 表示"单位"时,其前面要加定冠词(所有的单位均是如此)。如: The unit of electric current is the ampere. 电流的单位是安培。❷ 表示"以〔用〕安培(为单位)"时要用复数形式。如: Current is measured in amperes. 电流的量度单位是安培。

ampere-balance ['æmpeə'bæləns] n. 安培秤

amperemeter ['æmpeəmiːtə] n. 安培计,电流表

amperite ['æmpeəraɪt] n. 镇流器,平稳灯

amperometric [,æmpiːrə'metrɪk] a. 测量电流的

amperometry [æmpiː'rɒmɪtrɪ] n. 电流分析(法),电流滴定法

amperostat ['æmpeərəstæt] n. 稳流器

ampersand ['æmpəsænd] n. &号(表示 and 的符号)

amphemera ['æmfəmerə] n. 每日热

amphemerous ['æmfəmerəs] a. 每日(发生)的

amphetamine [æm'fetəmiːn] n.【化】苯异丙胺

amphibia [æm'fɪbɪə] n. 两栖纲(类)

amphibian [æm'fɪbɪən] n.;a. ①两栖(的,动物) ②水陆〔水空〕的

amphibious [æm'fɪbɪəs] a. 两栖的 ‖ ~ly ad. ~ness n.

amphiblestrodes [æmfɪbles'trəʊdiːz] n. 视网膜

amphiblestroid [æmfɪ'blestrɔɪd] a. 网状的,视网膜的

amphibole ['æmfɪbəʊl] n.(角)闪石,闪岩

amphibolia [,æmfɪ'bəʊlɪə] n. 动摇期,不稳定(期)

amphibolic [,æmfɪ'bɒlɪk] a. 无定向的,动摇的,预后未定的

amphibolite [æm'fɪbəlaɪt] n.【地质】闪岩

amphibology [,æmfɪ'bɒlədʒɪ] n. 意义含糊

amphibololite [æ,mfɪ'bɒləlaɪt] n.【地质】火成闪岩,角闪石岩

amphibolous [æm'fɪbələs] a.(意义)含糊的,模棱两可的

amphiboly [æm'fɪbəlɪ] n. 意义含糊,模棱两可

amphicar ['æmfɪkɑː] n. 水陆两用车

amphicelous [æmfɪ'seləs] a. 两(边)凹的

amphicentric [,æmfɪ'sentrɪk] a. 起止同源的

amphidiploid [æm'fɪdɪplɔɪd] n. 双二倍体

amphidromic [,æmfɪ'drɒmɪk] a. 转〔无〕潮的

amphidromos [æmfɪ'drɒməs] n. 转风点,转潮点

amphigene ['æmfɪdʒiːn] n.【地质】白榴石

amphigony [æm'fɪɡənɪ] n. 两性生殖

amphikaryon [,æmfɪ'kærɪən] n. 双组核

amphimixis [,æmfɪ'mɪksɪs] n. 有性生殖,杂交

amphimorphic [,æmfɪ'mɔːfɪk] a. 二重的

amphinucleus [,æmfɪ'njuːklɪəs] n. 双组核

amphion ['æmfaɪən] n. 两性离子

amphiphatic [,æmfɪ'fætɪk] a. 亲水亲油的

amphiphilic [,æmfɪ'fɪlɪk] a. 亲水亲油的

amphiphyte ['æmfɪfaɪt] n. 两栖植物

amphipoda ['æmfɪpɒdə] n. 端足目

amphi-position ['æmfɪpə'zɪʃən] n. 跨位

amphiprotic [,æmfɪ'prɒtɪk] a. 两性的,有可以失质子也可以得质子的能力的

amphispore ['æmfɪspɔː] n. 抗旱孢子

amphitheater, amphitheatre ['æmfɪθɪətə] n. 圆形露天剧场,比赛场,大会堂,看台式讲堂,【地质】冰斗 ‖ **amphitheatric(al)** 或 **amphitheatral** a.

amphodelite [æm'fəʊdɪlaɪt] n.【地质】钙长石

ampholyte ['æmfəlaɪt] n.【化】两性电解质

ampholytoid [æmfə'lɪtɔɪd] n.【化】两性胶体

amphotere ['æmfətɪə] n. 两性元素

amphoteric [,æmfə'terɪk] a. 同时有酸碱性或正负电荷的

amphotericin [,æmfə'terɪsɪn] n.【化】两性霉素

amphoterism [æmfə'terɪzəm] n. 两性

amphtrac ['æmftræk] n. 水陆履带牵引车

amphyl ['æmfɪl] n. 酚衍生物

ample ['æmpl] a. 丰富的,宽敞的,充分的 ☆**(be) ample for** 足够,足以; **be of ample scope to (do)** 对(做)是绰绰有余的 ‖ **~ness** n.

amplidyne ['æmplɪdaɪn] n. 交磁放大机,(微场)电机放大器

amplification [,æmplɪfɪ'keɪʃən] n. ①放大(率,作用),增强 ②扩大
〖用法〗这个词可以与 do 搭配使用。如: In this case amplification can be done without direct coupling. 在这种情况下,可以没有直接耦合地进行放大。

amplificative [æm'plɪfɪkətɪv] a. 放大的

amplifier ['æmplɪfaɪə] n. 放大器〔镜〕,扩大器,增强剂

amplify ['æmplɪfaɪ] v. ①放大,增强 ②引申,作进一步阐述(on,upon)

ampliscaler ['æmplɪskeɪlə] n.【物】百定标电路

amplistat ['æmplɪstæt] n. 自反馈式磁放大器

amplitrans ['æmplɪtræns] n. 特高频功率放大器

amplitron ['æmplɪtron] n. 增幅管,特高频功率放大管

amplitude ['æmplɪtjuːd] n. ①(振,波,摆)幅 ②射程,距离,【天】(天体)出没方位角 ③广阔,充足

amply ['æmplɪ] ad. ①广大地 ②充足地

ampoul(e) ['æmpuːl], **ampul(e)** ['æmpjuːl] n. 安瓿,针剂,细颈瓶

amputate ['æmpjuteɪt] vt. 截断,删除 ‖ **amputation** n.

amputee [æmpjuˈtiː] n. 被截肢者

Amsterdam ['æmstə'dæm] n. 阿姆斯特丹(荷兰首都)

amtrack ['æmtræk] *n.* 水陆两用车辆

amuse [ə'mjuːz] *vt.* 使…高兴,逗…乐 ☆ **be amused at (by,with)** 觉得…有趣

amusement [ə'mjuːzmənt] *n.* 兴趣,娱乐活动 ☆ **find much amusement in** 对…很有兴趣

amusing [ə'mjuːzɪŋ] *a.* 有趣的,好笑的(to) ‖ **~ly** *ad.*

amygdale [ə'mɪɡdeɪl] *n.*【地质】气孔,气泡,杏仁子

amygdalin [ə'mɪɡdəlɪn] *n.*【化】苦杏仁苷

amygdaloid [ə'mɪɡdəlɔɪd] ❶ *n.*【地质】杏仁岩 ❷ *a.* 杏仁(状)的,扁桃核似的

amygdaloidal [ə'mɪɡdəlɔɪdəl] *a.* 杏仁(状)的,扁桃(似)的

amyl ['æmɪl] *n.* 戊(烷)基

amylaceous [ˌæmɪ'leɪʃəs] *a.* 淀粉(性,状)的,含淀粉的

amylamine [æmɪ'læmɪn] *n.*【化】戊胺

amylase ['æmɪleɪs] *n.*【化】液化〔淀粉〕酶

amylene ['æmɪliːn] *n.*【化】戊烯,次戊基

amylic alcohol ['æmɪlɪk'ælkəhɒl] *n.*【化】戊醇

amylin ['æmɪlɪn] *n.*【化】糊精,淀粉不溶素

amylis ['æmɪlɪs] *n.*【化】戊基

amylogen [ə'mɪlədʒən] *n.*【化】可溶性淀粉

amylograph ['æmɪləʊɡrɑːf] *n.* (淀粉)黏焙力测量器

amyloid ['æmɪlɔɪd] ❶ *a.* 淀粉(状,质)的 ❷ *n.* ① 类淀粉物 ②羊皮纸

amylolysis [ˌæmɪ'lɒlɪsɪs] *n.* 淀粉分解

amylolytic [ˌæmɪ'lɒlɪtɪk] *a.* (使)淀粉分解的

amylomaltase [æmɪləʊ'mɔːlteɪs] *n.*【化】麦芽糖转葡糖基酶

amylomaltose [æmɪləʊ'mɔːltəʊs] *n.*【化】麦芽糖

amylomyces [æmɪləʊ'maɪsɪs] *n.*【化】淀粉酶

amylon ['æmɪlɒn] *n.*【化】淀粉,糖原

amylopectase [æmɪləʊ'pekteɪs] *n.*【化】支链淀粉糖胶淀粉酶

amylopectin [æmɪləʊ'pektɪn] *n.*【化】胶淀粉

amylophosphatase [æmɪləʊ'fɒsfəteɪs] *n.*【化】淀粉磷酸〔酯〕酶

amyloplast ['æmɪləʊplæst] *n.*【化】淀粉体

amylose ['æmɪləʊs] *n.*【化】(直)链淀粉

amylosis ['æmɪləʊsɪs] *n.*【化】谷物症,蛋白样变性

amylum ['æmələm] *n.*【化】淀粉

amyranol ['æmɪrænəl] *n.*【化】香树烷醇

amyrin ['æmɪrɪn] *n.*【化】香树脂素,香树精

amyrone ['æmɪrəʊn] *n.*【化】白檀酮

an [æn,ən] (不定冠词)见 a (在元音开头的单词前用 an)

〖用法〗❶ 它完全取决于其后面的那个词开头的音而与开头的是否是元音字母无关,这一点特别重要。如: This is <u>an</u> xy-coordinate system. 这是 xy 坐标系统。/That is <u>an</u> r.m.s voltmeter. 那是一只均方根值伏特计。/Here <u>an</u> 8-position switch is used. 这里使用一个 8 个位置的开关。/This type of

transmission does not need so high <u>an</u> S/N ratio. 这类传输不需要那么高的信噪比。❷ 其它用法与"a"相同。

anabacteria [ænəbæk'tɪərɪə] *n.*【化】预防菌苗,(甲醛处理的)细菌溶解产物

anabasine [ə'næbəsiːn] *n.*【化】新烟碱,天虫碱

anabasis [ə'næbəsɪs] *n.* 远征;增剧期

anabatic [ˌænə'bætɪk] *a.* ①上升(气流)的 ②加重的

anabion [ænə'baɪɒn] *n.* 同化优势生物

anabiont [ænə'baɪɒnt] *n.* 常年结实植物

anabiosis [ænəbaɪ'əʊsɪs] *n.* 复苏,恢复知觉;回生

anabole [ə'næbəlɪ] *n.* 反胃;吐物

anabolic [ə'næbəlɪk] *a.* 组成代谢的,同化的

anabolism [ə'næbəlɪzəm] *n.* 组成代谢,吸收和同化

anaboly [ə'næbəlɪ] *n.* 后演

anabranch [ænə'brɑːntʃ] *n.* 交织支流,再流入主流的支流

anacamptics [ænə'kæmptɪks] *n.*【物】折射学,反射光学

anachronic [ænə'krɒnɪk], **anachronistic(al)** [əˌnækrə'nɪstɪk(əl)], **anachronous** [ə'nækrənəs] *a.* 时〔年〕代错误的;落伍的

anachronism [ə'nækrənɪzəm] *n.* 时代错误,过时的事物或人

anacidity [ˌænə'sɪdətɪ] *n.*【医】酸缺乏(症)

anaclasis [ə'nækləsɪs] *n.*【化】光反〔折〕射

anaclastics [ænəklæ'stæktɪks] *n.* 屈光学

anaclastic [ænə'klæstɪk] *a.* 屈折的,由折射引起的

anaclinal [ænə'klaɪnəl] *a.* 逆斜的

anacline [ænə'klaɪn] *n.* 正倾型

anaclitic [ænə'klɪtɪk] *a.* 依赖的

anacoustic [ænə'kuːstɪk] *a.* 聋,听觉缺失

anacoustic [ænə'kuːstɪk] *a.* 隔〔微〕音的

anacroasia [ænəkrəʊ'eɪzɪə] *n.* 失听解能

anadromous [ə'nædrəməs] *a.* 溯河(性)的,上行的

anadromy [ə'nædrəʊmɪ] *n.* 溯河产卵

anaemia [ə'niːmɪə] *n.* 贫血(症)

anaemic [ə'niːmɪk] *a.* (患)贫血症的

anaerobe [ə'neərəʊb] *n.* 厌氧菌,厌氧微生物

anaerobic [ˌæneə'rəʊbɪk] *a.* 厌氧的,嫌气性的 ‖ **~ally** *ad.*

anaerobion [æneə'rəʊbɪɒn] (pl.anaerobia) *n.*【生】厌氧菌,厌氧微生物

anaerobiosis [æneəˌrəʊbaɪ'əʊsɪs] *n.* 厌〔缺〕氧生活

anaerobiotic [æneərəʊbaɪ'əʊtɪk] *a.* 厌氧(生活)的

anaesth(a)esia [ænɪs'θiːzɪə] *n.* 麻醉(法),麻木

anaesthetic [ænɪs'θetɪk] ❶ *n.* 麻醉剂 ❷ *a.* 麻醉的

anaesthetisation, anaesthetization [æˌniːsθɪtɪ-

ˈzeɪʃən] n. 【医】麻醉,失去知觉

anaesthetist [æˈniːsθɪtɪst] n. 麻醉师

anaesthetize, anaesthetise [æˈniːsθɪtaɪz] vt. 使麻醉

anafront [ˈænəfrʌnt] n. 上升锋(面),上滑锋(面)

anagalactic [ænəgəˈlæktɪk] a. 银河系外的

anagen [ˈænədʒən] n. 生长期

anagenesis [ænəˈdʒenɪsɪs] n. 新生,前进演化

anagenetic [ˌænəˈdʒɪnætɪk] a. 新生的,再生的

anagenite [ˈænədʒɪnaɪt] n. 【化】铬华

anaglyph [ˈænəglɪf] n. 立体影片,立体彩色照片 ‖ ~ic a.

anaglyphoscope [ˌænəˈglɪfəskəup] n. 观看立体影片用眼镜

anaglyptic [ˌænəˈglɪptɪk] a. 浮雕的

anagoge [ænəˈgəudʒɪ] n. 理想精神

anagogic [ˌænəˈgɒdʒɪk] a. 理想精神的

anagogy [ænəˈgəudʒɪ] n. 理想精神

anagotoxic [ˈænəgətɒksɪk] a. 抗毒的

anagraph [ˈænəgrɑːf] n. 处方

anakinetomere [ænəkɪˈniːtəmɪə] n. 高能物质

anakusis [ænəˈkuːsɪs] n. 聋

anal [ˈeɪnəl] a. 肛门的

analagmatic [ænələɡˈmætɪk] a. 自反的

analbite [ˈeɪnəlbaɪt] n. 【地质】歪长石

analcime [əˈnælsaɪm] n. 【地质】方沸石

analectic [ˌænəˈlektɪk] a. 选集的

analects [ˈænəlekts], **analecta** [ænəˈlektə] n. 文选,语录

analemma [ˌænəˈlemə] n. 赤纬时差图

analepsia [ænəˈlepsɪə] n. 回苏,复原

analepsis [ænəˈlæpsɪs] n. 痊愈,复原

analeptic [ˌænəˈleptɪk] ❶ a. 复原的 ❷ n. 回苏〔复原〕剂

analgesia [ˌænælˈdʒiːzɪə] n. 痛觉丧失,止痛(法)

analgesic [ˌænælˈdʒiːsɪk], **analgetic** [ˌænælˈdʒetɪk] ❶ n. 止痛药剂 ❷ a. 止痛的,痛觉缺失的

analgesist [ˌænælˈdʒiːsɪst] n. 麻醉师

analgia [æˈnældʒɪə] n. 痛觉缺失

analogic(al) [ˌænəˈlɒdʒɪk(əl)] a. 类似的,模拟的,类推的 ‖ ~ally ad.

analogize [əˈnælədʒaɪz] v. 类推

analogous [əˈnæləgəs] a. 类似的,类比的 ☆**(be) analogous to** 与…类似的 ‖ ~ly ad.

【用法】注意由它构成的形容词短语可以修饰其后面的句子主语(或整个句子),也可以修饰其前面整个句子的内容。如: Analogous to the eyelid, the camera shutter opens for a predetermined length of time to allow light to enter through the lens and expose the film. 照相机的快门类似于眼睑,它开启预定的一段时间,让光线进入镜头而使胶片曝光。 /The output voltage clearly goes through a minimum at ω=ω₀, very analogous to the situation in series resonance. 当 ω=ω₀ 时,输出电压显然通过最小值,这与串联谐振的情况非常相似。

analog(ue) [ˈænəlɒg] n. ①类似(物),类比 ②模拟(量,信息,设备,系统) ③相对应的人,对手 【用法】analog 在科技文中往往表示"一种模拟物"。如: This circuit represents an electrical analog of the thermal system of Fig.1-3. 这个电路表示了图 1-3(所示) 的热系统的一种电气模拟。/A simple thermal analog of Ohm's law. 热问题可以容易地用欧姆定律的一种简单热模拟来处理。

analogy [əˈnælədʒɪ] n. ①类似,相似(性) ②模拟,类推,【数】等比 ③同功(器官);后加演化 ☆**the (an)analogy between A and B** A 和 B 之间的相似(性); **the (an) analogy of A to (with) B** A 和 B 类似; **bear (have,show,make)an analogy to (with) A** 与 A 类似(作类比); **by analogy** 同样,用类推法; **by analogy with (to) A** 根据 A 类推; **in a rough analogy** 大致类似地; **on the analogy of A** 从 A 类推

【用法】这里对这个词的通常用法举一些例子。An analogy between the nervous system of the body and a telephone exchange is drawn here. 这里把人体神经系统和电话交换台作了类比。/There is a fairly good analogy between the two. 这两者非常相似。/The analogy between translational and rotational quantities is displayed in Table9-2. 在表 9-2 中显示了平动量和转动量之间的类比。/Fig.2 shows the analogy of radio waves to (with) water waves. 图 2 显示了无线电波与水波的类比(相似)情况。/No analogy exists between these two. 这两者之间毫无相似之处。/Noise having equal power density at all frequencies is called white noise, by analogy to white light. 根据白光类推,人们把在所有频率上均具有相等功率密度的噪声称为白噪声。/An analogy to Ohm's law aids both understanding and memory. 模拟欧姆定律既有助于理解,也有助于记忆。

analoids [əˈnælɔɪdz] n. 试剂片

analosis [ænəˈləusɪs] n. 消耗,萎缩

analysable [ˈænəlaɪzəbl] a. 可以分析的,可解析的

analysis [əˈnæləsɪs] (pl.analyses [əˈnæləsiːz]) n. 分析(法),解析(法) ☆**in the last (final) analysis** 总之,归根到底

【用法】❶ 表示"分析一下"或"作一分析"的含义时,在 analysis 前一般要用不定冠词。如: A physical analysis of the diode shows that the current and voltage are related by the following equation. 二极管的物理分析表明,其电流和电压之间的关系由下式表示。❷ 与它搭配使用的动词一般是 make,但也可用 perform,carry out,do,give,have,undertake 等;在其后面一般跟 of,也有个别人用 on。如: An initial analysis has been made of the performance of the device in the paper. 本文对该设备的性能作了初步的分析。/It must be recognized that all signal analysis is done with a finite amount of data. 必须认识到,一切信号分析都是用有限的数据来进行的。/The small-signal analysis is carried out using Ohm's law. 小信号分析是用欧姆定律来进行的。/Now we are ready to undertake a detailed mathematical analysis of the technique. 现在我们将要对该方法进行详细的数学分析。

analysor ['ænəlaizə] n. 分析器

analyst ['ænəlist] n. 分析人员,化验员

analyte ['ænəlait] n. (被)分析物

analytic(al) [ænə'litik(əl)] a. 分析的,分解的

analytically [ænə'litikəli] ad. 分析上

analyticity [ˌænəli'tisəti] n. 分析性,解析性

analytics [ænə'litiks] n. 分析学,解析法,逻辑分析的方法

analyze ['ænəlaiz] vt. 分析,分解,解析 ☆*analyze A for B* 对 A 作 B 方面〔成分〕的分析; *analyze A into B* 把 A 分解成 B

analyzer ['ænəlaizə] n. ①分析器〔仪,镜,程序〕,解析机 ②试验器,数据分析器 ③分光镜 ④模拟装置 ⑤分析员〔者〕⑥分析程序(的程序),分析算法

anamnesis [ˌænæm'ni:sis] n. ① 回忆,回想 ② 病历,备忘录

anamnestic [ˌænæm'nestik] a. 记忆的,病历的;抗体原生的

anamorphic [ˌænə'mɔ:fik] a. 合成(变质)的

anamorphism [ˌænə'mɔ:fizəm] n. 合成〔复化〕变质

anamorphoscope [ˌænə'mɔ:fəskəup] n.【物】歪像校正镜

anamorphose [ˌænə'mɔ:fəs] n. 变形,失真;失真透镜

anamorphosis [ˌænə'mɔ:fəsis] n.①变形〔态,体〕,失真,畸形 ②渐进,生物进化

anaphase ['ænəfeis] n.【生】(细胞)分裂后期

anaphia ['ænəfiə] n.【医】触觉缺失

anaphoresis [ˌænəfə'resis] n.【化】阴离子电泳

anaphylactia [ˌænəfi'lækʃiə] n. 过敏性病,变应性病

anaphylactic [ˌænəfi'læktik] a. 过敏(性)的

anaphylactin [ˌænəfi'læktin] n. 过敏素

anaphylactoid [ˌænəfi'læktɔid] a. 类过敏性的

anaphylaxis [ˌænəfi'læksis] n.【医】过敏性

anaphysis [ə'næfisis] n. 回复

anaplastic [ˌænə'plæstik] a. 整形术的,还原成形术的

anaplasty [ˌænə'plæsti] n. (还原)成形术,整形术

anaplerosis [ˌænəplə'rəusis] n. 回补,(组织)补复

anapnograph [ə'næpnəgrɑ:f] n. 肺活量描记器

anapnometer [ænæp'nɒmitə] n. 肺量计

anarchic(al) [æ'nɑ:kik(əl)] a. 无政府主义的,反常的

anarchism ['ænəkizəm] n. 无政府主义,混乱

anarchy ['ænəki] n. 无政府状态,混乱

anarithmia [ˌænə'riθmiə] n. 计算不能

anarthria [æn'ɑ:θriə] n. 口吃,口齿不清

anarthrous [æ'nɑ:θrəs] a. 口吃的

anaseism [ˌænə'seizəm] n. 背震中

anastalsis [ˌænə'stælsis] n. 止血(作用)

anastaltic [ˌænə'stæltik] ❶ n. 止血药 ❷ a. 收敛止血的

anastasis [ə'næstəsis] n. ①恢复 ②体液逆流

anastate ['ænəsteit] n. ①恢复 ②同化产物 ③合成代谢物质〔状态〕

anastatic [ˌænə'stætik] a. ①凸字〔版〕的 ②复原用的,补偿的

anastigmat [æ'næstigmæt] n. 消像散镜组

anastigmatic [ˌænəstig'mætik] a. 消像散的,正像的

anastigmatism [ænəstig'mætizəm] n.【物】消像散性

anastole [ə'næstəli] n. 收缩

anastomose [ə'næstəməuz] v. (使)吻合,接通,交叉合流

anastomosis [əˌnæstə'məusis] (pl.anastomoses) n. 吻合,接通,网结,交叉合流

anastomotic [ˌænəstə'mɒtik] a. 吻合的,接通的

anastrophe [ə'næstrəfi] n.【语】倒装法

anastrophic [ˌænə'strɒfik] a. 反向的,可逆的

anatase [ˌænə'teiz] n.【地质】锐钛矿;菠萝蛋白酶

anatexis [ˌænə'teksis] n.【化】深熔;再熔

anation [ə'neiʃən] n. 引入阴离子作用

anatomic(al) [ˌænə'tɒmik(əl)] a. 解剖的,构造上的 ‖*-ally* ad.

anatomist [ə'nætəmist] n. 解剖学家,解剖者

anatomize, anatomise [ə'nætəmaiz] vt. 解剖,分析

anatomy [ə'nætəmi] n. 解剖(学),分解,骨骼

anatoxin [ˌænə'tɒksin] n.【化】变性毒素,减毒素

anatrophic [ˌænə'trɒfik] n.;a. 防衰剂〔的〕

anaudia [ə'nɔ:diə] n.【医】听觉缺失

anbury ['ænbəri] n.【医】软瘤,肿根

ancestor ['ænsestə] n. ①祖先 ②原始粒子

ancestral [æn'sestrəl] a. 祖先的

ancestry ['ænsestri] n. 祖先,家谱

anchor ['æŋkə] ❶ n. ①锚 ②铆钉,固定器 ③拉桩 ④支撑物 ⑤钩子 ❷ v. ①抛锚 ②锚定,拴住 ③稳定 ④【化】碇系 ☆*anchor one's hope in (on)* 把希望寄托在; *anchor A to B* 把 A 固定到 B 上; *be (lie,ride) at anchor* 停泊着; *cast (drop,let go) anchor* 抛锚; *come to (an) anchor* 停泊(靠); *weigh anchor* 起锚 〖用法〗这里举一例: An anchor point refers to the place where to secure a ship with an anchor. 抛锚点就是用锚拴住船舶的地方。

anchorage ['æŋkəridʒ] n. ①抛锚(地) ②锚具 ③锚定,拉牢 ④固定支座 ⑤【化】碇系

anchor-ground ['æŋkəgraund] n.【航海】锚地

anchorite ['æŋkərait] n. ①【地质】带状闪长岩 ②

【冶】磷酸锌铁覆层

anchorman [ˈæŋkəmæn] *n.* 现场新闻报道员,主持人

anchor-shaped [ˈæŋkəʃeɪpt] *a.* 锚形的

anchylose [ˈæŋkɪləʊz] *v.* 胶合

ancient [ˈeɪnʃənt] ❶ *a.* ①古(代)的 ②旧式的 ❷ *n.* 老人 ‖ **-ly** *ad.*

ancientry [ˈeɪʃəntrɪ] *n.* 古代,古老

ancillary [ænˈsɪlərɪ] ❶ *a.* 辅助的,附属的(to),备用的 ❷ *n.* 辅助设备,助手

ancipital [ænˈsɪpɪtl] *a.* 两头的,两边的

ancon [ˈæŋkɒn] *n.* ①肘(托),悬臂托梁 ②河(渠)弯(道)

ancona ruby [ˈæŋknəˈruːbɪ] 红水晶

anconal [ˈæŋkənəl] *a.* 肘的

anconeal [ˈæŋkəniːl] *a.* 肘的

ancylite [ˈænsɪlaɪt] *n.* **【地质】**碳酸锶铈矿

ancymidol [ˈænsɪmɪdəl] *n.* **【化】**嘧啶醇(一种农药)

ancyroid [ˈænsaɪrɔɪd] *a.* 锚状的

and [ænd,ənd] *conj.* ①和,与,(以)及,加,并且,(而)又,兼 ②(然后)就,便 ③(在句首或一段的开头)于是,那么,并且,同时 ☆**and all** 还有其它,等等; **and all that** 等等,诸如此类; **and all this** 而且, **and Co.=and company=Co.=&Co.** (某某)公司; **and/or** 和/或,与/或;**take A and/or B** 取 A 和/或 B; **and others** (以及其它)等等; **and so** 因此,从而; **and so do (they)** (他们)也是如此; **and so forth** 或 **and so on (and so forth)**或 **and the like** 或 **and the rest** 或 **and what not** 等等; **and that** 而且; **and then** 其次,然后,于是就; **and yet** 可是,然而

【用法】❶ and 作为并列连接词的含义比较多,下面对在科技文中常见的情况举例说明。①表示"和,以及"。如: These basic circuits consist of independent sources, diodes <u>and</u> resistors. 这些基本的电路是由独立源、二极管和电阻器构成的。②表示对比,意为"而"。如: Water is a liquid <u>and</u> ice is a solid. 水是液体而冰是固体。③表示结果,意为"所以,从而"。如: This current is extremely small <u>and</u> can be neglected. 这个电流极小,因而可以忽略不计。④表示进一步说明,意为"并且,而且"。如: Air has weight <u>and</u> occupies space. 空气具有重量,而且占有空间。⑤在一般现在时的情况下,go and=go to (do),come and=come to (do),try and=try to (do),go one step further and=go one step further to (do),等等。这里的 and 用来表示一种目的,意为"来…"。如: We can go one step farther and take into account the nonzero slope of the actual curves. 现在我们能够进一步来考虑一下实际曲线的非零斜率问题。/Now let us go one step further <u>and</u> differentiate the unit step function. 现在让我们进一步来微分一下该阶跃函数。/The author can't require eager people to slow down <u>and</u> read the books they ought to read. 作者不可能要求来读知欲望热切的人们放慢速度来阅读他们应该读的书。/In this section, we set down <u>and</u> illustrate some of the rules of Boolean algebra. 在这一节,我们来阐述布尔代数的某些规则。⑥"祈使句(,)+and …"(甚至一个名词短语+and)=if 条件句。如: <u>Press this button, and</u> you will start the machine. 按一下这个按钮你就可以开动这台机器了。/<u>Shine sunlight through a prism and</u> it breaks into the glorious colors of the rainbow. 如果让阳光透过三棱镜的话,它就会分解成彩虹那样绚丽的颜色。/<u>Work hard and you will succeed.</u> 如果努力干,你就能成功。/<u>A drop of oil and</u> the machine will be as new. 加滴油的话,该机器就会像新的一样。❷ 使用 and 的规则是: ①一般情况: A(,) and B; A,B(,) and C; A,B,C(,) and D;以此类推。②加强语气的情况: A and B and C; A and B and C and D;以此类推。如: Its commonest form is one for which <u>n=2 and m=1 and</u> ω=2. 其最通常的形式是 n=2,m=1,ω=2 的那种形式。/Another well-known method is due to <u>Korringa and Kohn and Rostoker.</u> 另一种众所周知的方法是由 Korringa、Kohn 和 Rostoker 给出的。❸ 注意在 between A and B 中,要能确切地确定 A 和 B。如: That satellite was used for communications between the United States <u>and</u> Great Britain, France and Italy. 那颗卫星当时用于美国分别与英国、法国和意大利之间的通信。(句中 A 是 the United States,B 是 Great Britain,France and Italy。)/The North Sea lies between Britain <u>and</u> Norway, Denmark, Germany, and the Netherlands. 北海位于英国与挪威、丹麦、德国和荷兰之间。(句中 A 是 Britain,B 是后面四个国家。)❹ "not A and B" 的含义是两个均被否定,即等于 "not (A and B)"。

AND [ænd] *n.;v.* **【计】**与(逻辑乘法) ☆**be ANDed with A** 同 A 进行逻辑乘

andalusite [ændəˈluːsaɪt] *n.* **【地质】**红柱石

andanite [ˈændənaɪt] *n.* **【地质】**硅藻土

Andes [ˈændiːz] *n.* 安第斯山(脉)

andesine [ˈændɪsaɪn] *n.* **【地质】**中长石

andesite [ˈændɪzaɪt] *n.* **【地质】**安山岩 ‖ **andesitic** *a.*

andiron [ˈændaɪən] *n.* 柴架,炭架

Andorra [ænˈdɒrə] *n.* 安道尔

andradite [ˈændrədaɪt] *n.* **【地质】**钙铁榴石

androcyte [ˈændrəsaɪt] *n.* **【生】**雄细胞

androgen [ˈændrədʒən] *n.* **【生】**雄激素

androgenesis [ˌændrədʒəˈniːsɪs] *n.* 雄核发育

androgyne [ˈændrɒdʒaɪn] *n.* 雌雄同序植物,阴阳人

androgynous [ænˈdrɒdʒɪnəs] *a.* 雌雄同体的

androlepsis [ˌændrəˈlepsɪs] *n.* 受孕

androspore [ˈændrəˈspɔː] *n.* 雄配子

androstene [ˈændrəʊstiːn] *n.* **【化】**雄(甾)烯

androstenone [ˈændrəʊˈstiːnəʊn] *n.* **【化】**雄(甾)烯酮

androsterone [ænˈdrɒstərəʊn] *n.* **【化】**雄(甾)(烯)

A

酮

anecdote ['ænɪkdəut] *n.* 轶事 ‖ **anecdotic(al)** 或 **anecdotal** *a.*

anechoic [ˌænɪ'kəuɪk] *a.* 无回声的,消声的

anelasticity ['ænɪˌlæs'tɪsətɪ] *n.* 内摩擦力,滞弹性

anelectric [ˌænɪ'lektrɪk] ❶ *a.* 不起电的,不可电解的 ❷ *n.* ①不能摩擦起电的物体 ②导体〔线〕

anelectrode [ænɪ'lektrəud] *n.* 正电极

anelectrolyte [ænɪ'lektrəulaɪt] *n.*【化】非电解质

anematize [ə'ni:mətaɪz] *vt.* 使贫血

anemia [ə'ni:mɪə] *n.* 贫血

anemic [ə'ni:mɪk] *a.* (患)贫血的,无精神的

anemium [ə'ni:mɪəm] *n.*【化】铜 Ac

anemize ['ænəmaɪz] *vt.* 致贫血

anemobarometer [ænɪməbə'rɒmɪtə] *n.* 风速风压计

anemobiagraph, anemobiograph [ænɪmə'baɪəgrɑ:f] *n.* 风速风压记录器

anemochore [ænɪmə'kɔ:] *n.* 风播植物

anemocinemograph [ænɪmə'sɪnɪməgrɑ:f] *n.* 电动风速(记录)器

anemoclinograph [ænɪmə'klaɪnəgrɑ:f] *n.* 风斜计,风速风向仪

anemoclinometer [ænɪməklɪ'nɒmɪtə] *n.* 风斜表,铅直风速表

anemodispersibility [ænɪmədɪspəsɪ'bɪlətɪ] *n.* 风力分散率

anemofication [ænɪməfɪ'keɪʃ ən] *n.* 风力化

anemogram [ə'neməgræm] *n.* 风力自记曲线,风速记录表

anemograph [ə'neməgrɑ:f] *n.* (自记)风速计,风力记录仪 ‖ **~ic** *a.*

anemography [ə'neməgrɑ:fɪ] *n.* 测风学

anemology [ænɪ'mɒlədʒɪ] *n.* 风学

anemometer [ænɪ'mɒmɪtə] *n.* 风速计

anemometric [ænɪmə'metrɪk] *a.* 测定风力的,风速表的

anemometrograph [ænɪmə'metrəgrɑ:f] *n.* 记风仪,风向风速风压记录仪

anemometry [ænɪ'mɒmɪtrɪ] *n.* 风速和风向测定法

anemophily [ænɪ'mɒfɪlɪ] *n.*【生】风媒

anemoplankton [ænɪmə'plænktən] *n.*【生】风浮生物

anemorumbometer [ænɪməurəm'bɒmɪtə] *n.* 风向风速表

anemoscope [ə'neməskəup] *n.* 风速仪

anemostart [ə'neməstɑ:t] *n.* 风动启动器

anemostat [ə'neməstæt] *n.*【物】稳流管,扩散管

anemotrophy [ænɪ'mɒtrəfɪ] *n.* 血液滋养不足

anepithymia [ænəpɪ'θɪmɪə] *n.* 食欲不振

anergy ['ænədʒɪ] *n.*【医】精力缺失,缺乏免疫性

aneroid ['ænərɔɪd] *n.;a.* ①无液气压表 ②不装水银的

aneroid-altimeter ['ænərɔɪd'æltɪmi:tə] *n.* 无液测高计

aneroidogram ['ænərɔɪdəgræm] *n.* 空盒气压曲线

aneroidograph ['ænərɔɪdəgrɑ:f] *n.* 空盒气压计

anesis [æ'ni:sɪs] *n.* 缓解

anesthesia [ˌænɪs'θi:zɪə] *n.*【医】失去知觉,麻醉法

anetic [ə'netɪk] *a.* 弛缓的,止痛的

aneuploid [ə'njuplɔɪd] *n.;a.* 非整倍体,非整倍的

aneuploidy [ə'njuplɔɪdɪ] *n.*【生】非整倍体

aneuria [ə'njurɪə] *n.*【医】精力不足,脑力衰弱

aneuric [ə'njurɪk] *a.* 精力不足的,脑力衰弱的

aneuros [ə'njuːrəs] *a.* 无力的,松弛的

anew [ə'nju:] *ad.* 重新,又

anfractuosity [ˌænfræktju'ɒsətɪ] *n.* 弯曲;脑沟

anfractuous [æn'fræktjuəs] *a.* (多)弯曲的

angeial ['ændʒəaɪəl] *a.* 血管的

angel ['eɪndʒəl] *n.* ①天使 ②假目标 ③杂散反射

anger ['æŋgə] ❶ *n.* (愤)怒,气愤 ❷ *vt.* 使生气
【用法】❶ 用作名词时,其前面用 "in"。如: He spoke in anger at the meeting. 他在会上气冲冲地发言。❷ 用作动词表示"因…而发怒"时与"by"或"at"搭配。如: He was angered by (at) her words. 他因她的言语而发怒。

angiocardiogram [ændʒɪə'kɑ:dɪəgræm] *n.* 心血管照片

angiocardiography ['ændʒɪəˌkɑ:dɪ'ɒgrəfɪ] *n.* 心血管造影记法

angiocardiopathy [ˌændʒɪəˌkɑ:dɪ'ɒpəθɪ] *n.* 心血管病

angiograph ['ændʒɪəgrɑ:f] *n.* 脉搏描记图

angiography [ˌændʒɪ'ɒgrəfɪ] *n.* 脉搏描记术

angiology [ˌændʒɪ'ɒlədʒɪ] *n.* 血管学

angiometer [ˌændʒɪ'ɒmɪtə] *n.* 脉搏计

angioneurosin [ændʒɪə'njuːrɒsɪn] *n.*【化】硝化甘油

angioplast [ændʒɪə'plæst] *n.*【生】原生质体

angioscintiphotography [ændʒɪəsɪntɪ'fəutəugrɑ:fɪ] *n.* 血管闪烁照相(术)

angiosclerosis [ændʒɪəsklə'rəusɪs] *n.* 血管硬化

angiosclerotic [ændʒɪəsklə'rɒtɪk] *a.* 血管硬化的

angiosperm ['ændʒɪəspɜ:m] *n.* 被子植物

angle ['æŋgl] ❶ *n.* ①角(度,铁,形物) ②观点,方面 ❷ *a.* 角形的,(倾)斜的 ❸ *v.* 使…形成角度,倾斜
☆**angle a camera** 对度角; **at an angle of θ to (with) A** 与 A 成 θ 角; **at right angles to (with) A** 与 A 成直角,与 A 垂直
【用法】❶ 表示"以…角度"时,在 angle 前应该用介词 at。如: The resultant of vectors at other angles is found by the parallelogram or the head-to-tail method. 处于其它角度的矢量和用平行四边形法或头尾衔接法来求得。/The gate may open at any electrical angle of the frequency being

A

measured. 该门电路可以以所测频率的任意电角度打开。/These two lines meet at an angle of 90 degrees. 这两根线相交成直角。❷ 表示"与…相交成…(角)"时一般用动词 make。如: The rope makes an angle of 35°with the vertical. 该绳与垂直线相交成 35°。/The ladder makes an angle of 53°with the horizontal. 该梯子与水平线相交成 53°。❸ 其后面可以跟 to。如: The direction of propagation is at an angle θ to the Z axis. 传播方向与 Z 轴成 θ 角。

angle-bar [ˈæŋglbɑː] n. 角铁〔钢〕
angle-bender [ˈæŋglˈbendə] n. 钢筋弯折机
angle-bulb [ˈæŋglbʌlb] n. 球缘角钢
angle-cross-ties [ˈæŋglkrɒstaɪz] n. 角钢横系杆
angle-cut [ˈæŋglkʌt] n. (接头处的)斜切
angled [ˈæŋgld] a. (有)…角的,成角度的
angle-data [ˈæŋglˈdeɪtə] n. 角度数据
angle(d)-iron [ˈæŋgl(d)ˈaɪən] n. 角铁〔钢〕
angledozer [ˈæŋgldəʊzə] n. 铲土机,侧铲推土机
angledozing [ˈæŋgldəʊzɪŋ] n. 侧铲推土
angle-gauge [ˈæŋglgeɪdʒ] n. 角规,量角器
angle-off [ˈæŋglɒf] n. 偏角,角提前量
angler [ˈæŋglə] n. 钓鱼者,沽名钓誉者
anglesite [ˈæŋglsaɪt] n.【地质】硫酸铅矿,铅矾
anglet [ˈæŋglɪt] n. 白色花边带,帽边装饰
angle-table [ˈæŋglteɪbl] n. 牛腿,托座
angleworm [ˈæŋglwɜːm] n. 蚯蚓
Anglice [ˈæŋglɪsɪ] (拉丁语) ad. 用英语
Anglicism [ˈæŋglɪsɪzəm] n. 英国习惯
anglicize [ˈæŋglɪsaɪz] vt. 译成英文
anglophone [ˈæŋgləfəʊn] n. 以英语为母语的人
Anglo-Saxon [ˈæŋgləʊˈsæksən] n.;a. 盎格鲁撒克逊人〔的〕
Angola [æŋˈgəʊlə] n. 安哥拉
angor [ˈæŋgɔː] n. 绞痛,极度痛苦
angrily [ˈæŋgrɪlɪ] ad. 愤怒地
angry [ˈæŋgrɪ] a. 愤怒的,生气的 ☆**be (get)angry at (about)** 因…而发怒〔生气〕; **be (get) angry with A (for B)** 生 A 的气(因为做了 B) 〖用法〗❶ 一般来说,表示"对…生气"时用"angry with+人"(偶尔也可用 at),"angry at (about,over) +事物"。❷ "angry+that 从句"表示"因…而生气"。❸ "angry+动词不定式"表示"由…而生气"。
angstrom [ˈæŋstrəm], **Angstromunit** [ˈæŋstrəm-juːnɪt] n. 埃
anguality [æŋgjʊˈælətɪ] n. (骨料的)积角度
anguclast [ˈæŋgjuklæst] n. 角碎屑
anguine [ˈæŋgwɪn] a. (像)蛇的
anguish [ˈæŋgwɪʃ] ❶ n. (极度)苦痛 ❷ v. (使)感到极度痛苦 ☆**be in anguish** 感到痛苦 ‖ **~ed** a.
angular [ˈæŋgjʊlə] a. 角(状)的,(有)角度的,斜(角,面)的,尖锐的
angularity [ˌæŋgjʊˈlærətɪ] n. 尖,棱角,斜度,曲率

angulate [ˈæŋgjʊleɪt] ❶ a. 有角的 ❷ v. (使)成角形 ‖ **~ly** ad.
angulation [ˌæŋgjʊˈleɪʃən] n. ①(形成)角度 ②扭曲,转动
angulator [ˈæŋgjʊleɪtə] n. 角投影器,变角器〔仪〕
angulometer [æŋgjʊˈlɒmɪtə] n. 测角器,量角仪
angulus [ˈæŋgjʊləs] (pl.anguli) n. 角
anhaphia [ænˈheɪfɪə] n. 触觉缺失
anharmonic [ænhɑːˈmɒnɪk] a. 非调和的,非谐振的
anharmonicity [ˌænˌhɑːməˈnɪsətɪ] n.【物】非简谐性
anharmonism [ænˈhɑːmənɪzəm] n.【物】非谐振
anhedral [ænˈhiːdrəl] ❶ n. (机翼的,水平安定面的)正上反角 ❷ a. 下反角的,劣〔地〕形的
anhedron [ænˈhiːdrɒn] n. 劣形晶
anhelation [ˌænhəˈleɪʃən] n. 气促
anhelous [ænˈhiːləs] a. 气促的
anhemolytic [ˌænhiːˈmɒlɪtɪk] a. 不溶血的
anhidrosis [ˌænhaɪˈdrəʊsɪs] n. 无汗(症)
anhidrotic [ˌænhaɪˈdrɒtɪk] a.;n. 止汗的,止汗药
anhydrase [ænˈhaɪdreɪz] n.【化】脱水酶
anhydration [ˌænhaɪˈdreɪʃən] n. 干化
anhydride [ænˈhaɪdraɪd] n. (酸)酐,脱水物
anhydridisation, **anhydridization** [ænhaɪ-drɪdaɪˈzeɪʃən] n. 酐化作用
anhydrite [ænˈhaɪdraɪt] n.【地质】硬石膏,硫酸钙矿
anhydrobiosis [ænˌhaɪdrəʊˈbaɪəsɪs] n. 低湿休眠
anhydroglucose [ænˌhaɪdrəˈgluːkəʊs] n.【化】葡萄酐
anhydrone [ˈænhaɪdrəʊn] n.【化】无水高氯酸镁
anhydrous [ænˈhaɪdrəs] a. 无水的
anhydrovitamin [ænhaɪdrəˈvɪtəmɪn] n.【化】脱水维生素
anhypnosis [ænhɪpˈnəʊsɪs] n. 失眠症
anhysteresis [ænˌhɪstəˈriːsɪs] n.【通信】无磁滞
anhysteretic [ænˌhɪstəˈretɪk] a.;n. 无磁滞(的),非滞后(的)
aniconia [ænɪˈkɒnɪə] n.【物】无映像
anicut [ˈænɪkʌt] n. (灌溉)小坝,堰
anidous [ˈænɪdəs] a. 无体形的
anil [ˈænɪl] n. 靛蓝,缩苯胺,木兰
anilide [ˈænɪlaɪd] n.【化】酰替苯胺
aniline [ˈænɪliːn] ❶ n.【化】苯胺,阿尼林,靛青(油) ❷ a. 苯胺的
anilite [ˈænɪlaɪt] n.【化】液态无二氧化氮汽油炸药
anilonium [ænɪˈləʊnɪəm] n.【化】苯胺
anils [ˈænɪlz] n.【化】缩苯胺,苯胺衍生物
anima [ˈænɪmə] n. ①生命,灵魂,精华 ②精神 ③药物之有效成分
animadversion [ˌænɪmædˈvɜːʃən] n. 批评,责备(on)
animadvert [ˌænɪmædˈvɜːt] v. 批评,指责(on)

A

animal ['ænɪməl] *n.;a.* 动物(的),野兽(的)

animalcule [,ænɪ'mælkjuːl] *n.* 微型动物

animal-drawn ['ænɪməldrɔːn] *a.* 鲁力拖曳的

animality [ænɪ'mælɪtɪ] *n.* ①动物界 ②兽性,动物性

animalize ['ænɪməlaɪz] *vt.* (使纤维)动物〔羊毛〕化 ‖ **animalization** *n.*

animate ❶ ['ænɪmeɪt] *vt.* 使有生气,赋予生命,鼓舞 ❷ ['ænɪmɪt] *a.* 有生命的,生气勃勃的

animation [ænɪ'meɪʃən] *n.* ①生气,活泼 ②假动作,特技,动画片(制作) ☆**with animation** 生动地

animator ['ænɪmeɪtə] *n.* 鼓舞者,动画片绘制者

animikite [ə'nɪmɪkaɪt] *n.*【地质】铅银砷镍矿

animism ['ænɪmɪzəm] *n.*【哲】万物有灵论

animosity [,ænɪ'mɒsətɪ] *n.* 仇恨,敌意(against, towards)

animus ['ænɪməs] *n.* ①仇恨,敌意(against) ②意向 ③基本态度,主导精神

anion ['ænaɪən] *n.* 阴离子

anionic [,ænɪ'ɒnɪk] *a.;n.* 阴离子的,阴离子型

anionite ['ænɪənaɪt] *n.* 阴离子交换剂

anionoid ['ænɪənɔɪd] ❶ *a.* 阴离子的 ❷ *n.* 类阴离子

anionotropy [ænaɪə'nɒtrəpɪ] *n.*【化】阴离子移变 阴离子交换位置的互变现象,向阴离子性

anisaldehyde [ænɪ'seldəhaɪd] *n.*【化】茴香醛,甲氧(基)苯甲醛

anisallobar [ænɪ'sæləbɑː] *n.* 非增等压线

aniscamphor [ænɪ'skæmfə] *n.*【化】茴香樟脑

aniseikon ['ænaɪsaɪkɒn] *n.* 侦视光电装置,电子照相仪〔显微仪〕,目标移动电子显示器

anisobaric [ænaɪsəʊ'bærɪk] *a.* 不等压的

anisoelastic [ænaɪsəʊɪ'læstɪk] *a.* 非等弹性的

anisoelasticity [ænaɪsəʊɪlæs'tɪsətɪ] *n.*【物】非等弹性,非各向弹性

anisogamate [,ænaɪ'səʊgəmeɪt] *n.*【生】异型配子

anisogamy [,ænaɪ'sɒgəmɪ] *n.*【生】异配生殖,配子异型

anisol ['ænɪsəʊl] *n.*【化】苯甲醚,茴香醚,甲氧基苯

anisomeric [æn,aɪsəʊ'merɪk] *a.* 非(同质)异构的

anisometer [ænaɪ'sɒmɪtə] *n.* 各向异性测量仪

anisometric [æn,aɪsəʊ'metrɪk] *a.* 非(不)等轴的,不等容〔角,周〕的

anisopia [ænaɪ'səʊpɪə] *n.* 两眼视力不等

anisospore [,ænaɪsə'spɔː] *n.*【生】异型孢子

anisothermal [,ænaɪsə'θɜːməl] *a.* 非等温的

anisotonic [,ænaɪsə'tɒnɪk] *a.* 非等渗的,张力与强度不等的

anisotropic [,ænaɪsəʊ'trɒpɪk] *a.* 各向异性的,重折光性的

anisotropically [,ænaɪsəʊ'trɒpɪklɪ] *ad.* 非均质地,各向异性地

anisotropic-orthotropic [,ænaɪsəʊ'trɒpɔːθəʊ'trɒpɪk] *a.* 正交各向异性的

anisotropisation [,ænaɪsəʊtrɒpɪ'zeɪʃən] *n.* 各向异性化作用

anisotropism [,ænaɪsəʊ'trɒpɪzəm] *n.* 各向异性,非均质性

anisotropy [,ænaɪ'sɒtrəpɪ] *n.* 各向异性(现象),非均质性(现象)

Ankara ['æŋkərə] *n.* 安卡拉(土耳其首都)

ankerite ['æŋkəraɪt] *n.*【地质】铁白云石岩

ankle ['æŋkl] *n.* 踝(关节)

ankylose ['æŋkɪləʊs] *vt.* 使张合,使僵硬

ankylosis ['æŋkɪləʊsɪs] *n.* 关节强直

annabergite ['ænəbsːgaɪt] *n.*【化】镍华

annalistic [,ænə'lɪstɪk] *a.* 编年史的,年表的

annals ['ænlz] *n.* 编年史,记事,年鉴,(学会)年刊

anneal [ə'niːl] *v.;n.* (使)退火,使坚韧,逐渐冷却

annealed [ə'niːld] *a.* 退火的,韧化的,煅过的

annealer [ə'niːlə] *n.* 退火炉,退火工

annealing [ə'niːlɪŋ] *n.* (低温)退火,煅烧,加热缓冷

annectent [ə'nektənt] *a.* 连接的

annelid ['ænəlɪd] *n.* 环节动物

annerodite ['ænərəʊdaɪt] *n.*【地质】铌钇钟矿

annex ❶ [ə'neks] *vt.* 附加,并吞(to) ❷ ['æneks] *n.* 附加物,增建部分,边〔群〕房

annexa [ə'neksə] *n.* 附器,附件

annexal [ə'neksəl] *a.* 附件的

annexation [,ænek'seɪʃən] *n.* 附加(物),并吞

annexment [ə'neksmənt] *n.* 附加物,并吞

annicut ['ænɪkʌt] *n.* (灌溉)小坝,堰

annihilate [ə'naɪəleɪt] *vt.* 消灭,使(一核粒子及一反粒子)湮没,消除

annihilation [ə,naɪə'leɪʃən] *n.* ①消灭 ②相消,熄火 ③湮灭

annihilator [ə'naɪəleɪtə] *n.*【数】消去者,湮没算符 ②吸收〔减震,灭火〕器 ③歼灭者

anniversary [ænɪ'vɜːsərɪ] ❶ *n.* 周年纪念(日) ❷ *a.* 周年(纪念)的

Anno Domini ['ænəʊ 'dɒmɪnaɪ] (拉丁语)公元

annotate ['ænəʊteɪt] *vt.* 给…作注解

annotation [ænəʊ'teɪʃən] *n.* 注解(on)

annotator ['ænəʊteɪtə] *n.* 注解者

announce [ə'naʊns] *vt.;n.* 宣布,发表,广播,通报

announcement [ə'naʊnsmənt] *n.* ①宣布,通知 ②广播

announcer [ə'naʊnsə] *n.* 广播员,报幕员,长途电话叫号员

announcerbooth [ə'naʊnsəbuːθ] *n.* 广播室

announciator [ə'naʊnsɪeɪtə] *n.* 报警器,信号器

annoy [ə'nɔɪ] *vt.* 使…烦恼,打扰 ☆**be annoyed (with...) for (at)** (对…)为…而生气

annoyance [ə'nɔɪəns] *n.* 烦恼,骚扰,可厌的东西 ☆**put (one) to annoyance** 使(人)受骚扰,打扰; **to one's annoyance** 使某人为难〔烦恼〕的是

annual ['ænjʊəl] ❶ *a.* 每年的,年(度)的 ❷ *n.* ①年报〔鉴〕,年金 ②一年生植物

annually [ˈænjʊəlɪ] *ad.* 每年
annuity [əˈnjuːɪtɪ] *n.* 年金,养老金
annul [əˈnʌl] (annulled;annulling) *vt.* 取消,宣布无效
annular [ˈænjʊlə] *a.* 环(形)的,轮状的 ‖ ~ly *ad.*
annulate(d) [ˈænjʊleɪt(ɪd)] *a.* 有环纹的,用环组成的
annulation [,ænjʊˈleɪʃən] *n.* 环(形)带,(的形成)
annule [ˈænjuːl] *n.* 环带
annulene [ˈænjuliːn] *n.* 【化】轮烯
annulet [ˈænjʊlɪt] *n.* 小环〔轮〕,轮缘,环状平缘,圆籀线
annuli [ˈænjʊlaɪ] annulus 的复数
annulment [əˈnʌlmənt] *n.* 取消
annuloid [ˈænjʊlɔɪd] *a.* 环状的
annulose [ˈænjʊləʊs] *a.* 有环的,有环节的
annulo-spiral [ˈænjʊləˈspaɪrəl] *a.* 环状螺旋的
annulus [ˈænjʊləs] (pl.annuli 或 annuluses) *n.* 环带物,环形套筒,环状空间〔裂缝,孔道,面〕,内齿轮,【数】圆(环域),【天】环食带
annum [ˈænəm] (拉丁语) *n.* 年
annunciate [əˈnʌnsɪeɪt] *vt.* 告示
annunciation [ənʌnsɪˈeɪʃən] *n.* 布告,通知
annunciator [əˈnʌnsɪeɪtə] *n.* 报警器,信号装置,回转号码机,通告者
anocelia [ænəˈsiːlɪə] *n.* 胸(腔)
anodal [æˈnəʊdl] *a.* 阳极的
anode [ˈænəʊd] *n.* 阳极
anodic [æˈnɒdɪk] *a.* 阳极的
anodization [ænədaɪˈzeɪʃən] *n.* 阳极(氧)化(电镀,处理)
anodize [ˈænədaɪz] *v.* 阳极(氧)化〔电镀,处理〕
anodized [ˈænədaɪzd] *a.;n.* 阳极(氧)化的
anodizing [ˈænədaɪzɪŋ] *n.* 阳极(氧)化〔处理〕,阳极透明氧化被膜法
anodmia [æˈnɒdmɪə] *n.* 嗅觉缺换
anodyne [ˈænədaɪn] *n.;a.* 止痛药〔的〕
anodynia [ænəˈdɪnɪə] *n.* 痛觉缺失
anodynon [ænəˈdɪnən] *n.* 氯乙烷
anoesia [ænəˈiːzɪə] *n.* 智力缺失,白痴
anoetic [ænəˈetɪk] *a.* 智力缺失的,无理解力的
anogene [ˈænədʒiːn] *a.* 下源的
anoia [əˈnɔɪə] *n.* 精神错乱,智力缺乏
anoint [əˈnɔɪnt] ❶ *n.* 涂油膏 ❷ *vt.* 搽油
anolyte [ˈænəlaɪt] *n.* 阳极(电解)液
anomalistic(al) [ə,nɒməˈlɪstɪk(əl)] *a.* 异常的,不规则的,例外的,【天】近点的
anomaloscope [əˈnɒmələskəʊp] *n.* 色盲镜
anomalous [əˈnɒmələs] *a.* 反常的,不规则的,特殊的,【气】距平的 ‖ ~ly *ad.*
anomaly [əˈnɒməlɪ] *n.* ①不规则,反常 ②变态,畸形变 ③【天】近点角,近点距离
anomer [əˈnəʊmə] *n.* 异头物
anomerization [ænəməraɪˈzeɪʃən] *n.* 正位异构化

anomers [ˈænəməs] *n.* 正位(差向)异构体
anomite [ˈænəmaɪt] *n.* 【地质】褐云母
anomorphic [ænəˈmɔːfɪk] *a.* 岩粒流动变质的
anon [əˈnɒn] *ad.* 不久(以后),立即 ☆**and anon** 时或; **ever and anon** 时时,不时地
anone [əˈnəʊn] *n.* 【化】环己醇
anonizing [ænənaɪzɪŋ] *n.* 【化】阳极透明氧化被膜法
anonym [ˈænənɪm] *n.* 无名(氏),匿名(者)
anonymity [ænəˈnɪmətɪ] *n.* 无名(者)
anonymous [əˈnɒnɪməs] *a.* 无名的 ‖ ~ly *ad.* ~ness *n.*
anopheles [əˈnɒfəliːz] *n.* 疟蚊
anophelicide [əˈnɒfelɪsaɪd] *a.;n.* 杀蚊的,杀蚊药
anophelifuge [əˈnɒfelɪfjuːdʒ] *a.;n.* 驱蚊的,驱蚊剂
anopheline [əˈnɒfɪlaɪn] *a.;n.* 灭蚊的,灭蚊剂
anopia [æˈnəʊpɪə] *n.* 视力消失,上斜眼
anopisthograph [,ænəˈpɪsθəɡrɑːf] *n.* 单面印刷品
anorak [ˈɑːnərɑːk] *n.* 带风帽的厚夹克;皮猴;防水布〔衣〕
anorectic [,ænəˈrektɪk] *a.;n.* 食欲缺乏的,减食欲物质
anoretic [,ænəˈretɪk] *a.;n.* 厌食的,食欲缺乏的,减食欲剂
anorexia [,ænəˈreksɪə] *n.* 食欲不振,厌食
anorexic [ænəˈreksɪk] ❶ *a.* 厌食的 ❷ *n.* 减食欲剂
anorganic [ənɔːˈɡænɪk] *a.* 无机的
anorganotrophic [ænɔːɡənəˈtrɒfɪk] *a.* 非有机营养的
anormal [əˈnɔːməl] *a.* 反常的,异常的
anormaly [əˈnɔːməlɪ] *n.* 反常,异常
anorogenic [ænɒrəˈdʒenɪk] *a.* 非造山的
anorthic [æˈnɔːθɪk] *a.* (晶体)三斜的
anorthite [əˈnɔːθaɪt] *n.* 【地质】钙长石
anorthosis [æˈnɔːθəsɪs] *n.* 直立不能
anorthosite [æˈnɔːθəsaɪt] *n.* 【地质】斜长岩
anorthospiral [əˈnɔːθəspaɪrəl] *a.* 平行螺旋
anosia [æˈnəʊsɪə] *n.* 健壮,健康
anosis [æˈnəʊsɪs] *n.* 无病,健康
anosmatic [,ænɒsˈmætɪk] *a.* 嗅觉缺失的
anosmia [æˈnɒzmɪə] *n.* 嗅觉缺失
anosmic [æˈnɒzmɪk] *a.* 嗅觉缺失
anosphrasia [,ænɒsˈfreɪzɪə] *n.* 嗅觉缺失
another [əˈnʌðə] ❶ *a.* 另的,另一,再 ❷ *pron.* 另一个 ☆**another day** 他日; **another thing** 另一回事; **(in) one way or another** 用种种方法;不管怎样; **one after another** 一个接着一个; **one another** 相互(地); **to put it another way** 换句话说; **quite another** 完全不同的
anotron [ˈænətrɒn] *n.* 【物】辉光放电管,冷阴极充气整流管
anox(a)emia [ænɒkˈsiːmɪə] *n.* 缺氧血症

anoxia [æ'nɒksɪə] *n.* 缺氧症
anoxiate [æ'nɒksɪeɪt] *vt.* 使缺氧
anoxic [æ'nɒksɪk] *a.* 缺氧(症)的
anoxybiosis [æ,nɒksəbaɪ'əusɪs] *n.* 缺〔厌〕氧生活
anoxybiotic [æ,nɒksɪbaɪ'ɒtɪk] *a.* 绝〔厌〕氧的
anoxyscope [æ'nɒksɪskəup] *n.* 需氧器
ansate ['ænseɪt] *a.* 有柄的,环状的
ansilite ['ænsɪlaɪt] *n.*【地质】锥锶铈矿
answer ['ɑːnsə] ❶ *n.* 答(案),回〔应〕答,解(答) ❷ *v.* ①回〔解,应〕答,答复 ②适用〔应〕,与…相符(to)
〖用法〗当它意为"解答,答案"时,一般后跟介词"to"(但也有人用"for")。如: A man may suddenly find answers to a problem without working out the details. 一个人可能没有仔细地研究详情而突然发现了一个问题的解决方案。/The answer to the question is that it depends on the user requirement and the user application. 该问题的答案是它取决于用户要求和用户应用。/Why the earth is magnetized all is a question the answer to which is not yet known. 为什么整个地球被磁化了是一个其答案仍然未知的问题。
answerable ['ɑːnsərəbl] *a.* 可回答〔答复〕的
an't [ɑːnt] = ①am not ②are not
antacid ['æntæsɪd] *n.;a.* 解酸药〔的〕,防酸剂〔的〕,中和酸的
Antaciron [æn'tæsɪrɒn] *n.* 硅铁合金
antagonism [æn'tægənɪzəm] *n.* ①对抗 ②反协同(效应) ③消效作用 ☆*antagonism against (to)* 对…的敌视,和…的对抗; *be in antagonism to* 同…对抗,反对; *come (be brought) into antagonism with* 同…对抗起来
antagonist [æn'tægənɪst] *n.* ①对抗物,对抗者,对手 ②对抗剂
antagonistic(al) [æn,tægə'nɪstɪk(əl)] *a.* 对抗(性)的,对立的,相反的,不相容的 ‖ ~ally *ad.*
antagonize, antagonise [æn'tægənaɪz] *v.* ①使对抗 ②(与…)中和,对…起反作用
antalgesic [æntæl'dʒesɪk] *a.;n.* 止痛的,止痛药
antalgic [æn'tældʒɪk] *a.;n.* 止痛的,止痛药
antalgica [æn'tældʒɪkə] *n.* 止痛药
antalkali [æn'tælkəlaɪ] *n.* 解碱药,抗碱剂
antalkaline [æn'tælkəlaɪn] *n.;a.* 解碱药〔的〕,抗碱剂〔的〕
antamokite [æn'tæməkaɪt] *n.* 碲金银矿
ant-apex [ænt'eɪpeks] *n.*【测绘】背点,【天】奔离点
antarctic [æn'tɑːktɪk] *n.;a.* 南极(区,圈,的),南极地带(的)
Antarctica [ænt'ɑːktɪkə] *n.* 南极洲,南极地带
antasthenic [æntæz'θenɪk] ❶ *a.* 恢复体力的 ❷ *n.* 强壮剂
ante-bellum ['æntɪ'beləm] *a.* 战前的
antebrachial [æntɪ'breɪʃəl] *a.* 前臂的

antecede [,æntɪ'siːd] *vt.* 先(行),在…之前
antecedence [,æntɪ'siːdəns], **antecedency** [æntɪ'siːdənsɪ] *n.* 在前,占先,【天】逆行
antecedent [æntɪ'siːdənt] ❶ *n.*【数】(比例)前项,前件;先行词,(pl.)履历 ❷ *a.* 前述的,起初的,先成〔行〕的,在…之前的(to)
antecedently [,æntɪ'siːdəntlɪ] *ad.* 在前
antecessor [,æntɪ'sesə] *n.* 先行者
antechamber ['æntɪtʃeɪmbə] *n.* ①前厅 ②预燃室 ③沉淀室
anteconsequent [æntɪ'kɒnsɪkwənt] *a.* 顺向先成的
antecourt ['æntɪkɔːt] *n.* 前庭
antecurvature [æntɪ'kɜːvətʃə] *n.* 前弯,轻度前屈
antedate ['æntɪdeɪt] ❶ *vt.* ①使提前发生 ②发生时间在…之前 ③预料 ④在…上写上比实际日期早的日期 ❷ *n.* 比实际早的日期
antediluvial [æntɪ'dɪluːvɪəl] *a.* 前洪积世
antediluvian [æntɪ'dɪluːvɪən] *n.;a.* 前洪积世(的)
antedisplacement [æntɪdɪs'pleɪsmənt] *n.* 向前变位,前移
anteflexion [,æntɪ'flekʃən] *n.* 前屈
antegrade ['æntɪgreɪd] *a.* 前进的,顺行的
anteklise [æn'teklaɪs] *n.* 台拱
antelocation [,æntɪləu'keɪʃən] *n.* 前置,向前变位
antemeridian [æntɪmə'rɪdɪən] *a.* 午前的
ante meridiem ['æntɪ mə'rɪdɪem] (拉丁语)午前
antemetic [æntɪ'metɪk] ❶ *a.* 止吐的 ❷ *n.* 止吐剂
ante mortem ['æntɪ 'mɔːtəm] *a.* (临)死前的
antenatal [æntɪ'neɪtl] *a.* 产前的
antenna [æn'tenə] *n.* ① 天线 ② (pl.antennae)触角〔须,毛〕
antennafier [æn'tenəfaɪə] *n.* 天线放大器
antennaverter [æn'tenɜːtə] *n.* 天线变频器
antepenult ['æntɪpɪ'nʌlt] *n.;a.* 倒数第三(的)
antepenultimate [æntɪpɪ'nʌltɪmeɪt] *a.;n.* 倒数第三个的(东西)
antiporch [æntɪ'pɔːtʃ] *n.* 外门廊
anteport ['æntɪpɔːt] *n.* 外门〔槛〕
anteposition [æntɪpə'zɪʃən] *n.* 前位
anteprandial [æntɪ'prændɪəl] *a.* 饭前的
ante prandium ['æntɪ 'prændɪəm] (拉丁语)午餐前,上午
antepyretic [æntɪpɪ'retɪk] *a.* 发热前的
anteresis [æntɪ'resɪs] *n.* 抵抗
anterethic [æntɪ're0ɪk] *a.* 减轻刺激的,缓和性的
antergia [æn'tɜːdʒɪə] *n.* 对抗作用
antergic [æn'tɜːdʒɪk] *a.* 对抗的
antergy ['æntədʒɪ] *n.* 对抗作用
anterior [æn'tɪərɪə] *a.* 以前的,(时间,位置)在…之前的,先于的(to)
anteriority [æn,tɪərɪ'ɒrətɪ] *n.* 在前面
anteriorly [æn'tɪərɪəlɪ] *ad.* 在以前,在前面

anterolateral [ˌæntɪrəʊˈlætərəl] *a.* 前外侧的
anteromedian [æntɪərəʊˈmiːdɪən] *a.* 前正中的
anteroom [ˈæntɪrʊm] *n.* 前厅,回笼间
antetype [ˈæntɪtaɪp] *n.* 前〔原〕型
anteversion [ˌæntɪˈvɜːʃən] *n.* 前倾
anteverted [ˈæntɪvɜːtɪd] *a* 前倾的
antexed [ˈæntekst] *a.* 前屈的
antexion [ænˈtekʃən] *n.* 前屈
anthelion [ænˈθiːlɪən] *n.*【气】幻〔反〕日
anthem [ˈænθəm] *n.* 颂歌
anthema [ˈænθɪmə] *n.* 疹
anther [ˈænθə] *n.* 花药
anthesis [ænˈθiːsɪs] *n.* 开花(期)
anthigenic [ænθɪˈdʒenɪk] *a.* 自生的
anthoinite [ænˈθɔɪnaɪt] *n.*【地质】水钨铝矿
anthologise, anthologize [ænˈθɒlədʒaɪz] *v.* 编纂(⋯的)选集
anthology [ænˈθɒlədʒɪ] *n.* 文选,诗集
anthophyllite [ænθəˈfɪlaɪt] *n.*【地质】直闪石
anthotaxy [ˈænθətæksɪ] *n.* 花列,花序列
anthoxanthin [ˌænθəˈzænθɪn] *n.*【化】黄酮,花黄色素
anthozoa [ˌænθəˈzəʊə] *n.* 珊瑚类
anthracene [ˈænθrəsiːn] *n.*【化】(闪烁晶体)蒽,并三苯
anthraciny [ænˈθræsɪnɪ] *n.*【化】蒽化作用
anthracia [ænˈθreɪʃɪə] *n.* 痈
anthracite [ˈænθrəsaɪt] *n.* 无烟煤
anthracitic [ˌænθrəˈsɪtɪk], **anthracitous** [ˈænθrəsaɪtəs] *a.* 无烟煤(似,质)的
anthracoma [ˌænθrəˈkəʊmə] *n.* 痈
anthracometer [ˌænθrəˈkɒmɪtə] *n.* 二氧化碳计
anthraconite [ˈænθrəkənaɪt] *n.*【地质】(黑)沥青灰岩,黑方解石
anthracosis [ˌænθrəˈkəʊsɪs] *n.* 硅肺病
anthrafilt [ˈænθrəfɪlt] *n.* 过滤用无烟煤
anthrafine [ˈænθrəfaɪn] *n.* 无烟煤末
anthramine [ˈænθrəmaɪn] *n.*【化】蒽胺
anthranol [ˈænθrənəl] *n.*【化】蒽酚
anthranone [ˈænθrənəʊn] *n.*【化】蒽酮
anthranylamine [ˈænθrənɪlˈæmiːn] *n.*【化】蒽胺
anthraquinone [ænθrəkwɪˈnəʊn] *n.*【化】蒽醌,烟华石
anthrax [ˈænθræks] (pl.anthraces) *n.* ①疽,炭疽热 ②古宝石
anthraxolite [ænˈθræksəlaɪt] *n.*【化】碳沥青
anthraxylon [ænˈθræksɪlɒn] *n.*【化】镜煤,纯木煤
anthrene [ˈænθriːn] *n.*【化】蒽烯
anthrocometer [ˌænθrəˈkɒmɪtə] *n.* 二氧化碳计
anthrol [ˈænθrəl] *n.*【化】蒽酚
anthrone [ˈænθrəʊn] *n.*【化】蒽酮
anthropic [ænˈθrɒpɪk] *a.* 耕作表层的,人为(表层)的
anthropocentrism [ænθrəpəʊˈsentrɪzəm] *n.* 人类中心说

Anthropogene [ˌænθrəˈpɒdʒiːn] *n.* 人类纪,第四纪
anthropogenesis [ænθrəpəʊˈdʒenɪsɪs] *n.* 人类发生〔起源,进化〕
anthropogenic [æθrəpəʊˈdʒenɪk] *a.* ①人为的 ②人类活动〔发生,起源,进化〕的
anthropogeny [ˌænθrəˈpɒdʒɪnɪ] *n.* 人类发生〔起源,进化〕
anthropography [ˌænθrəˈpɒgrəfɪ] *n.* 人类分布学,人种志
anthropoid [ˈænθrəpɔɪd] *a.;n.* 似人(类)的,类人猿
anthropologist [ˌænθrəˈpɒlədʒɪst] *n.* 人类学家
anthropology [ˌænθrəˈpɒlədʒɪ] *n.* 人类学 ‖ **anthropologic(al)** *a.*
anthropometry [ˌænθrəˈpɒmɪtrɪ] *n.* 人体测量学〔术〕
anthropomorphic [ænθrəpəʊˈmɔːfɪk] *a.* 拟人的,类人的
anthropomorphism [ænθrəpəʊˈmɔːfɪzəm] *n.* 拟人论,人格化
anthroponomy [ˌænθrəˈpɒnəmɪ] *n.* 人体进化论〔学〕
anthroposomatology [ænθrəpəʊsəməˈtɒlədʒɪ] *n.* 人体学
anthroposophy [ˌænθrəˈpɒsəfɪ] *n.* 人性论,人智论
anthropotomy [ˌænθrəˈpɒtəmɪ] *n.* 人体解剖(学)
anthryl [ˈænθrɪl] *n.*【化】蒽基
anthrylene [ˈænθrɪliːn] *n.*【化】亚蒽基,蒽烯基
anti-abrasive [ˈæntɪəˈbreɪsɪv] *a.* 耐磨损的
anti-acid [ˈæntɪˈæsɪd] ❶ *a.* 抗酸的 ❷ *n.* 抗〔耐〕酸剂
anti-acidic [ˈæntɪˈæsɪdɪk] *a.* 抗酸的
anti-actinic [ˈæntɪækˈtɪnɪk] *a.* 隔热的
anti-activator [ˈæntɪˈæktɪveɪtə] *n.*【化】阻活剂
anti-aeration [ˈæntɪeəˈreɪʃən] *n.*【化】阻气
antiaerial [ˌæntɪˈeərɪəl] *a.* 防空的
antiager [ˌæntɪˈeɪdʒə] *n.* 防〔抗〕老化剂
antiaging [ˈæntɪˈeɪdʒɪŋ] *a.;n.* 防老化(的)
antiair [ˈæntɪeə] *n.;a.* 防空(的)
antiairborne [ˈæntɪeəbɔːn] *a.* 反空降的
antiaircraft [ˈæntɪˈeəkrɑːft] ❶ *a.* 防空的,高射(炮)的 ❷ *n.* 高射兵器
antialexine [ˌæntɪəˈleksiːn] *n.* 抗补体
antiallergic [ˌæntɪəˈlɜːdʒɪk] *a.* 抗变应性的,抗过敏性的
anti-anemia [ˈæntɪəˈniːmɪə] *a.;n.* 抗贫血的,补血的
antianemic [ˈæntɪəˈniːmɪk] *a.;n.* 抗贫血的,补血的〔药〕
antiantibody [ˈæntɪˈæntɪbədɪ] *n.* 抗抗体
anti-antimissile [ˈæntɪˈæntɪmɪsaɪl] *n.* 反反导弹的导弹

A

antiantitoxin [ˌæntɪˌæntɪˈtɒksɪn] *n.* 【化】抗抗毒素

antiatom [ˈæntɪˌætəm] *n.* 防原子

antiattrition [ˈæntɪəˈtrɪʃ ən] *n.* 减少磨损

anti-automorphism [ˈæntɪɔːtəˈmɔːfɪzəm] *n.* 反自同构

antiaveraging [æntɪˈævərɪdʒɪŋ] *n.;a.* 消平均(的)

anti-backlash [ˈæntɪˈbæklæʃ] ❶ *a.* 消隙的,防止齿隙游移的 ❷ *n.* 反回差

antibacterial [æntɪbækˈtɪərɪəl] *a.;n.* 抗菌的,抗菌药物

antiballistic [ˈæntɪbəˈlɪstɪk] *a.* 反弹道的

antibaric [æntɪˈbærɪk] *a.* 反压的

antibarreling [æntɪˈbærəlɪŋ] *n.* 反桶形畸变,桶形失真补偿〔校正〕

antibaryon [æntɪˈbærɪən] *n.* 【物】反重子

antibiogram [æntɪˈbaɪəgræm] *n.* 抗菌谱

antibiont [ˈæntɪˈbaɪɒnt] *n.* 相克〔对抗〕生物

antibiosis [ˌæntɪbaɪˈəʊsɪs] *n.* 抗生(作用),抗生(现象)

antibiotic [ˌæntɪbaɪˈɒtɪk] ❶ *a.* 抗菌的,破坏生命的 ❷ *n.* (pl.)抗生〔菌〕素,抗生素学

antiblackout [æntɪˈblækaʊt] *a.* 反遮蔽的,反匿影的

antibody [ˈæntɪbɒdɪ] *n.* 抗体,抗物质

antiboson [æntɪˈbɒsən] *n.* 反玻色子

antibouncer [æntɪˈbaʊnsə] *n.* 防跳装置,减震器

antibound [ˈæntɪbaʊnd] *a.* 反束缚的

antibrachium [æntɪˈbreɪkɪəm] *n.* 前臂

antibreaker [ˈæntɪbreɪkə] *n.* 防碎装置

antibromic [ˈæntɪbrɒmɪk] ❶ *a.* 抗臭的 ❷ *n.* 除臭剂

antibunch [æntɪˈbʌntʃ] *n.* 逆聚束

anti-buoyancy [ˈæntɪˈbɔɪənsɪ] *n.* 防浮(力),抗浮(力)

anticancer [ˈæntɪkænsə] *n.* 抗癌剂

anti-capacity [ˈæntɪkəˈpæsətɪ] *n.* 【物】抗〔防〕电容

anti-carbon [ˈæntɪˈkɑːbən] *a.* 防积碳的

anti-carburizer [ˈæntɪˈkɑːbjuraɪzə] *n.* 渗碳防止剂

anticarcinogen [æntɪkɑːˈsɪnədʒən] *n.* 防癌剂

anticatalyst [ˈæntɪˈkætəlɪst] *n.* 反催化剂,缓化剂

anticatalytic [ˈæntɪkætəlɪtɪk] *a.* 反催化的

anticatalyzer [ˈæntɪˈkætələaɪzə] *n.* 反催化剂

anticatarrhal [æntɪkəˈtɑːrəl] ❶ *a.* 消炎的,抗卡他的 ❷ *n.* 抗卡他性药剂

anticathexis [æntɪkəˈθeksɪs] *n.* 反感

anticathode [æntɪˈkæθəʊd] *n.* 【物】对阴极

anticaustic [æntɪˈkɔːztɪk] *a.* 抗腐蚀的

anticement [ˈæntɪsɪment] ❶ *v.* 防止渗碳 ❷ *n.* 反白口元素,防增碳剂

anticentre [ˈæntɪsentə] *n.* 反中心,反震中

anticentripetal [ˈæntɪsenˈtrɪpɪtəl] *a.* 离心的

anti-chain [ˈæntɪtʃeɪn] *n.* 反链

anticharm [ˈæntɪtʃɑːm] *n.* 反粲(粒子)

anti-checking iron [ˈæntɪˈtʃekɪŋ ˈaɪən] 防裂钩,扒钉

antichill [ˈæntɪtʃɪl] *n.* 【化】防白口镶块〔涂料〕

antichirping [ˈæntɪˈtʃɜːpɪŋ] *n.* 【物】反啁啾效应,反线性调频

antichlor [ˈæntɪklə] *n.* 去氯剂

antichloration [æntɪkləˈreɪʃ ən] *n.* 【化】脱氯

anticipant [ænˈtɪsɪpənt] ❶ *a.* 预期的,占先的(of) ❷ *n.* 先发制人的人,预期者

anticipate [ænˈtɪsɪpeɪt] *vt.* ①预先考虑,预先采取措施以防止 ②抢…先,行动在…之前,提前进行〔使用〕☆*it is anticipated that* 可以预料

anticipater [ænˈtɪsɪpeɪtə] *n.* ①预感器 ②期望者

anticipation [ænˌtɪsɪˈpeɪʃ ən] *n.* ①预先考虑,预期 ②超前作用 ☆*in anticipation* 预先地；*in anticipation of* 预想到,以待

anticipative [ænˈtɪsɪpeɪtɪv] *a.* 预期的,超前的

anticipatory [ænˈtɪsɪpeɪtərɪ] *a.* 期待着的,先行的 ‖ **anticipatorily** *ad.*

anticlastic [æntɪˈklæstɪk] ❶ *n.* 【地质】抗裂面 ❷ *a.* 鞍形面的,互反曲(面)的

anti-climax [ˈæntɪˈklaɪmɪks] *n.* 【语】高潮突降,虎头蛇尾

anti-climbing [ˈæntɪˈklaɪmɪŋ] *a.* 防攀登的

anticlinal [æntɪˈklaɪnl] *a.;n.* 【地质】背斜(的),倾向对立的

anticline [ˈæntɪklaɪn] *n.* 【地质】(复)背斜(层)

anticliorium [ˈæntɪˈklaɪərɪəm] *n.* 【地质】复背斜(层)

anticlockwise [ˈæntɪˈklɒkwaɪz] *a.;ad.* 逆时针(的)

anticlogging [ˈæntɪˈklɒgɪŋ] *a.* 防结渣〔堵塞〕的

anticlutter [ˈæntɪˈklʌtə] *n.* 反干扰,抗地物干扰系统

anticnemion [æntɪkˈniːmɪɒn] *n.* 胫

anti-coagulant [ˈæntɪkəˈægjulənt] *n.* 【医】抗凝血剂

anticodon [ˈæntɪˈkəʊdən] *n.* 反密码

anticodon [ˈæntɪˈkəʊdən] *n.* 反密码子

anti-coherer [ˈæntɪkəʊˈhɪərə] *n.* 散屑器,反检波粉屑黏合装置,防黏合器

anticoincidence [æntɪkɔɪnˈsaɪdəns] *n.* 反重合

anti-collineation [ˈæntɪkɒlɪnɪˈeɪʃ ən] *n.* 反直射(变换)

anticollision [æntɪkəˈlɪʒən] *n.* 防(碰)撞

anti-colonial [ˈæntɪkəˈləʊnɪəl] *a.* 反殖民主义的 ‖ **-ism** *n.*

anti-comet-tail [ˈæntɪˈkɒmɪteɪl] *n.* 【化】抗彗尾,抗彗差电子枪

anti-commutation [ˈæntɪkɒmjuˈteɪʃ ən] *n.* 反对易

anti-commutator [ˈæntɪˈkɒmjuteɪtə] *n.* 反换位子,反对易量

A

anticommute [æntɪkə'mjuːt] v. 反对易
的
anticomplement ['æntɪ'kɒmplɪmənt] n. 抗补体
anticomplementary [æntɪkɒmplɪ'mentərɪ] a.;n.
抗补体的,抗补体物质
anticonceptive [æntɪkɒn'septɪv] a.;n. 避孕的,
避孕剂
anticoncipiens [æntɪkən'sɪpɪənz] n. 避孕剂
anticontagious [æntɪkən'tædʒɪəs] a. 防传染的
anticontamination [æntɪkəntæmɪ'neɪʃən] n.
防污染
Anticorodal [æntɪ'kɒrədəl] n. 铝基硅镁合金
anti-correlation [æntɪkɒrɪ'leɪʃən] n.反对射(变
换),反相关性
anticorrodant [æntɪ'kɒrədənt] n. 防锈剂
anticorrosion ['æntɪkə'rəuʒən] n. 防蚀,防锈
anticorrosive ['æntɪkə'rəusɪv] ❶ a. 防蚀的 ❷
n. 防蚀剂
anticotangent ['æntɪkəu'tændʒənt] n. 反余切
anticoustic ['æntɪ'kuːstɪk] n. 反聚光(线)
anti-crack ['æntɪkræk] a. 抗裂的
anti-craft ['æntɪkrɑːft] n.;a. 防空(的)
anticreaming agent ['æntɪ'kriːmɪŋ'eɪdʒənt] n.
防(膏)冻剂
anti-crease ['æntɪ'kriːs] v.;n.;a. 耐(防)皱(的)
anticreep ['æntɪkriːp] n.;v. 防蠕动,防漏电
anticreepage ['æntɪkriːpɪdʒ] n. 防漏电
anti-creeper ['æntɪ'kriːpə] n. (钢轨)防爬器,防漏
电设备
anticritical ['æntɪ'krɪtɪkəl] a. 防猝变的,解危机的
anticrustator ['æntɪ'krʌsteɪtə] n. 表面沉垢防止
剂
anticus ['æntɪkəs] (拉丁语) a. 前的
anticyclogenesis ['æntɪsaɪklɒ'dʒenəsɪs] n. 反
气旋发生(生成)
anticyclolysis ['æntɪsaɪ'klɒlɪsɪs] n. 反气旋消散
anticyclone ['æntɪ'saɪkləun] n. 反气旋,反旋风,
高(气)压
anticyclonic ['æntɪsaɪ'klɒnɪk] a. 反气旋的
antidamped ['æntɪdæmpt] a. 反阻尼的
antidamping ['æntɪdæmpɪŋ] n.;a. 反阻尼(振动)
(的)
anti-dazzle ['æntɪdæzl] v.;n. 防眩
antidecomposition ['æntɪdiːkɒmpə'zɪʃən] n.
防分解
antidecuplet ['æntɪdɪ'kʌplɪt] n. 反十重态
antidegradant ['æntɪdɪ'greɪdənt] n. 抗降解(变
质)剂
anti-degradation ['æntɪdɪgrə'deɪʃən] n. 抗降解
anti-derailing ['æntɪdɪ'reɪlɪŋ] a. 防止出轨的
antiderivative ['æntɪdɪ'rɪvətɪv] n. ①【数】反导
数 ②【数】原函数,不定积分 ③反式衍生物
anti-deteriorant ['æntɪdɪ'tɪərɪərənt] n. 防老
(坏)剂
antidetonant ['æntɪ'detəunənt] n. 抗爆(震)剂
antidetonating ['æntɪ'detəuneɪtɪŋ] a. 抗爆(震)

antidetonation ['æntɪdiːtəu'neɪʃən] n. 抗爆(震,
燃)
antidetonator ['æntɪ'detəuneɪtə] n. 抗爆(震)剂
antideuterium ['æntɪ'djuːtɪərɪəm] n. 反氘
antideuteron ['æntɪ'djuːtərɒn] n. 反氘核
antidiabetic ['æntɪdaɪə'betɪk] a.;n. 抗糖尿病的
(药)
antidiagonal ['æntɪdaɪ'ægənl] a.;n. 反对角(的)
antidifferential ['æntɪdɪfə'renʃəl] n. 反微分
antidigestive ['æntɪdaɪ'dʒestɪv] a. 妨碍(抵制)
消化的
antidim ['æntɪdɪm] v.;n.;a.（防止水分积集于玻璃
上）保明(剂,的)
antidimmer ['æntɪdɪmə] n. 保明(抗膜)剂
antidinic ['æntɪ'dɪnɪk] a. 防止眩晕的
anti-dirt ['æntɪdɜːt] a. 防尘的
anti-dislocation ['æntɪdɪsləu'keɪʃən] n. 反位错
anti-disturbance ['æntɪdɪs'tɜːbəns] n. 反干扰
antidolorin ['æntɪ'dəulərɪn] n.【化】氯乙烷
anti-doming ['æntɪ'dəumɪŋ] a. 防止(半球形)隆
起的
antidotal ['æntɪdəutl] a. (有)解毒(功效)的
antidote ['æntɪdəut] ❶ n. 解毒剂,抗毒药(against,
for,to) ❷ vt. 解毒
antidotic ['æntɪdɒtɪk] a. 解毒的
antidraft ['æntɪdrɑːft] n.;a. 反征兵(的)
antidrag ['æntɪdræg] n.;a. 减阻(力,的),反阻力
antidrip ['æntɪdrɪp] n. 防滴〔漏〕
antidromic ['æntɪ'drɒmɪk] a. 逆向的,反正常方向
的
antidulling [æntɪ'dʌlɪŋ] n. 抗变深性
antidumping ['æntɪ'dʌmpɪŋ] a. 反倾覆的,反倾销
政策的
antidunes ['æntɪ'djuːnz] n. 逆行沙丘,逆波迹
antidusting ['æntɪ'dʌstɪŋ] n.;a. 抗尘(作用,性的)
antidynamic ['æntɪdaɪ'næmɪk] a. 减力的
antidyne ['æntɪdaɪn] a.;n. 止痛的〔剂〕
antidyon ['æntɪdaɪən] n. 反双荷子
antiedemic ['æntɪ'ɪdemɪk] a. 治水肿的
antielectron ['æntɪ'lektrɒn] n. 反电子
antielement ['æntɪ'elɪmənt] n. 反元素
antiemetic [æntɪ'ɪmetɪk] a.;n. 止吐的〔剂〕
anti-entrainment ['æntɪ'entreɪnmənt] n. 防夹
带,消雾沫
antienzyme ['æntɪ'enzaɪm] n. 抗酶
anti-evaporant ['æntɪ'veɪpərənt] n. 防蒸发剂
anti-explosion ['æntɪɪks'pləuʒən] n. 防爆(作
用)
antifading ['æntɪ'feɪdɪŋ] n.; a. 防衰落(的)
anti-fascist ['æntɪ'fæʃɪst] ❶ n. 反法西斯主义者
❷ a. 反法西斯(主义)的
antifatigue [æntɪfə'tiːgə] n. 耐疲劳,抗疲劳剂
antifebrile ['æntɪ'fiːbraɪl] a.;n. 退热的〔药〕
antiferment ['æntɪfɜːmənt] n. 防发酵剂

antifermentation ['æntɪfɜ:mən'teɪʃən] n. 防发酵(作用)

antifermentive ['æntɪfɜ:məntɪv] a. 抗发酵的

antifermion [æntɪ'fɜ:mɪɒn] n. 反费密子

antiferroelectric ['æntɪferəʊɪ'lektrɪk] ❶ a. 反铁电的 ❷ n. 反铁电材料

antiferroelectricity ['æntɪferəʊɪlek'trɪsətɪ] n. 反铁电现象

antiferromagnet ['æntɪferəʊ'mægnɪt] n. 反铁磁体

antiferromagnetic ['æntɪferəʊmæg'netɪk] a. 反铁磁(性)的

antiferromagnetics ['æntɪferəʊmæg'netɪks] n. 反铁磁质〔体〕

antiferromagnetism ['æntɪferəʊ'mægnetɪzəm] n. 反铁磁性,反铁磁现象

antifield ['æntɪfi:ld] n. 反(物质)场

antiflak ['æntɪ'flæk] n. 反高射炮火

antiflash ['æntɪflæʃ] a. 防闪的

antiflocculation [æntɪflɒkjʊ'leɪʃən] n. 反凝作用,防凝作用

anti-flood ['æntɪflʌd] a.;n. 防洪(的)

anti-fluctuator ['æntɪ'flʌktjʊeɪtə] n. 缓冲〔稳压〕器

antifluorite ['æntɪflʊəraɪt] n. 反萤石

antifoam ['æntɪfəʊm] ❶ n. 消泡剂 ❷ a. 防沫的

antifoamer ['æntɪfəʊmə] n. 防沫剂;消泡剂

antifog ['æntɪ'fɒg] v.;n. 防雾

antifoggant ['æntɪfɒgənt] n. 防雾剂

antiforeign ['æntɪfɒrɪn] a. 排外的

anti-form ['æntɪfɔ:m] n. 反式

antifoulant ['æntɪfaʊlənt] n. 防污剂

antifouling ['æntɪfaʊlɪŋ] n.;a. 防污〔塞〕的

antifreeze ['æntɪ'fri:z] n.;a. 防冻(剂,的),抗凝(剂)

antifreezer ['æntɪfri:zə] n. 防冻剂

antifriction ['æntɪ'frɪkʃən] n.;a. 减摩(的,剂),润滑剂

antifrost ['æntɪfrɒst] a. 防霜〔冻〕的

antifrosting ['æntɪ'frɒstɪŋ] n.;a. 防霜〔冻〕(的)

antifrother ['æntɪfrɒðə] n. 防起泡添加剂

antifungal ['æntɪfʌŋgəl] ❶ a. 抗真菌的 ❷ n. 抗真菌剂

anti-fungus ['æntɪ'fʌŋgəs] a. 防霉的,杀真菌的

antigalactic [æntɪ'gəlæktɪk] a.;n. 制乳的〔剂〕

antigalaxy ['æntɪgæləksɪ] n. 反(物质)星系

antigas [æntɪ'gæs] a. 防毒气的

antigen ['æntɪdʒən] n. 抗体质 ‖ ~ic a.

antigenicity [æntɪdʒɪ'nɪsətɪ] n. 抗原性,抗毒性

antiglare ['æntɪgleə] a. 防闪光的,防眩光的,遮光的

antigorite ['æntɪgəraɪt] n.【地质】叶蛇纹石

antigradient [æntɪ'greɪdɪənt] n. 逆梯度

antigraph ['æntɪgrɑ:f] n. 抄本

antigravitation ['æntɪgrævɪ'teɪʃən] n. 耐〔反〕重力

antigravity ['æntɪ'grævətɪ] n. 耐〔反〕重力

anti-ground ['æntɪgraʊnd] a. 消除地面影响的,防接地的

antigrowth ['æntɪgrəʊθ] ❶ n. 抗生长作用 ❷ a. 抗生长的

antihadron [æntɪ'hædrɒn] n. 反强子

anti-halation ['æntɪhə'leɪʃən] n. 消晕作用

antihandling fuze ['æntɪhændlɪŋ fju:z] 忌动引信

antihelion ['æntɪhi:lɪən] n. 抗原

antihelium ['æntɪhi:lɪəm] n. 反氦

antih(a)emolysin [æntɪ'hi:mɒlɪsɪn] n. 抗溶血素

antih(a)emolysis [æntɪhi:'mɒlɪsɪs] n. 抗溶血

anti-hemorrhagic [æntɪhi:'mɒhædʒɪk] a.;n. 止血的〔剂〕

antihidrotic [æntɪhaɪ'drɒtɪk] a.;n. 止汗的〔剂〕

anti-hole ['æntɪhəʊl] n. 反洞

anti-homomorphism ['æntɪhɒmə'mɔ:fɪzəm] n. 反同态(性)

antihormone ['æntɪhɔ:məʊn] n. 抗激素

antihum ['æntɪhʌm] ❶ n. ①静噪器 ②抗哼声 ❷ a. 静噪的,消除交流声的

antihunt ['æntɪhʌnt] n.;v.;a. ①阻尼(的),防震(的),缓冲(的) ②反搜索(的)

antihunter ['æntɪhʌntə] n.【物】阻尼器;反搜索器

antihydrogen [æntɪ'haɪdrədʒən] n. 反氢

antihygienic ['æntɪhaɪ'dʒi:nɪk] a. 不(合)卫生的

antihyperon ['æntɪ'haɪpərɒn] n. 反超子

antihypo ['æntɪhaɪpəʊ] n.【化】高碳酸钾

anti-icer ['æntɪ'aɪsə] n. 防冰设备,防冰装置

anti-icing ['æntɪ'aɪsɪŋ] n. 防冰〔冻〕

anti-imperialism [æntɪɪm'pɪərɪəlɪzəm] n. 反帝国主义

anti-incrustation ['æntɪ,ɪnkrʌ'steɪʃən] a.;n. 防垢的

anti-induction ['æntɪɪn'dʌkʃən] n. 防感应

anti-infectious [æntɪɪn'fekʃəs] a. 抗传染病的

anti-infective ['æntɪɪn'fektɪv] a. 抗感染的

anti-insulin ['æntɪ'ɪnsjʊlɪn] n. 抗胰岛素

anti-interference ['æntɪɪntə'fɪərəns] n.;a. 抗干扰(的),防无线电干扰设备

anti-isobar ['æntɪ'aɪsəʊbɑ:] n. 反同量异位素

anti-isomerism ['æntɪ'aɪsəʊmərɪzəm] n. 反式同分异构

anti-isomorphism ['æntɪ'aɪsəʊmɔ:fɪzəm] n. 反同构性

antijam ['æntɪdʒæm] n.;v. 抗干扰

antikaon ['æntɪkeɪɒn] n. 反K介子

antikinesis [æntɪkɪ'ni:sɪs] n. 逆向〔反向〕运动

antiklystron ['æntɪ'klɪstrɒn] n. 反速调管

antiknock ['æntɪ'nɒk] n.;a. 防爆(的,燃剂),抗爆剂,抗震(的,剂)

antileptic [æntɪ'leptɪk] a. 诱导的,辅助的

antilepton ['æntɪleptɒn] n. 反轻子

antilinear [ˌæntɪˈlɪnɪə] ❶ a. 反线性的 ❷ n. 孔径, 口径

antilog [ˈæntɪlɒg] =antilogarithm

antiloga [ˈæntɪlɒgə] n. 反性曲线

antilogarithm [ˌæntɪˈlɒgərɪðm] n. 反对数,真数 〖用法〗注意下面例句的含义: Antilogarithm is the number of which a given number is the logarithm. 反对数就是一个给定的数是其对数的那个数。(在定语从句中, "of which"修饰从句表语"the logarithm"。)

antilogy [ænˈtɪlədʒɪ] n. 前后矛盾

antilysin [ˌæntɪˈlaɪsɪn] n. 抗溶菌素

antimacassar [ˌæntɪməˈkæsə] n. 沙发套子

antimagnetic [ˌæntɪmægˈnetɪk] ❶ a. 抗磁的 ❷ n. 抗磁钟表,无磁性

anti-magnetized [ˈæntɪˈmægnɪtaɪzd] a. 消磁的

antimatter [ˈæntɪˈmætə] n. 反物质

antimaterial [ˌæntɪməˈtɪərɪəl] a. 反物质的

antimechanized [ˌæntɪˈmekənaɪzd] a. 防机械化部队的

antimedical [ˌæntɪˈmedɪkəl] a. 违反医理的,非医学的

antimer [ˈæntaɪmə] n. 【物】对映体

antimeridian [ˌæntɪˈmerɪdɪən] n. 反面子午线

antimeson [ˌæntɪˈmesən] n. 反介子

antimetabolic [ˌæntɪmetəˈbɒlɪk] n. 反新陈代谢规律的

antimetabolite [ˌæntɪmɪˈtæbəlaɪt] n. 抗代谢物

antimicrobial [ˌæntɪmaɪˈkrəubɪəl] n. 抗微生物的,抗菌的

antimicrobic [ˌæntɪmaɪˈkrɒbɪk] a.;n. 抗微生物的,抗微生物剂

antimicrophonic [ˌæntɪmaɪkrəˈfɒnɪk] a. 抗噪声的

antimigration [ˌæntɪmaɪˈgreɪʃən] n. 防迁移

antimildew [ˌæntɪˈmɪldjuː] a. 防霉的

antimilitarism [ˌæntɪˈmɪlɪtərɪzəm] n. 反军国主义

antimissile [ˈæntɪˈmɪsaɪl] a.;n. 反导弹(的)

antimoist [ˌæntɪˈmɔɪst] a. 防潮的

antimo(u)ld [ˌæntɪˈməuld] n. 防霉剂

antimon [ˈæntɪmɒn] n. 【化】锑 Sb

antimonate [ˈæntɪməneɪt] n. 【化】锑酸盐

antimonation [ˌæntɪməˈneɪʃən] n. 【化】锑酸化作用

antimonial [ˌæntɪˈməunɪəl] ❶ a. (含)锑的 ❷ n. 含锑药剂

antimoniate [ˈæntɪˈməunɪeɪt] n. 【化】锑酸盐

antimonic [ˌæntɪˈmɒnɪk] n.;a. 锑基〔根〕,含锑的

antimonide [ˈæntɪmənaɪd] n. 【化】锑化物(类)

antimonious [ˌæntɪˈməunɪəs] a. 亚〔含,三价〕锑的

antimonite [ˈæntɪmənaɪt] n. 【化】辉锑矿,亚锑酸盐

antimonium [ˌæntɪˈməunɪəm] n. 【化】锑 Sb

antimonopole [ˌæntɪˈmɒnəpəul] n. 反单极子

antimonous [ˈæntɪmənəs] a. 亚锑(根,基,的)

antimonsoon [ˌæntɪmɒnˈsuːn] n. 【气】反季风

antimony [ˈæntɪmənɪ] n. 【化】锑

antimonyl [ˈæntɪmənɪl] n. 【化】氧锑(根,基)

antimonylike [ˈæntɪmənɪlaɪk] a. 似锑的

antimorph [ˈæntɪmɔːf] n. 反形体

antimultiplet [ˌæntɪˈmʌltɪˈplɪt] n. 反多重态

antimuon [ˈæntɪmjuːɒn] n. 反μ(介)子

antimuonium [ˌæntɪˈmjuːˈɒnɪəm] n. 反μ(介)子素

antimutagen [ˌæntɪˈmjuːtədʒən] n. 抗诱变剂,抗诱变因素

antimycin [ˌæntɪˈmaɪsɪn] n. 抗霉素

antimycoin [ˌæntɪˈmaɪkɔɪn] n. 抗霉菌素

antinauseant [ˌæntɪˈnɔːsiːnt] a.;n. 止恶心的,止恶心剂

antineutrino [ˈæntɪnjuːˈtrɪnəu] n. 反中微子

antineutron [ˈæntɪnjuːˈtrɒn] n. 反中子

anti-nitrite [ˌæntɪˈnaɪtraɪt] n. 反亚硝酸根

anti-nodal [ˈæntɪˈnəudəl] a. 波腹的

antinode [ˈæntɪnəud] n. (波)腹,腹点

antinoise [ˈæntɪnɔɪz] a. 抗噪声的,吸音的

antinomy [ænˈtɪnəmɪ] n. 自相矛盾,矛盾法则论

antinucleon [ˈæntɪnjuːˈklɪɒn] n. 反核子

antinucleus [ˈæntɪnjuːˈklɪəs] n. 反原子核

anti-nutritional [ˈæntɪnjuˈtrɪʃənəl] a. 不利于营养的

antiodontalgic [ˈæntɪəudɒnˈtældʒɪk] a.;n. 止牙痛的〔剂〕

anti-omega-hyperon [ˈæntɪˈəumegəˈhaɪpərɒn] 反Ω超子

antioncotic [ˌæntɪɒnˈkɒtɪk] a.;n. 消肿的〔剂〕

antiopsonin [ˌæntɪˈɒpsɒnɪn] n. 抗调理素

antiovalbumin [ˌæntɪəuvælˈbjuːmɪn] n. 抗卵清蛋白

anti-overloading [ˈæntɪˈəuvələudɪŋ] n.;a. 防过载(的)

antioxidant [ˈæntɪˈɒksɪdənt] n. 阻氧化剂,防老剂

antioxidation [ˌæntɪɒksɪˈdeɪʃən] n. 反氧化作用

antiozonant [ˌæntɪˈəuzənənt] n. 抗臭氧剂

antiparallel [ˌæntɪˈpærəlel] n.;a. ①逆平行(的,线),反向平行(的) ②反关联的 ③逆流的

antiparasitic [ˈæntɪpærəˈsɪtɪk] ❶ a. 防寄生振荡的;抗寄生虫的 ❷ n. 杀寄生虫剂

antiparticle [ˈæntɪˈpɑːtɪkl] n.;a. 反粒子(的),反质点(的)

antipanic [ˌæntɪˈpænɪk] a. 反恐慌的,应急的

antipathetic(al) [ˌæntɪpəˈθetɪk(əl)], **antipathic(al)** [ˌæntɪˈpæθɪk(əl)] a. 引起反感的,格格不入的,不相容的,反对的(to)

antipathy [ænˈtɪpəθɪ] n. 憎恶,反对性,不相容(to,towards,against)

anti-percolator [ˈæntɪˈpɜːkəleɪtə] n. 防渗装置

antiperiodic [ˌæntɪpɪərɪˈɒdɪk] a. 反周期的

A

antiperoxide [æntɪpə'rɒksaɪd] *n.* 抗过氧化物

antipersonnel [æntɪpɜ:sə'nel] *a.* 杀伤(地面步兵)的

antiphagocytic [æntɪfægə'saɪtɪk] *a.* 抗吞噬的

antiphase ['æntɪfeɪz] *n.;a.* 逆相(的),反相(的)

antiphen ['æntɪfən] *n.* 【化】双氯酚

antiphlogistic [æntɪflɒ'dʒɪstɪk] ❶ *a.* 消炎的,非燃素说的 ❷ *n.* 消炎剂

antiphlogistine [æntɪfləʊ'dʒɪstɪn] *n.* 消炎膏

antiphlogosis [æntɪflə'gəʊsɪs] *n.* 消炎

antiphone ['æntɪfəʊn] *n.* 消音器

antipion [æntɪ'paɪən] *n.* 反 π 介子

antipitching ['æntɪpɪtʃɪŋ] *n.* 减纵摇的

antipitting ['æntɪpɪtɪŋ] *a.* 抗点蚀的

antiplane ['æntɪpleɪn] *a.* 反平面的

antiplasma ['æntɪplæzmə] *n.* 反等离子体

antiplasmin [æntɪ'plæzmɪn] *n.* 抗血纤维,蛋白溶素

antiplastering ['æntɪ'plæstərɪŋ] *n.* 阻黏(结)

antiplastic ['æntɪplæstɪk] *a.* 阻止成形的,妨碍愈合的

antipleion [æntɪ'pleɪɒn] *n.* 负偏差中心,欷准区

antipodal [æn'tɪpədl] *a.* 正反对的;恰恰相反的(to)

antipode [æntɪ'pəʊd] *n.* ① (pl.) 对极,对映体〔极〕②正反对 ③恰恰相反的事物(of,to)

antipidean [æntɪpə'di:ən] *a.* = antipodal

antipoison ['æntɪpɔɪzən] *n.* 解毒剂

antipoisoning ['æntɪpɔɪzənɪŋ] *n.* 消毒

antipolar [æntɪ'pəʊlə] *a.* 反极的

antipole ['æntɪpəʊl] *n.* 反极,恰恰相反的事物(of,to)

anti-pollutant ['æntɪpə'lu:tənt] *n.* 抗污染剂

antipollution ['æntɪpə'lu:ʃən] *n.* 防污染

anti-popular ['æntɪ'pɒpjulə] *a.* 反人民的

antiport ['æntɪpɔ:t] *n.* 反向转移

antiposic [æntɪ'pɒsɪk] *n.;a.* 止渴的〔剂〕

antiposition [æntɪpə'zɪʃən] *n.* 反位(置)

antipreignition ['æntɪprɪɪg'nɪʃən] *n.* 防预燃

antiprism ['æntɪprɪzəm] *n.* 反棱镜

anti-projectivity ['æntɪprədʒek'tɪvətɪ] *n.* 反射影性〔变换〕

antiprotective ['æntɪprə'tektɪv] *a.* 抗防护的

antiproton ['æntɪ'prəʊtɒn] *n.* 反〔负〕质子 ‖ ~ic *a.*

antipruritic ['æntɪpru'rɪtɪk] *a.;n.* 止痒的〔剂〕

antiputrefactive ['æntɪpjutrɪ'fæktɪv] *a.* 防腐的

antipyic [æntɪ'paɪɪk] *a.;n.* 防止化脓的〔药〕

antipyretic ['æntɪpaɪ'retɪk] ❶ *a.* 退热的 ❷ *n.* 退热剂

antipyrogenous ['æntɪpaɪrə'dʒenəs] *a.* 防热的

antipyrotic ['æntɪpaɪ'rɒtɪk] *a.;n.* 消炎的〔剂〕,治灼伤的〔剂〕

antiquarian [æntɪ'kweərɪən] ❶ *a.* 研究〔收藏〕文物的 ❷ *n.* 文物工作者,古物收藏家

antiquark ['æntɪkwɑ:k] *n.* 反夸克

antiquary ['æntɪkwərɪ] *n.* 文物工作者,文物商

antiquate ['æntɪkweɪt] *vt.* 废弃,使变旧

antique [æn'ti:k] ❶ *n.* 古物〔董〕❷ *a.* 古代的,过时的 ‖ -ly *ad.* -ness *n.*

antiquity [æn'tɪkwətɪ] *n.* 古代〔人〕,(pl.)古迹,文物 ☆ of antiquity 太古的

antirabic ['æntɪ'ræbɪk] *a.* 治〔防〕狂犬病的

antirachitic [æntɪrə'kɪtɪk] *a.* 预防〔治疗〕佝偻症的

antirad ['æntɪræd] *n.* 一种防辐射材料

antiradar ['æntɪreɪdə] *a.* 反雷达的

antiradiation [æntɪreɪdɪ'eɪʃən] *n.* 反辐射

antiratchetting ['æntɪrætʃɪtɪŋ] *a.* 防松〔脱〕的

anti-rattler ['æntɪ'rætlə] *n.* 减声器,防震器

anti-reflection ['æntɪrɪ'flekʃən] *n.* 抗反射

anti-reflex ['æntɪrɪ'fleks] *n.* 抗反射

anti-reflexion ['æntɪrɪ'flekʃən] *n.* 抗反射,增透

anti-regeneration ['æntɪrɪdʒenə'reɪʃən] *n.* 抗再生

antirennin ['æntɪrenɪn] *n.* 抗凝乳酶

antirepresentation ['æntɪreprɪsən'teɪʃən] *n.* 反表示

antiresistant/DDT ['æntɪrɪzɪstəntdi:di:ti:] 增效滴滴涕

antiresonance ['æntɪ'rezənəns] *n.* 反谐振,反共振 ‖ antiresonant *a.*

antirheumatic ['æntɪru:'mætɪk] *a.;n.* 治〔防〕风湿病的〔药剂〕

antirocket ['æntɪ'rɒkɪt] *n.;a.* 反火箭(的)

antiroll ['æntɪrəʊl] *n.* 抗摇晃

antirot ['æntɪrɒt] *a.* 防腐的

antirrhinum [æntɪ'raɪnəm] *n.* 金鱼草

anti-rumble ['æntɪ'rʌmbl] *n.;a.* ①消声器(的) ②抗震

antirust ['æntɪrʌst] *n.;a.* 防锈(的),耐锈(的)

antisatellite ['æntɪ'sætəlaɪt] *n.;a.* 反卫星(的)

antisaturation ['æntɪsætʃə'reɪʃən] *n.* 抗饱和

antiscale ['æntɪskeɪl] *n.* 防垢〔剂〕

antiscarlatinal ['æntɪskɑ:lətɪnəl] *a.* 治猩红热的

antischistosomal ['æntɪʃɪstəsəməl] *a.;n.* 杀血吸虫的〔剂〕

antiscorch(ing) ['æntɪskɔ:tʃ(ɪŋ)] *n.* 抗焦〔剂〕

anti-scour ['æntɪ'skaʊə] *a.* 抗冲刷〔蚀〕的

antiscuffing paste ['æntɪskʌfɪŋpeɪst] 抛光〔研磨〕膏

antisecosis [æntɪsɪ'kəʊsɪs] *n.* (体力)复原,饮食调节

antiseep ['æntɪsi:p] *a.* 防渗的

antiseismic ['æntɪ'saɪzmɪk] *a.* 抗(地)震的

antiseize ['æntɪsi:z] *n.* 防卡塞,防黏

antiselena ['æntɪselənə] *n.* 幻月

anti-selfadjoint ['æntɪselfə'dʒɔɪnt] *a.* 反自伴(随)的

antisensitization ['æntɪsensɪtaɪ'zeɪʃən] *n.* 抗敏

化

antisepsis ['æntɪsepsɪs] *n.* 防腐〔抗菌〕(法)

antiseptic [æntɪ'septɪk] *n.;a.* 防腐〔消毒〕的,防腐剂

antisepticize [æntɪ'septɪsaɪz] *vt.* 防腐,消毒,杀菌

antiserum ['æntɪ'sɪərəm] (pl.antisera) *n.* 抗〔免疫〕血清

antisetoff powder ['æntɪsetɒf 'paudə] 吸墨粉

anti-settling ['æntɪ'setlɪŋ] *a.;n.* 防沉(的)

antishadowing ['æntɪʃædəuɪŋ] *n.* 反隐蔽

antiship armament ['æntɪʃɪp 'ɑ:məmənt] *n.* 主炮

anti-shoe rattler ['æntɪʃu: 'rætlə] 闸瓦(减振)减声器

antisideric ['æntɪsaɪ'derɪk] *a.* 抗铁的

anti-sidetone ['æntɪ'saɪdtəun] *a.;n.* 消侧音(的)

antisinging ['æntɪsɪŋɪŋ] *a.* 抑制振鸣的

antiskid ['æntɪ'skɪd] *n.;a.* 防滑(移)(的),防滑轮胎纹

antislip ['æntɪslɪp] *n.* 防滑(转)

antisludge ['æntɪslʌdʒ] *n.;a.* 抗淤剂,去垢

antisocial ['æntɪ'səuʃəl] *a.* 不喜社交的,(违)反社会制度的

anti-softener ['æntɪsɒftənə] *n.* 防软剂

antisohite ['æntɪsəhaɪt] *n.* 云斑闪长岩,黑斑云闪岩

antisolar ['æntɪsəulə] *a.* 防太阳光的

antisotypism ['æntɪsəu'taɪpɪzəm] *n.* 反同型性

antispark ['æntɪspɑ:k] *a.;n.* 消火花(的)

antispasmodic ['æntɪspæs'mɒdɪk] *n.;a.* 解痉挛的,解痉剂

antispastic ['æntɪspæstɪk] *a.* 镇痉挛的

antispin ['æntɪspɪn] *n.* 消旋,防尾旋

antispray ['æntɪspreɪ] *n.;a.* 防喷溅(的),防沫的

antispurion ['æntɪspjurɪən] *n.* 反假粒子

antisqueak ['æntɪskwi:k] *n.* 消音〔减声〕器

antistall ['æntɪstɔ:l] *n.* 防(止)失速

antistate ['æntɪsteɪt] *n.* 反状态

antistatic ['æntɪstætɪk] *a.;n.* 抗静电(的),(pl.)防(静)电剂

antisterility ['æntɪste'rɪlətɪ] *n.;a.* 治不孕症(的)

anti-strip(ping) ['æntɪ'strɪp(ɪŋ)] *n.* 抗剥离剂

antistructure ['æntɪstrʌktʃə] *n.* 反结构

antisub(marine) ['æntɪ'sʌb(məri:n)] *n.;a.* 反潜艇(的)

antisubstance ['æntɪsʌbstəns] *n.* 抗体

antisudoral ['æntɪsu:dɒrəl] *a.;n.* 止汗的〔剂〕

antisudorific ['æntɪsu:də'rɪfɪk] *a.;n.* 防汗的〔剂〕

antisulphuric ['æntɪsʌlfərɪk] *a.* 防硫的

antisun ['æntɪsʌn] ❶ *n.* 幻日,日映云辉 ❷ *a.* 抵抗日光照射的

antiswirl ['æntɪswɜ:l] *n.* 反涡流的

antisymmetric(al) ['æntɪsɪ'metrɪk(əl)] *a.* 反〔非〕对称的

antisymmetrization ['æntɪsɪmɪtraɪ'zeɪʃən] *n.*

化

antisymmetrize ['æntɪ'sɪmɪtraɪz] *vt.* 反对称化

antisymmetrizer ['æntɪ'sɪmɪtraɪzə] *n.* 反对称化子,反对称算符

antisymmetry ['æntɪ'sɪmɪtrɪ] *n.* 反〔非,斜〕对称(性)

antisynchronism ['æntɪ'sɪnkrəunɪzəm] *n.* 异步

antisynergism ['æntɪ'sɪnɜ:dʒɪzəm] *n.* 反协同现象

antisyphonage ['æntɪsaɪ'fɒnədʒ] *n.* 反虹吸

anti-system ['æntɪ'sɪstəm] *n.* 反火箭防御系统

anti-tailspin ['æntɪ'teɪlspɪn] *n.* 反螺旋,反尾旋

antitangent ['æntɪ'tændʒənt] *n.* 反正切

antitank ['æntɪ'tæŋk] *a.;n.* 反坦克(的)

antitemplate ['æntɪ'templɪt] *n.* 反模板

antitetanic ['æntɪtɪ'tænɪk] *a.* 抗破伤风的

antithermic ['æntɪθɜ:mɪk] *a.;n.* 解热的〔剂〕

antithesis [æn'tɪθɪsɪs] (pl.antitheses) *n.* 对立(面),对照〔句〕,相反(of,to)

antithetic(al) [æntɪ'θetɪk(əl)] *a.* 对立的,相反的,对偶的

anti-thixotropy ['æntɪθɪk'sɒtrəpɪ] *n.* 反触变性

antithrombokinase ['æntɪθrɒmbə'kaɪneɪs] *n.* 抗凝血激酶

antithromboplastin ['æntɪθrɒmbə'plæstɪn] *n.* 抗凝血激酶

anti-thrust ['æntɪθrʌst] *a.* 止推的

antithyroid ['æntɪθaɪrɔɪd] *a.* 抗甲状腺的

antitone ['æntɪtəun] *n.* 反序

antitonic [æntɪ'tɒnɪk] *a.* 减张力的,减紧张的

anti-torpedo ['æntɪtɒ'pi:dəu] *a.* 防鱼雷的

antitoxic [æntɪ'tɒksɪk] *n.;a.* 抗毒的,解毒剂

antitoxin(e) [æntɪ'tɒksɪn] *n.* 抗毒素,抗毒血清

antitracking ['æntɪtrækɪŋ] *n.* 反跟踪

antitransformation ['æntɪtrænsfə'meɪʃən] *n.* 反变换

antitranspirants [æntɪtræns'paɪərənts] *n.* 防蒸发剂

antitrope [æntɪ'trəup] *n.* 对称体,抗体

antitropic [æntɪ'trɒpɪk] *a.* 对称的

antitrust ['æntɪtrʌst] *a.* 反托拉斯的,反垄断的

antitrypsin [æntɪ'traɪpsɪn] *n.* 抗胰蛋白酶

antituberculous ['æntɪtjʊ'bɜ:kjuləs] *a.* 抗肺结核的

antiturbulence [æntɪ'tɜ:bjuləns] *n.* 抗干扰

antitussive ['æntɪ'tju:sɪv] *a.;n.* 镇咳的〔剂〕

anti-twilight ['æntɪ'twaɪlaɪt] *n.* 反辉

antitype ['æntɪtaɪp] *n.* 模型所代表的实体,对型;反式 ‖ **antityp(al)** *a.*

antityphoid ['æntɪ'taɪfɔɪd] *a.* 抗伤寒的

antiunitary ['æntɪ'ju:nɪtərɪ] *n.;a.* 反幺正的(的)

antivaccination ['æntɪvæksɪ'neɪʃən] *n.* 反对接种

antivenene ['æntɪ'veni:n] *n.* 抗毒素

antivermicular ['æntɪvɜ:'mɪkjulə] *a.* 除虫的,驱

蠕虫的

A

antivibration [ˈæntɪvaɪˈbreɪʃən] *n.* 抗振,阻尼

antivibrator [ˈæntɪvaɪˈbreɪtə] *n.* 防振〔阻尼〕器

antiviral [ˈæntɪvaɪrəl] *a.* 抗病毒的

antivirotic [ˈæntɪvaɪˈrɒtɪk] *a.;n.* 抗病毒的〔剂〕

antivirus [ˈæntɪˈvaɪrəs] *n.* 抗病毒素

antivitamin [ˈæntɪvɪˈtæmɪn] *n.* 抗维生素

antivoice-operated [ˈæntɪvɔɪsˈɒpəreɪtɪd] *a.* 反〔非〕音频驱动的

antivortex [ˈæntɪvɔːteks] *n.* 防漩涡

anti-war [ˈæntɪwɔː] *a.* 反战的

antiwear [ˈæntɪweə] *a.* 抗磨的,耐磨的

antiwelding [ˈæntɪˈweldɪŋ] *a.* 抗焊接的

antiwind [ˈæntɪwaɪnd] *n.* 防缠绕

antiworld [ˈæntɪwɜːld] *n.* 反世界

anti-wrinkling [ˈæntɪˈrɪŋklɪŋ] *a.* 耐皱

antizymotic [ˈæntɪzaɪˈmɒtɪk] *a.* 抗发酵的

antler [ˈæntlə] *n.* 鹿角(的一枝),鹿茸

antocular [ænˈtɒkjulə] *a.* 眼前的

antodontalgic [æntəudɒnˈtældʒɪk] *a.;n.* 止牙痛的〔剂〕

antodyne [ˈæntəudaɪn] *n.* 【化】苯基甘油醚

antonym [ˈæntənɪm] *n.* 反义词

antophthalmic [ˈæntɒfˈθælmɪk] *a.* 治眼病的

antozone [ˈæntəuzəun] *n.* 【化】单原子氧

antral [ˈæntrəl] *a.* 窦的

antrorse [ænˈtrɔːs] *a.* 向前的,向上的

antu [ˈæntuː] *n.* 【化】安妥,杀鼠药(一种农药)

anuclear [eɪˈnjuːklɪə] *a.* 无核的

anulus [ˈænjuləs] *n.* 环

anuresis [ænjuəˈriːsɪs] *n.* 尿闭

anuretic [ænjuəˈretɪk] *a.* 尿闭的

anuria [əˈnjuərɪə] *n.* 尿闭,无尿(症)

anuric [əˈnjuərɪk] *a.* 无尿的

anurous [əˈnjuərəs] *a.* 无尾的

anus [ˈeɪnəs] (pl.anuses) *n.* 肛门

anvil [ˈænvɪl] *n.* ①(铁,锤)砧 ②基准面,平台 ③触点,支点 ④反射板 ☆**on the anvil** 在讨论中,在准备中

anvil-chisel [ˈænvɪlˈtʃɪzl] *n.* 【冶】砧凿

anvil-dross [ˈænvɪldrɒs] *n.* 【冶】锻渣

anxiety [ænˈzaɪətɪ] *n.* ①担心,忧虑 ②渴望(for) ☆**be all anxiety** 焦急万分; **be in (great) anxiety** (非常)担忧; **feel no anxiety about** 不着急,不关心; **with great anxiety** 非常担忧,焦急着

anxious [ˈæŋkʃəs] *a.* ①(引起)忧虑的,担心的,不安的 ②渴望的 ☆**be anxious about** 担心,为…而焦急; **be anxious for** 为…而焦急,渴望; **be anxious to (do)** 急于要 ‖ ~ly *ad.*

any [ˈenɪ] ❶ *a.;pron.* ①任何,任一 ②〔疑问,条件〕什么,一些 ③〔否定〕什么也(不),一点也(不) ❷ *ad.* (any+比较级)(稍)(微),…一些 ☆**any and all (things)** 随便什么(都); **any and every** 任何系统; **any longer** (与否定词连用)(已)不再; **any**

more 〔疑问〕还(有),更;〔与否定词连用〕(已不)再,再也(不); **at any rate** 无论如何,至少; **hardly (scarcely) any** 几乎没有(什么); **if any** 〔插入语〕如果有(的话),即使有(也); **in any case** 无论如何; **not ... any longer** (已)不再; **not ... any more** (已)不再; **not ... any more than A** 正像 A 一样也不,并不比 A 多些; **not any more than** 不过(是),仅仅只(是); **of any** 在所有的…当中

〖用法〗❶ any 用于疑问句、否定句(包括含有 hardly 等词的句子)和 if 从句中,它可以修饰不可数名词和可数名词的单复数形式。❷ 它只能用于三个或三个以上的可选择之人或物,如果可选择之物有两个则只能用 either。如: Any of those three methods can be used here. 这里可以使用那三种方法中的任何一种。❸ any 不能修饰否定句里放在句首的主语,而应该使用 no。如不能说: Any equations here cannot be solved by that method.而应该说成: No equations here can be solved by that method. 这里的方程均不能用那种方法来解。❹ any and all 一般起形容词的作用。如: The decay rate of state(1) due to any and all causes is denoted by 1/τ₁。由随便什么原因引起的状态(1)的衰减率用 1/τ₁ 来表示。❺ 注意 if any 插在形容词与其修饰的名词之间的情况。如: Each new development is naturally at first very imperfect and few, if any, people recognize its possibilities. 每种新的发展起初自然是很不完善的,而且如果有人的话,也很少有人会认识到它的可能性。/In mass production, few if any variations of the same product are allowed. 在批量生产时,对同一产品几乎是不允许有什么变化的。❻ 由 any 修饰的名词的定语从句只能由 that 引导,而不能用 which。如: Any instruments that are used in experiments must be of high precision. 用于实验的仪器的精度必须很高。

anybody [ˈenɪbɒdɪ] *pron.;n.* 任何人,无论谁;(在疑问句和条件状语从句中)有人

〖用法〗❶ 它用在疑问句、否定句和 if 条件句中。❷ 它不能用在否定句的句首作主语,这时应该使用 nobody。❸ 在肯定句中常表示"无论谁"之意。❹ 修饰它的形容词必须后置。

anyhow [ˈenɪhau] *ad.* 无论如何,无论怎样;反正

anymore [ˈenɪˈmɔː] *ad.* 〔一般用于否定句和疑问句中〕再也(不)

anyone [ˈenɪwʌn] *pron.;n.* 任何人,无论谁;(在疑问句和条件状语从句中)有人

〖用法〗它的用法与 anybody 类同。

anyplace [ˈenɪpleɪs] *ad.* 在任何地方

anypnia [æˈnɪpnɪə] *n.* 失眠(症)

anything [ˈenɪθɪŋ] *pron.* ①任何事物,一切 ②〔否定〕无论什么 ③〔疑问,条件〕什么 ☆**anything but** 除…外什么都; **anything like** (有点)像(那样)的; **anything of** 有些,稍许;(在否定句中)一点儿也没有; **anything up to** 最大〔多,高〕

到…; **for anything** 无论如何; **if anything** 即使有(的话),即使需要(也)

〖用法〗❶ 它一般用在疑问句、否定句和 if 从句中。❷ 它不能用在否定的句子作主语,这时应该用 nothing。如不能说: Anything does not travel faster than light.而应该说: Nothing travels faster than light. 没有任何东西传播得比光快。❸ 在肯定句中表示"不论什么;任何东西"。❹ 修饰它的形容词必须后置。如: Is there <u>anything new</u> in this paper? 这篇论文中有新内容吗? ❺ 修饰 anything 的定语从句只能由 that 来引导,而不能用 which。如: <u>Anything that</u> is hot radiates heat. 任何热的东西均向辐射热量。/When the function is completed and another function begins, <u>anything that</u> has been stored in main memory will be lost. 当这一功能结束而另一功能开始时,存储在主存储器内的任何信息都会消失。

anytime ['enɪtaɪm] *ad.* 在任何时候
anyway ['enɪweɪ] *ad.* 无论如何,无论用什么方法
anywhere ['enɪweə] ❶ *ad.* 在任何地方,无论哪里; 〔用于否定句〕根本(不) ❷ *n.* 任何地方 ☆**anywhere near** 接近于;全然;差不多
〖用法〗❶ 它用在疑问句、否定句和 if 从句中。❷ 它用在肯定句中时意为"(在)任何地方"。❸ 科技文中常遇到 anywhere between A and B〔from A to B〕,意为"大约;数目在 A 和 B 之间"。如: An 18V Zener diode may exhibit a 'nominal' voltage <u>anywhere from 17.1 to 18.9V</u> because of the 5 percent tolerance. 一个 18 伏的齐纳二极管由于百分之五的容差可能显示出大约 17.1 伏到 18.9 伏的"标称"电压。❹ 它可作后置定语。如: In general, we can say, for any body <u>anywhere</u>, weight=massxacceleration due to gravity. 通常,对在任何地方的任何一个物体,我们都可以说重量等于质量乘以由重力引起的加速度。
anywise ['enɪwaɪz] *ad.* 无论如何,以任何方式,在任何方面,决(不)
aorta [eɪ'ɔ:tə] *n.*【生】主动脉 (pl.aortae)
aortal [eɪ'ɔ:təl] *a.* 主动脉的
aortectasia [eɪɔtek'teɪzɪə] *n.* 主动脉扩张
aortectasis [eɪɔ'tektəsɪs] *n.* 主动脉扩张
aortic [eɪ'ɔ:tɪk] *a.* 主动脉的
aortography [eɪɔ'tɔgrəfɪ] *n.*【医】动脉造影术
aortosclerosis [eɪɔtəsklɪə'rəusɪs] *n.* 主动脉硬化
aortostenosis [eɪɔtəstɪ'nəusɪs] *n.* 主动脉狭窄
aosmic [eɪ'ɔsmɪk] *a.* 无气味的
apace [ə'peɪs] *ad.* 飞快地,迅速地
aparalytic [əpærə'lɪtɪk] *a.* 无麻痹的
apareunia [æpɑ:'rju:nɪə] *n.*【医】交媾不能
apart [ə'pɑ:t] *ad.* ①相隔 ②离开,分开,除去 ③区别 ☆**apart from** 除了…外(还),且不说;**(be) far (wide) apart** 离得很远; **fall apart** 崩溃; **put (set) A apart for B** 储备 A 留作 B 之用; **quite apart from** 更何况; **take apart** 把…拆开; **tell**

(know) ... **apart** 分辨
〖用法〗❶ apart(特别是"数量状语+apart")可作后置定语。如: It is necessary to assume that the size of each body is small compared with their distance <u>apart</u>. (我们)必须假设每个物体的大小与它们相隔的距离相比是很小的。/This type of keyboard puts the keys in two curved wells <u>a shoulder distance apart</u>. 这种键盘把按键放在一肩之隔的两个弧形凹槽内。/The force between two charges of 1 coulomb each <u>a distance of 1m apart</u> is 9x10⁹N. 带电量各为 1 库仑、相隔距离为 1 米的两个电荷之间的作用力为 9x10⁹ 牛顿。/Let us find the potential difference between two points <u>100m apart</u>. 让我们来求一下在相隔 100 米的两点之间的电位差。❷ 注意 apart from 的含义,它可以表示 except、not considering "除了…外;不考虑…",也可表示 in addition to、besides "除…外还"。这只能从上下文来判断。如: Thus far, we have discussed motion <u>apart from its causes</u>. 到目前为止,我们讨论了运动而没有考虑其起因。/At the meeting, the Ph.D. candidates hardly saw anyone, <u>apart from their advisers</u>. 在会上除了他们的导师外,博士生们几乎没看到什么人。/<u>Apart from roses</u>, he grows irises. 除了玫瑰外,他还种植蝴蝶花。❸ 注意下面例句中 apart from 的含义: The issue of reciprocity is quite <u>apart from</u> the issue of superposition validity. 互易性问题与叠加正确性问题是十分不同的。

apartheid [ə'pɑ:theɪt,ə'pɑ:thaɪd] *n.* 种族隔离
aparthrosis [əpɑ:'θrəusɪs] *n.*【生】动关节
apartment [ə'pɑ:tmənt] *n.* 房间,公寓,(一)套房(间) ‖ ~al *a.*
apartotel [ə'pɑ:təutel] *n.* (=apart hotel)公寓酒店
apastia [ə'pæstɪə] *n.* 绝食
apastic [ə'pæstɪk] *a.* 绝食的
apastron [ə'pæstrɔn] *n.*【物】远星点〔时〕
apathetic [æpə'θetɪk] *a.* 冷淡的,无
apathy ['æpəθɪ] *n.* 冷淡,无兴趣,漠不关心(towards) ☆**have an apathy to (towards)** 对…漠不关心
apatite ['æpətaɪt] *n.* 磷灰石
ape [eɪp] ❶ *n.* (类人)猿,猴 ☆**play the ape** 模仿,仿 ❷ *vt.* 模仿
apeak [ə'pi:k] *ad.* 竖着,立桨〔锚〕
apellous [ə'peləs] *a.* 无皮的
Apennines ['æpɪnaɪnz] *n.* 亚平宁山脉
apepsia [ə'pepsɪə] *n.* 不消化
aperception [æpɜ:'sepʃən] *n.* 明觉,感知
apercu [æpɜ:'sju:] *n.* (法语) *n.* 概要,一览
aperient [ə'pɪərɪənt] ❶ *a.* 轻泻的 ❷ *n.* 轻泻剂
aperiodic(al) [eɪpɪərɪ'ɔdɪk(əl)] *a.* 非周期的,不定期的;非谐谐的
aperiodicity [eɪpɪərɪə'dɪsɪtɪ] *n.* 非周期性,非调谐性
aperiodograph [eɪpɪ:rɪ'ɔdəgrɑ:f] *n.* 非周期性线图
apertometer [æpə'tɔmɪtə] *n.* 开角计,孔径仪

A

〔计〕

apertum ['æpɜ:təm] *n.* 横室

aperture ['æpətjuə] *n.* ①(小)孔,(小)眼,洞 ②孔隙,光圈,快门 ③孔径〔阑〕,口径

apertured ['æptjuəd] *a.* 带口的,有孔的,有缝隙的

aperturing ['æpətjuərɪŋ] *a.* 孔径作用

aperwind ['eɪpəwɪnd] *n.* 解冻风,融雪风

apery ['eɪpərɪ] *n.* 仿效,学样

apetalous [eɪ'petələs] *a.* 无花瓣的

apex ['eɪpeks] (pl.apexes 或 apices) *n.* 顶(点,尖),(顶)峰,尖(背斜)脊,矿脉顶,反射点,【天】奔赴点 ☆**apex up** 顶朝上的 〖用法〗表示"在…顶点"时,其前面用"at"。

apexcardiogram ['eɪpeks'kɑ:dɪəgræm] *n.* 顶点心动描记曲线(图)

aphacia [ə'feɪsɪə] *n.* 无晶状体

aphacic [ə'feɪsɪk] *a.* 无晶状体的

aphagia [ə'feɪdʒɪə] *n.* 拒食,不能咽食

aphakia [ə'feɪkɪə] *n.* 无晶状体

aphakic [ə'feɪkɪk] *a.* 无晶状体的

aphamite ['æfəmaɪt] *n.* 【化】一六○五(一种农药)

aphanesite [æ'fænɪsaɪt] *n.* 【地质】光线矿,砷铜矿

aphaniphyric [əfænɪ'fɪrɪk] *n.* 隐晶斑状的

aphanite ['æfənaɪt] *n.* 【地质】隐晶岩

aphanitic [æfə'nɪtɪk] *a.* 隐晶的

aphelion [æ'fi:lɪən] (pl.aphelia) *n.* ①【天】远日点 ②远核点

aphid ['eɪfɪd] *n.* 蚜虫

aphicide ['æfɪsaɪd] *n.* 【化】杀(蚜)虫剂

aphis ['eɪfɪs] *n.* 蚜虫

aphlogistic [æflə'dʒɪstɪk] *a.* 无焰燃烧的,不能燃烧的

apholate ['æfəleɪt] *n.* 【化】环磷氮丙啶(一种农药)

aphonia [ə'fəʊnɪə] *n.* 失音

aphonic [æ'fɒnɪk] *a.* 无音的

aphonous ['æfənəs] *a.* 失音的,患失音症的

aphoresis [æfə'ri:sɪs] *n.* 部分切除,无耐受力

aphoria [ə'fɔːrɪə] *n.* 不育

aphorism ['æfərɪzəm] *n.* 格言,警语

aphosphorosis [æ,fɒsfə'rəʊsɪs] *n.* 【医】缺磷症

aphotic [eɪ'fɒtɪk] *a.* 无光的

aphrenia [ə'fri:nɪə] *n.* 痴呆

aphrodine ['æfrədi:n] *n.* 【医】壮阳碱

aphrodite ['æfrədaɪt] *n.* 【地质】(镁)泡石

aphroid ['æfrɔɪd] *a.* 互嵌状

aphrolite ['æfrəlaɪt] *n.* 【地质】泡沫岩

aphronesia [æfrə'ni:zɪə] *n.* 痴呆

aphronia [ə'frəʊnɪə] *n.* 辩解不能

aphthitalite [æf'θɪtəlaɪt] *n.* 【化】钾芒硝

aphthoid ['æfθɔɪd] *a.* 类似鹅口疮的

aphylactic [eɪfɪ'læktɪk] *a.* 无免疫的

aphylaxis [eɪfɪ'læksɪs] *n.* 无防御力

aphyllous [eɪ'fɪləs] *a.* 无叶的

aphylly ['eɪfɪlɪ] *n.* 缺叶,无叶

aphyric ['eɪfɪrɪk] *a.;n.* 无斑隐晶质(的)

Apia [ɑ:'pi:ə] *n.* 阿皮亚(西萨摩亚首都)

apiarian [,eɪpɪ'eərɪən] *a.;n.* 蜜蜂的,养蜂的〔人〕

apiary ['eɪpɪərɪ] *n.* 养蜂场,蜂房

apical ['æpɪkəl] *a.* 顶(点,尖)的,峰顶的

apices ['eɪpɪsi:z] apex 的复数

apiculate [ə'pɪkjʊlɪt] *a.* 细尖的,针尖状的

apiculture ['eɪpɪkʌltʃə] *n.* 养蜂(业)

apiece [ə'pi:s] *ad.* 每个〔人,件〕,各

Apiezon ['eɪpɪəzɒn] *n.* 阿匹松真空泵用油,阿匹松真空润滑脂

apinclum ['æpɪnkləm] *n.* 臭松油

apinoid ['æpɪnɔɪd] *a.* 清洁的,洁净的

apinol ['æpɪnəl] *n.* 臭松油

apiology [,eɪpɪ'ɒlədʒɪ] *n.* 养蜂学

aplanat ['æplənæt] *n.* 消球差(透)镜,不晕(物)镜

aplanatic [,æplə'nætɪk] *a.* 消球差的,不晕的,不动的

aplanatism [,æplə'nætɪzəm] *n.* 消球差,不晕,等光程

aplanogamic [æplənə'gæmɪk] *a.* 静孢子的

aplanospore [æplənə'spɔ:] *n.* 静孢子

aplasia [ə'pleɪzɪə] *n.* 发育不全,先天萎缩,再生障碍

aplastic [ə'plæstɪk] *a.* ①非塑性的 ②发育不全的,再生不能的

aplenty [ə'plentɪ] *a.;ad.* 丰富(的),绰绰有余的,极其

aplite ['æplaɪt] *n.* 细晶岩,半花岗岩;红钴银矿

aplite-granitic ['æplaɪt'grænɪtɪk] *a.* 细晶花岗质的

aplitic [ə'plɪtɪk] *a.* 细晶岩(质)的

aplomb [ə'plɒm] (法语) *n.* 垂直;沉着

aplotomy [ə'plɒtəmɪ] *n.* 单纯切开术

apneumatic [æpnjʊ'mætɪk] *a.* 无气的

apn(o)ea [æp'ni:ə] *n.* 窒息,呼吸暂停

apoapsis [æpəʊ'æpsɪs] *n.* 【物】远拱点,远重心点

apobiosis [æpəbaɪ'əʊsɪs] *n.* 自然死,生理死亡

apobiotic [æpəbaɪ'ɒtɪk] *a.* 生活能力减弱的,降低活力的

apobole ['æpəbəʊl] *n.* 流产,排出

apocamnosis [æpəkæm'nəʊsɪs] *n.* 疲劳症

apocarteresis [æpəkɑ:tə'ri:sɪs] *n.* 绝食自杀

apocatastasis [æpəkə'tæstəsɪs] *n.* 消肿,复原

apocatharsis [æpəkə'θɑ:sɪs] *n.* 泻除,排泄

apocathartic [æpəkə'θɑ:tɪk] *a.* 泻除的,排泄的

apocenter, apocentre ['æpəsentə] *n.* 【物】远心点,远主焦点

apochromat ['æpəkrəʊmæt] *n.;a.* 消多色差的,复消色差透镜

apochromatic [æpəkrəʊ'mætɪk] *a.* 复消色差的,消多色差的

apochromatism [æpəkrəʊ'mætɪzəm] *n.* 【物】复消色差,消多色差

apocleisis [æpə'klaɪsɪs] *n.* 拒食,厌食

apocrustic [æpə'krʌstɪk] ❶ *a.* 收敛的,驱除的

❷ *n.* 收敛剂,驱虫剂

apocynthion [ˌæpəˈsɪnθiːən] *n.*【物】远月点

apocyte [ˈæpəsaɪt] *n.*【生】多核细胞

apodal [ˈæpədəl] *a.* 无足的

apodisation, apodization [ˌæpəudaɪˈzeɪʃən] *n.* 切趾法,变迹法,衍射控象法,旁瓣缩减

apodiser, apodizer [eɪˈpəudaɪzə] *n.* 切趾器,变迹器

apodous [ˈæpədəs] *a.* 无足的

apofocus [ˌæpəˈfəukəs] *n.*【物】远心点,远主焦点

apogalacteum [ˌæpəgəˈlæktɪəm] *n.*【天】远银心点

apogalactica [ˌæpəgəˈlæktɪkə] *n.*【天】远银心点

apogean [ˌæpəˈdʒiːən] *a.* 远地点的,最高〔远〕点的,极点的

apogee [ˈæpədʒiː] *n.* ①【天】远地点 ②(弹道)最高点,最远点,极点 ③椭圆与其长半轴之交点

apograph [ˈæpəgrɑːf] *n.* 影写本,复制本

apolar [eɪˈpəulə] *a.* 从配极的,无极的,无突的

apolarity [eɪpəuˈlærətɪ] *n.* 从配极性

apolegamy [ˌæpəˈlegəmɪ] *n.* 选配

apolexis [æpəˈleksɪs] *n.* 衰老

apolipsis [æpəˈlɪpsɪs] *n.* 闭止

apolitical [eɪpəˈlɪtɪkəl] *a.* ①不关心政治的 ②无政治意义的 ‖ ~ly *ad.*

apollinaris [æpəˈlɪnərɪs] *n.*【化】碳酸泉水

Apollo [əˈpɒləu] *n.* ①阿波罗(小行星) ② "阿波罗" 飞船 ③太阳神

apologetic [əpɒləˈdʒetɪk] ❶ *a.* ①道歉的 ②辩解的 ❷ *n.* 辩解,正式的道歉 ‖ ~ally *ad.*

apologise, apologize [əˈpɒlədʒaɪz] *vi.* ①道歉,认错 ②辩解 ☆*apologize for oneself* 替自己辩护; *apologize to A (for B for doing)* (因 B,因做某事)向 A 道歉
〖用法〗该词可直接跟动作的话应该用动名词,而该词后的动名词一般式可以表示在谓语动词前发生的动作.

apology [əˈpɒlədʒɪ] *n.* 道歉,辩解 ☆*an (a mere) apology for* 勉强充抵…用的东西; *in apology for* 为…辩解〔道歉〕; *make (offer) an apology to A for B* 因 B 向 A 道歉
〖用法〗注意下面例句的译法: For this reason the author makes no apology for including analogue computing and digital computing, circuit techniques and practical application, all within the same two covers. 所以,作者只好把模拟计算和数字计算、电路技术及实际应用都放在同一本书里。

apolune [ˈæpəljuːn] *n.*【天】远月点

apolysin [əˈpɒlɪsɪn] *n.*【药】朴利辛

apomecometer [æpəmɪˈkɒmɪtə] *n.* (光学)测距〔测高,测角〕仪

apomictic [ˌæpəuˈmɪktɪk] *a.* 无融合生殖的

apomixis [ˌæpəˈmɪksɪs] *n.* 无融合生殖

apomorphosis [æpəuˈmɔːfəsɪs] *n.* 变形

aponea [æpəˈniːə] *n.* 智力缺陷,精神错乱

aponia [əˈpəuniə] *n.* 无痛

aponic [əˈpəunɪk] *a.* 止痛的,减疲劳的

apophorometer [ˌæpəfəˈrɒmɪtə] *n.* 升华(物质)收集测定仪

apophyllite [əˈpɒfɪlaɪt] *n.*【地质】鱼眼石

apophysis [əˈpɒfɪsɪs] *n.* 岩枝

apoplectic [ˌæpəˈplektɪk] ❶ *a.* 中风的 ❷ *n.* 患中风症者

apoplectigenous [æpəplekˈtɪdʒɪnəs] *a.* 引起中风的

apoplexia [æpəˈpleksɪə] *n.* 中风

apoplexy [ˈæpəpleksɪ] *n.* 中风

apoprotein [æpəˈprəutɪn] *n.*【化】脱辅基蛋白

apopsychia [æpəˈsaɪkɪə] *n.*【医】晕厥

aporinosis [æpərɪˈnəusɪs] *n.* 营养缺乏病

aport [əˈpɔːt] *ad.* 在〔向〕左舷 ☆*Hard aport!* 左满舵!

aposandstone [æpəˈsændstəun] *n.*【地质】石英岩

aposedimentary [æpəsedɪˈmentərɪ] *a.* 沉积后生的

aposelenium [æpəˈseliniəm] *n.*【天】远月点

aposepsis [æpəˈsepsɪs] *n.* 腐败

apositia [æpəˈsɪʃɪə] *n.* 厌食症

apositic [æpəˈsɪtɪk] *a.* 厌食的

apospory [æpəuˈspɔːrɪ] *n.* 无孢子的

apostasis [əˈpɒsteɪsɪs] *n.* 脓肿,病情骤变

apostasy [əˈpɒstəsɪ] *n.* 背叛,脱党

apostate [əˈpɒsteɪt] *n.;a.* 叛徒,变节者(的),脱党的,背叛的 ‖ **apostatic** *a.*

apostatize [əˈpɒstətaɪz] *vi.* 背叛,变节,脱党

apostem [ˈæpɒstiːm] *n.* 脓肿

aposteriori [ˈeɪpɒsterɪˈɔːraɪ] (拉丁语) *a.;ad.* ①后天的,经验的 ②归纳的,由结果追溯到原因的(的)

apostilb [ˈæpɒstɪlb] *n.* 阿熙提(亮度单位)

apostil(le) [əˈpɒstɪl] *n.* (旁)注

apostrophe [əˈpɒstrəfɪ] *n.* 撇号,省略号

apothecary [əˈpɒθɪkərɪ] *n.* (pl.apothecaries) 药剂师

apothem [ˈæpəuθem] *n.* 边心距

apotheme [ˈæpəuθiːm] *n.* 浸剂沉淀物

apotheosis [ə,pɒθɪˈəusɪs] *n.* 极点,顶峰

apothesis [əˈpɒθɪsɪs] *n.* 回复(术)

apotoxin [æpəˈtɒksɪn] *n.* 过敏毒素

apotransaminase [æpətrænzˈæmɪneɪs] *n.*【化】转氨酶蛋白

apotropaic [æpətrəˈpeɪɪk] *a.* 预防的,避邪的

apotype [ˈæpətaɪp] *n.* 补型,次级模

apotypic [ˌæpəˈtɪpɪk] *a.* 非典型的

Appalachian [ˌæpəˈleɪtʃɪən] *n.* 阿帕拉契(山脉)的

appal(l) [əˈpɔːl] *vt.* 使吃惊

appalling [əˈpɔːlɪŋ] *a.* 令人震惊的,骇人听闻的 ‖ ~ly *ad.*

apparatus [ˌæpəˈreɪtəs] *n.* ①仪器,设备,器械 ②

机构 ③(学术著作中的)注解,索引

〖用法〗注意下面例句的含义: The open end of the tube is connected to the <u>apparatus</u> the pressure within which is to be measured. 把该管子的开口端连接到其内部压力要加以测量的设备上。

apparel [ə'pærəl] ❶ n. ①衣服,外衣 ②外表 ③船上用具 ❷ vt. 穿衣

apparent [ə'pærənt] a. ①明白的,显然的 ②视在的,外观的,表面上的,肤浅的 ③形似的

〖用法〗科技文中经常遇到 "It is apparent that…=Apparently,…",意为"显然,很明显"。如: <u>It is apparent that</u> electric power is expended in forcing a current through the resistance of the conductor. 显然,在迫使电流流过导体的电阻时要消耗电功率。

apparently [ə'pærəntlɪ] ad. 显然,表面上

apparentness [ə'pærəntnɪs] n. 显然,明白,外观

apparition [æpə'rɪʃən] n. 初现,幻象的出现,神奇的现象

appeal [ə'piːl] vi.;n. ①要求,呼吁,上诉 ②吸引…的注意,请求,决定 ③感染力,有吸引力 ☆**appeal to** 要求,求助于,诉诸;引起…的兴趣; **appeal to A for B** 向 A 要求 B; **appeal to A to (do)** 呼吁 A (做); **make an appeal (for,to)** 呼吁,恳求,诉诸,引起兴趣

〖用法〗注意下面例句的含义: Its algebraic sign must be fixed by <u>an appeal</u> to physical meaning. 必须根据物理意义来确定其代数符号。

appealing [ə'piːlɪŋ] a. 有感染力的,引人入胜的 ‖ **~ly** ad.

appear [ə'pɪə] vi.①出现,来到,露面,问世;登载,出版 ②显得,看来(像),好像 ☆**appear as** 作为…出现,表现为; **appear to (do)** 看来像是; **appear to be** (看来)似乎是,(表现出)好像是,可认为是,可视作,仿佛; **appear to A** 在 A 看来像; **it appears (to A) that** (在 A 看来)似乎

〖用法〗❶ 它可以成为连系动词,意为"似乎",这时后跟形容词。如: Equation(2-18) <u>appears</u> <u>incorrect</u>. 式(2-18)似乎是不正确的。❷ 它也可能是半助动词,意为"似乎",后跟动词不定式。如: There <u>appear</u> to be only two kinds of charge in the universe. 宇宙中似乎只有两种电荷。/According to Eq.(3-81) the transformer <u>appears</u> from the primary side <u>to be</u> a pure resistance. 根据式(3-81)该变压器从初级端看似乎是一个纯电阻。/Accordingly the approximate turn-on voltage would <u>appear to be</u> <u>increased</u> by about 60mV to 0.76V. 因此,近似的开启电压似乎会增加 60 毫伏约到 0.76 伏。❸ 注意"否定的转移"(即汉语中并不否定在"似乎"上,而是否定在后面了)。如: At first glance it <u>does</u> <u>not appear</u> that this integral fits any of the forms presented up to this point. 初看起来,似乎这个积分并不符合到目前为止所讲到的任何一种形式。/This computer <u>does not appear</u> to be so good in quality as that one. 这台计算机的质量似乎没有那

台好。❹ 由于它是不及物动词,所以不能用它的过去分词作定语,而只能用现在分词作定语。如: In the next section, we shall discuss some phenomena <u>appearing in the PN junction</u>. 在下一节,我们将讨论发生在 PN 结中的一些现象。❺ 注意下面例句中该词的用法: The car whose motion is graphed in Fig.1-9 <u>appeared</u> going from left to right. 其运动状况如画在图 1-9 中的那辆汽车所示,好像是从左向右行驶似的。❻ "It appears that…"意为"似乎…"。

appearance [ə'pɪərəns] n.①出现,问世;出版 ②外观,外部特性,表象 ☆**at first appearance** 初看起来; **at the appearance of** 在…出现的同时,看见…就; **by all appearances** 显然; **enter an appearance** 到场; **in appearance** 看来,外表上(看起来); **there is every appearance of (that)** … 无一处不像…; **there is no appearance of** 简直看不见…的影子,一点没有…的样子; **to all appearance(s)** 显然,看来

〖用法〗注意下面例句的含义: This device made its <u>appearance</u> in 1950. 这个器件出现于 1950 年。

appeasable [ə'piːzəbl] a. 可平息的,可满足的

appease [ə'piːz] vt. ①使平息,满足,充饥,解渴 ②对…让步,迁就 ‖ **~ment** n.

appellant [ə'pelənt] ❶ a. 控诉的 ❷ n. 控诉人

appellation [æpe'leɪʃən] n. 名称〔义〕,称呼

appellative [ə'pelətɪv] a.;n. 名称(的),称号,定名的

appellee [,æpə'liː] n. 被上诉人

appellor [ə'pelə] n. 上诉人

append [ə'pend] vt. 附加,添加,悬挂 ☆**append A to B** 在 B 上附加 A

appendage [ə'pendɪdʒ] n. ①附属物,附件 ②备用仪器

appendant, appendent [ə'pendənt] ❶ a. 附加的,附属的(to) ❷ n. 附属物

appendectomy [,æpən'dektəmɪ] n. 阑尾切除术

appendic(e)al [ə'pendɪkəl] a. 阑尾的,附件的

appendices [ə'pendɪsiːz] appendix 的复数

appendicitis [ə,pendɪ'saɪtɪs] n. 阑尾炎,蚓突炎

appendicular [,æpən'dɪkjulə] a. 阑尾的,附件的

appendix [ə'pendɪks] (pl.appendixes 或 appendices) n. ①附录,附属(物),补遗 ②(气球)充气管,输送管 ③阑尾

〖用法〗这个词后跟介词"to"。如: This solution is discussed in the <u>appendix to</u> this chapter. 这个解在本章的附录中加以讨论。

appentice [ə'pentɪs] n. 厢〔耳〕房

apperception [æpə'sepʃən] n. 感知〔受〕

apperceptive [æpə'septɪv] a. 感知的

appertain [æpə'teɪn] vi. 属于,有关于,专属,适合于(to)

appet ['æpɪt] n. 欲望,渴望

appetence ['æpɪtəns], **appetency** ['æpɪtənsɪ] n. ①强烈的欲望,渴望(of,for,after) ②【化】亲和

力(for) ‖ **appetent** *a.*

appetite ['æpɪtaɪt] *n.* ①食欲,胃口 ②(自然)欲望,爱好

appetition [æpɪ'tɪʃ ən] *n.* 渴望,嗜好,欲望

appetizer ['æpɪtaɪzə] *n.* 开胃剂

appetizing ['æpɪtaɪzɪŋ] *a.* 引起食欲的,开胃的

applanate ['æpləneɪt] *a.* 扁平的

applanation [æplə'neɪʃ ən] *n.* 扁平(角膜);蚀平作用

applaud [ə'plɔːd] *v.* ①鼓掌,喝彩,称赞(for) ②赞成

applause [ə'plɔːz] *n.* 热烈称赞,鼓掌

applauseograph [əplɔː'zɒgrəf] *n.* 噪声录音机

apple ['æpl] *n.* 苹果(树),炸弹 ☆**the apple of the eye** 瞳仁;掌上明珠

apple-pie [æplpaɪ] ❶ *n.* 苹果饼 ❷ *a.* 典型美国式的 ☆**in (into) apple-pie order** 十分整齐,井然有序

Appleton layer ['æplɪtən'leɪə] 阿普顿层,F(电离)层

appliance [ə'plaɪəns] *n.* ①器具,设备 ②适〔应〕用

applicability [,æplɪkə'bɪlɪtɪ] *n.* 适用性,适用范围 〖用法〗 注意词汇搭配模式"applicability of A to B",意为"A 适用于 B"。如: This type of oscilloscope was built to demonstrate applicability of the sampling concept to an oscilloscope display tube. 建造这类示波器的目的是展示该取样概念适用于示波器显示管。

applicable ['æplɪkəbl] *a.* 可适用的,有利的,合适的 ☆**(be) applicable for** 对…很合适; **(be) applicable to** (适)用于

applicably ['æplɪkəblɪ] *ad.* 可适用地,适当地

applicant ['æplɪkənt] *n.* 申请人,报名者(for)

application [,æplɪ'keɪʃ ən] *n.* ①应(adj.)用②【数】贴合 ③作用,施加(力),馈给 ④敷用 ⑤申请(表),请求 ☆**find application(s)** 获得应用; **have application in** 应用于; **in application to A** (在)应用于 A(时); **make an application for A (to B)** (向 B)申请 A; **on application** 函索(即寄),申请(就给); **the application of A to B** 把 A 应用于 B

〖用法〗 ❶ 注意搭配模式"the application of A to B",如: The application of a net force to an object always produces an acceleration. 把一个净力加到物体上总会产生一个加速度。/Fig.8-17 shows the application of a guard to the measurement situation shown in Fig.8-15. 图 8-17 画出了把防护板应用于图 8-15 所示的测量场合(的情况)。❷ 注意下面例句中该词的用法: Capacitors find many applications in electrical circuits. 电容器在电路中获得了许多应用。/One suitable application for the automatic-reset dc amplifier is in oscilloscopes. 自动复位直流放大器的一个合适的应用是(用)在示波器之中。❸ "an application of…"意为"应用

一下;加上…(的话)"。如: The Laplace transforms for various time functions are readily obtainable through a direct application of Eq.(2-5). 通过直接应用式(2-5)就能容易地获得各种时间函数的拉氏变换。

applicator ['æplɪkeɪtə] *n.* ①敷贴(涂层),注施机,撒药机 ②扣环起子 ③高频发热电极

apply [ə'plaɪ] *v.* ①适用〔合〕,应用 ②施加,作用,敷,搽,浇 ③申请,接洽 ☆**(be) applied to** 适(用)于,应用于,施加于; **apply for** 申请,接洽; **apply A on B** 把 A 作用〔加到〕B 上; **apply one's mind to** 专心于; **apply oneself to** (专心)致力于; **apply to A for B** 向 A 求〔接洽〕B

〖用法〗 ❶ 在科技文中当 apply 作及物动词表示"应用"时,一般有三种搭配关系,以被动形式为例: be applied to doing … "被应用于…"; be applied in doing … "被应用在…方面"; be applied to do … "被应用来…"。如: The operation of clearing a memory location may be applied to clearing an array of memory locations. 对一个记忆地址的清零操作可应用于对一系列记忆地址进行清零。/This very useful property is applied in coupling the large internal resistance of an amplifier to the low resistance of a loudspeaker load.这一非常有用的性质用于把放大器大的内阻耦合到扬声器负载的低电阻上。/A force may be applied to do work. 可以用力来做功。❷ 在科技文中经常把 apply 用作不及物动词,意为"适用的,成立的",它可以后跟介词 to。如: That equation applies here. 那个式子在这里是适用的(成立的)。/When the terminals of the diode are interchanged, the same circuit analysis applies. 当把二极管的端点互换一下时,同样的电路分析仍然是适用的。/Ohm's law applies only to metallic conductors. 欧姆定律只适用于金属导体。❸ 注意下面例句的汉译法: Kirchhoff's voltage law applied to the circuit of Fig.1-3 yields the following expression. 把基尔霍夫定律应用于图 1-3 的电路上就得到了下面的表达式。

appoint [ə'pɔɪnt] *vt.* ①指定 ②任命,指派 ③给…提供设备 ☆**appoint A to B** 派〔任命〕A 担任 B 〖用法〗该词带有补足语时,可以在补足语前加介词"as",也可加"to be"或什么也不加。如: This is to certify that Professor WEIDONG LI has been appointed an Honorary Member of the INTERNATIONAL BIOGRAPHICAL CENTER Advisory Council. 兹证明李卫东教授被聘为"国际传记中心"咨询委员会名誉委员。

appointed [ə'pɔɪntɪd] *a.* 决(指)定的,被任命的

appointee [ə,pɔɪn'tiː] *n.* 被任命者,被指定人

appointive [ə'pɔɪntɪv] *a.* 任命的,委任的

appointment [ə'pɔɪntmənt] *n.* ①指定,约会 ②任命,委派 ③职位 ④(pl.)设备 ⑤车身内部装饰 ☆**an appointment as A** 担任 A 的职位; **break an appointment** 背约; **by appointment** 按照约定的时间(和地点); **keep an appointment** 如

约; **make (fix) an appointment with A** 与 A
约定〔会〕; **take up an appointment** 就任

appointor [əˈpɔintə] n. 指定人

apportion [əˈpɔːʃən] vt. 分配〔摊〕,均分
(between,among) ‖ ~ment n.

appose [əˈpəuz] vt. 并列

apposite [ˈæpəzit] a. 适当的,合适的(to);附着
的 ‖ ~ly ad. ~ness n.

apposition [æpəˈziʃən] n. 并置;附着;同位(语)
☆**in apposition to (with) A** 与 A 同位

appositive [əˈpɔzitiv] n.;a. 同位语,同位的

appraisable [əˈpreizəbl] a. 可评价的,可鉴定的

appraisal [əˈpreizəl] n. 估价,估计,鉴定

appraise [əˈpreiz] vt. 估价,评价,鉴定 ‖ ~ment n.

appraiser [əˈpreizə] n. 评价人,鉴定人

appreciable [əˈpriːʃəbl] a. ①看得出的,感觉得到
的 ②明显的,可观的 ③可估计的

appreciably [əˈpriːʃəbli] ad. 相当地,明显地
〖用法〗"appreciably+比较级"意为"…得多。"

appreciate [əˈpriːʃieit] v. ①估价,鉴定 ②理解,体
会到 ③赞赏,感激 ④涨价,价值增高
〖用法〗当它表示"感激"时,其对象一般是事物,
而不是人(但也有个别美国人用人作其对象的)。
如: The continuing support of the staff of
McGraw-Hill is deeply appreciated. 对于
McGraw-Hill 出版社员工们的不断帮助深表感谢。
但是又如: Mrs. G. Meyer is especially appreciated
for the many long thankless hours she contributed to
proofreading each of the various stages of the text.
特别要感谢 G. Meyer 夫人,她为校对本教材每一
阶段的稿子花费了大量吃力不讨好的时间。

appreciation [əpriːʃiˈeiʃən] n. ①评价,鉴定 ②
判断,欣赏,感激 ③增值 ☆**in appreciation of**
作为…的奖赏
〖用法〗该词前可与动词"have,obtain,get"连用,
其后可与介词"for,of"连用。如: The numerical
example that follows will help us get some
appreciation of the soliton properties. 下面的数字
例题将有助于我们对孤立子的性质有所了解。/To
obtain an appreciation for the frequency spacing, we
will consider the laser depicted in Fig.4-4. 为了了
解频率间距,我们将研究一下图 4-4 所示的激光
器。

appreciative [əˈpriːʃiətiv],**appreciatory** [əˈpriː-
ʃiətəri] a. 有鉴别力的,欣赏的,感谢的 ‖ ~ly ad.

apprehend [æpriˈhend] v. ①理解,领会 ②忧虑,
怕 ③逮捕,拘押

apprehensibility [æpri,hensiˈbiləti] n. 可理解
(性)

apprehensible [æpriˈhensibl] a. 可理解的

apprehension [æpriˈhenʃən] n. ①理解(力),领
会 ②逮捕 ③(pl.)忧虑,担心 ☆**be under some
apprehensions about** 对 … 有点担心; **be
under the apprehension that** 唯恐,就怕;
entertain (have) some apprehensions for (of)

对…有点担心; **in (to) one's apprehension**
照…的理解; **be quick (dull) of apprehension**
头脑敏捷〔迟钝〕; **be under the apprehension
(that)** 担心,唯恐; **to popular apprehension** 根
据一般人的意见

apprehensive [æpriˈhensiv] a. ①忧虑的 ②有
理解力的,善于领会的 ③意识到…的(of) ☆**be
apprehensive for (of)** 为 … 担 心 ; **be
apprehensive that ... may** 恐怕…会 ‖ ~ly ad.
~ness n.

apprentice [əˈprentis] ❶ n. 学徒,生手,见习生 ❷
vt. 使…做学徒(常与 to 连用) ☆**be bound
apprentice to sb.** (受约)做某人的徒弟; **be
apprentice to sb.** 当某人的学徒

apprenticeship [əˈprentisʃip] n. 做学徒,学徒期
间 ☆**serve one's apprenticeship with sb.** 做
某人学徒; **serve out one's apprenticeship** 学
徒期满

appressed [əˈprest] a. 紧贴的

appression [əˈpreʃən] n. 有重量,重力感

appressorium [,æpreˈsɔːriəm] n.【植】附着胞

apprise, apprize [əˈpraiz] vt. 报告,通知 ☆**be
apprised of** 获悉;了解,被告知; **be apprised
that ...** 已获悉…; **apprise A of B** 把 A 通知 B

appro [ˈæprəu] n. 看货后再作决定 ☆**on appro**
供试用的,包退换的商品

approach [əˈprəutʃ] ❶ v. ①接近,逼近,走进 ②探
讨,解决 ☆**approach A as a limit** 以 A 为极限;
approach in finity as a limit 趋近于无穷大为
极限; **approach A on (to do)** 向 A 接洽〔交涉〕;
approach (to) A 接近〔约等〕于 A; **approach A
with B** 向 A 提出 B; **be approaching (to) A** 与
A 差不多 ❷ n. ①接近,近似(值) ②途径,方法
③接近 ④进(机)场,进入,通道 ⑤入门,入口 ☆**at
the approach of** 在…将到的时候; **be easy
(difficult) of approach** 易〔难〕于接近〔到
达〕的; **make an approach to** 对…进行探讨
〖用法〗❶ 注意: 当它表示"方法"时,其后面跟
介词"to"(而不是动词不定式),但也有少数人用
"for"。如: There are many approaches to finding
bugs in a program. 寻找程序中的虫子〔缺陷〕的
方法有多种。/To get around this difficulty, we resort
to an algorithmic approach for solving the problem
in an iterative manner. 为了克服这一困难,我们采
用算术的方法来迭代地解题。❷ 其前面用介词
"by"表示"用"。如: This problem can be solved by
the digital approach. 这个问题可以用数字方法来
解决。❸ 它作及物动词时的例子: These laws
must be approached with an awareness of the
processes of selection and idealization inherent in
the scientific description of nature. 研究〔探讨,处
理〕这些定律时必须要了解以科学方法描述自然
界时所固有的选择和理想化过程。❹ 注意下面该
词表示"接近"的例子: The two curves have their
closest approach just below threshold. 这两条曲线

在门限值下面是最接近的。/The MOSFET <u>makes its closest approach to</u> the remarkable BJT transconductance property in the subthreshold regime. 金属氧化物半导体场效应晶体管在亚阈区最接近于双极型晶体管显著的跨导性质。

approachability [ə,prəutʃə'bɪlətɪ] *n.* 可接近,易接近

approachable [ə'prəutʃəbəl] *a.* ①可接近的 ②平易近人的

approacher [ə'prəutʃə] *n.* 接近的目标

approbate ['æprəubeɪt] *vt.* ①通过,批准 ②对…感到满意

approbation [,æprə'beɪʃən] *n.* 官方批准,认可 ☆**on approbation** 看货后再作决定,供试用的,包退包换的; **goods on approbation** 看货后再作决定的货物(不满意可退还)

approbatory [,æprə'beɪtərɪ] *a.* 承认的,赞赏的,采纳的

appropriable [ə'prəupriəbl] *a.* 可作专用的;可作私用的

appropriate ❶ [ə'prəuprɪɪt] *a.* 适合的;相称的(to) ☆**(be) appropriate to (for)** 适于,与…相称 ❷ [ə'prəuprɪeɪt] *vt.* ①拨给 ②挪用 ③充当 ☆**appropriate A for B** 拨 A 给 B,使 A 当作(合于)B 之用; **appropriate to (for)** 适合于" 〖用法〗❶ 在"it is appropriate that…"句型的从句中谓语一般要用"(should+)动词原形"虚拟形式。如: It is appropriate that a standards committee be established. 建立一个标准委员会是合适的。❷ 注意下面例句的含义: It is <u>appropriate</u> to ask why it is that alpha particles are given off by heavy nuclei. 完全有理由发问: 阿尔法粒子到底为什么是由重原子核发射出来的呢?("to ask"的宾语从句是一个强调句型"it is … that …",强调的是连接词"why",由于它要引导从句,所以把它放在从句句首了。)/Here n_{om} stands for majority-carrier density n_o or p_o, <u>as appropriate</u>. 这里 n_{om} 根据具体情况表示多数载流子密度 n_o 或 p_o。

appropriately [ə'prəuprɪɪtlɪ] *ad.* 适合的;适当的

appropriateness [ə'prəuprɪɪtnɪs] *n.* 适当性,适合程度

appropriation [ə,prəuprɪ'eɪʃən] *n.* ①据为己有,挪用,剽窃 ②拨充某用 ③拨款;拨款的立法行为 ☆**make an appropriation for** 拨一笔款供…之用

appropriative [ə'prəuprɪeɪtɪv] *a.* 专用的,可拨用的 ☆**(be) appropriative for (to)** 充作…用的

appropriator [ə'prəuprɪeɪtə] *n.* 专有者,擅用者

approvable [ə'pru:vəbl] *a.* 可承认的,可核准的

approval [ə'pru:vəl] *n.* ①批准;赞成;认可 ②通过 ③证明 ☆**for sb.'s approval** 求某人指正; **give one's approval to** 批准; **on approval** 供试用的(看样试用后决定是否购买),包退包换的; **have sb.'s approval (meet with sb.'s approval)** 得到某人的赞同; **present (submit) sth. to sb. for**

approval 把某事提交某人批准; **win approval** 获得批准,博得赞许; **with (without) approval of (from) A** 经〔未经〕A 的批准; **nod one's approval** 点头同意

approve [ə'pru:v] *v.* ①批准;认可;通过 ②(常与 of 连用)赞成,赞同 ③(常与反身代词连用)〔古语〕证明为,表明 ☆**approve oneself** 证明自己是

approver [ə'pru:və] *n.* 承认者,赞同者

approvingly [ə'pru:vɪŋlɪ] *ad.* 赞许地,满意地

approximability [ə,prɒksɪmə'bɪlətɪ] *n.* 近似,接近

approximable [ə'prɒksɪməbl] *a.* 可逼〔近〕的

approximant [ə'prɒksɪmənt] *n.* 近似值〔式〕

approximate ❶ [ə'prɒksɪmɪt] *a.* 近似的,接近的 ☆**(be) approximate to** 近似,约计; **value approximate to the standard** 接近标准的数值 ❷ [ə'prɒksɪmeɪt] *v.* ①接近;使接近;大致为(常与 to 连用) ②近似 ☆**approximate (A) to B** (使 A)接近及,约计为 B 〖用法〗注意下面例句的含义: We can <u>approximate</u> Eq. (2-9) <u>as</u> zero. 我们可以把式(2-9)近似取为零。/We can <u>approximate</u> the reflectivity by the following expression. 我们可以用下面的表达式来近似表示反射率。/It is of interest that every function can be <u>approximated</u> by simple functions. 有趣的是,每个函数都可以用一些简单的函数来近似。

approximately [ə'prɒksɪmɪtlɪ] *ad.* 近似地

approximation [ə,prɒksɪ'meɪʃən] *n.* ①接近 ②【数】近似值 ③大致估计,概算 ④渐近法 ☆**to (in (a,the) first approximation** 大致上,以一级近似表示; **to (in) a good approximation** 极近似地; **to a further approximation** 更进一步的似的(地); **to the same approximation** 以同样的近似(地); **to this degree approximation** 在这一近似程度上; **be a very close approximation to** 很接近于… 〖用法〗❶ 它一般与动词"make"搭配使用,表示"作近似"。如: We can <u>make approximations</u> to simplify the model. 我们可以用一下近似来简化该模型。❷ 这个词前常用介词 to。如: These equations are useful to determine the detected voltages to a reasonable approximation. 这些式子能够用来比较近似地求出检测的电压。/This relation holds <u>to a good approximation</u> for a simple baud structure. 这个关系式非常近似地适用于一个简单的波特结构。它和介词"to"大致上与 θ 成正比。y 大致上与 θ 成正比。❸ 它后面一般跟介词"to",但也有跟"for"的。如: An <u>approximation to</u> the integral expression (4.1) can be achieved by analog computation over a finite time interval. 通过在一个有限的时间间隔内进行模拟计算就可以得到积分表达式(4.1)的近似值。/It is possible to synthesize a circuit to yield <u>an approximation to</u> the function y=ln x. 我们能够综

合出获得函数 y=ln x 的近似值的电路。/The Gaussian limit gives a relatively poor approximation for the actual probability distribution. 高斯极限给出的实际概率分布的近似值比较差。❹ 注意下面例句的含义: This model holds to an excellent approximation. 这个模型近似性极好。/In the first approximation one can assume that the three normal states are independent of each other. 大致上我们可以认为这三个正常状态是彼此独立的。

approximative [əˈprɒksɪmətɪv] a. 近似的 ‖ ~ly ad.

appui [æˈpwiː] (法语) n. 支持(物),支援,预备队

appulse [əˈpʌls] n. 接近

appurtenance [əˈpɜːtɪnəns] n. (常用 pl.) 附属物,附属设备,【法】附属权利

appurtenant [əˈpɜːtɪnənt] ❶ a. ①隶属的,附属的(to) ②贴切的,恰当的(to) ❷ n. 附属物

apractic [əˈpræktɪk] a.【医】运用不能症的,精神性失用症的

apractognosia [əpræktəɡˈnəʊsɪə] n.【医】工作不能

apraxia [əˈpræksɪə] n.【医】运用不能,失用症;精神盲

apraxic [əˈpræksɪk] a. 运用不能的

aprication [æprɪˈkeɪʃən] n. 日光浴

apricot [ˈeɪprɪkɒt] n. 杏,杏树,杏黄色

April [ˈeɪprəl] n. 四月(略作 Apr.)

a priori [eɪ praɪˈɔːraɪ] (拉丁语) a.;ad. ①演绎的,推理的 ②先验的 ③未经观察分析的 〖用法〗该词的用法举例如下: The value of ε may not be known a priori. ε 的数值不可能无验地知晓。/In this case, the probability is called an a priori probability. 在这种情况下,该概率就被称为先验概率。

apriorism [ˌeɪpraɪˈɔːrɪzəm] n. 先验论,演绎之推论

apriority [ˌeɪpraɪˈɒrɪtɪ] n. 先验性,先验法

apron [ˈeɪprən] n. ①围裙,【建】壁脚板;【印】唇布;【航】挡板;【建】窗台;【军】防爆坡;【地理】冰川沉积平原 ②(机场的)停机坪 ③高尔夫球场的绿茵的边缘 ④拳赛台围绳外的部分 ⑤长毛动物胸前的毛 ⑥由铁片拼成的输送带 ⑦护桥,码头前沿,火车轮渡的接岸桥 ⑧(戏台的幕前部分)台口

apropos [ˈæprəpəʊ] a.;ad. ①适当的(地);恰好的(地) ②顺便地 ③(常与 of 连用)关于 ☆ *apropos of* 关于;说到…; *apropos of nothing* 凭空地,顺便地

aproposity [ˌæprəˈpəʊsətɪ] n. 适当,巧合

aprosexia [ˌeɪprəˈseksɪə] n. 注意力减退

aprotic [eɪˈprɒtɪk] a. 对质子有惰性的,无施离的

apsacline [eɪpˈsæklaɪn] n. 斜倾型

apse [æps] n.【建】(尤指)教堂半圆形的后殿;【天】回归点,拱点

apselaphesia [æpseləˈfiːzɪə] n. 触觉缺失〔减退〕

apsidal [ˈæpsɪdəl] a. 半圆室的,拱点的,极距(点)

的,【天】拱(极)点的

apsis [ˈæpsɪs] (pl. apsides) n. ①半圆(形)室 ②【天】拱点,极距点;近日点;远日点

apsychia [æpˈsaɪkɪə] n. 晕厥

apsychical [æpˈsaɪkɪkəl] a. 非精神性的

apsychosis [əsaɪˈkəʊsɪs] n. 思考不能

apt [æpt] a. ①易于…的,有…的倾向 ② 善于…的(at) ③适当的;恰当的 ☆ *be apt at* 善于; *be apt for* 适合; *be apt to (do sth.)* 易于,动辄,往往,有可能

〖用法〗注意下面例句中该词的用法: In this case, there is apt to be interaction between the two adjustments. 在这种情况下,在这两次调整之间易于存在相互作用。

apteral [ˈæptərəl] a.【建】无侧柱的;【动】无翅的

apteroid [ˈæptərɔɪd] n. 无翼机

apterous [ˈæptərəs] a.【生】无翅的

aptitude [ˈæptɪtjuːd] n. ①适应性,趋势(for) ②性能,(特殊)才能 ③聪颖 ☆ *have an aptitude for* 有…的天性,有…的才能; *have an aptitude to (vices)* 易染(恶习)

aptly [ˈæptlɪ] ad. 适当地

aptness [ˈæptnɪs] n. 适合性,才能

apus [ˈeɪpəs] n. 无足者

Apus [ˈeɪpəs] n.【天】天燕(星)座;【动】雨燕属

apyre [ˈeɪpaɪə] n.【地质】红柱石

apyrene [eɪˈpaɪriːn] a. 无核(质)的

apyretic [ˌæpaɪˈretɪk] a. 不发热的

apyrexia [ˌeɪpaɪˈreksɪə] n. (pl.) 无热,发热间歇期,无热期

apyrexial [ˌeɪpaɪˈreksɪəl] a. 无热(期)的,发热歇期的

apyrite [ˈeɪpaɪraɪt] n.【地质】红电气石

apyrogenetic [eɪpaɪrəˈdʒɪnetɪk] a. 不致热的

apyrogenic [eɪpaɪrəˈdʒenɪk] a. 不生热的

apyrous [eɪˈpaɪrəs] ❶ a. 耐火的,不易燃的 ❷ n. 抗火性

aqua [ˈækwə] ❶ (pl. aquae) (拉丁语) n. 水,溶液 ❷ a. 浅绿色的

aquaculture [ˈækwəkʌltʃə] n. 水产养殖,水栽法溶液培养

aquadag [ˈækwədæɡ] n. 石墨悬胶

aquaeductus [ækwɪˈdʌktəs] n. 导(水)管

aquafalfa [ˈækwəˈfælfə] n. 地下水位高的土地

aquafarm [ˈækwəfɑːm] n. 水产养殖场

aquafortis [ˈækwəˈfɔːtɪs] (拉丁语) n.【化】浓硝酸

aquage [ˈækwɪdʒ] n. 水路

aquagraph [ˈækwəɡrɑːf] n.【化】导电敷层

aqualite [ˈækwəlaɪt] n. 冰岩

aqualung [ˈækwəlʌŋ] n. 水肺,潜水肺

aqualunger [ˈækwəlʌŋə] n. 水肺人

aquamarine [ˌækwəməˈriːn] n. ①【地质】海蓝宝石,晶晶 ②海蓝色,蓝绿色

aquamarsh [ˈækwəmɑːʃ] n. 水沼地,沼泽

aquametry [ə'kwemɪtrɪ] n. 滴定测水法
aquamotrice [ækwə'məutrɪs] n. 一种挖泥器具
aquanaut ['ækwənɔ:t] n. 潜水人;海底观察员,海底实验室工作人员
aquaplane ['ækwəpleɪn] ❶ n. (汽艇拖行的)驾浪板,滑水板 ❷ v. 滑水
aquaplaning ['ækwəpleɪnɪŋ] n. 滑水,在水面上滑动,漂滑现象
aquapulper ['ækwəpʌlpə] n. 水力碎浆机
aqua-regia ['ækwə'ri:dʒɪə] (拉丁语) n.【化】王水
aquarelle [,ækwə'rel] (法语) n. 水彩画,水彩画法
aquarium [ə'kwərɪəm] (pl. aquariums;aquaria) n. 水池,混合室
aquaseal ['ækwəsi:l] n.;a. (电缆绝缘涂敷用)密封剂,密封的,水封
aquastat ['ækwəstæt] n. 水温自动调节器
aquated [ə'kweɪtɪd] a. 水合的
aquatel ['ækwətel] n. (英)水上旅馆
aquathenics [,ækwə'θenɪks] n. 水上体操
aquathruster [,ækwə'θrʌstə] n. 脉振计,气压扬水机
aquatic [ə'kwætɪk] ❶ a. ①水生的 ②水上或水中的 ③运动在水面或水中的 ❷ n. ①水生动(植)物,水草 ②(pl.)水上运动
aquatint ['ækwətɪnt] n.;vt. ①凹(铜)版腐蚀制版法 ②蚀刻凹版(画)
aquation [ə'kweɪʃən] n.【化】水化作用
aqua-vitae ['ækwə'vaɪti:] (拉丁语) n. 酒精
aqueduct ['ækwɪdʌkt] n. ①渠道;渡槽,导水管 ②导管
aqueous ['eɪkwɪəs] a. ①水的;似水的,含水的 ②水里形成的;水栖的
aquic ['ækwɪk] a. 饱水缺氧的
aquiclude ['ækwɪklu:d] n. ①含水土层 ②弱透水层,阻水层
aquiculture ['ækwɪ,kʌltʃə] n.【生】水产养殖
aquifer ['ækwɪfə] n. 含水土层
aquiferous [æ'kwɪfərəs] a. 含水的,蓄水的
aquifuge ['ækwɪfju:dʒ] n. 不透水层
aquiherbosa [,ækwɪhɜ:'bəusə] n.【生】沼生草本群落
aquiline ['ækwɪlaɪn] a. ①鹰的,似鹰的 ②(像鹰嘴那样)弯曲的,钩状的
aquinite ['ækwɪnaɪt] n.【化】氯化苦杀虫剂
aquiparous ['ækwɪpərəs] a. 水生的,液体分泌的
aquo ['eɪkwəu] a. 水合的,含水的
aquocobalamin [ækwəkəu'bæləmɪn] n.【化】水钴胺素,维生素 B_{12}
aquogel ['ækwəudʒel] n. 水凝胶
aquoluminescence [ækwəlu:mɪ'nesəns] n. 水(合)发光
aquolysis [ə'kwɒlɪsɪs] n.【化】水解
aquometer [ə'kwɒmɪtə] n. 蒸汽吸水机
aquosity [ə'kwɒsətɪ] n.(=aquositas) ①水性,水态;

含水性 ②潮湿
aquotization [ækwətaɪ'zeɪʃən] n.【化】水合作用
Ar [ɑ:] n. 元素氩的符号
Arab ['ærəb] n.;a. 阿拉伯人(的)
araban ['ærəbæn] n. 阿拉伯树胶
arabesque [,ærə'besk] n.;a. ①蔓藤花纹,阿拉伯式花纹 ②装饰性的流线体(字) ③一种芭蕾舞姿
arabesquitic [,ærə'beskɪtɪk] a. 花纹(结构)的
Arabia [ə'reɪbɪə] n. 阿拉伯半岛
Arabian [ə'reɪbɪən] a.;n. 阿拉伯的,阿拉伯人(的)
Arabic ['ærəbɪk] ❶ a. 阿拉伯人的(语言、文学等) ❷ n. 阿拉伯语
arabin ['ærəbɪn] n.【化】阿糖胶
arabinose [ə'ræbɪnəuz] n.【化】阿拉伯糖,树胶醛醣
arabitol ['ærəbaɪtɒl] n.【化】阿拉伯糖醇
arable ['ærəbəl] ❶ a. 可耕的,适于耕种的 ❷ n. (=arable land)(可)耕地
arabogalactan [ærəbəugə'læktən] n.【化】阿拉伯半乳聚糖
araboketose [ærəbəu'ki:təuz] n.【化】阿拉伯酮糖
arabopyranose [ærəbəu'paɪrənəuz] n.【化】阿拉伯吡喃糖
araboxylan [ærəbəu'zaɪlæn] n.【化】阿拉伯木聚糖
arabulose ['ærəbju:ləus] n.【化】阿拉伯酮糖
arachain ['ærəkaɪn] n.【化】花生仁蛋白酶
arachin ['ærəkɪn] n.【化】花生球蛋白
arachine ['ærəkɪn] n.【化】花生砜
arachnoid [ə'ræknɔɪd] ❶ a. 蛛网状的 ❷ n.【生】蛛网膜
araeometer [ə'ri:əmɪtə] n. (液体)比重计
araeostyle [ə'ri:əstaɪl] ❶ n.【建】对柱式建筑物 ❷ a. 对柱式建筑的
araeosystyle [ə,ri:ə'sɪstaɪl] a.;n. 对柱式的(建筑物)
araeoxene [æri:'ɒksɪn] n.【地质】钒铅锌矿
aragonite ['ærəgənaɪt, ə'rægənaɪt] n.【地质】霰石,文石
aragotite [ə'rægətaɪt] n. 黄沥青,(美国加利福尼亚州)天然沥青
Aralac ['eərəlæk] n.【化】干酪素塑胶纤维
araldite [ə'rældaɪt] n.【化】环氧树脂黏合剂,合成树脂黏结剂
aralkyl [ə'rælkɪl] n.【化】芳(代脂)烷基,芳基代的烷基
araneid [ə'reɪnɪɪd] n. 蜘蛛
araucaria [,ærɔ:'keərɪə] n.【植】南洋杉属树 ‖ ~n a.
arbacin ['ɑ:bəsɪn] n.【化】海胆精蛋白
arbalist ['ɑ:bəlɪst] n. 重弩射击手
arbite ['ɑ:baɪt] n. 一种安全炸药
arbiter ['ɑ:bɪtə] n. ①仲裁人,公断人 ②【物】判优器,判优电路 ③权威人士

A

arbitrage [ˈɑːbɪtrɪdʒ] *n.* 仲裁,套汇
arbitrament [ɑːˈbɪtrəmənt] *n.* 仲裁;裁判,裁判权
arbitrarily [ˈɑːbɪtrərɪlɪ] *ad.* 武断地,任意地
arbitrary [ˈɑːbɪtrərɪ] *a.* ①专横的 ②任性的;随心所欲的 ③适宜的
arbitrate [ˈɑːbɪtreɪt] *v.* 仲裁,调停,解决,判优 ‖ **arbitration** *n.*
arbitrator [ˈɑːbɪtreɪtə] *n.* 仲裁人,公断人
arbitron [ˈɑːbɪtrɒn] *n.* 电视节目观看状况报告设备
arbo [ˈɑːbəʊ] *a.* 节肢动物传播的
arbor [ˈɑːbə(r)] *n.* ①(pl. arbores [ˈɑːbəriːz])树,乔木 ②(心,主,柄)轴,(轴,刀)杆,芯骨 ③边框 ④藤架 ⑤凉亭 ⑥林荫步道 ☆*Arbor Day* 植树节
arboraceous [ˌɑːbəˈreɪʃəs] *a.* ①树状的;像树的 ②树木繁茂的
arboreal [ɑːˈbɔːrɪəl] *a.* ①树(状)的,木本的,乔木的 ②树栖的
arboreous [ɑːˈbɔːrɪəs] *a.*(=arboreal) ①树木繁茂的 ②树的,树状的 ③由树木组成的
arborescence [ˌɑːbəˈresəns] *n.* 树状,乔木状,(矿物等)枝状
arborescent [ˌɑːbəˈresənt] *a.* 树状的,树枝状的,似乔木的
arboret [ˈɑːbɒrɪt] *n.* 灌木
arboretum [ˌɑːbəˈriːtəm] *n.* 植物园
arboriculture [ˈɑːbərɪˌkʌltʃə] *n.* 造林,树木栽培
arborist [ˈɑːbɔːrɪst] *n.* 树木学家,林学家
arborization [ˌɑːbərɑɪˈzeɪʃən] *n.* 树枝状,(树枝)分支
arborize [ˈɑːbərɑɪz] *v.* 分支,分歧,分叉
arboroid [ˈɑːbərɒɪd] *a.* 树状的
arborvitae [ˈɑːbəvɑɪtɪ] *n.* ①【植】香柏,侧柏;金钟柏 ②【医】(小脑)活树
arbovirus [ˈɑːbəˈvɑɪrəs] *n.* 【生】虫媒病毒,节肢动物传染病毒
arc [ɑːk] ❶ *n.* ①弧(线,拱),电(圆)弧,弧光(灯) ②弓形(板,物),拱洞,扇形物 ❷ *a.* 电弧的,拱形的
arcade [ɑːˈkeɪd] *n.* ①【建】拱廊,连拱廊 ②有拱顶的街道
arcane [ɑːˈkeɪn] *a.* 神秘的;幽晦的
arcanite [ˈɑːkənɑɪt] *n.* 【化】单钾芒硝
arcanum [ɑːˈkeɪnəm] *n.* (pl. arcana) ①(常用 pl.)奥秘 ②秘方
arc-arrester [ɑːkəˈrestə] *n.* 放电器,火花熄灭器
arcatron [ˈɑːkətrɒn] *n.* 【物】冷阴极功率控制管
arc-back [ɑːkbæk] *n.* 【物】(整流器的)逆弧
arc-cast [ɑːkkɑːst] *n.* 【物】电弧熔铸的
arc-cosine [ɑːkˈkəʊsɑɪn] *n.* 【数】反余弦
arch [ɑːtʃ] ❶ *n.* ①拱门,弓形结构,拱形,桥洞(孔) ②背斜,脚弓 ❷ *v.* 弯曲,作成拱,弯成弓形 ☆ *arch over* 拱悬于…之上 ❸ *a.* 主要的,头等的,著名的,精明的
Archaean [ɑːˈkiːən] *a.;n.* 太古代(的)
archaeolithic [ˌɑːkɪəˈlɪθɪk] *a.* 旧石器时代的

archaeological [ˌɑːkɪəˈlɒdʒɪkəl] *a.* 考古学的
archaeologist [ˌɑːkɪˈɒlədʒɪst] *n.* 考古学家
archaeology [ˌɑːkɪˈɒlədʒɪ] *n.* 考古学
Archaeozoic(era) [ˌɑːkɪəˈzəʊɪk (ɪərə)] *n.* 太古代
archaeus [ɑːˈkiːəs] *n.* 元气,活力
archaic [ɑːˈkeɪɪk] *a.* ①古老的,古代的,陈旧的 ②(语言等)古体的
archaism [ˈɑːkeɪɪzəm] *n.* ①古语,古体 ②(语言等的)拟古主义 ③过去留下来的事物
archebiont [ˈɑːtʃɪbɑɪənt] *n.* 生命起源
archebiosis [ˌɑːkɪbɑɪˈəʊsɪs] *n.* 生物自生
archecentric [ˌɑːkɪˈsentrɪk] *a.* ①建筑中心的 ②原始中心的
archegenesis [ɑːkɪˈdʒenɪsɪs] *n.* 生物自生
archegony [ɑːˈkegənɪ] *n.* ①生物自生 ②非生物起源
archenemy [ɑːˈtʃenɪmɪ] *n.* 主要敌人,(基督教)撒旦
archeocinetic [ˈɑːkiːkɑɪˈnetɪk] *a.* 原始运动的
archeocyte [ˈɑːkɪəsɑɪt] *n.* (=archaeocyte)原细胞
archer [ˈɑːtʃə] *n.* 射手,弓术家
archery [ˈɑːtʃərɪ] *n.* ①射艺,箭术 ②(弓、箭等)射箭用具 ③(集合词)弓箭手
archetypal [ˈɑːkɪtɑɪpəl] *a.* 原型的,典型的
archetype [ˈɑːkɪtɑɪp] *n.* 原(始模)型;典型;基本货币
archiater [ɑːtʃɪˈeɪtə] *n.* 主任医师
archibald [ˈɑːtʃɪbɔːld] ❶ *n.* 高射炮 ❷ *vt.* 用高射炮打
archicenter [ɑːtʃɪˈsentə] *n.* 原始型,原始中心
archicentric [ɑːtʃɪˈsentrɪk] *a.* 原始中心的,初型的
archie [ˈɑːtʃɪ] *n.* 高射炮
archigenesis [ɑːkɪˈdʒenɪsɪs] *n.* 生物自生
archimage [ˈɑːkɪmeɪdʒ] *n.* 大魔术师
Archimedes [ˌɑːkɪˈmiːdiːz] *n.* 阿基米德
archipelagic [ˌɑːkɪpəˈlædʒɪk] *a.* 群岛的
archipelago [ˌɑːkɪˈpeləgəʊ] (pl. archipelago (e) s) *n.* ①列岛 ②多岛海区 ☆ *the Archipelago* 爱琴海及其岛屿
architect [ˈɑːkɪtekt] *n.* ①建筑师,设计师 ②创制者
architective [ɑːkɪˈtektɪv] *a.* 关于建筑的
architectonic(al) [ˌɑːkɪtekˈtɒnɪk(əl)] *n.;a.* ①建筑术的,建筑家的 ②构造的,设计的 ③建筑式样的 ④(知识)成体系或系统化的
architectonics [ˌɑːkɪtekˈtɒnɪks] *n.* 建筑学,结构设计;(认识)体系论;人地构造学
architectural [ˌɑːkɪˈtektʃərəl] *a.* 建筑学的,建筑上的,具有某些建筑风格的特征、装饰或纹样的 ‖ **-ly** *ad.*
architecture [ɑːkɪˈtektʃə] *n.* ①建筑学,建筑艺术 ②建筑(样式、风格),建筑物 ③构造
architrave [ˈɑːkɪtreɪv] *n.* 【建】①框缘;楣梁 ②盘

橡门框及窗等的嵌线 ③额枋

archival [ɑ:'kaɪvəl] a. 关于档案的,档案里的

archive ['ɑ:kaɪv] ❶ vt. 归档,编档保存 ❷ n. 档案文件

archives ['ɑ:kaɪvz] n. (常用 pl.)①文件,档案,档案馆 ②公文,纪录 ③【计】档案库存储器,文史馆

archivolt ['ɑ:kɪvəʊlt] n.【建】拱门饰,拱门内侧的穹窿

archless ['ɑ:tʃlɪs] a. 无拱的

archway ['ɑ:tʃweɪ] n. 拱道,拱门,牌楼

archwise ['ɑ:tʃwaɪz] ad. 拱廊似地

archy ['ɑ:tʃɪ] a. 拱形的,曲线形的

arciform ['ɑ:sɪfɔ:m] a. 拱状的,弓形的

arcing ['ɑ:sɪŋ] n. 起弧,形成电弧,构成逆弧;严重打火;击穿

arclamp ['ɑ:klæmp] n. 弧光(灯)

arclight ['ɑ:klaɪt] n. 弧光(灯),电弧光

arcograph ['ɑ:kəgrɑ:f] n. 圆弧规

arcola ['ɑ:kələ] n. 小锅炉

arcolite ['ɑ:kəlaɪt] n.【化】阿尔科列特酚醛树脂

arcology [ɑ:'kɒlədʒɪ] n.【建】生态建筑

arconium [ɑ:'kənɪəm] n.【化】钌

arcotron ['ɑ:kətrɒn] n. 显光管

arcover ['ɑ:k'əʊvə] n. ①电弧放电,闪络,飞弧 ②火箭动力上升后的改变方向

arcsine ['ɑ:ksaɪn] n.【数】反正弦

arctic ['ɑ:ktɪk] n.;a. ①北极的;寒带的 ②(态度)冰冷的,冷淡的 ③(pl.)(御寒防水)橡胶套鞋 ‖ ~ally ad.

arcticize [ɑ:'ktɪsaɪz] vt. 使北极极化,使适于在北极地区工作

Arcturus [ɑ:k'tjʊərəs] n.【天】大角(牧夫座星)

arcual ['ɑ:kjʊəl] a. 拱形的

arcuate ['ɑ:kjʊɪt], **arcuated** ['ɑ:kjʊɪtɪd] a. 弓形的

arcuation [ˌɑ:kjʊ'eɪʃən] n. ①弧状,拱状,成弧(作用) ②【建】拱门的使用,一连串的拱门

arcus ['ɑ:kəs] n. ①弧状云,滚轴云 ②弓

arcwise ['ɑ:kwaɪz] a.;ad. 弧式(的)

Ardal ['ɑ:dəl] n. 铝合金

ardency ['ɑ:dənsɪ] n. 热心,热情,热烈

ardennite ['ɑ:dənaɪt] n.【地质】锰硅铝矿

ardent ['ɑ:dənt] a. 热心的,热情的,强烈的 ‖ ~ly ad. ~ness n.

ardometer [ɑ:'dɒmɪtə] n. 光测高温计,表面温度计

ardo(u)r ['ɑ:də] n. ①灼热 ②迫切希望 ③热心(忱)(for) ☆damp sb.'s ardo(u)r 挫伤某人的热忱

arduous ['ɑ:djʊəs] a. ①陡峭的,险峻的 ②费力的,刻苦的 ③辛勤的 ‖ ~ly ad. ~ness n.

are [ɑ:] be 的第二人称单数的现在时及复数各人称的现在时

〖用法〗❶ be of 表示"具有"的意思,它后面只能跟一个抽象名词(help,value,importance,significance,

use,age,weight,shape,concern,interest 等),有时"of+抽象名词"就等效于与该名词相应的形容词。如: These texts are of great help to digital designers both old and new. 这些教科书对新老数字设计人员都是很有帮助的。(这里 of great help=very helpful。) /These problems are of interest. 这些问题是很有趣的。(这里 of interest=interesting。) /In this case transients are of no particular concern. 在这种情况下,暂态并不是很重要的。/The symbols are of various shapes which represent the different actions to be performed in the program. 这些符号具有各种形状,它们表示了在程序中所要执行的各种动作。❷ "be+不定式"表示一种将来时,表示了预定进行的动作,译成"将,要,应该,打算"等。如: We are to examine the properties of an important nonlinear device, the diode rectifier. 我们将考察一下一种重要的非线性器件(二极管整流器)的性质。/These resistors are to be chosen so that the transistor operates linearly. 应该把这些电阻选择得使这晶体管能够线性地工作。/The following steps are to be taken in computing its value. 在计算其数值时,要采取以下步骤。△ 函数具有单位面积。

area ['eərɪə] n. ①范围 ②地区 ③面积 ④领域 ⑤矿段,井田

〖用法〗该词既可以是可数名词,也可以是不可数名词。如: The university covers an area of 4000 mu. 这所大学占地 4000 亩。/The delta function has unit area. △ 函数具有单位面积。

areal ['eərɪəl] a. 来自一个地区的面积的,表面的,区〔地〕域的,地区的

areametric ['eərɪəmetrɪk] a. 面积计的,测量面积的

arear ['eərɪə] a. 在后方的,向后方的

areaway ['eərɪəweɪ] n. 地下室前的空地,通道

arecaidine [eərə'kɑ:ədi:n] n.【化】槟榔碇,水解槟榔碱

arecoline [ə'ri:kəli:n] n.【化】槟榔碱

arefaction [ˌeərɪ'fækʃən] n. 除湿,干燥

areflexia [ˌærɪ'fleksɪə] n. 无反射

aregenerative [eɪrə'dʒenərətɪv] a. 再生障碍(性)的

arena [ə'ri:nə] n. 活动场所,舞台 ☆**arena of the bears and bulls** 证券交易所

arenaceous [ˌærə'neɪʃəs] a. ①沙(质)的,多沙的 ②似沙的,枯燥无味的 ③(植物)沙中生长的

arene [ə'ri:n] n.【化】芳烃(风化)粗沙

arenite ['ærɪnaɪt] n.【地质】沙碎屑岩

arenoid ['ærɪnɔɪd] a. 沙状的

arenolite ['ærɪnəʊlaɪt] n.【地质】人造矿石

arenose ['ærɪnəʊs] n. 粗沙质的,沙面的,多沙的

arenosol ['ærənəʊsɒl] n.【地质】红沙土

arenous ['ærənəs] a. 沙质的,多沙的

aren't [ɑ:nt] = ①are not ②am not

arenyte ['ærənaɪt] n.【地质】沙粒岩

areocardia [ˌærɪə'kɑ:dɪə] n.【医】心搏徐缓

areocentric [ˌeərɪəʊˈsentrɪk] *a.* 火(星)心的,以火星为中心的

areographic [ˌeərɪəˈɡræfɪk] *a.* 火星地理的,关于描写火星的

areography [eərɪˈɒɡrəfɪ] *n.* 火星地理学,火星的描写

areola [æˈrɪələ] (pl.areolae 或 areolas) *n.* ①小空隙,龟纹 ②【生】结缔体素的网,网隙 ③【医】乳头晕 ④【植】果脐

areolate(d) [æˈrɪəʊlɪt(ɪd)] *a.* 小空隙的,网眼状的

areolation [ˌærɪəˈleɪʃən] *n.*【植】网隙形成,形成网眼状空隙(结构)

areology [ˌærɪˈɒlədʒɪ] *n.* 火星学,火星地质学,高空气象学

areometer [ˌærɪˈɒmɪtə] *n.* 液体比重计,浮秤

areometric [ˌærɪˈɒmɪtrɪk] *a.* 液体比重测定(法)的

areometry [ˌærɪˈɒmɪtrɪ] *n.* 液体比重测定法

areopycnometer [ˌærɪəpɪkˈnɒmɪtə] *n.* 联管(液体)比重计,稠液比重计

areosis [æˈrɪəʊsɪs] *n.* 疏松,稀薄,稀释

arete [əˈret,æˈreɪt] (法语) *n.* 刃岭,峻岭,险峭的山脊

arfvedsonite [æˈvɪdsəˈnaɪt] *n.*【化】钠铁闪石,钠角闪石

argand [ˈɑːɡænd] *n.* 具有管状灯芯和灯罩的灯,圆筒芯的灯

argent [ɑːˈdʒənt] *n.;a.* 银,银的,银色的

argental [ɑːˈdʒəntəl] *a.* 银的,似银的,银汞膏(的)

argentalium [ɑːdʒenˈtælɪəm] *n.*【化】银铅

argentan [ˈɑːdʒentən] *n.*【化】新银,白铜

argentic [ɑːˈdʒentɪk] *a.* 银的,含银的

argentiferous [ɑːdʒənˈtɪfərəs] *a.* (矿砂等)含银的;产银的

argentification [ɑːdʒəntɪfɪˈkeɪʃən] *n.*【化】银化

argentilium [ɑːdʒənˈtælɪəm] *n.*【化】银铅

argentimetry [ɑːdʒənˈtɪmɪtrɪ] *n.*【化】银液滴定(法)

Argentina [ˌɑːdʒənˈtiːnə] *n.* 阿根廷(南美洲南部国家)

argentine [ˈɑːdʒəntaɪn] ❶ *a.* 银的,银色的,含(似)银的 ❷ *n.* ①银,银色金属 ②【地质】珠光石,银白色页状方解石 ③银色素;(pl.)水珍鱼

Argentine [ˈɑːdʒəntaɪn] *n.;a.* 阿根廷(的),阿根廷人(的)

argentite [ˈɑːdʒəntaɪt] *n.*【地】辉银矿

argentol [ˈɑːdʒəntəl] *n.*【化】银酚,羟基喹啉磺酸银

argentometer [ˌɑːdʒənˈtɒmɪtə] *n.* 测银比重计,银盐定量计,电量计表

argentometry [ɑːdʒənˈtɒmɪtrɪ] *n.* 银盐定量

argentophilic [ˈɑːdʒəntəfɪlɪk] *a.* 喜银的

argentophobic [ˈɑːdʒəntəfəʊbɪk] *a.* 嫌银的,疏银的

argentose [ˈɑːdʒəntəʊs] *n.*【化】核蛋白银

argentous [ɑːˈdʒentəs] *a.* 银的,亚银的

argentum [ɑːˈdʒentəm] *n.*【化】(拉丁语)银

argil [ˈɑːdʒɪl] *n.*【化】陶土,白黏土

argilla [ˈɑːdʒɪlə] *n.*【化】白陶土;高岭土

argillaceous [ˌɑːdʒɪˈleɪʃəs] *a.* 泥质的,含黏土的,黏土似的

argillic horizon [ˈɑːdʒɪlɪkhəˈraɪzən] 黏化层

argilliferous [ˌɑːdʒɪˈlɪfərəs], **argillious** [ˈɑːdʒɪlɪəs] *a.* 泥质的,出产陶土的,生长于黏土上的

argillite [ˈɑːdʒɪlaɪt] *n.*【地质】厚层泥岩,泥质板岩

argillization [ɑːdʒɪləˈzeɪʃən] *n.*【化】泥质化

argillous [ˈɑːdʒɪləs] *a.* 泥质的,含黏土的,黏土似的

arginase [ˈɑːdʒɪneɪs] *n.*【化】(肝脏里的)精氨酸酶;胍基戊氢酸酶

arginine [ˈɑːdʒɪnɪn] *n.*【化】精氨酸

argodromile [ˈɑːɡəˈdrəʊmaɪl] *n.* 缓流,河流

argon [ˈɑːɡən] *n.*【化】氩

argosy [ˈɑːɡəsɪ] *n.* 大商船,商船队;丰富的储藏〔供应〕

argot [ˈɑːɡəʊ,ˈɑːɡət] *n.* 行话,黑话

arguable [ˈɑːɡjuəbl] *a.* 有疑问的,可论证的,可辩论的 ‖ **arguably** *ad.*

argue [ˈɑːɡjuː] *v.* ①辩论 ②表明 ③列举理由证明 ④争论 ☆*argue about (on,over)* 辩论某事; *argue against* 反驳; *argue (sb.) down* 驳倒某人; *argue for* 赞成;为…而力争; *argue sb. into* 说服某人; *argue sb. out of* 说服某人不做某事; *argue sb. round* 说服某人相信或放弃(某种看法); *argue (with A) about (on,over) B* (与A)讨论〔讨论,辩论〕B; *argue A to be B* 证明A是B

argufy [ˈɑːɡjuːfaɪ] *v.* (美俚)争论,争辩;(以论证)说服

argument [ˈɑːɡjumənt] *n.* ①争论,辩论 ②论据 ③(文学作品的)概要;主题 ④【数】辐角;自变数 ⑤(三段论中的)中项,中词 ☆*be engaged in an argument with sb.*与某人发生一场争论; *drive an argument (a point) home* 把论点讲透彻; *get (fall) into an argument with* 与…发生争论; *knock-down argument* 使人无法反驳的论据;压倒性的理由; *argument about (on,over)* 争论; *argument against* 反对…(的理由,论据); *argument for (in favour of)* 支持…的理由; *without argument* 无异议

argumentation [ˌɑːɡjumenˈteɪʃən] *n.* 推论,论证,争论

argumentative [ɑːɡjuˈmentətɪv] *a.* 好辩的,争论的

argyria [ɑːˈdʒɪrɪə] *n.* 银中毒

argyric [ˈɑːdʒɪrɪk] *a.* 银的,银所致的

argyrism [ˈɑːdʒɪrɪzəm] *n.* 银中毒

argyrite [ˈɑːdʒɪraɪt] *n.*【地质】辉银矿

argyrodite [ˈɑːdʒɪrədaɪt] *n.*【地质】硫银锗矿

argyrol [ˈɑːdʒɪrɒl] *n.*【化】弱蛋白银,含银的防腐剂

argyrophilic [ɑːdʒɪrəˈfɪlɪk] *a.* 嗜银的

argyrophillia [ɑ:dʒɪrə'fɪlɪə] *n.*【化】银易染性

argyrose ['ɑ:dʒɪrəʊs] *n.* (=argyrite)【地质】辉银矿

arheic [eɪ'ri:ɪk] *a.* 无流的,无河的

arheism [eɪ'ri:ɪzəm] *n.*【地质】无流区

arhythmia [ə'rɪθmɪə] *n.* (=arrhythmia)【医】心律不齐

arhythmic [ə'rɪθmɪk] *a.* 无韵律的

arhythmicity [ərɪθ'mɪsətɪ] *n.*【医】无节律性

Arica ['ærɪkə] *n.* 阿里卡(智利西北部港市)

aricite ['ærɪsaɪt] *n.*【地质】水钙沸石

arid ['ærɪd] *a.* 干旱的;贫瘠的,枯燥无味的

aridextor [ə'rɪdekstə] *n.* 产生侧向力的操纵机构

aridic [ə'rɪdɪk] *a.* 干燥的

aridisol [ə'rɪdɪsəl] *n.*【地质】干燥土,旱成土

aridity [æ'rɪdətɪ] *n.* 干燥(性,度),不毛,枯燥

aright [ə'raɪt] ❶ *v.* 改正,使恰当 ❷ *ad.* 正确地;适当地 ☆ *put (set) ... aright* 把…搞正确

aril ['ærɪl] *n.*【植】假种皮,子衣,子壳

Ariron ['ærɪrɒn] *n.*【冶】阿里龙耐蚀高硅铸铁

ariscope ['ærɪskəʊp] *n.*【通信】移像光电摄像管

arise [ə'raɪz] (arose,arisen) *vi.* ①出现;发生 ②起来;站起 ☆ *arise from (out of)* 由…而引起,由…而产生

〖用法〗由 arise from "由…引起(产生)" 属于主动的形式、被动的含义的一个词组,所以它不能有被动语态句,特别要注意不能用它的过去分词作后置定语,而只能使用现在分词。如: This medicine can cure the illness arising from eating too much. 该药能医治由于吃了太多而引起的不适。

arisen [ə'rɪzən] arise 的过去分词

aristocracy [ærɪs'tɒkrəsɪ] *n.* ①贵族政治 ②贵族政府 ③上流社会,特殊阶级

aristocrat ['ærɪstəkræt] *n.* 贵族;最优秀者

aristocratic [ˌærɪstə'krætɪk] *a.* 贵族(式,政治)的,势利的 ‖ *~ally ad.*

aristogenesis [əˌrɪstə'dʒenɪsɪs] *n.* 优生;芒状发生

aristogenics [əˌrɪstə'dʒenɪks] *n.* (=eugenics)优生学

arithmetic ❶ [ə'rɪθmətɪk] *n.* 算术,运算(器) ❷ [ærɪθ'metɪk] *a.* 算术的,计算的

〖用法〗注意下面例句的译法: Arithmetic, the science of numbers, is the base of mathematics. 算术是一门有关数的科学,它是数学的基础。/For the arithmetic unit to be able to do its required tasks, it must be told what to do. 为了使运算单元能够完成需要它执行的任务,它必须被告知要做什么。

arithmetically [ərɪθ'metɪkəlɪ] *ad.* 用算术,算术上

arithmetician [əˌrɪθmə'tɪʃən] *n.* 算术家

arithmetization [əˌrɪθmətɪ'zeɪʃən] *n.* 算术化

arithmograph [ə'rɪθmɒɡrɑ:f] *n.* 自动计算机算术图

arithmometer [ˌærɪθ'mɒmɪtə] *n.* (四则)计算机,计数器

Aritieren [ˌærɪ'tɪərən] *n.* 渗铝法

Arizona [ˌærɪ'zəʊnə] *n.* 亚利桑那州(美国西南部的州)

arizonite [ˌærɪ'zəʊnaɪt] *n.*【地质】正长脉岩;重铁钛矿;红钛铁矿

Arkansas ['ɑ:kənsɔ:] *n.* 阿肯色州(美国中南部的州) ☆ *the Arkansas* (美)阿肯色河

arkansite [ɑ:'kænsaɪt] *n.*【地质】黑钛矿,板钛矿

Arkon ['ɑ:kən] *n.*【化】抗热及绝缘的浅色脂环胶和烃树脂

arkose ['ækəʊs] *n.*【地质】长石砂岩 ‖ **arkosic** *a.*

arkosite [ɑ:'kəsaɪt] *n.*【地质】长英岩

arm [ɑ:m] ❶ *n.* ①臂,柄,摇把,吊杆 ②臂形物,手臂 ③支管,分路 ④手段 ☆ *arm in arm* 臂挽着臂; *at arm's length* 保持安全距离; *with open arms* 热烈欢迎; *appeal to arms* 诉诸武力; *bear (take,take up) arms against (for)* 拿起武器反对(保卫); *call ... to arms* 号召…武装起来,动员(军队)备战; *go to arms* 诉诸武力; *ground (lay down) arms* 放下武器;投降; *order arms* 枪放下; *pile (stack) arms* 架枪; *present arms* 举枪(敬礼); *rise (up) in arms (against)* 拿起武器(反对);起义; *shoulder arms*【军】(口令)枪上肩; *slope arms*【军】托枪,掮枪; *under arms* 在战备状态,服兵役期间 ❷ *v.* 武装

armada [ɑ:'mɑ:də] *n.* ①舰队 ②(飞机)机群

armament [ɑ:'mɑ:mənt] *n.* ①军队;武装 ②舰艇或要塞的武器配备(火炮等) ③装甲 ④备战

armamentarium [ˌɑ:məmen'teərɪən] *n.* (pl. armamentaria 或 armamentariums) (一套,医疗)设备

armarium ['ɑ:mərɪəm] *n.* 医疗设备

armature ['ɑ:mətjʊə] *n.* ①【电气】转子,电枢 ②装甲 ③【生】防御器官 ④【动】体制 ⑤【建】加强料;钢筋 ⑤(塑像的)骨架

armchair ['ɑ:mtʃeə] ❶ *n.* 扶手椅,单人沙发 ❷ *a.* 舒适的,不切实际的

armed [ɑ:md] *a.* 武装起来的

Armenia [ɑ:'mi:nɪə] *n.* 亚美尼亚

armeniaca [ɑ:mənɪ'eɪkə] *n.* (巴旦)杏

Armenian [ɑ:'mi:nɪən] *a.;n.* 亚美尼亚的,亚美尼亚人的

armful ['ɑ:mful] *n.* 一抱;双手合抱量

armilla [ɑ:'mɪlə] *n.* (pl.armillae)【天】浑天仪

armillary ['ɑ:mɪlərɪ] *a.* 环形的,手镯的

arming ['ɑ:mɪŋ] *n.* ①武装,战斗准备,装弹,装引信 ②(测深锤的)加牛油

armistice [ɑ:'mɪstɪs] *n.* 停战(协定)

armlak [ɑ:'mlæk] *n.*【化】电枢用亮漆

armless ['ɑ:mlɪs] *a.* 无臂的;无武装的

armlet ['ɑ:mlɪt] *n.* 臂饰,臂章;臂带(血压计)

armo(u)r ['ɑ:mə] ❶ *n.* ①装甲 ②装甲部队 ③金属套外皮 ④防护器官 ⑤潜水衣,保护身体的东

西 ❷ *a.* 穿着盔甲的,防护的 ❸ *v.* 装甲,穿铠甲
armo(u)rer [ˈɑːmərə] *n.* 盔甲制造者;军械士
armo(u)ring [ˈɑːmərɪŋ] ❶ *n.* ①套,壳 ②护板 ③
装甲 ❷ *a.* 装甲的
armo(u)rless [ˈɑːməlɪs] *a.* 无装甲的
armo(u)r-piercing [ˈɑːməˈpɪəsɪŋ] *a.* 穿甲的
armo(u)r-plate [ˈɑːməpleɪt] *n.* 装甲(钢)板,铁板
armo(u)ry [ˈɑːmərɪ] *n.* ①军械库 ②(美)兵工厂
armpit [ˈɑːmpɪt] *n.* 腋窝,腋下 ☆ *up to the armpits* 非常严重地陷入(债务等)
arm-prosthesis [ɑːmˈprəusθesɪs] *n.* 假臂
armrest [ˈɑːmrest] *n.* (椅子)扶手
arm-twist [ɑːmtwɪst] *v.* 对(某人)施加压力
army [ˈɑːmɪ] ❶ *n.* ①陆军,军队,大军 ②团体 ❷ *a.* 军队的 ☆*an army of* 一大群(队)
Armydata [ˈɑːmɪdeɪtə] *n.* (美国)陆军信息编码系统
arn [ɑːn] *n.* 【植】桤木
arnica [ˈɑːnɪkə] *n.* 【化】①山金车属 ②山金车酊
arnimite [ˈɑːnəmaɪt] *n.* 【地质】无钙铜矿;块铜矾
arohebiont [ærəuˈhebɪənt] *n.* 【生】生命起源
aroma [əˈrəumə] *n.* ①芳香 ②风格,风味 ③气派
aromadendrene [ærəuməˈdendriːn] *n.* 【化】香橙烯
aromadendrin [ærəuməˈdendrɪn] *n.* 【化】香树精,山奈二氢素
aromadendrol [ərəuməˈdendrəul] *n.* 【化】香树醇
aromadendrone [ærəuməˈdendrəun] *n.* 【化】香橙酮
aromatic [ærəˈmætɪk] ❶ *n.* ①芳香物质 ②(pl.) 【化】芳香族环烃,芳香药剂 ❷ *a.* 芳香的,芳香族的
aromaticity [ærəməˈtɪsətɪ] *n.* 【化】芳香度,芳香族化合物的属性
aromatization [ærəmətaɪˈzeɪʃən] *n.* 【化】香花作用,香料
aromatize [əˈrəumətaɪz] *v.* 使芳香
aromatizer [əˈrəumətaɪzə] *n.* 【化】香料
aromatophore [əˈrəumətəfɔː] *n.* 【化】芳香团
aromatous [əˈrəumətəs] *a.* 芳香的
aromine [əˈrəumɪn] *n.* 【化】尿芳香砜
aromoline [əˈrəuməlɪn] *n.* 【化】阿矛灵
arone [əˈrəun] *n.* 【化】芳酮
aronotta [ˈærəunətɑː] *n.* 【化】胭脂树红
arose [əˈrəuz] arise 的过去式
around [əˈraund] *ad.;prep.* 周围,到处,大约,在…周围,环绕,根据 ☆*all around* 到处,都; *all the year around* 通年; *around-the-clock* 夜以继日的; *come around* 来(访);到来;回心转意; *fool around* (口)吊儿郎当; *hang around* 在附近徘徊; *get around (a fact)* 回避(事实); *the other way around* 从相反方向,用相反的方式 〖用法〗❶ around 作表语时,在科技文中往往意为"存在了,有了"。如: This internetwork has been

around for more than 30 years. 这个互联网已存在30多年了。/Multichip modules have been around since 1959. 多片组件自从 1959 年就有了。❷ 它可以作后置定语。如: The brain must keep in touch with the world around. 大脑必须与外界〔周围世界〕保持接触〔联系〕。
arousal [əˈrauzəl] *n.* 唤醒,激励
arouse [əˈrauz] *v.* 唤醒,唤起,鼓励;睡醒
aroylation [ærəwɪˈleɪʃən] *n.* 【化】芳酰化(作用)
Arpanet [ˈɑːpənet] *n.* 【通信】阿帕网
arquerite [ˈɑːkwɪraɪt] *n.* 【地质】轻汞膏,银汞齐
arrachement [æraʃˈmənt] *n.* 拔牙术
arraign [əˈreɪn] *vt.* ①【法】传讯 ②弹劾,控告 ‖ ~**ment** *n.*
arrange [əˈreɪndʒ] *v.* ①排列;整理 ②安排 ③改编,编曲配器 ☆*arrange A as(to be)B* 把 A 排(列)〔安排〕成 B; *arrange for* 安排,准备; *arrange for A to do* 安排 A(做); *arrange in groups* 分组(排列); *arrange A into (in) B* 把 A 排列〔整理〕成 B; *arrange A with B* 在 A 上安装 B
arrangement [əˈreɪndʒmənt] *n.* ①排列,整理 ②经过排列或整理的东西 ③改编的乐曲 ☆*arrangement of A with B* A 和 B 组合; *come to an arrangement* 达成协议; *make arrangements for* 做好…的准备,为…作好安排
〖用法〗注意下面例句的含义及汉译法: A mass of 8kg and another of 12kg are suspended by a string on either side of a pulley, an arrangement similar to that shown in Fig.10. 一个两个 8 千克的质量和另一个 12 千克的质量分别用弹簧悬挂在滑轮的两侧,这一安置情况相似于图 10 所示的那样。(逗号后的那部分是前面句子的同位语。)
arranger [əˈreɪndʒə] *n.* 传动装置
arrant [ˈærənt] *a.* 彻头彻尾的;声名狼藉的 ‖~**ly** *ad.*
array [əˈreɪ] ❶ *vt.* ①排列,列阵 ②排列(陪审员)名单 ❷ *n.* ①行,排,列 ②【数】排列,阵容,数组;【化】族,系,类,数组表 ③一大批 ④陪审员名单 ☆*a whole array of* (排列整齐的)一批; *an array of* 一排;一批; *a wide array of* 各种各样的
arrear [əˈrɪə] *n.* (常用 pl.)①余债 ②未付的尾数 ③未完成的工作 ④拖account ⑤收尾工程 ☆*be in arrear(s) (with)* 拖欠,耽误; *fall into arrears* 拖欠(房租、工资等),拖延(交货等),未完成进度; *in arrear(s) of* 落在…之后
arrearage [əˈrɪərɪdʒ] *n.* ①(pl.)欠款 ②延误,耽搁 ③保留物
arrect [əˈrekt] *a.* 倾耳注意的,警戒严密的
arrector [əˈrektə] *n.* 竖立(者)
arrest [əˈrest] *vt.;n.* ①阻止;抑制 ②延滞 ③吸引(注意) ④抓住,逮捕 ☆*arrest one's attention* 引起…注意; *be put (held,placed) under arrest* 被捕,在拘留中; *false arrest* 非法拘捕; *under house arrest* 软禁
〖用法〗注意下面例句中含有该词的短语是动名

词复合结构作"of"的介词宾语: There have been cases of <u>programmers being arrested</u> for embezzling from banks by including rounding errors in their code,and having the occasional half-cent credited to their accounts. 有程序员由于从银行贪污而遭逮捕的一些案例,他们把舍入的误差计在他们的代码中而把偶然的半美分计到他们的账上了。

arrestee [əres'tiː] n. (美)被逮捕者

arrester [ə'rɒstə] n. ①制动器,制动装置,挡板 ②捕捉器 ③避雷器;过压保险 ④制动室

arresting [ə'restɪŋ] a. ①引人注意的 ②制动的

arrestment [ə'restmənt] n. ①阻止;制动机构 ②逮捕,扣押 ③刹车 ④制动爪

arrhea [ə'riːə] n. 【医】液流停止

arrhenic [ə'riːnɪk] a. 砷的,含砷的

arrhenite [ə'reɪnaɪt] n. 【地质】铍钽铌矿;蚀变的褐钇铌矿

arrhizal [ə'raɪzəl] a. 无根的

arrhythmia [ə'rɪθmɪə] n. 【医】心律不齐

arrhythmic [ə'rɪθmɪk] a. 心律失常的

arris ['ærɪs] n. 棱角,边棱;肋骨,脊翼

arris-gutter ['ærɪs'gʌtə] n. 【建】V 形檐槽

arris-wise ['ærɪs'waɪz] ad. 成对角方向(铺砌)

arrival [ə'raɪvəl] n. 到来,到达 ☆ **arrival at a conclusion** 得出结论; **batch arrival** 批量到达; **fresh (new) arrival** 新到货物

arrive [ə'raɪv] v. 到达(来),发生 ☆ **arrive at (in)** 获得(结果);达到(目的)

〖用法〗❶ 在科技文中常遇到 arrive at 表示"获得"的被动句。如: The same result can <u>be arrived at</u> in other ways. 可以用其它的方法获得相同的结果。❷ 注意下面例句的含义: For this reason, the MOSFET <u>arrived</u> about a decade later than the BJT. 由于这个原因,金属氧化物半导体场效应晶体管比双极型晶体管晚出现了大约十年。

arrogance ['ærəgəns], **arrogancy** ['ærəgənsɪ] n. 傲慢

arrogant ['ærəgənt] a. 傲慢的 ‖ **-ly** ad.

arrogate ['ærəʊgeɪt] vt. 冒称具有;非法霸占;僭越 ‖ **arrogation** n.

arrosion [ə'rəʊʒn] n. 磨损,溃蚀;残蚀作用

arrow ['ærəʊ] ❶ n. 箭(头),矢;任何箭形之物 ❷ vt. 标以箭头;如箭般地迅速行动 ☆ **as straight as an arrow** 笔直; **as swift as an arrow (as lightning,as thought,as the wind)** 风驰电掣,快如飞箭; **shoot the arrow at the target** 有的放矢

arrowed ['ærəʊd] a. 标有箭头的

arrowhead ['ærəʊhed] n. 箭头,矢向,楔形符号"<"

arrowy ['ærəʊɪ] a. 矢的,快速的,笔直的

arroyo [ə'rɒɪəʊ] n. (pl.arroyos) (美)①小河,小溪 ②干涸的沟壑

arrythmia [ə'rɪθmɪə] n. 【医】(心跳)失调

arsan ['ɑːsən] n. 【化】二甲胂酸

arschinowite [ɑːʃiː'nɔːwaɪt] n. 【地质】变锆石

arsenal ['ɑːsənəl] n. 兵工厂,武器库

arsenate ['ɑːsənɪt] n. (=arseniate)【化】砷酸盐(酯);(pl.)砷酸盐类

arseniasis [ɑːsɪ'naɪəsɪs] n. 【医】慢性砷中毒

arsenic ❶ ['ɑːsənɪk] n. ①【化】砷 As ②砒霜 ❷ [ɑː'senɪk] a. 砷的

arsenical [ɑː'senɪkəl] ❶ a. 【化】砷的,含砒的 ❷ n. 【化】含砷药物,砒化物

arsenicum [ɑː'senɪkəm] n. 【化】砷 As

arsenide ['ɑːsənaɪd] n. 【化】砷化物

arsenious [ɑː'siːnɪəs] a. 含砷的

arsenite ['ɑːsənaɪt] n. 【化】亚砷酸盐

arsenium [ɑː'senɪəm] n. 【化】砷 As

arseniuret [ɑː'siːnɪəret] n. 【化】砷化物

arseniureted [ɑː'siːnɪəretɪd] a. 与砷化合的

arsenoblast ['ɑːsɪnəblɑːst] n. 【化】雄胚质

arsenocholine [ɑːsɪnəʊ'kəʊliːn] n. 【化】砷胆碱

arsenolite [ɑː'senəʊlaɪt] n. 【地质】砷华,信石

arsenometry [ɑːsə'nɒmɪtrɪ] n. 【化】亚砷酸滴定法

arsenomolybdate [ɑːsɪnəʊmə'lɪbdeɪt] n. 【化】砷钼酸盐

arsenopyrite [ɑːsɪnəʊ'paɪraɪt] n. 【地质】毒砂,含砷黄铁矿

arsenostibite [ɑːsɪnəʊ'stɪbaɪt] n. 【地质】砷黄锑矿

arsenotherapy [ɑːsɪnəʊ'θerəpɪ] n. 【医】砷疗法

arsenothorite [ɑːsɪnəʊ'θɔːraɪt] n. 【地质】砷钍石

arshan ['ɑːʃæn] n. 【地质】矿泉

arshinovite [ɑːʃɪ'nɔːvaɪt] n. 【地质】胶锆石,阿申诺夫石

arsinate ['ɑːsɪneɪt] n. 【化】次胂酸盐

arsine ['ɑːsiːn] n. 【化】三氢砷化

arsinic [ɑː'sɪnɪk] a. 【化】次胂酸

arson ['ɑːsən] n. 放火

arsonate ['ɑːsəneɪt] n. 【化】胂酸盐(酯)

arsonist ['ɑːsənɪst] n. 放火犯

arsonium ['ɑːsənɪəm] n. 【化】砷,氢化砷基

arsyl ['ɑːsɪl] n . 【化】(二氢)胂基

arsylene ['ɑːsɪliːn] n. 【化】亚胂基

art [ɑːt] ❶ n. (狭义)美术;(广义)艺术,艺术品,工艺;诡计 ❷ v. 使艺术化 ☆ **art for art's sake** 为艺术而艺术

artane ['ɑːteɪn] n. 【化】安坦

artascope ['ɑːtəskəʊp] n. 万花筒

artbond ['ɑːtbɒnd] n. 【化】黏氯乙烯薄膜钢板

arteether [ɑː'tiːðə] n. 【化】青蒿乙醚

arterectomy [ɑːtə'ektəmɪ] n. 【医】动脉切除术

arteria [ɑː'tɪərɪə] n. (pl.arteriae)【医】动脉

arterial [ɑː'tɪərɪəl] a. ①动脉的 ②主干的(道路,铁道)

arteriograph [ɑː'tɪərɪəgrɑːf] n. 【医】动脉搏记录器,脉搏描记图

arteriography [ɑː'tɪərɪəgrɑːfɪ] n. 【医】动脉搏描

A

记法,动脉照相

arteriosclerosis [ɑː,tɪərɪəuskliə'rəusɪs]. 【医】动脉硬化(症),闭塞性动脉硬化

arteriosclerotic [ɑː,tɪərɪəuskliə'rɒtɪk]. a. 动脉硬化的

arterious [ɑː'tɪərɪəs] a. 动脉的

arterite ['ɑːtəraɪt] n. 【地质】脉状混合岩

artery ['ɑːtərɪ] n. ①干线,命脉 ②动脉

artesian [ɑː'tiːzɪən] a. 喷水井的

artful ['ɑːtful] a. ①欺人的,狡诈的 ②有手腕的;机灵的 ③人为的 ‖ ~ly ad.

arthral ['ɑːθrəl] a. 关节的

arthralgia [ɑː'θrældʒə] n. 关节痛

arthralgic [ɑː'θrældʒɪk] a. 关节痛的

arthrectomy [ɑː'θrektəmɪ] n. 【医】关节切除术

arthredema [ɑːθre'diːmə] n. 【医】关节水肿

arthrentasis [ɑː'θrentəsɪs] n. 【医】关节变形

arthritic [ɑː'θrɪtɪk] ❶ a. 关节炎的 ❷ n. 关节炎病人

arthritis [ɑː'θraɪtɪs] (pl.arthritidis) n. (=arthrophlogosis) 关节炎

arthrobacter [ɑːθrə'bæktə] n. 【生】土壤细菌类

arthrocele ['ɑːθrəsiːl] n. 【医】关节肿大

arthrodynia [,ɑːθrə'dɪnɪə] n. (=arthralgia) 【医】关节痛

arthrodynic [,ɑːθrə'dɪnɪk] a. 关节痛的

arthron ['ɑːθrɒn] n. 【生】关节

arthronalgia [ɑːθrə'nældʒɪə] n. 【医】关节痛

arthroncus [ɑː'θrɒŋkəs] n. 【医】关节肿大

arthrology [ɑː'θrɒlədʒɪ] n. 关节学

arthropod ['ɑːθrɒpəd] ❶ n. 节肢动物 ❷ a. 节肢动物的

arthropoda [ɑː'θrɒpədə] n. 【生】节肢动物门

arthroscopic [,ɑːθrə'skɒpɪk] a. 关节镜的

arthrosis [ɑː'θrəusɪs] n. 【医】关节,关节病

arthrositis [ɑː'θrəusɪtɪs] n. 【医】关节炎

arthrospore ['ɑːθrəspɔː] n. 【生】分节孢子

arthrous ['ɑːθrəs] a. 关节的

article ['ɑːtɪkəl] ❶ n. ①物品,制品 ②论文,文章 ③项目,条款 ④冠词 ❷ v. ①逐条陈述 ②定约雇用 ③列举(罪状);控告 ☆**articles of virtu** 艺术珍品,古玩; **an article of** 一件,一种

articular [ɑː'tɪkjulə] a. 关节的

articulate ❶ [ɑː'tɪkjuleɪt] v. ①铰接(合),用关节相连 ②明白表示 ③发音 ❷ [ɑː'tɪkjulət] a. ①铰链的,曲柄的 ②关节相连的 ③明了的,发言清晰的,音节分明的 ④口齿清晰的

articulation [ɑː,tɪkju'leɪʃən] n. ①接合 ②铰链轴,活接头 ③可懂度 ④(清楚的)发音

articulator [ɑː'tɪkjuleɪtə] n. 发音之人或物;发音矫正器;接骨的人

articulatory [ɑː'tɪkjuleɪtərɪ] a. ①关节的 ②发音清晰的 ③言语的

artifact ['ɑːtɪfækt] n.(=artefact)①(人工)制品,艺术作品 ②【生】人为现象 ③后生物象,后生现象 ④

石器

artifactitious [,ɑːtɪfæk'tɪʃəs] a. 人工制品的

artifice ['ɑːtɪfɪs] n. ①技巧 ②诡计,谋略,手段 ☆**lure a man by artifice** 以计诱人

artificer [ɑː'tɪfɪsə] n. 技师,(陆海军的)技术兵

artificial [ɑːtɪ'fɪʃəl] a. ①人造的,人工的 ②做作的 ③武断的

artificiality [,ɑːtɪfɪʃɪ'ælətɪ] n. 人工,不自然(之物)

artificialize [,ɑːtɪ'fɪʃəlaɪz] vt. 使成为人造

artificially [,ɑːtɪ'fɪʃəlɪ] ad. 人工地,不自然地

artificialness [,ɑːtɪ'fɪʃəlnɪs] n. 人为之事;不自然,装做

artillerist [ɑː'tɪlərɪst] n. 炮手,炮术家

artillery [ɑː'tɪlərɪ] n. 炮的总称,炮兵的总称

artisan [ɑːtɪ'zæn] n. 工匠,技工

artisanal [ɑːtɪ'zænəl] a. 手艺性的

artist ['ɑːtɪst] n. 艺术家,画家

artistic(al) [ɑː'tɪstɪk(əl)] a. ①美术(家)的,艺术(家)的 ②(爱好)艺术的,风雅的

artistically [ɑː'tɪstɪkəlɪ] ad. 艺术上,美术上

artistry ['ɑːtɪstrɪ] n. 艺术性,艺术

artless ['ɑːtlɪs] a. ①无虚饰的,天真的 ②朴实的,笨拙的 ‖ ~ly ad. ~ness n.

artmobile ['ɑːtməbɪl] n. 流动艺术展览车

artocrat ['ɑːtəkræt] n.(非正式)高级艺术行政官

artotype ['ɑːtəutaɪp] n. 【摄】阿胶版,珂罗版

artsy ['ɑːtsɪ] a. 过分装饰的

artus ['ɑːtəs] (拉丁语) n. 【生】关节,肢节

artware ['ɑːtweə] n. (总称)工艺品

artwork ['ɑːtwɜːk] n. ①图(形,模),布线图,印刷线路模型图 ②艺术品

Arvee [ɑː'viː] n. 游乐汽车

aryl ['ærɪl] n.;a. 芳基(的)

arylate ['ærɪleɪt] v.;n. 芳化,芳基化物

arylation [ærɪ'leɪʃən] n. 【化】芳基化

aryle ['ærɪl] n. 【化】芳基金属(化合物)

arylene ['ærɪliːn] n. 【化】芳撑,亚芳香基

arylesterase [ærɪ'lestəreɪz] n. 【化】芳基酯酶

arylide ['ærɪlaɪd] n. 【化】芳基化物,芳基金属(化合物)

arylmercurial [ærɪl'mɜːkjurɪəl] n. 芳基汞的

arylmercury [ærɪl'mɜːkjurɪ] n. 芳基汞

aryloxy [ærɪ'lɒksɪ] n. 【化】芳氧基

aryne ['ærɪn] n. 【化】芳炔,脱氢芳烃

arythmia [ə'rɪθmɪə] n. (=arrhythmia) 【医】心律失常

arzrunite [ɑːz'ruːnaɪt] n. 【地质】绿铜铅矾

as [əz,æz] ❶ ad. ①同样,正如 ②被认为是 ❷ conj. ①(as...as 结构中第二个 as 往往连接一个不完整的从句作为从句,表示比较)和…一样,像…一样 ②(表示方式)按照,如同 ③(表示时间)当…的时候,一边…一边,随着 ❸ prep. ①像…②作为,例如 ❹ pron. ①(用在 such...as,the same...as 结构中)像…一样 ②这一点 ☆**as it were** 好像,可以说; **as yet** 迄今; **as if** 好像,好似(=as though); **as long as** 只

A

要(=*so long as*); *as of* 自从;自…起(=*as from*); *as opposed to* 与…不同,与…相反; *as to* 关于, 至于; *act (appear,function,behave, serve)as A* 充当A,起A的作用; *accept(account, acknowledge, conceive of,count, define, employ, esteem, express, look on,look upon, picture, qualify, regard,represent,set down, speak of,think of,treat,use,view)A as B* (这些动词搭配都表示) 把A看做B; *as a consequence* 因此,从而; *as a consequence of A* 由于 A(的结果); *as a general rule (thing)* 照例; *as a matter of course* 当然; *as a matter of experience* 根据 经验; *as a matter of fact* 其实,实际上,事实上; *as a result* 因此; *as a result of* …的结果; *as a rule* 照例,通常; *as a whole* 整个地(说来); *as above* 如上(所述); *as against* 与…相对照; *as also* 还有,以及; *as an example* 例如; *as an exception* 作为例外; *as ... as ...* 即…又…; *as big (quickly)as A* 和 A 一样大〔快〕; *as...as possible* 尽可能…地; *as before* 如前(所述), 依旧; *as circumstances demand* 按照情况,根据需要; *as clear as day* 很清楚; *as compared to* 与…相比; *as compared with* 与…相比; *as concerns* 关于,就…而论; *as consistent with* 按照,和…一致; *as contrasted to (with)* 与…相反,与…相对比; *as distinct (distinguished)from* 不同于,有别于; *as early as* 早在…就; *as ever* 依旧; *as expected* 正如所料; *as far* 至今, 到这里为止; *as far as* 远至,到…为止,尽 (所…),依照,就…(来说); *as far as...goes* 至于,就…而论; *as far as I know* 据我所知; *as far as...is concerned* 就…而言; *as far back as* 早在…(就已); *as follows* 如下(所述); *as for*(=*as to*) 至于; *as from* 从…时起; *as I see it* 据我看; *as is* 原样,照原来样子; *as is customary* 按照常例,照例; *as is the case* 事实如此,正是如此; *as is often (usually)the case* 通常就是这样; *as (is) usual* 按照常例,照例; *as it does* 实际上(是这样); *as it happens* 偏巧; *as it is* 可是在事实上,实际上,按现状; *as it may happen (turn out)* 可能会发生,说不定; *as it stands* 按照现状,照实际情况来说; *as it was* 其实是,事实上; *as large again as...* 两倍于…; *as late as...* 一直到…; *as likely as not* 说不定, 或许; *as long ago as* 早在…(就已),远在…以前; *as long as* 只要,既然,长达…之久,直到…时止; *as many* 一样多(的); *as many (much)again as* 二倍于…; *as matters stand* 照目前情况; *as may well be the case* 情况很可能就是如此,实际上; *as much* 同样,同量,正是如此; *as much as that* 也是这样; *as much as to say* 好像要说,等于说; *as near as* 在…限度内,(近)到…为止; *as occasion serves* 一有机会(就); *as of* +(日期):在(年月日),到时为止,从…时起; *as often as not* 时常,屡次; *as per* 根据,按;

recently as...ago 就在距今…以前; *as regards (respects)* 关于,提到,就…而论,在…方面; *as...,so...* 正如…一样,也…;因为…所以…; *as soon as* 刚…就;一…就,只要; *as soon as convenient* 愈早愈好; *as soon as not* 更愿意; *as soon as possible* 尽快,愈早愈好; *as such* 照这样,像这样的,在这个名义上,本身,就这点而论,因此; *as the case may be* 视情况而定,看情况; *as the case (matter)stands* 事实上,照现实情况而论,照目前状况,这样一来; *as the effect of* 因为,由于; *as the saying goes (is)* 俗话说,常言说得好; *as things are* 在现状下,照目前情况,既然如此; *as this is the case* 既然如此; *as time goes on* 随着时间的过去; *so as to do* 以便,为了; *as well* 同样,也,并且; *as well as A* 除 A 以外还,不但 A 而且; *as well...as not* 反正都行; *as with* 同如…一样,正如…的情况一样,就像…的场合; *as yet* 到目前为止(仍),到当时为止(还); *such as to (do)* 这样的以至于…; *be that as it may* 尽管如此,虽是至; *go so far as to* 竟至; *half as many again as B* 比 B 多50%,一倍半于 B; *half as many as B* 为 B 的一半; *in as (so)much as* 或 *inasmuch as* 或 *insomuch as* 由于,因为,既然; *insofar (in so far)as* 就…来说,在…的范围内,到…的程度; *(in) so far as...is concerned* 就…而论; *it seems as if* 像是; *just as* 正如…一样,正当…的时候; *just as...,so...* 正如…一样也; *much as* 不多说像…一样; *not go so far as to do* 不至于; *not nearly so...as B* 远不及 B 那样…; *not so...as all that* 不像设想的那么…; *not so much as B* 甚至连 B 也不〔也没〕; *not so much A as B* 与其说是 A 不如说是 B; *so as to (do)* 以至于,以便于; *so...as to do* 这样…以致; *so far as* 远到,就…来说; *so far...as to do* 非常之…以致,如此; *so long as* 只要; *such as* 例如,像…之类; *taken as a whole* 整个说来,整个地; *the same as (A)* 像(A)一样的〔相同的〕; *without so much as doing* 甚至于不…

〖用法〗从上面所列可以看到,由 as 构成的词组特别多且常用。它有多种词性,而且在文章中非常常用,读者往往会感到很困惑,现分述如下。❶ 作介词。①单独使用(科技文中不常见),意为"作为"(偶尔可译成"以,按,像")。如: As a means of communication, a satellite is the most advanced. 作为通信手段,卫星是最先进的。/The work that is done in causing a flow of current is dissipated as heat. 引起电流流动而做的功以热量的形式消耗掉了。/All the forms of gyro so far described have, as the inertial elements, a rigid body spinning at uniform speed. 到目前为止所讨论的各种形式的陀螺仪,作为惯性元件,都具有一个匀速旋转的刚体。/Its efficiency falls off as $1/n^2$. 其效率按 $1/n^2$ 的速率下降。/The power density varies inversely as the square of the distance from a point source. 功率

密度是与离点源的距离的平方成反比的。/This power spectrum falls off as the inverse square of frequency. 这个功率谱是按频率的负二次方下降的。②与动词连用。i) 与不及物动词连用: 主要与 act、behave、function、serve 等动词连用,意为"作为,起…作用"。如: A wire can act as an antenna. 一根导线能用作天线。ii) 与许多及物动词连用(最常见),读者须逐个记忆,把它译成"作为,成"。We may define heat as the kinetic energy of molecular motion. 我们可以把热定义为分子运动的动能。/This device may be considered as consisting of three parts. 这个设备可看成是由三部分构成的。需要特别注意的是,as 作介词时,可以跟形容词或过去分词来作它的介词宾语。如: This was regarded as impossible two decades ago. 20 年前,这被认为是不可能的。/The kinetic energy of the body can also be considered as made up of two parts. 该物体的动能也可看成是由两部分构成的。③与名词连用(很少见)。如: The choice of ln C as the constant of integration is reasonable. 把 ln C 选为积分常数是合理的。/A PN junction can be used as a rectifier. PN 结可用作整流器。④与形容词连用(极少见)。如: This current is expressible in terms of the mesh currents as i_3-i_2. 这个电流可以按照网孔电流表示成 i_3-i_2。❷ 引导五种状语从句的从属连接词,要根据具体情况来确定其词义。①时间状语从句,意为"当…时候"或"随着"。As t goes to infinity, f(t) goes to zero. 当 t 趋于无穷大时,f(t) 趋于零。/As the temperature of a body rises, the radiated heat also increases. 随着物体温度的上升,辐射热也不断增加。注意: 当主句中有比较级时,那部分往往要译成"越来越…"。如: The skin effect is more pronounced as the frequency increases. 随着频率的上升,集肤效应越来越明显。/These organizations are becoming more influential as more people recognize the values of standards. 随着越来越多的人认识到标准的价值,这些组织正变得越来越有影响。②原因状语从句。如: As cotton is liable to absorb moisture, the insulation will be adversely affected. 由于棉花容易吸收水分,其绝缘性能会受到不利影响。(注意: 在普通英语中,这种原因状语从句有时也会发生部分倒装现象,一般是从句表语处于 as 之前,不过在科技文中很难见到)。③方式状语从句,意为"如同,以…方式",其前面往往有副词 just、exactly、much、somewhat。如: As the moon moves around the earth, so the earth moves around the sun. 像月亮绕地球运行一样,地球绕太阳运行。/We can easily derive equations of rotational motion exactly as they were derived for translational motion. 我们能够完全像推导平动的式子一样,容易地推导出转动的式子。需要特别注意的是,当主句中有 not、no、rather than、instead of、un-等否定词时,要发生"否定的转移",也就是说通常一定要译成"并不像…那样"。如: The momentum of the sun does not

decrease with time as its energy content does. 太阳的动量并不像其能量那样随时间的推移而减小。/They had proved that all known planets traveled in ellipses rather than in circles as everyone thought. 他们证明了: 所有已知的行星都是在椭圆轨道上运行的,并不像当时人认为的那样是在圆形轨道上运行的。④比较状语从句,这是 as...as 同等比较句型中的第二个 as,意为"像…一样"。如: Aluminum is not as heavy as copper. 铝没有铜重。注意: i) "as...as+数量" 要译成"…达…"。如: This cable is as long as 300 kilometers. 这条电缆长达 300 公里。/Measurement of currents as low as a few microamperes can be made in this way. 用这种方法可以测定小到几个微安的电流。ii) 有时与上面或本句前述部分提到的情况相比时,往往会省去 as 从句部分。如: Digital transmission need not have as high an S/N ratio. 数字传输不必具有那么高的信噪比。/Measuring anything means comparing it with some standard to see how many times as big it is. 测量任何东西意味着把它与某一标准作比较,看看它是该标准的多少倍(那么大)。⑤让步状语从句,它的词义是"虽然",其特点是: 从句的一部分(一般是作表语的形容词)一定要倒置在 as 前。如: Hard as the metal is, it can be changed into liquid at high temperatures. 这种金属虽然很硬,但在高温下是可以被变成液体的。注意: 有时在倒过来的那个形容词前还可以有一个 as。如: As competitive in price as these products already tend to be, there is still room for improvement. 虽然这些产品的价格已趋于有竞争性了,但仍有改进的余地。❸ 引导定语从句的关系词(一般为关系代词,偶尔为关系副词: 在 the same way〔manner〕as, the same direction as 等的情况下),意为"正如…那样(的)"。①引导非限制性定语从句,一般修饰整个主句。如: As we shall see in the next chapter, any body moving in a straight line at constant speed is also in equilibrium. 我们在下一章将会看到,任何作匀速直线运动的物体都是处于平衡状态的。/The hard connective tissues, as the name suggests, are more solid than the other group. 顾名思义,硬连组织要比另一种组织更稳固。/The mass of a body is directly proportional to weight, as will be shown shortly. 物体的质量与其重量成正比,这一点在下面马上就要加以证明。②引导限制性定语从句。如: Thus we get the same sketch of the voltage as was obtained previously. 因此,我们得到的该电压的略图与以前获得的相同。/Z moves round the origin in the same direction as P moves round the zeros. Z绕原点运动的方向与P绕零点运动的方向相同。/Here we can use a combinational full adder as was described in the above section. 这里我们可以使用在上一节中讲到的组合式全加器。注意: 有时会有一种含糊不清的"定语从句"。如: Petroleum as it is found in the earth is a combination of several fractions. 在地球内部所找到的石油是

由几种成分组合成的。/I am indebted to many people for help with the material <u>as it appears in the book</u>. 我要感谢许多人,他们帮助我提炼了本书的内容。③一种特殊的修饰某个名词的非限制性定语从句: as 在从句中作 call、know、refer to、state 等要求的补足语,它常与 or("即")连用,这种从句一般译成"(人们)通常所说的,所谓的,所称的",它有时还可以处在被修饰名词的前面。如: These ground waves, or surface waves <u>as they are referred to</u>, permit propagation around the curvature of the earth. 这些地波,也就是人们所谓的表面波,能够沿地球的曲率传播。/The model shows concentric orbits or, <u>as they are now frequently called</u>, rings or shells. 该模型画出了一些同心圆,也就是现在人们经常所说的电子环或电子层。/The oldest way is the phenomenon of charging by friction, <u>as it is usually known</u>. 最古老的方法就是人们通常所说的"摩擦起电"现象。④一种特殊的结构:"as+过去分词(介词短语;副词)"。<u>As noted in the second illustration</u>, we use only positive exponents in the final result. 如在第二个例题所提到的,我们在最后的结果中只使用正指数。/<u>As with the metal</u>, a semiconductor is composed of a regular geometric lattice of parent atoms. 与金属的情况一样,半导体是由母原子的规则几何晶格构成的。/To find the product of two or more monomials, we use the laws of exponents <u>as given in Section 1-4</u>. 为了求得两个或多个单项式的乘积,我们使用 1-4 节所给出的那些指数定律。/A T-network will be <u>as shown in Fig.4-7</u>. 一个 T 型网络将是如图 4-7 所示的那样。❹ 副词,就是"as...as"同等比较句型中的第一个 as,意为"同样地,那样地"。如: This computer is twice <u>as</u> heavy. 这台计算机有(那台的)两倍那么重。❺ 组成各种固定词组。①状语从句连接词。如: as long as "只要", as soon as "一…就", as if 〔as though〕"好像"(它引导的从句一般应该使用虚拟语气,从句谓语要使用"一般过去时"(对现在的情况)或"过去完成时"(对过去的情况)。如: We have for simplicity been speaking of the current in a conductor <u>as if</u> all of the free electrons <u>moved</u> with the same constant velocity. 为了简单起见,我们一把导体中的电流说成好像所有的自由电子都是以相同的恒速运动的。/At that time it looked <u>as if</u> the sky <u>had been covered</u> with a big black blanket. 当时看起来好像天空被覆盖着一条大黑毯。除此之外,还有as〔so〕far as...concerned "就…而论"等等。②组合介词。如: as to (as for) "关于,至于", as regards "由于", as from "从…起"等。③副词。如: as well "也", as yet "至今,迄今"等。④等立连接词。如: as well as "以及,和,除…以外(还)=in addition to"。⑤作插入语用。如: as a result"因此", as usual "照例,像平常一样", as a matter of fact"事实上"等。⑥特殊词组,如: We leave this factor <u>as is</u>. 我们把这个因子保持原状。❻ 分析"as"的词类的步骤:看看是不是固定词组,

如果是的话,要确定是什么性质的词组;如果不是,则看看 "as" 后是不是一个句子,以区分是介词还是从句的引导词。如果是一个句子,则看看 "as" 在从句中作不作句子成分,以区分是定语从句还是状语从句。如果不作句子成分,则它引导的是状语从句的逻辑概念,试探 "as" 的确切词义。❼ "there are as many (+名词 A)as there are 名词 B" 意为 "有多少个 B 就有多少个 A"。如: There are <u>as many designs as there are designers</u>. 有多少位设计人员就有多少种设计方案。/These energy bands are actually composed of a multitude of individual energy levels, <u>as many as there are atoms in the crystal</u>. 这些带实际上是由许许多多单个能级构成的,而晶体中有多少个原子就有多少个能级。❽ 它引导的时间状语从句可以修饰其前面的名词。如: We must first determine the limit <u>as C approaches infinity</u>. 我们必须首先求出当 C 趋于无穷时的极限。

asab [ə'sæb] *n.* 【医】非洲性病

asar [ə'sɑː] *n.* 【地质】蛇形丘

asarin ['æsərɪn] *n.* 【生】细辛脑

asbecasite [æs'beksaɪt] *n.* 【地质】砷铍钙石

asbest [æs'best] *n.* 【化】石棉

asbestic [æz'bestɪk] *a.* (=asbestine) 石棉(性)的,不燃性的

asbestine [æz'bestaɪn] ❶ *n.* 滑石棉,石棉粉 ❷ *a.* 石棉(状)的;不燃性的

asbestoid [æz'bestɔɪd] *a.* 似石棉的

asbeston [æz'bestən] *n.* 【化】防火布

asbestonite [æz'bestənaɪt] *n.* 【化】石棉制绝热材料

asbestophalt [æz'bestəfɔːt] *n.* 【化】石棉地沥青

asbestos [æz'bestəs], **asbestus** [æz'bestəs] *n.* 石棉,石绒

asbestosis [æzbes'təʊsɪs] *n.* 【医】(肺的)石棉吸入病

asbolan(e) ['æzbələɪn], **asbolite** ['æzbəlaɪt] *n.* 【化】钴土(矿),锰钴的水合氧化物

ascaricide ['æskərɪsaɪd] *n.* 【化】杀蛔虫剂

ascaris ['æskərɪs] (pl.ascarides) *n.* 蛔虫

ascarite ['æskəraɪt] *n.* 【化】烧碱石棉剂,二氧化碳吸收剂

ascend [ə'send] *v.* (攀)登,往(河的)上(游)走,升〔爬〕高,【天】向天顶上升,上浮 ☆*ascend to* 升至,追溯(到…时期)

ascendance [ə'sendəns], **ascendancy** [ə'sendənsɪ] *n.* 优势(越)(over) ☆*ensure the ascendancy of* 保证…的支配地位; *gain ascendancy over* 对…占优势; *have an ascendancy over* 比…占优势,优于

ascendant [ə'sendənt] *n.;a.* (占)优势(的),升度,占支配地位的,上升的 ☆*be in the ascendant* 占优势,蒸蒸日上

ascending [ə'sendɪŋ] *a.* 上升〔浮,行〕的,向上的

ascension [ə'senʃən] *n.* 上升〔浮〕,升高〔起〕;

【天】(赤)经

ascensional [ə'senʃənəl] *a.* 上升〔向〕的

ascensive [ə'sensɪv] *a.* (使)上升的,进步的

ascent [ə'sent] *n.* ①攀登,爬〔提〕高,上升〔浮,坡〕②坡高 ③高地,斜坡,(一段)阶梯 ④升高度,【天】升起,上升 ☆*have an ascent of* 坡度为; *make an ascent (of)* 登,上升

ascertain [,æsə'teɪn] *vt.* 确定,查明

ascertainable [,æsə'teɪnəbl] *a.* 可确定的,可查明的

ascertainment [,æsə'teɪmənt] *n.* 确定,调查

ascharite ['æskərɑɪt] *n.* 【地质】纤维硼酸镁石

aschistite ['æskɪstɑɪt] *n.* 【地质】未分异岩

ascites [ə'sɑɪtiːz] *n.* 腹水

ascitic [ə'sɑɪtɪk] *a.* 腹水的

ascoloy [əs'kɒlɔɪ] *n.* 镍铬铁(防锈)合金

ascorbate [əs'kɔːbɪt] *n.* 维生素 C

ascorbic [əs'kɔːbɪk] *a.* 治坏血症的

ascorbigen [æs'kɔːbɪdʒɪn] *n.*【化】抗坏血酸原

ascospore ['æskəuspɔː] *n.*【生】子囊孢子

ascosporulation [æskəspɔrə'leɪʃən] *n.* 子囊孢子形成

ascribable [ə'skrɑɪbəbl] *a.* 可归因于…的,起因于…的(to)

ascribe [ə'skrɑɪb] *vt.* 把…归(咎,因)于,认为…属于 ☆*ascribe A to B* 把 A 归于 B

〖用法〗注意下面这个例子: In order to explain what are commonly called electrical effects, it is necessary to ascribe to certain 'particles' the property of charge. 为了说明通常所说的电效应, 必须把电荷的性质归因于某些"粒子"。

ascription [ə'skrɪpʃən] *n.* 归于〔咎〕(of,to)

asdic ['æzdɪk] *n.* ①潜艇探测器,防潜仪 ②声呐(站),声波测位器

asea [ə'siː] *ad.* 在海上,向海

aseismatic [,eɪsɑɪz'mætɪk], **aseismic** [eɪ'sɑɪzmɪk] *a.* 抗地震的,无(地)震的

asepsis [eɪ'sepsɪs] *n.* 无菌(法),防腐(法)

aseptate [ə'septeɪt] *a.* 无隔膜的

aseptic [æ'septɪk] ❶ *a.* 无菌的,防腐的,起净化作用的 ❷ *n.* ①无菌 ②防腐剂 ‖ *-ally ad.*

asepticise, asepticize [ə'septɪsɑɪz] *vt.* 防腐,使无菌

aser [ə'sɜː] *n.*【物】量子放大器

asexual [æ'seksjuəl] *a.* 无性的

ash [æʃ] *n.* ①灰(粉),粉尘,尘埃,火山灰,煤渣 ②白杨,桉树,秦皮 ☆*be reduced (burnt) to ashes* 化为灰烬〔乌有〕; *lay in ashes* 使化为灰烬,使全部消灭; *turn to dust and ashes* 消失,化为尘埃

ashamed [ə'ʃeɪmd] *a.* 惭愧的,羞耻的 ☆*be ashamed at (that)* 或 *be ashamed of oneself for* 因…感到惭愧; *be ashamed of* 因〔替〕…感到害臊; *be ashamed to (do)* 不好意思(做)

ashed [æʃt] *a.* 灰化了的,成了灰的

ashen ['æʃən] *a.* ①灰(白,似)的 ②木(制成)的

ashery ['æʃərɪ] *n.* 堆灰场,烧灰场;钾碱厂

ashing ['æʃɪŋ] *n.*【冶】①灰化,成灰 ②除灰(装置)③用灰〔砂〕磨光

ashlar ['æʃlə] *n.*【化】琢石,(细)方石,墙面石板

ashlaring ['æʃlərɪŋ] *n.*【化】砌琢石(墙面)

ashless ['æʃlɪs] *a.* 无灰的

ashman ['æʃmən] *n.* 除灰工

ashore [ə'ʃɔː] *ad.* 在(向)岸上,向岸地 ☆*run (be driven) ashore* 搁浅; *go (come) ashore* 登陆,上岸

ashphalt ['æʃfælt] *n.*【化】土沥青

ashpit ['æʃpɪt] *n.*【冶】灰仓, 灰池,灰斗

ashtree ['æʃtriː] *n.*【植】水曲柳

ashy ['æʃɪ] *a.* ①灰的,粉尘的 ②灰色的,苍白

Asia ['eɪʃə] *n.* 亚洲

Asian ['eɪʃɪ] *a.;n.* 亚洲的,亚洲人(的)

Asiatic [,eɪʃɪ'ætɪk] *a.;n.* 亚洲的,亚洲人(的)(对亚洲(人)的贬语)

aside [ə'sɑɪd] ❶ *ad.* 在旁边;向旁边;撇开 ☆*aside from* 加之,除…外(还),暂且不论,与…无关; *lay aside* 把…放在一边,把…搁置起来;抛弃; *push aside* 排开; *put (set) ...aside* 把…搁在一边,不考虑,取消 ❷ *n.* 旁白;离题话;插入语

〖用法〗注意这个词当副词时的特殊用法,它放在名词后,意为"除去,撇开"。如: Technological considerations aside, the massive growth in voice services and TV broadcasting, combined with the emergence of low bit rate data communications, represents major changes in all aspects of life. 除了技术考虑因素外,话语服务和电视广播的迅速发展,加上低比特率数据通信的出现,代表了生活各个方面的主要变化。

asiderite [ə'sɪdərɑɪt] *n.* 石陨星

asiderosis [əsɪdə'rəusɪs] *n.*【医】铁缺乏

asinine ['æsɪnɑɪn] *a.* 驴的,愚蠢的

asininity [,æsɪ'nɪnətɪ] *n.* 愚蠢;蠢话,蠢事

asitia [ə'sɪʃɪə] *n.* 厌食

asjike [əs'dʒɑɪkɪ] *n.*【医】脚气病

ask [ɑːsk] *v.* ①问,询问 ②请求 ③要求;索(价)④邀请 ☆*ask after* 问候(身体健康); *ask for* 要求,请求;找(人); *ask for trouble* 自讨苦吃,自找麻烦; *ask out* 辞退,引退; *ask to do* 请求被许可(做); *for the asking* 有求必应地

〖用法〗当它表示"要求"时,其后面的名词从句有人使用"(should)+动词原形"的形式。如: Woodruff asked that another letter be sent correcting this exaggeration. 伍德拉夫要求再发一封信来改正这一言过其实。

Askania [əs'kænɪə] *n.* 液压自动控制装置

askanite [əs'kænɑɪt] *n.*【地质】蒙脱石

askelia [əs'kelɪə] *n.* 无腿

askew [əs'kjuː] *a.;ad.* 斜;轻视地;不赞同地 ☆*look askew at sth.* 对…不屑一顾

aslant [ə'slɑːnt] *ad.;prep.* ①斜,侧地 ②成斜角地

(to) ☆**run aslant** 和…相抵触

asleep [ə'sliːp] *a.* ①睡着的,麻痹的,不活泼的 ②稳的,静止状态的,不动的 ☆**asleep at the switch** 玩忽职守; **be fast asleep** 酣睡,睡熟; **drop asleep** 入睡;安然死去; **fall asleep** 入睡,玩忽职守;静止不动
〖用法〗这个形容词只能作表语而不能作前置定语。它前面一般用 fast 和 sound 来修饰(偶尔也有人用 much 或 very much,但不普遍),表示"睡得很熟"。

aslope [ə'sləup] *ad.* (倾)斜,在斜坡上,成斜坡状

asomnia [ə'sɒmnɪə] *n.* (=insomnia)失眠(症)

asonia [ə'səunɪə] *n.* 音盲

asophia [ə'sɒfɪə] *n.* 发音不清

asparagine [æs'pærədʒiːn] *n.*【化】天冬酰胺;氨羰基氨酸;天门科素

aspartate['æspɑːteɪt] *n.*【化】天冬氨酸盐(或酯)

aspecific [æs'pesɪfɪk] *a.* 非特异性的,非特殊的

aspect ['æspekt] *n.* ①方面,(目标)方位 ②状况,(信号)方式,光景 ③外观,样子,面貌 ④见解,观点
〖用法〗注意下面例句的含义: The second aspect to determine our progress is the application by all members of society of the special methods of thought and action that scientists use in their work. 决定我们进步的第二个方面,是所有的社会成员应用科学家们在他们的工作中所采用的思维和行动的特殊方法(的程度)。("of the special methods of thought and...in their work"是修饰"application"的,本来应该是"the application of A by B"(由B应用A),由于"of A"比"by B"长,所以倒过来了。)

aspection [əs'pekʃən] *n.* 季相,周期变化

aspen ['æspən] ❶ *n.*【植】白杨属;欧洲山杨 ②(俚)夜间盲目轰炸系统 ❷ *a.* 白杨的;(像白杨树叶般)颤抖的

asperate ❶ ['æspərɪt] *a.* 粗糙的 ❷ ['æspəreɪt] *vt.* 使粗糙

aspergillin [,æspə'dʒɪlɪn] *n.*【化】曲霉素

aspergillosis [,æspədʒɪ'ləusɪs] *n.* 曲霉病害

aspergillus [,æspə'dʒɪləs] (拉丁语) *n.* 曲霉属

asperity [æ'sperəti] *n.* ①(表面)粗糙;(气候)严酷;(声音)刺耳 ②(性格)刻薄;(语言)粗暴 ③严酷的气候,艰苦的条件 ④凸凹不平

asperous ['æspərəs] *a.* 不平的,粗糙的

asperse [ə'spɜːs] *vt.* ①辱骂;诬蔑 ②【宗】对…洒水,洗礼水

aspersion [ə'spɜːʃən] *n.* ①诽谤,中伤 ②洒水 ☆ **cast aspersions on (upon) sb.** 中伤某人

aspertoxin [,æspə'tɒksɪn] *n.*【化】曲霉毒素

asphalite ['æsfəlaɪt] *n.*【地质】沥青矿〔岩〕

asphalt ['æsfælt] ❶ *n.* 沥青 ❷ *vt.* 涂柏油

asphaltene [æs'fæl,tiːn] *n.* 沥青质

asphaltic [æs'fæltɪk] *a.* 沥青的

asphaltine [æs'fælti:n] *n.*【化】沥青质

asphaltite [æs'fæltaɪt] *n.*【地质】地沥青石,沥青岩

asphaltization [æsfæltɪ'zeɪʃən] *n.* 沥青化

asphaltogenic [æsfæltə'dʒenɪk] *a.* 成沥青的

asphaltos [æs'fæltəs] *n.*【化】地沥青

asphaltum [æs'fæltəm] *n.*(=asphalt)【化】沥青,柏油

aspheric(al) [eɪ'sferɪk(əl)] *a.* 非球面的

asphericity [æsfe'rɪsəti] *n.*【物】非球面性

aspherics [eɪ'sferɪks] *n.*【物】(复)非球面镜头

asphyctous [eɪs'fɪktəs] *a.* 窒息的

asphygmia [æs'fɪgmɪə] *n.* 脉搏消失

asphyxia [æs'fɪksɪə] *n.* 昏厥,窒息性毒剂,无脉

asphyxial [æs'fɪksɪəl] *a.* 窒息的,昏厥的

asphyxiant [æs'fɪksɪənt] *a.;n.* 窒息性的,发生〔引起〕窒息的,窒息剂〔状态〕

asphyxiate [æs'fɪksɪeɪt] *vt.* 使(人)窒息 ‖ **asphyxiation** *n.*

asphyxiator [æs'fɪksɪeɪtə] *n.*【化】窒息剂;动物窒息试验器;(利用二氧化碳的)灭火器;下水管漏水试验器

aspidelite [æs'pɪdəlaɪt] *n.*【地质】榍石

aspidinol [æs'pɪdɪnəl] *n.*【化】绵马醇

aspirail ['æspɪreɪl] *n.* 通风孔

aspirant ❶ ['æspərənt] *a.* 上进的,有野心的 ❷ [əs'paɪərənt] *n.* 抱负不凡者,有志者;(名誉、地位的)追求者;向上爬者

aspirate ['æspəreɪt] ❶ *vt.* ①【语】把…发成送气音 ②【医】用吸管将体腔中的液体抽出;将液体吸入气管或肺部 ❷ *n.* 抽出物,吸出物;【语】送气音

aspiration [,æspə'reɪʃən] *n.* ①【医】(从体腔中)吸出,气吸,吸尘作用,吸引术 ②愿〔渴〕望,志向(for;after;to do) ③【语】送气音

aspirational [,æspə'reɪʃənəl] ❶ *a.* 反应对某种生活方式的追求的 ❷ *n.* 人生目标指南

aspirator [,æspə'reɪtə] *n.* ①(= respirator)吸气器 ②水流抽气管;抽风扇(机);气水吸管道 ③【医】吸引器

aspire [ə'spaɪə] *vi.* ①追求,有抱负,渴望(to,after) ②升高;高耸 ☆ **aspire after (to;to do)** 热切渴望,向往

aspirin ['æspərɪn] *n.*【药】阿司匹林
〖用法〗如果要表示"几片阿司匹林",可有三种方式: several aspirin,several aspirins,several tablets of aspirin。

aspiring-pump [ə'spaɪərɪŋpʌmp] *n.* 抽气〔水〕泵

asporogenous [,æspɒrə'dʒenəs] *a.* 不产生芽孢(孢子)的

asporous ['æspɒrəs] *a.* 无芽孢的

assail [ə'seɪl] *vt.* ①攻击,袭击 ②指责 ③毅然应付;困扰

assailable [ə'seɪləbl] *a.* 可攻击的,易攻击的,有弱点的

assailant [ə'seɪlənt] *n.* 攻击者

assart [æ'sɑːt] *n.;v.* 开荒,开垦地

A

assault [ə'sɔːlt] *n.;vt.* 袭击;威胁;殴打 ☆*make an assault on (upon)* 对…进行突然袭击

assaultable [ə'sɔːtəbl] *a.* 可攻〔袭〕击的

assaulter [ə'sɔːtə] *n.* 攻击者,殴打者

assay [ə'seɪ] *n.;vt.* ①化验,(干,火,定量)分析,被验明(成分) ②试料,被分析物,试金物 ③验定法 ☆*assay to do* 试图(做); *do one's assay* 竭力

assayer [ə'seɪə] *n.* 试金者;分析专家

assaying [ə'seɪɪŋ] *n.* 试金;分析试验

assemblage [ə'semblɪdʒ] *n.* ①集合,收集 ②安装;装配 ③装置,总体,装配件,【数】族 ④(统计力学)系综 ⑤人群
〖用法〗该名词前一般要用不定冠词,即 an assemblage (of),意为"一组,一群,一批集合在一起的东西,装配"等。如: We now consider an assemblage of N vibrators. 我们现在考虑一下一组 N 个振子的情况。

assemble [ə'sembəl] ❶ *v.* ①集(合,中),收集 ②装配;组合 ③汇编,剪辑 ❷ *n.* 组装元

assembler [ə'semblə(r)] *n.* ①装配器,装配工 ②汇编程序;汇编语言者 ③收集器

assembling [ə'semblɪŋ] *n.;a.* 装配(的),安〔组〕装(的),集装〔合〕,收集,组合(的),装备,结构

assembly [ə'semblɪ] *n.* ①组合,装配,总装 ②组件,装配图,装配车间,系统 ③(组合件)总成,汇编 ④集会,(全体)会议

assemblyman [ə'semblɪmən] *n.* ①装配工 ②议员

assent [ə'sent] *vi.;n.* 批 准, 赞 同 (to) ☆ *by common assent* 一致同意; *give one's assent to* 同意,对…表示赞成; *by common assent* 经一致同意; *with one assent* 一致通过,无异议

assentation [ˌæsen'teɪʃən] *n.* 同意,附和,盲从

assentient [ə'senʃənt] ❶ *a.* 同意的,赞成的 ❷ *n.* 同意者,赞同者

assert [ə'sɜːt] *vt.* ①宣称,断言,声明 ②维护,坚持 ☆*assert oneself* 坚持自己的权利;表现自己的权威
〖用法〗注意下面例句的含义: The law of mass action asserts that pn=n$_i^2$. 质量作用定律表明 pn=n$_i^2$。

assertion [ə'sɜːʃən] *n.* ①主张,要求,断言 ②维护,坚持 ③【数】断定,命题 ④(过分)自信 ☆*make an assertion* 作强硬的声明; *stand to one's assertion* 坚持己见

assertive [ə'sɜːtɪv] *a.* ①断然〔言〕的;斩钉截铁的 ②固执己见的,过分自信的;武断的 ‖ ~*ly ad.* ~*ness n.*

assess [ə'ses] *vt.* ①估计 ②征税;分摊;处以罚款 (on,upon,at,in) ③评估

assessable [ə'sesəbl] *a.* 可估价的,可征税的

assessed [ə'sest] ❶ *a.* 已审估的 ❷ *n.* 估定值

assessment [ə'sesmənt] *n.* ①估计,评定,评价 (法),估计数 ②评估的款额〔税额〕 ③看法

assessor [ə'sesə] *n.* ①鉴定装置,鉴定器 ②(技术)

顾问,助理;陪审推事 ③财产估价人;估税员

asset ['æset] *n.* ①优点,益处 ②有用的资源,宝贵的人〔物〕③(常用 pl.)资产;财产

asseverate [ə'sevəreɪt] *vt.* 郑重声言,断言

asseveration [əˌsevə'reɪʃən] *n.* 断言,誓言

assident [ə'sɪdənt] *a.* 随伴的,附属的

assiduity [ˌæsɪ'djuːɪtɪ] *n.* ①勤奋;刻苦 ②(常用 pl.)殷勤,照顾(to) ☆ *with assiduity* 兢兢业业地,孜孜不倦地

assiduous [ə'sɪdjʊəs] *a.* ①专心的;勤勉的 (in,at) ②小心谨慎的 (over) ‖ ~*ly ad.* ~*ness n.*

assign [ə'saɪn] *vt.* ①(与 to 连用)分配 ②把…归因于(to,for) ③指定 ④(与 to 连用)让与
〖用法〗❶ 这个动词可以带有双宾语,所以被动时在谓语后就会有一个保留宾语。如: Each user is assigned a frequency band. 每位用户被分配一个频段。/In practice, each voice input is usually assigned a bandwidth of 4kHz. 在实践中,每个话音输入通常被分配 4 千赫的带宽。❷ 这个动词也可使用"assign A to B"的搭配模式。如: The programmer may arbitrarily assign symbolic names to the locations to which he must refer. 程序员可以任意地把符号名称赋予他必须涉及的地址。/To each point of S let there be assigned a definite number, n. 设给 S 的每一点赋予一个定数 n。(注意句中"there"看成是形式宾语,而真正的宾语是"a definite number, n"。)

assignable [ə'saɪnəbl] *a.* 可分配的,可归属的,可指定的

assignation [ˌæsɪg'neɪʃən] *n.* ①分配 ②转让 ③指定;选定 ④约会,幽会 ⑤归因

assigned [ə'saɪnd] *a.* 给〔指〕定的,赋予的,已知的

assignee [ˌæsaɪ'niː] *n.* 受让人,代理人,受托人,分配到任务的人

assignment [ə'saɪnmənt] *n.* ①分配,分派;指定 ②任务;课题;作业;职责 ③【法】转让;转让证书 ④(理由、动机等的)说明,陈述 ⑤【计】赋值
〖用法〗❶ 该词与动词"make"连用。如: In the curved regime, an empirical assignment of capacitance is made. 在弯曲区内,对电容量按经验作了确定。❷ 注意下面例句中该词的含义: Many more problems are presented than need be given as homework assignments. (本书)列出的习题要比作为布置家庭作业所需的多得多。

assignor [ə'saɪnə] *n.* 转让人,分配者,(专利)转让者

assimilability [əˌsɪmɪlə'bɪlɪtɪ] *n.* 同化性

assimilable [ə'sɪmɪləbl] *a.* 可同化的,可吸收的

assimilate [ə'sɪmɪleɪt] *v.* ①吸收,消化,融会贯通 ②使同化 (into,with) ③使相似,使相同 ④把…比作(to,with) ☆*assimilate A to (with) B* 把 A 比作 B(把 A 和 B 相比)

assimilation [əˌsɪmɪ'leɪʃən] *n.* 同化(作用),光化学同化,吸收(作用) ‖ **assimilative, assimilatory** *a.*

assist [ə'sɪst] *v.;n.* ①帮助,促使 ②参加,出席 ③加速(器),助推(器),增加推力
〖 用 法 〗 在 科 技 文 中 常 见 assist...in (doing...) (=assist...(to do...))。如: This type of feedback model assists the analyst in understanding the overall effects of government policy. 这类反馈模型有助于分析家理解政府政策的综合效果。/Indirect addressing can assist the programmer in passing parameters to subroutines. 间接寻址可以帮助程序员把参数传给子程序。

assistance [ə'sɪstəns] *n.* ①援助,帮助 ②辅助设备 ☆be of great assistance in doing (很)有助于(做); come to A's assistance 帮助 A; give (render,extend) assistance to 帮助…

assistant [ə'sɪstənt] ❶ *a.* 辅助的,副的 ❷ *n.* ①助理〔手,教〕②辅助物,(染色的)助剂

assistor [ə'sɪstə] *n.* ①助推器 ②辅助装置 ③帮助者

assize [ə'saɪz] *n.* ①(常用 pl.)(英)巡回审判;巡回审判的时间、地点;开庭 ②条例,条令 ③法定标准 ④树积测定 ⑤圆柱石

associable [ə'səʊʃəbl] *a.* 可以联想的;可联合的

associate ❶ [ə'səʊʃɪeɪt] *v.* 联〔结〕合,联想,结交,使发生联系 ☆associate A with B 把 A 和 B 联系起来; (be) associated with 与…有关(联);涉及;伴随…(产生) ❷ [ə'səʊʃɪɪt] *n.* 连带的,有关的,副的 ❸ [ə'səʊʃɪɪt] *n.* ①相伴因素〔物〕,共生体,联想物 ②同事〔伙〕③副手 ④通信院士,副总编辑,准〔副〕会员
〖用法〗有时 associated with 可以表示"从事于"的含义。如: Many people associated with data communications and networks are not interested in why a limited capacity exists,but what the limit is. 从事于数据通信和网络的许多人对为什么容量会受到限制并不感兴趣,而是对限制程度为多大感兴趣。

associated [ə'səʊʃɪeɪtɪd] *a.* 关联的,连带的,毗连的,辅助的,协同的

association [ə,səʊsɪ'eɪʃən] *n.* ①联〔结〕合,缔合 ②共生体 ③协会,学会,联合会,团体

associational [ə,səʊsɪ'eɪʃənəl] *a.* 联想的,协会的

associative [ə'səʊʃɪeɪtɪv] *a.* ①联合的,连带的 ②联想的 ③【数】结合的

associativity [ə,səʊʃɪə'tɪvɪtɪ] *n.* 结合性

associator [ə'səʊʃɪeɪtə] *n.* 同伙,团体,学会等的成员;连接器

assoil [ə'sɔɪl] *vt.* 补偿

assonance ['æsənəns] *n.* 【语】协音,半韵

assort [ə'sɔːt] *v.* ①把…分类;给…归类 ②相称;协调

assorted [ə'sɔːtɪd] *a.* ①各种各样的,什锦的 ②相称的 ③分了类的

assortment [ə'sɔːtmənt] *n.* ①分类,分配 ②种类,花色品种

assuage [ə'sweɪdʒ] *vt.* ①缓和,减轻(痛苦) ②宽慰;平息(怒气) ③满足(食欲),充饥 ‖ ~ment *n.*

assuetude ['æswɪtjuːd] *n.* 习惯,瘾

assula ['æsjuːlə] *n.* 夹板

assumable [ə'sjuːməbl] *a.* 可假定的,可设想的,可采取的,可假装的

assumably [ə'sjuːməblɪ] *ad.* 可设想地,多半,大概

assume [ə'sjuːm] *vt.* ①假定,设想,以为 ②采取;采用;表现为,呈现 ③承担;接受
〖用法〗这个词可以有以下一些句型: ❶ "assume+宾语"(常用被动句)。如: An understanding of the vidicon-type camera tube is assumed in this section. 在本节,我们认为读者已懂得了视像管型的摄像管。/Linearity is assumed in the amplifiers or networks. 我们假设放大器或网络是呈线性的。/This specification has now assumed increased importance. 这一规范的重要性现在已经提高了。/A grounding of electronic or radio techniques is assumed in the reader. 我们认为读者已具备了电子或无线电技术的基础知识。❷ "assume+宾语从句"(可以是被动句型)。如: Assume that the original input function f(t) is a delta function. 我们假设原输入函数 f(t) 是一个 Δ 函数。/In this chapter it is assumed that the reader understands classical transmission line theory. 本章,我们假设读者已了解了经典的传输线理论。❸ "assume+宾语+形容词(补足语)"(可以是被动句型)。如: Assume the resistance constant. 我们假设该电阻是恒定的。/The effect of R_eg in the bias network is assumed negligible. 我们假设在偏压网络中 R_eg 的影响是可以忽略不计的。❹ "assume+宾语+动词不定式(补足语)"。如: For simplicity we shall assume this coefficient to be independent of velocity. 为了简单起见,我们将假设这个系数是与速度无关的。/The plane is assumed to be frictionless. 我们假设该平面是没有摩擦的。/Assume each rivet to carry one-quarter of the load. 我们假设每个铆钉承载四分之一的负荷。/The string is assumed to have been vibrating for a sufficiently long time. 我们假设弦线已经振动了足够长的时间了。❺ 注意下面例句中该词的含义: Here i and k may assume any positive integer values. 这里 i 和 k 可以取任何正整数值。/In this case, the random variable assumes a Gaussian distribution. 在这种情况下,该随机变量呈高斯分布。/The values given here assume the use of a binary symmetric channel with transition probability p=10⁻². 这里所给出的值来自于使用了具有转移概率为 p=10⁻² 的二进制对称信道。

assumed [ə'sjuːmd] *a.* ①假定的,设想的 ②计算的,理论的 ③采用的

assumedly [ə'sjuːmɪdlɪ] *ad.* 多半,大概

assuming [ə'suːmɪŋ] ❶ *n.* 假定〔设〕 ❷ *a.* 傲慢的,不逊的 ‖ -ly *ad.*

assumption [ə'sʌmpʃən] *n.* ①假定;设想 ②采取;承担 ③假装;摆出某种样子 ④【逻】小前提 ☆

A

on the assumption that (在)假定(…的情况下)

〖用法〗❶ 这个名词要与 make 搭配使用。如: We make this assumption throughout this text. 在本书中我们都作这样的假设。/The assumption that β is constant is often made to simplify analysis. 为了简化分析,我们经常假设β是恒定的。❷ 有时它可以表示"假定的值(=assumed value)"。如: This value is closer to our assumption of 0.1V. 这个值比较接近于我们假设的值 0.1 伏。❸ 注意下面例句的译法: This assumption would lead to a battery voltage in the model of Fig.5-7 of 840mV. 作了这样假设后,就可得出图 5-7 模型中的电池电压为 840 毫伏。("of 840mV"是修饰"a battery voltage"的,实际上"of"引出了它的同位语。)

assumptive [əˈsʌmptɪv] *a.* 假设的;傲慢的

assurable [əˈʃuərəbl] *a.* 可保证的;可确信的;可保险的

assurance [əˈʃuərəns] *n.* ①确信,把握 ②承诺,保证 ③厚颜 ④【法】财产转让(书) ☆*give (an) assurance (that)* 保证 ; *have (an) easy assurance of manner* 有悠然自信的态度; *have full assurance of* 完全相信; *make assurance double sure* 加倍小心; *shake sb.'s assurance* 动摇某人的信心; *with assurance* 有把握地,自信地

〖用法〗在科技文中往往会遇到句型 there is no assurance that....,意为"不能保证…"。如: Unless these stability margins are known to be adequate, there is no assurance that a stable prototype can remain stable under change of these components with temperature and time. 除非我们知道这些稳定容限是合适的,要不然就不能保证在这些部件随温度和时间变化时一台稳定的样机能够保持稳定。

assure [əˈʃuə] *vt.* 断然地说,保证 ☆*assure A of (that)* 向 A 保证; *assure oneself of (that)* 弄清楚,查明

assured [əˈʃuəd] ❶ *a.* ①确定的,有保证的 ②自信的 ③有把握的 ❷ *n.* 被保险人 ☆*be assured of* (可以)确信,坚信,…是保险的

assuredly [əˈʃuədlɪ] *ad.* 确实地,确信地

assuredness [əˈʃuədnɪs] *n.* 确信,确实

assurer [əˈʃuərə] *n.* 保证人,保险业者

assurgent [əˈsɜːdʒənt] *a.* 上升的

assuring [əˈʃuərɪŋ] *a.* 保证的,确信的,给人信心的 ‖ *-ly ad.*

astable [eɪˈsteɪbl,ˈæstəbl] *a.* 不稳定的,非稳态的

astacin [ˈæstəsɪn] *n.*【化】虾红素

astarboard [əˈstɑːbəd] *ad.* 向右舵

astasia [əˈsteɪzɪə] *n.* 不能站立

astasia-abasia [əˈsteɪzɪəˈbeɪzɪə] *n.* 立行不能

astatic(al) [eɪˈstætɪk(əl)] *a.* ①【物】无定向的 ②不安定的

astatide [ˈæstətaɪd] *n.*【化】砹化物

astatine [ˈæstəti:n], **astatium** [ˈæstətɪəm] *n.*【化】砹 At

astatische [ˈæstətɪskə] *n.* 无定向控制对象

astatism [əˈstætɪzəm] *n.*【物】无定向性

astatization [eɪstætɪˈzeɪʃən] *n.*【物】使地磁场的补偿作用;地震仪频带延伸

astaxanthin [æstækˈsænθɪn] *n.*【化】虾青素

astenosphere [æsˈtenəusfɪə] *n.*【地质】岩流圈,重〔软流〕圈

aster [ˈæstə] *n.* ①【植】紫菀 ②【动】星(状)体 ③天体,(航天器)弃件,碎片

asteria [æˈstɪərɪə] *n.*【地质】星彩宝石

asteriated [æˈstɪərɪeɪtɪd] *a.* 显出星形的

asterin [ˈæstərɪn] *n.*【化】菊色素

asterion [æsˈtɪərɪɒn] *n.*【天】星穴,星点

asterisk [ˈæstərɪsk] ❶ *n.* 星标记"*", 星状物 ❷ *vt.* 给…注上星号

asterism [ˈæstərɪzəm] *n.* ①【印】三星标记;星状图形 ②【天】星群,小群恒星 ③【地质】星状光彩,星芒

astern [əˈstɜːn] *a.;ad.* ①在船〔机〕尾 ②在后,向后 ☆*astern of* 在…之后; *back astern* 倒驶; *fall (drop) astern* 落于(另一船)之后,被赶过

asteroid [ˈæstərɔɪd] ❶ *n.* 小游星,小行星(亦作: minor planet),海盘车 ❷ *a.* 星状的;紫菀属的

asteroidal [ˈæstərɔɪdəl] *a.* 星状的,小行星的

asthenia [æsˈθiːnɪə] *n.*【医】虚弱

asthenic [æsˈθenɪk] ❶ *a.* 虚弱的,无力的;身材细长的 ❷ *n.* 虚弱的人

asthenope [ˈæsθənəup] *n.* 眼疲劳患者

asthenopia [ˌæsθiˈnəupɪə] *n.*【医】眼疲劳

asthenopyra [ˌæsθiˈnəupɪrə] *n.*【医】低度发烧

asthenosphere [æsˈθenəsfɪə] *n.*【地质】岩流

asthma [ˈæsmə] *n.* 哮喘病

asthmatic [æsˈmætɪk] ❶ *a.* 患哮喘的 ❷ *n.*【医】哮喘病患者

asthmogenic [æsmɒˈdʒenɪk] *a.* 引起气喘的

astigma [əˈstɪgmə] *a.* 无孔的

astigmat [ˈæstɪgmæt] *n.*【物】散光透镜

astigmatic(al) [ˌæstɪgˈmætrɪk(əl)] *a.* 像散的,散光的,乱视的 ‖ *~ally ad.*

astigmation [ˌæstɪgˈmeɪʃən] *n.*【物】像差〔散〕

astigmatism [əˈstɪgmətɪzəm] *n.* 散光,因偏差而造成的曲解或错判

astigmatizer [əˈstɪgmətaɪzə] *n.* 像散装置,夜间测距〔光〕仪

astigmatometer [æˌstɪgməˈtɒmɪtə] *n.* 像散计,散光计

astigmator [əˈstɪgmeɪtə] *n.*【物】像散校正装置

astigmatoscope [æstɪgˈmeɪtəskəup] *n.*【物】散光检查器,散光计

astigmia [əˈstɪgmɪə] *n.* 散光

astigmic [əsˈtɪgmɪk] *a.* 散光的

astigmometry [əstɪgˈmɒmɪtrɪ] *n.*【物】像散测法,散光度计

astir [ə'stɜ:] a.;ad. 活动的(地),骚动的(地),起床

astomatous [ə'stɒmətəs] a.【生】无口的,无呼吸孔的

aston ['æstən] n. 阿斯顿(单位)

astonish [ə'stɒnɪʃ] vt 使惊讶 ☆be astonished at 对于…感到惊异

astonishing [ə'stɒnɪʃɪŋ] a. 惊人的 ‖ ~ly ad.

astonishment [ə'stɒnɪʃmənt] n. 惊讶 ☆lost in astonishment 惊异不已; to one's astonishment 使人吃惊的是

astound [ə'staund] vt. 使…大吃一惊

astounding [ə'staundɪŋ] a. 令人惊奇的,异常的 ‖ ~ly ad.

astracon [ə'strækɒn] n.【物】穿透式薄膜二次倍增图像增强器

astraddle [ə'strædəl] ad.;prep. 跨着,两脚分开站着(of,on),把…置于跨下

astrafoil ['æstrəfɔɪl] n.【印】透明台纸,透明箔

astral ['æstrəl] a. ①星的:星状的;【生】星状体的;多星的 ②星界的,星际的世界

astralite ['æstrəlaɪt] n.化】星字炸药,硝铵,硝酸甘油

astrapia [æ'stræpɪə] n.【地质】星彩蓝宝石

astrasil [æ'stræsɪl] n.化】一种夹层材料

astray [ə'streɪ] a.;ad. 迷途,离正路,犯错误 ☆go astray 走错路,走入歧途; lead...astray 把…引入歧途

astream [ə'stri:m] a.;ad. 顺流的(地)

astrict [ə'strɪkt] vt. 束缚,收缩,(在道德和法律上)约束

astriction [ə'strɪkʃən] n. ①限制,约束 ②收敛,收缩 ③义务,责任

astrictive [ə'strɪktɪv] ❶ a. 收敛的,使收缩的 ❷ n.【医】收敛剂

astride [ə'straɪd] a.;ad.;prep. 骑,跨,两脚分开着(of),横跨…的两旁

astringe [ə'strɪndʒ] vt. 束缚;使收敛;压缩

astringency [ə'strɪndʒənsɪ] n. ①收敛性,作用 ②涩味 ③严厉

astringent [ə'strɪndʒənt] ❶ n.【医】收敛剂 ❷ a. 收敛性的,严酷的,涩的 ‖ ~ly ad.

astrionics [,æstrɪ'ɒnɪks] n. 太空电子学,宇航电子学;宇航电子设备

astroasthenia [æstrəuæs'θi:nɪə] n.【医】航天疲劳

astroballistic(al) [,æstrəubə'lɪstɪk] a. 天文弹道(学)的

astroballistics [,æstrəubə'lɪstɪks] n. 天文弹道学

astrobiology [,æstrəubaɪ'ɒlədʒɪ] n. 天体生物学

astrobionics [,æstrəubaɪ'ɒnɪks] n. 天体生物电子学

astrobotany [,æstrəu'bəutənɪ] n. 天体植物学

astrocenter [,æstrəu'sentə] n. 星心体

astrochemistry ['æstrə'kemɪstrɪ] n. 天体化学

astrochronology [,æstrəukrə'nɒlədʒɪ] n. 天文年代学

astroclimate [æstrəu'klaɪmɪt] n. 天体气候

astroclimatology [æstrəuklaɪmə'tɒlədʒɪ] n. 天体气候学

astrocompass ['æstrəu'kʌmpəs] n. 星象罗盘

astrocyte ['æstrəusaɪt] n.【生】星形细胞

astrodome ['æstrədəum] n. 天体观测窗,天文航行舱

astrodynamics [æstrəudaɪ'næmɪks] n. 天文动力学,宇宙飞行力学

astroecology [æstrəui:'kɒlədʒɪ] n. 宇宙生态学

astrofix ['æstrəufɪks] n. 天文定位(点)

astrogate ['æstrəgeɪt] v. 航天,作宇宙飞行,宇宙航行

astrogation [,æstrə'geɪʃən] n. 宇宙航行学,航天学

astrogator [,æstrə'geɪtə] n. 宇宙航行者,航天员

astrogeodesy [æstrəudʒi:'ɒdɪsɪ] n. 大地天文学

astrogeodetic [æstrəudʒi:'ɒdetɪk] a. 天文大地的

astrogeography [æstrəudʒi:'ɒgrəfɪ] n. 天体地理学

astrogeology [æstrəudʒi:'ɒlədʒɪ] n. 太空地质学

astrogeophysics [æstrəudʒi:əu'fɪzɪks] n. 天文地球物理(学)

astrognosy [æstrəugnəsɪ] n. 恒星学

astrograph ['æstrəugrɑ:f] n. 天体照相仪,天文定位器

astrographic [æstrəu'grɑ:fɪk] a. 天体照相仪的,天文定器的

astrography ['æstrəugrɑ:fɪ] n. 天体(摄影)图

astrohatch ['æstrəuhætʃ] n. 天文观测窗

astroid ['æstrɔɪd] ❶ n. ①星形线,星形结构 ②四尖内摆线 ❷ a. 星状的

astrolabe ['æstrəleɪb] n.【天】古代的天体观测仪,星盘

astrolabium [æstrəleɪbɪəm] n.【天】星盘,观象仪

astrolite ['æstrəlaɪt] n. 航天(耐热)塑料

astrolithology [æstrəulɪ'θɒlədʒɪ] n. 陨石学

astroloy ['æstrəlɔɪ] n. 阿斯特洛依镍合金

astromagnetism [æstrəumæg'netɪzəm] n. 天体磁学

astromechanics [æstrəmɪ'kænɪks] n. 天体力学

astrometeorology ['æstrəumi:tɪə'rɒlədʒɪ] n. 天体气象学

astrometer [æ'strɒmɪtə] n. 天体测量仪,天体光度计

astrometry [æ'strɒmɪtrɪ] n. 天体测量(学)

Astron ['æstrɒn] n. 天体器,美国热核装置

astronaut ['æstrənɔ:t] n. 宇航员,宇航工作者

astronautess ['æstrənɔ:tɪs] n. 女宇航员

astronautic(al) [,æstrə'nɔtɪk (əl)] a. 宇宙航行(员)的 ‖ ~ally ad.

astronautics [æstrə'nɔ:tɪks] *n.* 太空航空学

astronavigation ['æstrəunævɪ'geɪʃən] *n.* 太空航行

astronavigator [æstrəu'nævɪgeɪtə] *n.* 航天员, 宇航员

astronette ['æstrəunetɪ] *n.* 女航天员, 女航天员

astronics [æs'trɒnɪks] *n.* 天文电子学

astronomer [ə'strɒnəmə] *n.* 天文学家

astronomic(al) [æstrə'nɒmɪk(əl)] *a.* 天文(学)的, 天体的, 宇航学的 ‖ **~ally** *ad.*

astronomical-aberration [æstrə'nɒmɪkəl-æbə'reɪʃən] *n.* 天文光行差

astronomy [ə'strɒnəmɪ] *n.* 天文学

astronucleonics [æstrənjuklɪə'ɒnɪks] *n.* 天体核子学, 恒星核过程学说

astroorientation [æstrəʊɔ:rɪen'teɪʃən] *n.* 天文测向

astrophotocamera [æstrəufəutəu'kæmərə] *n.* 天文摄影机

astrophotogram [æstrəu'fəutəugræm] *n.* 天文摄影底片

astrophotography [æstrəufə'tɒɡrəfɪ] *n.* 天体摄影术

astrophotometer [æstrəufə'tɒmɪtə] *n.* 天体光度计

astrophotometry [æstrəufə'tɒmɪtrɪ] *n.* 天体光度学

astrophyllite [æstrə'fɪlaɪt] *n.*【地质】星叶石

astrophysical [æstrəu'fɪzɪkəl] *a.* 天体物理的

astrophysics [æstrəu'fɪzɪks] *n.* 天文物理学

astrophysiology [æstrəufɪzɪ'ɒlədʒɪ] *n.* 航天生理学

astroplane [æstrəu'pleɪn] *n.* 航天飞机, 宇宙飞行器

astropolicy [æstrə'pɒlɪsɪ] *n.* 宇宙保险单

astropower [æstrə'pauə] *n.* 航天威力, 航天强国

astrorelativity [æstrərelə'tɪvətɪ] *n.* 宇宙相对论

astrorocket [æstrə'rɒkɪt] *n.* 宇航火箭

astroscope ['æstrəskəup] *n.* 天文仪

astrospectrograph [æstrəu'spektrəgrɑ:f] *n.* 恒星摄谱仪

astrospectroscope [æstrəu'spektrəuskəup] *n.* 天体光谱仪

astrospectroscopy [æstrəu'spektrəuskɒpɪ] *n.* 天体光谱学

astrosphere ['æstrəsfɪə] *n.* 星(状)体, 中心球, 地核

astrosurveillance [æstrəusə'veɪləns] *n.* 天文探测

astrotaxis [æstrəu'tæksɪs] *n.*【物】趋中心体性

astrotorus [æstrəu'tɔrəs] *a.* 星状的

astrotracker [æstrəu'trækə] *n.* 星象跟踪仪

astrotrainer [æstrəu'treɪnə] *n.* 航天训练机

astrotug ['æstrəutʌg] *n.* 航天拖船

astrovehicle [æstrəu'vi:ɪkl] *n.* 航天器

astroweapon [æstrəu'wepən] *n.* 航天武器

astute [ə'stju:t] *a.* 机敏的, 精明的, 狡猾的 ‖ **~ly** *ad.* **~ness** *n.*

astyclinic [æstɪ'klɪnɪk] *n.* 市立医院〔诊所〕

astylar [eɪ'staɪlə] *a.* 无柱式的

astyllen [eɪ'staɪlən] *n.* 拦水埝, 阻水小坝

Asuncion [əsunsɪ'əun] *n.* 亚松森(巴拉圭首都)

asunder [ə'sʌndə] *ad.* 分开地; 离散地, 弄碎地 ☆ ***break asunder*** 折断; ***come asunder*** 分离开; ***fall asunder*** 崩溃; ***fly asunder*** 逃散; ***pull asunder*** 拉开; ***take asunder*** 拆开; ***tear asunder*** 将…扯碎

asylum [ə'saɪləm] *n.* ①养育院, 救济院 ②精神病院 ③避难所, 庇护所

asymbiotic [əsɪmbɪ'ɒtɪk] *a.* 非共生的

asymeter [ə'sɪmɪtə] *n.* 非对称计

asymmetric(al) [æsɪ'metrɪk(ə)l] *a.* 不对称的, 不平衡的 ‖ **~ally** *ad.*

asymmetry [æ'sɪmətrɪ] *n.* 不对称(性, 现象), 不平衡(度),【化】不齐, 偏位(性)

asymphytous [ə'sɪmfɪtəs] *a.* 不并的, 分离的

asymptomatic [eɪsɪmptə'mætɪk] *a.* 无症状的

asymptote ['æsɪmptəut] *n.* 渐近线

asymptotic(al) [æsɪmp'tɒtɪk(ə)l] *a.* 渐近线的, 渐近的 ‖ **~ly** *ad.*

asymptotics [æsɪmp'tɒtɪks] *n.* 渐近

asymptotism [æsɪmp'tɒtɪzəm] *n.* 渐近

asymptotology [æsɪmptə'tɒlədʒɪ] *n.* 渐近学

asynapsis [əsɪ'næpsɪs] *n.*【生】不联会

asynchronism [ə'sɪŋkrənɪzəm], **asynchronization** [əsɪnkrənaɪ'zeɪʃən] *n.* ①异步 ②时间不同, 不同时(性), 时间不一致

asynchronous [eɪ'sɪŋkrənəs] *a.* 不同时的, 异步的

asyndesis [æsɪn'desɪs] *n.* 思想连贯不能

asyndetic [æsɪn'detɪk] *a.* 连接词可省略的, 使用散珠格的

asynechia [æsɪ'nekɪə] *n.* 不连续

asynergia [eɪsɪ'nɔ:dʒɪə] *n.* 失调

asynergic [eɪsɪ'nɔ:dʒɪk] *a.* 不协调的

asynergy [eɪ'sɪnədʒɪ] *n.*【医】协同, 失调

asynesia [æsɪ'ni:zɪə] *n.*【医】精神迟钝, 愚鲁

asynodia ['æsɪnəudɪə] *n.*【医】阳痿

asyntactic [æsɪn'tæktɪk] *a.* 不合语法的

asynthesis [ə'sɪnθɪsɪs] *n.* 不连接, 连接障碍

asyntrophia [æsɪn'trɒfɪə] *n.*【医】非对称发育

asystematic [əsɪstɪ'mætɪk] *a.* 非系统性的, 弥漫的

asystole [ə'sɪstəul] *n.*【医】心搏停止

asystolia [əsɪs'təulɪə] *n.*【医】心搏停止, 不全收缩期

asystolic [əsɪs'tɒlɪk] *a.* 心搏停止的

asystolizm [ə'sɪstəlɪzəm] *n.*【医】心搏停止

at [æt] *prep.* ①(位置、场所、地点)在、于、到 ②表示时间: 时刻、年节、年龄 ③从事, 做, 正在 ④

（条件、情况、状态）在…中,在…下,以… ☆*at one (with...)*（和…）一致,协力地; *at that* 而且,就照现状

〖用法〗在科技文中,以下一些用法要注意: ❶ 当它与及物动词 emit、send、point、aim、throw、shoot、drop 等连用时,其词义为"朝向"。如: Laser beams are <u>sent at</u> the moon. 把激光射束射向月球。/Electrons are <u>emitted at</u> the screen. 电子被射向荧光屏。/The TV camera is <u>pointed at</u> you. 电视摄像机对准了你。❷ 表示"在某一时刻、在某一数值时、在某一点(高度、温度、压力、频率、速度(率))上,在某处"时一般要用 at。如: This type of loss is noticeable only <u>at low resistance values</u>. 这类损耗只有在电阻值比较低的时候才明显。/At dc, all capacitors have a finite leakage resistance. 在直流电的情况下,一切电容器的漏电阻是有限的。/<u>At this load</u>, only 5 mA will flow through the tube. 在这个负载下,将只有 5 毫安的电流流过电子管。/The Q point should be set at <u>3.75 mA</u>. 应该把 Q 点设在 3.75 毫安处。/<u>At this height</u>, the parachute came open. 在这一高度,降落伞打开了。/The output <u>at the source</u> follows the signal <u>at the gate</u> very closely. 源极(处)的输出非常紧密地跟随着栅极(处)的信号。❸ "at+动作性名词"意为"在…时"。如: <u>At the completion</u> of its execution, the program will have modified the first operand address of the FIXUP instruction. 在执行完该程序时,这个程序就修改了 FIXUP 指令的第一个操作数地址。

atactic [eɪ'tæktɪk] *a.* ①无规则的 ②运动失调的 ③【语】不合语法的

ataractic [ætə'ræktɪk] *a.;n.*【药】镇静的〔剂〕

ataraxia [ætə'ræksɪə] *n.* (=ataraxy)心神安定

ataraxic [ætə'ræksɪk] *a.;n.*【药】心神安定的,镇定药

ataraxy ['ætəræksɪ] *n.* 心气平和,心神安定

atavic [ə'tævɪk] *a.* 返祖性的,隔代遗传的

atavism ['ætəvɪzəm]【生】返祖(性,现象),隔代遗传

atavistic [ætə'vɪstɪk] *a.* 返祖性的,隔代遗传的

ataxia [ə'tæksɪə] *n.* 不协调,运动失调,无秩序

ataxic [ə'tæksɪk] *a.* 不整齐的,运动失调的

ataxite [ə'tæksaɪt] *n.*【地质】杂陨石,角砾斑杂岩

ate [eɪt] eat 的过去式

atechnic [ə'teknɪk] *a.;n.* 无技术知识的(人)

atectonic [ˌeɪtek'tɒnɪk] *a.* 非构造的

atelectasis [ætɪ'lektəsɪs] *n.* (压迫性)膨胀不全,(出生时肺的)膨胀不全

atelene [ə'tæliːn] ❶ *n.* 不完全晶形 ❷ *a.* (晶体)不完整的

atelia [ə'triːlɪə] *n.* 发育不全

atelier ['ætəlɪeɪ] (法语) *n.* 工作室,画室,制作车间

ateliosis [ætlɪ'əʊsɪs] *n.* 发育不全,幼稚型

ateliotic [ætlɪ'əʊtɪk] *a.* 发育不全的

atelomitic [ˌeɪtələ'mɪtɪk] *a.* 非终末的,无尾的

aterite ['ætəraɪt] *n.* 阿特赖特铜镍锌合金

Atgard ['ætgɑːd] *n.* 敌敌畏

atheism ['eɪθɪɪzəm] *n.* 无神论

atheist ['eɪθɪɪst] *n.* 无神论者

atheistic(al) [ˌeɪθɪ'ɪstɪkəl] *a.* 无神论(者)的

athenium [æθɪ'niːəm] *n.*【化】An(镍,Es 的旧名)

Athens ['æθɪnz] *n.* 雅典(希腊首都)

athermal [eɪ'θɜːməl] *a.* 无热的,不热的

athermancy [eɪ'θɜːmənsɪ] *n.* 不透热,不透红外线性质

athermanous [eɪ'θɜːmənəs], **athermic** [ə'θɜːmɪk], **athermous** [eɪ'θɜːməs] *a.* 不透(辐射)热的,不透红外线的,绝热的

atherosclerosis [æθərəʊsklɪə'rəʊsɪs] *n.*【医】动脉硬化症

athlete ['æθliːt] *n.* 运动员

athletic [æθ'letɪk] *a.* 运动的,体育的 ‖ ~ally *ad.*

athletics [æθ'letɪks] *n.* ①(sing.,pl.)体育(运动); 竞技;(英)田径运动 ②(sing.)体育(课);运动法;健身术

athetoid ['æθɪtɔɪd] *a.* 手足徐动症的

athopia ['æθəpɪə] *n.*【医】精神衰弱

athrepsia [ə'θrepsɪə] *n.*【医】营养不足,婴儿萎缩症

athrepsy [ə'θrepsɪ] *n.*【医】营养缺乏症

athreptic [ə'θreptɪk] *a.* 营养不足的

athwart [ə'θwɔːt] ❶ *ad.; prep.* ①横跨〔切〕,横穿过 ②逆,相反 ❷ *n.* 横座板,横梁 ☆*go athwart one's purpose* 不如意,事与愿违

athwartship [ə'θwɔːtʃɪp] *a.* 垂直于龙骨的;垂直于纵轴的,横过船的

athymia [ə'θaɪmɪə] *n.* 痴愚;人事不省;无胸腺

athymic [ə'θaɪmɪk] *a.* 痴愚的,人事不省的

atilt [ə'tɪlt] *a.;ad.* 摆着冲刺的架势的(地),倾斜的(地)

Atlantic [ət'læntɪk] *n.;a.* 大西洋(的)

atlas ['ætləs] *n.* (地)图册集,图谱集

atmiatrics [ætmɪ'ætrɪks] *n.*【医】蒸气吸入疗法

atmidometer [ætmɪ'dɒmɪtə] *n.* 蒸发计,汽化计

atmidometry [ætmɪ'dɒmɪtrɪ] *n.* 蒸发测定(法)

atmogenic [ætmə'dʒenɪk] *a.* 气生的,风积的

atmograph ['ætməgrɑːf] *n.* 蒸发计

atmolith ['ætməlɪθ] *n.*【地质】气成岩,风积岩

atmology [æt'mɒlədʒɪ] *n.* 水汽学,水蒸气学

atmolysis [æt'mɒlɪsɪs] *n.*【化】微孔分气法

atmolyzer ['ætməlaɪzə] *n.* 气体分离指示仪

atmometer [æt'mɒmɪtə] *n.* 蒸发计,汽化计

atmometry [æt'mɒmɪtrɪ] *n.*【化】蒸发测定(法)

atmophile ['ætməfaɪl] *a.* 亲气的

atmos ['ætməs] *n.* 大气压,气压单位

atmoseal ['ætməsiːl] *n.;vt.* 气封(法)

atmosphere ['ætməsfɪə] *n.* ①大气层,大气压 ②气氛,环境 ☆*clear the atmosphere* 消除误会,消除紧张气氛

atmosphereless ['ætməsfɪəlɪs] *a.* 无气的

A

atmospheric(al) [ˌætməsˈferɪk(əl)] a. 大气的,空气的,常压的 ‖ ~ally ad.

atmospherics [ˌætməsˈferɪks] n. 大气干扰,天电干扰,引起天电干扰的电磁现象,自然产生的离散电磁波

atmospherium [ˌætməsˈferɪəm] n. 大气(模拟)馆

atoleine [ˈætəleɪn], **atolin** [ˈætəlɪn] n. 【化】液体石蜡

atoll [ˈætɒl] n. 环状珊瑚岛,环礁

atom [ˈætəm] n. ①原子 ②微粒,微小部分,极微小的东西 ③组合电路单元 ☆ **blow sth. to atoms** (由爆炸)彻底毁坏某物; **break (smash)…to atoms** 把…砸〔炸〕得粉碎; **have not an atom of** 一点(也)没有,毫无

atomarium [ˌætəˈmærɪəm] n. 原子(陈列)馆

atomedics [ˌætəˈmediks] n. 原子医药学

atomdef [ˈætəmdef] n. 原子防御

atomerg [ˈætəmɜːg] n. 微原子,低能微粒子

atometer [ˈætəmiːtə] n. 蒸发速度测定器

atomic(al) [əˈtɒmɪk(əl)] a. ①原子(能,武器)的,极微的 ②强大的,全力以赴的

atomically [əˈtɒmɪkəlɪ] ad. 利用原子能地

atomichron [ˌætəˈmɪkrɒn] n. 【化】原子小时,原子钟

atomicity [ˌætəˈmɪsətɪ] n. ①原子性,原子数,原子价 ②可分性

atomics [əˈtɒmɪks] n. 原子(工艺)学,核工艺学,原子论

atomindex [ˈætəmɪndeks] n. 原子能索引

atomism [ˈætəmɪzəm] n. 原子论,原子学〔假〕说

atomist [ˈætəmɪst] n.;a. 原子学家(的),原子论的

atomistic [ˌætəˈmɪstɪk] a. 原子(论)的,原子学(派)的

atomite [ˈætəmaɪt] n. 【化】一种烈性炸药

atomization [ˌætəmaɪˈzeɪʃən] n. ①原子化,化成微粒 ②喷雾;雾化(法) ③原子突击

atomizer [ˈætəmaɪzə] n. 喷雾器,香水喷瓶,粉碎机

atomizing [ˈætəmaɪzɪŋ] n.;a. 雾化(的,作用),粉化(的,作用)

atom-meter [ˈætəmˈmiːtə] n.【物】原子米,埃

atomology [ˌætəˈmɒlədʒɪ] n. 原子论

atomotron [ˈætəmətrɒn] n. 一种高压发生器

atomry [ˈætəmrɪ] n. 原子武器(集合名称)

atomy [ˈætəmɪ] n. 原子,微粒,尘埃

atonable [əˈtəʊnəbl] a. 可赎回的,可补偿的

atonal [eɪˈtəʊnəl] a. (音乐)无调的,不合任何音调系统的,不成调的

atone [əˈtəʊn] v. 赔〔抵〕偿,偿还,弥补(for)

atonement [əˈtəʊnmənt] n. 赔〔补〕偿 ☆ **make atonement for** 赔〔补〕偿

atonia [əˈtəʊnɪə] n. 张力缺乏,弛缓

atonic [æˈtɒnɪk] a. (=atony)张力缺乏,弛缓

Atonic [æˈtɒnɪk] n.【化】四硝混剂(一种农药)

atonicity [ˌætəˈnɪsətɪ] n. 弛缓

atony [ˈætənɪ] n. ①【语】非重读音 ②【医】(收缩性器官)弛缓,无紧张性

atop [əˈtɒp] ❶ ad. 在顶上 ❷ prep. 在…的顶上〔部〕

atopan [ˈætəpən] n.【化】特异反应原

atophan [ˈætəfən] n.【化】阿托方

atopic [əˈtɒpɪk] a. 特应性的,异位的

atopite [ˈætəpaɪt] n.【地质】黄锑酸钙石

atopy [ˈætəpɪ] n.【化】特应性,感毒性

atoropin(e) [ˈætərəpɪn] n.【化】阿托品

atoxic [əˈtɒksɪk] a. 无毒的,非毒物性的

atoxigenic [əˌtɒksɪˈdʒenɪk], **atoxinogenic** [əˌtɒksɪnəˈdʒenɪk] a. 不产毒的

atractoplasm [əˈtræktəplæzəm] n.【化】纺锤体基质

Atram [əˈtræm] n.【化】二甲代森硫(一种农药)

atramentize [ˈætrəmentaɪz] vt. 磷酸盐处理

atraton(e) [ˈætrətəʊn] n.【化】阿特拉通,莠去通(一种农药)

atraumatic [ˌeɪtrɔːˈmætɪk] a. 无创伤的

atrazine [ˈætrəzaɪn] n.【化】莠去津(一种农药)

atreol [ˈætrɪɒl] n.【化】磺化油

atrepsy [ˈætrepsɪ] n. (=atresia 或 atrepsia)【医】营养不良,婴儿萎缩(症)

atreptic [æˈtreptɪk] a. 营养不足的

atresia [əˈtriːʒɪə] n. 闭锁,无孔,不通

atresic [əˈtresɪk] a. 闭锁的

atretic [əˈtretɪk] a. 闭锁的

atria [ˈɑːtrɪə] n. (atrium 的复数)心房,心耳,内耳窝;(古罗马建筑的)前室,前庭;排泄腔

atrichia [əˈtrɪkɪə] n. (=atrichosis)【医】无(鞭)毛,毛发缺乏,秃

atrichosis [əˈtrɪkəʊsɪs] n.【医】无毛(症),毛发缺乏,秃,无鞭毛

atrichous [əˈtrɪkəs] a. 无鞭毛的,无毛的

atrio [ˈɑːtrɪəʊ] n.【化】火口原

atrip [əˈtrɪp] ad. 起锚,起航

atrium [ˈeɪtrɪəm] (pl.atria 或 atriums) n. 天井,前庭;(罗马建筑内的)中庭,心房,正厅

atrocious [əˈtrəʊʃəs] a. ①极恶毒的,残忍的 ②极坏的,极恶劣的 ‖ ~ly ad. ~ness n.

atrocity [əˈtrɒsətɪ] n. 恶毒,残忍,暴行

atrophia [əˈtrəʊfɪə] n.【医】萎缩(症)

atrophic [əˈtrɒfɪk] a. 萎缩的

atrophie [əˈtrəʊfɪ] n.【医】萎缩(症)

atrophied [əˈtrɒfɪd] a. 萎缩的

atrophy [ˈætrəfɪ] n. 退化,萎缩

atropine [ˈætrəpɪn] n.【化】阿托品,颠茄碱

atry [əˈtraɪ] n.【海洋】顶浪

attach [əˈtætʃ] v. ①附着,加上 ②扣留,查封 ☆ **attach to** 加入;加于…之上; **attach importance to** 着重于,重视; **attach A to B** 把 A 连接〔安装,附〕到 B 上; **attach oneself to** 加入,依附; **be attached to** 附(属)于,连〔附,固定〕在…上,喜爱

attachable [ə'tætʃəbl] *a.* 可附上的,可连接的

attache [ə'tæʃeɪ] (法语) *n.* 大使随员,大使馆专员

attached [ə'tætʃd] *a.* 附加的,隶属的;查封的

attachment [ə'tætʃmənt] *n.* ①附着(物),附属(物),吸附,连接,固定(物,法) ②附件,(附属)装置,夹具,铣床上的万能附件 ③(附在单据上的)附条,票签 ④查封

attack [ə'tæk] *vt.;n.* ①攻击,侵袭 ②腐蚀,侵蚀,感染,起化学反应 ③着手(解决),开始(工作) ④攻击性竞争广告 ☆***have an attack of*** 为…所侵袭; ***make an attack on (upon)*** 攻击,抨击; ***launch an attack against*** 对…发动进攻

〖用法〗注意以下句中"attack"的含义: The second approach is an indirect <u>attack</u> on the problem. 第二种方法是间接地处理该问题。/We shall make a new <u>attack</u> on the problem. 我们将重新着手解决这个问题。/For an exact solution, a direct analytic <u>attack</u> on the diffusion problem is preferred. 为了获得精确解,对漫射问题我们更喜欢采用直接分析法。/A general <u>attack</u> on the problem of carrier-density continuity is as follows. 对载波密度连续性问题的一般解法如下。

attackable [ə'tækəbl] *a.* 易受腐蚀的,易受侵蚀的

attacker [ə'tækə] *n.* 强击机,空袭导弹;攻击者

attacolite [ə'tækəlaɪt] *n.*【地质】红橙石

attain [ə'teɪn] *v.* 达到,到达,获得(to)

attainable [ə'teɪnəbl] *a.* 可达到的,可得到的

〖用法〗为了加强语气,该词可以作后置定语。如: The energy contained in the pulse is this efficiency times the maximum <u>attainable</u>. 该脉冲所含的能量等于这一效率乘以所能获得的最大值。

attainment [ə'teɪnmənt] *n.* 达到,到达,成就;(pl.)学识,造诣,成就

attapulgite [ˌætə'pʌldʒaɪt] *n.*【地质】绿坡缕石,硅镁土,凹凸棒石

attar ['ætə] *n.* 玫瑰油,挥发油,精油

attemper [ə'tempə] *vt.* ①冲释;使缓和;调匀;调节(温度);使适应 ②锻炼,回火 ‖ **~ment** *n.*

attemperation [əˌtempə'reɪʃən] *n.* 温度控制,温度调节(作用),减温

attemperator [ə'tempəˌreɪtə] *n.* ①调温器;恒温箱 ②降温器,控制温度用旋管冷却器 ③回火炉

attempt [ə'tempt] *vt.;n.* 尝试,试图,努力 ☆***at the first attempt*** 第一次尝试时; ***an attempt at doing (to do)*** …的努力〔尝试〕; ***in an attempt to (do)*** 企图,极力要; ***in any attempts to (do)*** 在做任何尝试以(达到某目的)的时候; ***make an attempt at doing (to do)*** 试图,努力; ***make no attempt at doing (to do)*** 不企图,不致力于; ***without much attempt to (do)*** 没有花很多力量来(做)

〖用法〗❶ 它作名词表示"试图,打算"时: ①与它搭配的动词是"make"。如: <u>No attempt is made to</u> be rigorous or to derive equations. 在此不想作很严密或推导方程式。②它一般后跟介词"at"。

如: His first <u>attempt at</u> this problem failed. 他第一次解这道题的尝试失败了。❷ attempt 作动词时后可以跟不定式或动名词,但前者比较普遍。注意下面例句中该词的含义: This method deserves further explanation, <u>attempted below</u>. 这种方法需要作进一步解释,就在下面进行。

attend [ə'tend] *v.* ①出席,参加 ②伴随 ③照顾,维护,护理 ☆***be attended by (with)*** 伴随有; ***attend on (upon)*** 看护; ***attend to*** 注意,倾听,专心于;照应

〖用法〗注意在写学历时常用它表示"上学"。如: He <u>attended</u> Stanford University, Stanford, CA, from 1980 to 1987. 他从1980年至1987年在加州斯坦福的斯坦福大学上学。

attendance [ə'tendəns] *n.* ①出席,参加(at) ②(一次)出席人数,人次 ③保养,看管 ④值班

attendant [ə'tendənt] ❶ *n.* ①服务员,助理员 ②出席者 ③伴随物 ❷ *a.* 附带的,跟随的(to),出席的

〖用法〗注意"attendant on〔upon〕…"的含义是"由…随之而产生的,由…所附带的"。如: <u>Attendant on the use of an input filter</u> is an increased response time of the instrument. 使用输入滤波器所带来的(后果)是增加了仪器的响应时间。/This effect is <u>attendant upon</u> the carrier density modulation. 这个效应是由载流子密度调制所引起的。

attention [ə'tenʃən] *n.* 注意,留心,维护,立正 ☆***attract (call,direct,draw) A's attention to B*** 促使〔引起〕A注意B; ***call (bring) A to the attention of B*** 使〔叫〕B注意A; ***center (concentrate,focus) one's attention on*** 把注意力集中到; ***deserve extra attention*** 值得特别注意; ***devote one's attention to*** 专心于; ***have (special) attention*** 受到(特别)注意; ***pay (give) one's attention to*** 注意; ***rivet one's attention on (upon)*** 集中注意,注视; ***turn one's attention to*** 开始注意 ‖ **~al** *a.*

〖用法〗❶ 最常用的词组是 pay attention to。如: <u>Attention must be paid to</u> the polarity of the capacitor. 必须注意电容器的极性。❷ 其它情况举例: Standardization requires extreme <u>attention</u> to accuracy. 标准化要求特别注意精度。/This equation will receive much <u>attention</u> in later chapters. 在后面的章节中,这个方程将会受到很大的注意。/In this chapter <u>attention</u> is focused on the solution of differential equations. 在本章,注意力集中在解微分方程上。/We should <u>call specific attention to</u> this problem. 我们应特别注意这个问题。

attentive [ə'tentɪv] *a.* 注意的,留心的 ☆***(be) attentive to*** 注意,照应 ‖ **~ly** *ad.*

attentiveness [ə'tentɪvnɪs] *n.* 注意(力)

attenuance [ə'tenjuəns] *n.*【化】衰减率,稀释

attenuant [ə'tenjuənt] ❶ *a.* 使变稀薄的 ❷ *n.*

A

【化】稀释(剂),衰减剂

attenuate ❶ [ə'tenjʊeɪt] v. ①(使)变弱,减少 ②衰减 ③(使)变稀薄,稀释 ❷ [ə'tenjʊɪt] a. ①稀薄的,稀释了的,弱的 ②衰减的,减弱的

attenuation [ə,tenjʊ'eɪʃən] n. ①衰减,减弱 ②稀释,减毒 ③阻尼,熄灭,渐止,钝化 ④散布〔射〕,扩散 ⑤拉细〔薄〕

attenuator [ə'tenjʊeɪtə] n. 衰减器,消声器

atteration [ætə'reɪʃən] n. 【地质】冲积土,表土

attest [ə'test] v. 证明,郑重宣布,对…作证(to)

attestation [ætə'steɪʃən] n. 证明,证据

attestor [ə'testə] n. 证人

attic ['ætɪk] n. 阁楼,顶楼;(耳的)鼓室上的隐窝

attire [ə'taɪə] n.;v. 服饰,打扮,(鹿)角

attitude ['ætɪtjuːd] n. ①状态,姿态,空间方位角 ②态度,看法 ☆*attitude to (towards)*对…态度〔看法〕; *take (assume) an attitude of* 取…态度

attitudinal [,ætɪ'tjuːdɪnəl] a. 姿势的

attle ['ætl] n. 【冶】废屑,矿渣

atto ['ætəʊ] n. 阿托(10⁻¹⁸)

attorney [ə'tɜːnɪ] n. (美)律师,(业务或法律事务上的)代理人

attorneyship [ə'tɜːnɪʃɪp] n. 代理人的身份,代理权

attract [ə'trækt] v. 吸引,引诱 ☆*Like attracts like.* 物以类聚。

〖用法〗注意下面例句的含义: Being attracted to the proton, the electron cannot do work on anything outside the atom. 由于电子受到质子的吸引,所以它不可能对原子外的任何东西做功。/When an electron and a proton attract each other, it will be the tiny electron that will do most of the actual moving. 当电子和质子相互吸引时,实际上主要是微小的电子将产生运动。("it will be...that..." 为强调句型。)

attractable [ə'træktəbl] a. 可被吸引的

attractability [ə,træktə'bɪlətɪ] n. 可吸引性

attractant [ə'træktənt] n. 吸引剂,诱饵

attraction [ə'trækʃən] n. ①吸引,吸引力,吸引人的事物 ②爱好,癖好 ☆*have an attraction for A* 对 A 具有吸引力

〖用法〗注意该词的搭配关系 "the attraction of A for B",意为"A 对 B 的吸引力"。如: The attraction of the earth for a given body varies by as much as 0.5% from one point to another. 地球对于一给定物体的吸引力在两地之间的差异会高达 0.5%。

attractive [ə'træktɪv] a. (有)吸引的,引起注意的 ‖ ~**ly** ad.

attractiveness [ə'træktɪvnɪs] 吸引(性)

attributable [ə'trɪbjʊtəbl] a. 基于…的,可归因于…的(to)

attribute ❶ [ə'trɪbjuːt] vt. 归因于(与 to 连用) ☆*attribute A to B* 认为 A 是(由于)B 引起的; *(be) attributed to* 起因于,被认为是…所造成的 ❷ ['ætrɪbjuːt] n. 属性,特征,定语

attribution [,ætrɪ'bjuːʃən] n. 归属,归因,属性

attributive [ə'trɪbjʊtɪv] a. 归属的;性质的;用作定语的 ‖ ~**ly** ad.

attrit ['ætrɪt] vt. 消耗,降低

attrite ❶ [ə'traɪt] ①磨耗 ②擦去,消除 ❷ a. 磨损的,削薄的

attrition [ə'trɪʃən] n. 磨损,消耗,减缩人员

attritor [ə'traɪtə] n. 磨碎机

attritus [ə'traɪtəs] n. 【地质】暗质煤

attune [ə'tjuːn] vt. (为乐器)调音,使合调,使相合

atypia [eɪ'tɪpɪə] n. 非典型,不标准

atypical [eɪ'tɪpɪkəl] a. 不合定型的,非典型的

atypism [eɪ'taɪpɪzəm] n. 无特征性,各异,不一致

auantic [əʊ'æntɪk] a. 消瘦的,萎缩的

auburn ['ɔːbən] n.;a. 赤褐色(的),枣红色(的)

Auckland ['ɔːklənd] n. 奥克兰(新西兰北岛西北岸港市)

auct [ɔːkt] n. 导管

auction ['ɔːkʃən] n.;vt. 拍卖 ☆*auction off* 拍卖掉; *Dutch auction* 开价甚高然后逐渐降价直至拍卖出; *put (sth.) up to (at) auction* 将(某物)交付拍卖; *sell A by (at) auction* 拍卖 A

auctioneer ['ɔːkʃəˌnɪə] ❶ vt. ①拍卖 ②发出最大脉冲 ❷ n. 拍卖商

auctorial [ɔːk'tɔːrɪəl] a. 作者的

audacious [ɔː'deɪʃəs] a. ①大胆的,勇敢的 ②厚颜无耻的 ‖ ~**ly** ad. ~**ness** n.

audacity [ɔː'dæsɪtɪ] n. ①大胆,冒险性 ②厚颜无耻,无礼

audibility [,ɔːdɪ'bɪlətɪ] n. 可听性,成音度

audible ['ɔːdɪbəl] a. 可听的,成声的,音响的 ‖ ~**ness** n.

audibly ['ɔːdɪblɪ] ad. 听得清清楚楚地

audiclave ['ɔːdɪkleɪv] n. 助听器

audience ['ɔːdɪəns] n. ①听(观)众,读者 ②接见 ☆*be received (admitted) in audience by* 被…召见,赐见; *captive audience* 被强迫的听众; *give audience (to)* 听取;正式接见; *have an audience with (have audience of)* 拜谒,拜会; *in general (open) audience* 当众,公然; *in sb.'s audience* 当着某人的面; *receive sb. in audience* 正式接见某人; *request (seek) an audience with* 要求…接见; *soap the audience* (美俚)讨好观众〔听众〕,博取掌声

audigage ['ɔːdɪgeɪdʒ] n. 超声波探厚仪

audile ['ɔːdaɪl] ❶ a. 听觉的,听得到的 ❷ n. 听觉型的人

audimeter ['ɔːdɪmɪtə] n. 自动播音记录装置

audio ['ɔːdɪəʊ] n.;a. 音频的,声频的,声音的

audiobility [,ɔːdɪə'bɪlətɪ] n. 听度,可闻度

audioformer ['ɔːdɪəˈfɔːmə] n. 声频〔音频〕变压器

audiogram ['ɔːdɪəgræm] n. 闻阈图,听力图

audiograph ['ɔːdɪəgrɑːf] n. 闻阈图

audiography [ɔːdɪ'ɒgrəfɪ] n. 测听术

audiohowler ['ɔ:dɪəhəʊlə] n.【化】噪声〔鸣〕发生器

audiolloy ['ɔ:dɪɔlɔɪ] n. 铁镍透磁合金

audiolocator [ɔ:dɪəʊləʊ'keɪtə] n. 声波定位器

audiology [ɔ:dɪ'ɔlədʒɪ] n. 听觉学

audiomasking ['ɔ:dɪəmɑ:skɪŋ] n. 听觉淹没,遮声

audiometer [ɔ:dɪ'ɒmɪtə] n. 听度计;声波计;声音测量器

audiometric [ɔ:dɪə'metrɪk] a. 测听的,听力测定的

audiometry [ɔ:dɪ'ɒmɪtrɪ] n. 测听术,听觉测定(法)

audiomonitor [ɔ:dɪə'mɒnɪtə] n. 监听设备

audion ['ɔ:dɪən] n. 三极(检波,真空)管,再生栅极检波器

audiophile ['ɔ:dɪəfaɪl] n. 唱片〔录音,广播〕爱好者

audiorange ['ɔ:dɪəreɪndʒ] n. 音频区,听度范围

audiotactile [ɔ:dɪə'tæktaɪl] a. 触(觉)听(觉)的

audiovision [ɔ:dɪə'vɪʒən] n. 有声传真

audio-visual ['ɔ:dɪəʊ'vɪzjʊəl] a. 视(觉)听(觉)的,有声传真的

audiphone ['ɔ:dɪfəʊn] n. 助听器

audit ['ɔ:dɪt] v.;n. ①审查 ②核算,查账 ③旁听

audition [ɔ:'dɪʃən] n.;v. ①试听;试唱;试演 ②听力

auditive ['ɔ:dɪtɪv] a. 听觉的,耳的

auditognosis [ɔ:dɪtɒg'nəʊsɪs] n. 听觉

auditor ['ɔ:dɪtə] n. ①旁听者,听众(之一) ② 审计员

auditorium [ɔ:dɪ'tɔ:rɪəm] (pl.auditoria) n. ①(大)会〔礼,讲〕堂,音乐厅 ②观〔听〕众席

auditory ['ɔ:dɪtərɪ] ❶ a. 听觉的,耳的 ❷ n. 听众(席),礼堂

auditron ['ɔ:dɪtrɒn] n. 语言识别机

auditus ['ɔ:dɪtəs] n. 听力

auerlite ['aʊəlaɪt] n.【地质】磷硅钍矿

au fait [əʊ'feɪ] (法语) a. 精通的,能胜任的 (in,at)

aufeis ['ɔ:feɪs] n.【地质】层层结冰

au fond [əʊ'fʌnd] (法语) ad. 根本上,实际上,彻底地

auganite ['ɔ:gənaɪt] n.【地质】辉安岩

augend ['ɔ:dʒend] n.【数】被加数,加数

auger ['ɔ:gə] n. 螺旋钻,麻花钻

auget ['ɔ:dʒɪt] n. 雷管

augetron ['ɔ:dʒɪtrɒn] n.【化】(高真空)电子倍增管

aught [ɔ:t] ❶ n. ①任何事物,任何一部分 ②零 ❷ ad. 一点也,到任何程度 ☆**for aught I know** 亦未可知

augite ['ɔ:dʒaɪt] n. (斜,普通)辉石

augment [ɔ:g'mənt] ❶ v. 增大,扩张,增添 ❷ n. 增加

augmentable [ɔ:g'mentəbl] a. 可增大的,可扩张的

augmentation [ɔ:gmen'teɪʃən] n. ①扩大,增加 ②增加物 ③【音】增音

augmentative [ɔ:g'mentətɪv] ❶ a. 有增加力的,增大意义的 ❷ n.【语】用来增强词义的语句

augmenter, augmentor [ɔ:g'mentə] n. ①【物】增压器,助力器,放大器 ②【化】加强剂,细胞分裂促进因子 ③加力燃烧室 ④增量 ⑤替身机器人

augur ['ɔ:gə] ❶ v. 预兆〔示〕 ❷ n. 占卜师,预言者

augury ['ɔ:gjʊrɪ] n. 占卜,预言

August ['ɔ:gəst] n. 八月

august [ɔ:'gʌst] a. 庄严的,雄伟的

auk [ɔ:k] n.【动】海鸟

aukuba [ɔ:'kjubə] n. 桃叶珊瑚

aumbry ['æmbrɪ] n. 壁橱

auntie ['ɑ:ntɪ] n. 反导弹导弹;姑妈,舅妈

aura ['ɔ:rə] (pl.auras 或 aurae ['ɔ:ri:]) n. ①气氛,预兆 ②电风,辉光

aural ['ɔ:rəl] a.;n. ①听觉的,耳的 ②(电视)伴音 ③电风的,辉光的 ④气味的 ⑤先兆的

auramin(e) ['ɔ:rəmaɪn] n.【化】金胺,碱性槐黄

aurantia [ɔ:'rænʃɪə] a.;n. 橘黄色的,橙色的,铵硝基二苯胺

aurantium [ɔ:'ræntɪəm] n. 橘黄(色),橙,柑

aurate ['ɔ:reɪt] n.【化】金酸盐

aureate ['ɔ:rɪt] a. 金色的,镀金的,灿烂的

aureola [ɔ:'rɪələ], **aureole** ['ɔ:rɪəl] n. ①圆光,光环;(日、月等的)晕,环,日冕 ②【地质】接触变质带,华盖

aureomycin [ˌɔ:rɪəʊ'maɪsɪn] n.【化】金霉素

aureothin ['ɔ:rɪəθɪn] n.【化】金链菌素

au revoir [əʊ rə'vwɑ:] (法语) 再见

auric ['ɔ:rɪk] a. 金的,含金的,似金的;(化合物)正金的,三价金的

aurichloride [ɔ:rɪ'klɔraɪd] n.【化】氯金酸盐

auricle ['ɔ:rɪkəl] n.【生】①心耳,心房 ②外耳,耳廓 ③耳状部

auricled ['ɔ:rɪkld] a. 有耳的,耳形的

auricome ['ɔ:rɪkʌm] n.【化】过氧化氢

auricula [ɔ:'rɪkjulə] (pl.auriculae) n. ①【生】心耳〔房〕,耳廓 ②【植】报春花

auricular [ɔ:'rɪkjulə] a. 耳(状)的,听觉的;【生理】心耳的;耳廓的

auricularis [ɔ:rɪkju'leərɪs] a.;n. (心)耳的,耳肌,耳神经

auricularly [ɔ:'rɪkjuləlɪ] ad. 用耳

auriculate [ɔ:'rɪkjuleɪt] a. 有耳的,耳形的

auricyanide [ɔ:rɪ'saɪənaɪd] n.【化】氰金酸盐

auriferous [ɔ:'rɪfərəs] a. 含金的

auriform ['ɔ:rɪfɔ:m] a. 耳形的

auriiodide ['ɔ:rɪəʊdaɪd] n.【化】碘金酸盐

aurilave ['ɔ:rɪleɪv] n. 洗耳器

aurin(e) ['ɔ:rɪn] n.【化】金精,玫红酸

aurinasal [ˌɔ:rɪ'neɪzəl] a. 耳鼻的

auriphone ['ɔ:rɪfəʊn] n. (=audiphone) 助听器

auripigment [ɔ:rɪ'pɪgmənt] n.【化】雄黄

A

auris ['ɔːrɪs] (pl.aures) *n.* 耳
auriscope ['ɔːrɪskəʊp] *n.* (检)耳镜
aurist ['ɔːrɪst] *n.* 耳科医生,耳科学家
auristics ['ɔːrɪstɪks] *n.* 耳科学
aurite ['ɔːraɪt] *n.*【化】亚金酸盐
auriterous [ɔːrɪ'terəs] *a.* 含金的
aurobromide [ɔːrəʊ'brəʊmaɪd] *n.*【化】溴亚金酸盐
aurochrome ['ɔːrəkrəʊm] *n.*【化】金色素
aurora [ɔː'rɔːrə] *n.* ①黎明的女神;极光;曙光 ②"极光号"卫星
auroral [ɔː'rɔːrəl] *a.* (像)极光的,(像)曙光的,光亮的,玫瑰色的
aurous ['ɔːrəs] *a.* 亚金的,一价金的,含金的
auroxanthin [ɔːrəʊ'zænθɪn] *n.*【化】金黄质
aurum ['ɔːrəm] (拉丁语) *n.* 黄金
auryl ['ɔːrɪl] *n.*【化】氧金根
auscult ['ɔːskʌlt] *n.*【医】听诊
auscultate ['ɔːskəlteɪt] *v.* 听诊 ‖ **auscultation** *n.*
auscultator ['ɔːskəlteɪtə] *n.* 听诊器,听诊者
auscultatory [ɔː'skʌltətərɪ] *a.* 听诊的
auscultoscope [ɔː'skʌltəskəʊp] *n.*【医】电听诊器
ausrawing [ɔːs'rɔːɪŋ] *n.*【化】拉伸形变热处理
ausforging [ɔːs'fɔːdʒɪŋ] *n.*【化】锻压形变热处理,锻造淬火
ausform [ɔːs'fɔːm] *n.;vt.* 奥氏形变,低温形变淬火,形变热处理
ausforming ['ɔːsfɔːmɪŋ] *n.*【化】奥氏体形变,形变热处理,低温形变淬火
auspice ['ɔːspɪs] *n.* ①预兆,吉兆,(以飞鸟行动为根据的)占卜 ②(pl.)赞助,主办 ☆*under one's auspices* 或 *under the auspices of* 由…主办,在…赞助下; *under favourable auspices* 顺利地
auspicious [ɔː'spɪʃəs] *a.* 吉兆的,幸运的,繁荣昌盛的 ‖ **-ly** *ad.*
ausrolling [ɔːs'rəʊlɪŋ] *n.* 奥氏体等温轧制淬火,贝氏体淬火
ausrolltempering [ɔːs'rəʊtempərɪŋ] *n.*【化】滚轧等温淬火
austemper [ɔːs'tempə] *n.;vt.* 奥氏体回火,等温淬火
austenite ['ɒstɪnaɪt] *n.*【化】奥氏体,碳丙铁
austenitic [ɒstɪ'nɪtɪk] *a.* 奥氏体的
Austenitize ['ɔːstənɪtaɪz] *vt.* 使成奥氏体,奥氏体化
austenize ['ɔːstənaɪz] *v.* 奥氏体化 ‖ **austenization** *n.*
austenizer ['ɔːstənaɪzə] *n.*【化】奥氏体化元素
austennealing [ɔːstə'niːlɪŋ] *n.*【化】奥氏体退火,等温退火
austere [ɒ'stɪə] *a.* ①严峻的,严厉的,操行上一丝不苟的 ②朴素的,节约的,紧缩的 ‖ **-ly** *ad.* **~ness** *n.*

austerity [ɒ'sterətɪ] *n.* ①严格〔厉〕②朴素,紧缩
Austin ['ɔːstɪn] *n.* 奥斯丁
austral ['ɔːstrəl] **❶** *a.* 南方的,热的 **❷** *n.* 南方生物带
Australasia [ɒstrə'leɪʒɪə] *n.* 大洋洲
Australia [ɒ'streɪlɪə] *n.* 澳洲,大利亚
Australian [ɒ'streɪlɪən] *n.;a.* 澳洲人〔的〕,澳大利亚人〔的〕
Austria ['ɒstrɪə] *n.* 奥地利
Austrian ['ɒstrɪən] *n.;a.* 奥地利的,奥地利人(的)
autacoid ['ɔːtəkɔɪd] *n.* 自体有效物质,内分泌物
autag ['ɔːtæg] *n.* 燃气轮机用混合油,航空汽油
autallotriomorphic [ɔːtəlɒtrɪə'mɔːfɪk] *a.* 细晶错综状的
autarchic(al), autarkic(al) [ɔː'tɑːkɪk(əl)] *a.* 经济独立的,自给自足的,独裁的
autarchy, autarky ['ɔːtɑːkɪ] *n.* 经济独立,自给自足,独裁,专制国家
autecology [ɔːtə'kɒlədʒɪ] *n.* 环境生态学
autegenic [ɔːtə'dʒenɪk] *a.* 自发的
autemesia [ɔːtɪ'miːsɪə] *n.*【医】自发性呕吐
auteurist [əʊ'tɜːrɪst] *a.* 导演主创论的
authentic [ɔː'θentɪk] *a.* ①真实的,权威性的 ②可信的 ‖ **~ally** *ad.*
authenticate [ɔː'θentɪkeɪt] *vt.* 证实,鉴定
authentication [ɔːθentɪ'keɪʃən] *n.* 证实,文电鉴别,验证
authenticator [ɔː'θentɪkeɪtə] *n.* ①确定者 ②文电鉴别码,密码证明信
authenticity [ɔːθen'tɪsətɪ] *n.* 可靠性
authigene ['ɔːθədʒiːn] *n.*【生】自生 ‖ **authigenic** 或 **authigenous** *a.*
author ['ɔːθə] **❶** *n.* ①作者,作家,创始者 ②程序设计者 **❷** *v.* ①写作,著书,编辑 ②发起,创建 ☆*Like author, like book.* (谚)什么样的作家写什么样的作品;文如其人; *the author of evil* 魔王,恶魔
authoress ['ɔːθərɪs] *n.* 女作家
authorial ['ɔːθərɪəl] *a.* 作者的,作家的
authoritative [ɔː'θɒrɪtətɪv] *a.* ①有权威的,权威性的 ②官方的,当局的,命令式的 ‖ **~ly** *ad.* **~ness** *n.*
authority [ɔː'θɒrɪtɪ] *n.* ①权威,权势 ②(pl.)当局,官方 ③职权 ④代理权 ☆*by the authority of* 得到…许可;根据…所授的权力;经…许可; *carry authority* 有分量;有影响;有权威; *have authority over (with)* 有权,管理; *in authority* 持有权力的地位; *on good authority* 有确实可靠的根据; *on one's own authority* 根据自己的意见; *on the authority of* 根据…所授的权力;得到…的许可;根据(某书或某人); *speak with authority* 有权威或威信地说; *stretch (strain) one's authority (power)* 滥用职权; *vest sb. with authority* 授权某人; *authorities concerned (=the proper authorities)* 有关当局

authority-owned [ɔ:'θɒrətɪəʊnd] a. 官方所有的

authorizable ['ɔ:θəraɪzəbl] a. 可批准的,可认定的

authorization [ɔ:θəraɪ'zeɪʃən] n. 授权,委任,核准 (for,to do)

authorize ['ɔ:θəraɪz] vt. 批准,审定,授权,委任 ☆ *authorize A to (do)* 授权 A(做)

authorized ['ɔ:θəraɪzd] a. 权威认可的,审定的,经授权的

authorship ['ɔ:θəʃɪp] n. 作者的身份;著述业;(思想等的)原创作者

autism ['ɔ:tɪzəm] n. 【医】孤独癖,孤僻性

autistic [ɔ:'tɪstɪk] a. 孤独的,自我中心的

auto ['ɔ:təʊ] ❶ n. 汽车 ❷ a. 自动的 ❸ vi. 乘汽车

autoabstract [ɔ:təʊ'æbstrækt] v. 自动摘要

autoacceleration [ɔ:təʊækselə'reɪʃən] n. 【物】自动加速,自加速度

autoaccusation [ɔ:təʊækju'zeɪʃən] n. 自责观念

autoadaptation [ɔ:təʊədæp'teɪʃən] n. 自体适应

autoagglutinin [ɔ:təʊə'glu:tɪnɪn] n.【化】自凝集体

autoanalyzer [ɔ:təʊ'ænəlaɪzə] n. 自动分析器

autoantibiosis [ɔ:təʊæntɪbaɪ'əʊsɪs] n.【化】自体抗菌作用

autoantibody [ɔ:təʊ'æntɪbɒdɪ] n.【医】自身抗体

autoantigen [ɔ:təʊ'æntɪdʒən] n.【医】自身抗原

autobahn ['ɔ:təʊbɑ:n] (pl.autobahns 或 autobahnen) n. (德国的)高速公路,快车道

autobalance ['ɔ:təʊbæləns] n. 自动平衡(器)

autobar ['ɔ:təʊbɑ:] n. 棒料自动送进装置

autobarotropy [ɔ:təʊ'bærətrɒpɪ] n. 自动正压

autobias [ɔ:təʊ'baɪəs] ❶ n. 自偏压,自偏差 ❷ v. 自动偏置

autobicycle [ɔ:təʊ'baɪsɪkl] n. 摩托车

autobike ['ɔ:təʊbaɪk] n. 摩托车

autobiographic(al) [ɒtəʊbaɪ'ɒgrəfɪk(əl)] a. 自传的 ‖ ~ally ad.

autobiography [ɒtəʊbaɪ'ɒgrəfɪ] n. 自传

autobiology [ɔ:təʊbaɪ'ɒlədʒɪ] n. 个体生物学

autoblast ['ɔ:təblɑ:st] n. 【微】原生粒,原生质,微生物

autoboat ['ɔ:təʊbəʊt] n. 摩托艇

autobond ['ɔ:təʊbɒnd] n.;v. 自动接合〔焊接〕

autobrake ['ɔ:təʊbreɪk] n. 自动制动器

autobulb ['ɔ:təʊbʌlb] n. 汽车灯泡

autobus ['ɔ:təʊbʌs] n. 公共汽车

autocade ['ɔ:təʊkeɪd] n. 汽车队伍,一列列汽车

autocap ['ɔ:təʊkæp] n.【化】变容二极管

autocar ['ɔ:təʊkɑ:] n. 汽车

autocartograph [ɔ:təʊ'kɑ:təgrɑ:f] n. 自动测图仪

autocatalysis [ɔ:təʊkə'tælɪsɪs] n. ①自身催化

②链式反应扩大

autocatalyst [ɔ:təʊ'kætəlɪst] n.【化】自动催化剂

autocatalytic [ɔ:təʊkætə'lɪtɪk], **autocatalyzed** [ɔ:təʊ'kætəlaɪzd] a. 自催化的

autochangeover [ɔ:təʊ'tʃeɪndʒəʊvə] n. (备用系统)自动接通机构

autochanger ['ɔ:təʊtʃeɪndʒə] n. 自动变换器

autochart [ɔ:təʊ'tʃɑ:t] n. 自动画流程图程序

autochemogram [ɔ:təʊ'keməgræm] n.【摄】自辐射照相

autochemograph [ɔ:təʊ'keməgrɑ:f] n.【摄】组织化学自显影照片

autochore [ɔ:təʊkɔ:] n.【植】自播植物

autochromatank [ɔ:tə'krəʊmətæŋk] n.【化】自动色度信号箱

autochrome ['ɔ:təʊkrəʊm] ❶ n. 奥托克罗姆微粒彩屏干板,彩色(天然色)照相(胶片) ❷ a. 彩色的

autochthon [ɔ:'tɒkθən] (pl. autochthon(e)s) n. 本地人,原地岩,土著生物

autochthonal [ɔ:'tɒkθənəl],**autochthonic** [ɔ:'tɒkθɒnɪk], **autochthonous** [ɔ:'tɒkθənəs] a. 本地的,原地(生成)的,本处发生的,固有的

autocinesis [ɔ:təʊsɪ'ni:sɪs] n. 自动,随意运动

autocirculation [ɔ:təʊsɜ:kju'leɪʃən] n. 自动循环

autoclasis ['ɔ:təklæsɪs] n.【地质】自破

autoclast ['ɔ:təklɑ:st] n.【地质】自碎岩

autoclastic [ɔ:tə'klæstɪk] a. 自碎的

autoclavable [ɔ:təʊ'kleɪvəbl] a. 耐高压加热的

autoclave ['ɔ:təʊkleɪv] ❶ n. ①蒸压器,高压锅②蒸汽养护室,加压凝固室 ❷ vt. 用高压锅蒸,蒸汽养护

autoclaving [ɔ:təʊkleɪvɪŋ] n. 高压灭菌

autoclawing [ɔ:təʊklɔ:ɪŋ] n. 自动抓紧

autocleaner ['ɔ:təʊkli:nə] n. 自动清洁器

autocoacervation [ɔ:təʊkəʊsɜ:'veɪʃən] n. 自动凝聚

autocoagulation [ɔ:təʊkəʊgju'leɪʃən] n. 自动凝结(聚)

autocode ['ɔ:təʊkəʊd] n.;v.【通信】自动编码

autocoder ['ɔ:təʊkəʊdə] n.【通信】自动编码器

autocoherer [ɔ:təʊkəʊ'hɪərə] n. (= autodetector)【无】自动检波器

autocoids [ɔ:təʊkɔɪdz] n. 内分泌物

autocollimate [ɔ:təʊ'kɒlɪmeɪt] vt. 自准直,自动对准

autocollimatic ['ɔ:təʊkɒlɪ'mætɪk] a. 自准的

autocollimation ['ɔ:təʊkɒlɪ'meɪʃən] n. 自准直仪,自动对准

autocollimator [ɔ:təʊ'kɒlɪmeɪtə] n. 自准直望远镜,具标度尺的望远镜

autocolonizing [ɔ:təʊ'kɒlənaɪzɪŋ] n.【生】自体形成集落

autocolony [ɔ:təʊ'kɒlənɪ] n.【生】似亲群体

autocompensation [ɔ:təukɒmpen'seɪʃ ən] n. 自动补偿

autocondensation [ɔ:təukɒnden'seɪʃ ən] n. 自冷凝

autocondimentation ['ɔ:təukɒndɪmen'teɪʃ ən] n. 自便调味

autoconduction [ɔ:təukən'dʌkʃ ən] n.【物】自动传导,自感应

autoconnection [ɔ:təukə'nekʃ ən] n.【物】按自耦变压器线路接线

autocontrol [ɔ:təukən'trəul] n.;vt. 自动控制〔调节〕

autoconvection [ɔ:təukən'vekʃ ən] n. 自动对流

autoconverter ['ɔ:təukən'vɜ:tə] n. (=autotransformer) 自动变换器,自耦变压器

autoconvolution ['ɔ:təukɒnvə'lu:ʃ ən] n.【物】自褶积

autocorrection [ɔ:təukə'rekʃ ən] n. 自动校正

autocorrelater [ɔ:təu'kɒrɪleɪtə] n. 自相关器

autocorrelation ['ɔ:təukɒrɪ'leɪʃ ən] n. 自相关,自动校正

autocorrelator [ɔ:təu'kɒrɪleɪtə] n. 自相关器

autocoupling [ɔ:təu'kʌplɪŋ] n. 自动耦合

autocovariance [ɔ:təukəu'væriəns] n. 自协方差,自协变

autocrack ['ɔ:təukræk] n.【冶】热裂纹,热裂(焊缝)

autocracy [ɔ:'tɒkrəsɪ] n. 独裁(政治,政府),专制制度

autocrane ['ɔ:təukreɪn] n. 汽车式起重机

autocrat ['ɔ:təkræt] n. 独裁者

autocratic [ɔ:təu'krætɪk] a. 独裁的,专制的 ‖ ~ally ad.

autocue ['ɔ:təkju:] n. 自动提示器(美 tele-prompter)

autocycle ['ɔ:təusaɪkl] n. 摩托车,自动循环

autocytolysis [ɔ:təusaɪ'tɒlɪsɪs] n. 自溶

autocytometer [ɔ:təusaɪ'tɒmɪtə] n. 血球自动计数器

autodecomposition [ɔ:təudɪkɒmpə'zɪʃ ən] n. 自动分解

auto-decrement ['ɔ:təudi:krɪ'ment] 自动减数〔减 1,递减〕

autodestruction [ɔ:təudɪ'strʌkʃ ən] n. 自毁艺术,自动裂解

autodetector [ɔ:təudɪ'tektə] n. 自动检波器,自动探测仪

autodiagnosis [ɔ:təudaɪəg'nəusɪs] n. 自诊断

autodial ['ɔ:təudaɪəl] n. 自动标度盘,自动拨号盘

autodidact ['ɔ:təudaɪdækt] n. 自学者,自学成功的人

autodiffusion [ɔ:təudɪ'fju:ʒən] n. 自扩散

autodigestion [ɔ:təudaɪ'dʒestʃ ən] n. 自身消化,自溶

autodrafter ['ɔ:təudrɑ:ftə] n. 自动绘图机

autodrinker ['ɔ:təudrɪŋkə] n. 自动饮水器

autodyne ['ɔ:tədaɪn] a.;n.【通信】①自差(的) ②自差接收器(收音机) ③自差接收电路,自激振荡电路

autoecism [ɔ:'ti:sɪzəm] n. 单主寄生

autoecology [ɔ:təui:'kɒlədʒɪ] n. 个体生态学

autoelectronic [ɔ:təuɪlek'trɒnɪk] a. 场致放射(的),自动电子发射的

autoemission [ɔ:təuɪ'mɪʃ ən] n. 自动发射

autoenzyme [ɔ:təu'enzaɪm] n.【化】自溶酶

autoexcitation ['ɔ:təueksɪ'teɪʃ ən] n. 自激(励,振荡)

autoexciting [ɔ:təuɪk'saɪtɪŋ] a.;n. 自激(的)

autofeed ['ɔ:təufi:d] n.;v. 自动送料

autofermentation ['ɔ:təufɜ:men'teɪʃ ən] n.【化】自发酵

autofining ['ɔ:təufaɪnɪŋ] n. 自(氢)精制,自动澄清

autoflare ['ɔ:təufleə] n. 自动拉平

autoflash ['ɔ:təuflæʃ] n. 自动闪光

autofleet ['ɔ:təufli:t] n. 汽车队

autoflocculation ['ɔ:təuflɒkju'leɪʃ ən] n. 自絮凝

autoflow [ɔ:təu'fləu] n. 自动流程图

autofluorescence [ɔ:təufluə'resəns] n. 自身荧光

autofluorogram [ɔ:təu'fluərəgrəm] n. 自身荧光图

autofluorograph [ɔ:təu'fluərəgrɑ:f] n. 自身荧光图

autofluoroscope [ɔ:təu'fluərəskəup] n. 自身荧光镜

autoflying ['ɔ:təu'flaɪŋ] n. 自控飞行

autofollow [ɔ:təu'fɒləu] n.;v. 自动跟踪

autofollowing [ɔ:təu'fɒləuɪŋ] n. 自动跟踪

autoformer [ɔ:'təufɔ:mə] n. 自耦变压器

autofrettage [ɔ:təu'freɪtɪdʒ] n. 自紧法,(炮筒)内膛挤压硬化法;预胀,冷作预应力

autogamous [ɔ:'tɒgəməs] a. 自花授粉的,自体受精的

autogamy [ɔ:'tɒgəmɪ] n.【生】自身受精

autogardener [ɔ:təu'gɑ:dənə] n. 手扶园艺拖拉机

autogate ['ɔ:təu'geɪt] n. 自动波(卷)门

autogeneous [ɔ:təu'dʒenəs] a. 自生的,自发的

autogenesis [ɔ:təu'dʒenɪsɪs] n.【生】自生(论),自热

autogenetic [ɔ:təu'dʒenɪtɪk] a. 自生的,自然的

autogenor [ɔ:tə'dʒenə] n. 自动生氧器

autogenous [ɔ:'tɒdʒɪnəs] a. ①气焊的,自热的 ②【生】自生的;自体的

autogeny [ɔ:'tɒdʒɪnɪ] n. 自生,单性生殖

autogeosyncline [ɔ:təudʒi:əu'sɪnklaɪn] n.【地质】平原地槽

autogiration [ɔ:təudʒaɪə'reɪʃ ən] n. 自动旋转

autogiro [ɔ:təu'dʒaɪərəu] n. ①(自转)旋翼飞机,直升机 ②自动陀螺仪

autognosis [ɔ:tɒgˈnəʊsɪs] *n.* 自己诊断

autognostic [ɔ:təɒgˈnɒstɪk] *a.* 自己诊断的

autograft ['ɔ:təʊgrɑ:ft] *n.* 自身移植

autogram ['ɔ:təgræm] *n.* 压印,皮印〔痕〕

autograph ['ɔ:təgrɑ:f] ❶ *n.* ①亲笔(签名,书写),手稿 ②自动绘图仪 ③真迹石印版 ❷ *vt.* ①亲笔写 ②用真迹石版术复制

autographic [ɔ:təʊˈgræfɪk] *a.* 亲笔的,自署的,用石版术复制的

autographometer [ɔ:təʊgrəˈfɒmɪtə] *n.* 自动图示仪,地形自动记录器

autography [ɔ:ˈtɒgrəfɪ] *n.* 亲笔(签名),笔迹;真迹版,石版复制术

autogravure [ɔ:təʊgrəˈvjʊə] *n.* 照相版雕刻法

autoguider [ɔ:təʊˈgaɪdə] *n.* 自动导向器

autogyration [ɔ:təʊdʒaɪˈreɪʃ ən] *n.* 自旋转

autohand ['ɔ:təʊhænd] *n.* 机械手,自动手

autohesion [ɔ:təʊˈhi:ʒən] *n.* 自黏(性,力,作用)

autoheterodyne [ɔ:təʊˈhetərədaɪn] *n.* 自差线路(收音机),自差接收机,自差

autohighway [ɔ:təʊˈhaɪweɪ] *n.* 汽车公路

autohitch ['ɔ:təʊhɪtʃ] *n.* 自动挂钩

autohoist ['ɔ:təʊˈhɔɪst] *n.* 汽车起重机

autohomeomorphism ['ɔ:təʊhɒmɪəʊˈmɔ:fɪzəm] *n.* 【化】自同异质同象

autoignite [ɔ:təʊɪgˈnaɪt] *v.* 自燃,自动点火

autoigniter [ɔ:təʊɪgˈnaɪtə] *n.* 自动点火器

autoignition [ɔ:təʊɪgˈnɪʃ ən] *n.* 自燃,自动点火

autoimmune [ɔ:təʊɪˈmju:n] *n.* 【医】自身免疫

autoimmunity [ɔ:təʊɪˈmju:nətɪ] *n.* 【医】自身免疫性

autoindex [ɔ:təʊˈɪndeks] *n.;v.* 自动变址〔数〕,自动编索,自动索引

autoinfection [ɔ:təʊɪnˈfekʃ ən] *n.* 【医】自体感染,内源性感染

autoinflation [ɔ:təʊɪnˈfleɪʃ ən] *n.* 自动充气〔膨胀〕

autoinoculation ['ɔ:təʊɪnɒkjʊˈleɪʃ ən] *n.* 【医】自体接种

autointerference [ɔ:təʊɪntəˈfɪərəns] *n.* 【医】自身干扰

autointoxication [ɔ:təʊɪntɒksɪˈkeɪʃ ən] *n.* 【医】自身中毒

autoionize [ɔ:təʊˈaɪənaɪz] *v.* 自电离

autoist ['ɔ:təʊɪst] *n.* 开汽车的人

autokeyer ['ɔ:təʊˈki:ə] *n.* 自动键控器

autokinesis [ɔ:təʊkaɪˈni:sɪs] *n.* 自动运动,运动灵敏度

autokinetic [ɔ:təʊkaɪˈnetɪk] *a.* 自体动作的,随意运动的

autoland [ɔ:təʊˈlænd] *n.;v.* 自动着陆〔系统〕

autolay ['ɔ:təʊleɪ] *n.* 自动开关〔敷设〕

autolean [ɔ:təʊˈliːn] *a.* 自动贫化的

autolesion ['ɔ:təʊliːʒən] *n.* 自伤

autolesionism [ɔ:təʊˈliːʒənɪzəm] *n.* 【医】自伤行为

autolesionist [ɔ:təʊˈliːʒənɪst] *n.* 【医】自伤者

autolevel ['ɔ:təʊlevl] *n.* 自动找平,自动调节水准

autolift ['ɔ:təʊlɪft] *n.* 汽车升降机,汽车起重机,自动升降机

autoline [ɔ:təʊlaɪn] *n.* 高速公路

autolith ['ɔ:təʊlɪθ] *n.* 【生】同源色体

autoload ['ɔ:təʊləʊd] *v.* 自动加载〔装卸〕

autoloader ['ɔ:təʊləʊdə] *n.* 自动装载机,自动装卸机〔车〕

autologous [ɔ:ˈtɒləgəs] *a.* 自体的

autoluminescence [ɔ:təʊljumɪˈnesəns] *n.* 自发光

autolysate [ɔ:təʊˈlaɪseɪt] *n.* 自溶物

autolysis [ɔ:ˈtɒlɪsɪs] *n.* 自溶,自变质,自体分解

autolysin [ɔ:təʊˈlaɪsɪn] *n.* 【化】自溶素〔酶〕

autolyte ['ɔ:təlaɪt] *n.* 【地质】（矿）道脉

autolytic [ɔ:təˈlaɪtɪk] *a.* 自溶的

autolyzate [ɔ:təˈlaɪzeɪt] *n.* 自溶产物

autolyze ['ɔ:təlaɪz] *v.* 自溶

automaker ['ɔ:təʊmeɪkə] *n.* 汽车制造商

automanual [ɔ:təʊˈmænjʊəl] *a.* 半自动的,自动-手动的

automat ['ɔ:təʊmæt] *n.* ①自动机,自动装置(开关,电话),自动调节(监控)器 ②冲锋枪,机关炮 ③自助食堂

automata [ɔ:ˈtɒmətə] *n.* (automaton 的复数)自动操作,自动控制

automatable [ɔ:təˈmætəbl] *a.* 可自动化的

automate [ɔ:təˈmeɪt] *vt.* 使…自动化

automated ['ɔ:təmeɪtɪd] *a.* 自动化的

automath ['ɔ:təmæθ] *n.* 自动数学程序

automatic [ɔ:təˈmætɪk] ❶ *a.* 自动的,自记的 ❷ *n.* 自动装置

automatical [ɔ:təˈmætɪkəl] *a.* 自动(化,操作)的

automatically [ɔ:təˈmætɪkəlɪ] *ad.* 自动地,机械地

automaticity [ɔ:təməˈtɪsətɪ] *n.* 自动(性),自动化程度

automatics [ɔ:təˈmætɪks] *n.* 自动学,自动装置〔车床,机械〕

automation [ɔ:təˈmeɪʃ ən] *n.* 自动控制,自动操作

automatism [ɔ:ˈtɒmətɪzəm] *n.* 自动化,自动力

automatization [ɔ:ˌtɒmətaɪˈzeɪʃ ən] *n.* 自动化

automatize [ɔ:ˈtɒmətaɪz] *vt.* 使…自动化

automatograph [ɔ:təˈmætəgrɑ:f] *n.* 自动记录器,点火检查示波器

automaton [ɔ:ˈtɒmətən] (pl.automatons 或 automata) *n.* (=automat) 自动机器,机器人

automatous [ɔ:ˈtɒmətəs] *a.* 自动的,机器人(似)的

autometamorphism [ɔ:təmetəˈmɔ:fɪzəm] *n.* 自变质作用

autometer [ɔ:ˈtɒmɪtə] *n.* 汽车速度表

automicrometer [ɔ:təʊmaɪˈkrɒmɪtə] *n.* 自动千

A

分尺

automization, automisation [ɔ:təmaɪ'zeɪʃən] n.
自动化

automize, automise ['ɔ:təmaɪz] v. 使自动化

automnesia [ɔ:təm'ni:zɪə] n. 自然回忆

automobile ['ɔ:təməbi:l] ❶ n. (=motor car,car)
汽车 ❷ a. 自动的,汽车的 ❸ v. 开〔乘〕汽车

automobilia [ɔ:təməʊ'bɪlɪə] n. 有关汽车方面值
得收藏的物品

automobilism [ɔ:təmə'bi:lɪzəm] n. 开汽车,汽车
使用

automobilist [ɔ:təmə'bi:lɪst] n. 驾驶〔使用〕汽
车者,汽车司机

automodulation [ɔ:təʊmɒdju'leɪʃən] n. 自调制

automoment [ɔ:tə'məʊmənt] n. 【物】自相关矩

automonitor [ɔ:təʊ'mɒnɪtə] n. 自动程序监控器,
自动监督程序,自动记录器

automorphic [ɔ:tə'mɔ:fɪk] a. 【地质】自形的;【数】
自守的,自同构的

automorphism [ɔ:tə'mɔ:fɪzəm] n. 【数】自同构

automorphy ['ɔ:təmɔ:fɪ] n. 【数】自守

automotive [ɔ:tə'məʊtɪv] a. 汽车的,自动推进的

automotives [ɔ:tə'məʊtɪvz] n. (复)汽车的自动
推进系统

automotoneer [ɔ:təməʊtə'nɪə] n. (电车)手轮限
位装置

automutagen [ɔ:təʊ'mju:tədʒən] n. 自生引变剂

automutagenicity [ɔ:təʊmju:tədʒə'nɪsətɪ] n.
自发突变性

autonarcosis [ɔ:təʊnɑ:'kəʊsɪs] n. 自我催眠〔麻
醉〕

autonavigator [ɔ:təʊ'nævɪgeɪtə] n. 自动导航仪,
自动定位器

autonomic [ɔ:təʊ'nɒmɪk] a. 自治的,自己管制的

autonomous [ɔ:'tɒnəməs] a. 自治的,自备的,自
律式的

autonomy [ɔ:'tɒnəmɪ] n. 自治(权),自主(性),自
发性,自律

autonumerologist [ɔ:təʊnju:mə'rɒlədʒɪst] n.
研究汽车牌照的专家

autonym ['ɔ:tənɪm] n. 实名,以真名发表的作品

autonymous ['ɔ:tənɪməs] a. 名名的

autooscillation [ɔ:təʊɒsɪ'leɪʃən] n.【物】自振荡,
自摆

autooxidation [ɔ:təɒksɪ'deɪʃən] n.【化】自氧化

autoparasite [ɔ:tə'pærəsaɪt] n.【生】自身寄生物

autopatching [ɔ:təʊ'pætʃɪŋ] n. 自动插接〔修补〕

autopath ['ɔ:təpæθ] n.【医】自发病者

autopathy [ɔ:'tɒpəθɪ] n.【医】自发病

autopatrol [ɔ:təpə'trəʊl] n. ①自动巡逻 ②汽车
巡逻

autoped ['ɔ:təped] n. 双轮机动车

autophasing [ɔ:təʊ'feɪzɪŋ] n.【物】自动稳相

autopia ['ɔ:təʊpɪə] n. 汽车专用区

autopiler [ɔ:təʊ'paɪlə] n.【计】自动编译程序

autopiling [ɔ:təʊ'paɪlɪŋ] n. 自动传送

autopilot ['ɔ:təʊpaɪlət] n. 自动驾驶仪

autopiracy [ɔ:təʊ'paɪərəsɪ] n.【地质】本流袭夺,
自然裁弯

autoplane ['ɔ:təʊpleɪn] n. 有翼汽车,自动操纵飞
机

autoploid ['ɔ:təʊplɔɪd] n.【生】同源体〔性〕

autoplotter [ɔ:təʊ'plɒtə] n. 自动绘图机

autopneumatolysis [ɔ:təʊnju:mə'tɒlɪsɪs] n.
【地质】自气化

autopoisonous [ɔ:təʊ'pɔɪznəs] a. 自毒的

autopolling [ɔ:tə'pəʊlɪŋ] n. 自动排队

autopolymer [ɔ:tə'pɒlɪmə] n. 自聚物

autopolyploid [ɔ:təpɒlɪ'plɔɪd] n.【生】同源多倍
体

autopotamous [ɔ:təʊ'pɒtæməs] a. 起源于河流
的

autoprecipitation [ɔ:təʊprɪsɪpɪ'teɪʃən] n.【化】
自动沉淀析出,自沉淀

autopressuregram [ɔ:təʊ'preʃəgræm] n.【摄】
加压反应产生的自射线图相(片)

autoprothrombin [ɔ:təʊprə'θrɒmbɪn] n.【化】
自凝血酶原

autoprotolysis [ɔ:təʊprəʊ'tɒlɪsɪs] n.【化】质子
自分解,质子自迁移作用

autopsia [ɔ:t'ɒpsɪə] (拉丁语) 尸体解剖

autopsy [ɔ:'tɒpsɪ] n. 验尸;亲自勘察,实地观察

autopsyche [ɔ:təʊ'saɪkɪ] n.【心】自我意识

autoptic(al) [ɔ:'tɒptɪk(əl)] a. 尸体解剖的;以实
地观察为依据的,亲眼看到的

autopulse ['ɔ:təʊpʌls] n.【化】自动脉冲

autopunition [ɔ:təʊpʌ'nɪʃən] n. 自罚,自责

autoradar ['ɔ:təʊreɪdə] n.【通信】自动跟踪雷达

autoradiogram [ɔ:təʊ'reɪdɪəʊgræm] n.【摄】自
动射线照相,放射自显影

autoradiograph [ɔ:təʊ'reɪdɪəʊgrɑ:f] n.【摄】自
动射线照相,放射自显影照片,射线自显迹

autoradiographic [ɔ:təʊreɪdɪəʊ'græfɪk] a. 自
动射线的,射线自身照相的

autoradiography ['ɔ:təʊreɪdɪ'ɒgrəfɪ] n.【摄】自
动射线照相术,射线显踪法,放射自显影

autoradiolysis [ɔ:təʊreɪdɪ'ɒlɪsɪs] n. 自辐射分解

autoradiomicrography [ɔ:təʊreɪdɪəmaɪk'rɒgrəfɪ]
n.【摄】自动放射显微照相术

autorecorder [ɔ:təʊrɪ'kɔ:də] n. 自动记录器

autoreduction [ɔ:təʊrɪ'dʌkʃən] n. 自动还原

autoreduplication [ɔ:təʊrɪdjuplɪ'keɪʃən] n. 自
重复

autorefinish [ɔ:təʊ'ri:fɪnɪʃ] n. 汽车表面整修剂

autorefrigeration [ɔ:təʊrefrɪdʒɪ'reɪʃən] n.【化】
自动制冷作用

autoregistration [ɔ:təʊredʒɪs'treɪʃən] n. 自动
登记〔读数,对准〕

autoregression [ɔ:təʊrɪ'greʃən] n. 自回归

autoregulation [ɔ:təʊregju'leɪʃən] n. 自动调节

auto-relay [ˈɔ:təuˈri:leɪ] n. 自动继电器,自动替续器

auto-repeater [ˈɔ:təurɪˈpi:tə] n. 自动重发器,自动替续增音器

autorepopulation [ɔ:təuˈri:pɒpjuˈleɪʃən] n.【生】自行增殖

autoreproduction [ɔ:təuri:prəˈdʌkʃən] n.【生】自体繁殖

autoreversive [ɔ:təurɪˈvɜ:sɪv] a. 自动倒车的

autorich [ˈɔ:tərɪtʃ] n.;a. 自动加浓(的)

autoroad [ˈɔ:təurəud] n. 汽车路

autorotate [ˈɔ:təurəuˈteɪt] v. 自转

autorotation [ˈɔ:təurəuˈteɪʃən] n. 自转,自旋

autoroute [ˈɔ:təru:t] n. 汽车行驶线,高速公路

autorhythmic [ɔ:təˈrɪðmɪk] a. 自主节律的

autoscaler [ɔ:təˈskeɪlə] n. 自动定标器

autoscan [ɔ:təˈskæn] n. 自动扫描

autoscintigraph [ɔ:təˈsɪntɪgrɑ:f] n.【摄】闪烁自显影(谱)

autoscintigraphy [ɔ:təˈsɪntɪgrɑ:fɪ] n.【摄】闪烁自显影法

autoscooter [ɔ:təuˈsku:tə] n. 坐式摩托车

autoscope [ˈɔ:təuskəup] n. 点火检查示波器

autoselector [ɔ:təusɪˈlektə] n. 自动选速器

autosensibilization [ɔ:təusensɪbɪlaɪˈzeɪʃən] n. 自敏化

autosensitization [ɔ:təusensɪtaɪˈzeɪʃən] n. 自身敏感,自动增感

autosite [ˈɔ:təsaɪt] n. 联胎自养体

autosizing [ˈɔ:təsaɪzɪŋ] n. 自动测定大小;自动尺寸监控

autoslat [ˈɔ:təuslæt] n.【航】自动前缘缝翼

autosledge [ˈɔ:təusledʒ] n. 自卸式拖运器

autoslot [ˈɔ:təuslɒt] n.【航】自动缝隙

autosome [ˈɔ:təusəum] n.【生】正(体)染色体

auto-sorter [ˈɔ:təu-ˈsɔ:tə] n. 自动分类机

autospinning [ɔ:təuˈspɪnɪŋ] n. 自动旋转

autospore [ˈɔ:təspɔ:] n.【生】自体孢子

autospotter [ɔ:təuˈspɒtə] n. 着弹自报机

autospray [ɔ:təuˈspreɪ] n. 自喷器

autostability [ɔ:təustəˈbɪlətɪ] n. 自动稳定性,内在稳定性

autostabilization [ɔ:təustæbɪlaɪˈzeɪʃən] n. 自动稳定

autostabilizer [ɔ:təuˈstæbɪlaɪzə] n. 自动稳定装置

autostable [ɔ:təuˈsteɪbl] a. 自动稳定的

autostairs [ɔ:təuˈsteəz] n. 自动收放梯

autostarter [ɔ:təuˈstɑ:tə] n. 自动启动器;自动发射架,自动发射装置

autosteerer [ɔ:təuˈstɪərə] n. 自动转向装置

autosterilization [ɔ:təusterɪlaɪˈzeɪʃən] n. 自灭作用

autostop [ˈɔ:təustɒp] n.;v. 自动停止(装置),自动停机

autostopper [ɔ:təˈstɒpə] n. 自动制动器

autostrada [ɔ:təuˈstrɑ:də] (pl.autostrade)(意大利语) n. 高速公路干线,高速公路

autostrip [ˈɔ:təustrɪp] n.;v. 自动剥落〔拆卸〕

autosyn [ɔ:təuˈsɪn] ❶ n. 自动同步机;交流同步器;自整角机;远距传动器 ❷ a. 自动同步的

autosynchronous [ɔ:təuˈsɪnkrənəs] a. 自同步的

autosynthesis [ɔ:təuˈsɪnθəsɪs] n. 自动合成,自身再生

autotelegraph [ɔ:təuˈtelɪgrɑ:f] n. 电写,书画电传机,电传真机

autotemnous [ɔ:təuˈtemnəs] a. 自断的,自切的

autotest [ˈɔ:təutest] n. 自动测试(程序)

autotetraploid [ɔ:təuˈtetrəplɔɪd] n.【生】同源四倍体

autotherapy [ɔ:təuˈθerəpɪ] n. 自疗

autothermic [ɔ:təuˈθɜ:mɪk] a. 热自动补偿的,自供热的

autothreading [ɔ:təuˈθredɪŋ] n. 自动引带

autotimer [ɔ:təuˈtaɪmə] n. 自动计时器,接触式自动定时钟

autotitrator [ɔ:təuˈtaɪtreɪtə] n. 自动滴定器

autotomy [ɔ:ˈtɒtəmɪ] n.【生】自身分裂动物体自断

autotoxin [ɔ:təuˈtɒksɪn] n.【化】自体毒素

autotrace [ˈɔ:təutreɪs] n. 电气-液压靠模仿型铣床

autotrack [ˈɔ:təutræk] n.;v. 自动跟踪

autotracker [ˈɔ:təutrækə] n. 自动跟踪装置

autotrain [ˈɔ:təutreɪn] n. 汽车列车

autotransductor [ɔ:təutrænsˈdʌktə] n. 自耦磁放大器

autotransformer [ɔ:təutrænsˈfɔ:mə] n. 自耦变压器

autotransmitter [ɔ:təutrænzˈmɪtə] n. 自动传送机,自动发报机

autotransplantation [ɔ:təutrænsplɑ:nˈteɪʃən] n.【医】自体移植

autotrembler [ɔ:təuˈtremblə] n. 自动断续器,自动振动器

autotrigger [ɔ:təuˈtrɪgə] n. 自动触发

autotroph(e) [ˈɔ:təutrɒf] n. 自养生物,自养菌

autotrophic [ɔ:təuˈtrɒfɪk] a. 自养的,无机营养的

autotrophy [ɔ:ˈtɒtrəfɪ] n. 自养,无机营养,自养性营养

autotropic [ɔ:təuˈtrɒpɪk] a. 向自的

autotropism [ɔ:təuˈtrɒpɪzəm] n. 向自性,自养

autotruck [ˈɔ:təutrʌk] n. 运货汽车,大卡车

autotune [ˈɔ:təutju:n] n.;v. 自身调谐;自动统调

autotype [ˈɔ:təutaɪp] ❶ n. ①(相片的)碳印法,用碳印法印成的相片,复写 ❷ vt. 影印,复制

autovac [ˈɔ:təuvæk] n. 真空箱(罐),真空装置

autovaccine [ɔ:təuvækˈsi:n] n.【医】自体疫苗

autovalve [ɔ:təuˈvælv] n. 自动阀

autovariance [ɔ:tə'veərɪəns] *n.* 自方差
autoverify [ɔ:tə'verɪfaɪ] *vt.* 自动检验
autovoltmeter [ɔ:təʊ'vəʊltmi:tə] *n.* 自动电压表
autovulcanization [ɔ:təʊvʌlkənaɪ'zeɪʃən] *n.*【化】自动硫化
autovulcanize [ɔ:təʊ'vʌlkənaɪz] *v.* 自动硫化
autowarehouse [ɔ:təʊ'weəhaʊs] *n.* 自动化仓库
autoweak ['ɔ:təwi:k] *n.; a.* 自动贫化〔稀释〕(的)
autoweighing [ɔ:tə'weɪɪŋ] *n.* 自动计量
autoxidation [ˌɔ:tɒksɪ'deɪʃən] *n.*【化】自动氧化
autoxidator [ɔ:'tɒksɪdeɪtə] *n.*【化】自动氧化剂
autoxidisable, autoxidizable [ɔ:tɒksɪ'daɪsəbl] *a.* (可以) 自动氧化的
autrometer [ɔ:'trɒmɪtə] *n.*【摄】自动多元素摄谱仪
autumn ['ɔ:təm] *n.* 秋天,成熟期;渐衰期
autumnal [ɔ:'tʌmnəl] *a.* 秋的,秋天的;已过中年的
autunite ['ɔ:tənaɪt] *n.*【地质】钙铀云母
autur ['ɔ:tə] *n.* 燃气轮机燃料
auxanogram [ɔ:k'sænəgræm] *n.* 生长谱
auxanograph [ɔ:k'sænəgrɑ:f] *n.* 生长谱测定仪
auxanology [ɒksə'nɒlədʒɪ] *n.* 发育学
auxesis [ɔ:k'si:sɪs] *n.* 细胞增大性生长,长大
auxetic [ɔ:k'setɪk] *❶ a.* 细胞增大性生长的,促进细胞增大的 *❷ n.* 发育剂
auxiliary [ɔ:g'zɪlɪərɪ] *❶ a.* 辅助的;备用的;附属的 *❷ n.* (常用 pl.)辅件,附件,附属人员〔团体〕
auxilysin [ɔ:'gzə'laɪsɪn] *n.*【化】促溶素
auxilytic [ɔ:ksɪ'lɪtɪk] *a.* 促溶解的,促进细胞分解的
auximone ['ɔ:ksɪməʊn] *n.*【化】促生长素,植物激长素
auxin ['ɔ:ksɪn] *n.* 植物生长(激)素
auxinotron [ɔ:g'zɪnətrɒn] *n.*【化】辅助加速器,强流电子回旋加速器
auxiometer [ɔ:gzɪ'ɒmɪtə] *n.* ①透镜放大率计 ②测力计
auxoautotroph [ɔ:ksəʊ'ɔ:təʊtrɒf] *n.*【微】生长素自养微生物
auxoautotrophic [ˌɔ:ksəʊ:təʊ'trɒfɪc] *a.* 生长素自给的
auxoaction [ɔ:ksəʊ'ækʃən] *n.* 促进作用
auxobaric [ɔ:ksəʊ'bærɪk] *a.* (心)加压的
auxoblast ['ɔ:ksəblɑ:st] *n.* 增生条
auxocardia [ɔ:ksə'kɑ:dɪə] *n.* 心增大,心舒张
auxochrome ['ɔ:ksəkrəʊm] *n.*【里】助色团〔基〕
auxochromic [ɔ:ksə'krɒmɪk] *a.* 助色的
auxoflorence [ɔ:ksə'flɔ:rəns] *n.* 荧光增强
auxofluorogen [ɔ:ksəfluə'rɒdʒən] *n.* 助荧光团
auxograph ['ɔ:ksəgrɑ:f] *n.* 生长记录器;体积变化记录器
auxoheterotroph [ɔ:ksəhetərə'trɒf] *n.*【微】生长素他给微生物
auxohormone [ɔ:ksə'hɔ:məʊn] *n.* 维生素
auxology [ɔ:k'sɔ:lədʒɪ] *n.* 生长学,发育学

avail [ə'veɪl] *❶ v.* 有益于,有用 ☆*avail (oneself) of* 利用,趁(机会) *❷ n.* 效用,利益 ☆*be of avail* 有用〔效〕; *to little avail* 不大用; *without avail* 徒劳地
availability [əveɪlə'bɪlətɪ] *n.* ①有效性,可利用性〔率〕②可得到的东西〔人员〕③(候选人的)当选可能性
【用法】注意下面句中 availability 的含义: A very important consideration is the underline{availability} of a transformer with the proper turns ratio. 一个非常重要的考虑因素是要能〔是否能〕获得具有适当匝数比的变压器。/The phase-locked loop is very useful in communication systems. Its underline{availability} as an inexpensive integrated circuit implies that it will continue to find application in virtually all communication systems. 锁相环在通信系统中是很有用的。它可以做成廉价的集成电路表明它将在几乎一切通信系统中继续得到应用。
available [ə'veɪləbl] *a.* ①可得到的;可利用的 ②可见客人的 ☆*(be) available for use* 可以加以应用; *be available to A* A 可以采用〔得到〕的; *be available to (do)* 可以用来(做); *commercially available* 可以买到的
【用法】❶ 这个形容词经常作后置定语以加强语气,可译成"现有的"或"可得到的"。如: All the textbooks underline{available} have mentioned this phenomenon. 现有的一切教科书均提到了这一现象。/The quotient of these two numbers is the number of data points underline{available}. 这两个数之商就是所能获得的数据点的数目。/The current required to produce a voltage across a capacitor may exceed the maximum current underline{available}. 在电容器两端产生一个电压,所需的电流可以超过可获得的最大电流。❷ have...available 意为"可以获得〔有〕···",这里 available 作宾语补足语(往往可以写成 have available...)。如: Now we have the desired waveform underline{available} at the output of the flip-flop. 现在我们在该触发器的输出端得到了所希望的波形。/This allows a wide cross section of the world's population to underline{have available} instant communication. 这就使全世界上许许多多的人能够进行即时通信。/Now we have available sufficient load current for the load gates. 现在我们为负载门电路获得了〔提供了〕足够的负载电流。❸ there is〔are〕...available=there is〔are〕 available...=there is〔are〕...。如: There is some noise underline{available} in the machine.=There is some noise available in the machine. 在机器中存在有一些噪声。/There was underline{available} for inspection an andiron on which Hamilton had once placed at least one of his feet. 当时为了观察而安置有一个炭架,哈密尔顿曾至少把他的一只脚踩在它的上面。❹ 注意下面例句的含义: Most, if not all, communication circuits are underline{available} as integrated circuits. 大多数(即使不是所有的)通信电路已有集成模块了。("Most"和

"not all"都是修饰"communication circuits"的。）/Several excellent texts are available covering the theoretical bases for the design of digital electronics. 现在已出版了几种极好的教科书,它们论述了设计数字电子设备的理论基础。（"covering..."是修饰主语的,这属于"句子成分的分隔现象"。）

availableness [ə'veiləblnis] n. 有效〔利〕,效用

availably [ə'veiləbli] ad. 有效地

avaite ['ævəait] n.【地质】铂铱矿

avalanche ['ævəlɑ:nʃ] n.;v. ①雪崩(效应),冰〔山〕崩,崩落,崩下的雪堆 ②纷至沓来,飞来(of) ☆*an avalanche of* 突然一阵的,蜂拥而来的,如雪片般飞来的; *with the momentum (force) of an avalanche* 以排山倒海之势

avalite ['eivəlait] n.【地质】(富)铬云母

avalvular [ei'vælvjulə] a. 无瓣的

avarice ['ævəris] n. 贪婪 ‖ **avaricious** a.

avascular [ə'væskjulə] a. 无血管(供应)的

avasite ['ævəsait] n.【地质】硅(褐)铁矿

avast [ə'vɑ:st] int. 停住,且慢

avatar ['ævətɑ:] n. 化身,天神下凡,具体化

aven [ə'ven] n.【地质】落水洞

avenge [ə'vendʒ] vt. 为…报仇 ☆*avenge A on (upon) B* 替 A 向 B 报仇; *be avenged on* 或 *avenge oneself on* 向…报仇

avenin [ə'vi:nin] n.【化】燕麦蛋白

aventurine [ə'ventjurin] ❶ n. 金星玻璃,【地质】砂金石 ❷ a. (有)星彩的,有金星的

aventurization [əventjurai'zeiʃ ən] n. 光点闪光,闪烁

avenue ['ævənju:] n. ①林荫路;道路;小路 ②(美)(城市中心)大街 ③(喻)手段,途径 ☆*explore every avenue*(=*leave no avenue unexplored*) 探索各种途径;想尽一切办法; *the other end of the Avenue* (美)白宫;美国国会

aver [ə'vɜ:] (averred;averring) vt. 断言,主张,证明

average ['ævəridʒ] ❶ n. ①平均(数值),一般水平 ②海损;(核反应堆)事故 ☆*law of averages* 平均律; *on (an) average* 通常;按平均 ❷ a. ①平均的 ②一般的,中等〔中间〕的 ☆*above (the) average* 在平均以上; *be well (quite) up to the average* 完全达到一般水平; *on a rough average* 大致平均一下; *on an (the) average over* 对…求平均值; *strike (take) an average* 平均起来算,算出平均数 ❸ v. 平均为,使平衡,达到平均水平;买进,卖出 ☆*average out (at)* 平均为…; *average over* 在…上求平均值; *average up* 高于平均价格卖出 〖用法〗❶ be averaged to 意为"（被)平均为…"。如: Any frequency not harmonically related to the frequency of the reference signal is averaged to zero. 任何与参考信号的频率并不是谐振相关的频率都（被)平均为零。❷ 其不及物动词也可表示"平均为"。如: The liquid temperature averaged 101℃. 液体的温度平均为 101℃。/In this case the parameter

averages out zero. 在这种情况下,该参数平均值为零。/Let us average this function over the carrier phase θ. 让我们相对于载波相位 θ 求这个函数的平均值。❸ 注意下面例句的含义: Einstein was a better than average violinist. 爱因斯坦是一位高级别的小提琴手。

averaged ['ævəridʒd] a. 平均的,中和的

averager ['ævəridʒə] n. 平均〔均衡〕器,中和剂

averaging ['ævəridʒiŋ] n.;a. 平均(的),求平均数,求平均值,中和(的),混匀(的)

averment [ə'vɜ:mənt] n. 断言,主张,表明

averse [ə'vɜ:s] a. 厌恶的,离茎或离轴的

aversion [ə'vɜ:ʃən] n. ①厌恶(for,from,to) ②互避生长 ③移转,移位 ④讨厌的事和人 ☆*have an aversion to (for)* 不喜欢,讨厌

avert [ə'vɜ:t] vt. ①避开,转移,掉转(from) ②防止

avertence [ə'vɜ:təns] n. 倾斜,偏转

averter [ə'vɜ:tə] n. 避免(危险)装置

avertible [ə'vɜ:təbl] a. 可避免的

avgas ['ævgæs] n. 飞机用汽油

avian ['eiviən] a. 鸟的,鸟纲的

aviate ['eivieit] vi. 飞行,航行

aviation [eivi'eiʃ(ə)n] n. ①航空术,飞行(术) ②飞机制造业 ③军用飞机

aviator ['eivieitə] n. 飞行员

aviatorial [eiviə'tɔ:riəl] n. 航空评论

aviatress ['eivieitris], **aviatrix** ['eivieitriks] n. 女飞行员

avicade ['ævikeid] n.【航】机群

avicael ['ævikeiəl] n.【化】微晶(粉末)纤维素

avicelase ['ævisəleis] n.【化】微晶纤维素酶

avicennite [ævi'senait] n.【地质】褐铊矿

aviculture ['eivikʌltʃə] n. 养鸟

avid ['ævid] a. 热望的,贪求的 ☆*be avid for (of)* 渴望,急着想

avidin ['ævidin] n.【化】抗生物素蛋白

avidity [ə'vidəti] n. ①欲望 ②【化】亲和力,抗体亲抗原性,活动性

avidly [ə'vidli] ad. 热望地

aviette [ævi'et] n. 小型飞机

avigation [ævi'geiʃ ən] n. 空中导航,航空(学、术)

avigator ['ævigeitə] n. 领航员,空勤飞机师

avion [ɑ:'vjuŋ] (法语) n. (军用)飞机

avional [ævi'ɒnəl] n. 阿维奥纳尔铝合金

avionic [eivi'ɒnik] a. 航空电子学的

avionics [eivi'ɒniks] n. ①航空电子学 ②(航空、导弹、宇航用)电子设备和控制系统

aviotronics [eiviə'trɒniks] n. 航空电子学

aviphot ['ævifəut] n. 航空摄影

avirulence [ei'virjuləns] n. 无毒性

avirulent [æ'virjulənt] a. (细菌等)无毒力的,无致病力

avivement [ɑ:viv'mənt] (法语) n. 再新术

avocation [ævə'keiʃ(ə)n] n. 副业,业余爱好

avogadrite [ə'vɒgədrait] n.【地质】氟硼钾石

A

avoid [əˈvɔɪd] *vt.* 避免,躲避
〖用法〗在它后面跟动作的话,一定要用动名词。
如: In this case it is possible to avoid using shift registers. 在这种情况下,可以避免使用移位寄存器。/The heat sink is used to avoid having the junction temperature exceed its maximum allowable value. 我们用热潭来避免使结温超过其最大的允许值。

avoidable [əˈvɔɪdəbl] *a.* 可避免的

avoidance [əˈvɔɪdəns] *n.* ①避免,回避 ②【法】废止;无效

avoirdupois [ˌævədəˈpɔɪz] *n.* ①(英国)常衡(制) ②重量,体重;肥胖

avometer [əˈvɒmɪtə] *n.* 万用表

avouch [əˈvautʃ] *v.* ①断言,公然主张,(公开)承认 ②保证,担保(for) ‖ ~ment *n.*

avow [əˈvau] *vt.* (公开)承认〔宣布〕,声明 ☆**avow oneself (to be)** 自称为

avowable [əˈvauəbl] *a.* 可公开承认〔宣布〕的

avowal [əˈvauəl] *n.* 公开承认,声明

avowedly [əˈvauɪdlɪ] *ad.* 公然(地),公开地

Avtag [ˈævtæg] *n.* 航空涡轮用汽油

Avtur [ˈævtɜː] *n.* 航空涡轮用煤油

avulsion [əˈvʌlʃən] *n.* 冲裂(作用);扯开;撕裂之物

await [əˈweɪt] *vt.* 等(候),等待(着)
〖用法〗它一般表示"某人期待着某事的发生"或"某事会降临到某人身上"(它后面可以跟动名词作宾语,但不能跟不定式)。如: Combining the still-new quantum theory with even newer atomic theory awaited Bohr. 把这仍然新的量子理论与更新的原子理论结合起来这一工作有待于布尔来完成。

awake [əˈweɪk] ❶ (awoke 或 awoke,awaked) *v.* ①唤起,提醒 ②觉醒〔察〕(to) ❷ *a.* 被唤醒的,认识到,警戒着 ☆**awake to a fact** 开始发觉某事; **awake to find** 醒过来才发现; **be awake to** 认识到,深知
〖用法〗当它用作形容词时,一般只能作表语,而不作名词前的定语。

awaken [əˈweɪkən] *v.* 唤醒〔起〕,(使)认识到(to)

awakening [əˈweɪkənɪŋ] ❶ *n.* 醒,觉醒,觉悟 ❷ *a.* 唤醒的,觉醒着的

award [əˈwɔːd] ❶ *vt.* ①授予,颁发 ②给予 ❷ *n.* 决断,判决(书) ☆**award a contract 或 award of contract** 签订合同; **make an award** (作)判定,裁决

awardee [əwɔːˈdiː] *n.* 受奖者

aware [əˈweə] *a.* 知道的,察觉〔意识〕到的
〖用法〗当这个词表示"知道的,意识到的"时,一般只能作表语,而且它经常出现在(be) aware of... 或(be) aware that... 句型中。如: The force of which we are most aware in our daily lives is the force of gravitational attraction exerted on every physical body by the earth. 我们在日常生活中最了解的力是由地球对每个物体所施加的引力。/We are

aware that mercury is a metal. 我们知道,水银是金属。(注意,这里的 that 从句从纯语法角度上讲是修饰形容词 aware 的状语从句,而从逻辑概念上讲它是"be aware"的"形容词宾语从句"。)

awareness [əˈweənɪs] *n.* 认〔意〕识了,了解,知道
〖用法〗注意常见的如下句型的译法,在它前面一般加有不定冠词: there is an awareness that... 人们了解〔知道,意识到〕…"。如: There has been an increasing awareness that it is urgently necessary to reduce the global warming. 人们(已经)越来越〔意〕识到迫切需要降低全球性变暖。(注意:这里的 that 从句从纯语法角度上讲是修饰 awareness 的同位语从句,而从逻辑概念上讲是"认〔意〕识到"的宾语从句。)

awash [əˈwɒʃ] ❶ *a.;ad.* ①与水面(海浪)齐平,被浪打湿的〔地〕,充满的〔地〕②醉的 ❷ *n.* 浪刷(岩)

away [əˈweɪ] ❶ *ad.* 离开,(去)掉 ❷ *a.* 在外的 ☆**(be) away from A** 离开 A; **do away with** 除掉,免除;摆脱;结束,解决; **far and away** 远远;绝对地,肯定地; **far away** 在远处,离得远〔远〕,很远; **from away** 从远方; **(keep) away from contact with** (使)不与…接触; **make away with** 拿〔偷〕走,摧毁,浪费; **once and away** 只此一次(地);偶尔;最后一次(地);永远(地); **out and away** 无比,非常; **right〔straight〕away** 立刻
〖用法〗在科技文中,往往有"数量短语+away"作后置定语。如: Electronic mail enables one to establish contact with people half a world away. 电子邮件使得我们能够与另一半球的人们建立联系。/The absence of atmosphere in space will allow the space telescope to show scientists light sources as far as 14-billion light years away. 由于太空中没有大气,所以科学家可以通过太空望远镜观察到离我们〔地球〕远达 140 亿光年的光源。

awe [ɔː] *n.;v.* (使)敬畏

aweather [əˈweðə] *ad.;a.* 迎风,上风
〖用法〗当它作形容词时,一般作表语。

aweigh [əˈweɪ] *ad.;a.* (锚)刚离开水底就要被拉上来

aweless [ˈɔːlɪs] *a.* 无畏的,大胆的

awesome [ˈɔːsəm] *a.* 引起敬畏的,可怕的

awful [ˈɔːful] *a.* 可怕的,威严的,极度的,糟糕的

awfulize [ˈɔːfulaɪz] *v.* 把情况想象得过分糟糕或严重

awfully [ˈɔːful] *ad.* 可怕地,极其

awhile [əˈwaɪl] *ad.* 暂时

awhirl [əˈwɜːl] *a.;ad.* 旋转着

awkward [ˈɔːkwəd] *a.* ①难用的,难对付的 ②笨拙的,不熟练的 ☆**awkward to do** 难以(做)的,不适合于(做)的; **awkward corner to turn** 难拐弯的转角 ‖ **-ly** *ad.*

awkwardness [ˈɔːkwədnɪs] *n.* ①为难 ②粗笨

awl [ɔːl] *n.* 锥子,尖钻

awn [ɔːn] *n.* 【农】落麻,芒

awner ['ɔːnə] n.【农】去芒机
awning ['ɔːnɪŋ] n. 遮阳篷,雨篷
awoke [ə'wəuk] awake 的过去式和过去分词
awnlet ['ɔːnlɪt] n.【农】小芒
awry [ə'raɪ] ad.;a. ①斜的,弯曲(的) ②错误,差错 ☆**be awry from** 违反; **go (run,tread) awry** 失败,弄错
ax(e) [æks] ❶ (pl. axes) n. ①斧 ②(俚)乐器 ③削减 ❷ vt. 减少(经费等) ☆**have an axe to grind** 别有用心
axehandle ['ækshændl] n. 斧柄
axeman ['æksmən] n. 用斧者,樵夫
axenic [eɪ'zenɪk] a. 纯净培养的,未污染的
axhammer ['ækshæmə] n. 斧锤
axial ['æksɪəl] a. 轴(向)的,轴流(式)的,直立的
axialite ['æksɪəlaɪt] n.【化】轴晶
axiality [,æksɪ'æləti] n. 同心度
axially ['æksɪəlɪ] ad. 轴向地
axiation [æksɪ'eɪʃən] n. ①定轴,轴心化 ②【动】体轴形成
axicon ['æksɪkɒn] n.【物】旋转三棱镜,轴锥体,能量再分配器
axiform [æksɪ'fɔːm] n. 轴形
axifugal [æksɪ'fjuːgəl] a. 远心的,离心的,离轴索的
axil ['æksɪl] n. (叶,枝)腋
axile ['æksaɪl] a. 轴的,轴上的
axilla [æk'sɪlə] n. (pl. axillae) 腋窝
axillare [æk'sɪlərɪ] n. 轴板
axillary [æk'sɪlərɪ] ❶ a. (枝,叶)腋下的,腋生的 ❷ n. 腋窝的羽翼
axin ['æksɪn] n. 洋虫胶
axinite ['æksɪnaɪt] n.【地质】斧石
axinitization [,æksɪnɪtɪ'zeɪʃən] n. 斧石化作用
axiolite ['æksɪəlaɪt] n.【地质】椭球粒
axiolith ['æksɪəlɪθ] n.【地质】十字晶条
axiolitic [æksɪə'lɪtɪk] a. 椭球状的
axiom ['æksɪəm] n. ①公理,规律,通则 ②格言
axiomatic(al) [æksɪə'mætɪk(əl)] a. ①公理的,自明的,理所当然的 ②格言的
axiomatically [æksɪə'mætɪkəlɪ] ad. 按照公理地,自明地
axiomatics [æksɪə'mætɪks] n. 公理体系,公理学
axiomatization [æksɪəmətaɪ'zeɪʃən] n. 公理化
axiomatize ['æksɪəmətaɪz] v. (使)公理化
axion ['æksɪɒn] n. 轴子
axiotron ['æksɪətrɒn] n.【通信】阿克西磁控管,辐式磁控管
axipetal [æksɪ'petəl] (拉丁语) a. 向心的,趋轴的
axiradial [æksɪ'reɪdɪəl] a. 轴流式的
axis ['æksɪs] n. (pl. axis ['æksiːz]) 轴(线,心),【化】晶轴,中心线,中〔转,连接〕轴
〖用法〗这个词在数学上常用,其前面要用介词 on。如: Eq.(1.3) and Eq.(1.4) should be plotted <u>on the same axis</u>. 应该把(1.3)和(1.4)式画在相同的轴

上。
axistyle ['æksɪstaɪl] n. 轴线
axisymmetric(al) [æksɪsɪ'metrɪk(əl)] a. (与)轴(线)对称的
axite ['æksaɪt] n.【化】无烟炸药,硝酸棉;轴丝
axle ['æksəl] n. 轮轴
axlebox ['æksəlbɒks] n. 轴箱
axletree ['æksəltriː] n. 心棒,轴心,轴干
axman ['æksmən] n. 斧工
axode ['æksəud] n. (瞬)轴面
axofugal [æksə'fjuːgəl] a. 远心的
axolemma [æksə'lemə] n. 轴膜
axometer [æk'sɒmɪtə] n. 测(光)轴计;调轴器
axon ['æksɒn] n. 轴索,轴突
axoneure ['æksənjuə] n. (=axoneuron) 中枢神经细胞
axoneuron [æksə'njuərɒn] n. 中枢神经细胞
axonometric(al) [æksənəu'metrɪk(əl)] a. 三向投影的,(几何学上)轴测法的
axonometry [æksə'nɒmɪtrɪ] n. ①轴线测定;轴量法 ②均角投影图法
axopetal [æksə'petəl] a. 求心的,向心的
axoplasm ['æksəplæzəm] n. 轴浆
axoplast [æksə'plɑːst] n. (神经)轴突的厚生质体
axotomous [æksə'tɒməs] a. 立轴解理的
axungia [æk'sʌndʒɪə] n. 油脂,猪油
ay(e) [aɪ] int.; n.; ad. 是,赞成(票),同意
ayfivin [aɪ'fɪvɪn] n.【化】地衣杆菌素
aypnia ['eɪpnɪə] n.【医】失眠
Azania [ə'zænɪə] n. 阿扎尼亚
azedarach [ə'zedəræk] n. 苦楝树皮
azedarine [ə'zedəriːn] n. 苦楝根碱
azel ['æzɪl] n. 方位-高度
azelon ['æzlɒn] n.【化】蛋白纤维(类)
azeotrope [ə'ziːətrəup] n. ①共沸混合物 ②共沸曲线
azeotropic [əzɪə'trɒpɪk] a. 共沸(点)的,恒沸(点)的
azeotropism [əzɪə'trɒpɪzəm] n. 共沸作用,恒沸现象
azeotropy [əzɪ'ɒtrəpɪ] n. 恒沸性,共沸学
azerin ['æzərɪn] n.【化】捕虫草酶
azide ['æzaɪd] n. 叠氮化物
azimethane [ə'zɪmɪθeɪn] n.【化】重氮甲烷
azimide ['æzɪmaɪd] n.【化】烃基重氮胺
azimuth ['æzɪməθ] n.;a. ①方位(角,的) ②(地)平经度
azimuthal ['æzɪməθəl] a. ①方位(角)的,(地)平经度的 ‖ **-ly** ad.
azine ['æziːn] n. 连氮,氮杂苯
aziridine ['æzərɪdaɪn] n.【化】氮丙啶
azo ['æzəu] n.【化】偶氮(基)
azoamyly [æzəu'æmɪlɪ] n.【医】糖原缺乏
azotobacteria [əzəutə'bæktɪərɪə] n. 固氮细菌
azobenzene [æzəu'benziːn], **azobenzide** [æzəu-

A

'benzaɪd], **azobenzol** [æzəu'benzəl] n.【化】
偶氮苯
azocarmine [æzəu'kɑːmɪn] n.【化】偶氮胭脂红
azodermine [æzəu'dɜːmɪn] n.【化】乙酰胺基,偶
氮甲苯
azoethane [æzəu'iːθeɪn] n.【化】偶氮乙烷
azofer ['æzəfə] n.【化】固氮铁(氧还)蛋白
azofication [æzəufɪ'keɪʃən] n.【化】固氮
azoflex [æzəu'fleks] n. 重氮复制机
azoic [ə'zəuɪk] n.;a. 无生(命,物)的
azoimide [ə'zɔɪmaɪd] n.【化】三氮化氢,叠氮酸
azolactone [æzəu'læktən] n.【化】恶唑酮
azolesterase [æzəu'lestəreɪs] n.【化】氮醇酯酶
azolite [æzəu'laɪt] n.【化】硫酸钡硫化锌混合颜料
azolitmin [æzəu'lɪtmɪn] n.【化】石蕊素
azomethane [æzəu'meθeɪn] n.【化】偶氮甲烷
azomycin [æzəu'maɪsɪn] n.【化】氮霉素
azon ['æzɒn] n. 方向可变炸弹
azonal [eɪ'zəunəl] a. 非地带性的
azonic [eɪ'zɒnɪk] a. 非地方性的,不限于一地方的
azoospermia [eɪzəuə'spɜːmɪə] n.【医】精子缺乏
azophenol [æzəu'fiːnəl] n.【化】偶氮苯酚
azophenylene [æzəu'fiːnɪliːn] n.【化】吩嗪
azophoska [æzəu'fɒskɑː] n.【农】氮磷钾肥
azophosphon [æzəu'fɒsfən] n.【化】偶氮磷
azoprotein [æzəu'prəutiːn] n.【化】偶氮蛋白
Azores ['eɪzəuz] n. 亚速尔群岛(在北大西洋,属葡
萄牙)
azorite ['æzəraɪt] n.【地质】锆石
azotase ['æzəteɪs] n.【化】固氮酶
azotate ['æzəteɪt] n.【化】硝酸盐

azotation [æzəu'teɪʃən] n.【化】吸氮
azote [ə'zəut] n. 氮 N
azotic [ə'zɒtɪk] a. (含)氮的
azotification [æzəutɪfɪ'keɪʃən] n.【化】固氮作用
azotine ['æzətaɪn] n.【化】"艾若丁"炸药
azotize ['æzətaɪz] vt. 使与氮化合,渗氮
azotized ['æzətaɪzd] a. 含氮的,氮化的,变为偶氮
化合物的
azotizing ['æzətaɪzɪŋ] n.;a. 氮化的〔作用〕
azotobacter [æzəutə'bæktə] n.【微】固氮菌
azotobacteria [æzəutəbæk'tɪərɪə] n.【微】固氮
细菌
azotogen [æzəu'tɒdʒən] n.【化】固氮菌剂
azotometer [æzəutɒmɪtə] n. 氮定量器,氮素计
azotometry [æzəu'tɒmɪtrɪ] n. 氮滴定法,氮量分
析法
Azov ['æzɒv] n. 亚速(海)
azoxybenzene [æzɒksɪ'benziːn] n.【化】氧化偶
氮苯
azran ['æzræn] n. 方位距离
azulene ['æzuːliːn] n.【化】甘菊环烃
azure ['æʒə] a.;n.;vt. 天蓝(色,的),天青(色,的)
azurite ['æʒuraɪt] n. 蓝铜矿,蓝玉髓,石青
azusa ['æzjusə] n. 相位比较式电子跟踪系统
azygos ['æzɪɡəs] n.;a. 奇,单
azygospore [æ'zaɪɡəspɔː] n. 拟接合子
azygote [ə'zaɪɡəut] n. 单性合子
azygous ['æzɪɡəs] a. 单一的,无对偶的
azymia ['æzɪmɪə] n.【医】酶缺乏
azymic ['æzɪmɪk] a. 不发酵的
azymous ['æzɪməs] a. 无发酵的

B b

babbit(t) ['bæbɪt] *n.* 巴氏合金,巴氏合金轴承衬

babbitting ['bæbɪtɪŋ] *n.* 浇铸巴氏合金

babble ['bæb(ə)l] ❶ *n.* ①多路感应的复杂失真 ②(流水的)潺潺之声 ❷ *v.* 唠叨,泄露(out)

babel ['bæbəl] *n.* 空想的计划

babelize ['bæbəlaɪz] *v.* 使产生混乱

baboon [bə'bu:n] *n.* 狒狒

babesia [bə'bi:zɪə] *n.*【动】巴贝西虫

baby ['beɪbɪ] *n.;a.* 婴儿;小型(物,的);小电力的,小型聚光灯

baby-boomer ['beɪbɪ'bu:mə] *n.* (尤指英国和美国)出生于生育高峰期的人(1945—1961)

baby-booming ['beɪbɪ'bu:mɪŋ] *a.* 具有生育高峰期出生的一代人特征的

babymeal ['beɪbɪmi:l] *n.* 一餐婴儿包装食品

babynap ['beɪbɪnæp] *v.* 绑架幼儿

babywipe ['beɪbɪwaɪp] *n.* 婴儿湿纸巾

bacalite ['bækəlaɪt] *n.*【化】淡黄琥珀

bacca ['bækə] (拉丁语) (pl. baccae) *n.* 浆果

baccate ['bækeɪt] *a.* 浆果状的

bacciform ['bæksɪfɔ:m] *a.* 浆果状的

bacco ['bækəu], **baccy** ['bæsɪ] *n.* 烟草

bachelor ['bætʃələ] *n.* 学士

bacilipin [bə'sɪlɪpɪn] *n.*【化】杆菌溶素

bacillar ['bæsɪlə], **bacillary** [bə'sɪlərɪ] *a.* 小杆的,杆状(细菌性)的,纤维状的

bacillemia [,bæsɪ'li:mɪə] *n.*【医】杆菌血症

bacilli [bə'sɪlaɪ] bacillus 的复数

bacillicidal [bə'sɪlɪsaɪdəl] *a.* 杀杆菌的

bacillicide [bə'sɪlɪsaɪd] *n.* 杀杆菌剂

bacilliform [bə'sɪlɪfɔ:m] *a.* 杆菌状的

bacillin ['bæsɪlɪn] *n.*【化】杆菌素

bacillosis [,bæsɪ'ləusɪs] *n.*【医】细菌病

bacillus [bə'sɪləs] (pl. bacilli) *n.* 杆状菌,芽孢杆菌(属)

bacilluscoli [bə'sɪləskəlaɪ] *n.*【医】大肠杆菌

back [bæk] ❶ *n.* ①背面,后部 ②底座,衬垫 ③岭 ❷ *a.* ①后部的,背后(面)的 ②(返)回的,逆转的 ③过期的 ☆*at the back of* 在…之后〔背后〕,支持; *break one's back* (使…)负担过重; *break the back of* (已)完成大部分(工作);伤其要害; *in back of* 在…之后,在…的背面,赞助; *on (upon) the back of* 紧靠…的后面,加之; *put one's back into* 全力从事; *to the back* 到骨髓,完全; *turn one's back on (upon)* 舍弃; *with*

one's back to the wall 背靠着墙,负隅,处于绝境 ❸ *ad.* ①向后,回原处 ②在后〔背〕面 ③以前 ☆*as far back as* 早在…(就已); *back and forth* 来回地,往复地; *far back* 远溯到; *go back upon (from) one's word* 食言,不守信; *there (to) and back* 往复,上下 ❹ *v.* ①(使)后退,倒退,逆转 ②支持,拥护 ③加贴面〔里衬〕 ④位于…的背后 ☆*back away* 倒退; *back down* 放弃; *back off* 卸下,逆转,退避,补偿; *back out (of)* 放弃,逃避,食言,退出,旋下,拧松; *back up* 支持,固定,倒挡〔转〕,后退,逆行,回行,衬砌,激发,补充,做…的后盾

〖用法〗 ❶ 当它作为副词时的用法:①表示"以前"时,它等同于 ago 的用法,也就是从现在往后推。如: Some years back, a tiny split core was designed into a probe.几年前,在探头内设计了一个微小的剖半芯。②它可以表示"追溯"。如: back in the 1980's. 追〔回〕溯到 20 世纪 80 年代。③ as back as 意为"远〔早〕在",其后面不加介词 in。如: as back as the fifth century.早在五世纪。 ❷ 当它作名词表示"在…背后〔后面〕"时,要注意:①如果这个"后面"不属于该物的一部分,在 back 前要用介词。如: There is a garden at the back of the house.在屋后有一个花园。②如果这个"后面"是属于该物的一部分,则其前面可用介词 in 或 at。如: To understand this method, you should review the Mathematics Refresher (in the back of the book).为了理解这种方法,你应该复习一下(书后的)数学复习内容。/There is an appendix at the back of the book.在该书的后面有一个附录。

backache ['bækeɪk] *n.* 背痛

backacter ['bækæktə] *n.* 反铲挖土机,反向铲

backbar ['bækbɑ:] *n.* 支承梁,托梁

backblast ['bækblɑ:st] *n.* 废气冲击

backblowing ['bækbləuɪŋ] *n.* 反吹(法)

backboard ['bækbɔ:d] *n.* 底(后)板,后部挡板

backbone ['bækbəun] *n.* ①脊背(柱)、骨干 ②主要山脉,分水岭 ③全链(大分子) ④书脊,书背 ⑤刚毅,骨气 ☆*to the backbone* 完完全全,彻底地

backbreak ['bækbreɪk] *v.;n.* 超挖,超爆

backbreaker ['bækbreɪkə] *n.* 手摇泵

backbreaking ['bækbreɪkɪŋ] *a.* 累断腰的,繁重的

back-calculate [bæk'kælkjuleɪt] *v.* 进行倒退运算

back-check ['bæktʃek] *vt.;n.* 复核
backcloth ['bækklɒθ] *n.* 背后景幕,天幕
backcountry ['bæk,kʌntrɪ] *n.* 边远地区
backcross ['bækkrɒs] *n.* 【生】回交
backcycling ['bæksaɪklɪŋ] *n.* 反向循环
backdate [bæk'deɪt] *vt.* 追溯到过(过去某时),回溯
backdeeps ['bækdiːps] *n.* 【地理】后渊,海洋深部
backdigger ['bækdɪgə] *n.* =backacter
backdoor ['bækdɔː] ❶ *n.* 后门,非法途径 ❷ *a.* 暗中(幕后)的,通过秘密途径的
backdown ['bækdaʊn] *n.* 弃权,让步,原来态度的改变
backdraught, backdraft ['bækdrɑːft] *n.* ①倒转,回程 ②反风流,逆通风 ③气体爆炸
backdrift ['bækdrɪft] *n.* 后退偏航
backdrop ['bækdrɒp] *n.* 交流声,干扰;背景(幕)
backed [bækt] *a.* ①有支座的,带支架的 ②带靠背的
backer ['bækə] *n.* 支持者,支持物,衬垫物
backface ['bækfeɪs] *n.* 反面,背面
backfall ['bækfɔːl] *n.* 山坡
backfeed ['bækfiːd] *n.* 反馈
backfill ['bækfɪl] *v.;n.* 回填(土),充填,反填充,重新充填
backfiller ['bækfɪlə] *n.* 复土机
backfin ['bækfɪn] *n.* 后脊,(脉冲)后沿,夹层,(轧件)舌尖,干折,裂缝
back(-)fire ['bækfaɪə] *n.;vi.* 回火,逆火,过早点火;结果适得其反
backfit ['bækfɪt] *n.* 不大的改形〔变态〕,修〔磨〕合
backflash ['bækflæʃ] *n.* 回闪(燃),回火
backflow ['bækfləʊ] *n.* 回流
backflush ['bækflʌʃ] *v.* 逆流洗涤,回洗
backfolding ['bækfəʊldɪŋ] *n.;a.* 向后,向后折叠的
backform ['bækfɔːm] *n.* 后模,顶模
backfurrow ['bækfʌrəʊ] *n.*【农】回犁,闭垄
backgear ['bækgɪə] *n.* 后(减速,后刹)齿轮,背轮
background ['bækgraʊnd] *n.* ①背景,后台,底色,基础 ②经历,基础知识,背景情况 ③配乐,伴音 ④干扰收听电子信号的外来杂声 ☆*against this background* 在这个背景下; *recede into the background* (问题)不再突出,不再重要
〖用法〗它表示"基础知识"时,其前面往往加有不定冠词,后跟介词"in"。如:A good designer needs a good background in strength of materials.一位好的设计人员需要具有材料力学方面的良好基础知识。
backguy ['bækgaɪ] *n.* 拉线,支撑
backhand(ed) ['bækhænd(ɪd)] *a.* ①反手(的) ②间接的,转弯抹角的
backhaul ['bækhɔːl] *n.* 载货返航,铁路空车运输,(货运车的)回程,回程运费
backheating ['bækhiːtɪŋ] *n.*【化】逆热,反加热,电子回轰(阴极)加热

backhoe ['bækhəʊ] *n.* 反向铲(挖土机)
backing ['bækɪŋ] ❶ *n.* ①反向(接),倒车〔转〕,回填土 ②支持,靠背 ③底(座,子),基础 ④衬(垫,片) ⑤照相底板,乳剂,散射体 ❷ *a.* 前级的,背面的 ☆*backing off* 卸下,反馈; *have the full backing of* 得到…的充分支持
backlash ['bæklæʃ] *n.* ①反斜线(\),后退(冲),反撞〔冲〕 ②轮齿隙,齿隙游移 ③偏移 ④拉紧,牵引效应 ⑤滑脱比 ❷ *vi.* 发生后冲,对抗
backleg ['bækleg] *n.* 逆导磁体
backless ['bækləs] *a.* 无靠背的
backlining ['bæklaɪnɪŋ] *n.* (加固书脊的)背衬材料,书脊衬纸〔布〕
backlist ['bæklɪst] *n.;vt.* (把…列入)多年重版书目
backlog ['bæklɒg] *n.* ①积累,后备,紧急时可依靠的东西 ②积压而未交付的订货 ③储备导弹 ④未经编目的书
backmost ['bækməʊst] *a.* 最后面的
backoff ['bækɒf] *n.* 铲背,凹进,补偿,倒转后解松
back-office ['bækɒfɪs] *n.* 股票(证券)交易清算室, 办公室内部的
backpack ['bækpæk] *n.* (携带式摄像设备的)背包,背包降落伞
backpass ['bækpɑːs] *n.* 尾部烟道,后部
backpiece ['bækpiːs] *n.* 后挡板
backpitch ['bækpɪtʃ] *n.*【机】背节距,反螺旋
backplan ['bækplæn] *n.* 底视图
backplane ['bækpleɪn] *n.* 底〔后挡〕板
backplate ['bækpleɪt] *n.* ①后(挡)板,后插板 ②背面板,底板
backpressure ['bækpreʃə] *n.* 反(向)压力,背压(力),回压,吸入压力
backrest ['bækrest] *n.* (座位)靠背,后刀架
backrun ['bækrʌn] ❶ *a.* 逆(向)的,反转的 ❷ *v.;n.* 封底焊(缝)
backrush ['bækrʌʃ] *n.* 回卷,退浪
back sand ['bæksænd] *n.* 填砂,背砂
backsaw ['bæksɔː] *n.* 脊锯
backscatter(ing) ['bækskætə(rɪŋ)] *n.* 反向散射
backscatterer ['bækskætərə] *n.* 反向散射体,反射层〔物〕,后向散射体
backscour ['bækskaʊə] *n.* 反向冲刷
backscratcher ['bækskrætʃə] *n.* 为自己搔背用的长柄耙子,痒痒挠
backseat ['bæksiːt] *n.* 后座,次要位置
backset ['bækset] *n.* 后退,挫折,障碍,反流
backshaft ['bækʃɑːft] *n.* 后轴
back-shock ['bækʃɒk] *n.* 反冲
backshot ['bækʃɒt] *n.* 反击,排气管〔消声器〕内爆音
backside ['bæksaɪd] *n.* 后部,背面
backsight ['bæksaɪt] *n.* 后视,后视表尺,表尺(缺口),瞄准口
backsiphon ['bæksaɪfən] *n.* 反吸,反虹吸
backslide ['bækslaɪd] ❶ (backslid) *vi.* 退步,没落

❷ *n.* 倒退

backslope ['bæksləʊp] *n.* 内坡,(海脊)缓坡侧

backsloper ['bæksləʊpə] *n.* 【地质】倾向坡

backspace ['bækspeɪs] *v.* 反绕,返回,后移,(打字机)退格〔逆行一位〕,倒退,倒退

backspin ['bækspɪn] *v.* 回旋

backspring ['bæksprɪŋ] *n.* 反向〔回动,回程〕弹簧

backstage ['bæksteɪdʒ] *a.;ad.* (在)后台(的),幕后(的),秘密(的)

backstand ['bækstænd] *n.* 支撑结构

backstay ['bæksteɪ] *n.* 桅杆,后部支撑物,后撑条,背撑

backstep ['bækstep] *n.;v.* 后退;往后退

backstop ['bækstɒp] ❶ *n.* ①托架,止回器,棘爪〔轮〕 ②后障 ❷ *vi.* 挡住,支持

backstopping ['bækstɒpɪŋ] *n.* 上向梯段回采

backstreaming ['bækstriːmɪŋ] *n.* 返(回)流(率)

backstroke ['bækstrəʊk] *n.;v.* ①返回行〔冲〕程 ②反击 ③仰泳

backswept ['bækswept] *n.;a.* 【航】后掠(角)(的)

backswing ['bækswɪŋ] *n.* 反冲,回摆〔程〕

backtalk ['bæktɔːk] *n.* 回谈

backtension ['bæktenʃən] *n.* 反张力,反电压

backtrack ['bæktræk] *vi.* ① (沿原路)退回,折回,追踪,跟踪 ②放弃原来的立场

back(-)up ['bækʌp] ❶ *n.* ①支持〔撑〕,后备,挡块〔板〕 ②备用(品,零件,设备,保险线路),后援,复制品,代替方案 ③回溯,保护间隔 ❷ *a.* 备用的

backwall ['bækwɔːl] *n.* 后壁〔膜〕,里壁,后墙,水冷壁

backward ['bækwəd] *a.;ad.* 向后的(地),相反的(地) ☆*backward and forward* 来回地,忽前忽后

backwardness ['bækwədnɪs] *n.* 落后(状态),精神迟钝

backward(s) ['bækwəd(z)] *ad.* 向后,倒,自下而上 〖用法〗注意下句中 backward 一词的译法: Traced backward, this energy came from the food you ate. 向前追溯的话,这个能量来自于你所吃的食物。

backwash ['bækwɒʃ] ❶ *n.* ①尾(倒)流,后洗(流),反冲,回刷,退浪冲刷 ②反响,余波 ③反萃取 ❷ *v.* 逆流,冲〔回〕洗

backwasher ['bækwɒʃə] *n.* 洗毛机

backwater ['bækwɔːtə] *n.* ① 回水,再用水,逆流 ②停滞(状态)

backway ['bækweɪ] *n.* 后退距离

backweight ['bækweɪt] *n.* 平衡锤

backwind ['bækwaɪnd] *n.* 倒片〔带〕,回绕

backwoods ['bækwʊdz] *n.* (边远的)森林地带,半开垦地

backyard [bæk'jɑːd] *n.* 后天井,后院 ☆*look in one's own backyard* 从自身方面找原因

backyardism ['bækjɑːdɪzəm] *n.* 后院主义

bacon ['beɪkən] *n.* 腊肉,咸肉 ☆*bring home the*

bacon 成功

bacony ['beɪkənɪ] *a.* 脂肪质的,多油的

bactard ['bæktɑːd] *n.* 【化】白琥珀

bacteria [bæk'tɪərɪə] *n.* (bacterium 的复数)细菌

bacterial [bæk'tɪərɪəl] *a.* 细菌(引起)的

bactericidal [bæk,tɪərɪ'saɪdəl] *a.* 杀菌的

bactericide [bæk'tɪərɪsaɪd] *n.* 杀菌剂

bactericidin [bæk,tɪərɪ'saɪdɪn] *n.* 【化】杀菌素

bacteriform [bæk'tɪərɪfɔːm] *a.* 细菌状的

bacterin ['bæktərɪn] *n.* 【医】菌苗,疫苗

bacterination [bæk,tɪərɪ'neɪʃən] *n.* 【医】细菌接种,细菌疗法

bacteriochlorin [bæk,tɪərɪə'klɔːrɪn] *n.* 【化】菌绿素

bacteriochlorophyll [bæk,tɪərɪə'klɔːrəfɪl] *n.* 【化】菌叶绿素

bacteriocin(e) [bæk'tɪərɪəsaɪn] *n.* 【化】细菌素

bacterioid [bæk'tɪərɪɔɪd] *a.;n.* 细菌样,类似细菌体,细菌性的

bacteriologic(al) [bæk,tɪərɪə'lɒdʒɪk(əl)] *a.* 细菌学的,使用细菌的

bacteriologist [bæk,tɪərɪ'ɒlədʒɪst] *n.* 细菌学家

bacteriology [bæk,tɪərɪ'ɒlədʒɪ] *n.* 细菌学

bacteriolysant [bæk,tɪərɪ'ɒlɪsənt] *n.* 溶菌剂

bacteriolysin [bæk,tɪərɪ'ɒlɪsɪn] *n.* 【化】溶菌素

bacteriolysis [bæk,tɪərɪ'ɒləsɪs] *n.* 溶菌作用

bacteriolytic [bæk,tɪərɪə'lɪtɪk] *a.* 溶菌的,能杀菌的

bacteriophage [bæk'tɪərɪəfeɪdʒ] *n.* 抗菌素,(细菌)噬菌体,细菌病毒

bacteriophagia [bæk,tɪərɪə'feɪdʒɪə] *n.* 噬菌现象

bacteriophagic [bæk,tɪərɪə'fædʒɪk] *a.;n.* 溶菌的(性)

bacteriophagology [bæk,tɪərɪəfæ'gɒlədʒɪ] *n.* 噬菌体学(现象)

bacterioscopy [bæk,tɪərɪ'ɒskəpɪ] *n.* 用显微镜检查研究细菌

bacteriosis [bæk,tɪərɪ'əʊsɪs] *n.* 【医】细菌病

bacteriostasis [bæk,tɪərɪə'steɪsɪs] *n.* 抑菌作用

bacteriostat [bæk'tɪərɪəstæt] *n.* 抑菌剂

bacteriostatic [bæk,tɪərɪə'stætɪk] *a.;n.* 抑菌的,抑菌剂

bacteriotherapy [bæk,tɪərɪə'θerəpɪ] *n.* 【医】细菌疗法

bacteriotoxemia [bæk,tɪərɪətɒk'siːmɪə] *n.* 【医】细菌毒血症

bacteriotoxin [bæk,tɪərɪə'tɒksɪn] *n.* 【化】细菌毒素

bacteriotrophy [bæk,tɪərɪə'trɒfɪ] *n.* 细菌营养

bacteriotropic [bæk,tɪərɪə'trɒpɪk] *a.* 趋菌性的

bacteriotropin [bæk,tɪərɪə'trɒpɪn] *n.* 【化】趋菌素

bacterium [bæk'tɪərɪəm] *n.* (pl. bacteria) 细菌

bacterize ['bæktɪraɪz] *vt.* 使受细菌作用

B

B

bacteroid ['bæktərɔɪd] *n.;a.* 假菌体,细菌状的 ‖ ~al *a.*

baculiform [bæˈkjuːlɪfɔːm] *a.* 杆状的

bad [bæd] ❶ (worse, worst) *a.* ①坏的,低劣的 ②有害的 ③恶性的,厉害的 ☆ *be bad at* 不善于, …不好; *(be) bad for* 有害于,不适宜于 ❷ *n.* 恶劣的事物〔状态〕 ☆ *to the bad* 亏损,堕落

baddeckite ['bædəkaɪt] *n.*【地质】赤铁黏土

baddeleyite ['bædəlaɪt] *n.*【地质】二氧化锆矿

baddish ['bædɪʃ] *a.* 相当坏的,次的

badge [bædʒ] *n.* ①徽章 ②标记,符号,表象

badger ['bædʒə] *n.* ①獾,獾皮 ②排水管清扫器

badigeon ['bædɪdʒən] *n.* (用于填补木石孔隙的)油灰

badland ['bædlænd] *n.* 荒原,崎岖地

badly ['bædlɪ] (worse, worst) *ad.* ①(很)坏,恶劣地 ②厉害,严重地,非常 ☆ *badly off for* 缺少…

badness ['bædnɪs] *n.* 坏,恶劣,严重

baffle ['bæfl] ❶ *v.* 挫败,阻断〔塞〕,用隔音板隔(音) ❷ *n.* 隔板,隔墙,(防)护板 ②导流板(片),阻尼器,节气门 ③分水墙,坝墩,砥(柱),偏流消能设备

baffled ['bæfld] *a.* 带有挡板的,阻挡的

baffler ['bæflə] *n.* ①挡板,阻尼器 ②隔声〔音〕板,消声器 ③折流器 ④节流阀,操纵油门阀

baffling ['bæflɪŋ] ❶ *a.* 起阻碍作用的,令人迷惑的 ❷ *n.* 活门〔挡板〕调节

bag [bæg] ❶ *n.* ①袋,囊,包,(动物)乳房 ②储藏(油)器 ③垫形软容器,软管 ④(堤)情况,事情,问题 ❷ (bagged;bagging) *v.* 装入袋内,使膨胀,捕获 ☆ *a mixed bag (of)* 一堆杂七杂八的

bagasse [bəˈgæs] *n.* 甘蔗渣,甜菜渣

bagassosis [bægəˈsəʊsɪs] *n.*【医】蔗尘肺

bagatelle [bægəˈtel] *n.* 微不足道的东西, 琐事

Bagdad, Baghdad ['bægdæd] *n.* 巴格达(伊拉克首都)

bagful ['bægful] *n.* (满满)一袋

baggage ['bægɪdʒ] *n.* 行李,辎重

〖用法〗 这是一个不可数名词,如果要说"一件行李",则要用"a piece〔an article〕of baggage"表示,"许多行李"一般可说成"a large amount of baggage"。

bagged ['bægd] *a.* 松弛下垂的

bagger ['bægə] *n.* (美) 装袋工,封装机,多斗电铲

bagging ['bægɪŋ] *n.* 装袋〔包〕,制袋的材料

bagging-off ['bægɪŋɒf] *n.* 装〔填〕袋

baggy ['bægɪ] *a.* 宽松而下垂的,袋状的

baghouse ['bæghaʊs] *n.* 集尘室,大气污染微尘吸收器

bagman ['bægmən] *n.* 行商,推销员

bagnio ['bɑːnjəʊ] *n.* 澡堂,牢房,妓院

bagpipe ['bægpaɪp] *n.* ①人为干扰发射机 ②风笛 ③满帆

bagpod ['bægpɒd] *n.*【植】袋荚草

bagrationite [bæˈgreɪʃɪənaɪt] *n.*【地质】褐帘石

bagroom ['bægruːm] *n.*【化】布袋收尘室,集尘袋

室

baguio, bagyo [bɑːgɪˈəʊ] *n.*【气】热带性龙卷风

bagwork ['bægwɜːk] *n.* ①装袋工作 ②沙包

bahada [bɑːˈhɑːdə] *n.*【地理】山麓冲积平原

Bahamas [bəˈhɑːməs] *n.* 巴哈马(群岛)

bahr [bɑː] *n.*【地质】水体,深泉水

Bahrein, Bahrain [bɑːˈreɪn] *n.* 巴林(岛)

bai [baɪ] *n.*【气】黄尘雾

baierine ['beɪəraɪn] *n.*【矿】铌铁矿

baierite ['beɪəraɪt] *n.*【矿】铌铁矿

bail [beɪl] ❶ *n.* ① 勺,桶,水斗 ②横木,夹紧箍 ③吊环,钩,把手 ④保释(人,金) ❷ *v.* ①戽出,勺取 ②跳伞 ③保释

bailee [beɪˈliː] *n.*【法】受委托人

bailer ['beɪlə] *n.* 水斗,抽泥管,泥浆泵

bailey ['beɪlɪ] *n.* 城郭,城堡外墙

bailiwick ['beɪlɪwɪk] *n.* 本行范围,执行官之职

bailing ['beɪlɪŋ] *n.* 排水,捞砂

bailment ['beɪlmənt] *n.* 保释,委托

bailor ['beɪlə] *n.* 委托人

bailout ['beɪlaʊt] *n.*【航】应急跳伞

bainite ['beɪnaɪt] *n.*【冶】贝氏体,贝菌体

bainitic [beɪˈnɪtɪk] *a.* 贝氏体的,贝菌体的

bait [beɪt] ❶ *n.* 饵,诱惑物 ❷ *v.* 饵诱

bajada [bəˈjɑːdə] *n.*【地理】山麓冲积平原

Bajocian [bəˈdʒəʊʃən] *n.*【生】巴柔阶(中侏罗纪最底部的年代地层单元)

bake [beɪk] *v.;n.* 烘,烤 ☆ *bake A on to B* 使 A 烧熔而凝结在 B 上; *bake out* 烘焙,退火

bakeable ['beɪkəbl] *a.* 可烘烤的,可焙干的

bakeboard ['beɪkbɔːd] *n.*【化】烘板

bakehouse ['beɪkhaʊs] *n.* 面包店

Bakeland ['beɪklænd] *n.*【化】酚醛树脂制品

bakelite ['beɪkəlaɪt] *n.*【化】酚醛塑料

baker ['beɪkə] *n.* ①烘炉,烤箱 ②面包师

bakerite ['beɪkəraɪt] *n.*【化】纤硼钙石

bakie ['beɪkɪ] *n.*【冶】漏槽,中间罐

baking ['beɪkɪŋ] *n.*【冶】①烘,烤干,烧固 ②干烘 ③退火,低温干燥处理

baking-powder ['beɪkɪŋpaʊdə] *n.*【化】焙粉,发酵粉

Baku [bɑːˈkuː] *n.* 巴库(阿塞拜疆共和国首都)

balance ['bæləns] ❶ *n.* ①平衡,对称 ②天平,秤 ③(平衡)配重,平衡器,摆轮 ④平衡力 ⑤(支付)差额,(存款)余额 ⑥平衡表,对照表 ☆ *be (bang, hold)in the balance* 悬置未决,(结果)尚未可知 *(be) out of balance* 失去平衡; *in (on) balance* 总的说来; *strike a balance (between ...)* (在…之间)权衡轻重,权衡利害,找到正确的解决办法; *turn the balance* 改变形势〔力量对比〕 ❷ *v.* ①(用天平)称,衡量 ②(使)平衡,中和 ③抵消,结算 ④(保持)平衡 ☆ *balance A against B* 使 A 与 B 相平衡; *balance out* 抵消,补偿,中和

〖用法〗 ❶ 当它作名词表示"平衡"的含义时,其前面用 at 表示"在平衡时"。如: At balance, the

voltage across the detector is zero.在平衡时,检测器两端的电压为零。❷ 它可以表示"其余部分(= the rest)"的含义。如: A better theory is required, and this is the purpose of the <u>balance</u> of this chapter.需要一种更好的理论,而这就是本章其余部分的目的。/Our focus in the <u>balance</u> of this chapter will be on the MOSFET.我们在本章其余部分的侧重点将放在金属氧化物半导体场效应管上。❸ 注意下面例句中该词的含义: C++ has as good a <u>balance</u> of facilities for writing large programs as any language has. C++语言具有与任何语言一样良好均衡的、编写大型程序的各种功能。/An equation is a mathematical expression in which the two sides <u>balance</u>.方程是两边相等的一种数学表达式。

balanceable ['bælənsəbl] *a.* 可称的,可平衡的

balanced ['bælənst] *a.* (被)平衡的,均衡的,对称的,有补偿的
〖用法〗注意下面例句中本词的含义: This book provides a <u>balanced</u> treatment of continuous-time and discrete-time forms of signals and systems.本章均衡地论述了信号和系统的连续时间和离散时间形式。

balancer ['bælənsə] *n.* 平衡器〔杆,台〕,配重,均压器, 权衡者

balance-sheet ['bælənsʃi:t] *n.* 资金平衡表,资产负债表,贷借对照表

balance-type ['bælənstaip] *a.* 天平式的

balancing ['bælənsiŋ] *n.;a.* ①平衡(的),配平,均衡(法),补偿 ②定零装置 ③【测绘】平差

balas ['bæləs] *n.*【矿】玫红尖晶石

balata ['bælətə] *n.* 巴拉塔树胶

balbucinate [bæl'bju:sineit] *v.* 口吃,讷吃

balbuties [bæl'bju:ʃii:z] *n.* 口吃,讷吃

balconied ['bælkənid] *a.* 有阳台的

balcony ['bælkəni] *n.* 阳台,眺台,(戏院)楼厅

bald [bɔ:ld] *a.* 秃的,无树叶的,露骨的

baldachin ['bɔ:ldəkin] *n.* 龛室

baldanfite ['bɔ:ldənfait] *n.*【化】铁水磷锰矿

balderdash ['bɔ:ldədæʃ] *n.* 胡言乱语,废话

bald-headed ['bɔ:ld'hedid] *a.* 秃顶的

baldly ['bɔ:ldli] *ad.* 露骨地,不加掩饰地

baldness ['bɔ:ldnis] *n.* ①秃,毫无掩饰 ②秃病

bale [beil] ❶ *n.* 包,捆,件,(pl.)货物 ❷ *v.* 打包,包装

baleful ['beilful] *a.* 有害的,破坏性的

baleout ['beilaut] *n.* ①跳伞 ②【化】舀出,勺取

baler ['beilə] *n.*【农】①打包机 ②打包工

Bali ['bɑ:li] *n.* (印度尼西亚)巴厘(岛)

baling ['beiliŋ] *n.*【采】打包,堆垛,压实

balitron ['bælitron] *n.*【电子】稳流管

balk [bɔ:k] ❶ *n.* ①大木〔梁〕,梁木 ②障碍 ③错误,挫折 ④煤层中的岩石包裹体 ❷ *v.* ①妨碍,防止,使…受挫折 ②(突然)停止,犹豫 ☆*be balked of (in)* 受挫折

Balkan ['bɔ:lkən] *n.;a.* 巴尔干半岛(的)

ball [bɔ:l] ❶ *n.* ①球(体),钢球,(滚)珠,球状(物)②海岸沙洲,(气象)风球 ③团状海绵铁 ④团块 ❷ *v.* (压,使)成球(形) ☆*ball up* 滚成球(形); *be (all) balled up* 一团糟,紊乱的; *have the ball at one's foot* 有成功的好机会; *get (keep) the ball rolling* 使…不中断; *play ball* 打球,开始〔继续〕某项活动; *start (set) the ball rolling* 开始(谈话)
〖用法〗注意表示一项运动的"打球",只能说成"play ball",在"球"前面不得加任何冠词;而如果"玩某球",则为"play with a〔the〕ball"。

ballabactivirus [bɔ:lə,bækti'vairərəs] *n.*【医】球形噬菌体

ballad ['bæləd] *n.* 民谣,民歌

balladromic [bælə'drɒmik] *a.* (火箭或导弹)飞向目标的,正ān航向的

balland ['bælənd] *n.*【地质】精铅矿

ballas ['bæləs] *n.*【地质】半圆石

ballast ['bæləst] ❶ *n.* ①镇定物,压块,平稳器,控制机构,稳定因素 ②镇流器,镇流电阻 ③道渣,石砾 ④安定,沉着 ❷ *v.* ①使稳定〔平衡〕,镇流 ②装重物 ③铺道渣 ☆*be in ballast* (船只)装压舱物

ballasting [bæləstiŋ] *n.* 压舱物,道渣材料

ballasting-up [bæləstiŋʌp] *n.* 压载调整

baller ['bɔ:lə] *n.*【冶】切边卷取机

ballerina [bælə'ri:nə] (意大利语) *n.* 芭蕾舞女演员,舞剧女演员

ballet ['bælei] *n.* 芭蕾舞,舞剧

ballhead ['bɔ:lhed] *n.*【摄】球形头夹

ballistic [bə'listik] *a.* 弹道的,发射的,射击学的

ballistician [bəlisti'ʃən] *n.* 弹道学家

ballistics [bə'listiks] *n.* 弹道学,射击学

ballistite ['bælistait] *n.* 火箭固体燃料,双固体燃料

ballistocardiogram [bəlistəu'kɑ:diəugræm] *n.*【医】投影心搏图

ballistocardiograph [bəlistəu'kɑ:diəugrɑ:f] *n.*【医】投影心搏仪

ballistocardiography [bəlistəu'kɑ:diəugrɑ:fi] *n.*【医】投影心搏描记术

ballmill ['bɔ:lmil] *n.;vt.* 球磨(机),球磨加工

balloelectric [bɔ:ləu'lektrik] *n.*【电子】雾电荷的

ballometer [bə'lɒmitə] *n.*【电子】雾粒电荷计

ballonet [bælə'net] *n.* 小气囊,副气囊,空气房

balloon [bə'lu:n] ❶ *n.* ①气球 ②球形(大玻璃)瓶,气瓶 ❷ *a.* 气球状的 ❸ *vi.* ①用气球上升 ②膨胀如气球 ③隆起,激增 ☆*like a lead balloon* 毫无作用的; *the balloon goes up* 开始行动

ballooning [bə'lu:niŋ] *n.* ①气球的操纵 ②膨胀

balloonist [bə'lu:nist] *n.* 气球驾驶员

ballot ['bælət] *n.;vi.* (无记名)投票,选举票

ballotage [bælə'tɑ:3] *n.* 决选投票

ballotini ['bælətinai] *n.* (pl.) 小玻璃球

ballpark ['bɔ:lpɑ:k] *a.* 近似的

ballscrew ['bɔ:lskru:] *n.*【机】滚珠丝杠

ballstone ['bɔ:lstəun] *n.* 球石,褐铁矿

B

ballute [bə'lu:t] *n.* 减速气球,气球式降落伞

bally ['bælɪ] *a.;ad.* 非常,很 ☆ *be bally well sure* 十分肯定

ballyhoo ['bælɪhu:] *n.;v.* 大吹大擂,招徕生意的广告

balm [ba:m] ❶ *n.* 香油〔膏,味〕,镇痛剂 ❷ *v.* 擦香油,止痛

balmy ['ba:mɪ] *a.* ①芳香的,香脂的,止痛的 ②(气候)温和的

balneology [bænɪ'ɒlədʒɪ] *n.* 【医】矿泉浴疗养学

balneum ['bælnɪəm] (pl. balnea) *n.* 【医】浴,沐浴

balometer [bæ'lɒmɪtə] *n.* 【测绘】辐射热测定器

balop ['bælɒp] *n.* 反射式放映机,投射器

balopticon [bæ'lɒptɪkɒn] *n.* (=stereopticon) 投影放大器,反射式放映机

balsa ['bɔ:lsə] *n.* 轻木,白塞木

balsam ['bɔ:lsəm] ❶ *n.* ①香液〔脂,膏〕,软树脂,镇痛剂 ②冷杉木凤花属植物,香液 ❷ *v.* 擦香膏

balsamiferous [bɔ:lsə'mɪfərəs] *a.* 产生香液的

balsamo ['bɔ:lsəmə] *n.* 【化】香胶

balsamous ['bɔ:lsəməs] *a.* (有)香脂(气味)的

balsamum ['bɔ:lsəməm] 〔拉丁语〕 *n.* 【化】香脂,香胶

balter ['bɔ:ltə] *n.* 【冶】筛,筛分机.

balteum ['bæltɪəm] 〔拉丁语〕 *n.* 托带,引力带,腰带

Baltic ['bɔ:ltɪk] *a.* 波罗的海的

Baltimore ['bɔ:ltɪmɔ:] *n.* 巴尔的摩(美国港口)

baluster ['bæləstə] *n.* 栏杆柱,(pl.)栏杆

balustrade [bæləs'treɪd] *n.* 栏杆(柱),扶手

bam [bæm] *vt.* 戏弄;揍

Bamako ['ba:məkəu] *n.* 巴马科(马里首都)

bamboo [bæm'bu:] *n.* 竹(材)

bamboo-reinforced [bæm'bu:ri:ɪn'fɔ:st] *a.* 竹筋的

bamboo-ridge [bæm'bu:rɪdʒ] *n.;a.* 竹节状

bamboozle [bæm'bu:zl] *vt.* 欺骗,使迷惑

ban [bæn] ❶ *n.* 禁止,禁令 ❷ (banned; banning) *v.* 禁止 ☆ *lift(remove)the ban* 解禁; *place(put) under a ban* 禁止

banal [bə'na:l] *a.* 平凡的,陈腐的

banality [bæ'nælətɪ] *n.* 平凡,陈腐

banana [bə'na:nə] *n.* 香蕉

bananas [bə'na:nəs] *a.* 疯狂的,糊涂的

bancoul nuts ['bænku:lnʌts] 油桐籽

band [bænd] ❶ *n.* ①带,条,圈,箍筋 ②频带,波段 ③区(域),范围 ④条幺 ⑤带材,扁钢 ⑥队,畜群 ❷ *v.* ①绑扎,打箍 ②结〔联〕合,结伙

bandage ['bændɪdʒ] *n.* 绷带 ❷ *v.* 扎绷带

bandager ['bændɪdʒə] *n.* 扎绷带者

band-aid ['bændeɪd] *a.* 权宜的,暂时的,急忙拼凑的

banded ['bændɪd] *a.* 带状的,有条纹的,箍的,结合的

bander ['bændə] *n.* 【冶】打捆机,打捆工

banderize ['bændəraɪz] *vt.* 对钢材涂磷酸盐溶液

防锈

banderolle ['bændərəul] *n.* 【测绘】标杆

banding ['bændɪŋ] *n.* ①用铁条打捆 ②磁头条带效应,光谱中出现束 ③带状化

bandit ['bændɪt] (pl. bandits 或 banditti) *n.* 盗匪,敌机

bandlet ['bændlɪt] *n.* 【化】细带

bandoleer, bandolier [bændə'lɪə] *n.* 子弹带

bandpass ['bændpa:s] *n.* ①带通,通(频)带 ②传动带

bandoline ['bændəli:n] *n.* 【化】发油

bandsaw ['bændsɔ:] *n.* 【化】带锯

bandspread ['bændspred] *n.;v.* 频带扩展,调谐范围

bandspreader ['bændspredə] *n.* 频带扩展微调电容器〔电感器〕,频段扩展器

bandstand ['bændstænd] *n.* (室外)音乐台

bandswitch ['bændswɪtʃ] *n.;vt.* 波段开关;换波段

bandtail ['bændteɪl] *n.* 【无】能带尾

Bandung ['ba:duŋ] *n.* 万隆(印度尼西亚城市)

bandwidth ['bændwɪdθ] *n.* 【无】频带宽度,通带宽度

bandy ['bændɪ] ❶ *a.* ①(腿)膝部向外弯曲的,曲折的 ②带状的 ❷ *n.* 曲线 ❸ *vt.* 来回传递,议论

bandylite ['bændɪlaɪt] *n.* 【地质】氯硼铜矿

bane [beɪn] *n.* 毒物,死亡,祸根

baneful ['beɪnful] *a.* 有毒的,致死的,引起毁灭的 || *~ly ad. ~ness n.*

bang [bæŋ] *n.;ad.;v.* ①砰然,突然 ②猛击(声),冲击,急跳 ③(回声测深仪中的)脉冲 ④噼啪〔嘭〕声 ⑤大麻 ☆ *bang in the middle* 在正当中; *bang(oneself)against* 砰地撞在…上; *bang off* 轰然开炮,飞机由舰上起飞迎敌; *bang shut* 砰地关上; *bang up* 砰地撞下,弄坏; *with a bang* 砰的一声,成功地

banger ['bæŋə] *n.* (汽车发动机内的)汽缸;爆竹;香肠

banging ['bæŋɪŋ] *n.* 【机】消音器内爆炸

Bangkok [bæŋ'kɒk] *n.* 曼谷(泰国首都)

Bangladesh [bæŋglə'deʃ] *n.* 孟加拉国

Bangui [bæŋ'gi:] *n.* 班吉(中非帝国首都)

bangup ['bæŋʌp] *a.* 顶好的,上等的

banian [bæ'nɪən] *n.* 榕树

banish ['bænɪʃ] *vt.* 排除,放逐 || *~ment n.*

banister ['bænɪstə] *n.* 栏杆,(pl.) 栏杆,扶手

banjo ['bændʒəu] *n.* ①班卓琴,琵琶(形) ②匣,盒,箱 ③变速箱 ④捏把铲

Banjul ['bændʒu:l] *n.* 班珠尔(冈比亚首都)

bank [bæŋk] *n.* ①堤岸,堤,沙洲 ②(拐弯处路面或飞机机身向内侧的)倾斜 ③一排一列,(一)系列,线弧,组(件),套 ④银行,(仓,数据,资料)库 ⑤【计】存储单元 ❷ *v.* (使)侧倾 ☆ *bank on (upon)* 指望; *bank up* 堆起(成堤或),(筑堤)堵截,【冶】封炉; *banks of* 成排的; *in banks* 成排地; *tip into a bank* 使侧倾

bankable ['bæŋkəbl] *a.* 银行可承兑的

bankability [bæŋkə'bɪlətɪ] *n.*【商】银行可贴现性

banked [bæŋkt] *a.* ①侧倾的 ②筑有堤的,堆成堤状的 ③分组的 ④排成一排的 ⑤被压火的

banker ['bæŋkə] *n.* ①挖土工人 ②造型台,工作台,石灰池 ③银行家

banket ['bæŋkɪt] *n.* ①【地质】含金砾岩层 ②弃土堆,填土 ③护坡道,护脚

bankette ['bæŋkɪt] *n.* ①弃土道,填土 ②护坡道

bankfull ['bæŋkful] *a.;n.*【地理】(水位)齐河岸(的),满槽,漫滩

banking ['bæŋkɪŋ] *n.* ①填土〔高〕,堆积 ②超高,侧倾 ③成带,富集 ④组合 ⑤(锅炉)压火,封炉 ⑥筑堤,堤防 ⑦银行事务

banknote ['bæŋknəut] *n.* 纸币,钞票

bankroll ['bæŋkrəul] *n.;vt.* 资金,资助

bankroller ['bæŋkrəulə] *n.* 资助者

bankrupt ['bæŋkrʌpt] ❶ *n.* 破产者 ❷ *a.* 破产的 ❸ *vt.* 使破产 ☆*be bankrupt of (in)* 丧失了…的

bankruptcy ['bæŋkrəp(t)sɪ] *n.* ①破产 ②完全丧失(of, in)

banksman ['bæŋksmən] *n.* (煤矿等矿山的)井口区监工

banner ['bænə] *n.* 旗帜,标识,(报纸)头号标题

banquet ['bæŋkwɪt] ❶ *n.* 大宴会,盛宴 ❷ *v.* 宴请,设宴招待

banquette ['bæŋket] *n.* ①弃土道,填土 ②护坡道 ③凸部,窗口墙 ④(高出路面的)人行道

bant [bænt] *vi.* 节食减肥

bantam ['bæntəm] *n.* ①短小精悍 ②小型设备,(降落伞降下的)携带式无线电信标

banyan ['bænɪən] *n.* 榕树

baotite ['bautaɪt] *n.*【矿】包头矿

bar [ba:] ❶ *n.* ①条,杆,尺,规 ②障碍(物),挡板 ③巴(气压单位) ④棒材,钢筋铁条 ⑤线条,短划,横号 ⑥(光,色)带 ⑦拦江沙,沙坝 ⑧【电子】汇流条 ⑨反应堆铀块 ⑩法庭 ☆*be a bar to* 成为…的障碍; *in bar of* 为禁止(起见) ❷ (barred; barring) *v.* ①闩上,防止,妨碍,阻碍,排斥 ②划一线条,饰以条纹,用棒撬 ☆*bar in* 把…关在里面; *bar out* 把…关在外面 ❸ *prep.* 除…之外 ☆*bar none* 无例外(地); *bar one* 除了一个例外 『用法』在科技书刊中该词指此为一个变量上方表示"非"或"平均"的含义。如: The bar indicates, as it does throughout this book, time-averaging.正如整本书所做的那样,横杠表示按时间的平均值。

baracan ['bærəkæn] *n.* 巴拉坎厚呢,风雨衣

baraesthesia [,bæres'θi:zjə] *n.*【医】压觉,重觉

baragnosis [,bærəg'nəusɪs] *n.*【医】重觉缺失

barak ['bеəræk] *n.* 驼毛长衣

baralyme ['bærəlaɪm] *n.*【化】二氧化碳吸收剂

barani [bə'rænɪ] *n.* 未灌溉的农田

baraquet [bara'keɪ] *n.* 流行性感冒

barat [bə'ra:t] *n.*【海洋】巴拉特风

barb [ba:b] ❶ *n.* 倒刺〔钩〕,毛刺〔边〕,芒 ❷ *v.* 装

上倒钩〔倒刺〕,去毛刺

barba ['ba:bə] *n.*【医】头发,须

Barbados [ba:'beɪdəuz] *n.* (拉美)巴巴多斯(岛)

barbarian [ba:'beərɪən] *a.;n.* 野蛮的,野(蛮)人

barbaric [ba:'bærɪk] *a.* 野蛮的

barbarism ['ba:bərɪzm] *n.* 野蛮,(语言)粗鄙

barbarity [ba:'bærətɪ] *n.* 残暴,暴行,野蛮

barbarize ['ba:bəraɪz] *vt.* 使变野蛮,变得不规范

barbarous ['ba:bərəs] *a.* 野蛮的,残暴的

barbellate ['ba:bɪleɪt] *a.* 有短硬毛的

barber ['ba:bə] *n.* ①大风雪,冷风暴 ②理发师

barbette [ba:'bet] *n.* 炮座,露天炮塔

barbican ['ba:bɪkən] *n.* 外堡,望楼,桥头堡

barbiers ['ba:bɪəz] *n.* 脚气(病)

barbing ['ba:bɪŋ] *n.* 竿,棒,柱,形成毛刺

barbital ['ba:bɪtəl] *n.* (=barbitone)【化】巴比妥

barbiturate [ba:'bɪtjuərɪt] *n.*【化】巴比妥(酸)盐

barbotage [ba:bɒ'ta:ʒ] *n.*【冶】①鼓波,喷沫,泡沫作用 ②起泡器(管)

barbula ['ba:bjulə] *n.*【生】(金龟子幼虫的)臀侧毛丛

barbuoy ['ba:bɔɪ] *n.* 滩上浮标

Barcelona [ba:sɪ'ləunə] *n.* 巴塞罗那(西班牙港口)

barchane [ba:'keɪn] *n.* 新月形沙丘

bardraft ['ba:dra:ft] *n.*【地理】拦江沙水深,过滩吃水

bar-drawing ['ba:drɔ:ɪŋ] *n.*【冶】棒材拉拔

bare [beə] ❶ *a.* ①(赤)裸的,(暴)露的 ②(几乎)空的,无装饰的 ③仅有的,稀少的 ❷ *v.* 揭露,除去…的覆盖物 ☆*(be) bare of* 缺乏; *lay bare* 揭露,暴露展开; *make a bare mention of* 仅仅提一下 『用法』注意下面例句的含义: In this way,parasitic resistance is reduced to a bare minimum.这样,寄生电阻就被降到最小值。

bareback ['beəbæk] *n.*【机】鞍式牵引车

barefaced ['beəfeɪst] *a.* 裸面的,露骨的,无耻的 ‖ ~**ly** *ad.* ~**ness** *n.*

barefoot ['beəfut] *a.;ad.* 光脚(的),没有刹车(的)

barefooted ['beəfutɪd] *a.* 赤脚的

baregin ['beədʒɪn] *n.*【化】黏胶质

bareheaded ['beəhedɪd] *a.* 光着头的

barely ['beəlɪ] *ad.* ①仅仅,几乎没有 ②无遮蔽地 ③公开地,露骨地 ☆*(be) barely enough to (do)* 勉强够做

bareness ['beənɪs] *n.* 赤裸,空

baresthesia [,bæres'θi:zjə] *n.* 压觉,重觉

baresthesiometer [bæres,θi:zɪ'ɒmɪtə] *n.* 压觉计,压力计

bare-turbine [beə'tɜ:bɪn] *n.* 开式涡轮机

barffing ['ba:fɪŋ] *n.*【冶】蒸汽发蓝,蒸汽处理

bargain ['ba:gɪn] ❶ *n.* ①契约,合同 ②便宜货 ❷ *v.* ①谈判,磋商 ②讨价还价 ③成交,商定(on) ④提出条件(that) ☆ *bargain for* 期待,预期;

conclude（settle, strike, make, close）a bargain 定契约; **drive a bargain** 磋商,讨价还价; **That's a bargain.** 那已经决定了

bargainee [ba:gɪˈni:] *n.* 买主

bargainer [ˈba:gɪnə] *n.* 讨价还价者

bargainor [ˈba:gɪnə] *n.* 卖主

barge [ba:dʒ] ❶ *n.* 驳船,平底船 ❷ *v.* ① 闯,撞 ②用驳船运载 ☆**barge about** 乱碰乱撞; **barge against** 相撞; **barge in** 闯入,干扰; **barge into** 闯入,与…相撞; **barge one's way through** 挤出一条路,强行通过; **barge through the door** 闯入,破门而入

bargee [ba:ˈdʒi:] *n.* 驳船船员

bargeman [ˈba:dʒmən] *n.* 驳船船员

baria [ˈbærɪə] *n.* 重晶石,氧化钡

baric [ˈbærɪk] *a.* ①(含)钡的 ②气压(计)的

barilla [bəˈrɪlə] *n.* 【化】苏打灰,海草灰苏打

barine [ˈbæri:n] *n.* 【海洋】巴林风

baring [ˈbeərɪŋ] *n.* 剥开,开挖,暴露

barion [ˈbærɪɒn] *n.* 【化】激(发核)子,重子

barite [ˈbeəraɪt] *n.* 重晶石 ‖ **baritic** *a.*

baritite [ˈbærɪtaɪt] *n.* 重晶石(硫酸钡)

baritone [ˈbærɪtəʊn] *n.* 【音】男中音,上低音号

barium [ˈbeərɪəm] *n.* 【化】钡

bark [ba:k] *n.;v.* ①树皮,剥(树皮),踏破(皮) ②擦,搓,破(皮) ③脱碳薄层 ④吼叫,吠 ⑤【航海】三桅帆船

barker [ˈba:kə] *n.* 剥皮器;愤怒咆哮的人

barkometer [ba:ˈkɒmɪtə] *n.* 【化】鞣液比重计

barley [ˈba:lɪ] *n.* 大麦,大麦级无烟煤

barling [ˈba:lɪŋ] *n.* 【建】脚手杆

barm [ba:m] *n.* 酵母,发酵的泡沫

barmagnet [ˈba:mægnɪt] *n.* 条形磁铁

barmat [ba:mæt] *n.* 【建】钢筋网

barmatic [ba:ˈmætɪk] *n.* 【化】棒料自动送进装置

barms [ˈba:mz] *n.* 【化】面包酵媒

barmy [ˈba:mɪ] *a.* 酵母的,发满泡沫的

barn [ba:n] *n.* 谷仓,车库

barnacle [ˈba:nək(ə)l] *n.* ①茗荷介,石砌,藤壶 ②纠缠者,依附者

barnhardtite [ba:nˈha:dtaɪt] *n.* 【矿】块黄铜矿

barney [ba:nɪ] *n.* 小卡车

barnful [ˈba:nfʊl] *a.* 一满仓仓

barnyard [ˈba:nja:d] *n.* 仓库前的空场

baroceptor [ˌbærəˈseptə] *n.* (=baroreceptor) 气压传感器

barochamber [ˈbærəʊtʃeɪmbə] *n.* 【航】压力舱

barocline [ˌbærəˈklaɪn] *n.* 【气】斜压

baroclinic [ˌbærəˈklɪnɪk] *a.* 斜压的

baroclinicity [ˌbærəklɪˈnɪsətɪ] *n.* 【气】斜压性

barocyclonometer [ˌbærəʊˌsaɪkləʊˈnɒmɪtə] *n.* 气压风暴计,风暴位置测定仪

barodentalgia [ˌbærədenˈtældʒɪə] *n.* 【医】高空牙疼病

barodiffusion [ˈbærədɪˈfju:ʒən] *n.* 【物】加压扩散

barodynamics [ˈbærəʊdaɪˈnæmɪks] *n.* 重结构力学,重型建筑动力学

barognosis [ˌbærɒgˈnəʊsɪs] *n.* 压觉

barogram [ˈbærəgræm] *n.* 气压(记录)图,气压记录曲线

barograph [ˈbærəʊgra:f] *n.* 气压(记录)仪,自动气压计 ‖ **~ic** *a.*

barogyroscope [ˌbærəʊˈdʒaɪrəskəʊp] *n.* 【航】气压陀螺仪

barology [bəˈrɒlədʒɪ] *n.* 重力论

baroluminescence [ˌbærəˌlu:məˈnesəns] *n.* 【气】气压发光,高压发光

barometer [bəˈrɒmɪtə] *n.* 气压表,晴雨表

barometric(al) [ˌbærəʊˈmetrɪk(əl)] *a.* 气压(表,计)的,测定气压的

barometrically [bəˈrɒmɪtɪkəlɪ] *ad.* 用气压计

barometrograph [ˌbærəˈmetrəgra:f] *n.* (=barograph) 气压自动记录仪

barometry [bəˈrɒmɪtrɪ] *n.* 气压测定法

baromil [ˈbærəmɪl] *n.* 【气】气压毫巴

baron [ˈbærən] *n.* ①男爵,贵族 ②巨商

baropacer [ˈbærəʊˈpeɪsə] *n.* 【医】血压调节器

baropathy [bæˈrɒpəθɪ] *n.* 【医】气压疾病

barophile [ˈbærəfaɪl] *n.* 【生】嗜压微生物

barophilic [ˌbærəʊˈfɪlɪk] *a.* 嗜高压的

barophobia [ˌbærəˈfəʊbɪə] *n.* 【医】恐重力症

barophoresis [ˌbærəˈfɔ:rɪsɪs] *n.* 【化】压泳(现象)

baroport [ˈbærəʊ:t] *n.* 取静压的孔

baroque [bəˈrəʊk] ❶ *a.* 巴洛克式的,结构复杂的,形式怪样的 ❷ *n.* 【建】巴洛克时期艺术和建筑风格

baroreceptor [ˌbærəʊˈrɪseptə] *n.* 【气】气压感受器

baroreflex [ˈbærəʊrɪˈfleks] *n.* 【气】压力感受器反射

baroresistor [ˈbærəʊrɪˈzɪstə] *n.* 【气】气压电阻

baroscope [ˈbærəskəʊp] *n.* 验电器,气压计

baroselenite [ˌbeərəˈselənaɪt] *n.* 重晶石

barosinusitis [ˌbærəˌsaɪnəˈsaɪtɪs] *n.* 高空窦炎症

barosphere [ˈbærəsfɪə] *n.* 【气】气压层

barospirator [ˈbærɒˈspaɪreɪtə] *n.* 变压呼吸器

barostat [ˈbærəʊstæt] *n.* 恒压器

baroswitch [ˈbærəswɪtʃ] *n.* 气压转换开关

barotaxis [ˌbærəʊˈtæksɪs] *n.* 趋压性

barothermograph [ˌbærəˈθɜ:məgra:f] *n.* (自记)气压温度计

barothermohygrograph [bærə,θɜ:məˈhaɪgrəgra:f] *n.* (自记)气压温度湿度计

barotitis [ˌbærəˈtaɪtɪs] *n.* 高空耳炎

barotrauma [ˌbærəˈtraʊmə] *n.* 高空外伤症

barotropic [ˌbærəˈtrɒpɪk] *n.* 正压的

barotropism [bæˈrɒtrəpɪzəm] *n.* 向压性

barotropy [bəˈrɒtrəpɪ] *n.* 正压(性),质量的正压分布

barrack ['bærək] *n.* (常用 pl.) 工棚,营房

barrage ['bærɑ:ʒ] *n.* ①阻塞,拦阻 ②弹幕(射击),拦阻射击,防雷网 ③阻塞干扰 ④空中巡逻 ⑤堰(坝)

barranca, **barranco** [bəˈræŋkə] *n.* 美国西南部的峡谷,悬崖

barrandite ['bærəndaɪt] *n.* 铝红磷铁矿

barras ['bærəs] *n.*【化】毛松香

barrate [bɑːˈrɑːt]【化】转鼓

barratron ['bærətrɒn] *n.*【电子】非稳定波型磁控管

barratry ['bærətrɪ] *n.*【海洋】(船长,海员的)非法行为

barred [bɑːd] ❶ bar 的过去式和过去分词 ❷ *a.* 被禁止的,被阻塞了的,有门的,划了线条的

barrel ['bær(ə)l] ❶ *n.* ①(木,筒形)桶 ②桶(容量单位) ③圆柱体,筒体,锅筒 ④枪〔炮〕管,火箭发动机,(筒形)燃烧室 ❷ (barrel(l)ed; barrel(l)ing) *v.* ①装(入,成)桶 ②滚磨

barrel(l)ed ['bærəld] *a.* 桶装的,装了桶的

barrelling ['bærəlɪŋ] *n.*【冶】①滚磨,滚磨清理 ②装桶 ③转桶清砂法 ④转鼓滚涂

barren ['bærən] ❶ *a.* ①荒芜的,贫瘠的 ②空白的,贫乏的(of) ③含金属量很少的 ④多孔的(岩石等) ⑤不生产植物的,不生育的,无趣味的 ❷ *n.* ①瘠地,不毛之地 ②夹石,夹层 ③不孕母畜,不孕症

barrenness ['bærənɪs] *n.* 不育症,不孕症

barrette file [bəretfaɪl] *n.* 扁三角锉

barretter [bəˈretə] *n.* ①镇流器 ②稳流管〔管〕③热线检流器

barricade [ˌbærɪˈkeɪd] ❶ *n.* ①路障,街垒,栅栏 ②隔板,防护屏 ❷ *vt.* 阻塞,设路障于

barrier ['bærɪə] ❶ *n.* ①障碍物,闭塞,栅栏 ②(壁,势,位)垒,绝缘(套) ③关卡,哨所 ④堰洲 ❷ *vt.* 阻碍,用栅围住

〖用法〗该词作名词时后跟介词"to"。如：A barrier to electron passage into the oxide exists at each interface.在每个界面存在对电子进入氧化物的一个势垒。

barring ['bɑːrɪŋ] ❶ bar 的现在分词 ❷ *n.* 盘车,撬转,启动,清炉渣块,撬松石 ❸ *prep.* 除…外,不包括

barrister ['bærɪstə] *n.* 律师,法律顾问

Barronia [bɑːˈrəʊnɪə] *n.*【冶】高温耐蚀铅锡黄铜

barrow ['bærəʊ] ❶ *n.* ①手推车,独轮车,放线车 ②古墓 ③弃石堆 ❷ *v.* 用手车运

barter ['bɑːtə] *v.;n.* 物物交换,作交易 ☆*barter A for (against) B* 以 A 换取 B

barthite [bɑːˈθaɪt] *n.*【矿】砷锌铜矿

bartizan [bɑːˈtɪzən] *n.* (小) 望台,墙外吊楼

barway [bɑːˈweɪ] *n.* 有栏路横木,场内小路

barycenter, **barycentre** ['bærɪsentə] *n.* 重心,质量中心,引力中心

barycentric [ˌbærɪˈsentrɪk] *a.* 重心的

barye ['bærɪ] *n.* ①【物】巴列 ②【物】微巴

baryecoia [ˌbærɪɪˈkɔɪə] *n.* 听觉迟钝

baryencephalia [ˌbærɪensɪˈfeɪlɪə] *n.* 智力迟钝

baryglossia [ˌbærɪˈɡlɒsɪə] *n.* 言语拙笨

barylalia [ˌbærɪˈleɪlɪə] *n.* 言语不清

barylite ['bærəlaɪt] *n.* 硅钡铍矿

baryodmia [ˌbærɪˈɒdmɪə] *n.* 嗅觉迟钝

baryodynia [ˌbærɪəʊˈdɪnɪə] *n.* 剧痛

baryon ['bærɪɒn] *n.* 重子,激发核子

baryonium [ˌbærɪˈəʊnɪəm] *n.*【核】重子偶素

barysilite [ˌbærɪˈsɪlaɪt] *n.* 硅铅矿

barysomatia [ˌbærɪˈsəʊmətɪə] *n.*【医】身体过重

barysphere ['bærɪsfɪə] *n.* 重核层,重圈

baryta [bəˈraɪtə] *n.* 氧化钡,重土

barythymia [ˌbærɪˈθɪmɪə] *n.* 忧郁症

barytron ['bærɪtrən] *n.* 介子,重电子

basad ['beɪsæd] *ad.* 朝底(面)地,朝底地,基向地

basal ['beɪsl] ❶ *a.* 基部的,底部的 ❷ *n.*【生】基板

basalia [bəˈsælɪə] *n.*【生】基板

basalis ['beɪsəlɪs] *n.*【生】基层,上颚基片

basalt ['bæsɔːlt] *n.* ①玄武岩 ②玄武岩制品〔器皿〕③黑色瓷器 ‖ **~ic** *a.*

basaltine [bəˈsɔːltɪn] ❶ *a.* 玄武岩的 ❷ *n.* 辉石

basan ['bæzən] *n.* 书面羊皮

basanite ['bæsənaɪt] *n.*【地质】碧玄岩,试金石

bascule ['bæskjuːl] *n.* 竖旋桥的双翼,开启桥的平衡装置

base [beɪs] ❶ *n.* ①基(底,础),(磁带)带基,片基 ②支承〔点〕,基极,机座,台 ③(碱,盐)基,(燃料)基本组分 ④(轮,轴)距 ⑤根据(地),(垒球)垒 ❷ *a.* ①贱的,劣等的 ②低音的 ③基本的 ④用作基底金属的 ❸ *v.* 以…为数据,基于(on, upon) ☆*(be) based on (upon)* 以…为基础,根据

baseball ['beɪsbɔːl] *n.* 棒球,垒球

〖用法〗它与 ball 一词的用法相同，"打棒球"只能用 "play baseball"，其前面不得有冠词。

baseband ['beɪsbænd] *n.* 基本频带

baseboard ['beɪsbɔːd] *n.* 护壁板,踢脚板

baseburner ['beɪsbɜːnə] *n.* 底燃火炉,自给暖炉

basecourse ['beɪskɔːs] *n.*【地质】基层,底层,勒脚层

baselap ['beɪslæp] *n.* 底超

baseless ['beɪslɪs] *a.* 没有基础〔根据〕的

baselevel ['beɪsləvl] *n.*【地理】基准面

baseline ['beɪslaɪn] ❶ *n.* (时)基线,扫描行 ❷ *a.* 原始的,基本的

basement ['beɪsmənt] *n.* 底层,基础〔底,层〕,地下室

baseplane ['beɪspleɪn] *n.* 底平面,基面

baseplate ['beɪspleɪt] *n.* 底〔台〕板,基板

bases ['beɪsiːz] *n.* base 和 basis 的复数

basetone ['beɪstəʊn] *n.*【音】基音

bash [bæʃ] *v.;n.* 猛击,打坏(in)

basher ['bæʃə] *n.* 泛光灯

bashertron ['bæʃətrɒn] *n.* 信号仪

basial ['beɪsɪəl] *a.* 底的

basialis [ˌbeɪsɪ'eɪlɪs] (拉丁语) *a.* 底的,基底的

basic ['beɪsɪk] ❶ *a.* ①基本的,基础的 ②碱性的,盐基的,含少量硅酸的 ❷ *n.* 基础(训练),基本 【用法】"A is basic to B"意为"A 是 B 的基础"。如：A matched filter is basic to the design of communication receivers. 匹配滤波器是设计通信接收机的基础。

basically ['beɪsɪkəlɪ] *ad.* 基本上,本质上

basicity [bə'sɪsətɪ] *n.* 容碱量,碱度,基性度,盐基度

basicole [ˌbeɪsɪ'kəul] *n.* 【植】碱土植物

basiconic [ˌbeɪsɪ'kɒnɪk] *a.* 锥形的

basidiomycete [bəˌsɪdɪəumaɪ'siːt] *n.* 【生】担子菌纲

basidiophore [bə'sɪdɪəfɔː] *n.* 【生】担子体

basidiospore [bə'sɪdɪəuspɔː] *n.* 【生】担孢子

basidium [bə'sɪdɪəm] (pl. basidia) *n.* 担子(器)

basification [ˌbeɪsɪfɪ'keɪʃən] *n.* 碱(性)化,基性岩化

basifier ['beɪsɪfaɪə] *n.* 【化】碱化剂,盐基化剂

basifixed ['beɪsɪfɪkst] *a.* 基部附着的,基生的

basifugal [beɪ'sɪfjugəl] *a.* 离基的,从基部向上生出的

basifuge ['beɪsɪfjuːdʒ] *n.* 【植】嫌碱植物

basify ['beɪsɪfaɪ] *vt.* 使碱化

basil ['bæzl] ❶ ①斜刃面,刃角,刀口 ②已用树皮鞣过的羊皮,熟羊皮 ❷ *v.* 磨(刃口)

basilad ['bæsɪlæd] *a.* 向底的,底面的

basilar ['bæsɪlə] *a.* 基底〔本,础〕的

basilaris [bæsɪ'leərɪs] (拉丁语) *a.* 基底的

basilateral [bæsɪ'lætərəl] *a.* 基侧的

basilic(al) [bə'sɪlɪk(əl)] *a.* 重要的,显要的

basilicon [bə'sɪlɪkən] *n.* 松脂蜡膏

basin ['beɪsn] *n.* ①盆,皿,水槽 ②盆(注)地,流域,受水面积,底源 ③(水,溶)池,船坞〔渠〕 ④【机】承盘,【冶】炉缸,浇口杯,【地质】煤田 ⑤骨盆,第三脑室

basinful ['beɪsnful] *n.* 一满盆

basipetal [be'sɪpətl] *a.* 向基的,向底的,由上向下的

basis ['beɪsɪs] (pl.bases) *n.* ①基础 ②基本原理 ③主要成分 ④军事基地 ⑤【地质】玻基,底床 ☆ **on a production basis** 在大量生产的基础上; **on … basis 或 on the basis of** 根据,以…为基础,以…为条件; **provide (furnish) the basis of** 为…提供基础
【用法】❶ 它后面通常跟介词 for, 但也有用 of 的;其前面一般使用定冠词,也有用不定冠词的;其前面与之搭配的动词有 be、give、make、form、provide、furnish、establish、lay 等。如：Ohm's law forms the basis for all linear-circuit operation and analysis.欧姆定律构成了一切线性电路工作和分析的基础。/Electronics is the basis for radio, television, and computers.电子学是无线电、电视和计算机的基础。/Nonlinear devices are the basis for all practical electronic circuits.非线性器件是一切实用电子线路的基础。/The basis for such a diode was made by W. T. Read, Jr., in his 1958 paper.这种二极管的基本原理是由小 W・T・里德在他 1958 年的那篇论文中提出的。/The preceding paragraphs give a basis for the level of device performance expected.前面几段(内容)提供了所期望的器件性能水平的基础。/These principles form the basis of electronic-circuit analysis. 这些原理构成了电子线路分析的基础。❷ 表示"在…基础上"时,其前面要用介词 on。如：These problems should be settled on a friendly basis.这些问题应该在友好的基础上加以解决。/The measurement may be made on a one-shot basis.可以按一点的原则进行测量。

basite ['beɪsaɪt] *n.* 【地质】基性岩类

basket ['bɑːskɪt] ❶ *n.* ①篮,筐,笼,篓 ②吊篮,吊舱 ③铲斗,挖泥机 ④篮形线圈,花篮状柱头 ❷ *vt.* 装入篮内

basketball ['bɑːskɪtbɔːl] *n.* 篮球,篮球运动
【用法】与 ball 这个词一样,表示"打篮球"时,应该说成"play basketball",在它前面是不能加任何冠词的。

basketful ['bɑːskɪtful] *n.* 一满篮〔筐〕

basoid ['beɪsɔɪd] *n.* 【化】碱性胶体,碱胶基

basophil(e) ['beɪsəfɪl] *n.* 嗜碱体,嗜碱细胞

basophilic [beɪsə'fɪlɪk] *a.* 嗜碱的

basophilous [beɪ'sɒfɪləs] *a.* 喜碱(性)的

basophobia [beɪsə'fəubɪə] *n.* 【医】步行恐怖,直立恐怖

basque [bæsk] *n.* 【冶】炉缸内衬,衬里

basquet ['bæskɪt] *n.* 篮,桶

Basra ['bæzrə] *n.* 巴士拉(伊拉克港口)

bas-relief ['bæsrɪ'liːf] *n.* 浅〔半〕浮雕

bass¹ [beɪs] ❶ *n.* 低音(频,部) ❷ *a.* 低音的

bass² [bæs] *n.* ①椴木的韧皮,韧皮纤维制品 ②硬黏土

bassanite [bə'sɑːnaɪt] *n.* 【矿】烧石膏

basseol ['bæsɪəl] *n.* 【化】椴树醇

basset ['bæsɪt] ❶ *n.* 露出层的边缘,露出地面,【地质】(矿层)露头 ❷ *vi.* (矿脉)露头

bassetite ['bæsɪtaɪt] *n.* 【矿】铁铀云母

bassist ['beɪsɪst] *n.* 低音歌手,低音乐器演奏者

basso ['bæsəu] *n.* 【音】低音部,低音歌手

bassoon [bə'suːn] *n.* 【音】巴松〔低音〕管

basswood ['bæswud] *n.* 椴木,菩提树,美洲椴

bassy ['beɪsɪ] *n.* 【音】低音加重

bast [bæst] *n.* 韧皮,内皮,劣质煤

bastard ['bæstəd] ❶ *a.* ①假的,不纯的,杂交的,私生的 ②粗(糙,纹,齿,牙)的 ③畸形的,不标准的 ❷ *n.* ①假冒品,劣等货 ②坚硬巨砾,硬岩块 ③混血种,私生子

bastion ['bæstɪən] *n.* 棱堡,堡垒,阵地工事

bastite ['bæstaɪt] *n.* 【矿】绢石

bastna(e)site ['bæstnəsaɪt] *n.* 氟碳铈镧矿

baston ['bæstən] *n.* 【机】座盘

bastuse ['bæstu:s] *n.*【化】韧皮纤维素
basyl [bə'zɪl] *n.* 碱基
basylous ['beɪsɪləs] *a.* 碱(性,式)的
bat [bæt] ❶ *n.* ①半砖,砖片,泥质页岩,油页岩沉积 ②(棒球,板球)球棒,球拍 ③导弹 ④蝙蝠 ⑤棉絮 ☆ **go full bat** 急走,全速前进; **off one's own bat** 凭自己努力,独立地; **(right) off the bat** 马上,立刻 ❷ (batted; batting) *v.* ①执棒,击 ②眨眼 ③详细讨论,反复考虑
batalum ['bætələm] *n.*【农】钡吸气剂
batardeau [bɑ:tɑ:'dəu] *n.*【农】堤,坝,围堰
batata [bə'tɑ:tə] *n.* 甘薯,红薯
batch [bætʃ] ❶ *n.* ①一次的分量,一次操作所需的原料量,一炉,一次生产量 ②(一)批(组,群) ③【计】程序组 ❷ *a.* 分批的,间歇(式)的 ❸ *v.* 分批〔类,段〕
batcher ['bætʃə] *n.* ①分批送料器,计量送料器,送料量斗 ②配料器
batching ['bætʃɪŋ] *n.* ①(按批)配料,投配 ②分批〔类,段〕
batchmeter ['bætʃmi:tə] *n.*【化】(混合料)分批计,定量器
batchwise ['bætʃwaɪz] *a.;ad.* 分批的〔地〕,中断的〔地〕,间歇式
batchy ['bætʃɪ] *a.* 疯狂地,狂妄地
bate [beɪt] ❶ *n.* ①争执,争论 ②脱灰(碱)液 ❷ *v.* ①减(弱),削弱 ②抑制,压低 ③使(生皮)软化,浸于脱灰液中
batea [bə'ti:ə] *n.*【冶】尖底淘金盘,漆盘
bateau [bæ'təu] (pl.bateaux) *n.* 平底船,搭浮桥的船
bath [bɑ:θ] ❶ *n.* ①浴,泡,蒸浴,洗澡 ②(电镀,电解,热处理)槽 ③镀液,熔融金属,定影液,电解液,(浸泡)卤水 ④【冶】池铁炉浆,炉缸 ❷ *v.* ①(给…)洗澡 ②浸,泡
〖用法〗表示"洗个澡",在它前面要用不定冠词,即应该说成"take〔have, run〕a bath"。
bathe [beɪð] ❶ *v.* ①浸,泡,(冲)洗 ②(光线等)充满,笼罩 ③洗澡 ❷ *n.* 游泳,(在河海)洗澡;沐浴,沉浸
bathile ['beɪɪl] *a.* 深湖底的
bathmic ['bæθmɪk] *a.* 生长力的,变阈力的
bathmism ['bæθmɪzəm] *n.*【医】生长力,变阈力
bathmometry [bæθ'mɒmɪtrɪ] *n.*【冶】拐点法
bathmos ['bæθmɒs] *n.*【冶】小窝
bathmotropic [,bæθmə'trɒpɪk] *a.* 变阈性的
bathmotropism [bæθ'mɒtrəpɪzm] *n.* 变阈性,变阈作用
bathochrome ['bæθəkrəum] *n.*【物】一种降低吸收频率的有机化合物原子团,向红团,深色效应团
bathochromic [,bæθə'krɒmɪk] *a.* 向红移的
bathochromous [,bæθə'krɒməs] *a.* 深色的,向红的
batholite ['bæθəlaɪt], **batholith** ['bæθəlɪθ] *n.*【地质】岩基,岩盘

bathomorphic [bæθə'mɔ:fɪk] *a.* 凹眼的,近视眼的
bathos ['beɪθɒs] *n.*【语】顿降法,高潮后的低潮
bathrobe ['bɑ:θrəub] *n.* 浴袍,睡衣
bathroclase ['beɪθrəkleɪs] *n.* 水平节理
bathroom ['bɑ:θru:m] *n.* 浴室,盥洗室
bathtub ['bɑ:θtʌb] *n.* 澡盆,浴缸,摩托车的边车,机下浴缸形突出物
Bathurst ['bɑ:θə:st] *n.* 巴瑟斯特(Banjul 班珠尔的旧称)(冈比亚首都)
bathyal ['bæθɪəl] *a.* 半深海的,次深海的
bathybic [bæ'θɪbɪk] ❶ *a.* 深海底的,深海生活的 ❷ *n.* 深海层生物
bathyconductograph [,bæθɪkɒn'dʌktəgrɑ:f] *n.*【测绘】深度电导仪
bathygastry [,bæθɪ'gɑ:strɪ] *n.*【医】低位胃,胃下垂
bathygraph ['bæθɪgrɑ:f] *n.* 海水探测仪
bathygraphic chart [,bæθɪ'grɑ:fɪktʃɑ:t] 表示深浅的海洋图
bathylimnetic [,bæθɪlɪm'netɪk] *a.* 栖息湖底的
bathylite ['bæθɪlaɪt], **bathylith** ['bæθɪlɪθ] *n.*【地质】岩基,岩盘
bathymeter [bæ'θɪmɪtə] *n.* (深海)探测仪,水深测量器
bathymetric(al) [,bæθɪ'metrɪk (əl)] *a.* 深海探测法的,等深的
bathymetry [bæ'θɪmɪtrɪ] *n.* 深海测量法,(海洋)测深学
bathypelagic [,bæθɪpə'lædʒɪk] *a.* 深海的
bathyphotometer [,bæθɪfəu'tɒmɪtə] *n.*【测绘】深水光度计,深海光度计
bathyphytia [,bæθɪ'faɪtɪə] *n.* 深海植物群落
bathypnea [bæθɪ'ni:ə] *n.* 深呼吸
bathyscope ['bæθɪskəup] *n.* 深海潜望镜
bathyseism ['bæθɪsaɪzm] *n.*【海洋】深海地震
bathysphere ['bæθɪsfɪə] *n.* 深海观测用球形潜水器
bathythermogram [,bæθɪ'θə:məgræm] *n.*【海洋】深温图
bathythermograph [,bæθɪ'θə:məgrɑ:f] *n.* 海水深度温度自动记录仪,温度深度仪,水深水温测量
bathythermometer [,bæθɪθə:'mɒmɪtə] *n.*【海洋】海洋深水温度计
batice ['bætaɪs] *n.*【地质】地层陷落
batik ['bætɪk] *n.*【纺】蜡防印花
bating ['beɪtɪŋ] ❶ *prep.* 除…之外 ❷ *n.* 软化
batisite ['bætɪsaɪt] *n.*【地质】硅钡钠石
batiste [bæ'ti:st] *n.* 细棉(麻)布,细薄毛织物
baton ['bætən] *n.* 棍,(指挥,接力)棒
batonet ['bætənɪt] *n.* 接棍,小鞭杆
batrachia [bə'treɪkɪə] *a.* (无尾)两栖类,蛙类
batrachoid ['bætrəkɔɪd] *a.* 蛙状的
batrachotoxin [,bætrəu'tɒksɪn] *n.*【药】蛙毒素
batsman ['bætsmən] *n.* ①(板球)击球员 ②(航空母舰上)降落指挥员

batt [bæt] n. ①棉胎 ②黏土质页岩

battalion [bə'tæljən] n. 营,营部,大队,(pl.) 部队,军队

battarism ['bætərɪzm] n. 口吃,结舌

battarismus ['bætərɪsməs] a. 口吃的,结舌的

batten ['bætn] ❶ n. ①板〔撑,夹〕条,连接横木条 ②万能曲线尺,标尺 ③小圆材,小方材 ④【计】警戒孔,同位穿孔 ❷ vt. 用板条钉住,钉上扣条

batter ['bætə] ❶ v. ①连续猛击,乱敲,冲击 ②敲碎,捶薄,(用炮火)摧毁(down) ③揉捏,混合 ④倾斜,使内倾 ❷ n. ①倾斜度,坡度 ②糊状物,软泥,泥浆

battery ['bætərɪ] n. ①电池(组),蓄电池,电解槽 ②一排,一组 ③导弹〔炮兵〕连,炮组,排炮 ④乐器组,多层鸡笼

batting ['bætɪŋ] n. 打〔冲〕击,打球

battle ['bætl] n.;v. ①战役,战〔搏〕斗,斗争 ②成功 ☆*do (fight) a battle* 开战,交战; *give (offer) battle* 挑战

battlefield ['bætlfiːld] n. 战场

battlefront ['bætlfrʌnt] n. 前线,前沿阵地

battleground ['bætlɡraʊnd] n. ①战场,斗争的舞台 ②争论题

battlement ['bætlmənt] n.【建】雉堞(墙),城垛

battleship ['bætlʃɪp], **battlewag(g)on** ['bætlwæɡən] n. 战舰,大钢铲斗

batture ['bætʃə] n.【地理】河洲,河滩地

baud [bɔːd] n.【计】波特

baudot ['bɔːdɒt] n. (多路通报用)博多机,博多印字电报制

Baume [bəʊ'meɪ] n.;a. 玻美(标度的),玻美度,玻美液体比重计

bauxite ['bɔːksaɪt] n.【矿】铝土矿,铝矾土

bavenite ['bævənaɪt] n.【地质】硬沸石

bavin ['bævɪn] n. 柴束

bawke [bɔːk] n. 吊(煤)桶,料罐

bawl [bɔːl] ❶ v. 高声喊叫,叫卖 ❷ n. 大叫,号哭

bay [beɪ] n. ①(海,港)湾,(火车站)侧线及其月台,堤 ②壁间,入口 ③间距〔隔〕,(机)舱,库房分区,跨(度,距) ④(底)板,架,屏,盘,座,台

bayberry ['beɪberɪ] n. 月桂树的果实,(制蜡)杨梅子

baybolt ['beɪbəʊlt] n. 基础螺旋

baycovin ['beɪkɒvɪn] n.【化】焦碳酸二乙酯

baycurine ['beɪkjʊrɪn] n.【化】矾松根碱

bayerite ['beɪəraɪt] n.【地质】拜耳体,拜耳石

baylanizing ['beɪlənaɪzɪŋ] n.【冶】钢丝连续电镀法

bayline ['beɪlaɪn] n. (铁路)专用支线

bayonet ['beɪənɪt] ❶ n. ①刺刀 ②接合销钉,插栓,卡口 ③带反接锥连接 ❷ v. 用刺刀刺,插入 ☆*at the point of the bayonet* 在武力的威逼下

bayou ['baɪjuː] n. 长沼,浅滩海湾,支流

baypren ['beɪpren] n.【化】氯丁橡胶

baysalt ['beɪsɔːlt] n. 晒(制)盐,海盐

baytex [beɪ'teks] n.【化】倍硫磷

baza(a)r [bə'zɑː] n. 市场,集市,百货商店,商品陈列所,义卖展厅

bazooka [bə'zuːkə] n. ①火箭筒,飞机〔反坦克〕火箭炮 ②导线平衡器

bdellium ['delɪəm] n. 芳香树胶;珍珠,宝石,琥珀

bdelygmia [de'lɪgmɪə] n. 恶心,厌食

be [biː] (was 和 were; been; being) v. ❶ (人称和一般时态的变化) ①现在时:(I) am, (he, she, it) is, (we, you, they) are; (否定) am not (aren't), is not (isn't), are not (aren't) ②过去时:(I, he, she, it) was, (we,you,they) were; (否定) was not (wasn't), were not (weren't) ③将来时:(I, we) shall be, (you, he, she, it, they) will be; (否定) shall not be (shan't be), will not be (won't be) ❷ (实义动词) ①存在,发生,有(常与 there 连用) ②仍旧,继续 ③发生 ☆ *be it that* 假如,即使; *be it true or not* 不管是否如此; *be that as it may* 即使如此,尽管如此

【用法】注意: ❶ "be of(+抽象名词)"表示"具有"(见 is 和 are 的有关例句)。❷ "be + 不定式"可以表示将来的含义(如果该不定式是作表语的话,即"主表不等"时),译成"将,要,应该"等。如: For a satisfactory reception, the average probability of error is not to exceed 10^{-5}.为了获得满意的接收,平均误差概率不应该〔不要〕超过 10^{-5}。❸ 当它单独存在时,其含义往往为"存在,发生"。如: That is how the universe is.这就是宇宙的运行方式。

beach [biːtʃ] ❶ n. 海〔湖〕滨,海〔湖,沙〕滩 ❷ v. 推至岸边,搁浅 ☆*on the beach* 失业,处于困境;担任陆上职务;退休;上岸

beachhead ['biːtʃhed] n. 登陆场,滩头阵地

beaching ['biːtʃɪŋ] n. 海岸〔海滩〕堆积,船只搁浅

beachy ['biːtʃɪ] a. 有沙滩的,岸边浅滩的,近岸的

beacon ['biːkən] ❶ n. ①标志〔灯,桩〕,(灯,浮,航)标,信号标 ②灯塔,信号台〔灯〕 ③指南,烽火 ❷ v. ①立标,设信号,信标导航 ②明亮,鼓励

【用法】注意下面例句中该词的含义: Computer outputs are readily mistaken for gospel, especially by people who are working in the dark and seeking any sort of beacon.计算机的输出容易被误认为是绝对真理,特别是被对这一技术一无所知的人们所误解。

beaconing ['biːkənɪŋ] n. 航路信标,以信标指示航路

bead [biːd] ❶ n. ①(小,串)珠,滴,(空)泡,小球 ②卷缘,磁珠〔环〕,绕圈 ③焊球 ④压(玻璃)条,墙角护条 ⑤算盘,枪的准星 ❷ v. ①成珠,做成细粒 ②用小珠装饰

beaded ['biːdɪd] a. (串)珠状的,粒状的,带珠的

beader ['biːdə] n. 卷边器

beading ['biːdɪŋ] n. ①形成珠状,玻璃熔接 ②压出凸缘,撑圈边 ③叠接焊道 ④串珠状缘饰

beadlike ['biːdlaɪk] a. (珍)珠状的

beadroll ['bi:drəul] *n.* 名单,目录

beady ['bi:dɪ] *a.* 珠子似的,饰有珠子的;多泡沫的

beagle ['bi:gl] *n.* ①警察,密探 ②自动搜索的干扰台

beak [bi:k] *n.* ①喙,(鸟)嘴(状物) ②柱的尖头,圆口灯,喙形蚀像

beaked [bi:kt] *a.* (有)钩形(嘴)的

beaker ['bi:kə] *n.* 烧〔量〕杯

beakiron ['bi:kaɪən] *n.* 鸟嘴〔丁字,小角〕砧

Beallon ['bi:lɒn] *n.* 【冶】铍铜合金

Bealloy [be'ælɔɪ] *n.* 【冶】铍铜合金的母合金

bealock ['bi:lɒk] *n.* 【地理】垭口,分水岭山口

beam [bi:m] ❶ *n.* ①(横,天平)梁,承重梁,卷轴 ②光线,一束光线 ③(射,光,波,电子,粒子)束 ④导板,刨直板 ❷ *v.* ①发出光束〔射线,光,热〕 ②(波束)导航,定向(发出) ☆*fly (ride) the beam* 按照无线电射束飞行; *kick the beam* 过轻,不足抗衡; *on the beam* 航向正确,与龙骨垂直地 〖用法〗注意:"把…定向射向…"要用"beam ... at ..."。如: Radio waves may be beamed at the receiver.可以把无线电波定向射向接收机。

beamcast ['bi:mkɑ:st] *v.* 定向无线电传真

beamed [bi:md] *a.* 定向的

beaming ['bi:mɪŋ] ❶ *n.* 聚(成)束,定向发射 ❷ *a.* 放光的

beamjitter ['bi:mdʒɪtə] *n.* 波束抖动

beamsplitter ['bi:msplɪtə] *n.*【物】分光器,光束分离器

beamtherapy ['bi:mθerəpɪ] *n.*【医】射线疗法

beamwidth ['bi:mwɪdθ] *n.* 天线方向图宽度

beamy ['bi:mɪ] *a.* 放光的,辐射的,(船身)宽大的

bean [bi:n] *n.* ①豆,扁豆,豆状物 ②粒煤 ③(喷)油嘴

beanstalk ['bi:nstɔ:k] *n.*【通信】火箭应急通信装置

bear [beə] ❶ (bore, borne) *v.* ①负〔承〕担,承受,经得起,耐得住 ②(带,含)有 ③提供,给(出),产生 ④推(动),挤 ⑤开动,转〔趋,倾〕向 ❷ *n.* ①熊,【天】(大,小)熊星 ②【冶】结块,底结,炉瘤 ③小型冲孔机 ☆*bear a part in* 在…中有一份,参与; *bear (a) relation (relationship) to* 与…有关,类似于; *bear a resemblance to* 与…相似; *bear against* 靠〔压〕在…上; *bear analogy to (with)* 与…类似; *bear date (of)* 载有年月日,时为…; *bear fruit* 结果实,发生效果; *bear in mind* 记住,牢记; *bear oneself* 表现出; *bear out* 证明,证实,支持,(颜色)显示; *bear up* 支持,支撑,忍受; *bear with* 容忍; *bear witness to* 证明 〖用法〗注意下面句子的译法: The emf of an electrical source bears a relationship to its power output analogous to that of applied force to mechanical power in a machine.电源电动势与其输出功率之间的关系类似于外力与机器中的机械力之间的关系。(注意一个搭配模式"the relationship of A to B",意为"A 与 B 的关系"。)/These are information-bearing signals.这些是载有信息的信号。

bearable ['beərəbl] *a.* 承受得住的,经得起的

beard [bɪəd] ❶ *n.* 胡须,口髭,(麦)芒 ❷ *v.* 反对

bearer ['beərə] *n.* ①持票人 ②运载工具载体 ③支承,托〔担〕架

bearing ['beərɪŋ] *n.* ①轴承(座),支承〔座,架〕,支轴面 ②方〔走〕向,测〔定〕位,无线电方位,象限角,探向 ③关系,影响 ④行为,举止 ⑤产仔,结实 ☆*beyond (all) bearing* 忍无可忍; *have a bearing on (upon)* 与…有关系,对…有影响; *in all its (their) bearings* 从各方面; *lose (be out of) one's bearings* 迷失方向 〖用法〗This fact has an important bearing on the problem of slowing down the rapidly moving neutrons in the moderator of a nuclear reactor.这一点对减慢核反应堆减速剂中迅速运动的中子的速度这一问题是有重要影响的。/That has no bearing on this problem.那与这个问题无关。

bearish ['beərɪʃ] *a.* 熊一样的,笨拙的 ‖~**ly** *ad.* ~**ness** *n.*

bearsit ['beəsɪt] *n.*【地质】水铈钚石

beast [bi:st] *n.* 兽;导弹,大型火箭,人造卫星,飞行器

beastly ['bi:stlɪ] ❶ *ad.* 非常,极其 ❷ *a.* 野兽般的,残忍的,糟透的

beat [bi:t] (beat, beaten) ❶ *v.* ①(敲,捶)打 ②搏动,偏摆 ③打败(碎,松) ④踏出,开辟 ⑤难创 ⑥(雨)打,(风)吹 ☆*beat down* 打倒,推翻,使泪丧〔失望〕,还(价); *beat down on* (日光等)照射到; *beat in* 打(推)进,打〔砸〕碎; *beat off* 击退; *beat out* 敲出,锤薄(金属);弄明白,解决;使筋疲力尽; *beat the record* 打破纪录; *beat time* 打拍子 ❷ *n.* ①敲打(声) ②拍音,差拍,拍振动 ③脉冲〔搏〕 ④【计】(取)字时间,时间间隔 ☆*be off (out of) beat* 做自己不熟悉的事,超出自己熟悉的范围,做非本行的工作; *in one's beat* 在…所知的范围内,在…的职权内,(钟表声的)匀整

beatability [bi:tə'bɪlətɪ] *n.*【化】打浆性能

beaten ['bi:tn] ❶ *a.* 被打过的 ②打成的,锤薄的,敲平的 ③陈腐的 ④被打击的 ⑤被击败的,精疲力竭的 ☆*go off the beaten track* 打破常规

beater ['bi:tə] *n.* ①拍打器,锤,夯具 ②冲击式破碎机 ③打者,猎户

beatific [bi:ə'tɪfɪk] *a.* 快乐的,天使般的

beatify [bi:'ætɪfaɪ] *vt.* 赐福于

beating ['bi:tɪŋ] *n.* ①打,拍,打浆,搅打〔拌〕 ②锻打 ③跳〔搏,脉〕动,拍频,差拍 ④击败

beautiful ['bju:təful] *a.* 美(丽,好)的,优美的,极好的 ‖~**ly** *ad.* ~**ness** *n.*

beautify ['bju:tɪfaɪ] *v.* 美化,装饰 ‖ **beautification** *n.*

beauty ['bju:tɪ] *n.* 美丽,美观

B

beaver ['biːvə] *n.* ①海狸(皮),水獭(皮) ②干扰雷达的电台 ③轻〔中〕型飞机加油装置

beavertail ['biːvəteɪl] *n.*【无】①扇形雷达波束,测高天线 ②主千斤顶

becalm [bɪ'kɑːm] *vt.*使平静〔息〕,使停止不动

became [bɪ'keɪm] become 的过去式

because [bɪ'kɔz] *conj.;ad.* 因为 ☆***because of*** 因为,由于

〖用法〗❶ 由它引导的状语从句常常可以在连系动词后作表语,成为一种特殊的表语从句。如:This is because the instantaneous potential differences across the inductor and the capacitor are 180° out of phase.这是因为在电感器和电容器两端的瞬时电位差的相位相差 180°之故。❷ 科技文中常见的一个句型"This(It)is possible because〔或 because of〕"一般译成"之所以能这样是因为…"。如:This is possible because of our assumption that the transistor is a linear amplifier over the range of voltages and currents of interest.之所以能这样是因为我们假设了在人们感兴趣的电压和电流范围内晶体管是一个线性放大器。❸ 注意"because of + 动名词复合结构"的情况:Aluminum can never be found free in nature, because of its always being combined with other elements.由于铝总是与其它元素化合在一起,所以在自然界里永远找不到处于游离状态的铝。❹ 在"The reason is"后,正规的用法应该用"that"从句,但也有人用"because"从句。❺ 一般情况是"... not ... because ..."译成"并不是因为…才…","... not ..., because ..."译成"因为…而…不…"。如:The binocular telescope was not invented because it was needed in the war.双筒望远镜并不是因为战争的需要而发明的。

beccarite [bɪ'kɑːraɪt] *n.*【地质】绿锆石

becharm [bɪ'tʃɑːm] *vt.* 使迷醉

bechesthesia [bɪːkɪs'θiːzɪə] *n.*【医】咳觉

bechic ['biːkɪk] *a.;n.*【医】咳嗽的,镇咳药

bechilite ['biːtʃɪlaɪt] *n.*【地质】硼钙石

beck [bek] *n.* 小河,山溪,溪流;点头,招手

beckelite ['bekəlaɪt] *n.*【矿】方钙铈镧〔锆〕矿

beckerite ['bekəraɪt] *n.*【矿】酚醛琥珀

becket(t) ['bekɪt] *n.* 环索,把手索,绳环

becking ['bekɪŋ] *n.*【冶】(轮箍坯)辗轧,辗孔,扩孔

becloud [bɪ'klaud] *vt.* 遮暗,使混乱

become [bɪ'kʌm] (became, become) *v.* ①成为,变得 ②适合,与…相称 ③结局,结果是,(结果)变成为(of)

〖用法〗要注意,这个词在科技书刊中常用来构成被动语态句,这时它起助动词的作用,但侧重点表示状态,其词义往往不变。如:The air throughout the room becomes heated by convection currents.对流的气流使整个房间的空气变得暖和了。/This has become accepted by industry.这已为工业所接受。/A matrix is becoming used much more widely than in previous years.与前几年相比,矩阵的应用变得广泛多了。

becoming [bɪ'kʌmɪŋ] ❶ *a.* 合适的,相称的 ❷ *n.* 适合〔应〕

becquerel [bekə'rel] *n.*【核】贝克勒尔(Bq)

becquerelite [bekə'relaɪt] *n.*【矿】深黄铀矿

bed [bed] ❶ *n.* ①床,基,底,垫 ②床铺,机床身,试验台,冷床,机架 ③底盘〔座〕 ④基础地 ⑤地层 ❷ (bedded; bedding) *v.* ①嵌入 ②置于基础中使之固定,分层叠置 ③安置 ☆***bed down*** 安置,摆稳,下陷; ***bed in*** 磨合,嵌入; ***go to bed*** 就寝

〖用法〗注意:in bed 是固定词组,意为"躺在床上"。如果是"躺在某张床上",则可以用 on〔in〕that bed。

bedaub [bɪ'dɔːb] *vt.* (以脏黏物)涂,敷,染污(with)

bedazzle [bɪ'dæzl] *vt.* 使眼花缭乱

bedbug ['bedbʌg] *n.* 臭虫

bedded ['bedɪd] ❶ *a.* ①分层的 ②被置于基础上的,搁置的 ③已磨合的 ④已嵌入的 ❷ *v.* 安装

bedding ['bedɪŋ] ❶ *n.* ①铺盖,垫褥,垫〔褥,铺〕草,炉底分层铺料 ②层理〔面〕 ③基床〔底,础〕,管基 ④埋藏 ⑤卧模 ⑥磨合 ⑦嵌入 ❷ bed 的现在分词

bedead [bɪ'ded] *vt.* 麻醉

bedeck [bɪ'dek] *vt.* 装饰,点缀

bedew [bɪ'djuː] *vt.* 沾湿,滴湿

bedfast ['bedfɑːst] *a.* 卧床不起的,恋床的

bedframe ['bedfreɪm] *n.*【机】底座框架,支承结构

bedim [bɪ'dɪm] (bedimmed; bedimming) *vt.* 使模糊不清

bedlam ['bedləm] *n.* 精神病院,精神病,喧扰,疯狂

bedlamism ['bedləmɪzm] *n.* 精神病,骚乱状态

bedment ['bedmənt] *n.* (矫正)垫板

bedpan ['bedpæn] *n.* 便盆

bedpiece ['bedpiːs], **bed(-)plate** ['bedpleɪt] *n.* ①台〔床,底〕板,底座板 ②底刀(板) ③炉底

bedridden ['bedrɪdn] *a.* 卧床不起的,卧病的

bedrock ['bedrɒk] *n.* ①底岩,岩床 ②基本事实,底蕴 ③最低点,最少量 ☆***get down to bedrock*** 寻根究底

bedroom ['bedruːm] ❶ *n.* 卧室,寝室 ❷ *a.* 卧室的

bedside ['bedsaɪd] ❶ *n.* 床边 ❷ *a.* 护理的,床边(用)的

bedsitter ['bedsɪtə] *n.* 卧室兼起居室

bedsoil ['bedsɔɪl] *n.* 支承土壤

bedsore ['bedsɔː] *n.* 褥疮

bedspace ['bedspeɪs] *n.*【医】床位(总数)

bedspread ['bedspred] *n.* 罩(床)单,床(罩)单

bedspring ['bedsprɪŋ] *n.* 弹簧床

bedstand ['bedstænd] *n.*【机】试验台(装置,台架)

bedstead ['bedsted] *n.* ①试验台,试验装置 ②骨〔构〕架

bedstone ['bedstəun] *n.*【机】底〔座,基〕石,底梁〔木〕

bedye [bɪ'daɪ] *vt.* 着色,漆

bee [biː] *n.* ①蜜蜂 ②积极分子

beech [bi:tʃ] *n.* 山毛榉,榉木,水青岗

beechnut ['bi:tʃnʌt] *n.* ①掬子,山毛榉坚果 ②地空通信系统

beef [bi:f] ❶ *n.* 牛肉,肌肉,肉用牛 ❷ *vt.* 加强,增大,充实(up)

beefy ['bi:fɪ] *a.* 牛肉一样的,结实的,粗壮的

beegerite ['bi:gərat] *n.* (银)辉铋铅矿

beehive ['bi:haɪv] *n.* ①蜂窝(状的),蜂房〔箱,巢〕②集气架 ③空心装(火)药

beehouse ['bi:haʊs] *n.* 养蜂场

beekeeping ['bi:ki:pɪŋ] *n.* 养蜂(业)

bee(-)line ['bi:laɪn] *n.* 空中距离,(两点之间)最短距离,捷径,锋线

beep [bi:p] ❶ *n.* ①簧音,高频笛音,嘟嘟声,导弹遥控指令 ②小型侦察车,吉普车

beeper ['bi:pə] *n.* 导弹〔无人飞机〕遥控器,雷达遥控装置,给无人飞机发送信号的装置,传呼机

beer [bɪə] ❶ *n.* ①啤酒 ②【纺】比尔,经线的头 ☆ *small beer* 淡啤酒;琐事; *think small beer of* 轻视 ❷ *v.* 饮用 ☆*beer it up* (非正式)狂饮啤酒

beeswax ['bi:zwæks] ❶ *n.* 蜂〔黄〕蜡 ❷ *vt.* 涂蜜蜡,上蜡

beet ['bi:t] *n.* 甜菜

Beethoven ['beɪtəʊvən] *n.* 贝多芬

beetle ['bi:tl] ❶ *n.* ①夯具,木夯,大槌 ②搅打机,槌布机 ③脲醛树脂塑料 ④甲虫,糊涂虫 ❷ *a.* 突出的,外伸的 ❸ *v.* ①夯实,(用大槌)捶打 ②突(凸)现 ③离开(off, along)

befall [bɪ'fɔ:l] (befell, befallen) *v.* 发生(于),降临

befanamite [bɪ'fænəmaɪt] *n.*【地质】锐石

befit [bɪ'fɪt] (befitted; befitting) *vt.* 适合,为…所应做〔有〕的

befitting [bɪ'fɪtɪŋ] *a.* 适(应)当的,适宜的 ‖ ~ly *ad.*

befog [bɪ'fɒg] (befogged; befogging) *vt.* 把…笼罩在雾中,把…弄模糊

before [bɪ'fɔ:] ❶ *prep.* ①在…以前,在…前面 ②(宁肯…)而不,(优)先于 ❷ *ad.* 以前,在前面 ❸ *conj.* 在…以前,与其(宁愿) ☆*before all* (*all else, everything)*首先; *before long* 不久,立即; *long before* 远在…之前

〖用法〗❶ 注意有时可把它译成"…之后才"。如: It is necessary to find how long it will be before the stone hits the water.必须求出多久后石块才能击着水面。/Something further must be done to the amplified signals before they are sent to the transmitting antenna.对放大了的信号必须作进一步的处理后才能把它们发送到发射天线上去。/Nearly 100 years passed before the existence of subatomic particles was confirmed by experiment.几乎过了 100 年以后才由实验证实了亚原子微粒的存在。/The values of most things must be converted from decimal to binary before computations can begin.大多数参数值必须从十进制转换成二进制之后才能开始计算。/Diamond is extremely hard

and must be heated to over 6000° F before its crystal structure is disrupted.金刚石是极其硬的,必须把它加热到华氏 6000 度后才能破坏其晶体结构。/Bohr kept the manuscript locked in his desk for almost two years before deciding to send it in for publication.布尔把手稿锁在书桌里几乎两年后才把它交付出版。❷ 当它作闭词时,表示从过去〔或未来〕的某时刻算到某时间以前(而 ago 是从现在算到某时刻以前),同时它可以用于一般性的"以前"这一含义。如: We (have) encountered this formula before.我们在以前已经见到过这个公式了。(这时谓语用现在完成时较为多见。) ❸ 在 before 从句中,用一般现在时来表示一般将来时。如: These signals must be amplified before it is fed to the next stage.要把这些信号放大后才把它们馈送到下一级去。❹ 它引导的状语从句可以修饰它前面的名词。如: Their total momentum before they collide equals their total momentum afterwards.它们碰撞前的总动量等于碰撞后的总动量。

beforehand [bɪ'fɔ:hænd] *ad.* ①事先,预先 ②过早 ③提前地

beforsite [bɪ'fɔ:saɪt] *n.*【地质】镁云碳酸岩

befoul [bɪ'faʊl] *vt.* 弄脏,污蔑,诽谤

befriend [bɪ'frend] *vt.* 友好对待,照顾

befuddle [bɪ'fʌdl] *vt.* 使烂醉,使迷惑

beg [beg] (begged; begging) *v.* 请〔乞〕求 ☆*beg for* 乞求

beget [bɪ'get] (begot,begot(ten); begetting) *vt.* 产生,引起

beggar ['begə] ❶ *n.* 乞丐 ❷ *vt.* 使成为无用,难以

beggarly ['begəlɪ] *a.* 赤贫的,少得可怜的

begin [bɪ'gɪn] (began, begun; beginning) *v.* 开始,动手,着手,创建 ☆*begin at* 从…开始; *begin by doing* 从…开始,首先(做); *begin with* 从…始,先做,以…打头阵; *begin A with B* 从 B(下手)来开始 A; *to begin with* (插入语)首先,第一(点)

〖用法〗❶ 当它作及物动词时,一般来说,既可以跟不定式,也可以跟动名词。如: In recent years, computer programmers have begun using (to use) computers for nonnumerical applications.近年来,计算机程序员已开始把计算机用于非数值应用。❷ 其他应用举例: We begin with a product-of-sums expression.我们从和数之积表达式开始。/We begin by letting i₁ = 0, then we have the following equation. 我们首先设 $i_1 = 0$,于是我们就得到了下面这一方程式。/Students usually begin their study of circuits by considering models of linear elements.学生们通常通过考虑一些线性元件的模型来开始他们对电路的学习。

beginner [bɪ'gɪnə] *n.* ①初学者,生手 ②开创者,创始人

beginning [bɪ'gɪnɪŋ] *n.* 开始〔端〕,起点,起源,初,开头部分,(pl.)早期阶段 ☆ *at (in) the beginning*(在)当初,起初,首先; *at the beginning* of 在…的起初; *from* (*the*) *beginning to* (*the*) *end* 从头至尾,自始至终; *have its beginning(s) in* 起源于; *make a beginning* 着手,开始

begird [bɪˈgɜːd] (begird 或 begirt; begirt) *vt.* 用带绕,围绕,包围

begma [ˈbegmə] *n.* 【医】咳嗽,咳出物

begohm [ˈbegəʊm] *n.* 【电子】十亿欧姆,千兆欧(姆),$10^9 \Omega$

begrime [bɪˈgraɪm] *vt.* 弄脏,沾污

behalf [bɪˈhɑːf] *n.* 利益 ☆*in* (*on*) *behalf of* 为(了),以…名义,代表; *in this* (*that*) *behalf* 关于这〔那〕事

behave [bɪˈheɪv] *vi.* ①表现,举止,行为 ②工作,运转 ☆*behave like* 性能〔作用〕就像…一样,具有…的性质〔特性〕,起…一样的作用
【用法】❶ behave as 等效于 be used as,意为"用作,起…的作用,相当于"(它与 act as、function as、serve as 类同)。如: The diode will behave as a large storage capacitor. 二极管的作用相当于一个大的储能电容器。/The internal resistance behaves as if it is in series with the cell and the external circuit. 内阻似乎和电池及外电路是串联的。(注意: behave as 与 as if 共用了 as。另外,根据语法规则,在由 as if 引导的从句中,应该使用虚拟语气,也就是说这里的 is 应该写成 were。不过我们发现在科技文中有些美国人使用了前述语气。❷ behave to (do ...) 意为"用来…",等效于 be used to (do ...)。如: This capacitor behaves to separate the two circuits. 这个电容器用来把这两个电路分隔开来。

behavio(u)r [bɪˈheɪvjə] *n.* ①(工作,运行)情况,制度 ②特点〔征〕,性能,性质
【用法】❶ 该名词作"性能"解时一般按不可数名词对待,但有时可以有复数形式。如: These behaviors can be regarded as the consequence of the Boltzmann quasi equilibrium condition. 这些性能可以被认为是波尔兹曼准平衡条件的结果。/In this way we will develop further insight into the contrasting behaviors of M-ary PSK and M-ary FSK. 这样我们就会进一步理解多元 PSK 和多元 FSK 的相反性能。❷ 注意下面例句的含义: This paper deals with the behavior of and requirements for Internet firewalls. 本文论述网络防火墙的性能和要求。(句中"of"与"for"共用了介词宾语"Internet firewalls"。)

behaviorist [bɪˈheɪvjərɪst] *n.* 行为主义者,行为心理学家

behavio(u)ral [bɪˈheɪvjərəl] *a.* 行为的,行动的,特性的

behead [bɪˈhed] *vt.* 砍头,断头,夺240

behemoth [bɪˈhiːmɒθ] *n.* 巨兽,庞然大物

behest [bɪˈhest] *n* 命令,紧急指示

behierite [bɪˈhɪəraɪt] *n.* 【地质】硼钽石

behind [bɪˈhaɪnd] ❶ *prep.* 在〔向〕…后面,落后于 ❷ *ad.* ① 在后,向后,落后 ②在幕后 ③过期 ☆*(be) behind schedule* (*time*) 误期,误时; *(be)*

behind the times 落(在时代)后(面),不合时宜; *fall behind* 落(在)后(面); *from behind* 从背后,从后面; *leave ... behind* 把…留下来,遗忘; *stay* (*remain*) *behind* 留下来
【用法】请看以下两个例子中该词所表达的含义: The theory behind this technique is as follows. 这一方法(所涉及)的理论基础如下。/The main idea behind this paper is the recognition that encoding of data from a scene for the purpose of redundancy reduction is related to the identification of specific features in the scene. 这篇论文所蕴含〔表达〕的主要概念是,人们认识到了为了降低冗余而对来自某一场景的数据进行编码与确定该场景的特点是相关的。

behindhand [bɪˈhaɪndhænd] *a.;ad.* 落后(的),耽误(的),迟(的),过期(的)

behoite [bɪˈhɔɪt] *n.* 【地质】羟铍石

behold [bɪˈhəʊld] (beheld) *v.* 看,(请)注意,注视

beholden [bɪˈhəʊldən] *a.* (对…) 感激的(to)

beholder [bɪˈhəʊldə] *n.* 旁观者

behoof [bɪˈhuːf] *n.* 利益

behove [bɪˈhəʊv], **behoove** [bɪˈhuːv] *vt.* 〔主语用 it〕对…来说必须〔应当,理应,宜于〕,是…的义务
【用法】请看下面这个例子中该词的含义: It behooves us to identify some normalized quantities so as to avoid needless repetition of those letters. 我们必须确定某些归一化的量以避免不必要地重复那些字母。

behung [bɪˈhʌŋ] *a.* 挂满了的(with)

beidellite [baɪˈdelaɪt] *n.* 【矿】贝得石

beige [beɪʒ] *n.* 米色,棕灰色

being [ˈbiːɪŋ] (be 的现在分词) ① (由于,既然)是 ②正(在,被) ☆*being as* (*that*) 既然,因为; *bring* (*call*) *into being* 使出现〔产生,形成〕,实现,创造,建成; *come into being* 出现,形成,成立,问世; *for the time being* 暂时,目前; *human being* 人,人类; *in being* 现存〔有〕的,存在的; *inanimate being* 无生物

beira [ˈbaɪərə] *n.* 大耳小羚羊

Beirut [beɪˈruːt] *n.* 贝鲁特(黎巴嫩首都)

beisa [ˈbeɪzə] *n.* 东非长角羚

beiyinite [beɪˈaɪnaɪt] *n.* 白云矿

bel [bel] *n.* ①贝尔(音量、音强单位) ②河床沙岛

bela [ˈbiːlə] *n.* 河中沙洲

belabo(u)r [bɪˈleɪbə] *vt.* ①痛击,重打 ②尽力,对…作过多的说明

belat [biːˈlɑːt] *n.* 皮拉脱风

belated [bɪˈleɪtɪd] *a.* 延误的,来迟的,过期的,遗留下来的

belaud [bɪˈlɔːd] *vt.* 对…大加赞扬,过分赞扬

belay [bɪˈleɪ] ❶ *v.* 拴(绳),用缆系住,把缆系在物体〔人身〕上 ❷ *n.* 系绳处,握住系绳

belaying-pin [bɪˈleɪɪŋpɪn] *n.* 系索栓,套索桩

belch [beltʃ] *v.;n.* ①打嗝,嗳气 ②猛烈喷射,爆发(出,声),喷出

B

beld [beld] *a.* 无头发的

beleaguer [bɪ'li:gə] *vt.* 围困,围攻 ‖ ~ment *n.*

belemnite ['beləmnaɪt] *n.* 箭石

belemnoid ['beləmnɔɪd] *n.* 形似匕首的,剌状的

Belflix ['belflɪks] *n.* 活动薄膜

belfry ['belfrɪ] *n.* 钟楼

Belgian ['beɪdʒən] *a.;n.* 比利时的,比利时人(的)

Belgium ['beldʒəm] *n.* 比利时

Belgrade [bel'greɪd] *n.* 贝尔格来德（南斯拉大首都）

belie [bɪ'laɪ] (belied; belying) *vt.* ①给人以…假象,使人误解,掩饰 ②未能实现,使…落空 ③与…不符合

belief [bɪ'li:f] *n.* ①相信 ②信念（心,仰）,看法 ☆ *(be) beyond belief* 难以置信; *hold a firm belief that* 或 *hold to one's belief that* 坚决相信; *in the belief that* 相信; *to the best of my belief* 我相信,在我看来

believable [bɪ'li:vəbl] *a.* 可信(任)的

believe [bɪ'li:v] *v.* 相信,认为,信任 ☆*believe A (to be) B* 认为〔相信〕A 是 B; *believe in* 相信,信任（仰）
〖用法〗❶ 在科技文中它往往使用"被动语态+不定式"（也有人用"it is believed that …",表示"人们相信…"这一句型）。如：This algorithm is believed to be almost unbreakable. 人们相信这个算法几乎是牢不可破的。❷ "They do not believe that the equation applies here." 要比 "They believe that the equation does not apply here." 显得自然。❸ 在下面的例句中,它构成了插入句：A few kiloohms will, I believe, be enough. 我认为几千欧姆就够了。

believer [bɪ'li:və] *n.* 相信的人,信徒

believing [bɪ'li:vɪŋ] ❶ *a.* 有信仰的 ❷ *n.* 相信 ☆*Seeing is believing.* 百闻不如一见

belit(e) [bɪ'laɪt] *n.*【化】① B 盐,二钙硅酸盐（水泥）② B 岩,斜硅灰石

belittle [bɪ'lɪtl] *vt.* ①缩小,使相形之下显得微小 ②小看,轻视

bell [bel] ❶ *n.* ①钟（声）,(电,信号)铃 ②钟形物,(钟)罩,锥体〔管套〕,喇叭口,漏斗(口) ③(降落)伞衣,(飞机)起落架舱 ④圆屋顶 ☆*as sound (clear)as a bell* 极健全〔清楚〕; *bear the bell* 占首位,获胜; *ring the bell* 敲钟,摇铃 ❷ *v.* ①装上铃 ②使成漏斗形(out) ③鸣,叫 ☆*bell the cat* 承办难事

belladonnine [belə'dɒmaɪn] *n.*【化】颠茄碱

bellboy ['belbɔɪ] *n.* 随身电话装置,无线电话机;旅馆服务员

bellcrank ['belkræŋk] *n.*【机】直角杠杆,(双臂)曲柄,曲拐

belled [beld] *a.* 有喇叭口的,(有)钟形口的

bellend ['beland] *n.*【机】承接端,扩大端

belleter ['belɪtə] *n.* 铸钟人

belleville ['beləvɪl] *n.*【植】酸模

bellglass ['belglɑ:s] *n.* 钟形玻璃制品,(玻璃)钟罩

belligerence [bə'lɪdʒərəns], **belligerency** [bə'lɪdʒərənsɪ] *n.* 好战,交战(状态)

belligerent [bɪ'lɪdʒərənt] *a.;n.* 交战中的;好战的,挑衅争的;交战国(的),交战的一方

belling ['belɪŋ] *n.* 制造管子的喇叭口,扩(管)口,动物的吼叫

bellite ['belaɪt] *n.* 铬钾铅矿;硝铵,二硝基苯炸药

bellmouth ['belmaʊθ] *n.*【机】①承口 ②锥形孔〔底〕③钟形(入口)套管,胀接管 ④测流喷管〔嘴〕,扩流管

bellow ['beləu] *v.;n.* 吼叫,轰鸣

bellows ['beləuz] *n.* ①(褶式手)风箱,手用吹风器 ②(真空)膜盒(组),感压箱,皱皮膜 ③波纹管 ④带闭膜皮球

bellpull ['belpul] *n.* 门铃的拉索,铃扣

bellum ['beləm] *n.* 小独木船

bellwaver ['belweɪvə] *vi.* 徘徊不已

belly ['belɪ] ❶ *n.* ①腹(部),肚子,胃 ②(机身)腹部,炉腰,(孔型底边的)凹起,凸起,鼓肚(部分) ❷ *v.* 涨满,鼓起

bellyache ['belɪeɪk] ❶ *n.* 腹痛 ❷ *vi.* 抱怨,发牢骚

bellybrace ['belɪbreɪs] *n.* 曲柄钻

bellyful ['belɪful] *n.* 满腹的量、充分,过多的量

bellying ['belɪŋ] *n.*【机】托底

bellytank ['belɪtæŋk] *n.* (机腹)副油箱

belonesite [bə'ləunɪsaɪt] *n.*【矿】针镁钼矿

belong [bɪ'lɒŋ] *vi.* ①属于,所有,属于 ②应归入〔处在,位于〕 ☆*belong among (under)* 属于(一类);*belong in* 属于〔列入〕…(一类),住在; *belong to* 属于; *belong with* 与…有关,应归入 〖用法〗请看下面的例子：Edison rightfully belongs among（belongs to,belongs in,belongs under）America's and the world's great contributors to the progress of man. 爱迪生理当属于美国乃至世界上对人类进步的伟大贡献者。

belongings ['bɪlɒŋɪŋz] *n.* (pl.)所有物,行李,附属物,性质

belonite ['belənaɪt] *n.*【地质】针锥晶,镁氟晶

belonoid ['belənɔɪd] *a.* 针形的,锥形的; 茎状突起的

beloved [bɪ'lʌvɪd] ❶ *a.* 受爱戴的,被热爱的,敬爱的 ❷ *n.* 所爱的人

below [bɪ'ləu] ❶ *prep.* 在…的下面〔下方〕,在…以下 ❷ *ad.* 在下面,向下 ❸ *a.* 下列的,下文的 ☆*as below* 如下; *below detection* 观察不到; *below grade* 不合格的,低于原定等级,标线〔地面〕以下的; *below proof* 不合格,废品; *below the mark* 标准以下; *down below* 在下面,海底下,船舱里,在建筑物的较低部分; *from below* 自下,从下面; *see below* 见下文
〖用法〗❶ 在科技文中,这个词主要用作副词或介词。如：Below we discuss the signal generator. 下面我们讨论信号发生器。/The formulas in

common use are listed <u>below</u>.常用的一些公式列在下面。/The temperature there is always <u>below zero</u>.那里的温度总在零度以下。❷ 当它作副词时常常作后置定语。如：The equations <u>below</u> are very important.下面的那些式子是非常重要的。❸ 注意下面例句的含义：So that you may have in mind the goal towards which you are working, there are shown <u>below</u> the circuit diagrams of the two types of TRF receiver.为了让你对所要工作的目标做到心中有数，下面画出了这两类调谐射频接收机的电路图。(本句中 "below" 为副词。)

belt [belt] ❶ n.①皮带,带状物,皮带运输机 ②区(域),层,界 ③吃水线以下的装甲带 ④环行铁路,电车环行线路 ❷ vt. 绕上带子,用带接上

belted ['beltɪd] a. 束带的,用安全带扣住的,带状的,装甲的

beltfurnace ['beltfɜ:nɪs] n.【机】带式炉

belting ['beltɪŋ] n.①包带,并线 ②皮带〔传动带〕装置 ③用轮带运输,用光面带拖光(混凝土路面)

belvedere ['belvɪdɪə] n. 望楼,瞭望塔,观景楼

belyankinite [beli'ænkɪnaɪt] n. 锆钽钙石

bemagalite [bɪ'mægəlaɪt] n. 铍镁晶石

bemaul [bɪ'mɔ:l] vt. 严重伤害,严厉批评

bemaze [bɪ'meɪz] vt. 使恍惚,迷惑

bemean [bɪ'mi:n] vt. 看不起

ben [ben] n.①山顶〔峰〕 ②扩展波段〔宽频带〕雷达发射机 ③后房,内室

bench [bentʃ] ❶ n.①长凳 ②工作台,座架,台座,光具座 ③拉我机,拉床 ④(煤矿)台阶,(矿的)梯段 ⑤护道 ❷ v. 安置凳子于,把…挖成台阶形

benched [bentʃt] a. (台)阶形状的,阶状的

benchman ['bentʃmən] n. 修理工

benchmark ['bentʃmɑ:k] n.①水准,基准,标准 ②标准检查程序,测定基准点

bend [bend] ❶ (bent) v. (使)弯曲,(使)倾向,(使)屈服 ❷ n.①弯(管,头,道),弯曲(处)接头 ②河湾,折弯 ③可曲波导管,索tellinomicro ④(pl.) 沉箱〔高空〕病 ☆**be bent on (upon)** 决心要,一心想; **bend oneself to** 热心从事,专心致志于; **bend one's mind to (on, upon)** 专心致志于; **bend (...) to ...** 使(…)屈从于; **bend to** 屈从于,专心于; **bend up** 弯曲

bendalloy ['bendæloɪ] n.【冶】弯管合金

bender ['bendə] n.①折弯机,弯曲(压力)机,弯管机 ②泵缸上提环

bending ['bendɪŋ] n.【物】①弯曲(度),挠曲〔度〕,扭弯,弯头〔管〕 ②偏移,折射 ③(透镜的)配谐调整,无线电波束曲折,磁头条带效应

bendolleer ['bendælɪə] n. 子弹带

bendway ['bendweɪ] n.【地理】两河弯间河段

bene [bi:n] n. 无恶,佳遇,祝福;新几内亚的野猪

ben(n)e ['beni] n.【植】芝麻,胡麻

beneath [bɪ'ni:θ] ❶ prep. ①在…之下,在…(正)下方 ②劣于,不值得,不配 ❷ ad. 在下(面),在底下 ☆**(be) beneath contempt** 不值一提,卑鄙到极点

点; **(be) beneath notice** 不值得注意

beneceptor ['benɪseptə] n. 良性感受器,有益感受体

benefaction [ˌbenɪ'fækʃən] n. 恩惠,善行,施予

benefactor ['benɪfæktə] n. 恩人,捐助者,赞助者

beneficial [ˌbenɪ'fɪʃ(ə)l] a.①有利的 ②有使用权的 ☆**(be) beneficial to** 对…有利的,有利〔助〕于…的 ‖ **~ly** ad.

beneficiary [ˌbenɪ'fɪʃərɪ] n. 受益者

beneficiate [ˌbenɪ'fɪʃɪeɪt] vt. 选(矿),(冶炼前)对(矿)石进行预处理

beneficiation [benɪˌfɪʃɪ'eɪʃən] n.【地质】选矿

benefit ['benɪfɪt] ❶ n.①利益,益处 ②津贴,保险赔偿费,年金 ☆**be of benefit (to)** (对…)有益; **for the benefit of** 为…(的利益); **to the benefit of** 为…的利益,有利于; **without the benefit of** 没有利用,不利用 ❷ v.①对…有利,有益于 ②受益,收益 ☆**benefit by (from)** 得益于,从…得到好处

〖用法〗注意下面例句中该词的含义：Not that this book shouldn't be used by anyone who's using simulation for the first time <u>without benefit of</u> a classroom.并不是说没有机会在校学习而将首次利用仿真技术的人不该使用本书。

benemid ['benɪmɪd] n.【化】对二丙磺酰胺基甲酸

benevolence [bɪ'nevələns] n. 仁慈,捐助

beng [beŋ] n.【植】(印度)大麻

Bengal [beŋ'gɔ:l] n. 孟加拉

bengala [beŋ'gɑ:lə] n. (荷兰语) n. (三)氧化(二)铁,铁丹

Bengalese [beŋgə'li:z] ❶ a. 孟加拉(人)的 ❷ n. 孟加拉人

Bengali [beŋ'gɔ:lɪ] ❶ a. 孟加拉(人)的 ❷ n. 孟加拉人

bengaline ['beŋgəli:n] n.【纺】罗缎

bengals ['beŋgəlz] n.【纺】孟加拉棉

benight [bɪ'naɪt] vt. 使无知,使愚昧

benign [bɪ'naɪn] a.;n.①(气候)良好的, 仁慈的, 和蔼的 ②【医】良性的

benignant [bɪ'nɪgnənt] a. 良性的,仁慈的,有益的,和蔼的

benihene ['benɪhən] n.【化】贝尼烯

benihidiol [benɪ'hɪdɪəul] n.【化】贝尼里二醇

benihiol ['benɪhɪəul] n.【化】贝尼黑醇

benite ['benaɪt] n.【化】奔奈 (火药)

benito [bə'naɪtəu] n.【空】(连续波)飞机导航装置

benitoite [bə'ni:təuaɪt] n. 蓝锥矿

bent [bent] ❶ bend 的过去式和过去分词 ❷ a. 弯曲的,挠曲的 ②决心的,一心的 ③不正派的 ❸ n.①弯曲,弯头 ②排架,横向构架 ③荒地,苇地 ④倾向,爱好 ☆**be bent on (upon) doing** 决心(做); **have a bent of** 爱好

benthic ['benθɪk] a. 水底的,海洋深处的,海底生物(的)

benthograph ['benθɒɡrɑːf] *n.* 海底记录器〔摄影机〕

benthonic [ben'θɒnɪk] *a.* 海洋的,海底的,河床的,水底的

benthophyte ['benθəfaɪt] *n.*【植】海底植物

benthos ['benθɒs] *n.* 海洋深处,海底生物

benthoscope ['benθəskəup] *n.*【海洋】深海用球形潜水器

bentogene ['bentədʒiːn] *n.* 底栖生物沉积的

bentone grease ['bentəunɡriːs] 膨润土润滑脂,皂土润滑油

bentonite ['bentənaɪt] *n.* 膨润土

bentwing ['bentwɪŋ] *n.* 后掠机翼,后掠翼飞机

benumb [bɪ'nʌm] *vt.* 使失去感觉,使麻木

benumbed [bɪ'nʌmd] *a.* 失去感觉的,麻痹了的,冻僵了的,吓呆了的(with)

Benzahex ['benzəheks] *n.* (农药)六六六

benzal ['benzæl] *n.*【化】苄叉,苯亚甲基,亚苄

benzaldehyde [ben'zældɪhaɪd] *n.* 苯(甲)醛

benzamide [benzə'maɪd] *n.*【化】苯甲酰胺

benzanthracene [ben'zænθrəsiːn] *n.*【化】苯并蒽

benzanthrone [ben'zænθrəun] *n.*【化】苯并蒽酮

benzedrine ['benzɪdriːn] *n.* 苯,氨基丙烷

benzene ['benziːn] *n.* 苯

benzenesulfenyl [ˌbenzenə'sʌlfənɪl] *n.*【化】苯硫基

benzenoid ['benzənɔɪd] *a.* 苯(环)型的

benzestrol [ben'zestrol] *n.*【化】苯雌酚

benzex ['benzeks] *n.* (农药)六六六

benzhydrol [benz'haɪdrol] *n.*【化】二苯基甲醇

benzhydryl [benz'haɪdrɪl] *n.* 二苯甲基

benzidine ['benzɪdiːn] *n.* 联苯胺,对苯二氨基联苯

benzil ['benzɪl] *n.* 联苯酰,苯偶酰,二苯(基)乙二酮

benzilate ['benzɪleɪt] *n.*【化】二(对溴苯基)乙醇酸酯

benzimidazole [ˌbenzɪ'mɪdəzəul] *n.*【化】苯并咪唑

benzimidazolium [benzɪˈmɪdəzəulɪəm] *n.*【化】苯并咪唑阳离子

benzin(e) ['benzɪn] *n.* 精制轻质石油醚,轻油精,汽油

benzine-resisting ['benzɪnrɪˈzɪstɪŋ] *a.* 耐汽油的

benzoate ['benzəueɪt] *n.*【化】苯(甲)酸盐,苯(甲)酸酯

benzochromone [benzə'krəuməun] *n.*【化】苯(并)色酮

benzoic [ben'zəuɪk] *a.* 安息香的

benzoin ['benzəuɪn] *n.*【化】安息香,苯偶姻,二苯乙醇酮

benzol(e) ['benzɒl] *n.* (粗)苯,安息油,工业苯,偏苏油

benzoline ['benzəuliːn] *n.* ①不纯苯 ②=benzine

③苯汽油

benzonitrile [ben'zɒnɪtrɪl] *n.* 苯基氰

benzoperoxide [benzəu'perɒksaɪd] *n.* 过氧化苯酰,苯(甲)酰化过氧

benzophenone [benzəu'fiːnəun] *n.* (二)苯(甲)酮

benzopurpurin [benzəu'pɜːpjuərɪn] *n.* 苯紫红素

benzoquinone [benzəu'kwɪnəun] *n.* 苯醌

benzosulfimide ['benzəu'sʌlfɪmaɪd] *n.*【化】糖精

benzotrichloride [benzəutraɪ'klɔːraɪd] *n.*【化】苄川三氯,三氯甲苯,苯三氯甲烷

benzoxy ['benzɒksɪ], **benzoyloxy** ['benzɔɪlɒksɪ] 苯(甲)酸基,苯酰氧基

benzoyl ['benzəuɪl] *n.* 苯(甲)酰(基)

benzoylation [benzəuɪ'leɪʃən] *n.*【化】苯甲酰化(作用)

benzyl ['benzɪl] *n.*【化】苯甲基(即苄基)

benzylcellulose [benzɪl'seljuləus] *n.*【化】苄基纤维素

benzylidene [ben'zɪlɪdiːn] *n.*【化】苄叉,苯亚甲基

benzylphenol [benzɪl'fiːnɒl] *n.*【化】苄基苯酚

beplaster [bɪ'plɑːstə] *vt.* 厚涂;覆满

bepowder [bɪ'paudə] *vt.* 用粉撒上;在…上涂粉

bepraise [bɪ'preɪz] *vt.* 盛赞,过分称颂

bequeath [bɪ'kwiːð] *vt.* 遗赠

ber [bɑː] *n.* 枣(树),【数】第二类开尔文函数

beraloy ['berəlɔɪ] *n.*【冶】一种铍青铜合金

bereave [bɪ'riːv] (bereaved, bereaved 或 bereft) *vt.* 使丧失,使失去(of) ‖ ~ment *n.*

berengelite [berɪŋ'ɡeɪlaɪt] *n.*【化】脂光沥青

beresowite [bə'resəwaɪt] *n.* (碳)铬铅矿

berg [bɜːɡ] *n.* 冰山,大冰块

bergenite ['bɜːdʒənaɪt] *n.*【矿】水钡铀云母,钡磷铀石

bergol ['bɜːɡɒl] *n.* 石油

bergmeal, bergmehl ['bɜːɡmiːl] *n.* 硅藻土

bergschrund [bɜːɡ'skrʌnd] *n.*【地理】大冰隙,冰川后大裂隙,背隙窿

beriberi [berɪ'berɪ] *n.* 脚气病

beriberic [berɪ'berɪk] *a.* 脚气病的

berillia [bə'rɪlɪə] *n.*【化】氧化铍

berillite ['bɜːrɪlaɪt] *n.*【地质】水〔白〕硅铍石

berillium [bə'rɪljəm] *n.*【化】铍 Be

Bering ['berɪŋ] *n.* 白令海(峡)

Berkeley ['bɜːklɪ] *n.* 伯克利(美国西海岸城市)

Berlin [bɜː'lɪn] *n.* 柏林(德国地名)

berlin(e) [bɜː'lɪn] *n.* ①大四轮车,在司机座后有玻璃窗分隔的轿车车厢 ②细毛线

berm(e) [bɜːm] *n.* ①炉〔狭〕道,崖径 ②小搁板,小平台 ③后滨阶地 ④便道

Bern(e) [bɜːn] *n.* 伯尔尼(瑞士首都)

Bernoulli [bɜː'nuːlɪ] *n.* 伯努利

beromycin [ˌberə'maɪsɪn] *n.*【药】别洛霉素

B

berry ['berɪ] *n.* ①浆果 ②咖啡豆 ③虾〔鱼〕子,卵

bersagliere [ˌbeəsɑ:liːˈeərɪ] (意大利语) *n.* 狙击兵

berth [bɜ:θ] ❶ *n.* ①铺位,卧铺,架床 ②停泊处,泊位,码头 ③回旋余地,安全距离 ④住所,职业 ❷ *v.* ①(使)停泊,入港〔渠〕②占〔提供〕铺位

berthage ['bɜ:θedʒ] *n.* 泊位,停泊费

berthierite ['bɜ:θɪərait] *n.* 蓝〔辉锑〕铁矿

berthollide ['bɜ:θəˈlaɪd] *n.* 贝陀立体;非定比化合物; 贝陀立合金

Bertrand lens [bɜ:ˈtrændlenz] 伯特兰透镜

bertrandite ['bɜ:trəndaɪt] *n.* 【地质】硅铍石

beryl ['berɪl] *n.* 绿(柱)玉,绿柱〔宝〕石

beryllate ['berɪleɪt] *n.* 【化】铍酸盐

beryllia [beˈrɪlɪə] *n.* 氧化铍(耐火材料)

beryllide ['berɪlaɪd] *n.* 铍的金属间化合物

berylliosis [bərɪliːˈəʊsɪs] *n.* 铍中毒,铍肺病

beryllite ['berəlaɪt] *n.* 【地质】水〔白〕硅铍石

beryllium [bəˈrɪlɪəm] *n.* 【化】铍

beryllonite [bəˈrɪlənaɪt] *n.* 磷酸钠铍石

berzelianite [bəˈziːlɪənaɪt] *n.* 硒铜矿

bescatter [bɪˈskætə] *vt.* 撒,洒

bescribble [bɪˈskrɪbl] *vt.* 乱写在…上

beseech [bɪˈsi:tʃ] *v.* 恳〔哀〕求

beseem [bɪˈsi:m] *v.* ①似乎,觉得 ②适当 ‖ ~ingly *ad.*

besel [bɪˈsel] *n.* 监视窗,玻璃框,(遮光,荧光)屏

beset [bɪˈset] (beset) *vt.* ①包围,围住〔绕,攻〕②缠绕,为…所苦 ③镶,嵌

besiclometer [ˌbesɪˈklɒmɪtə] *n.* (眼)镜架宽度计

beside [bɪˈsaɪd] *prep.* ①在…的旁边〔附近〕②除…之外 ☆*be beside oneself* (得意)忘形,失常,情不自禁; *beside the mark (point)* 不中肯,不相干; *beside the question* 离题

besides [bɪˈsaɪdz] *prep.;ad.* 除…外(还),又 〖用法〗❶ 当它作副词时,应该在其后面加一个逗号。如: Besides, we assume that the frequency response of the channel is H(jω).此外,我们假设该信道的频率响应为 H(jω)。❷ 当它作介词时,可以跟不带 to 的不定式或 that 从句。如: That night, they did nothing besides read some reference materials.那天晚上,他们只是阅读了一些参考资料。/Besides that the professor explained the theory, he gave us quite a few examples.那位教授不但解释了该理论,而且给我们举了好几个例子。

besiege [bɪˈsi:dʒ] *vt.* ①(包)围,围困〔攻〕②拥挤在…的周围,纷至 ‖ ~ment *n.*

besmear [bɪˈsmɪə] *vt.* ①抹黑 ②弄脏

besmirch [bɪˈsmɜ:tʃ] *vt.* 弄脏,染污

besmoke [bi:ˈsməʊk] *vt.* 烟污,烟熏

bespangle [bɪˈspæŋg(ə)l] *vt.* 以小亮片装饰,使晶亮发光

bespatter [bɪˈspætə] *vt.* 溅污(with)

bespeak [bɪˈspi:k] (bespoke,bespoke(n)) *vt.* ①预约,订(货)②证明,表示 ③请求

bespeckle [bɪˈspekl] *vt.* 加上斑点, 使有斑点

bespoke [bɪˈspəʊk] ❶ bespeak 的过去式和过去分词 ❷ *a.* 专做定货的 ❸ *n.* 预订的货

bespot [bɪˈspɒt] *vt.* 加上斑点

bespread [bɪˈspred] (bespread) *vt.* 扩张,盖,覆

besprinkle [bɪˈsprɪŋkl] *vt.* 灌,洒

Bessemer ['besɪmə] *n.* 酸性转炉钢,【冶】贝西默炼钢法

bessemerizing ['besəməraɪzɪŋ] *n.* 【冶】(酸性)转炉吹〔冶炼〕法

best [best] *a.;ad.;n.* (good 和 well 的最高级) ①最好的,优质的 ②最大的,最适合的 ③大半的 ④最(好,恰当),极 ⑤最佳,极力 ⑥最好的东西 ☆*as best (as) one can (may)* 尽可能,尽最大努力; *at its best* 全盛,在顶峰上; *at (the) best* 或 *at the very best* 最好〔至多〕也不过; *be all for the best* 结果总会好的; *best bet* 最安全可靠的办法,最好的措施; *best of all* 最(好),首先,第一; *best seller* 畅销书; *do (try) one's (very) best to (do)* 尽全力,鼓足干劲; *get (have) the best of* 胜过; *had best + (do)* 最好是; *make the best of* 尽量利用,善于处理; *put one's best leg (foot) forward* 以最快步伐前进,尽速工作; *Strive for the best, prepare for the worst* 作最坏的打算,争取最好的结果; *the best of it* 最佳处,最妙处; *the best part of* 大部分; *the best possible* 可能达到的最好的; *the best thing to do* 最好的办法,上策; *the best we can say is* 最多我们可以说; *to the best of one's knowledge* 尽…所知; *to the best of one's power (ability)* 尽力地,不遗余力 〖用法〗在科技文中常用 "it is best to (do ...)",意为 "最好…"。如: It is best to control driving power automatically to about 1 μW.最好能够自动地把激励功率控制到大约 1 微瓦。

bestial ['bestɪəl] *a.* 野兽的,兽性的,残忍的

bestow [bɪˈstəʊ] *vt.* ①给予,赠 ②安置,储藏 ③使用,花费

bestowal [bɪˈstəʊəl] *n.* 赠与,赠品;收藏

bestrew [bɪˈstru:] (bestrewed; bestrewn) *vt.* 撒满,撒在…上

bestride [bɪˈstraɪd] (bestrode; bestrid(den)或bestrode) *vt.* ①骑,跨 ②跨越,横跨…上 ③高踞…之上,控制

best-selling ['best'selɪŋ] *a.* 畅销的

bet [bet] *v.;n.* ①(打)赌,赌注 ②敢断定 ☆*I bet (you)* 我敢断定,一定; *miss a bet* 放过(一种解决问题的)好办法,失策; *you bet* 的确,当然,一定

beta ['bi:tə] *n.* ①(希腊字母)β,希腊字母中的第二个字母 ②第二位的(东西)③电流放大系数

betacell ['bi:təsel] *n.* 【电子】β 原子电池

betafite ['betəfaɪt] *n.* 铌钛铀矿,钛酸铌酸铀矿,铀烧绿石

betaine ['bi:təɪn] *n.* 【化】甜菜碱;甘氨酸三甲内盐

betake [bɪˈteɪk] (betook, betaken) *vt.* 使致力于,使

用 ☆**betake oneself to** 到…去,往;专心于;试行,使用

betanidin [bɪˈteɪnɪdɪn] n.【化】甜菜(苷)配基

betanin [ˈbiːtənɪn] n.【化】甜菜苷

betatopic [biːtəˈtɒpɪk] a. 失电子的,邻位的

betatron [ˈbiːtətrɒn] n. 电子回旋加速器,电子感应加速器

bethanise [ˈbeθənaɪs], **bethanize** [ˈbeθənaɪz] vt. 钢丝电解镀锌法

bethelizing [bɪˈθelaɪzɪŋ] n.【化】木材注油

bethink [bɪˈθɪŋk] (bethought) vt. 思考,考虑,想起 (of, that) ☆**bethink oneself of** 想起

bethought [bɪˈθɔt] bethink 的过去式和过去分词

bethump [bɪˈθʌmp] vt. 毒打

betide [bɪˈtaɪd] v. 发生,降临到

betimes [bɪˈtaɪmz] ad. 早,及时

betoken [bɪˈtəukən] vt. 表〔预,暗〕示

beton [ˈbetən] (法语) n. 混凝土

betone [bɪˈtəun] vt. 增强,强调

betook [bɪˈtuk] betake 的过去式

betoss [bɪˈtɒs] vt. 摇动,扰乱

betray [bɪˈtreɪ] vt. ①背叛,出卖 ②辜负 ③泄露,暴露

betrayal [bɪˈtreɪəl] n. 背叛,出卖

betrayer [bɪˈtreɪə] n. 背叛者

better [ˈbetə(ə)] ❶ (good, well 的比较级) a.;ad. ①较好的,更好的 ②更好,超过,更多 ❷ v. 改良,改善,使…更好 ❸ n. 较好的事物〔条件〕,较优者 ☆**all the better** 更好,更合适,更加; **be better off** 更富裕,境况更好; **be the better for it** 因此反而更好; **better than nothing** 比什么都没有要强; **for the better** 好转,改善; **get better** 改善; **get the better of** 胜过,克服; **had better (do)** 最好还是(做); **little better than** (几乎)和…一样,简直是,只能是,实际等于; **no better than** 和…一样,简直是,只能是,实际等于; **not better than** 并不比…好,顶多不过是; **so much the better** 这样就更好了; **the better part of ...** 大部分

〖用法〗❶ "it is better to (do ...)"意为"最好…"(它与"it is best to do ..."类同)。如:In designing, it is better to take the human factors into account.在设计时,最好把人为因素考虑进去。在"it is better that ..."句型中,从句的谓语有人采用"(should +)动词原形"的虚拟形式。如:It is better that an analyst scrap his fine analysis, rather than he later see the mechanism scrapped. 最好是一位分析工作者宁可废弃他精密的分析,也不要在后来看到制造出来的装置报废掉。❸ better 可以用作助动词表示"应该,应当;还是…好(= had better)"。如:That answer better be right.那个答案应该是正确的。

betterment [ˈbetəmənt] n. 改善,修缮和扩建,(pl.) 修缮经费

bettermost [ˈbetəməust] a. 最好的,大部分的

betting [ˈbetɪŋ] n. 打赌,赌博

betulin [ˈbetjulɪn] n.【化】桦木醇

between [bɪˈtwiːn] prep.;ad.;n. ①在…之间,介于 ②当中,中间 ③为…所共有 ☆**(few and) far between** 极少,稀少; **between ourselves (you and me)** 只限于咱俩之间(不得外传); **between times** 时而; **in between** 位于其间,在…期间,在中间,介乎两者之间

〖用法〗❶ 这个词一般用作介词,它通常用在两者之间。如:This parameter can have values between +1 and −1.这个参数值可以在+1 和−1 之间。它可用于三者甚至四者之间。如:Ohm's law expresses the relationship between current, voltage and resistance.欧姆定律表示了电流、电压和电阻之间的关系。/From the relations between the newton, pound, meter, and foot, we can show that 1 hp = 746 W, a useful figure to remember.从牛顿、磅、米和英尺之间的关系,我们可以证明 1 马力= 746 瓦,这是一个应该记住的有用数字。❷ 它可以作副词,表示"在其中间",作后置定语。如:A soap bubble consists of two spherical surface films very close together, with liquid between.肥皂泡是由靠的很紧的两个球面膜构成的,其间是液体。/The lines between are labeled with 2, 3, 4, and so on.中间的那些线标上了 2、3、4,等等。❸ 注意下面例句中该词作名词:These basic ideas permit the physicist to understand the workings of atoms and molecules, stars and nebulae, and everything in between.这些基本概念使得物理学家能够懂得原子和分子、星星和星云以及处于它们之间的任何东西的运行机理。

betweentimes [bɪˈtwiːntaɪmz], **betweenwhiles** [bɪˈtwiːnwaɪlz] ad. 有时,间或

betwixt [bɪˈtwɪkst] prep.;ad. =between ☆**betwixt and between** 在中间,模棱两可的

beurre [baː] n. 奶油

bevatron [ˈbevətrɒn] n.【物】贝伐加速器,高能质子同步稳相加速器

bevel [ˈbev(ə)l] ❶ n. ①斜角〔面,齿〕②倾斜,斜削 ③万能角尺 ④伞齿轮 ❷ a. 斜(角)的,倾斜的,斜削的 ❸ (bevel(l)ed; bevel(l)ing) vt. ①斜削〔切〕,切削成锐角 ②削平 ❸ 弄(倾)斜,(使)成斜角

beveler [ˈbevələ] n.【机】倒角机

bevel(l)ing [ˈbevəlɪŋ] n.;a. 斜切,倾斜,做成斜边,倒斜角

bevelment [ˈbevəlmənt] n.【机】斜切,削平

beverage [ˈbevərɪdʒ] n. 饮料

bevy [ˈbevɪ] n. 一群鸟〔人〕,一堆东西

bewail [bɪˈweɪl] v. 悲叹

beware [bɪˈweə] v. 当心,注意,提防 (of)

bewel [bɪˈwel] n.【机】挠曲,预留曲度(抵消铸型的挠曲)

bewilder [bɪˈwɪldə] vt. 使迷惑〔为难〕‖ ~ment n.

bewildering [bɪˈwɪldərɪŋ] a. 使人困惑的,使人昏乱的

B

〖用法〗注意下面例句中该词的译法:This can be done in a <u>bewildering</u> number of ways.我们可以用多种方法做到这一点。("a bewildering number of"意为"许许多多的;一大堆令人困惑的"。)

bewilderingly [bɪ'wɪldrɪŋlɪ] *ad.* 使人手足无措地,迷惑人地

beyerite ['baɪəraɪt] *n.* 【矿】碳酸钙铋矿

beyond [bɪ'jɒnd] **❶** *prep.* ①超过…(的范围) ②出于…之外,无法 ③离…以外,在…的那边 ④除…以外 **❷** *ad.* 在那处,在〔向〕远处,此外,再往前 **❸** *n.* 远处 ☆*(be) beyond (all) question* 毫无疑问(地),一定; *(be) beyond comparison* 无比的; *(be) beyond control* 无法控制,无能为力; *(be) beyond doubt* 无疑(地); *(be) beyond example* 空前的; *(be) beyond measure* 极其,过度; *(be) beyond the scope of* 超出…范围,力量达不到; *(be) beyond the reach of* 为…力量〔能力〕所不及; *beyond all else* 比什么都; *beyond all things* 第一,首先; *beyond one's power* 是…力所不及的; *beyond the sea(s)* 在海外; *from beyond the seas* 从海外; *It's beyond me* 我不能理解; *the back of beyond* 极远的地方,天涯海角; *beyond the horizon propagation* 超视距传播

〖用法〗**❶** 它作为副词时可以作后置定语。如: The temperatures on Jupiter and the planets <u>beyond</u> are extremely low.木星及更远的行星上的温度是极低的。**❷** 注意下面例句的含义:Operation <u>beyond</u> this hyperbola will result in diode power dissipation in excess of its maximum rating of 1 W. 工作在这双曲线之外会使二极管功耗超过其最大的额定值 1 瓦。

bezel ['bez(ə)l] *n.* ①仪表前盖,(仪表的)玻璃框 ②凿的刃角,宝石的斜面 ③遮光板,聚光圈

bezzle ['bezl] *n.* 【法】挪用公款收益

bhang [bæŋ] *n.* 【植】印度大麻

Bhutan [buː'tɑːn] *n.* 不丹(南亚国家)

biabsorption [baɪəb'sɔːpʃən] *n.* 双吸收

biacetyl [baɪ'æsɪtɪl] *n.* 【化】双乙酰

biacuminate [baɪə'kjuːmɪneɪt] *a.* 两尖的,有两尖端的

bialatus [baɪ'eɪlətəs] *a.* 双翅的

bialin [baɪ'eɪlɪ] *n.* 【药】比阿洛青霉素

bialite ['baɪəlaɪt] *n.* 【地质】镁磷铝石

biangular [baɪ'æŋgjulə] *a.* 有二角的,双角的

biannual [baɪ'ænjuəl] **❶** *a.* 一年两次的 **❷** *n.* 半年刊 ‖ **-ly** *ad.*

bias ['baɪəs] **❶** *n.* ①偏离,偏见,倾向(性) ②偏压 ③斜线,歪圆形 **❷** *a.* 斜的,偏动的 **❸** (bias(s)ed); bias(s)ing) *vt.* 使倾向(一方),使…有偏差 ②加偏压(到) ☆*be biased against* 对…抱有偏见; *be under bias towards* 有…的偏向,对…有偏见; *bias ... into* 加偏压使…进入; *bias off* 偏置截止; *cut on the bias* 斜切; *have bias towards* 有…的偏向,对…有偏见

〖用法〗**❶** 该词前用介词 "at" 表示 "在…偏压时"。如:The energy-band diagram <u>at zero applied bias</u> is shown in Fig. 11-6.外加偏压为零时的能带图示于图 11-6 之中。**❷** 注意下面例句的含义:Increased efficiency results when the push-pull amplifier <u>is biased</u> nearly to cutoff.当把推挽放大器偏置得接近截止时就能提高效率。/A bias against fantasizing may be burdensome.对于幻想的偏见可能是沉重的。

bias(s)ed ['baɪəst] *a.* ①(有,加)偏压的 ②偏置的,移动的 ③有偏见的

bias(s)ing ['baɪəsɪŋ] *n.* ①偏(置) ②偏压,加偏压〔偏流〕 ③偏磁,附加励磁

biasteric [baɪə'sterɪk] *a.* 双星体的

biatomic [baɪə'tɒmɪk] *a.* 二原子的,二酸价的

biauricular [baɪɔː'rɪkjulə] *a.* 两耳的

biax ['baɪæks] *a.* 双轴的

biaxial [baɪ'æksɪəl] *a.* 【物】二轴的

biaxiality [baɪˌæksɪ'ælətɪ] *n.* 【物】二轴性

bibasic [baɪ'beɪsɪk] *a.* (=dibasic) 二元的,二盐基性的,二碱(价)的

bib [bɪb] *n.* 护挡

bib(b) [bɪb] *n.* 活力,龙头弯嘴旋塞

bibcock ['bɪb,kɒk] *n.* (小水)龙头,弯嘴旋塞

bibelot [bɪb'ləu] *n.* (法语)微型书,袖珍本

Bible ['baɪb(ə)l] *n.* 圣经 ‖ **biblical** *a.*

bibliofilm ['bɪblɪəfɪlm] *n.* 图书缩摄胶片,显微胶片

bibliographer [,bɪblɪ'ɒgrəfə] *n.* 目录学家,书目编纂者

bibliographic(al) [,bɪblɪə'græfɪk(əl)] *a.* 书目(提要)的,书籍解题的

bibliography [,bɪblɪ'ɒgrəfɪ] *n.* ①（有关一个题目或一个人的)书目,参考书目,文献目录 ②书志〔文献,目录〕学

〖用法〗**❶** 在它前面可以加不定冠词。如:For a more detailed discussion and <u>a good bibliography</u>, see Ref. 17.对于更详细的讨论及好的参考书目,请参见参考文献 17。**❷** 有人认为当书中兼用脚注和参考书目时,书后的参考书目应用本词,而不用 references。

biblioklept ['bɪblɪəuklept] *n.* 书贼

bibliology [,bɪblɪ'ɒlədʒɪ] *n.* 图书学,书志学,目录学

bibliometer [,bɪblɪ'ɒmɪtə] *n.* 【测绘】吸水性能测定仪

bibliophage ['bɪblɪəˌfeɪdʒ] *a.* 博览群书的人;书呆子

bibliopole ['bɪblɪəupəul] *n.* 书商,珍籍商

bibliotheca [,bɪblɪəu'θiːkə] *n.* 图书馆,藏书室,藏书(目),文库

bibliotic [,bɪblɪ'ɒtɪk] *a.* 文献鉴定学的;笔迹鉴定学的

bibliotics [,bɪblɪ'ɒtɪks] *n.* 笔迹鉴定学

bibromide ['baɪbrəmaɪd] *n.* 【化】二溴化物

bibulous ['bɪbjuləs] *a.* 吸水的,吸收性的,好饮的

bicalcrate [baɪˈkælkreɪt] *a.* 二距的

bicamera [baɪˈkæmərə] *n.* 双镜头摄影机

bicameral [baɪˈkæmər(ə)l] *a.* 双房的,两室的;两院制的

bicapitate [baɪˈkæpɪteɪt] *a.* 二头的

bicarb [baɪˈkɑ:b] *n.*【化】碳酸氢钠,小苏打

bicarbonate [baɪˈkɑ:bənɪt] *n.*【化】碳酸氢盐,重碳酸盐

bicardiogram [baɪˈkɑ:dɪəgræm] *n.*【医】双心电图

bicaudal [baɪˈkɔ:dəl] *a.*【植】(有)双尾的

bicaudate [baɪˈkɔ:deɪt] *a.*【植】(有)双尾的

bicausality [baɪkɔ:ˈzælətɪ] *n.*【逻】双重因果关系

bicavitary [baɪˈkævɪtərɪ] *a.* 两腔的

bice [baɪs] *n.* 灰蓝色,(泛指)绿色

bicellular [baɪˈseljulə] *a.* 两细胞的

bicentenary [baɪsenˈti:nərɪ], **bicentennial** [ˈbaɪsenˈtenɪəl] *n.;a.* 二百周年(纪念)(的)

biceps [ˈbaɪseps] ❶ *n.* 二头肌, 强健的筋肉,臂力 ❷ *a.* 双头的

biceptor [ˈbaɪseptə] *n.*【生】双受体

bicharacteristics [ˈbaɪkærəktəˈrɪstɪks] *n.*【物】双特征

bichloride [baɪˈklɔ:raɪd] *n.*【化】二氯化物

bichromate [baɪˈkrəumeɪt] *n.*【化】重铬酸盐

bichromatic [baɪkrəˈmætɪk] *a.* 二色性的

bichrome [ˈbaɪkrəum] ❶ *a.* 两色的 ❷ *n.* 重铬酸盐〔钾〕

biciliate [baɪˈsɪlɪɪt] *a.* 两鞭毛的, 双纤毛的

bicipital [baɪˈsɪpɪtəl] *a.* 有两头的,二头肌的

bicircular [baɪˈsɜ:kjulə] *a.* 由两个圆周组成的,像两个圆周的

bicirculating [baɪˈsɜ:kjuleɪtɪŋ] *a.* 双重循环的,偶环流的

bicirculation [baɪsɜ:kjuˈleɪʃən] *n.*【海洋】偶环流

bicoastal [baɪˈkəustəl] *a.* (美国)东西海岸的

bicolorimeter [baɪkʌləˈrɪmɪtə] *n.*【测绘】双色比色计

bicolorimetric [baɪkʌlərɪˈmetrɪk] *a.*【测绘】双色比色的

bicommutant [baɪˈkɒmjutənt] *n.*【数】对换位阵

bicompact [baɪkəmˈpækt] *a.*【数】(重)(紧)(致)的

biconcave [baɪˈkɒnkeɪv] *a.* 两面凹的

biconditional [baɪkənˈdɪʃənəl] *a.* 双条件的

bicone [ˈbaɪkəun] *n.* 双锥体

biconic(al) [baɪˈkɒnɪk(əl)] *a.* 双锥形的

bicontinuous [baɪkənˈtɪnjuəs] *a.* 双连续的

biconvex [baɪˈkɒnveks] *a.* 两面凸的

bicoordinate [baɪˈkɔ:dɪneɪt] *a.* 双坐标的

bicorn [ˈbaɪkɔ:n] *a.* 双角的,新月形的

bicornate [baɪˈkɔ:neɪt] *a.* 双角的

bicornous [baɪˈkɔ:nəs] *a.* 两角的

bicornuate [baɪˈkɔ:njueɪt] *a.* 双角的

bicorporate [baɪˈkɔ:pəreɪt] *a.* 双体的

bicron [ˈbaɪkrɒn] *n.* 10^{-9} 米,纳米

bicrural [baɪˈkruərəl] *a.* 两腿的,两脚的

bicrystal [baɪˈkrɪstəl] *n.* 双晶(体)

bicubic [baɪˈkjubɪk] *a.* 双三次的

bicycle [ˈbaɪsɪk(ə)l] *n.;v.* (骑)自行车

bicyclic [baɪˈsɪklɪk] *a.* 二环的,两个轮子的,自行车的;【化】二环的

bicylinder [baɪˈsɪlɪndə] *n.* 双圆柱,双柱面透镜

bicylindrical [baɪsɪˈlɪndrɪkəl] *a.* 双圆柱的, 双柱面的

bid [bɪd] (bade, bidden) *v.;n.* ①出价,投标 ②吩咐,祝 ③努力,企图 ☆*bid fair to* 有…希望; *bid for (on)* 求包(工程),投标争取…的营造权; *bid up* 哄抬(价钱); *make a bid for* 投标争取…的营造权,企图获得

bidden [ˈbɪdən] bid 的过去分词

bidder [ˈbɪdə] *n.* 出价人,投标者

biddiblack [ˈbɪdɪblæk] *n.*【化】比地黑(一种天然颜料)

bidding [ˈbɪdɪŋ] *n.* ①出价,投标 ②命令,吩咐 ③招待,公告 ☆*at A's bidding* 按 A 的命令; *do one's bidding* 照命令做

bide [baɪd] (bided 或 bode, bided) *v.* 等待 ☆*bide by* 守,固持; *bide one's time* 等机会,等待时机

bidematron [ˈbɪdəmətrɒn] *n.* (=beam injection distributed emission magnetron amplifier) 电子束注入分配放射磁控管放大器

bidet [ˈbɪdeɪ] (法语) *n.* 坐浴盆,下身盆

bidigitate [baɪˈdɪdʒɪteɪt] *a.* 有两个数字的,二位数的

bidirectional [baɪdɪˈrekʃənəl] *a.* 双向的

biduous [ˈbaɪdjuəs] *a.* 持续两天的

bieberite [ˈbi:bərat] *n.*【地质】赤矾,钴矾

bielectrolysis [baɪˌɪlekˈtrɒlɪsɪs] *n.*【化】双极电解

bielliptic(al) [baɪɪˈlɪptɪk(əl)] *a.* 双椭圆的

biellipticity [baɪˌɪlɪpˈtɪsətɪ] *n.*【数】双椭圆率

biennale [bjænˈnɑ:li:] (意大利语) *n.* 两年发生一次的事物

biennial [baɪˈenɪəl] ❶ *a.* 两年一次的, ❷ *n.* ①两年生植物,两年一次的事 ②隔年出版物

biennially [baɪˈenɪəlɪ] *ad.* 两年一次地,一连两年地

biennium [baɪˈenɪəm] *n.* 二年间

biermerin [ˈbɪəmərɪn] *n.*【医】胃溶血素

biface [ˈbaɪfeɪs] *n.* 双界面,双面石器

bifacial [baɪˈfeɪʃəl] *a.* 两面一样的,双面的

bifarious [baɪˈfeərɪəs] *a.* 二重的,两列的; 二纵相对的

biferrocenyl [baɪˈferəsɪnɪl] *n.*【化】联二茂铁

bifet [ˈbaɪfɪt] *n.*【电子】双极场化(混合)晶体管

bifid [ˈbaɪfɪd] *a.* 叉形的,两叉的,对裂的

bifilar [baɪˈfaɪlə] *a.* 双丝的,双股的

bifistular [baɪˈfɪstjulə] *a.* (有)两管的

biflagellate [baɪˈflædʒɪlɪt] *a.* 双鞭毛的

biflaker [baɪˈfleɪkə] *n.*【冶】高速开卷机

biflecnode [baɪˈfleknəud] *n.*【数】双拐节点

B

bifluoride [baɪˈfluəraɪd] *n.*【化】二氟化合物

bifocal [baɪˈfəuk(ə)l] *a.;n.* ①两焦点的,远近两用的 ②双焦点透镜, (pl.)双光眼镜

bifocus [baɪˈfəukəs] *n.* 双焦点

bifolium [baɪˈfəulɪəm] *n.* 双叶,双薄层片

biforate [baɪˈfɔrɪt] *a.* 双孔的

biform [ˈbaɪfɔːm] *a.* 两体的,有两形的,把有不同两体的特征合在一起的

biformin [baɪˈfɔːmɪn] *n.*【生】双形覃素,二形多孔菌素

biformity [baɪˈfɔːmətɪ] *n.* 二形(性)

bifurcate [ˈbaɪfɜːkeɪt] *v.;a.* (二)分叉(的),分支(的)

bifurcation [baɪfəˈkeɪʃən] *n.* ①分歧(点),分叉(点),分支,分向两边,【计】两歧状态,双态 ②分流(现象),双叉口(管),河道分叉口

bifurcator [ˈbaɪfɜːkeɪtə] *n.*【电子】二分叉器,二分支器

big [bɪg] (bigger, biggest) ❶ *a.* 大的,重大的 ❷ *ad.* 大地,宽广地,成功地 ☆*as big as life* 与原物一般大小; *(be) big on* 对…狂热〔偏爱〕; *talk big* 说大话,吹牛

big-bang [ˈbɪgbæŋ] *n.* 一整套改革

bigeminal [baɪˈdʒemɪnəl] *a.* 成对的,二联的,孪生的

bigeminy [baɪˈdʒemɪnɪ] *n.* 二联(律),成对出现

bigener [ˈbaɪdʒɪnə] *n.*【生】属间杂种

bigerminal [baɪˈdʒɜːmɪnəl] *a.* 双胚的,双卵的

biggety [ˈbɪgətɪ] *a.* 傲慢的

biggie [ˈbɪgɪ] *n.* 大亨,名人

biggish [ˈbɪgɪʃ] *a.* 相当大的,比较大的

bight [baɪt] *n.* ①弯曲,曲线 ②绳环 ③小(海)湾,新月湾

bigit [ˈbaɪdʒɪt] *n.* 二进位,位

bigot [ˈbɪgət] *n.* 盲目信仰者,顽固者

bigoted [ˈbɪgətɪd] *a.* 固执的,执迷的,顽固的

bigotry [ˈbɪgətrɪ] *n.* 固执,顽固

bigraph [ˈbaɪgrɑːf] *n.*【计】偶图,双图

bigrid [ˈbaɪgrɪd] *n.;a.* 双栅极的(的)

biguanide [baɪˈgwɑːnaɪd] *n.*【化】双二胍

bigwoodite [ˈbɪgwudaɪt] *n.*【地质】钠长微斜正长岩

biharmonic [baɪhɑːˈmɒnɪk] *a.* 双调和的,双谐(波)的

bihole [ˈbaɪhəul] *n.*【电子】双空穴

bijou [ˈbiːʒuː] ❶ *n.* 珠宝,小巧美观的东西 ❷ *a.* 小巧玲珑的

bike [baɪk] *n.;vi.* (骑)自行〔摩托〕车

bilamellar [baɪˈlæmɪlə] *a.* 两片的

bilaminar [baɪˈlæmɪnə] *a.* 二层的,两板的

bilanz [ˈbaɪlænz] *n.* 平衡

bilat [ˈbaɪlæt] *n.* 双边会议

bilateral [baɪˈlætərəl] *a.* ①双向的 ②两面的,对向的,左右均一的 ③交会的 ‖ **~ly** *ad.*

bilateralism [baɪˈlætərəlɪzm] *n.* 两侧对称性

bilayer [baɪˈleɪə] *n.*【生】双分子层

bile [baɪl] *n.* ①胆汁 ②愤怒,坏脾气

bilection [baɪˈlekʃən] *n.*【机】凸出嵌线

bilepton [baɪˈleptən] *n.*【物】双轻子

bilestone [ˈbaɪlstəun] *n.*【医】胆石

bilevel [ˈbaɪlevl] *a.* 双电平的

bilge [bɪldʒ] *n.;v.* ①舱底,舱底破漏,鼓胀,凸出 ②弯度,矢高

bilharzia [bɪlˈhɑːzɪə] *n.* 血吸虫属,裂体吸虫属

bilharzial [bɪlˈhɑːzɪəl] *a.* 血吸虫的

bilharziasis [ˌbɪlhɑːˈzaɪəsɪs] *n.* 血吸虫病,裂体吸虫病

bilharzic [bɪlˈhɑːzɪk] *a.* 血吸虫的

biliary [ˈbɪljərɪ] *a.* 胆汁的,胆的

bilicyanin [bɪlɪˈsaɪənɪn] *n.*【医】胆青素

bilifuscin [ˌbɪlɪˈfʌsɪn] *n.*【医】胆褐素

bilinear [baɪˈlɪnɪə] *a.* 双直线的,双线性的

bilinearity [baɪˌlɪnɪˈærətɪ] *n.* 双线性

bilineurine [ˌbɪlɪˈnjuːriːn] *n.*【医】胆碱

bilingual [baɪˈlɪŋgwəl] *a.* 两种文字(对照)的

bilinite [ˈbaɪlɪnaɪt] *n.*【地质】复铁矾

biliprotein [ˌbɪlɪˈprəutɪn] *n.*【生】胆质蛋白,光合辅助色素

bilipurpurin [ˌbɪlɪˈpɜːpjurɪn] *n.*【医】胆紫素

bilirubin [ˌbɪlɪˈruːbɪn] *n.*【医】胆红素

bilirubinoid [ˌbɪlɪˈruːbɪnɔɪd] *n.*【医】类胆红素

biliteral [baɪˈlɪtərəl] *a.* 由两个字母组成的

biliverdin [ˌbɪlɪˈvɜːdɪn] *n.*【医】胆绿素

bill [bɪl] ❶ *n.* ①清单(报)表,细目,招贴 ②票据,发票,证书(券),议(法)案 ③(鸟)嘴,尖(端),锚爪,嘴状岬 ❷ *vt.* 填报,撒传单,贴广告;通告;开账单,要求支付 ☆*fill (fit) the bill* 适合要求,满足需要,解决问题; *post no bills* 禁止张贴

〖用法〗注意下面例句中该词的含义:This kind of laser receives special billing in Chapters 15 and 16. 在第 15、16 章专门关注这种激光器。

billboard [ˈbɪlbɔːd] *n.* 广告牌

billbook [ˈbɪlbuk] *n.* 支票簿

billcollector [ˈbɪlkəˈlektə] *n.* 收账员

biller [ˈbɪlə] *n.* 开账单的人,账单机

billet [ˈbɪlɪt] ❶ *n.* 兵舍,工作职位 ❷ *vt.* 给(部队)安排住处

billeteer [ˌbɪlɪˈtɪə] *n.*【机】粗加工机床,钢坯剥皮机

billfish [ˈbɪlfɪʃ] *n.* 长嘴鱼

billhead [ˈbɪlhed] *n.* 空白单据

billiard [ˈbɪljəd] ❶ *a.* 台球的,弹子戏的 ❷ *n.* (pl.) 台球

billibit [ˈbɪlɪbɪt] *n.*【数】十亿位,千兆位,10^9 位(比特)

billcycle [ˈbɪlsaɪkl] *n.* 千兆周,10^9 周

billietite [ˈbɪljetaɪt] *n.*【矿】(金)黄钡铀矿

billing [ˈbɪlɪŋ] *n.* 演员表,演员次序

billion [ˈbɪljən] *n.* ①(美,法)千兆,10 亿,10^9 ②(英,德)亥,10^{12} ③无数 ☆*billions of* 亿万个

billionaire [ˈbɪljəˈneə] *n.* 亿万富翁

billionth [ˈbɪljənθ] *n.;a.* (美,法)第十亿(的),十亿分

之一(的)；(英,德)第一万亿(的),一万亿分之一(的)

billisecond ['bɪlɪsekənd] n. (=nanosecond) 纳秒, 10^{-9} 秒

billon ['bɪlən] n.【冶】金〔银〕与其它金属的合金

billow ['bɪləʊ] ❶ n. 巨浪,波浪般滚滚向前的东西 ❷ v. 起大浪,汹涌

billowing ['bɪləʊɪŋ] n. 波浪形

billowy ['bɪləʊɪ] a. 汹涌的,巨浪(般)的

bilobate [baɪ'ləʊbeɪt] a. 二裂的,有二裂片的

bilobular [baɪ'lɒbjʊlə] a. 两室的,双房的;二格的

bilocal [baɪ'ləʊkəl] a. 双定域的

bilogical [baɪ'lɒdʒɪkəl] a. 双逻辑的

bimag ['baɪmæg] n. 双磁芯

bimalar [baɪ'mælə] a. 两颊的

bimaleate [baɪ'mælɪeɪt] n.【化】马来酸氢盐〔酯〕

bimalonate [baɪ'mæləneɪt] n.【化】丙二酸氢盐〔酯〕

bimanous ['bɪmənəs] a. (有)双手的

bimanual [baɪ'mænjʊəl] a.(须)用两手的,双手的

bimanualness [baɪ'mænjʊəlnɪs] n. 双手操作

bimbette ['bɪmbet] n. 少女歌手

bimester [baɪ'mestə] n. 两月(期)

bimestrial [baɪ'mestrɪəl] a. 持续两个月的,两月一次的

bimetal [baɪ'metl] n. 双金属(片),复合钢材

bimetallic [baɪmɪ'tælɪk] a. 双金属的

bimirror ['baɪmɪrə] n. 双镜

bimodal [baɪ'məʊdəl] a. 双峰〔态,模〕的

bimolecular [baɪmɒ'lekjʊlə] a. 双分子的

bimoment [baɪ'məʊmənt] n. 双力矩,(弯曲 扭曲)复合力矩

bimonthly [baɪ'mʌnθlɪ] a.;ad.;n. ①两月一次(的) ②一月两次(的) ③双月刊 ④半月刊

bimorph ['baɪmɔ:f] n. 双压电晶片元件(亦作 bimorph cell)

bimotored ['baɪməʊtəd] a. 装有两台发动机的

bin [bɪn] ❶ n. ①储存斗,储藏室 ②料箱〔斗,柜〕,组件屉,期刊架,器材架上之分门 ③送套坑,斜坡道 ④精神病院 ❷ v. 把…扔入废纸篓

bina ['baɪnə] n.【地质】坚硬黏土岩

binangle ['bɪnæŋgl] ❶ n. 双角器 ❷ a. 二角的

binaphthyl [baɪ'næfθɪl] n.【化】联萘

binariants [baɪ'nærənts] n.【化】双变式

binarite [baɪ'naɪraɪt] n.【矿〕白铁矿

binary ['baɪnərɪ] a.;n. ①二,双,双体 ②成分的,二元的,双态的,两等分的,有二自由度的

binate ['baɪneɪt] ❶ vt. 二分取样,相间消417 ❷ a. 成对的,双生的

binaural [baɪ'nɔ:rəl] a. 有两耳的,双耳用的,双耳声的

binauricular [bɪ'nɔ:rɪkjʊlə] a. 两耳的,两心耳的

bind [baɪnd] ❶ (bound) v. ①捆,约束,键联 ②结〔黏〕合,(使)黏〔凝〕固 ③装订,镶边 ④【计】联编,汇集 ❷ n. ①黏合 ②束缚物,带,索,藤 ③系

杆 ④胶泥,页岩 ⑤【计】置值 ☆**be bound for** (船)开往…去的; **be bound to** (被)束缚在…上; **be bound to (do)** 必须要,不得不,有…的义务,决心要; **be bound up with** 与…密切关系; **bind about (around, round)** 捆; **bind up** 包扎,装订

binder ['baɪndə] n. ①黏合剂 ②黏结料,铺路沥青 ③缀合物,扎线,绷带 ④结合零件,夹(子) ⑤捆扎机 ⑥装订者,装订机 ⑦封皮,活页封面,散页本的硬封夹

bindery ['baɪndərɪ] n. 装订厂

binding ['baɪndɪŋ] ❶ n. ①结〔黏〕合,黏结,装配 ②紧固,约束 ③键(联),【计】联编,汇集 ④捆扎 ⑤包上,装订 ⑥(平炉)构架 ❷ a. 捆扎的,黏合的,有约束力的 ☆**be binding on (upon)** 对…具有约束力

bindwood ['baɪndwʊd] n. 常青藤

bine [baɪn] n.【植】茎

bineutron [baɪ'nju:trɒn] n. 双中子

binful ['bɪnfʊl] n. 满满一斗,满满一仓

bing [bɪŋ] n. 材料堆,废料堆, 高品位铅矿石

binistor [baɪ'nɪstə] n.【电子】四层半导体开关器件

binit ['bɪnɪt] n. 二进制符号〔数位〕

binnacle ['bɪnək(ə)l] n.【航海】罗盘座,罗经柜

binocle ['bɪnɒkl] n. (双眼)望远镜

binocs [bɪ'nɒks] n. (pl.) 双筒望远镜

binocular [bɪ'nɒkjʊlə] ❶ a. 用两眼的,双目〔筒〕的 ❷ n. (常用 pl.) 双目(望远,显微)镜,双筒(望远,显微)镜

binoculus [bɪ'nɒkjʊləs] n. 双眼

binodal [baɪ'nəʊdl] a. (有)双节的,双结点的,双阳极的

binode ['baɪnəʊd] n.;a. 双阳极(的),双结(节)(点)

binomial [baɪ'nəʊmɪəl] ❶ a. 二项(式)的,重名的 ❷ n. 二项式,二〔重〕名法

binormal [baɪ'nɔ:məl] n.【数】副法线,仲法线

binoscope [baɪ'nəʊskəʊp] n. 双目镜

binotic [baɪ'nɒtɪk] a. 两耳的

binoxalate [baɪ'nɒksəleɪt] n.【化】草酸氢盐〔酯〕

binoxide [baɪ'nɒksaɪd] n.【化】二氧化物

binpiler ['bɪnpaɪlə] n.【纺】堆布池用布器

binuclear [baɪ'nju:klɪə] a. (=binucleate)双核的

binucleate [baɪ'nju:kli:ɪt] a.【生】双核的

bioaccumulation ['baɪəʊə,kjumjʊ'leɪʃən] n. 生物累积

bioacoustics [,baɪəʊə'ku:stɪks] n. 生物声学

bioactivator [,baɪəʊ'æktɪveɪtə] n. 生物活性剂

bioactivity [,baɪəʊ'æktɪvətɪ] n. 生物活性,(对)生物(的)作用

bioaeration [,baɪəʊæ'reɪʃən] n. (污水等)活性通气法,生物通气

bioanalysis [,baɪəʊə'nælɪsɪs] n. 生物分析(法)

bioassay [,baɪəʊə'seɪ] n. 生物鉴〔测〕定,活体鉴定

bioastronautic ['baɪəʊ,æstrə'nɔ:tɪk] a. 生物航

天的,生物字航的

bioastronautics ['baɪəu,æstrə'nɔ:tɪks] *n.* 生物航天学,生物宇宙航行学

bioastrophysics ['baɪəu,æstrəu'fɪzɪks] *n.* 天体生物物理学

bioautography [,baɪəuɔ:'tɒgrəfɪ] *n.* 生物自显影法

bioavailability ['baɪəuə,veɪlə'bɪlətɪ] *n.* 生物利用率

biobalance [,baɪəu'bæləns] *n.* 生物平衡

biobattery [,baɪəu'bætərɪ] *n.* 生物电池

biocabin [,baɪəu'kæbɪn] *n.* 生物舱

biocalc ['baɪəukælk] *n.*【化】氢氧化钙

biocalorimetry ['baɪəu,kælə'rɪmɪtrɪ] *n.* 生物量热法

biocatalysis [,baɪəu'kætəlɪsɪs] *n.*【化】生物催化作用

biocatalyst [,baɪəu'kætəlɪst] *n.* 生物催化剂,酶

biocell ['baɪəusel] *n.* 生物电池

biocenology [,baɪəusɪ'nɒlədʒɪ] *n.* 生物群落学

bioceramics [,baɪəusɪ'ræmɪks] *n.* 生物陶瓷

biochelation [,baɪəukə'leɪʃən] *n.*【生】生物螯合作用

biochemical [,baɪəu'kemɪkəl] *a.* 生物化学的

biochemics [,baɪəu'kemɪks] *n.* 生化学,生物化学

biochemist [,baɪəu'kemɪst] *n.* 生物化学家

biochemistry [,baɪəu'kemɪstrɪ] *n.* 生物化学,生(理)化学

biochemorphic [,baɪəuke'mɔ:fɪk] *a.* 生化形态学的

biochemorphology ['baɪəu,kemɔ:'fɒlədʒɪ] *n.* 生化形态学

biochemy ['baɪəukemɪ] *n.* 生物化学力

biochore ['baɪəukɔ:] *n.*【生】生物区域界线,植物区域气候界线

biochrome [,baɪəu'krəum] *n.*【生】生物色素

biochronology [,baɪəukrə'nɒlədʒɪ] *n.* 生物年代学

biochronometer [,baɪəukrə'nɒmɪtə] *n.* 生物钟

biochronometry [,baɪəukrə'nɒmɪtrɪ] *n.* 生物钟学

biocidal ['baɪəusaɪdəl] *a.* 杀生的,杀伤生物的

biocide ['baɪəusaɪd] *n.* 杀虫剂,抗微生物剂

bioclastic [,baɪəu'klæstɪk] *a.* 生物碎屑的

bioclastics [,baɪəu'klæstɪks] *n.* (=bioclastic rock) 生物碎屑岩

bioclean ['baɪəukli:n] *n.* 无菌的,十分清洁的

bioclimate [,baɪəu'klaɪmɪt] *n.* 生物气候

bioclimatic [,baɪəuklaɪ'mætɪk] *a.* 生物气候学的

bioclimatics [,baɪəuklaɪ'mætɪks] *n.*, **bioclimatology** ['baɪəu,klaɪmə'tɒlədʒɪ] *n.* 生物气候学

bioclock ['baɪəuklɒk] *n.* 生物钟

biocoen [,baɪəu'kəuən] *n.* 生物群落

bioc(o)enology [,baɪəusɪ'nɒlədʒɪ] *n.* 生物群落学

bioc(o)enose [,baɪəu'sɪnəus] *n.* 生物群落

bioc(o)enosis [,baɪəusɪ'nəusɪs] *n.* 生物群落

biocoenosium [,baɪəusɪ'nəusɪəm] *n.* 生物群落

biocolloid [,baɪəu'kɒlɔɪd] *n.* 生物胶体

biocommunity [,baɪəukə'mju:nətɪ] *n.* 生物群落

biocompatibility ['baɪəukəm,pætə'bɪlətɪ] *n.* 生物配伍,生物适应性

biocomputer [,baɪəukəm'pju:tə] *n.* 生物计算机

bioconnector [,baɪəukə'nektə] *n.* 生物传感连接器

biocontent [,baɪəu'kɒntent] *n.* 生物能含量

biocontrol [,baɪəukən'trəul] *n.* 生物电控制

bioconversion [,baɪəukən'vɜ:ʃən] *n.* 生物转化

biocosmonautics ['baɪəu,kɒzmə'nɔ:tɪks] *n.* 生物宇宙航行学

biocrystal [,baɪəu'krɪstəl] *n.* 生物晶体

biocrystallography ['baɪəu,krɪstə'lɒgrəfɪ] *n.* 生物晶体学

bioctyl ['baɪəuktɪl] *n.*【化】联辛基

biocurrent [,baɪəu'kʌrənt] *n.* 生物电流

biocybernetics ['baɪəu,saɪbə'netɪks] *n.* 生物控制论

biocycle ['baɪəusaɪkl] *n.* 生物带,生物循环,生物周期

biocytin [,baɪəu'saɪtɪn] *n.* 生物细胞素

biocytoculture [,baɪəu'saɪtəukʌltʃə] *n.*【生】活细胞培养法

biodegradability ['baɪəudɪ,greɪdə'bɪlətɪ] *n.* 生物降解能力

biodegradable [,baɪəudɪ'greɪdəbl] *a.* 生物可降解的,可生物降解的

biodegradation ['baɪəu,dɪgrə'deɪʃən] *n.* 生物降解,生物递降分解作用

biodeterioration ['baɪəudɪ,tɪərɪə'reɪʃən] *n.* 生物腐蚀（变质,退化）

biodetritus [,baɪəudɪ'traɪtəs] *n.*【生】生物碎屑

biodot ['baɪəudɒt] *n.* 温敏器(用于测量人的紧张程度)

biodrama ['baɪəu,drɑːmə] *n.* 传记体戏剧

biodynamic [,baɪəudaɪ'næmɪk] *a.* 生物动态的,生物(动)力的,生活力的

biodynamics [,baɪəudaɪ'næmɪks] *n.* 生物(动)力学,生活机能学,活力学,生物动态学

bioecology [,baɪəuiː'kɒlədʒɪ] *n.* 生物生态学,环境适应学

bioeconomics ['baɪəu,iːkə'nɒmɪks] *n.* 生物经济学

bioelectricity [,baɪəu,ɪlek'trɪsətɪ] *n.* 生物电(流)

bioelectrode [,baɪəu,ɪ'lektrəud] *n.* 生物电极

bioelectrogenesis ['baɪəuɪ,lektrəu'dʒenəsɪs] *n.* 生物电源学〔发生〕

bioelectronics ['baɪəuɪ,lek'trɒnɪks] *n.* 生物电子学

bioelement [,baɪəu'elɪmənt] *n.* (生命)必要元素,生物元素

bioenergetics [ˈbaɪəʊˌenəˈdʒetɪks] *n.* 生物能(力)学,生物能量学

bioenergy [ˌbaɪəʊˈenədʒɪ] *n.* 生物能

bioengineering [ˈbaɪəʊˌendʒɪˈnɪərɪŋ] *n.* 生物工程学

bioergonomics [ˈbaɪəʊˌɜːgəˈnɒmɪks] *n.* 生物功效学

bioerosion [ˌbaɪəʊɪˈrəʊʒən] *n.* 生物侵蚀(作用)

biofacies [ˌbaɪəʊˈfeɪʃiːz] *n.* 【生】生物相

biofeedback [ˌbaɪəʊˈfiːdbæk] *n.* 【生】生物反馈

biofermin [ˌbaɪəʊˈfɜːmɪn] *n.* 【生】乳酶生

biofiltration [ˌbaɪəʊfɪlˈtreɪʃən] *n.* 生物过滤

bioflavonoid [ˌbaɪəʊˈfleɪvənɔɪd] *n.* 【化】生物黄酮类,生物类黄酮

bioflocculation [ˈbaɪəʊˌflɒkjʊˈleɪʃən] *n.* 【生】生物絮凝(作用)

biofog [ˈbaɪəʊfɒg] *n.* 生物雾

biofouling [ˌbaɪəʊˈfaʊlɪŋ] *n.* 生物附着

biofundamentalist [ˈbaɪəʊˌfʌndəˈmentəlɪst] *n.* 生物原教旨主义者

biogas [ˈbaɪəʊgæs] *n.* 生物气,沼气

biogen [ˈbaɪədʒən] *n.* 生原体,生命素

biogenesis [ˌbaɪəʊˈdʒenɪsɪs] *n.* 生物起源,生源说

biogenetic [ˌbaɪəʊdʒɪˈnetɪk] *a.* 生物起源的

biogenic [ˌbaɪəʊˈdʒenɪk] *a.* 生物起源的,由生物的活动所产生的,维持生命所必需的

biogenous [baɪˈɒdʒənəs] *a.* 产生生命的,生命起源的

biogeny [baɪˈɒdʒɪnɪ] *n.* 生物发生,生原说

biogeochemical [ˈbaɪəʊˌdʒiːəʊˈkemɪkəl] *a.* 生物地球化学的

biogeochemistry [ˌbaɪəʊˌdʒiːəʊˈkemɪstrɪ] *n.* 生物地球化学

biogeocoenology [ˈbaɪəʊˌdʒiːəʊsiˈnɒlədʒɪ] *n.* 生物地理群落学

biogeocoenosium [ˈbaɪəʊˌdʒiːəʊsiˈnəʊzɪəm] *n.* 生物地理群落

biogeographer [ˌbaɪəʊdʒɪˈɒgrəfə] *n.* 生物地理学家

biogeography [ˌbaɪəʊdʒɪˈɒgrəfɪ] *n.* 生物地理学

biogeosphere [ˌbaɪəʊˈdʒiːəʊsfɪə] *n.* 生物地理圈

biogliph [ˈbaɪəʊglɪf] *n.* 【生】生物印痕

biognosis [baɪɒgˈnəʊsɪs] *n.* (pl. biognosisnoses) 生源说,生命学,生物论

biograph [ˈbaɪəʊgrɑːf] *n.* 生物运动描记器,呼吸描记器

biographee [baɪˌɒgrəˈfiː] *n.* 传记人物,被传记所写的人

biographer [baɪˈɒgrəfə] *n.* 作传人,传记作家

biographic(al) [ˌbaɪəʊˈgræfɪk(əl)] *a.* 传记(体)的

biography [baɪˈɒgrəfɪ] *n.* ①传(记),传记文学 ②事物发展过程的记述 ③言行录 ④生物运动摄影术

biogravics [ˌbaɪəʊˈgrævɪks] *n.* 生物重力学

biogum [ˈbaɪəʊgʌm] *n.* 【生】生物胶

bioherm [ˈbaɪəʊhɜːm] *n.* 【生】生物岩礁,生物丘

bioholography [ˌbaɪəʊhəˈlɒgrəfɪ] *n.* 生物全息术

bioid [ˈbaɪɔɪd] *n.* 类生物体系

bioimagery [ˌbaɪəʊˈɪmɪdʒərɪ] *n.* 生物显像术,生物制品〔逻辑〕

bioindustry [ˌbaɪəʊˈɪndəstrɪ] *n.* 生物产业

bioinorganic [ˈbaɪəʊˌɪnɔːˈgænɪk] *a.* 生物无机的

bioisolation [ˈbaɪəʊˌaɪsəˈleɪʃən] *n.* 生物隔离

bioisotope [ˌbaɪəʊˈaɪsəʊtəʊp] *n.* 生物同位素

biokinetic [ˌbaɪəʊkɪˈnetɪk] *a.* 生物动力学的

biokinetics [ˌbaɪəʊkɪˈnetɪks] *n.* 生物动力学

biolac [ˈbaɪəlæk] *n.* 【化】炼乳

biolaser [ˌbaɪəʊˈleɪzə] *n.* 生物学用的激光器

biolipid [ˌbaɪəʊˈlaɪpɪd] *n.* 【化】生物脂

biolith [ˈbaɪəʊlɪθ] *n.* 【生】生物岩

biologic(al) [ˌbaɪəʊˈlɒdʒɪk(əl)] *a.* 生物(学)的

biologics [ˌbaɪəˈlɒdʒɪks] *n.* 【药】生物药品〔制品〕

biologist [baɪˈɒlədʒɪst] *n.* 生物学家

biologization [ˈbaɪəʊˌlɒdʒɪˈzeɪʃən] *n.* 生物学化

biology [baɪˈɒlədʒɪ] *n.* 生物学,生态学,生物(总称)

bioluminescence [ˈbaɪəʊˌljuːmɪˈnesəns] *n.* 生物(体,性)发光,生物荧光 ‖ **bioluminescent** *a.*

biolysis [baɪˈɒlɪsɪs] *n.* 生物分解(作用),生命现象的破坏,死亡

biolytic [ˌbaɪəˈlɪtɪk] *a.* 生物分解的,破坏生物的

biolytics [ˌbaɪəˈlɪtɪks] *n.* 【化】溶生素

biomacromolecule [ˈbaɪəʊˌmækrəʊˈmɒlɪkjuːl] *n.* 生物高分子

biomagnetic [ˌbaɪəʊmægˈnetɪk] *a.* 生物磁的

biomagnetism [ˌbaɪəʊˈmægnɪˌtɪzm] *n.* 生物磁学

biomass [ˈbaɪəʊmæs] *n.* 生物量,生命体,生物统计

biomaterial [ˌbaɪəʊməˈtɪərɪəl] *n.* 生物材料

biomathematics [ˌbaɪəʊˌmæθɪˈmætɪks] *n.* 生物数学

biome [ˈbaɪəʊm] *n.* 生物群落〔社会〕

biomeasurement [ˌbaɪəʊˈmeʒəmənt] *n.* 生物测量

biomechanics [ˌbaɪəʊməˈkænɪks] *n.* 生物力学

biomechanism [ˌbaɪəʊˈmekənɪzm] *n.* 生物机制

biomedical [ˌbaɪəʊˈmedɪkəl] *a.* 生物医学的

biomedicinal [ˌbaɪəʊˈmedɪsɪnəl] *n.* 生物性药物

biomedicine [ˌbaɪəʊˈmedɪsɪn] *n.* 生物医学

biomembrane [ˌbaɪəʊˈmembreɪn] *n.* 【生】生物膜

biometeorology [ˈbaɪəʊˌmiːtjəˈrɒlədʒɪ] *n.* 【气】生物气象学

biometer [baɪˈɒmɪtə] *n.* 【生】生物计,活组织二氧化碳测定仪

biometrics [ˌbaɪəʊˈmetrɪks], **biometry** [baɪˈɒmɪtrɪ] *n.* ①生物统计学,生物测量学 ②寿命测定

biomicroscope [,baɪəʊˈmaɪkrəskəʊp] *n.* 生物显微镜

biomimesis [,baɪəʊˈmɪmɪsɪs] *n.*【生】生物拟态

biomolecule [,baɪəʊˈmɒlɪkjuːl] *n.* 生命分子,原生质

biomone [ˈbaɪəʊməʊn] *n.* 生命粒子

biomonitoring [,baɪəʊˈmɒnɪtərɪŋ] *n.* 生物监测

biomotor [ˈbaɪəʊməʊtə] *n.* (=spirophore)人工呼吸器

biomutation [,baɪəʊmjuˈteɪʃən] *n.* 生物变异

bion [ˈbaɪɒn] *n.* 生物,生(物)体,生物型,生命单元

bionecrosis [,baɪəʊnəˈkrəʊsɪs] *n.*【生】渐进性坏死

bionergy [baɪˈɒnədʒɪ] *n.* 生命力

bionics [baɪˈɒnɪks] *n.* 仿生(电子)学,生物机械学

bionomical [,baɪəˈnɒmɪkəl] *a.* 生态学的

bionomics [,baɪəˈnɒmɪks] *n.* 生物学特性,生态学

bionomy [baɪˈɒnəmɪ] *n.* (生物)生态学,生物动力学

bionosis [,baɪəˈnəʊsɪs] *n.* 生物病源性疾病

biont [ˈbaɪɒnt] *n.*【生】生物(体),有机体

biopack [ˈbaɪəʊpæk], **biopak** *n.* 生物容器,生物舱,生物遥测器

biophage [ˈbaɪəfeɪdʒ] *n.*【生】噬细胞体

biophagous [,baɪəʊˈfeɪdʒəs] *a.* 食生物的

biophotoelement [ˈbaɪəʊˌfəʊtəʊˈelɪmənt] *n.*【电子】生物光电元件

biophotometer [,baɪəʊfəʊˈtɒmɪtə] *n.* 光度适应计

biophthorous [,baɪəˈfθɒrəs] *a.* 毁灭生命的

biophysicist [,baɪəʊˈfɪzɪsɪst] *n.* 生物物理学家

biophysics [,baɪəʊˈfɪzɪks] *n.* 生物物理(学)

biophysiography [ˈbaɪəʊˌfɪzɪˈɒɡrəfɪ] *n.* 生物形态学

biophysiology [ˈbaɪəʊˌfɪzɪˈɒlədʒɪ] *n.* 生物生理学

bioplasm [ˈbaɪəʊplæzm] *n.*【生】原生质,活质

bioplasmic [,baɪəʊˈplæzmɪk] *a.*【生】原生质的

bioplasmin [,baɪəʊˈplæzmɪn] *n.*【生】原生质素

bioplasson [,baɪəʊˈplæsɒn] *n.*【生】原生质

bioplast [ˈbaɪəʊplæst] *n.*【生】原生体,原生质细胞

bioplastic [,baɪəʊˈplæstɪk] ❶ *a.* 促生长的,助发育的 ❷ *n.* 生物塑料

bioplex [ˈbaɪəʊpleks] *n.* 生物质合体

biopolymer [,baɪəʊˈpɒlɪmə] *n.*【化】生物聚合物,生物高聚物

biopotential [,baɪəʊpəˈtenʃəl] *n.* 生物电势〔潜能〕

biopower [,baɪəʊˈpaʊə] *n.* 生物电源

biopreneur [,baɪəʊprɪˈnɜː] *n.* 生物技术企业家

biopreparate [,baɪəʊprɪˈpærɪt] *n.*【化】生物制剂

bioproductivity [ˈbaɪəʊˌprɒdʌkˈtɪvətɪ] *n.* 生物生产力

biopsy [ˈbaɪˌɒpsɪ] *n.*【医】活体解剖,活组织检查

biopsychology [,baɪəsaɪˈkɒlədʒɪ] *n.* 生物心理学,精神生物学

biopterin [,baɪəʊˈpterɪn] *n.*【生化】生物蝶呤

bioptix [baɪˈɒptɪks] *n.* 电流式色温计

biorgan [baɪˈɔːɡən] *n.* 生理器官

biorheology [,baɪəʊriːˈɒlədʒɪ] *n.* 生物流变学

biorhythm [ˈbaɪəʊˌrɪðəm] *n.* 生物节律

biorization [,baɪəʊraɪˈzeɪʃən] *n.*【化】低温加压消毒(法)

biorthogonal [baɪɔːˈθɒɡənəl] *a.*【数】双正交的

biorthogonality [baɪɔːˌθɒɡəˈnælətɪ] *n.*【数】双正交性

biosatellite [,baɪəʊˈsætəlaɪt] *n.* 载(有)生物(的人造)卫星,生物研究卫星

bioscope [ˈbaɪəskəʊp] *n.* ①电影放映机 ②生死检定器

biose [ˈbaɪəʊs] *n.* 乙〔二〕糖,二碳糖

biosensor [,baɪəʊˈsensə] *n.* 生理传感器,生物感应器

bioseries [,baɪəʊˈsɪəriːz] *n.* 生物系列,生物组

bioseston [,baɪəʊˈsestən] *n.*【生】生物悬浮物,微生浮游物

bioside [ˈbaɪəʊsaɪd] *n.*【化】二糖苷

biosimulation [ˈbaɪəʊˌsɪmjuˈleɪʃən] *n.*【生】生物模拟,生物仿真

biosis [baɪˈəʊsɪs] *n.* 生命,生活力,生机,生活现象,生活(状态)

bioslime [ˈbaɪəʊslaɪm] *n.*【生】生物污泥

biosocial [,baɪəʊˈsəʊʃəl] *a.* 生物社会学的

biosociology [ˈbaɪəʊˌsəʊsɪˈɒlədʒɪ] *n.* 生物社会学

biosorption [,baɪəʊˈsɔːpʃən] *n.*【生】生物吸附(作用)

biosphere [ˈbaɪəʊsfɪə] *n.* 生物界〔圈〕,生命层,生物域,生物活动范围

biostabilizer [ˈbaɪəʊˈstæbɪlaɪzə] *n.* 生物稳定剂

biostatics [,baɪəʊˈstætɪks] *n.* 生物静力学

biostation [,baɪəʊˈsteɪʃən] *n.* 生物处理站

biostatistics [,baɪəʊstæˈtɪstɪks] *n.* 生物统计学

biostereometrics [ˈbaɪəʊˌstɪərɪˈɒmɪtrɪks] *n.* 生物立体测量技术

biosteritron [,baɪəʊˈsterɪtrɒn] *n.*【化】紫外线辐射仪

biosterol [,baɪəʊˈsterɒl] *n.*【生】生甾醇,维生素 A

biostimulants [,baɪəʊˈstɪmjulənts] *n.*【生】(水生生物)生长刺激剂

biostimulation [ˈbaɪəʊˌstɪmjuˈleɪʃən] *n.* 生物刺激作用

biostrata [,baɪəʊˈstrætə] *n.* 生物层

biostratigraphy [,baɪəʊstrəˈtɪɡrəfɪ] *n.* 生物地层学

biostrome [ˈbaɪəʊstrəʊm] *n.*【地质】生物层

biosynthesis [,baɪəʊˈsɪnθɪsɪs] *n.* 生物合成 ‖ **biosynthetic** *a.*

biosystem [,baɪəu'sɪstəm] *n.* 生物系统

biosystematics ['baɪəu,sɪstɪ'mætɪks] *n.* 生物分类学,生物系统学

Biot ['biːəu] *n.* 毕奥(电流单位,等于 10 安)

biota [baɪ'əutə] *n.* 生物群,生物区系〔区域志〕

biotechnology [,baɪəutek'nɒlədʒɪ] *n.* 生物工艺学

biotelemetry [,baɪəutɪ'lemɪtrɪ] *n.* 生物遥测术

biotelescanner ['baɪəu,telɪ'skænə] *n.* 生物遥测扫描器

biothalmy [,baɪəu'θælmɪ] *n.* 长寿术

biotic [baɪ'ɒtɪk] *a.* 生命〔物〕的,生物区〔系〕的

biotics [baɪ'ɒtɪks] *n.* 生物〔命,机,理〕学,生命论

biotin [baɪətɪn] *n.* 维生素 H,生物素

biotinsulfone [,baɪəutɪn'sʌlfəun] *n.*【化】生物素砜

biotite ['baɪətaɪt] *n.*【地质】黑云母

biotomy [baɪ'ɒtəmɪ] *n.* 生物解剖学

biotope ['baɪətəup] *n.* (生物)群落生境,生活小区

biotopology [,baɪəutə'pɒlədʒɪ] *n.* 生物拓扑学

biotoxication ['baɪəu,tɒksɪ'keɪʃən] *n.* 生物中毒

biotoxicology ['baɪəu,tɒksɪ'kɒlədʒɪ] *n.* 生物毒物学

biotoxin [,baɪəu'tɒksɪn] *n.* 生物毒素

biotransformation ['baɪəu,trænsfə'meɪʃən] *n.* 生物转化,生物诱变

biotreatment [,baɪəu'triːtmənt] *n.* 生物处理

biotrepy ['baɪəutrepɪ] *n.* 生体化学反应学

biotron ['baɪətrɒn] *n.* ①高跨度孕生管 ②生物气候室

biotronics [,baɪəu'trɒnɪks] *n.* 生物环境调节技术

biotrophic [,baɪəu'trɒfɪk] *a.* 生体营养性的

biotype ['baɪətaɪp] *n.* 生物型,同型小种

bioxalate [baɪ'ɒksəleɪt] *n.* (=binoxalate)【化】草酸氢盐,草酸氢酯

bioxide [baɪ'ɒksaɪd] *n.*【化】二氧化物

bioxyl [baɪ'ɒksɪl] *n.*【化】氯化氧铋

biozone ['baɪəu,zəun] *n.* 生物带

bipack ['baɪpæk] *n.*【摄】二重胶片

biparasitic [,baɪpærə'sɪtɪk] *a.* 寄生物上寄生的,双重寄生的

biparental [,baɪpə'rentəl] *a.* 双亲的,两系的

biparous ['bɪpərəs] *a.* ①二支的,二轴的 ②双生的,双胎的 ③二次生产的,生产两次的

biparting [baɪ'pɑːtɪŋ] *a.* 双扇的

bipartite [baɪ'pɑːtaɪt] *a.* ①双向〔支〕的 ②二分的,两部的,一式两份的 ③除两次的 ④两方之间的

bipartition [,baɪpɑː'tɪʃən] *n.* 一分为二,对分,【数】平分线

bipatch ['baɪpætʃ] *a.* 双螺旋〔线〕的,双节距的,双头的

biped ['baɪped] ❶ *n.* 双足动物,两足动物 ❷ *a.* 双足的,双肢的

bipedal ['baɪpedəl] *a.* 双足的

biperforate [,baɪpɜː'fɒrɪt] *a.* 两孔的

biperiodic [,baɪpɪərɪ'ɒdɪk] *a.* 双周期的

biphase [baɪ'feɪz] *n.;a.* 双相(的)

biphasic [baɪ'feɪzɪk] *a.* 双相的

biphenyl [baɪ'fenɪl] *n.*【化】联(二)苯,苯基苯

biphenylamine [,baɪfɪ'nɪlæmɪn] *n.*【化】联苯胺

biphone [baɪ'fəun] *n.* 耳机,双耳受话器,飞行帽耳机

biphonon [baɪ'fəunɒn] *n.*【物】双声子

biphosphate [baɪ'fosfeɪt] *n.*【化】磷酸氢盐

bipinnate [baɪ'pɪneɪt] *a.*【植】二回羽状的,两羽状的

biplanar [baɪ'pleɪnə] *a.* 二切面的,双平面的

biplane ['baɪpleɪn] *n.* ①双平面 ②双翼飞机

biplanet [baɪ'plænɪt] *a.* 双行星的

biplate ['baɪpleɪt] *n.* 双片

biplicate [baɪ'plaɪkɪt] *a.* 双褶的

bipod ['baɪpɒd] *n.* (自动步枪等的)两脚架

bipolar [baɪ'pəulə] ❶ *a.* ①两极的,双极(性)的 ②地球两极的 ③有两种截然相反性质(见解)的 ❷ *n.* 两极(神经)细胞

bipolarity [,baɪpəu'lærɪtɪ] *n.* 双极性

bipole ['baɪpəul] *n.*【电子】大极对偶极子

bipolymer [baɪ'pɒlɪmə] *n.*【化】二(元共)聚物

bipositive [baɪ'pɒzɪtɪv] *a.* 双正价的

bipotential [,baɪpə'tenʃəl] ❶ *a.* 双电位的,具有双向潜能的 ❷ *n.* 双向潜能性

bipotentiality [baɪpə,tenʃɪ'ælətɪ] *n.* 双向〔重〕潜能,两种潜力

bippel ['baɪpel] *n.*【计】每个像素的比特数

biprism ['baɪprɪzm] *n.* 双棱镜,复柱

biprojective [,baɪprə'dʒektɪv] *a.* 双投影的

bipropellant [,baɪprə'pelənt] *n.* 二元推进剂,二元燃料,双基火药

bipunctate [baɪ'pʌŋkteɪt] *a.* 两点的

bipupillate [baɪ'pjuːpɪleɪt] *a.* (有)双瞳的,重瞳的

bipyramid [baɪ'pɪrəmɪd] *n.* 双(棱)锥,双角锥(体) ‖ ~al *a.*

biquadratic [,baɪkwɒ'drætɪk] ❶ *a.* 四次(方)的,双二次的 ❷ *n.*【数】四次幂,四次方程式

biquartz ['baɪkwɔːts] *n.* 双石英片

biquaternion [baɪ'kwɒtənɪən] *n.*【数】八元数,复四元数

biquinary [baɪ'kwaɪnərɪ] *a.* 二元五进(制,位)的,二五混合进制的

biradical [baɪ'rædɪkəl] ❶ *n.* 双基,二价自由基 ❷ *a.* 双基的

birainy [baɪ'reɪnɪ] *a.* 两个雨季的

biramous [baɪ'reɪməs] *a.*【动】具二支的,二支的

birational [baɪ'ræʃənəl] *a.*【数】双有理的

birch [bɜːtʃ] ❶ *n.* 桦木(树),赤杨 ❷ *a.* 桦木(制成)的

birchen ['bɜːtʃən] *a.* 桦树的,桦木(制成)的

bird [bɜːd] *n.* ①鸟,禽类 ②飞机,飞行器,火箭,导弹 ③(航磁测量)吊舱 ④传感器 ☆*a bird in the*

B

bush 没有把握的事,未定局的事情; *a bird in the hand* 有把握的事,已定局的事情; *kill two birds with one stone* 一箭双雕,一举两得

birdcage ['bɜːdkeɪdʒ] *n.* 鸟笼(式)

birdcall ['bɜːdkɔːl] *n.* 鸟叫声,模仿的鸟叫

birdie ['bɜːdɪ] *n.* 尖叫声,哨音

birdman ['bɜːdmən] *n.* 飞行员,飞行乘客

birdnesting ['bɜːdnestɪŋ] *n.*【化】团聚

bireactant [ˌbaɪrɪ'æktənt] *n.*【物】双组分燃料,双元推进剂,二元反应物

birectangular [ˌbaɪrek'tæŋɡjulə] *a.* 两直角的

birectification [baɪrek,tɪfɪ'keɪʃən] *n.*【化】双重精馏(法)

birectifier [baɪ'rektɪfaɪə] *n.*【化】双重精馏器

birefracting [ˌbaɪrɪ'fræktɪŋ] *n.;a.* 双重折射(的)

birefraction [ˌbaɪrɪ'frækʃən] *n.* 双重折射(光) ‖ **birefractive** *a.*

birefringence [ˌbaɪrɪ'frɪndʒəns] *n.* 双折射,二次光折射,重折率

birefringent [ˌbaɪrɪ'frɪndʒənt] *a.* 双折射的

biregular [baɪ'reɡjulə] *a.*【数】双正则的

birimose [baɪ'raɪməus] *a.* 两裂的

birkremite ['bɜːkrɪmaɪt] *n.* 紫苏花岗岩

Birmabrite ['bɜːməbraɪt] *n.* 耐蚀铝合金

Birmasil [bɜː'məsɪl] *n.* 铸造铝合金

Birmastic [bɜː'mæstɪk] *n.* 耐热铸造铝合金

Birmingham[1] ['bɜːmɪŋhəm] *n.* (英国)伯明翰(市)

Birmingham[2] ['bɜːmɪŋhæm] *n.* (美国)伯明翰(市)

biro ['baɪərəu] *n.* (可吸墨水的) 圆珠笔

birotation [ˌbaɪrəu'teɪʃən] *n.* (=mutarotation) 双旋光,变〔双〕异旋光

birotor [baɪ'rəutə] *n.;a.* 双转子(的)

birr [bɜː] *n.*【物】①冲量(力) ②机械转动噪声

birth [bɜːθ] *n.* ①出〔产〕生,分娩 ②创始,起源,出身 ☆*a second birth* 再生; *by birth* 天生地,生来; *give birth to* 生产,引起,发生; *new birth* 新生,复活

〖用法〗注意下面例句的含义: It was radar that <u>gave birth to</u> microwave technology, as early workers quickly found that the highest frequencies gave the most accurate results.正是雷达促使微波技术的诞生,因为早期工作者很快发现,频率越高,获得的结果越精确。

birthdate ['bɜːθdeɪt] *n.* 出生日期

birthday ['bɜːθdeɪ] *n.* 生日,诞辰

birthplace ['bɜːθpleɪs] *n.* 出生地,故乡

birthrate ['bɜːθreɪt] *n.* 出生率

bis [bɪs] *ad.* ①重,复,又 ②二,两,双

bisalt ['baɪsɔːlt] *n.* 酸性盐

bisamide ['baɪsəmaɪd] *n.*【化】双酰胺

bis-arylation [bɪsˌærɪ'leɪʃən] *n.*【化】双芳基化(作用)

bisaxillary [ˌbɪsæɡ'zɪlərɪ] *a.*【医】(左右)两腋的

bisazo [baɪ'sæzəu] *n.* 双偶氮

bischofite ['bɪʃəfaɪt] *n.*【矿】水氯镁石

biscuit ['bɪskɪt] *n.* ①饼干,小点心 ②块,片,盘状模制品,紫胶二氧化硅饼 ③素坯〔瓷〕,本色陶(瓷)器 ④海绵状金属 ⑤淡褐色

bisecant [baɪ'sekənt] *n.*【数】二度割线

bisect [baɪ'sekt] *v.* ①对(截)开,平分 ②相交,交叉

bisection [baɪ'sekʃən] *n.* 二等分,二分切剖,平分(点,线)

bisector [baɪ'sektə], **bisectrix** [baɪ'sektrɪks] *n.* (二)等分线,平分线(面);二等分物

bisegment [baɪ'seɡmənt] *n.* 线的平分部分之一

biserial [baɪ'sɪərɪəl] *a.* 双列的

biseriate [baɪ'sɪərɪt] *a.*【植】二列的

biservice [baɪ'sɜːvɪs] *a.* 两用的

bisexual [baɪ'seksjuəl] *a.* 两性(态,征)的,雌雄同体的

bishop ['bɪʃəp] *n.* 主教,(国际象棋的)象

bisilicate [baɪ'sɪlɪkeɪt] *n.*【化】二硅酸盐

bismanal ['bɪzmænəl], **bismanol** *n.*【冶】铋锰磁性合金

bismite ['bɪzmaɪt] *n.*【冶】铋华

bis-motor [bɪs-'məutə] *n.* 带发动机的自行车

bismuth ['bɪzməθ] *n.*【化】铋

bismuthal ['bɪzməθəl] *a.*【化】含铋的

bismuthic ['bɪzməθɪk] *a.*【化】(五价)铋的

bismuthide ['bɪzməθaɪd] *n.*【化】铋化物

bismuthiferous [ˌbɪzmə'θɪfərəs] *a.*【化】含铋的

bismuthine ['bɪzməθaɪn] *n.*【化】三氢化铋,辉铋矿

bismuthinite [ˌbɪzmə'θaɪnaɪt] *n.*【化】辉铋矿

bismuthino [ˌbɪzmə'θaɪnəu] *n.* 铋基

bismuthous ['bɪzməθəs] *a.*【化】三价铋的

bismuthyl ['bɪzməθɪl] *n.*【化】氧铋基

bismutite ['bɪzmətaɪt] *n.*【矿】泡铋矿

bisodol [bɪ'səudɒl] *n.*【药】铋索多耳(一种消化剂)

bison ['baɪs(ə)n] *n.* 野牛

bisphenoid [baɪ'sfiːnɔɪd] *n.*【地质】双楔

bisphenols [baɪ'sfiːnɒlz] *n.*【药】双酚类

bispherical [baɪ'sferɪkəl] *a.* 双球面的

bispin ['baɪspɪn] *n.*【数】双旋量

bispinor [baɪ'spɪnə] *n.*【数】双旋量

bispinose [baɪ'spɪnəus] *n.*【生】具两刺的

bisporangiate [ˌbaɪspə'rændʒɪeɪt] *a.*【植】具二型孢子囊的

bisporous [baɪ'spɔːrəs] *a.* 二孢子的

bisque [bɪsk] *n.* (用贝类煮成的)海鲜浓汤;素瓷

bisquit ['bɪskwɪt] *n.* 小片(录音)

Bissau, Bissao [bɪ'sau] *n.* 比绍(几内亚比绍首都)

bissextile [bɪ'sekstaɪl] ❶ *n.* 闰年 ❷ *a.* 闰的,闰年的

bistability [ˌbaɪstə'bɪlɪtɪ] *n.*【物】双稳(定)性

bistable [baɪ'steɪbl] *a.* 双稳态的

bistagite ['bɪstəɡaɪt] *n.*【地质】透辉岩

bistatic [baɪˈstætɪk] *a.* 双静止的,双机(分置)的
bistellate [baɪˈstelɪt] *a.* 双星形的
bistratal [baɪˈstreɪtəl] *a.* 双层的
bistre [ˈbɪstə], **bister** *n.* 深褐色,深褐色颜料
bistriate [ˈbɪstraɪeɪt] *a.* 有条纹的,具双条纹的
bisulcate [baɪˈsʌlkeɪt] *a.* (有)两沟的,(具)两槽的
bisulfate [baɪˈsʌlfeɪt] *n.* 【化】硫酸氢盐
bisulfide [baɪˈsʌlfaɪd] *n.* 【化】二硫化物
bisulphate [baɪˈsʌlfeɪt] *n.* 【化】重硫酸盐,酸式〔性〕硫酸盐
bisulphide [baɪˈsʌlfaɪd] *n.* 【化】二硫化物
bisulphite [baɪˈsʌlfaɪt] *n.* 【化】亚硫酸氢盐,酸式亚硫酸盐
biswitch [ˈbaɪswɪtʃ] *n.* 【电子】双向硅对称开关
bisymmetric [ˌbaɪsɪˈmetrɪk] *a.* 两轴对称的,两侧对称的
bisymmetry [baɪˈsɪmɪtrɪ] *n.* 两侧对称,二轴对称
bit [bɪt] ❶ bite 的过去式和过去分词 ❷ *n.* ①少许,少量,短时间 ②钻头,刀头〔刃,片〕,钳口,(截齿)截齿,钥匙齿 ③二进制制数〔码,数字,信息单位〕,比特(二进位数),(数)位,(计算机)环节 ④【数】笔(=binit) ⑤套套 ❸ (bitted; bitting) *v.* ①控制,抑制 ②给钥匙锉齿 ☆*a bit of* 一点儿,少量的; *a good bit* 颇为,颇大; *a little bit* 少许; *bit by bit*, *by bits* 一点一点地,逐渐地; *every bit* 每一点,完完全全,全部; *go (come) to bits* 成为碎块; *not a bit (of it)* 毫不,一点没有
【用法】注意下面例句中该词的含义:The first important bit of information in Fig. 4-4 is that the diffusion length for electrons is very large on the P-type side.图4-4中第一个重要信息是在P型材料那一边电子的扩散长度是非常长的。/The inversion-layer electrons are every bit as responsive as holes driven in and out of the depletion-layer boundary region by an electric field.反型层电子与空穴一样被电场驱入、驱出耗尽层边界区域。
bitangent [baɪˈtændʒənt] ❶ *a.* 双切的,二重切的 ❷ *n.* 双切线
bitangential [ˌbaɪtænˈdʒenʃəl] *a.* 双切(线)的
bitartrate [baɪˈtɑːtreɪt] *n.* 【化】酒石酸氢盐
bitbrace [ˈbɪtbreɪs] *n.* 手摇钻,钻孔器
bite [baɪt] ❶ (bit, bitten 或 bit) *v.* ①咬,咬伤 ②夹〔钩,钳,扎〕住 ③(用钩斗)取岩石 ④腐蚀 ⑤穿透 ⑥上钩,受骗 ❷ *n.* ①（紧）咬,穿透力 ②刺痛,尖刻 ③辊缝 ④(锯,锉的)齿 ⑤上钩,上当 ⑥刀头,刀刃 ⑦ 漏印部分 ☆*be bitten with* 感染上,迷上; *bite at* 咬住,上当; *bite into* 咬〔拧,压〕入; *bite off (away)* 咬下〔掉〕; *bite the bullet* 勉为其难,忍辱负重; *bite the tongue* 保沉默; *bite the dust* 战死,失败
biterminal [baɪˈtɜːmɪnəl] *a.* 两端的,双极的
bitermitron [baɪˈtɜːmɪtrɒn] *n.* 【电子】双端管
biternary [baɪˈtɜːnərɪ] *a.* 【计】双三进的
biting [ˈbaɪtɪŋ] ❶ *a.* 辛辣的,刺痛的,严寒刺骨的 ❷ *n.* 咬,啮

bito [ˈbiːtəʊ] *n.* 【植】鱼毒木
bitrope [ˈbaɪtrəʊp] *n.* 【数】二点重切面
bitropic [baɪˈtrɒpɪk] *a.* 两向性的
bitstock [ˈbɪtstɒk] *n.* (手摇曲柄钻的)钻柄,摇钻曲柄
bitt [bɪt] ❶ *n.* 短柱,系缆桩 ❷ *vt.* 把…系在缆桩上
bitter [ˈbɪtə] ❶ *a.* ①苦(味)的 ②痛苦的,剧烈的 ③抱怨的 ❷ *n.* 苦味(物), (pl.)苦药,苦味剂 ❸ *ad.* 剧烈(地) ☆*be bitter against* 强烈反对; *to the bitter end* (奋斗)到底,拼命 ‖ *-ly ad.*
bittering [ˈbɪtərɪŋ] *n.* 苦味,加入苦味
bittern [ˈbɪtɜːn] *n.* ①盐卤,卤水 ②麻鸦
bitterness [ˈbɪtənɪs] *n.* 苦味〔难〕,剧烈,怨恨
bittiness [ˈbɪtɪnɪs] *n.* 起块
bitulith [ˈbɪtjʊlɪθ] *n.* 【化】沥青混凝土
bitulithic [ˌbɪtjʊˈlɪθɪk] *a.* 沥青混凝土的
bitumastic [ˌbɪtjuˈmæstɪk] *a.* 沥青(砂胶)的
bitumen [ˈbɪtjumɪn] *n.* 沥青
bitumenite [ˈbɪtjuːmɪˌnaɪt] *n.* 烟煤,沥青煤,(芽孢)油页岩
bituminic [ˌbɪtjuˈmɪnɪk] *n.* 沥青质
bituminiferous [bɪtjuˌmɪnɪˈferəs] *a.* 沥青质的,含沥青的
bituminization, bituminisation [bɪˌtjuːmɪnaɪˈzeɪʃən] *n.* 沥青处理,沥青化
bituminize, bituminise [bɪˈtjuːmɪnaɪz] *vt.* 沥青处理,沥青化
bituminous [bɪˈtjuːmɪnəs] *a.* 沥青的
bitumite [ˈbɪtjuːmaɪt] *n.* 烟煤
biuncinate [baɪˈʌnsəneɪt] *a.* 【生】双钩的
biunique [baɪjuˈniːk] *a.* 双向一对一的
biunivocal [baɪˌjuːnɪˈvəʊkəl] *a.* 一对一的
biuret [ˌbaɪjʊˈret] *n.* 【化】缩二脲
bivacancy [baɪˈveɪkənsɪ] *n.* 【电子】双空位
bivalence [baɪˈveɪləns] *n.* 二价,双化合价
bivalent [baɪˈveɪlənt] ❶ *a.* 二价的 ❷ *n.* 二价染色体,双价体
bivalve [ˈbaɪvælv] ❶ *n.* ①双阀 ②双壳类动物,双壳贝〔类〕 ❷ *a.* (有)两瓣的,(有)双壳的
bivane [ˈbaɪveɪn] *n.* 【气】双风向标
bivariate [baɪˈveərɪət] ❶ *a.* 二变量的 ❷ *n.* 二元变量
bivector [baɪˈvektə] *n.* 双矢量,二维向量
bivectorial [ˌbaɪvekˈtɔːrɪəl] *a.* 双矢的
bivibrator [baɪvaɪˈbreɪtə] *n.* 【电子】双稳态多谐振荡器
bivicon [ˈbaɪvɪkɒn] *n.* 【电子】双枪视像管,双光导摄像管
bivinyl [ˈbaɪvaɪnɪl] *n.* 【化】丁(间)二烯,联乙烯
bivitelline [ˌbaɪvaɪˈtelɪn] *n.* 【生】双卵黄的
bivoltine [baɪˈvəʊltiːn] *a.* 二化的
bivouac [ˈbɪvʊæk] ❶ *n.* 露营(地) ❷ (bivouacked; bivouacking) *vi.* 露营
biweekly [baɪˈwiːklɪ] *a.;ad.;n.* ①两周一次(的) ②一周两次(的) ③双周刊 ④半周刊的

B

bixbyite ['bɪksɪ,aɪt] n.【矿】方铁锰矿

bixin ['bɪksɪn] n.【化】胭脂树橙,红木素,类胡萝卜色素

bixylyl ['baɪksɪlɪl] n.【化】联二甲苯基,四甲联苯基

bizarre [bi:'zɑ:] a. 奇怪的

bizarrerie [bɪ'zɑ:rərɪ] n. 奇异,怪诞,异乎寻常

bize [baɪz] n.【气】比土风,地中海北岸一带干冷的北风

bizonal [baɪ'zəʊnəl] a. 共有两区的,两国共管的

black [blæk] ❶ a. ①黑(色,暗)的 ②吸收全部辐射能的 ③黑人的 ④不镀锌的,无镀层的 ❷ n. ①黑色,炭黑 ②软质黑色页岩,煤 ③黑人 ④黑斑,污点 ⑤黑(色)毛,青(色)毛 ❸ v. ①把…弄黑 ②抵制 ☆**black out** 用墨涂掉;熄灭,对…实行灯火管制;关(封)闭;截止;使停刊;遮蔽;昏过去

blackball ['blækbɔ:l] n. 反对票,黑球

blackband ['blæk,bænd] n.【地质】黑菱铁矿

blackbase ['blækbeɪs] n.【化】沥青基层,黑色基层

blackboard ['blækbɔ:d] n. 黑板

blackbody ['blækbɒdɪ] n.【核】(能全部吸收辐射能的)黑体

blackdamp ['blækdæmp] n. (存在于矿内的)窒息性气体

blacken ['blækən] v. 使黑〔暗〕,变黑〔暗〕,涂黑

blackening ['blækənɪŋ] n. ①涂〔烧,变〕黑,发黑处理 ②(涂)炭粉,上黑涂料

blackhead ['blækhed] n. 粉刺,黑头粉刺,黑冠病

blackheart ['blækhɑ:t] n.【植】黑心,黑心病

black-hole ['blækhəʊl] a. 黑洞的

blacking ['blækɪŋ] n. ①变〔涂〕黑 ②黑色涂料,粉磨石墨,黑鞋油

blackish ['blækɪʃ] a. 稍黑的,带黑色的

blackjack ['blækdʒæk] n. ①闪锌矿,粗黑焦油 ②革锤

blackly ['blæklɪ] ad. ①黑,暗 ②残忍,阴险

blackmail ['blækmeɪl] n.;v. 敲诈,勒索,讹诈

blackout ['blækaʊt] n. ①灯光转暗,变黑〔暗〕,灯火管制,无光,信号消失 ②关(遮)闭 ③中断,截割(部分信号) ④湮没,消隐 ⑤黑(内)障,黑视 ⑥黑油涂饰

blacksmith ['blæksmɪθ] n. 锻工,铁工

blackspot ['blækspɒt] n. 斑痕,黑斑,(光电显像管)黑点,盲点

blacktopping ['blæktɒpɪŋ] n.【建】建筑黑色层面,用沥青铺路面

blackwash ['blækwɒʃ] n. 黑色涂料

blackwork ['blækwɜ:k] n.【冶】锻工物

bladder ['blædə] n. ①水〔气〕泡,球胆,囊状物 ②膀胱

blade [bleɪd] ❶ n. ①叶(片),桨〔轮〕叶,螺旋桨 ②刀(身,片,口,刃) ③刀开关 ④平铲,推土机刮板 ⑤卫板,托板 ⑥波澜 ❷ vt. ①给…装叶片〔刀片,刮刀〕②(铲)刮

bladed ['bleɪdɪd] a. (装)有叶片的,有刀身的

blademan ['bleɪdmən] n. 铲刮工

blader ['bleɪdə] n. 平路机,叶片安装工

blading ['bleɪdɪŋ] n. ①装置叶片,叶片(装置) ②(用平路机)平路,刮路 ③移运

blain [bleɪn] n.【医】脓疱,水疱

blamable ['bleɪməbl] a. 有过错的,该受责备的

blame [bleɪm] v.;n. 责备,非难,推诿,过失 ☆**be to blame for** 应对…负责,应因…而受责备; **bear the blame** 应负责,该受谴责; **put (lay) the blame on (upon) A for B** 把 B 的责任归咎于 A

blameful ['bleɪmfʊl] a. 该受责备的,有过错的 ‖ ~ly ad.

blameless ['bleɪmlɪs] a. 无可责怪的,无过失的 ‖ ~ly ad.

blameworthy ['bleɪmwɜ:ðɪ] a. 该受责备的,有过失的

blanch [blɑ:ntʃ] v. ①(使)变白,褪色 ②漂白,预煮 ③在…上镀锡 ④粉饰,蒙混,包庇(over)

bland [blænd] a. 温和的,缓和的,柔和的,淡的,(药等)刺激性小的 ‖ ~ly ad.

blank [blæŋk] ❶ a.;n. ①空白,(空)表(格),空白区,(数字间的)间隔 ②【机】(毛)坯,坯料〔件,锭〕③【电子】熄灭脉冲,(阴极射线管的)底 ④无窗(门)的 ⑤单调的 ⑥完全的,无限的 ❷ v. ①使无效,切断 ②断开,熄灭 ③冲切,下料 ☆**blank off** 掩盖,塞住,熄灭; **blank out** 使无效,作废; **in blank** 有空白待填写的

blanker ['blæŋkə] n.【机】①熄灭装置 ②下料〔冲切,制坯〕工

blanket ['blæŋkɪt] ❶ n. ①毯,毡 ②(敷,毡,热,壳,表面,附面,覆盖,再生,防护)层,准备模制的木片叠层 ③外壳,套 ④(反应堆)再生区,外围区 ⑤熄灭装置 ⑥(空气动力的)阴影 ❷ a. ①一般的,一揽子的 ②综合的 ③无大差别的 ❸ vt. ①铺毡层,盖上毯子,包裹 ②覆(遮)盖,包(镀)上 ③把…置于自己的射程之内 ④隐蔽,消除,(信号)抑制 ⑤通用于 ☆**throw a wet blanket on (over)** 对…泼冷水

blanketed ['blæŋkɪtɪd] a. ①封了的,包上的 ②(反应堆)有再生区的

blanketing ['blæŋkɪtɪŋ] n. ①覆盖,包〔镀〕上 ②(电视)匿影,(阴极射线管的)电子阻塞 ③准备模制的叠层材料 ④核燃料的再生 ⑤(飞机失速时隐面)尾流幕遮作用

blanking ['blæŋkɪŋ] n. ①遮没,(回描)熄灭,淬熄 ②断路,关闭 ③照明 ④模压 ⑤坯料

blankly ['blæŋklɪ] ad. 茫然,全然

blankness ['blæŋknɪs] n. 空白,空虚,茫然,单调

blankoff ['blæŋkɒf] vi.;n. ①熄灭,消隐〔音〕②抽净 ③空白,盲,不通 ④极限灵敏度

blanquet [blɒŋ'ke] n. (法语)布朗克梨,雪梨

blare [bleə] ❶ n. (号角)响声,嘟嘟声,光泽 ❷ v. 发出(号角)响声,发嘟嘟声

blas [blɑ:s] n. 微型栅极干电池

blast [blɑ:st] n.;v. ①爆炸,一次爆破所用炸药量,气

B

浪,强射流 ②鼓〔吹,通〕风,喷砂〔气,焰,射〕 ③【计】清除 ④鼓风机,喷砂〔气〕器,压缩器 ⑤炸(毁,开),损害 ⑥变晶,有核的红细胞 ⑦胚芽,胚细胞 ☆**at one blast** 一吹〔喷〕; **blast off** 发射 **blast out** 爆破; **full blast** (高炉,鼓风炉)全风,全力的,完全的,最大限度的,大规模的,强烈的,最有效率的; **in blast** 正在鼓风; **out of blast** 不在鼓风

blastard ['blɑ:stɑ:d] n. 飞弹

blastema [blæ'sti:mə] n.【生】芽基,胚轴原

blastemic [blæ'sti:mɪk] a. 胚基的,芽基的

blaster ['blɑ:stə] n. ①导火线,起爆器 ②喷砂机 ③爆炸点 ④爆炸工

blastin ['blɑ:stɪn] n.【生】胚素

blasting ['blɑ:stɪŋ] n. ①爆破(声),放炮,碎裂 ②鼓风,环吹 ③【冶】喷砂法,喷砂清理 ④风洞试验,在(空)气流中运动 ⑤【通信】(扬声器的)震声,过载失真 ⑥射孔

blastment ['blɑ:stmənt] n. 枯萎的过程

blastmycin [blæst'maɪsɪn] n.【农】抗稻瘟霉素

blastocoel(e) ['blæstəusi:l] n.【生】囊胚腔

blastocolysis [,blæstəu'kɒlɪsɪs] n.【生】发育停止

blastocyte ['blæstəusaɪt] n.【生】胚细胞

blastogenesis [,blæstəu'dʒenɪsɪs] n.【生】芽生,种质遗传

blastomere ['blæstəumɪə] n.【生】(分,卵)裂球

blastomogen [blæs'təumədʒən] n. 致癌物质

blastomogenic [blæs,təumə'dʒenɪk] a. 生肿瘤的

blastophyly [blæs'tɒfɪlɪ] n. 种族史

blastopore ['blæstəupɔ:] n.【生】胚孔

blastoprolepsis [blæs,təprəu'lepsɪs] n. 发育迅速

blastospore ['blæstəuspɔ:] n.【生】芽生孢子

blastpipe ['blɑ:stpaɪp] n. 鼓风〔放气〕管

blattnerphone ['blætnəfəun] n. 磁带〔钢丝〕录音机

blaze [bleɪz] ❶ v. ①燃烧,冒火焰,发光 ②激发 ③刻记号〔路标〕④传播,宣扬 ❷ n. 火焰,闪光,【电子】光栅最强光区 ☆**blaze about (abroad)** 传播,宣扬出去; **blaze away** 连续射出,使劲干; **blaze out** 燃烧(起来),激怒; **blaze the trail** 开辟道路,做路标; **blaze the trail for** 为…铺平道路; **blaze up** 暴燃,暴怒; **in a blaze** 四面着火,激烈; **like blazes** 猛烈地,拼命地

blazer ['bleɪzə] n. ①燃烧物,发焰物 ②(颜色鲜艳的)运动衣 ③传播者,宣传者

blazing ['bleɪzɪŋ] a. ①燃烧的,炽热的,闪耀的 ②强烈的,厉害的

blazon ['bleɪzn] ❶ n. (盾上)纹章 ❷ vt. ①饰以纹章 ②显示,夸示,宣扬 ‖ ~ment n.

bleach [bli:tʃ] ❶ v. 漂白,脱色 ❷ n. 漂白(剂,度,法)

bleachability [,bli:tʃ ə'bɪlɪtɪ] n. 漂白率

bleacher ['bli:tʃə] n. ①漂白器〔剂〕,脱色罐 ②(pl.)运动场的露天看台 ③漂白工人

bleachery ['bli:tʃərɪ] n. 漂白间

bleaching ['bli:tʃɪŋ] n.;a. 漂白(的),褪色,脱色

bleak [bli:k] a. ①惨淡的,暗淡的 ②没有希望的,凄凉的 ③无遮蔽的,风吹雨打的 ‖ -ly ad.

blear [blɪə] ❶ a. 眼花的,(轮廓)模糊的,朦胧的 ❷ vt. 使轮廓模糊

bleary ['blɪərɪ] a. 视线模糊的,轮廓不清的

bleb [bleb] n. ①(皮肤上的)疱 ②(水、玻璃等中的)气泡

bled [bled] n. ①bleed 的过去式和过去分词 ②削弱的,减轻的

bleed [bli:d] ❶ (bled) v. ①出血,流血 ②渗〔漏〕出,泄漏,析水 ③吸除,抽吸〔气,水〕,从…抽气减压去,减轻 ④悲痛 ⑤敲诈 ❷ n. 泄放孔,放出的液〔气〕体

bleeder ['bli:də] n. ①泄放器〔阀,管〕,放油开关,漏入〔出〕装置 ②输气管放水阀,输气管水冷凝器的连接管 ③分压器,分泄电阻 ④出血者,易出血的人

bleeding ['bli:dɪŋ] ❶ n. ①出〔放〕血 ②放〔渗,析〕出,渗漏(缺陷) ③泛油,泛出水泥浮浆,色料扩散 ④分级加热(法) ❷ a. 流血的,渗色的

bleeper ['bli:pə] n. 无线电呼唤机

blemish ['blemɪʃ] ❶ n. 瑕疵,污点,缺陷 ❷ vt. 损坏〔害〕,玷污

blench [blentʃ] vi. 退缩,回避,熟视无睹

blend [blend] ❶ (blended 或 blent) v. 混〔融,溶〕合,调和,配料(with) ❷ n. 混合,混合物,合金 ☆**blend A from B** 把 B 混合成 A

blendable ['blendəbl] a. 可混合的

blende [blend] n.【矿】闪锌矿,褐色闪光矿物

blended ['blendɪd] a. 混合(好)的,混杂的

blender ['blendə] n. 混合器,混料机

blennemesis [ble'nemɪsɪs] n.【医】黏液呕吐

blennogenic [,blenə'dʒenɪk] a. 生黏液的

blennoid ['blenɔɪd] a. 黏液样的

blenometer [ble'nɒmɪtə] n.【物】弹力计,弹簧弹力仪

blepharal ['blefərəl] a. 眼睑的

blepharon ['blefərən] (pl. blephara) n. 眼睑

bless [bles] (blessed 或 blest) vt. 保佑,赐福

blessed ['blesɪd] a. 神圣的,有福的 ☆**be blessed** 受惠,赋予(with) ‖ -**ness** n.

blick [blɪk] n. 目光,耀光

blight [blaɪt] ❶ v. 使枯萎,挫折,毁损 ❷ n. 枯萎病,虫害;受挫,挫折因素

blimp [blɪmp] n. ①软式飞船,小型飞船 ②γ 防音罩

blind [blaɪnd] ❶ a. ①失明的,瞎的 ②封闭的,闭塞的,无出口的,堵死的 ③隐蔽的,难发现的 ④缺乏眼光〔判断力〕的,无知的 ❷ n. ①隐蔽(处) ②遮眼之物,挡箭牌 ③帘,幕,百叶窗 ④挡板,防护板 ⑤塞子,螺旋帽 ❸ ad. 盲目地,单凭仪表操纵地 ☆**be blind to** 不明(事实),看不到; **go blind** (变

得)盲目; ***turn a (one's) blind eye to*** 装做未看见 ❹ *vt.* ①弄瞎,使目眩 ②堵塞(孔,空隙等),铺砂石,填碎石 ③隐蔽,蒙蔽,遮住,使相形见绌 ④使失去判断力 ⑤盲目飞行 ☆***blind off a line*** 堵塞或关闭管路; ***blind A to B*** 使 A 看不见 B

blindage ['blaɪndɪdʒ] *n.* 盲障,掩体

blinder ['blaɪndə] *n.* ①炫目的东西 ②(pl.)(马的)眼罩,障眼物

blindfast ['blaɪndfæst] *n.* 百叶窗的固定器

blindfold ['blaɪndfəʊld] ❶ *a.;ad.* ①蒙住眼睛的,盲目(的),轻率(的) ②瞎,胡乱(的) ❷ *vt.* ①蒙住…的眼睛 ②蒙骗 ❸ *n.* 障眼物,蒙蔽人的事物

blindgut ['blaɪndgʌt] *n.* 盲肠

blinding ['blaɪndɪŋ] ❶ *a.* 炫目的,令人眼花缭乱的 ❷ *n.* (铺路填缝用的)细石屑

blindly ['blaɪndlɪ] *ad.* 盲目的

blindman ['blaɪnd‚mæn] *n.* ①盲人 ②(邮局的)辨字员

blindness ['blaɪndnɪs] *n.* ①盲目,盲区 ②失明 ③蒙昧,轻举妄动

blindspot ['blaɪndspɒt] *n.* 盲点,静区

blink [blɪŋk] *v.;n.* ①眨眼,瞥见,闪视 ②闪烁〔光,亮〕 ③不予考虑,闭眼不看 ④瞬间 ⑤挫折 ⑥表面浅注型缩孔 ☆***on the blink*** 发生故障,不能用; ***There is no blinking the fact that ...***不能否认…的事实

blinkard ['blɪŋkəd] *n.* 很笨的人

blinker ['blɪŋkə] *n.* ①闪光(灯),闪光警戒标,闪光信号灯 ②(pl.)遮灰照镜,(马)眼罩

blinking ['blɪŋkɪŋ] *n.* ①瞬时,眨眼 ②闪烁〔光,亮〕

blip [blɪp] ❶ *n.* ①(显示器屏幕上的)标志,记号,(雷达)可视节目的声音中断 ❷ (blipped; blipping) *vt.* 在录像磁带上擦去(所录的音)

blister ['blɪstə] *n.;v.* ①气泡,水疱,结疤,砂眼,折叠,小丘,局部隆起 ②天线罩,(飞机)枪炮座,(军舰)防雷隔舱,(船)附加外板 ③产生气泡,起泡,肿胀

blistered ['blɪstəd] *a.* 起泡的

blistery ['blɪstərɪ] *a.* 有气泡的,起泡的

blitz [blɪts], **blitzkrieg** ['blɪtskriːg] *n.;a;v.* 闪电战;猛烈空袭,用闪电战攻击(摧毁)

blizzard ['blɪzəd] *n.* 暴风雪,大风雪

bloat [bləʊt] *v.;a.* ①熏制 ②(鼓,肿)胀,起泡,发肿 ③(使)得意忘形

blob [blɒb] ❶ *n.* ①一滴,滴状,一小圆块 ②点(子),斑点,(水下摄影中的)模糊点 ③(pl.)光泡,气泡 ❷ (blobbed; blobbing) *v.* 用斑点弄污,弄错 ☆***on the blob*** 口头上,通过谈话方式

bloc [blɒk] (法语) *n.* 集团

block [blɒk] ❶ *n.* ①块(料,形,锭),板,枕,台,座,模 ②滑车(组),滑轮,(汽缸)体,(调节)楔,(印)版 ③单元,部件,装置 ④部分 ⑤(方)框,程序块 ⑥旁路,街区(段,坊) ⑦毛坯(料,石),砾石,粗料(坯) ⑧(一)套,(一)组,(一)批字〔数,号码,信息)组 ⑨阻塞(滞,断,碍),障碍物 ❷ *vt.* ①堵(闭),断路

〔流),扼住 ②中〔截〕断,停用〔止),冻结(资金) ③阻挡,封锁,妨碍,屏蔽,自保 ④使闭合 ⑤使成块状 ☆***a block of*** 一大块,一批〔组); ***a road block to*** 对…的绊脚石; ***Blocked.*** 此路不通; ***block in*** 画草图,拟大纲,筹划,封锁,堵塞; ***block out*** 画草图,勾画轮廓,规划; ***block up*** 阻塞,隔断,垫高

〖用法〗 ❶ 注意下面句子的译法:These devices are block addressable.这些设备是可以用数据块进行寻址的。(这里不带冠词的名词 block 作方式状语修饰形容词 addressable。)/Data blocks contain whatever the users have put in their files.数据块包含了用户在他们的文件中所存放的所有内容。❷ "block A from (doing) B" 意为 "阻止 A 不至于 (做) B"。如:This capacitor blocks the collector voltage of Q1 from the base of the second transistor. 这个电容器使 Q1 的集电极电压不至于到达第二个晶体管的基极。❸ 注意下面例句的含义:Let us consider a block of thickness d upon whose face the force F acts.让我们来考虑厚度为 d 的一块木块,而力 F 作用在其表面上。(句中的定语从句 "upon whose face the force F acts" = "upon the face of which",是修饰 "a block" 的。)/This we do know: these basic positive and negative charges are two of the basic building blocks from which the atom is constructed.下面这一点我们确实是知道的:这些基本的正负电荷是构成原子的基本构件中的两种。("This" 是 "know" 的宾语,为了加强语气而把它倒置在句首了。)

blockade [blɒ'keɪd] *n.;vt.* ①封锁,禁运 ②堵塞,阻止,抑制

blockage ['blɒkɪdʒ] *n.* ①堵塞,阻断,封锁 ②障碍(物) ③小方石

blockbuster ['blɒk‚bʌstə] *n.* 巨型轰炸机,巨型炸弹

blockchain ['blɒktʃeɪn] *n.* 【化】块环链,车链

blocker ['blɒkə] *n.* 【冶】阻断物〔剂,抗体〕,阻断器,雏形锻模

blockette [blɒ'ket] *n.* 【计】数字组,子字组,子群,分程序块,分区块,数据小区组,小信息块

blockglide ['blɒkglaɪd] *n.* 【地质】块体滑动,地块滑坍

blockhouse ['blɒkhaʊs] *n.* ①盒,(料)箱,框架,砌块间 ②水泥掩体,碉堡 ③掩藏

blocking ['blɒkɪŋ] *n.* ①阻塞〔断〕,封锁 ②屏蔽,保护 ③旁路,分段,【计】字组化,单元化 ④传导阻滞 ⑤粗型锻,(平炉)止炭 ⑥压檐增墙,锤碎石块

blockmark ['blɒkmɑːk] *n.* 【冶】块标志

blocknut ['blɒknʌt] *n.* 止动螺母,保险螺帽

blockwork ['blɒkwɜːk] *n.* 砌块墙,大方块

blocky ['blɒkɪ] *a.* 块状的,结实的

blomstrandite [blɒm'strændaɪt] *n.* 钛铌铀矿

Blondel ['blɒndel] *n.* 【物】勃朗德尔(光亮单位)

blondin ['blɒndɪn] *n.* 【冶】①(架空)索道起重机

②索道

blood [blʌd] **❶** *n.* ①血（液）②（家畜）血统（关系）③气质 ④纯种（马）⑤美国羊毛等级标准 **❷** *vt.* ①使出血,抽血 ②用血处理（皮革）☆ ***in cold blood*** 蓄意地,残酷地

bloodhound ['blʌdhaʊnd] *n.* 警犬,猎犬

bloodless ['blʌdlɪs] *a.* 贫血的,无血（色）的,不流血的

bloodletting ['blʌdletɪŋ] *n.* 放血,流血

bloodstone ['blʌdstəʊn] *n.* 血滴石,血玉髓,赤铁矿

bloodstream ['blʌdstri:m] *n.* 血流,(在血管中流动的)血液

bloodsucker ['blʌdsʌkə] *n.* 吸血者

bloodwood ['blʌdwʊd] *n.* 红木

bloody ['blʌdɪ] *a.* ①(有,出,流)血的 ②血色的,血腥的 ③非常的

blooey, blooie ['blu:ɪ] *a.* 出毛病的,突然出现差错,爆炸,完蛋

bloom [blu:m] **❶** *n.* ①花朵 ②茂盛时期 ③(果实等的)粉(衣),黄粉 ④光圈,晕,闪光,图像发晕(浮散,模糊) ⑤大钢坯 ⑥黄色鞣化酸 ⑦润滑油的荧光 ⑧流痕 **❷** *v.* ①开花,繁荣,突然激增 ②起霜,浮散,(给透镜)涂层 ③初轧,把…轧成钢坯 ☆ ***bloom out*** (表面)起霜; ***in bloom*** 盛开,正在(充分)发挥中

bloomary ['blu:mərɪ] *n.*【冶】熟铁吹炼炉,精炼炉床

bloomed [blu:md] *a.* 无反射的,模糊的,起霜的,发晕的

bloomer ['blu:mə] *n.*【冶】初轧机,开坯机

blooming ['blu:mɪŋ] *n.* ①敷霜,表面起膜,模糊现象,图像浮散(模糊,发晕) ②加膜,光学膜,光学减层 ③光轮,轮光 ④初轧(机),开坯

bloomless ['blu:mlɪs] *a.* ①无花的 ②不起霜的

bloomy ['blu:mɪ] *a.* ①多花的 ②起霜的

bloop [blu:p] **❶** *n.* ①(灌音时的)杂音,(磁带)接头噪声 ②防杂音设备 **❷** *v.* 发出(刺耳)杂音;消除…的杂音

blooper ['blu:pə] *n.* ①发射出射频电流的接收机 ②大错,洋相

blossom ['blɒsəm] **❶** *n.* ①花,花朵 ②开花时期,茂盛时期 **❷** *vi.* ①开花,繁荣 ②发展 ③(降落伞)展开 ☆ ***blossom (out) into*** 成长为; ***in full blossom*** 盛开; ***nip in the blossom*** 把…消灭于萌芽状态

blot [blɒt] **❶** *n.* ①墨迹(污),污斑(点,辱),缺陷 **❷** (blotted, blotting) *v.* 玷污,抹掉,吸去 ☆ ***blot out*** 除去,抹掉,弄模糊,遮蔽,摧毁,消灭

blotch [blɒtʃ] **❶** *n.* ①疱,疙瘩 ②污迹,斑点 **❷** *vt.* 弄脏,涂污

blotter ['blɒtə] *n.* ①吸墨纸,吸墨用具 ②(砂轮)缓冲用纸(垫) ③流水账,记事簿

blotting ['blɒtɪŋ] 吸去,涂去

blouse [blaʊz] *n.* 工作服,罩衫,军上装

blout [blaʊt] *n.* 块状石英

blow [bləʊ] **❶** (blew, blown) *v.* ①吹奏,送风,充〔喷〕气 ②爆炸,炸裂,放爆,冲击 ③熔解,(保险丝)烧断 ④跑掉,传播,浪费,告吹 ☆ ***blow about*** 吹散; ***blow by*** 从…(旁,缝中)漏出,漏气,渗漏; ***blow down*** 吹倒(浮,净),放水,泄料,排污; ***blow hot and cold*** 反复无常,摇摆不定; ***blow in*** 使吹入,加炉,自喷,(突然)来到,浪费,花光; ***blow off*** 吹散〔掉〕,喷出,放气,吹风,排出; ***blow on*** 开炉; ***blow out*** 吹熄,吹风,把…吹扫(干净),岩石的崩出,(突然)爆裂〔破〕,突然冒出,烧断,打穿,停炉; ***blow over*** 吹散;停止;消灭,被遗忘;环吹; ***blow up*** 爆破,(被)炸毁,毁掉,弄糟,鼓起;放大 **❷** *n.* ①打击,一击,碰撞 ②吹(风,炼) ③疾风,(pl.)气孔 ④(保险丝等)烧断,【冶】电弧偏吹 ☆ ***at one blow*** 或 ***at a (single) blow*** 一击(就),一下子(就); ***strike a blow against*** 反对,企图阻止; ***strike a blow for*** 为…而战斗,支持; ***without striking a blow*** 毫不费力

blowability [,bləʊə'bɪlɪtɪ] *n.*【冶】吹成性

blowback ['bləʊbæk] *n.*【冶】反吹,气体后泄,泵回,回爆

blowdown ['bləʊdaʊn] *n.* ①吹风,放气,(发动机试验后)换气〔吹净〕 ②泄料,排污 ③扰动,搅拌 ④增压

blower ['bləʊə] *n.* ①鼓风机,风扇〔箱〕 ②通风机,吹芯机 ③增压器〔叶轮〕,螺旋桨,喷嘴 ④吹制工人,吹氧者,吹法工,转炉工

blowhole ['bləʊhəʊl] *n.* ①铸〔气,喷〕孔 ②砂眼,气泡,(模板)麻点

blowing ['bləʊɪŋ] *n.* ①喷吹,自喷,吹 ②漏气起泡,放料,喷放,(路面)喷泥 ③着火 ④爆破

blow(-)lamp ['bləʊlæmp] *n.* 喷灯

blown [bləʊn] **❶** blow 的过去分词 **❷** *a.* ①吹气的,吹胀了的,吹制的 ②多孔的,海绵状的 ③被炸毁的

〖用法〗注意下句的译法: In this case, the full-blown expression, (8-10), must be applied.在这种情况下,必须应用周详全面的表达式(8-10)。

blown-film ['bləʊnfɪlm] *n.* 多孔膜

blown-sponge ['bləʊnspɒndʒ] *n.* 海绵胶

blow(-)off ['bləʊɒf] *n.* ①吹除〔出,飞〕,排出,吹泄,喷出 ②喷出器 ③爆〔吹〕裂,爆发 ④火箭飞行器各段分离 ⑤高潮,结局

blow-on ['bləʊɒn] *n.* 开炉

blowout ['bləʊaʊt] *n.* ①鼓风,放气,吹出,井喷,跑火 ②爆发〔裂〕,崩裂,喷出 ③熄火,停炉,熄弧 ④熔解〔清除,磨蚀〕,风力移动 ⑤管路清除,风力移动

blowpipe ['bləʊpaɪp] *n.* ①吹管,通风管,空气喷嘴 ②喷焊器

blowtest ['bləʊtest] *n.* 冲击试验

blowtorch ['bləʊtɔ:tʃ] *n.* ①喷灯,焊灯〔枪〕,吹管 ②喷气发动机,喷气式飞机

blow(-)up ['bləʊʌp] *n.* ①爆发〔炸〕,炸毁,崩溃 ②鼓起,冻胀,发泡 ③(照相等的)放大,放大了的照

片,印有放大照片的封面 ④扩张,散〔展〕开

blowy ['bləʊɪ] *a.* 刮风的,风大的

blubber ['blʌbə] ❶ *n.* 鲸脂,海兽脂 ❷ *v.* 哭泣

blucite ['bluːsaɪt] *n.* 【矿】含镍黄铁矿

blue [bluː] ❶ *a.;n.* ①青(色),蓝(色),普鲁士蓝 ②蓝(铅)油,蓝颜料 ③发青 ④(pl.)阴郁,郁闷 ⑤(pl.)蓝色制服 ❷ *v.* 染成蓝〔青〕色 ☆*a bolt from the blue* 晴天霹雳,意外之事; *appear (come) out of the blue* 意外地出现,爆出冷门; *be in (have) the blues* 无精神,沮丧; *blue streak* 极快的闪光; *once in a blue moon* 极少,千载难逢的(); *out of the blue* 突然地

blue-centering [bluː'sentərɪŋ] *n.* 蓝色定心

blue-finished ['bluː'fɪnɪʃt] *a.* 蓝色回火的

bluegrass ['bluːgrɑːs] *n.* 早熟禾

blue-john ['bluːdʒɒn] *n.*【矿】(蓝)萤石,氟石

blueness ['bluːnɪs] *n.* 蓝色,青蓝

blue-pencil ['bluːpensəl] *vt.* 用蓝色铅笔作记号,删改

blueprint ['bluːprɪnt] *n.;vt.* ①(晒)蓝图,设计图 ②详细制订,(订)计划,方案 ③蓝色板, 蓝色照相

blueprinter ['bluːprɪntə] *n.* 晒图机

bluestone ['bluːstəʊn] *n.*【矿】胆〔蓝〕矾,(五水)硫酸高铜 ②筑路用青石,蓝灰砂岩,硬黏土

bluet ['bluːɪt] *n.*【植】兰花草

bluey ['bluːɪ] *a.* 带蓝色的

bluff [blʌf] ❶ *a.* ①陡峭的 ②直率的 ❷ *n.* ①悬崖,天然陡坡 ②非流线(形物)体,不良绕流形体 ③欺骗,威吓 ❸ *v.* 欺骗,威吓

bluing ['bluːɪŋ] *n.* ①涂蓝,发蓝(处理),着色(检验) ②蓝色漂白剂,上蓝剂 ③蓝化,烧蓝,模温过高而引起的绿色氧化膜

bluish ['bluːɪʃ] *a.* 带蓝色的,浅蓝色的

blunder ['blʌndə] ❶ *v.* ①(大)大错,失策,疏忽 ②故障,误差 ③盲目行动,无意中说出 ☆*blunder against* 撞着,冲撞; *blunder away* 错过(机会),挥霍掉,抛弃; *blunder on (upon)* 无意中发现,碰见; *blunder out* 无意中泄漏

blundering ['blʌndərɪŋ] *a.* 容易犯错误的,大错的 ‖ ~**ly** *ad.*

blunge [blʌndʒ] *vt.* 用水搅拌,揉软

blunger ['blʌndʒə] *n.* 圆筒搀和机,搅拌器

blunt [blʌnt] ❶ *a.* ①钝(头)的,不尖的,圆头的 ②直率的 ❷ *n.* 短粗的针,钝器 ❸ *v.* 弄钝,挫折,减弱 ☆*to be blunt* 老实说

bluntly ['blʌntlɪ] *ad.* 钝,生硬,直率 ☆*to put it bluntly* 直截了当地说

bluntness ['blʌntnɪs] *n.* 钝(度),直率

blunt-nosed ['blʌntnəʊzd] *a.* 钝头的

blur [blɜː] (blurred; blurring) ❶ *v.* 弄污,(使)变模糊,(墨水等)渗开,影像位移 ❷ *n.* 污点〔斑〕,(影像)模糊 ☆*blur out* 弄模糊,抹拭 ‖ ~**ry** *a.*

blurb [blɜːb] ❶ *n.* 出版者对书籍内容的简介,大肆吹捧的广告 ❷ *vt.* 通过吹捧地,为……大做广告

blurring ['blɜːrɪŋ] *n.;a.* 模糊(的),(图像)混乱,不清

晰,斑点甚多(的)

blurt [blɜːt] *vt.;n.* 脱口而出,漏出(out)

blush [blʌʃ] *v.;n.* ①(使)呈现红色 ②羞愧,面红 ☆*at (on) (the) first blush* 初看,乍一看来; *put ... to the blush* 使某人脸红〔困窘〕

blushing ['blʌʃɪŋ] ❶ *n.* 变红,褪色,(油漆)雾浊 ❷ *a.* 脸红的

bluster ['blʌstə] *v.;n.* ①(风,浪)猛袭,汹涌 ②威吓

blustering ['blʌstərɪŋ], **blusterous** ['blʌstərəs], **blustery** ['blʌstərɪ] *a.* 刮大风的, 汹涌的,狂暴的,恫吓的

boa ['bəʊə] *n.* 女用皮毛披肩;大蟒蛇

boar [bɔː] *n.* 野猪,(未阉割的)公猪

board [bɔːd] ❶ *n.* ①板,(配电)盘,(操纵)台,甲板 ②转换器,交换机 ③电视演播室荧光照明系统,(pl.)照明灯板 ④委员会,管理局 ⑤舱内,车内 ⑥伙食 ❷ *vt.* ①用板〔盖,围〕上 ②管理,支配 ③上,乘 ④包伙食 ☆*above board* 公开地,无欺骗地; *board and lodging* 膳宿; *go by the board* 落空,破产; *go (get) on board* 上船〔车,飞机〕; *have ... on board* 装有; *on board* 在车〔船,机〕上; *on even board with* 在和…相同的条件下; *sweep the board* 完全成功; *take ... on board* 装载

boarding ['bɔːdɪŋ] ❶ *n.* ①隔〔镶,铺,地〕板,铺木板 ②起纹 ③上船〔车,飞机〕,上船检验 ④膳宿 ❷ *a.* 供膳(宿)的

boarding-card ['bɔːdɪŋkɑːd] *n.* 乘机证,搭载客货单

boarding-house ['bɔːdɪŋhaʊs] *n.* 供膳寄宿处

board-rule ['bɔːdruːl] *n.* 量木尺

boardy ['bɔːdɪ] *a.* 僵硬的,发紧的

boarish ['bɔːrɪʃ] *a.* 野猪般的,鲁莽的,凶猛的

boart [bɔːt] *n.*【矿】圆粒金刚石,金刚石屑〔砂〕

boast [bəʊst] *v.;n.* ①自夸,自恃 ②可夸耀的事物 ☆*boast of (about)* 夸耀,自夸; *make a boast of* 自夸,夸耀

boaster ['bəʊstə] *n.* ①阔凿 ②自夸者,吹嘘的人

boastful ['bəʊstfʊl] *a.* 夸口的,自负的

boat [bəʊt] ❶ *n.* ①小船,艇,舟 ②船形器皿,蒸发皿 ❷ *v.* 船运,乘〔划〕船 ☆*burn one's boats* 断绝退路,破釜沉舟; *in the same boat* 在同一状态下,同舟共济

boat-house ['bəʊthaʊs] *n.* 船库

boatman ['bəʊtmən] (pl. boatmen) *n.* ①船员,桨手 ②租船老板

boatswain ['bəʊsən] *n.* 水手长,帆缆军士长

bob [bɒb] ❶ *n.* ①(垂,浮)动,敲 ②振子球〔坠〕,秤〔悬,摆〕锤,垂球,浮子 ③擦光鼓,布轮 ④嘲弄,欺骗 ❷ (bobbed; bobbing) *v.* ①上下或来回地急动,上下跳动,敲 ②抛光 ☆*bob up* 急忙浮上,突然出现〔站起〕; *bob up and down (on the water)* 忽沉忽浮; *bob up like a cork* 恢复元气,东山再起

bobbed [bɒbd] *a.* 形成束的

bobber ['bɒbə] *n.* 浮标,晃动的人或物
bobbin ['bɒbɪn] *n.* ①线轴,轴心,鼓轮,筒管,绕线管 ②点火线圈,线圈(架),(门扣上的)吊带把手,细绳
bobbiner ['bɒbɪnə] *n.* 【纺】粗纱机
bobbinet ['bɒbɪnet] *n.* 【纺】珠罗纱
bobbing ['bɒbɪŋ] *n.* ①摆〔摇,振,浮〕动 ②标记的干扰性移动,目标标记移动 ③抛光
bobbinite ['bɒbɪnaɪt] *n.* 筒管炸药
bobweight ['bɒbweɪt] *n.* 配重,平衡锤,秤锤
bocca [bəu'kɑ:] *n.* 喷口,喷火口
bod [bɒd] *n.* 泥塞,砂塞,塞子
bode [bəud] *v.* ①预兆〔报,示〕②bide 的过去式
bodement ['bəudmənt] *n.* 前兆,预示
bodiless ['bɒdɪlɪs] *a.* 无形体的
bodily ['bɒdɪlɪ] ❶ *a.* ①身体的 ②有形的,具体的 ❷ *ad.* ①亲自 ②全部,完全,整个,一切
boding ['bəudɪŋ] *a.;n.* 预示(的),预兆(的)
bodkin ['bɒdkɪn] *n.* 锥子,粗针
body ['bɒdɪ] ❶ *n.* ①身体,躯体 ②物〔实〕体,机(车,床,船)身,机壳 ③正文,主体 ④支柱,基础,底盘 ⑤实质 ⑥(一)批〔堆,群,团,片〕,团体 ⑦慢波系统 ❷ *vt.* 使具有形体,实现,使稠化 ☆*a body of* 一批〔堆,群,团,片〕,很多; *body forth* 象征,体现,表现出; *in a body* 全体,全部,整个(地); *in body* 亲身
〖用法〗这个词在科技文中往往出现以下用法:There is a vast body of software developed in an almost unbelievable variety of ways.现在已经有了以几乎不可置信的各种方式开发出来的大量软件。
body-centered, **body-centred** ['bɒdɪ'sentəd] *a.* 体心的
body-fixed ['bɒdɪfɪkst] *a.* 安装在机体上的,机载的
body-fuse ['bɒdɪfju:z] *n.* 侧面信管
bodying ['bɒdɪɪŋ] *n.* 加稠,稠化
body-mounted ['bɒdɪ'mauntɪd] *a.* 装在弹〔车,船,机〕上的
bodywork ['bɒdɪwɜ:k] *n.* 车〔机,船〕身制造
boehmite ['bɜ:maɪt] *n.* 【矿】勃姆石(一种水软铝石)
Boeing ['bəuɪŋ] *n.* 波音(飞机)
Boeman ['bəumən] *n.* 波音机器人
boffin ['bɒfɪn] *n.* (航空工程等)科学技术人员
boffle ['bɒfl] *n.* 助声箱,箱式反射体
bofors ['bəufəz] *n.* 【军】双筒自动高射炮
bog [bɒg] ❶ *n.* 沼泽(区),泥炭地,酸沼 ❷ (bogged; bogging) *v.* 陷入泥沼 ☆*bog down* (使)陷入泥沼,(使)陷于困境,(使)停顿
bogaz ['bɒgəz] *n.* 深岩沟
bogginess ['bɒgɪnɪs] *n.* 沼泽性,泥沼状态
bogging ['bɒgɪŋ] *n.* 沼泽土化
boggle ['bɒgl] *v.;n.* ①畏缩不前,犹豫(at, about) ②搪塞(at)弄坏
boggy ['bɒgɪ] *a.* (多)沼泽的,泥炭的,软而湿的
bogie ['bəugɪ] *n.* ①小〔矿,手推,查道〕车 ②(四轮)

转向架,挖土机车架,坦克的负重轮,移车台,(吊车的)行走机构,双后轴,悬挂〔平衡〕装置
boginess ['bɒgɪnɪs] *n.* 沼泽性
Bogota [bəugə'tɑ:] *n.* 波哥大(哥伦比亚首都)
bogus ['bəugəs] ❶ *a.* 赝造的,虚假的 ❷ *n.* 赝品
bohea [bəu'hi:] *n.* 武夷茶,红茶
bohler ['bəulə] *n.* 银亮钢
Bohr [bəuə] *n.* 玻尔(丹麦物理学家)
BOI ①(=basis of issue) 论据 ②(=break of inspection) 检验中断
boil [bɔɪl] *v.;n.* ①煮沸,沸腾 ②沸点 ③(唱片正片前空白处的)附加声 ☆*boil down* 蒸煮,煮稠,浓缩;精简; *boil down to* 归结起来是; *boil off* 蒸发,浓缩,汽化; *boil out* 熬煮; *boil over* 沸(腾而)溢(出),蒸出,激昂; *boil up* 沸腾,煮开,(煮沸)消毒,涌起,进出; *bring to the boil* 使沸腾; *come to the boil* 开始沸腾
boiled [bɔɪld] *a.* ①煮熟的,煮沸过的 ②熟练的
boiler ['bɔɪlə] *n.* 烧水壶,锅炉,热水器
boilerhouse ['bɔɪləhaus] *n.* 锅炉房
boiling ['bɔɪlɪŋ] ❶ *a.* ①沸腾的,汹涌的 ②激昂的 ❷ *n.* ①煮沸,沸腾 ②喷出〔溅〕 ❸ *ad.* 达到沸腾的程度
boil(-)off ['bɔɪlɒf] *n.* 汽化,蒸发(损耗),沸腾,煮掉,精炼,脱胶
boilproof ['bɔɪlpru:f] *a.* 耐煮的
boisterous ['bɔɪstərəs] *a.* ①狂暴的,猛烈的,汹涌的 ②吵闹的 ‖ ~**ly** *ad.*
boka ['bəukɑ:] *n.* 一种独木舟
bolar ['bəulə] *a.* 黏土的
bolarious [bəu'leərɪəs] *a.* 暗红色的
bold [bəuld] *a.* 大胆的,冒失的,凸露的 ☆*in bold outline* 轮廓鲜明(的); *make (be)(so) bold (as) to (do)* 擅自(做),敢; *put a bold face on* 对…假装不在乎
boldface ['bəuldfeɪs] *n.* 黑体字,粗体
bold-faced ['bəuldfeɪst] *a.* 黑〔粗〕体的
boldly ['bəuldlɪ] *ad.* 大胆地,显著地,粗
boldness ['bəuldnɪs] *n.* 大胆,显著
bole [bəul] *n.* ①树干 ②(胶块)黏土,红玄武土 ③通风口
bolection [bəu'lekʃən] *n.* 【建】凸嵌线
bolete ['bəulɪt] *n.* 牛肝菌
bolide ['bəulaɪd] *n.* 火流星,陨石,火球
Bolivia [bə'lɪvɪə] *n.* 玻利维亚(南美洲西部国家)
Bolivian [bə'lɪvɪən] *a.;n.* 玻利维亚的,玻利维亚人(的)
boll [bəul] *n.* 【植】①圆荚 ②博耳(苏格兰、英格兰的容量单位)
bollard ['bɒləd] *n.* ①系船桩,系缆柱 ②标柱
bologram ['bəuləgræm] *n.* 辐射热测量记录器,热辐射测量图
bolograph ['bəuləgrɑ:f] *n.* 辐射热测量记录器,测辐射热器
bolometer [bəu'lɒmɪtə] *n.* ①辐射热测量计,电阻

式测辐射热计 ②心博(力)计

bolometric [ˌbəʊləˈmetrɪk] *a.* 测辐射热的

boloscope [ˈbəʊləskəʊp] *n.* 金属探测器

Bolshevik [ˈbɒlʃ əvɪk] *n.;a.* 布尔什维克(的)

bolson [ˈbəʊlsən] *n.* 干湖地,沙漠盆地

bolster [ˈbəʊlstə] ❶ *n.* ①承〔垫〕枕,垫木 ②支持,垫枕状支撑物,(车架)承梁,支承架,承梁板,【建】肱木,托木 ③台面,穿孔台 ④夹圈,模板框 ❷ *vt.* 支持,垫,装填,加固(up)

bolt [bəʊlt] ❶ *n.* ①螺栓〔杆,钉〕,插销,门(窗)闩,锁簧 ②(短)箭,弩,矢,枪机 ③闪电 ④筛 ⑤逃跑,放弃 ❷ *v.* ①用螺栓固定,支持 ②闩上,上插销 ③筛,细查

bolter [ˈbəʊltə] *n.* ①筛,分离筛,筛先机 ②逃跑者

bolt-head [ˈbəʊlthed] *n.* ①螺栓头 ②长颈烧瓶 ③枪机头

bolting [ˈbəʊltɪŋ] *n.* ①(螺)栓(连)接,拧紧,上螺栓 ②螺栓 ③筛选

bolt-lock [ˈbəʊltlɒk] *n.* 栓锁,螺栓保险,炮栓闭锁机

boltwoodite [ˈbəʊltwʊdaɪt] *n.*【矿】黄硅钾铀矿

bolus [ˈbəʊləs] *n.* ①团(块),胶块土,陶土 ②大药丸 ③无谓之事物

bomb [bɒm] ❶ *n.* ①(炸)弹,炸药包 ②弹状储气瓶,高压液化气容器,弹形高压容器,氧气瓶 ③还原钢弹,气弹(发气冒口) ④(治疗用)放射源,钴炮 ⑤惊人事件 ❷ *v.* 投弹,轰炸 ☆***bomb out*** 把…炸毁,(俚)惨败; ***bomb up*** 给…装上炸弹; ***bomb(s) away*** 投弹完毕

bombard [bɒmˈbɑːd] *vt.* 轰击,轰炸,碰撞 ②照射,粒子辐射

bombarder [bɒmˈbɑːdə] *n.* 轰击器,轰炸器

bombardier [ˌbɒmbəˈdɪə] *n.* ①轰炸员,投掷手 ②炮手

bombarding [bɒmˈbɑːdɪŋ] ❶ *n.* ①轰击,碰撞,轰击 ②照射,辐照 ❷ *a.* ①爆炸的,碰撞的 ②急袭的(粒子),施轰的

bombardment [bɒmˈbɑːdmənt] *n.* ①轰击,轰炸,碰撞 ②照射,辐照,粒子辐射

bombardment-induced [bɒmˈbɑːdməntɪnˈdjuːst] *a.* 轰击感生的

bombast [ˈbɒmbæst] ❶ *n.* 大话,高调 ❷ *a.* 夸大的

bombastic [bɒmˈbæstɪk] *a.* 夸大的,言过其实的 ‖ **~ally** *ad.*

Bombay [bɒmˈbeɪ] *n.* 孟买(印度西部港市)

bomb-disposal [bɒmdɪsˈpəʊzəl] *n.* 未爆弹处理

bomber [ˈbɒmə] *n.* 轰炸机,投弹手

bombfall [ˈbɒmfɔːl] *n.* 投下的炸弹,弹着点,投射散布面

bombinate [ˈbɒmbɪneɪt] *vi.* 发嗡嗡声 ‖ **bombination** *n.*

bombing [ˈbɒmɪŋ] *n.* 轰炸,投弹

bombline [ˈbɒmlaɪn] *n.* 轰炸线,爆炸线

bombonne [ˈbɒmbɒn] *n.* (吸收)坛

bombproof [ˈbɒmpruːf] ❶ *a.* 防轰炸的,避弹的 ❷ *n.* 避弹室,防空洞

bombus [ˈbɒmbəs] *n.* 耳鸣,腹鸣

bombycid [ˈbɒmbɪsɪd] *n.* 蚕蛾

bombycin [ˈbɒmbɪsɪn] *n.* 蚕素

bombykol [ˈbɒmbɪkəl] *n.* 蚕蛾醇

bombyx [ˈbɒmbɪks] *n.* 蚕

bona [ˈbəʊnə] (拉丁语) *a.* 好的,善意的

bonanza [bəʊˈnænzə] *n.* ①大矿囊,富矿带〔脉〕②富源,兴隆

bond [bɒnd] ❶ *n.* ①结合,约束,联系 ②键,链 ③黏合力,黏结强度 ④黏结料,连接器,接续线 ⑤熔透区,熔合部分 ⑥(释热元件的)扩散层 ⑦联盟,契约,合同,票据,公债,证券,价标,保证书(人) ❷ *v.* ①结合,黏结,焊接 ②联络,通信 ③海关扣留,把(进口货)存入保税仓库,抵押 ☆***bond A to B*** 把A焊到B上; ***enter into a bond (with)*** (与…)订合同; ***in bond*** 在仓库中,尚未完税; ***in bonds*** 被束缚着,在拘留中; ***take out of bond*** (完税后)由仓库中提出(货物)

bondability [ˌbɒndəˈbɪlɪti] *n.* 握裹力

bondage [ˈbɒndɪdʒ] *n.* 约束,束缚,奴役 ☆***in bondage to*** 被…所奴役

bonded [ˈbɒndɪd] *a.* ①(被)连接的,束缚的,(被)耦〔化〕合的,黏着的 ②有担保的,保税的,扣存仓库以待完税的

bonder [ˈbɒndə] *n.* ①连接〔耦合〕器 ②砌墙石

bonderite [ˈbɒndəraɪt] *n.* 磷酸盐处理(层)

bonderizing [ˈbɒndəraɪzɪŋ] *n.* 磷化处理,磷酸盐处理

bonding [ˈbɒndɪŋ] *n.* ①连接,压焊 ②黏结料 ③屏蔽接地 ④键,线束 ⑤通信,联系

bondman [ˈbɒndmən] *n.* 奴隶,农奴

bond-meter [ˈbɒndmiːtə] *n.* 胶接检验仪

bondstone [ˈbɒndstəʊn] *n.*【建】束石,系石

bond-tester [ˈbɒndtestə] *n.* 胶接检验仪

bondu [ˈbɒndjuː] *n.* 一种耐蚀的铝合金

bone [bəʊn] ❶ *n.* ①骨头,骨骼 ②骨状物,骨制品 ③炭质页岩,骨煤 ❷ *vt.* 去骨,装骨架于,施骨肥,用苦功学习(up) ☆***bone of contention*** 争论之点〔原因〕,争端; ***cut to the bone*** 彻底取消; ***feel in one's bones (that)*** 确有把握,确信; ***make no bones of (about)*** 毫不犹豫,毫不掩饰; ***to the bone*** 到极点,彻底; ***without more bones*** 不再费力,立刻

bone-bed [ˈbəʊnbed] *n.*【地质】骨层,含骨片岩层

bone-black [ˈbəʊnblæk] *n.* 骨灰,骨炭粉

bone-dry [ˈbəʊndraɪ] *a.* 干透了的

boneless [ˈbəʊnlɪs] *a.* 无骨的,去骨的

bone-setting [ˈbəʊnsetɪŋ] *n.* 正骨法

bonfire [ˈbɒnfaɪə] *n.* 营火 ☆***make a bonfire of*** 烧掉,焚毁

bong [bɒŋ] *v.* 发出当当声

boning [ˈbəʊnɪŋ] *n.* ①测平法 ②去骨,施骨肥

Bonn [bɒn] *n.* 波恩(德国城市)

bonnet ['bɒnɪt] ❶ *n.* ①无边帽 ②帽状物,阀帽,机〔保护〕罩,引擎顶盖 ③壳,套 ❷ *vt.* 戴帽,加罩

boninite ['bɒnɪnaɪt] *n.* 【地质】玻安岩

bonitation [,bɒnɪ'teɪʃən] *n.* 繁殖〔发生〕适度

bonus ['bəʊnəs] *n.* ①奖金,红利,额外津贴 ②附带的优点
【用法】注意下面例句中该词的含义:As a bonus, we will find the mathematics and resulting formulae identical to those we will employ in Chapter 3.另外,我们将发现这些数学内容及所得到的公式与我们将在第三章中要采用的相同。

bony ['bəʊnɪ] *a.* ①多骨的,似骨的 ②骨骼粗大的 ③瘦的

boo(-)boo ['bu:bu:] *n.* ①碰伤 ②故障,误差

book [bʊk] ❶ *n.* ①书,手册 ②册,卷,本,(记录)簿 ❷ *v.* 登记,记入,注册,(接受)预约(车位,座位等),售票,记账,托运 ☆*be booked for (to)* 买有往···去的票子,预订好; *book through to* 买到···的直达票; *bring to book* 盘问,责备; *by the book* 按常规; *close (shut) the books* (暂)停记账; *keep books* 记账; *know like a book* 通晓; *off the books* 除名,退会; *suit one's book* 符合某人的要求; *without book* 无根据,任意,凭记忆

bookable ['bʊkəbl] *a.* 可预购〔约〕的

bookbindery ['bʊk,baɪndərɪ] *n.* 装订厂,图书装订所

bookbinding ['bʊk,baɪndɪŋ] *n.* (图书)装订

bookcase ['bʊkkeɪs] *n.* 书柜,书架

booking ['bʊkɪŋ] *n.* ①登记,预约 ②卖票

booking-clerk ['bʊkɪŋkla:k] *n.* 售票员

booking-office ['bʊkɪŋɒfɪs] *n.* 售票处

bookish ['bʊkɪʃ] *a.* ①书籍的,书本上的 ②好读书的,只有书本知识的,咬文嚼字的

bookkeep ['bʊkki:p] *vt.* ①簿记 ②有系统地分门别类地记录

bookkeeper ['bʊk,ki:pə] *n.* 簿记员,记账员

book(-)keeping ['bʊk,ki:pɪŋ] *n.* 簿记(学)
【用法】注意下面例句中该词的含义:Our book-keeping is limited to modes carrying power in the +z direction.我们的记载限于在+z方向上传送功率的那些模式。

book-learned ['bʊk,lɜ:nd] *a.* 迷信书本的,书上学来的

book-learning ['bʊk,lɜ:nɪŋ] *n.* 书本知识

booklet ['bʊklɪt] *n.* 小册子,目录单

booklist ['bʊklɪst] *n.* 书单

book-maker ['bʊkmeɪkə] *n.* 编辑人,编纂者

book-making ['bʊkmeɪkɪŋ] *n.* 编辑,著作

bookmark ['bʊkmɑ:k] *n.* 书签

bookmobile ['bʊkməʊbaɪl] *n.* 图书流通车

book-phrase ['bʊkfreɪz] *n.* 只言片语

bookpost ['bʊkpəʊst] *n.* 书籍邮寄〔件〕

book-review ['bʊkrɪvju:] *n.* 书评

bookseller ['bʊkselə] *n.* 书商

book-shelf ['bʊkʃelf] *n.* 书架

bookshop ['bʊkʃɒp] *n.* 书店

bookstall ['bʊkstɔ:l] *n.* 书报摊

bookstore ['bʊkstɔ:] *n.* 书店

book-structure ['bʊkstrʌktʃə] *n.* 【地质】页状构造(岩)

book-work ['bʊkwɜ:k] *n.* 理论〔书本〕的研究,印刷书籍

bookworm ['bʊkwɜ:m] *n.* ①书呆子 ②好读书的人

Boolean ['bu:ljən] ①布尔的,逻辑的 ②布尔型,布尔符号

boom [bu:m] ❶ *n.* ①吊〔起,弦,起重〕杆,悬臂,起重机,梁〔臂〕 ②横木,水栅,横江铁索,水上指航标 ③隆隆声,(低)鸣声,爆音 ❷ *v.* ①繁荣,畅销 ②轰鸣,发隆隆声 ③突然增加,迅速发展

boomage ['bu:meɪdʒ] *n.* 护舷费

boomerang ['bu:məræŋ] *n.* 飞镖

boominess ['bu:mɪnɪs] *n.* 箱谐振

booming ['bu:mɪŋ] ❶ *a.* 突然兴旺的,大受欢迎的,暴涨的,轰隆的 ❷ *n.* 声震

boomy ['bu:mɪ] *a.* 景气的,隆隆声的

boor [bʊə] *n.* 农民,乡下人

boorish ['bʊərɪʃ] *a.* 乡下气的,粗野的,不灵活的

boost [bu:st] *vt.;n.* ①推进,帮助,提高,发展 ②加强〔速〕,升高,升压,(低频)放大 ③助推发动机

booster ['bu:stə] *n.* ①助推器,加速器 ②增强器,放大器,增压器,升压线圈,升压电阻 ③附加装置,启动磁电机,起飞发动机,运载火箭,多级火箭的第一级 ④助爆药,引发剂,辅助剂,辅助油管 ⑤转播站 ⑥援助者

boosting ['bu:stɪŋ] *n.* 助推,加速,提高

boot [bu:t] ❶ *n.* ①长靴 ②(汽车后部)行李箱 ③罩,保护罩,起落轮罩 ④橡皮套,管帽,胎垫,胎毂救急套 ⑤进料斗,接收器 ⑥屋面管(凸缘)套,水落管槽 ⑦开沟器,滑架 ❷ *vt.* 穿靴,轰走(out) ☆*in seven league boots* 极快; *The boot is on the other leg (on the wrong leg)* 事实恰相反;应由其他方面负责; *to boot* 而且,加之; *as old boots (= like old boots)* 劲头十足地,彻底地

booted ['bu:tɪd] *a.* 穿靴的

bootery ['bu:tərɪ] *n.* 靴鞋店

booth [bu:ð] *n.* 小室〔亭〕,公用电话亭,暗箱,棚,摊位,投票箱,舱

bootjack ['bu:tdʒæk] *n.* 脱靴器

bootlace ['bu:tleɪs] *n.* 靴带

bootleg ['bu:tleg] *n.* ①靴筒,长筒靴上部 ②(非法制造、销售的)私货

bootlegging ['bu:tlegɪŋ] *n.* 穿靴筒,非法制造私酒

bootless ['bu:tlɪs] *a.* 无益的,不穿鞋的 ‖ **~ly** *ad.* **~ness** *n.*

bootstrap ['bu:tstræp] *n.* ①自举电路,仿真线路,自持系统 ②【计】引导程序,辅助程序 ③自展,(输入)引导

boottopping ['bu:tɒpɪŋ] *n.* 水线间船壳

B

booty ['bu:tɪ] *n.* 赃物,战利品
booze [bu:z] ❶ *n.* 烈性酒,酒宴 ❷ *vi.* 豪饮
bora ['bɒrə] *n.*【气】(从内陆高山刮向亚得里亚海及其沿岸的)布拉风
boracic [bə'ræsɪk] *a.* (含)硼的,硼砂的
boracium ['bɒrəsɪəm] *n.* (=boron)硼
boral ['bɔ:rəl] *n.*【化】碳化硼铝
borane ['bɔ:reɪn] *n.*【化】(甲)硼烷(衍生物),硼氢化合物
borate ['bɔ:reɪt] ❶ *n.*【化】硼酸盐〔酯〕 ❷ *vt.* 使与硼砂混合,用硼酸处理
borated ['bɔ:reɪtɪd] *a.* 用硼酸处理过的,覆盖上金属硼的,含硼酸的
borax ['bɔ:ræks] *n.* 硼砂,硼酸钠
borazine ['bɔ:rəzi:n], **borazole** ['bɔ:rəzəul] *n.*【化】硼吖嗪,硼的衍生物
borazon ['bɔ:rəzɒn] *n.*【化】(一)氮化硼(结晶体),人造亚硝酸硼
borazone ['bɔ:rəzəun] *n.* 氮化硼半导体
bord [bɔ:d] *n.* 矿房,巷道
border ['bɔ:də] ❶ *n.* ①边(界,际),缘,框,壁 ②界限〔面〕,国界 ③路缘 ④书脊边饰〔装帧〕 ☆ ***on the border of*** 将要 ❷ *v.* ①接界,毗连 ②近似 ③镶边 ☆***border on (upon)*** 接近,邻接;近似(于),非常像
〖用法〗注意下面例句的含义:It is possible to achieve real-time exchange of data across what used to be closed system borders.现在能够越过原来的闭式系统边界进行数据的实时交换。
bordering ['bɔ:dərɪŋ] *n.* 设立疆界,边
borderland ['bɔ:dəlænd] *n.* 交界地区,边缘地(区),模糊区
borderline ['bɔ:dəlaɪn] ❶ *n.* 边线〔界〕,国界,轮廓线 ❷ *a.* 边界上的,模棱两可的
border-punched ['bɔ:dəpʌntʃt] *a.* 边(缘穿)孔(的)
bore [bɔ:] ❶ *n.* ①(枪,炮)膛,腔,汽缸筒,砂芯,(中心)孔,(炮)眼 ②孔〔膛〕径 ③钻,扩〔钻〕孔器 ④怒潮,(海口)涌潮现象 ⑤讨厌的人〔物〕 ❷ *v.* ①镗〔钻〕孔,打眼,钻探 ②使厌烦,打搅(with) ③bear 的过去式
boreal ['bɔ:rɪəl] *a.* 北的,北方的,北风的
bore-bit ['bɔ:bɪt] *n.* 钻头
boredom ['bɔ:dəm] *n.* 厌烦,厌倦,乏味,无聊
bore-hole ['bɔ:həul] *n.* 钻〔镗〕孔,炮眼,(pl.)井孔
borer ['bɔ:rə] *n.* ①镗工,打眼工 ②镗床,镗孔刀具 ③钻(头,机),钻孔器,风钻,凿岩机 ④凿船虫
boresafe ['bɔ:seɪf] *n.* 膛内保险
borescope ['bɔ:skəup] *n.* 管道(探测)镜,光学孔径仪
boresight ['bɔ:saɪt] *n.* ①瞄准线〔轴〕,视轴 ②炮膛校正器,校靶镜 ③孔径瞄准,平行对准,枪筒瞄准
boresighting ['bɔ:saɪtɪŋ] *n.* 轴线校准
boric ['bɔ:rɪk] *a.* (含)硼(素)的
borickite ['bɒrɪkaɪt] *n.*【矿】褐磷酸钙铁矿
boride ['bɔ:raɪd] *n.*【化】硼化物,硼(金属)陶瓷
boriding ['bɔ:raɪdɪŋ] *n.* 硼化,渗硼
borine ['bɔ:ri:n] *n.*【化】烃基硼,硼烷
boring ['bɔ:rɪŋ] ❶ *n.* ①钻孔,镗削加工,钻探,打眼 ②(pl.)镗屑,金属切屑 ③地质钻孔试验 ❷ *a.* ①镗孔的 ②令人厌烦的
borism ['bɔ:rɪzm] *n.* 硼中毒
born [bɔ:n] *a.;v.* ①出生(bear 的过去分词) ②出身于,源于(of) ③天生的
bornadiene [bɔ:'nædɪi:n] *n.*【化】莰二烯
bornane ['bɔ:neɪn] *n.*【化】莰烷
borne [bɔ:n] ❶ bear 的过去分词 ❷ *a.* 装在…上的,以…为基地的
borneol ['bɔ:nɪɒl] *n.* 龙脑,冰片
bornite ['bɔ:naɪt] *n.*【矿】斑铜矿
bornyl ['bɔ:nɪl] *n.* 冰片基
borocaine ['bɔ:rəkeɪn] *a.*【化】硼酸普鲁卡因
borofluoride [ˌbɔ:rə'fluəraɪd] *n.*【化】氟硼酸盐
borohydride [ˌbɔ:rə'haɪdraɪd] *n.*【化】氢硼化物
borol ['bɔ:rəl] *n.*【化】硼硫酸(钾)钠
boroll ['bɔ:rɒl] *n.* 极地软土,温带软土
borolon ['bɔ:rələn] *n.* 人造氧化铝
boron ['bɔ:rɒn] *n.*【化】硼
boronic [bɔ:'rɒnɪk] *a.* 硼的
boronise, bononize ['bɔ:rənaɪz] *v.* 硼化,渗硼 ‖ **boronisation** 或 **boronization** *n.*
boroscope ['bɔ:rəskəup] *n.* 内孔表面检查仪,光学孔径检查仪,光学缺陷探测仪
borosil ['bɔ:rəsɪl] *n.* 硼-硅-铁合金(3%～4% B,40%～50%Si)
borosilicate [ˌbɔ:rəu'sɪlɪkɪt] *n.*【化】硼硅酸盐
borosiliconizing [ˌbɔ:rə'sɪlɪkənaɪzɪŋ] *n.*【化】渗硼硅法
borough ['bʌrə] *n.* (英国)自治城市,(美国)自治村镇,市行政区
boroxane [bɔ:'rɒkseɪn] *n.*【化】硼氧烷
borrelia [bə'relɪə] *n.* 疏螺旋体,包柔氏螺旋体
borrow ['bɒrəu] *v.;n.* ①借,借用,模仿,剽窃 ②借〔取〕土,取料〔借土〕坑,采料场,挖出〔开采〕料 ③【数】借位,(减法运算)向上位数借 ☆ ***borrow trouble*** 自找麻烦,自寻苦恼
〖用法〗注意下面例句中该词的含义:This book borrows freely from what is now a considerable body of semiconductor literature.本书广泛取材于现有的大量半导体文献资料。
borsal ['bɔ:səl], **borsyl** ['bɔ:sɪl] *n.*【化】硼硅酸钠
bort [bɔ:t], **bortz** [bɔ:ts] *n.* 圆粒〔球聚,不纯〕金刚石,(黑)金刚石粉〔屑〕
bortam ['bɔ:tæm] *n.* 硅硼钛铝锰合金
boryl ['bɔ:rɪl] *n.*【化】①氧硼基 ②环硼水杨酸乙酯
bosa ['bəuzə] *n.* 小米黄酒
bosh [bɒʃ] *n.* ①浸冷(用的)水槽,清洗槽,炉腹 ②锅,桶 ③(刷)水毛,水刷 ④胡说
boshing ['bɒʃɪŋ] *n.* 浸水使冷〔冷却〕

boshplate ['bɒʃpleɪt] *n.* 炉腹冷却板

bosk [bɒsk], **bosket** ['bɒskɪt] *n.* (矮)林

bosom ['buzəm] *n.* ①胸(部),内部 ②对缝接角钢,角撑 ③矿藏,蕴藏

boson ['bəʊzɒn] *n.*【物】玻色子

bosonic [bəʊ'zɒnɪk] *a.*【物】玻色子的

boss [bɒs] ❶ *n.* ①工头,老板,经理,首领 ②工长 ③(轮,桨)毂 ④(铸锻表面)凸起部,凸台,凸饰,浮雕,浮凸嵌片,隆起,结节 ⑤进气道中心体 ⑥夹持器,四角螺丝套,轴衬 ⑦灰泥桶 ⑧未(射)中,不成功 ❷ *vt.* ①指挥,控制,发号施令 ②浮雕 ❸ *a.* 主要的,首领的

bossage ['bɒːsɪdʒ] *n.* 浮雕装饰

bossing ['bɒsɪŋ] *n.* ①用粗面轧辊轧制,刻痕和堆焊 ②轴包套,导流罩

boster ['bɒstə] *n.* 熟铁板

Boston ['bɒstən] *n.* ①波士顿(美国马萨诸塞州首府) ②波士顿(英国英格兰东部港口城市)

bot [bɒt] ❶ *n.* (寄生在马、羊或人体内的)马胃蝇蛆,肤蝇幼虫 ❷ *v.* (无意归还地)借钱,讨东西

botanic [bə'tænɪk] *a.* 植物学的

botanical [bə'tænɪkəl] ❶ *a.* 植物学的 ❷ *n.* 药材

botanist ['bɒtənɪst] *n.* 植物学工作者,植物学家

botanize, botanise ['bɒtənaɪz] *v.* 研究并采集植物

botany ['bɒtənɪ] *n.* 植物学

botch [bɒtʃ] *vt.;n.* 笨手笨脚,拙劣的工作

botfly ['bɒtflaɪ] *n.* 牛蝇,马蝇

both [bəʊθ] *a.;ad.;pron.conj.* 两(个,面),双(方,侧),(二者)都

〖用法〗❶ 这个词与 not 连用时,一般表示部分否定,译成"并非"。如:Both of the transistors are not good.这两只晶体管并非都是好的。❷ 这个词常作为代词用。如:When a signal is very small, as a voltage, as a current, or as both, one needs amplification.当信号(作为电压,或作为电流,或作为两者) 很小时,就需要对它进行放大。/Two different-appearing answers may both be correct.两个似乎不同的答案可能都是正确的。/In Fig. 2-13, a vector of 8.0 units and a vector of 3.0 units are shown, both directed northward. 在图 2-13 中,画出了一个矢量为 8 个单位,另一个矢量为 3 个单位,这两个矢量都是朝北的。❸ 作为连接词用。如:This hard-disk system both has large storage and is extremely fast.这个硬盘系统既存储量大,而且速度极快。❹ 它后跟"of+名词"时,该名词前一定要有定冠词(不过 of 是可以省去的)。如:Both (of) the devices are good in quality.这两个设备的质量都很好。它与 all 的用法类同,在其后跟人称代词时一定要用介词 of,或把它放在人称代词后,即 both of them 或 they〔them〕both。❺ 由它连接的两个形容词可以作后置定语。如:This text is a help to digital designers both new and old.本教材对新老数字设计人员都是有帮助的。❻ 由于"both ... and ..."属于并列连接词,所以连接的成分必须是

相同的。如:This device is widely used in both China and many other countries.(或 ... both in China and in many other countries.) 这种设备不仅在中国,而且也在其他许多国家广泛使用。

bother ['bɒðə] *v.;n.* 烦扰,麻烦,迷惑,使糊涂 ☆ **bother about** 操心,焦虑

〖用法〗它作为"费心,麻烦"讲时,既可以是及物动词(后跟动作时一定要用动名词),也可以是不及物动词(后跟动作时用动词不定式)。如:In real life, the author won't bother using namespaces and separate compilation to the extent he does here.在实际工作中,作者使用名称空间和单独汇编的程度并没有在本书中用得这么广。/In practice, we seldom bother to draw the auxiliary maps.实际上,我们很少费心画这种辅助图。

bothersome ['bɒðəsəm] *a.* 麻烦的,讨厌的

botheration [bɒðə'reɪʃən] ❶ *n.* 烦恼,麻烦 ❷ *int.* 讨厌

bothrium ['bɒθrɪəm] (pl. bothria) *n.*【动】吸沟

both-way ['bəʊθweɪ] *a.* 双向的

botryogen ['bɒtrɪədʒen] *n.*【矿】赤铁矾

botryoid ['bɒtrɪɔɪd], **botryoidal** [ˌbɒtrɪ'ɔɪdəl] *a.* 葡萄状的

botryomycosis [ˌbɒtrɪəʊmaɪ'kəʊsɪs] *n.*【医】葡萄球菌病

Botswana [bɒ'tswɑːnə] *n.* 博茨瓦纳(非洲中南部国家)

bott [bɒt] *n.;v.* 黏土泥塞,堵塞

bottle ['bɒtl] ❶ *n.* 瓶,罐,(流体)容器 ❷ *v.* ①装bottle中,灌注 ②忍着,抑止(up) ☆ **bottle off** 由桶中移装瓶内

bottled ['bɒtld] *a.* 瓶装的

bottleneck ['bɒtlnek] ❶ *n.* ①瓶颈 ②狭道,关键,难关 ②涌塞,影响生产流程的因素 ❷ *v.* 妨碍,卡住,梗塞 ❸ *a.* 狭隘拥挤的

bottler ['bɒtlə] *n.* 灌注机,装瓶工人

bottling ['bɒtlɪŋ] *n.* 装瓶,灌注

bottom ['bɒtəm] ❶ *n.* ①底(部),深处,尽头 ②基础,根基,底细 ③(pl.)底部,沉淀物,残留物 ❷ *v.* ①根据 ②到底,查明真相,测量…深浅 ③使电子管在截止点附近工作 ④装底,做底脚 ☆ **at (the) bottom** 实际上,本质上;**(be) at the bottom of** 在…的底部〔尽头〕,是(发生…的)原因;**bottom on (upon)** 建立在…的基础上;**bottom out** 探明,使水落石出,(证券)停泻回升;**bottom up** (头脚)倒置,颠倒;**from top to bottom** 从上到下,完全;**get to the bottom of** 详细调查,探明…的真相;**get to the bottom of** 详细调查,探明…的真相 沉没,深究;**knock the bottom out of an argument** 推翻一种论点,证明一种论点是错误的;**send to the bottom** 弄沉,打沉;**to the bottom** 到最底,彻底;**touch bottom** 达到最低点,接触到实质,得到根据,查核事实

〖用法〗注意下面例句中该词的含义:The bottoming out and eventual increase of J_{th} is due to the decrease of the confinement factor Γ_a. J_{th} 从底部回升并最终增加是由于制约因子 Γ_a 的下降所致。

bottom-dump ['bɒtəmdʌmp] a. 车底卸载的,底卸式

bottomed ['bɒtəmd] a. 底是…的

bottom-grab ['bɒtəmgræb] n. (水底)挖泥抓斗,(底部)咬合采泥器

bottoming ['bɒtəmɪŋ] ❶ bottom 的现在分词 ❷ n. ①石块铺底 ②从下面切断信号

bottomland ['bɒtəmlænd] n. 盆地,洼地

bottomless ['bɒtəmlɪs] a. 无底(板)的,无限的,深不可测的,没有根据的

bottommost ['bɒtəməust] a. 最下(面)的,最深的,最基本的

bottom-poured ['bɒtəmpɔːd] a. 底注的,下注的

bottom-up ['bɒtəmʌp] ad. (头朝)倒置,颠倒

bottstick ['bɒtstɪk] n. 泥塞杆

botulin ['bɒtjulɪn] n.【生化】肉毒杆菌毒素

bouche [buːʃ] ❶ n.(枪炮)口,嘴,钻孔 ❷ v. 钻孔

boucherize ['buːʃəraɪz] v. 用蓝矾浸渍

bouchon [buːˈʃɒn] n. 手榴弹信管,点火机

bough [bau] n. 大树枝

boughten ['bɔːtən] a. 买来的,购进的

bougie ['buːʒiː] n. ①【医】探条 ②【药】栓剂

bouillon ['buːjɔːŋ] n. 肉汤;液体培养基

boulangerite [buːˈlændʒəraɪt] n.【矿】硫锑铅矿

boulder ['bəuldə] n. 卵石,巨砾,漂砾

boulderet ['bəuldərɪt] n. 中砾

bouldery ['bəuldərɪ] a. 漂砾类的

boule [buːl] n. 刚玉,镶嵌工艺品

boulevard ['buːlvɑː(d)] n. 林荫大道,宽阔的大马路

boult [bəult] n;v. 筛,淘汰

bounce [bauns] ❶ v.;n. ①蹦,跳回 ②反射,跳回,弹回,(无线电)回波,使(多次)反射 ③跨度 ④夸口,威胁,解雇 ⑤突然袭击 ❷ ad. 砰地一下子 ☆ *come bounce against* 跟…砰地相撞; *bounce off* 试探,大发议论

bouncing ['baunsɪŋ] n.;a. ①跳〔振,颤,脉,冲,摇〕动,(示波器)图像跳动 ②失配 ③跳跃的,活泼的,巨大的

bouncy ['baunsɪ] a. 有弹性的,自吹的,活跃的

bound [baund] a.;n.;v. ①bind 的过去式和过去分词 ②受约束的,联(黏)合的,装订的 ③理应…的,必定…的,驶往…的 ④限制,束缚,不游离,以…为界 ⑤界(限),极限,上下限,(算子的)范数边缘,边界 ⑥弹跳,回跳,使跳跃 ☆*at a（with one）bound* 一跃,立即,往前…的,准备到…去的; *(be) bound to (do)* 理应,必定,非…不可; *(be) bound up in* 紧紧束缚在…里,埋头于; *(be) bound up with* 和…有密切关系; *break bounds* 超出界限,过度; *by leaps and bounds* 突飞猛进地; *keep within bounds* 使适中; *know no bounds* 不知足,无限制; *out of bounds* 越轨,禁止入内; *set bounds to* 限制;

(there be) bound to be 必然有; *within the bounds of* 在…范围内

〖用法〗❶ 它表示"界限;极限"时属于可数名词,其后面一般用介词"on"。如:The transistor ratings establish upper $bounds$ on V_{cc} and I_{cm} as follows.晶体管的额定值确立了 V_{cc} 和 I_{cm} 的上限如下。/In this chapter we derived $bounds$ on the bit error rate.在这一章我们推导了比特误差率的界限。❷ 注意它在科技文中作为及物动词时的用法: I_{CQ} is bounded by I_{CQ1} and I_{CQ2}. I_{CQ} 以 I_{CQ1} 和 I_{CQ2} 为界。

boundary ['baundərɪ] n. ①边界,边缘,极限 ②轮廓,外形

boundary-fault ['baundərɪfɔːlt] n. 边界断层

bounded ['baundɪd] a. 有界的,(受)束缚的 ☆*be bounded on A by B* A 与 B 相邻接

boundedness ['baundɪdnɪs] n. 局限性,限度

bounden ['baundən] a. 有责任的,必须担负的

boundless ['baundlɪs] a. 无界的,无边无际的 ‖ ~**ly** ad. ~**ness** n.

boundscript ['baundskrɪpt] n. 界标

bounteous ['bauntɪəs] a. 丰富的,慷慨的 ‖ ~**ly** ad.

bountiful ['bauntɪful] a. 丰富的,充足的(of),慷慨的 ‖ ~**ly** ad.

bounty ['bauntɪ] n. 赠物,奖金,慷慨

bouquet ['buːkeɪ, buːˈkeɪ] n. ①香味,芳香 ②花束〖用法〗"a bouquet of flowers"作主语时,谓语动词应该用单数形式。

bourdon ['buədən] n. 单调低音,(风琴)音栓

bourette [buːˈret] n. 抽丝,绵绸

bourgeois ['buəʒwɑː] n.;a. 资产阶级(的)

bourgeoisie [buəʒwɑːˈziː] n. 资产阶级

bourn(e) [buən] n. ①边界,界限,范围 ②目的(地),终点 ③小河

bournonite ['bɔːnənaɪt] n.【矿】车轮矿,硫化锑铅铜矿

bourse ['buəs] n. (证券)交易所,市场

bouse [bauz] v. 用滑车吊起,升起

bout [baut] n. ①(一)次〔回,趟〕,(一个)来回〔回合〕 ②竞争,比赛

boutade [buːˈtɑːd] n. 念头,怪念头,反复无常

bovarism ['bəuvərɪzm] n. 自夸

bow¹ [bəu] n.;v. ①弓,虹,弧,舷 ②弓形(物),(锯,眼镜)框,蝴蝶结 ③弯曲(成弓形),用弓拉奏 ④凸线辊型 ☆*bow before (to)* 屈服于; *bow down* 压弯; *bow out* 退去,辞退; *draw (pull) the long bow* 夸大,吹牛; *have two (many) strings to one's bow* 有几个办法,多备一手,以防万一〖用法〗注意下面例句中该词的含义:The distinction between the two terms has been lost to a large extent, and bowing to popular usage we will refer to exciplex molecules as excimers.这两个术语之间的区别在很大程度上已经消失了,而由于使用很广泛,我们将把激发状态聚集分子称为激元。

bow[2] [baʊ] *n.;v.* ①船头,头部 ②(使)弯曲,弯腰,鞠躬

bowdrill ['bəʊdrɪl] *n.* 弓钻

bowed [bəʊd] *a.* 弓一样弯曲的,有弓的

bowel ['baʊəl] *n.* ①肠,内脏 ②(最)内部,中心

bower ['baʊə] *n.* ①树荫处,凉亭 ②村舍

bowk [bu:k] *n.* 吊桶

bow-knot ['bəʊnɒt] *n.* 活〔滑〕结

bowl [bəʊl] *n.* ①钵,碗,盘,盆,杯 ②勺,槽,(挖土机的)斗 ③浮筒,轧辊,圆锥壳,离心机转筒,转子 ④反射罩,(板簧)箍 ⑤洼地 ☆***at long bowls*** 远距离地; ***bowl out*** 击倒,出局; ***bowl over*** 击倒,使大吃一惊,使不知所措

bowline ['bəʊlaɪn] *n.* 帆脚索,单结套,弓形线

bowser ['baʊzə] *n.* 加油车〔艇〕,水槽车

bowstring ['bəʊstrɪŋ] ❶ *n.* 弓弦,绞索 ❷ *a.* 弓(弦)形的,弧形的

bowyer ['bəʊjə] *n.* 制弓匠,射手

box [bɒks] *n.* ①箱,匣,(窗)框,接线盒,砂箱,轴承箱 ②外壳,罩,轴瓦 ③母螺纹,母接头 ④部分,组件 ⑤盒形小室,(车,包)厢,公共电话亭,岗亭,棚车 ⑥畜栏 ⑦一箱的容量 ☆***box off*** 隔成小间; ***box A on B*** 把A扣在B上(成箱形); ***box up (in)*** 装箱,挤在一起,藏于箱中,监禁

boxboard ['bɒksbɔ:d] *n.* ①硬纸板,纸盒纸 ②大型字体

boxcar ['bɒkskɑ:] *n.* ①(铁路)棚车,闷罐车,有盖货车 ②矩形函数,(pl.)矩形波串

boxer ['bɒksə] *n.* 制箱者,装箱者;拳击家

box-hat ['bɒkshæt] *n.*【机】钢锭帽

boxing ['bɒksɪŋ] *n.* ①装箱,制箱木料 ②环焊,绕焊,端部周边焊接 ③拳击 ④箱式加固

boxlike ['bɒkslaɪk] *a.* 箱形的

box-office ['bɒks,ɒfɪs] *n.* 票房,售票处

boxwood ['bɒkswʊd] *n.* 黄杨木(料)

boy [bɔɪ] *n.* ①男孩,儿子 ②服务员,勤杂工,搬运工

boycott ['bɔɪkɒt] *v.;n.* 联合抵制,拒绝参加

brace [breɪs] ❶ *n.* ①支柱,支持(物),撑柱〔条〕,拉条〔杆,线〕,木(电)杆下的垫基,吊〔绷〕带,固定器 ②【机】钻孔器,手摇钻,曲柄 ③伸张 ④大括弧 ⑤竖坑口 ❷ *vt.* ①支撑,连接,固定,系紧 ②用大括弧括 ③使紧张,使有准备,振作,奋起 ☆***a brace of*** 一对; ***brace up*** 支持,缚紧,(使)振作,下定决心;饮酒

braced [breɪst] *a.* 撑牢的,支撑的,连接的

bracelet ['breɪslɪt] *n.* 手镯

bracer ['breɪsə] *n.* 索,带,支持物

brachial ['breɪkɪəl] *a.* 臂的,臂状的

brachium ['breɪkjəm] *n.* 肩状部位,前肢节

brachialgia [,breɪkɪ'ældʒɪə] *n.*【医】臂神经痛

brachiform ['breɪkɪfɔ:m] *a.* 臂形的

brachistochrone [brə'kɪstəkrəʊn] *n.*【数】最速落径,捷线,反射波垂直时距表

brachistochronic [brə,kɪstə'krɒnɪk] *a.* 速降的

brachium ['breɪkɪəm] (pl. brachia) *n.* 臂,臂状突起

brachycardia [,brækɪ'kɑ:dɪə] *n.* 心搏过缓

brachychronic [,brækɪ'krɒnɪk] *a.* 急性的,急促的

brachydome ['brækɪdəʊm] *n.*【地质】短轴坡面

brachylogy [brə'kɪlədʒɪ] *n.* 用语简明,省略语,简化表达法

brachymedial [,brækɪ'mi:dɪəl] *a.* 短中的

brachymetropia [,brækɪmɪ'trəʊpɪə] *n.* 近视

brachymetropic [,brækɪmɪ'trɒpɪk] *a.* 近视的

brachyprism [,brækɪ'prɪzm] *n.* 短轴柱

brachypyramid [,brækɪ'pɪrəmɪd] *n.* 短轴棱锥

brachytelescope [,brækɪ'telɪskəʊp] *n.* 短望远镜

brachyuric [,brækɪ'jʊrɪk] *a.* 短尾的

bracing ['breɪsɪŋ] ❶ *n.* ①拉〔撑〕条,撑杆〔柱〕②交搭,拉紧,刺激 ❷ *a.* 令人振奋的,爽快的,使紧张的

bracket ['brækɪt] ❶ *n.* ①托〔支,悬,角撑〕架,搁脚,悬臂,丁字支架,煤气灯嘴〔电灯座〕,平台 ②夹(子,线板),卡钉〔扣〕③波段,音域 ④(铸件)加强筋,筋条 ⑤摇框 ⑥(pl.)括号 ⑦分类 ❷ *vt.* 装托架,括以括号,把…分类

brackish ['brækɪʃ] *a.* 有盐味的,稍咸的,(轻度)盐渍的,碱化的,引起恶心的

bract [brækt] *n.* 托叶,苞(片)

bracteal ['bræktɪəl] *a.* 苞叶的,苞的

bracteate ['bræktɪeɪt] *a.* 苞的,苞状的

brad [bræd] *n.* 土钉,角钉曲头钉,无头钉,(平头)型钉

bradawl ['brædɔ:l] *n.* 小锥子,锥钻,打眼钻

bradybasia [,brædɪ'beɪsɪə] *n.* 行走徐缓

bradycardia [,brædɪ'kɑ:dɪə] *n.* 心搏徐缓

bradycardic [,brædɪ'kɑ:dɪk] *a.* 心搏徐缓的

bradycrotic [,brædɪ'krɒtɪk] *a.* 脉搏徐缓的

bradygenesis [,brædɪ'dʒenɪsɪs] *n.* 发育徐缓

bradyglossia [,brædɪ'glɒsɪə] *n.* 言语徐缓

bradykinesia [,brædɪkɪ'ni:ʒə] *n.* 运动徐缓

bradykinetic [,brædɪkɪ'netɪk] *a.* 运动徐缓的

bradykinin [,brædɪ'kaɪnɪn] *n.* (血管)舒缓

bradypepsia [,brædɪ'pepsɪə] *n.* 消化徐缓

bradypeptic [,brædɪ'peptɪk] *a.* 消化徐缓的

bradyphrenia [,brædɪ'fri:nɪə] *n.* 思想迟钝

bradypnea [bræ'dɪpnɪə] *n.* 呼吸徐缓

bradypragia [,brædɪ'preɪdʒɪə] *n.* 动作徐缓

bradyspermatism [,brædɪ'spɜ:mətɪzm] *n.* 射精徐缓

brag [bræg] (bragged; bragging) *v.* 自夸(of, about)

braggart ['brægət] *n.* 自夸,大言者

braid [breɪd] ❶ *n.* (条,编)带,编织物,辫子 ❷ *vt.* ①编织,穿线,打辫子 ②调,搅

braider ['breɪdə] *n.* 编织机

braiding ['breɪdɪŋ] *n.* 编织,(磁心板的)穿线,(河道的)分支

brail [breɪl] ❶ *n.* 斜撑〔杆,梁〕,卷帆索 ❷ *v.* 卷

(帆,起)

Braille [breɪl] n. 布莱叶点字法,盲文

brain [breɪn] n. ①脑,头脑,智慧 ②计算机,计算装置,自动电子仪,(导弹的)制导系统 ☆ *beat (cudgel, puzzle, rack) one's brains* 苦思,绞尽脑汁; *have ... on the brain* 专心(于),全神贯注在; *turn one's brain* 冲昏头脑

brainchild ['breɪntʃaɪld] n. 脑力劳动的产物

brainpower ['breɪnpauə] n. 科学工作者,智囊

brainstorm(ing) [breɪnstɔ:m(ɪŋ)] n. 发表独创性意见

brain-trust ['breɪntrʌst] n. 专家顾问团,智囊团

brainwork ['breɪnwɜ:k] n. 脑力劳动

brainworker ['breɪnwɜ:kə] n. 脑力劳动者

brainy ['breɪnɪ] a. 聪明的,有头脑的

braise, **braize** [breɪz] ❶ vt. 炖,蒸 ❷ n. 煤〔焦〕粉

braiser, **braizer** ['breɪzə] n. 锅,蒸锅

brait [breɪt] n. 【矿】粗金刚石

brake [breɪk] ❶ n. ①制动器,闸 ②(闸式)测功器 ③(金属板)压弯成形机 ④揉碎机,碎土耙 ❷ v. ①制动,(使)减速,阻滞 ②捣碎 ☆ *apply (put on) the brake(s)* 刹车; *ride the brake* 半制动; *take off the brake(s)* 松闸

brakeage ['breɪkɪdʒ] n. 制动器的动作,制动力

brake-gear ['breɪkgɪə] n. 制动装置

brake-press ['breɪkpres] n. 【机】闸压床,压弯机

brake(s)man ['breɪk(s)mən] n. 司闸员,制动司机

brake-van ['breɪkvæn] n. 司闸车,缓急车

braking ['breɪkɪŋ] n. ①刹车,制动 ②捣碎

brale [breɪl] n. 【冶】圆锥形金刚石压头

bramble ['bræmbl] n. 荆棘

brambling ['bræmblɪŋ] n. 花鸡,燕雀

bran [bræn] n. 糠,麸皮

brancart ['brænkɑ:t] n. 效果照明装置

branch [brɑ:ntʃ] n.;v. ①分支〔路,流,岔〕,【计】分支指令 ②支路〔流、线〕③分部,分行,分店 ☆ *branch from* 从…分出支管〔线,路〕; *branch off (away)* 分出来,分支〔道,流〕; *branch out* (使)分出岔道途,偏离主题,横生枝节;向新的方向发展,创设新的部门,扩大…的规模

〖用法〗注意下面例句中该词前所使用的介词:The current in branch 2 is 0.5 A.支路 2 中的电流为 0.5 安培。/The exponent of D on a branch in this graph describes the Hamming weight of the encoder output corresponding to that branch.这个曲线图中在某一支路上 D 的指数描述了相应于那个分支的编码器输出的海明权值。

branched [brɑ:ntʃt] a. 有枝的,枝状的,分岔的

branchia ['bræŋkɪə] n. (鱼类的)鳃

branching ['brɑ:ntʃɪŋ] ❶ n. ①分支〔路,流,科〕,支线〔流,脉〕②【计】转移 ③叉形接头,插销头 ❷ a. 树枝的,分岔的

branchpoint ['brɑ:tʃpɔɪnt] n. 文化点,分支点,

【计】转移点

brand [brænd] ❶ n. ①商标,标记〔牌〕,钢〔烙〕印 ②品种 ❷ vt. 打火印,刺字,铭刻,在…打上烙印 ☆ *be branded in one's memory* 铭记不忘

branding ['brændɪŋ] n. 标记,烙印

brandish ['brændɪʃ] n.;v. 挥舞

brandisite ['brændɪsaɪt] n. 【矿】绿脆云母

brand-new ['brænd'nju:] a. 崭新的,最新出品的

〖用法〗这个复合词中的连字符号往往是省略的。如:This has opened a brand new and exciting way of constructing good codes.这开创了构建良好编码的崭新而令人激动的方法。

brandreth ['brændreθ] n. 铁架,三脚架,井栏

brandtite ['bræntaɪt] n. 【矿】砷锰钙石

brandy ['brændɪ] n. 白兰地酒

branner ['brænə] n. 抛光机,(pl.)绒布轮,绒布磨光轮

brannerite ['brænəraɪt] n. 【矿】钛铀矿

brash [bræʃ] ❶ n. ①崩解石块,碎片,碎石堆 ②残枝 ③心口灼热,胃灼热 ❷ a. ①易破的,脆的 ②粗率的,仓促的

brashy ['bræʃɪ] a. 易碎的,脆的

Brasilia [brə'zi:ljə] n. 巴西利亚(巴西首都)

brasq(ue) [bræsk] n. 衬料,炉衬,耐火封口材料

brass [brɑ:s] ❶ n. ①黄铜 ②黄铜制品,黄铜铸造(车间)③(黄)铜(轴)衬,空弹筒 ④(pl.)黄铁矿 ❷ a. 黄铜制的,含黄铜的,黄铜色的 ☆ *come (get) down to brass tacks* 抓住要点,考虑实质,直截了当地说; *pound brass* 按电键(发报)

brassboard ['brɑ:sbɔ:d] a. 试验的,实验(性)的,模型的

brassbound ['brɑ:sbaund] a. 包黄铜的

brassil ['brɑ:sɪl] n. 【矿】黄铁矿,含黄铁矿的煤

brassiness ['brɑ:sɪnɪs] n. 黄铜质〔色〕

brassing ['brɑ:sɪŋ] n. 黄铜铸件

brassy ['brɑ:sɪ] a. ①(似)黄铜的,黄铜色的 ②厚颜的

brastil ['bræstɪl] n. 压铸黄铜

brat [bræt] ❶ n. 不净煤,原煤 ❷ a. 含黄铁矿的,含硫酸钙的

bratchet ['brætʃɪt] n. 幼兽,小狗

brattice ['brætɪs] n. 间壁,围板,隔布,临时木建筑,板壁

brattish ['brætɪʃ] a. 讨厌的,惯坏的

bratty ['brætɪ] a. 讨厌的,无礼的

braunite ['brɔːnaɪt] n. 【矿】褐锰矿

brave [breɪv] ❶ a. 勇敢的,无畏的;华丽的 ❷ vt. 冒着,抵抗,蔑视 ☆ *brave it out* 拼到底 ‖ **~ly** ad. **~ry** n.

bravoite [bræ'vɔɪt] n. 【矿】方镍铁镍矿

brawl [brɔ:l] vi. 吵闹,哗哗地响

brawn [brɔ:n] n. ①肌肉,肌质 ②体力 ☆ *brawn drain* 劳动力外流

brawny ['brɔːnɪ] *a.* 肌肉多的,肌性的,强壮的
bray [breɪ] ❶ *vt.* 捣碎 ❷ *n.* (喇叭)叫声
braze [breɪz] *vt.;n.* ①钎接,铜焊 ②用黄铜制造〔镀〕☆***braze over*** 镀黄铜
brazed [breɪzd] *a.* 铜焊的,焊接的
brazen ['breɪzn] *a.* ①黄铜(制,色,般)的 ②厚颜无耻的 ☆***brazen it out*** 厚着脸皮干下去
brazier ['breɪzɪə] *n.* ①黄铜工 ②焊〔焙烧〕炉,火钵
braziery ['breɪʒərɪ] *n.* 铜器厂,铜器店
brazil [brə'zɪl] *n.* ①黄铁矿,含黄铁矿的煤 ②苏木,巴西木
Brazil [brə'zɪl] *n.* 巴西(南美洲国家)
brazilein [brə'zɪlɪɪn] *n.* 巴西红木精
Brazilian [brə'zɪljən] ❶ *n.* 巴西人 ❷ *a.* 巴西的,巴西人的
brazilin ['bræzɪlɪn] *n.*【化】巴西木素
brazilite ['bræzɪlaɪt] *n.* 斜锆石
brazing ['breɪzɪŋ] *n.* (硬)钎焊,钎接,铜焊
Brazzaville ['bræzəvɪl] *n.* 布拉柴维尔(刚果首都)
brea [briː] *n.* 沥青(砂),焦油
breach [briːtʃ] ❶ *n.* ①违犯,破坏,不履行,绝交 ②破〔裂〕口,堤坝决口,罅隙,破烂 ❷ *vt.* 攻破,突破 ☆***stand in the breach*** 独当难局,挑重担
bread [bred] *n.*面包,粮食 ☆***out of bread*** 无职业,失业
breadboard ['bredbɔːd] ❶ *n.* ①试验(电路)板,模拟线路,实验模型,控制台 ②功能试验 ❷ *a.* 实验性的,实验室的,模型的 ❸ *vt.* 制作(试验系统等)
breadless ['bredlɪs] *a.* 无面包的,缺粮的
breadstuffs ['bredstʌfs] *n.* (pl.)面包,粮食
breadth [bredθ] *n.* ①宽〔幅〕度,(横)幅,幅员 ②宽大,宽宏 ③外延 ☆***by a hair's breadth*** 差一点,间不容发地; ***in breadth*** 宽,幅广; ***to a hair's breadth*** 精确地
breadthways ['bredθweɪz], **breadthwise** ['bredθwaɪz] *ad.* 横
break [breɪk] ❶ (broke, broken) *v.* ①破(碎,裂),打碎,断(裂,路,电,流),折〔截,中,跌〕断,损坏,中止,(特性曲线的)转折 ②违反,制止,压制 ③变弱,削弱,消失,(行市)暴跌 ④突破〔变〕,越过,波跳,爆发,发作,透露,破密 ☆***break a way*** 排除困难,开路; ***break away*** 逃脱,逸出,消散,离〔断〕开,背弃,折毁,粉碎; ***break down*** 破坏,打碎,坍塌,击穿,断(裂,电),失灵,发生故障,衰变,分解〔裂〕,细分,粗轧,熔化,冲淡,开启,减低,制动,压制,驯服,衰竭; ***break even*** 不分胜负; ***break forth*** 爆〔突〕发,喷出; ***break free*** 逃跑,脱离; ***break ground*** 破土,耕地; ***break in*** 强入,插入(通信),驯服,磨配,跑合;开始工作; ***break in on (upon)*** 打断,插嘴; ***break into*** 侵入,突然开始,分为; ***break into (to) pieces*** (使)成为碎片; ***break loose*** 脱出,松动; ***break off*** 打断,拆掉,脱落,断绝,暂停工作; ***break open*** 撬〔拆〕开,炸裂,爆炸; ***break out*** 爆发,(突然)发生,打开;倒空,卸货,取出; ***break out into*** 突然发作; ***break over*** 越过,穿通,转折; ***break short*** 折断; ***break slow*** 锤击缓冲; ***break surface*** (潜艇)浮出水面; ***break through*** 断开,突破,穿透,克服; ***break up*** 破〔断〕裂,捣毁,分解,粉碎,划分,溶化,中断,破获; ***break with*** 断绝(关系),革除 ❷ *n.* ①破裂〔损〕,裂缝〔口,面〕,折断,折点,(曲线的)拐点 ②中断,停顿 ③变动,突变 ④断路器 ⑤突然下降,暴跌 ⑥拂晓 ⑦机会,失策

〖用法〗注意下面例句的含义:If the stimulating field is high enough, the above approximation <u>breaks down</u>.如果激励场足够强的话,那么上面那个近似式子就不能用了〔就不成立了〕。/This is <u>a gigantic break with</u> the traditional use of circuit switching in the telephone network.这是与电话网络中电路切换传统应用的一种巨大决裂。

breakability [breɪkə'bɪlɪtɪ] *n.* 脆性,易碎性
breakable ['breɪkəbl] ❶ *a.* 易破的,脆的 ❷ (pl.) *n.* 易破碎物
breakage ['breɪkɪdʒ] *n.* ①破裂〔损〕,断裂,损坏,破断片 ②损耗(量),破损赔偿额 ③击穿,断路 ④失事
breakaway ['breɪkəweɪ] *n.* ①破〔分〕裂,断开,分离,中断 ②脱钩安全器
breakback ['breɪkbæk] *n.* ①反击穿,发射极倍增 ②(工作部件的)弹回安全器
breakdown ['breɪkdaʊn] *n.* ①破坏,崩溃,塌陷,折断,断裂,(电介质)击穿,断辊 ②分解〔裂〕,细分,衰变,软化,离解,气流分离,熔解(于水) ③故障,停炉 ④减低,制动,(闸流管)开启 ⑤开坯机座,(pl.)粗轧板坯 ⑥分类细目
breaker ['breɪkə] *n.* ①【机】轧碎机,破碎器,碎石机,破冰船,打洞机 ②【电子】断电器,断路器,遮断器,开关 ③【机】断屑槽〔器〕,缓冲衬层 ④(汽车)护胎带,(pl.)安全臼 ⑤碎〔拍岸〕浪,破碎波 ⑥破坏者,开拓者
break(-)even ['breɪkiːvn] *a.;n.* 无损失(的),无亏损(的,性),无胜负的
breakfast ['brekfəst] *n.* 早餐,早点
breakhead ['brekhed] *n.*【航海】船头破冰装置
break-in ['breɪkɪn] *n.* ①嵌入,插话,挤,打断,轧碎 ②滚动,碾平 ③试车,试运转,磨合
breaking ['breɪkɪŋ] *n.* ①破(坏,损),断(开,路),隔断 ②轧〔压〕碎 ③断刀,崩刃 ④克服
breaking-in ['breɪkɪŋɪn] *n.* ①滚动,碾平 ②试车,试运转磨合,用惯 ③开始生产〔使用〕④带肉
breaking-out ['breɪkɪŋaʊt] *n.* ①跑火 ②烧穿〔炉衬〕③喷火 ④破碎,打箱
break-line ['breɪklaɪn] *n.*【印】(一段文字的)末行
breakneck ['breɪknek] *a.* (极)危险的
break-off ['breɪkɒf] *n.* 破坏,断开,中断
breakout ['breɪkaʊt] *n.* ①爆发,突围,发生 ②烧穿炉衬,金属冲出,炉渣穿出 ③崩落
break-over ['breɪkəʊvə] *n.* 转折, 转页刊登的部

分;穿通

break-point ['breɪkpɔɪnt] *n.* 断点

breakstone ['breɪkstəun] *n.* 碎石

breakthrough ['breɪkθruː] *n.* ①突破,穿透,贯穿 ②漏过(功率),渗漏(点),断缺 ③技术革新,重要(科学)发明,重要成就 ④烧穿炉衬,金属冲出 ⑤突破点,转折点 ⑥串扰信号 〖用法〗"取得突破"一般表示成"make a breakthrough"。如:No major breakthrough in optical communications was made until 1966.直到1966年以后光通信才取得了重要突破。

break-thrust ['breɪkθrʌst] *n.* 背斜上冲断层

breakup ['breɪkʌp] *n.* ①破裂,消散,分离,断开,缺口 ②瓦解,溶化,蜕变 ③馏分组成 ④停止,完结

breakwater ['breɪkwɔːtə] *n.* 防波堤,防浪板,防波设备

breakwind ['breɪkwɪnd] *n.* 防风墙(林,设备),挡风(罩)

bream [briːm] ❶ *n.* 鳊鱼 ❷ *vt.* 扫除(烘烧)船底

breast [brest] ❶ *n.* ①胸(部,腔) ②梁底,(山,炉)腹,炉胸,窗下墙 ③出铁口泥塞,(出铁口)底部炉衬 ④套筒 ⑤工作面,煤房 ❷ *vt.* 对付,逆…而进,挺进 ☆**make a clean breast of** 完全说出,坦白供认

breast-drill ['brestdril] *n.* 曲柄钻,胸压手摇钻

breasted ['brestɪd] *a.* 贴…而成

breasting ['brestɪŋ] *n.* (水轮的)中部冲水式

breastplate ['brestpleɪt] *n.* 胸板,挡风板,胸前送受话器

breast-type ['brestaɪp] *n.* 胸射式

breath [breθ] *n.* ①呼吸,气息 ②微风 ③一口气,一瞬间 ④痕迹,迹象 ☆**above one's breath** 出声; **at a breath** 一口气; **breath of life** 要件,必需品; **catch one's breath** 吓一跳,屏息,喘一口气; **draw breath** 呼吸,喘喘气; **get one's breath (again)** 恢复常态; **give up (yield) the breath** 断气,死; **hold (keep) one's breath** 屏息; **in a (one) breath** 齐声地,一(口)气; **in one (the same) breath** 同时; **knock the breath out of** 使吓一跳; **not a breath of** 一点儿没有; **out of breath** 喘不过气来,呼吸困难的; **shortness of breath** 呼吸困难; **spend (waste) one's breath** 徒费唇舌,白说; **take breath** 歇息,歇一歇; **take one's breath away** 使大吃一惊; **under (below) one's breath** 低声地说; **with the last breath** 临终时,最后

breathable ['briːðəbl] *a.* 可以吸入的,透气的

breathalyze ['breθəlaɪz] *vt.* 对…的呼吸进行测试

breathe [briːð] *v.* ①呼吸,歇息 ②灌输,注入(into) ③吹动,发散 ④说出,吐露 ☆**breathe freely (again)** 安心; **breathe in** 吸入; **breathe out** 呼出; **breathe upon** 哈气,使失去光泽

breather ['briːðə] *n.* ①呼吸者 ②短时间休息 ③通气孔,呼吸阀,通气装置 ④(变压器的)吸潮器,换气器 ☆**have (take) a breather** 歇一下

breathing ['briːðɪŋ] *n.* ①呼吸(音),通气,微风,(变压器)受潮 ②鼓吹,感应 ③一瞬间,歇息 ④(画面)胀缩

breathless ['breθlɪs] *a.* ①屏息的,不出声的 ②(令人)喘息的,喘不过气来的 ③无风的,空气平静的

breathtaking ['breθ,teɪkɪŋ] *a.* 惊险的,令人吃惊的

breathy ['breθɪ] *a.* 大声呼气的

breccia ['bretʃɪə] *n.* 【地质】(断层)角砾岩

breech [briːtʃ] ❶ *n.* ①(水平)烟道 ②(枪,炮)后膛,尾部,炮栓 ③臀(部),尾部,(pl.)马裤 ❷ *vt.* 装枪(炮)

breech-block ['briːtʃblɒk] *n.* 枪(炮)闩,(炮的)尾栓,闭锁机,(枪机柄的)螺体

breeching ['briːtʃɪŋ] *n.* 烟道,烟囱的水平连接部,驻退索

breech-loader ['briːtʃləudə] *n.*【军】后膛枪(炮)

breech-sight ['briːtʃsaɪt] *n.* 瞄准器

breed [briːd] ❶ *v.* ①生育,产卵,饲养,育种 ②倍增,复制,增殖 ③养育,训练 ④引起,使发生 ❷ *n.* 种类 ☆**breed in and in** 同种繁殖; **breed out** 育除(不良性状),排除(劣性); **breed out and out** 异种繁殖; **breed up** 养育,养成; **of all breeds and brands** 形形色色的; **what is bred in the bone** 遗传的特质

breeder ['briːdə] *n.* ①饲养员,种植人员,发起人 ②种畜 ③增殖反应堆

breeding ['briːdɪŋ] *n.* ①繁殖,饲育(配)种 ②教养,熏陶 ③(核燃料)增殖,(核燃料的)再生

breeding-fire ['briːdɪŋfaɪə] *n.* 自燃

breeze [briːz] ❶ *n.* ①微风 ②煤屑(渣),矿粉,焦炭粉 ③流言,风波,争吵 ④牛蝇 ❷ *vi.* 刮微风,轻快地前进,闯入 ☆**breeze in** 突然来到,(比赛)轻易取胜

breezeless ['briːzlɪs] *a.* 无风的,平静的

breezeway ['briːzweɪ] *n.* (连接房屋的)有顶过道

breezing ['briːzɪŋ] *n.* 不清晰,(图像)模糊

breezily ['briːzɪlɪ] *ad.* 通风地,轻快地

breezy ['briːzɪ] *a.* ①有微风的,通风的 ②开朗的,有生气的

brei [braɪ] *n.* 糊,浆

Bremen ['bremən] *n.* 不来梅(德国港口)

bremsspectrum [brem'spektrəm] *n.* 韧致辐射谱

bremsstrahlen, bremsstrahlung (德语) *n.* 韧致辐射,X射线韧致辐射,连续X射线辐射,制动辐射流

Bren [bren] *n.*【军】布朗式轻机枪

brenstone ['brenstəun] *n.*【化】硫黄

bresk [bresk] *n.* 节路顿胶(树脂)

bressummer ['bresʌmə] *n.* 托墙梁,过梁,大木

Brest [brest] *n.* 布雷斯特(法国港口)

brevet ['brevɪt] *n.* 晋级(令)

breviary ['briːvjərɪ] *n.* 摘要,缩略

breviate ['bri:vɪɪt] *v.;n.* 缩简,一览表

brevilineal [ˌbrevɪ'lɪnɪl] *a.* 短形的

breviradiate [ˌbrevɪ'reɪdɪɪt] *a.* 短程的

brevity ['brevɪtɪ] *n.* 简洁,急促 ☆*for brevity* 为了简便起见

brevitype ['brevɪtaɪp] *n.* 肥短型

brevium ['brevɪəm] *n.*【核】铀 X_2,UX_2

brew [bru:] ❶ *v.* ①酿造(啤酒等),调(饮料) ②酝酿,形成,聚集,要来临 ③图谋,策划 ❷ *n.* 酿造(量,物),(酒类的)质地

brewage ['bru:ɪdʒ] *n.*(啤酒)酿造(品)

brewer ['bru:ə], **brewster** ['bru:stə] *n.* 啤酒工人,酿造啤酒者

brewery ['bruərɪ] *n.* 啤酒厂,酿酒厂

brewing ['bru:ɪŋ] *n.* 酿造

Brewster ['bru:stə] *n.* 布鲁斯特(材料引力的光学系统单位)

bribe [braɪb] *n.;v.* 贿赂,行贿,收买 ‖ **-ry** *n.*

brick [brɪk] ❶ *n.* ①砖(块,状物) ②方木材,块料,积木,方油石 ③小饲料块 ④【计】程序块 ❷ *a.* 砖砌的,砖似的 ❸ *vt.* 砌砖,用砖镶填(up),用砖围砌(in),用砖铺筑 ☆*like a brick* 或 *like bricks* 活泼地,猛烈地; *make bricks without straw* 做徒劳无功的工作

brick-in ['brɪkɪn] *a.* 砖衬的

brick-field ['brɪkfi:ld] *n.* 砖厂

bricking ['brɪkɪŋ] *n.* 砌砖,砖衬

bricking-up ['brɪkɪŋʌp] *n.* 用砖填塞,砖砌

bricklayer ['brɪkleɪə] *n.* 砌砖工(人),泥(瓦)工

bricklaying ['brɪkleɪɪŋ] *n.* 砌砖,砌砖工,泥水业

brickmaker ['brɪkmeɪkə] *n.* 制砖工

brickmaking ['brɪkmeɪkɪŋ] *n.* 制砖

bricknogging ['brɪknɒgɪŋ] *n.* 砖填木架隔墙,木架砖壁

brick-on-edge ['brɪkɒnedʒ] *n.* 侧(砌)砖

brick-on-end ['brɪkɒnend] *n.* 竖(砌)砖

brickwork ['brɪkwɜ:k] *n.* 砖工,砌砖工程,砖造部分,砖房,砖砌(体)

bricky ['brɪkɪ] *a.* 砖的,砖一样的

brick-yard ['brɪkjɑ:d] *n.* 砖厂

bridge [brɪdʒ] ❶ *n.* ①桥(梁,形),船桥 ②电桥,桥路,跨接线 ③天车 ④(反射炉)火桥 ⑤(扑克)桥牌 ❷ *vt.* ①架桥(于),跳(渡)过 ②跨接,接通 ☆*bridge a gap (between)* 填补空白,弥补缺陷; *bridge over* 渡〔越〕过,桥接,渡过难关; *in bridge* 并联,跨接,旁路

bridge(-)board ['brɪdʒbɔ:d] *n.* 楼梯侧板,楼梯帮,短楼梯基,斜梁

bridge-cut-off ['brɪdʒkʌtɒf] *n.* 断桥,桥式断路

bridge(-)head ['brɪdʒhed] *n.* 桥头(堡),桥塔

bridge-house ['brɪdʒhaʊs] *n.* 护桥警卫室,【航海】桥楼甲板室

Bridgetown ['brɪdʒtaʊn] *n.* 布里奇顿(巴巴多斯首都)

bridgewall ['brɪdʒwɔ:l] *n.*【机】挡火墙

bridgeward ['brɪdʒwɔ:d] *n.* 守桥人

bridgework ['brɪdʒwɜ:k] *n.* 桥梁工程〔建筑物〕

bridging ['brɪdʒɪŋ] ❶ *n.* ①架(造)桥,桥接,短路,起拱 ②搁栅撑,支杆 ③未焊透 ④挂材料,(钢锭)收缩孔上架桥,(炉内)搭棚 ❷ *a.* 成键的,桥接的

bridle ['braɪdl] ❶ *n.* ①马笼头,缰,拘束(物) ②束带,系船索,拖缆 ③限动器,拉紧器,板簧夹,辊式张紧装置,托梁,承接梁 ④【电子】放大器并联 ⑤一致性记录 ⑥(测井)马笼头 ❷ *v.* 抑制,拘束 ☆*give the bridle to* 使⋯自由活动

brief [bri:f] ❶ *a.* 简短的,暂时的 ❷ *n.* 提要,短文,简令 ❸ *vt.* 节录,给⋯做摘要,向⋯做简要介绍,下达简令 ☆*in brief* 简单地说,简短地; *news in brief* 简讯

briefing ['bri:fɪŋ] *n.* 简要情况介绍,简令,简要情况

briefly ['bri:flɪ] *ad.* 简短地,简短地说 ☆*put it briefly* 概括地说

briefness ['bri:fnɪs] *n.* 简略

Brig [brɪg] *n.* 布里格(用对称法表示两量比值的单位)

brigade [brɪ'geɪd] ❶ *n.* ①【军】旅 ②队,组 ❷ *vt.* 把⋯编成旅〔队〕

brigadier [ˌbrɪgə'dɪə] *n.*【军】旅长,准将

bright [braɪt] *a.* ①光亮的,明亮的,灿烂的 ②鲜明的,愉快的 ‖ **-ly** *ad.*

brighten ['braɪtn] *v.* ①(使)发亮,照明,磨亮 ②(使)快活,使有希望

brightener ['braɪtnə] *n.* 增白剂,抛光剂

brightening ['braɪtnɪŋ] *n.* ①发亮,增亮,照明 ②澄清,纯化 ③辉度

brightism ['braɪtɪzm] *n.* 肾炎

brightness ['braɪtnɪs] *n.* ①光辉 ②亮度,明澄度 ③鲜明,伶俐

Brightray ['braɪtreɪ] *n.*【冶】一种耐热镍铬合金

brights [braɪts] *n.* 亮煤

brightwork ['braɪtwɜ:k] *n.* 五金器具,擦得发亮的金属部分

Bril [brɪl] *n.*【物】布里尔(一种主观亮度单位)

brill [brɪl] *n.* 辉度

brilliance ['brɪljəns], **brilliancy** ['brɪljənsɪ] *n.* ①发光彩 ②亮度,明澄度,亮亮度 ③辉度,卓越

brilliant ['brɪljənt] ❶ *a.* 极明亮的,辉煌的,卓越的,有才华的,逼真的 ❷ *n.* ①宝石,钻石 ②辉度

brilliantly ['brɪljəntlɪ] *ad.* 辉煌地,灿烂地

brim [brɪm] ❶ *n.* 边,边缘 ☆*(be) full to the brim* 满盈的, ❷ (brimmed; brimming) *v.* 装满,满(到)口 ☆*brim over with* 充满,洋溢着

brimful(l) ['brɪmful] *a.* 满到边的,洋溢着⋯的(of)

brimless ['brɪmlɪs] *a.* 无边缘的

brimmer ['brɪmə] *n.* 满杯

brimstone ['brɪmstəʊn] *n.* 硫黄(石)

brimstony ['brɪmˌstəʊnɪ] *a.* 硫黄的,似硫黄的,带硫黄味的

brinded ['brɪndɪd], **brindled** ['brɪndld] *a.* 有斑纹的

brindle ['brɪndl] n. 斑纹,虎斑

brine [braɪn] ❶ n. 盐水,海水,海 ❷ v. 用盐水泡

bring [brɪŋ] (brought) v. ①拿来 ②引起 ☆*bring about* 引起,产生,造成,促使,导致; *bring back* 拿回,恢复,使想起; *bring down* 降低,击落,打倒,浓缩;招致(on oneself); *bring forth* 产生; *bring home to* 使认识〔相信〕; *bring in* 带进,引入; *bring in focus* 聚焦; *bring in phase* 使同相; *bring in step* 使同步; *bring into action* 实行,使发生作用; *bring into being (existence)* 使出现,实现,创造; *bring into line* 使排列成行,使意见一致; *bring into order* 整顿,使有秩序; *bring into operation* 开动,付诸实施; *bring into play* 发挥; *bring into practice* 实行; *bring into service* 使工作; *bring into step* 使同步; *bring into use* (开始)使用; *bring off* 搬走,救出; *bring on* 引起,提出,开始; *bring out* 公布,阐明,推论,上演,出版,生产; *bring over* 把…带来,使转变; *bring round* 使转向,使恢复(知觉); *bring through* 使渡过,使恢复; *bring to an end* 完成; *bring to bear on* 施加(影响),对准,竭尽全力,实现; *bring to (into) effect* 实行; *bring to light* 揭示,发现,公开; *bring to pass* 引起,使实现; *bring together* 集合,把…汇集在一起; *bring under* 制服,归纳(为); *bring up* 培养,提出; *bring up to date* 使包括新内容,修改; *bring within* 把…纳入
〖用法〗注意这个词表示"带来"时往往与"with + 人称代词"短语连用(汉译时不必把"with 短语"译出来)。如:4.3BSD also brought with it a race-free, reliable, separately implemented signal capability. 4.3BSD 带来了〔使人们获得了〕一种无竞态的、可靠而能单独实现的信号功能。/Next time you should bring your dictionaries with you.下次你们应该带上词典。

bringdown ['brɪŋdaʊn] a. 令人不满的

bringing-up ['brɪŋɪŋˌʌp] n. 抚养,教养

brining ['braɪnɪŋ] n. 盐浸作用

brinish ['braɪnɪʃ] a. 盐水的

brinishness ['braɪnɪʃnɪs] n. 含盐度

brink [brɪŋk] n. 边,边缘 ☆*(be) on the brink of* 在…的边缘,濒于

brinkmanship ['brɪŋkmənʃɪp] n. 边缘政策(的实行)

briny ['braɪnɪ] a. 咸的,盐水的,海水的

briquettability [brɪˌketə'bɪlɪtɪ] n. 压制性,成型性

briquette [brɪ'ket] n. 坯块,煤砖,型块

briquetting [brɪ'ketɪŋ] n. 制团,压制成块

brisance ['bri:zəns] n. (烈性炸药的)爆破力,爆破威力

brisk [brɪsk] ❶ a. ①轻快的,活泼的 ②(酒)起泡的,味浓而可口的 ③繁荣的,生机勃勃的 ❷ v. (使)活泼,兴旺起来 ‖ -**ly** ad. ~**ness** n.

bristle ['brɪsl] ❶ n. 硬毛,鬃 ❷ v. ①竖立 ②丛生,充满(with) ③发怒

bristletail ['brɪslteɪl] n. 无翼昆虫,蛀虫

bristly ['brɪstlɪ] a. 多硬毛的,(毛发等)粗糙的

Bristol ['brɪstl] n. 布里斯托尔(英国港口)

Britain ['brɪtən] n. 英国,不列颠

Britannic [brɪ'tænɪk] a. 英国的,不列颠的

britesorb ['braɪtsɔ:b] n.【化】硅酸镁盐

britholite ['brɪθəlaɪt] n.【矿】铈磷灰石

British ['brɪtɪʃ] ❶ a. 英国(人)的,英联邦的,不列颠的 ❷ n. 英国人

Britisher ['brɪtɪʃə] n. 英国人

Briton ['brɪtən] n. 英国人,(大)不列颠人

britonite ['braɪtənaɪt] n.【化】硝酸甘油,草酸铵炸药

brittle ['brɪtl] a. 脆的,易碎的

brittleness ['brɪtlnɪs] n. 脆(性),易碎性

Brix [brɪks] n. (糖蜜)含糖量

broach [brəʊtʃ] ❶ n. ①拉刀,剥刀 ②三角锥,扩孔器 ③(烤肉)铁叉 ❷ vt. ①粗刻,开口,钻开 ②说出,提倡,把…提出讨论 ③横向(to)

broacher ['brəʊtʃə] n. 剥孔机,拉床

broad [brɔ:d] ❶ a. ①宽的,宽广的,广泛的 ②充足的,完全的 ③主要的,概括的 ❷ ad. 宽阔地 ❸ n. ①宽处 ②宽频带响应 ③灯槽 ☆*as broad as it is long* 横竖一样,结果一样; *in broad outline* 概括地说
〖用法〗注意下列句中这个词的译法:Most ac voltmeters are classified into three broad types.人们把大多数交流伏特表分成三大类。/All these measurements fall into this broad class.所有这些测量都属于这一大类。/There are three broad classes of nonlinearities.非线性有三大类。

broad(-)band ['brɔ:dbænd] n. 宽带,宽波段

broad-brush ['brɔ:dbrʌʃ] a. 粗枝大叶的

broadcast ['brɔ:dkɑ:st] ❶ (broadcast(ed)) v. 播放,播送 ❷ n.;a. 广播(的,节目),无线电传送 ❸ ad. 经广播

broadcaster ['brɔ:dkɑ:stə] n. 广播装置,广播员,撒种机

broadcasting ['brɔ:dkɑ:stɪŋ] n. 广播

broadcloth ['brɔ:dklɒθ] n. 各色细平布,绒面呢

broaden ['brɔ:dn] v. 加宽,扩展
〖用法〗该词可用作不及物动词。如:In this case additional sidebands appear and the optical spectrum broadens.在这种情况下出现了附加的边带,从而展宽了光谱。

broadening ['brɔ:dnɪŋ] n. ①增宽 ②扩展,扩大

broadga(u)ge ['brɔ:dgeɪdʒ] n. 宽轨距的

broadloom ['brɔ:dlu:m] n.;a. 宽幅地毯(的)

broadly ['brɔ:dlɪ] ad. 概括地,广阔地 ☆*broadly speaking* 概括地说

broadness ['brɔ:dnɪs] n. 宽广度,钝度,明白

broadsheet ['brɔ:dʃi:t] n. 单面印刷的大幅纸张

broadside ['brɔ:dsaɪd] ❶ n. ①宽边 ②侧部,侧面 ③漫射聚光灯 ④非纵排列 ❷ ad. 侧对着;无目标地

broadstep ['brɔ:dstep] n. 楼梯踏板, (楼梯)休息平台

broad-survey ['brɔ:dsəˈveɪ] a. 普查的

broadsword ['brɔ:dsɔːd] n. (大)砍刀

Broadway ['brɔ:dweɪ] n. 百老汇(美国纽约市戏院集中的一条大街)

broadwise ['brɔ:dwaɪz], **broadways** ['brɔ:dweɪz] ad. 横地, 横向

brocade [brəˈkeɪd] n. 锦缎, 织锦

brocatel(le) [ˌbrɒkəˈtel] n. 彩色大理石, 花缎

broc(c)oli ['brɒkəlɪ] n. 花椰菜, 西兰花

brochantite [brəʊˈʃɑːntaɪt] n. 【矿】水胆矾, 水硫酸铜(矿)

brochure ['brəʊʃə] n. 小册子

brock [brɒk] n. 【动】獾

brod [brɒd] n. (棒形铸铁)型芯骨

brog [brɒg] n. 曲柄手摇钻

broggerite ['brɒgəraɪt] n. 【矿】钍铀矿

brogue [brəʊg] n. 粗革厚底皮鞋

broil [brɔɪl] v.;n. ①烤, 炙 ②炎热 ③吵闹

broiler ['brɔɪlə] n. ①烤器 ②酷暑 ③童子鸡, 肉用仔鸡

broke [brəʊk] ❶ break 的过去式 ❷ a. 身无分文 ❸ n. 废纸

broken ['brəʊkən] ❶ break 的过去分词 ❷ a. 断开的, 不连续的, 破碎的, 不完整的, 凹凸不平的, 破产的

broken-down ['brəʊkəndaʊn] a. 临时出故障的, 坏了的

brokenly ['brəʊkənlɪ] ad. 断断续续地, 不规则地

broker ['brəʊkə] n. 代理人, 经纪人

brokerage ['brəʊkərɪdʒ] n. 经纪业, 佣金, 回扣, 经纪费

bromacil ['brəʊməsɪl] n. 【化】(农药)除草定

bromal ['brəʊməl] n. 【化】溴醛, 三溴乙醛

bromate ['brəʊmeɪt] ❶ vt. 【化】与溴化合, 用溴处理 ❷ n. 【化】溴酸盐

bromated ['brəʊmeɪtɪd] a. 含溴的, 溴化的

bromating ['brəʊmeɪtɪŋ] n. 溴化

bromatography [ˌbrəʊməˈtɒgrəfɪ] n. 食物论

bromatology [ˌbrəʊməˈtɒlədʒɪ] n. 饮食学, 食品学

bromatotoxin [ˌbrɒmətəˈtɒksɪn] n. 食物毒

bromatoxism [ˌbrəʊməˈtɒksɪzm] n. 食物中毒

bromellite ['brəʊməlaɪt] n. 【地质】铍石

bromethol [brəˈmeθəʊl] n. 【化】三溴乙醇

bromethyl [brəˈmeθɪl] n. 【化】乙基, 溴乙烷

bromic ['brəʊmɪk] a. 含溴的, 五价溴的

bromide ['brəʊmaɪd] n. 溴化物

brominate ['brəʊmɪneɪt] vt. 溴化, 用溴处理

bromination [ˌbrəʊmɪˈneɪʃ ən] n. 溴化, 溴处理

bromine ['brəʊmiːn] n. 【化】溴 Br

brominol ['brəʊmɪnəl] n. 含溴的橄榄油

bromipin ['brəʊmɪpɪn] n. 含溴的芝麻油

bromism ['brəʊmɪzm] n. 溴剂中毒

bromite ['brəʊmaɪt] n. ①【化】亚溴酸盐 ②【矿】溴银矿

bromization [ˌbrəʊmaɪˈzeɪʃ ən] n. 溴化, 溴处理, 溴代

bromize ['brəʊmaɪz] vt. 【化】溴化, 用溴处理

bromlite ['brəʊmlaɪt] n. 【矿】碳酸钙钡矿

bromoacetal [ˌbrəʊməʊˈæsɪtəl] n. 【化】溴乙缩醛

brom(o)benzylcyanide ['brəʊmə,benzɪlˈsaɪənaɪd] n. 【化】溴苯乙腈

bromochloromethane ['brəʊmə,klɔːrəˈmeθeɪn] n. 【化】溴氯甲烷

bromodichloride [ˌbrəʊmədaɪˈklɔːraɪd] n. 【化】二氯溴化物

bromoform ['brəʊməfɔːm] n. 【化】溴仿, 三溴甲烷

bromo-gelatine [ˌbrəʊməˈdʒelətaɪn] n. 溴明胶

bromomethane [ˌbrəʊməˈmeθeɪn] n. 【化】溴代甲烷

bromophenol [ˌbrəʊməˈfiːnɒl] n. 【化】溴(苯)酚

bromophos [ˌbrəʊməfɒs] n. 【化】溴硫磷(农药)

bromo-silicane [ˌbrəʊməˈsɪlɪkeɪn] n. 【化】溴硅烷

brompyrazon [brəʊmˈpaɪrəzɒn] n. 【化】溴杀草敏

bromstrandite [brəʊmˈstrændaɪt] n. 【矿】钇易解石

bromum ['brəʊməm] (拉丁语) n. 溴

bromyrite ['brəʊmɪraɪt] n. 【矿】溴银矿

bronchiole ['brɒŋkɪəʊl] n. 【医】细支气管

bronchiolitis [ˌbrɒŋkɪəʊˈlaɪtɪs] n. 【医】细支气管炎

bronchitis [brɒŋˈkaɪtɪs] n. 【医】支气管炎

bronc(h)obuster [ˌbrɒŋkəʊˈbʌstə] n. 驯马师

bronchocele ['brɒŋkəʊsiːl] n. 【医】甲状腺肿, 支气管囊肿

bronchocephalitis ['brɒŋkəʊˌsefəˈlaɪtɪs] n. 【医】百日咳

bronchopneumonia [ˌbrɒŋkəʊnjuːˈməʊnɪə] n. 【医】支气管肺炎

bronchus ['brɒŋkəs] (pl. bronchi ['brɒŋkaɪ]) n. 【医】支气管

brontides ['brɒntaɪdz] n. 轻微的震声

brontograph ['brɒntəgrɑːf] n. 雷暴自记器, 雷雨计

brontolith ['brɒntəlɪθ] n. 石陨石

brontometer [brɒnˈtɒmɪtə] n. 雷雨计, 雷雨表

bronze [brɒnz] ❶ n. ①青铜, 青铜制品 ②青铜色 ❷ v. ①镀青铜什 ②变成古铜色, 晒黑

bronzed [brɒnzd] a. 青铜色的

bronzine ['brɒnzaɪn] a. 青铜制的, 青铜色的

bronzing ['brɒnzɪŋ] n. 青铜化, 着青铜色

bronzite ['brɒnzaɪt] n. 【矿】古铜辉石

bronzy ['brɒnzɪ] a. 青铜一样的, 青铜色的

brood [bruːd] ❶ v. 孵卵; 沉思 ❷ n. ①同窝 ②一窝雏, 同伙

brood-body ['bru:dbɒdɪ] *n.* 繁殖芽,芽体,芽孢

brook [brʊk] ❶ *n.* 小河,溪 ❷ *v.* (常用于否定句或疑问句) 容忍

brookite ['brʊkaɪt] *n.* 【矿】板钛矿

brooklet ['brʊklɪt] *n.* 小溪,涧

broom [bru:m] ❶ *n.* ①扫帚,长柄刷 ②【植】金雀花 ③【建】(木桩经打击后)开裂的桩顶 ❷ *vt.* 用扫帚扫,使顶蓬裂

brooming ['bru:mɪŋ] *n.* (用扫帚)扫除

broomstick ['bru:mstɪk] *n.* 扫帚把

broth [brɒθ] *n.* ①肉汤,清汤 ②发酵液

brother ['brʌðə] *n.* ①兄弟,同胞 ②(pl. brethren) 同事
〖用法〗表示"哥哥"时用"an older brother"或"an elder brother"或"a big brother";表示"弟弟"时用"a younger brother"或"a little brother"。

brotherhood ['brʌðəhʊd] *n.* ①兄弟关系 ②会,团体

brotherly ['brʌðəlɪ] *a.* 兄弟般的

brotocrystal [,brəutəu'krɪstəl] *n.* 溶蚀晶体

brougham ['bru(:)əm] *n.* 四轮车

brow [braʊ] *n.* 边线,跳板,陡坡;眉毛,眉棱

browing ['braʊɪŋ] *n.* 抹灰的垫层

brown [braʊn] ❶ *a.;n.* 褐色(的) ☆*do up brown* 把…彻底搞好;烘焦(面包) ❷ *v.* 染成棕色,烘焦 ☆*browned off* 厌烦的

brownie ['braʊnɪ] *n.* 便携式雷达装置

browning ['braʊnɪŋ] *n.* ①变暗,褐变 ②青铜色氧化 ③白朗宁手枪,轻机关枪

brownish ['braʊnɪʃ] *a.* 带褐色的

brownness ['braʊnnɪs] *n.* 褐色

brownout ['braʊnaut] *n.* 灯火管制;降低电压

brownstone ['braʊnstəun] *n.* 褐砂岩

browny ['braʊnɪ] *a.* 带褐色的

browse [brauz] *v.;n.* 浏览

browser ['brauzə] *n.* 浏览器

brucellin ['bru:selɪn] *n.* 【生化】布鲁氏菌素

brucellosis [,bru:sə'ləusɪs] *n.* 【医】布鲁氏菌病,波状热

brucine ['bru:si:n] *n.* 【化】番木鳖碱,二甲(氧基)马钱子碱

brucite ['bru:saɪt] *n.* 【化】水镁石,天然氢氧化镁

bruise [bru:z] *v.;n.* ①撞伤,损伤,淤伤 ②捣碎 ③压溃,使产生凹痕

bruiser ['bru:zə] *n.* 捣碎机

bruit [bru:t] ❶ *n.* ①杂音 ②谣言 ❷ *vt.* ①传播 ②传颂

brumal ['bru:məl] *a.* 冬天似的,雾深的

brume [bru:m] *n.* 雾,霭

brumous ['bru:məs] *a.* 雾多的

brunizem ['bru:nɪzəm] *n.* 【地质】湿草原土,黑土

brunorizing ['bru:nəraɪzɪŋ] *n.* 特别常化法

brunt [brʌnt] *n.* 锐气,冲击,主要的压力

brush [brʌʃ] ❶ *n.* ①刷,毛刷 ②画笔 ③灌木林 ④小规模战斗,遭遇战 ❷ *v.* ①刷,擦,扫 ②擦光,涂刷 ③掠过 ☆*brush against* 擦,碰到; *brush aside (away)* 漠视不顾,把…放〔撇〕在一边,扫除; *brush down* 刷下来; *brush off* 刷掉; *brush out* 除掉; *brush over* 轻轻刷去; *brush through (by)* 掠过; *brush up* 刷光,重新学习,补习,改进

brushability [,brʌʃə'bɪlɪtɪ] *n.* 刷涂性

brushgear ['brʌʃgɪə] *n.* 电刷装置

brushing ['brʌʃɪŋ] ❶ *n.* ①刷,清洁 ②刷尖放电 ③创面电灼术 ❷ *a.* 一掠而过的

brushite ['brʌʃaɪt] *n.* 【矿】透钙磷石

brush-lead ['brʌʃli:d] *n.* 电刷引线

brushless ['brʌʃlɪs] *a.* 无刷的

brushup ['brʌʃʌp] *n.* 擦亮,刷新;提高,复习

brushwood ['brʌʃwud] *n.* ①灌木 ②梢料

brushwork ['brʌʃwɜ:k] *n.* 绘画,画法

brushy ['brʌʃɪ] *a.* 多灌木的,毛刷一样的

Brussels ['brʌslz] *n.* 布鲁塞尔(比利时首都)

brutal ['bru:tl] *a.* 野蛮的,剧烈的

brutalism ['bru:təlɪzm] *n.* 兽性,残忍

brutality [bru:'tælɪtɪ] *n.* 兽性,残忍,粗野

brute [bru:t] *n.;a.* 畜生(的),残忍的

brutonizing ['bru:tənaɪzɪŋ] *n.* 钢丝镀锌法

bryanizing ['braɪənaɪzɪŋ] *n.* 钢丝连续电镀法

bryophyte ['braɪəfaɪt] *n.* 【植】苔藓植物

bryozoon ['braɪəzu:n] *n.* 苔藓虫

bubble ['bʌbl] *n.* ①(水,气,磁)泡,气囊,漩涡 ②冒泡,沸腾 ☆*bubble off* 形成气泡跑掉; *bubble out* 扑突扑突地涌出; *bubble over* 发泡漫出; *bubble up* 冒泡

bubbler ['bʌblə] *n.* 扩散器,起泡器,喷水式饮水口

bubbling ['bʌblɪŋ] *n.* ①沸腾 ②气泡形成 ③飞溅

bubbly ['bʌblɪ] *a.* 起泡的

bubo ['bju:bəu] *n.* 【医】腹股沟淋巴结炎

bucca ['bʌkə] *n.* 颊

buccal ['bʌkəl] *a.* 颊的,口的

Bucharest ['bju:kərest] *n.* 布加勒斯特(罗马尼亚首都)

buck [bʌk] ❶ *v.* ①顶撞,冲,猛然开动,颠摔,反抗 ②轧碎,锯开 ③消除,补偿 ④振作,自夸 ❷ *n.* ①雄(的),雄鹿 ②大模型架,锯架 ☆*pass the buck to* 向…推诿

bucker ['bʌkə] *n.* 破碎机,碾压机

bucket ['bʌkɪt] ❶ *n.* ①吊桶,戽斗,锭座 ②叶片,汲取器 ③【计】地址散列表元 ❷ *v.* ①用桶提水 ②飞奔 ☆*a drop in the bucket* 沧海一粟

bucketful [bʌkɪtful] *n.* 一桶,满桶

buck-eye ['bʌkaɪ] *n.* 橡树,七叶树

buck-eyed ['bʌkaɪd] *a.* 目力不好的,目中有斑点的

bucking ['bʌkɪŋ] *n.;a.* ①顶撞,反作用 ②抵消电压

buckle ['bʌkl] ❶ *n.* ①扣环,螺丝扣,箍,卡子 ②皱,凹凸,纵弯曲,中间浪 ❷ *v.* ①扣,结扎(on,up) ②弄弯扭,折损,坍塌(up) ☆*buckle (down) to* 倾全力于

buckler ['bʌklə] ❶ n. 锚链孔盖,防水罩 ❷ vt. 防御

buckling ['bʌklɪŋ] n. ①扣住 ②皱,弯曲,翘曲,弯折 ③下垂,曲率,拉普拉斯参数

buck-passing ['bʌkpɑːsɪŋ] n. 推诿

buckplate ['bʌkpleɪt] n. 磨矿板,凹凸板

buckrake ['bʌkreɪk] n. 集堆机,集草机

buckram ['bʌkrəm] ❶ n.;a. ①硬麻布 ②生硬(的) ❷ vt. 用硬麻布加固

buck-saw ['bʌksɔː] n. 架锯,(大)木锯

buckshot ['bʌkʃɒt] n. 熔岩粒,大号铅弹

buckskin ['bʌkskɪn] n. 鹿皮,羊皮

buckstaves ['bʌksteɪvz] n.【冶】夹炉板

buckstay ['bʌksteɪ] n. 支柱

buckstone ['bʌkstəun] n.【地质】无金石

buck-up ['bʌkʌp] n. 用铆钉撑锤顶住铆钉头

buckwheat ['bʌkwiːt] n. 荞麦

bud [bʌd] ❶ n. 芽,芽状物,花蕾 ❷ (budded; budding) v. 发芽,芽接

Budapest ['bjuːdəpest] n. 布达佩斯(匈牙利首都)

Buddha ['budə] n. 菩萨

Buddhism ['budɪzm] n. 佛教,佛法

budding ['bʌdɪŋ] ❶ a. 正发芽的,初露头角的 ❷ n. 芽生,发芽

buddle ['bʌdl] ❶ n. 洗矿槽(台) ❷ v. 用洗矿槽洗

budge [bʌdʒ] ❶ v. 挪动,微微移动 ❷ n. 羔羊皮

budget ['bʌdʒɪt] ❶ n. ①预算 ②堆积 ③一束 ❷ a. 合算的 ❸ v. ①做预算(for) ②预算,按照预算来计划

budgetary ['bʌdʒɪtərɪ] a. 预算上的

Buenos Aires [,bwenəs'aɪərɪz] n. 布宜诺斯艾利斯(阿根廷首都)

buff [bʌf] ❶ n. ①软皮,黄色厚革 ②浅黄色,米色 ③磨轮 ❷ vt. ①用软皮摩擦 ②缓冲,减震 ☆ **buff away** 擦光,消除

buffalo ['bʌfələu] n. ①水牛,美洲野牛 ②水陆两用坦克

buffer ['bʌfə] ❶ n. ①缓冲器,减震器,保险杆 ②缓冲剂 ③【计】缓冲寄存装置,缓冲区 ❷ vt. ①缓冲,阻尼,隔离 ②用软皮摩擦 〖用法〗当它作动词用时,往往与 from 连用,表示"使不受…的影响;把…与…隔离开来"。如:This amplifier buffers the oscillator from external load variations. 这个放大器使振荡器不至于受到外部负载变化的影响。

buffering ['bʌfərɪŋ] n. ①缓冲,减震,隔离 ②【计】缓冲记忆装置

buffet[1] ['bʌfɪt] n.;v. ①打击,搏斗 ②抖动,震颤

buffet[2] ['bufeɪ] n. 自助餐,小卖部

buffing ['bʌfɪŋ] n. 抛光

bug [bʌg] ❶ n. ①虫,臭虫 ②缺点,瑕疵,错误 ③损坏,故障 ④雷达位置测定器,防盗报警器 ⑤双座小型汽车 ⑥月球旅行飞行器 ❷ (bugged; bugging) vt. 在…设防盗报警器,在…装窃听器

☆**bug off** 走开; **bug out** 逃避责任; **work out bugs** 消除缺陷,解决困难

〖用法〗这个词作名词时的用法举例如下:These flaws, or '<u>bugs</u>' as they are often called, must be found out and corrected. 这些缺陷,也就是人们常说的"bug",必须找出来并加以纠正。

bugaboo ['bʌgəbuː], **bugbear** ['bʌgbeə] n. 怪物,令人头痛的事

bugantia [bə'gænʃɪə] (拉丁语) n. 冻疮

bugas [bə'gæs] n. 瓶装液化气

bugduster ['bʌgdʌstə] n. 除粉器,清除煤粉工

bugger ['bʌgə] n. 鸡奸者,坏蛋

buggy ['bʌgɪ] n. 手推车,轻便马车

bughouse ['bʌghaus] ❶ n. 精神病院 ❷ a. 发疯的

bugle ['bjuːgl] n. 军号,喇叭,号角

bugology [bʌ'gɒlədʒɪ] n. 昆虫学

bugtrap ['bʌgtræp] n.【军】小型炮舰

buhr [bɜː] n.【地质】磨石

buhrstone ['bɜːstəun] n. (细砂质)磨石,磨盘,砂质多孔石灰岩

build [bɪld] ❶ (built) v. ①建造,制造 ②建立 ③达到最高峰 ❷ n. ①建筑,构造 ②体格 ☆**build down** 降落,衰减; **build in** 嵌入,埋置,用…建造; **build A into B** 把 A 装入 B 的内部,把 A 建设(造)成 B; **build on** 建立在…上,指望,依靠; **build up** 建造,制成,装配,聚集,长成,更新,振兴,锻炼,拟订; **build up (A) into B** (把 A)组合成 B; **build up to** (使)增加到; **(be) built up of** 由…构成

〖用法〗注意下面例句中该词的含义。❶ 作为及物动词:Science is <u>built</u> with facts just as a house is <u>built</u> with bricks. 科学是用事实构筑成的,就像房子是用砖头砌成的一样。/<u>Built</u> by graduate students at the University of California at Berkeley, the Cheetah set a world speed record on September 22, 1992. 猎豹牌赛车是由加州大学伯克利分校的研究生制造的,它在 1992 年 9 月 22 日创造了一项世界车速纪录。❷ 作为不及物动词:This chapter <u>builds on</u> the geometric interpretation of signals presented in Chapter 5. 本章的基础是第五章所述的对信号的几何解释。/In this case an oscillating optical field <u>builds up</u> inside the resonator. 在这种情况下,在谐振器内部建立起了一个振荡光场。

builder ['bɪldə] n. ①制造者,施工人员 ②【化】组分 ③【计】编制程序

building ['bɪldɪŋ] n. ①建造,建筑 ②大楼 ③组合

built [bɪlt] ❶ build 的过去式和过去分词 ❷ a. 组合的,建成的

built-up-edge [bɪlt'ʌpedʒ] n. 刀瘤,切屑瘤

Bujumbura [,buːdʒəm'buərə] n. 布琼布拉(布隆迪首都)

bulb [bʌlb] ❶ n. ①球茎,球根 ②球,球状物,球管,(温度计)水银球 ③灯泡 ④测温仪表 ⑤延髓 ❷ vi. ①成球状 ②隆起

bulbar ['bʌlbə] a. 球根的,延髓的

B

bulbiform ['bʌlbifɔ:m] *a.* 球状的

bulbodium [bʌl'bəudiəm] *n.* 球茎

bulbous ['bʌlbəs] *a.* 球(形)的

bulbul ['bʌlbʌl] *n.* 夜莺

bulbus ['bʌlbʌs] (pl. bulbi) *n.* 球(茎),延髓

bulesis [bju'li:sis] *n.* 意志

Bulgaria [bʌl'geəriə] *a.;n.* 保加利亚的,保加利亚人(的)

bulge [bʌldʒ] *n.;v.* ①凸起〔度〕,(桶)腰 ②(使)鼓胀,隆丘,暴increase,加厚 ③(船)底边,船腹,非耐压壳体

bulging ['bʌldʒiŋ] *n.* ①膨胀,鼓突,突度 ②打气,折皱 ③撑压内形法

bulgy ['bʌldʒi] *a.* 膨胀的,凸出的

bulk [bʌlk] ❶ *n.* ①容积,大小 ②大块,堆,整体 ③大部分,大批,梗概 ④松密度,胀量 ⑤货船、船舱载货 ⑥图书厚度 ❷ *a.* ①散装的 ②块状的,笨重的 ③体积的 ☆*in bulk* 大量地,成块,散装(的); *sell in bulk* 整批出售,批发; *the (great) bulk of* 大部分的 ❸ *v.* ①用眼力估计 ②堆积 ③胀 ④显得庞大〔重要〕

bulker ['bʌlkə] *n.* 舱货容量检查人

bulkfactor ['bʌlkfæktə] *n.* 容权因素

bulkhead ['bʌlkhed] ❶ *n.* ①舱壁,隔板 ②堵塞物,围堰,护岸 ❷ *vt.* 用墙分隔

bulkiness ['bʌlkinis] *n.* 庞大,笨重

bulking ['bʌlkiŋ] *n.* ①膨胀,隆起 ②散装,罐装 ③增量

bulkload ['bʌlkləud] *n.* 散装货物,堆放物

bulkmeter ['bʌlkmi:tə] *n.* (测量容积的)流量计

bulky ['bʌlki] *a.* 体积大的,笨重的

bull [bul] ❶ *n.;a.* 公牛(似的),雄(的),大型的 ❷ *v.* 哄抬,吹牛 ☆*take the bull by the horns* 不畏艰险

bulla ['bulə] (pl. bullae) *n.* ①大泡,大疱 ②印玺

bullace ['bulis] *n.* 西洋李子,野生李树

bullate ['bʌleit] *n.;a.* 水泡状(的),隆起的,膨胀的

bullation [bʌ'leiʃən] *n.* 大泡形成,膨胀

bullboat ['bulbəut] *n.* 牛皮浅水船

bullclam ['bulklæm] *n.* 刮斗机

bulldog ['buldɔg] *n.* ①斗狗,牛头狗 ②【冶】(搅炼炉的)补炉底材料

bulldoze ['buldəuz] *vt.* ①推压,推土,清除,挖出 ②压倒

bulldozer ['buldəuzə] *n.* ①推土机 ②压având机,弯钢机 ③粗碎机

bullen-nail ['bulənneil] *n.* 阔头钉,圆头钉

bullet ['bulit] *n.* ①子弹 ②撞针,插塞 ③锥形体

bulletin ['bulitin] *n.;v.* ①公报,告示,会刊,新闻简报 ②用公报发表

bullfrog ['bulfrɔg] *n.* 牛蛙

bullgrader ['bulgreidə] *n.* 平路机,大型平土机,填沟机

bull(-)head ['bulhed] *n.* ①平面孔型 ②双头钢轨

bullhorn ['bulhɔ:n] *n.* 带放大器的扩音器

bullion ['buljən] *n.* ①金（银）条,纯金（银） ②金

银锭,粗铅

bullish ['buliʃ] *n.* 公牛般的,顽固的,愚蠢的,股票行情看涨的

bullnose ['bulnəuz] *n.* 鼻尖圆的鼻子;外圆角

bullous ['buləs] *a.* 大泡的,大疱的

bullvalene ['bulveiləns] *n.*【化】瞬烯

bullwheel ['bulwi:l] *n.* 大齿轮,起重机的水平转盘

bully ['buli] ❶ *n.* ①暴徒,恶霸 ②拉皮条者 ❷ *v.* 恐吓,欺凌 ☆*play the bully* 横行霸道,欺软怕硬

bulrush ['bulrʌʃ] *n.* 芦苇,灯芯草,水烛

bulwark ['bulwək] ❶ *n.* ①壁垒,防御工事 ②防波堤 ❷ *vt.* (用堡垒)保护,防护

bum [bʌm] *a.* ①质量低劣的 ②残废的 ③假的 ☆*on the bum* 失修

bump [bʌmp] ❶ *v.;n.* ①碰撞,冲击(against,into) ②颠簸,扰动 ③撞肿处,凸缘 ④拐点 ❷ *ad.* 突然地,剧烈地 ☆*bump up against difficulties* 碰到困难

bumper ['bʌmpə] *n.* ①保险杆,防冲挡,挡板,减震器,消音器 ②推车工,【机】震动台 ②满杯,丰盛 【用法】注意下面例句中该词的含义:Visualize a line of automobiles parked underline{bumper to bumper}.设想一下一辆挨着一辆停着的一排汽车。

bumpiness ['bʌmpinis] *n.* 碰撞,颠簸

bumping ['bʌmpiŋ] *n.* ①撞击,颠簸 ②剧沸,放气

bumpy ['bʌmpi] *a.* 崎岖不平的,颠簸的,气流不稳的

bun [bʌn] *n.* 小圆面包

buna ['bju:nə] *n.* 丁纳橡胶(一种人造橡胶)

bunch [bʌntʃ] ❶ *n.* ①一束〔捆,群〕 ②隆起块,疱,瘤 ❷ *v.* ①捆成一束,集拢,聚束 ②隆起,成核

buncher ['bʌntʃə] *n.* ①聚束器,调制腔,速度调制电极,输入共振器 ②搓捻机,合股机

bunching ['bʌntʃiŋ] *n.* ①聚束,成组 ②束捆

bunchy ['bʌntʃi] *a.* 成束的,隆起的

bund [bʌnd] ❶ *n.* 堤岸,沿江大道,码头 ❷ *v.* 筑堤防止…泛滥

bunder ['bʌndə] *n.* 码头,港口

bunding ['bʌndiŋ] *n.* 坝,筑堤

bundle ['bʌndl] ❶ *n.* 束,扎,捆,【数】丛,卷,垛,一大堆 ❷ *v.* ①包,捆 ②成束 ☆*bundle out (off, away)* 匆忙赶出,撵出; *bundle up* 汇总,把…捆扎起来

bundline ['bʌndlain] *n.* 沿海公路线

bung [bʌŋ] ❶ *n.* ①木塞,塞子 ②盖,反射炉炉盖 ③桶口〔孔〕 ❷ *v.* 塞住,使膨胀

bungaloid ['bʌŋgəlɔid] *a.* 平房式的,多平房的

bungalow ['bʌŋgələu] *n.* (有凉台的)平房;小屋

bungee ['bʌŋgi] *n.* ①橡皮筋,松紧绳,弹性束 ②弹簧,(轰炸机)炸弹舱启门机

bunghole ['bʌŋhəul] *n.* 桶口

bungle ['bʌŋgl] *v.;n.* 拙劣(的)工作,粗制滥造,失误

bunglesome ['bʌŋglsəm] *a.* 拙劣的,不精致的

bungling ['bʌŋgliŋ] *a.* 拙劣的

buninoid ['bʌninɔid] *a.* 丘状的,圆形的

bunk [bʌŋk] ❶ n. (轮船,火车等)卧铺,卧处,承枕 ❷ v. 为…提供卧铺;睡

bunker ['bʌŋkə] ❶ n. ①仓库,储藏库,煤舱,油槽船 ②料斗 ③(小型)掩体,障碍 ❷ vt. 使陷入困境; 把球击入沙坑 ☆**be bunkered** 遇到困难

bunkerage ['bʌŋkərɪdʒ] n. 储煤(油)设施,燃料 费

bunkering ['bʌŋkərɪŋ] n. 装燃料,燃料的储存

bunkhouse ['bʌŋkhaʊs] n. 简易工棚,简易住屋

bunkload ['bʌŋkləʊd] n. 一批圆木

Bunsen beaker ['bʌnsən'bi:kə] n. 烧杯

Bunsen burner ['bʌnsən'bɜ:nə] n. 本生灯,(实验室用的)煤气灯

Bunsen cone ['bʌnsənkəʊn] n. 本生焰锥

bunt [bʌnt] n.;v. ①抵,撞 ②(帆等)鼓起(部分) ③(小麦)黑穗(病) ④触击

bunting ['bʌntɪŋ] n. 船旗,睡袋

buntline ['bʌntlaɪn] n. 帆脚之上升索

bunton ['bʌntən] n. ①横梁 ②横撑 ③矩形罐梁 (井筒)

buoy [bɔɪ] ❶ n. ①浮标(筒,体) ②救生具〔圈, 衣〕 ❷ v. ①漂浮,浮起(up) ②装浮标 ③振作,鼓舞,支持

buoyage ['bɔɪɪdʒ] n. 浮标,浮子,浮标使用费

buoyance ['bɔɪəns], **buoyancy** ['bɔɪənsɪ] n. ① 浮力,浮性 ②上涨行情 ③恢复力

buoyant ['bɔɪənt] a. ①能浮的,有浮力的 ②轻快的 ③上涨的

bupleurumol [bju:'pluərʊmɔl] n. 柴胡醇

bur [bɜ:] ❶ n. ①芒刺 ②圆头锉 ③有芒刺的植物, 黏附着不离的东西 ❷ (burred;burring) v. 有毛刺

buran [bu:'rɑ:n] n.【气】(中亚、西伯利亚的)布冷风

Burberry ['bɜ:bərɪ] n. 柏帛丽雨衣

burble ['bɜ:bl] vi.;n. ①起泡 ②(产生)涡流

burbling ['bɜ:blɪŋ] n. ①泡流分离 ②层流变湍流 ③失速

burden ['bɜ:dn] ❶ n. ①担子,重担 ②负重,荷载 ③装载量,含量 ④配料比 ⑤重点,要点 ❷ vt. ① 使负重担,加载于 ②装载 ☆**be a burden to (on)** 对…是一个负担

burdening ['bɜ:dnɪŋ] n. ①装载 ②配料

burdensome ['bɜ:dnsəm] a. ①沉重的,难于负担的 ②有输送能力的

burder ['bɜ:də] n. 织补工

bureau ['bjʊərəʊ] (pl. bureaus 或 bureaux) n. ①局, 处,司 ②写字台,办公桌,有镜衣柜

bureaucracy [bjʊə'rɒkrəsɪ] n. 官僚主义

bureaucrat ['bjʊərəʊkræt] n. 官僚,官僚主义者

burelage [bu:rə'lɑ:ʒ] n. 底纹图案

bureaucratic [ˌbjʊərəʊ'krætɪk] a. 官僚的,官僚主义的 ‖ **~ally** ad.

buret(te) [bjʊə'ret] n.【化】滴定管,量管,玻璃量杯

burg [bɜ:g] n. (美国)市,镇;城堡

burgee ['bɜ:dʒi:] n. 三角旗

burgeon ['bɜ:dʒən] n. 嫩芽

burglar ['bɜ:glə] n. 夜盗,窃贼 ‖ **~ious** a.

burglary ['bɜ:glərɪ] n. 盗窃(行为)

burgy ['bɜ:dʒɪ] n. 细粉,煤屑

burial ['berɪəl] n. ①埋葬,埋藏 ②(在缓冷坑中)冷却 ③墓地

buried ['berɪd] ❶ bury 的过去式和过去分词 ❷ a. ①埋藏的 ②沉没的

burier ['berɪə] n. 殡葬者,殡具

burin ['bjʊərɪn] n. 雕刻刀,錾刀,雕刻风格,燧石打火器

burke [bɜ:k] vt. 使窒息而死,秘密镇压,悄然平息 (谣言等)

burl [bɜ:l] ❶ n. ①斑点 ②树节,木瘤 ❷ v. 剔除疵点

burlap ['bɜ:læp] n. 粗麻布,麻袋

burlapping ['bɜ:læpɪŋ] n. 粗麻布包装

Burma ['bɜ:mə] n. 缅甸

Burmese [bɜ:'mi:z] n.;a. 缅甸的,缅甸人(的)

burn [bɜ:n] ❶ (burned 或 burnt) v. ①烧,发亮 ② 烧浇 ③烫(伤) ④点(灯) ⑤ 消耗,浪费,挥霍,耗尽 ⑥晒黑,激动(怒) ❷ n. ①(燃)烧 ②烧(灼)伤 ☆**burn away** 烧着〔完,掉〕; **burn back** (焊接)烧接; **burn down** 烧毁〔掉,光〕,火力衰退; **burn itself out** 烧尽; **burn out** 烧光〔尽,断,起来〕; **burn through** 烧穿,(导弹)发射; **burn together** 烧合,焊接; **burn up** 烧完,烧了起来

burnable ['bɜ:nəbl] ❶ a. 可〔易〕燃的 ❷ n. 可〔易〕燃物

burner ['bɜ:nə] n. ①燃烧器,炉子 ②喷灯,吹管 ③ 气焊〔割〕工

burning ['bɜ:nɪŋ] n.;a. ①燃烧(的),热烈的 ②(热处理)过烧,烧毁,气割 ③黏结现象

burning-glass ['bɜ:nɪŋglɑ:s] n. 火〔凸〕镜

burning-in ['bɜ:nɪŋɪn] n. 烧上,熔焊,机械黏砂,铸焊

burning-off ['bɜ:nɪŋɒf] n. ①烧去,清除机械黏砂 ②烘烤

burning-on ['bɜ:nɪŋɒn] n. 热补,金属熔补,烧涂法

burning-through ['bɜ:nɪŋθru:] n. 烧穿〔透〕

burnish ['bɜ:nɪʃ] ❶ v. ①打磨,抛光,擦亮,(使)光滑 ②(把钢)抛蓝,涂光,精加工 ③生长 ❷ n. 光泽

burnisher ['bɜ:nɪʃə] n. ①辊光机 ②磨光器,磨棒 ③打光人

burnishing ['bɜ:nɪʃɪŋ] n. ①抛光,擦光 ②光泽

burnt [bɜ:nt] ❶ burn 的过去式和过去分词 ❷ a. 烧伤的,烧坏的

burr [bɜ:] ❶ n. ①毛口〔边〕,芒刺,刺果 ②三角凿, 圆头锉,(牙)钻,磨盘 ③垫圈,轴〔套〕环,哔片 ④ 粗刻边,粗线,模缝 ⑤坚硬石灰岩 ⑥月晕,光轮 ❷ v. ①毛口磨光 ②刻粗边 ③模糊不清,发音不清楚

burr-drill ['bɜ:drɪl] n. 圆头锉,钻锥

burring ['bɜ:rɪŋ] n. ①去毛刺 ②模糊不清

B

burrow ['bʌrəʊ] **❶** n. ①穴,洞,窟 ②废石堆 **❷** v. ①挖洞 ②探索,调查

bur(r)stone ['bɜːstəʊn] n. 磨石

burst [bɜːst] **❶** (burst) v. ①爆炸(裂),(炸,破)裂 ②打〔冲〕开 ③突然发作〔产生,进入〕,突起,闪〔忽〕现 ☆**be bursting to (do)** 急着要〔做〕; **burst away** 忽去; **burst forth** 忽现,突发,喷出; **burst in** 闯进,突然出现;打断(谈话)(on, upon); **burst into** 闯进,突然发出,忽现,爆发成; **burst on** 猛现; **burst open** (门)突然被推开,裂开; **burst out** 爆发,突然发作,大呼; **burst through** 拨开,冲破; **burst up** 爆裂,失败,垮台; **burst upon** (事)突然出现,袭击; **burst with** 充满,几乎装不下 **❷** n. ①爆炸,爆裂 ②突然出现,强行进入 ③短脉冲群,信号列,一组〔串〕 ④一阵〔回〕 ⑤点射,连发射出 ☆**at a (one) burst** 发奋一下

burster ['bɜːstə] n. 炸药,起爆药,爆炸管

bursting ['bɜːstɪŋ] n. 爆裂,爆炸,突发

burstone ['bɜːstəʊn] n. 磨石

burton ['bɜːtn] n. 复滑车,辘轳;伯顿啤酒 ☆**go (knock) for a burton** 失踪,阵亡

Burundi [bʊ'rʊndɪ] n. 布隆迪(非洲国家)

bury ['berɪ] (buried) vt. ①埋〔葬,藏〕 ②掩盖 ③埋头于(in) ④插入 ⑤忘却
〖用法〗注意下面例句中该词的含义: Let us follow this sequence through with an educated guess as to the behavior before getting buried in the mathematics. 让我们在进行数学推导之前,按这个思路考虑下去,对情况作一明智的推测。

bus [bʌs] **❶** n. ①公共汽车,汽车,客机 ②汇流条,总〔母〕线,信息转移通路 ③弹头母舱,运载舱 **❷** (bussed; bussing) vi. 乘公共汽车去 ☆**miss the bus** 丧失机会,事业失败

bus(-)bar ['bʌsbɑː] n. 汇流条,母线,工艺导线

bush [bʊʃ] **❶** n. ①衬套,轴衬,轴承套 ②绝缘管 ③灌木 **❷** a. 低劣的,不够熟练的 **❸** v. ①用金属衬里 ②丛生 ☆**beat the bushes** 物色; **go bush** 失踪

bushel ['bʊʃl] **❶** n. ①蒲式耳(谷物、蔬菜、水果的容量单位,在英国等于 36.368 升,在美国等于 35.238 升) ②容量相当于一蒲式耳的东西的重量 ③大量 **❷** (bushel(l)ed; bushel(l)ing) v. 修补 ☆**hide one's light under a bushel** 不露锋芒,不炫耀

bush-hammer ['bʊʃ hæmə] n. 凿石锤

bush-hook ['bʊʃhʊk] n. 钩刀,大镰刀

bushily ['bʊʃɪlɪ] ad. 丛生,繁茂

bushing ['bʊʃɪŋ] n. ①衬套,套管 ②引线 ③轴衬〔套〕 ④砂轮灌孔层

bushland ['bʊʃlænd] n. 矮灌丛,灌木地

bushtit ['bʊʃtɪt] n. 丛林山雀

bushveld ['bʊʃveld] n. 丛林地带

bushwash ['bʊʃwɒʃ] n. ①石油跟水的乳化液,油罐底残渣 ②废话

bushy ['bʊʃɪ] a. 多灌木的,茂密的

busily ['bɪzɪlɪ] ad. 匆忙地,忙碌地

business ['bɪznɪs] n. ①业务,工作,职责 ②事务 ③行业,交易,商行 ④难事,(无价值的)事物 ☆**come (get (down)) to business** 开始认真工作,言归正传; **do business (with)** (与…)做买卖; **have no business to (do)** 无(做…)的权利; **make a business of** 以…为业; **mean business** 当真; **Mind your own business** 不要管闲事; **on business** 因公; **out of business** 破产,停业; **stick to one's business** 专心做自己的事

business-like ['bɪznɪslaɪk] a. 商业化的,用心的

businessman ['bɪznɪsmən] n. 商人,实业家

busk [bʌsk] n. 紧身衣

buskin ['bʌskɪn] n. (半)高筒靴

bussing ['bʌsɪŋ] n. 高压线与汇流排的连接

bust [bʌst] n.;v. ①半身像,胸像 ②错误,失策 ③破产 ☆**bust a gut** 拼命努力; **bust loose** 脱离; **bust up** 破产,分居

bustard ['bʌstəd] n. 鸨(欧洲和澳洲产的鸨科大或中型狩猎鸟类)

buster ['bʌstə] n. ①切除〔碎〕机,铆钉铲,风镐,翻土机 ②庞然大物,非凡的人〔物〕

bus-tie-in ['bʌstaɪɪn] n. 汇线板

bustle ['bʌsl] v.;n. ①匆匆打发 ②忙乱,活跃 ☆**be in a bustle** 忙乱的,乱哄哄的; **bustle about (around)** 东奔西跑; **bustle in and out** 进进出出; **without hurry or bustle** 不慌不忙

bustling ['bʌslɪŋ] a. 忙碌的,熙熙攘攘的

busy ['bɪzɪ] **❶** a. ①忙碌的,热闹的 ②占线的,使用中的 **❷** vt. (使)忙于,经营,使从事于,工作,操作
〖用法〗这个词常见的搭配是 busy with+名词(短语)〔或+(in)动名词〕。如:They are busy with the experiment.〔或(in) doing the experiment.〕他们正忙于做实验。/If the CPU is busy executing processes, then the work is being done.如果 CPU 忙于执行进程,那么工作正在进行之中。

busyness ['bɪzɪnɪs] n. 忙碌

but [bʌt] **❶** conj. ①但是,然而 ②(=unless)除非,而不,若不 **❷** prep. 除…之外 **❸** ad. 仅仅 **❹** pron. =that〔which; who〕not ☆**all but** 几乎; **anything but** 根本不是…,除…外什么都不; **but for** 如果不是由于,要不是; **but little** 几乎没有; **but once** 只有一次; **but rather** 而宁可说是; **but that** 要不是,若非;而没有; **can but (do)** 只能; **cannot but (do)** 不得不(做),不由得; **first but one (two, three)** 第二〔三,四〕; **next but one (two, three)** 隔一〔二,三〕个(即第三〔四,五〕个); **not only A but (also) B** 不仅 A 而且 B; **nothing (else) but** 只不过是; **never … but** 若一…就一定
〖用法〗**❶** 注意下面例句中 but 的不同词性及词义: Sodium atoms have but one electron in their outer shells.钠原子的外电子层中只有一个电子。(but 为副词。)/The denominator may be any polynomial but 0.分母可以是不为零的任意一个多项式。(but 为

介词。)/This device will not work normally <u>but</u> it is fully charged.除非这设备充足了电,否则它是不能正常工作的。(but 为状语从句连接词。)/With the introduction of the electronic computer, there is no complicated problem <u>but</u> can be solved in a few hours.由于采用了电子计算机,(因此)没有什么复杂的问题是不能够在几个小时内得到解决的。(but 为具有否定含义的关系代词。)/Water is a liquid, <u>but</u> ice is a solid.水是液体,但是冰是固体。(but 为并列连接词。)/This damping is usually sufficient to make <u>all but</u> the first peak negligible.这阻尼通常应足以使第一个峰值忽略不计。(all but 为固定词组。) ❷ 当 but 作为介词时,它还可以跟动词不定式作它的介词宾语,如果句中有实义动词 do 的任何形式,则该不定式的标志 to 就要省去。(这与介词 except 的用法相同。) 如: These complementary theories of light are able to account for its behavior, and we have no choice <u>but to accept them both</u>.有关光的这两种互补性理论能够解释光的性能,因此我们只好把这两者都接受下来。/The growth of the computer industry created the need for trained personnel who <u>do</u> nothing <u>but</u> <u>prepare the programs</u> which direct the computer.计算机工业的发展促使需要训练有素的人员,其任务只是编制指挥计算机工作的程序。❸ 可以引出虚拟语气句的条件。如:<u>But for</u> the binary system, the electronic computers <u>might have been</u> much more complicated. 要是没有二进制,电子计算机可能要比现在复杂得多。

butadiene [ˌbjuːtəˈdaiiːn] *n.*【化】丁二烯

butagas [ˈbjuːtəɡæs] *n.* 丁烷气

butane [ˈbjuːtein] *n.*【化】丁烷

butanediamine [ˌbjuːtænaɪˈdaɪəmiːn] *n.*【化】丁二胺

butanoic [ˌbjuːtəˈnəuik] *a.* 丁烷的

butanol [ˈbjuːtənɒl] *n.*【化】丁醇

butanolamine [ˌbjuːtænəˈlæmiːn] *n.*【化】丁醇胺

butanone [ˈbjuːtənəun] *n.*【化】丁酮

butch [butʃ] *vt.* 弄脏,屠杀

butcher [ˈbutʃə] *n.;v.* 屠夫

butchery [ˈbutʃəri] *n.* 屠杀

butene [ˈbjuːtiːn] *n.*【化】丁烯

butenol [ˈbjuːtinɒl] *n.*【化】丁烯醇

buthotoxin [ˌbjuːθəˈtɒksin] *n.* 蝎毒

butine [ˈbjuːtiːn] *n.*【化】丁炔

butler [ˈbʌtlə] *n.* 男仆,男管家

butonate [ˈbʌtəneit] *n.* (农药)丁酯磷,敌百虫丁酸酯

butt [bʌt] ❶ *n.* ①平接(缝),铰链 ②粗端,底部,(枪)托,突出部分 ③切头 ④锭,坯,铸块 ⑤靶(场),目 ⑥冲撞 ❷ *v.* ①撞,冲撞(against, into),抵触 ②对接,紧靠,使邻接(on, upon, against) ③干涉,插手(于)(in, into) ☆***butt and butt*** 一端接一端

butte [bjuːt] *n.* 孤山,地垛

butted [ˈbʌtid] ❶ butt 的过去式和过去分词 ❷ *a.*

对接的,联牢的

butter [ˈbʌtə] ❶ *n.* ①黄油,奶油 ②像奶油的东西,焊膏 ③缓冲器 ❷ *vt.* ①涂(奶油,灰浆)②巴结,讨好

butterfly [ˈbʌtəflai] *n.* ①蝴蝶,蝶形 ②蝶形阀,节气门 ③活动目标探测器

butterine [ˈbʌtəriːn] *n.* 人造乳酪

buttering [ˈbʌtəriŋ] *n.* ①涂(抹)灰浆 ②隔离层 ③巴结

buttermilk [ˈbʌtəmilk] *n.* 脱脂乳

butternut [ˈbʌtənʌt] *n.* 胡桃

buttery [ˈbʌtəri] ❶ *a.* 黄油状的 ❷ *n.* 伙食房

butting [ˈbʌtiŋ] *n.* 撞,对接

butt-joint [ˈbʌtdʒɔint] *n.* 对接,碰焊

buttock [ˈbʌtək] *n.* 臀部,船尾

button [ˈbʌtn] ❶ *n.* ①钮,按钮(开关),纽扣 ②【冶】(金属)珠(小球)❷ *a.* 纽扣形的 ❸ *v.* ①扣(上,住,紧)(up) ②装扣子 ☆***on the button*** 准确,准时; ***not care a button (about)*** (对…)毫不介意; ***not worth a button*** 一文不值

buttoning [ˈbʌtniŋ] *n.* 圆钮定位法

buttonwood [ˈbʌtnwud] *n.* 美国梧桐

buttress [ˈbʌtris] ❶ *n.* 撑墙,扶壁,支持物 ❷ *vt.* 支持(up),扶住,加强

buttstrap [ˈbʌtstræp] *n.* 搭板,对接盖板

buttwood [ˈbʌtwud] *n.* 环孔材

butyl [ˈbjuːtil] *n.*【化】丁基

butylated [ˈbjuːtileitid] *a.*【化】丁基化的

butylene [ˈbjuːtiliːn] *n.*【化】丁烯

butyne [ˈbjuːtain] *n.*【化】丁炔

butyraceous [ˌbjuːtiˈreiʃəs] *a.* 黄油的,像黄油的,含黄油的

butyral [ˈbjuːtiræl] *n.*【化】丁缩醛

butyraldehyde [ˌbjuːtəˈrældihaid] *n.*【化】丁醛

butyrate [ˈbjuːtireit] *n.*【化】丁酸盐

butyric [bjuːˈtirik] *a.* 奶油的,丁酸的

butyrin [ˈbjuːtirin] *n.*【化】酪脂,三丁酸甘油酯

butyrinase [ˈbjuːtirineis] *n.* 酪脂酶,三丁酸甘油酯酶

butyrone [ˈbjuːtirəun] *n.*【化】二丙基甲酮

buy [bai] ❶ (bought) *v.* ①买,购买,交易 ②赢得,获得 ③接受(意见) ☆***buy in*** (大批)买进; ***buy on credit*** 赊买; ***buy over*** (用贿赂)收买; ***buy up*** 全部买进,囤积,收买(公司等) ❷ *n.* 买,购买

buyable [ˈbaiəbl] *a.* 可买的

buyer [ˈbaiə] *n.* 买主(方),购买单位

buzz [bʌz] ❶ *n.* ①嗡嗡声,发蜂音 ②匆忙地来去(about, along) ③低飞,俯冲 ❷ *n.* ①嗡嗡声,蜂音 ②蜂鸣器,汽笛

buzzer [ˈbʌzə] *n.* ①蜂鸣器 ②汽笛 ③磨(砂)轮 ④轻型掘岩机 ⑤信号兵

buzzerphone [ˈbʌzəfəun] *n.* ①蜂鸣器 ②野战轻便电话机

buzzing [ˈbʌziŋ] *a.;n.* 嗡嗡响的,低飞,俯冲

buzz-saw [ˈbʌzsɔː] *n.* 圆锯

B

buzzy ['bʌzɪ] ❶ *a.* 嗡嗡响的 ❷ *n.* 伸缩式风钻

by [baɪ] *prep.* ①在旁边 ②经（通）过 ③凭,用,由,被,根据,逐（个）④表示数量或倍数〔本身无词义〕☆ *by and large* 一般说来,大体上,全面地; *by any chance* 万一; *by hand* 用手,人工地; *by itself* 独自; *by A is meant B* 或 *by A we mean（one means）B* 所谓 A(我们〔人们〕)指的是 B; *by now* 这时(已); *by the way* 在途中;顺便说; *by then* 在那时以前,到那时

〖用法〗❶ 该词的一个常用句型用法举例:By a vacuum we mean a space in which there is no material substance.所谓真空,我们指的是没有物质的空间。/By linear operation is meant the ability of an amplifier to amplify signals with little or no distortion.所谓线性工作,指的是放大器以很小的失真或无失真地放大信号的能力。❷ 它可以表示除时间和距离外的任何量值,其本身无词义。如: The temperature rises by 50℃.温度上升了 50℃。/In most general case, v and i differ in phase by an angle φ.在最一般的情况下,电压与电流的相位相差一个 φ 角。❸ 注意下面例句中该词的含义:By Newton's second law, the force of attraction F = mV²/r.根据牛顿第二定律,吸引力 F = mV²/r。/In this case the propagation is mainly by ground wave.在这种情况下,传播主要是通过地波进行的。/Its reflector measures 40 by 18 feet.其反射器的尺寸为 40 英尺×18 英尺。/The machine was limited in speed by its use of relays rather than electronic devices.该机器的速度受到了限制是由于它使用了继电器而不是电子器件。❹ "by + 动名词〔或动作性名词〕"一般译成"通过···"。如:By the use of(或 By using)the above equations, the values in Table 4-1 are obtained.通过利用上面的式子,就得到了表 4-1 中的数值。❺ "increase（或 decrease 等)by + n times 或 by a factor of n"应该译成"增加〔减少〕(n-1)倍"。如:This causes the collector current to increase by a factor of 100.这使得集电极电流增加了 99 倍〔增加到了 100 倍〕。/If the radius is halved, the flow rate is reduced by a factor of 16.如

果半径减半的话,那么流速就会降低为（原来的）1/16。/The intensity inside the resonator exceeds its value outside a mirror by (1−R)⁻¹.谐振器内部的强度为镜子外部数值的(1−R)⁻¹ 倍。❻ 表示"乘交通工具"时,在 by 后的名词前不加任何冠词,如"by bus（train, plane, air, car, spacecraft）"。❼ 句中有"by+时间"时,句子的谓语要采用相应的完成时态(但"be"、"have"等表示状态的动词除外,应该用一般式)。如:By 1980, the corporation had produced more than 1 000 radars.到 1980 年,该公司已经生产了一千多部雷达。/By the end of this semester, they will have taken up 30 courses in all. 到这学期末,他们共学习了 30 门课。

by-effect ['baɪɪˌfekt] *n.* 副作用

Byelorussia [bjelə'rʌʃə] *n.* 白俄罗斯

Byelorussian [bjelə'rʌʃən] *n.;a.* 白俄罗斯的,白俄罗斯人(的)

byerite ['baɪraɪt] *n.* 黏结沥青煤

bygone ['baɪɡɒn] *a.;n.* 过去的(事),以往的

bylane ['baɪleɪn] *n.* 小巷

by-law, bye-law ['baɪlɔː] *n.* 附则,法规,地方法

by-line ['baɪlaɪn] *n.* 副业,平行干线的铁路支线

by(-)pass ['baɪpɑːs] *n.* ①旁通,支路,回绕管 ②【物】分流器,环绕线

by-passing ['baɪpɑːsɪŋ] *n.* 旁路,分流,分路作用

bypath ['baɪpɑːθ] *n.* 侧管,旁路

byplace ['baɪpleɪs] *n.* 偏僻处

by-product ['baɪprɒdəkt] *n.* 副产品

byre ['baɪə] *n.* 牛棚,牛栏

by(-)road ['baɪrəʊd] *n.* 侧道,间道,小路

bysma ['bɪzmə] *n.* 塞子,填塞物

bysmalith ['baɪsˈmælɪθ] *n.* 【地质】岩柱,岩栓

byssinosis [ˌbɪsɪ'nəʊsɪs] *n.* 【医】棉尘肺,棉屑沉着病

byssolite ['bɪsəlaɪt] *n.* 【地质】绿石棉,纤闪石

bystander ['baɪstændə] *n.* 旁观者,在场的人

byte [baɪt] *n.* 【计】二进位组,信息组,字节

byway ['baɪweɪ] *n.* 间道,小路

bywork ['baɪwɜːk] *n.* 副业,兼职,业余工作

C c

cab [kæb] n. 出租汽车,驾驶室,夹带,汽化器
cabal [kə'bæl] ❶ n. 阴谋(小集团),派系 ❷ vi. 玩弄阴谋
cabalism ['kæbəlɪzm] n. 犹太神秘教义,晦涩难解
cabana [kə'bɑːnə] n. 小屋,简易浴室
cabane [kə'bæn] n. 翼柱,顶架,锥体形支柱泵
cabasite ['kæbəsaɪt] n. 菱沸石
cabbage ['kæbɪdʒ] n.【植】(结球)甘蓝,卷心菜,五月玫瑰
cabble ['kæbl] v. 破成坏块
cabin ['kæbɪn] ❶ n. ①舱,驾驶室,工作间,(铁路等的)信号室 ②小室 ❷ v. 隔开(房间),关(住)在小室
cabinet ['kæbɪnɪt] ❶ n. ①室,座舱,小操纵台 ②箱,柜,橱 ③机壳,壳体 ④矿物标本组 ⑤图书馆卡片的标准卡 ⑥内阁 ❷ a. ①小巧的 ②内阁的
cabinetmaker ['kæbɪnɪtmeɪkə] n. 细木工匠
cabinetmaking ['kæbɪnɪtmeɪkɪŋ] n. ①细木工艺 ②组阁
cable ['keɪbl] ❶ n. ①(索)缆,(缆,钢)索,钢丝,钢绞线 ②电缆,多芯导线 ③海底电缆,海底电报 ④链(海上测量距离单位) ⑤锚索 ❷ v. ①捆绑,用绳固定 ②架设电缆 ③打(海底)电报
cable-car ['keɪblkɑː] n. 缆车,(架空)索车
cablecast ['keɪblkɑːst] vt. 用有线电视或公共天线播放
cablegram ['keɪblgræm] n. 海底电报
cabler ['keɪblə] n. 并纱机(工)
cablese [keɪ'bliːz] n. 电报用语
cablet ['keɪblɪt] n. 小缆,缆索
cableway ['keɪblweɪ] n. ①(架空,钢)索道,吊车道 ②架线〔缆索〕起重机
cabling ['keɪblɪŋ] n. ①敷设电缆 ②电缆线路 ③海底电报 ④卷缆柱
cabochon ['kæbəʃən] n. 凸圆形
caboose [kə'buːs] n. (列车的)守车,(船)厨房
cabotage ['kæbətɑːʒ] n. 沿海航行权,沿海贸易权
cabriolet [,kæbrɪə'leɪ] n. 篷式汽车
cabstand ['kæbstænd] n. 出租汽车停车处
cabtyre ['kæbtaɪə] a. 橡皮绝缘的
cacaerometer [,kækə'rəumɪtə] n. 空气污染检查器
cacao [kə'kɑːəu, kə'keɪəu] n. 可可树〔豆〕
cacesthenic [,kækes'θiːnɪk] a. 感觉异常的
cacesthesia [,kækes'θiːzɪə] n. 感觉异常

cachacera ['kæʃəsɪrə] n. 沉淀槽
cachalot ['kæʃələt] n.【动】抹香鲸
cache [kæʃ] ❶ n. 储藏物,秘藏处;【计】(超)高速存储器,隐含存储器 ❷ vt. 隐藏,隐蔽
cachexia [kə'keksɪə] n. 恶病体质
cacidrosis [,kæsɪ'drəusɪs] n. 汗异常,臭汗
cacochylia [,kækə'kɪlɪə] n. 消化不良,胃液异常
cacochymia [,kækə'kaɪmɪə] n. 消化不良,代谢异常
cacodontia [,kækə'dɒnʃɪə] n. 牙病
cacoepy [,kækəuepɪ] n. 发音不正
cacoethes [,kækəu'iːθiːz] n. 恶习,…狂
cacoethic [,kækəu'iːθɪk] a. 恶性的
cacogastric [,kækə'gæstrɪk] a. 消化不良的
cacogenesis [,kækə'dʒenɪsɪs] n. 畸形,劣生
cacogenic [,kækə'dʒenɪk] a. 畸形的
cacography [kæ'kɒgrəfɪ] n. 拼写错误,拙劣的书法
cacology [kæ'kɒlədʒɪ] n. 措词不当,发音不准
cacopathia [,kækə'pæθɪə] n. 严重精神病
cacoplastic [,kækə'plæstɪk] a. 构造异常的
cacostomia [,kækə'stəumɪə] n. 口臭
cacothenics [,kækə'θenɪks] n. 种族衰退
cacothymia [,kækə'θaɪmɪə] n. 心情恶劣
cacotrophia [,kækə'trəufɪə] n. 营养不良
cactaceae [kæk'teɪsɪɪ] (pl. cacti) n. 仙人掌科
cactoid ['kæktɔɪd] a. 仙人掌状的
cactus ['kæktəs] n.【植】仙人掌〔球〕
cacumen [kə'kjuːmən] n. 物体的顶端
cacuminal [kə'kjuːmɪnəl] a. 顶端的
cadastral [kæ'dæstrəl] a. 地籍的
cadaster [kə'dæstə] n. 地籍簿
cadaver [kə'dævə] n. 尸体,破产事业
cadaveric [kə'dævərɪk] a. 尸体的
cadaverine [kə'dævərɪn] n.【化】尸胺
cadaverization [kə,dævəraɪ'zeɪʃən] n. 尸变
cadaverous [kə'dævərəs] a. 似尸体的
caddish ['kædɪʃ] a. 下贱的
caddy ['kædɪ] n. 盒,罐
cade [keɪd] n. 桶,小桶
cadence ['keɪdəns] n. 韵律,调子,声音的抑扬,节奏
cadent ['keɪdənt] a. 有节奏的
cadet [kə'det] n. 军校学生,幼子
cadger ['keɪdʒə] n. 小油壶
cadinane ['kædɪneɪn] n. 杜松烷

cadinol ['kædɪnɒl] *n.* 杜松醇
cadmia ['kædmɪə] *n.* （碳酸）锌,锌壳
cadmiferous [kæd'mɪfərəs] *a.* 含镉的
cadmium ['kædmɪəm] *n.*【化】镉
cadre ['kɑ:də] *n.* ①干部,核心,骨干 ②骨架,架子
cadreman ['kɑ:dəmən] *n.* 骨干
caducity [kə'dju:sɪtɪ] *n.* 老衰
caducous [kə'dju:kəs] *a.* 易脱落的,短暂的,早凋的
caecal ['si:kəl] *n.* 盲肠的
caeciform ['si:sɪfɔ:m] *a.* 盲肠形的
caecitas ['si:sɪtəs] *n.* 盲,视觉缺失
caecum ['si:kəm] *n.* 盲肠
caenogenesis [,si:nə'dʒenəsɪs] *n.* 新性发生
caenogenetic [,si:nədʒɪ'netɪk] *a.* 新性发生的
caenozoicus [,si:nə'zɔɪkəs] *n.* 新生代
caeruleous [si:'ru:lɪəs] *a.* 天蓝色的
Caesar ['si:zə] *n.* 凯撒
caesiated ['si:zɪətɪd] *a.* 敷铯的,铯化的
caesiation [,si:zɪ'eɪʃən] *n.* 铯激活
caesious ['si:zɪəs] *a.* 青灰色的
caesium ['si:zɪəm] *n.*【化】铯
caespitose ['sespɪtəus] *n.* 丛生的
cafard ['kæfɑ:d] *n.* 精神沮丧,没精打采
cafestol ['kæfəstɒl] *n.* 咖啡醇
cafetal ['kæfətəl] *n.* 咖啡种植园
cafeteria [,kæfɪ'tɪərɪə] *n.* 自助食堂
cafetite ['kæfɪtaɪt] *n.* 钙铁钛矿
caffea ['kæfi:] *n.* 咖啡(豆)
caffeic [kæ'fi:ɪk] *a.* 咖啡的
caffein(e) ['kæfi:n] *n.* 咖啡碱〔因〕
caffy ['kæfɪ] *n.* 咖啡;咖啡馆
cage [keɪdʒ] **❶** *n.* ①笼,罩 ②电梯轿厢,升降机厢(室),(起重机的)操纵室 ③壳体,机架,骨架构造 ④栅,网,方格 ⑤(轴承)保持器〔架〕,定位圈,(滚珠)隔圈,隔离环 ⑥升弹药机 **❷** *v.* 关进〔装入〕笼内
cageless ['keɪdʒlɪs] *a.* 无隔离圈的
cage-lifter ['keɪdʒlɪftə] *n.* 升降机
cagelike ['keɪdʒlaɪk] *a.* 笼形的,像笼子一样的
caging ['keɪdʒɪŋ] *n.* ①制动,锁定 ②笼框
cairngorm ['keəngɔ:m] *n.* 烟水晶
Cairo ['kaɪərəu] *n.* 开罗(埃及首都)
caisson ['keɪsən] *n.* ①沉箱,防水箱,潜水钟 ②(船)坞(闸)门 ③弹药箱 ④(打捞沉船用)充气浮筒
cajole [kə'dʒəul] *vt.* 勾引,诱骗
cake [keɪk] **❶** *n.* ①饼,糕 ②(熔,结,团)块,块状物 ③(钢,铜,锡)锭 ④滤渣 **❷** *v.* 结块,固结 ☆*a cake of* 一块
caked [keɪkt] *a.* 压扁的,压成饼状的
cakey ['keɪkɪ] *a.* 成了块的
caking ['keɪkɪŋ] *n.* ①烧结,结块 ②烘烤 ③焦性车辙形成
caky ['keɪkɪ] *a.* 成了块的
cal [kæl] *n.*【矿】黑钨矿

calabash ['kæləbæʃ] *n.* 葫芦
calal ['kɑ:læl] *n.* 卡拉尔钙铝合金
calamiform [kə'læmɪfɔ:m] *a.* 似羽毛的
calamine ['kæləmaɪn] *n.*【矿】异极矿,菱锌矿
calamitous [kə'læmɪtəs] *a.* (造成)灾难的,不幸的 ‖ **~ly** *ad.*
calamity [kə'læmɪtɪ] *n.* 灾害,灾难
calandria [kə'lændrɪə] *n.* ①排管式 ②加热体
calaverite [,kælə'veəraɪt] *n.*【矿】碲金矿
calc(a)emia [kæl'si:mɪə] *n.* 钙血
calcar ['kælkɑ:] *n.* ①熔(玻璃)炉,煅烧炉 ②距,距管
calcarea ['kælkərɪə] *n.* 石灰,氢氧化钙
calcareous, calcarious [kæl'keərɪəs] *a.* 石灰质的,含钙的
calcedony [kæl'sedənɪ] *n.* 玉髓
calceiform ['kælsɪfɔ:m] *a.* 拖鞋状的
calcein ['kælseɪn] *n.* 钙黄绿素
calcia ['kælʃɪə] *n.* 氧化钙
calcic ['kælsɪk] **❶** *a.* 含钙的 **❷** *n.* 石灰质
calcicole ['kælsɪkəul] *n.* 钙生植物
calcifames [,kælsɪ'feɪms] *n.* 缺钙症
calciferol [kæl'sɪfərəu] *n.* (麦角)钙化醇,骨化醇,维生素 D_2
calciferous [kæl'sɪfərəs] *a.* 含碳酸钙的,含钙的
calcific [kæl'sɪfɪk] *a.* 钙化的
calcification [,kælsɪfɪ'keɪʃən] *n.* 钙化(作用),骨化(作用)
calcifuge ['kælsɪfju:dʒ] *n.* 嫌钙植物
calcify ['kælsɪfaɪ] *v.* (使)钙化
calcigerous [kæl'sɪgərəs] *a.* 生钙的
calcimeter [kæl'sɪmɪtə] *n.* 石灰测定器
calcimine ['kælsɪmaɪn] **❶** *n.* 石灰浆,墙粉 **❷** *vt.* 刷墙粉于
calcinate ['kælsɪneɪt] *n.;v.* 煅〔焙〕烧,煅烧产物
calcinated ['kælsɪneɪtɪd] *a.* 煅〔焙〕烧的
calcination [,kælsɪ'neɪʃən] *n.* ①煅烧,焙烧,灰化 ②烧矿法,整矿法
calcinatory [kæl'sɪnətərɪ] *n.;a.* 煅烧器,煅烧的
calcine ['kælsaɪn] *v.;n.* 煅烧(矿),焙解〔烧〕
calciner ['kælsaɪnə] *n.* 煅烧〔焙烧〕炉,焙烧装置,煅烧工,煅烧炉
calcinosis [,kælsɪ'nəusɪs] *n.* 钙质沉着
calciosamarskite [,kælsɪ,əusə'mɑ:skaɪt] *n.*【矿】钙铌钇铀矿
calcipexis [,kælsɪ'peksɪs] *n.* 钙固定
calciphil ['kælsɪfɪl] *a.* 适碳酸钙的
calciprivia [,kælsɪ'prɪvɪə] *n.* 钙缺失
calciprivic [,kælsɪ'prɪvɪk] *a.* 钙缺失的
calciprivus [,kælsɪ'prɪvəs] *n.* 缺钙的
calcite ['kælsaɪt] *n.*【矿】方解石
calcitonin [,kælsɪ'təunɪn] *n.* 降(血)钙素
calcitrant ['kælsɪtrənt] *a.* 耐火的
calcium ['kælsɪəm] *n.*【化】钙
calciuria [,kælsɪ'juərɪə] *n.* 钙尿

C

calculability [ˌkælkjulə'bɪlɪtɪ] *n.* 可计算性
calculable ['kælkjuləbl] *a.* ①可计算的 ②预想得到的 ③可依赖的,可靠的
calculagraph ['kælkjuləgrɑːf] *n.* 计时器
calculary ['kælkjulərɪ] *a.* 石的
calculate ['kælkjuleɪt] *v.* ①计算(出),预(推)测 ②估计 ③以为,相信 ④指望(on, upon)
〖用法〗 ❶ "calculate A as〔to be〕B"意为"把 A 计算为 B;用 B 来计算 A"。如：The frequency of a photon radiated in this case can be calculated from Equation 1-7 to be the following expression. 在这种情况下辐射出的光子的频率可以根据式 1-7 计算为如下的表达式。/The voltage gain is calculated as the following expression. 电压增益可用下面的表达式来计算。 ❷ 注意下面例句的译法：The heating effect of an alternating current is calculated by averaging the I²R losses over a complete cycle. 交流电的热效应可以通过取一个整周内 I²R 损耗的平均值来求得。
calculated ['kælkjuleɪtɪd] *a.* ①计算(出来)的,被预测(出来)的,算清了的 ②有计划的,有〔故〕意的 ③适合〔当〕的 ④很可能…的 ☆ **be calculated for (to (do))** 适合于
calculating ['kælkjuleɪtɪŋ] *a.* 计算的,有打算的,精明的
calculation [ˌkælkju'leɪʃən] *n.* ①计算,计算出来的结果 ②估计,深思熟虑
〖用法〗 ❶ 与这个词搭配使用的动词可以是 perform、conduct、carry out 等(最常见的是 perform 一词)。如：The dc calculation is performed graphically. 直流计算可以用图解法来求得。/We can easily perform these calculations. 我们能够容易地进行这些计算。 ❷ 该词前有时会加上不定冠词。如：A short calculation shows that this is true. 简单地计算一下表明这是正确的。
calculative ['kælkjulətɪv] *a.* (需要)计算的,有计算的
calculator ['kælkjuleɪtə] *n.* ①计算机〔器,尺〕,计数机 ②计算者
calculi ['kælkjulaɪ] calculus 的复数
calculous ['kælkjuləs] *a.* ①石一样的 ②结石的
calculus ['kælkjuləs] (pl. calculuses 或 calculi) *n.* ①演算 ②微积分(学) ③(结)石
〖用法〗 "integral calculus"为"积分(学)"。如：It is not always necessary to use the methods of integral calculus to find the area under a graph. 并不总是需要用积分法来求曲线下方的面积。
Calcutta [kæl'kʌtə] *n.* 加尔各答(印度港口)
caldera [kæl'dɪərə] *n.* 死火山口,火山喷口
calderite ['kældəraɪt] *n.* 铁锰榴石
caldron ['kældrən] *n.* ①釜,大锅 ②火(山)口
caledonite [ˌkælə'dəunaɪt] *n.*【矿】铅蓝矾
calefacient [ˌkælɪ'feɪʃənt] *a.;n.* 发暖的〔剂〕
calefaction [ˌkælɪ'fækʃən] *n.* 发暖作用,加热
calefactive [ˌkælɪ'fæktɪv] *a.* 暖的,热的

calefactor ['kælɪfæktə] *n.* 发暖器
calefactory [ˌkælɪ'fæktərɪ] *a.* 温暖的,生热的
calefy ['kælɪfaɪ] *v.* (使)发暖,(使)变热
calendar ['kælɪndə] ❶ *n.* ①日历,历法〔书〕 ②一览表 ❷ *v.* ①记入日程表中 ②加以排列、分类和索引
calender ['kælɪndə] ❶ *n.* 砑光机,轮压机 ❷ *vt.* 用砑光机砑光
calenderability [ˌkælɪndərə'bɪlɪtɪ] *n.* 压延性能
calenderer ['kælɪndərə] *n.* 砑光工
calendering ['kælɪndərɪŋ] *n.* 砑光
calenderstack ['kælɪndə'stæk] *n.* 砑光机
calendry ['kælɪndrɪ] *n.* 用砑光机操作的地方
calenture ['kæləntjuə] *n.* 中暑,热病
calescence [kə'lesəns] *n.* 渐增温 ‖ **calescent** *a.*
calf [kɑːf] *n.* ①小牛,幼仔 ②冰山上崩落漂流的冰块
calibrate ['kælɪbreɪt] *vt.* ①校准,检验,定标 ②使标准化 ③(标)刻度 ④测定,量尺寸 ☆ **calibrate A against B** 对照 B 校准 A,对准 B 定 A 的刻度
calibrated ['kælɪbreɪtɪd] *a.* 已校准的,标定的
calibrater ['kælɪbreɪtə] *n.* ①校准器〔者〕 ②定径机 ③厚度仪
calibration [ˌkælɪ'breɪʃən] *n.* ①校准,定标 ②刻度 ③量尺寸 ④标准化
calibre ['kælɪbə] *n.* ①口径,(子弹,炮弹,导弹的)直径 ②尺寸,大小 ③量规,卡尺,测径器,卡钳 ④能力,质量
calicene ['kælɪsiːn] *n.* 杯烯
caliche [kɑː'liːtʃɪ] *n.* 生硝,智利硝,钙质层
calico ['kælɪkəu] *a.* 印花的,有花斑的
calicular [kə'lɪkjulə] *a.* 杯状的
caliculate [kə'lɪkjuleɪt] *a.* 有副萼的
caliculus [kə'lɪkjuləs] *n.* 小杯,杯状物
caliduct ['kælɪdʌkt] *n.* 暖气管
calidus ['kælɪdəs] *a.* 温暖的
California [ˌkælɪ'fɔːnjə] *n.* (美国)加利福尼亚
Californian [ˌkælɪ'fɔːnɪən] *a.;n.* 加利福尼亚的,加利福尼亚人(的)
californium [ˌkælɪ'fɔːnɪəm] *n.*【化】锎,Cf
caligation [ˌkælɪ'geɪʃən] *n.* 视力不佳
caligo ['kælɪgəu] *n.* 视力不佳
caline [kə'laɪn] *n.* 促成素
calite [kə'laɪt] *n.* 镍铝铬铁合金
calix ['keɪlɪks] *n.* 杯状器官,肾盂
calk [kɔːk] ❶ *n.* ①生石灰 ②铁刺,鞋钉 ❷ *v.* 加尖铁,填塞
calkinsite ['kælkɪnsaɪt] *n.*【矿】水菱铈矿
call [kɔːl] *v.;n.* ①叫做,称为 ②呼唤〔叫〕,呼号,通话,打电话(给) ③访问,停靠 ④要求 ⑤【计】调入〔用〕 ☆ **at call** 随叫随(到); **be called on (upon) (to do)** (被)要求(做); **call A after B** 以 B (的名字)命名 A; **call for** 要求,需要; **call for question** 表示异议; **call in** 引入,召集,【计】调

入〔子程序〕; **call into action (play)** 使发生作用,实行; **call off** 取消,转移; **call on** 号召,请求,借助于,【计】访问(内存储单元); **call to mind** 使想起; **call to order** (宣告)开会,要求遵守秩序; **call together** 召集; **call up** 使想起,召唤; **on call** 随叫随到的,随时可支配; **so-called** 所谓的; **what is called** 人们所说的〔所称的〕,所谓的

〖用法〗❶ 注意句型 "call A B",意为 "把 A 叫做〔称为〕B",在 "B" 前不能加上 "as"。如: We call the time to complete one cycle the period. 我们把完成一周的时间称为周期。/This device is called a rectifier. 这个器件被称为整流器。/Called 'the mother of all networks', the Internet is an international network connecting up to 400,000 smaller networks in more than 200 countries. 因特网被称为 "所有的网络之母",它是连接 200 多个国家多达 400 000 个小型网络的一个国际网络。❷ 它可以由动名词作它的补足语。如: We call this method completing the square. 我们把这种方法称为凑平方法。/Finding the possible values of these symbols is called solving the equation. 求出这些符号的可能值被称为解方程。❸ 注意下面例句中 call 的用法: What we call a robot is no more than a special type of electronic equipment. 我们所说的机器人只不过是一种特殊的电子设备。(这是一种特殊的 what 从句句型。)/What we have discovered in this experiment is the entirely new realm of electrical phenomena, so called after elektron, the Greek word for amber. 我们在这个实验中发现的是电现象这一崭新的领域,而之所以称为"electrical(电)"是根据琥珀的希腊词 elektron 命名的。/The digital-to-analog converter is now called on to generate a voltage exactly equal to that represented by the count in the reversible counter. 现在要求数模转换器产生一个电压,该电压要精确地等于由可逆计数器中的计数〔读数〕所表示的电压。❹ "It is so called since〔because〕..." 译成 "它之所以这样被称呼是由于…"。

calla ['kælə] n.【植】水芋
callatome ['kælətəʊm] n.【物】显微镜切片器
call-back ['kɔːlbæk] n. ①回答信号 ②收回,召回
call-bell ['kɔːlbel] n. 电〔呼叫〕铃
call-board ['kɔːlbɔːd] n. 公告板
call-box ['kɔːlbɒks] n. 公用电话亭
callee [kɔːˈlɪ] n. 被叫叫者,被访者
caller ['kɔːlə] n. ①叫叫者,访问者 ②调用程序
calligram ['kælɪɡræm] n. 图形诗,画诗
calligraph ['kælɪɡrəf] vt. 手切
calligraphy [kəˈlɪɡrəfɪ] n. 书法,字体
calling ['kɔːlɪŋ] n. ①呼叫,召集,点名 ②【计】调入 ③名称 ④职业
calliopsis [ˌkælɪˈɒpsɪs] n.【植】金鸡菊
calliper ['kælɪpə] ❶ n. ①(pl.)圆规,卡尺,两脚规,测径器 ②【物】纸厚度测定器 ❷ vt. 用卡规测

量
callisection [ˌkælɪˈsekʃən] n. 麻醉动物解剖
call-signal ['kɔːlsɪɡnəl] n.【无】呼号
call-wire ['kɔːlwaɪə] n. 联络线
calm [kɑːm] a.;n.;v. ①(平)静(的),无风(浪)(的) ②使平静
calmalloy ['kælmələɪ] n. 热磁合金
calmative ['kælmətɪv] a.;n. 镇静的〔剂〕
Calmet ['kælmɪt] n. (卡尔梅特)铬镍铝奥氏体耐热钢
calmet burner ['kælmɪt 'bɜːnə] 垂直燃烧器
calmly ['kɑːmlɪ] ad. 平静地
calmness ['kɑːmnɪs] n. 平静
calm-smog [kɑːmsmɒɡ] n. 宁静烟雾
calobiosis [ˌkæləˈbaɪəsɪs] n. 同栖共生
calomel ['kæləmel] n.【化】甘汞,氯化亚汞,汞膏
Calomic ['kæləmɪk] n. 卡劳密克镍铬铁合金
calor ['keɪlə] n. (灼)热
caloradiance [ˌkæləˈreɪdɪəns] n. 热辐射(线)
calorescence [ˌkæləˈresns] n. 灼热,发光热光线
caloric [kəˈlɒrɪk] ❶ a. 热的,卡的 ❷ n. 热(量,质) ‖ ~ally ad.
caloricity [ˌkæləˈrɪsɪtɪ] n. 热容(量),发热能力
Calorie ['kælərɪ] n. 大卡,千卡
calorie ['kælərɪ] n. 卡(路里),小卡
calorifacient [kəˌlɒrɪˈfeɪʃənt] a. 产〔生〕热的
calorific [ˌkæləˈrɪfɪk] a. 热(量)的,生热的
calorification [kəˌlɒrɪfɪˈkeɪʃən] n. 发热
calorifics [ˌkæləˈrɪfɪks] n. 热工学,热力工程
calorifier [kəˈlɒrɪfaɪə] n. 热风机,加热器
calorify [kəˈlɒrɪfaɪ] v. 使热
calorigenetic [kəˌlɒrɪˈdʒenətɪk] a. 发生热量的
calorigenic [kəˌlɒrɪˈdʒenɪk] a. 产热的
calorimeter [ˌkæləˈrɪmɪtə] n. 量热计,卡计
calorimetric [ˌkælərɪˈmetrɪk] a. 量热的,热量计的
calorimetry [ˌkæləˈrɪmɪtrɪ] n. 测热学
caloriscope [kəˈlɒrɪskəʊp] n. 热量器
calorise ['kælərаɪz] = calorize ‖ **calorisation** n.
calorite ['kæləraɪt] n. 耐热合金
caloritropic [ˌkælərɪˈtrɒpɪk] a. 亲〔趋,向〕热的
calorizator [ˌkæləˈraɪzeɪtə] n. 热法浸镀器
calorize ['kælərаɪz] n. 渗铝,铝化 ‖ **calorization** n.
calorizer ['kælərаɪzə] n. 热法浸提器
calorizing ['kælərаɪzɪŋ] n. 渗铝,铝化作用
calorstat ['kælɔːstæt] n. 恒温器
calotte [kəˈlɒt] n. 帽罩,小帽,圆顶
calotype ['kælətаɪp] n. 碘化银纸照相法
calpis ['kælpɪz] n. 乳浊液
calred ['kælred] n. 钙红
calsibar ['kælsɪbɑː] n. 钙硅钡合金
calsil ['kælsɪl] n.【化】硅酸钙盐
calsomine ['kælsəmaɪn] n. 刷墙粉
calumniate [kəˈlʌmnɪeɪt] vt. 诽谤
calumny ['kælʌmnɪ] n. 诽谤,中伤的语言
calutron ['kæljʊtrɒn] n. (电磁分离器的)卡留管

calva ['kælvə] *n.* (昆虫的)头盖
calve [kɑːv] *v.* (使)(冰河)崩解,裂冰;产(犊)
calvescent [kæl'vesənt] *a.* 光秃的
calving ['kɑːvɪŋ] *n.* (冰河)裂冰(作用),冰解;产(犊)
calvities [kæl'vɪʃ iːz] *n.* 秃头,秃发
calvitium [kæl'vɪtɪəm] *n.* 秃发
calvous ['kævəs] *a.* 光秃的
calx [kælks] (pl. calces 或 calxes) *n.* 金属灰,生石灰
calycine ['kælɪsaɪn] *a.* 杯状的,萼的
calycle ['kælɪkl] *n.* 杯状器官,副萼
calyculus [kə'lɪkjuləs] (pl. calyculi) *n.* 杯状器官,小萼
calyx ['keɪlɪks] *n.* 【植】(花)萼,盂
cam [kæm] ❶ *n.* ①凸轮,偏心轮 ②样板,靠模,仿形板 ③萤石 ❷ *vt.* 用凸轮带动(控制),加工成凸轮形(out)
camacite ['kæməsaɪt] *n.* 梁状铁
camara ['kɑːmərə] *n.* (果)室,脑穹窿
camber ['kæmbə] ❶ *n.* ①弯度,曲度,反挠(度) ②曲面,凸度,上挠度,预留曲度,梁拱 ③弧,拱高 ④侧倾 ❷ *v.* ①向上弯曲 ②造成弓形
cambered ['kæmbəd] *a.* 弓形的,弯曲的
cambering ['kæmbərɪŋ] *n.* ①向上弯曲 ②弧高 ③鼓形加工 ④【机】辊型设计
cambia ['kæmbɪə] cambium 的复数
cambic ['kæmbɪk] *a.* 过渡性的
cambiform ['kæmbɪfɔːm] *a.* 纺锤状的
cambist ['kæmbɪst] *n.* 汇兑商
cambium ['kæmbɪəm] (pl. cambia) *n.* 形成层,形成组织
Cambodia [kæm'bəudɪə] *n.* 柬埔寨
Cambodian [kæm'bəudjən] *a.;n.* 柬埔寨的〔人,语〕
cambogia [kæm'bəudʒɪə] *n.* 藤黄
Cambria ['kæmbrɪə] *n.* 威尔士人;寒武纪
cambric ['keɪmbrɪk] *n.* ①麻纱白葛布 ②细漆布
Cambridge ['keɪmbrɪdʒ] *n.* ①(英国)剑桥,剑桥大学 ②(美国)坎布里奇
came [keɪm] ❶ come 的过去式 ❷ *n.* (嵌窗玻璃用)有槽铅条
camel ['kæməl] *n.* ①骆驼 ②浮垫,起重浮箱,打捞浮筒,浮船筒
camelback ['kæməlbæk] *n.* ①驼峰 ②驼背 ③轮胎表面的补胎料
camelbird ['kæməlbɜːd] *n.* 鸵鸟
camellia [kə'miːlɪə] *n.* 【植】山茶
camellin [kə'mɪlɪn] *n.* 山茶糖苷
camelopard ['kæmɪləpɑːd] *n.* 【动】长颈鹿
camenthol [kə'menθɒl] *n.* 樟脑
cameo ['kæmɪəu] ❶ *n.* ①浮雕,有浮雕的宝石 ②小品,片段 ❷ *a.* 小型的
camera ['kæmərə] *n.* ①摄影(照相)机,摄像机 ②暗箱 ☆*in camera* 秘密地,私下地; *on camera* 出现在电视上

cameracapture ['kæmərə'kæptʃə] *n.* 摄像机捕获
cameracature ['kæmərəkətjuə] *n.* (电影)动画
cameraman ['kæmərəmæn] *n.* 摄影师,电影放映员
cameramount ['kæmərəmaunt] *n.* 照相机架
cameraplane ['kæmərəpleɪn] *n.* 摄影用飞机
cameratube ['kæmərətjuːb] *n.* 【电子】电视摄像管
Cameroon ['kæməruːn] *n.* 喀麦隆
camion ['kæmɪən] *n.* 军用卡车,货车
camisole ['kæmɪsəul] *n.* 紧身衣,贴身背心
camlet ['kæmlɪt] *n.* 羽纱
cam-lift ['kæmlɪft] *n.* 升起凸轮
cam-lock [kæmlɒk] *n.* 偏心夹
camloy ['kæmlɔɪ] *n.* 镍铬铁耐热合金
camomile ['kæməmaɪl] *n.* 【植】甘菊
camouflage ['kæmuflɑːʒ] *n.;vt.* ①伪装,掩饰,幌子 ②隐瞒
camouflet [,kæmu'fleɪ] (法语) *n.* ①地下爆炸 ②弹坑
camoufleur ['kæmuflɜː] *n.* 伪装技术员
camp [kæmp] ❶ *n.* ①野营(地) ②帐篷 ❷ *v.* 野营,露宿 ☆*pitch (a) camp* 扎营; *camp out* 野营
campaign [kæm'peɪn] ❶ *n.* ①战役 ②(政治)运动 ③炉龄 ❷ *vi.* ①从事…的活动,搞运动 ②参加战役
campaigner [kæm'peɪnə] *n.* 参加运动的人,老兵
campana [kæm'pænə] *n.* 排钟
campaniform [kæm'pænɪfɔːm] *a.* 钟形的
campanile [,kæmpə'niːlɪ] *n.* 钟楼
campanology [,kæmpə'nɒlədʒɪ] *n.* 钟学
campanulate [kə'pænjuleɪt] *a.* 钟状的
camp-bed ['kæmpbed] *n.* 行军床
camp-chair ['kæmptʃeə] *n.* 轻便折椅
campesino [,kɑːmpe'siːnəu] (西班牙语) *n.* 农民,农业工人
campesterol [kæm'pestɪrəl] *n.* 【化】菜油甾醇,菜油固醇
campestral [kæm'pestrəl] *a.* 野外的,田间的
campfire ['kæmpfaɪə] *n.* 营火(会)
camphane ['kæmfeɪn] *n.* 【化】莰烷
camphene ['kæmfiːn] *n.* 【化】莰烯
camphol ['kæmfɒl] *n.* 【药】龙脑,冰片
campholene ['kæmfəliːn] *n.* 【化】龙脑烯
campholide ['kæmfəlaɪd] *n.* 樟脑交酯
camphor ['kæmfə] *n.* 【化】樟脑,茨酮
camphora ['kæmfərə] (拉丁语) *n.* 樟脑
camphorate ['kæmfəreɪt] *vt.* 使与樟脑化合,加樟脑在…中
camphorated ['kæmfəreɪtɪd] *a.* 含有樟脑的
camphorene ['kæmfəriːn] *n.* 【化】樟脑烯
camphoric [kæm'fɒrɪk] *a.* (含)樟脑的
camphorism ['kæmfərɪzm] *n.* 樟脑中毒

C

cam-plate ['kæmpleɪt] *n.* 凸轮盘
campshot ['kæmpʃɒt] *n.* 护岸,河防
campsite ['kæmpsaɪt] *n.* 营地
campstool ['kæmpstuːl] *n.* 轻便折凳
camptothecin [,kæmptəʊ'θesɪn] *n.* 【药】喜树碱
camptonite ['kæmptənaɪt] *n.* 闪煌岩
campus ['kæmpəs] *n.* 校园,大学,大学生活,大学教育 ☆**on (the) campus** 在校内
camshaft ['kæmʃɑːft] *n.*【机】凸轮轴,控制轴
can¹ [kæn] (could) *v. aux.* ①能,会 ②可以 ③可能 ☆**as...as (...) can be** …得不能再…; **can but** 只能(…罢了); **cannot but** 不得不;必须; **cannot help doing** 或 **cannot help but to (do)** 不得不(做); **cannot ... too ...** 决不会太…,无论怎样…都不算过分
〖用法〗❶ cannot 与 too、enough、perfectly、sufficient(ly)、over 及某些动词连用时,表示"无论怎么…也不过分"。如:When you make an experiment, you cannot be too careful (= you cannot be over careful = you cannot be careful enough = you cannot be sufficiently careful). 做实验的时候,你越小心越好(你无论怎么小心,都不会过分)。/This point cannot be overemphasized. 这一点无论怎么强调也不过分。/We cannot exaggerate the danger of attempting a short circuit directly across a voltage source. 直接在电压源两端接成短路所造成的危险,我们怎么说都不算夸张。❷ 注意下面一个特殊句型:"It is a/an +形容词 + 名词 + that can ...",意为"无论怎么样的…也不会…"。如:It is a good electronic device that can operate without power supply. 再好的电子设备,没有电源也是不能工作的。
can² [kæn] ❶ *n.* ①罐头,马口铁盒,汽油桶,有盖铁桶 ②密封外壳,外皮,罩 ③(pl.)电话耳机,听筒 ❷ (canned; canning) *vt.* ①封装,①装入罐头 ③给…装上罩子 ④抵消
Canada ['kænədə] *n.* 加拿大
Canadian [kə'neɪdjən] *a.;n.* 加拿大的,加拿大人(的)
canadol ['kænədɒl] *n.* 坎那油,重石油醚
canal [kə'næl] ❶ *n.* ①运河,渠道 ②管道 ③(炮)膛 ❷ (canal(l)ed) *vt.* 在…开运河
canalicular [kə'nælɪkjʊlə] *a.* 小管的
canaliculus [kə'nælɪkjʊləs] (pl. canaliculi) *n.* 小管,微管,小沟
canaline ['kænəlaɪn] *n.*【化】刀豆酸
canalis ['kænəlɪs] (pl. canales) *n.* (导)管,沟,道
canalization,canalisation [,kænəlaɪ'zeɪʃən] *n.* ①开运河,运河〔渠道〕化 ②造管术
canalize,canalise ['kænəlaɪz] *v.* ①在…开运河,渠道化 ②取某一固定的方向,限制…的流向
canalled [kə'næld] *a.* 开成运河的
canaller [kə'nælə] *n.* 运河船(的船员)
canard [kæ'nɑːd] *n.* "鸭"式structure图;鸭式飞机;谣言
canaries [kə'neərɪs] *n.* 特高频噪声

canasite ['kænəsaɪt] *n.*【矿】硅碱钙石
Canberra ['kænbərə] *n.* 堪培拉(澳大利亚首都)
cancel ['kænsəl] (cancel(l)ed;cancel(l)ing) *v.;n.* ①取消,删掉,解除 ②(使)消失,消除,注销 ③【数】(相)消,(相)约,消 (约)去 ☆**cancel out** (使)消失,抵消,消去,删除
〖用法〗这个词在数学上表示 "相消" 时,一般用作不及物动词。如:The S²'s cancel in the first term. 在第一项中,S² 消去了。/In this case, the moments of the internal forces cancel. 在这种情况下,各内部力的力矩都相消了。/In this case this value has cancelled out. 在这种情况下该值已经消掉了。
cancellated ['kænsəleɪtɪd] *a.* 网眼状的
cancellation [,kænsə'leɪʃən] *n.* ①抵消,删去,废除 ②【数】相约(消),【计】化为零 ③网格组织,格构
canceller ['kænsələ] *n.* 消除器,补偿设备
cancelling ['kænsəlɪŋ] *n.* 消除,对消
cancellous ['kænsələs] *a.* 方格状的,网状的
cancel-out ['kænsəlaʊt] *n.* 消除〔去〕,取消
cancer ['kænsə] *n.* ①癌(症),恶性肿瘤 ②弊病,恶习
canceration [,kænsə'leɪʃən] *n.* 癌变
cancerigenic [,kænsərɪ'dʒenɪk] *a.* 致癌的
cancerocidal [,kænsərəʊ'saɪdəl] *a.* 杀癌的
cancerogen ['kænsərəʊdʒən] *n.* 致癌物
cancerogenous [,kænsə'rəʊdʒənəs] *a.* 致癌的
cancerology [,kænsə'rɒlədʒɪ] *n.* 癌学
cancerophobia [,kænsərə'fəʊbɪə] *n.* 癌恐怖
cancerous ['kænsərəs] *a.* 癌的,(恶性)肿瘤的
cancidin ['kænsɪdɪn] *n.* 灭癌素
cancriform ['kænkrɪfɔːm] *a.* 癌状的,似癌的
cancrinite ['kænkrɪnaɪt] *n.* 钙霞石
cancroid ['kænkrɔɪd] *a.* 癌样的,蟹状的
candela [kæn'diːlə] *n.*【天】新烛光(光强单位)
candelabra [,kændɪ'lɑːbrə] candelabrum 的复数
candelabrum [,kændɪ'lɑːbrəm] (pl.candelabra 或 candelabrums) *n.* ①大烛台,烛架 ②【建】华柱
candelilla ['kændɪlɪlə] *n.* 蜡抱елочка,烛木
candescence [kæn'desns] *n.* 白热;白炽 ‖ **candescent** *a.*
candid ['kændɪd] *a.* ①公正的 ②坦率的 ③白色的 ④趁人不备时偷拍的
candidate ['kændɪdɪt] *n.* ①选择物 ②候选人,应试者(for)
〖用法〗注意下面这个例句中该词的译法:The previous example is a prime candidate for using general-purpose register for operand addressing. 前面那个例子是把通用寄存器用于操作数寻址的首选方案。
candle ['kændl] *n.* ①(蜡)烛,烛光 ②火花塞,电嘴,电烛座 ③毒气筒,烟幕弹筒 ☆**burn the candle at both ends** 劳动过度,日夜工作; **can (not fit to) hold a candle to A** (不)能与 A 相比,比得(不)上 A; **not worth the candle** 不上算的

candle-hour ['kændlauə] *n.* 烛光-小时
candle-power ['kændlpauə] *n.* 用烛光表示的光强度
candler ['kændlə] *n.* 检卵器,照蛋器
candlestick ['kændlstɪk] *n.* 烛台
candlewick ['kændlwɪk] *n.* 烛心
candling ['kændlɪŋ] *n.* 燃烛法,透明法
can-do ['kændu:] *a.* 有干劲的,勤奋的,热心的
candoluminescence [ˌkændəuljuːmɪ'nesəns] *n.* 非高温发光现象
cando(u)r ['kændə] *n.* ①公正,坦率 ②光明,白光
candy ['kændɪ] *n.* 冰糖,糖果
cane [keɪn] ❶ *n.* ①(藤,竹)茎,藤〔竹〕料 ②甘蔗 ③手杖,棍,棒 ❷ *vt.* ①以苔杖打 ②以藤编制
canebreak ['keɪnbreɪk] *n.* 藤丛,竹丛
canella [kə'nelə] *n.* 白桂皮
canine ['keɪnaɪn] ❶ *a.* 犬似的,犬齿的,犬科的 ❷ *n.* ①犬科动物 ②犬齿
canister ['kænɪstə] *n.* ①(金属)罐 ②【军】滤毒罐,(导弹的)装运箱,榴霰弹
canities [kə'nɪʃɪiːz] *n.* 白发
canker ['kæŋkə] ❶ *n.* 溃疡,口疮,植物肿瘤,坏死,毛虫,腐败 ❷ *v.* 受到腐蚀,(使)腐烂,使受毒害
cankerous ['kæŋkərəs] *a.* (引起)溃疡的,有腐蚀性的
canna ['kænə] *n.* 芦苇,美人蕉;小腿骨
cannabene ['kænəbiːn] *n.* 大麻
cannabichrome [ˌkænə'baɪkrəum] *n.* 大麻色素
cannabis ['kænəbɪs] *n.* 大麻
canned [kænd] *a.* ①罐(头)装的 ②密封的,封在外壳内的 ③千篇一律的
cannel ['kænl] *n.* 烛煤
canneloid ['kænəlɔɪd] *n.* 烛煤质煤
cannelure ['kænəljuə] *n.* ①纵槽沟 ②环形槽,弹壳槽线
canner ['kænə] *n.* 罐头制造业者,制罐容器
cannery ['kænərɪ] *n.* 罐头(食品)工厂
cannibalize ['kænɪbəlaɪz] *vt.* ①拼修 ②同型装配 ‖ **cannibalization** ['kænɪbəlaɪ'zeɪʃən] *n.*
cannikin ['kænɪkɪn] *n.* 小杯(罐),小木桶
canning ['kænɪŋ] *n.* ①罐装,罐头制造 ②用外壳密封,用外皮覆盖,外皮包覆 ③包壳,封装
cannon ['kænən] ❶ (pl. cannons, 集合名词 cannon) *n.* ①空心轴 ②(飞机)机关炮,加农炮 ③加农高速钢 ❷ *v.* ①猛撞,冲突(against, into, with) ②开炮,炮轰
cannonade [ˌkænə'neɪd] *n.; v.* 轰击
cannonball ['kænənbɔːl] *n.* 炮弹;快车,疾驰
cannoneer [ˌkænə'nɪə] *n.* 炮手
cannonry ['kænənrɪ] *n.* 炮(轰)
cannot ['kænɒt] *v. aux.* 不能,不会 ☆**cannot help but** 不得不,忍不住
cannula ['kænjulə] (pl. cannulae) *n.* 套,插管
cannular ['kænjulə] *a.* (套)管状的
cannulate ['kænjuleɪt] *vt.* 插套管

canoe [kə'nuː] *n.* (磁带在磁鼓上的)缠绕方式,走带方式;独木舟
canon ['kænən] *n.* 标准,准则,规范,法典,教规
canonic(al) [kə'nɒnɪk(əl)] *a.* 典型的,标准的,规范的
canonically [kə'nɒnɪkəlɪ] *ad.* 规范地
canopy ['kænəpɪ] ❶ *n.* ①(天,座舱)盖,座舱罩,帆布棚 ②伞盖 ③天幕 ④树冠 ❷ *vt.* 用天篷遮盖
canorous ['kænərəs] *a.* 音调优美的,和谐的 ‖ **~ly** *ad.*
cant [kænt] *n.;v.* ①斜面,倾斜(位置),倾侧 ②超高,铁道弯线的外轨加高 ③角隅 ④四角木材 ⑤横轴附近的振动 ⑥翻转,回转装置,(突然)改变方向 ⑦黑话,隐语,术语
can't [kɑːnt] = cannot
〖用法〗在科技文中,一般是不用紧缩词的,所以文中写成 cannot 或 can not 为好。
canted ['kæntɪd] *a.* 有角的,倾斜的
canteen [kæn'tiːn] *n.* ①餐具箱,饭盒 ②小卖部,食堂
cantihook ['kæntɪhuk] *n.* 【机】转杆器
cantilever ['kæntɪliːvə] ❶ *n.* ①悬臂(梁),伸臂 ②支撑木,(交叉)支架,电缆吊线夹板 ③纸条盘 ❷ *v.* 使…伸出悬臂
cantilevered ['kæntɪliːvəd] *a.* 悬臂的
canting ['kæntɪŋ] ❶ *n.* ①倾斜 ②翻转 ❷ *a.* 伪善的
canton ['kænton] ❶ *n.* 州,县,区 ❷ *vt.* 分成州〔区〕
Canton [kæn'ton] *n.* 广州 (Guangzhou 的旧称)
cantonment ['kæntonmənt] *n.* 驻扎,宿营,(pl.)(临时)营房
cantus ['kæntəs] *n.* 歌,旋律
can-type ['kæntaɪp] *a.* 罐形的
canvas ['kænvəs] ❶ *n.* ①帆布,防水布 ②帐篷 ③油画(布) ❷ *a.* 帆布制的 ☆**under canvas** 住在帐篷中;张帆的
canyon ['kænjən] *n.* 峡谷
caoline ['kaulaɪn] *n.* 【矿】高岭土
caoutchouc ['kautʃuːk] *n.* (天然,生)橡胶,橡皮
cap [kæp] *n.* ①帽(子),无边帽,军帽;盖,(金属)帽,套,箍,塞 ②(柱)头,引出线,(输出)端,插座,管底 ③【数】求交运算 ☆**cap the climax** 超过限度,出乎意料; **the cap fits** 恰如其分
capability [ˌkeɪpə'bɪlɪtɪ] *n.* ①能力,可能性 ②性能,容量 ③权力 ☆**capability for doing** 有可能(做)
〖用法〗❶ 这个词在科技文中的常见用法是 "the capability of doing sth.〔to do sth.〕",意为 "做…的能力"。如:A computer must have the capability of performing some types of arithmetic and logical operations. 计算机必须具有执行某些类型的算术和逻辑运算的能力。❷ 注意句型 "the capability of A to do B" 意为 "A 做 B 的能力〔性能〕"。如:This illustrates the capability of metals to conduct

electricity. 这说明了金属导电的能力。/The capability of aluminum to be fused is displayed here. 这里展示了铝的可熔性。❸ 该词可以是不可数名词,但有时也可以是可数名词。如: Fax modems are modems with facsimile capability. 传真调制解调器是具有传真能力的调制解调器。/The receiver is equipped with a storage capability. 该接收器具有存储能力。

capable ['keɪpəbl] *a.* 有能力的,能干的,有才〔技〕能的 ☆ *(be) capable of doing* 能(够)…,可以…,易(于)…,容许…,干得出… 〖用法〗"capable of" 这个词组后面有时可以省去一个动词(往往是 obtain、provide 等)的动名词,而汉译时应该加上这个动词。如: This scheme is capable of an accuracy of better than 0.8 dB. 这个方法可获得的精度高于 0.8 分贝。/These instruments are capable of very high precision. 这些仪器可以获得很高的精度。(或: 这些仪器的精度很高。)/This type of counter is capable of clock rates up to 100 MHz. 这类计数器可获得高达 100 兆赫的时钟速率。(或: 这类计数器的时钟速率可高达 100 兆赫。)/Since the eye cannot focus on objects closer than the near point, this sets a limit to the magnification of which the eye is capable. 由于眼睛不能聚焦于比近点还近的物体,这就限制了眼睛所能实现的放大率。

capably ['keɪpəblɪ] *ad.* 好,妙

capacious [kə'peɪʃəs] *a.* 容积大的,宽敞的 ‖ **~ness** *n.*

capacitance [kə'pæsɪtəns] *n.* 电容(量),容量

capacitate [kə'pæsɪteɪt] *vt.* 使能够,使适合于(for)

capacitive [kə'pæsɪtɪv] *a.* 电容(性)的,容性的 ‖ **~ly** *ad.* 〖用法〗注意下面例句中副词的译法。如: The load resistor is capacitively coupled to the collector. 该负载电阻通过电容耦合到集电极。

capacitivity [kə,pæsɪ'tɪvɪtɪ] *n.*【物】电容率

capacitometer [kə,pæsɪ'tɒmɪtə] *n.*【物】电容测量器

capacitor [kə'pæsɪtə] *n.*【物】电容器

capacitron [kə'pæsɪtrɒn] *n.*【物】电容汞弧管,电子击破器

capacity [kə'pæsɪtɪ] *n.* ①容量〔积〕,负载量,装载(体积),电容(量) ②能力,本领,(额定)功率,计算效率,生产率〔额〕 ③【计】字长 ④资格,职位 ☆ *at full capacity* 以全力,满负载; *in the capacity of* 作为,以…资格; *to capacity* 达最大限度,满负荷〔载〕 〖用法〗❶ 注意句型 "the capacity of A to do B" 译成 "A 做 B 的能力。如: The capacity of air to absorb water vapor increases as its temperature rises. 空气吸收水蒸气的能力随着温度的上升而提高。/The capacity of the two plates to hold electric charge is proportional to the voltage. 两平板储存

电荷的能力是与电压成正比的。❷ 在该词后可以跟 "for doing ..."、"to do ..." 或 "of doing ..."。如: Steam has the capacity for doing work. 蒸汽具有做功的能力。/Energy is the capacity to do work. 能量是做功的能力。

capadyne [kə'pædaɪn] *n.*【物】电致伸缩继电器

caparison [kə'pærɪsn] *n.* 马衣,服装,行头

capaswitch ['kæpəswɪtʃ] *n.*【物】双电致伸缩继电器

cape [keɪp] *n.* ①海角,岬 ②斗篷,披肩

capel ['kæpəl] *n.* 套环,钢索眼环头,石英质岩石

capellet ['kæpəlɪt] *n.* 挫伤,肿瘤

caper ['keɪpə] *vi.;n.* 跳跃,嬉戏,玩笑

Capetown ['keɪptaʊn] 开普敦(南非港市)

capillaritis [,keɪpɪlə'raɪtɪs] *n.*【医】毛细管炎

capillarity [kæpɪ'lærɪtɪ] *n.* 毛细(管)作用〔现象〕

capillaroscope [,kæpɪ'lærəskəʊp] *n.*【物】毛细显微镜

capillaroscopy [,kæpɪ'lærəskɒpɪ] *n.* 毛细显微术

capillary [kə'pɪlərɪ] *a.;n.* 毛细管(的),毛细(作用,现象)(的),微血管

capillator ['kæpɪleɪtə] *n.*【化】毛细管比色计

capilliculture [kə'pɪlaɪkʌltʃə] *n.* 疗秃法,护发术

capillometer [,kæpə'lɒmɪtə] *n.*【化】毛细试验仪

capillon ['kæpɪlɒn] *n.*【化】菌陈酮

capillose ['kæpələʊs] *n.* 针镍矿

capillurgy [kæp'ɪlɜ:dʒɪ] *n.* 脱毛法,拔毛术

capillus [kə'pɪləs] (pl. capilli) *n.* 毛,发

capister [kə'pɪstə] *n.*【物】变容二极管

capita ['kæpɪtə] caput 的复数 ☆ *per capita* 每人,按人口平均计算

capital ['kæpɪtl] ❶ *n.* ①首都,省会 ②大写(字母) ③资本 ④【建】柱头〔顶〕 ❷ *a.* ①基本的,主要的 ②资本的 ③应处死刑的 ☆ *make capital (out) of* 拿…作资本,趁 〖用法〗"capital letter" 表示 "大写字母"。如: Capital letters are used to denote matrices. 大写字母用来表示矩阵。

capitalise = capitalize ‖ **capitalisation** *n.*

capitalism ['kæpɪtəlɪzm] *n.* 资本主义

capitalist ['kæpɪtəlɪst] ❶ *n.* 资本家,资产阶级分子 ❷ *a.* 资本主义的

capitalistic [,kæpɪtə'lɪstɪk] *a.* 在资本主义下存在〔经营〕的,资本主义的

capitalistically [,kæpɪtə'lɪstɪkəlɪ] *ad.* 资本主义方式地,资产阶级式地

capitalize ['kæpɪtəlaɪz] *vt.* ①用大写字母开头 ②变成〔作〕资本,变为现金 ③定为首都 ‖ **capitalization** *n.*

capitally ['kæpɪtəlɪ] *ad.* 好,妙

capitate ['kæpɪteɪt] *a.* 头状的,锤形的

capitation [,kæpɪ'teɪʃən] *n.* 按人计算〔收费〕,人头税,学校设备费

capitol ['kæpɪtl] *n.* 美国国会〔美国州议会〕大厦

☆**Capitol Hill** 美国国会

capiton ['kæpɪtɒn] n. 粗劣废丝

capitones [,kæpə'tɒnəs] n. 巨头胎儿

capitulate [kə'pɪtjuleɪt] vi. 投降

capitulation [kə,pɪtju'leɪʃən] n. ①投降（条约）②（文件,声明）摘要

capitulationism [kə,pɪtju'leɪʃənɪzm] n. 投降主义

caplastometer [,kæpləs'tɒmɪtə] n. 黏度计

caplin ['kæplɪn] n.【动】毛鳞鱼

capnite ['keɪpnaɪt] n. 铁磷锌矿

capper ['kæpə] n. 封口机,压盖机,帽商

capping ['kæpɪŋ] n. ①压（封）顶,压盖,保护盖 ②盖层岩,表土 ③雷管接上引线

cappy ['kæpɪ] a. 似帽的

capreolary [,kæprɪ'əulərɪ] a. 卷曲的

capreolate ['kæprɪəuleɪt] a. 卷须状的

caprice [kə'pri:s] n. 反复无常,异想天开,幻想曲 ‖ **capricious** a. **capriciously** ad.

capricornoid [,kæprə'kɔ:nɔɪd] n. 犀角线

caprin ['kæprɪn] n.【化】（三）癸酸甘油酯

caprine ['kæpraɪn] a.【动】公山羊

caprock ['kæprɒk] n. 冠岩,盖层

caproic [kə'prəuɪk] **acid** n.【化】己酸

caproin ['kæprɔɪn] n.【化】（三）己酸甘油酯

capron(e) ['kæprəun] n.【化】卡普纶

capryl ['kæprɪl] n.【化】①癸酰 ②辛基

capsaicin [kæp'seɪəsɪn] n.【化】辣椒素

capsicol ['kæpsɪkəl] n. 辣椒油

capsicum ['kæpsɪkəm] n. 辣椒

capsid ['kæpsɪd] n. 衣壳,壳体

cap-sill ['kæpsɪl] n. 介木

capsize [kæp'saɪz] v.;n.（船等）倾覆

capsomere ['kæpsəmə] n.【生】衣壳体;衣壳蛋白亚单位

capsomeric [,kæpsə'merɪk] a.【生】壳微体的

capsorubin ['kæpsərubɪn] n.【化】辣椒玉红素

capstan ['kæpstən] n. ①绞盘,绞车 ②六角刀架 ③（录音机磁带传动）主动轴,输带辊,（录像机）主导轴

capstone ['kæpstəun] n. 拱顶石,顶（层）石,顶点

capsula ['kæpsjulə] (pl. capsulae) n. (胶)囊

capsular(y) ['kæpsjulə(rɪ)] a. 胶囊的,荚膜的

capsulate(d) ['kæpsjuleɪt(ɪd)] a. 胶囊包裹的,装入雷管的

capsulation [,kæpsju'leɪʃən] n. 封装,密封

capsule ['kæpsju:l] ❶ n. 小盒,容器;瓶帽（盖）;胶囊;舱 ❷ vt. 简略,压缩 ❸ a. 小而结实的,简略的

〖用法〗注意下面例句中该词的含义：Equation (5-7) is a capsule statement of this difference. 式(5-7)简要地陈述了这一差别。

capsuliform ['kæpsjuləfɔ:m] a. 囊形的

capsulize ['kæpsjulaɪz] vt. ①把…装入胶囊（小容器）内 ②压缩,以节略形式表示

captain ['kæptɪn] n. ①队长 ②船〔舰,机〕长 ③（陆军,空军）上尉

captan ['kæptən] n.【化】克菌丹

captance ['kæptəns] n.【物】容抗

captation [kæp'teɪʃən] n. ①收集,集水 ②集水装置

captax ['kæptæks] n. 促进剂 M

caption ['kæpʃən] ❶ n. ①标题 ②（插图）说明 ③字幕 ❷ vt. 在…上加标题（字幕）

captious ['kæpʃəs] a. 吹毛求疵的,强词夺理的

captivate ['kæptɪveɪt] vt. 迷住,吸引住,强烈感染,逮捕

captivation [,kæptɪ'veɪʃən] n. 魅力,吸引力

captive ['kæptɪv] ❶ n. 俘虏 ❷ a. 捕获的,被吸引住的

captivity [kæp'tɪvɪtɪ] n. 被俘,监禁,束缚

captor ['kæptə] n. 俘虏〔捕获〕者

capture ['kæptʃə] n.; vt. ①俘〔捕〕获,捕捉 ②收集,袭夺,夺取 ③赢得,引起（注目）④归零,找准,锁位 ⑤记录,拍摄 ⑥缴获(品)

〖用法〗注意下面的句型,即"祈使句+ and +…"意为"如果…的话就…"：Capture all that much energy and you could power 5 million American households for a year. 如果能获取所有那么多的能量,你就能为 5 百万户美国家庭供能一年。

capturer ['kæptʃərə] n. 俘〔捕〕获者

caput ['kæput] n. (拉丁语)(pl. capita) ①头（部）②章,节 ☆**per capita** 每人

car [kɑ:] ❶ n. ①车(辆),(小)汽车 ②吊舱,车厢 ❷ vi. 坐汽车去

carab ['kærəb] n. 步行甲

carabin(e) ['kɑ:baɪn] n. 卡宾枪

carac [kærək] n. 武装商船

Caracas [kə'rɑ:kəs] n. 加拉加斯(委内瑞拉首都)

caraco ['kærəkəu] n. 女短上衣

caracole ['kærəkəul] n. 旋梯

caramel ['kærəmel] n. 酱色,焦糖,蜜糖

caramelization [,kærəməlaɪ'zeɪʃən] n. 焦糖化

carapace ['kærəpeɪs] n. 甲(壳),无动于衷

carat ['kærət] n. ①克拉(钻石的重量单位)②药品质量单位 ③金位,开(黄金纯度单位)

caravan ['kærəvæn] n. 大篷车,车队,商队

carbalkoxy [,kɑ:bəl'kɒksɪ] n.【化】烷氧基

carballoy ['kɑ:bəlɔɪ] n. 碳化钨硬质合金

carbamate ['kɑ:bəmeɪt] n.【化】氨基甲酸酯

carbamide ['kɑ:bəmaɪd] n.【化】脲,尿素,甲醛

carbamidine [kɑ:'bæmɪdi:n] n. 胍

carbamino [kɑ:'bæmɪnəu] n.【化】氨甲酰基

carbamoylation [,kɑ:bəmɔɪ'leɪʃən] n.【化】甲氨酰化

carbamult [,kɑ:bəmʌlt] n.【药】猛杀威

carbamyl ['kɑ:bəmɪl] n.【化】氨基甲酰

carbanil [kɑ:bənɪl] n.【化】异氰酸苯酯

carbanion [kɑ:bənaɪn] n. 负碳离子,碳酸根离子

carbanolate ['kɑ:bənəleɪt] n.【药】氯灭杀威

C

C

carbarsone ['kɑ:bɑ:səun] n.【化】卡巴胂

carbarsus ['kɑ:bəsəs] n. 麻布,纱布

carbaryl ['kɑ:bərɪl] n.【化】西维因,胺甲萘

carbazide ['kɑ:bəzaɪd] n.【化】卡巴肼

carbazol(e) ['kɑ:bəzəul] n. 咔唑

carbendazol ['kɑ:bendəzɒl] n.【化】多菌灵

carbene ['kɑ:bi:n] n. 碳烯,碳质沥青

carbetamide ['kɑ:betəmaɪd] n.【药】草长灭

carbide ['kɑ:baɪd] n. ①碳化物,硬质合金 ②碳化钙,电石

carbimazole [,kɑ:bɪ'meɪzəul] n. 甲亢平

carbimide ['kɑ:bɪmaɪd] n.【化】碳酰亚胺

carbineer [kɑ:bɪ'nɪə] n. 卡宾枪手

carbinol ['kɑ:bɪnɒl] n.【化】甲醇

carbitol ['kɑ:bɪtɒl] n.【化】乙氧基乙醇,卡必醇

carbochain ['kɑ:bə,tʃeɪn] n.【化】碳链

carbocoal ['kɑ:bə,kəul] n. 半焦

carbocycle [,kɑ:bə'saɪkl] n. 碳环

carboform ['kɑ:bəufɔ:m] n. 碳纤维

carbofrax ['kɑ:bəufræks] n.【化】碳化硅

carbohm ['kɑ:bəum] n.【物】电阻定碳仪

carbohydrase ['kɑ:bəu'haɪdreɪs] n.【生化】糖酶

carbohydrate ['kɑ:bəu'haɪdreɪt] n.【生化】碳水化合物,醣

carbohydrazide ['kɑ:bəu'haɪdreɪzaɪd] n.【化】碳酰肼

carbolate ['kɑ:bəleɪt] n.【化】酚盐,石炭酸盐

carbolic [kɑ:'bɒlɪk] a.; n. 碳的,煤焦油性的

carboligase [kɑ:'bɒlɪgeɪs] n.【化】醛连接酶,聚醛酶

carboline ['kɑ:bəlaɪn] n.【化】咔啉

carbolize ['kɑ:bəlaɪz] vt. 用酚洗,用酚处理,使与酚化合

carbolon ['kɑ:bəlɒn] n.【化】碳化硅

carboloy ['kɑ:bələɪ] n.【冶】钴钨硬质合金

carbometer [kɑ:'bɒmɪtə] n. (测定空气中的)二氧化碳计

carbomethoxy [,kɑ:bɒ'meθɒksɪ] n.【化】甲酯基

carbomite ['kɑ:bəmaɪt] n.【化】碳酰胺

carbomycin [,kɑ:bəu'maɪsɪn] n.【化】碳霉素

carbon ['kɑ:bən] n. ①【化】碳 C,石墨 ②碳精 ③碳精电极 ④(一张)复写纸 ⑤复写本

carbonaceous [,kɑ:bə'neɪʃəs] a. (含)碳的,碳质的

carbonado [,kɑ:bə'neɪdəu] ❶ vt. 烧,焙;砍,在…上切出深痕 ❷ n. 黑金刚石

carbonate ❶ ['kɑ:bəneɪt] vt. ①碳化,使与碳酸化合 ②焦化 ③充碳酸气 ❷ ['kɑ:bənɪt] n. ①碳酸盐 ②黑金刚石

carbonation [,kɑ:bə'neɪʃən] n. ①碳酸盐法,碳酸化作用 ②皲化作用

carbonatite ['kɑ:bənətaɪt] n.【矿】碳酸岩

carbonatization [,kɑ:bənətaɪ'zeɪʃən] n. 碳酸饱充作用

carbonato [kɑ:bə'neɪtəu] a. 含碳酸盐的

carbonator ['kɑ:bəneɪtə] n.【化】碳酸化器

carbone ['kɑ:bəun] n.【化】痈

carbonium [kɑ:'bəunɪəm] n. 阳碳

carbon-free ['kɑ:bənfri:] a. 无碳的

carbonic [kɑ:'bɒnɪk] a. (含)碳的

carbonide ['kɑ:bənaɪd] n. 碳化物

carboniferous [,kɑ:bə'nɪfərəs] a. 含碳的

carbonification [,kɑ:bənɪfɪ'keɪʃən] n. 碳化作用

carbonify [kɑ:'bɒnɪfaɪ] vt. 碳化

carbonite ['kɑ:bənaɪt] n. ①【化】天然焦(炭) ②【化】硝酸甘油

carbonitride [kɑ:bəu'naɪtraɪd] n.【化】碳氮化物

carbonitriding [kɑ:bəu'naɪtraɪdɪŋ] n.【化】氰化

carbonitrile [,kɑ:bəu'naɪtraɪl] n.【化】腈

carbonium [kɑ:'bəunɪəm] n.【化】阳碳,正电离子

carbonization [,kɑ:bənaɪ'zeɪʃən] n. 碳化法,渗碳(处理)

carbonize ['kɑ:bənaɪz] vt. 使碳化,渗碳,使焦化

carbonizer ['kɑ:bənaɪzə] n.【化】碳化器

carbonizing ['kɑ:bənaɪzɪŋ] n. 碳化(作用),渗碳(作用),复写墨记印刷

carbonometer [,kɑ:bəu'nɒmɪtə] n.【化】碳酸计

carbonous ['kɑ:bənəs] a. 含（似）碳的

carbonsteel ['kɑ:bənsti:l] n. 碳钢

carbonyl ['kɑ:bənɪl] n. ①【化】羰(基),碳酰 ②【化】金属羰基化合物

carbonylation [,kɑ:bənaɪ'leɪʃən] n. 羰(基)化(作用)

carbophile ['kɑ:bəufaɪl] n. 亲碳性

carborandum [,kɑ:bə'rændəm] n. 碳化硅,金刚砂

carborane ['kɑ:bəreɪn] n.【化】碳(甲)硼烷

carborne ['kɑ:bɔ:n] a. 汽车转运的,车载探测器

carborundum [,kɑ:bə'rʌndəm] n. 碳化硅,碳硅砂

carbosand ['kɑ:bəsænd] n. 碳化砂

carboseal ['kɑ:bəsi:l] n. 收集灰尘用润滑剂

carbothermal [,kɑ:bə'θɜ:məl], carbothermic [,kɑ:bə'θɜ:mɪk] a. 用碳高温还原的

carbowax ['kɑ:bəuwæks] n.【化】聚乙二醇,水溶性有机润滑剂

carboxide [kɑ:'bɒksaɪd] n.【化】羰基

carboxin [kɑ:'bɒksɪn] n.【药】萎锈灵

carboxyamide [,kɑ:bɒksɪ'eɪmaɪd] n.【化】氨基甲酰

carboxybiotin [,kɑ:bɒksɪ'baɪəutɪn] n.【化】羧基生物素

carboxyh(a)emoglobin [kɑ:'bɒksɪhi:mə'gləubɪn] n.【医】碳氧血红蛋白

carboxyl [kɑ:'bɒksɪl] n.【化】羧基

carboxylamine [,kɑ:bɒksɪ'leɪmaɪn] n.【化】氨基甲酸

carboxylase [kɑ:'bɒksɪleɪs] n.【生化】羧化酶

carboxylate [kɑ:'bɒksɪleɪt] n.; v. 羧化物,使羧化

carboxylation [ˌkɑːbɒksɪˈleɪʃən] n. 羧化(作用)

carboxylesterase [ˌkɑːbɒksɪˈlestəreɪs] n.【生化】羧酸酯酶

carboxylic [ˌkɑːbɒkˈsɪlɪk] a. (含)羧基的

carboxyltransferase [ˌkɑːbɒksɪlˈtrænsfəreɪs] n.【生化】羧基转移酶

carboxymethylcellulose [ˌkɑːbɒksɪˈmeθɪlˈseluləus] n. 羧甲基纤维素

carboxyreactivity [ˌkɑːbɒksɪrəˈæktɪvɪtɪ] n. 羧基反应能力

carboy [ˈkɑːbɔɪ] n. (酸)坛

carbro [ˈkɑːbrəu] n. 彩色照片

carbromal [ˈkɑːbrəuməl] n. 阿大林,卡溴脲

carbuncle [ˈkɑːbʌŋkl] n. 红宝石;痈,疔

carbuncular [kɑːˈbʌŋkjulə] a. 红宝石的

carburan [ˈkɑːbjuræn] n. 铀铅沥青

carburant [ˈkɑːbjurənt] n. 增(渗)碳剂

carburate [ˈkɑːbjureɪt] v. 渗碳,汽化

carburation [ˌkɑːbjuˈreɪʃən] n. 渗碳(作用),(内燃机内的)汽化(作用),混合气体形成

carburator [ˈkɑːbjureɪtə] n. 渗〔增〕碳器,汽化器

carburet [ˈkɑːbjuret] ❶ n. 碳化物 ❷ (carburet(t)ed; carburet(t)ing) vt. ①增〔渗〕碳 ②汽化,使汽油与空气混合

carburetant [ˌkɑːbəˈretənt] n. 增碳剂,碳化剂

carburetter,carburet(t)or [ˈkɑːbjuretə] n. (内燃机)汽化器,增碳器

carburization [ˈkɑːbjurɑɪˈzeɪʃən] n. 渗碳(作用),碳化

carburize [ˈkɑːbjurɑɪz] vt. (使)渗碳,碳化

carburizer [ˈkɑːbjurɑɪzə] n. 渗碳〔碳化〕剂

carbusintering [ˈkɑːbjuˈsɪntərɪŋ] n. 渗碳烧结

carbutamide [kɑːˈbjutəmaɪd] n.【化】磺胺酰丁基脲

carbyl [ˈkɑːbɪl] n.【化】二价碳基

carbylamine [ˌkɑːbɪləˈmiːn] n.【化】(乙)胩

Carbyne [ˈkɑːbaɪn] n. 燕麦灵

carcase,carcass [ˈkɑːkəs] n. ①架,骨架(芯子),壳〔躯〕体 ②钢筋 ③轮胎胎壳,外胎身,胎体 ④定子,轭 ⑤尸体,遗骸

carcholin [kɑːˈkəlɪn] n. 卡可林

carcinectomy [ˌkɑːsɪˈnektəmɪ] n. 癌切除术

carcinogen [kɑːˈsɪnədʒen] n. 致癌物,致癌因素

carcinogenesis [ˌkɑːsɪnəuˈdʒenɪsɪs] n. 致癌作用,致癌性

carcinogenic [ˌkɑːsɪnəuˈdʒenɪk] a. 致癌的

carcinogenicity [ˌkɑːsɪnəudʒeˈnɪsɪtɪ] n. 致癌作用,致癌性

carcinoid [ˈkɑːsɪnɔɪd] n. 类癌瘤

carcinology [ˌkɑːsɪˈnɒlədʒɪ] n. 甲壳动物学,癌学

carcinolysin [ˌkɑːsɪˈnɒlɪsɪn] n.【生化】溶癌素

carcinolysis [ˌkɑːsɪˈnɒlɪsɪs] n.【医】癌溶解

carcinoma [ˌkɑːsɪˈnəumə] (pl. carcinomas 或 carcinomata) n. 癌,恶性肿瘤

carcinomatoid [ˌkɑːsɪˈnəumətɔɪd] a. 癌状的,类癌的

carcinomatosis [ˌkɑːsɪnəuməˈtəusɪs] n. 并发癌,癌转移,癌扩散

carcinomatous [ˌkɑːsɪˈnəumətəs] a. 癌的

carcinomectomy [ˌkɑːsɪnəuˈmektəmɪ] n. 癌切除术

cacinophobia [ˌkɑːsɪnəuˈfəubɪə] n. 癌病恐怖

carcinosectomy [ˌkɑːsɪnəˈsektəmɪ] n. 癌切除术

carcinosis [ˌkɑːsɪˈnəusɪs] n. 癌,恶性瘤

carcinostatic [ˌkɑːsɪnəuˈstætɪk] a. (抑)制癌的

carcinostatin [ˌkɑːsɪnəuˈstætɪn] n.【生化】制癌菌素

carcinotron [kɑːˈsɪnətrɒn] n. 回波管

carcinous [ˈkɑːsɪnəs] a. 癌的

carclazyte [kɑːˈkleɪzaɪt] n.【矿】白土,陶土

carcoplasm [ˌkɑːkəˈplæzm] n. 肌浆

card [kɑːd] ❶ n. ①卡(片),穿孔卡,程序单,表(格),图 ②插件(板),印刷电路板 ③布纹纸,花板 ④(罗盘的)方位牌,标度板 ⑤钢丝刷,刷子,梳子,梳理机 ⑥(纸)牌,名片 ⑦办法,计划,策略 ❷ v. ①在…上附加卡片 ②把…制成卡片 ③梳(通),(梳)刷 ☆**have a card up one's sleeve** 胸有成竹; **have (hold) the cards in one's hands** 有成功的把握; **on the cards** 可能的,有可能实现的; **show one's cards** 摊牌,公开自己的计划

cardan [ˈkɑːdən] n. ①【机】万向接头,万向节〔轴〕②平浮〔衡〕环

cardboard [ˈkɑːdbɔːd] n. 卡片纸板,(厚硬)纸板

cardcase [ˈkɑːdkeɪs] n. 卡片盒

cardia [ˈkɑːdɪə] n.【医】前胃

cardiac [ˈkɑːdɪæk] ❶ a. 心脏(病)的,(强)心的 ❷ n. ①【医】强心剂 ②心脏病患者

cardial [ˈkɑːdɪəl] a. 心脏的,贲门的

cardialgia [ˌkɑːdɪˈældʒɪə] n.【医】胃部痛,心脏痛

cardiant [ˈkɑːdɪənt] n. 强心药

cardiataxia [ˌkɑːdɪəˈtæksɪə] n.【医】心运动失调

cardiectasis [ˌkɑːdɪˈektəsɪs] n. 心扩张

cardinal [ˈkɑːdɪnl] ❶ a. ①主(要)的,基本的,最重要的 ②深红(色)的 ❷ n. 基数

cardinality [ˌkɑːdɪˈnælɪtɪ] n. 基数性,基数

carding [ˈkɑːdɪŋ] n. 梳理,梳棉机

cardiocentesis [ˌkɑːdɪəˈsentɪsɪs] n. 心脏穿刺术

cardiocybernetics [ˌkɑːdɪəusaɪbəˈnetɪks] n. 心脏控制论

cardiodemia [ˌkɑːdɪəˈdiːmɪə] n. 脂肪心

cardiodynia [ˌkɑːdɪəuˈdɪnɪə] n. 心脏痛

cardioexcitatory [ˌkɑːdɪəˈeksɪtətərɪ] a. 兴奋心脏的

cardiogram [ˈkɑːdɪəgræm] n.【医】心动图,心动描记曲线

cardiograph [ˈkɑːdɪəgrɑːf] n.【医】心力记录器,心动描记器

cardioid [ˈkɑːdɪɔɪd] ❶ n. 心脏线 ❷ a. 心状的,心

脏形的

cardiolipin [,ka:dɪə'lɪpɪn] n.【医】心磷脂;双磷脂酰甘油

cardiologist [,ka:dɪ'ɒlədʒɪst] n. 心脏科专家

cardiology [,ka:dɪ'ɒlədʒɪ] n. 心脏(病)学

cardiomegalia [,ka:dɪəʊ'megəlɪə] n. 心脏肥大

cardiomegaly [,ka:dɪəʊ'megəlɪ] n. 心脏肥大

cardiometer [,ka:dɪ'ɒmɪtə] n.【医】心能测量器,心力计

cardiophone ['ka:dɪəfəʊn] n.【医】心音听诊器

cardiophonogram [,ka:dɪə'fəʊnəgræm] n.【医】心音图

cardiophtosia [,ka:dɪəf'təʊsɪə] n.【医】心下垂

cardiorrhaphy [,ka:dɪ'ɒrəfɪ] n.【医】心脏修补术

cardioscope ['ka:dɪəskəʊp] n.【医】心脏镜

cardiotachometer [,ka:dɪəʊtə'kɒmɪtə] n.【医】心率计

cardiotocograph [,ka:dɪə'tɒkəgra:f] n.【医】心功仪,心动图

cardiotomy [,ka:dɪ'ɒtəmɪ] n. 心脏切开术

cardiotonic [,ka:dɪəʊ'tɒnɪk] a.; n. 强心的,强心剂

cardiovascular [ka:dɪəʊ'væskjʊlə] a. 心血管的

carditioner ['ka:dɪʃənə] n. 卡片调整机

carditis [ka:'daɪtɪs] n.【医】心脏炎

cardo ['ka:dəʊ] n.【物】轴节

cardon ['ka:dən] n. 耙吸式挖泥船,巨形仙人掌

care [keə] n.;v. ①关〔小〕注意,挂念 ②照管,维护,管理 ☆**care about** 关〔留〕心,重视; **care for** 关心,照管,喜爱,意欲,承受,需要; **care nothing for** 不计较,不顾,对…不在乎(in); **care of A** 请A转交; **take care of** 注意,留心,维护,对付,解决,负责; **take care that (to do)** 一定(做),务必(做)〖用法〗❶ with care = carefully,例如:Experiments must be done with great care. 做实验必须十分细心。❷ 使用词组"take care of"表示程度时,只能在"care"前用形容词来表示。如:We must take great care of this parameter. 我们必须十分注意这个参数。

careen [kə'ri:n] v.;n. (修理船只时)使(船)侧倾

careenage [kə'ri:nɪdʒ] n. 倾船,倾修费,修船处

career [kə'rɪə] n. ❶ ①经历,历程 ②炉期 ③职业,事业 ❷ a. 职业性的 ❸ vi. 飞奔,急驰 (about, along, past, through) ☆**in full career** 全速进行,开足马力地; **make careers (a career)** 追逐个人名利,向上爬

careerism [kə'rɪərɪzm] n. 野心,对名利的追求

careerist [kə'rɪərɪst] n. 野心家

carefree ['keəfri:] a. 无忧无虑的

careful ['keəfʊl] a. ①注意的,仔细的 ②小心的,谨慎的 ☆**be careful about** 注意,重视,关心; **be careful for** 当心 ‖ ~**ly** ad. ~**ness** n. 〖用法〗注意下面例句中该词的含义:In this case, we have to use careful in choosing the line code. 在这种情况下,我们得小心地选择行代码。

careless ['keəlɪs] a. ①不小心的,粗枝大叶的,粗心

(大意)的 ②轻率的 ☆**be careless about** 不关心,不重视; **be careless of** 不注意,不关心,不在乎 ‖ ~**ly** ad. ~**ness** n.

caren(e) ['kæri:n] n.【化】蒈烯

caret ['kæret] n. 脱字符,插入记号,加字记号(∨,∧)

caretaker ['keəteɪkə] n. 看管人,暂时行使职权者

carfare ['ka:feə] n. 电〔火〕车费

carfax ['ka:fæks] n. 四条(以上的)马路的交叉路口

cargo ['ka:gəʊ] (pl. cargo(e)s) n. ①船货,(船装载)货物 ②荷重

cargojet ['ka:gəʊdʒet] n. 喷气式运输机

cargoliner ['ka:gəʊlaɪnə] n. 大型货运(飞)机,定期货轮

cargoplane ['ka:gəʊpleɪn] n. 运货(飞)机

Caribbean [,kærɪ'bɪ(:)ən] n.;a. 加勒比海(的)

carica ['kærɪkə] n. 木瓜

caricature [kærɪkə'tjʊə] n. 漫画,讽刺画,漫画手法,笨拙的模仿

caries ['keərii:z] n.【医】龋齿,骨疽〔伤〕

carillon [kə'rɪlən] n. (电子)钟琴

carimbose [,kærɪn'bəʊs] n. 卡林糖

carina [kə'raɪnə] (pl. carinae) n. 隆凸〔骨〕

carinamide ['kærɪnəmaɪd] n. 卡林酰胺

carinate ['kærɪneɪt] a. 隆凸形状的,有隆骨的

cark [ka:k] v. 使烦恼

carl [ka:l] n. 普通人

carline ['ka:laɪn], **carling** ['ka:lɪŋ] n. ①(船的)短纵梁 ②电车线路

Carlite ['ka:laɪt] n.【电子】一种(镀于硅钢片上的)绝缘层

carload ['ka:ləʊd] n. ①车辆荷载,整车 ②铁路货车每箱积载量 ③一种重量单位,等于10吨

car-loader ['ka:ləʊdə] n. 装车机

carloading ['ka:ləʊdɪŋ] n. 以铁路货车数计算的货物装〔出〕量

carman ['ka:mən] n. 电〔汽〕车驾驶员,装卸工,搬运工,车辆检修工,车辆制造工

carmine ['ka:maɪn] n.; a. 洋红(色的),胭脂红

carmoisine ['ka:mɔɪsi:n] n. 淡红

carmustine ['ka:mjustaɪn] n.【化】亚硝(基)脲氮芥

carnal ['ka:nəl] a. 肉体的,性欲的

carnality [ka:'nælɪtɪ] n. 性欲,好色

carnallite ['ka:nəlaɪt] n. 光卤石

carneous ['ka:nɪəs] a. 肉(色)的,似肉的

carnine ['ka:nɪn] n. 肌苷,次黄嘌呤核苷

carnitine ['ka:nɪti:n] n.【生化】肉毒碱

carnivora [ka:'nɪvərə] n. 食肉类

carnivore ['ka:nɪvɔ:] n. 食肉动物,食虫植物

carnivorous [ka:'nɪvərəs] a. 食肉(动物)的

carnosine ['ka:nəsi:n] n. 肌肽

carnotite ['ka:nətaɪt] n.【矿】钾钒铀矿

Carolina [,kærə'laɪnə] n. (美国)卡罗来纳(州)

caronamide ['kærəʊnəmaɪd] n.【化】羧苯磺酰胺,

卡龙酰胺

carota ['kærɒtə] (pl. carotae) n. 胡萝卜

carotenase [kə'rɒtɪneɪs] a.【生化】胡萝卜素酶

carotene ['kærəti:n] n.【化】胡萝卜素,叶红素

carotenoid [kə'rɒtɪnɔɪd] n. 类胡萝卜素,类叶红素

carotenol [kə'rɒtɪnɒl] n.【化】胡萝卜醇,叶黄素

carotin ['kærətɪn] n.【化】胡萝卜素

carotinase [kə'rɒtɪneɪs] n.【生化】胡萝卜素酶

carpaine ['kɑ:peɪn] n. 番木瓜碱

carpel ['kɑ:pel] n. 心皮,果瓣

carpenter ['kɑ:pɪntə] ❶ n. 木工〔匠〕 ❷ v. 做木工活

carpentry ['kɑ:pɪntrɪ] n. ①木工〔业〕 ②木作,木器

carpet ['kɑ:pɪt] ❶ n. ①毡层,地毯,路面 ②地毯式轰炸 ③(雷达)电子干扰仪 ❷ vt. ①铺毡,铺地毯 ②斥责 ☆**be on the carpet** 在审议〔研究〕中;受责备
〖用法〗注意在下面例句中不带冠词的该词作方式状语:B-52s carpet bombed the enemy's positions yesterday. 昨天 B-52 轰炸机地毯式地轰炸了敌人的阵地。

carpeting ['kɑ:pɪtɪŋ] n. ①(铺)地毯 ②道路铺面

carphologia [ˌkɑ:fə'ləudʒɪə] n. 摸索〔空〕

carphology [kɑ:'fɒlədʒɪ] n. 摸索〔空〕

carpitron ['kɑ:pɪtrɒn] n. 卡皮管

carpopodite [ˌkæpə'pəudaɪt] n. 腕节,胫肢节

carport ['kɑ:pɔ:t] n. (多层)停车库,汽车棚

carpospore ['kɑ:pəspɔ:] n.【植】果孢子

carpus ['kɑ:pəs] (pl. carpi) n. 腕(骨,节)

carrag(h)een ['kærəgi:n] n. 鹿角(菜),卡拉胶

carrefour [ˌkærə'fuə] n. 十字路口,交叉点

carrene [kæ'ri:n] n.【化】二氯甲烷

carriage ['kærɪdʒ] n. ①车(辆,厢),(铁路)客车,马车,(桥式起重机)行车 ②(支,车,炮)架,刀架,导(向)轮架 ③滑(动)面,(机床的)拖板 ④底座(盘),平台,承重装置 ⑤字盘 ⑥输送,运输,运费

carriageable ['kærɪdʒəbl] a. 手提的

carriageway ['kærɪdʒweɪ] n. 车行道

carrick ['kærɪk] n. 单花大绳接结

carried ['kærɪd] a. 被运送的,悬挂式的,载波通信

carrier ['kærɪə] n. ①搬运〔承运〕人,货运〔陆运,轮船〕公司 ②运载工具,搬运器,传导管,万能〔自动〕装卸机,运输机〔船〕,(航空)母舰 ③载体,载波,载流子 ④托架,(辊式)支板,托板,通用机架,支座,(自动)底盘,承重构件 ⑤主动机构 ⑥【数】承载形,(数据,信息记录)媒体 ⑦带菌者,带〔病〕毒者

carriole ['kærɪəul] n. 两轮小马车,狗拉雪橇

carrion ['kærɪən] n. 腐肉〔尸〕

carrot ['kærət] n. 屑;胡萝卜;政治欺骗

carry ['kærɪ] v. ①(携)带,(含,装)有 ②传播〔送〕,搬运 ③刊登,移位〔至〕,【计】进位〔列〕 ④支承〔持〕,承担,安装 ⑤使〔议案等〕通过,推行,贯彻 ☆**carry away (along)** 搬〔带〕去,运〔冲〕走,使失去控制; **carry back** 拿回,向后进位;

carry forward 推进,发扬,转入次页; **carry into practice** 实行〔施〕; **carry it off (well)** 掩饰过去; **carry off** 夺去〔得〕,带〔运,送〕走; **carry on** 继续(开展),进行(下去),坚持下去,从事,处理,开展; **carry out** 实〔进,推,执〕行,实现,贯彻,执行,落实; **carry over** (转)移,转换,【计】进位; **carry through** 进行〔坚持,支持〕到底,贯彻
〖用法〗❶ carry 往往与"with + 人称代词"连用,表示"带有",这是英美人的习惯,这个"with 短语"一般是不必译出来的。如:Every measurement we make carries with it a degree of uncertainty, or error. 我们所做的每一个测量都会带有一定的不确定性,即误差。 ❷ 注意下面例句中该词的含义:If you walk along a horizontal floor carrying a weight, no work is done. 如果你提了一个重物在水平的地面上行走的话,你并没有做功。("carrying a weight"是分词短语作方式状语。)

carryall ['kærɪɔ:l] n. ①刮刀,刮泥机 ②轮式铲运机,筑路机,平地机 ③大型载客汽车,运料车 ④大旅行袋

carrying ['kærɪɪŋ] a. ①装载的,运输〔送〕的 ②承载的 ③含有…的

carryingcost ['kærɪɪŋkɒst] n. 存储成本,保藏费

carryover ['kærɪəuvə] n. ①携带,带出 ②转移〔入〕,结转 ③【计】进位 ④遗留下来的东西,滞销品 ⑤(交通绿灯)信号延长(时间)

carse [kɑ:z] n. 冲积平原

carst [kɑ:st] n. 岩溶,石灰岩溶洞

carstal [kɑ:'stəl] n.【化】卡斯醇

carstone ['kɑ:stəun] n. 砂铁岩

cart [kɑ:t] ❶ n. (大,拖)车,二轮(运货马)车 ❷ vt. 载运,用车装运 ☆**put the cart before the horse** 本末倒置

cartage ['kɑ:tɪdʒ] n. (货)车运(货),货车运费

carte [kɑ:t] (法语) n. ①地〔海〕图 ②证书,文件

Cartesian [kɑ:'ti:zɪən] ❶ a. 笛卡儿的 ❷ n. 笛卡儿坐标系

cartilage ['kɑ:tɪlɪdʒ] n.【医】软骨

cartilagin ['kɑ:tɪleɪdʒɪn] n. 软骨蛋白

cartilaginous [kɑ:tɪ'lædʒɪnəs], **cartilagineous** [ˌkɑ:tɪ'lædʒɪnɪəs] a. 软骨(质)的

carting ['kɑ:tɪŋ] n. 运出〔送〕,转运

cartload ['kɑ:tləud] n. 一满车装货量

cartogram ['kɑ:təgræm] n. 统计图,图解

cartographer [kɑ:'tɒgrəfə] n. 制图员,地图绘制员

cartographic [ˌkɑ:tə'græfɪk] a. 制图的

cartography [kɑ:'tɒgrəfɪ] n. 绘制图表,制图学,地图绘制学

cartology [kɑ:'tɒlədʒɪ] n. 地〔海〕图学 ‖ **cartological** a.

carton ['kɑ:tən] n. ①纸板(箱,盒),厚纸 ②靶心

cartoon [kɑ:'tu:n] ❶ n. ①草图 ②(政治)漫画 ③动画片 ❷ v. 画草图,画漫画

cartopper ['kɑ:tɒpə] n. 车顶小艇

cartouche [ka:'tu:ʃ] n. ①释热元件 ②滤筒 ③针头 ④弹药筒,弹夹

cartridge ['ka:trɪdʒ] n. ①夹头,卡盘 ②拾音头 ③(灯)座,盒,支架 ④【计】编码筒,盒式存储器 ⑤盒式磁盘〔带〕 ⑥(过滤器)芯子,滤筒 ⑦(照相)软片卷 ⑧释热〔燃料〕元件 ⑨释药(筒),弹壳,弹夹,炸药包

cartvision ['ka:tvɪʒən] n. 卷盘式电视

cartway ['ka:twei] n. 畜力运输小道,乡村道路

cartwheel ['ka:twi:l] n. ①车轮 ②横滚〔转〕,侧身筋斗

carvacrol ['ka:vəkrɒl] n. 【化】香芹酚

carvan [ka:vən] n. 【冶】高碳钒铁

carve [ka:v] v. ①雕刻 ②切开 ③创造(out)

carver ['ka:və] n. 雕刻器〔者〕

carving ['ka:vɪŋ] n. 雕刻(术,品),雕刻机

caryocerite [,kærɪ'ɒsəraɪt] n. 褐稀土矿

caryocinesis [,kærɪəʊsɪ'nɪsɪs] n. 间接核分裂,有丝分裂

caryocinetic [,kærɪəʊsɪ'netɪk] a. (间接)核分裂的,有丝分裂的

caryoclasis [,kærɪ'ɒkləsɪs] n. 核破裂

caryogamy ['kærɪəʊgæmɪ] n. 核配合

caryokinesis [,kærɪəʊkaɪ'ni:sɪs] n. (间接)核分裂,有丝分裂

caryolite ['kærɪəlaɪt] n. 肌结

caryology [,kærɪ'ɒlədʒɪ] n. (细)胞核学

caryomitotic [,kærɪəʊmaɪ'tɒtɪk] a. (间接)核分裂的,有丝分裂的

caryon ['kærɪɒn] n. 【生】细胞核

caryoplasm ['kærɪə'plæzm] n. 【生】核质

caryosphere ['kærɪəsfɪə] n. 【生】核球

caryotin ['kærɪətɪn] n. 【生】染色质,核染质

carzinophillin [,ka:zɪnəʊ'fɪlɪn] n. 【生化】嗜癌菌素

cascabel ['kæskəbəl] n. ①响尾蛇 ②炮的尾钮

cascade [kæs'keɪd] n.;a.;v. ①(分)级,级联(的) ②格(状物),栅状物 ③梯级,阶式(蒸发器),梯流 ④(小)瀑布,(梯形)急流,喷流,跌差,成瀑布落下 ⑤库,储藏所
〖用法〗注意下面例句中该词的含义: Gain factors greater than those possible with a single-stage amplifier are obtained by cascading several amplifier stages. 通过级联几个放大级所获得的增益要比单级放大器所能获得的来得大。

Cascadia [kæ'skeɪdɪə] n. 卡斯卡底古陆

cascading [kæ'skeɪdɪŋ] n. 【电子】级联

cascode ['kæskəʊd] n. 【电子】栅(地)阴(地)放大器,射地接地放大器,共发〔射〕共基放大器

case [keɪs] n. ①情况〔形〕,(病,案)例,事件〔实〕 ②壳体,(封闭)罩,(机)箱,柜,盒,室,框 ③主体,机身 ④表面,强化层 ② vt. 把…装进(箱、盒内),给…加(装,下,套)套管 ☆**as is (often, usually) the case** 通常就是这样; **as is the case for** 和…情况一样; **as may well be the case** 情况

很可能就是如此; **as the case may be** 视情况而定; **as the case stands** 事实上,照目前情况来看; **case in point** 例证; **in all cases** 就一切情况而论; **in any case** 无论如何,总之; **in case (of)** 假如,万一; **in no case** 决不,在任何情况下也不; **in the case of** 就…来说,就…而论,在…情况下; **it is not (always) the case** 情况不(总)是这样; **meet the case** 适合,符合; **put the case in another way** 换个提法,换句话说; **put (the) case that** 假定; **such (that) being the case** 既然这样,事实既然如此,在这样的情况下,因此; **such is not (always) the case** 情况不(总)是这样; **such is the case** 情况就是这样,确实如此; **the case is (that)** 问题在于; **the contrary is the case** 情况相反; **this is far from being the case** 情况远非如此; **this is not (always) the case** 情况不(总)是这样; **this is the case** 情况是这样
〖用法〗❶ 注意下列例句的译法: This is the case with Ohm's law. 欧姆定律就是这种情况。/If this is the case, these equations must be modified. 如果是这种情况的话,这些式子必须加以修正。/This is always the case, independent of the amplitude of the input voltage. 情况总是这样的,与输入电压的幅度无关。/This is usually the case in simple control systems. 在简单的控制系统中,情况通常是这样的。❷ lower-case letter 表示"小写字母"。如: Lower-case letters are used to denote vectors. 小写字母用来表示矢量。❸ 在由 in case 引出的状语从句中不能用 will 或 would 表示将来,而应该分别用一般现在时和一般过去时来表示,这与由 if 引出的条件状语从句类同。另外,在由 "in case" 引导的状语从句中谓语可使用 "(should +) 动词原形" 的虚拟形式。❹ 在其后面接定语从句时,一般要用 "where" 或 "in which",但有时可由状语从句(常见用 "when")来修饰它。如: Let us consider the case when the torque is zero. 让我们来考虑当力矩为零的情况。❺ 注意 "the case of + 动名词复合结构" 的情况。如: Let us consider the case of a ball being whirled at the end of a string. 让我们来考虑一下一个球系在细绳一端被急速旋转的情况。

casease ['keɪsɪeɪs] n. 【生化】酪蛋白酶

caseate ['keɪsɪeɪt] vi. 干酪化,干酪状坏死

caseation [keɪsɪ'eɪʃən] n. 酪化(作用),干酪性坏死

casebook ['keɪsbʊk] n. 活页记录本,病案簿,法案参考书

cased [keɪst] a. 装在外壳内的,箱形的,封闭式的

casefy ['keɪsfaɪ] v. (使)变成酪状

case-harden ['keɪsha:dn] vt. 使表面硬化,渗碳,表面淬火

casein ['keɪsɪɪn] n. 【生化】干酪素,酪蛋白

caseinate ['keɪsɪɪneɪt] n. 【化】酪蛋白酸盐

caseinum [keɪ'si:nəm] n. 酪蛋白

casemate ['keɪsmeɪt] *n.* 防弹掩蔽部,军舰上炮塔

casement ['keɪsmənt] *n.* 窗扉,门式的窗子

caseous ['keɪsɪəs] *a.* 酪状的

cash [kæʃ] ❶ *n.* ①现金 ②矸,软片岩 ❷ *vt.* 兑(换)现(款),兑付 ☆*be in cash* 有现款; *be out of cash* 没有现款; *be short of cash* 缺少现款; *cash down* 即期付款; *cash in* 兑现,收到…的货款; *cash in on* 靠…赚钱,谋利; *in the cash* 富裕

cashe ['kæʃə] *n.* 【医】藏锚器

cashew [kæˈʃuː] *n.* ①木贾如树,漆树 ②腰果

cashier [kæˈʃɪə] ❶ *n.* 出纳员 ❷ *vt.* 废除,抛弃;撤职

cashing ['kæʃɪŋ] *n.* 兑现

cashmere [kæʃˈmɪə] *n.* 细羊毛,细羊毛线及制品

casing ['keɪsɪŋ] *n.* 包装箱,罩壳,围子,汽车外胎

casiumbiotite [ˌkæsɪəmbɪˈɒtaɪt] *n.* 铯黑云母

cask [kɑːsk] *n.* 容器,桶,罐,一桶的量

casket ['kɑːskɪt] *n.* ①容器,罐 ②小匣 ③棺

caslox ['kæzlɒks] *n.* 合成树脂结合剂磁铁

Caspian ['kæspɪən] *a.* 里海的

Casolate ['kæsəleɪt] *n.* 【药】氯灭杀威

cassation [kæˈseɪʃən] *n.* 取消,废除

cassava [kəˈsɑːvə] *n.* 【植】木薯

casserol ['kæsərɒl] *n.* 勺皿

casset(t)e [kæˈset] *n.* ①箱,盒 ②(胶卷)暗盒,干板盒 ③盒式录像〔音〕带,盒式磁带 ④弹夹

cassia ['kæsɪə] *n.* 【植】肉桂,桂皮,山扁豆

Cassiopeids [ˌkæsɪəˈpeɪdz] *n.* 【天】仙后(座)流星群

cassiopeium [ˌkæsɪˈpiːəm] *n.* 【化】镥 Cp(镥 lutetium 的旧名)

cassiterite [kəˈsɪtəraɪt] *n.* 【化】锡石,二氧化锡

cast [kɑːst] (cast) *v.;n.* ①铸(造),浇注 ②投(射)抛,撒,【海】锤测(深),投(射)程 ③模(子),【印】版 ④思索,筹划,预测 ⑤脱,扔,撇,舍弃 ⑥炉子一次熔炼的金属量 ⑦流产,淘汰 ☆*cast a new light on* 使人对…得到新的认识; *cast an eye at (over)* 看看,查看; *cast aside* 抛弃,废除; *cast away* 抛弃,排斥; *cast doubt on* 令人对…怀疑; *cast down* 投落,打落,打掉,使下降,推翻; *cast in place (site)* 就地浇铸〔灌〕; *cast integral with* 与…铸成一体; *cast into* 铸成; *cast into the shade* 使逊色,使相形见绌; *cast loose* (自行)放松; *cast off* 摆脱;解缆,开航;抛弃; *cast solid with* 与…铸成一体的; *cast up* 把…加起来,堆起(泥); *the last cast* 最后一举 〖用法〗注意下面这句中该词的含义:We can cast the last result in a more familiar form by using the following relations. 我们可以用下面的那些关系式以更为熟悉的形式来表示这最后的结果。

castability [ˌkɑːstəˈbɪlɪtɪ] *n.* ①可铸性 ②(液态)流动性

castable ['kɑːstəbl] ❶ *a.* 可铸的,浇注成形 ❷ *n.* 耐火混凝土

castana [kæsˈtænə] *n.* 【植】巴西干果树

castanets [ˌkæstəˈnets] *n.* (伴奏用的)响板

castanite ['kæstənaɪt] *n.* 褐铁钒

castaway ['kɑːstəweɪ] *n.* 遇难船,乘船遇难的人,流浪者,光棍

castdown ['kɑːstdaʊn] ❶ *a.* 向下的 ❷ *vt.* 使下降

caste [kɑːst] *n.* 等级(制度)

castellanus [ˌkæstəˈleɪnəs] *n.* 堡状积云

castellated ['kæstɪleɪtɪd] *a.* 成堞形的,造成城堡形的

castelnaudite [ˌkæstɪlˈnɔːdaɪt] *n.* 磷钇矿

caster ['kɑːstə] *n.* ①铸工,翻砂工人 ②小脚轮,自位轮 ③投手;赌博者

cast-in ['kɑːstɪn] *a.* 镶铸的,铸入的,浇合的

castine ['kɑːstaɪn] *n.* 牡荆碱

casting ['kɑːstɪŋ] *n.* ①铸造(法),浇铸,铸件 ②投(掷),抛,脱弃 ③计算

cast-iron [ˌkɑːstˈaɪən] *n.;a.* ①铸铁(的) ②硬的,铁一般的

castle ['kɑːsl] *n.* 城(堡),巨宅,塔楼 ☆*castles in the air (in Spain)* 空中楼阁,白日做梦

cast-off ['kɑːstˈɔːf] *a.;n.* 被遗弃的(东西),无用的

castolin ['kæstəlɪn] *n.* 铸铁焊料合金

castomatic [ˌkæstəˈmætɪk] **method** 钎料棒自动铸造法

castor ['kɑːstə] *n.* ①小脚轮,自位轮 ②透锂长石 ③蓖麻 ④海狸

castorite ['kæstəraɪt] *n.* 【矿】透锂长石

castrate ['kæstreɪt] *vt.* 阉割

cast-steel ['kɑːstˈstiːl] *n.;a.* 铸钢(的)

casual ['kæʒjʊəl] ❶ *a.* ①偶然的,碰巧的 ②临时的,非正式的,无意的 ③漫不经心的,马虎的 ❷ *n.* 临时工,短工 〖用法〗注意下面例句中 casual 一词的含义:The casual user will immediately get an intuitive understanding of what SDL is conveying. 随便(任何)一个用户立即会直观地理解 SDL 的含义。

casuality [ˌkæʒʊˈælɪtɪ] *n.* 因果律

casually ['kæʒʊəlɪ] *ad.* ①偶然,无意中 ②无规则地

casualty ['kæʒjʊəltɪ] *n.* ①故障 ②(伤亡,人身)事故,(意外)死伤,(pl.)伤亡人数

casuist ['kæzjʊɪst] *n.* 诡辩家,决疑者

casuistics [ˌkæzjʊˈɪstɪks] *n.* 决疑〔病案〕讨论

casuistry ['kæzjʊɪstrɪ] *n.* 决疑法,诡辩术

casurin ['kæzjʊrɪn] *n.* 木麻黄素

cat [kæt] ❶ *n.* ①猫 ②起锚 ③航向电台,"奥波"雷达系统地面台 ④硬制沥土 ⑤履带式拖拉机 ⑥可控飞靶 ⑦弹射器 ❷ *vt.* 把(锚)吊放在锚架上 ☆*let the cat out of the bag* 泄露秘密; *see how (see which way) the cat jumps* 或 *wait for the cat to jump* 观望形势后再作决定; *The cat jumps* 形势清楚了

catabasis [kəˈtæbəsɪs] *n.* ①撤退 ②下降 ③缓

解期

catabatic [,kætə'bætɪk] *a.* (体温)下降的,(病情)减退的

catabiosis [,kætəbaɪ'əʊsɪs] *n.* 异化,细胞衰变

catabolism [kə'tæbəlɪzəm] *n.* 分解代谢,异化作用

catabolite [kə'tæbəlaɪt] *n.* 降解(代谢)产物

catacausis [,kætə'kɔːsɪs] *n.* 自燃

catacaustic [,kætə'kɔːstɪk] *a.* 焦散曲线(或面)所反射的,回光的

catachosis [,kætə'kəʊsɪs] *n.* 碎裂变质

cataclase ['kætəkləs] *n.* 破碎,岩石破碎

cataclasis [,kætə'kleɪsɪs] *n.* 骨折

cataclasite ['kætəklæsaɪt] *n.* 碎裂岩

cataclasm [,kætə'klæzm] *n.* 碎断

cataclastic [,kætə'klæstɪk] *a.* 碎裂的

catacline ['kætəklaɪn] *n.* 下倾型

cataclysm ['kætəklɪzəm] *n.* ①洪水,泛滥 ②灾变,大变动,突然休克 ③渗出,渗液,猝变 ‖ ~al 或 ~ic *a.*

catacoustics [,kætə'kuːstɪks] *n.* 回声学

catadioptric [,kætədaɪ'ɒptrɪk] *a.* 反(射)折射的

catadioptrics [,kætədaɪ'ɒptrɪks] *n.* 反(射)折射学

catadrome ['kætədrəʊm] *n.* (病)减退

catadromous [kə'tædrəməs] *a.* 入海产卵(繁殖)的

catafactor [,kætə'fæktə] *n.* 冷却温度计因子

catafighter ['kætəfaɪtə] *n.* 弹射起飞的(舰上射出的)战斗机

catafront [,kætə'frɒnt] *n.* 下滑锋

catagen ['kætədʒən] *n.* 退化期

catagenesis [,kætə'dʒenɪsɪs] *n.* 退化

catagenetic [,kætədʒə'netɪk] *a.* 退化的

catagma [kə'tægmə] *n.* 骨折

Catalan furnace ['kætələn 'fɜːnɪs] 土法炼铁炉

catalase ['kætəleɪs] *n.* 【生化】过氧化氢酶,接触酶

catalator ['kætəleɪtə] *n.* 酶模型

catalin ['kætəlɪn] *n.* 铸塑酚醛塑料

catalog(ue) ['kætəlɒg] ❶ *n.* ①目录(表),一览表 ②(列名)样本 ③ 大学概况手册 ❷ *v.* 编(列)目(录),按目录分类

cataloguing ['kætəlɒgɪŋ] *n.* 目录编纂,编目法

cataloid ['kætəlɔɪd] *n.* 胶体二氧化硅

catalpa [kə'tælpə] *n.* 【植】梓属之乔木,梓

catalysagen [kə'tælɪseɪdʒən] *n.* 催化剂原

catalysant [kə'tælɪsənt] *n.* 被催化物

catalysate [kə'tælɪseɪt] *n.* 催化产物

catalysis [kə'tælɪsɪs] *n.* 催化(作用,反应),触媒(作用)

catalyst ['kætəlɪst] *n.* 触媒(剂),催化剂

catalytic(al) [,kætə'lɪtɪk(əl)] *a.* 催化的,起触媒作用的

catalyzator ['kætəlaɪzeɪtə] *n.* 催化剂,接触剂

catalyze ['kætəlaɪz] *vt.* (使受)催化(作用)

catalyzer ['kætəlaɪzə] *n.* 催化〔触媒〕剂

catamaran [,kætəmə'ræn] *n.* ①长筏,救生筏 ②双体船 ③泼妇

catamenia [kætə'miːnɪə] *n.* 【医】月经

catanator [kə'tæneɪtə] *n.* 操纵机构

cat-and-mouse ['kætændmaʊs] *a.* ①航向与指挥的 ②猫捕耗子般地捉弄的

catapasm ['kætəpæzm] *n.* 扑粉

catapepsis [,kætə'pepsɪs] *n.* 完全消化

cataphalanx [,kætə'fælənks] *n.* 冷锋面

cataphora [kə'tæfərə] *n.* 昏迷,人事不省

cataphoresis [,kætəfə'riːsɪs] *n.* 电泳

cataphoretic [kætəfə'retɪk] *a.* 阳离子电泳的

cataphrenia [,kætə'friːnɪə] *n.* 痴呆

cataphyll ['kætəfɪl] *n.* 落叶

cataplane ['kætəpleɪn] *n.* 弹射起飞〔舰上射出〕飞机

cataplasia [,kætə'pleɪʒɪə] *n.* 退化,退变

cataplasis [,kætə'pleɪsɪs] *n.* 返祖性变态,复初性变态

cataplectic [,kætə'plektɪk] *a.* 猝倒的,暴发的

catapleiite [,kætə'pleɪaɪt] *n.* 钠锆石

cataplexie ['kætəplɪksɪ] *n.* 猝倒,昏倒

cataplexis [kætə'plɪksɪs] *n.* 猝倒,昏倒

cataplexy ['kætəplɪksɪ] (pl.cataplexes) *n.* 猝倒症

catapoint ['kætəpɔɪnt] *n.* 回声点

cataposis [kə'təpɒsɪs] *n.* 咽下

cataptosis [kætəp'təʊsɪs] *n.* 猝倒,中风

catapult ['kætəpʌlt] ❶ *n.* ①弹弓 ②弹射(器,座椅) ❷ *v.* 弹(抛)射,抛弹

cataract ['kætərækt] *n.* ①水力制动机 ②缓冲器 ③(大)瀑布,暴雨 ④(白)内障

catarobia [,kætə'rɒbaɪə] *n.* 清水生物

catarrhectic [,kætə'rektɪk] *a.* (血)泻的

catastalsis [,kætə'stælsɪs] *n.* 下行蠕动

catastaltic [,kætə'stæltɪk] *a.* 抑制的

catastrophe [kə'tæstrəfɪ] *n.* ①(大)事故,(大)灾难 ②突然的大变动

catastrophic [,kætə'strɒfɪk] *a.* 大变动的,灾变的,灾难性的

catastrophism [kə'tæstrəfɪzəm] *n.* 灾变说

catathermometer [,kætəθɜː'mɒmɪtə] *n.* 干湿球温度计

catatonia [,kætə'təʊnɪə] *n.* 【医】紧张症

catatonic [,kætə'tɒnɪk] ❶ *a.* 紧张症的 ❷ *n.* 紧张病者

catatonosis [,kætə'təʊnəsɪs] *n.* 紧张,张力减低

catatony [kə'tætənɪ] *n.* 紧张症

catch [kætʃ] ❶ *n.* ①捕捉,捕获(物,量) ②制动(片,装置),捕捉〔抓取,(接)受〕器,陷阱 ③掣子,(凸)轮挡,(抓)爪 ④插销,锁键,门闩 ☆*by catches* 常常,断断续续地;*no catch* 或 *not much of a catch* 不合算的东西 ❷ (caught) *vt.* 捕捉,赶上,领会,患(病) ☆*catch at* 向…扑去,采纳;*catch attention* 引起注意;*catch fire* 着火;*catch hold of* 抓住,握

住; **catch it (for)** (因···而)受斥责; **catch on** 理解,明白,受欢迎; **catch one's breath** 喘气,吓一跳; **catch sight (a glimpse) of** 看一下,瞥见; **catch the idea** 了解,明了; **catch the point of** 了解(···的)要点; **catch up** 追着,赶上(with, to) 〖用法〗❶ 注意它作及物动词表示"抓住"时的用法:"catch sb. by the(+身体的某部位)"意为"抓住了···的···"。如:The policeman caught the thief <u>by the</u> arm. 警察抓住了小偷的手臂。❷ 注意下面例句中该词的含义:The authors hope that as you reach this final section of the course, you <u>will have caught</u> the excitement of physics. 编者(们)希望,当你学到本教程的这最后一部分时,你会领略到物理学使人激动之所在。

catchability [ˌkætʃəˈbɪlɪtɪ] n. 可捕性

catcher [ˈkætʃə] n. ①捕捉器〔者〕,收集器,除尘〔灰〕器 ②制动〔稳定〕装置,抓器 ②(电子)捕获栅,(速调管)获能腔,输出电极

catchily [ˈkætʃɪlɪ] ad. ① 有吸引力地 ②有欺骗性地,令人难解地

catchiness [ˈkætʃnɪs] n. ①吸引性 ②欺骗性 ③断续性

catching [ˈkætʃɪŋ] a.;n. ①捕获,渔获量 ②收集 ③传染的,有感染力的

catchletters [ˈkætʃletəs] n. 导字,渡字

catchment [ˈkætʃmənt] n. ①集水,排水 ②流域 ③储水池

catchwater [ˈkætʃwɔːtə] n. ①集水 ②(pl.)集水沟〔管〕

catch-word [ˈkætʃwɜːd] n. (目录,索引中用)关键字,标语,眉题,演员的提示

catchwork [ˈkætʃwɜːk] n. 集水工程

catchy [ˈkætʃɪ] a. ①吸引人的,①骗人的,令人难解的 ②时断时续的

catechin [ˈkætɪtʃɪn] n.【化】儿茶素

catechism [ˈkætɪkɪzəm] n. 问答教授法,提问

catechol [ˈkætəkəul] n.【化】儿茶酚,邻苯二酚

catecholamin(e) [ˌkætɪtʃəuləˈmiːn] n.【化】儿茶酚胺

catecholase [kætɪtʃəuˈleɪs] n.【生化】儿茶酚酶,邻苯二酚酶

catechotannin [kætɪtʃəuˈtænɪn] n. 儿茶单宁

categorical [ˌkætɪˈgɒrɪkəl] a. ①绝对的,无条件的 ②详细的 ③属于某一范畴的 ④直接的,断言的

categorically [ˌkætɪˈgɒrɪkəlɪ] ad. 绝对地,无条件地

categoricalness [ˌkætɪˈgɒrɪkəlnɪs] n. 完备性,范畴性

categorize [ˈkætɪgəraɪz] vt. 分类,把···归类,区别

category [ˈkætɪgərɪ] n. 种类,等级,范畴 ☆ ***arrange ... under categories*** 把···分门别类 〖用法〗表示"(几)大类"时,一般应写成"... broad 〔general, major〕categories (of ...)"。

catelectrode [ˌkætɪˈlektrəud] n. (电池的)阴极,负极

catelectrotonus [ˌkætɪlekˈtrɒtənəs] n. 阴极(电)紧张

catena [kəˈtiːnə] n. ①耦合,联 XFK,连锁 ②(锁,拉)链,链条

catenane [ˈkætəneɪn] n.【化】索烃

catenarian [ˌkætɪˈneərɪən],**catenary** [kəˈtiːnərɪ] ❶ n. 链,悬垂线,(悬挂电缆用)吊线 ❷ a. 悬链线(状)的,链状的,垂曲线的

catenate [ˈkætɪneɪt] vt. ①链接,耦合 ②熟记

catenation [kætɪˈneɪʃən] n. ①耦合,链接 ②熟记

catenoid [ˈkætɪnɔɪd] ❶ a. 链状的 ❷ n. ①悬线垂度 ②悬链面,垂曲面

catenulate [kəˈtenjulɪt] a. 成链形的

cater [ˈkeɪtə] vi. 适合,供应伙食(for),满足,招待(to) 〖用法〗注意下面例句中该词的含义:This requirement is <u>catered to</u> by a class of signaling techniques. 这一要求可用一类信号技术而得到满足。

catering [ˈkeɪtərɪŋ] n. 给养

caterpillar [ˈkætəpɪlə] ❶ n. ①履带(传动),链轨 ②履带(式)车,履带式挖土机,履带式拖拉机,战车 ③毛虫 ④环状轨道 ❷ a. 履带式的

catforming [ˈkætfɔːmɪŋ] n. 催化重整,催化转化法

catgut [ˈkætgʌt] n. ①肠线 ②弦 ③小提琴

cath(a)emoglobin [ˌkæθɪməuˈgləubɪn] n. 变性高铁血红蛋白

cathaeresis [kəˈθɪərɪsɪs] n. 虚弱,轻作用

cathamplifier [kæˈθæmplɪfaɪə] n.【电子】电子管推挽放大器,阴极放大器

catharobia [ˌkæθəˈrəubaɪə] n. 清水生物

catharometer [ˌkæθəˈrəumɪtə] n. 热导计,气体分析仪

catharometry [ˌkæθəˈrəumɪtrɪ] n. 气体分析法

catharsis [kəˈθɑːsɪs] n. 清洗,导泻法,通便法,精神发泄

cathartate [kəˈθɑːteɪt] n.【化】泻酸盐

cathartic [kəˈθɑːtɪk] ❶ n. 泻药 ❷ a. 导泻的,通便的;解放感情的

cathartin [kəˈθɑːtɪn] n. 苦味泻素

cathautograph [kæˈθɔːtəugrɑːf] n. 阴极自动记录器

cathay hickory [kəˈθeɪ ˈhɪkərɪ] 山核桃

cathead [ˈkæthed] n. ①吊锚架,系锚杆 ②锚栓 ③套管 ④转换开关凸轮

cathect [kəˈθekt] v. 聚精会神

cathectic [kəˈθektɪk] a. 聚精会神的

excathedra [ˈekskəˈθiːdrə] a. (拉丁语)ad. 命令式地

cathedral [kəˈθiːdrəl] n. 大会堂,大教堂

cathelectrode [ˌkæθɪˈlektrəud] n.【电子】阴极,负极

cathepsin [kəˈθepsɪn] n. 组织蛋白酶

cathepsis [kəˈθepsɪs] n. 细胞溶解

catheresis [ˌkæθəˈresɪs] n. 虚弱,轻作用

catheretic [ˌkæθəˈretɪk] a. 虚弱的,轻腐蚀性的

catheter ['kæθɪtə] *n.* 【医】导(液,尿)管
catheterization [ˌkæθɪtəraɪ'zeɪʃən] *n.* 【医】导管插入(术)
catheterize ['kæθɪtəraɪz] *vt.* 插入导管
cathetometer [ˌkæθɪ'tɒmɪtə] *n.* 测高计
cathetron ['kæθɪtrɒn] *n.* 有外部控制极的三极汞气整流管
cathetus ['kæθɪtəs] *n.* 中直线
cathexis [kə'θeksɪs] *n.* 聚精会神
cathidine ['kæθɪdi:n] *n.* 阿拉伯茶碱
cathodal ['kæθədəl] *a.* 阴极的
cathode ['kæθəʊd] *n.* 【电子】阴极,负极
cathodeluminescence ['kæθədlu:mɪ'nesns] *n.* 电子致发光,(阴极)电子激发光
cathodephone ['kæθəʊdfəʊn] *n.* 阴极送话器
cathodic(al) [kə'θɒdɪk(əl)] *a.* 阴〔负〕极的 ‖ **~ally** *ad.*
cathodochromic ['kæθəʊdə'krəʊmɪk] *a.* 阴极射线致色的
cathodoelectroluminescence [ˌkæθədəɪlek-trəlu:mɪ'nesəns] *n.* 阴极电致发光
cathodogram [kə'θɔ:dəgræm] *n.* 阴极射线示波图
cathodograph [kə'θɒdəgrɑ:f] *n.* 电子衍射照相机,阴极记录器,X 线照片
cathodoluminescence = cathodeluminescence
cathodolyte [kə'θɒdəlaɪt] *n.* 阳离子
cathodophone [kə'θɔ:dfəʊn] *n.* 离子传声器
cathodophosphorescence [ˌkæθədəfɒsfə-'resəns] *n.* 【物】阴极射线磷光
catholic ['kæθəlɪk] *a.;n.* ①一般的,普遍的 ②(Catholic)天主教的〔徒〕 ‖ **~ally** *ad.*
catholicity [ˌkæθə'lɪsɪtɪ] *n.* 一般性,宽容,大量
catholicize [kə'θɒlɪsaɪz] *v.* (使)一般化,(使)普遍化
catholicon [kə'θɒlɪkən] *n.* 万灵药
catholyte ['kæθəlaɪt] *n.* 阴极电解质
cat-hook ['kæthʊk] *n.* 吊锚钩
Cathysia ['kæθɪsɪə] *n.* 华夏古陆
Cathysian ['kæθɪsɪən] *a.* 华夏式的
catination [ˌkætɪ'neɪʃən] *n.* 接合,连接
cation ['kætaɪən] *n.* 阳离子
cationic [ˌkætaɪ'ɒnɪk] *a.* 阳离子的
cationgen [ˌkætɪ'ɒndʒən] *n.* 阳离子发生器
cationics [ˌkætaɪ'ɒnɪks] *n.* 阳离子剂
cationite [kæ'taɪənaɪt] *n.* 阳离子交换剂
cationoid ['kætaɪənɔɪd] *n.* 类阳离子,(类)阳离子试剂
cationotropic [ˌkætaɪənə'trɒpɪk] *a.* 阳离子移变的
cationotropy [ˌkætaɪə'nɒtrɒpɪ] *n.* 阳离子移变(现象)
catisallobar [ˌkætɪ'sæləbɑ:] *n.* 卡迪斯高压区
catish ['kætɪʃ] *a.* 美的,漂亮的
catochus [kə'təʊkəs] *n.* 醒状昏迷,迷睡
catolyte ['kætəlaɪt] *n.* 阴极电解液
catopter [kə'təʊptə] *n.* 反射面
catoptric [kə'tɒptrɪk] *a.* 反射(镜)的
catoptrics [kə'tɒptrɪks] *n.* 反射光学
catoptroscope [kə'tɒptrəskəʊp] *n.* 反射验物镜
catseye ['kætsaɪ] *n.* 猫睛石,猫眼
catskinner ['kætskɪnə] *n.* 履带式拖拉机司机
cat's-whisker ['kætswɪskə],**catehisker** ['kætəhɪskə] *n.* 触须
catter ['kætə] *n.* 冰脚
cattle ['kætl] *n.* (单复数相同)牲畜,牛
cattlepass ['kætlpɑ:s] *n.* 畜力车道,牲畜小道
catty ['kætɪ] *n.* 斤(中国和东南亚国家重量单位)
catwalk ['kætwɔ:k] *n.* ①梯 ②照明天桥 ③机器中间的通道,狭窄的小道 ④工件脚手台,工作平台,施工步道
cat(-)whisker ['kætwɪskə] *n.* 触须,晶须
cauce [kɔ:s] *n.* 河床
cauda ['kɔ:də] (pl. caudae) *n.* 尾,尾片
caudabactivirus [ˌkɔ:dəbæktɪ'vaɪrəs] *n.* (双 DNA)尾噬菌体
caudacoria [kɔ:də'kɒrɪə] *n.* 后膜
caudad ['kɔ:dæd] *ad.* 靠近尾端地
caudal ['kɔ:dl] ❶ *a.* (似)尾的,后面的,尾部的 ❷ *n.* 尾钩
caudalis ['kɔ:dəlɪs] *a.* 尾部的,身体之下端的
caudalward ['kɔ:dəlwəd] *ad.* 向尾端或向后端
caudata [kɔ:'deɪtə] *n.* 【动】有尾目(两栖)
caudate ['kɔ:deɪt] *a.* 有尾的
caudex ['kɔ:deks] (pl. caudices 或 caudexes) *n.* 茎,干,根,茎基
caught [kɔ:t] catch 的过去式和过去分词
caul [kɔ:l] *n.* 均衡压力用覆盖板,抛光板,网膜,胎膜,发网
cauldron ['kɔ:ldrɒn] = caldron
cauliflower ['kɔ:lɪflaʊə] ❶ *n.* 【植】菜花 ❷ *v.* 菜花形炼焦
cauliflowering ['kɔ:lɪflaʊərɪŋ] *n.* 菜花形
caulis ['kɔ:lɪs] *n.* 主茎,触角茎
caulk [kɔ:k] *vt.* ①(用麻丝、纤维、黏性物)堵缝,使铆缝,填隙,嵌塞 ②堵头 ③铆接
caulker ['kɔ:kə] *n.* ①敛缝锤,堵塞工具 ②捻缝工
caulking ['kɔ:kɪŋ] *n.* ①填缝,填实 ②填密物 ③(电缆)堵头
caulobacterium [ˌkɔ:ləbæk'tɪərɪəm] *n.* 【生】柄细菌
caulocaline [ˌkɔ:lə'keɪlɪn] *n.* (促)成茎素
caulocarpic [ˌkɒlə'kɑ:pɪk] *a.* 每年结果的
caulocarpus [ˌkɔ:lə'kɑ:pəs] *n.* 果茎
cauma ['kɔ:mə] *n.* 灼热,灼伤
causable ['kɔ:zəbl] *a.* 能被引起的
causal ['kɔ:zəl] *a.* 由某种原因引起的,因果的 ‖ **~ly** *ad.*
causalgia ['kɔ:zældʒɪə] *n.* 灼痛
causality [kɔ:'zælɪtɪ] *n.* 原因,因果关系

〖用法〗注意下面例句中该词的含义：The overall phase delay due to L is 2kL, as required by causality. 由于L引起的整个相位延迟，如必然关系所要求的那样，为2kL。

causation [kɔ:'zeɪʃən] n. ①引起 ②起因

causative ['kɔ:zətɪv] a. 成因的,引起…的 ☆**be causative of A** 成为 A 的原因

cause [kɔ:z] ❶ n. ①原因,理由 ②事业,(奋斗)目标 ☆**in the cause of** 为了; **make common cause with ...** 同…协力,和…一致; **without cause** (无缘)无故 ❷ vt. 引起,成为…的原因,给…带来,使 ☆**cause difficulty for A** 给 A 造成麻烦〔困难〕〖用法〗❶ 表示"…的原因〔理由〕"时,在 cause 后用 for 或 of 都行。如：Superimposed noise is the most common cause for (of) bad decisions of this kind. 叠加噪声是造成这种不良决定最通常的原因。❷ cause 作及物动词时,一般有两个句型："主语+谓语+宾语" 和 "主语+谓语+宾语+宾语补足语(带 to 的动词不定式)"。如：The different thermoelectric coefficients of wire can also cause significant error. 导线不同的热电系数也会引起〔造成〕大的误差。/The emf causes free electrons to move in the circuit. 电动势使得〔引起〕自由电子在电路中运动。❸ 注意 "the cause of + 动名词复合结构" 的情况：We further studied the causes of the receiver failing to work normally. 我们进一步研究了接收机不能正常工作的原因。

causeless ['kɔ:zlɪs] a. 没有原因的,偶然的

causerie ['kəʊzəri:] (法语) n. 随笔,漫谈

causeway ['kɔ:zweɪ],**causey** ['kɔ:zɪ] ❶ n. ①长堤 ②砌〔人行〕道 ❷ vt. 砌筑堤(人行)道

causis ['kɔ:sɪs] n. 灼伤,腐蚀

caustic ['kɔ:stɪk] ❶ a. ①腐蚀的,苛性的 ②焦散的,散焦的 ③刻薄的,挖苦的 ❷ n. ①腐蚀剂,苛性药 ②聚光(线),散焦线

causticity [kɔ:s'tɪsɪtɪ] n. 苛性,腐蚀性,碱度

causticization [,kɔ:stɪsaɪ'zeɪʃən] n. 苛化作用,苛(性)化

causticize ['kɔ:stɪsaɪz] v. 苛化,腐蚀,致腐蚀

causticizer ['kɔ:stɪsaɪzə] n. 苛化剂(器)

causticoid ['kɔ:stɪkɔɪd] n. 拟聚光线(面)

caustics ['kɔ:stɪks] n. 焦散线

causus ['kɔ:zəs] n. 剧热

cauter ['kɔ:tə] n. 烙器,烧灼器

cauterant ['kɔ:tərənt] n.; a. 腐蚀的(剂),烧灼的(剂)

cauterantia [,kɔ:tə'rænʃɪə] n. 腐蚀剂,烧灼剂

cauterize ['kɔ:təraɪz] vt. 烧灼,烙,腐蚀 ‖ **cauterization** n.

cautery ['kɔ:tərɪ] n. 烧灼(术,剂),腐蚀剂,烙术

caution ['kɔ:ʃən] ❶ n. ①当心,谨慎,注意 ②警告,告诫 ❷ vt. 使小心,(予以)警告 ☆**give a caution** 给…一个警告; **caution ... against (not to do)** 警告(不要做)

〖用法〗注意下面句子的译法：Caution must be observed that the spectrum analyzer input is not overloaded. 必须注意,频谱分析仪的输入不得过载。

cautionary ['kɔ:ʃənərɪ] a. ①注意的,小心的 ②警告的,告诫的

cautious ['kɔ:ʃəs] a. 当心的,谨慎的,细心的 ☆**be cautious of ...** 留意…,谨防… ‖ ~**ly** ad. ~**ness** n.

cava ['kævə] cavum 的复数

cavaera ['kævərə] n. 气闸室

caval ['keɪvəl] a. 空(洞)的,腔静脉的

cavalcade [,kævəl'keɪd] n. ①行列,车(船)队 ②发展过程,发展史 ③游行队伍

cavalier ['keɪvəlɪə] n. 骑士

cavalorite [kævəlɒraɪt] n.【地质】奥长岩

cavalry ['kævəlrɪ] n. 骑兵(队),高度机动的地面部队

cavalryman ['kævəlrɪmən] n. 骑兵

cavascope [,kævə'skəʊp] n.【医】窥腔镜

cavate ['keɪveɪt] a. 形成山洞的,凹陷的

cave [keɪv] ❶ n. ①岩洞,洞穴 ②(屏蔽)室,小腔,内腔 ③凹槽 ❷ v. 凹进去,塌陷,掏空

cave-in ['keɪv'ɪn] n. ①倒塌,凹陷(处) ②失败

caved-in ['keɪvd'ɪn] a. 凹进去的,塌陷的

cavern ['kævən] ❶ n. 大(岩)洞,洞穴 ❷ v. 使成洞,使凹进去

caverned [kə'vɜ:nd] a. 有洞穴的,洞穴状的

cavernicolous [,kævə'nɪkələs] a. 穴栖的

cavernous ['kævənəs] a. ①洞穴(状)的,空洞的 ②多孔的,海绵状的 ③凹的

cavetto [kə'vetəʊ] n. 打圆,凹雕

cavil ['kævɪl] n. 尖锤

caving ['keɪvɪŋ] n. ①下陷,冒顶 ②掏空 ③岩洞

caving-in ['keɪvɪŋɪn] n. 坍落,冒顶

cavitary ['kævɪtərɪ] a. 腔的,空洞的

cavitas ['kævɪtəs] (pl. cavitates) n. 腔,(空)洞,盂

cavitate ['kævɪteɪt] vi. 出现涡凹〔气穴〕现象,抽空

cavitation [,kævɪ'teɪʃən] n. ①气蚀,气穴(现象) ②成洞,成腔,空化(作用),空隙(现象) ③(螺旋桨急转时后面产生的)涡凹

cavitis [kə'vaɪtɪs] n.【医】腔静脉炎

cavitoma [,kævɪ'təʊmə] n. 棉花变质

cavitron ['kævɪtrɒn] n. 手提式超声波焊机

cavity ['kævɪtɪ] ❶ n. ①空(内,型,共振,谐振)腔,盂,空心 ②模槽,腔体,(金属)浇铸孔,凹处,坑 ③小室,暗盒,轮舱 ④空腔谐振器 ⑤岩洞 ❷ a. 空心的,具有空腔的

cavityless ['kævɪtɪlɪs] a. 无空腔的

cavum ['kɑ:vəm] (拉丁语) (pl. cava) n. 腔,(空)洞

cavus ['keɪvəs] n. 腔,洞

cawk [kɔ:k] n. ①【化】氧化钡 ②重晶石 ③【矿】硫酸钡矿石

cay [keɪ] n. 小礁岛,沙洲; 悬猴

C

cayeuxite ['kaɪju:saɪt] *n.*【矿】球黄铁矿

cayman ['keɪmən] *n.*【动】大鳄鱼

CAZ alloy *n.*【冶】(耐海水腐蚀)铜合金

cazin ['kæzɪn] *n.*【冶】镉锌(焊料)合金,低熔合金,共晶合金

cease [si:s] *v.; n.* 停止,中断 ☆*cease from doing (to do)* 停止(做); *cease out* 绝波; *cease to be* 不再是; *cease to be in force (effect)* 失效〖用法〗其后面可以跟动词不定式或动名词作宾语。如：The circuit *ceases* to operate properly when v_i increases to the point where $v_i = V_{im}$. 当v_i增加到$v_i = V_{im}$时,该电路就不能正常工作了。/In this case, the Na and Cl nuclei *cease* being shielded by their electrons. 在这种情况下,钠和氯原子核不再被它们的电子所屏蔽。("being shielded by their electrons"是被动形式的动名词短语作宾语。)

ceaseless ['si:slɪs] *a.* 不停的,永不休止的 ‖ **~ly** *ad.*

ceasing ['si:sɪŋ] *n.* 中止,间断

ceasma ['si:smə] *n.* 裂片,断片,裂孔

ceasmic ['si:smɪk] *a.* 裂开的,分裂的

cebaite [si'beɪt] *n.*【矿】氟碳铈钡矿

cebid ['si:bɪd] *n.* 悬猴类

cebollite [si'bɒlaɪt] *n.* 纤维石

cecal ['si:kəl] *a.* 盲的,盲肠的

cecilite ['sesɪlaɪt] *n.* 黄长白榴岩

cecils ['sesɪlz] *n.* 肉丸子

cecitas ['si:sɪtəs] *n.* 视觉缺失,盲

cecitis [sɪ'saɪtɪs] *n.*【医】盲肠炎

cecity ['si:sɪtɪ] *n.* 盲目,瞎

cecum ['si:kəm] *n.*【解】盲肠

cedar ['si:də] *n.* ①红松,(香)柏 ②柳杉

cedarwood ['si:dəwʊd] *n.* 杉木,雪松属木料

Cedit ['sɪdɪt] *n.*【冶】赛迪特铬镍色硬质合金

cedrane ['sedreɪn] *n.* 柏木烷

cedrat(e) ['sedreɪt] *n.* 橘皮,橙皮

cedrene ['sedri:n] *n.*【化】柏木烯

cedrol ['si:drɒl] *n.*【化】雪松醇

cedrus ['si:drəs] *n.* 雪松

cee [si:] *n.; a.* (英语字母)C, c; C 字形的

ceil [si:l] *vt.* 装天花板,装船内格子板,加盖

ceiling ['si:lɪŋ] *n.* ①天花板,顶板 ②最大飞行高度 ③最高限度 ④云幕(高度),云(幕)底(部)高 ⑤舱底垫板 ☆*put a ceiling on A* 给 A 提出一个最高限度

ceilometer [si:'lɒmɪtə] *n.* 云高计,测云高度仪

celadon ['selədən] *n.* ①灰绿色 ②青瓷器

celanese [,selə'ni:z] *n.* 纤烷丝

celanite ['selənaɪt] *n.*【矿】方钒镧钛矿

celarium ['selərɪəm] *n.* 体腔膜

Celcius ['selsɪəs] = Celsius

celeb [sɪ'leb] *n.* 著名人士

celebrate ['selɪbreɪt] *v.* 庆祝,赞美;举行(仪式)

celebrated ['selɪbrɪtɪd] *a.* 著名的

celebration [,selɪ'breɪʃən] *n.* 庆祝(会),典礼

celebrity [sɪ'lebrɪtɪ] *n.* ①著名,名声 ②著名人士

celerity [sɪ'lerɪtɪ] *n.* ①运动的速度 ②迅速,敏捷

celescope ['selɪskəʊp] *n.*【天】天体镜

celeste [sɪ'lest] *n.;a.* 天蓝色(的)

celestial [sɪ'lestjəl] *a.* 天体的

celestial-mechanical [sɪ'lestjəlmɪ'kænɪkəl] *a.* 天体力学的

celesticetin [se'lestɪsɪtɪn] *n.*【生化】天青菌素

celestite ['selɪstaɪt] *n.* 天青石

celiac ['si:lɪæk] *a.* 腹(部)的

celiotomize [,si:lɪ'ɒtəmaɪz] *v.* 剖腹

celiotomy [si:lɪ'ɒtəmɪ] *n.*【医】剖腹术

celite ['si:laɪt] *n.* ①C 盐,寅式盐 ②次乙酰塑料 ③钙铁石

cell [sel] *n.* ①电池,光电管(元件) ②细胞,晶粒格 ③传感器 ④【计】单元,地址 ⑤小室,容器 ⑥(方,单,栅,区)格,网络,筛眼 ⑦地下室(井),前置燃烧室 ⑧【统】相格 ⑨蜂房

cella ['selə] (*pl.* cellae) *n.* 小房(室),细胞

cellar ['selə] ❶ *n.* ①油盒 ②油井口 ③地窖,地下室 ④堆栈存储器 ❷ *vt.* 藏于地下室

cellarage ['selərɪdʒ] *n.* 地窖

cellaret(te) [,selə'ret] *n.* 酒柜

cellas ['seləs] *n.*【生化】杏仁酶

celliform ['selɪfɔ:m] *a.* 细胞(状)的

cellifugal [,selɪ'fju:gəl] *a.* 离胞的

cellipetal [,selɪ'petəl] *a.* 向细胞的

cello ['tʃeləʊ] *n.* 大提琴

cellobiase [,selə'baɪeɪs] *n.*【化】纤维二糖酶

cellobiose [,selə'baɪəʊs] *n.*【化】纤维二糖

cellodextrin [,seləʊ'dekstrɪn] *n.* 纤维糊精

cellohexose [,seləʊ'heksəʊs] *n.*【化】纤维六糖

celloidin [sə'lɔɪdɪn] *n.*【化】火棉液,火棉胶,赛珞锭

cellolyn ['seləʊlɪn] *n.*【化】氢化松酯树脂

cellophane ['seləfeɪn] *n.* 玻璃纸,胶膜,赛珞珍

cellosilk ['seləsɪlk] *n.* 纤维丝

cellosolve ['seləsɒlv] *n.*【化】溶纤剂

cellosugar ['seləʊʃʊgə] *n.* 纤维素糖类

cellotetrose [,seləʊ'tetrəʊs] *n.*【化】纤维四糖

cellotriose [,seləʊ'traɪəʊs] *n.*【化】纤维三糖

celloyarn ['seləjɑ:n] *n.* 玻璃纸条,玻璃纸纤维

cellpacking ['selpækɪŋ] *n.* ①管壳,电池外壳 ②元件包装物

cellspectrometer [,selspek'trɒmɪtə] *n.*【医】细胞分光计

celltransformation [,seltrænsfɔ:'meɪʃən] *n.* 细胞转化

cell-type ['seltaɪp] *a.* 栅元型的, 细胞状的

cellubitol [,selju'baɪtɒl] *n.*【化】纤维素二糖醇

cellula ['seljʊlə] (拉丁语) (*pl.* cellulae) *n.* (小)细胞,小房,(昆虫)带域

cellular ['seljʊlə] *a.* ①细胞(状)的,由细胞组成的 ②蜂窝状的,多孔的,网眼(状)的 ③【数】胞腔式的 ④【计】单元的 ⑤泡沫的

cellularity [,selju'lærɪtɪ] *n.* 多孔性,蜂窝状结构

cellular-type ['seljʊlətaɪp] a. 孔式的，蜂房形式的

cellulase ['seljʊleɪs] n. 【化】纤维素酶

cellulated ['seljʊleɪtɪd] = cellular

cellule ['selju:l] n. ①小细胞 ②小室 ③机翼构架，翼组

cellulicidal [,selju'lɪsɪdəl] a. 伤害细胞的

cellulifugal [,selju'lɪfjʊgəl] a. 细胞离心的

cellulitis [,selju'laɪtɪs] n. 【医】蜂窝组织发炎

celluloid ['seljʊlɔɪd] ❶ n. ①赛璐珞,明胶 ②电影胶片 ❷ a. 细胞状的

cellulose ['seljʊləʊs] ❶ n. 纤维素,细胞膜质 ❷ a. 细胞的,纤维素的

cellulosic [,selju'ləʊsɪk] a. 纤维素的

cellulosine [,selju'ləʊsi:n] n. 木粉

cellulosis ['seljʊləʊsɪs] n. 纤维分解

cellulosity [,selju'lɒsɪtɪ] n. 细胞构成

cellulotoxic [,seljʊləʊ'tɒksɪk] a. 细胞毒的

cellulous ['seljʊləs] a. 有细胞的,多细胞的

celmonit ['selmənɪt] n. 赛芒炸药

celo-navigation ['seləʊ,nævɪ'geɪʃ ən] n. 天文航海,天文导航

celotex (board) ['seləteks(bɔ:d)] n. 纤维板,隔音材料

Cels = Celsius

celsig ['selsɪg] n. 加、减速信号器

celsit ['selsɪt] n.【冶】赛尔西特钴钨硬质合金

Celsius ['selsjəs] a. 摄氏(温度)
〖用法〗这个词一般放在具体温度的后面。如：θ may be measured in degrees Celsius. θ 可以用摄氏度来量度。/The temperature there is as high as 3000° Celsius. 那儿的温度高达摄氏 3000 度。

celt [selt] n. 凿斧

celtium [sel'ʃɪəm] n.【化】铪 Ct 的旧称(现用 Hf, hafnium)

cemedin(e) [sɪ'medi:n] n. 胶合剂

cement [sɪ'ment] ❶ n. ①水泥,油灰 ②黏合剂,胶 ❷ v. ①加水泥于 ③胶黏,连接 ③烧结 ④加强,巩固 ☆**cement in** 用水泥灌入; **cement out** 置换出来,沉淀析出

cementation [sɪmen'teɪʃ ən] n. ①黏结(性,作用) ②渗碳(法),烧结 ③置换沉淀 ④水泥灌浆

cementatory [sɪ'menteɪtərɪ] a. 黏结的,水泥的

cemented [sɪ'mentɪd] a. ①胶合的 ②渗碳的,烧结的

cementification [sɪmentɪfɪ'keɪʃ ən] n. 牙骨质形成

cementing [sɪ'mentɪŋ] n. ①胶结,表面硬化 ②黏结,水泥结合 ③渗碳(法),烧结

cementite [sɪ'mentaɪt] n.【冶】渗碳体,胶铁

cementitious [sɪ'mentɪʃɪəs] a. (有)黏结(性)的,水泥的

cementitiousness [sɪ'mentɪʃɪəsnɪs] n. 黏结能力

cementum [sɪ'mentəm] (拉丁语) n. ①牙骨质 ②黏合剂,水泥

cemetery ['semɪtrɪ] n. ①墓地,公墓 ②废物弃置场

cenable ['senəbl] n. 片内使能

cenacle ['senəkl] n. 晚餐室,聚会室,结社

cenanthy ['senænθɪ] n. 空花现象

cenesthesia [,si:nes'θi:zɪə] n. 普通感觉,存在感觉

cenesthesic [,si:nes'θi:sɪk] a. 普通感觉的

cenesthetic [,si:nes'θi:tɪk] a. 普通感觉的

cenogamy [sɪ'nɒgəmɪ] n. 共夫共妻制

cenosis [sɪ'nəʊsɪs] n. (病理)排泄(物)

cenosite [sɪ'nəʊsaɪt] n.【矿】钙钇钷矿

cenospecies ['si:nəspi:ʃi:z] n. 杂交种

cenosphere ['si:nəʊsfɪə] n. 煤胞

cenotaph ['senəta:f] n. 纪念碑,墓葬雕塑

cenote [sɪ'nəʊtɪ] n. (石灰岩溶蚀坍陷形成的)天成井,竖井

cenotic [sɪ'nəʊtɪk] a. (病理)排泄的

cenotype ['senətaɪp] n. 初型,群落型,新相

Cenozoic [,si:nə'zəʊɪk] a.;n. 新生代(的),新生界的

cense [sens] vt. 焚香,用香熏

censor ['sensə] n.;vt. (新闻,电影,书刊)审查(员),监察者 ‖ ~ial a.

censored ['sensəd] a. 检查过的(出版物),经删节过的

censorial [sen'sɔ:rɪəl] a. 检察官的,审查的

censorship ['sensəʃ ɪp] n. ①检阅,督察,检查 ②潜意识抑制作用

censurable ['senʃ ərəbl] a. 该受指责的,可批评的

censure ['senʃ ə] vt.;n. 责备,指责

census ['sensəs] n.;vt. (人口,户口,行车量,形势)调查,普查,统计(…的)数字

cent [sent] n. ①分(=0.01 元) ②百(单位) ③音分 ④森特(声学单位) ☆**not care a cent** 毫不在乎; **put in one's two cents** 发表意见

centage ['sentɪdʒ] n. 百分率

cental ['sentl] n. 百磅(重)

centare ['senteə] n. (一)平方米

centenary [sen'ti:nərɪ],**centennial** [sen'tenjəl] a.;n. 一百年(的),百年纪念

center ['sentə] = centre

centerline ['sentəlaɪn] n. 中心线

centerpiece ['sentəpi:s] n. 中心杯,十字头

centesimal [sen'tesɪməl] a. 百分(之一,制)的,百进的

centibar ['sentɪba:] n. ①中心杆②厘巴(压力单位)

centibel ['sentɪbel] n. 百分之一贝(尔)

centi-degree ['sentɪdɪ'gri:] n. 摄氏度,℃

centigrade ['sentɪgrɪd] n.;a. ①(分为) 百分度(的) ②摄氏温度(计)的

centigram(me) ['sentɪgræm] n. 厘克,10^{-2} 克

centiliter,centilitre ['sentɪli:tə] n. 厘升

centillion [sen'tɪljən] n. (英,德)1×10^{600},(美,

法]1×10^{303}

centimeter, centimetre ['sentɪmiːtə] n. 厘米

centimillimeter,centimillimetre [ˌsentɪˈmɪlɪmiːtə] n. 忽米,10^{-5} 米

centimorgan [ˌsentɪˈmɔːgən] n. 分摩(基因交换单位)

centinormal [ˌsentɪˈnɔːməl] a. 厘规的,百分之一当量(浓度)的

centi-octave ['sentɪˌɒkteɪv] n. 1/100 八音度,1/100 倍频程

centipede ['sentɪpiːd] n. 蜈蚣

centipois(e) ['sentɪpɔɪz] n. 厘泊,10^{-2} 泊(黏度单位)

centismal [sen'tɪzməl] a. 第一百的

centistoke ['sentɪstəʊk] n. 厘泊(动力黏度单位)

centi-tone ['sentɪtəʊn] n. 1/100 全音程

centiunit [ˌsentɪˈjuːnɪt] n. 百分单位

centival ['sentɪvəl] n. 克当量/100 公升

centner ['sentnə] n. 50 千克,五十公斤重

centra ['sentrə] centrum 的复数

centrad ['sentræd] ❶ n. 厘弧度,中向 ❷ ad. 向中心

centrage ['sentreɪdʒ] n. 焦轴

central ['sentrəl] ❶ a.①中央〔心〕的 ②【数】中点的 ③集中的 ❷ n. ①电话总机,电话接线员 ②总公司

〖用法〗注意下面例句中该词的含义: Equation 2-7 is of <u>central</u> importance. 式 2-7 是极为重要的。/This is an argument <u>central</u> to the question. 这是对该问题极为重要的论据。/Base-region conditions are <u>central</u> to BJT operation. 基区的条件对双极型晶体管的工作是至关重要的。

centralab ['sentrəlæb] n. 中心实验室

centralis ['sentrəlɪs] (拉丁语) n. 中央,中心

centralism ['sentrəlɪzəm] n. 集中制,向心性

centralite ['sentrəlaɪt] n. 火箭固体燃料稳定剂,【化】中定剂

centrality [sen'trælɪtɪ] n. 中心(性),归中性,向心性

centralization [ˌsentrəlaɪˈzeɪʃən] n. 集中,中央集合,聚集

centralize ['sentrəlaɪz] v. 集中,形成中心,聚集

centralizer ['sentrəlaɪzə] n. ①定中心器,定心夹具 ②【数】中心化子,换位矩阵(子群)

centrally ['sentrəlɪ] ad. 在中心

centraxonial [ˌsentrækˈsɒnɪəl] a. 中轴的

centre ['sentə] ❶ n. ①(中,圆)心,中央 ②顶尖 ③研究中心 ❷ v. ①定(中,圆)心,对中(点心),放在中心 ②(使)集中(于一点),居中 ☆ **centre A with B** 把 A 放在〔对准〕B 的中心

〖用法〗❶ 表示"以…为中心"时,其后面一般跟介词"at"或"about",但也有跟"around"、"round"、"on"、"upon"甚至"in"的。如: The distribution is of width a, <u>centred</u> at G. 其分布的宽度为 a,以 G 为中心。/Its magnitude response is

<u>centred about</u> the frequency f_c. 其数值响应是以频率 f_c 为中心的。/The total width 2/T is <u>centred around</u> the origin. 整个宽度 2/T 是以原点为中心的。/The pattern must be <u>centred</u> on the horizontal and vertical reference lines. 该图形必须以水平和垂直参照线为中心。/The modulated wave s_1(t) is <u>centred on</u> a carrier frequency f_1. 被调制的波 s_1(t) 以载波频率 f_1 为中心。❷ 在该名词前面可用"at"或"in"。如: The Q point should be placed in 〔at〕the <u>centre</u> of the load line. 应该把 Q 点放在负载线的中央。

centrebit ['sentəbɪt] n. 中心钻,打眼锥

centreboard ['sentəbɔːd] n. 船底中心垂直升降板

centrebody ['sentəbɒdɪ] n. 中心体

centred ['sentəd] a. 中心〔央〕的,同轴的

centre-fed ['sentə'fed] a. 对称供电的

centreless ['sentəlɪs] a. 无(中)心的,没有心轴的

centreline ['sentəlaɪn] ❶ n. 中(心)线,(中)轴线 ❷ v. 划出中线

centremost ['sentəməʊst] a. 在最中心的

centrepiece ['sentəpiːs] n. 十字头,在中央的东西

centreplane ['sentəpleɪn] n. 中线面

centrepoint ['sentəpɔɪnt] n. 中(心)点

centrepunch ['sentəpʌntʃ] n. 中心冲头,定心冲压机

centrescope ['sentəskəʊp] n. 【物】定点放大镜

centretap ['sentətæp] n. 中心抽头

centric(al) ['sentrɪk(əl)] a. (在)中心的,中枢的 ‖ ~ally ad.

centricity [sen'trɪsɪtɪ] n. 中心,归心性

centriccleaner [ˌsentrɪˈkliːnə] n. 锥形除渣器

centriclone [ˈsentrɪkləʊn] n. 锥形除渣器

centrifugal [sen'trɪfjugəl] ❶ a. 离心(式)的,远心的 ❷ n. 离心机,离心力

centrifugalization [ˌsentrɪˌfjugəlaɪˈzeɪʃən] n. 离心分离(作用),远心沉淀

centrifugalize [sen'trɪfjugəlaɪz] vt. 离心分离,使受离心机的作用

centrifugally [sen'trɪfjugəlɪ] ad. 离心地

centrifugate [sen'trɪfjugeɪt] n. 离心液

centrifugation [ˌsentrɪˌfjuːge'eɪʃən] n. 离心(分离)作用,离心脱水,远心沉淀

centrifuge ['sentrɪfjuːdʒ] ❶ n. 离心,离心机 ❷ v. 离心,使离心分离

centrifuger ['sentrɪfjuːdʒə] n. 【物】离心机

centrifuging ['sentrɪfjuːdʒɪŋ] n.;a. 离心(法,的,用)

centring ['sentrɪŋ] n. ①定(中,圆)心,对中(点心),打中心孔,中心校正,对准中心(调整) ②集中 ③合轴

centriole ['sentrɪəʊl] n. 中心粒,中央小体

centripetal [sen'trɪpɪtl] a. 向心的,求心的 ‖ ~ly ad.

centrobaric [ˌsentrəˈbærɪk] a. 与重心有关的,重

心的
centroclinal [,sentrə'klɪnəl] *a.* 向心倾斜的,周斜的

centrode ['sentrəud] *n.* 瞬心轨迹,矩心

centrodesmose [,sentrə'dezməus] *n.* 中心带,中心体连丝

centrodesmus [,sentrə'dezməs] *n.* 中心带,中心体连丝

centroid ['sentrɔɪd] *n.* 矩心,面心,质心,重心,心迹线

centroidal [sen'trɔɪdəl] *a.* 矩心的,质心的

centromere ['sentrəmɪə] *n.* 着丝点,着丝粒

centron ['sentrɒn] *n.* 【物】原子核

centronervin [,sentrəu'nɜːvɪn] *n.* 【心】中枢神经素

centronucleus [,sentrəu'njuːklɪəs] *n.* 中心核

centrophose ['sentrəufəuz] *n.* 【心】中枢性幻觉

centroplasm ['sentrəuplæzəm] *n.* 中心质

centroplast ['sentrəuplɑːst] *n.* 中心质体

centrosome ['sentrəsəum] *n.* 中心体,中心球

centrosphere ['sentrəsfɪə] *n.* 地核(心),中心球

centrostaltic [,sentrə'stæltɪk] *a.* 运动中心的

centrostigma ['sentrəstɪgmə] *n.* 集中点

centrosymmetry [,sentrə'sɪmɪtrɪ] *n.* 中心对称

centrotaxis [,sentrəu'tæksɪs] *n.* 趋中性

centrotheca ['sentrəθiːkə] *n.* 中心鞘;初质

centrum ['sentrəm] *n.* (pl. centrums 或 centra)*n.* ① 中心,中核 ②(地震)震中 ③中枢

centum ['sentəm] (拉丁语) *n.* 百分之…,%

centuple ['sentjupl] *a.;n.;vt.* 百倍(的),用百乘

centuplicate ❶ [sen'tjuːplɪkɪt] *n.;a.* 百倍(的) ❷ [sen'tjuːplɪkeɪt] *vt.* 加至一百倍,用百乘

centurial [sen'tjuərɪəl] *a.* 百年的

centurium [sen'tjurɪəm] *n.* 【化】钲

century ['sentʃʊrɪ] *n.* ①百年,(一)世纪 ②百(个,元),百镑

cephacoria [se'fækərɪə] *n.* 前膜

cephaeline [se'fiːliːn] *n.* 吐根酚碱

cephalad ['sefəlæd] *ad.* 向头部地

cephalagra [,sefə'lægrə] *n.* 偏头痛,发作性头痛

cephalalgia [,sefə'lældʒɪə] *n.* 头痛

cephalanthin [,sefə'lænθɪn] *n.* 风箱树苷

cephalea [,sefə'liːə] *n.* 头痛

cephalemia [,sefə'liːmɪə] *n.* 脑充血

cephalexin [,sefə'leksɪn] *n.* 【医】先锋霉素Ⅳ,头孢氨苄

cephalic [se'fælɪk] *a.* ①头的,头侧的,头部的 ②在头上的,近头的

cephalin ['sefəlɪn] *n.* 【生化】脑磷脂

cephalitis [,sefə'laɪtɪs] *n.* (大)脑炎

cephalocaudad [,sefələ'kɔːdæd] *ad.* 从头至尾,向头尾端

cephalocaudal [,sefələ'kɔːdəl] *a.* 从头至尾的

cephalocercal [,sefələ'sɜːkəl] *a.* 从头至尾的

cephalochord ['sefələukɔːd] *n.* 头索

Cephalochordata [,sefələ'kɔːdeɪtə] *n.* 【动】头索动物纲

cephalofacial [,sefələ'feɪʃəl] *a.* 头面的,颅面的

cephaloid ['sefəlɔɪd] ❶ *a.* 头状的 ❷ *n.* 头状花

cephalomeningitis [,sefələu,menɪn'dʒaɪtɪs] *n.* 【医】脑膜炎

cephalomere ['sefələumɪə] *n.* 【动】头节

cephalometer [,sefə'lɒmɪtə] *n.* 头测量器

cephalone ['sefələn] *n.* 头

cephalopagy [,sefə'lɒpədʒɪ] *n.* 头部联胎畸形

cephalopathy [,sefə'lɒpəθɪ] *n.* 头(部)病

cephalopod ['sefələupɒd] *n.* 【动】头足类软体动物

cephalotaxine [,sefələu'tæksɪn] *n.* 【化】粗榧碱

Cepheids ['sefɪɪdz] *n.* 【天】仙王变星群

cepstra ['sepstrə] cepstrum 的复数

cepstrum ['sepstrəm] (pl. cepstra) *n.* 倒频谱

ceptor ['septə] *n.* 感受器,受体

cera ['siːrə] *n.* 蜂蜡

ceraceous [sɪ'reɪʃəs] *a.* 蜡状的

ceracircuit [sɪ'ræsɜːkɪt] *n.* 瓷(衬)底印刷电路

ceralumin [se'ræljumɪn] *n.* 【冶】铝铸造合金

ceram ['sɪrəm] *n.* 陶瓷〔器〕

ceramal,ceramel [sɪ'ræməl] *n.* ①金属陶瓷,陶瓷合金 ②粉末冶金学

ceramagnet [sɪ'ræmægnet] *n.* 陶瓷磁体

ceramet [sɪ'ræmet],**cerametallics** [,sɪræmɪ'tælɪks] *n.= ceramal*

cerametallic [sɪ'ræmɪtælɪk] *a.* 金属陶瓷的

ceramic [sɪ'ræmɪk] ❶ *a.* 陶瓷(材料)的,制陶的 ❷ *n.* 陶瓷制品

ceramicon [sɪ'ræmɪkɒn] *n.* 陶瓷管,陶瓷电容器

ceramics [sɪ'ræmks] *n.* 陶瓷(学,器),陶瓷材料,制陶术

ceramide [sɪ'ræmaɪd] *n.* N-(脂)酯基(神经)鞘氨醇,神经酰胺

ceraminator [sɪ'ræmɪneɪtə] *n.* 陶瓷压电元件

ceramist ['serəmɪst] *n.* 陶器制造者,陶瓷技师

ceramographic [,sɪræmə'græfɪk] *a.* 陶瓷相的

ceramography [,serə'mɒgrəfɪ] *n.* 陶瓷相学

cerampic [sɪ'ræmpɪk] *n.* 陶瓷成像

ceramsite [sɪ'ræmsaɪt] *n.* 陶粒

cerap ['sɪræp] *n.* 陶瓷压电元件,伴音中频陷波元件

cerargyrite [sɪ'rɑːdʒɪraɪt] *n.* 【矿】角银矿

cerase ['sereɪs] *n.* 蜡酶

cerasin [sɪ'ræsɪn] *n.* 角苷脂

cerasinose [sɪ'ræsɪnəus] *n.* 野樱糖

cerasite ['serəsaɪt] *n.* 樱石

cerate ['sɪərɪt] *n.* ①【化】铈酸盐 ②蜡剂,蜡膏

cerated ['sɪəreɪtɪd] *a.* 上蜡的

ceratin ['serətɪn] *n.* 角蛋白

ceratine ['serətiːn] *n.* 角质

ceratitis [,serə'taɪtɪs] *n.* 【医】角膜炎

ceraunite [sɪ'rɔːnaɪt] *n.* 陨石

ceraunogram [sɪ'rɔːnəgræm] *n.* 雷电记录图

C

ceraunograph [sɪ'nɔːnəgrɑːf] *n.* 雷电计,雷电记录仪
cercaria [sə'kærɪə] *n.* 尾蚴,摇尾幼虫
cerdip ['sɜːdɪp] *n.* 陶瓷浸渍
cere [sɪə] ❶ *n.* 蜡 ❷ *vt.* 上蜡
cereal ['sɪərɪəl] *n.*; *a.* 谷类(的),谷物,谷类制食品
cerebellar [ˌserə'belə] *a.* 小脑的
cerebellum [ˌserɪ'beləm] *n.* 小脑
cerebral ['serɪbrəl] *a.* (大)脑的
cerebralgia [ˌserɪ'brældʒɪə] *n.* 头痛
cerebrate ['serɪbreɪt] *vi.* 用脑,思考
cerebritis [ˌserɪ'braɪtɪs] *n.* (大)脑炎
cerebrocuprein [ˌserɪbrə'kjuːpriːɪn] *n.* 脑铜蛋白;【化】超氧物歧化酶
cerebroid ['serɪbrɔɪd] *a.* 脑(质)样的
cerebrolein [ˌserɪ'brəuleɪn] *n.* 脑油脂
cerebrology [ˌserɪ'brɒlədʒɪ] *n.* 脑学
cerebroma [ˌserɪ'brəumə] *n.* 脑瘤
cerebron ['serəbrɒn] *n.*【化】羟脑苷脂
cerebropathy [ˌserɪ'brɒpəθɪ] *n.* 脑病
cerebrose ['serɪbrəus] *n.* 脑糖
cerebroside ['serɪbrəusaɪd] *n.*【化】脑苷脂类
cerebrosis [ˌserɪ'brəusɪs] *n.* 脑病
cerebrospinal [ˌserəbrəu'spaɪnəl] *a.* 脑脊髓的
cerebrum ['serɪbrəm] *n.* (大)脑
cerecin ['serɪsɪn] *n.* 蜡状菌素
cerecloth ['sɪəklɒθ] *n.* 蜡布
cerectomy [sɪ'rektəmɪ] *n.* 角膜(部分)切除术
cereiform ['sereɪfɔːm] *a.* (蜡)烛状的
ceremonial [ˌserɪ'məunjəl] *n.*;*a.* 仪式(的),礼仪(上的),正式的
ceremonious [ˌserɪ'məunjəs] *a.* 礼仪的,仪式的,隆重的 ‖ **~ly** *ad.*
ceremony ['serɪmənɪ] *n.* 仪式,典礼
cereous ['sɪərɪəs] *a.* 蜡制的,涂蜡的
cerepidote [ˌserəpɪ'dəut] *n.* 褐帘石
Ceres ['sɪəriːz] *n.*【天】谷神星
ceresan ['serɪsæn] *n.* 西力生,氯化乙基汞
ceresin(e) ['serɪsɪn] *n.* 纯地蜡
cerevisia [ˌserə'vɪzɪə] (拉丁语) (pl. cerevisiae) *n.* 啤酒,麦酒
cerevisin [ˌserə'vɪsɪn] *n.* 塞里维辛(干酵母菌)
cerfluorite [sɜː'fluəraɪt] *n.*【矿】铈萤石
cergadolinite [ˌsɜːgædə'lɪnaɪt] *n.*【矿】铈硅铍钇矿
cerhomilite [sə'həumɪlaɪt] *n.*【矿】铈硅硼钙铁矿
ceria ['sɪərɪə] *n.* (二)氧化铈,铈土
cerianite ['sɪərɪənaɪt] *n.* 方铈矿
ceric ['sɪərɪk] *a.* 高〔四价〕铈的
ceride ['sɪraɪd] *n.* 铈系元素,蜡脂
ceriferous [sɪ'rɪfərəs] *a.* 产蜡的,生蜡的
cerin(e) ['seriːn] *n.* 褐帘石
cerinite ['sɪərɪnaɪt] *n.* 杂白钙沸石
ceriometry [ˌsɪrɪ'ɒmɪtrɪ] *n.* 硫酸铈滴定法
cerise [sə'riːz] (法语) *n.*;*a.* 粉红色(的)
cerite ['sɪəraɪt] *n.* 铈硅石
cerium ['sɪərɪəm] *n.*【化】铈
cermet ['sɜːmet] =ceramal
cerography [sɪ'rɒgrəfɪ] *n.* 蜡版术,蜡刻法
ceroid ['sɪərɔɪd] *n.* 蜡样色素
cerolein ['sɪərəleɪn] *n.* 蜂蜡脂
cerolipoid [ˌsɪərəu'laɪpɔɪd] *n.* 植物类脂
ceromel ['sɪərəmel] *n.* 蜜蜡
ceroplastic ['sɪərəu'plæstɪk] *a.* 蜡塑的
ceroplastics ['sɪərəu'plæstɪks] *n.* 蜡塑术
ceroplasty [sɪərəu'plæstɪ] *n.* 蜡成形术,蜡型术
cerosis ['sɪərəusɪs] *n.* 蜡样变性
cerotate ['sɪərəuteɪt] *n.* 蜡酸盐(或脂)
cerotene ['sɪərətiːn] *n.*【化】蜡烯,廿六(碳)烯
cerotic [se'rɒtɪk] *a.* (出自)蜜蜡的
cerotin ['sɪərətɪn] *n.* 蜡精,蜡醇
cerous ['sɪərəs] *a.* ①(正)铈的 ②似蜡的
Cerro ['serəu] *n.* 铋基低熔合金
cerrobase ['serəubeɪs] *n.* 低熔点铅合金
Cerromatrix ['serəumætrɪks] *n.*【冶】易熔合金
cert [sɜːt] *n.* 必然发生的事情
certain ['sɜːtn] *a.* ①确实〔可靠,肯定,无疑〕的 ②确信〔深信,有把握〕的 ③确定的,某(一,些) ☆ ***be certain of*** 确信,深信; ***be certain to (do)*** 必然,一定; ***be not certain whether*** 不能确定是否; ***for certain*** 的确,肯定地; ***make certain of (that)*** 弄清楚,确保,落实; ***it seems certain that ...*** 似乎肯定〔有把握〕…

〖用法〗❶ 这个词作表语时主语可以是人或物。如：Students should be certain they understand how the v scale was constructed. 学生一定要搞清楚如何构造 v 标度。(注意：在 certain 后面的句子是省去了引导词 that 的一个从句,是 certain 逻辑上的宾语从句,因而叫做"形容词宾语从句",所以这类从句都是名词从句。)又如：They are not certain whether the transistor will be damaged under this condition. 他们并不能肯定在这种情况下晶体管是否会受到损坏。❷ 当它修饰可数名词单数时要用 a certain,表示"某一";用来修饰复数时,表示"某些"。如：Under this condition, a negligible current flows until V_N exceeds a certain minimum voltage of V_r. 在这种情况下,有一个可以忽略不计的电流在流动,直到 V_N 超过 V_r 的某一最小值为止。/In this section we describe certain effects which occur in diodes. 在这一节我们要描述在二极管中所发生的某些效应。❸ 绝大多数人使用 it is certain that ... ,而一般不用 it is sure that ...。如:Certain it is that all essential processes of plant growth and development occur in water. 确定无疑的是,植物生长和发育的一切关键过程都是发生在水中的。("Certain"是主句中的表语,为了加强语气而把它放在句首了。)❹ 注意下面例句中该词的含义：We might even go a little further than what we are quite certain of, and guess that the number of positive particles in the universe is always exactly

C

equal to the number of negative particles. 我们甚至可以不太有把握地来猜测：宇宙中的正粒子数总是完全等于负粒子数的。

certainly ['sɜːtɪnlɪ] *ad.* 无疑,当然,一〔必〕定

certainty ['sɜːtɪntɪ] *n.* 必然(性,事件),确实,可靠性 ☆**for (of, to) a certainty** 的确、必然,一定〖用法〗 with certainty = certainly。如：It is important to predict with certainty the immunity of the system to changes in circuit element values. 重要的是要能够确切地〔有把握地〕预计出该系统对电路元件值变化的抗扰性。

certifiable ['sɜːtɪfaɪəbl] *a.* 可证明的,可以出具证明的 ‖ **certifiably** *ad.*

certificate ❶ [sə'tɪfɪkɪt] *n.* 证书,执照,检验〔合格〕证,证件 **❷** [sə'tɪfɪkeɪt] *vt.* 鉴定,认为合格,发证书给

certificated [sɜː'tɪfɪkeɪtɪd] *a.* 合格的,领有证书的

certification [sɜːtɪfɪ'keɪʃən] *n.* 证明,确认,鉴定(书)

certified ['sɜːtɪfaɪd] *a.* (有书面)证明的,经签证的,(检定)合格的

certifier ['sɜːtɪfaɪə] *n.* 证明者

certify ['sɜːtɪfaɪ] *v.* 证明(to)、保证

certitude ['sɜːtɪtjuːd] *n.* 确信,确实(的事),必然性

cerulean [sɪ'ruːlɪən] *a.;n.* 天蓝色(的)

ceruleite [sɪ'ruːliːaɪt] *n.*【矿】块砷铝铜矿

ceruloplasmin [ˌsɪrʊlə'plæsmɪn] *n.* 血浆铜蓝蛋白

ceruse ['sɪəruːs] *n.* 碳酸铅白,铅〔白〕粉

cerus(s)ite ['sɪərəsaɪt] *n.*【矿】白铅矿

cervantite [sɜː'væntaɪt] *n.*【矿】黄锑矿

cervical ['sɜːvɪkəl] *a.* 颈(部)的

cervicalis [ˌsɜːvɪ'keɪlɪs] (拉丁语) *a.* 颈的

cervine ['sɜːvaɪn] *a.* 鹿(一样,毛色)的

cervix ['sɜːvɪks] *n.* 颈

ceryl ['sɪrəl] *n.*【化】蜡基,十六烷基

cesium ['siːzɪəm] *n.*【化】铯 Cs

cess [ses] *n.* 多孔排水管

cessation [se'seɪʃən] *n.* 终止,中断,断绝

cesser ['sesə] *n.* 中止,终结

cesspipe ['sespaɪp] *n.* 污水管

cesspit ['sespɪt],**cesspool** ['sespuːl] *n.* 污水池〔坑〕,粪坑

cestode ['sestəud] *n.* 绦虫

cetacea [sɪ'teɪʃɪə] *n.*【动】鲸目

cetacean [sɪ'teɪʃɪən] *n.;a.* 鲸鱼的,鲸目动物

cetaceous [sɪ'teɪʃɪəs] *a.* 鲸的

cetane ['siːteɪn] *n.*【化】十六(碳)烷,鲸蜡烷

cetanol [sɪ'teɪnɒl] *n.*【化】十六(烷)醇,鲸蜡醇

cetene ['siːtiːn] *n.*【化】十六(碳)烯,鲸蜡烯

cetera ['setrə] (拉丁语) 其余

ceteris paribus ['sɪtərɪs'pærɪbəs] (拉丁语) 如果其他条件都相同

Cetids ['siːtɪdz] *n.*【天】鲸鱼(座)流星群

cetin ['siːtɪn] *n.* 鲸蜡素

cetylamine [ˌsetɪ'læmiːn] *n.*【化】十六(烷)胺,鲸蜡胺

cetylate ['setɪleɪt] *n.*【化】软脂酸盐

cetylene ['setɪliːn] *n.*【化】鲸蜡烯

chabasite ['tʃæbəsaɪt] *n.*【地质】菱沸石

chabazite ['tʃæbəzaɪt] *n.*【地质】菱沸石

chab(o)uk ['tʃɑːbʊk] *n.* (体罚用的)长鞭

chacma ['tʃækmə] *n.* 南非大狒狒

chaconine ['tʃækəuniːn] *n.*【化】卡茄碱

chad[tʃæd] *n.* ①查德(中子通量单位) ②(穿孔纸带、卡片的)孔屑

Chad [tʃæd] *n.* 乍得

chadded ['tʃædɪd] *a.* 穿孔的

chadless ['tʃædlɪs] **❶** *a.* 部分穿孔的 **❷** *n.* 半穿孔

chaeta ['kiːtə] *n.* 刚毛,体毛,毫毛

chaetognath ['kiːtəgnæθ] *n.* 毛颚动物门的动物

chafe [tʃeɪf] *v.;n.* ①擦热〔伤〕,发热 ②恼火,着急,惹怒,使焦躁 ☆**chafe against (on)** A 擦 A; **chafe at (under)** A 因 A 而恼火; **in a chafe** 恼火,着急

chafer ['tʃeɪfə] *n.* 胎圈包布;金龟子;火炉;发怒的人

chaff [tʃɑːf] *n.* ①谷壳,废物,渣滓 ②(雷达干扰)金属箔 ☆**be chaffed with** 上当

chaffer ['tʃæfə] *n.;v.* 讲价钱,讨价还价;交换;聊天

chafferer ['tʃæfərə] *n.* 议价人

chain [tʃeɪn] **❶** *n.* ①链,化学链 ②链路,信道 ③一连串 ④连锁商店,联号 ⑤测链(长度单位) ⑥经纱 ⑦电视系统,电视网 ⑧山脉 **❷** *vt.* ①用链拴住 ②用测链测量 ☆**chain off** 用测链测

chainage ['tʃeɪnɪdʒ] *n.* 链测长度

chaine [tʃeɪn] *n.* 经纱

chained [tʃeɪnd] *a.* ①连锁的,链接的 ②测链测量过的

chainer ['tʃeɪnə] *n.* 方形隅石块

chaining ['tʃeɪnɪŋ] *n.* ①链锁 ②链接 ③车轮装链 ④用链量距离

chainless ['tʃeɪnlɪs] *a.* 无链的,无束缚的

chainlet ['tʃeɪnlɪt] *n.* 小链,链子

chainman ['tʃeɪnmən] *n.* 持链人,测链员

chain-mapping [tʃeɪn'mæpɪŋ] *n.* 链映像

chain-mobility [tʃeɪnəu'bɪlɪtɪ] *n.* 链迁移率

chainpump ['tʃeɪnpʌmp] *n.* 链泵

chainriveting ['tʃeɪnrɪvətɪŋ] *n.* 排钉,链式铆

chainrule ['tʃeɪnruːl] *n.* 【数】连锁法

chainwork ['tʃeɪnwɜːk] *n.* 链条细工,编织品

chair [tʃeə] **❶** *n.* ①椅子,讲座 ②(轨)座,座垫,辙枕 ③(会议)主席,议长,会长 **❷** *vt.* ①主持(会议) ②就职,入座

chairman [tʃeəmən] *n.* (pl. chairmen) 主席,会长,委员长

chairmanship ['tʃeəmənʃɪp] *n.* 主席职位

chair(o)dynamic ['tʃeə(rə)daɪ'næmɪk] *a.* 弹射座椅动力学的

chair(o)dynamics ['tʃeə(rə)daɪ'næmɪks] *n.* 弹

射座椅动力学

chairone ['tʃeəwʌn],**chairperson** ['tʃeəpɜ:sən] n. 主席(无男女之分)

chaksin ['tʃæksɪn] n.【化】山扁豆碱

chalasia [kə'leɪzɪə] n. 松弛,弛缓

chalasis [kə'leɪsɪs] n. 松弛,弛缓

chalastica [kə'læstɪkə] n. 润滑药

chalcanthite [kæl'kænθaɪt] n.【化】胆矾,蓝矾,五水(合)硫酸铜

chalcedonite [kæl'sedənaɪt],**chalcedony** [kæl-'sedənɪ] n. 玉髓,石髓

chalcocite ['kælkəsaɪt] n.【矿】辉铜矿

chalcogen(e) ['kælkədʒən] n. 硫族

chalcogenide ['kælkədʒɪnaɪd] n.【化】硫族化物

chalcography [kæl'kɒgrəfɪ] n. 雕铜术

chalcolamprite ['kælkələmpraɪt] n.【矿】氟硅铌钠矿,烧绿石

chalcolite ['kælkəlaɪt] n.【矿】铜铀云母

chalcomenite [,kælkə'mi:naɪt] n.【矿】蓝硒铜矿

chalcone ['kælkəun] n.【化】查耳酮

chalcophanite [kæl'kɒfənaɪt] n.【矿】黑锌锰矿

chalcophile ['kælkəfaɪl] a. 亲铜的

chalcopyrite [,kælkə'paɪəraɪt] n.【矿】黄铜矿

chalcostibite [,kælkə'stɪbaɪt] n.【矿】硫〔辉〕铜锑矿

chalcotrichite [,kælkə'trɪkaɪt] n.【矿】毛赤铜矿

chalder ['tʃɔ:ldə] n. 舵枢轴

chaldron ['tʃɔ:ldrən] n. 煤量名

chalk [tʃɔ:k] ❶ n. 白垩,粉笔 ❷ vt. ①用白垩涂白 ②用粉笔写(画) ☆**as different as chalk is from cheese** 迥然不同; **as like as chalk and (to) cheese** (外貌相似而) 根本〔实质〕不同,似是而非; **by a long chalk** 或 **by long chalks** (差别)悬远,好远; **chalk it up** 公布; **chalk out** 做计划,设计; **chalk up** 记录,得到 〖用法〗它作为"粉笔"讲时,一般为不可数名词,所以说"一支粉笔"应该是"a piece of chalk","一些粉笔"应该是"some pieces of chalk"。但是,如果说"一盒各色粉笔",则为"a box of chalks"。

chalking ['tʃɔ:kɪŋ] n. 灰化,粉化

chalkogenide [kæl'kɒgnaɪd] n. 硫属化物

chalkography [kæl'kɒgrəfɪ] n. 金相学

chalkolite ['kælkəlaɪt] n.【矿】铜铀云母

chalkostibite ['kælkəustɪbaɪt] n.【矿】硫铜锑矿

chalkstone ['tʃɔ:kstəun] n. 白垩,石灰石

chalky ['tʃɔ:kɪ] a. (含,似)白垩的,白垩质的

challenge ['tʃælɪndʒ] n.;vt. ①挑战(书),鞭策 ②(提出的)问题,(造成的)困难,(复杂的)课题 ③向…提出挑战 ☆**beyond challenge** 无与伦比; **challenge A for B** 针对B而探究A,仔细检查A和B; **challenge A with B** 向A提出B; **rise to the challenge** 接受挑战

challenger ['tʃælɪndʒə] n. ①挑战人 ②(取代旧设备的)置换设备

challenging ['tʃælɪndʒɪŋ] a.;n. ①复杂的 ②有前

途的 ③挑战的,引起争论的

challie ['tʃælɪ],**challis** ['tʃælɪs] n. (丝)毛料

chalmersite ['tʃælməzaɪt] n.【矿】硫铁铜矿,方黄铜矿

chalnicon ['tʃælnɪkɒn] n.【物】硒化镉视像管,硒化镉光导摄像管

chalone ['tʃæləun] n.【生化】抑素

chalybeate [kə'lɪbɪɪt] a.;n. 含铁质的(矿泉),含铁物

chamaecephalic [,kæmi:sə'fælɪk] a. 扁头的,矮头的

chamaecin ['kæmi:sɪn] n. 扁柏素

chamaeophyte ['kæmɪəfaɪt] n. 地上芽植物

chamber ['tʃeɪmbə] ❶ n. ①(小)室,腔,箱 ②燃烧室 ③暗箱,弹膛 ④房间,(船)舱 ⑤会议室,议院 ❷ a. 室内的,秘密的 ❸ v. ①装入室中,隔成室 ②使备有房间 ③装(弹药)

chamberlet ['tʃæmbəlɪt] n. 小房,小室

chambray ['tʃæmbreɪ] n. 条纹布

chamecephalic [,kæmɪsɪ'fælɪk] a. 扁头的

chamecephalous [,kæmɪsɪ'fæləs] a. 扁头的

chamecephaly [,kemɪ'sefəlɪ] n. 扁头(畸形)

chameleon [kə'mɪljən] n. 变色龙,反复无常(的人) ‖ **-ic** a.

chamfer ['tʃæmfə] n.;vt. ①(圆)槽,凹线,斜面 ②在…上刻槽,削角,磨斜,斜切

chamfered ['tʃæmfəd] a. 刻槽的,倒棱的,斜切的

chamfering ['tʃæmfərɪŋ] n. 倒棱,刻槽,斜切

chamois ['ʃæmwɑ:](作定语读['ʃæmɪ]) n. ①麂皮,油鞣革 ②小羚羊

chamotte [ʃə'mɒt] n. 熟耐火土,陶渣,(黏土)熟料

champ [tʃæmp] v. 焦急,气得咬牙切齿

champagne [ʃæm'peɪn] n. ①香槟酒 ②"香槟"远程跟踪雷达

champaign ['tʃæmpeɪn] n. 平原野,广阔的区域

champion ['tʃæmpjən] ❶ n. ①冠军,优胜者 ②支持者 ❷ a.;ad. ①优胜的,一等的 ②极好的 ❸ vt. 拥护,支持

championitis ['tʃæmpjənɪtɪs] n. 锦标主义

championship ['tʃæmpjənʃɪp] n. ①锦标(赛),冠军(称号) ②拥护,支持

chanalyst ['tʃænəlɪst] n. 无线电接收机故障检查仪

chance [tʃɑ:ns] ❶ n. ①机会,可能性,概率 ②偶然(性,事件) ❷ a. 偶然的 ☆**an off chance** 很少的可能,万一的希望; **by any chance** 万一; **by chance** 偶然,碰巧; **by some chance** 由于某种原因; **leave ... to chance** 让…听其自然; **on the chance of (that)** 希望能够,指望; **run a chance of doing** 有…的可能; **stand no chance** 没有可能; **take a chance** 碰碰运气,冒险,投机; **the chances are ten to one that** 十之八九是…; **the chances are against (the enemy)** 形势对(敌人)不利; **there is a chance that** 或

(the)chances are (that) 有可能…; ***there is very little chance that ...*** …的可能性很小 ❸ *v.* 偶然(发生),碰巧 ☆***as it may chance*** 按当时形势,要看当时情况; ***chance to (do)*** 偶然,碰巧;`碰巧

〖用法〗❶ 注意下面例句中该词的含义：Any molecule has as much chance of losing energy in a collision with a nearby molecule as it has of gaining energy. 任何一个分子在与邻近分子碰撞时失去能量的概率与获得能量的概率是一样的。❷ 注意"the chance of + 动名词复合结构"的情况：The more crowded the conditions, the greater the chances of epidemics breaking out. 条件越拥挤,爆发流行病的机会就越大。

chancellery,chancellory [ˈtʃɑːnsələrɪ] *n.* ①总理职务 ②大臣官邸

chancellor [ˈtʃɑːnsələ] *n.* ①(英)大臣,(大学)校长 ②(使馆)秘书 ③(德国等)总理,首相

chancery [ˈtʃɑːnsərɪ] *n.* 档案馆

chanciness [ˈtʃɑːnsɪnɪs] *n.* 不确定性,危险性

chancre [ˈʃæŋkə] *n.* 下疳,初疮

chancroid [ˈtʃæŋkrɔɪd] *n.* 软下疳

chancy [ˈtʃɑːnsɪ] *a.* 不确定的,危险的

chandelier [ʃændɪˈlɪə] *n.* 枝形吊灯,集灯架

chandelle [ʃænˈdel] *n.;v.* 急转跃升

chandler [ˈtʃɑːndlə] *n.* 蜡烛商,蜡烛店,杂货店

change [tʃeɪndʒ] *v.;n.* ①变(化,动),改变,改造 ②(变,转)换 ③零钱,找头,代替物 ④换车 ☆***change A for B*** 用B换掉A; ***chang for the better (worse)*** 好转(恶化); ***change off*** 换班,交替; ***change one's mind*** 改变计划(主意); ***change over*** 改变,调换(位置)

〖用法〗❶ 当它作不及物动词时,与 with 搭配,意为"随…而变化"。如：The current in the circuit changes with frequency. 电路中的电流是随频率而变化的。❷ 当它作名词时,其后面一般跟 in(但用 of 也是正确的),而且其前面往往带有不定冠词。如：This causes a further change in capacitance. 这会引起电容的进一步变化。/Even a large change in μ makes only a small change in ratio. 甚至μ变化很大也仅仅引起比率很小的变化。❸ 注意其搭配模式"the change of (in) A with B",意为"A随B的变化"。❹ 注意下面例句中该词的含义：Under such a condition, its velocity will have changed from v_1 to v_2 during this time, a change in direction only. 在这种情况下,其速度在此期间从v_1改变成了v_2,这仅仅是方向的改变。

changeability [ˌtʃeɪndʒəˈbɪlɪtɪ] *n.* 易变(化)性,可变性,互换性

changeable [ˈtʃeɪndʒəbl] *a.* 易变的,可变的 ‖**~ness** *n.* **changeably** *ad.*

changeful [ˈtʃeɪndʒful] *a.* 易变的,变化无常的 ‖**~ly** *ad.*

changeless [ˈtʃeɪndʒlɪs] *a.* 不变的,单调的 ‖**~ly** *ad.* **~ness** *n.*

changement [ˈtʃeɪndʒmənt] *n.* 变化,改变

change(-)over [ˈtʃeɪndʒəʊvə] *n.* ①转换 ②换向,调整 ③转换开关

changer [ˈtʃeɪndʒə] *n.* ①变换器 ②【电子】转换开关

changing [tʃeɪndʒɪŋ] *n.* 替换,变化

channel [ˈtʃænl] ❶ *n.* ①通(信,声)道,管路 ②海峡,航道 ③(沟,河)槽,凹缝,导槽 ④路线 ⑤(pl.)死区,风沟,气路 ❷ (channel(l)ed; channel(l)ing) *v.* ①开沟,开缝 ②引导,开辟

channeled [ˈtʃænld] *a.* 有沟(凹缝)的,槽形的

channeling [ˈtʃænlɪŋ] *n.* ①槽路,(高炉)气沟,(液态化)沟流 ②开槽,凿(挖)沟,管道形成,沟道作用 ③波道(沟渠)效应 ④组成多路,多路传输,频率复用 ⑤联通,开辟通路 ⑥溶沟,落水洞

channelization [ˌtʃænəlaɪˈzeɪʃən] *n.* ①(交通)渠化,管道化 ②通信波道的选择

channelize [ˈtʃænəlaɪz] *v.* 渠化,通道化

channeller [ˈtʃænələ] *n.* 凿沟机

channelstopper [ˈtʃænəlstɒpə] *n.* 沟道截断环

channeltron [ˈtʃænəltrɒn] *n.* 通道倍增器

channery [ˈtʃænərɪ] *n.* 砾石,碎石块

chant [tʃɑːnt] *n.* 颂歌,唱歌

chanter [ˈtʃɑːntə] *n.* 领唱人

chantey [ˈtʃɑːntɪ] *n.* 水手歌

chaos [ˈkeɪɒs] *n.* 混沌,混乱,(完全)无秩序

chaotic [keɪˈɒtɪk] *a.* 混沌的,混乱的,乱七八糟的 ‖**~ally** *ad.*

chap [tʃæp] *n.;v.* ①裂缝,劈开 ②(用槌)敲打 ③家伙,小伙子

chaparral [ˌtʃæpəˈræl] *n.* 灌木群落

chapbook [ˈtʃæpbʊk] *n.* 通俗图书,廉价书,小册子

chape [tʃeɪp] *n.* ①线头焊片 ②卡钉,夹子

chapel [ˈtʃæpəl] *n.* 小教堂

chapelet [ˈtʃæpəlet] *n.* (链)斗式提升机,链斗式水泵

chapiter [ˈtʃæpɪtə] *n.* 柱头

chaplet [ˈtʃæplɪt] *n.* ①【机】(型)芯撑,撑子 ②花环,串珠(饰)

chapman [ˈtʃæpmən] *n.* 小贩,书贩

chappy [ˈtʃæpɪ] *a.* 龟裂的

chapter [ˈtʃæptə] *n.* ①章,(章)节 ②分会,分社,支部 ☆***a chapter of A*** 一连串的A; ***give chapter and verse for*** 注明出处,指明…的确实依据; ***to (till) the end of the chapter*** 永远地,到最后

〖用法〗❶ 表示"第…章"时,它的第一个字母要大写,且其前面不能有任何冠词。如：In Chapter 1, we shall discuss some simple circuits. 在第1章,我们将讨论一些简单电路。❷ 如果表示"在第3章我们已经介绍了数字计算机的原理",则多数英美科技人员使用一般过去时(只有少数人使用现在完成时)：In Chapter 3, we introduced the principles of a digital computer. ❸ 注意其缩写时的复数形式：The well-grounded reader may skip Chaps. 1, 2, and 3. 基础好的读者可以跳过第1、2、3章。

C

chaptrel ['tʃæptrəl] *n.* 拱基

char [tʃɑ:] ❶ *n.* ①（木）炭 ②散工 ③茶 ❷ (charred;charring) *v.* ①烧焦,炭化,焦化 ②做散工

characin ['kærəsɪn] *n.* 特色鱼,脂鲤

charactascope ['kærəktəskəup] *n.* 频率特性观测设备

character ['kærɪktə] ❶ *n.* ①性质〔格〕,特性 ②字符,(书写,印刷)符号 ③角色,人物 ❷ *vt.* 描写,表现…的特征 ☆**in character** 相称,适当的; **in the character of** 以…资格,扮演; **out of character** 不相称,不适当的 〖用法〗当它表示"中国字"时,指的是书面的字;如果表示口头的字,则应该用 word 一词。

characterise = characterize ‖ **characterization** *n.*

characteristic [,kærɪktə'rɪstɪk] ❶ *a.* 标识的,特征的,有特色的,(表示)特性的 ❷ *n.* ①特征,性能 ②特性曲线 ③【数】(对数的)首数,阶(码) ④指标,标志 ⑤规格 ☆**be characteristic of** 是…的特征,为…特有的,代表…的,…的特点是… 〖用法〗❶ 当它作为名词时的例句:The vi characteristic for this diode is shown in Fig. 1-10. 这个二极管的伏安特性(曲线)示于图 1-10 之中。 /This is the result of the phase characteristic of amplifiers used in the system being dependent on the instantaneous amplitude of the input signal. 这是由于用在该系统中的放大器的相位特性是取决于输入信号的瞬间振幅的缘故。(注意:the phase ... the input signal 是动名词复合结构作介词宾语。) ❷ 当它作为形容词时,注意下面例句的译法:A gradual increase in resistance with speed is characteristic of friction between the boat's bottom and the water. 船底与水之间摩擦的特点是,阻力随船速的增加而不断增加。/This curve is characteristic of many naturally occurring random disturbances. 这曲线表示了许多自然发生的随机扰动的特点。/Diffraction and interference are phenomena characteristic of waves.绕射和干涉是波所特有的两种现象。

characteristically [,kærɪktə'rɪstɪkəlɪ] *ad.* 特性上,特质上

characterization [,kærɪktəraɪ'zeɪʃən] *n.* 表征,特征化,性能描写,品质鉴定 〖用法〗❶ 该名词可以与"do"搭配使用。如:Only low-frequency characterization will be done with the hybrid parameters. 仅仅低频特性可用这些混合参数来描述。❷ 该名词有时可以用做可数名词。如:It is possible to find the entropy of a discrete memoryless source with such a characterization. 我们能够求出具有这种特性的分立式无记忆源的熵。

characterize ['kærɪktəraɪz] *v.* ①表征,表示…的特征,以…为特征 ②特性化,赋予…特性 ☆**be characterized by...** (的)特点是…; **may be characterized as** 可以称为〔描绘成〕… 〖用法〗注意下列例句的译法:Complex ratios of

voltage to current characterize one-port devices. 电压与电流的复数比表示了单端器件的特点。/It is generally understood that ac currents and voltages are characterized by their rms values. 人们一般懂得,交流电流和电压的特点是用它们的均方根值来表示的。/This device is characterized by its simple structure, low price and great portability. 这个设备的特点是结构简单,价格低廉,便于携带。/The curve is generally characterized as exponential or hyperexponential. 这曲线一般被称为〔被描绘成〕是指数型的或超指数型的。

characterless ['kærɪktələs] *n.* 无特征的,平凡的

charactery ['kærəktərɪ] *n.* 记号(法),征象(法)

charactron ['kærɪktrɒn] *n.* 显字管,字码管

chard [tʃɑ:d] *n.* 牛皮菜

charade [ʃə'rɑ:d] *n.* 看手势猜字谜游戏

charcoal ['tʃɑ:kəul] *n.* 炭

chare [tʃeə] ❶ *n.* 零碎工作,杂务 ❷ *v.* 做零活,做短工

charge [tʃɑ:dʒ] ❶ *v.* ①充〔起〕电,装(药,填) ②收(费),记入…账内 ③使…负担,委托,嘱咐 ④指责,控告 ⑤冲锋 ❷ *n.* ①电荷,充电〔气〕,(一次)装填(量) ②费用,经费 ③责任,照料 ④指控,嫌疑 ☆**at one's own charge** 自费; **be charged with** 充(了)电,装上,负…的责任; **charge for trouble** 把…当作损耗处理,对…扣除损耗费; **charge off** 运费与货到后收货人自付; **charges forward** 运费与货到后收货人自付; **charges paid** 费已付; **free of charge** 免费; **give in charge** 寄存,委托; **have charge of** 担任; **in charge** 主管(的),主任(的); **in charge of** 负…的责任,主持,照管; **in full charge** 负全责,猛然; **lay to one's charge** 由某人负责; **make a charge against** 非难,控告,袭击; **on the charge of** 因…罪; **put in charge of** 委托; **take charge of** 接办,负责,监督; **under the charge of** 由…管理 〖用法〗❶ 当它当"电荷"讲时,一般把它看成不可数名词,而当成一个一个电荷时则为可数名词。另外,其后面往往可跟 on。如:The charge on capacitor C remains practically constant. 电容器 C 上的电荷几乎是保持恒定的。/q is the charge on an electron. q 是电子的电荷。/No charges have ever been found of smaller magnitudes than those of a proton or an electron. 至今尚未发现哪个电荷量比质子或电子的电荷量还小。(" of smaller magnitudes ... an electron"是修饰主语"charges"的。) ❷ 当它表示及物动词"指控"时,一般用"charge sb. with sth."。

chargeability [,tʃɑ:dʒə'bɪlɪtɪ] *n.*【电子】荷电率

chargeable ['tʃɑ:dʒəbl] *a.* ①应负担的,应征收的 ②可充电的 ☆**be chargeable on ...** 应由…负担,应向…征(税); **be chargeable with ...** 应对…负责,应征收…

charged [tʃɑ:dʒd] *a.* 充电的,带电的,装填的,装药的

〖用法〗说"带正〔负〕电的"应该表示成"positively〔negatively〕charged"。

charge d'affaires ['ʃɑ:ʒeɪ dæ'feə] (法语)代办

chargehand ['tʃɑ:dʒhænd] *n.* ①工长,领班 ②监工

charge-in ['tʃɑ:dʒɪn] *n.* 进料

charger ['tʃɑ:dʒə] *n.* ①加载装置,装〔送〕材料,加液器,充入器,装弹器 ②【电子】充电器,充电整流器 ③装料者,委托者,突击者

charging ['tʃɑ:dʒɪŋ] *n.* ①装载,装〔进〕料 ②充〔起〕电,带电 ③充〔进〕气,注油,加液〔料,油〕,压〔注〕入

chargistor ['tʃɑ:dʒɪstə] *n.* 【电子】电荷管

charily ['tʃeərɪlɪ] *ad.* 谨慎地

chariness ['tʃeərɪnɪs] *n.* 谨慎,小心;节俭,吝啬

chariot ['tʃærɪət] ❶ *n.* ①弧刷支持器,齿车,(托)架 ②战车,运输车 ❷ *vt.* 用车子运输

charity ['tʃærɪtɪ] *n.* 施舍(行为),慈善(团体,事业)

chark [tʃɑ:k] ❶ *vt.* ①烧炭 ②炭化 ❷ *n.* 木炭,焦炭

charlatan ['ʃɑ:lətən] ❶ *n.* 骗子,假充内行的人,庸医 ❷ *a.* 骗人的

charlatanism ['ʃɑ:lətənɪzm], **charlatanry** ['ʃɑ:lətənrɪ] *n.* 欺骗,冒充,骗术,江湖医术

Charless Wain [tʃɑ:lɪz-weɪn] 北斗七星

Charlie ['tʃɑ:lɪ] 通信中用以代表字母 C 的词

charm [tʃɑ:m] ❶ *n.* 魅力;粲数,粲粒子 ❷ *vt.* 吸引

charmed [tʃɑ:md] *a.* 喜悦的,被迷住的

charmer ['tʃɑ:mə] *n.* 迷人的人

charming ['tʃɑ:mɪŋ] *a.* 吸引人的,有趣的 ‖ **~ly** *ad.*

charmless ['tʃɑ:mlɪs] *a.* 不带粲数的

charnel ['tʃɑ:nl] *n.* 骨灰堂,停尸室

charnockite ['tʃɑ:nəkaɪt] *n.* 【矿】紫苏花岗岩

charpie [ʃɑ:'pi:] (法语) *n.* 绒布

charpit ['tʃɑ:pɪt] *n.* 炭化坑

charred ['tʃɑ:d] *a.* 烧成炭的,烧焦的

charring ['tʃɑ:rɪŋ] *n.* 烧焦,炭〔焦〕化

charry ['tʃɑ:rɪ] *a.* 炭化的

chart [tʃɑ:t] ❶ *n.* 图表〔纸〕,表格,(有刻度的)记录纸 ②曲线(图),计算图(表) ③略〔挂,地,海,航线〕图 ❷ *v.* 制成图(表),以图(表)表示,制…的海图,指引(航向)

charta ['kɑ:tə] (pl. chartae) *n.* (外敷)纸剂,(药)纸

charter ['tʃɑ:tə] ❶ *n.* ①合同,(租船,海运)契约 ②宪章,(学会)规章 ③包租(车,船) ❷ *vt.* ①特许(设立) ②租用,包(车,机,船)

chartered ['tʃɑ:təd] *a.* 特许的,注册的,租用的

charterer ['tʃɑ:tərə] *n.* 租船人〔者〕

charting ['tʃɑ:tɪŋ] *n.* 制图〔表〕,编制海图,记录表格

chartless ['tʃɑ:tlɪs] *a.* 尚未绘有海图的,没有图籍可凭的

chartographer [kɑ:'tɒɡrəfə] *n.* 制图者

chartography [kɑ:'tɒɡrəfɪ] *n.* 制图法

chartometer [kɑ:'tɒmɪtə] *n.* 测图器

chartreuse [ʃɑ:'trəz] (法语) ❶ *n.* ①滋补药酒,荨麻酒 ②微黄之淡绿色 ❷ *a.* 微黄之淡绿色的

chartroom ['tʃɑ:tru:m] *n.* (轮船)海图室,(飞机)航图室

chary ['tʃeərɪ] *a.* 谨慎小心的

chase [tʃeɪs] *v.;n.* ①追(赶,逐),寻查,赶走 ②雕镂,刻画〔度〕,削,嵌 ③切螺纹,螺纹牙修理 ④凹口,(竖)沟,(暗线,管子)槽 ⑤在…上开槽,把…刻成锯齿形 ⑥打猎,猎场

chaser ['tʃeɪsə] *n.* ①螺纹(梳)刀,梳刀盘 ②丝板 ③碾压机 ④驱逐机,驱逐舰,猎潜艇〔艇〕,追踪导弹,追逐者 ⑤(飞行器交会时)主动跟踪装置 ⑥催询单

chasing ['tʃeɪsɪŋ] *n.* ①雕镂,嵌 ②切螺纹 ③追赶〔击,踪〕

chasm ['kæzm] *n.* ①裂口,陷坑,峡谷,深渊 ②巨大分歧〔差别〕,冲突(between)

chasma ['kæzmə] *n.* ①呵欠 ②张开

chasmed ['kæzmd] *a.* 成裂口的

chasmus ['kæzməs] *n.* 呵欠

chasmy ['kæzmɪ] *a.* 裂口多的

chassis ['ʃæsɪ] (pl. chassis) *n.* ①底盘,底架,底座 ②机架〔壳,箱〕,框〔起落〕架

chaste [tʃeɪst] *a.* 贞节的,高雅的

chasten ['tʃeɪsn] *vt.* 惩戒,抑制,磨炼

chat [tʃæt] *n.* 闲谈

〖用法〗表示"聊一聊"时,在它前面应该有一个不定冠词。如: I should like to have a chat with you. 我想要跟你聊一聊。

chateau ['ʃɑ:təu] (法语) (pl. chateaux) *n.* 城堡,别墅

chatoyant [ʃə'tɔɪənt] ❶ *n.* 猫眼石,金绿宝石 ❷ *a.* 变色的,闪光的

chattels ['tʃætlz] *n.* 动产

chatter ['tʃætə] *vi.;n.* ①震颤,振碎,颤动,听震器 ②振动声 ③唠叨

chattering ['tʃætərɪŋ] ❶ *n.* ①振动,震颤 ②振荡,间歇电震 ③(阀的)自激(振动)现象 ④咔嗒噪声 ❷ *a.* 颤振的

chattermark ['tʃætəmɑ:k] *n.* 振纹,震颤纹,振痕

chatty ['tʃætɪ] *a.* 健谈的,亲切的

chatwood ['tʃætwud] *n.* 灌木,矮林

chauffage ['tʃɔ:feɪdʒ] *n.* 温热(处理),烙热法

chauffeur ['ʃəufə] ❶ *n.* (自动车,小汽车)司机 ❷ *v.* 开(汽车运送)

chauffeurette [ʃəufə'ret], **chauffeuse** [ʃəu'fɜ:z] *n.* (汽车)女司机

chauvinism ['ʃəuvɪnɪzəm] *n.* 沙文主义

chauvinist ['ʃəuvɪnɪst] *n.* 沙文主义者 ‖ **~ic** *a.*

chaw [tʃɔ:] *v.* 咀嚼

cheap [tʃi:p] ❶ *a.* ①廉价的,便宜的,贬了值的 ②质量低劣的,价值不大的 ③肤浅的 ❷ *ad.* 便宜地 ☆ **hold … cheap** 认为…没有什么价值,轻视… ; **on the cheap** 便宜地,经济地 ‖ **~ly** *ad.*

〖用法〗当它表示"便宜"时,它只能说明"物品、东西",而不能说明"价格(price)"。如：This computer is very cheap. 这台计算机很便宜。但是应该说：The price of this computer is very low.

cheapen ['tʃi:pən] v.; n. 减价,降低…的威信

cheat [tʃi:t] v.; n. ①欺骗(行为),欺诈,作弊 ②骗子 ③(汽车上的)反光镜 ☆cheat in 行骗 cheat... into 骗…使; cheat ... (out) of(...) 骗(取)…的(…); cheat ... over(...) 诈取…的(…)

cheater ['tʃi:tə] n. 骗子

check [tʃek] v., n. ①校(核,正),检查,查查 ②(凭对号牌,联单)寄存,托运 ③抑〔阻〕止,(突然)停止,约束,监督 ④制止物,制动装置,挡水闸 ⑤支票,联〔账〕单 ⑥幅裂,棋〔方〕格,格子花,槽口 ⑦(国际象棋)将(一)军☆check A against B 对照 B 校核 A; check(A) for B 检查(A 的)B; check in 报到; check (A) on B 对(A 的)B 进行检查; check off 检验,查讫; check over 彻底检查(一遍); check up 核〔查〕(on), 与…相符(with); check with 以…校核,同…一致〔符合〕; draw a check 开出支票; hold (keep) in check 防〔制〕止; make a check against 对照…来校核; meet with a check 受阻,受挫折; put a check on 制止,禁止

〖用法〗❶ 当它作名词表示"检查,核查,调查"时一般是一个可数名词,因此它可以有单复数,其前面一般与动词 make 搭配,其后面与介词 on 搭配。如：The doctor made frequent checks on the patient's blood pressure. 那大夫时常检查这位病人的血压。/The advisor made his routine check on his Ph.D. candidates' papers. 那导师对博士生的论文作了例行检查。/As a first check on (5-7), we shall consider the following case. 作为对式(5-7)的一级检查,我们将考虑下面的情况。❷ 当它表示"支票"时,一般的用法为"a check for + 款额"以及"a check on + 银行的名称"。❸ 它作动词时,在科技文章中"check with"一般意为"与…符合"。如：This checks with the solid curve plotted in Fig. 6-8. 这与图 6-8 所画的实线曲线相吻合。

checkback ['tʃækbæk] n. 校核返回(信号)

checkboard ['tʃækbɔ:d] n. 挡板

checkbook ['tʃekbuk] n. 支票簿,存折

checked [tʃekt] a. ①格子花的 ②检验过的,已校核的

checker ['tʃekə] ❶ n. ①检验器,检验装置〔程序〕,检验品 ②检查〔校验〕员,抑制者 ③方格,花砖 ④交错排列,错列布置 ❷ v. 绘成格子花,制成方格

checkerboard ['tʃekəbɔ:d] ❶ n. 棋盘,方格盘 ❷ vt. 在…上面纵横交错地排列

checkered ['tʃekəd] a. ①方格式的,有格子花的,错列的 ②有波折的,有变化的

checkerwork ['tʃekəwз:k] n. (蓄热器)砖格子砌体,格式装置

checkgate ['tʃekgeɪt] n. 配水闸门,堰门

checkin ['tʃek'ɪn] n. 记入工时;报到,登记

checking ['tʃekɪŋ] n. ①检查(验),校对(核) ②抑制 ③裂纹,微裂,起裂纹

checklist ['tʃeklɪst] n. (核对用)清单

checkmate ['tʃekmeɪt] vt.;n. 打败,阻止,使受挫折

checknut ['tʃeknʌt] n.【机】防松螺母〔帽〕

checkout ['tʃek'aut] n. ①检查,测试,校验 ②调整 ③及格,合格 ④验算,结果 ⑤【计】检查输出〔结果〕,检验程序 ⑥检查完毕 ⑦工时扣除

checkpoint ['tʃekpɔɪnt] n. 检验〔校验,测试〕点,检查站

checkpost ['tʃekpəust] n. 检查哨所

checkrein ['tʃekreɪn] n.; v. 控制

checkroom ['tʃekru:m] n. 衣帽寄存处

checkstrap ['tʃekstræp] n. 车门开度限制皮带

checkstrings ['tʃekstrɪŋz] n. 牵索,号铃索

checktaker ['tʃekteɪkə] n. 收票人

checkup ['tʃekʌp] n. ①检查〔验〕,核〔校〕对,验算 ②体格检查

checkvalve ['tʃekvælv] n. 止回阀,检验开关

checkwork ['tʃekwз:k] n. ①方块式铺砌工作,棋盘形细木工 ②方格花纹,直角交缝式

cheddite ['tʃedaɪt] n. 谢德炸药

cheek [tʃi:k] n. ①(面)颊,频板,滑车的外壳,面频状部件,侧壁 ②(pl.)(机械、器具两侧)成对的部件 ③【机】中型箱,中间砂箱

cheekily ['tʃi:kɪlɪ] ad. 无耻地

cheeky ['tʃi:kɪ] a. 厚颜无耻的,色情的

cheep [tʃi:p] vi.; n. 吱吱地叫(声)

cheer [tʃɪə] n.; v. (对…)欢呼,(向…)喝彩,(令…)高兴,(使)振奋

cheerful ['tʃɪəful] a. 高兴的,令人愉快的 ‖ ~ly ad. ~ness n.

cheerily ['tʃɪərɪlɪ] ad. 愉快地,兴高采烈地

cheerless ['tʃɪəlɪs] a. 不高兴的,阴暗的

cheery ['tʃɪərɪ] a. 愉快的,兴高采烈的

cheese [tʃi:z] n. ①干〔乳〕酪 ②(坩埚)垫砖 ③高级的东西,重要人物

〖用法〗当它表示"一块奶酪"时用"a cheese","多块奶酪"则表示成"cheeses"。

cheesy ['tʃi:zɪ] a. 干酪样的

cheilion ['kaɪlɪɒn] n. 口角

ch(e)ilitis [kaɪ'laɪtɪs] n. 唇炎

cheilosis [kaɪ'lɒsɪs] n. 唇损害

cheirapsia [kaɪ'ræpsɪə] n. 按摩,手摩

cheirology [kaɪ'rɒlədʒɪ] n. 手语

chela ['ki:lə] n. 螯,钳(爪),夹子

cheland ['ki:lænd] n. 螯合配体

chelant ['ki:lænt] n. 螯合(掩蔽)剂

chelatase [ˌki:lə'teɪs] n.【生化】螯合酶

chelate ['ki:leɪt] n.;vt.;a. ①螯合(物,的) ②生成螯合物,螯环化 ③内部复杂的

chelation [ki:'leɪʃən] n. 螯合作用

chelatometry [ˌki:leɪtəmɪtrɪ] n.【生化】螯合测定

法,络合滴定法

chelator ['ki:leɪtə] n. 【化】螯合剂
chelidon [kə'laɪdən] n. 肘窝
chelidonine [,kelɪ'dəuni:n] n. 【生】白屈菜碱
cheloid ['ki:lɔɪd] n. 瘢痕瘤,瘢痕疙瘩
chelometry [tʃɪ'lɒmɪtrɪ] n. 【生化】螯合滴定法
chelon [ki:'ləun] n. 螯合剂
chelonia [kə'ləunɪə] n. 【动】海龟属
chemasthenia [,keməs'θi:nɪə] n. 化学作用衰弱
chemecology [,kemɪ'kɒlədʒɪ] n. 化学生态学
chemiadsorption ['kemɪed'sɔ:pʃən] n. 化学吸附
chemiatric [,kemɪ'ætrɪk] a. 化学医学(派)的
chemiatry ['kemɪətrɪ] n. 化学医学派
chemic ['kemɪk] n. 电流强度单位
chemical ['kemɪkl] ❶ a. 化学(上,用)的 ❷ n. (pl.)
①化学制品〔成分,药品〕 ②电流强度单位
chemically ['kemɪkəlɪ] ad. ①(在)化学(性质)上 ②用化学方法 ③从化学上来分析
chemicking ['kemɪkɪŋ] n. 漂白
chemicobiology [,kemɪkəubaɪ'blədʒɪ] n. 化学生物学
chemicoluminescence [,kemɪkəu,lu:mɪ'nesəns] n. 化学发〔荧,冷〕光
chemicophysics [,kemɪkəu'fɪzɪks] n. 化学物理学
chemicophysiology [,kemɪkəufɪzɪ'blədʒɪ] n. 化学生理学
chemicosolidifying [,kemɪkəu'sɒlɪdɪfaɪɪŋ] n.; a. 化学硬化(的)
chemicospectral [,kemɪkəu'spektrəl] a. 化学光谱的
chemification [,kemɪfɪ'keɪʃən] n. 化学化
chemigum ['kemɪgʌm] n. 【化】丁腈橡胶
chemihydrometry n. 化学测流(法),化学水文测验(法)
chemiluminescence [,kemɪlu:mɪ'nesəns] n. 化学(致)发光,化学荧光〔冷光〕,冷发光
chemiluminescent [,kemɪlu:mɪ'nesənt] a. 化学(致)发光的
cheminosis [,kemɪ'nəusɪs] n. 化学药品,化学质病
chemiotherapy [,kemɪə'θerəpɪ] n. 化学疗法
chemism ['kemɪzm] n. 化学历程,化学机理,化学亲和力,化学作用
chemisorb ['kemɪsɔ:b] vt. 化学吸附
chemisorpent [,kemɪ'sɔ:pənt] n. 化学吸附剂
chemisorption [,kemɪ'sɔ:pʃən] n. 化学吸附,活化吸附
chemist ['kemɪst] n. ①化学工作者,化学家 ②药剂师
chemistry ['kemɪstrɪ] n. 化学,物质的化学组成和化学性质
chemitype ['kemɪtaɪp] n. 化学制版,化学蚀刻凸版

chemization [,kemɪ'zeɪʃən] n. 化学化
chemkleen ['kemkli:n] n. 烃油
chem-mill ['kemmɪl] n. 化学蚀刻成形
chemoanalytic [,keməu,ənæ'lɪtɪk] a. 化学分析的
chemoautotroph [,keməu'ɒtətrəf] n. 【生化】化学自养生物
chemoautotrophic [,keməu,ɒtə'trɒfɪk] a. 化学自养的
chemoautotrophism [,keməu,ɒtə'trɒfɪzm] n. 化能自养
chemoautotrophy [,keməuɒ'tɒtrəfɪ] n. 化能自养
chemobiodynamics [,keməu,baɪədaɪ'næmɪks] n. 化学生物动力学
chemobionics [,keməubaɪ'ɒnɪks] n. 化学仿生
chemocephalia [,keməusɪ'feɪlɪə] n. 扁头
chemocephaly [,keməu'sefəlɪ] n. 扁头
chemoceptor [,keməu'septə] n. 【生】化学受体,化学感受器
chemocoagulation [,keməu,kəuægju'leɪʃən] n. 化学凝固
chemocreep ['keməkri:p] n. 化学蠕变
chemode ['keməud] n. 化学刺激器
chemodifferentiation [,keməu,dɪfərenʃɪ'eɪʃən] n. 化学分化
chemodiffusional [,keməudɪ'fju:ʒənəl] a. 化学扩散的
chemofining ['keməfaɪnɪŋ] n. 石油化学
chemographic [,kemə'græfɪk] a. 化学摄影的,化学照相的
chemography [kə'mɒgrəfɪ] n. 组织化学摄影术,化学照相法
chemoimmunology [,keməu,ɪmjʊ'nɒlədʒɪ] n. 免疫化学,化学免疫学
chemoinduction [,keməuɪn'dʌkʃən] n. 化学诱导,化学感应
chemokinesis [,keməukaɪ'ni:sɪs] n. 化学运动性
chemolithotrophy [kemə'lɪθɒtrəfɪ] n. 矿质化学营养
chemology [ke'mɒlədʒɪ] n. 化学
chemoluminescence [,keməu,ljumɪ'nesəns] n. 化学发光
chemolysis [ke'mɒləsɪs] n. 化学溶蚀,化学分解
chemomagnetization [,keməu,mægnɪtaɪ'zeɪʃən] n. 化学磁化
chemomorphosis [,keməu'mɔ:fəsɪs] n. 化学诱变
chemonastic [,kemə'næstɪk] a. 感药的
chemonasty [,kemə'næstɪ] n. 感药性
chemonite ['kemənaɪt] n. 【化】亚砷铜铵
chemonuclear [,kemə'nju:klɪə] a. 核化学的
chemoorganotrophy [,kemə,ɔ:gə'nɒtrəfɪ] n. 有机化学营养,外源有机营养

C

chemopause ['keməpɔ:z] n. 臭氧层顶,光化层顶

chemophysiology [,kemə,fɪzɪ'ɒlədʒɪ] n. 化学生理学

chemoplast ['keməplɑ:st] n. 化学质体

chemoprophylaxis [,kemǝu,prǝufɪ'læksɪs] n. (化学)药物预防

chemoreception [,kemǝu'rɪsepʃǝn] n. 化学接受,化学感受力

chemoreceptor [,kemǝurɪ'septǝ] n. 【化】化学受体,化学感受器

chemoreflex [,kemǝu'ri:fleks] n. 化学反射,化学感应

chemoresistance [,kemǝrɪ'zɪstǝns] n. 药物抗性,化学抗性,化学抵抗力

chemorheology [,kemɒri:'ɒlədʒɪ] n. 化学流变学

chemosensitive [,kemǝu'sensɪtɪv] a. 化学敏感的

chemosensory [,kemǝu'sensǝrɪ] a. 化学感受的,化学感应的

chemosetting [,kemǝ'setɪŋ] n. 化学固化

chemosmosis [,kemɒs'mǝusɪs] n. 化学渗透作用

chemosorbent [,kemǝ'sɔ:bǝnt] n. 化学吸附剂

chemosorption [,kemǝ'sɔ:pʃǝn] n. 化学吸附(作用)

chemosphere ['keməsfɪǝ] n. 臭氧层,光化圈

chemostat ['keməstæt] n. 化学稳定器,恒化器

chemosterilant [,kemǝ'sterɪlǝnt] n.【化】化学灭菌剂,化学绝育剂

chemosterilization [,kemǝ,sterɪlaɪ'zeɪʃǝn] n. 化学灭菌〔绝育〕

chemosurgery [,kemǝu'sɜ:dʒǝrɪ] n. 化学外科

chemosynthesis [,kemǝu'sɪnθǝsɪs] n. 化学合成

chemosynthetic [,kemǝusɪn'θetɪk] a. 化学合成的,化学自养的

chemotactic [,kemǝu'tæktɪk] a. 趋药性的

chemotaxin [,kemǝu'tæksɪn] n.【生化】化学吸引素

chemotaxis [,kemǝu'tæksɪs] n. 趋药性,趋化性

chemotaxonomy [,kemǝu'tæksǝnǝmɪ] n. 化学分类学

chemotherapeutant [,kemǝu,θerǝ'pju:tǝnt] n. 化学治疗剂

chemotherapeutic(al) [,kemǝu,θerǝ'pju:tɪk(ǝl)] a. 化学治疗的

chemotherapeutics [,kemǝu,θerǝ'pju:tɪks] n. 化学疗法,化学治疗

chemotherapy [,kemǝu'θerǝpɪ] n. 化学疗法,药物治疗

chemotron ['kemǝutrɒn] n. 电化学转换器

chemotronics [,kemǝu'trɒnɪks] n. 电化学转换术

chemotrophic [,kemǝu'trɒfɪk] a. 化学自养的

chemotrophy [kɪ'mɒtrǝfɪ] n. 化能营养

chemotropism [,kemǝu'trɒpɪzm] n. 向化性,向药性

chemurgy ['kemɜ:dʒɪ] n. 工业化学,农业化学加工学

chena ['tʃi:nǝ] n. 放荒林地

chenango ['tʃi:nǝngǝu] n. 有砂岩及页岩的冰碛平原

chenopodiaceae [,kɪnǝ,pǝudɪ'æsi:] n. 藜科

cheralite ['tʃerǝlaɪt] n.【矿】富钍独居石,磷钙钍矿

cherish ['tʃerɪʃ] vt. ①爱护,抚育,珍爱 ②怀有(希望)

chermeuse ['tʃɜ:mjus] n. 休缪思绢

chernikite ['tʃɜ:nɪkaɪt] n.【矿】钽钨钛钙石

chernovite ['tʃɜ:nǝvaɪt] n.【矿】砷钇矿

chernozem ['tʃeǝnǝzem] n. 黑土(带),黑钙土

chernozemic [,tʃeǝnǝ'zemɪk] a. 黑(钙)土的

cherry ['tʃerɪ] n.; a. 樱桃(的),鲜红的

chersonese ['kɜ:sǝni:z] n. 半岛

chert [tʃɜ:t] n. 燧石,黑硅石

cherty ['tʃɜ:tɪ] a. 燧石的,黑硅石的

chess [tʃes] n. ①国际象棋 ②浮桥板 ③雀麦

chessboard ['tʃesbɔ:d] n. 棋盘

chessom ['tʃǝm] ❶ a. 散料的,疏松的 ❷ n. 疏松土

chessylite ['tʃesɪlaɪt] n. 蓝铜矿(石青)

chest [tʃest] n. ①箱,柜,盒 ②胸(膛,廓) ③金库,公款,资金

chestdeep ['tʃestdi:p] a. 深及胸部的

Chester ['tʃestǝ] n. (英国)切斯特(城)

chesterfield ['tʃestǝfi:ld] n. 睡椅,长靠椅

chestnut ['tʃesnʌt] n.;a. 栗木〔树〕,栗色(的),枣红色(的) ☆**pull the chestnuts out of the fire** 火中取栗

chesty ['tʃestɪ] a. 骄傲的,自命不凡的

cheval [ʃǝ'væl] (法语) (pl. chevaux) n. 架子

chevalet [ʃǝ'væleɪ] (法语) n. 弦乐器

cheval-glass [ʃǝ'vælglɑ:s] n. 穿衣镜

chevalier [ʃevǝ'lɪǝ] n. 骑士,爵士

cheval-vapeur n. 公制马力

chev(e)ron ['ʃevrǝn] n. ①人字纹,人字形断口,山〔V〕形符号 ②百页板 ③波(浪)饰,锯齿形花饰

chevkinite ['ʃevkɪnaɪt] n.【矿】硅钛铈矿

chevon ['ʃevǝn] n. 羊肉

chevy ['tʃevɪ] v.; n. 追逐,使困惑

chew [tʃu:] v.;n. ①咀嚼 ②细想(沉思) (upon, over) ☆**bite off more than one can chew** 贪多嚼不烂

chewing-gum ['tʃu:ɪŋgʌm] n. 口香糖,橡皮糖

chi [kaɪ] n. (希腊字母)X, χ

chian ['kaɪǝn] n. 沥青,柏油

chiaroscuro [kɪ,a:rǝ'skuǝrǝu] n. 浓淡的映衬,明暗对照法

chiasma [kaɪ'æzmǝ] (pl. chiasmata) n. (视束)交叉

chiasmal [kaɪˈæzməl] *a.* (视束)交叉的

chiasmatic [ˌkaɪˈæzmætɪk] *a.* (视束)交叉的

chiasmatypy [kaɪˈæzmətaɪpɪ] *n.* 交换(染色体),
交叉型

chiasmic [kaɪˈæzmɪk] *a.* (视束)交叉的

chiastolite [kaɪˈæstəlaɪt] *n.* 空晶石

Chiba [ˈtʃɪbɑː] *n.* 千叶(日本港口)

chic [ʃiːk] (法语) *n.;a.* 别致(的),时式(的)

Chicago [ʃɪˈkɑːɡəʊ] *n.* (美国)芝加哥

chicane [ʃɪˈkeɪn] *n.;v.* 诡计,诈骗,狡辩 ‖ ~**ry** *n.*

chichi [ˈʃiːʃiː] *a.* 精致的,时式的

chick [tʃɪk] *n.* ①小鸡,雏鸡,雏禽 ②歼击机

chicken [ˈtʃɪkɪn] *n.* ①小鸡,鸡肉 ②向黑游离的信
号

chicken-hearted [ˈtʃɪkɪnˈhɑːtɪd] *a.* 胆小的

chickenpest [ˈtʃɪkɪnpest] *n.* 家禽疫,鸡瘟

chickenpox [ˈtʃɪkɪnpɒks] *n.* 水痘

chicklet [ˈtʃɪklɪt] *n.* 少女

chickling [ˈtʃɪklɪŋ] *n.* 小鸡

chide [tʃaɪd] (chid,chid(den) 或 chided,chided) *v.*
责备,责骂

chief [tʃiːf] ❶ *a.* ①主要的,首席的,主任的 ②总…,
主… ❷ *n.* ①首长(领),主任 ②主要部分

chiefly [ˈtʃiːflɪ] ❶ *ad.* ①首先,第一,主要地 ②大半
❷ *n.* (光,电)主线,主束

chieftain [ˈtʃiːftən] *n.* 头子,匪首,酋长,队长

chiffon [ˈʃɪfɒn] (法语) ❶ *n.* 薄绸 ❷ *a.* 用薄绸制
成的,像薄绸般透明的

chiklite [ˈtʃɪklaɪt] *n.* 铈钠闪石

chilblain [ˈtʃɪlbleɪn] *n.* 冻疮

child [tʃaɪld] (pl. children) *n.* ①孩子,儿童 ②儿子,
女儿,产物 ☆*(be) with child* 怀孕; *from a child*
自幼

childbearing [ˈtʃaɪldbeərɪŋ] ❶ *n.* 生产,分娩 ❷
a. 能生产的

childbed [ˈtʃaɪldbed] *n.* 分娩,生产,产褥

childbirth [ˈtʃaɪldbɜːθ] *n.* 分娩,生产

childhood [ˈtʃaɪldhʊd] *n.* 幼年(时代),童年,早期
☆*from one's childhood* 自幼

children [ˈtʃɪldʒən] child 的复数

child-welfare [ˈtʃaɪldwelfeə] *n.* 儿童福利

Chile [ˈtʃɪlɪ] *n.* 智利

Chilean [ˈtʃɪlɪən] *a.;n.* 智利的,智利人(的)

chiliad [ˈkɪlɪæd] *n.* (一)千年

Chilian [ˈtʃɪlɪən] = Chilean

chill [tʃɪl] *n.;a.;v.* ①冷(却,藏,淡,淬,硬,铸)冰冻,寒
战 ② 白口层,冷激层,急(发)冷 ③冷却物,激冷
铸型 ④【化】失光 ☆*cast a chill over* 扫兴;
catch a chill 受寒,发冷; *chills and fever* 疟疾;
take the chill off (烫)热一下

chillagite [ˈtʃɪləɡaɪt] *n.* 钼铅铅矿

chillator [ˈtʃɪˈleɪtə] *n.* 冷却器

chilldown [ˈtʃɪldaʊn] *n.* 冷却,冷凝

chilled [ˈtʃɪld] *a.* 冷〔激〕冷的,冷却(了)的,速冻的,
淬火的

chiller [ˈtʃɪlə] *n.* 深冷〔冷却〕器,冷铁,冷冻剂,食
品冷冻格,冷冻工人

chilli [ˈtʃɪlɪ] *n.* 辣椒

chilliness [ˈtʃɪlɪnɪs] *n.* (寒)冷,严寒

chilling [ˈtʃɪlɪŋ] *n.* 激冷,速冷,冷淬,白口

chilness [ˈtʃɪlnɪs] *n.* (寒)冷

chily [ˈtʃɪlɪ] *a.* ①(寒)冷的,凉飕飕的 ②冷淡的

chilopod [ˈkaɪləpɒd] *n.* 唇脚类动物(蜈蚣等)

chimaera [kaɪˈmɪərə] *n.* ①嵌合体 ②嫁接杂种
③怪物

chimatlon [kaɪˈmætlɒn] *n.* 冻伤,冻疮

chime [tʃaɪm] ❶ *n.* ①谐音,调和,配谐,钟声 ②桶
的凹边,桶底凸缘 ❷ *v.* ①(钟)鸣,敲钟 ②协调,
合拍,赞成(in) ③机械式地反复 ☆*chime in
with …* 跟…协调,附和…

chimera [kaɪˈmɪərə] *n.* ①幻想,妄想 ②交移现象
③嵌合体 ‖ **chimerical** *a.*

chimerism [kaɪˈmɪərɪzəm] *n.* 交移特质;遗传嵌合
体特性

chimetlon [kaɪˈmetlɒn] *n.* 冻疮

chimney [ˈtʃɪmnɪ] *n.* ①(高)烟囱,通风筒,烟道,(火
山)喷烟口 ②灯罩 ③冰川井,竖井 ④柱状矿体

chimneying [ˈtʃɪmnɪɪŋ] *n.* (高炉)气沟,管道气流,
烟囱作用

chimpanzee [ˌtʃɪmpənˈziː] *n.* (黑)猩猩

chin [tʃɪn] *n.* 刃,下巴,颏

China [ˈtʃaɪnə] *n.;a.* 中国,中国(产)的

china [ˈtʃaɪnə] *n.* ①瓷器(料,质黏土) ②金鸡纳
皮,秘鲁皮

chinaberry [ˈtʃaɪnəberɪ] *n.* 【植】楝树

china-clay [ˈtʃaɪnəkleɪ] *n.* 瓷土,高岭土

china-cypress [ˈtʃaɪnəsaɪprɪs] *n.* 【植】水松

chinampas [tʃɪˈnæmpəs] *n.* 墨西哥印地安人的
耕作法

chinaware [ˈtʃaɪnəweə] *n.* 瓷器

chinch [tʃɪntʃ] *n.* 臭虫

chinchonidine [tʃɪnˈkəʊnɪdaɪn] *n.* 辛可尼丁

chinchonin [tʃɪnˈkəʊnɪn] *n.* 【化】辛可宁碱

chine [tʃaɪn] *n.* ①山脊,(山)岭 ②峡谷 ③舷,脊骨,
脊肉

Chinese [ˈtʃaɪˈniːz] ❶ *a.* 中国(式,产)的,中华的
❷ *n.* 中国人;中文,汉语

chinidine [ˈtʃɪnɪdiːn] *n.* 奎尼定

chinine [ˈkaɪnɪn] *n.* 奎宁

chiniofon [kɪˈnɪəfən] *n.* 【药】药特灵

chink [tʃɪŋk] ❶ *n.* ①裂缝,龟裂 ②漏洞,弱点,空子
③叮当声 ❷ *v.* ①破裂 ②堵缝 ③发叮当声

chinkolobwite [ˌtʃɪnkəˈlɒbwaɪt] *n.* 硅镁铀矿

chinky [ˈtʃɪŋkɪ] *a.* 有〔多〕裂缝的,裂开的

chinning [ˈtʃɪnɪŋ] *n.* 引体向上

chino [ˈtʃiːnəʊ] *n.* 丝光卡其布

chinoform [ˈtʃɪnəfɔːm] *n.* 奎诺仿(肠内杀菌剂,防
腐剂)

chinoiserie [ˌʃiːnwɑːzˈ(ə)riː] (法语) *n.* 具有中
国艺术风格的物品

chinometer [tʃɪˈnɒmɪtə] *n.* 水平计,测坡仪

chinone [ˈtʃɪnəun] *n.* 【化】醌

chinotoxine [ˌtʃɪnəuˈtɒksɪn] *n.* 【化】奎诺毒素

chinovin [ˈtʃɪnɒvɪn] *n.* 金鸡纳(树皮)苷

chinse [tʃɪns] *n.* 捻缝,填隙

chintz [tʃɪnts] *n.* 擦光印花布

chiolite [ˈkaɪəlaɪt] *n.* 锥冰晶石

chionathin [ˌkaɪəˈnæθɪn] *n.* 流苏树脂

chip [tʃɪp] ❶ *n.* ①(薄,晶)片,(金属,木)屑 ②刀片,凿子,刻纹丝 ③(集成)电路片,芯片 ④航程测验板 ⑤凹口,缺口 ⑥微小的东西,无价值的东西 ❷ (chipped;chipping) *v.* ①削(成)薄(片),刨(削),削尖,凿 ②(用錾、铲)清理,修整 ☆**chip off** 削掉,切失(一小片); **chip out** 劈开,凿下; **not care a chip for** 对…毫不在意

chipboard [ˈtʃɪpbɔːd] *n.* 粗纸板,刨花板,碎木胶合板

chipless [ˈtʃɪplɪs] *a.* 无屑的

chipper [ˈtʃɪpə] *n.* ①錾,凿 ②风镐,切碎机,风动春砂机 ③风铲铲工,缺陷修整工

chipping [ˈtʃɪpɪŋ] *n.* ①修整,錾平,铲除表面缺陷 ②(pl.) 屑,(破碎)片 ③剥落

chippy [ˈtʃɪpɪ] *a.* 碎片的

chiragra [kaɪˈrægrə] *n.* 手痛

chiral [ˈtʃɪrəl] *a.* 手性的,手征的

chiralgia [kaɪˈrældʒɪə] *n.* 手痛

chirality [ˈtʃɪrəlɪtɪ] *n.* ①手征(性),手性 ②空间的螺旋特性 ③偏光率

chirapsia [kaɪˈræpsɪə] *n.* 按摩

chirarthritis [ˌkaɪrɑːˈθraɪtɪs] *n.* 手关节炎

chirismus [kaɪˈrɪzməs] *n.* 手法,按摩,手痉挛

chirograph [ˈkaɪəɡrɑːf] *n.* 骑缝证书,亲笔字据

chirology [kaɪˈrɒlədʒɪ] *n.* 手语(术)

chiromegaly [ˌkaɪrəuˈmeɡəlɪ] *n.* 巨手

chiropractic [ˌkaɪrəuˈpræktɪks] *n.* 按摩疗法

chiropractor [ˈkaɪərəpræktə] *n.* (脊柱)按摩疗法医生

chiropraxis [ˌkaɪrəuˈpræksɪ] *n.* 按摩疗法

chirp [tʃɜːp] *n.;v.* (发)唧啾声

chirped [tʃɜːpt] *a.* 唧啾效应的

chirping [ˈtʃɜːpɪŋ] *n.* ①唧啾作用 ②线性调频

chirurgeon [kaɪˈrɜːdʒən] *n.* 外科医生

chirurgery [kaɪˈrɜːdʒərɪ] *n.* 外科(学)

chirurgic [kaɪˈrɜːdʒɪk] *a.* 外科的

chisel [ˈtʃɪzl] ❶ *n.* ①凿子,錾子 ②(钻头)横刃 ③砂,砾,粗砂 ❷ (chisel(l)ed; chisel(l)ing) *v.* 凿,镂,雕(琢) ☆**chisel away** 凿掉,亏蚀; **chisel in** 干涉,妨碍,钻进; **chisel off** 切除 铲除

chisel(l)er [ˈtʃɪzlə] *n.* ①凿工 ②骗子

chisel(l)ing [ˈtʃɪzləlɪŋ] *n.* ①凿工 ②凿边〔缝,开〕,铲錾,铲凿平,凿(形)犁松土

chiselly, chisley [ˈtʃɪzlɪ] *a.* 多〔含〕沙砾的,粗颗粒的

chitin [ˈkaɪtɪn] *n.* (甲)壳质,几丁质,壳多糖,壳素

chitinase [ˈkaɪtɪneɪs] *n.* 壳多糖酶,几丁质酶

chitinous [ˈkaɪtɪnəs] *n.* 甲壳质的,几丁质的

chitobiose [ˈkaɪtəbaɪəus] *n.* 【生化】壳二糖

chitodextrin [ˌkaɪtəˈdekstrɪn] *n.* 壳糊精

chitosamine [kaɪˈtəusəmiːn] *n.* 壳糖胺,氨基葡糖,葡糖胺

chitosan [ˈkaɪtəsæn] *n.* 脱乙酰壳多糖,脱乙酰几丁质,聚氨基葡糖

chitose [ˈkaɪtəus] *n.* 【药】壳糖

chkalovite [tʃɪˈkɑːləvaɪt] *n.* 硅铍钠石

chlamydia [ˈklæmɪdɪə] *n.* 【生】衣原体

chlamydospore [kləˈmɪdəspɔː] *n.* 厚垣孢子,厚壁孢子

chloanthite [ˈkləunθaɪt] *n.* 【矿】(复)砷镍矿

chlopinite [ˈklɒpɪnaɪt] *n.* 【矿】钛铁铌钇矿

chloracetate [klɔːˈræsəteɪt] *n.* 【化】氯乙酸盐

chloral [ˈklɔːrəl] *n.* 【化】氯醛,水合氯醛

chloralide [ˈklɔːrəlaɪd] *n.* 氯醛交酯

chloralose [ˈklɔːrələus] *n.* 【医】氯醛糖

chloraluminite [klɔːˈæljumɪnaɪt] *n.* 氯钒石

chlorambucil [klɔːˈræmbjusɪl] *n.* 【药】苯丁酸氮芥

chloramide [ˈklɔːrəˈmaɪd] *n.* 【药】氯醛甲酰胺

chloramine [ˈklɔːrəmiːn] *n.* 【化】氯胺,氯亚胺

chloramphenicol [ˌklɔːræmˈfenɪkəl] *n.* 【医】氯霉素

chloranil [klɔːˈrænɪl] *n.* 【化】氯醌,四氯化醌

chloraniline [ˌklɔːrəˈnɪliːn] *n.* 【化】氯苯胺

chlorate [ˈklɔːrɪt] ❶ *n.* 【化】氯酸盐 ❷ *v.* 【化】氯化

chloration [klɔːˈreɪʃən] *n.* 氯化作用

chlorella [klɔːˈrelə] *n.* 小球藻

chlorellin [ˈklɔːurelɪn] *n.* 绿藻素,小球藻素

chlorendate [ˈklɔːrəndeɪt] *n.* 【化】氯菌酸盐(或酯)

chlorethyl [ˈklɔːreθɪl] *n.* 【化】乙基氯

chlorfenethol [klɔːˈfenɪθɒl] *n.* 【化】杀螨醇

chlorhematin [klɔːˈhemətɪn] *n.* 【化】氯化血红素

chlorhydrin [klɔːˈhaɪdrɪn] *n.* 【化】氯醇

chloric [ˈklɔːrɪk] *a.* 含五价氯的

chloridate [ˈklɔːrɪdeɪt] *v.;n.* 【化】氯化,氯化物

chloride [ˈklɔːraɪd] *n.* 【化】氯化物,漂白粉,盐酸盐

chloridization [klɔːrɪdaɪˈzeɪʃən] *n.* 【化】氯化(作用)

chloridize [ˈklɔːrɪdaɪz] *vt.* 【化】(用)氯化(物处理),涂氯化银

chloridometer [ˌklɔːrɪˈdɒmɪtə] *n.* 氯量计

chlorimet [ˈklɔːrɪmɪt] *n.* 耐蚀合金

chlorimetry [klɔːˈrɪmɪtrɪ] *n.* 【化】氯量滴定法

chlorinate [ˈklɔːrɪneɪt] ❶ *vt.* 【化】(使)氯化,用氯处理 ❷ *n.* 氯化物

chlorinated [ˈklɔːrɪneɪtɪd] *a.* 氯化了的

chlorination [ˌklɔːrɪˈneɪʃən] *n.* 【化】氯化(作用,处理),用氯消毒(法)

chlorinator [ˈklɔːrɪneɪtə] *n.* 加氯杀菌机,氯化器

chlorine [ˈklɔːriːn] *n.* 【化】氯(气)Cl

C

chlorinity [klɔːˈrɪnɪtɪ] *n.* 含氯量,氯度
chlorinolysis [ˌklɔːrɪˈnɒlɪsɪs] *n.*【化】氯解
chloriodide [ˈklɔːrɪəʊdaɪd] *n.*【化】氯碘化物
chlorion [ˈklɔʊrɪən] *n.*【化】氯离子,金莺
chlorite [ˈklɔːraɪt] *n.*【化】绿泥石,亚氯酸盐
chloritize [ˈklɔːrətaɪz] *vt.*【化】亚氯酸化
chlorizate [ˈklɔːrɪzeɪt] *v.;n.*【化】氯化(产物)
chlorization [ˌklɔːrɪˈzeɪʃ ən] *n.*【化】氯化作用
chlorknallgas [klɔːkˈneɪlgæs] *n.*【化】氯爆鸣气,爆炸性氯气氢气混合物
chloroacetone [ˌklɔːrəʊˈæsɪtəʊn] *n.*【化】氯丙酮
chloroacetophenone [ˌklɔːrəʊˌæsətəʊfəˈnəʊn] *n.*【化】氯乙酰苯,氯化苯乙酮
chloroacetyl [ˌklɔːrəˈæsɪtɪl] *n.*【化】氯乙酰(基)
chloroacetylene [ˌklɔːrəˌæsɪˈtɪliːn] *n.*【化】氯乙炔
chloroacid [ˌklɔːrəˈæsɪd] *n.*【化】氯代酸
chloroaluminium [ˌklɔːrəˌæljuˈmɪnɪəm] *n.* 氯化铝酞花青
chloroamide [ˌklɔːrəˈæmɪd] *n.*【化】氯酰胺
chloroamine [ˌklɔːrəˈæmiːn] *n.*【化】氯胺
chloroaniline [ˌklɔːrəˈænɪliːn] *n.*【化】氯苯胺
chloroazodine [ˌklɔːrəˈæzəʊdɪn] *n.*【化】二氯偶氮脒
chloroben [ˈklɔːrəbən] *n.*【化】邻二氯苯
chlorobenzene [ˌklɔːrəˈbenziːn] *n.*【化】氯苯
chlorobenzol [ˌklɔːrəˈbenzɒl] *n.*【化】氯苯
chloroboration [ˌklɔːrəbəˈreɪʃ ən] *n.*【化】氯硼化(作用)
chlorobromide [klɔːrəˈbrəʊmaɪd] *n.*【化】氯溴化物
chlorobutyl [ˌklɔːrəˈbutɪl] *n.*【化】氯丁基(橡胶)
chlorobutylation [ˌklɔːrəˌbutɪˈleɪʃ ən] *n.*【化】氯丁基化(作用)
chlorocarbene [ˌklɔːrəˈkɑːbiːn] *n.*【化】氯碳烯;氯代卡宾
chlorocarbon [ˌklɔːrəˈkɑːbən] *n.*【化】氯碳化合物
chlorocide [ˈklɔːrəsaɪd] *n.*【药】氯杀螨
chlorocobalamin [ˌklɔːrəˈkəʊbəleɪmɪn] *n.*【化】氯钴胺素
chlorocruorin(e) [ˌklɔːrəˈkruːərɪn] *n.* 血绿蛋白
chlorodibromide [ˌklɔːrədɪˈbrɒmaɪd] *n.* 二溴化氯,氯化二溴
chlorodioxin [ˌklɔːrədaɪˈɒksɪn] *n.* 氯化二氧杂环己烷
chlorodyne [ˈklɔːrədaɪn] *n.*【药】哥罗颠(止痛麻醉药)
chloroethylation [ˌklɔːrəˌeθɪˈleɪʃ ən] *n.*【化】氯乙基化(作用)
chlorofluoride [ˌklɔːrəˈfluəraɪd] *n.*【化】氯氟化物
chlorofluorination [ˌklɔːrəˌfluərɪˈneɪʃ ən] *n.*【化】氯氟化(作用)

chlorofluoromethane [ˌklɔːrəˌfluərəˈmeθeɪn] *n.*【化】氟氯烷,氟利昂
chloroflurocarbon [ˌklɔːrəˌfluərəˈkɑːbən] *n.*【化】含氯氟烃,氯氯碳
chlorofluromethane [ˌklɔːrəˌfluərəˈmeθeɪn] *n.*【化】含氯氟甲烷
chloroform [ˈklɒrəfɔːm] ❶ *n.*【化】三氯甲烷,氯仿,哥罗仿 ❷ *vt.* 用氯仿(麻醉,处理)
chloroformism [ˌklɒrəˈfɔːmɪzm] *n.*【化】氯仿中毒
chlorofos [ˈklɔːrəfəʊs] *n.*【药】敌百虫
chlorohafnate [ˌklɔːrəˈhæfneɪt] *n.*【化】氯铪酸盐
chlorohydrin(e) [ˌklɔːrəˈhaɪdrɪn] *n.*【化】氯(乙)醇
chlorohydrination [ˌklɔːrəˌhaɪdrɪˈneɪʃ ən] *n.*【化】氯醇化(作用)
chlorolabe [ˈklɔːrəleɪb] *n.*【化】绿敏素
chlorometer [klɔːˈrɒmɪtə] *n.* 氯量计
chloromethane [ˌklɔːrəˈmeθeɪn] *n.*【化】甲基氯,氯代甲烷
chloromethylation [ˌklɔːrəˌmeθɪˈleɪʃ ən] *n.*【化】氯甲(基)化(作用)
chloromycetin [ˌklɔːrəmaɪˈsiːtɪn] *n.*【药】氯霉素,氯胺苯醇
chloronaphthalene [ˌklɔːrəˈnæfθəliːn] *n.*【化】氯萘
chloronitrophen [ˌklɔːrəˈnɪtrəfɪn] *n.*【化】氯硝酚钠,二氯酸基苯
chloronorgutta [ˌklɔːrənɔːˈɡʌtə] *n.*【化】氯丁橡胶,聚氯丁(二)烯
chloroparaffin [ˌklɔːrəˈpærəfɪn] *n.* 氯化石蜡
chlorophdrin [ˈklɔːrəfdrɪn] *n.*【化】氯醇
chlorophenol [ˌklɔːrəˈfiːnəl] *n.*【化】氯酚
chlorophenothane [ˌklɔːrəˈfiːnəθeɪn] *n.*【药】滴滴涕
chlorophore [ˈklɔːrəfɔː] *n.*【生】载绿体
chlorophoria [ˌklɔːrəˈfəʊrɪə] *n.*【化】染绿素
chlorophos [ˈklɔːrəfɒs] *n.*【药】磷氯氯,敌百虫,甲基敌百虫
chlorophosphonation [ˌklɔːrəfɒsfəˈneɪʃ ən] *n.*【化】氯膦酰化(作用)
chlorophosphonazo [ˌklɔːrəfɒsfəˈnæzəʊ] *n.*【化】氯膦偶氮
chlorophyl(l) [ˈklɔːrəfɪl] *n.*【生】叶绿素
chlorophyllas [ˌklɔːrəˈfɪleɪz] *n.*【生化】叶绿酶
chlorophyllin [ˌklɔːrəˈfɪlɪn] *n.*【生化】叶绿酸
chlorophyllite [ˈklɔːrəfɪlaɪt] *n.* 绿叶石
chloropicrin [ˌklɔːrəˈpɪkrɪn] *n.*【化】三氯硝基甲烷,氯化苦
chloroplast [ˈklɔːrəplɑːst] *n.*【生】叶绿体
chloroplastid [ˌklɔːrəˈplæstɪd] *n.*【生】叶绿粒
chloroplastin [ˌklɔːrəˈplæstɪn] *n.*【生化】叶绿蛋白
chloroplatinate [ˌklɔːrəˈplætɪneɪt] *n.*【化】氯铂酸盐

C

chloroprene ['klɔ:rəpri:n] *n.*【化】氯丁二烯,氯丁橡胶

chloropropylation [,klɔ:rə,prəupɪ'leɪʃən] *n.*【化】氯丙基化(作用)

chloroquine [,klɔ:rə'kwi:n] *n.*【药】氯喹

chloroquinol [klɔ:rə'kwɪnɒl] *n.*【化】氯醌醇

chlororaphin [klɒ'rɒrəfɪn] *n.* 氯针菌素,色菌绿素

chlorosilane [klə:'rɒsɪleɪn] *n.*【化】氯硅烷

chlorosis [klə'rəusɪs] *n.* 萎黄病,缺绿病

chlorosity [klɔ:'rɒsɪtɪ] *n.* 体积氯度,含氯度

chlorospinel [,klɔ:rəspɪ'nel] *n.*【矿】绿尖晶石

chlorostan(n)ate [,klɔ:rəs'tæneɪt] *n.*【化】氯锡酸盐

chlorosulfonation [,klɔ:rə,sʌlfə'neɪʃən] *n.*【化】氯磺化

chlorosulphophen [,klɔ:rəsʌl'fɒfən] *n.*【化】氯磺酚

chlorotetracycline [,klɔ:rə,tetrə'saɪklɪn] *n.* 金霉素

chlorothorite ['klɔ:rəθərət] *n.*【矿】钍脂铅铀矿

chlorotitanate [,klɔ:rə'tɪtənert] *n.*【化】氯钛酸盐

chlorotrifluoroethylene [,klɔ:rə,traɪfluərə-'eθɪli:n] *n.*【化】三氟氯乙烯

chlorotrimethoxysilane [,klɔ:rə,traɪmeθɒksɪ-'sɪleɪn] *n.*【化】三甲基氯硅烷

chlorous ['klɔ:rəs] *a.*【化】亚氯的,与氯化合的,阴电性的

chlorovinyl ['klɔ:rəvɪnɪl] *n.*【化】氯乙烯基

chlorowax ['klɔ:rəwæks] *n.* 氯化石蜡

chlorpheniramine [,klɔ:fenɪ'ræmɪn] *n.*【药】氯芬胺,扑尔敏

chlorpromazin [klɔ:'prɒmæzɪn] *n.* 冬眠灵

chlorprophame [klɔ:'prɒfeɪm] *n.*【化】氯苯胺灵

choana ['kəuənə] (pl. choanae) *n.* 漏斗,鼻后孔,领细胞

choanal ['kəuənəl] *n.* 漏斗的,鼻后孔的

choanoid ['kəuənɔɪd] ❶ *a.* 漏斗状的 ❷ *n.* 漏斗形

choc [ʃɒk] (法语) *n.* ①休克 ②震扰,震荡

chock [tʃɒk] ❶ *n.* ①楔子,塞块,(三角)垫木 ②导缆器,小艇架,定盘 ❷ *vt.* (用楔)垫住,阻塞(up),填满(up with) ❸ *ad.* 紧密地,满满地

chock-a-block ['tʃɒkə'blɒk] *a.;ad.* 塞满(的),装塞地,紧紧(的)(with)

chocolate ['tʃɒ(:)kəlɪt] *n.* ①巧克力,深褐色 ②细云片岩

choice [tʃɔɪs] ❶ *n.* ①选择,挑选 ②备(选)品,备选者 ③精选品,精华 ❷ *a.* 精选的,上等的,值得用的,宠爱的 ☆*a great choice of* 各种各样供人选择的(物品); *at choice* 可随意选择; *at one's own choice* 随意; *by choice* 自选; *for choice* 凭喜爱; *have no choice but to (do)* 非(做)不可,除(做)外别无他法; *Hobson's choice* 没有选择的余地; *of choice* 精选的,特别的; *offer a choice* 听凭选择; *take one's choice*

选择
【用法】❶ 它作为名词时,通常与动词 make 搭配使用,表示"做出选择"。如:This choice is often made in practice. 在实践中,往往做这样的选择。❷ 注意搭配模式"the choice of A as B",意为"把 A 选作为 B"。如:The choice of ln C as the constant of integration is reasonable. 把 ln C 选作为积分常数是合理的。❸ 它前面往往可加不定冠词,表示动作含义时其后面一般跟"of",表示"选择方法〔数值〕"时其一般后跟"for"。如:This effect can be minimized by a proper choice of the length of the depletion layer. 通过适当选择耗尽层的长度就可把这效应降到最小。/A convenient choice for this value is 1 percent of the unmodulated carrier amplitude. 这个值的一种方便的选择是未调制载波振幅的 1%。❹ 注意下面例句的译法:A different choice of the constant will lead to a different form of the answer. 如果该常数选择不同,就可获得不同形式的答案。

choicely ['tʃɔɪslɪ] *ad.* 精选地,认真地

choiceness ['tʃɔɪsnɪs] *n.* 精选〔巧〕,优良

choir ['kwaɪə] *v.;n.* 合唱(队)

chokage ['tʃəukɪdʒ] *n.* 堵塞,阻碍

choke [tʃəuk] *v.;n.* ① 阻塞,塞满,窒息 ②扼制,抑制 ③扼流,扼流器,扼流线圈 ④节流门,调节闸板,节气门,(化油器)喉管 ⑤轮挡 ⑥食道梗塞,气哽 ☆*choke down* 用力咽下,强抑制住; *choke off* 使闷死,使中止,使放弃; *choke up* 塞住,阻塞; *choke up with* 阻塞,淤填

choke-damp ['tʃəuk'dæmp] *n.* (煤矿,深井中的)碳酸气

choke-out ['tʃəuk'aut] *n.* 闭死,阻塞

choker ['tʃəukə] *n.* ①窒息物,阻塞物 ②节气门,节流门 ③扼流线圈,扼流器 ④捆柴排机,夹钳 ⑤硬高领

choking ['tʃəukɪŋ] *n.;a.* ①阻塞(的),窒息(的) ②扼流(的),节气(的) ③楔住(的)

chokon ['tʃəukən] *n.*【电子】高频隔直流电容器

choky ['tʃəukɪ] *a.* 窒息性的

chola ['tʃəulə] *n.* 胆汁

cholagog(ue) ['kəuləgɒg] *n.* 利胆剂

cholane ['kəuleɪn] *n.;a.* ①胆(汁)的 ②胆烷

cholangitis [,kəulæn'dʒaɪtɪs] *n.* 胆管炎

cholate ['kəuleɪt] *n.*【化】胆酸盐,胆酸酯

cholera ['kɒlərə] *n.* 霍乱 | ~**ic** *a.*

choleric ['kɒlərɪk] *a.* 易怒的,性急的;胆汁质的

cholerine ['kɒlərɪn] *n.* 轻霍乱,霍乱病之初期

cholesterol [kə'lestərəul] *n.* 胆甾醇,胆固醇

cholesteryl [kə'lestərɪl] *n.*【化】胆甾基

cholic ['kəulɪk] *a.* 胆的

choline ['kəuli:n] *n.*【化】胆碱

chondrin(e) ['kɒndrɪn] *n.*【生】软骨胶

chondrite ['kɒndraɪt] *n.* 软骨;球粒状陨石

chondrule ['kɒndru:l] *n.*【天】陨石球粒,(陨星)粒状体

choose [tʃuːz] (chose, chosen) v. ①选择,挑选 ②决定,愿意 ☆**as you choose** 随你的便; **cannot choose but (do)** 不得不（做）,必须（做）; **choose A before B** 取 A 舍 B; **choose between** 在…之间作出选择; **There is nothing (little, not much) to choose between the two.** 两者不相上下,两者之间没有什么可选择的余地; **choose A from (among, out of) B** 从 B 中挑选 A; **choose to (do)** 愿意（做）,决定（做）〖用法〗❶ 表示"把 A 选择为（成）B"的句型为：choose A as B(B 是一个名词或形容词)或 choose A to be B(B 是一个名词或形容词)或 choose A B(B 一般是一个形容词)。如：We choose the above constant as positive. 我们把上面的那个常数选为正。/Here we choose the bandwidth of the noise to be much greater than the system passband. 这里我们把噪声的带宽选为远大于系统的通带。/In general, voltage levels should be chosen high enough. 通常应该把电压电平选得足够高。❷ 注意 choose 与 choose from 的区别：前者表示"挑选东西",而后者表示"从…中挑选一些"。如：Here are some instruments for you to choose from. 这里有一些仪器供你选用。❸ 注意下面例句中该词的含义：We choose to express the mode losses at ω₁ and ω₂ by the quality factors Q₁ and Q₂. 我们决定用质量因子 Q₁ 和 Q₂ 来表示波模损耗 ω₁ 和 ω₂。/Widespread convention chooses to define the minimum detectable signal power as equal to P_N. 广泛采用的惯例喜欢把最小的、可检测的信号功率定义为等于 P_N。

chooser ['tʃuːzə] n. 选择器

chop [tʃɒp] ❶ (chopped;chopping) v. ①斩断(碎),切断,砍,劈 ②(使)裂开 ③中断,遮光,斩波 ④多(突)变 ❷ n. ①裂口,龟裂 ②碎块,断层 ③【计】断续 ④(pl.)钳口,颚板 ⑤公章,图章,护照,出港证,商标 ☆**chop and change** 屡变,变化无常; **chop at ...** 向…砍去; **chop away** 砍掉; **chop down** 砍倒; **chop off** 切掉; **chop down** 砍倒

chopass ['tʃɒpɑːs] n.【电子】高频隔直流电容器

chopper ['tʃɒpə] n. ①斧子,砍刀,切碎机 ②【电子】断路器 ③【电子】交流变换器 ④削波器 ⑤遮光器 ⑥(中子)选择器 ⑦(pl.)直升机 ⑧石钵 ⑨验票员 ⑩切碎网

chopping ['tʃɒpɪŋ] ❶ a. 风向常变的,波涛汹涌的 ❷ n. ①斩,砍 ②削波,断幅

choppy ['tʃɒpɪ] a. ①多裂缝的 ②常变(方向)的

chord [kɔːd] ❶ n. ①弦,弦杆,【数】弦 ②可变基准线 ③琴线,和谐音 ❷ v. 上弦,调弦,和谐

chorda ['kɔːdə] (pl. chordae) n. 索,带,腱

chordal ['kɔːdəl] a. 弦的,和弦的

chordapsus [kɔː'dæpsəs] n.【医】急性肠炎

chordoma ['kɔːdəumə] n.【医】脊索癌

chordwise ['kɔːdwaiz] a.; ad. 弦向的(地)

chorea [kɒ'rɪə] n. 舞蹈病

choring ['tʃɔːrɪŋ] n. 零活,杂活

chorion ['kɔːrɪɒn] n.【医】绒(毛)膜,卵壳,浆膜 ‖ ~**ic** a.

chorisis ['kɔːrɪsɪs] n. 分离

chorisogram ['kɒrɪsəgræm] n. 等值图

chorista [kə'rɪstə] n. 分离体,分离组织

chorogram ['kɒrəgræm] n. 等值图

chorograph ['kɒrəgrɑːf] n. (断路)位置测定器

chorographer [kɒ'rɒgrəfə] n. 地志学者

chorography [kə'rɒgrəfɪ] n. 地方地理学,地方地图、地志编撰

choroid ['kɔːrɔɪd] n.【医】脉络膜

choroisotherm [kə'rɔɪsəθɜːm] n. (地区)等温线

chorology [kɒ'rɒlədʒɪ] n. 生物分布学,生物地理学

chorometry [kɒ'rɒmɪtrɪ] n. 土地测量

choropleth ['kɒrəpleθ] n. 等值线图

chorus ['kɔːrəs] n.;v. 合唱(队,曲) ☆**a chorus of** 一片…; **in (a) chorus** 齐声,一齐

chose [tʃəuz] choose 的过去式

chosen [tʃəuzn] ❶ choose 的过去分词 ❷ a. 精选的,拣过的

chouse [tʃaus] vt. 欺骗

chow [tʃau] n. 中国狗;食品,军粮,吃饭

chow-chow ['tʃau'tʃau] a. (混)杂的,什锦的

Christ [kraist] n. 基督

Christian ['krɪstjən] n.; a. 基督徒,基督(教)的

Christianity [,krɪstɪ'ænɪtɪ] n. 基督教

Christmas ['krɪsməs] n. 圣诞节

christobalite [krɪ'stɒbəlait] n. 方英石

chrochtron ['krəuktrɒn] n. 摆线管

chroma ['krəumə] n. 色品（度）,色饱和度

chromacoder ['krəuməkəudə] n. 信号变换装置,彩色信号编码器

chromacontrol ['krəuməkəntrəul] n. 色度调整

chromadizing ['krəumədaizɪŋ] n.【冶】铬酸处理

Chromador ['krəumədə] n.【冶】铬锰钢

chromagram ['krəuməgræm] **system** 色谱图系统

chromaking ['krəumeikɪŋ] n. 镀化

chromalize ['krəuməlaiz] vt. 镀铬

chroman ['krəumæn] n. ①色满 ②克罗曼镍铬基合金

chromanin ['krəumænɪn] n.【冶】克罗马宁电阻合金

chromansil [krəu'mænsɪl] n.【冶】铬锰硅钢,铬锰合金

chromascan ['krəuməskæn] n. 小型飞点式彩色电视系统

chromate ['krəumɪt] ❶ n.【化】铬酸盐,(pl.)铬酸盐类 ❷ vt. 加铬

chromatic [krəu'mætɪk] a. ①有色的,色彩的 ②半音(阶)的

chromatically [krəu'mætɪkəlɪ] ad. 上色,成半音阶

chromaticity [krəumə'tɪsɪtɪ] n. 色品,染色性

C

chromaticness [krə'mætɪknɪs] n. 色度感

chromatics [krə'mætɪks] n. 色彩学,颜色学

chromatid ['krəumətɪd] n.【生】染色单体

chromatin ['krəumətɪn] n.【生】染色质

chromatism [krə'mætɪzm] n. 色差,彩色学

chromatobar ['krəumətəubɑ:] n. 色谱棒

chromatocyte ['krəumətəusɪt] n. 嗜铬细胞

chromato-disk ['krəumətəudɪsk] n. 色谱圆盘

chromatodysopia [,krəumə,təudɪ'səupɪə] n. 色盲,色觉不良

chromatoelectrophoresis [,krəumə,təuɪ,lektrəufə'resɪs] n. 色谱电泳

chromatofuge ['krəumətəu'fju:dʒ] n.【化】离心色谱仪

chromatogram [krəu'mætəgræm] n.【化】色层谱,色谱

chromatograph [krəu'mætəgrɑ:f] n.;vt. ①色层谱,用色层法分离,用色谱分析 ②色谱分析仪 ③套色版

chromatographia [,krəumətəu'græfɪə] n. 色谱学

chromatographic [,krəumətəu'græfɪk] a. 色层的,层析的

chromatography [,krəumə'tɔgrəfɪ] n. ①色层法,色谱学 ②套色法

chromatology [,krəumə'tɔlədʒɪ] n. 色彩学

chromatolysis [,krəumə'tɔlɪsɪs] n.【生】染色质溶解

chromatomap ['krəumətəmæp] n. 色谱图

chromatometer [,krəumə'tɔmɪtə] n. 色度计,色觉计

chromatometry [,krəumə'tɔmɪtrɪ] n. 色度法,色度学

chromaton ['krəumətɔn] n. 改进型栅控彩色显像管

chromatopack ['krəumətəpæk] n. 色谱纸束

chromatophil [krəu'mætəfɪl] a. 易染的,嗜色的

chromatophilous [,krəumətə'fɪləs] a. 易染色的

chromatophore ['krəumətəfɔ:] n.【动】载色体,色素细胞

chromatopile [,krəumə'tɔpaɪl] n. 色层分离堆,色谱堆

chromatoplasm ['krəumətəplæzm] n.【植】色素质

chromatoplate ['krəumətəpleɪt] n. (薄层)色谱板

chromatoptometer [,krəumətəp'tɔmɪtə] n. 色觉计

chromatoptometry [,krəumətəp'tɔmɪtrɪ] n. 色觉检查

chromatoscope ['krəumətəskəup] n.【医】反射望远镜,彩光〔彩色〕折射率计

chromatosome [krəu'mætəusəum] n.【生】染色体

chromatostrip ['krəumətəstrɪp] n. 色谱条

chromatron ['krəumətrɔn] n. 栅控彩色显像管,色标管

chromatrope ['krəumətrəup] n. 成双的彩色旋转幻灯片

chromatype ['krəumətaɪp] n. 铬盐〔彩色〕相片,铬盐相片照相法

Chromax ['krəumæks] n.【冶】克罗马铁镍铬耐热合金

chrome [krəum] ❶ n.【化】铬 Cr,铬黄(颜料),镀铬,铬合金之物 ❷ v. 镀铬

chromed [krəumd] a. 镀铬的

chromel(l) ['krəuml] n.【冶】克罗麦尔铬镍耐热合金,镍铬(电阻)合金

chromet ['krəumɪt] n.【冶】铝硅合金

chromic ['krəumɪk] a. 铬的

chromicize ['krəumɪsaɪz] v.【冶】加铬,铬处理

chromidia ['krəumɪdɪə] n.【生】核外染色粒

chromidium [krəu'mɪdɪəm] n.【生】散生染色粒

chrominance ['krəumɪnəns] n.【物】色度〔差〕,彩色信号

chroming ['krəumɪŋ] n. 镀铬,铬鞣

chromiole ['krəumɪəul] n.【生】染色微粒

chromising = chromizing

chromism ['krəumɪzm] n. 着色异常

chromite ['krəumaɪt] n.【化】亚铬酸盐,铬铁(矿)

chromium ['krəumjəm] n.【化】铬

chromize ['krəumaɪz] v. 渗〔镀〕铬

chromizing ['krəumaɪzɪŋ] n. 铬化(处理),(扩散)镀铬

chromo ['krəuməu] n. 彩色〔套色〕石印版;彩色信号通道

chromoblast ['krəuməblɑ:st] n. 成色素细胞

chromograph ['krəuməugrɑ:f] ❶ n. 胶版复制品 ❷ vt. 用胶版复制器复制

chromoisomer [krəu'mɔɪsəmə] n. 异色异构体

chromoisomerism [krəu'mɔɪsəmərɪzm] n. 异色异构现象

chromolithograph ['krəuməu'lɪθəgrɑ:f] n. 彩色石印版,彩色石印

chromolithographic ['krəuməlɪθə'græfɪk] a. 彩色石印术的

chromolithography ['krəumə'lɪθəgrɑ:fɪ] n. 彩色石印术,彩色平版印刷术

chromomere ['krəuməmɪə] n.【生】染色粒

chromometer [krə'mɔmɪtə] n. 比色计

chromometry [krəu'mɔmɪtrɪ] n. 比色法

chromomycin [krəu'maɪsɪn] n.【化】色霉素

chromonar ['krəumənɑ:] n.【化】克洛莫纳

chromone ['krəuməun] n.【化】色酮,对氧萘酮

chromonema ['krəumənemə] n. 染色线,染色丝

chromoparous ['krəuməpærəs] a.【生】分泌色素的

chromopexy ['krəuməpeksɪ] n.【生】色素原吞噬作用,色素固定

chromophil ['krəumǝfɪl] ❶ *n.* 【生】易染性,易染细胞,嗜染细胞 ❷ *a.* 易染(色)的,嗜色的
chromophile ['krəumǝfaɪl] *a.* 易染的,嗜染性
chromophilia [,krəumǝ'fɪlɪə] *n.* 易染性,嗜染性
chromophilic [,krəumǝ'fɪlɪk] *a.* 易染的,嗜染的
chromophilous [,krəumǝ'fɪləs] *a.* 易染的,嗜染的
chromophobe ['krəumǝfəub] ❶ *n.* 难染细胞,嫌色细胞 ❷ *a.* 难染的,嫌色的
chromophobia [,krəumǝ'fəubɪə] *n.* 难染性,嫌色性
chromophobic [,krəumǝ'fəubɪk] *a.* 难染的,嫌色的
chromophore ['krəumǝfɔ:] *n.* 发色团,色基
chromophoric [,krəumǝ'fɔ:rɪk] *a.* 发色的
chromophorous [,krəumǝ'fɔ:rəs] *a.* 具有色素的
chromophotograph [,krəumǝ'fəutəgrɑ:f] *n.* 彩色照相
chromophotometer [,krəumǝfǝ'tɒmɪtǝ] *n.* 比色计
chromoplasm ['krəumǝplæzm] *n.* 【生】色素质
chromoplast ['krəumǝplɑ:st] *n.* 【植】有色体
chromoplastid [,krəumǝ'plæstɪd] *n.* 【生】有色粒
chromoprotein [,krəumǝ'prəuti:n] *n.* 【生化】色蛋白
chromoscan ['krəumǝskæn] *n.* 彩色扫描
chromoscope ['krəumǝskəup] *n.* ①彩色显像管 ②(彩色电视接收用)表色管 ③验色管
chromosomal [,krəumǝ'səuməl] *a.* 【医】染色体的
chromosome ['krəumǝsəum] *n.* 【医】染色体
chromosomoid [,krəumǝ'sɒmɔɪd] *a.* 【医】拟染色体
chromosomology [,krəumǝsǝ'mɒlǝdʒɪ] *n.* 染色体学
chromosphere ['krəumǝsfɪǝ] *n.* (太阳的)色球(层)
chromotropic [,krəumǝ'trɒpɪk] *a.* 异色异构的
chromotropy ['krəumǝtrɒpɪ] *n.* 异色异构(现象)
chromotype ['krəumǝtaɪp] *n.* 彩色印刷术,彩色摄影
chromous ['krəuməs] *a.* 【化】(亚,二价)铬的
chromousometry [,krəumǝ'sɒmɪtrɪ] *n.* 【化】亚铬滴定法
chromow ['krəuməu] *n.* 【冶】铬钼钨钢
chromoxylograph [,krəumǝ'zaɪlǝgrɑ:f] *n.* 木版彩色画
chromoxylography [,krəumǝ'zaɪlǝgrɑ:fɪ] *n.* 木版彩印术
chromyl ['krəumɪl] *n.* 【化】铬酰,氧铬基
chronaxia ['krəunæksɪə],**chronaxie** ['krəunæksɪ], **chronaxy** ['krəunæksɪ] *n.* 时值
chronaximeter [,krəunæk'sɪmɪtǝ] *n.* 时值计,电

子诊断器
chronaximetry [,krəunæk'sɪmɪtrɪ] *n.* 时值测定法
chronic ['krɒnɪk] *a.* 长期的,慢性的
chronicity [krɒ'nɪsɪtɪ] *n.* 慢性,延久性
chronicle ['krɒnɪkl] ❶ *n.* ①记录,大事记,时报 ②编年史 ❷ *vt.* 记录,按年代记载,载入历史
chronistor ['krɒnɪstǝ] *n.* 【电子】超小型计时器
chrono ['krəunəu] *a.* 慢性的,长期的
chronoamperometric [,krɒnǝ,æmpǝrǝ'metrɪk] *a.* 计时电流测定的
chronoamperometry [,krɒnǝ,æmpǝ'rɒmɪtrɪ] *n.* 计时安培分析法
chronobiology [,krɒnǝbaɪ'ɒlǝdʒɪ] *n.* 生物寿命学,生物钟学
chronocomparator [,krɒnǝ'kɒmpǝreɪtǝ] *n.* 时间比较仪
chronoconductometric ['krəunǝkǝndʌktǝ'metrɪk] *a.* 计时电导测定的
chronocoulometric ['krəunǝku:lǝ'metrɪk] *a.* 计量电量测定的
chronocoulometry ['krəunǝku:'lɒmɪtrɪ] *n.* 计时库仑分析法
chronocyclegraph ['krɒnǝ'saɪklgrɑ:f] *n.* 操作的活动轨迹记录(法)
chronogeochemistry ['krɒnǝdʒɪɒ'kemɪstrɪ] *n.* 地质年代化学
chronogeometry ['krɒnǝdʒɪ'ɒmɪtrɪ] *n.* 时间几何学
chronogram ['krɒnǝgræm] *n.* 计〔录〕时间
chronograph ['krɒnǝgrɑ:f] *n.* 计时器,录时器,精密记时计
chronography [krəu'nɒgrǝfɪ] *n.* 时间记录法
chronoisotherm [krɒ'nɒɪsǝθɜ:m] *n.* 计时等温线
chronological [,krɒnǝ'lɒdʒkl] *a.* 编年的,按年代先后的
chronologize [krǝ'nɒlǝdʒaɪz] *vt.* 按年代排列,作年表
chronology [krǝ'nɒlǝdʒɪ] *n.* 年代学,纪年法
chronometer [krǝ'nɒmɪtǝ] *n.* ①记时计,天文钟 ②经纬仪
chronometeric(al) [,krɒnǝ'metrɪk(ǝl)] *a.* ①记时计的,天文钟的 ②用精密时计测定的,记时代的 ‖ ~ally *ad.*
chronometry [krǝ'nɒmɪtrɪ] *n.* (精确)时间测定法
chronomyometer [,krɒnǝmaɪ'ɒmɪtǝ] *n.* 时值计
chronon ['krəunɒn] *n.* 定时转录子,ived时间元
chronopher ['krɒnǝfǝ] *n.* 电位控报时器
chronophotograph [,krɒnǝ'fəutǝgrɑ:f] *n.* 连续照相
chronophotography [krəunǝ'fəutǝgrɑ:fɪ] *n.* 记录摄影
chronopotentiogram [,krəunǝpǝ'tenʃɪǝgræm] *n.* 计时电位(曲线)图

chronopotentiometric [ˌkrəʊnəpəˌtentɪə-'metrɪk] a. 计时电位滴定的
chronopotentiometry [ˌkrɒnɒpəˌtentɪ'ɒmɪtrɪ] n. 计时电势分析（滴定）法
chronoscope ['krɒnəskəʊp] n. （精密）记时计,微时测定器,千分秒表
chronosequence [ˌkrəʊnə'siːkwəns] n. 年龄系列
chronotherm ['krɒnəθɜːm] n. 温度记时计
chronothermal [ˌkrɒnə'θɜːməl] a. 寒温交替的,周期性体温变化的
chronotoxicology [ˌkrɒnəˌtɒksɪ'kɒlədʒɪ] n. 生物钟毒理学,慢性毒理学
chronotron ['krɒnətrɒn] n. 摆线管,延时器,脉冲叠加测时仪,计时管
chronotropic [ˌkrɒnə'trɒpɪk] a. 变时的,变速性的
chronotropism [krə'nɒtrəpɪzm] n. 变时现象,变速性
chronozone ['krɒnəzəʊn] n. 年代带
chrysalid ['krɪsəlɪd] a. 蝶蛹的
chrysalis ['krɪsəlɪs] n. 蝶蛹,茧
chrysamine ['krɪsəmiːn] n. 柯胺
chrysanthemum [krɪ'sænθəməm] n.【植】菊花
chrysanthene [krɪ'sænθən] n.【化】菊烯
chryselephantine [ˌkrɪsəlɪ'fæntɪn] a. 用金子和象牙做成的
chrysoberyl ['krɪsəberɪl] n. 金绿宝石,金绿玉
chrysocolia [ˌkrɪsə'kɒlɪə] n. 硅孔雀石
chrysolite, chrysolyte ['krɪsəlaɪt] n. 贵橄榄石
chrysopal [krɪ'səʊpəl] n. 金绿宝石
chrysophoron [krɪ'sɒfərɒn] n. 琥珀
chrysoprase ['krɪsəpreɪz] n.【矿】绿玉髓
chrysotil(it)e ['krɪsətaɪl] n. 纤维蛇纹石,温石棉
chuck [tʃʌk] ❶ n. 夹盘,花盘,(电磁)吸盘 ②(轧辊的)轴承座 ③(被)解雇 ❷ vt. ①夹入夹盘,(用卡盘)卡住 ②抛弃,停止(up) ③扔掉,浪费,错过(away)
chucker ['tʃʌkə] n. 六角车床
chuckhole ['tʃʌkhəʊl] n. (路面)坑洼
chucking ['tʃʌkɪŋ] n.;a. ①夹具 ②装卡,卡紧(的),夹入夹头中
chuff [tʃʌf] n.;v. ①(固体火箭发动机)间歇性燃烧 ②爆炸声,火箭间歇燃烧时所发出的声音 ☆ **chuff up** (俚)使振奋,鼓励,取悦
chuffy ['tʃʌfɪ] a. 矮胖的,肥胖的
chug [tʃʌg] ❶ n. 咔嚓声 ❷ (chugged;chugging) vi. ①(液体火箭发动机内)不均匀燃烧 ②(发动机燃烧时所发出的)爆炸声,(机器等的)咔嚓声 ③(反应堆的)功率突变
chukar [tʃə'kɑː] n. 石鸡
chump [tʃʌmp] n. (石、木)块,木片
chunk [tʃʌŋk] ❶ n. ①(厚,大,巨,结)块 ②大量,大部分 ❷ v. 剥落(off)
church [tʃɜːtʃ] n. 教堂（会）

churchite ['tʃɜːtʃaɪt] n.【矿】水磷钚矿
churn [tʃɜːn] ❶ n. ①(摇转)搅乳器 ②搅乳机 ❷ v. (剧烈)搅拌, 翻腾 ☆ **churn out** 通过机械力产生,艰苦地做出; **churn up** 翻动,把…搅起来
churner ['tʃɜːnə] n. 手摇式长钻
churning ['tʃɜːnɪŋ] n. ①旋涡,涡流度 ②搅动(拌),搅乳
churnmilk ['tʃɜːnmɪlk] n. 脱脂奶
churr [tʃɜː] n. 交流声,颤鸣
chutable ['tʃʌtəbl] a. 可用斜槽运送的
chute [ʃuːt] ❶ n. ①(斜,滑)槽 ②瀑布,急流 ③降落伞 ❷ v. 用斜槽进料
chuting ['ʃuːtɪŋ] n. ①斜槽运输,用滑槽运料 ②滑槽,滑运道
chyle [kaɪl] n. 乳糜
cibarian [sɪ'beərɪən] a. 食物的
cibarium [sɪ'beərɪəm] n. 食窦
cibus ['saɪbəs] n. 食物
cicatrice ['sɪkətrɪs], **cicatrix** ['sɪkətrɪks] (pl. cicatrices) n. 伤痕,瘢,疤
cicatricle [sɪ'kætrɪkl] n. 瘢痕,(卵黄的)胚点
cicatrize ['sɪkətraɪz] v. 生疤,(使)愈合
cider ['saɪdə] n. 苹果汁,苹果酒
cidevant [siːdə'ven] (法语) a. 以前的,前…
cidin ['sɪdɪn] n. 杀细胞粒体
cigar [sɪ'gɑː] n. 雪茄烟
cigaret(te) [sɪgə'ret] n. 香烟
cigarette-burning [sɪg'ret'bɜːnɪŋ] a. 端面燃烧的
cigar-shaped [sɪ'gɑːʃeɪpt] a. 雪茄形的
cilia ['sɪlɪə] cilium 的复数
ciliary ['sɪlɪərɪ] a. 睫毛的,睫状体的,纤毛的
ciliate ['sɪlɪt] n. 纤毛虫
ciliate(d) ['sɪlɪeɪtɪd] a. 有纤毛的,细毛状的
ciliatine ['sɪlɪətiːn] n.【化】氨乙基磷酸
ciliation [ˌsɪlɪ'eɪʃən] n. 具有纤毛
cilium ['sɪlɪəm] (pl. cilia)【生】睫,纤毛,鞭毛
cimex ['saɪmeks] (pl. cimices) n. 臭虫
cimicifugin [ˌsaɪmɪ'sɪfjʊdʒɪn] n. 升麻素
cimolite ['sɪmələɪt] n. 水磨土
cinch [sɪntʃ] ❶ n. 容易有把握的事情 ❷ vt. ①捆紧,扭住 ②卷绕不匀,松动 ③确定,弄明白
cinchaine ['sɪnkaɪn] n. 辛咖因
cinchene ['sɪnkiːn] n.【化】辛可烯
cinchol ['sɪnkəl] n.【化】辛可醇
cinchona [sɪn'kəʊnə] n.【植】金鸡纳树,奎宁
cinclisis ['sɪŋklɪsɪs] n. 呼吸促迫,急速眨眼
cincture ['sɪnktʃə] ❶ n. (束)带,边轮 ❷ vt. 用带子缠卷
cinder ['sɪndə] ❶ n. 炉(矿)渣,(pl.) 炉灰,灰烬 ❷ vt. 撒煤渣
cindery ['sɪndərɪ] a. (含)煤渣的,(似)熔渣的
cine [sɪnɪ] n. 电影(院)
cinecamera [ˌsɪnɪ'kæmərə] n. (小型)电影摄影机
cinicism ['sɪnɪsɪzm] n. 影评

cinecolo(u)r [ˌsɪnɪ'kʌlə] *n.* 彩色电影

cinecult ['sɪnɪkʌlt] *n.* 电影热潮,电影崇拜

cinefaction [ˌsɪnɪ'fækʃən] *n.* 灰化,煅灰法

cinefilm ['sɪnɪfɪlm] *n.* 电影胶片

cineholomicroscopy [ˌsɪnɪˌhɒlə,maɪ'krɒskəpɪ] *n.* 显微全息电影照相术

cinekodak ['sɪnɪ'kəʊdæk] *n.* 小型电影摄影机,柯达电影机

cinema ['sɪnɪmə] *n.* 电影(工业,制片技术),影片,电影院

cinemact ['sɪnɪmækt] *vi.* 做电影演员

cinemaddict ['sɪnɪmædɪkt] *n.* 影迷

cinema-goer ['sɪnɪməgəʊə] *n.* 常看电影的人,影迷

cinemascope ['sɪnɪməskəʊp] *n.* 立体声宽银幕电影

cinemaster ['sɪnɪmɑːstə] *n.* 电影明星

cinematic [ˌsɪnɪ'mætɪk] *a.* 电影的,影片的

cinematically [ˌsɪnɪ'mætɪkəlɪ] *ad.* 用电影方式

cinematics [ˌsɪnɪ'mætɪks] *n.* ①(电影)制片术,电影工艺 ②kinematics 的异体词

cinematize ['sɪnɪmətaɪz] *vt.* 把…摄制成电影

cinematograph [ˌsɪnɪ'mætəgrɑːf] ❶ *n.* ①电影摄影(放映)机 ②电影制片术 ❷ *v.* 拍电影,影片的放映

cinematographer [ˌsɪnɪmə'tɒgrəfə] *n.* 电影摄影师

cinematographic [ˌsɪnɪmætə'græfɪk] *a.* 电影(摄影术)的 ‖ **~ally** *ad.*

cinematography [ˌsɪnɪmə'tɒgrəfɪ] *n.* 电影(摄影)术

cinemicrograph [ˌsɪnɪmaɪ'krɒgrɑːf] *n.* 显微摄制电影

cinemicrography ['sɪnɪmaɪ'krɒgrəfɪ] *n.* 显微电影摄影术

cinemicroscopy ['sɪnɪmaɪ'krɒskəpɪ] *n.* 电影显微术

cinemusic [ˌsɪnɪ'mjuːzɪk] *n.* 电影音乐 ‖ **~al** *a.* **~ally** *ad.*

cineol(e) ['sɪnɪəʊl] *n.* 【化】桉树脑

cinepanoramic ['sɪnɪpænə'ræmɪk] *n.* 全景宽银幕电影

cinephotomicrography [ˌsɪnɪˌfəʊtəʊmaɪ'krɒgrəfɪ] *n.* 显微摄影制片术,显微电影

cineprojector ['sɪnɪprə'dʒektə] *n.* 电影放映机

cineradiography [ˌsɪnɪˌreɪdɪ'ɒgrəfɪ] *n.* 射线活动摄制术

cinerama [ˌsɪnɪ'rɑːmə] *n.* 全景电影,宽银幕立体电影

cineration [ˌsɪnə'reɪʃən] *n.* 灰化,煅灰(法)

cinerator ['sɪnɪreɪtə] *n.* (垃圾)焚化炉,火葬场

cinerecord [ˌsɪnərɪ'kɔːd] *vi.* 拍摄记录电影

cinereous [sɪ'nɪərɪəs] *a.* 灰(色)的,似灰的,灰白色的

cinerite ['sɪnɪraɪt] *n.* 火山渣沉积,火山渣岩

cineritious [ˌsɪnə'raɪtɪəs] *a.* 灰色的,烬灰色的

cineroentgenography [ˌsɪnɪˌrɒntdʒə'nɒgrəfɪ] *n.* X 线电影摄术

cinesextant [ˌsɪnɪ'sekstənt] *n.* 电影六分仪

cinesiology [ˌsɪnəsɪ'ɒlədʒɪ] *n.* 运动学

cinesiotherapy [ˌsɪnəsɪə'θerəpɪ] *n.* 运动疗法

cinesipathy [ˌsɪnə'sɪpəθɪ] *n.* 运动障碍,运动疗法

cinespectrograph [ˌsɪnəspek'trɒgrɑːf] *n.* 电影摄谱仪

cinesthesia [ˌsɪnəs'θiːsɪə] *n.* 运动觉,动觉

cinesthetic [ˌsɪnəs'θetɪk] *a.* 运动觉的,动觉的

cinetheodolite [ˌsɪnɪθɪ'ɒdəlaɪt] *n.* 电影经纬仪,高精度光学跟踪仪

cinetic [sɪ'netɪk] *a.* 运动的,动力的

cingens ['sɪndʒəns] *a.* 包围着的

cingule ['sɪŋgjuːl] *n.* 带,扣带

cingulum ['sɪŋgjʊləm] (pl. cingula) *n.* 带,系带

cinnabar(ite) ['sɪnəbɑː(raɪt)] ❶ *n.* 朱砂,一硫化汞,辰砂 ❷ *a.* 朱红的

cinnabarin ['sɪnə'bɑːrɪn] *n.* 朱红菌素

cinnabarine [ˌsɪnə'bɑːriːn] *n.* 朱红色

cinnamate ['sɪnəmeɪt] *n.* 【化】肉桂酸

cinnamene ['sɪnəmiːn] *n.* 【化】苯乙烯

cinnamenyl ['sɪnəmənɪl] *a.* 【化】苯乙烯基

cinnamic [sɪ'næmɪk] *a.* 桂皮的,肉桂的

cinnamon ['sɪnəmən] *n.; a.* 肉桂(色)(的),桂皮

cinocentrum [ˌsɪnə'sentrəm] *n.* 中心体

cinology [sɪ'nɒlədʒɪ] *n.* 运动学

cinometer [sɪ'nɒmɪtə] *n.* 运动测验器

cinquefoil ['sɪŋkfɔɪl] *n.* 五叶形〔梅花形〕装饰

cipher ['saɪfə] ❶ *n.* ①零(号),0 ②位数,(阿拉伯)数字 ③密码,电码 ④(风琴故障的)连响 ⑤不重要的人,不重要的东西 ❷ *v.* ①计数 ②用密码书写 ☆**cipher in algorism** 零,傀儡;**cipher out** 算出;**in cipher** 用密码

ciphony ['saɪfənɪ] *n.* 密码电话学

cipolin ['sɪpəlɪn] *n.* 云母大理石,白绿纹大理石

circadian [sɜː'keɪdɪən] *a.* 约一天的

circellus [sɜː'seləs] *n.* 小环,环

circinal [sɜː'saɪnəl] *a.* 旋卷的

circinate ['sɜːsɪneɪt] *a.; vt.* ①环形的 ②用圆规画圆

circle ['sɜːkl] ❶ *n.* ①圆,环行,环形物,圆圈 ②周期,循环 ③度盘,编码盘 ④轨道 ⑤集团,圈子,…界,领域 ❷ *v.* ①(围绕…)旋转,作圆周运动,环行,循环,盘旋 ②圈 ☆**a large circle of** 很多的;**come full circle** 绕一周;**in a circle** 成环形状;**square the circle** 求与圆面积相等的正方形;妄想,做办不到的事情

circlet ['sɜːklɪt] *n.* 小圆,锁环,环形饰物

circlewise ['sɜːklwaɪz] *ad.* 成圆形,环形地

circline ['sɜːklaɪn] *n.* 环形

circling ['sɜːklɪŋ] *n.* 环骑

circlip ['sɜːklɪp] *n.* 【物】簧环,弹性挡圈

circuit ['sɜːkɪt] ❶ *n.* ①环〔回〕路,电路,【计】进

C

位电路 ②循环,流程,工序 ③环行线,环行 **❷** v.
(绕…)环行,接(成电路) ☆**in circuit** 接通
〖用法〗**❶** 注意下面两个例句: The <u>circuit for</u> y = x
is simply a 1-kΩ resistance. 对于 y = x 的电路只是
1 千欧姆的电阻。/The source is now <u>on open circuit</u>.
现在该电源处于开路状态。**❷** 表示"电路教科书"
可以表示成 "circuits text"。

circuital ['sɜ:kɪtəl],**circuitary** ['sɜ:kɪtərɪ] a. 电
路的,与线路相连的;网路的,循环的

circuitation [sɜ:kɪ'teɪʃən] n. 旋转(矢量),旋度

circuiter ['sɜ:kɪtə] n. 巡回者

circuitous [sə'kjuːtəs] a. 迂回的,绕行的,间接
的 ‖ ~**ly** ad. ~**ness** n.

circuitron ['sɜ:kɪtrɒn] n. 【电子】双面印刷电路,
组合电路

circuitry ['sɜ:kɪtrɪ] n. ①电路(一套设备中全部电
路的总称),线路 ②电路系统,布线 ③电路学

circuity [sə'kjuːɪtɪ] n. 转弯抹角,间接的手法,迂回

circulant ['sɜ:kjulənt] **❶** a. ①环(形,行)的 ②循
环的,迂回的 **❷** n. 通报,广告,传单 ‖ ~**ly** ad.

circularity [,sɜ:kjuː'lærɪtɪ] n. ①圆度,成圆率 ②
环状,迂回

circularization [,sɜ:kjuləraɪ'zeɪʃən] n. 圆化,使
成圆形

circularize ['sɜ:kjuləraɪz] vt. ①发通知给,宣传,
公布,向…发传单 ②使成圆形

circularizer ['sɜ:kjuləraɪzə] n. 圆化器

circularly ['sɜ:kjulərlɪ] ad. 圆形地,循环地

circulate ['sɜ:kjuleɪt] v. ①循环,(使)环行 ②〔使〕
流通,流行,传播

circulating ['sɜ:kjuleɪtɪŋ] n.;a. ①循环(的) ②环
流(的),流通

circulation [,sɜ:kjuː'leɪʃən] n. ①循环,环流,运行
②传播,流通(量) ③(矢量)旋度 ④(线积分)旋
度 ⑤通货,货币 ☆**be in circulation** 传播中,流
通着; **have a circulation of** 发行额为…份;
put ... in (into) circulation 传播…,使…流通;
withdraw ... from circulation 收回…,停止发行

circulation-free [,sɜ:kjuː'leɪʃənfriː] a. 无环流的

circulative ['sɜ:kjuleɪtɪv] a. 循环性的,有流通性
的

circulator ['sɜ:kjuleɪtə] n. ①循环器,环行器,回转
器 ②循环电路,强化循环装置 ③循环小数

circulatory ['sɜ:kjuleɪtərɪ] a. 循环的,环流的,流通
的

circulin ['sɜ:kjulɪn] n. 环杆菌素

circulize ['sɜ:kjulaɪz] v. 循环

circulizer ['sɜ:kjulaɪzə] n. 循环器

circulus ['sɜ:kjuləs] (pl.circuli) n. 环,圈

circumagitate [,sɜ:kjuː'mædʒɪteɪt] vt. 绕…旋转

circumambiency [,sɜ:kəm'æmbɪənsɪ] n. 环绕,
周围 ‖ **circumambient** a.

circumambulate [,sɜ:kjuː'mæmbjuleɪt] v. 绕…
行,巡行〔逻〕 ‖ **circumambulation** n. **circumam-
bulatory** a.

circumaviate [,sɜ:kə'meɪvɪeɪt] vt. 环绕(地球)飞
行

circumaviation [,sɜ:kəmeɪvɪ'eɪʃən] n. 环球飞行

circumbendibus [,sɜ:kəm'bendɪbəs] n. 绕圈子

circumcenter,circumcentre ['sɜ:kəmsentə] n.
外接圆的中心

circumcircle ['sɜ:kəmsɜ:kl] n. 外接圆

circumcirculation [,sɜ:kəm,sɜ:kjuː'leɪʃən] n.
环绕冲洗,冲刷四周

circumcrescent [,sɜ:kəm'krɪsənt] a. 环生的

circumdenudation [,sɜ:kəm,denjuː'deɪʃən] n.
环状侵蚀

circumduction [,sɜ:kəm'dʌkʃən] n. 环行(运动)

circumference [sə'kʌmfərəns] n. 圆周(线),周
围,周长,周边,圈线

circumferentia [sə,kʌmfə'renʃɪə] n. 周缘,圆周

circumferential [sə,kʌmfə'renʃəl] a. 周(边)的,
圆周的,环绕的,切向的 ‖ ~**ly** ad.

circumflex ['sɜ:kəmfleks] a. 卷曲的,旋绕的

circumflexion [sɜ:kəm'flekʃən] n. 弯曲,弯成圆
形

circumflexus [sɜ:kəm'fleksɪs] a. 卷曲的,旋绕的,
旋的

circumfluence [sə'kʌmfluəns] n. 回流,环绕

circumfluent [sə'kʌmfluənt], **circumfluous**
[sə'kʌmfluəs] a. 环流的,环绕的

circumfuse [sɜ:kəm'fjuːz] v. 周围照射,四面浇灌,
散播 ‖ **circumfusion** n.

circumglobal [,sɜ:kəm'gləubəl] a. 环球的

circumgyrate [,sɜ:kəm'dʒaɪəreɪt] vt. (使)旋转,
作回转运动,眩晕 ‖ **circumgyration** n.

circumhorizontal [,sɜ:kəm,hɒrɪ'zɒntəl] a. 绕地
平的

circumjacent [,sɜ:kəm'dʒeɪsənt] a. 周围的,邻接
的,环绕的

circumlittoral [,sɜ:kəm'lɪtərəl] a. 沿海的,海滨的

circumlocution [,sɜ:kəmlə'kjuːʃən] n. 曲折,迂
回;通词 ‖ **circumlocutory** a.

circumlunar [,sɜ:kəm'luːnə] n.;a. 绕月(的)

circumnavigate [,sɜ:kəm'nævɪgeɪt] v. 环球飞
行

circumnavigation ['sɜ:kəmnævɪ'geɪʃən] n. 环
球飞行

circumnuclear [,sɜ:kəm'njuːklɪə] a. 核周围的

circumnutation [,sɜ:kəmnjuː'teɪʃən] n. 回旋转
头运动

circumplanetary [,sɜ:kəm'plænɪtərɪ] a. 【天】绕
行星(旋转,飞行)的

circumpolar [,sɜ:kəm'pəulə] **❶** a. 极地附近的,
环极的 **❷** n. 拱极星

circumradius [,sɜ:kəm'reɪdɪəs] n. 外接圆半径

circumscribe ['sɜ:kəmskraɪb] vt. ①画圈,在…周
围画线 ②限定,约束,确定…的界线 ③外切,外接

circumscription [,sɜ:kəm'skrɪpʃən] n. ①界限,
范围 ②外接(切) ③花边

circumscriptus [ˌsɜːkəmˈskrɪptəs]（拉丁语）a. 局限的,界限的

circumsolar [ˌsɜːkəmˈsəʊlə] a. 围绕着太阳的,近太阳的

circumspect [ˈsɜːkəmspekt] a. ①细心的,谨慎的,慎重的 ‖ ~ness 或 ~ion n. ~ly ad.

circumsphere [ˈsɜːkəmsfɪə] a. 外接球

circumstance [ˈsɜːkəmstəns] n. (常用 pl.) ①情况，环境 ②事件 ③详情 ☆ **under all circumstances** 无论在何种情况下; **under (in) no circumstances** 无论如何(也)不,在任何情况下都不…,决不

〖用法〗❶ 表示"在…情况下"时,其前面的介词一般用 under,也可以用 in。注意:当句子以"under no circumstances"开头时,句子的谓语一定要发生部分倒装。如: Under no circumstances will China be the first to use nuclear weapons. 在任何情况下,中国绝不会首先使用核武器。❷ 注意下面例句中该词的含义: There are, in fact, no circumstances where it is not desirable that ammeter resistances are zero and voltmeter resistances are infinite. 事实上,人们总是希望安培表的电阻为零而伏特表的电阻为无穷大。

circumstanced [ˈsɜːkəmstənst] a. 在(…)情况下

circumstantial [ˌsɜːkəmˈstænʃəl] a. ①根据情况的,间接的 ②偶然的,不重要的 ③详细的

circumstantiality [ˈsɜːkəmstænʃɪˈælɪtɪ] n. 详情,详尽,偶然性

circumstantially [ˌsɜːkəmˈstænʃəlɪ] ad. ①因情形,照情况 ②偶然地 ③详细

circumstantiate [ˌsɜːkəmˈstænʃɪeɪt] vt. 详细说明,提供证据来证明

circumterrestrial [ˌsɜːkəmˈtɪrestrɪəl] a. 绕地球的,近地的

circumvent [ˌsɜːkəmˈvent] vt. ①超过,占上风 ②阻止,推翻 ③回避 ④围绕,包围 ‖ ~ion n.

circumvolute [ˌsɜːˈkɒmvəljuːt] ❶ vt. ①缠绕 ②(同轴)旋转 ❷ a. 搭合的,缠绕的

circumvolution [ˌsɜːkəmvəˈluːʃən] n. 卷缠,盘绕;(同轴)旋转,涡线

circus [ˈsɜːkəs] n. ①(圆形)广场,环形(道路)交叉口,(圆形)马戏场 ②外轮山

cirque [sɜːk] n. 冰斗(坑),圆形山谷

cirrhogenous [sɪˈrɒdʒinəs] a. 引起硬变的

cirrhose [sɪˈrəʊz] a. 有卷须的,有蔓的

cirrhosis [sɪˈrəʊsɪs] n. 【医】慢性肝间质炎,(肝)硬变

cirrhotic [sɪˈrɒtɪk] a. 硬性的,硬变的

cirrose [sɪˈrəʊs], **cirrous** [ˈsɪrəs] a. ①卷云的 ②有卷须的 ③生触毛的

cirrus [ˈsɪrəs] (pl. cirri) n. ①卷云 ②触毛 ③卷带孢子,卷须

cirsoid [ˈsɜːsɔɪd] a. 曲张的,蔓状的

cis-addition [ˌsɪsəˈdɪʃən] n. 顺加作用

cisatlantic [ˌsɪsətˈlæntɪk] a. 大西洋这边的

cislunar [sɪsˈluːnə] n. 位于地球(轨道)和月球(轨道)之间的

cisplanetary [sɪsˈplænɪtərɪ] a. 行星间的

cissing [ˈsɪsɪŋ] n. 收缩

cissoid [ˈsɪsɔɪd] n. (尖点)蔓叶线

cistern [ˈsɪstən] (pl. cisternae) n. 池,槽

cisternal [sɪsˈtɜːnəl] a. 池的

cisternogram [sɪsˈtɜːnəɡræm] n. 脑池照相图

cistron [ˈsɪstrɒn] n. 顺反子,作用子

citable [ˈsaɪtəbl] a. 可引用〔证〕的

citadel [ˈsɪtədəl] n. 城堡,要塞,大本营,避难所

citation [saɪˈteɪʃən] n. ①引证,文献资料出处 ②条文 ③(通报)表扬 ④传讯〔票〕

cite [saɪt] vt. ①引用〔证〕②列举,举例 ③传讯 ☆ **cite A as instance** 举 A 为例

〖用法〗注意 to cite a few examples 在句中的译法: Knowledge of the loop gain over the frequency spectrum of the input is important because the magnitude of the loop gain gives a direct measure of the effectiveness of the feedback in suppressing distortion in amplifiers and modulators, voltage (or current) variations in regulated power supplies, and tracking errors in servomechanisms, to cite a few examples. 了解整个输出频谱内的回路增益是很重要的,因为回路增益的大小直接度量了反馈在抑制放大器和调制中的失真、抑制稳压电源中电压(或电流)的变化以及抑制伺服机构中的跟踪误差方面的有效性,这里仅举了几个例子。

citied [ˈsɪtɪd] a. 有(拟)城市的

citify [ˈsɪtɪfaɪ] vt. 使城市化

citizen [ˈsɪtɪzn] n. 公民

citizenship [ˈsɪtɪzənʃɪp] n. 公民权,公民资格,国籍,个人的品德表现

citral [ˈsɪtrəl] n. 【化】柠檬醛,橙花醛

citrate [ˈsɪtrɪt] n. 【化】柠檬酸盐

citreous [ˈsɪtrɪəs] a. 柠檬色的,柠檬的

citric [ˈsɪtrɪk] a. 柠檬(性)的

citrine [ˈsɪtrɪn] ❶ n. ①柠檬色 ②茶晶 ❷ a. 柠檬色的

citrite [ˈsɪtraɪt] n. 黄晶,茶晶

citrus [ˈsɪtrəs] n. 柑橘,柠檬

city [ˈsɪtɪ] n. 城（都）市

civic [ˈsɪvɪk] a. 城市的,市民的,民用的,国内的

civics [ˈsɪvɪks] n. 市政学,公民学

civil [ˈsɪvɪl] a. ①市民的,民用〔间〕的,国内的 ②文职的

civilian [sɪˈvɪljən] ❶ n. ①老百姓,市民 ②公务员,文职人员 ❷ a. 民间的,文职的

civilisation = civilization

civillse(d) = civilize (d)

civilization [ˌsɪvɪlaɪˈzeɪʃən] n. ①文明,开化 ②有人居住、有一定的经济文化的地区

civilize [ˈsɪvɪlaɪz] vt. 使文明、开化

civilized [ˈsɪvɪlaɪzd] a. 文明的,开化的

clabber ['klæbə] *a.* 凝乳,酸牛奶

clack [klæk] *n.; vi.* ①瓣;瓣阀 ②(发出)噼啪声

clad [klæd] ❶ (clad;cladding) *vt.* (用金属)包盖,包覆金属,镀 ❷ clothe 的过去式和过去分词 ❸ *n.;a.* ①金属包层(的),包覆金属(的),镀过金属的 ②穿着…的

cladding ['klædɪŋ] *n.* ①金属包层(状)、包壳,敷层,镶嵌,衬里,覆盖 ②路面,维护结构

clade [kleɪd] *n.* 【生】进化枝,分化体

cladode ['klædəud] *n.* 【生】叶状枝

cladogenesis [,klædəu'dʒenəsɪs] *n.* 【生】分枝进化,系枝发生

cladogenous [,klædəu'dʒenəs] *a.* 枝上生的

cladogram ['klædəugræm] *n.* 进化分枝图

claim [kleɪm] *v.;n.* ①要求,要求赔偿损失权,索赔,认领 ②自(声)称,主张,断言 ☆*claim A from B for C* 向 C 要求A作为对B的赔偿; *claim to do* 自称能(做); *claim A to be B* 声称 A 是 B; *enter (put in) a claim for* 提出对…要求,声称…为其所有; *lay claim to* 要求,主张; *set up a claim to* 提出对…的要求 〖用法〗❶ 注意:在科技文章中,有时 claim 的含义为"具有"。如: CMOS claims the advantages of extremely smaller power dissipation and high noise immunity. 互补性金属氧化物半导体具有极小功耗和高抗噪声度的优点。❷ 注意在下面例句中它构成插入句: Nuclear fission, it has been claimed, will be a cheap, clean, and almost inexhaustible source of power. 人们断言,核裂变将是一种便宜、干净而且几乎是用之不尽的能源。

claimable ['kleɪməbl] *a.* 可要求的,可索赔的

claimant ['kleɪmənt],**claimer** ['kleɪmə] *n.* 申请人,提出要求者,索取者,原告(to)

claimsman ['kleɪmzmən] *n.* 调查员

clair [kleə] (法语) *a.* 清晰的 ☆*en clair* 明码,不用密码

clairaudience [kleə'rɔ:djɪəns] *n.* 顺风耳,超人的听力

clairsentience [kleə'sentɪəns] *n.* 千里眼

clairvoyance [kleə'vɔɪəns] (法语) *n.* 洞察力,透视(力),千里眼

clam [klæm] *n.* ①夹钳,夹子 ②蛤蚌

clamant ['klæmənt] *a.* 吵闹的,紧迫的

clamber ['klæmbə] *vt.; n.* 攀登,爬上(up)

clamminess ['klæmɪnɪs] *n.* 湿冷,发黏

clammy ['klæmɪ] *a.* 滑腻的,冷湿的,黏糊糊的 ‖ **clammily** *ad.*

clamorous ['klæmərəs] *a.* 吵闹的 ‖~**ly** *ad.*

clamo(u)r ['klæmə] *n.; v.* 喧嚷,叫嚣

clamp [klæmp] ❶ *n.* ①夹子,夹钳,抓手 ②压板,压紧装置 ③【电子】线夹,(接线)端子 ④卡箍 ⑤钳位(电路) ❷ *vt.* 夹紧,固定住 ☆*clamp down* 夹紧,卡住,固定住;强制执行; *clamp down on* 施压力于,钳制,取缔; *clamp A in B* 把 A 夹在 B 中; *clamp A on B* 把 A 固定(夹紧)在 A 上; *clamp*

up 堆放 〖用法〗注意它在下面例句中的应用: The positive peaks of the output wave are clamped at zero (volts). 输出波的正的峰值被钳位在 0 伏处。

clamper ['klæmpə] *n.* ①接线板 ②钳位电路,夹持器 ③(防滑)鞋底钉

clamping ['klæmpɪŋ] *n.* ①夹紧,紧固 ②钳位 ③截顶

clamshell ['klæmʃel] *n.* ①蛤壳 ②蛤斗,抓斗,瓣式挖土机

clan [klæn] *n.* 氏族,宗派,(生物分类)支

clandestine [klæn'destɪn] *a.* 秘密的,私下的 ‖~**ly** *ad.*

clang [klæŋ] *n.;v.* (发)铿锵声,叮叮当当(地响) ‖~**orous** *a.*

clango(u)r ['klæŋgə] *n.;vi.* 叮叮当当(地响)

clank ['klæŋk] *n.;v.* 叮铃铃(地响)

clannish ['klænɪʃ] *a.* 氏族的,(闹)宗族的,小集团的 ‖~**ly** *ad.*

clap [klæp] *v.; n.* ①拍手,鼓掌,轻敲 ②振动 ③轰声 ④淋病

clapboard ['klæpbɔ:d] *n.* 楔形板

clapotis ['klæpɒtɪs] *n.* 驻波

clapper ['klæpə] *n.* ①钟锤,铃舌 ②(机床的)抬刀装置,拍板 ③单向阀瓣,自动活门 ④抓片爪 ☆*like the clappers* 很快

clappet ['klæpɪt] *n.* 止回阀,单向阀

clapping ['klæpɪŋ] *n.* (鼓)掌声

clarain ['kleəreɪn] *n.* 亮煤

claret ['klærət] *n.; a.* 红葡萄酒,紫红色(的)

clarifiable ['klærɪfaɪəbl] *a.* 可澄清的

clarificant [klæ'rɪfɪkənt] *n.* 澄清剂,净化剂

clarificate ['klærɪfɪkeɪt] *v.* 澄清,净化

clarification [,klærɪfɪ'keɪʃən] *n.* ①澄清,净化 ②说(阐)明 ③(谱线的)淡化

clarificator ['klærɪfɪkeɪtə] *n.* 澄清器,沉淀槽

clarifier ['klærɪfaɪə] *n.* ①澄清(净化)器 ②澄清剂 ③(无线电)干扰清除器,减弱干扰装置,(单边带接收机)精调

clariflocculation [,klærɪ,flɒkju'leɪʃən] *n.* 澄清絮凝

clariflocculator ['klærɪ'flɒkjuleɪtə] *n.* 澄清絮凝器

clarify ['klærɪfaɪ] *v.* ①澄清,净化,使透明 ②理解,(弄)明白

clarinet [,klærɪ'net] *n.* 单簧管,黑管

clarion ['klærɪən] ❶ *n.* 号角 ❷ *a.* 嘹亮的

clarity ['kærɪtɪ] *n.* 透明(度,性),清晰度,澄清度,清楚 〖用法〗一种常见的用法: Q2A and Q2B in Fig. 7-4 are transistors shown in Fig. 7-3; they are repeated for clarity. 图 7-4 中的 Q2A 和 Q2B 就是图 7-3 中所示的两只晶体管,为了清晰起见而重复画在这里。

clarke [klɑ:k] *n.* 克拉克(表示某种元素在地壳中所

占有平均百分数的单位)

clarkeite ['klɑ:kaɪt] *n.* 【矿】水钠铀矿

clark(r)ite ['klɑ:k(r)aɪt] *n.* 【矿】水铜铀矿

clash [klæʃ] *v.*; *n.* ①撞击声 ②互撞,相碰 ③冲突,抵触(with)

clasher ['klæʃə] *n.* 撞击装置

clasolite ['klæsəlaɪt] *n.* 碎屑岩

clasp [klɑ:sp] ❶ *v.* ①扣住,夹紧 ②握住 ❷ *n.* ①扣子〔紧物〕,钩环,铰链搭扣 ②紧握,抱拢

class [klɑ:s] ❶ *n.* ①类,种,分类,纲,组,【数】集 ②年级,班级,一节课 ③阶级 ❷ *vt.* (把…)分类,定等级 ☆*be classed with A* 归入 A 类; *class A together as B* 把 A 都归入 B 这一类; *class A under B* 把 A 列入 B 类; *have classes* 上课; *in class* 在课堂上,在上课中
〖用法〗❶ 表示"一类新的〔特殊的〕…"一定要写成"a new〔special〕class of +不带冠词的单数名词(也有用复数名词的)",也就是说,形容词要放在 class 的前面。如: This sampling principle has been used in a new class of instrument called a network analyzer. 这一取样原则已经用在称为网络分析仪的一类新的仪器中。/This section introduces a new class of optical oscillators. 本节介绍一类新的光振荡器。❷ 表示"(几)大类…"时用"... broad〔general, major〕class of ..."。

classable ['klɑ:səbl] *a.* 可分类的,可分等级的

classer ['klɑ:sə] *n.* 分级机,选粒机,鉴定员

classic ['klæsɪk] ❶ *a.* 古典的,传统的 ❷ *n.* 经典著作,古典文学

classical ['klæsɪkəl] *a.* ①古典的,经典的,传统的 ②标准的 ‖ **~ity** *n.* **~ly** *ad.*

classifiable ['klæsɪfaɪəbl] *a.* 能分类的,能分等级的

classification [klæsɪfɪ'keɪʃən] *n.* ①分类,归类,分等 ②类别,密别,密级 ③分粒,选分

classificator ['klæsɪfɪkeɪtə] *n.* 分级器,精选机

classificatory ['klæsɪfɪkeɪtərɪ] *a.* 分类上的,类别的

classified ['klæsɪfaɪd] *a.* 分类的,保密的

classifier ['klæsɪfaɪə] *n.* ①分级器,分类机 ③分选工,评定员

classify ['klæsɪfaɪ] *vt.* 分类,分选,把…归入一类 ☆*be classified as* 分成…类
〖用法〗表示"把 A 分成 B"可写成"classify A as〔into〕B",在与其搭配的介词 as 后面可以跟一个形容词。如: The molecules of a dielectric may be classified as either polar or nonpolar. 电解质的分子可以分为极化的或非极化的。These devices can be classified as nonlinear. 这些器件能够归类为非线性的。/Lasers are commonly classified into the so-called 'three-level' or 'four-level' lasers. 激光器通常被分类成所谓的"三级"或"四级"激光器。

classmate ['klɑ:smeɪt] *n.* 同班同学

classless ['klɑ:slɪs] *a.* 没有阶级的,无阶级的

classroom ['klɑ:srʊm] *n.* 教室

classy ['klɑ:sɪ] *a.* 上等的;时髦的

clast [klæst] *n.* 碎屑

clastation [klæs'teɪʃən] *n.* 碎裂作用

clastic ['klæstɪk] ❶ *n.* 碎屑 ❷ *a.* 碎片性的,碎屑(状)的

clastogram ['klæstəgræm] *n.* 裂解曲线

clathrate ['klæθreɪt] *n.* 笼形物,具有笼形的包含化合物

clathration [klæθ'reɪʃən] *n.* 【化】包络分离,包合

clatter ['klætə] *n.*;*v.* 咯噔咯噔声,咔嗒地响 ‖ **-ingly** *ad.* **~y** *a.*

claudicant ['klɔ:dɪkənt] *a.*;*n.* 跛的,跛行者

claudication [klɔ:dɪ'keɪʃən] *n.* 跛(行)

claudicatory [klɔ:'dɪktərɪ] *a.* 跛行的

clausal ['klɔ:zəl] *a.* 条款的,款项的,从句的

clause [klɔ:z] *n.* ①条项,条款,项目 ②从句

Clausius ['klɔ:zɪəs] *n.* 克劳(熵的单位)

clausthalite ['klɔ:sθəlaɪt] *n.* 硒铅矿

claustral ['klɔ:stʃəl] *a.* 幽禁的,修道院的

claustrophobia [klɔ:strə'fəʊbɪə] *n.* 幽闭恐惧症

clausura [klɔ:'sjʊlə] *n.* 闭锁(畸形),无孔,不通

clava ['kleɪvə] (pl.clavae) *n.* 棒状体

clavacin ['kleɪvəsɪn] *n.* 【药】棒曲霉素

claval ['kleɪvəl] *n.* 棒状体的

clavate(d) ['kleɪveɪt(ɪd)] *a.* 棍棒状的,一端粗大的,棒状体的

clave [kleɪv] cleave 的过去式

claver ['kleɪvə] *n.* 闲谈,闲话

clavier ['klævɪə] *n.* 键盘

claviform ['klævɪfɔ:m] *a.* 棒状的

claviformin ['klævɪfɔ:mɪn] *n.* 【药】棒曲霉素

clavoid [kleɪvɔɪd] *n.* 拟棒形的

clavola ['klævələ] *n.* (无翅椎)鞭节

clavus ['kleɪvəs] *n.* 鸡眼

claw [klɔ:] ❶ *n.* ①爪,钩 ②卡爪,(皮带的)接合器 ③把手,凸起(部)④(抓地)齿 ❷ *v.* 抓 ☆*claw back* 填补;补偿; *cut (clip) the claws* 斩断魔爪,解除武装

clay [kleɪ] *n.* 黏土,白土,泥土

claycold ['kleɪkəʊld] *a.* 土一样冷的,死的

clayey ['kleɪɪ] *a.* 含黏土的,黏土似的,泥质的

clayish ['kleɪɪʃ] *a.* 黏土质(似)的

claylike ['kleɪlaɪk] *a.* 黏〔陶〕土状的

claymore ['kleɪmɔ:] *n.* 剑,阔刀

claypan ['kleɪpæn] *n.* 隔水黏土层,黏土硬层,黏盘,磐

clayslide ['kleɪslaɪd] *n.*;*v.* 黏土滑动

claytonia [kleɪ'təʊnɪə] *n.* 【植】春美草

cleading ['kli:dɪŋ] *n.* 护罩,保热套,〔隧道的〕护壁板

clean [kli:n] ❶ *a.* ①清洁的,干净的,清楚的 ②整齐的,规则的,匀称的,健全的 ③表面光滑的,流线型的 ④干净利落的,技术熟练的 ❷ *ad.* 完全,干净 ❸ *v.* ①弄干净,脱脂 ②清除,肃清 ③ 净化,

提纯 ④【计】归零 ☆*clean away*（*off*）擦去；*clean down* 清扫，彻底冲洗；*clean gone*（消逝得）无影无踪；*clean A of B* 清除 A 上〔里〕的 B；*clean out* 清扫(内部)，清理，除掉，花光；*clean up* 清扫，整理，整顿；*clean wrong* 完全错误；*come clean* 供出；*cut clean through* 洞穿；*make a clean cut* 切得整齐；*make a clean sweep of* 扫清，廓清

cleanability [ˌkliːnəˈbɪlɪtɪ] n. 可清洗性，可弄干净

cleanable [ˈkliːnəbl] a. 可弄干净的，可扫除干净的

cleaner [ˈkliːnə] ❶ a. clean 的比较级 ❷ n. ①除垢器，清除器，吸尘器 ②清洗机，去油装置 ③清洗物，修理工具 ④滤水

cleaning [ˈkliːnɪŋ] n. ①清洁(处理)，清扫，滤清 ②净化，脱脂 ③清除，(使)平滑〔整〕④清理干净，清除氧化皮 ⑤(pl.)垃圾 ⑥精选，选矿

cleanlily [ˈklenlɪlɪ] ad. 清爽，干净

cleanliness [ˈklenlɪnɪs] n. ①清洁(度)，净度，纯度 ②良好绕流性

cleanly [ˈklenlɪ] a. (爱)清洁的 ❷ [ˈkliːnlɪ] ad. 干〔干〕净(净)

cleanness [ˈkliːnnɪs] n. ①清洁 ②改良 ③良好

clean(-)out [ˈkliːnaut] n. ①清扫，肃清，扫除干净 ②清理孔

cleanse [klenz] v. 清洗，涤净，澄清，提纯 ☆*cleanse A from B* 把 A 从 B 中清除掉；*cleanse A of B* 清除 A 中的 B

cleanser [ˈklenzə] n. ①清洁剂，擦亮粉 ②清洗器，滤水器 ③清洁工人

cleansing [ˈklenzɪŋ] ❶ n. ①净化，提纯 ②清洁化，清洗法，清除 ③(pl.)垃圾 ❷ a. 清洁用的

clean(-)up [ˈkliːnʌp] n.;vt. ①清扫，洗涤 ②澄〔肃〕清 ③净化 ④收〔换〕气，(气体的)吸收

clear [klɪə] ❶ a. ①清楚的，明亮的，光亮的，透明的，晴朗的 ②清除了…的(of)，无障碍的 ③无…的(of)，偿清了的，已卸完货的 ❷ ad. ①显然，清楚地 ②离着，不接触(of) ③全然，完全 ❸ v. 弄干净〔清晰，明白〕，(天)晴 ②清除，砍伐 ③拆线，清机(指令)，(计数器)归零 ④澄清，交换(票据) ⑤跃过，(脱)离开，突破(难关) ⑥批准，结关，为(船)报关，卸货 ❹ n. ①空隙 ②无故障 ③=clearance【计】清除〔零〕区，无字区，透明区，清洁区 ☆*as clear as day* 极明白，一清二楚；*(be) clear from* 没有…的(的)；*(be) clear of* 没有…的；*clear as mud* 很模糊，不清楚；*clear away* 清除，消散〔失〕；*clear A of B* 清除 A(里)的 B，把 B 从 A 除掉；*clear off* 清除，排除，完成，结束，还清，驱逐，消失，(云雾)消散；*clear out* 清空，使空，离开；*clear through* 通过(检查，批准等)；*lear up* 清扫，整顿，说明，解决，(天)变晴；*get clear away*（*off*）完全离开；*get clear of* 脱离；*get clear out* 完全出来；*in clear* 明文，用一般文字；*in the clear* 净空，无阻，明文；*keep clear of* 避开，不接触

〖用法〗❶ 该词特别常用的一个句型是"It is clear

that ..." = "Clearly, ..."，意为"显然，很明显"。如：It is clear that the greater the resistance is, the smaller the current in the circuit will be. 很明显，电阻越大，电路中的电流就越小。❷ 在科技文中，常常会见到"make clear"，其意思是"搞清楚〔明白〕"，在此 clear 是宾语补足语，宾语放在其后面了。如：In order to make clear what is happening, we have stretched in Fig. 1-1 a portion of the waveform of v_i. 为了搞清楚所发生的情况，我们在图 1-1 中草图出了 v_i 的波形的一部分。❸ 在"sb.+ be clear (that)从句"句型中，从含义上讲"that"引导的是"形容词宾语从句"，从纯语法上讲是修饰形容词"clear"的状语从句。

clearage [ˈklɪərɪdʒ] n. 清除，出清

clearance [ˈklɪərəns] n. ①清除，清理，出清，排除障碍 ②间隙，(公差中的)公隙，净空，裕度，外部尺寸，间距 ③有害空间，缺口，露光 ④结关(单，证，手续)，出〔入〕港执照，离开，通过，放行单 ⑤车辆通过道口时间，票据交换总额

clearcole [ˈklɪərəkəul] ❶ n. (打底子的)油灰，白铅胶 ❷ vt. 给…上白铅胶

cleared [klɪəd] a. ①清除的 ②批准的

clearer [ˈklɪərə] ❶ a. clear 的比较级 ❷ n. 清除器，洗剂

clearing [ˈklɪərɪŋ] n. ①清除 ②清洁，纯化 ③清算，票据交换 ④(森林中)空旷地

clearinghouse [ˈklɪərɪŋhaus] n. (技术情报,票据)交换所

clearly [ˈklɪəlɪ] ad. ①清楚地 ②显然
〖用法〗❶ 它的含义就等效于"it is clear that"。❷ 有时它意为"十分"。如：This point is clearly evident. 这一点是十分明显的。

clearness [ˈklɪənɪs] n. ①明朗，清晰(度) ②清absent，明白 ③无疵病

clearway [ˈklɪəweɪ] n. 超高速公路

cleat [kliːt] ❶ n. ①楔子，三角木，挡木，跳板上的防滑条，加劲条 ②线夹，夹板，夹具 ③泵塞墩 ④楔耳 ⑤劈开，层理 ❷ vt. 用楔子固牢，给…装楔子

cleavability [ˌkliːvəˈbɪlɪtɪ] n. 可裂〔解理〕性

cleavable [ˈkliːvəbl] a. 可裂的，可劈开的

cleavage [ˈkliːvɪdʒ] n. ①劈开，裂缝 ②(岩石的)劈理，劈裂性，卵裂

cleave[1] [kliːv] (clove,cloven 或 cleft) v. 劈〔解〕开，分解

cleave[2] [kliːv] (cleaved 或 clave) vi. 黏着，固守(to)

cleavelandite [ˈkliːvləndaɪt] n. 叶钠长石

cleaver [ˈkliːvə] n. 劈刀;切割者

cleft [kleft] ❶ cleave 的过去式和过去分词之一 ❷ n. 裂缝,裂片 ❸ a. 劈开的 ☆*in a cleft stick* 处于进退两难的境地,进退维谷

cleftiness [ˈkleftɪnɪs] n.【地质】裂隙,节理

cleidoic [ˈklaɪdɔɪk] a. 孤生的

cleidotomy [klaɪˈdɒtəmɪ] n.【医】锁骨切断术

cleistogamy [klaɪsˈtɒgəmɪ] n.【植】闭花受精

clemency ['klemənsɪ] *n.* (气候)温和 ‖ **clement** *a.*

clench [klentʃ] = clinch

clencher ['klentʃə] = clincher

clerestory ['klɪəstərɪ] *n.* ①天窗,火车车厢顶部的通气窗,开窗假楼 ②长廊,楼座

clerical ['klerɪkəl] *a.* ①文书的,事务性的,办公室工作的 ②牧师的

clerk ['klɑːk, klɜːk] *n.* 职员,文书

cleuch,cleugh [kluːk] *n.* 峡谷,沟谷

cleveite ['kliːvaɪt] *n.*【矿】钇(复)铀矿

Cleveland ['kliːvlənd] *n.* (美国)克利夫兰(市)

clever ['klevə] *a.* 灵巧的,精巧的,聪明的 ☆ *be clever at A* 擅长A ‖ **~ly** *ad.* **~ness** *n.*

clevice,clevis ['klevɪs] *n.* ①挂钩,叉形头 ②(U形)环,吊环,U 形夹(子), U 形插塞 ③叉(子)卡 ④夹板,夹具

clew = clue

cliche ['kliːʃeɪ] (法语) ❶ *n.* ①铅版,电铸板 ②(照相)底板 ③陈词滥调 ❷ *a.* 陈腐的

click [klɪk] ❶ *n.* ①咔嗒声,噪音 ②插销,定位销 ③掣子,棘轮机构 ❷ *v.* ①作轻敲声,发咔嗒声 ②恰好吻合,配对 ③卡入,上扣 ☆ *click out* (在打字机上)劈劈啪啪打出

clicking ['klɪkɪŋ] *n.* 微小静电干扰声

clide [klaɪd] *n.*【核】放射性核素浓度

client ['klaɪənt] *n.* 顾客,委主,委托人

clientage ['klaɪəntɪdʒ] *n.* 委托人,顾客,委托关系

clientele [kliːɒn'tel] *n.* 委托人,顾客

cliff [klɪf] *n.* 悬, 峭壁

cliffed [klɪft] *a.* 悬崖的,陡的

cliffhanging ['klɪfhæŋɪŋ] *a.* 扣人心弦的,悬疑未决的

cliffordite ['klɪfɔːdaɪt] *n.*【矿】铀碲矿

cliffy ['klɪfɪ] *a.* 多悬崖的

clift [klɪft] = cliff

climacter [klaɪ'mæktə] *n.* 更年期

climacteric [klaɪ'mæktərɪk] *n.;a.* 危机(期,的),转折点,关键的,更年期(的)

climacterium [klaɪ'mæktərɪəm] (拉丁语) *n.* 更年期

climactic [klaɪ'mæktɪk] *a.* 顶点的,极点的,高潮的 ‖ **~ally** *ad.*

climagram ['klaɪməgræm] *n.* 气候图

climagraph ['klaɪməgrɑːf] *n.* 气候图

climate ['klaɪmɪt] *n.* ①气候,水土 ②趋势

climatic [klaɪ'mætɪk] *a.* 气候的,水土的 ‖ **~ally** *ad.*

climatize ['klaɪmətaɪz] *v.* 适应气候

climatizer ['klaɪmətaɪzə] *n.* 气候〔适应性〕实验室

climatograph ['klaɪmətəgrɑːf] *n.* 气候图

climatography [ˌklaɪmə'tɒgrəfɪ] *n.* 气候志,风土志

climatological [ˌklaɪmətə'lɒdʒɪkəl] *a.* 气候的,气象的

climatology [ˌklaɪmə'tɒlədʒɪ] *n.* 气候学,风土学

climatope ['klaɪmətəup] *n.* 气候环境

climatron ['klaɪmətrɒn] *n.* 大型的不分隔的人工气候室

climax ['klaɪmæks] ❶ *n.* ①顶点,高潮,顶峰 ②高电阻的铁镍合金 ❷ *v.* (使)达顶点

climazonal [ˌklaɪmə'zəunəl] *a.* 气候带的

climb [klaɪm] *v.;n.* ①爬, 攀登,逐渐上升,上坡 ②爬高速度,爬升距离 ③(可)攀登之地,山坡 ☆ *climb down* 屈服,让步,(从…上)爬下来; *climb up* 攀登

climbable ['klaɪməbl] *a.* 可攀登的

climber ['klaɪmə] *n.* ①爬山者,登山运动员 ②(pl.)(上杆用)脚扣,爬升器 ③攀缘植物

climbing ['klaɪmɪŋ] *a.;n.* ①上升的(率),爬高,攀登(的) ②不紧密的

clime [klaɪm] *n.* ①气候 ②风土 ③地方,地带,区域

climograph ['klaɪməgrɑːf] *n.* 气候图

clinch [klɪntʃ] *v.; n.* ①抓紧,紧握 ②钉住,敲弯的钉 ③钳住,钩紧 ④活结圈套 ⑤解决,证明…是对的

clincher ['klɪntʃə] *n.* ①夹子,紧钳,敲弯钉头的工具 ②铆钉 ③无可争辩的议论 ④钝入式轮胎

cline [klaɪn] *n.* 倾群,单向演变群

cling [klɪŋ] (clung) *vi.* ①黏着,紧贴 ②坚持,依附于,抱住…不放(to) ‖ **~y** *a.*

clingmanite ['klɪŋmənaɪt] *n.* 珍珠云母

clinic ['klɪnɪk] *n.* ①临床(学,教学,讲义) ②(门)诊所,医务所 ③专题讲座,讨论会,研究班

clinical ['klɪnɪkəl] *a.* 临床的,冷静的,分析的 ‖ **~ly** *ad.*

clinicar ['klɪnɪkɑː] *n.* 流动医疗车

clinician [klɪ'nɪʃən] *n.* 临床医师

clinism ['klɪnɪzm] *n.* 倾斜

clink [klɪŋk] ❶ *n.* ①熔结,熔块 ②缸砖 ③(水泥)熟料,氧化皮 ❷ *v.* 烧结,烧成熟料,从…清除熔渣

clinkering ['klɪŋkərɪŋ] *n.* 烧结,烧成熟料,结渣,炉排结渣

clinkery ['klɪŋkərɪ] *a.* 熔结的

clinking ['klɪŋkɪŋ] *n.* ①(铸件)裂纹,内裂缝 ②白点 ❷ *a.;ad.* 极(好的)

clinkstone ['klɪŋkstəun] *n.*【矿】响岩

clino-axis ['klaɪnəu'æksɪs] *n.* 斜轴,斜径

clinochevkinite [ˌklaɪnəu'kevkɪnaɪt] *n.* 斜硅钛铈钇矿

clinoclase [ˌklaɪnəkleɪs] *n.* ①斜解理 ②【矿】光线矿

clinoclasite [ˌklaɪnəu'klæsaɪt] *n.*【矿】光线矿

clinocoris [ˌklaɪnə'kɒrɪs] *n.* 臭虫

clinodiagonal [ˌklaɪnəu'daɪəgənəl] *n.* 斜轴,斜径,斜对角线

clinoform ['klaɪnəfɔːm] *n.* 斜坡沉积

clinogeotropism [ˌklaɪnədʒɪə'trɒpɪzm] *n.* 斜向地性

clinograph ['klaɪnəgrɑːf] *n.* ①平行板 ②孔斜计

clinographic [ˌklaɪnə'græfɪk] *a.* 斜影画法的,斜

射的

clinography [klaɪˈnɒgrəfɪ] *n.* 临床记录
clinohedral [ˌklaɪnəuˈhiːdrəl] *n.* 斜面体
clinoid [ˈklaɪnɔɪd] ❶ *n.* 偏斜线 ❷ *a.* 床形的,鞍突状的
clinoklase [ˈklaɪnəkleɪs] *n.* 光线矿
clinometer [klaɪˈnɒmɪtə] *n.* ①倾斜计,量坡仪 ②磁倾计,倾角仪 ③象限仪
clinopinacoid [ˌklaɪnəˈpɪnəkɔɪd] *n.* 斜轴面
clinoprism [ˈklaɪnəprɪzm] *n.* 斜轴柱
clinopyramid [ˌklaɪnəˈpɪrəmɪd] *n.* 斜轴锥
clinorhombic [ˌklaɪnəˈrɒmbɪk] *a.* 单斜的
clinorhomboidal [ˌklaɪnəˈrɒmbɔɪdəl] *a.* 三斜的
clinoscopic [ˌklaɪnəˈskɒpɪk] *a.* 以一定提前角观察的
clinosol [ˈklaɪnəsɒl] *n.* 坡积土
clinostat [ˈklaɪnəstæt] *n.* 回转器
clinostatic [ˌklaɪnəˈstætɪk] *a.* 卧位的
clinostatism [ˌklaɪnəˈstætɪzəm] *n.* 卧位
clinotherapy [klaɪnəˈθerəpɪ] 【医】卧床疗法
clinozoisite [ˌklaɪnəˈzɔɪsaɪt] *n.* 斜黝帘石
clinquant [ˈklɪŋkənt] *n.;v.;a.* 仿金箔,金光闪闪的
clint [klɪnt] *n.* (石灰)岩沟
clip [klɪp] ❶ *n.* ①夹(子,片),夹钳,(卡)箍,箍圈 ②线夹,接线柱,压板 ③曲别针,皮带扣,环 ④(影片或磁带)被剪部分,(pl.)大剪刀,铰剪 ⑤剪毛过程,一年剪毛量 ❷ (clipped;clipping) *v.* ①夹,箍紧,钳牢 ②剪,削,截断,截去 ③飞奔,痛击 ④省略
clipboard [ˈklɪpbɔːd] *n.* 上有夹紧纸张装置的书写板
clipper [ˈklɪpə] *n.* ①(pl.)修剪工具,〔尖口〕钳,割草机,剪毛工人 ②快帆船,钳位器 ③特快客机
clipping [ˈklɪpɪŋ] ❶ *n.* ①剪,截取,削剪,剪取物 ②限制,限幅,切断(信号),脉 ❷ *a.* 极好的
clique [kliːk] ❶ *n.* 小集团,派系 ❷ *vt.* 结党
cliqu(e)y [ˈkliːkɪ],**cliquish** [ˈkliːkɪʃ] *a.* 小集团的,排他的
cliquism [ˈkliːkɪzm] *n.* 排他主义,小集团主义
cliseometer [klɪsɪˈɒmɪtə] *n.* 【医】骨盆斜度计
clival [ˈklaɪvəl] *a.* 斜坡的
clivis [ˈklaɪvɪs] *n.* 坡,山坡,小脑山坡
clivus [ˈklaɪvəs] *n.* 斜坡
cloaca [kləuˈeɪkə] (pl. cloacae) *n.* 阴沟,下水道,厕所;泄殖腔
cloak [kləuk] *n.; vt.* ①覆盖(物),掩盖 ②伪装,借口 ☆*under the cloak of* 在…的覆盖下;披着…的外衣,以…为借口
cloakroom [ˈkləukruːm] *n.* 衣帽室,寄物处
cloasma [ˈkləuzmə] *n.* 【医】黄褐斑
clock [klɒk] ❶ *n.* ①(时)钟,计时器 ②时钟脉冲 ③时标 ④同步信号 ⑤拍 ❷ *v.* 计(算)时(间),测时 ☆*clock in* ①记录上班的时间;②时钟脉冲输入;*clock in A at B* 花 A(时间)在 B 上;*clock off (out)* 记录下班的时间;*clock on=clock in*;*like a clock* (钟一般)准确地

clockface [ˈklɒkfeɪs] *n.* 钟面
clocking [ˈklɒkɪŋ] *n.* 计时,同步,产生时钟信号
clockologist [klɒkˈɒlədʒɪst] *n.* 钟表匠
clockwise [ˈklɒkwaɪz] *a.;ad.* 顺时针(方向,转)的,顺表向(的),右转(的)
clockwork [ˈklɒkwɜːk] *n.* 时钟机构,钟表装置 ☆*like clockwork* 正确地,顺利地,自动地;*with clockwork precision* 如钟表一样精确地
clockwork-triggered [ˈklɒkwɜːkˈtrɪgəd] *a.* 用〔借〕钟表机构触发的
clod [klɒd] *n.* 土块;肉体;乡巴佬;煤层的软泥土顶板,煤层顶底板页岩
cloddish [ˈklɒdɪʃ] *a.* 土块一样的,呆笨的
cloddy [ˈklɒdɪ] *a.* 块状的,碎块状的,不值钱的
clog [klɒg] ❶ *n.* ①障碍(物),阻塞(物),累赘 ②止轮器,坠子 ❷ (clogged; clogging) *v.* ①障碍,阻塞(up) ②黏住 ③塞满(with) ④制动
clogging [ˈklɒgɪŋ] *n.* ①阻塞,障碍物 ②结渣 ③障碍
cloggy [ˈklɒgɪ] *a.* (易)黏牢的;多块的;妨碍的
cloisonne [klwɑːˈzɒneɪ] (法语)*n.;a.* 景泰蓝(制的)
cloister [ˈklɔɪstə] *n.* 修道院;回廊
clon [klɒn] *n.* 无性系;纯系
clonal [ˈkləunəl] *a.* 无性系的;纯系的
clone [kləun] *n.* ①无性(繁殖)系 ②纯种细胞,克隆 ③同本生物,同源植物
clonic [ˈklɒnɪk] *a.* 阵挛(性)的;无性系的
clonicity [kləˈnɪsɪtɪ] *n.* 阵挛性,阵挛状态
cloning [ˈkləunɪŋ] *n.* 无机繁殖系化,体外生长的
clonism [ˈkləunɪzm] *a.* 连续阵挛
clonus [ˈkləunəs] *n.* 阵挛
close [kləus] ❶ *a.;ad.* ①密切〔集〕(的),紧〔严,亲〕密(的) ②〔接亲〕近(的),均势的 ③详尽的,用心的 ④闷热的,沉闷的 ⑤塞紧地 ❷ [kləuz] *v.* ①关(闭),闭(合),(电路)接通,封(闭,盖) ②结束 ③(使)靠紧,缔结,谈妥 ④【计】释放 ❸ [kləuz] *n.* ①末(尾),终止 ②场地,界内 ③关闭指令 ☆*at close hand* 紧紧地,密切地;*at close quarters* 在…的末尾,在…结束的时候;*bring to a close* 结束;*close about* 围绕,包围;*close accounts* 清账;*close of hand* 在附近,迫近,就在眼前;*close by* 近处,…近旁;*close down* 关掉,封闭,倒闭,停止播送;*close in* 包围,封闭,合拢,靠近,(日)渐短;*close in upon* 包围,围绕,关闭,结束,封锁,阻塞;*close on (upon)* 差不多,将近,紧接;围拢;*close out* 抛售,停闭(业务);*close over* 封盖,遮蔽,淹没;*close round* 包围;*close the door on (upon)* 堵塞…的门路,不给以…机会;*close to* 接近于,在…旁边,…近;*close together* 靠近,密集;*close up* 密集,结束,堵塞,闭合;*close up to* 紧挨,贴近;*close with* 接受或同意;同…短兵相接;*come close to* 走近,接近;*come (draw) to a close* 结束,告终;*cut A close* 把

A 剪短; ***draw to a close*** 渐近结束; ***fit close*** 吻合; ***follow close*** 紧跟; ***have a close relation with*** 同…有密切关系; ***keep A close*** 把 A 藏起来; ***lie close*** 隐藏着; ***stand (sit) close*** 站〔坐〕拢

closed [kləuzd] *a.* ①闭合的,封闭的,接通的 ②紧密的,密实的 ③准备〔预定〕好了的,订了契约的 ④ 保密的

closedown ['kləuzdaun] *n.* 关闭,停歇

closely ['kləusli] *ad.* 紧〔亲〕密地,仔细地,贴近地

closeness ['kləusnis] *n.* ①密闭,狭窄,闷热 ②接近 ③严密,精密,紧密 〖用法〗注意搭配关系: "the closeness of A to B" 意为 "A 接近于 B;A 对 B 的接近程度"。如: The closeness of a measurement to an accepted value is called accuracy. 某一测量对公认值的接近程度被称为精度。

closer ['kləusɜ:] *a.* close 的比较级 ❷ ['kləuzə] *n.* ①关闭者,闭塞器 ②捻绳机 ③拱心石

closet ['klɒzit] ❶ *n.* ①壁橱,厕所 ②(蒸馏炉)炉室,便桶 ❷ *a.* 关起门来的,保密的,私下的;闭门造车的 ❸*vt.* 放在(壁圈内),关进 ☆***be closeted with*** 与…密谈; ***of the closet*** 不切实际的

close-up ['kləuzʌp] *n.* 特写镜头,仔细的观察,小传

closing ['kləuziŋ] ❶ *n.* ①关闭,闭合,接通(电路) ②终了,结尾 ③缔结,接近 ④【冶】密封 ❷ *a.* 结束的,闭会的 〖用法〗注意下面例句中该词的含义: In closing we recall that (5.6) applied to a homogeneous laser system. 最后, 我们记得: 式(5.6)适用于单色激光器系统。

closure ['kləuʒə] ❶ *n.* ①闭合,锁合,闭锁,闭路,【数】闭包 ②截止,终结,停业,末尾 ③截流,合扰 ④罩(子),隔板,填塞物 ⑤插栓,搭扣,围墙 ❷ *vt.* 使…结束

clot [klɒt] ❶ (clotted; clotting) *v.* (使) 凝结,结(血)块,烧结,使阻塞 ❷ *n.* 凝块,泥疙瘩,血块

cloth [klɒθ] (pl.cloths) *n.* 布,织物,毛料

clothe [kləuð] (clothed 或 clad) *v.* ①(给…)穿衣,包上 ②赋予 ③表达 ☆***(be) clad in*** 穿着…(衣服,外衣); ***be clad with*** 覆盖与,用…包上

clothes [kləuðz] *n.* (pl.) 衣服,服装,被褥

clothe.sline ['kləuðlain] *n.* 晒衣绳

clothing ['kləuðiŋ] *n.* ①服装(总称),工作服 ②罩,蒙皮

cloth(-)measure ['klɒθmeʒə] *n.* 布尺

clothoid ['kləuθɔid] *n.* 回旋曲线

clotted ['klɒtid] *n.* 凝结的;拥塞的;纯粹的

clotting ['klɒtiŋ] *n.* 凝结, 烧结,(血)凝固

clotty ['klɒti] *a.* 凝块的,(易)凝结的

cloud [klaud] ❶ *n.* ①云 ②浮云状物,(似云的)一阵〔团,缕〕,混浊团,水垢,泥渣 ③暗影,缺点 ❷ *v.* ①(使)阴沉,黯然 ☆***cast a cloud on (upon)*** 给…投下一层暗影; ***drop from the cloud*** 从天而降; ***in the clouds*** 空想,不现实; ***under a***

cloud 受到怀疑; ***under cloud of night*** 趁黑

cloudage ['klaudidʒ] *n.* 云景

cloudburst ['klaudbɜ:st] *n.* ①大暴雨 ②喷丸,喷铁砂

cloudbuster ['klaudbɜ:stə] *n.* 破云器

clouded ['klaudid] *a.* 阴(暗)的,有云花纹的

cloud-hopping ['klaudhɒpiŋ] *n.* (隐蔽的)云中飞行

cloudier ['klaudiə] *n.* 人造云

cloudily ['klaudili] *ad.* 云雾迷漫,朦胧,模糊不清

cloudiness ['klaudinis] *n.* ①云量,多云状态 ②阴暗,混浊(度),模糊不清

clouding ['klaudiŋ] *n.* ①闷光,云状花纹 ②(图像)模糊,云斑,朦胧,混浊

cloudless ['klaudlis] *a.* 无云的,全暗的 ‖ ~ness *n.*

cloudlet ['klaudlit] *n.* 小云块

cloudworld = cloudland

cloudy ['klaudi] *a.* ①多云的,阴天的 ②云(状),云雾状的 ③朦胧的,模糊的 ④浑浊的,不透明的

clough [klʌf] *n.* 峡谷,深谷,沟

clout [klaut] ❶ *n.* ①破(碎,抹)布,布片 ②靶心,标的中心 ③垫圈 ❷ *vt.* ①(用布)擦 ②敲(一下)

clove [kləuv] ❶ cleave 的过去式 ❷ *n.* 丁香,鸡舌香

cloven ['kləuvən] ❶ cleave 的过去分词 ❷ *a.* 劈开的,偶蹄的 ☆***show the cloven hoof*** 露出马脚,现出原形

clovene ['kləuvi:n] *n.* 【化】次丁香烯,丁子香烯

clover ['kləuvə] *n.* 苜蓿

clover(-)leaf ['kləuvəli:f] *n.;a.* 苜蓿叶,苜蓿叶式,三叶玫瑰曲线的

clowhole ['klauhəul] *n.* 缩孔

cloze [kləuz] *a.* 填词测验法的 ☆***cloze test*** 填词测验

club [klʌb] ❶ *n.* ①棍(棒),杆 ②俱乐部 ❷ (clubbed; clubbing) ①用棍棒打 ②协作,联合 (together, with) ③凑,贡献

clubbed [klʌbd] *a.* 棒状的

clubbing ['klʌbiŋ] *n.* 拖锚

clubby ['klʌbi] *a.* 亲切近人的;排他的

clubmosses ['klʌbmɒsiz] *n.* 石松

clue [klu:] ❶ *n.* 线索,思路,暗示 ❷ *v.* 为…提供线索,提示 ☆***be the clue to A*** 导致 A,成为 A 的线索; ***clue A on B*** 关于 A 关于 B(的线索); ***give a clue to*** 提供关于…的线索 〖用法〗❶ 如上面的词组所示,当它表示 "…的线索" 时,其后跟介词 "to"。❷ 它可以后跟一个由名词从句充当的同位语从句或由名词性不定式充当的同位语。如: There is no clue why this is so. 不存在为什么是如此的线索。

clump [klʌmp] ❶ *n.* (土,铀)块,(桩)群,(细菌)凝块 ❷ *v.* 丛生,块的组合

clumping ['klʌmpiŋ] *n.;a.* 凝集(现象),团集,群〔丛,

块〕的,草木丛生的

clumpy ['klʌmpɪ] a. 块状的,笨重的,成群〔丛〕的

clumsily ['klʌmzɪlɪ] ad. 笨拙地,不合用地

clumsiness ['klʌmzɪnɪs] n. 笨拙〔重〕,不合用

clumsy ['klʌmzɪ] a. 笨拙〔重〕的,不合用的

clunch [klʌntʃ] n. (耐火)黏土,【化】硬白垩

cluneal ['kluːnɪəl] a. 臀的

clung [klʌŋ] cling 的过去式和过去分词

clunis ['kluːnɪs] (pl. clunes) n. 臀

clunise ['klʊnaɪs] n. 【冶】克鲁尼斯铜镍锌合金

clunk [klʌŋk] ❶ n. 沉闷的金属声 ❷ v. 发出沉闷声

cluse [kluːs] n. 横谷

cluster ['klʌstə] ❶ n. ①束,群,集,套,簇(状物) ②【数】群;【化】类,族,簇群,(原子)团;【天】星团 ③组件,元件组 ④凝块 ⑤弹束,聚集炸弹 ⑥集群,集聚 ⑦住宅群,震群 ⑧集聚,结团 ⑨火箭发动机族 ❷ v. ①成群,族集,集结,集成一束 ②形成凝块 ③分组,聚类抽样 ☆**a cluster of** 一串〔束,群〕; **in a cluster** 成串〔束,团,群〕地

clutch [klʌtʃ] v.;n. ①抓,捏(紧),把握,连接,咬合 ②离合器,接合器 ③夹子,夹紧装置,爪,扳手,凸轮,凸起 ④紧要关头 ⑤连产 ☆**ride the clutch**(驾驶时)脚一直踩在离合器踏板上; **within clutch** 在伸手可及有〔抓得到〕之处

clutter ['klʌtə] ❶ n. ①混乱,杂乱 ②地物干扰,杂波 ❷ vt. 乱堆,使…混乱(up,with) ☆**in a clutter** 乱七八糟

cluttering ['klʌtərɪŋ] n. 语句脱漏

clyburn spanner ['klaɪbɜːn'spænə] 活(络)扳手

clydonograph ['klaɪdɒnəgrɑːf] n. 【电子】过电压摄测仪

clypeate ['klɪpɪeɪt] a. 盾形的

clypeiform [klɪpɪ'aɪfɔːm] a. 圆盾状的,盾形的

clysis ['klaɪsɪs] (pl. clyses) n. 冲洗,灌肠(法)

clysma ['klaɪzmə] (pl. clysmata) n. 灌肠(法),灌肠剂

cnemis ['niːmɪs] (pl. cnemides ['nemɪdiːz]) n. 小腿,胫节

coacervate ['kəʊæsəveɪt] vt.;n.;a. 凝聚(的,层),团聚体,乳粒积并,堆积

coacervation ['kəʊˌæsəˈveɪʃən] n. 凝聚

coach [kəʊtʃ] ❶ n. ①两门小客车,座舱,(长途,铁路)客车,卧车 ②(四轮,公共)马车 ③辅导员,教练(员) ❷ v. ①辅导,教练 ②用马车运输

coachbuilding ['kəʊtʃbɪldɪŋ] n. 汽车车身的设计制造

coachbuilt ['kəʊtʃbɪlt] a. (汽车车身)木制的

coachee [kəʊ'tʃiː] n. 车夫;受训练的人

coacher ['kəʊtʃə] n. 教练;马车

coachwork ['kəʊtʃwɜːk] n. 汽车车身的设计、制造和装配,汽车车身制造工艺

coact [kəʊ'ækt] vi. 共同行动

coaction [kəʊ'ækʃən] n. ①相互作用,共同行动

②强制力,强迫 ‖ **coactive** a.

coactivate [kəʊ'æktɪveɪt] vt. 共激活

coactivation ['kəʊˌæktɪ'veɪʃən] n. 共激活作用

coactivator [kəʊ'æktɪveɪtə] n. 共激活剂

coadjacent [ˌkəʊə'dʒeɪsnt] a. 邻接的

coadjutant [kəʊ'ædʒʊtənt] ❶ n. 助理(员),助手,副手,合作者 ❷ a. 补助的

coadjutor [kəʊ'ædʒʊtə] n. 助手,助理

coadjutress [kəʊ'ædʒʊtrɪs] n. 女助手

coadunate [kəʊ'ædjʊnɪt] a. 连接的

coadunation [kəʊˌædjʊ'neɪʃn] n. 联合(成一体),合并

coadunition [kəʊˌædjʊ'nɪʃn] n. 联合(成一体),合并

coagel ['kəʊədʒel] n. 【化】凝聚胶

coagent [kəʊ'eɪdʒənt] n. 合作者,帮手;合作因素

coagglutination [ˌkəʊəˌgluːtɪ'neɪʃən] n. 协同凝集反应,同族凝集

coagula [kəʊ'ægjʊlə] coagulum 的复数

coagulability [kəʊˌægjʊlə'bɪlɪtɪ] n. 凝结(能)力,凝固性

coagulable [kəʊ'ægjʊləbl] a. 可凝结的

coagulant [kəʊ'ægjʊlənt] n. 凝结剂,助凝剂

coagulase [kəʊ'ægjʊleɪs] n. 【生化】(血浆)凝固酶

coagulate [kəʊ'ægjʊleɪt] ❶ v. (使)凝结,胶凝,(使)合成一体 ❷ n. 凝结物 ❸ a. 凝结的

coagulation [kəʊ'ægjʊ'leɪʃən] n. 凝结(剂),絮凝

coagulative [kəʊ'ægjʊleɪtɪv] a. 可凝固的,促凝固的

coagulator [kəʊ'ægjʊleɪtə] n. 【医】凝结剂,凝结器

coagulatory [kəʊ'ægjʊleɪtərɪ] a. 凝结的

coagulin [kəʊ'ægjʊlɪn] n. 凝固素

coagulometer [kəʊˌægjʊ'lɒmɪtə] n. 【医】(血)凝度计

coagulum [kəʊ'ægjʊləm] (pl. coagula) n. 凝块,乳凝,血块

coal [kəʊl] ❶ n. 煤,(木,石)炭,(pl.) 煤块 ❷ v. ①供煤 ②烧成炭

coalball ['kəʊbɔːl] n. 煤球

coaler ['kəʊlə] n. 运煤铁路〔车辆〕,煤商,(运)煤船

coalesce [ˌkəʊə'les] vi. 聚结,凝聚,结合,汇集

coalescence [ˌkəʊə'lesəns] n. 结合,聚结,胶着 ‖ **coalescent** a.

coalescer [ˌkəʊə'lesə] n. 聚结剂〔器〕

coalette [ˌkəʊə'let] n. 团矿

coaleum ['kəʊlɪəm] n. 煤烃

coalification [ˌkəʊlɪfɪ'keɪən] n. 煤化(作用)

co(-)alignment [ˌkəʊə'laɪnmənt] n. 调整装置,共准直

coaling ['kəʊlɪŋ] n. 装煤

coalite ['kəʊlaɪt] n. ①半焦(炭,油),低温焦炭 ②焦炭砖

coalition [ˌkəʊə'lɪʃən] n. ①联合,合并 ②联盟

coalitus [ˈkəʊlɪtəs] (拉丁语) *n.;a.* 并合(的)

coalless [ˈkəʊlɪs] *a.* 无煤的

coalpetrography [ˌkəʊlpɪˈtrəʊɡrəfɪ] *n.* 煤岩学

co-altitude [kəʊˈæltɪtjuː] *n.* 天(体)顶距,同高度

coalwhipper [ˈkəʊlwɪpə] *n.* 卸煤工人,卸煤机

coaly [ˈkəʊlɪ] *a.* (含,似)煤的,煤状的,墨黑的

coamings [ˈkəʊmɪŋz] *n.* (pl.) 舱口拦板,(舱口)围板,拦板,边材,凸起天窗

coangle [kəʊˈæŋɡl] *n.* 余角

coapt [kəʊˈæpt] *vt.* 使接合(牢),配合

coaptation [ˌkəʊæpˈteɪʃ ən] *n.* ①接合,配合 ②接骨术

coarctation [ˌkəʊɑːkˈteɪʃn] *n.* 缩窄,紧压

coarse [kɔːs] *a.* ①粗的,粗糙的,原生的,未加工的 ②粗略的,不精确的 ③钝的

coarsely [ˈkɔːslɪ] *ad.* 粗(糙,略,暴)地
〖用法〗注意下面一句中该词的译法: The internal oscillator is coarsely tuned to the frequency of interest in the input wave. 把内部的振荡器大致上调谐到输入波中(人们)感兴趣的那个频率上。

coarsen [ˈkɔːsn] *v.* 使粗,粗化

coarseness [ˈkɔːsnɪs] *n.* 粗度,粗糙(度)

coarsening [ˈkɔːsnɪŋ] *n.* (晶粒)长大,粗化, 变粗

coarsing [ˈkɔːsɪŋ] *n.* 粗化

coast [kəʊst] ❶ *n.* ①海岸(滨),岸边,沿海(地区) ②滑下 ③跟踪惯性 ❷ *v.* ①沿海岸航行 ②(惯性)滑行,沿下降轨道飞行,漂移 ☆*coast to ...* 轻易,自然,逐渐

coastal [ˈkəʊstəl] ❶ *a.* 沿海的,海岸的 ❷ *n.* 海岸巡逻飞机

coastdown [ˈkəʊstdaʊn] *n.* ①减退,下降 ②惰行,(惯性)滑行

coaster [ˈkəʊstə] *n.* ①沿海航船 ②惯性运转装置,惯性飞行导弹,滑行机(者),(滑坡用)橇 ③飞轮 ④超越离合器 ⑤垫(盘)子

coasting [ˈkəʊstɪŋ] *n.* ①滑行 ②惯性运动 ③沿岸航行 ④海岸线

coastwise [ˈkəʊstwaɪz] *n.;ad.* 近海的,沿岸(的)

coat [kəʊt] ❶ *n.* ①外衣(皮,膜) ②涂(表)层 ③帆布罩 ❷ *vt.* 加面层,上涂料(油漆),涂(镀,盖)上,覆盖 ☆*pick a hole in one's coat* 挑毛病,找错儿; *take off one's coat* 脱掉上衣,使劲干干

coated [ˈkəʊtɪd] *a.* 涂(包)有…的,有涂层的

coater [ˈkəʊtə] *n.* 涂料器,涂镀设备,镀膜机

coating [ˈkəʊtɪŋ] *n.* ①涂,敷,镀,覆盖,镀膜,油漆,上胶,着色 ②表面处置层,涂层,贴片 ③涂料 ④细呢,外衣料,包被

coattail [ˈkəʊteɪl] *n.* 男上衣后摆

coauthor [kəʊˈɔːθə] *n.* 合著者,合作者
〖用法〗在写自传时常用一个句型: He is the coauthor of the Book 'Nonparametric Detection: Theory and Applications'. 他与人合编了《非参数检测:理论与应用》一书。

coax [kəʊks] ❶ *n.* (= coaxial cable)同轴电缆 ❷ *v.* 巧妙地处理,劝诱

coaxal [kəʊˈæksəl],**coaxial** [kəʊˈæksɪəl] *a.* 同轴的,共心的

coaxality [ˌkəʊæksˈælɪtɪ] *n.* 同轴性

coaxing [kəʊˈæksɪŋ] *n.* 预应力强化法,"锻炼"效应

coaxitron [kəʊˈæksɪtrɒn] *n.* 同轴管

coaxswitch [kəʊˈækswɪtʃ] *n.* 同轴开关

cob [kɒb] ❶ *n.* ①圆块 ②糊墙土,黏土泥 ③夯上建筑,泥砖 ④玉米棒子,玉米芯 ❷ *vt.* 弄碎

cobalamin [kəʊˈbɒləmɪn] *n.*【化】钴铵素,维生素 B_{12}

cobalt [ˈkəʊbɔːlt] *n.*【化】钴 Co, 钴类颜料

cobaltic [kəʊˈbɔːltɪk] *a.* (含三价)钴的

cobaltammine [ˌkəʊbɔːlˈtæmiːn] *n.*【化】氨络钴

cobalticyanide [kəʊˌbɔːltɪˈsaɪənaɪd] *n.*【化】氰高钴酸盐

cobaltiferous [ˌkəʊbɔːlˈtɪfərəs] *a.* 含钴的

cobaltine [kəʊˈbɔːltɪn] *n.*【矿】辉钴矿

cobaltite [kəʊˈbɔːltaɪt] *n.*【矿】辉(砷)钴矿

cobaltocene [kəˈbɔːltəsiːn] *n.*【化】二茂钴

cobaltous [kəʊˈbɔːltəs] *a.*【化】(二价)钴的

cobamide [ˈkəʊbəmaɪd] *n.*【化】钴胺酰胺

Cobanic [kəˈbænɪk] *n.*【冶】钴镍合金

cobasis [kəʊˈbæsɪz] *n.* 共基

cobaya [kəˈbeɪjə] *n.*【动】豚鼠

cobbing [ˈkɒbɪŋ] *n.* ①(人工)敲碎 ②(pl.)清炉渣块

cobble [ˈkɒbl] ❶ *n.* ①圆石,(大,鹅)卵石,铺路石 ②(pl.)圆块煤 ③【冶】(半轧)废品 ❷ *vt.* ①修 ②粗制滥造(up) ③用圆石砌路

cobbler [ˈkɒblə] *n.* 皮匠,补鞋匠;冷饮;水果馅饼

cobblers [ˈkɒbləz] *n.* (pl.)胡说八道,废话,空话

cobblestone [ˈkɒblstəʊn] *n.* 圆石,鹅卵石子

cobbly [ˈkɒblɪ] ❶ *n.* 中(粗)砾石 ❷ *a.* 不平的

cobbcoal [ˈkɒbkəʊl] *n.* 成团煤炭

cobia [ˈkəʊbɪə] *n.* 军曹鱼

cobione [kəʊˈbaɪəʊn] *n.* 科拜昂,晶状维生素 B_{12}

coboglobin [ˌkəʊbəˈɡlɒbɪn] *n.* 钴球蛋白

cobordism [kəˈbɔːdɪzm] *n.* 配边

coboundary [kəʊˈbaʊndərɪ] *n.* 上边缘,共界面

cobra [ˈkəʊbrə] *n.* 眼镜蛇

cobs [kɒbz] *n.* 钟形失真

cobstone = cobblestone

cobweb [ˈkɒbweb] ❶ *n.* ①蜘蛛网 ②蛛网状的东西 ❷ *a.* 蛛网状的 ❸ (cobwebbed; cobwebbing) *vt.* 布满蛛网,使混乱

coca [ˈkəʊkə] *n.*【植】古柯

coca-cola [ˈkəʊkəˈkəʊlə] *n.* 可口可乐

cocaine [kəˈkeɪn] *n.*【药】可卡因;古柯碱

cocainism [kəˈkeɪnɪzm] *n.* 古柯碱中毒

cocainize [kəˈkeɪnaɪz] *vt.* 用古柯碱麻醉

cocancerogen [ˌkəʊkənˈsɪrədʒɪn] *n.* 辅致癌物质

cocatalyst [kəʊˈkætəlɪst] *n.* 辅催化剂

coccoid [kəʊˈkɔɪd] *n.*【生】椭球菌

C

coccus ['kɒkəs] n.【生】球菌
cochain [kəʊ'tʃeɪn] n.【数】上链
cochairman [kəʊ'tʃeəmən] n. 联合主席(指两主席之一),副主席
co(-)channel ['kəʊtʃænəl] n.;a. 同信道的,同槽的
cochlea ['kɒklɪə] n. 耳蜗
cochlear ['kɒklɪə] a. 蜗形的
cochleare [,kɒklɪ'æriː] n.【药】匙(量)
cochleariform [,kɒklɪ'ærɪfɔːm] a. 匙形(状)的,蜗状的
cochleoid ['kɒklɪɔɪd] n.【数】蜗牛线,螺旋曲线
cochromatography [,kɒkrəmə'tɒgrəfɪ] n. 混合色谱分析法
cock [kɒk] ❶ n. ①旋塞,(小)龙头,管闩,节气门,活嘴,阀(门) ②风向标 ③(枪)扳机,调整投弹机构,尖角 ④起重机 ⑤(圆)堆,草堆 ⑥公鸡,头目 ❷ v. ①竖起,使直立 ②扳上扳机 ③走火 ④堆成小圆锥形 ⑤【核】提升(棒) ☆**at full (half) cock** 处于全(半)击发状态,准备充分(不充分); **cock off** 走火; **turn the cock** 拧旋塞,开龙头
cockade [kɒ'keɪd] n. ①帽章 ②航空器徽志
cockcrow ['kɒkkrəʊ] n. 公鸡的啼叫,黎明
cocked [kɒkt] a. 翘起的,处于准备击发状态的
cocket ['kɒkɪt] n. 海关放行证
cockle ['kɒkl] ❶ n. ①皱纹,波浪形,皱裂 ②海扇壳,轻舟 ③麦的黑穗病 ④莠草 ❷ v. ①弄皱,鼓起 ②形成激流
cockloft ['kɒklɒft] n. 顶楼,阁楼
cockpit ['kɒkpɪt] n. ①(飞机)座舱,(船)尾舱,驾驶间 ②灰岩盆地,漏斗状渗水井
cockroach ['kɒkrəʊtʃ] n.【动】蟑螂
cockscomb ['kɒkskəʊm] n. ①鸡冠(花) ②(瓦工用)金属刮板
cocksure ['kɒk'ʃʊə] a. 确信,十分肯定(of, about),太自信的
cocksy ['kɒksɪ] a. 骄傲自大的
cocktail ['kɒkteɪl] n. 鸡尾酒
cockup ['kɒkʌp] n. ①(段落开头处)特高大写字母 ②混乱,混淆
cocky ['kɒkɪ] a. 趾高气扬的
coco ['kəʊkəʊ] n. 椰子(树)
cocoa ['kəʊkəʊ] n. ①可可(豆,粉,茶) ②摩擦锈斑
coco(a)nut ['kəʊkənʌt] n.【植】椰子
coconinoite ['kəʊkənɪnɔɪt] n.【矿】磷矾铁铀矿
coconsciousness [kəʊ'kɒnʃəsnɪs] n. 并(存)意识
coconspirator ['kəʊkən'spɪrətə] n. 共谋者
cocoon [kə'kuːn] ❶ n. ①茧 ②茧形燃料箱 ❷ vt. ①作茧,包裹住,封存 ②喷涂一层塑料以防锈蚀
cocooning [kə'kuːnɪŋ] ❶ n. 茧,封存,防护喷层 ❷ vt. 作茧,在…上喷上一层防护喷层
cocopan ['kəʊkəpæn] n. 小型矿车
cocotte [kə'kɒt] n. 砂锅
cocrystallization ['kəʊ,krɪstəlaɪ'zeɪʃən] n. 共结

晶
coction ['kɒkʃn] n. 煮沸,消化
coctostable ['kɒktəsteɪbl] a. 耐受煮沸的,耐热的
co(-)current [kəʊ'kʌrənt] n. 直(同)流,平流
cocurriculum [,kəʊkə'rɪkjuləm] (pl. cocurricula) n. 辅助课程
cocycle [kə'saɪkl] n.【数】闭上链
cod [kɒd] n. ①袋,囊,吊砂 ②荚,壳 ③鳕鱼
coda ['kəʊdə] n. 结尾
codan ['kəʊdən] n.【通信】载频控制的干扰抑制〔抑制装置〕
codase ['kəʊdeɪs] n. 密码酶
codazzite ['kəʊdəzaɪt] n.【矿】铈铁白云石
code [kəʊd] ❶ n. ①法典(规),规范,标准,守则,惯例 ②代(电,密)码,符号,口诀 ③程序(指令),代码 ❷ v. ①编码,译成电码,编号 ②制定法规
codec ['kəʊdek] n. 通常包含了编码和译码电路的物理组合,编码解码器
codeclination [,kəʊdeklɪ'neɪʃən] n. 极距,赤纬的余角,同轴磁偏角
coded ['kəʊdɪd] a. 编成代码的,编码的
codeposition [,kəʊdɪpɒ'zɪʃən] n. 共沉积,共积作用
coder ['kəʊdə] n. ①编码器,编码装置 ②编码员
codex ['kəʊdeks] (pl.codices) n. 古代经典手稿本,药方书
codify ['kɒdɪfaɪ] vt. ①编成法典 ②编纂,整理 ‖ **codification** n.
codimer [kəʊ'daɪmə] n. 共二聚体
coding ['kəʊdɪŋ] n. ①编码,译码 ②编制程序 ③符号代语
codirectional [,kəʊdɪ'rekʃənəl] a. 平行的,同向的
codissolved [,kəʊdɪ'zɒlvd] a. 共溶的
codistillation ['kəʊ,dɪstɪ'leɪʃən] n. 共馏(法)
codistor ['kɒdɪstə] n. 静噪调压管
codol ['kəʊdɒl] n. 松香油
codon ['kəʊdɒn] n.【生】(遗传)密码子
codopant [kəʊ'dɒpənt] n. 共掺杂物
codope [kəʊ'dəʊp] n. 双掺杂,共掺杂
codress ['kəʊdres] n. 编码地址
codriver [kəʊ'draɪvə] n. 副驾驶员
coeducation ['kəʊ,edju'keɪʃn] n. 男女同校(教育)
coeducational ['kəʊ,edju'keɪʃnəl] a. 男女生兼收的

〖用法〗注意下面例句的含义：Medium-sized and coeducational, Washington University ranks among the nation's leaders in higher education. 华盛顿大学是一所中等规模、男女生兼收的学校,它是美国的一流大学。(逗号前的部分可看成是一个形容词短语作状语,补充说明主语。)
coefficient [,kəʊɪ'fɪʃənt] n. ①系数,率 ②折算率 ③程度
coelectrodeposition [,kəʊɪ'lektrəʊ,dɪpɒ'zɪʃən] n.

n. 共电沉积

coelectron [kəʊɪˈlektrɒn] n. 协同电子

coeliac [ˈsiːlɪæk] a. 腹的,腹腔的

coelialgia [ˌsiːlɪˈældʒɪə] n. 腹痛

coeliotomize [ˌsiːlɪˈɒtəmaɪz] v. 剖腹

coeliotomy [ˌsiːlɪˈɒtənɪ] n. 剖腹术

coelom(e) [ˈsiːləm] n. 体腔

coelomic [siːˈlɒmɪk] a. 体腔的

coelonavigation [ˌsiːlənævɪˈɡeɪʃ ən] n. 天文导航

coelongate [ˈsiːlɒŋɡeɪt] a. 等长的,同长的

coelosphere [ˈsiːləsfɪə] n. 坐标仪

coelostat [ˈsiːləstæt] n.【天】定天镜

coelothel [ˈsiːləθel] n. 体腔上皮

coemption [kəʊˈempʃ ən] n. 囤积

coen [siːn] n. 环境中的全部组分

coenesthesia [ˌsiːnɪsˈθiːzɪə] n. 普通感觉

coenobium [sɪˈnəʊbɪəm] n. 定形群体,连生体

coenocyte [ˈsiːnəʊsaɪt] n.【生】多核体细胞

coenogamete [ˌsiːnəˈɡæmɪt] n.【生】多核配子

coenogenesis [ˌsiːnəˈdʒenɪsɪs] n. 后生变态

coenology [siːˈnɒlədʒɪ] n. 群落学

coenosarc [ˈsiːnəsɑːk] n.【动】共体,共肉

coenosis [ˈsiːnəsɪs] n.【生】生物群落

coenosite [ˈsiːnəsaɪt] n. 半自由寄生物

coenospecies [ˌsiːnəˈspiːʃ ɪz] n.【生】近群种,互交种

coenozygote [ˌsiːnəˈzaɪɡəʊt] n. 多核合子

coenzyme [kəʊˈenzaɪm] n.【生化】辅酶

coequal [kəʊˈiːkwəl] a.;n. 同等的(人),相等的 ‖ **~ity** n. **~ly** ad.

coerce [kəʊˈɜːs] vt. 强迫(制),迫使 ☆ *coerce A into B* 强迫 A (做) B

coercend [kəʊˈɜːsənd] n.【计】强制子句

coercibility [ˌkəʊɜːsɪˈbɪlɪtɪ] n. 可压缩性

coercible [kəʊˈɜːsɪbl] a. 可压缩(成液态)的,可强制的

coercimeter [ˌkəʊɜːˈsɪmɪtə] n.【电子】矫顽磁力计

coercion [kəʊˈɜːʃ ən] n. 强迫,强制 ‖ **~ary** a.

coercitive [kəʊˈɜːsɪtɪv] n.;a. 矫顽(磁)力〔的〕,矫顽(磁)场

coercive [kəʊˈɜːsɪv] a. ①强迫的 ②矫顽(磁)性的 ‖ **~ly** ad.

coercivemeter [ˌkəʊɜːsɪˈvemɪtə] n. 矫顽磁性测量仪

coerciveness [kəʊˈɜːsɪvnɪs] n. 强制性

coercivity [ˌkəʊəˈsɪvɪtɪ] n. 矫顽(磁)力,矫顽(磁)性

coessential [ˌkəʊɪˈsenʃ əl] a. 同素的

coeswrench [ˈkəʊɪsˈrentʃ] n. 活动扳手

coetaneous [ˌkəʊɪˈteɪnɪəs] a. 同时代〔期〕的,同年龄的

coeternal [kəʊɪˈtɜːnəl] a. 永远并存的

coeur [kɜː] n. 心脏,心

coeval [kəʊˈiːvəl] a.;n. 同时代的(人),年代的

(东西)(with) ‖ **~ity** n. **~ly** ad.

coexcitation [ˌkəʊeksɪˈteɪʃ n] n. 同时兴奋

coexecutor [ˌkəʊɪɡˈzekjʊtə] n. 共同执行〔受托〕人

coexist [ˈkəʊɪɡˈzɪst] vt. ①共存,共处,同时存在(with) ②和平共处,两立 ‖ **~ence** n. **~ent** a.

〖用法〗注意下面例句中该词的含义：A good reason for this is coexisting current and voltage gain. 其很好的理由是既有电流增益又有电压增益。

coexponent [ˌkəʊeksˈpəʊnənt] n. 余指数

coextend [ˈkəʊɪkˈstend] v. (使)在时间〔空间〕上共同扩张 ‖ **coextension** n. **coextensive** a.

coextract [ˌkəʊɪksˈtrækt] v.;n. 共(同)萃取,同时萃取 ‖ **~ion** n.

cofactor [kəʊˈfæktə] n.【生】余因子,辅助因数,辅因子,代数余子

coffee [ˈkɒfɪ] n. 咖啡(树,豆,茶)

coffer [ˈkɔːfə] ❶ n. ①围堰,沉箱,浮船坞 ②保险箱 ③隔离舱 ④啄声板 ⑤平顶的镶板,藻井 ⑥(pl.)国库,资产,财源 ❷ v. 储藏;用平顶镶板装饰

cofferdam [ˈkɒfədæm] ❶ n. 围堰,防水堰,潜(水)箱,沉箱,隔离舱 ❷ v. 修筑围堰

coffering [ˈkɒfərɪŋ] n. 藻井,方格天花板

coffin [ˈkɒfɪn] n. ①棺材,木框,(木)箱 ②重屏蔽容器,装运罐,铅箱 ③导弹掩体 ④报废船

coffinite [ˈkɒfɪnaɪt] n.【矿】铀石,水硅铀矿

cofinal [kəʊˈfaɪnəl] n.【数】共尾

cofunction [kəʊˈfʌŋkʃ ən] n.【数】余函数

cog [kɒɡ] ❶ n. ①(齿轮的)齿,(爬坡机车齿轮的)大齿,嵌齿,齿突 ②雄榫 ③(大钢)坯,(大断面)短坯 ❷ (cogged; cogging) v. ①装齿轮 ②榫接 ③开坯,压下 ☆ *cog down* 压下,开坯; *have a cog loose* 有点毛病; *slip a cog* 出差错

cogelled [ˈkɒɡeld] a. 共凝胶的

cogency [ˈkəʊdʒənsɪ] n. 说服力,中肯

cogenerate [kəʊˈdʒenəreɪt] v. 利用废热发电

cogenetic [kəʊdʒɪˈnetɪk] a. 同成因的

cogent [ˈkəʊdʒənt] a. 有说服力的,使人信服的 ‖ **~ly** ad.

cogeoid [ˈkɒdʒɪɔɪd] n. 似〔补偿〕大地水准面

cogging [ˈkɒɡɪŋ] n. ①接头,(齿)榫 ②(伺服电机)齿槽效应 ③压下,初轧,开坯

cogitable [ˈkɒdʒɪtəbl] a. 可以思考的

cogitate [ˈkɒdʒɪteɪt] v. (慎重)考虑,深思熟虑(up-on) ‖ **cogitation** n. **cogitative** a.

cognate [ˈkɒɡneɪt] a.;n. ①同源的(物),同系统的 ②互有关系的,有很多共同点的 ③【机】钝齿

cognation [kɒɡˈneɪʃ ən] n. ①同血族 ②同词源

cognition [kɒɡˈnɪʃ ən] n. ①认识(力),识别(力) ②被认识的事物,知识

cognitional [kɒɡˈnɪʃ ənəl] a. 认识(上)的

cognitive [ˈkɒɡnɪtɪv] a. (有)认识(力)的 ‖ **cognizably** ad.

cognitron [ˈkɒɡnɪtrɒn] n. 识别机

cognizance [ˈkɒɡnɪzəns] n. ①认识,知道 ②观察,

监视 ☆*(be, go, fall) beyond (out of) one's cognizance* 认识不到的,不归…处理; *come to one's cognizance* 知道; *have cognizance* 认识到; *take cognizance of* 认识到,正式获知

cognizant ['kɒgnɪzənt] *a.* 认识的 ☆*be cognizant of* 认识到,知道

cognize ['kɒgnaɪz] *vt.* 知道,认识到

cognominal [kɒg'nɒmɪnəl] (拉丁语) *a.* 姓氏的,族名的

cognoscible [kɒg'nɒsɪbl] *a.* 可以认识到的,可知的

cograft [kəu'grɑ:ft] *n.; v.* 共接枝

cogredient [kəu'gredənt] *a.* 同步的

cogwheel ['kɒgwi:l] *n.* 【机】(嵌,钝)齿轮

cohere [kəu'hɪə] *vi.* ①附着,黏附,(可)黏合 ②凝结 ③相干,相关 ④连贯,前后一致

coherence [kəu'hɪərəns],**coherency** [kəu'hɪərənsɪ] *n.* ①附〔黏〕着,黏附(性) ②凝聚,内聚(力,现象) ③相干(性),相关(性) ④连贯性

coherent [kəu'hɪərənt] *a.* ①黏着的,凝聚性的,互相密合的 ②相干的,可干涉的 ③耦合的,相互密合着的 ④协调的,一致的 ⑤连贯的,有条理的,清晰的

【用法】注意下面例句中该词的含义: Light that is of one frequency with the waves in step is called coherent light. 具有一个频率、所有的波都是同步的光,被称为相干光。("with the waves in step" 是修饰 "Light" 的。)

coherer [kəu'hɪərə] *n.* 【电子】粉末检波器

cohesible [kəu'hi:sɪbl] *a.* 能黏聚的

cohesiometer [kəuhɪzɪ'ɒmɪtə] *n.* 黏着力仪

cohesion [kəu'hi:ʒən] *n.* ①黏着,附着(力),黏结(力) ②内聚,凝聚,聚合力 ‖ ~al *a.*

cohesionless [kəu'hi:ʒənlɪs] *a.* 无黏聚性的,无内聚力的,无黏性的,松散的

cohesive [kəu'hi:sɪv] *a.* 黏聚的,黏性的,黏合的,内聚的,有结合力的 ‖ ~ly *ad.*

cohesiveness [kəu'hi:sɪvnɪs] *n.* 黏聚性,内聚性

COHO, coho ['kəuhəu] *n.* 相干振荡器

cohobate ['kəuhəubeɪt] *vt.* 多次蒸馏

cohobation [,kəuhə'beɪʃən] *n.* 【化】回流〔反复〕蒸馏

cohomology [,kəuhə'mɒlədʒɪ] *n.* 【数】上同调

cohomotopy [,kəuhəmə'tɒpɪ] *n.* 【数】上同伦

cohort ['kəuhɔ:t] *n.* ①一群,同谋 ②(生物)股,区

cohydrol [kəu'haɪdrəl] *n.* 石墨的胶态溶液

cohydrolysis [,kəuhaɪ'drɒlɪsɪs] *n.* 共水解作用

coign(e) [kɒɪn] *n.* 外角;隅;隅石;楔

coil [kɒɪl] ❶ *n.* ①线圈,绕组 ②(一)匝,(一)卷 ③蛇〔盘〕管 ④线材卷,卷材,盘条,[摄]卷片筒 ❷ *v.* 绕成盘状,绕成线圈,盘绕,卷(up)

coiler ['kɒɪlə] *n.* ①缠卷机,盘管机,卷轴 ②盘管

coilia ['kɒɪlɪə] *n.* 【动】凤尾鱼

coiling ['kɒɪlɪŋ] *n.* ①卷绕,绕线,上卷筒 ②绕制线圈,绕成螺旋 ③螺旋(线)

coimage [kəu'ɪmɪdʒ] *n.* 余像,上像

coin [kɒɪn] ❶ *n.* 硬币,金钱 ❷ *vt.* ①压花 ②铸造(货币),制造(新字等),杜撰 ☆*pay a man (back) in his own coin* 以其人之道还治其人之身

coinage ['kɒɪnɪdʒ] *n.* ①造币 ②货币制度 ③创造(新词),造出来的东西

coinbox ['kɒɪnbɒks] *n.* 钱箱,硬币箱

coincide [,kəuɪn'saɪd] *vi.* (与…)相〔重,吻〕合,同时发生,与…一致(with)

【用法】注意下面例句中该词的含义: At neither end of the ladder does the direction of the force coincide with the direction of the ladder. 在梯子的任何一端,力的方向均不与梯子的方向一致。

coincidence [kəu'ɪnsɪdəns] *n.* ①符〔重,吻〕合,一致 ②【数】相等,叠合 ③同时发生,巧合(之事) ☆*by a curious coincidence* 刚好,凑巧

coincident [kəu'ɪnsɪdənt] *a.* ①符合的,巧合性的,同时发生的 ‖ ~ly *ad.*

coiner ['kɒɪnə] *n.* ①造币者 ②(新词)创造者

coining ['kɒɪnɪŋ] *n.* 精压,压花,压印加工,冲边

coinitial [kəuɪ'nɪʃəl] *n.* 共首的

coinside = coincide

coinstantaneous ['kəuɪnstən'teɪnɪəs] *a.* 同时(发生)的

coinsure [kəuɪn'ʃuə] *v.* 联保,分保

coion [kəu'aɪən] *n.* 同离子

coir ['kɒɪə] *n.* 椰纤维(制品)

coital ['kəuɪtəl] *a.* 交媾的

coition [kəu'ɪʃən],**coitus** ['kəuɪtəs] *n.* (特指人类的)性交

cokability [kəukə'bɪlɪtɪ] *n.* (可)焦化性,成焦性

coke [kəuk] ❶ *n.* 焦(炭,煤) ❷ *vt.* 炼焦,焦化

cokeability = cokability

coked [kəukt] *a.* 焦结的,炼成焦的

cokeite ['kəukaɪt] *n.* 天然焦

coker ['kəukə] *n.* 炼焦器,焦化装置

cokernel ['kəukənəl] *n.* 余核

cokery ['kəukərɪ] *n.* 炼焦炉〔厂〕

coking ['kəukɪŋ] ❶ *n.* ①焦化,炼焦 ②积炭 ③结焦,(pl.)蒸馏罐中残渣 ❷ *a.* 具焦性的,炼焦的

colalin ['kəulælɪn] *n.* 胆酸

colalloy ['kəulælɔɪ] *n.* 【冶】考拉洛铝镁合金

colamine ['kəuləmɪn] *n.* 【生】胆胺,乙醇胺

colander ['kʌləndə] *n.* 滤器,漏勺

colas ['kɒləs] *n.* 沥青乳浊液

colasmix ['kɒləsmɪks] *n.* 沥青砂石混合物

colation [kə'leɪʃən] *n.* 过滤

colatitude ['kəulætɪtju:d] *n.* 余纬(角,度)

colature ['kɒlətʃə] *n.* 粗滤产物

colchicin(e) ['kɒltʃɪsɪn] *n.* 包层钢;秋水仙碱

colcogenide [kɒl'kɒdʒɪnaɪd] *n.* 【化】硫硒碲化合物

colcothar ['kɒlkəθə] *n.* 【化】褐红色铁氧化物,美国红

colcrete ['kɒlkret] *n.* 预填骨料灌浆混凝土

cold [kəʊld] ❶ *a.* ①冷的,冷态的,【冶】常温的(不加热的) ②寒冷的,冷淡的 ③寒色的,无光(彩)的 ④无放射性的 ❷ *n.* ①(寒)冷,低温 ②感冒,着凉 ③无光(彩)
〖用法〗注意在下面例句中该词作方式状语: These processes are generally carried out cold. 这些生产过程一般是在常温下进行的。

coldish ['kəʊldɪʃ] *a.* 微冷的

coldly ['kəʊldlɪ] *ad.* 冷冷地,冷淡地

cole [kəʊl] *n.* 蔬菜

colectomy [kə'lektəmɪ] *n.*【医】结肠切除术

colemanite ['kəʊlmənaɪt] *n.*【矿】硬硼钙石,硼酸钙

coleocele ['kɒlɪəsiːl] *n.*【医】阴道疝

coleopter [,kɒlɪ'ɒptə] *n.* 环翼喷气机,独角虫

coles [kəʊls] *n.* 阴茎

colgrout [kɒl'graʊt] *n.* 胶体灰浆

colibacillus [,kəʊlɪbə'sɪləs] *n.*【生】大肠杆菌

colic ['kɒlɪk] *n.*【医】腹绞痛,结肠 ‖ ~ly *a.*

colica ['kɒlɪk] (拉丁语) *n.;a.* 结肠的,绞痛,急腹痛

colicin(e) ['kɒlɪsɪn] *n.*【生化】大肠(杆)菌素

colidar [kəʊ'laɪdə] *n.* (= coherent light detection and ranging) 相干光雷达

coliform ['kəʊlɪfɔːm] *n.*【生】大肠(杆)菌

colipase ['kɒlɪpeɪs] *n.*【生化】共脂肪酶

coliphage ['kɒlɪfeɪdʒ] *n.*【生】大肠杆菌噬菌体

colitis [kəʊ'laɪtɪs] *n.*【医】结肠炎

colititre ['kɒlɪtaɪtə] *n.* 在肠菌值

colitoxin [,kɒlɪ'tɒksɪn] *n.*【生化】大肠杆菌毒素

collaborate [kə'læbəreɪt] *vi.* ①合作,协作 ②勾结(with)

collaboration [kə,læbə'reɪʃən] *n.* ①合作,协作 ②勾结

collaborationist [kə,læbə'reɪʃənɪst] *n.* 通敌者

collaborator [kə'læbəreɪtə] *n.* 合作者,协作者

collage [kə'lɑːʒ] *n.* 抽象派拼贴画,(互不相干物件的)大杂烩

collagen ['kɒlədʒən] *n.* (骨)胶原

collagenase ['kɒlədʒəneɪs] *n.*【生化】胶原酶

collagraph ['kɒləgrɑːf] *n.* 抽象派美术画

collapsability [kə,læpsə'bɪlɪtɪ] *n.* 可压碎性

collapsable = collapsible

collapsar [kə'læpsɑː] *n.* 坍缩星,太空黑洞

collapse [kə'læps] *v.;n.* ①倒塌,塌陷,崩坍,瓦解,垮台 ②破裂,毁坏 ③折叠 ④失稳 ⑤失败,故障 ⑥压扁,凹下,瘪(气),减弱,虚脱

collapsibility [kə,læpsə'bɪlɪtɪ] *n.* 崩溃性,退让性

collapsible [kə'læpsəbl] *a.* 可折叠的,自动收缩的,可压扁的

collapsing [kə'læpsɪŋ] *n.* ①压扁,毁坏,断裂 ②伸缩,折叠

collar ['kɒlə] ❶ *n.* ①环,垫(挡)圈,钳,箍,轴衬 ②法兰盘 ③联轴节,套管,(管周)颈圈 ④井口,钻孔口 ⑤凹槽,环接缝 ⑥系梁 ⑦衣领 ⑧根茎,(噬菌体)颈部 ❷ *v.* ①扭住 ②缠辊 ③作凸缘 ☆*in the*

collar 受到约束

collarbone ['kɒləbəʊn] *n.*【医】锁骨

collaring ['kɒlərɪŋ] *n.* ①缠辊(现象) ②(轧辊的)刻痕 ③作凸缘,加辊 ④打眼

collaring machine 曲边机,皱折机

collate [kɒ'leɪt] *vt.* ①(详细)对比,核对 ②(依序)整理,排序,按规律合并

collateral [kɒ'lætərəl] *a.;n.* ①附属的,次要的,第二位的 ②并联的,平行的 ③侧面的,旁边的,支系的,旁支的 ④抵押品,(附属)担保品 ‖ -ly *ad.*

collation [kɒ'leɪʃən] *n.* 校对,校勘,检验

collator [kɒ'leɪtə] *n.* ①校对者 ②校对机,比较装置,分类机 ③排序程序,(数据,卡片)排序装置

collbranite ['kɒlbrənaɪt] *n.*【矿】硼镁铁矿

colleague ['kɒliːg] *n.* ①同事 ②辅助设备

collect [kə'lekt] ❶ *v.* ①收集,堆积,汇集 ②集合,征收 ③使(思想)集中,镇定 ❷ *a.;ad.* 送到即付现款的(地)
〖用法〗 注意下面句中该词的译法: Collecting terms containing I and solving for I, we find I = 0.5A. 把含有 I 的各项归入在一起并(解方程)求 I, 我们就求得 I = 0.5A. /These molecules collect in the long-lived (001) level. 这些分子趋于聚集在长寿的(001)能级中。

collectable [kə'lektəbl] *a.* 可收集的,可代收的

collectanea [,kɒlek'teɪnɪə] (拉丁语) *n.* (pl.) 选集,文选

collected [kə'lektɪd] *a.* ①收集成的 ②镇定的,泰然(自若)的 ‖ ~ly *ad.* ~ness *n.*

collectible = collectable

collection [kə'lekʃən] *n.* ①收〔采〕集,积累,征收 ②选样,标本 ③托收 ④【数】群,集
〖用法〗❶ "a collection of + 复数名词"作主语时,谓语动词用单数形式。❷ 注意下面的例句中该词的译法: The flowchart is basically a collection of symbols and lines. 流程图基本上是一组符号和线条。/A collection of interconnected networks is called an Internet. 一组相互连接在一起的网路就称为互联网。/He has made a collection of rare stamps. 他收藏了珍本邮票。(注意它与动词 make 搭配使用。)/The collection of factors multiplying I in the denominator of (8-10) has been replaced by a quantity aptly named the saturation intensity. 在式(8-10)的分母中乘以 I 的那些因子集由贴切地称为饱和强度的一个量所替代了。

collective [kə'lektɪv] *a.* ①集中(合,体)的,聚合(性)的,收集的,集体的 ②汇流的

collectively [kə'lektɪvlɪ] *ad.* 集体地,总起来说

collectivism [kə'lektɪvɪzəm] *n.* 集体主义

collectivist [kə'lektɪvɪst] *n.;a.* 集体主义者,集体主义的

collectivity [,kɒlek'tɪvɪtɪ] *n.* 全体,集体(性,主义)

collectivize [kə'lektɪvaɪz] *vt.* 使集体化,变私有制为集体所有制 ‖ **collectivization** *n.*

collector [kə'lektə] *n.* ①收集器 ②集电极,集流

环 ③整流子 ④ 总管,集(流,气)管编辑机 ⑤收集〔征收,收票,收款〕员

college ['kɒlɪdʒ] *n.* ①学院,(专科)大学,专科学校 ②学会,社团

collegiality [kə,li:dʒɪ'ælɪtɪ] *n.* 共同掌管

collegian [kə'li:dʒən] *n.* 高等学校学生

collegiate [kə'li:dʒɪɪt] ❶ *a.* 学院的,大学(生)的,专科学校的 ❷ *n.* = collegian

collencyte [kə'leŋsaɪt] *n.*【动】胶细胞

collet ['kɒlɪt] *n.* ①(弹簧)筒夹,有缝夹套,锁圈,颈圈 ②(pl.)继电器簧片的绝缘块

collide [kə'laɪd] *vt.* 碰撞,冲突 ☆**collide against** 撞着; **collide with** 同…相撞〔相抵触〕

collider [kə'laɪdə] *n.* 对撞机

collier ['kɒlɪə] *n.* 煤矿工人,(运)煤船,(运)煤船船员

colliery ['kɒljərɪ] *n.* 煤矿,矿山

colligate ['kɒlɪgeɪt] *vt.* ①绑,束 ②总括

colligation [,kɒlɪ'geɪʃən] *n.* ①绑扎,束缚 ②总括 ③【化】共价均合成

colligative ['kɒlɪgətɪv] *a.* 取决于粒子数目的,浓度相关的

colligator ['kɒlɪgeɪtə] *n.* 结合器

collimate ['kɒlɪmeɪt] *vt.* ①照准,使成直线,平行校正,使与轴线平行 ②测试,观测

collimation [,kɒlɪ'meɪʃən] *n.* ①准直,瞄准,平行性 ②测试,观测

collimator ['kɒlɪmeɪtə] *n.* 准直仪,照准仪,平行光管

collinear [kɒ'lɪnjə] *a.* 共线的,直排的

collineation [,kəlɪnɪ'eɪʃən] *n.* ①直射,同射变换 ②共线

colliquable [kə'lɪkjuəbl] *n.* 易熔的

colliquate [kɒ'lɪkjueɪt] *vt.* 熔化,溶解

colliquation [,kəlɪkju'eɪʃən] *n.* 熔化(过程),溶解 ‖ **colliquative** *a.*

collision [kə'lɪʒən] *n.* ①碰撞,冲突,抵触 ②振动,颠簸 ③打击,(导弹)击中目标 ☆**come into collision with** 和…相撞〔冲突,抵触〕; **in collision with** 和…相撞 ‖ ~al *a.*

〖用法〗❶ 该词常与动词"make"搭配使用。如:This particle makes an inelastic collision with one of the fixed particles in the conductor. 这个粒子与导体中的固定粒子之一作非弹性碰撞。❷ 注意搭配模式"the collision of A with B",意为"A 与 B 的相撞"。如: Consider first the collision of a single molecule with the piston. 首先考虑一下单个分子与该活塞相撞。

colloblast ['kɒləblɑ:st] *n.*【生】黏细胞

collocate ['kɒləukeɪt] *vt.* 配置,把…并置

collocation [,kɒlə'keɪʃən] *n.* ①排列,配置 ②搭配,连语

collochemistry [,kɒlə'kemɪstrɪ] *n.* 胶体化学

collocutor ['kɒləkjutə] *n.* 谈话的对象

collocystis [,kɒlə'saɪstɪs] *n.* 胶囊

collodion [kə'ləudjən], **collodium** [kə'ləudɪəm] *n.* 胶棉,火棉胶,珂珞酊

colloform ['kɒləfɔ:m] *n.* 胶体

colloid ['kɒlɔɪd] ❶ *n.* 胶体,乳化体 ❷ *a.* 胶体的 ❸ *vt.* 使成胶态,使胶质化

colloidal [kə'lɔɪdəl] *a.* 胶体的,乳化的 ‖ ~ly *ad.*

colloidality [,kɒlɔɪ'dælɪtɪ] *n.* 胶性,胶度

colloidization [,kɒlɔɪdaɪ'zeɪʃən] *n.* 胶态化

colloidize ['kɒlɔɪdaɪz] *vt.* 胶态化

colloidopexy [kɒ'lɔɪdəpeksɪ] *n.* 胶体固定

colloidophagy [kɒ'lɔɪdəfədʒɪ] *n.* 胶体吞噬

collop ['kɒləp] *n.* 小薄片

collophony [kə'lɒfənɪ] *n.* (透明)松香

colloquia [kə'ləukwɪə] colloquium 的复数

colloquial [kə'ləukwɪəl] *a.* 口语的,日常会话的,非正式的 ‖ ~ly *ad.*

colloquialism [kə'ləukwɪəlɪzm] *n.* 口语(说法),俗语

colloquium [kə'ləukwɪəm] (pl. colloquiums 或 colloquia) *n.* 学术讨论会

colloquy ['kɒləkwɪ] *n.* (正式)会谈,谈话

collosol ['kɒləusɒl] *n.* 溶胶

collotype ['kɒləutaɪp] *n.*【印】珂罗版(制版术,印刷品)

collude [kə'lju:d] *vi.* 共谋,勾结,串通

collum ['kɒləm] (pl. colla) *n.* 颈,颈状组织

collusion [kə'lu:ʒən] *n.* 共谋,勾结,串通 ☆**in collusion with** 与…勾结 ‖ **collusive** *a.*

colluvial [kə'lu:vɪəl] ❶ *a.* 崩积的 ❷ *n.* 崩积物

colluviarium [,kəlu:'vɪərɪəm] *n.* 水渠中的通道

colluvium [kə'lu:vɪəm] *n.*【地质】崩积层,塌积物

colmatage ['kəulməteɪdʒ], **colmation** [kəl'meɪʃən] *n.* 淤灌,放淤

colmonoy ['kəulmənɔɪ] *n.*【化】铬化硼系化合物

coloboma [kɒlə'bəumə] *n.* (pl. colobomas 或 colobomata) 缺损,(眼组织)残缺

colobus ['kɒləbəs] *n.*【动】疣猴

colocentesis [,kəulə'sentiːsɪs] *n.* 结肠穿刺术

coloclysis [kə'bklɪsɪs] *n.* 灌肠

cologarithm [kəu'lɒgərɪðəm] *n.* 余对数

Colombia [kə'lɒmbɪə] *n.* 哥伦比亚

Colombian [kə'lɒmbɪən] *a.;n.* 哥伦比亚的,哥伦比亚人(的)

Colombo [kə'lʌmbəu] *n.* 科伦坡(斯里兰卡首都)

Colomony [kə'ləumənɪ] *n.*【冶】铜镍合金

colon ['kəulən] *n.* ①双点,冒号 ②结肠

colonel ['kɜ:nəl] *n.* ①(英国)陆军上校,(美国)陆军〔空军,海军陆战队〕上校 ②中校

colonial [kə'ləunjəl] *a.* ①殖民(地)的 ②群体的,菌落的

colonialism [kə'ləunjəlɪzəm] *n.* 殖民主义

colonialist [kə'ləunjəlɪst] *n.;a.* 殖民主义者(的),殖民政策

colonic [kə'lɒnɪk] *a.* 结肠的

colonitis [,kəulə'naɪtɪs] *n.*【医】结肠炎

colonization [ˌkɒʊlənaɪˈzeɪʃən] n. 殖民,定居,移植,集中护理

colonize [ˈkɒlənaɪz] vt. 殖民地化

colonnade [ˌkɒləˈneɪd] n. 柱廊,柱列

colonnaded [ˌkɒləˈneɪdɪd] a. 有柱廊的

colonnette [ˈkɒlənɪt] n. 小柱

colonoscope [kəˈlɒnəskəʊp] n.【医】结肠镜

colony [ˈkɒlənɪ] n. ①殖民地 ②侨居地 ③群体,晶团,化石群 ④菌落,聚集处,灶

colophon [ˈkɒləfɒn] n. 书籍的末页,版本记录,出版者的商标

colophonium [ˌkɒləˈfəʊnɪəm] n. 松香,树脂

colophony [kəˈlɒfənɪ] n. 松香,树脂

colorable = colourable

Colorado [ˌkɒləˈrɑːdəʊ] n. (美国)科罗拉多(州),科罗拉多河

coloradoite [kɒləˈrɑːdɔɪt] n.【矿】碲汞矿,石英相安岩

colorama [ˌkʌləˈrɑːmə] n. 彩色光

colorant [ˈkʌlərənt] n. 着色剂,色料

colorate = colourate ‖ coloration n.

colorcast [ˈkʌləkɑːst] n. 彩色(电视)广播

colored = coloured

colorful = colourful

colorific [ˌkɒləˈrɪfɪk] a. 色彩的,产生颜色的

colorimeter [ˌkʌləˈrɪmɪtə] n. 比色计,色度计

colorimetric [ˌkʌlərɪˈmetrɪk] a. 比色的

colorimetry [ˌkʌləˈrɪmɪtrɪ] n. 比色法,比色试验,色度学

coloring = colouring

colority = colourity

colorless = colourless

Colormatrix [ˌkʌləˈmætrɪks] n. 彩色矩阵,热控液晶字母数字显示器

colorplexer [ˈkʌləplɛksə] n. 视频信号变换部件,彩色编码器

color-separate [ˈkʌləsɛpərɪt] a. 分色的

colortec [ˈkʌlətek] n. 彩色时间误差校正器

colortrack [ˈkʌlətræk] n. 彩色径迹

colortron [ˈkʌlətrɒn] n. 障板式彩色显像管

colorway [ˈkʌləweɪ] n. 配色

colossal [kəˈlɒsl] a. 巨大的,非常的

colossus [kəˈlɒsəs] (pl. colossi) n. 巨人,庞然大物

colostomy [kəˈlɒstəmɪ] n.【医】结肠造口术

colostrum [kəˈlɒstrəm] n. 初乳

colotomy [kəˈlɒtəmɪ] n.【医】结肠切开术,人工肛门造成术

colotype [ˈkɒləʊtaɪp] n. 摄影〔珂罗〕版

colour [ˈkʌlə] n.;v. ①色,颜(赋)色,染料 ②染色 ③抛光,镜面加工 ④渲染,歪曲 ⑤格调,外观,托辞,(节目)插曲 ⑥(pl.)彩色标志,彩旗(带) ☆ *come off with flying colours* 凯旋,大为成功; *give a false colour to* 曲解,歪曲; *give (lend) colour to* 使显得可信,给…润色; *in one's true*

colours 露本色; *lay on the colours (too thickly)* 过分渲染,夸大; *lower one's colours* 让步,投降; *nail one's colours to the mast* 打出鲜明的旗帜,表示坚决的态度; *paint in bright (dark) colours* 用鲜艳〔晦暗〕的颜色描绘,赞扬〔贬抑〕; *put false colour upon* 歪曲; *sail under false colours* 打着假招牌骗人,冒充,欺骗; *see things in their true colours* 看穿事物真相; *show one's colours* 打出鲜明旗帜,露出真面目; *stick to one's colours* 坚持自己的立场观点; *take one's colour from* 仿效,模仿; *under colour of* 托辞,在…幌子下; *with colours flying and band playing* 大张旗鼓; *without colour* 不加渲染,无特色

〖用法〗注意下面例句中该词作为及物动词时的含义:Our viewpoint is coloured by having extensive personal experience almost exclusively with IBM hardware and software. 我们的观点由于具有几乎专门对IBM硬件和软件的广泛的个人经验而独具特色。

colourable [ˈkʌlərəbl] a. ①可着色的,经过渲染的 ②似是而非的,具有欺骗性的

colourably [ˈkʌlərəblɪ] ad. 经过渲染地,好像很有道理似地

colourant [ˈkʌlərənt] n. 颜料,染色剂

colourate [ˈkʌləreɪt] v. 着色;显色

colouration [ˌkʌləˈreɪʃən] n. 着色(作用)

coloured [ˈkʌləd] a. ①着(了)色的,彩色的 ②伪装的

colourful [ˈkʌləful] a. 多色的,丰富多彩的

colourimeter = colorimeter

colourimetric = colorimetric

colourimetry = colorimetry

colouring [ˈkʌlərɪŋ] n. ①着色,色彩,染料,色调 ②外貌,伪装 ③抛光,镜面加工

colourist [ˈkʌlərɪst] n. 印染工作者,着色师,彩色画家

colouristic [kʌləˈrɪstɪk] a. 色彩的,用色的

colourity [ˈkʌlərɪtɪ] n. 颜色,色度

colourless [ˈkʌlələs] a. ①无色的 ②不精彩的 ③没有倾向性的

colourtron [ˈkʌlətrɒn] n. 障板式彩色显像管

coloury [ˈkʌlərɪ] a. 多色的,色彩丰富的

colpitis [ˈkʌlpɪtɪs] n.【医】阴道炎

colposcope [ˈkɒlpəskəʊp] n. 阴道镜

colpotomy [kəlˈpɒtəmɪ] n.【医】阴道切开术

colprovia [kɒlˈprəʊvɪə] n. 沥青粉拌和的冷铺沥青混合料

colt [kəʊlt] n. 小斑马;新手

colter [ˈkəʊltə] n. ①犁刀,小前犁 ②开沟器 ③铲

columbarium [ˌkɒləmˈbeərɪəm] (pl. columbaria) n. 骨灰盒壁龛,骨灰安置所

columbate [kəˈlʌmbeɪt] n. 铌酸盐

Columbia [kəˈlʌmbɪə] n. (美国)哥伦比亚(市,河,大学)

columbie [kə'lʌmbaɪ] a. 【化】(含,五价)铌的

columbite [kə'lʌmbaɪt] n. 【矿】铌铁矿

columbium [kə'lʌmbɪəm] n. 【化】钶 Cb(铌 Nb 的旧名)

columbous [kə'lʌmbəs] a. 【化】三价铌的,亚铌的

columboxy [kə'lʌmbəksɪ] n. 铌氧基

Columbus [kə'lʌmbəs] n. 哥伦布

columbyl [kə'lʌmbɪl] n. 铌氧基

columella [ˌkɒljʊ'melə] (pl. columellae) n. 小柱,果轴

column ['kɒləm] n. ①柱,杆,柱状物 ②纵行,列,专栏 ③【化】(蒸馏)塔,(交换)柱 ④座,墩,(钻床等)床身,竖筒,驾驶杆

columna [kə'lʌmnə] (pl. columnae) n. 【医】柱,索

columnals [kə'lʌmnəlz] n. 【地质】中柱,茎骨板

columnar [kə'lʌmnə] a. 柱(状)的,圆柱形的,印成栏的

columnate ['kɒləmneɪt] v. 聚集

columned ['kɒləmd] a. 圆柱状的

columniation [kəˌlʌmnɪ'eɪʃən] n. 列柱(法),列成柱式,(页面)分栏

columniform [kə'lʌmnɪˌfɔːm] a. 圆柱状的

columnist ['kɒləmnɪst] n. (报纸的)专栏作家

columntator ['kɒləmteɪtə] n. 专栏评述家

colure [kə'ljʊə] n. 【天】二分圈,分至圈,分至经线,四季线

colyone ['kɒlɪɒn] n. 抑素

colypeptic [ˌkɒlɪ'peptɪk] a. 抵制消化的

colyseptic [ˌkɒlɪ'septɪk] a. 防腐的

colytic ['kɒlɪtɪk] a. 抑制的

coma ['kəʊmə] n. ①昏迷,麻木 ②(子午)彗差,(彗星)彗发

comagmatic [ˌkəʊmæg'mætɪk] a. 同源岩浆的

comake ['kəʊmeɪk] n. 共同签署

comalong ['kəʊməlɒŋ] n. 备煨机具

comatic [kəʊ'mætɪk] n. 彗差的,彗发的

comatose ['kəʊmətəʊs] a. 昏迷的

comb [kəʊm] ❶ n. ①梳,梳状函数,刷,耙 ②螺纹梳刀 ③粉刷刮毛工具 ④探针 ⑤鸡冠 ⑥浪头 ❷ v. ①梳,刷(毛) ②搜索 ③破(浪) ④【航】打碎(波) ☆**comb out** 搜寻,彻底查出,裁减

combarloy ['kɒmbɑːlɔɪ] n. 康巴高导电铜

combat ['kɒmbət] ❶ n. 战斗,斗争,反对 ❷ (combat(t)ed;combat(t)ing) v. ① 和···(作)斗争(against,with),为···奋斗(for) ②反对

combatant ['kɒmbətənt] ❶ a. 战斗的,好斗的 ❷ n. 战士,斗争人员

combative ['kɒmbətɪv] a. 好战的,斗志昂扬的 ‖ **~ly** ad. **~ness** n.

combe [kuːm] n. 狭谷

comber ['kəʊmə] n. ①梳毛机,梳辊装置 ②碎浪

combinable [kəm'baɪnəbl] a. 可以化合的

combinate ['kɒmbɪnɪt] ❶ vt. = combine ❷ a. (= combined) 结合的,组合的

combination [ˌkɒmbɪ'neɪʃən] n. ①组〔集,结,化,混,联,复〕合,合并,【地质】聚形 ②组合物,化合作用 ③附有旁座的机械脚踏车 ④一物两用的工具,(pl.)制品,衫裤连在一起的内衣 ☆ **in combination with** 与···联合在一起,配合

〖用法〗❶ 注意词汇搭配模式"the combination of A with B"(有时 with 也可用 and 来替代)。如：The total impedance of the circuit includes the series combination of R with Z_1. 该电路的总阻抗包括了 R 与 Z_1 的串联组合。❷ 有时其前面可加不定冠词。如：The solution of an equation generally requires a combination of the basic operations mentioned above. 解方程一般需要把上述的各种基本运算结合在一起。

combinational [ˌkɒmbɪ'neɪʃənəl] a. 组合的

combinatorial [ˌkɒmbɪneɪ'tɔːrɪəl] a. 组合的

combinatory ['kɒmbɪnɪtərɪ] a. 组合的

combine ❶ [kəm'baɪn] v. ①(使)联〔结,组,复,化〕合 ②合作〔并,成〕 ③兼备 ❷ ['kɒmbaɪn] n. ①联合(式)机(械),联合收割机,康拜因 ②联合企业,综合工厂

〖用法〗注意下面两个例句中该词的译法。Impedances in series and parallel combine as do resistances. 阻抗串联和并联的求值方法与电阻(的串联和并联的求值方法)相同。/Cascaded transistor voltage amplifier most often employ the grounded-emitter configuration because of the combined voltage and current gain of this circuit. 晶体管级联电压放大器最常采用共发射极电路,因为这种电路既有电压增益,又有电流增益。/It is necessary to evaluate the average probability of symbol error in the combined presence of fading and noise. 必须计算出在既存在衰减又存在噪声时符号误差的平均概率。

combiner [kəm'baɪnə] n. 组合器

combing ['kəʊmɪŋ] n. ①梳(毛,麻),刷 ②抓毛,刮糙 ③(pl.) 梳弃的毛(发)

comburant,comburent [kəm'bjʊərənt] n.;a. 燃烧的(物),助燃的(物)

combust [kəm'bʌst] ❶ vt.;a. 燃烧(的),烧尽(的) ❷ n. 燃料

combustibility [kəmbʌstə'bɪlɪtɪ] n. 可〔易〕燃性

combustible [kəm'bʌstəbl] ❶ a. 易〔可〕燃的 ❷ n. 推进剂,(pl.)易燃品,可燃物

combustion [kəm'bʌstʃən] n. 燃烧,氧化,点火

combustive [kəm'bʌstɪv] a. 可〔易〕燃的

combustor [kəm'bʌstə] n. 燃烧室,炉膛

comby ['kəʊmbɪ] a. 梳状的,蜂窝似的

come [kʌm] (came, come; coming) vi. ①来,到 ②出现 ③变得,证实为 ☆ **come about** 发生,出现; **come across** 碰到,遇到,发现,越过; **come across the mind** 忽然想到; **come after** 跟随,追踪,探求; **come along** (一道)来,随,出现,(偶然)走过,同意,进展; **come along with** 和···一道,提

出; *come around* 轮到,苏醒; *come at* 达到,求得,抓住; *come away* 脱开,离开; *come by* 走过,弄到,获得; *come close together* 紧靠; *come down* 下来，流传下来,降落,倒塌,下垂; *come down on (upon)* 突袭,申斥; *come down to earth* 实事求是,落实; *come forth* 出来,提出,公布; *come home to* 使…理解,感动,(锚)脱掉; *come in* 进入,干涉,起作用,流行,上市; *come in for* 获得,受到; *come in (its) turn* 挨次; *come into being (existence)* 出现,形成; *come into bloom* 开花(初期); *come into ear* 抽穗; *come into fashion* 流行起来; *come into force (effect)* 生效,(被)实施; *come into operation* 开始起作用; *come into question* 成为一个问题; *come into step* 进入同步; *come of* 来自,出身于; *come off* 离去；掉下,脱落,逃脱,停止,完成; *come on* 来到,临近,开始(…起来),发作,出现,加到…上,被提出讨论,上演,跟随,留下深刻印象; *come on the line* 投入运行; *come out* 出来,显出,被展出,被供应,成为众所周知,结果是,解(题),褪色,去污; *come out even* 结果相等,结果扯平; *come out of* 从…出来,由…产生; *come out of nowhere* 无中生有; *come out well* 结果很好; *come out with* 发表,讲出,供应; *come over* (从远处)来,越过,转变过来; *come round* 起弯路,轮到,恢复,苏醒,过访; *come short of* 不及,缺乏; *come through* 经历,成功,传给,归结于,苏醒; *come to a head* 成熟,到顶; *come to a stand still* 停止; *come to an end* 停止; *come to an understanding* 议定; *come to hand* 得到; *come to life* 振作起来; *come to no good* 没有好结果; *come to naught* 毫无结果; *come to nothing* 毫无结果; *came to pass* 发生; *come to stay* 成为定局,不走开了; *come to terms* 订约; *come to the point* 说得要领,恰当; *come to the same thing* 产生同样结果; *come to the scratch* 采取行动; *come true* 成为事实,证明正确; *come under* 归入,受…影响; *come unstuck* 碰到困难; *come up* 上来,上升，出芽,发生,来临; *come up against* 碰到,应付; *come up to* 上升到,达到,可与…相比,符合; *come up with* 赶上,终于得到,献计; *come upon* 碰到,忽然想到,落到(头上),突袭; *come what may* 不论发生什么事情,不管怎样; *come within* 在…范围内; *easy come, easy go* 来得容易去得快; *when it comes to* 至于,就…而论; *stage a come-back* 卷土重来

〖用法〗❶ "come to (do)" 意为 "开始…,变得,逐渐,会…" 等含义。如: In the late 1960s and early 1970s, computer manufacturers came to recognize that communication between their products would form an essential part of their future development. 在 20 世纪 60 年代末、70 年代初,计算机的制造商们开始认识到,他们产品之间的交流会形成他们未来发展的主要要素。/These units have come to be

called operational amplifiers. 这些器件最终被称为运算放大器。❷ 在 come 后跟有形容词时,它变成一个系动词了,这时相当于 become 的用法。如: At the height of 10,000 feet, the parachute came open. 在 10 000 英尺的高度,降落伞打开了。/Obtaining good balance with differential amplifier technique does not come as easy as with a transformer. 用微分放大器法来获得良好的平衡没有用变压器来得容易。❸ 当它作后置定语时,可以表示 "将来的" 意思。如: The electronic industry will continue to develop rapidly in the years to come. 在未来几年,电子工业将会继续迅速发展。❹ "come" 可以表示 "出现" 的含义,如: With this tremendous growth in the volume and criticality of software has come a growing need to improve the quality of software and the process by which it is produced. 随着软件的数量和重要性这样惊人的增长,越来越需要提高软件的质量和改进生产软件的过程。(注意本句的主句属于 "状语 + 不及物动词 + 主语" 型全倒装句。)/Out of Newton's studies in the analysis of the spectrum has come the whole technique of modern spectrum analysis which is the basis of research in present-day astronomy. 由于牛顿在频谱分析方面的研究,出现了现代频谱分析的整套技术,它是现代天文学研究的基础。❺ 在科技文章中经常遇到 "come in",其本意是 "以…出现",不过可以把它译成类同于 "be of(具有)" 的含义。如: Each integer type comes in three forms 每个整数类具有三种形式。/Logic equations come in different shapes and sizes. 逻辑方程式的形状和长短是各不相同的。/Models come in considerable variety. 模型的种类相当多。❻ 注意下面例句中该词的含义: This statement should not come as a surprise. 对这一陈述不应感到吃惊。/Confirmation of Planck's hypothesis was not long in coming. 不久就证实了普兰克的假设。(本句句型请见 "long" 词条。)

comedian [kəˈmiːdɪən] *n.* 喜剧演员,丑角式人物
comedist [ˈkɒmɪdɪst] *n.* 喜剧作家
comedo [ˈkɒmɪdəʊ] (pl. comedones) *n.* 粉刺
comedy [ˈkɒmɪdɪ] *n.* 喜剧,喜剧作品
comely [ˈkʌmlɪ] *a.* 美丽的,恰当的,标致的
comer [ˈkʌmə] *n.* 来者,新到者,有希望的人
comestible [kəˈmestɪbl] ❶ *a.* 可吃的 ❷ *n.* 食物
comet [ˈkɒmɪt] *n.* 彗星,彗形的,【天】彗星机
cometallic [kɒˈmɪtælɪk] *a.* 芯子是用不同的金属材料铸成的
cometary [ˈkɒmɪtərɪ],**cometic(al)** [kəˈmetɪk (əl)] *a.* 彗星(似)的
cometograph [kɒˈmetəgrɑːf] *n.* 彗星照相仪
cometography [ˌkɒmɪˈtɒgrəfɪ] *n.* 慧星志
comfimeter [kəmˈfɪmɪtə] *n.* 空气冷却力计
comfit [ˈkʌmfɪt] *n.* 糖果,蜜饯
comfort [ˈkʌmfət] ❶ *n.* ①安慰,舒适 ②安乐,安逸 ❷ *v.* 使舒适,安慰 ☆ *in comfort* 舒适地; *take*

comfort in ... 以…自慰

comfortable ['kʌmfətəbl] a. 舒适的,惬意的
〖**用法**〗注意下面这一句型: Small houses are more <u>comfortable</u> to live in. 小房子住起来更舒适。(这里句尾的介词"in"是不能省去的,它的逻辑宾语是句子的主语,这也是"反射式不定式"的一种形式。)

comfortably ['kʌmfətəblɪ] ad. 舒适地

comforting ['kʌmfətɪŋ] a. 安慰的,令人鼓舞的
〖**用法**〗注意下面例句中该词的含义: It was <u>comforting</u> to have the manuscript pass through such competent hands before publication. 使手稿在出版前经这样有权威的专家审阅实感欣慰。

comfortization [,kʌmfətɪ'zeɪʃn] n. 使舒适,舒适化

comfortless ['kʌmfətlɪs] a. 不舒适的

comic ['kɒmɪk] n.;a. 漫画,滑稽(画,的)

comical ['kɒmɪkəl] a. 滑稽的,好笑的 ‖ **~ally** ad.

comicality [,kɒmɪ'kælɪtɪ] n. 诙谐,滑稽,怪里怪气的人

coming ['kʌmɪŋ] ❶ n. 到来,发生 ❷ a. 即将〔正在〕到来的,其次的,应得的 ☆**coming out to the day** 露面,露头; **coming thing** 新事物,萌芽状态

comloss ['kɒmlɒs] n. 通信〔暂时〕中断

comma ['kɒmə] n. ①逗号 ②小数点 ③【音】音撤

command [kə'mɑːnd] ❶ v. ①命令,指挥,给出指令 ②控制 ③使用,支配 ④俯瞰 ⑤博得,得到 ❷ n. ①命令 ②指令,目标值 ③控制(力),指挥(权),运用能力 ④司令部,军区 ☆**at one's command** 自由使用; **get command of** 控制; **have a good command of A** 对 A 能自由运用,很好掌握了 A; **have A at one's command** 可以自由使用 A; **have (take) command of** 指挥; **in command of ...** 指挥(着)…; **under (the) command of** 由…指挥
〖**用法**〗当它表示"命令,指示"时其宾语从句或主语从句中应该使用"(should +) 动词原形"虚拟句型。

commandable [kə'mɑːndəbl] a. 有指令的

commandant [,kɒmən'dænt] n. 司令官,指挥官,(美国陆军军官学校)校长

commander [kə'mɑːndə] n. ①司令员,指挥员 ②(海军)中校 ③大木槌

commander-in-chief [kə'mɑːndərɪntʃiːf] n. 总司令,元帅,统帅

commanding [kə'mɑːndɪŋ] n.;a. 指挥(的),统帅(的),居高临下的

commandism [kə'mɑːndɪzm] n. 命令主义

commandment [kə'mɑːndmənt] n. 戒律

commando [kə'mɑːndəu] n. 突击队(员)

commap ['kɒmæp] n. 自动作图仪

commaterial [,kəumə'tɪərɪəl] a. 同一种材料的,同性质的

commeasure [kə'meʒə] n. 使等量,使成比例

commelinin [kɔ:mə'lɪnɪn] n. 鸭跖草苷

commemorable [kə'memərəbl] a. 值得纪念的

commemorate [kə'meməreɪt] vt. 纪念,庆祝

commemoration [kə,memə'reɪʃən] n. 纪念(会),庆祝(活动)

commemorative [kə'memərətɪv],**commemoratory** [kə'meməreɪtərɪ] a. 纪念的,值得纪念的 (of)

commence [kə'mens] v. 开始 ☆**commence on** 着手; **commence with (from)** 从…开始
〖**用法**〗当它作及物动词时,其后面既可以跟动名词,也可跟动词不定式,表示"着手做某事"

commencement [kə'mensmənt] n. ①开始,开端 ②授奖〔学位授予〕典礼 ③创办,创刊

commend [kə'mend] vt. 表扬,推荐 ☆**commend A for B** 称赞 A 的 B; **commend itself (oneself) to** 给…以好印象; **commend me to** 请代我向…致意; **commend A to B** 把 A 交托给 B; **commend ... to your notice** (提)请你注意

commendable [kə'mendəbl] a. 值得表扬的 ‖ **commendably** ad.

commendation [,kɒmen'deɪʃən] n. ①表扬,称赞 ②推荐,赞成 ③委托 ‖ **commendatory** a.

commensal [kə'mensəl] a.;n. 共生的,共生体

commensalism [kə'mensəlɪzm] n. 共栖,共生生活

commensurability [kə,mensʃərə'bɪlɪtɪ] n. ①【数】公度,同量,同单位 ②成比例,可通约性,有公度性 ③相称

commensurable [kə'mensʃərəbl] a. ①【数】可公度的,有同量的 ②成比例的,可通约的 (with) ③匀称的,相应的 (to)

commensurate [kə'mensʃərɪt] a. ①同量的,同单位的,同等大小的 (with) ②相应的,(与…)相当的 (to, with) ③匹配的,配比的 ‖ **~ ly** ad.
〖**用法**〗注意下面句中该词的用法: To obtain a benefit <u>commensurate with</u> the time expended, problem-solving should be considered as much more than merely substituting numbers for the symbols in a formula, or fitting together the pieces of a jigsaw puzzle. 为了获得与所花时间相应的好处,解题应该被看做为远非仅仅是对公式中的符号代以数字或把拼图玩具的块拼在一起而已。("commensurate with ..."在此为形容词短语作后置定语。)

commensuration [kə,mensʃə'reɪʃən] n. 通约,相称

comment ['kɒment] n.;vi. ①注解,解说(on, upon) ②评论,对…提意见(on upon) ③短评,意见,议论
〖**用法**〗❶ 它作名词时与其搭配的动词一般是"make",而其后面可跟"on"。如: <u>One comment</u> can be safely <u>made</u> regarding these techniques. 对于这些方法可以有把握地作一评论。/At this point some <u>comments</u> on notation are in order. 现在对标记法作些评述是适宜的。❷ 作不及物动词时的例句: About a hundred individuals from dozens of

organizations read and commented on what became the generally accepted reference manual. 来自几十个组织的大约 100 位人士阅读了后来成为通用的参考手册并对它提出了意见。/Let us comment on the common-base configuration as a resistance transformer. 让我们来评述一下共基极电路用作为电阻变换器的情况。

commentary ['kɒməntərɪ] ❶ a. ①贸易的,经济的 ②有工业价值的,工厂的 ③商品化的,以获利为目的的 ❷ n. ①商业广告节目 ②注释,评论,时事评,解说词(on)

commentate ['kɒmənteɪt] v. 注释,作评论员

commentator ['kɒmənteɪtə] n. ①注释者,解说员 ②新闻评论员,实况转播解说员,电台时事评论员

commerce ['kɒməs] n. ①贸易,商业〔务〕 ②交际〔流〕

commercial [kə'mɜ:ʃəl] ❶ a. ①商业〔品,用,务〕的,贸易的,经济的 ②工业(用)的,有工业价值的,工厂的 ③(能)(大批)生产的 ④商品化的,质量较低的,以获利为目的的 ❷ n. (广播、电视中)商业广告

commerciality [kə,mɜ:ʃə'ælɪtɪ] n. 商业性

commercialize [kə'mɜ:ʃəlaɪz] vt. 使商业化

commercially [kə'mɜ:ʃəlɪ] ad. 商业上,大批地 【用法】注意 "commercially available" 常见,意为 "市场上可买到的"。如: This type of capacitor is commercially available now. 这类电容器现在市场上可以买到的。/Other commercially available standards are of the parallel-plate type. 市场上可买到的其他规格是平行板型的。

commingle [kɒ'mɪŋgl] vt. 混合,掺和

comminute ['kɒmɪnju:t] vt. 粉碎,弄成粉末

commissar [kɒmɪ'sɑ:] n. 政委

commission [kə'mɪʃən] ❶ n. 委任,代理,经纪;职权,权限;委员会 ❷ vt. 委任,启动,投入使用 【用法】表示 "委员会的一员" 时,其前面用介词 on。如: This general is on the Military Commission. 这位将军是 "军事委员会" 的委员。

commissioned [kə'mɪʃənd] a. 受委任,受任命的,现役的

commissioner [kə'mɪʃənə] n. 专员,委员,政府特派员,(地方)长官

commissioning [kə'mɪʃənɪŋ] n. ①试运行,投产 ②开工

commissural [,kɒmɪ'sjuərəl] a. 合缝处的,连合的

commissure ['kɒmɪsjuə] n. 接缝处,缝口,(神经)连合,接合点,焊接处

commit [kə'mɪt] (committed; committing) vt. ①委托,责成,使承担义务(to) ②犯(错误),干(坏事) ③连累,牵涉到 ☆commit A to memory 记住(记牢) A; commit A to B 将 A 提交 B,把 A 委托给 B; commit A to oblivion 把 A 置之脑后,使忘掉; commit A to paper (writing) 写上 A,把 A 记录下来; commit oneself to (do) 保证〔答应,

负责〕(做)
【用法】注意下面例句中该词的含义: Recognizing the importance of the ozone layer to life on Earth, these industrial nations committed to steps that would halve the production of ozone-destroying chemicals by the year 2000. 由于认识到臭氧层对地球上生命的重要性,这些工业国承诺要采取措施,到 2000 年时把破坏臭氧层的化学物质的排放量减少一半。

commitment [kə'mɪtmənt],**committal** [kə'mɪtl] n. ①所承诺之事,保证,债务 ②委托(事项),交托,提交 ③赞成,支持 ④投入(战斗)

committable [kə'mɪtəbl] a. 可能犯的,可以判处的

committee [kə'mɪtɪ] n. ① 委员会 ② (the committee)全体委员 ③受托人,保护人 【用法】❶ 表示 "在某委员会工作或是委员会的委员" 时一般用 on。如: Professor M. Smith served on these committees throughout. M·史密斯教授过去一直服务于这些委员会。/He is on this committee. 他是这个委员会的委员。❷ 当表示一个一个委员时,committee 就看成是复数。如: The committee are against this proposal. 委员们都反对这个提案。

commix [kə'mɪks] n.; v. 混合(物)

commixture [kə'mɪkstʃə] n. 混合(物)

commode [kə'məud] n. 小衣柜;洗脸台;便桶;厕所

commodious [kə'məudɪəs] a. (房间)宽敞的,适宜的,(使用)方便的 ‖ ~ly ad. ~ness n.

commodity [kə'mɒdɪtɪ] n. 商品,日用品;便利,利益 【用法】表示 "商品交易会" 一般用复数形式 "commodities fair"。

common ['kɒmən] ❶ a. ①普通的,平常的,常见的,一般的 ②共同的,公共的 ③【数】公约的 ❷ n. ①普通,共同,公用 ②公有 ☆be common with 是…常见的情况; be on short commons 缺乏食物; have much (nothing) in common 有许多(毫无)共同之处; in common with 和…一样(相同),与…有共同之处; out of the common 不平常的 【用法】❶ 这个词作形容词时,其比较级和最高级的构成有两种形式: commoner, commonest; more common, most common。如: The commonest form of phase-compensated interstage is one for which n =2 and m=1 and $w_2 = 2w_p$. 相位补偿的中间级最普通的形式是 n =2, m = 1, $w_2 = 2w_p$ 的形式。❷ "in common" 意为 "共同的,公用的",它通常起形容词的作用,作后置定语(也可以起副词的作用)。如: These loops have no node in common. 这些回路没有公共的节点。❸ 注意下面例句中该词的含义: The signal at this point is generally quite weak, powers of the order of picowatts being common. 这时的信号一般是十分微弱的,其功率通常约为几

个皮瓦。/These regions have not electrically common with〔to〕 the substrate terminal. 这些区域在电气上与基片端点是不同的。❹ 注意下面例句中划线部分的译法：Common resistor power ratings are specified in the data sheets. 在数据单上标出了电阻器通常的功率额定值。

commonable ['kɒmənəbl] a. (土地)公有的

commonage ['kɒmənɪdʒ] n. 共用权,公地;民众

commonality [ˌkɒmə'nælɪtɪ] n. ①公共,普通 ②共性,通用性 ③平民百姓

commoner ['kɒmənə]. 平民(指非贵族)

commonness ['kɒmənɪs] n. 普通,共(同)性

commonplace ['kɒmənpleɪs] ❶ a. 平凡的 ❷ n. 老生常谈,平凡的事,备忘录 ❸ vt. 记入备忘录,由备忘录中摘出

〖用法〗注意下面例句中该词的含义：The advent of large scale integration has now made commonplace computers with instruction sets capable of directly accessing and flexibly manipulating a number of different data types and sizes. 大规模集成技术的出现已经使得这样的计算机成为很普遍的了：其指令组能够直接访问并灵活地处理许多不同类型和长度的数据。("commonplace"在句中作宾语补足语,由于宾语太长而把它放在宾语之前了。)

commonsense ['kɒmənsens] a. 有常识的,一望而知的

commonsensible [ˌkɒmən'sensɪbl], **commonsensical** [ˌkɒmən'sensɪkəl] a. (符合)常识的,通情达理的

commonwealth ['kɒmənwelθ] n. ①国家,联邦,(美国的)州 ②全体国民

commotion [kə'məʊʃən] n. ①动摇,震荡 ②骚动,扰动,动乱 ③地震

commove [kə'muːv] vt. 使动乱

communal ['kɒmjunl] a. ①巴黎公社的,社会的 ②镇的,村的

communality [ˌkɒmju'nælɪtɪ] n. 公社性,公因子方差

commune ❶ ['kɒmjuːn] n. ①公社 ②市区 ❷ [kə'mjuːn] v. 交谈,商量

communicability [ˌkɒmjuːnɪkə'bɪlɪtɪ] n. 传染性

communicable [kə'mjuːni:kəbl] a. 可传播的,能表达的,有传染性的 ‖ ~ness n. **communicably** ad.

communicant [kə'mjuːnɪkənt] a.;n. 传递消息的(人),报导情况的(人),相交往的(人)

communicate [kə'mjuːnɪkeɪt] v. ①传递〔播〕(to) ②连通,互通(with) ③通知〔信,话〕,联系,交通(with)

〖用法〗注意下面例句中该词的含义：The apt term 'merging' was introduced to communicate this concept. 人们引入了"merging(并合)"这一贴切的术语来表达这一概念。

communication [kəˌmjuːnɪ'keɪʃən] n. ①通信(联络),交通〔流〕,联络 ②传递 ③信息 ④通信设备,交通设备 ☆**(be) in communication with** 与…通信〔保持联系〕

〖用法〗❶ 这个词往往使用复数形式作前置定语(阅读时注意观察英美人的用法),但也可以用其单数形式作前置定语。如：communications satellite "通信卫星", communications systems "通信系统"。❷ 当它用复数形式作主语时,它代表的是单数的含义。如：Communications becomes translated into biologic terms as an input-output system. 通信按生物术语被译成了一种输入-输出系统。/Multiuser communications refers to the simultaneous use of a communication channel by a number of users. 多用户通信指的是由许多用户同时使用一条通信信道。

communicative [kə'mjuːnɪkətɪv] a. 通信联络的 ‖ **-ly** ad.

communicator [kə'mjuːnɪkeɪtə] n. ①通信员 ②发信机,通信装置

communion [kə'mjuːnjən] n. 交流,共享

communique [kə'mjuːnɪkeɪ] n. 公报,公告

communis [kə'mjuːnɪs] a. 普通的,几个的,多数的

communism ['kɒmjunɪzəm] n. 共产主义

communist ['kɒmjunɪst] n.;a. 共产主义者(的),共产党员(人,的)

communistic [kɒmju'nɪstɪk] a. 共产主义(者)(的)

community [kə'mjuːnɪtɪ] n. ①公众,群落,居群 ③地区,居住区,社区 ④共有性

communize ['kɒmjunaɪz] vt. 使公有化 ‖ **communization** n.

commutability [kəˌmjuːtə'bɪlɪtɪ] n. 可交换,可换算,可抵偿

commutable [kə'mjuːtəbl] a. 可以交换的,可换算的,可以抵偿的

commutants [kə'mjuːtənts] n. 换位(矩)阵

commutate ['kɒmjuteɪt] vt. ①交换 ②转换,整流

commutation [ˌkɒmju'teɪʃən] n. ①交换,换算,【数】对易 ②整流,配电(系统)

commutative [kə'mjuːtətɪv] a. (可)交换的,换向的,对易的,相互的

commutativity [kəmˌjuːtə'tɪvɪtɪ] n. 可〔互,交〕换性

commutator ['kɒmjuteɪtə] n. ①换向器,整流子,集电环 ②转换器,分配器,转换开关 ③交换机 ④【数】对易式

commute [kə'mjuːt] v. ①交〔兑〕换 ②换算,折合(into,for) ③换向,整流 ④【数】对易 ⑤购买并使用长期月票,经常来往

commuter [kə'mjuːtə] n. ①=commutator ②长期票通勤旅客

commuterization [kəˌmjuːtəraɪ'zeɪʃən] n. 往返城市和郊区住所的生活方式

comol ['kəuməl] n. 【冶】科墨尔钴钼磁钢

comolecule [kə'mɒlɪkjuːl] n. 【化】同型分子

comonomer ['kəʊ'mɒnəmə] n. 【化】共聚单体

Comoro Islands ['kɒmərəʊ'aɪləndz] n. 科摩罗

群岛

comose ['kəʊməʊs] *a.* 多毛(发)的

compact ❶ [kəm'pækt] *a.* ①紧致的,密实的,压紧的 ②小巧的,袖珍的,简装的 ❷ [kəm'pækt] *v.* ①压实,压塑,夯实 ②使结实 ③组成 ❸ ['kɒmpækt] *n.* ①(成形)压块,压制品,(加)压(模)塑,坯块 ②合同 ③协定 ④【数】紧集 ☆*by compact* 按合同; *enter into a compact* 订合同

compactedness [kəm'pæktɪdnɪs] *n.* 紧密性,结实度

compacter [kəm'pæktə] *n.* 压实机,夯具

compactibility [kəm,pæktɪ'bɪlɪtɪ] *n.* 压塑性,成形性,紧密度

compactible [kəm'pæktɪbl] *a.* 可压实的,可压塑的

compactification [kəm,pæktɪfɪ'keɪʃən] *n.* 紧化

compacting [kəm'pæktɪŋ] *n.* 压实,压塑,成形

compaction [kəm'pækʃən] *n.* ①压实,压缩 ②压塑,压坯 ③密封,填料 ④凝结,收缩,精简

compactive [kəm'pæktɪv] *a.* 压实的,致密的

compactly [kəm'pæktlɪ] *ad.* 密实地

compactness [kəm'pæktnɪs] *n.* ①致密(性),紧密度 ②密度,比重 ③体积小

compactor [kəm'pæktə] *n.* 压实工具,夯具

compactron [kəm'pæktrɒn] *n.* ①小型(十二脚,多电极)电子管 ②电阻光电管

compactum [kəm'pæktəm] *n.*【数】紧统

compadre [kəm'pɑːdrɪ] *n.* 密友,伙伴

compages [kəm'peɪdʒiːz] *n.* 骨架,综合结构

compaginate [kəm'pædʒɪneɪt] *vt.* 牢固结合 ‖ **compagination** *n.*

compander [kəm'pændə] *n.* 压缩扩展器

companding [kəm'pændɪŋ] *n.* 压(缩)扩(展,张)

compandor = compander

companion [kəm'pænjən] *n.* ①同伴 ②指南,手册,参考书 ③入孔盖(口),舱梯,(甲板)升降口 ④【天】伴星 〖用法〗该词一般后跟"to"表示"(谁)的同伴"。如: The companion to this small-signal expression is Eq. 3-1. 这个小信号表达式的相伴关系式是式 3-1。

company ['kʌmpənɪ] *n.* ①公司,商号 ②社团,连队,中队 ③伙伴,交往 ④全体船员 ☆*a company of* 一队; *for company* 陪着; *in company (with)* (与…)一道,陪同; *part company (with)* (和…)分离,(同…)有分歧; *present company excepted* 在场者除外

comparability [,kɒmpərə'bɪlɪtɪ] *n.* 可比(较)性

comparable ['kɒmpərəbl] *a.* 可比较的(with),类似的 ☆*be comparable to B* 可与 B 相比,比得上 B

comparably ['kɒmpərəblɪ] *ad.* 可以比较,不相上下

comparand ['kɒmpərənd] *n.*【计】被比较字,比

较数

comparative [kəm'pærətɪv] ❶ *a.* ①比较的 ②相当的 ❷ *n.* 匹敌者,比拟物

comparatively [kəm'pærətɪvlɪ] *ad.* 比较地,稍稍

comparator [kəm'pærətə] *n.* 比值器,比长仪,(简易)比色计,比较器

comparatron [kəm'pærətrɒn] *n.* 电子测试系统

compare [kəm'peə] ❶ *v.* ①比较,对照 ②比拟,比作 ③比得上 ❷ *n.* 比较 ☆*(as) compared with (to)* 与…相比; *(be) compared to* 与…相比,好比; *(be) compared with* 与…相比,同…对照(起来); *beyond (without, past) compare* 无可比拟的,无双的; *compare with* 比得上 〖用法〗在科技文章中,"A is compared with B"与 "A is compared to B"是相同的,均表示"A 与 B 相比"。

comparer [kəm'peərə] *n.* 比较器(电路)

comparison [kəm'pærɪsn] *n.* 比较,比拟 ☆*bear (stand) comparison with* 比得上,不亚于; *beyond (without) comparison* 无(与伦)比; *by comparison* 比较起来; *gain by comparison* 比较之下显出其长处; *suffer by comparison* 相形见绌; *there is no comparison between the two* 两者根本不能相比 〖用法〗❶ 注意搭配模式"(a) comparison of A with (to,and) B"或"(a) comparison between A and B"。当表示"作一比较"时,与其搭配的动词通常是"make",而且在其前面往往用不定冠词。如: This section makes a comparison between water waves and radio waves (a comparison of water waves with radio waves). 本节比较了水波和无线电波。/A comparison between the performance characteristics of differential amplifiers and chopper-stablized amplifiers is made at the end of the chapter. 在本章末尾,对微分放大器与斩波稳定放大器的性能作了比较。/A comparison of this last result to (1-5) shows that the modulation resonant frequency does not increase indefinitely with P_o. 把这最后的结果与式(1-5)比较表明,调制谐振频率并不随 P_o 无限增加。/The measurement of phase shift inherently involves a comparison of two signals. 测量相位移必定会涉及对两个信号进行比较。❷ 注意下面例句中该词的含义: The phase comparison can be made on an oscilloscope. 在示波器上可进行相位比较。/A comparison with (4-3) shows that $\omega_{1,2} \approx \omega_o$. 与式(4-3)比较表明, $\omega_{1,2} \approx \omega_o$。

comparoscope [kəm'pærəuskəup] *n.* 显微比较镜

compart [kəm'pɑːt] ❶ *vt.* 分隔,分成几部分 ❷ *n.* ①区划 ②舱 ③隔板

compartment [kəm'pɑːtmənt] ❶ *n.* ①间隔(段),部分,区划 ②舱(室),隔(室),格层 ③隔板 ❷ *vt.* 分隔 ‖ **~al** *a.*

compartmentalize [,kɒmpɑː'tmentəlaɪz] *vt.* ①

（用板）隔开,分成隔间 ②划区

compartmentalization [kəm,pɑ:tmentəlaɪ-
'zeɪʃən] *n.* 区域化,分室作用
〖用法〗 注意下面的例句中该词的译法：It is
necessary to overcome mental petrification and
<u>compartmentalization</u> before the inherent human
capacity for innovative thought can reemerge. 必须
克服思想上的僵化和局限性之后才能再现出人类
所固有的创新思维能力。

compartmentation [kəm,pɑ:tmen'teɪʃən] *n.*
①格子化,分舱 ②区划,区域化

compass ['kʌmpəs] ❶ *n.* ①罗盘(仪),指南针 ②
界限,范围 ③(pl.) 圆规,(脊椎动物)弧骨 ❷ *a.*
圆弧形的 ❸ *vt.* 绕行,了解,达到 ☆ *beyond
one's compass* 非力所能及; *fetch（go）
compass* 迂回; *within the compass of A* 在
A 的范围之内

compassable ['kʌmpəsəbl] *a.* 可以完成的,能得
到的,能了解的

compassion [kəm'pæʃən] *n.* 同情,怜悯

compassionate [kəm'pæʃənɪt] ❶ *vt.* 同情,怜悯
❷ *a.* 有同情心的

compatibility [kəm,pætə'bɪlɪtɪ] *n.* ①相容性,配
合度 ②适合性,互换性

compatible [kəm'pætəbl] *n.* ①兼容的,可配合的
②一致的,适合的,不矛盾的 ③兼容制的 ☆*(be)
compatible with A* 与 A 相容,适合于 A ‖
compatibly ad.

compatibleness [kəm'pætəblnɪs] *n.* 兼容性,可
换性,协调性,适合性

compatilizer [kəm'pætɪlaɪzə] *n.* 相容剂

compatriot [kəm'pætrɪət] *n.;a.* 同国人(的),同胞
(的) ‖ ~ic *a.*

compeer [kɒm'pɪə] *n.* 地位〔年龄〕相同的人,同
伴,同辈

compel [kəm'pel] (compelled;compelling) *vt.* 强迫,
迫使

compellability [kəm,pelə'bɪlɪtɪ] *n.* 强迫性

compelling [kəm'pelɪŋ] *a.* 驱使人的,引人注目的
〖用法〗注意下面例句中该词的含义：A further
<u>compelling</u> point is that all the BJTs are linear
current amplifiers in the common-emitter
configuration. 另外引人注目的一点是所有双极型
晶体管均是接成共发射极的线性电流放大器。
/For <u>compelling</u> reasons of technology and economy,
this is rarely done. 由于技术和经济方面的制约性
理由,很少这样做。

compendia [kəm'pendɪə] compendium 的复数

compendious [kəm'pendɪəs] *a.* 概略的,简要
的 ‖ ~ly *ad.* ~ness *n.*

compendium [kəm'pendɪəm] (pl. compendiums
或 compendia) *n.* 提纲,概略,梗概,一览表,简编

compensability [kəm,pesə'bɪlɪtɪ] *n.* 可补偿性

compensable [kəm'pensəbl] *a.* 可补偿的

compensate ['kɒmpenseɪt] *v.* ①补偿,赔偿,报酬

(for) ②均衡,校正
〖用法〗注意 "compensate sb. for sth." 这一句型,
意为 "为某事给某人赔偿〔付酬〕"。

compensation [,kɒmpen'seɪʃən] *n.* ①补偿,对
消 ②校正,调整 ③【物】消色 ④赔偿(费,物) ☆
in compensation for ... 的赔偿,报酬;
make compensation for 补（赔）偿

compensative [kəm'pensətɪv] =compensatory

compensator ['kɒmpenseɪtə] *n.* ①补偿器 ②伸
缩(调整)器,膨胀接头 ③【电子】调相机 ④补偿
棱镜 ⑤赔偿者

compensatory [kəm'pensətərɪ] *a.* 补偿的,报酬的

compensatrix [,kɒmpen'sætrɪks] *n.* 【地质】平
衡水袋

compete [kəm'pi:t] *vi.* 竞争,比赛 ☆*compete
against A in B* 在 B 方面和 A 竞争; *compete
with A for B* 和 A 争夺 B
〖用法〗注意下面例句中该词的含义：When several
processes <u>compete</u> for a finite number of resources,
a situation   may arise where a process requests a
resource and the resource is not available at that
time, in which case the process enters a wait state.
当几个进程竞争有限个资源时,就会发生这样的
情况：一个进程要求某资源而该资源在那时并
不存在,在这种情况下该进程就进入等待状态。

competence ['kɒmpɪtəns], **competency** ['kɒm-
pɪtənsɪ] *n.* ①能力,胜任 (for ,in to do) ②胜任性

competent ['kɒmpɪtənt] *a.* ①胜任的,有能力的
(for,to do) ②应该做的,被许可的 (to) ③适当的,
适宜的 ④【地质】强的 ‖ ~ly *ad.*

competition [kɒmpɪ'tɪʃən] *n.* 竞争,挑战 ☆*be
(stand) in competition with A* 与 A 竞争;
competition with A for B 与 A 争夺 B

competitive [kəm'petɪtɪv] *a.* 竞争(性)的,比赛性
的 ☆*competitive with A* 与 A 不相上下 ‖ ~ly
ad.

competitor [kəm'petɪtə] *n.* 竞争者,敌手

competitory [kəm'petɪtərɪ] = competitive

compilation [,kɒmpɪ'leɪʃən] *n.* ①编辑,【计】编
码,编译程序 ②汇编 ③编辑物 ‖ *compilatory a.*

compile [kəm'paɪl] *vt.* ①编辑,搜集,汇编 ②【计】
编码,编译(程序)

compiler [kəm'paɪlə] *n.* ①【计】自动编码器,程序
编制器 ②编辑(人),编纂人

complacence [kəm'pleɪsəns], **complacency**
[kəm'pleɪsənsɪ] *n.* 自满(情绪),故步自封

complacent [kəm'pleɪsənt] *a.* 自满的,故步自封
的 ☆ *complacent in A* 满足于 A ‖ ~ly *ad.*

complain [kəm'pleɪn] *v.* ①申诉,诉苦,抗议(about,
of) ②抱怨,发牢骚(about)

complainant [kəm'pleɪnənt] *n.* ①控诉者,抗议者
②起诉人,原告

complaint [kəm'pleɪnt] *n.* ①意见,控诉 ②牢骚,
怨言 ③障碍,疾病 ☆*give less cause for
complaint than A* 比 A 要受欢迎一些; *make*

(lay, lodge) a complaint against ... 控告…

complanar [kəm'pleɪnə] *a.* 共面的

complanarity [ˌkəmplə'nærɪtɪ] *n.* 共〔平〕面性

complanate ['kɒmplənɪt] *a.* 平的,弄平了的

complanatic [ˌkɒmplə'nætɪk] *a.* 共〔平〕面的

complanation [kɒmplə'neɪʃən] *n.* ①平面化 ②【数】曲面求积法

complement ❶ ['kɒmplɪmənt] *n.* ①补充,互补,补充物 ②【数】补码,补数,余角 ③计数 ④编制人数,定额装备全体,整套 **❷** ['kɒmplɪment] *vt.* 补足,补充;补助 〖用法〗该名词后跟介词"to"。如：The common-base configuration is almost a perfect <u>complement to</u> the common-collector configuration. 基极电路几乎是共集电极电路完美的互补物。

complemental [ˌkɒmplɪ'mentl] *a.* 补充的,互补的

complementarity [ˌkɒmplɪmen'tærɪtɪ] *n.* 互余(性)

complementary [ˌkɒmplɪ'mentərɪ] **❶** *a.* ①余的,补的 ②补充的,互补〔余〕的 **❷** *n.* 余〔补〕码

complementation [ˌkɒmplɪmen'teɪʃən] *n.* 互补,补充,补码法

complemented ['kɒmplɪmentɪd] *a.* 与补体连接的;有补的

complementer ['kɒmplɪmentə] *n.* 【计】补助器,反相器,"非"门

complementoid ['kɒmplɪmentɔɪd] *n.* 变性补体,类补体

complementophile [ˌkɒmplɪ'mentəfɪl] *a.* 嗜补体的,亲补体的

complete [kəm'pliːt] **❶** *a.* ①完全〔整〕的,全部的,成套的 ②完结的 ③彻底的,圆满的 ④熟练的 **❷** *vt.* ①完成,结束,使完善 ②竣工 ③实行,接通 〖用法〗"complete with"意为"具有…的,备有…的"。如：These monitors are essentially high-resolution TV sets <u>complete with</u> raster-scan deflection circuits. 这些监视器实质上是具有光栅扫描偏转电路的高分辨率电视机。/The drive is <u>complete with</u> power supply and cables. 该驱动器带有电源和电缆。

completely [kəm'pliːtlɪ] *ad.* 完全地,彻底地

completeness [kəm'pliːtnɪs] *n.* ①完整性,完备(性) ②结束

completer [kəm'pliːtə] *n.* 完成符

completion [kəm'pliːʃən] *n.* ①完成,竣工 ②完整,圆满 ③填空 ④满期 ☆*bring (carry) to completion* 完成

completive [kəm'pliːtɪv] *a.* 完成的,做全的

complex ['kɒmpleks] **❶** *a.* ①复的,综合的 【化】螯合的,合成的,【数】复(数)的 ②复杂的 **❷** *n.* 合成物,复合波,杂岩 ②心理癥,情结 ③【化】络合物 ④全套设备 ⑤综合企业 ⑥【数】复数(素),子集 **❸** *vt.* ①络合,形成络合物 ②使复杂(化) ‖ **~ly** *ad.* 〖用法〗注意下面例句中该词的含义：Figure 6-3

shows a situation <u>a bit more complex</u>. 图 6-3 画出了更为复杂一点的情况。

complexation [ˌkɒmplek'seɪʃən] *n.* 络合,复杂化

complexible [kəm'pleksəbl] *a.* 可络合的

compleximetry [kɒmplek'sɪmɪtrɪ] *n.* 络合滴定

complexing [kəm'pleksɪŋ] *n.* ①络合,形成络合物 ②复杂化

complexion [kəm'plekʃən] **❶** *n.* ①外观,情况 ②状态,性质 ③形势,天色 ④面色,体质 **❷** *vt.* 染,着色 ☆*put a false complexion on* 歪曲,曲解; *put another complexion on* 改变…的局面

complexity [kəm'pleksɪtɪ] *n.* ①复杂性,错综复杂 ②合成

complexometry [ˌkɒmplek'sɒmɪtrɪ] *n.* 【化】配位滴定法

complexon [kɒm'pleksən] *n.* 配位酮

complexonate [kɒm'pleksəneɪt] *n.* 【化】乙二胺四乙酸盐,羧氨络酸盐

complexor [kɒm'pleksə] *n.* 复(数)矢量,彩色信息矢量

compliance [kəm'plaɪəns], **compliancy** ['kɒmplɪənsɪ] *n.* ①符合,一致 ②顺从 ③顺度,柔量,可塑性,配合性 ④啮合 ☆*in compliance with* 按照

compliant [kəm'plaɪənt] *a.* 应允的,依从的 ‖ **~ly** *ad.*

complicacy ['kɒmplɪkəsɪ] *n.* 复杂(性,的事物),错综复杂

complicate ❶ ['kɒmplɪkeɪt] *v.* (使)变复杂化,使陷入 **❷** ['kɒmplɪkɪt] *a.* 复杂的 ☆*be (get) complicated in A* 被卷入 A 〖用法〗当它用作及物动词时,后面接动作的话要用动名词。如：This requirement may <u>complicate creating and deleting files</u>. 这一要求可能使得创建和删除文件复杂化。

complicated ['kɒmplɪkeɪtɪd] *a.* 复杂的,夹杂的,并发的,难懂的 ‖ **~ly** *ad.* **~ness** *n.*

complication [kɒmplɪ'keɪʃən] *n.* ①复杂(化,状态),错综复杂 ②混乱 ③伴发病 〖用法〗注意下面例句中该词的含义：As a further <u>complication</u>, the R_{SB} value is a function of the degree of conductivity modulation in the base region. 作为另一个复杂情况,R_{SB} 值是基区中传导率调制度的函数。/A further <u>complication</u> is the tendency of the pilot's blood to leave his head because of inertia. 另一个并发症是由于惯性,飞行员的血液会趋于离开他的头部。

complier [kəm'plaɪə] *n.* 依从者

compliment ['kɒmplɪmənt] **❶** *n.* 敬意,(pl.)问候,贺词 **❷** *vt.* 祝贺,问候,向…致意

complimentary [ˌkɒmplɪ'mentərɪ] *a.* 祝贺的,表示敬意的,问候的,招待的

comply [kəm'plaɪ] *v.* 答应,遵守,根据(with)

compo ['kɒmpəʊ] *n.* ①组成 ②多种材料混合物,混合涂料,泥砂浆 ③工伤赔偿费

componendo [ˌkɒmpəʊˈnendəʊ] *n.* 合比定理

component [kəmˈpəʊnənt] ❶ *n.* ①分力（量），支量 ②元件 ③（组成）部分,组分,成分 ④【天】子星 ❷ *a.* 组成的,分量的

componental [kəmˈpəʊnentəl] *a.* 部件的,分量的

componentry [kəˈpəʊnəntrɪ] *n.* 元件（总称）

componentwise [kəmˈpəʊnəntwaɪz] *a.* 元件状的

comport [kəmˈpɔːt] *v.* 举动,表现;相称,适合

compose [kəmˈpəʊz] *v.* ①组成,构成 ②编著,创作,作曲 ③【印】排字 ④使镇静,调解 ☆*be composed of A* 由 A 组成; *compose oneself* 镇静,安心

composed [kəmˈpəʊzd] *a.* 镇静的,沉着的 ‖ *~ly ad.* *~ness n.*

composer [kəmˈpəʊzə] *n.* ①作曲家,创作者 ②调解人

composertron [kəmˈpəʊzətrɒn] *n.* 综合磁带录音器

composing [kəmˈpəʊzɪŋ] ❶ *a.* 镇静的 ❷ *n.* 排字

compositac [kəmˈpɒzɪtæk] *n.* 【植】菊科

composite [ˈkɒmpəzɪt] ❶ *a.* 合成的,复合的 ❷ *n.* ①组合,合成 ②合成物,组合件 ‖ *~ly ad.*

compositeness [ˈkɒmpəzɪtnɪs] *n.* 复合性

composition [ˌkɒmpəˈzɪʃən] *n.* ①合成,结合,复合 ②组成,成分,结构 ③合成物,混合物 ④焊剂 ⑤作文（品,曲）,写作,乐曲,构图,【印】排字,排版 ‖ *~al a.*
〖用法〗注意下面例句中该词的含义：The chemical composition of water is H₂O, be it solid, liquid, or water vapor. 水的化学成分总是 H₂O,不论它是固态、液态还是水蒸气。(本句中让步状语从句引导词"whether"省去了,而把"be"放在从句主语"it"前了。)

compositive [kəmˈpɒzɪtɪv] *a.* 组成的,综合的

compositor [kəmˈpɒzɪtə] *n.* ①排字工人 ②排字机 ③合成器

compositron [kəmˈpɒzɪtrɒn] *n.* 高速显字管,排字管

composmentis [ˌkɒmpəsˈmentɪs]（拉丁语）*a.* 精神健全的

compossible [kəmˈpɒsəbl] *a.* 可共存的

compost [ˈkɒmpəʊst] ❶ *n.* ①混合,灰泥 ②混合肥料,堆肥 ❷ *vt.* 涂灰泥,施混合肥料

composure [kəmˈpəʊʒə] *n.* 镇静,沉着 ☆*keep (lose) one's composure* 沉〔不〕住气; *with great composure* 泰然自若

compound ❶ [ˈkɒmpaʊnd] *n.* ①复合物,复合词 ②化合物,绝缘混合剂,复合膏,抛光膏 ❷ [ˈkɒmpaʊnd] *a.* ①复合的,混合的,合成的 ②复式的,组合的 ❸ [kɒmˈpaʊnd] *vt.* ①复合,合成,化合 ②扰动,搅拌 ③【电子】复绕 ④达成协议,谈妥（with, for）

compoundable [ˈkɒmpaʊndəbl] *a.* 能混合的

compounding [ˈkɒmpaʊndɪŋ] *n.* ①复合,配料,配（药）方 ②复绕 ③用膏剂浸渍

comprador(e) [ˌkɒmprəˈdɔː] *n.* 洋行买办

compreg [ˈkɒmpreg] *n.* 胶压木

comprehend [ˌkɒmprɪˈhend] *vt.* ①（充分）理解,领悟 ②包含
〖用法〗注意下面例句中该词的含义：This expression comprehends both transport mechanisms. 这个表达式意指（包含）这两种运送机制。

comprehensibility [ˌkɒmprɪˌhensəˈbɪlɪtɪ] *n.* 能理解,易了解

comprehensible [ˌkɒmprɪˈhensəbl] *a.* 能理解的,能领会的 ‖ *comprehensibly ad.*

comprehension [ˌkɒmprɪˈhenʃn] *n.* ①理解(力),了解 ②包含,综合 ③概括公理 ☆*pass (be above, be beyond) one's comprehension* 难理解,超出…的理解力以外

comprehensive [ˌkɒmprɪˈhensɪv] *a.* ①（内容）广泛的,综合的,全面的 ②(有)理解（力）的,容易了解的 ☆*be comprehensive of* 包含 ‖ *~ly ad.* *~ness n.*

compress ❶ [kəmˈpres] *vt.* ①压缩,浓缩,缩短 ②扼要叙述 ❷ [ˈkɒmpres] *n.* ①收缩器,打包机 ②【医】敷布,绷带

compressibility [kəmˌpresɪˈbɪlɪtɪ] *n.* 可压缩性,敛缩性,可压度,压缩率

compressible [kəmˈpresəbl] *a.* ①可压缩的,可浓缩的 ②压缩性的

compression [kəmˈpreʃən] *n.* ①压缩,加压 ②压力 ③紧缩,密集 ④凝〔浓〕缩 ⑤(地震)背冒 ☆*be in compression* 受压缩

compressional [kəmˈpreʃnl] *a.* 压缩的,受压的

compressive [kəmˈpresɪv] *a.* 压缩的,加压的,压榨的 ‖ *~ly ad.*

compressometer [ˌkɒmpreˈsɒmɪtə] *n.* 压缩计〔仪〕,缩度计,压汽试验器

compressor [kəmˈpresə] *n.* 压气机,压缩机,压缩物

compressure [kəmˈpreʃə] *n.* 压缩力

comprint [ˈkɒmprɪnt] *n.* 私印版

comprisable [kəmˈpraɪzəbl] *a.* 包含的,能被包含的

comprisal [kəmˈpraɪzəl] *n.* 包含,梗概,纲要

comprise [kəmˈpraɪz] *vt.* ①包含 ②由…组成 ③构成 ☆*be comprised in* 归入,(被)包括在…内; *be comprised of* 由…组成
〖用法〗注意下面例句中该词的含义：These outer electrons comprise what amounts to a cloud of negative charge about the nucleus of an atom. 这些外层电子在原子核周围构成了相当于负电荷云的东西。

compromise [ˈkɒmprəmaɪz] *n.;v.* ①妥协,折中 ②兼顾,权衡,综合考虑,妥善处理…之间的关系（between, among）③损害,牺牲 ④放弃（原则,利益）☆*be compromised by* 被…所危害（连累）; *compromise with A on B* 在 B 方面同 A 妥协
〖用法〗表示"作出妥协（折中）"时它为可数名

词,一般使用动词 make 与其搭配;"达成妥协"则用动词 reach 或 arrive at。如:In this case, a compromise must be made. 在这种情况下,必须折中处理。/They have reached a compromise. 他们达成了妥协。/In this case, some compromises must be made. 在这种情况下必须作某些妥协。

comptograph ['kɒmptəgrɑ:f] n. 自动计算器

comptometer [kɒmp'tɒmɪtə] n. 一种键控计算机(商品名)

comptroller [kəmp'trəulə] n. 审计长,审计官

compulsator [kəm'pʌlseɪtə] n. 强制器

compulsion [kəm'pʌlʃən] n. 强迫,被迫 ☆by compulsion 强迫地; on (upon,under) compulsion 被迫

compulsive [kəm'pʌlsɪv] a. 强迫(性)的 ‖ ~ly ad.

compulsory [kəm'pʌlsərɪ] a. 强迫(制)的,必修的,规定的,义务的

compulsorily [kəm'pʌlsərɪlɪ] ad. 强迫,必须,不管三七二十一

compunction [kəm'pʌŋkʃən] n. 后悔,内疚 ‖ compunctious a. compunctiously ad.

compunication [kəm,pjunɪ'keɪʃən] n. (= computer communication)计算机通信,电脑通信

computable [kəm'pju:təbl] n. 可(计)算的,计算得出的

computalk ['kɒmpjutɔ:k] n. 电脑通话

computation [,kɒmpju'teɪʃən] n. 计算,估计,电脑操作 〖用法〗该名词一般与"perform"连用。如:This computation is performed outside the optimization loop over a period of 10 to 30 ms. 这个计算是在最佳环外部在 10 到 30 毫秒的周期内进行的。

computational [,kɒmpju'teɪʃənəl] a. 计算的 〖用法〗"计算的复杂度"写成"computational complexity"。

computationally [,kɒmpju'teɪʃənəlɪ] ad. 在计算上 〖用法〗注意下面例句中该词的用法:This is computationally infeasible. 这是不可能计算出来的。

computative [kəm'pju:tətɪv] a. 计算的

computator [kəm'pju:teɪtə] n. ①计算机,计算装置 ②计算员

computatron ['kɒmpjuteɪtrɒn] n. 计算机用多极电子管

compute [kəm'pju:t] v.; n. 计算,求解,估计,使用电脑 ☆beyond compute 不可计量; compute A at B 估计 A 达 B; compute from A 由 A 算起 〖用法〗注意"compute A as B"意为"把 A 计算为 B",也可以是"compute A to be B"。如:When we read that Erotosthenes, in the third century B.C., having measured the angle of the sun's rays in Alexandria at the moment the sun was directly overhead in Syene, and knowing the north-and-south distance between these cities, computed the circumference of the earth as 250,000 stadia, we can only admire his genius, but we cannot check this result with certainty. 当我们读到在公元前三世纪,埃罗托斯恩斯当太阳在赛恩当空照时测出了在亚历山德里亚太阳光线的角度,并由于知道了这两个城市的南北距离而计算出了地球的周长为 250,000 视距尺的时候,我们只能钦佩他的才华,而无法肯定地检验他所得到的这一结果。(在由"when"引导的状语从句中的宾语从句中,发生了主语与谓语的分隔现象。)/In this case, the bandwidth required by the PAM transmission system is computed to be 0.75 Hz. 在这种情况下,脉冲振幅调制传输系统所需的带宽被计算为 0.75 赫兹。

computer [kəm'pju:tə] n. ①(电子)计算机,计算器 ②【化】计(量器) 〖用法〗表示"在计算机上"应使用介词 on。如:This first moment is readily calculated on a computer. 这第一个力矩很容易在计算机上计算出来。

computerese [kəm'pju:tərɪs] n. 计算机字,计算机语言,电脑行话

computerisation,computerization [kəm,pju:təraɪ'zeɪʃən] n. 计算机化,用计算机处理,装备电子计算机

computerise,computerize [kəm'pju:təraɪz] vt. 给…装备电子计算机,计算机化,用计算机处理

computerism [kəm'pju:tərɪzm] n. 电子计算机(万能)主义

computerite [kəm'pju:təraɪt] n. 电脑人员,电脑迷

computery [kəm'pju:tərɪ] n. 电脑(统称),电脑的使用(制造)

computing [kəm'pju:tɪŋ] n.; a. 计算(的)

computopia [,kəmpju'təupɪə] n. 计算机乌托邦

computor = computer

computron [kəm'pju:trɒn] n. 计算机用的多极电子管

computus ['kɒmpjutəs] n. 计算;日历

computyper ['kɒmpjutaɪpə] n. 计算打印装置

comrade ['kɒmrɪd] n. 同志,同事

comradely ['kɒmrɪdlɪ] a. 同志般的

comradery ['kɒmrɪdrɪ] n. 同志情谊

comradeship ['kɒmrɪdʃɪp] n. 同志关系,友谊

comsat ['kɒmsæt] n. 通信卫星

con [kɒn] ❶ ad. 反对(地),从反面 ❷ n. 反对的论点,反对者,反对票 ❸ (conned; conning) vt. ①指挥(航向)②熟读,默记,研究(over) ③欺骗 ❹ a. 骗取信任的 ☆pro and con 正反两面地

Conakry ['kɒnəkrɪ] n. 科纳克里(几内亚首都)

conalbumin [,kɒnæl'bju:mɪn] n. 伴清蛋白

conalog ['kɒnəlɒg] n. 连接模拟器

conation [kəu'neɪʃən] n. 意志(力),意图

conative [kəu'neɪtɪv] a. 意志(力)的,意欲的

conatus [kəu'neɪtəs] n. 自然倾向

conca [ˈkɒnkə] n. 贝壳状塌陷(结构)

concanavalin [ˌkɒnkəˈnævəlɪn] n. 刀豆球蛋白

concast [ˈkɒnkɑːst] n. 连续铸锭

concatemer [kɒnˈkætɪmə] n. 连环

concatenate [kɒnˈkætɪneɪt] ❶ vt. 使连续(连接)起来,串级,链接 ❷ a. 连在一起的,连接的,连环的

concatenation [kɒnˌkætɪˈneɪʃən] n. 连锁,结合,串级(法),链接,并置,一系列互相联系的事物

concavation [ˌkɒnkəˈveɪʃən] a. 凹度

concave [ˈkɒnkeɪv] a.;n. ①中凹的,凹的 ②凹(度),凹面(物) ③凹处,陷穴 ④拱形 ‖ ~ly ad. ~ness n.

concavity [kɒnˈkævɪtɪ] n. 凹状,凹度

conceal [kənˈsiːl] v. 隐蔽,掩盖 ☆ conceal A from B 隐藏 A 不使 B 看见,对 B 隐瞒 A

concealment [kənˈsiːlmənt] n. ①隐蔽,潜伏,伪装,遮盖(from) ②隐蔽处〔物〕

concede [kənˈsiːd] v. ①承认 ②给予,让与,放弃 ☆ concede A (in B) (在 B 中)承认 A (正确); concede A to B 把 A 让给 B; concede to A 向 A 让步

concededly [kənˈsiːdɪdlɪ] ad. 无可争辩地,明白地;毫无疑问地

conceit [kənˈsiːt] n. ①自高自大 ②奇想 ③想法,个人意见;独断 ‖ ~ed a. ~edly ad.

conceivable [kənˈsiːvəbl] a. 可以想象的,想得到的,可能的 ‖ conceivably ad.

〖用法〗❶ 我们在科技文章中会见到如下的句型: "It is conceivable that ..." 意为 "…是可能的〔是可以想象的〕"; "It is hardly conceivable that ..." 意为 "简直难以想象…"。如: It is conceivable that values of circuit elements are such that $R_2/(4L^2) > 1/(LC)$。 电路元件值是这样以至于使得 $R_2/(4L^2) > 1/(LC)$是可能的。❷ 这个形容词既可以作前置定语,也可以作后置定语。

conceive [kənˈsiːv] v. ①设想,想象 ②想到(of) ③(常用被动语态)表达 ④怀胎 ☆ be conceived in A 用 A 表达出来; conceive A as B 把 A 设想为〔说成是〕B

concentrate [ˈkɒnsentreɪt] ❶ v. ①集中,聚集 ②浓缩,精选,富集 ❷ n. ①浓缩物,提浓物 ②精矿 ③精(饲)料 ❸ a. 浓缩的 ☆ concentrate A into B 把 A 汇集成 B

concentrated [ˈkɒnsentreɪtɪd] a. 集中的,浓缩的,富集的

concentration [ˌkɒnsenˈtreɪʃən] n. ①集中,浓缩,凝聚,提浓,精选 ②浓度,集中(度) ③渗透浓度

concentrative [ˈkɒnsentreɪtɪv] n. 集中的,专心的,使浓缩的

concentrator [ˈkɒnsentreɪtə] n. ①浓缩器,聚能器 ②选矿机,精选机 ③选矿厂 ④聚集器

concentre [kɒnˈsentə] v. 集中,聚集在中心

concentric(al) [kɒnˈsentrɪk (əl)] a.;n. ①同心(的),同轴的 ②集中的,聚合的 ☆ (be)

concentric with 与…同心〔轴〕的 ‖ ~ly ad.

concentricity [ˌkɒnsenˈtrɪsɪtɪ] n. 同心,同心度,集中

concept [ˈkɒnsept] n. 概念,观念,思想,意想

〖用法〗在文章中,经常在该词后面跟一个 of,引出它的同位语。如: Finally, we examine the concept of displacement current. 最后,我们考察一下位移电流这一概念〔位移电流的概念〕。

conception [kənˈsepʃən] n. ①构思,想象 ②概念,观念,看法 ③受孕,妊娠 ☆ have no conception of A 想象不出 A,对 A 完全不懂 ‖ ~al a.

conceptive [kənˈseptɪv] a. ①概念上的 ②能受孕的

conceptual [kənˈseptjuəl] a. 概念上的 ‖ ~ly ad.

conceptualize [kənˈseptjuəlaɪz] vt. 概念化 ‖ conceptualization n.

conceptus [kənˈseptəs] n.【生】胎体,孕体

concern [kənˈsɜːn] ❶ vt. ①与…有关,影响到 ②涉及,关于 ③关切,挂念 ❷ n. ①(利害)关系 ②关心,挂念 ③营业,业务 ④商行,股份 ☆ as concern s... 至于,关于,就…而论; as (so) far as ... concerned 就…而论; (be) concerned about (for) 关心,挂念; (be) concerned in 涉及,与…有关; (be) concerned with 牵涉,与…有关;参与; be (not) of great concern to 对…(没)有很大关系,对…(不)重要; be (not) of much concern (不)很重要,(没)有很大关系; (be) of no concern 无关紧要,没有意义; concern oneself with 关心; feel concern about 忧虑,挂念; have a concern in 和…有利害关系; have no concern with 和…毫无关系; (in) so for as ... is concerned 就…而论; so far as concerns 关于,至于,就…而论; with concern 关切地

〖用法〗❶ 注意下面例句中该词作名词的译法: Most often the steady-state currents are of primary concern. 往往稳态电流是头等重要的。/Often, only one or two of the currents in a network are of direct concern. 往往在网络中的电流中,仅仅一二个电流是直接有关系的(重要的)。/In this case, the parameter of concern is the channel's coherence bandwidth. 在这种情况下,(我们)关心的参数是信道的相干带宽。❷ 注意下面例句中该词作及物动词时的句型: Thermodynamics is concerned with energy relationships. 热力学涉及一些能量关系。/In this section we are concerned with (= we concern ourselves with) the characteristic of the diode. 在本节,我们关心的是二极管的特性曲线。/The first of these equations does not concern us. 这些方程中,第一个方程我们并不关心。/In this case, the primary winding of the output transformer is used as the load impedance, and it is this impedance with which we are concerned. 在这种情况下,输出变压器的初级绕组被用作负载阻抗,而这个阻抗正是我们所关心的。(本句是强调句型,强调介词"with"

的宾语,它也可写成 "...,and it is this impedance that〔which〕we are concerned with"。)

concerned [kən'sɜːnd] a. ①有关的 ②关心的

concernedly [kən'sɜːnɪdlɪ] ad. 担着心

concernment [kən'sɜːnmənt] n. ①关系,参与,重要(性) ②悬念,挂念 ③事务,有关事项

concert ❶ ['kɒnsət] n. ①一致,协作 ②音乐会 ❷ [kən'sɜːt] v. 商议,布置,安排,协力 ☆*in concert* 一致(齐); *act in concert with* 同…一致行动; *proceed in concert with* 和…采取一致步骤

concerted [kən'sɜːtɪd] a. ①预定的 ②一致的,协调的

concertedly [kən'sɜːtɪdlɪ] ad. 一致地,协力地

concertina [,kɒnsə'tiːnə] ❶ n. 一种六角形手风琴 ❷ a. 手风琴式的,可伸缩的

concertino [,kɒntʃeə'tiːnəʊ] (pl. concertinos 或 concertini) n. 协奏曲,主奏组

concession [kən'seʃən] n. ①让步,妥协 ②核准,特许 ③租界,租借地 ☆*make a concession to* 对…让步

concessionary [kən'seʃənərɪ] a. 特许的,受有特权的

concessive [kən'sesɪv] a. 让步的

conch [kɒŋk] n. ①壳,海螺 ②耳壳,外耳 ③半圆形层顶

concha ['kɒŋkə] (pl.conchae) n. ①壳,半圆形层顶 ②甲,蛤壳

conche [kɒntʃ] n. 制巧克力机;揉和机

conchiferous [kɒŋ'kɪfərəs] a. 有贝壳的

conchiform ['kɒŋkɪfɔːm] a. 甲壳状的

conchiolin ['kɒŋkɪəlɪn] n. 贝壳的

conchocelis ['kɒŋkəselɪs] n. 壳斑藻丝状体

conchoid ['kɒŋkɔɪd] n. ①【数】蚌线,螺旋线 ②螺线管 ③贝壳状断面

conchoidal [kɒŋ'kɔɪdəl] a. 蚌线的,螺旋线的,贝壳状的,甲状的

conchology [kɒŋ'kɒlədʒɪ] n. 贝类学

conchoporphyrin [,kɒŋkə'pɔːfɪrɪn] n. 贝卟啉

conchospiral [kɒŋkə'spaɪərəl] n. 放射对数螺线

conchospore ['kɒŋkəspɔː] n. 壳孢子

conciliate [kən'sɪlɪeɪt] vt. 调和(停,解) ‖ **conciliation** n.

concise [kən'saɪz] a. 简明的,扼要的 ‖ **~ly** ad. **~ness** n.

concision [kən'sɪʒən] n. ①简明 ②切断,分离

conclude [kən'kluːd] v. ①结束 ②推断出,得出结论 ③缔结 ④决定,决心 ☆*conclude with* 以…来结束; *(from A) it is concluded that* (由 A)可以断定〔可以得出结论〕; *to be concluded* 下期登完; *to conclude* 最后 〖用法〗注意以下句型: The chapter will conclude with a brief discussion of some important instruments. 本章将以简要讨论一些重要的仪器作为结束。(或: 本章最后将讨论一些重要的仪器。)/We conclude this section with 〔We conclude

this section by showing〕 two examples of motion under the action of a variable force. 本节最后我们将给出在变力的作用下的运动的两个例子。

conclusion [kən'kluːʒən] n. ①结论,论断,结束语 ②结束,缔结,解决 ☆*at the conclusion of* 在…完结时; *bring A to a conclusion* 使 A 终结; *come to a conclusion* 告终,得出结论; *come to the conclusion that ...* 得出如下结论; *draw (reach, arrive at) a conclusion* 得出结论; *in conclusion* 最后,总之; *jump to a conclusion* 贸然断定 〖用法〗注意下面例句中该词的含义及汉译法: Longitudinal waves in a spring actually consist of a series of coupled harmonic oscillations, a conclusion that can be extended to longitudinal waves in all media. 弹簧上的纵波实际上包括一连串耦合的简谐振荡,这一结论可以推广到一切介质中的纵波上去。(逗号后的那部分是前面句子的同位语。)

conclusive [kən'kluːsɪv] a. 决定性的,明确的,最后的,令人确信的 〖用法〗注意下面例句中出现分割现象: The evidence is conclusive that electric charge is not something that can be divided indefinitely. 有确凿的证据表明: 电荷并不是能够被无限分割的某种东西。(第一个 "that" 引导主语的同位语从句。)

conclusively [kən'kluːsɪvlɪ] ad. 确实,断然

concoct [kən'kɒkt] vt. ①调制,炮制 ②编造,虚构 ③图谋,策划

concocter,concoctor [kən'kɒktə] n. 调制者,策划者

concoction [kən'kɒkʃən] n. ①调制(品) ②编造,虚构,策划,阴谋 ‖ **concoctive** a.

concolorous [kən'kʌlərəs] a. 单色的

concomitance [kən'kɒmɪtəns], **concomitancy** [kən'kɒmɪtənsɪ] n. 伴生,伴随(with)

concomitant [kən'kɒmɪtənt] ❶ a. 伴生的,相伴的,衍生的 ❷ n. 伴生物,伴随的情况 ‖ **~ly** ad.

concord ['kɒŋkɔːd] n. ①一致,和谐,协调 ②谐音,共鸣 ③协约,和平友好

concordance [kən'kɔːdəns], **concordancy** [kən'kɔːdənsɪ] n. ①一致,协调,和谐性 ②(词汇,字句)索引,便览(to) ☆*be in concordance* 一致,协调; *in concordance with* 依照,符合

concordant [kən'kɔːdənt] a. ①(与…)一致的,协调的,和谐的(with) ②【地质】整合的 ‖ **~ly** ad.

concordat [kɒn'kɔːdæt] n. 协定,契约

Concorde [kɒn'kɔːd] n. 协和式(飞机)

concourse ['kɒnkɔːs] n. ①集合,总汇,汇聚 ②人群 ③中央广场,中央大厅,群众聚集的场所

concrement ['kɒnkrɪmənt] n. 凝块,结石

concrescence [kən'kresəns] n. 结合,合生,增殖,会合

concrete ['kɒnkriːt] ❶ a. ①具体的,有形的,实在的 ②混凝土的,凝结成的 ❷ n. ①混凝土 ②凝结 ③具体(物) ❸ v. ①浇筑混凝土(于) ②制成

混凝土 ❹ [kən'kri:t] v. （使）凝固 ☆*in the concrete* 具体

concreteness ['kɒnkri:tnɪs] n. 具体(性) ☆*for concreteness* 具体地,实际地

concreter [kɒnkri:tə] n. 混凝土工;煮糖器

concreting ['kɒnkri:tɪŋ] n. （用混凝土）浇筑

concretion [kən'kri:ʃən] n. ①凝结,凝块 ②【地质】结核,凝岩作用,【医】结石 ③具体

concretionary [kən'kri:ʃənərɪ] a. 凝固的,已凝结的 ②【地质】结核状的

concretism [kən'kri:tɪzm] n. 具体思想

concretive [kən'kri:tɪv] a. 凝结性的

concretize ['kɒnkri:taɪz] v. （使）具体化,凝固

concretor = concreter

concubinage [kɒn'kju:bɪnɪdʒ] n. 非法同居

concubine ['kɒkju:baɪn] n. 妾,姘妇

concur [kən'kɜ:] vi. ①同时发生〔存在〕,共同作用 ②一致,同意(with),赞成(in)

concurrence [kən'kʌrəns], **concurrency** [kən'kʌrənsɪ] n. ①同时发生〔存在〕,并发 ②一致,协力 ③【数】几条线的交点 ☆*with the concurrence of* 经…同意

concurrent [kən'kʌrənt] ❶ a. ①同时的,共同作用的,并发的,并行的,即时的,同意的,一致的(with) ②重合的,共点的,会交的 ③顺流的,单向流动的 ❷ n. ①同时发生的事件,共存物 ②共点

concurrently [kən'kʌrəntlɪ] ad. 同时,兼

concurring [kən'kɜ:rɪŋ] a. 同时发生的,并发的

concuss [kən'kʌs] vt. 使震动,使脑震荡,恐吓 ‖ **concussion** n. **concussive** a.

concussor [kən'kʌsə] n. 振荡(按摩)器

concyclic [kɒn'saɪklɪk] n. 共圆

condar ['kɒndə] n. 康达(距离方位自动指示器)

condemn [kən'dem] vt. ①宣告不适用 ②宣告没收 ③谴责 ④判处

condemnation [ˌkɒndem'neɪʃən] n. 谴责,定罪;报废

condensability [kənˌdensə'bɪlɪtɪ] n. 可凝性,可压缩性,浓缩能力

condensable [kən'densəbl] a. 可冷凝的

condensance [kən'densəns] n. ①【电子】容抗 ②【电子】电容量

condensate [kən'denseɪt] ❶ n. 冷凝(物),凝结物 ❷ v. 冷凝,缩缩,缩合 ❸ a. 凝缩的了的

condensation [ˌkɒnden'seɪʃən] n. ①冷凝（作用）,凝结(作用),浓缩 ②雾化 ③压缩度 ④(光线)聚

condensational [ˌkɒnden'seɪʃənəl] a. 冷凝的

condensator [kən'denseɪtə] n. ①凝结器 ②【电子】电容器 ③聚光器,聚光透镜

condense [kən'dens] v. ①冷凝,凝结 ②浓缩 ③压缩,缩短,精简 ④聚光 ⑤蓄电 ⑥加固

condenser [kən'densə] n. 冷凝器,压缩器;电容器

condenserman [kən'densəmən] n. 冷凝工

condensible [kən'densəbl] = condensable

condensifilter [kəndensɪ'fɪltə] n. 冷凝滤器

condensite [kən'densaɪt] n. 孔德夕电瓷

condensive [kən'densɪv] a. 电容性的

condescend [ˌkɒndɪ'send] vt. 俯就,堕落,以恩赐态度相待 ‖ **condescension** n.

condign [kən'daɪn] a. 应得的,适当的 ‖ ~ly ad.

condiment ['kɒndɪmənt] n. 佐料

condistillation [kɒnˌdɪstɪ'leɪʃən] n. 附馏,共蒸馏

condition [kən'dɪʃən] ❶ n. ①条件 ②状态,状况 (pl.)环境,形势 ③地位,身份,健康状况 ❷ vt. ①以…为条件,制约 ②使达到所要求的状态,使适应 ③调节,改善 ④增糖 ⑤修整,(商品)检验 ☆*be in condition* 状况良好,保养得好; *be in (no) condition to (do)* (不)能够,(不)堪; *be not in a condition to (do)* 不宜于; *be out of condition* 不良,保养得不好; *make condition* 规定; *make it a condition that ...* 以…为条件; *make no condition* 毫无条件; *on (upon) condition that ...*(只有)在…条件下,条件是; *on no condition* 在任何情况下都不可; *on this (that) condition* 在这(那)个条件下; *on condition that* 条件是; *under service conditions* 在使用条件下

〖用法〗❶ 表示"在…条件〔情况〕下"一般使用介词"under",也可用"in",偶尔也有用"on"甚至用"at"的。如: Under this condition the bandwidth of the resonant circuit is quite small. 在这一条件下,谐振电路的带宽是很窄的。/The actual spacing occurs at the condition that minimizes the energy of the overall crystal system. 实际的产生间隔发生在使整个晶体系统的能量为最小的情况下。❷ 该名词可以后跟一个同位语从句。如: R = r is the condition that the power delivered by a given source is a maximum. R = r 是某一给定电源提供的功率为最大值的条件。/From the condition that ∑Fᵧ = 0, we have T₁ = w₁. 由∑Fᵧ = 0 这一条件,我们得到 T₁ = w₁。(注意: 本句中,∑Fᵧ = 0 这一表达式起到了"主谓结构"的一个从句的作用。有时候一个表达式起一个名词的作用,要根据句子的具体情况来判断。)❸ 有的英美人在"condition"后的同位语从句和表语从句中使用虚拟语气,也就是从句的谓语用动词原形来表示。如: A necessary condition that this be the case is that Euler's Equation be satisfied. 成为这一情况的必要条件是要满足尤拉方程。❹ 该名词一般后跟介词"for",也有跟"on"的。如: The condition for a stable ray is that θ be a real number. 获得稳定射线的条件是 θ 是一个实数。/The appropriate boundary conditions on n_U(x, t) are as follows. 对于 n_U(x, t) 的合适边界条件如下。❺ 注意下面例句中该词的含义和汉译法: It may happen also that cells of the blood donor are dissolved or go into solution, a most dangerous condition. 也可能会发生这样的情况,即供血者的细胞被分解或溶解,这种情况是极其危险的。(逗号后的那部分是前面句

子的同位语。）❻ 注意它作及物动词时的含义:
Behavior of the moving charge in such a device is
often <u>conditioned</u> by the presence of other charges
that are fixed in position, or static. 在这种器件中
运动电荷的性能往往取决于存在有在位置上是固
定的, 即静态的其他电荷。

conditional [kən'dɪʃənl] *a.* 有条件的 ☆ *be*
conditional on (upon) 取决于,以…为条件 ‖ *~ly*
ad.
〖用法〗注意下面例句的译法: The probability of
this error, <u>conditional on</u> sending symbol 0, is
defined by the following expression. 这个误差的概
率是由下面的表达式定义的, 它取决于发送符号
0 的情况。

conditionality [kən,dɪʃə'nælɪtɪ] *n.* 制约性,条件
限制

conditioned [kən'dɪʃənd] *a.* 有条件的,引起条件
反应的,制约的,习惯于…的(to)

conditioner [kən'dɪʃənə] *n.* ①调节器 ②调料槽
③调节剂

conditioning [kən'dɪʃənɪŋ] *n.* ①调节 ②整理,限
定 ③适应(环境),条件作用

condolatory [kən'dəulətərɪ] *a.* 吊唁的,慰问的

condole [kən'dəul] *vi.* 吊唁,慰问 ‖ ~ment 或
~nce *n.*

condom ['kɒndəm] *n.*【医】避孕套

condominium [,kɒndə'mɪnɪəm] *n.* ①一套公寓
房 ②共管

condone [kən'dəun] *vt.* 赦免,宽恕 ‖ **condonation**
n.

condor ['kɒndɔ:] *n.*【动】秃鹰,神鹰

conduce [kən'dju:s] *vi.* 有助于,导致(to)

conducible [kən'dju:sɪbl], **conducive** [kən-
'dju:sɪv] *a.* 有助于…的,促进…的(to)
〖用法〗注意: 这个形容词后面搭配的是介词"to",
而不是动词不定式。如: Fresh fruit is <u>conducive to</u>
<u>health</u>. 新鲜水果有益于健康。/This measure is
<u>conducive to improving</u> the quality of products. 这
一措施有助于提高产品的质量。

conduct ❶ [kən'dʌkt] *v.* ①传(导,热),导(电) ②
办(事),经营,实施 ③指挥;引导;护送 ❷
['kɒndəkt] *n.* ①行为,举止 ②指导,管理 ③指挥;
带领;护送 ☆*(be) conducted to (do)* 为…而安
排,旨在; *conduct oneself* 行为,表现; *under*
the conduct of 在…的引导下
〖用法〗注意下面例句的汉译法: For Q4 to conduct,
its base must be about 1.8 volts. 为了使 Q4(能够)
导通,其基极(电压)必须大约为 1.8 伏特。

conductance [kən'dʌktəns] *n.* ①传导(性,率)
②电〔热,声〕导,导电性〔率〕,导纳

conductibility [kən,dʌktɪ'bɪlɪtɪ] *n.* 传导性,导电性

conductible [kən'dʌktəbl] *a.* 可传导的

conducting [kən'dʌktɪŋ] *n.;a.* 传导(的),导电
〔热〕(的)

conductimetric [kən,dʌktɪ'metrɪk] *a.* 电导率测

定的

conduction [kən'dʌkʃən] *n.* ①传导(性,系数)
②导热〔电〕(性,率),电导 ③(管道)输送,引流

conductive [kən'dʌktɪv] *a.* 传导的

conductively [kən'dʌktɪvlɪ] *ad.* 导电的

conductivity [,kɒndʌk'tɪvɪtɪ] *n.* ①传导率,导电率
②电导(率,性) ③导热(率)
〖用法〗该名词前可以用不定冠词。如: These
scattering mechanisms give rise to <u>a dc conductivity</u>
σ. 这些散射机制产生了直流导电率σ。

conductometer [,kɒndʌk'tɒmɪtə] *n.* 电导计,导
热计

conductometric [,kɒndʌktə'metrɪk] *a.* 测量导
热〔电〕率的

conductometry [,kɒndʌk'tɒmɪtrɪ] *n.* 电导测定
法

conductor [kən'dʌktə] *n.* ①导体 ②避雷针 ③
【数】前导子 ④售票员,列车员,指挥,管理人
‖ ~ial *a.*

conductress [kən'dʌktrɪs] *n.* ①女指挥者,女管
理人 ②女售票员,女列车员

conductron [kən'dʌktrɒn] *n.* 光电导摄像管,导像
管

conduit ['kɒndɪt] *n.* ①导管 ②管道,水管,暗渠 ③
风道 ④预应力丝孔道

conduplicate [kɒn'dju:plɪkɪt] *a.* 折合状的

conduritol [kɒn'dju:rɪtɒl] *n.*【化】牛弥菜醇;环己
烯四醇

condyle ['kɒndaɪl] *n.* 髁,骨节

condyloma [,kɒndɪ'ləumə] *n.*【医】湿疣

condylus ['kɒndɪləs] (pl. condyli) *n.* 髁

cone [kəun] ❶ *n.* ①(圆)锥,球果 ②头锥,弹头 ③
塔锥,锥形喷嘴,(扬声器)纸盆,圆锥破碎机,圆锥
④电弧锥部 ⑤火山锥 ❷ *v.* 使成锥形

coneflower ['kəunflauə] *n.* 金光菊(属)

coneheaded ['kəunhedɪd] *a.* (圆)锥头的

conepenetrometer [kəu,penɪ'trɒmɪtə] *n.* 圆锥
贯入度仪

conessi ['kɒnɪsɪ] *n.* 锥丝

coney ['kəunɪ] *n.* 家兔,兔皮

confabulate [kən'fæbjuleɪt] *vi.* 闲谈,谈心(with)

confect ['kɒnfekt] *n.* 糖果

confectaurant [,kɒnfek'tɔ:rənt] *n.* 点心店,小吃
店

confection [kən'fekʃən] *n.* 糖果,甜点心制造,糖
果剂;精巧的制品

confectionary [kən'fekʃənərɪ] *n.* 甜食制造业;甜
食;糖果店

confederacy [kən'fedərəsɪ] *n.* 同盟

confederate ❶ [kən'fedərɪt] *a.* 同盟的,联合的
❷ [kən'fedərɪt] *n.* 同盟者,同伙,党羽 ❸ [kən-
'fedəreɪt] *v.* 结成同盟,联合(with)

confederation [kən,fedə'reɪʃən] *n.* 同盟,联合,联
邦 ‖ **confederative** *a.*

confer [kən'fɜ:] (拉丁语缩) *v.* 比较,参看

C

confer [kən'fɜ:] ❶ vt. ①比较,对照,参照 ②给予,授予 ❷ vi. 讨论,交换意见 ☆**confer A on (upon) B** 把 A 给〔授予〕B; **confer with A about (on) B** 和 A 商量〔讨论〕‖~**ment** n. 〖用法〗下面是用于证书上的一个句型：The Trustees of the State University of New York have conferred on Eulalla Grau the degree of bachelor of arts. 纽约州立大学董事会成员们授予尤拉拉·格劳文学士学位。

conference ['kɒnfərəns] n. ①会议,讨论会,联合会 ②商议,会谈 ☆**be in conference** 正在开会讨论; **have a conference with** 和…商议〔谈判〕; **hold a conference** 举行会议 〖用法〗❶ 表示"在会上",一定要用介词"at"。如：Professor Smith made a speech at the conference. 史密斯教授在会上作了发言。❷ 表示"有关…会议"时后面要跟介词"on"。

conferrable [kən'fɜ:rəbl] a. 能授予的

confer(r)ee [kɒnfə'ri:] n. 参加商谈〔会议〕者

conferrer [kən'fɜ:rə] n. 授予人

confess [kən'fes] v. 承认,供认,坦白(to),证明 ‖ **confession** n.

confessed [kən'fest] a. 公认的,有定论的;已认罪的

confessedly [kən'festlɪ] ad. 公开声明地,确定无疑地

confetti [kən'fetɪ] n. (pl.)雪花干扰,五彩碎纸

confide [kən'faɪd] ❶ vt. 委托 ❷ vi. 信任(in) ☆ **confide A to B** 把 A 委托 B,对 B 吐露 A

confidence ['kɒnfɪdəns] ❶ n. ①信任,相信,把握 ②【统】置信度 ❷ a. 骗得信任的,欺诈的 ☆**have (full) confidence (that)** (完全)有把握; **in confidence** 秘密地; **in the confidence that** 相信; **with (great) confidence** 有把握地 〖用法〗这个名词后一般跟介词"in",表示"信任某某"; "with confidence" = confidently。

confident ['kɒnfɪdənt] a. 确信的,有信心的 〖用法〗该形容词后一般跟介词"of"(有时可跟"about"或"in")或"that 从句"。(这个从句从含义上讲作"形容词宾语从句",从纯语法上讲是修饰形容词"confident"的状语从句)。

confidential [ˌkɒnfɪ'denʃəl] a. ①机密的,保密的 ②密件 ☆**private and confidential** 机密; **strictly confidential** 绝密 ‖ ~**ly** ad.

confidently ['kɒnfɪdəntlɪ] ad. 确信地,有把握地

confiding [kən'faɪdɪŋ] a. 深信不疑的 ‖ ~**ly** ad.

configurate [kən'fɪgjʊreɪt] vt. 使具有一定形状,配置

configuration [kənˌfɪgjʊ'reɪʃən] n. ①外形,形态,轮廓,图 ②构造,结构,构形,造型 ③排列,组合,布置,格局,(设备)配置,方位 ④线路接法 ⑤位形,组态 ⑥【天】对座位置 ‖ ~**al** a.

configure [kən'fɪgə] vt. 使成形,使具形体

confine ❶ [kən'faɪn] v. ① 限制(在…范围内),封闭,约束 ② 接界,邻接 ❷ ['kɒnfaɪn] n. (pl.)界限,边界,区域,范围 ☆**be confined to** (局)限于,被

封闭在; **confine oneself to** 只涉及,只限于; **on the confines of ...** 之间的界限,差一点就

confined [kən'faɪnd] a. 有限的,受约束的,狭窄的;分娩期的

confinement [kən'faɪnmənt] n. ①密封 ②限制,制约,约束 ③分娩,圈饲

confirm [kə'fɜ:m] vt. ①证实,证明 ②确认,使有效,批准 ③使…坚定 ④坚持说(that)

confirmable [kən'fɜ:məbl] a. 可确定的,能证实的

confirmation [ˌkɒnfə'meɪʃən] n. ①证实 ②确定,认可,批准 ☆**in confirmation of** 以便证实 〖用法〗注意下面例句中该词的含义：This in turn later provided the best confirmation we yet have of Einstein's general theory of relativity. 这后来反过来证实了爱因斯坦的广义相对论,这是目前我们得到的最好的证实。("of ..."是修饰"confirmation"的。)

confirmative [kən'fɜ:mətɪv], **confirmatory** [kən'fɜ:mətərɪ] a. 确实的,验证的,批准的

confirmed [kən'fɜ:md] a. ①确认的,证实的 ②习以为常的

confiscable [kɒn'fɪskəbl] a. 可没收的,可征用的

confiscate ['kɒnfɪskeɪt] ❶ vt. ①没收,充公 ②征用 ❷ a. 被没收的,被征用的 ‖ **confiscation** n. **confiscatory** a.

confiture ['kɒnfɪtʃʊə] n. 蜜饯

conflagrant [kən'fleɪgrənt] a. 炽燃的,燃烧的

conflagration [ˌkɒnflə'greɪʃən] n. ①快速燃烧,爆燃 ②火焰,大火 ③(战争)爆发

conflation [kən'fleɪʃən] n. 合成,熔合

conflex ['kɒnfleks] n. 包层钢

conflict ❶ ['kɒnflɪkt] n. 冲突,矛盾;斗争;争执 ❷ [kən'flɪkt] v. ①冲突,抵触(with) ②斗争,战斗,争执(with) ③碰头 ④冲突点 ☆**come into conflict with** 和…冲突; **in conflict with ...** 同…相冲突

conflicting [kən'flɪktɪŋ] a. 不一致的,冲突的

confluence ['kɒnfluəns] n. 会合,群集

confocal [kən'fəʊkl] a. 同焦点的

conform [kən'fɔ:m] ❶ vt. 使适应〔遵守,一致〕 ❷ vi. 依照,符合,遵从 ❸ a. =conformable ☆ **conform to** 与…相符,遵守,依据; **conform with** 与…一致,符合

conformability [kənˌfɔ:mə'bɪlɪtɪ] n. 一致(性),适应(性),顺从,贴合性

conformable [kən'fɔ:məbl] a. 一致的,适合的,依照(to,with),【地质】整合的,贴合的

conformably [kən'fɔ:məblɪ] ad. 一致,依照

conformal [kən'fɔ:məl] a. 共形的,保角的,相似的,(地图)形状完全如实的

conformally [kən'fɔ:məlɪ] ad. 共形地,保角地,相似地

conformance [kən'fɔ:məns] n. 一致性,适应性

conformation [ˌkɒnfɔ:'meɪʃən] n. ①构造,形态,

结构,组成 ②适应,符合,一致 ‖ **~al** *a.*

conformers [kə'fɔːməz] *n.* 随变生物

conformity [kən'fɔːmɪtɪ] *n.* ①依从,遵照(to) ② 相似,相应,符合,一致(to, with),【地质】整合 ③(图像)保角 ☆**in conformity to (with)** 与…一致,依照

〖用法〗注意下面例句中该词的含义：The output voltage is the integral of the input signal, in conformity with harmonic circuit analysis. 输出电压就是对输入信号的积分,这与谐波电路分析相一致。(可以看成在逗号后省去 ʃ "which is" 或 "a fact which〔that〕is"。)

confound [kən'faund] *vt.* ①混淆(不清),错认,使迷惑 ②打乱(计划) ☆**be confounded with A 和 A 弄混了**; confound A with (and) B 分不清 A 与 B

confounded [kən'faundɪd] *a.* 混乱的,(十分)讨厌的 ‖ **~ly** *ad.*

confounding [kən'faundɪŋ] *n.* 混淆,混杂设计

confrication [ˌkɒnfrɪ'keɪʃən] *n.* 粉碎,磨细,捣细

confriction [kən'frɪkʃən] *n.* 摩擦(力)

confront [kən'frʌnt] *vt.* ①(使)面对,(使)遭遇,碰到(with) ②迎接(困难),正视,对抗 ③比较,对照 ☆**be confronted with (by)** 面临 ‖ **~ation** *n.*

〖用法〗注意下面一句中该词的含义:The computer is complex when confronted as a large system. 当面对的是一个大型系统时,计算机是复杂的。

confrontation [ˌkɒnfrʌn'teɪʃən] *n.* 对证法,面对,对峙,对质

Confucian [kən'fjuːʃɪən] *a.*; *n.* 孔丘的,儒家(的)

Confucianism [kən'fjuːʃɪənɪzm] *n.* 儒教,孔子学说

Confucius [kən'fjuːʃəs] *n.* 孔丘

confusable [kən'fjuːzəbl] *a.* 可能被混淆的

confuse [kən'fjuːz] *vt.* 使混淆,扰乱,使迷惑 ☆ **confuse A with B** 把 A 和 B 相混淆

〖用法〗注意在下面例句中该词所在的不定式的含义：This surface, not to be confused with the index ellipsoid, is called the normal surface. 为了不与索引〔指示〕椭圆面相混淆,这个表面被称为法面。

confusedly [kən'fjuːzdlɪ] *ad.* 混淆地

confusedness [kən'fjuːzdnɪs] *n.* 混淆,混淆

confusion [kən'fjuːʒən] *n.* ①混乱,紊乱 ②混淆,扰乱,迷惑 ③模糊,弥散 ☆**in confusion** 在混乱中,乱七八糟

〖用法〗注意搭配关系 "confusion of A with B"。如:The lowercase subscript prevents confusion of this symbol with the similar symbol used in Chapter 3. 小写的下标防止了把这个符号与用在第 3 章的类似符号相混淆。

confusional [kən'fjuːʒənəl] *a.* (精神)混乱的,惑乱性的

confute [kən'fjuːt] *vt.* 反驳,驳斥 ‖ **confutation** *n.*

congeal [kən'dʒiːl] *v.* (使)冻结,冻凝,(使)冻,冷

藏 ‖ **~ment** *n.*

congealable [kən'dʒiːləbl] *a.* 可冻〔凝〕结的,可凝固的

congealer [kən'dʒiːlə] *n.* 冷冻器,冷却器

congelation [ˌkɒndʒɪ'leɪʃən] *n.* ①冻凝,冻结 ②凝结物,凝块,冻疮

congelifraction [ˌkɒndʒɪlɪ'frækʃən] *n.* 融冻,冰冻风化

congeliturbation [ˌkɒndʒɪlɪtɜ'beɪʃən] *n.* 融冻泥流作用

congener ['kɒndʒɪnə] ❶ *n.* 同种类的东西〔人〕 ❷ *a.* 同种的

congeneric [ˌkɒndʒɪ'nerɪk], **congenerous** [ˌkɒn-dʒɪ'nerəs] *a.* 同种的,同族的,协同的

congenetic [ˌkɒndʒɪ'netɪk] *a.* 同源的

congenial [kən'dʒiːnjəl] *a.* 同性质的,合意的,气味相投的(to,with) ‖ **~ity** *n.*

congenital [kɒn'dʒenɪtl] *a.* (指疾病等)先天的,生来的

congeries [kɒn'dʒɪəriːz] *v.* 拥挤,阻塞,聚集,(使)充血

congested [kən'dʒestɪd] *a.* 拥挤的,充塞的,充血的

congestion [kən'dʒestʃən] *n.* ①拥挤〔塞〕,(人口)稠密,(货物)充斥 ②阻塞,填充,聚积 ③充血 ④(电话)占线

congestive [kɒn'dʒestɪv] *a.* 充血的,引起混乱的

conglobate ['kɒngləubeɪt] ❶ *v.* ①使成球形,弄圆 ②团聚 ❷ *a.* 球形的,圆的,团聚的

conglobation [ˌkɒngləu'beɪʃən] *n.* (聚成)球形,球状体,团聚

conglobe = conglobate

conglomerate [kən'glɒmər(e)ɪt] ❶ *v.* 使积聚成团,(使)成球形 ❷ *a.* 密集的,成团的,(聚)成球形的 ❸ *n.* ①密聚体,堆集体 ②砾岩 ③集团,联合企业 ‖ **conglomeratic** *a.*

conglomerater [kɒn'glɒməreɪtə] *n.* (经营)联合企业的主持人

conglomeration [kɒnglɒmə'reɪʃn] *n.* (块状的)凝聚,凝结,团块

conglutinant [kɒn'gluːtɪnənt] *a.* 黏合的,促创口愈合的

conglutinate [kɒn'gluːtɪneɪt] *v.*;*a.* (使)黏附,黏在一块(的),凝集,愈合(的) ‖ **conglutination** *n.*

conglution [kən'gluːʃən] *n.* 共凝集素,团集素

Congo ['kɒŋgəu] *n.* ①刚果 ②刚果河,扎伊尔河

congratulant [kən'grætjulənt] ❶ *a.* (表示)祝贺的 ❷ *n.* 祝贺者

congratulate [kən'grætjuleɪt] *vt.* 祝贺,(向…)致贺词 ☆**congratulate A on (upon) B** 因为 B 向 A 祝贺

congratulation [kənˌgrætju'leɪʃən] *n.* 祝贺,(pl.)祝词

〖用法〗该词后一般用复数形式,其后跟介词 "on(upon)"。

congratulatory [kənˈɡrætjulətərɪ] a. 贺电的

congregate ❶ [ˈkɒŋɡrɪɡeɪt] v. 聚集,(使)会合 ❷ [ˈkɒŋɡrɪɡɪt] a. 聚集的 ‖ **congregation** n. **congregational** a.

congress [ˈkɒŋɡres] n. ①(代表)大会 ②(专业)会议 ③委员会,联合会 ④国会,议会 ‖ **~ional** a. 〖用法〗表示"在大会上",一定要用介词"at"(与 meeting、conference 一样,其前面均用"at")。

congressional [kənˈɡreʃənəl] a. 会议的;国会的

congressman [ˈkɒŋɡresmən] (pl. congressmen) n. (美国)国会议员,众议员

congruence [ˈkɒŋɡruəns], **congruency** [ˈkɒŋɡruənsɪ] n. ①和谐,相合性,一致 ②【数】全等,相合(性),同等(性),同余(式),(线)汇

congruent [ˈkɒŋɡruənt] a. ①相同的,对应的,适合的,一致的(with) ②【数】全等的,叠合的,同余的,同等的

congruential [kɒŋˈɡruənʃəl] a. 全等的,叠合的,同余的

congruity [kənˈɡruɪtɪ] n. 适合,和谐性,调和

congruous [ˈkɒŋɡruəs] a. 一致的,适合的,协调的,全等的(with, to) ‖ **~ly** ad. **~ness** n.

conic [ˈkɒnɪk] ❶ a. 圆锥的,锥形的 ❷ n. 圆锥曲线,双曲线,(pl.)锥线法(论)

conical [ˈkɒnɪkəl] a. (圆)锥)的 ‖ **~ness** n.

conically [ˈkɒnɪkəlɪ] ad. 成圆锥形

conicity [kəʊˈnɪsɪtɪ] n. 锥形,圆锥度

conicograph [ˈkɒnɪkɡrɑːf] n. 二次曲线规

conicoid [ˈkɒnɪkɔɪd] n. 二次曲面

conidiocarp [kəʊˈnɪdɪəʊkɑːp] n. 分生孢子果

conidiopore [kəʊˈnɪdɪəʊpɔː] n. 分生孢子

conidium [kəʊˈnɪdɪəm] n. 分生孢子

conifer [ˈkəʊnɪfə] n. 针叶树

coniferin [kəʊˈnɪfərɪn] n. 松柏苷

coniferous [kəʊˈnɪfərəs] a. 针叶树的

coniform [ˈkəʊnɪfɔːm] a. (圆)锥形的

coning [ˈkəʊnɪŋ] ❶ n. ①(圆)锥度,圆锥角 ②形成圆锥轮廓 ③弯曲效应 ❷ a. 圆锥形的

coniology [ˌkəʊnɪˈɒlədʒɪ] n. 微尘学

coniometer [ˌkəʊnɪˈɒmɪtə] n. 记尘器

coniosis [ˌkəʊnɪˈəʊsɪs] n. 粉尘病,尘埃沉着病

coniscope [ˈkəʊnɪskəʊp] n. 计尘仪

conisphere [ˈkəʊnɪsfɪə] n. 锥球

conject [ˈkɒndʒekt] v. ①推测,猜想 ②计划,设计

conjecturable [kənˈdʒektʃərəbl] a. 可推测的,猜得到的

conjectural [kənˈdʒektʃərəl] a. 推测的,猜想的 ‖ **~ly** ad.

conjecture [kənˈdʒektʃə] n.;v. 推测,猜想,假设,辨读

conjoin [kənˈdʒɔɪn] v. (便)结合,连接

conjoined [kənˈdʒɔɪnd] a. 结合的,重叠的,共同的

conjoint [kənˈdʒɔɪnt] a. 结合的,相连的,共同的 ‖ **~ly** ad.

conjugacy [ˈkɒndʒuɡəsɪ] n. 共轭性

conjugant [ˈkɒndʒəɡənt] n. 接合体,配合体

conjugate ❶ [ˈkɒndʒuɡɪt] a. ①共轭的,偶合的 ②成对的,对偶的,联结的 ❷ [ˈkɒndʒuɡeɪt] n. ①共轭值,共轭物 ②骨盆内径 ❸ [ˈkɒndʒuɡeɪt] v. ①共轭,配对,配合,连接 ②使(动词)变化

conjugation [ˌkɒndʒuˈɡeɪʃən] n. ①共轭(性),共轭运算,轭合 ②契合,连接,配对

conjugon [ˈkɒndʒuɡən] n. 接合子

conjunct [kənˈdʒʌŋkt] a. 联合的,连接的

conjunction [kənˈdʒʌŋkʃən] n. ①连接,结合,同时发生,【数】契合 ②连接词,【天】会合点,月黄③【计】逻辑乘(法,积),"与" ☆**in conjunction with** 和⋯⋯一起,连同⋯⋯一起 ‖ **~al** a. 〖用法〗注意下面例句的译法: The graphical technique is recommended in conjunction with analysis because of the insight it provides. 在分析时我们建议采用图解法,因为它使读者易于理解。

conjunctiva [ˌkɒndʒʌŋkˈtaɪvə] (拉丁语) n. 结膜

conjunctival [ˌkɒndʒʌŋkˈtaɪvəl] a. 结膜的

conjunctive [kənˈdʒʌŋktɪv] a. ①连接的,结合的 ②【数】契合的,【计】逻辑乘的 ‖ **~ly** ad.

conjunctivitis [kənˌdʒʌŋktɪˈvaɪtɪs] n. 【医】结膜炎

conjunctly [kənˈdʒʌŋktlɪ] ad. 连接着,共同

conjuncture [kənˈdʒʌŋktʃə] n. ①局面,事态,时机,场合 ②非常时期,紧要关头 ③同时发生 ☆**at (in) this conjuncture** 在这时刻

conjure ❶ [kənˈdʒuə] vt. 想象;念咒召唤;用魔法变出 ❷ [ˈkʌndʒə] vi. 变戏法,玩魔术;用念咒召唤神灵 ‖ **conjuration** n.

conk [kɒŋk] vi. 出毛病;突然损坏;昏厥

conn [kɒn] vt.;v. 驾驶(船),指挥驾驶

connate [ˈkɒneɪt] a. 原生的,同源的,同族的,先天的

connatural [kəˈnætʃərəl] a. ①生来的,固有的(to) ②同性质的,同种的

connect [kəˈnekt] v. 连接,接合,联系,衔接,相通(with) ☆**be connected with** 与⋯⋯连接〔有关〕〖用法〗❶ 它可以用作不及物动词。如: A thermocouple junction is formed whenever Kovar lead connects to a dissimilar metal. 每当柯伐引线与不同的金属相连时就形成一个热偶结。❷ 注意下面例句的汉译法: A lamp connected to a voltage source forms a simple circuit. 把一盏灯连接到电压源上就形成了一个简单电路。

connected [kəˈnektɪd] a. 连接的,有联系的,连贯的

connectedness [kəˈnektɪdnɪs] n. 连通性,联络性

connecter = connector

Connecticut [kəˈnektɪkət] n. (美国)康涅狄格(州)

connecting [kəˈnektɪŋ] ❶ a. 连接的 ❷ n. ①连接 ②管接头,套管

connection [kəˈnekʃən] n. ①连接,联结,关系 ②

接通,接合处,通信线 ③拉杆,吊挂,离合器 ④连贯性,上下文关系,方面 ☆*cut the connection* 把东西拆开,割断联系; *enter into a connection with* 与…发生关系; *have a (no) connection with* 和…有〔无〕关系; *in connection with* 在…方面,与…有关; *in this (that) connection* 在这(那)方面,就此而论; *make connections at* (火车,轮船等)…衔接〔转搭〕; *You are in connection* (电话)给你接通了 ‖ ~al a.
〖用法〗❶ 与它搭配的动词常见的是"make"。"connection"既可以是一个不可数名词,也可以是一个可数名词。如:It is necessary to make connection to the external circuit. 必须连接到外电路上去。/All series connections are made by using z-parameter matrices. 所有的串联连接都是通过使用 z 参数矩阵实现的。❷ 注意下面例句的译法: Several point are to be noted in connection with this circuit. 有关这个电路要注意(以下)几点。/Kirchhoff's rules are most helpful in this connection. 基尔霍夫定律在这一方面是极有帮助的。/The use of the equivalent-circuit concept in this connection has made it possible to prove a very general result quite easily. 在这一方面使用等效电路的概念,使得(我们)能够十分容易地证明一个很一般的结果。

connection-oriented [kə'nekʃən'ɔːrɪəntɪd] a. 面向连接的

connective [kə'nektɪv] ❶ a. 连接的,接续的,连合的,联接的 ❷ n. ①连接字,连接词 ②连接符号

connectivity [ˌkənek'tɪvɪtɪ] n. 连通(性),连接性

connector [kə'nektə] n. ①连接物,连接线,连接器,接头 ②接线器〔柱,夹,盒,端子〕③连接者

connexion = connection

conning ['kɒnɪŋ] n. 指挥(航行,航向)

conningtower ['kɒnɪŋtauə] n. 指挥塔

connivance [kə'naɪvəns] n. 纵容,默许

connive [kə'naɪv] vi. ①纵容,默许,睁一眼闭一眼 (at) ②共谋(with)

connoisseur [ˌkɒnɪ'sɜː] n. 鉴赏家,行家(in, of)

connoisseurship [ˌkɒnɪ'sɜːʃɪp] n. 鉴赏能力

connotation [kɒnəu'teɪʃən] n. 含义,内涵 ‖ **connotative** a.

connote [kɒ'nəut] vt. ①包含,意思就是 ②暗示

conode ['kəunəud] n. 共节点,共节点线

conoid ['kəunɔɪd] n.;a. 圆锥(的),锥体(的) ‖ ~al a.

conormal [kəu'nɔːməl] n. 余法线

conoscope ['kəunəskəup] n. 【物】锥光镜,锥光偏振仪,干涉仪 ‖ **conoscopic** a.

conquassation [ˌkɒnkwə'seɪʃən] n. 压溃,挫伤

conquer ['kɒŋkə] vt. ①征服,战胜 ②克服,破除

conquerable ['kɒŋkərəbl] a. 可征服的,可以战胜的

conqueror ['kɒŋkərə] n. 征服者,胜利者

conquest ['kɒŋkwest] n. 征服,获得,战利品

Conradson ['kɒnrædsn] n. 康拉特逊

consanguineous [ˌkɒnsæŋ'gwɪnɪəs] a. 同源的,同血统的

consanguinity [ˌkɒnsæŋ'gwɪnɪtɪ] n. 同源,同族,血缘

conscience ['kɒnʃəns] n. 良心,天良 ☆*in all conscience* 真正,一定

conscientious [ˌkɒnʃɪ'enʃəs] a. ①凭良心办事的 ②认真的,有责任心的 ‖ ~ly ad.

conscious ['kɒnʃəs] a. ①有意识的,知觉的,故意的 ②明白的,知道的 ☆*be (become) conscious of (that)* 意识到,发觉,知道 ‖ ~ly ad.

consciousness ['kɒnʃəsnɪs] n. ①意识,觉悟,神志,自觉性 ②知觉

conscribe [kən'skraɪb] vt. 征招;征用

consectary [kən'sektərɪ] ❶ n. 结论,推论 ❷ a. 连续的

consecution [ˌkɒnsɪ'kjuːʃən] n. 连贯,次序,推论,一致

consecutive [kə'sekjutɪv] a. ①连续的,连贯的 ②顺序的,相邻的 ③结论的 ‖ ~ly ad. ~ness n.

consenescence [ˌkɒnsɪ'nesəns] n. 衰老,老朽

consensus [kən'sensəs] n. 一致,同意

consent [kən'sent] n.;vi. ①同意,赞成,许可(to) ②(万能)插口,塞孔 ☆*by common consent* 或 *with one consent* 一致同意; *by mutual consent* 双方同意; *give one's consent* 答应; *refuse one's consent* 拒绝; *with the consent of …* 经…同意
〖用法〗该不及物动词后面可跟介词"to"或动词不定式,意思不变。

consentaneous [ˌkɒnsen'teɪnɪəs] a. 一致的,适合的(to, with)

consenter [kən'sentə] n. 同意者,赞成者

consentient [kən'senʃənt] a. 同意的,赞成的

consequence ['kɒnsɪkwəns] n. ①后(结)果 ②重要(性) ☆*(be) of consequence* 有意义,(很)重要; *in (as a) consequence* 结果,因此; *in (as a) consequence of A* 由于 A 的缘故; *take the consequences* 承担后果; *without negative consequence* 没有副作用; *without reflecting on the consequences* 不顾后果
〖用法〗注意下面例句中该词的含义: Equation (1-6) is a consequence of the conservation of energy. 式(1-6)是能量守恒的结果。/High-resistance values are a consequence of the thinness of the film. 高电阻值是由于薄膜很薄的缘故。/A force of the same magnitude but acting in the opposite direction acts on the howitzer during the firing, a consequence of the third law of motion. 在开炮期间,有一个大小相等、方向相反的力作用在榴弹炮上,这是第三运动定律的结果。("a consequence of the third law of motion"作前面句子的同位语,注意其汉译法。)

consequent ['kɒnsɪkwənt] ❶ a. ①跟着发生的,结局的,合乎逻辑的 ②继起的 ③【地质】顺向的 ❷ n. ①(当然的)结果,推论 ②【数】后项 ③【地

质】顺向 ☆**(be) consequent on (upon) A** 因 A
而引起的

consequential [ˌkɒnsɪˈkwenʃəl] *a.* ①作为结果
的,随之发生的,推论的 ②重大的 ③傲慢的
‖ **~ity** *n.* **~ly** *ad.*

consequently [ˈkɒnsɪkwəntlɪ] *ad.* 因此,从而
【用法】这个词通常在句中作插入语。如: It is
possible for the current and voltage to be very large
and, <u>consequently</u>, the instantaneous power large.
电流和电压可能会很大,因此瞬时功率就会很大。

conservancy [kənˈsɜːvənsɪ] *n.* ①水上保持,管理
②(河道,港口)管理局 ③资源保护区

conservation [ˌkɒnsəˈveɪʃən] *n.* ①保存,(水土)
保持,(森林,自然,自然资源)保护 ②守恒 ③油封

conservationist [ˌkɒnsɜːˈveɪʃənɪst] *n.* 水土保
持专家,自然资源保护专家

conservatism [kənˈsɜːvətɪzm] *n.* 保守性

conservative [kənˈsɜːvətɪv] ❶ *a.* ①保守的,(因
循)守旧的 ②守恒的 ③有裕量的 ❷ *n.* ①保存
物,防腐剂 ②守旧的人,(英)保守党党员 ‖ **~ly**
ad.

conservator [ˈkɒnsɜːveɪtə] *n.* ①保存器 ②管理
人,保管员,水利委员

conservatory [kənˈsɜːvətrɪ] ❶ *a.* 保存的,保管
人的 ❷ *n.* 暖房

conserve [kənˈsɜːv] ❶ *vt.* ①保存,储藏 ②守恒
❷ *n.* 防腐剂,糖剂

consider [kənˈsɪdə] *v.* ①考虑,考察,斟酌,估量 ②
认为 ③体谅,照顾
【用法】 ❶ 它在科技文中经常以祈使句的形式
出现,意为“(让我们来)考虑…”。如: <u>Consider</u> an
ideal transformer. 让我们来考虑一只理想的变压
器。❷ 当表示“把…看成〔当作为;认为〕…”
时,它需要的补足语可以由名短语、形容词、名
词或 “to be ...” 承担。如: These curves can be
<u>considered as a family of straight lines</u>. (我们)可以
把这些曲线看成是一族直线。/This was <u>considered</u>
<u>impossible</u> in the past. 在过去这被认为是不可能
的。/In this case, the material can be <u>considered an</u>
<u>insulator</u>. 在这种情况下,该物质可以被看成是绝
缘体。/The transistor can be <u>considered to be</u> two
isolated pn junctions. 这晶体管可以被看成是两个
隔开的 pn 结。/For a spherical mass, we can <u>consider</u>
all of the mass <u>to be located at the center</u>. 对于一个
球体来说,我们可以把其所有的质量看成位于球
心处。/Consider the diodes <u>to be represented</u> by the
equivalent circuit of Fig. 1-2. 让我们把这些二极
管看成由图 1-2 的等效电路来表示。❸ 注意下面
这个常见句型:“consider it +形容词+不定式”。
如: We consider it essential to have some knowledge
of computer science. 我们认为有必要了解一些计
算机科学方面的知识。

considerable [kənˈsɪdərəbl] *a.* ①该注意的,值得
考虑的 ②相当大的,可观的 ‖ **~ness** *n.*

considerably [kənˈsɪdərəblɪ] *ad.* 显著地,相当,很

【用法】 ❶ 注意下面句子中该词的译法: The h$_{fe}$ of
transistors of the same type may differ <u>considerably</u>.
同一类型晶体管的 h$_{fe}$ 值会相差很大。/Any other
type of load may change the fan-out <u>considerably</u>.
其它任何类型的负载可能对扇出数改变很大。❷
“considerably + 比较级” 意为“…得多”。

considerate [kənˈsɪdərɪt] *a.* ①能体谅(人)的,能
照顾到…的 ②考虑周到的 ‖ **~ly** *ad.* **~ness** *n.*
【用法】该词后面跟介词 “of” 一般表示 “体谅”,
后跟介词 “to”,表示 “体贴”。

consideration [kənˌsɪdəˈreɪʃən] *a.* ①考虑,研究,
讨论 ②所考虑的事项,根据,意义,重要(性) ③体
谅,顾虑 ☆**among other considerations** 其中
包括; **(be) of consideration** 值得考虑的; **by**
practical consideration 从实际情况考虑; **give**
consideration to 研究; **in consideration** 考虑
中; **in consideration of** 考虑到; **leave out of**
consideration 把…置之度外,不加考虑; **on no**
consideration 决不; **not on any consideration**
决不; **take into consideration** 考虑(到),计及;
take up consideration(s) 从事研究; **under**
consideration (在)考虑中,(在)研究中; **under**
no consideration 决不,无论如何不; **without**
consideration 不予考虑
【用法】 ❶ 该名词前往往可以用不定冠词;当表示
“考虑因素” 时它可以有复数形式。如: The first
item of (2-1) can be derived from <u>a consideration of</u>
the behavior of the undeflected central ray. 式(2-1)
的第一项可以从考虑未偏转的中央射线推导出
来。/Superimposed upon these <u>considerations</u> is the
need to conserve energy and material resources. 除
了这些考虑因素外还需要保存能量和物质资源。
❷ 注意下面一句中该词的译法: <u>A moment's</u>
<u>consideration of</u> the issues raised in the previous two
paragraphs leads to the acceptance of Fig. 8-3 for
the representation of the final state of the laser gain.
稍微考虑一下前面两段中所提出的那些问题,我
们就会接受用图 8-3 来表示激光器增益的最终状
态了。

considered [kənˈsɪdəd] *a.* 考虑过的,被尊重的

considering [kənˈsɪdərɪŋ] ❶ *prep.* 鉴于,就…而
论 ❷ *ad.* 就事论事

consign [kənˈsaɪn] *vt.* ①托运 ②委托,交付 ③寄
存,存款 ☆**consign A to B** 把 A 委托 B;
consign to oblivion 置之脑后

consignation [ˌkɒnsaɪˈneɪʃən] *n.* 交付,委托,寄
存 ☆**to the consignation of A** 寄交 A

consignee [kɒnsaɪˈniː] *n.* ①收货人 ②受托人
③承销人

consigner = consignor

consignment [kənˈsaɪnmənt] *n.* ①交付,发货,委
托,托运 ②寄售 ③所托运的货物,代销货物

consignor [kənˈsaɪnə] *n.* ①发货人 ②寄销人

consilience [kənˈsɪlɪəns] *vi.* 与…一致,符合,相容
(with)

consist [kənˈsɪst] *vi.* 由…组成(of);在于(in);符合(with)

〖用法〗❶ 这个词永远是个不及物动词,特别常用的是词组"consist of(由…组成)",属于主动的形式、被动的含义,所以它是没有被动形式的,也不能用其过去分词作后置定语(只能使用它的现在分词)。如: This device consists of five parts. 这个设备是由五部分构成的。(绝不能写成"This device is consisted of five parts.")/A capacitor is a device consisting of two conductors separated by a non conductor. 电容器是由被一个非导体隔开的两个导体构成的一种器件。❷ 注意下列句子的译法: This circuit consists of resistor R in series with voltage V. 这个电路是由电阻器 R 与电压 V 串联而成的。/The simplest filter circuit consists of a capacitor connected in parallel with the load resistance. 最简单的滤波电路是由一个电容器与负载电阻并联而成的。/This circuit consists of a number of AND gates followed by a single OR gate. 这个电路是由几个"与门"后接单个"或门"构成的。/The received signal consists of the transmitted signal plus an additive interference. 接收到的信号含有发射的信号加上一个加性干扰。❸ 注意下面例句中的"consist of",其含义相当于连系动词 be: The first part of the design consists of setting the dc bias. 设计的第一步是〔涉及〕设定直流偏压。/The first approach consists of direct computation of the integral in Eq.4-2 by a variety of techniques. 第一种途径是利用各种方法来直接计算式 4-2 中的积分。/This experiment consists of stroking a rubber rod with some fur, and then in turn touching two small pith balls suspended from strings with the rod. 该实验是用某种皮毛来摩擦一根橡胶棒,然后用该棒依次碰一下吊在细绳上的两个木髓球。/Matter consists of molecules and molecules of atoms. 物质是由分子构成的,而分子则是由原子构成的。(在"and"后的"molecules"后省去了与第一个分句中一样的动词"consist"。)❹ "consist of"经常被副词或介词短语分隔开来。如: This device consists mainly (in principle) of five parts. 这个设备主要〔大体上〕是由五部分构成的。

consistence [kənˈsɪstəns] *n.* ①稠度,稠性 ②相容性,一致性,连续性,稳定性

consistency [kənˈsɪstənsɪ] = consistence

consistent [kənˈsɪstənt] *a.* ①一致的,一贯的,始终如一的 ②相容的,可协调的 ③坚实的 ④稠的 ☆*(as,be) consistent with* 和…一致,符合,按照

〖用法〗注意下面例句中该词的含义: The efficiency must be carefully considered, consistent with the other requirements of the system. 效率必须要仔细地加以考虑,要兼顾系统的其他要求。/These two traditional measures of time and angle, incompatible as their subdivisions are with the decimal system, would at least be consistent with each other. 时间和角度的这两种习惯的度量方法,虽然它们的细分法与十进制是不相容的,但至少它们彼此是一致的。/Consistent with the treatment of q_U as positive charge, it is necessary to take electronic charge q as positive. 为了与把 q_U 当成正电荷相一致就必须把电子电荷 q 取为正。/The consistent use of exponential notation and the careful carrying along of units in all calculations are practices that minimize numerical mistakes. 在各种计算中从头至尾采用指数标记法,以及带上单位,这些做法就能把错误降到最少。/Here θ is defined as $-2\pi f\tau$ to be consistent with the notation in Section 6.6. 这里 θ 被定义为$-2\pi f\tau$以便于与 6.6 节中的标记法相一致。

consistently [kənˈsɪstəntlɪ] *ad.* 一贯地,始终如一地

consistodyne [kənˈsɪstədaɪn] *n.* 稠度调节器

consistometer [ˌkənsɪsˈtɒmɪtə] *n.* 稠度计

consociate [kənˈsəʊʃɪeɪt] *v.* (使)结合

consociation [kənˌsəʊʃɪˈeɪʃən] *n.* 单优种群丛,抚恤,联合

Consol [ˈkɒnsəl] *n.* "康素尔",多区无线电信标,电子方位仪

Consolan [kənˈsəʊlən] *n.* 区域无线电信标

consolation [ˌkɒnsəˈleɪʃən] *n.* 安慰,慰问 ‖ **consolatory** *a.*

console ❶ [ˈkɒnsəʊl] *n.* ①托架,角撑架,肘托 ②控制台,仪表板 ③落地式接收机 ④扇形无线电指示台 ❷ [kənˈsəʊl] *vt.* 慰问

consolette [ˌkɒnsəˈlet] *n.* 小型控制台,小型落地式接收机

consolidant [kənˈsɒlɪdənt] ❶ *a.* 促创口愈合的 ❷ *n.* 愈合剂

consolidate [kənˈsɒlɪdeɪt] *v.* ①巩固,整顿,压实,强化 ②联合,统一

consolidation [kənˌsɒlɪˈdeɪʃən] *n.* ① 巩固,熔凝,结壳,固化,渗压 ②联合,统一

consolidator [kənˈsɒlɪdeɪtə] *n.* 并装业者

consolidometer [kənˌsɒlɪˈdɒmɪtə] *n.* 固结仪

consolute [ˈkɒnsəljuːt] *a.;n.* 共溶性的,完全可以混溶的

consonance [ˈkɒnsənəns] *n.* ①和谐,协调,一致 ②共鸣,谐振 ☆*in consonance with* 和…一致〔共鸣〕

consonant [ˈkɒnsənənt] ❶ *a.* (与…)一致的,和谐的 (with, to) ❷ *n.* 谐和音,辅音 ‖ **-ly** *ad.*

consort ❶ [ˈkɒnsɔːt] *n.* 伙伴,僚舰 ❷ [kənˈsɔːt] *v.* ① 一致,调和,相称(with) ②陪伴(with)

consortium [kənˈsɔːtjəm] (*pl.* consortia) *n.* ①合作,联合 ②(国际)财团 ③国际性协议

conspecific [ˌkɒnspɪˈsɪfɪk] *a.* 同种的

conspectus [kənˈspektəs] *n.* ①提要,梗概,简介 ②线路示意图,一览表

conspicuity [ˌkɒnspɪˈkjuːɪtɪ] *n.* 能见度, 显明性

conspicuous [kənˈspɪkjuəs] *a.* ①显著的,值得

〔引人〕注意的 ‖ **~ness** n.

conspiracy [kən'spɪrəsɪ] n. ① 共谋,谋反 (against) ② 协同作用

conspirator [kən'spɪrətə] n. 阴谋家,共谋者

conspiratorial [kən'spɪrə'tɔːrɪəl] a. 阴谋(家)的, 共谋的

conspire [kən'spaɪə] v. ①密谋,搞阴谋 ②协力促成

〖用法〗注意下面例句中该词的含义: In the last pulse, a negative noise fluctuation <u>has conspired</u> to keep the pulse below the threshold value. 在最后那个脉冲中,负的噪声波动导致该脉冲处于门限值以下。

constac ['kɒnstæk] n. 【电气】自动稳压器

constance ['kɒnstəns], **constancy** ['kɒnstənsɪ] n. 恒定性,不变性,恒定度

constant ['kɒnstənt] ❶ a. ①恒定的 ②不变的 ③恒久的,经常的 ❷ n. 常数,常量

〖用法〗区分它作为名词还是形容词的关键是: 如果它前面有不定冠词 a(或为复数形式),则为名词,表示"常数",否则当是形容词,意为"恒定的,不变的"。如: The applied voltage must remain <u>constant</u>. 外加电压必须保持不变。/This coefficient is <u>a constant</u>.这个系数是个常数。

constantan ['kɒnstəntæn] n.【冶】康铜

constantly ['kɒnstəntlɪ] ad. 经常地,连续不断地

constative [kən'steɪtɪv] a. 肯定的,断言的

constellate ['kɒnstəleɪt] v. (使)形成星座,布满群星,群集

constellation [,kɒnstə'leɪʃən] n. ①星座 ②星座式客机

consternate ['kɒnstɜːneɪt] vt. 使震惊

consternation [,kɒnstə'neɪʃən] n. 震惊,惊愕 ☆ **in (with) consternation** 震惊地,惊慌地

constipate ['kɒnstɪpeɪt] v. 使迟滞,使阴塞;使便秘

constipation [,kɒnstɪ'peɪʃən] n. 便秘,秘结

constituency [kən'stɪtjuənsɪ] n.①顾客,订户,赞助者 ②全体选民,选区

constituent [kən'stɪtjuənt] ❶ a.①组成的 ②有选举权的 ❷ n.①组成(部分),构成,组元,组成物 ②分力〔量〕 ③构成者,(国会议员的)选举人

constitute ['kɒnstɪtjuːt] vt.①构成 ②设立,制定 ③指定,任命

constitution [,kɒnstɪ'tjuːʃən] n.①构造,组织,成分,结构 ②情况,状态,素质 ③宪法,宪章,章程,法规 ④建立,制定

constitutional [,kɒnstɪ'tjuːʃənəl] a.①组成的,构成的,成分的 ②基本的,素质的,保健的 ③规章的,法治的

constitutionalism [,kɒnstɪ'tjuːʃənəlɪzm] n. 宪政;立宪制度

constitutionally [,kɒnstɪ'tjuːʃənəlɪ] ad.①在构造上,本质上 ②按宪法

constitutive ['kɒnstɪtjuːtɪv] a.①构成的,结构的 ②本质的,要素的

constrain [kən'streɪn] vt. 强迫, 制约,抑制 ☆**be constrained to (do)** 不得不

constrained [kən'streɪnd] a. 被迫的,强制的, (受)约束的 ‖ **-ly** ad.

constraint [kən'streɪnt] n. ①限制,制约 ②约束 (条件,方程,因数) ③系统规定参数,变动极限 ☆ **by constraint** 勉强,强迫; **under (in) constraint** 被迫,不得不

〖用法〗❶ 该词后一般跟介词"on"。如: There are other <u>constraints on</u> swapping. 对于交换,还有其它的限制〔约束〕条件。❷ 在它表示"限制条件"时,其后跟的同位语从句或表语从句中有人使用"(should +) 动词原形"虚拟句型。如: The only <u>constraint</u> we have to satisfy in this example is that the power spectral density function $S_X(f)$ be nonnegative for all f. 在这个例子中我们必须满足的唯一限制条件是功率谱密度函数 $S_X(f)$ 对一切 f 来说均为非负。❸ "under the constraint that ..." 意为"在…限制〔制约〕条件下"。

constrict [kən'strɪkt] vt. 使收缩,压缩,使变小,阻塞,妨碍

constricted [kən'strɪktɪd] a. 狭窄的,压缩的

constriction [kən'streɪkʃən] n. ①收缩,箍缩,面积收缩 ②颈缩,缩颈 ③ 收敛管道,阻塞物 ④拉紧,集聚 ⑤溢痕,缩断

constrictive [kəns'trɪktɪv] a. 收缩(性)的,压缩的

constrictor [kən'strɪktə] n. ①压缩物,压缩器 ②压缩杆 ③收敛段

constringe [kən'strɪndʒ] vt. 压缩,使收缩

constringence [kən'trɪndʒəns] n. 色散增数,阿贝数

constringency [kən'strɪndʒənsɪ] n. 收缩(性)

constringent [kən'strɪndʒənt] a. 使收缩的,收敛性的

construable [kən'struːəbl] a. 读得通的,可解释(为…)的(as)

construct ❶ [kən'strʌkt] vt. ①构造,建造,铺设,施工 ②绘制 ③创立 ❷ ['kɒnstrʌkt] n.【计】思维的产物,构成物

〖用法〗注意本词在下面例句中的用法: These counter circuits <u>are constructed of</u> devices or subcircuits that are n stable, usually bistable. 这些计数器电路是由 n 态稳定的(通常是双稳态的)器件或分电路构成的。

constructer [kən'strʌktə] = constructor

construction [kən'strʌkʃən] n. ①结构,构造 ②建筑,施工,架设 ③编制,制作 ④设计 ⑤建筑物,工程 ⑥工地,建筑方法 ☆**bear a construction** 能作某一解释; **put a false (wrong) construction on (upon)** 故意曲解; **under (in course of) construction** 建筑中,(在)建造中

constructional [kən'strʌkʃənəl] a. 建筑物的,结构(上)的,【地质】堆积的

constructionism [kən'strʌkʃənɪzm] n. 构造论

constructive [kən'strʌktɪv] a. ①建设(性)的,积

极的 ②建筑(造)的,构成的 ③【物】相长的 ④推定的,解释的 ‖ ~ly *ad.*

constructivist [kən'strʌktɪvɪst] *n.* 构造论者

constructivity [kənstrʌk'tɪvɪtɪ] *n.* 可构造性

constructor [kən'strʌktə] *n.* 设计者,建造者,施工人员

construe [kən'struː] *v.* 分析(句子), 解释,(逐字)直译,把…认作

consubstantial [kɒnsəb'stænʃəl] *a.* 同质〔体〕的 ‖ -ity *n.*

consubstantiality [kɒnsəbˌstænʃɪ'ælɪtɪ] *n.* 同体,同质

consubstantiate [kɒnsəb'stænʃɪeɪt] *v.* 使同体〔同质〕

consuetude [kɒnswɪtjuːd] *n.* 习惯,惯例 ‖ **consuetudinary** *a.*

consul ['kɒnsəl] *n.* 领事

consular ['kɒnsjulə] *a.* 领事(馆)的

consulate ['kɒnsjulɪt] *n.* 领事馆,领事职务

consulship ['kɒnsjuʃɪp] *n.* 领事职务

consult [kən'sʌlt] *v.* ①商量,磋商,咨询,顾问,请教 ②参考,会诊,查阅 ③考虑,顾及 ☆ **consult with A about B** 和 A 商量 B

〖**用法**〗科技文章中该词常见下面句中的含义: If the reader wishes to know how, he should <u>consult</u> a more advanced one. 如果读者想要了解如何来做,就应该参阅更为高深的教科书。

consultant [kən'sʌltənt] *n.* 顾问,专员,咨询者,会诊医师

consultation [ˌkɒnsʌl'teɪʃən] *n.* ①商议,协商 ②参考,参阅,咨询,请教,会诊 ③(商量的)会议 ☆ **in consultation with A** 与 A 商议

〖**用法**〗注意下面这个例句的译法: The <u>consultation activities</u> of and the pertinent suggestions and corrections made by the late Emerry L. Simpson, are gratefully acknowledged as being of utmost aid in the preparation of the first two editions. (作者)要特别感谢已故的 Emerry L. Simpson 与我进行的磋商和提出的中肯的建议及所作的修改,这些对撰写头两个版本是极为有助的。(注意句中第一个 of 与 by 共同使用了介词宾语 the late Emerry L. Simpson。)

consultative [kən'sʌltətɪv] *a.* 协商的,咨询的,顾问的

consulter [kən'sʌltə] *n.* 顾问,商量者

consumable [kən'sjuːməbl] ❶ *a.* ①可消耗的,自耗的,能耗尽的 ②可熔的 ❷ *n.* ①消耗品

consume [kən'sjuːm] ❶ *v.* ①消耗,耗费 ②耗尽,用完 ③采食,吃 ❷ *n.* 消耗量

consumedly [kən'sjuːmɪdlɪ] *ad.* 过量地,非常

consumer [kən'sjuːmə] *n.* ①消费者 ②消耗装置

consummate ❶ [kən'sʌmɪt] *a.* ①完全的,完美(无缺)的 ②善于此道的,极为精通的 ❷ ['kɒnsʌmeɪt] *vt.* 完成,使完善 ‖ ~ly *ad.*

consummation [ˌkɒnsʌ'meɪʃən] *n.* 完美,极点

consummator ['kɒnsʌmeɪtə] *n.* ①完成者 ②能手,专家

consumption [kən'sʌmpʃən] *n.* ①消耗,耗尽 ②消耗量,耗损,流量 ③消费额 ④【医】肺结核病

consumptive [kən'sʌmptɪv] ❶ *a.* 消费的,消耗性的,患痨病的 ❷ *n.* 肺病患者

consutrode [kən'sjuːtrəud] *n.* 【电子】自耗电极

contact ['kɒntækt] ❶ *n.* ①接触,联系,啮合,碰线,【数】相切 ②接触器 ③接触点〔面〕,接点 ④接触剂 ⑤传染接触者,电路接通 ❷ *v.* ①(同)接触,联系 ②啮合 ③会晤 ❸ *a.* 保持接触的,有联系的 ❹ 用目力观察 ☆ **(be) in contact with** 和…接触,跟…保持联系; **(be) out of contact with** 和…失去联系; **bring into contact with** 使与…接触; **come (fall) into (in) contact with** 同…接触; **gain contact** 接触,啮合; **make contact with** 与…接触〔联系〕

contactant [kən'tæktənt] *n.* 接触物

contactee [ˌkɒntæk'tiː] *n.* 被接触者

contactile [kən'tæktaɪl] *a.* 接触的

contactless ['kɒntæktlɪs] *a.* 无接点的,不接触的

contactolite [kən'tæktəlaɪt] *n.* 接触变质岩

contactor ['kɒntæktə] *n.* 【电子】接触器,触点,电路闭合器

contagion [kən'teɪdʒən] *n.* ①(接触)传染,蔓延 ②传染病,歪风 ‖ **contagious** *a.* **contagiously** *ad.*

contagiosity [kənˌteɪdʒɪ'ɒsɪtɪ] *n.* 接触传染性

contain [kən'teɪn] ❶ *vt.* ①包括,含有,能盛〔装,容纳〕②折合 ③【数】可被…除尽 ④(边)夹(角),包围(图形) ⑤牵制 ❷ *vi.* 自制 ☆ **be contained between (within)** (夹)在…之间(中)

〖**用法**〗❶ 注意 "self-contained" 的含义: This instrument is <u>self-contained</u>. 这个仪器是(设备)自含〔备〕的。❷ 注意下面例句中该词的含义: To <u>contain</u> this serious problem, the traveling-wave tube amplifier in the transponder is purposely operated below capacity. 为了克服这一严重问题,使转发器中的行波管放大器故意工作在欠能力下。

container [kən'teɪnə] *n.* ①容器,包装物,槽,(集装)箱 ②外壳,罩,包皮

containerisation = containerization

containerise = containerize

containerization [kənˌteɪnəraɪ'zeɪʃən] *n.* 集装箱化,集装箱运输

containerize [kən'teɪnəraɪz] *vt.* 用集装箱运,使集装箱化

containerless [kən'teɪnəlɪs] *a.* 无容器的

containership [kən'teɪnəʃɪp] *n.* 集装箱船

containment [kən'teɪnmənt] *n.* ①容积,可容度,负载额 ②保留,封锁,牵制,约束 ③密封度

contaminant [kən'tæmɪnənt] *n.* 沾染物,杂质,污染剂

contaminate [kən'tæmɪneɪt] vt. 污染,沾染,损害

contamination [kən,tæmɪ'neɪʃən] n. ①污染,沾污,弄脏,毒害 ②沾染物,不纯净 ③拼凑 ☆ **contamination from A** 受〔来自〕A 的污染

contaminative [kən'tæmɪneɪtɪv] a. (被)污染的,污秽的

contaminator [kən'tæmɪneɪtə] n. 沾染物

contan [kən'tæn] n. 热缩性尿烷橡胶

conteben [kɒn'ti:bən] n. 缩氨基硫脲

contemn [kən'tem] v. 蔑〔轻,藐〕视

contemplable [kən'templəbl] a. 适于注视的,可考虑的

contemplate ['kɒntempleɪt] v. ①注视,仔细考虑 ②设想 ③期待,估计

contemplation [,kɒntem'pleɪʃən] n. ①注视,仔细考虑 ②规划,预期 ☆ **(be) in（under）contemplation** 计划中; **have A in contemplation** 规划〔打算做〕A; **under contemplation** 规划中的

contemplative [kən'templətɪv] a. 沉思的,冥想的

contemplator [kən'templeɪtə] n. 深思熟虑者

contemporaneity [kən,tempərə'ni:ɪtɪ] n. 同时代,同一时期,同时发生

contemporaneous [kən,tempə'reɪnjəs] a. 同时(代,发生)的,同期的,同生的(with) ‖ **~ly** ad. **~ness** n.

contemporary [kən'tempərərɪ] ❶ a. 当〔现〕代的,同时代的(with) ❷ n. 同时代的人,同时期的东西 〖用法〗注意下面例句中该词的用法：Robert Hooke（1635-1703）was a contemporary of Newton. 罗伯特·虎克(1635—1703)是与牛顿同时代的人。

contemporize [kən'tempəraɪz] v. (使)同时发生

contempt [kən'tempt] n. 轻〔蔑〕视 ☆ **have (hold)... in contempt** 蔑视…; **in contempt of** 看不起,不顾

contemptible [kən'temptɪbl] a. 卑鄙的

contemptuous [kən'temtjuəs] a. 藐视的,目空一切的,贬义的 ‖ **~ly** ad. **~ness** n.

contend [kən'tend] ❶ vi. ①竞争 ②争辩 ❷ vt. 坚决主张 ☆ **contend for** 争夺; **contend with (against)A** 与…作斗争; **contend (with A) about B** (与 A)争论 B; **contend with A for B** 与 A 争论 B; 与 A 争夺 B; **have to contend with** 要对付…

contender [kən'tendə] n. 竞争者,争论者

content[1] ['kɒntent] n. ①(pl.) 内容,里面的东西,目录,要点,【计】存储信息,存数 ②容量,内含物 ③含(…)量 〖用法〗❶ 一般来说,表示"容量"时用"contents",而表示书籍或文章的内容时用"content"。❷ 表示"目录"时用"contents"或"table of contents"。

content[2] [kən'tent] ❶ n. 满足 ❷ a. 满足的,愿意的 ❸ vt. 使…满足(愿意) ☆ **(be) content to (do)** 愿意(做); **be content with** 或 **content oneself with** 满足于

contented [kən'tentɪd] a. (感到)满意的 ‖ **~ly** ad.

contention [kən'tenʃən] n. ①争辩,竞争 ②争点,争用(信息)

contentious [kən'tenʃəs] a. 引起争论的,有争议的 ‖ **~ly** ad. **~ness** n.

contentment [kən'tentmənt] n. 满足,(使人)满意(的事物)

conterminal [kɒn'tɜ:mɪnl],**conterminate** [kɒn'tɜ:mɪnɪt],**conterminous** [kɒn'tɜ:mɪnəs] a. ①相连的,邻接的,有共同边界的(with) ②在共同边界内的

contest ❶ ['kɒntest] n. 竞赛;争夺;争论 ❷ [kən'test] v. 争论,反驳,争夺,比赛 ☆ **contest with (against)A** 与 A 争论(竞争); **contest with (against) A for B** 与 A 争夺 B

contestable [kən'testəbl] a. 可争论的,可争夺的

contestant [kən'testənt] n. 竞争〔比赛〕者

contestation [,kɒntes'teɪʃən] n. 争论(执),论战

context ['kɒntekst] n. ①上下文,前后关系,(事物的)来龙去脉 ②范围,角度 ☆ **be apart from the context** 脱离上下文; **in this context** 由于这个原因,在这个意义上,关于这一点,在这方面,在这里,在这种情况下; **quote a remark out of its context** 断章取义 〖用法〗注意该词在下列句子中的含义：Although hum is roughly sinusoidal, it is termed noise in the context that it is an undesired signal. 虽然交流声大致上是正弦的,但由于它是一种不希望有的信号,所以它被称为噪声。/It is necessary to place signal analysis in its proper context. (我们)必须摆正信号分析的位置(或：必须恰如其分地对待信号分析)。/In the context of this chapter, the current is defined as the regular movement of free electrons in a conductor. 在本章的情况下,电流被定义为自由电子在导体中的规则运动。/Our specific interest in wireless communications is in the context of cellular radio. 在无线通信中我们的特定兴趣是在移动电话方面。

contextualize [kən'tekstʃəlaɪz] v. 增添

contexture [kən'tekstʃə] n. 组织,构造,(文章)结构,上下文

contiguity [,kɒntɪ'gju:ɪtɪ] n. ①接触,邻接,相邻 ②接触传染性

contiguous [kən'tɪgjuəs] a. 接触的,邻近的,邻接的(to) ‖ **~ly** ad.

continence ['kɒntɪnəns] n. 节制,节欲

continent ['kɒntɪnənt] ❶ n. 大陆,陆地,洲 ❷ a. 自制的,节欲的 〖用法〗它前面要与介词"on"搭配。

continental [,kɒntɪ'nentl] a. 大陆的,陆相的 ‖ **~ly** ad.

continentality [,kɒntɪnən'tælɪtɪ] n. 大陆度

contingence [kən'tɪndʒəns], **contingency** [kən'tɪndʒənsɪ] n. ①偶然(性,的事),偶然事故,可能发生的事 ②【统】列联 ③意外费用,应急费,

临时费 ④【数】相切,接触

contingent [kən'tɪndʒənt] ❶ a. ① 偶然的,临时的,可能发生的 ②应急的 ③随···而定的(on,upon) ④伴随的 ❷ n. ① 偶然事故 ②分遣队,小分队 ③代表团 ‖ **-ly** ad.

continua [kən'tɪnjʊə] continuum 的复数

continuability [kən,tɪnjʊə'bɪlɪtɪ] n. 可延伸性,可延拓性

continuable [kən'tɪnjʊəbl] a. 可连续〔延拓〕的

continual [kən'tɪnjʊəl] a. 连续不断的,不停的

continually [kən'tɪnjʊəlɪ] ad. 屡次地,不断地,连续地

continuance [kən'tɪnjʊəns] n. ①持续(时间,期间),连续 ②停留,保持,持续

continuant [kən'tɪnjʊənt] a.;n. ①连续音(的) ②【数】连分数行列式

continuation [kən,tɪnjʊ'eɪʃən] n. ①继〔连〕续,(中断后)再继续 ②延伸,拓展 ③延续部分,续篇

continuative [kən'tɪnjʊətɪv] a. 连续的

continuator [kən'tɪnjʊeɪtə] n. 继续〔承〕者

continue [kən'tɪnjuː] v. ① 继续,延伸 ②仍旧 ③(中断后)再继续 ④ 使留任,挽留

continuity [kɒntɪ'njuːɪtɪ] n. ① 继续,连续,连续性,连贯 ② (广播)节目说明,插白,剧情说明

continuous [kən'tɪnjʊəs] a. ①继续的,持续的,无间断的 ②延伸的 ③顺次的

continuously [kən'tɪnjʊəslɪ] ad. 连续不断地,持续地

continuum [kən'tɪnjʊəm] (pl. continua) n. ①连续(统一体) ②连续介质,连续体 ③连续流 ④连续光谱 ⑤【数】连续统,闭联集

contline ['kɒntlaɪn] n. ①两绳子股与股之间,并列堆置的桶与桶之间)空隙;两排桶间的缝隙

contoid ['kɒntɔɪd] n. 声学辅音

contorniate [kən'tɔːnɪət] a. 周围有凹线的

contort [kən'tɔːt] v. 扭曲,歪曲,曲解

contortion [kən'tɔːʃən] n. ①扭曲 ②弯曲,曲解

contour ['kɒntʊə] ❶ n. ①轮廓(线),外形,断面,略图 ②等高〔等值〕线 ③周线,边界,围线 ④电路 ⑤概要 ❷ a. ①仿形的,使与轮廓相符的 ②沿等高线修筑的 ❸ vt. 画轮廓,画等值线,绘制等高线,勾边,沿等高线修筑

〖用法〗注意下面例句中该词的含义: This is a closed contour on and within which there are no other singularities. 这是一个在其上面和内部均没有其它奇点的闭合等值线。("on" 和 "within" 共用了 "which"。

contourgraph ['kɒntʊəgrɑːf] n. (三维)轮廓仪

contouring [kən'tʊərɪŋ] n. ①轮廓,造型 ②作等值线,等高线绘制

contourogram ['kɒntʊərəgræm] n. 等值图

contra ['kɒntrə] ❶ n. 逆,反对 ❷ prep.;ad. 相反(地),反对(地) ☆ **per contra** 相反地,在另一方面

contraband ['kɒntrəbænd] ❶ n. ①走私,偷运,非法买卖 ②违禁品,禁运品,走私货 ❷ a. 违禁的,非法的

contrabandist ['kɒntrəbændɪst] n. 走私者,违禁买卖者

contrabass ['kɒntrəbeɪs] n.;a.【音】甚低音(的),低音大提琴

contrabossing ['kɒntrə'bɒsɪŋ] n. 反向导流罩

contraception [,kɒntrə'sepʃən] n.【医】避孕(法)

contraceptive [,kɒntrə'septɪv] ❶ n. 避孕剂 ❷ a. 避孕的

contraclinal [,kɒntrə'klaɪnəl] a. 逆斜的

contraclockwise ['kɒntrə'klɒkwaɪz] a.;ad. 逆时钟(的),反时针方向的

contract ❶ [kən'trækt] v. ①收缩,缩小,皱起 ②订立合同,承包,缔结 ③沾染,感染,得(病) ❷ ['kɒntrækt] n. 合同,契约 ☆ **contract out** 订合同把···包出〔给〕(to)

contracted [kən'træktɪd] a. ①收缩了的,缩窄的,省略的 ②订约的,约定的,包办的 ‖ **~ly** ad.

contractibility [kən,træktə'bɪlɪtɪ] n. 收〔压〕缩性

contractible [kən'træktəbl] a. 会缩(小)的,可收〔压〕缩的 ‖ **~ness** n.

contractile [kən'træktaɪl] a. 可收缩的,有收缩力的

contractility [kɒntræk'tɪlɪtɪ] n. 收缩性,收缩力

contracting [kən'træktɪŋ] a.;n. 收缩(的),缩减(的) ②约缩(的)

contraction [kən'trækʃən] n. ①收缩,压缩,收缩作用 ②收缩率 ③缩小,简化 ④收敛(段),收缩段 ⑤订合同,订约 ⑥浓集 ⑦摘要,摘录 ⑧缩略词 〖用法〗当它表示 "缩约词" 时,其后面可跟 for 或 of。如: The word NOR is a contraction for 〔of〕 NOT-OR. NOR (或非) 这个词是 NOT-OR 的缩约词。

contractive [kən'træktɪv] a. 收缩的

contractor [kən'træktə] n. ①承包者,包工头,承包单位,立契约人 ②收敛部分 ③压缩机

contractual [kən'træktjʊəl] a. 契约的,合同的 ‖ **~ly** ad.

contracture [kən'træktʃə] n. 挛缩

contradict [,kɒntrə'dɪkt] v. 反对,驳斥,同···相矛盾

contradictable [,kɒntrə'dɪktəbl] a. 可加以反驳的

contradiction [,kɒntrə'dɪkʃən] n. ①矛盾,抵触,不一致 ②反驳 ③自相矛盾的说法 ☆ **in contradiction to** 与···相反,同···相矛盾; **in contradiction with** 与···矛盾

contradictious [,kɒntrə'dɪkʃəs] a. 相矛盾的 ‖ **~ly** ad.

contradictive [,kɒntrə'dɪktɪv] a. 矛盾的,喜爱争辩的

contradictor [,kɒntrə'dɪktə] n. 反驳者,抵触因素

contradictory [ˌkɒntrəˈdɪktəri] ❶ *a.* 矛盾的，同…相反的 (to) ❷ *n.* 矛盾因素，对立物 ‖ **contradictorily** *ad.* **contradictoriness** *n.*

contradistinction [ˌkɒntrədɪsˈtɪŋkʃən] *n.* 对比，截然相异 ☆*in contradistinction to (from) A* 与 A 相区别，与 A 截然不同

contradistinguish [ˌkɒntrədɪsˈtɪŋgwɪʃ] *vt.* 通过对比区别 ☆*contradistinguish A from B* 使 A 有别于 B

contraflexure [ˌkɒntrəˈflekʃə] *n.* 反向弯曲，回折，反向曲线变换点

contraflow [ˈkɒntrəfləʊ] *n.* 逆流，反向流动，额外（暂时）电流

contragradience [ˌkɒntrəˈgreɪdɪəns] *n.* 逆步 ‖ **contragradient** *a.*

contraguide [ˌkɒntrəˈgaɪd] *n.* 整流叶

contrail [ˈkɒntreɪl] *n.* 凝结尾流，凝迹

contraindicant [ˌkɒntrəˈɪndɪkənt] *a.*【医】禁忌的

contrainjector [ˌkɒntrəˈɪndʒektə] *n.* 反向喷射器，反向喷嘴

contraindicate [ˌkɒntrəˈɪndɪkeɪt] *vt.* 显示不当；【医】禁忌

contrajet [ˈkɒntrədʒet] *n.* 反射流

contralateral [ˌkɒntrəˈlætərəl] *a.* 对侧的

Contran [ˈkɒntrən] *n.*【计】康特兰(一种计算机程序编制语言)

contrapolarization [ˈkɒntrəpəʊlərɪˈzeɪʃən] *n.* 反极化

contrapose [ˈkɒntrəpəʊz] *vt.* 以…针对着，使对照 (to)

contraposed [ˈkɒntrəpəʊzd] *a.* 叠置的

contraposition [ˌkɒntrəpəˈzɪʃən] *n.* 对照，针对，换质位(法)，对置 ‖ **contrapositive** *a.*

contraprop [ˈkɒntrəprɒp] *n.*【空】反向旋转螺桨，同轴成相对方向旋转的推进器

contrapropeller [ˈkɒntrəprəˈpelə] *n.*【航】整流(螺旋)推进器，整流螺旋桨，同轴反转式螺旋桨

contraption [kənˈtræpʃən] *n.* 奇妙的装置，新发明的玩意儿

contrapuntal [ˌkɒntrəˈpʌntəl] *a.* 对位(法)的

contrariant [kənˈtreərɪənt] *a.* 反对的，对立的

contraries [ˈkɒntrərɪz] *n.* 原料中的杂质

contrariety [ˌkɒntrəˈraɪətɪ] *n.* 矛盾(的事物)，对抗(的东西)，相反，对立，不一致

contrarily [ˈkɒntrərɪlɪ] *ad.* 反之，相反，相对立地

contrariness [ˈkɒntrərɪnɪs] *n.* 相反，对立

contrarious [kənˈtreərɪəs] *a.* 对抗的，作对的

contrariwise [ˈkɒntrərɪwaɪz] *ad.* 相反地，反之(亦然)

contrarocket [ˌkɒntrəˈrɒkɪt] *n.*【航】反火箭

contrarotating [ˌkɒntrərəʊˈteɪtɪŋ] *n.; a.* 反转，反旋 ‖ ~*al a.*

contrary [ˈkɒntrərɪ] *a.; ad.; n.* (正)相反(的,地)，逆(行的,地)，反面，对立，对抗(的,地) ☆*act*

contrary to ... 背…行事；*(be) contrary to ...* 与…相反；*by contraries* (恰恰)相反地，与原意相反；*go contrary to ...* 违背…行事，与…背道而驰；*on the contrary* 反之，正相反；*to the contrary* 相反的，反对的，意思相反(的)

〖用法〗注意下面例句的译法：We assume that all events are equally likely to happen, unless we have special knowledge <u>to the contrary</u>. 我们假设所有的事件发生的可能性是相等的，除非我们获得了与此相反的信息。/Despite the common mythology <u>to the contrary</u>, the importance of the non-mathematical aspects of engineering development has persisted, and perhaps even grown, in the modern era. 尽管人们普遍的想法与此相反，但是在现代，工程发展中的非数学因素仍然很重要，也许还进一步增长了。/<u>Contrary to</u> common belief, forces are not transmitted only by 'direct contact'. 与普通的观念相反，力并不是仅仅靠"直接接触"来传递的。(句首的形容词短语起到了作为其后面句子的附加说明的作用。)

contrast ❶ [kənˈtrɑːst] *v.* ①对比,对照 ②形成对比 ❷ [ˈkɒntrɑːst] *n.* ①对比(性,度),衬度 ②对照(物,法) ☆*as contrasted (in contrast) with (to)* 与…相反,和…形成对照；*by contrast* 对比起来,相反,而；*by contrast to(with)* 与…相比(相反)；*contrast A to (with) B* 把 A 同 B 对比，*contrast badly with* 与…不太相符,同…相差不远；*contrast finely with* 和…对比起来更加显眼，和…交相辉映；*form (present) a striking contrast to* 或 *contrast sharply with* 和…鲜明对照；*gain by contrast* 对比之下显出其长处；*in contrast* 比较起来,相反 ‖ ~*ive a.*

contrastimulant [ˌkɒntrəˈstɪmjələnt] ❶ *n.* 抗兴奋剂 ❷*a.* 消除刺激的,镇静的

contrastimulism [ˌkɒntrəˈstɪmjʊlɪzm] *n.* 反刺激法,镇静法

contrastimulus [ˌkɒntrəˈstɪmjʊləs] *n.* 镇静,反刺激(法),抗兴奋剂

contrasty [kənˈtrɑːstɪ] *a.* 反差强的,高衬比的

contrate [ˈkɒntreɪt] *a.*【机】横齿的

contratest [ˈkɒntrətest] *n.* 对比试验的

contratoxin [ˌkɒntrəˈtɒksɪn] *n.* 对毒素

contravalence [ˌkɒntrəˈvæləns], **contravalency** [ˌkɒntrəˈvælənsɪ] *n.* 共价

contravalid [ˌkɒntrəˈvælɪd] *a.* 无效的,反有效的

contravane [ˌkɒntrəˈveɪn] *n.* 逆向导叶,倒装小齿轮

contravariance [ˌkɒntrəˈveərɪəns] *n.* 逆变(性)

contravariant [ˌkɒntrəˈveərɪənt] *a.;n.* 逆变(的,量),抗变(的,量)

contravene [ˌkɒntrəˈviːn] *vt.* ① 违反 ②否定,反驳,推翻 ③ 同…抵触

contravention [ˌkɒntrəˈvenʃən] *n.* 违反,反驳 ☆*in contravention of* 违反

contravolitional [ˌkɒntrəvəʊˈlɪʃənəl] *a.* 不随意

的,反意志的,非自愿的

contrecoup [ˈkɒntrəkuː] n. 对侧伤

contribute [kənˈtrɪbjuːt] v. ①贡献,提供,投稿 ②有助于,促使,成为…的原因之一(to, toward) ③参加(in) ④出一份力,起一份作用 ☆**contribute A to B** 把 A 贡献(投稿)给 B
〖用法〗注意下列句子中该词的含义: Only odd harmonics of the input signal will <u>contribute</u> dc terms in the detected output. 只是输入信号的奇次谐波会产生检波输出中的直流项。/Other variables may also <u>contribute to</u> variations in the power-supply voltage. 其他的变量也会造成〔引起〕电源电压的变化。

contribution [ˌkɒntrɪˈbjuːʃən] n. ①贡献,影响 ②成分,组成 ③【计】基值 ④投稿,提供文献资料,稿件,(pl.)论文集 ⑤分担额,捐款 ☆**make a contribution to (towards)** 对…作出贡献,有助于
〖用法〗注意该词的搭配模式"the contribution of A to B",意为"A 对于 B 的贡献"。如: <u>The contribution of</u> spontaneous emission <u>to</u> the photon density is neglected here. 这里忽略了自发辐射对光子密度的贡献。/Here we neglect <u>the contribution to</u> momentum of minor fission products not apparent in this picture, and of the incident neutron. 这里我们忽略了在这幅图片中并不明显的少数裂变产物以及入射的中子对动量的贡献。(注意: 这里"of A"是"of minor fission products not apparent in this picture, and of the incident neutron",而"to B"则是"to momentum",由于"of A"比"to B"长得多,所以把这两者颠倒了一下,变成了"the contribution to B of A"模式,这往往是理解的一个难点。)

contributive [kənˈtrɪbjutɪv] a. 贡献的,促进的,起一份作用的,有助于…的(to)

contributor [kənˈtrɪbjutə] n. ①贡献者 ②投稿人,执笔者

contributory [kənˈtrɪbjuːtərɪ] ❶ a. ①对…贡献的,促进…的(to) ② 参加的,协作的 ❷ n. 贡献者,起作用的因素

contrite [ˈkɒntraɪt] a. 悔罪的

contrivable [kənˈtraɪvəbl] a. 可设法做到的,可发明的

contrivance [kənˈtraɪvəns] n. ① 工具,装置,设备 ② 设计(能力),发明 ③设计方案,新发明 ④诡计,计策

contrive [kənˈtraɪv] v. ①发明,创造,设计 ②设法,想办法,图谋 ③竟然弄到…的地步,挖空心思

contriver [kənˈtraɪvə] n. 发明〔设计,创制〕者

control [kənˈtrəʊl] ❶ (controlled; controlling) v. ①控制,操纵,管制,支配,驾驭,监督 ②调节 ③检验,查对,对照 ❷ n. ①控制器,控制装置,调节器,调节装置〔机构,系统〕,操纵杆,驾驶盘,开关,控制点 ②管理规则 ☆**(be) beyond control** 无法控制; **(be) in control of** 控制着; **(be) within the control of** 为…所能控制的; **get out of control**

失去控制; **(be) under control** 在控制之下,被控制住; **bring (get) under control** 把…控制起来; **have (no) control over** (不)能控制; **lose control of** 控制不住; **take control** 操纵,控制; **under the control of** 在…支配〔控制〕之下; **without control** 无拘束地
〖用法〗当它作为名词时,可以与动词"exercise"和"give"等搭配使用,其后面通常跟介词"over"(也可跟"of")。如: In particular, <u>control</u> must be <u>exercised over</u> the shape of the received pulse. 特别是,必须对接收到的脉冲的形状进行控制。/This voltage <u>gives the control over</u> the brightness of the light spot. 这个电压是控制光点的亮度的。

controllability [kənˌtrəʊləˈbɪlɪtɪ] n. 可控制性,控制能力

controllable [kənˈtrəʊləbl] a. 可控制的,置于控制下的

controller [kənˈtrəʊlə] n. ①控制器〔程序〕,操纵器,舵,控制调整部分 ②调节器,传感器 ③配电设备 ④管理员,检验员,审计员

controllor = controller

controversial [ˌkɒntrəˈvɜːʃəl] a. (引起,有)争论的,成问题的,可疑的 ‖ **~ly** ad.

controversy [ˈkɒntrəvɜːsɪ] n. 争论,论战(with, about, between) ☆**beyond (without) controversy** 无可置辩的,无疑

controvert [ˈkɒntrəvɜːt] v. 辩驳〔论〕,驳斥

controvertible [ˌkɒntrəˈvɜːtɪbl] a. 可辩驳的,可争论的 ‖ **controvertibly** ad.

contuse [kənˈtjuːz] vt. 捣碎,打伤 ‖ **contusion** n.

contusive [kənˈtjuːsɪv] n. (致)挫伤的

conundrum [kəˈnʌndrəm] n. 谜,难题

conurbation [ˌkɒnɜːˈbeɪʃən] n. 具有许多卫星城的大城市,大城区,集合城市

convalesce [ˌkɒnvəˈles] v. 渐渐复原,渐愈,进入恢复期,康复 ‖ **convalescence** n.

convalescent [ˌkɒnvəˈlesnt] ❶ a. 渐愈的,恢复期的,恢复性的 ❷ n. 恢复期病人,疗养员

convect [kənˈvekt] v. 对流传热,使…对流循环

convection [kənˈvekʃən] n. ① (热,电)流,对流 ② 迁移,传递

convectional [kənˈvekʃənəl] a. 对流(性)的

convective [kənˈvektɪv] a. 对流(性)的,传递性的

convector [kənˈvektə] n. 对流器,热空气循环对流加热器,环流机,供暖散热器,换流器

convenable [kənˈviːnəbl] a. 可召集的

convenance [ˈkɔːŋvɪnɑːns] (法语) n. 惯例

convene [kənˈviːn] v. 召集(会议),集会(合)

convener [kənˈviːnə] n. 会议召集人

convenience [kənˈviːnɪəns] ❶ n. ①方便,适当的机会 ②(pl.)(衣食住行的)设备 ❷ vt. 为…提供方便 ☆**at earliest convenience** 愈早愈好; **at one's convenience** 就…的便; **for convenience (sake)** 为了方便起见; **for the convenience of** 为了…的方便起见

C

convenient [kən'viːnɪənt] *a.* ①方便的,便利的,合宜的 ②附近的,不远的 ☆**(be) convenient to (do)** 便于〔适宜于〕(做) ‖ **-ly** *ad.*
〖用法〗这个形容词后面可以跟介词"for"或"to"。如: This simple circuit is convenient for measuring capacitors. 这个简单电路对于测量电容器是很方便的。

convention [kən'venʃən] *n.* 惯例,习惯,公约,协定 ☆**by convention** 按照惯例

conventional [kən'venʃənəl] *a.* ①惯用的,惯例的,传统的 ②常规的,规范的 ③一般的,普通的,平常的 ④约定俗成的 ⑤会议的

conventionality [kən,venʃə'nælɪtɪ] *n.* ①惯例性,因袭性 ②(pl.)惯例,常规,老一套

conventionalize [kən'venʃənəlaɪz] *vt.* 使成惯例,惯常化

conventionally [kən'veʃənəlɪ] *ad.* 按照惯例,按常规,习惯地

conventioneer [kən,veʃə'nɪə] *n.* 到会的人

converge [kən'vɜːdʒ] *v.* ①集中于,汇合于 ②会聚,聚集,【数】收敛 ☆**converge on (upon)** 集中在…上; **converge A to B** 把 A 会聚于 B

convergence [kən'vɜːdʒəns], **convergency** [kən'vɜːdʒənsɪ] *n.* ①【数】收敛 ②会聚(度,性),聚焦,集中,交会,合流趋向 ③非周期阻尼运动

convergent [kən'vɜːdʒənt] ❶ *a.* ①收敛 (辐合,会聚)的,聚光的,集合的 ②逐渐减小的 ③非周期衰减的 ❷ *n.* 收敛项,渐近分数
〖用法〗注意下面例句中该词的含义: For the series, therefore, to be convergent and represent log$_e$(1+x), $-1<x<1$. 因此,为了使该级数能够收敛并表示 log$_e$(1+x),则$-1<x\leqslant1$。(注意本句不等式之前那一部分是不定式复合结构作目的状语,其逻辑主语"For the series"被插入语"therefore"与不定式分割开来了。不定式复合结构在句首作目的状语时,一般会译成"为了使…(能够)…"。)

converger [kən'vɜːdʒə] *n.* 擅长精细推理的人

converging [kən'vɜːdʒɪŋ] ❶ *a.* ①会聚的,收敛的,聚光的,减小的 ②非周期衰减的 ❷ *n.* 会聚,会聚光

conversable [kən'vɜːsəbl] *a.* 健谈的

conversance [kən'vɜːsns], **conversancy** [kən'vɜːsənsɪ] *n.* 熟悉,精通(with)

conversant [kɒn'vɜːsənt] *a.* ①熟悉的,通晓的,具有…知识的(with) ②和…有关的(in, about, with)

conversation [,kɒnvə'seɪʃən] *n.* 谈话,会〔交〕谈(on, about) ☆**have (hold) a conversation with A** 与 A 进行谈话〔交谈〕,与…交谈; **in conversation with A** 正在与 A 谈话

conversational [,kɒnvə'seɪʃənəl] *a.* 谈话的,口语的

conversazione ['kɒnvə,sætsɪ'əʊnɪ] (pl. conversazioni 或 conversaziones) *n.* 学术谈话会

converse ❶ [kən'vɜːs] *vi.* 谈话,会谈 ❷ ['kɒnvɜːs]

n. ①谈话,会谈 ②【数】逆的,倒转的 ☆**converse with A about (on, upon) B** 和 A 谈论(关于)B

conversely [kən'vɜːslɪ] *ad.* 逆,倒,相反地
〖用法〗注意该词在下面例句中的含义: If population difference is bigger than the threshold value, the photon flux increases with time, and conversely. 如果粒子数差值大于门限值的话,则光子通量是随时间的推移而不断增加的,反之亦然。

conversion [kən'vɜːʃən] *n.* ①转换,变更,转化,(情况)改变,变换 ②【数】换算(法,系数,因数),换位(法),反演,反演,互换 ③改造
〖用法〗❶ 与它搭配的动词通常是"make",也有用"do"的。如: The Thevenin conversion can be made in either direction. 在这两个方向上均能进行戴维南变换。/The concerted efforts of industry over the past 15 years have discovered many techniques to make this conversion. 由于过去 15 年内工业界的共同努力而发明了进行这种变换的许多方法。/The frequency conversion can be done in two ways. 可以用两种方法进行频率转换。❷ 其与介词的搭配模式为"the conversion of A into〔to〕B"或"the conversion from A to B"。如: Conversion of AC into DC is possible. 我们可以把交流电转变成直流电。/The conversion from one set to another can be made using simple circuit-analysis methods. 利用简单的电路分析法就能够把一套参数转化成另一套参数。

convert [kən'vɜːt] *v.* ①转换,变换 ②转变 ③兑换 ④改造 ☆**convert A into (to) B** 把 A 转变成 B; **convert (from A) to B** (从 A) 转变成 B

converter [kən'vɜːtə] *n.* ①转换器,换流器,整流管,换能器,变频器转化塔,反向器 ②转炉,吹风炉,排气净化器 ③密码翻译器,转换程序

convertibility [kən,vɜːtə'bɪlɪtɪ] *n.* ①可逆性,可变换(性),可转化的 ②自由兑换的 ③可改变的事物

convertible [ən'vɜːtɪbl] *a.* 可逆的,可转化的,自由兑换的 ‖ **convertibly** *ad.*
〖用法〗它后面可以跟"into〔to〕"。如: Heat is a form of energy into which all other forms are convertible. 热是其它各种形式的能量均可以转换成的一种能量形式。

convertin [kən'vɜːtɪn] *n.* 【生】转化素,(血清凝血酶原)转变加速因子

converting [kən'vɜːtɪŋ] *n.;a.* 转换(的),变换(的),吹炼

convertiplane [kən'vɜːtɪpleɪn] *n.* 推力换向飞机,垂直起落换向式飞机

convertor = converter

converzyme [kən'vɜːzaɪm] *n.* 【生】转换酶

convex ['kɒn'veks] ❶ *a.* (中)凸的,凸形的,似凸面的 ❷ *n.* ①凸状〔面〕,球形凸面 ②钢卷尺 ‖ **-ly** *ad.*

convexin [kɒn'veksɪn] *n.* 【生】拟杆菌素

convexity [kən'veksɪtɪ] *n.* ①中凸,凸形,凸面(体) ②凸度,向上弯曲度

convey [kən'veɪ] *vt.* ①传送,运输,递交 ②传达〔递〕,通报 ③让与转让

conveyable [kən'veɪəbl] *a.* 可传输〔交付,让与〕的

conveyance [kən'veɪəns] *n.* ①运送,输送,搬运,传播 ②运输工具,车辆 ③转让(证书)

conveyancer [kən'veɪənsə] *n.* 运输者

conveyer [kən'veɪə] *n.* ①输送机,传送机 ②运送者 ③交付者,让与人

conveying [kən'veɪɪŋ] *n.* 传输,传送,让与

conveyor = coveyer

conveyorize [kən'veɪəraɪz] *vt.* 传送带化,设置传送带

convict ❶ [kən'vɪkt] *vt.* 证明〔宣告〕有罪 **❷** ['kɒnvɪkt] *n.* 罪犯,犯人

conviction [kən'vɪkʃən] *n.* ① (使)确信,(使)信服 ② 定罪,宣告有罪 ☆*be open to conviction* 服理,能接受意见; *(be) in the (full) conviction (that)* 深信,坚决相信; *shake a conviction* 动摇信心
〖用法〗在表示"坚信"时,其后跟的同位语从句或表语从句等中有人使用"(should +) 动词原形"虚拟句型。

convince [kən'vɪns] *vt.* 使确信〔信服〕,使觉悟,使认识错误 ☆*be convinced of (that)* 或 *convince oneself of (that)* 确信,承认; *convince ... of (that)* 使确信〔承认〕
〖用法〗注意下面例句中该词的含义(这时一般把"convinced"一词看成是形容词): If the reader is not <u>convinced</u> that P is a maximum when R= r, he should verify it by the usual calculus method. 如果读者不相信当 R = r 时 P 为最大值的话,那么他可以用通常的微积分法来证实这一点。

convincible [kən'vɪnsəbl] *a.* 可使信服的

convincing [kən'vɪnsɪŋ] *a.* 使人信服的,有说服力的,有力的 ‖ ~**ly** *ad.*

convocation [ˌkɒnvə'keɪʃən] *n.* 召集,集会,评议会 ‖ ~**al** *a.*

convoke [kən'vəuk] *vt.* 召集(会议)

convolute ['kɒnvəluːt] *a.* ①回旋,旋转 ②【数】卷积,对合 ③匝,(旋)圈,转致 ④涡流 ‖ ~**al** *a.*

convolve [kən'vɒlv] *v.* 卷(旋),盘旋,旋转,缠绕
〖用法〗"convolve A with B" 意为"使 A 与 B 进行卷积"。

convolver [kən'vɒlvə] *n.* 褶积器

convolvine [kən'vɒlsɪn] *n.*【生】旋花素

convolvulin [kən'vɒlvjulɪn] *n.* 旋花苷,旋花灵

convoy ['kɒnvɔɪ] *n.;v.* ①护航〔送,卫〕②护航舰,护送部队 ③护航机

convulse [kən'vʌls] *n.* 震动,痉挛,惊厥 ‖ con-vulsary 或 convulsive *a.*

cook [kuk] **❶** *v.* ①蒸煮,烧,熬〔热〕炼,烹调 ②杜撰,篡改,伪造(up) ③计划,设计(up) **❷** *n.* ①炊事员,厨师 ②蒸煮过程

cookbook ['kukbuk] *n.* ①食谱 ②详尽的说明书

cooked [kukt] *a.* ①显影过度的 ②(蒸)煮的,熬的,烹调的

cookee ['kukɪ] *n.* 厨师的助手

cookeite ['kuːkaɪt] *n.*【矿】细鳞云母

cooker ['kukə] *n.* ①炊具,(蒸)煮器 ②伪造者,篡改者

cookery ['kukərɪ] *n.* 烹调法;厨房

cookie ['kukɪ] *n.* ①饼干 ②一种小面包 ③家伙

cooking ['kukɪŋ] *n.;a.* 烹调(用的),炊事(用的)

cool [kuːl] **❶** *a.* ①(微)冷的,凉(爽,快)的 ②冷藏的 ③冷静的,满意的 ④ (为数)整整(若干) **❷** *n.* ①荫凉(处),凉爽 ②冷气 **❸** *v.* ①使凉,冷却 ②使冷静,平息 ③消除放射性 ☆*cool as a cucumber* 冷静,沉着; *cool down (off)* 凉下来,变冷静; *cool one's heels* 等〔久〕候

coolant ['kuːlənt] *n.* 冷却剂,散热剂,切削液,乳化液

cooldown ['kuːldaun] *n.* 冷却,降温,冷下来

cooled [kuːld] *a.* ①(被)冷却的 ② (有关放射性物质)稳定的

cooler ['kuːlə] *n.* ①冷却器,冷冻机,制冷装置 ②冷却剂,冷饮料 ③冷藏库,冰箱 ④【机】冷床

coolie ['kuːlɪ] *n.* 苦力

cooling ['kuːlɪŋ] *n.;a.* 冷却(的),制冷(的),退热(的),放射性衰减

coolish ['kuːlɪʃ] *a.* 有点凉的,微凉的

coolly ['kuːlɪ] *ad.* 沉着;冷淡

coom [kuːm] *n.* ①碎煤,煤粉,煤烟,炭黑 ②锯屑 ③油渍

coomb(e) [kuːm] *n.* 狭谷,凹地,冲沟

coop [kuːp] **❶** *n.* ①笼,畜栏,鸡舍 **❷** *vt.* 把…束缚起来,把…关进笼子

co-op ['kəuɒp] *n.* 合作社

cooperant [kəu'ɒpərənt] *a.* 合作的

cooperate [kəu'ɒpəreɪt] *v.* 合〔协〕作,相配合 (with)

cooperating [kəu'ɒpəreɪtɪŋ] *a.* 共同运转的,协同操作的,合作的

cooperation [kəuˌɒpə'reɪʃən] *n.* 合作,协作(关系) ☆*in cooperation with ...* 和…合作,协同…; *with the cooperation of ...* 在…的合作下

cooperative [kəu'ɒpərətɪv] **❶** *a.* ①合作的,协同的 ②集体的 **❷** *n.* 合作社 ‖ ~**ly** *ad.*

cooperator [kəu'ɒpəreɪtə] *n.* 合作者,合作社社员

cooperite [kəu'ɒpəraɪt] *n.*【矿】硫(砷)铂矿,天然硫砷化铂

coorbital [kəu'ɔːbɪtəl] *a.* (共)同轨道的

coordimeter [kəu'ɔːdɪmɪtə] *n.* 直角坐标仪

coordinate ❶ [kəu'ɔːdɪneɪt] *vt.* 调和,使协调,使同等 **❷** [kəu'ɔːdɪnɪt] *a.* ①坐标的 ②同位的,对等的,并列的 ③配位的 ④交叉索引(法)的,坐标索引(法)的 **❸** [kəu'ɔːdɪnɪt] *n.* ①坐标(系) ②一致,同位 ③配位,配价 ④同等的事物 ☆*coordinate*

A into B 使 A 配合(形)成 B; *in a coordinated fashion* 以协调的方式

coordinategraph [kəʊˈɔːdɪneɪtɡrɑːf] *n.* 坐标制图器

coordination [kəʊˌɔːdɪˈneɪʃən] *n.* ①调整,配合,配位(排列) ②协调(一致) ③同位,对等,并列 ☆ *give coordination of* 使…协调 ‖ **-al** *a.*

coordinative [kəʊˈɔːdɪneɪtɪv] *a.* 同等的,配位的,使同等的,使协调的

coordinatograph [kəʊˈɔːdɪneɪtɡrɑːf] *n.* 坐标制图器〔读数器〕,坐标仪

coordinatometer [kəʊˌɔːdɪneɪˈtɒmɪtə] *n.* 坐标尺

coordinator [kəʊˈɔːdɪneɪtə] *n.* ①同等物,同等者 ②协调者,协调员,【计】协调程序 ③坐标方位仪,坐标测定器 ④调度员

cop [kɒp] ❶ *n.* ①圆锥形线圈,绕线轴 ②管纱 ③警察 ❷ (copped; copping) *vt.* ①偷窃 ②抓住 ☆ *cop out* 逃避,放弃,妥协

copal [ˈkəʊpəl] *n.* ①【化】(制清漆用)柯巴树脂 ②【化】苯乙烯树脂

copartner [ˈkəʊpɑːtnə] *n.* 合伙人,合股者

cope [kəʊp] ❶ *n.* ①覆盖,穹窿,顶,盖,墙帽 ②上模箱 ③小室,通话室 ④齿根盖 ❷ *v.* ①覆盖,盖顶层〔墙帽〕,突出(over) ②对付,解决,克服(with) ③【机】吊砂 ④交换,易货

Copel [ˈkəʊpəl] *n.* 【冶】考(帕)铜,镍铜合金

Copenhagen [ˌkəʊpənˈheɪɡən] *n.* 哥本哈根(丹麦首都)

Copernican [kəʊˈpɜːnɪkən] *a.* 哥白尼的

Copernics [kəʊˈpɜːnɪks] *n.* 哥白尼

copestone [ˈkəʊpstəʊn] *n.* 墙帽,盖石,收尾工作

cophasal [ˈkəʊˈfeɪzəl] *a.* 同相的

cophased [ˈkəʊˈfeɪzd] *a.* 同相的

cophasing [ˈkəʊˈfeɪzɪŋ] *n.* 同相位(作用)

cophosis [kəˈfəʊsɪs] *n.* 聋

copier [ˈkɒpɪə] *n.* ①抄写员 ②复制器 ③模仿者

coping [ˈkəʊpɪŋ] *n.* 顶(部,层,盖),盖顶,墙帽,遮檐

copiopia [ˌkɒpɪˈəʊpɪə] *n.* 眼疲劳,眼力劳伤

copious [ˈkəʊpjəs] *a.* 丰盛的,大量的,冗长的,详细的,多产的 ‖ **~ly** *ad.* **~ness** *n.*

copist [ˈkɒpɪst] *n.* 作弊学生

coplamos [kəʊˈplæməs] *n.* 共平面金属氧化物半导体(结构)

coplanar [kəʊˈpleɪnə] *a.* 共(平)面的

coplanarity [ˌkəʊplæˈnærɪtɪ] *n.* 【数】共面性

coplane [kəʊˈpleɪn] *n.* 共面

coplaner [kəʊˈpleɪnə] ❶ *a.* = coplanar ❷ *n.* 共面

coplasticizer [kəʊˈplæstɪsaɪzə] *n.* 辅(增)塑剂

copolar [kəʊˈpəʊlə] *a.* 共极的

copolyaddition [kəʊˌpɒlɪˈædɪʃən] *n.* 共加聚

copolyalkenamer [kəʊˌpɒlɪzˈlkeɪneɪmə] *n.*【化】共聚烯烃

copolyamide [kəʊˌpɒlɪəˈmɪd] *n.*【化】共聚多酰胺

copolycondensation [kəʊˌpɒlɪkɒndenˈseɪʃən] *n.* 共缩聚(作用)

copolyester [kəʊˌpɒlɪˈiːstə] *n.*【化】共聚多酯

copolyether [kəʊˌpɒlɪˈiːθə] *n.*【化】共聚多醚

copolyimide [kəʊˌpɒlɪˈɪmɪd] *n.*【化】共聚多酰亚胺

copolymer [kəʊˈpɒlɪmə] *n.*【化】共聚物,异分子聚合物

copolymerisation,copolymerization [kəʊˌpɒlɪməraɪˈzeɪʃən] *n.* 共聚(反应)作用,共聚合(作用)

copolymerise,copolymerize [kəʊˈpɒlɪməraɪz] *v.* 共聚合,(使)异分子聚合

copped [kɒpt] *a.* ①圆锥形的 ②尖头的

copper [ˈkɒpə] ❶ *n.* ①【化】铜 Cu,紫铜器 ❷ *a.* 铜(制,色)的 ❸ *vt.* 用铜(皮)包,镀铜

copperas [ˈkɒpərəs] *n.*【化】硫酸亚铁,绿矾

coppered [ˈkɒpəd] *a.* 镀铜的,用铜(皮)包的

copperish [ˈkɒpərɪʃ] *a.* 含铜的,铜质的

copperize [ˈkɒpəraɪz] *v.* 镀铜于,用铜处理

copperized [ˈkɒpəraɪzd] *a.* 镀铜的

copperplate [ˈkɒpəpleɪt] ❶ *n.* 铜板〔版〕❷ *v.* 镀铜

copperplating [ˈkɒpəpleɪtɪŋ] *n.* 镀铜

coppersmith [ˈkɒpəsmɪθ] *n.* 铜匠

coppery [ˈkɒpərɪ] *a.* 似,含)铜的,铜质的,紫铜的

coppice [ˈkɒpɪs] *n.* 矮林,萌生林,杂木林

copple [ˈkɒpl] *n.* 坩埚

copra [ˈkɒprə] *n.* 椰肉干

copragogue [ˈkɒprəɡɒɡ] *n.* 泻药

copraoil [ˈkɒprəɔɪl] *n.* 椰子油

coprecipitate [ˌkəʊpriˈsɪpɪteɪt] *v.* 共沉淀 ‖ **coprecipitation** *n.*

coprime [kəʊˈpraɪm] *n.* 互质〔素〕的

coprinoid [kəʊˈprɪnɔɪd] *a.* 鬼伞形的

coproctic [kəʊˈprɒktɪk] *a.* 粪的

coprodaeum [kɒprəˈdiːəm] *n.* 粪道

coproduct [kəʊˈprɒdʌkt] *n.* 副产品

coprolite [ˈkɒprəlaɪt] *n.* 粪化石

coprolithus [kəʊˈprɒlɪθəs] *n.* 粪石

coprophil [ˈkɒprəfɪl] *n.*【生】嗜粪菌

coprophyte [ˈkɒprəfaɪt] *n.* 粪生植物

coprozoon [ˌkɒprəˈzuːn] *n.* 粪生动物

copse [kɒps] = coppice

copsewood [ˈkɒpswʊd] *n.* ① = copse ②矮树丛

copsy [ˈkɒpsɪ] *a.* 灌木丛生的

copter [ˈkɒptə] *n.* 直升机

coptine [ˈkɒptɪn] *n.*【生化】黄连次碱

coptis [ˈkɒptɪs] *n.* 黄连

coptisine [ˈkɒptɪsɪn] *n.*【生化】黄连碱

copula [ˈkɒpjʊlə] *n.* ①系合部 ②大脑前联合 ③交媾,性交

copulant [ˈkɒpjʊlənt] *n.* 同形结合体

copulate [ˈkɒpjʊleɪt] ❶ *v.* 联系,连接 ❷ *a.* 连接的,配合的

copulation [ˌkɒpjuˈleiʃən] n. ①联系,联结 ②交配 ③配合,接合 ‖ **copulative** 或 **copulatory** a.

copy [ˈkɒpɪ] ❶ n. ①抄本,副本,拷贝 ②样板,仿形板 ③一部(册) ④原稿 ❷ v. ①复制,晒印 ②抄(录,袭) ☆ ***keep a copy of*** 留副本; ***make n copies of A*** 把 A 复制 n 份; ***take a copy of*** 复写; ***copy after*** 仿照; ***copy from*** 临摹

copybook [ˈkɒpɪbuk] n. 字帖

copyeat [ˈkɒpɪːt] n. 盲目的模仿者

coppy-editor [ˈkɒpɪˈedɪtə] n. 编审

copygraph [ˈkɒpɪgrɑːf] n. 油印机

copyholder [ˈkɒpɪhəuldə] n. ①原稿架 ②晒相〔图〕架

copying [ˈkɒpɪŋ] n. ①仿形切削,仿形〔靠模〕加工 ②复制〔写〕

copyist [ˈkɒpɪɪst] n. ①抄写者 ②模仿者 ③剽窃者

copyreader [ˈkɒpɪˈriːdə] n. (报社,出版社)编辑

copyright [ˈkɒpɪraɪt] ❶ n. 版权 ❷ a. 保留版权的 ❸ vt. 取得…的版权 〖用法〗这个词作名词时后面可以跟介词"of"、"for"、"on"、"over"或"in"。如: The authors have 〔hold〕the copyright of the book. 作者拥有该书的版权。/In this case the authors have waived copyright over the software. 在这种情况下,作者们放弃了对该软件的版权。〗

copyrolysis [ˌkɒpɪˈrɒlɪsɪs] n. 共裂解

coquet [kəuˈket] vi. 调情

coquille [kəuˈkɪl] n. 球面镜;用贝壳盛的菜

coquimbite [kəuˈkiːmbaɪt] n. 针绿矾

coquina [kəuˈkiːnə] n. 贝壳(灰)岩

coracidium [ˌkɒrəˈsɪdɪəm] n. 颤毛幼虫,钩球幼虫

coracine [ˈkɒrəsɪn] a. 乌黑的

coracite [ˈkɒrəsaɪt] n.【矿】水钙铅铀矿

coral [ˈkɒrəl] n.;a. 珊瑚(的,虫,礁)

coralberry [ˈkɒrəlberɪ] n. 小雪花果

coralgal [ˈkɒrəgəl] n. 珊瑚沉积

coraline [ˈkɒrəlaɪn] ❶ a. 珊瑚的 ❷ n. 珊瑚(状构造)

corallite [ˈkɒrəlaɪt] n. 珊瑚石

coralloed(al) [ˈkɒrəlɒɪd(əl)] a. 珊瑚状的

corallum [ˈkɒrələm] n. 珊瑚体

corbel [ˈkɔːbəl] ❶ n. ①梁(翼)托,撑架,牛腿,悬臂桁架,伸臂 ②腰线 ❷ (corbel(l)ed; corbel(l)ing) v. 用撑架托住,用撑架突出

corbel(l)ing [ˈkɔːbəlɪŋ] n. 撑架结构,梁托工程

cord [kɔːd] ❶ n. ①(塞,软,细)绳,索,(软,导火)线,缆,带,条痕 ②软(电)线,芯线,挠性线 ③弦 ④考得(量木材等的体积单位) ⑤科得(成堆石块量度) ⑥帘布 ❷ v. 用绳索住(up)

cordage [ˈkɔːdɪdʒ] n. ①绳索,缆索 ②木材总数

cordal [ˈkɔːdəl] a. 索的,声带的

cordate [ˈkɔːdɪt] a. 心脏形的

cordeau [kɔːˈdjuː] n. 雷管线,爆炸导火索

corded [ˈkɔːdɪd] a. 用绳索捆缚的,起棱纹的

cordelle [kɔːˈdel] n. 纤绳

corder [ˈkɔːdə] n. 磁带回线自动记录器

cordial [ˈkɔːdjəl] ❶ a. ①热忱的,衷心的 ②兴奋的,强心的 ③亲切的 ❷ n. ①强心剂,兴奋剂 ②芳香酒 ‖ **-ity** n. **-ly** ad.

cordierite [ˈkɔːdɪəraɪt] n. 堇青石

cordiform [ˈkɔːdɪfɔːm] a. 心脏形的

cordillera [ˌkɔːdɪˈljeərə] (西班牙语) n. 山脉

cording [ˈkɔːdɪŋ] n. 无烟火药,石油脂炸药;绳索

cordite [ˈkɔːdaɪt] n. 柯达炸药

cordless [ˈkɔːdlɪs] a. ①无绳的 ②不用电线的,电池式的

cordon [ˈkɔːdən] ❶ n. ①警戒线,交通计数区画线 ②飞檐层 ❷ vt. 拉起警戒,封锁交通

cordonnier [ˌkɔːdəˈnjə] n. ①警戒孔 ②位穿孔

cordtex [ˈkɔːdteks] n. 爆炸导火索

corduroy [ˈkɔːdərɔɪ] ❶ n. ①灯芯绒 ②垛式支架 ③木排路 ④洗矿槽 ❷ a. 灯芯绒制的,用木头铺成的 ❸ vt. 筑木排路(于)

cordwood [ˈkɔːdwud] n.;a. ①积木式(器件),木材 ②材堆式,成捆出售的木材

cordycepin [ˌkɔːdɪˈsepɪn] n.【生】虫草素

cordylite [ˈkɔːdɪlaɪt] n.【矿】氟碳酸钡铈矿

core [kɔː] ❶ n. ①核(心),芯(子),中心部分,铁芯,磁芯 ②【机】型芯,砂型,填充料 ③岩芯 ④锥芯 ⑤线芯(电缆)芯线 ⑥堆芯,(燃料元件)芯体 ⑦子晶 ⑧散热器中部 ⑨地(球)核(心) ❷ v. ①装芯 ②取岩芯,钻取土样 ③成核,核化 ☆ ***get to the core of a subject*** 触及题目的核心; ***to the core*** 彻底地

corectasis [kɒˈrektəsɪs] n. 瞳孔扩大

cored [kɔːd] a. ①有芯的,带芯的,装有芯的 ②筒〔管〕状的

coreduction [ˌkəurɪˈdʌkʃən] n. 同时还原

coregraph [ˈkɔːgrɑːf] n. 岩芯图

corelation [kəurɪˈleɪʃən] = correlation

coreless [ˈkɔːlɪs] a. 无芯的,空芯的

coremia [kɒˈrɪmɪə] n.【生】菌丝素

coremiform [ˈkɒrɪmɪfɔːm] a. 孢梗束形的

coremium [kɒˈrɪmɪəm] n.【生】菌丝束

coreometer [ˌkɒrɪˈɒmɪtə] n. 瞳孔计

coreometry [ˌkɒrɪˈɒmɪtrɪ] n. 瞳孔测量法

corepressor [ˌkəurɪˈpresə] n.【生化】辅抑活剂

corequake [ˈkɔːkweɪk] n. (脉冲星)核震

corer [ˈkɔːrə] n. 取芯管,去芯器,去核器

coresetter [ˈkɔːsetə] n. ①下芯机 ②下芯工

coresidual [ˌkəurɪˈzɪdjuəl] n.;a.【数】同余(的)

corespondent [ˌkəurɪˈspɒndənt] n. 共同被告

corf [kɔːf] n. 柳条筐,小型矿车

corguide [ˈkɔːgaɪd] n. 康宁低耗光缆

corhart [ˈkɔːhɑːt] n. 一种耐火材料

coriaceous [ˌkɒrɪˈeɪʃəs] a. 像皮革的,强韧的

Coriband [ˈkɒrɪbænd] n. 磁芯存储器,库尔班德测并记录

corindon [kəˈrɪndən] n.【矿】刚玉

coring ['kɔ:rɪŋ] *n.* ①核化 ②晶内偏析 ③取岩芯,钻取土样

coriolin [,kɒrɪ'əulɪn] *n.*【生】革盖菌素

corium ['kɔ:rɪəm] *n.* 真皮

corivendum [,kɒrɪ'vendəm] *n.*【矿】刚玉

cork [kɔ:k] ❶ *n.* ①(软木,管)塞,栓 ②软木 ③浮子 ❷ *a.* 软木制的 ❸ *v.* (用软木塞)塞住(up),抑制,塞电线芯,辅软木

corkage ['kɔ:kɪdʒ] *n.* ①拔出〔塞上〕塞子 ②(饭店等对顾客自备酒类收取的)开瓶费

corkboard ['kɔ:kbɔ:d] *n.* (隔热)软木板

corker ['kɔ:kə] *n.* 压塞机

corkscrew ['kɔ:kskru:] ❶ *n.* ①(起软木塞的)螺丝起子,(瓶)塞钻 ②无线电台瞄准装置 ❷ *a.* 螺丝状的 ❸ *v.* 螺旋形前进,扭〔使〕成螺旋形

corkslab ['kɔ:kslæb] *n.* 软木板

corkwood ['kɔ:kwʊd] *n.* 软木

corky ['kɔ:kɪ] *a.* 软木塞(一样)的

corm [kɔ:m] *n.*【植】球茎,球茎

cormorant ['kɔ:mərənt] *n.*【动】鸬鹚

corn [kɔ:n] ❶ *n.* ①谷粒〔物,类〕,五谷,粮食,庄稼 ②玉米,玉蜀 ③鸡眼 ❷ *v.* ①制成细粒,使成粒状 ②结穗 ☆*acknowledge the corn* 认错〔输〕;*corn in Egypt* 丰饶,(意料不到得)多

corncob ['kɔ:nkɒb] *n.* 玉米棒子,玉米芯

cornea ['kɔ:nɪə] *n.* 角膜

corneal ['kɔ:ni:l] *a.* 角膜的

corned [kɔ:nd] *a.* 呈粒状的,腌制的

corneitis [,kɔ:nɪ'aɪtɪs] *n.*【医】角膜炎

cornelian [kɔ:'ni:ljən] *n.* 【矿】光玉髓,鸡血石

corneous ['kɔ:nɪəs] *a.* 角〔质,形〕的

corner ['kɔ:nə] ❶ *n.* ①(墙,拐)角,角落,角齿 ②弯(管)头,弯管 ③绝境,困境 ④囤积,垄断 ❷ *a.* 角上的,转弯处的 ❸ *v.* ①使有棱角,转弯,放在角内,相交成角 ②逼入绝境,把…难住 ③囤积,垄断 ☆*be in a tight corner* 处于困境; *cut off a corner* 抄近路; *drive ... into a corner* 把…逼入困境; *make (establish, have) a corner in (on)*囤积,垄断; *round(around)the corner* 在拐角处,在附近,即将来临; *round (turn) a corner* 转变,转危为安; *the four corners* 十字路口,(全部)范围; *the four(all the)corners of the earth* 世界各地; *within the four corners of A* 不出 A 的范围 〖用法〗若在室内,则在该名词前用介词 "in";若在室外,则用介词"at"、"on"或"round〔around〕"。

cornerslick ['kɔ:nəslɪk] *n.* 角光子

cornerstone ['kɔ:nəstəun] *n.* 基石,基础

cornerwise ['kɔ:nəwaɪz] *a.;ad.* 对角线地,对角地,斜(交)

cornet ['kɔ:nɪt] *n.* ①短号,小铜号 ②圆锥形筒,蛋卷

cornfield ['kɔ:nfi:ld] *n.* (英国)麦田,(美国)玉米田

cornflour ['kɔ:nflauə] *n.* (美国)玉米粉〔面〕,(英国)谷物磨成的粉

corniceplane ['kɔ:nɪk'pleɪn] *n.* 鱼鳞(花纹)面

cornice ['kɔ:nɪs] ❶ *n.* 上楣,檐板,飞檐 ❷ *vt.* 给…装上檐口

corniculate [kɔ:'nɪkjuleɪt] *a.* 有角的,小角状的

corniculum [kɔ:'nɪkjuləm] *n.*【医】小角,小角状软骨

cornification [,kɔ:nɪfɪ'keɪʃən] *n.*【医】角化(作用),角质化

cornified ['kɔ:nɪfaɪd] *a.* 角化的

corning ['kɔ:nɪŋ] *n.* 制成粒

cornite ['kɔ:naɪt] *n.* 柯恩炸药

Cornith [kɔ:nɪθ] *n.*【冶】考尼斯锰钢

cornmeal [kɔ:'nmi:l] *n.* 麦片,(美国)玉米粉〔面〕

cornmill ['kɔ:nmɪl] *n.* 制粉机

cornoid [kɔ:'nɔɪd] *n.* 牛角线

cornstalk [kɔ:'nstɔ:k] *n.* 玉米秆

cornstarch [kɔ:'nstɑ:tʃ] *n.* 玉米(淀)粉

cornu ['kɔ:nju] (pl. cornua) *n.* 角

cornual ['kɔ:njuəl] *a.* 角的

cornue ['kɔ:nju] *n.* ①曲颈甑 ②角管

cornuted [kɔ:'nju:tɪd] *a.* 有角的,角状的

cornwallite [kɔ:'nwɔ:laɪt] *n.*【矿】翠绿砷铜矿

corny ['kɔ:nɪ] *a.* ①角(制,质)的 ②谷类的 ③陈词滥调的,过时的

corolla [kə'rɒl] *n.*【植】花冠

corollaceous [kɒrə'leɪʃəs] *a.* 花冠状的

corollary [kə'rɒlərɪ] *n.* 系,定理,推论,必然的结果

coromat ['kɒrəmæt] *n.* 包在管外防止腐蚀的玻璃丝

corona [kə'rəunə] (pl.coronae) *n.* ①电晕,电晕放电,冠(状物) ②【天】日冕,(日,月)华,光环 ③花檐底板

coronadite ['kɒrənədaɪt] *n.*【矿】铅硬锰矿

coronagraph [kə'rəunəgrɑ:f] *n.*【天】日冕仪

coronal [kə'rəunl] *a.* ①日冕的,日冕状的,光圈的 ②冠状物的,冠的

coronale [kɒrə'əunəl] *n.* 额骨

coronalis [kɒrə'əunəlɪs] *a.* 冠的

coronarism ['kɒrənərɪzəm] *n.* 冠状动脉病态,心绞痛

coronarius [,kɒrənə'rɪəs] *a.* 冠状动脉的

coronary ['kɒrənərɪ] *a.* 冠(状)的

coronate ['kɒrəneɪt] *vt.* 给…加冕

coronavirus [,kɒrənə'vaɪrəs] *n.*【生】日冕病毒

coronene ['kɔ:rəni:n] *n.*【化】六苯并苯,晕苯

coroner ['kɒrənə] *n.* 检验员

coronet ['kɒrənɪt] *n.* 冠冕状的

coronite ['kɒrənaɪt] *n.* 反应边

coronium [kɒrənɪəm] *n.* 冕

coronograph = coronagraph

coronoid ['kɒrənɔɪd] *a.* 冠状的,鸟喙状的

corotation [,kəurəu'teɪʃən] *n.* 正转,运行 ‖ **-al** *a.*

coroutine [,kɒru:'ti:n] *n.* 联动程序

corpora ['kɔ:pərə] corpus 的复数

corporacity [,kɔ:pə'ræsɪtɪ] *n.* 体格,身体

corporal ['kɔ:pərəl] n.;a. ①躯体(的) ②下士,班长 ‖~ly ad.

corporate ['kɔ:pərɪt] a. ①协会的,团体的,法人的,自治的,市政当局的 ②共同的,全体的 ‖~ly ad.

corporation [,kɔ:rə'reɪʃən] n. ①协会,社团,团体,法人 ②(股份有限)公司,联合公司,企业,组合 ③市自治机关,市政当局

corporative ['kɔ:pəreɪtɪv] a. 协会的,法人的,全体的

corporator ['kɔ:pəreɪtə] n. 会员,公司的股东

corporeal [kɔ:'pɔ:rɪəl] a. 肉体的,物质的,有形的 ‖~ity n. ~ly ad.

corporealize [,kɔ:pə'rɪəlaɪz] vt. 使物质化,使具有形体

corporeality [,kɔ:pɔ:rɪ'ælɪtɪ] n. 肉体的存在

corporeity [,kɔ:pə'ri:ɪtɪ] n. 物质性,有形体性

corposant ['kɔ:pəzænt] n. 机翼翼端放电,塔尖放电,桅顶放电

corps [kɔ:](pl.corps[kɔ:z]) n. ①军(团),兵队,陆军特种部队,团体 ②外交使团

corpse [kɔ:ps] n. 尸体

corpus ['kɔ:pəs] (pl. corpora) n. ①躯体,尸体,(事物)主体 ②全集,大全 ③本金

corpuscle ['kɔ:pʌsl] n. 微粒,细胞,血球

corpuscule [kɔ:'pʌskjulə] = corpuscle

corral [kɔ:'rɑ:l] ❶ n. 栅栏,畜栏 ❷ vt. ①(用车辆)围成栅栏 ②把...聚集在一起 ③寻找,关入畜栏

corrasion [kə'reɪʒən] n. ①风蚀,动力侵蚀 ②刻蚀

correct [kə'rekt] ❶ a. ①正确的,对的 ②恰当的,合适的,标准的 ❷ v. 校正,修正;责备 ☆*(be) correct to* 精确到; *correct (A) for B* (对 A)作 B 方面的校正
〖用法〗注意下面例句中该词作为不及物动词的含义：It is possible to correct for the disturbing influence of the meter resistance. 我们可以对仪表电阻的干扰影响进行修正。/A DC control signal automatically corrects for local phase errors in the voltage-controlled oscillator. 直流控制信号能自动地修正电压控制振荡器中的本机相位误差。

corrected [kə'rektɪd] a. (已)校正的,校对过的

correction [kə'rekʃən] n. ①修正,校准,勘误 ②调整,补偿 ③修正量,补偿 ④制止,中和,(市价)回落 ⑤责备,惩罚 ☆*under correction* 有待改正,不一定对 ‖~al a.
〖用法〗❶ 表示"作修改"时,它与动词"make"连用。如：Several corrections has been made in the paper. 论文中作了几处修改。/A correction must be made. 必须进行修改。❷ 其后面一般跟介词"of",但有时也可跟"to"或"for"。如：A correction to Stokes' law is also required. 也需要对斯托克斯定律进行修正。

corrective [kə'rektɪv] ❶ a. 校正的,中和的,补偿的 ❷ n. ①校正装置 ②矫正物,中和物 ③调节剂 ‖~ly ad.

correctly [kə'rektlɪ] ad. 正确地

correctness [kə'rektnɪs] n. 正确性

corrector [kə'rektə] n. ①校正器〔装置,电路,算子〕,调整器,补偿器 ②校对员,校正员

correlatability [kɔrɪleɪtə'bɪlɪtɪ] n. 相关性

correlate ['kɔrɪleɪt] ❶ v. (使)相关,关联 ❷ n. 相关(数,物),联系数 ☆*be correlated with (to)* 与…(相互)有关; *correlate A with (to) B* 使 A 与 B 发生联系

correlation [kɔrɪ'leɪʃən] n. ①关联,相关,相应,交互作用 ②【数】对射 ③换算

correlative [kɔ'relətɪv] ❶ a. ①相关的,关联的,相依的(with to) ②对射的 ❷ n. 有相互关系的人或物,相关量 ☆*(be) correlative with (to) A* 与 A(相互)有关(系)

correlativity [,kɔrelə'tɪvɪtɪ] n. 相互关系,相关性,相关程度

correlatograph [kɔ'relətəgrɑ:f] a. 相关图,相关函数计算记录器

correlator [,kɔrɪ'leɪtə] n. ①相关器,相关函数分析仪 ②环形解调电路 ③乘积检波器 ④关联子

correlogram [kə'reləgræm] n. 相关(曲线)图

correlometer [,kɔrɪ'lɒmɪtə] n. 相关计

correspond [,kɔrɪs'pɒnd] vi. ①相当(称,应),对应,一致 ②与…通信, 与…有书信往来(with) ☆*correspond to (with)* 相当于,与…相称〔相对应,一致〕; *correspond with ...* 与…通信

correspondence [,kɔrɪs'pɒndəns] n. ①相应,对应,适合,一致性 ②通信,函件 ③相似,相当 ☆*be in correspondence with A about B* 就 B 与 A 通信; *bring A into correspondence with B* 使 A 与 B 一致起来〔相互通信〕; *by correspondence with A* 通过与 A 通信的办法; *in correspondence with* 和…相一致,与…有通信联系
〖用法〗注意下面例句中该词的含义：There is no easy way to remember the correspondence between an actual number and a computer operation. 没有什么容易的方法来记住一个实际的数与计算机运算之间的对应关系。

correspondency [,kɔrɪs'pɒndənsɪ] n. 符合,一致,相应

correspondent [,kɔrɪs'pɒndənt] ❶ a. 相当的,对应的,一致的 ❷ n. ①对应物 ②通信员,记者 ③代理银行 ④顾客 ‖~ly ad.

corresponding [,kɔrɪs'pɒndɪŋ] a. ①相当〔应〕的,对应的,同位的,合适的,一致的 ②通信的 ☆*(be) corresponding to (with)* 与…相称〔对应,相符〕,相当于 ‖~ly ad.
〖用法〗为了加强语气,该词可以作后置定语。如：Now the series of positive terms corresponding will be as follows. 现在,由正项构成的相应级数将成为如下的形式。

corridor ['kɔrɪdɔ:] n. ①走廊,通路 ②狭长地带,纵向走廊地带 ③空中走廊

C

corrie ['kɒrɪ] *n.* 山凹,冰坑

corrigenda [,kɒrɪ'dʒendə] corrigendum 的复数

corrigendum [,kɒrɪ'dʒendəm] (pl. corrigenda) *n.* 需要改正之处, (pl.) 勘误表

corrigent ['kɒrɪdʒənt] ❶ *a.* 矫正的,使变温和的 ❷ *n.* 矫正药

corrigible ['kɒrɪdʒəbl] *a.* 可改正的

corroborant [kə'rɒbərənt] ❶ *a.* 确证的;滋补的 ❷ *n.* 确证的事实;补药

corroborate [kə'rɒbəreɪt] *vt.* 确证,证实,支持,使坚定

corroboration [kə,rɒbə'reɪʃən] *n.* 确证,坚定,证实 ‖ **corroborative** *a.* **corroboratory** *a.*

corroborator [kə'rɒbəreɪtə] *n.* 确证者 (物)

corrode [kə'rəud] *v.* (使) 腐蚀 ,使受损伤 ☆ *corrode away* 腐蚀掉

corrodent [kə'rəudənt] ❶ *n.* 腐蚀剂,腐蚀性物质,苛性物质 ❷ *a.* 有腐蚀力的,锈蚀的

corrodibility [kə,rəudə'bɪlɪtɪ] *n.* 可腐蚀性

corrodible [kə'rəudəbl] *a.* 腐蚀(性)的,可腐蚀的

corronel [kə'rəunel] *n.* 【冶】耐蚀镍钼铁合金

Corronil [kə'rəunɪl] *n.* 【冶】铜镍合金

Corronium [kə'rəunɪəm] *n.* 轴承合金

corronizing [kə'rəunaɪzɪŋ] *n.* 镍镀层上扩散镀锡被膜法

corrosion [kə'rəuʒən] *n.* 腐蚀,侵蚀

corrosiron [kə'rəusɪrɒn] *n.* 【冶】耐(腐)蚀硅钢

corrosive [kə'rəusɪv] ❶ *a.* 腐蚀性的,生锈的 ❷ *n.* 腐蚀剂 ‖ **~ly** *ad.*

corrosiveness [kə'rəusɪvnɪs] *n.* 侵蚀作用,腐蚀

corrosivity [,kɒrəu'sɪvɪtɪ] *n.* 腐蚀性

corrosometer [,kɒrə'sɒmɪtə] *n.* 腐蚀性测定计

corrugate ❶ ['kɒrugeɪt] *v.* ①(使) 成波纹状,起皱纹的,起皱褶 ②加工成波纹板 ❷ ['kɒrugɪt] *a.* ① 波纹状的,瓦垅形的,起皱纹的 ②竹节形的

corrugating ['kɒrugeɪtɪŋ] *n.* 波纹 〔瓦垅〕板加工

corrugation [,kɒru'geɪʃən] *n.* ①波纹度,呈波纹状,皱纹,槽纹 ②使成波状,起皱,搓板现象 ③畦,沟,车辙

corrugator ['kɒrugeɪtə] *n.* ①波纹 〔瓦垅〕板轧机,波纹纸制造工 〔机〕②皱纹

corrupt [kə'rʌpt] ❶ *a.* ①腐败的,混浊的 ②不可靠的,有毛病的 ③贪污的,腐化的 ❷ *v.* ①(使)腐败,腐化,腐烂,使污浊 ②贿赂,收买 ‖ **~ly** *ad.* **~ness** *n.*

corruptible [kə'rʌptəbl] *n.* ①腐败〔烂〕,不纯 ② 贪污腐化 ‖ **corruptive** *a.*

corselet ['kɔ:slɪt] *n.* 妇女的胸衣

corset ['kɔ:sɪt] ❶ *vt.* 严密地限制 ❷ *n.* 围腰,胸衣

Corson alloy ['kɔ:sənælɔɪ] *n.* 【冶】科森合金,铜镍硅合金

corsite ['kɔ:saɪt] *n.* 球状闪长石

cortex ['kɔ:teks] (pl. cortices 或 cortexes) *n.* 外皮,树皮,皮质,皮层

cortexolone [kɔ:'teksələun] *n.* 脱氧皮(甾)醇

cortical ['kɔ:tɪkəl] *a.* (树) 皮的,皮层的

corticated ['kɒtɪkeɪtɪd] *a.* 有外皮的

corticoid ['kɔ:tɪkɔɪd] *n.* 【生】类皮质激素

cortisone ['kɔ:tɪsəun] *n.* 【药】可的松

corubin [kə'ru:bɪn] *n.* 人造刚玉

corundellite [kə'rʌndɪlaɪt] *n.* 珍珠云母

corundum [kə'rʌndəm] *n.* 刚玉,金刚砂

corundumite [kə'rʌndəmaɪt] *n.* 刚玉

coruscate ['kɒrʌskeɪt] *vi.* 闪烁 ‖ **coruscation** *n.*

corvette [kɔ:'vet] *n.* 反潜轻巡洋舰,小型护卫舰

corybanti(a)sm [kɒrɪ'bæntɪzm] *n.* 狂乱,精神错乱

coryza [kə'raɪzə] *n.* 【医】感冒,鼻炎

cosalite ['kɒsəlaɪt] *n.* 【矿】斜方辉铅铋矿

cosec = cosecant

cosecant [kəu'si:kənt] *n.* 余割

coseismal [kəu'saɪzməl], **coseismic** [kəu'saɪzmɪk] ❶ *a.* 同震的 ❷ *n.* 同震曲线

cosensitize [kəu'sensɪtaɪz] *v.* 共同敏感,多敏感

coseparation [kəu,sepə'reɪʃən] *n.* 同时分离

cosere ['kəusɪə] *n.* 同生演替系列,傍系(群的)

coset ['kəuset] *n.* 陪集

cosey = cosy

cosh *n.* (= hyperbolic cosine) 双曲余弦

cosignatory [kəu'sɪgnətərɪ] ❶ *a.* 联名签署的 ❷ *n.* 联署人

cosigner ['kəusaɪnə] *n.* 联署人

cosily ['kəuzɪlɪ] *ad.* 舒适地

cosine ['kəusaɪn] *n.* 余弦

cosiness ['kəuzɪnɪs] *n.* 舒适

cosinoidal [,kəusɪ'nɔɪdəl] *a.* 余弦的

cosinus ['kəusɪnəs] = cosine

cosinusoid [kəu'saɪnəsɔɪd] *n.* 余弦曲线

coslettise, coslettize ['kɒzlɪtaɪz] *vt.* 磷酸欠被膜防锈,磷化(处理)

cosmetic [kɒz'metɪk] ❶ *a.* 美容的,化妆的 ❷ *n.* (pl.)美容品,化妆品

cosmeticize [kɒz'metəsaɪz] *vt.* 粉饰,为…涂脂抹粉

cosmetics [kɒz'metɪks] *n.* (地震记录的)地貌

cosmetology [,kɒzmə'tɒlədʒɪ] *n.* 美容术〔学〕

cosmic(al) ['kɒzmɪk(əl)] *a.* ①宇宙的,全世界的 ②广大无边的,有秩序的

cosmically ['kɒzmɪkəlɪ] *ad.* 按宇宙法则,跟太阳一道(出没)

cosmism ['kɒzmɪzm] *n.* 宇宙(进化)论

cosmobiology [kɒzməbaɪ'blədʒɪ] *n.* 【化】宇宙生物学

cosmochemistry [,kɒzmə'kemɪstrɪ] *n.* 宇宙化学

cosmodom ['kɒzmədəm] *n.* 太空站

cosmodrome ['kɒzmədrəum] *n.* 航天站,人造卫星和宇宙飞船发射场

cosmogenic [,kɒzmə'dʒenɪk] *a.* 由宇宙 (射) 线

产生的

cosmogonid [kɒzmə'gɒnɪd] n. 宇宙生命

cosmogony [kɒz'mɒgənɪ] n. 宇宙的起源,星源学

cosmographer [,kɒzmə'græfə] n. 宇宙学家

cosmographic [,kɒzmə'græfɪk] a. 宇宙学的

cosmography [kɒz'mɒgrəfɪ] n. 宇宙结构学,宇宙志

cosmoline ['kɒzməli:n] ❶ n. 防腐〔润滑〕油 ❷ vt. 涂防腐〔润滑〕油

cosmological [,kɒzmə'lɒdʒɪkəl] a. 宇宙论的

cosmologist [kɒz'mɒlədʒɪst] n. 宇宙论者

cosmology [kɒz'mɒlədʒɪ] n. 宇宙论

cosmonaut ['kɒzmənɔ:t] n. 宇航员,航天员

cosmonautic [,kɒzmə'nɔ:tɪk] a. 航天的,宇宙航行的

cosmonautics [,kɒzmə'nɔ:tɪks] n. 航天学,宇航学

cosmophysics [,kɒzmə'fɪzɪks] n. 宇宙物理学

cosmoplane ['kɒzməpleɪn] n. 航天飞机,航天飞行器

cosmoplastic [,kɒzmə'plæstɪk] a. 宇宙构成的

cosmopolis [kɒz'mɒpəlɪs] n. 国际都市

cosmopolitan [,kɒzmə'pɒlɪtən] a. 世界性的,属于全世界各地的,国际的,全世界的

cosmopolite [kɒz'mɒpəlaɪt] n. 世界种,遍生种

cosmopolitical [,kɒzmɒpə'lɪtɪkəl] a. 世界性的

cosmos ['kɒzmɒs] n. ①宇宙,世界 ②秩序,和谐 ③大波斯菊,菊花形

cosmosphere ['kɒzməsfɪə] n. 核宇宙,宇宙仪

cosmotron ['kɒsmətrɒn] n. 同步稳相加速器,宇宙线级回旋加速器,质子同步加速器,核子加速器

cosolubilization [kəu,sɒljubɪlaɪ'zeɪʃən] n. 共增溶解(作用)

cosolvency [kəu'sɒlvənsɪ] n. 潜溶性,混合溶剂中的溶解度

cosolvent [kəu'sɒlvənt] n. 助溶剂

cospectral [kəu'spektrəl] a. 余谱的

cospectrum [kəu'spektrəm] n. 余谱,同相谱

cosponsor [kəu'spɒnsə] n.;v. 联合举办,共同主持(者)

cost [kɒst] ❶ n. ①费用,成本 ②代价,损失 ❷ (cost) v. ①价格是 ②用去(多少钱,时间,劳力) ③使耗费,费用,使损失 ④(按生产成本)估算,估计售价,作价,估定…的成本 ☆*at all costs* 或 *at any cost* 无论如何,不惜任何代价; *at cost* 照原价; *at one's cost* 由某人出钱,损及某人; *at the cost of* 以…为代价; *cost what it may* 无论如何,无论代价多少; *count the cost* (事前)权衡利害得失,盘算一下; *drive costs down* 或 *reduce costs* 降低成本; *for a cost of* 总共; *free of cost* 或 *cost free* 免费

〖用法〗❶ 从上面的固定词组可以看出,表示"以…代价〔成本〕"时,该词前面应该用介词"at"。如:The general-purpose digital computer can be produced <u>at (a) lower cost</u>. 通用数字计算机的制造成本比较低。/The improvement in SNR is attained <u>at the cost of</u> increased encoding complexity. 提高信噪比的代价是增加了编码的复杂性〔程度〕。❷ 它作动词时除了主要表示"花费金钱"外,还可以像"take"一样后接时间(time)或努力(effort)。如:It <u>cost</u> him two days to solve that problem. 解那道题花了他两天的时间。

costa ['kɒstə] (pl.costae) n.【医】肋,肋骨

Costa Rica ['kɒstə'ri:kə] n. 哥斯达黎加

Costa Rican ['kɒstə'ri:kən] n.; a. 哥斯达黎加人(的)

costal ['kɒstəl] a. 肋的

costean,costeen ['kɒsti:n] vi.【矿】井探,掘井勘探

costellae ['kɒstəli:] n.【地质】壳线

costen ['kɒstən] n. 木香烯

costing ['kɒstɪŋ] n. ①成本会计 ②(pl.)概算,预算

costive ['kɒstɪv] ❶ a. 便秘的,吝啬的,昂贵的,迟缓的 ❷ n. 便秘剂

costless ['kɒstlɪs] a. 不花钱的

costliness ['kɒstlɪnɪs] n. 昂贵的,高价

costly ['kɒstlɪ] (costlier, costliest) a. 昂贵的,代价高的,浪费的,豪华的

costmary ['kɒstmeərɪ] n.【植】艾菊

costotome ['kɒstətəum] n. 肋骨刀,断肋器

costol ['kɒstəl] n. 木香醇

costrel ['kɒstrəl] n. (双环)坛

costume ['kɒstju:m] n. 服装,外衣,装束

costumer [kɒs'tju:mə],**costumier** [kɒs'tju:mɪə] n. 做服装的人,服装商

cosy ['kəuzɪ] ❶ a. 舒适的,亲切的,容易的,自满的 ❷ n. 暖罩 ❸ v. (使)放心,保证

cosynthesis [kəu'sɪnθəsɪs] n. 伴生合成,同合成

cosynthetase [kəu'sɪnθɪteɪs] n. 同合成酶

cot [kɒt] n. ①帆布床,吊床,小儿病床 ②槛,笼 ③指套

cotacticity [kəutæk'tɪsɪtɪ] n. 协同有规

cotangent [kəu'tændʒənt] n.【数】余切

cotarnin(e) [kəu'tɑ:nɪn] n. 可他宁

cotarnone [kəu'tɑ:nəun] n.【化】可他酮

cote [kəut] n. 茅舍,羊栏,鸡窝

coteau [kəu'təu] n. (pl. coteaux) n. 高地,高原,冰碛脊

cotelomer [kəu'teləmə] n.【化】共调聚合物

cotemporaneous = contemporaneous

cotemporary = contemporary

coterie ['kəutərɪ] n. 小圈子,小集团,同行

coterminal [kəu'tɜ:mɪnəl] a. 共终端的

coterminous = conterminous

cotidal [kəu'taɪdəl] a. 等〔同〕潮的

cotmar ['kɒtmɑ:] n. 氢化棉籽油

Cotofor ['kɒtəfɔ:] n.【药】杀草净

cotonier [kəutə'nɪə] n. 法国梧桐

cotransaminase [,kəutræn'zæmɪneɪs] n. 辅转氨酶

cotransduction [ˌkəutræns'dʌkʃən] *n.* 同转导

cotransport [kəu'trænzpɔːt] *n.* 协同运输

cotree ['kəutriː] *n.* 共轭树,余树

cottage ['kɒtɪdʒ] *n.* 村舍,小屋,小型别墅

cotter,cottar ['kɒtə] ❶ *n.* 栓,销,楔(形销子) ❷ *vt.* 用销固定

cotterite ['kɒtərait] *n.* 球光石英

cotterway ['kɒtəwei] *n.* 销槽

cotton ['kɒtn] ❶ *n.* ①棉(花) ②棉织品,棉纱 ❷ *a.* 棉花的 ❸ *vi.* 一致,适合(together with)

cottonine ['kɒtənain] *n.* 厚帆布

cottonous ['kɒtənəs] *a.* 棉的

cottonseed ['kɒtnsiːd] *n.* 棉子

cottony ['kɒtəni] *a.* 柔软的,棉花一样的,棉质的

cottrell ['kɒtrəl] *n.* 电收尘器

cotwin ['kəutwin] *n.* 双胎

cotyledon [ˌkɒti'liːdən] *n.* 【植】子叶,绒毛叶

cotyloid ['kɒtilɔid] *a.* 杯状的,臼状的,髋臼的

cotype ['kəutaip] *n.* 【动】全模标本,共型,同模

couch [kautʃ] ❶ *n.* ①层 ②床,长沙发椅 ③休息处,兽穴 ❷ *v.* 压出,(使)横躺,除去 ☆*couch together* 层叠

couchette [kuːʃet] (法语) *n.* 火车卧铺

cough [kɒf] *n.;v.* 咳嗽

coulability [ˌkəulə'biliti] *n.* 铸造性

could [kud] *v. aux.* (can的过去式) (过去,当时)能够,得以

　　〖用法〗"could + 动词的完成式"表示过去或原来有能力或有可能做,但实际上未作的动作或行为。如:This equation <u>could have been solved</u> by factoring. (本来)也可以通过因式分解来解这个方程。

coulee ['kuːli] *n.* ①熔岩流 ②斜壁谷,干河谷

coulisse [kuːˈliːs] (法语) *n.* ①滑槽,(滑)缝,缺口,轴承滚道,滑缝板 ②摇扬,游标 ③挖土,采掘 ④穿堂门厅,侧面布景,后台

couloir ['kuːlwɑː] (法语) *n.* ①(套,软)管,管道 ②通道,过道 ③槽,沟 ④挖泥机 ⑤峡谷

coulomb ['kuːlɒm] *n.* 【电子】库(仑)

coulometer [kuːˈlɒmitə] *n.* 【电子】电量计

coulometry [kuːˈlɒmitri] *n.* 库仑分析法,库仑滴定法

coumalin ['kuːməlin] *n.* 香豆灵

coumarin ['kuːmərin] *n.* 【化】香豆素,氧杂萘邻酮

coumarone ['kuːmərəun] *n.* 【化】氧茚,香豆酮,苯并呋喃

council ['kaunsil] *n.* ①委员会,理事会 ②议事,商讨

council(l)or ['kaunsilə] *n.* ①议员,理事,顾问 ②(使馆)参赞

counsel ['kaunsəl] *n.;v.* ①劝告，忠告 ②意见,(向⋯)建议 ③商量,审议

counsel(l)or ['kaunslə] *n.* 顾问,(使馆)参赞,律师

count [kaunt] ❶ *v.* ①计算,(计)数,共计,清点 ②算入,在考虑之列 ③认为,看做 ④期望,依赖(on,

upon) ❷ *n.* ①计数,得数 ②统计 ③考虑,重视 ④脉冲数,单个尖峰信号 ⑤【纺】支(数) ⑥争论点,问题 ☆*at the count of A* 数到A时; *beyond count* 数不尽,不计其数; *count ... against ...* 认为⋯是不利于⋯的; *count down* 递减计数; *count for little (nothing)* 算不了什么,无关紧要,无足轻重; *count for much* 非常重要,很有价值,关系重大; *count fractions over 1/2 as one and disregard the rest* 四舍五入; *count in* 入,把⋯也算进去; *count on (upon)* 依靠,期待; *count out* 点清,把⋯不算在内; *count over* 重算; *count up* (计)数完(了),(由下向上)加宽一纵列数字,数列,总计,结算; *in every count* 在各方面; *keep count of* 数⋯的数目,一一计着数; *lose count of* 数不过来,不知有多少,忘记数到哪儿了; *on other counts* 在所有其他方面; *out of count* 数不完的,无数的; *set no count on* 或 *take (make) no count of* 看不起; *take count of A* 计算A,重视A; *take much (no) count of* 很〔不〕重视⋯

　　〖用法〗❶ 注意该词的一个句型:"count on +宾语+不定式(宾语补足语)",意为"指望⋯(做⋯)"。❷ 注意下面例句中该词的含义及用法:An emf is <u>counted as</u> positive if you go through the source from － to +. 如果你从一到＋穿过电源的话,我们就把电动势看做正。/The concept of 'net rate' is what <u>counts.</u> 净"速率"的概念是很重要的。

countability [ˌkauntə'biliti] *n.* 可数性

countable ['kauntəbl] ❶ *a.* 可(计)数的,可计算的 ❷ *n.* 可数名词 ‖ **countably** *ad.*

countdown ['kauntdaun] *n.* ①递减计数,(从大到小)倒着数 ②发射前倒计时,发射准备过程 ③回答脉冲比,未回答脉冲率 ④脉冲分频,脉冲脱漏 ⑤计数损失,漏失计数 ⑥读数,准备时间读数 ⑦花絮消息

counter ['kauntə] ❶ *n.* ①计数器,计量器 ②计算员 ③对立物,对重 ④副轴,中间轴 ⑤副斜杆,对角布置的斜杆 ⑥柜台,筹码 ⑦(讨价还价的)本钱,资本,有利条件 ❷ *a.;ad.* ①(与⋯方向)相反(的),相对的,逆(的)(to),反方向的,逆相的 ②副的,复本的 ❸ *v.* 对抗,反对,还击,抵消 ☆*counter by* 补偿; *run (go) counter in ...* 与⋯相反〔相违背,背道而驰〕

　　〖用法〗注意下面例句中该词的含义:Any awkwardness involving voltage-level shifting could be <u>countered by</u> substituting a PNP device for the NPN BJT. 有关电压电平漂移的任何为难事可以通过用一只 PNP 管来代替 NPN 双极型晶体管而得到克服。/My wife Judith I wish to thank for maintaining the life support systems and providing joy to <u>counter</u> the gloom and darkness which periodically descend on most authors. 我要感谢我的夫人朱迪思,她使家庭生活有条不紊地进行着,同时每当我遇到大多数作者都会周期性地碰到的心情忧郁和情绪低落时,她给予我鼓励以振奋我

的士气。("My wife Judith"是"thank"的宾语,为了强调它而倒置在句首了。)

counteract [ˌkaʊntəˈrækt] vt. ①抵抗〔消,制〕,阻碍,反作用 ②平衡,中和

counteractant [ˌkaʊntəˈræktənt] n. 中和剂,反作用剂,冲消剂

counteraction [ˌkaʊntəˈrækʃən] n. 反作用(力),抵抗,抵消,中和

counteractive [ˌkaʊntəˈræktɪv] ❶ a. 反对的,反作用的,中和(性)的 ❷ n. 反作用剂,中和力

counteragent [ˈkaʊntəˈreɪdʒənt] n. 中和力,反抗力,反向动作,反作用剂

counterair [ˌkaʊntəˈreə] n.;a. 反空袭(的),防空(的)

counteraircraft [ˌkaʊntəˈreəkrɑːft] n.;a. 反飞机(的),防空(的)

counterappeal [ˈkaʊntərəˌpiːl] n. 抗告

counterarch [ˈkaʊntərɑːtʃ] n. 反拱

counterargue [ˈkaʊntəˌrɑːgjuː] v. 抗辩, 驳论

counterattack [ˈkaʊntərəˌtæk] v.;n. 反攻,反击
☆**make a counterattack upon** 反攻〔击〕

counterattraction [ˈkaʊntərəˌtrækʃən] n. 反抗力, 对抗物

counterbalance ❶ [ˌkaʊntəˈbæləns] vt. 使平衡,(使)均衡,补偿,抵消 ❷ [ˈkaʊntəˌbæləns] n. 平衡砝码重体,配重,托盘天平,抗衡

counterblast [ˈkaʊntəblɑːst] n. 逆风,逆流,强烈反对

counterblow [ˈkaʊntəbləʊ] n. 反击

counterbomber [ˈkaʊntəˌbɒmə] n.;a. 反轰炸机(的)

counterbore [ˌkaʊntəˈbɔː] vt.;n. ①扩孔,镗孔 ②平头孔 ③平底扩孔钻

counterbrace [ˈkaʊntəbreɪs] n. ①副对角撑,副撑臂 ②转帆索 ③对拉条

counterbuff [ˈkaʊntəbʌf] n. 缓冲器,保险杠

counterchange [ˈkaʊntətʃeɪndʒ] n.;v. 互换,使交错〔交替〕,交互作用,使成杂色

countercharge [ˈkaʊntətʃɑːdʒ] n.;v. 反驳, 反诉

countercheck ❶ [ˈkaʊntətʃek] n. 阻挡,妨碍;对抗方法 ❷ [kaʊntəˈtʃek] vt. 对抗(手段),反攻,制止,复查

counterclaim [ˈkaʊntəkleɪm] n.;v. 反诉,反索赔

counterchronometer [ˌkaʊntəkrəˈnɒmɪtə] n. 精确反时针

counterclockwise [ˈkaʊntəˈklɒkwaɪz] ad. 逆时钟(的)

countercurrent [ˈkaʊntəˌkʌrənt] n.;a. 逆流(的),反向电流

counterdemand [ˈkaʊntədɪˌmɑːnd] n. 反要求

counterdepressant [ˌkaʊntədɪˈpresənt] n. 抗抑制剂,抗抑郁药

counterdevice [ˈkaʊntədɪvaɪs] n. 反抗装置

counterdie [ˈkaʊntədaɪ] n. 下膜, 底膜

counterdown [ˈkaʊntədaʊn] n. (脉冲)分频器

counterdrain [ˈkaʊntədreɪn] n. 漏水渠,副阴沟,辅助沟

counteredge [ˈkaʊntəedʒ] n. 固定刀刃,底刀刃

countereffect [ˈkaʊntərɪfekt] n. 反作用

counterevidence [ˈkaʊntəˌevɪdəns] n. 反证

counterexample [ˈkaʊntərɪgˈzæmpl] n. 反例

counterfeit [ˈkaʊntəfɪt] ❶ a. 伪造的,假冒的,虚伪的 ❷ n. 伪造品,假冒品 ❸ vt. 伪造,和…一模一样

counterfighter [ˈkaʊntəfaɪtə] n.;a. 反战斗机(的),反歼击机(的)

counterfire [ˈkaʊntəfaɪə] n. 逆火

counterfissure [ˌkaʊntəˈfɪʃə] n. 对裂

counterflange [ˈkaʊntəflændʒ] n.【化】假腿〔角〕,对接〔过渡〕法兰

counterflow [ˈkaʊntəfləʊ] n. 逆流,迎面流

counterfoil [ˈkaʊntəfɔɪl] n. 存根,票根

counterforce [ˈkaʊntəfɔːs] n. 反力,推力

counterfort [ˈkaʊntəfɔːt] n.【建】护墙,(后)扶垛

counterglow [ˈkaʊntəgləʊ] n.【天】对日照,对日霞光

counterion [ˈkaʊntəaɪən] n. 平衡离子,补偿离子

counter-irritation [ˌkaʊntəˌɪrɪˈteɪʃən] n. 对抗刺激(作用)

counterlight [ˈkaʊntəlaɪt] n.;v.【物】(发)逆光(线);对面光线

countermark [ˈkaʊntəmɑːk] n.;vt. 戳记,附加记号,在…上加戳印

countermeasure(s) [ˈkaʊntəˌmeʒə(z)] n. 干扰,(电子)对抗,对抗措施,反雷达

countermeasurer [ˈkaʊntəˌmeʒərə] n. 干扰器,对抗设备

countermine ❶ [ˈkaʊntəmaɪn] n. 反地道,对抗计划;诱发地〔水〕雷 ❷ [ˌkaʊntəˈmaɪn] vt. 采取对抗措施,将计就计,敷设反水雷水雷,挖对抗地道

countermissile [ˈkaʊntəˌmɪsaɪl] n.;a. 反导弹(的)

countermodulation [ˈkaʊntəˌmɒdjuˈleɪʃən] n. 反调制,解调

countermoment [ˈkaʊntəˌməʊmənt] n.【物】恢复力矩,反力矩

countermove [ˈkaʊntəmuːv] n.;vt. 反向运动,对抗(手段)反攻,制止

countermovement [ˈkaʊntəˌmuːvmənt] n. 逆向移动,反向移动

counteroffensive [ˈkaʊntərəˈfensɪv] n. 反攻

counterpane [ˈkaʊntəpeɪn] n. 床罩

counterpart [ˈkaʊntəpɑːt] n. ①一对(东西)中之一,副本 ②相似之物或(人) ③对应物,配对物,对方
〖用法〗该词后面可跟介词"to"或"of"。如:Phase-shift keying is the digital counterpart to phase modulation. 相移键控是相位调制的数字式对应物。

counterplan [ˈkaʊntəplæn] n. 对策

counterplot [ˈkaʊntəplɒt] v.; n. 反计,预防措施,对

抗策略,将计就计

counterpoint [ˈkaʊntəpɔɪnt] *n.* 对应物,对位(法),对偶,对比

counterpoise [ˈkaʊntəpɔɪz] ❶ *v.* 使平衡,平均,补偿,抵消 ❷ *n.* ①平衡,衡重体,配重(子),砝码 ②【电气】地网,(接)地(电)线

counterpoison [ˈkaʊntəpɔɪzn] *n.* 抗毒剂,解毒剂

counterpose [ˈkaʊntəpəʊz] *vt.* 对照,对比,并列,使对立起来(to) ☆ *counterpose A against B* 把 A 和 B 相对照

counterpressure [ˈkaʊntəˈpreʃə] *n.* 反压力,平衡压力,背压,支力,轴承压力

counterproductive [ˈkaʊntəprəˌdʌktɪv] *a.* 适得其反的,事与愿违的,起反作用的

counterpropeller [ˈkaʊntəprəˈpelə] *n.* 反螺旋桨

counterreconnaissance [ˈkaʊntərɪˈkɒnɪsəns] *n.* 反侦察

counterreformation [ˈkaʊntəˌrefəˈmeɪʃ ən] *n.* 反改革

counterrevolution [ˈkaʊntəˌrevəˈluːʃən] *n.* 反革命

counterrevolutionary [ˈkaʊntəˌrevəˈluːʃənərɪ] ❶ *a.* 反革命的 ❷ *n.* 反革命分子

counterrocket [ˈkaʊntəˈrɒkɪt] *n.* 反火箭

counterrotate [ˈkaʊntərəʊˈteɪt] *v.* 反向旋转

counterrotating [ˈkaʊntərəʊˈteɪtɪŋ] *n.* 反旋转

counterrudder [ˈkaʊntəˈrʌdə] *n.* 整流舵(轮)

countersea [ˈkaʊntəsiː] *n.* 逆浪,逆行海流

counterselection [ˈkaʊntəsɪˈlekʃən] *n.* 反选择

countershaft [ˈkaʊntəʃɑːft] *n.* 副〔逆转〕轴,天轴

countersign [ˈkaʊntəsaɪn] *n.;vt.* ①会签,连署 ②确认 ③口令,暗号 ‖ ~ature

countersink [ˈkaʊntəsɪŋk] ❶ (countersunk) *vt.* 钻埋头孔,加工埋头孔,锥形扩孔,划尖底眼 ❷ *n.* ①埋头钻 ②埋头孔

countersinker [ˈkaʊntəsɪŋkə] *n.* 扩埋头孔刀

counterslope [ˈkaʊntəsləʊp] *n.* 反向坡度

counterstain [ˈkaʊntəsteɪn] *n.* 复染色

counterstatement [ˈkaʊntəˌsteɪtmənt] *n.* 反驳声明,抗辩书

counterstroke [ˈkaʊntəstrəʊk] *n.* 反击,回击,【医】对侧外伤

countersun [ˈkaʊntəsʌn] *n.* 幻日

countersunk [ˈkaʊntəsʌŋk] ❶ *vt.* countersink 的过去式和过去分词 ❷ *a.* 埋头的,打埋头孔的 ❸ *n.* ①埋头孔,锥口孔 ②埋头钻

countertide [ˈkaʊntətaɪd] *n.* 逆潮,逆流

countertorque [ˈkaʊntətɔːk] *n.* 反力矩,反抗转矩

countertransference [ˈkaʊntətrænsˈfɜːrəns] *n.* 反向转移

countervail [ˈkaʊntəveɪl] *v.* 补偿,抵消

countervane [ˈkaʊntəveɪn] *n.* 导向片

countervelocity [ˈkaʊntəvɪˈlɒsɪtɪ] *n.* 反飞行速度

counterweapon [ˈkaʊntəwepən] *n.* ①对抗武器 ②拦击导弹,拦截机

counterweigh [ˌkaʊntəˈweɪ] *vt.* 使平衡,抵消

counterweight [ˈkaʊntəweɪt] ❶ *n.* 平衡重量,平衡块,砝码 ❷ *vt.* 抗衡,用配重平衡

counterwork [ˈkaʊntəwɜːk] *n.;v.* (与…)对抗,对抗行动〔工事〕,对垒

counting [ˈkaʊntɪŋ] *n.* ①计数,计算 ②读数的数目,开票 ③用计数法测定放射性强度

countless [ˈkaʊntlɪs] *a.* 无数的,数不尽的

country [ˈkʌntrɪ] ❶ *n.* 国家 ②乡间,故乡,地带,知识领域 ❷ *a.* 乡村的,故乡的
〖用法〗注意下面例句中该词的含义: If you're from an EU <u>country</u>, you can do business with, travel to, or move money into or out of, any EU <u>country</u>. 如果你来自欧盟国家,那么你能够与任何一个欧盟国家做生意,能够到任何一个欧盟国家旅行,能够把钱汇入或从任何一个欧盟国家把钱取出。(句中 "with"、"to"、"into" 及 "out of" 共用了 "any EU country"。)

countryman [ˈkʌntrɪmən] *n.* 同国人,同胞,乡下人

countryside [ˈkʌntrɪsaɪd] *n.* 乡村,农村

countrywide [ˈkʌntrɪwaɪd] *a.* 全国性的

county [ˈkaʊntɪ] *n.* 县,乡镇

coup [kuː] (法语) *n.* ①突然行动,政变 ②策略,妙计

coupd'etat [ˈkuːdeɪˈtɑː] (法语) *n.* 武装政变

coupe [ˈkuːpeɪ] (法语) *n.* (双门,双座) 小轿车

couplant [ˈkʌplɑːnt] *n.* 耦合剂

couple [ˈkʌpl] ❶ *n.* ①一对,一双 ②耦,力〔热,电〕偶,力矩 ③联结器 ④【天】联星,双星 ❷ *v.* (使) 耦合,(使) 成对,耦〔联结〕合,匹配;(使) 拴在一起 ☆ *(be) coupled with* 与…联结〔耦,结〕合,伴随着; *couple in* 耦合,接入; *couple up* 把…耦联起来; *in couples* 成双地
〖用法〗注意下面例句中该词的译法: If T is too small, there is little power <u>coupled to the outside world</u>. 若 T 太小的话,几乎没有多少能量与外界耦合。(当遇到 "there be +主语+后置定语" 时,往往采用 "顺译法"。)/The <u>couple</u> consists of two forces, each of magnitude F. 力偶是由两个力构成的,每个力均具有数值 F。("each of magnitude F" 是在 "each" 后省去了分词 "being" 的分词独立结构作状语,表示一种附加说明。)

coupled [ˈkʌpld] *a.* 成对的,耦合的,联结的

coupler [ˈkʌplə] *n.* ①联结器,匹配器 ②耦合器 ③联轴节,车钩 ④填充剂,联结剂 ⑤联结者

coupling [ˈkʌplɪŋ] ❶ *n.* ①偶合,连接,互联,匹配 ②联结器,联结盘,联轴器,管接头,车钩 ③相互作用 ❷ *a.* 耦合的,联结的

coupon [ˈkuːpɒn] (法语) *n.* ①试样,取样管,金属样片 ②赠券,优待券,附单 ③联票 ☆ *be off coupons* 不实行配给; *be on coupons* 实行配给

courage [ˈkʌrɪdʒ] n. 勇敢〔气〕,胆量 ☆*(be) of courage* 有勇气的; *have the courage to do* 有勇气去(做); *take (pluck up) courage* 鼓起勇气; *take one's courage in both hands* 勇往直前,敢作敢为,一鼓作气

courageous [kəˈreɪdʒəs] a. 勇敢的,英勇的,无畏的 ‖ **~ly** ad. **~ness** n

courant [kuˈrænt] (法语) n. 报纸,新闻 ☆*au courant* 熟悉(最新的情况),通晓(with)

courier [ˈkurɪə] n. 送急件的人,信使,信使报,旅游服务员

course [kɔːs] ❶ n. ①经过,过〔进,路〕程 ②冲程 ③矿脉,巷道 ④道路,路线,水道,航向〔线,程〕,方位点,走向 ⑤一回合,一场(比赛),一层(砖),一道(菜) ⑥竞技场,跑道 ⑦课〔教〕程 ❷ v. 追,奔,涌,越过,移动 ☆*as a matter of course* 当然; *by course of* 照…的常例; *hold (keep on) one's course* 不变方向,坚持方针; *in due course* 照自然的顺序,及时地; *in the course of things* 事情如果顺利; *in the ordinary course of things* 或 *in the course of nature* 照正常的情形; *in (the) course of time* 终于,最后,总有一天; *lay a (one's) course* 直驶,制订计划; *of course* 当然; *run (take) its course* 听其自然发展,按常规进行; *shape one's course* 决定路线; *stay the course* 贯彻到底; *take one's own course* 一意孤行

〖用法〗表示"…课〔教〕程"时,它一般后跟介词"in",也有用"on"的。如: This text is used for a <u>course in</u> communication systems. 本教科书是用于通信系统课程的。/Some years ago the author was teaching a technician-level <u>course on</u> electronic communications at a technical college in Sydney. 几年前,本作者在悉尼的一所技术学院教授技术员水平的电子通信课程。

court [kɔːt] ❶ n. ①法院 ②宫廷 ③董〔理〕事会 ④院子,球场 ⑤(展览会等的)陈列区 ❷ v. ①企求 ②招致,引诱 ☆*out of court* 不经法院,被驳回(的)

courteous [ˈkɜːtjəs] a. 有礼貌的,客气的 ‖ **~ly** ad. **~ness** n.

courtesy [ˈkɜːtɪsɪ] n. 礼貌,好意 ☆*by courtesy* 承蒙好意; *(by) courtesy of ...* 经…同意,承…许可,承蒙…特许〔好意〕

courtplaster [ˈkɔːtˈplɑːstə] n. 鱼胶硬膏

courtship [ˈkɔːtʃɪp] n. 求偶,求爱

courtzilite [ˈkɔːtzɪlaɪt] n. 一种沥青变态物

cousin [ˈkʌzn] n. 堂兄〔弟,姐,妹〕,表兄〔弟,姐,妹〕,远亲,同辈

〖用法〗注意下面例句中该词的含义: Most viruses and their <u>cousins</u>, network-infecting worms, are spread through files attached to e-mail or downloaded from the Web. 大多数病毒及其类似物(即侵入网络的蠕虫),是通过附在电子邮件中或从网上下载的文件传播的。

covalence [kəuˈveɪləns],**covalency** [kəuˈveɪlənsɪ] n. 共〔协〕价

covalent [kəuˈveɪlənt] a. 【化】共价的

covar [ˈkəuvɑː] n. 【冶】柯伐合金

covariance [kəuˈveərɪəns] n. 协方差,协变性,共离散,互变量

covariant [kəuˈveərɪənt] ❶ a. 协变(式)的 ❷ n. 协变(式),协度

covaseal [ˈkəuvəsiːl] n. 柯伐封接

cove [kəuv] ❶ n. ①(河)湾,小海湾 ②山凹 ③凹口 ④【建】穹窿,拱 ❷ v. (使)成穹形,(使)内凹

covelline [ˈkəuvəlaɪn],**covellite** [ˈkəuvəlaɪt] n. 铜蓝,蓝铜矿

covenant [ˈkʌvɪnənt] ❶ n. 盟约,契约条款,协议 ❷ v. 用契约保证,缔结盟约

coventry [ˈkɒvəntrɪ] n. 径向梳刀

cover [ˈkʌvə] ❶ vt. ①遮盖,保护 ②盖〔蒙,裱,镀,涂,包〕上,洒 ③包(括,含),涉及,走过(多少路程),对准,论述 ④负担支付,补偿,给(货物等)保险 ⑤(新闻)采访,报导 ❷ n. ①覆盖物,盖,罩,外胎 ②面〔镀,保护〕层,封面,罩面 ③掩护物,隐蔽处,树丛,地被 ④借口,伪装 ⑤保证金 ☆*(be) covered with* 为…所覆盖; *cover in* 完全掩盖住; *cover over* 盖住,遮没; *cover up* 包裹,盖住,掩盖,包庇(for); *from cover to cover* 从(书)头到尾; *under cover* 隐藏着,在屋顶下,(把信)封好,附在信中; *under separate cover* 在另函〔另包〕内; *under (the) cover of* 盖着,在…掩护下,借…为口实; *under the same cover* 在同一封信〔同一邮包〕中; *within the same two covers* 在同一本书中

〖用法〗注意下面句子中该词的含义: Chapters 1 and 2 <u>cover</u> the principles of amplitude and frequency modulation. 第1、2章讲述调幅和调频的原理。/The applications of control systems <u>cover</u> a very wide range. 控制系统的应用涉及的范围非常广。/The general subjects <u>covered</u> here are analysis, synthesis, design, excitation, and applications of traveling wave antennas. 这里所涉及〔讲到〕的一般内容是有关行波天线的分析、综合、设计、激励和应用的。/The main objective of this book is to present under one <u>cover</u> much of the material on traveling wave antennas that has until now been found only in reports, journals, and handbooks. 本书的主要目的是以一本书的篇幅介绍有关行波天线的许多内容,这些内容至今只是见诸于一些报道、杂志和手册之中。/A thicket makes good <u>cover</u> for animals to hide in. 灌木丛是动物躲藏的良好掩蔽物。

coverage [ˈkʌvərɪdʒ] n. ①作用距离,可达范围,有效区(域),服务区 ②视界,分布,面积,幅宽 ③涂层,覆盖率〔范围〕,掩护 ④概括,报导(范围) ⑤总体,保险总额 ⑥论述

〖用法〗注意该词在以下例句中的含义: Those organizations are looking for a local network with a wide underline{coverage}. 这些组织在寻求具有很广覆盖面的局域网。/The underline{coverage} of first- and second-order circuits is traditional. 对一阶电路和二阶电路的论述采用的是传统的方法。/This book provides a comprehensive underline{coverage} of the circuits and techniques used in modern radio-communication systems. 本书全面地论述了在现代无线电通信系统中所使用的电路和方法。

coverall ['kʌvərɔ:l] n. (常用 pl.) (衣裤相连的) 工作服

covered ['kʌvəd] a. ①隐蔽着的,掩藏着的 ②覆盖的,遮蔽的,涂敷的,有层顶的 ③缠卷的

coverer ['kʌvərə] n. 培土器

covering ['kʌvəriŋ] ❶ n. ①覆盖,遮蔽,掩护,加套,【数】覆叠 ②覆盖物,包覆材料,蒙皮 ③涂层 ④涂料,焊药 ⑤护壁板,罩,盖,屋顶 ❷ a. 掩护的,附加说明的

coverlet ['kʌvəlit],**coverlid** ['kʌvəlid] n. 床罩

covermeter ['kʌvəmi:tə] n. 顶层测厚仪

coverplate ['kʌvəpleit] n. 盖板,顶

coversed-sine ['kəuvɜ:st'sain] n. 【数】余矢

coversine ['kʌvəsain] n. 余矢

covert ['kʌvət] ❶ n. 掩护物,隐藏处(森林,树丛等) ☆*in (under) the covert of* 在…的掩护下 ❷ a. 秘密的,暗地里的 ‖~**ly** ad. ~**ness** n.

coverture ['kʌvətjuə] n. ①覆盖(物),被覆,盖上 ②掩护物,隐伏处

cover-up ['kʌvərʌp] n. ①隐蔽工事 ②隐事,丑闻

covet ['kʌvit] v. 渴望,妄想,垂涎 (after for) ‖~**ous** a.

coving ['kəuviŋ] n. (河)湾,圆周线,穹窿,拱

covolume ['kəu'vɒljum] n. 协体积,余容,分子的自由体积

cow [kau] ❶ n. 奶牛,母畜 ❷ vt. 恐吓,吓唬 ☆*be cowed into … by* 因(…)的恐吓而…; *till the cows come home* 无限期地,永远不可能地

coward ['kauəd] ❶ n. 懦夫,胆小鬼 ❷ a. 胆怯的 ‖~**ice** 或 ~**liness** n. ~**ly** a.; ad.

cowcatcher ['kaukætʃə] n. ①机车排障器 ②广播节目前的节目,节目间插播的短小广告

cower ['kauə] vi. 畏缩,退缩

cowl [kaul] ❶ n. ①(外)壳罩,(通风)盖,通风帽 ②高度流线型车身 ❷ vt. 在…上装罩(帽)

cowman ['kaumən] n. 奶牛饲养员,挤奶员

cowpea ['kaupi:] n. 豇豆

cowpox ['kaupɒks] n. 【医】牛痘

coxcomb ['kɒkskəum] n. 梳形物,梳齿板,鸡冠(花)

coxswain ['kɒkswein] n. 艇长,舵手

coyote ['kaiəut] n. 【动】土狼,骗子

coypu ['kɔipu:] n. 【动】南美的一种海鼠

cozymase [kəu'zaimeis] n. 辅酶

crab [kræb] ❶ n. ①(螃)蟹 ②(起重)绞车,滑车,抓斗,吊车,蟹爪式起重机 ③宽波段雷达干扰台 ④偏航,侧飞,倾斜角,偏流空中照相的倾偏误差 ❷ v. ①挑剔,责难,损害 ②侧向飞行,侧航 ☆*case of*

crabs 失败; *turn out (come off) crabs* 终于失败

crabbed ['kræbid] a. 难辨认的,难懂的 ‖~**ly** ad.

crabwise ['kræbwaiz] ad. 横斜地,小心地

crack [kræk] ❶ v.;n. ①破裂,撞毁,毁损,砸开,突破 ②裂缝 ③裂化,热解,(加)热(分)裂,分馏 ④(发)爆裂声 ⑤解开 ❷ a. 噼啪地,咔的一声 ❸ a. 第一流的,技艺高超的 ☆*crack off* 剥脱,拆去; *crack on* 加油,继续; *crack A open* 把 A (突然咔的一声)绷开; *crack up* 撞毁,垮掉,失去控制,大笑不止

crackability [,krækə'biliti] n. 易热裂度,可裂化性,烧割性

crackajack ['krækədʒæk] a.;n. 杰出的(人),第一流的(东西)

crackate ['krækit] n. 裂化产物

cracked [krækt] a. 有裂缝的,热裂的,【化】裂化的

cracker ['krækə] n. ①破碎机,粉碎器 ②裂化室 ③爆竹 ④崩溃,破产

crackfree ['krækfri:] a. 无裂缝的

cracking ['krækiŋ] ❶ n. ①破裂,破坏,裂缝 ②裂化,裂解 ③噪声,噼啪声 ❷ a.;ad. 分裂的(地),极大的(地),猛烈的(地)

crackle ['krækl] vi.;n. ①(发)噼啪声,爆(裂)声 ②(小)裂缝 ③发火花

crackling ['kræklɪŋ] n. ①噼啪声 ②(pl.)脆脂,(炸)油渣 ③瓷面碎纹

crackly ['krækli] a. ①发出爆裂声的,噼啪响的 ②松脆的,易碎的

crackmeter ['krækmi:tə] n. 超声波探伤器

cracknel ['kræknəl] n. 硬质饼干,(pl.)猪油渣

crackup ['krækʌp] n. 碰撞,撞坏,失去控制,崩溃

cracky ['kræki] a. 裂缝多的,易破的

cradle ['kreidl] ❶ n. ①摇篮,吊架,托板,支架,支承垫块 ②料箱(槽),(机)键座,槽形支座 ③【矿】移动式摇动洗矿槽 ④(送受话器)叉簧 ⑤发源地 ❷ vt. 用架支撑,淘洗(矿砂)

cradling ['kreidliŋ] n. 弧顶架

craft [krɑ:ft] ❶ n. ①技巧,手工业 ②行业,行会(成员),同行 ③航空器,船舶,动力钩件 ④手段,策略,诡计(多端) ❷ vt. (用手工)精巧地制作

crafters ['krɑ:ftəs] n. 气泡孔,针眼

craftsman ['krɑ:ftsmən] n. (pl. craftsmen) 技工,工匠

crag [kræg] n. ①礁,悬岩 ②颈

craggy ['krægi] a. 陡峭的,多岩的

cram [kræm] ❶ (crammed;cramming) v. ①塞入,塞满 ②填鸭式教学,死记(up) ③压碎 ❷ n. 死记硬背;极度拥挤

crambid ['kræmbid] n. 草螟

crammer ['kræmə] n. 填塞者(物)

cramp [kræmp] ❶ n. ①夹(钳),夹线板,扣钉,约束(物) ②痛性痉挛,绞痛 ❷ vt. ①(用钳子,夹子)夹紧 ②限制,束缚 ③使(车子前轮)向左(右)转动 ❸ a. 紧缩的,难懂的 ☆*cramp out* 拔去,挖

掘

crampon ['kræmpən],**crampoon** [kræm'puːn] n. 起重吊钩,钉鞋

cranage ['kreɪnɪdʒ] n. 起重机的使用(费)

crane ['kreɪn] ❶ n. ①起重机,桁车,升降设备 ②虹吸器,龙头 ③鹤 ❷ v. ①用起重机搬运 ②伸(颈),迟疑不决

crandall ['krændəl] ❶ n. 小锤 ❷ vt. 用琢石锤琢

craneage ['kreɪnɪdʒ] n. 吊车工时

craneman ['kreɪnmən] n. 吊车工,起重机手

cranial ['kreɪnjəl] a. 前面的,头颅的,头部的

craniology [,kreɪnɪ'ɒlədʒɪ] n. 颅骨学

craniophor ['kreɪnɪəfə] n. 定颅器

cranioscopy [,kreɪnɪ'ɒskəpɪ] n. 颅检查术

craniotome ['kreɪnɪətəum] n. 开颅器

cranium ['kreɪnjəm] n. 颅(骨)

crank [kræŋk] ❶ n. ①曲柄(管),曲拐,角杆 ②摇把 ③怪人 ❷ v. ①弯成曲柄状,曲折行进 ②给…装上曲柄 ③转动曲柄(以发动电动机)(up) ④(转动摄影机曲柄)拍摄 ❸ a. 有毛病的,摇晃的,不稳的 ☆**crank out** 制成; **crank up** 曲柄回转

crankangle ['kræŋkæŋgl] n. 曲柄角

crankaxle ['kræŋkæksl] n. 曲轴

crankcase ['kræŋkkeɪs] n. 曲轴箱

crankcheek ['kræŋktʃiːk] n. 曲柄臂

cranked ['kræŋkt] a. 弯(成)曲(柄状)的

cranker ['kræŋkə] n. 手摇曲柄

crankily ['kræŋkɪlɪ] ad. 弯曲地,不稳地 ‖**crankiness** n.

cranking ['kræŋkɪŋ] n. 摇动,转动曲柄

crankle ['kræŋkl] vi.; n. 弯曲,曲折行进

crankless ['kræŋklɪs] a. 无曲柄的

crankpin ['kræŋkpɪn] n. 曲柄销

crankshaft ['kræŋkʃɑːft] n. 曲轴

crankthrow ['kræŋkθrəu] n. 曲柄行程

crankweb ['kræŋkweb] n. 曲柄臂

cranky ['kræŋkɪ] a. 有毛病的,弯曲的,不稳固的,易倾斜的

crannied ['krænɪd] a. 有裂缝的

cranny ['krænɪ] n. 裂缝

crapping ['kræpɪŋ] n. ①排弃 ②排弃物

crapulent ['kræpjulənt] a. 酗酒的,酒精中毒的,暴饮暴食(得病)的

craseology [kreɪs'ɒlədʒɪ] n. 气质论,体质论,液体混合论

crash [kræʃ] ❶ v.; n. ①砰的一声碎掉,碎裂(声) ②摔毁,坠毁,撞坏,(猛烈)碰撞,失事 ③失败,垮台,坍倒(down) ❷ a. 应急的,危急的,速成的 ☆**on a crash basis** 紧〔应〕急地; **with a crash** 轰隆一声

〖用法〗注意下面例句中为了强调而把谓语提前了: Crash trucks sometimes do. 有时候汽车确实会撞车的。

crasher ['kræʃə] n. 粉碎机,猛撞,发出猛烈声音的东西

crashing ['kræʃɪŋ] n.; a. 坠地,(发出)撞击声(的),碰撞的,完全的

crash(-)land ['kræʃlænd] v. (飞机失去控制)突然降落〔坠落〕

crashstop ['kræʃstɒp] n. 全速急停车

crashworthiness ['kræʒwɜːθɪnɪs] n. 抗撞性能

crasis ['kreɪsɪs] n. 气质,禀赋,体质

crass [kræs] a. 极度的,非常的,彻底的,愚钝的,粗糙的 ‖**~ly** ad.

crassamentum [,kræsə'mentəm] n. 血块,凝块

crate [kreɪt] ❶ n. ①(包装用)板条箱,柳条箱 ②格栅,筐,笼子 ③旧飞机,旧汽车 ❷ vt. 用板条箱装

crater ['kreɪtə] n. ①火山口,坑 ②(焊接)火山口,焊口,熔穴 ③(刀具)月牙洼 ④放电痕 ⑤弹坑,陷坑,陨石坑,月球坑地,锅穴

crateriform ['kreɪtɪfɔːm] a. 喷火山口状的,漏斗状的

cratering ['kreɪtərɪŋ] n. 磨顶槽,火山口(陨石坑)的形成

craterkin ['kreɪtəkɪn] n. 小火山口,小(凹)坑

craterlet = craterkin

craterlike ['kreɪtəlaɪk] a. 火山口状的

craterlot ['kreɪtəlɒt] =craterkin

cratiform ['kreɪtɪfɔːm] a. 喷火山口状的

craunology [krɔː'nɒlədʒɪ] n. 矿泉疗养学

crave [kreɪv] v. 渴望,恳求(for)

craven ['kreɪvən] a.; n. 胆小鬼〔的〕,懦夫

cravenette [kreɪvə'net] n. 一种防水布雨衣

craving ['kreɪvɪŋ] n. 渴望,恳求,瘾 ☆**have a craving for** 渴望

crawl [krɔːl] n.; v. 爬行,蠕动(现象),(时间)慢慢过去,滑落,倾陷,图像抖动

crawler ['krɔːlə] n. ①履带(运行) ②履带车,履带式拖拉机,爬行物

crawlerway ['krɔːləweɪ] n. (为运输火箭或宇宙飞船而建的)慢速道,爬行(低顶)通道

crawling ['krɔːlɪŋ] n. ①爬行,蠕动 ②表面涂布不均

crawlway ['krɔːlweɪ] n. 检查孔

crayon ['kreɪən] ❶ n. ①粉画笔,蜡笔〔色〕,炭笔 ②粉笔画 ③(弧光灯的)炭棒 ❷ vt. ①用蜡笔〔炭笔〕作画 ②拟计划

craze [kreɪz] ❶ n. ①(细)裂纹,银纹,微裂 ②狂热,流行 ❷ v. 开裂,使现细裂纹,(使)发狂

crazily ['kreɪzɪlɪ] ad. 疯狂地,摇摇晃晃地 ‖**craziness** n.

crazy ['kreɪzɪ] a. ①摇晃(不稳)的,不安全的 ②疯狂的,热衷于…的(about,for)

creak [kriːk] n. (发)叽叽嘎嘎声,辗轧(声) ☆**with a creak** 叽咯一声 ‖**creaky** a.

cream [kriːm] ❶ n. ①奶油,乳脂,(油)膏 ②奶油色 ❷ vt. ①提取奶油,搅成奶油状 ②抽取精华 ☆**cream off** 撇出奶油

creamery ['kriːmərɪ] n. 乳脂制造厂,奶品商店

creaming ['kriːmɪŋ] n. ①乳状液,涂敷脂膏 ②形成乳状液,分出奶油

creamy ['kri:mɪ] *a.* ①含奶油的,奶油状的 ②奶油色的

creasability [ˌkri:səˈbɪlɪtɪ] *n.* 耐皱性(能)

creasable ['kri:səbl] *a.* 耐皱(褶)的

crease [kri:s] ❶ *n.* 皱纹,折缝 ❷ *v.* (使)起褶痕,起皱

creased [kri:st] *a.* 弄有折缝的,皱的

creasing ['kri:sɪŋ] *n.* 折缝,皱纹

creasy ['kri:sɪ] *a.* 多褶的,变皱了的

create [kri(:)ˈeɪt] *vt.* ①创造,建立 ②引起,产生
〖用法〗注意下面例句中该词的含义: Created by the U.S. Department of Defense in 1969, the Internet was built to serve two purposes. 因特网是在 1969 年由美国国防部创建的,当时建立它的目的有两个。("Created by …" 是分词短语作状语,表示对主语的一种说明。)/With the point class written the way it is, we could not create a point using the following statement. 如果按现在这种方式写出点类的话,我们就不能用下面的声明来创建一个点。("the way it is" 相当于 "as it is" 的含义。)

creatinase [krɪˈætɪneɪs] *n.* 肌酸酶

creatine ['kri:ətɪn] *n.* 肌酸,肌氨酸

creation [kri(:)ˈeɪʃən] *n.* ①创造,建立,产生 ②创造物,创作(品) ③天地万物,宇宙
〖用法〗注意下面例句中该词的含义: Laser, its creation being thought to be one of today's wonders, is nothing more than a light that differs from ordinary lights. 虽然激光的产生被认为是当今奇迹之一,其实它不过是与普通光不同的一种光而已。("its creation being thought to be one of today's wonders" 是分词独立结构作状语。)/The creations of a small coterie of malicious hackers, viruses are short strings of software code that have three properties. 计算机病毒系一小撮存心不良的黑客所为,它们是具有三个特点的短行软件代码。("The creations of a small coterie of malicious hackers" 是主语 "viruses" 的同位语。)

creative [kri(:)ˈeɪtɪv] ❶ *a.* 创造(性)的,创作的,有创造力的,引起的 ❷ *n.* 创作人员 ☆*be creative of* 产生

creatively [krɪˈeɪtɪvlɪ] *ad.* 创造性地

creativeness [krɪˈeɪtɪvnɪs] *n.* 创造性

creativity [ˌkri(:)eɪˈtɪvɪtɪ] *n.* 创新,创造性,创造力

creator [krɪˈeɪtə] *n.* 创造〔创作〕者

creature ['kri:tʃə] *n.* ①生物 ②奴才,傀儡 ‖ **creaturely** *a.*

creber ['krɪbə] *a.* 紧靠的,多的

creche [kreɪʃ] *n.* 托儿所,孤儿院

credal ['kri:dl] *a.* 信条的,教义的,纲领的

credence ['kri:dəns] *n.* ①信任〔用〕 ②凭证

credential [krɪˈdenʃəl] ❶ *a.* 信任的 ❷ *n.* 凭证,(常用 pl.)国书,证书

credibility [ˌkredɪˈbɪlɪtɪ] *n.* 可靠性 ☆*lack of credibility in* 不可信,缺乏凭据

credible ['kredəbl] *a.* 可信的

credibly ['kredəblɪ] *ad.* 可信地

credit ['kredɪt] ❶ *n.* ①相信,信任 ②信用(往来,单据),荣誉,信贷,赊购,贷方 ③片头字幕 ④学分 ❷ *v.* ①相信,信任 ②记入贷方,把…归于 ☆*be a credit to A* 是 A 的光荣; *buy A on credit* 赊购 A; *credit goes to* 归功于; *credit (...) to ...* 把(…)归于…; *credit (...) with ...* 把…归于(…); *do credit to ...* 给…增光; *enter (place, put) a sum to one's credi* 把金额记入…的贷方; *get (have) the credit of* 得到…的荣誉; *give credit (for)* 给予荣誉,允许赊账; *give credit* 相信; *give (...) credit for ...* 把…归功于(…),认为(…)是…,把…赊给(…); *have credit with ...* 得到…的信任; *put (place) credit in* 相信; *reflect credit on* 为…增光; *sell A on credit* 赊售 A; *take (get) credit for* 因…而获赞誉; *take credit to oneself for A* 把 A 归功于自己; *to one's credit* 值得赞扬
〖用法〗注意下面例句中该词的含义: Later James Clerk Maxwell (1831-1879) credited this idea for helping him determine the electromagnetic theory of light. 后来,詹姆斯·克拉克·麦克斯韦尔(1831—1879)认为这个概念(的功劳是)帮助他确定了光的电磁理论。/These inventors credited significant breakthroughs to mental pictures or visual inspirations. 这些发明家把重大的突破归功于思维形象或直觉的灵感。

creditability [ˌkredɪtəˈbɪlɪtɪ] *n.* 可信性,可信的事物

creditable ['kredɪtəbl] *a.* ①可信的,值得赞扬的 ②可归于…的,可认为是…的(to) ‖ **creditably** *ad.*

creditor ['kredɪtə] *n.* 债权人,贷方

credulity [krɪˈdju:lɪtɪ] *n.* 轻信 ‖ **credulous** *a.*

creed [kri:d] *n.* 信念,信条,教义,纲领

creek [kri:k] *n.* ①小港(湾) ②小河,河浜 ☆*up the creek* 处于困境 ‖ **~y** *a.*

creel [kri:l] *n.* 【纺】粗纱架,筒子架

creep [kri:p] ❶ (crept) *vi.* 爬行;蔓延;慢慢地移动 ❷ *n.* ①爬行,蠕动 ②蠕变,(材料)潜伸,塑性变形,空转,打滑 ③(频率)漂移 ④滑坍,坍方 ⑤渗(水),漏电 ⑥佝偻病 ☆*creep in* 不知不觉混进〔来临〕; *creep on* (时间)不知不觉过去; *creep out* 渗出; *creep up* (水)渗上来,蠕升

creepage ['kri:pɪdʒ] *n.* ①蠕变,蠕动转速 ②渗水,(表面)漏电,走油

creeper ['kri:pə] *n.* ①爬行物,蔓延植物, 匍匐讨好的人 ②定速运送器,螺旋输送器 ③上螺丝器 ④探海钩

creep-hole [kri:pˈhəul] *n.* 通道,借口

creepie-peepie ['ki:pɪˈpi:pɪ] *n.* 便携式电视摄像机

creeping ['kri:pɪŋ] ❶ *n.* ①爬行,蠕变,塑流 ②(皮带)的打滑 ③滑坍,坍方 ❷ *a.* 爬行的,滞缓的

creepless ['kri:plɪs] *a.* 无蠕(徐)变的

creepmeter ['kri:pmi:tə] n. 蠕变仪(计)

creepocity [kri:'posɪtɪ] n. 易蠕变性

creepy ['kri:pɪ] a. 爬行的,蠕动的,(毛骨)悚然的

cremate[krɪ'meɪt] vt. 火葬,焚化 ‖ **cremation** n.

cremator ['krɪmeɪtə] n. 烧垃圾的人,垃圾焚化炉

crematorium [kremə'tɔ:rɪəm] (pl. crematoria 或 crematoriums) n. 火葬场,垃圾焚化场

crematory ['kremətərɪ] ❶ a. 火葬的,焚化的 ❷ n. 火葬场

creme [kreɪm] (法语) = cream

crena ['kri:nə] (pl. crenae) n. 裂,刻痕

crenale [krɪ'neɪl] a. 圆齿状的,切迹形的,扁形的

crenate ['kri:neɪt] vt. 圆齿状的

crenation [krɪ'neɪʃən],**crenature** ['kreneɪtʃə] n. 钝锯齿状,圆齿状,(红细胞等)皱缩成圆齿状

crenellated ['krenɪleɪtɪd] a. 锯齿状的

crenellation [krenɪ'leɪʃən] n. 锯齿状物,雉堞

crenoid ['krenɔɪd] a. 栉状的

crenulate ['krenjʊleɪt] a. 锯齿状的

creolin ['kri:əlɪn] n. 赛林,杂甲酚

creolite ['kri:əlaɪt] n. 条带碧玉

creosote ['kri:əsəʊt] ❶ n. 克鲁苏油,木馏油 ❷ v. 用木油防腐,用防腐油浸甲

crepe [kreɪp] (法语) n. 绉纱,绉胶

crepitate ['krepɪteɪt] v. 发碎裂声 ‖ **crepitation** n.

crept [krept] creep 的过去式及过去分词

crepuscular [krɪ'pʌskjʊlə] a. 黄昏的,拂晓的,朦胧的

cresceleration [kreselə'reɪʃən] n. 按幂级数变化的加速度,速度规律性变化

crescent ['kresnt] ❶ a. 月牙形的,镰刀形的 ❷ n. ①新月(状物) ②月牙卡铁 ③镰形机翼飞机

crescentic ['kresntɪk] a. 镰形的,新月形的

cresol ['kri:sɒl] n. 甲酚,甲氧甲酚,甲氧基

cresolase ['kri:səʊleɪs] n. 甲(苯)酚酶

cresolin ['kri:səʊlɪn] n. 克里索林(成药)

cresolphthalein [kri:səʊlf'θælɪɪn] n. 甲酚酞

cresset ['kresɪt] n. 〔标,籍〕灯

crest [krest] ❶ n. ①(峰,山,尖)顶,峰脊〔顶〕②顶〔波〕峰 ③峰值 ④顶饰,盔顶 ❷ v. 加顶饰,达到(…的)顶点 ‖ **crestal** a.

crestaloy ['krestəlɔɪ] n. 克雷斯达铬钒钢

crestatron ['krestətrɒn] n. 高压行波管

cresyl ['kresɪl] n. 甲苯基

cresylate ['kresɪleɪt] n. 甲酚盐

cresylic [krɪ'sɪlɪk] a. 甲(苯)酚的

cresylite ['kresɪlaɪt] n. 甲苯炸药

creta ['kri:tə] n. 白垩

cretaceous [krɪ'teɪʃəs] ❶ a. 白垩的 ❷ n. 白垩

cretinism ['kretɪnɪzm] n. 呆小病

crevass(e) [krɪ'væs] ❶ n. ①裂缝,冰隙,破口 ②双峰谐振 ❷ vt. 使生裂缝,使有裂口(冰隙)

crevet ['krevət] n. 熔壶

crevice ['krevɪs] n. 裂隙

crevicular [kre'vɪkjʊlə] a. 裂隙的

crew [kru:] ❶ vi. crow 的过去式 ❷ n. ①(全体)船员,(全体)乘务员,机务人员,操作人员 ②(小,支,工作)队,班,群 ③同伴
〖用法〗当强调各个成员时,该词也可表示复数的含义。如:The crew of the aircraft are only 10 altogether. 这架飞机的机务人员总共只有 10 人。

crewman ['kru:mən] n. 乘务员,机组人员,宇航员,船员

crewmember ['kru:membə] n. 乘务人员,班组成员

crib [krɪb] ❶ n. ①叠木框,(木)笼,框形物,插箱,槽 ②排除废料装置 ③抄袭之物 ④饲槽,畜栏,粮仓,囤 ❷ v. ①关进 ②剽窃,抄袭

cribber ['krɪbə] n. 剽窃者;支撑物

cribbing ['krɪbɪŋ] n. 下料,整形,叠木;剽窃行为

cribble ['krɪbl] ❶ a. 粗的 ❷ n. ①筛,粗筛 ②粗粉 ❸ vt. (用粗筛)筛

cribellate ['krɪbɪleɪt] a. 多孔的

cribra ['krɪbrə] cribrum 的复数

cribral ['krɪbrəl] a. 筛的,筛状的

cribrate ['krɪbreɪt] a. 筛状的

cribration [krɪb'reɪʃn] n. ①过筛 ②多孔性

cribriform ['krɪbrɪfɔ:m] a. 筛状的,多孔的

cribrose ['krɪbrəʊs] a. 筛状的(生物)

cribrum ['krɪbrəm] (pl. cribra) n. 筛

cribweir ['krɪbwɪə] n. 木笼堰

cribwork ['krɪbwɜ:k] n. 叠木框,木笼,框形物

crick [krɪk] n.; vt. (引起)肌肉痉挛

cricket ['krɪkɪt] n. ①蟋蟀 ②木制矮垫脚凳 ③斜沟小屋顶

cricoid ['kraɪkɔɪd] ❶ a. 轮形的,环状的 ❷ n. 环状软骨

cricondenbar [krɪkən'denbɑ:] n. 临界冷凝压力

cricondentherm [krɪkən'denθɜ:m] n. 临界冷凝温度

crime [kraɪm] n. 罪(行),犯罪(行为),错误行为,憾事

Crimea [kraɪ'mɪə] n. 克里米亚(半岛),克里木(半岛)

crimidine ['krɪmɪdi:n] n. 鼠立死

criminal ['krɪmɪnl] ❶ a. 犯法的,刑事的,可耻的,应受谴责的 ❷ n. 罪犯 ‖ **~ity** n. **~ly** ad.

criminaloid ['krɪmɪnəlɔɪd] ❶ a. 犯人样的,似犯罪的 ❷ n. 嫌疑犯

criminate ['krɪmɪneɪt] vt. 指控…犯罪,责备 ‖ **crimination** n.

criminology [krɪmɪ'nɒlədʒɪ] n. 犯罪学

crimp [krɪmp] ❶ a. 脆的,薄弱的 ❷ n. ①曲贴 ②卷曲,收缩 ③束缚,妨碍 ❸ vt. ①使发皱,(使)卷曲 ②卷边,折缝 ③碾平 ④妨碍 ☆**put a crimp in (into)** 妨碍,束缚

crimper ['krɪmpə] n. 折波钳,卷边机,卷曲机

crimping ['krɪmpɪŋ] n. (大直径直缝焊管时)卷边,锁缝

crimple ['krɪmpl] ❶ n. 皱,折缝 ❷ v. 缩紧,(使)皱缩,(使)卷曲

crimp-proof [krɪmppruːf] a. 不皱的

crimson ['krɪmzn] ❶ a.; n. 深红(色) ❷ v. (使)变成深红色

crinal ['kraɪnl] a. 毛发的

crinanite ['krɪnənaɪt] n. 橄沸粒玄岩

cringle ['krɪŋgl] n. 【海洋】(船帆边缘上的)索耳

crinin ['krɪnɪn] n. 激泌素

crinis ['kraɪnɪs] (pl. crines) n. 毛,发

crinkle ['krɪŋkl] n.;v. ①皱 ②揉皱,(使)卷曲 ③皱叶病

crinkly ['krɪŋklɪ] a. (材料)有皱纹的,卷曲的

crinoid ['kraɪnɔɪd] ❶ a. 海百合纲的 ❷ n. 海百合

Crinoidea ['kraɪnɔɪdɪə] n. 海百合纲

crinoise ['kraɪnɔɪs] a. 多毛的,多发的

crinosin [kraɪ'nɒsɪn] n. 脑(毛)丝质

crinosity [kraɪ'nɒsɪtɪ] n. 多毛,多发

cripple ['krɪpl] ❶ n. ①跛子,残废者,残缺的事物 ②脚凳 ❷ v. 削弱,损坏,使跛行

crippling ['krɪplɪŋ] n. ①断裂,(往复)折曲 ②残废

crises ['kraɪsiːz] crisis 的复数

crisis ['kraɪsɪs] (pl. crises) n. 危机,紧急关头,转折点,临界 ☆at a crisis 在紧急关头

crisp [krɪsp] ❶ a. ①脆的,易碎的 ②清新的,明快的 ③卷脆的,卷曲的 ❷ v. ①使卷曲,(使)起皱 ②发脆,冻硬 ‖ ~ly ad. ~ness n.

crispate ['krɪspeɪt] a. 卷曲的,收缩的

crispature ['krɪspətʃə] n. 卷缩,皱纹

crispen ['krɪspən] v. 使卷曲,使成波纹形

crispin ['krɪspɪn] n. 鞋匠

crisping ['krɪspɪŋ] n. 匀边,匀边电路

crispy ['krɪspɪ] a. 卷曲的,脆的,干净利落的

criss(-)cross ['krɪskrɒs] ❶ a.; ad. (交叉成)十字形(的),(互相)交叉(的) ❷ n. 十字形(图案),交叉,杂乱无章 ❸ v. ①形成十字形交叉 ②叠放

crista ['krɪstə] n. 嵴,羽冠

cristate ['krɪsteɪt] a. 鸡冠状的

cristianite ['krɪstjənaɪt] n. 钙长石

cristiform ['krɪstɪfɔːm] n. 鸡冠形

Cristite ['krɪstaɪt] n. 克利斯蒂特合金

cristobalite [krɪs'təʊbəlaɪt] n. 方晶石,方石英(矿)

criterion [kraɪ'tɪərɪən] (pl. criteria) n. ①规范,准则 ②判定(法),判别式 ③准数,尺度,规模 ☆ *concentration criterion* 分选判据
〖用法〗该词后可以跟介词"for",也可跟"of"。如:The criterion for optimization is the average distortion. 最优化的标准是平均失真。

critesistor [kraɪt'zɪstə] n. 热敏电阻

crith [krɪθ] n. 克瑞(气体重量单位)

critic ['krɪtɪk] ❶ n. 批评〔评论〕家 ❷ a. 批评的

critical ['krɪtɪkəl] ❶ a. ①临界的,(处于)转折(点)的,危险(期)的 ②批评(性)的,鉴定性的 ③决定(性)的 ④苛刻的,要求高〔严格〕的 ❷ n. ①临界〔值〕 ②中肯 ☆at critical 在临界状态下;below critical 在次临界状态下;go critical 变成临界的
〖用法〗"be critical of"意为"对…挑剔;批评…"。

criticality [ˌkrɪtɪ'kælɪtɪ] n. 临界(性,状态)

critically ['krɪtɪkəlɪ] ad. ①批判地,以鉴定的眼光 ②临界地,在危急的时候 ③决定性地,重大地

criticise = criticize

criticism ['krɪtɪsɪzm] n. 批评〔判〕,非难,评论 ☆ *be above (beyond) criticism* 无可指责〔批评〕; *pass (put forward) criticism on (upon) ...* 对…进行批评

criticize ['krɪtɪsaɪz] v. 批评〔判〕,评论
〖用法〗在该词后不能跟 that 从句。

critique [krɪ'tiːk] n. 批评〔判〕,评论,鉴定(on)

crivaporbar [krɪ'veɪpəbɑː] n. 临界蒸汽压力

croak [krəʊk] v. 呱呱地叫,发牢骚,鸣冤

Croatia [krəʊ'eɪʃə] n. 克罗地亚

crochet ['krəʊʃeɪ] n. 编织器,织针

crocidolite [krə'sɪdəlaɪt] n. 青石棉

crock [krɒk] ❶ n. ①缸,瓮,罐 ②碎瓦片 ③胡说八道,荒谬行为 ❷ v. 变得无用,变衰弱

crockery ['krɒkərɪ] n. 陶器,瓦罐

crocodile ['krɒkədaɪl] ❶ n. ①鳄鱼(皮革) ②(车等)长蛇阵 ③轧体前端的分层 ❷ vi. 形成交叉裂缝,龟裂

crocoite ['krəʊkəʊaɪt] n. 铬铅矿

crocus ['krəʊkəs] n. ①橘黄色,藏红花 ②紫红铁粉(三氧化二铁),磨粉

croisure ['krɔɪʃʊə] n. 丝鞘

crolite ['krɒlaɪt] n. 克罗利特,陶瓷绝缘材料

Croloy ['krəʊlɔɪ] n. 铬钼耐热合金钢

Cromalin ['krəʊmələn] n. 铝(合金)电镀法

cron [krɒn] n. 克龙(时间单位,等于百万年)

cronite ['krɒnaɪt] n. 镍铬(铁)耐热合金

cronizing ['krəʊnaɪzɪŋ] n. 壳型铸造

crony ['krəʊnɪ] n. 密友,老朋友

crook [krʊk] ❶ n. ①弯曲,钩(形物) ②骗子 ③诡计 ❷ v. (使)变曲,(使)成钩形

crooked ['krʊkɪd] a. ①弯曲的,歪的,斜的 ②欺骗的

crookedness ['krʊkɪdnɪs] n. 弯曲

crookedite ['kruːkɪdaɪt] n. 硒铊银铜矿

crop [krɒp] ❶ n. ①庄稼,作物,收获(成),产量 ②切(料)头,剪料头,残头,废料 ③顶,梢,叶尖饰 ④露头 ⑤整张的鞣革 ⑥删辑 ⑦损毁书中插图、文字 ⑧照片的剪辑 ⑨蜜囊,鸟或昆虫的嗉囊 ❷ v. ①切(料头),剪切,修剪 ②,露头,裸露 ③(意外地,成批)出现,冒出,显出来(up) ④(播)种,收割 ☆*a crop of* 许许多多,源源不断; *crop up (out)* 突然发生,出现,(矿床等)露头

cropdusting ['krɒpdʌstɪŋ] a. 撒农药用的

cropland ['rɒplænd] n. 作物地,耕地

cropper ['krɒpə] n. ①种植者,修剪工人 ②剪头机,收割机 ③栽跟头

cropping [ˈkrɒpɪŋ] *n.* ①剪切(头尾),修剪 ②切料头 ③割,种植

croquis [krəʊˈkiː] (法语) (pl.croquis) *n.* 草图,速写,素描

cross [krɒs] **❶** *n.* ①十字形 ②横穿,交叉(口) ③【测绘】直角器 ④余矢量 ⑤(异种杂交的)混合种 ⑥苦难,痛苦 **❷** *a.* ①十字〔交叉〕的,横穿过的 ②横(向)的,斜的 ③相反的,相互矛盾的,逆(风)的,暴躁的 ④杂交的 **❸** *v.* ①交叉,正交,遇到 ②横过,跨越 ③画十字,画横线,删除 ④反对,阻挠,妨碍 ⑤杂交 ☆*as cross as two sticks* 暴躁; *be at cross purposes* 抵触,互相误解; *be crossed in* 对⋯失望; *cross a cheque* 在支票上划两条(平行)线(表示可通过银行兑现); *cross off (out)* 勾销,删除; *cross off accounts* 消账; *cross one's mind* 想起; *cross one's path* 碰见,阻拦; *cross one's t's and dot ones i's* 一笔一画地,一丝不苟地; *cross over* 横贯,穿过,交叉,切断; *cross swords with* 与⋯交锋; *cross the path of* 碰见,遮; *cross under* 接连,交叉,交叠; *make one's cross* 画十字(以代签名),画押; *on the cross* 斜,对角; *per (in) cross* 照十字形; *run cross to* 与⋯相反

crossable [ˈkrɒsəbl] *a.* 可(横向)通过的,可穿过的

crossarm [ˈkrɒsɑːm] *n.* 横臂,叉撑,紧固物

crossband [ˈkrɒsbænd] *a.* 纤维互相垂直的,交叉频带的

crossbar [ˈkrɒsbɑː] *n.* ①横臂〔梁,木〕,(起重机)挺杆,(门)闩 ②十字头管(架),四通管 ③纵横交叉

crossbeam [ˈkrɒsbiːm] *n.* 大梁,平衡杆,十字梁

crossbinding [ˈkrɒsbaɪndɪŋ] *n.* 横向连接

crossbite [ˈkrɒsbaɪt] *n.* 咬合错位

crossbreaking [ˈkrɒsbreɪkɪŋ] *n.* 横断

crossbreed [ˈkrɒsbriːd] *v.;n.* (使)杂交,杂种

crossbuck [ˈkrɒsbʌk] *n.* 叉标

crosscheck [ˈkrɒstʃek] *n.;vt.* 交叉检验

crosscorrelation [ˈkrɒskɒrɪˈleɪʃən] *n.* 互相关(联),交互作用

cross-coupling [ˈkrɒskʌplɪŋ] *n.* 交叉耦合〔干扰)

crosscurrent [ˈkrɒskʌrənt] *n.* ①逆流 ②交叉气流 ③(常用 pl.) 矛盾〔相反)的倾向

crosscut [ˈkrɒskʌt] **❶** *n.;a.* ①横锯〔切〕(的),正交(的) ②纹路交叉的 ③横断,横越 ④斜路,捷径 **❷** *v.* 横切〔截〕(断)

crossed [krɒst] *a.* ①十字(形)的,交叉的,交错的 ②勾销的 ③划线的(支票) ④遭反对的,受挫折的

crossfall [ˈkrɒsfɔːl] *n.* 横(向)坡(度),横斜度

crossfeed [ˈkrɒsfiːd] *n.* 交叉馈电,串馈,串音,横向送进

crossfertilization [ˈkrɒsfɜːtɪlaɪˈzeɪʃən] *n.* 异花受粉,异体受精

crossfire [ˈkrɒsfaɪə] *n.* ①串报,串扰电流 ②交叉射击

crossflow [ˈkrɒsfləʊ] *n.;v.* 横向(气)流,交叉流动(的)

crossfoot [ˈkrɒsfʊt] *n.* 【计】交叉结算,横算

crossgirder [ˈkrɒsgɜːdə] *n.* 横梁

crosshair [ˈkrɒsheə] *n.* 叉丝,十字准线,瞄准线

cross-hatch [ˈkrɒ(ː)shætʃ] *vt.* 给⋯画交叉阴影线

cross-hatching [ˈkrɒshætʃɪŋ] *n.* ①交叉影线 ②剖面线 ③晕线

cross-hauling [ˈkrɒshɔːlɪŋ] *n.* 横运

crosshead(ing) [ˈkrɒ(ː)shed(ɪŋ)] *n.* ①横头,丁字头 ②横梁 ③【矿】工作区间通道 ④(报刊)小标题

cross-infection [ˈkrɒsɪnˈfekʃən] *n.* 交叉感染

crossing [ˈkrɒsɪŋ] **❶** *n.* ①横越(切),跨接 ②交叉,相交,道口,(马路)行人穿越道,岔道 ③交叉建筑物,【冶】交互捻,(生物)杂交 ④划十字 ⑤反对 **❷** *a.* 交叉的

crossite [ˈkrɒsaɪt] *n.* 铝铁〔青铝〕闪石

crosslink [ˈkrɒslɪŋk] *n.* 交联,交键

crossly [ˈkrɒslɪ] *ad.* 横(着),逆(着);执拗

crossmember [ˈkrɒsmembə] *n.* 横构件,横梁

cross(-)over [ˈkrɒsəʊvə] *n.* ①跨越〔接〕,渡越,(立体)交叉,穿过 ②截面,切割 ③相交渡线,跨接结构 ④最近渡越点,(电子束)交叠点 ⑤【天】中天 ⑥交换(染色体),互换

crosspatched [ˈkrɒspætʃt] *a.* 交叉修补的

crosspiece [ˈkrɒspiːs] *n.* 横档,绞盘横柄,过梁,十字管头

crossplot [ˈkrɒsplɒt] *n.* 交会图

crosspoint [ˈkrɒspɔɪnt] *n.* 交叉(点)

crossrail [ˈkrɒ(ː)sreɪl] *n.* 横(导)轨,横梁

crossrange [ˈkrɒsreɪndʒ] *n.* 横向,侧向

crossroad [ˈkrɒsrəʊd] *n.* 交叉路,歧途

cross-section [ˈkrɒsˈsekʃən] *n.* 横截面,剖面图

cross(-)talk [ˈkrɒstɔːk] *n.* ①串话干扰 ②交扰 ③交调失真 ④(曲艺)相声

crosstalk-proof [ˈkrɒstɔːkpruːf] *a.* 防串话的

crosstell [ˈkrɒstel] *n.* 对话,互通情报

cross-term [ˈkrɒstɜːm] *n.* 【数】截顶

crosstie [ˈkrɒ(ː)staɪ] *n.* ①枕木 ②横向拉杆

crosstown [ˈkrɒ(ː)staʊn] *a.* 穿(过)城(市)的

crosstrail [ˈkrɒstreɪl] *n.* 横(向)偏移(投弹)

crossvein [ˈkrɒsveɪn] *n.* 交叉矿脉,横脉

crosswalk [ˈkrɒswɔːk] *n.* 人行横道,过街人行道

crosswall [ˈkrɒswɔːl] *n.* 锁墙,交叉墙

crossway [ˈkrɒsweɪ] = crossroad

crossways [ˈkrɒsweɪz] *ad.* = crosswise

crosswise [ˈkrɒ(ː)swaɪz] **❶** *ad.* ①横,斜 ②成十字状 ③相反地 ④恶意地 **❷** *a.* 横的,成十字形的

crossword [ˈkrɒswɜːd] *n.* 纵横填词(谜)

crotch [krɒtʃ] *n.* ①弯螺脚,弯钩,岔口,分叉处 ②Y

形接管

crotchet ['krɒtʃɪt] n. ①小钩,钩状物 ②主括弧 ③幻想,怪念头 ④分音符

crotin ['krɒtɪn] n. 巴豆毒素

croton ['krɒtən] n. 巴豆

crotonosine ['krəutəˈnɒsiːn] n. 巴豆素

Crotorite ['krɒtərait] n. 耐热耐蚀铝青铜

crouch [krautʃ] vi.;n. 蹲下(down),屈膝(to, under)

croup(e) [kru:p] n. (马等的)臀,尻部,喉头炎

crow [krəu] ❶ n. ①撬棍,起货钩 ②乌鸦 ❷ vi. ①欢呼,啼鸣 ②吹嘘,自夸(over) ☆ *as the crow flies* 笔直地; *a white crow* 稀有的东西

crowbar ['krəubɑ:] n. ①撬棍,起货钩 ②撬杆电路 ③断裂

crowd [kraud] ❶ n. ①人群 ②一群,大量,群集,挤满 ❷ v. 拥挤,挤满 ☆ *be crowded with* 给…挤满〔塞满〕; *crowd in (A)* 把(A)挤进; *crowd A together* 把 A 挤到一起; *crowd out* 挤出,排除

crowded ['kraudid] a. ①挤满了的,拥挤的 ②密集的 ③多事的 ❷ n. 闹市,繁华商业区

crowder ['kraudə] n. 沟渠扫污机,挤紧机

crowding ['kraudiŋ] n. 加密,加浓

crowdion ['kraudiən] n. 挤列

crowfoot ['krəuful] (pl. crowfeet) n. 防滑三脚架,吊索

crown [kraun] ❶ n. ①冠(顶),皇冠,冕,荣誉 ②隆起(板,带材)中心凸厚部分,路拱 ③凸轮缘 ④压力机横梁,拱顶,顶部 ⑤光环,晕 ❷ vt. ①给…加顶,加冕 ②隆起,中心部增厚 ③完成 ☆ *to crown all* 加之,尤其是

crowner ['kraunə] n. 登峰造极的一举,顶点,倒栽葱,封盖机,授冠机

crowning ['krauniŋ] ❶ n. ①拱起,中凸 ②凸面加工 ③板材中心部分增厚 ④圆满完成,终结 ❷ a. (构成)顶部的,登峰造极的

crownsteps ['kraunsteps] n. 阶式山墙

croylstone ['krɔilstəun] n. 细重晶石

croystron ['krɔistrɒn] n. 固态器件

crozzle ['krɒzl] n. 过火砖

crozzling [krɒzliŋ] n. (过烧钢酸洗后所呈现的)鳄鱼皮(缺陷)

cru [kru:] n. ①克鲁(蠕变单位) ②(=collective reserve unit)克鲁;共同储备金单位(一种国际货币单位)

cruces ['kru:si:z] crux 的复数

crucial ['kru:ʃ(j)əl] a. ①(有)决定性的,紧要关头的,关键的,极困难的 ②十字形的,交叉的 〖用法〗在 "it is crucial that ..." 的 "that" 从句中,谓语应该使用 "(should +)动词原形" 虚拟形式。如: In this case, it is crucial that the applied voltage be kept constant. 在这种情况下,使外加电压保持不变是极为重要的。

crucian ['kru:ʃən] n. 鲫鱼

cruciate ['kru:ʃieit] a. 交叉的,十字形的

crucible ['kru:sibl] n. ①坩埚 ②熔炉,严格的考验

☆ *in the crucible of* 遭到…的严格的考检

crucibleless [kru:'sibləs] a. 无坩埚的

crucifer ['kru:sifə] n.;a. 十字花科(的)

cruciform ['kru:sifɔ:m],**crucishaped** ['kru:siʃeipt] a. 十字形的,交叉形的

crud [krʌd] n. ①掺和物,杂质 ②脏东西,无价值的东西 ③荒谬

cruddy ['krʌdi] a. 透光不均匀的

crude [kru:d] ❶ a. 天然的,未(经)加工的,粗糙的,未完成的 ❷ n. 天然的物质,原油,(pl.)原矿 ‖ ~ly ad. ~ness n.

crudity ['kru:diti] n. 未成熟状态,粗糙

crudivorous [kru:'divərəs] a. 生食的

cruel ['kruəl] ❶ a. 残酷的,无情的 ❷ ad. 极,很 ‖ ~ly ad.

cruelty ['kruəlti] n. 残忍,悲惨,(pl.)残酷行为

cruise [kru:z] n.;v. 巡航(游),徘徊

cruiser ['kru:zə] n. 巡洋舰,警(备)车,远程导弹

cruising ['kru:ziŋ] n. 巡航

crumb [krʌm] ❶ n. ①面包屑,屑粒,碎片 ②少许,点滴 ❷ vt. 弄碎 ☆ *to a crumb* 精细地

crumber [krʌmbə] n. 清沟器

crumble ['krʌmbl] ❶ v. ①弄碎,塌落,起鳞,掉皮 ②瓦解,消失 ❷ n. 破碎(物),碎土

crumbliness ['krʌmblinis] n. (可)破碎性,脆性

crumbling ['krʌmbliŋ] a. 破碎的,易碎的

crumbly ['krʌmbli] a. (尽是)屑粒的,柔软的

crump [krʌmp] v. 嘎吱嘎吱响;猛烈爆炸

crumple ['krʌmpl] ❶ v. ①弄皱 ②挤压 ③垮,(使)崩溃 ❷ n. 折皱,皱纹 ☆ *crumple up* 打垮;揉皱;使崩溃

crumpled ['krʌmpld] a. ①(变)皱的,起皱纹的 ②弯扭的,歪的,盘曲的

crumplings ['krʌmpliŋz] n. 盘回皱纹

crunch [krʌntʃ] v.; n. (发)嘎吱嘎吱声,关键时刻,压过(through)

crunodal [kru:'nəudəl] a. 结点的

crunode ['kru:nəud] n. 结点,分支

cruor ['kru:ɔ:] (pl. cruores) a. 血块,凝血

crura ['kru:rə] crus 的复数

crural ['kru:rəl] a. 脚的,股的,脚状物的

crus [krʌs] (pl.crura) n. (小)腿,小腿状物

crusade [kru:'seid] n. 十字军;防止…运动(against)

crush [krʌʃ] v.;n. ①压〔捣,击〕碎,压榨,碎石,轧煤 ②塞,挤压,压服 ☆ *crush down* 轧碎,镇压,压服; *crush out* 榨取,熄灭; *crush up* 碾碎

crushability [krʌʃə'biliti] n. 可压碎性,可塌陷性

crushable ['krʌʃəbl] a. 可压碎的

crush-border ['krʌʃ'bɔ:də] n. 压碎边

crushed-run ['krʌʃtrʌn] a. 机碎的,未筛的

crusher ['krʌʃə] n. ①(颚式)破碎机,轧碎机 ②管理轧碎机的工人 ③砂轮刀 ④无可争论的事实

crushing ['krʌʃiŋ] n.;a. ①压〔捣,碾〕碎,碎石,轧煤 ②压倒的,决定性的 ③(黑白电视)对比度干扰 ④非金刚石修整 ‖ ~ly ad.

crust [krʌst] ❶ n. 壳,表层,底结炉瘤,浮渣,痂,水垢 ❷ v. 结皮,用外皮覆盖,结一层硬壳 ‖ ~al a.

crusta [ˈkrʌstə] (pl. crustae) n. 甲壳

Crustacea [krʌsˈteiʃjə] n. 甲壳纲

crustacean [krʌsˈteiʃjən] n. 甲壳类动物

crustaceous [krʌsˈteiʃiəs] a. (有,结)外皮的,皮壳的

crustacyanin [krʌsˈteisiənin] n. 甲壳蓝蛋白,虾青蛋白

crustal [ˈkrʌstl] a. 外壳的,地壳的

crust-breaking [krʌstˈbreikiŋ] n. 打壳

crusted [ˈkrʌstid] a. 有硬皮的,陈旧的,古色古香的

crustily [ˈkrʌstili] ad. 执拗地,顽固地

crusty [ˈkrʌsti] a. ①有硬壳的,硬的 ②顽固的 ‖ **crustiness** n.

crutch [krʌtʃ] n.;vt. ①拐杖,支柱,托架,船尾肘材 ②(电缆)丁形终端接续套管 ③支持,支撑

crutched [ˈkrʌtʃt] a. 用支柱支撑着的,处于分叉状态的

crutcher [ˈkrʌtʃə] n. 搅和机

crux [krʌks] (pl. cruxes 或 cruces) n. ①难题,关键 ②十字(形,记号) ③坩埚 (crucible 的旧称)

cry [krai] n.;v. ①叫,(呼)喊,喊声 ②舆论,呼吁,要求 ☆*a far (long) cry* 远距离,远处,悬殊; *cry for* 恳求,迫切需要; *cry off (from)* 撤回,撒手; *cry out* 大喊; *much cry and little wool* 雷声大雨点小; *out of cry* 在呼声听不到的地方,手够不着的地方; *within cry* 声音听得见的地方,在附近

crying [ˈkraiiŋ] a. 哭的;叫喊的;引人注意的;极坏的

crymophylactic [ˌkraiməufiˈlæktik] a. 耐冷的

cryobiology [ˌkraiəubaiˈblədʒi] n. 低温生物学

cryochemistry [ˌkraiəuˈkemistri] n. 低温(深冷)化学

cryoconite [kraiˈbkənait] n. 冰尘

cryodamage [ˌkraiəuˈdæmidʒ] n. 冷冻损伤

cryodesiccation [kraiə,desiˈkeiʃən] n. (冷)冻干(燥)

cryodrying [ˈkraiə,draiiŋ] n. 低温(深冷)干燥

cryodyne [ˈkraiəu,dain] n. 低温恒温器,恒冷器

cryoelectronics [ˌkraiəuilekˈtrɒniks] n. 低温电子学

cryoextraction [ˌkraiəueksˈtrækʃən] n. 低温摘除术

cryofixation [ˌkraiəufikˈseiʃən] n. 冰冻固定

cryoforming [ˈkraiəfɔːmiŋ] n. 冷冻成形加工

cryogen [ˈkraiədʒən] n. 冷冻剂,低温粉碎

cryogenerator [ˌkraiəˈdʒenəreitə] n. 低温发生器,深冷制冷器,冷冻机

cryogenic [ˌkraiəˈdʒenik] a. 冷冻的,低温(学)的,深冷的,低温实验法的

cryogenics [ˌkraiəˈdʒeniks] n. 低温(物理)学,深冷技术,低温实验法

cryogenin(e) [kraiˈbdʒənin] n. 冷却剂

cryoglobulin [ˌkraiəˈglɒbjulin] n. 冷球蛋白

cryohydrate [ˌkraiəuˈhaidreit] n. 饱凝分晶体,冰盐

cryolite [ˈkraiəlait] n. 冰晶石

cryolith [ˈkraiəliθ] n. 人造冰晶石

cryology [kraiˈblədʒi] n. 冰雪学,河海冰冻学,冰雪水文学

cryoluminescence [ˈkraiəljumiˈnesəns] n. 冷致发光

cryolysis [ˈkraiəlaisis] n. 冻释

cryometer [kraiˈbmitə] n. 低温计,低温温度表

cryometry [kraiˈbmitri] n. 低温计量学

cryomicroscope [ˌkraiəuˈmaikrəskəup] n. 低温显微镜

cryomite [ˈkraiəumait] n. 小型(低温)致冷器

cryoneny [ˈkraiənəni] n. 低温学

cryonetics [ˌkraiəˈnetiks] n. 低温学,低温技术

cryopanel [ˈkraiəpænəl] n. 低温(深冷)板

cryopathy [kraiˈbpəθi] n. 寒冷病

cryopedology [ˌkraiəupiˈdɒlədʒi] n. 低温土壤学,冻土学

cryopedometer [ˌkraiəupiˈdɒmitə] n. 低温冻土计,冻结仪

cryophile [ˈkraiəufail] n. 嗜冷微生物

cryophilic [ˌkraiəuˈfilik] a. 嗜冷的

cryophorus [kraiˈbfərəs] n. 凝冰器,冰凝器

cryophylactic [ˌkraiəfaiˈlæktik] a. 抗冷的,耐寒的

cryophysics [kraiəˈfiziks] n. 低温〔超导〕物理学

cryophyte [ˈkraiəufait] n. 冰雪植物

cryoplate [ˈkraiəupleit] n. 低温(抽气)板,深冷抽气面,深冷板抽气装置

cryoprotectant [ˌkraiəuprəˈtektənt] n. 防冻剂

cryoprotector [ˌkraiəuprəˈtektə] n. 低温防护剂

cryopump [ˈkraiəupʌmp] n.;v. 深冷泵,深冷抽吸

cryosar [ˈkraiəsɑː] n. 低温雪崩开关

cryoscope [ˈkraiəskəup] n. 冰点测定器

cryoscopy [kraiˈbskəpi] n. 冰点降低测定法

cryosel [ˈkraiəusel] = cryohydrate

cryosistor [ˈkraiəsistə] n. 低温晶体管

cryosixtor [kəˈsikstə] n. 冷阻管

cryosorption [ˌkraiəˈsɔːpʃən] n. 低温〔深冷〕吸着

cryosphere [ˈkraiəsfiə] n. 低温层

cryostat [ˈkraiəstæt] n. 低温恒温器,致〔恒〕冷器,恒冷箱

cryosurface [ˈkraiə,sɜːfis] n. 低温抽气表面

cryosurgery [ˈkraiə,sɜːdʒəri] n. 低温外科

cryotherapy [ˈkraiəu,θerəpi] n. 冷疗法

cryotolerant [ˈkraiə,tɒlərənt] a. 耐冷的,抗低温的

cryotrap [ˈkraiətræp] n. 低温冷阱,冷凝阱

cryotrapping [ˈkraiətræpiŋ] n. 冷凝阱

cryotron [ˈkraiətrɒn] n. 低温管,冷持元件

cryotronics [ˌkraiəuˈtrɒniks] n. 低温电子学

cryoturbation [ˌkraiətɜːˈbeiʃən] n. 冻裂搅动(作用)

cryoultramicrotome [ˌkraɪəˌʌltrəˈmaɪkrəu-təum] n. 冰冻超薄切片机

crypt [krɪpt] n. 地窖,小囊,隐窝

cryptal [ˈkrɪptəl] n. 桉油醛

cryptanalysis [ˌkrɪptəˈnælɪsɪs] n. 密码分析

cryptanalytics [ˌkrɪptəˈnælɪtɪks] n. 破译学

cryptic(al) [ˈkrɪptɪk(əl)] a. 秘密的,使用密码的,含义模糊的 ‖ ~ally ad.

cryptobiosis [ˌkrɪptəˈbaɪəsɪs] n. 隐生现象

cryptocarine [ˌkrɪptəˈkæriːn] n. 厚壳桂碱

cryptocenter [ˈkrɪptəuˌsentə] n. 密码(工作)中心

cryptochannel [ˌkrɪptəuˈtʃænəl] n. 密码(通信)信道

cryptoclimate [ˈkrɪptəuˌklaɪmɪt] n. 室内小气候

cryptococcosis [ˌkrɪpəˌtəukɒkˈkəusɪs] n. 隐球酵母病,隐球菌病

cryptocyanine [ˌkrɪptəuˈsaɪənaɪn] n. 隐花青(染料)

cryptodate [ˈkrɪptəudeɪt] n. 密码键号

crypto-depression [ˈkrɪptəudɪˈpreʃən] n. 潜洼,潜隐陷落

cryptoequipment [ˌkrɪptəuɪˈquɪpmənt] n. 密码设备

cryptofragment [ˌkrɪptəuˈfrægmənt] n. 隐超裂片

cryptogenetic [ˌkrɪptəudʒɪˈnetɪk] n.;a. 隐原的,隐发性,原因不明的

cryptogenetics [ˌkrɪptəudʒɪˈnetɪks] n. 隐性遗传学

cryptogenic [ˌkrɪptəuˈdʒenɪk] a. 隐原的

cryptogenin [ˌkrɪptəuˈdʒenɪn] n. 隐配基;延令草苷配基

cryptogram [ˈkrɪptəgræm] n. 密码,暗号 ‖ ~mic a.

cryptograph [ˈkrɪptəgrɑːf] ❶ n. 密码,密码(式打字)机 ❷ v. 译为密码

cryptographer [krɪpˈtɒgrəfə] n. 密码员

cryptographic [ˌkrɪptəˈgræfɪk] a. ①密码的,暗号的 ②隐晶文象(构造)

cryptography [krɪpˈtɒgrəfɪ] n. 密码(翻译)术,密码学

cryptoguard [ˌkrɪptəˈgɑːd] n. 密码保护

cryptologic [ˌkrɪptəˈlɒdʒɪk] a.;n. 密码逻辑(的),密码术的

cryptology [krɪpˈtɒlədʒɪ] n. 密码术,隐语

cryptomachine [ˌkrɪptəməˈʃiːn] n. 密码机

cryptomaterial [ˌkrɪptəuˈtɪərɪəl] n. 密码材料

cryptomeria [ˌkrɪptəˈmɪərɪə] n. 柳杉(属)

cryptomerous [ˌkrɪptəˈmɪrəs] a. 细晶质的

cryptometer [ˌkrɪpˈtɒmɪtə] n. (涂料)遮盖力计

cryptomorphic [ˌkrɪptəˈmɔːfɪk] a. 隐形的

cryptomorphous [ˌkrɪptəˈmɔːfəs] a. 隐形的

cryptonym [ˈkrɪptəunɪm] n. 匿〔假〕名

crypto-part [ˈkrɪptəupɑːt] n. 密码段,密码部分

cryptophyte [ˈkrɪptəufaɪt] n. 隐芽植物

cryptoplasm [ˌkrɪptəuˈplæzm] n. 匀布胞质

cryptoplasmic [ˌkrɪptəˈplæzmɪk] a. 潜原性传染病的,潜伏型的

cryptopsychism [ˌkrɪptəˈsaɪkɪzm] n. 心灵学

cryptorchid [krɪpˈtɔːkɪd] n. 隐睾

cryptosciascope [ˌkrɪptəˈsəuʃɪəskəup] n. 克鲁克管(用于观察 X 射线阴影)

cryptoscope [ˈkrɪptəskəup] n. 荧光镜透视屏

cryptosecurity [ˌkrɪptəsɪˈkjurɪtɪ] n. 密码安全保证,保密措施

cryptosystem [ˌkrɪptəˈsɪstəm] n. 密码系统

cryptotechnique [ˌkrɪptətekˈniːk] n. 密码技术

cryptotext [ˈkrɪptətekst] n. 密码电文

cryptotype [ˈkrɪptətaɪp] n. 隐型

cryptovalence [ˌkrɪptəˈvæləns],**cryptovalency** [ˌkrɪptəˈvælənsɪ] n. 隐〔异常〕价

cryptovolcanism [ˌkrɪptəuvɒlˈkænɪzm] n. 隐火山作用

cryoscope [ˈkraɪskəup] n. 冻点测定仪

crystal [ˈkrɪstl] ❶ n. ①水晶,石英 ②结晶,晶体,晶粒 ③晶体检波器 ④水晶玻璃,水晶玻璃制品 ❷ a. 水晶的,透明的,透彻的,结晶的,(用)晶体的

crystalgrowing [ˈkrɪstlgrəuɪŋ] n. 晶体生长

crystalli [ˈkrɪstlɪ] n. 水痘

crystalliferous [ˌkrɪstəˈlɪfərəs] a. 产〔含〕水晶的

crystallin [ˈkrɪstəlɪn] n. (眼)晶体蛋白,晶状体蛋白

crystalline [ˈkrɪstəlaɪn] a. 结晶(质)的,晶状的

crystallinic [ˌkrɪstəˈlɪnɪk] a. 结晶的

crystallinity [ˌkrɪstəˈlɪnɪtɪ] n. 结晶度,(结)晶性

crystallinoclastic [ˌkrɪstəlɪnəˈklæstɪk] a. 晶质碎屑的

crystallisation = crystallization

crystallise = crystallize

crystallite [ˈkrɪstəlaɪt] n. 微晶,(细)晶体,晶粒

crystallizability [ˈkrɪstˌlaɪzəˈbɪlɪtɪ] n. 可结晶性

crystallizable [ˈkrɪstəlaɪzəbl] a. (可)结晶的

crystallization [ˌkrɪstəlaɪˈzeɪʃən] n. ①结晶(作用,过程),晶体形成,晶化 ②具体化

crystallize [ˈkrɪstəlaɪz] v. ①(使)结晶,晶化 ②(使)具体化,明朗化

crystallizer [ˈkrɪstəlaɪzə] n. 结晶器

crystalloblastesis [ˌkrɪstələuˈblæstəsɪs] n. 晶质改变作用

crystallofluorescence [ˈkrɪstəˌləufluəˈresəns] n. 晶体荧光

crystalloblastic [ˌkrɪstələuˈblæstɪk] a. 变晶(质)的

crystallochemistry [ˌkrɪstələuˈkemɪstrɪ] n. 结晶化学

crystallogenesis [ˌkrɪstələˈdʒenəsɪs] n. 晶体〔结晶〕发生学

crystallogeny [ˌkrɪstəˈlɒdʒənɪ] n. 晶体发生学

crystallogram [ˈkrɪstələgræm] n. (晶体)衍射图

crystallograph [ˌkrɪstəˈlɒgrɑːf] n. 检晶仪

crystallography [ˌkrɪstəˈlɒɡrəfɪ] *n.* 晶体学,结晶学

crystalloid [ˈkrɪstəlɔɪd] ❶ *n.* (类)晶体,(凝)晶质 ❷ *a.* 晶体的,结晶的,似晶质的,透明的

crystallology [ˌkrɪstəˈlɒlədʒɪ] *n.* 结晶构造学,晶体学

crystallo-luminescence [ˈkrɪstələuˌluːmɪˈnesəns] *n.* 结晶发光

crystallometer [ˌkrɪstəˈlɒmɪtə] *n.* 检晶器,晶体测量计

crystallometry [ˌkrɪstəˈlɒmɪtrɪ] *n.* 晶体测量学

crystallon [ˈkrɪstələn] *n.* 籽晶

crystallophy [ˌkrɪstəˈtɒləfɪ] *n.* 晶体物理

crystallophysics [ˌkrɪstələˈfɪzɪks] *n.* 晶体物理(学)

crysalon [ˈkrɪstələn] *n.* 籽晶,晶子

crystal-pulling [ˈkrɪstlˌpulɪŋ] *n.* 拉单晶,单晶控制

crystal-tipped [ˈkrɪstltɪpt] *a.* 晶头的,端部为结晶体的

crystobalite [ˌkrɪstəbəˈlaɪt] *n.* 白硅石,白石英

crystolon [ˈkrɪstələn] *n.* (研磨用)(人造)碳化硅

cub [kʌb] *n.* 幼兽

Cuba [ˈkjuːbə] *n.* 古巴

cubage [ˈkjuːbɪdʒ] = cubature

Cuban [ˈkjuːbən] *a.;n.* 古巴的,古巴人(的)

cubane [ˈkjuːbeɪn] *n.* 立方烷

cubanite [ˈkjuːbənaɪt] *n.* 方黄铜矿

cubature [ˈkjuːbətʃə] *n.* (求)容积(法),(求)体积(法)

cubbyhole [ˈkʌbɪhəul] *n.* 鸽笼式小文件架,分类格

cube [kjuːb] ❶ *n.* ①立方体(形) ②立方 ③立体闪光灯(=flashcube) ❷ *vt.* ①求立方,三乘 ②使成立方体 ③铺方石
〖用法〗注意下面例句中该词的含义: A³ is called 'A cubed' because it is the volume of a cube each of whose sides is A long. A³ 被称为 "A 的立方",因为它是其每边长度为 A 的一个立方体的体积。(定语从句 "each of whose sides is A long" 是修饰 "a cube" 的; "each of whose sides"="each of the sides of which"。)

cuber [ˈkjuːbə] *n.* 制粒机,压块机

cubex [ˈkjuːbɪks] *n.* 双向性硅钢片

cubic [ˈkjuːbɪk] ❶ *a.* 立方(体,形)的,正六面体的 ❷ *n.* ①立方晶系(格) ②三次曲线(函数,方程式)

cubical [ˈkjuːbɪkəl] *a.* 立方(体,形)的,三次的 ‖ **-ly** *ad.*

cubical shaped [ˈkjuːbɪkəlʃeɪpt] *a.* 立方形的

cubicite [ˈkjuːbɪsaɪt] *n.* 方沸石

cubicity [kjuːˈbɪsɪtɪ] *n.* 立方(性)

cubicle [ˈkjuːbɪkl] *n.* ①(机,小)室,(小)间,柜,机壳 ②(配置装置,开关装置)间隔 ③开关柜,操纵台 ④控压电池

cubiform [ˈkjuːbɪfɔːm] *a.* 立方形的

cubilose [ˈkjuːbɪləus] *n.* 燕窝

cubing [ˈkjuːbɪŋ] *n.* 以体积计量

cubit [ˈkjuːbɪt] *n.* 库比特,一臂长

cubitus [ˈkjuːbɪtəs] *n.* 一臂长,骨尺,肘

cuboid [ˈkjuːbɔɪd] ❶ *a.* 立方形的 ❷ *n.* 长方体

cuboidal [kjuːˈbɔɪdəl] *a.* 立方形的

cubond [ˈkjuːbɒnd] *n.* 铜焊剂

cubraloy [ˈkjuːbrəlɔɪ] *n.* 铝-青铜粉末冶金

cuckoo [ˈkuːkuː] *n.* 杜鹃,布谷鸟

cucullate [ˈkjuːkələt] *a.* 帽状的

cucumber [ˈkjuːkʌmbə] *n.* 黄瓜 ☆**as cool as a cucumber** 泰然自若,极为冷静

cucurbit [kjuːˈkɜːbɪt] *n.* 葫芦,(葫芦形)蒸馏瓶

cucurbitula [kjuːˈkɜːbɪtjulə] *n.* 吸(疗)杯,吸罐

cuddle [ˈkʌdl] *v.* 搂抱,抱着睡

cuddy [ˈkʌdɪ] *n.* ①(船上的)小室,厨房,小食橱 ②三脚杠杆

cue [kjuː] ❶ *n.* ①暗示,线索 ②(插入,提示)信号,【计】尾接〔暗示〕指令,语句信息标号 ③嵌入,插入(物) ④高密度 ⑤品质因数 ⑥长队 ❷ *v.* 插入(字幕),给…暗示 ☆**give … the cue** 给…指点〔暗示,指令〕; **take one's cue from …** 从…获得暗示〔指令〕

cueing [ˈkjuːɪŋ] *n.* (电视节目中)插入字幕,提示

cuesta [ˈkwestə] *n.* 单斜脊,单面山

cuff [kʌf] *n.* ①袖口 ②袖套,套箍,环带 (pl.)手铐 ☆**off the cuff** 无准备(的),即席(的); **on the cuff** 赊购,免费(的)

cuffing [ˈkʌfɪŋ] *n.* 成套

cuirass [kwɪˈræs] *n.* 胸甲

culdoscope [ˈkʌldəskəup] *n.* 陷凹镜

culicicide [kjuːˈlɪsɪsaɪd] *n.* 杀蚊剂

culinary [ˈkʌlɪnərɪ] *a.* 厨房用的

cull [kʌl] ❶ *n.* 选出之物 ❷ *v.* ①摘取,采集,拣出,淘汰 ②挑选

cullender [ˈkʌlɪndə] *n.* 滤器(锅)

cullet [ˈkʌlɪt] *n.* 碎玻璃

culling [ˈkʌlɪŋ] *n.* 选除,选拣

culis [ˈkʌlɪs] = coulisse

culm [kʌlm] *n.* ①碎煤,煤屑,碳质页岩 ②(草木的)茎,(麦)杆,竹竿·

culmen [ˈkʌlmən] *n.* (pl. culmina) *n.* 山顶

culmiferous [kʌlˈmɪfərəs] *a.* 有杆的,含无烟煤的

culmina [ˈkʌlmɪnə] culmen 的复数

culminant [ˈkʌlmɪnənt] *a.* (达到)顶上的,中天的

culminate [ˈkʌlmɪneɪt] *v.* ①达到极点,到最高度,到中天 ②结束,完结 ☆**culminate in** 以…而终结
〖用法〗注意下面例句中该词的用法: This chapter culminates in work on microwave antennas and waveguides. 本章最后讲有关微波天线和波导方面的内容。

culminating [ˈkʌlmɪneɪtɪŋ] *a.* 达到绝顶的,终极的,最后的

culmination [ˌkʌlmɪˈneɪʃən] *n.* ①顶点,极点,绝顶 ②全盛时期,最高潮 ③【天】中天

C

culpability [ˌkʌlpəˈbɪlɪtɪ] *n.* 有罪,该责备
culpable [ˈkʌlpəbl] *a.* 有罪的,有过失的 ‖ **culpably** *ad.*
culprit [ˈkʌlprɪt] *n.* ①罪犯,肇事者,嫌疑犯 ②(出)事故的原因 ③可能出故障的地方
cult [kʌlt] *n.* 迷信,巫术
cultivable [ˈkʌltɪvəbl] *a.* 可耕的,可栽培的,可培养的
cultivar [ˈkʌltɪvə] *n.* 栽培品种
cultivate [ˈkʌltɪveɪt] *v.* ①耕种,开垦,栽培 ②培养,养成
cultivation [ˌkʌltɪˈveɪʃən] *n.* 养殖,培养
cultivator [ˈkʌltɪveɪtə] *n.* ①耕种〔栽培〕者 ②耕耘机
cultrate(d) [ˈkʌltreɪt(ɪd)] *a.* 小刀状的,锐利的
cultural [ˈkʌltʃərəl] *a.* 文化(上)的,培养的,栽培的
culture [ˈkʌltʃə] ❶ *n.* ①文化 ②(人工,细菌)培养,养殖,栽培 ③培养物 ④【测绘】地物 ❷ *vt.* 使有教养,栽培,培养
cultured [ˈkʌltʃəd] *a.* 人工培养的,人工养殖的,耕种了的,有教养的
culturist [ˈkʌltʃərɪst] *n.* 栽培,培养,养殖者
culvert [ˈkʌlvət] *n.* ①涵洞,暗渠,阴沟,排水渠 ②电缆管道,沟道
cumarone [ˈku:mərəun] = coumarone
cumber [ˈkʌmbə] *vt.*; *n.* 麻烦,拖累,妨碍,阻塞
cumbersome [ˈkʌmbəsəm], **cumbrous** [ˈkʌmbrəs] *a.* 笨重的,麻烦的,不方便的
cumene [ˈkju:mi:n] *n.* 枯烯,异丙基苯
cumin [ˈkʌmɪn] *n.* 小茴香
cumol [ˈkju:mɒl] *n.* 枯烯
cumulant [ˈkju:mjʊlənt] *n.* 累积量
cumularspharolith [ˌkju:mjʊˈlɑ:sfərəlɪθ] *n.* 团粒
cumulate ❶ [ˈkju:mjʊlɪt] *a.* 堆积的,蓄积的 ❷ [ˈkju:mjʊleɪt] *vt.* 堆积,蓄积
cumulation [kju:mjʊˈleɪʃən] *n.* 堆〔累〕积,积累
cumulative [ˈkju:mjʊlətɪv] ❶ *a.* 累积〔加〕的,渐增的 ❷ *n.* ①加重〔载〕②积分激 ‖ **~ly** *ad.* **~ness** *n.*
cumulene [ˈkju:mjʊli:n] *n.* 累积双键烃
cumulent [ˈkju:mjʊlənt] *n.* 累积
cumuli [ˈkju:mjʊlaɪ] cumulus 的复数
cumulite [ˈkju:mjʊlaɪt] *n.* 积球雏晶
cumulocirrostratus [ˌkjʊmjʊləsɜ:ˈrɒstreɪtəs] *n.* 层卷积云
cumulo(-)cirrus [ˌkjʊmjʊləˈsɜ:rəs] *n.* 卷叠积云
cumulo(-)nimbus [ˌkjʊmjʊləˈnɪmbəs] *n.* 积〔雷〕雨云,乱积云,雷暴云
cumulose [ˈkju:mjʊləʊs] *a.* 堆积的
cumulo(-)stratus [ˌkju:mjʊləˈstreɪtəs] *n.* 层积云
cumulous [ˈkju:mjʊləs] *a.* 积云(状)的,由积云形成的
cumulus [ˈkju:mjʊləs] (pl. cumuli) *n.* ①(晴天)积云 ②堆积
cunctation [kʌŋkˈteɪʃən] *n.* 迟延
cuneal [ˈkju:nɪəl] *a.* 楔状的
cuneate [ˈkju:nɪɪt] *a.* 楔形的
cuneiform [ˈkju:nɪɪfɔ:m] *a.*;*n.* 楔形的,楔形文字(的)
cunette [kjuˈnet] *n.* 河岸加固工事,底沟,壕底渠
cunico [ˈkju:nɪkəʊ] *n.* 铜镍钴(水)磁合金
cunicular [kjuˈnɪkjʊlə] *a.* 有隧道的,穿掘的
cuniculate [kjuˈnɪkjʊleɪt] *a.* 具长沟的
cunife [ˈkju:nɪf] *n.* 铜镍铁永磁合金
cuniman [ˈkju:nɪmæn] *n.* 铜锰镍合金
cunisil [ˈkju:nɪsɪl] *n.* 铜镍硅高强度合金
cunjah [ˈkʌndʒɑ:] *n.* 大麻,印度大麻
cunning [ˈkʌnɪŋ] *a.*;*n.* ①狡猾(的) ②技巧,(技术)熟练(的) ‖ **~ly** *ad.* **~ness** *n.*
cunnus [ˈkʌnəs] *n.* (= vulva)外阴,阴门
cuorin [ˈkjʊəlɪn] *n.* 心磷脂
cup [kʌp] ❶ *n.* ①杯(子,状物),盘,盂,坩埚 ②(轴)圈,齿窝,漏斗形外浇口,浇口杯,凹形座,杯形端轴承 ③帽,盖(筒),袖套 ④喷注室 ⑤绝缘子外裙 ⑥一杯的容量 ⑦【数】求并运算 ⑧(杯形)凹地,盆地 ❷ (cupped;cupping) *v.* ①成杯〔凹〕地 ②压杯〔凹〕,冲盂 ③密封 ☆***a cup of*** 一杯…; ***win the cup*** 优胜
cupaloy [ˈkju:pəlɔɪ] *n.* 可锻铜合金
cupboard [ˈkʌbəd] *n.* 橱,柜
cupel [ˈkju:pəl] ❶ *n.* 烤钵,灰皿 ❷ (cupul(l)ed; cupel(l)ing) *vt.* 灰吹,用烤钵鉴定〔提炼〕
cupellation [kju:pəˈleɪʃən] *n.* 灰吹法,烤钵冶金法
cupferrate [ˈkʌpfəreɪt] *n.* N-亚硝基苯胺
cupferron [ˈkʌpfərɒn] *n.* 铜铁试剂,N-亚硝基苯胺铵
cupful [ˈkʌpful] *n.* 一满杯,一杯之量
cuphead [ˈkʌphed] *n.* (半)圆头
cupholder [ˈkʌphəʊldə] *n.* (并路用)绝缘子螺脚
cupidity [kjuˈpɪdɪtɪ] *n.* 贪婪
cup-like [ˈkʌplaɪk] *a.* 杯形的
cupola [ˈkju:pələ] *n.* ①圆(屋)顶,穹顶 ②冲天〔化铁〕炉,烘砖用圆炉 ③(旋转)炮塔 ④岩钟
cupolette [ˌkjʊpəˈlet] *n.* 小冲天炉
cupped [kʌpt] *a.* 凹陷的,杯状的
cupping [ˈkʌpɪŋ] *n.* ①杯形挤压,深拉,杯吸法 ②(牙轮齿的)槽形磨损 ③形成蘑菇头 ④(木料)干缩翘曲 ⑤采脂
cupping-glass [ˈkʌpɪŋglɑ:s] *n.* 吸(疗)杯,吸罐
cuppy [ˈkʌpɪ] *a.* 凹的,(地面上)窟窿多的
Cupralith [ˈkju:prəlɪθ] *n.* 铜锂合金
cupraloy [ˈkju:prəlɔɪ] *n.* 铜铬镍合金
cuprammonia [ˌkju:prəˈməʊnɪə] *n.* 铜氨液
cuprammonium [ˌkju:prəˈməʊnɪəm] *n.* 铜铵
cuprase [ˈkju:preɪs] *n.* 铜酶
cuprate [ˈkju:preɪt] *n.* 铜酸盐
cuprein [ˈkju:preɪn] *n.* 铜蛋白

cupreous ['kju:prɪəs] a. 似铜的,铜色的

cupressene ['kju:presi:n] n. 柏烯

cupric ['kju:prɪk] a. (正二价)铜的,含铜的

cupriferous [kju:'prɪfərəs] a. 含〔产〕铜的

cuprite ['kju:praɪt] n. 赤铜矿

cupro ['kju:prə] n. 铜

cuprobond [,kju:prə'bɒnd] n. (钢丝拉拔前的)硫酸铜处理,镀铜

cuprocompound [,kju:prə'kɒmpaʊnd] n. 亚铜化合物

cupromanganese [,kju:prə,mæŋgə'ni:z] n. 铜锰合金

cupron ['kʌprɒn] n. ①科普隆铜镍合金,康铜(合金) ②试铜灵,安息香肟

cupronickel [,kju:prə'nɪkl] n. 铜镍合金,白铜

cuproscheelite [,kju:prə'ʃi:laɪt] n. 铜白钨矿

cuprosklodowskite [,kju:prəsklə'dɒ:skaɪt] n. (水)硅铜铀矿

cuprosklovskite [,kju:prəsklɒv'skaɪt] n. 硅铜铀矿

cuprous ['kju:prəs] a. 亚铜的,一价铜的

cuprum [kju:prəm] n. 铜

cupula ['kju:pjulə] (pl.cupulae) n. 顶,小杯,圆盖

cupule ['kju:pju:l] n. ①杯形器,杯状凹 ②顶

curability [,kju:rə'bɪlɪtɪ] n. 治愈可能性

curable ['kju:rəbl] a. 可医治的,医得好的

curative ['kju:rətɪv] a. 治病的,医疗的,有疗效的 ❷ n. 治疗法〔物〕

curator [kjuə'reɪtə] n. 管理者,(图书馆等)馆长,(未成年人的)监护人

curb [kɜ:b] ❶ n. ①路缘(石),侧石,井栏,(建筑物上的)边饰 ②井锁口圈 ③控制,约束 ④阻止 ❷ v. ①控制,抑制,束缚,勒(马) ②设路缘石

〖用法〗注意下面例句中该词的含义: I can think of nothing better for the eager professional than to <u>curb</u> the impulse to plunge into some language manual, and to first read this book instead. 对于热切的从业者来说,我认为最好不要一头扎进某本语言手册,而是应该首先读读这本书。

curber ['kɜ:bə] n. 铺侧石〔缘石〕机

curbing ['kɜ:bɪŋ] n. ①限制 ②排设路缘石,做路缘石(的材料) ③井框支架

curbside ['kɜ:bsaɪd] n. 路边

curcumin ['kɜ:kjumɪn] n. 姜黄(色)素,酸性黄

curd [kɜ:d] ❶ n. ①凝乳 ②液体凝结物,凝块 ❷ v. (使)凝结

curdle ['kɜ:dl] v. (使)凝结,乳凝,(使)变质〔坏〕

curdmeter ['kɜ:dmi:tə] n. 凝乳计

curdy ['kɜ:dɪ] a. 凝结的,凝乳状的

cure [kjuə] n.;v. ①治疗,医治,痊愈,愈合,纠正 ②处理,加工,晒制 ③(混凝土)养护 ④硫化,结完,凝固(in) ⑤对策,治疗法,良药(for) ☆**cure A of B** 治疗〔纠正〕A的B

〖用法〗❶ 注意下面例句中该词的含义: The <u>cure</u> is to reshape the time window to produce a line

shape with smaller side lobes. 解决办法是修整时间窗口来产生具有较小边瓣的线形。❷ 该词表示"治疗方法或治疗药物"时后跟介词"for",而表示"治疗"时则跟介词"of"。如: The only <u>cure for</u> image interference is to employ highly selective stages in the RF section. 图像干扰的唯一解决方案是在射频部分采用高选择性放大级。

cure-all ['kjuərɔ:l] n. 万灵药,百宝丹

cureless ['kjuəlɪs] a. 无法医治的

curet [kjuə'ret] n.;vt. 刮器,刮匙;刮

curette [kjuə'ret] n. 刮器,刮匙

curfew ['kɜ:fju:] n. 宵禁

curiage ['kjurɪɪdʒ] n. 居里数,居里强度

curie ['kjuərɪ] n. 居里(放射性强度单位)

curie-equivalent ['kjuərɪɪ,kwɪvələnt] n. 居里当量

curiegraph ['kjuərɪgrɑ:f] n. 镭疗照片

curiescopy [,kjuərɪ'eskəpɪ] n. (体素)镭注射试验

curietherapy [,kjuərɪ'θerəpɪ] n. 镭疗法

curimeter [kjuə'rɪmɪtə] n. 曲率计

curing ['kjuərɪŋ] n. ①处理,晒制,治疗 ②(混凝土)养护 ③硫化(处理)

curio ['kjuərɪəʊ] n. 古董,珍品

curiosity [,kjuərɪ'ɒsɪtɪ] n. ①好奇心 ②珍品,古董

curious ['kjuərɪəs] a. ①好奇的 ②不寻常的,古怪的,难懂的 ☆**be curious to (do)** 想要(做),渴望(做); **curious to say** 说也奇怪 ‖ **-ly** ad. **~ness** n.

〖用法〗❶ 在 "It is curious that ..." 句型的 "that" 从句中,谓语一般应该使用 "should ..."。如: <u>It is curious that</u> they <u>should have failed</u> in the final examination. 真奇怪,他们期终考试竟然不及格。❷ 在该词后可以跟由连接代词或连接副词引导的名词从句。如: No! We are <u>curious</u> what they have tested. 我们很想知道他们测试了什么东西。("curious"后面实际上省去了"as to"或"about"。)

curite ['kjuraɪt] n. 板铅铀矿

curium ['kjuərɪəm] n. 锔

curl [kɜ:l] ❶ n. 卷毛,卷(边),起皱 ❷ v. (使)卷(翘,扭,弯)曲(over) ☆**curl up** 卷,蜷,崩溃

curliness ['kɜ:lɪnɪs] n. 卷曲,旋涡

curly ['kɜ:lɪ] a. 卷曲的,旋涡形的,(木材)有皱纹理的

currency ['kʌrənsɪ] n. ①通货,货币 ②通用,流通 ③流通时间,行情 ④经过,期间 ☆**gain currency** 传播开来; **give currency to ...** 散布; **in common currency** 一般通用

〖用法〗注意下面例句中该词的含义: A new digital-logic technology <u>gained currency</u> in the 1970s. 一种新的数字逻辑技术在20世纪70年代流行开来。

current ['kʌrənt] ❶ n. ①(电,气,水)流 ②趋势,过程 ❷ a. 流行的,通用的,现在的,当前的,当代的,本(年,月,期) ‖ **~ness** n.

〖用法〗❶ 当表示"…的电流"时,它一般后跟介

词"through"。如：The short-circuit <u>current through</u> the load is very large. 流过负载的短路电流是很大的。❷ 它作名词时，作为一般概念可看成是不可数名词，而作为具体"一个(或几个)电流"时，则为可数名词。

currently [ˈkʌrəntlɪ] *ad.* ①普遍地,广泛地 ②目前

curricula [kəˈrɪkjʊlə] curriculum 的复数

curriculum [kəˈrɪkjʊləm] (pl. curricula) *n.* ①(一门,全部)课程,课程表 ②路线 ☆*place ... on its curriculum* 把…列入课程之内

curry [ˈkʌrɪ] ❶ *v.* 刷成(马,牛),制(革) ❷ *n.* 咖喱(粉)

curse [kɜːs] ❶ *n.* 诅咒,咒骂 ❷ (cursed 或 curst) *v.* ①诅咒 ②祸根,灾难 ☆*be cursed with ...* 因…而遭殃〔受苦〕

cursed [kɜːst] *a.* 该诅咒的,可恶的,坏透的

cursive [ˈkɜːsɪv] ❶ *a.* 草写的,草书体的 ❷ *n.* 草写体,草书(原稿)

cursor [ˈkɜːsə] *n.* 游标,指针,指示器光标,(计算尺的)滑动部分,(绘图器的)活动框标,转动臂

cursory [ˈkɜːsərɪ] *a.* 草率的,仓促的,疏忽的 ‖ **cursorily** *ad.* **cursoriness** *n.*

curst [kɜːst] curse 的过去式和过去分词

curt [kɜːt] *n.* 草率的,敷衍了事的 ‖ **~ly** *ad.* **~ness** *n.*

curtail [kɜːˈteɪl] *vt.* 截短,削减,省略,节约,提早结束,剥夺

curtailment [kɜːˈteɪlmənt] *n.* 缩短,减少,简化,省略

curtain [ˈkɜːtən] ❶ *n.* 幕,(窗)帘,纱布,(薄的防护)屏,屏蔽箔,屏障,挡(板),活动小门,(pl.)(镀锌钢板的)粗糙和云状花纹表面 ❷ *v.* 挂帘子,装帷幕,用幕隔开,遮住(off) ☆*behind the curtain* 在幕后,秘密地; *draw the curtain on* 结束…,掩盖…; *lift the curtain on* 揭开…的序幕,揭露… 〖用法〗注意下面例句中该词的含义：Hopefully, this book will help the reader to pull back the <u>curtain</u> of mystery even further. 作者希望,本书将有助于读者进一步消除(对计算机的)神秘感。("pull back the curtain of mistery even further"的本意是"进一步揭开神秘的面纱"。)

curtaining [ˈkɜːtənɪŋ] *n.* 垂落(涂后漆膜形成较大面积的下垂)

curtate [ˈkɜːteɪt] ❶ *a.* 缩(较)短的,省略的 ❷ *n.* 【计】横向划分的部分,(卡片信息孔)靠拢,(卡片)横向穿孔区

curtilage [ˈkɜːtɪlɪdʒ] *n.* 庭园,宅地

curtly [ˈkɜːtlɪ] *ad.* 简略地,草率地 ‖ **curtness** *n.*

curtometer [kɜːˈtɒmɪtə] *n.* 圆量尺,曲面测量计

curvature [ˈkɜːvətʃə] *n.* ①弯曲(部分),屈曲 ②曲率,曲度 ③直线性系数

curve [kɜːv] ❶ *n.* ①曲线(板,规,图),特性曲线 ②弯曲(物,处),弯道 ③(pl.)(圆)括号 ❷ *a.* (弯)曲的 ❸ *v.* 弄弯,(使)弯曲,绘曲线 〖用法〗该名词前一般用"in",也有用"at"的。

如：This is shown <u>in〔at〕Curve B</u>. 这一点示于曲线 B 中。

curvemeter [ˈkɜːvmiːtə] *n.* 曲率计

curvic [ˈkɜːvɪk] *a.* 弯曲的,曲线的

curvilineal [ˌkɜːvɪˈlɪnɪəl],**curvilinear** [ˌkɜːvɪˈlɪnɪə] ❶ *a.* 曲线的 ❷ *n.* 曲线

curvimeter [ˈkɜːvɪmiːtə] *n.* 曲线(长度)计,曲率计

curving [ˈkɜːvɪŋ] *n.* 弯曲,变形

curvity [ˈkɜːvɪtɪ] *n.* 曲率

curvometer [kɜːˈvɒmɪtə] *n.* 曲线仪

cusec [ˈkuːsek] *n.* 容积流率 (= cubic feet per second,每秒一立方英尺的流量)

cushily [ˈkuʃɪlɪ] *ad.* 轻松地,舒适地

cushion [ˈkuʃən] ❶ *n.* ①垫子,软垫,衬层,填料 ②减震垫,缓冲器 ③(铸型的)容む,可让 ❷ *v.* 把…放在垫子上,给…装上垫子,缓冲(…的冲击),减震,预防 ☆*cushion A against B* 把 A 放在垫子上以防止 B

cushioncraft [ˈkuʃnkrɑːft] *n.* 气垫式飞行器,气垫船

cushioning [ˈkuʃnɪŋ] *n.* (加)软垫,缓冲(作用,器),减震(作用,器)

cushiony [ˈkuʃənɪ] *a.* 垫子似的,柔软的

cushy [ˈkuʃɪ] *a.* 容易的,轻松的,舒适的

Cusiloy [ˈkuːsɪlɔɪ] *n.* 线材用硅青铜

cusp [kʌsp] ❶ *n.* ①(两曲线的)交点,歧点,会切点,弯曲点 ②(齿的)尖端,尖头,顶角 ③峰 ④小岬 ⑤凹劈 ⑥【天】月角,新月的尖(角) ❷ *v.* 装尖头

cuspad [ˈkʌspæd] *n.* 向牙尖

cusparine [ˈkʌspæriːn] *n.* 库柏碱

cuspate [ˈkʌspeɪt] *a.* 尖的,有尖端的,三角的

cusped [kʌspt],**cuspidal** [ˈkʌspɪdl] *a.* 尖的

cuspid [ˈkʌspɪd] ❶ *a.* 尖的,尖端的 ❷ *n.* 犬齿,尖牙

cuspidate(d) [ˈkʌspɪdeɪt(ɪd)] *a.* (有)尖的

cuspides [ˈkʌspaɪdz] cuspis 的复数

cuspis [ˈkʌspɪs] (pl. cuspides) *n.* 尖

custodes [kʌsˈtəʊdiːz] custos 的复数

custodial [kʌsˈtəʊdɪəl] *a.* 保管的,管理的,监视的

custodian [kʌsˈtəʊdɪən] *n.* 保管〔管理〕员,看守人

custody [ˈkʌstədɪ] *n.* ①保管〔护〕 ②监视,拘留 ☆*be in the custody of ...* 托…保管,受…保护; *have the custody of* 保管(护); *in custody* 被拘留〔监禁〕; *keep ... in custody* 拘留; *take ... into custody* 逮捕

custom [ˈkʌstəm] ❶ *n.* ①习惯,风俗,惯例 ②顾客,主顾,光顾 ③(pl.)关税,海关 ❷ *a.* 定做的

customarily [ˈkʌstəmərɪlɪ] *ad.* 照例,通常,习惯上

customary [ˈkʌstəmərɪ] *a.* 通常的,(合乎)习惯的,(根据)惯例的 ☆*it is customary to (do)* 通常〔一般习惯于〕(做) 〖用法〗注意下面例句中该词的含义：It is <u>customary</u> to express the integration constant C in terms of the velocity v_0 when t = 0. 通常根据 t = 0

时的速度 v_o 来表示积分常数 C。

customer ['kʌstəmə] *n.* ①顾客,主顾,买主 ②消耗器,耗电器

customhouse ['kʌstəmhaʊs], **customoffice** ['kʌstəmɒfɪs] *n.* 海关(办公处)

customize ['kʌstəmaɪz] *vt.* 定做

customsfree [kʌstəmzfriː] *a.* 免税的

custom-tailor ['kʌstəmteɪlə] *vt.* 定制〔做〕

custos ['kʌstɒs] (pl. custodes) *n.* 保管人,管理人,看守人

cut [kʌt] (cut; cutting) ❶ *v.; n.* ①切割 ②截,剪,雕刻,斩 ③断开,截止 ④削减,减少,剪辑 ⑤断面,剖面图,割线 ⑥截距,相交,(走)近路 ⑦伤口,割纹,凹槽 ⑧切削量,切削深度 ⑨【化】馏分 ❷ *a.* ①切削加工过的 ②削减了的 ③分割的,断开的 ④有锯齿边的 ☆*at cut rate* 打折扣; *be cut out for* 适宜于(做…); *cut a record* 创新纪录; *cut a tooth* 长颗牙,长见识; *cut across* 抄近路(穿过),对直通过,横切; *cut and carve* 分割,使精练; *cut and cover* 随挖随填; *cut and dried (dry)* 老一套的,不新鲜的; *cut and try (method)* 试凑(法),试探法; *cut at* 砍向,危害,使毁灭; *cut away* 切去,切开; *cut back* 减少,(灌木)修剪,截短,急转方向; *cut both ways* 骑墙,模棱两可; *cut down* 砍伐,削减,减短,降低,删节; *cut down to grade* 挖(土)到设计标高; *cut in* 插入,接通,开动,插嘴,超车; *cut it fine* 刚好赶上〔够用〕,几乎不留余地; *cut loose* 割断(绳索),解脱; *cut lots* 抽签; *cut off* 切去,切断,剪下,删去,去掉,隔开; *cut out* 切下,切成,删去,切断,熄火,放弃; *cut out for* 准备,使适合于; *cut short* 使停止,缩短,截短,切短; *cut square* 直角开挖; *cut the ground from under* 破坏(某人)的计划,拆台; *cut the knot* 快刀斩乱麻似地处理; *cut through* 开凿,挖通,(钻)入,贯穿,抄近路穿过,克服(困难); *cut to* (电视)转换,切换到; *cut to a point* 弄尖; *cut to line* 挖到规定标高; *cut to size* 切削到应有的尺寸; *cut under* 开卖

cutability [kʌtə'bɪlɪtɪ] *n.* ①可切性 ②出肉率

cutaneous [kjuː'teɪnjəs] *a.* 皮(肤)的,影响皮肤的

Cutanit ['kʌtənɪt] *n.* 刀具硬质合金

cutaway ['kʌtəweɪ] ❶ *a.* 切去一部分的,剖面的 ❷ *n.* 剖视图

cutback ['kʌtbæk] *n.* ①逆转,反逆作用,反向运动 ②减少,削减 ③电视镜头拼合摄影术

cutdown [kʌtdaʊn] *n.* 削减,缩减,减价

cute [kjuːt] *a.* 伶俐的,漂亮的,故作风雅的

cutesy ['kjuːtsɪ] *a.* 装腔作势的

cuticle ['kjuːtɪkl] *n.* ①表皮,外皮,护膜 ②(液面的)薄膜 ③角质层

cuticolor ['kjuːtɪkʌlə] *a.* 肤色的,肉色的

cuticula [kjuː'tɪkjulə] (pl. cuticulae) *n.* 外膜,表皮,皮膜

cuticular [kjuː'tɪkjulə] *a.* 表皮的,护膜的

cuticulin [kjuː'tɪkjulɪn] *n.* 壳脂蛋白

cuticulum [kjuː'tɪkjuləm] *n.* 外表

cutin ['kjuːtɪn] *n.* 角质,表皮质

cut-in ['kʌtɪn] ❶ *n.* ①切入,插入(物),加载 ②接通,开动 ③超车 ④(电影)字幕 ❷ *a.* 插入的

cutinization [,kʌtɪnaɪ'zeɪʃən] *n.* 角化(作用)

cutis ['kjuːtɪs] *n.* 皮肤,真皮

cutitis [kjuː'taɪtɪs] *n.* 皮炎

cutlass-fish(es) ['kʌtləsfɪʃ(ɪz)] *n.* 带鱼科鱼类

cutlery ['kʌtlərɪ] *n.* 刃具(制造业),刀具

cutlet ['kʌtlɪt] *n.* (切)片

cutline ['kʌtlaɪn] *n.* 插图下面的说明文字,图注

cut(-)off ['kʌtɒf] ❶ *n.* ①切去,断开,截止,停给,(火箭)熄灭 ②断开装置,保险安置,断流器 ③挡板,排水管,弯头 ④(河流的)截弯段,截距,近路 ⑤(电视机屏幕)边框遮挡的部分 ❷ *a.* 界限的,分界的

cut(-)out ['kʌtaʊt] *n.* ①切断,断绝,停车 ②挖去,切开,剪裁,剪纸(艺术) ③断流器,熔断器,中断装置,保险安置

cut-over ['kʌtəʊvə] *n.* ①接入,开通 ②转换

cutter ['kʌtə] *n.* ①切削刀具,车刀 ②截断〔收割〕割草〕机,割枪 ③切削工人,剪辑员

cutterbar ['kʌtəbɑː] *n.* 切割器,刀杆

cutterhead ['kʌtəhed] *n.* ①(镗)刀盘,铣轮,绞刀头 ②切碎器

cutter-lifter ['kʌtə'lɪftə] *n.* 切割挖掘机

cutter-loader ['kʌtə'ləʊdə] *n.* 切割装载机

cut-through ['kʌtθruː] *n.* 挖〔凿〕通

cutting ['kʌtɪŋ] ❶ *n.* ①切,刻槽,挖,剪切,开凿,琢磨 ②(pl.)(切,锯)屑,刨花 ③(收)割,插枝,剪(裁,辑) ❷ *a.* 供切割用的,锐利的,剧烈的,刺耳的 ☆*cutting in* (孔型的)切深,切入;冲入,打断,干涉; *cutting off* 切开,关闭,停车; *cutting up mill* 切造车间

cuttlefish ['kʌtlfɪʃ] *n.* 乌贼鱼

cutty ['kʌtɪ] *a.* 切短的,性急的

cutwater ['kʌtwɔːtə] *n.* 分水角(处),刹水装置

cutworm ['kʌtwɜːm] *n.* 土蚕,地老虎,夜盗贼

cuvette [kjuː'vet] *n.* 小池,比色杯,边沟

cyacrin [saɪ'ækrɪn] *n.* 氰阿克林

cyan ['saɪæn] *n.; a.* ①氰基 ②蓝〔青〕绿色的,宝石蓝的

cyanaloc [,saɪə'nælɒk] *n.* 氰基树脂

cyanamide [,saɪə'næmaɪd], **cyanamid** [saɪ-'ænəmɪd] *n.* 氰胺,氨基氰,氰化氨

cyanate ['saɪəneɪt] *n.* 氰酸盐

cyanated ['saɪəneɪtɪd] *a.* 氰化了的

cyanation [,saɪə'neɪʃən] *n.* 氰化作用,氰化法

cyanelles [,saɪə'neliːz] *n.* 共生体

cyanic [saɪ'ænɪk] *a.* (含)氰的,青蓝的

cyanidation [,saɪənɪ'deɪʃ ən] *n.* 氰化(法,作用)

cyanide ['saɪənaɪd] ❶ *n.* 氰化物 ❷ *vt.* 用氰化物处理

cyaniding ['saɪənaɪdɪŋ] *n.* 氰化

cyanidum ['saɪənɪdəm] *n.* 氰化物

cyanine ['saɪənaɪn] *n.* 花青(染料)

cyanite ['saɪənaɪt] *n.* 蓝晶石

cyanoacetylene [ˌsaɪənəuə'setili:n] *n.* 丙炔腈

cyanocarbon [ˌsaɪənəu'kɑ:bən] *n.* 氰碳化合物

cyano derivative [ˌsaɪənə dɪ'revətɪv] *n.* 氰基衍生物

cyanoderma [ˌsaɪənəu'dɜ:mə] *n.* 发绀,青紫

cyanoethanol [ˌsaɪənəuiː'θænɒl] *n.* 氰乙醇

cyanoethylation [ˌsaɪnəuɪθiː'leɪʃən] *n.* 氰乙基化(作用)

cyanogen [saɪ'ænədʒɪn] *n.* 氰

cyanogenation [ˌsaɪənədʒɪ'neɪʃən] *n.* 氰化作用

cyanogenetic [ˌsaɪənəudʒɪ'netɪk], **cyanogenic** [ˌsaɪənəu'dʒenɪk] *a.* 能产生氰化物的,生氰的

cyanohydrin [ˌsaɪənəu'haɪdrɪn] *n.* 氰醇

cyanometer [ˌsaɪə'nɒmɪtə] *n.* 蓝度表

cyanomethylation [ˌsaɪənə,meθɪ'leɪʃən] *n.* 氰甲基化(作用)

cyanometry [ˌsaɪə'nɒmɪtrɪ] *n.* (天空,海洋)蓝度测量法

cyanonitride [ˌsaɪənə'naɪtrɪd] *n.* 氰氮化物,碳氮化物

cyanopsia [ˌsaɪə'nɒpsɪə] *n.* 蓝视(症)

cyanosensor ['saɪənəusensə] *n.* 氰基传感器

cyanosis [ˌsaɪə'nəusɪs] *n.* (因缺氧产生的)紫绀,氰紫症

cyanotype [saɪ'ænətaɪp] *n.* 氰印照相(法),晒蓝图

cyanozonolysis [ˌsaɪənəuzə'nɒlɪsɪs] *n.* 氰臭氧化

cyanuramide [ˌsaɪə'njurəmaɪd] *n.* 三聚氰酸胺,蜜胺

cyasma [saɪ'æzmə] *n.* 妊娠斑

cyberculture ['saɪbɜ:ˌkʌltʃə] *n.* 控制论优化,电子计算机化带来的影响,电子计算机影响下的文化

cybernate ['saɪbɜ:neɪt] *vt.* 使受电子计算机控制,使电子计算机化

cybernation [ˌsaɪbɜ:'neɪʃən] *n.* (用电子计算机)控制

cybernetic [ˌsaɪbə'netɪk] *a.* 控制论的

cybernetician [ˌsaɪbənɪ'tɪʃən] *n.* 控制论工作者

cybernetics [ˌsaɪbɜ:'netɪks] *n.* 控制论

cybernetist [saɪbə'netɪst] *n.* 控制论专家,自动化专家

cybertron ['saɪbətrɒn] *n.* 控制机

cyboma ['saɪbəmə] *n.* 集散微晶

cyborg ['saɪbɔ:g] *n.* 靠机械装置维持生命的人(如宇航员)

cyborgian [saɪ'bɔ:dʒɪən] *a.* 生控体系统的

cybotactic [ˌsɪbə'tæktɪk] *a.* 群聚的,分子的排列是衔接的或并行的

cybotaxis [ˌsɪbə'tæksɪs] *n.* 群聚(性),非晶体分子立方排列

cyclamate ['saɪkləmeɪt] *n.* 环己氨基磺酸盐

cyclane(s) ['sɪkleɪn(z)] *n.* 环烷烃

cyclanone ['sɪkleɪnəun] *n.* 环烷酮

cycle ['saɪkl] ❶ *n.* ①周,周波(数),一转 ②循环(时间),一个操作过程,【数】环,【化】环核,【地质】旋回,天体运转的轨道 ③ (一段)长时期,(一个)时代 ❷ *v.* (使)循环,轮转,骑自行车

cyclecar ['saɪklkɑ:] *n.* 三轮小汽车,小型汽车

cycled ['saɪkld] *a.* (试验)循环的

cyclegraph ['saɪklgræf] *n.* 操作的活动轨迹的灯光示迹摄影记录(法)

cyclelog ['saɪklɒg] *n.* 程序调整器

cyclenes ['saɪkli:nz] *n.* 环烯

cycler ['saɪklə] *n.* 周期计,循环控制装置,骑自行车〔机器脚踏车〕的人

cycleway ['saɪklweɪ] *n.* 自行车道

cycleweld ['saɪklweld] *n.* 合成树脂结合剂

cyclewelding ['saɪklweldɪŋ] *n.* (金属等的)合成树脂结合剂焊接法

cyclic(al) ['saɪklɪk (əl)] *a.* ①周期的,循环的 ②环状的,轮转的 ‖ **cyclically** *ad.*

cyclicodevelopmental ['saɪklɪkəudɪˌveləp'mentəl] *a.* 周期发育的

cyclics ['saɪklɪks] *n.* 环状化合物

cyclide ['saɪklaɪd] *n.* 四次圆纹曲面

cycling ['saɪklɪŋ] ❶ *a.* 循环的,周期性工作的 ❷ *n.* ①循环 ②周期工作 ③(循环)变化,周期性变化 ④骑自行车

cyclist ['saɪklɪst] *n.* 骑自行车者

cyclite ['saɪklaɪt] *n.* 二溴苄,赛克炸药

cyclitol ['saɪklɪtɒl] *n.* 环状糖醇

cyclization [ˌsaɪklɪ'zeɪʃən] *n.* 环合,环的形成,环化(作用),成环作用

cyclize ['saɪklaɪz] *v.* 环化

cyclo ['si:kləu] *n.* 出租机动三轮车

cycloaddition [ˌsaɪkləuə'dɪʃən] *n.* 环化加成(作用)

cycloaminium [ˌsaɪkləuə'mɪnɪəm] *a.* 环铵

cyclobutadiene [ˌsaɪkləubju:ˌtə'di:n] *n.* 环丁二烯

cyclobutane [ˌsaɪkləu'bju:teɪn] *n.* 环丁烷

cyclobutanone [ˌsaɪkləu'bju:tənəun] *n.* 环丁(烷)酮

cyclobutyl [ˌsaɪkləu'bju:tɪl] *n.* 环丁基

cycloceratitis [ˌsaɪklə,serə'taɪtɪs] *n.* 睫状体角膜炎

cyclocompound [ˌsaɪkləu'kɒmpaund] *n.* 环状化合物

cycloconverter [ˌsaɪkləukən'vɜ:tə] *n.* 循环换流器,双向离子变频器

cyclodeaminase [ˌsaɪkləudi:'æmɪnəs] *n.* 环化脱氨酶

cyclo(de)hydrase ['saɪkləu(di:)'haɪdreɪs] *n.* 环化脱水作用

cyclodextrin [ˌsaɪkləu'dekstrɪn] *n.* 环状糊精

cyclodiastereomerism [ˌsaɪkləu,daɪəstɪərɪə'merɪzm] *n.* 环键间异构〔现象〕

cyclodos ['saɪkləudəs] *n.* (脉冲调制电路中的)发送电子转换开关

cycloduction [,saɪkləu'dʌkʃən] *n.* 环动,环转

cyclogenesis [,saɪklə'dʒenɪsɪs] *n.* 气旋发生

cyclogeny ['saɪkləudʒɪnɪ] *n.* (细菌)周期发育,活周期

cyclogram ['saɪkləugræm] *n.* 视野图,排卵周期图

cyclograph ['saɪkləugrɑ:f] *n.* ①圆弧规 ②轮转全景照相机〔电影摄影机〕③涡流式电磁感应试验法 ④试片高频感应示波法 ⑤测定金属硬度的电子仪器 ⑥周期图

cyclogyro ['saɪkləu'dʒaɪərəu] *n.* 旋翼机

cycloheptane [,saɪkləu'heptein] *n.* 环庚烷

cyclohexane [,saɪkləu'heksein] *n.* 环己烷

cyclohexanol [,saɪkləu'heksənɒl] *n.* 环己醇

cyclohexanone [,saɪkləu'heksənəun] *n.* 环己酮

cyclohexene [,saɪkləu'heksi:n] *n.* 环己烯

cyclohexyl [,saɪkləu'heksɪl] *n.* 环己基

cyclohydrase [,saɪkləu'haɪdreɪs] *n.* 环化脱水酶

cycloid ['saɪklɔɪd] **❶** *n.* 摆线 **❷** *a.* ①圈状的 ②易起循环精神病的

cycloidal [saɪ'klɔɪdəl] *a.* 摆线的,圆滚线的 ‖ **~ly** *ad.*

cycloinverter [,saɪkləuɪn'vɜ:tə] *n.* (交流电源用)双向离子变频器

cyclolysis [saɪ'klɒlɪsɪs] *n.* 气旋消除

cyclome ['saɪkləum] *n.* 药环(花药)

cyclometer [saɪ'klɒmɪtə] *n.* ①跳字转数计,跳字计数器,转数计 ②示数仪表 ③测圆弧器 ④里程计

cyclometry [saɪ'klɒmɪtrɪ] *n.* 圆弧测量法,测圆法

cyclomycin [,saɪkləu'maɪsɪn] *n.* 四环素

cyclone ['saɪkləun] *n.* ①旋风 ②离心式除尘器,旋风分离器,旋流器 ③环酮,四芒基茂酮

cyclonet [saɪ'klɒnɪt] *n.* 海上除油机

cyclonic [saɪ'klɒnɪk] *a.* 气旋(似)的,旋风的,低压的

cyclonite [saɪ'kləunaɪt] *n.* 黑索今炸药,旋风炸药,六素精

cyclonium [saɪ'kləunɪəm] *n.* 【化】钜的旧称

cyclonome ['saɪkləunəum] *n.* 旋转式扫描器

cyclooctane [,saɪkləu'ɒktein] *n.* 环辛烷

cyclooctene [,saɪkləu'ɒkti:n] *n.* 环辛烯

cycloolefin [,saɪkləu'əuləfɪn] *n.* 环烯

cyclop(a)edia [,saɪklə'pi:djə] *n.* 百科全书

cyclop(a)edic [,saɪklə'pi:dɪk] *a.* 百科全书的,渊博的

cycloparaffin [,saɪkləu'pærəfɪn] *n.* 环烷烃

cyclopean [saɪ'kləupjən] **❶** *n.* 蛮石堆 **❷** *a.* ①蛮石的,巨石堆积的 ②镶嵌状的 ③巨大的

cyclopentane [,saɪklə'pentein] *n.* 环戊烷

cyclopentanol [,saɪkləu'pentənɒl] *n.* 环戊醇

cyclopentanone [,saɪkləu'pentənəun] *n.* 环戊酮

cyclopentene [,saɪkləu'penti:n] *n.* 环戊烯

cyclophon(e) ['saɪkləfəun] *n.* 旋调管〔器〕

cyclophosphamide [,saɪkləu'fɒsfəmaɪd] *n.* 环磷酰胺

cyclopian,cyclopic *n.;* *a.* = cyclopean

cyclophysis [saɪ'kləufɪsɪs] *n.* 周期特性

cyclopin ['saɪkləpɪn] *n.* 圆弧素

cyclopite ['saɪkləpaɪt] *n.* 钙长石

cyclopolymerization [,saɪkləu,pəulaɪməraɪ'zeɪʃən] *n.* 环(化)聚(合)(作用)

cyclopropane [,saɪkləu'prəupein] *n.* 环丙烷

cyclopropyl [,saɪkləu'prɒpɪl] *n.* 环丙基

cyclorama [,saɪklə'rɑ:mə] *n.* 圆形画景,半圆形透视背景

cyclorectifier [,saɪklə'rektɪfaɪə] *n.* 循环整流器,单向离子变频器

cyclorubber [,saɪkləu'rʌbə] *n.* 环化橡胶

cycloscope ['saɪkləuskəup] *n.* 转速仪,视野镜

cyclosilicate [,saɪklə'sɪlɪkeɪt] *n.* 环硅酸盐

cyclosis [saɪ'kləusɪs] *n.* 胞质环流

cyclosteel [,saɪklə'sti:l] *n.* 旋风式铁矿粉直接冶炼钢

cyclostropic [,saɪkləu'strɒpɪk] *a.* 因气流曲率而引起的,旋衡的

cyclosubstituted [,saɪkləu'sʌbstɪtjutɪd] *a.* 环取代的

cyclosymmetry [,saɪkləu'sɪmɪtrɪ] *n.* 循环对称

cyclosynchrotron [,saɪkləu'sɪnkrətrɒn] *n.* 同步回旋加速器

cyclothem ['saɪkləθəm] *n.* 旋回层

cyclotomic [,saɪkləu'tɒmɪk] *a.* 分圆的

cyclotomy [saɪ'klɒtəmɪ] *n.* 分圆(法)

cyclotron ['saɪkləutrɒn] *n.* 回旋加速器

cyclovergence [,saɪklə'vɜ:dʒəns] *n.* 环转

cycloversion [,saɪklə'vɜ:ʃən] *n.* 铝土催化法

cyder ['saɪdə] *n.* 苹果汁〔酒〕

cyema [saɪ'i:mə] *n.* 胚胎,胎

cyemology [,saɪɪ'mɒlədʒɪ] *n.* 胚胎学

cyesis [saɪ'i:sɪs] *n.* 妊娠

cylinder ['sɪlɪndə] *n.* ①圆柱,(圆)柱体 ②汽缸,泵体 ③圆筒,钢瓶,(氧)气瓶 ④小轧辊 ⑤【数】柱面 ⑥(多面磁盘的)同位标磁道组 ☆ **work on all cylinders** 尽余力,运转正常

cylindered ['sɪlɪndəd] *a.* 有汽缸的

cylindrate ['sɪlɪndreɪt] *a.* 圆筒形的

cylindraxile [,sɪlɪn'dræksɪl] *n.* 轴索,神经轴

cylindric(al) [sɪ'lɪndrɪk(əl)] *a.* 圆柱体的,筒形的,柱面的 ‖ **~ally** *ad.*

cylindricality [,sɪlɪndrɪ'kælɪtɪ] *n.* 柱面性

cylindricity [,sɪlɪn'drɪsɪtɪ] *n.* 柱面性,圆柱度

cylindricizing [,sɪlɪn'drɪsɪzɪŋ] *n.* 对称比

cylindriform [,sɪlɪn'drɪfɔ:m] *a.* 圆筒(形)的,圆柱(状)的

cylindrite [sɪ'lɪndraɪt] *n.* 圆柱锡矿

cylindroconical [,sɪlɪndrə'kɒnɪkəl] *a.* 圆锥形的

cylindroid [ˈsɪlɪndrɔɪd] ❶ n. 圆柱形面,柱形面,拟圆柱面,(正)椭圆柱〔筒〕❷ a. 拟〔椭〕圆柱的

cylindrometer [ˌsɪlɪnˈdrɒmɪtə] n. 柱径计

cylindrosymmetry [ˌsɪlɪndrəˈsɪmɪtrɪ] n. 圆柱对称

cylindrulite [ˈsɪlɪndrəlaɪt] n. (圆)柱晶

cylpeb [ˈsɪlpeb] n. 粉碎(用)圆柱(钢)棒

cyma [ˈsaɪmə] (pl. cymas 或 cymae) n. 反曲线,波状花边,浪纹线脚

cymatia [sɪˈmeɪʃɪə] cymatium 的复数

cymatium [sɪˈmeɪʃɪəm] (pl. cymatia) n. 反曲线状,波状(拱顶)花边

cymbal [ˈsɪmbəl] n. 钹,钗

cymbiform [ˈsɪmbɪfɔːm] a. 船形的,舟状的,艇状的

cyme [saɪm] n. 聚伞花序

Cymel [ˈsaɪməl] n. 聚氰胺树脂

cymene [ˈsaɪmiːn] n. 伞花烃,甲基,异丙基苯

cymling [ˈsɪmlɪŋ] n. 密生西葫芦

cymogene [ˈsaɪməudʒiːn] n. 粗丁烷

cymograph [ˈsaɪməgrɑːf] n. 转向记录器,自记频率计

cymomer, cymometer [saɪˈmɒmɪtə] n. 频率计,波频〔长〕计

cymomotive force [ˌsaɪməˈməutɪvˈfɔːs] n. 波动势(缩写为 cmf.)

cymoscope [ˈsaɪməskəup] n. 检波器,振荡指示器

cymose [ˈsaɪməus] a. 聚伞状的

cymrite [ˈsɪmraɪt] n. 钡铝沸石

cymyl [ˈsaɪmɪl] n. 伞花基,甲异丙苯基

CYN, cyanide [ˈsaɪənaɪd] n. 氰化物

cynic [ˈsɪnɪk] a. ①玩世不恭的 ②似犬的,犬的

cynosure [ˈsɪnəzjuə] n. ①【天】小熊(星),北极星 ②引人注意的人〔物〕,(注意的)目标,引力中心

cypher = cipher

Cypriot [ˈsɪprɪɒt] n.;a. 塞浦路斯人〔的〕

cyprite [ˈsɪpraɪt] n. 辉铜矿

Cyprus [ˈsaɪprəs] n. 塞浦路斯

cyrtolite [ˈsɜːtəlaɪt] n. 曲晶石

cyrtometer [sɜːˈtɒmɪtə] n. 圆量尺,测曲面器,测胸围器

cyst [sɪst] n. 囊,孢囊,囊肿

cystine [ˈsɪstiːn] n. 胱氨酸

cystitis [sɪsˈtaɪtɪs] n. 膀胱炎

cytac [ˈsaɪtæk] n. 一种远距离导航系统,劳兰 C 导航系统

cytoarchitectonics [ˌsaɪtəu,ɑːkɪtekˈtɒnɪks] n. 细胞构筑学

cytobiology [ˌsaɪtəubaɪˈɒlədʒɪ] n. 细胞生物学

cytochemistry [ˌsaɪtəuˈkemɪstrɪ] n. 细胞化学

cytochrome [ˈsaɪtəukrəum] n. 细胞色素

cytochylema [ˌsaɪtəukaɪˈliːmə] n. 细胞液

cytoclasis [saɪˈtɒkləsɪs] n. 细胞解体

cyto-dynamics [ˌsaɪtəudaɪˈnæmɪks] n. 细胞动力学

cytoecology [ˌsaɪtəɪˈkɒlədʒɪ] n. 细胞生态学

cytogene [ˈsaɪtədʒiːn] n. 胞质基因

cytogenesis [ˌsaɪtəuˈdʒenɪsɪs] n. 细胞发生

cytogenetics [ˌsaɪtəudʒɪˈnetɪks] n. 细胞遗传学

cytogeography [ˌsaɪtədʒɪˈɒgrəfɪ] n. 细胞地理学

cytography [saɪˈtɒgrəfɪ] n. 细胞论

cytokinesis [ˌsaɪtəukaɪˈniːsɪs] n. 细胞分裂,减数分裂

cytology [saɪˈtɒlədʒɪ] n. 细胞学

cytolymph [ˈsaɪtəulɪmf] n. 细胞液〔浆〕

cytolysis [saɪˈtɒləsɪs] n. 细胞溶解(作用)

cytometer [saɪˈtɒmɪtə] n. 血细胞计数器

cytophotometry [ˌsaɪtəufəˈtɒmɪtrɪ] n. 细胞光度学

cytophysiology [ˌsaɪtəufɪzɪˈɒlədʒɪ] n. 细胞生理学

cytoplasm [ˈsaɪtəplæzəm] n. 细胞质,细胞浆

cytospectrophotometry [ˌsaɪtəˈspektrəfəuˈtɒmɪtrɪ] n. 细胞分光光度学

cytotaxis [ˌsaɪtəuˈtæksɪs] n. 细胞趋性

cytotaxonomy [ˌsaɪtəutækˈsɒnəmɪ] n. 细胞分类学

czar [zɑː] n. 沙皇

czarism [ˈzɑːrɪzəm] n. 沙皇〔专制〕制度

Czech, Czekh [tʃek] n.;a. 捷克人〔语〕,捷克人〔语〕的

Czechoslovak [ˈtʃekəuˈsləuvæk] a.;n. 捷克斯洛伐克的,捷克斯洛伐克人(的)

Czechoslovakia [ˈtʃekəusləuˈvækɪə] n. 捷克斯洛伐克

D d

dab [dæb] *vt.;n.* ①突然地轻敲〔拍〕，按指纹印 ②(抚)摸,涂,敷(on) ③团块,斑点

dabber ['dæbə] *n.* 轻拍的东西,上墨滚筒,(打纸型的)硬毛刷

dabble ['dæbl] *v.* ①浸,蘸,弄〔润,溅〕湿,灌注,喷洒 ②研究,涉猎(at, in)

dabbler ['dæblə] *n.* 玩水者,涉猎者,(业余)爱好者

Dacca ['dækə] *n.* 达卡(孟加拉国首都)

dace [deɪs] *n.* 鲦鱼;雅罗鱼

dachiardite ['dɑːkɪɑːdaɪt] *n.* 环晶石

dacite ['dæsaɪt] *n.* (石)英安(山)岩

dacitoid ['dæsɪtɔɪd] *n.* 似英安岩

Dacron, dacron ['deɪkrən] *n.* 涤纶(线,织物),的确凉,聚酯纤维

dacryagogic [,dækrɪə'gɒdʒɪk] *a.* 催泪的

dacryagogue [,dækrɪəgɒg] *n.* 催泪剂,排泪管

dacryogenic [,dækrɪə'dʒenɪk] *a.* 催泪(性)的

dactyl ['dæktɪl] *n.* 指,趾

dactylife ['dæktɪlaɪf] *n.* 指形晶

dactylitic [,dæktɪ'lɪtɪk] *a.* 指形晶状的

dactylogram [dæk'tɪləgræm] *n.* 指纹(谱),指印

dactylograph [dæk'tɪləgræf] *n.* 打字机

dactylography [,dæktɪ'lɒgrəfɪ] *n.* 指纹学

dactyloid ['dæktɪlɔɪd] *a.* 指状的

dactylology [,dæktɪ'bɒlədʒɪ] *n.* 手语

dactylophasia [,dæktɪlə'feɪzɪə] *n.* 手语

dactylopore [dæk'tɪləpɔː] *n.* 指孔

dactyloscopy [,dæktɪ'lɒskəpɪ] *n.* 指纹鉴定法

dactylotype [dæk'tɪlətaɪp] *n.* 指纹结构

dad [dæd] *n.* (口语)爸爸
〖用法〗当它作称呼时,一般第一个字母应该大写并且不加冠词。

dado ['deɪdəʊ] *n.* ①护壁〔踢脚〕板,墙裙,柱的基座 ②小凹槽

daffodil ['dæfədɪl] *n.* 黄水仙

daft [dɑːft] *a.* 愚笨的,疯狂的

dagger ['dægə] *n.* 短剑,匕首,剑(形)符 ☆*at daggers drawn (with)* 剑拔弩张,(与…)势不两立

daguerreotype [də'gerɪəʊtaɪp] *n.* 银板照相(法)

dah [dɑː] *n.* (电报)电码中的一长画

dahllite ['dɑːlaɪt] *n.* 碳酸磷灰石

dahmenite ['dɑːmənaɪt] *n.* 达门炸药

Dahomey [də'həʊmɪ] *n.* 达荷美(中西非国家贝宁的旧称)

daiflon ['deɪflɒn] *n.* 聚三氟氯乙烯树脂

daily ['deɪlɪ] ❶ *a.;ad.* ①每日的(地),天天 ②昼夜的 ❷ *n.* 日报

dailygraph ['deɪlɪgrɑːf] *n.* (电话机)磁盘放机

daintily ['deɪntɪlɪ] *ad.* 优美地,讲究地

dainty ['deɪntɪ] *a.* 优美的,精致的,漂亮的

dairy ['deərɪ] *n.* 牛奶〔奶品,乳品〕场,牛奶店

Dairy bronze 戴利黄铜

dais ['deɪɪs] *n.* (高,讲,演出)台

daisy ['deɪzɪ] *n.* 雏菊;头等货

Dakar ['dækə] *n.* 达喀尔(塞内加尔的首都)

dakeite ['dɑːkɪaɪt] *n.* 板菱铀矿

Dakota [də'kəʊtə] *n.* ①军事运输机 ②North〔South〕Dahoto(美国)北〔南〕达科他州

dalapen ['dæləpɪn] *n.* 二氯丙酸(除草剂)

dalapon ['dæləpɒn] *n.* 茅草枯(除草剂)

dalarnite [də'lɑːnaɪt] *n.* 毒砂

dale [deɪl] *n.* ①小谷,峡 ②排水管,排水孔

d'Alembertion [d,ælæm'bɜːʃən] *n.* 达朗伯(算)符

dally ['dælɪ] *v.* ①玩忽,戏弄(with) ②延误,浪费(时间) ③空转

dalton ['dɔːltən] *n.* 道尔顿(质量单位)

daltonide ['dɔːltənaɪd] *n.* 道尔顿式化合物

daltonism ['dɔːltənɪzm] *n.* (红绿)色盲

dalyite ['dælɪaɪt] *n.* 钾锆石

dam [dæm] ❶ *n.* ①坝,堰,埂,水闸 ②堵塞,屏障,空气阀,挡板 ③拦在堤坝里面的水 ④挡料圈 ⑤母畜,母本,雌亲 ❷ (dammed; damming) *vt.* ①拦起,筑坝 ②堵塞,遮断,抑制 ☆*dam out* 筑坝排水; *dam up* 用坝堵高水位,封闭,拦阻,抑〔控〕制

damage ['dæmɪdʒ] *n.; vt.* ①损害〔坏〕,破坏,毁坏 ②事故,故障 ③(pl.)损害赔偿费 ☆*(do) damage to* 损害〔坏〕; *the damage to A* 对 A 的损伤
〖用法〗注意下面例句中"damage to"和"damage from"的不同含义: In this case, physical <u>damage to</u> the diode may result.在这种情况下,可能会损坏二极管〔对二极管可能会造成损坏〕。/A large coil suspended by weak springs is subject to <u>damage from</u> mechanical shock and vibration.用软弱的弹簧悬挂起来的大型线圈容易遭到由机械冲击和振动所引起的损坏。❷ 注意下面例句的句型及其译法: Too large a value of Q would <u>damage</u> the device.如果 Q 值太大,就会损坏该器件。

damageable ['dæmɪdʒəbl] *a.* 易(受)损害的

damaging ['dæmɪdʒɪŋ] *a.* 破坏性的

daman ['dæmən] *n.* 非洲蹄兔

damar ['dæmə] *n.* = dammar

damascene ['dæməsi:n] ❶ *n.;a.* ①波纹,雾状花纹 ②镶嵌 ③(Damascene)大马士革的(人) ❷ *vt.* 用波纹装饰,使现雾状花纹,镶嵌

Damascus [də'mæskəs] *n.* 大马士革(叙利亚的首都)

damask ['dæməsk] ❶ *n.;a.* ①缎子(的),斜纹布(的) ②淡红(的) ③大马士革钢(的) ❷ *vt.* 使织出花纹

damaxine ['dæmæksi:n] *n.* 高级磷青铜

dambose ['dæmbəʊs] *n.* 橡胶糖

daminozide [dæ'maɪnəzaɪd] *n.* 丁酰肼

damkjernite ['dæmkjənaɪt] *n.* 辉云碱煌岩

dammar ['dæmə] *n.* 达马(树)脂

damming ['dæmɪŋ] *n.* ①筑坝(拦水) ②堵塞,作蓄水槽

damn [dæm] ❶ *v.* 谴责,该死 ❷ *n.* 一点点,些微 ☆*not care (give) a damn* 毫不在乎

damnable ['dæmnəbl] *a.* 可恶的,讨厌的,极坏的

damned [dæmd] ❶ *a.* 该死的,讨厌的 ❷ *ad.* 非常,极

damnify ['dæmnɪfaɪ] *vt.* 损伤(害)

damning ['dæmɪŋ] *a.* 该死的,定罪的

damourite [də'maʊəraɪt] *n.* 水(细鳞)白云母

damp [dæmp] ❶ *v.* ①弄湿,浸润 ②阻尼,(使)减振,缓冲,(使)衰减,抑制,阻塞 ③压(火),(炉)灭火 ☆ *damp down* 缓冲,减弱,封(压)火; *damp off*(因潮湿)腐烂; *damp out* 阻息,(逐渐)降低 ❷ *n.* ①湿气,潮湿 ②雾,水蒸气 ③(煤矿内)危险气体,甲烷 ④阻尼,衰减,消声,缓冲,减振 ❸ *a.* 潮湿的 ☆*cast (throw, strike) a damp over* 向…泼冷水,使…沮丧

dampen ['dæmpən] *v.* =damp ①弄湿,浸润 ②阻尼,减振,抑制,衰减 ☆*dampen out* 减弱掉,吸收尽

dampener = damper

damper ['dæmpə] *n.* ①阻尼〔缓冲,减振〕器,阻尼线圈 ②推力调整器,气流调节器,风挡 ③潮湿器 ④现金记录机

damping ['dæmpɪŋ] *n.;a.* 阻尼(的),减振(的),缓冲(的),抑制(的),润湿 ☆*damping-off* 猝倒病

dampish ['dæmpɪʃ] *a.* 微湿的

dampness ['dæmpnɪs] *n.* 潮湿,湿度

dampproof(ing) ['dæmp'pru:f(ɪŋ)] *a.* 防潮的,不透水的

dampy ['dæmpɪ] *a.* 潮湿的

damselfly ['dæmzlflaɪ] *n.* 蜻蜓

damsite ['dæmsaɪt] *n.* 坝址

dan [dæn] *n.* ①小车,空中吊运车 ②勺,瓢,桶,钢筒,排水箱,标识浮标,扫雷标 ③担 ④十килен顿

danaite ['deɪnəaɪt] *n.* 钴毒砂

danalite ['deɪnəlaɪt] *n.* 铍(石)榴(子)石

Da Nang ['dɑ:'nɑ:ŋ] 岘港(越南港市)

danburite ['dænbəraɪt] *n.* 赛黄晶

dance [dɑ:ns] *v.; n.* 跳舞,舞蹈〔会,曲〕,摇晃,飘荡 ☆*dance to another tune* 改弦易辙; *dance to one's tune* 亦步亦趋

dancer ['dɑ:nsə] *n.* 跳舞者

dancery ['dɑ:nsərɪ] *n.* 跳舞厅

dancette [dɑ:n'set] *n.* 【建】曲折饰

dancing ['dɑ:nsɪŋ] *n.* 跳舞,舞蹈艺术

dandelion ['dændɪlaɪən] *n.* 蒲公英

dandruff ['dændrəf] *n.* 头(皮)屑

dandy ['dændɪ] ❶ *a.* ①挺棒的,时髦的 ②极好的,第一流的 ❷ *n.* 双轮小车;花花公子

Dane [deɪn] *n.* 丹麦人

danger ['deɪndʒə] *n.* 危险(物品,信号) ☆*(be) in danger* (处)在危险中; *(be) in danger of* 有…的危险; *(be) out of danger* 脱离危险; *danger to A from B* 因 B 而对 A(产生)危险 〖用法〗该词后可以跟"of + 动名词复合结构"。如: For this reason, there is a danger of the disk head contacting the disk surface.由于这个理由〔因此〕,存在着磁盘前部碰到磁盘表面的危险。

dangerous ['deɪndʒrəs] *a.* (有)危险的 ☆*dangerous to* 对…有危险的

dangerously ['deɪndʒrəslɪ] *ad.* 危险地

dangle ['dæŋgl] *v.* ①悬摆〔垂〕,来来晃去地吊着 ②追随,依附(after, round, about)

dangler ['dæŋglə] *n.* 悬摆物

daniell ['dænɪl] *n.* 丹尼尔(男子名)

Danish ['deɪnɪʃ] *a.; n.* 丹麦的,丹麦人(的)

dank [dæŋk] *a.; n.* 潮湿(的),阴湿的 ‖ **~ly** *ad.* **~ness** *n.*

danks [dæŋks] *n.* 煤页岩,黑色炭质页岩

dant [dænt] *n.* 次(级软)煤,煤母

Dantox ['dæntɒks] *n.* 乐果

danty ['dæntɪ] *n.* 风化煤

Danube ['dænju:b] *n.* 多瑙河

daourite ['daʊjuraɪt] *n.* 红电气石

dap [dæp] *v.;n.* ①挖槽,刻痕,(木工)槽口 ②弹跳,弹回

daphyilite ['dæfɪlaɪt] *n.* 辉碲铋矿

dapper ['dæpə] ❶ *a.* 小巧玲珑的,灵活的,整洁的 ❷ *n.* 圆锯,支架制备机

dapple ['dæpl] *n.;a.;v.* 斑点(的),花纹的,有斑点〔花纹〕

dappled ['dæpld] *a.* 有圆形斑点的,花的

dapt [dæpt] *n.* 榫眼

daraf ['dɑ:rəf] *n.* 拉法(法拉的倒数)

darapskite ['dɑ:ræpskaɪt] *n.* 钠硝矾,硫酸钠硝石

darby ['dɑ:bɪ] *n.* 刮尺,泥板

Dardanelles [dɑ:də'nelz] *n.* 达达尼尔海峡(土耳其)

dare [deə] ❶ *v. aux.* (后接不定式不带 to,第三人称现在时不加 s,主要用于疑问、否定或条件句中) 敢(于),竟敢 ☆*I dare say* 我想,大概,恐怕 ❷

（第三人称现在时加 s,后接不定式带 to）**vt.** 敢（冒),敢于(面对、承担),胆敢 **❸** *n.* 果敢行为,挑战

Dar el Beida ['dɑ:r el baɪ'dɑ:] 达尔贝达(摩洛哥港口)

Dar ex Salaam ['dɑ:r es sə'lɑ:m] *n.* 达累斯萨拉姆(坦桑尼亚首都)

daring ['deərɪŋ] ❶ *a.* ①大胆的 ②冒险的 ❷ *n.* 大胆,勇敢 ‖ ~**ly** *ad.* ~**ness** *n.*

dark [dɑ:k] ❶ *a.* ①(黑)暗的,暗淡的,深色的,阴暗的 ②模糊的 ❷ *n.* ①黑暗 ☆**at dark** 黄昏,傍晚; **(be) in the dark** 在暗处,秘密,不知道; **(be) in the dark about (it)** 完全不知道(此事); **look on the dark side of things** 看事物的阴暗面,抱悲观的态度
〖用法〗注意下面例句中该词的含义：While the Curies were standing in the dark and looking into the laboratory, they saw a faint blue light in the glass tubes on the table.当居里夫妇站在黑暗中往实验室里看时,他们看到实验台上的玻璃管内有微弱的蓝光。/Computer outputs are readily mistaken for gospel, especially by people who are working in the dark and seeking any sort of beacon. 计算机的输出容易被误认为是绝对真理,特别是被对这一技术一无所知的(摸不着头脑的)人们所误解。

darken ['dɑ:kən] *v.* 弄黑,变暗,使模糊

darkflex ['dɑ:kfleks] *n.* 吸收敷层

darkish ['dɑ:kɪʃ] *a.* 微暗的,浅黑的

darkle ['dɑ:kl] *vi.* 变暗

darkly ['dɑ:klɪ] *ad.* 暗(中),暗地里,隐蔽地

darkness ['dɑ:knɪs] *n.* 黑暗,暗度,无知

darkroom ['dɑ:kru(:)m] *n.* 暗室

Darlington ['dɑ:lɪŋtən] *n.* ①达林顿(英格兰一城市名) ②达林顿复合晶体管,达林顿接法

Darlistor ['dɑ:lɪstə] *n.* 复合可控硅

darn [dɑ:n] *v.; n.* 织补,补丁

darning ['dɑ:nɪŋ] *n.* 需织补之物

dart [dɑ:t] ❶ *n.* ①标枪,飞镖,短矛,鳌 ②(近程)导弹 ③急驰,突然急速向前冲 ❷ *v.* ①投掷,发射 ②飞奔(驰),急飞 ☆**dart about** 飞来飞去,冲来冲去; **dart by** 闪过去; **dart down** 猛掷,向下冲; **dart forward** 猛冲,突进; **dart in** 冲进; **dart off** 飞出,赶(写)完; **dart out** 删去,冲出; **dart to pieces** 粉碎; **dart up** 冲上前; **dart A with B** 用 B 掺 A ❷ *n.* ①猛冲,突击,碰撞,溅泼 ②注入,(加入或混合)少量 ③锐气,精力 ④ 打击,

darter ['dɑ:tə] *n.* 突进者,投标枪者;飞鱼

dartle ['dɑ:tl] *v.* 连续发射,(使)不断伸缩

Darwin ['dɑ:wɪn] *n.* 达尔文(澳大利亚港口)

darwin ['dɑ:wɪn] *n.* 达(进化速率单位)

Darwinism ['dɑ:wɪnɪzm] *n.* 达尔文主义,达尔文学说

dash [dæʃ] ❶ *v.* ①冲(撞),猛冲(撞),碰碎,突进 ②挫折,使失败 ③浇,洒,泼,(飞)溅 ④划线⑤急忽(做),一(口)气干完 ☆**dash against (upon)** 与…碰撞; **dash by** 掠过去; **dash down** 猛掷,向下冲; **dash forward** 猛冲,突进; **dash in** 冲进; **dash off** 飞出,赶(写)完; **dash out** 删去,冲出; **dash to pieces** 粉碎; **dash up** 冲上前; **dash A with B** 用 B 掺 A ❷ *n.* ①猛冲,突击,碰撞,溅泼 ②注入,(加入或混合)少量 ③锐气,精力 ④ 打击,

挫折 ⑤ 破折号,(一,长)画 ⑥ 控制板,挡泥板 ☆**at a dash** 一气(呵成地),迅速利落地; **make a dash for** 向…猛冲
〖用法〗在科技文中会遇到"dashed arrows",其意为"虚线箭头"。

dashboard ['dæʃbɔ:d] *n.* 仪表板〔盘〕,遮水板

dasheen [dæ'ʃi:n] *n.* 芋头

dasher ['dæʃə] *n.* 挡泥板,冲击物

dashing ['dæʃɪŋ] *a.* 猛烈的,精力充沛的,勇敢的,有锐气的 ‖ ~**ly** *ad.*

dashlight ['dæʃlaɪt] *n.* 仪表板灯

dashout ['dæʃaʊt] *n.* 删去,除掉

dashpot ['dæʃpɒt] *n.* ①减振器,阻尼器 ②黏性元件

dashy ['dæʃɪ] *a.* 时髦的,浮华的

dasymeter [dæ'sɪmɪtə] *n.* 炉热消耗计

dasyure ['dæsɪjʊə] *n.* 袋鼬

data ['deɪtə] (datum 的复数) *n.* 数据,资料,信息,(技术)特性,详细的技术情报 ☆**data in** 输入数据; **data out** 输出数据
〖用法〗这个词一般是复数的含义,但也可以看做为单数(特别在美国),而且可以看成是个不可数名词。如: In some computers, all data is organized into databases.在某些计算机中,所有的数据被编入数据库中。/Users determine what data is necessary to complete a task.由用户确定为完成每项任务需要什么数据。/Much of the recorded data might be described as virtually static. 记录下来的数据中有许多可以被描述为实质上是静态的数据。

database ['deɪtəbeɪs] *n.* 数据库,基本数据

datable ['deɪtəbl] *a.* 可推定日期的

databook ['deɪtəbʊk] *n.* 数据手册,数据表,清单

datagram ['deɪtəgræm] *n.* 数据报

datal ['deɪtəl] ❶ *a.* 包含一个日期的 ❷ *n.* 按日计算工资

dataller ['deɪtələ] *n.* 计日工

datamation [deɪtə'meɪʃən] *n.* 自动数据处理,数据化,数据自动化

dataphone ['deɪtəfəʊn] *n.* 数据发声器,(传输用)数据电话(机)

dataplex ['deɪtəpleks] *n.* 数据转接

dataplotter ['deɪtəplɒtə] *n.* 数据标绘器

datatron ['deɪtətrɒn] *n.* (十进制计算机中的)数据处理机

dataway ['deɪtəweɪ] *n.* 数据通道

date [deɪt] ❶ *n.* ①日期,年月日 ②年代 ③枣,枣椰树 ☆**at an early date** 日内,在最近期间; **at that date** 在那个年代; **bring ... up to date** 使…反映最新(科学)成就; **(down) to date** 至今,迄今,到现在; **due date** 到期日; **keep up to date** (使)一直知道最新的; **(go, be)out of date** 过时的,陈旧的; **up to date** 直到现在,最新(式)的,现代化的 ❷ *v.* ①记日期,注明日期,断定…的年代 ②从(…时期)开始 ☆**be beginning to date** 快要过时了; **date back to** 追溯至; **date from** 起始于,

溯源至

〖用法〗❶ 参看下面该词作动词时的例句：The measurement of simple physical quantities <u>dates from</u> ancient times.简单物理量的测量起始于古代。❷ 当它为名词时其前面一般用介词"at",但也有用介词"on"的。❸ 记载日期的方法,如2008 年 5 月 4 日可表示成：美式——May 4,2008(或写成 5/4/2008)；英式——4 May,2008(或写成 4/5/2008)。❹ 注意下面例句中该词的含义：The shortest pulses obtained <u>to date</u> are $30×10^{-15}$ s.迄今所获得的最短的脉冲大约为 $30×10^{-15}$ 秒。

dated ['deɪtɪd] *a.* 过时的;注明日期的

dateless ['deɪtlɪs] *a.* ①没有日期的,年代不明的 ②太古的,无限(期)的 ③经住时间考验的

date(-)line ['deɪtlaɪn] ❶ *n.* ①国际换日线 ②日期 ③数据线 ❷ *vt.* 在…上注电头

datemark ['deɪtmɑːk] *n.* 日戳

dater ['deɪtə] *n.* 日期戳子

dating ['deɪtɪŋ] *n.* 注明日期;断定年代;幽会

daitive ['deɪtɪv] *n.* 【语】与格

datrac ['deɪtræk] *n.* 把连续信号变为数字信号的变换器

datum ['deɪtəm] (pl. data) *n.* ①数据,资料,特性 ②已知数 ③基标,读数基准

daub [dɔːb] ❶ *v.* ①涂抹(with),抹胶,打底色 ②乱涂,弄脏 ❷ *n.* 涂抹,底涂,(皮革)底色,脂料 ☆ *daub up* 涂上

dauber ['dɔːbə] *n.* ①涂抹者,泥水工 ②涂抹工具,涂料

dauberite ['dɔːbəraɪt] *n.* 水铀矾

daubing ['dɔːbɪŋ] *n.* 涂抹,衬料

daubre(e)ite ['dɔːbriːɪt] *n.* 铋土,水铀矾

daubreelite ['dɔːbriːlaɪt] *n.* 陨硫铬铁,辉铬铁砂

dauby ['dɔːbɪ] *a.* 黏性的,胶着的,潦草的

daubster ['dɔːbstə] *n.* 拙劣的画家

daucarine ['dɔːkriːn] *n.* 胡萝卜子素

dauermodification [,dɔːə,mɒdɪfɪ'keɪʃən] *n.* 持久变异

daughter ['dɔːtə] *n.* 女儿;子系;裂变产物

dauk [dɔːk] *n.* 黏质砂岩

daunt [dɔːnt] *vt.* (恐)吓,使胆怯

dauntless ['dɔːntlɪs] *a.* 不屈不挠的,无畏的 ‖ **~ly** *ad.*

dauphinite ['dɔːfɪnaɪt] *n.* 镁钛矿

davenport ['dævnpɔːt] *n.* (英)小型活动书桌,(美)(坐卧)两用长沙发

davidite ['deɪvɪdaɪt] *n.* 铈铀钛铁矿

davisonite ['deɪvɪsənaɪt] *n.* 板磷钙铝石

davit ['dævɪt] *n.* 挂舵架,吊杜,吊梁

davreuxite ['dɑːvrəuaɪt] *n.* 锰镁云母

Davy-lamp ['dævɪlæmp] *n.* (矿工用)安全灯

davyn(e) ['deɪvɪn] *n.* (= davynite) 钾钙霞石

dawk [dɔːk] *n.* (含有矿脉的)黏质砂岩;鹰鸽非鸽派

dawn [dɔːn] ❶ *n.* 黎明,曙光,开端,萌芽,初期,启蒙时期 ❷ *vi.* ①破晓 ②开始出现,显露,渐渐领悟

(on, upon) ☆*at dawn* 拂晓,天一亮; *from dawn till dusk* 从早到晚

dawning ['dɔːnɪŋ] *n.* 黎明,曙光

Dawson bronze ['dɔːsən-brɒnz] 一种青铜

day [deɪ] *n.* ①日,天,(一)昼夜,日期 ②白天 ③(pl.)日子,时代,寿命 ④竞争,战争,胜利 ☆*all the day (long)* 整天; *any day* 总还,无论如何; *at the present day* (在)现代; *before the days of ...* …时代开始以前,…出现之前; *by the day* 按日计; *day after day* 逐日,日复一日; *day(s) and night(s)* 日(日)夜(夜); *day by day* 每日; *day in (and) day out* 日复一日,日日夜夜,连续不断地; *days of grace* 宽限日期; *days of (the) week* 星期几; *every other day* 每隔一天; *for days on end* 接连数日; *from day to day* 一天一天地,每天都; *have had one's day* 到了日子,全盛时期过去了; *in days to come* 未来; *in our day(s)* 现在,当前; *(in) these days* 最近,目前; *in those days* 那时候; *lose the day* 战败; *not to be named on (in) the same day with* 与…不可同日而语,比…差得多; *of the day* 当代的,当时的; *on days of* 在…日子里; *one day* 某日,总有一天,有朝一日; *one of these days* 日内,在最近期间; *put ... on the order of the day* 把…列入议事日程; *some day* (将来)有一天,有朝一日,改日; *the day after tomorrow* 后天; *the day before yesterday* 前天,前天的前几天,前些日子; *to a day* 一天不差,恰恰; *to this day* 直到今天; *win (carry) the day* 战胜; *with each passing day* 日益; *without day* 不定期,无限期

〖用法〗❶ 注意下面表示法的含义：this day of the week〔month, year〕(美式)= this day week〔month, year〕(英式)上星期或下星期〔上个月或下个月,去年或明年〕的这一天〔今天〕。❷ "the day"可以后跟一个句子修饰它,表示"在…的那一天"。

daybeacon ['deɪbiːkən] *n.* 昼标

dayglow ['deɪgləu] *n.* 日辉

daylength ['deɪleŋθ] *n.* 昼长,日照长度

daylight ['deɪlaɪt] *n.* ①日光,白天光照,昼间 ②间隔 ☆*in broad daylight* 在光天化日之下; *by daylight* 白天; *let daylight into* 使(问题)明朗起来; *operate in daylight* 公开进行; *throw day light on* 披露,阐明

daylighting curve ['deɪlaɪtɪŋkɜːv] 日光曲线

daylight-type ['deɪlaɪttaɪp] *n.* 日光型(彩色胶片)

day-lily ['deɪlɪlɪ] *n.* 黄花菜

dayman ['deɪmən] *n.* 做散工的人,计日工,日班工人

dayplane ['deɪpleɪn] *n.* 日间飞机

dayroom ['deɪrum] *n.* 休息室

dayside ['deɪsaɪd] *n.* (行星的)光面

daystar ['deɪstɑː] *n.* 金星,晨星,启明星

daytank ['deɪtæŋk] *n.* 日用水(油)柜

daytime ['deɪtaɪm] *n.* 日间,白天

day-to-day ['deɪtuː'deɪ] *a.* 每天的,日常的,经常性的

daywork ['deɪwɜːk] *n.* 计日工作,日工

daze [deɪz] *vt.*; *n.* 耀眼,(使)眼花,把…弄糊涂

dazedly ['deɪzdlɪ] 眼花缭乱地,头昏眼花地

dazzle ['dæzl] ❶ *v.* 眩目,耀眼,使眼花,使茫然,炫耀 ❷ *n.* 耀目的光,目眩,眩光度 ☆*be dazzled at success* (被)胜利冲昏头脑

deac ['diːæk] *n.* 去加重器件

deaccentuator [diːæk'sentjueɪtə] *n.* 校平器,频率校正线路,减加重线路,去加重电路,平滑器

deacetylation [,dɪæsɪtɪ'leɪ ʃ ən] *n.* 脱乙酰(基)作用纯化

deacidification [,diːəsɪdɪfɪ'keɪ ʃ ən] *n.* 脱酸(作用),除酸法,脱氧作用

deacidifying [dɪə'sɪdɪfaɪɪŋ] *n.*; *a.* 脱氧(的),还原(的)

deacidize [diː'æsɪdaɪz] *v.* 还原,脱氧

deactivate [diː'æktɪveɪt] *vt.* ①使不活动 ②去活化,钝化 ③(开关)释放 ④使无效,撤消

deactivation [diːæktɪ'veɪ ʃ ən] *n.* 减活,去活(化),钝化(作用),惰性化,(开关)释放

deactivator [diː'æktɪveɪtə] *n.* 减活化剂,钝化剂

deactuate [diː'æktjueɪt] *vt.* 退动

deacylase [diː'æsɪleɪs] *n.* 脱酰(基)酶

deacylation [diːæsɪ'leɪ ʃ ən] *n.* 脱酰作用

dead [ded] ❶ *a.* ①死的,静的,固定的,停滞的 ②失效的,已废的,堵死的,无放射性的,去激励的,不通电的,断开的,无信号的,无矿的 ③突然的,绝对的,精确的,麻木的 ❷ *ad.* 完全,绝对地 ❸ *n.* ①死者 ②(pl.)废石,损失 ☆*be dead ahead* (*against*) 直接针对着,迎面吹来; *be dead on the target* 正中目标,正对着目标; *be dead to ...* 对…没有反应的,对…无感觉的; *come to a dead stop* 完全停顿下来; *dead in line* 配置于一直线,轴线重合; *dead straight* 一直,对直; *dead to rights* 肯定无疑

deadaptation [,diːædæp'teɪ ʃ ən] *n.* 去适应

deadband ['dedbænd] *n.* 死区,静带

deadbeat ['dedbiːt] ❶ *a.* 非周期(性)的,非谐调的,速示的 ❷ *n.* ①临界阻尼 ②振动终止,不摆 ③无差拍

deadburn ['dedbɜːn] *n.* 煅烧

dead-drawn ['deddrɔːn] *a.* 强拉的

deaden ['dedn] *v.* ①缓和,减弱 ②消除 ③失去光泽

dead-end ['ded'end] ❶ *n.;a.* ①截断(电路),终点(的),末端(的),一头不通的 ②没出路的 ❷ *vt.* 到达尽头,终止

deadener ['dedənə] *n.* 隔音材料,消声器

deadening ['dednɪŋ] *n.;a.* 消音(的,作用,材料),消去,衰减,失去光泽的材料

deadeye ['dedaɪ] *n.* ①孔板伸缩节 ②(接索用)穿眼木滑车,三孔滑车 ③神枪手

deadhead ['dedhed] *n.;v.* ①空载行驶的车辆 ②尾架 ③系船柱,虚形,木浮标 ④浇冒口废料 ⑤无票乘客

deading ['dedɪŋ] *n.* 保热套,褪光

deadlight ['dedlaɪt] *n.* 舷窗外盖,关死的天窗

deadlimb ['dedlɪm] *n.* 手足麻木

deadline ['dedlaɪn] *n.* ①死线 ②截止时间,安全界线,不可逾越的界限 ③停止使用

deadlock ['dedlɒk] ❶ *n.* 停顿,僵局,闭锁 ❷ *v.* (使)僵持,(使)陷入僵局

deadly ['dedlɪ] ❶ *a.* ①致死的 ②极度的 ③殊死的 ❷ *ad.* 极(度)

deadman ['dedmən] *n.* 叉杆,横木,锚栓,闭锁装置

deadness ['dednɪs] *n.* 死,无生气,无用性

dead-on ['dedɒn] *a.* 完全正确的,十分精确的

deads [dedz] *n.* 围岩,井下废石,死矿

deadweight ['dedweɪt] *n.* 自重,静负载,重吨,重负

deadwood ['dedwʊd] *n.* ①龙骨帮木 ②枯木,没有用处的东西

deaerate [diː'eɪəreɪt] *v.* ①排气,脱氧 ②通风

deaerator [diː'eɪəreɪtə] *n.* 除气器,空气分离器,脱氧器

deaering [diː'eɪərɪŋ] *n.* 除气(法)

deaf [def] *a.* ①(装)聋的,不理的 ②(the deaf)聋子(总称) ☆*be deaf to A* 不听 A; *turn a deaf ear to A* 对 A 置之不理〔置若罔闻〕

deaf-aid ['defeɪd] *n.* 助听器

deafen ['defn] *vt.* ①震(耳欲)聋 ②使(墙)等不漏音,隔音

deafener ['defnə] *n.* 减音器,消声器

deafening ['defnɪŋ] ❶ *n.* 隔音装置〔材料〕,消声装置 ❷ *a.* ①震耳欲聋的,非常吵闹的 ②隔音的,消声的

deafferentation [dɪ,æfərən'teɪ ʃ ən] *n.* 传入神经阻滞

deafmute ['def'mjuːt] *n.;a.* 聋哑者(的)

deafness ['defnɪs] *n.* (耳)聋,聋度,听力损失

deair [diː'eə] *vt.* 除气

deal [diːl] ❶ (dealt) *v.* ①对待,处理,论及(with) ②参与,从事(in) ③经营,买卖 ❷ *n.* ①交易,待遇 ②契约,协议 ③松木(板),杉板 ☆*a good* (*great*) *deal* 大量,相当多

〖用法〗❶ "a great deal + 比较级"意为"…得多"。❷ 注意下面例句中出现的省略现象: Chapter 4 deals with measurements of, with, and in the presence of noise. 第 4 章论述对噪声的测量、用噪声进行测量以及在有噪声的情况下进行测量。(本句是三个介词共用了一个宾语。) ❸ 注意下面例句的含义及说法: We find that we are dealing with too large a class of circuits. So we shall pick up some of them for discussion here. 我们发现,我们所要论述的这类电路的范围太广了,所以我们将挑选其中一些在此加以讨论。(注意现在进行时"are dealing"在此表示将来的动作,美国书中见得比较多。)

D

dealbate ['di:ælbeɪt] ❶ *a.* 白色的 ❷ *vt.* 漂白
dealbation [di:æl'beɪʃn] *n.* 漂白
dealcoholization [di:æl,kəhɒlaɪ'zeɪʃən] *n.* 脱醇（作用）
dealcoholize [di:'ælkəhɒlaɪz] *v.* 脱醇
dealer ['di:lə] *n.* 贩子,商人
dealing ['di:lɪŋ] *n.* ①对待,处理,分发 ②(pl.)交易,买卖
dealkalization [di:,ælkəlaɪ'zeɪʃən] *n.* 脱碱（作用）
dealkylation [di:,ælkɪ'leɪʃən] *n.* 脱烃(基)作用
deallergization [di:,ælɜ:dʒɪ'zeɪʃən] *n.* 脱变应化作用,脱过敏
deallocation [di:,ælə'keɪʃən] *n.* 存储单元分配,重新分配地位,重新定位
dealt [delt] deal 的过去式和过去分词
deamidate [di:'æmɪdeɪt] *v.* 脱去酰胺基
deamidation [di:,æmɪ'deɪʃən] *n.* 脱酰胺基（作用）
deamidination [di:,æmɪdaɪ'neɪʃən] *n.* 脱脒基作用
deamidization [di:,æmɪdaɪ'zeɪʃən] *n.* 脱氨基
deaminase [di:'æmɪneɪs] *n.* 脱氨基酶
deaminate [di:'æmɪneɪt] *vt.* 脱氨基
deamination [di:,æmɪ'neɪʃən], **deaminization** [di:,æmɪnaɪ'zeɪʃən] *n.* 脱氨基(作用),去氨基(作用)
deaminize [di:'æmɪnaɪz] *vt.* 脱氨基
deamplification [dɪæm,plɪfɪ'keɪʃən] *n.* 衰减(信号),削弱
dean [di:n] *n.* ①溪谷 ②矿山坑道的尽端 ③(学院)院长,系主任,教务长
deanol ['di:nɒl] *n.* 二甲基乙醇胺
deaphaneity [di:,æfə'nɪɪtɪ] *n.* 透明度〔性〕
deaquation [,di:ə'kwɒʃən] *n.* 脱水(作用),去水(作用)
dear [dɪə] ❶ *a.* ①亲爱的 ②贵重的,宝贵的(to) ③(昂)贵的 ④严厉的,急迫的 ☆hold A dear 重视〔非常喜欢〕A ❷ *n.* 可爱的人〔物〕❸ *ad.* 贵,高价(地)
dearly ['dɪəlɪ] *ad.* ①极,非常 ②昂贵(地),付出很大代价
dearness ['dɪənɪs] *n.* 高价,贵重
dearomatization [dɪə,rəumətɪ'zeɪʃən] *n.* 脱芳构化(作用)
dearsenicator [,di:ɑ:'senɪkeɪtə] *n.* 脱砷塔
dearsenify [,di:ɑ:'senɪfaɪ] *v.* 除〔脱〕砷
dearth [dɜ:θ] *n.* ①缺乏(of) ②饥荒
dearticulation [di:ɑ:tɪkju'leɪʃən] *n.* 关节脱位
deash [di:'æʃ] *vt.* 除〔脱〕灰,去灰分
deasil ['di:zəl] *ad.* 顺时针方向地
deasphalt [di:'æsfælt] *vt.* 脱沥青
death [deθ] *n.* ①死(亡),毙命 ②消灭 ☆as sure as death 必定,的确; be at death's door 垂死,

有死亡的危险; to (unto) death 到极点,极度; to the death 至死,到底
death-blow ['deθbləu] *n.* 致命之物,致命的打击
deathful ['deθful] *a.* 致命的,死一样的
deathless ['deθlɪs] *a.* 不死〔朽〕的,永恒的
deathly ['deθlɪ] *a.* ; *ad.* 死一样(的),非常
death-knell ['deθnel] *n.* 丧钟
deathnium ['deθnɪəm] *n.* 复合中心,重新组合
deathrate ['deθreɪt] *n.* 死亡率
deathtrap ['deθtræp] *n.* (有生命)危险(的)场所,不安全的建筑物
deaurate [dɪ'ɔreɪt] *n.* 镀金色
debacle [deɪ'bɑ:kl] (法语) *n.* 崩溃,山崩;溃裂,泛滥;(突然的)大灾难,垮台
debar [dɪ'bɑ:] (debarred;debarring) *vt.* 阻止,排除,拒绝 ☆debar ... from doing 使…不(做),阻止…(做)
debark [dɪ'bɑ:k] *v.* 登陆,上岸,下船,下(飞)机,卸载,起(货,岸) ‖ ~ation
debarment [dɪ'bɑ:mənt] *n.* 防〔禁〕止,除外
debase [dɪ'beɪs] *vt.* 贬低,降低(质量),贬值
debased [dɪ'beɪst] *a.* 质量低劣的
debasement [dɪ'beɪsmənt] *n.* 降低,变质,减色
debatable [dɪ'beɪtəbl] *a.* 可争辩的,成问题的,未决定的
debate [dɪ'beɪt] *v.* ; *n.* 讨〔辩〕论(on,upon),考虑,深思
debater [dɪ'beɪtə] *n.* 辩论者
debauch [dɪ'bɔ:tʃ] *vt.* 使堕落,使道德败坏
debeader [dɪ'bedə] *n.* 胎缘切除机,切边机
debenture [dɪ'bentʃə] *n.* 信用债券,(海关)退税凭单
debenzolization [di:,benzɒlaɪ'zeɪʃən] *n.* 脱苯
debilitant [dɪ'bɪlɪtənt] ❶ *a.* 变虚弱的 ❷ *n.* 镇静药
debilitate [dɪ'bɪlɪteɪt] *vt.* 使虚弱
debility [dɪ'bɪlɪtɪ] *n.* 虚弱,衰落
debismuthise [di:'bɪzməθaɪz] *v.* 除铋
debit ['debɪt] *n.* ; *vt.* (记入)借方;弊端,缺点 ☆debit A with B 或 debit B against (to) A 把一笔 B 的账记入 A 的借方
〖用法〗注意下面例句中该词的含义: On the debit side we find the lack of current multiplication. 在缺点方面,我们发现缺少电流的相乘。
debiteuse ['debɪtjuz] *n.* ①土制浮标 ②(玻璃窑)槽子砖
debitterise [di:'bɪtəraɪz] *vt.* 脱苦,去苦味
deblade [di:'bleɪd] *n.* 落叶
deblocking [di:'blɒkɪŋ] *n.* ①程序〔数据〕分块,从字组中分离出 ②解除封锁
deblooming [di'blu:mɪŋ] *n.* 去荧光
debonair [,debə'neə] *a.* 高兴的,心情愉快的,有礼貌的
debond [di:'bɒnd] *v.* 不结合
deboost [di:'bu:st] ❶ *n.* 减速,制动,阻尼 ❷ *v.* 减低推力

debooster [dɪ'bu:stə] *n.* 限制器,减压器,电压限制器
deboration [ˌdebə'reɪʃən] *n.* 脱硼作用
debouch [dɪ'bautʃ] ❶ *v.* (使)流出(from),前进,走出 ❷ *n.* 河口,出口
debouche [ˌdeɪbu:'ʃeɪ] *n.* (法语)前进路,出口,通道,销路
debouchment [ˌdeɪbu:'ʃeɪmənt] *n.* 河〔出〕口,流出(口),前进(地点)
debouchure [ˌdɪbu:'ʃuə] *n.* 河〔出〕口
debride [deɪ'bri:d] *vt.* 清除(伤口)
debrief [dɪ'bri:f] *vt.* ①向…询问执行任务情况,责令…不得泄密 ②汇报(执行任务情况)
debris ['debri:] *n.* ①碎片,瓦砾,岩屑 ②有机物残渣,腐质 ③废石,尾矿 ④瓦砾堆,废墟,垃圾,堆积层,筛余
debrominate [di:'brɒmɪneɪt] *vt.* 脱溴
debt [det] *n.* 债(务),借款,欠账;罪孽;义务,恩义 ☆ ***(be) in debt (to)*** 欠…的债,欠账; ***be out of debt*** 不欠债; ***get (run) into debt*** 〔负〕债; ***get out of debt*** 还债; ***owe a debt to ...*** 欠…的债,感谢; ***pay off debt*** 清欠
〖用法〗注意下面例句中该词的含义:The author owes <u>a debt</u> to Professor W. Smith for his great help in the preparation of the book.作者要感谢W·史密斯教授在编写本书过程中所给予的巨大帮助。
debtee [de'ti:] *n.* 债主,债权人
debtor ['detə] *n.* 债务人,借方
debug [di:'bʌg] (debugged;debugging) *vt.* (程序)调整,调试,(发现并)排除故障,查明故障
debugger [di:'bʌgə] *n.* 调试程序;故障消除器
debuncher ['di:'bʌntʃə] *n.* 散束器
debunching ['di:'bʌntʃɪŋ] *n.* 散乱〔焦〕,电子(束)离散
debunk [di:'bʌŋk] *vt.* 揭露,揭穿…的真相
deburr [dɪ'bɜ:] *vt.* 去毛刺,倒角
debus [di:'bʌs] (debussed; debussing) *v.* 由卡车上卸下,从(公共)汽车上下来
debut ['deɪbu:] *n.* 初次登场,初次参加社交活动
debutanization [di:ˌbju:tənaɪ'zeɪʃən] *n.* 脱丁烷(作用)
debutanize [di:'bju:tənaɪz] *vt.* 脱丁烷
debutanizer [di:'bju:tənaɪzə] *n.* 脱丁烷塔,脱丁烷剂
debutylize [di:'bju:tɪlaɪz] *vt.* 脱(去)丁基
Debye [də'baɪ] *n.* 德拜(电偶极矩单位)
Dec = December
decaborane [ˌdekə'bɔureɪn] *n.* 癸硼烷
decacurie [ˌdekə'kjuərɪ] *n.* 十居里
decacyclene [ˌdekə'saɪklɪŋ] *n.* 十环烯
decad ['dekəd] *n.* 十数
decadal ['dekədəl] *a.* 十(年间)的,由十个组成的
decade ['dekeɪd] *n.* 十(年,卷,位,进位,进制),旬
〖用法〗注意下面例句中该词的含义:The vertical spacing of the curves amounts to about two and one-half <u>decades</u>, or approximately 300.这些曲线的垂直间隔达(半对数的)25,即接近300。
decadence ['dekədəns] *n.* 衰退,颓废,堕落
decadiene [ˌdekə'daɪɪn] *n.* 癸二烯
decadent ['dekədənt] *a.*; *n.* 衰落的,颓废派(的),堕落的
decafentin ['dekəfəntɪn] *n.* 癸磷锡
decagon ['dekəgən] *n.* 十边〔角〕形,十面体
decagonal [de'kægənəl] *a.* 十边〔角〕形的,有十边的
decagram(me) ['dekəgræm] *n.* 十克
decahedral [ˌdekə'hedrəl] *a.* 十面体的,有十面的
decahedron [ˌdekə'hedrən] (pl. decahedrons 或 decahedra) *n.* 十面体
decahydronaphthalene ['dekəˌhaɪdrə'næfθəli:n] *n.* 十氢化萘,萘烷
decal [dɪ'kæl] 印花釉法,移画印花法(所用图案)
decalage [ˌdekə'lɑ:dʒ] *n.* (飞机)差倾角,偏角差,翼差角,相对倾角
decalateral [ˌdekə'lætərəl] *a.* 十面体的
decalcification ['di:ˌkælsɪfɪ'keɪʃən] *n.* 去钙(作用),脱碳酸钙
decalcify [di:'kælsɪfaɪ] *vt.* 去钙,脱(碳酸)钙,除去…的石灰质
decalcity [di:'kælsɪtɪ] *n.* 脱钙性能
decalcomania [dɪ'kælkə'meɪnjə] *n.* (在陶瓷、玻璃、木器等表面)移画印花(方法,图案)(=decal)
decalescence [ˌdi:kə'lesns] *n.* 等热吸热,退辉,相变吸热
decalescent [ˌdi:kə'lesnt] *a.* 钢条吸热的
decalin ['deklɪn] *n.* 萘烷,十氢(化)萘
decaliter, decalitre ['dekəli:tə] *n.* 十(公)升
decalol ['dekəlɒl] *n.* 萘烷醇
decalone ['dekələun] *n.* 萘烷酮
decalso ['dekəlsəu] *n.* 人造沸石
decalvant ['dekəlvənt] *a.* 除毛的,脱发的,破坏毛发的
decamerous [dɪ'kæmərəs] *a.* 十份的,十数的
decameter, decametre ['dekəmi:tə] *n.* 十米
decametric [ˌdekə'metrɪk] *a.* 波长相当于十米的,高频波的
de-can [di:'kæn] *vt.* 去掉外皮〔(密封)外壳〕
decane ['dekeɪn] *n.* 癸烷
decanewton ['dekənju:tn] *n.* (简写 dan)十牛顿
decanol [dɪ'keɪnəl] *n.* 癸醇
decanone [dɪ'keɪnən] *n.* 癸酮
decanormal [ˌdekə'nɔ:ml] *a.* 十倍规定的,十当量的
decant [dɪ'kænt] *vt.* 轻轻倒入〔出〕(上面的清液),(慢慢)倾注,满流浇注,倒包,用沉淀法分取
decantate [dɪ'kænteɪt] *n.*; *v.* 洗液,倾注〔析〕洗涤
decantation [ˌdi:kæn'teɪʃən] *n.* 缓倾(法),倾析(法),倾滤,倾注〔析〕洗涤,移注,沉淀分取(法),沉淀池
decanter [dɪ'kæntə] *n.* 倾析器,沉淀分取器,倾注

洗涤器

decapacitate [ˌdɪkə'pæsɪteɪt] vt. 反受精

decapitate [dɪ'kæpɪteɪt] n. 断头,斩首

decaploid ['dekəplɔɪd] a. 十倍体

decapper [di:'kæpə] n. 去盖器

decarbidize [di:'ka:bɪdaɪz] vt. 脱炭沉积,脱(焦)炭

decarbonate [di:'ka:bəneɪt] vt. 除去二氧化碳,除去碳酸

decarbonisation,decarbonization [di:,ka:-bənaɪ'zeɪʃ ən] n. 脱碳(作用),去碳,减少水中碳酸盐

decarbonise, decarbonize [di:'ka:bənaɪz] vt. 脱(除增)碳,(除)去碳(素)

decarboniser, decarbonizer [di:'ka:bənaɪzə] n. 脱〔除〕碳剂

decarbonylation [di:ka:,bənə'leɪʃ ən] n. 脱碳作用

decarboxyamidation ['di:ka:bək,sɪəmaɪ-'deɪʃ ən] n. 脱羧酰胺化(作用)

decarboxylate [,di:ka:'bɒksɪleɪt] vt.;n. 脱(去)羧基

decarburate [di:'ka:bjʊreɪt] =decarbonize

decarburise, decarburize [di:'ka:bjʊraɪz]= decarbonize

decarburiser, decarburizer [di:'ka:bjʊraɪzə] n. 脱碳剂

decare ['dekɑ:] n. 十公亩

decastyle ['dekəstaɪl] n.; a. 十柱式(的)

decasualise, decasualize [di:'kæsʊəlaɪz] vt. 使不再做临时工,使没有临时工

decathlete [di:'kæθli:t] n. 十项全能运动员

decathlon [di:'kæθlɒn] n. 十项运动

decationize [di:'kæʃ ənaɪz] v. 除去阳离子

decatize ['dekətaɪz] v. 汽蒸

decatrack ['dekətræk] n. 十轨系统

decatron ['dekətrɒn] n. 十进管,十进制(电子)计数管,(十进位)计数放电管

decauville [dɪ'kɔ:vɪl] ❶ a. 窄轨的 ❷ n. 轻便〔窄轨〕铁车

decay [dɪ'keɪ] v.; n. ①腐朽（烂）,损坏,风化 ②衰变〔减,落,退〕,蜕变 ③下降,减弱,湮没,脉冲后沿 ④(荧光屏)余辉 ☆*be in decay* 衰弱(下去),已腐朽; *fall into (go to) decay* 腐烂,衰弱 〖用法〗注意下面例句中该词的含义： The voltage across the capacitor <u>decays</u> exponentially to zero with a time constant of RC.电容器两端的电压以时间常数 RC 指数式地衰减到零。

decease [dɪ'si:s] n.; vt. 死(亡),亡故

deceit [dɪ'si:t] n. 欺诈,欺骗,虚伪,谎言,欺骗手段 ‖ **~ful** a. **~fully** ad.

deceivable [dɪ'si:vəbl] a. 可欺的

deceive [dɪ'si:v] v. 欺骗;蒙蔽,使弄错 ☆*deceive oneself* 误解,想错

deceiver [dɪ'si:və] n. 骗子

decelerability [dɪ,selərə'bɪlɪtɪ] n. 减速性能〔能力〕

decelerate [di:'seləreɪt] v. 减速,慢化,制动

deceleration [di:,selə'reɪʃ ən] n. 减速(度),负加速度,制动

decelerative [di:'selərətɪv] a. 减速的,制动的

decelerator [di:'seləreɪtə] n. 减速器,制动器,缓动装置

decelerometer [di:,selə'rɒmɪtə] n. 减速计

deceleron [di:'selərɒn] n. 减速副翼

decelostat [di:'seləstæt] n. 自动刹车器

December [dɪ'sembə] n. 十二月

decency ['di:snsɪ] n. 正派,体面

decene ['di:si:n] a. 癸烯

decennary [dɪ'senərɪ] n.; a. 十年间(的)

decenniad [dɪ'senɪæd] n. 十年(间)

decennial [dɪ'senjəl] n.; a. 十年(间)的,每十年一次的,十年纪念

decennium [dɪ'senɪəm] (pl.decenniums 或 decennia) n. 十年

decent ['di:snt] a. 正派的,体面的,像样的,大方的,合宜的 ‖ **~ly** ad.

decenter [dɪ'sentə] =decentre

decentralisation, decentralization [di:,sen-trəlaɪ'zeɪʃ ən] n. 分散,疏散,地方分权

decentralise, decentralize [di:'sentrəlaɪz] vt. 分散,疏散,划分

decentration [,di:sen'treɪʃ ən] n. 不共心(性),偏心,轴偏

decentre [dɪ'sentə] vt. ①(使)离中心,(使)偏心 ②拆卸拱架,拆除模架

deception [dɪ'sepʃ ən] n. 欺骗(手段),诡计,骗人的东西,伪装

deceptive [dɪ'septɪv] a. 骗人的,靠不住的,虚伪的 ‖ **~ly** ad.

deceration [,desə'reɪʃ ən] n. 除蜡法

decerebration [di:,serɪ'breɪʃ ən] n. 大脑切除术

decertify [di:'sɜ:tɪfaɪ] vt. 收回…的证件,吊销…的执照 ‖ **decertification** n.

dechenite ['dekənaɪt] n. 红钒(酸)铅矿

dechloridize [,deklə'raɪdaɪz] v. =dechlorinate

dechlorinate [,deklə'raɪneɪt] v. 脱氯 ‖ **dechlorination** n.

dechromisation, dechromization [dek,rəʊmaɪ-'zeɪʃ ən] n. 去铬

deciare ['desɪeə] n. 十分之一公亩

decibel ['desɪbel] n. 分贝 〖用法〗该词的缩写形式为"dB",而一般来说,单位的缩写的复数形式其后是不加"s"的,但在 2001 年由美国出版的加拿大人所著的 Communication Systems (Fourth Edition) 中却出现了"dBs"。如： The signal-to-noise ratio of 10 corresponds to 10 <u>dBs</u>.信噪比为 10 就相应于 10 分贝。

decibelmeter [,desɪ'belmi:tə] n. 分贝计,电平表

deciboyle ['desɪbɔɪl] n. 分波义耳(压力单位)

decidability [de,sɪdə'bɪlɪtɪ] n. 可判定性

decidable [dɪ'saɪdəbl] a. 可判定的,决定得了的

decide [dɪ'saɪd] v. (使)决定,(使)下决心,判断,肯定,认为 ☆ *decide against* 决定反对; *decide between* 从…中选择(一个),判断…的是非; *decide for* 决定(有利),判定…正确; *decide on (upon)* 决定,选定
〖用法〗在其后面由"that"引导的宾语从句或主语从句中谓语往往用"(should +)动词原形"形式。如: It has been decided that the test be conducted next month.已经决定在下月进行试验。

decided [dɪ'saɪdɪd] a. ①明确的,无疑的 ②决定(了)的,果断的

decidedly [dɪ'saɪdɪdlɪ] ad. 断然,明确地 ☆ *decidedly so* 一点不错

decider [dɪ'saɪdə] n. 决定者

deciduation [dɪ,saɪdju'eɪʃ ən] n. 脱〔蜕〕落

deciduous [dɪ'sɪdjuəs] a. ①脱落(性)的,落叶性的,孢子易落的 ②非永久的,暂时的

decigram(me) ['desɪgræm] n. 分克(=1/10 克),公厘

decile ['desɪl] n. 十分位数

deciliter, decilitre ['desɪli:tə] n. 分升(1/10 升)

decillion [dɪ'sɪljən] n. (美,法)1×10³³;千的 11 次幂;(英,德)1×10⁶⁰;百万的 10 次幂

decilog ['desɪlɒg] n. 分对数

decimal ['desɪməl] ❶ a. 十进(位,制)的,小数的 ❷ n. (十进)小数,十进制 ☆ *the x-th decimal place* 小数点后面 x 位; *to x places of decimals* 到小数第 x 位

decimal-binary ['desɪməl'baɪnərɪ] a. 十进二进位的,十进(制)到二进(制)的(变换)

decimal-coded ['desɪməl'kəudɪd] a. 十进编码的

decimalism ['desɪməlɪzm] n. 十进法

decimalize ['desɪməlaɪz] vt. 采用〔换算成〕十进制,使变为小数 ‖ **decimalization** [desɪ,məlaɪ'zeɪʃ ən] n.

decimally ['desɪməlɪ] ad. 用十进法,用小数(形式)

decimate ['desɪmeɪt] vt. 十中抽一,取…的 1/10,毁灭…的大部分

decimeter, decimetre ['desɪ,mi:tə] n. 分米

decimilligram ['desɪ'mɪlɪgræm] n. 1/10 毫克

decimillimeter, decimillimetre ['desɪ'mɪlɪmi:tə] n. 丝米

decimolar ['desɪ'məulə] a. 分摩尔的,1/10 克分子(量)的

decimosexto [de,sɪmə'sekstəu] n. 十六开本

decimus ['desɪməs] a.; n. 第十(的)

decine ['dekɪn] n. 癸炔

decineper [desə'nepə] n. 分奈(贝)

decinormal ['desɪnɔːməl] a. 1/10 当量的,分当量的

decipher [dɪ'saɪfə] vt.; n. ①(翻,破)译(密)码,密电的译文 ②解释,辨认,释文 ‖ ~ment n.

decipherable [dɪ'saɪfərəbl] a. 翻〔译,辨认〕得出的,可解释的

decipherator [dɪ'saɪfəreɪtə] n. 译码机

decipherer [dɪ'saɪfərə] n. ①译(密)码员 ②译(密)码器,判读器

decision [dɪ'sɪʒən] n. 决定,判定,坚定,定局 ☆ *decision on (upon)* (决,确)定; *decision to (do)* (做)的决定; *with decision* 断然
〖用法〗❶ 表示"作出决定(判断)"一般与动词"make"连用,也可用动词"reach"、"come to"、"arrive at"。如: They have made the decision to do the experiment.他们已经作出做那个实验的决定。〔他们已经作出决定要做那个实验。〕❷ 其后面一般跟介词"on(upon)"。如: A decision on the next code frame is made.对下一个码帧做出了决定。❸ 在其后面的同位语从句或表语从句中,有人使用"(should +)动词原形"虚拟句型。

decisive [dɪ'saɪsɪv] a. 决定(性)的,断然的,有决心的 ‖ ~ly ad. ~ment n.

decit ['desɪt] n. (信息量的)十进单位

deck [dek] ❶ n. ①甲(面)板,覆盖物 ②桥〔摇床〕面,层(面),上承,(平)台,岩床 ③〔计〕(卡片)组,卡片叠 ④(录音机)走带机构 ❷ vt. 装饰,铺面 ☆ *clear the decks* (战舰)准备战斗,准备行动; *deck A with B* 用 B 装饰; *on deck* 在甲板上,准备齐全,在手边

decker ['dekə] n. ①甲板,有一层的东西,(有)…层甲板(的)船 ②刮料器,脱水机 ③装饰者

deckhouse ['dekhaus] n. 甲板室

decking ['dekɪŋ] n. 桥面板,(桥梁)车行道,盖板

deckle ['dekl] n. 制模框

declad [di:'klæd] a.; v. 取下外皮〔罩〕(的),取下蒙布(的)

decladding [di:'klædɪŋ] n. 脱壳,去皮

declaim [dɪ'kleɪm] v. ①朗诵,宣讲 ②谴责

declamation [,deklə'meɪʃ ən] n. 朗诵,(正式)演说,谴责

declaration [,deklə'reɪʃ ən] n. ①宣言,公告,声明(书),(海关的)申报 ②说明

declarative [dɪk'lærətɪv] a. 宣言的,布告的,说明的,陈述的,演说的,谴责的 ‖ ~ly ad.

declarator [dɪ'klærətə] n.【计】说明符

declaratory [dɪk'lærətərɪ] = declarative

declare [dɪ'kleə] v. 宣布,说明,声称,陈述,申述,申报 ☆ *declare against* (声明)反对; *declare for (in favour of)* (声明)赞成; *declare off* 宣布作废,毁约; *declare itself* 明朗化

declared [dɪ'kleəd] a. 公然(宣称,承认)的,申报的 ‖ ~ly ad.

declarer [dɪ'kleərə] n. 申述者,【计】说明词

declassified [dɪ'klæsɪfaɪd] a. 解密的

declassify [di:'klæsɪfaɪ] vt. 使降低保密等级,解密 ‖ **declassification** ['di:,klæsɪfɪ'keɪʃ ən] n.

declension [dɪˈklenʃ ən] n. 词形变化,倾斜,偏离,堕落 ‖ **~al** a.

declinate [ˈdeklɪneɪt] a.;n. ①倾斜(的),偏斜(的)②磁偏角

declination [ˌdeklɪˈneɪʃ ən] n. ①倾斜,离正道 ②(磁)偏角,偏差,方位角 ③赤纬 ④谢绝 ‖ **~al** a.

declinator [ˈdeklɪneɪtə] = declinometer

declinature [dɪˈklaɪnətʃ ə] n. 拒绝,谢绝

decline [dɪˈklaɪn] v.;n. ①下降,离正道,倾斜(度),偏斜,斜面 ②衰弱,减少,退步,没落 ③拒〔谢〕绝,辞退 ☆**on the decline** 在下坡路上,下降

declinometer [ˌdeklɪˈnɒmɪtə] n. 磁偏仪,测斜仪,赤纬计

declivate [diːˈklaɪveɪt] a. 倾斜的,下斜的

declivitous [dɪˈklɪvɪtəs] a. 向下倾斜的,下坡的

declivity [dɪˈklɪvɪtɪ] n. 倾斜,下斜,坡度

declivous [dɪˈklaɪvəs] a. 下向的,倾斜的

declutch [ˈdiːˈklʌtʃ] v. 脱开离合器,分开啮合,松闸,放空挡

decoat [diːˈkəut] v. 除去涂层

decocoon [ˈdiːkəˈkuːn] vt. 去掉外套

decoct [diːˈkɒkt] vt. 煎,熬,煮

decocta [dɪˈkɒktə] n. 煎剂

decoction [dɪˈkɒkʃ ən] n. 煎(剂)

decoctum [dɪˈkɒktəm] (拉丁语) n. 煎剂

decodable [diːˈkəudəbl] a. 可解译的

decode [diːˈkəud] vt. 译解,解码

decoder [diːˈkəudə] n. 译码器〔员〕,解码器,判读器

decoding [dɪˈkəudɪŋ] n. 译码,解码

decohere [ˌdiːkəuˈhɪə] v. 使散射,散屑

decoherence [ˌdiːkəuˈhɪərəns] n. 散屑,脱散

decoherer [ˌdiːkəuˈhɪərə] n. 散屑器

decohesion [ˌdiːkəuˈhiːʒən] n. 减聚力,解黏聚,溶散

decoic acid [diːˈkɔɪkˈæsɪd] 癸酸

decoil [diːˈkɔɪl] v. 开卷,展开(卷料)

decoiler [diːˈkɔɪlə] n. 展〔拆〕卷机

decoke [dɪˈkəuk] vt. 去焦炭,除焦

decollate [dɪˈkɒleɪt] v. 区分,拆散,将…斩首

decollator [dɪˈkɒleɪtə] n. 扩散器,断头器

decollimation [dɪˌkɒlɪˈmeɪʃ ən] n. (光的)减准直,去平行性(光束)

decolonize [diːˈkɒlənaɪz] vt. 使非殖民化 ‖ **de-colonization** n.

decolor = decolour

decolorant = decolourant

decoloration [ˌdiːkʌləˈreɪʃ ən] n. 脱色,漂白

decolorimeter [diːkʌləˈrɪmɪtə] n. 脱色计

decolorisation, decolorization = decolourization

decolorise, decolorize = decolourize

decoloriser, decolorizer = decolourizer

decolorite [dɪˈkʌləraɪt] n. 多孔阴离子交换树脂

decolour [diːˈkʌlə] vt. 使褪色,漂白

decolourant [diːˈkʌlərənt] n.;a. 脱色剂(的),漂白剂(的)

decolourisation, decolourization [diːkʌləraɪˈzeɪʃ ən] n. 脱色(作用),漂白(作用)

decolourise, decolourize [diːˈkʌləraɪz] vt. 使脱色,漂白

decolouriser, decolourizer [diːˈkʌləraɪzə] n. 脱色剂,漂白剂

decom = decomposition

decometer [dɪˈkɒmɪtə] n. 台卡计,台卡导航系统中的指示器

decommission [diːkəˈmɪʃ ən] vt. 使退役

decommutation [diːˌkɒmjuˈteɪʃ ən] n. 反互换,反交换

decommutator [diːˈkɒmjuteɪtə] n. 反互换器,反交换子,多路分路开关

decomp = ①decomposition ②decompression

decompacting [ˌdiːkəmˈpæktɪŋ] n. 松散

decompaction [ˌdiːkəmˈpækʃ ən] n. 松散,振松

decompensation [ˌdiːkɒmpenˈseɪʃ ən] n. (心脏)代谢失调,心力衰竭

decomplementation [ˈdiːkɒmpˌlɪmenˈteɪʃ ən] n. 脱补体

decomposability [ˈdiːkəmˌpəuzəˈbɪlɪtɪ] n. (可)分解性

decomposable [ˌdiːkəmˈpəuzəbl] a. 可分解的,可分裂的,会腐烂的

decompose [ˌdiːkəmˈpəuz] v. ①分解,溶解,还原,风化 ②衰变 ③(使)腐烂

decomposer [ˌdiːkəmˈpəuzə] n. 分解器〔剂〕

decomposite [diːˈkɒmpəzɪt] a.;n. 再混合物(的),与混合物混合的

decomposition [ˌdiːkɒmpəˈzɪʃ ən] n. ①分解,还原,解体,展开 ②衰变 ③腐烂,风化 ④消瘦,虚弱

decompound [ˌdiːkəmˈpaund] ❶ vt. ①再混合,使与混合物混合 ②分解,使腐败 ❷ a.;n. = decomposite

decompress [ˌdiːkəmˈpres] v. 缓缓排除压力,减压

decompression [ˌdiːkəmˈpreʃ ən] n. 减〔降,泄,法,除〕压,分解,(威尔逊室内)膨胀

decompressor [ˌdiːkəmˈpresə] a. 减压器

deconcentrate [diːˈkɒnsentreɪt] vt. 分散 ‖ **de-concentration** n.

deconcentrator [diːˈkɒnsentreɪtə] n. 反浓缩器

decontaminant [ˌdiːkənˈtæmɪnənt] n. 纯化〔去污〕剂

decontaminate [ˌdiːkənˈtæmɪneɪt] vt. ①净化,清除…的污染,扫除污垢,清除…的毒气,消毒,清洗 ②删除

decontamination [ˌdiːkənˌtæmɪˈneɪʃ ən] n. 净化,去杂质,消毒

decontrol [ˌdiːkənˈtrəul] (decontrolled; decontrolling) vt.; n. 解除控制

deconvolution [diːˌkɒnvəˈluːʃ ən] n. 退褶合,解褶积,消卷积,去旋

decopper [di:'kɒpə] vt. 除铜

decor ['deɪkɔ:] n. (法语)(室内)装饰,舞台布景

decorate ['dekəreɪt] vt. ①装饰,布置,油漆,施彩 ②授勋

decoration [,dekə'reɪʃən] n. ①装饰,修整,装饰品,施彩(作用) ②勋章

decorative ['dekərətɪv] a. (可作)装饰的

decorator ['dek,reɪtə] ❶ n. 制景人员,装饰家 ❷ a. 适于室内装饰的 ❸ v. ①装饰(=decorate) ②除芯

decorous ['dekərəs] a. 有礼貌的,正派的

decorporation [di:,kɔ:pə'reɪʃən] n. 退去,离开机构

decorrelation [di:,kɒrɪ'leɪʃən] n. 解相关

decorrelator [di:'kɒrɪleɪtə] n. 去相关器,解联器

decorticate [di:'kɔ:tɪkeɪt] vt. 剥皮,去壳 ‖ **decortication** n.

decorticator [di:'kɒtɪkeɪtə] n. 脱壳(剥皮)机

decorum [dɪ'kɔ:rəm] n. 礼节,体面

decouple [dɪ'kʌpl] n.; v. 去耦,分隔,隔绝
〖用法〗该词与介词"from"搭配使用,如:In this case it is possible to decouple the inputs from the flip-flop.在这种情况下,能够把输入与触发器隔离开来。

decoupling [dɪ'kʌplɪŋ] n. 去耦(元件,装置),退耦

decoy [dɪ'kɔɪ] n.;vt. ①引诱(物),诱饵,圈套 ②(雷达)假目标

decoyinine ['dekɔɪaɪniːn] n. 德夸菌素

decoyl ['dekɔɪl] n. 辛酰

decrease ❶ [di:'kri:s] v. 减(少,弱),降低,下降,缩短〔小〕 ❷ ['di:kri:s] n. 减少(额),减小(量) ☆ ***(be) on the decrease*** 在减少中,减下去; ***decrease to*** 减少到
〖用法〗❶ 当它作动词时,与介词"with"连用表示"随…而…"。如:This voltage is found to decrease linearly with increased temperature. 我们发现这个电压是随温度的上升而线性下降的。(注意这里"温度的上升"用了"increased temperature", 也可用"increasing temperature",还可用"an increase in temperature"。)❷ 当它作名词时,表示"在…方面的下降",多数人用介词"in"(但是用介词"of"也是可以的)。如:In this case, an increase in temperature results in a decrease in voltage.在这种情况下,温度的上升会引起电压的下降。❸ 注意该名词的搭配模式:"(the〔a〕)decrease of〔in〕A with B",意为"A 随 B 而下降"。如:The rate of decrease of power with increased case temperature is θic.ŭ. 功率随壳温的上升而下降的速率是θic.ŭ。

decreasingly [di:'kri:sɪŋlɪ] ad. 渐减(地)

decree [dɪ'kri:] ❶ n. 法令,布告 ❷ vt. 公布,宣告,规定,注定
〖用法〗当它表示"规定,注定"时,其宾语从句或主语从句中一般使用"(should +)动词原形"虚拟句型;在其作名词时,后跟的同位语从句或表语从句中使用同样的虚拟句型;但也有人不这样使

用。如:Conservation of energy decrees that the shift in frequency is such that ω$_d$>ω$_i$.能量守恒规定〔要求〕频率漂移应该使得 ω$_d$>ω$_i$。

decrement ['dekrɪmənt] n. ①减少(率),减缩(率),衰减(率) ②指令的一部分数位 ③消耗,亏损,赤字 ④疾病减退期

decremeter [dɪ'kremɪtə] n. 减幅计,对数衰减量计

decrepit [dɪ'krepɪt] a. 衰老的,老弱的

decrepitate [dɪ'krepɪteɪt] v. 烧爆

decrepitation [dɪ,krepɪ'teɪʃən] n. 烧裂(作用),噼啪作响

decreptitude [dɪ'kreptɪtju:d] n. 衰老,老朽

decrescence [dɪ'kresəns] n. 减小,衰退,下降

decrescent [dɪ'kresnt] a. 渐小的,(月)下弦的

decretal [dɪ'kri:tl] a. 法令的

decretive [dɪ'kri:tɪv] a. 法令的

decrial [dɪ'kraɪəl] n. 诽谤,诋毁

decrudescence [,di:kru:'desəns] n. 减退(症状),减轻

decruit [di:'kru:t] v. 置于次要的职位

decrustation [,di:krʌs'teɪʃən] n. 脱皮,表面净化

decry [dɪ'kraɪ] vt. 谴责,贬低

decrypt [di:'krɪpt] vt. 译码,解码

decryptanalist [,di:krɪp'tænəlɪst] n. 密码破译者,密码专家

decryption [di:'krɪpʃən], **decryptment** [di:-'krɪptmənt] n. 译码,解释(编码的)数据
〖用法〗该词可以与动词"perform"搭配使用。如:In this case the enemy cryptanalyst can perform decryption successfully.在这种情况下,敌人的密码专家就能成功地进行破译。

decryptograph [di:'krɪptəgrɑ:f] n. 密码翻译

decrystallization [,di:krɪs,təlaɪ'zeɪʃən] n. 去结晶(作用)

dectaphone ['dektəfəun] n. 漏水探知器

decubation [,di:kju'beɪʃn] n. 恢复期

decubitus [dɪ'kju:bɪtəs] n. 卧位,褥疮

decuman ['dekjumən] a. 特大的,巨大的

decumbence [dɪ'kʌmbəns] n. 俯伏,匍匐

decumbent [dɪ'kʌmbənt] a. 匍匐在地上的,垂下的

decuple ['dekjupl] n.;a.;vt. ①十倍(的),以十计的 ②以十乘

decuplet ['dekjuplɪt] n. 十个一组,十重线

decurrent [dɪ'kʌrənt] a. (植物)下延的,向下的

decurtation [,di:kɜ:'teɪʃn] n. 切短,缩短

decurvature [di:'kɜ:vətʃə] n. 下弯

decurved [dɪ'kɜ:vd] a. (弧形)向下弯的

decussate ❶ [dɪ'kʌseɪt] v. 交叉成十字形,正交,使交叉 ❷ [dɪ'kʌsɪt] a. (直角)交叉的,交错的 ‖ ~**ly** ad.

decussation [,di:kʌ'seɪʃən] n. 十字交叉

decyanation [,di:,saɪə'neɪʃən] n. 脱氰(作用)

decyanoethylation ['di:saɪə,naɪ:'θɪ'leɪʃən] n.

脱氰乙基作用

decyclization [di:,saɪklaɪˈzeɪʃ ən] n. 去环(作用)

decyl [dɪˈsaɪl] a. 癸基(的)

decylamine [dɪˌsaɪləˈmiːn] n. 癸胺

decylene [ˈdesɪliːn] n. 癸烯

decylic acid [ˈdesɪlɪkˈæsɪd] n. 癸酸

decyne [ˈdekaɪn] n. 癸炔

dedenda [dɪˈdendə] dedendum 的复数

dedendum [dɪˈdendəm] (pl.dedenda) n. (齿轮的)齿根,齿高

dedentition [ˌdiːdenˈtɪʃ ən] n. 落齿,牙齿脱落

dedicate [ˈdedɪkeɪt] vt. 贡献,献身,致力 ☆ **dedicate one's life to** 献身于

dedicated [ˈdedɪˌkeɪtɪd] a. 专用的 ☆**dedicated memory** 专用存储器

dedication [ˌdedɪˈkeɪʃ ən] n. 贡献,献身,献辞

dedifferentiation [diːˌdɪfərenʃiˈeɪʃ ən] n. 反分化,失去差别

dedolomitization n. = dedolomization

dedolomization [diːˌdɒləmaɪˈzeɪʃ ən] n. (= dedolomitization)脱白云石化(作用)

deduce [dɪˈdjuːs] vt. 推论〔断〕,导出,演绎 ☆ **deduce A from B** 由 B 推出 A

deducible [dɪˈdjuːsəbl] a. 可推断的

deduct [dɪˈdʌkt] vt. ①扣除,减去,折扣 ②推论,演绎 ☆**deduct A from B** 从 B 中减去 A

deduction [dɪˈdʌkʃ ən] n. ①扣除(额),减去,折扣 ②推论出来的结论,演绎(法)

deductive [dɪˈdʌktɪv] a. ①减去的 ②推断的,(用)演绎(法)的 ‖ ~ly ad.

dedust [diːˈdʌst] vt. 除尘,脱尘

dedusting [ˈdiːˈdʌstɪŋ] n. 除尘

dee [diː] n. D 字,D 形盒〔环〕,D 形电极,D 形连接夹

deed [diːd] ❶ n. ①行动,实际 ②事迹 ③证(明)书,合同,契约 ❷ vt. 立契出让 ☆ **do the deed** 产生效果; **in deed as well as in word** 言行一致(的); **in deed and (but) not in name** 或 **in word and deed** 不是名义上而是实际上; **in name, but not in deed** 有名无实; **in (very) deed** 实际上,实在(是),确实,真的; **with actual deeds** 以实际行动

deem [diːm] vt. 想,认为 ☆**deem (that) it (is) one's duty to do** 认为(做)是自己的责任; **deem it necessary to do ...** 认为做…是必要的

deemphasis [diːˈemfəsɪs] n. ①(调频接收机中)去加重 ②高频衰减率,信号还原 ③降低重要性,削弱

deemphasize [diːˈemfəsaɪz] vt. 降低…的重要性,削弱

de-emulsification [diːˌɪmʌlsɪfɪˈkeɪʃ ən] n. 解乳化(作用),乳浊澄清(作用)

deenergisation, deenergization [diːˌenədʒaɪˈzeɪʃ ən] n. 去能,去激励,释放

deenergise, deenergize [diːˈenədʒaɪz] vt. 切断,断开,释放(继电器,电磁铁等),去能,去激励

deenergised, deenergized [diːˈenədʒaɪzd] a. 不带电的,去激励的,去能的

deentrainment [ˌdiːenˈtreɪnmənt] n. 防止带走,收集,捕捉

deep [diːp] ❶ a. ①深(奥,色)的,纵深的,低的(音) ②浓(厚)的,饱和的 ③非常的 ❷ ad. 深深地 ❸ n. 深(度,处,色) ☆**(be) deep in** 埋头于…之中,专心致力于; **(be) deep in (into) the heart of** 深入(到)…的中心; **go off the deep end** 走极端

deep-cutting [ˈdiːpkʌtɪŋ] n.;a. 深切(削)(的)

deep-dyed [ˈdiːpdaɪd] a. 深染的,顽固不化的

deepen [ˈdiːpən] v. (使)加深,深化

deepfreeze [diːpˈfriːz] n.;vt. (以极低温度快速)冷藏(箱),冷冻(器),冷处理

deeply [ˈdiːplɪ] ad. 深深地,非常

deeplying [ˈdiːplaɪɪŋ] a. 处于深处的,埋藏很深的

deepmost [ˈdiːpməʊst] a. 最深的

deepness [ˈdiːpnɪs] n. 深(度,远),浓度

deeprooted [ˈdiːpˈruːtɪd] a. 根深蒂固的

deepwater [diːpˈwɔːtə] a. 深海的,远洋的

deer [dɪə] n. 鹿 ☆**David's deer** 麋鹿,四不像; **small deer** 无足轻重的东西

deethanation [diːˌeθəˈneɪʃ ən], **deethanization** [diːˌeθənaɪˈzeɪʃ ən] n. 脱乙烷(作用)

deethanize [diːˈeθənaɪz] vt. 馏除乙烷

deethanizer [diːˈeθənaɪzə] n. 乙烷馏除塔,脱乙烷塔

deethylation [diːˌeθɪˈleɪʃ ən] n. 脱乙基(作用)

deexcitation [diːˌeksɪˈteɪʃ ən] n. 去激励,去(激)活(作用)

deface [dɪˈfeɪs] vt. 损伤…的外观,涂销

defacement [dɪˈfeɪsmənt] n. 毁损(物),磨损,涂销

defacto [diːˈfæktəʊ] ad.;a. 〔拉丁语〕事实上(的),实际上(的)

defalcate [diːˈfælkeɪt] vt. 盗用〔侵吞〕公款 ‖ **defalcation** n.

defame [dɪˈfeɪm] vt. 诽谤,中伤 ‖ **defamation** n. **defamalory** a.

defat [dɪˈfæt] (defatted; defatting) vt. 除油,脱脂

default [dɪˈfɔːlt] ❶ n. ①不履行,不负责任,拖欠,缺乏 ②缺陷,错误 ❷ vi. 不履行(责任),不到场,拖欠 ☆**be in default** 不履行; **in (for) default of** 因为没有,(若)缺少…时

defeasance [dɪˈfiːzəns] n. 废止,解除(契约)

defeasible [dɪˈfiːzəbl] a. 可废除的

defeat [dɪˈfiːt] ❶ vt. ①战胜,击败 ②使失败〔失去作用〕,使受挫折 ③废除,消除 ❷ n. 失〔击〕败,战胜,废除 ☆ **defeat its object** 达不到目的反而导致失败; **in defeat and victory** 无论胜败

defeatism [dɪˈfiːtɪzm] n. 失败主义

defeatist [dɪˈfiːtɪst] n. 失败主义者

defeature [dɪˈfiːtʃə] vt. 损坏外形,使变形,毁容

defecate [ˈdefɪkeɪt] v. 澄清,净化

defecation [ˌdefɪˈkeɪʃ ən] n. 澄清(作用),净化,排

粪

defecator [ˈdefɪkeɪtə] n. 澄清器,过滤装置

defect [dɪˈfekt] n. ①缺点,瑕疵 ②故障,损害 ③缺乏,不足,亏损 ☆*in defect* 缺乏; *in defect of* 若无…时,因为没有…

defection [dɪˈfekʃən] n. ①背叛,变节 ②不履行义务,不尽责

defective [dɪˈfektɪv] ❶ a. 有缺点的,损坏的,(出)故障的,不合格的,亏损的,无效的 ❷ n. 次品,有缺陷的(人,物) ‖ **~ly** ad. **~ness** n.

defectogram [dɪˈfektəgræm] n. 探伤图

defectoscope [dɪˈfektəskəup] n. 探伤仪

defectoscopy [dɪˈfektəskɔːpɪ] n. 探伤(法),故障检验法

defence [dɪˈfens] n. ①防御〔卫〕,保护(层) ②辩护,答辩 ③(pl.)防御工事 ☆*defend A from B* 保护 A 使不受 B; *defend oneself* 自卫,答辩; *defend oneself against* 防御

defendant [dɪˈfendənt] n.;a. 被告(的),防御(者,的),辩护(者,的)

defender [dɪˈfendə] n. ①保卫者,防御者,防御人 ②保护装置,护耳器 ③防御飞机

defense ❶ n. =defence ❷ vt. 谋划抵御

Defense (美国) 国防部

defensibility [dɪˌfensəˈbɪlɪtɪ] n. 可防御性

defensible [dɪˈfensəbl] a. 可防御的,能辩护的,正当的 ‖ **defensibly** ad. **~ness** n.

defensive [dɪˈfensɪv] a.;n. ①防御(用,性)的,防卫(的),辩护(的) ②防御态势 ☆*assume the defensive* 或 *be (act, stand) on the defensive* 处于守势,处于防御地位; *have ... on the defensive* 使…被动 ‖ **~ly** ad.

defensory [dɪˈfensərɪ] = defensive

defer [dɪˈfɜː] (deferred; deferring) v. ①延期〔缓〕,耽搁,推迟,逾期 ②服从(to)
〖用法〗注意下面例句的含义: It *defers to* a later chapter what may be a much larger issue in program security: trust. 在程序安全方面可能极其重要的一个问题——"诚信"将推迟到后面一章(讲解)。

deference [ˈdefərəns] n. 服从,尊敬 ☆*in deference to* 遵从,考虑到
〖用法〗注意下面例句中该词的用法: This effect has become known as the Early effect *in deference to* Early's contribution. 考虑到厄尔利作出的贡献,这个效应被称为厄尔利效应。

deferent [ˈdefərənt] a.;n. ①输送物(的) ②圆心轨迹,(天)从圈,均轮

deferential [ˌdefəˈrenʃəl] a. 表示敬意的,恭敬的

deferentiality [ˌdefəˌrenʃɪˈælɪtɪ] n. 可微性

deferment [dɪˈfɜːmənt] n. 迟延,延期

deferrable [dɪˈfɜːrəbl] a. 能延期的

deferral [dɪˈfɜːrəl] n. 延期,迟延

deferrer [dɪˈfɜːrə] n. 推迟者,延期者

deferrization [dɪˌferɪˈzeɪʃən] n. 除铁

defervescence [ˌdiːfəˈvesns] n. 退热,热退期

defervescent [ˌdiːfəˈvesnt] ❶ a. 退热的 ❷ n. 退热药

defiance [dɪˈfaɪəns] n. 挑衅,藐视,不顾 ☆*bid defiance to* 或 *set ... at defiance* 向…挑战,藐视; *in defiance of* 无视,不顾,一反

defiant [dɪˈfaɪənt] a. ①挑战的,违抗的,(公然)不服从的 ②大胆的,目中无人的 ☆*be defiant of* 蔑视

defiber [diːˈfaɪbə] vt. 脱纤维

defibrator [diːˈfaɪbreɪtə] n. 纤维分离机

defibrillator [diːˈfaɪbrɪleɪtə] n. 电震发生器,除纤颤器

defibrination [diːˌfaɪbrɪˈneɪʃən] n. 磨(制)木浆,磨木制浆(纸),脱纤维(蛋白)作用

deficiency [dɪˈfɪʃənsɪ] n. ①缺乏 ②不足之处,营养缺乏症,故障,无效性 ③不足额,亏数,差(额)

deficient [dɪˈfɪʃənt] a. 不足的,缺乏的,有缺陷的,无效的
〖用法〗该词后跟介词"in",表示"在…方面不足"。如: The MOSFET is relatively deficient in transconductance. 金属氧化物半导体场效应管在跨导方面相对来说是不足的。

deficit [ˈdefɪsɪt] n. 亏损(额),亏空,短缺,赤字

defier [dɪˈfaɪə] n. 挑战者

defilade [ˌdefɪˈleɪd] vt.; n. 遮蔽(物),障碍物

defile ❶ [dɪˈfaɪl] v. ①弄脏,污损,玷污 ②成纵〔单〕列前进 ❷ [ˈdiːfaɪl] n. 隘路,峡(谷,道),分列式,纵列行进

defilement [diːˈfaɪlmənt] n. 污染〔秽〕,玷污,污辱

definability [dɪˌfaɪnəˈbɪlɪtɪ] n. 可定义性

definable [dɪˈfaɪnəbl] n. 可定义的,可确〔限〕定的,有界限的

define [dɪˈfaɪn] vt. ①(给…)下定义,确〔限〕定,(划)定界限,解释 ②详细说明,明确表示 ☆*be defined as* …的定义是,被定义为,(被规定)等于,可称为
〖用法〗该词最常见的搭配模式是 "define A as B"(主动形式或被动形式),意为 "把 A 定义为 B",其中 "as" 短语是补足语。如: Speed is defined as the ratio of destance to time. 速度被定义为距离与时间之比。但也可以是 "to be ..." 形式作补足语。如: We define all I/O instructions to be privileged instructions. 我们把所有的 I/O 指令定义为特权指令。/The impulse of the force is defined to be F(t_2 – t_1). 该力的冲量被定义为 F(t_2 – t_1)。

definiendum [dɪˌfɪnɪˈendəm] (pl. definienda) n. 被下了定义的词

definiens [dɪˈfɪnɪenz] (pl. definientia) n. 定义

definite [ˈdefɪnɪt] a. 明确的,确定的,有定数的,有界限的 ☆*have definite proof* 确证

definitely [ˈdefɪnɪtlɪ] ad. 明确地,一定,一点不错

definiteness [ˈdefɪnɪtnɪs] n. 明确,确定

definition [ˌdefɪˈnɪʃən] n. ①定义,阐明 ②限定,明确(性) ③清晰度,分辨率,反差 ‖ **~al** a.
〖用法〗❶ 注意搭配模式 "the definition of A as B",

D

意为"把 A 定义为 B"。如：We can easily see from the underline{definition of k as the ratio} of a force to a length that the unit of elastic potential energy is the same as the unit of work.由 k 定义为力与长度之比,我们可以看出弹性势能的单位与功的单位是相同的。

❷ 注意下面例句的含义：The underline{definition} by the standards bodies of services and protocols for management applications has lagged behind their underline{definition} for business applications.由制定标准的机构对服务和协议书为应用于管理所作的定义,滞后于为商业应用而对它们所作的定义。("of services and protocols for management applications" 是修饰主语 "The definition" 的。在 "their definition" 中,"their" 与 "definition" 之间存在动宾关系,所以译成 "对它们所作的定义"。)

D

definitive [dɪˈfɪnɪtɪv] *a.* (有)决定(性)词,确定的,明确的,定义的,权威性的 ‖ ~ly *ad.* ~ness *n.*

definitude [dɪˈfɪnɪtjuːd] *n.* 明确(性)

deflagrability [deˌflægrəˈbɪlɪtɪ] *n.* 爆(易)燃性

deflagrable [deˈflægrəbl] *a.* 爆(易)燃的

deflagrate [ˈdefləɡreɪt] *v.* (使)突然燃烧,(使)爆燃

deflagration [ˌdefləˈɡreɪʃən] *n.* 突燃,快速燃烧,焚烧

deflagrator [ˌdefləˈɡreɪtə] *n.* 突燃器

deflatable [dɪˈfleɪtəbl] *a.* 可放气的,可紧缩的

deflate [diːˈfleɪt] *v.* ①(给…)放气,减压,使瘪掉,紧缩(通货) ②降低…的地位

deflated [diːˈfleɪtɪd] *a.* 放气的

deflation [diːˈfleɪʃən] *n.* ①放气,瘪掉,压缩,降阶 ②(通货)紧缩 ③风蚀

deflationary [diːˈfleɪʃənərɪ] *a.* 紧缩通货的

deflators [diːˈfleɪtəz] *n.* 平减指数,紧缩因素

deflect [dɪˈflekt] *v.* ①(使)偏转(移,离),致偏 ②(使)转向,折射 ☆ ***deflect A around B*** 使 A 绕 B 偏转

〖用法〗注意下面例句中该词的用法：A light beam underline{is deflected} upon entering or leaving that medium.光束进入或离开那媒介时,就会被折射。

deflection [dɪˈflekʃən] *n.* ①偏转(移,离),偏角,偏转程度,致偏,倾斜,折射 ②挠曲,挠度 ③方向角

deflective [dɪˈflektɪv] *a.* 偏斜的

deflectivity [ˌdɪflekˈtɪvɪtɪ] *n.* 偏斜,可弯性

deflectogram [dɪˈflektəɡræm] *n.* 弯沉图

deflectograph [dɪˈflektəɡrɑːf] *n.* 弯沉仪

deflectometer [ˌdɪflekˈtɔmɪtə] *n.* 挠度计

deflector [dɪˈflektə] *n.* 偏流板,偏流仪,偏转系统,导向装置,导流片,磁偏角测定器,致偏极

deflectoscope [dɪˈflektəskəup] *n.* 缺陷检查仪

deflectron [dɪˈflektrɔn] *n.* 静电视像管,静电偏转电子束管

deflegmate [dɪˈflegmeɪt] *v.* 分凝 ‖ **deflegmation** *n.*

deflex [dɪˈfleks] *vt.* 向下弯曲

deflexion = deflection

deflocculant [diːˈflɔkjulənt] *n.* 反絮凝剂,散凝剂,胶体稳定剂,悬浮剂

deflocculate [diːˈflɔkjuleɪt] *v.* 反絮凝,散凝

deflocculation [diːˌflɔkjuˈleɪʃən] *n.* 反絮凝作用,散凝作用,悬浮

defllocculator [diːˈflɔkjuleɪtə] *n.* 反裂凝离心机,反团聚机,悬浮剂

deflorate [dɪˈflɔːreɪt] *a.* 过了开花期的

deflorescence [ˌdefləˈresəns] *n.* 皮疹消退

deflower [diːˈflauə] *vt.* 采花;抽取…精华;奸污(处女)

defluent [ˈdefluːənt] *a.* ; *n.* 向下流的(部分)

defluidization [ˌdiːfluːˌɪdaɪˈzeɪʃən] *n.* 流态化(作用)停滞,反流态化

defluorinate [diːˈflʊərɪneɪt] *vt.* 脱氟 ‖ **defluorination** *n.*

defluvium [dɪˈfluːvɪəm] *n.* 脱落

deflux [dɪˈflʌks] *n.* 去焊剂

defluxio [dɪˈflʌksɪəu] *n.* (拉丁语) 脱落,流下

defoam [diːˈfəum] *v.* 去(泡)沫,除泡(沫)

defoamer [diːˈfəumə] *n.* 去沫剂

defocus [diːˈfəukəs] (defocus(s)ed; defocus(s)ing) *v.* 散焦,发散

defog [diːˈfɔg] *vt.* 清除混油(状态),扫雾

defoliate [diːˈfəulɪeɪt] *vt.* 使落叶

deforce [dɪˈfɔːs] *vt.* 霸占,强占

deforest [diːˈfɔrɪst] *vt.* 砍伐…的森林 ‖ ~ation *n.*

deform [dɪˈfɔːm] *v.* (使)变形,使畸形

deformability [dɪˌfɔːməˈbɪlɪtɪ] *n.* (可)变形性,形变度,可塑性

deformable [dɪˈfɔːməbl] *a.* 可变形的,应变的 ☆ ***deformable body*** 柔体

deformation [ˌdiːfɔːˈmeɪʃən] *n.* 变形〔态〕,形变,畸形,失真,扭曲,走样 ‖ ~al *a.*

deformative [diːˈfɔːmətɪv] *a.* 使变形的,使形状损坏的

deformed [diːˈfɔːmd] *a.* 变(了)形的,畸形的,残废的

deformeter [dɪˈfɔːmɪtə] *n.* 应变仪,变形测定器

deformity [dɪˈfɔːmɪtɪ] *n.* 畸形,变形,残废,缺陷,残缺的东西

deformograph [dɪˈfɔːməɡrɑːf] *n.* 形变图

defraud [dɪˈfrɔːd] *vt.* 欺骗,诈取

defrauder [dɪˈfrɔːdə] *n.* 诈骗者,骗子

defray [dɪˈfreɪ] *vt.* 支付,付出

defrayable [dɪˈfreɪəbl] *n.* 可支付的

defrayal [dɪˈfreɪəl], **defrayment** [dɪˈfreɪmənt] *n.* 支付,付给

defreeze [diːˈfriːz] (defroze, defrozen) *vi.* 解冻,溶化

defrost [dɪˈfrɔst] *v.* 除(去冰)霜,使不结冰,使冰溶解,解冻

defroster [dɪˈfrɔstə] *n.* (车窗玻璃)除霜器,防冻器,融冰器,防霜冻装置

defrother [dɪˈfrɔːθə] *n.* 除泡剂,消泡器

defroze [diːˈfrəuz] defreeze 的过去式

defrozen [diːˈfrəuzən] defreeze 的过去分词

defruiting [diːˈfruːtɪŋ] n. 异频回波滤除

deft [deft] a. (手工)灵巧的,熟练的,敏捷的,巧妙的 ‖ **~ly** ad. **~ ness** n.

defuelling [diːˈfjuəlɪŋ] n. ①放出存油 ②二次加注(燃料),二次加油〔充气〕

defunct [dɪˈfʌŋkt] a. 死了的,不再存在的,倒闭了的

defunctionalization [dɪˌfʌŋkʃənəlɪˈzeɪʃn] n. 除机能(法),机能消失

defundation [ˌdiːfʌnˈdeɪʃən] n. 子宫底切除术

defuse, defuze [diːˈfjuːz] vt. ①拆除雷管,使变得无害 ②平息,削弱…的力量

defy [dɪˈfaɪ] vt. ①向…挑战 ②蔑视,不服从,违抗 ③不给,使不能

degas [dɪˈgæs] (degassed; degassing) vt. 脱(排,抽)气,去氧,去毒气

degasification [dɪgæˌsɪfɪˈkeɪʃn] n. 除气(作用)

degasifier [dɪˈgæsɪfaɪə] n. 脱气器,除气剂

degasify [dɪˈgæsɪfaɪ] vt. 除气

degasser [dɪˈgæsə] n. 脱气器,除气剂

degate [diːˈgeɪt] n. 打浇口

degauss [diːˈgaus] vt. 消磁,去除磁场

degausser [diːˈgausə] n. 去磁器,去磁电路〔扼流圈〕

degelatinize [diːˈdʒelətɪnaɪz] vt. 脱胶,煮出胶质

degeneracy [dɪˈdʒenərəsɪ] n. 退化(作用),蜕化,颓废,变质,简并性(度)

degenerate ❶ [dɪˈdʒenəreɪt] v. 退化,变质,堕落,简并 ☆**degenerate into** 简化〔变质〕成 **❷** [dɪˈdʒenərɪt] n.;a. 退化(的),变质(的),简并性(的)

degeneration [dɪˌdʒenəˈreɪʃən] n. ①退化(作用),变质,衰减,恶化,颓废,简并(化) ②负反馈

degenerative [dɪˈdʒenəreɪtɪv] a. 退化的,衰退的,变质的,负反馈的

degenerescence [dɪˌdʒenəˈresns] n. 退化,变质,变性

degerm [diːˈdʒɜːm] vt. 除菌,消毒

degermation [ˌdiːdʒɜːˈmeɪʃən] n. 消毒,去细菌

degeroite [ˈdedʒərəait] n. 硅铁土

deglabration [diːglæˈbreɪʃən] n. 秃,变秃

deglaciation [diːˌgleɪʃɪˈeɪʃən] n. 冰消作用〔过程〕,减冰川作用

deglitch [diːˈglɪtʃ] n. 抗尖峰脉冲

deglue [dɪˈgluː] vt. 脱胶

deglutible [dɪˈgluːtɪbl] a. 可吞服的

deglutition [ˌdɪgluːˈtɪʃn] n. 吞咽

deglutitive [diːˈgluːtɪtɪv] a. 吞咽的

deglyceri(ni)ze [diːˈglɪsərɪ(naɪ)z] v. 去甘油

degold [diːˈgəuld] v. 除金

degradability [dɪˌgreɪdəˈbɪlɪtɪ] n. 降解性

degradable [dɪˈgreɪdəbl] a. 可裂变的,可降解的

degradation [ˌdegrəˈdeɪʃən] n. ①降低(级,格),下降,减低 ②退化,降解,递降(分解作用) ③(能量)衰变,简并 ④裂解,剥蚀,摧毁,变坏

〖用法〗该词前可以加不定冠词,其后一般跟介词“in”。如: This phenomenon produces <u>a degradation in</u> system performance.这个现象会引起系统性能的下降。

degrade [dɪˈgreɪd] v. ①降低〔级,格〕,递降,减少 ②退化 ③降解,衰变,剥蚀 ☆**be degraded into** 递降为

〖用法〗注意下面例句中该词的用法: In this case amplifier noise and drift in operating points <u>degrade</u> the accuracy of measurement.在这种情况下,放大器的噪声和工作点的漂移会影响测量的精度。

degraded [dɪˈgreɪdɪd] a. 下降的,退化的,(能谱)软化的,免了职的 ‖ **-ly** ad. **~ ness** n.

degranulation [dɪˌgrænjuˈleɪʃn] n. 脱粒,去粒

degrease [dɪˈgriːz] vt. 脱脂,清除油渍

degreaser [diːˈgriːzə] n. ①去脂器,去油装置,去垢工具 ②脱脂剂,去油污剂 ③脱脂工人

degree [dɪˈgriː] n. ①度(数),〔数〕次(数),幂 ②程度,(等)级 ③优点 ④学位 ☆**any degree (of)** 一点; **single degree** 仅仅一度; **a (very) small degree of ...** 一点儿; **by degrees** 逐渐地,渐渐; **in a degree** 有一点儿; **in a great degree** 大部分,大半; **in a greater degree** 更加,在更大程度上; **in a marked degree** 非常(地); **in any degree** 稍微,一点点; **in no degree** 决不; **in (to) some degree** 略微,在某种程度上; **to a (certain) degree** 在一定程度上; **to a considerable (very marked) degree** 在很大程度上,显著地; **to a high degree** 非常; **to such a degree that** 到这样的程度以至于; **to the last degree** 极其,非常

〖用法〗❶ 在该词前一般使用介词“to”,表示“在…程度上”(有时也有用介词“in”的)。如: All measurements are uncertain <u>to some degree</u>.所有的测量均在某种程度上是不确定的〔不可靠的〕。❷ 表示取得学位时,可以写成“earn (receive, obtain, be awarded) his (her,the,a) ... degree”。如: He earned his Ph.D <u>degree</u> from Princeton University in July, 2002.他于 2002 年 7 月在普林斯顿大学获得博士学位。

degreening [dɪˈgriːnɪŋ] n. 果实催色

degression [dɪˈgreʃən] n. 递减,下降

degressive [dɪˈgresɪv] a. 递减的

degritting [dɪˈgrɪtɪŋ] n. 除砂

degrowth [dɪˈgrəuθ] n. 生长度减退,减低生长

degum [diːˈgʌm] (degummed; degumming) vt. 使脱胶,使去胶

degussit [dɪˈgʌsɪt] n. 陶瓷刀具

degustation [ˌdiːgʌsˈteɪʃn] n. 尝味

dehacker [dɪˈhækə] n. 卸砖机

dehair [diːˈheə] v. 脱毛,褪毛

dehalogenation [dɪhæˌlədʒəˈneɪʃən] n. 脱卤作用

dehematize [dɪˈhemətaɪz] v. 去血,除血

dehexanize [di:'hegzeɪnaɪz] *vt.* 馏除己烷

dehexanizer [di:'hegzeɪnaɪzə] *n.* 己烷馏除塔

dehiscent [dɪ'hɪsənt] *a.* 裂开的

dehort [dɪ'hɔ:t] *vt.* 劝阻

dehortation [,di:hɔ:'teɪʃən] *n.* 劝阻

dehull [di:'hʌl] *v.* 除壳,去皮

dehumanization [di:,hjumənaɪ'zeɪʃən] *n.* 无人性,人性丧失,疯狂

dehumidification [di:hju,mɪdɪfɪ'keɪʃən] *n.* 除湿(作用),干燥,脱水

dehumidifier [,di:hju'mɪdɪfaɪə] *n.* 干燥器,脱水装置,减湿剂

dehumidify [di:hjʊ(:)'mɪdɪfaɪ)] *v.* 除湿,(使)干燥,脱水

dehumidizer [di:'hju:mɪdaɪzə] *n.* 减湿剂,减湿器

dehydrant [di:'haɪdrənt] *n.* 脱水剂〔物〕

dehydrase [di:'haɪdreɪz] *n.* 脱水酶

dehydratase [di:'haɪdrəteɪz] *n.* 脱水酶

dehydrate [di:'haɪdreɪt] *v.;n.* 去水(物),(使)干燥

dehydrater [di:'haɪdreɪtə] = dehydrator

dehydration [di:haɪ'dreɪʃən] *n.* 脱水(作用),干燥皱缩,去湿

dehydrator [di:'haɪdreɪtə] *n.* 脱水器,脱水剂,干燥机

dehydrite [di:'haɪdraɪt] *n.* 高氯酸镁

dehydro [di:'haɪdrəʊ] *v.* 脱氢

dehydrocanned [di:haɪdrə'kænd] *a.* 脱水装罐头的

dehydrochlorination [di:'haɪdrə,klɔ:rɪ'neɪʃən] *n.* 脱氢环化(作用)

dehydrofreezing [di:,haɪdrə'fri:zɪŋ] *n.* 脱水冷冻(法),脱水冻结

dehydrofrozen [di:,haɪdrə'frəʊzn] *a.* 脱水冷冻的

dehydrogenase [,di:haɪdrə'dʒeneɪs] *n.* 脱氢酶

degydrogenate [,di:haɪ'drɒdʒɪneɪt], **dehydrogenize** [di:haɪ'drɒdʒənaɪz] *vt.* 脱氢

dehydrogenation [di:,haɪdrəʊ'dʒəneɪʃən], **dehydrogenization** [di:,haɪdrəʊdʒənaɪzeɪʃən] *n.* 除氢(作用)

dehydrohalogenation [di:'haɪdrəʊ,hælədʒə'neɪʃən] *n.* 脱氢卤化(作用),脱去卤化氢

dehydrolysis [,di:haɪ'drɒlɪsɪs] *n.* 去水(作用)

dehydrolyze [di:'haɪdrəʊlaɪz] *v.* 脱水

dehydroxylation [di:,haɪdrəʊksɪ'leɪʃən] *n.* 脱羟基作用

dehypnotization [dɪhɪp,nətaɪ'zeɪʃn] *n.* 解除催眠(作用)

de(-)ice [di:'aɪs] *vt.* 防止…上结冰,除去…的冰,防冻

de(-)icer [di:'aɪsə] *n.* 除冰器,防冰设备,防冻剂,防冻加热器

deicing ['di:aɪsɪŋ] *n.* 除冰,防冻(工作)

deictic ['daɪktɪk] *a.* 直接指出的

deification [,di:ɪfɪ'keɪʃən] *n.* 奉若神明,神化

deify ['di:ɪfaɪ] *vt.* 奉若神明,把…神化,崇拜

deign [deɪn] *v.* (承)蒙,赐予(+不定式(inf.)) ☆*do not deign to do* 或 *without deigning to do* 不屑(做)

Deimos ['daɪmɒs] *n.* 火卫二

deindustrialization [,di:ɪndʌstrɪələr'zeɪʃən] *n.* 限制工业化

deinhibition [di:,ɪnhɪ'bɪʃən] *n.* 去除抑止

deink [di:'ɪŋk] *vt.* 脱墨

deintegro [di:'ɪntɪgrəʊ] (拉丁语)重新,另行

deintoxication [di:ɪn,tɒksɪ'keɪʃn] *n.* 解毒(作用)

deiodination [di:aɪ,əʊdɪ'neɪʃən] *n.* 脱碘(作用)

deion [di:'aɪən] *v.;n.* 消电离,消去离

deionization [di:,aɪənaɪ'zeɪʃən] *n.* 消电离(作用),去离解作用

deionize [di:'aɪənaɪz] *vt.* 消电离,(除)去离子

deionizer [di:'aɪənaɪzə] *n.* 脱离子剂

deism ['di:ɪzəm] *n.* 自然神论

deity ['di:ɪtɪ] *n.* 神,神性

dejacket [di:'dʒækɪt] *v.* 去(掉外)壳,脱壳

dejacketer [di:'dʒækɪtə] *n.* 脱皮〔除去外壳的〕装置

deject [dɪ'dʒekt] *vt.* 使灰心〔气馁〕

dejecta [dɪ'dʒektə] *n.* 排泄物,粪便

dejection [dɪ'dʒekʃən] *n.* ①灰心,气馁,沮丧 ②排泄(物),粪便

dejecture [dɪ'dʒektʃə] *n.* 排泄物,粪便

de jure [di:'dʒʊərɪ] (拉丁语)根据权利的,正当的,合法的,法律上(的)

dekagram(me) ['dekəgræm] *n.* 十克

dekal ['dekəl] = dekalitre 十升

dekalin ['dekəlɪn] *n.* 十氢化萘,加十氢萘

dekaliter, dekalitre ['dekəli:tə] *n.* 十公升

dekameter, dekametre ['dekəmi:tə] *n.* 十米

dekametric [,dekə'metrɪk] *a.* 波长相当于10米的,高频波的

dekan ['dekən] *n.* 旬区

dekanormal [,dekə'nɔ:məl] *a.* 十当量的

dekastere [dekəstɪə] *n.* 十立方米

dekatron ['dekətron] *n.* (= decatron)十进计数管

del [del] *n.* 倒三角形,劈形算符,微分算子

delabelling [di:'leɪbəlɪŋ] *n.* 去除商标

delacerate [di:'læsəreɪt] *v.* 撕裂

delacrimation [dɪ,lækrɪ'meɪʃn] *n.* 泪液过多,多泪

delactation [di:læk'teɪʃən] *n.* 回乳

delafossite [delə'fɒsaɪt] *n.* (赤)铜铁矿

delaine [də'leɪn] *n.* 细布,印花毛纱,高级薄花呢

delaminate [di:'læmɪneɪt] *v.* 分层,脱胶,层剥离

delamination [di:,læmɪ'neɪʃən] *n.* (分)离(成)层,裂为薄层,剥离,起鳞

delanium [dɪ'læniəm] *n.* 人造石墨

delatability [de,lətə'bɪlɪtɪ] *n.* 膨胀性

delatation [,delə'teɪʃən] *n.* 膨胀率

Delatynite [dɪ'lætɪnaɪt] *n.* 德雷特琥珀

Delaware ['deləweə] *n.* (美国)特拉华(州)

delay [dɪ'leɪ] *v.*; *n.* ①耽误,推迟 ②延迟(误),时延,迟缓 ③抑制,减速 ☆*admit of no delay* 不容缓; *without delay* 立刻,毫不迟延地
〖用法〗该动词后跟一个动作作宾语时,动作应该使用动名词表示。如: In this case the transponder will delay answering your inquiry.在这种情况下,应答器将不会及时回答你的问讯。

delayer [dɪ'leɪə] *a.* 延迟器,延迟电路,缓燃剂

delcid ['delsɪd] *n.* 氢氧化铝

Delcom (vernier) ['delcɒm (vɜːnɪə)] *n.* 带游标电感比较仪

delead [dɪ'led] *v.* 除铅

deleave [dɪ'liːv] 【计】分开,拆散

delectable [dɪ'lektəbl] *a.* 使人愉快的,美味的

delegable ['delɪgəbl] *a.* 可以委托的

delegacy ['delɪgəsɪ] *n.* 代表(制度),代表权

delegate ❶ ['delɪgɪt] *n.* 代表,委员,使节,特派员 ❷ ['delɪgɪt] *a.* 代理〔表〕的 ❸ ['delɪgeɪt] *vt.* 委派,派遣,授〔权〕☆*delegate from A to B* A 派往 B 的代表; *delegate A to B* 把 A 委托给 B,授 A 给 B

delegation [,delɪ'geɪʃən] *n.* 代表团,派代表,委任

delete [dɪ'liːt] *vt.* 删去,涂去,勾销

deleterious [,delɪ'tɪərɪəs] *a.* 有毒的,有害杂质的 ‖ ~ly *ad.*

deletion [diː'liːʃən] *n.* 删去(部分),删除,删号,缺损

delf [delf] *n.* ①排流器,管道 ②薄矿层 ③荷兰白釉蓝彩陶器

Delhi ['delɪ] *n.* 德里 ☆*New Delhi* 新德里(印度首都)

deliberate ❶ [dɪ'lɪbəreɪt] *v.* 考虑,熟思,商讨,斟酌 ❷ [dɪ'lɪbərɪt] *a.* ①谨慎的 ②故意的 ③有准备的 ‖ ~ly *ad.* ~ness *n.*

deliberation [dɪ,lɪbə'reɪʃən] *n.* ①慎重(考虑),反复思考,斟酌 ②细心,沉着 ③故意 ☆*be taken into deliberation* 被审议; *under deliberation* 在考虑中,在审议中; *with deliberation* 慎重地,从容地

deliberative [dɪ'lɪbərətɪv] *a.* 考虑过的,慎重的,审议的 ‖ ~ly *ad.*

delicacy ['delɪkəsɪ] *n.* ①精密〔巧〕,轻巧,细致 ②优美,柔和 ③敏感,谨慎 ④微妙,棘手,费力 ☆*feel a delicacy about (in)* 对…感到棘手〔伤脑筋〕

delicate ['delɪkɪt] *a.* ①精密〔致〕的,敏感的,轻巧的,脆弱的 ②优美的,柔和的,(色)淡的 ③细致的,棘手的,难以处理的 ‖ ~ly *ad.*

deligation [,delɪ'geɪʃn] *n.* 结扎

delight [dɪ'laɪt] ❶ *n.* 高兴,愉快,乐趣 ❷ *v.* (使)喜欢〔高兴〕☆*take delight in* 喜欢,以…为乐; *be delighted to (do)* 很高兴(做); *be delighted with* 喜欢,中意

delighted [dɪ'laɪtɪd] *a.* 高兴的 ☆*(be) delighted to (do)* 高兴地去(做); *(be) delighted that ...* 高兴于…

delightful [dɪ'laɪtful] *a.* 令人高兴的,可爱的 ‖ ~ly *ad.*

delignification [dɪ,lɪgnɪfɪ'keɪʃən] *n.* 去木质作用,水致侵蚀作用

delignify [dɪ'lɪgnɪfaɪ] *vt.* 脱木素

delime [dɪ'laɪm] *vt.* 脱灰

delimit [dɪ'lɪmɪt], **delimitate** [dɪ'lɪmɪteɪt] *vt.* 定界,划界线,确定

delimitation [dɪ,lɪmɪ'teɪʃən] *n.* 定界,限定,界限,区划

delimiter [diː'lɪmɪtə] *n.* 限定器,定义〔定界〕符

delineascope [dɪ'lɪnɪəskəup] *n.* 幻灯,映画器

delineate [dɪ'lɪnɪeɪt] *vt.* 描外形,画轮廓,刻画,叙述

delineation [dɪ,lɪnɪ'eɪʃən] *n.* ①描绘,叙述 ②轮廓,草图 ③反光标记显示

delineative [dɪ'lɪnɪeɪtɪv] *a.* 描绘的,叙述的

delineator [dɪ'lɪnɪeɪtə] *n.* ①制图〔叙述〕者 ②图样 ③描画器 ④路边线轮廓标

delinquency [dɪ'lɪŋkwənsɪ] *n.* 旷职,怠工,过失,违法,犯罪

delinquent [dɪ'lɪŋkwənt] *n.*;*a.* 旷职者(的),违法者(的)

deliquesce [,delɪ'kwes] *v.* ①潮解,溶化 ②稀释

deliquescence [,delɪ'kwesns] *n.* 潮解(性),溶解(性)

deliquescent [,delɪ'kwesnt] *a.* (容易)潮解的,溶解的 ‖ ~ly *ad.*

deliquium [dɪ'lɪkwɪəm] *n.* 潮解物;昏厥

deliration [,delə'reɪʃən] *n.* 神经病

delitescence [,delɪ'tesns] *n.* 潜伏期,突然消退 ‖ **delitescent** *a.*

deliver [dɪ'lɪvə] *vt.* ①(递,发)送,运输,递交,交付 ②提供,供给 ③释放,产生,分娩 ④作出,履行,实现 ⑤讲述,发表 ☆*deliver A from (out of) B* 救 A 脱离 B

deliverability [dɪ,lɪvərə'bɪlɪtɪ] *n.* 供应〔输送〕能力

deliverable [dɪ'lɪvərəbl] *a.* 可交付(使用)的

deliverance [dɪ'lɪvərəns] *n.* ①救助,释放 ②投递,传送 ③(正式)意见,判决

delivered [dɪ'lɪvəd] *a.* 已交付的,送达的,包括交货费用在内的

deliverer [dɪ'lɪvərə] *n.* 交付者,递送人

delivery [dɪ'lɪvərɪ] *n.* ①交付,递送,传递,递交一次交付的货物 ②输送,供给,释放(能量) ③排气〔水〕(量),供电(量),供给量 ④分娩,生产 ☆*cash on deliver* 货到付款; *delivery on arrival* 货到交付; *delivery on term* 定期交付; *deliver order* 交货单,出库凭单; *delivery receipt* 送货回单; *take delivery of (goods)* 提取(货物)

deliveryman [dɪ'lɪvərɪmən] *n.* 送货人

dell [del] *n.* 小溪,谷地,小凹,浅窝

delocalization [diː,ləukələr'zeɪʃən] *n.* ①不定域,不受位置限制 ②离域作用

delocalize [diː'ləukəlaɪz] *vt.* 使离开原位,不定域,

D

不受位置限制

delomorphic [,di:lə'mɔ:fɪk] *a.* 显形的,显著的

delorenzite [,di:lə'renzaɪt] *n.* 铁钛铀钇矿

deloul [də'lu:l] *n.* 驯驼

delousing [di:'laʊs] *v.* 除虱,灭虱

delpax ['delpæks] *n.* 复合运动感应式传感器

delta ['deltə] ❶ *n.* ①(希腊字母)Δ,δ ②三角形,(三相电的)三角形接法 ③【数】变数的增量 ❷ *a.* 【化】第四位的,δ 位的

Delta ['deltə] *n.* 通信中用以代表字母 d 的词

deltaic [del'teɪɪk] *a.* 三角(形,洲)的

deltamax ['deltəmæks] *n.* 德尔他麦克斯镍铁(高导磁)合金,δ 合金,铁镍薄板

deltametal ['deltəmetəl] *n.* δ 高强度黄铜

deltation [del'teɪʃən] *n.* 三角洲,三角洲化

deltoid ['deltɔɪd] ❶ *a.* 三角形的,三棱的,三角肌的 ❷ *n.* 三角板,三角肌

delude [dɪ'lu:d]*vt.* 欺骗,迷惑 ☆*delude oneself* 搞错,误会

deluge ['delju:dʒ] ❶ *n.* ①(大)洪水,大水灾,(倾盆)大雨,暴雨 ②泛滥,淹没 ❷ *vt.* 泛滥,淹没,如洪水般涌来

delusion [dɪ'lu:ʒən] *n.* 欺骗,幻觉,错觉 ‖ ~al *a.*

delusive [dɪ'lu:sɪv], **delusory**[dɪ'lu:sərɪ] *a.* 骗人的,虚幻的,令人产生错觉的

deluster [di:'lʌstə] = delustre

delusterant [di:'lʌstərənt] *n.* 褪光剂

delustre [di:'lʌstə] *vt.* 除去光泽,褪光

deluxe [dɪ'lʊks](法语) *a.;ad.* 豪华的(地),精致的(地)

delve [delv] ❶ *v.* 挖掘,钻研,深入研究(in,into),(路)凹下 ❷ *n.* 穴,坑,凹地 ☆*delve among ...* 在…中进行研究
〖用法〗注意下面例句中该词的用法:Let us consider some practical applications before <u>delving into</u> the theoretical details.让我们考虑一些实际的应用后再来进行详细的理论分析.

demagnetisation, **demagnetization** [di:-,mægnɪtaɪ'zeɪʃən] *n.* 去磁(作用),退磁(作用)

demagnetise, **demagnetize** [di:'mægnɪtaɪz] *vt.* (除)去磁(性),退磁

demagnetiser, **demagnetizer** [di:'mægnɪtaɪzə] *n.* 去磁器,去磁装置

demagnetism [di:'mægnɪtɪzəm] *n.* 去磁

demagnification [di:mæg,nɪfɪ'keɪʃən] *n.* 缩微,缩小,退放大

demagnifier [di:'mægnɪfaɪə] *n.* 缩微器,退放大器

demagnify [di:'mægnɪfaɪ] *vt.* 缩微, 退放大

demal [dɪ'mæl] *n.* 分码

demand [dɪ'mɑ:nd] ❶ *vt.* 要求,需要 ❷ *n.* ①要求(之物),需要(量) ②消耗 ☆*demand B of (from) A* 向 A 要求 B; *(be) in demand* (被)需要; *be in great demand* 需要量很大; *demand for (on)* 对…的需要(量); *make*

demands on 要求; *on demand* 一经要求(即),提出要求时(就)

〖用法〗❶ 注意下面例句中该词的用法:This duality arises from our society's increasing <u>demand for</u> technicians.这种两重性来自于我们的社会对技术人员的需求量的不断增长./There is <u>a great demand for</u> these books.这些书的需求量很大.(本句等效于:These books are <u>in great demand</u>.) ❷ 在其后面的宾语从句或主语从句中谓语通常使用"(should +)动词原形"形式.如:Successful electrical operation of the ferrites demands that they <u>be maintained</u> below 93℃ and that the variation in ferrite temperature <u>not exceed</u> 11℃.为使铁氧体能正常发挥其电性能,要求把它们保持在 93℃以下,同时要求其温度变化不超过 11℃.

demandable [dɪ'mɑ:ndəbl]*a.* 可要求的

demandant [dɪ'mɑ:ndənt] *n.* 提出要求者,原告

demander [dɪ'mɑ:ndə]*n.* 要求者

demanganize [di:'mɑ:ngnaɪz] *v.* 去锰 ‖ de-manganization *n.*

demarcate ['di:mɑ:keɪt] *vt.* ①(给)划界(线),勘定…的界线 ②区别,分开

demarcation [di:mɑ:'keɪʃən] *n.* ①分界(线),划界(线) ②限界,区分

demarche ['deɪmɑ:ʃ] (法) *n.* ①(政治)手段,步骤 ②(外交)新方针

demaree [demɑ:'ri:] *n.* 移蜂王

demark [dɪ'mɑ:k] = demarcate

demarkation [,di:mɑ:'keɪʃən] = demarcation

demask [dɪ'mɑ:sk] *v.* 解掩蔽,暴露

dematerialization [di:mətɪə,rɪəlaɪ'zeɪʃən] *n.* 非物质化(作用),湮没现象

dematerialize [di:mə'tɪərɪəlaɪz] *v.* 非物质化,(使)失去物质的性质,湮没

dematron ['demɑ:trɒn]= distributed emission magnetron amplifier 分布放射磁控管放大器,代码管

demean [dɪ'mi:n] *vt.* 降低(身份),损坏(人品)

demeano(u)r [dɪ'mi:nə] *n.* 行为,态度,举止,品行

demedication [di:medɪ'keɪʃən] *n.* 除药法

dement [dɪ'ment] ❶ *n.* 痴呆者 ❷ *vt.* 使发狂

dementi [,dɪmɒn'ti:] (法语) *n.* 辟谣

dementia [dɪ'menʃɪə] *n.* 痴呆

dementing [dɪ'mentɪŋ] *a.* 痴呆的

demercuration [dɪ,mɜːkjʊ'reɪʃən] *n.* 脱汞作用

demerit [di:'merɪt] *n.* 缺点,短处 ☆*merits and demerits* 优点和缺点,功过,是非曲直

demerization [demerɪ'zeɪʃən] *n.* 二聚作用

demerol ['demərɒl] *n.* 德美罗(止痛药)

demersal [di:'mɜ:səl] *a.* (居于)水底的

demesh [di:'meʃ] *v.* 脱离啮合

demesne [dɪ'meɪn] *n.* ①(土地)所有,领地,(pl.)地产,不动产 ②范围,领域

demetallization [di:me,tələɪ'zeɪʃən] *n.* 脱金属(作用)

demethanator [dɪ'meθəneɪtə] *n.* 甲烷馏除器

demethan(iz)ation [diːmeθən(aɪˈz)eɪʃ ən] *n.* 脱甲烷(作用)

demethanize [diːˈmeθənaɪz] *v.* 馏除甲烷

demethanizer [diːˈmeθənaɪzə] *n.* 甲烷馏除器

demethylate [diːˈmeθɪleɪt] *v.* 脱甲基 ‖ **demethylation** *n.*

demeton [ˈdemɪtɒn] *n.* 地灭通,1059(杀虫剂)

demibastion [ˌdemɪˈbæstʃ ən] *n.* 半设防地区

demic [ˈdemɪk] *a.* 人体的,人的,人类的

demicircle [ˌdemɪˈsɜːkl] *n.* 测角器

demicircular [ˌdemɪˈsɜːkjulə] *a.* 半圆的

demicontinuous [deˌmɪkənˈtɪnjuəs] *a.* 半连续的

demigod [ˈdemɪɡɒd] *n.* 半神半人

demijohn [ˈdemɪdʒɒn] *n.* 酸坛,小颈大瓶

demilitarisation, demilitarization [diːmɪlɪ-ˌtəraɪˈzeɪʃ ən] *n.* 非军事化,解除武装,解除军事管制

demilitarise, demilitarize [diːˈmɪlɪtəraɪz] *vt.* 解除武装〔军事管制〕

demilitarised, demilitarized [diːˈmɪlɪtəraɪzd] *a.* 非军事的,解除武装的

demilune [ˈdemɪljuːn] *n.* 半月体,新月,新月细胞

demineralization [diːmɪnəˌrəlaɪˈzeɪʃ ən] *n.* 去矿化(作用),除盐,软化

demineralize [diːˈmɪnərəlaɪz] *vt.* 去〔阻〕矿化,脱矿质,除盐,软化

demineralizer [diːˈmɪnərəlaɪzə] *n.* 脱矿质器〔剂〕,脱盐装置,软化器

demiofficial [ˌdemɪəˈfɪʃ əl] *n.* 半官方函件

demise [dɪˈmaɪz] *n.;vt.* 死亡,让位,遗赠 ☆ **after the demise of** 继承…,…死亡后

demi-section [ˌdemɪˈsekʃ ən] *n.* 半剖面(图),半节

demisemi [ˈdemɪsemɪ] *a.* 两者各半的,一半的一半的,四分之一的

demission [dɪˈmɪʃ ən] *n.* 放弃,辞职

demist [diːˈmɪst] *vt.* 除雾

demister [diːˈmɪstə] *n.* 去雾器

demi-symmetry [ˌdemɪˈsɪmɪtrɪ] *n.* 半对称

demit [dɪˈmɪt] *v.* 辞(职),放弃,让(位)

demix [dɪˈmɪks] *v.* 分层〔解〕,反混合

demo [ˈdeməʊ] *n.* 示威(者),示范产品,爆破

demobilise, demobilize [diːˈməʊbɪlaɪz] *vt.* 复员,遣散

demobilisation, demobilization [diːməʊ-ˌbɪlaɪˈzeɪʃ ən] *n.* 复员,遣散

democracy [dɪˈmɒkrəsɪ] *n.* 民主(主义),(美国)民主党

democrat [ˈdeməkræt] *n.* 民主主义者,民主人士,(美国)民主党党员

democratic(al) [ˌdeməˈkrætɪk (əl)] *a.* 民主(主义)的 ‖ **-ally** *ad.*

democratism [ˌdeməˈkrætɪzəm] *n.* 民主主义

democratize [dɪˈmɒkrətaɪz] *vt.* 民主化

demode [deɪˈməʊdeɪ] (法语) *a.* 过时的,老式的

demode [diːˈməʊd] *v.* 解码

demoded [diːˈmɔɪdɪd] *a.* ①解码的 ②过时的,老式的

demoder [diːˈməʊdə] *n.* 解码器

demodulate [diːˈmɒdjuleɪt] *v.* 解调,检波

demodulation [diːˌmɒdjuˈleɪʃ ən] *n.* 解调,检波

demodulator [diːˈmɒdjuleɪtə] *n.* 解调器,检波器

demogram [ˈdiːməɡræm] *n.* 人口统计图

demographic [diːməˈɡræfɪk] *a.* 人口统计的

demography [diːˈmɒɡrəfɪ] *n.* 人口统计学,人口学

demoid [ˈdiːmɔɪd] *a.* (化石)具有某一地区〔时期〕的特征的

demoiselle [ˌdemwɑːˈzel] *n.* 蕈状蘑菇石

demolish [dɪˈmɒlɪʃ] *vt.* 拆除,毁坏,爆破,推翻 ‖ **~ment** *n.*

demolition [ˌdeməˈlɪʃ ən] *n.* 拆毁,毁坏,爆破,推翻,(pl.)废墟,遗址

demolization [deˌməlaɪˈzeɪʃ ən] *n.* 过热分散(作用)

demometrics [ˌdeməˈmetrɪks] *n.* 正式的人口统计学

demon [ˈdiːmən] *n.* 恶魔,恶棍,精力过人的人,守护神

demoniac [dɪˈməʊnɪæk] *n.;a.* 精神错乱的〔者〕

demonstrability [deˌmɒnstrəˈbɪlɪtɪ] *n.* 论证(的)可能性

demonstrable [ˈdemənstrəbl] *a.* 可论证的,可证明的

demonstrably [ˈdemənstrəblɪ] *ad.* 可证明地,确然

demonstrate [ˈdemənstreɪt] *v.* ①论证,证明,证实 ②(用实验,实例)说明,表明,示范 ③示威

demonstration [ˌdemənsˈtreɪʃ ən] *n.* ①论证,【数】证(明)法,说明 ②表示,(公开)表演,示范,证实 ③示威 ‖ **~al** *a.*

〖用法〗该词前可以有不定冠词。如：A graphical demonstration of n_1 (r) is shown in Fig. 4-5.图4-5画出了 n_1 (r)的图示法。

demonstrative [dɪˈmɒnstrətɪv] *a.* (可)论证的,证明的,明确的 ‖ **~ly** *ad.* **~ness** *n.*

demonstrator [ˈdemənstreɪtə] *n.* ①证明者,示范者 ②表演用的实物,示教器,教具 ③示威者

demoralize [dɪˈmɒrəlaɪz] *vt.* 使道德败坏,使消沉,使迷惑

demorphism [dɪˈmɔːfɪzm] *n.* 风化变质作用,岩石分解

demospongiae [ˌdeməˈspɒndʒɪə] *n.* 普通海绵纲

de-mothball [diːˈmɒθbɔːl] *vt.* 重新使用(后备役舰艇,飞机…),启封

demotic [diːˈmɒtɪk] *a.* 人民大众的,通俗(文字)的

demould [diːˈməʊld] *v.* 脱模

demount [diːˈmaʊnt] *vt.* 拆卸

demountable [di:'mauntəbl] *a.* 可拆(除、卸)的,可分解的,活(络)的

demulcent [dɪ'mʌlsnt] *n.;a.* 润药〔剂〕,缓和的〔药、剂〕,止痛的

demulsibility [dɪ,mʌlsɪ'bɪlɪtɪ] *n.* 反乳化度,乳化分解性,乳化稳定性

demulsifiable [dɪ'mʌlsɪfaɪəbl] *a.* 反乳化(作用)

demulsifier [dɪ'mɒsɪfaɪə] *n.* 反乳化剂

demulsify [dɪ'mʌlsɪfaɪ] *vt.* 反乳化

demultiplex [dɪ'mʌltɪpleks] *n.* 信号分离,分路传输

demultiplexer [dɪ'mʌltɪpleksə] *n.* (多路)信号分离器,多路解编器,分路器,分路设备,译码器

demultiplication [dɪmʌl,tɪplɪ'keɪʃən] *n.* 倍〔递〕减

demur [dɪ'mɜ:] (demurred; demurring) *vi.;n.* ①(表示)异议,反对(to, at) ②迟疑,犹豫 ☆**without demur** 无异议(地)

demure [dɪ'mjuə] *a.* 认真的,严肃的,直率的 ‖ **~ly** *ad.*

demurrable [dɪ'mɜ:rəbl] *a.* 可提出异议的

demurrage [dɪ'mʌrɪdʒ] *n.* 延期,滞留期,延期费,延期停泊费

demurrant [dɪ'mɜ:rənt] *n.* 提出异议者

demurrer [dɪ'mɜ:rə] *n.* 异议,抗议者 ☆**put in a demurrer** 提出异议,反对

demy [dɪ'maɪ] *n.* ①一种纸(开本)张 ②受资助的学生

den [den] *n.* ①穴,洞(窟),匪窝 ②私室,小房间,休息室,书房,小储藏室

denamycin [,denə'maɪsɪn] *n.* 德纳霉素

denarcotize [dɪ'nɑ:kətaɪz] *v.* 使失麻醉

denary [di:'nərɪ] *a.* 十(倍)的,十进的

denasalize [di:'neɪzəlaɪz] *v.* 使减低鼻音

denatality [,di:nə'tælɪtɪ] *n.* 降低出生率

denationalise, denationalize [di:'næʃənəlaɪz] *vt.* 废除国有,使非国有化,变成私营 ‖ **denationalisation** 或 **denationalization** *n.*

denaturalise, denaturalize [di:'nætʃrəlaɪz] *vt.* ① 改变…的性质 ②剥夺…的公民权,开除(国)籍 ‖ **denaturalisation** 或 **denaturalization** *n.*

denaturant [di:'neɪtʃərənt] *n.* 变性剂

denaturation [di:,neɪtʃə'reɪʃən] *n.* 变性(作用),变质

denature [di:'neɪtʃə] *vt.* ①(使)变性,使失去自然属性 ②使(核燃料)中毒

denaturization =denaturation

denaturize = denature

denaturizer =denaturant

dendriform ['dendrɪfɔ:m] *a.* 结构上像树的,(树)枝形的

dendrite ['dendraɪt] *n.* ①树枝状晶体,枝晶 ②松树石,树枝石

dendritic(al) [den'drɪtɪk(əl)] *a.* 树状的,枝晶的,树枝石的

dendrochronology [,dendrəukrə'nɒlədʒɪ] *n.* 树木年代学

dendrodate ['dendrəudeɪt] *n.* 树木年代

dendrogram ['dendrəgræm] *n.* (数码分类的)枝叉图

dendroid ['dendrɔɪd], **dendroidal** [den'drɔɪdəl] *a.* 分枝状的,树(木)状的

dendrolimus ['dendrəulɪməs] *n.* 松毛虫属

dendrolite ['dendrəulaɪt] *n.* 树木化石

dendrology [den'drɒlədʒ] *n.* 树木学

dendrometer [den'drɒmɪtə] *n.* 测树器

dendroxine [den'drɒksi:n] *n.* 石斛星

dene [di:n] *n.* ①幽谷 ②沙丘,海滨沙地

denebium [de'ni:bɪəm] *n.*【化】铥

denervation [,di:nə'veɪʃən] *n.* 去神经支配,神经切除术

deniable [dɪ'naɪəbl] *a.* 可否认的,可拒绝的

denial [dɪ'naɪəl] *n.* 否认〔定〕,拒绝,不同意 ☆**make a denial of** 否认〔定,认〕
〖用法〗注意下面例句中该词的含义是:Secrecy refers to the denial of access to information by unauthorized users.保密指的是不让非授权的用户看到信息。

denickel [dɪ'nɪkl] *v.* 除镍

denicotinize [dɪ'nɪkətɪnaɪz] *vt.* 除去尼古丁

denier [dɪ'dɪnɪə] *n.* ① ['denɪə] 但尼尔,支(纤度单位) ② [dɪ'naɪə] 否认者,拒绝者

denieroscope ['denɪərəskəup] *n.* 纤度试验仪

denigrate ['denɪgreɪt] *vt.* 涂黑,贬低 ‖ **denigration** *n.*

denim ['denɪm] *n.* 粗斜纹布,劳动布,(pl.) 工作服,工装裤

denitrate [di:'naɪtreɪt] *vt.* 脱硝(酸盐)

denitration [,di:naɪ'treɪʃən] *n.* 脱硝(酸盐)作用

denitrator [di:'naɪtreɪtə] *n.* 脱硝(酸盐)器

denitridation [di:naɪtrɪ'deɪʃən] *n.* 脱氮化层(作用)

denitride [di:'naɪtreɪd] *n.* 脱氮

denitrification [di:,naɪtrɪfɪ'keɪʃən] *n.* 脱氮,脱(去)硝(酸盐),反硝化(作用)

denitrifier [di:'naɪtrɪfaɪə] *n.* 脱氮剂

denitrify [di:'naɪtrɪfaɪ] *vt.* 脱氮,去掉氮气,反硝化

denitrogenation [di:naɪ,trɪdʒə'neɪʃən] *n.* 脱氮,去氮法

denizen ['denɪzn] *n.* ①居民 ②外来语,外来动植物

Denmark ['denmɑ:k] *n.* 丹麦

denoise [di:'nɔɪz] *v.* 降噪,消除干扰

denominate [dɪ'nɒmɪneɪt] ❶ *vt.* 取名,把…叫做 ❷ *a.* 具体的,赋名的

denomination [dɪ,nɒmɪ'neɪʃən] *n.* ①命名,名称 ②(度量衡,货币等)单位,面额,种类 ③派别,宗派 ‖ **~al** *a.*

denominative [dɪ'nɒmɪnətɪv] *a.* 有名称的,(可)命名的

denominator [dɪˈnɒmɪneɪtə] n. ①分母 ②命名者 ③标准 ④共同特性 ☆ **combine ... with a common denominator** 将…通分

〖用法〗注意下面例句中该词的含义：With the exception of the last two items listed, reduced cost is a common <u>denominator</u>.除了列出的最后两项外,降低了成本是一个共同的特点。

denormalization [dɪˌnɔːməlaɪˈzeɪʃ ən] n. 阻碍正常化

denotable [dɪˈnəutəbl] a. 可表示〔指示〕的

denotation [ˌdiːnəuˈteɪʃ ən] n. ①指〔表〕示 ②名称,符号 ③外延

denotative [dɪˈnəutətɪv] a. 指〔表〕示的(of),外延的,概述的

denote [dɪˈnəut] vt. ①指〔表〕示,意味着,(符号)代表 ②概述

〖用法〗注意搭配关系"denote A as B",意为"把A表示为B"。如：Let us <u>denote</u> the resistance of the wire <u>as</u> R.让我们把导线的电阻表示为 R。

denotement [dɪˈnəutmənt] n. 指〔表〕示,符号

denounce [dɪˈnauns] vt. ①公开指责,斥责 ②通告废除 ☆ **denounce as ...** 痛斥…为… ‖ ~**ment** n.

denouveau [dəˈnuːvəu] (法语) 重新,另

denovo [diːˈnəuvəu] ad. 再一次,重新

dense [dens] a. ①密的,密实的,繁茂的,稠(密)的,浓(厚)的 ②(底片)厚的,反差强的 ③极度的

densely [ˈdenslɪ] ad. (稠,致)密地,浓浓地

densener [ˈdensnə] n. 激冷材料,凝缩器,冷却

densification [ˌdensɪfɪˈkeɪʃ ən] n. 密(实)化,致密化,压实,增浓,稠化,(密)封,封严

densifier [ˈdensɪfaɪə] n. 增浓剂,密化器,增密炉

densify [ˈdensɪfaɪ] vt. 致密,压实,稠化

densilog [ˈdensɪlɒg] n. 密度测井

densimeter [denˈsɪmɪtə] n. 比重计,光密度计,浓度计

densimetry [denˈsɪmɪtrɪ] n. 密度法,比重分离法

densite [ˈdensaɪt] n. 登斯炸药

densi-tensimeter [ˌdensɪtenˈsɪmɪtə] n. 密度-压力计

densitometer [ˌdensɪˈtɒmɪtə] n. = densimeter

densitometric [ˌdensɪtəˈmetrɪk] a. 密度计的

densitometry [ˌdensɪˈtɒmɪtrɪ] n. 密度测定法,显微测密术,测光密度术

density [ˈdensɪtɪ] n. ①密度,浓度,比重〔摄〕厚度,不透明度,灰尘度,色度,黑度 ②(场)强(度),通量 ③浓密,稠密度,密集度 ☆ **at ... density** 或 **at a density of ...** 以…的密度

densograph [ˈdensəgrɑːf] n. 黑度曲线

densography [denˈsɒgrəfɪ] n. X 射线照片密度检定法

densometer [denˈsɒmɪtə] n. 密度计,(纸张)透气度测定仪

dent [dent] ❶ n. ①凹(痕,陷),压痕,坑 ②(齿轮的)齿 ③压缩,削减 ❷ v. ①使凹(陷),压凹,压痕,刻齿,切螺纹 ②减少,削弱 ☆ **make a dent in** 对…产生不利影响,削弱

dental [ˈdentl] ❶ a. 牙的,齿的 ❷ n. 齿音(字母)

dentalgia [denˈtældʒɪə] n. 牙痛

dentarpage [denˈtɑːpeɪdʒ] n. 拔牙器

dentate [ˈdenteɪt] ❶ a. (锯)齿(状)的,有齿的 ❷ n. 配位基

dentation [denˈteɪʃ ən] n. 牙状

denticle [ˈdentɪkl] n. (小)齿状突起,齿饰,小牙

denticular [denˈtɪkjulə] a. 小齿状的

denticulate [denˈtɪkjulɪt] a. 锯齿(状)的,有小齿的

denticulation [denˌtɪkjuˈleɪʃ ən] n. 小齿状突起

dentiform [ˈdentɪfɔːm] a. 齿状的,齿形的

dentifrice [ˈdentɪfrɪs] n. 牙粉〔膏〕,洁牙液

dentil [ˈdentɪl] n. 齿饰,齿状物

dentin(e) [ˈdentiːn] n. 牙质

dentist [ˈdentɪst] n. 牙科医生

dentistry [ˈdentɪstrɪ] n. 牙科(学)

dentition [denˈtɪʃ ən] n. 出牙齿,牙列

dentoid [ˈdentɔɪd] a. 齿状的

dentophone [ˈdentəfəun] n. 助听器

dentophonics [ˌdentəˈfəunɪks] n. 骨导传声技术

dentrite [ˈdentraɪt] = dendrite

dentritic [denˈtrɪtɪk] a. 树状的

dents [dents] n. 花边边饰

denture [ˈdentʃə] n. 假牙,托牙

denuclearize [diːˈnjuːklɪəraɪz] vt. 使非核武器化

denucleate [diːˈnjuːklɪeɪt] vt. 去核

denudation [diːnjuːˈdeɪʃ ən] n. 剥蚀(作用),裸露,瘠化,滥伐

denude [dɪˈnjuːd] vt. ①剥去,使裸露,取去覆盖物 ②侵蚀,去垢,瘠化 ③滥伐

denuder [dɪˈnjuːd] n. 溶蚀器,裸露者

denumerable [dɪˈnjuːmərəbl] a. 可数的

denumerant [dɪˈnjuːmərənt] n. 一组方程式的解的数目

denunciate [dɪˈnʌnsɪeɪt] = denounce ‖ **denunciation** n. **denunciatory** a.

denutrition [ˌdiːnjuːˈtrɪʃ ən] n. 缺乏营养,营养不良

deny [dɪˈnaɪ] v. 否认〔定〕,不承认,拒绝(相信,接受,给予),谢绝 ☆ **be denied to ...** 不给…; **deny ... nothing** 或 **deny nothing to ...** 对…有求必应,对…什么也不拒绝

〖用法〗❶ 该动词往往跟间接宾语和直接宾语。如：This <u>denies the server access</u> to any of the user's other files.这使得服务器不能利用〔接触〕用户的任何其它文件。/This <u>denies the enemy effective use</u> of the spectrum.这使得敌人不能有效地利用该频谱。❷ 注意下面的句型：There is no denying the fact that this method has greatly raised the efficiency of designing antenna structures. 不容否认,这个方法大大提高了设计天线结构的效率。❸ 该词后要表示动作的话,应该使用动名词,而其后面的动名词一般式也可以表示在谓语动词前发生的动作。如：The sender of message cannot <u>deny having sent</u>

〔sending〕it. 信息的发送者不能否认发出了信息。

deodar ['diːəudɑː] n. 喜马拉雅杉,雪松(木材)

deodorant [diːˈəudərənt] n.;a. 除〔防〕臭剂,除臭 ‖ **deodorisation** 或 **deodorization** n.

deodoriser, deodorizer [diːˈəudəraɪzə]n. 除臭剂,脱臭机,除臭物

de(-)oil ['diːˈɔɪl] vt. 除油,脱脂

deorbit [diːˈɔːbɪt] a. 离开轨道的,轨道下降

deoscillator [diːˈɒsɪleɪtə] n. 阻尼器

deoxidant [diːˈɒksɪdənt] n. 脱氧〔还原〕剂

deoxidate [diːˈɒksɪdeɪt] = deoxidize ‖ **deoxidation** n.

deoxidisation, deoxidization [diːˌɒksɪdaɪˈzeɪʃən] n. 去氧(作用),还原,除酸

deoxidise, deoxidize [diːˈɒksɪdaɪz] vt. 去氧,还原,脱氧

deoxidiser, deoxidizer [diːˈɒksɪdaɪzə] n. 去氧剂,还原剂,脱氧器

deoxy [diˈɒksɪ] a. 脱氧的,减氧的

deoxycholate [diːˈɒksɪkələet] n. 脱氧胆酸盐

deoxydation [diːɒksɪˈdeɪʃən] n. 脱氧(作用)

deoxygenate [diːˈɒksɪdʒɪneɪt], **deoxygenize** [diːˈɒksɪdʒɪnaɪz] vt. 除去…的氧气,除去…中的游离氧

deoxyribonuclease [diːˈɒksɪraɪbəuˈnjuːklɪeɪs] n. (=DNASE) 脱氧核糖核酸酶

deoxyribonucleoprotein [diːˈɒksɪraɪbəunjuː-klɪəˈprəutiːn] n. 脱氧核(糖核)蛋白

deoxyribonucleoside [diːˈɒksɪˌraɪbəuˈnjuː-klɪəsaɪd] n. 脱氧核(糖核)苷

deoxyribonucleotide [diːˈɒksɪˌraɪbəuˈnjuː-klɪətaɪd] n. 脱氧核(糖核)苷酸

deoxyribovirus [diːˈɒksɪˌraɪbəuˈvaɪrəs] n. 脱氧核糖核酸病毒

deozonize [diːˈəuzənaɪz] v. 脱臭氧,去臭氧 ‖ **deozonization** n.

depainting [dɪˈpeɪntɪŋ] n. 脱漆

depanning [dɪˈpænɪŋ] n. 脱模

depair [dɪˈpeə] v. 去偶

depart [dɪˈpɑːt] v. ①脱离,离开,出发,发射,起飞 ②违反,不按照 ☆**depart for A** (出发)去 A,向 A 出发; **depart from** 脱离,离开,违反,与…不一致

departed [dɪˈpɑːtɪd] a. 以往的,已离开的,死了的

department [dɪˈpɑːtmənt] n. ①部(门),司,局,处,科,室 ②系,学部,研究室 ③车间,工段 ④领域,知识〔活动〕范围

departmental [ˌdiːpɑːˈtmentl] a. 部〔局,处,科,系〕的,部门的 ‖ ~**ly** ad.

departmentalism [ˌdiːpɑːˈtmentəlɪzm] n. 分散〔本位〕主义,官僚作风

departmentalize [ˌdiːpɑːˈtmentəlaɪz], **departmentize** [dɪˈpɑːtmentaɪz] vt. 把…分成部门 ‖ **departmentation** 或 **departmentization** n.

departure [dɪˈpɑːtʃə] n. ①离开,出发,起程 ②脱离,违背 ③偏差〔移〕 ④横距,横坐标增量,经度差 ☆ **departure from ...** 离开,偏离,违背; **departure from the truth** 失真; **on one's departure (from...)** 离开(…)时; **take one's departure** 出发,启程,告辞

〖用法〗❶ 该词一般后跟介词"from",但有时也跟介词"about"。如:Such sequences show noticeable <u>departures</u> <u>from</u> gaussian distribution. 这些序列显示出明显地偏离了高斯分布。/The amplitude <u>departure</u> <u>from</u> unity is small. 振幅偏离的量是很小的。/Capacitors are never perfect, and their <u>departure</u> <u>from</u> the ideal can best be modeled by a parallel resistance.电容器永远不是理想的,而它们偏离理想的情况用一个并联电阻能够最好地加以模拟。("their"与"departure"之间存在"主谓关系"。)/Small signals cause small <u>departures</u> <u>about</u> the operating point.小信号引起偏离工作点的量是很小的。(这里用的"about"表示在工作点左右。❷ 注意该词的搭配模式:"the departure of A from B"意为"A 偏离了 B,A 相对于 B 的偏离"。如:It is necessary to calculate the <u>departure</u> of the satellite <u>from</u> the desired orbit.必须计算出该卫星偏离所希望的轨道的情况。

depasture [diːˈpɑːstʃə] v. (使)吃草,放牧

depauperate [diːˈpɔːpəreɪt] vt. 使贫穷,使萎缩〔衰弱〕

depauperize [diːˈpɔːpəraɪz] vt. (美)使贫穷,(英)使脱贫贫穷,使萎缩

depend [dɪˈpend] vi. ①随…而定,取决于,依赖(on,upon) ②悬,悬而未决 ☆ **depend directly on (upon)** 同…成正比; **depend indirectly on (upon)** … 或 **depend inversely as** …同…成反比; **depend upon it** (用在句首或句尾)你可以完全相信,我敢说; **it (that) all depends** 视情况而定; **it all depends how ...** 那要看…如何(而定)

〖用法〗❶ 注意该词在下面的句型中的搭配用法:We can't depend on <u>their helping us</u>. = We can't depend on <u>them to help us</u>. = We can't depend on <u>it</u> <u>that they will help us</u>. 我们不能指望他们会帮助我们。❷ "depend on〔upon〕"往往被副词或介词短语分隔开来。如:This property depends <u>only</u> on the mass of a body.这一性质只取决于物体的质量。/The internal energy of a real gas does depend <u>to some extent</u> upon the pressure or volume as well as upon the temperature.一种真实气体的内部能量不但取决于温度,而且还的确在某种程度上取决于压力或体积。

dependability [dɪˌpendəˈbɪlɪtɪ] n. 可靠性,强度,坚固度

dependable [dɪˈpendəbl] a. 可靠的,可信任的 ‖ **dependably** ad. **dependance** n. (= dependence)

dependancy = dependency

dependant = dependent

dependence [dɪˈpendəns] n. ①依存(关系),相关

（性）②函数关系,从属（关系）,从变量 ③依靠,信赖

〖用法〗注意该词后面可以跟介词"on（upon）",它往往采用词汇搭配模式"the dependence of A on〔upon〕B"意为"A 对于 B 的依赖关系"。如：The variation in I_{CBO} is due to its <u>dependence on</u> temperature. I_{CBO} 的变化是由于它是取决于温度的。/The <u>dependence</u> of this ratio <u>on</u> M and R is so small.这个比值与 M 和 R 的相关性〔依赖性〕是很小的。也可以使用"B dependence of A"这一模式。如：In this case, the <u>temperature dependence</u> of the diode characteristics (= the dependence of the diode characteristics on temperature) must be taken into account.在这种情况下,必须把二极管特性曲线对温度的依赖关系考虑进去。/The <u>frequency dependence</u> of u(t) (= The dependence of u(t) on frequency) is small. u(t) 对于频率的依从关系是很小的。

dependency [dɪˈpendənsɪ] n. ①从属（性）,相关（性）②从属物,属地

dependent [dɪˈpendənt] a. ①依赖的,从属的,相关的 ②悬挂的,悬垂的 ☆ **be dependent on (upon)** 视…而定,依赖于…

〖用法〗❶ 注意该词前面可以有一个不带冠词的名词修饰它。如：All these quantities are <u>frequency dependent</u> (= dependent on (upon) frequency).所有这些量都是与频率相关的。/This parameter is <u>temperature dependent</u> (= dependent on (upon) temperature).这个参数是取决于温度的（与温度相关的）。❷ 注意下面例句中该词的含义：<u>Dependent upon the system</u>, this delay can be 1s to 2 min long.根据不同的系统,这种时延可能在 1 秒钟到 2 分钟之间。

depentanize [diˈpentənaɪz] vt. 脱戊烷

depentanizer [diˈpentənaɪzə] n. 戊烷馏除塔

deperm [diːˈpɜːm] vt. （船外）消磁,消除（船体）的磁场

depeter [ˈdepɪtə] n. 粉石凿面,碎石面饰

dephased [diːˈfeɪzd] a. 有相（位）移的,有相位差的

dephasing [diːˈfeɪzɪŋ] n. 相移,(出现)相位差

dephenolize [diːˈfiːnɒlaɪz] vt. 脱酚

dephenolizer [diːˈfiːnɒlaɪzə] n. 脱酚剂

dephlegmate [diˈflegmeɪt] v. 分馏,除去过量水 ‖ **dephlegmation** n.

dephlegmator [diˈflegmeɪtə] n. 分馏塔,蒸馏塔,回流冷凝器

dephlogisticate [ˌdiːfləˈdʒɪstɪkeɪt] vt. 消炎

dephlogisticated [ˌdiːfləˈdʒɪstɪkeɪtɪd] a. ①消炎的 ②脱燃素的

dephlogistication [ˌdiːfləˈdʒɪstɪˈkeɪʃən] n. 消炎,脱燃素(作用)

dephosphorization [diːˌfɒsfəraɪˈzeɪʃən], **dephosphorylation** [diːˌfɒsfəraɪˈleɪʃən] n. 去磷(作用)

dephosphorize [diːˈfɒsfəraɪz], **dephosphorylate** [diːˈfɒsfəraɪleɪt] vt. 去磷,脱去磷酸

depickle [diːˈpɪkl] v. 脱酸

depict [dɪˈpɪkt] vt. 画,描绘,叙述

〖用法〗该词的含义如同" show, represent, describe"。如：The dashed curve in this figure <u>depicts</u> the waveform of a message signal m(t). 本图中的长画曲线画出了信息信号 m(t) 的波形。

depicter, **depictor** [dɪˈpɪktə] n. 描绘者

depiction [dɪˈpɪkʃən] n. 描绘,叙述,绘图 ‖ **depictive** a.

depicture [dɪˈpɪktʃə] n. 描绘

depigment [diːˈpɪgmənt] vt. 去色

depigmentation [dɪˌpɪgmenˈteɪʃən] n. 褪色(作用),脱色素

depilate [ˈdepɪleɪt] vt. 除毛 ‖ **depilation** n.

depilator [ˈdepɪleɪtə] n. 脱毛机〔剂〕

depilatory [dɪˈpɪlətərɪ] n.; a. 脱毛剂,有脱毛力的

depiler [dɪˈpaɪlə] n. 装料台,分送机

depilitant [dɪˈpɪlɪtənt] n. 脱毛剂

depinker [dɪˈpɪŋkə] n. 抗爆剂

deplane [diːˈpleɪn] v. 下飞机,离机,从飞机上卸下

deplasmolysis [diːˌplæzməˈlaɪsɪs] n. (细胞)质壁分离复原

deplate [dɪˈpleɪt] v. 除(去)镀(层)

deplenish [dɪˈplenɪʃ] vt. 弄空,倒空

deplete [dɪˈpliːt] vt. ①放空,用尽,使枯竭 ②贫化,减少 ③从矿石中提取金属

depleted [dɪˈpliːtɪd] a. 贫化的,消耗(尽)的,废弃的,变质的

depletion [dɪˈpliːʃən] n. ①耗尽,衰竭,倒空 ②缺乏,亏损,贫化 ③(提)取金(属) ‖ **depletive** 或 **depletory** a.

deplistor [dɪˈplɪstə] n. 三端负阻半导体器件

deplorable [dɪˈplɔːrəbl] a. 可悲的,不幸的 ‖ **deplorably** ad.

deplore [dɪˈplɔː] vt. 哀叹,痛惜

deploy [dɪˈplɔɪ] v.;n. ①展开,展散 ②部署,调度,配置 ③使用,推广应用 ‖ **~ment** n.

depolarisation, **depolarization** [diːˌpəʊləraɪˈzeɪʃən] n. 去极(化),退极(性),消磁,消偏振

depolarise, **depolarize** [diːˈpəʊləraɪz] vt. ①去极(化),消偏振,去磁 ②搅乱,动摇,使丧失(信心)

depolariser, **depolarizer** [diːˈpəʊləraɪzə] n. 去极(化)剂,去极(化)器,消偏振镜

depolarizator, **depolarizater** = depolariser

depolimerization, **depolymerization** [diːˌpɒlɪməraɪˈzeɪʃən] n. 解聚(合)(作用)

depolimerize, **depolymerize** [diːˈpɒlɪməraɪz] v. 去聚合化

depollute [diːpəˈluːt] vt. 清除污染

depolymerase [diːpəˈlɪməreɪz] n. 解聚酶

depopulate [diːˈpɒpjuːleɪt] v. 减少(…的)人口,减少粒子数 ‖ **depopulation** n.

deport [dɪˈpɔːt] vt. 举动,输送,移送,引渡,驱逐…出

境 ‖ ~ation n.

deportment [dɪ'pɔːtmənt] n. 行为,举止

depose [dɪ'pəuz] v. ①免职,罢官,废黜 ②置放 ‖ **deposal** n.

deposit [dɪ'pɒzɪt] ❶ v. ①存,预付储金 ②(使)沉积 ③附着,淀注,涂,覆,(喷)镀 ❷ n. ①沉积(物),镀层,积垢,淤积,矿床 ②抵押,押金,存款 ③存放(处),仓库,寄存物 ☆ **deposit out** 沉淀出来

depositary [dɪ'pɒzɪtərɪ] n. 受托人,保管人〔所〕,仓库

deposition [depə'zɪʃən] n. ①沉积(作用),附着,放置,析出,喷镀,覆盖,下沉,脱溶(作用) ②沉积物,水垢,残渣,镀层 ③矿床

depositional [depə'zɪʃənəl] a. 沉积(作用)的

depositive [dɪ'pɒzɪtɪv] a. 沉积的,淤积的

depositor [dɪ'pɒzɪtə] n. ①委托人,存户 ②淀积器

depository [dɪ'pɒzɪtərɪ] n. ①仓库,存放处 ②受托人,保管人

depot ['depəu] n. (仓,机,弹药,军需)库,栈,(车,兵,补给)站,母舰,储藏所,保管处,储存

depravation [deprə'veɪʃn] n. 恶化,变坏

depraved [dɪ'preɪvd] a. 恶化的,变坏的

deprecate ['deprɪkeɪt] vt. 反对,非难,抨击 ‖ **deprecation** n.

deprecatory [de'prekətərɪ] a. 表示反对的

depreciate [dɪ'priːʃɪeɪt] v. ①减少,跌价,贬值 ②磨损,损耗,糟蹋 ③轻视,贬低

depreciation [dɪpriːʃɪ'eɪʃən] n. ①减价,降低,贬值,折旧 ②磨损,损耗 ③轻视,诽谤 ‖ **depreciative** 或 **depreciatory** a.

depredate ['deprɪdeɪt] v. 掠夺,劫掠,毁坏 ‖ **depredation** n.

deprementia [deprɪ'menʃɪə] n. 精神抑郁

depress [dɪ'pres] vt. ①压下 ②降低,抑制,使沉陷 ③使跌价（萧条）

depressant [dɪ'presənt] n.; a. 抑制剂（的）,镇静剂,降低官能的

depressed [dɪ'prest] a. 压下的,降低的,凹下的,萧条的,抑制的,抑郁的

depressible [dɪ'presɪbl] a. 可降低的

depressimeter [dɪ,pre'sɪmɪtə] n. 冰点降低计

depression [dɪ'preʃən] n. ①降低,下降,减少,抑制,弱化,萧条 ②抽空,真空(度) ③沉降,凹地,凹陷 ④抽空区,气压计水银柱下降 ⑤俯(角) ⑥精神沮丧

depressive [dɪ'presɪv] a. 降低的,压下的,陷落的,抑郁的

depressomotor [dɪ'presəuməutə] a.; n. 抑制运动的,运动抑制剂

depressor [dɪ'presə] n. 抑制剂,阻尼器,压板

depressurize [dɪ'preʃəraɪz] v. 降低压力,减压 ‖ **depressurization** n.

depreter ['deprɪtə] = depeter

deprivation [,deprɪ'veɪʃən] n. 脱除,剥夺,丧失,免职

deprive [dɪ'praɪv] vt. 剥夺,使丧失,阻止 ☆ **deprive A of B** 使 A 失去〔得不到〕B

depth [depθ] n. ①深(度),纵深 ②浓度,稠度 ③(常用复数)深处 ④深奥〔刻〕⑤正中,当中 ☆ **be beyond (out of) one's depth** 在深不见底的地方,非…所能理解,为…所不及; **from the depths of** 从…的深处; **in the depth of** 在…的深处〔正中央〕

depthometer [dep'θɒmɪtə] n. 深度计

depulization [di:pjuli'zeɪʃən] n. 除蚤

depurant ['depjurənt] n. 净化剂〔器〕,纯化

depurate ['depjureɪt] vt. 洗净,净化,滤清,精炼 ‖ **depuration** n.

depurator ['depjureɪtə] n. 净化器〔剂〕,真空器

depurination [de,pjurɪ'neɪʃən] n. 脱嘌呤(作用)

deputation [,depju'teɪʃən] n. 代理,代表(团),派代表,委派

depute [dɪ'pjuːt] vt. 派…代理〔表〕,委托(to)

deputise, deputize ['depjutaɪz] v. 任命（授权）…为代表(for)

deputy ['depjutɪ] n. ①代理(人),代表(to) ②代理…,副… ☆ **by deputy** 通过代表,请人代(做)

derail [dɪ'reɪl] v.; n. ①（使)出轨,横向移动 ②出轨装置 ③转辙器 ‖ ~ment n.

derailer [dɪ'reɪlə] n. 脱轨器

derange [dɪ'reɪndʒ] vt. ①扰乱,使混乱 ②使精神错乱 ‖ ~ment n.

derased [dɪ'reɪzd] a. 落光的,光滑的

derate [di:'reɪt] v. 下降,降低,减少额定值,减税,免税

derby ['dɑːbɪ] n. 金属块,块状金属,帽状物体

derbylite ['dɜːbɪlaɪt] n. 锑钛铁矿

dereflection [di:rɪ'flekʃən] n. 减反射,反射系数降低

deregister [dɪ'redʒɪstə] vt. 撤消…的登记 ‖ **deregistration** n.

deregle [də'reɪgl] (法语) a. 习惯的, 适当的

deregulate [di:'regjuleɪt] vt. 撤消对…的管制规定,解除对…的控制

derelict ['derɪlɪkt] n.; a. ①被(抛)弃的 ② 残余物〔的)③玩忽职守的(人) ④(海水减退后的)新陆地

dereliction [derɪ'lɪkʃən] n. ①废弃,被弃物 ②玩忽(of) ③错误,缺点 ④(海水退后露出的)新陆地

derepress [di:rɪ'pres] vt. 去抑制,解除阻遏

deresin [di:'rezi:n] v. 脱树脂,脱沥青

deresination [di:,rezɪ'neɪʃən] n. 脱树脂(作用)

derestrict [,di:rɪ'strɪkt] vt. 取消对…的限制

dereverberation [di:re,vɜːbə'reɪʃən] n. 去混响

deriberite [,derɪ'beraɪt] n. 钠板石

deride [dɪ'raɪd] vt. 嘲笑,嘲弄 ‖ **deridingly** ad.

deringing [di:'rɪŋɪŋ] n. 去振鸣

derision [dɪ'rɪʒən] n. 嘲笑(的对象),笑柄 ☆ **be (held) in derision** 被嘲笑; **be the derision of** 是…的笑柄,被…嘲笑; **bring ... into derision**

使…成为笑柄〔受到嘲笑〕; ***hold (have) … in derision*** 嘲弄…; ***in derision (of)*** 嘲弄

derisive [dɪˈraɪsɪv], **derisory** [dɪˈraɪsərɪ] *a.* 嘲弄的,幼稚可笑的,不值一顾的

derivable [dɪˈraɪvəbl] *a.* 可导(出)的,可推论出来的

derivant [ˈderɪvənt] *n.;a.* 衍生物(的),诱导剂(的)

derivate [ˈderɪveɪt] *n.* 导数,微商,衍生物

derivation [ˌderɪˈveɪʃən] *n.* ①导出 ②(公式)推导,演算,求导 ③分支,引水道 ④偏转〔移〕⑤起源,出处 ⑥衍生(物) ⑦微商

derivative [dɪˈrɪvətɪv] ❶ *a.* 导出的,派生的,由…转化而来的,产生衍化物的 ❷ *n.* ①导数,微商 ②方案,衍生物,诱导剂 ☆ ***derivative of A with respect to B*** A 对 B 的微商〔导数〕

derivatization [dəˌrɪvətaɪˈzeɪʃən] *n.* 衍生(作用)

derive [dɪˈraɪv] *v.* ①(从…)得到(出) ②【数】导出,推导,派生,求导数 ③起源(于) ④分路 ☆ ***(be) derived from*** 由…(派生)而来,从…推出,来源于; ***derive itself from*** 由…而来,源出

derivet [diˈrɪvɪt] *vt.* 导铆钉

derivometer [derɪˈvɒmɪtə] *n.* 测偏仪

derlin [ˈdɜːlɪn] *n.* 缩醛树脂

derm [dɜːm], **derma** [ˈdɜːmə] *n.* (真)皮,皮肤

dermabrasion [ˌdɜːməˈbreɪʒən] *n.* 擦皮法

dermahemia [ˌdɜːməˈhiːmɪə] *n.* 皮肤充血

dermal [ˈdɜːməl] *a.* 皮(肤)的,表皮的

dermalgia [dɜːˈmældʒɪə] *n.* 皮痛

dermanaplasty [ˌdɜːmənəˈplæstɪ] *n.* 植皮术

dermatan [ˈdɜːmətən] *n.* 皮肤素

dermateen [ˈdɜːmətiːn] *n.* 漆布,布质假皮

dermatic [dɜːˈmætɪk] = dermal

dermatitant [ˌdɜːməˈtaɪtənt] *n.* 刺激皮肤物

dermatitis [ˌdɜːməˈtaɪtɪs] (pl. dermatitides) *n.* 皮炎

dermatocyst [ˈdɜːmətəsɪst] *n.* 皮囊肿

dermatogenic [ˌdɜːmətəˈdʒenɪk] *a.* 生皮的

dermatologist [ˌdɜːməˈtɒlədʒɪst] *n.* 皮肤病学家,皮肤科医生

dermatology [ˌdɜːməˈtɒlədʒɪ] *n.* 皮肤(病)学

dermatoma [ˌdɜːməˈtəʊmə] *n.* 皮肤瘤

dermatometry [ˌdɜːməˈtɒmɪtrɪ] *n.* 皮肤的电阻法测量

dermatosis [ˌdɜːməˈtəʊsɪs] *n.* 皮肤病

dermatopathy [ˌdɜːməˈtɒpəθɪ] *n.* 皮肤病

dermatoplasm [ˈdɜːmətəˌplæzəm] *n.* 胞壁质

dermatoplasty [ˈdɜːmətəˌplæstɪ] *n.* 植皮术,皮成形术

dermatoscope [ˈdɜːmətəˌskəʊp] *n.* 双筒显微镜

dermatosome [ˈdɜːmətəˌsəʊm] *n.* 微纤维素

dermic [ˈdɜːmɪk] *n.;a.* 皮肤药,(真,表)皮的,皮肤的

dermis [ˈdɜːmɪs] *n.* (真)皮,下皮层,皮肤

dermitis [dɜːˈmaɪtɪs] *n.* 皮炎

dernier [ˈdeənjeɪ] (法语) *a.* 最后〔近,终〕的,终局的

derogate [ˈderəgeɪt] *v.* 取去,贬低,毁损,背离,堕落

derogation [ˌderəˈgeɪʃən] *n.* ①贬低,毁损,背离 ②(合同等)部分废除(of, to)

derogatory [dɪˈrɒgətərɪ] *n.* 有损于…的(to),损毁的,降低价值的,贬义的

deroofing [diːˈruːfɪŋ] *n.* 蚀顶

derrick [ˈderɪk] *n.* ①(摇臂,塔式,架式)起重起,吊杆,绞盘 ②(油,钻)井架,钻塔 ③进线架 ④(飞机的)起飞塔

derustit [diːˈrʌstɪt] *n.* 电化学除锈法

derv [dɜːv] *n.* (= Diesel engine (d) road vehicle)(重型车辆用)柴油,柴油机车辆

desactivation [diːˌsæktɪˈveɪʃən] *n.* 去活作用,消除放射性沾染

desalinate [diːˈsælɪneɪt] *vt.* 脱盐 ‖ **desalination** 或 **desalinization** *n.*

desalt [diːˈsɔːlt] *vt.* 脱盐,(水的)纯化

desalter [diːˈsɔːltə] *n.* 脱盐剂,脱盐设备

desaltification [diːˌsɔːltɪfɪˈkeɪʃən] *n.* 脱盐(作用)

desamidase [dɪˈsæmɪdeɪs] *n.* 脱酰胺酶 ‖ **desamidation** *n.*

desamidizate [dɪˈsæmɪdɪzeɪt] *vt.* 脱掉氨基,脱酰胺 ‖ **desamidization** *n.*

desaminase [diːˈsæmɪneɪs] *n.* 脱氨(基)酶

desamination [diːˌsæmɪˈneɪʃən] *n.* 脱氨(基)作用

desaminocanavanine [diːˈsæmɪnəˌkænəˈvænɪn] *n.* 脱氨刀豆氨酸

desample [diːˈsɑːmpl] *v.* 解样

desampler [diːˈsɑːmplə] *n.* 接收交换机

desanctify [diːˈsæŋktɪfaɪ] *vt.* 剥去…神圣的外衣 ‖ **desanctification** *n.*

desanding [diːˈsændɪŋ] *n.* 去沙

desanimania [deˌsænɪˈmeɪnɪə] *n.* 精神错乱,痴呆

desaturase [diːˈsætʃəreɪs] *n.* 去饱和酶,脱氨酶

desaturate [diːˈsætjʊreɪt] *v.* 减(小)饱和(度),稀释,褪影 ‖ **desaturation** *n.*

desaturator [diːˈsætjʊreɪtə] *n.* 干燥剂,吸潮器,稀释剂

desaulesite [dɪˈsɔːlɪsaɪt] *n.* 硅酸锌镁矿

descale [diːˈskeɪl] *vt.* ①除去锈皮〔锅垢〕,去氧化皮,除鳞 ②缩小比例,降级

descaler [diːˈskeɪlə] *n.* 除鳞机,氧化皮清除机

descant ❶ [ˈdeskænt] *n.* 曲调;评论;歌曲,旋律 ❷ [dɪˈskænt] *vi.* ①评论,详谈(on, upon) ②唱歌

descend [dɪˈsend] *v.* ①下降,落下,由远而近,由大而小 ②由…传下来,转而说到 ☆ ***descend on (upon)*** 突击,落到…上; ***descend to particulars (details)*** 谈到细节,进入详细讨论阶段

〖用法〗注意下面例句中该词的含义:My wife Judith I wish to thank for maintaining the life support systems and providing joy to counter the gloom and darkness which periodically descend on

D

most authors.我要感谢我的夫人朱迪思,她使家庭生活有条不紊地进行着,同时每当我遇到大多数作者都会周期性地碰到的心情忧郁和情绪低落时,她给予我鼓励以振奋我的士气。("My wife Judith"是"thank"的宾语,为了强调它而倒置在句首了。)

descendant, descendent [dɪ'sendənt] ❶ n. ①子孙后代,下代,后裔 ②衰变产物,子系物质 ❷ a. 下降〔行〕的,降落的,递降的,遗传的

descendence [dɪ'sendəns] n. 下代后代

descending [dɪ'sendɪŋ] n.; a. (下,递)降(的),贬低,下行(的)

descension [dɪ'senʃ ən] n. 下降,降落

descensus [dɪ'sensəs] n. ①降下〔落〕,着陆,下降,斜坡 ②继承,祖籍,血统 ③侵入,突出

desciscent ['desɪsənt] n. 离向,偏向

descloisite, descloizite [dɪs'klɔɪzaɪt] n. 钒铅锌矿

describable [dɪs'kraɪbəbl] a. 可描述的

describe [dɪs'kraɪb] vt. ①叙述,描述 ②作图 ③沿…运行 ☆*be described as* 被说成是,被称做 【用法】注意该词在下面句型中的译法:This opposition to the flow of charge is what we <u>describe</u> as resistance. 对电荷流动的这种阻力就是我们所说的〔所谓的〕电阻。

describer [dɪs'kraɪbə] n. 叙述者,制图人

descried [dɪs'kraɪd] a. 被看到的,被发现的,被注意到的

descrier [dɪs'kraɪə] n. 发现者,看见的人

descriminator [dɪs'krɪmɪneɪtə] n. 鉴频〔相别〕器

description [dɪs'krɪpʃ ən] n. ①叙述,描述,形容 ②(使用)说明(书),货名,图形 ③作图 ④种类,式样,等级 ☆*all descriptions of* 形形色色的,各式各样的;*answer (to) the description* 与描述相符;*(be) a description of* 表示,说明;*(be) beyond description* 难以形容,无法描述;*give a description of* 描述,说明;*of every description* 或 *of all descriptions* 形形色色的,各式各样的 【用法】❶ 该词通常与动词"give"连用,而且其前面往往用不定冠词(也可以有复数形式),后跟介词"of"。如:<u>A more detailed description</u> of the operation of a transistor in saturation <u>is given</u> in Example 2.例 2 更为详细地描述了晶体管处于饱和状态下的工作情况。/ See Table 4-6 for <u>descriptions of</u> these quantities. 对于这些量的描述,请见表 4-6。❷ 注意下面例句的含义:A serious attempt has been made to maintain as much <u>a non-technical description of</u> each topic as possible.(作者)努力对每个内容尽可能地进行非技术性论述。

descriptive [dɪs'krɪptɪv] a. 描述的,记事的,说明的 ‖ **~ly** ad. 【用法】"be descriptive of"="describe"。如:

This model <u>is descriptive of</u> the behavior of an atom. 这个模型描述了原子的情况。

descriptor [dɪs'krɪptə] n. 描述信息,描述符,叙词

descry [dɪs'kraɪ] vt. 远处看出,望见,察觉,辨别出

descum [dɪs'kʌm] n. 清除浮渣

desealant [di:'si:lənt] n. 封闭层防剥离药剂

deseam [di:'si:m] vt. 气炬烧剥

deseamer [di:'si:mə] n. 焊瘤清除器,焊缝修整机,火焰清理机

deseaming [di:'si:mɪŋ] n. 小修整,表面火焰处理

desecrate ['desɪkreɪt] vt. 亵渎

deselect [di:sɪ'lekt] vt. 中途淘汰,选择断开

desensitisation, desensitization [di:,sensɪtaɪ'zeɪʃ ən] n. 减(敏)感(作用),降低灵敏度,减少感光度

desensitise, desensitize [di:'sensɪtaɪz] vt. 减少感光度,降低灵敏度,钝化

desensitiser, desensitizer [di:'sensɪtaɪzə] n. 退敏剂,减(敏)感剂

desensitivity [di:,sensɪ'tɪvɪtɪ] n. 脱敏(感)性,灵敏度的倒数

deserializer [di:'sɪəraɪzə] n. 解串器

desert ❶ ['dezət] a. 荒(芜)的,不毛的,沙漠的,无人的 ❷ ['dezət] n. ①沙漠,荒地 ②功过,(应得的)赏罚,功绩 ❸ [dɪ'zɜ:t] v. ①脱离 ②逃走,脱逃,开小差,舍弃 ③使失败 ☆*get (meet with) one's deserts* 得到应得的奖赏〔处罚〕

deserta [dɪ'zɜ:tə] n. 荒漠,荒漠植被

deserted [dɪ'zɜ:tɪd] a. 荒废了的,被抛弃的

deserter [dɪ'zɜ:tə] n. 叛徒,逃兵

desertification [de,zɜ:tɪfɪ'keɪʃ ən] n. (人为)沙漠化

desertion [dɪ'zɜ:ʃ ən] n. 离开,抛弃,开小差

desertisation [dezɜ:tɪ'seɪʃ ən] n. 自然沙漠化

deserve [dɪ'zɜ:v] vt. 应受,值得 【用法】该词后接动作的对象是句子的主语时,其后面的动词应该用动名词主动形式或不定式被动形式。如:This suggestion deserves <u>to be considered</u>. = This suggestion deserves <u>considering</u>. 这个建议值得考虑。

deserved [dɪ'zɜ:vd] a. 理所当然的,该奖〔罚〕的

deservedly [dɪ'zɜ:vdlɪ] ad. 当然,应该,正当

deserving [dɪ'zɜ:vɪŋ] ❶ a. 有功劳的,该受…的,值得…的(of) ❷ n. 功过,赏罚

desex [di:'seks] vt. 使无性欲,使无性能力

desheathing [di:'ʃi:ðɪŋ] n. 取下外壳

deshielding [di:'ʃi:ldɪŋ] n. 去屏蔽

desiccant ['desɪkənt] ❶ a. 干燥(用)的,去湿气的 ❷ n. 干燥剂,除湿剂

desiccate ['desɪkeɪt] ❶ v. (使)干燥,弄干,干储,用干燥法保存 ❷ n.; a. 干燥的,干燥制品

desiccation [,desɪ'keɪʃ ən] n. 干燥(作用),除湿,干化,变旱

desiccative [de'sɪkətɪv] = desiccant

desiccator ['desɪkeɪtə] n. 干燥器,干燥剂

desicchlora [ˌdesɪˈklɔːrə] n. 燥钡盐,无水粒状高氯酸钡(干燥剂)

desiderata [dɪˌzɪdəˈreɪtə] (拉丁语) desideratum 的复数

desiderate [dɪˈzɪdəreɪt] vt. 迫切需要,渴望得到 ‖ **desideration** n. **desiderative** a.

desideratum [dɪˌzɪdəˈreɪtəm] (拉丁语) (pl. desiderata) n. 迫切的要求,急需品

design [dɪˈzaɪn] ❶ v. ①设计,打图样 ②计划,打算 指定 ❷ n. ①设计,计算 ②方案,计划,企图 ③设计图,图样 ④结构,形状,类型 ☆*(be) designed to(do)* 设计成能(做),用来,目的是使; *(be) designed with* 具有…; *design ... for* 为(某目的)而设计…; *design A out of B* 设计时把 A 从 B 中排除掉; *by design* 故意地; *of the latest design* 最新式的,最新设计
〖用法〗❶ 该词可以采用“(be) designed to be …”句型,意为“(被)设计成…”。如: UNIX was designed to be a time-sharing system.UNIX 当时被设计成一种分时系统。❷ 注意下面例句中该词的用法。Varistors are resistive devices designed to have a large voltage coefficient. 变阻器是设计得能获得很大电压系数的阻性器件。❸ 注意下面例句中含有该词的短语的译法: Designed primarily for protons, this accelerator has achieved energies of 300 GeV. 这台加速器主要是用于质子的,它已获得了 300 吉电子伏的能量。(这是对主语的一种附加说明,译成并列的分句。) ❹ 当该词表示“想象,拟”时,后面可跟不定式或动名词。

designability [dɪˌzaɪnəˈbɪlɪtɪ] n. 可设计性,结构性

designable [dɪˈzaɪnəbl] a. 能设计的,可被区分的

designate ❶ [ˈdezɪɡneɪt] vt. ①指明,表示,标明,称为 ②选派,任命 ❷ [ˈdezɪɡnɪt] a. 指定的,选定的,指派的 ☆*be designated by the name of* 被称为; *designate A as B* 指定 A 为 B,把 A 叫做 B; *designate A to (for) B* 指定(选派) A 担任 B
〖用法〗“把 A 标(称)为 B”的句型中,介词“as”是可有可无的。如: This signal is designated as vₗ. 这个信号被标为 vₗ。/This time is designated T. 这个时间被标为 T。

designated [ˈdezɪɡneɪtɪd] a. 指定的,特指的

designation [ˌdezɪɡˈneɪʃən] n. ①指定,规定,选派,任命,(文献)代号编制法 ②名称,命名,符号,牌号,表示方法,番号,标识 ③目的(地),目标

designational [ˌdezɪɡˈnæʃənəl] a. 命名的

designative [ˈdezɪɡnətɪv] a. 指定的,指名的

designator [ˈdezɪɡneɪtə] n. ①指定者 ②选择器 ③命名(指示,标志)符

designatory [ˈdezɪɡnətərɪ] a. 指定的

designed [dɪˈzaɪnd] a. ①设计(工作)(的) ②阴谋的 ③有事先计划的

designograph [dɪˈzaɪnəɡrɑːf] n. 设计图解(法)

desilicate [diːˈsɪlɪkeɪt] vt. 脱硅,除硅酸盐 ‖ **desilication** n.

desilicification [diːsɪlɪˌsɪfɪˈkeɪʃən], **desiliconi-**

zation [diːsɪlɪˌkənaɪˈzeɪʃən] n. 脱硅(作用,过程),除硅酸盐

desilicify [diːˈsɪlɪsɪfaɪ] vt. 脱硅

desiliconize [diːˈsɪlɪkənaɪz] vt. 除硅

desilt [ˈdiːsɪlt] vt. 清淤

desilter [ˈdiːsɪltə] n. 沉淀池,集尘器

desilver [diːˈsɪlvə], **desilverise** [diːˈsɪlvəraɪz] vt. = desilverize

desilverisation, desilverization [diːˌsɪlvəraɪˈzeɪʃən] n. 脱银(作用)

desilverize [diːˈsɪlvəraɪz] vt. 脱银,提取银

desilylation [diːˌsɪlɪˈleɪʃən] n. 脱甲硅基(作用)

desinence [ˈdesɪnəns] n. 终止,收尾

desinent [ˈdesɪnənt], **desinential** [ˌdesɪˈnənʃəl] a. 末端的,终点的

desintegrate [dɪsˈɪntɪɡreɪt] v. 分裂(解),蜕变,破坏,解磨

desintegration [dɪsˌɪntɪˈɡreɪʃən] n. 分裂,裂变(物),去积合(作用),粉碎

desintegrator [dɪsˈɪntɪɡreɪtə] n. 粉碎机

desintering [dɪsˈɪntɜːrɪŋ] n. 【冶】清理

desirability [dɪˌzaɪərəˈbɪlɪtɪ] n. 需要性,客观需要,合意

desirable [dɪˈzaɪərəbl] ❶ a. ①所希望的,希望有的,想要的 ②合乎需要的,称心的 ❷ n. 合乎需要的东西,称心合意的东西 ‖ **~ness** n. **desirably** ad.
〖用法〗“it is desirable to (do)”或“it is desirable that …”一般译成“最好…”,也可译成“希望…是有利的”,但用后一句型时,“that”从句中的谓语应该使用“(should +)动词原形”。如: It is usually desirable to employ the standard method of determinants to solve the set of simultaneous equations.通常最好采用标准的行列式方法来解联立方程组。/For two reasons it is desirable for fₑ to be as high as possible. 由于两个理由,最好使 fₑ 尽可能地高。/It is always desirable that the internal resistance of an ammeter be small.我们总是希望安培表的内阻要小。

desire [dɪˈzaɪə] v.; n. 愿(希)望,想要,想要之物 ☆*as desired* 随意地,随心所欲地; *at one's desire* 按照…的要求(希望); *be all that could be desired* 令人满意; *by desire* 应请求; *desire for* 对…的愿望; *desire ... to (do)* 希望…(做某事); *leave much to be desired* 有许多缺点,有许多地方需要改进; *leave nothing to be desired* 没有什么缺点
〖用法〗❶ “it is desired to (do)”等效于“one wishes to (do)”,意为“人们(我们)想要…”。如: Suppose it is desired to measure the current in R. 假设我们想要测量 R 上的电流。❷ desire 后面的宾语从句或主语从句中的谓语应该使用“(should +)动词原形”形式。如: It is desired that the switch produce only one clock pulse each time it is closed. 我们希望,开关每闭合一次只产生一个时钟脉冲。❸ 注意其一个搭配模式“the desire of A to do B”,

意为"A 做 B 的愿望"。如：The desire of man to control nature's forces successfully has been the catalyst for progress throughout history. 人类想要成功地控制自然界的各种力的愿望始终是整个历史进步的催化剂。❹ 其后面跟不定式而不跟动名词。它可以用于"desire+宾语+不定式作补足语"。

desirous [dɪˈzaɪərəs] a. 渴望的 ☆*be desirous of （that, to do）* 渴望 ‖ **-ly** ad.

desist [dɪˈzɪst] vi. ①停止,中断(from doing) ②断念,休想

desistance [diˈsɪstəns] n. 停止,断念

desivac [ˈdesɪvæk] n. 冻干法

desize [diːˈsaɪz] vt. 脱浆

desizing [diːˈsaɪzɪŋ] n. 脱浆工艺

desk [desk] n. ① (书,办公,写字)桌,(试验,操纵,控制)台 ②面板座,架 ③(报馆)编辑部,部

deskman [ˈdeskmən] n. 办公室工作人员,报馆编辑人员

desk-top [ˈdesktɒp] a. 台式的

deslag [diːˈslæɡ] v. 排渣

deslagging [diːˈslæɡɪŋ] n. 除渣

deslicking [diːˈslɪkɪŋ] a. 防滑的

delime [diːˈlaɪm] vt. 脱矿泥

desludge [diːˈslʌdʒ] v. 清除油泥,除去淤渣

desma [ˈdesmə] n. 网状骨片

desmalgia [dezˈmældʒɪə] n. 韧带痛

desmic [ˈdesmɪk] a. 连锁的

desmid [ˈdesmɪd] n. 带藻

desmine [ˈdezmiːn] n. 辉沸石

desmodium [desˈməʊdɪəm] n. 金钱草

desmodur [ˈdesmədə] n. 聚氨基甲酸酯类黏合剂

desmodynia [ˌdesməˈdaɪnɪə] n. 韧带痛

desmoenzyme [ˌdezməˈenzaɪm] n. 不溶酶,固定酶

desmoid [ˈdesmɔɪd] a. 纤维样的,纤维性的

desmolase [ˈdesmələɪs] n. 碳链(裂解)酶

desmolipase [ˈdesməlɪpəs] n. 不溶性酯酶

desmolysis [dezˈmɒlɪsɪs] n. 解(碳)链作用,碳链分解作用 ‖ **desmolytic** a.

desmone [ˈdesməʊn] n. 介体

desmoplastic [ˌdesməˈplæstɪk] a. 引起粘连的,促进纤维组织发育的

desmorrhexis [ˌdesməˈreksɪs] n. 韧带破裂

desmotrope [ˈdesmətrəʊp] n. 稳变异构体

desmotropic [ˌdesməˈtrɒpɪk] a. 稳变异构的

desmotropism [ˌdesməˈtrɒpɪzəm], **desmotropy** [desˈmətrəpɪ] n. 稳变异构(现象)

desolate ❶ [ˈdesəlɪt] a. ①荒(芜,凉)的,无人烟的 ②孤独的,凄凉的 ❷ [ˈdesəleɪt] vt. 使荒芜 ‖ **-ly** ad.

desolation [ˌdesəˈleɪʃən] n. 荒芜,废墟

desorb [diːˈsɔːb] vt. 解(除)吸(附),使放出

desorption [diːˈsɔːpʃən] n. 解吸附作用,退吸

desoxidant [desˈɒksɪdənt] n. 脱氧剂

desoxidation [deˌsɒksɪˈdeɪʃən] n. 脱氧,还原

desoxidizer [deˈsɒksɪdaɪzə] n. 脱氧剂

desoxydate [deˈsɒksɪdeɪt] vt. 脱氧,还原,除去臭氧 ‖ **desoxydation** n.

desoxygenation [desɒkˌsɪdʒəˈneɪʃən] n. 脱氧作用

desoxymercuration [desɒkˌsɪmɜːkjʊˈreɪʃən] n. 脱氧汞化作用

desoxyribonuclease [desɒkˌsɪrɪˈbəˈnjuːkliːs] n. 脱氧糖核酸酶

desoxyribonucleic acid [desɒkˌsɪrɪbənjuːˈkliːɪkˈæsɪd] n. 脱氧核糖核酸

despair [dɪsˈpeə] ❶ n. 绝（失）望,令人失望的人〔事〕,扫兴的事 ❷ vi. 绝〔失〕望 ☆*drive ... to despair* 使…(悲观)失望; *in despair* 绝〔失〕望地,在绝望中; *despair of* 对…感到绝望 ‖ **~ingly** ad.

despan [dɪsˈpæn] despin 的过去式

despatch = dispatch

despatcher = dispatcher

desperate [ˈdespərɪt] a. ①奋不顾身的,拼命的,孤注一掷的 ②(成功的)希望很小的,危急的 ③猛烈的,厉害的,险恶的 ☆*be in a desperate situation* 处境危急; *conduct a desperate struggle* 作拼死的斗争; *make a desperate effort* 拼命努力 ‖ **-ly** ad. **-ness** n.

desperation [ˌdespəˈreɪʃən] n. 绝望,拼命

despicable [ˈdespɪkbl] a. 可鄙的,卑劣的 ‖ **despicably** ad.

despiker [dɪˈspaɪkə] n. 削峰器

despiking [diːˈspaɪkɪŋ] n. 脉冲钝化,削峰

despin [dɪˈspɪn] (despan, despun) v. ①降低转速,停止旋转 ②反旋转,消旋

despiralization [dɪspaɪˌrəlaɪˈzeɪʃən] n. 解螺旋化(作用)

despise [dɪsˈpaɪz] vt. 轻视,看不起

despite [dɪsˈpaɪt] ❶ n. 轻视,憎恨 ☆*(in) despite of* 不管,任凭 ❷ prep. 不顾,尽管

despiteful [dɪsˈpaɪtfʊl] a. 可恨的 ‖ **-ly** ad.

despoil [dɪsˈpɔɪl] vt. 夺取,掠夺 ☆*despoil A of B* 夺(取)A 的 B ‖ **~ment** 或 **despoliation** n.

despoliation [dɪsˌpəʊlɪˈeɪʃən] n. 掠夺,夺取

despond [dɪsˈpɒnd] vi. 沮丧,失望 ☆*despond of ...* 失去对…的希望 ‖ **~ness** 或 **~ence** 或 **~ency** n. **~ent** 或 **~ently** 或 **~ingly** ad.

despot [ˈdespɒt] n. 暴君

despotic [desˈpɒtɪk] a. 专制的,暴虐的

despotism [ˈdespətɪzəm] n. 专制(国家),暴政

despreading [diːˈspredɪŋ] n. 解扩 〖用法〗该词可以与动词"perform"连用。如：The second stage of demodulation performs spectrum despreading. 解调的第二级实施频谱的解扩。

despumate [dɪsˈpjuːmeɪt] vt. 消毒,清洁,除去…的泡沫〔浮渣〕 ‖ **despumation** n.

despun [dɪˈspʌn] despin 的过去分词

desquamate ['deskwəmeɪt] vi. 脱皮,(表皮细胞) 脱落,剥离 ‖ **desquamation** n. **desquamative** 或 **esquamatory** a.

dessicant ['desɪkənt] n. 干燥剂

dessicate ['desɪkeɪt] v. 干燥 ‖ **dessication** n.

dessicator ['desɪkeɪtə] n. 水提取器

destabilization [di:steɪˌbɪlaɪˈzeɪʃən] n. 去稳定 (作用),扰动

destabilize [dɪˈsteɪbɪlaɪz] vt. 使不稳定

destacker [di:ˈstækə] n. 卸堆机,拆包〔捆〕机

destacking [di:ˈstækɪŋ] n. (叠板)卸垛,分送(板垛 中的叠板)

destain [di:ˈsteɪn] vt. 退色,脱色

destainer [di:ˈsteɪnə] n. 脱色液

destarch [di:ˈstɑ:tʃ] v. 脱浆

destaticizer [di:ˈstætɪsaɪzə] n. 脱静电剂,去静电 器

desterilize [di:ˈsterɪlaɪz] vt. 恢复使用,解封

desthiobiotin [ˌdesθɪəˈbaɪətɪn] n. 脱硫生物素

destination [ˌdestɪˈneɪʃən] n. ①目的地,终点 ② 目的〔标〕 ③指〔预〕定
〖用法〗表示"在目的地"时,其前面用介词"at", 即"at the destination"。

destine ['destɪn] vt. 注〔预,指〕定 ☆ **(be) destined to (do)** 注定(要),肯定会; **destine A for B** 为 B(而)指〔定〕 A

destinker [di:ˈstɪŋkə] n. 去味器

destiny ['destɪnɪ] n. 命运

destitute ['destɪtju:t] a. ①无…的(of) ②贫穷的

destitution [ˌdestɪˈtju:ʃən] n. 缺乏,贫困

destoner [di:ˈstəʊnə] n. 除粒工

destratification [di:strəˌtɪfɪˈkeɪʃən] n. 【地质】 去层理作用

destrengthening [di:ˈstreŋθənɪŋ] n. 强度消失, 软化

destress [di:ˈstres] v. 放松应力,去应力

destroy [dɪsˈtrɔɪ] vt. 破坏,摧毁,消灭,使无效〔消 失〕

destroyable [dɪsˈtrɔɪəbl] a. 可毁灭的

destroyer [dɪsˈtrɔɪə] n. ①破坏者 ②粉碎器 ③驱 逐舰

destruct [dɪsˈtrʌkt] n.; vi. 自毁〔爆炸〕

destructibility [dɪsˌtrʌktɪˈbɪlɪtɪ] n. 破坏性〔力〕

destructible [dɪsˈtrʌktəbl] a. 能毁坏的,可消灭 的 ‖ **~ness** a.

destruction [dɪsˈtrʌkʃən] n. ①破坏,毁灭 ②毁灭 的原因 ☆ **do destruction to** (对…造成)破坏, 毁灭

destructional [dɪsˈtrʌkʃənəl] a. 破坏作用造成的, 侵蚀的

destructive [dɪsˈtrʌktɪv] a. ①破坏(性)的,毁灭 (性)的 ②有害的,危害的(of) ‖ **-ly** ad. **~ness** n.

destructor [dɪsˈtrʌktə] n. ①破坏器,自爆装置 ② 雷管 ③废料焚化炉

destructure [di:ˈstrʌktʃə] n. 变性

desublimation [di:ˌsʌblɪˈmeɪʃən] n. 消升华(作 用),凝结(作用)

desudation [ˌdesjuˈdeɪʃən] n. 大量出汗

desuetude [dɪˈsju:ɪtju:d] n. 废止,已不用 ☆ **fall (pass) into desuetude** 废除,不兴

desugar [di:ˈʃʊgə] vt. 脱糖,提出糖分 ‖ **~ization** n.

desulfate [di:ˈsʌlfeɪt] vt. 脱硫

desulfinase [di:ˈsʌlˈfaɪneɪs] n. 脱亚磺酸酶

desulfonation [di:sʌlfəˈneɪʃən] n. 脱磺酸(基) 盐(作用)

desulfurate [di:ˈsʌlfjʊreɪt] vt. 使脱硫

desulfuration [di:sʌlfjuˈreɪʃən], **desulfurization** [di:sʌlfjuraɪˈzeɪʃən] n. 脱硫(作用)

desulphurase [di:ˈsʌlfjʊreɪz] n. 脱硫酶

desulphurication [di:sʌlˌfjuˈkeɪʃən] n. 反硫酸 化(作用)

desulphurize [di:ˈsʌlfərəɪz] vt. 除硫

desulphurizer [di:ˈsʌlfjʊraɪzə] n. 脱硫剂

desultorily ['desəltərɪlɪ] ad. 杂乱(无章),散漫,不 相关地

desultoriness ['desəltərɪnɪs] n. 不规则,散漫

desultory ['desəltərɪ] a. 不连贯的,杂乱(无章)的, 散漫的,随意的

desuperheat [di:ˈsju:pəˈhi:t] v. 降低热量,过热后 冷却,减温

desuperheater [di:ˌsju:pəˈhi:tə] n. 过热降温器, 减热器

desurface [di:ˈsɜ:fɪs] vt. 除去…表层,清除表层金 属

deswell [di:ˈswel] vt. 退胀

desyn [di:ˈsɪn] n. 直流自动同步机

desynapsis [ˌdi:sɪˈnæpsɪs] n. 联合消失

desynchronize [di:ˈsɪnkrənaɪz] v. 去同步,失步

detach [dɪˈtætʃ] vt. ①(使)分开,卸下,移除,除去,脱 钩 ②派遣 ☆ **detach A from B** 把 A 从 B 上卸下, 把 A 同 B 分离; **detach oneself from** 同…分开, 脱离

detachability [dɪˌtætʃəˈbɪlɪtɪ] n. 可拆卸性

detachable [dɪˈtætʃəbl] a. 可拆卸的,可分开的,活 的

detached [dɪˈtætʃt] a. 分离的,独立的,已拆下的, 脱体的 ‖ **~ly** ad.

detacher [dɪˈtætʃə] n. 拆卸器,脱钩器

detachment [dɪˈtætʃmənt] n. ①分离,拆下,脱离, 移除,(电子的)释放 ②独立,不受环境影响 ③分 队,独立小分队,支队,特遣舰队,派遣

detail ❶ ['di:teɪl] n. ①细节,零件 ②详明,清晰度, 照片复制品的层次 ③详图 ④分遣(队),行动指 令 ❷ [dɪˈteɪl] vt. ①详述,列举 ②画细部图,细部 设计 ③派遣,特派 ☆ **for further details** 欲知详 情; **go (enter) into detail(s) (on)** 详细叙述; **without going into detail(s)** 不作详细叙述〔讨 论〕; **in all details** 在所有细节上,很仔细地; **in considerable (great) detail** 非常详细地; **in**

detail 详细地，在细节上；*in more（some）detail* 更〔相当〕详细地；*in points of detail* 在某些细节上

〖用法〗❶ 表示"详细地"这一含义时，该词前总是使用介词"in"。如：There is another type of filter that has some useful properties which will be described in more detail.还有一类滤波器具有一些有用的性质，这将在后面作更详细的论述。表示"较详细地"应该用"in more detail"，而不用"more in detail"。❷ 注意下面例句中该词的含义：The book doesn't go into more detail than a student wants.本书所述的详细程度并没有超过学生所需的程度。

detailed ['diːteɪld] *a.* 详细的

detain [dɪˈteɪn] *vt.* 扣留,阻止,(使)延迟,留住

detainee [ˌdɪteɪˈniː] *n.* 被拘留者

detainer [dɪˈteɪnə] *n.* 拘留者

detar [diːˈtɑː] *v.* 脱焦油

detarnish [diːˈtɑːnɪʃ] *v.* 除锈

detarrer [diːˈtɑːrə] *n.* 脱焦油器

dete [diːt] *n.* 装在潜水艇上的一种雷达

detect [dɪˈtekt] *vt.* ①发现,察觉 ②探测(出),测定,检测(出),侦查(出),查明(出) ③检波,整流

detectability [dɪˌtektəˈbɪlɪtɪ] *n.* 检测能力,鉴别率,可检测性

detectable [dɪˈtektəbl] *a.* 可发现的,可探测出的,可检波的

detectagraph [dɪˈtektəɡrɑːf] *n.* 录音机,侦探器

detectaphone [dɪˈtektəfəʊn] *n.* 窃听器,监听电话机

detection [dɪˈtekʃən] *n.* ①发觉〔现〕②探测(法),查明,探伤,侦查 ③检波,整流

〖用法〗该词前可以有不定冠词。如：An ideal noiseless detection should yield the sequence where the pulse height is i_S. 理想的无噪声检测应该产生脉冲高度为 i_S 的序列。

detective [dɪˈtektɪv] ❶ *a.* 探测的,检波的,侦查的 ❷ *n.* 侦探

detectivity [ˌdɪtekˈtɪvɪtɪ] *n.* 探测能力,探测灵敏度

detector [dɪˈtektə] *n.* 探测器,检验器,(锅炉)水量计,探头,随动机构;察觉者

detectoscope [dɪˈtektəskəʊp] *n.* 水中探音器,潜艇探测器

detent [dɪˈtent] *n.* ①(棘)爪,掣子,插销,凸轮(爪) ②制动器,擒纵装置 ③封闭,停止

detente [deɪˈtɑːnt] (法语) *n.* (紧张局势所谓的)"缓和"

detenting [dɪˈtentɪŋ] *n.* 爪式装置

detention [dɪˈtenʃən] *n.* ①阻止,卡住,滞留 ②拖延,迟延 ③拘留

deter [dɪˈtɜː] (deterred; deterring) *vt.* ①阻止,拦住,妨碍 ②使不敢 ☆*deter A from B* 制止 A(不做)B

deterge [dɪˈtɜːdʒ] *vt.* 弄干净

detergence [dɪˈtɜːdʒəns], **detergency** [dɪˈtɜːdʒənsɪ] *n.* 洗净(性),去垢(作用,能力)

detergent [dɪˈtɜːdʒənt] ❶ *a.* 洗净的,清洁的,含有洗涤剂的 ❷ *n.* 洗涤剂,洗衣粉,去垢剂,洗涤物质

detergible [dɪˈtɜːdʒɪbl] *a.* 可破裂的,可移动的

deteriorate [dɪˈtɪərɪəreɪt] *v.* ①变坏〔质〕,降低(品质),恶化,败坏 ②损坏,消耗,磨损

deterioration [dɪˌtɪərɪəˈreɪʃən] *n.* 变质,恶化,贫瘠化

determent [dɪˈtɜːmənt] *n.* 制止(物),威慑(物)

determinable [dɪˈtɜːmɪnəbl] *a.* 可决定的,能测的,可终止的

determinacy [dɪˈtɜːmɪnəsɪ] *n.* 确定性,坚持性

determinand [dɪˈtɜːmɪnənd] *n.* 欲测物

determinant [dɪˈtɜːmɪnənt] ❶ *n.* ①行列式 ②决定因素,遗传因子 ❷ *a.* 决定性的,有决定力的

determinantal [dɪˈtɜːmɪnəntəl] *a.* 行列式的

determinate [dɪˈtɜːmɪnɪt] ❶ *a.* 确定的,明确的,坚决的,有定数的 ❷ *n.* 行列式,决定因素 ‖ **-ly** *ad.*

determination [dɪˌtɜːmɪˈneɪʃən] *n.* ①确定,定义,测量 ②决心,坚决 ☆*make a determination* 确定,定出；*with determination* 坚决地

〖用法〗❶ 该词可以与动词"make"一起使用。如：In 1864, a British committee made the first determination of the ohm.在 1864 年,一个英国委员会首次确定了欧姆的值。❷ 在该词后可以跟不定式或"of + 动名词",以前者为多见。如：Their determination to do that experiment is now much stronger than ever.他们做那个实验的决心现在比以前更更坚定〔强烈〕。❸ 在该词后面跟的同位语从句中一般应该使用虚拟语气,即从句谓语用"(should+) 动词原形"。

determinative [dɪˈtɜːmɪnətɪv] ❶ *a.* 决定的,有决定作用的 ❷ *n.* 决定因素,有决定作用的东西 ‖ **-ly** *ad.*

determine [dɪˈtɜːmɪn] *v.* ①确定,决心 ②求出,解决,终结 ③定义 ☆*determine on（upon, to +do）*决定（心）

〖用法〗该动词可以后跟一个由"that"引导的宾语从句。如：From Fig. 1-2 we determine that the signal to noise power ratio at the amplifier output must exceed 22 dB.从图 1-2 我们确定在放大器输出端的信噪功率比必须超过 22 分贝。/The driver determines that power has not failed.驱动器测定出电源没有出故障。

determined [dɪˈtɜːmɪnd] *a.* ①坚决的,毅然的 ②确定了的 ☆*in a determined manner*（毅然）决然；*be determined to (do)* 决心（做）

determiner [dɪˈtɜːmɪnə] *n.* 决定因素

determinism [dɪˈtɜːmɪnɪzəm] *n.* 宿命〔定数,决定〕论

deterministic [dɪˌtɜːmɪˈnɪstɪk] *a.* ①宿命论的 ②确定(性)的,决定(性)的 ‖ **-ally** *ad.*

〖用法〗注意该词在下面例句中的使用：This effect can be interpreted at the receiver in a deterministic way.这个效应在接收机处可以确定地加以解释。

deterrence [dɪ'tɜ:rəns] *n.* 制止,阻止,威慑(物,力量,因素)

deterrent [dɪ'tɜ:rənt] ❶ *a.* 妨碍的,阻止的,威慑的 ❷ *n.* ①阻碍物,反应制止剂 ②威慑物 ‖ **~ly** *ad.*

detersile [dɪ'tɜ:saɪl] *a.* 脱毛的

detersion [dɪ'tɜ:ʃən] *n.* 冰川磨蚀

detersive [dɪ'tɜ:sɪv] ❶ *a.* 有清净力的 ❷ *n.* 清净剂,洗涤剂,去垢剂

detest [dɪ'test] *vt.* 深恶,痛恨

detestable [dɪ'testəbl] *a.* 可恨的 ‖ **detestably** *ad.*

detestation [,di:tes'teɪʃən] *n.* 痛恨,极讨厌的事〔东西〕☆**be in detestation** 被憎恶; **hold (have) in detestation** 痛恨,讨厌

dethrone [di:'θrəʊn] *vt.* 废黜

detin [dɪ'tɪn](detinned; detinning) *vt.* 除锡,从…回收锡

detonable ['detənəbl], **detonatable** ['detəneɪtəbl] *a.* 可爆炸的,易爆的

detonate ['detəʊneɪt] *v.* 爆燃,起爆

detonation [,detəʊ'neɪʃən] *n.* 爆燃,爆炸(声),引爆

detonative ['detəneɪtɪv] *a.* 可爆的,爆燃的

detonator ['detəʊneɪtə] *n.* 发爆剂,引燃剂,雷管,炸药,爆鸣器

detorsion [dɪ'tɔ:ʃən] *n.* 弯曲矫正,反扭转

detour ['deɪtʊə] *n.*; *v.* ①便道,绕道,弯路 ②迂回,绕过,绕(道)行(驶)〖用法〗注意下面例句中该词的含义: We will next make a small detour to study these reflectors.我们下面将迂回地研究这些反射器。

detoxicate [di:'tɒksɪkeɪt], **detoxify** [di:'tɒksɪfaɪ] *vt.* 解毒,去除…的放射性沾染 ‖ **detoxication** 或 **detoxification** *n.*

detoxify [di:'tɒksɪfaɪ] *v.* 解毒,去沾染

detract [dɪ'trækt] *v.* 降低,毁损,诽谤,有损于(from) ‖ **~ion** *n.* **~ive** *a.*

detractor [dɪ'træktə] *n.* 诽谤者,贬低者

detrain [di:'treɪn] *v.* 下(火)车,(火车)卸载

detriment ['detrɪmənt] *n.* 损害,不利,造成损害的根源 ☆**to the detriment of** 有损于; **without detriment to** 无损害…地,无损于

detrimental [,detrɪ'mentl] ❶ *a.* 有害的,不利的(to) ❷ *n.* 有害的东西 ‖ **~ly** *ad.*

detrital [dɪ'traɪtəl] *a.* 碎屑的

detrition [dɪ'trɪʃən] *n.* 耗损,磨损,消磨,刨蚀(作用)

detritus [dɪ'traɪtəs] *n.* 岩屑,碎屑,瓦砾,腐质

detritylation [dɪtrɪtɪ'leɪʃən] *n.* 脱三苯甲基(作用)

Detroit [də'trɔɪt] *n.* (美国)底特律(市)

de trop [də'trəʊ] (法语)多余的,碍事的

detruck [di:'trʌk] *v.* 下汽车,卸载,把…从汽车上卸下来

detrude [dɪ'tru:d] *vt.* 推倒,使…位移

detruncate [di:'trʌŋkeɪt] *vt.* 削去,缩减,节省

detrusion [dɪ'tru:ʒən] *n.* 剪切变形,位移,逼出

detubation [di:tjʊ'beɪʃən] *a.* 除管法

detumescence [,di:tjʊ'mesns] *n.* 消肿

detune [di:'tju:n] *v.* 解调谐,失调,去谐

detuner [di:'tju:nə] *n.* 解调器,排气减音器,动力减振摆

detuning [di:'tju:nɪŋ] *n.* 失调,失谐

detwinning [di:'twɪnɪŋ] *n.* 去孪晶

deuce [dju:s] *n.* ①平局,倒霉 ②两点,两元 ☆**a (the) deuce of a ...** 非常的,厉害的; **deuce a bit** 完全不,一点儿不; **like the deuce** 猛烈地; **play the deuce with** 把…弄得一团糟; **the deuce** 究竟,到底

deuced ['dju:sɪd] *a.*; *ad.* 非常,过度 ‖ **~ly** *ad.*

deustate ['dju:steɪt] *a.* 枯萎的,焦灼的

deutan ['dju:tən] *n.* 绿色盲

deuteranope ['dju:tərənəʊp] *n.* 绿色盲患者

deuteranopia [dju:tərə'nəʊpɪə] *n.* 绿色盲,乙型色盲

deuterate ['dju:təreɪt] ❶ *v.* 氘化,加氘 ❷ *n.* 氘水合物,重水合物 ‖ **deuteration** *n.*

deuteric [dju:'tərɪk] *a.* 【地质】(岩浆)后期的,初生变质的

deuteride ['dju:təraɪd] *n.* 氘化合物,氘化物

deuterion [dju:'ti:rɪɒn] *n.* 氘核,重氢核

deuterium [dju:'tɪərɪəm] *n.* 氘,重氢

deuterize ['dju:təraɪz] *v.* 氘化

deuterogamy [,dju:tə'rɒgəmɪ] *n.* 再婚

deuterogene ['dju:tə'rɒdʒi:n] *n.* 后成岩,后期生成

deuterogenic [dju:tərəʊ'dʒenɪk], **deuterogenous** [,dju:tə'rɒdʒənəs] *a.* 后期生成的,衍生的

deuterohydrogen [dju:tərə'haɪdrɪdʒən] *n.* 氘,重氢

deuteron ['dju:tərɒn] *n.* 氘核,重氢核

deuteropathy [,dju:tə'rɒpəθɪ] *n.* 继发症,并发症

deuteroporhyrin [dju:tərə'pɔ:fɪrɪn] *n.* 【生化】次卟啉

deuteroprism [,dju:tərə'prɪzəm] *n.* 第二柱

deuteropyramid [dju:tərə'pɪrəmɪd] *n.* 第二锥

deuterosomatic [dju:tərəsəʊ'mætɪk] *n.* 再成岩

deuteroxide [,dju:tə'rɒksaɪd] *n.* 重水

denton ['dju:tɒn] = deuteron

deutoxide [dju:'tɒksaɪd] *n.* 重水

deutsch [dɔɪtʃ] (德语) *a.* 德国的

Deutschland ['dɔɪtʃlænt] (德语) *n.* 德国,德意志

devalgate [di:'vælgeɪt] *a.* 弓形腿的

devaluate [di:'væljʊeɪt] *v.* 降低…的价值,使贬值

devaluation [di:,væljʊ'eɪʃən] *n.* (货币)贬值

devalue [di:'vælju:] = devaluate

devanture [di:'væntʃə] *n.* 锌华凝结器,蒸锌炉冷凝器

devaporation [di:,veɪpə'reɪʃən] *n.* 止汽化(作

用),蒸汽凝结

devaporizer [di:'veɪpəraɪzə] n. 汽气混合物凝结器,清洁器

devastate ['devəsteɪt] vt. 破坏,蹂躏,使荒芜 ‖ **devastation** n. **devastative** a.

develop [dɪ'veləp] v. 发展,提高,展开,演变,发育,培养,显影,开发,讲述 ☆**develop from (out of) ...** 从…发展(演变)而来
【用法】❶ 注意下面例句中该词作及物动词的含义:Very elaborate ovens with continuous feedback temperature control have been <u>developed</u> for the purpose.为了该目的,已经开发〔研制〕出了带有连续反馈温度控制的非常精致的烤炉。/We <u>developed</u> the expression for h₂₁. 我们推导出了 h$_{21}$ 的表达式。/These technical principles will be <u>developed</u> in later chapters.这些技术原理将在后面几章讲述。/We cannot directly sense X rays, but under visible light, we can look at a piece of exposed and <u>developed</u> X-ray film and tell where the X-rays have affected the film.我们是不可能直接感觉到 X 射线的,但是在可见光下,我们能够看一张曝了光并冲洗出来的 X 射线胶卷,说出 X 射线在何处影响了胶卷。❷ 注意下面例句中该词作不及物动词的含义:In this case, a potential difference <u>develops</u> across the resistor.在该电阻器的两端产生了一个电位差。/When telephone service was only a few years old, interest <u>developed</u> in automating it. 开创电话服务仅仅几年的时间,人们就产生了要使其自动化的兴趣。/Under high-level conditions, nearly linear minority-carrier profiles <u>develop</u>.在高电平情况下,出现了几乎线性的少数载流子曲线。

developable [dɪ'veləpəbl] ❶ a. 可展开的,可发展的,可造〔导〕出的,可显(影)的 ❷ n. 可展曲面

developer [dɪ'veləpə] n. ①启〔开〕发者,放样工 ②显影剂,显影机

development [dɪ'veləpmənt] n. 发展,展开,演变,进化,显影,展式,开发,论述,改良自然条件 ☆**(be) under development** 正在研制(过程)之中
【用法】注意下面例句中该词的含义:The rate of <u>development</u> of heat in a resistance is proportional to the square of the current.在电阻中产生热的速度正比于电流的平方。/The <u>development</u> of good standards for both frequency and time interval has been an exciting adventure in natural philosophy.为频率和时间间隔这两者制订出良好的标准是自然哲学中一种令人激动的经历。/The <u>development</u> which led to the equivalent circuits of Fig. 1-4 can also be carried through analytically.也可以用解析法推导出图1-4的等效电路。/The <u>development</u> of a real understanding of the mathematics in this text will be of great value to you in your future work.获得对本教材中的数学内容的真正理解将对你今后的学习是很有价值的。/Otherwise, the <u>development</u> and the applications of later topics will be difficult

to comprehend.要不然,对后面论题的讲解和应用将会难于理解。/Certain it is that all essential processes of plant growth and <u>development</u> occur in water.确定无疑的是,植物生长和发育的一切关键过程都是发生在水中的。("Certain" 是主句中的表语,为了加强语气而把它放在句首了。)/The <u>development</u> of those photos is not an easy job.冲洗那些照片并不容易。/Each new <u>development</u> is naturally at first very imperfect and few, if any, people recognize its possibilities.每一种新的开发开始时是很不完善的,而且如果有人的话也没有几个人会认识到它的可能性。("few" 是修饰 "people" 的。)

developmental [dɪ,veləp'mentəl] a. ①试验性的,试制的,启发的 ②发展的,开发的,进化的,发育的

deviant ['di:vɪənt] ❶ a. 不正常的,异常的 ❷ n. 偏移值,异常的人〔物〕

deviate ['di:vɪeɪt] v. (使)偏离,偏斜 ☆**deviate from** 偏离,与…有区别〔有偏差〕;**deviate A from B** 使 A 偏离 B

deviation [,di:vi'eɪʃən] n. ①偏差,目差,脱离,(指针)漂移 ②(偏)差数,误差,偏(向)角 ☆**deviation from** 脱(偏)离,与…不符合
【用法】注意该词的搭配模式,"the deviation of A from B" 意为 "A 偏离 B"、"A 相对于 B 的偏离" 或 "A 与 B 不一致"。如:θ₁ represents one of the angular <u>deviations</u> of the satellite <u>from</u> a set of axes.θ$_1$ 表示了卫星对一组轴的角偏离之一。

deviator ['di:vɪeɪtə] n. 偏差器

device [dɪ'vaɪs] n. ①装置,设备,器件,仪表(器) ②设计,配置 ③草案,图样 ④方法,手段 ☆**leave a person to his own devices (to do)** 对某人(做)不加干涉;**try various devices to do** 多方设法(做)

devicename [dɪ'vaɪsneɪm] n. 设备〔器件〕名称

devil ['devl] ❶ n. ①魔鬼,恶棍,凤暴,尘旋风 ②不幸,倒霉 ③麻烦,难事 ④切碎机 ❷ v. 切碎 ☆**a devil of a ...** 异常的,讨厌的;**and the devil knows what** 其他种种;**be the devil** 极度困难,是讨厌〔麻烦〕的事物;**between the devil and the deep sea** 进退两难;**like the devil** 猛烈;**play the devil with** (伤)害,毁坏,使为难;**the devil** 到底,究竟,决不;**the devil to pay** 无穷的后患,可怕的后果

devilish ['devlɪʃ] ❶ a. 魔鬼似的,可怕的,过分的 ❷ ad. 非常,极,过分 ‖ **~ly** ad.

devil-may-care ['devlmeɪkeə] a. ①无所顾虑的,拼命的 ②漫不经心的

devilment ['devlmənt] n. 怪事,怪现象

devilry ['devəlrɪ] n. 恶作剧,邪恶,妖术,魔鬼式的行径

deviltry ['devəltrɪ] = devilry
【用法】注意下面例句中该词的含义:Hackers invent toxic software for the sheer <u>deviltry</u> of it.黑客纯粹为了搞恶作剧而创造了有毒软件。

D

deviometer [ˌdɪvɪˈɒmɪtə] *n.* 航向偏差指示器,偏差计

devious [ˈdiːvɪəs] *a.* ①弯曲的,不定向(移动)的 ②偏僻的 ③不正当的,狡猾的 ‖ ~ly *ad.* ~ness *n.*

devisable [dɪˈvaɪzəbl] *a.* 能设计出的,能设想的

devisceration [dɪˌvɪsəˈreɪʃən] *n.* 内脏切除(术)

devise [dɪˈvaɪz] *v.* ①设计,发明,想出 ②产生

deviser [dɪˈvaɪzə] *n.* ①设计〔发明〕者 ②发生器

devisor [ˌdevɪˈzɔː] *n.* 遗赠者

devitalize [diːˈvaɪtəlaɪz] *vt.* 使无生命力,使伤元气

devitaminize [diːˈvɪtəmɪnaɪz] *vt.* 使失去维生素

devitrification [diːˌvɪtrɪfɪˈkeɪʃən] ❶ *n.* 脱硫(现象),失去光泽,失去透明性,反玻璃化 ❷ *v.* 使失去光泽

devitrify [diːˈvɪtrɪfaɪ] *vt.* ①使失去(玻璃)光泽,使失去透明性 ②使反玻璃化

devitroceram [diːˌvɪtrəˈserəm] *a.* 德维特罗陶瓷,玻璃陶瓷,微晶玻璃

devoid [dɪˈvɔɪd] *a.* 缺乏的,空的,无的 ☆ *devoid of* 没有…的,缺(之)…的

devoir [dəˈvwɑː] *n.* ①本分,义务 ②(pl.)敬意,问候 ☆ *pay (tender) one's devoirs to* 向…致敬,问候

devolatilization [diːˌvɒlətəlaɪˈzeɪʃən] *n.* 脱挥发成分(作用)

devolute [ˈdiːvəluːt] = devolve

devolution [ˌdiːvəˈluːʃən] *n.* ①转让,移交,授与权力下放,授权代理 ②崩塌,退化,异化

devolutive [diːˈvɒljʊtɪv] *a.* 退〔异〕化的

devolve [dɪˈvɒlv] *v.* ①传递,转让,移交,交代〔给〕,授与,委任 ②流向下〔前〕 ☆ *devolve (work, duties) on (upon, to)...* (把工作,职务)移交给…

Devonian [dəˈvəʊnɪən] *n.; a.* 泥盆纪〔系〕(的)

devote [dɪˈvəʊt] *vt.* 献〔身〕,专心,致力 ☆ *devote A to B* 把 A 贡献给 B,把 A 用(花费)在 B 上 〖用法〗注意下面例句中该词的用法:Chapter 2 is devoted to a brief description of the archetecture of the digital computer. 第 2 章专用于简要描述数字计算机的结构。/The remainder of the chapter is devoted to examples of communication systems.本章的其余部分专门介绍通信系统的一些例子。

devoted [dɪˈvəʊtɪd] *a.* 献身…的,专用于…的,热衷…的,忠实的 ☆ *(be) devoted to* 专心从事,致力于,专门(用来)

devotion [dɪˈvəʊʃən] *n.* 献身,致力,专心,忠诚 ‖ ~al *a.*

devour [dɪˈvaʊə] *vt.* ①吞没,毁灭 ②挥霍 ③凝视,倾听 ④吸引住 ☆ *be devoured by* 全部注意力为…所吸引 ‖ ~ly *ad.*

devout [dɪˈvaʊt] *a.* ①虔诚的 ②衷心的,诚恳的 ‖ ~ly *ad.* ~ness *n.*

devulcanization [diːˌvʌlkənaɪˈzeɪʃən] *n.* 反硫化

devulcanizer [diːˈvʌlkənaɪzə] *n.* 脱硫器,反硫化器

dew [djuː] ❶ *n.* 露(水),凝结水,湿〔浸〕润 ❷ *v.* 结露水,以露水润湿

Dewar [ˈdjuːə] *n.* 真空瓶,杜瓦瓶

dewater [diːˈwɔːtə] *v.* 排水,疏水,浓缩

dewaterer [diːˈwɔːtərə] *n.* 脱水器

dewax [diːˈwæks] *vt.* 脱蜡

dewcap [ˈdjuːkæp] *n.* 露罩

dewdrop [ˈdjuːdrɒp] *n.* 露珠

dewetting [diːˈwetɪŋ] *n.* 反湿润,去湿

deweylite [ˈdjuːɪlaɪt] *n.* 水蛇纹石

dew-fall [ˈdjuːfɔːl] *n.* 起露,黄昏时候

dewindtite [dəˈwɪntaɪt] *n.* 磷铅铀矿

dewiness [ˈdjuːɪnɪs] *n.* 露水大,湿润

dewlap [ˈdjuːlæp] *n.* 喉垂〔肉〕

dewpoint [ˈdjuːpɔɪnt] *n.* 露点

dew-pond [ˈdjuːpɒnd] *n.* (人工挖成的)蓄水池

dewy [ˈdjuːɪ] *a.* 露湿的,带露水的,为露水所湿的

dexamethasone [ˌdeksəˈmeθəsəʊn] *n.* 地塞美松

dexiotropic [ˌdeksɪəˈtrɒpɪk], **dexiotropous** [ˌdeksɪəˈtrəpəs] *a.* 向右的,右旋的

dexter [ˈdekstə] *a.* 右手的,右的

dexterity [deksˈterɪtɪ] *n.* ①灵巧,熟练 ②技巧 ③惯用右手

dext(e)rous [ˈdekstərəs] *a.* ①灵巧的,熟练的,机警的 ②用右手的 ‖ ~ly *ad.*

dextral [ˈdekstrəl] *a.* (在,向)右的,右旋的,顺时针方向的,用右手的 ‖ ~ity *n.* ~ly *ad.*

dextran [ˈdekstræn] *n.* 合成血液,糊精,右旋糖苷

dextranase [ˈdeksˈtræneɪs] *a.* 葡聚糖酶

dextrinase [ˈdekstrɪneɪs] *n.* 糊精酶

dextrin(e) [ˈdekstrɪn] *n.* 糊精

dextro [ˈdekstrəʊ] *a.* =dextrorotatory

dextrogyral [dekstrəˈdʒaɪrəl] *a.* 右旋的

dextrogyrate [ˌdekstrəʊˈdʒaɪrɪt], **dextrogyric** [ˌdekstrəʊˈdʒaɪrɪk] *a.* 右旋的

dextroisomer [deksˈtrɔɪsəmə] *n.* 右旋(同分)异构体

dextromanual [ˌdekstrəʊˈmænjʊəl] *a.* 善用右手的,右利手的

dextroposition [deksˌtrəʊpəˈzɪʃən] *n.* 右移位

dextrorotary [ˌdekstrəʊˈrəʊtərɪ], **dextrorotatory** [ˌdekstrəʊˈrəʊtətərɪ] *a.;n.* 右旋的〔物〕,向右旋转的,顺时针方向旋转的

dextrorotation [ˌdekstrəʊrəʊˈteɪʃən] *n.* (向)右旋(转),顺时针方向旋转,光的偏振面的右旋

dextrorsal [dekˈstrɔːsəl] *a.* 右向〔旋〕的

dextrorse [ˈdekstrɔːs] *a.* 右旋〔转〕的

dextrosamine [ˌdekstrəʊˈsæmiːn] *n.* 氨基葡萄糖

dextrose [ˈdekstrəʊs] *n.* 葡萄糖,右旋糖

dextrosinistral [ˌdekstrəʊˈsɪnɪstrəl] *a.* 从右至左的

dextrosum [ˈdekstrɒsəm] (拉丁语) *n.* 葡萄糖,右旋糖

dextrous = dexterous

dezincification [diːˌzɪnsɪfɪˈkeɪʃən] *n.* 失锌现象,

锌的浸析(作用),腐蚀去锌

dezincify, dezinkify [diː'zɪŋkɪfaɪ] vt. 除锌

dezincing [diː'zɪŋkɪŋ] n. 脱锌

diabantite [daɪə'bæntaɪt] n. 辉绿泥石

diabase ['daɪəbeɪs] n. 辉绿岩

diabasic [,daɪə'beɪsɪk] a. 辉绿(岩性质)的

diabatic [,daɪə'bætɪk] a. 非绝热的,透热的

diabetes [,daɪə'biːtiːz] n. 糖尿病

diabetic [,daɪə'betɪk] n.;a. 糖尿病患者(的)

diabetin [,daɪə'betɪn] n. 果糖

diabetogenous [daɪə,betə'dʒenəs] a. 糖尿病引起的

diablastic [,daɪə'blæstɪk] a. 筛状变晶(结构)的

diabolic [,daɪə'bɒlɪk] a. 穷凶极恶的,凶暴的,极端困难的

diabrosis [,daɪə'brəʊsɪs] n. 溃破,腐蚀

diabrotic [,daɪə'brəʊtɪk] a. 溃破的,腐蚀的

diac ['daɪək] n. 二端交流开关(元件),双向击穿二极管

diacaustic [,daɪə'kɔːstɪk] a.; n. 折光(线)(的),折射散焦(线)

diacele ['daɪəsiːl] n. 第三脑室

diacetate [daɪ'æsɪteɪt] n. 双醋酸盐〔脂〕

diacetone [daɪ'æsɪtəʊn] n. 双丙酮

diacetyl [daɪ'æsɪtɪl] n. 双乙醚,丁二酮

diacetylene [,daɪə'setɪliːn] n. 联乙炔,丁二炔

diachesis [daɪ'ækəsɪs] n. 混乱,混淆情形

diacid [daɪ'æsɪd] n. 二酸〔价〕 ‖ ~ic a.

diaclase ['daɪəkleɪz] n. 正方断裂线,构造裂缝

diaclinal [,daɪə'klaɪnəl] a. 横向切断层的

diacolation [,daɪəkə'leɪʃn] n. 渗萃,渗滤

diacope ['daɪəkəʊp] n. 深创伤,重切伤

diacoustic [,daɪə'kuːstɪk] a. 折声的

diacoustics [,daɪə'kuːstɪks] n. 折声学

diacrete [daɪ'ækriːt] n. 硅藻土混凝土

diacrisis [daɪ'ækrɪsɪs] n. 诊断,分泌异常,窘迫排泄

diacritic(al) [,daɪə'krɪtɪk(əl)] a. 区别的,诊断的,辨别的 ‖ ~ally ad.

diactinic [,daɪæk'tɪnɪk] a. 有化学线透射性能的,能透光化线的

diactinism [daɪ'æktɪnɪzəm] n. 化学线透射性能,透光化线性能

diad ['daɪæd] n.;a. ①二个一组(的) ②对称轴线的,二(元)素组,二单元组,二价的 ③【计】双位二进制 ④并矢(量)

diadaxis [,daɪə'dæksɪs] n. 二次对称轴

diadem ['daɪədem] n. 冕,王冠(状物),王位

diadexis [daɪə'deksɪs] n. 转移,迁徙

diadic [daɪ'ædɪk] a. 双值的,二重轴的,二素组的,二价的

diadromous [daɪ'ædrəʊməs] a. 洄游于海水和淡水间的(鱼类)

diadysite [daɪ'ædɪsaɪt] n. 注入混合岩

diaeresis [daɪ'ɪərɪsɪs] n. 分开,分离

diafragm n. = diaphragm

diagenesis [,daɪə'dʒenɪsɪs] n. 岩化作用,原状固结

diagenetic [,daɪədʒɪ'netɪk] a. 成岩(作用)的

diagenism ['daɪədʒenɪzm] n. 沉积变质作用

diaglyph ['daɪəglɪf] n. 凹雕

diagnometer [,daɪəg'nɒmɪtə] n. 检查表

diagnose ['daɪəgnəʊz] v. 诊断,识别,断定

diagnoses [,daɪəg'nəʊsiːz] ❶ diagnosis 的复数 ❷ diagnose 的单数第三人称

diagnosis [,daɪəg'nəʊsɪs] (pl. diagnoses) n. 诊断 ☆*make a diagnosis* 作出诊断

diagnostic [,daɪəg'nɒstɪk] ❶ a. 诊断的,(有)特征的 ❷ n. 诊断(法),(特殊)症状,特征 ‖ *~ally* ad.

diagnosticate [,daɪəg'nɒstɪkeɪt] = diagnose

diagnostician [,daɪəgnɒs'tɪʃən] n. 诊断者

diagnostics [,daɪəg'nɒstɪks] n. 诊断学〔法,试验〕

diagnostor [,daɪəg'nɒstə], **diagnotor** [daɪəg'nəʊtə] n. 诊断程序,鉴别;编辑程序(器)

diagometer [,daɪəg'ɒmɪtə] n. 电导计

diagonal [daɪ'æɡənl] ❶ a. 对角(线)的,对顶(线)的,交叉的 ❷ n. ①对角线,中斜线 ②(对角)斜杆 ③斜行(物),斜列 ④斜线符号" / "
〖用法〗The vector sum is the underline{diagonal} of a parallelogram of which the given vectors form two sides.矢量和是给定的(两个)矢量构成其两边的一个平行四边形的对角线。("of which" 在从句中作作从句宾语"two sides"的定语。)

diagonalization [daɪ,ægənəlaɪ'zeɪʃən] n. 对角(线)化,作成对角

diagonally [daɪ'æɡənəlɪ] ad. 斜(对)地

diagram ['daɪəɡræm] ❶ n. 图表,简图,一览表,行车时刻表 ❷ (diagram(m)ed;diagram(m)ing) vt. 用图表示出,用图解法表示 ☆*draw a diagram* 绘图表,作图解; *make a diagram* 作图
〖用法〗❶ "block diagram"意为"方框图"。如：A block diagram underline{of} a typical sampling voltmeter is shown in Fig. 8-3.典型取样电压表的方框图示于图8-3中。❷ 该词后可以跟介词"of"或 for"。如：The complete vector diagram underline{for} this circuit is shown in Fig. 7-6.这个电路的完整矢量图示于图7-6。

diagrammatic(al) [,daɪəɡrə'mætɪk(əl)] a. 图解的,概略的 ‖ **diagrammatically** ad.

diagrammatize [,daɪə'ɡræmətaɪz] vt. 把…作成图表,用图解法表示

diagraph ['daɪəɡrɑːf] n. 作图器,分度画线仪,(机械)仿型仪,测外形器

diagraphy [daɪ'æɡrəfɪ] n. 作图法

diagrid ['daɪəɡrɪd] n. 格栅

diaion ['daɪəaɪən] n. 甲醛系树脂

diakinesis [,daɪəkaɪ'niːsɪs] n. 终变期,浓缩期,丝球期

dial ['daɪəl] ❶ n. ①(刻)度盘,仪表面,钟面,罗盘面板,针盘,调节控制盘 ②千分表 ③分划,标度 ④

日规(晷) ⑤二醛 ❷ (dial(l)ed; dial(l)ing) v. ① 拨(号) ②把度盘调节到,用标度盘测量 ③转动 调节控制盘以控制(机器) ④调(谐) ☆**dial in** 拨入; **dial out** 拨出

dialect ['daɪəlekt] n. 方言,土话 ‖**-al** a.

dialectic [,daɪə'lektɪk] ❶ a. 辨证(法)的 ❷ n. 辨证法,论证

dialectical [,daɪə'lektɪkəl] a. 辨证(法)的 ‖**~ly** ad.

dialectician [,daɪəlek'tɪʃən] n. 辨证学家

dialkene ['daɪəkiːn] n. 二烯烃

dialkyl [daɪ'ælkɪl] a. 二烃基的

dialkylamine [daɪ'ælkɪləmiːn] n. 二烃基胺

dialkylate [daɪ'ælkɪleɪt] n. 二烃(基)化合物

dialkylene [daɪ'ælkɪliːn] a. 二烯基的

dialkylphosphate [daɪ,ælkɪl'fosfeɪt] n. 二烃基 磷酸盐〔酯〕

dialkylphosphinate [daɪ,ælkɪl'fosfɪneɪt] n. 二 烃基亚磷酸酯

diallate ['daɪəleɪt] n. 燕麦敌

diallel [,daɪə'lel] a. 交换繁殖的

dialling ['daɪəlɪŋ] n. 拨号(码)

diallyl ['daɪəlɪl] n. 联丙烯,两个丙烯基

diallyphthalate [,daɪə'lɪfθəleɪt] n. 邻苯二甲酸二 丙烯

dialog(ue) ['daɪəlog] n.;vt. 问答,对话,戏剧台词

dialogic [,daɪə'lodʒɪk] a. 对话〔问答〕(体)的

dialogist [,daɪə'lodʒɪst] n. 问答〔对话〕者

dialozite [daɪ'æləzaɪt] n. 菱锰矿

dialuminate [,daɪə'ljuːmɪneɪt] n. 二铝酸

dialyneury [,daɪə'laɪnərɪ] n. 神经吻合

dialysance ['daɪəlɪsəns] n. 透析进行度

dialysate = dialyzate

dialyse = dialyze

dialyser = dialyzer

dialyses [daɪ'ælɪsiːz] dialysis 的复数

dialysis [daɪ'ælɪsɪs] (pl. dialyses) n. 渗析(法),透 析,析离

dialytic [,daɪə'lɪtɪk] a. 渗析的,分解的,有分离力 的 ‖**-ally** ad.

dialyzability [daɪə,laɪzə'bɪlɪtɪ] n. 可透析性

dialyzable ['daɪəlaɪzəbl] a. 可透析的

dialyzate [daɪ'ælɪzeɪt] n. 渗析液,透析液

dialyzator [daɪ'ælɪzeɪtə] = dialyzer

dialyze ['daɪəlaɪz] vt. 透析,渗出

dialyzer ['daɪəlaɪzə] n. 透析器,渗析膜

diamagnet [,daɪə'mægnɪt] n. 抗磁体

diamagnetic [,daɪəmæg'netɪk] a.;n. 抗磁(性)的, 抗磁性体 ‖**-ally** ad.

diamagnetize [,daɪə'mægnɪtaɪz] vt. 使抗磁

diamagnetometer [daɪə,mægnɪ'tomɪtə] n. 抗 磁计

diamalt ['daɪəmɔːlt] n. 麦芽浸出液

diamant ['daɪəmənt] n. 金刚石,玻璃刀

diamantane ['daɪəmənteɪn] n. 金刚烷

diamantiferous [,daɪəmæn'tɪfərəs] a. 产钻石的

diamantin(e) ['daɪəmæntiːn] n. 金刚铝,白刚玉

diameter [daɪ'æmɪtə] n. ①直径,横断面 ②透镜 放大的倍数,…倍

〖用法〗注意下面例句中该词构成的短语作后置 定语的情况: Wires one hundredth the diameter of a silk thread are used to connect the components in the chip.人们使用一根丝线的百分之一粗细的导线来 连接芯片里的各个元件。

diametral [daɪ'æmɪtrəl] a. 直径的,沿直径方向 的 ‖**~ly** ad.

diametric(al) [,daɪə'metrɪk(əl)] a. ①(沿)直径 (方向)的②正好相反的,对立的 ☆**in diametric contradiction to** 同…正好〔截然〕相反 ‖ **diametrically** ad.

diamide [daɪ'æmaɪd] n. 二酰胺,联氨,肼

diamido [daɪ'æmɪdəu] n. 二(酰)氨基

diamin(e) ['daɪəmɪn] n. 二(元)胺(化合物),双胺, 肼

diammine [daɪ'æmiːn] n. 二氨

diammonium [daɪ'æmənɪəm] n. 联胺

diamond ['daɪəmənd] ❶ n. ①金刚石(结构),钻 石(人造),玻璃刀 ②菱形 ③稳定区,周期轨道区 ❷ vt. 饰钻石于 ❸ a. 钻石(一样,制成)的,菱形 的 ☆**diamond cuts diamond** 硬碰硬,棋逢敌 手

diamondiferous ['daɪəməndɪfərəs] a. 产钻石 的

diamondite [,daɪə'mondaɪt] n. 碳化钨硬质合金

diamondwise ['daɪəmondwaɪz] ad. 成菱形

diamorphine ['daɪəmɔːfiːn] n. 海洛因

diamorphism ['daɪəmɔːfɪzm] n. 二态现象

diamyl [daɪ'æmɪl] n. 二戊基

diamylene [daɪ'æmɪliːn] n. 癸〔萜〕烯,双戊烯

diancister [daɪ'ænsɪstə] n. 两头钩针

dianegative [,daɪə'negtɪv] n. 透明底片〔板〕

dianetics [,daɪə'netɪks] n. 智力学

dianion [daɪ'ænaɪən] n. 二价阴离子,双阴离子

dianoetic [,daɪənəu'etɪk] a. 智力的,推理的,理智 的

diapason [,daɪə'peɪsn] n. ①和谐 ②音域 ③范围 ④音叉

diapause ['daɪəpɔːz] n. 滞育

diapedesis [,daɪəpɪ'diːsɪs] n. 血细胞渗出

diaper ['daɪəpə] ❶ n. 菱形花纹,手巾 ❷ vt. 用菱 形花纹装饰

diaphane ['daɪəfeɪn] a. 透照镜,细胞的透明膜

diaphaneity [,daɪəfə'niːɪtɪ] n.;a. 透明度〔的〕,透 彻度〔的〕

diaphanometer [daɪ,æfə'nomɪtɪ] n. 透明计,色度 计 ‖ **disphanometric** a.

diaphanometry [daɪ,æfə'nomɪtrɪ] n. 透明度测 定法

diaphanoscope [daɪ'æfənəskəup] n. 彻照器,透 照镜,透明仪

D

diaphanoscopy [daɪˈæfənəskɒpɪ] *n.* 透照术〔法〕

diaphanotheca [daɪˌæfənəˈθekə] *n.* 透明层

diaphanous [daɪˈæfənəs] *a.* 透明的,精致的,半透明的

diaphone [ˈdaɪəfəʊn] *n.* 共振管,雾中信号笛

diaphonics [ˌdaɪəˈfəʊnɪks] *n.* 折声学

diaphorase [daɪˈæfəreɪs] *n.* 心肌黄酶,黄递酶,硫辛酰胺脱氢酶

diaphoresis [ˌdaɪəfəˈriːsɪs] *n.* 发汗,出汗

diaphorimeter [ˌdaɪəfəˈrɪmɪtə] *n.* 汗量计

diaphorite [daɪˈæfəraɪt] *n.* 硫锑锑铅矿,辉锑铅银矿

diaphotoscope [ˌdaɪəˈfəʊtəʊskəʊp] *n.* 透射镜

diaphototropizm [daɪəˌfəʊtəʊˈtrɒpɪzəm] *n.* 横向光性

diaphragm [ˈdaɪəfræm] ❶ *n.* ①膜片,隔膜,薄膜,振动膜 ②光圈 ③挡(泥)板,孔板,遮光(水)板 ④透平隔板 ⑤心墙,护面 ⑥横隔膜 ❷ *a.* 隔(膜)的 ❸ *vt.* 装以隔膜,阻膜,用光圈把(透镜)的孔径减小 ‖ **~atic** *a.*

diaphragming [ˈdaɪəfræmɪŋ] *n.* 调整光圈,遮光

diaphragmless [ˈdaɪəfræmlɪs] *a.* 无(隔)膜的,无振动膜的

diaphthoresis [ˌdaɪəfˈθɒˈrəsɪs] *n.* 退化变质作用

diaphthorite [ˈdaɪəfθərait] *n.* 退化变质岩,片状退变岩

diaphysial [daɪˈæfɪsɪəl] *a.* 骨干的

diaphysis [daɪˈæfɪsɪs] (pl. diaphyses) *n.* 骨干

diapir [ˈdaɪəpɜː] *n.* 挤入,刺穿构造,刺穿褶皱,盐丘 ‖ **~ic** *a.*

diaplastic [ˌdaɪəˈplæstɪk] *a.* 复位的,整复的

diapoint [ˈdaɪəpɔɪnt] *n.* 点列图

diapositive [ˌdaɪəˈpɒzɪtɪv] *n.* 反底片,透明正片,幻灯片

diaprojection [ˌdaɪəprəˈdʒekʃən] *n.* 幻灯放映

diapyema [ˌdaɪəpaɪˈiːmə] *n.* 脓肿

diapyesis [ˌdaɪəpaɪˈiːsɪs] *n.* 化脓

diapyetic [ˌdaɪəpaɪˈiːtɪk] *a.* 化脓的

diarch [ˈdaɪɑːk] *n.* 二原形

diarial [daɪˈeərɪəl] *a.* 日记(体)的

diarise, diarize [ˈdaɪəraɪz] *v.* 记日记

diarrh(o)ea [ˌdaɪəˈrɪə] *n.* 腹泻,痢疾 ‖ **diarrh(o)e(t)ic** *a.*

diary [ˈdaɪərɪ] *n.* (工作)日记,日记簿

diaryl [daɪˈærɪl] *n.; a.* 二芳基(的)

diaschistic [ˌdaɪˈæskɪstɪk] *a.* 二分的,分浆的

diaschistite [ˌdaɪəˈskɪstaɪt] *n.* 二分岩

diascope [ˈdaɪəskəʊp] *n.* 透明玻片,阳光机,透射映画器,彻照器

diascopy [ˈdaɪəskɒpɪ] *n.* 透视法

diasolysis [ˌdaɪəˈsɒlɪsɪs] *n.* 溶胶渗析

diasphaltene [daɪˈæsfɔːltiːn] *n.* 脱沥青

diaspore [ˈdaɪəspɔː], **diasporite** [ˈdaɪəspɔːraɪt] *n.* ①水硬铝石,水矾土 ②散布孢子

diastase [ˈdaɪəsteɪs] *n.* 淀粉酶

diastasis [daɪˈæstəsɪs] *n.* 脱离,分离,心舒张后期

diastatic [ˌdaɪəˈstætɪk] *a.* 分离的,淀粉酶的

diastatite [daɪˈæstətaɪt] *n.* 角闪石

diastem [ˈdaɪəstem] *n.* 【地质】小间断,沉积暂停期,间隙,分裂面

diaster [ˈdaɪæstə] *n.* 双星(体)

diastereoisomer [daɪəˌstɪərɪəʊˈaɪsəmə] *n.* 非对应(立体)异构体 ‖ **~ic** *a.*

diastereoisomeride [daɪəˌstɪərɪəʊˈaɪsəməraɪd] *n.* 非对应(立体)异构体

diastereomer [ˌdaɪəˈstɪərɪəʊmə] *n.* 非对应体 ‖ **~ic** *a.*

diastimeter [ˌdaɪəˈstɪmɪtə] *n.* 测距仪

diastole [daɪˈæstəlɪ] *n.* 舒张,心脏舒张期

diastolization [daɪəstˌələʊˈzeɪʃən] *n.* 扩张

diastrophe [daɪˈæstrəfɪ] *n.* 地壳变形

diastrophic [daɪˈæstrəfɪk] *a.* 地壳运动的

diastrophism [daɪˈæstrəfɪzm] *n.* 地壳运〔变〕动

diastrophometry [ˌdaɪəstrəˈfɒmɪtrɪ] *n.* 测畸形法

diatactic [ˌdaɪəˈtæktɪk] *a.* 准备的

diathermal [ˌdaɪəˈθɜːməl] *a.* 透热(辐射)的,导热的

diathermancy [ˌdaɪəˈθɜːmənsɪ] *n.* 透热(辐射)性,传热性

diathermaneity [ˌdaɪəθɜːməˈniːɪtɪ] *n.* 透热(辐射)性,导热性,热传导

diathermanous [ˌdaɪəˈθɜːmənəs] *a.* 透热(辐射)的,热射线可以透过的,传热的

diathermia [ˌdaɪəˈθəmɪə] *n.* 透热(疗)法

diathermic [ˌdaɪəˈθəmɪk] *a.* 透热(辐射,疗法)的

diathermize [ˌdaɪəˈθɜːmaɪz] *vt.* 用透热疗法治疗,施透热法

diathermocoagulation [ˌdaɪəθɜːməkəˈæɡjuːˈleɪʃən] *n.* 透热电凝法,电烙法

diathermometer [ˌdaɪəθɜːˈmɒmɪtə] *n.* 导热计,透热计,热阻测定仪

diathermous [ˌdaɪəˈθɜːməs] = diatherimanous

diathermy [ˈdaɪəθɜːmɪ] *n.* 透热(疗)法,(高频)热(疗)法

diathesis [daɪˈæθɪsɪs] *n.* 素质 ‖ **diathetic** *a.*

diatom [ˈdaɪətəm] *n.* 硅藻

diatomaceous [ˌdaɪətəˈmeɪʃəs] *a.* (含)硅藻的

diatometer [ˌdaɪəˈtɒmɪtə] *n.* 硅藻测定器

diatomic [ˌdaɪəˈtɒmɪk] *a.* 二原子的,二元的,硅藻土的

diatomics [ˌdaɪəˈtɒmɪks] *n.* 双原子

diatomin [daɪˈætəmɪn] *n.* 硅藻色素

diatomite [daɪˈætəmaɪt] *n.* 硅藻土

diatoni [daɪˈætənɪ] *n.* 突隅石

diatonic [ˌdaɪəˈtɒnɪk] *a.* 全音阶的 ‖ **~ally** *ad.*

diatoxanthin [ˌdaɪətəˈzænθɪn] *n.* 硅藻黄质

diatribe [ˈdaɪətraɪb] *n.* 猛烈抨击,恶骂,苛评,讽刺 (against)

diatrine [ˈdaɪətrɪn] *n.* 浸渍电缆纸的化合物

diauxie [daɪˈɔːksɪ] n. 二次生长现象

diaxiality [daɪˌæksɪˈælɪtɪ] n. 双轴性

diazene [ˈdaɪəzɪːn] n. 二氮烯

diazo [daɪˈæzəʊ] a. 重氮(基,化合物)的

diazoanhydride [ˌdaɪæzəʊənˈhaɪdraɪd] n. 重氮酐

diazoate [daɪˈæzəʊeɪt] n. 重氮(羧)酸盐

diazobenzene [ˌdaɪæzəʊˈbenziːn] n. 重氮苯,苯重氮酸

diazoma [daɪˈæzəʊmə] n. (隔)膜

diazoethane [ˌdaɪæzəʊˈeθiːn] n. 重氮乙烷

diazomethane [ˌdaɪæzəʊˈmeθiːn] n. 重氮甲烷

diazone [daɪˈæzəʊn] n. 暗带

diazonium [ˌdaɪəˈzəʊnɪəm] n. 重氮(基,化)

diazotate [daɪˈæzəʊteɪt] n. 重氮酸盐

diazotization [daɪˌæzəʊtaɪˈzeɪʃən] n. 重氮化(作用)

diazotize [daɪˈæzəʊtaɪz] vt. (使)重氮化,制备重氮化合物

diazotroph [daɪˈæzətrɒf] n. 固氮生物

diazotype [daɪˈæzətaɪp] n. 重氮印象法

diazoxy [daɪəˈzɒksɪ] n. 重氮氧基

dibasic [daɪˈbeɪsɪk] a. 二元〔代〕的,二碱(价)的,含两个可置换氢原子的

dibasicity [ˌdaɪbeɪˈsɪsɪtɪ] n. 二盐基性

dibber [ˈdɪbə] n. = dibble

dibble [ˈdɪbl] v.; n. (用)点播(器),挖洞〔穴〕,(挖穴)小锹

dibble-dabble [ˈdɪbldæbl] n. 试算(法)

dibbler [ˈdɪblə] n. 小袋鼠

dibenzanthracene [daɪˌbenzənˈθreɪsiːn] n. 二苯(并)蒽

dibenzopyrene [daɪˌbenzəʊˈpaɪræn] n. 二苯并芘,二苯并吡喃

dibenzyline [daɪˈbenzɪlaɪn] n. 苯氧苄胺

dibit [ˈdɪbɪt] n. 双比特,二位二进制数

diborane [daɪˈbɒreɪn] n. 乙硼烷

diborate [daɪˈbɒːreɪt] n. 硼砂

diboride [daɪˈbɒːraɪt] n. 二硼化物

diboson [daɪˈbɒsən] n. 双玻色子

dibrid [dɪˈbrɪd] n. 岔路

dibromate [daɪˈbrəʊmeɪt] v. 二溴化

dibromide [daɪˈbrəʊmaɪd] n. 二溴化物

dibrominate [daɪˈbrəʊmaɪneɪt], **dibromizate** [daɪˈbrəʊmaɪzeɪt] v. 二溴化

dibutene [daɪˈbjuːtiːn] n. (聚)二丁烯

dibutoxy [daɪˈbjuːtɒksɪ] n. 二丁氧基

dibutyl [daɪˈbjuːtɪl] a. 双丁基

dibutylphthalate [daɪˈbjuːtɪlfθəleɪt] n. 二丁酯邻苯二酸盐

dicarbide [ˈdaɪkɑːbaɪd] n. 二碳化物

dicarbonate [daɪˈkɑːbəneɪt] n. 碳酸氢钠,小苏打

dicarboxylic [daɪkɑːbɒkˈsɪlɪk] a. 二羧基的

dicaryon, **dikaryon** [daɪˈkɑːrɪɒn] n. 双核(体)

dicaryophase [daɪˈkɑːrɪəfeɪs] n. 双核阶段

dicaryotic [daɪˈkɑːrɪətɪk] a. 双核的

dicatron [ˈdɪktrɒn] n. 具有螺旋谐振腔的超高频振荡器

dice [daɪs] ❶ (die 的复数) n. 骰子,小方块,含油页岩 ❷ vt. 切(割)成小方块

dicentric [daɪˈsentrɪk] a. 具双着丝粒的

dicentrine [daɪˈsentriːn] n. 荷包牡丹碱

dichan [daɪˈkæn] n. 气化性防锈剂

dichastasis [daɪˈkeɪstəsɪs] n. 自行分裂

dichloride [daɪˈklɒːraɪd] n. 二氯化物

dichlorinated [daɪkˈlɒːrɪneɪtɪd], **dichlorizated** [daɪkˈlɒːrɪzeɪtɪd] a. 二氯化的

dichlorodifluoromethane [daɪˈklɒːrəˌdɪfluərəˈmeθeɪn] n. 二氯二氟(代)甲烷,氟氯烷

dichloroethane [daɪˌklɒːrəˈeθeɪn] n. 二氯乙烷

dichloroethanol [ˌdaɪklɒːrəˈeθɒnɒl] n. 二氯乙醇

dichlorophen [daɪˈklɒːrəfən] n. 二氯芬；二羟二氯二苯甲烷

dichlorosilane [ˌdaɪklɒːrəˈsaɪleɪn] n. 二氯甲硅烷

dichlorotetrafluoroethane [daɪˌklɒːrəˈtetrəfluərəˈeθeɪn] n. 二氯四氟乙烷

dichlorotriglycol [daɪˌklɒːrətrɪˈglɪkɒl] n. 二氯三甘醇

dichlorvos [daɪˈklɒːvɒs] n. 敌敌畏

dichogeny [daɪˈkɒdʒenɪ] n. 二重发生,两向发育

dichoptic [daɪˈkɒptɪk] a. 离眼的

dichotomic = dichotomous

dichotomization [dɪˌkɒtəmaɪˈzeɪʃən] n. 分叉,二分

dichotomize [dɪˈkɒtəmaɪz] v. 分成两部分,对分(探索,检索),分成两叉

dichotomous [dɪˈkɒtəməs] a. 两分的,分成二叉的,叉状的

dichotomy [dɪˈkɒtəmɪ] n. 二分(法),叉状分枝

dichroic [daɪkˈrəʊɪk] ❶ a. 二向色(性)的,分色的,二色变异的 ❷ n. 二分色镜

dichroism [ˈdaɪkrəʊɪzəm] n. 二(向)色性,两色现象

dichroite [ˈdaɪkrəʊaɪt] n. 堇青石

dischroitic [ˌdaɪkrəˈɪtɪk] = dichroic

dichromasia [ˌdaɪkrəʊˈmeɪzɪə] n. 二色性色盲

dichromat [ˈdaɪkrəmæt] n. 二色觉者,二色性色盲患者

dichromate [daɪˈkrəʊmeɪt] n. 重铬酸盐

dichromatic [ˌdaɪkrəˈmætɪk] a. (现)二色的,二色变异的

dichromatism [daɪˈkrəʊmətɪzm] n. 二色(色盲)

dichromic [daɪˈkrəʊmɪk] a. 重铬酸的,含有两个铬原子的

dichromophilism [ˌdaɪkrəˈmɒfɪlɪzəm] n. 复染性

dichroscope [ˈdaɪkrəskəʊp] n. 二(向)色镜 ‖ **dichroscopic** a.

dicing ['daɪsɪŋ] *n.* ①(封面的)菱形装饰 ②切割, 切成小方块 ③高速低飞航空摄影

dicker ['dɪkə] *n.;vi.* ①(做)小交易,物物交换 ②谈判 ③(讨价还价后)妥协

dickey = dicky

dickite ['dɪkaɪt] *n.* 地开石

dicky ['dɪkɪ] ❶ *a.* 易碎的,脆弱的,不可靠的 ❷ *n.* 汽车后部备用的折叠小椅,马车(或汽车)的尾座

diclinic [daɪ'klɪnɪk] *a.* 双(二)斜的

dicliny [daɪ'klaɪnɪ] *n.* 雌雄(蕊)异花性

dicloran ['daɪklɔːrən] *n.* 硝酸铵

dicoelous [daɪ'kəʊɪləs] *a.* 双凹的,有两腔的

dicophan ['daɪkəʊfən] *n.* 滴滴涕

dicoria ['daɪkəʊrɪə] *n.* 重瞳,双瞳孔

dicroton [daɪ'krəʊtən] *n.* 二聚丁烯醛

dicta ['dɪktə] dictum 的复数

dictagraph ['dɪktəɡrɑːf] *n.* 侦听器,侦听录音机, 口授录音机

dictaphone ['dɪktəfəʊn] *n.* 录音(电话)机

dictate ❶ [dɪk'teɪt] *v.* ①口授(述),使听写 ②命令,指示,支配 ③规定,要求 ❷ ['dɪkteɪt] *n.* (常用 pl.)命令,口授 ☆*be dictated to* 听从命令,服从指挥; *be dictated to by* 由…所控制,受…指挥,取决于
〖用法〗❶ 当该动词后跟宾语从句时,从句中的谓语应该使用"(should +)动词原形"虚拟形式。如：The system considerations dictate that the bit error probability at the detector output not exceed 10⁻¹⁰.该系统的考虑因素要求在检测器输出端的比特误差概率不得超过 10^{-10} 。/Optimal control theory often dictates that nonlinear time-varying control laws be used.最优控制理论要求使用非线性时变控制定律。❷ 注意下面例句中该词的含义：In designing diode circuits, good engineering practice dictates the use of a 10 to 20 percent safety factor on all published maximum ratings.在设计二极管电路时,良好的工程实践〔做法〕是对于所有公布的最大额定值要求使用 10%～20% 的安全因子。/The detailed equipment specifications and design often dictates.详尽的设备技术规格和设计(方案)往往要求采用适用于某一特定情况的一些特殊的测量方法。

dictation [dɪk'teɪʃən] *n.* ①口授,听写 ②命令,支配,指令 ☆*take down from dictation* 按口授笔录; *take the dictation of* 记录…的口授; *write at one's dictation* 照…的口授听写

dictator [dɪk'teɪtə] *n.* ①口授者 ②发号施令者,独裁者

dictatorial [ˌdɪktə'tɔːrɪəl] *a.* 独裁的的 ‖ **~ly** *ad.*

dictatorship [dɪk'teɪtəʃɪp] *n.* 独裁(统治),专政 ☆*exercise dictatorship over* 对…专政

diction ['dɪkʃən] *n.* 用字〔词〕,措辞

dictionary ['dɪkʃənərɪ] *n.* 词典

dictograph = dictagraph

dictophone = dictaphone

dictum ['dɪktəm] (pl. dicta 或 dictums) *n.* 格言,声明

dicyan [daɪ'saɪæn] *n.* (二)氰(基)

dicyanamide [daɪˌsaɪən'æmaɪd] *n.* 二氰胺

dicyandiamide [daɪˌsaɪəndaɪ'æmaɪd] *n.* 双氰胺,二聚氨基氰,氰基胍

dicyandiamine [daɪˌsaɪəndaɪ'æmaɪn] *n.* 双氰胺

dicyanide [daɪ'saɪənaɪd] *n.* 二氰化物

dicyanin(e) [daɪ'saɪənaɪn] *n.* 双花青

dicyanogen [ˌdaɪsaɪ'ænədʒən] *n.* 氰(气),乙二腈

dicyclic [daɪ'saɪklɪk] *a.* 双环的,双周期的

dicyclohexyl [daɪˌsaɪklə'heksɪl] *n.* 双环己基

dicyclopentadiene [daɪˌsaɪkləˌpentə'diːn] *n.* 双环戊二烯

dicyclopentadienyl [daɪˌsaɪkləˌpentə'diːnɪl] *n.* 二茂基

did [dɪd] do 的过去式

didactic [dɪ'dæktɪk] *a.* 教导的,理论的

didactics [dɪ'dæktɪks] *n.* 教学法(理论)

diddle ['dɪdl] *v.* 快速摇摆,欺骗,浪费(时间)

didelphid [daɪ'delfɪd] *n.* 负鼠

didepside [daɪ'depsaɪd] *n.* 二缩酚酸

diderichite [dɪ'derɪkaɪt] *n.* 水菱〔丝黄〕铀矿

dideuteroethylene [daɪˌdjuː'terə'eθɪliːn] *n.* 二氘(代)乙烯

didymia [daɪ'dɪmɪə] *n.* 氧化钕镨

didymium [dɪ'dɪmɪəm] *n.* 钕镨(混合物),稀土金属混合物

didymous ['dɪdɪməs] *a.* 双(生)的

die¹ [daɪ] ❶ (died;dieing) *vt.* 冲切,模制 ❷ (pl. dies) *n.* ①模(子,具),钢型,冲模,压铸,铆钉,拉模 ②板牙 ③ (pl. dice) 骰子,小立方块,(电路)小片 ☆ *as straight (true) as a die* 绝对真实〔可靠〕,万无一失的; *the die is cast* 事已定了,大局已定

die² [daɪ] (died;dying) *vi.* 死,平息,消逝,衰灭 ☆*be dying (for, to do)* 渴望; *die away* (渐渐)消逝,衰减,熄灭; *die back* 枯萎(根末死); *die down* 逐渐减少〔平息,熄灭〕,减弱; *die from* 因…致死; *die of* 因…而死; *die off* 衰减,逐渐减少,相继死去; *die on the vine* 中途夭折,未能实现; *die out* 消失殆尽,渐渐消失,(发动机)停止
〖用法〗❶ die of 往往替代"die from",表示"因…而死"。而 die from 则表示造成死亡的原因,如自杀、淹死、烧死等。❷ 该词后可以跟一个名词或形容词。如：He died a natural death.他自然亡。/That policeman died a martyr at his post.那位警察以身殉职。/Those heroes died young.那些英雄牺牲时很年轻。

diecious [daɪ'iːʃəs] *a.* 雌雄异体的

diel ['daɪəl] *a.* 一天一夜(中)的

dieldrin ['diːldrɪn] *n.* 氧桥氯甲醚萘,狄氏剂

dielectric(al) [ˌdaɪɪ'lektrɪk(əl)] ❶ *a.* 不导电的,介电的,(电)介质的 ❷ *n.* (电)介质,绝缘材料

dielectrogene [ˌdaɪɪlek'trəʊdʒiːn] *n.* 电介因

dielectrometer [ˌdaɪɪlek'trɒmɪtə] *n.* 介质测试器, 介电常数测试仪

dielectrometry [ˌdaɪɪlek'trɒmɪtrɪ] *n.* 介电常数测量(法)

dielectrophore [ˌdaɪɪlek'trəʊfɔ:] *n.* 电介基

dielectrophoresis [daɪɪˌlektrəfə'ri:sɪs] *n.* 介电电泳

dieless ['daɪəlɪs] *a.* 无模的

dielguide ['daɪɪlgaɪd] *n.* 介质波导

diemaker ['daɪmeɪkə] *n.* 制模器

dienanalysis [ˌdaɪɪnə'nælɪsɪs] *n.* 二烯分析

diencephalon [ˌdaɪen'sefəlɒn] *n.* 间脑

diene [daɪ'en] *n.* 二烯(烃)

diener ['di:nə] *n.* 实验室助手

diepoxides [ˌdaɪə'pɒksaɪdz] *n.* 双环氧化合物

dieresis [daɪ'erɪsɪs] *n.* 分开,切开,离开

dieretic [ˌdaɪə'retɪk] *a.* 分开的,分离的,切开的

Die'sel, die'sel ['di:zəl] *n.* 内燃机,柴油(发动)机, 内燃机推动的车辆

dieselize ['di:zəlaɪz] *vt.* 装以柴油机

diesinker ['daɪsɪŋkə] *n.* 制模工,刻模机

diester [daɪ'estə] *n.* 二元酸酯,双酯

diesterase [daɪ'estəreɪs] *n.* 二酯酶

diestock ['daɪstɒk] *n.* 板牙架,螺丝绞板

diestrum [daɪ'estrʌm] *n.* 间(动)情期

diet ['daɪət] ❶ *n.* ①议会,(日本)国会 ②饮食,(规定的)食物 ❷ *v.* 限定饮食

dietary ['daɪətərɪ] ❶ *a.* 饮食的,(规定)食物的 ❷ *n.* 食物疗法,食谱

dieter ['daɪətə] *n.* 减肥者,节食者

dietetic(al) [daɪə'tetɪk(əl)] *a.* 饮食的,营养的;食谱的 ‖ **~ally** *ad.*

dietetics [daɪə'tetɪks] *n.* 饮食〔营养〕学

diethyl [daɪ'eθɪl] *a.* 二乙基的

diethyldithiocarbamate [daɪeθɪlˌdɪθɪə'kɑ:bəmeɪt] *n.* 二乙基二硫代氨基甲酸盐,二乙基氨硫酸盐

diethylenetriamine [daɪˌeθɪlɪn'traɪəmi:n] *n.* 二乙撑三胺

dietitian [ˌdaɪə'tɪʃn] *n.* 营养学家,饮食学家

dietotherapy [ˌdaɪətəʊ'θerəpɪ] *n.* 膳食〔营养〕疗法

diffeomorphism [ˌdɪfɪə'mɔ:fɪzm] *n.* 微分同胚

differ ['dɪfə] *vi.* ①不(相)同,不一致 ②意见不同 ☆ **agree to differ** 各自保留不同意见,各持己见; **differ about (the question)** (在这个问题上)意见不同; **differ by** 相差,差别是; **differ from** 不同于; **differ in** 在…方面有差别〔不同〕; **differ with A on (upon) A** 在B方面与A意见不同 【用法】注意下面例句中该词的含义: These two terms differ by a sign. 这两项相差一个符号(即大小相等,符号相反)。/Thermal resistivities of thermal insulators differ from those of good thermal conductors by factors of only 10³.热绝缘体的热阻率仅为良热导体的 1000 倍。/Should the output speed differ from the desired speed, the difference

amplifier develops an error signal.如(一旦)输出速度不同于所要求的,差分放大器就会产生一个误差信号。(本句句首是一个省了 "if" 的部分倒装式条件状语从句。)/Opinions differ considerably as to how descriptive chemistry should be covered in a general chemistry textbook. 关于在一本普通化学教科书中如何包含描述性化学的内容的意见分歧很大。("as to how ..."是修饰 "Opinions" 的,这属于一种 "句子成分的分隔" 现象。)

difference ['dɪfrəns] ❶ *n.* 差(异,别,分,动),区别,差别之处 ❷ *vt.* 使有差别,计算…之间的差别 ☆ **it makes all the difference (in the world)** 事关紧要,非常重要; **make a difference** 起作用,有差别,很要; **make a difference between ... and ...** 把…和…区别对待; **make a great (vast) difference** 差别很大,很重要; **make a world of difference** 有天壤之别; **make not much difference** 影响〔关系〕不太大; **split the difference** 妥协,折中; **take a difference** 求差数 【用法】❶ 表示 "产生(差别)" 时,它前面一般与动词 "make" 连用。如: It makes no difference which object is moving.哪个物体在运动是没有关系的(没有区别的)。❷ 表示 "A与B的区别" 可以是 "A's difference from B","the difference of A from B" 或 "the difference between A and B"。如: You can easily tell its difference from the pencil if you try to kick it.如果你力图踢它的话,就能容易地把它与铅笔区分开来了。/The difference between the true answer and the register reading is 32.真实的答案与寄存器读数之间的差别为 32。/The crucial difference of this case from the BJT case is as follows.这种情况与双极型晶体管的情况的关键性区别如下。❸ 表示 "在…方面的差别" 时它后跟介词 "in",也有人用 "of" 的。如: The reason for this difference in currents is as follows.电流方面的这一差别的理由如下。/The leftward shift of the real curve with respect to the ideal curve is the only difference in the two curves.相对于理想曲线来说实际曲线向左的移动是这两根曲线的唯一一区别。❹ 该词可以跟一个同位语从句。如: This has exactly the same form as that describing the diode circuit of Sec. 1-3, with the important difference that the junction is reverse-biased here.这个形式与描述 1-3 节的二极管电路的形式完全相同,其重要的区别在于结在这里是反向偏置的。❺ 注意下面例句中含有它的名词短语作前面句子的同位语: The reverse current is several microamperes at room temperature in germanium pn junctions and only a few picoamperes in silicon diodes , a difference related to the basic properties of the two semiconductors.锗 pn 结在室温下的反向电流为几个微安,而对硅二极管来说则只有几个皮安,这一差别是与这两种半导体的基本性质相关的。

differencing ['dɪfrənsɪŋ] *n.* 差分化,求差

different ['dɪfrənt] *a.* 不同的,互异的,各不相同的,各种(各样)的,种种的 ☆**(be) different from (to, than)** 与…不同

〖用法〗❶ 它常见后跟介词"from",但也可跟介词"than"和"to"。如:At first glance, this circuit is different from that one.乍看起来,这个电路与那个电路是不同的。/The solution of parallel ac circuit problems is different than series ac circuits.并联交流电路题的解法与串联交流电路是不同的。(注意本句从语法上来说是有问题的,因为比较的对象不一致。)/This was a different date to announced by two famous mathematicians and leading astronomers of that time.这个日子与当时两位著名的数学家和主要的天文学家所宣布的不同。❷ 它有时可以表示"另一个"的意思。如:Familiarity with one architecture allows a rapid transition to a different one.熟悉了一种结构就能容易地转换到另一种结构。/We replace the measured transistor with a different one of the same type.我们用同一类型的另一只晶体管来代替被测的晶体管。

differentia [,dɪfə'renʃɪə] (pl. differentiae) *n.* 差异,特殊性

differentiability [,dɪfə,renʃɪə'bɪlɪtɪ] *n.* 可微(分)性

differentiable [,dɪfə'renʃɪəbl] *a.* 可微(分)的

differential [,dɪfə'renʃəl] *a.* ①(有)差别〔异〕的,区别的 ②差动〔分,致〕的 ③微分的 ❷ *n.* ①差别 ②微分 ③差动(器,装置),差分(元件) ④工资级差,运费率差 ‖ **~ly** *ad.*

differentiate [,dɪfə'renʃɪeɪt] *v.* ①区(分)别,分辨,差动〔分〕 ②(求)微分,求导(数) ☆**(be) differentiated by** 差别在于,按…来区分;**(be) differentiated from A by B** 同 A 的差别在于 B;**differentiate with respect to ...** 对…求导(数)

〖用法〗❶ 表示"把 A 与 B 区分开来"可以用"differentiate A from B"或"differentiate between A and B"。如:It is necessary to differentiate between the expected and the actual values of these frequency functions.必须要把这些频率函数的期望值与实际数值区分开来。❷ 注意下面例句中该词的含义:Let us differentiate the function with respect to θ. 让我们相对于 θ 对该函数进行微分。

differentiation [,dɪfərenʃɪ'eɪʃən] *n.* ①区别,变异,分化,差动〔分〕 ②微分(法),求微分,取导数 ☆**by differentiation with respect to** 对…微分

differentiator [,dɪfə'renʃɪeɪtə] *n.* 微分器〔元件,装置,电路,算子〕,差示装置〔电路〕,差动电路

differently ['dɪfrəntlɪ] *ad.* (各)不(相)同地

difficile ['dɪfɪsiːl] (法语) *a.* 困难的,难对付的,固执的

difficult ['dɪfɪkəlt] *a.* 困(艰)难的,不容易的 ☆**(be) difficult of (to+do)** 难以,很难 ‖ **~ly** *ad.*

〖用法〗该词经常用在"反射式不定式"的句型中。如:This problem is very difficult to solve.这道题很

难解。("This problem"是"to solve"的逻辑宾语,它来源于"It is very difficult to solve this problem."。)一般不写成"…very difficult to be solved"。

difficulty ['dɪfɪkəltɪ] *n.* 困〔艰〕难,难点,反对 ☆**(in) difficulty of ...** 在…的困难中;**make (raise) difficulties (a difficulty)** 表示异议;**make no difficulty (difficulties)** 表示无异议;**with difficulty** 困难地;**without (any) difficulty** 毫无困难地,轻易就

〖用法〗❶ "干…有困难"一般使用"have difficulty with+名词"和"have difficulty (in) + 动名词"。如:They have some difficulty with this type of differential equation〔(in) solving this type of differential equation〕.他们对解这类微分方程有一些困难。❷ 表示"对…的困难"时它后跟介词"with(有时用 of)",而表示"在干…时的困难"时一般后跟"in(有时用 of)+动名词"。如:The major difficulty with the layered approach involves the appropriate definition of the various layers.分层法的主要困难涉及对各层的合适定义。/The principal difficulty with this method is that of finding two or more points where the loop can be broken.这方法的主要困难在于要找出能够断开该环的两个或多个点。/A difficulty with the simple chopper amplifier is that the output signal is independent of the polarity of the input signal. 简单的斩波放大器的困难之处在于输出信号与输入信号的极性是无关的。/The major difficulty of this approach is the high cost.这种方法的主要障碍是成本高。/The extreme difficulty in designing such oscillators is emphasized here.这里强调了设计这种振荡器是极其困难的。/One difficulty in comparing the performance of the various systems is determining how the system will be used.比较各种系统的一个困难是确定如何使用该系统。/Because of the difficulty in producing uniform films, it is not possible to control resistance values precisely.由于制造均匀的薄膜极其困难,所以不可能精确地控制其电阻值。/An apparent difficulty in solving (12-7) is the fact that it involves two different spatial coordinates.解(12-7)的一个明显的困难在于它涉及了两个不同的空间坐标。/The difficulty of obtaining a copy may well offset the material cost savings.获得拷贝的困难之处在于很可能会抵消材料成本的节省。❸ 表示"产生〔引起〕困难"一般采用动词"cause"或"present"。如:Only this requirement causes difficulty.仅仅这一要求会引起困难。/The evaluation of integrals of this type may present considerable difficulty if the body is irregular.如果物体是不规则的话,求这类积分的数值可能会遇到相当(大)的困难。❹ 表示"克服困难"时用动词"overcome"、"resolve"、"clear up"、"surmount"、"get around"等。如:This difficulty can be overcome easily.这种困难能够容易克服。❺

表示"遇到困难"时用动词"encounter"、"come across"、"run into"等。

diffidence ['dɪfɪdəns] *n.* 无自信(心),胆怯

diffident ['dɪfɪdənt] *a.* 缺乏自信心的,胆怯的 ☆ ***be diffident about doing*** 对于(做⋯)缺乏自信心 ‖ **~ly** *ad.*

diffluence ['dɪfluəns] *n.* 分流,流散,流动性,溶〔融〕解性

diffluent ['dɪfluənt] ❶ *a.* 流出性的,分流性的,易溶解的 ❷ *n.* 易溶物,潮解

difform [dɪ'fɔːm] *a.* 不相似的,形状不规则的

diffract [dɪ'frækt] *vt.* 分解〔散〕,绕〔衍,折〕射

diffraction [dɪ'frækʃən] *n.* 绕〔衍,照〕射 ‖ **~al** *a.*

diffractive [dɪ'fræktɪv] *a.* 绕〔衍〕射的 ‖ **~ly** *ad.* **~ness** *n.*

diffractogram [dɪ'fræktəgræm] *n.* 衍射图

diffractometer [ˌdɪfræk'tɒmɪtə] *n.* 衍射仪,绕射计

diffractometry [ˌdɪfræk'tɒmɪtrɪ] *n.* 衍射学,衍射测定法

diffusant [dɪ'fjuːzənt] *n.* 扩散剂,扩散杂质

diffusate [dɪ'fjuːzɪt] *n.* 渗出液〔物〕,扩散物质(产物,体),弥散物

diffuse ❶ [dɪ'fjuːz] *v.* ①(扩,发,弥)散,漫射 ②传播,散布,弥漫,普及 ③滞止 ☆ ***diffuse across〔over〕A into B*** 通过 A 扩散到 B; ***diffuse in*** (使)扩散进入; ***diffuse through*** 通过⋯扩散〔传播〕 ❷ [dɪ'fjuːs] *a.* 漫(射)的,扩〔弥〕散的,向各个方向移动的,冗长的

diffuseness [dɪ'fjuːsnɪs] *n.* 扩散,漫射

diffuser [dɪ'fjuːzə] *n.* ①扩散〔喷雾,漫射〕器,汽化器的雾化装置 ②扩散管,进气口,喉管 ③漫〔散,浸〕射体 ④扬声器纸盆 ⑤洗料器 ⑥传播者

diffusibility [dɪ,fjuːzə'bɪlɪtɪ] *n.* 扩散率〔性〕,弥漫性

diffusible [dɪ'fjuːzəbl] *a.* 会扩散的,弥漫性的

diffusiometer [dɪ,fjuːzɪ'ɒmɪtə] *n.* ①扩〔弥〕散率测定器

diffusion [dɪ'fjuːʒən] *n.* ①扩〔弥〕散,浸〔散〕射,弥漫,透析 ②传播,普及 ③(气流)滞止 〖用法〗注意其搭配模式 "the diffusion of A to B",意为 "(把)A 扩散到 B"。如:After the initial diffusion of electrons to the accepter metal, the n and n⁺ regions take on the same characteristics as the metal.在电子初始扩散到受主金属后,n 和 n⁺区就呈现与该金属同样的特性。/The diffusion of minority carriers to the reverse-biased collector junction provides most of the collector leakage current.把少数载流子扩散到反向偏置的集电结就提供了大部分集电极漏电流。

diffusiophoresis [dɪfjuː,zɪəfə'riːsɪs] *n.* 扩散电泳

diffusive [dɪ'fjuːsɪv] *a.* 扩(弥)散的,散漫的,易普及的,冗长的 ‖ **~ly** *ad.* **~ness** *a.*

diffusivity [,dɪfjuː'sɪvɪtɪ] *n.* 扩散性〔率〕,弥漫

diffusor = diffuser

diffusosphere [dɪ,fjuːsə'sfɪə] *n.* 扩散层

difluorated [daɪ'fluəreɪtɪd] *a.* 二氟化的

difluoride [daɪ'fluəraɪd] *n.* 二氟化物

difluorinated = difluorated

difluorocarbene [daɪ,fluərə'kɑːbiːn] *n.* 二氟碳烯

difunctional [daɪ'fʌŋkʃənəl] *a.* 双作用的,有两种功能的

dig [dɪg] (dug) ❶ *v.* ①挖,掘,采〔挖〕掘,(开)凿 ②钻研,探究 ③滞塞,咬〔卡〕住 ❷ *n.* ①挖掘,戳,刺 ②挖掘的地点,出土物 ☆ ***dig at*** 钻研; ***dig down*** 挖倒(下),***dig for*** 挖掘,探究,搜集;***dig into*** 挖〔埋,插,戳,凿〕进,钻研,构筑(隐蔽)工事; ***dig into*** 挖〔插,深〕入,钻研,研究; ***dig out*** 挖出(开,掉),发掘,找到;***dig over*** 探掘;***dig through*** 挖通,挖穿;***dig up*** 挖开(通,掉,出),采掘(出来),查出,找到

〖用法〗注意下面例句中该词的含义:Whatever the cause of the heat may be, we do know that the earth gets hotter the farther down we dig.不论产生热的原因是什么,我们确实知道越往下挖地球越热。

digametic [daɪ'gæmɪtɪk] *a.* 双配子的

digenetic [,daɪdʒɪ'netɪk] *a.* 两性的

digest ❶ [d(a)ɪ'dʒest] *v.* ①消化,吸收,领会 ②摘要,整理 ③浸渍,蒸煮,溶解,加热浸提 ④容忍,忍受 ❷ ['daɪdʒest] *n.* ①摘〔提〕要,文摘,汇编 ②消化液,水解液

digestant [daɪ'dʒestənt] = digestive

digester [dɪ'dʒestə] *n.* ①浸渍器,加热浸提器,蒸煮锅,蒸笼 ②汇编者 ③消化药

digestibility [dɪ,dʒestə'bɪlɪtɪ] *n.* 消化性,可分类性

digestible [dɪ'dʒestəbl] *a.* 可消化〔领会,分类〕的,可做摘要的

digestion [dɪ'dʒestʃən] *n.* ①消化,吸收,融会贯通 ②蒸煮,浸提,(加热)溶解,溶出

digestive [dɪ'dʒestɪv] ❶ *a.* ①(有)消化(力)的,助消化的 ②蒸煮的 ❷ *n.* 消化药 ‖ **~ly** *ad.*

digestivity [,daɪdʒes'tɪvɪtɪ] *n.* 消化吸收率

digestor = digester

diggable ['dɪgəbl] *a.* 可采掘的

digger ['dɪgə] *n.* 挖掘者〔机〕,铲斗,掘凿器,(金矿)矿工

digging ['dɪgɪŋ] *n.* ①挖〔采〕掘,挖土作业,开凿 ②(pl.)矿区,发掘场 ③(pl.)(近邻)地方,宿舍

digilock [dɪdʒɪlɒk] *n.* 数字同步

digimer ['dɪdʒɪmə] *n.* (= digital multimeter) 数字式万用表

digimigration [dɪ,dʒɪmaɪ'greɪʃən] *n.* 数字偏移

dig-in ['dɪgɪn] *n.* 掘〔插,戳〕进

digiplot ['dɪdʒɪplɒt] *n.* 数字(作)图

digiralt ['dɪdʒɪrɔːlt] *n.* 高清晰度雷达测高系统

digisplay ['dɪdʒɪspleɪ] *n.* 数字显示

digit ['dɪdʒɪt] *n.* ①手指,足趾,一指宽(的长度单

位),3/4 英寸的长度单位 ②数字,数位,位(数),计数单位 ③【天】食分

digital ['dɪdʒɪtl] ❶ a. ①手指的,指(状)的,趾的 ②数字(式)的,计数的 ❷ n. 手指;键

digitalisation, digitalization [didʒɪˌtəlaɪˈzeɪʃən] n. 数字化;毛地黄治疗法

digitalize ['dɪdʒɪtəlaɪz] vt. 用毛地黄治疗(心脏病)

digitalizer ['dɪdʒɪtəlaɪzə] n. 数字化装置,数字变换器

digitally ['dɪdʒɪtəlɪ] ad. 用数字计算的方法,用计数法
『用法』注意下面例句中该词的译法:Everything electronic will be done digitally.一切电子设备都将数字化。

digitalyzer ['dɪdʒɪtəlaɪzə] n. 模拟数字变换器,数字化装置,数字转换装置

digitar ['dɪdʒɪtɑː] n. 数字变换器

digitate(d) ['dɪdʒɪteɪt(ɪd)] a. 指(掌)状的,分指状的

digitation [dɪdʒɪˈteɪʃən] n. 指状分裂,指状组织(突起)

digiti ['dɪdʒɪtaɪ] digitus 的复数

digitiform ['dɪdʒɪtɪfɔːm] a. 指状的

digitigrade ['dɪdʒɪtɪgreɪd] a.;n. 趾行的,趾行动物

digitiser = digitizer

digitization [ˌdɪdʒɪtaɪˈzeɪʃən] n. 数字化,数字转换

digitize ['dɪdʒɪtaɪz] v. (模拟值的)数字化,使成为数字

digitizer ['dɪdʒɪtaɪzə] n. 数字器,模拟数字转换器

digitron ['dɪdʒɪtrɒn] n. 数字读出辉光管,数字指示管

digitus (pl. digiti) n. 指,趾

digivace ['dɪdʒɪveɪs] n. 字母数字管

digiverter ['dɪdʒɪvɜːtə] n. 数模变换器

digivolt ['dɪdʒɪvəʊlt] n. (=digital voltmeter) 数字式电压表

diglossia [daɪˈglɒsɪə] n. 使用两种语言(或方言)

diglot ['daɪglɒt] a.;n. (用)两国语言(出版)的(书)

diglucoside [daɪˈgluːksaɪd] n. 二葡糖苷

dignified ['dɪgnɪfaɪd] a. 尊严的,可敬的

dignify ['dɪgnɪfaɪ] vt. ①使显得有价值,授以荣誉,使增光(with) ②把…夸大为

dignitary ['dɪgnɪtərɪ] n. 高贵的人

dignity ['dɪgnɪtɪ] n. ①真正价值 ②尊严,体面

digonal [daɪˈgəʊnəl] a. 对(二)角的

digonous ['daɪgənəs] a. 二角(的),二棱的

digram ['daɪgræm] n. 双字母组合,二字母组

digraph ['daɪgrɑːf] n.;a. 两字一音(的)的,单音双字母(的)【计】有向图 ‖ ~ic a.

digress [daɪˈgres] vi. 扯开,离开(主题),插叙,脱轨(from)

digression [daɪˈgreʃən] n. 扯开,离题,【天】离角
☆**to return from the digression** 言归正传

『用法』该词一般与动词 "make" 搭配使用。如:A digression will be made at this point to consider the effects produced in converting an analog signal into a digital representation. 这时我们将离题来考虑一下在把模拟信号转换成数字表示过程中所产生的影响。

digressive [daɪˈgresɪv] a. (主)题外的,枝枝节节的 ‖ ~ly ad.

digroup ['daɪgruːp] n. 数字基群

dihalide [daɪˈhælaɪd] n. 二卤化物

dihedral [daɪˈhiːdrəl] ❶ a. ①二面(角)的,V〔角〕形的 ②形成上反角的机翼的 ❷ n. 两面角,上反角

dihedron [daɪˈhiːdrən] n. 二面体

dihexagonal [daɪˌheksəˈgɒnəl] a. 双六角的,复六方的

dihexahedron [daɪˌheksəˈhiːdrən] n. 双六面体

dihydrate [daɪˈhaɪdreɪt] n. 二水(合)物

dihydric [daɪˈhaɪdrɪk] a. 二羟基的

dihydride [daɪˈhaɪdraɪd] n. 二氢化物

dihydro [daɪˈhaɪdrəʊ] a. 二氢(化)的

dihydrogen [daɪˈhaɪdrədʒən] a. 二氢的,(分子中)带两个氢原子的

dihydrol [daɪˈhaɪdrəl] n. 二聚水($H_2O)_2$

diiodated [daɪˈaɪəʊdeɪtɪd], **diiodinated** [daɪˈaɪəʊdɪneɪtɪd], **diiodizated** [daɪˈaɪəʊdɪzeɪtɪd] a. 二碘化了的

diiodide [daɪˈaɪədaɪd] n. 二碘化物

diiodofluorescein [daɪˌaɪədəˌfluəˈresɪɪn] n. 二碘荧光素

diisoamyl [daɪˈaɪsəʊəmɪl] n. 二异戊基

diisobutylene [daɪˌaɪsəˈbjuːtɪliːn] n. 二异丁烯

diisocyanate [daɪˌaɪsəˈsaɪəneɪt] n. 二异氰酸盐

dikaon [daɪˈkeɪɒn] n. 双 K 介子

dikaryolization [daɪkæˌrɪəʊlaɪˈzeɪʃən] n. 双核形成

dikaryon [daɪˈkærɪɒn] n. 双核(细胞),双组核

dike [daɪk] ❶ n. ①堤(防),堰,土壤 ②沟,渠,排水道 ③岩脉〔墙〕④障碍物,防护栏 ❷ vt. 筑堤,用堤防堵,挖沟(排水)

dikelet ['daɪklɪt] n. 小堤

diker ['daɪkə] n. ①筑堤工人 ②整堤〔挖渠〕机

diketone [daɪˈkiːtəʊn] n. 双酮,二酮(基)

diking ['daɪkɪŋ] n. 筑堤

dikites ['daɪkaɪts] n. 墙〔脉,半深成〕岩

dilaceration [dɪˌlæsəˈreɪʃən] n. 撕开〔除〕

dilapidated [dɪˈlæpɪdeɪtɪd] a. ①倒塌的,失修的 ②浪费的,挥霍的

dilapidation [dɪˌlæpɪˈdeɪʃən] n. ①残破不堪,(失修)倒塌 ②挥霍

dilapidator [dɪˈlæpɪdeɪtə] n. 损坏者,浪费者

dilapsus [dɪˈlæpsʌs] n. 分解,溶解

dilatability [ˌdaɪleɪtəˈbɪlɪtɪ] n. 膨胀性〔率〕,延(伸)性

dilatable [daɪˈleɪtəbl] *a.* 会〔可〕膨胀的

dilatancy [daɪˈleɪtənsɪ] ❶ *a.* 膨胀(性)的,扩张(性)的 ❷ *n.* 胀流型体

dilatate [daɪˈleɪteɪt] *v.;a.* 膨胀(的)

dilatation [ˌdaɪleɪˈteɪʃən] *n.* ①膨胀(度,比,系数),扩容(作用),体积增量 ②传播,扩缩,蔓延,(地震波)向震中 ②详述

dilatational [ˌdaɪleɪˈteɪʃənəl] *a.* 膨胀的,扩张的

dilate [daɪˈleɪt] *v.* ①(使)膨胀,扩张 ②详述(on, upon)

dilation [daɪˈleɪʃən] *n.* ①膨胀(度),扩大 ②向震中 ③详述

dilative [daɪˈleɪtɪv] *a.* 膨胀(性)的,张开的

dilatometer [ˌdɪləˈtɒmɪtə] *n.* 膨胀计〔仪〕

dilatometric [dɪlətəˈmetrɪk] *a.* 测膨胀的,膨胀测定的

dilatometry [dɪləˈtɒmɪtrɪ] *n.* 膨胀(计)测量〔定〕法

dilator [daɪˈleɪtə] *n.* 膨胀箱,扩张器,详述者

dilatorily [ˈdɪlətərɪlɪ] *ad.* 慢慢地,缓慢

dilatory [ˈdɪlətərɪ] *a.* 缓慢的,拖延的

dilecto [dɪˈlektəʊ] *n.* 电木压层材料

dilemma [dɪˈlemə] *n.* ①两刀〔端〕论法,二难推论,难题 ②困境,进退两难 ☆ ***be in a dilemma*** 进退两难〔维谷〕; ***put ... in (into) a dilemma*** 使…陷入进退两难的境地

dilemmatic [dɪləˈmætɪk] *a.* 两刀论法的,左右为难的

di-lens [daɪˈlenz] *n.* 介质透镜

dilepton [daɪˈleptən] *n.* 双轻子

dilettante [ˌdɪlɪˈtæntɪ] (pl. dilettanti) *n.;a.* 艺术〔科学业余〕爱好者(的),外行(的)

Dili [ˈdɪlɪ] *n.* 帝力(东帝汶首都)

diligence [ˈdɪlɪdʒəns] *n.* 勤劳〔奋〕,努力,注意,用功(in)

diligent [ˈdɪlɪdʒənt] *a.* 勤劳〔奋〕的,努力的,刻苦的,用功的 ‖ **~ly** *ad.*

dilly-dally [ˈdɪlɪdælɪ] *vi.* 犹豫,磨蹭,消费时间

diluent [ˈdɪljuənt] *n.;a.* 稀释剂〔液,物质,的〕,冲淡剂〔液,物质,的〕

dilutability [dɪljuətəˈbɪlɪtɪ] *n.*(可)稀释度

dilute [daɪˈljuːt] ❶ *v.* 稀释,掺入,(由混合,掺入)减弱…的力量 ❷ *a.* 淡的,稀(薄,释)的

dilutee [daɪljuːˈtiː] *n.* 担负熟练工人一部分工序的非熟练工人

diluter [daɪˈljuːtə] *n.* 稀释液〔剂〕

dilution [daɪˈljuːʃən] *n.* ①稀释,稀(薄)化 ②稀(释)度,淡度 ③稀释〔冲淡〕物

dilutus [daɪˈljuːtəs] *a.* 稀释的〔拉丁语〕

diluvia [daɪˈljuːvjə] diluvium 的复数

diluvial [daɪˈljuːvjəl] *n.;a.* 洪积(层)(的),洪水引起的

diluvian [daɪˈljuːvjən] *a.* = diluvial

diluvium [daɪˈljuːvjəm] (pl. diluviums 或 diluvia) *n.*【地质】洪积层〔物〕,大洪水

dilvar [dɪlˈvɑː] *n.* 地尔瓦镍铁合金

dim [dɪm] ❶ (dimmer, dimmest) *a.* ①不亮的,暗淡的,朦胧的 ②无光泽的 ③迟钝的 ❷ *n.*(汽车)小光灯,前灯的短焦距光束 ❸ (dimmed;dimming) *v.* 使(变)暗淡,灯光管制,(使)失去光泽 ☆ **dim out** 遮暗

dime [daɪm] *n.*(美国、加拿大银币)一角 ☆ **do not care a dime** 毫不在乎; **get off the dime** 开始; **on a dime** 在极小地方,立即

dimegaly [daɪˈmegəlɪ] *n.* 大小不一(状态),两型性

dimension [d(ə)ɪˈmenʃən] ❶ *n.* ①尺寸〔度〕,外廓,长,宽,厚,高 ②量纲,因次,(次)元 ③维(数),度(数) ④ (pl.) 面积,容〔体〕积,大小 ⑤范围,方面,【计】数组 ❷ *vt.* 量〔定,标出〕尺寸,定尺度 ☆(**be) of great (vast) dimensions** 非常大的,极重大的; **(be) of one dimension** 一度的,线性的; **(be) of three dimensions** 三度〔维〕的,立体的; **(be) of two dimensions** 二度〔维〕的,平面的; **take the dimensions of** 丈量; **the three dimensions** 长、宽、厚〔高〕

【用法】 注意下面句子中该词的用法:The ratio ΔI/ΔV has the <u>dimensions</u> of conductance. ΔI/ΔV 这个比值具有电导的量纲。/These devices vary <u>in multiple dimensions</u>.这些设备的各维尺寸相差很大。

dimensional [dɪˈmenʃənl] *a.* ①尺寸的,有尺度的,空间的 ②量纲的,因次的,维量〔数〕的 ③…维的,…度(空间)的,(次)元的

dimensionality [dɪˌmenʃəˈnælɪtɪ] *n.* 维〔度〕数

dimensionless [dɪˈmenʃənlɪs] ❶ *a.* 无尺寸〔单位〕的,无量纲〔因次,维〕的,无限小的 ❷ *n.* 无穷小量

dimer [ˈdaɪmə] *n.* 二聚物

dimercaprol [ˌdaɪməˈkæprəl] *n.* 二巯基丙醇

dimeric [daɪˈmerɪk] *a.*(形成)二聚(物)的,由两部分组成的,由两种因素决定的

dimerisation, **dimerization** [ˌdaɪmərəˈzeɪʃən] *n.* 二聚(作用),双原子分子的形成

dimerise, **dimerize** [ˈdaɪməraɪz] *v.* 二聚,(使)聚合成二聚物

dimerism [ˈdɪmərɪzəm] *n.* 二聚性

dimerous [ˈdɪmərəs] = dimeric

dimetalation [daɪˌmetəˈleɪʃən] *n.* 二金属取代作用

dimetasomatism [daɪˌmetəˈsɒmətɪzm] *n.* 双交代作用

dimethyl [daɪˈmeθɪl] *n.* 二甲基,乙烷

dimethylbenzene [daɪˌmeθɪlˈbenziːn] *n.* 二甲苯

dimethylhydrazine [daɪˌmeθəlˈhaɪdrəziːn] *n.* 二甲(基)肼(用作火箭燃料之可燃腐蚀液体)

dimethylketazine [daɪˌmeθɪlˈketəziːn] *n.* 二甲基甲酮连氮

dimetric [daɪˈmetrɪk] *a.* ①正方的,四方〔边〕形的 ②二聚的

dimidiate ① [dɪˈmɪdɪɪt] *a.* 二（两）分的,折〔对〕半的 **②** [dɪˈmɪdɪeɪt] *vt.* 把…（二）等分,把…折〔减〕半

dimidius [ˈdɪmɪdɪəs] (拉丁语) *n.* 半,二分之一

diminish [dɪˈmɪnɪʃ] *v.* 减少〔弱,小〕,缩小〔短〕,削弱,减半音,由大变小

diminishable [dɪˈmɪnɪʃəbl] *a.* 可缩减〔削弱〕的

diminisher [dɪˈmɪnɪʃə] *n.* 减光〔声〕器

diminution [ˌdɪmɪˈnjuːʃən] *n.* ①减少〔弱,小(量)〕,递减,衰减,降低 ②尖顶,变尖

diminutival [ˌdɪmɪˈnjuːtɪvəl] *a.* 缩小的

diminutive [dɪˈmɪnjutɪv] **①** *a.* 小(型)的,小得多的 **②** *n.* 微小的东西 ‖ **-ly** *ad.* **~ness** *n.*

dimly [ˈdɪmlɪ] *ad.* 暗淡〔模糊,朦胧〕地

dimmer [ˈdɪmə] *n.* ①遮〔减,调〕光器,衰减器 ②(pl.) (汽车)小光灯,光束焦距短的车辆前灯

dimmish [ˈdɪmɪʃ] *a.* 暗淡的,朦胧的

dimness [ˈdɪmnɪs] *n.* 暗淡,朦胧,模糊

dimolecular [ˌdaɪməʊˈlekjələ] *a.* 二〔双〕分子的

dimorphic [daɪˈmɔːfɪk] **①** *a.* 双晶(形)的,(同种,同质)二形的,同时具有两种特性的 **②** *n.* 同质二形体

dimorphism [daɪˈmɔːfɪzəm] *n.* 双晶现象,二态(形)性,二态(形)现象,同种二型性

dimorphous [daɪˈmɔːfəs] = dimorphic

dimple [ˈdɪmpl] **①** *n.* ①凹(座,痕),坑,表面微凹 ②脸上的酒窝 **②** *v.* 起波纹,生微涡

dimpling [ˈdɪmplɪŋ] *n.* 酒窝

dimply [ˈdɪmplɪ] *a.* 凹(陷)的,有波纹的

dimsighted [ˈdɪmsaɪtɪd] *a.* 视力模糊的,缺少洞察力的

dimuon [ˈdaɪmjuːɒn] *n.* 双 μ (子)

dim-witted [ˈdɪmwɪtɪd] *a.* 笨的,傻的

din [dɪn] *n.;v.* ①喧〔吵〕闹(声),(发)嘈杂声 ②再三叮嘱,三番五次告诫

dina [ˈdaɪnə] *n.* 第纳干扰器

dinamate [ˌdaɪnəˈmeɪt] *n.* 一种低频噪声调制雷达干扰机的监视接收机

dinar [ˈdiːnɑː] *n.* 第纳尔(阿尔及利亚、伊拉克、约旦、南斯拉夫等国的货币单位)

dinas [ˈdiːnəs] *n.* 砂〔硅〕石

dinch [dɪntʃ] *vt.* 压熄(烟火等)

dine [daɪn] *v.* 吃饭,用膳,宴请 **②** *n.* 炸药

diner [ˈdaɪnə] *n.* 用膳者,餐车

dineutron [daɪˈnjuːtrɒn] *n.* 双中子

ding [dɪŋ] *v.;n.* ①猛击〔敲〕,敲响,叮当响 ②勾缝 ③(pl.) 板材的弯折

ding-dong [ˈdɪŋˈdɒŋ] **①** *n.;a.;ad.* 叮(叮)当(当)(声,的),激烈的,拼命的(的) **②** *v.* 发叮当声,多次重复给…加深印象

dinger [ˈdɪŋə] *n.* 铁道交点站站长;电话机

dingey, dinghy [ˈdɪŋɪ] *n.* 小船〔艇,舢板〕,橡皮艇,折叠式救生艇

dingily [ˈdɪndʒɪlɪ] *ad.* 微黑,黯淡地,肮脏地

dinginess [ˈdɪndʒɪnɪs] *n.* 微黑,黯淡,污秽

dingle [ˈdɪŋɡl] *n.* 小溪,幽谷,小排水沟

dingot [ˈdɪŋɡət] *n.* 直熔锭

dingus [ˈdɪŋɡəs] *n.* 小装置,小机件,那玩意儿

dingy [ˈdɪndʒɪ] **①** *a.* (昏)暗的,微黑的,失去光泽的,弄脏了的,污秽的 **②** *n.* =dingey

dinical [ˈdɪnɪkəl] *a.* 眩晕的

dinicotinoylornithine [ˌdaɪnɪkəˌtɪnɔɪlˈɔːnɪθiːn] *n.* 二烟酰

dining [ˈdaɪnɪŋ] *n.* 吃饭,用膳,正餐(午餐,晚餐)

dinitrate [daɪˈnaɪtreɪt] *n.* 二硝酸盐

dinitrobenzene [daɪˌnaɪtrəʊˈbenziːn], **dinitrobenzol** [daɪˌnaɪtrəʊˈbenzɒl] *n.* 二硝苯

dinitrofluorobenzene [daɪˌnaɪtrəˌfluərəˈbenziːn] *n.* 二硝基氟苯

dinitrogen [daɪˈnaɪtrədʒɪn] *n.* 二氮,分子氮

dinitronaphthalene [daɪˌnaɪtrəˈnæfθæliːn] *n.* 二硝(基)萘

dinitrophenol [daɪˌnaɪtrəʊˈfiːnɒl] *n.* 二硝基苯酚(DNP)

dinitrophenolate [daɪˌnaɪtrəʊˈfenəʊleɪt] *n.* 二硝基酚

dinitrophenylation [daɪˌnaɪtrəʊˌfenɪˈleɪʃən] *n.* 二硝基苯基化,DNP 化

dinkey [ˈdɪŋkɪ] **①** *a.* ①极小的 ②漂亮的,整齐(洁)的,精致的 **②** *n.* 小型电车,(调车用)小型机车

dinking [ˈdɪŋkɪŋ] *n.* 空心冲

dinkum [ˈdɪŋkəm] **①** *n.* 认真的工作,劳动 **②** *a.* 纯粹的,真正的,极好的,诚实的

dinky = dinkey

din'na = do not

dinner [ˈdɪnə] *n.* 正〔午,晚〕餐,宴会 ☆**ask … to dinner** 请…吃饭; **be at dinner** 正在吃饭; **give a dinner for (in honour of)** 设宴招待

dinobuton [ˌdaɪnəʊˈbʌtən] *n.* 敌螨通

dinosaur [ˈdaɪnəsɔː] *n.* 恐龙属

Dinoseis [ˌdaɪnəsiːs] *n.* 气动震源

dint [dɪnt] **①** *n.* 凹〔压〕痕 **②** *vt.* 打出凹痕,压凹 ☆**by dint of** 靠…,由于

dinuclear [daɪˈnjuːklɪə] *n.* 两〔双〕核的,两环的

dinucleon [daɪˈnjuːklɪɒn] *n.* 双核子

dinucleotide [daɪˈnjuːklɪətaɪd] *n.* 二核苷酸

diocese [ˈdaɪəsɪs] *n.* 主教管区

diocroma [ˌdaɪəˈkrəʊmə] *n.* 锆石

dioctyl [daɪˈɒktɪl] *n.* 二辛基

dioctylphthalate [daɪˌɒktɪlfˈθæleɪt] *n.* 二甲酸,二辛酯

dioctylamine [daɪˌɒktɪˈleɪmiːn] *n.* 二辛胺

diode [ˈdaɪəʊd] *n.* 二极管

diodeless [ˈdaɪəʊdlɪs] *a.* 无二极管的

diodone [ˈdaɪədəʊn] *n.* 碘造影剂

dioecious [daɪˈiːsəs] *n.;a.* 雌雄异体(的),雌雄异株(的)

diol [ˈdaɪəl] *n.* 二(元)醇

dioldehydrase [daɪˌɒldiːˈhaɪdreɪs] *n.* 二醇脱水酶

dioleate [daɪˈɒliːt] *n.* 二油酸酯

diolefin(e) [daɪˈəʊləfiːn] *n.* 双〔二〕烯,(pl.)双烯〔烃〕

diolefinic [daɪˌəʊləfinɪk] *a.* 双〔二〕烯的

diopside [daɪˈɒpsaɪd] *n.* 透辉石

dioptase [daɪˈɒpteɪs], **dioptasite** [daɪˈɒptəsaɪt] *n.* 透视石(一种绿铜矿)

diopter [daɪˈɒptə] *n.* ①屈〔折〕光度 ②屈光率单位 ③瞄准器〔仪〕④窥(视)孔

dioptometer [ˌdaɪɒpˈtɒmɪtə] *n.* 屈〔折〕光度计

dioptra [daɪˈɒptrə] *n.* 测量高度及角度用的一种光学装置

dioptre = diopter

dioptric(al) [daɪˈɒptrɪk(l)] *a.* 屈(折)光(学)的,折光〔射〕的 ‖ **~ally** *ad.*

dioptrics [daɪˈɒptrɪks] *n.* 屈光学,折(射)光学

dioptrometer [ˌdaɪɒpˈtrɒmɪtə] *n.* 折〔屈〕光度计

diopt(r)oscopy [ˌdaɪɒpˈtrɒskəpɪ] *n.* 屈光测量法

dioptry [ˈdaɪɒptrɪ] *n.* 折〔屈〕光度,折光单位

diorama [ˌdaɪəˈrɑːmə] *n.* 透视画(面) ‖ **dioramic** *a.*

diorchism [daɪˈɔːkɪzm] *n.* 双睾

diorite [ˈdaɪəraɪt] *n.* 闪长〔绿〕岩 ‖ **dioritic** *a.*

diorthosis [ˌdaɪɔːˈθəʊsɪs] *n.* 矫正术

diose [ˈdaɪəs] *n.* (=biose)乙糖

diosmosis [ˌdaɪɒzˈməʊsɪs] *n.* (相互)渗透

diotron [ˈdaɪətrɒn] *n.* 计算电路;噪声二极管测量仪;交叉电磁场微波放大器

dioxan(e) [daɪˈɒksen] *n.* 二恶烷,二氧杂环己烷,二氧己环

dioxazine(s) [daɪˈɒksəziːn(s)] *n.* 双恶嗪(类)(染料)

dioxide [daɪˈɒksaɪd] *n.* 二氧化物

dioxydichloride [daɪɒkˌsɪdɪˈklɔːraɪd] *n.* 二氯二氧化物

dioxygen [daɪˈɒksɪdʒən] *n.* 二氧,分子氧

dioxysulfate [daɪˌɒksɪˈsʌlfeɪt] *n.* 硫酸双氧

dioxysulfide [daɪˌɒksɪˈsʌlfaɪd] *n.* 二氧二氧化物

dip [dɪp] ❶ (dipped;dipping) *vt.* ①浸,沉浸,蘸,泡 ②汲(取),舀 ❷ *vi.* 倾斜,偏倾,下倾,吊下来,沉入,下〔骤〕降 ❸ *n.* ①浸渍,蘸湿 ②汲取,一勺 ③酸液,酸〔浸〕液,浸(洗)液 ④(向下)倾(斜)斜坡,倾角,磁针偏斜 ⑤下〔降〕落,下沉 ⑥垂度 ⑦坑洼,凹下部分,嵌入式(开关,插头) ☆**dip below** 降至…以下;**dip into** (在…里)浸一浸〔蘸一蘸〕,没入,浸在…里;舀出;浏览;仔细研究,细想;**dip out (up)** 舀,汲取;**have (take) a dip in** 在…中浸一浸〔泡一泡〕

dipartite [dɪˈpɑːtaɪt] *a.* 分成几部分的

diphase [ˈdaɪfeɪz] *a.;n.* 双相(的)

diphaser [ˈdaɪfeɪzə] *n.* 二相发电机

diphasic [daɪˈfeɪzɪk] *a.* 二相的,双相性的

diphenol [daɪˈfiːnɒl] *n.* 二(元)酚,联苯酚

diphenyl [daɪˈfenɪl] *n.* 二苯基,联(二)苯

diphenylamine [daɪˌfenɪləˈmiːn] *n.* 二苯胺

diphenylene [daɪˈfenəliːn] *n.* 二〔联〕苯撑,二联苯

diphenylethylene [daɪˌfenɪleˈθiːliːn] *n.* 二苯基(代)乙烯

diphenylmethane [daɪˌfenɪlˈmeθeɪn] *n.* 二苯基(代)甲烷

diphonia [daɪˈfəʊnɪə] *n.* 复音,双音

diphosgen(e) [daɪˈfɒsdʒiːn] *n.* 双光气

diphosphate [daɪˈfɒsfeɪt], **diphosphonate** [daɪˈfɒsfəneɪt] *n.* 二磷酸盐〔酯〕,磷酸氢盐

diphtheria [dɪfˈθɪərɪə] *n.* 白喉

diphtherin [ˈdɪfθɪrɪn] *n.* 白喉毒素

diphthong [ˈdɪfθɒŋ] *n.* 双元音

Diphyl [ˈdɪfɪl] *n.* 狄菲尔换热剂(二苯及二苯氧化物的混合物)

dipion [ˈdaɪpaɪɒn] *n.* 双 π (介子)

dip-joint [ˈdɪpdʒɔɪnt] *n.* 倾向节理

dipleg [ˈdɪpleg] *n.* 浸入管

diplex [dɪˈpleks] ❶ *n.* 同向双工(制) ❷ *a.* 双工的 ❸ *v.* 复用

diplexer [dɪˈpleksə] *n.* 双工器〔机〕,(同向)双信器,天线分离滤波器,天线共用器

diplexing [dɪˈpleksɪŋ] *n.* (同向)双工法

diplobacillus [ˌdɪpləˈbæsɪləs] *n.* 双杆菌

diploblastic [ˌdɪpləʊˈblæstɪk] *a.* 双胚层的,两种胚叶组成的

diplococcin [ˌdɪpləʊˈkɒksɪn] *n.* 双球菌

diplococcus [ˌdɪpləˈkɒkəs] *n.* 二联球菌,双球菌

diplodization [dɪˌplədaɪˈzeɪʃ ən] *n.* 双元(倍)化

diplodnabactivirus [ˌdɪplədnæb,æktɪˈvaɪərəs] *n.* 双脱噬菌体,双 DNA 噬菌体

diplogen [ˈdɪplədʒən] *n.* 氘,重氢

diplogram [ˈdɪpləʊgræm] *n.* 重复 X 线照片

diplohydrogen [ˌdɪpləˈhaɪdrɪdʒən] *n.* 氘,重氢

diploid [dɪˈplɔɪd] *a.* 二重〔倍〕的,具两套染色体的,二倍体的

diploidization [ˌdɪplɔɪdaɪˈzeɪʃ ən] *n.* 二倍化

diploidy [ˈdɪplɔɪdɪ] *n.* 二倍态

diploma [dɪˈpləʊmə] *n.* (pl. diplomas 或 diplomata) (毕业,学位)证书,执照,公文,奖状,特许证 【用法】 ❶ 表示"…(学科)的毕业证书"时该词后跟介词"in"。如: This is a diploma in applied physics 这是应用物理学的毕业证书。 ❷ 该词一般用于大专院校发的毕业证书(中、小学的毕业证书一般使用"certificate"一词)。

diplomacy [dɪˈpləʊməsɪ] *n.* 外交(手段),(交际)手段

diplomad, diplomaed [dɪˈpləʊməd] *a.* 持有执照〔文凭〕的

diplomat [ˈdɪpləmæt] *n.* 外交家,外交官

diplomata [dɪˈpləʊmətə] diploma 的复数

diplomate [ˈdɪpləmeɪt] *n.* 有文凭者,获得官方证明文件之专科医生

diplomatic [ˌdɪpləˈmætɪk] *a.* 外交的,有外交手腕的,【印】一字不改的 ‖ **~ally** *ad.*

diplomatise, diplomatize [dɪˈpləʊmətaɪz] *v.* 用外交手段,做外交工作

diplomatist [dɪˈpləʊmətɪst] *n.* 外交家,外交官

diplon [ˈdɪplɒn] *n.* 氘〔重氢〕核

diplonema [ˌdɪpləʊˈniːmə] *n.* 双线期

diplophase [ˈdɪpləʊfeɪz] *n.* 二倍期,双元相,二倍体阶段

diplopia [dɪˈpləʊpɪə], **diplopy** [diˈpləʊpɪ] *n.* ①复视 ②双影

diplopiometer [ˌdɪpləʊpaɪˈɒmɪtə] *n.* 复视计

Diplopoda [ˌdɪpləˈpɒdə] *n.* 倍足亚纲

diplopore [ˈdɪpləpɔː] *n.* 双孔

diploscope [ˈdɪpləʊskəʊp] *n.* 两眼视力计

diplosis [dɪˈpləʊsɪs] *n.* 加倍作用

diplosome [ˈdɪpləsəʊm] *n.* 双心体

diplostomiasis [ˌdɪpləstəˈmaɪəsɪs] *n.* 黑点病,复口吸虫病

dipmeter [ˈdɪpmiːtə] *n.* ①栅陷振荡器 ②倾角仪,倾斜仪

Dipnoi [ˈdɪpnɔɪ] *n.* 肺鱼(亚)纲

dipode [ˈdaɪpəʊd] *a.* 有二足的

dipolar [daɪˈpəʊlə] *a.* 两极(性)的

dipolarity [ˌdaɪpəʊˈlærɪtɪ] *n.* 偶极性

dipole [ˈdaɪpəʊl] *n.* ①偶极(子,力,天线),对称振子,双极点,偶源(水) ②双合энергии

dipolymer [daɪˈpɒlɪmə] *n.* 二聚物

dipper [ˈdɪpə] *n.* ①(铸,长柄,取样)勺,铲(勺,戽)斗,汲器,油匙,药液槽 ②浸渍工人 ③北斗星,大熊星座 ④近距灯,照地灯

dipperstick [ˈdɪpəstɪk] *n.* 水位指示器,量油尺

dipping [ˈdɪpɪŋ] *n.;a.* ①倾斜(的),磁倾(的) ②浸渍(的,法),刮扁,腐蚀金属(的)

diproton [daɪˈprəʊtɒn] *n.* 双质子

dipstick [ˈdɪpstɪk] *n.* 测探尺,测杆,(量)油尺,水位指示器,探针

diptera [ˈdɪptərə] *n.* 双翅目

dipteral [ˈdɪptərəl] *a.* 双翼的,两侧有双层柱廊的建筑物

dipterous [ˈdɪptərəs] *a.* (有)双翅(目)的,双翅类的

dipulse [daɪˈpʌls] *n.* 双脉冲

diquark [ˈdaɪkwɔːk] *n.* 双夸克

diquat [ˈdaɪkwæt] *n.* 杀草快(一种除草剂)

diradical [daɪˈrædɪkəl] *n.* 双游离基,二价自由基

dire [ˈdaɪə] *a.* 可怕的,悲惨的,极度的,非常的 ‖ ~ly *ad.*

direct [dɪˈrekt, daɪˈrekt] ❶ *a.* 直(接,率,流,射)的,笔直的,正(面)的 ②定向的 ③明白的 ❷ *ad.* 直接地,笔直 ❸ *vt.* 指导,命令,对准 ☆**be directed toward** 以…为目标,目的在于,向着; **direct A across B** 使 A 横穿过 B; **direct A against** (**at, on to, onto, to, toward(s)**) **B** 把 A 对准(向着,射向) B; **direct one's attention to** (使某人)注意; **direct one's energies to** 致力于; **direct to (toward)** 指向,对着(准)

〖用法〗❶ 在其作及物动词表示"命令"而跟有宾语从句时,从句中往往使用"(should +)动词原

形"的谓语形式。❷ "direct A at B"("at"也可用"toward"、"to"代替)意为"把 A 对准(指向) B"。如: We now direct an electron beam at the sample. 我们现在把电子射束射向试样。/The gravitational force on a projectile is directed toward the center of the earth. 作用在抛物体上的重力是指向地球中心的。/The x-components which are directed toward the right of the origin are considered as positive, and those toward the left, negative. 把指向原点右边的 x 分量看成为正,而把指向原点左边的 x 分量则看成为负。(在"and"后面是一个省略式的并列分句。) ❸ 注意下面例句中该词的含义: For a fuller treatment of amplifier calculations the reader is directed to a good book [2]. 有关放大器计算的较为详细的论述,请读者参阅一本好书(参考文献 2)。

direction [dɪˈrekʃən, daɪˈrekʃən] *n.* ① (方,定,指,流)向,方位〔面〕,范围 ②倾向,方针 ③指导〔挥〕,操纵,管理,引导,命令 ④校正,水平瞄准 ⑤(常用 pl.)指示,用法,说明(书) ☆**directions for use** 用法说明; **full directions inside** 内附详细说明(书); **give directions** 予以〔发出〕指示; **under the direction of** 在…指导下

〖用法〗❶ 表示"朝…方向"时,其前面要用介词"in"而一般不能用"to"或"toward"。如: Radiowaves travel in all directions. 无线电波朝四面八方传播。/In this situation the current will flow in the opposite direction. 在这种情况下,电流将朝相反的方向流动。/Let us take the x-axis in the direction of v. 让我们取 x 轴处于 v 的方向。❷ 其后面的定语从句可以用"in which"或"that"引导,也可以省去引导词。如: This determines the direction the wave travels. 这确定了该波传播的方向。

directional [dɪˈrekʃənəl] *a.* (有)方向(性)的,定向的,取决于方向的 ‖ **~ly** *ad.*

directionality [dɪˌrekʃəˈnælɪtɪ] *n.* 方向(性),定向性,指向特性

directionless [dɪˈrekʃənlɪs] *a.* 无(方)向的

directive [dɪˈrektɪv, daɪˈrektɪv] ❶ *a.* ①有方向性的,方(定,指)向的 ②指示〔导,挥〕的,管理的 ❷ *n.* ①指令〔指示〕,命令,(程序中的)伪指令 ②指挥仪

directivity [ˌdɪrekˈtɪvɪtɪ] *n.* 方向性,定向性

directly [dɪˈrektlɪ] ❶ *ad.* ①直接(地),一直(地),直截了当地,正(好地) ②立即 ③完全,恰恰 ❷ *conj.* 一…就 ☆**depend directly on** 同…成正比; **directly proportional (to)** (与…)成正比的,正比于…

directness [dɪˈrektnɪs] *n.* 直接〔截,率〕,径直

director [dɪˈrektə, daɪˈrektə] *n.* 指导〔指挥,管理〕者,首(社,所,局,处)长,理事,导演,指挥仪(机),指示器,控制仪表盘,引〔导,定〕向器,导向装置,(天线)导向偶极子,定向偶极子天线,指导站

directorate [dɪˈrektərɪt] *n.* ①指导者,董事 ②董事会,管理局

directorial [ˌdɪrekˈtɔːrɪəl] *a.* 指挥(者)的,管理(者)的

directorship [dɪˈrektəʃɪp] *n.* 指挥职能

directory [dɪˈrektərɪ] ❶ *n.* 索引簿,(产品)目录,号码簿〔表〕,人名(住址)录,手册,指南 ❷ *a.* 指导(性)的,指挥的,管理的

directpath [dɪˈrektpɑːθ] *n.* 直接波束〔路径,通道〕

directrices [dɪˈrektrɪsiːz] directrix 的复数

directrix [dɪˈrektrɪks] (pl. directrices 或 directrixed) *n.* 准线

direful [ˈdaɪəful] *a.* 可怕的,悲惨的 ‖ **~ly** *ad.*

dirigation [ˌdɪrɪˈɡeɪʃn] *n.* 控制(力),驾驭力

dirigibility [ˌdɪrɪdʒəˈbɪlɪtɪ] *n.* 灵活性,(可)操纵性,适航性

dirigible [ˈdɪrɪdʒəbl] ❶ *a.* 可操纵〔驾驶〕的 ❷ *n.* 飞〔汽〕艇,(可驾驶的)飞船

dirigism [ˈdɪrɪdʒɪzm] *n.* 主张国家干预经济

dirigiste [ˌdɪriːˈʒiːst] *a.* 国家计划及控制经济的

dirigomotor [dɪˌrɪɡəˈməʊtə] *a.* 控制运动的

diriment [ˈdɪrɪmənt] *a.* 使无效的

dirk [dɜːk] *n.;v.* (用)短剑(制)

dirl [dɜːl] *vi.* 发抖,发颤

dirt [dɜːt] ❶ *n.* ①污物〔垢,渣,秽〕②灰尘,碎石 ③夹杂〔渣,灰〕④土壤,淤泥 ❷ *vt.* 弄污 ☆**as cheap as dirt** 非常便宜,几乎毫无价值的

dirtboard [ˈdɜːtbɔːd] *n.* 挡泥板

dirthole [ˈdɜːθəʊl] *n.* 废屑孔

dirtiness [ˈdɜːtɪnɪs] *n.* 污秽,污染(度)

dirty [ˈdɜːtɪ] ❶ *a.* ①不干净的,(肮)脏的 ②泥泞的,(颜色)不鲜明的,(天气)恶劣的,雾深的 ③含杂质的,含有大量放射性尘埃的 ④卑鄙的 ❷ *v.* 弄脏

disability [ˌdɪsəˈbɪlɪtɪ] *n.* ①无力〔能〕,失去能力,残疾 ②车辆报废 ③无资格

disable [dɪsˈeɪbl] *vt.* ①使不适用,禁止使用 ②使…无能力(做),使…不能(做)(from doing),使无资格,使丧失劳动力,报废 ③禁止,截止,阻塞

disabled [dɪsˈeɪbld] *a.* 丧失劳动力的,(残,报)废的,损坏的,不能行驶的

disablement [dɪsˈeɪblmənt] *n.* 无(能)力,无资格,废弃

disabuse [dɪsəˈbjuːz] *vt.* 解…之谜,使省悟,纠正(of)

disaccharidase [daɪˈsækərɪdeɪs] *n.* 二糖酶,双糖酶

disaccharide [daɪˈsækraɪd] *n.* 双糖,二糖

disaccomodation [ˌdɪsəˌkɒməˈdeɪʃən] *n.* 失去调节,磁导率减落

disaccord [ˌdɪsəˈkɔːd] *vi.;n.* 不一致,不和谐,不协调

disaccredit [ˌdɪsəˈkredɪt] *vt.* 对…不再信任,撤消对…的委托

disacidify [ˌdɪsəˈsɪdɪfaɪ] *vt.* 去〔除〕酸,将酸中和

disadapt [dɪsəˈdæpt] *vt.* 使不适应

disadjust [dɪsəˈdʒʌst] *n.;a.* 失谐〔调〕(的)

disadvantage [ˌdɪsədˈvɑːntɪdʒ] ❶ *n.* 不利(情况,方面),有害,缺点,不良 ②损害〔失〕❷ *vt.* 使不利〔损失〕☆**advantages and disadvantages** 利害得失; **at the greatest disadvantage** 在最不利的情况下; **(be) at a disadvantage** 处于不利地位; **to disadvantage** 不利(地); **to one's disadvantage** 或 **to the disadvantage of** 对…不利; **under disadvantages** 在不利条件下 【用法】表示"…的缺点"时该词后一般跟介词"to"。如: There are several <u>disadvantages to</u> this scheme.这方法有几个缺点。/The <u>disadvantages to</u> this type of spectrum analyzer are complexity and poor resolution.这类频谱分析仪的缺点是结构复杂、分辨率低。

disadvantageous [ˌdɪsædvɑːnˈteɪdʒɪəs] *a.* 不利的,有害的,诽谤的 ☆**be disadvantageous to** 对…不利 ‖ **~ly** *ad.* **~ness** *n.*

disadvise [ˌdɪsədˈvaɪz] *vt.* 劝止

disaffect [ˌdɪsəˈfekt] *vt.* 使不满(服),使疏远 ‖ **~ed** *a.* **disaffection** *n.*

disaffiliate [ˌdɪsəˈfɪlɪeɪt] *v.* 分离,(使)脱离,拆

disaffinity [ˌdɪsəˈfɪnɪtɪ] *n.* 不同,相异

disaffirm [ˌdɪsəˈfɜːm] *vt.* 反驳〔对〕,拒绝,否认,废弃 ‖ **~ance** 或 **~ation** *n.*

disafforest [ˌdɪsəˈfɒrɪst] *vt.* 砍伐…的森林,开辟 ‖ **~ation** *n.*

disagglomeration [dɪsəˌɡlɒməˈreɪʃən] *n.* 瓦解(作用)

disaggregate [dɪsˈæɡrɪɡeɪt] *v.* 解开(聚集)

disaggregation [dɪsˌæɡrɪˈɡeɪʃən] *n.* 解集作用

disagree [ˌdɪsəˈɡriː] *vi.* ①意见不同,不同意,不一致,不符合(with, in) ②对…不适宜(with) 【用法】表示"与…不一致"或"不同意…"时它只能与介词"with"搭配使用。

disagreeable [ˌdɪsəˈɡriːəbl] ❶ *a.* 不愉快的,讨厌的,难对付的 ❷ *n.* (通常 pl.)讨厌的事 ‖ **disagreeably** *ad.*

disagreement [ˌdɪsəˈɡriːmənt] *n.* ①意见不同,不符合,不协调,相抵触,分歧 ②发散,偏离 ☆**be disagreement with ...** 与…意见不同,与…不一致,与…不相吻合

disalignment [ˌdɪsəˈlaɪnmənt] *n.* 偏离中心线,轴线不重合,未对准(中心),不同轴,不正,失调,偏离

disallow [ˌdɪsəˈlaʊ] *vt.* 不准,拒绝承认,不接受,驳回 ‖ **~ance** *n.*

disambiguate [ˌdɪsæmˈbɪɡjʊeɪt] *vt.* 使意义分明,解疑

disamenity [ˌdɪsəˈmiːnɪtɪ] *n.* 不愉快,消极;不温柔

disanchor [dɪsˈæŋkə] *v.* 起锚

disanimate [dɪsˈænɪmeɪt] *vt.* 使失去生气,泼冷水

disannex [dɪəˈneks] *vt.* 使脱离,使分开

disannul [dɪsəˈnʌl] *vt.* 作废,消号

disappear [ˌdɪsəˈpɪə] *vi.* 消失,(渐渐)不见,绝迹,隐显目标 【用法】该动词只能表示"瞬间动作",所以它的

完成时态不得与表示时间长度的状语相连用。

disappearance [ˌdisəˈpɪərəns] *n.* 消失,掩始(星星消失在月亮或太阳边沿的背后)

disappoint [ˌdisəˈpɔint] *vt.* ①使失望 ②使…落空,使受挫折 ☆*be disappointed about (in, with)* 对…失望; *be disappointed of ...* …的希望落空了,没有达到〔实现〕

disappointed [ˌdisəˈpɔintid] *a.* 失望的,受到挫折的

disappointing [ˌdisəˈpɔintiŋ] *a.* 使人失望的,料想不到的 ‖ ~**ly** *ad.*

disappointment [ˌdisəˈpɔintmənt] *n.* 失望,挫折,令人失望的人〔事情〕 ☆*in one's disappointment* 使某人失望

disapprobation [ˌdisæprəuˈbeiʃən] *n.* 不答应,不赞成,非难,否认

disapprobative [disˈæprəubeitiv], **disapprobatury** [disˈæprəubeitəri] *a.* 不赞成的,不答应的,对…表示不满的

dispproval [ˌdisəˈpruːvəl] *n.* 不许可,不赞成

disapprove [ˌdisəˈpruːv] *v.* 不许可,不同意,反对(of)

disapprovingly [ˌdisəˈpruːviŋli] *ad.* 不以为然地

disarm [disˈɑːm] *v.* ①解除(武装),裁(减)军(备),放下武器,拆除引信 ②消除(怀疑),缓和,使中断,使无效 ‖ ~**ament** *n.*

disarrange [ˌdisəˈreindʒ] *vt.* ①扰乱,使紊乱 ②失调,变位,破坏 ‖ ~**ment** *n.*

disarray [ˌdisəˈrei] ❶ *vt.* 弄乱,(使)紊乱 ❷ *n.* 混乱

disassemble [ˌdisəˈsembl] *v.;n.* 拆,卸下,分解,不汇编

disassembly [ˌdisəˈsembli] *n.* 拆,分解,解体

disassimilate [ˌdisəˈsimileit] *vt.* 异化,分解代谢

disassimilation [ˌdisəsimiˈleiʃən] *n.* 异化(作用),分解代谢作用

disassociate [ˌdisəˈsəuʃieit] = dissociate ‖ **disassociation** *n.*

disaster [diˈzɑːstə] *n.* ①自然灾害,灾难,祸患 ②(严重)事故

disastrous [diˈzɑːstrəs] *a.* 灾难(性)的,造成巨大损害的 ‖ ~**ly** *ad.*

disatisfy [daiˈsætisfai] *vt.* 使不满意,使不满足

disavow [ˌdisəˈvəu] *vt.* 不承认,抵赖,拒绝对…承担责任 ‖ ~**al** *n.*

disazo [disˈæzəu] *n.* 二重〔双偶〕氮,重氮基

disbalance [disˈbæləns] *n.* 不平衡

disband [disˈbænd] *v.* 解散,退(伍) ‖ ~**ment** *n.*

disbelief [ˌdisbiˈliːf] *n.* 不(相)信,怀疑

disbelieve [ˌdisbiˈliːv] *v.* 不(相)信,怀疑(in)

disbenefit [disˈbenifit] *n.* 不利的事,无益

disbranch [disˈbrɑːntʃ] *vt.* 切断,分离,修剪树枝,消除支路,取消支线

disburden [disˈbɜːdn] *v.* ①卸下(重担),卸货,摆脱,解除 ②说明

disburse [disˈbɜːs] *vt.* 支付,拨(款),分配

disbursement [disˈbɜːsmənt] *n.* 支付,付出款(支出(额),营业费

disc [disk] *n.* 圆盘,盘片

discal [ˈdiskəl] *a.* 平圆盘的,盘状的

discale [diˈskeil] *v.* 碎〔除〕鳞

discaloy [ˈdiskələi] *n.* 透平叶片用镍铬钼钛钢

discap [ˈdiskæp] *n.* 圆盘形电容器

discard ❶ [disˈkɑːd] *v.* ①放弃,抛弃,丢掉,废除,报废 ②解雇,逐出 ❷ [ˈdiskɑːd] *n.* ①废品,报废件 ②废料,切头 ③保温帽

discardable [disˈkɑːdəbl] *a.* 可废弃的

discarnate [disˈkɑːneit] *a.* 无形的

discase [disˈkeis] *vt.* (从匣子等中)拿出,显示

discern [diˈsɜːn] *v.* ①看出,鉴别,分辨,断定,判明 ②领悟,觉察 ☆*discern (between) A and B* 或 *discern A from B* 辨别 A 和 B

discernable =discernible ‖ ~**ness** *n.*

discernibility [diˌsɜːniˈbiliti] *n.* 鉴别力,识别能力,分辨率

discernible [diˈsɜːnəbl] *a.* 可辨别的,可察觉的,看得清 ‖ ~**ness** *n.*

discerning [diˈsɜːniŋ] *a.* 有见识的,有洞察力的

discernment [diˈsɜːnmənt] *n.* 识别力,辨别

discerp [diˈsɜːp] *v.* 扯碎,撕裂

discerp(t)ible [diˈsɜːp(t)ibl] *a.* 可扯碎的,可分解的,可剖析的

discerption [diˈsɜːpʃən] *n.* 分裂,扯碎,割裂

discharge [disˈtʃɑːdʒ] ❶ *v.* ①卸,起货,出料 ②放出,放电 ③解除,释放 ④履行 ❷ *n.* ①卸货,出料 ②放出,排泄,发射,迸发 ③流量,泄量,排出量,排出物〔液〕,放电量 ④(排)出口,排出管 ⑤解除,释放,退伍 ⑥漂染,漂白剂 ⑦履行 ☆*discharge (itself) into* 流注; *discharge off* 放电完毕,排气中断; *discharge on* 正在放电〔排气〕,放电期间〔时间〕

dischargeable [disˈtʃɑːdʒəbl] *a.* 可卸的,可放出的

discharged [disˈtʃɑːdʒd] *a.* 放电的,泻出的

discharger [disˈtʃɑːdʒə] *n.* ①排气〔发射〕装置,发射器 ②放电器 ③卸货者,卸载器,推料机,推杆 ④漂白剂

disciform [ˈdis(k)ifɔːm] *a.* 盘状的,(椭)圆形的

disciple [diˈsaipl] *n.* 弟子,门徒

disciplinal [ˈdisiplinəl] *a.* 训练(上)的,纪律上的

disciplinary [ˈdisiplinəri] *a.* 训练的,纪律的,学科的

discipline [ˈdisiplin] ❶ *n.* ①训练,锻炼 ②纪律,惩罚 ③规定〔范〕 ④学科,科目 ❷ *vt.* ①训〔锻〕练,教训 ②惩罚

discision [diˈsiʒn] *n.* 拉开,切开

disclaim [disˈkleim] *v.* ①放弃,弃权 ②拒绝,否认

disclaimer [disˈkleimə] *n.* 弃权(者),否认(者,的声明)

disclasite ['dɪsklǝsaɪt] n. 水硅钙石

disclination [,dɪsklaɪ'neɪʃən] n. 旋错

disclose [dɪs'klǝuz] vt. 揭开,泄露,露出

disclosure [dɪs'klǝuʒǝ] n. 泄露,揭发,被显露的事物〔秘密〕

disco ['dɪskǝu] n. 迪斯科(舞室,舞曲)

discography [dɪs'kɒɡrǝfɪ] a. 唱片分类目录

discoid ['dɪskɔɪd] a.;n. ①平圆形的,盘状的 ②圆盘,盘状刀,盘形药丸

discoidal [dɪs'kɔɪdǝl] a. = discoid

discol ['dɪskɒl] n. 一种内燃机燃料

discolith ['dɪskǝlɪθ] n. 盘状核粒

discolo(u)r [dɪs'kʌlǝ] v. (使)变〔褪〕色,脱色,(使)污染

discolo(u)ration [dɪs,kʌlǝ'reɪʃən] n. ①变〔褪〕色,脱色,(作用),漂白 ②染污,斑渍

discolo(u)rment [dɪs'kʌlǝmǝnt] n. 变〔褪〕色

discomfit [dɪs'kʌmfɪt] vt. 破坏,打乱,挫败,打击,使狼狈

discomfiture [dɪs'kʌmfɪtʃǝ] n. 扰〔混〕乱,推翻,挫折,狼狈

discomfort [dɪs'kʌmfǝt] ❶ n. 不安(的事) 不(愉快,不(舒)适,苦恼 ❷ vt. 使不安〔不舒适〕 ‖ ~able a.

discommend [,dɪskǝ'mend] vt. 不赞成,对…无好感,非难 ‖ ~able. ~ation n.

discommode [,dɪskǝ'mǝud] vt. 使不方便,使为难

discommodity [,dɪskǝ'mɒdɪtɪ] n. 无使用价值的东西

discompose [,dɪskǝm'pǝuz] vt. 使不安〔烦恼,失常〕

discomposition [dɪs,kɒmpǝ'zɪʃən] n. (晶格中的)原子位移〔错位〕

discomposure [,dɪskǝm'pǝuʒǝ] n. 不安,(心情)烦乱,失常

discompressor [,dɪskǝm'presǝ] n. 减压器

disconcert [,dɪskǝn'sɜːt] vt. ①使不安〔慌乱,为难〕②挫败,打乱,妨碍,破坏 ☆be disconcerted 仓皇失措,为难

disconcerting [,dɪskǝn'sɜːtɪŋ] a. 打搅人的

disconcertion [,dɪskǝn'sɜːʃən] n. 搅乱,挫折

disconcertment [,dɪskǝn'sɜːtmǝnt] n. 打乱,为难,挫折

disconfirm [,dɪskǝn'fɜːm] vt. 证明不成立

disconformity [,dɪskǝn'fɔːmɪtɪ] n. 不一致,不相适应,不协调,假整合,角度不整合

discongruity [,dɪskǝn'ɡruːɪtɪ] n. 不一致,不调和,不相称

disconnect [,dɪskǝ'nekt] vt. 拆〔脱〕开,分离,拆卸,切断,断绝,使不连接 ☆disconnect A from (with) B 把 A 与 B 切断〔分开〕

disconnected [,dɪskǝ'nektɪd] a. 断开的,切断的,不连接的,乱七八糟的 ‖ ~ly ad. ~ness n.

disconnecter = disconnector

disconnection [,dɪskǝ'nekʃən] n. ①分开,拆开,拆卸,不连接 ②切断,断开,解脱,开路,绝缘

disconnector [,dɪskǝ'nektǝ] n. 断路〔开〕器,切断开关,绝缘体

disconnexion = disconnection

discontent [,dɪskǝn'tent] ❶ n.不满(意,的原因),不平 ❷ a. 不满的,不平的,不安(分)的 ❸ vt. 令(人) 不满,使不平 ☆be discontented with 对…不满 ‖ ~ment n.

discontinuance [,dɪskǝn'tɪnjuǝns], **discontinuation** [dɪskǝntɪnju'eɪʃən] n. 停〔废〕止,间断,不连续

discontinue [,dɪskǝn'tɪnjuː] v. ①停止,中止,中断 ②结束,不连续,撤消,放弃 〖用法〗该词后如果跟非谓语动词的话,一般跟动名词。

discontinuity [dɪs,kɒntɪ'njuːɪtɪ] n. (连续性)中断,不连续(性,点),间断(性,点),不均匀性,突跃,断续函数

discontinuous [,dɪskǝn'tɪnjuǝs] a. 不连续的,间断〔歇〕的,中断的,突变的 ‖ ~ly ad. ~ness n.

discontinuum [,dɪskǝn'tɪnɪǝm] n. 【数】密断统,间断集,不连续体

discophorous [dɪs'kɒfǝrǝs] n. 有盘的

discord ❶ ['dɪskɔːd] n. 不和;不调和;嘈杂声 ❷ [dɪs'kɔːd] vi. ①不一致 ②不和,争论,决策(with) ③喧闹

discordance [dɪs'kɔːdǝns] n. 不和谐(性),不一致(性),不整合

discordant [dɪs'kɔːdǝnt] a. 不和谐的,不一致的,不整合的

discount ['dɪskaunt] ❶ n. 折合(额),折头〔贴〕,酌减,低估,斟酌 ❷ vt. ①打折扣,贴现 ②减价 ③低估,忽视 ☆at a discount 打折扣;无销路的,易获得的,不受重视〔欢迎〕的; give (allow,make) a discount (on) 打折扣

discountable [dɪs'kauntǝbl] a. 可打折扣的,可贴现的,不可全信的

discountenance [dɪs'kauntɪnǝns] vt.;n. 不赞成,拒绝,劝阻

discourage[dɪs'kʌrɪdʒ] vt. ①使气馁 ②阻止,不鼓励 ☆discourage any attempt to (at)... 使抛弃〔不鼓励〕任何…的企图; be discouraged in ... 对…泄气(感到哀衰); discourage ... from doing 阻止〔妨碍,不鼓励〕…(做)

discouragement [dɪs'kʌrɪdʒmǝnt] n. 挫折,气馁,阻碍,扫兴的(事)

discouraging [dɪs'kʌrɪdʒɪŋ] a. 使人灰心〔沮丧〕的,阻止的

discourse ❶ ['dɪskɔːs] n. ①演说,演义,论述,论文 ②谈话 ❷ [dɪs'kɔːs] v. 演说,谈论,论述,写论文(on, upon) ☆ in discourse with 与…谈话

discourteous [dɪs'kɜːtjǝs] a. 不礼貌的,失礼的 ‖ ~ly ad.

discourtesy [dɪs'kɜːtɪsɪ] n. 粗鲁,失礼 (的行动)

discover [dɪs'kʌvǝ] ❶ vt. ①发现,看出,显示 ②揭

D

露 ❷ *vi.* 有所发现

discoverer [dɪs'kʌvərə] *n.* 发现者

discovert [dɪs'kʌvət] *n.* 无夫的,未婚的,寡居的

discovery [dɪs'kʌvərɪ] *n.* (新)发现,发现物
　〖用法〗❶ 该词与动词 "make" 搭配使用。如:
This discovery was made in the early 1970s by
engineers developing I²L.这个发现是由研发 I²L 的
工程师们在 20 世纪 70 年代初作出的。❷ 注意下
面例句的汉译法: A discovery of a forgotten paper
by Albert Einstein reveals that Einstein had
discussed this problem many years before Wiener
and Khintchine.发现的由爱因斯坦撰写的、被人们
遗忘的一篇论文揭示出在威纳和基恩琴之前许多
年爱因斯坦已经讨论过这个问题。/What is the
date of the discovery of America by Columbus?哥伦
布发现美洲大陆在哪一天? ("the discovery of
A by B" 意为 "B 发现了 A"。)

discrasite [dɪs'kræsaɪt] *n.* 锑银矿

discredit [dɪs'kredɪt] *n.;vt.* ①不信任,怀疑 ②无信
用,(使)丧失信用,(给…)丢脸 ☆ *bring (fall) into
discredit* 声名狼藉; *throw discredit on
(upon)* 疑心,使不(相)信

discreditable [dɪs'kredɪtəbl] *a.* 损害信用的,有损
信誉的,丢脸的,声名狼藉的,耻辱的

discreet [dɪs'kri:t] *a.* 考虑周到的,谨慎的 ‖ ~ly
ad.

discrepance [dɪs'krepəns], **discrepancy** [dɪs'kre-
pənsɪ] *n.* ①不同,不一致,矛盾,分歧,离散 ②偏差
③亏损,缺少 ‖ *discrepant a.*

discrete [dɪs'kri:t] *a.* ❶ 不连续的,分离的,离散的,
稀疏的,分立的,个别的 ❷ *n.* 组合元件 ☆ *at
discrete amounts of time* 每隔一段时间,间断
地

discreteness [dɪs'kri:tnɪs] *n.* ① 不连续性,离散
性 ②目标的鉴别能力

discretion [dɪs'kreʃən] *n.* ① 判断,辨别 ②慎重,
谨慎 ③自由处理,任意 ☆ *at the discretion of*
随 … 意思,凭自行处理; *leave to one's
discretion* 交某人酌办,任某人自行决定; *use
(act on) one's own discretion* 相机处置;
with discretion 慎重地,审慎地

discretional [dɪs'kreʃənl], **discretionary** [dɪs-
'kreʃənərɪ] *a.* 任意的,自由决定的,无条件的

discretization [dɪs,kri:tɪ'zeɪʃən] *n.* 离散化

discriminability [dɪs,krɪmɪnə'bɪlɪtɪ] *n.* 鉴别〔分
辨〕力

discriminant [dɪs'krɪmɪnənt] *n.* 判别式

discriminate [dɪs'krɪmɪneɪt] *v.* ①识别(鉴,别)
区分,分别对待,歧视 ②求解 ☆ *discriminate
against* 歧视; *discriminate between A and B*
区别 A 和 B; *discriminate A from B* 辨别 A 和
B; *discriminate in favour of* 特别优待
　〖用法〗❶ 注意下面一个例句中该词的译法:This
control can be used to discriminate against unwanted
signals.这个控制器可用来抑制〔排斥〕不想要的

信号。❷表示 "把 A 与 B 区分开来" 时,它的句
型可以是 "discriminate A and B"、"discriminate
between A and B" 或 "discriminate A from B"。

discriminating [dɪs'krɪmɪneɪtɪŋ] *a.* ①识别性的
②有辨别力的 ③有差别的,区别对待的 ‖ ~ly *ad.*

discrimination [dɪs,krɪmɪ'neɪʃən] *n.* ①辨(鉴,
甄)别,选择 ②辨别力,鉴别阈 ③不公平待遇
　〖用法〗注意下面例句中该词的含义: Angle
modulation can provide better discrimination against
noise and interference than amplitude modulation.角
调制抗噪声和干扰的能力要比振幅调制得好。

discriminative [dɪs'krɪmɪnətɪv] *a.* 有辨别力
的,(差别)悬殊的,差别对待的,歧视的

discriminator[dɪs'krɪmɪneɪtə] *n.* ①鉴别(相,频)
器,甄别器,比较装置,判别式函数 ②辨别器

discriminatory [dɪs'krɪmɪnətrɪ] *a.* (能)鉴别的,
差别(对待)的

disc-seal ['dɪsksi:l] *n.;a.* 盘封(的),盘形封口

disc-shaped ['dɪskʃeɪpt] *a.* 圆板〔盘〕形的

discursion [dɪs'kɜ:ʃən] *n.* 议〔推〕论,离题,散漫

discursive [dɪs'kɜ:sɪv] *a.* 推论的,散漫的,离题的,
东拉西扯的 ‖ ~ly *ad.* ~ness *n.*

discus ['dɪskəs] *n.* (pl.disci) 铁饼,盘,板,(圆)片

discuss [dɪs'kʌs] *vt.* ①讨论,研究,商议 ②论述,评
述
　〖用法〗由于该词属于及物动词,所以其后面应该
直接跟着宾语而不得跟 "about" 短语。

discussant [dɪs'kʌsənt] *n.* 讨论会的参加者

discussible [dɪs'kʌsɪbl] *a.* 可讨论〔商议〕的

discussion [dɪs'kʌʃən] *n.* ①讨〔议〕论,商议 ②
论述,详述 ☆ *after much discussion* 经详细讨
论后; *(be) under discussion* 在讨论〔审议〕中
(的),所讨论的; *cause much discussion* 引起
议论纷纷; *come up (be down) for discussion*
(被)提出讨论; *have a discussion on* 对…进行
讨论
　〖用法〗在该词后一般跟介词 "of",也可跟 "on"
或 "about";在该词前往往加不定冠词。如: The
scope of this book does not permit a detailed
discussion of all of these mathematical devices.本书
的范围不允许对所有这些数学方法作详细的讨
论。/A complete discussion of the electrooptic effect
in these crystals is given in Appendix C.在附录 C 中
全面地〔完整地〕讨论了这些晶体的电光效应。
/This section concludes the discussion on CW
modulation.这一节将结束对连续波调制的讨论。

discussive [dɪs'kʌsɪv] ❶ *n.* 消散剂 ❷ *a.* 消肿
的

discutient [dɪs'kju:ʃənt] ❶ *a.* 消肿的,消散的 ❷
n. 消散〔肿〕剂

disdain [dɪs'deɪn] *vt.;n.* 轻〔藐〕视,不屑于(做)(to
do) ‖ ~ful *a.* ~fully *ad.*

disdropmeter [dɪs'drɒpmi:tə] *n.* 示滴仪

disease [dɪ'zi:z] ❶ *n.* ①疾病,病害 ②有毛病,变质
❷ *v.* 患病,有病

【用法】表示"害〔患〕病"时,它可与动词
"contract"、"catch"和"come down with"搭配
使用。

diseased [dɪ'ziːzd] *a.* 患病的,有毛病的

diseconomy ['dɪsɪ(ː)'kɒnəmɪ] *n.* 不经济,成本增
加,使费用增加的因素

disedge [dɪs'edʒ] *v.* 弄钝,减弱

disembark [ˌdɪsɪm'baːk] *v.* 使上岸,起岸(from),下
船,登陆,(向岸上)卸(货) ‖ **~ation** *n.*

disembarrass [ˌdɪsɪm'bærəs] *vt.* 使摆脱〔脱离〕
困难等,解脱(of) ‖ **~ment** *n.*

disembodiment [ˌdɪsɪm'bɒdɪmənt] *n.* 脱离实体
〔现实〕,解〔遣〕散

disembody [ˌdɪsɪm'bɒdɪ] *vt.* 使脱离实体〔现实〕,
解〔遣〕散

disembogue [ˌdɪsɪm'bəʊg] *v.* (把水,河水)注入
〔湖,海〕,流注

disembosom [ˌdɪsɪm'buzəm] *vt.* 说出,透露,公开
(秘密)

disembowel [ˌdɪsɪm'baʊəl] *vt.* 取出…的内容,切
腹取出内脏

disemploy [ˌdɪsɪm'plɔɪ] *vt.* 开除

disemployed [ˌdɪsɪm'plɔɪd] *a.* 失业的

disenable [ˌdɪsɪn'eɪbl] *vt.* 使不能,防止

disenchant [ˌdɪsɪn'tʃaːnt] *vt.* 使清醒,使不再着迷,
使不抱幻想 ‖ **~ment** *n.*

disencumber [ˌdɪsɪn'kʌmbə] *vt.* 使…摆脱〔卸
除〕负担

disengage [ˌdɪsɪn'geɪdʒ] ❶ *vt.* ①解开〔除,脱〕,
松开,分离,脱离,释放,拆卸 ②切断,不占线 ③使
自由,使游离,使离析 ④停止战斗,使脱离接触 ❷
vi. 脱出,松开 ☆ **disengage A from B** 把 A 从 B
上卸下〔脱开〕,使 A 与 B 脱离关系

disengaged [ˌdɪsɪn'geɪdʒd] *a.* ①被解开的,解约
的,断绝了关系的,不占线的,空〔闲〕着的 ②分离
的,离析的

disengagement [ˌdɪsɪn'geɪdʒmənt] *n.* ①解开,
断开,切断,卸除 ②脱离,释放,自由 ③脱离接触
〔战斗〕

disenroll [ˌdɪsɪn'rəʊl] *vt.* 除名,开除

disentangle [ˌdɪsɪn'tæŋgl] *v.* 使…摆脱混乱状态,
解开,清理 ‖ **~ment** *n.*

disentitle [ˌdɪsɪn'taɪtl] *vt.* 剥夺(资格,权利等)

disentomb [ˌdɪsɪn'tuːm] *vt.* 发掘,从坟墓中挖出

disentrain [ˌdɪsɪn'treɪn] *v.* 下火车,(使)下车,(从
火车上)卸下

disequilibrate [ˌdɪsiː'kwɪlɪbreɪt] *vt.* 打破…的平
衡

disequilibrium [ˌdɪsiːkwɪ'lɪbriəm] *n.* 不平衡,失
去平衡,不稳定

disesteem [ˌdɪsɪs'tiːm] *vt.;n.* 轻视,厌恶 ‖
disestimation *n.*

disesthesia [ˌdɪses'θiːzɪə] *n.* 感觉迟钝,不适感

disfavo(u)r [dɪs'feɪvə] ❶ *n.* 不喜欢,不赞成,不利,
轻视,嫌弃 ❷ *vt.* 不喜欢,不赞成,不中意,不利于

☆ **be in disfavor** 受冷遇; **fall into disfavor** 不
得人心; **look upon ... with disfavor** 对…表示
不赞成

disfeature [dɪs'fiːtʃə] = disfigure

disfiguration [dɪsˌfɪgə'reɪʃən] = disfigurement

disfigure [dɪs'fɪgə] *vt.* 损伤…的外貌〔形状〕,失
形

disfigurement [dɪs'fɪgəmənt] *n.* 外貌损伤,损形,
瑕疵

disforest [dɪs'fɒrɪst] = disafforest

disfunctional [dɪs'fʌŋkʃənl] *a.* 失去功用的

disgorge [dɪs'gɔːdʒ] *v.* 吐(出),放弃,(河)流注,喷
出,除去沉淀物 ‖ **~ment** *n.*

disgrace [dɪs'greɪs] ❶ *n.* 耻辱 ❷ *vt.* 使丢脸

disgraceful [dɪs'greɪsful] *a.* 可耻的,丢脸的 ‖
~ly *ad.*

disgregation [ˌdɪsgrɪ'geɪʃən] *n.* 分散(作用)

disgruntle [dɪs'grʌntl] *vt.* 使不满,使不高兴

disgruntled [dɪs'grʌntld] *a.* 不满意的,不高兴的
(at, with)

disguise [dɪs'gaɪz] *vt.;n.* ①伪装,假扮 ②隐瞒,掩
饰 ②托辞,伪装物 ☆ **in disguise** 假装的,(有)
伪装的,化了装的,不容易识别的; **in (under) the
disguise of** 以…为口实,装做; **throw off one's
disguise** 摘下伪装〔假面具〕 ‖ **~ment** *n.*

disguisedly [dɪs'gaɪzdlɪ] *ad.* 假装地,匿名地

disgust [dɪs'gʌst] *n.;vt.* (使人)厌恶〔讨厌〕 ☆ **be
disgusted at (by,with)** 讨厌; **in disgust** 讨厌
地 ‖ **~ed** *a.*

disgustedly [dɪs'gʌstɪdlɪ] *ad.* 厌恶地

disgustful [dɪs'gʌstful], **disgusting** [dɪs'gʌstɪŋ]
a. 可憎的,讨厌的

dish [dɪʃ] ❶ *n.* ① (小)碟,盘,(器小)皿,盆 ②(雷
达探测天线的)反射器,抛物面天线,圆盘天线 ③
下陷,凹处,谷地 ❷ *a.* 盘形的,凹入的 ❸ *v.* ①盛
于盘中 ②(便)成盘形,(使)成中凹形 ③凹状扭
曲,(向外)弯曲 ④破坏,挫败 ☆ **dish out** 盛(在
盘里),开(沟等); **dish up** 盛在盘里,准备并提出

dishabilitate [ˌdɪshə'bɪlɪteɪt] *vt.* 取消…的资格,
使不合格

disharmonic(al) [ˌdɪshaː'mɒnɪk(əl)], **dishar-
monious** [ˌdɪshaː'məʊnjəs] *a.* 不调和的,不和
谐的 ‖ **~ly** *ad.*

disharmonism [ˌdɪshaː'mɒnɪzəm] *n.* 不调和,不
和谐

disharmonize, disharmonise [dɪs'haːmənaɪz]
v. (使)不调(谐)和,使不一致

disharmony [dɪs'haːmənɪ] *n.* 不调和(谐和),不
协调,不一致

dishearten [dɪs'haːtn] *vt.* 使沮丧(泄气,气馁) ‖
~ment *n.*

dished [dɪʃt] *a.* ①凹状(扭曲)的,半球形的,碟形的
②有圆屋顶的,穹隆形的 ③被挫败了的

dishful ['dɪʃful] *n.* (一)满盘

dishing ['dɪʃɪŋ] *n.* 形成凹坑,表面凹陷,变形,凹弯

dishonest [dɪsˈɒnɪst] a. 不诚〔真〕实,狡猾的,马虎的

dishono(u)r [dɪsˈɒnə] ❶ n. ①不名誉,丢脸,耻辱 ②拒付,不兑现 ❷ vt. 侮辱,使作废,拒付〔收〕‖ ~able a. ~ably ad.

dishware [ˈdɪʃweə] n. 容器,器皿

dishwater [ˈdɪʃwɔːtə] n. 洗碟子,洗碗水

dishy [ˈdɪʃɪ] a. 称心的,有吸引力的

disilane [daɪˈsɪleɪn] n. 乙硅烷

disilicate [daɪˈsɪlɪkɪt] n. 二硅酸盐

disilicide [daɪˈsɪlɪsaɪd] n. 二硅化物

disillusion [ˌdɪsɪˈluːʒən] n.;vt. (使)觉醒,(使)幻(想破)灭

disillusionize [ˌdɪsɪˈluːʒənaɪz] vt. = disilusion

disillusionment [ˌdɪsɪˈluːʒənmənt] a. 觉醒,幻(想破)灭

disimmune [ˌdɪsɪˈmjuːn] a. 无免疫性的,丧失免疫性的

disimmunity [ˌdɪsɪˈmjuːnɪtɪ] n. 脱免疫,丧失免疫性

disimmunize [ˌdɪsɪˈmjuːnaɪz] v. 使无〔丧失〕免疫性

disimpaction [ˌdɪsɪmˈpækʃən] n. 去阻塞

disincentive [ˌdɪsɪnˈsentɪv] n.;a. 阻止的,抑制的,起阻碍〔抑制〕作用的

disinclination [ˌdɪsɪnklɪˈneɪʃən] n. 不愿,不喜欢,厌恶

disincline [ˌdɪsɪnˈklaɪn] vt. 使讨厌〔不愿意〕☆ **be disinclined to (do)** 很不愿意(做),不准备(做)

disincorporate [ˌdɪsɪnˈkɔːpəreɪt] vt. 解散

disinfect [ˌdɪsɪnˈfekt] vt. (给…)消毒,杀菌,洗净,清除

disinfectant [ˌdɪsɪnˈfektənt] n.;a. 消毒剂〔的〕,杀菌剂〔的〕

disinfection [ˌdɪsɪnˈfekʃən] n. 消毒(法,作用),杀菌

disinfector [ˌdɪsɪnˈfektə] n. 消毒器(具),消毒剂,消毒者

disinfestation [ˌdɪsɪnfesˈteɪʃən] n. 灭虫,病媒动物扑灭法,灭虱法

disinflate [ˌdɪsɪnˈfleɪt] = deflate

disinflation [ˌdɪsɪnˈfleɪʃən] n. 通货紧缩 ‖ ~ary a.

disinformation [ˌdɪsɪnfəˈmeɪʃən] n. 假〔反〕情报

disingenuous [ˌdɪsɪnˈdʒenjuəs] a. 不真诚的,无诚意的,虚伪的 ‖ ~ly ad. ~ness n.

disinherit [ˌdɪsɪnˈherɪt] vt. 取消继承权

disinhibition [ˌdɪsɪnhɪˈbɪʃən] n. 抑制解除

disinhume [ˌdɪsɪnˈhjuːm] vt. 从地中挖出,揭露

disinsected [ˌdɪsɪnˈsektɪd] a. 无昆虫的

disinsection [ˌdɪsɪnˈsekʃən] n. 杀虫法

disintegrable [dɪsˈɪntɪgrəbl] a. 易碎裂〔蜕变〕的,可分解的

disintegrate [dɪsˈɪntɪgreɪt] v. ①(使)分离,(使)剥裂,(使)瓦解,粉碎 ②解磨 ③蜕变

disintegration [dɪsˌɪntɪˈgreɪʃən] n. ①分解〔裂〕,崩解,解体,碎磨,粉碎,风化作用 ②蜕变 ③雾化 ④变质,异化作用

disintegrator [dɪsˈɪntɪgreɪtə] n. ①破碎机,轧石机,气体洗涤机 ②分解者〔器〕,分裂者,分裂因素

disinter [ˌdɪsɪnˈtɜː] vt. (disinterred; disinterring) vt. 发掘(出),从地下〔坟墓中〕掘出 (from)

disinterest [dɪsˈɪntrɪst] a. ①无私的,无偏见的 ②不感兴趣的,不关心的 ‖ ~ly ad. ~ness n.

disinterment [ˌdɪsɪnˈtɜːmənt] n. 掘出(物)

disintoxicate [ˌdɪsɪnˈtɒksɪkeɪt] v. 解毒 ‖ **disintoxication** n.

disjoin [dɪsˈdʒɔɪn] v. 拆散,分开〔离,解〕

disjoint [dɪsˈdʒɔɪnt] ❶ vt. 拆散,分开〔离〕,不连贯,不相交 ❷ a. 不相交的,分离的

disjointed [dɪsˈdʒɔɪntɪd] a. 不连接〔贯〕的,无系统〔条理〕的,次序紊乱的 ‖ ~ly ad.

disjugate [dɪsˈdʒuːgɪt] a. 不连合的,分开的,非共轭的,非共同的

disjunct [dɪsˈdʒʌŋkt] ❶ a. 分离的,断开的 ❷ n. 析取项

disjunction [dɪsˈdʒʌŋkʃən] n. ①分离〔解〕,切断,断开,脱节 ②析取 ③逻辑加法

disjunctive [dɪsˈdʒʌŋktɪv] n. 分离器,断路器,开关

disjuncture [dɪsˈdʒʌŋktʃə] n. 分离(状态)

disk [dɪsk] ❶ n. ①(圆,轮,磁)盘,碟,圆片,圆环,(钢丝绳机的)轮圈 ②平圆形物 ③隔膜 ④唱片 ⑤毛管(坯) ❷ vt. ①切成圆盘形 ②把…灌成唱片

diskery [ˈdɪskərɪ] n. 唱片制造商

diskette [ˈdɪskɪt] n. 塑料磁盘,软磁盘

disleave [dɪsˈliːv] vt. 使失去叶子

dislike [dɪsˈlaɪk] vt.;n. 不喜欢,厌恶 ☆ **have a dislike for (of, to)** 不喜欢,厌恶 〖用法〗它后跟非谓语形式时只能跟动名词而不跟不定式。

dislimn [dɪsˈlɪm] v. 使轮廓模糊,变模糊,褪色

dislocate [ˈdɪsləʊkeɪt] vt. 使移位〔脱位〕,使混乱

dislocation [ˌdɪsləʊˈkeɪʃən] n. ①错位,(晶体格子中)位移,转换位置,脱〔白〕混乱 ②色弥 ③断层

dislodge [dɪsˈlɒdʒ] vt. 移动,移去,移位,取出,撞出(二次电子),驱逐(from),击退 ‖ **dislodg(e)ment** n.

dislodger [dɪsˈlɒdʒə] n. 沉积槽

disloyal [dɪsˈlɔɪəl] a. 不忠(于)…的(to),无信用的 ‖ ~ly ad. ~ty n.

dismal [ˈdɪzməl] a. 阴暗的,沉闷的 ‖ ~ly ad.

dismantle [dɪsˈmæntl] vt. 拆除〔卸,下〕,分解(机器),粉碎,摧毁 ‖ ~ment n.

dismay [dɪsˈmeɪ] vt.;n. (使)惊愕,(使)灰心,(使)沮丧 ☆ **be dismayed at the news** 或 **be filled (struck) with dismay at the news** 听到消息后感到惊慌(失措)

dismember [dɪsˈmembə] vt. 瓜分,分割,肢解,解体,开除 ‖ ~ment n.

dismetria [dɪsˈmetrɪə] n. 不对称运动

dismiss [dɪsˈmɪs] vt. ①解散〔雇〕,免职,开除(from)

②消除,不(再)考虑 ③【法】驳回
dismissal [dɪs'mɪsəl], **dismission** [dɪs'mɪʃ ən] *n.* 解雇〔雇〕,撤职,不予考虑
dismissible [dɪs'mɪsəbl] *a.* 可免职的,可不予考虑的
dismount [dɪs'maʊnt] *v.;n.* ①下(来,马,车) (form) ②卸〔取,摘,移〕下,拆除(from)
dismountable [dɪs'maʊntəbl] *a.* 可拆卸〔下,开〕的,可摘下的,可分离的,可更换的
dismulgan [dɪs'mʌlgən] *n.* 狄司毛金 (石油乳胶体的脱乳化剂)
dismutase [dɪs'mjuːteɪs] *n.* 歧化酶
dismutation [dɪsmjuːˈteɪʃ ən] *n.* 歧化(作用)
disnature [dɪs'neɪtʃ ə] *vt.* 使失去自然属性〔形态〕
disobedience [ˌdɪsə'biːdjəns] *n.* 不服从,违背,反抗(to) ‖ **disobedient** *a.* **disobediently** *ad.*
disobey [ˌdɪsə'beɪ] *v.* 不服从,不听(从),违反
disoblige [ˌdɪsə'blaɪdʒ] *vt.* 拒绝帮助,不肯通融,得罪
disobliging [ˌdɪsə'blaɪdʒɪŋ] *a.* 不亲切的,不通融的
disobliteration [ˌdɪsəblɪtə'reɪʃ ən] *n.* 闭塞消除
disocclude [ˌdɪsɒ'kluːd] *vt.* 使不咬合
disodic [daɪ'səʊdɪk] *a.* 二钠的
disodium [daɪ'səʊdɪəm] *a.* 二钠的,分子中有两个钠原子的
disomatic [ˌdaɪsəʊ'mætɪk] *a.* 二晶质的,捕获晶的
disoperation [dɪsɒpə'reɪʃ ən] *n.* 侵害作用
disorbit [dɪ'sɔːbɪt] *v.* 脱轨,离开轨道,轨道下降
disorbition [dɪsɔː'bɪʃ ən] *n.* 出(越)轨,轨道下降
disorder [dɪs'ɔːdə] ❶ *n.* ①紊〔混〕乱,扰动 ②无规律,无(秩)序 ③失调,异常,小毛病,病症,障碍 ❷ *vt.* 扰乱,使混乱,使失调 ☆*fall (throw) into disorder* 陷入混乱; *in disorder* 混〔紊〕乱(的)
disordered [dɪs'ɔːdəd] *a.* 无(秩)序的,混乱的
disordering [dɪs'ɔːdərɪŋ] *n.* 无序化
disorderly [dɪs'ɔːdəlɪ] ❶ *a.;ad.* 混乱(的),不规则(的),目无法纪的 ❷ *n.* 妨害治安者,捣乱分子
disordus [dɪs'ɔːdəs] *n.* 无序性
disorganization [ˌdɪsɔːgənaɪ'zeɪʃ ən] *n.* 分裂,瓦解,混乱,结构破坏
disorganize [dɪs'ɔːgənaɪz] *vt.* 使瓦解,使紊乱,破坏…的工作〔组织〕
disorient [dɪs'ɔːrɪənt], **disorientate** [dɪs'ɔːrɪenteɪt] *v.* 使迷失方向,定向力缺乏〔障碍〕,使迷惑
disorientation [dɪsɔːrɪen'teɪʃ ən] *n.* 迷失方向,迷航,定向力缺乏〔障碍〕,(杂)乱取向,位向消失
disown [dɪs'əʊn] *v.* 否认,脱离关系
disoxidate [dɪs'ɒksɪdeɪt] *v.* 减氧,还原
disoxidation [dɪˌsɒksɪ'deɪʃ ən] *n.* 还原(作用),脱氧
dispar ['dɪspɑː] (拉丁语) *a.* 不等的,不相称的
disparage [dɪs'pærɪdʒ] *vt.* 蔑视,贬低 ‖ ~ment *n.*
disparaging [dɪs'pærɪdʒɪŋ] *a.* 蔑视的,贬低的,非难的

disparagingly [dɪs'pærɪdʒɪŋlɪ] *ad.* 蔑视地,贬低地
〖用法〗注意下面例句的含义:Computer service personnel report that 50 percent of their work is the result of 'idiot operators' or 'Ios', as they are disparagingly called.计算机维修人员报告说,他们修理工作中有50%是由傻瓜操作人员(即人们戏称的"Ios")造成的。
disparasitized [dɪs'pærəsɪtaɪzd] *a.* 无寄生物的
disparate ['dɪspərɪt] ❶ *a.* (根本)不同的,不相称的,不可比较〔的〕,无联系的,(种类)全异的 ❷ *n.*(pl.)完全不同〔不能进行比较〕的东西
disparity [dɪs'pærɪtɪ] *n.* 不同(之点),不一致,不等,(定位,几何)差异,悬殊(in)
dispart [dɪs'pɑːt] ❶ *v.* 分离,破裂 ❷ *n.* 炮口与炮尾的中径差 ‖ ~nent *n.*
dispassion [dɪs'pæʃ ən] *n.* 冷静,沉着,不带偏见 ‖ ~ate *a.*
dispatch [dɪs'pætʃ] *vt.* ①发送(货),派遣,派出,分派,快递,速办 ②输〔传〕送,装运〔货〕,转接 ③调度,迅速处理 ④快信,急件,(新闻)电讯,传递的信息(命令) ☆*dispatch from ...* 从…拍来的专电; *send ... by dispatch* 作快件投寄; *with dispatch* 火速
dispatcher [dɪs'pætʃ ə] *n.*(交通)调度员,装运员,发送员分配器,调度程序
dispel [dɪs'pel] (dispelled; dispelling) *vt.* 驱散(逐),消除
dispensability [dɪsˌpenə'bɪlɪtɪ] *n.* 可省约性
dispensable [dɪs'pensəbl] *a.* ①可分配的 ②非必需的,可省去的
dispensary [dɪs'pensərɪ] *n.* ①诊疗所,医务所,门诊部 ②药房
dispensation [ˌdɪspen'seɪʃ ən] *n.* ①分配(物),配方 ②管理(方法),体制 ③执行 ④省略免除,不用(with) ‖ **dispensatory** [dɪs'pensətərɪ] *n.* 药方书,配方学
dispense [dɪs'pens] *v.* ①分配〔送,散〕,发放〔出,药〕②配制〔药,方〕③实施,施行 ④免除,豁免 ☆*dispense with* 废除,省去,无需,不用,没有…也行
dispenser[dɪs'pensə] *n.* ①药剂师,配药者,施与者 ②分配〔配量,投放〕器 ③自动售货机
dispergation [ˌdɪspə'geɪʃ ən] *n.* 解胶,胶液化(作用)
dispergator [ˌdɪspə'geɪtə] *n.* 解胶剂
dispermous [daɪ'spɜːməs] *a.* 双种子的
dispermy [daɪ'spɜːmɪ] *n.* 二精入卵,双受精
dispersal [dɪs'pɜːsəl] *n.* 分〔扩,驱,弥〕散,疏开,分布,配置,处理,整理
dispersancy [dɪs'pɜːsənsɪ] *n.* 分散力
dispersant [dɪs'pɜːsənt] *n.* 分散剂
dispersate ['dɪspɜːseɪt] *n.* 分散体
disperse [dɪs'pɜːs] ❶ *v.* (使)分〔弥,扩,色〕散,分配,传播,喷粉,粉碎,扩展 ❷ *a.* 弥散的
dispersed [dɪs'pɜːst] *a.* 分〔弥,疏,色〕散,疏开,

配置,处理,整理

dispersedly [dɪsˈpɜːsdlɪ] *ad.* 四散

dispersemeter [dɪsˈpɜːsɪmɪtə] = dispersimeter

disperser [dɪsˈpɜːsə] *n.* 扩〔弥,分,色〕散器,扩散装置,弥散剂

dispersible [dɪsˈpɜːsɪbl] *a.* 可分散的

dispersidology [dɪsˌpɜːsɪˈdɒlədʒɪ] *n.* 胶体化学

dispersimeter [dɪsˈpɜːsɪmɪtə] *n.* 微粒〔色散,弥散〕计

dispersion [dɪsˈpɜːʃən] *n.* ①分散(体,相,系统)弥〔扩〕散(现象),色〔消,频〕散,散射,标准偏差的平方 ②泄漏 ③【统】离中趋势 ‖ *-less a.*

dispersity [dɪsˈpɜːsɪtɪ], **dispersiveness** [dɪsˈpɜːsɪvnɪs] *n.* 色〔弥,分〕散度,分散性〔率〕

dispersive [dɪsˈpɜːsɪv] *a.* 分〔扩,弥,色,频〕散的,散开的 ‖ *-ly ad.*

dispersivity [ˌdɪspɜːˈsɪvɪtɪ] *n.* 分〔色,弥〕散性

dispersoid [dɪsˈpɜːsɔɪd] *n.* 弥散体,分散〔离散〕胶体

dispersoidology [dɪsˌpɜːsɔɪˈdɒlədʒɪ] *n.* 胶体化学

dispersor [dɪsˈpɜːsə] *n.* 色〔弥〕散器

dispireme [daɪˈspaɪəriːm] *n.* 双纽丝

dispirit [dɪsˈpɪrɪt] *vt.* 使气馁〔沮丧〕‖ *-edly ad.*

displace [dɪsˈpleɪs] *vt.* ①移动,位移,变位 ②置换,取代,代替,免职 ③排出(水,气) ④沉降,使过滤

displaceable [dɪsˈpleɪsəbl] *a.* 可换置的,可取代的

displaced [dɪsˈpleɪst] *a.* (已)位移的,移位的,偏移的,代替的

displacement [dɪsˈpleɪsmənt] *n.* ①位移,变〔错〕位,移动(度),移置,偏移〔转〕,沉降 ②排(水,气,汽,出)量,(水泵,压气机)生产率,汽缸工作容量 ③置换,排〔取〕代,替换 ④沉降,渗滤 ☆ *displacement of A by B* A 被 B 代替〔置换〕

displacer [dɪsˈpleɪsə] *n.* ①置换器,滤器 ②代用品,置换剂 ③平衡浮子,(试模的)定距垫块

display [dɪsˈpleɪ] ❶ *vt.* ①显示,显像,呈现,陈列,展览 ②增值,再生,复制 ❷ *n.* ①显示(器),展开〔示〕,显露〔像〕②示度,示数 ③标记,影像 ④陈列(品) ⑤增殖,再生(装置) ☆ *be on display* 展览〔陈列〕着; *make a display of* 夸耀
〖用法〗注意下面例句中该词的含义: Fig. 1-11 shows a keyboard with attached printer and oscilloscope display.图 1-11 显示了接打印机和示波显示器的一个键盘。/The computer generates displays on special oscilloscopes which are used by members of the military services to make tactical decisions.计算机能在专门的示波器上产生军事人员用来作出战术决策的示数。("which are used by …" 这一定语从句是修饰 "displays" 的。)/A picture tube can display pictures.显像管能够显示画面。

displease [dɪsˈpliːz] *vt.* 使不快,使生气 ☆ *be displeased with (at)* 不喜欢; *be displeased with … for doing* 对…(做)不高兴

displeasing [dɪsˈpliːzɪŋ] *a.* 令人不愉快〔不高兴〕的(to) ‖ *~ly ad.*

displeasure [dɪsˈpleʒə] *n.* 不愉快,不高兴,生气 ☆ *incur the displeasure of* 触犯,得罪,引起…不悦

dispore [daɪsˈpɔː] *a.* 双孢担子上的孢子

disposable [dɪsˈpəʊzəbl] ❶ *a.* 可随意〔自由〕使用的,可(任意)处理的,易处理〔置〕的 ❷ *n.* 用完便扔(一次性使用)的东西(特指容器)

disposal [dɪsˈpəʊzəl] *n.* ①处理〔置〕,收拾,整理,配〔布〕置,安排 ②处理权,处理方法 ③控制,支配 ④清(消)除,除(洗)去,排除 ⑤废弃物 ☆ *be at one's disposal* 听任…(自由)处理; *disposal by sale* 出卖; *put (leave) … at one's disposal* 把…交某人自由处理; *try every means at one's disposal* 尽自己的一切力量
〖用法〗注意下面例句中该词的含义: Major changes in lubrication and cooling systems may be needed to reduce disposal problems.可能需要对润滑和冷却系统作重大的改变以便于减少(对废料的)清除问题。/What worries nuclear physicists is the safe disposal of nuclear waste.使核物理学家们担忧的是如何能安全地处理核废料。

dispose [dɪsˈpəʊz] *v.* ①处理〔置〕,整理,收拾排(of) ②排列,配置,部署 ③解决,对付,清除掉,去(of) ④说服,使愿意,使想〔要〕(for, to do) ☆ *be (feel) disposed for (to do)* 打算,倾向于; *be well disposed towards* 对…有好感; *dispose … for (to do)* 说服…去(做)

disposition [ˌdɪspəˈzɪʃən] *n.* ①配置〔备〕,布置〔局〕,部署,计划 ②处理〔置〕,收拾,支配,控制 ③处理〔支配〕权 ④性情,性格,易感性倾向 ⑤(pl.)计划,战略 ☆ *at one's disposition* 听凭…的自由,随…支配; *have a disposition to (do)* 倾向于(做); *have no disposition to (do)* 无意于(做); *show a disposition to put it off* 表示要延期

dispossess [ˌdɪspəˈzes] *vt.* 使不再占有,剥夺,驱逐 ☆ *dispossess … from …* 把…从…中撵走〔逐出〕; *dispossess … of …* 征用〔剥夺,霸占〕…的…

dispossession [ˌdɪspəˈzeʃən] *n.* ①征用,没收 ②强占,剥夺 ③驱逐

dispossessor [ˌdɪspəˈzesə] *n.* 征用有,霸占者

disposure [dɪsˈpəʊʒə] *n.* 处置

dispraise [dɪsˈpreɪz] *vt.;n.* 指摘,谴责

dispread [dɪsˈpred] (dispread) *v.* 扩张,展开

disproduct [dɪsˈprɒdʌkt] *n.* 有害的产品

disproof [dɪsˈpruːf] *n.* 反证(物),反驳(的证据)

disproportion [ˌdɪsprəˈpɔːʃən] ❶ *n.* 不均衡,不成比例,不相称 ❷ *vt.* 使失平衡,使不相称,歧义

disproportional [ˌdɪsprəˈpɔːʃnl] *a.* 不相称的,不

均调的(to)

disproportionate [ˌdɪsprə'pɔːʃnɪt] ❶ a. 不成比例的,不相称的(to) ❷ v. 歧化 ‖ ~ly ad.

disproportionation [ˈdɪsprəpɔːʃə'neɪʃən] n. 不均匀,不相称,歧化(作用,反应)

disproportioned [ˌdɪsprə'pɔːʃənd] a. 失去平衡的,不相称的

disproval [dɪs'pruːvəl] n. 反证,反驳

disprove [dɪs'pruːv] vt. 证明…是不正确的,证明…不成立,反驳,驳斥,推翻

disputable [dɪs'pjuːtəbl] a. 有争议的,可(引起)争论的,不确实的,有问题的 ‖ **disputably** ad.

disputant [dɪs'pjuːtənt] n. 争〔辩〕论者

disputation [ˌdɪspjuː'teɪʃən] n. 争议,辩论

disputatious [ˌdɪspjuː'teɪʃəs], **disputative** [dɪs'pjuːtətɪv] a. 争论〔激烈〕的,(好)争论的,有关争论的

dispute [dɪs'pjuːt] v.;n. ①争辩,讨论 ②怀疑 ③争端 ④阻止,反〔抵〕抗 ⑤争夺,竞争 ☆**above dispute** 不在争论范围之内; **(be) beyond (past, without, out of) dispute** 无争论余地,无疑地,明白; **in dispute** 有争论的,(在)争论中的,尚未解决的; **point(s) in dispute** 争论焦点; **settle a dispute with** 同 …解决争端; **settle disputes between** 调解…之间的争端

disqualification [dɪsˌkwɒlɪfɪ'keɪʃən] n. 无资格〔能力〕,不合格(的原因),不适合,取消资格

disqualify [dɪs'kwɒlɪfaɪ] vt. 取消…的资格,使无资格,使不合格,使不能 ☆**be disqualified for (from)** 没有…的资格〔能力〕; **disqualify ... for ...** 取消…担任…的资格

disquiet [dɪs'kwaɪət] ❶ vt. 使不安,使忧虑 ❷ n. 不安,动摇,忧虑 ❸ a. 不安(心)的,忧虑的 ‖ ~ly ad.

disquieting [dɪs'kwaɪətɪŋ] a. 引起〔令人〕不安的 ‖ ~ly ad.

disquietude [dɪs'kwaɪətjuːd] n. (焦急)不安,焦虑,动摇

disquisition [ˌdɪskwɪ'zɪʃən] n. ①专题论文,学术演讲(on) ②研究,探求,正式〔详细〕讨论 ‖ ~al a.

disrate [dɪs'reɪt] vt. 使降级

disregard [ˌdɪsrɪ'gɑːd] vt.;n. 不顾,轻〔漠〕视,把…忽略不计〔不考虑在内,置之度外〕 ☆**have a disregard for (of)** 轻〔漠,忽〕视,不顾

disregardful [ˌdɪsrɪ'gɑːdful] a. 漠〔无〕视的

disregistry [dɪs'redʒɪstrɪ] n. 错位度

disrelation [ˌdɪsrɪ'leɪʃən] n. 没有相应的联系,分离,不统一

disrelish [dɪs'relɪʃ] vt.;n. 厌恶,讨厌(for)

disremember [ˌdɪsrɪ'membə] vt. 忘记,忘掉

disrepair [ˌdɪsrɪ'peə] n. 失修,破损〔烂〕☆**be in (a state of) disrepair** (年久)失修,需要修理,破损

disreputable [dɪs'repjuːtəbl] a. 声名狼藉的,破烂不堪的 ‖ **disreputably** ad.

disrepute ['dɪsrɪpjuːt] n. 声名狼藉

disresonance [dɪs'rezənəns] n. 非谐振

disrespect [ˌdɪsrɪs'pekt] n.;vt. 无礼,不尊敬〔重〕‖ ~ful a. ~fully ad.

disrespectable [ˌdɪsrɪs'pektəbl] a. 不值得尊敬〔重〕的

disroot [dɪs'ruːt] vt. 连根拔除,除去

disrupt [dɪs'rʌpt] vt. (使)分(破)裂,中断,毁坏,(使)瓦解,使混乱,干扰,搞垮

disruption [dɪs'rʌpʃən] n. ①分〔爆,断〕裂,破坏(作用) ②击穿 ③离散,瓦解

disruptive [dɪs'rʌptɪv] ❶ a. 分〔破〕裂(性)的,破坏(性)的,爆炸(性)的,击穿的 ❷ n. 烈性炸药

disruptiveness [dɪs'rʌptɪvnɪs] n. 破裂(性),分裂

disrupture [dɪs'rʌptʃə] n. 破〔分〕裂,毁坏

dissatisfaction ['dɪsˌsætɪs'fækʃən] n. 不满(意,足)(with,at),令人不满的事物

dissatisfactory ['dɪsˌsætɪs'fæktərɪ] a. 不满(意)的,不称心的

dissatisfy [dɪs'sætɪsfaɪ] vt. 使不满意,使不平〔不服〕☆**be dissatisfied with (at)** 对…不满意

dissect [dɪ'sekt] vt. ①解剖,切开,切断,分割

dissected [dɪ'sektɪd] a. 解剖的,分成部分的

dissection [dɪ'sekʃən] n. 解剖(体,标本,模型),剖〔切〕开,切割,分解,细查

dissector [dɪ'sektə] n. 解剖器,解剖手册,解剖〔分析〕者

dissemble [dɪ'sembl] v. 掩饰,假装,蒙混,伪装

disseminate [dɪ'semɪneɪt] vt. 传播,散布,宣传

dissemination [dɪˌsemɪ'neɪʃən] n. 传播,普及,宣传 ②散布〔射〕,弥散(作用),播种 ③浸染 ④散射强度

disseminator [dɪ'semɪneɪtə] n. 播种器,传播〔散布〕者

disseminule [dɪ'semɪnjuːl] n. 传播体

dissension [dɪ'senʃən] n. 冲突,争论,纠纷,意见分歧

dissent [dɪ'sent] vi.; n. (持)异议,不同意(from)

dissenter [dɪ'sentə] n. (有)不同意(见)者,不赞成者,反对者

dissentience [dɪ'senʃəns] n. 不同意,反对

dissentient [dɪ'senʃɪənt] n.;a. 不赞成者〔的〕,不同意者〔的〕,反对者〔的〕

dissentious [dɪ'senʃəs] a. 不和的,好争吵的

dissepiment [dɪ'sepɪmənt] n. 隔膜,鳞板,分开〔隔,割〕

dissepimentarium ['dɪseˌpɪmen'teərɪəm] n. 鳞板带

dissert [dɪ'sɜːt], **dissertate** ['dɪsəteɪt] vi. 讲述,写论文

dissertation [ˌdɪsə(ː)'teɪʃən] n. (研究)报告,(学位)论文,(专题)论述,演讲

disserve [dɪs'sɜːv] vt. 损〔伤,危〕害

disservice [dɪs'sɜːvɪs] n. 损害,危害

disserviceable [dɪs'sɜːvɪsəbl] a. 危害性的,起损害作用的

D

dissever [dɪ'sevə] v. 分裂〔离,割〕,割断 ‖ ~ance 或 ~ment n.

dissidence ['dɪsɪdəns] n. 意见不同,不同意,不一致,异议

dissident ['dɪsɪdənt] a.;n. 意见不同的(人),持异议的(人)

dissight [dɪ'saɪt] n. 难看的东西

dissiliency [dɪ'sɪlɪənsɪ] n. 裂开,分裂(的倾向)

dissilient [dɪ'sɪlɪənt] a. 分〔破,爆〕裂的,裂开的

dissimilar [dɪ'sɪmɪlə] a. 不同的,不相似的 ☆**(be) dissimilar to (from, with)** 与…不同〔不相似〕

dissimilarity [dɪsɪmɪ'lærɪtɪ] n. 不相似,不同(之点),异点

dissimilate [dɪ'sɪmɪleɪt] v. (使)不一样,(使)不同,异化 ‖ dissimilation n.

dissimilitude [dɪsɪ'mɪlɪtjuːd] n. 不相似,异点

dissimulate [dɪ'sɪmjʊleɪt] v. 掩饰,隐瞒,假装(不见),不暴露

dissimulation [dɪsɪmjʊ'leɪʃən] n. 掩饰,伪装,隐瞒

dissimulator [dɪ'sɪmjuːleɪtə] n. 伪君子

dissipate ['dɪsɪpeɪt] v. ①(使)消〔耗〕散,散逸,消融,(清)除 ②浪费,挥霍,消耗,泄漏

dissipation [dɪsɪ'peɪʃən] n. 消耗,功耗

dissipater, dissipator ['dɪsɪpeɪtə] n. 耗散〔喷雾〕器,消能工

dissipative ['dɪsɪpeɪtɪv] a. 散逸的,耗散的,消耗(性)的,浪费的

dissociable [dɪ'səʊʃɪəbl] a. 可〔易〕分离的,可以离解的

dissociate [dɪ'səʊʃɪeɪt] vt. 分〔游〕离,分解,溶解,分裂,使脱离 ☆**dissociate oneself from** 断绝和…的关系,与…无关系,否认和…有关系; **dissociate (A) into B** (把 A) 分离〔离解〕成 B

dissociated [dɪ'səʊʃɪeɪtɪd] a. 分裂的,游离的,离解的

dissociation [dɪsəʊsɪ'eɪʃən] n. 分解〔离,裂〕,离〔溶〕解(作用),离异,(细菌的)变异,无关系

dissociative [dɪ'səʊʃɪətɪv] a. 分离的,分裂性的,离〔分,溶〕解的

dissociator [dɪ'səʊʃɪeɪtə] n. 分离〔离解〕器

dissolubility [dɪsɒljʊ'bɪlɪtɪ] n. 溶(解)度,可溶(解)性

dissoluble [dɪ'sɒljʊbl] a. 可溶(解,性)的,可分解〔离〕的,可取消的,可解除的

dissoluent [dɪ'sɒljuːənt] n. 溶剂

dissolution [dɪsə'luːʃən] n. ①溶〔融,分〕解(作用),分离 ②取消,解除,解散 ③瓦解,松解(法),毁〔消〕灭,死亡 ④结束〔清〕

dissolvability [dɪzɒlvə'bɪlɪtɪ] n. 溶(解)度,可溶(解)性

dissolvable [dɪ'zɒlvəbl] a. 可溶(解,性)的,可融〔液〕化的,可分解的,可取消〔解散〕的

dissolvant [dɪ'zɒlvənt] n. 溶剂〔媒〕

dissolve [dɪ'zɒlv] v.;n. ①(使)溶〔分,瓦〕解,溶〔融

液〕化,(渐渐)消失,(电影,电视画面)渐隐 ②(使)衰弱,(使)无效,废除,(使)分离 ③毁灭 ☆ **dissolve away** 溶解掉; **dissolve in** 溶入; **dissolve into** (在…中)消失不见,溶解掉; **dissolve out** 分泌出,溶出

dissolvent [dɪ'zɒlvənt] a. ; n. 溶剂,溶化的

dissolver [dɪ'zɒlvə] n. 溶解器〔剂〕

dissonance ['dɪsənəns] n. 不一致,不调和,非谐振

dissonant ['dɪsənənt] a. 不调和的,不协调的,刺耳的

dissuade [dɪ'sweɪd] vt. 劝阻(止) ☆**dissuade ... from (n., doing)** 劝…不(做)

dissuasion [dɪ'sweɪʒən] n. 劝阻,忠告

dissuasive [dɪ'sweɪsɪv] n. 劝阻的 ☆**be dissuasive of** 制止 ‖ ~ly ad.

dissymmetric(al) [dɪssɪ'metrɪk(əl)] a. ①不对称的,不相称的 ②左右(两面)对称的,对应形态的

dissymmetry [dɪs'sɪmɪtrɪ] n. ①不对称,非对称(现象) ②左右(两面)对称,对应形态

distal ['dɪstl] a. 在末端的,末梢的,远侧的

distance ['dɪstəns] ❶ n. ①距(离),间隔〔隙,距〕,(路,行,航)程【计】位距 ②遥远(测),远方 ③一长段时间 ❷ vt. ①隔开,把…放在一定的距离之外 ②超过(over) ☆**at a distance** 隔开一段距离,(在)相隔一定距离(的地方),远处; **action at a distance** 超距作用; **at some distance** 以(保持)一定距离,相当远; **at this distance of time** (过了好久)到现在还,在相隔很远的今天(还); **(be) a good (great) distance off (away)** 离开得很远; **be any distance from** 距…有一定距离; **be no distance at all** 一点不远; **(be) out of (striking) distance (from)** 太远,难(达)到,离开得很远; **for some distance (form)** (距…)一段距离内; **from a distance** 从远方〔处〕; **go a long distance in (doing)** 在(做)…方面有很大进展; **have A distance to go to B** 到 B 要走 A 距离; **in the distance** 在远处; **keep ... at a distance** 与…保持相当距离; **to a distance** 到远方; **within easy distance of** 离…(很)近 **【用法】** ❶ "the distance of A from B" 表示 "A 离 B 的距离"。如: The <u>distance</u> of the moon <u>from</u> the earth's center is 240,000 miles. 月球离地球中心的距离为 240 000 英里。/The effectiveness of this force depends only on the perpendicular <u>distance</u> of its line of action <u>from</u> the hinges. 这个力的有效程度只取决于其作用线离折叶的垂直距离。❷ 表示 "离…的距离" 时它一般后跟介词 "from",但也有用 "to" 来代替 "from" 的。如: A planet of any mass at the same <u>distance from</u> the sun as is the earth, would revolve about the sun in the same time as does the earth. 处在与地球离太阳相同距离上的任何质量的一颗行星,能与地球以相同周期绕太阳运行。(第一个 "as" 从句是个倒装句,本应为 "as the earth is",这个"as"为关系副词,它等效于"at which";第二个"as"从句也是倒装句,"does"在此为代动词,代替"revolves about the sun",这个"as"也是关系副词,它等效于"in which"。)/The force of gravitation varies inversely with the square of the <u>distance to</u> the center of mass of the body.万有引力与离物体中心的距离的平方成反比的。❸ 表示"在···距离上"时要用介词"at"。如:The values of gravity <u>at various distances</u> from a celestial body make up the gravitational field of the body.在离一个天体的不同距离上的重力数值,构成了该天体的重力场。❹ 表示距离的多少时,可用介词"for"或"through"。如:The car accelerates at the rate of 8.5 m/s^2 <u>for a distance of 130 m</u>. 该小汽车在130米的距离内以8.5 米/秒^{2}的速率加速。/It is necessary to find out the distance <u>through which</u> the body has been lifted.需求出该物体被提起的距离。❺ 在下面例句中该词构成的名词短语作状语:In a time Δt, each particle advances a <u>distance vΔt</u>.在Δt 时间内,每个质点前进了 vΔt 这么一段距离。❻ 表示距离"远"时,不能用"far",而一般用"great",因为它表示的是数值(对于某个地点可以用"far",也可以用"long"。❼ 其后面跟的定语从句可以不加任何引导词(也可以用关系副词"that"引导或用"through which"开头)。如:The product of the force and the distance <u>a body moves</u> is called work.力和距离之乘积被称为功。

distant [ˈdɪstənt] *a.* 远(方,距离)的,遥(远)的,稀疏的,隐约的 ☆*at no distant date* 不日,日内; *have not the most distant idea (of a matter)* 不甚明白 〖用法〗该词后面可以跟介词"from"表示"离···"。如:The second ball is 2 m <u>distant from</u> the first one. 第二个球离第一个球 2 米远。

distaste [dɪsˈteɪst] *n.* 厌恶,讨厌(for) ☆*have a distaste for* 不喜欢,讨厌; *in distaste* 厌恶地 ‖ ~**ful** *a.* ~**fully** *ad.* ~**fulness** *n.*

distemper [dɪsˈtempə] ❶ *n.* ①水浆涂料,色胶,胶画(颜料) ②刷墙粉 ③混乱,骚动 ④病(症),温热 ❷ *vt.* ①用色胶(色粉,胶画颜料)涂 ②使不正常,在···中造成混乱

distend [dɪsˈtend] *v.* (使)扩张〔膨胀〕

distensibility [dɪstensɪˈbɪlɪtɪ] *n.* 膨胀性〔度〕,扩张度

distensible [dɪsˈtensəbl] *a.* 会膨胀的

distension, distention [dɪsˈtenʃən] *n.* 扩张,膨胀(作用),延长

distent [dɪsˈtent] *a.* 膨胀的

disthene [ˈdɪsθiːn] *n.* 蓝晶石

distichous [ˈdɪstɪkəs] *a.* 分成两部分的,二分的 ‖ ~**ly** *ad.*

distil(l) [dɪsˈtɪl] ❶ (distilled; distilling) *v.* 蒸馏,用蒸馏法提取〔除去〕(off, out) 滴下,馏出,提取···的精华 ❷ *n.* (pl.) 馏出物,馏分 ☆*distil A into B*

将 A 蒸提成B; *distil A (out, off) from B* 从B中蒸馏出 A; *distil off* 蒸出; *distil over* 馏过,蒸出; *distil overhead* 初馏分,馏过头 〖用法〗注意下面例句中该词的确切含义: All the complex motions of the planets were <u>distilled</u> into one simple little equation.所有行星的一切复杂运动都归结为一个简短的方程。

distillability [dɪstɪləˈbɪlɪtɪ] *n.* (可)蒸馏性

distillable [dɪsˈtɪləbl] *a.* 可蒸馏的

distilland [ˈdɪstɪlænd] *n.* 被蒸馏物

distillate [ˈdɪstɪlɪt] *n.* 蒸馏(物,液,作用),馏分,精华

distillation [ˌdɪstɪˈleɪʃən] *n.* 蒸馏(物,液,作用),馏分,精华

distillator [ˈdɪstɪleɪtə] *n.* 蒸馏器

distillatory [dɪsˈtɪlətərɪ] ❶ *a.* 蒸馏(用)的 ❷ *n.* 蒸馏器

distiller [dɪsˈtɪlə] *n.* 蒸馏(者),凝结器

distillery [dɪsˈtɪlərɪ] *n.* 蒸馏室,酒(精)厂

distil(l)ment [dɪsˈtɪlmənt] = distillation

distinct [dɪsˈtɪŋkt] *a.* ①个别的,性质不同的,特殊的,有差别的,截然不同的 ②清楚的,明晰的 ☆*(as) distinct from* 与···不同(的); *be distinct from A (in B)* (在B方面)与A(性质)(截然)不同 〖用法〗注意下面例句中该词的含义: This is a <u>distinct</u> advantage in many applications.在许多应用中这是一个明显的优点。/The quintessence is literally the fifth essence of matter <u>as distinct from</u> earth, fire, air, and water.以太的字面意思是与土、火、空气和水截然不同的物质第五要素。

distinction [dɪsˈtɪŋkʃən] *n.* ①区别,相异 ②特性〔征〕③优〔卓〕越,荣誉 ☆*a distinction without a difference* 名义上〔无差异,不是真,人为〕的区别; *distinction between A and B* 或 *distinction of A from B* A 与 B(之间)的差别; *draw a (+a.) distinction between A and B* 在 A 和 B之间划(···)界线; *gain (win) distinction* 出名; *make a distinction between* 〔区,鉴,辨〕别; *make no distinction(s) between* 不分彼此; *of distinction* 知名的,杰出的; *without distinction* 无差别(地) 〖用法〗注意下面例句中该词的含义: However, it is just this <u>distinction</u> with which the second law of thermodynamics is concerned.然而,热力学第二定律所涉及的正是这一特性。(这是一个强调句型,它也可写成: However, it is just this distinction which (或 that) the second law of thermodynamics is concerned with.)

distinctive [dɪsˈtɪŋktɪv] *a.* (有)区别的,有特色的,与众不同的,醒目的 ‖ ~**ly** *ad.*

distinctiveness [dɪsˈtɪŋktɪvnɪs] *n.* 特殊〔差别,区别〕性

distinctly [dɪsˈtɪŋktlɪ] *ad.* 显然,清楚地

distinctness [dɪsˈtɪŋktnɪs] *n.* ①差别 ②清楚 ③清晰度

distinguish [dɪsˈtɪŋgwɪʃ] *v.* ①区分,辨别,辨明,分

类 ②显示〔表现〕…的特色,使(区)别于 ③显扬 ☆**(as) distinguished from** 不同于,与…不同 〔有区别〕; **be distinguished as** 辨明为; **distinguish A from B** **(between A and B)** 把 A 和 B 区别开; **distinguish oneself (by)** (由…)出名

〖用法〗注意下面例句中该词的含义:These data are <u>distinguished</u> by an A in the subscript.这些数据的特点是在下标中有一个 A 。/Synchronous transmission is <u>distinguished</u> by the existence of a separate clocking signal at the sending and receiving stations.同步传输的特点是在发射台和接收台存在一个单独的〔专门的〕时钟信号。/It is necessary to <u>distinguish</u> 'velocity' from 'speed'〔between 'velocity' and 'speed'〕.必须把"velocity"和"speed"区分开来。

distinguishability [dɪs,tɪŋgwɪʃə'bɪlɪtɪ] n. 可辨别性,分辨率

distinguishable [dɪs'tɪŋgwɪʃəbl] a. 可区〔辨〕别的,辨认得出的

〖用法〗该词与"from"连用。如: This subscript is <u>distinguishable from</u> that designating equilibrium.这个下标与表示平衡的下标是不同的。

distinguished [dɪs'tɪŋgwɪʃt] a. ①卓越的,杰出的,显著的 ②以…著名的

distometer [dɪs'tɒmɪtə] n. 测距仪

distort [dɪs'tɔ:t] v. ①(使)变形,弄歪,扭曲 ②失真,畸变 ③曲解,歪曲 ☆**distort around** 绕过

〖用法〗注意下面例句中该词的含义: The output came out <u>distorted</u> as shown in waveform 2. 得到的输出失真了,如波形 2 所示的那样。

distortedly [dɪs'tɔ:tɪdlɪ] ad. 被歪曲地

distorter [dɪs'tɔ:tə] n. 畸变(放大)器,扭曲物,曲解的事

distorterence [dɪs'tɔ:tərəns] n. 畸变,失真,扭曲

distortion [dɪs'tɔ:ʃən] n. ①变形〔率〕,形变,扭曲 ②失真,畸变(像差) ③曲〔误〕解,歪曲,斜视 ④投影偏差

〖用法〗在该词后可以跟介词"to"。如: In this case, the <u>distortion to</u> typical signals may be far less.在这种情况下,对于标准信号的失真可能要小得多。

distortional [dɪs'tɔ:ʃənəl] a. 变形的,歪曲的,畸变的

distortionless [dɪs'tɔ:ʃənlɪs] a. 无畸变的,无失真的,无形变的

distract [dɪs'trækt] vt. 分散(注意等),掉转,岔开,迷惑

distracted [dɪs'træktɪd] a. 迷惑的,弄得糊里糊涂的 ‖ ~ly ad.

distractibility [dɪs,træktɪ'bɪlɪtɪ] n. 注意力分散,分心性

distraction [dɪs'trækʃən] n. ①分心,精神错乱 ②内脱位,关节面脱离,牙齿分离 ③消遣,娱乐

distrail [dɪs'treɪl] n. (= dissipation trail) 消散尾迹

distrain [dɪs'treɪn] v. 扣押

distrait [dɪs'treɪ] (法语) a. 心不在焉的,不注意的

distraught [dɪs'trɔ:t] a. 心神错乱的,发狂的

distress [dɪs'tres] ❶ n. ①苦恼,痛苦,悲伤 ②遇难,失事,事故 ③受灾,不幸 ❷ vt. 使苦恼,压迫,使疲倦 ☆**be distressed about (over)** 为…而苦恼; **in distress** 不幸的,遇难的,穷困的

distressful [dɪs'tresful] a. 苦难(重难)的,不幸的,悲惨的 ‖ ~ly ad.

distressing [dɪs'tresɪŋ] a. 苦恼的,悲惨的,可怜的 ‖ ~ly ad.

distribond [dɪs'trɪbɒnd] n. (含膨润土的)硅质黏土

distributable [dɪs'trɪbjutəbl] a. 可分配的,可分成类的

distributary [dɪs'trɪbjutərɪ] n. (河道)支流,配水沟〔管〕

distribute [dɪs'trɪbju:t] vt. ①分布〔配〕,配给,配线,排列 ②散布 ③区分,分类 ④【逻】周延 ☆**distribute A over B** 把 A 配给到〔分配到,散布于〕B; **distribute A to (among) B** 把 A 分〔配〕给 B.

distributer = distributor

distributing [dɪs'trɪbju:tɪŋ] a. 分配,配电

distribution [dɪstrɪ'bju:ʃən] n. ①分布〔配〕,配给〔置,电线〕,配电〔水〕系统,布料〔线〕,频率分布 ②分布状态〔范围〕,配给品 ③区分,分类 ④传输 ⑤广义函数,周延(性)

〖用法〗该词前可以有不定冠词。如: In this case, the random variable assumes <u>a Gaussian distribution</u>.在这种情况下,该随机变量呈现高斯分布。

distributive [dɪs'trɪbjutɪv] a. 分布〔配〕的,周延的 ‖ ~ly ad.

distributivity [dɪs,trɪbju:'tɪvɪtɪ] n. 分配性〔律〕,分布性

distributor [dɪs'trɪbjutə] n. ① 分配器,布料器,配电器〔盘〕,配油器,(沥青)洒布机,中间寄存器,导向装置,配水渠,岔路 ②销售者,批发商,分配〔发行〕者

district ['dɪstrɪkt] ❶ n. 地方,区〔域〕,地〔分〕区,(地,总)段 ❷ vt. 把…划分成区

distrust [dɪs'trʌst] n.;vt. 不信(任),怀疑 ☆**have a distrust of** 不信任,怀疑

distrustful [dɪs'trʌstful] a. 不信任的,猜疑的 ☆**be distrustful of** 不信任 ‖ ~ly ad. ~ness n.

disturb [dɪs'tɜ:b] vt. 扰动〔乱〕,干扰,妨碍

disturbance [dɪs'tɜ:bəns] n. ①扰动〔乱〕,扰动量,干扰,搅动 ②破坏,妨碍,损伤 ③故障,障碍,有毛病 ④低气压区 ⑤造山运动

disturbed [dɪs'tɜ:bd] a. (受)干扰的,扰动的

disturber [dɪs'tɜ:bə] n. 干扰发射机

distyle ['dɪstaɪl] a.;n. 双柱式的,双柱式门廊

distyrene [dɪs'taɪəri:n] n. 联苯乙烯

disubstituted [dɪ'sʌbstɪtju:tɪd] a. 二基取代了的,(二)双取代的

disubstitution [dɪ,sʌbstɪ'tju:ʃən] n. 双〔二基〕

取代作用

disulfate = disulphate

disulfatoindate [daɪˌsʌlfə'tɔɪndeɪt] *n.* 二硫酸根络铟

disulfide [daɪ'sʌlfaɪd] = disulphide

disulphate [daɪ'sʌlfeɪt] *n.* 硫酸氢盐,酸式硫酸盐,焦硫酸盐

disulphid [daɪ'sʌlfɪd], **disulphide** [daɪ'sʌlfaɪd] *n.* 二硫化物

disulphonate [daɪ'sʌlfoneɪt] *n.* 二磺酸盐〔酯〕

disulon [daɪ'sʌlʌn] *n.* 双磺胺

disultone [daɪ'sʌltəʊn] *n.* 二磺内酯

disunion [dɪs'juːnjən] *n.* 分离,不团结

disunite [dɪsju'naɪt] *v.* (使)分离〔裂〕,(使)不团结

disuse ❶ [dɪs'juːs] *n.* 不被使用 **❷** [dɪs'juːz] *vt.* 不用,废弃

disused [dɪs'juːzd] *a.* 已不用的,已废的

disutility [dɪsjuː'tɪlɪtɪ] *n.* 无用,负效用

disvalue [dɪs'væljuː] *vt.;n.* 使减价,贬值

disvolution [ˌdɪsvə'ljuːʃn] *n.* 退化,变形,极端分解代谢

disymmetric(al) [ˌdaɪsɪ'metrɪkəl] *a.* 双对称的

disymmetry [daɪ'sɪmɪtrɪ] *a.* 双对称

dit [dɪt] *n.* (小孔)砂眼,点

ditactic [dɪ'tæktɪk] *a.* 构型的双中心规整性

ditch [dɪtʃ] **❶** *n.* 沟,渠 **❷** *v.* ①开沟,挖渠 ②(使)出轨(坠入沟内),在水上(强)迫降(落) ③隐藏,抛开,逃避 ☆**be driven to the last ditch** 陷入绝境; **last ditch effort** 最后的努力

ditchdigger [dɪtʃ'dɪgə] *n.* 挖沟机

ditcher [dɪtʃə] *n.* 挖沟机(者),反向铲挖土机

ditching [dɪtʃɪŋ] *n.* ①挖沟 ②抛开 ③水上迫降,溅落

ditchman [dɪtʃmən] *n.* 矿井中的挖沟者

ditchwater [dɪtʃ'wɔːtə] *n.* 沟(中死)水 ☆**as dull as ditchwater** 极乏味的,完全停滞着

diterpene [daɪ'tɜːpiːn] *n.* 双萜

ditetragon [daɪ'tetrəgən] *n.* 双四边形

ditetragonal [daɪ'tetrəgənəl] *a.* 复正方的

ditetrahedron [daɪ'tetrəhiːdrən] *n.* 双四面体

dither [dɪðə] *n.;v.* ①(使)颤抖,踌躇 ②高频振(脉,颤)动,传送阀防滞的抖动器 ☆**be all of a dither** 浑身发抖; **have the dithers** 发抖

dithiocarbamate [daɪˌθaɪəʊ'kɑːbəmeɪt] *n.* 二硫代氨基甲酸酯(盐)

dithiocarbonate [daɪˌθaɪəʊ'kɑːbəneɪt] *n.* 二硫代碳酸酯

dithionate [daɪ'θaɪəneɪt] *n.* 连二硫酸盐

dithionite [daɪ'θaɪəʊnaɪt] *n.* 连二亚硫酸盐

dithizone [daɪ'θaɪzəʊn] *n.* 双硫腙

dititanate [daɪ'taɪtəneɪt] *n.* 二钛酸盐

ditokous [daɪ'təʊkəs] *a.* 双胎分娩的,双产的

ditolyl [daɪ'tɒlɪl] *n.* 联甲苯,两个甲苯基

ditrigon [daɪ'traɪgən] *n.* 双三角形

ditrigonal [daɪ'trɪgənəl] *a.* 复三方的

dittany [dɪtənɪ] *n.* 白藓(属)

ditto [dɪtəʊ] **❶** *n.* (用于表格中,略作 dº 、do 或") 同上,相同,复制品 **❷** *a.* 同前的 **❸** *ad.* 和上面一样地,依样画葫芦,同样 **❹** *vt.* 重复

dittograph [dɪtəgrɑːf] *n.* (误写的)重复词,重复字(母) ‖ **-ic** *a.*

dittography [dɪ'tɒgrəfɪ] *n.* 词(字母)的重复

dittology [dɪ'tɒlədʒɪ] *n.* 词(或音乐)的重复

ditty [dɪtɪ] *n.* 小曲,歌谣

diuranate [ˌdaɪjʊə'reɪneɪt] *n.* 重铀酸盐

diuresis [ˌdaɪjʊə'riːsɪs] *n.* 多尿(症),利尿

diuretic [ˌdaɪjʊə'retɪk] *n.; a.* 利尿的〔剂〕

diurnal [daɪ'ɜːnl] *a.; n.* 昼间(的),【天】周日的,每日的,昼夜循环节律

diurnalism [daɪ'ɜːnəlɪzm] *n.* 昼行性

diurnally [daɪ'ɜːnlɪ] *ad.* 每日,只在白天

diurnation [daɪ'neɪʃən] *n.* 昼夜变动

divability [ˌdaɪvə'bɪlɪtɪ] *n.* 下潜操作性

divacancy [daɪ'veɪkənsɪ] *n.* 双空格点,双空位

divagate [daɪvəgeɪt] *n.* 离题,偏离,入歧途,漂泊

divagation [ˌdaɪvə'geɪʃən] *n.* 离题,离正轨,入歧途,泛滥,语无伦次

divalence [daɪ'veɪləns], **divalency** [daɪ'veɪlənsɪ] *n.* 二价

divalent [daɪ'veɪlənt] *a.* 二价的

divariant [daɪ'væriənt] *a.* 双〔二〕变的

divaricate ❶ [daɪ'værɪkeɪt] *vi.* 分(为二)叉,分歧 **❷** [daɪ'værɪkɪt] *a.* 分叉很多的,分歧的,展开的

divarication [daɪværɪ'keɪʃən] *n.* 分叉〔歧〕,交叉点,意见不同

dive [daɪv] **❶** (dived 或 dove) *vi.* **❷** *n.* ①潜(入)水(中),潜航,跳水,(飞机)俯冲,猛冲 ②钻研 ☆ **dive for** 潜水探索; **dive into** 把手插进…里,埋头,潜入; **dive off** 从…跳下; **make a dive for** 想抓住…; **nose dive** 俯冲; **take a dive into** 埋头于…中; **take a dive off** 从…跳入(水中)

divekeeper [daɪvkiːpə] *n.* 跳水保护员

diver [daɪvə] *n.* 潜水员〔艇〕,俯冲(轰炸)机

diverge [daɪ'vɜːdʒ] *v.* ①分出〔歧,散〕,岔开 ②(级数)发散,散射,偏离,离开〔题〕,脱节(from) ③消耗

〖用法〗注意下面例句的含义: Carrier behavior in the subthreshold MOSFET <u>diverges</u> to a significant degree <u>from</u> that in the BJT. 亚阈金属氧化物半导体场效应管中的载流子性能在很大程度上与双极型晶体管是不同的。

divergence [daɪ'vɜːdʒəns], **divergency** [daɪ'vɜːdʒənsɪ] *n.* ①分歧〔散〕,趋异,离题,脱节 ②发散,散开,脱离 ③发散(性,量),散度 ④偏离,背离,链反应开始和继续,离向动作〔运动〕

divergent [daɪ'vɜːdʒənt] *a.* ①发散的,辐射状的,扩张的 ②缩阔的,非周期变化的 ③分叉的,分歧的 ④偏斜的,背道而驰的,相异的 ‖ **~ly** *ad.*

diverging [daɪ'vɜːdʒɪŋ] =divergent ‖ **~ly** *ad.*

divers ['daɪvəz] ❶ *a.* 若干(的),数个(的),(各色)各样 ❷ *pron.* 若干个,好几个

diverse [daɪ'vɜ:s] *a.* (性质,种类)不同的,(各种)各样的,悬殊的,(和…)不一样的 ‖ **~ly** *ad.*

diversification [,daɪvɜ:sɪ'keɪʃ ən] *n.* 多样化,变化,不同,多种经营

diversified [daɪ'vɜ:sɪfaɪd] *a.* 变化多的,各色各样的,多种经营的

diversiform [daɪ'vɜ:sɪfɔ:m] *a.* 各式各样的

diversify [daɪ'vɜ:sɪfaɪ] *v.* ①使变化,使多样化 ②多种经营 ③把(资金)分投在好几家公司内

diversion [daɪ'vɜ:ʃ ən] *n.* ①转换(向),换向,偏转,倾斜 ②分(引)出,引水(渠) ③钳(牵)制,分散注意力的方法 ④娱乐

diversionary [daɪ'vɜ:ʃ ənərɪ] *a.* 牵制性的,转移注意力的

diversionist [daɪ'vɜ:ʃ ənɪst] *n.* 异端分子

diversity [daɪ'vɜ:sɪtɪ] *n.* ①不同,异样(性),多种多样(性),参差 ②发散(性),分集 ③合成法

divert [d(a)ɪ'vɜ:t] *vt.* ①使转向,转变信息方向,转换(移),分水 ②转用 ③牵制,使转移注意力(from) ④娱乐,消遣

diverter [daɪ'vɜ:tə] *n.* ①(电阻)分流器,分流调节器,转向(翻转)器,导航隔板,排水道 ②避雷针

diverting [daɪ'vɜ:tɪŋ] *a.* 有趣的,娱乐的 ‖ **~ly** *ad.*

divest [daɪ'vest] *vt.* ①剥夺(除),掠夺 ②除去,放弃 ☆ **be divested of** 被夺去,丧失; **divest ... of ...** 剥夺…的…; **divest oneself of** 放(抛)弃,脱去

divestiture [daɪ'vestɪtʃ ə], **divestment** [daɪ'vestmənt] *n.* 剥夺

dividable [dɪ'vaɪdəbl] =divisible

divide [dɪ'vaɪd] ❶ *v.* ①分(开,隔,组),划(区)分 ②除(尽),等分 ③刻(分,标)度(于) ❷ *n.* 分裂,分度,刻度机,分界(线),分水岭 ☆ **(be) divided by** (被)除以; **be divided in opinion** 意见分歧; **divide A among (between) B** 在B之间分配A,把A分配给B; **divide (A) by B** 把A除以,(把A)除以B; **divide A from B** 把A同B隔开; **divide into ...** 分成(为)…; **divide on** 对于…有意见分歧,表决; **divide out** 除,约去; **divide up (into)** 把…分割(成)

〖用法〗❶ 表示“A等于B除以C”一般应该写成“A equals(或 is equal to 或 is) B divided by C”。如 Current is equal to <u>voltage divided by resistance</u>.电流等于电压除以电阻。❷ 注意下面例句中该词的译法: If this current is <u>divided into</u> the assumed voltage, the result will be the impedance of the circuit.如果让这个电流除以所假定的电压,其结果就是该电路的阻抗。/It is necessary to <u>divide through</u> by ωI_p.必须要把方程的两边除以ωI_p。(注意: “divide through by ...” 即“方程两边均除以…”或“式子上下均除以…”(这时它等于“divide top and bottom”)。)/Dividing <u>through</u> (= <u>Dividing top and bottom</u>) by s^4 we

obtain the following expression. 式子的上下均除以 s^4 我们就得到了下面的表达式。/When a cell has reached its limit of growth, it reproduces by <u>dividing</u> in two.当细胞到达其生长的极限时,它就会通过一分为二来进行繁殖。

dividend ['dɪvɪdend] *n.* ①被除数 ②股息,利息 ③(意外的)收获

dividendo [dɪvɪ'dendəʊ] *n.* 分比定理

divider [dɪ'vaɪdə] *n.* ①分配(压,流,隔)器,间隔物,减速器,分配者,划分者 ②除法器 ③除数 ④(pl.)两脚规,分(线)规,针规

dividing [dɪ'vaɪdɪŋ] ❶ *n.* 分开(界),刻度,除(法) ❷ *a.* 起划分(分割)作用的

dividual [dɪ'vɪdjʊəl] *a.* 分开的,可分割的

divination [,dɪvɪ'neɪʃ ən] *n.* 预言(测兆)

divinatory [dɪ'vɪnətərɪ] *a.* 占卜的,预见的

divine [dɪ'vaɪn] ❶ *a.* ①神的 ②极好的 ❷ *v.* ①预言

divining [dɪ'vaɪnɪŋ] *n.* ①预言(测),推测,识破 ②占卜 ③占卜式找矿

divinity [dɪ'vɪnɪtɪ] *n.* 神学

divinyl [daɪ'vaɪnɪl] *n.* 二乙烯基,联乙烯,丁二烯

divinylbenzene [daɪ,vaɪnɪl'benzi:n] *n.* 二乙烯基苯

divisibility [dɪ,vɪzɪ'bɪlɪtɪ] *n.* 可分(除,约)性,可除尽

divisible [dɪ'vɪzəbl] *a.* 可除(尽)的,可约的,可分(割)的 ☆ **be divisible by** 可被…除尽 ‖ **divisibly** *ad.*

division [dɪ'vɪʒən] *n.* ①分,划分,肢解 ②除(法)③分(刻,标)度 ④组成部分 ⑤部(分,门),(分)区,段,片,师,局,处,科 ⑥隔板,隔栏

〖用法〗注意一个搭配模式: “the division of A into B”,意为“把A分成B”。如: The <u>division of</u> this line <u>into</u> 8 segments is possible.我们可以把这条线分成8段。/The <u>division of</u> all crystal classes <u>into</u> those that do and those that do not possess an inversion symmetry is an elementary consideration in crystallography.把所有的晶体类别分成具有逆对称性和不具有逆(倒置)对称性两组是晶体学中的一个基本考虑因素。

divisional [dɪ'vɪʒnl] *a.* ①分开的,分区的 ②除法的 ③【军】师(管)的 ‖ **~ly** *ad.*

divisive [dɪ'vaɪsɪv] *a.* (制造)分裂的 ‖ **~ly** *ad.*

divisor [dɪ'vaɪzə] *n.* ①除数,(公)约数,因子 ②分压(自耦变压)器 ③(道路上的)分车带

divisorless [dɪ'vaɪsəlɪs] *a.* 无因子的

divorce [dɪ'vɔ:s] *n.;vt.* (使)脱离,分离,断绝,脱节,离婚 ☆ **divorce A from B** 使A与B脱离 ‖ **~ment** *n.*

〖用法〗注意该词作名词时的搭配模式“the divorce of A from B”或“the divorce between A and B”,意为“使A与B分离(脱离)”。如: <u>Divorce of data from</u> location provides better abstraction for files.使数据与存储单元相分离就能为文件提供较好的抽

取。

divot ['dɪvət] *n.* 草皮层,生草层

divulgate [dɪ'vʌlgeɪt] *vt.* 泄漏(秘密),暴露,揭发,公布 ‖ **divulgation** *n.*

divulge [daɪ'vʌldʒ] *vt.* 泄漏(秘密),公布,揭穿(to) ‖ **~ment** 或 **~nce** *n.*

divulse [daɪ'vʌls] *v.* 撕开,扯开

divulsion [daɪ'vʌlʃ ən] *n.* 扯裂,撕开

divulsor [daɪ'vʌlsə] *n.* 扯裂器,扩张器

divvy ['dɪvɪ] ❶ *n.* (所得的)份儿 ❷ *v.* 分配(摊,享)(up)

diyne [daɪ'aɪn] *n.* 二炔烃

dizzily ['dɪzɪlɪ] *ad.* 头昏眼花地,耀眼地

dizziness ['dɪzɪnəs] *n.* 头昏,眩晕

dizzy ['dɪzɪ] ❶ *a.* 眩晕的,耀眼的,头昏眼花的 ❷ *vt.* 使(人)发晕,使头昏眼花

do [du:] (did,done;doing)(第三人称单数现在式 does) ❶ *v.* ①做,干,实行,完成,制作 ②合适,行〔够〕了 ③处理,收拾 ❷ *v. aux.* ①构成疑问句和否定句 ②用于倒装句,位于句中开头的 nor ,only ,by no means 之类的词语之后,主语之前 ☆**can (could) do with** 需要,可利用,满足于,将就; **do away with** 除去,消除,撤消,摆脱; **do damage** 破坏; **do down** 胜过,欺骗; **do for** 适合于,对…有效,照料,代替,毁掉; **do (...) good** (对…)有益〔用,效〕; **do harm** 有害; **do much** 极有用,有用; **do ... into (French)** 把…译成(法文); **do one's best〔utmost〕** 尽〔竭〕力; **do out** 扫除,整理; **do over** 重作,涂; **do right** 做得对; **do the work of** (能)顶…用; **do up** 包扎,整顿,粉刷,疲乏; **do well** 处理得好,成功,进行顺利,进展情况良好; **do with** 同…有关系,与…相处,对付,处置,容忍; **do without** 不用〔没有〕…也行,舍去; **do wrong** 做错,作恶; **have (be) done (with)** 结束,不再和…有关系了,算了; **have much (nothing,something) to do with** 与…很有〔毫无,有些〕关系(或共同之处); **have to do with** 与…有关系,和…打交道,所研究的是; **in doing so** 或 **in so doing** 这样做时,在这种情况下; **make do (with)** (靠…)勉强过去; **that will do** 正好,行了; **will (would) do well to (do)** =had better (do) 最好是,以…较妥

〖用法〗❶ 它可以作代动词用,代替句子前面部分出现过的动词(一般是谓语,有时连同其宾语),主要出现在比较状语从句、方式状语从句中,有时也可出现在由"as"引导的定语从句中。为了加强语气,当从句的主语为名词(有时是"that"或"those")时,可以把"do (does; did)"放在从句主语前面。如: Copper conducts electricity better than aluminum does.铜的导电性能比铝好。/In general, solids expand and contract as gases and liquid do.一般来说,固体与液体和气体一样能够膨胀和收缩。/Most computer facilities continue to protect their physical machine far better than they do their data. 大多数计算机设施仍然是保护它们的机子要比保护它们的数据好得多。/The standard libraries require a greater degree of generality, flexibility, and efficiency than does most software.标准库所需的通用性、灵活性和效率的程度比大多数软件高。/Impedances in series and parallel combine as do resistances.串联和并联阻抗的计算方法与电阻是一样的。/As do most operating systems, the UNIX operating system consists of two parts: the kernel and the systems programs.如同大多数操作系统一样,UNIX 操作系统是由核程序和一些系统程序两部分组成的。/The value of an inductor depends more on the conditions of measurement than does that of the other types of component.电感器的值与其它类型的元件(的值)相比更取决于测量的条件。❷ 它可以用来强调谓语动词(只能用于一般现在时和一般过去时),译成"的确,确实,真的,却"等。如: These instructions do make programming easier.这些指令确实使得编程容易了。/ Lumped parallel capacitance does not change the equivalent parallel resistance but does vary the equivalent series value.集中电容并不会改变等效的并联电阻,但却要改变等效的串联阻值。/If the positive charges did move in a wire, they would flow from the positive terminal to the negative one.如果正电荷的确能在导线中运动的话,它们就会从正端流向负端。❸ 当主语部分有实意动词"do"的任何形式时,作表语的不定式的标志"to"可以省去。如: All we need do is measure the voltage across C. 我们所需要做的是测量一下 C 两端的电压。/The first thing to do is select the transistor.要做的第一件事是选择晶体管。❹ 当在表示"除…外"的"except"和"but"前出现了实意动词"do"的任何形式时,它们后面的不定式一般要省去其标志"to"。如: Last night they did nothing except sleep.昨晚他们除了睡觉,别的什么也没干。❺ 注意下面例句中该词的用法: Not only does computer control greatly increase the speed of measurement; it can increase the accuracy as well.计算机控制不仅能够大大提高测量的速度,而且也能够提高精度。/The beginning student will do well to include the units of all physical quantities, as well as their magnitudes, in all his calculations.初学者最好在其一切计算中不但把所有物理量的数值写上,而且也要把它们的单位也写上。/Nothing less will do if the DP industry is to achieve the professional status to which it aspires.如果 DP 产业想要取得它所向往的职业地位,则少一点也不行〔必须这么做〕。/This done, the problem is greatly simplified.这样处理〔做了〕后,问题大大简化了。/This formula can do with further simplification.这个公式可以进一步简化。

do *ad.* (= ditto) 如前所述,同前,同上

doable ['du:əbl] *a.* 做得到的,切实可行的

dobie ['dəubɪ] *n.* 黏土砖

docent [dəu'sent] *n.* 教师,讲师

D

docile ['dəʊsaɪl] *a.* 容易教的,驯良的,易处理的

docimasia [,dɒsɪ'meɪzɪə] *n.* 检查,鉴定 ‖ **-tic** *a.*

docimaster [,dɒsə'mɑːstə] *n.* 检验师

dock [dɒk] ❶ *n.* ①船坞,港坞,码头,修船所 ②站台 ③飞机检修架,飞机库 ④(pl.)造船厂,(火车)停车处 ❷ *v.* ①入(船)坞 ②对接 ③缩回,裁减,削

dockage ['dɒkɪdʒ] *n.* ①船坞费,船坞设备 ②缩简,减重

docker ['dɒkə] *n.* 码头工人

docket ['dɒkɪt] ❶ *n.* ①概要,附笺 ②签条,关税完税证 ③会议事项 ❷ *vt.* ①附上签条 ②记录摘要 ☆ *off the docket* 不在审查中; *on the docket* 在考虑中

dockglass ['dɒkglɑːs] *n.* 大杯

dockhand ['dɒkhænd] *n.* 码头工人

docking ['dɒkɪŋ] *a.; n.* 入(船)坞(的),相对接,会合,缩减,(煤的)灰分评价

dockize, dockise ['dɒkaɪz] *vt.* 在…设船坞 ‖ **dockization** 或 **dockisation** *n.*

dockmaster ['dɒkmɑːstə] *n.* 船坞长,造船厂长

dockyard ['dɒkjɑːd] *n.* 造船厂,船坞

docrystalline [dɒ'krɪstəlaɪn] *n.* 多晶质

doctor ['dɒktə] ❶ *n.* ①医生,博士 ②辅助机构,(输送)校正器,定厚器 ③刮刀 ❷ *v.* ①诊治,服药 ②修理,调节 ③掺杂,加药于 ④窜改,假造,利用…贩卖私货(up) ☆ *see a doctor* 看病,就诊

doctoral ['dɒktərəl] *a.* 博士的,权威的 ‖ **-ly** *ad.*

doctorand ['dɒktərænd] *n.* 副博士

doctorate ['dɒktərɪt] *a.* 博士学位

doctrinaire [,dɒktrɪ'neə] ❶ *a.* 教条主义的 ❷ *n.* 教条主义者

doctrinairism [,dɒktrɪ'neərɪzəm] *n.* 教条主义

doctrinal [dɒk'traɪnəl] *a.* 学说的,教条的

doctrine ['dɒktrɪn] *n.* 学说,主义,教义

document ❶ ['dɒkjʊmənt] *n.* ①文件,公文 ②记录,证书 ③纪实影片,纪实小说 ❷ ['dɒkjʊment] *vt.* ①(用文件,资料等)证明,为…提供资料 ②授予证书

documental [,dɒkjʊ'mentl] *a.* = documentary

documentalist [,dɒkjʊ'mentlɪst] *n.* 档案文献学家

documentary [,dɒkjʊ'mentərɪ] ❶ *a.* 公文的,证书的,记录的 ❷ *n.* 文件,纪录片,记实小说 ‖ **documentarily** *ad.*

documentation [,dɒkjʊmen'teɪʃən] *n.* ①记录,文本,提供文件 ②与事实相符 ③(利用缩微照相复制技术)文献的编集

documented ['dɒkjʊmentɪd] *a.* 有证明文件的,有执照的

documentor ['dɒkjʊmentə] *n.* 文件处理机,文件处理程序

docuterm ['dɒkjʊtɜːm] *n.* 文件项目条款,资料词语,检索字

dod [dɒd] *n.* 沟管模板

dodder ['dɒdə] *v.* 振动,摇动,摇晃

dodecadactylon [,dəʊdek'dæktɪlɒn] *n.* 十二指肠

dodecagon [dəʊ'dekəgən] *n.* 十二边形 ‖ **~al** *a.*

dodecahedral [,dəʊdɪkə'hiːdrəl] *a.* 十二面体的

dodecahedron [,dəʊdɪkə'hiːdrən] *n.* 十二面体

dodecan [dəʊ'dekæn] *n.* 十二分区

dodecane ['dəʊdɪkeɪn] *n.* 十二烷

dodecanol [dəʊ'dekənl] *n.* 十二(烷)醇

dodecant ['dəʊdɪkənt] = dodecan

dodecastyle [dəʊ'dekəstaɪl] *n.* 十二柱式

dodecene ['dəʊdɪsiːn] *n.* 十二烯

dodecyl ['dəʊdəsɪl] *n.* 十二烷基

dodecylene [,dəʊde'siːliːn] *n.* 十二碳烯

dodge [dɒdʒ] ❶ *n.* ①躲避,欺骗 ②诡计,窍门 ③(新)花样 ☆ *dodge about* 东躲西避

dodged ['dɒdʒd] *a.* 光调过的

dodgery ['dɒdʒərɪ] *n.* 花招,欺骗

dodging ['dɒdʒɪŋ] *n.* 音调改变,遮光

dodgy ['dɒdʒɪ] *a.* 躲闪的,逃避的,狡猾的,巧妙的

Dodine ['dəʊdiːn] *n.* 多果定(杀菌剂)

doe [dəʊ] *n.* 母山羊,母兔,母鹿

doer [dʊə] *n.* 做…的人,实干家

does [dʌz] do 的第三人称单数现在式

doesn't ['dʌznt] = does not

doff [dɒf] *vt.* ①脱下,落纱(卷,筒) ②丢弃,废除

doffer ['dɒfə] *n.* ①盖板 ②脱棉器,落纱机 ③小滚筒 ④落纱工

dog [dɒg] ❶ *n.* ①狗 ②掣子,挡块,凸,棘,制动爪,卡钉 ③栓钉,(鸡心)夹头,轧头 ④凸轮 ⑤挂钩 ⑥机场信标 ⑦假日,幻日,雾虹 ❷ (dogged; dogging) *vt.* 尾随,盯梢,用钩抓住 ☆ *dog's age* 长期间; *dog's chance* 极有限的一点机会; *go to the dogs* 灭亡,毁灭,失败; *lead ... a dog's life* 使…不安宁,使…经常苦恼; *throw (give) to the dogs* 放弃,扔掉; *wake a sleeping dog* 生事,惹起麻烦

dogfish ['dɒgfɪʃ] *n.* 角鲨目

dogged ['dɒgɪd] *a.* 顽强的,固执的 ‖ **~ly** *ad.* **~ness** *n.*

dogger ['dɒgə] *n.* ①铁矿中的劣质层 ②(拉拔机)操作工助手

doggerel ['dɒgərəl] *a.* 拙劣的

doggish ['dɒgɪʃ] *a.* 卑鄙的

doggy ['dɒgɪ] *a.* 狗一样的,爱玩狗的

doghole ['dɒghəʊl] *n.* 狗洞

doghouse ['dɒghaʊs] *n.* 狗窝

dogma ['dɒgmə] (pl.dogmas 或 dogmata) *a.* ①教条 ②定理 ③武断(的意见)

dogmatic(al) [dɒg'mætɪk(əl)] *a.* 教条的,武断的 ‖ **-ally** *ad.*

dogmatism ['dɒgmətɪzm] *n.* 教条主义,武断

dogmatist ['dɒgmətɪst] *n.* 教条主义者,教条派

dogmatize, dogmatise ['dɒgmətaɪz] *v.* 武断(地提出),教条化

dogshore ['dɒgʃɔː] *n.* (下水滑道的)抵键,(下水前用)斜支柱

dogtooth ['dɒgtuːθ] *n.* 犬牙形,齿饰

dogvane ['dɒgveɪn] *n.* 风向仪

dogwatch ['dɒgwɒtʃ] *n.* 两小时值班,夜班

dogwood ['dɒgwud] *n.* 草皮,山茱萸

Doha ['dəuhə] *n.* 多哈(卡塔尔的首都)

dohyaline ['dəuhaɪəlaɪn] *n.* 多玻质

doing ['duːɪŋ] *n.* ①做,干 ②(pl.)行动,活动 ③需要的东西

doit ['dɔɪt] *n.* 小额,无价值的东西

do-it-yourself ['duːɪtjɔːˈself] ❶ *a.* 自制的 ❷ *n.* 一切自理

dol [dɒl] *n.* 度尔(疼痛强度的一种单位)

doldrums ['dɒldrəmz] (pl.) *n.* ①忧郁,不景气 ②赤道无风带(的微风) ☆*be in the doldrums* 精神沮丧,毫无生气,(船)在无风带

dolerite ['dɒləraɪt] *n.* 辉绿岩,粗玄色火成岩 ‖ **doleritic** *a.*

dolichoderus [ˌdɒlɪkɒˈdɪərəs] *n.* 长颈,长颈畸形

dolichoknemic [ˌdɒlɪkɒˈnemɪk] *a.* 长的

dolichomorphic [ˌdɒlɪkɒˈmɔːfɪk] *a.* 长形的,狭长的

dolime ['dəulaɪm] *n.* 煅烧白云石

dolina, doline [dəˈliːnə] *n.* 石灰坑,溶斗

dollar ['dɒlə] *n.* ①元(美国、加拿大等国的货币单位) ②元(反应性单位)

dolly ['dɒlɪ] ❶ *n.* ①铆(钉)顶,铆钉托,垫盘 ②圆形锻模 ③捣棒 ④辘轴车,独轮台车,摄影机移动车 ❷ *v.* ①用搅拌棒搅拌 ②近摄 ③用独轮台车运送 ☆*dolly in* 近摄,向前推动摄影机移动车; *dolly out* 远摄,向后推动摄影机移动车

dollying ['dɒlɪŋ] *n.* 移动摄像机装载车,移动摄像

dolomite ['dɒləmaɪt] *n.* 白云石,石灰岩,大理石

dolomitic [ˌdɒləˈmɪtɪk] *a.* 含白云石的,白云质的

dolomi(ti)zation [ˌdəuləməˈ(taɪ)zeɪʃn] *n.* 白云石化作用

dolor ['dəulə] (pl.dolores) *n.* 疼痛

dolorimetry [ˌdəuləˈrɪmətrɪ] *n.* 疼痛测验法

dolorsite ['dəuləsaɪt] *n.* 氧矾矿

dolostone ['dəuləˈstəun] *n.* 白云岩

dolphin ['dɒlfɪn] *n.* ①护墩桩,(码头)系缆柱 ②鱼雷瞄准雷达系统 ③海豚

domain [dəˈmeɪn] *n.* ①(领,定义)域,范围 ②所有地,版图 ③(土地等)所有权 ☆*be out of one's domain* 非其所长; *in the domain of ...* 在…领域中 ‖ ~al *a.*
〖用法〗表示"在…中"时,其前面要有定冠词。如:"在时域中"为 "in the time domain","在频域中"为 "in the frequency domain","在 Ω 域中"为 "in the Ω domain",等等。

domain-tip [dəuˈmeɪntɪp] *n.* 畴尖

domain-wall [dəuˈmeɪnwɔːl] *n.* 畴壁

domal ['dəuməl] *a.* 圆顶状的

domanial [dəuˈmeɪnɪəl] = domainal

domatic [dəuˈmætɪk] *a.* 坡面的

dome [dəum] ❶ *n.* ①圆顶(建筑) ②圆顶帽,帽盖 ③(钟,流线型)罩 ④穹面,圆丘,水墩 ❷ *v.* 成半球形,形成拱穴 ☆*dome up* 拱起

domed [dəumd] *a.* 圆顶的,半球形的

domestic [dəˈmestɪk] ❶ *a.* ①家庭的,民用的 ②国内的,局部的 ③养驯的 ❷ *n.* (pl.)国货,家庭用品 ‖ ~ally *ad.*

domestication [dəˌmestɪˈkeɪʃn] *n.* 家养,驯化

domesticine [dəˌmestɪˈsiːn] *n.* 家庭碱,南天竹碱

domeykite ['dəumɪkaɪt] *n.* 砷铜矿

domic(al) ['dəumɪk(əl)] *a.* 圆(屋)顶(式)的,穹隆式的

domicile ['dɒmɪsaɪl] ❶ *n.* ①住处,原籍,户籍 ②期票支付场所 ❷ *vt.* 决定住处,指定在…支付 ☆*domicile oneself in (at) ...* 在…定居下来

domiciled ['dɒmɪsaɪld] *a.* 指定支付地点的

domiciliary [ˌdɒmɪˈsɪljərɪ] *a.* 住处的,家用的

domiciliate [ˌdɒmɪˈsɪljət] = domicile

dominance ['dɒmɪnəns] *n.* 支配,优势,偏倚
〖用法〗注意搭配模式"the (a) dominance of A over B"。如: This shows the dominance of bulk charge over inversion-layer charge.这显示出与反型层电荷相比体电荷占优势。/A dominance of diffusion over drift exists in the emitter-junction transition region.在发射结渡越区中与漂移相比扩散占优势。

dominant ['dɒmɪnənt] ❶ *a.* ①支配的,占优势的,统治的 ②显著的,显性的,居高临下的 ❷ *n.* 主要物,显性 ‖ ~ly *ad.*
〖用法〗注意下面例句中该词的含义: Diffusion capacitance is normally dominant in this range.在这个范围内通常扩散电容起主要作用。/The noise envelope is now the dominant term.现在噪声包络是主项。

dominate ['dɒmɪneɪt] *v.* ①优势,处于支配地位 ②优于,高耸,俯临 ☆*dominate over* 凌驾,支配
〖用法〗注意下面例句中该词的含义: In this case, the noise term dominates.在这种情况下,噪声项占主导地位。/At higher current levels, these resistances can dominate the device behavior.当电流电平比较高时,这些电阻能够主导器件的性能。

domination [ˌdɒmɪˈneɪʃən] *n.* 支配,统治,控制,优势

dominative ['dɒmɪneɪtɪv] *a.* 支配的,控制的,占有优势的

dominator ['dɒmɪneɪtə] *n.* 统治者,占优势者,显性质

domineer [ˌdɒmɪˈnjə] *v.* 跋扈,压制,高耸 (over)

Dominica [ˌdɒmɪˈniːkə] *n.* 多米加(岛)

dominical [dəˈmɪnɪkəl] *a.* 基督的,主日的,星期日的

Dominican [ˌdɒmɪnɪˈkən] ❶ *a.* 多米尼加(共和国)的 ❷ *n.* 多米尼加人

dominie ['dɒmɪnɪ] *n.* ①教员,老师 ②牧师

dominion [dəˈmɪnjən] *n.* 主权,支配,管辖 (over),(常用 pl.)领土,版图

D

dominium [də'mɪnjəm] *n.* 所有权

domino ['dɒmɪnəʊ] *n.* 多米诺骨牌

domitic ['dəʊmətɪk] *n.* 多铁矿质

domy ['dəʊmɪ] *a.* 圆(屋)顶的

don [dɒn] ❶ *n.* 变质量,损伤 ❷ *vt.* 穿上,戴上,披上

Don [dɒn] *n.* 顿河

donarite ['dɒnəraɪt] *n.* 多纳炸药

donate [dəʊ'neɪt] *v.* 捐(赠),(赠)送,贡献出

donation [dəʊ'neɪʃən] *n.* 赠品,捐赠(物),捐款

donative ['dəʊnətɪv] ❶ *a.* 赠送的,捐赠的 ❷ *n.* 捐款,捐赠物

donator [dəʊ'neɪtə] *n.* ①捐赠者,捐款人 ②施主,授体,输血者

donatory ['dəʊnətərɪ] = donee

Don(-)bas(s) [dəʊ'bɑːs] *n.* (苏联)顿巴斯(煤矿区)

done [dʌn] ❶ do 的过去分词 ❷ *a.* ①已完成的 ②受了骗的,吃了亏的 ☆**Well done !** (做得)好!

donee [dəʊ'niː] *n.* 受赠人,受(血)者,受体

dong [dɔːŋ] *n.* 盾(越南社会主义共和国货币单位)

donga ['dɒŋɡə] *n.* 冰壑,峡谷

donk [dɒŋk] *n.* 亚黏土

donkey ['dɒŋkɪ] *n.* ①驴子 ②蒸汽泵,小型辅助泵 ③曳引机 ④傻瓜

donnard, donnered ['dɒnəd] *a.* 无感觉的,失去知觉的

donning ['dɒnɪŋ] *n.* 插筒管

donnybrook ['dɒnɪbrʊk] *n.* 瞎吵,乱闹

donor ['dəʊnə] *n.* ①供体,施主(杂质),n 型杂质,予子 ②捐款人,输血者

do-nothing ['duːnʌθɪŋ] *a.;n.* 无所作为的(人),懒惰的(人)

donought [duː'nɔːt] *a.* (电子回旋加速器用的)环形箱

don't [dəʊnt] ❶ = do not ❷ *n.* (pl.)禁止条项

donut ['dəʊnʌt] = doughnut

donutron [dəʊ'nʌtrɒn] *n.* 可调磁控管,笼圈式谐振腔磁控管

doodad ['duːdæd] *n.* 小玩意儿,花哨而不值钱的东西

doodle ['duːdl] ❶ *n.* 笨汉,乱涂乱画的东西 ❷ *v.* 闲混

doodlebug ['duːdlbʌɡ] *n.* ① "V-1" 导弹,有翼飞弹 ②短途往返火车,小汽车,小飞机

doodlebugger ['duːdlbʌɡə] *n.* 野外物探人员

doolie, dooly ['duːlɪ] *n.* 轿子,轿式担架

doom ❷ [duːm] *n.* (不好的)命运,死亡,末日,法律 ❷ *vt.* 注定要(to) ☆**be doomed to failure** 注定要失败的; **meet (go to) one's doom** 走向灭亡

door [dɔː] *n.* ①门,(出)入口 ②门路,途径 ☆**at the door** 在门口,将; **behind (with) closed doors** 秘密地; **lay ... at one's door** 归咎于; **lie at one's door** 是…的责任; **next door to** 邻接,几乎; **open the (a) door to (for)** 使…成为可

能,为…开阔道路; **out of doors** 在户外; **shut (close) the door upon** 把…拒于门外,把…的门堵死,使…成为不可能; **slam the door** 关门,摈弃; **with open doors** 公开地; **within doors** 在室内,在家里; **without doors** 在户外

door-case [dɔː'keɪs], **doorframe** [dɔː'freɪm] *n.* 门框

doorknob [dɔː'nɒb] *n.* 门把手

doorless ['dɔːlɪs] *a.* 没有门的

doorsill [dɔː'sɪl] *n.* 阈,门槛

doorstep [dɔː'step] *n.* 门阶

doorstop [dɔː'stɒp] *n.* 制门器

door-trip [dɔː'trɪp] *n.* 门开关

doorway [dɔː'weɪ] *n.* 门口〔道〕

doozer ['duːzə] *n.* 极其出色者

dopa ['dəʊpə] *n.* 多巴,二羟基苯内氨酸

dopant ['dəʊpənt] *n.* 掺杂物,掺杂质

dope [dəʊp] ❶ *n.* ①漆,附胶 ②胶杂物,照相液 ③润滑剂 ④麻醉药,毒品 ⑤内幕,内部消息 ⑥汽油 ❷ *vt.* ①上漆,上涂料,注(入汽)油 ②(半导体中)掺杂(质),给…掺入添加剂 ③用浓(厚)液(体)处理,施加麻醉剂 ☆**spill the dope** 泄露内幕消息; **dope out** 预测,想出

〖用法〗注意当该词表示"掺杂"时,可以带有补足语。如:One of the bounding layers is doped n-type 这些边界层中有一层被掺杂为 n 型。

doper ['dəʊpə] *n.* (黄)油枪,喷枪

dopester ['dəʊpstə] *n.* 预测的人

dopey ['dəʊpɪ] *a.* 迟钝的,昏迷的

doping ['dəʊpɪŋ] *n.* ①掺杂(质),加添加剂 ②涂上航空涂料,涂布 ☆**by doping with** 用掺…的方法

doppler ['dɒplə] *n.* 多普勒(效应,雷达)

dopplerite ['dɒpləraɪt] *n.* 弹性沥青

dopplerizer ['dɒpləraɪzə] *n.* 多普勒效应器

doppleron ['dɒplərɒn] *n.* 多普勒能量子

dopplometer [dəʊ'plɒmɪtə] *n.* 多普勒频率测量仪

Dopploy ['dɒplɔɪ] *n.* 多普洛伊铸铁

doran ['dɔːræn] *n.* 多兰系统,多普勒测距系统

dorm [dɔːm] *n.* =dormitory

dorman ['dɔːmən] *a.* = dormant

dormancy ['dɔːmənsɪ] *n.* 休眠,潜伏,蛰伏

dormant ['dɔːmənt] ❶ *a.* ①固定的,静止的,未用的 ②休眠的,蛰伏的,潜伏的 ❷ *n.* 横梁,枕木 ☆**lie dormant** 休止〔潜伏〕着

dormer ['dɔːmə] *n.* 天窗

dormered ['dɔːməd] *a.* 有天窗的

dormette [dɔː'met] *n.* 躺椅

dormeuse [dɔː'mɜːz] *n.* 旅行汽车

dormitory ['dɔːmɪtrɪ] *n.* 宿舍,郊外住宅区

dormouse ['dɔːmaʊs] *n.* 睡鼠

dornase [dɔː'nes] *n.* 链球菌脱氧核糖酸酶,链球菌 DAN 酶,链道酶

dorsa ['dɔːsə] dorsum 的复数

dorsad ['dɔ:sæd] *ad.* 朝背,向背面

dorsal ['dɔ:səl] *a.;n.* 脊,背,近背部的,背侧的,船脊

dorsalgia [dɔ:'sældʒɪə] *n.* 背痛

dorsiflection [,dɔ:sɪ'flekʃən] *n.* 背屈

dorsiventral [,dɔ:sɪ'væntrəl] *a.* 有背腹性的

dorsoanterior [,dɔ:,səʊæn'tɪərɪə] *a.* 背向前的

dorsodynia [,dɔ:səʊ'di:nɪə] *n.* 背痛

dorsolumbar [,dɔ:səʊ'lʌmbə] *a.* 腰背的

dorsomedian [,dɔ:səʊ'mi:dɪə] *a.* 背中央的

dorsonasal [,dɔ:səʊ'neɪzl] *a.* 鼻梁的

dorsonuchal [,dɔ:səʊ'nju:kəl] *a.* 颈后的

dorsum ['dɔ:səm] *n.* (pl.dorsa) 背部,山脊

Dortmund ['dɔ:tmənd] *n.* 多特蒙德(德国城市)

dos-a-dos ['dɒsədɒs] ❶ *a.* (两本书封底对封底合装在一起,共用一个封面)合装本的 ❷ *ad.* 背对背地

dosage ['dəʊsɪdʒ] *n.* ①配药,配料 ②剂量(值) ③定量器

dose [dəʊs] ❶ *n.* ①(一次)剂量,用量 ②一服 ③一回 ❷ *vt.* ①下药,配药 ②剂量测定 ☆ *dose out powders* 配药剂

dosemeter ['dəʊsmi:tə] *n.* 剂量计

doser ['dəʊsə] *n.* 剂量器,加药器

dosifilm ['dəʊsɪfɪlm] *n.* 胶片剂量计

dosimeter [dəʊ'sɪmɪtə] *n.* 剂量仪,剂量器,量筒

dosimetric [,dəʊsɪ'metrɪk] *a.* 剂量测定的,计量的

dosimetry [dəʊ'sɪmɪtrɪ] *n.* 剂量学,剂量测定(法)

dosing ['dəʊsɪŋ] *n.* 定量给料,剂量给药

dosis ['dəʊsɪs] *n.* 量,(一次)剂量,一剂

doss [dɒs] *n.* 简陋铺位,睡眠

dossier ['dɒsɪeɪ] *n.* 人事材料,档案(材料),病历夹

dot [dɒt] ❶ *n.* ①(圆,小)点 ②小数点,句号 ❷ (dotted;dotting) *v.* ①打点,用点线表示 ②点乘 ③星罗棋布于,点缀 ☆ *dot and carry one* (加法)打点进位,逢十进一; *dot the i's and cross the t's* 一丝不苟,详述; *on the dot* 准时; *to a dot* 正确

【用法】注意下面例句中该词的含义: If an atom could be expanded to cover this page, its nucleus would be barely visible as a tiny <u>dot</u> one tenth the size of the period at the end of this sentence 如果能够把原子放大到可以覆盖这一页的话,其原子核仅仅可以被看到为本句句尾句号的十分之一那么大小的一个小点。("one tenth ... this sentence" 为表示大小的名词短语作后置定语,修饰 "a tiny dot"。)

dotage ['dəʊtɪdʒ] *n.* 衰老;溺爱

dot-and-dash ['dɒtəndæʃ] *n.;a.* 莫尔斯式电码(的),点画相间的

dote [dəʊt] *vi.;n.* ①腐朽,衰老 ②朽木,腐败物

dothienenteria [dɒ,θɪnən'tɪərɪə], **dothienen-teritis** [dɒθɪnəntɪ'rɪtɪs] *n.* 伤寒

doting ['dəʊtɪŋ] *a.* 老糊涂的;溺爱的

Dotitron ['dɔ:tɪtrɒn] *n.* 光学数据输出器

dotment ['dəʊtmənt] *n.* 氧化铝

dotted ['dɒtɪd] *a.* 有点的,虚线的

dotter ['dɒtə] *n.* 标点器,点标器

dotty ['dɒtɪ] *a.* 多点的;薄弱的

doty ['dəʊtɪ] *a.* 腐朽的

douane [du:'ɑ:n] (法语) *n.* 海关

double ['dʌbl] ❶ *a.* 两倍的,双的,模棱两可的 ❷ *n.* ①倍,复制品 ②折叠,复印 ③后退,(急忙)折回,(pl.) 双叠板 ❸ *ad.* 二倍地,二重地 ❹ *v.* ①加倍 ②重复,复制 ③折叠 ④急忙折回 ⑤绕…航行 ☆ *double back* (向后)折叠,把…对折,掉头飞跑; *double over* 折起; *double up* 折叠,对折,卷起; *play the double game* 耍两面派

doubleburned ['dʌblbɜ:nd] *a.* 煅烧的

doubleness ['dʌblnɪs] *n.* 二倍,轨迹

doubler ['dʌblə] *n.* 倍增器,折叠机

doublespeak ['dʌblspi:k] *n.* 模棱两可的用词

doublet ['dʌblɪt] *n.* ①一对中之一 ②副本 ③双线,二重态,双峰

doubling ['dʌblɪŋ] *n.* ①加倍,复折,折回 ②防护板 ③倍频 ④再蒸馏

doubly ['dʌblɪ] *ad.* 成两倍,双重

doubt [daʊt] ❶ *n.* 怀疑,疑问 ❷ *v.* 怀疑,不相信 ☆ *(be) in doubt (about, what, whether)* 怀疑; *beyond a (shadow of) doubt* 或 *beyond (past, cut of) (all) doubt* 毫不怀疑(地),毫无疑问; *hang in doubt* 悬而未决; *have no doubt (about,that ,of ,as to)* (对…)不怀疑; *leave no doubt that (as to)* 令人不疑,确信; *no doubt* 无疑(地),必定; *raise doubts* 提出疑问,引起怀疑; *throw doubt on (upon)* 引起对…的怀疑; *without (a) doubt* 无疑(地),当然; *not doubt but ((but) that)* 不怀疑,相信; *doubt about (of, as to)* 怀疑,不相信

【用法】❶ 句型 "there is no doubt that ..." 意为 "毫无疑问…"。如: There is no doubt that mercury is a metal.毫无疑问,水银是金属。❷ 其后面可以跟名词从句作同位语从句或跟名词性不定式作同位语。

doubtable ['daʊtəbl] *a.* 可疑的,令人怀疑的

doubtful ['daʊtfʊl] *a.* 怀疑的,可疑的,含糊的 ☆ *(be, feel) doubtful about (of)* 怀疑; *be doubtful if (whether)* 怀疑…是否能 ‖ **~ly** *a.*

doubtless ['daʊtlɪs] *ad.* 无疑地,必定

douce [du:s] *n.* 勘测地下资源

douche [du:ʃ] *n.;v.* 灌洗(法,器)

doudynatron [də'daɪnətrɒn] *n.* 双负阻管

dough [dəʊ] *n.* 生面团,揉好的陶土

doughnut ['dəʊnʌt] *n.* ①油煎圆饼 ②环形,空壳,电子回旋加速器室 ③起落架轮胎,汽车轮胎

doughy ['dəʊɪ] *a.* 面团状的,松软的,糊状的,迟钝的

dour [dʊə] *a.* 严厉的,阴沉的,执拗的 ‖ **~ly** *ad.*

douse [daʊs] *vt.;n.* ①浸,浇,倾注 ②放松(绳子)

douser ['daʊsə] *n.* (电影放映室用)防火门

dove [dʌv] ❶ *n.* ①鸽,鸠 ②灰蓝色 ❷ dive 的过去式

dovecolo(u)r ['dʌvkʌlə] *n.; a.* 淡灰色(的)

dovetail ['dʌvteɪl] ❶ *n.* 鸠〔燕〕尾,鸠尾接合,燕尾槽 ❷ *a.* 鸽尾形的 ❸ *v.* ①燕尾连接 ②(使)吻合(with),严密地嵌进 ☆*dovetail (...) in (into) ...* 把(⋯)妥当安排到⋯中去

dovetailer ['dʌvteɪlə] *n.* 制榫机

dowel ['dauəl] ❶ *n.* ①榫钉,销,键 ②(线圈)架 ③传力杆,外伸的短钢筋 ❷ (dowel(l)ed; dowel(l)ing) *vt.* 用(暗)销接合,设(置)暗销

dowelled ['dauəld] *a.* 设(置)传力杆的,设(置)暗销的

down [daun] ❶ *ad.* 向下,降低;彻底地;现(付) ❷ *prep.* 沿⋯而下;往下进入,在⋯下(方),自⋯以来 ❸ *a.* 向下的,下行的,现(付)的 ☆*(be) down below* 在⋯下面; *be down for* 列入⋯的名单中; *come (get) down to work (business)* 认真开始工作; *down and out* 一败涂地; *down to* 降到,少至; *down to the ground* 完全; *face down* 面朝下; *from A down to B* 从 A 一直到 B; *mouth down* 口朝下; *up(s) and down(s)* 上下,来回,浮沉,盛衰; *upside down* 上端朝下,倒置
〖用法〗❶ 注意下面例句中该词的含义: The tube floats vertically in water, heavy end down.该管子垂直地浮在水中,重的一端朝下。(逗号之后部分为省去"being"的分词独立结构作状语。) ❷ 它作副词时可作后置定语。如: As the stone passes the boy on the way down, d is at that instant zero.当石块下落经过男孩时,在那一瞬间 d 为零。❸ 在下面例句中该词为介词: At each pulse of the clock, the state of each flip-flop is shifted to the next one down the line.在每个时钟脉冲到来时,每个触发器的状态被沿着该线转移到下一个触发器。

downbound ['daunbaund] *a.* 下行的

downaileron ['daun'eɪlərən] *n.* 下偏副翼

downalong ['daunəlɒŋ] *ad.* 顺沿而下,去远处

down-and-up ['daunənd'ʌp] *a.* 上下来回的,往复的

downbuckling ['daunbʌklɪŋ] *n.* 下弯,地壳下弯

downcast ['daukɑːst] ❶ *n.* ①下落,陷落 ②通气竖坑,下风井 ❷ *a.* ①向下的,下落的 ②沮丧的,衰颓的

downcoiler ['daunkɔɪlə] *n.* 地下卷取机

downcomer ['daunkʌmə] *n.* 泄水管,下气道

downcomerpipe ['daunkʌməpaɪp] *n.* 下导管

downconversion ['daunkən'vɜːʃən] *n.* 下转换

down-converter ['daunkən'vɜːtə] *n.* 下转换器,下变频器

down-counter ['daun'kauntə] *n.* 逐减计数器

downcountry ['daun'kʌntrɪ] *a.;ad.* 向河口,在沿海地区

downcurve ['daunkɜːv] *n.* 下降曲线

downcurved ['daunkɜːvd] *a.* 向下弯的

down-dip ['daundɪp] *a.* 下倾,下降,沿倾斜向下

downdraught, downdraft ['daun'drɑːft] *n.* 下鼓风,倒风,下吸,回流

downdrift ['daundrɪft] *n.* 向下漂移,下游方向

downdrop ['daundrɒp] *n.* 下落

downender ['daunendə] *n.* (横倒)翻卷机

downface ['daunfeɪs] *vt.* 同⋯矛盾,反驳

downfall ['daunfɔːl] *n.* 落下,倾盆而下,垮台,毁灭

downfallen ['daunfɔːlən] *a.* 倒了的,坠落了的

downfaulted ['daunfɔːltɪd] *a.* 由于断层而陷落的

downfaulting ['daunfɔːltɪŋ] *n.* 下落断层(作用)

downflow ['daunfləu] *n.;v.* 下冲气流,下流

downfold ['daunfəuld] *n.* 【地质】向斜(层),槽褶纹

downgate ['daungeɪt] *n.* 直浇口

downgrade ['daungreɪd] ❶ *n.;a.;ad.* 下坡,衰落的 ❷ *vt.* 使⋯降级,(文献密级)降格,贬低

downhand ['daunhænd] *n.;a.* 俯焊(的),平焊(的)

downhearted ['daunhɑːtɪd] *a.* 垂头丧气的,沮丧的

downhill ['daunhɪl] ❶ *n.;a.* 下坡,下倾的,衰退 ❷ *ad.* 降下,倾斜,衰 ☆*go downhill* 下坡,每况愈下

downhole ['daunhəul] *ad.* 向下打眼

downiness ['daunɪnɪs] *n.* 软毛质感,柔软性

downland ['daunlænd] *n.* 丘陵地,低地

downlead ['daunliːd] *n.* 天线馈线

down-leg ['daunleg] *n.* (弹道)下降段

downline ['daunlaɪn] *ad.* 沿铁路线

down-link ['daunlɪnk] *n.* 下行线路

downmarket ['daunmɑːkɪt] *a.* 低档商品市场(的),低收入消费者的

downmost ['daunməust] *a.* 最下的

down-off ['daunɒf] *n.* 塔底流出的容量,下流量

downpipe ['daunpaɪp] *n.* 落水管,下悬管

downplay ['daunpleɪ] *vt.* 降低,贬低

downpour ['daunpɔː] *n.* 注下,倾盆大雨;(日光)照射

downpunch ['daunpʌntʃ] *v.* 沉陷

downramp ['daunræmp] *n.* 下坡道

downrange ['daunreɪndʒ] *n.;a.;ad.* ①下靶场,下航区 ②下(段)射程,倾斜射程,至弹着点方向(的) ③在下(段)射程内

downrate ['daunreɪt] *vt.* 缩减⋯的重要性

downright ['daunraɪt] *a.;ad.* ①直率的 ②彻底(的),明确的(的) ③垂直(的),直下(的) ‖ **~ness** *n.*

downriver ['daunrɪvə] *a.; ad.* 向河口处,下游

down-run ['daunrʌn] *v.* 向下吹风

downsand ['daunsænd] *n.* 沙丘

downscale ['daunskeɪl] *vt.* 缩减⋯的规模

down-seat ['daunsiːt] *v.* 装在下部支架上

downset ['daunset] *n.* 下端局部设备

downshift ['daunʃɪft] *vt.* (调挡)使变慢

downside ['daunsaɪd] *n.* 下侧,下落翼(断层)

downsize ['daunsaɪz] *vt.* 缩减

downslide ['daunslaɪd] *n.* 下滑,下跌

downslope ['daunsləup] *n.;a.;ad.* 下坡(的)

downspout ['daʊnspaʊt] *n.* 流嘴,漏斗管

downspouting ['daʊnspaʊtɪŋ] *n.* 溜槽

downsprue ['daʊnspruː] *n.* 直浇口

downstage ['daʊnsteɪdʒ] *n.;ad.* (在,向)舞台前

downstair ['daʊnsteə] *a.* 楼下的

downstairs ['daʊn'steəz] *n.;a.;ad.* 楼下(的),在楼下,在下层

downstate ['daʊnsteɪt] ❶ *n.* 州的最南部地区 ❷ *a.;ad.* 在州的最南部的(的)

downstream ['daʊn'striːm] *a.;ad.* 顺流(的),下游(的),向河口(的)

downstroke ['daʊnstrəʊk] *n.* 活塞下(降)行程

downsweep ['daʊnswiːp] *n.;v.* 向下扫描

downswing ['daʊnswɪŋ] *n.* 向下挥动,下降趋势

downtake ['daʊnteɪk] ❶ *n.* 下降管,下导气管 ❷ *a.* 下降的

downtank ['daʊntæŋk] *n.* 下流槽,收集器

down-the-line ['daʊnðəlaɪn] *ad.* 一路上,到底,始终

downthrow ['daʊn'θrəʊ] *v.;n.* 下落,投下,坍陷,正断层

downtilt ['daʊntɪlt] *v.* 翻平(带卷)

downtilter ['daʊntɪltə] *n.* 翻卷机

downtime ['daʊntaɪm] *n.* 停机时间,(计算机)发生故障时间

down-to-date ['daʊntə'deɪt] *a.* 现代(化)的,直到现在的

down-to-earth ['daʊntə'ɜːθ] *a.* 现实的,实际的

Downton pump 达温特曲柄式手摇泵

downtown ['daʊn'taʊn] *n.;a.;ad.* (在,到)市区(的)

downtrend ['daʊntrend] *n.* 下降(趋势)

downtrodden ['daʊntrɒdn] *a.* 受压迫的,被蹂躏的

downturn ['daʊntɜːn] *n.* 下转,下降趋势

downward ['daʊnwəd] *a.;ad.* 向下(的),下坡(的),趋向没落(的)

downwards ['daʊnwədz] *ad.* 向下,下坡,趋向没落

downwarp ['daʊnwɔːp] *v.* 下翘,反弯

downwash ['daʊnwɒʃ] *n.* 下洗(流),下冲

downwelling [daʊn'welɪŋ] *n.* 沉降流

downwind ['daʊnwɪnd] *n.;a.;ad.* 顺风(的),下降气流

downy ['daʊnɪ] *a.* ①绒毛的,软毛的 ②柔软的,安稳的 ③丘陵起伏的

dowse [daʊz] *v.* ①浸,浇水 ②急冷,淬火,熄灭 ③封港 ④用机械探寻

dowser ['daʊsə] *n.* ①摄影机挡光板 ②油水勘探法

dowtherm ['daʊθɜːm] *n.* 导热换热剂

dox [dɒks] *n.* 纪录影片

doxenic [dɒk'senɪk] *n.* 多客晶质

doyen ['dɔɪən] *n.* 首席(代表),老前辈

doze [dəʊz] *v.* ①(用推土机)推土 ②打吨

dozen ['dʌzn] *n.* 一打,十二个,(pl.) 若干,许许多多

☆ *baker's (long, printer's) dozen* 十三个; *dozens of* 数打,几十(种,个); *dozens of times* 屡次,时常; *half a dozen* 半打,六个; *half a dozen times* 好几次; *six of one and half a dozen of the other* 半斤八两; *some dozens of* 几十个; *sell by the dozen* 整打出售 〖用法〗注意在"数字+dozen(s) of"中,"dozen"既可以用复数,也可以用单数。如:There are <u>two</u> <u>dozen(s) of</u> pencils in this box.在这个盒子里有两打铅笔。

dozenth ['dʌznθ] *n.* =twelfth

dozer ['dəʊzə] *n.* 推土机

dozy ['dəʊzɪ] *a.* 困倦的,快要腐烂的

dozzle ['dɒzl] *n.* 铸模补助注口

drab [dræb] ❶ *a.* 淡褐色的,单调的,小额的 ❷ *n.* 褐色斜纹布,黄褐色厚呢 ‖ ~ly *ad.*

drabness ['dræbnɪs] *n.* 淡褐色;单调,阴郁

drachenfels ['drækenfels] *n.* 透长正基粗面岩

drachma ['drækmə] *n.* 德拉克马(希腊货币名)

drac(h)orhodin ['dreɪkɔːhodɪn] *n.* 龙血树深红素

draconic [drə'kɒnɪk] *a.* (似)龙的,严峻的

dracorubin [,dreɪkɔː'rʌbɪn] *n.* 龙玉红

draff [dræf] *n.* 渣滓,糟粕

draft = draught

drag [dræg] ❶ (dragged;dragging) *vt.* ①拖,牵引,耙(平),疏浚 ②打捞,探寻 ③制动 ④ 使厌烦 ❷ *vi.* 拖着,拖累;松懈 ❸ *n.* ①阻力,摩擦力,累赘 ②牵引,拖 ③制动(器),刹车 ④滞后,阻尼,被拖曳的东西,拖运机,刮路器,刮阻 ☆ *drag on (out)* (把…)拖长

dragger ['drægə] *n.* 小型拖网渔船,牵引机

draggy ['drægɪ] *n.* 拖沓的,呆滞的,无生气的

draggle ['drægl] *n.* 拖脏 (湿)

dragline ['dræglaɪn] *n.* 拉索,拉铲挖土机,绳斗铲

dragman ['drægmən] *n.* 刮路机驾驶员

dragnet ['drægnet] *n.* 拖网,天罗地网

dragon ['drægən] *n.* ①龙 ②装甲曳引车 ③有电视引导系统的鱼雷

dragscraper ['drægskreɪpə] *n.* 拖铲

dragshovel ['drægʃʌvl] *n.* 拖铲挖土机

dragster ['drægstə] *n.* 改装而成的高速赛车

drain [dreɪn] ❶ *v.* ①排,泄水,导流,流光 ②漏电 ③消耗,使枯竭 ❷ *n.* ①排水管,引流管,排出口,注口,下水道,阴沟 ②冷凝水 ③漏极 ☆ *be drained of* 耗尽了; *drain away* (把…)排尽; *drain into* 流入; *drain A of B* 耗尽了A的B; *drain off* (把…)排除,流干,放空; *drain out* 流出; *go down the drain* 愈来愈糟,破产,被浪费掉

drainability [,dreɪnə'bɪlɪtɪ] *a.* 排水能力

drainable ['dreɪnəbl] *a.* 可排水的

drainage ['dreɪnɪdʒ] *n.* ①排水,排泄,导液法 ②排水设备,下水道水系 ③污水排 ④水区域,流域

drainboard ['dreɪnbɔːd] *n.* 滴水板

drainer ['dreɪnə] *n.* ①排水器,排泄孔,滴干板 ②排

水工,下水道修建工
draining ['dreɪnɪŋ] *n.* 排水,漏滴;蜉蝣
drainlayer ['dreɪnleɪə] *n.* 排水管铺设机
drainpipe ['dreɪnpaɪp] *n.* 排水管
drake [dreɪk] *n.* ①公鸭 ②石片
dram [dræm] *n.* ①打兰,英钱 ②液量打兰 ③少许,一点点
drama ['drɑːmə] *n.* ①戏曲(剧),剧本 ②戏剧性事件
dramatic [drə'mætɪk] *a.* ①剧本的,戏剧(性,般)的 ②惊人的,奇迹般的
dramatically [drə'mætɪkəlɪ] *ad.* 戏剧性地,生动地,鲜明地
D
dramatism [drə'mætɪzm] *n.* 戏剧化行动
dramatization, dramatisation [ˌdræmətaɪ'zeɪʃn] *n.* 改编剧本,生动表现
dramatize, **dramatise** [ˌdræmə'taɪz] *vt.* ①改编为剧本,戏剧式地表现 ②使引人注目
〖用法〗注意下面例句中该词的含义：The contrast between the two situations can be dramatized by the following fact.这两种情况之间的对照可以由下面一点生动地加以描述。
drank [dræŋk] drink 的过去式
drape [dreɪp] ❶ *vt.* ①覆盖,悬挂(幕) ②隔声 ③调整,起皱纹 ❷ *n.* ①帘,幕,被单 ②倾斜褶皱
draper ['dreɪpə] *n.* 布面清选机,布商
draperied ['dreɪprɪd] *a.* 悬有(褶形)布帘的
drapery ['dreɪprɪ] *n.* ①绸缎,布匹 ②装饰用布,帘,帷幔
draping ['dreɪpɪŋ] *n.* ①覆盖 ②隔声 ③隔音材料
drastic ['dræstɪk] ❶ *a.* 激烈的,急剧的,严厉的,果断的 ❷ *n.* 烈性泻药 ‖ **~ally** *ad.*
draught [drɑːft] (=draft) ❶ *n.* ①草稿〔图〕,图样,计划 ②拖(曳),牵引力 ③吃水(深度) ④凹模洞斜角 ⑤通风,穿堂风,通风装置 ⑥汇票 ❷ *vt.* ①起草,画…的草图 ②牵引 ③通风,排气 ④凿槽 ⑤汇寄 ⑥选拔,征集 ☆***at a draught*** 一口,一气; ***draught for (of) ...*** …的底稿〔图样〕; ***draught for (...) upon ...*** 在…提取(面值)(…)的一张汇(支)票; ***draught on demand*** 来取即付的汇票; ***draw a draught on*** 开一张付给…的支票; ***make a draught of money*** 提取款项; ***make a draught on a bank*** 从银行提出; ***make out a draught of*** 起草; ***telegraphic draught*** 电汇
draughter ['drɑːftə] *n.* 制图机械,描图器,制图者
draughtily ['drɑːftəlɪ] *ad.* 通风地
draughtiness ['drɑːftɪnɪs] *n.* 通风
draughting ['drɑːftɪŋ] *n.* ①起草,制图 ②牵引 ③通风
draughtsman ['drɑːftsmən] *n.* 制图员,起草者
draughtsmanship ['drɑːftsmənʃɪp] *n.* 制图(技)术
draught-tube ['drɑːfttjuːb] *n.* 导管
draughty ['drɑːftɪ] *a.* 通风的
dravite ['drɑːvaɪt] *n.* 镁电石

draw [drɔː] ❶ (drew, drawn) *v.* ①拉,拖 ②拔,拉制,轧制,牵伸 ③吸,提(取),汲(取),通风 ④得出,招致,推断 ⑤绘(图),划(线),制订 ⑥靠近 ⑦(船)吃水 ❷ *n.* ①拉,抽,牵引,提取,吸引 ②拉制(法),拉丝,变长 ③移动 ④绘 ⑤吃水 ⑥(比赛)平局 ☆***draw a conclusion (on)*** (对…)得出结论; ***draw (one's) attention to A*** 引起…对A的注意; ***draw ... along*** 拖着…; ***draw away*** 拉走; ***draw back*** 犹豫,缩手不干,收回; ***draw down*** 把…向下移,轧扁,延伸,引起; ***draw forth*** 引起,博得; ***draw A from B*** 从B中拔出〔得到〕A,按B画A; ***draw in*** 拉回,吸入,缩减,诱致; ***draw A into B*** 把A吸入B中,吸引A参加B; ***draw it fine*** 吹毛求疵,(区别得)十分精确; ***draw lessons from (parallel) experience*** 从(类似)经验中汲取教训; ***draw (A) near(er) to B*** (把A)移近B; ***draw off*** 抽出,倒,排除,转移; ***draw on (upon)*** 凭(借),引起,靠近; ***draw out*** 拔出,拔丝,延长;描述出;拟订; ***draw outlines of*** 画…的草图,概括地阐述; ***draw over*** 拉下遮盖,蒸馏; ***draw round*** 围拢,围在…周围; ***draw the line (at)*** 加以限制,不肯(做某事); ***draw to*** 接近; ***draw to a close*** 终了; ***draw to scale*** 按比例(尺)描绘; ***draw up*** 画出,起草;拉起,抽上;(使)停住;紧逼,追上
〖用法〗❶ 注意下面例句中该词的含义：Now we draw in the diagonal OR.现在我们画上对角线OR。/Drawing on our experience with diodes, we can linearize the emitter-base circuit.凭借我们对于二极管的经验,我们可以把发射极-基极电路线性化。/The potential difference across the terminals of a cell depends on the size of the current being drawn from the cell.电池两端的电位差取决于从电池汲取的电流的大小。/The load draws a current of 100 mA.负载汲取〔获得〕了100毫安的电流。/Diagrams for addition of displacement vectors need not be drawn actual size.位移矢量相加的图不必画成实际的尺寸。(在actual size前省去了of。) ❷ 当该词作"画,汲取,引起"等讲时,它可以带有双宾语。如：I drew him a sketch showing where our new library is.我给他画了一张草图,显示我们的新图书馆的位置。/The crime drew the person a five-year sentence.该罪行使那个人被判刑五年。
drawability [ˌdrɔːə'bɪlɪtɪ] *n.* 压延性能,塑性,回火性
drawback ['drɔːbæk] *n.* ①缺点,瑕疵(in),障碍(物) ②回火 ③收回,退款,退税
〖用法〗❶ 当该词表示"缺点,障碍"时,其后面一般跟介词"to"(但也有人用"of"的)。如：The only drawback to this model is as follows.这模型的唯一缺点如下。❷ 注意下面例句中含有该词的名词短语作前面句子的同位语：Series resistances waste power, a serious drawback in high-power circuits.串联电阻浪费了能量,这是高功率电路的一个严重缺点。

drawbar ['drɔːbɑː] n. 拉〔牵引,导〕杆,连接装置
drawbench ['drɔːbentʃ] n. 拉丝机,拔管机
drawbore ['drɔːbɔː] n. 钻销孔
drawbridge ['drɔːbrɪdʒ] n. 吊桥
drawdown ['drɔːdaun] n. ①(水位)下降,降落 ②消耗,减少,轧扁
drawee [drɔːˈiː] n. 付款人,受票人
drawer [drɔː] n. ①拉曳者,拉拔工,拔取工具 ②制图人,出票人 ③抽屉,(pl.)橱柜
drawhead ['drɔːhed] n. 拉拔机机头
drawhole ['drɔːhəul] n. 拉模孔
drawing ['drɔːɪŋ] n.;v. ①拉,抽,牵引,拔制,冲压成形,回火,(炉)卸料 ②描模,脱箱 ③绘图,图纸 ☆*in drawing* 画得准确的; *make a drawing* 画(草)图; *out of drawing* 不合理法,画错,画得不准确的
drawknife ['drɔːnaɪf] n. 刮刀
drawl [drɔːl] v. 慢声慢气地说〔唱〕
drawling ['drɔːlɪŋ] n. (铁路车辆)牵引杆
drawn [drɔːn] ① v. draw 的过去分词 ② a. ①拉伸的,拔出的,拖式的 ②画好的 ③不分胜负的
drawout ['drɔːˈnaut] a. 拉长了的
drawn-wire ['drɔːnwaɪə] n. 冷拉钢丝,拉制线
draw-off ['drɔːɒf] n. 抽取,排泄,(水库)放水,取出,排放设备
drawout ['drɔːaut] a.;n. 抽出(式的),引出
drawpiece ['drɔːpiːs] n. 压延件
drawplate ['drɔːpleɪt] n. 拉板,牵引板
drawshave ['drɔːʃeɪv] n. 刮刀
draw-sheet ['drɔːʃiːt] n. 抽单,垫单
drawtwister ['drɔːtwɪstə] n. 拉伸加捻机
dray [dreɪ] ① n. 载货马车,大车 ② v. 用大车搬运
drayage ['dreɪɪdʒ] n. 大车搬运,大车运费
Draza ['dreɪzə] n. 灭虫威
dread [dred] ① v.;n. 害怕,畏惧,担心 ② a. 令人畏惧的,非常可怕的 ☆*be in dread of* 害怕 〖用法〗该词当动词时后面一般跟不定式,但也可跟动名词。
dreaded [dredɪd] a. 非常可怕的
dreadful ['dredful] a. 可怕的,讨厌的,极端的
dreadfully ['dredfulɪ] ad. 可怕,非常
dreadnaught, **dreadnought** ['drednɔːt] n. 无所畏惧的人;一种厚呢
dream [driːm] ① n. 梦(境),梦想 ② (dreamed 或 dreamt) v. 做梦,梦见,想象 ☆*be beyond ... dream* 超过…的期望; *dream away (out, through) one's time* 虚度(时光); *dream of* 梦见,想象; *dream up* 想出,编造 〖用法〗① 它作名词时一般为可数名词。② 它作动词时可以跟 of、about 或 that 从句。
dreamer ['driːmə] n. 梦想家
dreamhole ['driːmhəul] n. 天窗
dreamily ['driːmɪlɪ] ad. 梦一样地,梦幻地
dreamland ['driːmlænd] n. 梦境,幻想世界
dreamlike ['driːmlaɪk] a. 梦一般的,朦胧的

dreamt [dremt] dream 的过去式和过去分词
dreamy ['driːmɪ] a. 梦想的,理想的
drearily ['drɪərɪlɪ] ad. 沉寂地,枯燥无味地
dreary ['drɪərɪ] a. 沉寂的,枯燥的,凄凉的
dredge [dredʒ] n. ①疏浚机,挖泥船 ②拖网 ② vt. ①挖泥,疏浚 ②撒 ☆*dredge for* 捞取; *dredge out* 挖掘出; *dredge up* 挖
dredger ['dredʒə] n. ①挖泥机〔船〕 ②疏浚工 ③拖网 ④撒粉器〔船〕
dreelite ['driːlaɪt] n. 石膏重晶石
dreg [dreg] n. ①(常用 pl.)渣滓 ②微量 ☆*drain (drink) to the dregs* 喝干,受尽; *not a dreg* 丝毫也不
dregginess ['dregɪnɪs] n. 沉淀物,渣滓
dreggy ['dregɪ] a. 有渣滓的,混浊的
dreikanter ['draɪkɑːntə] n. 三棱石
drench [drentʃ] ① vt. ①湿透(with) ②灌服 ② n. ①透湿,浸润,(皮革)脱灰 ②浸液 ③倾盆大雨
drencher ['drentʃə] n. 大雨;灌药器
drepanid ['drepənɪd] n. 管石鸟
dress [dres] ① (dressed 或 drest) v. ①(给…)穿衣 ②修饰,整理 ③放血,拔毛 ④施肥 ⑤打磨,磨光 ⑥敷药,上涂料 ⑦压平,矫直 ② n. 衣服,服装,裙子,覆盖物 ☆*dress out* 装饰,包扎
dresser ['dresə] n. ①修整器,打磨机 ②清选机,选矿机 ③清理工,雕琢工 ④食具柜 ⑤梳妆台
dressing ['dresɪŋ] n. ①衣服,装饰;外皮 ②修整,整修,镶面 ③淘汰,精选 ④药膏,涂料 ⑤施肥,追肥
dressy ['dresɪ] a. 时髦的,讲究穿戴的
drest [drest] dress 的过去式和过去分词
drew [druː] draw 的过去式
drewamine ['druːɪmiːn] n. 吗啉
drib [drɪb] ① n. 点,少量,碎片 ② (dribbed;dribbing) vi. 点点滴滴落下 ☆*dribs and drabs* 零星,片断
dribbing ['drɪbɪŋ] n. 零星修补
dribble ['drɪbl] v.;n. ①(使)滴,滴流,漏泄,少量 ②逐渐消散 ③渐渐发出(out),逐渐消磨(away) ④梦话
drib(b)let ['drɪblɪt] n. 少量,涓滴 ☆*by (in) driblets* 一点点地,渐渐
dribbling ['drɪbɪŋ] n. 泄露,小修小补
dried [draɪd] ① dry 的过去式和过去分词 ② a. 干(燥)的
drier ['draɪə] ① dry 的比较级 ② n. ①干燥(机,物),烘箱 ②催干剂 ③干燥工
drierite ['draɪərɪt] n. 燥石膏,无水硫酸钙
drift [drɪft] ① n. ①(漂)流(动),冲积 ②采矿 ③缓慢地变动,渐渐趋向 ② n. ①漂流,偏移 ②位移,漂流距离 ③变化 ④平衡阻碍(现象) ⑤ 漂流物,堆积物 ⑥ 打桩器,穿孔器 ⑦ 横坑,乡村道路 ☆*drift about* 漂来漂去; *drift one's way through* 漂过
driftage ['drɪftɪdʒ] n. 流程,漂流物,偏流
driftbolt ['drɪftbɒlt] n. 穿钉,系栓

D

drifter ['drɪftə] n. ①漂流物,漂流水雷,扫雷船 ②架式钻机 ③漂移论者

drifting ['drɪftɪŋ] n. ①漂流,偏航 ②打洞

driftmeter ['drɪftmiːtə] n. 偏移测量仪,偏差计,测斜仪

driftway ['drɪftweɪ] n. 车道,坑道,流程

drikold [,drɪ'kəuld] n. 固态二氧化碳

drilitic [drɪ'lɪtɪk] n. (= dry electrolytic capacitor) 干电解电容器

drill [drɪl] ❶ v. ①钻,穿孔 ②训练,练习 ③条播 ❷ n. ①钻(头,床),穿孔器,锥,钻井装置 ②训练,练习 ③条播(机),条沟 ④(粗)斜纹布 ☆*drill in* 钻成(井); *drill out* 钻出,取出岩心; *drill through* 钻通

drillability [,drɪlə'bɪlɪtɪ] n. 可钻性

driller ['drɪlə] n. 钻床,钻工,司钻

drilling ['drɪlɪŋ] n. ①钻孔,打眼,(pl.)钻屑 ②训练 ③斜纹布,卡其

drillion ['drɪlɪən] n.;a. 天文数字

drillstock ['drɪlstɔk] n. 钻柄,钻床

drily ['draɪlɪ] ad. 冷淡地,枯燥无味地

drimeter ['drɪmɪtə] n. 湿度计

drimophilous ['draɪmɒfɪləs] a. 适盐的

drink [drɪŋk] ❶ (drank;drunk 或 drunken) v. ①饮,喝(off, down) ②领略,陶醉(in) ❷ n. ①饮料,酒(类) ②一杯 ③(一片)水,海洋 ☆*drink in* 吸收,欣赏,陶醉于; *drink to* 举杯祝贺,为…干杯; *drink up* 吸上来,喝干

drinkable ['drɪŋkəbl] a.;n. 可饮用的,饮料

drinker ['drɪŋkə] n. 饮水器

drinking ['drɪŋkɪŋ] a. 喝,饮用

drip [drɪp] ❶ n. ①滴,滴下,滴滴答答(声) ②溢流(器),检油池 ③(pl.)收集液,滴液 ④(屋)檐 ❷ (dripped; dripping) v. 滴(下),使滴,湿透(with)

dripdry ['drɪpdraɪ] n.;v. 滴干(法),易快速晾干

dripfeed ['drɪpfiːd] vt. 逐滴供给

dripless ['drɪplɪs] a. 无液滴的

drippage ['drɪpɪdʒ] n. 滴落

dripping ['drɪpɪŋ] ❶ n. 滴(下,落,漏,落物),水(油,小)滴 ❷ a. 滴水的,湿淋淋的 ☆*be dripping wet* 淋透

drippy ['drɪpɪ] a. 雨多的

dripstone ['drɪpstəun] n. 滴水石

drive [draɪv] ❶ (drove, driven) v. ①驱赶,驾驶 ②传动,推进 ③激励,引起 ④钉入,挖(掘),开凿 ❷ n. ①驾驶 ②传动,推进(力),激励(装置) ③传动力,传动装置 ④(行)车道(路) ⑤魄力,干劲 ☆*(be) driven to* 被迫; *drive a heading* 开凿导洞; *drive at* 意指,打算; *drive away* 赶走; *drive away at (work)* 努力做(工作); *drive down* 降低,压低; *drive ... from its position* 取代…位置; *drive home* (把钉)敲进去,把…讲透彻; *drive in* 敲进,开入,(使)向里钻; *drive into* 敲入; *drive off* 驱散,馏出,分离; *drive out* 排出,赶走,坐车子出去; *drive ... out of ...* 把…从…赶出; *drive*

(the piles) to refusal (把桩)打到底,力图; *drive up* 抬高; *drive toward* (朝…方向的)努力,力图 〖用法〗注意下面例句中该词的用法及含义:When the base is <u>driven</u> negative with respect to the emitter, a current flows from emitter to base.当把基极激励得〔当使得基极〕相对于发射极为负时,就会有电流从发射极流向基极。("negative"在此作主语补足语了。)/Modern operating systems are <u>interrupt driven</u>. 现代操作系统是靠中断驱动的。/Chains give a more compact <u>drive</u> than is possible with belts.链条提供的传动比皮带结实。

drive-in ['draɪvɪn] n. ①打入,推进 ②路旁餐馆,露天电影院

drivel ['drɪvl] v.;n. 流涎,胡说

driven ['drɪvn] ❶ drive 的过去分词 ❷ a. 从动的,被驱动〔激励〕的

driver ['draɪvə] n. ①司机,值班工长 ②发动机,助推器,主动轮,驱动叶轮 ③激励器,激励级 ④夯,打桩机,打入工具

driverless ['draɪvəlɪs] a. 无人驾驶的

drive-up ['draɪvʌp] a. 专为车上设计的(服务)

driveway ['draɪvweɪ] n. 汽车道,公路

drivewheel ['draɪv'wiːl] n. 传动轮

driving ['draɪvɪŋ] n.;a. 传动(的),激励,驾驶,打桩,掘进

drizzle ['drɪzl] v.;n. ①(下)细雨 ②喷水,蒙蒙细雨般撒下 ‖ **drizzly** a.

droger ['drəugə] n. 笨重的帆船;挑夫

drogue [drəug] n. ①(钩索)的浮标,浮锚 ②(飞机场)的风向指示袋,锥形风标,锥袋,(斗形)拖靶 ③(空中加油软管的)漏斗形接头

droit [drɔɪt] n. 权利,(pl.)(关)税

drome [drəum] n. (飞)机场,…场

dromedary ['drɒmədərɪ] n. 单峰骆驼

dromic ['drɒmɪk] a. 正常方向的

dromogram ['drɒmə'græm] n. 血流速度描记图

dromograph ['drɒmə'græf] n. 血流速度描记器

dromometer [drəu'mɒmɪtə] n. 速度计

dromotropic [drəumə'trɒpɪk] a. 传导速度的,变传导的

dromotropism [drəu'mɒtrəpɪzm] n. 传导受影响,变导性

drone [drəun] ❶ n.;a. ①雄蜂(的);懒汉 ②嗡嗡声 ③(遥控)无人驾驶的(飞机),(无驾驶员的)靶机,无线电操纵的飞机 ❷ v. 嗡嗡地响;偷懒

droningly ['drəunɪŋlɪ] ad. 嗡嗡地

droogmansite ['druːgmənsaɪt] n. 纤硅镁铀矿

drooling ['druːlɪŋ] n. 流涎

droop [druːp] v.;n. ①(使)下垂,垂度,下倾,衰减 ②下垂度,下降距离 ③(使)沮丧

drop [drɒp] ❶ n. ①(点,水)滴 ②滴剂 ③降(落),下降,电压降,跌落,落下物,下降距离,(落)差 ④吊饰,(交换机)吊牌,门上锁孔盖 ⑤(下降)立管 ❷ (dropped; dropping) v. ①滴(下,落),下降,击倒 ②降低,变弱 ③停止,结束,淘汰 ④略去,遗漏 ☆*at* *the drop of a hat* 一发出信号即,立刻; *drop by drop* 或 *in drops* 一滴一滴(地); *drop in ...* 的(下)降; *drop along* 逐点敲击; *drop anchor* 抛锚; *drop away* 一滴一滴落下,脱扣; *drop back* 退后,后撤; *drop behind* 落(在…之)后; *drop down* 倒下,下降,沿…而下; *drop in* 下降,滴入; *drop into* 落入,不知不觉进入; *drop off* 减弱,下降,掉落,脱离,流出; *drop out* 脱落,落下,信号失落,下降,放出,(被)略去; *drop through* 落空,失败,不再被讨论; *drop to pieces* 坏,散落 【用法】❶ 注意下面例句中该词作名词时的含义及后跟的介词: The IR drop across R has the opposite polarity from that shown on the circuit diagram.R 两端 IR 压降的极性与电路图上所示的极性相反。/The error rate of the data system is affected by the drop in apparent signal-to-noise ratio. 该数据系统的误差率受到视在信噪比的下降的影响。❷ 注意下面例句中该词作动词时的含义: The collector-leakage current is now dropped from consideration.现在不加考虑集电极漏电流。/This is why the photoresponse of diodes drops off when hv>E$_g$.这就是为什么当 hv>E$_g$ 时二极管的光响应下降的原因。❸ 注意下面例句中该词的用法: A drop of oil and the machine will be as new.加一滴油,这机器就会像新的一样。

dropfolio [drɒpˈfəʊliəʊ] *n.*(印在正文下端的)页码

droplet [ˈdrɒplɪt] *n.* 小滴,水珠,飞沫

droplight [ˈdrɒplaɪt] *n.*(上下滑动的)吊灯

droppage [ˈdrɒpɪdʒ] *n.* 落下的东西

dropper [ˈdrɒpə] *n.* 滴管,点滴器,落下的东西,挂钩,支脉

dropping [ˈdrɒpɪŋ] *n.;a.* ①滴(下)的,落下(的) ②(pl.)下坠物 ③空投,空降 ④点滴 ⑤产仔,分娩 ⑥粪便

dropsonde [ˈdrɒpsɒnd] *n.* 下投式探空仪

dropsy [ˈdrɒpsɪ] *n.* 积水,水肿

drosograph [ˈdrɒsəgrɑ:f],**drosometer** [drɒˈsɒmɪtə] *n.* 露量计

Drosophila [ˈdrəʊˈsɒfɪlə] *n.* 果蝇

dross [drɒs] ❶ *n.* 铁渣,杂质,毛刺,氧化皮,劣质细煤 ❷ *v.* 撇渣

drossiness [ˈdrɒsɪnɪs] *n.* 不纯粹,无价值

drossy [ˈdrɒsɪ] *a.* 铁渣的,不纯粹的,无价值的

drought [draut] *n.* ①(干)旱(时期,季节),久旱,旱灾 ②短少

droughty [ˈdrautɪ] *a.* 干旱的,口渴的

drouth [drauθ] = drought

drove [drəʊv] ❶ *v.* ① drive 的过去式 ②用平凿凿(石) ❷ *n.* ①一群 ②平凿 ③石料粗加工 ④土路 ☆*in droves* 成群,陆陆续续。

drown [draun] *v.* 淹没,使湿透,淹死 ☆*be drowned out* 被洪水赶往他处; *drown oneself in* 埋头于; *drown out* 淹没,声遮盖

drowsiness [ˈdrauzɪnɪs] *n.* 困倦,恍惚

drub [drʌb] *v.*(用棒等)打,(连续)敲打

drubbing [ˈdrʌbɪŋ] *n.*(敲)打,败北

drudge [drʌdʒ] *vi.;n.* 做苦工(的人),辛苦地工作(at, over)

drudgery [ˈdrʌdʒərɪ] *n.* 苦工,笨重的劳动,单调辛苦的工作

drudgingly [ˈdrʌdʒɪŋlɪ] *ad.* 辛辛苦苦地

drug [drʌg] ❶ *n.* ①药品,麻醉剂,毒品 ②滞销货 ❷ (drugged;drugging) *v.* ①用麻药 ②使厌弃(with) ☆*drug out* 药剂消耗

drug-fast [ˈdrʌgfɑ:st] *a.* 抗药的,耐药的

drugget [ˈdrʌgɪt] *n.* 粗毛(地)毯,粗毛呢

druggist [ˈdrʌgɪst] *n.* 药剂师,药商

drugstore [ˈdrʌgstɔ:] *n.*(美国)杂货店,药房

drum [drʌm] ❶ *n.* ①鼓(轮,膜),磁鼓 ②(圆,滚)筒,桶,辊,柱状物 ③压缩机转子 ④绕线架 ❷ (drummed;drumming) *v.* ①打鼓,连续敲击(on) ②装入桶中 ☆*beat the (a) drum (for, about)* 鼓吹

drummer [ˈdrʌmə] *n.* 鼓手;黑色石首鱼

drunk [drʌŋk] ❶ drink 的过去分词 ❷ *a.*(陶)醉的,兴奋的 ❸ *n.* 酗酒者 ☆*be drunk with* 陶醉于…(之中)

drunkard [ˈdrʌŋkəd] *n.* 酒鬼,醉汉

drunken [ˈdrʌŋkən] ❶ drink 的过去分词 ❷ *a.* 醉的,因饮酒而引起的

drupe [dru:p] *n.* 核果

drupelet [ˈdru:plɪt] *n.* 小核果

druse [dru:s] *n.* 晶簇

drusen [ˈdru:sn] *n.* 硫黄颗粒,脉络膜小疣

drusy [ˈdru:sɪ] *a.* 晶簇状

druthers [ˈdrʌðəz] *n.* 选择,偏爱

dry [draɪ] ❶ *a.* ①干的,枯燥的 ②不用水的,干乳的 ③空弹的 ④无预期结果的 ❷ *n.* ①干燥(状态),裂缝,干物 ②旱季,干燥的地方 ❸ *v.* 使干,脱水,干涸 ☆*dry as a bone* 干透的; *dry goods* 谷类,织物类; *Keep dry!* 保持干燥,请勿受潮; *dry...by heat* 烫干; *dry ... in the air* 晾干; *dry ... in the sun* 晒干; *dry out* (使)干燥,风干,烤燥; *dry up* (把…)弄干,晒干,枯渴,无油运转 【用法】该形容词可以作方式状语。如: Cast iron is usually machined dry.铸铁通常是干加工的。

dryasdust [ˈdraɪəzˌdʌst] *a.* 枯燥无味的,学究式的

dryback [ˈdraɪbæk] *a.* 干背的

drydock [ˈdraɪdɒk] *n.; vt.* (使入)干船坞

dryer [ˈdraɪə] = drier

drying [ˈdraɪɪŋ] *n.;a.* 干燥(用的,性的),去湿

dryish [ˈdraɪɪʃ] *a.* 稍干的

dryly [ˈdraɪlɪ] *ad.* 枯燥无味地

dryness [ˈdraɪnɪs] *n.* 干燥,干燥性

dry-nurse [ˈdraɪnɜ:s] *n.* (不喂奶的)保姆

drypoint [ˈdraɪpɔɪnt] *n.;vi.* 铜版雕刻,铜版画

duad [ˈdju:æd] *n.* 成对的东西,双,二价元素

dual [ˈdju:əl] ❶ *a.* 二(重,元)的,双的,孪生的,复式的 ❷ *n.* 双数

dualin [ˈdju:əlɪn] *n.* 双硝炸药

dualism ['dju:əlızm] *n.* 二重,二元论

dualist ['dju:əlıst] *n.* 二元论者

dualistic [.dju:ə'lıstık] *a.* 二元(论)的,对偶的,两倍的

duality [dju:'ælıtı] *n.* 二重性,对偶(性),二体

dualization [dju:ə'laızeıʃn] *n.* 对偶(化),二元化,复线化

dualize ['dju:əlaız] *vt.* 使具有两重性,使二元化,形成二体

dually ['dju:əlı] *a.;ad.* 二重的,复式的

dualumin ['dju:ælumın] *n.* 坚铝

duant ['dju:ənt] *n.* (回旋加速器的)D形盒

dub [dʌb] ❶ *v.* ①授予称号,把…叫做 ②涂油脂(在皮革上) ③扎,戳 ④把…刮光,把…锤平 ⑤(影片)翻印,译制,配音 ❷ *n.* 配音 ☆*dub in* 配音; *dub out* 弄平,填塞(木板,砖石等)

dubber ['dʌbə] *n.* 复制台

dubi ['du:bı] *n.* 雅司病

dubbin ['dʌbın] *n.* 皮革保护油

dubbing ['dʌbıŋ] *n.* ①(影片)翻录,转录,译制,配音 复制 ②油液,皮革保护油

dubhium ['dʌbıəm] *n.* 𨭎 (同 ytterbium)

dubiety [dju:'baıətı] *n.* 怀疑,有疑问的事情

dubious ['dju:bjəs] *a.* ①可疑的(about,of) ②犹豫的,含糊的,未定的 ‖ ~**ly** *ad.*

Dublin ['dʌblın] *n.* 都柏林(爱尔兰首都)

dubo ['dju:bəu] *n.* 倍浓牛奶,加倍养分

duchy ['dʌtʃı] *n.* 公国

duck [dʌk] ❶ *n.* ①(母)鸭 ②有吸引力的东西 ③水陆两用机 ④(轻)帆布,(pl.)帆布裤子 ⑤闪避 ❷ *v.* ①(突然)潜入水中,(猛地)按入(水中) ②鸭嘴装载机装载 ③回避 ☆*like water off a duck's back* 毫无效果,漠不关心; *(take to ...) like a duck to water* 最喜欢,很自然地

duckbill ['dʌkbıl] *a.;n.* 鸭嘴兽,鸭嘴形的,鸭嘴装载机

duck-board ['dʌkbɔ:d] *n.* (铺于泥泞地上的)木板道

duckegg ['dʌkeg] *n.* 将 Gee 系统所得的飞机位置信息传送回站的发射机

ducker ['dʌkə] *n.* 潜水人

ducking ['dʌkıŋ] *n.* 湿透,浸入水中

ducon ['dju:kən] *n.* 配合器

duct [dʌkt] ❶ *n.* (导,脉)管,渠,地道,沟 ❷ *vt.* (沿管道)输送

ductal ['dʌktəl] *a.* (导)管的

Ductalloy ['dʌktəlɔı] *n.* 球墨铸铁

ducted ['dʌktıd] *a.* 管道(中)的,输送的

ducter ['dʌktə] *n.* 微阻计,测小电阻的欧姆表

ductibility [dʌktı'bılıtı] *n.* 延展性,可塑性

ductile ['dʌktaıl] *a.* 可延展的,可塑的,易变形的,韧性的

〖**用法**〗注意下面的句型: Non-ferrous metals are generally more difficult to machine than the ferrous ones. This is more evident, the more ductile is the non-ferrous metal.通常用机械对有色金属加工,要比对黑色金属加工难。有色金属的韧性越大,这一点就越明显。("越…越…"句型的主从句位置倒置了。)

ductileness ['dʌktaılnıs] = ductility

ductilimeter [dʌktı'lımıtə] *n.* 延性计,延性试验机

ductilimetry [dʌktı'lımıtrı] *n.* 测延术

ductility [dʌk'tılıtı] *n.* 延性,可锻性,韧性

ductilometer [dʌktı'lɒmıtə] = ductilimeter

ducting ['dʌktıŋ] *n.* 管道,烟道

ductless ['dʌktlıs] *a.* 无导管的

ductule ['dʌktju:l] *n.* 小管

ductus ['dʌktəs] (拉丁语) (pl. ductus) *n.* 管,导管

ductway ['dʌktweı] *n.* 管道

ductwork ['dʌktwɜ:k] *n.* 管道系统,管网

dud [dʌd] ❶ *n.* ①假货,不中用的东西 ②失败,不行 ③哑弹 ❷ *a.* 假的,不中用的,没有价值的

dudgeon ['dʌdʒən] *n.* 愤怒,愤恨

dudleyite ['dʌdlıaıt] *n.* 黄珍珠云母

due [dju:] ❶ *a.* ①应付的,到期的 ②应到的,预期的 ③适当的,应有的 ❷ *ad.* 正向 ❸ *n.* 应得物,正当报酬, (pl.)应付款,税,费用 ☆*(be) due for* 快到…时候了; *(be) due to ...* 因为,归因于…,应付给…; *(be) due to (do)* 预定; *due date* 到期日,支付日期; *fall (become) due* (票据)到期,满期; *in due course (of time)* 在适当的时候,届时; *in due form* 正式(地),照例; *in due time* 在适当的时候,时机一到

〖**用法**〗❶ "due to" 主要作为形容词短语,意为"caused by",在句中作表语和后置定语。如: In p-type material conduction is due primarily to the motion of holes.在 p 型材料中,传导主要是由于空穴的运动产生的。(注意: 句中该词组被插入的副词"primarily"分割开了。)/This current is due to the voltage V₃.这个电流是由于 V₃ 引起的。/The acceleration due to gravity is essentially constant.由重力所产生的加速度基本上是恒定的。/No dc due to even harmonics of the input signal appears in the detected output.由输入信号的偶次谐波所产生的直流分量均不被检出的输出中。❷ 在科技英语中,这个形容词短语经常作状语。如: Due to the dc supply voltages, dc currents flow in the transistor.由于直流电源电压的关系,在晶体管中有直流电流流动。/Such a scheme is not practical due to the large number of gates required.由于所需的门电路太多,所以这种方法并不实用。/This value will ensure that the emitter-base junction will not be damaged due to excessive power dissipation.这一数值将确保发射结在功耗过大时不会被损坏。❸ 注意下面这个例句中该词的含义: The velocity vₚₑ is 100 mi hr⁻¹ due north.速度 vₚₑ 为正北方向 100 英里/小时。/My thanks are due (to) Professor R. W. Aston.我要感谢 R. W. 阿斯顿教授。(该词组表示"感谢"时,有的人往往省去"to"。)/Because of

D

their assistance during these early stages of the program our thanks are <u>due</u> to the following persons. 由于下列人士在该程序的早期(开发)阶段所提供的帮助,我们要感谢他们。❹ 副词或介词短语往往插在"due to"之间(由"不及物动词+介词"和"形容词+介词"构成的词组经常被副词或介词短语分隔开来)。如: The field between A and B is due <u>only</u> to the charge of A.A 和 B 之间的电场只是由 A 的电荷引起的。/This is due <u>in part</u> to the earth's rotation.这部分原因是由于地球的自转。

due-in ['dju:ɪn] n. 待收

duel [djuːəl] n.; vi. 斗争,比赛

due-out ['dju:aut] n. 待发

duff [dʌf] ❶ n. 煤粉,枯草堆 ❷ v. 伪造,欺骗

duffer ['dʌfə] n. 假货,不中用的东西,糊涂人

dug [dʌg] dig 的过去式和过去分词

dug-iron [dʌg'aɪən] n. 熟铁

dugong [du:gɒŋ] n. 儒艮(亦作 sea cow)

dug(-)out ['dʌgaut] n. 防空洞,(地下)掩蔽部,独木舟

dug-through ['dʌgθru:] n. 挖穿

duke [djuːk] n. 平炉门挡渣坝;公爵

dukeway ['dju:kweɪ] n. 轮子坡

dukey ['dju:kiː] n. 提升平车

dulcet ['dʌlsɪt] a. (声音)优美的,悦耳的

dulcimer ['dʌlsɪmə] n. 洋琴

dull [dʌl] ❶ a. ①(迟)钝的,不活泼的 ②阴暗的,无光(泽)的,不清楚的,浊(音)的 ③单调的,枯燥的 ④萧条的,通风不良的 ❷ v. ①弄钝 ②发浑,使阴暗 ③缓和,使不活泼

dullish ['dʌlɪʃ] a. 稍钝的,沉闷的

dul(l)ness ['dʌlnɪs] n. (迟)钝,钝度,不活泼,缓慢,无光泽,浊音,萧条

dully ['dʌlɪ] ad. (迟)钝(地)

duly ['dju:lɪ] ad. ①正好,及时地 ②充分地,当然

dumb [dʌm] a. ①哑的,沉默的 ②无光彩的,模糊不清的 ③笨的 ④缺乏应有条件的

dumbbell ['dʌmbel] n. 哑铃(状体)

dumbfound ['dʌm'faund] vt. 使惊呆,使发愣

dumbly ['dʌmlɪ] ad. 无声地

dumbness ['dʌmnɪs] n. 哑,沉默

dumbo ['dʌmbəu] n. 寻找海上目标的飞机雷达

dumbwaiter ['dʌmweɪtə] n. 小型升降送货机,自动回转式送货机

dumbwell ['dʌmwel] n. 污水井,枯井

dumdum ['dʌmdʌm] n. 达姆弹;笨蛋

dumet ['dʌmɪt] n. 杜米,代用白金

dummied ['dʌmɪd] ❶ dummy 的过去式和过去分词 ❷ a. 空轧过的

dumming ['dʌmɪŋ] n. 空轧过通,无压下通过

dummy ['dʌmɪ] ❶ n. ①(实体)模型,修复体,标准样件,平衡活塞 ②虚设(物),伪装(建筑)物,假程序 ③空转 ④防响车 ⑤模锻(用)毛坯 ⑥哑巴,傀儡,人形靶 ❷ a. ①伪(装)的,虚拟(构)的,空的,仿造的,名义上的 ②哑的,无声的 ❸ v. ①预锻

②空轧通过 ③倾卸

dumontite ['dju:məntaɪt] n. 水磷铀铅矿

dumortierite [dju:'mɔ:tɪəraɪt] n. 蓝线石

dump [dʌmp] ❶ n. ①堆,垛,库房,堆栈,堆放场,(pl.)废物 ②门,放空孔 ③(内存信息)转储(方法) ④砰 ⑤倾翻器 ❷ v. ①倾倒,卸载,堆放 ②漏,放气 ③抛弃,倾销商品 ④ (内存信息)转储,(内存全部)打印 ☆**dump on** 严厉批评

dumpable ['dʌmpəbl] a. 可倾卸的

dumpage ['dʌmpɪdʒ] n. 倾倒,垃圾

dumpcart ['dʌmpkɑ:t] n. 倾卸车

dumped ['dʌmpt] a. 废弃的,堆积的

dumper ['dʌmpə] n. ①自动倾卸车,翻斗车 ②倾卸者,清洁工人

dumpgrate ['dʌmpgreɪt] n. 翻转炉排

dumping ['dʌmpɪŋ] n. ①倾卸,排出,抛弃 ②填埋

dumpy ['dʌmpɪ] a. 矮胖的,闷闷不乐的

dun[1] [dʌn] ❶ n. ①讨债者 ②蜉蝣的亚成虫,毛翅目昆虫 ❷ (dunned; dunning) vt. 催讨,追收

dun[2] [dʌn] ❶ a.;n. 暗褐色(的) ❷ (dunned; dunning) vt. 使成暗褐色

duncery ['dʌnsərɪ] n. 愚笨

dune [djuːn] n. 沙丘

dung [dʌŋ] n.;vt. ①粪,肥料 ②施肥,上粪 ③(铸造)黏结物

dungaree [,dʌŋgə'ri:] n. ①粗蓝(斜纹)布 ②(pl.)粗蓝(斜纹)布制成的工装

dungeon ['dʌndʒən] n. 土牢,地牢

dunite ['du:naɪt] n. 橄榄石

dunk [dʌŋk] v. 浸(一浸),泡(一泡)

dunnage ['dʌnɪdʒ] n. ①衬板,垫货材,枕木 ②行李

dunnite ['dʌnaɪt] n. 苦味酸铵,D 型炸药

dunstone ['dʌnstəun] n. 杏仁状浑绿岩,镁灰岩

dunt [dʌnt] n. 爆裂,重击

duo ['dju:əu] a.,n. 双(重)的,二部曲

duobinary [,dju:əu'baɪnərɪ] a. 双二进制的

duode ['du:əud] n. 电动敞开式膜片扬声器

duodecimal [,dju:əu'desɪməl] ❶ a. 十二(分算,进制)的,十二分之几的 ❷ n. 十二分之一 (pl.)十二分算,十二分小数,十二进法

duodecimo [,dju:əu'desɪməu] ❶ n. 十二开(本),微小的东西 ❷ a. 十二开的

duodenal [,dju:əu'di:nl] a. 十二指肠的

duodenary [,dju:əu'di:nərɪ] a. 十二(倍,进制)的,十二分之几的

duodenum [,dju:əu'di:nəm] n. 十二指肠

duodiode [,dju:əu'daɪəud] n. 双二极管

duodynatron [,dju:əu'daɪnətrɒn] n. 双负阻管

duograph ['dju:əugrɑ:f] n. 电影放映机,双色网线版,复印版

duolaser [dju:əu'leɪzə] n. 双激光器

duolateral [dju:əu'lætərəl] a.;n. 蜂房式的(线圈)

Duolite ['dju:əulaɪt] n. 离子交换树脂

duologue ['dju:əlɒg] n. 对话,对白

duopage ['dju:əupeɪdʒ] n. 双面复制页

duoparental [,dju:əupə'rentl] *a.* 两亲的,两性的

duoplasmatron [,dju:əu'plæsmətrɒn] *n.* 双等离子管

duopoly [dju'ɒpəlɪ] *n.* 市场由两家卖主垄断的局面

duopsony [dju'ɒpsənɪ] *n.* 市场由两家买主独揽的局面

duo-servo [,dju:əu'sɜ:vəu] ❶ *a.* 双力作用的 ❷ *n.* 双伺服系统

duo-sol ['dju:əusəul] *a.* 双溶剂的

duotetrode [,dju:əu'tetrɒd] *n.* 双四极管

duotone ['dju:əutəun] *a.;n.* 同色浓淡双色调的,同色浓淡套印法,双色套印法〔物,画〕,双色复制品

duotriode [,dju:ə'traɪəud] *n.* 双三极管

dupable ['dju:pəbl] *a.* 易受骗的

dupe [dju:p] ❶ *vt. a.;n.* = duplicate ❷ *vt.* 欺骗,愚弄

dupery ['dju:pərɪ] *n.* 欺骗,受愚弄

duplation [dju:'pleɪʃn] *n.* 【计】双倍一折半

duple ['dju:pl] *a.* 二倍的,双(重)的

dupler ['dju:plə] *n.* 倍加器,复制人员

duplet ['dju:plɪt] *n.* 对,偶

duplex ['dju:pleks] ❶ *n.; a.* (成)双(的),双重(的),双联(式)(的),双工(电路,制的) ❷ *vt.* 成双,双炼(法)

duplexcavity [,dju:pleks'kævɪtɪ] *n.* 双腔谐振器

duplexer ['dju:pleksə] *n.* 双工机,天线共用器,天线(收发)转换开关

duplexing ['dju:pleksɪŋ] *n.* 双工(重,向),双炼法

duplexity [dju:'pleksɪtɪ] *n.* 二重性

duplexure ['dju:plekʃə] *n.* (天线收发转换开关)分支回路

duplicable ['dju:plɪkəbl] *a.* 可复制的,可加倍的

duplicase ['dju:plɪkeɪs] *n.* 复制酶

duplicate ['dju:plɪkeɪt] ❶ *vt.* ①加倍,重复 ②复写,复制(录音) ③重叠,双折 ❷ *a.* ①二重的,双联的,成对的 ②重复的,复式的 ③完全相同的 ❸ *n.* ①二倍,复制品 ②可互换元件,配件 ③副本,备份文件 ☆*in duplicate* 双份,一式两份

duplication [,dju:plɪ'keɪʃn] *n.* 加倍,二重,复制,转录,复制物,副本

duplicative [,dju:plɪ'keɪtɪv] *a.* 加倍的,二重的,复制的

duplicator ['dju:plɪkeɪtə] *n.* ①复写器,复印机,倍增器 ②复制者

duplicity [dju:'plɪsɪtɪ] *n.* ①重复,二重性 ②口是心非,不诚实,欺骗

duplicon ['dju:plɪkən] *n.* 复制子

duprene ['dju:pri:n] *n.* 氯丁橡胶

durability [,djuərə'bɪlɪtɪ] *n.* 耐久性,寿命,强度

durable ['djuərəbl] ❶ *a.* 耐久的,有永久性的 ❷ *n.* (pl.)耐久的物品 ‖ **durably** *ad.*

durableness ['djuərəblnɪs] = durability

Duraflex ['dju:rəfleks] *n.* 杜拉弗莱克斯青铜

durain [djuə'reɪn] *n.* 暗煤

Durak ['djuərək] *n.* 压铸锌基合金,德雷克克合金

dural ['djuərəl], **duralium** [djuə'rælɪəm] *n.* 硬铝,飞机合金

Duraloy ['djuələɪ] *n.* 杜拉洛伊铁铬合金

duralplat ['djuərəlplæt] *n.* 锰镁合金被覆硬铝,包硬铝的铜板

duralumin(ium) [djuə'ræljumɪn(ɪəm)] = dural

duramen [djuə'reɪmən] *n.* (木料)心材,木心

duramin [djuə'reɪmɪn] *n.* 铜铝矿

Duranickel [djuə'rænɪkl] *n.* 杜拉镍合金

Duraplex ['djuərəpleks] *n.* 醇酸树脂

duration [djuə'reɪʃn] *n.* ①持续(时间),耐用,续航(时间) ②(工作)时间,波期 ③(脉冲)宽度 ☆*for the duration* 在整个非常时期内; *of long duration* 长期的

〖**用法**〗注意下面例句中该词的含义: Generally, the differences between the setting and resetting delays of a group of flip-flops are small enough to make the momentary states that are present between the stable states of a synchronous counter be of very short duration. 一般来说,一组触发器的置位与复位时延之间的差别是十分小的,足以使得在一个同步计数器各稳态之间所存在的瞬间持续时间很短。("be of very short duration" 是 "make" 要求的宾语补足语。)

durative [djuə'reɪtɪv] *a.* 持久的

durbon ['dɜ:bən] *n.* 一种颜料的商品名称

durchgriff ['djuəkɡrɪf] (德语) *n.* 渗透率,渗透系数

Dureilium [djuˈreɪlɪəm] *n.* 铜锰铝合金

durene ['djuːriːn] *n.* 四甲基苯,杜烯

duress(e) [djuə'res] *n.* 强迫,监禁,束缚

Durex ['du:reks] *n.* 烧结(多孔)石墨青铜

durian ['du:rɪən] *n.* 毛荔枝榴连,榴连树

Durichlor ['du:rɪklɔ:] *n.* 杜里科洛尔不锈钢

duricrust ['djuərɪkrʌst] *n.* 硬壳,钙质壳

Durimet ['du:rɪmɪt] *n.* 奥氏体不锈钢

during ['djuərɪŋ] *prep.* ①在…的期间 ②在…过程中

〖**用法**〗该介词短语通常作状语,但有时也可作后置定语。如: The current during the reverse half-cycle is not truly zero.在负半周期间的电流并不完全(真的)为零。

durinvar ['du:rɪnvɑ:] *n.* 杜林瓦镍钛铝合金

durionise ['du:rɪənaɪz] *v.* (电)镀硬铬

duripan ['duərɪpæn] *n.* 硬盘

duriron [duə'raɪən] *n.* (耐酸)硅铁,(杜里龙)高硅(耐酸)铜

durite ['djuəraɪt] *n.* 一种酚-甲醛型塑料

Duro ['duərəu] *n.* (一种表示硬度的标度)丢洛,硬度计

Durodi ['du:rədɪ] *n.* 杜劳迪镍铬钼钢

Duroid ['djuərɔɪd] *n.* 杜罗艾德铬合金钢,硬铝

durol ['dju:rɒl] *n.* 杜烯

durolok ['djuərələk] *n.* 聚氯乙烯酚醛树脂类黏合剂

durometer [duə'rɒmɪtə] *n.* (钢轨)硬度计,硬度测定器

duroquinol [,du:rə'kwɪnəl] *n.* 杜氢醌,四甲基对苯二酚

duroquinone [,du:rə'kwɪnəun] *n.* 杜醌

duroscope ['du:rəskəup] = durometer

durothermic [,du:rə'θɜ:mɪk] *a.* 耐温性的

durra [duə] *n.* 高粱

durum ['djuərəm] *n.* 硬粒小麦

durylene ['dju:rɪli:n] *n.* 亚杜基

dusk [dʌsk] ❶ *n.* 薄暮,黄昏 ❷ *v.* (使)变微暗,近黄昏 ❸ *a.* 微暗的,微黑色的

duskily ['dʌskɪlɪ] *ad.* 微暗

duskiness ['dʌskɪnɪs] *n.* 微黑

dusky ['dʌskɪ] *a.* 阴暗的,带黑的

dust [dʌst] ❶ *n.* ①(灰,粉,烟)尘,坐埃 ②粉(末,剂),粉,金矿粉末 ❷ *v.* ①(清)除(灰)尘 ②涂粉(于…上) ☆*dust on* 涂粉

dustball ['dʌstbɔl] *n.* 尘球,尘埃流星

dustband ['dʌstbænd] *n.* (表的)防尘圈

dustbin ['dʌstbɪn] *n.* (吸)尘箱,垃圾箱

duster ['dʌstə] *n.* ①除尘器,喷粉器 ②打扫灰尘的人 ③抹布,掸子,风

dustiness ['dʌstɪnɪs] *n.* 尘污,污染度,成尘性

dusting ['dʌstɪŋ] *n.* 除尘,撒粉,抖炭黑(船在暴风时)颠簸

dustoff ['dʌstɒf] *n.* 救伤直升机

dustpan ['dʌstpæn] *n.* 簸箕

dustroad ['dʌstrəud] *n.* 乡村道路

dust-tight ['dʌsttaɪt] *a.* 防尘的

dust-whirl ['dʌstwɜ:l] *n.* 尘旋

dusty ['dʌstɪ] *a.* ①灰尘的,覆有灰尘的,灰蒙蒙的 ②含糊的

Dutch [dʌtʃ] ❶ *a.* 荷兰(人,语)的 ❷ *n.* 荷兰人〔语〕 ☆*double Dutch* 无法了解的语言,莫明其妙的话; *in Dutch* 碰到麻烦,处境困难,得罪(某人),受气,为难,在狱中

Dutchman ['dʌtʃmən] *n.* 荷兰人〔船〕,(除芬兰外)北欧各国的海员

dutchman ['dʌtʃmən] *n.* 补缺块

duteous ['dju:tɪəs] *a.* 忠实的

dutiable ['dju:tɪəbl] *a.* 应付关税的,应征税的,有税的

dutiful ['dju:tɪful] *a.* 尽职的,尽本分的,孝顺的

duty ['dju:tɪ] *n.* ①义务,责任 ②本领,生产量 ③功(率),效率 ④(关)税 ☆*as in duty bound* 基于义务; *customs duties* 关税; *do duty (as)* 担任…职务,扮演…角色; *do duty for* 代替…工作; *off duty* 下班; *on continuous duty* 连续工作时; *on duty* 上班,值班; *take one's duty* 替代…的工作

duxite ['du:ksaɪt] *n.* 亚硫碳树脂,杜克炸药,杜克煞特

dvicesium [dvɪ'si:zɪəm] *n.* 类铯,钫

dvimanganese [dvɪ'mæŋgə'ni:z] *n.* 类锰,铼

dvitellurium [,dwɪtə'ljuərɪəm] *n.* 类碲,钋

dwang [dwæŋ] *n.* 转动杆,大螺帽扳手

dwarf [dwɔ:f] ❶ *n.* 矮星,侏儒,短小的动物或植物 ❷ *a.* 矮小的 ❸ *v.* 变矮小,使相形见绌,使萎缩

dwarfish ['dwɔ:fɪʃ] *a.* 比较矮小的

dwarfism ['dwɔ:fɪzm] *n.* 侏儒症

dwell [dwel] ❶ (dwelt) *vi.* ①(居)住(at, in,on) ②细想,详细研究(on) ③保压(力) ❷ *n.* ①静态 ②保压(力) ③(凸轮曲线的)同心部分 ☆*dwell on (upon)* 详细讨论,细谈

dweller ['dwelə] *n.* 居住者,居民

dwelling ['dwelɪŋ] *n.* ①居住,住房 ②停止,保压

dwindle ['dwɪndl] *v.* ①减小,减少,衰落 ②失去意义 ☆*dwindle away into nothing* 减少到零,化为乌有; *dwindle down to ...* 缩减到

dyad ['daɪæd] ❶ *n.* ①二,(一)双,(一)对 ②二数,并向量,二元一位,二价元素 ③双边对话 ❷ *a.* 二阶的

dyadic [daɪ'ædɪk] ❶ *a.* 二(价元)素的,二数的,二元的,双值的 ❷ *n.* 并向量,双积

dyas ['daɪəs] *n.* 二叠纪

dyaster ['daɪəstə] *n.* 双星(体)

dybarism [daɪ'bɑ:rɪzəm] *n.* 气压痛症

dye [daɪ] ❶ *v.* 染色,着色 ❷ *n.* 染料,染剂 ☆*dye in (the) grain (wool)* 生染,使染透; *dye well* 好染; *of (the) deepest dye* 彻头彻尾地

dyeability [,daɪə'bɪlɪtɪ] *n.* 可染性,染色性

dyeable ['daɪəbl] *a.* 可染色的

dyeing ['daɪɪŋ] *n.; a.* 染业,着色(的) ☆*dyeing of piece* 单件染色

dyejigger [daɪ'dʒɪgə] *n.* 卷染机,染缸

dyer ['daɪə] *n.* 染色工,染房

dying ['daɪɪŋ] ❶ die 的现在分词 ❷ *a.;n.* 垂死(的),濒于灭亡(的),快结束的 ☆*dying out* 死去,衰减,消失

dyke = dike

Dylox ['daɪlɒks] *n.* 敌百虫

Dymaz ['daɪmæz] *n.* 压铸锌合金发晃处理

dyna ['daɪnə] *n.* (=dynamite) 硝化甘油炸药

dynactinometer [daɪ,næktɪ'nɒmɪtə] *n.* 光度计

dynad ['daɪnəd] *n.* 原子内场

dynaflect(or) ['daɪnəflekt(ə)] *n.* 动力弯沉(测定仪)

dynaflow ['daɪnəfləu] *n.* 流体动力(传动)

dynaform ['daɪnəfɔ:m] *n.* 同轴转换开关

Dynaforming ['daɪnəfɔ:mɪŋ] *n.* 金属爆炸成形法

dynafuel ['daɪnəfjuəl] *n.* 一种飞机用燃料

dynagraph ['daɪnəgrɑ:f] *n.* 验轨器,内应力测定仪

dynalense ['daɪnəlens] *n.* 减震摄影镜头

dynalysor ['daɪnəlaɪzə] *n.* 消毒喷雾器

dynamax ['daɪnəmæks] *n.* 镍钼铁合金

dynameter [daɪ'næmɪtə] *n.* 测力计,倍率计,望远镜放大率测定器,镜筒出射光瞳测定器

dynamic [daɪ'næmɪk] ❶ *a.* ①动(学)的,动(态)的 ②高效能的,生气勃勃的,精悍的,潜力很大的 ❷ *n.*

（原）动力,动态

dynamical [daɪˈnæmɪkəl] *a.* =dynamic ‖ ~**ly** *ad.*

dynamicizer [daɪˈnæmɪsaɪzə] *n.* 动态转换器,动化器

dynamics [daɪˈnæmɪks] *n.* 动力学,动态(特性)

dynamism [ˈdaɪnəmɪzm] *n.* 动力说,动力病原论

dynamite [ˈdaɪnəmaɪt] ❶ *n.* 黄色炸药, 具有爆炸性的事〔物〕❷ *v.* (用炸药)炸毁,爆破,使完全失败 ‖ **dynamitic** *a.*

dynamitron [ˈdaɪnəmɪtrɒn] *n.* 高频高压加速器

dynamization [daɪnəmɪˈzeɪʃn] *n.* 稀释增效法

dynammon [ˈdaɪnəmən] *n.* 硝铵炭炸药

dynamo [ˈdaɪnəməʊ] *n.* (直流)(发)电机,电动机,数字模拟程序

dynamobronze [ˈdaɪnəməʊbrɒnz] *n.* 特殊(耐磨,耐蚀)铝青铜

dynamo-electric [ˈdaɪnəməɪˈlektrɪk] *a.* 电动的,机电的

dynamofluidal [ˈdaɪnəməʊˈfluːɪdəl] *a.* 动力流动〔流理〕

dynamogenesis [ˌdaɪnəməʊˈdʒenɪsɪs] *n.* 能量之生成,动力发生 ‖ **dynamogenic** *a.*

dynamogeny [ˌdaɪnəˈmɒdʒɪnɪ] *n.* 动力发生

dynamograph [ˈdaɪnəməʊɡrɑːf] *n.* 动力自计器,握力计

dynamometamorphic [daɪnəˌməʊmɪˈtæˈmɔːfɪk] *a.* 动力变质的

dynamometer [ˌdaɪnəˈmɒmɪtə] *n.* 测力计,拉力表,电力测功仪

dynamometric [ˌdaɪnəməʊˈmetrɪk] *a.* 测力的

dynamometry [ˌdaɪnəˈmɒmɪtrɪ] *n.* 测力法,肌力测定法,测力计

dyna(mo)motor [ˈdaɪnəməʊtə] *n.* 电动发电机

dynamopathic [ˌdaɪnəməˈpæθɪk] *a.* 官能的,机能性的,影响机能的

dynamophore [daɪˈnæmɪfɔː] *n.* 能源

dynamoscope [daɪˈnæməʊskəʊp] *n.* 动力测验器

dynamoscopy [ˌdaɪnəˈməʊskəpɪ] *n.* 动力测验法

dynapolis [daɪˈnæpəlɪs] *n.* 沿交通干线有计划地发展起来的城市

dynaquad [ˈdaɪnəkwæd] *n.* 三端开关器件

dynastic(al) [dɪˈnæstɪk(əl)] *a.* 王朝的,朝代的

dynasty [ˈdɪnəstɪ] *n.* 王朝,朝代

dynatron [ˈdaɪnətrɒn] *n.* 三极管

Dynavar [ˈdaɪnəvɑː] *n.* 戴纳瓦尔合金

dyne [daɪn] *n.* 达因

dynemeter [ˈdaɪnmɪtə] *n.* 达因计

dynistor [ˈdaɪnɪstə] *n.* 二极管开关元件,负阻晶体管

dynode [ˈdaɪnəʊd] *n.* 倍增电极,二次放射极,打拿极

dynofiner [ˈdaɪnəfaɪnə] *n.* 纸浆精磨机

dyon [ˈdaɪɒn] *n.* 双荷子

dyonium [ˈdaɪɒnɪəm] *n.* 双荷子偶素

dyotron [ˈdaɪətrɒn] *n.* 微波三极管

dysacousia [ˌdɪsəˈkuːʒə] *n.* 听觉不良

dysacousis [ˌdɪsəˈkuːsɪs] *n.* 听觉不适

dysacousma [dɪsˈkuːzmə] *n.* 听觉不适

dysanalite, **dysanalyte** [dɪsˈænəlaɪt] *n.* 钙铌钛矿

dysaphia [dɪsˈæfɪə] *n.* 触觉迟钝

dysaptation [dɪsæpˈteɪʃən] *n.* 眼调节不良

dysarteriotony [dɪsɑːtɪərɪˈɒtənɪ] *n.* 血压正常

dysbarism [dɪsˈbærɪzm] *n.* 气压病

dysbasia [dɪsˈbeɪzjə] *n.* 步行困难

dysbiosis [ˌdɪsbaɪˈəʊsɪs] *n.* 生态失调

dysbolism [ˈdɪsbəlɪzəm] *n.* 代谢障碍

dysbolismus [dɪsˈbɒlɪsməs] *n.* 代谢障碍

dyschroa [dɪsˈkrəʊə] *n.* 皮肤变色,脸色不佳

dyschronous [ˈdɪskrənəs] *a.* 不合时的,时间不一致的

dyscinesia [ˌdɪssaɪˈniːsɪə] *n.* 运动障碍〔困难〕

dyscoimesis [ˌdɪskɔɪˈmiːsɪs] *n.* 睡眠困难

dyscras(it)e [ˈdɪskrəsaɪt], **dyserasite** *n.* 安银矿,锑银矿

dyscrystalline [dɪsˈkrɪstəlaɪn] *n.* 不良结晶质

dysecoia [ˌdɪseˈkɔɪə] *n.* 听力衰减,听音不适

dysembryoma [dɪˌsenbrɪˈəʊmə] *n.* 畸胎瘤

dysendocrinism [dɪˌsendəˈkrɪnɪzm] *n.* 内分泌功能障碍

dysenteria [ˌdɪsenˈtɪərɪə] *n.* 痢疾

dysenteriform [dɪˌsentɪəˈrɪfɔːm] *a.* 痢疾样的

dysentery [ˈdɪsəntrɪ] *n.* 痢疾

dysequilibrium [dɪˌsɪkwɪˈlɪbrɪəm] *n.* 平衡失调

dysesthesia [dɪsesˈθiːzɪə] *n.* 感觉迟钝,触物感痛

dysesthetic [dɪsesˈθetɪk] *a.* 感觉迟钝的,触物感痛的

dysfibrinogenemia [dɪsfaɪˌbrɪnədʒɪˈniːmɪə] *n.* 异常血纤维蛋白原血,血纤维蛋白原异常

dysfunction [dɪsˈfʌŋkʃn] *n.* 机能障碍

dysgalactia [ˌdɪsɡəˈlæktɪə] *n.* 泌乳障碍

dysgammaglobulinemia [dɪsɡæməˌɡlɒbjuːlɪˈniːmɪə] *n.* 异常 γ 球蛋白血,异常丙种球蛋白血症

dysgenics [dɪsˈdʒenɪks] *n.* 种族退化学,劣生学

dysgenesis [dɪsˈdʒenɪsɪs] *n.* 不育,畸形

dysgraphia [dɪsˈɡreɪfɪə] *n.* 书写困难

dyshepatia [dɪsˈheptɪə] *n.* 肝功能障碍

dyslipoproteinemia [ˈdɪslɪpəˌprəʊtiːˈniːmɪə] *n.* 异常脂蛋白血(症)

dyslogia [dɪsˈləʊdʒɪə] *n.* 推理障碍

dysmetria [dɪsˈmetrɪə] *n.* 辨距障碍

dysmnesia [dɪsˈniːʒə] *n.* 记忆障碍

dysodia [dɪˈsɒdɪə] *n.* 臭气

dysontogenesis [dɪsˌɒntəˈdʒenɪsɪs] *n.* 发育障碍

dysorexia [ˌdɪsɒˈreksɪə] *n.* 食欲障碍

dyspareunia [ˌdɪspəˈruːnɪə] *n.* 性感不快,性交困

难

dyspepsia [dɪs'pepsɪə] *n.* 消化不良

dyspepsodynia [dɪs,pepsə'daɪnɪə] *n.* (= gastralgia) 消化不良性痛,胃痛

dyspeptic [dɪs'peptɪk] *a.* 消化不良的,阴郁的,暴躁的

dysphasia [dɪs'feɪzɪə] *n.* 语言困难

dysphemia [dɪs'fiːmɪə] *n.* 口吃

dysphonia [dɪs'fəʊnɪə] *n.* 发音困难

dysphoria [dɪs'fəʊrɪə] *n.* 烦躁不安,焦虑

dysphoric [dɪs'fəʊrɪk] *a.* 烦躁不安的, 焦虑的

dysphotia [dɪs'fəʊʃɪə] *n.* 视力不佳

dysphrasia [dɪs'freɪzɪə] *n.* 发音异常

dysplasia [dɪs'pleɪzɪə] *n.* 发音异常

dysplastic [dɪs'plæstɪk] *a.* 发音〔结构〕异常的

dyspn(o)ea [dɪsp'nɪə] *n.* 呼吸困难 ‖ **dyspn(o)eic** *a.*

dysponderal [dɪs'pʌndərəl] *a.* 重量异常的

dysprosia [dɪs'prəʊʃɪə] *n.* 氧化镝

dysprosium [dɪs'prəʊzɪəm] *n.* 镝

dysprotid [dɪs'prəʊtɪd] *n.* 给质子体〔酸〕

dyssophotic [dɪsə'fəʊtɪk] *a.* 弱光的

dystectic [dɪs'tektɪk] *a.* 高熔(点)的

dysthymia [dɪs'θɪmɪə] *a.* 心境恶劣

dystimbria [dɪs'tɪmbrɪə] *a.* 音色不良

dystomic [dɪs'tɒmɪk] *n.* 不完全劈开

dystopia [dɪs'təʊpɪə] *n.* ①错位 ②非理想化的地方

dystrophic [dɪs'trɒfɪk] *a.* 营养不良的

dystrophication [,dɪstrəfɪ'keɪʃn] *n.* 河湖污染

dystrophy ['dɪstrəfɪ] *n.* 营养不良

dystropy ['dɪstrəpɪ] *n.* 行为异常

dysuria [dɪs'jʊərɪə] *n.* 排尿困难,尿痛

dytory ['daɪtɔːrɪ] *n.* 胶体泥浆

dzeren [zə'ren] *n.* 黄羚,黄羊

dzigettai ['dʒɪɡɪtaɪ] *n.* (蒙古的)野驴

D

E e

each [i:tʃ] *a.;ad.;pron.* 各个(地),每(个) ☆*(be) equal each to each* 彼此相等; *each and every (all)* 每一个(都); *each other* 相互; *each time* 每次,每当…(的时候)
〖用法〗❶ 原先 "each other" 只能用于两者之间,而现在也常见用于多者之间,相当于 "one another"。如: These bodies attract, and are attracted by, each other. 这些物体相互吸引。❷ 注意下面例句中画线部分的译法: The circuits of each receiver section are presented in detail in separate chapters.接收机每个部分的电路将分章详细介绍。/Each following stage requires an additional input to the AND gate.下面每一级需要对与门另加一个输入。

eager [ˈi:gə] *a.* 热心的,渴望的,急于…的 ☆*be eager for (after,about)* 渴望; *be eager in* 热心于; *be eager to (do)* 渴望,急于想 ‖*-ly ad.*

eagerness [ˈi:gənɪs] *n.* 热心,渴望 ☆*be all eagerness to (do)* 心想(做),渴望(做)

eagle [ˈi:gl] *n.* ①鹰(徽) ②飞机雷达投弹瞄准器

eagle-eyed [ˈi:glaɪd] *a.* 眼光敏锐的

eaglet [ˈi:glɪt] *n.* 小鹰

eagre [ˈi:gə] *n.* 潮水上涨,涌潮

eakinsite [ˈi:kɪnsaɪt] *n.* 块辉锑铅矿

eakleite [ˈi:klaɪt] *n.* 硬硅钙石

ear [ɪə] *n.* ①耳(朵,状物),吊耳;把手,(辐射方向图)瓣 ②(pl.)耳子 ③外轮胎,花槽 ④听觉 ⑤穗 ☆*be all ears* 专心倾听; *catch (fall on) one's ears* 听得见; *close (stop) one's ears to* 拒听,对…充耳不闻; *give ear to* 倾听; *go in (at) one ear and out (at) the other* 当做耳旁风; *have (gain,win) one's ear* 得到某人的注意听取和接受; *lend an ear to* 倾听; *turn a deaf ear to* 对…根本不听,置若罔闻; *up to the ears in work* 工作极繁忙

earache [ˈɪəeɪk] *n.* 耳痛

ear-drops [ˈɪədrɒps] *n.* 滴耳剂

eardrum [ˈɪədrʌm] *n.* 鼓膜,中耳

eared [ˈɪəd] *a.* 有耳的,有捏把的

earful [ˈɪəful] *n.* 惊人消息

earing [ˈɪərɪŋ] *n.* ①压延件上边的凸耳 ②耳索 ③出耳子,抽穗,(裙状)花边

earlandite [ˈɜ:ləndaɪt] *n.* 水碳氢钙石,水柠檬钙石

earless [ˈɪəlɪs] *a.* 无耳的

earlier [ˈɜ:lɪə] *a.;ad.* early 的比较级

earlierise [ˈɜ:lɪəraɪz] *vt.* (比原定日期)提前做

earliest [ˈɜ:lɪɪst] *a.;ad.* early 的最高级

earliness [ˈɜ:lɪnɪs] *n.* 早(期),早熟性

early [ˈɜ:lɪ] (earlier,earliest) *a.;ad.* 早(期,先),初(期);原始的;及早 ☆*as early as* 早在; *at an early date* 不久,在最近期间; *earlier on* 先期,初期,在更早一些时候; *early and late* 由清早到深夜; *early in life* 年轻时; *early in (May)* 在(五月)初; *early or late* 迟早
〖用法〗❶ 注意在 as early as 之后一般不加介词 in。如:This phenomenon was known to the Chinese as early as 121 A. D. 早在公元121年中国人就知道这一现象了。❷ 注意下面这个句型: Five minutes earlier, and you could have caught the last train. 如果提早5分钟的话,你就能赶上最后一班火车了。❸ early in the twenty-first century 与 in the early twenty-first century 含义类同,但 early 词性不同,意为 "在21世纪初"。

early(-)warning [ˈɜ:lɪwɔ:nɪŋ] *a.* 预警,远程警戒的

earmark [ˈɪəmɑ:k] ❶ *n.* 记号,(牲口)耳号 ❷ *vt.* 打上记号,指定…的用途

earn [ɜ:n] *v.* 赚得,使…获得 ☆*earn one's living* 谋生
〖用法〗注意下一例句中本词的用法: He earned his master's degree in systems engineering in 2006 from the Moore School of Electrical Engineering, University of Pennsylvania, Philadelphia, PA, USA. 他于2006年在位于美国宾州费城的宾夕法尼亚大学莫尔电工学院获得了系统工程硕士学位。

earnest [ˈɜ:nɪst] ❶ *a.* ①认真的,热切的 ②真实的,重大的 ❷ *n.* ①保证(金),定金 ②真实,认真,诚挚 ☆*in earnest* 认真地; *in good (real) earnest* 非常认真地,真心实意 ‖*-ly ad.* ~ness *n.*

earnest-money [ˈɜ:nɪstˈmʌnɪ] *n.* 保证金

earning [ˈɜ:nɪŋ] *n.* ①赚,挣 ②(pl.)所得,工资,报酬 ③利润

earphone [ˈɪəfəʊn] *n.* 耳机,听筒

earpiece [ˈɪəpi:s] *n.* (头戴式)耳机,听筒

ear-piercing [ˈɪəpɪəsɪŋ] *a.* 撕裂耳鼓的,刺耳的

earplug [ˈɪəplʌg] *n.* 耳塞

earshot [ˈɪəʃɒt] *n.* 听觉所及的范围,听觉距离 ☆*be out of earshot (of ...)* 在听不见(…的)声音的地方

earsplitting [ˈɪəsplɪtɪŋ] *a.* 震耳欲聋的

earth [ɜːθ]❶ *n.* ①地球 ②大地 ③泥 ④接地,地气 ⑤难以还原的金属氧化物类 ☆**break earth** 破土动工; **on earth** 究竟,到底;世间; **move heaven and earth to (do)** 竭力,用尽办法(做); **(no,not) on earth** 一点儿也(不,没有); **run ... to earth** 查明 ❷ *vt.* ①埋入土中 ②接地 ☆**earth up** 用土掩埋

earthbound [ˈɜːθbaund] *a.* 只在地球上的

earthdin [ˈɜːθdɪn] *n.* 地震

earthen [ˈɜːθən] *a.* 土的,土质的

earthenware [ˈɜːθənwɛə] *n.* 陶器

earth-free [ˈɜːθfriː] *a.* 不接地的

Earthian [ˈɜːθɪən] *n.* 地球人

earthiness [ˈɜːθɪnɪs] *n.* 土质

earthing [ˈɜːθɪŋ] *n.* 接地,培土

earthlight [ˈɜːθlaɪt] *n.* (月面)地球照(光)

earthly [ˈɜːθlɪ] *a.* ①地球的,现世的 ②可能的,完全 ☆**have not an earthly chance** 完全没希望; **no earthly reason** 毫无理由; **(of) no earthly use** 完全没有用

earthmover [ˈɜːθmuːvə] *n.* 大型挖〔推〕土机

earthmoving [ˈɜːθmuːvɪŋ] *a.; n.* 运土(的)

earthnik [ˈɜːθnɪk] *n.* 住在地球上的人

earthnut [ˈɜːθnʌt] *n.* 花生,块根

earthometer [ˈɜːˈθɒmɪtə] *n.* 接地检查器,高阻表

earth-plate [ˈɜːθpleɪt] *n.* 接地板

earthquake [ˈɜːθkweɪk] *n.* 地震

earth-resistance [ˈɜːθrɪzɪstəns] *n.* (接)地(电)阻

earthreturn [ˈɜːθrɪtɜːn] *n.* 地回路

earthscraper [ˈɜːθskreɪpə] *n.* 铲运〔土〕机

earth-shielded [ˈɜːθʃiːldɪd] *a.* 接地屏蔽的

earthshine [ˈɜːθʃaɪn] *n.* (月面)地球反照(光),地球辉光

earthstation [ˈɜːθsteɪʃən] *n.* (卫星)地面站

earth-tide [ˈɜːθtaɪd] *n.* 地潮,固体潮

earth-type [ˈɜːθtaɪp] *a.* 陶制的

earthwards [ˈɜːθwədz] *ad.* 向地面

earthwork [ˈɜːθwɜːk] *n.* 土(方)工(程),土方(量)

earthworm [ˈɜːθwɜːm] *n.* 蚯蚓

earthy [ˈɜːθɪ] *a.* 土的,接地的,地电位的

eartrumpet [ɪətrʌmpɪt] *n.* 助听器,听筒

easamatic [ɪˈsəˈmætɪk] *a.* 简易自动式的

ease [iːz]❶ *n.* ①容易,不费力 ②安逸,轻便性 ☆**at ease** 舒适,自由自在; **for ease in (of)** 为了便于; **with (great, the utmost) ease** 轻(而)易(举)地 ❷ *v.* ①减轻,缓和 ②放松,使松动 ③轻轻地移动 (along,over) ☆**ease down** 减低(速度),放松(努力); **ease A into place** 慢慢地移动 A 就位,把 A 稳妥地移到应有位置上; **ease A of B** 减轻〔缓和〕A 的 B; **ease off (away, up)** 放松,缓和,渐减
【用法】❶ 表示"…的(容易程度)"而修饰名词的"ease"时,一般使用"with which"开头的定语从句,有时也可使用"the ease of doing sth."。如:

One of the great advantages of AC is the ease with which its voltage can be changed. 交流电的突出优点之一是其电压能够容易地被改变。/Its major advantage is the ease of photographing the analog pictures. 其主要优点是能够容易地拍摄模拟相片。❷ 注意下面例句中本词作动词时的含义: A binary signal eases the problem of providing the time delay. 二进制信号能够使提供时延问题得到缓解〔…使得提供时延比较容易〕。

easeful [ˈiːzful] *a.* 安逸的,舒适的 ‖ ~ly *ad.*

easel [ˈiːzl] *n.* ①框,架 ②绘图桌

easement [ˈiːzmənt] *n.* ①缓和(曲线) ②平顺,平适 ③附属建筑物

easer [ˈiːzə] *n.* 辅助炮眼〔钻孔〕

ease-up [ˈiːzʌp] *a.* 缓和的

easier [ˈiːzɪə] *a.* easy 的比较级

easily [ˈiːzɪlɪ] *ad.* ①容易(地) ②顺利地,流畅地 ③舒适地

easiness [ˈiːzɪnɪs] *n.* 容易,轻松,舒适

east [iːst]❶ *n.* 东(方),东部 ❷ *a.* 东方的 ❸ *ad.* 在东方
【用法】❶ "to the east of" 和 "on the east of" 等同,表示"在…的东方",而 "in the east of" 则表示"在…的东部"。如: Japan lies to (on) the east of China. 日本位于中国的东方。/Japan lies in the east of Asia. 日本位于亚洲的东部。❷ 当表示"在东、西之间"或"从东到西"时,"东"和"西"这两个名词前的定冠词可以省去,即"from (the) east to (the) west" 和 "between (the) east and (the) west"。

eastbound [ˈiːstbaund] *a.* 向东行的

Easter [ˈiːstə] *n.* 复活节

easterlies [ˈiːstəlɪz] *n.* 东风带

easterly [ˈiːstəlɪ] ❶ *a.* 东方的,向东方的,从东方来的 ❷ *ad.* 向东方,从东方 ❸ *n.* 东风

eastern [ˈiːstən] ❶ *a.* 东(方,部)的,朝东的 ❷ *n.* 东方人

easternmost [ˈiːstənməust] *a.* 最东的

easting [ˈiːstɪŋ] *n.* 东航,向东进

east-northeast [ˈiːstnɔːˈθiːst] *n.; a.; ad.* (在,向,来自)东北东(的)

east-southeast [ˈiːstsauˈθiːst] *n.; a.; ad.* (在,向,来自)东南东(的)

eastward [ˈiːstwɜːd] ❶ *a.; ad.* 朝(向)东(的) ❷ *n.* 东向(部)

eastward(s) [ˈiːstwɜːd(z)] *ad.* 向东,在东方

easy [ˈiːzɪ] (easier, easiest) ❶ *a.* ①容易的,轻便的,舒适的 ②平缓的 ③供并过于来的 ❷ *ad.* ①容〔轻〕易地,舒适地 ②轻轻地,慢慢地 ☆**(be) easy of (to do)** 易于; **take it (things) easy** 从容
【用法】❶ 注意本词经常用在反射式不定式(即主语或宾语是句尾不定式动词或不定式末尾的介词的逻辑宾语这样的句式)中。如: This equation is easy to solve. 这个方程容易解。(一般不能用 "...

easy to be solved"。)这种结构来源于"It is easy to solve this equation." 句中"to solve this equation" 代替形式主语"it"。这种反射式句型在口语和书面语言中均广泛使用。 ❷ 本词不能使用"人+连系动词+ easy to do ..."的形式,而只能使用"it is easy for sb. to do ..."的形式。 ❸ 注意下面例句的含义: The principles and methods of electric arc gas cutting are explained in a systematic, concise and <u>easy to understand</u> way. (本文)用系统、简明易懂的方式介绍电弧气割的原理与方法。

easy-does-it ['i:zɪdʌzɪt] a. 从容不迫的

easyflask ['i:zɪflɑ:sk] n. 滑脱砂箱

easy-flo ['i:zɪfləʊ] n. 银焊料合金

easy-going ['i:zɪgəʊɪŋ] a. 从容不迫的,轻松的,舒适的

easying ['i:zɪɪŋ] a. 容易的,流畅的,不陡的

eat [i:t] ❶ (ate,eaten) v. ①吃 ②腐蚀,消磨 ❷ n. (pl.) 食物 ☆**eat away** (使)腐蚀掉; **eat in** 腐〔蚀〕蚀; **eat into** 腐〔侵〕蚀,消耗; **eat out** 耗尽; **eat up** 吃完,耗尽,消灭,侵蚀

eatability [i:tə'bɪlɪtɪ] n. 可口性,美味

eatable ['i:təbl] ❶ a. 可食用的 ❷ n. 食物

eat-back ['i:tbæk] n. (化学腐蚀)蔓延

eaten ['i:tən] eat 的过去分词

eating ['i:tɪŋ] ❶ n. 吃,食物 ❷ a. ①食用的 ②蚀坏的

eaves [i:vz] n. (pl.) 屋檐,山墙斜面的底部

eavesdrop ['i:vzdrɒp] v. 偷听

ebb [eb] ❶ n. ①退潮 ②衰退(期) ❷ v. 落潮,退落 ☆**(be) at a low ebb** 衰退,萧条,在低潮时期; **ebb away** 衰退; **on the ebb** 正在退潮,渐减

ebonite ['ebənaɪt] n. 硬(质)(橡)胶,胶木

ebonize ['ebənaɪz] vt. 使成乌木色

ebony ['ebənɪ] ❶ n. 黑檀,乌木 ❷ a. 漆黑的,乌木的

eboulement ['ebəʊlmənt] n. 崩塌,滑坡

ebriosity [i:brɪ'ɒsɪtɪ] n. 嗜酒中毒

ebullator [ɪ'bʌlətə] n. 沸腾器,循环泵

ebullience [ɪ'bʌljəns], **ebulliency** [ɪ'bʌljənsɪ] n. 沸腾,起泡,爆发 ‖ **ebullient** a.

ebulliometer [ɪˌbʌlɪ'ɒmɪtə] n. 沸点计,酒精沸点计

ebulliometry [ɪˌbʌlɪ'ɒmɪtrɪ] n. 沸点测定(法)

ebullioscope ['ɪbʌlɪəskəʊp] n. 酒精气压机,沸点计

ebullioscopic [ɪˌbʌlɪə'skɒpɪk] a. 沸点测定的

ebullioscopy [ɪbʌlɪ'ɒskəpɪ] n. 沸点测定法

ebullism ['ebəlɪzm] n. 体液沸腾

ebullition [ebə'lɪʃən] n. ①(强烈)沸腾,煮沸,汽泡生成 ②爆发

eburnated ['ebɜ:neɪtɪd] a. 像象牙一样坚硬的

eburnean ['ebɜ:nɪən] a. 像象牙的,象牙制成的

ecalo [ɪ'kæləʊ] n. 自动能源调节器

ecarteur [ekɑ:'tɜ:] n. 牵开器

eccentric [ɪk'sentrɪk] ❶ a. ①偏心的,离心的 ②

(轨道)不正圆的 ③反常的,怪癖的 ❷ n. 偏心器〔轮,圆,装置〕,【天】离心圈 ‖ **~ly** ad.

eccentricity [eksen'trɪsɪtɪ] n. 偏心(率,度,距),离心(率),反常

eccephalosis [eksefə'ləʊsɪs] n. 穿颅术

ecchymosis [ekɪ'məʊsɪs] (pl. ecchymases) n. 淤血,淤斑

ecchymotic [ekɪ'məʊtɪk] a. 淤血的,淤斑的

ecclasis ['eklsɪs] n. 脱落,破碎

ecclisis [ɪ'klɪsɪs] n. 脱位

eccope [ɪ'kəʊp] n. 切除(术)

eccoprotic [ekə'prəʊtɪk] ❶ a. 泻的 ❷ n. 泻剂

eccrisis [ɪ'krɪsɪs] n. 排泄

eccritic ['ekrɪtɪk] ❶ a. 促排泄的 ❷ n. 排泄剂

eccysis [ek'saɪsɪs] n. 洗除

ecdemic [ek'demɪk] a. 非地方性的,外来的

ecderon ['ekdərɒn] n. 表层,外被

ecdysis ['ekdɪsɪs] n. 脱皮,脱壳,脱皮期

echelette [eʃə'let] n. 红外光栅

echelle ['eɪʃel] n. 阶梯光栅

echellegram ['eɪʃelgræm] n. 分级光栅图

echelon ['eʃelɒn] ❶ n. 梯队,阶梯(光栅),透镜 ❷ v. 排成梯形〔队〕☆**in echelon** 排成梯队

echelonment ['eɪʃelɒnmənt] n. 阶梯状

echmasis ['ekməsɪs] n. 阻塞

echo ['ekəʊ] ❶ (pl. echoes) n. ①回声〔波〕,波的折回,反应(率) ②重复,仿效 ❷ v. ①发出回声,反射,产生共鸣(with) ②重复,模仿

echoencephalograph [ekəʊen'sefələɡrɑ:f] n. 回波脑造影仪

echoencephalography ['ekəʊensefə'lɒɡrəfɪ] n. 回波脑造影术

echoencephalology [ekəʊensefə'lɒlədʒɪ] n. 脑回声学

echogram ['ekəʊɡræm] n. 超声波回声图,回声深度记录

echograph ['ekəʊɡrɑ:f] n. 音响测探自动记录仪,回声测深仪

echographia [ekəʊ'ɡræfɪə] n. 模仿书写

echoic [e'kəʊɪk] a. 回声的

echoing ['ekəʊɪŋ] n. 回声(波)现象,反照现象

echoism ['ekəʊɪzm] n. 形象,象声

echokinesis [ekəʊkɪ'ni:sɪs] n. 模仿动作

echolalia [ekəʊ'leɪlɪə] n. 模仿言语

echolation [ekəʊ'leɪʃən] n. 电磁波反射法

echoless ['ekəʊlɪs] a. 无回声的,无反响的

echolocation [ekəʊləʊ'keɪʃən] n. 回声定位法

echometer [e'kɒmɪtə] n. 回声测深机,回声测距仪,听诊器

echometry [e'kɒmɪtrɪ] n. 测回声术

echomotism [ekəʊ'məʊtɪzm] n. 模仿动作

echopraxis [ekəʊ'præksɪs] n. 模仿动作

echoscope ['ekəʊskəʊp] n. 听诊器,模仿镜

echosonogram [ekəʊ'sɒnəɡræm] n. 超声回波图

echo-sounder ['ekəʊsaʊndə] *n.* 音响测深机,回声探测器

eclampsia [ek'læmpsɪə] *n.* 惊厥

eclat ['eɪklɑː] (法语) *n.* 巨大成功,(声誉)卓著

eclectic [ek'lektɪk] ❶ *a.* 折中(主义)的,选择主义的,自各处随意取材的 ❷ *n.* 折中 ‖ **~ally** *ad.* **~ism** *n.*

eclectics [ek'lektɪks] *n.* 综合学派,折中学派

eclimia [ɪ'klɪmɪə] *n.* 食欲过盛

Eclipsalloy [ɪklɪp'sælɔɪ] *n.* 一种镁基压铸合金

eclipse [ɪ'klɪps] ❶ *n.*【天】(日,月)食,晦暗,蒙蔽,丧失 ❷ *v.* 食,掩蔽,掩暗,使黯然失色,超越

eclipsis [ɪ'klɪpsɪs] *n.* 晕厥,迷睡

ecliptic [ɪ'klɪptɪk] *n.*; *a.*【天】黄道(的),食的,黄道经纬仪

eclogite ['eklədʒaɪt] *n.* 榴辉岩

eclosion [ɪ'kləʊʒən] *n.* 羽毛,孵化

eclysis ['eklɪsɪs] *n.* 轻度晕厥

ecmnesia [ek'niːʒə] *n.* 近事遗忘

ecnea ['eknɪə] *a.* 精神错乱,精神病

ecocide ['ekəʊsaɪd] *n.* 生态灭绝

ecoclimatology [ekəʊklaɪmə'tɒlədʒɪ] *n.* 生态气候学

ecocline ['ekəʊklaɪn] *n.* 生态变异,生态差异

ecocycle ['ekəʊsaɪkl] *n.* 生态循环

ecodeme ['ekəʊdiːm] *n.* 生态型

ecologic(al) [ekə'lɒdʒɪk(əl)] *a.* 生态(学)的 ‖ **~ally** *ad.*

ecologist [ɪ'kɒlədʒɪst] *n.* 生态学家,生态学工作者

ecology [ɪ'kɒlədʒɪ] *n.* ①生态学 ②均衡系统

Economet [ekə'nɒmet] *n.* 一种镍铬铁合金,艾康诺梅特铬镍钢

econometrics [ɪkɒnə'metrɪks] *n.* 计量经济学,经济计量学

econometry [ɪkɒ'nɒmɪtrɪ] *n.* 计量经济学

economic(al) [iːkə'nɒmɪk(əl)] *n.* ①经济(上)的,经济学的 ②节俭的,实用的 ☆**be economic(al) of** 节省

economically [iːkə'nɒmɪkəlɪ] *ad.* 经济(学)上,经济地

economics [iːkə'nɒmɪks] *n.* 经济(学),经济情况

economisation [ɪːkɒnəmaɪ'zeɪʃən] = **economization**

economise [ɪ'kɒnəmaɪz] = **economize**

economist [ɪ'kɒnəmɪst] *n.* 经济学家,经济工作者

economization [ɪkɒnəmaɪ'zeɪʃən] *n.* ①节省 ②减缩,精简

economize [ɪ'kɒnəmaɪz] *v.* 节省,有效地利用(in,on)

economizer [ɪ'kɒnəmaɪzə] *n.* ①节约器,省油系,废气预热器,经济器 ②节俭者

Economo [ɪ'kɒnəməʊ] *n.* 易倒钼钢

economy [ɪ'kɒnəmɪ] *n.* ①经济 ②节约 ③家政,家事管理 ☆**practice (use) economy** 节约 〖**用法**〗 ❶ 表示"经济〔节约〕措施或事"时,本词属于可数名词,有复数形式。如: Economies

associated with the computer-on-a-chip have resulted in the availability of microcomputer systems with the functionality and performance of minicomputer systems costing two orders of magnitude more only a decade ago. 由于单片机所获得的经济效益,促使出现了这样的微机系统: ❷ 注意下面例句中本词的含义: The main <u>economy</u> of the system stems from the following factors. 该系统主要经济之处来自下面一些因素。/Accurate measurement is needed too for <u>economy</u> of design. 为了节约设计,也需要精确的测量。

ecoparasite [iːkə'pærəsaɪt], **ecosite** *n.* 定居寄生物

ecophenotype [iːkə'fiːnətaɪp] *n.* 生态表型

ecophysiology [iːkəfɪzɪ'ɒlədʒɪ] *n.* 生态生理学

ecopornography [iːkəʊpɔː'nɒgrəfɪ] *n.* 生态保护圈

ecorthatic [iːkɔː'θætɪk] *a.* 排粪的,泻的

ecospecies ['iːkəʊspiː.ʃiːz] *n.* 生态种

ecosphere ['iːkəʊsfɪə] *n.*【生】大气层,生态圈,生物天体

ecostate [iː'kɒsteɪt] *a.* 无肋骨的

ecosys ['iːkəʊsɪs] *n.* 生态系

ecosystem [ɪkə'sɪstəm] *n.* 群落系(统)

ecotone ['iːkəʊtəʊn] *n.* 群落间,生态区

ecotope ['ekətəʊp] *n.* 生态环境

ecotoxicology [ɪkəʊteksɪ'kɒlədʒɪ] *n.* 生态毒理学

ecotype ['iːkəʊtaɪp] *n.* 生态型

ecphlysis [ekə'flaɪsɪs] *n.* 破裂,绽裂

ecphorize ['ekəfəraɪz] *v.* 复忆

ecphory ['ekəfərɪ] *n.* 复忆

ecphronia [ek'frəʊnɪə] *n.* 妄想

ecphyaditis [ekəfaɪə'daɪtɪs] *n.* 阑尾炎

ecphylactic [ekfɪ'læktɪk] *a.* 无防御的

ecphylaxis [ekfɪ'læksɪs] *n.* 无防御性

ecphyma [ek'faɪmə] (pl. ecphymata) *n.* 肉疣,突起,赘生物

ecphysesis [ek'faɪsəsɪs] *n.* 呼吸急促

ecptoma [ek'ptəʊmə] *n.* 落下,下垂

ecran [eɪ'krɑːŋ] (法语) *n.* 银幕,屏幕

ecru [ek'ruː] (法语) ❶ *n.* 淡(黄)褐色 ❷ *a.* 本色的

ecsomatics [eksəʊ'mætɪks] *n.* 化验学

ecstaltic [ek'stæltɪk] *n.* 离心的

ecstatic [eks'tætɪk] *a.* 入迷的,狂喜的

ectad ['ektæd] *ad.* 向外,在外面

ectal ['ektəl] *a.* 外表的,外侧的

ectasia [ek'teɪʒə] *n.* 膨胀, 扩张

ectasis [ek'teɪsɪs] *n.* 扩张,膨胀

ectasy [ek'teɪsɪ] *n.* 扩张,膨胀

ectatic [ek'tætɪk] *a.* 扩张的,膨胀的

ectoascus [ektə'æskəs] *n.* 外子囊

ectobiology [ektəubaɪ'ɒlədʒɪ] *n.* 细胞表面生物学

ectoblast ['ektəublɑ:st] *a.* 外胚层

ectocardia [ektə'kɑ:dɪə] *n.* 心脏异位

ectocrinin ['ektəukrɪnɪn] *n.* 外分泌

ectoderm ['ektəudɜ:m] *n.* 外胚层

ectogene ['ektəudʒi:n] *n.* 外营,多生于体外

ecto-hormone ['ektəuhɔ:məun] *n.* 外激素

ectomy ['ektəumɪ] *n.* 切除术

ectonuclear ['ektəu'nju:klɪə] *n.* 核外的

ectoparasite [ektəu'pærəsaɪt] *n.* 皮外寄生物

ectopic [ek'tɒpɪk] *a.* 异位的

ectopism ['ektəpɪzəm] *n.* 异位

ectoplasm ['ektəuplæzəm] *n.* 胞外黏膜

ectoplast ['ektəuplɑ:st] *n.* 外质膜

ectopy ['ektəpɪ] *n.* 异位

ectospore ['ektəuspɔ:] *n.* 外生孢子

ectotheca [ektəu'θekə] *n.* 外壁

ectotoxin ['ektəutɒksɪn] *n.* 外毒素

ectotrophic [ektəu'trɒfɪk] *a.* 体外营养

ectotropic [ektəu'trɒpɪk] *a.* 外生的

ectozoon [ektəu'zəuɒn] *n.* 外寄生虫,体表寄生虫

ectroma ['ektrəumə] *n.* 流产

ectrosis [ek'trəusɪs] *n.* ①流产 ②顿挫(疗法)

ectrotic [ek'trəutɪk] *a.* 流产的,阻止病势发展的

ectype ['ektaɪp] *n.* 复制品,异常型

ectypia [ek'taɪpɪə] *n.* 异常型

Ecuador ['ekwədɔ:] *n.* 厄瓜多尔(国家名)

Ecuadorian [ekwə'dɔ:rɪən] *n.; a.* 厄瓜多尔的,厄瓜多尔人(的)

ecumenical [ɪkju:'menɪkəl] *a.* 普遍的,全球的

ecumenicity [ɪkju:mə'nɪsɪtɪ] *n.* 全世界性

edacious [ɪ'deɪʃəs] *a.* 贪吃的,狼吞虎咽的

edacity [ɪ'dæsɪtɪ] *n.* 贪食,狼吞虎咽

edaphic [ɪ'dæfɪk] *a.* 土壤(层)的

edaphology [edə'fɒlədʒɪ] *n.* (植物)土壤学

edaphon ['edəfɒn] *n.* 土壤微生物群

edaphonekton [edəfə'nektɒn] *n.* 土壤水生生物

edatope ['edətəup] *n.* 土壤环境

eddo ['edəu] *n.* 芋

eddy ['edɪ] ❶ *n.* 旋涡,涡流,旋转 ❷ *a.* 涡旋的 ❸ *v.* (使)起旋涡,涡流,旋转

eddycard ['edɪkɑ:d] *n.* 涡流卡片

eddying ['edɪɪŋ] *n.; a.* 涡流(度,的),涡动(性)

eddy-stress ['edɪstres] *n.* 湍流应力

eddy-wind ['edɪwɪnd] *n.* 小旋风

edeauxe ['edəɔ:ks] *n.* 生殖器肥大

edeitis [ɪdɪaɪtɪs] *n.* 生殖器炎

edema, **oedema** [i:'di:mə], *n.* 【医】水肿,【植】瘤腺体

edematigenous [ɪdɪmætɪ'dʒenəs] *a.* 致水肿的

edematous [ɪdɪ'mætəs] *a.* 水肿的

edge [edʒ] ❶ *n.* ①(刀)刃,刀口 ②边缘,棱边,(脉冲)前沿 ③肋,筋条 ④边界 ⑤优势 ☆**(be) on edge** 侧立着,急躁; **give an edge to** 给…开刃,加强; **have an edge on** 胜过; **on the edge of** 在…边(缘)上,快要; **put an edge on (a knife)** 使(刀口)锋利; **set on edge** (侧)立着放,弄锐利; ❷ *v.* ①使…锋利,给…开刃,装刃 ②给…加边 ③嵌入 ④逐渐移进 ☆**edge away** 锒出,尖灭; **edge in** 挤进; **edge up** 由边上慢慢靠拢; **edge A with B** 给 A 的边上镶以 B

〖用法〗表示"在边缘"时,其前面可以用介词"at"或"on"。如: Diodes D₁ and D₂ are at (on) the edge of cutoff. 二极管 D₁ 和 D₂ 处于截止边缘。

edged ['edʒd] *a.* 有边的,有刃的,锋利的

edgefold ['edʒfəuld] *n.* 折边,弯曲(部)

edgeless ['edʒlɪs] *a.* 没刀刃的,没边的,钝的

edger ['edʒə] *n.* 修边器,轧边机,弯曲模膛

edgestone ['edʒstəun] *n.* (道路的)边缘石,(磨机的)立碾轮

edgeways ['edʒweɪz], **edgewise** ['edʒwaɪz] *a.; ad.* ①沿〔靠〕边,在边上,边对边地 ②把边缘朝外

edgily ['edʒɪlɪ] *ad.* 锋利地,急躁地

edging ['edʒɪŋ] *n.* 边缘(修饰),彩色镶边

edgy ['edʒɪ] *a.* 锋利的,轮廓鲜明的,急躁的

edibility [edɪ'bɪlɪtɪ] *n.* 适合食用,可食用性

edible ['edɪbl] ❶ *a.* 适合食用的 ❷ *n.* (pl.) 食品

edicard ['edɪkɑ:d] *n.* 编码卡

edification [edɪfɪ'keɪʃən] *n.* 教育,开导,熏陶

edificatory [edɪ'fɪkətərɪ] *a.* 教导的,启发的

edifice ['edɪfɪs] *n.* ①大厦 ②体系

edify ['edɪfaɪ] *v.* 教育,启发,熏陶

Edinburgh ['edɪnbərə] *n.* (英国)爱丁堡(市)

edingtonite ['edɪŋtənaɪt] *n.* 钡沸石

Edison ['edɪsən] *n.* 爱迪生

edit ['edɪt] *vt.* 编辑,刊行 ☆**edit out** 在编辑过程中删除

editec ['edɪtek] *n.* 电子编辑器

editing ['edɪtɪŋ] *n.* 编辑,审核

edition [ɪ'dɪʃən] *n.* ①版,出版 ②翻版

editola [edɪ'təulə] *n.* 图像观察员

editor ['edɪtə] *n.* ①(总)编辑,编者 ②【计】编辑程序

editorial [edɪ'tɔ:rɪəl] ❶ *a.* 编辑(上)的,编者的,社论的 ❷ *n.* 社论

editorialist [edɪ'tɔ:rɪəlɪst] *n.* 社论作家,社论撰写人

editorialize,**editorialise** [edɪ'tɔ:rɪəlaɪz] *vi.* (就…)发表社论(on)

editorially [edɪ'tɔ:rɪəlɪ] *ad.* ①编辑上,以编辑资格 ②以社论形式

editorship ['edɪtəʃɪp] *n.* 编辑(职位,身份,工作),主笔的地位

educability [edjukə'bɪlɪtɪ] *n.* 可教育性

educable ['edjukəbl] *a.* 可教育的

educate ['edju:keɪt] *vt.* ①教育,培养 ②使受学校教育 ☆**educate oneself** 自学

educated ['edju:keɪtɪd] *a.* 受(过)教育的

education [edju:'keɪʃən] n. ①教育(学),培养 ②(计算机的)教化 ☆**get (have,receive) an education** 受教育
〖用法〗一般来说本词用作为不可数名词,但有时可在其前面加不定冠词。如: He is provided with (gets,has,receives,gains,acquires,is given) a good education. 他受到良好的教育。

educational [edju:'keɪʃənəl] a. 教育的,有教育意义的

educationalist[edju:'keɪʃənəlɪst] n. 教育(工作)者,教育学家

educationally [edju:'keɪʃənəlɪ] ad. 教育上, 通过教育方式

educative ['edjukeɪtɪv] a. 教育(上)的,有教育意义的

educator ['edjukeɪtə] n. 教育(工作)者

educe [ɪ'dju:s] v. ①导出,引出 ②演算,推断 ③离析,使游离 ☆**educe all that is best in ...** 发挥…的一切优点

educible [ɪ'dju:sɪbl] a. 可引出的,推断得出的

educt ['i:dʌkt] n.〖化〗离析物,推断

eduction [ɪ'dʌkʃən] n. ①引出,离析,排泄 ②启发,推断 ③引出物

eductor [ɪ'dʌktə] n. 喷射器

edulcorant [ɪ'dʌlkərənt] n. 加甜剂

edulcorate [ɪ'dʌlkəreɪt] v. 纯化,使甜,使纯 ‖ **edulcoration** n.

edulis [ɪ'dʌləs] a. 可食的

edwardite ['edwədaɪt],**edwardsite** ['edwədsaɪt] n. 独居石

eel [i:l] n. 鳗鱼

eelworm ['i:lwɜ:m] n. 蛔虫,小线虫

effable ['efəbl] a. 可说明的,可表达的

efface [ɪ'feɪs] v. ①拭去,消除 ②忘却,使黯然失色 ‖ ~**ment** n.

effaceable [ɪ'feɪsəbl] a. 能擦掉的,会被忘却的

effect [ɪ'fekt]❶ n. 作用(on upon) ②效应,影响(on,upon),结果 ③意义,要旨 ④实行 ❷ vt. 招致,实现,贯彻 ☆**bring (carry,put)... into (to)effect** 使…生效,实行; **cease to be in effect** 失败; **come (go) into effect** 开始生效; **for effect** 为了给人以良好的印象; **general effect** 大意; **give effect to** 使生效; **have an effect on (upon)** 对…有〔产生〕影响; **have no effect (on,upon)** (对…)没有影响; **in effect** 实际上,事实上;在实行中; **of no effect** 无效; **take effect** 生效,(被)实施; **statement to the following effect** 大意如下的声明; **take effect as from this day's date** 今天起生效; **to no effect** 无效; **to the best effect** 最有效地; **to the effect that** 大意是(说),以便; **to this (that) effect** 带有这种意思,为此(目的); **with effect** 有效地
〖用法〗❶ 本词作名词时注意这一搭配模式 "the effect of A on (upon) B",意思是"A 对 B 的影响"。如: It is always necessary to consider the effect of the meter resistance on the circuit. 总是必须考虑仪表的电阻对电路的影响。/An added advantage of this method is that it makes it possible for us to see the effect on the overall waveform of the absence of some of the constituents (for example, the higher harmonics). 这种方法的另一个优点是它能够使我们看到缺少某些成分(例如高次谐波)对整个波形的影响。(本句中由于 "of A" 比 "on B" 长而调换了位置,也就是 "of the absence of ..." 修饰 "effect",这属于一种特殊的分割现象。) ❷ 不要把本词作动词时看成与"affect"相同,其意思是"实行,实施",而不是"影响"。如: This type of measurement is effected with the test shown in Fig. 4-3. 这类测量是用图 4-3 所示的测试方法来实施的。/This changeover is effected at a 4-Hz rate. 这种转换是按 4 赫兹的速率进行的。/The energy required to effect the successive accelerations and move an electron from one point to another is called the electric potential difference between the two points. 为了获得不断加速而使电子从一点移动到另一点所需的能量被称为这两点之间的电势差。❸ 注意下面例句中含有本词的名词短语作后面句子的同位语及其汉译法: A car noses up when it accelerates, a familiar effect. 当小汽车加速时,车头会向上抬起,这是大家熟悉的一种效应〔这一效应是大家所熟悉的〕。

effective [ɪ'fektɪv] ❶ a. ①有效的,有影响的 ②实际的,现行的,显著的 ❷ n. (pl.) 现役作战部队,有生力量;硬币 ☆**(be) effective on** 对…有效应; **become effective** 生效; **effective up to a distance of ...** 有效距离达… ‖ ~**ly** ad.

effectiveness [ɪ'fektɪvnɪs] n. 效率,有效性
〖用法〗with effectiveness = effectively,所以当它有定语从句修饰时要用"with which"开头。如: 'Run' is a term that means effectiveness with which motion is imparted to the output link. "运转"术语是指有效地把运动传给输出构件。

effector [ɪ'fektə] n. ①试验器 ②效应(因)子,效应基因 ③〖计〗格式控制符

effectual [ɪ'fektjuəl] a. 有效(果)的,灵验的 ‖ ~**ly** ad. ~**ness** n.

effectuate [ɪ'fektjueɪt] vt. 完成,使有效,贯彻 ‖ **effectuation** n.

effeminacy [ɪ'femɪnəsɪ] n. 软弱,女人气质,娇气

effemination [ɪfemɪ'neɪʃən] n. 女性化

efferent ['efərənt] ❶ a. 输出的,离心的 ❷ n. 传出神经

efferentation [efərən'teɪʃən] n. ①输出机能 ②离心作用

efferential [efə'rənʃɪəl] n. 输出的,离心的

effervesce [efə'ves] v. 起泡(体),泡腾,兴奋(with) ‖ **effervescence**, **effervescency** n.

effervescent [efə'vesnt] a. 起泡的,泡腾的

effervescible [efə'vesɪbl] a. 能起泡(沫)的,能沸腾的

effervescive [efə'vesɪv] a. 起泡(沫)的,沸腾的

effete [e'fi:t] a. 生产力已枯竭的,衰老的,无能力的 ‖ ~ly ad. ~ness n.

efficacious [efɪ'keɪʃəs] a. 有效的,灵验的 ‖ ~ly ad.

efficacy ['efɪkəsɪ] n. 效力,有效

efficiency [ɪ'fɪʃənsɪ] n. ①效率,有效系数 ②功效 〖用法〗❶ with efficiency = efficiently,表示"有效地"。如: This device provides high output power with good efficiency. 这个器件能够非常有效地提供大的输出功率。所以当有定语从句修饰它时,从句要用"with which"开头。如: One of the most useful features of ac circuits is the ease and efficiency with which voltages (and currents) may be changed from one value to another by transformers. 交流电路最有用的特点之一是能够用变压器容易而有效地改变电压(和电流)值。❷ 本词可用作可数名词。如: The CO$_2$ laser possesses a high overall working efficiency of about 30 percent. 二氧化碳激光器整体工作效率高达30%。❸ 表示"提高效率"要写成"raise the efficiency"。

efficient [ɪ'fɪʃənt] ❶ a. 有效的,效率高的,经济的,有用的 ❷ n. 因子,被乘数 ‖ ~ly ad. 〖用法〗注意下面例句中本词的含义: This solution is time efficient. 这种解法时效高。/To be efficient, most of the power must do useful work in the load. 为了提高效率,大部分功率必须在负载上做有用功。

effigurate [e'fɪgjʊreɪt] a. 有一定形状的

effigy ['efɪdʒɪ] n. (面,肖,雕)像

effleurage [eflə'rɑ:dʒ] a. 轻抚法

effloresce [eflɔ:'res] v. ①风化,晶化 ②开花

efflorescence [eflɔ:'resəns] n. 风〔粉,晶〕化,开花 ②皮疹

efflorescent [eflɔ:'resnt] a. (易)风化的,开花的

effluence ['efluəns] n. 发出,流出物,溢流

effluent ['efluənt] a.;n. 发出的,渗漏的,废水及废气

effluogram ['efluəgræm] n. 液流图

effluve [e'flu:v] n. 高压放电

effluvia [ɪ'flu:vjə] effluvium 的复数

effluvial [ɪ'flu:vjəl] a. 恶臭的

effluvium [ɪ'flu:vɪəm] (pl. effluvia 或 effluviams) n. ①无声放电 ②以太 ③臭气 ④发出〔散〕,脱发

efflux ['eflʌks] n. ①流出(物) ②射流,涌出 ③时间消逝

effluxion [ɪ'flʌkʃən] = efflux

effort ['efət] n. ①努力,尝试 ②力量 ③成果 ☆ **beyond effort** 力所不及; **by human effort** 用人力; **exert (make) every effort to (do)** 尽一切力量(做); **in a common effort** 共同努力; **in on effort to (do)** 在致力于(做); **make efforts (an effort) to (do)** 努力(做); **redouble one's efforts** 再接再厉; **spare no efforts** 不遗余力,

with (an) effort 努力; **without (with little) effort** (毫)不费力地 〖用法〗❶ 表示"作〔尽〕努力"时,本词一般与动词"make"搭配使用,也有用"invest"的。如: Great efforts are made to select the correct materials. (作者)作了极大努力来选择正确的材料。/Much effort has been invested to derive this relation. (我们)了很大努力来推导这个关系式。❷ 它一般作不可数名词来使用,所以它可以有单复数形式,而且其后面一般接动词不定式。如: The design of the synthesizer described resulted from a long effort to optimize performance for a reasonable cost. 上述的合成器设计,是作者为了以适当的成本来达到最佳性能而通过艰苦努力得来的。❸ 注意下面的句型: One more effort and we will succeed. 我们再努力一下就会成功了。这里"One more effort"相当于祈使句"Make one more effort"中省去了动词"Make",这属于"祈使句+and"="if 条件句"句型,参见"and"一词的用法。)

effortless ['efətlɪs] a. 不费力的,容易的 〖用法〗注意下面例句中本词的含义: Within the assumptions noted, the method shown above is both accurate and relatively effortless. 在前面提到的假设条件范畴内,上述方法既精确又比较容易。

effraction [ɪ'frækʃən] n. ①破裂 ②弱化

effracture [ɪ'fræktʃə] n. 裂开,颅骨折

effulgence [ɪ'fʌldʒəns] n. 光辉,灿烂

effulgent [ɪ'fʌldʒənt] a. 光辉的,灿烂的 ‖ ~ly ad.

effumability [efju:mə'bɪlɪtɪ] n. 易挥发性

effumable [e'fju:məbl] a. 易挥发的

effuse [ɪ'fju:z] v. 发散,倾注

effuser [ɪ'fju:zə] n. (扩散)喷管,扩散器,集气管

effusiometer [ɪfju:zɪ'ɒmɪtə] n. 扩散计,渗速计

effusiometry [ɪfju:zɪ'ɒmɪtrɪ] n. 渗透测定法

effusion [ɪ'fju:ʒən] n. 流出物,渗透,隙透

effusive [ɪ'fju:sɪv] a. 流〔喷〕出的,射流的 ‖ ~ly ad. ~ness n.

effusor [ɪ'fju:zə] = effuser

e.g. (拉丁语)=exempli gratia 例如

egersis [ɪ'dʒɜ:sɪs] n. 警醒,不眠

egesta [i:'dʒestə] n. 排泄物

egestion [i:'dʒesʃən] n. 排泄

egg [eg] n. ①(鸡)蛋,卵 ②炸弹,手榴弹,鱼雷 ☆ **have (put) all one's eggs in one basket** 孤注一掷; **in the egg** 在初期,于未然; **with egg on one's face** 处于窘境

egg-coal ['egkəʊl] a. 小块的煤

egger ['egə] n. 采集野鸟蛋的人

egg-head ['eghed] n. 秃头,书生

eglantine [eg'læntɪn] n. 野蔷薇

egg-shell ['egʃel] n. 蛋壳,易碎的东西

eglestonite ['egəlstənaɪt] n. 氯汞矿

ego ['i:gəʊ] n. 自我〔己〕,利己主义

egocentric [i:gəʊ'sentrɪk] a. 自我中心的

egocentricity [egəʊsen'trɪsɪtɪ] n. 自私自利

egocentrism [i:gəʊ'sentrɪzm] n. 利己主义

egoism ['i:gəʊɪzm] n. 利己主义 ‖ **egoistic (al)** a.

egomania [i:gəʊ'meɪnjə] n. 极端利己主义

egotism ['i:gətɪzm] n. 自我吹嘘,自私自利 ‖ **egotistic (al)** a.

egotize ['egəʊtaɪz] vi. 自负,爱谈论自己

egotrip ['i:gəʊtrɪp] vi. 追名逐利, 表现自己

egotropic [egəʊ'trɒpɪk] a. 唯我的,自我中心的

egregious [ɪ'gri:dʒəs] a. 惊人的,极端恶劣的

egress ['i:gres] n. 出口(路),发源地;【天】终切

egression [i:'greʃən] n. 外出

Egypt ['i:dʒɪpt] n. 埃及

Egyptian [ɪ'dʒɪpʃən] a.; n. 埃及的,埃及人(的)

eiconal = eikonal

eiconometer [aɪkɒ'nɒmɪtə] n. 影像计

eicosane ['aɪkəseɪn] n. 二十碳烷

eiderdown ['aɪdədaʊn] n. 鸭绒毛

eidetic [aɪ'detɪk] a. 极为逼真的

eidograph ['aɪdəʊɡrɑ:f] n. (图画)缩放仪

eidophor ['aɪdəʊfə] n. 艾多福(电视)投影法

eidoptometry [aɪdɒp'tɒmɪtrɪ] n. 视力测定法

eigen ['aɪɡən] a. 本征的,固有的

eigenchannel ['aɪɡənˌtʃænəl] n. 本征信道

eigendifferential ['aɪɡənˌdɪfərenʃɪəl] n. 本征微分

eigenelement ['aɪɡənˌelɪmənt] n. 本征元素

eigenmoment ['aɪɡənˌməʊmənt] n. 内禀矩

eigenperiod ['aɪɡənˌpɪərɪəd] n. 固有周期

eigentensor ['aɪɡənˌtensə] n. 本征张量

eigentone ['aɪɡənˌtəʊn] n. 本征音,固有振动频率

eigenwert ['aɪɡənwɜ:t] n. 本征值

eight [eɪt] n.; a. ①八(个) ②8 字形 ③八汽缸发动机

eighteen ['eɪti:n] n.; a. 十八(个)

eighteenmo [eɪ'ti:nməʊ] n. 十八开本

eighteenth [eɪ'ti:nθ] n.; a. ①第十八 ②十八分之一

eightfold ['eɪtfəʊld] a.; ad. 八倍,八重

eighth [eɪtθ] n.; a. ①第八 ②八分之一

eighthly ['eɪtθlɪ] ad. 第八

eightieth ['eɪtɪɪθ] n.; a. 第八十(个),八十分之一(的)

eightlings ['eɪtlɪŋz] n. 八连晶

eightscore ['eɪt'skɔ:] n. 一百六十

eighty ['eɪtɪ] n.; a. 八十(个),第八十

eikon ['aɪkɒn] = icon

eikonal ['aɪkɒnəl] n. (光)程函(数),相函数,积函,哈密尔顿特征函数,短词距

eikonic [aɪ'kɒnɪk] a. 影像的

eikonogen [aɪkə'nəʊdʒən] n. 影源

eikonometer [aɪkəʊ'nɒmɪtə] n. 光像测定器

eilema ['aɪləmə] n. 腹绞痛,肠扭结

eiloid [aɪ'lɔɪd] ❶ n. 卷线形 ❷ a. 线圈形的

Einstein ['aɪnstaɪn] n. 爱因斯坦, 量子摩尔 E

einsteinium [aɪn'staɪnɪəm] n.【化】锿

Eire ['eərə] n. 爱尔兰

eisodic ['aɪsəʊdɪk] a. 输入的,传入的,向心的

eitelite ['aɪtəlaɪt] n. 碳酸钠镁矿

either ['aɪðə] ❶ a.; pron. (二者中的)任何一个,或此或彼 ☆ **either of** (两者之中)任何一个; **either way** 不管怎样(说); **in either case** (在)两种情况(下)都 ❷ ad.; conj. ①或者 ②二者之一 〖用法〗❶ 表示"(两者中的)任何一个"要用"either"。如: If either of the two conditions is not satisfied, the equation has no solution. 如果这两个条件中任何一个不满足,则该方程无解。 ❷ 否定句中表示"也"要用"either"而不能用"also"。如: Breaking this program wouldn't be a good idea. Making standard libraries special cases isn't a good idea either. 破开这个程序不会是一个好主意,而使标准库库成为特殊情况也不是一个好主意。 ❸ 注意下面例句中本词的用法: It is necessary to know either the coherent or the random part of F(s). 必须要知道或者 F(s)的相干部分或者 F(s)的随机部分。(在此"either ... or ..."为并列连词,意为"或者…,或者…"。)/The logic responds to the first signal from either comparator. 该逻辑响应于来自两个比较器中任何一个的第一个信号。(在此"either"为形容词。) ❹ 当"either A or B"连接两个主语时,谓语动词的单复数由主语 B 来确定。如: Either the receivers or the transmitter is out of order. 那些接收机或该发射机出了故障。

ejaculate [ɪ'dʒækjʊleɪt] vt. 突发,突然叫出,射出 ‖ **ejaculation** n. **ejaculatory** a.

ejaculator [ɪ'dʒækjʊleɪtə] n. 射出物(者)

eject [ɪ'dʒekt] ❶ v. ①(喷,弹)射,喷(射)出 ②驱逐,排斥 ❷ n. 推出口 ☆ **be ejected from ...** 从…(放)射出

ejecta [ɪ'dʒektə] n. (pl.)喷出物,渣

ejection [ɪ'dʒekʃən] n. ①喷(射)出(物),弹射(出) ②驱逐,排斥

ejective [ɪ'dʒektɪv] a. 喷〔射〕出的,驱逐的

ejectment [ɪ'dʒektmənt] n. 排出,驱逐

ejector [ɪ'dʒektə] n. ①喷射〔发射〕器,喷射泵,喷射井点,抽铆机,排出管 ②驱逐者

eka-aluminum ['ekəə'lu:mɪnəm] n. 准铝,镓 Ga

ekahafnium [ekə'hæfnɪəm] n. 类铪元素 104 的暂名

ekdemite [ek'di:maɪt] n. 氯砷铅矿

eke [i:k] vt. ①补充,竭力维持(out) ②增加,放大

ekistical [ɪ'kɪstɪkəl] a. 城市与区域计划学的

ekistics [ɪ'kɪstɪks] n. 城市与区域计划学

ekphorize ['ekfəraɪz] v. 唤起记忆

Ektalight ['ektəlaɪt] n. 爱克塔光幕

ektogenic [ektə'dʒenɪk] n. 外来成分

ekzema ['ɪkzəmə] n. 盐垒

elaborate [ɪ'læbərət] ❶ a. ①精心制成的,精巧的 ②费事的,煞费苦心的,麻烦的 ❷ v. ①钻研出 ②加工,精制,对…作详细说明(on,upon) ③推敲,发

挥 ‖ **~ly** *ad.*

elaboration [ɪˌlæbəreɪʃən] *n.* ①精心做成 ②推敲,苦心经营 ③详细描述 ④精心制作的产品,详尽的细节

elaborative [ɪˈlæbərɪtɪv] *a.* 精致的,苦心经营的,详细阐述的

elaeodic [ɪˈliːədɪk] *a.* 橄榄绿色的

elaeolite [ɪˈliːəlaɪt] *n.* 脂光石

elaeometer [elɪˈɒmɪtə] *n.* 验油比重计

elaidic-acid [ɪˈlaɪdɪkˈæsɪd] *n.* 反油酸

elaidin [eˈleɪədɪn] *n.* 反油酸精

elaidinization [eleɪədɪnaɪˈzeɪʃən] *n.* 反油脂重排作用

elaioplast [ɪˈlaɪəplæst] *n.* 造油体

elaoptene [ɪˈleɪəptiːn] *n.* 油质,液油分

elapse [ɪˈlæps] *vt.; n.* (时间)过去,消逝,经过
〖用法〗本词作不及物动词时可以用其过去分词作定语,表示完成了的含义。如: Average velocity is defined as the total displacement divided by the total elapsed time. 平均速度被定义为总位移除以总经过时间。

elastance [ɪˈlæstəns] *n.* 电容的倒数,倒电容(值),1/C

elastase [ɪˈlæsteɪs] *n.* 弹性蛋白酶,胰肽酶 E

elastes [ɪˈlæstəs] *n.* 弹器

elastic [ɪˈlæstɪk] ❶ *a.* ①(有)弹性的,伸缩性的 ②灵活的 ❷ *n.* 橡皮线〔带,圈,筋〕,松紧带
〖用法〗注意下面例句的含义: Air, being elastic, may be compressed into a small container. 由于空气具有弹性,所以可以压入小型的容器中。(分词短语"being elastic"处于主、谓语之间作状语。)

elastica [ɪˈlæstɪkə] *n.* ①弹力,弹性 ②橡胶弹性树胶 ③弹性组织

elastically [ɪˈlæstɪkəlɪ] *ad.* 弹性(地)

elasticator [ɪˈlæstɪkeɪtə] *n.* 增弹剂

elasticity [ɪlæsˈtɪsɪtɪ] *n.* ①弹性,伸缩,弹力,弹性力学 ②灵活性

elasticized [ɪˈlæstɪsaɪzd] *a.* 用弹性线制成的

elasticizer [ɪˈlæstɪsaɪzə] *n.* 增塑剂

elastin [ɪˈlæstɪn] *n.* 弹性蛋白

elastivity [iːlæsˈtɪvətɪ] *n.* 介电常数的倒数

elastodynamics [ɪˌlæstəʊdaɪˈnæmɪks] *n.* 弹性(动)力学

elastohydrodynamics [ɪˈlæstəʊhaɪdrəʊdaɪˈnæmɪks] *n.* 弹性流体动力学

elastomechanics [ɪˈlækstəʊmɪˈkænɪks] *n.* 弹性理论〔力学〕

elastomer [ɪˈlæstəmə] *n.* 弹性体,弹性材料 ‖ **~ic** *a.*

elastometer [ɪlæsˈtɒmɪtə] *n.* 弹力计

elastometry [ɪlæsˈtɒmɪtrɪ] *n.* 弹力测定法

elastooptics [ɪlæstəʊˈɒptɪks] *n.* 弹性光学

elasto-osmometry [ɪlæstəsˈmɒmɪtrɪ] *n.* 渗透压的高弹性测定法

elastoplast [ɪˈlæstəplɑːst] *n.* 弹性塑料

elastoplastic [ɪˈlæstəplæstɪk] *n.; a.* 弹性塑料,弹塑性的

elastoplasticity [ɪlæstəplæsˈtɪsɪtɪ] *n.* 弹塑性

elastopolymer [ɪˈlæstəpɒlɪmə] *n.* 弹性高聚物

elastoprene [ɪˈlæstəpriːn] *n.* 二烯橡胶

elastoresistance [ɪˈlæstərɪˈzɪstəns] *n.* 弹性电阻(效应)

elastostatics [ɪˈlæstəˈstætɪks] *n.* 弹性静力学

elastothiomer [ɪˈlæstəˈθaɪəmə] *n.* 弹性硫塑料,硫合橡胶

elastration [ɪlæsˈtreɪʃən] *n.* 弹性阉割

elate [ɪˈleɪt] *vt.* 使欢欣鼓舞

elated [ɪˈleɪtɪd] *a.* 兴高采烈的

elaterite [ɪˈlætəraɪt] *n.* 弹性沥青

elaterometer,elatrometer [ɪlæˈtrɒmɪtə] *n.* 气体密度计

elation [ɪˈleɪʃən] *n.* 兴高采烈,欢欣鼓舞

elbaite [ˈelbeɪt] *n.* 锂电气石

Elbe [elb] *n.* (欧洲)易北河

elbow [ˈelbəʊ] ❶ *n.* 肘,肘管,弯头,(机械手)抓手,急弯 ☆**at one's elbow** 在左右; **(be) up to the elbows (in)** 埋头于; **place ... at one's elbow** 把…放在某人身边,使某人经常考虑… ❷ *v.* 用肘挤,变成肘状 ☆**elbow ... away from ...** 挤…使之离开…; **elbow off** 推开; **elbow out** 推出

elbowed [ˈelbəʊd] *a.* 角(形)的,肘形的

elbow-grease [ˈelbəʊɡriːs] *n.* 苦干

elbow-joint [ˈelbəʊdʒɔɪnt] *n.* 肘关节

elbowroom [ˈelbəʊruːm] *n.* (可自由)活动的余地

elbrussite [ˈelbrəsaɪt] *n.* 易布石

Elcolloy [ˈelkəlɔɪ] *n.* 铁镍钴合金

elcon [ˈelkən] *n.* 电子导电视像管

elconite [ˈelkənaɪt] *n.* 钨铜合金

elcoplasty [ˈelkəplæstɪ] *n.* 溃疡成形术

elcosis [elˈkəʊsɪs] *n.* 溃疡(形成)

eld [eld] *n.* 从前,古代,老年

elder [ˈeldə] ❶ *a.* ①old 的比较级 ②年长的,资格老的 ③从前的 ❷ *n.* (年)长者,前辈

elderly [ˈeldəlɪ] *a.* 中年以上的,上了年纪的

eldest [ˈeldɪst] *a.* ①old 的最高级 ②最老的,领头的

eleagnine [elɪˈæɡnaɪn] *n.* 胡秃子碱

elect [ɪˈlekt] ❶ *v.* 选择,推选,决定 ❷ *a.* 被选出的,当选的;优等的,卓越的 ☆**be elected (as) A** 当选为 A; **elect A (to be, as) B** 选举 A 为 B; **elect to (do)** 选择〔决定〕(做)
〖用法〗当它作为形容词表示"当选的,被选出的"修饰名词时,要放在被修饰的名词后。如: the president-elect 当选总统,下任总统

elected [ɪˈlektɪd] *n.; a.* 被选人(的),当选人(的)

electee [elekˈtiː] *n.* 当选者

election [ɪˈlekʃən] *n.* 选择〔举〕,挑选,当选 ☆**carry an election** 当选

elective [ɪˈlektɪv] ❶ *a.* (有)选举(权)的,任选的,随意的,【化】有选择的 ❷ *n.* 选修课程,选择性

elector [ɪˈlektə] *n.* 选民 ‖ ~**al** *a.*

electorate [ɪˈlektərɪt] *n.* (全体)选民,选举区

electra [ɪˈlektrə] *n.* 多区无线电导航系统

electret [ɪˈlektrɪt] *n.* 永久极化的电介质

electric [ɪˈlektrɪk] ❶ *n.* ①电的,带电的 ②令人震惊的 ❷ *n.* ①起电物体,带电体 ②电车,电动车辆 〖用法〗本词作"电的"讲时,一般是修饰直接与电相关或用电(带电)的名词,如:electric heater 电热器,electric energy 电能, electric current 电流。

electrical [ɪˈlektrɪkəl] = electric
〖用法〗该形容词一般主要用于与电间接相关的名词, 如:electrical engineer 电气工程师,electrical engineering 电工技术,机电工程,电气工程,electrical analogy 电模拟。但有时也可与"electric"换用, 如 electrical(或 electric)resistance 电阻,electrical(或 electric)signal 电信号,electrical(或 electric)effect 电效应。

electrically [ɪˈlektrɪkəlɪ] *ad.* 电学上,触电似地,在电气性能上
〖用法〗注意下面例句的译法: Ordinary matter is said to be <u>electrically</u> neutral. 普通物质被说成是电中性的。

electricator [ɪˈlektrɪkeɪtə] *n* 电触式测微表

electrician [ɪlekˈtrɪʃən] *n.* ①电气技师,电工 ②照明员

electricity [ɪlekˈtrɪsɪtɪ] *n.* 电(学,荷)

electrifiable [ɪlektrɪˈfaɪəbl] *a.* 可起电的

electrification [ɪlektrɪfɪˈkeɪʃən] *n.* ①起电(装置) ②电气化,使用电力

electrify [ɪˈlektrɪfaɪ] *vt.* ①起电,充电,(使)电(气)化 ②使震惊

electrik [ɪˈlektrɪk] = electric

electrino [ɪˈlektrɪnəʊ] *n.* 电微子,电中微子

electrion [ɪˈlektraɪən] *n.* 高压放电

electrit [ɪˈlektrɪt] *n.* 电铝(石)

electrization [ɪlektraɪˈzeɪʃən] ①=electrification ②电疗法,带电法

electrize [ɪˈlektraɪz] = electrify

electrizer [ɪˈlektraɪzə] *n.* 起电盘,电疗机

electro [ɪˈlektrəʊ] *v.;n.* 电镀(品),电铸(版,术)

electroabrasion [ɪˈlektrəʊəˈbreɪʒən] *n.* 电研磨

electroacupuncture [ɪlektrəʊˈækjuˌpʌŋktʃə] *n.* 电针刺

electroaffinity [ɪlektrəˈfɪnɪtɪ] *n.* 电解电势,电亲和性

electroanalgesia [ɪlektrəʊænælˈdʒiːzɪə] *n.* 电针镇痛

electroarteriograph [ɪlektrəʊɑːtɪrəˈɒɡrəfɪ] *n.* 动脉电流图

electrobasograph [ɪlektrəʊˈbeɪsəɡrɑːf] *n.* 步态电描记器

electrobath [ɪlektrəʊˈbɑːθ] *n.* 电镀浴

electro-beam [ɪlektrəʊˈbiːm] *n.* 电子束

electrobiology [ɪlektrəʊbaɪˈɒlədʒɪ] *n.* 生物电学

electrobrightening [ɪlektrəʊˈbraɪtənɪŋ] *n.* 电抛光

electrocaloric [ɪlektrəʊkəˈlɒrɪk] *a.* 电热的

electrocalorimeter [ɪlektrəʊkæləˈrɪmɪtə] *n.* 电热计

electrocarbonization [ɪlektrəʊkɑːbənaɪˈzeɪʃən] *n.* 电法炼焦,电法碳化

electrocardiogram [ɪlektrəʊˈkɑːdɪəʊɡræm] *n.* 心电图

electrocardiograph [ɪlektrəʊˈkɑːdɪəʊɡræf] *n.* 心电图描记器

electrocardiography [ɪlektrəʊkɑːdɪˈɒɡrəfɪ] *n.* 心电图学

electrocardiology [ɪlektrəʊkɑːdɪˈɒlədʒɪ] *n.* 心电学

electrocardiophonogram [ɪlektrəʊˈkɑːdɪəʊˈfəʊnəɡræm] *n.* 心音电描记图

electrocardiophonography [ɪlektrəʊˈkɑːdɪəʊˈfəʊnəɡræfɪ] *n.* 心音电描记术

electrocardioscopy [ɪlektrəʊˈkɑːdɪəʊˈskɒpɪ] *n.* 心电图观测

electrocathodoluminescence [ɪlektrəkæθədəluːmɪˈnesns] *n.* 电(场)控阴极射线发光

electrocauterize [ɪlektrəʊˈkɔːtəraɪz] *vt.* 电灼

electrocautery [ɪlektrəʊˈkɔːtərɪ] *n.* 电灸,电烙铁

electrochemic(al) [ɪlektrəʊˈkemɪkəl] *a.* 电化(学)的

electrochemically [ɪlektrəʊˈkemɪkəlɪ] *ad.* 在电化学方面,用电化学方法

electrochemiluminescence [ɪlektrəʊkemɪluːmɪˈnesns] *n.* 电化学发光

electrochemistry [ɪlektrəʊˈkemɪstrɪ] *n.* 电化学

electrochromatography [ɪlektrəʊkrəʊməˈtɒɡrəfɪ] *n.* 电色谱法,电色层分离法

electrochromics [ɪlektrəʊˈkrəmɪks] *n.* 电致变色显示

electrochronograph [ɪlektrəʊˈkrɒnəɡrɑːf] *n.* 电动精密记时针

electrocision [ɪlektrəʊˈsɪʃən] *n.*【医】电(振)切除术

electrocoagulation [ɪˈlektrəʊkəʊæɡjuˈleɪʃən] *n.* 电凝聚

electrocoating [ɪˈlektrəʊˈkəʊtɪŋ] *n.* 电涂,电镀

electrocoloration [ɪlektrəʊkʌləˈreɪʃən] *n.* 电着色

electroconvulsive [ɪlektrəʊkənˈvʌlsɪv] *a.* 电惊厥的

electrocoppering [ɪlektrəʊˈkɒpərɪŋ] *n.* 电镀铜法

electrocorticogram [ɪlektrəʊˈkɔːtɪkəɡræm] *n.* (大脑)皮层电图

electrocratic [ɪlektrəʊˈkrætɪk] *a.* 电稳的

electroculture [ɪˈlektrəʊˈkʌltʃə] *n.* 电气栽培

electrocute [ɪˈlektrəʊkjuːt] *vt.* 电死,以电刑处死 ‖ **electrocution** *n.*

electrode [ɪˈlektrəʊd] *n.* 电极,焊条

E

electrodecantation [ɪˈlektrəudi:kənˈteɪʃən] n. 电倾析

electrodeless [ɪˈlektrəudlɪs] a. 无电极的

electro-dense [ɪˈlektrəudens] a. 电子致密的

electrodeposit [ɪlektrədɪˈpɒzɪt] vt.; n. 电镀,电积物

electrodeposition [ɪlektrədepəˈzɪʃən] n. 电镀层,电镀,电解沉淀

electrodermal [ɪlektrəuˈdɜ:məl] a. 带电表皮的

electrodesalting [ɪˈlektrəudiˈsɔ:ltɪŋ] n. 电气脱盐

electrodesiccation [ɪlektrəudesɪˈkeɪʃən] n. 电干燥(法)

electrodesintegration [ɪˈlektrəudɪsɪntɪˈgreɪʃən] n. 电致分裂

electrodiagnosis [ɪˈlektrəudaɪəgˈnəusɪs] n. 【医】电诊法

electrodialyser [ɪˈlektrəudaɪəˈlaɪzə] n. 电渗析器

electrodialysis [ɪˈlektrəudaɪˈælɪsɪs] n. 电渗析

electrodiaphane [ɪlektrəuˈdaɪəfeɪn] n. 电透照镜

electrodiaphany [ɪlektrəuˈdaɪəfeɪnɪ] n. 电透照法

electrodics [ɪˈlektrəudɪks] n. 电极学

electrodiffusion [ɪˈlektrəudɪˈfju:ʒən] n. 电扩散(系数)

electrodisintegration [ɪˈlektrəudɪsɪntɪˈgreɪʃən] n. (核的)电(致)蜕变

electrodispersion [ɪˈlektrəudɪsˈpɜ:ʃən] n. 电分散作用

electro-dissociation [ɪˈlektrəudɪsəuʃɪˈeɪʃən] n. 电离

electrodissolution [ɪˈlektrəudɪsəˈlu:ʃən] n. 电溶解

electrodissolvent [ɪˈlektrəudɪˈzɒlvənt] n. 电解溶解剂

electrodissolver [ɪˈlektrəudɪˈzɒlvə] n. 电解溶解器

electrodressing [ɪˈlektrəuˈdresɪŋ] n. 电选矿

electrodrill [ɪˈlektrəuˈdrɪl] n. 电钻床

electroduct [ɪˈlektrəuˈdʌkt] n. 电管道

electroduster [ɪˈlektrəuˈdʌstə] n. 静电喷粉器

electrodusting [ɪˈlektrəuˈdʌstɪŋ] n. 静电喷粉

electrodynamic(al) [ɪlektrəudaɪˈnæmɪk(əl)] a. 电动的,电动力学的

electrodynamics [ɪlektrəudaɪˈnæmɪks] n. 电动力学

electrodynamometer [ɪˈlektrəudaɪnəˈmɒmɪtə] n. 电力测功计,电力计,电(测)功率计

electroencephalogram [ɪˈlektrəuenˈsefələugræm] n. 脑电图

electroencephalograph [ɪˈlektrəuenˈsefələugrɑ:f] n. 脑电描记器,脑电图仪

electroencephalography [ɪˈlektrəuensefəˈlɒgrəfɪ] n. 脑电描记术

electroencephalology [ɪˈlektrəuensefəˈlɒlədʒɪ] n. 脑电学

electroendosmosis [ɪˈlektrəuendɒsˈməusɪs] n. 电渗(现象)

electro-equivalent [ɪˈlektrəuɪˈkwɪvələnt] n. 电化当量

electroexcitation [ɪˈlektrəueksaɪˈteɪʃən] n. 电致激发

electroextraction [ɪˈlektrəuɪksˈtrækʃən] n.电解提取

electrofax [ɪˈlektrəuˈfæks] n. ①氧化锌静电复制法 ②电传真,电子摄影

electro-feeder [ɪlektrəuˈfi:də] n. 电动给水泵

electrofilter [ɪˈlektrəuˈfɪltə] n. 电滤器

electrofiltration [ɪˈlektrəufɪlˈtreɪʃən] n. 电致过滤

electrofission [ɪˈlektrəuˈfɪʃən] n. 电致裂变

electrofluorescence [ɪˈlektrəufluəˈresns] n. 电致发光

electrofocusing [ɪˈlektrəuˈfəuksɪŋ] n. 电聚焦,聚焦电泳

electroform [ɪˈlektrəuˈfɔ:m] vt. ①电铸 ②电赋能

electrogalvanize [ɪlektrəuˈgælvənaɪz] vt. (电)镀锌

electrogastrogram [ɪˈlektrəuˈgæstrəgræm] n. 胃(动)电(流)图

electrogastrograph [ɪˈlektrəuˈgæstrəgrɑ:f] n. 胃(动)电(流)图描记器

electrogen [ɪˈlektrəudʒən] n. 光(照发射)电(子)分子

electrogenesis [ɪlektrəuˈdʒenɪsɪs] n. 电发生

electrogilding [ɪˈlektrəuˈgɪldɪŋ] n. 电镀(金,术)

electrogoniometer [ɪˈlektrəugəunɪˈɒmɪtə] n. 相位变换器,电测角器

electrogram [ɪˈlektrəugræm] n. X 线照片,电描记图

electrograph [ɪˈlektrəugrɑ:f] n. ①电记录器(法) ②电刻器 ③示波器 ④X 光照机 ⑤电(子)图 ‖ ~ic a. ~ically ad.

electrographic [ɪlektrəuˈgræfɪk] a. 电刻的,传真电报的,电记录的

electrographite [ɪlektrəuˈgræfaɪt] n. 人工石墨

electrography [ɪˈlektrəuˈgræfɪ] n. ①电记录术,电刻术 ②电谱法 ③传真电报术 ④X 光照相术

electrogravimetry [ɪˈlektrəugrəˈvɪmɪtrɪ] n. 电重量分析法

electrograving [ɪˈlektrəuˈgreɪvɪŋ] n. 电(蚀)刻

electrogravitics [ɪlektrəuˈgrævɪtɪks] n. 电磁重力学

electrogravity [ɪlektrəuˈgrævɪtɪ] n. 电控重力

electrohydraulic [ɪˈlektrəuhaɪˈdrɔ:lɪk] a. 电动液压的

electrohydrometallurgy [ɪˈlektrəuhaɪdrəumeˈtælɜ:dʒɪ] n. 电湿法冶金

electroimmunodiffusion [ɪˈlektrəʊɪmjʊnəʊdɪˈfjuːʒən] *n.* 电泳免疫扩散(法)

electro-ionization [ɪlektrəʊaɪənaɪˈzeɪʃən] *n.* 电致电离

electroiron [ɪˈlektrəʊaɪən] *n.* 电解铁

electrojet [ɪˈlektrəʊdʒet] *n.* 电喷流

electrokinematics [ɪˈlektrəʊkaɪnɪˈmætɪks] *n.* 动电学

electrokinetics [ɪlektrəʊkaɪˈnetɪks] *n.* 动电学, 电动力学

electrokinetograph [ɪˈlektrəʊkaɪˈniːtəɡrɑːf] *n.* 动电计

electrokymogram [ɪˈlektrəʊˈkaɪməʊɡræm] *n.* 电波动记录

electrokymograph [ɪˈlektrəʊˈkaɪməʊɡrɑːf] *n.* 电波动记录器

electrokymography [ɪˈlektrəʊˈkaɪməʊɡræfɪ] *n.* 电波动记录法

electrola [ɪlekˈtrəʊlə] *n.* 电唱机

electrolemma [ɪlekˈtrəʊlemə] *n.* 电膜

electroless [ɪˈlektrəʊlɪs] *a.* 无电的

electrolier [ɪlektrəˈlɪə] *n.* 集灯台, 电气信号器, 装潢灯

electrolines [ɪˈlektrəʊlaɪnz] *n.* 电力线

electrolock [ɪˈlektrəʊlɒk] *n.* 电(气)锁

electrolog [ɪˈlektrəʊlɒɡ] *n.* 电测记录(曲线)

electrologging [ɪˈlektrəʊˈlɒɡɪŋ] *n.* 电测井

electrology [ɪlekˈtrɒlədʒɪ] *n.* 电(疗)学

electro-luminance [ɪˈlektrəʊˈluːmɪnəns] *n.* 场致发光

electroluminescence [ɪˈlektrəʊluːmɪˈnesəns] *n.* 电(致)发光, 场致发光, 电荧光

electrolysate [ɪˈlektrəʊˈlaɪseɪt] *n.* 电解产物

electrolyse [ɪˈlektrəlaɪz] = electrolyze

electrolyser [ɪˈlektrəlaɪzə] = eletrolyzer

electrolysis [ɪlekˈtrɒlɪsɪs] *n.* 电解(作用, 法), 电蚀

electrolyte [ɪˈlektrəʊlaɪt] *n.* 电解液, 电解质

electrolytic(al) [ɪˈlektrəʊˈlɪtɪk(əl)] *a.* 电解(质)的

electrolytics [ɪlektrəʊˈlɪtɪks] *n.* 电化学, (水溶液的)电解学

electrolyzable [ɪlektrəˈlaɪzəbl] *a.* 可以电解的, 易电解的

electrolyzation [ɪlektrəlaɪˈzeɪʃən] *n.* 电解

electrolyze [ɪˈlektrəlaɪz] *vt.* (使)电解

electrolyzer [ɪˈlektrəlaɪzə] *n.* 电解槽(装置)

electromachining [ɪˈlektrəʊməˈʃiːnɪŋ] *n.* 电加工

electromagnet [ɪlektrəʊˈmæɡnɪt] *n.* 电磁铁(起重机)

electromagnetic(al) [ɪlektrəʊˈmæɡnɪtɪk(əl)] *a.* 电磁的

electromagnetics [ɪlektrəʊˈmæɡnɪtɪks] *n.* 电磁(学)

electromagnetism [ɪlektrəʊˈmæɡnɪtɪzm] *n.* 电磁(学)

electromanometer [ɪˈlektrəʊməˈnɔːmɪtə] *n.* 电子压力计

electromassage [ɪˈlektrəʊˈmæsɑːʒ] *n.* 电推拿法

electromatic [ɪˈlektrəʊˈmætɪk] *a.* 电气自动的

electromechanic(al) [ɪˈlektrəʊmɪˈkænɪk(əl)] *a.* 机电的

electromechanics [ɪˈlektrəʊmɪkænɪks] *n.* 机电学

electromer [ɪˈlektrəmə] *n.* 电子异构体 ‖ ~ic *a.* ~ism. ~ization. *n.*

electrometeor [ɪlektrəˈmiːtɪə] *n.* 带电流星

electrometer [ɪlekˈtrɒmɪtə] *n.* 静电计, 电位计

electrometric(al) [ɪˈlektrəʊˈmetrɪk(əl)] *a.* 测电的, 电位计的

electrometrics [ɪˈlektrəʊˈmetrɪks] *n.* 测电学

electrometry [ɪlekˈtrɒmɪtrɪ] *n.* 验电术, 电位计测量术

electromicrograph [ɪˈlektrəʊˈmaɪkrəʊɡrɑːf] *n.* 电子显微照相

electromicroscope [ɪˈlektrəʊˈmaɪkrəʊskəʊp] *n.* 电子显微镜

electromigration [ɪˈlektrəʊmaɪˈɡreɪʃən] *n.* 电(迁)移, 电徙动

electromigratory [ɪˈlektrəʊmaɪˈɡreɪtərɪ] *a.* 电徙动的

electromobile [ɪˈlektrəʊˈməʊbaɪl] *n.* 电力自动车, 电动汽车, 电瓶车

electromobility [ɪˈlektrəʊməʊˈbɪlɪtɪ] *n.* 电动性

electromotance [ɪˈlektrəʊˈməʊtəns] *n.* 电动势

electromotion [ɪˈlektrəʊˈməʊʃən] *n.* 电动, 电动力

electromotive [ɪˈlektrəʊˈməʊtɪv] ❶ *a.* 电动的, 起电的 ❷ *n.* 电气机车

electromotor [ɪˈlektrəʊˈməʊtə] *n.* 电动机, 发电机

electromyogram [ɪlektrəʊˈmaɪəɡræm] *n.* 肌(动)电(流)图

electro-myograph [ɪlektrəʊˈmaɪəɡrɑːf] *n.* (测量)筋骨(活动)电流计

electromyography [ɪˈlektrəʊmaɪˈɒɡrɑːfɪ] *n.* 肌电描记术

electron [ɪˈlektrɒn] *n.* ①电子 ②一种镁锌合金

electronarcosis [ɪlektrəʊnɑːˈkəʊsɪs] *n.* 电(流)麻醉

electronasty [ɪlektrəʊˈnæstɪ] *n.* 倾电性

electronate [ɪˈlektrəʊneɪt] *vt.* 使增电子, 使还原

electronation [ɪˈlektrəʊˈneɪʃən] *n.* 增(加)电子(作用), 还原作用

electronegative [ɪˈlektrəʊˈneɡətɪv] *a.* 负电的, 阴电度的, 亲电子的

electronegativity [ɪˈlektrəʊneɡəˈtɪvɪtɪ] *n.* 负电性〔度〕, 阴电性〔度〕

electroneutrality [ɪˈlektrəʊnjuːˈtrælɪtɪ] *n.* 电中性

electronic [ɪˌlek'trɒnɪk] *a.* 电子 (学) 的 ‖ **~ally** *ad.*

electronician [ɪˌlektrə'nɪʃən] *n.* 电子技师

electronicize [ɪ'lektrənɪsaɪz] *v.* 电子仪器化

electronickelling [ɪˌlektrə'nɪkəlɪŋ] *n.* (电) 镀镍

electronics [ɪˌlek'trɒnɪks] *n.* 电子学,电子仪器,电子线路,电子设备
〖用法〗注意当本词表示"电子学"时前面不能有冠词。注意下面例句中本词的含义: There will be some error in under the electronics of the power meter. 在该功率计的电子线路中会存在某种故障。/One of the foremost pioneers in the development of military electronics, Westinghouse has produced over 35,000 radars for air, sea, ground and space applications. 西屋公司是研发军事电子设备最重要的先驱者之一,它为陆、海、空及空间应用制造了 35,000 多部雷达。(本句句首的名词短语是句子主语的同位语。)

electronization [ɪˌlektrəʊnaɪ'zeɪʃən] *n.* 电子化,电平衡

electronogen [ɪˌlek'trɒnədʒən] *n.* 光电放射,电子源

electronograph [ɪˌlek'trɒnəɡrɑːf] *n.* 电子显微照片,电子显像

electronography [ɪˌlektrɒnə'ɡræfɪ] *n.* 电子显像术,静电印刷术

electronuclear [ɪ'lektrəʊ'njuːklɪə] *a.* 电核的

electro-nystagmogram [ɪˌlektrəʊnɪ'stæɡməɡræm] *n.* 眼震颤电流图

electro-oculogram [ɪˌlektrəʊ'ɒkjuːləɡræm] *n.* 眼电(流)图

electro-oculography [ɪˌlektrəʊ'ɒkjuːləɡræfɪ] *n.* 眼电(流)描记术

electrooptics [ɪˌlektrəʊ'ɒptɪks] *n.* 电光学

electroosmosis [ɪ'lektrəʊɒs'məʊsɪs], **electroosmose** [ɪ'lektrəʊ'ɒzməʊs] *n.* 电渗透,电离子透入法

electrooxidation [ɪˌlektrəʊɒksɪ'deɪʃən] *n.* 电氧化

electropainting [ɪ'lektrəʊpeɪtɪŋ] *n.* 电涂

electroparting [ɪˌlektrəʊpɑː'tɪŋ] *n.* 电解分离

electropathy [ɪˌlek'trɒpəθɪ] *n.* 电疗学

electropeter [ɪ'lektrəʊpɪtə] *n.* ①转换器 ②整流器

electropherogram [ɪ'lektrəʊ'ferɒɡræm] *n.* 载体电泳图,电色图谱

electropherography [ɪ'lektrəʊfə'rɒɡræfɪ] *n.* 载体电泳图法,电色谱法

electrophile [ɪ'lektrəfaɪl] *n.* 亲电子试剂

electrophilic [ɪˌlektrəʊ'fɪlɪk] *a.* 亲电(子)的,吸电(子)的

electrophilicity [ɪˌlektrəʊfɪ'lɪsɪtɪ] *n.* 亲电(子)性

electrophobic [ɪˌlektrəʊ'fəʊbɪk] *a.* 疏电(子)的,拒电(子)的

electrophone [ɪ'lektrəfəʊn] *n.* 有线广播〔电话〕,听筒,电子乐器

electrophonic [ɪˌlektrə'fəʊnɪk] *a.* 电响的 ‖ **~ally** *ad.*

electrophore [ɪ'lektrəfɔː] *n.* 起电盘

electrophoresis [ɪˌlektrəfə'riːsɪs] *n.* 电泳,电离子透入法

electrophoretic [ɪˌlektrəfə'retɪk] *a.* 电泳图

electrophorus [ɪˌlek'trɒfərəs] *n.* 起电盘

electro-photoluminescence [ɪˌlektrəʊfəʊtəljuː'mɪnesns] *n.* 电控光致发光,用电场调制的光致发光

electrophotometer [ɪˌlektrəʊfə'tɒmɪtə] *n.* 光电光度计,光电比色计

electrophotophoresis [ɪˌlektrəʊfəʊtəʊfə'riːsɪs] *n.* 光电泳

electrophysics [ɪ'lektrəʊ'fɪzɪks] *n.* 电(子)物理学

electrophysiology [ɪ'lektrəʊfɪzɪ'ɒlədʒɪ] *n.* 电生理学

electrophytogram [ɪ'lektrəʊ'faɪtəɡræm] *n.* 植物电图

electropism [ɪ'lektrɒpɪzm] *n.* 趋电性

electroplate [ɪ'lektrəʊpleɪt] *vt.;n.* 电镀,电铸板

electroplating [ɪ'lektrəʊ,pleɪtɪŋ] *n.* 电镀(术)

electroplax [ɪ'lektrəʊplæks] *n.* 电板

electroplexy [ɪ'lektrəʊpleksɪ] *n.* 电休克

electropneumatic [ɪ'lektrənjuː'mætɪk] *a.* 电动气动(式)的

electropolar [ɪˌlektrəʊ'pəʊlə] *a.* 电极化的,(有)电极性的

electropolarized [ɪ'lektrəʊ'pəʊləraɪzd] *a.* (电)极化的

electropolish [ɪ'lektrəʊpɒlɪʃ] *v.* 电(解)抛光

electroposition [ɪˌlektrəpə'zɪʃən] *n.* 电淀积

electropositive [ɪˌlektrəʊ'pɒzɪtɪv] *a.* ①正电的,释电子的 ②盐基性的

electropositivity [ɪˌlektrəʊpɒzɪ'tɪvɪtɪ] *n.* 阳电性

electropotential [ɪˌlektrəʊpə'tenʃəl] *n.* 电极电位

electroprobe [ɪ'lektrəʊprəʊb] *n.* 电测针,(试)电笔

electroproduction [ɪ'lektrəʊprə'dʌkʃən] *n.* 电(致产)生

electropsychrometer [ɪ'lektrəʊsaɪ'krɒmɪtə] *n.* 电测湿度计

electropuncture [ɪ'lektrəʊ'pʌŋktʃə] *n.* 电穿刺法

electropyrexia [ɪ'lektrəʊpaɪ'reksɪə] *n.* 电发热法

electropyrometer [ɪ'lektrəʊpaɪ'rɒmɪtə] *n.* 电阻(测)高温计

electroquartz [ɪ'lektrəʊ'kwɔːts] *n.* 电造石英

electroradiology [ɪˌlektrəʊreɪdɪ'ɒlədʒɪ] *n.* 电放射学

electroradiometer [ɪˌlektrəʊreɪdɪ'ɒmɪtə] *n.* 电放射计

electroreception [ɪˈlektrəʊrɪˈsepʃ ən] n. 电感受

electroreceptor [ɪˈlektrəʊrɪˈseptə] n. 电感受器

electrorefine [ɪˈlektrəʊrɪˈfaɪn] v. 电解提纯

electroreflectance [ɪˈlektrəʊrɪˈflektəns] n. 电反射率

electroregulator [ɪˈlektrəʊˈregjuːleɪtə] n. 电(热)调节器

electroresection [ɪˈlektrəʊrɪˈsekʃ ən] n. 电切除法

electroresponse [ɪˈlektrəʊrɪsˈpɒns] n. 电响应

electroretinogram [ɪlektrəʊˈretɪnəgræm] n. 视网膜电图

electroretinograph [ɪlektrəʊˈretɪnəgrɑːf] n. 视网膜电图描记器

electroretinography [ɪˈlektrəʊretɪˈnɒgræfɪ] n. 视网膜电图学

electrosalivogram [ɪˈlektrəʊˈsælɪvəgræm] n. 唾腺电图

electroscission [ɪˈlektrəʊˈsɪʒən] n. 电割法

electroscope [ɪˈlektrəʊskəʊp] n. 验电器〔笔〕

electrose [ɪˈlektrəʊz] n. 有填充物的天然树脂

electroselenium [ɪˈlektrəʊsɪˈliːnɪəm] n. 电硒

electrosemaphore [ɪˈlektrəʊˈseməfɔː] n. 电信号机

electrosensitive [ɪlektrəʊˈsensɪtɪv] a. 电感光的

electro-series [ɪˈlektrəʊˈsɪəriːz] n. (元素)电化序

electroshock [ɪˈlektrəʊʃɒk] n. 电休克(疗法)

electrosilvering [ɪˈlektrəʊˈsɪlvərɪŋ] n. (电)镀银

electroslag [ɪˈlektrəʊslæg] n. 电(炉)渣

electrosol [ɪˈlektrəʊsɒl] n. 电胶液

electrosome [ɪˈlektrəʊsəm] n. 电质子,化学线粒体

electrosorption [ɪˈlektrəʊˈsɔːpʃ ən] n. 电吸收,电附着

electrosparking [ɪˈlektrəʊˈspɑːkɪŋ] n. (金属)电火花加工

electrospinogram [ɪlektrəʊˈspɪnəgræm] n. 脊髓电(流)图

electrostatic [ɪˈlektrəʊˈstætɪk] a. 静电的

electrostatics [ɪˈlektrəʊˈstætɪks] n. 静电学

electrosteel [ɪˈlektrəʊstiːl] n. 电炉钢

electrostenolysis [ɪlektrəˈstenɒlɪsɪs] n. 细孔隔膜电解,膜孔电淀积(作用)

electrostimulation [ɪlektrəʊstɪmjuˈleɪʃ ən] n. 电刺激法

electrostimulator [ɪlektrəʊˈstɪmjuleɪtə] n. 电刺激器

electrostriction [ɪlektrəʊˈstrɪkʃ ən] n. 电致伸缩

electrostrictive [ɪlektrəʊˈstrɪktɪv] a. 电致伸缩的

electrosynthesis [ɪˈlektrəʊˈsɪnθɪsɪs] n. 电合成

electrotachyscope [ɪlektrəʊˈtækɪskəʊp] n. 电动准距仪

electrotape [ɪlektrəʊˈteɪp] n. 基线电测仪,电子测距装置

electrotaxis [ɪlektrəʊˈtæksɪs] n. 趋电性,应电(作用)

electrotechnics [ɪˈlektrəʊˈtekɪks] n. 电工(学,技术)

electrotechnology [ɪlektrəʊtekˈnɒlədʒɪ] n. 电工技术

electrothalamogram [ɪlektrəʊˈθæləmɒgræm] n. 丘脑电图

electrotherapeutics [ɪˈlektrəʊθerəˈpjuːtɪks], electrotherapy [ɪlektrəʊˈθerəpɪ] n. 电疗(法),电疗学

electrotherm [ɪˈlektrəʊθɜːm] n. 电热器〔法〕

electrothermal [ɪlektrəʊˈθɜːməl] a. 电(致)热的

electrothermic [ɪlektrəʊˈθɜːmɪk] a. 电(致)热的

electrothermics [ɪlektrəʊˈθɜːmɪks] n. 电热学

electrothermoluminescence [ɪˈlektrəʊˈθɜː- məʊluːmɪnˈesəns] n. 电控加热发光

electrothermotherapy [ɪlektrəʊθɜːməʊˈθerəpɪ] n. 电热疗法

electrothermy [ɪˈlektrəʊθɜːmɪ] n. 电热学

electrotimer [ɪˈlektrəʊˈtaɪmə] n. 定时继电器,电子定时器

electrotinning [ɪˈlektrəʊˈtɪnɪŋ], electrotinplate [ɪˈlektrəʊtɪnpleɪt] n. 电镀锡

electrotitration [ɪlektrəʊtaɪˈtreɪʃ ən] n. 电滴定

electrotome [ɪlektrəʊˈtəʊm] n. 电刀,自动切断器

electrotomy [ɪlekˈtrɒtəmɪ] n. 电切开法,电切术

electrotonus [ɪlekˈtrɒtənəs] n. 电致紧张

electro-treatment [ɪlektrəʊˈtriːtmənt] n. 电处理

electrotrephine [ɪlektrəʊtrɪˈfiːn] n. 电圆锯

electrotropic [ɪˈlektrəˈtrɒpɪk] a. 向电的,屈电的

electrotropism [ɪˈlektrəˈtrɒpɪzm] n. 向电性

electrotype [ɪˈlektrəʊtaɪp] n.;v. 电版(印刷物),制电版(术)

electrotyper [ɪˈlektrəʊtaɪpə] n. 电版技师

electrotyping [ɪˈlektrəʊtaɪpɪŋ] n. 电铸

electrotypograph [ɪlektrəʊˈtaɪpəgrɑːf] n. 电(动)排字机

electrotypy [ɪˈlektrəʊtaɪpɪ] n. 电铸,电制版术

electroultrafiltration [ɪlektrəʊʌltrəfɪlˈtreɪʃ ən] n. 电超滤,电渗析

electrovalence [ɪlektrəʊˈveɪləns], electrovalency [ɪlektrəʊˈveɪlənsɪ] n. 电(化)价,离子价

electrovalent [ɪlektrəʊˈveɪlənt] a. 电价的

electrovalve [ɪlektrəʊˈvælv] n. 电阀

electrovection [ɪlektrəʊˈvekʃ ən] n. 电导入法

electrovibrator [ɪlektrəʊvaɪˈbreɪtə] n. 电振动器

electroviscosity [ɪˈlektrəʊvɪsˈkɒsɪtɪ] n. 电黏滞性

electroviscous [ɪlektrəʊˈvɪskəs] a. 电滞的

electrowinning [ɪlektrəʊˈwɪnɪŋ] n. 电解沉积,电解(冶金)法

electrozone [ɪˈlektrəʊzəʊn] n. 电臭氧

E

electrum [ɪ'lektrəm] n. ①琥珀金(金银合金),镍银 ②(含)银金矿

electuary [ɪ'lektjuəri] n. 【药】糖剂

elegance ['eligəns], **elegancy** ['eligənsi] n. 优雅,精致 ‖ **elegant** a.

elektron [ɪ'lektron] n. 镁铝合金

Elema ['eləmə] n. 硅藻棒

elemane ['eləmein] n. 榄香烷

Elemass ['eləmæs] n. 电动多尺寸检查仪

elemene ['eləmi:n] n. 榄香烯

element ['elimənt] n. ①元素,要素,成分 ②单元,单体,晶胞 ③零件,元件 ④电极,电阻丝 ⑤机组,小单位,小分队 ☆**in one's element** 在…活动范围之内,擅长; **out of one's element** 在…活动范围之外,外行; **reduce ... to its elements** 把…分析出来

elemental [eli'məntəl] ❶ a. ①元素的,要素的 ②基本的,基础的,本质的 ❷ n. (pl.)基本原理 ‖ **~ly** ad.

elementary [eli'məntəri] a. ①初步的 ②基本的,要素的,本质的 ③元的

elementide [elə'mentaid] n. 原子团

elemi ['elimi] n. 榄香(脂) ‖ **~c** a.

elenchus [ɪ'leŋkəs] n. 反驳论证 ‖ **elenctic** a.

eleometer [eli'ɒmitə] n. 油分计,油比重计

eleoptene [eli'ɒpti:n] n. 挥发油精

elephant ['elifənt] n. ①【动】象 ②起伏干扰 (28 英寸×23 英寸的)绘图纸 ☆**white elephant** 白象,昂贵而无用的东西,累赘

elephantine [eli'fæntain] a. ①(大)象(一样)的 ②巨大的,笨重的,累赘的

elevate ['eliveit] vt. ①升高,提升,升运 ②增加,加大仰角 ③鼓舞

elevated [eli'veitid] ❶ a. 高架的 ❷ n. 高架铁路

elevation [eli'veiʃən] n. ①上升,举起 ②标高,海拔 ③仰角 ④高度
〖用法〗当它表示"在…高度"时,其前面要用介词"at"。如: These points are at the same elevation. 这些点处于同一高度。

elevator ['eliveitə] n. 升降机,电梯

elevatory ['eliveitəri] a. 上升的,举起的

eleven [ɪ'levən] a ; n. 十一(个)

eleventh [ɪ'levənθ] a.; n. ①第十一 ②(…月)十一号,十一分之一(的) ☆**at the eleventh hour** 最后时刻,在危急之时

elevon ['elivɒn] n. 升降副翼

Elexal ['eliksəl] n. 铝阳极氧化处理

elf [elf] n. 小精灵,小顽皮,小人

Elgiloy ['eldʒiloi] n. 埃尔基洛伊耐蚀游丝合金

elhi ['elhai] a. 中小学的,第一至十二级的

Elianite ['eliənait] n. 高硅耐蚀铁合金

elicit [ɪ'lisit] vt. 引出,得出,使发出

elicitation [ilisi'teiʃən] n. 引(导)出,启发

elide [ɪ'laid] vt. 取消,不予考虑,省略

eligibility [elidʒi'biliti] n. 合格,适当性

eligible ['elidʒəbl] ❶ a. ①符合被推选条件的 ②适当的,合格的 (for) ❷ n. 合格者,人选 ☆**eligible for (to) membership** 有入会资格 ‖ **eligibly** ad.

eliminable [ɪ'liminəbl] a. 可消除的,可排除的

eliminant [ɪ'liminənt] n. ①排除剂 ②消元式

eliminate [ɪ'limineit] vt. ①排除,消除 ②相消,淘汰 ③切断,分离 ☆**eliminate (doing)** 避免(做),不(做); **eliminate A from B** 从 B 中消除〔排出〕A
〖用法〗注意下面例句的含义: The remaining two subchannels have been <u>eliminated from</u> consideration. (我们)没有考虑剩下的两个子信道。

elimination [ilimi'neiʃən] n. ①消除,淘汰,弃置,切断 ②【数】消元法 ③从机体中析出
〖用法〗本词可以与"perform"连用,而且在其前面有时也可以加不定冠词。如: <u>Elimination of</u> the echo is <u>performed</u> by means of a special filter. 利用一个专门的滤波器就可消除该回波。/This is possible through <u>a 'ruthless', but justifiable, elimination of</u> mathematical terms whose effects are physically negligible but whose inclusion will have rendered the analysis intractable. 通过"无情"但正当的方法消去某些数学项就能做到这一点,这些项的实际影响是可以忽略不计的,而如果把它们包含进去的话就会使得分析难以进行。(本句中"inclusion"与"whose"之间存在意义上的动宾关系。)/Since transformers are large, heavy, and expensive, their <u>elimination</u> from the circuit results in considerable savings. 由于变压器体积大、重量重、价格昂贵,所以把它们从电路中去掉能节省不少费用。(本句中"elimination"与"their"之间也存在意义上的动宾关系。)

eliminator [ɪ'limineitə] n. 消除器,空气净化器,等效天线,消除弹

elinguid ['eliŋkwid] a. 结舌的,不能言语的

ELINT, elint ['elint] = electronic intelligence 电子情报

elinvar ['elinvɑ:] = elasticity invariable 埃林瓦尔铁镍铬合金

elion ['eliən] n. 电致电离(= electro-ionization)

eliquation [i:lai'kweiʃən] n. 液析,偏析,熔化

elision [ɪ'liʒən] n. 省略

elite [ei'li:t] (法语) n. ①精华,良种 ②高贵者,精锐部队 ③一种打字机字母尺寸

elitism [ei'li:tizm] n. 精英主义,高人一等的优越感 ‖ **elitist** a.

elixation [elik'seiʃən] n. 煎剂,消化,沸腾

elixir [ɪ'liksə] n. 炼金药,精药酒,万灵药

elixiviation [iliksivi'eiʃən] n. 浸滤,去碱

elk [elk] n. 【动】麋,驼鹿

Elkaloy ['elkəloi] n. 埃尔卡洛伊铜合金焊条

elkodermatosis [elkədз:mə'təusis] n. 溃疡性皮炎

Elkonite ['elkənait] n. 钨铜烧结合金

Elkonium ['elkənɪəm] a. 埃尔科尼姆接点合金

elkoplasty ['elkəplæstɪ] n. 溃疡成形术

elkosis ['elkəsɪs] n. 溃疡形成

ell,el [el] n. ①厄尔(长度名) ②L 形短管,弯头 ③建筑的 L 字形延长部

ell-beam ['elbi:m] n. (断面为)L 形的梁

ellipse [ɪ'lɪps] (pl. ellipses) n. 椭圆(形)

ellipsin [ɪ'lɪpsɪn] n. 细胞不溶质

ellipsis [ɪ'lɪpsɪs] (pl. ellipses) n. 省略,省略符号

ellipsograph [ɪ'lɪpsəɡrɑ:f] n. 椭圆规

ellipsoid [ɪ'lɪpsɔɪd] n. 椭球,椭面

ellipsoidal [ɪ'lɪpsɔɪdl] a. 椭圆的,椭球的

ellipsometer [elɪp'sɒmɪtə] n. 椭率计,偏振光椭圆率测量仪

ellipsometry [elɪp'sɒmɪtrɪ] n. 椭圆对称,椭圆偏光法

elliptic(al) [ɪ'lɪptɪk(əl)] a. ①椭圆的 ②省略的 ‖ ~ly ad.

ellipticity [elɪp'tɪsɪtɪ] n. 椭圆率,扁率

elliptocyte [ɪ'lɪptəsaɪt] n. 椭圆红细胞

elliptone [ɪ'lɪptəʊn] n. 鱼藤酮

ellitoral [ɪ'lɪtərəl] a. 远洋浅海底的

Ellsworth ['elzwɜ:θ] n. (美国地名)埃尔斯沃斯

ellsworthite ['elswɜ:θaɪt] n. 铀钙铌水石

elm [elm] n. 榆树(木)

Elmarit ['elmərɪt] n. 钨铜碳化物烧结刀片合金

elongate ['i:lɒŋɡeɪt] ❶ v. 拉长 ❷ a. 延长的,延伸的

elongated ['i:lɒŋɡeɪtɪd] a. 细长的,拉长的

elongation [i:lɒŋ'ɡeɪʃ ən] n. ①拉长,延长 ②(天体)距角 ③指针的跳动

elongator ['i:lɒŋɡeɪtə] n. 延伸轧机,辗轧机

elope [ɪ'ləʊp] vi. 私奔,逃亡

eloquence ['eləkwəns] n. 雄辩,口才

eloquent ['eləkwənt] a. 雄辩的,有口才的,动人的 ‖ ~ly ad.

eloxal [ɪ'lɒksəl] n. 铝的阳极处理法

elpasolite [el'pæsəʊlaɪt] n. 【矿】钾冰晶石

elpidite ['elpədaɪt] n. 【矿】斜钠锆石

El Salvador [el'sælvədɔ:] n. 萨尔瓦多共和国

else [els] ad.; conj. 别的,此外,其它 ☆else than ... 除…之外(的); none else 没别人; or else 否则,不然就
〖用法〗表示"别的,其他"时本词应放在疑问代词、不定代词、疑问副词之后。如: Everything else will remain the same. 其他东西〔均〕将保持不变。/What else will be done? 还要做什么? /Where else can we find life? 我们在其它什么地方还能发现生命吗?

elsewhere ['els'weə] ad. 在别处
〖用法〗本词经常用于某个量在表示两种情况时的表达式中,表示"在其它情况下",也可用在一个句中。如: This pulselike function equals g (t) over one period and is zero elsewhere. 这个脉冲似的函数在一个周期内等于 g (t) 而在其它情况则为零。

Elsie ['elsɪ] n. 控制探照灯的雷达站

elsin ['elsɪn] n. 鞋锥

el-train ['eltreɪn] n. 高架铁路电气列车

eluant ['eljuənt] n. 洗提液

eluate ['elju:ɪt] n. 洗出液,提取物

elucidate [ɪ'lu:sɪdeɪt] v. 阐明,解释 ‖ elucidation n. elucidative, elucidatory a.

elucidator [ɪ'lu:sɪdeɪtə] n. 阐明者

elude [ɪ'lu:d] vt. ①逃避,岔开 ②使困惑

eluent ['eljuənt] n. 洗提液,洗脱剂

elusion [ɪ'lju:ʒən] n. 逃避,搪塞

elusive [ɪ'lju:sɪv] a. 逃避的,难以捉摸的,容易被忘记的 ‖ ~ly ad. ~ness n.

elusory [ɪ'lju:sərɪ] a. 难以捉摸的

elute [ɪ'lju:t] v. 洗提,冲洗

elution [ɪ'lju:ʃən] n. 洗提,淘洗,稀释

elutriant [ɪlju:'traɪənt] n. 洗脱液,淘洗液

elutriate [ɪ'lju:trɪeɪt] v. 淘洗,洗涤

elutriation [ɪlju:trɪ'eɪʃ ən] n. 淘洗,洗提,净化

elutriator [ɪ'lju:trɪeɪtə] n. 淘洗器,洗提器

elutron [ɪ'lju:trɒn] n. 多用途直线加速器

elutropic [ɪ'lu:trɒpɪk] a. 洗提的

eluvial [ɪ'lju:vɪəl] ❶ a. 残积层的 ❷ n. 残积物

eluviate [ɪ'lju:vɪeɪt] vi. 淋滤

eluviation [ɪlju:vɪ'eɪʃ ən] n. 淋溶(作用),残积作用

eluvium [ɪ'lju:vɪəm] n. 残积层

eluxation [ɪ'lu:k'seɪʃən] n. 脱位

elvan ['elvən] n. 淡英斑岩

Elverite ['elvəraɪt] n. 耐蚀铸铁

elwotite ['elwətaɪt] n. 硬钨合金

emaciation [ɪmeɪsɪ'eɪʃ ən] n. 憔悴

emagram ['eməɡræm] n. 埃马图,(高空)气压温度图

eman ['emən] n. 埃曼(大气中氡含量的放射单位)

emanant ['emənənt] ❶ a. 发散的 ❷ n.【数】放射式

emanate ['eməneɪt] v. ①发出,发射,发散(from) ②离析(from) ③发源(from)

emanation [emə'neɪʃ ən] n. ①发散 ②离析,分离 ③发散的东西 ④(放射性元素)射气

emanative ['eməneɪtɪv] a. 发出的,发射(性)的

emanator ['eməneɪtə] n. 射气测量计

emancipate [ɪ'mænsɪpeɪt] vt. 解放 ☆emancipate ... from ... 把…从…中解放出来

emancipated [ɪ'mænsɪpeɪtɪd] a. 被解放的,自由的

emancipation [ɪmænsɪ'peɪʃ ən] n. (被)解放,翻身

emancipative [ɪ'mænsɪpeɪtɪv], **emancipatory** [ɪmænsɪ'peɪtərɪ] a. 解放的

emancipator [ɪ'mænsɪpeɪtə] n. 解放者

emanium [ɪ'mænɪəm] n. 射气

emanometer [emə'nɒmɪtə] n. 射气计,测氡仪

emanon ['emənɒn] n. 射气

emarginate [ɪ'mɑ:dʒɪnɪt] a. 微凹的,微缺的

emasculate [ɪˈmæskjuːleɪt] vt. 阉割,使无力,使柔弱,去雄 ‖ **emasculation** n. **emasculative** 或 **emasculatory** a.

embale [emˈbeɪl] vi. 打包,打捆

embank [imˈbæŋk] vt. 筑堤

embankment [imˈbæŋkmənt] n. 筑堤,堤防

embarcation [embɑːˈkeɪʃən] = embarkation

embargo [emˈbɑːgəu] v.; n. 禁运 ☆**be under an embargo** 在禁运中; **lay an embargo on commerce with** 禁止与…贸易; **lay (put, place) an embargo on (upon)** ... 禁止…出入,对…实行禁运; **lift (raise, take off) the embargo on** ... 对…解禁

embark [imˈbɑːk] v. ①上船,上飞机,搭载 ②从事 ☆**embark (on A) for B** 乘(A 号轮)船往 B; **embark on (upon, in)** 开始,从事
〖用法〗注意下面例句中本词的含义: Before embarking on a description of the p-n diode detector, we need to understand the operation of the semiconductor p-n junction. 在讲解 p-n 结二极管检波器之前,我们需要了解半导体 p-n 结的工作情况。

embarkation [embɑːˈkeɪʃən] n. ①乘船,搭载,装货 ②开始,从事

embarkment [emˈbɑːkmənt] n. 装船

embarrass [imˈbærəs] vt. ①使困窘 ②使穷困 ③妨碍 ☆**be (feel) embarrassed** 感到为难

embarrassing [imˈbærəsiŋ] a. 令人为难的,麻烦的 ‖ **~ly** ad.

embarrassment [imˈbærəsmənt] n. 为难,妨碍

embassy [ˈembəsi] n. 大使馆,使节

embattle [imˈbætl] vt. 使严阵以待,设防于

embattlement [imˈbætlmənt] n. 城垛

embay [imˈbeɪ] vt. 使入湾,使形成港湾,环绕

embayed [imˈbeɪd] a. 湾形的,多湾的

embayment [imˈbeɪmənt] n. 河湾,形成湾状(港湾)

embed [imˈbed] v. 嵌入,埋置,深留(记忆中) ☆**be embedded in one's memory** 深留在…的记忆中
〖用法〗注意下面例句的含义: Thomson had proposed an atomic model consisting of relatively large sphere of positive charge within which were embedded, like plums in a pudding, the electrons. 汤姆逊提出了一个原子模型,它是由一个比较大的正电荷球体构成的,在该球体内部,就像布丁中的梅子那样,嵌入了那些电子。

embedability [imbedəˈbɪlti] n. 嵌入性

embeddable [imˈbedəbl] a. 可嵌入的

embedment [imˈbedmənt] n. 埋入,灌封

embellish [imˈbeliʃ] vt. 装饰,美化,给…润色

embellishment [imˈbeliʃmənt] n. 装饰,艺术加工

ember [ˈembə] n. (常用 pl.) 余烬,燃屑

embezzle [imˈbezl] vt. 盗用(公款) ‖ **~ment** n.

embezzler [imˈbezlə] n. 贪污者,盗用者

embitter [imˈbitə] vt. 使痛苦,激怒

emblaze [imˈbleiz] vt. 照耀,点燃

emblem [ˈemblem] n. ①象征,标志,符号,徽章 ②典型

emblematic(al) [embliˈmætik(əl)] a. 象征的,典型的 ☆**be emblematic(al) of** 是…的象征 ‖ **~ally** ad.

emblematize [emˈblemətaiz], **emblemize** [ˈembləmaiz] vt. 象征,用图案表示

embodiment [imˈbɒdimənt] n. 具体化,化身

embody [imˈbɒdi] vt. ①具体化,体现 ②使成一体,包括,收录 ☆**(be) embodied in** ... 概括(体现)在…里; **embody A in B** 用 B 表达(体现,表现) A

embog [emˈbɒg] (embogged; embogging) vt. 使陷入泥坑(困境)

embolden [imˈbəuldən] vt. 使…有勇气,鼓励

emboli [ˈembəlai] embolus 的复数

embolic [emˈbɒlik] a.【医】栓塞的

emboliform [emˈbɒlifɔːm] a. 楔形的,栓子状的

embolism [ˈembəlizm] n. 栓塞

embolite [ˈembəlait] n. 溴氯银矿

embolus [ˈembələs] (pl. emboli) n. 栓(塞),活塞

embosom [imˈbuzəm] vt. 包围,围绕,遮掩

emboss [imˈbɒs] vt. ①作浮雕 ②压花,模压,凸饰 ☆**emboss A with B** 把 A 塑出 B 凸形花纹

embosser [imˈbɒsə] n. 压花机,压纹机

embossing [imˈbɒsiŋ] n. 浮雕,压纹,模压加工

embossment [imˈbɒsmənt] n. 浮雕,凸起

embouchure [ɒmbuˈʃuə] (法语) n. ①(炮)口,(乐管)吹嘴 ②溪谷口

embow [emˈbəu] vt. 弯成弧形

embowed [imˈbəud] a. 弯曲的,弧形的

embower [emˈbauə] vt. 用树叶遮蔽,隐于树荫中 (in)

embowment [emˈbəumənt] n. 弯〔弄〕成弧形

embrace [imˈbreis] vt.; n. ①拥抱,环绕 ②接受,利用 ③领会

embranchment [imˈbrɑːntʃmənt] n. 支流,分支(机构)

embrasure [imˈbreiʒə] n. ①枪〔炮〕眼 ②斜面墙

embrittle [emˈbritl] v. 使变脆

embrittlement [emˈbritlmənt] n. 脆裂,脆性

embrocation [embrəuˈkeiʃən] n. 擦剂,液体药物涂布

embroidery [imˈbɔidəri] n. ①曲线变曲度 ②绣花,装饰

embroil [imˈbrɔil] vt. 使混乱,使…卷入 ☆**be embroiled in** 卷入

embroilment [imˈbrɔilmənt] n. 混乱,纠纷

embrown [imˈbraun] vt. 使成褐色

embryo [ˈembriəu] n.; a. ①胚胎的,萌芽(的) ②原始的,初期的 ③晶芽,晶核 ☆**in embryo** 在酝

酿中,在萌芽时期

embryoctomy [embrɪ'ɒktəmɪ] *n.* 堕〔碎〕胎术

embryogenesis [embrɪəʊ'dʒenɪsɪs] *n.* 胚胎发生

embryogenic [embrɪəʊ'dʒenɪk] *a.* 胚胎发育的,胚胎发生的

embryoid ['embrɪɔɪd] ❶ *n.* 胚胎体 ❷ *a.* 胚(胎)样的

embryologist [embrɪ'ɒlədʒɪst] *n.* 胚胎学家

embryology [embrɪ'ɒlədʒɪ] *n.* 胚胎学

embryonal [embrɪ'əʊnəl] *a.* 胚胎的

embryonate ['embrɪəneɪt] *a.* 胚胎的,受孕的

embryonic [embrɪ'ɒnɪk] *a.* 胚胎(似,期)的,萌芽(期)的,尚未成熟的

embryoniform [em'braɪənɪfɔːm] *a.* 胚胎样的

embryophyte ['embrɪəfaɪt] *n.* 有胚植物

embryotocia [embrɪ'ɒtəsɪə] *n.* 流产,早产

embryotomy [embrɪ'ɒtəmɪ] *n.*【医】碎胎术

embus [ɪm'bʌs] (embussed;embussing) *v.* 使乘上〔把…装上〕机动车辆

emcee ['emsiː] ❶ *n.* 司仪,广播节目主持人 ❷ *vi.* 当司仪

emend [ɪ'mend] *vt.* 校对,修改

emendable [ɪ'mendəbl] *a.* 可修正的

emendation [iːmen'deɪʃ(ə)n] *n.* 校订

emendator ['iːmendeɪtə] *n.* 校订者,订正者

emendatory [ɪ'mendətərɪ] *a.* 校订的

emerald ['emərəld] *n.;a.* 翡翠,鲜绿色(的)

emeraldine ['emərəldaɪn] *n.* 翠绿亚胺

emeraldite ['emərəldaɪt] *n.* 绿辉石

emeramine ['emərəmaɪn] *n.* 吐根胺

emerge [ɪ'mɜːdʒ] *vi.* ①显露,出现,形成 ②出苗,羽化
〖用法〗❶ 本词可以后跟形容词。如: After being refracted by the collimator the rays from each point on the slit emerge parallel. 来自裂缝上每一点的光线,受到准直仪的折射后,都呈现为平行的了。❷ 注意本词在下面例句中的含义: For measurements of the pressure, volume, temperature, and number of moles, a number of conclusions emerge. 在测量压力、体积、温度和摩尔数时会出现好几个数据。

emergence [ɪ'mɜːdʒəns] *n.* ①显露,出现,发生 ②露出

emergency [ɪ'mɜːdʒənsɪ] ❶ *n.* 紧急(情况,关头),危急,应急 ❷ *a.* 应急的,紧急的,备用的 ☆*in an emergency* 或 *in case of emergency* 遇到紧急情况时,在非常时候

emergent [ɪ'mɜːdʒənt] *a.* ①突现的 ②紧急的,意外的

emerita [ɪ'merətə] *n.;a.* 荣誉退休(的)(仅用于女性)

emeritus [ɪ'merɪtəs] *a.* (保留头衔)荣誉退休的
〖用法〗本词常用作后置定语,但也可以前置。如: Edward Teller is co-founder and associate

director emeritus of Lawrence Livermore National Laboratory. 爱德华·特勒是劳伦斯利弗莫尔国家实验室的创建人之一, 是其荣誉退休的副主任。/He is (an) emeritus professor of mathematics. 他是荣誉退休的数学教授。

emerods ['emərɒdz] *n.* 痔

emersed [ɪ'mɜːst] *a.* 出水面的,露出(水面)的

emersion [ɪ'mɜːʃən] *n.* ①露出,出现 ②【天】复现

emery ['emərɪ] *n.* (金)刚砂,刚石(粉)

emerylite ['emərɪlaɪt] *n.* 珍珠云母

emesia [e'miːzɪə] *n.* 呕吐

emesis ['emɪsɪs] *n.* 呕吐

emetics [ɪ'metɪks] *n.* 催吐药

emic ['iːmɪk] *a.* 音素的,行为要素的

emigrant ['emɪɡrənt] ❶ *a.* (向外国)移居的,移民的 ❷ *n.* 移民

emigrate ['emɪɡreɪt] *v.* 移居(外国)

emigration [emɪ'ɡreɪʃ(ə)n] *n.* 移居,侨居

eminence ['emɪnəns] *n.* ①高地,丘;隆起 ②卓越,显赫,名家

eminent ['emɪnənt] *a.* 卓越的,著名的 ‖ **-ly** *ad.*

eminentia [emɪ'nenʃɪə] (pl. eminentiae) *n.* 隆起,隆凸

emiocytosis [emɪəʊsaɪ'təʊsɪs] *n.*【生】细胞分泌

emirate [e'mɪərɪt] *n.* 酋长国

emissary ['emɪsərɪ] ❶ *n.* ①密使,间谍 ②分水道,导血管 ❷ *a.* 密使的,间谍的

emission [ɪ'mɪʃ(ə)n] *n.* ①发射 ②发射〔放射〕物
〖用法〗注意下面例句的汉译法: Niels Bohr, in 1913, first applied these ideas to the emission of light by atoms. 在 1913 年,尼尔斯·波尔首次把这些概念运用于由原子发射出光来。"the emission of A by B" 意为 "B 发射出 A"。

emissive [ɪ'mɪsɪv] *a.* 发射的

emissivity [emɪ'sɪvɪtɪ] *n.* 发射率,辐射系数

emit [ɪ'mɪt] (emitted;emitting) *vt.* ①发射 ②发行
〖用法〗本词可以与介词 "at" 连用,表示 "把…射向"。如: Electrons are emitted at the screen. 电子被射向荧光屏。

emitron ['emɪtrɒn] *n.* 光电摄像管

emittance [ɪ'mɪtəns] *n.* 发射,辐射强度

emitter [ɪ'mɪtə] *n.* 发射体,发射极,辐射源

emma ['emə] *n.* 声频信号雷达站

emmenagogue [ə'menəɡɒɡ] *n.* 调经药

emmenia [ə'menɪə] *n.* 月经

emmetropia [emə'trəʊpɪə] *n.* 正常视觉

emmetropic [emə'trɒpɪk] *a.* 正常视觉的

emollescence [eməʊ'lesəns] *n.* 软化(作用)

emolliate [ɪ'mɒlɪeɪt] *v.* 软化

emollient [ɪ'mɒlɪənt] ❶ *n.* 软化剂,润滑剂 ❷ *a.* 软化的

emolument [ɪ'mɒljʊmənt] *n.* 报酬,工资

emotion [ɪ'məʊʃən] *n.* ①情绪 ②感动 ‖ **~al** *a.* **~ally** *ad.* **~less** *a.*

emotive [ɪ'məutɪv] *n.* 情绪的,动感情的

empennage ['empənɪdʒ] *n.* (飞机)尾部

emperor ['empərə] *n.* 皇帝

emphases ['emfəsiːz] emphasis 的复数

emphasis ['emfəsɪs] (pl. emphases) *n.* 强调,着重,突出,重要性 ☆*give emphasis to* 着重,强调; *lay (place,put) emphasis on (upon)* 强调,着重于

【用法】❶ 本词前一般不加冠词,但也有人加定冠词。如: Emphasis is put〔placed,laid〕on the floated gyroscopes. 重点放在浮型陀螺仪上。/The main emphasis in this chapter has been on various factors associated with the practical implementation of signal analysis. 本章的侧重点放在与实际进行信号分析有关的各种因素上。❷ 短语"with (the, its) emphasis on ..."常放在句尾作附加说明,表示"重点放在…上"。如: A brief introduction to the principles of computers is given, with emphasis on the design of software. (本书)对计算机原理作了简要的介绍,重点放在软件的设计上。

emphasise, emphasize ['emfəsaɪz] *vt.* 强调,突出

【用法】句型"It must be emphasized that ..."意为"必须强调…"。

emphasizer ['emfəsaɪzə] *n.* 加重器,加重电路

emphatic(al) [em'fetɪk(əl)] *a.* 强调的,有力的 ‖ ~ally *ad.*

empholite ['emfəlaɪt] *n.* 水铝石

emphraxis [em'fræksɪs] *n.* 梗塞

emphysema [emfɪ'siːmə] *n.* (肺)气肿

emphysematous [emfɪsɪ'mætəs] *a.* (肺)气肿的

empire ['empaɪə] *n.* ①帝国,最高权威 ②大企业 ③绝缘,电绝缘漆

empiric(al) [em'pɪrɪk(əl)] ❶ *a.* (根据)经验的 ❷ *n.* 经验主义者 ‖ **empirically** *ad.*

empiricism [em'pɪrɪsɪzəm] *n.* 经验主义

empiricist [em'pɪrɪsɪst] *n.* 经验主义者

empirio(-)criticism [em'pɪrɪəkrɪtɪsɪzm] *n.* 经验批判主义

emplace [ɪm'pleɪs] *vt.* 安置,放列

emplacement [ɪm'pleɪsmənt] *n.* ①安置,定位 ②放列动作,炮位

emplane [ɪm'pleɪn] *v.* 乘〔装上〕飞机

emplaster [em'plæstə] *n.* 灰膏

emplastic [em'plæstɪk] *n.;a.* ①黏合的,胶合的 ②(致)便秘剂

emplectite,emplektite [em'plektaɪt] *n.* 硫铜铋矿

emplecton [em'plektən], **emplectum** [em'plektəm] *n.* 空斗石墙

employ [ɪm'plɔɪ] ❶ *vt.* 雇用,采用 ☆*be employed in* 从事于,用于 ❷ *n.* 雇用,职业 ☆*(be) in one's employ* 或*(be) in the employ of* 受…雇用

employable [ɪm'plɔɪəbl] *a.* 可使用的

employed [ɪm'plɔɪd] *a.;n.* 被雇用的,雇员

employee [ɪmplɔɪ'iː] *n.* 雇员

employer [ɪm'plɔɪə] *n.* 雇主

employment [ɪm'plɔɪmənt] *n.* ①雇用 ②服务,工作,就业,职业 ☆*(be) in the employment of* 受雇于; *be (thrown) out of employment* 失业,被解雇; *get employment* 就业

empodistic [ɪm'pɒdɪstɪk] *n.;a.* 预防药,预防的

empodium [ɪm'pəudɪəm] *n.* 【动】爪间突

empoison [ɪm'pɔɪzn] *vt.* 使…中毒

emporium [em'pɔːrɪəm] *n.* 商业中心,商场,(大)百货公司

empower [ɪm'pauə] *vt.* 授权给,准许 ☆*empower ... to (do)* 授予…(做)的权利〔资格〕

empress ['emprɪs] *a.* 女皇,皇后

emprotid [em'prəutɪd] *n.* 质子受体,(受)质子碱

emptier ['emptaɪə] *n.* 卸载器,倒空装置

emptiness ['emptɪnɪs] *n.* 空(虚),无能

empty ['emptɪ] ❶ *a.* ①空的,无人居住的 ②空虚的 ③空转的,无载的 ④缺乏…的 ☆*(be) empty of* 缺乏 ❷ *n.* 空箱〔车〕,皮重 ❸ *v.* 排空,使失去(of) ☆*empty (itself) into* 流注; *empty A of B* 取出 B 腾空 A; *empty out* 把…腾空

【用法】注意下面例句的含义: These surface states are empty of electrons.这些表面状态缺少电子。

emptying ['emptɪɪŋ] *n.* ①排空,排出 ②(pl.)沉积,残留物

empurple [ɪm'pɜːpl] *v.* 弄成紫色

empurpled [em'pɜːpld] *a.* 成紫色的

empyreumatic [empɪruː'mætɪk] *a.* 烧焦了的,焦臭的

empyrosis [empaɪ'rəusɪs] *n.* 烧伤,烫伤

emulate ['emjuleɪt] *v.* ①(和…)竞赛〔争〕 ②模仿

emulation [emju'leɪʃən] *n.* 竞赛,仿效

emulative ['emjuleɪtɪv] *a.* 竞赛的

emulator ['emjuleɪtə] *n.* 仿真程序,模拟器

emulgator ['emjulgeɪtə] *n.* 乳化剂〔器〕

emulgent [ɪ'mʌldʒənt] *a.;n.* 泄出的,利泄剂

emulous ['emjuləs] *a.* 好胜的,好仿效的 ☆*be emulous of* 渴望 ‖ ~ly *ad.*

emulphor [ɪ'mʌlfə] *n.* 乳化剂

emulsibility [ɪmʌlsɪ'bɪlɪtɪ] *n.* 乳化性

emulsible [ɪ'mʌlsəbl] *a.* 可乳化的,乳浊状的

emulsifiability [ɪmʌlsɪfaɪə'bɪlɪtɪ] *n.* 乳化度〔性〕

emulsifiable [ɪ'mʌlsɪfaɪəbl] *a.* 可乳化的,可成乳浊状的

emulsification [ɪmʌlsɪfɪ'keɪʃən] *n.* 乳化(作用)

emulsifier [ɪ'mʌlsɪfaɪə] *n.* 乳化剂〔器,物质〕

emulsify [ɪ'mʌlsɪfaɪ] *vt.* 使乳化

emulsin [ɪ'mʌlsɪn] *n.* 苦杏仁酶

emulsion [ɪ'mʌlʃən] *n.* 乳胶(体),(感光)乳剂

emulsionize [ɪ'mʌlʃənaɪz] = emulsify

emulsive [ɪ'mʌlsɪv] *a.* 乳剂的,乳状的

emulsoid [ɪ'mʌlsɔɪd] *n.* 乳胶,乳浊体

emulsor [ɪˈmʌlsə] *n.* 乳化器〔剂〕

emunctory [ɪˈmʌŋktərɪ] *a.; n.* 排泄的,排泄器官

emundation [imʌnˈdeɪʃən] *n.* (药物)纯化

enable [ɪˈneɪbl] *vt.* ①使能够 ②赋能,启动 ③【计】撤消禁止门的禁止信号 ☆***enable ... to (do)*** 使…能够(做)

〖用法〗❶ 本词表示"使能够"时要求动词不定式作补足语。如: These concepts enable us to understand a wide range of phenomena in electrostatics, or 'static electricity', as it is called. 这些概念使我们能够理解解静电学(也就是人们常说的"静电")中范围广泛的现象。(注意句中"as it is called"是由"as"引导的一种特殊的定语从句)。❷ 本词后跟一个动作作其宾语时,该动作应该用动名词。如: The production time should be as short as possible to enable capturing a larger market share. 生产周期应该尽可能短,以便占领更大的市场份额。

enablement [ɪˈneɪblmənt] *n.*【计】允许,启动

enact [ɪˈnækt] *vt.* ①制定,颁布 ②扮演,演出 ☆***as by law enacted*** 如法律所规定

enactive [ɪˈnæktɪv] *a.* 有制定权的,法律制定的

enactment [ɪˈnæktmənt] *n.* ①制定,颁布 ②条例,法令

enalite [ˈenəlaɪt] *n.* 水硅钍铀矿

enamel [ɪˈnæməl] ❶ *n.* ①搪瓷,珐琅,瓷釉 ②搪瓷制品 ❷ (enamel (l) ed;enamel (l) ing) *vt.* ①涂以瓷釉,上珐琅 ②上彩色

enamelize [ɪˈnæməlaɪz] *vt.* 上珐琅

enamel(l)ed [ɪˈnæməld], **enamelized** [ɪˈnæməlaɪzd] *a.* 上釉的,涂珐琅的

enamelum [eˈnæmələm] *n.* 釉质,珐琅质

enamelware [ɪˈnæməlweə] *n.* 搪瓷器

enamine [ˈnæmɪn] *n.* 烯胺

enanthaldehyde [ɪˈnænθəldɪhaɪd] *n.* 庚醛

enanthine [ˈnænθaɪn] *n.* 庚炔

enanthol [ɪˈnænθɒl] *n.* 庚醇

enanthyl [ɪˈnænθɪl] *n.* 庚酰

enantiomer [ɪˈnæntɪəumə] *n.* 对映体

enantiomorph [ɪˈnæntɪəuməːf] *n.* 对映结构体,镜像体 ‖**~ic** *a.*

enantiomorphohism [ɪˈnæntɪəuməːfɪzəm] *n.* 对映形态

enantiomorphous [ɪˈnæntɪəuməːfəs] *a.* 对映结构的

enantiotropes [enæntɪəˈtrɒps] *n.* 双变性晶体

enantiotropic [enæntɪəˈtrɒpɪk] *a.* 双变性的,对映异构的

enantiotropism [enæntɪəˈtrɒpɪzm] *n.* 对映异构现象

enantiotropy [ɪnænˈtiˈɒtrəpɪ] *n.* 对映(异构)现象

enargite [ɪˈnɑːdʒaɪt] *n.* 硫砷铜矿

enation [iːˈneɪʃən] *n.* 耳状突起

en bloc [ɑːˈblɒk] (法语) 总括,全体,大块

encapsulant [ɪnˈkæpsələnt] *n.* 胶囊包装材料

encapsulate [ɪnˈkæpsjuleɪt] *v.* ①密封 ②用胶囊包(起来) ③节略

encapsulation [ɪnkæpsjuˈleɪʃən] *n.* 封装,用胶囊包起来

encase [ɪnˈkeɪs] *vt.* ①打箱 ②嵌入,封闭

encasement [ɪnˈkeɪsmənt] *n.* ①装箱 ②箱子,包装物

encasing [ɪnˈkeɪsɪŋ] *n.* ①砌面,模板 ②外壳 ③装入

encaustic [ɪnˈkɔːstɪk] ❶ *a.* 上釉烧的 ❷ *n.* 蜡画

encephalalgia [ensefəˈlædʒɪə] *n.* 头痛

encephalemia [ensefəˈliːmɪə] *n.* 脑充血

encephalic [ensɪˈfælɪk] *a.* 脑的

encephalion [ensefəˈliːən] *n.* 小脑

encephalitic [ensefəˈlaɪtɪk] *a.* 脑炎的

encephalitis [ensefəˈlaɪtɪs] *n.* (pl. encephalitides) 脑炎,大脑炎

encephalitogenic [enˈsefəlaɪtəˈdʒenɪk] *a.* 致脑炎的

encephalogram [enˈsefələugræm] *n.* 脑造影照片

encephalograph [enˈsefələugræf] *n.* ①脑造影照片 ②脑电描记器

encephalography [ensefəˈlɒgrəfɪ] *n.* 脑照相术

encephalohemia [ensefələuˈhiːmɪə] *n.* 脑充血

encephalomalacia [ensefələməˈleɪʃɪə] *n.* 脑软化症

encephalon [enˈsefələn] *n.* 脑(髓)

encephalorrhagia [ensefələuˈreɪdʒɪə] *n.* 脑出血

enchain [ɪnˈtʃeɪn] *vt.* (用链子)锁住 ‖**~ment** *n.*

enchant [ɪnˈtʃɑːnt] *vt.* 使妖法,使迷住

enchase [ɪnˈtʃeɪs] *vt.* 嵌镶,浮雕

encheiresis [enkaɪˈriːsɪs] *n.* 插管术,手法

ench(e)iridion [enkaɪəˈrɪdɪən] (pl. ench(e)iridia 或 ench(e)iridions). 手册,便览,集锦

enchylema [enkaɪˈliːmə] *n.* 透明质,细胞液

enchyma [ˈenkɪmə] *n.* 营养液,组织液

encina [enˈsiːnə] *n.* 栎木

encipher [ɪnˈsaɪfə] *vt.* 编码 ‖**~ment** *n.*

encipheror [ɪnˈsaɪfərə] *n.* 编码器

encircle [ɪnˈsɜːkl] *vt.* ①围绕,包围 ②合围 ☆***encircle the globe*** 环绕地球旋转

encirclement [ɪnˈsɜːklmənt] *n.* 合围,孤立化

enclasp [ɪnˈklɑːsp] *vt.* 抱紧,握紧

enclave [ˈenkleɪv] *n.* 飞地(指在本国境内的隶属于另一国的一块领土),包入原

enclitic [ɪnˈklɪtɪk] *a.* 斜面的,附属的

enclose [ɪnˈkləuz] *vt.; n.* ①围起,包围(with) ②封入,隔绝 ☆***enclose ... herewith*** (随信)附上…; ***enclose ... in ...*** 放〔装,封〕入…

〖用法〗注意在书信中常见的一个句型: Please find enclosed〔Enclosed please find〕a self-addressed envelope. 本信中附有写好回信地址的信封。("enclosed"为动词"find"的宾语补足语。)

enclosed [ɪnˈkləuzd] ❶ *a.* 封闭的,封装的,包围的 ❷ *n.* 附件

enclosure [ɪnˈkləuʒə] *n.* ①包围,封装 ②外壳,罩,围墙 ③附件

enclothe [ɪnˈkləuð] *vt.* 覆盖

encloud [ɪnˈklaud] *vt.* 阴云遮蔽

encode [ɪnˈkəud] *v.* 编码,把…译成电码

encoded [ɪnˈkəudɪd] *a.* 编码的

encoder [ɪnˈkəudə] *n.* ①编码器,纠错编码器 ②编码员

encoding [ɪnˈkəudɪŋ] *n.* 编〔译〕码

〖用法〗本词可以跟"perform"连用。如: Encoding is performed separately from modulation in the transmitter. 单词从发射机中调制时进行编码。

encomiast [enˈkəumɪæst] *n.* 赞美者,阿谀奉承者

encomium [enˈkəumɪəm] *n.* 赞扬,推崇

encompass [ɪnˈkʌmpəs] *v.* 围绕,拥有,完成 ☆**be encompassed with** 被…包围着 ‖ **~ment** *n.*

encopresis [enkəuˈpriːsɪs] *n.* 大便失禁

encore [ɒŋˈkɔː] *int.; n.; vt.* (要求)再来一个

encounter [ɪnˈkauntə] *v.; n.* 遭遇,碰到,冲突,交会,比赛 ☆**encounter with** 与…遭遇(冲突)

encourage [ɪnˈkʌrɪdʒ] *vt.* 鼓励,助长(in) ☆**encourage ... to (do)** 鼓励…(做)

〖用法〗注意下面例句的含义: The reader is encouraged to read what appears interesting. (我们)鼓励读者阅读似乎有趣的那些内容。

encouraging [ɪnˈkʌrɪdʒɪŋ] *a.* 鼓励的,振奋人心的 ‖ **~ly** *ad.*

encranial [ɪnˈkreɪnɪəl] *a.* 颅内的

encrimson [ɪnˈkrɪmzn] ❶ *n.* 红色涂料 ❷ *vt.* 使成深红色

encroach [ɪnˈkrəutʃ] *v.* 侵犯 ☆**encroach on (upon)** 侵占,取得

encroachment [ɪnˈkrəutʃmənt] *n.* 侵入(on,upon),侵蚀的

encrust [ɪnˈkrʌst] *v.* 包以外壳,结壳〔垢〕,镶饰以(with)

encrustation [ɪnkrʌsˈteɪʃən], **encrustment** [ɪnˈkrʌstmənt] *n.* 结壳,外皮层

encrypt [ɪnˈkrɪpt] *vt.* 加密,编码

encryption [ɪnˈkrɪpʃən] *n.* 编码,译成密码

encumber [ɪnˈkʌmbə] *v.* 妨碍,拖累,使负债 ☆**(be) encumbered by (with) ...** 被…所拖累,堆满了…

encumbrance [ɪnˈkʌmbrəns] *n.* 阻碍(物),累赘(to)

encyclic(al) [enˈsɪklɪk(əl)] *a.* 传阅的,广泛分布的

encyclop(a)edia [ensaɪkləuˈpiːdɪə] *n.* 百科全书

encyclop(a)edic(al) [ensaɪkləuˈpiːdɪk(əl)] *a.* 百科全书的,学识渊博的

encyst [enˈsɪst] *v.* 包入囊内

encystment [enˈsɪstmənt] *n.* 胞囊形成

end [end] ❶ *n.* ①末端,尖,终点 ②边缘,范围,结束,目的 ☆**at the (very) end** 最后〔终〕; **(be) at an end** 完结,终止; **be at opposite ends** 位于两端; **be set on end** 竖着放; **bring ... to an end** 使结束; **by the end of** 到…结束之时; **carry ... through to the end** 把…进行到底; **come to an end** 完结,告终; **end for end** 两端对接,两端对接; **end on** 头正对着,末端对接; **end to end** (头对头)衔接,头尾相连地; **for this end** 为此目的; **from end to end** 从这头到那头,从头到尾地; **from (the) beginning to (the) end** 从头到尾,自始至终; **have an end** 了结; **in the end** 最后,结果; **lie on (its) end** 竖(着); **make an end of (with)** 结束,终止; **no end** 无限,非常; **no end of** 无数的,非常; **on end** 竖着,连续地; **put an end to** 停止,除去; **serve two ends** 一举两得; **the business end** 使用(锐利)的一头; **the end in itself** 目的本身; **to no end** 白白,徒劳; **to (toward) this end** 为此,所以; **to the (bitter,very) end** 到最后; **to the end of time** 永久; **to the end that** 为了,目的在于; **without end** 永久,无休止的; **with this end in view** 抱着这种目的,为此 ❷ *v.* ①终止,结束 ②竖立 ☆**end by doing** 以…结束; **end 1m from ...** 末端距…一米; **end in** 最终成为,终于; **end in smoke** 无结果,化为泡影; **end off** 结束,停止; **end up** 结束,完结;竖着; **end up at** 终止在…(地方),最后到达…; **end up by ...** 以…为结束; **end (up) with ...** 以…(为)结束,最后得出; **to end with** (插入语)最后

〖用法〗❶ 表示"在…端"或"在…末尾"时其前面一般用介词"at",但也有用"in"的。如: At the receiving end, a bandpass filter is used. 在接收端使用了一个带通滤波器。/Answers to odd-numbered questions are given at the end of the book. 在本书的末尾,给出了单号题的答案。/The optical signal is detected in the receiving end. 光信号是在接收端加以检测的。❷ 注意下面例句中本词在科技书刊中的一个常见用法: Each chapter ends with numerous problems. 每章末尾列出(提供)了许多习题。(这一用法有时译成"最后讲述…;最后是…"。)

end-all [ˈendɔːl] *n.* 结尾,最终目标

endamage [ɪnˈdæmɪdʒ] *vt.* 使损坏,使受损失,伤害

endanger [ɪnˈdeɪndʒə] *vt.* 使遭到危险,危害

endangic [ɪnˈdeɪndʒɪk] *a.* 血管内的

endarteritis [endɑːtəˈraɪtɪs] *n.* 动脉内膜炎

endear [ɪnˈdɪə] *v.* 使受喜爱(to) ☆**endear oneself to ...** 喜爱 ‖ **~ment** *n.*

endearing [ɪnˈdɪərɪŋ] *a.* 可爱的 ‖ **~ly** *ad.*

endeavo(u)r [ɪnˈdevə] *n.; v.* 尽力,力图 ☆**endeavour after (for,to do)** 尽力,争取; **do one's endeavor** 竭力(做); **make every endeavor to (do)** 尽量(做)

〖用法〗注意下面例句中本词的含义: The ability to generate, guide, modulate, and detect light in such thin film configurations opens up new possibilities for monolithic 'optical circuits' — an endeavor going under the name of integrated optics. 能够在这种薄膜构型中产生、引导、调制和检测光为单片"光电路"(这是在集成光学下所进行的一项研究)开辟了新的发展前途。

endeiolite [en'di:əlart] n. 硅铌钠矿

endeitic [en'di:ətɪk] a. 症状的

endemia [en'di:mɪə] a. 地方病的

endemial [en'di:mɪəl] a. 地方性的,地方病的

endemic [en'demɪk] ❶ a. 地方性的,地方病的,风土的 ❷ n. 地方病

endemical [en'demɪkəl] = endemic ‖ ~ly ad.

endemicity [endɪ'mɪsətɪ] n. 地方性

endemy ['endemɪ] n. 地方病

endergic ['endədʒɪk] a. 增能的

endergonic [endə'gɒnɪk] a.; n. 吸能的,吸收能性

endexoteric [ɪndeksəu'terɪk] a. 内(因与)外因的

endfile ['endfaɪl] n. 文件结束

end-fire(d) ['endfaɪə(d)] a. 端射(式),轴向辐射的,纵向的

ending ['endɪŋ] n. ①结束,末期 ②终端,末端

endiometer [endɪ'ɒmɪtə] n. 气体容量分析管

endlap ['endlæp] n. 端搭叠,后(航)向重叠

endless ['endlɪs] ❶ a. ①无尽的 ②环状的,循环的 ❷ n. 无缝环圈 ‖ ~ly ad. ~ness n.

endmost ['endməust] a. 最末端的

endoatmospheric [endəuætməs'ferɪk] a. 稠密大气层的

endobiotic [endəubaɪ'ɒtɪk] a. 组织内寄生的,生物内生的

endoblast ['endəbla:st] n. 内胚层

endobronchial [endəu'brɒŋkɪəl] a. 支气管内的

endocardial [endəu'ka:dɪəl] a. 心内(膜)的

endoceliac [endəu'si:lɪæk] a. 体腔内的

endocellular [endə'seljulə] n. 室〔笼〕内的,细胞内的

endoconch [endə'kɒŋk] n. 内壳

endoconidium [endəkə'nɪdɪəm] n. 内分生孢子

endocorpuscular [endəkɔ'pʌskjulə] a. 球(小体)内的

endocranial [endəu'kreɪnɪəl] a. 颅内的

endocrator [endəu'kreɪtə] n. (月上)洼地

endocrine ['endəkraɪn] n.; a. 内分泌(物,的)

endocrinology [endəukraɪ'nɒlədʒɪ] n. 内分泌学

endocyclic [endəu'saɪklɪk] a. 桥环(型)的,内环的

endocytosis [endəusaɪ'təusɪs] n. 细胞吞噬现象

endoderm ['endəudɜ:m] n. 内胚层

endodermis [endəu'dɜ:mɪs] n. 内皮层

endodyne ['endəudaɪn] n. 自差(法)

endoenergic [endəu'enɜ:dʒɪk], **endoergic** [endəu'ɜ:dʒɪk] a. 吸收能的,吸热的

endoenzyme [endəu'enzaɪm] n. (胞)内酶

endoferment [endəu'fɜ:mənt] n. 内酶

endogamy [en'dɒgəmɪ] n. 同系交配

endogas ['endəugæs] n. 吸热型气体

endogastric [endəu'gæstrɪk] a. 胃内的

endogenetic [endəudʒɪ'netɪk], **endogenic** [endəu'dʒenɪk], **endogenous** [en'dɒdʒənəs] a. 内成的,内源的

endomitosis [endəumaɪ'təusɪs] n. 核内有丝分裂

endomomental [endəməu'mentəl] a. 脉冲〔瞬时〕吸收的

endomorph ['endəumɔ:f] a. 内容体,内容矿物

endomorphic [endəu'mɔ:fɪk] a. 内变质的,岩块中产生的

endomorphism [endəu'mɔ:fɪzəm] n. 内变质作用,内容现象

end-on ['end'ɒn] a. 端头向前的,端对准的,端点放炮

endonasal [endəu'neɪzəl] a. 鼻内的

endonephritis [endənɪ'fraɪtɪs] n. 肾盂炎

endonuclease [endə'nju:klɪˌeɪs] n. 【生化】核酸内切酶,内切核酸酶

endoparasite [endəu'pærəsaɪt] n. 体内寄生虫

endoparticle [endəu'pa:tɪkl] n. 内颗粒

endopeptidase [endəu'peptɪdeɪs] n. 肽链内切酶

endophasia [endəu'feɪzjə] n.【语】内部言语,无声语

endophytic [endəu'faɪtɪk] n. 内寄生藻类

endoplasm ['endəuplæzəm] n. 细胞质

endoplast ['endəupla:st] n. 细胞核,内质体

endopodite [en'dɒpədaɪt] n. 内肢

endoradiosonde [endə'reɪdɪəusɒnd] n. 内腔 X 光检测器

endorgan [en'dɔ:gən] n. 终端(感觉神经)

endorse [ɪn'dɔ:s] vt. ①签名于…的背面,(支票等)的背书,批注 ②担保,承认,赞同 ‖ ~ment n.

endorsee [ɪndɔ:'si:] n. 承受背书票据者,被背书人

endorser [ɪn'dɔ:sə] n. ①(支票等)背书人,转让人 ②(磁墨水阅读器用)印记答署

endoscope ['endəuskəup] n. 内窥镜

endoscopy [en'dɒskəpɪ] n. 内窥镜检查,铸件内表面检查

endoskeleton [endəu'skelətən] n. 内骨骼

endosmic [en'dɒsmɪk] a. 内渗的,渗入的

endosmose [en'dɒsməus], **endosmosis** [endɒs'məusɪs] n. 内渗透,内渗现象

endosmotic [endɒs'mɒtɪk] a. 内渗的

endospore ['endɒspɔ:] n. 内生孢子

endosymbiont [endəu'sɪmbaɪɒnt] n. 内共生体

endosymbiosis [endəusɪmbaɪ'ɒsɪs] n. 内共生(现象)

endotaxy ['endəutæksɪ] n. 内延,内整向

endotherm ['endəθɜːm] n. 吸热

endothermal [endəu'θɜːməl], endothermic [endəu'θɜːmɪk] a. 吸热的,藏热的

endothermy ['endəθɜːmɪ] n. 高频电透热法

endothoracic [endəθə'ræsɪk] a. 胸内的

endotoxin [endəu'tɒksɪn] n. 内毒素

endotoxoid [endəu'tɒksɔɪd] n. 类内毒素

endotracheal [endəu'treɪkɪəl] a. 气管内的,经气管的

endotrachelic [endəutrə'kɪlɪk] a. 颈内的

endovibrator [endəuvaɪ'breɪtə] n. 波长调节筒

endow [ɪn'dau] vt. ①资助,捐赠 ②赋予(with) ☆ **be endowed with** 赋予,具有

endowment [ɪn'daumənt] n. 捐赠,基金, (pl.)才能,天资

endoxan [en'dɒksən] n. 环磷酰胺

endoxo [en'dɒksəu] n. (环内)桥氧

endozoic [endəu'zəuɪk] a. 动物内生的

endpaper ['endpeɪpə] n. 衬页

endpoint ['endpɔɪnt] n. 端点,终点

endstone ['endstəun] n. 托钻

Endsville ['endzvɪl] a. 最(伟)大的,最奇妙的

endue [ɪn'djuː] v. 赋予,授予 ☆**be endued with** 具有

endurable [ɪn'djuərəbl] a. 能持久的,可耐久的 ‖ endurably ad.

endurance [ɪn'djuərəns] n. ①忍耐(力),持久(性),耐用性 ②持续时间 ③强度,抗磨度,耐疲劳度,寿命 ☆**beyond (past) endurance** 忍无可忍; **come to the end of one's endurance** 忍无可忍

endure [ɪn'djuə] v. 忍耐,持续

enduring [ɪn'djuərɪŋ] a. 持久的,忍耐的,耐磨的 ‖ ~ly ad.

Enduro[ɪn'djuərəu] n. 铬锰镍硅合金

Enduron [ɪn'djuərɒn] n. 铬锰耐热铸铁

end-view ['endvjuː] n. 端(侧)视图

endwall ['endwɔl] n. 端墙,根壁

end-wastage ['endweɪstɪdʒ] n. 残头废料

endways ['endweɪz],endwise ['endwaɪz] ad. 直立,末端向前(朝上),(首尾)相接

enechema [enə'kemə] n. 耳鸣

enediol ['enɪdaɪəl] n. 烯二醇

enema ['enɪmə] n. 灌肠(剂)

enemy ['enɪmɪ] ❶ n. 敌人,危害物 ❷ a. 敌方的 ☆ **be an enemy to** 危害,仇视; **go over to the enemy** 叛变投敌

energesis [enə'dʒesɪs] n. 释放能量

energetic [enə'dʒetɪk] a. 能的,精力旺盛的

energetically [enə'dʒetɪkəlɪ] ad. 有力的,在能量方面

energetics [enə'dʒetɪks] n. 动能学,动力学,唯能论

energid ['enədʒɪd] n. 活质体,活动质

energism ['enədʒɪzəm] n. 活动主义,奋斗主义

energization, energisation [enədʒɪ'zeɪʃ ən] n. ①激发(励) ②增能,供能 ③使通电

energize, energise [enə'dʒaɪz] v. ①激发(励) ②增能,供能 ③通以电流,给…以电压

energized [enə'dʒaɪzd] a. 通电的,火线的,激励的

energizer [enə'dʒaɪzə] n. 激发器,(尿素树脂)硬化剂,抗抑制剂,情绪兴奋剂

energon ['enəgɒn] n. 能子

energy ['enədʒɪ] n. 能(量,力),活力,精力,劲 〖用法〗一般来说,本词表示"能量"时为不可数名词,但有时也可用作可数名词。如: When these energies are equal, the magnetization rotates completely in the field direction. 当这些能量相等时,磁化就完全在场的方向上旋转。/While the heat of a body indicates the combined energies of all of its molecules, the temperature of a body measures the average energy of each individual molecule. 物体的热量表示了其所有分子的能量之和,而物体的温度则是度量其每个分子的平均能量的。/A photon has an energy hω. 一个光子的能量为hω。

energymeter ['enədʒɪmiːtə] n. 累积式瓦特计

enervate ['enɜːveɪt] ❶ vt. 使衰弱,削弱 ❷ a.衰弱的,无力的 ‖ enervation n.

enervious ['enɜːvɪəs] a. 无脉的

eneyne ['iːniːn] n. 烯炔

enface [ɪn'feɪs] vt. 写(印)在…的面上

enfeeble [ɪn'fiːbl] v. 使衰弱 ‖ ~ment n.

enfilade [enfɪ'leɪd] n.; vt. 纵向射击,易受纵射的地位

enfeoff [ɪn'fef] vt. 封与…领地,转让

enfold [ɪn'fəuld] vt. ①包进(含)(in,with) ②折叠 ③ 拥抱 ‖ ~ment n.

enforce [ɪn'fɔːs] v. 实施,强迫,坚持 ☆ **enforce obedience on (upon)** 强迫…服从

enforceable [ɪn'fɔːsəbl] a. 可实施(强行)的

enforced [ɪn'fɔːst] a. 强制的,强迫的 ‖ ~ly ad.

enforcement [ɪn'fɔːsmənt] n. 执行,强制

enframe [ɪn'freɪm] vt. 装在框内,给…配框架

engage [ɪn'geɪdʒ] ❶ v. ①从事,参加(in) ②啮合,连接 ③约束,保证 ❷ vt. ①雇聘 ②占用(线),吸引 ☆**(be) engaged in (on,upon)** (正)忙于,正从事(于); **engage for** 保证,约定; **engage (A) with B** (使A)与B啮合(衔接)

engagement [ɪn'geɪdʒmənt] n. ①约定,契约 ②啮合,衔接 ③交战 ④杀伤,击败 ⑤雇用,职业 ☆ **bring about an engagement** 挑起战争; **without engagement and under reserve** 不承担义务并保留条件

Engels ['enɡəls] n. 恩格斯(人名)

engender [ɪn'dʒendə] v. 引起,(逐渐)形成

engine ['endʒɪn] ❶ n. ①发动机 ②机车 ❷ vt. 在…上安装发动机

engineer [endʒɪ'nɪə] ❶ n. ①工程师 ②机(械)师,轮船(火车)司机 ③工兵 ❷ v. ①设计,建造 ②操纵,策划 ☆**engineer into** 设计成为

〖用法〗注意下面例句中本词的含义: Recent proposals and experiments suggest that it should be possible to <u>engineer</u> such 'optical crystals'. 最近的一些提议和实验表明造出这种 "光晶体" 应该是可能的。

engineered [endʒɪˈnɪəd] *a.* 设计的,工程监督的

engineering [endʒɪˈnɪərɪŋ] *n.* 工程(学),设计,技术装备

engineman [ˈendʒɪnmən] *n.* 机长,(火车)司机

engineroom [ˈendʒɪnrum] *n.* 机舱

enginery [ˈendʒɪnərɪ] *n.* 机械类,武器,谋略

englacial [enˈɡleɪʃɪəl] *a.* 冰(川)内的

engird(le) [ɪnˈɡɜːd(l)] *vt.* 环绕,围绕

England [ˈɪŋɡlənd] *n.* 英国,英格兰

Englander [ˈɪŋɡləndə] *n.* 英国人,英格兰人

English [ˈɪŋɡlɪʃ] ❶ *a.* 英国(人)的,英语的 ❷ *n.* 英语

Englishment [ˈɪŋɡlɪʃmənt] *n.* 英文版,英译本

englobe [enˈɡləub] *vt.* 摄入,吞噬 ‖ **~ment** *n.*

engobe [enˈɡəub] *n.* 釉底料

engomphosis [enɡɒmˈfəusɪs] *n.* 嵌合

engonus [enˈɡəunəs] *n.* 土著

engorge [ɪnˈɡɔːdʒ] *v.* 狼吞虎咽,装满,使充血

engorgement [ɪnˈɡɔːdʒmənt] *n.* ①舱口,装料孔(口) ②充血,肿胀

engraft [ɪnˈɡrɑːft] *vt.* 结合,嫁接,附加(into,upon),灌输(in)

engrail [ɪnˈɡreɪl] *vt.* 使成锯齿形,使成波纹

engrain [ɪnˈɡreɪn] *vt.* 染成木纹色,使根深蒂固

engram [enˈɡræm] *n.*【心】印迹

engrave [ɪnˈɡreɪv] *vt.* ①雕刻,镂(版) ②铭记(upon) ☆ ***engrave A on (upon) B*** 或 ***engrave B with A*** 把 A 刻 (到) B 上

engraver [ɪnˈɡreɪvə] *n.* 雕刻师,雕刻工人

engraving [ɪnˈɡreɪvɪŋ] *n.* 雕刻(术),版画

engross [ɪnˈɡrəus] *vt.* ①用大字写,正式誊清 ②吸引(注意),使全神贯注 ☆ ***be engrossed in*** 热衷于,全神贯注于 ‖ **~ment** *n.*

engrossing [ɪnˈɡrəusɪŋ] *a.* 非常吸引人的,引人入胜的

engulf [ɪnˈɡʌlf] *vt.* 淹没,席卷,投入

enhance [ɪnˈhɑːns] *vt.* ①增强,夸张 ②提高,增加

enhancement [ɪnˈhɑːnsmənt] *n.* 增〔加〕强,提高,放大

enhancer [ɪnˈhɑːnsə] *n.* ①增强器 ②增强病毒,强化因子

enharmonic [enhɑːˈmɒnɪk] ❶ *a.* 等音的,❷ *n.* 四分音程

enhearten [enˈhɑːtən] *vt.* 鼓励,使振奋

enhydrous [ɪnˈhaɪdrəs] *a.* (结晶)含水的

enigma [ɪˈnɪɡmə] *n.* 谜,不可思议的东西(人)

enigmatic(al) [enɪɡˈmætɪk(əl)] *a.* 谜(一般)的,不可思议的 ‖ **-ly** *ad.*

enigmatize [ɪˈnɪɡmətaɪz] *vt.* 使变成谜,使不可思议

enisle [enˈaɪl] *vt.* 使成(孤)岛,使孤立

enjoin [ɪnˈdʒɔɪn] *v.* ①命令责成 ②禁止

enjoy [ɪnˈdʒɔɪ] *vt.* 享受,欣赏,喜爱
〖用法〗本词后接动作只能用动名词。如: We <u>enjoy making</u> various experiments here. 我们喜欢在这里做各种实验。

enjoyable [ɪnˈdʒɔɪəbl] *a.* (令人)愉快的,有趣的 ‖ **enjoyably** *ad.*

enjoyment [ɪnˈdʒɔɪmənt] *n.* 欢乐,享受 ☆ ***be a great enjoyment to ...*** 是…极喜欢的; ***take enjoyment in*** 喜欢,欣赏

enkindle [enˈkɪndl] *vt.* 点燃,激起,挑起

enlace [ɪnˈleɪs] *vt.* 捆扎,缠绕

enlarge [ɪnˈlɑːdʒ] *v.* ①扩大,放大 ②详述(on,upon)

enlargement [ɪnˈlɑːdʒmənt] *n.* ①扩大,放大 ②扩建部分,放大的照片 ③详述

enlarger [ɪnˈlɑːdʒə] *n.* 放大器

enlighten [ɪnˈlaɪtn] *vt.* 启发,教导,使明白 ☆ ***enlighten A on B*** 使 A 明白 B

enlightened [ɪnˈlaɪtnd] *a.* ①开明的,进步的,有知识的 ②受启发的

enlightenment [ɪnˈlaɪtnmənt] *n.* 启发,教导

enlink [ɪnˈlɪŋk] *vt.* 把…连接起来(with,to)

enlist [ɪnˈlɪst] *v.* ①征募 ②赞助 ③支持,偏袒(in) ☆ ***enlist as a volunteer*** 当志愿兵; ***enlist in the army*** 参军; ***enlist A in B*** 在 B 上得到 A 的赞助; ***enlist the services (aid) of A*** 得到 A 的帮助; ***enlist under the banner of A*** 加入 A 的队伍

enlistment [ɪnˈlɪstmənt] *n.* ①征募,应征 ②获得

enliven [ɪnˈlaɪvn] *v.* 使…有生气

en masse [ɑːŋˈmæs] (法语) 全体,一起,整个地

enmesh [ɪnˈmeʃ] *vt.* 使陷入(网中)

enmity [ˈemɪtɪ] *n.* 敌意,仇恨,不和

ennead [ˈenɪæd] *n.* 九个一组 ‖ **-ic** *a.*

enneagon [ˈenɪəɡɒn] *n.* 九角〔边〕形

enneahedron [enɪəˈhedrən] *n.* 九面体

enneode [ˈenɪəud] *n.* 九极管

enneri [ˈenərɪ] *n.* 干河谷

ennoble [ɪˈnəubl] *v.* 使高贵,授以爵位 ‖ **-ment** *n.*

ennui [ˈɒnwiː] ❶ *n.* 厌倦,无聊 ❷ (ennuied;ennuying) *v.* 使厌烦,使觉得无聊

ennuple [iːˈnjuːpl] *n.* 标形

enograph [ˈɪnəuɡræf] *n.* (酯)不饱和性图

enol [ˈiːnɒl] *n.* 烯醇 ‖ **-ic** *a.*

enolase [ˈiːnəleɪs] *n.*【生化】烯醇酶,磷酸

enolization [enəlaɪˈzeɪʃən] *n.* 烯醇化(作用)

enology [ɪˈnɒlədʒɪ] *n.* 酿酒学

enorganic [enɔːˈɡænɪk] *a.* 先天的,机体固有的

enormous [ɪˈnɔːməs] *a.* 巨大的

enormously [ɪˈnɔːməslɪ] *ad.* 巨大地
〖用法〗结构 "enormously + 比较级" 意为 "…得多"。

enoscope [ˈiːnəskəup] *n.* 折光镜

enough [ɪˈnʌf] ❶ *a.; ad.* 足够(的),十分 ❷ *n.* 足

够,充分 ☆*(big) enough so that* (大)到足以(使); *(big) enough to (do)*(大)到足以(做); *enough and to spare* 绰绰有余; *enough of* 足够的…; *more than enough to (do)*对(做)来说绰绰有余; *not nearly enough* 差得远; *oddly (strangely) enough* 奇怪的是; *often enough* 经常,常常; *sure enough* 确实,果然; *well enough* 还可以,相当好

〖用法〗❶ 本词作形容词时可以放在被修饰的名词前或后,但常见放在前面。如: This battery can supply <u>enough power</u> for the toy train. 这个电池能为该玩具火车提供足够的电力。❷ 本词用作副词时,一定要放在被修饰的形容词或副词之后。如: In this case, the impulse duration is <u>short enough</u>. 这种情况下脉宽足够短。/It is necessary that the average be computed over a <u>long enough</u> period to reduce the statistical errors to an acceptable level. (我们)必须要在足够长的一段时间内计算平均值,以便于把统计误差减小到可接受的程度。❸ 本词可以与后面的动词不定式或“(so) that”从句连用,表示结果,意为“足以…”。如: The reverse currents might be <u>large enough to cause</u> physical damage. 反向电流可能会大到足以毁坏器件。/These effects are rarely <u>great enough to impair</u> the accuracy. 这些效应很少会大到足以影响精度。/In the past few years, <u>enough</u> has been written on this subject to fill several volumes. 过去几年内,关于这个内容已经写了许多文章,足以编成好几卷书。/The frequencies are <u>low enough (so)</u> that the capacitive reactance can be neglected. 这些频率低到足以能够把容抗忽略掉。/Here the fundamental frequency of the sqaure wave must be <u>large enough that</u> the approximation ωRC≫1 is satisfied. 这里,方波的基频必须大到足以满足近似条件 ωRC≫1。/These controls vary the dynamic test conditions over a considerable range, <u>enough that</u> collector saturation resistance can be examined. 这些控制器可以在相当宽的范围内改变动态测试条件,足以使得能够考查集电极饱和电阻。

enounce [i:'naʊns] *vt.* 发表,声明,宣称 ‖ ~ment *n.*

en passant [ɑ:ŋ'pæsɑ:ŋ] (法语) 顺道,在进行中

enplane [en'pleɪn] *vt.* 上飞机

enquire [ɪn'kwaɪə] = inquire

enquirer [ɪn'kwaɪərə] = inquirer

enquiry [ɪn'kwaɪərɪ] = inquiry

en rapport [ɑ:ŋræ'pɔ:] (法语) 与…一致

enregister [ɪn'redʒɪstə] *vt.* 记录,登记

enregistor [ɪn'redʒɪstə] *n.* 记录器

en regle [ɑ:ŋ'reɪgl] (法语) 按部就班,正式

enrich [ɪn'rɪtʃ] *vt* ①使丰富,使富裕,充实 ②(使)浓缩,使肥沃 ☆*enrich A with B* 以 B 来丰富 A

enrichment [ɪn'rɪtʃmənt] *n.* 浓缩(作用),浓(缩)度,增添装饰

enring [ɪn'rɪŋ] *vt.* 环绕,加环于

enrockment [en'rɒkmənt] *n.* 填石

enrol(l) [ɪn'rəʊl] (enrolled;enrolling) *v.* ①登记,注册,招收 ②入会〔学〕,服兵役 ③卷,包

enrollee [ɪnrəʊ'li:] *n.* 被征入伍者,入学〔会〕者

enrollment [ɪn'rəʊlmənt] *n.* 登记〔注册,入会,入学〕(人数)

en route [ɑ:n'ru:t] (法语) 在途中

ens [enz] (拉丁语) *n.* 要素,本性

ensconce [ɪn'skɒns] *vt.* 安置,隐藏

ensemble [a:n'sɑ:mbl] (法语) *n.* ①全体,总效果 ②【统】集 ③(信号)群 ④文工团,剧团

enshrine [ɪn'ʃraɪn] *vt.* 入庙祀奉,铭记 ‖ ~ment *n.*

enshroud [ɪn'ʃraʊd] *vt.* 掩盖,隐藏

ensiform ['ensɪfɔ:m] *a.* 剑形的

ensign ['ensaɪn] *n.* ❶ 旗,徽章 ❷ 海军少尉

ensilage ['ensɪlɪdʒ] ❶ *n.* 青储饲料 ❷ *v.* 青储,窖藏

ensky [ɪn'skaɪ] *v.* (使)耸入云霄,把…捧上天

enslave [ɪn'sleɪv] *vt.* 使成为奴隶,奴役,征服 ‖ ~ment *n.*

ensnare [ɪn'sneə] *vt.* 诱捕,使入圈套

ensnarl [ɪn'snɑ:l] *vt.* 缠绕

ensonification [ɪnsɒnɪfɪ'keɪʃən] *n.* 声透(照)射

ensonify [ɪn'sɒnɪfaɪ] *v.* 声穿透,声透(照)射

ensphere [ɪn'sfɪə] *vt.* 放置球中,包围,使成球形

enstatine ['enstəti:n], **enstatite** ['enstətaɪt] *n.* 顽辉火石

enstrophe ['enstrəfɪ] *n.* (眼皮)内翻

ensue [ɪn'sju:] *v.* 接着发生,结果是(from,on)

ensuing [ɪn'sju:ɪŋ] *a.* 随后的,下一个

ensure [ɪn'ʃʊə] *vt.* ①确保,保护,保证得到 ☆*ensure A against (from) B* 保证 A 免遭 B; *ensure against the need for* 保证不需要; *ensure A to (for) B* 保证 B 会有 A,使 B 有 A 〖用法〗在本词后面的宾语从句中往往用“(should+)动词原形”式谓语,但也可用“will…”形式。

entablature [en'tæblətʃə], **entablement** [ɪn'teɪblmənt] *n.* ①柱上楣构,柱顶盘 ②(机器部件的)支柱

entad ['entæd] *ad.* 向心,近中心位置

entail ['enteɪl] ❶ *vt.* ①需要,要求 ②带来,引起 ③使必要〔承担,蒙受〕,必须做 ④遗留给 ☆*entail A on(upon)B* 使 B 负担 A,把 A 遗留给 B ❷ *n.* 细雕 ‖ ~ment *n.*

〖用法〗本词后接动作要用动名词。如: For the disk drives, meeting this responsibility <u>entails having</u> a fast access time and disk bandwidth. 对于磁盘驱动器来说,满足这一要求需要访问速度快、磁盘带宽窄。/This <u>entails reducing</u> the gain G. 这就需要降低增益 G。

ental ['entəl] *a.* 内(侧)的,中央的

entam(o)ebiasis [entəmɪ'baɪəsɪs] *n.* 内阿米巴病

entangle [ɪn'tæŋgl] *v.* 使…纠缠,连累 ☆*be (get)*

entangled in 被卷入…; **be (get) entangled with ...** 与…有牵连

entanglement [ɪn'tæŋɡlmənt] *n.* ①纠缠,精神错乱 ②(pl.) (有刺)铁丝网,障碍物

entelechy [en'teləkɪ] *n.* 完成,生机

entente [ɜ:n'tɑ:nt] (法语) *n.* (外交)协定,谅解,协约国

enter ['entə] *v.* ①进入,加入,登记 ②记入,记录 ③开始从事 ☆**enter an appearance** 到场; **enter A in B** 把 A 送进 B; **enter into** 进入,参加,涉及,研讨; **enter on (upon)** 开始,着手
〖用法〗注意下面例句中本词的含义: Arbitrary convention *enters*. (我们)采用了任意的做法。/The prefix 'trans' <u>enters</u> because the definition shows the dependence of an output variable upon an input variable. (这里)加了前缀 "trans",因为该定义表明输出变量对于输入变量的依赖关系。

enterable ['entərəbl] *a.* 可进入的,可参加的

enteral ['entərəl] *a.* 肠(内)的

enterclose [entəkləuz] *n.* 通道,穿堂

enteric [en'terɪk] *a.* 肠(内)的

enteritis [entə'raɪti:s] *n.* 肠炎

enterobacteria [entərəu'bæktɪərɪə] *n.* 肠细菌

enterocin ['entərəusɪn] *n.* 肠道菌素

enterocinogeny [entərəusɪ'nɒdʒənɪ] *n.* 产肠道菌素性

enterococci [entərəu'kɒksaɪ] *n.* enterococcus 的复数

enterococcin [entərəu'kɒksɪn] *n.* 肠道球菌素

enterococcus [entərəu'kɒkəs] *n.* (pl. enterococci) 肠道球菌

enterocrinin [entərəu'krɪnɪn] *n.* 促肠液激素

enterogastritis [entərəugæs'traɪtɪs] *n.* 肠胃炎

enterogastrone [entərəu'gæstrəun] *n.* 肠抑胃素

enterokinase [entərəu'kaɪneɪs] *n.* 肠激酶

enterokinetic [entərəukaɪ'nɪtɪk] *a.* 蠕动的,促肠动的

enterolith ['entərəlɪθ] *n.* 肠结石

enteron ['entərɒn] *n.* 肠(道)

enteronitis [entərəu'nɪtɪs] *n.* 肠炎

enteroom ['entərum] *n.* 前厅,前室

enteropathogenic [entərəupæθə'dʒenɪk] *a.* 致肠道病的

enterotoxemia [entərəutɒk'sɪmɪə] *n.* 肠道毒素血症

enterotoxigenic [entərəutɒksɪ'dʒenɪk] *a.* 产肠毒素的

enterotoxin [entərəu'tɒksɪn] *n.* 肠毒素

enterotyphus [entərəu'taɪfəs] *n.* 伤寒

enterovirus [entərəu'vaɪərəs] *n.* 肠(道)病毒

enterprise ['entəpraɪz] *n.* ①事业,企业,计划 ②事业心 ☆**embark on an enterprise** 创办企业

enterprising ['entəpraɪzɪŋ] *a.* 有进取心的,有事业心的 ‖**-ly** *ad.*

entertain [entə'teɪn] *v.* ①招待,容纳,准备 ②抱着,怀有

entertaining [entə'teɪnɪŋ] ❶ *a.* 愉快的,有趣的,引人入胜的 ❷ *n.* 款待

entertainment [entə'teɪnmənt] *n.* ①招待会,款待 ②文娱活动,乐趣 ③采纳,抱有 ☆**much to my entertainment** 有趣的是

enteruria [entə'juərɪə] *n.* 粪尿症

enthalpic [en'θælpɪk] *a.* 焓的,热焓的

enthalpy [en'θælpɪ] *n.* 焓,热焓

enthanol ['enθænɒl] *n.* 乙醇

enthesis ['enθɪsɪs] *n.* 填补法

enthetic [en'θetɪk] *a.* 外来的,侵入的,填补的

enthrakometer [enθrə'kɒmɪtə] *n* 超高频功率计

enthusiasm [ɪn'θju:zɪæzəm] *n.* 热心,积极性 ☆**be full of enthusiasm about** 热衷于; **with enthusiasm** 热烈地

enthusiastic [ɪnθju:zɪ'æstɪk] *a.* 热心的 ☆**be (become) enthusiastic about (over)** 热心于 ‖**~ally** *ad.*

entice [ɪn'taɪs] *v.* 怂恿,诱使 ☆**entice away** 诱出; **entice ... into doing (to do)** 怂恿…(做)

enticement [ɪn'taɪsmənt] *n.* 怂恿,引诱,诱饵

entire [ɪn'taɪə] ❶ *a.* 完全的,全部的 ❷ *n.* 整体,全部 ‖**~ly** *ad.*

entirety [ɪn'taɪətɪ] *n.* 完全,整体,整体 ☆**in its entirety** 作为一个整体,全面地; **see a problem as entirety** 全面地看问题

entisol [en'taɪsəl] *n.* 【地质】新成土

entitative ['entɪtətɪv] *a.* 实体的,本质的

entitle [ɪn'taɪtl] *v.* 给予权利,命名 ☆**be entitled** 叫做,称为,题目是; **be entitled to (do)** 有资格〔权利〕(做); **entitle ... to (do)** 授权…(做)

entitled [ɪn'taɪtld] *a.* 题名为,书名叫做

entitlement [ɪn'taɪtlmənt] *n.* 权利

entity ['entɪtɪ] *n.* 存在,实体,本质,机构
〖用法〗注意下面例句中本词的含义: In the case of the theory of relativity, space and time are not the independent <u>entities</u> they were always believed to be. 在相对论的情况下,空间和时间并不是过去人们总认为的那种独立存在的东西了。(本词例句的定语从句引导词在从句中作 "to be" 的表语而省去了。)

entoblast ['entəublɑ:st] *n.*【生】①内胚层 ②细胞核

entoderm ['entəudɜ:m] *n.*【植】内胚层

entomb [ɪn'tu:m] *vt.* 埋葬,成为…的坟墓 ‖**~ment** *n.*

entomology [entəu'mɒlədʒɪ] *n.* 昆虫学

entomophilous [entəu'mɒfɪləs] *a.* 虫媒受精的,嗜虫的

entomophily [entəu'mɒfɪlɪ] *ad.* 虫媒地

entotic [en'tɒtɪk] *a.* 耳内(发生)的

entourage [ɒntu'rɑ:ʒ] (法语) *n.* ①周围,环境 ②随行人员

entrails ['entreɪlz] *n.* ①内部结构 ②脏腑

E

entrain [ɪnˈtreɪn] v. ①(使)坐火车,携带 ②输送,吸入 ③使(空气)以气泡状存在于混凝土中

entrainer [ɪnˈtreɪnə] n.【化】夹带剂,形成共沸混合物的溶剂

entrainment [ɪnˈtreɪnmənt] n. ①带去,引开 ②夺取 ③飞溅,挟带

entrammel [ɪnˈtræml] (entrammelled; entrammelling) vt. 束缚,妨碍

entrance [ˈentrəns] n. ①进入,入口 ②开始,就职,入学 ③引入线,输入端 ☆*allow free entrance to* 允许自由进入; *at the entrance of ...* 在…的入口处; *entrance fee* 会〔入学,入场〕费; *entrance free* 免费入场; *entrance into (upon)...* 就任; *entrance requirements* 入学标准; *force an entrance into* 闯进; *have free entrance to* 可以自由〔免费〕入…; *make (effect) one's entrance* 入场,进入; *No entrance.* 禁止入内

entrance [ɪnˈtrɑːns] v. 使出神,使神志恍惚 ☆*be entranced in thought* 沉思,出神 ‖~**ment** n.

entrant [ˈentrənt] n. ①新列者,新会员,新生 ②参加比赛者(for)

entrap [ɪnˈtræp] (entrapped;entrapping) v. 诱捕,俘获,收集,使落入圈套

entrapment [ɪnˈtræpmənt] n. 诱陷,俘获,截留,收集

entreat [ɪnˈtriːt] vt. 恳求 ☆*entreat A for B* 为 B 恳求 A; *entreat A of B* 向 B 求 A; *entreat A to (do)* 恳求 A(做) ‖~**ingly** ad. ~**y** n.

entree [ˈɒntreɪ] n. 进入,入场许可

entrefer [ˈɑːntrəˈfeə] n. (电机的)铁间空隙

entrench [ɪnˈtrentʃ] v. ①挖壕,(用壕沟)防护 ②侵占(on,upon)

entrenchment [ɪnˈtrentʃmənt] n. 挖壕,防护,防御设施

entrepreneur [ɒntrəprəˈnɜː] (法语) n. 企业家,承包人

entripsis [enˈtrɪpsɪs] n. 敷擦法,擦药

entromycin [entrəˈmaɪsɪn] n. 内透霉素

entropic [enˈtrɒpɪk] a. 熵的

entropionize [entrəˈpaɪənaɪz] vt. 使内翻,内转

entropy [ˈentrəpɪ] n. ①熵 ②平均信息量

entruck [ɪnˈtrʌk] v. (货车)装货

entrust [ɪnˈtrʌst] v. 委托 ☆*entrust A to B* 或 *entrust B with A* 把 A 委托给 B ‖~**ment** n.

entry [ˈentrɪ] n. ①进入,入口,通路 ②记录,登记 ③条款,词条,报关手续 ④(矩阵内的)表值 ☆*make an entry* 记入(in); *make an entry of A in B* 将 A 记入 B 中
〖用法〗注意下面例句的倒装句型: Also requiring consideration are the types of data normally kept in a file's directory entry. 还需要考虑的是通常存在文件目录字条中的数据类型。

entryway [ˈentrɪˌweɪ] n. 通路,入口

entwine [ɪnˈtwaɪn] v. 盘绕,绕住(with, round, about) ‖~**ment** n.

entwist [ɪnˈtwɪst] vt. 缠结

enucleate [ɪˈnjuːklɪeɪt] ❶ vt. ①解释,阐明 ②摘出 ❷ a. 无核的

enucleation n. 摘出术,去核

enucleator [ɪˈnjuːklɪeɪtə] n. 剜出器

enula [ˈenjʊlə] n. 龈内面

enumerability [ɪnjuːmərəˈbɪlɪtɪ] n. 可数性,可枚举性

enumerable [ɪˈnjuːmərəbl] a. 可数的,可枚举的

enumerate [ɪˈnjuːməreɪt] vt. 数,枚举

enumeration [ɪnjuːməˈreɪʃən] n. ①(计)数,枚举 ②目录,细目 ☆*defy enumeration* 不胜枚举

enumerative [ɪˈnjuːmərətɪv] a. 计算的,列举的

enumerator [ɪˈnjuːməreɪtə] n. 计数器

enunciable [ɪˈnʌnsɪəbl] a. 可断言的,可宣布的

enunciate [ɪˈnʌnsɪeɪt] v. ①阐明,发表 ②宣布,发音

enunciation [ɪnʌnsɪˈeɪʃən] n. ①阐明,宣布 ②发音 ‖**enunciative** a.

enunciator [ɪˈnʌnsɪeɪtə] n. 声明者,陈述者

enure [ɪˈnjʊə] = inure

envelop [ɪnˈveləp] ❶ vt. 包封,隐蔽 ❷ n. = envelope ☆*be enveloped in* 被包在…里

envelope [ˈenvɪləʊp] n. ①包封,气囊,被膜,信封 ②外壳,围炮,(电子射线管)泡 ③包络
〖用法〗在外国人寄来的信中往往会有 "a self-addressed envelope",意为 "写好了地址的信封",以让收信人回信时用。

envelopment [ɪnˈveləpmənt] n. 包封,封皮

envenom [ɪnˈvenəm] vt. 加毒于,毒化

envenomation [ɪnvenəˈmeɪʃən] n. 注毒,表面变质

enviable [ˈenvɪəbl] a. 令人羡慕的 ‖**enviably** ad.

environ [ɪnˈvaɪərən] ❶ vt. 围绕,包围 ❷ n. (pl.) 附近,郊区 ☆*be environed by (with) ...* 被…包围

environgeology [ɪnvaɪərəndʒɪˈɒlədʒɪ] n. 环境地质学

environment [ɪnˈvaɪərənmənt] n. ①环境,场合 ②围绕,包围
〖用法〗本词前有时可以加不定冠词。如: This is frequently the case in a telecommunications environment. 在通讯环境下经常是这种情况。

environmental [ɪnvaɪərənˈmentəl] a. 周围的,环境的

environmentalist [ɪnvaɪərənˈmentəlɪst] n.;a. 环境保护论者〔的〕,环境学家

envisage [ɪnˈvɪzɪdʒ] vt. 正视,面对 ‖~**ment** n.

envision [ɪnˈvɪʒən] vt. 预见,展望

envoy [ˈenvɔɪ] n. 使节,特使

envy [ˈenvɪ] n.; vt. 妒忌(对象),羡慕(目标) ☆*out of envy* 出于妒忌

enwind [ɪnˈwaɪnd] (enwound) v. 缠绕,卷

enwound [ɪn'waʊnd] enwind 的过去式和过去分词
enwrap [ɪn'ræp] *v.* 包裹,吸引住,使专心
enwreathe [ɪn'riːð] *vt.* 环绕
enzootic [enzəʊ'ɒtɪk] *n.*; *a.* 动物地方(病的)
enzym(e) ['enzaɪm] *n.* 酶 ‖ **enzymatic,enzymic** *a.*
enzymology [enzaɪ'mɒlədʒɪ] *n.* 酶学
enzymolysis [enzaɪ'mɒləsɪs] *n.*【生化】酶解作用
eobiogenesis [iːəbaɪə'dʒenɪsɪs] *n.* 原始生物发生
Eocene ['iːəʊsiːn] *n.*; *a.*【地质】始新世〔统〕的
eoclimax [iːəʊ'klaɪmæks] *n.* 始新世气象
Eogene [iːəʊ'dʒɪn] *n.* 早〔下〕第三纪〔系〕
eolation [iːəʊ'leɪʃən] *n.* 风蚀
eolian [iː'əʊljən], **eolic** [iː'ɒlɪk] *a.* 风积的
eolianite [iː'əʊljənaɪt] *n.* 风成岩
eolite ['iːəlaɪt] *n.* 雄黄
eolith ['iːəʊlɪθ] *n.* 始石器 ‖ **~ic** *a.*
eolotropic [iːəlɒ'trɒpɪk] *a.* 各向异性的
eon ['iːən] *n.* 极长时期,永世,亿阳(时间单位)
eonian [iː'əʊnɪən] *a.* 永远的
eopsia [i'ɒpsɪə] *n.* 暮视(症)
eorasite [ɪ'ɒrəsaɪt] *n.* 铅钙铀矿
eosere ['iːəʊsɪə] *n.* 先期演替系列
eosin(e) ['iːəsɪn] *n.* 曙(光)红
eosinocyte [iːə'sɪnəsaɪt] *n.* 嗜曙红细胞
eosinophil(e) [iːəʊ'sɪnəfɪl] *n.* 嗜曙红细胞
eosinophyll [iːəʊ'sɪnəfɪl] *n.* 叶曙红素
eosite ['iːəsaɪt] *n.* 钒钼铅矿
eosome ['iːəsəʊm] *n.* 曙核蛋白体
eozoon [ɪə'zəʊɒn] *n.* 始生物,曙动物
epacmastic [epək'mæstɪk] *a.* 增进期的
epacme [e'pækmɪ] *n.* 繁盛期,增长期
epact ['iːpækt] *n.* 润余(阳历一年间超过阴历的日数)
epactal [iː'pæktəl] *a.* 多余的
epactile [iː'pæktaɪl] *n.* 浅海上层的
epaxial [ep'æksɪəl] *a.* 轴上的
epeirogenesis [ɪpaɪrəʊ'dʒenəsɪs] *n.* 造陆作用〔运动〕
epeirogenic [ɪpaɪrəʊ'dʒenɪk] *a.* 造陆(作用)的
epeirogeny [epaɪ'rɒdʒɪnɪ] *n.* 造陆作用〔运动〕
epencepfal [epən'sefəl] *n.* 小脑
ephebic [ɪ'fiːbɪk] *a.* 青春(期)的,成虫的
ephebology [efɪ'bɒlədʒɪ] *n.* 青春期学
ephedrin(e) ['efədrɪn] *n.* 麻黄素
ephemera [ɪ'femərə] *n.* 生命短促,瞬息,短命的东西
ephemeral [ɪ'femərəl] ❶ *a.* 生命短促的,短暂的,瞬息的 ❷ *n.* 短命的东西
ephemerality [ɪfemɪ'rælɪtɪ] *n.* 生命短促,短命,(pl.)短暂的事物
ephemerides [efɪ'merɪdiːs] *n.* ephemeris 的复数
ephemeris [ɪ'femərɪs] (pl. ephemerides) *n.* ①天文历,航海历,星历表 ②短命的东西
ephemeron [ɪ'femərɒn] *n.* 短命的东西
ephemerus [ɪ'femərəs] *a.* 短命的,易逝的
ephesite [ɪ'fesaɪt] *n.* 钠珍珠云母
epibenthile [epɪ'benθɪl] *a.* 浅海底的
epibenthos [epɪ'benθɒs] *n.* 浅水底栖生物
epibiotic [epɪbaɪ'ɒtɪk] *a.*; *n.* 残遗〔物〕,体外生的
epiblast ['epɪblɑːst] *n.* 外胚层,外胚叶
epibond [epɪ'bɒnd] *n.* 环氧树脂类黏合剂
epic ['epɪk] *n.*; *a.* ①叙事诗(的),史诗(的) ②英雄的,壮丽的 ③有重大历史意义的
epicadmium [epɪ'kædmɪəm] *a.* 超镉的,镉外的
epical ['epɪkəl] = epic ‖ **~ly** *ad.*
epicarcinogen [epɪkɑː'sɪnədʒən] *n.* 致癌物
epicarp ['epɪkɑːp] *n.* 外果皮
epicedium [epɪ'siːdɪəm] *n.* 悼歌,挽歌
epicenter ['epɪsentə] = epicentre
epicentra [epɪ'sentrə] epicentre 及 epicentrum 的复数
epicentral [epɪ'sentrəl] *a.* 震中的,中心的
epicentre ['epɪsentə], **epicentrum** [epɪ'sentrəm] (pl. epicentra) *n.*【地质】震中,中心
epichilium [epɪ'kɪlɪəm] *n.* 上唇
epicon ['epɪkɒn] *n.* 外延硅靶摄像管
epicondenser [epɪkən'densə] *n.* 竖直照明器
epicontinental [epɪkɒntɪ'nentəl] *a.* 陆缘的,浅海的
epicycle ['epɪsaɪkl] *n.* 外表循环,【天】本轮,【数】周转圆
epicyclic [epɪ'saɪklɪk] *a.* 外摆线的
epicycloid [epɪ'saɪklɔɪd] *n.* 外摆线
epidemic [epɪ'demɪk] *n.*;*a.* 流行(的),传染(的),疾病流行期,时兴的东西 ‖ **~al** *a.* **~ally** *ad.*
epidemicity [epɪde'mɪsɪtɪ] *n.* 流行性
epidemiology [epɪdiːmɪ'ɒlədʒɪ] *n.* 流行病学
epidemy [epɪ'demɪ] *n.* 流行病
epiderm ['epɪdɜːm] *n.* 表皮
epidermatic [epɪdɜː'mætɪk] *a.* 表皮的
epidermis [epɪ'dɜːmɪs] *n.* 表皮,壳
epidermitis [epɪdɜː'maɪtɪs] *n.* 表皮炎
epidermization [epədɜːmɪ'zeɪʃən] *n.* 表皮形成,皮肤移植
epidermolysis [epɪdə'mɒlɪsɪs] *n.* 表皮松解
epidiascope [epɪ'daɪəskəʊp] *n.* 实物幻灯机,两用放映机
epididymite [epɪ'dɪdəmaɪt] *n.* 斜方板晶石
epidihydrocholesterol [epɪdɪhaɪdrəʊ'kɒlɪsterəl] *n.* 表二氢胆甾醇,表二氢胆固醇
epidiorite [epɪ'daɪəraɪt] *n.* 变闪长岩
epidosite [epɪ'dəʊsaɪt] *n.* 绿帘石岩
epidote ['epɪdəʊt] *n.* 绿帘石
epifocal [epɪ'fəʊkəl] *a.* 震中的
epigeal [epɪ'dʒɪəl] *a.* 地上出生的,近地面生长的
epigene ['epɪdʒiːn] *a.* 外成的,表成的
epigenesis [epɪ'dʒenɪsɪs] *n.* ①后成说,渐成论 ②外成,外生 ‖ **epigenetic** *a.*

E

epigneiss [epɪgˈneɪs] *n.* 浅带片麻岩

epigone [ˈepɪɡəʊn] *n.* 追随者,模仿者 ‖ **epigonic** *a.*

epigram [ˈepɪɡræm] *n.* 警句,讽刺短诗 ‖ **~matic** *a.* **~matically** *ad.*

epigraph [ˈepɪɡrɑːf] *n.* 铭文,题词,引语 ‖ **~ic (al)** *a.*

epigraphy [eˈpɪɡrəfɪ] *n.* 碑铭学,碑文

epikote [epɪˈkəʊt] *n.* 环氧(类)树脂

epilamens [eˈpɪləmenz] *n.* 油膜的表面活性

epilation [epɪˈleɪʃən] *n.* 脱毛(发)法

epi-layer [ˈepɪleɪə] *n.* 外延层

epilimnion [epɪˈlɪmnjən] *n.* 潮面温水层,温度跃层

epilog(ue) [ˈepɪlɒɡ] *n.* 尾声,后记,跋

epimagmatic [epɪmæɡˈmætɪk] *a.* 浅岩浆的

epimer [ˈepɪmə] *n.* 差异构物 ‖ **~ic** *a.*

epimerase [ˈepɪməreɪs] *n.* 表异构酶

epimeride [ɪˈpɪməraɪd] = epimer

epimerism [ˈepɪmərɪzm] *n.* 差向异构

epimerization [epɪməriˈzeɪʃən] *n.* 表异构化(作用)

epimorph [ˈepɪmɔːf] *n.* 外附同态体

epimorphism [epɪˈmɔːfɪzəm] *n.* 外附同态

epinasty [ˈepɪnæstɪ] 【植】偏上性

epinephelos [epɪˈnefələs] *a.* 浑浊的

epinephrine [epɪˈnefrɪn] *n.* 肾上腺素

epinine [ˈepɪnɪn] *n.* 麻黄宁

epinosic [epɪˈnɒsɪk] *a.* 不卫生的,有害健康的

epiopticon [epɪˈɒptɪkən] *n.* 外髓,第二视神经区

epiorganism [epɪˈɔːɡənɪzəm] *n.* 超机体

epipalaeolithic [epɪpeɪliːəˈlɪθɪk] *a.* 晚旧石器的

epiparaclase [epɪˈpærəkleɪs] *n.* 逆掩断层

epipedon [epɪˈpedɒn] *n.* 表层

epipelagic [epɪpəˈlædʒɪk] *a.* 海洋上层的,浅海层的,光合作用带的

epiphasic [epɪˈfæsɪk] *a.* 表相性的

epiphenomenon [epɪfɪˈnɒmɪnən] (pl. epiphenomena) *n.* 附带现象

epiphora [ɪˈpɪfərə] *n.* 【医】泪溢

epiphyllous [epəˈfɪləs] *a.* 叶面着生的

epiphysis [ɪˈpɪfɪsɪs] *n.* 松果体

epiphyte [ˈepɪfaɪt] *n.* 附生植物

epiphytology [epɪfaɪˈtɒlədʒɪ] *n.* 植物流行病学

epiplankton [epɪˈplæŋktən] *n.* 上层浮游生物

epiplasma [epɪˈplæzmə] *n.* 超等离子体

epiploon [epɪˈpluːn] *n.* 脂肪体

epipolic [epɪˈpɒlɪk] *a.* 荧光(性)的

epi-position [ˈepɪpəˈzɪʃən] *n.* 表位

epirock [ˈepərɒk] *n.* 浅带变质岩

epirogen(et)ic [ɪˈpaɪrəʊdʒɪˈnetɪk] *a.* 造陆的

epirogeny [epəˈrɒdʒənɪ] *n.* 造陆作用

episcope [ˈepɪskəʊp] *n.* 反射映画器,投影灯

episcotister [epskəʊˈtɪstə] *n.* 截光器,(用不透明物体的)投影放大器

episode [ˈepɪsəʊd] *n.* 一段情节,片断,幕 ‖ **episodic (al)** *a.*

episome [ˈepəsəʊm] *n.* 附加体,游离基因

epispore [ˈepɪspɔː] *n.* 孢子外壁

epistemic [epɪˈstiːmɪk] *a.* (关于)认识的

epistemological [epɪstiːməˈlɒdʒɪkəl] *a.* 认识论的 ‖ **~ly** *ad.*

epistemology [ɪpɪstɪˈmɒlədʒɪ] *n.* 认识论

epistle [ɪˈpɪsl] *n.* 书信

epistolary [ɪˈpɪstələrɪ] *a.* 由书信传递的,书信(体)的

epistyle [ˈepɪstaɪl] = architrave

episulfide [epɪˈsʌlfaɪd] *n.* 环硫化物

epitaph [ˈepɪtɑːf] *n.* 碑文,墓志铭 ‖ **~ial**. **~ic** *a.*

epitaxial [epɪˈtæksɪəl] *a.* 外延的 ‖ **~ly** *ad.*

epitaxis [epɪˈtæksɪs] *n.* 外延生长,晶体定向生长

epitaxy [epɪˈtæksɪ] *n.* 外延,外延附生

epithelium [epɪˈθiːljəm] *n.* 上皮(细胞),泌脂细胞层

epithelpotential [epəθiːlpəˈtenʃəl] *n.* 上皮电位

epitherm [ˈepɪθəm] *n.* 储水组织

epithermal [epɪˈθɜːməl] *a.* 超热的,浅成热液的

epithesis [ɪˈpɪθəsɪs] *n.* 矫正术,夹板

epithet [ˈepɪθet] *n.* 诨名,绰号 ‖ **~ic(al)** *a.*

epitome [ɪˈpɪtəmɪ] *n.* 梗概,缩影

epitomization [epɪtəmaɪˈzeɪʃən] *n.* 摘要,结论

epitomize [ɪˈpɪtəmaɪz] *vt.* 摘要,概括,成为…的缩影

epitonic [epɪˈtɒnɪk] *a.* 异常紧张的

epitope [ˈepɪtəʊp] *n.* 抗原决定部位

epitoxoid [epɪˈtɒksɔɪd] *n.* 弱亲和类毒素

epitrochoid [epɪˈtrəʊkɔɪd] *n.* 外旋轮线

epitron [ˈepɪtrɒn] *n.* 电子和 π 介子束碰撞系统

epitype [ˈepɪtaɪp] *n.* 表位型

epityphlitis [epɪtɪˈflaɪtɪs] *n.* 阑尾炎

epityphlon [epɪˈtɪflən] *n.* 阑尾

epizoism [epɪˈzəʊɪzəm] *n.* 附着动物体外生活

epizoite [epɪˈzəʊaɪt] *n.* 体外寄生动物

epizone [ˈepɪzəʊn] *n.* 浅成带

epizoology [epɪzəʊˈɒlədʒɪ] *n.* 动物流行病学,兽疫学

epizoon [epɪˈzəʊɒn] *n.* 皮上寄生虫

epizoonosis [epɪzəʊˈɒnəsɪs] *n.* 体外寄生虫病

epizooty [epɪˈzəʊətɪ] *n.* 兽疫

epoch [ˈiːpɒk] *n.* ①时代,(新)纪元,【地质】世,纪,【天】元期 ②初相
　　〖用法〗注意下面例句中本词的含义: In this case the time required for synchronization depends on the *epoch* at which proper transmission is reestablished. 在这种情况下,同步所需的时间取决于重建合适传输的时刻。

epochal [ˈiːpɒkəl] *a.* 划时代的,开创新纪元的

Epon [ˈepɒn] *n.* 环氧树脂

epontic [eˈpɒntɪk] *a.* 附表(生活)的(微生物)

epopee [ˈepəʊpiː], **epos** [ˈepɒs] *n.* 史诗,叙事诗

epotherm [ˈepəθəm] *n.* 环氧树脂

epotic [eˈpɒtɪk] *a.* 荧光的

epoxidase [e'pɒksɪdeɪs] n. 环氧酶

epoxidation [epɒksɪ'deɪʃən] n. 环氧化作用

epoxide [e'pɒksaɪd] n. 环氧化物, (pl.)环氧衍生物

epoxidize [e'pɒksɪdaɪz] vt. 使(成)环氧化(物)

epoxy [e'pɒksɪ] ❶ a. 环氧树脂(胶),环氧 ❷ a. 环氧的 ❸ vt. 用环氧树脂黏合

epoxyde [e'pɒksaɪd] n. 环氧化物

epoxyethane [e'pɒksɪθeɪn] n. 环氧乙烷

epoxylite [e'pɒksɪlaɪt] n. 环氧(类)树脂

epoxyn ['epɒksɪn] n. 环氧树脂类黏合剂

epoxypropane [epɒksɪ'prɒpeɪn] n. 环氧丙烷

epsilon [ep'saɪlən] n. ①(希腊字母)E,ε ②(常指)小的正数

Epsom ['epsəm] n. (英国)埃普索姆(市)

Eptam ['eptæm] n. 扑草灭

eptatretin [eptə'tretɪn] n. 八目鳗鱼丁(心脏跳动剂),黏盲鳗素

epulary ['epjuləri] a. 宴会的

epurate ['epjuəreɪt] vt. 把…提纯,精炼

epuration [epjuə'reɪʃən] n. 净化,提纯

epure [e'pju:ə] n. 草图

equability [ekwə'bɪlɪtɪ] n. 均等,一样,平静,平稳

equable ['ekwəbl] a. ①平均的,一样的 ②稳定的,平静的 ‖ **equably** ad.

equal ['i:kwəl] ❶ a. ①相等的,一样的 ②平等的 ③适当的,胜任的 ☆ **(all) other conditions (things) being equal** 或 **under otherwise equal conditions** 其它条件都相同(时); **(be) equal in A to B** 在 A 方面等于 B; **be equal to** 等于,相当于,胜任,能应付; **equal and opposite** 大小相等,方向相反; **on an equal footing** 在同等条件下; **on equal terms (with)** (与…)条件相同; **turn A through an equal amount** 使 A 转过同样的弧长; ❷ n. ①同等者,匹敌者 ②等号 ③同辈,同级别的人 ☆ **(be) without (an) equal** 无敌,无比; **have no equal in ...** 在…方面是无敌的 ❸ (equal(l)ed;equal(l)ing) vt. 等于,比得上 ‖ **~ly** ad.

〖用法〗❶ "A 等于 B"有两种表示方法: "A is equal to B"("equal"为形容词)或"A equals B"("equal"为动词副词),不能写成 "A equals to B"。 ❷ 注意下面例句中本词的译法:For any value of x there are positive and negative slopes, numerically equal. 对应于每个 x 值,存在着正负两个斜率,它们的数值相等。(逗号后是一个非限制性定语。) ❸ 表示"等号"时一般用"equals sign"等效于"the sign of equality"。

equally ['i:kwəlɪ] ad. 同样地 ☆ **equally well** 同样好地

〖用法〗注意以下例句中本词的含义:This model applies equally well to bipolar junction transistors. 这个模型同样很好地适用于双极性结型晶体管。/The last two equations may equally well be written as follows in terms of R(τ). 最后两个方程可以根据 R(τ) 同样好地写成如下形式。/Equally important are steps that must be performed to execute the program. 同样重要的是为执行该程序必须采取的一些步骤。

equalisation ['i:kwəlaɪ'zeɪʃən] = equalization

equalise ['i:kwəlaɪz] = equalize

equaliser ['i:kwəlaɪzə] = equalizer

equalitarian [i:kwɒlɪ'teərɪən] n.;a. 平均主义者(的)

equalitarianism [i:kwɒlɪ'teərɪənɪzəm] n. 平均主义

equality [i:'kwɒlɪtɪ] n. 等式,相等 ☆ **(be) on an equality with A** 到与 A(处于)同等的地位,与 A 平等

equalization ['i:kwəlaɪ'zeɪʃən] n. ①相等,平整,等化,补偿 ②修正 ③均值比

equalize ['i:kwəlaɪz] v. (使…)相等,平衡,补偿,调整

〖用法〗注意下面例句中本词的含义:The technique can be used to equalize a prescribed transmission path to allow recovery of the original waveform. 这一方法能够用来调整规定好的传输路径以便恢复原来的波形。

equalizer ['i:kwəlaɪzə] n. 补偿电路,平衡装置,同步机构

equanimity [i:kwə'nɪmɪtɪ] n. 沉着,镇定

equant [i:'kwɒnt] a. 等分的,等径的

equate [i'kweɪt] v. 使…相等,均衡,视为相等,把…作成等式 ☆ **equate A to (with) B** 认为 A 与 B 相等,把 A 看做 B

〖用法〗注意下面例句中本词的含义:We may equate the sum of the vertical forces to zero. 我们可以使垂直力之和等于零。/The optimum σ can be obtained by differentiating A with respect to σ and equating to zero. 可以通过相对于 σ 对 A 微分并使其等于零而得到最佳的σ。

equation [i'kweɪʃən] n. ①方程(式),等式 ②等分,均衡,相等 ☆ **reduce the equation to** 把方程式简化成 ‖ **~al** a.

〖用法〗❶ 本词后常见接介词"for",但也可以接介词"of"或"to"。如:This is the logic equation for the Karnaugh map shown in Fig. 5-7. 这是示于图 5-7 的卡诺图的逻辑方程式。/The equation for absolute error is $E_a = |O-A|$. 绝对误差的方程式为 $E_a = |O-A|$。/This is the equation of the hyperbola sketched on the vi characteristic. 这是草画在伏安特性曲线上的双曲线的方程式。/The equation to the circle with its center at the origin and of radius a is $x^2 + y^2 = a^2$. 圆心在原点、半径为 a 的圆的方程为 $x^2 + y^2 = a^2$。 ❷ 注意本词缩写时的复数形式: Eqs. (1-2) and (1-3) are very useful. 式 (1-2) 和 (1-3) 非常有用。

equator [i'kweɪtə] n. ①赤道 ②(平分球体的面的)圆,中纬线

equatorial [ekwə'tɔ:rɪəl] ❶ a. ①近赤道的,(属于)

中纬线的 ②平伏的,弧矢的 **❷** *n.* 赤道仪

Equatorial Guinea [ekwə'tɔ:rɪəl'ɡɪnɪ] 赤道几内亚(国家名)

equestrian [ɪ'kwestrɪən]**❶** *a.* 骑马的,马的 **❷** *n.* 骑手

equestrienne [ɪkwestrɪ'en] *n.* 女骑手

equiaffine [ɪ'kwɪəfaɪn] *a.* 等仿射的

equiamplitude [ɪkwɪ'æmplɪtjud] *n.* 等幅

equiangular [ɪkwɪ'æŋgjulə] *a.* 等角的　‖~**ity.**

equianharmonic [ɪkwɪænhɑ:'mɒnɪk] *a.* 等交比的

equiareal [i:kwɪ'eərɪəl] *a.* 等积的

equi-arm [i:kwɪ'ɑ:m] *a.* 等臂的

equiasymptotical [ɪkwɪə'sɪmp'tɒtɪkəl] *n.* 等度渐近的

equiatomic [ɪkwɪə'tɒmɪk] *a.* 等原子的

equiaxed ['ɪ'kwɪækst] *a.* 等轴的

equiaxial [ɪkwɪ'æksɪəl] *a.* 等轴的

equibalance [ɪkwɪ'bæləns] *n.* 平衡

equiblast cupola [ɪ'kwɪ'bla:st'kju:pələ] 均衡送风冲天炉(化铁炉)

equicaloric [ɪkwɪkə'lɒrɪk] *a.* (能产生)同等热量的,等卡的

equicenter, equicentre [ɪkwɪ'sentə] *n.;a.* 等心(的)

equicohesive [ɪkwɪkəʊ'hi:sɪv] *a.* 等内聚的

equiconjugate [ɪkwɪ'kɒndʒugeɪt] *a.* 等共轭的

equicontinuity [ɪkwɪkən'tɪnjuɪtɪ] *n.* 同等连续(性)

equicontinuous [ɪkwɪkən'tɪnjuəs] *a.* 同等连续的

equiconvergence [ɪkwɪkən'vɜ:dʒəns] *n.* 同等收敛性

equiconvergent [ɪkwɪkən'vɜ:dʒənt] *a.* 同等收敛的

equicrural [ɪkwɪ'krurəl] *a.* 等腰的

equid ['ekwɪd] *n.* 马科动物

equidensen [ɪkwɪ'densən] *n.*【气】等密度面

equidensitography [ɪkwɪdensɪ'tɒgrəfɪ] *n.* 等密度图

equidensitometering [ɪkwɪdensɪ'tɒmɪtərɪŋ] *n.* 等显像密度摄影

equidensitometry [ɪkwɪdensɪ'tɒmɪtrɪ] *n.* 等显像密度测量术

equidensity [ɪkwɪ'densɪtɪ] *n.* 等密度,等(光学)密度线

equidensography [ɪkwɪden'sɒgrəfɪ] *n.* 显像测等光密度术

equidensoscopy [ɪkwɪ'densəskəpɪ] *n.* 显像等光密度观测术

equideparture [ɪkwɪdɪ'pɑ:tʃə] *n.*【气】等距平

equidifferent [ɪkwɪ'dɪfrənt] *n.* 等差的

equidimension [i:kwɪdɪ'menʃən] *n.* 等尺寸

equidistance [ɪkwɪ'dɪstəns] *n.* 等距离

equifinal [ɪkwɪ'faɪnəl] *a.* 同样结果的,等效的　‖

~ity *n.*

equiform ['i:kwɪfɔ:m] *n.; a.* 相似(的)　‖~**al** *a.*

equifrequency [i:kwɪ'frɪkwənsɪ] *n.* 等频

equifrequent [i:kwɪ'frɪkwənt] *a.* 等频的

equigranular [i:kwɪ'granjulə] *a.* 均匀粒状的

equilater [ɪ'kwɪleɪtə]**,equilateral** ['ɪ'kwɪ'lætərəl] *n.; a.* 等边(的,形),等面的

〖用法〗注意下面例句的含义: An equilateral triangle is a triangle all three sides of which are equal in length. 等边三角形是三个边长均相等的三角形。

equilibrant [ɪ'kwɪlɪbrənt] *n.; a.* 均衡力(的)

equilibrate [i:kwɪ'laɪbreɪt] *v.* (使)平衡,(使)相称　‖ **equilibration** *n.*

equilibrator [i:kwɪ'laɪbreɪtə] *n.* 平衡装置,安定机,保持平衡的人〔物〕

equilibratory [i:kwɪ'laɪbrətərɪ] *a.* 产生平衡的

equilibre = equilibrium

equilibria [i:kwɪ'lɪbrɪə] *n.* equilibrium 的复数

equilibrious [i:kwɪ'lɪbrɪəs] *a.* 平衡的

equilibrist [i:'kwɪlɪbrɪst] *n.* 使自己保持平衡的人

equilibristat [i:'kwɪlɪbrɪstæt] *n.* 平衡器

equilibrium [i:kwɪ'lɪbrɪəm] (pl. equlibriums 或 equilibria) *n.* 平衡,稳定 ☆**reach equilibrium with...**与…(达到)平衡

〖用法〗表示"处于平衡(状态)"时,一般用 "in equilibrium",但也有用"at equilibrium"的。如: The charges are now in equilibrium. 现在(两种)电荷处于平衡状态(保持平衡)。/The sample is at equilibrium. 该试样处于平衡状态。

equilong ['ekwɪlɒŋ] *a.* 等距的

equimagnetic [i:kwɪmæg'netɪk] *a.* 等磁的

equimagnitude [i:kwɪ'mægnɪtju:d] *a.* 等值的

equimeasurable [i:kwɪ'meʒərəbl] *a.* 等同可测的

equimeasure [i:kwɪ'meʒə] *n.* 等测

equimolal [i:kwɪ'məʊləl] *a.* 摩尔数相等的

equimolar [i:kwɪ'məʊlə] *a.* 等摩尔的

equimolecular [i:kwɪməʊ'lekjulə] *a.* 摩尔数相等的

equimultiple [i:kwɪ'mʌltɪpl] *n.; a.* 等倍数(的)

equinoctial [i:kwɪ'nɒkʃəl] **❶** *a.* 春〔秋〕分的,赤道的 **❷** *n.* ①昼夜平分线,赤道 ②春〔秋〕分时节的暴风雨

equinox ['i:kwɪnɒks] (pl. equinoxes) *n.* 昼夜平分点,春〔秋〕分,【天】二分点 ☆**autumnal equinox** 秋分点; **spring (vernal) equinox** 春分点; **precession of (the) equinoxes** (分点)岁差

equip [ɪ'kwɪp] (equipped 或 equipt) *vt.* 装备 ☆**be equipped for A** 对 A 有准备; **(be)equipped with A** 装备有 A; **equip oneself for A** (给自己)准备 A

equipage ['ekwɪpɪdʒ] *n.* 设备,船具,成套用具

equipartition [i:kwɪpɑ:'tɪʃən] *n.* 均分

equiphase ['i:kwɪfeɪs] *n.; a.* 等相位的

equipluves [i:kwɪ'plu:vɪəs] *n.* 两量等比线

equipment [ɪ'kwɪpmənt] *n.* ①设备,装备,器械 ②铁道车辆,(汽车等)运输配备
〖用法〗本词当"设备"含义时一般用作不可数名词,但现在美国人往往把它用作可数名词。如: Such equipment may include the following devices. 这种设备可以包括以下器件。/There are expensive sophiscated equipments in this state key laboratory. 在这个国家重点实验室里有昂贵的先进设备。

equipoise ['ekwɪpɔɪz] ❶ *n.* 相称;平衡,静态平衡状态 ❷ *vt.* 使均衡

equipolar [i:kwɪ'pəulə] *a.* 等极(式)的

equipolarization [i:kwɪpəulərai'zeɪʃən] *n.* 等极化

equipollence [i:kwɪ'pɒləns], **equipollency** [i:kwɪ'pɒlənsɪ] *n.* 均等,等重〔价,值〕

equipollent [i:kwɪ'pɒlənt] *a.;n.* 均等(的),等力〔重,值〕的,相等的(物)

equiponderance [i:kwɪ'pɒndərəns], **equiponderancy** [i:kwɪ'pɒndərənsɪ] 平衡,等重

equiponderant [i:kwɪ'pɒndərənt] ❶ *a.* 平衡的,等重的 ❷ *n.* 等重物

equiponderate [i:kwɪ'pɒndəreɪt] ❶ *v.* (使)平衡,(使)相等,使等重 ❷ *a.* = equiponderant

equiponderous [i:kwɪ'pɒndərəs] *a.* 等重的

equipotent [i:kwɪ'pəutənt] *a.* 等力的,均等的

equipotential [i:kwɪpə'tenʃəl] *a.* 等(电)位的,在潜力上均等的
〖用法〗注意下面例句的含义: An equipotential surface is one at all points of which the potential has the same value. 等位面就是其各点的电位相同的一个面。("of which"在定语从句中修饰在从句中作介词"at"的介词宾语"all points",而整个定语从句是修饰"one"的。)

equipotentiality [i:kwɪpətenʃɪ'ælɪtɪ] *n.* 等位(性)

equipower [i:kwɪ'pauə] *a.* 等功率的

equipressure [i:kwɪ'preʃə] *n.* 等压

equiprobability [i:kwɪprobə'bɪlɪtɪ] *n.* 等概率

equiprobable [i:kwɪ'probəbl] *a.* 等概率的 ‖ **equiprobably** *ad.*

equipt [ɪ'kwɪpt] ① equip 的过去分词 ② = equipment 设备

equirotal [i:kwɪ'rəutəl] *a.* 安装有同样大小车轮的

equiscalar [i:kwɪ'skeɪlə] *a.* 等标量的

equisignal [i:kwɪ'sɪgnəl] *a.* 等(强)信号的

equispaced [i:kwɪ'speɪst] *a.* 等间隔的

equisubstantial [i:kwɪsʌb'stænʃɪəl] *a.* 等质的

equitable ['ekwɪtəbl] *a.* 公正的,合理的 ‖ **equitably** *ad.*

equity ['ekwɪtɪ] *n.* 公正,衡平,资产净值,【法】平衡法

equivalence [ɪ'kwɪvələns], **equivalency** [ɪ'kwɪvələnsɪ] *n.* ①等效(性),等价,【地质】等时代 ②当量 ③相等(物),相当(性)

equivalent [ɪ'kwɪvələnt] ❶ *a.* ①等效的,同〔意〕义的 ②当量的 ❷ *n.* ①等效 ②(克)当量,等值(物) ☆*(be) equivalent to* 等(同)于,与···等效 ‖ **~ly** *ad.*
〖用法〗❶ 注意在下面例句中本词的用法: This is equivalent to replacing the diode by a resistance of value equal to the reverse slope of line ab. 这等效于用其值等于直线 ab 的负斜率的一个电阻来代替该二极管。/This is equivalent to saying〔the statement〕that everything is attracted by the earth. 这等于是说每样东西都受到地球的吸引。❷ 注意本词相应副词的含义: The net current of the carriers involved must be small compared to the individual drift and diffusion components of that current, and equivalently, the quasi Fermi level for the same carriers must be approximately constant in the interval. 所涉及的载流子的净电流与该电流的单独漂移和扩散成分相比必须是小的,换句话说,对于同样载流子的准费米能级在该区间内必须是近似不变的。/Equivalently, we may write the following expression. 同等地,我们可以写出下面的表达式。

equivocal [ɪ'kwɪvəkəl] *a.* ①双关的,模棱两可的 ②可疑的 ‖ **~ly** *ad.* **~ity** *n.* **~ness** *n.*

equivocate [ɪ'kwɪvəkeɪt] *v.* 支吾,推托

equivocation [ɪkwɪvə'keɪʃən] *n.* ①双关语 ②模糊度 ③条件信息量总平均值

equivoque, equivoke ['ekwɪvəuk] *n.* 双关语,模棱两可的话

era [ɪərə] *n.* 时代,纪元 ☆*usher in a new era* 开创了一个新时代

Era [ɪərə] *n.* 耐蚀耐热合金钢

Eradex ['ereɪdeks] *n.* 克杀螨

eradiate [iː'reɪdɪeɪt] *vt.* 发射,发出 ‖ **eradiation** *n.*

eradicable [ɪ'rædɪkəbl] *a.* 可以根除的

eradicant [ɪ'rædɪkənt] *n.* 铲除剂

eradicate [ɪ'rædɪkeɪt] *vt.* 根除,灭绝 ☆*eradicate A from B* 除去 B 里的 A ‖ **eradiction** *n.* **eradicative** *a.*

eradicator [ɪ'rædɪkeɪtə] *n.* 消除器,除草机,(pl.)退色灵,去污剂

erasability [ɪreɪzə'bɪlɪtɪ] *n.*【计】可擦度,(录音带)消磁程度

erasable [ɪ'reɪzəbl] *a.* 可擦掉的,可删去的

erase [ɪ'reɪz] *v.* 擦去,消除,退磁

eraser [ɪ'reɪzə] *n.* ①消除器,消磁头 ②橡皮,黑板擦

erasibility [ɪreɪzə'bɪlɪtɪ] *n.* 耐擦性(能)

erasion [ɪ'reɪʒən] *n.* 擦掉,消除

erasure [ɪ'reɪʒə] *n.* 消除,消磁

eratron [ɪ'reɪtrɒn] *n.* 无线电接收设备,电视接收机

erbia ['ɜ:bɪə] *n.* 铒氧

erbium ['ɜ:bɪəm] *n.*【化】铒 Er, 氧化铒

erect [ɪ'rekt] ❶ *a.* 直立,竖直的 ❷ *vt.* ①竖立 ②

建立 ③(垂直)安装,架设 ☆**erect A from B** 用 B 安装 A; **erect A into B** 把 A 上升为 B; **stand erect** 直立 ‖ ~**ly** ad.

erectable [ɪˈrektəbl] a. (可)安装的,装配式的

erectile [ɪˈrektaɪl] a. 能直立的,能勃起的

erectility [ɪrekˈtɪlɪtɪ] n. 直立状态,安装能力

erection [ɪˈrekʃən] n. ①竖直,勃起 ②安装,装配 ③建筑物,上层建筑

erector [ɪˈrektə] n. ①安装者 ②(拖车的)升降架,装配设备

eremacausis [erɪməˈkɔːsɪs] n. 慢性氧化,缓燃腐化

eremophyte [ˈerɪməʊfaɪt] n. 旱生〔荒漠〕植物

erethisophrenia [erɪθɪzəʊˈfriːnɪə] n. 精神兴奋过度

erethitic [erɪˈθɪtɪk] a. 兴奋的

erg [ɜːg] n. ①尔格(能量或功的单位) ②沙漠

Ergal [ˈɜːgəl] n. 铝镁锌系合金

ergamine [ˈɜːgəmɪn] n. 组胺,麦胺

ergasia [əˈgeɪzɪə] n. 精神活动,精神作用,功能体系,行为的整体

ergasiatrics [əgeɪzɪˈætrɪks] n. 精神病学

ergasiomania [əgeɪsɪəʊˈmeɪnɪə] n. 工作狂,手术癖

ergasthenia [əgeɪsˈθiːnɪə] n. 过劳性衰弱

ergastoplasm [əˈgæstəplæzm] n. 载粒内质网,动质,酿造质(腺细胞等)

ergo [ˈɜːgəʊ] (拉丁语) ad. 因此

ergocalciferol [ɜːkælˈsɪfərəl] n. 麦角钙化(甾)醇,维生素 D

ergod [ˈɜːgɒd] n. 各态历经

ergodic [ɜːˈgɒdɪk] a. 各态历经的,遍历(性)的

ergodicity [ɜːgəˈdɪsɪtɪ] n. 各态历经性,遍历性

ergodynamograph [ɜːgəˈdaɪnəməgrɑːf] n. 肌动力描记器

ergogram [ˈɜːgəgræm] n. 示功图,肌力描记图;肌功波

ergograph [ˈɜːgəgrɑːf] n. 示功器,疲劳记录计,肌力描记器

ergographic [ɜːgəˈgræfɪk] a. 测力器的,肌力描记的

ergography [ˈɜːgəgrɑːfɪ] n. 测力法,肌力描记法

ergometer [ɜːˈgɒmɪtə] n. 测力计,肌力器

ergometric [ɜːgəˈmetrɪk] a. 测力的,测量功率的

ergometry [ɜːˈgɒmɪtrɪ] n. 测力〔功〕学

ergon [ˈɜːgɒn] n. ①尔刚(光子能量单位) ②= erg

ergonomic(al) [ɜːgəʊˈnɒmɪk(əl)] a. 人类工程(学)的,人与机械控制的,工作环境改造学的

ergonomics [ɜːgəʊˈnɒmɪks] n. 人体工程学,工效学,人与机械控制,工作环境改造学

ergonomist [ɜːgəʊˈnɒmɪst] n. 人类工程学家,生物工艺学家,工作环境改造学家

ergoplasm [ˈɜːgəʊplæzəm] n. 动质

ergosome [ˈɜːgəsəʊm] n.【生化】多核(糖核)蛋白体,多核糖核体,动体

ergosphere [ˈɜːgəsfɪə] n. 能层

ergosterin [ˈɜːgstərɪn] n. 麦角甾醇

ergosterol [ɜːˈgɒstərɒl] n. 麦角甾醇

ergot [ˈɜːgət] n. 麦角

ergotamine [ɜːˈgɒtəmiːn] n. 麦角胺

ergotherapy [ɜːgəˈθerəpɪ] n. 运动疗法

ergotine [ˈɜːgətiːn] n. 麦角碱

ergotoxin(e) [ɜːgəˈtɒksɪn] n. 麦角毒素

ergotropic [ɜːgəˈtrɒpɪk] a. 增进抵抗力的,强化作用的

ergotropy [ˈɜːgɒtrəpɪ] n. 抵抗力增进,强化作用

erg-ten n. 10 尔格,1 焦耳

Eridite [ˈerɪdaɪt] n. 电镀中间抛光液

eriometer [erɪˈɒmɪtə] n. 衍射测微器,微粒直径测定器

erion [ɪˈrɪɒn] n. 棉状毛

erionite [ˈerɪənaɪt] n. 毛沸石

eriskop [ˈerɪskəʊp] n. (法国)一种电视显影管,光电摄像管

eristic [ɪˈrɪstɪk] ❶ a. 关于争论的,争论不休的 ❷ n. 争论者,争辩

erlan [ˈɜːlən] n. 辉片岩

Erlang [ˈɜːlæŋ] n. 厄兰(话务单位),占线小时

Ermalite [ˈɜːməlaɪt] n. 厄马拉依特铸铁

ermine [ˈɜːmɪn] n. ①貂(皮) ②国王,贵族,法官

erode [ɪˈrəʊd] v. 侵蚀,受腐蚀

eroded [ɪˈrəʊdɪd] a. 被侵蚀的

erodent [ɪˈrəʊdənt] ❶ a. 侵蚀性的 ❷ n. 腐蚀剂

erodible [ɪˈrəʊdəbl] a. 易受侵蚀的,受到腐蚀的

erodibility [ɪrəʊdɪˈbɪlɪtɪ] n. 侵蚀度

erose [ɪˈrəʊs] a. 蚀痕状的,不整齐齿状的

erosion [ɪˈrəʊʒən] n. 腐蚀,风化,糜烂

erosional [ɪˈrəʊʒənəl] a. 腐蚀的

erosive [ɪˈrəʊsɪv] ❶ a. 腐蚀(性)的,糜烂的 ❷ n. 腐蚀〔糜烂〕剂

err [ɜː] vi. 做坏事,犯错误,产生误差 ☆**err from** 背离; **err in observation** 观察上产生错误; **err in one's judgement** 判断错误

〖用法〗注意在下面例句中本词的含义: This approximation errs on the low side. 这一近似法失之过低。

errabuna [erəˈbjuːnə] n. 游走的,移动的

errancy [ˈerənsɪ] n. 错误,出差错,出轨的行为

errand [ˈerənd] n. 差使,使命 ☆**a fool's errand** 徒劳无功的事; **go on errands** 或 **run errands (fo ...)** (为…)去办事,跑腿; **send ... on an errand** 派…出差

errant [ˈerənt] a. ①错误的 ②流浪的,无定的

errata [eˈrɑːtə] erratum 的复数

erratic(al) [ɪˈrætɪk(əl)] ❶ a. ①不稳定的,非定期的,游走的 ②漂游的,移动的 ③错误的 ❷ n. 漂砾 ‖ ~**ly** ad.

erratum [ɪˈrɑːtəm] (pl. errata) n. ①错误 ②误符,(pl.) 勘〔正〕误表

erring [ˈɜːrɪŋ] a. 做错的

errite ['ɜːraɪt] *n*. 褐硅锰矿

erroneous [ɪ'rəʊnɪəs] *a*. 错误的,不正确的 ‖ **~ly** *ad*. **~ness** *n*.

error ['erə] *n*. 错误,故障,(应)修正量 ☆ *be (stand) in error* 有差错; *by error* 错误地; *by trial and error* 用试凑法; *error in ...* …误差; *fall into error* 陷入错误; *in error* 错误地,有误差; *with no possibility of error due to ...* 不会由于…而造成误差

〖用法〗 ❶ 本词可以用作可数名词,也可以用作不可数名词。如: We can achieve a measurement error of less than 1μV. 我们能够获得的测量误差小于 1 微伏。/This check will frequently disclose major errors in arithmetic algebra. 这一校核经常能揭示出算术演算中的重大错误。/This inductance would cause appreciable error. 这个电感可能引起相当大的误差。/Relative error is expressed as a percentage. (我们)把相对误差表示成一个百分数。❷ 本词一般与动词 "make" 连用,表示 "犯错误",也可用 "commit"。如: A major drawback of this detection procedure is that once errors are made, they tend to propagate through the output. 这种检测步骤的主要缺点是一旦出错,这些差错就会趋于通过输出传播。❸ 注意下面例句中本词的用法: The approximate value g=10 ms^{-2} is in error by only about 2%. g=10 米/秒^2 这一近似值误差仅为 2%。

error-free ['erəfriː] *a*. 无误差的,不错的

errorless ['erəlɪs] *a*. 无错误的,正确的

error-sensitivity ['erəsensɪ'tɪvɪtɪ] *n*. 误差灵敏度

ersatz ['eəzæts] (德语) *a*.;*n*. ①代用的〔品〕,人造的 ②暂时的,劣等的

ersbyite ['ɜːsbaɪt] *n*. 钙柱石

erst [ɜːst], **erstwhile** ['ɜːstwaɪl] *a*.; *ad*. 以前的,原来的

ertalyte [ɜːtəlaɪt] *n*. 聚酯

ertor ['ɜːtə] *n*. 臭氧层有效辐射温度

erubescite [ɪ'ruːbɪsaɪt] *n*. 斑铜矿

eruct [ɪ'rʌkt], **eructate** [ɪ'rʌkteɪt] *v*. 喷出,爆发

eructation [iːrʌk'teɪʃ ən] *n*. 喷出(物),(神经性)打嗝

erudite ['eruːdaɪt] *a*.;*n*. 博学的(人),有学问的(人) ‖ **~ly** *ad*.

erudition [eruː'dɪʃ ən] *n*. 博学,学识 ‖ **~al** *a*.

erumpent [ɪ'rʌmpənt] *a*. 突然出现的,裂出的

erupt [ɪ'rʌpt] *v*. (火山等)喷出

eruption [ɪ'rʌpʃ ən] *n*. ①爆发(物),火山灰 ②(发)疹 ③人孔铁口

eruptional [ɪ'rʌpʃ ənəl] *a*. 喷火的,火山爆发的

eruptive [ɪ'rʌptɪv] ❶ *a*. 喷出的,爆发的,(发)疹的 ❷ *n*. 火成岩 ‖ **~ly** *ad*. **~ness** *n*.

erysipelas [erɪ'sɪpɪləs] *n*.【医】丹毒

erysipeloid [erɪ'sɪpɪlɔɪd] *n*.【医】类丹毒

erythema [erɪ'θiːmə] *n*.【医】(原子爆炸所引起的)红斑,红疹 ‖ **~tic** *a*. **~tous** *a*.

erythorbate [erɪ'θɔːbeɪt] *n*.【化】异抗坏血酸盐

erythra ['erɪθrə] *n*. (皮)疹

erythrasma [erɪ'θræzmə] *n*. 红癣

erythremia [erɪ'θriːmɪə] *n*. 多红细胞血

erythrin(e) ['erɪθrɪn], **erythrite** [ɪ'rɪθraɪt] *n*. 钴华;赤丁四醇

erythritol [ɪ'rɪθrɪtɒl] *n*. 赤丁四醇,赤藻糖醇

erythroagglutination [ɪrɪθrəəgluːtɪ'neɪʃ ən] *n*. 红细胞凝集作用

erythrocruorine [ɪrɪθrə'kruərɪn] *n*. 无脊椎动物血红蛋白

erythrocuprein [ɪrɪθrə'kuːprɪn] *n*. 血球铜蛋白,超氧物歧化酶

erythrocyte [ɪ'rɪθrəʊsaɪt] *n*. 红血球,红细胞 ‖ **erythrocytic** *a*.

erythrocytometer [ɪrɪθrəʊsaɪ'tɒmɪtə] *n*. 红细胞计

erythrocytometry [ɪrɪθrəʊsaɪ'tɒmɪtrɪ] *n*. 红细胞计数法

erythrocytosis [ɪrɪθrəʊsaɪ'təʊsɪs] *n*. 红细胞增多

erythrodextrin [ɪrɪθrə'dekstrɪn] *n*. 红糊精

erythro-diisotactic [ɪrɪθrə'daɪˌaɪsə'tæktɪk] *n*. 叠(同)双全同立构

erythro-disyndiotactic [ɪrɪθrədaɪsɪndaɪə'tæktɪk] *n*. 叠(同)双间同立构

erythrogenic [ɪrɪθrə'dʒenɪk] *a*. 使红细胞增加的

erythrogram [ɪ'rɪθrəgræm] *n*. 红细胞图像

erythroid ['erɪθrɔɪd] *a*. 红细胞的

erythrolabe [ɪ'rɪθrəleɪb] *a*. 红敏素,视红素

erythrolaccin [erɪθrəʊ'læksɪn] *n*. 红紫胶素

erythromycin [ɪrɪθrəʊ'maɪsɪn] *n*. 红霉素

erythrophage [ɪ'rɪθrəfɪl] *n*. 噬红细胞

erythrophyll [ɪ'rɪθrəfɪl] *n*.【生化】叶红素

erythropoiesis [ɪrɪθrəʊpɔɪ'iːsɪs] *n*. 红细胞生成

erythropoietin [ɪrɪθrə'pɔɪətɪn] *n*. 促红细胞生成素

erythropsin [erɪ'θrɒpsɪn] *n*.视紫红(质),眼红素

erythropyknosis [ɪrɪθrəpɪk'nəʊsɪs] *n*. 红细胞皱缩

erythrorexis [ɪrɪθrə'reksɪs] *n*.红细胞解体

erythrotoxin [erɪθrəʊ'tɒksɪn] *n*. 猩红热毒素

erythroxylin [erɪθrəʊ'zaɪlɪn] *n*. 可卡因

erythrulose [ɪ'rɪθrʊləʊs] *n*. 赤藓酮糖

Esaki [iː'sɑkɪ] *n*. 江崎(日本物理学家)

escadrille [eskə'drɪl] *n*. 飞行小队,小舰队

escalade [eskə'leɪd] *n*.;*v*. 攀登,爬云梯;活动人行道

escalate ['eskəleɪt] *v*. 乘自动梯上去,升级

escalation [eskə'leɪʃ ən] *n*. 扩大,逐步上升,自动升降

escalator ['eskəleɪtə] *n*. ①电梯,自动升降机 ②增减手段

escape [ɪs'keɪp] ❶ *v*. ①逃逸,离开 ②逃避 ③透

射,贯穿 ④遗漏,忘记 ☆*escape from* 从…逸出,
摆脱…的影响; *escape from between* 从…之
中逃脱; *escape one's memory* 被…忘记;
escape one's responsibilities for ... 逃避对…
的责任; *escape up ...* 往上从…跑得 ❷ n. ①逃
逸,忘记 ②排气管,太平门,退水闸 ☆*find
escape from* 避免,逃避

〖用法〗本词作及物动词且后跟动作时,应该使用
动名词。如: Those criminals cannot escape being
punished. 那些罪犯不可能逃过惩罚。

escapement [ɪsˈkeɪpmənt] n. ①擒纵机构,摆轮,
棘轮装置 ②制动,擒纵 ③应急出口,太平口

escape(-)pipe [ɪsˈkeɪppaɪp] n. 排气(水)管

escaper [ɪsˈkeɪpə] n. 逃出者

escape-valve [ɪsˈkeɪpvælv] n. 放出阀,保险

escapism [ɪsˈkeɪpɪzəm] n. 逃避现实,空想

escapist [ɪsˈkeɪpɪst] n. 逃避现实者,逃犯

escarp ❶ [ɪsˈkɑːp] n. 内壕,陡崖 ❷ vt. 使成急斜
面

escarpment [ɪˈskɑːpmənt] n. 悬崖,急斜面,马头
丘

escenter [esˈentə] n. 旁心

eschar [ˈeskɑː] n. 焦痂

escharosis [eskəˈrəusɪs] n. 结痂

escharotic ❶ [eskəˈrɒtɪk] a. 造成焦痂的,苛性的
❷ n. 使产生焦痂的物质,烧灼剂

eschew [ɪsˈtʃuː] vt. 避免

eschynite [ˈeskənaɪt] n. 易解石

escorial [eskɒrˈiɑːl] n. 渣堆

escort ❶ [ɪsˈkɔːt] vt. 护送,陪同 ❷ [ˈeskɔːt] n. 护
卫队,护送,护航,仪仗队 ☆*under the escort of ...*
在…的护送之下

escribe [esˈkraɪb] vt. 旁切

escript [ˈeskrɪpt] n. 书面文件

escritoire [eskrɪˈtwɑː] (法语) n. 写字台

esculent [ˈeskjulənt] a.; n. 可食用的(东西)

escutcheon [ɪsˈkʌtʃ(ə)n] n. ①盾形物,盾形金属片
②框 ③孔罩,锁眼盖

esiatron [iːsɪˈeɪtrɒn] n. 静电聚焦行波管

Esicon [ˈiːsɪkɒn] n. 二次电子导电摄像管

eskar, esker [ˈeskə] n. 冰河沙堆,蛇丘

Eskimo [ˈeskɪməu] a.; n. 爱斯基摩人(的)

esocolitis [esəkəˈlaɪtɪs] n. 痢疾,结肠黏膜炎

esodrix [ˈesədrɪks] n. 双氢氯噻

esoenteritis [esəentəˈraɪtɪs] n. 肠(黏膜)炎

esogenetic [esədʒəˈnetɪk] a. 内生的

esophagalgia [ɪsɒfəˈgældʒɪə] n. 食管痛

esophageal [ɪsɒfəˈdʒiːəl] a. 食管的

esophagus [ɪˈsɒfəgəs] n. 食管,食道

esoteric [esəuˈterɪk] a. ①奥秘的,秘传的 ②体内
的 ‖ ~ally ad.

espalier [ɪsˈpæljə] n. 树篱,羽扇状树冠

especial [ɪsˈpeʃ(ə)l] a. 特别的 ☆*in especial* 尤其
(是) ‖ ~ly ad.

Esperanto [espəˈræntəu] n. 世界语

espews [ˈespjuːs] n. 无定形扫描信号

espial [ɪsˈpaɪəl] n. 探索,监视,观察

espier [esˈpaɪə] n. 探索者

espionage [espɪəˈnɑːʒ] n. 谍报,间谍活动

esplanade [espləˈneɪd] n. 广场,散步路,(河岸的)
斜堤

esprit [esˈpriː] (法语) n. 精神,活气

espy [ɪsˈpaɪ] vt. 发现,窥见

esquire [ɪsˈkwaɪə] n. 先生(信件中用于姓名后的
尊称)

esquisse [esˈkwiːs] n. 草拟图稿

essay [ˈeseɪ] ❶ n. ①短论,(简短的)论文,小品文
②实验,分析(at) ③标本 ❷ vt. 尝试,企图(to do)

essaying [ˈeseɪɪŋ] n. 取样,定量分析

essayist [ˈeseɪɪst] n. 论文作者,实验者

esse [ˈesɪ] n. 存在,实体

essence [ˈesəns] n. 本质,精华,香精 ☆*in essence*
本(实)质上,大体上

essential [ɪˈsenʃəl] ❶ a. ①本质的,基本的,主要的
②必需的,重要的,必不可少的 ③精华的,香精
的 ❷ n. ①本质,必需品,精髓 ☆*(be) essential to
(for)* 对…必不可少的; *select the essential* 去
粗取精; *in essentials* 主要地; *it is essential
that* 必需

〖用法〗在 "It is essential that ..." 和 "We make
〔consider〕it essential that ..." 句型中,从句谓语应
该使用 "(should)+动词原形" 虚拟形式。如: It is
essential that the measurement be accurate. 测量必
须精确。

essentiality [ɪˈsenʃɪˈælɪtɪ] n. ①实质性,必要性
②本质 ③(pl.)要点,精髓

essentialize [ɪˈsenʃəlaɪz] vt. ①扼要阐述,讲明…
的本质 ②使精练

essentially [ɪˈsenʃəlɪ] ad. 本质上,实质上

essentic [eˈsentɪk] a. (感情)内形于外的

esserbetol [esəˈbetəl] n. 聚醚树脂

essexite [ˈesɪksaɪt] n. 厄塞岩

essing [ˈesɪŋ] n. S 形侧滑

Essolube [ˈesəuljub] n. (日本标准石油公司制造
的)润滑油

est (拉丁语)=id est 即,就是,换言之

establish [ɪsˈtæblɪʃ] vt. ①建立,创办 ②制定 ③
证实,确立 ☆*be established in* 或 *establish
oneself in* 住在,任职; *establish A as B* 派〔任
命〕A 为〔担任〕B

〖用法〗注意下面例句中本词的含义: Although
Babbage died without realizing his dream, he had
established the fundamental concepts which are used
to construct modern computers. 虽然巴贝奇去世之
前并没有实现他的梦想,但他确立了用来建造现
代计算机的基本思想。

established [ɪsˈtæblɪʃt] a. 确定的,建立的,被制定
的

establishment [ɪsˈtæblɪʃmənt] n. ①建立,创办
②机关,机构,科学研究院 ③编制,定员 ④基础

〖用法〗注意下句中本词的含义: For years Woodruff's grievances were confined to the Livermore establishment. 几年来,伍德鲁夫的不满情绪仅限于利物莫尔实验室内部。(这里的 "establishment" 指 "laboratory"。)

estate [ɪ'steɪt] n. ①财〔地〕产 ②社会阶层,集团 ③生活水平,地位

estated [ɪ'steɪtɪd] a. (有)财〔地,不动〕产的

estavel ['estəvəl] n. 地下河,涌泉

esteem [ɪs'tiːm] ❶ n. 尊重,好评 ☆*as a mark (token) of esteem* 以表敬意; *gain (get) the esteem of ...* 受…尊敬; *have a great esteem for ...* 对…非常尊重; *hold ... in esteem* 尊重…; *in my esteem* 照我看来 ❷ vt. ①尊重,重视 ②认为 ☆*esteemed favor* 订购信函; *I (We) shall esteem it (as) a favour if* 如果…(我,我们)将不胜感谢

ester ['estə] n. 酯, (pl.)酯类

esterapenia [estərə'piːnɪə] n. 血脂缺乏

esterase ['estəreɪs] n. 酯酶

estercrete [es'təkrɪt] n. 酯强混凝土

estergum ['estəgʌm] n. 松酯胶

esterification [esterɪfɪ'keɪʃən] n. 酯化(作用)

esterify [es'terɪfaɪ] v. (使)酯化

esterize ['estəraɪz] v. 酯化

esterlysis [estə'lɪsɪs] n. 酯解作用

esthesia [es'θiːʒə] n. ①感觉 ②感觉神经官能症

esthesic [es'θesɪk] a. 【医】感觉的

esthesiogenesis [esθiːzɪəʊ'dʒenɪsɪs] n. 感觉发生

esthesiogenic [esθiːzɪəʊ'dʒenɪk] n. 发生感觉的

esthesiometer [esθiːzɪ'ɒmɪtə] n. 触觉测量器

esthesiometry [esθiːzɪ'ɒmɪtrɪ] n. 触觉测量法

esthesis [es'θiːsɪs] n. 感觉

esthetic(al) [iːs'θetɪk(əl)] a. ①美的,审美的 ②感觉的 ‖ **~ally** ad.

esthetics [iːs'θetɪks] n. (审)美学

estiatron [es'trətrɒn] n. 周期静电聚焦行波管

estimable ['estɪməbl] a. 值得尊重的,可估价的 ‖ **estimably** ad.

estimate ['estɪmeɪt] ❶ v. 估计,评价,判断 ☆*(be) estimated at* 大约为; *estimate A at B* 估计 A 为 B; *estimate for* 估计…的费用; *estimate A to be B* 认为 A 是 B ❷ n. 估计,评价,判断,概算 (值),估计成本单 ☆ *by estimate* 照估计; *estimate of cost* 估价; *estimate sheet* 估价单; *form (make) an estimate of* 给…作一估计; *provide the best estimate of* 提供对…的最准确的估计

〖用法〗❶ 注意下面例句中本词的一个常用句型: It is estimated that during the 5 billion years of its existence, the core of our sun has used about half of its original supply of hydrogen. 据估计,在太阳存在的 50 亿年期间,太阳核已耗费了大约原来的氢储量的一半。("its existence"中"its"与"existence"

属于逻辑上的"主谓关系",相当于"it exists"。) ❷ 注意下面例句的含义: This probability has been estimated at about 0.4. 这个概率估计为大约 0.4.

estimating ['estɪmeɪtɪŋ] n. 编制预算,估价

estimation [estɪ'meɪʃən] n. ①估计,预算 ②评定,预测 ③尊重

estimative ['estɪmətɪv] a. 有估计能力的,(能)作出判断的,根据估计的

estimator ['estɪmeɪtə] n. ①估计者 ②估计量,估值器

estin ['estɪn] n. 棘青霉素

estival [ɪs'taɪvəl] a. 夏令的

estivate ['estɪveɪt] vi. 消夏,夏眠〔蛰〕

estivation [estɪ'veɪʃən] n. (动物)夏眠〔蛰〕

Estonia [es'təʊnjə] n. 爱沙尼亚

Estonian [es'təʊnjən] n.; a. 爱沙尼亚人(的)

estop [ɪs'tɒp] (estopped;estopping) vt. 禁止,阻止 (form)

estoppage [ɪs'tɒpɪdʒ] n. 堵塞

estrade [es'trɑːd] n. (讲)台,坛

estradiol [estrə'daɪəʊl] n. 雌(甾)二醇

estrane [es'treɪn] n. 雌(甾)烷

estrange [ɪs'treɪndʒ] vt. 疏远,隔离 ☆*be (become) estranged (from each other)* (互相)疏远; *estrange ... from ...* 使…与…疏远,使…离开… ‖ **~ment** n.

estrin ['estrɪn] n.【生化】雌激素

estriol ['estraɪəʊl] n. 雌(甾)三醇

estrogen ['estrədʒən] n. 雌激素

estron ['estrɒn] n. 乙酸纤维素

estrone ['estrəʊn] n. 雌激素酮

estrus ['estrəs] n. 动情期

estuarial [estjʊ'eərɪəl], **estuarine** ['estjʊərɪn] a. 河口的,港湾的

estuarium [es'tʃwərɪəm] n. 蒸汽浴,烧灼管

estuary ['estjʊərɪ] n. 河口,潮区

et [eɪ] (法语) conj. 和,与

eta ['iːtə] n. (希腊字母) H, η

et al (拉丁语) ①=et alibi 等处,以及其他地方 ②=et alii 及其他人

〖用法〗这个短语在科技文中表示"…等"。如: This book was written by Robert Richard et al. 这本书是由罗伯特·理查德等人编著的。

etalon ['etələn] n. 标准(量具); 校准器

etc (拉丁语)=et cetera 等等

〖用法〗本词用于表示事物的"等等",其前边不得加"and",因为它等效于"and so on";另外本词尾一般有一个点,如果在句尾的话,该点与句号重合。如: Small special-purpose computers are used where such factors as weight, power consumption, etc., are critical. 小型专用计算机用在诸如重量、功耗等是关键因素的场合。/Many of the laws of physics, electronics, chemistry, etc., are expressed in this form. 有许多物理、电子学、化学等定律是用这种形式表示的。/Other specifications may include limitations on size, weight, dc supply voltage, distortion, etc. 其他的技术指标可能包括对体积、重量、直流电源电压、失真等方面的限制条件。

et cetera [ɪt'setrə] (拉丁语) 等等,以及其他等等

etcetera [ɪt'setrə] n. 许多各种各样的人,零碎物件

etch [etʃ] v.;n. ①蚀刻,侵蚀 ②腐蚀剂 ☆**etch back** 深腐蚀; **etch A into B** 在 B 上蚀刻成 A; **etch out** 蚀刻出来

etchant ['etʃənt] n. 蚀刻剂

etcher ['etʃə] n. 蚀刻器,蚀刻者

etching ['etʃɪŋ] n. 蚀刻版画,蚀刻版印刷品

etch-out ['etʃaut] n. 蚀刻出来的

eteline ['etelaɪn] n. 四氯乙烯

etendelle ['etndel] n. 马毛织物

eternal [ɪ'tɜːnəl] a. ①永恒的 ②不断的 ‖ **~ly** ad.

eternalize [iː'tɜːnəlaɪz] vt. 使永恒,使不朽

eternit ['iːtənɪt] n. 石棉水泥

eternity [ɪ'tɜːnɪtɪ] n. ①永远,不朽 ②(pl.) 永远不变的真理 ☆**through all eternity** 万古千秋

eternize [iː'tɜːnaɪz] vt. 使永恒,使永垂不朽 ‖ **eternization** n.

etesian [ɪ'tiːʒən] a. 一年一次的,季节风的

ethamine [eθə'miːn] n. 乙胺

ethanal ['eθənæl] n. 乙醛

ethanamide [ɪ'θænəmaɪd] n. 乙酰胺

ethane ['eθeɪn] n. 乙烷

ethanol ['eθənɒl] n. 乙醇,酒精

ethanolamine [eθə'nɒləmiːn] n. 胆胺,2-氨基乙醇,2-羟基乙胺

ethanoyl ['eθənɔɪl] n. 乙酰(基)

ethene ['eθiːn] n. 乙烯

ethenoid resin ['eθənɔɪd'rezɪn] n.乙烯树脂

ethenol ['eθənɒl] n. 乙烯醇

ethenone ['eθənəʊn] n. 乙烯酮

ethenyl ['eθɪnɪl] n. 乙烯基

ether ['iːθə] ❶ n. ①以太,乙醚;气氛 ❷ vt. 广播

etherate ['iːθəreɪt] n. ①醚化物 ②乙醚络合物

ethereal, etherial [ɪ'θɪərɪəl] a. ①轻淡的,易消散的,稀薄的 ②太空的 ③醚(性)的,有高度挥发性的 ④以太的 ⑤精微的 ‖ **~ly** ad. **~ity** 或**~ness** n.

etherealization [ɪˌθɪərɪəlaɪˈzeɪʃən] n. 醚化

etherealize [ɪ'θɪərɪəlaɪz] vt. 使变成醚,使醚化,使稀薄

ethereous [ɪ'θɪərəs] a. 醚的

etherification [ɪθɪərɪfɪˈkeɪʃən] n. 醚化

etherify [ɪ'θerɪfaɪ] vt. 使…变成醚,使醚化

etherization, etherisation [iːθərəˈzeɪʃən] n. 醚化,用醚麻醉术

etherize, etherise ['iːθəraɪz] v.【化】醚化,用醚麻醉

Ethernet ['iːθənet] n. 以太网

ethic ['eθɪk] ❶ a. = ethical ❷ n. = ethics

ethical ['eθɪkəl] a.; n. ①伦理的 ②(药品)合乎规格的,凭处方出售的(药品) ‖ **~ly** ad.

ethics ['eθɪks] n. 道德(标准),伦理(观,学)

ethide ['eθaɪd] n. 乙基(化物)

ethidene ['eθɪdiːn] n.乙叉,亚乙基

ethine ['eθaɪn] n. = acetylene

ethinyl ['eθaɪnɪl] n. 乙炔基

ethion ['eθaɪən] n. 乙硫磷

ethionine [eˈθaɪənaɪn] n. 乙基硫氨酸

Ethiopia [ˌiːθɪˈəʊpɪə] n.;a. 埃塞俄比亚的,埃塞俄比亚人(的)

ethnic ['eθnɪk] ❶ n. 少数民族的成员,人种 ❷ a. 人种的,种族的

ethnics ['eθnɪks] n. 人种学

ethnobiology [eθnəʊbaɪˈɒlədʒɪ] n. 人种生物学

ethnobotany [eθnəʊˈbɒtənɪ] n. 人种植物学

ethnocentrism [eθnəʊˈsentrɪzəm] n. 人性中心论

ethnogeny [eθˈnɒdʒənɪ] n. 人种起源(学)

ethnography [eθˈnɒɡrəfɪ] n. 人种起源学,人种论

ethnologic(al) [eθnəʊˈlɒdʒɪk(əl)] a. 人种学的

ethnologist [eθˈnɒlədʒɪst] n. 人种学家

ethnology [eθˈnɒlədʒɪ] n. 人种学

ethnozoology [eθnɒzəʊˈblədʒɪ] n. 人文动物学

ethogram ['eθəʊɡræm] n. 人性图,动物行为图

ethology [iːˈθɒlədʒɪ] n. (个体)生态学

ethoxy [eˈθɒksɪ] a. 乙氧(基)

ethoxyl [eˈθɒksɪl] n. 羟乙基

ethoxyline [eˈθɒksɪliːn] n. 环氧树脂

ethyl ['iːθaɪl, 'eθɪl] n. ①乙(烷)基 ②防爆剂 ③含四乙铅的汽车燃料

ethylalcohol [eˈθɪlˈælkəhɒl] n. 乙醇

ethylamine [eθiːˈlæmiːn] n. 乙胺

ethylate ['eθɪleɪt] v.; n. 乙醇盐

ethylation [eθɪˈleɪʃən] n. 乙基化

ethylbenzene [eθɪlˈbenziːn] n. 苯乙烷

ethylene ['eθɪliːn] n. 乙烯. (pl.)烯烃 ‖ **ethylenic** a.

ethylenediamine ['eθəliːnˈdaɪəmiːn] n. 乙(撑)二胺

ethylene-oxide ['eθɪliːnˈɒksaɪd] n. 环氧乙烷

ethylether ['eθɪlˈiːðə] n. 乙醚

ethylic [eˈθɪlɪk] **acid** 乙酸

ethylidene [əˈθɪlɪdiːn] n. =ethidene 乙叉,亚乙基

ethylidyne, ethylidine [əˈθɪlɪdaɪn] n. 乙川,次乙基

ethylization [eθɪlaɪˈzeɪʃən] n. 乙基化

ethylize ['eθəlaɪz] v. 乙基化

ethylizer ['eθɪlaɪzə] n. 乙基化器

Ethylon ['eθaɪlɒn] n. 埃赛纶

ethylsilicate [eθɪlˈsɪlɪkeɪt] n. 硅酸乙酯

ethynation ['eθɪneɪʃən] n. 乙炔化作用

ethyne ['eθaɪn] n. 乙炔

ethynyl [eˈθaɪnɪl] n. 乙炔基

ethynylation [eθaɪnaɪˈleɪʃən] n. 乙炔化作用

ethynylene [eθəˈnaɪliːn] n. 乙炔撑

etic ['etɪk] a. 语音的,行为表面的

etindite ['etɪndaɪt] n. 白霞岩
etiocholane [i:tɪəʊ'kɒleɪn] n. 本胆烷
etiogenic [i:tɪəʊ'dʒenɪk] a. (成为)原因的
etiolate ['i:tɪəʊleɪt] v. 褪色,黄化
etiolation [i:tɪəʊ'leɪʃən] n. 褪色,黄化(现象)
etiology [i:tɪ'ɒlədʒɪ] n. 病源学
etioplast ['etɪəʊplɑːst] n. 白色质体
etiquette [etɪ'ket] n. ①礼节 ②规矩,格式
Eton ['i:tn] n. 伊顿(英国城市名)
ettle ['etl] n. 废矿石;清理
etymological [etɪmə'lɒdʒɪkəl] a. 语源学的
etymology [etɪ'mɒlədʒɪ] n. 语源(学),词源(学)
etymon ['etɪmɒn] n.【语】词的原形
eubacteria [ju:bæk'tɪərɪə] n. 真细菌类
eubacterial [ju:bæk'tɪərɪəl] a. 真细菌的
eubiosis [ju:baɪ'əʊsɪs] n. 生态平衡
eucalyptus [ju:kə'lɪptəs] n. 桉树类
eucaryon [ju:'kærɪɒn] n. 真核细胞
eucaryote [ju:'kærɪəʊt] n. 真核生物
eucaryotic [ju:kærɪ'ɒtɪk] a. 真核的
euchlorine [ju:'klɔːriːn] n. 优氯
euchromatin [ju:'krəʊmətɪn] n. 常染色质
euchromosome [ju:'krəʊməsəʊm] n. 常染色体
euclase ['ju:kleɪs] n. 蓝柱石
eucleid ['ju:klɪəd] n. 刺蛾
Euclid ['ju:klɪd] n. 欧几里德
Euclidean, Euclidian [ju:'klɪdɪən] a. 欧几里德的
eucolite ['ju:kəlaɪt] n. 负斜性石
eucolloid ['ju:kəlɔɪd] n. 真胶体
eucrasia [ju'kreɪzɪə] n. 体质健全
eucrasite ['ju:krəsaɪt] n. 钍铈矿
eucrite ['ju:kraɪt] n. 钙长辉长岩
eucryptite ['ju:krɪptaɪt] n. 锂霞石
eucyclic [ju:'saɪklɪk] a. 良性循环的
eudesmin [ju:'desmɪn] n. 桉叶素
eudialyte [ju:'daɪəlaɪt] n. 异性石
eudidymite [ju:'dɪdəmaɪt] n. 双晶石
eudiometer [ju:dɪ'ɒmɪtə] n. 量气管,测气计
eudiometric(al) [ju:dɪə'metrɪk(əl)] a. 气体测定的,量气管的 ‖ ~ally ad.
eudiometry [ju:dɪ'ɒmɪtrɪ] n. 气体测定法
eudominant [ju:'dɒmɪnənt] n. 优势
eudyalite [ju:'daɪəlaɪt] n. 异性石
euergasia [ju:ɜ:'geɪzɪə] n. 脑力正常
euesthesia [ju:es'θi:zɪə] n. 感觉正常
eugenetics [jʊdʒɪ'netɪks] n. 人种改良学,优生学
eugenic [ju:'dʒenɪk] a. 优生的
eugenics [ju:'dʒenɪks] n. 优生学
eugenism [ju:'dʒenɪzəm] n. 优生,优种
eugenol ['ju:dʒɪnɒl] n. 丁子香酚
eugeosyncline [ju:dʒɪəʊ'sɪŋklaɪn] n. 优生地槽
euglenoid [ju:'glenɔɪd] n. 眼虫
euglobulin [ju:'glɒbjʊlɪn] n. 优球蛋白
eugnosia [ju:'nəʊsɪə] n. 感觉正常

eugnostic [ju:'nɒstɪk] a. 感觉正常的
eugonic [jʊ'gɒnɪk] a. 生长旺盛的
eugranitic [ju:græ'nɪtɪk] a. 花岗岩状的
euhedral [ju:'hi:drəl] a. 全形的,自形的
eukaryote [ju:'kærɪəʊt] n. 真核生物,真核细胞
eukaryotic [jʊ'kærɪəʊtɪk] a. 真核的
eukinesia [ju:kaɪ'ni:zɪə] n. 动作正常
eukinetic [ju:kaɪ'netɪk] a. 动作正常的
Euler ['jʊlə] n. 欧拉 ‖ ~ian a.
eulimnetic [jʊlɪm'netɪk] n.; a. 湖心的,湖沼浮游生物
eulimnoplankton [jʊlɪmnəʊ'plæŋktən] n. 湖沼浮游生物
eulittoral [ju:'lɪtərəl] a. 湖沿岸的,真潮间带的
eulogist ['ju:lədʒɪst] n. 颂扬者
eulogistic [ju:lə'dʒɪstɪk] a. 颂扬的,称赞的
eulogize ['ju:lədʒaɪz] vt. 颂扬,赞颂
eulogy ['ju:lədʒɪ], eulogium [jʊ'lɔʊdʒɪəm] n. ① 颂扬,歌颂 ②颂词,赞美词 ☆ eulogy on ... 对…的称赞
eumitosis [ju:mɪ'təʊsɪs] n.【生】常有丝分裂
eumorphics [ju:'mɔ:fɪks] n. 正形术
eumorphism [ju:'mɔ:fɪzəm] n. 形态正常
eunic ['ju:nɪk] a. 深海的
eunoia [jʊ'nɔɪə] n. 心神正常
euosmia [ju:'ɒsmɪə] n. 嗅觉正常,(令人)愉快的气味
eupatheoscope [ju:'pæθɪəʊskəʊp] n. 热耗仪
eupelagic [jʊpə'lædʒɪk] a. 远洋的
eupepsia [ju:'pepsɪə] n. 消化正常
eupepsy [ju:'pepsɪ] n. 消化正常
eupeptic [ju:'peptɪk] a. 消化正常的
euphagia [ju:'fædʒɪə] n. 正常饮食
euphenics [ju:'fenɪks] n. 遗传工程学;优学学
eupholite [ju:'fəlaɪt] n. 滑石辉长岩
euphonia [ju:'fəʊnɪə] n. 声音正常
euphonic(al) ['ju:fəʊnɪk(əl)], euphonious ['ju:fəʊnɪəs] a. 音调的,悦耳的 ‖ euphonically ad.
euphonium [ju:'fəʊnɪəm] n. 次中音号
euphonize ['ju:fənaɪz] vt. 使声音悦耳
euphony ['ju:fənɪ] n. 谐音,悦耳的声音
euphoria [ju:'fɔ:rɪə] n. 精神愉快
euphoriant [ju:'fɔ:rɪənt] ❶ a. 精神愉快的 ❷ n. 欣快剂
euphoric [ju:'fɔrɪk] a. 精神愉快的
euphoritic [ju:fɔ:'rɪtɪk] a. 使欣快的
euphoropsia [ju:fɔ:'rɒpsɪə] n. 视觉舒适
Euphrates [ju:'freɪti:z] n. 幼发拉底河
euphroe ['ju:frəʊ] n. 紧绳器
euphylline [ju:'fɪliːn] n. 氨茶碱
euphyllite [ju:'fɪlaɪt] n. 钠钾云母
eupiesia [ju:'pɪəsɪə] n. 正常压力
eupiesis [ju:'pɪəsɪs] n. 正常压力
eupietic [ju:pɪ'etɪk] a. 正常压力的

E

euplankton [juː'plæŋktən] *n.* 真浮游生物

eupleuron [juː'pluːrɒn] *n.* 主侧片

euplastic [juː'plæstɪk] ❶ *a.* 迅速组合成的,适于组织形成的 ❷ *n.* 组织形成物

euploid ['juːplɔɪd] ❶ *n.* 整倍体 ❷ *a.* 整倍体的

euploidy ['juːplɔɪdɪ] *n.* 整倍性

eupnea [juːp'niːə] *n.* 呼吸正常,平静呼吸

eupotamic [juːpə'tæmɪk] ❶ *a.* 在淡水中成长的 ❷ *n.* 真河流浮游生物

eupraxic [juː'præksɪk] *a.* 运用正常的

eupyrexia [juːpaɪ'reksɪə] *n.* 微热

Eurafrica [juə'ræfrɪkə] *n.* 欧非共同体

Eurasia [juə'reɪʒə] *n.* 欧亚(大陆) ‖ ~n *a.*

Eureka [juə'riːkə] *n.* ①尤蕾卡地面应答信标 ②优铜

eurhythmia [juː'rɪθmɪə] *n.* 发育均匀

euroclydon [juː'rɒklɪdɒn] *n.* 尤拉奎洛风

Europe ['juərəp] *n.* 欧洲

European [juərə'piːən] *a.;n.* 欧洲人(的),全欧的

Europeanism [juərə'piːənɪzəm] *n.* 欧式

Europeanization [juərəpɪənaɪ'zeɪʃən] *n.* 欧化

Europeanize [juərə'pɪənaɪz] *vt.* 使欧化

europia [juː'rəupɪə] *n.* 氧化铕

europium [juː'rəupɪəm] *n.* 【化】铕

Eurosis [juː'rəusɪs] *n.* 欧洲危机

eurybathic [juərɪ'bæθɪk] *a.* 广深性的(水生生物)

euryhaline [juərɪ'heɪlaɪn] *a.* 广盐性的

euryhalinous [juərɪheɪ'laɪnəs] *a.* 广盐性

eurysma ['juːrɪsmə] *n.* 扩张

eurytherm ['juərɪθɜːm] *n.* 广温性,广温生物

eurythermic [juərɪ'θɜːmɪk], **eurythermal** [juərɪ'θɜːməl] ❶ *n.* 广温动物 ❷ *a.* 广温性的

eurythermous [juərɪ'θɜːməs] *a.* 广温性的

eurytope ['juərɪtəup] *a.* 广生境的

eurytopic [juərɪ'tɒpɪk] *a.* 广分布的

eurytropic [juərɪ'trɒpɪk] *a.* 广适性的

eusitia [juː'sɪtɪə] *n.* 食欲正常

eustasy ['juːstəsɪ] *n.* 海面升降

eustatic [juː'stætɪk] *a.* 海面升降的

eustatism [juː'stætɪzəm] *n.* 海面升降性

eusthenia [juːs'θiːnɪə] *n.* 体力正常

eusystole [juː'sɪstəlɪ] *n.* 心收缩正常

eutacticity [juːtæk'tɪsɪtɪ] *n.* 理想的构形规整性

eutaxia [juː'tæksɪə] *n.* 身体正常

eutecrod [juː'tekrɒd] *n.* 共晶焊焊条

eutectic [juː'tektɪk] *a.;n.* 共晶(体,的),易熔(质)的

eutecticum [juː'tektɪkəm] *a.* 共晶(化,体)

eutectiferous [juːtek'tɪfərəs] *a.* (亚)共晶(体)的

eutectiform [juː'tektɪfɔːm] *n.* 共晶状

eutectoid [juː'tektɔɪd] *a.;n.* 共析合金,易熔质

eutectometer [juːtek'tɒmɪtə] *n.* 快速相变测定仪

eutexia [juː'teksɪə] *n.* 稳定状态,低共熔性

eutel ['juːtel] *a.* 廉贱的

euthenic [juː'θiːnɪk] *a.* 优境的

eutherapeutic [juːθerə'pjuːtɪk] *a.* 疗效好的

euthermic [juː'θɜːmɪk] *a.* 增温的

euthesis [juː'siːs] *n.* 体质良好

euthymia [juː'θaɪmɪə] *n.* 情感正常

eutrepisty [juː'trepɪstɪ] *n.* 妥善(术前抗菌)准备

eutrophic [juː'trɒfɪk] *a.* 发育正常的,营养良好的,(湖泊)富含营养物质的

eutrophication [juːtrɒfɪ'keɪʃən] *n.* 海藻污染;富营养化

eutrophied ['juːtrəfiːd] *a.* 受海藻污染的

eutrophy ['juːtrəfaɪt] *n.* 肥土植物

eutropic [juː'trɒpɪk] *a.* 异序同晶的,向阳光性的

eutropy ['juːtrəpɪ] *n.* 异序同晶(现象)

euxenite ['juːksɪnaɪt] *n.* 黑稀金矿

evacuable [ɪ'vækjuəbl] *a.* 易抽空的,易于卸货的

evacuant [ɪ'vækjuənt] *a.;n.* 排泄(的,药),排除(的,剂)

evacuate [ɪ'vækjueɪt] *vt.* ①搬空,排空 ②除清,疏散 ☆*(be) evacuated to* 被抽空到; *evacuate A of B* 除清 A 中的 B

evacuation [ɪvækjuː'eɪʃən] *n.* ①抽空 ②消除,除清 ‖ *evacuative a.*

evacuator [ɪ'vækjueɪtə] *n.* 抽气设备,真空泵

evadable [ɪ'veɪdəbl] *a.* 可逃避的

evade [ɪ'veɪd] *v.* 逃(回)避,逃逸

evagination [ɪvædʒɪ'neɪʃən] *n.* 外折,外突

evaluate [ɪ'væljueɪt] *vt.* ①估计,判断 ②评价,测定 ③求…的值

evaluation [ɪvæljuː'eɪʃən] *n.* ①估计 ②评价,测定 ③求值
〖用法〗本词一般与动词"make"搭配使用,表示"做出评价,求值"。如:The evaluation is made in terms of the output of the bridge between points 1 and 2. (我们)根据 1 和 2 两点间的桥路输出来求值。

evaluator [ɪ'væljueɪtə] *n.* 鉴别器

evalvate [ɪ'vælvɪt] *a.* 无瓣的

evalvular [ɪ'vælvjulə] *a.* 无(活)瓣的

evanesce [iːvə'nes] *vi.* 渐new消失,渐近于零

evanescence [iːvə'nesns] *n.* 幻灭,渐近于零

evanescent [iːvə'nesnt] *a.* 易消灭的,消失的,渐近于零的,易挥发的

Evanohm ['evənəum] *n.* 埃弗诺姆镍铬系电阻合金

evaporability [ɪvæpərə'bɪlɪtɪ] *n.* 挥发性

evaporable [ɪ'væpərəbl] *a.* 可蒸发掉的,易挥发的

evaporant [ɪ'væpərənt] *n.* 蒸发物[剂]

evaporate [ɪ'væpəreɪt] *v.* ①蒸发,汽化 ②脱水,浓缩 ③消失,死亡 ④发射(电子)
〖用法〗注意下面例句中本词的含义: This dispute doesn't seem to be evaporating fast enough. 这一争论似乎并不会很快平息下去。(注意本句中的否定转移现象。)

evaporation [ɪvæpə'reɪʃən] *n.* ①蒸发,脱水(法)

②蒸汽

evaporativity [ɪvæpərə'tɪvɪtɪ] *n.* 蒸发度

evaporator [ɪvæpə'reɪtə] *n.* 蒸发器,蒸发干燥器

evaporigraph [ɪ'væpərɪgra:f] *n.* 蒸发记录仪

evaporimeter [ɪvæpə'rɪmɪtə] *n.* 蒸发计

evaporimetry [ɪvæpə'rɪmɪtrɪ] *n.* 蒸发测定法

evaporite [ɪ'væpəraɪt] *n.* 蒸发盐〔岩,残垢〕

evaporization [ɪvæpəraɪ'zeɪʃən] *n.* 蒸发,汽化

evaporograph [ɪ'væpərəgra:f] *n.* 蒸发成像仪

evaporography [ɪvæpərə'græfɪ] *a.* 蒸发成像术

evaporometer [ɪvæpə'rɒmɪtə] *n.* 蒸发计

evaporoscope [ɪ'væpərəskəup] *n.* 蒸发镜

evaporotranspiration [ɪvæpərətrænspɪ'reɪʃən] *n.* 总蒸发,蒸腾

evapotranspiration [ɪvæpəutrænspɪ'reɪʃən] *n.* 蒸散,土壤水分蒸发蒸腾损失总量

evase [ɪ'va:z] *n.* (风机,泵等出口的)渐扩段

evasion [ɪ'veɪʒən] *n.* ①逃避,漏税 ②借口 ③(目标的)机动飞行,闪避动作 ☆*evasion and escape* 回避和逃避; *take shelter in evasions* 借口逃避

evasive [ɪ'veɪsɪv] *a.* ①逃避的 ②偷漏的 ③托辞的 ‖ **~ly** *ad.* **~ness** *n.*

evatron [ˈevətrɒn] *n.* 电子变阻器

eve [i:v] *n.* 前夕〔夕〕☆*on the eve of ...* 在…的前夕

evectics [ɪ'vektɪks] *n.* 保健学

evection [ɪ'vekʃən] *n.* 【天】出差;出移

even ['i:vən] ❶ *a.* ①平坦的,齐的 ②不曲折的,连贯的 ③有规律的,均匀的,同样的 ④偶(数)的 ⑤整的 ❷ *ad.* ①甚至 ②(+比较级)更加 ③恰恰 ④平,齐 ☆*at even keel* 在等深吃水处,在平稳状况下; *be even with* 与…(高低)相等; *be of even quality* 质量稳定; *as... as* 正当…的时候; *even if (though)* 即使(…也); *even now* 甚至现在还; *even so* 即使如此; *even then* 甚至那时候起; *evenly even* 4 除得尽; *make odds even* 拉平; *not (never) even* (甚至)连…也不; *oddly (unevenly) even* 奇数和偶数的积(2 能除得尽而 4 除不尽的); *of even date* 同月日; *on an even keel* 平稳的,平敷的; *or even* 乃至,以至 ❸ *vt.* 整平,均匀,平衡 ☆*even up* 使平均,拉平 ❹ *n.* 黄昏,傍晚

〖用法〗注意下面例句中本词的含义: In this case an <u>even</u> number of the variables are 1. 在这种情况下,变量的偶数目为 1。

evenbedded ['i:vənbedɪd] *a.* 路床平整的,均匀分层的

evener ['i:vənə] *n.* 整平机,平衡器

even-even [i:vəni:vən] ❶ *a.* 偶-偶的 ❷ *n.* 偶数对,偶数个偶数

evening ['i:vnɪŋ] *n.* ①傍晚,黄昏,晚上 ②末期,衰落期 ③(联欢)晚会

evenly ['i:vənlɪ] *ad.* ①平坦地 ②均匀,公平

even-minded ['i:vnmaɪndɪd] *a.* 沉着的,泰然自若的

evenness ['i:vənɪs] *n.* ①平坦度 ②均匀性

even-parity ['i:vn'pærɪtɪ] *a.* 偶宇称(性)的,宇称为偶的;偶检验

event [ɪ'vent] *n.* ①事件,事项,情况 ②(相互)作用 ③结果,场合 ④同频,缝 ☆*at all events* 或 *in any event* 无论如何都,至少,反正; *in either event* (两种情况中)无论哪一种都; *in that (this) event* 在那〔这〕种场合(情况下); *in the event* 终于,结果; *in the event of (that)* 万一,即使; *in the ordinary (natural) course of events* 通常,自然而然地

〖用法〗❶ "in the event that ..." 意为 "在…情况下" 或 "如果…"。如: <u>In the event that</u> frequency measurement of low-level signals is desired, a wideband amplifier can be placed ahead of the input terminals. 如果要对低电平信号进行频率测量的话,可以在输入端前面放置一个宽带放大器。❷ "in no event" 意为 "在任何情况下均不会","当它置于句首时句子就要出现部分倒装现象。如: <u>In no event will</u> the manufacturer be liable for direct or indirect damages arising out of the use. 在任何情况下厂家对于由于使用(不当)而引起的直接或间接损坏均不负责任。

eventful [ɪ'ventfəl] *a.* ①多事(件)的 ②重大的 ‖ **~ly** *ad.*

eventless [ɪ'ventlɪs] *a.* (平静)无事的

event-oriented [ɪ'vent'ɔ:rɪəntɪd] *a.* 面向事件的

eventual [ɪ'ventjuəl] *a.* 最后的,结局的

eventuality [ɪventju'ælɪtɪ] *n.* 不测事件,偶然性 ☆*be ready for any eventualities* 或 *provide against eventualities* 以防万一

eventualize [ɪ'ventjuəlaɪz] *vi.* 终于引起

eventually [ɪ'ventjuəlɪ] *ad.* 终于,最后

eventuate [ɪ'ventjueɪt] *vi.* 结果,终归 ☆*eventuate in* 终归,结果…

ever ['evə] *ad.* ①(用于疑问,否定,条件句)在任何时候,曾经 ☆*as ever* 依旧,照常; *ever after (afterwards)* 从那时以后; *ever and again* 常常; *ever since* 打从那时起(就); *ever so much* 非常,万分地; *for ever (and ever)* 永远,老是; *hardly (scarcely) ever* 极难得,很少; *if ever* 如果有过的话(那也); *not ... ever* 从来没有,决不; *seldom if ever* 极难得,绝无仅有

〖用法〗❶ "ever+比较级(主要用于单音节词)" 意为 "越来越…"。如: Computers are <u>ever</u> smaller. 计算机越来越小了。❷ 注意下面例句中本词的含义: Computers are the most efficient assistants that man has <u>ever</u> had. 计算机是人类所曾有过的最有效的助手。

ever-accelerating ['evəæk'seləreɪtɪŋ] *a.* 不断加速的

ever-active ['evə'æktɪv] *a.* 一直在活动的

Ever-brass ['evəbra:s] *n.* 埃弗无缝黄铜管

Everbrite ['evəbraɪt] *n.* 埃弗布赖特铜镍铬耐蚀合金

Everdur ['evədju:r] *n.* 爱维杜尔铜合金

everglade ['evəgleɪd] *n.* (丘陵)沼泽地

evergreen ['evəgri:n] *n.; a.* 常青树(的)

evergreenness ['evəgri:nnɪs] *n.* 常绿性

ever-growing ['evəgrəʊɪŋ] *a.* 日益增长的

everlasting [evə'lɑ:stɪŋ] ❶ *a.* 永久(的),持久(的),经久不变的(的) ❷ *n.* 永久 ☆ *from everlasting to everlasting* 永远无穷地 ‖ *~ly ad.*

Everlube ['evəlju:b] *n.* 耐寒性润滑油

evermoist [evə'mɔɪst] *a.* 常湿的

evermore [evə'mɔ:] *ad.* ①永远 ②将来 ☆ *for evermore* 永远(地)

eversible [ɪ'vɜ:sɪbl] *a.* 可外翻的,可翻转的

eversion [ɪ'vɜ:ʃən] *n.* 外翻,翻转

evert [iː'vɜ:t] *vt.* 使反转,使外翻

every ['evrɪ] *a.* ①每(个) ②(+抽象名词)一切可能的,完全的 ☆ *each and every* 每一个(都),一切; *every bit* 全部,各方面; *every inch* 彻底, *every now and again (then)* 时时; *every once in a white* 偶而; *every other ...* 每隔一; *every so often* 有时,偶尔; *every time* 每次,每一次时; *every two (three,four) days (weeks, months,years)* 或 *every second (third, fourth) day (week,month,year)* 每隔一〔二,三〕天(周,月,年); *(in) every way* 各方面都 〖用法〗❶ 要注意,在句中本词与"not"连用时表示"部分否定",译成"并非每个…都"。如: Every student in the class can not solve that problem. 该班上并非每位学生都能解那道题。❷ 当几个并列的主语均由"every"修饰时,谓语要用单数形式。如: Every breath taken, every beat of the heart, every movement of the body requires energy. 每一次呼吸、每一次心跳、身体的每一个动作都是需要能量的。

everybody ['evrɪbɒdɪ] = everyone

everyday ['evrɪdeɪ] *a.* 每日的,日常的

everydayness ['evrɪdeɪnɪs] *n.* 日常性

everyone ['evrɪwʌn] *pron.* 每人

everything ['evrɪθɪŋ] *pron.* 凡事,一切东西〔事物〕 ☆ *do everything to (do)* 想方设法,千方百计; *everything depends on* 一切要靠…而定; *everything else* 一切别的东西; *have nothing to lose but everything to gain* 有百利而无一弊 〖用法〗❶ 本词是不定代词,修饰它的形容词必须后置。如: Everything electronic will be done digitally. 每种电子设备都将数字化。/Everything physical is built up of atoms. 每个物体都是由原子构成的。❷ 本词在句中与"not"连用时表示"并非每件事都…"。如: Everything did not go well with them last year. 去年,他们并非每件事都顺利。

everyway ['evrɪweɪ] *ad.* 在每一方面,各方面都

everywhere ['evrɪweə] *ad.; conj.* 到处,无论哪里

〖用法〗它作副词时可以作后置定语。如: The equations of science are a sort of universal language easily understood by scientists everywhere. 科学上的各种方程式,是一种为各地的科学家容易理解的通用语言。

everywhichway ['evrɪwɪtʃ'weɪ] *ad.* 向各方向,非常混乱地

evict [iː'vɪkt] *vt.* 驱逐 ‖ **eviction** *n.*

evidence ['evɪdəns] ❶ *n.* ①证据,资料 ②迹象 ③显著 ☆ *(be) in evidence* 明显的,显著的,显而易见的; *bring ... in (into) evidence* 把…作为证据; *call ... in evidence* 叫某人来证明; *give evidence* 证明,作证; *give (bear,show) evidence of* 有…的迹象; *on evidence* 有证据; ❷ *vt.* 证明,作为…的证据 〖用法〗❶ 一个常见的有用句型是"There is (no) evidence that ...",意为"(没)有证据表明…"。如: There is no evidence that there is life on Mars. 没有证据表明火星上有生命存在。❷ 本词后跟介词"for"(有时用"of")时表示"证明…的证据"。如: The first evidence for the existence of subatomic particles came from studies of the conduction of electricity through gases at low pressures. 证明存在有亚原子微粒的第一个证据来自于对电通过低压气体的传导的研究。/A core with a large hysteresis loop becomes very hot in a transformer, evidence of inefficiency. 具有很大磁滞回线的铁芯在变压器中会变得很热,这表明效率低下。(逗号后的短语是前面句子的同位语。) ❸ 注意下面例句中出现的分割现象: Toward the end of the 19th century, evidence began to appear that atoms were not the ultimate particles of the universe. 到19世纪末才有证据表明:原子并不是宇宙中不能再分割的粒子。

evident ['evɪdənt] *a.* 明显的,显然的 〖用法〗本词经常用于句型"It is evident that ..."(= Evidently, ...)中,意为"显然,很明显"。如: It is evident that all metals are good conductors. 显然,一切金属都是良导体。

evidential [evɪ'denʃəl], **evidentiary** [evɪ'denʃərɪ] *a.* 证据的,证明的

evidently ['evɪdəntlɪ] *ad.* 明显地,显然

evil ['iːvɪl] ❶ *a.; n.* 邪恶(的),有害(的),弊病 ❷ *ad.* 罪恶地,有害地 ‖ *~ly ad.*

evince [ɪ'vɪns] *vt.* 表示,证明

evincible [ɪ'vɪnsəbl] *a.* 可表(证)明的

evipal ['evɪpæl] *n.* 依维派,环己烯巴比妥钠

eviscerate [ɪ'vɪsəreɪt] *vt.* 取出,抽取,切除

evisceration [ɪvɪsə'reɪʃən] *n.* 内脏切除术

evitable ['evɪtəbl] *a.* 可避免的

evocable ['evəkəbl] *a.* 可唤出的,可引出的

evocation [evəʊ'keɪʃən] *n.* 唤(引)起,召唤

evocative [evəʊ'keɪtɪv], **evocatory** [evəʊ'keɪtərɪ] *a.* 唤(引)起的,召唤的(of)

evocator ['evəkeɪtə] *n.* 诱发物

evocon [e'vəukən] *n.* 电视发射管

evogram ['evəugræm] *n.* 【气】埃佛图

evoke [ɪ'vəuk] *vt.* ①唤起 ②移交

evolute [i:'vəlu:t] ❶ *n.* ①渐屈线 ②波形装饰 ❷ *a.* 渐屈的

evolution [i:və'lu:ʃən] *n.* ①发展 ②展开,渐进 ③进化 ④【数】开方

evolutional [i:və'lu:ʃənəl], **evolutionary** [i:və'lu:-ʃənəri], **evolutive** [i:və'lu:tɪv] *a.* ①发展的,进化(论)的 ②展开的

evolutionism [i:və'lu:ʃənɪzəm] *n.* 进化论

evolutionist [i:və'lu:ʃɪnɪst] *n.; a.* 进化(论)的,进化论者(的)

evolutoid [i:və'lu:tɔɪd] *n.* 广渐屈线

evolvable [ɪ'vɔlvəbl] *a.* 可展开的

evolvate [ɪ'vɔlveɪt] *a.* 无菌托的

evolve [ɪ'vɔlv] *v.* 展开;进化 ☆**evolve as** (逐渐)成为; **evolve from** 从…进化而来; **evolve into** 发展〔进化〕成
〖用法〗注意下面例句中本词的含义: In the analysis of the behavior of systems <u>evolving</u> in time, it is often convenient to introduce mathematical transformations that take us from the time domain to a new domain called the frequency domain. 在分析一些系统随时间而变化的性能时,往往方便的做法是引入一些数学变换,这种变换把我们从时域带入了称为频域的新领域。

evolvement [ɪ'vɔlvmənt] *n.* 展开,进化

evolvent [ɪ'vɔlvənt] *n.* 渐开线

evorsion [e'vɔ:ʃən] *n.* 涡流侵蚀

evulsion [ɪ'vʌlʃən] *n.* 拔出,撕去

ex [eks] (拉丁语) *prep.* ①由,因 ②在…交货,购自 ③无,未

exacerbate [eks'æsəbeɪt] *vt.* 加重,激怒

exacerbation [eks,æsə'beɪʃən] *n.* 加重,剧变,激怒

exacrinous [ɪg'zækrɪnəs] *a.* 外分泌的

exact [ɪg'zækt] ❶ *a.* ①精确的,确切的 ②精密的,慎重的 ❷ *vt.* 强制要求,急需 ☆**exact to the letter** 极正确的,原本原样的; **exact to the life** 和实物丝毫不差的; **to be (more) exact** (插入语) (更)精确地说,说得(更)确切些
〖用法〗注意下面例句中本词的含义: This structural change <u>exacted</u> no price. 这种结构变化不需要花钱〔代价〕。

exacting [ɪg'zæktɪŋ] *a.* 严格的,精密的,苛求的,艰难的

exaction [ɪg'zækʃən] *n.* 苛求,苛捐杂税

exactitude [ɪg'zæktɪtju:d] *n.* 正确(性),严密(性),严格

exactly [ɪg'zæktlɪ] *ad.* ①正好 ②精确〔密〕地 ③确实如此 ☆**exactly divisible** 整除; **exactly thus** 正是这样; **not exactly** 不完全的,未必就

exactness [ɪg'zæktnɪs] = exactitude

exactor [ɪg'zæktə] *n.* 激发机,勒索者

exafference [ɪg'zæfərəns] *n.* 外传入感觉

exaggerate [ɪg'zædʒəreɪt] *v.* ①夸大 ②放大(比例尺)

exaggerated [ɪg'zædʒəreɪtɪd] *a.* ①被夸张了的 ②放大的 ‖ ~ly *ad.*

exaggeration [ɪg,zædʒə'reɪʃən] *n.* ①夸张,夸大,大话 ②放大

exaggerative [ɪg'zædʒərətɪv] *a.* 夸张的,小题大做的

exaggerator [ɪg'zædʒəreɪtə] *n.* 爱夸张的人

exalate ['eksəlɪt] *a.* 无翅的

exalbuminous [eksæl'bju:mənəs] *a.* 无胚乳的

exalt [ɪg'zɔ:lt] *vt.* ①提升,高举 ②赞扬,吹捧 ③加浓(色彩等)

exaltation [egzɔ:l'teɪʃən] *n.* ①提升 ②得意 ③精炼

exalted [ɪg'zɔ:ltɪd] *a.* ①高贵的 ②得意〔忘形〕的 ‖ ~ly *ad.*
〖用法〗注意下面例句中本词的含义: This is a very <u>exalted</u> status. 这是一种十分良好的状态。

exaltone [ɪg'zɔltəun] *n.* 环十五烷酮

exam [ɪg'zæm] = examination

examen [ɪg'zeɪmən] *n.* ①= examination ②批判性的研究

examinable [ɪg'zæmɪnəbl] *a.* 可检查的,在审查范围内的

examinant [ɪg'zæmɪnənt] *n.* 检查人,检验人

examinate [ɪg'zæmɪneɪt] *n.* 受检查者

examination [ɪgzæmɪ'neɪʃən] *n.* ①检验,验证,审查 ②测验,考试 ☆**examination paper** 试题; **make an examination of** 检查; **on closest examination** 经严密检查后; **on examination** 一察看(就),一(经)检查; **subject ... to examination** 使…受检验; **under examination** 在调查中; **undergo an examination** 接〔经〕受检验
〖用法〗❶ 当本词作"考察,检查"讲时,其前面可以有不定冠词。如: <u>An examination</u> of Table 8-10 indicates a number of interesting points. 考察一下表 8-10 可以看到一些有趣之点。❷ 当表示"进行考察〔检查,验证〕"时,本词往往与动词"make"搭配使用。如: To understand the response of the detector to a general input signal, <u>an examination of this technique must be made</u>. 为了理解该检波器对一般输入信号的响应,必须考察一下这种方法。❸ 表示"…(课程)的考试"时,本词后一般跟"in",有时也可跟"on"。

examinatorial [ɪgzæmɪnə'tɔ:rɪəl] *a.* 检查的,考试的

examine [ɪg'zæmɪn] *v.* ①检验,试验,审查 ②测验,考试 ☆**examine A for B** 检验 A(中)是否有 B; **examine B in A** 对 B 进行 A 考试; **examine into A** 调查 A

examinee [ɪgzæmɪ'ni:] *n.* 参加考试的人,受审查的人

examiner [ɪɡˈzæmɪnə] *n.* 审查人,考试者

example [ɪɡˈzɑːmpl] ❶ *n.* ①例子,实例 ②榜样,样品 ❷ *v.* 取样 ☆*as an example* 或 *by way of example* 例如; *beyond example* 空前的; *follow the example of* 以…为榜样; *for example* 例如,举例来说; *give ... an example* 给…举〔提供〕一个例子; *set (give) a good example (of...)* 作出〔…〕好榜样; *take ... for example* 以…为例

〖用法〗❶ "for example" 是个插入语,可以处于句首、句中或句尾,但译成汉语时放在句首为主: Consider, for example, the square wave shown in Fig. 2-6. 例如,我们来考虑一下图 2-6 所示的方波。/Consider Theorem 3b, for example. 例如看一下定理 3b。❷ 注意 "an〔the〕example of+动名词复合结构" 的情况。如: This is an example of magnetism being converted into electricity. 这是把磁转变成电的例子。/The most common example of motion with (nearly) constant acceleration is that of a body falling toward the earth. (几乎是)匀加速运动的最常见的例子就是物体朝地面下落的情况。

exampling [ɪɡˈzɑːmplɪŋ] *n.* 取样

exania [ekˈseɪnɪə] *n.* 脱肛

exanimate [ɪɡˈzænɪmɪt] *a.* 已死的,无生气的

exanimation [ɪɡzænɪˈmeɪʃən] *n.* 晕厥,昏迷,假死,死

ex animo [eksˈænɪməu] (拉丁语) 衷心(的)

exanol [ˈeksənəl] *n.* 轻聚油

exanthem [ɪɡˈzænθəm] *n.*【医】疹,疹病

exanthema [eksænˈθiːmə] (pl. exanthemas) *n.* 疹,疹病

exaration [eksəˈreɪʃən] *n.* 冰川剥蚀(作用)

exasperate [ɪɡˈzɑːspəreɪt] ❶ *vt.* 激起,激怒 ②加剧 ❷ *a.* (表面)粗糙的

exasperation [ɪɡˌzɑːspəˈreɪʃən] *n.* 恼怒;恶化;令人恼怒的事

exasphere [ˈeksəsfɪə] *n.* 外大气层

exbiology [eksbaɪˈblədʒɪ] *n.* 地球外生物学

exbond [ˈeksbɒnd] (纳税后)关栈交货

ex cathedra [ˈekskəˈθiːdrə] (拉丁语) 命令式地,用职权

excavate [ˈekskəveɪt] *v.* 挖掘,开凿

excavation [ekskəˈveɪʃən] *n.* ①挖掘,开凿 ②穴,坑道 ③出土文物

excavator [ˈekskəveɪtə] *n.* ①挖掘机,电铲 ②开凿者

exceed [ɪkˈsiːd] *v.* 超过,胜过

〖用法〗注意下面例句的真实含义: The resistivities of insulators exceed those of metals by a factor of the order of 10^{22}. 绝缘体的电阻率大约是金属的 10^{22} 倍。

exceedance [ɪkˈsiːdəns] *n.* 超过数

exceeding [ɪkˈsiːdɪŋ] ❶ *a.* 过度的,超越的 ❷ *n.* 超过,超出数

exceedingly [ɪkˈsiːdɪŋlɪ] *ad.* 非常,极其

excel [ɪkˈsel] *v.* (excelled;excelling) 胜过,优于 ☆*excel in (at)* 擅长(于)

excellence [ˈeksələns] *n.* ①优秀,杰出 ②优点,特点 ☆*for excellence in ...* 因…优秀,因擅长…

Excellency [ˈeksələnsɪ] *n.* 阁下

excellent [ˈeksələnt] *a.* 优秀的,杰出的 ‖ ~ly *ad.* ~ness *n.*

excelsior [ekˈselsɪɔː] ❶ *a.* 精益求精的 ❷ *n.* 锯屑,细刨花 ☆*as dry as excelsior* 干透

excenter [ˈeksentə] *n.* 外心

excentral [ekˈsentrəl], **excentric(al)** [ekˈsentrɪk(əl)] *a.* 偏心的

excentricity [eksenˈtrɪsɪtɪ] *n.* 偏心率

except [ɪkˈsept] ❶ *prep.* 除…之外,只是,要不是 ❷ *conj.* 除非 ☆*except for* 除了,除…之外,只不过; *except insofar (in so far) as* 除非,除去; *except to recognize this* 除去承认这点以外 ❸ *v.* (把…)除外,不计 ☆*except against (to)* 反对; *except from* 除外

〖用法〗❶ 在这个介词后可以跟状语从句、副词或介词短语。如: Except when there is considerable friction, the resonant frequency and natural frequency are nearly the same. 除了当摩擦比较大时外,谐振频率与自然频率几乎是相同的。/The Fermi energy does not, except accidentally, correspond to an eigenenergy of an electron in the crystal. 除偶然情况外,弗米能并不相应于晶体中电子的本征能量。/Noise is present in every electrical circuit except at a temperature of absolute zero. 除了温度为绝对零度外,每个电路中均存在噪声。❷ 该介词后可以跟动词不定式作它的介词宾语,如果该介词短语前有实义动词 "do" 的任何形式,则不定式的标志 "to" 可以省去。如: Nothing can be done about the external noise except change the geographical position of the receiver. 只有改变接收机的地理位置才能消除这种外部噪声。/In this case there is no way to vary the electron current except to change the anode voltage. 在这种情况下,除非改变阳极电压,否则就无法改变电子电流。❸ 科技文中经常出现 "except that ...",其本意是 "除…外",但往往把它译成 "只不过,其不同的是"。如: The rectified output waveform is similar to that of a half-wave rectifier, except that the first part of each cycle is missing. 该整流输出波形类似于半波整流器的波形,只不过〔其不同的是〕每一周期的第一部分不见了。/Analysis of this circuit proceeds as in the dc case considered in Chap.1 except that complex impedances and currents are used. 分析这个电路的方法与第一章中讨论的直流情况一样,只不过〔不同的是〕使用了复阻抗和复电流。❹ 用 "except" 时,句中有其所指的项目,否则一般要用 "except for"。如: Except a few computers, the laboratory has no equipment. 除了几台计算机,该实验室没有什么设备。("计算机"是一种"设备"。)/Except for a few computers, the laboratory is empty.

E

除了几台计算机,该实验室是空的。("computers"与"empty"性质不同。)

EXCEPT gate n. "禁"〔"与非"〕门

excepting [ɪkˈseptɪŋ] prep.; conj. 除…之外(都);除非,只是,要不是 ☆*not excepting ...* …也不例外

exception [ɪkˈsepʃən] n. ①例外,除外 ②反对,异议 ③异常 ☆*by way of exception* 作为例外; *exception to ...* …的例外(情况); *make an exception of* 把…作为例外; *make no exception(s)* 一律看待〔办理〕; *take exception to (against)* 反对; *with a few exceptions* 有些例外; *with few exceptions* 极少例外; *with the exception of* 除…之外(其余都); *without (any) exception* 毫无例外

〖用法〗本词表示"例外"时属于可数名词,其后跟介词"to",与它搭配的动词是"make"。如: The main <u>exception to</u> this rule is the special subset of character-device drivers that implement terminal devices. 这条规则的主要例外是实现终端设备的字符设备驱动器的特殊子系统。/These <u>exceptions to</u> SI usage are <u>made</u> to avoid confusion between symbols. (我们)规定了国际标准单位用法之外的一些项目,目的在于避免符号之间的混淆。

exceptionable [ɪkˈsepʃənəbl] a. 可〔引起〕反对的

exceptional [ɪkˈsepʃənəl] a. ①例外的,特殊的,异常的 ②优越的

〖用法〗注意下面例句的含义: The programmer must decide what it means to be <u>exceptional</u> in a given program. 程序员必须决定在某一给定的程序中例外意味着什么。

exceptionality [ɪkˌsepʃəˈnælɪtɪ] n. 例外,特别

exceptionally [ɪkˈsepʃənəlɪ] ad. 例外地,特别

exceptive [ɪkˈseptɪv] = exceptional

excernant [ekˈsɜːnənt] a. (促)排泄的

excerpt ❶ [ekˈsɜːpt] v. 摘录,引用 **❷** [ˈeksɜːpt] n. 摘录,节录,引文,删节(from),萃取 ‖ **~ion** n.

excess [ɪkˈses] **❶** n. ①过分,过度 ②超过,盈余 **❷** a. 过分的,附加的,剩余的 ☆*excess in A* A 的过剩量; *go (run) to excess* 走(趋)极端; *in excess of* 超过,多于; *in (to) excess* 过度

〖用法〗注意本词的搭配模式"the excess of A over B",意为"A 超过 B 的数量"。如: This is due to the <u>excess of</u> generation <u>over</u> recombination in the space-charge region. 这是由于产生的数量超过复合的数量所引起的。

excessive [ɪkˈsesɪv] a. 过量的,极度的 ‖ **~ness** n.

excessively [ɪkˈsesɪvlɪ] ad. 过分地,太,极

exchange [ɪksˈtʃeɪndʒ] **❶** v. 交换,交流 ☆*exchange A for B* 把 A(兑)换成 B,舍 A 取 B; *exchange with A* 同 A 互换 **❷** n. ①交换 ②交换机,电话交换局 ③汇兑,兑换率,交易所 ☆*exchange of A for B* 把 A 换成 B; *give A in exchange for B* 拿 A 换(取)B; *in exchange for* 交换,(用)以换取; *make an exchange* (进行)交换

〖用法〗注意下面例句的含义: The use of frequency modulation does provide a practical mechanism for the <u>exchange of</u> increased transmission bandwidth <u>for</u> improved noise performance. 使用频率调制的确提供了通过增加传输带宽来换取噪声性能的一种实用机制。

exchangeability [ɪksˌtʃeɪndʒəˈbɪlɪtɪ] n. 可交换性,交换价值

exchangeable [ɪksˈtʃeɪndʒəbl] n. 可交换的(for)

exchanger [ɪksˈtʃeɪndʒə] n. 交换器,换热器

exchequer [ɪksˈtʃekə] n. 国库,财源

excide [ɪkˈsaɪd] vt. 割掉,切去

excimer [ˈeksaɪmə] n. 激元,激发物,受激二聚物,受激准分子

excipient [ɪkˈsɪpɪənt] n. 赋形剂

exciplex [ˈeksəpleks] n. 激发状态聚集

excircle [ekˈsɜːkl] n. 外圆,旁切圆

excisable [ekˈsaɪzəbl] a. 应交纳货物税的

excise [ekˈsaɪz] **❶** vt. ①删去,割掉 ②向…收税,向…索高价 **❷** n. (国内)消费税,执照税

excision [ekˈsɪʒən] n. 切去,删除,分割,破坏

excit [ɪkˈsaɪt] n. = excitation

excitability [ɪkˌsaɪtəˈbɪlɪtɪ] n. 刺激性,激发性

excitable [ɪkˈsaɪtəbl] a. 易兴奋(激发)的,易怒的,过敏的 ‖ **excitably** ad.

excitant [ˈeksɪtənt] **❶** a. 刺激(性)的 **❷** n. 刺激物,激活剂

excitation [ˌeksɪˈteɪʃən] n. ①刺激,兴奋,干扰 ②激励,激(励)振(荡),电流磁化

excitative [ɪkˈsaɪtətɪv] a. 刺激性的,励磁的

excitatory [ekˈsaɪtətərɪ] a. ①兴奋的,刺激性的 ②激发…的,激磁的

excite [ɪkˈsaɪt] vt. ①刺激,触发,使兴奋 ②激发,励磁 ③使感光

〖用法〗注意下面例句的含义: The pulse spreading can be eliminated if one were to <u>excite</u> a single mode only. 如果我们只激励单个模式的话,就能够消除脉冲的扩展。

excited [ɪkˈsaɪtɪd] a. 受激的,已励磁的,放荧光的,兴奋的 ‖ **~ly** ad.

excitement [ɪkˈsaɪtmənt] n. 刺激,兴奋 ☆*in excitement* 兴奋地

exciter [ɪkˈsaɪtə] n. 激励器,激发机,主控振荡器,激励者

exciting [ɪkˈsaɪtɪŋ] a. 激励(用)的,激动

excitoaccelerstory [ɪksaɪtəæk'selərətərɪ] a. 兴奋加速的

excitoinhibitory [ɪksaɪtəɪnˈhɪbɪtərɪ] a. 兴奋抑制的

excitomotor [ɪksaɪtəˈməʊtə] **❶** a. 兴奋运动的 **❷** n. 激动剂

excitomotory [ɪksaɪtəˈməʊtərɪ] a.【医】激动的,

E

产生运动的

exciton ['eksɪtɒn] *n.* 激发子,激子

excitonics [eksɪ'tɒnɪks] *n.* 激子学

excitosecretory [eksaɪtəʊsɪ'kri:tərɪ] *a.*【生】兴奋分泌的

excitron [ek'sɪtrən] *n.* 汞气整流管,激励管

exclaim [ɪks'kleɪm] *v.* 大喊,大声说 ☆ *exclaim against* 大声控诉,激烈攻击; *exclaim with delight* 欢呼

exclamation [eksklə'meɪʃən] *n.* 叫喊,感叹(词)

exclamatory [eks'klæmətərɪ] *a.* 叫喊的,感叹的

exclude [ɪks'klu:d] *vt.* 拒绝,除去,隔绝 ☆ *(be) excluded from consideration* 不予考虑 〖用法〗"exclude A from B"意为"把A从B中除去;阻止A进入B"。如: In the instrument, any dc component in the applied voltage is <u>excluded from</u> the measurement by a capacitor. 在这种仪器中,利用电容器可以避免外加电压中的任何直流分量进入测量。

excluder [ɪks'klu:də] *n.* 排除器

exclusion [ɪks'klu:ʒən] *n.* ①拒绝,排除,隔断,不相容 ②排除在外(的事物) ☆ *to the exclusion of* 把…除外,排斥 ‖ **~ary** *a.*

exclusive [ɪks'klu:sɪv] ❶ *a.* ①他的,排外的,不相容的,禁止的 ②全部的 ③唯一的,专用的,独占的,索价高昂的 ④高级的,第一等的 ❷ *n.* 独家新闻,专有权 〖用法〗注意"exclusive of"的含义("除…外")。如: The VLF comparator in Fig.6-2 is a complete system (<u>exclusive of</u> local standard). 图6-2的甚低频比较器是一个完整的系统(除本机标准外)。

exclusively [ɪks'klu:sɪvlɪ] *ad.* 排他地,专门,仅仅 〖用法〗注意下面例句中本词的含义: Copper is used almost <u>exclusively</u> for the conductors on printed circuit boards. 铜几乎只用于印刷电路板上的导体。

exclusiveness [ɪks'klu:sɪvnɪs] *n.* 排除,排他性

exclusive-NOR *n.* "同"(逻辑电路)

exclusive-OR *n.* "异或"运算,"异或"逻辑电路,不可兼或(数理逻辑)

exclusivism [ɪksklu:'sɪvɪzəm] *n.* 排外主义

exclusivist [ɪks'klu:sɪvɪst] ❶ *n.* 排他主义者 ❷ *a.* 排他主义的

excogitate [eks'kɒdʒɪteɪt] *vt.* 想出,发明

excogitation [ekskɒdʒɪ'teɪʃən] *n.* ①想出,发明 ②计算,方案 ‖ **excogitative** *a.*

excommunication ['ekskəmju:nɪ'keɪʃən] *n.* 逐出教会

excoriate [eks'kɒ(:)rɪeɪt] *vt.* ①剥(皮),磨损,擦伤 ②痛斥

excoriation [ekskɒ(:)rɪ'eɪʃən] *n.* 剥皮,磨损(处),擦伤(处)

excrement ['ekskrɪmənt] *n.* 粪便,排泄物 ‖ **~al** *a.* **~itious** *a.*

excrescence [ɪks'kresns], **excrescency** [ɪks-'kresnsɪ] *n.* 赘疣,瘤,多余的东西

excrescent [ɪks'kresənt] *a.* 赘生的,多余的

excreta [eks'kri:tə] *n.* (pl.)排泄物

excrete [eks'kri:t] *vt.* 排泄,分泌

excreter [eks'kri:tə] *n.* 排泄者

excretion [eks'kri:ʃən] *n.* ①排泄,分泌 ②排泄物

excretive [eks'kri:tɪv], **excretory** [eks'kri:tərɪ] *a.* (促进)排泄的,有排泄力的

excruciating [ɪks'kru:ʃɪeɪtɪŋ] *a.* 极痛苦的,难忍受的 ‖ **~ly** *ad.*

excruciation [ekskru:ʃɪ'eɪʃən] *n.* 苦恼,酷刑

excurrent [ɪks'kʌrənt] *a.* 排泄的;离心的

excurse [eks'kɜ:s] *vi.* 游览,离题

excursion [ɪks'kɜ:ʃən] *n.* ①偏移,漂移,变化范围,偏离额定值,偏振,幅度 ②(集体)游览,(短途)旅行 ③离题 ☆ *make (take,go on,go for) an excursion (into, to ...)* (到…)旅行 ‖ **~al** 或 **~ary** *a.*

excursionist [ɪks'kɜ:ʃənɪst] *n.* 旅行者

excursive [eks'kɜ:sɪv] *a.* ①偏移的,偏离的,离题的 ②散漫的 ‖ **~ly** *ad.* **~ness** *n.*

excursus [eks'kɜ:səs] *n.* 附录,附注

excurvation [eksk3:'veɪʃən] *n.* 外弯

excurvature [eks'k3:vətʃə] *n.* 外弯

excurved ['eksk3:vd] *a.* 外曲(弯)的

excusable [iks'kju:zəbl] *a.* 可原谅的,无理由的

excuse ❶ [ɪks'kju:z] *v.* 原谅,饶恕,借口 ☆ *excuse A from B* 允许A不(做)B; *excuse oneself (for)*(替自己的…)辩解; *excuse oneself from* 谢绝,借口推托,说明不能…的原因 ❷ [ɪks'kju:s] *n.* ①原谅,饶恕 ②辩解 ③借口 ④谢绝 ☆ *in excuse of* 为…辩解; *make an excuse for* 替…辩护,为…找借口; *without excuse* 无故

exec [ɪg'zek] *n.* 主任参谋,副舰长

execrable ['eksɪkrəbl] *a.* 恶劣的,讨厌的 ‖ **execrably** *ad.*

execrate ['eksɪkreɪt] *v.* 憎恨,咒骂 ‖ **execration** *n.*

executable ['eksɪkju:təbl] *a.* 可实行的

executant [ɪg'zekjutənt] *n.* 执行者,演奏者

execute ['eksɪkju:t] *v.* ①执行,实施,履行 ②签发,使生效 ③编制,操纵,演奏 ④处决 〖用法〗注意下面例句的含义: Instructions must be in memory for the CPU to <u>execute</u> them. 指令必须处于存储器中以便 CPU 执行。

execution [eksɪ'kju:ʃən] *n.* ①执行,实施,完成,签名盖章,使生效 ②制作,演奏(技巧) ③破坏作用 ☆ *carry (put) ... into execution* 实行,完成; *do execution* 奏效

executive [ɪg'zekjutɪv] ❶ *a.* 执行的,制作的,操纵的,施工的 ❷ *n.* ①行政部门 ②执行者,行政官员 ③(总)经理,社长,董事 ④执行程序

executor [ɪg'zekjutə] *n.* ① 执行者 ②操纵器 ③执行程序(元件)

executorial [ɪgzekjuˈtɔːrɪəl] a. 执行者〔上〕的

executory [ɪgˈzekjutərɪ] a. ①= executive ②实施中的,有效的 ③尚未履行的

exedent [ˈeksədənt] a. 腐蚀的

exelcosis [eksəlˈkəʊsɪs] n. 溃疡

exelcymosis [eksəlsaɪˈməʊsɪs] n. 拔牙〔除〕

exemplar [ɪgˈzemplə] n. ①模范,典型,榜样 ②样件〔本,机〕,试样,模型

exemplary [ɪgˈzemplərɪ] a. ①模范的,典型的,作样板的 ②惩戒性的 ‖ **exemplarily** ad.

exemple (法语) n. 例子 ☆ **par exemple** 例如

exemplification [ɪgzemplɪfɪˈkeɪʃən] n. ①例证,标范 ②正本

exemplify [ɪgˈzemplɪfaɪ] vt. ①例证,(举例)说明,示范 ②以正式誊本证明

exempli gratia [ɪgˈzemplaɪ ˈgreɪʃɪə] (拉丁语) 例如

exemplum [ɪgˈzempləm] (pl. exempla) n. 例证,范例

exempt [ɪgˈzempt] ❶ vt. 免除,除去 ❷ a. (被)免除的,免税的(from) ❸ n. 免税人,被免除义务的人 ☆ **exempt A from B** 免除 A 的 B

exemption [ɪgˈzempʃən] n. 免除,免税

exequatur [ɪksɪˈkweɪtə] n. 许可证书

exercisable [ˈeksəsaɪzəbl] a. 可行使的,可实行的,可操作的

exercise [ˈeksəsaɪz] ❶ n. ①练〔演〕习,习题 ②训练,体操,运动 ③运用,行使,实践 ④(pl.)仪式 ☆ **do one's exercises** 做作业; **exercise for (in,on)** …的练习; **take exercise** 运动 ❷ v. ①实〔履〕行,〔使,利〕用,行使 ②训练,练习,(使)运动〔活动〕 ☆ **be exercised about** 为…操心; **exercise a pressure on** 对…施加压力; **exercise an influence on (upon)** 对…发生影响; **exercise care in doing (to (do))** 注意(做),(做…时)要当心; **exercise caution** 注意,慎重考虑; **exercise oneself in doing** 练习(做); **exercise strict control over** 严格控制 〖用法〗❶ 本词表示"运动"和"练习,习题"时是可数词汇。如: Swimming is a good exercise. 游泳是一种良好的运动。/Proof of Theorem 9b is left as an exercise for (to) the reader. 定理 9b 的证明留作为读者的一个练习〔习题〕。❷ 本词表示"…的习题"时其后面一般跟介词"in"。❸ 注意下面例句中本词作及物动词的含义: In this case special care must be exercised to obtain very uniform junctions. 在这种情况下,必须十分小心以获得非常均匀的结。

exerciser [ˈeksəsaɪzə] n. ①运动器械,"练习"程序 ②行使职权的人 ③受训练者

exercitation [ekzɜːsɪˈteɪʃən] n. ①运用,实习,训练 ②议论,论文

exeresis [ekˈserɪsɪs] n.【医】切除术

exergie [ekˈsɜːdʒɪ] a. = exoenergic 放能的

exergonic [eksəˈgɒnɪk] a. 产生能量的,能量释放的

exergy [ekˈsɜːdʒɪ] n. 放射本领

exert [ɪgˈzɜːt] vt. ①发挥,尽力,施加(力) ②行使,运用
〖用法〗注意下面例句中本词的常用含义: When we push or pull on a body, we are said to exert a force on it. 当我们推、拉物体时,就说我们给它施加了一个力。/The inward force exerted by the sun that makes these orbits possible is merely one example of a universal force, called gravitation. 由太阳施加的、使这些轨道成为可能的内向力,仅仅是被称为重力的宇宙力的一个例子。("that makes these orbits possible"这个定语从句修饰"The inward force"。)/The floor exerts a force on the bottom of the box which opposes the force we apply. 地面对箱子底部施加一个力,这个力反抗我们所施加的力。("which opposes the force"这个定语从句修饰"a force"。)

exertion [ɪgˈzɜːʃən] n. ①行使,发挥 ②尽力 ☆ **combine exertion and rest** 劳逸结合; **use (make,put forth) exertions** 尽力; **with all one's exertions** 尽最大努力

exertive [ɪgˈzɜːtɪv] a. 努力的

exes [ˈeksɪz] n. (pl.) 费用

exesion [egˈziːʒn] n. 腐蚀

ex facie [eksˈfeɪʃɪiː] (拉丁语) 从表面看

exferment [eksˈfɜːmənt] n. 胞外酶

exfiltrate [eksˈfɪltreɪt] v. (逐渐)漏出,偷偷溜出 ‖ **exfiltration** n.

exfocal [eksˈfəʊkəl] a. 焦(距)外的

exfoliate [eksˈfəʊlɪeɪt] v. ①剥(离),剥落 ②分层,层离 ③除鳞

exfoliation [eksfəʊlɪˈeɪʃən] n. ①剥离,落屑,剥落 ②分层,层离 ‖ **exfoliative** a.

exhalant, exhalent [eksˈheɪlənt] ❶ a. 呼出的,蒸发的,发散的 ❷ n. 发散〔蒸发〕管

exhalation [ekshəˈleɪʃən] n. 呼气(吸),发散(物),薄雾;喷发

exhale [eksˈheɪl] v. ①呼出,发散(气体等) ②蒸发,消散

exhaust [ɪgˈzɔːst] ❶ v. ①取〔耗〕尽,使疲乏 ②排出,抽空 ③详述 ④包括,包罗无遗 ☆ **exhaust A of B** 把 A 里的 B 排尽; **exhaust oneself with doing** (做得)筋疲力尽; **exhaust the possibilities** 试尽一切可能; **exhaust to** 排到 ❷ n. ①排气(口,装置),抽空,衰竭 ②废气 ❸ a. 排出的,废的

exhausted [ɪgˈzɔːstɪd] a. 用过〔完〕的,枯竭的,排出的,废的,筋疲力尽的 ☆ **be exhausted** 完,尽,筋疲力尽 ‖ **~ly** ad.

exhauster [ɪgˈzɔːstə] n. 排气机,进气通风机,压气吹风器,吸尘管

exhaustibility [ɪgzɔːstəˈbɪlɪtɪ] n. 可用尽,被消耗性

exhaustible [ɪgˈzɔːstəbl] a. 可用尽的,会枯竭的

exhausting [ɪgˈzɔːstɪŋ] ❶ a. 使耗尽的,使人筋

E

疲力尽的 ❷ *n.* 排出 ‖ ~**ly** *ad.*

exhaustion [ɪgˈzɔːstʃən] *n.* ① 消耗(量),用完,衰竭,虚脱 ②抽空,排出,发放 ③彻底研究,详尽论述,【case】穷举

exhaustive [ɪgˈzɔːstɪv] *a.* ①消耗性的,使衰竭的 ②彻底的,详尽的,【数】穷举的 ③抽气的 ‖ ~**ly** *ad.*

exhaustless [ɪgˈzɔːstlɪs] *a.* 用不完的,无穷尽的

exhaustor = exhauster

exhibit [ɪgˈzɪbɪt] ❶ *v.* ①展览,陈列,提出 ②显示,呈现 ③投资 ❷ *n.* ①展览(品,会) ②呈现
【用法】注意下面例句的含义: The material exhibited unique properties as it melted from a solid to a liquid state that could not be explained by the naive understanding of matter at the time. 该物质从固态熔化成液态时呈现出了一些独特的性质,这些性质是无法由当时对物质的幼稚理解所解释的。("that could not be explained by ..." 这个定语从句修饰 "unique properties"。)

exhibiter = exhibitor

exhibition [eksɪˈbɪʃən] *n.* ①展览,显示 ②展览会(品),博览会 ③投资 ☆**hold an exhibition on** 举办…展览会; **place ... on exhibition** 展出…

exhibitive [ɪgˈzɪbɪtɪv] *a.* 表示的(of)

exhibitor [ɪgˈzɪbɪtə] *n.* 展出者,参展厂商

exhibitory [ɪgˈzɪbɪtərɪ] *a.* 显示的,表示的

exhilarant [ɪgˈzɪlərənt] *a.; n.* 令人高兴的(事物)

exhilarate [ɪgˈzɪləreɪt] *vt.* 使振奋

exhilarating [ɪgˈzɪləˈreɪtɪŋ] *a.* 使人高兴的,令人振奋的 ‖ ~**y** *ad.*

exhilaration [ɪgzɪləˈreɪʃən] *n.* 高兴,振奋

exhilarative [ɪgˈzɪlərətɪv], **exhilaratory** [ɪgˈzɪlərətərɪ] *a.* 使人高兴的,令人振奋的

exhort [ɪgˈzɔːt] *v.* 规劝,告诫,提倡 ☆**exhort ... to (do)** 劝…(做) ‖ ~**ation** *n.* ~**ative** *a.* ~**atory** *a.*

exhume [eksˈhjuːm] *vt.* 发掘,掘墓

Exicon [ˈeksəkɒn] *n.* 固态 X 射线变像器

exigence [ˈeksɪdʒəns], **exigency** [ˈeksɪdʒənsɪ] *n.* ①紧急(状态),危急(关头) ②紧急的需要 ☆**in this exigence** 在这紧急关头; **meet the exigencies of** 应付…的紧急需要,适应…的要求; **suit the exigence** 应急

exigent [ˈɪksɪdʒənt] *a.* 紧(危)急的,严格的,(生活)艰苦的 ☆ **exigent of** 急需 ‖ ~**ly** *ad.*

exigible [ˈeksɪdʒɪbl] *a.* 可要求的(from, against)

exiguity [eksɪˈgjuɪtɪ] *n.* 稀少,微小

exiguous [egˈzɪgjuəs] *a.* 细微的,稀少的 ‖ ~**ly** *ad.* ~**ness** *n.*

exile [ˈeksaɪl] *vt.;n.* ①流亡,放逐 ②流犯,流亡者 ‖ **exilic** *a.* **exilian** *a.*

exility [egˈzɪlɪtɪ] *n.* 微小,稀薄

eximious [egˈzɪmɪəs] *a.* 优秀的,超凡的

exine [ˈeksiːn] *n.* 外膜(壁)

exist [ɪgˈzɪst] *vi.* (存)在,有 ☆ **exist as** 在…(形)态下存在; **exist on** 靠…维持生命

【用法】❶ 表示"现有的"时,只能用其现在分词(既可作前置定语,也可作后置定语),而不能用其过去分词。如: The underline{existing} methods 〔The methods underline{existing}〕cannot be used here. 现有的方法在此不能用。❷ 注意有些情况下本词作谓语时句子的汉译法: Many kinds of transistors underline{exist}. 晶体管有许多种。(一般不译成"存在有许多种晶体管"。)

existence [ɪgˈzɪstəns] *n.* ①存在 ②存在物 ☆ **bring (call) ... into existence** 使出现〔发生〕,产生,实现; **come into existence** 出现,开始存在,形成; **put ... out of existence** 灭绝,使绝迹
【用法】❶ "be in existence" 等效于 "exist"。如: Different types of communication networks underline{are in existence} today. 现今存在有不同类型的通信网络。/These sampling techniques underline{have been in existence} for several years in oscilloscopes to display the waveforms of very high frequency repetitive signals. 这些取样方法在示波器中已存在几年了,用来显示甚高频重复信号的波形。❷ 注意下面例句的含义: It is the underline{existence} of and the ability to control precisely these two independent charge-transport mechanisms that make possible all junction semiconductor devices. 正是由于存在这两种独立的运送电荷的机制并且能够精确地控制它们,从而使得一切结型半导体器件成为可能。(这是一个强调句型,其中 "of" 与 "to control" 共用了宾语 "these two independent charge-transport mechanisms"; "possible" 是宾语补足语,由于 "make" 的宾语长而把补足语放在宾语之前。)

existent [ɪgˈzɪstənt] ❶ *a.* 现存的,目前存在的,实际的 ❷ *n.* 存在的事物,生存者

existential [egzɪsˈtenʃəl] *a.* 存在的 ‖ ~**ly** *ad.*

existing [ɪgˈzɪstɪŋ] *a.* = existent

exit [ˈeksɪt] ❶ *n.* ①出口,排气管,太平门 ②引出,退场 ❷ *vi.* 退场,离去

exitus [ˈeksɪtəs] (pl. exitus) *n.* 出口,死亡

exline [ˈekslaɪn] *a.* 偏流线的

exoantigen [eksəˈæntɪdʒən] *n.* 外抗原

exoatmosphere [eksəˈætməsfɪə] *n.* 外大气层 ‖ **exoatmospheric** *a.*

exobiology [eksəubaɪˈblədʒɪ] *n.* 外(层)空(间)物学,宇宙生物学

exocardial [eksəˈkɑːdɪəl] *a.* 心外的

exocondensation [eksəkɒndenˈseɪʃən] *n.* 外缩作用,支链缩合

exo-configuration [eksəkɒnfɪgjuˈreɪʃən] *n.* 外向构型

exocyclic [eksəˈsaɪlɪk] *a.* 环外的

exoderm [ˈeksədɜːm] *n.* 外皮

exodermis [eksəuˈdɜːmɪs] *n.* 外皮层

exodic [ˈeksəudɪk] *a.* 离心的,传出的

exodus [ˈeksədəs] *n.* (成群地)退出

exoelectric [eksəuɪˈlektrɪk] *a.* 放电的

exoelectron [eksəʊɪ'lektrɒn] *n.* 外(激,逸)电子

exoenergic [eksəʊɪ'nɜːdʒɪk] *a.* = exoergic

exoenzyme [eksəʊ'enzaɪm] *n.*【生化】外源酶, 胞外酶

exoergic [eksəʊ'ɜːdʒɪk] *a.* 放能的,发热的

exogamy [ek'sɒgəmɪ] *n.* 异系交配,异族结婚

exogas ['eksəʊ'gæs] *n.* 放热型气体

exogenesis [eksəʊ'dʒenəsɪs] *n.* 外生,外原

exogenetic [eksəʊdʒɪ'netɪk] *a.* 外因的

exogenic [eksəʊ'dʒenɪk] = exogenous

exogenote [ek'sɔːdʒənəʊt] *n.* 外基因子

exogenous [ek'sɒdʒɪnəs] *a.* 外生的,由外层生长的, 生于外部的 ‖ **~ly** *ad.*

exognosis [eksɒg'nəʊsɪs] *n.* 除外诊断法

exograph [eksəʊ'grɑːf] *n.* X 光(底)片

exohormone [eksəʊ'hɔːməʊn] *n.* 外激素

exolife ['eksəʊlaɪf] *n.* 宇宙(外层空间的)生命

exometer [ɪk'sɒmɪtə] *n.* 荧光计

exomomental [eksəməʊ'mentəl] *a.* 发射脉冲的

exomorphism [eksəʊ'mɔːfɪzm] *n.* 外(接触)变质性

exonerate [ɪg'zɒnəreɪt] *vt.* 免除,释放,宣布无罪 ☆**exonerate A from B** 免除A的B ‖ **exoneration** [ɪgzɒnə'reɪʃən] *n.* **exonerative** *a.*

exoparasite [eksəʊ'pærəsaɪt] *n.* 体外寄生物

exopathic [ek'sɒpəθɪk] *a.* 外因的

exophytic [eksəʊ'fɪtɪk] *a.* 向外生长的

exoplasm ['eksəʊplæzm] *n.* 外质

exorbitancy [ɪg'zɔːbɪtəns], **exorbitancy** [ɪg'zɔːbɪtənsɪ] *n.* 过度

exorbitant [ɪg'zɔːbɪtənt] *a.* 过度的,非法的 ‖ **~ly** *ad.*

exordia [ek'sɔːdɪə] exordium 的复数

exordial [ek'sɔːdɪəl] *a.* 序言的,开端的

exordium [ek'sɔːdjəm] (*pl.*exordia) 序言,开端

exoskeleton [eksə'skelɪtən] *n.* 外骨骼,负重机器人

exosmic [ek'sɒsmɪk] *a.* 外渗的

exosmose ['eksɒsməʊz], **exosmosis** [eksəs'məʊsɪs] *n.* 外渗(现象) ‖ **exosmotic** *a.*

exosomatic [eksəsəʊ'mætɪk] *a.* 体外的

exosphere ['eksəʊsfɪə] *n.* (离地 300 英里到 1000 英里的)外大气层(圈) *n.* 外逸层

exospore [eksəʊ'spɔː] *n.* 外生孢子,孢子外壁

exosymbiosis [eksəsɪmbaɪ'əʊsɪs] *n.* 外共生(现象)

exoteric [eksəʊ'terɪk] *a.* ①公开的,对外开放的,通俗的 ②外面的,体外的,外生的

exotherm ['eksəθɜːm] *n.* (因释放化学能而引起的)温升,散热量

exothermal [eksəʊ'θɜːməl] = exothermic ‖ **~ly** *ad.*

exothermic [eksəʊ'θɜːmɪk] *a.* 放(出)热(量)的, 放能的 ‖ **~ity** *n.*

exotic [ɪg'zɒtɪk] ❶ *a.* ①外(国)来的,外国产的 ②异国情调的,奇异的 ③极不稳定的,极难俘获的 ❷ *n.* ①舶来品,外来品种 ②外来语

exotical [eg'zɒtɪkəl] *a.* = exotic ‖ **~ly** *ad.*

exoti(ci)sm [eg'zɒtɪ(sɪ)zəm] *n.* 外国味

exotropic [eksə'trɒpɪk] *a.* 向外转动的,外斜视的

exotropism [eksə'trɒpɪzm] *n.* 外向生(离轴偏转)

expadump ['ekspədʌmp] *n.* 推卸式卡车

expand [ɪks'pænd] *v.* ①扩张,膨胀 ②展开,伸长,推广,延伸 ③阐述,详谈(on,upon),完全写出(缩略部分) ☆*expand (A) in(B)* (把 A)扩展成 B 【用法】注意下面例句的含义: Let us underline{expand} underline{upon} the comparison of the 'front-surface' band diagram to an N⁺N junction. 让我们详细讲一下"前表面"能带图与 N^+N 结的比较。

expandability [ɪkspændə'bɪlɪtɪ] *n.* 可扩充性,可延伸性

expandable [ɪks'pændəbl] *a.* 可膨胀(延伸)的

expander [ɪks'pændə] *n.* 扩张(膨胀,扩展)器, 扩管装置,扩展电路

expanding [ɪks'pændɪŋ] *n.;a.* 膨胀(的),扩张的, 伸出来的,展开(级数)

expandor = expander

expanse [ɪks'pæns] *n.* ①广阔,浩瀚,太空 ②膨胀,扩张,展开

expansibility [ɪkspænsə'bɪlɪtɪ] *n.* 可扩张性,可膨胀性;膨胀(扩展)度

expansible [ɪks'pænsɪbl], **expansile** [ɪks'pænsaɪl] *a.* 易扩张的,膨胀性的

expansion [ɪks'pænʃən] *n.* ①扩张,膨胀,延长 ②展开(式) ③延伸率,长宽比 ④辗轧,展平 ⑤扩大部分,扩张物 ⑥辽阔,空间,区域 ⑦详述 ☆ *expansion of A into B* A 扩展(膨胀)成 B 【用法】本词表示"…的展开式"时,一般后面跟介词"for",也可跟"of"。

expansionary [ɪks'pænʃ ənərɪ] *a.* 扩张(展开,发展)性的

expansionism [ɪks'pænʃ ənɪzm] *n.* 扩张主义

expansionist [ɪks'pænʃ ənɪst] *a.; n.* 扩张主义者(的)

expansive [ɪks'pænsɪv] *a.* ①可膨(扩,伸)胀的,(可)展开的 ②宽阔的,广泛的 ③豪华的 ‖ **~ly** *ad.* **expansiveness** 或 **expansivity** *n.* = expansibility

expatiate [eks'peɪʃ ɪeɪt] *v.* 详细说明(on,upon) ‖ **expatiation** *n.* **expatiatory** *a.*

expatriate ❶ [eks'pætrɪeɪt] *v.* ①放逐(出国) ②移居国外 ❷ [eks'pætrɪɪt] *a.; n.* 移居(被放逐)出国的(人),放弃原国籍的(人) ‖ **expatriation** *n.*

expect [ɪks'pekt] *vt.* ①期待,要求 ②预期,料想,以为,对…有思想准备 ☆*as was expected* 或 *as might have been expected* 不出所料; *expect A of B* 要求(期望) B (做) A; *expect (A) to do* 预期(希望,预料到)(A 会)(做); *expect A to be*

B 预计 A 为 B
〖用法〗该动词可以后跟动词不定式作补足语。如: In this case, we should not expect kinetic energy <u>to be conserved</u>. 在这种情况下,我们不该期望动能会守恒。

expectance [ɪks'pektəns], **expectancy** [ɪks'pektənsɪ] n. ①期待,预期,希望 ②公算

expectant [ɪks'pektənt] a. 期待的,预期的,期望的 ‖ **~ly** ad.

expectation [ekspek'teɪʃən] n. 期待,预期,预期数值,可能性 ☆**against (beyond,contrary to) expectation(s)** 出乎意料(之外); **answer (meet,come up to) one's expectation(s)** 不负所望,如愿以偿; **fall short of (not come up to) one's expectation(s)** 辜负期望; **in expectation** 期待着的,指望中的; **in expectation of** 盼望〔预料〕着

expectative [ɪks'pektətɪv] a. 期待的,预期的

expected [ɪks'pektɪd] a. 期待的,预期的

expectorant [eks'pektərənt] ❶ a. 祛痰的 ❷ n. 祛痰剂,止咳药

expectorate [eks'pektəreɪt] v. 咳出,吐痰

expectoration [ekspektə'reɪʃən] n. 咳出,(吐)痰,唾沫,咳出物

expedance [ɪks'pedəns] n. 负阻抗

expedience [ɪks'piːdɪəns], **expediency** [ɪks'piːdɪənsɪ] n. ①便利,(事的)得失 ②权宜之计,权术

expedient [ɪks'piːdjənt] ❶ a. 便利的,有利的,合适的,权宜(之计)的 ❷ n. (紧急的)手段,权宜之计

expediential [ɪkspiːdɪ'enʃəl] a. 为了方便的,权宜之计的

expedite ['ekspɪdaɪt] ❶ v. ①加快(…的进程),加紧,速办,简化 ②发出,派出 ❷ a. 无阻的,迅速的,便当的

expedition [ekspɪ'dɪʃən] n. ①远征(队),探险(队),考察(队) ②急速,敏捷 ☆**go on an expedition** 远征〔探险〕; **make an expedition to** 去…探验; **use expedition** 从速; **with expedition** 迅速地

expeditionary [ekspɪ'dɪʃənərɪ] a. 远征的,探险的

expeditionist [ekspɪ'dɪʃənɪst] n. 探验〔远征〕队员

expeditious [ekspɪ'dɪʃəs] a. 迅速的,敏捷的,效率高的 ‖ **~ly** ad. **~ness** n.

expel [ɪks'pel] (expelled; expelling) vt. ①排出,发射 ②驱逐,排除,开除 ☆ **expel A from B** 把 A 从 B 排〔驱逐〕出

expellable [ɪks'peləbl] a. 可驱逐的,应开除的

expellant, expellent [ɪks'pelənt] ❶ a. 驱逐的,逐出的,排毒的 ❷ n. 驱除剂,排毒剂〔药〕

expellee [ekspə'liː] n. 被驱逐(出国)者

expeller [ɪks'pelə] n. ①螺旋式压榨机,排除器,排气机 ②驱逐〔开除〕者

expend [ɪks'pend] vt. 耗费,消耗,支出,用光 ☆ **expend money on (upon)** 把金钱〔款项〕用在…上; **expend time (care) in doing** 把时间〔注意力〕花费在(做)

expendability [ɪkspendə'bɪlɪtɪ] n. 消费〔耗〕性

expendable [ɪks'pendəbl] ❶ a. ①可消耗的,消耗的 ②一次使用的,不可逆的,排出的 ❷ n. 消耗品,空投干扰发射机

expendible [ɪks'pendɪbl] n. 消耗品

expenditure [ɪks'pendɪtʃə] n. ①消(花)费,支出 ②经费,开支

expense [ɪks'pens] n. ①(花,消)费,消耗量 ②经费,费用,开支 ☆**at (a) great expense** 以很大费用(代价); **at one's own expense** 自费; **at the expense of** 以…为代价; **at the public expense** 公费; **cut down one's expenses** 节省开支; **go to the expense of** 为…的目的花钱
〖用法〗注意下面例句的含义: While later chapters describe rules and exceptions in a detail-oriented and sometimes mathematical manner, this chapter strives for clarity and brevity <u>at the expense of</u> completeness. 这一章力求讲得简明扼要而不考虑完整性,(而)后面几章则详细地、有时用数学方法来描述一些规则和例外。

expensive [ɪks'pensɪv] a. 花钱多的,昂贵的 ‖ **~ly** ad. **~ness** n.

experience [ɪks'pɪərɪəns] vt.; n. 经验,经历,体验,感受,遭受 ☆**as a matter of experience** 根据经验; **by (from) experience** 凭经验; **draw upon past experience to do** 凭过去的经验(做)
〖用法〗❶ 本词表示"在…方面的经验"时,一般后跟"with"或"in"。如: Drawing on our <u>experience with</u> diodes, we can linearize the emitter-base circuit. 根据我们对二极管的经验,我们可以把发射极-基极电路(的特性)线性化。❷ "with experience"意为"根据(用)经验"。如: The facility of choosing loop currents that minimizes the effort required to solve any given network is attained <u>with-experience</u>. 根据经验(我们)可熟练地选择回路电流使解任一给定网络所需的努力降到最低程度。❸ 注意下面例句的含义: If we were to place a mass in the gravitational field, it would <u>experience</u> a force along whatever line of force it was on, with a magnitude dependent on how close together the lines of force were in its vicinity. 如果我们把一个质量放在重力场中,它就会沿着它所处的那条力线经受一个力,该力的大小取决于其周围力线的疏密程度。

experienced [ɪks'pɪərɪənst] a. 有(实践)经验的,经验丰富的 ☆**be experienced in** 有…的经验

experiential [ɪkspɪərɪ'enʃəl] a. 经验(上)的,从经验出发的 ‖ **~ly** ad.

experientialism [ɪkspɪərɪ'enʃəlɪzm] n. 经验主义

experientialist [ɪksperɪ'enʃəlɪst] n. 经验主义者

experiment [ɪks'perɪmənt] ❶ n. ①实验,试验 ②科学仪器 ☆**make (carry out,do,perform,try) an experiment on (upon,in with)** 做…实验,对…的实验 ❷ v. 进行实验(试验) ☆**experiment on (in,upon,with)** 做…实验,对…进行实验
〖用法〗❶ 表示"(通过)对…的实验"一般其后使用介词"with"。如: Galileo's <u>experiments</u> <u>with</u> accelerating bodies provided the basis for a scientific understanding of motion. 伽利略对加速物体的实验为科学理解运动的基础(科学理解运动提供了基础)。❷ 表示"做…实验"时,与本词搭配的动词有"make,do,perform, conduct"。一般来说其后跟"in"(大学科)或"on"(小学科),但并不严格。如: They are doing an experiment <u>in</u> physics〔<u>on</u> electricity〕. 他们在做物理〔电学〕实验。/Experiments <u>in</u> CS₂ verify the basic feature. 对 CS₂ 的实验证实了这个基本特点。

experimental [ɪksperɪ'mentl] a. 实验(性,上)的,试验(性)的,根据实(试)验的
〖用法〗当本词修饰具有动作含义的名词时,其含义是"用实验的方法"。如: The <u>experimental</u> determination of the resistivity of a material involves measuring the resistance of a specimen of the material. 用实验方法确定某物质的电阻率涉及测量该物质样本的电阻。

experimentalism [eksperɪ'mentəlɪzm] n. 经〔实〕验主义

experimentalist [eksperɪ'mentəlɪst] n. ① 经〔实〕验主义者 ②实验者,试验者

experimentalize [eksperɪ'mentəlaɪz] vi. 实验(研究)

experimentally [eksperɪ'mentəlɪ] ad. 实验上,用实验方法
〖用法〗注意下面例句的含义: <u>Experimentally</u>, it is found that the current in a circuit is proportional to the applied voltage. 由实验发现,电路中的电流正比于外加的电压。/This law was verified <u>experimentally</u> by Ohm. 这个定律是由欧姆通过实验的方法证明的。

experimentation [eksperɪmen'teɪʃən] n. 实验,试验

experimenter [eks'perɪmentə] n. 实〔试〕验者

experimentize [eks'perɪməntaɪz] v. 实验,(做…)试验

expert ['ekspɜ:t] ❶ n. ①老手,能手,内行,专家 ②检查人,鉴定人 ❷ a. ①有经验的,专家的,内行的 ②巧妙的,精巧的 ❸ v. (在…中)当专家 ☆ **in an expert capacity** 以专家身份
〖用法〗表示"专家,内行"时后面一般跟介词"in"或"on",也可以跟"at"或"with"。如: Professor Smith is an expert <u>in</u> 〔<u>on</u>〕 electronics. 史密斯教授是一位电子学专家。

expertise [ekspə'ti:z] n. ①专门知识,专长,经验 ②专家 ③专门鉴定

expertize ['ekspətaɪz] v. (对…)作出专业性鉴定

expertly ['ekspɜ:tlɪ] ad. 熟练地

expertness ['ekspɜ:tnɪs] n. 熟练,专长

expiate ['ekspɪeɪt] vt. 赎,抵偿,躲避

ex pier [eks pɪə] 码头交货

expiration [ekspaɪə'reɪʃən] n. ①(一段时期之)终止,期满(of) ②呼〔断〕气,死亡

expiratory [ɪks'paɪərətərɪ] a. 吐(呼)气的

expire [ɪks'paɪə] v. ①期满,终了 ②吐〔断〕气,死,熄灭

expirograph [ɪks'paɪərəɡra:f] n. 呼气描记器

expiry [ɪks'paɪərɪ] n. 终止,期满

expiscate [eks'pɪskeɪt] vt. 查出,探出

expiscation [ekspɪs'keɪʃən] n. 长期诊断,详究,查出

explain [ɪks'pleɪn] v. 说明,解释,阐明 ☆**explain away** 把…解释过去,巧辩〔搪塞〕过去; **explain A as B** 把 A 解释成 B; **explain oneself** 交代清楚

explainable [ɪks'pleɪnəbl] a. 可说明的,可解释的

explanate ['ekspləneɪt] a. 平展的

explanation [eksplə'neɪʃən] n. 说明,解释 ☆**by way of explanation** 作为说明; **in explanation of** 来解释; **without explanation** 不经解释
〖用法〗❶ "be+an explanation of"往往表示动词"explain"的含义。如: Mechanics <u>is not an</u> <u>explanation of</u> why bodies moves. 力学并不说明物体为什么会运动。❷ 表示"对…的说明(解释)"时其后面往往跟介词"for"。如: The <u>explanation for</u> this fact resides in the small leakage current of a silicon junction. 这一点的解释在于硅结的漏电流比较小。❸ "作一说明"一般写成"give 〔provide,offer〕an explanation (of …)"。

explanative [ɪks'plænətɪv] a. 说明〔解释〕性的

explanatorily [eks'plænətərɪlɪ] ad. 作解释,说明式地

explanatory [ɪks'plænətərɪ] a. 说明(性)的,解释(性)的

explant [eks'pla:nt] ❶ v. 移植 ❷ n. 移植体

explantation [ekspla:n'teɪʃən] n. 组织培养,移出,移植

explement ['ekspləmənt] n. 辅角

expletive [eks'pli:tɪv] ❶ a. 填补的,多余的 ❷ n. 填补〔附加〕物

expletory a.= expletive

explicable ['eksplɪkəbl] a. 可解释的,能说明的

explicate ['eksplɪkeɪt] vt. ①解释 ②引申,发展 ‖ **explication** n.

explicative [eks'plɪkeɪtɪv], **explicatory** ['eksplɪkeɪtrɪ] a. 说明的,阐明意义的

explicit [ɪks'plɪsɪt] a. ①明白的,显(然,示)的,清楚的 ②直率的 ③须直接付款的 ‖ **~ly** ad. **~ness** 或 **~y** n.

explodable [ɪks'pləudəbl] a. 可爆(炸)的

explode [ɪksˈpləud] *v.* ①(使)爆炸,起爆,激增 ②蓬勃发展,迅猛地发生 ③推翻,破除

exploded [ɪksˈpləudɪd] *a.* 爆炸了的,被推翻了的(理论),被打破了的,分解的

exploder [ɪksˈpləudə] *n.* ①雷管,引信 ②爆炸器 ③爆破工

exploit ❶ [ɪksˈplɔɪt] *vt.* ①开发(采,垦),利用,发挥 ②剥削 ❷ [ˈeksplɔɪt] *n.* 功绩,辉煌的成就

exploitability [ɪksplɔɪtəˈbɪlɪtɪ] *n.* 可开发(采)性,可利用性

exploitable [ɪksˈplɔɪtəbl] *a.* 可开发(采,拓)的,可利用的

exploitage [ɪksˈplɔɪtɪdʒ] *n.* ①(资源的)利用,开发 ②榨取,剥削

exploitation [eksplɔɪˈteɪʃən] *n.* ①开发(采),发掘,利用 ②操作,维护 ③剥削

exploi(ta)tive[ɪksˈplɔɪ(tə)tɪv] *a.* 开发的,剥削的

exploiter [ɪksˈplɔɪtə] *n.* 剥削者

exploration [eksplɔːˈreɪʃən] *n.* ①勘探,探索(险),发掘 ②调查,钻研 ☆**make further exploration** 作进一步探索(考察) ‖~al *a.* **explorative** *a.*

explorator [eksˈplɔːreɪtə] *n.* 靠模

exploratory [eksˈplɔːrətərɪ] *a.* 探查(险)的,勘探的,发掘的,调查的

explore [ɪksˈplɔː] *v.* ①勘探,查勘,探查 ②探索,研究,发掘 ③析像

explorer [ɪksˈplɔːrə] *n.* ①探测(险)者,勘查人员 ②探测机,探测器,查探器

explosibility [ɪkspləuzəˈbɪlɪtɪ] *n.* (可)爆炸性

explosible [ɪksˈpləuzəbl] *a.* 可爆炸的

explosimeter [ɪkspləuˈsɪmɪtə] *n.* 气体可爆性测定仪

explosion [ɪksˈpləuʒən] *n.* ①爆炸,炸裂,活塞的工作冲程,放炮 ②迅速增长,激增,突发

explosive [ɪksˈpləusɪv] ❶ *a.* ①爆炸(性)的,易爆炸的,爆发的 ②极为迅速的,猛烈的 ❷ *n.* (烈性)炸药,爆炸性物质,(pl.)爆破器材 ‖ ~ly *ad.*

explosiveness [ɪksˈpləuˈsɪvnɪs], **explosivity** [ɪkspləuˈsɪvɪtɪ] *n.* 爆炸性

expo [ˈekspəu] *n.* 展览会,博览会

expometer [eksˈpɒmɪtə] *n.* 露光计,曝光表

exponent [eksˈpəunənt] ❶ *n.* ①解说者,阐述者 ②倡导者 ③指数,幂(数) ④试样,标本 ⑤工表,典型,例子 ❷ *a.* 说明的,解释的,阐述的

exponentially [ekspəuˈnenʃəlɪ] *ad.* 按指数律地

exponentiate [ekspəuˈnenʃɪeɪt] *v.* 指数化

exponentiation [ekspəunənʃɪˈeɪʃən] *n.* 取幂,指数表示

exponible [ɪksˈpəunɪbl] *a.* 可说明的

export ❶ [eksˈpɔːt] *v.* 输出,出口,排出 ❷ [ˈekspɔːt] *n.* ①输出(品),出口(商品) ②呼叫,振铃 ❸ *a.* 出口(物)的

exportable [eksˈpɔːtəbl] *a.* 可出口的,可输出的

exportation [ekspɔːˈteɪʃən] *n.* ①输出(品),出口(商品) ②呼叫,振铃

exporter [eksˈpɔːtə] *n.* 输出者,出口商

exposal [ɪksˈpəuzəl] = exposure

expose [ɪksˈpəuz] *vt.* ①暴(揭)露 ②展览,陈列 ③使遭受,露出,陈述 ☆**expose A to B** 把A暴露于B(之下),使A受到B(的作用); **(be) exposed to** 容易(可能)受到…(的影响等),(遭)受到 〖用法〗注意下面例句中本词的含义: That roll of film has been <u>exposed</u> to light. 那个胶卷已经曝光了。/This book should be useful in <u>exposing</u> computer scientists to the latest technology. 本书在使计算机专家们了解(接触)最新的技术方面会是有用的。

exposition [ekspəˈzɪʃən] *n.* ①暴露,显露,展出,陈列 ②展览(会),博览会 ③解释(说),叙(阐)述,讲解,述评 ☆**give an exposition of** (对…加以)说明

expositive [ɪksˈpɒzɪtɪv] *a.* 解释的,说明的,叙述的

expositor [ɪksˈpɒzɪtə] *n.* 解说员,解释(评注)者

expository [eksˈpɒzɪtərɪ] *a.* = expositive

exposometer [ekspəˈsɒmɪtə] *n.* 曝光计

expostulate [ɪksˈpɒstjuleɪt] *vi.* 告诫,劝告 ☆**expostulate with A about(for,on)B** 告诫A(关于)B ‖ **expostulation** *n.* **expostulative** 或 **expostulatory** *a.*

exposure [ɪksˈpəuʒə] *n.* ①暴露,揭露 ②曝光(量),辐照(量),照射 ③(照相)软片,底片 ④方位 ☆**exposure to** 暴露在…(之下) 〖用法〗❶ 注意词汇搭配模式 "exposure of A to B",意为 "使A暴露于B"。如: <u>Exposure of the body to potentially toxic substances</u> should be avoided. 应避免使人体接触有潜在毒性的物质。❷ 注意下面例句中本词的含义: Excessive <u>exposure</u> to X-rays is harmful to one's health. 过度地照射X射线对人的健康是有害的。/Prior <u>exposure</u> to advanced mathematics is required. (使用本书的读者)应该具有高等数学的知识。/Familiar to all with but the slightest <u>exposure</u> to scientific literature, this model shows the atom as a miniature solar system. 这个模型对只要稍微接触过科学文献的所有人来说都是熟悉的,它把原子描绘成一个微型太阳系。

expound [ɪksˈpaund] *v.* 详细说明,阐述

expounder [ɪksˈpaundə] *n.* 解释(说明)者

ex-president [ˈeksˈprezɪdənt] *n.* 前任总统

express [ɪksˈpres]❶ *vt.* ①表示 ②压榨,挤出 ☆**(be) expressed as A** 可以表示为A; **express oneself** 表达自己的思想(意见) ❷ *a.* ①明确的 ②快速的,快递的,特快的 ❸ *ad.* 乘快车,用快递 ❹ *n.* ①快车 ②快件(递,汇,报),急信,(报纸)号外 ③捷运公司 ☆**by express** 搭快车,用快递 〖用法〗注意下面例句中该词的含义: These equations were later <u>expressed</u> in the form we have now known as Maxwell's equations. 这些方程后来被表示成我们现在称之为麦克斯韦方程的形式。/<u>Expressed</u> in a formula, the relationship between voltage, current and resistance can be written as

V=IR. 若用公式表示的话,电压、电流、电阻之间的关系可写成 V=IR。("Expressed in a formula"是分词短语,处于句首条件状语。)

expressage [ɪks'presɪdʒ] n. 快递(费)

expresser [eks'presə] n. 压榨器

expressible [ɪks'presəbl] a. 可以表示的,可以表达的,可榨出的
〖用法〗注意下面例句中本词的用法: The mean field amplitude is expressible as A≡(2hω/ευ)^{1/2}. 场的平均幅度可以表示为 A≡(2hω/ευ)^{1/2}。

expression [ɪks'preʃən] n. ①表示 ②表达式,公式 ③措词,词句 ④表情,面貌 ⑤压榨(法) ☆ **beyond (past) expression** 无法形容 ‖ **~al** a.
〖用法〗❶ 表示"…的表达式"时,本词后常跟介词"for"。如: An expression for the expanded form of F(s) can now be obtained by substituting this result into Eq.(2-7). 现在通过把这一结果代入式(2-7)就能获得 F(s)的展开形式的表达式。❷ 注意下面例句中本词的含义: The free expression by design team members of 'half-baked' ideas is crucial to the success of group conceptualization. 设计小组成员能否畅所欲言地说出自己"不成熟"的想法,这对课题组设计方案的成功与否是至关重要的。

expressive [ɪks'presɪv] a. 表示的,富于表情的 ☆ **(be) expressive of** 表示〔达〕…的

expressiveness [ɪks'presɪvnɪs] n. 可表达性

expressivity [ɪkspre'sɪvɪtɪ] n. 善于表达,表达性,(基因)表现度

expressly [ɪks'preslɪ] ad. ①明显地,清楚地 ②特意,专门

expressway [ɪks'preswei] n. 快速公路,高速干道

expropriate [eks'prəuprɪeɪt] v. 征用(土地),没收 ☆**expropriate A from B** 征用〔没收〕A 的 B

expropriation [eksprəuprɪ'eɪʃən] n. 没收,征用

expulsion [ɪks'pʌlʃən] n. ①驱逐,开除 ②排出,喷溅,吹熄 ☆ **expulsion of ... from ...** 把…从…驱逐〔开除〕出去 ‖ **expulsive** a.

expunction [ɪks'pʌŋkʃən] n. 擦去,抹掉,勾销

expunge [eks'pʌndʒ] vt. 擦去,勾销,消灭 ☆ **expunge A from B** 把 A 从 B 上擦去

expurgate ['ekspɜːgeɪt] vt. 删去(不妥处),修订 ‖ **expurgation** n.

expurgator ['ekspɜːgeɪtə] n. 删改者,修订者

expurgatorial [ekspɜːgə'tɔːrɪəl],**expurgatory** [eks'pɜːgətərɪ] a. 修订的,删除的

ex quay ['eks'kiː] 码头交货(价格)

exquisite ['ekswɪzɪt] a. ①优美的,精致的 ②灵敏的,敏锐的 ③强烈的 ‖ **~ly** ad. **~ness** n.

ex rail ['eks'reɪl] 铁路旁交货

exsanguinate [ek'sæŋgwɪneɪt] ❶ a. 贫血的,无血的 ❷ v. 放血

exsanguine [eks'æŋgwɪn] a. 无血的,贫血的

exscapose ['ekskəpəus] a. 无梗的

exscind [ek'sɪnd] vt. 割开,切去

exsecant [ek'siːkənt] n. 外割函数

exsect [ek'sekt] vt. 切除 ‖ **exsection** n.

exsector [ek'sektə] n. 切除器

exsheath [eks'ʃiːθ] vi. 出鞘

exsiccant [ek'sɪkənt] n.; a. 干燥剂(的)

exsiccate ['eksɪkeɪt] v. 使干(燥),脱水,除湿

exsiccation [eksɪ'keɪʃən] n. 干燥,除湿作用

exsiccative ['eksɪkətɪv] ❶ a. 干燥的,除湿的 ❷ n. 干燥剂

exsiccator [ek'sɪkeɪtə] n. 保干器,除湿器

exsolution [eksə'luːʃən] n. 在外溶解,脱溶

exsomatize ['eksəmətaɪz] v. 离体

exsorption [ek'sɔːpʃən] n.【医】外逸

exstrophy ['ekstrəfɪ] n. 外翻

exsuccation [eksə'keɪʃən] n. 吸出(术)

exsudation [eksə'deɪʃən] n. 渗出(作用)

exsufflation [eksʌf'leɪʃən] n. (肺)排气

exsufflator [eksʌf'leɪtə] n. 排气器

extant [eks'tænt] a. ①现存的,仍存在的,剩存的,作家遗著手稿 ②突出的,显著的

extar ['ekstɑː] n. X 射线星

extasis [eks'teɪsɪs] n. 入迷

extemporal [eks'tempərəl],**extemporaneous** [ekstempə'reɪnjəs] a. 无准备的,即席的,临时的,权宜之计的 ‖ **-ly** ad.

extemporarily [ɪks'tempərərɪlɪ] ad. 无预备地,临时,即席

extemporary [eks'tempərərɪ] a.= extempore

extempore [eks'tempərɪ] a.;ad. 无准备(的),临时(的),即席(的)

extemporise, **extemporize** [ɪks'tempəraɪz] v. 临时制作,即席发言 ‖ **extemporisation** 或 **extemporization** n.

extend [ɪks'tend] v. ①伸长,展延,延长 ②扩大(张,展),推广 ③延长(到),蔓延 ④致以 ⑤【数】开拓 ☆**extend for** 延续…(距离); **extend from** 从…伸出(来); **extend from A into B** 从 A 插〔延伸〕到 B 里; **extend out** 伸出; **extend over** 延续(…时间),遍布; **extend through A** 贯穿 A; **extend through to** (一直)延伸到

extended [ɪks'tendɪd] a. 伸长的,展开的,扩展的,传播的,分布的
〖用法〗注意下面例句中本词的含义以及不定冠词的特殊位置: This would involve too extended a treatment of the theory of elasticity. 这就要涉及对弹性理论太广的论述。

extender [ɪks'tendə] n. ①扩充〔扩张,延展〕器,扩展镜 ②膨胀剂,稀释液,补充料

extendibility [ɪkstendə'bɪlɪtɪ] n. 可扩充性

extendible [ɪks'tendəbl] a. 可延伸〔扩张〕的

extensibility [ɪkstensə'bɪlɪtɪ] n. 伸长度,可延伸性,延展度

extensible [ɪks'tensəbl],**extensile** [eks'tensaɪl] = extendible

extensimeter [ɪksten'sɪmɪtə] = extensometer

extensin [ɪksˈtensɪn] *n.* 伸展蛋白

extension [ɪksˈtenʃən] *n.* ①伸长,延伸,广度 ②扩张,推广,分设 ③延长部分,伸出部,延期,广延范围,(可)扩展的范围,(电话)分机 ④【数】开拓,外延 ⑤(空间的)大小,范围,体积 ⑥扩充,蔓延,【医】牵引术 ☆*extension to A* A 的延长部分 〖用法〗本词表示"延伸,扩展,展开"时其前面可以用不定冠词。如: It follows, by a direct extension of (8-19), that e(t)= f×g(t)。通过直接扩展式 (8-19)得到 e(t)= f×g(t)。

extensional [ɪksˈtenʃ ənl] *a.* 外延的,延伸的

extensionality [ɪkstenʃ əˈnælɪtɪ] *n.* 外延性

extensive [ɪksˈtensɪv] *a.* 广大（泛）的,宽广的,外延的,扩大（展）的,粗放的 ‖ **~ly** *ad.* **~ness** *n.*

extenso [eksˈtensəu] (拉丁语) in extenso (略作 inex.) *ad.* 全部,详细

extensometer [eksten'sɒmɪtə] *n.* 伸长〔伸缩,应变,张力〕计,延伸仪,变形测定器

extensometry [eksten'sɒmɪtrɪ] *n.* 应变〔伸长〕测定

extensor [eks'tensə] *n.* 延展器,伸肌

extent [ɪks'tent] *n.* ①程度,限（量）度 ②范围,界限,长短,(分,数)量,值 ③【数】外延,广延 ④一大片 ☆*of great extent* 范围很大的(的); *to (such) an extent that* (竟然)达到这样的程度或结果,甚至于; *to the extent that* 达到这样的程度以至,在…这个意义上; *to the full (utmost) extent* 在最大可能的范围内,竭尽全力; *within the extent of* 在…范围内 〖用法〗❶ 表示"在…程度上"时,一般在本词前用介词"to"。如: This design is arbitrary to some extent. 在某种程度上这一设计是任意的。❷ 在其后面的定语从句可以省去引导词。

extenuate [eks'tenjueɪt] *vt.* ①低估,藐视 ②减轻,衰减 ③掩饰

extenuating [eks'tenjueɪtɪŋ] *a.* 使减轻的,情有可原的 ‖ **-ly** *ad.*

extenuation [ekstenju'eɪʃ ən] *n.* ①减少,缩小,衰减,瘦 ②低估 ③掩饰罪过(的借口) ‖ **extenuative** 或 **extenuatory** *a.*

exterior [eks'tɪərɪə] *a.;n.* 外面(表,观)(的),对外的,室外的

exteriority [ekstɪərɪ'ɒrɪtɪ] = externality

exteriorization [ekstɪərɪəraɪ'zeɪʃ ən] = externalization

exteriorize [eks'tɪərɪəraɪz] = externalize

exteriorly [eks'tɪərɪəlɪ] *ad.* 表面上,从外部

exterminate [eks'tɜːmɪneɪt] *v.* 根除,消灭 ‖ **extermination** *n.* **exterminative** 或 **exterminatory** *a.*

extern [eks'tɜːn] *n.* 实习医学生

external [eks'tɜːnl] ❶ *a.* ①外部(界,置)的 ②表面的,外观的,浅薄的 ③对外的,外国〔来〕的,附带的 ❷ *n.* 外面(部),(pl.) 外形,外部情况 ☆*judge by externals* 从外观上判断 〖用法〗表示"在…外部"时,其后跟介词"to"。

externalise = externalize

externalism [eks'tɜːnəlɪzəm] *n.* 外在性,客观性

externality [ekstɜː'nælɪtɪ] *n.* ①外表(面),外形〔貌,态,界〕②外在性,外在化,客观性 ③(pl.) 外部的事物

externalization [ekstɜːnəlaɪ'zeɪʃ ən] *n.* ①形象化,体现 ②客观化,外表化

externalize [eks'tɜːnəlaɪz] *vt.* ①使形象〔具体〕化,使客观化 ②认为…是由于外因

externally [eks'tɜːnəlɪ] *ad.* 外部(地),外表上

externe [eks'tɜːn] *n.* 实习医学生

externus [eks'tɜːnəs] *a.* 外界〔面〕的

exteroceptive [ekstərəu'septɪv] *a.* 外感受性的

extero(re)ceptor [ekstərəu(rɪ)'septə] *n.* 外感受器

exterritorial [eksterɪ'tɔːrɪəl] *a.* 治外法权的

exterritoriality [eksterɪtɔːrɪ'ælɪtɪ] *n.* 治外法权

extima ['ekstɪmə] *n.* 外膜

extinct [ɪks'tɪŋkt] *a.* ①(已)熄灭的,灭绝的 ②已废的,失效的

extinction [ɪks'tɪŋkʃ ən] *n.* ①消灭,猝灭,灭绝 ②吸光,消声 ③衰减,自屏 ‖ **extinctive** *a.*

extine ['ekstaɪn] *n.* 外膜,外壁

extinguish [ɪks'tɪŋgwɪʃ] *vt.* ①熄灭,消除,使衰减 ②废除,使无效 ③使黯然失色

extinguishable [ɪks'tɪŋgwɪʃ əbl] *a.* 会熄的,可扑灭的

extinguishant [ɪks'tɪŋgwɪʃ ənt] *n.* 灭火剂

extinguisher [ɪks'tɪŋgwɪʃ ə] *n.* ①灭火器,熄灯器 ②消除器 ③熄灭者

extinguishment [ɪks'tɪŋgwɪʃ mənt] *n.* 灭火,衰减

extirpate ['ekstɜːpeɪt] *v.* 铲除,根绝 ‖ **extirpation** *n.*

extirpator [ekstɜː'peɪtə] *n.* 根除者,摘除器

extol(l) [ɪks'tɔːl] *vt.* ①赞美,歌颂 ②吹捧 ‖ **~ment** *n.*

extoller [ɪks'tɔːlə] *n.* 赞美者,吹捧者

extorsion [ɪks'tɔːʃ ən] *n.* 外旋,外斜眼

extort [ɪks'tɔːt] *vt.* ①敲诈,勒索(from) ②逼迫 ③牵强附会 ④外旋 ‖ **-ion** *n.*

extortionary [ɪks'tɔːʃ ənərɪ], **extortionate** [ɪks'tɔːʃ ənɪt] *a.* 勒索性的,(要求,价格)过高的,太大的

extortioner [ɪks'tɔːʃ ənə] *n.* 敲诈者

extra ['ekstrə] (拉丁语) ab extra 自外,从外部

extra ['ekstrə] ❶ *a.* ①额外的,加班的 ②特别的,非常的 ③多余的 ④备用的 ❷ *n.* ①额外的东西,附加物〔费〕②增刊,号外 ③质量特别好的东西 ④临时工 ❸ *ad.* ①非常,格外 ②额外,另外 ③除外 ☆*do extra work* 加班,做额外工作

extraartistic [ekstrɑː'tɪstɪk] *a.* 与艺术无关的

extraatmospheric [ekstræætməs'ferɪk] *a.* 外层大气的

extracardiac [ekstrə'kɑːdɪæk] *a.* 心外的

extracellular [ekstrə'seljulə] *a.* 细胞外的

extrachromosomal [ekstrə'krəuməsəməl] *a.* 染色体外的

extracorporeal [ekstrəkɔː'pɔːrɪəl] *a.* 体外的

extracosmical ['ekstrə'kɔzmɪkəl] *a.* 宇宙外的

extract ❶ [ɪks'trækt] *vt.* ①(使劲)抽〔取〕出,选拔 ②蒸馏〔榨取,提炼〕出,萃〔提〕取 ③采掘,开采 ④摘录,选录 ⑤获得 ⑥开方,去根号 ⑦【计】取出数字部分 ❷ ['ekstrækt] *n.* ①提取物,蒸馏品 ②摘录,选集 ③精华,浸膏,提取液 ☆ ***extract A from B*** 从 B 中提取〔提出,摘录〕A

extractability [ɪkstræktə'bɪlɪtɪ] *n.* 可提取性

extractable [ɪks'træktəbl] *a.* ①可抽出的,可萃取的 ②可推断出的,可摘录的

extractant [ɪks'træktənt] *n.* 萃取物,提取剂

extracter *n.* = extractor

extractibility [ɪkstræktɪ'bɪlɪtɪ] *n.* 提取性

extractible *a.* = extractable

extracting [ɪks'træktɪŋ] *n.* 提取,萃取,提炼,榨取

extraction [ɪks'trækʃən] *n.* ①拨〔抽,摘〕出,分离,蒸馏 ②萃取(法),提炼,提取,精炼 ③提取物 ④开方(法) ⑤【计】抽数 ⑥摘录,精选 ⑦拨除术

extractive [ɪks'træktɪv] ❶ *a.* (可)提取的 ❷ *n.* 提出物,精华〔萃〕

extractor [ɪks'træktə] *n.* ①提取器,抽提塔,脱水机 ②抽出器,取出装置,提取设备,拨出器,脱模工具 ③【计】分离符,析取字

extractum [ɪks'træktəm] (*pl.* extracta) *n.* 浸膏,浸出物

extracurrent [ekstrə'kʌrənt] *n.* 额外电流,暂时电流

extracurricular [ekstrəkə'rɪkjulə], **extracurriculum** [ekstrəkə'rɪkjuːləm] *a.* 课(程)外的,业余的

extradite ['ekstrədaɪt] *vt.* 引渡,送还

extrados [eks'treɪdɒs] *n.* 拱背(线),外拱线〔圈〕,拱弧的外曲线

extraessential ['ekstrəɪ'senʃəl] *a.* 非主要的

extrafocal [ekstrə'fəukəl] *a.* 焦外的

extragalactic ['ekstrəgə'læktɪk] *a.* 【天】银河系外的,星系外的

extragenetic [ekstrədʒɪ'netɪk] *a.* 非遗传的

extraintestinal [ekstraɪn'testɪnəl] *a.* 肠外的

extralimital ['ekstrə'lɪmɪtəl] *a.* 在某区域内不存在的

extraman ['ekstrəmən] *n.* 机械手

extramembranous [ekstrə'membrənəs] *a.* 膜外的

extramundane ['ekstrə'mʌndeɪn] *a.* 地球以外的,宇宙外的

extramural ['ekstrə'mjuərəl] *a.* ①市内的,城外的 ②校外的,单位以外的 ③壁外的

extraneous [eks'treɪnjəs] *a.* ①外部的,额外的,范围之外的 ②无关的,不重要的 ‖ **-ly** *ad.* **~ness** *n.*

extranuclear ['ekstrə'njuːklɪə] *a.* 核外的

extraofficial ['ekstrəə'fɪʃəl] *a.* 职务〔权〕以外的

extraoral [ekstrə'ɔːrəl] *a.* 口外的

extraordinaire [ekstrɔːdɪ'neə] (法语) *a.* 非凡的,卓越的

extraordinarily [ɪks'trɔːdɪnrɪlɪ] *ad.* 非常,格外

extraordinary ❶ [ɪk'strɔːdɪnrɪ] *a.* 异常的,意外的,特别的,格外的 ❷ [ekstrə'ɔːdɪnərɪ] *a.* 特命的

extraphysical [ekstrə'fɪzɪkəl] *a.* 物质外的

extrapolability [ekstrəpɒlə'bɪlɪtɪ] *n.* 推断力,外推能力

extrapolar [ekstrə'pəulə] *a.* 极外的

extrapolate ['ekstrəpəleɪt] *v.* ①推断,推知 ②用外推法求 ☆ ***extrapolate A to B*** 把 A(向外)推广到 B

extrapolation [ekstrəpə'leɪʃən] *n.* 外推(法),归纳,推断

extraretinal [ekstrə'retɪnəl] *a.* 视网膜外的

extrasolar [ekstrə'səulə] *a.* 太阳(系)外的

extrasomatic [ekstrəsəʊ'mætɪk] *a.* 体外的

extraspectral ['ekstrə'spektrəl] *a.* 谱外的

extrastimulus [ekstrə'stɪmjuləs] *n.* 额外刺激

extrasynaptic [ekstrəsɪ'næptɪk] *a.* 突触外的

extrasystole [ekstrə'sɪstəlɪ] *n.* 【医】(心室)期外收缩,过早收缩

extratelluric [ekstrə'teljuərɪk] *a.* 地球外的

extraterrestrial ['ekstrətɪ'restrɪəl] *a.* 行星际的,地球外层空间的,外空的,宇宙的

extraterritorial [ekstrəterɪ'tɔːrɪəl] *a.* 治外法权的

extrathermodynamic [ekstrəθɜːmədaɪ'næmɪk] *a.* 超热力学的

extrathermodynamics [ekstrəθɜːmədaɪ'næmɪks] *n.* 超热力学

extratubal [ekstrə'tjuːbəl] *a.* 管外的

extravagance [ɪks'trævɪɡəns], **extravagancy** [ɪks'trævɪɡənsɪ] *n.* 奢侈,铺张,过度

extravagant [ɪks'trævɪɡənt] *a.* ①奢侈的,浪费的,大手大脚的 ②过度的 ‖ **-ly** *ad.* **~ness** *n.*

extravasate [eks'trævəseɪt] *v.* 溢出〔血〕,外渗,(熔岩)喷出 ‖ **extravasation** *n.*

extravascular [eks'træ'væskjulə] *a.* 血管外的

extravehicular ['ekstrəvɪ'hɪkjulə] *a.* 飞行器外的,宇宙飞船外的,座舱外的

extraventricular [ekstrəven'trɪkjulə] *a.* 室外的

extravert ['ekstrəvɜːt] *n.* 外向性格者

extraversion [ekstrə'vɜːʒən] *n.* 外倾

extravisual [ekstrə'vɪzjuəl] *a.* 视界以外的

extrema [ɪks'triːmə] *n.* extremum 的复数

extremal [ɪks'triːməl] *n.* 极值曲线,致极函数

extreme [ɪks'triːm] ❶ *a.* ①(最)末端的,尽头的 ②极端的,过度的 ③急剧的,激烈的 ❷ *n.* ①极端,极度(状态) ②极值,【数】外项 ③(pl.) 两个极端,极端条件 ④极端措施 ☆ ***go to extremes*** 或 ***run to an extreme*** 走极端,用激烈手段; ***in extreme cases*** 在极个别情况下; ***in (the)***

extreme 极端(地),非常,达于极点; *lie at the extremes (of)* 位于(⋯的)两端; *take extreme measures* 采取激烈措施

〖用法〗注意在下面例句中本词的含义: This model finds greatest utility in the practical *extreme* of high frequency analysis. 这个模型在高频分析的实际困难中最为有用。

extremely [iks'tri:mli] *ad.* 极端(地),非常

extremism [iks'tri:mizəm] *n.* 极端主义

extremist [iks'tri:mist] ❶ *n.* 极端主义者 ❷ *a.* 极端主义的

extremital [iks'tri:mitəl] *a.* (末)端的,肢的

extremitas [iks'tri:mitəs] (pl. extremtates) *n.* 肢,端

extremity [iks'tremiti] *n.* (末,极)端,极度,终极,尽头,(pl.)非常手段,四肢 ☆*at the extremity of* 在⋯的尖(末)端; *expect the extremity* 准备万一; *proceed (go,resort) to extremities* 采取最后(非常)手段; *to the last extremity* 到穷途末路

extremum [iks'tri:məm] ❶ (pl. extrema) *n.* 极值,(级数的)首项或末项 ❷ *a.* 极度的,最终的

extricable ['ekstrikəbl] *a.* 摆脱得了的,救得出的,能脱险的

extricate ['ekstrikeit] *vt.* ①使摆脱,救出 (from) ②【化】放出,游离 ☆*extricate oneself from* 脱离 ‖ **extrication** *n.*

extrinsic(al) [eks'trinsik(əl)] *a.* ①非固有的,非本征的,外来的,附带的 ②非本质的 ③含杂质的 ☆*extrinsic to* 非⋯所固有的 ‖ **~ally** *ad.*

extrophia [eks'trəufiə] *n.* 外翻

extrophy ['ekstrəfi] *n.* 外向性

extroversion [ekstrəu'vɜ:ʃən] *n.* 外翻;精神外向

extrovert ['ekstrəuvɜ:t] ❶ *n.* 外向性格的人 ❷ *a.* 外向性的 ❸ *v.* (使)成外向性格

extrudability [ekstrudə'biliti] *n.* 压出可能性,可挤压性

extrudate [iks'tru:deit] *n.* 挤出物,压出型材

extrude [eks'tru:d] *v.* 挤压(成形),冲(喷)出 (from),模(热)压 ☆*extrude A into B* 把 A 挤压成 B

extruder [eks'tru:də] *n.* 挤压机,(螺旋)压出机

extrusion [eks'tru:ʒən] *n.* 挤(压)出,热压,伸延,冲塞,突出

extrusive [eks'tru:siv] ❶ *a.* 挤(压)出的 ❷ *n.* 喷出岩体

extubate [eks'tju:beit] *v.*【医】从⋯去掉管子

extubation [ekstju:beiʃən] *n.* 除(管)管(法)

exuberance [ig'zju:bərəns] *n.* 丰富,充斥,茂盛

exuberant [ig'zju:bərənt] *a.* ①丰富的,充溢的,茂盛的 ②多余的 ③华而不实的,冗长的 ④极度的,极大的,高度增生的 ‖ **~ly** *ad.*

exuberate [ig'zju:bəreit] *vi.* 富(于),充满,茂盛

exudate ['eksju:deit] *n.* 渗出物,渗出液

exudation [eksju:'deiʃən] *n.* 渗出,热析,(打箱过早)跑火,(金属)出汗 ‖ **exudative** *a.*

exudatum [eksju:'deitəm] *n.* 渗出物(液)

exud [ig'zju:d] *v.* (使)渗出,(使)发散,(使)散布

exult [ig'zʌlt] *vi.* 欢欣(鼓舞) ☆*exult in (over,at)* 因⋯而欢欣鼓舞

exultant [ig'zʌltənt] *a.* 欢欣鼓舞的,得意的 ‖ **~ly** *ad.*

exultation [egzʌl'teiʃən] *n.* 欢欣鼓舞(at),得意 (over)

exurb ['egzɜ:b] *n.* 城市远郊富裕阶层居住的地区

exurban [eg'zɜ:bən] *a.* 城市远郊的

exurbia [eg'zɜ:biə] *n.* 城市远郊

exutory [ek'sju:təri] *n.* ①取(流)出 ②脱除剂,诱导剂 ❷ *a.* 诱导的

exuviae [ig'zju:vii:] *n.* (pl.) 蜕下的皮,壳

exuviation [igzju:vi'eiʃən] *n.* 脱皮

exuvium [ig'zju:viəm] *n.* 皮屑

ex warehouse [eks'weəhaus] *n.* 仓库交货(价格)

ex wharf [eks'hwɔ:f] *n.* 码头交货(价格)

eye [ai] ❶ *n.* ①眼(睛),眼状物,(瞳,针)孔,环,扣眼 ②信号灯 ③光电池(管) ④观点,见解,视域 ⑤眼力,观察力 ❷ *vt.* ①(观)看,注视,凝视 ②在⋯上打孔眼 ☆*be all eyes* 极为注意,凝视; *be up to the eyes in* 埋头于; *by the eye* 用眼睛估计,凭眼力; *have an eye upon* 或 *have one's eyes on* 注视,监视,盯住; *in the eyes of* 从⋯观点来看; *in the eye of the wind* 或 *in the wind's eye* 逆风; *keep an eye on (upon)* 密切注视,照看; *keep one's eyes open* 留心看看,保持警惕; *run one's eye through (over)* 浏览; *see eye to eye with* 完全同意,跟⋯看法完全相同; *see with half an eye* 一目了然; *strike the eye* 引人注目,醒目; *to the eye* 看起来,从表面上看来,当面; *with the naked eye* 用肉眼

eyeball ['aibɔ:l] *n.* 眼珠 ☆*eyeball to eyeball* 面对面

eyebar ['aiba:] *n.* 眼杆,带环(拉)杆

eyebase ['aibeis] *n.* 眼基线

eyebolt ['aibəult] *n.* 眼螺杆(栓),环首螺栓,螺丝圈

eyebrow ['aibrau] *n.* 眉毛,【建】窗眉,波形老虎窗,前缘翼缝

eyedrops ['aidrops] *n.* 眼药水

eyeful ['aiful] *n.* 满眼,被完全看到的事物

eyeglass ['aigla:s] *n.* ①镜片,(pl.)眼镜 ②监视窗,观测窗

eyeground ['aigraund] *n.* 眼底

eyehole ['aihəul] *n.* 小孔,(窥)视孔,孔眼,铁环

eyelash ['ailæʃ] *n.* 睫毛

eyeless ['ailis] *a.* 无眼的,盲目的

eyelet ['ailit], **eyelet-hole** ❶ *n.* 小孔,小眼,(孔眼)锁缝 ❷ *vt.* 在⋯上打小孔

eyelid ['ailid] *n.* 眼睑;可调节喷口

eyemark ['aima:k] *n.* 目标

eyemo [ˈaɪməʊ] n. 携带式电视摄像机

eyenut [ˈaɪnʌt] n. 吊环螺母

eyepiece [ˈaɪpiːs] n. 目镜

eyepoint [ˈaɪpɔɪnt] n. 视点

eyeshade [ˈaɪʃeɪd] n. 遮光眼罩

eyeshield [ˈaɪʃiːld] n. 护眼

eyeshot [ˈaɪʃɒt] n. 眼界,视野 ☆*beyond (out of)*
eyeshot 在远得看不见的地方,在视野外; *within*
(in) eyeshot of 在…看得见的地方,在…视野
内

eyesight [ˈaɪsaɪt] n. 视力〔野〕,眼界,见解,观察

（孔）

eyesore [ˈaɪsɔː] n. 刺目的东西

eyestalk [ˈaɪstɔːk] n. 眼柄

eyestone [ˈaɪstəʊn] n. 眼石

eyestrain [ˈaɪstreɪn] n. 眼疲劳

eyewash [ˈaɪwɒʃ] n. 眼药水;骗局;表面文章

eyewear [ˈaɪweə] n. 护目镜

eyewink [ˈaɪwɪnk] n. 一眨眼,一瞬间

eyewitness [ˈaɪwɪtnɪs] n. 目击者,见证人

eyot [eɪt] n.= ait 湖洲,河〔湖〕中的小岛

E

F f

fab [fæb] *a.* 惊人的,难以置信的

fabaceous [fə'beɪʃəs] *a.* 【植】豆(状)的

fabform [fæb'fɔːm] *a.* 豆形的

fable ['feɪbl] ❶ *n.* 寓言,传说,神话,童话,无稽之谈 ❷ *v.* 虚构,杜撰

fabled ['feɪbld] *a.* 寓言中的,传说的,神话的,虚构的

fabric ['fæbrɪk] *n.* ①织品,纤维(品,织物),(蒙,帘)布,(钢筋)网 ②结构,组织,质地 ③建筑物,工厂 ④生产,装配

fabricable ['fæbrɪkəbl] *a.* 可成型的

fabricant ['fæbrɪkənt] *n.* 制造人

fabricate ['fæbrɪkeɪt] *vt.* ①制造,生产 ②装配,加工,装蒙布 ③伪造,虚构,杜撰

fabrication [ˌfæbrɪ'keɪʃən] *n.* ①制造,制作,装配,生产 ②建造物 ③伪造,捏造,杜撰,虚构

fabricator ['fæbrɪkeɪtə] *n.* ①制作者 ②伪造者 ③装配工 ④金属加工厂

fabridam ['fæbrɪdæm] *n.* 合成橡胶坝

fabroil ['fæbrɔɪl] *n.* 纤维胶木

fabulosity [ˌfæbju'lɒsɪtɪ] *a.* 寓言性,无稽

fabulous ['fæbjuləs] *a.* ①传说中的,寓言般的,荒唐无稽的 ②惊人的,巨大的 ‖ **~ly** *ad.* **~ness** *n.*

facade [fə'sɑːd] *n.* 正面,外观

face [feɪs] ❶ *n.* ①脸,面,表面,表盘 ②外观,外表,面貌 ☆ *bring A face to face with* 使 A 面对; *(come) face to face with* 面对〔临〕,(与…)面对面; *fly in the face of* 公开反抗; *in one's face* 正对着,公开地; *in (the) face of* 在…面前,面临,与…对抗着,尽管; *in (the) face of the world* 公然,在众目睽睽之下; *on (upon) the face of* 从…的外表判断起来,字面上(看); *on the face of it* 从外表判断,乍看起来,可见; *put a new face on* 使…面目一新; *show one's face* 露面; *turn face about* 背转过去,调转方向 ❷ *v.* ①(使)面向,朝着,面对,遇到,正视 ②盖〔贴,镶〕面,贴上,表面加工 ☆ *face about* 回头,使折回; *face into the wind* 顶着风; *face off* 对抗; *face on* 朝着; *face up (off)* 把表面搞平,配刮,着色; *face up to* 大胆面向,正视; *face A with B* 把 B 贴在 A 上

〖用法〗❶ 表示"(某人)面临…(情况,问题)"时一般用句型"sb. is faced with sth."或"sth. faces sb."。如: Now we are faced with a situation similar to that of Sec.1-5. 现在我们面临类似于 1-5 节的情况。(但也有用"We face a situation ..."的。)/One

of the major problems which faced me in writing this book was 'digesting' the vast literature on computer-aided library systems and presenting it in what I hope is a clear and concise manner. 我在编写本书过程中面临的主要问题之一是要"消化"有关机辅图书馆系统的大量文献资料,并要用我所希望的清晰简明的方式来介绍它。❷ 注意下面例句中本词的含义: This component of the input can be read out on the meter face. 输入的这一分量可以在仪表面板上读出来。

faceless ['feɪslɪs] *a.* 没脸面的,不知名的

facelessness ['feɪslɪsnɪs] *n.* 无个性,缺乏独立性

facepiece ['feɪspiːs] *n.* 面罩

faceplate ['feɪspleɪt] *n.* ①面板 ②花盘 ③荧光屏

facer ['feɪsə] *n.* ①突然遭遇的重大困难 ②刮刀,平面铣刀,铣刀盘 ③刀架

facet ['fæsɪt] ❶ *n.* ①面,小(平)面,刻面 ②(事情的某一)方面 ③柱槽筋,网格 ④(昆虫复眼的一个)小眼面 ❷ (facet(t)ed;facet(t)ing) *vt.* 在…上刻面

faceted ['fæsɪtɪd] *a.* 有小平面的,有刻面的

facetiae [fə'siːʃiɪ] *n.* 诙谐书,淫书

facetious [fə'siːʃɪs] *a.* 滑稽的,轻率的

face(-)up ['feɪsʌp] *a.;ad.* 面朝上的

facial ['feɪʃəl] *a.* (正,表)面的,面部的

faciation [ˌfeɪʃɪ'eɪʃən] *n.* 混优种群丛

facient ['feɪʃənt] *n.* 乘数,因子

facies ['feɪʃiiːz] *n.* ①外观,面容 ②【地质】相 ③演替系列变群丛

facil ['fæsɪl] *n.* 因子〔数〕

facile ['fæsaɪl] *a.* ①容易的,(轻)易(获)得的 ②轻快的,流畅的 ‖ **~ly** *ad.* **~ness** *n.*

facilitate [fə'sɪlɪteɪt] *vt.* 使容易,便于,助长,简化,(神经)接通

〖用法〗本词后跟动作时要用动名词。如: This facilitates connecting the ohmmeter to the unknown resistor. 这有助于把欧姆表连接到未知电阻器上。

facilitation [fəˌsɪlɪ'teɪʃən] *n.* 使容易〔方便〕

facilitory [fə'sɪlɪtərɪ] *a.* 容易(化)的,接通的

facility [fə'sɪlɪtɪ] *n.* ①容易,方便 ②轻便,灵活,熟练,流畅 ③可能(性),(便利)条件 ④(常用 pl.)设备,机组,设施,装置,工厂,机关 ⑤功能,手段

〖用法〗注意下面例句中本词的含义: We have

gained <u>facility</u> in handling this simplified model. 我们获得了处理这一简化模型的技能。

facing ['feɪsɪŋ] ❶ *n.* ①刮削,刮面 ②饰面,(覆)盖面,涂料,镶边 ③衬片,炉衬 ❷ *a.* 对面的,面对的,外部的

facsimile [fæk'sɪmɪlɪ] *n.*; *vt.* ①(无线电,电)传真 ②影印(本),(精确)复制,摹真本 ☆*in facsimile* 逼真,一模一样

fact [fækt] *n.* 事实,现实,真相,(pl.) 论据 ☆*after the fact* 事后; *as a matter of fact* 或 *in (point of) fact* 事实上,实际上; *before the fact* 事前; *get the facts* 了解实际情况; *the fact (of the matter) is (that)* 事实是
〖用法〗本词后经常跟有同位语从句。❶ "fact"一词往往可以译成"这一点",有时还可译成"这一现象〔概念〕等。如: The term 'diode' comes from the <u>fact</u> that rectifiers have two active terminals. "二极管"这一术语来自于整流器具有两个有源端点这一事实。/All forces fall into one or the other of these two classes, a <u>fact</u> that will be found useful later. 所有的力均可归属为这两类中的某一类,这一点在以后会发现是很有用的。(本句中的"a fact ..."是前面整句的同位语,注意其汉译法。)/Of wider application is <u>the fact that</u> matter usually expands when its temperature is increased or contracts when its temperature is decreased. 应用更为广泛的是物质通常会产生热胀冷缩现象。❷ 有时本词可以写成某些形式,特别是在介词后使用"the fact that"形式时,因为在介词后是不能直接跟由"that"引导的介词宾语从句的,这时要用"the fact that"。如: The great value of the hybrid parameters is <u>the fact that</u> they can be measured directly with relative ease. 混合参数的重要价值在于能够比较容易地直接测量它们。/Of greater concern is <u>the fact that</u> the reverse current increases exponentially with temperature. 更为关心的是反向电流是随温度的上升而按指数规律增加的。/This is due to <u>the fact that</u> there exists a capacitance across the PN junction. 这是由于在 PN 结上存在有电容。/The resonant frequency is easily computed from <u>the fact that</u>, at this frequency, $X_L = X_C$. 我们能很容易计算出谐振频率来,因为在此频率上 $X_L = X_C$。

factice ['fæktɪs] *n.* (硫化)油膏

facticity [fæk'tɪsɪtɪ] *n.* 真实性

faction ['fækʃən] *n.* ①派别,宗派,小集团 ②倾轧,派系斗争

factis ['fæktɪs] *n.* 硫化油膏,亚麻油橡胶

factitial ['fæktɪʃəl] *a.* 人造的,人工的

factious ['fækʃəs] *a.* 闹派别的

factitious [fæk'tɪʃəs] *a.* ①人为的 ②不自然的,虚构的 ‖**~ly** *ad.*

factitive ['fæktɪtɪv] *a.* 作为的,使役的

facto ['fæktəʊ] (拉丁语) 事实上(的) ☆*ex post facto* 在事后,溯及既往地

factor ['fæktə] ❶ *n.* ①系数,率,指数 ②倍(数),乘数,商 ③因素,主因,遗传因子 ❷ *v.* ①因子分解,提公因子(out) ②代理经营 ☆*factor out* 提公因子
〖用法〗❶ 表示"⋯的因素"时,本词后跟现在分词,偶尔跟"in +动名词"。如: One <u>factor affecting</u> both amplifier gain and balance is that transistor parameters are sensitive to temperature. 影响放大器增益和平衡两者的一个因素是晶体管参数对温度敏感。/From time to time, it is also well to consider the human <u>factors influencing</u> a particular system. 有时还需要考虑影响某一特定系统的一些人为因素。/Another important <u>factor in determining</u> tone quality is the behavior at the beginning and end of a tone. 确定音质的另一个重要因素是一个音调开始和终了时的性能。❷ 本词用"by a factor of"表示倍数概念时,由于其含义是"因子",所以表示"增、减"时要"减一倍"。如: In this case, resolution is increased <u>by a factor of 100</u>. 这种情况下,分辨率提高了 99 倍〔提高到100倍〕。/The resistivities of insulators exceed those of the metals <u>by a factor of the order of 10^{22}</u>. 绝缘体的电阻率大约为金属的 10^{22} 倍。/If the radius is halved, the flow rate is reduced <u>by a factor of 16</u>. 如果半径减半,则流速降为原来的 1/16。/The external series resistance is <u>a factor of ten</u> smaller than that in the transistor circuit. 这个外串联电阻是晶体管电路中的十分之一。❸ 注意下面例句的含义及汉译法: A permanent magnet should also be able to keep its magnetization despite stray magnetic fields from nearby currents, <u>a factor as significant as its retentivity</u>. 不管来自附近电流杂散磁场的影响如何,永久磁铁都应该能保持其磁化状态,这一因素与顽磁性同等重要。(逗号后的部分作为前面句子的同位语。)/This result is correct <u>within a small factor</u>. 这个结果是非常正确的。/Aside from wave propagation, there are additional phenomena that must be <u>factored in</u>. 除了波的传播外,还有另外的一些现象必须加以考虑。/We <u>factor into</u> MOSFET theory the depletion-layer and bulk-charge behavior. 我们把耗尽层和体电荷的性能归入到金属氧化物半导体场效应管理论中。(注意句中状语"into MOSFET"放在宾语前。)

factorable ['fæktərəbl] *a.* 可(因子)分解的

factorage ['fæktərɪdʒ] *a.*; *n.* ①阶乘,因子的 ②代理厂商(的)

factoring ['fæktərɪŋ] *n.* 因子分解

factorise, **factorize** ['fæktəraɪz] *v.* ①因式分解 ②把复杂计算分解为基本运算 ③编制计算程序 ‖**factorization** 或 **factorisation** *n.*

factory ['fæktərɪ] *n.* 工厂

factotum [fæk'təʊtəm] *n.* ① 家务总管 ②特大型花体大写字母

factrix ['fæktrɪks] *n.* 女代理人

factual ['fæktjʊəl] *a.* (与)事实(有关)的,确〔真〕实的 ‖**~ly** *ad.* **~ness** *n.*

factualism ['fæktjuəlɪzm] n. 尊重事实

factuality [fæktju'ælɪtɪ] n. 真实性

facture ['fæktʃə] n. 制作〔法〕

facula ['fækjulə] (pl. faculae) n. (太阳的)光斑 ‖ **facular** 或 **faculous** a.

facultative ['fækəltətɪv] a. ①容许的,不受约束的,偶然的 ②兼生的 ③能力上的

faculty ['fækəltɪ] n. ①能力,本领(for) ②学院,系 ③教职工,(学院的)全体教师 ☆**have a faculty for** 擅长

fade [feɪd] ❶ v. 衰减,(图像)减弱,(使)褪色,逐渐消失 ☆**fade away** 渐渐消失; **fade down** (图像)衰减,(图像)淡出; **fade in** (图像)淡入; **fade out range orientation** 信号渐弱式导航定向; **fade over** (电视图像)淡出淡入; **fade up** (图像)增亮,(图像)自下而上入淡入 ❷ n. ①渐强,渐弱 ②(电影、电视从一画面)逐渐转换(到另一画面) ③汽车制动器逐渐失灵

fadeless ['feɪdlɪs] a. 不褪色的,不衰落的 ‖ **~ly** ad.

fader ['feɪdə] n. (照明,音量)减弱控制器,混频电位器,衰减器

fading ['feɪdɪŋ] n. 衰落,消失,阻尼,隐没,脱色

faecal ['fiːkəl] a. 粪便的,糟粕的

fag [fæg] ❶ (fagged; fagging) v. 辛苦地工作,使极为疲劳,虚脱 ❷ n. 苦工,疲劳 ☆**be fagged out** 累极了,筋疲力尽了; **fag (away) at doing** 辛辛苦苦地(做)

fag(g)ot ['fægət] ❶ v. 柴捆,束铁,一束 ❷ v. 打捆,联系

fag(g)oted ['fægətɪd] a. 束铁的

fag(g)oting ['fægətɪŋ] n. (捆)束铁

fahlore ['fɑːlɔː] n. 黝铜矿

Fahralloy ['fɑːrəlɔɪ] n. 耐热铁铬镍铝合金

Fahrenheit ['færənhaɪt] n. 华氏温度(的),华氏

faience [faɪ'ɑːns] n. 瓷器,彩色陶瓷

fail [feɪl] v.; n. ①失败〔效〕,断裂,(出)故障,停(水),断(电) ②衰退 ③缺乏 ④破产 ⑤忽略,疏忽,使失望,错误 ☆**fail in** 在…方面失败,由于…损坏,缺乏; **fail of** 没有能,未能; **fail to +(do)** 未能(做),没有(做); **never fail of** (务)必(达到),非要; **never fail to +(do)** 必定(做); **without fail** 必定,务必
〖用法〗表示"…不及格"时,本词可以是及物动词,也可以是不及物动词(后跟介词"in")。如: They failed (in) the final examination. 他们期末考试不及格。

failing ['feɪlɪŋ] ❶ n. 缺点,缺陷,失败 ❷ prep. 如果没有 ❸ a. 失败的,衰退中的

faille [feɪl] (法语) n. 罗缎

failure ['feɪljə] n. ①失败〔效〕,故障,停车,失败 ②破坏,断裂,崩塌,衰竭 ③缺少 ④不履行,疏忽 ⑤破产
〖用法〗❶ 表示"未〔不〕能…"时其后跟动词不定式。如: Failure to do so can result in spurious

oscillation. 不能做到这一点的话就会引起寄生振荡。❷ 注意搭配模式 "failure of A to do B",意为 "A 未能做到 B"。如: The deviations from the expected periodicity in Mendeleev's list were due to failure of contemporary chemistry to have discovered some of the elements existing in nature. 与门捷列夫周期表所预言的周期性有出入的原因在于当时化学界未能发现存在于自然界的某些元素。

faint [feɪnt] ❶ vi. ①消失,变弱 ②晕厥 ❷ n. 昏厥 ☆**be faint with** 或 **faint from** 因…而昏厥; **grow faint** 渐渐微弱 ‖ **~ly** ad. **~ness** n.

faintheart ['feɪnthɑːt] ❶ n. 懦夫 ❷ a. 怯懦的 ‖ **~ed** a.

fainting ['feɪntɪŋ] n.; a. 昏厥(的)

faintish ['feɪntɪʃ] a. 较弱的,有些昏厥的

fair [feə] ❶ a.; ad. ①(还算,相当,尚)好,颇,相当的,中等的 ②清楚(的),明晰(的),晴(朗的),令人满意(的) ③(外形)平顺的 ④整洁的,完全的 ⑤公平(的),合理(的) ❷ v. 把…做成流线型,整形;(天气)转晴 ❸ n. 博览会,(商品)交易会,牲畜市场 ☆**be in a fair way to** 有…的希望,很可能; **bid fair to +(do)** 很有…的希望; **by fair means or foul** 无论用什么办法,不择手段; **copy (write out) fair** 抄写清楚; **fair A into B** 使 A 平滑地连接到 B 上,使 A 和 B 组合成流线型; **through fair and foul** 或 **through foul and fair** 在任何情况下
〖用法〗注意下面例句中本词的含义: Its properties are simplicity, fair accuracy, and moderate cost. 其特点是结构简单,精度比较高,成本适中。

faircurve ['feəkɜːv] n. 展平曲线

faired [feəd] a. (做成)流线型的,整流片的,减阻的

fairily ['feərɪlɪ] ad. 仙女般地,优雅地

fairing ['feərɪŋ] n.;a. 整流(的,装置),光顺(的)(成线型的,罩),减阻(的,器),挡板

fairish ['feərɪʃ] a. 还可以的,相当的

fairlead ['feəliːd] n. 导引片,导索板

fairlight ['feəlaɪt] n. 门顶窗,气窗

fairly ['feəlɪ] ad. ①公平地 ②相当,颇 ③十分,简直 ④清楚地

fairness ['feənɪs] n. ①晴(朗),好 ②适当,公正 ③流线性
〖用法〗注意下面例句中本词的含义: In fairness, however, we must admit that normalization sometimes has an obscuring effect. 然而,平心而论,我们必须承认,归一化有时候会产生模糊效应。

fairwater ['feəwɔːtə] n. ①流线体 ②导流罩

fairway ['feəweɪ] n. ①航路,航道 ②油汽通道

fairy ['feərɪ] a. ①精巧的 ②虚构的

au fait [əʊ feɪ] (法语) 熟练,精通(in, at)

fait accompli ['feɪtə'kɒmpliː] (法语) 既成事实

faith [feɪθ] n. 信任〔念〕,诚实,诺言,保证 ☆**break faith with** 对…不守信用; **have faith in** 相信; **in bad faith** 欺诈地,不诚实地; **in faith** 确实; **keep**

faith with 对…守信用; **lose faith in** 对…失去信任; **on faith** 盲目地(相信); **on the faith of** 凭…的信用,由…的保证; **pin one's faith on (upon,to)** 坚决相信; **put faith in** 相信,信任 〖用法〗表示"信赖,信念,信仰"时,本词后跟介词"in"。如: They have faith in what he says. 他们相信他说的话。/We have no faith in God. 我们不信上帝。

faithful ['feɪθful] *a.* 忠实的,正确的,可靠的 ☆**be faithful to** 忠实于 ‖ **~ly** *ad.*

faithfully ['feɪθfulɪ] *ad.* 忠诚地,如实地 ☆**yours faithfully** (正式信件结尾签名前用的客套语)忠实于您的

faithless ['feɪθlɪs] *a.* 背信弃义的,不忠实的,靠不住的 ‖ **~ly** *ad.* **~ness** *n.*

fake [feɪk] ❶ *n.* ①赝品,伪造品,杜撰的东西 ②骗子,欺诈 ③云母板状岩 ❷ *a.* 伪造的,冒充的 ❸ *v.* ①伪造(up) ②把缆索卷成一卷

fakement ['feɪkmənt] *n.* 欺瞒,赝品

faker ['feɪkə] *n.* 骗子,伪造品

fakery ['feɪkərɪ] *n.* 伪造,捏造,赝品

falboot ['fɔlbuːt] *n.* 折叠舟

falcate ['fælkeɪt] *a.;n.* 镰刀形(的)

falcial ['fælʃəl] *a.* 镰(刀)的

falciform ['fælsɪfɔːm] *a.* 镰刀形的

fall [fɔːl] ❶ *v.* (fell,fallen) *vi.* ❷ *n.* ①落下,降落,灌注,流入,下垂 ②跌倒,降低,削弱,衰减,垮台 ③(向下)倾斜,坡降,电势降 ④通索,起重机绳,绞辘 ⑤降雨(雪)(量),采伐(量) ⑥(pl.)瀑布 ⑦秋季 ⑧陷下 ❸ *a.* 秋季的 ☆**bill to fall due** 汇票到期; **fall across** 碰见; **fall apart** 分离,土崩瓦解; **fall astern** 落后,赶不上; **fall away** ↓降,倾斜,消失,背离,抛弃,抛出; **fall back** 退出〔缩〕,回落〔降〕; **fall back on** 求助于,回过来再谈; **fall behind** 落后,拖欠; **fall beyond** 超过; **fall flat** 完全失败; **fall for** 喜欢;上…当; **fall foul of** 同…冲突〔抵触〕; **fall home** 向里弯; **fall in** 塌陷,凹进去;重合,一致;归入,进入同步;终止,期满; **fall in (to) pieces** 粉碎; **fall inside the limits of** 在…范围内; **fall in with** 和…一致,同意;参加;(偶然)碰到; **fall in (into) line with** 与…符合,同意; **fall into disuse** 不再使用〔上〕; **fall into habits** 养成习惯; **fall into place** 整理就绪, 放置就位,得到解释; **fall into step** (进入)同步; **fall off** 落下,缩小,被消灭,变坏,衰退,堕落,(火箭各级)分开; **fall off on one wing** (飞机)横侧失速; **fall on (upon)** 落在…上,照射到,发生于,适逢(节日等),攻击; **fall out** 降落,结局,(偶然)发生,掉队,结局(是),与…不一致,失(去同)步,争吵(with); **fall out of** 逐渐停止,失踪,放弃,不再; **fall out of step** 失(去同)步; **fall out well** 结果良好; **fall over** 从…落下,翻倒; **fall over each other** 争夺; **fall over oneself for (to+do)** 渴望; **fall short** 不足,不合格; **fall short by A** 差 A,短少 A; **fall short of A** 没有达

到 A,与 A 不一致,未能满足 A; **fall A short of B** 比 B 差 A; **fall through** (归于)失败; **fall to** 开始,着手; **fall to the ground** 落在地上,(计划等)完全失败; **fall under** 归入(…项下),列入,属于; **fall within** 属于…(之列),适合; **it (so) fell out that** 刚巧(出现) 〖用法〗❶ 科技文中往往遇到"fall into",意为"分成(= be divided into);归为(= belong to)"。如: These measurements all fall into this broad class. 这些测量都属于这一大类。/The gates fall into three general〔broad,major〕categories. 门电路分成三大类。❷ 注意搭配关系"the fall in〔of〕A with B"意为"A 随 B(的上升)而下降"。如: In the troposphere, there is a steady fall in temperature with increasing altitude. 在对流层,温度随着高度的增加而不断下降。❸ 本词表示"在秋季"时,其前面一定要用定冠词。如: It is better to visit Beijing in the fall. 在秋天访问北京更好。❹ 注意下面例句的含义: This chapter will treat several subjects relating to voltage and current measurement that do not logically fall elsewhere. 这一章要讨论有关电流和电压测量的一些内容,它们在逻辑上并不能归入其他章节。("that 从句"修饰"subjects",这属于句子成分的分割现象。)

fallacious [fə'leɪʃəs] *a.* 谬误的,不合理的,靠不住的 ‖ **~ly** *ad.* **~ness** *n.*

fallacy ['fæləsɪ] *n.* 错误,谬论,虚妄,错觉,假饰

fallage ['fɔːlɪdʒ] *n.* 伐木

fallback ['fɔːlbæk] *n.* ①降落原值,后退 ②可依靠的东西 ③低效率运行

fallen ['fɔːlən] ❶ fall 的过去分词 ❷ *a.* 落下来的,倒了的,倒塌的,陷落的,已垮台的

faller ['fɔːlə] *n.* 伐木人

fallibility [fælɪ'bɪlɪtɪ] *n.* 易犯错误

fallible ['fæləbl] *a.* 易犯错误的

falling ['fɔːlɪŋ] *n.;a.* 落下(的),落体(运动),减〔衰〕退(的),凹陷

fallout ['fɔːlaut] *n.* ①散落(物),放射性尘埃,回降物 ②附带成果,事故后果 ③引起 ④分离 ⑤失去同步

fallow ['fæləu] ❶ *a.* 未开垦的(土地),休闲的(地),未孕的 ❷ *v.* 休闲 ☆**lie fallow** 休闲〔整〕,尚未被利用 ‖ **~ness** *n.*

fallstreak ['fɔːlstriːk] *n.* 雨〔雪〕幡

fallup ['fɔːlʌp] *n.* 放射性尘埃对海洋地区的污染

false [fɔːls] *a.;ad.* ①假的,不真实(的),错误(的),不可靠(的) ②伪造(的) ③【计】不成立 ☆**be false to** 对…不忠实; **sail under false colours** 挂其他国家旗帜航行,冒充 ‖ **~ly** *ad.* **~ness** *n.*

falsehood ['fɔːlshud] *n.* 谎言,说谎,虚假,谬误

falsekeel ['fɔːlskiːl] *n.* 副龙骨

falsettist [fɔːl'setɪst] *n.* 用假嗓子说话或唱歌的人

falsework ['fɔːlswɜːk] *n.* 脚手架,鹰架,模板

falsification [fɔːlsɪfɪ'keɪʃən] *n.* ①伪造,篡改,歪曲 ②说谎 ③揭破,证明有假 ④畸变 ⑤误用

falsifier [ˈfɔːlsɪfaɪə] n. 弄虚作假者,伪造者

falsify [ˈfɔːlsɪfaɪ] v. ①伪造,篡改,歪曲 ②证明是假的 ③搞错,误用

falsity [ˈfɔːlsɪtɪ] n. ①谬误,不真实 ②虚伪,欺骗行为 ③假值

faltboat [ˈfɑːltbəut] n. 可折叠的帆布艇

falter [ˈfɔːltə] v.; n. ①摇晃,颤抖 ②犹豫,踌躇

faltung [ˈfæltəŋ] n. 褶合,【数】褶合式,褶积

fame [feɪm] ❶ n. ①声誉,名声 ②舆论,传说 ❷ vt. 使闻名 ☆**come to fame** 出名

famed [feɪmd] a. 有名的 ☆**be famed for** 以…出名

fames [ˈfeɪmiːz] (拉丁语) n. 饥饿

familial [fəˈmɪljəl] a. 家庭的,全家的

familiar [fəˈmɪljə] ❶ a. ①熟悉的,通晓的 ②惯用的,通俗的 ③密切的 ❷ n. 亲友 ☆**(be) familiar to A** 为 A 所熟悉; **(be) familiar with** 熟悉,通晓; **get familiar with** 变得对…熟悉 ‖ **-ly** ad. 〖用法〗❶一般来说,主语为人时,要用"familiar with";主语为事物时,要用"familiar to"。如: These engineers are familiar with computer languages. 这些工程师通晓计算机语言。/Computer languages are familiar to these engineers. 计算机语言对这些工程师来说是熟悉的。❷注意下面例句中本词的用法: Familiar to all with but the slightest exposure to scientific literature, this model shows the atom as a miniature solar system. 这个模型对只要对科技文献稍有接触的所有人来说都是很熟悉的,它把原子描绘成一个微型太阳系。(这个形容词短语处于句首作主语的附加说明。)

familiarise, familiarize [fəˈmɪljəraɪz] vt. 使熟悉〔精通,通晓〕,使通俗化 ☆**familiarise oneself with** 自己精通〔熟悉〕 ‖ **familiarisation** 或 **familiarization** n.

familiarity [fəˌmɪlɪˈærɪtɪ] n. ①熟悉,通晓(with) ②亲密 ☆**familiarity with** 熟悉,通晓,精通 〖用法〗❶注意下面例句中本词的含义: The students of engineering should have a working familiarity with computers. 工科学生应该熟悉计算机的实用知识。/A good designer needs a familiarity with the major characteristics and economics of various manufacturing processes. 一个好的设计人员需要熟悉各种制造过程的主要特性和成本。/Familiarity with these functions is very important. 熟悉这些函数是非常重要的。❷注意本词的搭配关系:"the familiarity of A with B"意为"A 对 B 的熟悉(程度),A 熟悉 B"。

familism [ˈfæmɪlɪzm] n. 家族主义

family [ˈfæmɪlɪ] ❶ n. ①家(庭,族),子女 ②族,种类,属,系(列) ❷ a. 家庭(用)的,家族的 〖用法〗注意下面例句中本词的含义: Such a family of similar sets of data is called an ensemble. 这样一类类同数据组就称为集。/A family of curves is displayed on the screen. 屏幕上显示出了一族曲线。

famine [ˈfæmɪn] n. (饥)荒,缺乏

famous [ˈfeɪməs] a. 著(出)名的,出色的,令人满意的 ☆**be famous for** 以…出名 ‖ **-ly** ad.

fan [fæn] ❶ n. ①扇(状物),风扇,鼓风机 ②叶片,螺旋桨 ③扇形地 ❷ (fanned;fanning) ①吹风,通风,扇(动),拍打 ②展成扇形,(成扇形)展开 ☆**fan away** 扇去; **fan in** 扇入,鼓风入端; **fan into a flame** 扇动; **fan out** 扇出,扇形扩大,成扇状散开; **fan the flame** 扇动

fanatic(al) [fəˈnætɪk(əl)] a. 狂热的

fanaticize [fəˈnætɪsaɪz] v. (使)成为狂热,(使)盲目热衷于

fancied [ˈfænsɪd] a. 空想的,空洞的

fancier [ˈfænsɪə] n. 空想家

fanciful [ˈfænsɪful] a. 想象的,幻想的,不真实的,异想天开的,奇异的 ‖ **-ly** ad.

fancily [ˈfænsɪlɪ] ad. 空想地

fancy [ˈfænsɪ] ❶ n.; a. ①想象(的,力),幻想(的),空想的 ②特制(级,选)的,精制〔选,良〕,最高档的,漂亮的,鲜艳的,杂样的,装饰的 ❸ 爱好 ❹ v. ①想象,设想 ②爱好,喜爱 ③相信 ☆**after (to) one's fancy** 合…意的; **catch (strike,take) the fancy of** 迎合…的爱好,吸引; **fancy oneself (to be)** 自以为是; **fancy (that)** 真想不到,奇怪; **have a fancy for** 或 **take a fancy to** 喜欢; **have a fancy that** 总以为,总觉得

fanfare [ˈfænfeə], **fanfaronade** [fænfærəˈnɑːd] n. 炫耀,吹嘘

fang [fæŋ] ❶ n. ①(牙)齿,爪 ②尖端 ❷ vt.灌水引支

fanion [ˈfænjən] n. (门上的)扇形窗,测量旗

fanjet [ˈfændʒet] n. 涡轮发动机

fanlike [ˈfænlaɪk] a. 扇形的,折叠的

fanned [fænd] a. 扇形的,带翼的

fanner [ˈfænə] n. 风扇,通风机

fanning [ˈfænɪŋ] n. 通风,用通风器吸尘,扇展,(电缆)扇形编组

fanny [ˈfænɪ] n. 航空搜索接收机用的设备

fanout [ˈfænaut] n. 输出(端数),扇出(端数)

fantail [ˈfænteɪl] n. 扇(状)尾,燕尾(连接)

fantascope [ˈfæntəskəup] n. 幻视器

fantasia [fænˈteɪzɪə] n. 幻想曲

fantasize [ˈfæntəsaɪz] v. (产生,出现)幻想,想象(about)

fantasm [ˈfæntæzm] n. 幻影,鬼

Fantasound [ˈfæntəsaund] n. 具有三维效果的(电影)录音法

fantast [ˈfæntæst] n. 幻想家,空想主义者

fantastic(al) [fænˈtæstɪk(əl)] a. ①幻〔空〕想的,异想天开的 ②奇异的,荒谬的

fantasticality [fæntæstɪˈkælɪtɪ] n. 怪异,奇谈,奇怪的东西

fantastically [fænˈtæstɪkəlɪ] ad. ①空想,异想天开地 ②非常,难以想象地

fantasticate [fænˈtæstɪkeɪt] v. 幻想,使变得荒谬

〔怪诞〕

fantasticism [fæn'tæstɪsɪzm] *n.* 奇异

fantastron ['fæntæstrɒn] *n.* 幻像多谐振荡器,幻像延迟线路

fantasy ['fæntəsɪ] *n.*; *v.* 幻想(出来的东西),空想,怪念头,离奇的图案

far [fɑ:] (farther 或 further,farthest 或 furthest) ❶ *a.* 远的,久远的 ❷ *n.* 远方〔处〕☆*as far as* 直到,到…为止〔程度〕,就…(来说); *as far as ... goes* 就…而论; *as for as (our) information goes* 照(我们)现有的资料来看; *as far as (our) knowledge goes* 就我们所知; *as far as ... is concerned* 就…而论; *as far as possible* 尽可能,尽量; *as far back as* 早〔远〕在…(就); *be not far to seek* 不难找到,在近处; *by far*(+比较级或最高级)远远,最,…得多; *by far the majority of* 绝大多数的; *except in so far as* 或 *except insofar as* 除非,除去; *far ahead* 远在前面; *far and away* 远远,肯定地,绝对地; *far and near (nigh)* 远近,到处; *far and wide* 到处,广泛地; *far away* 在远处; *far cry* 很远的距离,很大的差异; *far from* 远离; 远远不,离…差得远; *far from doing* 远非,绝不是; *far off* 远离,在远方; *far out* 远远超出,远非一般的; *far too* 极其,太; *far too slow (slowly)to(do)* 非常慢以致不能; *few and far between* 极少,稀少; *from far and near* 从各处; *go far towards (to do)* 大大有助于; *go far with* 很能感动; *in so far as* 就…来说,到…的程度,至于; *(in) so far as is concerned* 就…而论; *in so far as (...) is possible* 尽可能地; *not far off* 不是很远,差不多是; *so far* 迄今; *so far as*(只)就…说,到…为止; *(so far) as concerns* 或 *as to*,至于; *so far as ...* 就…而论说,照…来看; *so far ... as to (do)* 非常以致; *so far as we know* 就我们所知

〖用法〗❶ "by far"大量用在最高级前,但也可用在比较级前,表示加强语气。如: Contact resistance is by far the most troublesome in most applications. 接触电阻在大多数应用场合是最麻烦的。/ECL is by far the fastest logic. ECL 是速度最快的逻辑电路。/By far the larger part of the energy emitter is carried by infrared waves. 能量源的很大部分是由红外波承载的。❷ "far+比较级"意为"…得多"。如: In pure silicon at room temperature, far fewer than one bond in a trillion will be 'broken' in this manner. 在室温下的纯硅中,以这种方式"破裂开"的键数远比兆分之一少得多。(与"fewer"搭配只能用"far"而不能用"many")❸ 注意下面例句中本词的含义: Far from remaining constant, the final kinetic energy is 1/16 of the original. 最终的动能绝不是保持不变的,而是仅为原来的 1/16。/The base region is far from uniformly doped. 基区远非是均匀掺杂的。/Present results are far of this goal. 目前的这些结果很好地达到了这一目的。

farad ['færəd] *n.* 法(拉)(电容的单位)

〖用法〗❶ 表示单位时其前面要用定冠词。如: The unit of capacitance is the farad. 电容的单位是法拉。❷ 表示"用…为单位"时,其要用复数形式。如: Capacitance is measured in farads. 电容是用法拉为单位度量的。

faradaic [færə'deɪɪk] *a.* 法拉第的,感应电流的

faraday ['færədɪ] *n.* 法拉第(电量单位)

faradic [fə'rædɪk] *a.* 感应电的,法拉的

faradimeter [færə'dɪmɪtə] *n.* 感应电流计

faradipuncture [færədɪ'pʌŋktʃə] *n.* 感应电针术

faradism ['færədɪzm] *n.* 感应电流,感应电应用〔疗法〕

faradization [færədaɪ'zeɪʃən] *n.* 感应电用法,(感)电疗(法)

faradize ['færədaɪz] *vt.* 用感应电刺激〔治疗〕,通感应电

faradmeter ['færədmɪtə] *n.* 法拉计

faradocontractility [færədəʊkɒntræk'tɪlɪtɪ] *n.* 感应电收缩性

faratron ['fɑ:rətrɒn] *n.* 液面控制器

faraway ['fɑ:rəweɪ] *a.* 遥远的,很久以前的,朦胧的

farcy ['fɑ:sɪ] *n.* 鼻〔皮〕疽

fare [feə] ❶ *n.* ①运费 ②伙食 ③精神食粮 ④(渔船)捕获量 ❷ *vi.* ①遭遇 ②饮食,过日子 ☆*fare from A to B* 从 A 到 B 的票价

farewell ['feə'wel] ❶ *int.* 再见 ❷ *n.*; *a.* 送行(的) ☆*bid A farewell* 或 *take one's farewell of A* 向 A 告别; *make one's farewells* 辞行

farfetched ['fɑ:'fetʃt] *a.* 牵强(附会)的

fargite ['fɑ:dʒɪt] *n.* 钠沸石

farina [fə'raɪnə] *n.* 谷粉,粉状物

farinaceous [færɪ'neɪʃəs] *a.* 粉状的,含淀粉的

farine [fə'ri:n] *n.* 木薯粉

farinograph [fə'ri:nəgrɑ:f] *n.* 面粉试验仪

farm [fɑ:m] ❶ *n.* ①农场,牧场,饲养场 ②地段 ❷ *v.* ①耕种 ②租佃,招人承包(out) ③移交,处理(out)

〖用法〗表示"在农场"时,其前面通常用介词"on"。如: They work on a large farm. 他们在一个大型农场工作。

farmer ['fɑ:mə] *n.* ①农民 ②农〔牧〕场主

farmhand ['fɑ:mhænd] *n.* 农业工人,雇农

farming ['fɑ:mɪŋ] *n.* 农〔养畜〕业(经营),耕作

farmland ['fɑ:mlænd] *n.* 耕地,农田

farmost ['fɑ:məust] *a.* 最远的

farmstead ['fɑ:msted] *n.* 农场建筑物,农庄

farmyard ['fɑ:mjɑ:d] *n.* 农场空地,场院

faro ['feərəu] *n.* 小珊瑚礁

farraginous [fə'reɪdʒɪnəs] *a.* 杂凑的

farrago [fə'rɑ:gəu] *n.* 混杂(物)

farrerol ['fɑ:rərɒl] *n.* 发热醇

farther ['fɑ:ðə] *a.*; *ad.* ①(far 的比较级之一)较远(的),更远(的),再远(再过去)一点(的) ②而且,更加 ☆*farther on* 更远(些),再往前(些); *farther out* (离开)再远一点

〖用法〗注意下面例句中本词的用法: These light sources are some seven times <u>farther out</u> than those visible to the biggest ground-based optical telescopes. 这些光源比地面上最大的光学望远镜所能观测到的距离还要远出约六倍。

farthermost ['fɑːðəməust] a. 最远的

farthest ['fɑːðɪst] a.;ad. (far 的最高级)最远(的),最大程(限)度地 ☆**at the farthest** 最远(也不过),至多

farthing ['fɑːðɪŋ] n. ①(英国)旧铜币 ②极少量,一点儿

farvitron ['fɑːvɪtrɒn] n. 分压指示计

fascia ['feɪʃə] n. (pl. fasciae 或 fascias) (汽车)仪表板,横木,桃口饰,(饰,绷)带,【医】筋膜 ‖~l a.

fasciate(d) ['fæskeɪt(ɪd)] a. 用带束缚的,带化的

fasciation [feɪʃəˈeɪʃən] n. 带化〔扁化〕作用,包扎法

fascicle ['fæsɪkl], **fascicule** ['fæsɪkjul], **fasciculus** ['fæsɪkjuləs] n. ①(小,成)束,簇(生) ②一卷

fascicled ['fæsɪkld] a. 成束的,簇生的

fascicular ['fæsɪkjulə], **fasciculate(d)** ['fæsɪkjuleɪtɪd] a. 束状的

fasciculation [fæsɪkjuˈleɪʃən] n. 束状,束化(现象),缩聚

fascicule ['fæsɪkjuːl] n. ①分册 ②束

fasciculus ['fəˈsɪkjuləs] (pl. fasciculi) n. ①束 ②分册

fascinate ['fæsɪneɪt] v. 使着迷,强烈吸引住

fascinating ['fæsɪneɪtɪŋ] a. 引人入胜的,令人神往的,极有趣的 ‖~ly ad.

fascination [fæsɪˈneɪʃən] n. 感染力,魅力,强烈爱好

fascine [fæˈsiːn] n.; a. 束柴(的),粗杂材

Fascism, fascism ['fæʃɪzəm] n. 法西斯主义

Fascist, fascist ['fæʃɪst] n.;a. 法西斯主义者(的),法西斯分子

fascistize ['fæʃɪstaɪz] vt. 使法西斯化

fash [fæʃ] n. (铸造缺陷)披缝

fashion ['fæʃən] ❶ n. ①流行,时髦 ②(类)型,(方,样)式,样子,风格 ③制法,构造 ❷ vt. ①制作,做成(…形状),精加工,修饰 ②使适合 ③改变,改革 ☆**after (in) a fashion** 多少,勉强; **be (all) the fashion** 十分流行,极时新; **be in (the) fashion** 在流行着,风行; **be out of fashion** 不流行了,过时了; **bring into fashion** 使…流行; **come into fashion** 正〔开始〕流行; **do ... so fashion** 照这样做…; **go out of fashion** 逐渐过时; **fashion A into B** 把 A 做〔铸〕成 B; **fashion A out of B** 用 B 制成 A; **fashion A to B** 使 A(适)合 B; **in ... fashion** 用…方式〔方法〕; **in a disorderly fashion** 无规则地; **in random fashion** 乱七八糟(地)

〖用法〗在科技文中本词表示"方式"时其前面一般不用冠词,但有时也有用的。如: Each junction is modeled <u>in piecewise-linear fashion</u>. 每个结是以

分段线形方式来建模的。/Eq.4-9 is plotted <u>in normalized fashion.</u> 式 4-9 是以归一方式画成曲线图的。/The pulse returns <u>in a similar fashion</u> to 0.2V after an interval of 80ns. 该脉冲在经过 80 纳秒后以类似的方式返回到 0.2 伏。/The low-pass filter circuit may be analyzed <u>in the same fashion.</u> (我们)可以用同样的方法来分析低通滤波电路。/<u>In this fashion</u> inductances of several hundred henrys are attained. 这样〔以这种方式〕就可以获得几百亨利的电感。(注意"henry"的复数形式是"henrys"或"henries"。)

fashionable ['fæʃənəbl] a. 流行的,时髦的 ‖ **fashionably** ad.

fashional ['fæʃənəl] a. 流行的,时新的

fast [fɑːst] ❶ a.;ad. ①快的,高速(的) ②紧(的),牢固(的),固定(的),不褪色的 ③(钟表)偏快的,(衡器)偏重的,所示值超过实际值的 ④感光快的 ❷ n. 连系〔紧固〕物 ❸ vi. 断食,斋戒 ☆**hard and fast** 固定不动; **hold fast to A** 握紧 A; **make fast** 把…拴紧; **stand fast** 立稳,坚定不移,不屈服; **stick fast** 黏牢,坚定不移; **take a fast hold of** 抓牢

fastback ['fɑːstbæk] n. ①(向尾部倾斜的)长坡度的汽车顶 ②快速返回

fasten ['fɑːsn] v. (使)固定,加固,扣紧,关牢 ☆**be fastened to A** 固定在 A 上; **fasten down** 盖紧,钉上; **fasten off** 扣牢; **fasten on (upon)** 握住,把…加在…上,使(目光)朝向; **fasten A (on) to B** 把 A 固定在 B 上; **fasten up** 关紧,捆牢

fastener ['fɑːsnə] n. ①扣件,系固物,钩〔揿〕扣,扣闩 ②接线柱,线夹 ③闸,闭销 ④拉链

fastening ['fɑːsnɪŋ] n. ①连接(法),紧固 ②固定,紧固件,扣紧螺杆,连接〔扣栓〕物

fastidious [fæsˈtɪdɪəs] a. 爱挑剔的,苛求的

fastidium [fæsˈtɪdɪəm] n. 厌食

fastigiate(d) [fæsˈtɪdʒɪɪt(ɪd)] a. 锥形的,倾斜的

fastigium [fæsˈtɪdʒɪəm] n. ①尖顶,屋脊 ②高峰期 ③最高点

fasting ['fɑːstɪŋ] n. 禁食

fastish ['fɑːstɪʃ] a. 相当迅速的

fastland ['fɑːstlænd] n. 高潮面以上的陆地

fastness ['fɑːstnɪs] n. ①迅速 ②坚固,抗拒性,不褪色(性) ③耐…度(to) ④要塞,堡垒

fat [fæt] ❶ (fatter,fattest) a. ①肥的,(多)脂肪的 ②含沥青的,黏性好的,含树脂多的,含挥发物的 ③厚的,黑体的,粗(体)的 ❷ n. ①脂肪,膘,乳脂,润滑剂 ②多余额,积余,储备 ❸ (fatted;fatting) v. (使)变肥,用油脂处理 ☆**a fat lot** 很少

fatal ['feɪtl] a. ① 命运的,宿命的 ②致命的,毁灭性的 ☆**be fatal to ...** 对…来说是致命的,使…成为泡影; **prove fatal to ...** 成为…的致命伤

〖用法〗从上面两个词组可以看出,本词后跟介词"to",表示"对…是致命的"。如: This air defence system is <u>fatal to</u> enemy airplanes. 这个空防系统对敌机来说是致命的。

fatalism [ˈfeɪtəlɪzəm] *n.* 宿命论,听天由命

fatalist [ˈfeɪtəlɪst] *n.* 宿命论者

fatalistic [ˌfeɪtəˈlɪstɪk] *a.* 宿命(论)的

fatality [fəˈtæləti] *n.* ①死亡(事故),不幸,(pl.)死亡人数 ②致命 ③宿命,听天由命

fatally [ˈfeɪtəli] *ad.* ①致命地,不幸地 ②宿命地

fate [feɪt] *n.;v.* ①命运 ②死亡,毁灭,灾难 ③遭遇,结局 ☆*(as) sure as fate* 必定; *be fated that (to do)* 注定(要,会); *share the same fate* 遭受同样的命运

fated [ˈfeɪtɪd] *a.* 命运决定的,注定要毁灭的

fateful [ˈfeɪtful] *a.* 致命的,命中注定的 ‖ ~ly *ad.*

father [ˈfɑːðə] ❶ *n.* ①父亲,祖先,始祖,奠基人 ②创造者,源泉 ③盲目着陆无线电信标 ④【计】上层 ❷ *vt.* 创作,发明

fatherhood [ˈfɑːðəhud] *n.* 父性,父权

father-in-law [ˈfɑːðərɪnˌlɔː] *n.* 岳父,公公

fatherland [ˈfɑːðəlænd] *n.* 祖国

fatherless [ˈfɑːðəlɪs] *a.* 无父的,作者不详的

fatherly [ˈfɑːðəli] *a.* 父亲的,慈祥的

fathogram [ˈfæðəgræm] *n.* 水深图

fathom [ˈfæðəm] ❶ (pl. fathoms 或 fathom) *n.* ①英寻(水深单位),方英寻(木材量度) ②深(度) ❷ *v.* ①测深,进行探索 ②彻底了解,看穿 ③推测

fathomable [ˈfæðəməbl] *a.* 深度可测的,可以了解的

fathometer [fæˈðɒmɪtə] *n.* 水深计(回声)

fathomless [ˈfæðəmlɪs] *a.* 深不可测的,无底的,无法了解的

fatigability [ˌfætɪgəˈbɪlɪti] *n.* 易疲性

fatigable [ˈfætɪgəbl] *a.* 易疲劳的

fatigue [fəˈtiːg] *n.;vt.* ①疲劳 ☆*be fatigued with work* 做工作做得疲劳

fatling [ˈfætlɪŋ] *n.* 肥畜

fatlute [ˈfætljuːt] *n.* 油泥

fatness [ˈfætnɪs] *n.* 肥大,肥沃

fatten [ˈfætn] *v.* ①加油脂 ②(靠…)发财(on)

fatty [ˈfæti] ❶ *a.* 脂(肪)的,多脂的,过肥的 ❷ *n.* 胖子

fatuity [fəˈtjuːɪti] *n.* 愚昧

fatwood [ˈfætwud] *n.* 多脂材,明子

faubourg [ˈfəubuəg] (法语) *n.* 近郊

faucet [ˈfɔːsɪt] *n.* ①(水)龙头,旋塞,活门,放液嘴 ②(管子的)插口

faujusite [ˈfɔːdʒusaɪt] *n.* 八面沸石

fault [fɔːlt] ❶ *n.* ①缺点〔陷〕,过失,毛病 ②故障,障碍,失效,漏电 ③断层,层错 ❷ *v.* ①产生断层 ②错位,断裂,(使)生断层 ③弄错 ④挑剔,责备 ☆*(be) at fault* 有毛病〔故障〕,不知所措,停滞不前; *be in fault* 有过错,该负责任; *find fault in* 找出…的缺点〔毛病〕; *find fault with* 对…吹毛求疵; *to a fault* 过度地; *with all faults* 不保证商品没有瑕疵,要自负; *without fault* 无误,确实

faultfinder [ˈfɔːltfaɪndə] *n.* ①检验设备,探伤仪 ②喜欢挑剔的人

faultfinding [ˈfɔːltfaɪndɪŋ] *n.;a.* ①检验故障(的) ②挑剔(的)

faultily [ˈfɔːltɪli] *ad.* 过失,该指责地

faultiness [ˈfɔːltɪnɪs] *n.* 有过失,有缺陷,可指责

faultless [ˈfɔːltlɪs] *a.* 无错误的,无缺点的,无可指责的 ‖ ~ly *ad.*

faulty [ˈfɔːlti] *a.* 有毛病的,出故障的,不合格的,报废的,不完全的

fauna [ˈfɔːnə] *n.* 动物区系〔群落〕,(地方)动物志

faunist [ˈfɔːnɪst] *n.* 动物志作者

faunology [fɔːˈnɒlədʒi] *n.* 动物地理学

favaginous [fəˈveɪdʒɪnəs] *a.* 蜂窝〔黄癣〕状的

faviform [ˈfeɪvɪfɔːm] *a.* 蜂窝状的

favo(u)r [ˈfeɪvə] *n.;vt.* ①支持,赞成 ②促进,有利于 ③好感,偏爱 ④证实 ⑤【商】来信〔函〕 ⑥礼物 ⑦利益 ☆*ask a favour of* 请…帮助; *be in favour with* 受…欢迎; *by (with) favour of* 或 *favoured by* 烦请…面交; *by (with) your favour* 对不起,冒昧地说; *come into favour* 受欢迎; *do one a favour* 帮…忙,答应…请求; *find favour with* 获得…好感,受…欢迎; *have a favour to ask (of)* 请求…帮助; *in favour* 受欢迎; *in favour of A* 赞成A,有利于A,(放弃…)而采用A; *in one's favour* 有利于; *A is favoured* 对A有利 *kindly favour us with an early reply* 请早日复信; *look with favour on* 赞成,out of *favour (with A)* 对 A 不流行,不受 A 欢迎; *regard A with favour* 对 A 有偏爱,赞成A; *turn the balance (scale) in one's favour* 使…占上风

〖用法〗❶ "in one's favor"表示"对…有利(的)"。如: The independent particle model of the nucleus is able to explain the origin of these magic numbers, a strong point <u>in its favor</u>. 原子核的这个独立粒子模型能够解释这些神奇数字的来源,这是它的一大优点。❷ 注意下面例句的含义: If you do skip part of this chapter, <u>do yourself a favor</u> by returning to it later. 如果你确实要跳过本章的某一部分的话,那你得以后再回过头来学习它。/This type of logic <u>finds favor</u> in the high speed circuits of large computers. 这类逻辑电路受到大型计算机的高速电路的青睐。/For circuit analysis, y parameters are <u>favored</u>. 为了电路分析,(人们)喜欢采用 y 参数。/Certain circumstances <u>favor</u> the use of one model or another. 某些情况偏爱使用这种或那种模型。❸ 在本词后面的动作应该用动名词表示。如: The US Department of Energy Secretary said, 'I don't favor <u>having</u> scientists going public on opposite sides of the issue if it's going to be damaging to the laboratory.' 美国能源部长说:"我不赞成科学家们站在这个问题的反面公开发表看法,如果那会有损于实验室的话。"

favo(u)rable [ˈfeɪvərəbl] *a.* ①有利的,有帮助的,适合的 ②赞成的,好意的 ☆*be favorable for (to) A* 对 A 是有利的; *make a favorable* *impression on* 给…以好的印象；*take a favorable turn* 好转 ‖ *favorably* ad.

favo(u)red ['feɪvəd] a. (受)优惠的,受惠的

favo(u)rer ['feɪvərə] n. 保护者,补助者,赞成者

favo(u)ring ['feɪvərɪŋ] ❶ a. = favorable ❷ v. 音量调节

favo(u)rite ['feɪvərɪt] n.; a. (最)受欢迎的(人,东西),(最)喜爱的(人,东西),适用的(东西) ☆*be a favorite with* 为…最喜爱的
〖用法〗注意下面例句中本词的含义：A favorite for use at radio frequencies is the Schering bridge. 适用于射频的、特别受欢迎的是西林电桥。

fawn [fɔ:n] n.; a. 小鹿(毛色),淡黄(褐)色(的)

fawshmotron [fɔ:'ʃməʊtrɒn] n. 微波(简谐)振荡管

fax [fæks] n. ①传真(= facsimile) ②(电视)传真,摹真本

faxcasting ['fækskɑ:stɪŋ] n. 电视(传真)广播

fay [feɪ] v. (紧密)连接,密配合 ☆*fay in (with)* (与…)恰好吻合

fayalite [faɪ'ɑ:laɪt] n. 铁橄榄石

faze [feɪz] vt.; n. 扰乱,使为难,(使)狼狈

fazotron ['fæzəʊtrɒn] n. 相位加速器

fear [fɪə] n.; v. 恐怕(怕),害怕,担心 ☆*(be) in fear of ...* 为…担忧,害怕…；*for fear of* 因为怕以免；*for fear (that)* 唯恐,以免；*from (out of,with) fear* 由于恐惧；*have a fear of ...* 担心…,害怕…；*there is no fear of doing* 不可能做
〖用法〗有人在由"for fear that ..."引导的从句中使用"(should +)动词原形"的形式。

fearful ['fɪəful] a. 可怕的,非常的 ☆*be fearful of doing (to do)* 恐怕,害怕,担心 (= lest ... should do) ‖ ~**ly** ad. ~**ness** n.

fearless ['fɪəlɪs] a. 不怕的,大胆的 ☆*be fearless of* 不怕 ‖ ~**ly** ad. ~**ness** n.

fearsome ['fɪəsəm] a. 可怕的,胆小的 ‖ ~**ly** ad.

feasibility [fi:zə'bɪlɪtɪ] n. 可行性,可能性,现实性

feasible ['fi:zəbl] a. ①可行的,做得到的,行得通的 ②似乎有理由的,合理的 ③可用的,适宜的 ☆*become feasible* 成为可能的 ‖ **feasibly** ad.

feat [fi:t] n. 手艺,功绩

feather ['feðə] ❶ n. ①(羽)毛,叶片,(带材表面缺陷)羽痕,羽状ально波 ②凸起(部),【机】滑键,制销 ③(旋翼)周期变距,(桨叶)水平运动 ❷ v. ①成羽(毛)状,生(装)羽毛 ②顺桨,(使)(螺旋桨)顺流交距 ③(用楔形部件)使连接 ☆*as light as a feather* 轻如鸿毛；*Birds of a feather flock together.* 物以类聚；*feather one's nest* 中饱私囊；*in high (fine,full) feather* 精神焕发,意气风发

feathered ['feðəd] a. ①有羽毛的,羽毛状的 ②薄边的 ③飞速的

featheredge ['feðəredʒ] ❶ n. 薄边(刃) ❷ a. 薄边式的,羽翼式的 ❸ vt. 做成刀口状

featheredged ['feðəredʒd] a. 薄边(刃)式的

featheriness ['feðərɪnɪs] n. 羽毛状,轻如羽毛

feathering ['feðərɪŋ] n. ①羽毛,羽状物 ②顺(螺旋)桨 ③树皮,肉桂 ☆*feathering out* 薄边式铺开

featherweight ['feðəweɪt] n.;a. 轻量,非常轻的(人,物),不重要的人(物)

feathery ['feðərɪ] a. 羽毛似的,轻的

feature ['fi:tʃə] ❶ n. ①特点,性能 ②地势,(pl.)面(容)貌 ③要点,细节 ④故事(影)片 ❷ v. ①使…有特色,是…的特色,以…为特色 ②特写 ③作重要角色 ☆*make a feature of ...* 以…为特色
〖用法〗❶ 注意下面例句中本词的用法：Low-frequency oscilloscopes feature high sensitivity. [The feature of low-frequency oscilloscopes is high sensitivity.] 低频示波器的特点是灵敏度很高。❷ 当本词作为及物动词时,根据具体句子,可以是宾语表示主语的特点,也可以是主语表示宾语的特点。如：This machine features an electronic control device. 这台机器的特色是具有电子控制器。(宾语表示了主语的特点。) /Round-the-clock service features this store. 昼夜服务是该商店的特色。(主语是宾语的特点。) ❸ 注意在下面例句中本词的用法：There are two noteworthy features to this degenerate oscillator. (对于)这种简并振荡器有两个引人注目的特点。/The advantages of PCM may all be traced to the use of coded pulses for digital representation of analog signals, a feature that distinguishes it from all other analog methods of modulation. 脉码调制的优点都可以归根于使用编码脉冲来数字式地表示模拟信号,这一特点使它区别于其它所有的模拟调制方法。(注意"a feature"是其前面句子的同位语。)

featured ['fi:tʃəd] a. 被形成的,作为特色的

featureless ['fi:tʃəlɪs] a. 没有特色的,平凡的

featurette ['fi:tʃə'ret] n. 短篇,小品,短故事片

featurize ['fi:tʃəraɪz] vt. 拍成特别片 ‖ **featurization** n.

febetron ['febɪtrɒn] n. 冷阴极脉冲β射线管

febricant ['febrɪkənt] a. 致热的

febricide ['febrɪsaɪd] n.; a. 退热剂(的)

febricity [fɪ'brɪsɪtɪ] n. 发热

febricula [fɪ'brɪkjulə] (拉丁语) n. 轻热,暂热

febrifacient [febrɪ'feɪʃnt] a. 发热性的

febrific [fɪ'brɪfɪk] a. 发热的,致热的

febrifugal [fɪ'brɪfjugəl] a. 退热的

febrifuge ['febrɪfju:dʒ] ❶ n. 退热药 ❷ a. 退热的

febrile ['fi:braɪl] a. 热病的,发热的

febris ['fi:brɪs] (拉丁语) n. (发)热,热病

February ['februərɪ] n. 二月

fecal ['fi:kəl] a. 糟粕的,粪便的

feces ['fi:si:z] n. 渣滓,排泄物

fecit ['fi:sɪt] (拉丁语) (某某)画(作)

feck [fek] n. ①价值,效能 ②额

feckless ['feklɪs] a. 无用的,没有价值的,无责任心的 ‖ ~**ly** ad. ~**ness** n.

fecula ['fekjʊlə] n. 渣滓,粪便,排泄物

feculence ['fekjʊləns], **feculency** ['fekjʊlənsɪ] n. 污秽〔物〕,肮脏,渣滓

feculent ['fekjʊlənt] a. 有渣滓的,粪便的,排泄物的

fecund ['fi:kənd] a. 多产的,肥沃的

fecundate ['fi:kəndeɪt] vt. ①使多产,使肥沃 ②使受胎 ‖ **fecundation** n.

fecundity [fɪ'kʌndɪtɪ] n. ①丰饶,多产 ②生产力,繁殖力,产卵量

fed [fed] feed 的过去式及过去分词

Federacy ['fedərəsɪ] n. 联盟,联邦

federal ['fedərəl] a. ①联邦(制)的,联盟的 ②(美国)联邦政府的 ☆**make a federal case** 小题大做

federalization [fedərəlaɪ'zeɪʃən] n. 联邦〔同盟〕化

federalize ['fedərəlaɪz] vt. 使成联邦(制),置于联邦政府权力之下

federally ['fedərəlɪ] ad. 在全联邦范围内,在联邦政府一级

federate ❶ ['fedəreɪt] v. 联合,结成联盟,组成联邦 **❷** ['fedərɪt] a. 同盟的,联合的,联邦制度的

federation [fedə'reɪʃən] n. 联合(会),联盟(政府),联盟

federative ['fedərətɪv] a. ①联合的,联邦的 ②有关外交和国家安全的 ‖ **~ly** ad.

fee [fi:] **❶** n. 费,费用,酬金 **❷** vt. 交费,聘请,酬谢 ☆**pay a fee to** 缴费给

feeble ['fi:bl] a. 弱的,轻微的,无力的

feeblemindedness ['fi:bl'maɪndɪdnɪs] n. 低能,智力薄弱

feebleness ['fi:blnɪs] n.(微,虚,衰,软,薄)弱

feeblish ['fi:blɪʃ] a. 有点弱的

feebly ['fi:blɪ] ad. 软(微)弱地

feed [fi:d] **❶** v. (fed) ①喂,饲,供,输,进(刀,料),加 ②电源,馈源,加工原料 ③走刀量,闸水量 ④进给机构,加料装置,馈电系统 ⑤ 被供入的物料 ⑥餐 ☆**at one feed** 一顿; **(be) fed to the gills (teeth)**(忍)受够了; **(be) fed up with** 厌烦; **(be) off one's feed** 胃口不好,身体不适; **(be) well (poorly) fed** 吃得好〔不好〕; **feed at the public trough** 吃公家饭; **feed on (upon) A** 以 A 为食,以 A 为能源; **feed A on B** 以 B 喂养 A; **feed A onto B** 把 A 装〔送〕到 B 上; **feed through** 馈通; **feed through conductance** 馈通电导; **feed A up** 给 A 吃饱; **feed A with B** 向 A 供给 B,以 B 贿赂 A

feedback ['fi:dbæk] n. ①反馈,回授 ②回复 ③(提供的)成果

feeder ['fi:də] n. ①进料器,加煤机,漏斗,送水管 ②进给装置 ③吹风机,推车机 ④馈线,供电户 ⑤(铁路,航空)支线 ⑥给食者

feeding ['fi:dɪŋ] n.;a. 供给(的),加料(的),馈电〔送〕,喂养

feedlot ['fi:dlɒt] n. 饲养圈

feedome ['fi:dəʊm] n. 馈线罩

feedrate ['fi:dreɪt] n. 馈送率,进料速度

feedway ['fi:dweɪ] n. 供给装置

feel [fi:l] **❶** (felt) v. ①触摸,试探 ②感到,(觉得)好像,摸上去觉得 ③以为 ④有感觉 **❷** n. 触觉,感触,感性认识 ☆**feel about** 摸索; **feel after** 摸索,探查; **feel as if (though)** 觉得好像; **feel at** 用手摸看着; **feel content with** 对…感到满足; **feel equal to** 有能力做; **feel for** 用手摸找,摸索; **feel ... in one's bones** 深切感到,确信; **feel like doing** 想要(做); **feel one's way** 摸索前进,谨慎从事; **feel out** 探明; **feel strongly about** 对…抱强硬态度; **feel sure of** 肯定,feel the pulse of 试探…的意见; **feel up to** 能担任; **feel with** 同情; **get a feel for A** 得到对 A 的感性知识; **have a feel** 摸摸看; **It feels like ...** 这摸起来像…; **make ... felt** 使…让人认识清楚

〖用法〗 **❶** 表示"感觉到…"时,其句型一般是"feel+宾语+补足语(do;doing;done)"。如: All of a sudden, they felt the house shake. 突然,他们感觉到房屋在晃动。 **❷** 表示"认为"时,一般跟宾语从句或"feel it +补足语+不定式"。如: We feel it necessary to do the experiment again. 我们认为有必要重新做一下那个实验。 **❸** 注意下面例句中本词构成插入句: The following table lists some of the ways I feel the book may be used to teach either undergraduates or graduate students. 下面的表格列出了我感到对本书可用来教本科生或教研究生的一些方法。 (在"I feel"之前省去了定语从句引导词"that"或"in which"。) **❹** 注意其作为名词的一种用法: To provide a feel for their capability, we present in Table 1.6 the code parameters for these codes. 为了使读者对这些码的效能有感性认识,我们在表 1.6 中给出了它们的码参数。

feeler ['fi:lə] n. ①触点 ②触针,探头,灵敏元件 ③厚薄规,(千分)塞尺,隙片 ④靠模 ⑤试探手段,试探性建议 ⑥试探者 ☆**throw (put) out a feeler** 作试探性的建议

feeling ['fi:lɪŋ] **❶** n. 触摸,感觉,心情,看法,观点 **❷** a. 有感觉的,感动人的 ☆**get a feeling for A** 获得关于 A 的感性知识; **have a feeling for A** 对 A 有感受; **have a feeling of (that)** 觉得; **show much feeling for A** 对 A 深表同情

〖用法〗本词前面一般用不定冠词。如: A feeling has developed in society that technology must be controlled. 社会上出现了一种看法:技术必须加以控制。("that"引导主语的同位语从句。)

feerrazite ['fi:rəzaɪt] n. 磷钡钾矿

feet [fi:t] n. (foot 的复数) ①肢,底脚 ②英尺 ☆**die on one's feet** 崩溃,失败; **vote with one's feet** 以退出(离开,退场,逃避)表示不满,弃权

feign [feɪn] v. (假)装,伪造,杜撰

feigned [feɪnd] a. 假的,虚伪(构)的,想象的 ‖ **~ly** ad.

F

feint [feɪnt] ❶ *n.;v.* ①假装，伪装 ②佯攻(at,on,upon,against) ❷ *a.;ad.* ①假的,虚饰的 ☆ *by way of feint* 用声东击西的策略; *make a feint of doing* 装作(做)

fel [fel] *n.* 胆汁

felder ['feldə] *n.* 镶嵌地块

feldspar ['feldspɑ:] *n.* 长石

feldspathic [feld'spæθɪk] *a.* 长石(质)的,由长石构成的

feldspathization [feldspæθɪ'zeɪʃən] *n.* 长石化

feldspathoid [feld'spæθɔɪd] *n.* 似长石

felicitate [fɪ'lɪsɪteɪt] *vt.* 庆祝,祝贺(on,upon) ‖ **felicitation** *n.*

felicitous [fɪ'lɪsɪtəs] *a.* 恰当的,巧妙的

felicity [fɪ'lɪsɪtɪ] *n.* 恰当,巧妙

felid ['fi:lɪd] *n.* 猫科动物

felit(e) ['fi:lɪt] *n.* 水泥熟料中的矿物成分

Felix ['fi:lɪks] *n.* 费力克斯(制)导(炸)弹

fell [fel] ❶ *v.* ①fall的过去式 ②砍伐(倒) ③缝平 ❷ *n.* ①毛皮 ②荒野,沼泽 ③咬口折缝 ❸ *a.* 残忍的,致命的

fellable ['feləbl] *a.* 可砍伐的

feller ['felə] *n.* 伐木机,采伐者

fellmonger ['fel,mʌŋgə] *n.* 毛皮商

felloe ['feləʊ], **felly** ['felɪ] *n.* 轮辋,车轮外缘

fellow ['feləʊ] ❶ *n.* ①伙伴,同事 ②类似的东西,配对物 ③(学会)会员,(英大学)研究员 ❷ *a.* 同伴〔类〕的

fellowship ['feləʊʃɪp] *n.* ①友谊 ②团体,会 ③(学会)会员资格,(大学)研究员职位

felly ['felɪ] *ad.* 剧烈地,残酷地

felsic ['felsɪk] *n.* 长英矿物

felsite ['felsaɪt] *n.* 致密长石

felsitic [fel'sɪtɪk] *a.* 霏细状的

felsitoid ['felsɪtɔɪd] *a.* 似霏细状的

felstone ['felstəʊn], **felsyte** ['felsaɪt] *n.* 致密长石

felt [felt] ❶ *v.* ①feel的过去式和过去分词 ②(把…制)成毡,用毡遮盖 ③使黏结(up) ❷ *n.* ①毡,毡(垫)圈 ②绝缘纸 ❸ *a.* 毡制的

felted ['feltɪd] *a.* ①毡制的,用毡覆盖的 ②黏结起来的

felting ['feltɪŋ] *n.* 毡(制品),制毡法,制毡材料

felty ['feltɪ] *a.* ①毡状的 ②= felted

fem [fem] ❶ *n.* 女子 ❷ *a.* 女人似的

female ['fi:meɪl] ❶ *n.* ①妇女,雌 ②凹陷部件,母插头 ❷ *a.* ①女〔雌〕性的 ②凹形的 ③(声,色)柔和的

feminine ['femɪnɪn] *a.* 妇女的,雌性的

femininity [femɪ'nɪnɪtɪ] *n.* 妇女(气质,特征)

feminize ['femɪnaɪz] *v.* (使)女〔雌〕性化 ‖ **feminization** *n.*

femitrons ['femɪtrɒnz] *n.* 场射管

femme [fem] (法语) *n.* 妇女

femora ['femərə] *n.* femur 的复数

femoral ['femərəl] *a.* 股骨的

femur ['fi:mə] (pl. femurs 或 femora) *n.* 股骨

fen [fen] *n.* 沼泽〔地〕

fence [fens] ❶ *n.* ①栅栏,篱笆 ②防御,雷达警戒网,警戒线 ③防扰篱笆 ④拦沙障 ❷ *v.* ①筑围墙,(用栅栏)防御 ②搪塞,挡开 ☆ *fence about (in,up)* 用栅圈绕，围进; *fence A from (against) B* 防护〔保卫〕A 以免 B; *fence off (out)* 用栅栏隔〔挡〕开,避免; *fence round* 用围墙围住,搪塞开; *fence with* 搪塞开; *ride (the) fence* 或 *sit on the fence* 采取骑墙态度

〖用法〗注意下面例句中本词的用法: The author tries to sit on the fence dividing rigorous proof containing advanced mathematics on one side, and a general acceptance on faith on the other side. 作者力图采取折衷的做法,一方面既不进行涉及高等数学的严密证明,另一方面也不是不加证明地(让学生)盲目接受。

fencing ['fensɪŋ] *n.* 栅栏,围墙,筑墙材料

fend [fend] *v.* 防御(away, from),挡〔避〕开(off),供给(for)

fender ['fendə] *n.* ①防御物,防护板,碰垫,护舷材,(防)护木 ②挡板,隔离板,保护板,缓冲装置,炉围 ③防御者

fenderless ['fendəlɪs] *a.* 无挡板的,无防撞物的

fenestella [fenɪs'telə] (pl. fenestellar) *n.* 小窗

fenestra [fi'nestrə] (pl. fenestrae) *n.* 窗,窗状开口

fenestrate(d) [fi'nestreɪt(ɪd)] *a.* 窗(状)的,有窗的,有小孔的

fenestration [fenɪs'treɪʃən] *n.* ①窗之排列与配合法 ②穿孔,开〔成〕窗(术)

fenit ['fenɪt] *n.* 因瓦镍合金

fenland ['fenlænd] *n.* 沼泽地

fennel ['fenl] *n.* 茴香

fenny ['fenɪ] *a.* (多)沼泽的

fenson ['fensən] *n.* 【化】除螨酯

fent [fent] *n.* 打样,开叉

fenuron ['fenjʊrɒn] *n.* 非草隆

feoff [fef] *n.* 领地

feral ['fɪərəl] *a.* ①野生的,未驯(服)的 ②野蛮的 ③致命的 ④悲凄的

Feran ['ferən] *n.* 覆铝钢带

ferberite ['fɜ:bəraɪt] *n.* 钨铁矿

ferg(h)anite ['fɜ:gnaɪt] *n.* 水钒〔钒酸〕铀矿

fergusonite ['fɜ:gəsənaɪt] *n.* 褐钇钽矿

Fericon ['ferɪkɒn] *n.* 费里康压电陶瓷光阀

ferine ['fɪəraɪn] *a.* 粗暴的,恶性的

fermail ['fɜ:meɪl] *n.* 衣饰针

Fermco ['fɜ:mkəʊ] *n.* 铁镍钴合金

ferment ❶ ['fɜ:mənt] *n.* 酵素,发酵,蓬勃发展,沸腾,骚扰 ❷ [fə(:)'ment] *v.* (使)发酵,激动,沸腾,骚扰 ☆ *be in a ferment* 在动荡中

fermentability [fəmentə'bɪlɪtɪ] *n.* 发酵能力

fermentable [fə'mentəbl] *a.* 发酵性的,可发酵的

fermental [fə'mentəl] *a.* 酵素的

fermentation [fəmen'teɪʃən] *n.* 发酵,激动
fermen(ta)tive [fə'men(tə)tɪv] *a.* 发酵(性)的,有
发酵力的
fermentor [fɜ:'mentə] *n.* 发酵罐〔槽〕
fermentum [fɜ:'mentəm] *n.* 酵母
fermi ['fɜ:mi:] *n.* 费米(长度单位)
fermion ['fɜ:mɪɒn] *n.* 费米子
fermitron ['fɜ:mɪtrən] *n.* (微波)场射管
fermium [fɜ:mɪəm] *n.* 【化】镄
fern [fɜ:n] *n.* 蕨(类植物)
Fernichrome ['fɜ:nɪkrəum] *n.* 铁镍钴铬合金
fernico ['fɜ:nɪkəu] *n.* 铁镍钴合金
Fernite ['fɜ:naɪt] *n.* 耐热耐蚀镍铬铁合金
fernlike ['fɜ:nlaɪk] *a.* 蕨叶状的
ferny ['fɜ:nɪ] *a.* (像,多)蕨的
ferocious [fə'rəuʃəs] *a.* 凶恶的,极度的
ferractor [fɜ:'ræktə] *n.* 铁氧磁体放大器
ferralia [fe'rælɪə] *n.* 铁剂
ferralsol ['ferəlsəul] *n.* 铁铝土
ferramic ['ferəmɪk] *n.* 粉末状的铁磁物质
ferrate ['fereɪt] *n.* (高)铁酸盐
ferrated ['fereɪtɪd] *a.* 含铁的
ferredoxin [fe'redɒksɪn] *n.* 铁氧(化)还(原)蛋白
ferreed ['feri:d] *n.* 铁簧继电器
ferreous ['ferɪəs] *a.* (含)铁的,铁制的
ferret ['ferɪt] ❶ *v.* 探索〔查,出〕,侦察 ☆*ferret
about* 各处搜寻; *ferret for* 探索; *ferret out* 搜
〔查〕出,剔探出 ❷ *n.* ①细带 ②搜索者,密探 ③
电子侦察机,电子间谍 ④雪貂
ferreting ['ferɪtɪŋ] *n.* 细带
ferric ['ferɪk] *a.* 铁的
ferricyanate [ferɪ'saɪəneɪt] *n.* 高铁氰酸盐
ferricyanide [ferɪ'saɪənaɪd] *n.* 氰化铁
ferricytochrome [ferɪ'saɪtəkrəum] *n.* 亚铁细胞
色素
ferriferous [fe'rɪfərəs] *a.* 含铁的,产生铁的
ferriheme ['ferhi:m] *n.* 高铁血红素
ferrihemoglobin [ferhi:mə'gləubɪn] *n.* 高铁血
红蛋白
ferrimag ['ferɪmæg] *n.* 一种铁磁合金
ferrimagnet [ferɪ'mægnɪt] *n.* 铁氧磁材料
ferrimagnetic [ferɪmæg'netɪk] *n.*; *a.* 铁淦氧磁物
〔的〕
ferrimagnetism [ferɪ'mægnɪtɪzm] *n.* 铁氧体磁
性
ferrimolybdite [ferɪmɒ'lɪbdaɪt] *n.* 高铁钼华,水钼
铁矿
ferrimuscovite [ferɪ'mʌskəvaɪt] *n.* 铁白云母
ferristor ['ferɪstə] *n.* 铁氧体磁放大器
ferrite ['feraɪt] *n.* ①铁素体 ②铁氧体 ③(正)铁酸
盐
ferritic [fe'rɪtɪk] *a.* 铁氧体的
ferritin ['ferɪtɪn] *n.* 铁肌,铁蛋白
ferritization [ferɪtaɪ'zeɪʃən] *n.* 铁素体化
ferritize ['ferɪtaɪz] *v.* (使)铁素体化

ferritizer ['ferɪtaɪzə] *n.* 铁素体化元素
ferritungstite [ferɪ'tʌŋstaɪt] *n.* 高铁钨华
ferroalloy [ferəuə'lɔɪ] *n.* 铁合金
ferroaluminium [ferəə'lu:mɪnəm] *n.* 铁铝合金,
铝铁(合金)
ferrobacillus [ferəbə'sɪləs] *n.* 噬铁细菌,铁杆菌
属
ferrobrucite [ferə'bru:saɪt] *n.* 铁水镁石
ferrocart ['ferəka:t] *n.* 纸卷铁粉芯
Ferrocartcoil [ferə'ka:tkɔɪl] *n.* 纸卷铁粉芯线圈
ferrocerium [ferə'serɪəm] *n.* 铈铁(合金)
ferrocoke ['ferəkəuk] *n.* 铁焦
ferrochrome [ferə'krəum], **ferrochromium**
[ferə'krəumɪəm] *n.* 铁铬合金
ferrocobalt [ferə'kəubɔ:lt] *n.* 铁钴合金
ferrocolumbium [ferəkə'lu:mbɪəm] *n.* 铁铌合
金
ferroconcrete [ferəu'kɒŋkri:t] *n.* 钢筋混凝土
ferrocrete ['ferəkri:t] *n.* 快硬水泥
ferrocyanide [ferəu'saɪənaɪd] *n.* 氰亚铁酸盐
ferrod ['ferɒd] *n.* 铁氧体棒形天线
ferroelastic [ferəɪ'læstɪk] *a.* 铁弹性的
ferroelectric [ferəu'lektrɪk] *a.;n.* 铁电体〔性,的〕
ferroelectricity [ferəɪlek'trɪsɪtɪ] *n.* 铁电(现象)
ferroelectrics [ferəɪ'lektrɪks] *n.* 铁电体
ferrofining [ferə'faɪnɪŋ] *n.* 铁剂精制
ferrofluid [ferəu'flu:ɪd] *n.* 铁磁流体
ferrogarnet [ferəu'ga:nɪt] *n.* 石榴石(结构)铁氧
体
ferroglass ['ferəgla:s] *n.* 钢化玻璃
ferrograph ['ferəgra:f] *n.* 铁粉记录图
ferrography [fe'rɒgrəfɪ] *n.* 铁粉记录术
ferrogum ['ferəugʌm] *n.* 橡胶磁铁
ferroheme [ferəu'hi:m] *n.* (亚铁)血红素
ferrohydrite [ferəu'haɪdraɪt] *n.* 褐铁矿
ferrol ['ferɒl] *n.* 衬圈
ferrolite ['ferəulaɪt] *n.* 铁矿岩
Ferrolum ['ferəuləm] *n.* 覆铅钢板
ferromagnesian [ferəumæg'ni:ʃən] *a.*; *n.* 含铁
和镁的,铁镁矿物
ferromagnet [ferəu'mægnɪt] *n.* 铁磁体
ferromagnetic [ferəumæg'netɪk] *a.*; *n.* 铁磁(性)
的
ferromagnetics [ferəumæg'netɪks] *n.* 铁磁质
〔体,学〕
ferromagnetism [ferəu'mægnɪtɪzm] *n.* 铁磁性
〔学〕
ferromagnetoelectric [ferəumæg'ni:təuɪ'lektrɪk]
a. 铁磁电的
ferromagnetography [ferəmægnɪ'tɒgrəfɪ] *n.*
铁磁性记录法
ferromagnon [ferəu'mægnɒn] *n.* 铁磁振子
ferromanganese [ferəu'mængəni:z] *n.* 铁锰合
金
ferrometer [fe'rɒmɪtə] *n.* ①血铁计 ②铁磁计,铁

素体测定计

ferrometry [fe'rɒmɪtrɪ] n. 铁素体测定法

ferromolybdenum [ferəʊmɒ'lɪbdɪnəm] n. 钼铁(合金),钼锰

ferron ['ferɒn] n. 试铁灵

ferronickel [ferəʊ'nɪkl] n. 铁镍合金

ferromiobium [ferəʊ'mɪəbɪəm] n. 铁铌合金

ferromycin [ferə'maɪsɪn] n. 菲洛霉素

ferrooxidant [ferəʊ'ɒksɪdənt] n. 铁氧化剂

ferrophosphor(us) [ferə'fɒsfə(rəs)] n. 磷铁(合金)

ferroprobe ['ferəʊprəʊb] n. 铁探具,铁磁探测器

ferroprotoporphyrin [ferəprəʊtə'pɔːfɪrɪn] n. 亚铁血红素

Ferropyr [ferəʊ'pɪə] n. 铁铬铝电阻丝合金

ferroresonance [ferəʊ'rezənəns] n. 铁磁共振 ‖ **ferroresonant** a.

ferroselenium [ferəʊsɪ'liːnɪəm] n. 硒铁(合金)

Ferrosil ['ferəʊsɪl] n. 热轧硅钢板

ferrosilicate [ferə'sɪlɪkeɪt] n. 铁硅酸盐

ferrosilisium [ferəʊ'sɪlɪsɪəm] n. 硅铁(合金)

ferrosilicon [ferəʊ'sɪlɪkən] n. 硅铁(合金),硅钢

ferrosilite [ferə'sɪlaɪt] n. 铁辉石

ferrospinel [ferəʊ'spɪnel] n. 铁淦氧尖晶石

Ferrostan ['ferəstən] n. 电镀锡钢板

ferrosteel ['ferəstiːl] n. 灰口铸铁,钢性〔低碳〕铸铁

ferrothorite [ferəʊ'θɔːraɪt] n. 铁钍石

ferrotitanium [ferəʊstaɪ'teɪnɪəm] n. 钛铁(合金)

ferrotron ['ferəʊtrɒn] n. 有胶合剂的羰基铁

ferrotungsten [ferəʊ'tʌŋstən] n. 钨铁(合金)

ferrotype ['ferəʊtaɪp] ❶ n. 铁板照相(术) ❷ vt. 用铁板给(照片)上光

ferrouranium [ferəʊjuˈreɪnɪəm] n. 铀铁(合金)

ferrous ['ferəs] a. (亚)铁的,铁类的

ferroverdin [ferə'vɜːdɪn] n. 绿铁(合金)

ferroxcube ['ferəkskjuːb] n. 立方晶系铁氧体(软磁材料),半导体的铁氧体

ferroxdure [fe'rɒksdjʊə] n. 铁钡氧化物烧结成的永久磁铁(材料)

ferroxplana [ferɒks'plænə] n. 一种铁氧体材料,高频磁芯材料

ferroxyl indicator ['ferɒksɪl] 铁锈指示剂

ferroxyl test 孔隙率试剂试验

ferrozirconium [ferəzs:'kəʊnɪəm] n. 锆铁(合金)

ferrozoid ['ferəzɔɪd] n. 非劳左特铁镍合金

ferruccite [fə'ruːsaɪt] n. 氟硼钠石

ferruginosity [feru:dʒɪ'nɒsɪtɪ] n. 含铁性

ferruginous [fe'ru:dʒɪnəs] a.; n. ①(含)铁的,铁锈(色)的 ②铁剂,含铁物质

ferrule ['feru:l] ❶ n. (金属)箍,夹线圈管,环圈,水管口密套,压盖 ❷ vt. 给…装金属套圈

ferrum ['ferəm] n.【化】铁

ferry ['ferɪ] ❶ n. 渡口〔船,轮〕,浮桥,渡运火箭,摆渡

飞船 ❷ v. 渡(across,over),摆渡,(越海)空运,把(飞机)从一个基地飞送到另一基地

Ferry ['ferɪ] n. 铜镍合金

fersmite ['fɜːzmaɪt] n. 铌钙矿

fertile ['fɜːtaɪl] a. ①肥沃的,多〔丰〕产的 ②增殖性的,能生育的,可结实的 ③富于创造性〔想象力〕的 ☆**be fertile of (in) A** 富于 A ‖ **~ly** ad. **~ness** n.

fertility [fɜː'tɪlɪtɪ] n. ①肥力〔沃〕,多产 ②繁殖力,生育力,结实性 ③增殖力

fertilizable ['fɜːtɪlaɪzəbl] a. 可多产的,可增殖的

fertilization [fɜːtɪlaɪ'zeɪʃən] n. ①使肥沃〔多产〕,土壤改良 ②受精作用 ③使增殖

fertilize ['fɜːtɪlaɪz] v. ①使肥沃〔多产,丰富〕②使增殖;制备次级核燃料 ③使受精

fertilizer ['fɜːtɪlaɪzə] n. 肥料

fertilizin [fɜː'tɪlɪzɪn] n. 受精素

ferutite [ferjutaɪt] n. 铈钛铁铀矿

fervent ['fɜːvənt] a. ①炽热的 ②强烈的 ‖ **~ly** ad.

fervescence [fə'vesns] n. 发热,体温升高

fervid ['fɜːvɪd] a. 热(烈,情)的,白热的 ‖ **~ity** n. **~ly** ad.

fervo(u)r ['fɜːvə] n. ①热情〔烈〕②白热(状态),炽热

fervorization [fɜːvəraɪ'zeɪʃən] n. 白热化

fescue ['feskjuː] n. 教鞭;田边草

festal ['festl] a. 节日的,欢乐的 ‖ **~ly** ad.

fester ['festə] v.; n. ①(使)化脓〔溃烂〕②使烦恼,(使)恶化

festinant ['festɪnənt] a. 加速的,慌张的

festinate ['festɪneɪt] v. 赶紧,使趋快

festination [festɪ'neɪʃən] n. 慌张步态,急促步式

festival ['festəvəl] n.; a. 节日(的),喜庆(日,的),庆祝(的,活动)

festive ['festɪv] a. 节日(似)的,欢庆的 ‖ **~ly** ad.

festivity [fes'tɪvɪtɪ] n. ①节日,喜庆日,欢庆 ②(pl.)庆祝(活动)

festoon [fes'tuːn] ❶ n. ①花彩,垂花饰 ②铁丝网 ❷ vt. 饰以花彩,结彩于

festoonery [fes'tuːnərɪ] n. (花)彩(装)饰

festschrift ['festʃrɪft] (德语) (pl. festschrifte 或 festschrifts) n. 纪念刊物,纪念文集

fetal ['fiːtl] a. 胎(儿)的

fetch [fetʃ] ❶ v. ①拿〔取〕来 ②推导出,【计】取(数),(信息)的提取,取出(指令) ③引出 ④吸引,引人(入胜) ❷ n. ①拿来 ②(对岸)两点间的距离,海岸全长,【航海】吹程,风距,风浪区 ☆**fetch about (round)** 绕道而行; **fetch and carry** 打杂; **fetch away** 摇落,(因颠簸)滑离原处; **fetch down** 打下,使下落; **fetch in** 取〔引,带〕进,使上当; **fetch out** 抽出,使显现出; **fetch the harbour** 到港; **fetch up** 引起,回想起,弥补恢复,(忽然)停止; **fetch up plumb** 使保持铅直; **fetch up with** 追到

fetching ['fetʃɪŋ] a. 动人的,有吸引力的

fete [feɪt] ❶ n. ①节日 ②庆祝〔游园〕会 ③盛大的招待会 ❷ vt. 宴请,盛宴招待

fete day ['feɪtdeɪ] n. 节日

fetial ['fi:ʃəl] a. 外交(上)的

fetich ['fetɪʃ] n. 神物,偶像,迷信,盲目崇拜的东西 ☆**make a (perfect) fetich of** 迷信,盲目崇拜

feticide ['fi:tɪsaɪd] n. 堕胎

fetid ['fetɪd] a. (发恶)臭的 ‖ ~**ly** ad.

fetidity [fe'tɪdɪtɪ] n. (恶)臭

fetishism ['fetɪʃɪzm] n. 盲目崇拜 ‖ **fetishistic** a.

fetor ['fi:tə] n. 臭气,恶臭

fetron ['fi:trɒn] n. (复合)离心结型场效应管

fetter ['fetə] ❶ n. 脚镣,桎梏,(pl.)障碍,羁绊,枷锁 ❷ vt. 束缚

fettle ['fetl] ❶ v. ①修缮,补炉 ②清理(铸件),铲除(炉内壁的)渣子 ❷ n. ①修好,涂衬炉床材料 ②(良好,精神)状态 ☆**in fine (good) fettle** 身强力壮,精神奕奕,情况极好

fettler ['fetlə] n. 清理工

fettling ['fetlɪŋ] n. ①修补(炉衬),补炉 ②(铸锭)清理,整理

fetuin ['fi:tjuɪn] n. 胎球蛋白

fetus ['fi:təs] n. 胎,胎儿

feu [fju:] n. 下伏岩石,黏土层,永久租借

feud [fju:d] n. 世仇;封地

feudal ['fju:dl] a. 封建(制度)的

feudalism ['fju:dəlɪzm] n. 封建制度〔主义〕‖ **feudalistic** a.

feudality [fju:'dælɪtɪ] n. 封建制度〔主义,性〕

fever ['fi:və] ❶ n. 发烧(热),狂热 ❷ v. 使发烧 ☆ **be in a fever** 在发烧,极度(of); **have a high fever** 发高烧

fevered ['fi:vəd] a. 发烧的,狂热的

feveret [fi:və'ret] n. 流行性感冒,短暂热

feverish ['fi:vərɪʃ], **feverous** ['fi:vərəs] a. 发烧(引起)的,兴奋的,狂热的

few [fju:] a.; n. ①(不带冠词,表示否定)几乎没有,不多 ②(带冠词 a 或 some,表示肯定)有几个,有一些 ☆**a few (of)** 少数(许),几个,两三个; **a good few (of)**或 **not a few**或 **quite a few**或 **some few** 好几个,相当多; **a very few** 极少数; **at (the) fewest** 至少; **every few hours** 每两、三个小时; **few and far between** 偶一,极少,极稀罕地; **few if any** 即使有也极少数; **few or no (none)** 极少,几乎没有; **no few** 许多,很; **no fewer than** 不少于,多至; **only a few** 没有几个; **the very few** 寥寥无几; **to name (only) a few** (插入语)(仅)举几个(例子)

〖用法〗❶ "a few tenths of ..."意为"零点几…", "a few hundredths of ..." 意为 "零点零几…", "a few thousandths of ..." 意为 "零点零零几…",等等。如: The voltage across this resistor is <u>a few tenths of</u> a volt. 这个电阻上的电压是零点几伏特。/The current through the capacitor is <u>a few hundredths of</u> an ampere. 流过该电容器的电流为零点零零几安培。❷ 注意下面例句中本词的含义: <u>A few</u> tens of turns produce inductance values in the 10^{-3} henry range. 几十circle就能获得 10^{-3} 亨利范围的电感值。/Very complicated algebraic functions can be evaluated using <u>a very few</u> instructions. 只要使用很少几条指令就能计算出非常复杂的代数函数值。/We may see computers with as <u>few</u> as 1 or 2 bytes per memory unit. 我们可以看到每个存储单元只有一两个字节的计算机。❸ 要用 "far fewer" 而不用 "many fewer" 来修饰可数名词复数,表示 "少得多"。如: This substance contains <u>far fewer free electrons</u> than that one does. 这种物质含有的自由电子比那种少得多。

fewness ['fju:nɪs] n. 少(数)

fexitron ['feksɪtrɒn] n. 冷阴极脉冲 X 射线管

fiant ['faɪənt] (拉丁语) (pl. fiat) n. 制成,作成

fiasco [fɪ'æskəʊ] n. (pl. fiasco(e)s) 垮台,惨败,可耻的下场

fiat ['faɪæt] n. 命〔法〕令,许可

fiberfrax ['faɪbəfræks] n. 铝硅陶瓷纤维

fiberized ['faɪbəraɪzd] a. 纤维化的,絮状的

fiberizer ['faɪbəraɪzə] n. 成纤器

fibestos [faɪ'bestəs] n. 塑胶

Fibonacci [fi:bɜ'nɑ:tʃɪ] n. 斐波纳契(一种整数数列)

fibrage ['faɪbrɪdʒ] n. 纤维编织

fibralbumin [faɪbæl'bju:mɪn] n. 球蛋白

fibration [faɪ'breɪʃən] n. 纤维化

fibre ['faɪbə] n. ①纤维,微丝,细金属丝 ②纤维板,纤维制品 ③构造,质地 ④尾丝(病毒)
〖用法〗注意下面例句中本词的含义: By adding a little <u>fiber</u> to the diet, we provide these digital architectures. 为了使内容充实一点,我们提供下面这些数字式结构。

fibreboard ['faɪbəbɑ:d] n. 纤维板

fibrecord ['faɪbəkɔ:d] n. 纤维绳(素)

fibred ['faɪbəd] a. 纤维状(质)的,有纤维的

fibrefill ['faɪbəfɪl] n. 纤维填塞物

fibreglass ['faɪbəglɑ:s] n. 玻璃纤维,玻璃丝

fibreless ['faɪbəlɪs] a. 无纤维的

fibrescope ['faɪbəskəʊp] n. 纤维镜,纤维(图像)显示器

fibrid ['faɪbrɪd] n. 纤条体,类(沉析)纤维

fibriform ['faɪbrɪfɔ:m] a. 纤维(状)的,像纤维的

fibril ['faɪbrɪl] n. 小(原)纤维,微丝 ‖ ~**lar** 或~**lary** a.

fibrilla [faɪ'brɪlə] (拉丁语) (pl. fibrillae) n. 原纤维,纤丝

fibrillar(y) ['faɪbrɪlə(rɪ)] a. 原纤维的,小纤维状的

fibrillate ['faɪbrɪleɪt] ❶ a. 有原纤维的,有纤维组织的 ❷ v. (使)形成原纤维

fibrillation [faɪbrɪ'leɪʃən] n. ①原纤化(作用) ②纤维性颤动

fibrilliform [faɪ'brɪlɪfɔ:m] a. 小纤维状的

fibrillose ['faɪbrɪləʊs] a. 有原纤维的,由原纤维组

成的

fibrillous ['faɪbrɪləs] *a.* 原纤的,纤丝的

fibrin ['faɪbrɪn] *n.* 纤维素,血纤(维)朊,血纤维蛋白

fibrinogen [faɪ'brɪnədʒən] *n.* (血)纤维蛋白原

fibrinous [faɪ'brɪnəs] *a.* 有纤维素的,纤维质的,纤维蛋白的

fibroblast ['faɪbrəblɑ:st] *n.* (成)纤维细胞

fibroblastic [faɪbrəʊ'blɑ:stɪk] *a.* 成纤维细胞的,纤维形成的

fibrocellular [faɪbrəʊ'seljʊlə] *a.* 纤维细胞的

fibrocyte ['faɪbrəʊsaɪt] *n.* (成)纤维细胞

fibrogenesis [faɪbrə'dʒenəsɪs] *n.* 纤维生成(形成,发生)

fibrogenic [faɪbrə'dʒenɪk] *a.* 致生纤维的,形成纤维的

fibrogram ['faɪbrəʊgræm] *n.* 纤维图

fibrograph ['faɪbrəgrɑ:f] *n.* 纤维照影机

fibroid ['faɪbrɔɪd] *a.* 纤维状(性)的,由纤维组成的

fibroillar(y) ['faɪbrɔɪlə(rɪ)] *n.* 微丝的

fibroin ['faɪbrəʊɪn] *n.* 丝朊,丝蛋白

fibrolaminar [faɪbrə'læmɪnə] *a.* 纤维层的

fibroma [faɪ'brəʊmə] *n.* 纤维瘤 ‖ **~tous** *a.*

fibromucous [faɪ'brəʊmjʊkəs] *a.* 纤维黏液性的

fibronuclear [faɪbrəʊ'nju:klɪə] *a.* 纤维核的

fibroplastic [faɪbrəʊ'plæstɪk] *a.* 纤维形成的

fibrose ['faɪbrəʊs] *v.* 纤维化

fibrosis [faɪ'brəʊsɪs] *n.* 纤维变性,纤维化

fibrosity [faɪ'brɒsɪtɪ] *n.* 微丝性

fibrotic [faɪ'brɒtɪk] *a.* 纤维变性的

fibrous ['faɪbrəs] *a.* 纤维的,含纤维的

fibrox ['faɪbrɒks] *n.* 碳化硅纤维

ficelle [fɪ'sel] *n.* 灰褐色的

fiche [fi:ʃ] (法语) *n.* 透明胶片,缩微索引卡片

ficin ['faɪsɪn] *n.* 无花果蛋白酶

fickle ['fi:kl] *a.* 多变的,不肯定的

fictile ['fi:ktaɪl] ❶ *a.* (可)塑造的,陶器的 ❷ *n.* 塑造品,陶制品

fiction ['fɪkʃən] *n.* 虚构(的事物),假定(设),杜撰,编造的故事

fictional ['fɪkʃənəl] *a.* 虚构的,小说式的

fictitious [fɪk'tɪʃəs] *a.* 假(想)的,虚拟(构)的,编造的

fictive ['fɪktɪv] *a.* 虚构的,非真实的 ‖ **~ly** *ad.*

fid [fɪd] *n.* 支撑材,楔状铁栓,大木钉,桅栓

fiddle ['fɪdl] ❶ *n.* ①小提琴 ②防滑落框架 ❷ *v.* ①拉小提琴 ②欺诈

fiddleback ['fɪdlbæk] *n.* 小提琴形状的东西

fiddlestick ['fɪdlstɪk] *n.* ①琴弓 ②无价值的东西 ③(pl.) 胡说

fiddling ['fɪdlɪŋ] *a.* 无足轻重的,微不足道的

fidelity [fɪ'delɪtɪ] *n.* ①忠实(to) ②逼真(度),保真度 ③正确

fidibus ['fɪdɪbəs] *n.* 点火(用)纸捻

fidley ['fɪdlɪ] *n.* 锅炉舱顶棚

fido ['faɪdəʊ] *n.* 燃油加热驱雾器,火焰驱雾器

fiducial [fɪ'dju:ʃəl] ❶ *a.* 基准的,(有)信用的 ❷ *n.* ①【统】置信 ②参考点

fiduciary [fɪ'dju:ʃɪərɪ] ❶ *a.* 信用的 ❷ *n.* ①参考点 ②受托人

field [fi:ld] ❶ *n.* ①场,场地 ②野外,田地,矿产地 ③(区,领)域,(活动)范围,方面,界,视野〔域,场〕④梁宽 ⑤励磁,绕组,【计】信息组,字段,(程序的)区段 ⑥半帧 ❷ *a.* ①野外〔战〕的,现场(施工)的,便携的,战地的 ②场条件下工作的 ❸ *v.* 当场反应 ☆ *in the field of* 在…方面,在…范围〔领域〕内 【用法】注意下列例句中本词的含义: A magnet has a magnetic field around it. 磁铁周围有磁场存在。/These numbers form a real number field. 这些数构成了实数域。/The oil from the oil field is transported through pipes to the places where it is needed. 油田的石油通过管道输送到需要它的地方。/Computers have been widely used in various fields. 计算机已广泛地应用于各个领域。/Many great discoveries have been found in the field of science. 科学界已经有了许多伟大的发现。/What we understand by a field is a region at every point of which there is a corresponding value of some physical function. 我们对于域的理解是在其每一点上均存在某个物理函数相应值的区域。/Entry-level salaries for techs are reported to be over $20,000 per year including overtime. Engineers, too, are having a field day. 据报道,技术员的起始薪金每年超过 2 万美元,包括加班费。而工程师们的薪金也很可观。("field day"本意为"特别愉快的时刻"。)

Fieldata ['fi:ldeɪtə] *n.* (军用的移动式)自动数据处理装置〔系统〕,美国陆军标准〔菲尔达坦〕电码

fieldistor [fi:ldɪstə] *n.* 场效应晶体管

fiend [fi:nd] *n.* ①恶魔,魔鬼 ②…迷 ③能手

fiendish ['fi:ndɪʃ] *a.* 恶魔似的,凶恶的,残忍的 ‖ **~ly** *ad.* **~ness** *n.*

fierce [fɪəs] *a.* 剧(烈)的,突然的,可怕的 ‖ **~ly** *ad.* **~ness** *n.*

fiery ['faɪərɪ] *a.* ①火(似)的,燃烧(着)的,赤热的 ②激烈的 ③易燃的,易爆炸的

fife [faɪf] *n.*; *v.* (吹)横笛

fifteen ['fɪf'ti:n] *n.*; *a.* 十五

fifteenth ['fɪf'ti:nθ] *n.*; *a.* 第十五,十五分之一(的)

fifth [fɪfθ] *n.*; *a.* 第五,五分之一(的),五分音,(pl.)五等品

fiftieth ['fɪftɪɪθ] *n.*; *a.* 第五十,五十分之一(的)

fifty ['fɪftɪ] *n.*; *a.* ①五十 ②许多的

fifty-fifty ['fɪftɪ-fɪftɪ] *a.* 平分的,各半的

fig [fɪg] ❶ *n.* ①无花果(树) ②少许,无价值之物 ③盛装 ❷ *vt.* 装饰起来(out,up)

fight [faɪt] ❶ (fought) *v.* ①与…作战,战斗,(与…作)斗争,竞争 ②克服 ③指挥,操纵 ☆ *fight against* 与…作斗争,向…进行斗争; *fight after* 争夺…; *fight back* 抵抗; *fight down* 打败,克服; *fight hand to hand* 短兵相接; *fight it out* 战斗解决,

fight off 击退,竭力避免; **fight one's way** 艰苦奋斗; **fight shy (of)** 躲避,竭力避开; **fight to a finish** 战斗到底; **fight with** 与⋯作斗争 ❷ n. ①战斗,斗争 ②战斗力,斗志

fighter ['faɪtə] n. ①战士 ②歼击机,战斗机

fighting ['faɪtɪŋ] a.; n. 战斗(的),斗争(的)

figment ['fɪgmənt] n. 虚构的东西

figuline ['fɪgjʊlɪn] ❶ n. 陶〔瓷〕器 ❷ a. 陶制的,塑造的

figurability [ˌfɪgjʊrəˈbɪlɪtɪ] n. 能成〔定〕形性

figurable ['fɪgjʊrəbl] a. 能成形的,可具有一定形状的

figural ['fɪgjʊrəl] a. 用形状表示的,有形的,比喻的

figurate ['fɪgjʊrɪt] a. 成形的,表示几何图形的

figuration [ˌfɪgjʊˈreɪʃən] n. ①定形,形态 ②数字形式,图案表现法 ③装〔修〕饰

figurative ['fɪgjʊrətɪv] a. ①比喻的 ②象征的,造型的,赋表的 ③数字形式的,用图形表现的 ‖ ~ly ad. ~ness n.

figuratrix ['fɪgjʊrətrɪks] n. 特征表面

figure ['fɪgə] ❶ n. ①形,姿态,像,人物(影),外形 ②图,花纹,符号 ③数,位(数),格 ❷ v. ①用图表示,用形象表示,塑造 ②用数字表示,计算 ③预测,估计,想象 ☆ *amount in figures* 小写金额; *be figured by the formula* 用公式计算; *be good at figures* 算术很好,会算账; *cut a brilliant (fine) figure* 崭露头角,惹人注目; *cut a poor figure* 出丑,显出一副可怜相; *do figures* 计算; *figure as* 扮演⋯角色; *figure A as B* 把 A 表示为 B; *figure for* 谋取; *figure in* 算入,包括进; *figure of speech* 修辞,比喻; *figure on* 指望,估计在内; *figure out* 作〔计算,想象〕出,解决,弄清楚; *figure out at* 总共; *figure to oneself* 想象; *figure up* 总计; *in round figures* (舍弃零数)以整数表示,大概,总而言之

〖用法〗 ❶ 注意下面例句中本词的含义: The quiescent dc power dissipation in this case is 5nW, <u>an extremely small figure</u>. 在这种情况下静态直流功耗的典型值为 5 纳瓦,这个数字极小。/Computers <u>figure</u> in so many things that entire books will be (and have been) written just documenting the types of applications. 计算机出现在如此多的东西中以至于就列举其应用类型就得(而且已经)编写出整本整本的书。/We have omitted several chapters that do not <u>figure</u> in the continuity of the treatment. 我们已经删去了并不影响叙述连贯性的几章内容。❷ "figure of merit" 意为"质量因素"。如: <u>A figure of merit</u> used to describe the 'quality' of the reconstructed signal is the error probability. 用来描述重建信号"质量"的质量因素是误差概率。❸ 注意当"图"讲时其缩略形式的复数形式: Figs.(2-3) to (2-6) show this process. 图(2-3)到(2-6)说明了这一过程。❹ "Fig.(2-5) shows〔illustrates, indicates, depicts, represents, ...〕..."意为"图(2-5)显示(画出)了⋯"。

figured ['fɪgəd] a. 图示的,形象的,有花纹的

figureless ['fɪgəlɪs] a. 无数字的,无图形的

figurine ['fɪgjʊriːn] n. 小(雕,塑)像

Fiji [fiːˈdʒiː] n. (西太平洋岛国)斐济

fila ['faɪlə] n. filum 的复数

filaceous [faɪˈleɪʃəs] a. 丝状的,含丝的

filament ['fɪləmənt] n. 细丝,灯丝

file [faɪl] n. 文件,档案

filial ['fɪlɪəl] a. 后代的

filiation [ˌfɪlɪˈeɪʃən] n. 分支,派生,起源,鉴定

filing ['faɪlɪŋ] n. 锉,锉屑;归档,文件

fill [fɪl] vt. 装,填

filler ['fɪlə] n. 填充物,加口

fillet ['fɪlɪt] n. 镶嵌;整流片

fill-in ['fɪlɪn] n. 填入,填满

filling ['fɪlɪŋ] n. 装填,加注,填料

fillip ['fɪlɪp] n. 弹指,敲击,刺激

fillister ['fɪlɪstə] n. 凹槽

fillmass ['fɪlmæs] n. 糖膏

fillowite ['fɪləwaɪt] n. 粒磷钠锰矿

film [fɪlm] ❶ n. 薄膜,胶卷;电影 ❷ v. 覆以薄膜;拍摄

filmdom ['fɪlmdəm] n. 电影界

filmgraph ['fɪlmɡrɑːf] n. 电录录音设备

filmic ['fɪlmɪk] a. (像)电影的

filmily ['fɪlmɪlɪ] ad. 薄膜状

filming ['fɪlmɪŋ] n. 镀膜;拍摄

filmistor ['fɪlmɪstə] n. 薄膜电阻

filmography [fɪlˈmɒɡrəfɪ] n. 全部影片目录,影评

filose ['faɪləʊs] a. 线状的

filter ['fɪltə] n. 过滤器,过滤嘴,滤波器,滤纸;筛选程序

filterable ['fɪltərəbl] a. 可过滤的

filtered ['fɪltəd] a. 过滤的

filtergram ['fɪltəɡræm] n. 日光分光谱图

filter-paper ['fɪltəpeɪpə] n. 滤纸

filter-plexer ['fɪltəpleksə] n. 滤波式天线共用器

filter-press ['fɪltə-pres] n. 压滤机

filter-tipped ['fɪltətɪpt] a. 有过滤嘴的

filth [fɪlθ] n. 污垢,肮脏,淫行

filtrate ['fɪltreɪt] v. 过滤,渗入 ‖ **filtration** 或 **filtrator**

filum ['faɪləm] n.【昆】丝;线状组织

fin [fɪn] n. 鳍,翅,叶片,机翼

finable ['faɪnəbl] a. 该罚款的

finagle [fɪˈneɪɡl] vt. 欺骗,诱取

final ['faɪnəl] ❶ a. 最后的,末了的,决定的 ❷ n. 结局,决赛

finale [fɪˈnɑːlɪ] n. 结局,终曲,最后一幕

finality [faɪˈnælɪtɪ] n. 最后,结局

finalism ['faɪnəlɪzm] n. 结局论,目的论

finalize ['faɪnəlaɪz] vt. 结束,定稿,定案

finally ['faɪnəlɪ] ad. 最后,末了,终于

〖用法〗论文文摘及文章里表示"最后⋯"时,绝大多数英美人均用本词,而不能用"at last"或"in the end"。如: <u>Finally</u>, several technical problems which remain to be solved are presented. 最后(本文)提出了几个有待于解决的技术问题。/Finally, the output voltage is $v_o = v_1 - v_2$. 最后,输出电压为 $v_o = v_1 - v_2$。

finance [fɪˈnæns] *n.* 财政,金融,财政学;资金,岁入

financial [fɪˈnænʃəl] *a.* 财政的,金融的 ‖ **~ly** *ad.*

finback [ˈfɪnbæk] *n.* 长须鲸

find [faɪnd] ❶ (found) *v.* 发现,找到,求得,遇到,探测,定位 ❷ *n.* 发现物
〖用法〗❶ 句型 "It is (has been) found that ..." 意为"(人们;我们)发现…"。如: It is found that this undesirable effect increases with temperature. (我们)发现这个不良效应是随着温度的上升而增大的。❷ 本词可以由动词不定式作它要求的补足语,也可以是 "as 短语" 或名词、形容词、副词、分词作补足语。如: We find the base current to be very small. 我们发现基极电流很小。/These compounds have been found to have a region of negative differential mobility above a certain threshold electric field. 人们发现这些化合物在某个门限电场之上具有一个负不均匀迁移率区域。/The magnitude of this force is found to be directly proportional to the velocity. 人们发现这个力的大小与速度成正比。/We can find the output ripple as 0.118V peak to peak. 我们发现输出波纹为 0.118 伏峰–峰值。/Within these limits the random variable will be found a percentage of the time. 在这些极限之内,我们会发现这个随机变量是时间的规定的百分数。/We find it varying as p(θ). 我们发现它是随 p(θ) 而变的。❸ 注意下面这个常见句型: "find it +形容词+不定式"。如: We find it convenient to express angles in radians rather than in degrees. 我们发现用弧度而不是度数来表示角度是比较方便的。❹ 注意下面例句中出现的分割现象: No charges have ever been found of smaller magnitudes than those of a proton or an electron. 至今尚未发现电量比质子或电子所带的电量更小的电荷。❺ 在下面的例句中,本词构成了一个插入句: Ohm's law has a few forms which it will be found are very useful. 欧姆定律具有几种形式,我们将会发现这些形式是非常有用的。(该插入句处于定语从句中。)

findable [ˈfaɪndəbl] *a.* 可发现的,可找到的,可得出的

finder [ˈfaɪndə] *n.* ①发现者 ②探测器,定向器,测距器〔仪〕,【摄】取景器,(望远镜的)寻星镜

finding [ˈfaɪndɪŋ] *n.* ①发现,探测,选择,寻找 ②测定,定位 ③(pl.)数据,研究结果,发现物 ④(pl.)零件,附属品

fine [faɪn] ❶ *a.; ad.* ①细(致)的,细粒的,细纹的,细牙的,(稀)薄的,精细(的),(细)小的 ②(美)好的,优良的,晴朗的 ③纯的,锐利的 ❷ (fined;fining) *v.* ①(使)变精美,使精细,(使)变稀薄 ②精制 ③罚款 ❸ *n.* ①罚款 ②(pl.)细屑,煤粉,细料,微粒,极细砂子 ③(金银)纯度 ④高的质量 ⑤好天气 ☆ *cut it (rather) fine* 精打细算,节省(时间); *fine*

away (down, off) 渐好,渐渐精致〔稀薄〕; *in fine* 总之,最后; *one (some) fine day* (总)有一天,某日

〖用法〗注意下面例句中本词的词义: For many, if not most applications, this *fine* point can be neglected. 对于许多(即使不是大多数)应用来说,这个小问题是可以忽略不计的。

finedraw [ˈfaɪnˈdrɔː] (finedrew,finedrawn) *vt.* ①拉丝 ②织补 ③细致推理

finedrawn [ˈfaɪnˈdrɔːn] ❶ finedraw 的过去分词 ❷ *a.* ①抽细的,细缝的 ②过于精致的,微妙的

finefied [ˈfaɪnɪfaɪd] *a.* 装饰了的

finely [ˈfaɪnlɪ] *ad.* ①细(致)地,精细地 ②好好地

fineness [ˈfaɪnnɪs] *n.* ①精细,细微 ②精度,光洁度 ③成色,纯度 ④长细比,瘦削度 ⑤细致,优良,美好 ⑥敏锐,灵敏度

finer [ˈfaɪnə] *n.* 精炼炉,精炼炉工人

finery [ˈfaɪnərɪ] *n.* ①盛装,(pl.)装饰品 ②精炼炉

finespun [ˈfaɪnˈspʌn] *a.* 细纺的,拉细纹的,微妙的,过于琐碎的

finesse [fɪˈnes] ❶ *n.* 技巧,手段,策略 ❷ *v.* 要手段

finestill [ˈfaɪnstɪl] *v.* 精馏

finestiller [ˈfaɪnstɪlə] *n.* 精馏器

finger [ˈfɪŋɡə] ❶ *n.* ①(手)指,指状物,机械手,钩爪,(钉)齿 ②指针,检验计,测厚规 ③阀 ④一指之长,一指之阔 ⑤(pl.)指粒 ❷ *v.* ①用手指摸〔做,弹奏〕②指出,伸入 ☆ *by a finger's breadth* 差一点儿,险些; *count on the fingers* 屈指计算; *have a finger in the pie* 干预,参与; *have A at one's fingers' ends* 精通 A; *lay (out) a finger on* 触碰; *lay (put) a (one's) finger on (upon)* 正确指…出,触犯,干涉; *one's fingers' itch to do* 极想,巴不得

fingerbreadth [ˈfɪŋɡəbredθ] *n.* 指幅

fingered [ˈfɪŋɡəd] *a.* 有指的,指状的

finger-end [ˈfɪŋɡəend] *n.* 指尖

fingering [ˈfɪŋɡərɪŋ] *n.* ①摸弄,指奏,指法 ②细毛线 ③指印现象

fingerless [ˈfɪŋɡəlɪs] *a.* 无〔失去〕指的

fingerling [ˈfɪŋɡəlɪŋ] *n.* 小东西

fingernail [ˈfɪŋɡəneɪl] *n.* 指甲 ☆ *to the fingernails* 完全,彻底

fingerplate [ˈfɪŋɡəpleɪt] *n.* 指板,门上把手〔锁眼〕处防指污的板

fingerpost [ˈfɪŋɡəpəust] *n.* 指路牌,路标,指向柱

fingerprint [ˈfɪŋɡəprɪnt] ❶ *n.* ①指〔趾〕纹,手印 ②酶解图谱 ❷ *v.* 打下…的纹印,辨别

fingerprinting [ˈfɪŋɡəprɪntɪŋ] *n.* (打下)指纹印

fingertight [ˈfɪŋɡətaɪt] *v.; a.* 用手指拧紧(的)

finger(-)tip [ˈfɪŋɡətɪp] *n.* 指尖(套) ☆ *have A at one's fingertips* 熟悉 A,精通 A,手头有 A 随时可供应用; *to one's (the) fingertips* 完全,彻底

finial [ˈfaɪnɪəl] *n.* 叶尖〔尖顶〕饰,物件顶端的装饰物

finical [ˈfɪnɪkl], **finicking** [ˈfɪnɪkɪŋ], **finicky**

['fɪnɪkɪ], **finikin** ['fɪnɪkɪn] *a.* 苛求的,小题大做的 ‖ **finicality** *n.*

finimeter [fɪ'nɪmɪtə] *n.* 储量计

fining ['faɪnɪŋ] *n.* 澄清,净化,精炼,(pl.)澄清剂

finis ['fɪnɪs] *n.* 终结,结尾

finish ['fɪnɪʃ] *v.; n.* ①完成,结束,竣工,成品 ②精修,研磨,抛光,最后加工,最后阶段 ③光洁度 ④(表面)涂层,保护层,涂料,耗尽 ☆ **finish off** 完成〔结〕; **fight to a finish** 战斗到底; **finish up** 完成,耗尽,对…进行最后加工; **finish up as** 最后成为; **finish with** 以…结束,最后得出; **finish with** 以…结束,截止,和…断绝关系; **give the last finish to** 对…进行最后的精加工

〖用法〗❶ 本词后面接动作时应该用动名词。如: This workpiece is too complex to finish machining in such a short time. 这工件太复杂,这么短的时间内是加工不完的。❷ 注意下面例句中本词的用法: The chapter finishes with a discussion of the probability of error. 本章最后讨论了误差的概率。(这里"finish (up) with"等同于"end with"或"conclude with"。)

finishability [fɪnɪʃə'bɪlɪtɪ] *n.* 易(可)修整性,精加工性

finished ['fɪnɪʃt] *a.* ①完成的,竣工的,已精加工的 ②完美〔善〕的

finisher ['fɪnɪʃə] *n.* ①修整机,精加工工具 ②精整工,完工者

finishing ['fɪnɪʃɪŋ] ❶ *n.* ①修整,精加工,整理,抛光,终饰,抹面,涂装 ②完工 ③结尾 ❷ *a.* 最后的,完工的

finitary ['faɪnɪtərɪ] *a.* 有限性的

finite ['faɪnaɪt] *a.* 有限的,有尽的,限定的 ‖ **~ly** *ad.*

finiteness ['faɪnaɪtnɪs] *n.* 有限(性)

finitist ['faɪnaɪtɪst] *n.* 有穷论者

finitude ['faɪnɪtjuːd] *n.* 有限,限定

fink [fɪŋk] ❶ *n.* ①工贼,告密者 ②被非难者 ❷ *vi.* ①做工贼 ②惨败

Finland ['fɪnlənd] *n.* 芬兰

finless ['fɪnlɪs] *a.* 无鳍片的,无散热片的

finlet ['fɪnlɪt] *n.* 小鳍

Finn [fɪn] *n.* 芬兰人

finned [fɪnd] *a.* 有翼的,有散热片的,有鳍的,装有尾面的

finning ['fɪnɪŋ] *n.* 用肋加固,打拔缝

Finnish ['fɪnɪʃ] *n.; a.* 芬兰(人)的,芬兰语(的)

finny ['fɪnɪ] *a.* 多鳍的,多鱼的

Finsen ['fɪnsən] *n.* 芬森(丹麦物理学家)

fiord [fjɔːd] *n.* 伏崖谷,峡湾

fiorin ['faɪərɪn] *n.* 小糠草

fir [fɜː] *n.* ①纵树,冷杉 ②(= firkin)(英国容量单位)小桶

fire [faɪə] ❶ *n.* ①火〔焰,花,灾〕,光辉 ②燃烧,着火 ③射击,发射 ④热情,热病,消防 ☆ **a running fire** 连发,一连串的批评指责; **be on fire** 着火(了),燃烧着; **catch (take) fire** 着火,时兴起来; **cease fire** 停火; **fight the fire** 救火; **full of fire** 充满生气; **hang fire** 发射出,延迟,犹豫不决; **lay a fire** 准备生火; **lift fire** 延伸射击,中止射击; **make (build,start,light) a fire** 生火; **miss fire** 打不响,得不到预期的效果; **on the fire** 在予以考虑中; **open fire** 开火; **put out fires** 灭火,补漏洞; **set fire to** (使)燃烧,纵火; **set ... on fire** 使…燃烧,纵火,激发〔怒〕; **under fire** 遭到炮火射击 ❸ *v.* ①(使)燃烧,使发光 ②点火,启动 ③开火,发射,掷,引爆 ④激发 ⑤解职,辞退 ☆ **fire A at B** 把A对准B射击,以B速度射击A; **fire away** 连续开枪〔发炮〕; **fire in salvo** 齐射; **fire off** 开炮,炸掉; **fire on (upon)** 对准…射击,射〔炮〕击; **fire out** 发出,发射; **fire up** 生火,激怒

firearm ['faɪərɑːm] *n.* 轻武器,火器,手枪,枪炮

firearmor ['faɪərɑːmə] *n.* 镍铬铁锰合金

fireball ['faɪəbɔːl] *n.* 火球,火流星,(旧式)燃烧弹

firebird ['faɪəbɜːd] *n.* 无线电信管

firebox ['faɪəbɒks] *n.* 火室(箱),燃烧室

firebrat ['faɪəbræt] *n.* 衣鱼,家衣鱼,小灶衣鱼

firebrick ['faɪəbrɪk] *n.* 耐火砖

fireclay ['faɪəkleɪ] *n.* 耐火(黏)土

firecrest ['faɪəkrest] *n.* 火冠戴菊

firegrate ['faɪəgreɪt] *n.* 火床,炉条

fireguard ['faɪəgɑːd] *n.* 救火员,火灾警戒员;防火地带

fireman ['faɪəmən] *n.* 消除队员;司炉;放炮工;通风员

fireplace ['faɪəpleɪs] *n.* (壁,火)炉,炉床

fireplug ['faɪəplʌg] *n.* 消火栓

firepot ['faɪəpɒt] *n.* 坩埚,炉膛

firepower ['faɪəpaʊə] *n.* 火力

fireproof ['faɪəpruːf] ❶ *a.* 耐(防)火的 ❷ *vt.* 使防火

fireproofing ['faɪəpruːfɪŋ] *n.; a.* 耐火(装置,材料,的),防火(的)

firer ['faɪərə] *n.* ①点(放,纵)火者 ②烧火工 ③发火器

firestone ['faɪəstəʊn] *n.* (打)火石,耐火石,耐火黏土,黄铁矿

firestorm ['faɪəstɔːm] *n.* 爆炸风暴,风暴性大火

Firetrac ['faɪətræk] *n.* 测量命中性能的装置

firetrap ['faɪətræp] *n.* 无太平门等设施的建筑物,易引起火灾的废物堆

firewall ['faɪəwɔːl] *n.* 防火壁〔墙〕

firewood ['faɪəwʊd] *n.* 柴

fireworks ['faɪəwɜːks] *n.* ①焰火,烟火信号弹 ②爆炸,枪战 ③激烈争论

firing ['faɪərɪŋ] *n.* ①点火,引爆,射击,启动,开启,触发 ②司炉,加燃料 ③焙烧,烤,加热

firkin ['fɜːkɪn] *n.* 小桶,英国容量单位

firm [fɜːm] ❶ *a.; ad.* 坚固(的),稳固(的),结实的,严格的 ❷ *v.* (使)变坚固,(使)变稳定 ❸ *n.* 公司,商行 ☆ **as firm as a rock** 坚如磐石; **be firm**

about* (*in*)** 坚持; ***be firm in* (*of*) *(one's) purpose 意志坚定; ***be on firm ground*** 脚踏实地,站在牢固的基础上; ***firm up*** 使牢靠,加强; ***hold firm*** 固守,抓牢; ***stand firm*** 站稳立场; ***take firm measures*** 采取坚决的措施

firmament ['fɜːməmənt] *n.* 苍天,太空 ‖ **~al** *a.*

firmly ['fɜːmlɪ] *ad.* 坚固〔定〕地,断然

firmness ['fɜːmnɪs] *n.* 坚固(性),稳固性,硬度

firmoviscosity ['fɜːməvɪs'kɒsɪtɪ] *n.*【物】稳定黏性

firmware ['fɜːmweə] *n.* 稳定器,微程序语言,稳固设备,固件,(用器件实现的)操作系统

firn [fɜːn] *n.* 粒雪,永久积雪

firring ['fɜːrɪŋ] *n.* 灰板条,板条面壁

firry ['fɜːrɪ] *a.* ①冷杉木制的 ②多冷杉的

first [fɜːst] *a.*; *ad.*; *n.* ①第一,最初(的),首先 ②第一流的,头等的,首要的,基本的 ③(…月)一日 ☆ ***at (the) first*** 最初,起先; ***at first glance*** 初看起来; ***at first hand*** 直接,第一手的; ***at first sight* (*blush*)** 乍看; ***be the first to (do)*** (是)最先…的; ***first and foremost*** 首先; ***first and last*** 始终,一直,总的说来,总共; ***first,last,and all the time*** 始终一贯,绝对; ***first,midst,and last*** 彻头彻尾,始终; ***first of all*** 首先,第一; ***first or last*** 迟早; ***for the first time*** 初次; ***from first to last*** 始终; ***from the first*** 起初,从开始起; ***in the first place*** 首先,第一点; ***take the first opportunity*** 一有机会就; ***the first*** 前者

〖用法〗 ❶ "first"修饰复数名词时,意为"开头的,首批的,最初的"。如: The first seven chapters are organized for use in a one-semester course. 前七章安排的内容可用于一个学期的课程。/The combinations in the first three rows of the table all lead to an output L=0. 该表中前三行的各组合均能获得输出 L=0。/The first numbers used were those which stand for whole quantities. 人们使用的最初的数字是用来表示整量的。❷ "A is (was) the first to do B"意为"A 是第一个做 B 的人"。如: Armstrong was the first to recognize the noise-robustness properties of frequency modulation. 阿姆斯特朗第一个认识到了频率调制的抗噪声性质。❸ 在祈使句时本词一般放在动词后。如: Consider first the component v_s due to the signal. 首先考虑一下由于该信号引起的成分 v_s。❹ 注意下面例句中本词的用法: As a first step in this reconstruction, we may pass s(t) through a low-pass filter. 作为这种重建的第一步,我们可以使 s(t)通过一个低通滤波器。

first-aid ['fɜːsteɪd] *a.* 急救的

first-born ['fɜːstbɔːn] *a.* 头胎的

first-class ['fɜːstklɑːs] *a.* 第一流的,最好的

firsthand ['fɜːsthænd] *a.*;*ad.* 第一手(的),直接(得来)(的),原始的

firstling ['fɜːstlɪŋ] *n.* 初生物,最初结果,首批东西

firstly ['fɜːstlɪ] *ad.* 第一,首先

firth [fɜːθ] *n.* 河口(湾),海湾(三角港)

fiscal ['fɪskəl] *a.* 国库的,财政的

fisetin ['fɪsɪtɪn] *n.* 非瑟酮

fish [fɪʃ] ❶ *n.* ①鱼 ②鱼尾板,夹片 ③吊锚器,鱼雷;家伙打捞物 ④【天】双鱼宫 ❷ *v.* ①捕鱼,捞出(for, from, out, out of, up),起(锚) ②用夹板〔鱼尾板〕连接

fishback ['fɪʃbæk] *n.* 锯齿板

fisher ['fɪʃə] *n.* 渔民,渔船

fisherman ['fɪʃəmən] *n.* 渔民,捕鱼船

fishery ['fɪʃərɪ] *n.* ①渔场 ②渔业,渔业公司 ③捕鱼

fishing ['fɪʃɪŋ] *n.* ①捕鱼,渔场,渔业 ②夹板〔鱼尾板〕接合 ③钓取菌落

fishladder ['fɪʃlædə] *n.* 鱼梯

fishlike ['fɪʃlaɪk] *a.* 呈鱼形的,形状像鱼一样的

fishpass ['fɪʃpɑːs] *n.* 鱼道

fishplate ['fɪʃpleɪt] *n.* 鱼尾板;(冷床的)铺板托梁

fishpond ['fɪʃpɒnd] *n.* ①一种飞机全景雷达 ②养鱼塘

fishtail ['fɪʃteɪl] *n.*; *a.*; *vi.* ①鱼尾(槽,形的) ②(飞机)摆尾飞行

fishway ['fɪʃweɪ] *n.* 鱼道

fishy ['fɪʃɪ] *a.* ①鱼(似)的,多鱼的 ②可疑的

fiss [fɪs] *vi.* 裂变,分裂

fisser ['fɪsə] *n.* 可裂变〔分裂〕物质

fissible ['fɪsɪbl] *a.* 可裂变的,剥裂的

fissile ['fɪsaɪl] ❶ *n.* 分裂性,裂变性 ❷ *a.* ①易(分)裂的,(可)裂变的 ②可剥裂的,卡状的

fissility [fɪ'sɪlɪtɪ] *n.* 劈度,可劈性,可裂变性

fissiography [fɪsɪ'ɒgrəfɪ] *n.* ①裂变产物 ②自摄像术

fission ['fɪʃən] *n.*; *v.* ①分裂,(使)裂变〔开〕,剥离 ②分裂繁殖

fissionability [fɪʃənə'bɪlɪtɪ] *n.* 可裂变性,分裂能力

fissionable ['fɪʃənəbl] *n.* 可分裂〔裂变〕的

fissioned ['fɪʃənd] *a.* 分离的,分裂的

fissioner ['fɪʃənə] *n.* 可分裂〔裂变〕物质

fissiparity [fɪsɪ'pærɪtɪ] *n.* 分裂繁殖

fissiparous [fɪsɪ'pærəs] *a.* 有分裂倾向的,裂殖的 ‖ **~ly** *a.*

fissium ['fɪsɪəm] *n.* 裂变产物合金,辐照燃料模料

fissula ['fɪsjulə] (拉丁语) *n.* 裂隙,小裂(缝,纹)

fissura [fɪ'sjuːrə] (pl. fissurae) *n.* 裂(纹,隙) ‖ **~l** *a.*

fissuration [fɪʃə'reɪʃən] *n.* 龟裂,形成裂隙

fissure ['fɪʃə] ❶ *n.* 裂缝,断口,龟裂 ❷ *v.* (使)裂开

fissuring ['fɪʃərɪŋ] *n.* 裂隙,节理

fissus ['fɪsəs] (拉丁语) *a.* 分裂的,裂开的

fist [fɪst] ❶ *n.* ①拳(头) ②笔迹 ③参见号 ❷ *v.* 拳打,紧握

fisted ['fɪstɪd] *a.* 握成拳头的

fistful ['fɪstful] *n.* 一把,相当大的数量

fistic(al) ['fɪstɪk(əl)] *a.* 拳击的,拳术的

fisticuff ['fɪstɪkʌf] *n.* 一拳,拳斗,拳击 ☆**come to fisticuffs** 打起架来

fistula ['fɪstjulə] *n.* 细管,瘘(管)

fistular ['fɪstjulə], **fistulous** ['fɪstjuləs] *a.* 管状的,中空的

fit [fɪt] ❶ (fit(ted);fitting) *v.* ①(使)适合,(使)符合 ②装配,配合,安装 ③磨合,调准 ④配备,在…安装配备 ⑤使合格,使胜任 ☆**be fitted with A** 备有 A; **fit ... for...** 使…适应于…,使胜任; **fit in (with A)** (与 A)配合,符合(A); **fit (A) into B** (使 A)合适于 B,和 B 相配合,(把 A)放入 B 中; **fit A like a glove** 完全符合 A; **fit (A) on** 装上 A,试穿(A),(把 A)盖好; **fit A on B** 把 A 安装在 B 上; **fit A onto (on to) B** 把 A 安装到 B 上; **fit out** 装备,办妥,为…作准备; **fit (A) over B** (把 A)套在 B 上; **fit tightly against A** 和 A 紧密配合,紧紧贴在 A 上; **fit A to B** 使 A 适合于 B,把 A 装配到 B 上; **fit up** 装备; **fit up A with B** 给 A 装备上 B; **fit A with B** 给 A 装配上 B; **fit within ...** 在…范围内 ❷ (fitter,fittest) *a.* 适当的,合适的,相称的,有准备的,胜任的,健康的 ☆**be fit for the standard** 合乎标准; **(be) fit to (do)** 快要(做),适于(做) ❸ *n.* ①配合,装配,镶配,适当 ②接头 ③发作,痉挛 ☆**a fit of** 一阵; **by (in) fits (and starts)** 一阵一阵的,间断地

〖用法〗注意下面例句中本词的含义: Even the most complicated circuits can be examined in easy stages by first considering each part separately and subsequantly noting how the various subcircuits fit together. 甚至最复杂的电路也能容易地进行检查,其方法是首先分别考虑每一部分,然后注意各个分电路是如何配合在一起的。

fitful ['fɪtful] *a.* 间歇的,一阵阵的,不定期的 ‖ **~ly** *ad.*

fitly ['fɪtlɪ] *ad.* 适当地

fitified ['fɪtɪfaɪd] *a.* 癫痫的,行为古怪的

fitment ['fɪtmənt] *n.* ①家具,设备 ②(pl.)装修,配件

fitness ['fɪtnɪs] *n.* 适合,适应(性)(for),健康

fittage ['fɪtɪdʒ] *n.* 杂费

fitter ['fɪtə] *n.* 装配工

fitting ['fɪtɪŋ] ❶ *n.* ①装配,配置,安装,调整,适合,拟合法 ②(常见 pl.)设备,配件,器材,套筒,家〔灯〕具 ❷ *a.* 适当的,合适的 ‖ **-ly** *ad.* **~ness** *n.*
〖用法〗在 "it is fitting (合适的) that ..." 句子的 "that" 从句中一般要用 "(should+)动词原形" 虚拟句型。

five [faɪv] *n.*; *a.* 五

fivefinger ['faɪvfɪŋgə] *n.*; *a.* 海星;运用五个手指的

fivefold ['faɪvfəuld] *a.*; *ad.* 五倍(的),五重(的)

fivepence ['faɪvpəns] *n.* 五便士

fivepenny ['faɪvpənɪ] *a.* 值五便士的

fiver ['faɪvə] *n.* 五元券,五镑钞

fix [fɪks] *v.*; *n.* ①(使)固定,安装,装配,整理,调整 ②确定 ③(使)凝固,浓缩,固色 ④专注于,凝视,吸引,记住 ⑤方位点 ⑥困境 ☆**be in (get into) a (bad) fix** 陷于〔入〕困境; **fix A at B** 把 A 确定为 B; **fix A in place** 把 A 固定就位; **fix (A) into B** (把 A)固定在 B 内; **fix on (upon)**决定(采取),选定; **fix A on to B** 把 A 附于 B; **fix one's mind (attention) on (upon) ...** 把注意集中在…; **fix (A) to B** (把 A)固定到 B; **fix up** 安排是,整顿,装设,修理,解决,编成; **fix A with costs** 使 A 负担费用; **out of fix** (钟表)不准

〖用法〗注意下面例句中本词的含义: To fix ideas, consider modeling a pure sine-wave. 为了巩固这些概念,考虑建立一个纯正弦波的模型。

fixable ['fɪksəbl] *a.* 可固定的

fixate ['fɪkseɪt] *vt.* (使)固定,凝视

fixateur [fɪk'seɪtə] (法语) *n.* 介体,固定器

fixation [fɪk'seɪʃən] *n.* 固定,装配,安置,凝视

fixative ['fɪksətɪv] ❶ *a.* 固定的,防挥发的,定色的 ❷ *n.* 定影液,定色剂,固定剂,介体

fixed [fɪkst] *a.* 固定的,定位的,凝固的,不易挥发的

fixedly ['fɪksɪdlɪ] *ad.* 固定地,不变(动)地,坚决地

fixedness ['fɪkstnɪs] *n.* ①固定,确定 ②硬度,刚性,凝固性

fixing ['fɪksɪŋ] *n.* ①固定,夹紧 ②装配,安装,修理 ③定影 ④切口,交叉 ⑤(pl.)附件,接头 ⑥装饰(品) ⑦调味(品)

fixist ['fɪksɪst] *n.* 固定论者

fixity ['fɪksɪtɪ] *n.* = fixedness

fixture ['fɪkstʃə] *n.* ①夹具,固定物,夹紧装置,附件 ②设备,安装,紧固,固定 ③预定日期

fizz [fɪz] *vi.*; *n.* (发)嘶嘶声,嘶嘶地响

fizzium ['fɪzɪəm] *n.* 裂变合金

fizzle ['fɪzl] *vi.*; *n.* (发)嘶嘶声 ☆**fizzle out** 结果失败

fizzy ['fɪzɪ] *a.* 嘶嘶发声的

fjeld [fjeld] *n.* 冰蚀高原

fjell [fjel] *n.* 冰蚀沼地

flab [flæb] *n.* 软组织,多余部分,(pl.)唇瓣

flabbergast ['flæbəgɑːst] *vt.* 使发愣,使大吃一惊

flabbily ['flæbɪlɪ] *ad.* 软弱地

flabbiness ['flæbɪnɪs] *n.* 松弛,软弱

flabby ['flæbɪ] *a.* 松弛的,软弱的,无力的

flabellate [flə'belɪt], **flabelliform** [flə'belɪfɔːm] *a.* 扇形的

flaccid ['flæksɪd] *a.* 松软的,软弱的,无气力的 ‖ **~ity** 或**~ness** *n.*

flack [flæk] *n.* ①广告,宣传(员) ②高射炮(火)

flacon ['flækən] *n.* 香水瓶

flag [flæg] ❶ *n.* ①旗,信号旗,(识别)标记,【计】标志位 ②石板,【地质】板(薄)层 ③物锣遮光器 ❷ (flagged;flagging) *v.* ①悬旗于,用旗号表示,表征 ②辅石板 ③松弛,下垂,变弱 ☆**lower a flag** 降旗

flagboat ['flægbəut] *n.* 旗艇

flagecidin [flə'dʒesɪdɪn] *n.* 茴香霉素

flagellar [flə'dʒelə] *a.* 鞭毛的

flagellate ['flædʒəleɪt] ❶ a. 有鞭毛的,鞭毛形的 ❷ n. 鞭毛虫

flagellation [flædʒə'leɪʃən] n. ①生有鞭毛 ②鞭毛鼓动作用

flagelliform [flə'dʒelɪfɔːm] a. 细长的,鞭状的

flagellum [flə'dʒeləm] (pl. flagella 或 flagellums) n. 鞭毛

flageolet ['flædʒə'let] n. 竖笛

flagging ['flægɪŋ] n.; a. ①(铺砌)石板,石板路 ②下垂(的),松弛(的) ③"旗飘"效应 ④标记

flagitious [flə'dʒɪʃəs] a. 罪大恶极的,凶恶的 ‖ ~ly ad.

flaglike ['flæglaɪk] a. ①旗状的 ②板状的

flagman ['flægmən] n. 信号旗手,信号兵

flagpole ['flægpəʊl] n. 标杆,(电视测试图)条状信号

flagrancy ['fleɪgrənsɪ] n. 罪恶昭彰,臭名远扬

flagrant ['fleɪgrənt] a. ①罪恶昭彰的,臭名远扬的 ②现行的

flagship ['flægʃɪp] n. ①旗舰 ②最佳典型

flagstaff ['flægstɑːf] n. 旗杆

flagstone ['flægstəʊn] n. ①板石,铺路石 ②【地质】板层砂岩

flail [fleɪl] n. 扫雷装置

flair [fleə] n. 鉴别力,眼光,本领 ☆**have a flair for** 对…有鉴别力,有…的本领

flak [flæk] n. ①高射炮 ②广告,宣传(员) ③批评,口角

flake [fleɪk] ❶ n. ①(薄,絮)片,片状粉末,卷层,絮状体 ②火星,白点 ③舷侧踏板 ④一卷绳索 ❷ v. ①(使)成片剥离,塌散,去氧化皮,刨片(away,off) ②压成片状 ③卷(绳索) ④变化 ⑤离开,失踪 ⑥昏过去 ☆**flake off (away)** 剥落; **fall (off) in flakes** 成片脱落,纷纷落下

flakeboard ['fleɪkbɔːd] n. 碎料板,压缩板

flakelet ['fleɪklɪt] n. 小片

flaker ['fleɪkə] n. 刨片机

flakiness ['fleɪkɪnɪs] n. 片状,片层分裂

flaking ['fleɪkɪŋ] n. ①薄片 ②表面剥落,去氧化皮 ③压碎 ④制成薄片 a. 易剥落的

flaky ['fleɪkɪ] a. (薄)片状的,鳞状的;易剥落的;怪异的

flam [flæm] ❶ n. 诡计 ❷ (flammed;flamming) v. 欺骗

flambeau ['flæmbəʊ] (pl. flambeaus 或 flambeaux) n. ①火炬,大烛台;燃烧废气的烟囱

flamber ['flæmbə] n. 把低度酒倒在菜上

flamboyance [flæm'bɔɪəns], **flamboyancy** [flæm'bɔɪnsɪ] n. 火红,浮夸

flamboyant [flæm'bɔɪənt] a.; n. 火焰式的,艳丽的,浮夸的

flamboyanttree [flæm'bɔɪəntriː] n. 凤凰木

flame [fleɪm] ❶ n. ①(火)焰,火舌 ②光辉,(火)色,热情 ❷ v. ①发火焰,燃烧,烧,火焰灭菌 ②闪耀,发光,激动 ☆**burst into flame(s)** 烧起来;

commit ... the flames 把…烧掉; **flame out (up,forth)** 燃烧,烧起来,激动; **in flames** 燃烧着

flamenco [flə'menkəʊ] n. 弗拉明戈舞

flameholder ['fleɪmhəʊldə] n. 火焰稳定器

flameholding ['fleɪmhəʊdɪŋ] n. (使)火焰稳定

flameless ['fleɪmlɪs] a. 无焰的

flameout ['fleɪmaʊt] n. 燃烧中断,熄火

flamer ['fleɪmə] n. 火焰喷射器

flameware ['fleɪmweə] n. 耐火器皿,烧煮食物的玻璃器具

flaming ['fleɪmɪŋ] a. ①燃烧(似)的,喷火的,熊熊的,火焰般的,炎热的 ②热烈的 ③夸张的,惊人的

flammability [flæmə'bɪlɪtɪ] n. 易燃性

flammable ['flæməbl] a. 易燃的

flammentachygraph [flæmen'tækɪgrɑːf] n. 循环测定器

flamy ['fleɪmɪ] a. 火焰(似)的,熊熊的

flanch [flæntʃ] = flange

flange [flændʒ] ❶ n. 凸缘,法兰(盘),翼,带盘,突边,平滑阀的爪,轨底,凸缘机 ❷ vt. (在…上)安装凸缘,作凸缘,镶边,折缘 ☆**flange A to B** 用法兰把 A 连接到 B 上

flangeless ['flændʒlɪs] a. 无凸缘的,不卷边的

flanger ['flændʒə] n. ①起缘机,凸缘机,翻边机 ②除雪机 ③(制)凸缘工人

flangeway ['flændʒweɪ] n. 轮缘槽

flanging ['flændʒɪŋ] n. (作)凸缘,折边,镶边,翻边

flank [flæŋk] ❶ n. ①侧面,边,外侧,肋部 ②(螺纹牙的)齿侧面,齿腹,(齿轮的)齿根面 ③脉冲波前 ❷ v. 在…的侧面,与…的侧面相接(on,upon),翼侧包围 ☆**cover a flank** 掩护侧面; **turn the flank of** 从翼侧包抄,驱倒,智取

flanker ['flæŋkə] n. 侧面堡垒,两侧的东西

flannel ['flænl] ❶ n.; a. 法兰绒(布,衣服,的) ❷ (flannel(l)ed;flannel(l)ing) v. ①用法兰绒包 ②哄骗

flannelet(te) [flænə'let] n. 绒布,棉法兰绒

flannelly ['flænəlɪ] a. 法兰绒似的,闷声的

flanning ['flænɪŋ] ❶ n. 窗框两侧斜边 ❷ a. 八字形的

flap [flæp] ❶ n. ①片状物,折板,折叶,(皮,舌)瓣,簧片 ②闸门,舌阀 ③襟翼,副翼,(火箭的)舵 ④(轮胎的)挡带 ⑤(话机上)按键 ⑥拍动 ⑦惴惴不安 ❷ (flapped;flapping) v. ①低垂,拉下,装垂片状物 ②拍打

flaperon ['flæpərən] n. 襟副翼

flapper ['flæpə] n. ①有铰链的门,舌门 ②瓣阀,瓣瓣 ③片状悬垂物,挡板

flapping ['flæpɪŋ] n.; a. 拍动,摇摆运动

flare [fleə] n.; v. ①闪耀,闪光(信号装置),爆发,突然烧起来,火苗,照明弹,曳光管 ②(物镜)反射光斑,(底片)翳雾斑,(太阳)耀斑,晕轮光 ③端部张开,(向外)扩张,(使)船侧外倾,锥度 ④漏斗 ⑤潮红,新病突现 ☆**flare out** (突然)闪亮,骤燃; **flare up** 骤燃,闪光,张开成地

flareback ['fleəbæk] n. 回火,炮尾焰
flared [fleəd] a. 扩张的,爆发的,漏斗式的
flare-out ['fleəaut] n. 均匀,(着陆时)拉平,开口端截面的增大
flaring ['fleərɪŋ] ❶ n. 扩口,锥形,凸缘,卷边 ❷ a. ①喇叭形的,张开的,扩口的,漏斗状的 ②发光的,闪烁的
flaser ['fleɪsə] n. 【地质】压扁
flash [flæʃ] ❶ v. ①(使)闪光,发火花,突然发出,掠过,使迅速传遍 ②【化】闪蒸,蒸浓 ③【机】烧化 ④去毛刺 ⑤(火速地)拍出(电报) ⑥泛放,冲砂 ⑦(把玻璃)展成薄片,给(玻璃)镶色 ⑧薄镀 ⑨闪锻,(用防护物)覆盖 ❷ n. ①闪光〔电,燃,现,烁,发,蒸〕,亮度,一瞬间,暴风闪雨,强脉冲,【机】烧化 ②溢出式塑模,(模)缝脊,(模锻)毛边,披缝,焊瘤,(唱片)边料 ③堰闸,泻水沟 ④(短)电讯,对电视图像的瞬时干扰 ⑤倒叙,反闪,逆弧 ⑥手电筒 ⑦闪光灯下摄成的照片 ⑧黑话,隐语 ❸ a. ①闪的,突然出现的,急骤的,暴涨的,快速的,带有闪光(照相)设备的 ②时髦的,虚饰的 ③机智的,狡猾的 ☆*a flash in the pan* 昙花一现; *flash back* 反照,反点火,闪回,逆燃,(电影)倒叙; *flash by (past)* (如电光)一闪而过,掠过; *flash into being* 闪现; *flash off* 闪蒸出; *flash on* 发闪光,很快明白; *flash (A) on and off* (使 A)闪烁; *flash out* 闪蒸排出; *flash over* 飞弧,跳火; *flash to* 闪蒸成,迅速变成;泻到; *flash up* 功率激增; *in a flash* 一瞬间,刹那间
flashback ['flæʃbæk] n. ①逆燃,回火 ②反照 ③倒叙
flashboard ['flæʃbɔːd] n. 闸板
flashbox ['flæʃbɒks] n. 闪蒸室,膨胀箱,扩容器
flashcube ['flæʃkjub] n. 立方闪光灯
flasher ['flæʃə] n. ①闪光器,闪烁光源,明暗灯 ②自动断续装置 ③敷金属纸条 ④(玻璃)镶色工
flashily ['flæʃɪlɪ] ad. (外表)漂亮地
flashing ['flæʃɪŋ] n.; a. ①闪光(的),电弧放电,发火花,光源不稳,后曝光 ②闪蒸,赤热金属丝蒸发 ③金属沉积镀层 ④玻璃镶色 ⑤防雨〔挡水〕板,软挡块 ⑥泄放,灌水,暴涨,(压力降低时)水冲,水跃 ⑦喷射 ⑧(铸件)飞边
Flashkut ['flæʃkʌt] n. 落锤锻造钢
flashlamp ['flæʃlæmp] n. 闪光灯(泡),小电珠
flashless ['flæʃlɪs] a. 无闪光的,无光亮
flashlight ['flæʃlaɪt] n. ①闪光信号灯 ②手电筒 ③闪光,闪光灯(下摄成的照片)
flash-off ['flæʃɒf] n. 闪蒸出
flashometer [flæʃˈɒmɪtə] n. 闪光仪,闪光分析计
flashover ['flæʃəuvə] n. 气弧,击穿,闪络,跳火
flashtron ['flæʃtrɒn] n. 气体放电断电器
flashtube ['flæʃtjuːb] n. 闪光管
flashy ['flæʃɪ] a. 闪光的,一瞬间的,炫耀的,华而不实的
flask ['flɑːsk] ❶ n. ①(细颈,烧)瓶 ②【机】砂箱,水筒 ③储罐,盆,圆桶 ❷ vt. 装在烧瓶中,制模盘

flasket ['flɑːskɪt] n. 小(细颈)瓶
flat [flæt] ❶ a. ①平的,扁(平)的,平板状的,光学平的,浅的 ②跑了气的,没有劲的,电压下降的 ③无光泽的,不透明的,无深浅差别的 ④直率的,断然的,绝对的 ⑤降(半)音的,实音的,低音的 ❷ ad. ①平,仰卧地,水平地 ②恰好,断然 ③无息地 ❸ n. ①平面,平坦部分,扁材,板片平板玻璃,平板车,平底船,平台(甲板),洼地,浅滩 ②跑了气的轮胎 ③一层,公寓,成套房间 ❹ (flatted;flatting) v.(使)变平,平整,使无光泽 ☆*fall flat* 跌倒,完全失败; *flat down* 平面朝下,(六角钢)平轧; *flat out* 渐薄,用全速,终无结果; *join the flats* 使成为连贯的一体; *lie flat* 平放〔卧〕
flatband ['flætbænd] n. 平带,平能带
flatbed ['flætbed] n. 平台(机)
flat-foot ['flætfut] n. 扁平足,有扁平足的人
flathead ['flæthed] n.; a. 扁平头(的)
flatheaded ['flæthedɪd] a. 平头的
flatly ['flætlɪ] ad. 水平地,匍匐地,坦率地
flatness ['flætnɪs] n. ①平坦,平面性,平直度,(钢板的)不平度,平滑性,均匀性 ②直率,断然,单调,无变化
flatten ['flætn] v. ①弄平(out),压扁,平化,弄直 ②使失去光泽 ③(飞机)拉平
flattened ['flætnd] a. 扁平的,平舌的,降(半)音的
flattener ['flætnə] n. ①平锤,压延机,压平器 ②扁条拉模 ③压延工
flattening ['flætnɪŋ] n. ①修平,平整,(金属薄板)矫平,弄直,平化,使平滑 ②补偿 ③扁率,扁度
flatter ['flætə] ❶ n. ①平锤,压平机 ②扁条拉模 ③敲平者 ❷ vt. ①奉承,谄媚 ②使满意 ‖ ~y n.
flattering ['flætərɪŋ] a. 讨好的,讨人喜欢的
flatting ['flætɪŋ] n. 变平,无光油漆,消光
flatiron ['flætaɪərən] n. 扁铁〔钢〕,熨斗
flattish ['flætɪʃ] a. 有点平的,有点单调的
flattop ['flættɒp] n. 航空母舰,平顶(建筑物)
flatulence ['flætjuləns], **flatulency** ['flætjulənsɪ] n. ①气体浮聚,(流)星团 ②空虚,自负 ‖ **flatulent** a.
flatus ['fleɪtəs] n. 气息,一阵风,肠胃气
flatware ['flætweə] n. 盘碟类
flatways ['flætweɪz], **flatwise** ['flætwaɪz] ad. 平,平面朝下,垂直交叉,与层压面垂直
flaunt [flɔːnt] v.; n. 飘扬,夸示 ‖ ~ing 或~y a.
flaur [flɔː] n. 格子花呢
flava ['feɪvə] a. 黄色的
flavane ['fleɪveɪn] n. 黄烷
flavanol ['fleɪvənɒl] n. 黄烷醇
flavanone ['fleɪvənəun] n. 黄烷酮
flavanthrone ['fleɪvənθrəun] n. 阴丹士林黄
flavedo [fləˈviːdəu] n. 橙皮
flavescent [fləˈvesnt] a. 浅黄色的,变成黄色的
flavin(e) ['fleɪvɪn] n. (核)黄素,叫啶黄素
flavodoxin [fleɪvəˈdɒksɪn] n. 黄素氧(化)还(原)蛋白

flavo-enzyme [fleɪvə'enzaɪm] *n.* 黄素酶

flavokinase [fleɪvə'kɪneɪs] *n.* (核)黄素激酶

flavone ['fleɪvəʊn] *n.* 黄酮

flavonoid ['fleɪvənɔɪd] *n.* 类黄酮

flavonol ['fleɪvənɒl] *n.* 黄酮醇

flavoprotein [fleɪvə'prəʊtɪn] *n.* 黄素蛋白

flavo(u)r ['fleɪvə] ❶ *n.* (滋,香,气,风)味,香料,调味剂,特点,特色 ❷ *vt.* 给…加味
〖用法〗注意下面例句中本词的含义: There are two <u>flavors</u> of real-time systems. 实时系统有两个特点。

flavo(u)ring ['fleɪvərɪŋ] *n.* 调味(品),香料,增味剂

flavo(u)rless ['fleɪvəlɪs] *a.* 无味的

flavo(u)rous ['fleɪvərəs] *a.* (滋,香)味的

flaw [flɔ:] ❶ *n.* ①裂缝,缩孔,(铸件)裂痕,伤痕,瑕疵,缺点,漏洞 ②一阵短暂风暴(雨雪) ❷ *v.* (使)破裂,(使)生瑕疵,(使)有缺陷,使无效
〖用法〗注意下面例句中本词的含义: These flaws, or 'bugs', must be found out and corrected. 这些瑕疵,也就是'漏洞',必须找出来加以纠正。

flawless ['flɔ:lɪs] *a.* 无瑕的,无缺点的,完美的

flawmeter ['flɔ:mɪtə] *n.* 探伤仪 ❷ *v.* 探伤

flax [flæks] *n.* 亚麻(布,纤维),麻线

flaxe ['flæksɪ] *n.* 电缆卷,一盘电缆

flaxen ['flæksən] *a.* 亚麻的,淡黄色的

flay [fleɪ] *vt.* ①剥去…的皮 ②掠夺 ③严厉批评

flea [fli:] *n.* 跳蚤

fleabite ['fli:baɪt] *n.* 轻微的痛痒,蚤咬;小麻烦;少量的花费

flead [fli:d] *n.* (猪)板油

fleam [fli:m] *n.* 锯齿口的锯条面所成的角,放血针

fleck [flek] ❶ *n.* 斑点,微粒,小片 ❷ *v.* 命名有斑点,饰以斑点

flecker ['flekə] *v.* 使有斑点

fleckless ['fleklɪs] *a.* 无斑点的,洁白的

flecnode ['fleknəʊd] *n.* 拐结点

flection = flexion ‖ **~al** *a.*

fled [fled] flee 的过去式和过去分词

fledged [fledʒd] *a.* 羽毛长成的,快会飞的

fledgeless ['fledʒlɪs] *a.* 羽毛未丰的

fledg(e)ling ['fledʒlɪŋ] *n.* 刚会飞的幼鸟,尚缺乏经验的

flee [fli:] (fled) *v.* ①逃脱,脱离(from) ②消失

fleece [fli:s] ❶ *n.* 羊毛(状物) ❷ *vt.* 剪…的毛,诈取,(羊毛般)盖满,点缀

fleecy ['fli:sɪ] *a.* 羊毛似的

fleer [flɪə] *v.* 狞笑,嘲弄

fleet [fli:t] ❶ *n.* ①舰队,机群,(汽)车队 ②港,小河 ❷ *a.* 快速的 ❸ *v.* 疾飞,(时间)飞逝 ❹ *n.* 放下(索,缆)

flee-footed ['fli:fʊtɪd] *a.* 跑得快的

fleeting ['fli:tɪŋ] *a.* 飞逝的,疾驰的,短暂的 ‖ **~ly** *ad.* **~ness** *n.*

Fleetsatcom [fli:t'sætkɒm] *n.* 舰队卫星通信系统

Fleming ['flemɪŋ] *n.* 弗莱明(姓氏)

Flemish ['flemɪʃ] *n.*; *a.* 佛兰芒人(的)

flesh [fleʃ] *n.* (果,食用)肉,肌肉,骨肉 ☆*all flesh* 人类; *flesh and blood* 血肉(之躯),人(类),现实的; *in the flesh* 活生生的,活着

fleshly ['fleʃlɪ] *a.* 肉体的,多肉的,放荡的

fleshy ['fleʃɪ] *a.* 肉多的,肥的

fletch [fletʃ] *vt.* 装上羽毛

fleur [flɜ:] *n.* 粉状填料

fleuret ['flʊərɪt] *n.* 小花,小剑

flew [flu:] fly 的过去式

flex [fleks] ❶ *v.* (使)弯曲,挠曲,褶曲,拐折 ❷ *n.* 花线,皮线,拐线

flexer ['fleksə] *n.* 疲劳生热试验机,挠曲试验机

flexiback ['fleksɪbæk] *n.* 软背,软背(装帧)

flexibility [fleksə'bɪlɪtɪ] *n.* ①柔性,柔(软)度,挠(曲)性,弹性,折射性 ②适应性

flexibilizer ['fleksɪbɪ'laɪzə] *n.* 增韧剂

flexible ['fleksəbl] *a.* ①可弯(曲)的,柔性的,挠性的,软(性)的 ②可塑造的,能变形的,可伸缩的,灵活的,适应性强的,可变通的

flexibly ['fleksɪblɪ] *ad.* 柔软,易弯

Flexichoc ['fleksɪkɒk] *n.* 板式挤压震源

flexicover ['fleksɪkʌvə] *n.* 软面装订本

flexifiner ['fleksɪfaɪnə] *n.* 锥形磨浆机,锥形精磨机

flexile = flexible

flexility = flexibility

fleximer ['fleksəmə] *n.* 水泥-橡胶-乳胶混合料

fleximeter ['flek'sɪmɪtə] *n.* 挠度计

flexine ['fleksaɪn] *n.* 蛇叶辛

flexion ['flekʃən] *n.* 弯曲(部分),曲率,挠曲,拐度,词尾

flexiplast ['fleksɪplɑ:st] *n.* 柔性塑料

flexi-van ['fleksɪvæn] *n.* 水陆联运车

flexivity [flek'sɪvɪtɪ] *n.* (热弯)曲率,挠度

flexlock ['flekslɒk] *n.* 柔性止水缝

flexode ['fleksəʊd] *n.* 弯特性二极管

flexography [flek'sɒɡrəfɪ] *n.* 曲面印刷(术)

flexometer [flek'sɒmɪtə] *n.* 挠度仪,挠曲计,挠曲试验机

Flexotir ['fleksətə] *n.* 笼中爆炸震源(商标名)

flexowriter ['fleksəraɪtə] *n.* 快速印刷(与穿孔)装置,打字穿孔机

flex-ray ['fleksreɪ] *n.* 拐射线

flextime ['flekstaɪm] *n.* 灵活定时上班制

flexuose ['flekʃʊəs] *a.* 弯弯曲曲的,之字形的,锯齿状的,动摇不定的

flexuosity [fleksjʊ'ɒsɪtɪ] *n.* 屈曲,弯曲,波状

flexuous = flexuose

flexura [flek'ʃʊərə] (拉丁语) (pl. flexurae) *n.* (弯)曲,弯

flexural ['fleksjʊrəl] *a.* 弯〔挠〕曲的,挠性的

flexure ['flekʃə] *n.* 弯曲,挠度,曲率,折褶,单斜挠曲

flexwing ['flekswɪŋ] *n.* 蝙蝠翼着陆器

flick [flɪk] *n.*; *vt.* ①轻弹(击,拂),猛然一动,弹动 ②污点,斑点 ③集中照射 ④电影 ☆*fick away*

(off) 抛下,发射,脱落,轻轻拂去

flicker ['flɪkə] *vi.*; *n.* 闪烁,摇晃,颤动,抛掷器

flicker-free ['flɪkəfriː] *a.* 无闪烁的,无颤动的

flickering ['flɪkərɪŋ] *a.* 闪烁的,摇曳的,颤动的 ‖ ~ly *ad.*

flier = flyer

flight [flaɪt] *n.*; *v.* ①飞行 ②行程 ③螺旋片,刮板,条板,螺纹 ④(楼梯的)一段,阶梯,梯段 ⑤班机,飞机编队 ⑥溃逃 ☆*in flight* 在飞行中; *in the first flight* 占主要地位,领头; *make (take) a flight* 飞行; *put A to flight* 使 A 溃逃; *sustain A in flight* 使 A 继续飞行; *take (take to) light* 逃走; *wing (take) one's flight* 飞行

flighter ['flaɪtə] *n.* 酿造用浮片,刮板

flightworthy ['flaɪtwɜːðɪ] *a.* 具备飞行条件的

flighty ['flaɪtɪ] *a.* ①轻浮的,易惊的,古怪的 ②不负责任的 ③飞快的

flikite ['flɪkaɪt] *n.* 褐砷锰矿

flimsy ['flɪmzɪ] ❶ *a.* 薄的,脆弱的,容易损坏的,没有价值的 ❷ *n.* 薄纸,复写用纸,薄纸稿件,电报,纸币

flinch [flɪntʃ] *vi.* 退缩(from)

flinders ['flɪndəz] *n.* 碎片

fling [flɪŋ] (flung) *v.*; *n.* ①投,抛,掷,使突然陷入 ②猛推,突进,挥动,扫视 ③尝试 ☆*fling down* 摔倒; *fling A at B* 把 A 掷向B; *fling off* 丢掉,冲出; *fling out* 投出; *have (take) a fling at* 试做

flinger ['flɪŋə] *n.* 抛掷环

flint [flɪnt] ❶ *n.* 燧石,电石,坚硬的东西 ❷ *a.* 燧石制的

flintiness ['flɪntɪnɪs] *n.* 坚硬度

flintstone ['flɪntstəun] *n.* 燧石,打火石

flintware ['flɪntweə] *n.* 石器

flinty ['flɪntɪ] *a.* 燧石(质,似,构成)的,坚硬的,硬质的

flip [flɪp] ❶ (flipped;flipping) *v.* ❷ *n.* ①轻弹,急掷,突然跳动 ②倒转,自放取向的改变 ③(短距离)飞行 ④(一种由人驾驶的)浮标 ☆*flip at* 猛击; *flip out* 失去理智,发疯

flipper ['flɪpə] *n.* 升降舵,挡泥板,围盘的甩套机构,(游泳)橡皮蹼

flit [flɪt] ❶ (flitted;flitting) *v.* ❷ *n.* 掠过,迅速飞过(by) ☆*flit about* 翱翔; *flit to and fro* 飞来飞去

flitch [flɪtʃ] ❶ *n.* 桁板,贴板 ❷ *vt.* 把…截成板

flitter ['flɪtə] ❶ *n.* 金属箔 ❷ *vi.* (迅速)飞来飞去,匆忙来往

flivver ['flɪvə] *n.*; *v.* 廉价小汽车,(私人)小飞机,海年小艇,廉价的小东西 ②失败,挫折

float [fləut] ❶ *v.* ①(使)浮,(使)漂,滑翔 ②用水注满,淹没,散布 ③浮动,发行(公债) ④用镘整平子 ⑤(在水中)研磨,浮选 ⑥图像抖动 ❷ *n.* ①浮体,木筏,救生圈 ②游艇,浮动时间 ③(pl.)沉降锅 ④镘(刀),单纹锉刀,路面整平器 ⑤铰接 ⑥磷灰石粉 ⑦运煤车,(游行)彩车 ⑧冲刷土 ⑨(舞台)脚灯 ☆*float a scheme* 赢得支持而将计划付诸实行; *float off* 浮起,漂离; *on the float* 浮浮着

floatability [fləutə'bɪlɪtɪ] *n.* 漂浮性

floatable ['fləutəbl] *a.* ①可漂浮的 ②可航行的,可行驶木筏的

floatage ['fləutɪdʒ] *n.* ①漂浮(物),浮力,船体吃水以上部分 ②火车轮渡费

floatation [fləu'teɪʃən] *n.* ①漂浮(性),浮(力),浮动(性),浮选(法),(船)的下水 ②设立,创办,发行(债券) ③镘平

floatboard ['fləutbɔːd] *n.* (水车的)蹼板,承水板,轮翼

floater ['fləutə] *n.* ①浮子,漂浮物,漂浮飞机 ②(运输货物的)保险 ③镘工 ④临时工 ⑤筹办人

floating ['fləutɪŋ] *n.*; *a.* ① 浮动(的),漂浮(的),【计】浮点(的),浮雕 ②可变的,流动(性)的,摇摆的,自由转动的,铰接的,游离的,未接地的 ③自动定位 ④在水运中的,在海上的 ⑤镘平

floatless ['fləutlɪs] *a.* 无浮动的,无漂移的

floator ['fləutə] *n.* 浮动机,浮标

floatplane ['fləutpleɪn] *n.* 水上飞机

floc [flɒk] *n.* 絮片,絮凝沉淀,蓬松物质

flocbed ['flɒkbed] *n.* 絮凝层

floccilation [flɒksɪ'leɪʃən] *n.*, **floccilegium** [flɒksɪ'liːdʒɪəm] *n.* 【医】摸空,捉空摸床

floccose ['flɒkəus] (拉丁语) *n.* 柔毛状的,絮状的

Floccotan ['flɒktən] *n.* 絮凝丹

flocculability [flɒkjulə'bɪlɪtɪ] *n.* 絮凝性

flocculable ['flɒkjuləbl] *a.* 可絮凝的

flocculant ['flɒkjulənt] *n.* 絮凝剂

floccular ['flɒkjulə] *a.* 絮凝的,絮片的,绒毛的

flocculate ['flɒkjuleɪt] ❶ *v.* 絮凝,绒聚,结成小块 ❷ *n.* 絮凝物

flocculation [flɒkju'leɪʃən] *n.* 絮凝作用,絮状沉淀法

flocculator ['flɒkjuleɪtə] *n.* 絮凝器

floccule ['flɒkjuːl] *n.* 絮凝物,绒聚物,絮状沉淀(物)

flocculence ['flɒkjuləns] *n.* 絮凝物,絮凝性,絮状沉淀法

flocculent ['flɒkjulənt] ❶ *n.* 絮凝剂 ❷ *a.* 絮凝的,绒聚的,绒毛状的,【地质】密族的

flocculi *n.* flocculus 的复数

flocculus ['flɒkjuləs] (pl. flocculi) *n.* ①谱斑,絮状物,绒球,柔毛丛 ②小脑小叶

floccus ['flɒkəs] (pl. flocci) *n.* 絮状物,绒毛丛

flock [flɒk] *n.* ①(人,畜)群,大量 ②(pl.)毛絮,絮凝体,细密毡垫,绒屑,絮化 ❷ *v.* ①群集 ②填以棉絮 ☆*birds of a feather flock together* 物以类聚; *fire into the wrong flock* 打错目标,失误

flockbed ['flɒkbed] *n.* (毛绒填充)床褥

flockenerz [flɒ'kenɜːz] *n.* 砷铅矿

flockmaster ['flɒkmɑːstə] *n.* 牧羊人,羊倌

flocky ['flɒkɪ] *a.* 羊毛状的,絮凝的,多毛的

flodometer [flə'dɒmɪtə] *n.* 涨潮水位计

floe [fləu] *n.* 大浮冰

flog [flɒg] (flogged;flogging) *vt.* 鞭打,驱使,严厉批评 ☆*flog a dead horse* 徒劳,枉费心机

F

flogging ['flɒgɪŋ] *n.* 鞭打

flong [flɒŋ] *n.* 作纸型用的纸

flood [flʌd] *n.; v.* ①洪水,泛滥,潮水最高点,涌出,满溢,充满 ②大量 ③浮色 ④泛光灯 ☆*a flood of* 一阵,一片,一大批; *(be) at the flood* 涨潮,在方便而有利的时机; *be in flood* 泛滥; *flood in* 涌而来,涌进; *flood out* 因洪水而被迫离开; *go through fire and flood* 赴汤蹈火

floodability [flʌdə'bɪlɪtɪ] *n.* 不沉性,可浸性

floodgate ['flʌdgeɪt] *n.* ①泄洪闸门,水闸 ②大量

flooding ['flʌdɪŋ] *n.* ①注水,浸渍 ②泛滥,灌溉 ③溢流 ④(分馏时柱的)液阻现象 ⑤(油漆干燥时或加热时)变色 ⑥血崩

floodlight ['flʌdlaɪt] ❶ *n.* 泛光灯,探照灯,强力照明 ❷ (floodlighted,floodlit) *vt.* 用泛光灯照亮,强力照明

floodlighting ['flʌdlaɪtɪŋ] *n.* 泛光照明

floodlit ['flʌdlɪt] ❶ *a.* 用泛光照亮的 ❷ floodlight 的过去分词

floodmark ['flʌdmɑːk] *n.* 满潮标,高水标

floodometer [flʌ'dɒmɪtə] *n.* (涨潮时的)水量记录计,洪水计

floodplain ['flʌdpleɪn] *n.* 洪泛区,泛滥平原,漫滩

floodwater ['flʌdwɔːtə] *n.* 洪水

flooey ['fluːɪ] ❶ *a.* 乱套的,不正常的 ❷ *ad.* 糟,不行 ☆*go flooey* 糟,不行

floor [flɔː] ❶ *n.* ①地板,楼面,底,床,地面,标高,(楼)层 ②阶 ③底价 ④(室内)场地,摄影现场,舞台 ⑤发言权 ⑥钻台 ❷ *vt.* ①上铺地板 ②难倒 ③把(加速器等)踩到底 ☆*be floored by* 被…所压服; *get floored* 被压服; *get the floor* 获得发言权; *have the floor* 轮到发言; *mop (wipe) the floor with* 彻底击败; *take the floor* 起立发言,参加讨论

〖用法〗❶ 在室内表示"地上"时要用"floor"而不能用"ground"。如: The coefficient of sliding friction between box and floor is μ。箱子与地面之间的滑动摩擦系数为 μ。❷ 表示"楼层"时,美国英语与汉语雷同,但英国英语中"一层楼"要用"the ground floor","二层楼"用"the first floor",以此类推。

floorboard ['flɔːbɔːd] *n.* 适合做地板用的木料,汽车底部铺板

floorcloth ['flɔːklɒθ] *n.* ①擦地板的布 ②铺地板厚漆布

floorer ['flɔːrə] *n.* ①难题,令人沮丧的消息 ②铺地板的人

flooring ['flɔːrɪŋ] *n.* 地板(材料),室内地面,铺(地)面,铺绝缘地垫,桥面铺装

floorlamp ['flɔːlæmp] *n.* 落地台灯,立灯

floorless ['flɔːlɪs] *a.* 无地板的

floorplan ['flɔːplæn] *n.* 平面布置图

floorslab ['flɔːslæb] *n.* 楼板,水泥板

floorstand ['flɔːstænd] *n.* 地轴架

flop [flɒp] ❶ (flapped;flopping) *v.* (扑通一声)倒下

(down);鼓翼,跳动,摇摆地走;失败 ❷ *n.; ad.* 扑通地,砰(的一声)落下,失败 ☆*with a flop* 扑通落下

flopnik ['flɒpnɪk] *n.* 失败(的)卫星

flopover ['flɒpəʊvə] ①= flip-flop ②电视图像上下跳动

flopper ['flɒpə] *n.* 薄板上皱纹,波浪边

floppy ['flɒpɪ] *a.* 下垂的,要掉下来的

flora ['flɔːrə] (*pl.* floras 或 florae) *n.* 植物相,志,区系,菌丛

floral ['flɔːrəl] *n.* ①花(似)的 ②植物群的,植物系的

floram ['flɔːrəm] *n.* 重氟化铵

flore ['flɔːə] *n.* 【化】凝花

Florence ['flɒrəns] *n.* (意大利)佛罗伦萨(市)

florencite ['flɔːrənsaɪt] *n.* 磷铝铈矿

florentium ['flɒrəntɪəm] *n.* 钷(Pm)的旧名

florescence [flɔː'resns] *n.* 开花期,花候,兴盛时期 ‖ **florescent** *a.*

floret ['flɒrɪt] *n.* 小花

floriated ['flɔːrɪeɪtɪd] *a.* 花形的

floriation [flɔːrɪ'eɪʃ ə] *n.* 花饰

floriculture ['flɔːrɪˌkʌltʃə] *n.* 种花,花卉栽培

floriculturist [flɔːrɪ'kʌltʃ ərɪst] *n.* 种花工,花卉栽培工

florid ['flɒrɪd] *a.* 鲜红的,开花的

Florida ['flɒrɪdə] (美国)佛罗里达(州) ‖ **~n** *a.*

florigen ['flɒrɪdʒən] *n.* 成花激素

florilegium [flɔːrɪ'liːdʒɪəm] (*pl.* florilegin) ①选集,作品集锦 ②花谱

Florisil ['flɒrɪsɪl] *n.* 硅酸镁载体(商品名)

florology [flɒ'rɒlədʒɪ] *n.* 植物区系学

floruit ['flɔːrjuːɪt] *n.* 全盛期

florule ['flɔːruːl] *n.* 小地区植物志

flory-boat ['flɔːrɪbəʊt] *n.* 舢板

flos [flɒs] (*pl.* flores) *n.* 花

floss [flɒs] *n.* ①絮状物,木棉,丝棉,细绒线 ②浮渣

flossy ['flɒsɪ] *a.* 乱丝的,轻软的,时髦的

flotable = floatable

flotage ['fləʊtɪdʒ] = floatage

flotation [fləʊ'teɪʃ ən] = floatation

flotilla [fləʊ'tɪlə] *n.* 小舰队

Flotrol ['flɒtrəl] *n.* 一种恒电流充电机

flotsam ['flɒtsəm] *n.* ①(遇难船只的)漂流货物,漂浮的残骸 ②废料,零碎物

floturning [fləʊ'tɜːnɪŋ] *n.* 一种锻造法

flounder ['flaʊndə] *vi.; n.* 挣扎,着慌,搞糟

flour ['flaʊə] ❶ *n.* 粉(末),面粉 ❷ *v.* 撒粉于,研成粉

flourine ['flaʊəraɪn] *n.* 粉糠剂

flourish ['flʌrɪʃ] *v.; n.* ①繁荣,昌盛,发展到一定高度 ②挥舞 ☆*in full flourish* 蓬勃发展,流行

flourishing ['flʌrɪʃɪŋ] *a.* 繁荣的,发展的,蒸蒸日上的

flourmill ['flaʊəmɪl] *n.* 面粉厂

flourometer [flauə'rɒmɪtə] *n.* 量粉计,澄清器

floury ['flauərɪ] *a.* 粉的,满是粉的

flout [flaut] *n.; v.* 嘲弄,蔑视,反对(at)

flow [fləu] *v.; n.* ①流,气流,滑移,浮动 ②塑变,变形 ③流量,流率,消耗量 ④流程图 ⑤充满,丰富,溢出 ⑥涨潮,泛滥,(路面)泛油 ⑦屈服 ⑧【数】围线积分 ☆*flow away* 流逝; *flow from* 来自是…的结果; *flow out* 流出; *flow over* 流过,横流,溢出; *flow with* 充满
〖用法〗flow through 表示"流过"。如: I₁ is flowing through branch 1. 电流 I₁ 流过支路 1.

flowability [fləuə'bɪlɪtɪ] *n.* 流动性

flowage ['fləuɪdʒ] *n.* ①流动,流出 ②泛滥,积水,淹没

flowchart ['fləutʃɑ:t] ❶ *n.* 流程图,程序图表 ❷ *vt.* 用流程图表示

flower ['flauə] ❶ *n.* ①花 ②精华,青春 ③(pl.)【化】华,花纹,泡沫 ❷ *v.* ①(使)开花,用花装饰 ②发展,旺盛 ☆*be in flower* 开着花; *in the flower of one's strength* 年轻力壮之时

flowerage ['flauərɪdʒ] *n.* 花(形装饰)

flowered ['flauəd] *a.* 饰有花的图案的,印花的

flowerer ['flauərə] *n.* 开花的植物,描花人

floweret ['flaurɪt] *n.* 小花(饰)

flowerless ['flauəlɪs] *a.* 无花的,不开花的

flowery ['flauərɪ] *a.* (多)花的;辞藻华丽的

flowing ['fləuɪŋ] *a.* ①流动的,继续不断的,上涨的 ②(线条,轮廓)平滑的 ‖ **-ly** *ad.*
〖用法〗"flowing" 可以作后置定语。如: The current flowing is only large enough to drive a typical input load of about 0.5 mA. 流动的电流只能推动 0.5 毫安这样的典型输入负载。

flowline ['fləulaɪn] *n.* 流(动)线,气流线,流送管,晶粒滑移线

flowmanostat [fləu'mænəstæt] = manostat

flowmeter ['fləumi:tə] *n.* 流量表,流速计

flown [fləun] fly 的过去分词

flow-off ['fləuɒf] *n.* 出气quản口,流口,径流

flowout ['fləuaut] *n.* 流出(量)

flow-process ['fləuprəuses] *n.* 流(动)程

flowrate ['fləureɪt] *n.* 流率,流量

flowrator ['fləureɪtə] *n.* (变截面)流量计

flowsheet ['fləuʃi:t] *n.* 工艺图,(工艺)流程图,程序表

flox [flɒks] *n.* 液氧

flu [flu:] *n.* 流(行性)感(冒)

fluagel ['fluədʒel] *n.* 弗路胶

fluate ['flu:ɪt] *n.* 氟化物

fluavil ['fluəvɪl] *n.* 固塔树脂

flub [flʌb] (flubbed;flubbing) *v.* 搞坏,出错,把…搞得一团糟

flubble ['flʌbl] = floppy bubble 软磁泡

flubdub ['flʌbdʌb] *n.* 胡说,空话

flucan ['fljukən] *n.* 脉壁黏土

flucticulus [flʌk'tɪkjuləs] (pl. flucticuli) *n.* 波纹,微波

fluctuant ['flʌktjuənt] *a.* 波动的,起伏的

fluctuate ['flʌktjueɪt] *v.* (使)波动,振荡,起伏,涨落,动摇

fluctuation [flʌktju'eɪʃ(ə)n] *n.* ①波动,起伏(现象),摇摆,不稳定,徘徊 ②振幅,消长度,涨落谱

fluctuometer [flʌktju'ɒmɪtə] *n.* 波动计

fludemic [flu:'demɪk] *n.* 流行性感冒的传播

flue [flu:] *n.* ①管道,烟筒,烟道,送气管,通气道 ②(pl.)毛屑,乱丝 ③渔网,拖网 ④感冒

flueless ['flu:lɪs] *a.* 无烟道的

fluence [fluəns] *n.* 能量密度,注量,积分通量

fluency ['flu:ənsɪ] *n.* 流畅 ☆*with fluency* 流畅地,滔滔不绝地

fluent ['flu:ənt] ❶ *a.* ①流利的,无阻滞的,源源不断的 ②畅流的,液态的 ❷ *n.* 流,【数】变数 ‖ **-ly** *ad.*

flueric ['flu:ərɪk] *a.* 射流的,流控的

fluerics ['flu:ərɪks] = fluidics

fluff [flʌf] ❶ *n.* ①绒毛 ②失误 ③无价值的东西 ❷ *v.* ①起毛,使疏松 ②失误,把…搞错 ☆*fluff up* 翻松,使疏松

fluffer ['flʌfə] *n.* 松砂机,纤维分离机

fluffiness ['flʌfɪnɪs] *n.* ①松软,蓬松 ②起毛现象

fluffy ['flʌfɪ] *a.* 松软的,蓬松的,绒毛的,易碎的

fluid ['flu:ɪd] ❶ *n.* 流体,流质,…液,射流 ❷ *a.* ①流体的,液体的 ②不固定的,易变的

fluidal ['flu(:)ɪdl] *a.* 流体的

fluidfiant ['flu:ɪdfɪənt] *n.* 液化剂

fluidic [flu:'ɪdɪk] *a.* 流体(性)的,射流的

fludics [flu:'ɪdɪks] *n.* 射流(技术,学),流体学

fluidification [flu:ɪdɪfɪ'keɪʃən] *n.* 液化

fluidify [flu:'ɪdɪfaɪ] *v.* 液化,流(体)化,积满液体

fluidimeter [flu:ɪ'dɪmɪtə] *n.* 黏度计

fluidisable = fluidizable

fluidisation = fluidization

fluidise = fluidize

fluidism ['flu:ɪdɪzm] *n.* 液体学说

fluidity [flu:'ɪdɪtɪ] *n.* 流(动)性,流度,液性

fluidizable ['flu:ɪdaɪzəbl] *a.* 可流(体)化的

fluidization [flu:ɪdaɪ'zeɪʃ(ə)n] *n.* ①流化(作用),液体化 ②沸化 ③高速气流输送

fluidize ['flu(:)ɪdaɪz] *vt.* ①使液化,使流化 ②用高速气流输送

fluidized ['flu:ɪdaɪzd] *a.* 流体化的,流动化的,悬浮的,沸腾的

fluidizer ['flu:ɪdaɪzə] *n.* 强化流态剂

fluidmeter = fluidimeter

fluidness = fluidity

fluidometer = fluidimeter

fluidonics [flu:'dɒnɪks] *n.* (= fluidics) 射流学,射流技术

fluidounce [flu:ɪ'dauns] *n.* 液量盎司

fluidra(ch)m [flu:ɪd'dræm] *n.* 液量打兰

fluidstatic [flu:ɪd'stætɪk] *a.* 静态流体的,静水的

F

F

fluke [fluːk] ❶ *n.* ①比目鱼 ②【动】吸虫,(肝)蛭 ③锚爪,倒钩 ④鲸尾的叶,尾片 ⑤侥幸(的成功),偶然发生的事 ❷ *v.* 侥幸击中,侥幸获得(做成),侥幸成功;偶然失败

flume [fluːm] ❶ *n.* ①水槽,放水沟,水道 ②涧,峡沟 ❷ *v.* 用斜槽输送,装斜槽

flumen ['fluːmən] (拉丁语) *n.* (pl. flumina)流,波

flump [flʌmp] ❶ *n.* 砰(的一声),重落 ❷ *v.* 砰地落下(down),砰砰地移动

flung [flʌŋ] fling 的过去式和过去分词

flunk [flʌŋk] *v.; n.* 不及格,失败

flunk(e)y ['flʌŋkɪ] *n.* 奴才,势利小人

fluoberyllate [fluːə'berɪleɪt] *n.* 氟铍酸盐

fluoborate [fluːə'bɔːreɪt] *n.* 氟(硼)酸盐

fluocerite [fluːə'sɪəraɪt] *n.* 氟铈镧矿

fluocin ['fluːəsɪn] *n.* 荧光菌素

fluodichloride [fluːədaɪ'klɔːraɪd] *n.* 一氟二氯化物

fluohafnate [fluː'hæfneɪt] *n.* 氟铪酸盐

Fluon ['fluːən] *n.* 聚四氟乙烯(树脂),氟化乙烯

fluoniobate [fluː'naɪəbeɪt] *n.* 氟铌酸盐

fluooxycolumbate [fluːɒksɪkə'lʌmbeɪt] *n.* 氟氧铌酸盐

fluophotometer [fluːəfəʊ'tɒmɪtə] *n.* 荧光光度计

fluoprotactinate [fluːprə'tæktɪneɪt] *n.* 氟镤酸盐

fluor ['fluːɔ] *n.* ①【化】氟 ②氟石

fluoranthene [fluːə'ræθɪn] *n.* 【化】荧蒽

fluorapatite [fluːə'ræpətaɪt] *n.* 氟磷灰石

fluorate ['fluːəreɪt] ❶ *v.* 氟化 ❷ *n.* 氟酸盐

fluoration [fluːə'reɪʃən] *n.* 氟化作用

fluorborate [fluːə'bɔːreɪt] *n.* 氟硼酸盐

fluoremetry [fluːə'remɪtrɪ] *n.* 荧光测定(术)

fluorene ['fluːəriːn] *n.* 【化】芴

fluorescamine [fluːə'reskəmiːn] *n.* 荧光胺

fluoresce [fluːə'res] ❶ *vi.* 发荧光 ❷ *n.* 荧光增白剂

fluorescein(e) [fluːə'resiːn] *n.* 荧光素

fluorescence [fluːə'resns] *n.* 荧光(性,物)

fluorescent [fluːə'resnt] *n.* (发)荧光的

fluorescer [fluːə'resə] *n.* 荧光增白剂

fluorescope ['fluːərɪskəʊp] *n.* 荧光镜

fluorescopy [fluːə'reskəpɪ] *n.* 荧光学,X 射线透视术

fluorexone [fluːə'reksəʊn] *n.* 荧光素络合剂

fluoric [fluː(ː)'ɒrɪk] *a.* 氟的,含氟的

fluoridate ['fluːərɪdeɪt] *vt.* 向…中加入氟化物

fluoridation [fluːərɪ'deɪʃən] *n.* 氟化作用,加氟作用

fluoride ['fluːəraɪd] *n.* 氟化物

fluoridize ['fluːərɪdaɪz] *vt.* 用氟化物处理,涂氟,氟化 ‖ **fluoridization** *n.*

fluorimeter [fluːə'rɪmɪtə] *n.* 荧光计,氟量计

fluorimetric [fluːərɪ'metrɪk] *a.* 荧光的

fluorimetry [fluːə'rɪmɪtrɪ] *n.* 荧光测定法

fluorinate ['fluːərɪneɪt] *vt.* 用氟处理,氟化 ‖ **fluorinated** *a.* **fluorination** *n.*

fluorine ['fluːəriːn] *n.* 【化】氟

fluorite ['fluːəraɪt] *n.* 萤石,氟石,紫石英

fluorizate ['fluːərɪzeɪt] *v.* 氟化 ‖ **fluorization** *n.*

fluoroalkylpolysiloxane [fluːərəælkɪlpɒlɪsɪ'lɒkseɪn] *n.* 氟烷基聚硅氧烷

fluorocarbon [fluːərə'kɑːbən] *n.* 碳氟化合物,氟塑料

fluorochemicals [fluːərə'kemɪkəlz] *n.* 含氟化合物

fluorochlorohydrocarbon [fluːərəklɒrə'haɪdrəkɑːbən] *n.* 氟氯烃

fluorochrome ['fluːərəkrəʊm] *n.* 荧色物,荧光染料

fluorodensitometry [fluːərədensɪ'tɒmɪtrɪ] *n.* 荧光显像测密术

fluoroelastomer [fluːərəɪ'læstəmə] *n.* 氟橡胶

fluorogen ['fluːərədʒən] *n.* 荧光团

fluorography [fluːə'rɒgrəfɪ] *n.* 荧光照相术,荧光屏投影术,X 射线荧光照相法

fluorohafnate [fluːərə'hæfneɪt] *n.* 氟铪酸盐

fluorol ['fluːərəʊl] *n.* 氟化钠

fluoroleum [fluːə'rəʊləm] *n.* 荧光油

fluorolube ['fluːərəljuːb] *n.* (含氧设备用)氟碳润滑剂

fluorolubricant ['fluːərə'ljuːbrɪkənt] *n.* 氟化碳润滑油

fluorometer [fluːə'rɒmɪtə] *n.* 荧光计

fluoromethane [fluːərə'meθeɪn] *n.* 氟甲烷

fluorometric [fluːərəʊ'metrɪk] *a.* 荧光的

fluorometry [fluːə'rɒmɪtrɪ] *n.* 荧光测定术

fluoromica [fluːərə'maɪkə] *n.* 氟云母

fluorophenylalanine [fluːərəfiːnɪl'æləniːn] *n.* 氟苯丙氨酸

fluorophore ['fluːərəfɔː] *n.* 荧光团

fluorophotometer [fluːərəfə'tɒmɪtə] *n.* 荧光(光度)计

fluoroplastics [fluːərə'plɑːstɪks] *n.* 氟塑料

fluoropolymer [fluːərə'pɒlɪmə] *n.* 含氟聚合物

fluoroprene ['fluːərəpriːn] *n.* 氟丁二烯

fluororesin [fluːərə'rezɪn] *n.* 氟树脂

fluoroscope ['fluːərəskəʊp] ❶ *n.* 荧光镜,透视屏,X 射线镜荧光检查仪 ❷ *vt.* 用荧光镜检查

fluoroscopic(al) [fluːərə'skɒpɪk(əl)] *a.* 荧光镜的,荧光检查的,X 线透视的 ‖ **~ally** *ad.*

fluoroscopy [fluːə'rɒskəpɪ] *n.* ①荧光学,(X 射线)荧光检查 ②荧光屏透视法

fluorosilicate [fluːərə'sɪlɪkeɪt] *n.* 氟硅酸盐,硅氟化物

fluorosilicone [fluːərə'sɪlɪkəʊn] *n.* 氟硅酮

fluorosis [fluːə'rəʊsɪs] *n.* 氟中毒(现象)

fluorospectrophotometer [fluːərəspektrəfə'tɒmɪtə] *n.* 荧光分光光度计

fluorothene ['fluːərəθiːn] *n.* 氟乙烯

fluorous ['flu:ərəs] a. 氟的

fluorspar ['fluə(:)əspɑ:] n. 萤石,氟石

fluoscandate [fluə'skændeɪt] n. 氟钪酸盐

fluosilicate [flu:ə'sɪlɪkeɪt] n. 氟硅酸盐

fluosolids [flu:ə'sɒlɪdz] n. 流化层,沸腾层

fluostannate [fluə'stæneɪt] n. 氟锡酸盐

fluotantalate [fluə'tætələɪt] n. 氟钽酸盐

fluotitanate [fluə'taɪtəneɪt] n. 氟钛酸盐

fluozirconate [fluə'zɜ:kəneɪt] n. 氟锆酸盐

flurr [flɜ:] v. 撒,飞起,潺潺声

flurry ['flʌrɪ] ❶ n. ①疾风,风雪,小雨 ②慌张 ❷ vt. 搅乱,使慌张 ☆ **in a flurry** 或 **in a flurried manner** 慌慌张张地

flush [flʌʃ] ❶ v.; n. ①(强液体流)冲洗,洗涤;冲刷 ②奔涌,涌,倾泻,注满,泛滥,暴涨 ③隆起 ④弄平,嵌平,平接 ⑤变红 ❷ a.; ad. ①(同…)平的,埋头的,同高的(with),贴合无缝的(…),平贴的,磨光的 ②很多的,充足的,注满的,泛滥的(of,with) ☆**(be) flush of A** A 丰富; **(be) flush with A** 与 A 齐平,A 丰富; **flush away** 冲去; **flush out** (彻底)冲洗; **flush through (a mould)** 溢注浇注; **set flush** 平放着

flushbonding ['flʌʃbɒndɪŋ] n. 嵌入式

flusher ['flʌʃə] n. 冲洗器(者)

flushing ['flʌʃɪŋ] n. ①冲洗,吹氮脱气 ②油井注水 ③流渣泄油 ④脸红

flushoff ['flʌʃɒf] n. 溢出,排出

fluster ['flʌstə] v.; n. (使)慌张,(使)狼狈

flute [flu:t] ❶ n. ①(凹)槽,(刀具的)出屑槽 ②长笛,笛形物 ❷ ①沟纹的 ❸ vt. ①在…上开槽 ②发笛声,吹长笛 ‖ **fluted** a.

fluter ['flu:tə] n. 开槽者,开槽工具

fluting ['flu:tɪŋ] n. ①(凹)槽 ②开槽 ③弯折,折纹

flutter ['flʌtə] v.; n. ①颤动,高频抖动,鼓翼,飘扬 ②放音失真,脉动干扰,颤动效应,(pl.)干扰雷达的锡箔 ③不安,焦急

fluvial ['flu:vjəl] a. 河的,生于河中的

fluviatile ['flu:vɪətaɪl] = fluvial

fluviative ['flu:vɪətɪv] a. 河流的

fluviometer [flu:vɪ'ɒmɪtə] n. 河川水位测量器

fluvisol ['flu:vɪsɒl] n. 冲积土

flux [flʌks] n.; v. ①通量,磁通,磁力线 ②流量,连续不断变化,流动的强度 ③焊剂,溶剂,稀释剂 ④(使)熔解,(使)成流体,助熔 ⑤精炼 ⑥稀释 ⑦渣化,矿渣 ⑧溢出物 ⑨涨潮 ☆**flux and reflux** 潮水的涨落; **(be) in a state of flux (and reflux)** 不断改变; **in flux** 在变化,不定

fluxgate ['flʌksgeɪt] n. 磁门

fluxgraph ['flʌksgrɑ:f] n. 磁通仪

fluxibility [flʌksɪ'bɪlɪtɪ] n. (助)熔性,熔度

fluxible ['flʌksɪbl] a. 可流动的,可熔解的

fluxion ['flʌkʃən] n. ①流(动),溶化,熔化,不断变化,流动物 ❷【数】流数,导数,微分

fluxmeter ['flʌksmi:tə] n. 磁通计,通量计,漏电流检流计,韦伯计,麦克斯韦(测量)计

fluxograph ['flʌksəgrɑ:f] n. 流量记录器

fluxoid ['flʌksɔɪd] n. 全磁通,类磁通,循环量子

fluxon ['flʌksən] n. 磁通量子

fluxoturbidite [flʌksə'tɜ:bɪdaɪt] n. 滑动浊流物

fluxplate ['flʌkspleɪt] n. 热通量仪

fly [flaɪ] ❶ (flew,flown) v. ①飞,航行,驾驶(飞机),空运 ②飞扬,吹飞,(门,窗等)突然打开 ③飞起,跳过(over) ④消失,退色 ⑤(使旗)飘扬,放(风筝) ⑥逃出,避开 ❷ n. ①飞(程),飞行(距离) ②均衡,飞轮,(配合)手轮,纺锭,飞梭 ③(旗)的横幅,空白页,衬页 ④(苍)蝇,(双翅)昆虫 ❸ a. 伶俐的,机敏的 ☆**fly about** 翱翔,飞散; **fly across (by)** 飞越; **fly apart** 飞散,(突然)弹开; **fly around** 飞绕,飞来飞去,忙碌; **fly back** 回(扫)描; **fly down the range** 起始飞行阶段; **fly level** 水平飞行; **fly off** 飞离,迅速离开,起义; **fly open** 突然敞开; **fly out** 冲出,飞溅(出来); **fly over** 飞越,飘扬在…上空; **fly round** 飞绕; **fly short of** 未达到…的水平; **fly to bits (pieces)** 裂成碎片; **fly up** 向上飞; **fly up the range** 着陆飞行阶段; **fly upon** 猛烈攻击; **let fly** 发射,让…运转; **let fly at** 向…发射; **on the fly** 在飞行中,在空中; **send flying** 解雇,驱散,四处乱抛,摔出去

flyable ['flaɪəbl] a. 宜于飞行的,适航的,可以在空中飞行的

flyash ['flaɪæʃ] n. 烟灰,挥发性灰粉,飘尘,油渣

flyaway ['flaɪəweɪ] a.; n. ①尖形的,翅状的 ②随时可以飞行出厂(新飞机) ③包装好准备空运的 ④海市蜃楼

flyback ['flaɪbæk] n. ①倒转,逆行 ②回(扫)描过程,(指针)回到零位 ③回授,反馈

flyball ['flaɪbɔ:l] n. 飞球

flyboat ['flaɪbəut] n. 平底船,快艇

fly(-)by ['flaɪbaɪ] n. ①飞越,并飞,在低空飞过指定地点 ②宇宙飞船飞近天体的探测 ③绕月球轨道所作的不足一圈的飞行

flyer ['flaɪə] n. ①飞行器,快车,飞鸟 ②飞轮 ③飞行员 ④(互相平行的)梯级 ⑤(纺)锭翼 ⑥飞跳,跃起 ⑦小传单

flying ['flaɪɪŋ] ❶ a. 飞的,航空的,飞行(员)的,悬空的,飘扬的,短暂的,逃亡的 ❷ n. 飞行,飞散(物);(pl.)毛屑 ☆**pass (come off) with flying colours** 顺利通过,完全合格

flylead(s) ['flaɪli:d(z)] n. 架空引线

flyleaf ['flaɪli:f] (pl. flyleaves) n. 衬页,(章节前后的)空白页

flyout ['flaɪaut] n. 飞出,(导弹)从发射井发射出

flyover ['flaɪəuvə] n. 立体交叉,高架道路,跨线〔立交〕桥

flypast = flyby

flypress ['flaɪpres] n. 螺杆压力机

flysch [fliːʃ] n. 复理层,厚砂页岩平层

flyspeck ['flaɪspek] n. 小污斑,黑斑,小点,小团

flywheel ['flaɪwiːl] n. 飞轮

foam [fəum] ❶ n. 泡沫 ❷ a. 海绵状的 ❸ v. (使)

F

起泡沫,变泡沫,泡涌 ☆*foam away (off)* 成泡沫消失; *foam over* 起泡溢出; *sail the foam* 航海

foamability [ˌfəʊməˈbɪlɪtɪ] *n.* 发泡性,发泡能力

foamable [ˈfəʊməbl] *a.* 能发泡的,会起泡沫的

foamer [ˈfəʊmə] *n.* 起泡剂

foamglass [ˈfəʊmglɑːs] *n.* 泡沫玻璃

foaming [ˈfəʊmɪŋ] *n.; a.* 起〔发,形成〕泡沫(的),水入汽管

foamite [ˈfəʊmaɪt] *n.* 泡沫灭火剂

foamless [ˈfəʊmlɪs] *a.* 无泡沫的

foamover [ˈfəʊməʊvə] *n.* 泡沫携带,(蒸汽)带泡沫

foamslag [ˈfəʊmslæg] *n.* 泡沫矿渣

foamy [ˈfəʊmɪ] *a.* 泡沫(似)的,起泡沫的

focal [ˈfəʊkəl] *a.* 焦(点)的,在焦点上的

focalization, focalisation [ˌfəʊkəlaɪˈzeɪʃən] *n.* 焦距调整,聚光

focalize, focalise [ˈfəʊkəlaɪz] *v.* ①(使)聚焦,对焦点,调节(…的)焦距 ②(使)限制于小区域

focalizer [ˈfəʊkəlaɪzə] *n.* 聚焦设备

foci [ˈfəʊsaɪ] focus 的复数

focile [ˈfəʊsɪl] *n.* 前臂骨,小腿骨

focimeter [fəʊˈsɪmɪtə] *n.* 焦点计,焦距测量仪

foco [ˈfəʊkəʊ] (西班牙语) *n.* 中心,游击中心

focoid [ˈfəʊkɔɪd] *n.* 虚圆点

focometer [fəʊˈkɒmɪtə] *n.* 焦距计

focometry [fəʊˈkɒmɪtrɪ] *n.* 测焦距术,焦距测量

focsle [ˈfəʊksl] = forecastle

focus [ˈfəʊkəs] ❶ (pl. focuses 或 foci) *n.* ①焦点,聚光点 ②【数】焦距 ③震中 ④聚焦,对光 ⑤螺线极点 ⑥病灶 ❷ (focus(s)ed;focus(s)ing) *v.* 聚焦,聚束,使集中在焦点,对光,集中 ☆*(be) in focus* 在焦点上清晰; *(be) out of focus* 在焦点外,散焦,模糊不清; *bring into focus* 使集中在焦点上,清楚看出; *focus attention on* 把注意力集中在; *focus A on (onto,upon,into,to) B* 使 A 聚集在 B 上; *focus out* 散焦,聚光 调集,调节图角清晰度; *with focus on* (把)焦点集中在 【用法】❶ 本词既可以是及物动词,也可以是不及物动词。如: Our attention has been <u>focused〔has focused〕</u>on operand addressing. 我们的注意力集中在操作数寻址上。/To be specific, we will <u>focus</u> our discussion to doped photoconductors. 具体地说,我们将把我们的讨论集中在掺杂的光导体上。❷ 本词作名词时一般后跟介词 "on"。

focuser [ˈfəʊkəsə] *n.* 聚焦器,聚焦放大镜

focus(s)ing [ˈfəʊkəsɪŋ] *n.* 聚焦(作用),调(整)焦(距),对光

fodder [ˈfɒdə] *n.* 素材,弹药,(粗)饲料

foe [fəʊ] *n.* 仇敌,反对者,危害物 ☆*be a foe to A* 是 A 的敌人; *distinguish friend from foe* 分辨敌友

foehn [fɜːn, feɪn] *n.* 焚风,热燥风

foetor [ˈfiːtə] *n.* 臭气,恶臭

foetus [ˈfiːtəs] *n.* 胎(儿)

fog [fɒg] ❶ *n.* ①雾(翳),(影像)模糊(处),翳影,浊斑,(胶片)走光 ②烟云,灰雾,尘烟 ③泡沫,喷雾 ④冬牧草 ❷ (fogged;fogging) *v.* ①雾笼罩着,发雾 ②使形成雾翳,蒙蔽,使朦胧,蒙上水汽 ☆*in a fog* 在云雾中,迷惑

fogbank [ˈfɒgbæŋk] *n.* 雾峰,雾堤

fogbell [ˈfɒgbel] *n.* (电流)图像模糊告警铃,雾钟

fogbound [ˈfɒgbaʊnd] *a.; ad.* 被雾封锁住(的)

fogbroom [ˈfɒgbruːm] *n.* 除雾机

fogey = fogy

fogger [ˈfɒgə] *n.* 润湿器,烟雾发生器

fogging [ˈfɒgɪŋ] *n.* ①成雾,蒙上水汽 ②起翳,模糊不清 ③迷惑试验

foggy [ˈfɒgɪ] *a.* 有雾的,模糊的

fogless [ˈfɒglɪs] *a.* 无雾的

fogmeter [ˈfɒgmiːtə] *n.* 雾量表

fogram [ˈfɒgræm], **fogrum** [ˈfɒgrʌm] *n.* 守旧的人

fogy [ˈfəʊgɪ] *n.* 守旧者,老保守

fohn = foehn

foil [fɔɪl] ❶ *n.* ①箔,叶,(金属)薄片 ②翼,瓣,钝头剑 ③叶形,衬托物 ❷ *vt.* ①铺箔,衬托,加叶形饰 ②击退,挫败,使成泡影 ☆*be foiled (in ...)* 失败; *serve as a foil to* 做…的陪衬

foiling [ˈfɔɪlɪŋ] *n.* (镜子反面的)水银箔,瓣饰

foilsman [ˈfɔɪlzmən] *n.* 击剑手

foist [fɔɪst] *vt.* ①蒙混,骗售(on,upon) ②私自添加,塞进(in,into) ☆*foist A (off) on B* (假货)A 骗售给 B,把 A 塞给 B

folacin [ˈfɒləsɪn] *n.* 【生化】叶酸,叶酸类似物

folate [ˈfəʊleɪt] *a.* 叶酸的

fold [fəʊld] ❶ *v.* ①折,叠合,压折,合并,包 ②(围)栏(放)牧 ③分,劈成,破(浪) ④结束,彻底失败 ❷ *n.* ①折,重叠(缺陷) ②门扇,冷隔,叶子 ③一卷,团 ④褶皱,(地形)起伏 ⑤羊栏 ☆*fold back (down)* 折起来; *fold A in B* 把 A 包在 B 里; *fold A into B* 把 A 折叠成 B; *fold over* 折叠; *fold up* 折叠,包进,塌下,失败,结束

-fold [fəʊld] (词尾) …倍,…重,…次,…方面 〖用法〗实际使用时,数词与它之间的连字符经常省去(同时表示增减时,要减一倍)。如: The precision of 10^5 fold during the past three decades. 在过去 30 年间,对于秒的定义的精度已提高到原来的 10^5 倍。(不是提高了 10^5 倍。) /Since the first transatlantic telephone cable was laid the annual total of telephone calls between UK and Canada has increased <u>seven fold</u>. 自从铺设了第一条横跨大西洋的电话电缆以来,英国与加拿大之间的年通话量增加了 6 倍。(不是增加了 7 倍。)

foldable [ˈfəʊldəbl] *a.* ①可折叠的 ②可合并的

foldaway [ˈfəʊldəweɪ] *a.* 可折拢后收起来的,可折到一边的

foldback [ˈfəʊldbæk] *n.* ①返送(系统) ②双折电缆

foldboat ['fəʊldbəʊt] *n.* 可折叠的帆布艇

foldcourse ['fəʊldkɔːs] *n.* 牧地积肥的权利

folded ['fəʊldɪd] *a.* 折叠的,褶皱的

folder ['fəʊldə] *n.* ①硬纸夹 ②折叠式地图 ③折叠器 ④折叠者

folderol ['fɒldərɒl] *n.* 无用的附件

folding ['fəʊldɪŋ] *n.; a.* 折叠(式)(的),折弯(的),褶皱(的,作用)

foldkern ['fəʊldkɜːn] *n.* 褶皱核

foldout ['fəʊldaʊt] *n.* (书册中)折页

foliaceous [fəʊlɪ'eɪʃəs] *a.* 层状的,分成薄层的

foliage ['fəʊlɪdʒ] *n.* (族)叶,叶饰

foliaged ['fəʊlɪɪdʒd] *a.* 叶饰的

foliar ['fəʊlɪə] *a.* (似)叶的,叶状的

foliate ❶ ['fəʊlɪeɪt] *v.* ①打成箔,涂箔于 ②记张数号 ③生叶,加叶饰 **❷** ['fəʊlɪt] *a.* 有叶的,叶状的,打成薄片的,层状的 **❸** *n.* 薄叶岩

foliation [fəʊlɪ'eɪʃən] *n.* ①制箔,分成薄片,分层 ②叶理,剥理 ③编张数号 ④生叶,成层,(施)叶饰

foliature ['fəʊlɪətʃə] *n.* 叶丛

folicolous [fəʊlɪ'kəʊləs] *a.* 【医】叶上生的

folie [fɔ'liː] (法语) *n.* 精神错乱,精神病

foline ['fəʊliːn] *n.* 叶素

folio ['fəʊlɪəʊ] **❶** *n.* ①对开纸,对折本 ②张数号,页码,一页 ③单位字数 **❷** *a.* 对折的 ☆*in folio* 对开

foliolate ['fəʊlɪələt] *a.* 有小叶的

foliole ['fəʊlɪəʊl] *n.* 小叶

foliose ['fəʊlɪəʊs] *a.* 叶状的

folium ['fəʊlɪəm] (pl. folia) *n.*【数】叶形线

folk [fəʊk] *n.; a.* 人,民间(的)

folklore ['fəʊklɔː] *n.* ①民间传说 ②民俗学

folk story ['fəʊkstɔːrɪ] *n.* 民间故事

folksy ['fəʊksɪ] *a.* 简单,平易的

follicle ['fɒlɪkl] *n.* 卵泡,小囊

follies ['fɒlɪz] *n.* 罪恶,时事讽刺剧

follow ['fɒləʊ] **❶** *v.* ①跟(随),跟着(发生),随之而来 ②随动 ③追求,探索,观察 ④遵循,按照,接受 ⑤沿(着…而行) ⑥从事,经营 ⑦领会,理解 ⑧归结 **❷** *n.* 追随;持续;推杆 ☆*as follows* 如下; *follow after* 跟随,追求,模仿,力求达到; *follow A around* 跟着 A 后面; *follow from* 是从…得出的; *follow home* 穷追,干到底; *follow in the train of* 随着…而发生; *follow in the wake of* 仿效,踏着…的足迹,继承…的志愿; *follow on* 再继续,连续,继,继…之后,模仿,接下去; *follow out* 贯彻,执行,探究,把…进行到底; *follow suit* 照先例,照样做,仿效; *follow the example of* 以…为榜样; *follow through* 继续并完成某动作,坚持到底; *follow up* 把…贯彻到底,跟踪,继续研究,孜孜不倦地致力于,继承,监督…的执行; *follow A with B* 把 B 接在 A 后面; *in view of what follows* 鉴于下述情况; *in what follows* 在下文中,下面; *it follows from A that ...* 从 A 可以得出〔得知〕; *it follows that ...* 由此得出〔可见〕,因此

【用法】**❶** 注意下面例句中本词的含义: We shall discuss these concepts in the chapters that follow. 我们将在随后几章中讨论这些概念。/It follows from Ohm's law that the current in a circuit is proportional to the applied voltage. 由欧姆定律得知,电路中的电流与外加电压成正比。("It follows that ..." 一般译成 "由此〔我们〕得知〔到〕…"。) /Silver is the best conductor, followed by copper. 银是最好的导体,其次是铜。/This paper discusses the characteristics of FM signals, followed by the description of their generation. 本文讨论了调频信号的特点,然后论述了这些信号的产生。/Even if a student can follow every line of every example in this book, that doesn't mean that he or she can solve problems unaided. 即使学生能够理解〔看懂〕本书中每个例题的每一行,也并不意味着他就能独立解题。/This point follows naturally from the quantum theory. 这一点可以自然地由量子理论得到解释。/In all that follows we shall refer to angular frequency as frequency. 在下文中,我们将把角频率称为频率。/In the example to follow, some typical values will be calculated. 在下面的例子中,将计算几个典型值。/A four-step procedure that should be followed to improve measurement technique follows. 下面是为改进测量方法而应该遵循的 "四步" 程序。/An example follows. 下面举个例子。/The proof of the distortion correction theorem follows. 下面是失真修正定理的证明〔下面我们来证明失真修正定理〕。/In this case, a temperature rise will follow. 这种情况下,温度会上升。/In the sections immediately following, we assume that all samples considered are isothermal. 在紧接着的下面几节中,我们假设所考虑的所有采样都是等温的。/What follows is not a 'proof' of the Einstein relation. 下面并不是对于爱因斯坦关系式的 "证明"。/The receiver consists of a pair of matched filters followed by envelope detectors. 该接收机是由一对匹配滤波器跟有几个包络检波器组成的。/The balance condition follows immediately from Eq.(1-4). 由式 (1-4) 立即就得到了平衡条件。/Once the type of logic is determined, other characteristics follow. 一旦确定了逻辑的类型,就得到了其他的特性。/An introductory description of each of these receiver configurations follows to better delineate the microwave componentry used in their respective implemetation. 下面简要地讲一下这每一个接收机电路图,以便更好地勾画出在实现它们时分别使用的微波元件。**❷** 注意下面例句中本词的分词短语的译法: The diameter of the sun in meters is given by the number 139 followed by seven zeros. 用米为单位来度量太阳的直径的话,要写成 139 这个数字后面跟上七个零。

follower ['fɒləʊə] *n.* ①随从者,随员,门徒 ②跟随器,输出放大器 ③从动轮,跟踪机构,跟踪装置,活塞顶,推杆 ④轴瓦,衬圈 ⑤重发器 ⑥复制装置

⑦隙棒 ⑧(合同的)附页

following ['fɒləʊɪŋ] ❶ *a.* 下列的,后面的,接着的,顺次的 ❷ *n.* ①下面,随行人员 ②随动,跟踪,追踪 ❸ *prep.* 在…以后,顺着,按照
〖用法〗❶ 为了加强"下面的"这个含义,本词可以作后置定语。如: The example following illustrates this point. 下面的例子阐明了这一点。❷ 一般来说,"following"处于数词之前,但有时也放在数词之后。如: While the advantages of this type of bridge are very important, there are the <u>two following</u> disadvantages. 虽然这类电桥的优点非常重要,但它有以下两个缺点。

folly ['fɒlɪ] *n.* ①愚笨,蠢事 ②耗费巨大又无益的事

fomentation [fəʊmen'teɪʃ ən] *n.* 热敷

fomes ['fəʊmi:z] (pl. fomites) = fomite

fomite ['fɜ:maɪt] *n.* ①染菌物,污染物 ②传染媒,病媒

fonctionelle [fɒŋkʃ 'ɒnel] *n.* 泛函(数)

fond [fɒnd] *a.* ①喜欢,爱好(of) ②迷恋的,轻信的 ③多情的;愚蠢的 ‖ **~ly** *ad.* **~ness** *n.*

fondant ['fɒndənt] *n.* 一种软糖

fondo ['fɒndəʊ] *n.* 洋底

fondothem ['fɒndəʊðem] *n.* 洋底层

fondu [fɒn'du:] *a.* (颜色等)会混合的,溶解的

font [fɒnt] *n.* ①铅印,(一副)铅字 ②喷水池,源泉 ③(光)源 ④洗礼盆 ⑤字体

fontal ['fɒntl] *a.* (源)泉的,原始的

food [fu:d] *n.* 食物,粮食,材料

foodless ['fu:dlɪs] *a.* 无食物的

foodstuff ['fu:dstʌf] *n.* 粮食,食品,饲料

foofaraw ['fu:fərɔ:] *n.* 饰边;大惊小怪

fool [fu:l] ❶ *n.* 笨人,傻瓜 ❷ *v.* 愚弄,欺骗,浪费 ☆ *fool away* 浪费; *fool ... into* 骗…做; *fool with* 玩弄; *make a fool of* 愚弄; *make a fool of oneself* 弄出笑话来
〖用法〗注意下面例句中本词的含义: Don't <u>be fooled</u>; some very simple circuits can be quite useful. 不要误解了,有些非常简单的电路可能十分有用。

foolery ['fu:lərɪ] *n.* 愚蠢的行动(想法)

foolhardy ['fu:lhɑ:dɪ] *a.* 莽撞的,蛮干的

foolish ['fu:lɪʃ] *a.* ①笨的,愚蠢的 ②荒唐的 ☆ *make (cut) a foolish figure* 闹笑话 ‖ **~ly** *ad.* **~ness** *n.*

foolocracy [fu:l'ɒkrəsɪ] *n.* 愚人政治

fool(-)proof ['fu:lpru:f] *a.; n.* 极简单的,极坚固的,安全自锁装置 ☆ *be foolproof against* 能确保安全以防止…

fool(-)proofness ['fu:lpru:fnɪs] *n.* 安全装置,运转可靠

foolscap ['fu:lzkæp] *n.* 丑角帽;大页书写纸

foot [fut] ❶ (pl. feet) *n.* ①脚,步 ②(底,基)座,基础,支点,最下部,(垂线的)垂足 ③英尺 ④(pl. foots)渣滓,油脚,沉淀物 ⑤开钩器 ❷ *v.* ①步行,踏 ②合计,结算(up) ③行驶,行进 ☆*at a foot's pace* 用步行速度; *(be) on foot* 步行,在进行中; *be on* one's feet 站着; *drag one's feet* 故意拖拉,不合作; *foot by foot* 一步一步,渐次; *keep one's feet* 直立着(走),谨慎行动; *put one's best foot forward (foremost)* 赶紧,全力以赴; *put one's foot down* 坚决反对,抗议,坚持立场; *put one's foot in (into) it* 说错话,做错事,犯错误,陷入困境; *set foot in* 踏上; *set foot on* 踏上; *set ... on foot* 发动,着手; *under foot* 在脚底,在地面; *with both feet* 强烈地,坚决地

footage ['futɪdʒ] *n.* (总)尺码,英尺数

footballer ['futbɔ:lə], **footballist** ['futbɔ:lɪst] *n.* 足球运动员

footboard ['futbɔ:d] *n.* (脚)踏板,站板,驾驶台

footbridge ['futbrɪdʒ] *n.* 人行桥

footed ['futɪd] *a.* 有足的,多足的

footer ['futə] *n.* ①步行者,足球(运动) ②警笛 ③长…英尺的东西〔人〕

footfall ['futfɔ:l] *n.* 脚步,足迹

foothill ['futhɪl] *n.* 山麓小丘,坡地,(pl.)山脉的丘陵地带

foothold ['futhəʊld] *n.* 立足点,据点

footing ['futɪŋ] *n.* ①基础,底座,垫层 ②立足处,立场 ③(社会)地位,资格 ④合计,总额 ⑤编制 ⑥入会费,入学费 ☆*be on a friendly footing with* 同…有着友好关系; *gain (get) a footing* 取得地位; *keep one's footing* 站稳; *on a completely equal footing* 完全平等地; *on a sound footing* 在牢固的基础上; *on a war footing* 在战争状态中,按战时编制; *on an equal (the same) footing with ...* 和…以同样的资格

footlambert ['futlæmbət] *n.* 英尺朗伯(亮度单位)

footle ['futl] ❶ *n.* 蠢话 ❷ *v.* 说蠢话,干蠢事

footless ['futlɪs] *a.* 无脚的,无基础的,无益的

footlights ['futlaɪts] *n.* 舞台(前缘)灯,舞台脚灯,脚光

footling ['futlɪŋ] *a.* 无关紧要的,微小的,无用的

footmark ['futmɑ:k] *n.* ①足迹,脚印 ②宇宙飞船的预定着陆点

footpace ['futpeɪs] *n.* 一般的步行速度,梯台

footpad ['futpæd] *n.* (软着陆)垫套式支脚

footpath ['futpɑ:θ] *n.* ①踏板,梯子 ②人行道,小径

footprint ['futprɪnt] *n.* ①足迹,脚印 ②宇宙飞船的预定着陆点,卫星天线波束射到地面的覆盖区

footrest ['futrest] *n.* 搁脚板

footrule ['futru:l] *n.* 英制尺

foots [futs] *n.* 渣滓(见 foot)

footstep ['futstep] *n.* ①脚步,一步的长度,足迹 ②轴承架,脚蹬

footstock ['futstɒk] *n.* 顶座,尾船,承轴部

footstone ['futstəʊn] *n.* 基石

footwalk ['futwɔ:k] *n.* 过桥

footwall ['futwɔ:l] *n.* 下盘,基础墙

footway ['futweɪ] *n.* 人行道

footwear ['futweə] n. 鞋袜

footwell ['futwel] n. 驾驶者放腿脚的搁脚空间

footwork ['futwɜ:k] n. 步法,腿功,跑腿的事

footworn ['futwɔ:n] a. 被脚踏坏的,走得脚累的

foozle ['fu:zl] ❶ n. ①错误,误差 ②废品 ❷ v. 笨拙地做

for [fɔ:] ❶ conj. 因为 ❷ prep. ①(目的,用途)为了,用于,供,代替,作为,赞成 ②对于,关于,至于,说到,在…方面,无词义 ③(时间,距离)达,计 ④由于 ⑤引出 to do 的主体,无词义 ☆*as for* 至于说,而论; *(be) in for* 一定受到,难免; *but for* 要不是,除…之外; *for a little* 一会儿,不久,短距离(地); *for a space* 暂时,片刻; *for a spell* 暂时; *for a time* 一些时候,一个时期,暂时; *for a while* 暂时,片刻; *for all* 尽管,虽然; *for all practical purposes* 实际上; *for all that* 尽管如此; *for all the world* 完全,无论如何,从各方面; *for all I know* 也许; *for certain* 确定地; *for ever (and ever)*永远; *for lack of* 因缺乏,因无; *for long* 长久; *for nothing* 不付代价,无故地; *for one* 作为其中之一,例如,至少; *for one thing* 一则,首先,举一件事来说; *for one thing ..., for another thing* 其一…,其二…; *for our purposes* 对我们来说; *for some purposes* 在某些场合; *for reasons given* 据上述理由; *for the greater part* 大概,多半,在很大程度上; *for the last time* 最后一次; *for that matter* 或 *for the matter of that* 讲到那件事,关于那一点; *for the moment* 目前,暂且; *for the most part* 大概,多半,在很大程度上; *for the present* 目前,暂时; *for the second time* 第二次; *for the time being* 当时,目前,暂时; *if (it were) not for* 要不是,除…之外; *once (and) for all* 只一次(地),最后一次(地),永远(地)
〖用法〗❶ 当本词引出一个句子表示"原因"时,其含义是很弱的,这时它属于等立(并列)连接词,引出的句子属于等立(并列)分句,而且它只能处于第二个分句的位置。该词也可以单独引出一句(这时区别连词与介词的关键是: 在 for 之后如果存在一个完整的句子,则它是连词,否则是介词)。如: Physicists study and measure the transformation of energy, for the forms of energy are mutually interchangeable. 物理学家是研究和测量能量的转换的,因为各种能量形式是可以相互转换的。/For without hypotheses, further investigation lacks purpose and direction. 因为如果没有假设,进一步的研究就会缺乏目的和方向。❷ 在某些名词(例如: condition,technique,algorithm,requirement, prerequisite, symbol, diagram, model, equation, suggestion, foundation,guess 等)后多数情况下跟 for.如: The necessary condition for this inequality is that x⩽1. 使这个不等式成立的必要条件是 x⩽1。/This paper presents a new scheme for minimizing the probability of error. 本文提出了把错误概率降到最小的一种新方案。❸ 注意下面例句中介词 for 的含义: For all its perceived shortcomings, the

computer and its contribution to our information society have made our lives immeasurably more pleasant and affluent. 尽管计算机有我们所看到的一些缺点,但其本身以及对我们信息社会作出的贡献使得我们的生活愉快和丰富得多。/For exercise, try assuming the opposite direction for I. 作为练习,我们对 I 试着假设相反的方向。/For safe operation the Q point must lie below the hyperbola. 为了安全工作,Q 点必须位于双曲线之下。/For any given material the value of α depends on temperature. 对于某一给定的材料来说,α 的值是取决于温度的。/For x<1, the inequality holds. 在 x<1 的情况下〔如果 x<1,对于 x<1 来说〕,该不等式成立。/In this case we are faced with the task of solving Eq.(5) for the function h(u). 在这种情况下,我们面临的任务是解方程(5)求函数 h(u)。/In this case, the current exists for only half the cycle. 在这种情况下,电流仅存在半周的时间。(for 在此表示时间的长度,无词义。) /It is necessary for us to find out the work done by the body. 我们必须求出该物体所做的功。(for 在此引出不定式的逻辑主语,无词义。)❹ 当 for 表示时间长短而处于句首或在否定句中时,不得省略。

fora ['fɔ:rə] forum 的复数

forage ['fɔrɪdʒ] ❶ n. ①饲料 ②钻孔(术) ③抢夺 ❷ v. 寻食,采蜜

Foral ['fɔrəl] n. 氢化松香(商品名)

foram ['fɔ:rəm] n. 【动】有孔虫

foramen [fə'reɪmen] (拉丁语) (pl. foramina) n. 孔

foraminate(d) [fə'ræmɪnɪt(ɪd)] a. 有(小)孔的

foraminiferous [fəræmɪ'nɪfərəs] a. 有孔的

foraminose [fɔ:'ræmɪnəus] n. 穿孔

foraminule [fɔ:'ræmɪnju:l] n. 小孔

forasmuch [fərəz'mʌtʃ] conj. (与 as 连用)由于;既然

forb [fɔ:b] n. 非禾草本植物

forbade [fə'beɪd], **forbad** [fə'bæd] v. forbid 的过去式

forbear ❶ [fɔ:'beə](forbore, forborne) v. 抑制,忍耐(with) ☆*forbear (from) doing* 不(做) ❷ ['fɔ:beə] n. (pl.)祖先

forbearance [fɔ:'beərəns] n. 忍耐,耐性,延展期限
〖用法〗注意下面例句中本词的含义: Finally the author wishes to thank his wife and family for their forbearance during the preparation of the manuscript. 最后,作者要感谢其夫人及全家在撰写书稿期间表现出的忍耐精神。

forbid [fə'bɪd] (forbade,forbidden) vt. 禁止,不许 ☆*forbid ... to do* 禁止…(做…)

forbidden [fə'bɪdən] ❶ forbid 的过去分词 ❷ a. 被禁止的,禁的

forbiddenness [fə'bɪdənɪs] n. 禁戒(性)

forbidding [fə'bɪdɪŋ] a. 可怕的,险恶的 ‖~ly ad.

forbore [fɔːˈbɔː] forbear 的过去式

forborne [fɔːˈbɔːn] forbear 的过去分词

forby(e) [fɔːˈbaɪ] ❶ *prep.; ad.* 此外,除(…)之外 ❷ *a.* 不同寻常的,极好的

force [fɔːs] ❶ *n.* ①力,压〔武,说服,劳动〕力,力量,强度,压强 ②冲头 ③部队 ④真正意义,要点,理由 ❷ *vt.* ①强制,迫使,促成 ②加压,用力,加载 ③【计】人工转多(程序),强行置码 ☆*(be) forced to do* 不得不(做); *by force of* 迫于,用…手段; *by (main) force* 凭力气〔暴力〕,尽全力,强迫; *cease to be in force* 失效; *come (go,enter) into force* (被)实施,生效; *continue in force* 继续有效; *force A against B* 把 A 压到 B 上; *force apart* 使分开; *force in air* 鼓风; *force A into (in) B* 强迫 A 进入 B; *force its way ahead* 冲向前; *force A out* 迫使 A 往外; *force A out of B* 迫使 A 脱离 B; *force A together* 强行把 A 合成一体; *force A upon* 把 A 强加于; *in force* 实施中,有效地,大规模地; *in great force* 大批地,大举; *join forces with ...* 与…联合; *put A in (into) force* 使 A 生效

〖用法〗❶ 本词作名词时,多数情况下可以当做多数名词,但也可以是不可数名词。如: It is necessary to determine how large a force is required to lift the body. 必须确定为提起该物体需要多大的力。/How much force is needed to lift each of the following masses at sea level? 为提起下面每个处于海平面的质量需要多大的力? ❷ 注意下面例句中本词作及物动词时的含义: This will force the following condition. 这就迫使要达到下面的条件。/This inequality forces the circuit to operate over a very small region of its possible operating range. 这个不等式迫使该电路在其可能的工作范围的一个很小的区域内工作。/The emf forces electrons through the circuit. 电动势迫使电子通过电路。❸ 注意本词在下面例句中的含义: The U.S. military hopes to ensure that all forces at all levels can communicate, which they cannot do today. 美国军方希望确保各级部队都能够相互通信,而今天他们还不能做到这一点。("which 从句"修饰前面整个句子。)/The Air Force neither confirmed nor denied the existence of 'Senior Citizen' at the time, a position often taken on advanced programs in the early stages of their development. 当时(美国)空军既不证实也不否认"高级公民"间谍飞机的存在,这种做法(态度)是尖端项目处于其研发初级阶段所经常采取的。("a position ..." 是其前面句子的同位语。)

forced [fɔːst] *a.* ①强制的,被迫的,加压的 ②用力的

forceful [ˈfɔːsful] *a.* 有力的,强烈的,有说服力的 ‖ ~**ly** *ad.* ~**ness** *n.*

forceless [ˈfɔːslɪs] *a.* 无力的,软弱的

forceps [ˈfɔːseps] *n.* (sing.或 pl.)镊子,焊钳,钳状体

forceps-blade [ˈfɔːsepsbleɪd] *n.* 钳叶

force-pump [ˈfɔːspʌmp] *n.* 压力泵

forcer [ˈfɔːsə] *n.* 冲头,活塞,小泵,蜗杆压榨机

forcherite [ˈfɔːkəraɪt] *n.* 橙黄蛋白石

forcible [ˈfɔːsəbl] *a.* 强制的,用力的,强有力的,有说服力的

forcible-feeble [ˈfɔːsəblˈfiːbl] *a.* 外强中干的

forcibly [ˈfɔːsəblɪ] *ad.* 强制,用力,猛烈

forcing [ˈfɔːsɪŋ] *n.; a.* 强迫(的),施加压力(的),强制(挤)压,压送,(加压)供给,着力

forcipal [ˈfɔːsɪpəl] *a.* 钳的,镊的

forcipate(d) [ˈfɔːsɪpeɪt(ɪd)] *a.* 钳形的,似镊子的

ford [fɔːd] ❶ *n.* ①浅滩,渡口,过水路面 ②水体 时髦式样 ❷ *v.* 徒涉,涉水,渡河

Ford [fɔːd] *n.* 福特牌汽车

fordable [ˈfɔːdəbl] *a.* 可涉的

fordless [ˈfɔːdlɪs] *a.* 不能涉过的,无涉水处的

Fordmatic [ˈfɔːdˈmætɪk] *n.* 福特变速器

fore [fɔː] ❶ *a.; ad.; n.* (在)前(的),在船内 ❷ *prep.* 在…之前 ☆*at the fore* 在最前,居首; *bring to the fore* 放在显著地位; *come to the fore* 变得突出,引人注意,涌现出来; *fore and aft* 从(船,机)头到(船,机)尾,在船头和船尾,纵(向)的; *in the fore part of A* 在 A 的前部; *to the fore* 在场,在手头的,立即可以得到的,在显著地位,在手头

〖用法〗注意下面例句中本词的含义: During the last few years a new type of semiconductor laser has come to the fore. 在最近几年中出现了一种新的半导体激光器。

forearm ❶ [ˈfɔːrɑːm] *n.* 前臂 ❷ [fɔːrˈɑːm] *vt.* 使预作准备,警备

forebay [ˈfɔːbeɪ] *n.* 前舱

foreblow [ˈfɔːbləu] *n.; v.* 预吹,预鼓风

forebode [fɔːˈbəud] *v.* 预示 ‖ **foreboding** *n.*

forebody [ˈfɔːbɒdɪ] *n.* 机身前部,前身

forebrain [ˈfɔːbreɪn] *n.* 前脑

forebreast [ˈfɔːbrest] *n.* 前胸,掘进工作面

forecabin [ˈfɔːkæbɪn] *n.* 前部船舱

forecarriage [ˈfɔːkærɪdʒ] *n.* 前轮架

forecast [ˈfɔːkɑːst] ❶ *vt.* (forecast 或 forecasted) *vt.* ❷ *n.* 预测,预评,展望

forecaster [ˈfɔːkɑːstə] *n.* 预报员

forecasting [ˈfɔːkɑːstɪŋ] *n.* 预测,预报

forecastle [ˈfəuksl] *n.* 前甲板,船首楼,水手舱

foreclose [fɔːˈkləuz] *v.* 阻止,妨碍,取消,逐出(of),预先处理 ‖ **foreclosure** *n.*

forecooler [ˈfɔːkuːlə] *n.* 预冷器

forecooling [ˈfɔːkuːlɪŋ] *n.* 预冷

foredate [fɔːˈdeɪt] *vt.* 倒填…的日期,预先填上日期

foredeck [ˈfɔːdek] *n.* 前甲板

foredeep [ˈfɔːdiːp] *n.* 前渊

foredo [fɔːˈduː] *vt.* (foredid,foredone) 消灭,筋疲力尽

foredoom [fɔːˈduːm] *vt.; n.* 注定

forefathers [ˈfɔːfɑːðəz] *n.* 祖先

forefend = forfend

forefinger ['fɔːfɪŋgə] n. 食指

forefoot ['fɔːfut] n. 前脚,足前段

forefront ['fɔːfrʌnt] n. 最前部,前线

forego [fɔː'gəu] (forewent,foregone) v. ①先行,在…前面,发生在…之前 ②放弃,摒弃
〖用法〗注意下面例句中本词的含义: These areas are just too important to <u>forego</u>. 这些领域实在太重要而不能放弃

foregoer ['fɔːgəuə] n. 先驱者,先行的人,祖先

foregoing [fɔː'gəuɪŋ] a. (发生在)前面的,以上的,上述的

forgone [fɔː'gɒn] ❶ forego 的过去分词 ❷ a. ①以前的,过去的 ②预先决定的,既定的,意料中的

foreground ['fɔːgraund] n. 前景,前述事项,最显著地位 ☆*come into the foreground* 成为最突出的

foregrounding ['fɔːgraundɪŋ] n. 【计】前台设置

forehammer ['fɔːhæmə] n. 手用大锤

forehand ['fɔːhænd] a.; n. 前的,居前的,预防的,正手(的)

forehanded ['fɔːhændɪd] a. 适时的,考虑到将来的,正手的 ‖~**ly** ad.

forehead ['fɒrɪd] n. (前)额,前部

forehearth ['fɔːhɑːθ] n. 前炉,预热器室

foreheater ['fɔːhiːtə] n. 前热器

foreign ['fɒrɪn] a. ①外国的,外来的,对外的,外部的 ②不相干的,无关的,不适合的 ☆*be foreign to A* 与 A 无关,非 A 所原有的,不适于 A,不熟悉 A

foreigner ['fɒrɪnə] n. 外国人,进口货

foreignism ['fɒrɪnɪzm] n. 外国风俗习惯,外国语的语言现象

foreignize ['fɒrɪnaɪz] v. (使)外国化

foreignness ['fɒrɪnɪs] n. 外来性,外国式,无关系

foreintestine [fɒrɪn'testɪn] n. 前肠

forejudge [fɔː'dʒʌdʒ] vt. 预断,未了解事实就断定

foreknew [fɔː'njuː] foreknow 的过去式

foreknow [fɔː'nəu] (foreknew,foreknown) vt. 预知,先见之明

foreknowledge ['fɔː'nɒlɪdʒ] n. 预知,先见之明

foreknown [fɔː'nəun] foreknow 的过去分词

forelady ['fɔːleɪdɪ] n. 女工头,女工长

foreland ['fɔːlənd] n. 前沿,地角,山前地带,前麓,海岸地,滩地

foreline ['fɔːlaɪn] n. 前级管道

forelock ['fɔːlɒk] ❶ n. 栓,楔,销钉;额发 ❷ vt. 用扁销销住 ☆*take (seize) time (opportunity, occasion) by the forelock* 抓住时机,乘机

foreman ['fɔːmən] n. 工头,监工,领班

foremarker ['fɔːmɑːkə] n. 机场远程信标

foremast ['fɔːmɑːst] n. 前桅

foremastman ['fɔːmɑːstmən] n. 普通水手

foremilk ['fɔːmɪlk] n. 初乳

foremost ['fɔːməust] ❶ a. 最初的,一流的,(最)主要的 ❷ ad. 最先 ☆*first and foremost* 首先;

head foremost (大)头朝下,头朝前的,轻率的

foremother ['fɔːmʌðə] n. 女祖先

forename ['fɔːneɪm] n. 名,教名

forenamed ['fɔːneɪmd] a. 上述的

foreneck ['fɔːnek] n. 前颈

forenoon ['fɔːnuːn] n. 上午,午前

forenotice ['fɔːnəutɪs] n. 预告,预先的警告

forensic [fə'rensɪk] ❶ a. ①法庭的,法医的 ②辩论的 ❷ n. 辩论练习

Forenvar ['fɔːrenvə] n. 乙烯树脂

foreordain [fɔːrɔː'deɪn] vt. 注定,预定 ‖~**ation** n.

forepart ['fɔːpɑːt] n. 前部,(时间)前段

forepaw ['fɔːpɔː] n. 前爪

forepeak ['fɔːpiːk] n. 船首尖舱

forepiece ['fɔːpiːs] n. 前部件

foreplane ['fɔːpleɪn] n. 粗刨,前(缘)舵

foreplate ['fɔːpleɪt] n. 前板,轧机下轧辊导卫板

forepole ['fɔːpəul] n. (隧道)插板

forepoling ['fɔːpəulɪŋ] n. (隧道)矢板,前部支撑

forepressure ['fɔːpreʃə] n. 预轴压力,前级压强

forepump ['fɔːpʌmp] n. 预真空泵,前级泵

forepumping ['fɔːpʌmpɪŋ] n. 前级抽气,预抽

forequarter ['fɔːkwɔːtə] n. 前槽肉,前身

foreran [fɔː'ræn] forerun 的过去式

forereach [fɔː'riːtʃ] v. 继续前进,赶上,超出

fore-rigging ['fɔːrɪgɪŋ] n. 前桅索

forerun [fɔː'rʌn] ❶ (foreran,forerun) vt. 预报,走在…前,抢在…之先,为…的先驱 ❷ n. 初馏物

forerunner [fɔː'rʌnə] n. ①预兆 ②先驱(者),预报者 ③(pl.)前震 ④先驱(古生物),祖先

forerunning [fɔː'rʌnɪŋ] n. 初馏

foresail ['fɔːseɪl] n. 前桅帆

forescatter [fɔː'skætə] v. 前向散射

foresee [fɔː'siː] (foresaw,foreseen) v. 预见,看穿

foreseeable ['fɔːsiːəbl] a. 可预见(到)的,有远见的

foreseeingly ['fɔːsiːɪŋlɪ] ad. 有预见地

foreseer ['fɔːsiːə] n. 有远见的人,预见者

foreshadow [fɔː'ʃædəu] vt. 预示〔兆〕

fore-shock ['fɔːʃɒk] n. 前震

foreshore ['fɔːʃɔ] n. 岸坡,前岸,海滩

foreshorten [fɔː'ʃɔːtn] vt. 按透视法缩小

foreshortening [fɔː'ʃɔːtnɪŋ] n. 用透视法缩小绘制

foreshow [fɔː'ʃəu] (foreshowed,foreshown) vt. 预示

foreside ['fɔːsaɪd] n. 前〔上〕侧

foresight ['fɔːsaɪt] n. ①预见,预见的能力,深谋远虑,先见之明 ②前视,瞄准器

foresighted ['fɔːsaɪtɪd] a. 有远见的,深谋远虑的

foresite ['fɔːrɪsaɪt] n. 辉沸石

foreskin ['fɔːskɪn] n. 包皮

foreslope ['fɔːsləup] n. 前坡

forespore ['fɔːspɔː] n. 前孢子

F

forest [ˈfɔrɪst] ❶ *n.* ①森林 ②林立 ❷ *vt.* 造林

forestage [ˈfɔːsteɪdʒ] *a.* 前级的

forestair [ˈfɔːsteə] *n.* 露天楼梯

forestall [fɔːˈstɔːl] *vt.* ①占先,先下手 ②防止,预防,阻碍 ③垄断,囤积

forestation [fɔrɪsˈteɪʃən] *n.* 造林

forested [ˈfɔrɪstɪd] *a.* 森林覆盖的

forester [ˈfɔrɪstə] *n.* 林务员,森林居民,护林人员,林业动物

foresterite [ˈfɔrɪstəraɪt] *n.* 橄榄石砂

forestry [ˈfɔrɪstrɪ] *n.* 林业,林学,森林(地)

foretaste ❶ [fɔːˈteɪst] *vt.* 预示,迹象 ❷ [ˈfɔːteɪst] *n.* 预测,指望,迹象

foretell [fɔːˈtel] (foretold) *vt.* 预言

forethought [ˈfɔːθɔːt] ❶ *n.* 深谋远虑,事先考虑 ❷ *a.* 预谋的

forethoughtful [fɔːˈθɔːtful] *a.* 深谋远虑的

foretime [ˈfɔːtaɪm] *n.* 已往,过去

foretoken ❶ [fɔːˈtəukən] *vt.* 成为…之预兆 ❷ [ˈfɔːtəukən] *n.* 预示,征兆

foretooth [ˈfɔːtuːθ] (pl. foreteeth) *n.* 门牙

foretop [ˈfɔːtɔp] *n.* 前桅楼,前中桅平台;前发

forevacuum [ˈfɔːvækjuəm] *n.* 预真空

forever [fəˈrevə] *ad.* 永远,常常 ☆**forever and ever (a day)** 永久

forevermore [fəˈrevəmɔː] *ad.* 永远

forewarmer [ˈfɔːwɔːmə] *n.* 预热器

forewarn [fɔːˈwɔːn] *v.* 预先警告

forewent [fɔːˈwent] forego 的过去式

forewoman [ˈfɔːwumən] *n.* 女工头,女工长,女领班,女监工员

foreword [ˈfɔːwɜːd] *n.* 序,前言,献词

forfeit [ˈfɔːfɪt] ❶ *n.* 罚款,没收物,丧失(之物) ❷ *a.* 被没收的,丧失了的 ❸ *v.* 被没收,丧失 ☆**be the forfeit of** 抵偿

forfeiture [ˈfɔːfɪtʃə] *n.* 丧失,没收(物)

forfend [fɔːˈfend] *vt.* 避开,保护,禁止

forgave [fəˈɡeɪv] forgive 的过去式

forge [fɔːdʒ] *n.*; *v.* ①锻,打制,炼铁,做锻工 ②锻铁炉 ③锻工厂,锻工车间 ④伪造 ☆**forge ahead** 向前进进,迎头赶上,把…推向前进(with); **forge out** 锻伸; **forge A with B** 把 A 与 B 锻在一起

forgeability [fɔːdʒəˈbɪlɪtɪ] *n.* 可锻性

forgeable [ˈfɔːdʒəbl] *a.* 可锻的,延性的

forged [fɔːdʒd] *a.* 锻造的

forger [ˈfɔːdʒə] *n.* ①锻工 ②伪造者

forgery [ˈfɔːdʒərɪ] *n.* 伪造(品,罪)

forget [fəˈɡet] (forgot,forgotten) *v.* 忘记,遗忘,玩忽 ☆**forget about** 不考虑,忘记 【用法】 "forget doing ..." 表示"忘记曾做过…", 而 "forget to do ..." 表示 "忘记去做…"。

forgetful [fəˈɡetful] *a.* 易忘的,忘记的(of),(易)疏忽的,不留心的 ☆**be forgetful of** 忘记了 ‖ **~ly** *ad.* **~ness** *n.*

forgetive [ˈfɔːdʒɪtɪv] *a.* 富于想象力的,有创造性的

forgettable [fəˈɡetəbl] *a.* 易忘记的

forgo [fɔːˈɡəu] (forwent,forgone) *v.* 放弃;停止;抑制

forging [ˈfɔːdʒɪŋ] *n.*; *a.* 锻,锻件

forgivable [fəˈɡɪvəbl] *a.* 可饶恕的

forgive [fəˈɡɪv] (forgave,forgiven) *v.* 原谅,饶恕,宽恕

forification [fɔrɪfɪˈkeɪʃən] *n.* 强化,增浓

Forint [ˈfɔːrɪnt] *n.* Ft,福林(匈牙利货币名)

fork [fɔːk] ❶ *n.* ①(音,树)叉,叉子,抓斗,插销头 ②分岔,分歧点 ❷ *v.* ①分叉,作成叉形 ②用耙掘 ☆**fork out (over,up)** 交出,放弃

forked [fɔːkt] *a.* 叉的,有叉的

forkgrooving [ˈfɔːkɡruːvɪŋ] 开槽,铲沟

forklike [ˈfɔːklaɪk] *a.* 叉形的

fork-tone [ˈfɔːktəun] *n.* 叉音,音叉调

for-loop [ˈfɔːluːp] *n.* 【计】循环(语句)

forlorn [fəˈlɔːn] *a.* ①几乎没有希望的,可怜的,不幸的 ②丧失了…的(of)

form [fɔːm] ❶ *n.* ①形式,格(程,齐)式,晶面式,形态,类(型),轮廓 ②模 ③表格(纸),【计】有空白区的文件 ④长凳 ❷ *v.* ①形成,产生,作出 ②成形,造型,模锻,翻砂 ③重整 ④组织,建立 ☆**a matter of form** 形式〔礼节〕问题; **after the form of A** 照 A 的格式; **fill out(in)a form** 填表; **for form's sake** 形式上,出于礼节上的考虑; **form A into B** 把 A 制成 B 形; **form A upon B** 根据 B 来制 A; **form A with B** 和 B 形成 A; **form oneself into A** 排成 A 形; **form A (out) of B** 用 B 制作成 A; **in due form** 以通常方式,照规定格式; **in form** 形式上,情况良好; **in ... form** 或 **in the form of** 以…形状,呈…状态; **on the prescribed form** 以规定的表格; **take form** 成形; **take form in** 具体化(为); **take the form of A** (采)取 A 的形式,成 A 的性质

【用法】 ❶ 表示"以…形式"而后面没有跟同位语或后置定语(后跟这些时其前面要用定冠词)时,一般在 "form" 前不加冠词(这是少有的情况)。如: The required operations are carried out <u>in digital form</u> in the digital filter. 在数字滤波器中,所需运算以数字形式进行。∕The data will appear on the Q₃ terminal <u>in serial form</u>. 数据将以串行形式出现在 Q₃ 端。∕The modulator is shown <u>in block diagram form</u> in Fig.2-1. 图 2-1 以方框图形式表示该调制器。∕This system of equations may be rewritten <u>in a compact (concise) form</u>. 这个方程组可以重新写成简洁的形式。 ❷ "采取〔呈现〕…形式"应当使用动词 "take"。如: The model <u>takes the form</u> shown in Fig.2-2. 该模型采取图 2-2 中所示的形式。 ❸ 注意下面例句的含义: In particular it has been emitter regions and base regions that have been <u>formed</u> by these methods. 尤其,正是发射区和基区是用这些方法形成的。("it has been ... that ... " 为强调句型。)

formability [fɔːməˈbɪlɪtɪ] *n.* 可成形性,可模锻性

formable [ˈfɔːməbl] *a.* 可成形的,适于模锻的

formacyl ['fɔ:mæsɪl] *n.* 甲酰基

formagen ['fɔ:mədʒən] *n.* 成形剂

formal ['fɔ:məl] **❶** *a.* ①形式(上)的,外形(表)上的,形态上的 ②正式的,合乎格式的,正规的,礼仪上的 ③整齐的,匀称的 ④克式量的,克式(浓度)的 **❷** *n.* 克式量,克式符

formaldehyde [fɔ:'mældɪhaɪd] *n.* 甲醛

formale ['fɔ:meɪl] *n.* 聚乙烯

formalin ['fɔ:məlɪn] *n.* ①甲醛液,蚁醛,福尔马林 ②特性周波带

formalism ['fɔ:məlɪzm] *n.* 形式论(主义),拘泥形式
〖用法〗注意下面例句中本词的含义: The formalism of this section uses a different point of view, that of the coupled modes approach. 这一节的形式体系采用了一种不同的观点,即耦合模式方法的观点。/In this section we will develop a formalism for describing such coupling. 在本节,我们将推导出描述这种耦合的形式体系。

formalist ['fɔ:məlɪst] *n.* ①形式主义者,拘泥于形式的人 ②形式体系

formalistic [fɔ:mə'lɪstɪk] *a.* 形式主义的

formality [fɔ:'mælɪtɪ] *n.* ①(拘泥)形式,形式性,礼仪 ②(pl.)(正式)手续 ③克式浓度

formalization [fɔ:məlaɪ'zeɪʃən] *n.* 定形,形式(体系)化,正式化

formalize ['fɔ:məlaɪz] *v.* ①使成正式,使具有形式,使(成为)定型,形式化 ②拘泥形式

formally ['fɔ:məlɪ] *ad.* 形式上,正式(地)

formamidase [fɔ:'mæmɪdeɪs] *n.* 甲酰胺酶

formamide [fɔ:'mæmɪd] *n.* 甲酰胺

formamidine [fɔ:'mæmɪdi:n] *n.* 甲脒

formamine ['fɔ:mæmi:n] *n.* 甲醛胺

formanite ['fɔ:mænaɪt] *n.* 钽钇铌矿

formant ['fɔ:mənt] *n.* ①共振峰 ②主要单元 ③元音中的主要频率成分

format ['fɔ:mæt] *n.* ①格式,规格,(数据或信息安排的)形式 ②版式,开本,排印格式 ③大小,尺寸,幅度

formate ❶ ['fɔ:mɪt] *n.* 【化】甲酸盐 **❷** ['fɔ:meɪt] *vi.* 编队飞行

formater ['fɔ:mɪtə] *n.* 编制器

formation [fɔ:'meɪʃən] *n.* ①形成,产生,成形,塑造 ②组织,构造,排列,(植物)群系 ③形成物, 结构层,岩组,道路基面

formational [fɔ:'meɪʃənəl] *a.* ①构造的,结构的 ②岩层的

formative ['fɔ:mətɪv] *a.* 形成的,造型的,结构的,易受影响的

formatless ['fɔ:mætlɪs] *a.* 无格式的

formatted ['fɔ:mætɪd] *a.* (有)格式的

formatter ['fɔ:mætə] *n.* 格式标识符,格式器

formatting ['fɔ:mætɪŋ] *n.* 格式(化),格式编排

forme [fɔ:m] *n.* 印版

formed [fɔ:md] *a.; n.* 成形,成形加工

former ['fɔ:mə] **❶** *a.* 以前的,前任的 **❷** *n.* ①样板,量规 ②模型,靠模 ③成形设备,管材定型器,型刀 ④框架,幅板 ⑤构成者 ☆*in former times* 从前 〖用法〗它表示"前者"时,其前面一定要用定冠词"the"。

formerly ['fɔ:məlɪ] *ad.* 从前,以前

formfactor ['fɔ:mfæktə] *n.* 形状因子,波形系数

formritting ['fɔ:mrɪtɪŋ] *a.* 贴身的

formgrader ['fɔ:mgreɪdə] *n.* 模槽机

formiate ['fɔ:mɪeɪt] *n.* 甲酸盐

formic ['fɔ:mɪk] *a.* 甲酸的,蚁的

formica [fɔ:'maɪkə] *n.* 胶木,热塑性塑料

formidable ['fɔ:mɪdəbl] *a.* ①可怕的,惊人的,难对付的 ②艰难的,不可轻视的 ‖ **formidably** *ad.*

forming ['fɔ:mɪŋ] *n.* ①形成,化成 ②成形(法),仿形,成形,(成形)加工,梳形分组 ③模锻,翻砂,型工

formless ['fɔ:mlɪs] *a.* 不成形的,无定形的

formol ['fɔ:mɒl] *n.* 甲醛(溶液),福莫尔

formolation [fɔ:mɒ'leɪʃən] *n.* 甲醛化

formolite ['fɔ:məlaɪt] *n.* 硫酸甲醛

formose ['fɔ:məus] *n.* 甲醛聚糖

formpiston ['fɔ:mpɪstən], **formplunger** ['fɔ:mplʌndʒə] *n.* 模塞,阳模

formula ['fɔ:mjulə] (pl. formulas 或 formulae) *n.* ①公(分子,化学)式,准则,方案,惯用语 ②处方 〖用法〗其后面一般跟"for",表示"…的公式〔分子式〕"。如: This integral formula for $I_n(x)$ may, of course, also be derived from Eq.(3.4). 当然,$I_n(x)$ 的这一积分公式也可以从式(3.4)推导出来。

formulae ['fɔ:mjuli:] formula 的复数

formularization = formulation

formulary ['fɔ:mjulərɪ] **❶** *a.* 公式的,规定的,药方的 **❷** *n.* ①公式汇编,配方书,经典 ③定式

formulate ['fɔ:mjuleɪt] *vt.* ①公式化,用公式表示,列方程式 ②配方,按配方制造 ③系统地阐述,系统地说明,(明确)表达,正式提出

formulation [fɔ:mju'leɪʃən] *n.* ①公式化,列出公式 ②配方,剂型,成分 ③阐述,明确的表达 〖用法〗注意下面例句的汉译法: The formulation of the theory of relativity by Einstein was one of the most significant events of the 20th century. 爱因斯坦确立的相对论是 20 世纪最重大的事件之一。("the formulation of A by B"意为"由 B 确立〔提出〕A"。)

formulism ['fɔ:mjulɪzm] *n.* 公式主义

formulist ['fɔ:mjulɪst] *n.* 公式主义者 ‖ **~ic** *a.*

formulize ['fɔ:mjulaɪz] *vt.* ①用公式表示,列出公式 ②阐述,系统地计划 ‖ **formulization** *n.*

formvar ['fɔ:mvɑ:] *n.* 聚醋酸甲基乙烯酯

formword ['fɔ:mwɜ:d] *n.* 灌注水泥的模架

formwork ['fɔ:mwɜ:k] *n.* 模板,量规,模壳,模板工程

formycin ['fɔ:maɪsɪn] *n.* 间型霉素

formyl ['fɔ:mɪl] *n.* 【化】甲酰

formylamine [fɔ:mɪ'læmi:n] *n.* 【化】甲酰胺

F

formylate ['fɔːmɪleɪt] v. 甲酰化 ‖ **formylation** n.

formylglycine [fɔːmɪl'glaɪsɪn] n. 甲酰甘氨酸

formylmethionine [fɔːmɪlme'θaɪəuni:n] n. 甲酰甲硫氨酸

fornicate ['fɔːnɪkɪt] ❶ a. 弯曲的,穹窿状的 ❷ vt. 通奸

fornix ['fɔːnɪks] (pl. fornices) n. 穹窿,穹(顶)

foroblique ['fɔːrəblɪk] n. 直侧视镜

forra(r)der ['fɔːrədə] ad. 更往前

forsake [fə'seɪk] (forsook,forsaken) vt. 放〔抛〕弃

forsooth [fə'suːθ] ad. 真的,确实,当然

forsterite ['fɔːstəraɪt] n. 镁橄榄石

fort [fɔːt] ❶ n. 要塞,炮台,堡垒 ❷ v. 设要塞

forte [fɔːt] n. 长处,特长,优点

forth [fɔːθ] ad. ①向前(方),向外,现出 ②以后,以下 ☆**and so forth** 等等; **back and forth** 前(前)后(后),来回; **from this day forth** 从今天起; **from this time forth** 今后,从此以后

forthcoming [fɔːθ'kʌmɪŋ] ❶ a. ①即将来到的,下一次的 ②现有的,随要随有的 ❷ n. 出现,临近

forthright ❶ ['fɔːθraɪt] a.; n. ①前进的 ②直截了当的,直率的,坦白的 ③直路 ❷ [fɔːθ'raɪt] ad. 当前,直率地,径直地,立即

forthwith ['fɔːθ'wɪθ] ad. 立即

fortieth ['fɔːtɪθ] n.; a. 第四十(的),四十分之一(的)

fortifiable ['fɔːtɪfaɪəbl] a. 宜于设防的

fortification [fɔːtɪfɪ'keɪʃən] n. ①加强防卫,防御工事,要塞,碉堡,设防(阵地) ②加强

fortifier ['fɔːtɪfaɪə] n. ①增强剂 ②设防者

fortify ['fɔːtɪfaɪ] v. ①设防于,构筑 ②加强 ③确证 ☆ **fortify A against B** 在 A 构筑工事以防御 B

fortiori [fɔːtɪ'ɔːraɪ] (拉丁语) 理由更充足地 ☆ **a fortiori** 更不必说,何况,这样一来

fortissimo [fɔː'tɪsɪməu] a.; ad. 用最强音,非常响亮地

fortitude ['fɔːtɪtjuːd] n. 不屈不挠,刚毅

fortitudinous [fɔːtɪ'tjuːdɪnəs] a. 坚韧不拔的,刚毅的,不屈不挠的

Fort Lamy [fɔːləˈmiː] n. 拉密堡(乍得首都的旧称)

fortnight ['fɔːtnaɪt] n. 两星期,双周

fortnightly ['fɔːtnaɪtlɪ] ❶ a.; ad. 每两星期(一次的),隔周 ❷ n. 双周刊

Fortran ['fɔːtræn] n. 【计】公式翻译(语言)

Fortransit ['fɔːtrænzɪt] n. 公式翻译程序

fortress ['fɔːtrɪs] n. 堡垒,要塞

fortuitist [fɔː'tjuːɪtɪst] n. 偶然论者

fortuitous [fɔː'tjuːɪtəs] a. 偶然事件,意外

fortunate ['fɔːtʃənɪt] a. 幸运的,侥幸的

fortunately ['fɔːtʃənɪtlɪ] ad. 幸运地,幸亏

fortune ['fɔːtʃən] n. ①运气,命运 ②财富 ☆ **by bad fortune** 不幸; **by good fortune** 幸好; **have the fortune to do** 幸而(做); **make a (one's) fortune** 发财(致富); **spend a small fortune**

on 花许多钱在

fortuneless ['fɔːtʃənlɪs] a. 不幸的

forty ['fɔːtɪ] a.; n. 四十(个),第四十

fortyfold ['fɔːtɪfəuld] a.; ad. 四十倍(的)

forum ['fɔːrəm] (pl. forums 或 fora) n. 论坛,讨论会,专题讲话节目

forvacuum [fɔː'vækjuəm] v.; n. 预(抽)真空,前级

forward ['fɔːwəd] ❶ a. ①向前(的),前的,正向(的) ②提前的,预先的,期货的,未来的 ③从…起一直 ❷ vt. ①促进,协助 ②转送,运送,寄发,转发 ❸ n. 船头部;前锋;期货 ☆ **backward(s) and forward(s)** 来回,前后; **be forward in (with)** A A(方面)先进; **be well forward with one's work** 早做完了工作; **bring forward** 提出; **come forward** 前来(援助),自愿(做); **forward of** 在…的前方; **forward A to B** 把 A 转到 B; **from this day (time) forward** 从此以后; **go forward** 进步,前进; **help forward** 促进; **look forward** 向前看,展望; **put (set) forward** 提出,促进

forwarder ['fɔːwədə] n. ①运送者,促进者 ②传送装置,输送器

forwarding ['fɔːwədɪŋ] n. 推进,转送

forwardness ['fɔːwədnɪs] n. 进步,急切

forwards ['fɔːwədz] ad. ①向前,前进 ②将来,今后

forwent [fɔː'went] forgo 的过去式

fosfamid [fɒs'fæmɪd] n. 乐果

fossa ['fɒsə] (pl. fossac) n. 窝,凹

foss(e) [fɒs] ❶ n. ①坑,(军)穴 ②沟,渠,海渊 ③老瓶固 ❷ a. ①化石似的,从地下掘出的 ②陈旧的,老朽的,顽固的

fossette [fɒ'set] n. 酒窝,小凹

fossick ['fɒsɪk] vi. 淘金,寻觅

fossil ['fɒsl] ❶ n. 化石 ❷ a. 化石的

fossilate ['fɒsɪleɪt] = fossilize

fossilation = fossilization

fossiliferous [fɒsɪ'lɪfərəs] a. 含化石的

fossilization [fɒsɪlaɪ'zeɪʃən] n. 化石化(的东西),陈腐化

fossilize ['fɒsɪlaɪz] v. ①(使)变成化石 ②(使)变陈腐,使僵化 ③发掘化石标本

fossula ['fɒsjulə] (pl. fossulae) n.【医】内沟,小窝

foster ['fɒstə] vt. ①照顾,养育,抚养 ②促进,鼓励 ③抱着,心怀

fosterage ['fɒstərɪdʒ] n. 养育,收养,助长

fother ['fɒðə] vt. 海上堵漏

fotoceram ['fəutəusəræm] n. 光敏玻璃陶瓷

foudroyant [fuː'drɔɪənt] (法语) n. 暴发的,闪电状的

fougasse [fuː'ɡɑːs] n. 定向地雷

fought [fɔːt] fight 的过去式和过去分词

foul [faul] ❶ a. ①难闻的,肮脏的 ②(污物)堵塞的,(船)底部黏满海藻贝壳的 ③被缠住的 ④暴风雨的,险恶的(天气) ⑤错误多的,修改得面目全非的,犯规的 ❷ ad. 不正当地,违法地 ❸ n. 脏东

西,违法,缠结 ❹ v. ①弄脏,与…碰撞 ②卡住(up)
阻碍,缠住 ☆**be foul with A** 给 A 弄脏; **by fair
means or foul** 不择手段; **fall (go,run) foul of**
与…相撞,与…纠缠在一起,陷入困境; **foul up** 搞
糟,做错,壅塞; **through fair and foul** 或 **through
foul and fair** 在任何情况下

found [faʊnd] v. ①find 的过去式和过去分词 ②铸
(造),翻砂 ③建立,创办 ④打下…的基础,以…作
根据(on,upon)

foundation [faʊnˈdeɪʃən] n. ①基础,地基,(底,机)
座 ②根据,出发点,基本原则 ③建立,创办,奠基
④财团 ☆**(be) without foundation** 是没有根据
的; **have no foundation (in fact)** 没有(事实)根
据; **lay the foundation(s) for (of)** 打下…的基
础

foundational [faʊnˈdeɪʃənəl] a. 基本〔础〕的,
财团的

founder [ˈfaʊndə] ❶ n. ①铸工,翻砂工 ②创始人,
奠基人 ❷ v. ①(使)沉没,陷落,(使)倒坍,(使)失
败,跛

found(e)rous [ˈfaʊnərəs] a. 泥泞的,沼泽地的

foundery = foundry

founding [ˈfaʊndɪŋ] n. 铸造,铸体,熔制

foundling [ˈfaʊndlɪŋ] n. 弃婴

foundress [ˈfaʊndrɪs] n. 女创始人,女奠基人

foundry [ˈfaʊndrɪ] n. 铸造(厂,车间),翻砂(厂,车
间),铸件,玻璃厂

foundryman [ˈfaʊndrɪmən] n. 铸造〔翻砂〕工

fount ❶ [faʊnt] n. (源)泉,饮水器 ❷ [fɒnt] n. 一
套活〔铅〕字

fountain [ˈfaʊntɪn] n. ①喷泉,水源,喷水(器,池)
②液体储藏器,储墨器

fountaingrass [ˈfaʊntɪngrɑːs] n. 喷泉草

fountainhead [ˈfaʊntɪnhed] n. (水,根)源,源泉

four [fɔː] a.; n. ①四 ②四汽缸发动机 ③(pl.)四
(层)叠板 ☆**in fours** 每组四个,一柄四叶; **on all
fours** 爬着的,完全相似的,完全吻合的; **scatter ...
to the four winds** 使四散消失,浪费或抛弃某物;
the four corners of a document 文件的内容
范围; **the four corners of the earth** 天涯海角;
within the four seas (四)海(之)内

fourchette [fʊəˈʃet] n. 指叉,阴唇小带

fourchite [ˈfɔːtʃɪt] n. 钛辉沸煌岩

fourfold [ˈfɔːfəʊld] n.; a. 四倍(的),四重(的),四折
(的),重复四次的

Fourier [ˈfʊrɪeɪ] n. 傅里叶

fourmarierite [fɔːˈmærɪəraɪt] n. 红铀矿

fournisseur [ˈfuːnɪsjʊə] n. 喂纱器

fourply [ˈfɔːplaɪ] a. 四股〔层〕的

fours [fɔːz] n. 四人舞,灯笼裤,四叠板

fourscore [ˈfɔːskɔː] a.; n. 八十(个)(的)

foursome [ˈfɔːsəm] n. 双打,四人一组

foursquare [ˈfɔːskweə] a.; n. ①方形的 ②(基础)
稳固的 ③坚定不移的,坦率的 ④双向性硅钢片

fourteen [ˈfɔːtiːn] n.; a. 十四

fourteenth [fɔːˈtiːnθ] n.; a. ①第十四(的) ②十四
分之一(的)

fourth [fɔːθ] n.; a. ①第四(的) ②四分之一(的)
③四等品

fourthly [ˈfɔːθlɪ] ad. 第四,其四

fovea [ˈfəʊvɪə] (pl. foveae) n. 凹(处)

foveate [ˈfəʊvɪɪt] a. 【生物】(有)凹的

fowl [faʊl] n. 鸟,鸡,(家)禽

fox [fɒks] ❶ n. ①狐狸,狡猾的人 ②10 厘米飞机导
航雷达 ③绳索 ❷ v. ①欺诈 ②(使)变色,(使)变
酸

foxed [fɒkst] a. 生褐斑的,变了色的

foxtail [ˈfɒksteɪl] n. ①狐尾(草) ②销栓,薄键,钉楔

Foxtrot [ˈfɒkstrɒt] 通信中用以代表字母 f 的词

foxy [ˈfɒksɪ] a. 有褐斑的,变了色的

foyaite [ˈfɔɪeɪt] n. 流霞正长岩

foyer [ˈfɔɪeɪ] n. ①休息室,门厅 ②灶,炉

fractile [ˈfræktaɪ] n. 分位数(值),分位点

fraction [ˈfrækʃən] n. ①分数,小数,系数,几分之一,
零数 ②(小)部分,份额,成分,粒级,(分)馏(部)分,
分馏物 ③碎片,碎块,细砬 ④折射 ☆**a fraction
of** 零点儿,几分之一,一小部分; **at a fraction of
the (present) cost** 原(现)价的几分之一; **by
a fraction** 一点也(不); **by fractions** 有余数的,
不完全的; **crumble into fractions** 粉碎; **there
is not a fraction of** 一点也没有

〖用法〗注意下面例句的含义: The voltage across
the resistance R₁ is obtained as the same fraction of
the total voltage that R₁ is of the total resistance. 电
阻 R_1 上的电压与总电压的比值相同于 R_1 与总电
阻的比值。("that" 在从句中作表语,代替了 "the
same fraction" ,而 "the total resistance" 在从句中
修饰 "that"。注意本句的译法。) /A large fraction
of these devices have such source regions. 这些器
件中很大一部分具有这种源区。(注意本句谓语用
的是复数形式。) /This result agreed within a small
fraction of a percent with Rydberg's constant! 这一
结果与赖德伯格常数仅差千分之几!

fractional [ˈfrækʃənl], **fractionary** [ˈfrækʃnərɪ]
a.;n. ①分式(部)的,分数的,小数的,相对的 ②碎
片的 ③分馏(物)的,分级的 ☆**not by a fractional**
一点也不; **to a fractional** 完全地,百分之百地

fractionalize [ˈfrækʃənəlaɪz] vt. 把…分成几部分

fractionate [ˈfrækʃəneɪt] vt. 分馏,分级,把…分成
几部分

fractionation [ˌfrækʃəˈneɪʃən] n. 分数化,分馏(法,
作用),分级,粒度级

fractionator [ˈfrækʃəneɪtə] n. 分馏器,气体分离
装置

fractionize [ˈfrækʃənaɪz] v. 化成分(小)数,分成
几部分,裂成碎片,分馏 ‖ **fractionization** n.

fractograph [ˈfræktəgræf] n. 断口组织的(显微镜)
照片 ‖ **~ic** a.

fractography [frækˈtɒgrəfɪ] n. 断口组织试验,断
口组织

F

fractometer [fræk'tɒmɪtə] *n.* 包层分离仪

fractorite ['fræktərart] *n.* 分级炸药

fractory ['fræktərɪ] *n.* 中铝黏土质耐火材料

fracturation [fræktʃə'reɪʃən] *n.* 岩层断裂

fracture ['fræktʃə] *v.*; *n.* ①(使)破裂,(使)断裂 ②断口,裂痕 ③折断,挫伤

fragile ['frædʒaɪl] *a.* 脆的,易碎的

fragileness ['frædʒaɪlnɪs], **fragility** [frə'dʒɪlɪtɪ] *n.* 脆性,易碎性

fragment ❶ ['frægmənt] *n.* ①碎片,断片,毛边,生成物 ②片断,摘录 **❷** ['frægment] *v.* 分段,(使)成碎片,(使)分裂 ☆*lie in fragments* 已成碎片; *reduce to fragments* 弄碎

fragmental [fræg'mentl], **fragmentary** ['frægməntərɪ] *a.* 碎片的,碎屑的,零碎的,不连续的

fragmentate ['frægməntert] *v.* (使)裂成碎片

fragmentation [frægmen'terʃən] *n.* 碎裂,裂解,破碎(作用),碎化,片断,(程序的)分段存储

fragmentize ['frægməntarz] *v.* (使)裂成碎片,(使)分裂

fragmentography [frægmen'tɒgrəfɪ] *n.* 碎片谱(法)

fragrance ['freɪgrəns], **fragrancy** ['freɪgrənsɪ] *n.* 芳香,香味

fragrant ['freɪgrənt] *a.* (芳)香的 ‖~ly *ad.*

fraidronite ['freɪdrənaɪt] *n.* 云煌岩

frail [freɪl] **❶** *a.* 脆弱的,不坚固的,易碎的 **❷** *n.* ①一篓之量 ②灯心草

frailty ['freɪltɪ] *n.* 脆(弱),薄弱,短处

fraise [freɪz] **❶** *n.* 铣刀,铰刀,扩孔钻,圆头锉 **❷** *vt.* 铰孔

fraising ['freɪzɪŋ] *n.* 铰孔,切环槽

framable ['freɪməbl] *a.* ①可构造的,可组织的,可制订的 ②可装配框子的 ③可想象的

frame [freɪm] **❶** *n.* ①框架,(门,窗)框,框式 ②系统 ③结构,组织,体制 ④机身,弹体,(汽车)大梁 ⑤(电视)帧,镜头 **❷** *v.* ①构造,塑造,设计,制定,想出 ②给…装框子 ③成帧 ④使适合,安排 **❸** *a.* 木造的 ☆*be not framed for (severe) hardships* 经不起艰苦; *frame badly* 进展不顺利; *frame up* 捏造,陷害; *frame well* 进展顺利,有希望; *out of frame* 混乱,无秩序; *frame-by-frame* *a.* 逐个画面的,逐帧的

framed [freɪmd] *a.* 构架的,框架的

frameless ['freɪmlɪs] *a.* 无框架的

framer ['freɪmə] *n.* ①编制者 ②成帧器

frame-up ['freɪmʌp] *n.* 阴谋,陷害,虚构

framework ['freɪmwɜːk] *n.* ①骨架,框架,主机构架,机壳,网格,筋 ②结构,组织,体制,范围 ☆*within the framework of* 在…的范围内

framing ['freɪmɪŋ] *n.* ①框架,结构 ②图框配合,成帧 ③组织,编制,构想

franc [fræŋk] *n.* 法郎

France [frɑːns] *n.* 法兰西,法国

franchise ['fræntʃaɪz] **❶** *n.* ①允差,特许 ②相对

免赔率,免赔额 **❷** *vt.* 给以特许

francium ['frænsɪəm] *n.* 【化】钫

franckeite ['frænkəart] *n.* 辉锑锡铅矿

franco ['frɑːŋkəu] *a.* 免费的

frangibility [frændʒɪ'bɪlɪtɪ] *n.* 脆(弱)性,脆度,易碎(性)

frangible ['frændʒɪbl] *a.* 脆(弱)的,易碎的,易折断的

frank [fræŋk] **❶** *a.*; *ad.* 坦白(的),率直(的) **❷** *n.*; *vt.* ①免费邮寄,在…上盖免费寄递戳 ②使便于通行,准许免费通过

Frankfort ['fræŋkfət] *n.* 法兰克福

frankincense ['fræŋkɪnsəns] *n.* 乳香

franklin ['fræŋklɪn] *n.* 弗兰克林,静库仑数

franklinism ['fræŋklɪnɪzm] *n.* 静电(疗法)

franklinite ['fræŋklɪnaɪt] *n.* 锌铁矿

frankly ['fræŋklɪ] *ad.* 坦率地,老实说 ☆*frankly (speaking)* 坦率地说

frankness ['fræŋknɪs] *n.* 率真,真诚,坦白

frantic ['fræntɪk] *a.* 狂乱的,疯狂的 ‖~(al)ly *ad.*

frap [fræp] (frapped;frapping) *vt.* 捆牢,缚紧

fraternal [frə'tɜːnl] *a.* 兄弟(似)的 ‖~ly *ad.*

fraternize ['frætənaɪz] *v.* 结成兄弟,使亲善

fraternity [frə'tɜːnɪtɪ] *n.* 兄弟关系

fraud [frɔːd] *n.* ①欺诈(行为),舞弊 ②假东西,骗子 ☆*expose a fraud* 揭穿骗局

fraudulence ['frɔːdjuləns] *n.* 欺诈,欺骗性

fraudulent ['frɔːdjulənt] *a.* 欺诈的,蒙混的 ‖~ly *ad.*

fraueneis ['frɔːɪneɪs] *n.* 透明石膏

fraught [frɔːt] *a.* 充满…的,伴随着…的(with)

fray [freɪ] **❶** *v.* 擦伤,磨损,绽裂 **❷** *n.* 磨损处;竞争,争论 ☆*fray out* 尖灭,磨损

fraying ['freɪɪŋ] **❶** *v.* 擦(伤,断,破),磨(损,破),绽裂 **❷** *n.* 磨损处;竞争,争论

fraze [freɪz] **❶** *v.* 磨损或减小直径 **❷** *n.* 不平,毛边

frazil ['freɪzɪl] *n.* 底冰,潜冰

frazzle ['fræzl] *v.*; *n.* 磨损,磨破,磨损的边缘;疲惫不堪

freak [friːk] **❶** *n.* ①畸形,怪胎,反常现象 ②衰落 **❷** *a.* 反常的,奇特的 **❸** *vt.* 在…形成奇特的斑纹

freakish ['friːkɪʃ] *a.* ①反常的,奇怪的,畸形的 ②异想天开的 ‖~ly *ad.* ~ness *n.*

freckle ['frekl] **❶** *n.* 雀斑,(黑)斑点,孔隙 **❷** *v.* (使)产生斑点

free [friː] **❶** *a.* ①自由的,自然的,独立的,任意的,随意的,流利的,游离的,单体的 ②空闲,有空的 ③免费(税)的,免除…的 **❷** *ad.* 自由地,随意地,免费地 **❸** *vt.* ①使自由,释放,解除,使摆脱 ②使空转 ☆*allow (give) A a free hand* 允许 A 自由行动; *(be) free from A* 没有 A 的,无 A 之忧的; *(be) free of A* 无 A 的,免除 A; *(be) free to do* 可以自由(做),有(做)自由; *come (get) free* 脱开,获得自由,被释放,逃脱; *for free* 免费; *free A from B* 使 A 摆脱 B; *free in and out* 船方不负

担装卸货费用; **free A of B** 把 A 里的 B 去掉; **have a free hand** 行动自由; **make free with** 随意使用; **set free** 释放

〖用法〗❶ "无冠词名词+free" 表示 "无…的"。如: H is <u>noise free</u>. H 没有噪声。/We assume that the transmission path is <u>error free</u>. 我们假设该传输通路是无误差的。❷ 注意下面例句中本词的含义: The bar is <u>free to rotate</u> around a stationary pivot point. 该棒能够绕一个静止的支点转动。/<u>Free from the attack of moisture</u>, a piece of iron will not rust very fast. 如果铁块不受潮,则不易生锈。

freebie,freeby ['fri:bɪ] *n.* 免费的东西,免费赠券

freeboard ['fri:bɔ:d] *n.* 超高,(船)干舷高度

freedman ['fri:dmæn] *n.* 解放了的奴隶

freedom ['fri:dəm] *n.* ①自由(度),灵活性 ②游动,间隙,游隙 ☆ **freedom from** 免除; **with freedom** 自由地

〖用法〗注意下面例句中本词的用法: The objective is to <u>obtain freedom from</u> the effects of mechanical shock and vibration. 目的在于消除机械冲击和振动的影响。/This will test <u>freedom from</u> overload quickly. 这能够迅速地测试抗过载。

freedrop ['fri:drɒp] *n.;v.* 不用降落伞(的)自由空投(下来的东西)

freehold ['fri:həʊld] *n.* 地产自由保有权

freely ['fri:lɪ] *ad.* 自由地,免费地,直率地,大量地

〖用法〗注意下面的句型: The smaller the particles, the more <u>freely</u> do they move. 粒子越小,它们运动得越自由。(为加强语气,主句部分的主语前却有助动词 "do"。)

freeman ['fri:mən] *n.* 自由民,公民

free(-)stone ['fri:stəʊn] *n.* 毛石

Freetown ['fri:taʊn] *n.* 弗里敦(塞拉利昂首都)

freeway ['fri:weɪ] *n.* 超速干道,快车道

freewheel ['fri:wi:l] ❶ *n.* 飞轮 ❷ *vi.* 空转,惯性滑行

freewheeled ['fri:wi:ld] *a.* 无轨的

freewheeling [fri:'wi:lɪŋ] *n.; a.* 空程,单向离合器,自由轮传动,惯性滑行(的),随心所欲(的)

freewill ['fri:'wɪl] *a.* 自愿的,任意的

freezability [fri:zə'bɪlɪtɪ] *n.* 耐冻力(性)

freeze [fri:z] (froze,frozen) *v.; n.* ①(使)冻结,(使)凝固,(使)结冰,(使)冷冻 ②稳定 ③冰冻期 ☆ **freeze in** 凝入〔固〕,冻牢在…里,被冻结于冰内; **freeze on to** 紧握; **freeze one's blood** 或 **make one's blood freeze** 使人打战,使人极度恐惧; **freeze out (to)** 结冻,使冻结起来; **freeze over** 为冰所覆盖,(使)凝固; **freeze up** (使)冻结,冰塞

freezer ['fri:zə] *n.* 冷却器,冷冻机,冷藏箱,冷藏工人

freezing ['fri:zɪŋ] *a.; n.* 冻结(的),凝固(的),制冷(的),结冰(的),冰点,卡滞的

freight [freɪt] ❶ *n.* ①货运,运费 ②货物 ③货车 ④负担 ❷ *v.* 装货(with),运输,出租 ☆ **by freight** 用普通货车运送

freightage ['freɪtɪdʒ] *n.* 租船,货运,装货,运费

freighter ['freɪtə] *n.* ①货船,运输机 ②租船人,货主

fremitus ['fremɪtəs] (拉丁语) *n.* 震颤,震动

fremodyne ['fri:mədaɪn] *n.* 调频接收机

French [frentʃ] *n.; a.* ①法国(人)(的),法语(的) ②弗伦奇

frenetic [frɪ'netɪk] *a.* 精神病的,疯狂的

frenzied ['frenzɪd] *a.* 疯狂的,狂暴的 ‖ **~ly** *ad.*

frenzy ['frenzɪ] *n.; v.* 暴怒,狂乱,暴躁

freon ['fri:ɒn] *n.* 氟氯烷,氟利昂

frequency ['fri:kwənsɪ], **frequence** ['fri:kwəns] *n.* ①频率,周率,(发生)次数 ②频繁,时常发生,(期刊)出版周期

〖用法〗❶ 表示 "在频率…上(时)" 通常用介词 "at"。如: <u>At the frequency</u> where X=0, the current and voltage are in phase. 在 X=0 的频率上,电流和电压同相。/The current maximum is I=0.1 A <u>at the resonant frequency</u>. 在谐振频率时,电流最大值为 I=0.1 安培。❷ 表示 "具有…频率" 时,其前面用介词 "with"。如: This device can be used to measure signals <u>with frequencies</u> of greater than 40 GHz. 个设备可以用来测量频率高于 40 千兆赫的信号。

frequent ❶ ['fri:kwənt] *a.* 频繁的,时常发生的,经常的,习以为常的,急的 ❷ ['fri:kwent] *v.* 常去

frequenta ['fri:kwəntə] *n.* 弗拉宽打(一种绝缘物)

frequentation [fri:kwən'teɪʃən] *n.* 经常往来

frequentative [frɪ'kwentətɪv] *a.* 反复(表示)的

frequentin ['fri:kwəntɪn] *n.* 常见青霉素菌

frequentit ['fri:kwəntɪt] *n.* 弗拉宽蒂(一种绝缘物)

frequently ['fri:kwəntlɪ] *ad.* 常常,频繁地

frescan ['freskən] *n.* 频率扫描器

fresco ['freskəʊ] *n.* 壁画(法)

fresh [freʃ] ❶ *a.* ①新鲜的,最新式的 ②不同的,另外的,进一步的 ③淡的,无咸味的 ④鲜艳的,有生气的 ⑤无经验的,不熟练的 ❷ *ad.* 新(近),最新,刚才 ❸ *n.* ①淡水(河,泉) ②泛滥,暴涨 ③(大学)新生 ④初期 ☆ **be fresh in the mind (memory)** 记忆犹新; **break fresh ground** 开辟处女地,着手新事业; **green and fresh** 生的,未熟练的,幼稚的; **in the fresh air** 在户外; **in the fresh of the morning** 清晨; **make a fresh start** 重新开始; **throw fresh light on** 对…提供新见解(资料)

freshen ['freʃən] *v.* ①(使)变新鲜 ②去咸味,变淡 ③(风)变强 ④产犊,开始泌乳 ☆ **freshen up** (使)变新鲜,增加新的力量

freshet ['freʃɪt] *n.* ①山洪,泛滥,春汛,暴涨 ②淡水河流

freshly ['freʃlɪ] *ad.* 新(近,鲜地),刚才,活泼地

freshman ['freʃmən] *n.* 新手,大〔中〕学一年级学生

freshness ['freʃnɪs] *n.* 新(鲜),淡性

fresnel [freɪˈnel] *n.* 菲涅耳(频率单位),兆兆赫

fret [fret] ❶ *v.* (fretted;fretting) *v.* ①雕花 ②侵蚀,磨损,松散,擦破,使粗糙 ③(使)烦躁 ❷ *n.* ①格子细工,回纹(饰),(被)侵蚀(之处),磨耗 ②急躁 ☆ *fret over* 为…着急〔烦恼〕; *in a (on the) fret* 焦急地

fretful [ˈfretful] *a.* 焦急的,烦躁的,不高兴的;(水面)起波纹的,(风)一阵阵的 ‖ ~ly *ad.* ~ness *n.*

frettage [ˈfretɪdʒ] *n.* 摩擦,腐蚀

fretting [ˈfretɪŋ] *n.* 损坏,微振磨损

fretum [ˈfretəm] *n.* ①海峡 ②狭窄

fretwork [ˈfretwɜːk] *n.* 格子细工,粒状岩石风化

freyalite [ˈfreɪəlaɪt] *n.* 硬硅铈钍矿

friability [fraɪəˈbɪlɪtɪ] *n.* 脆性,易碎性,易剥落性

friable [ˈfraɪəbl] *a.* 脆(弱)的,易(粉)碎的,酥性的

friagem [ˈfraɪədʒəm] *n.* 【气】凉期

fribble [ˈfrɪbl] ❶ *n.* 无聊的人,无足轻重的人物 ❷ *v.* 浪费,做无聊的事

fricative [ˈfrɪkətɪv] *a.* 摩擦的,由摩擦而生的

frictiograph [ˈfrɪktɪəɡrɑːf] *n.* 摩擦仪

friction [ˈfrɪkʃən] ❶ *n.* ①摩擦(力),摩阻,切向反作用 ②冲突 ❷ *v.* 擦胶

frictional [ˈfrɪkʃənl] *a.* 摩擦的,由摩擦产生的,黏性的

frictionate [ˈfrɪkʃəneɪt] *v.* 摩擦,擦胶

frictionbrake [ˈfrɪkʃənbreɪk] *n.* 摩擦制动器,摩擦闸

frictionclutch [ˈfrɪkʃənklʌtʃ] *n.* 摩擦离合器

frictionfactor [ˈfrɪkʃənfæktə] *n.* 摩擦系数

frictioning [ˈfrɪkʃənɪŋ] *n.* 擦胶

frictionize [ˈfrɪkʃənaɪz] *v.* 摩擦

frictionless [ˈfrɪkʃənlɪs] *a.* 无摩擦的,光滑的

frictionmeter [ˈfrɪkʃənmiːtə] *n.* 摩擦系数测定仪

frictiontape [ˈfrɪkʃənteɪp] *n.* (绝缘)胶布,摩擦带

Friday [ˈfraɪdɪ] *n.* 星期五
〖用法〗 ❶ 本词前面有"last"或"next"时就成为副词短语,在该短语前不能再加任何介词。❷ "on Fridays"意为"每(逢)星期五"。

fridge [frɪdʒ] *n.* 冰箱,冷冻机,冷藏库

fried [fraɪd] ❶ fry 的过去分词 ❷ *a.* 油煎的

friedelin [friːˈdelɪn] *n.* 无羁萜;软木三萜酮

friend [frend] *n.* 朋友

friendless [ˈfrendlɪs] *a.* 没有朋友的

friendliness [ˈfrendlɪnɪs] *n.* 友谊

friendly [ˈfrendlɪ] *a.* ①友好的 ②顺利的 ☆ *be friendly to ...* 赞助,支持

friendship [ˈfrendʃɪp] *n.* 友谊

friesite [ˈfriːsaɪt] *n.* 杂硫银铁矿

frieze [friːz] ❶ *n.* ①中楣,壁缘 ②粗呢 ❷ *vt.* 使起皱

frigate [ˈfrɪɡɪt] *n.* 护卫舰,快速护航舰

frig [frɪɡ] *v.* (与)性交,手淫,欺骗

frig(e) [frɪdʒ] *n.* 冰箱,冷冰机,冷藏库

fright [fraɪt] ❶ *n.* ①惊吓,恐怖 ②丑家伙,怪物 ❷ *vt.* 使吃惊 ☆ *get (have) a fright* 吃惊; *give ...*

a fright 使…吃一惊

frighten [ˈfraɪtən] *v.* (使)吃惊,惊吓 ☆ *be frightened at* 因…大吃一惊; *be frightened of* 害怕…; *be frightened out of one wits* 吓呆了

frightful [ˈfraɪtful] *a.* ①可怕的,吓人的 ②非常的,讨厌的 ‖ ~ly *ad.*

frigid [ˈfrɪdʒɪd] *a.* ①寒(冷)的,极寒的 ②冷淡的 ‖ ~ly *ad.*

frigidity [frɪˈdʒɪdɪtɪ] *n.* 寒冷,冷淡

frigo [ˈfrɪɡə] *n.* 冻结器

frigofuge [ˈfrɪɡəfjuːdʒ] *n.* 避寒植物

frigorific [frɪɡəˈrɪfɪk] *a.* 冰冻的,制冷的,引起寒冷的

frigorimeter [frɪɡəˈrɪmɪtə] *n.* 低温计,深冷温度计

frigorism [ˈfrɪɡərɪzm] *n.* 受寒,感冒,冻伤

frigory [ˈfrɪɡərɪ] *n.* 千卡

frigotherapy [frɪɡəˈθerəpɪ] *n.* 冷疗法

frill [frɪl] ❶ *n.* 褶边,胶片边缘的皱褶 ❷ *v.* (胶片边缘)起皱褶

fringe [frɪndʒ] ❶ *n.* ①边(缘),缘饰 ②【物】(干涉)条纹,散乱边纹,干涉带 ③(彩色)不重合 ❷ *a.* 边缘的,较次要的 ❸ *v.* 镶边,加边缘

fringing [ˈfrɪndʒɪŋ] *n.* 边缘(通量现象),散射现象,镶边,静电场形变

frisk [frɪsk] *v.* 欢跃,轻快地摇动

frisket [ˈfrɪskɪt] *n.* 印刷器的轻质夹纸框

frit [frɪt] ❶ *n.* (搪瓷用)玻璃料,半熔的玻璃原料,釉料 ❷ (fritted;fritting) *v.* 烧结,熔接,熔合(玻璃料)

frith [frɪθ] *n.* 海湾,河口

fritter [ˈfrɪtə] *vt.;n.* 消耗,浪费(away),弄碎,碎片

fritting [ˈfrɪtɪŋ] *n.* 熔结

fritz [frɪts] *n.;v.* 损坏 ☆ *fritz out* 损坏,发生故障; *on the fritz* 出故障(的)

frivol [ˈfrɪvəl] (frivol(l)ed;frivol(l)ing) *v.* 浪费(away),做无聊事 ‖ ~ous *a.*

fro [frəu] *ad.* ☆ *to and fro* 往返(地),来回(地),前前后后

frock [frɒk] *n.* 外衣,工装,衣服

froe [frəu] *n.* 劈板斧

frog [frɒɡ] *n.* ①蛙 ②(铁道)辙岔,马蹄叉,电车吊线分叉 ③(砖)凹槽

frogging [ˈfrɒɡɪŋ] *n.* 互换

froise [frɔɪz] *n.* 大厚烙饼

frogman [ˈfrɒɡmən] (pl. frogmen) *n.* 蛙人,潜水员

frolement [ˈfrəuləmənt] *n.* 轻轻按摩,沙沙声

frolic [ˈfrɒlɪk] *n.* 嬉戏,恶作剧,欢乐的聚会

frolovite [ˈfrɒləvaɪt] *n.* 水硼钙石

from [frɒm] *prep.* ①从,来自,以来,离开 ②因为,根据 ③用…制造 ④(使)不能,防止,避免 ☆ *away from* 离开; *from afar* 从远方; *from among* 从…之中,从中,其中; *from before* 从…以前; *from beginning to end* 自始至终; *from behind* 从…后面; *from beneath* 从…下面; *from bottom to top* 自下至上; *from day to day* 一天一天地,每天都; *from end to end* 从这

端到那端; **from first to last** 始终; **from hand to hand** 传递, **from hence (here)** 由此处; **from here on** 从这里开始,此后; **from nowhere** 从哪儿也不; **from now on** (从)此(以)后; **from out of** 从…之中(出来), **from out to out** 从一头到另一头,全长; **from outside** 从…外面; **from place to place** 从一处到一处,处处; **from the above mentioned** 由上所述; **from the first** 起初,原来; **from the midst of** 从中,从…之中; **from the outset (start)** 从开始; **from the point of view of** 从…观点; **from the time of** 从…以来; **from the (very) beginning** 从最初,首先; **from ... till (to)** 从…到; **from time to time** 有时,时而; **from under** 由…下面; **from within** 从…的内部; **from without** 从…外面

〖用法〗 ❶ 该介词可以后跟介词短语(或副词"above"、"below")。如: It is possible to use the energy <u>from</u> within the earth. 我们能够利用来自地球内部的能量。❷ 注意下面例句中本词的含义: This characteristic is not uniform <u>from</u> diode to diode. 这一特性对各个二极管来说并不相同。/The satellite moves in different orbits—all within a thousand kilometers <u>from</u> the earth's surface. 该卫星在不同的轨道上运行——这些轨道都处于离地球表面一千公里内。/The summing amplifier can be constructed <u>from</u> an operational amplifier. 加法放大器可以由一个运算放大器构成。/From Eq. (2-17) we have the following expression. 由(根据)式(2-17)我们得到了下面的表达式。/In the early days of the electric power industry even the power supplied to homes, and factories and offices was <u>from</u> direct-current systems. 在电力工业初期,甚至给家庭、工厂和办公室提供的电力都是来自直流系统。/The students are required to read <u>from</u> Chapter 2 to〔through〕Chapter 5. 要求学生阅读第2章到第5章。❸ "be made of" 在原材料看得出时用(一般属于物理变化); "be made from" 在原材料看不出时用(一般属于化学变化)。如: This table is <u>made of</u> wood. 这桌子是木制的。/This wine is <u>made from</u> grapes. 这酒是用葡萄制成的。

frond [frɒnd] *n.* (复)叶,叶状体

frondose [frɒn'dəus] *a.* 叶状的

frons [frɒnz] *n.* (昆虫的)前额

front [frʌnt] ❶ *n.* ①前部(方,沿,缘),正面 ②前线,工作面,钻井口 ③锋(面),(波)阵面,(信号,脉冲)波前 ④现状 ❷ *a.* (最)前(面,部)的,正面的 ❸ *ad.* 向前,朝前,在前面 ❹ *v.* ①面对(on,upon,to,towards),对抗,反对 ②装饰正面(with) ☆**be at the front** 在前线; **come to the front** 来到前面,表面化,变得明显,出名; **front danger** 不怕危险; **front to front** 面对面; **go to the front** 上前线; **head and front** 主要部分; **in front** 在前方,在正对面上; **on all fronts** 在各条战线上; **show (present,put on) a bold front** 勇敢地面对,表示抗拒态度; **up front** 在前面,预先

〖用法〗"in front of" 的意思是 "在…前方",而 "in the front of" 的意思是 "在…前部"。如: A delay line must be in front of the sampling gate. 延迟线必须处于取样门电路的前面。(即"延迟线"并不是"取样门电路"的一部分。) /In the front of the classroom there is an A-V device. 在教室的前部有一台视听设备。(这个"前部"是"教室"的一部分。)

frontad [frʌn'tæd] *ad.* 向额(面),向前

frontage ['frʌntɪdʒ] *n.* ①正面(的宽度,的长度),(建筑物)前方,(临)街面,层前空地 ②滩岸

frontal [frʌntl] *a.; n.* 正面(的),前面的,前额骨,三角楣 ‖ **~ly** *ad.*

frontalis ['frʌntəlɪs] *a.* 额的

frontier ['frʌntjə] ❶ *n.* ①边界〔境,疆〕,国境,边远地区 ②领域 ③新领域,尖端(领域) ❷ *a.* 国境的,边界的

frontispiece ['frʌntɪspiːs] ❶ *n.* ①卷头,插画,标题页 ②正面目标 ③主立面,正门 ❷ *v.* 为…加进卷首插画

frontless [frʌntlɪs] *a.* 无前部的,无正面的

frontlet [frʌntlɪt] *n.* 额饰

frontloader [frʌntləudə] *n.* 前装载机

frontogenesis [frʌntəu'dʒenɪsɪs] *n.*【气】锋面生成

frontolysis [frʌn'tɒlɪsɪs] *n.*【气】锋面之消灭

frontward(s) ['frʌntwəd(z)] *ad.* 向前地

frost [frɒst] ❶ *n.* ①霜,霜冻,严寒 ②结晶之沉淀物 ❷ *v.* ①下霜,霜冻 ②(玻璃)消光,使失去光泽,(表面)霜白处理 ❸ *a.* 粗糙的,无光泽的

frostbite ['frɒstbaɪt] *n.; v.* 霜冻,冻伤,冻疮

frostbound ['frɒstbaund] *a.* 冻硬的,冰结的

frosted ['frɒstɪd] *a.* ①盖有霜的,冻结了的 ②闷光的,无光泽的,磨砂的,霜状表面

froster ['frɒstə] *n.* 起霜的人,速冻机

frostiness ['frɒstɪnɪs] *n.* 结霜,严寒

frosting ['frɒstɪŋ] *n.* 起霜,消光(的表面),磨砂面,霜状表面,表面晶析

frostwork ['frɒstwɜːk] *n.* 霜花(纹装饰)

frosty ['frɒstɪ] *a.* 下霜的,严寒的,冷淡的

froth [frɒθ] ❶ *n.* ①泡沫,浮渣,废物 ②空想,废话 ❷ *v.* 起沫,发泡,(道路)翻浆 ☆**froth over** 沸腾,冒泡,逸出

frother ['frɒθə] *n.* 泡沫发生器,起沫剂

frothiness ['frɒθɪnɪs] *n.* 起泡沫性

frothity ['frɒθɪtɪ] *ad.* 起泡沫,泡沫似地,空洞

frothy ['frɒθɪ] *a.* 起泡沫的,泡沫状的,虚浮的,质料轻薄的

frottage [frə'tɑːʒ] *n.* 摩擦(法)

frotteur [frɒ'tə] (法语) *n.* 摩擦者

frotton ['frɒtən] *n.* 磨棒

frown [fraun] *v.; n.* 皱眉头 ☆**frown on (upon,at)** 反对,不赞成

frowst [fraust] *n.* 室内的闷热,霉臭 ‖ **~y** *a.*

frowzy ['frauzɪ] *ad.* ①霉臭的,闷热的 ②凌乱的

froze [frəuz] freeze 的过去式

frozen ['frəuzən]❶ freeze 的过去分词 ❷ *a.* 结冰的,冻(结)的,凝结的,极冷的;卡住的,黏着的

frucote ['frʌkəut] *n.* 氨丁烷

fructan ['frʌktən] *n.* 果聚糖

fructification [frʌktɪfɪ'keɪʃən] *n.* 结实,果实,受精

fructose ['frʌktəus] *n.* 果糖,左旋糖

fructus ['frʌktəs] (拉丁语) *n.* 果实

fructosan ['frʌktəsæn] *n.* 果糖,左旋糖

fructosidase [frʌktə'saɪdeɪs] *n.* 果糖苷酶

frugal ['fru:gəl] *a.* 节约的,朴素的 ☆**be frugal of A** 节约 A ‖ ~ity *n.* ~ly *ad.*

fruit [fru:t] ❶ *n.* ①果实,水果 ②(常用 pl.)结果,产品,收获,(pl.)收益 ❷ *v.* (使)结果实

fruitage ['fru:tɪdʒ] *n.* 果实,效果,产物

fruiter ['fru:tə] *n.* 水果装运船,果树,果农

fruitful ['fru:tful] *a.* ①果实累累的,丰富的,多产的,肥沃的 ②效果好的,收益多的,有利的,富有成果的 ‖ ~ly *ad.* ~ness *n.*

fruiting ['fru:tɪŋ] *n.* 结果

fruition [fru'ɪʃən] *n.* ①结实 ②成就,实现 ③享用

fruitless ['fru:tlɪs] *a.* 不结果实的,没有效果的,无效的,失败的 ‖ ~ly *ad.* ~ness *n.*

frumentaceous [fru:men'teɪʃəs] *a.* 谷类(制)的,小麦的

frumentum ['fru:mentəm] *n.* 谷类,小麦

frusta ['frʌstə] frustum 的复数

frustrane ['frʌstreɪn] *a.* 无效的

frustrate [frʌs'treɪt] ❶ *v.* 挫败,破坏,阻止,使落空 ❷ *a.* 受挫的,无效的 ☆**be frustrated in** (遭到,终归)失败; ***frustrate A in B*** 破坏 A 的 B ‖ **frustration** *n.*

frustule ['frʌstju:l] *n.* 硅藻细胞

frustum ['frʌstəm] (pl. frustums 或 frusta) *n.* ①(平)截头体,截头锥体,锥台,立体角 ②破片,柱身

frutescent [fru:'tesənt], **fruticose** ['fru:tɪkəus] *a.*(像)灌木的

frutex ['fru:teks] (pl. frutices) *n.* 灌木

fry¹ [fraɪ] ❶ (fried;frying) *v.* 油煎,油炸 ❷ (pl. fries) *n.* 油炸食品

fry² [fraɪ] (pl. fry) *n.* ①鱼苗(群) ②小生物 ③本底噪声

fryer ['fraɪə] *n.* ①油炸锅 ②适于油炸的食物 ③油炸食品的人 ④彩色摄像照明器

fuchsin(e) ['fu:ksɪn] *n.* (碱性)品红,洋红

fuck [fʌk] ❶ *vt.* ①欺骗,利用,占…的便宜 ②吊儿郎当,犯错误,把…搞糟,使…失败(off,up) ❷ *v.* 一点点

fucked [fʌkt] *a.* 受骗的,失败的

fucking ['fʌkɪŋ], **fucky** ['fʌkɪ] *a.* 难完成的,低劣的,混乱的

fucoidan ['fju:kɔɪdən] *n.* 岩藻依聚糖

fucoidin ['fju:kɔɪdɪn] *n.* 岩藻多糖

fucosan ['fju:kəsæn] *n.* 岩藻聚糖

fucose ['fju:kəus] *n.* 岩藻糖

fudge [fʌdʒ] ❶ *n.* ①捏造,空话 ②插入报纸版面的最后新闻 ❷ *vt.* ①粗制滥造,捏造 ②推诿,逃避责任(on)

fuel ['fjuəl] ❶ *n.* 燃料,燃烧剂 ❷ (fuel(l)ed, fuel(l)ing) *v.* 加燃料,加注燃烧剂,给…加油

fueler = fueller

fuelizer ['fjuəlaɪzə] *n.* 燃料加热装置

fueller ['fjuələ] *n.* 加油器,供油装置

fuelwood ['fjuəwud] *n.* 薪材,薪炭材

fuff [fʌf] *n.* 一阵,大发脾气

fug [fʌɡ] ❶ *n.* 室内的坏空气,尘埃 ❷ (fugged; fugging) *v.* ①待在空气恶浊的室内 ②使室内空气恶浊

fugacious [fju'geɪʃəs] *a.* 短暂的,易逸去的,易变的

fugacity [fju'ɡæsɪtɪ] *n.* ①(易)逸性,逃逸性,消散性 ②有效压力

fuggy ['fʌɡɪ] *a.* 闷热的,空气恶浊的

fugitive ['fju:dʒɪtɪv] ❶ *a.* ①暂时的,过渡的,易散的,易消失的 ②逃逸的 ③即兴的,偶成的 ❷ *n.* 逃亡者,难捕捉的东西

fugitiveness ['fju:dʒɪtɪvnɪs] *n.* 不稳定性,不耐久性,挥发性

fugitometer [fju:dʒɪ'tɒmɪtə] *n.* 燃料试验计,褪色度试验计

fugu ['fuɡu] (日语) *n.* 河豚

fugutoxin [fu:ɡu:'tɒksɪn] *n.* 河豚毒素

Fuji ['fu:dʒɪ], **Fujiyama** [fu:'dʒi:ja:ma:] *n.* (日本)富士山

Fukuoka [fu:kə'əukə] *n.* 福冈(日本港口)

Fukushima [fu:kə'ʃi:mə] *n.* 福岛(日本港口)

Fukuyama [fuku'ja:mə] *n.* 福山(日本港口)

fulchronograph [ful'krɒnəgra:f] *n.* 闪电电流特性记录器,波形测量仪

fulcra ['fʌlkrə] fulcrum 的复数

fulcrum ['fʌlkrəm] (pl. fulcra 或 fulcrums) *n.; a.* 支点,转轴,可转动的

fulfil(l) [ful'fɪl] (fulfilled;fulfilling) *vt.* 履行,实现,完成,达到 ‖ ~ment *n.*

fulgerize ['fʌlɡəraɪz] *v.* 电灼

fulgurant ['fʌlɡjuərənt] *a.* 闪烁的,电击状的

fulgurate ['fʌlɡjuəreɪt] *v.* 闪烁,(闪电般)发光,受电花破坏

fulguration [fʌlɡjuə'reɪʃən] *n.* 闪光,光辉,电灼疗法,闪电(状感觉)

fulgurit ['fʌlɡjuərɪt] *n.* 闪光管

fulgurite ['fʌlɡjuəraɪt] *n.* 闪电熔岩

fulgurometer [fʌlɡju'rɒmɪtə] *n.* 闪电测量仪

fuliginosity [fju:lɪdʒɪ'nɒsɪtɪ] *n.* 烟雾

fuliginous [fju:'lɪdʒɪnəs] *a.* (像,充满)烟灰的,烟垢的,阴暗的,乌黑的

full [ful] ❶ *a.; ad.* ①满(的),完全(的),充分(的),饱(的) ②正式的,完美的,最高度的,详尽的 ③强烈的,深色的,整整,正(好) ④极点,满载,全负荷 ❷ *v.* 满,浆洗,(使布)密致,毡合 ☆**at full** 十分,充分; **at**

full length 尽量详细地,手脚充分伸直; *at full speed* 以全速; *at the full* 满满; *(be) full as useful as* 完全和…一样有用; *(be) full of* 充满,富于; *full out* 以全速,以最高容量; *full soon* 立即; *full well* 很充分; *in full* 详细,完全,以全文; *in full swing（activity）* 正达到极点,正起劲; *to the full* 充分,十分,彻底,全面地,至极限; *to the fullest* 最充分地; *to the full extent* 尽力,到极点; *turn (it) to full account* 充分利用
〖用法〗注意下面例句中本词的含义: Telephone system does not transmit this <u>full</u> band of frequencies. 电话系统并不能传送这整个频带。/Mr. Smith is a <u>full</u> professor. 史密斯先生是位正教授。

fuller ['fulə] ❶ n. ①压槽锤(撞锤),套锤 ②用套锤成的槽,切分孔型,铁型 ③填料工,漂布工 ❷ v. 凿密,填腰,锤击,用套锤在…上开槽

fullness ['fulnɪs] n. (充,丰)满(度),充实,完全,全部,丰富,洪亮,深(浓)度

fully ['fulɪ] ad. ①十分,完全,全部,充分,彻底 ②足足

fulminant ['fʌlmɪnənt] a. 暴发的,急性的

fulminate ['fʌlmɪneɪt] ❶ v. ①电闪雷鸣,(使)爆炸 ②猛烈抗议,严词谴责 ❷ n. 雷汞,雷酸盐,炸药

fulmine ['fʌlmɪn] = fulminate

fulminic [fʌl'mɪnɪk] a. 爆炸性的

fulness = fullness

Fultograph ['fultəgrɑːf] n. 福耳多传真电报机

fulvate ['fʌlveɪt] n. 富里酸盐

fulvous ['fʌlvəs] a. 黄褐色的,茶色的

fumarase ['fjuːməreɪs] n. 延胡索酸酶,反丁烯二酸酶,富马酸酶

fumarate ['fjuːməreɪt] n. 延胡索酸,反丁烯二酸,延胡索酸盐

fumarole ['fjuːmərəʊl] n. 熏蒸消毒室,密封熏蒸室,熏蒸器

fumatory ['fjuːmətərɪ] ❶ a. 烟熏的,熏蒸的 ❷ n. 熏蒸室

fumble ['fʌmbl] v. 摸索,乱摸(for,after),笨手笨脚地做 ☆*fumble about* 瞎摸瞎弄,失误

fume [fjuːm] ❶ n. 烟雾,气味,焊接烟尘 ❷ v. ①发烟,烟化,冒出 ②烘制,熏(蒸) ☆*fume off* 排出气体,去烟,发烟

fumeless ['fjuːmlɪs] a. 无烟的

fumet(te) ['fjuːmɪt] n. 熏香剂

fumid ['fjuːmɪd] a. 烟色的

fumigant ['fjuːmɪgənt] n. 熏蒸(消毒)剂,烟雾剂,烟熏,熏蒸

fumigate ['fjuːmɪgeɪt] vt. (烟)熏,熏蒸(消毒) ‖ fumigation n.

fumigator ['fjuːməgeɪtə] n. 烟熏器,熏蒸消毒器

fuming ['fjuːmɪŋ] n. 发烟,烟化

fumous ['fjuːməs] a. 冒烟的,烟雾弥漫的,烟色的

fumy ['fjuːmɪ] a. 冒烟的,发蒸汽的,烟雾状的

fun [fʌn] ❶ n. ①玩笑,娱乐 ②有趣的事 ❷ (funned;funning) v. 开玩笑 ☆*for (in) fun* 开玩笑地,非认真地; *make fun of* 或 *poke fun at* 嘲笑,开…的玩笑; *like fun* 高高兴兴地,顺利地,不像是真的

function ['fʌŋkʃən] ❶ n. ①函数 ②功用,功能,用途 ③功能元件 ④职责,任务 ❷ vi. ①起作用 ②运行,工作,行使职责 ☆*a function of* …的函数,随…而变(的东西); *(be) out of function* 不起作用; *function as* 起…的作用
〖用法〗❶ 表示"起…作用"时,与其搭配的动词一般是"perform",也可以是"serve"。如: The transformer <u>performs a single function</u> of transforming the load impedance. 变压器的作用只是改变负载阻抗。❷ "as a function of ..."可以译成"相对于〔随〕…变化"。如: A plot of k as a function of the forward diode voltage at room temperature is given in Fig.1-12. 图 1-12 画出了常温下 k 随二极管的正向电压而变化的曲线图。❸ 注意在下面例句中本词的含义: It is with the hope of giving the reader an insight into the principle by which electronic instruments <u>function</u> that this book has been written. 本书的编写目的正是希望使读者了解电子仪器的工作学理。(句中的"function"是不及物动词。)❹ "function as"与"act as"、"serve as"、"behave as"类似,表示"用作为",主动形式表示被动含义。)

functional ['fʌŋkʃənl] a.; n. ①函数(的),泛函(数)(的) ②功能的,有作用的,在起作用的,操作的,职务上的

functionalism ['fʌŋkʃənəlɪzm] a. 实用建筑主义,机能主义

functionalist ['fʌŋkʃənəlɪst] n. 实用建筑主义者,机能主义者

functionality [fʌŋkʃə'nælɪtɪ] n. 函数性,泛函数,功能度

functionalization [fʌŋkʃənəlaɪ'zeɪʃən] n. 官能作用

functionally ['fʌŋkʃənəlɪ] ad. 就其功能,功能上,用函数式

functionary ['fʌŋkʃənərɪ] ❶ n. ①(机关)工作人员 ②公务员,官员 ❷ a. 功能的,职务的

functionate ['fʌŋkʃəneɪt] v. = function

functioning ['fʌŋkʃənɪŋ] n. 作用,活动,机能

functor ['fʌŋktə] n. ①函子,功能元件,算符 ②起功能作用的东西

fund [fʌnd] ❶ n. ①资(基)金,经费,专款 ②蕴藏,储备 ③(pl.)财源,公债,现款,存款 ❷ vt. 作为资金,积累 ☆*a fund of* 大量的,丰富的; *(be) in funds* 有资金; *(be) out of funds* 缺乏资金

fundament ['fʌndəmənt] n. 基础,基底,基本原理;臀部,肛门

fundamental [fʌndə'mentl] ❶ a. ①基本的,根本的,(十分)重要的 ②固有的,主要的 ③基频的,基谐波的 ❷ n. ①基本,主要成分 ②基频,基波,一次谐波 ❸ (pl.)基础,(基本)原理,根本法则,纲要
〖用法〗本词总是与介词 to 搭配使用,表示"对…

很重要"。如: These are underline fundamental to the spectral analysis process. 这些对频谱分析法很重要。/That instructions and data may be intermixed in the same memory is <u>fundamental to</u> the concept of a stored program computer. 指令和数据可以在同一个存储器内混合在一起,这一点对存储程序计算机是很重要的。

fundamentality [fʌndəmen'tælɪtɪ] *n.* 基本,重要性

fundamentally [fʌndə'mentəlɪ] *ad.* (从)根本(上)

fundus ['fʌndəs] (pl. fundi) *n.* 基底

funduscope ['fʌndəskəup] *n.* 眼底镜

funeral ['fju:nərəl] *n.; a.* 葬礼(的),送葬的

fungal ['fʌŋgəl] ❶ *a.* = fungous ❷ *n.* = fungus

fungate ['fʌŋgeɪt] *vi.* 真菌状生长

fungi ['fʌŋgaɪ] fungus 的复数

fungible ['fʌndʒɪbl] ❶ *a.* (可)代替的,可互换的 ❷ *n.* 代替物

fungic ['fʌndʒɪk] *a.* 真菌的

fungicidal [fʌndʒɪ'saɪdəl] *a.* 杀(真)菌剂的,杀真菌的

fungicide ['fʌndʒɪsaɪd] *n.* 杀(真,霉)菌剂

fungiform ['fʌndʒɪfɔ:m] *a.* 真菌状的

fungineriness ['fʌndʒɪnərɪnɪs] *n.* 霉状,感染性

fungistasis [fʌndʒɪ'steɪsɪs] *n.* 抑真菌作用

fungistat ['fʌndʒɪstæt] *n.* 抑真菌剂

fungivorous [fʌn'dʒɪvərəs] *a.* 食真菌的

fungoid ['fʌŋgɔɪd] ❶ *a.* 蘑菇状的,似真菌的 ❷ *n.* 真菌

fungous ['fʌŋgəs] *a.* 真菌(状,类)的,忽生忽灭的

fungus ['fʌŋgəs] (pl. funguses 或 fungi) *n.* ①(真,霉)菌,蘑菇 ②海绵肿

fungusized ['fʌŋgəsaɪzd] *a.* 涂防霉剂的

fungusproof ['fʌŋgəspru:f] *a.* 防霉的

funicular [fju:'nɪkjulə] ❶ *a.* 纤维的,绳索的,脐带的,用绳索绷紧的,用绳索运转的 ❷ *n.* 缆车,缆索铁道

funiculitis [fju:nɪkju'laɪtɪs] *n.* 精索炎

funiculose [fju:'nɪkjuləus] *a.* 绳索状的

funiculus [fju:'nɪkjuləs] (pl. funiculi) *n.* 细索纤维,脐带,胚珠柄,菌丝素

funiform ['fju:nɪfɔ:m] *a.* 索状的

funis ['fju:nɪs] *n.* 索,脐带

funk [fʌŋk] *n.; v.* ①害怕,恐惧,逃避 ②刺鼻的臭味,霉味

funkhole ['fʌŋkhəul] *n.* 掩蔽部,隐藏处,防空壕

funky ['fʌŋkɪ] *a.* 有恶臭的,极好的

funnel ['fʌnl] ❶ *n.; a.* ①漏斗(状的),(漏斗形)浇口,仓斗 ②(漏斗形的)通风井,采光孔,(船,车)的)烟囱 ③(显像管玻壳)玻锥,锥体 ❷ *v.* ①灌进漏斗,向⋯集中 (funnel (l) ed;funnel (l) ing) *v.* ①灌进漏斗,向⋯集中 ☆**funnel into (onto)** 归纳成,集中into

funnel-form ['fʌnlfɔ:m] *a.* 漏斗状的

funnel(l)ed ['fʌnld] *a.* 漏斗形的,有漏斗的,有⋯个

烟囱的

funnily ['fʌnɪlɪ] *ad.* 有趣地,古怪地

funny ['fʌnɪ] *a.* 有趣的,好笑的,奇特的,欺骗性的

funoran ['fju:nərən] *n.* 海萝聚糖(胶)

fur¹ [fɜ:] ❶ *n.* ①软毛,绒毛,毛皮,兽泡类 ②毛皮制手套 ③锅垢,水锈 ④(舌)苔 ❷ (furred;furring) *v.* ①衬以毛皮 ②使生水垢,除去水垢 ③钉以板条

fur² = furlong 浪(长度单位)

furancarbinol [fjurən'kɑ:bɪnəl] (=furfuryl alcohol) *n.* 糠醇

furan(e) ['fjuəræn] *n.* 【化】氧(杂)茂戊喃

furanose ['fjuərənəus] *n.* 呋喃糖

furbish ['fɜ:bɪʃ] *vt.* 研磨;擦亮;刷新;重温 (up)

furca ['fɜ:kə] (pl. furcae) *n.* 叉,牙根叉

furcal ['fɜ:kəl] *a.* 分叉的,剪刀状的

furcate ['fɜ:keɪt] ❶ *a.* 分叉的 ❷ *v.* 分叉〔歧〕

furcated ['fɜ:keɪtɪd] *a.* 分叉的

furcation [fɜ:keɪʃən] *n.* 分叉〔歧〕

furfur ['fɜ:fə] (pl. furfures) *n.* 糠,麸;皮屑

furfuraceous [fɜ:fju'reɪʃəs] *a.* 糠状的,皮屑状的

furfural ['fɜ:fərəl] *n.* 糠醛,呋喃甲醛

furfurol ['fɜ:fərəl] *n.* 糠醛

furfurous ['fɜ:fərəs] *a.* 糠状的,皮屑状的

furibund ['fjurərɪbʌnd] *a.* 狂怒的

furious ['fjuərɪəs] *a.* 猛烈的,狂暴的

furl [fɜ:l] ❶ *v.* 卷起,折拢,卷紧 ❷ *n.* 卷,折,收拢,一卷东西

furlong ['fɜ:lɒŋ] *n.* 浪(长度单位)

furlough ['fɜ:ləu] *n.; a.; vt.* ①休假,准⋯休假 ②暂时解雇

furnace ['fɜ:nɪs] *n.* ①炉,窑,燃烧室 ②炉内熔化,用炉子处理,磨炼 ☆**tried in the furnace** 受过磨炼,吃过苦

furnaceman ['fɜ:nɪsmən] *n.* 炉工

furnacing ['fɜ:nɪsɪŋ] *n.* 用炉子处理

furnish ['fɜ:nɪʃ] *vt.* ①供给,提供,配料 ②装修,布置,配备,陈设,【化】调成 ☆**be furnished with** 备有,安装有,陈设有; **furnish A with B** 把 B 供给 A; **furnish A to B** 把 A 供给 B; **furnish up** (陈设)完备
《用法》一般来说,"给 A 提供 B" 要写成 "furnish A with B",但有时该动词也可直接跟有两个宾语,即 "furnish A B"。

furnishing ['fɜ:nɪʃɪŋ] *n.* 供给,装备,【化】调成 (pl.) 家具,陈设(品),设备

furniture ['fɜ:nɪtʃə] *n.* ①设备,家具 ②附属品 ③空铅,填充材料
《用法》本词表示"家具"时为不可数名词,如要表示"一件家具",要用 "a piece 〔article〕 of furniture"。

furoate ['fjuərəueɪt] *n.* 糠酸盐

furol ['fju:rɒl] *n.* ①糠醛 ②重油〔燃料油〕和铺路油

furor(e) ['fju:rɔ:] *n.* 轰动,狂热

furriery ['fʌrɪərɪ] *n.* 毛皮业

furring ['fɜ:rɪŋ] *n.* ①毛皮(装饰,衬里) ②除垢,水锈 ③成苔作用 ④(钉)(薄)板条,抹灰柱头 ⑤衬条

furrow ['fʌrəʊ] ❶ *n.* 沟槽,沟,槽,畦,凹痕,航迹 ❷ *vt.* 起皱纹,作沟槽

furrowless ['fʌrəʊlɪs] *a.* 无沟的,无皱纹的

forrowy ['fʌrəʊɪ] *a.* 有沟的,皱的

furry ['fɜ:rɪ] *a.* 有毛皮的

further ['fɜ:ðə] ❶ (far的比较级之一) *a.; ad.* ①更〔较〕远(的),更多的,(更)进一步(的),深一层(的),另外(的),更加 ②而且,此外 ❷ *vt.* 促进,推动,助长 ☆*for further details* 详He情形(请问); *further along (on)* 更向前,(在)下文,稍后; *further than that* 此外; *go further and say* (再)进一步说; *not any further* 不再进一步,不更远; *still further* 更进一步,更远些; *till (until) further notice* (等)另行通知; *to be (further) continued* 待续
〖用法〗注意下面例句中本词的含义: The computer <u>further</u> includes spaces for 21 circuit boards. 该计算机还包括 21 块电路板的空间。/<u>Further</u>, when two or more strong reflections are present, multiple reflections can confuse the picture. 而且,当存在两个或多个强反射时,多次反射可能会使图像受到干扰。/This will be discussed <u>further on</u> in this section. 这一点在本节后面还要进一步讨论。

furtherance ['fɜ:ðərəns] *n.* 促进,推动

furthermore ['fɜ:ðəmɔ:] *ad.* 而且,此外

furthermost ['fɜ:ðəməust] *a.* 最远的

furthest ['fɜ:ðɪst] *a.; ad.* (far的最高级之一)最远(的),最大程度地

fury ['fjʊərɪ] *n.* 狂暴,愤怒,激烈 ☆*like fury* 猛烈地,剧烈地

fusant ['fʌsænt] *n.* 熔(化,融)物,熔体

fusation [fʌ'seɪʃən] *n.* 熔化

fuscous ['fʌskəs] *a.* 暗褐色的,深色的

fuse [fju:z] ❶ *n.* ①保险丝,熔断器 ②引信,信管,导火线 ❷ *v.* ①(使)熔化,融合 ②(电路等)因保险丝烧断而断路 ③装引信 ☆*blow a fuse* 使保险丝烧断; *fuse A into* 把 A 熔合成; *fuse off* 熔离; *fuse on* 熔接; *fuse with A* 与 A 结合; *have a short fuse* 易怒

fused [fju:zd] *a.* 熔化的,发火的,装备引信的

fusee [fju:'zi:] *n.* 耐风火柴,红色闪光信号,蜗形绳轮,(钟表)均力圆锥轮

fuselage ['fju:zɪlɑ:ʒ] *n.* 机身,弹体,壳体

fusibility [fju:zə'bɪlɪtɪ] *n.* 熔融度,熔度

fusible ['fju:zəbl] *a.* 可熔的 ‖ ~**ness** *n.* **fusibly** *ad.*

fusiform ['fju:zɪfɔ:m] *a.* 流线形的,梭形的

fusil ['fju:zɪl] *n.* 长菱形标记,明火枪

fusillade [fju:zɪleɪd] *n.; vt.* 一齐射击,快速连续射击,以齐发炮火攻击

fusing ['fju:zɪŋ] *n.* ①熔化 ②装信管 ③点火,发射

fusinization [fju:zɪnɪ'zeɪʃən] *n.* 丝碳化

fusion ['fju:ʒən] *n.* ①熔化,融合 ②合成,汇合(点),(核)聚变 ③点火,发射 ④凑合手术

fusit ['fju:zɪt] *n.* 乌煤

fuss [fʌs] *n.; v.* 骚扰,激动,抗议 ☆*make a (too much) fuss* 大惊小怪

fussy ['fʌsɪ] *a.* 爱大惊小怪的,爱挑剔的,在乎,整洁的

fust [fʌst] *n.* 柱身

fustian ['fʌstjən] *n.; a.* 粗斜纹布(制的),夸大(的),无价值的

fusty ['fʌstɪ] *a.* ①发霉的,霉臭的,陈腐的 ②守旧的

fut [fʌt] *ad.; n.* 砰(的一声) ☆*go fut* 不灵,出毛病,失败,(胎)爆掉

futile ['fju:taɪl] *a.* 无效的,没有价值的,琐碎的 ‖ ~**ly** *ad.*

futility [fju:'tɪlɪtɪ] *n.* 无益(的事物),无效,无价值

futtock ['fʌtək] *n.* (复)肋材

futural ['fju:tʃərəl] *a.* 未来的

futuramic [fju:tʃə'ræmɪk] *a.* 未来型的,设计新颖的

future ['fju:tʃə] *n.;a.* ①将来(的),前途,远景的 ②(pl.)期货(定单,交易) ☆*for the future* 从今以后,今后; *in (the) future* 将来,今后; *have a future* 有前途,将来有希望; *in the near (no distant) future* 在不久的将来

futureless ['fju:tʃəlɪs] *a.* 没有前途的,无希望的

futurity [fju:'tjʊərɪtɪ] *n.* 将来,后世,后代人

futurism ['fju:tʃərɪzm] *n.* 未来派,未来主义

futurology [fju:tʃə'rɒlədʒɪ] *n.* 未来学

fuze [fju:z] = fuse

fuzee [fju:'zi:] = fusee

fuzing ['fju:zɪŋ] = fusing

fuzz [fʌz] ❶ *n.* (织物或果实等表面上的)微毛,绒毛 ❷ *v.* 起毛,(使)成绒毛状

fuzzily ['fʌzɪlɪ] *ad.* 模糊(不清)地

fuzziness ['fʌzɪnɪs] *n.* 模糊,不清楚

fuzzy ['fʌzɪ] *a.* ①有绒毛的 ②模糊的,不清楚的 ③(录音等)失真的

F

G g

gab [gæb] ❶ *n.* 多嘴,饶舌 ❷ (gabbed; gabbing) *vi.* ①空谈,废话 ②(偏心盘杆的)凹节,凹口,(凹)槽

gabble ['gæbl] *v.* 喋喋不休地讲,唠叨

gabbro ['gæbrəʊ] *n.* 辉长岩

gabby ['gæbɪ] *a.* 爱说话的,多嘴的

Gaberones [.gɑ:bə'rəʊnəs] *n.* 加贝罗内斯(博茨瓦纳首都,Gaborone 的旧称)

gabion ['geɪbɪən] *n.* 筐,(筑堤用的)石筐

gabionade [.geɪbɪə'neɪd] *n.* 土石垒成的堤

gable ['geɪbl] ❶ *n.* 山(形)墙,三角墙,三角形建筑部分 ❷ *a.* 双坡的

gabled ['geɪbld] *a.* 有山(形)墙的,人字形的

gablet ['geɪblɪt] *n.* 花山头

Gabon [gɑ'bɔ,'gæbən] *n.* 加蓬

Gaborone [.gɑ:bə'rəʊn] *n.* 哈博罗内(博茨瓦纳首都)

gad [gæd] ❶ *n.* 测杆,錾,小钢凿,车刀,键,量规,沉胶渣 ❷ (gadded;gadding) *vt.* (用凿)钻孔,(用钢楔)劈裂

gadder ['gædə] *n.* 凿孔机,钻岩器

gadding ['gædɪŋ] *n.* (用钢楔、凿)开采块石

gade [geɪd] *n.* 鳕类鱼

gadfly ['gædflaɪ] *n.* ①牛虻 ②讨厌的人

gadget ['gædʒɪt] *n.* (小)机件,装置,辅助设备

gadgeteer [.gædʒə'tɪə] *n.* 爱设计制造小器具的人

gadgetry ['gædʒɪtrɪ] *n.* ①小机件 ②设计〔制造〕小机件 ‖ **gadgety** *a.*

gadid ['geɪdɪd] *n.* 鳕科的鱼

gadiometer [.gædɪ'ɔmɪtə] *n.* 磁强梯度计

gadolinia [.gædə'lɪnɪə] *n.* 氧化钆

gadolinite ['gædəlɪnaɪt] *n.* 硅铍钇矿

gadolinium [gædə'lɪnɪəm] *n.* 【化】钆

gadose ['gædəʊs] *n.* 鳕肝油脂

gaff [gæf] *n.* ①鱼叉 ②带钩鸡叉,暗中设下的机关,欺骗 ③斜桁 ☆ ***blow the gaff*** 泄露秘密

gaffer ['gæfə] *n.* ①工头,领班 ②(电影,电视)照明电工

gaffing ['gæfɪŋ] *n.* 剥离,擦伤

gag [gæg] (gagged; gagging) *vt.* ①关闭,堵塞 ②矫直,(冷)矫正,压平 *n.* ①压紧装置,压板,塞盖,塞头 ②整轧锤 ③【医】张口器

gaga ['gægɑ:] *a.* 笨的,整脚的

gage [geɪdʒ] ❶ *n.* = gauge ②抵押品 ③【海洋】吃水 ❷ *vt.* 以…做抵押

gage-pole ['geɪdʒpəʊl] *n.* 量油杆

gager ['geɪdʒə] = gauger

gaiety ['geɪətɪ] *n.* 快乐,愉快

gaile [geɪl] *n.* 疥疮

gain [geɪn] ❶ *v.* ①获〔赢〕得,得到 ②(渐渐)增加,(钟表)快 ③(在…上)开槽,镶入榫槽 ☆ ***gain an insight into*** 看透,领会,透彻地了解; ***gain by comparison (contrast)*** 比较〔对比〕之下显出其优点; ***gain ground*** 前进,有进展,占有优势; ***gain ground on (upon)*** 侵入〔蚀〕,迫近; ***gain in …*** (在)…(方面)增加; ***gain on (upon)*** 接近,赶上,超过,比…跑得更快,侵蚀; ***gain one's point*** 达到自己的目的,说服别人同意自己的观点; ***gain strength*** 力量增加,逐渐加强; ***gain time*** 节省〔赢〕时间,故意拖延时间,(钟,表)走得快 ❷ *n.* ①增益(系数),放大(系数),增量,自动驾驶仪传动比,(pl.)收益,盈余,利润,所得之物 ②榫槽,腰槽,槽沟

〖**用法**〗注意下面例句中该词的含义：The automobile continues to gain velocity. 该汽车继续加速。

gainable ['geɪnəbl] *a.* 可获得的

gaine [geɪn] *n.* 套,罩,壳,箱,盒子

gainer ['geɪnə] *n.* 获得者,胜利者

gainful ['geɪnful] *a.* ①有利益的,有报酬的 ②唯利是图的 ‖ **~ly** *ad.*

gaining ['geɪnɪŋ] *n.* 开槽,(电杆)钻削,(pl.)获得物,收入,利益,奖金

gainless ['geɪnlɪs] *a.* ①无利可图的 ②一无所获的,没有进展的

gainly ['geɪnlɪ] *a.* 优美的,合适的

gainsaid [.geɪn'sed] gainsay 的过去式和过去分词

gainsay [.geɪn'seɪ] (gainsaid) *v.* 反驳,否认

gait [geɪt] *n.* 步法

gaiter ['geɪtə] *n.* 绑腿,皮腿套,鞋罩,高腰松紧鞋,有绑腿的高统鞋

gaize [geɪz] *n.* 生物蛋白岩

gala ['gɑ:lə] *n.* 节日,庆祝,盛会

galactan [gə'læktɪn] *n.* 【生化】半乳聚糖

galactase [gə'læktɪəs] *n.* 半乳糖酶

galactic [gə'læktɪk] *a.* ①银河系的,星系的 ②极大的,巨额的

galactoid [gə'læktɔɪd] *a.* 乳状的

galactometer [.gælək'tɔmɪtə] *n.* 乳(比)重计

galactose [gə'læktəʊs] *n.* 半乳糖

Galaxoid ['gæləksɔɪd] *n.* 星系体

galaxy ['gæləksɪ] *n.* ①银河,星系 ②一群(显赫人物),一堆光彩夺目的东西

galbanum ['gælbənəm] *n.* 古蓬香脂,波斯树脂

gale [geɪl] *n.* ①狂风,风暴 ②一阵

galea ['geɪlɪə] (pl. galeae) *n.* ①盔状体,帽状腱膜 ②帽,头巾

galena [gə'liːnə], **galenite** [gə'liːnaɪt] *n.* 方铅矿,硫化铅

galenical [gə'lenɪkəl] *n.*【药】①草药 ②未精炼的药物

galeophilia [gælɪə'fɪlɪə] *n.* 爱猫癣

Galicia [gə'lɪʃɪə] *n.* 加利西亚(西班牙西北部)

Galileo [gælɪ'leɪəu] *n.* (重力加速度单位)伽利略

galipot ['gælɪpɒt] *n.* 海松树脂

gall [gɔːl] ❶ *n.* ①胆(汁,囊),苦味,恶毒,大胆,厚颜无耻 ②磨损处,擦伤(处),瑕疵 ③没食子,五倍子 ❷ *v.* ①磨损,擦伤 ②恼怒 ☆**gall and wormwood** 最苦恼的事,最厌恶的东西

galla ['gælə] (pl. gallae) *n.* 没食子

gallacetophenone [gæləksɪtəu'fiːnəun] *n.* 没食子苯乙酮

gallane ['gæleɪn] *n.* 镓烷

gallanilide [gə'lænɪlɪd] *n.* 没食子酸苯胺

gallate ['gɔːleɪt] *n.* 镓酸盐

gallatin ['gælətɪn] *n.* 重油

gallery ['gælərɪ] ❶ *n.* ①长(画)廊 ②美术馆,摄影室 ③观众台,架空过道,栈桥 ④(横)坑道,平巷 ⑤地道,风道,集水道 ❷ *v.* 建筑长廊,挖地道

gal(l)et ['gælɪt] *n.* 碎石,石屑

galleting ['gælɪtɪŋ] *n.* 碎石片嵌灰缝

galley ['gælɪ] *n.* ①(船舰,飞机)厨房 ②长方形炉 ③字盘,(长条)校样

galliardise ['gæljədiːz] *n.* 欢乐,作乐

gallic ['gælɪk] *a.* ①(三价)镓的 ②五倍子的

gallicin ['gælɪsɪn] *n.* 没食子酸甲酯

galling ['gɔːlɪŋ] ❶ *n.* ①(金属表面)磨损,擦伤 ②(因过度磨损而)咬住,(齿轮)塑变,黏结 ❷ *a.* 激怒的,烦恼的,难堪的

gallipot ['gælɪpɒt] *n.* 海松树脂,陶罐

gallite ['gælaɪt] *n.* 硫镓铜矿

gallium ['gælɪəm] *n.*【化】镓

gallon ['gælən] *n.* 加仑(液量单位)

gallonage ['gælənɪdʒ] *n.* 加仑数

gallop ['gæləp] *v.;n.* ①(使)飞奔,跑,疾驰 ②运转不平稳 ③急速进行,迅速发展,匆匆地做 ④【计】跃步 ☆**at a (full) gallop** 急驰,用最大速度;**gallop through (over)** 匆匆赶完

gallous ['gæləs] *a.* 亚镓的

gallows ['gæləuz] *n.* (pl.)(通常当作单数用)架(状物),挂架,门式(盘条)卸卷机

gallstone ['gɔːlstəun] *n.* 胆囊结石

galmey ['gɔːlmeɪ] *n.* (含二氧化)硅的(锌)矿

galoot [gə'luːt] *n.* 傻瓜

galore [gə'lɔː] *a.;ad.;n.* (许)多,丰富(地),琳琅满目

galosh [gə'lɒʃ] *n.* 胶套鞋

galoshed [gə'lɒʃt] *a.* 穿套鞋的

galvanic [gæl'vænɪk] *a.* ①(电池)电流的,电镀的 ②不自然的,触电似的

galvanise ['gælvənaɪz] = galvanize ‖ **galvanisation** *n.*

galvanism ['gælvənɪzm] *n.* ①由原电池产生的电 ②电疗(法) ③有力,有劲

galvanist ['gælvənɪst] *n.* 流电学家

galvanization [gælvənaɪ'zeɪʃən] *n.* ①通电流 ②电镀,镀锌 ③电疗

galvanize ['gælvənaɪz] *vt.* ①通电流于 ②电镀,镀锌于 ③刺激

galvanized ['gælvənaɪzd] *a.* 镀锌的,电镀的 ☆**galvanize ... to (into) life** 使复苏,使(问题)重行提起

galvanizer ['gælvənaɪzə] *n.* 电镀工,电镀器

galvannealing ['gælvə'niːlɪŋ] *n.* 镀锌层扩散处理

galvanocauterization [gælvənɒkɔːtərɪ'zeɪʃən] *n.* (流)电烙术

galvanocautery [gælvənəu'kɔːtərɪ] *n.* (流)电烙器,【医】电烧灼

galvano-chemistry [gælvənəu'kemɪstrɪ] *n.* 电化学

galvanograph [gæl'vænəgrɑːf] *n.* 电流记录图,电(铸,镀)版

galvanography [gælvə'nɒgrəfɪ] *n.* ①电流记录术 ②电镀法,电(铸制)版术

galvanoluminescence [gælvənəulumɪ'nesns] *n.* 电流发光

galvanolysis [gælvə'nɒlɪsɪs] *n.* 电解

galvanomagnetic [gælvənəumæg'netɪk] *a.* 电磁的

galvanometer [gælvə'nɒmɪtə] *n.* 电流计,电流测定器,电表

galvanometric(al) [gælvənə'metrɪk(əl)] *a.* 电流计的,电流测定的

galvanometry [gælvə'nɒmɪtrɪ] *n.* 电流测定法

galvanonasty [gælvənə'nɑːstɪ] *n.* 感电性

galvanoplastic [gælvənəu'plæstɪk] *a.* 电铸(技术),电镀的

galvanoplastics [gælvənəu'plæstɪks], **galvanoplasty** [gælvənəu'plæstɪ] *n.* 电铸(术,技术),电镀

galvanoscope ['gælvənəskəup] *n.* 验电器

galvanoscopic [gælvənə'skɒpɪk] *a.* 电流检查的

galvanoscopy [gælvə'nɒskəpɪ] *n.* 用验电器验电的方法

galvanotaxis [gælvənəu'tæksɪs] *n.* 趋电性

galvanothermotherapy ['gælvənɒθɜːmə'θerəpɪ] *n.* 电热疗法

galvanothermy [gælvənəu'θɜːmɪ] *n.* 电热疗法,透热电疗

G

galvanotropism [ˌgælvənɒˈtrɒpɪzəm] *n.* 向电性,电流培植法

galvo [ˈgælvəʊ] *n.* 检流计

galvonometer [ˌgælvəˈnɒmɪtə] (=galvanometer) *n.* 检流计

gam = gamut [ˈgæmət] *n.* 音域,全音程

gama [ˈgɑːmə] *n.* 摩擦木

Gambia [ˈgæmbɪə] *n.* 冈比亚 ‖**-n** *a.*

gambit [ˈgæmbɪt] *n.* ①精心策划的一着,策略 ②开场白

gamble [ˈgæmbl] *v.; n.* 赌博,投机,冒险(at, in, on)

gambler [ˈgæmblə] *n.* 赌徒

gamblesome [ˈgæmblsəm] *a.* 喜欢投机的

gambling [ˈgæmblɪŋ] *n.* 赌博,投机,冒险

gamboge [gæmˈbuːʒ] *n.* 藤黄(树脂),雌黄,橙黄色

gambol [ˈgæmbəl] ❶ *n.* 欢跃 ❷ *vi.* 雀跃

gambrel [ˈgæmbrəl] *n.* ①跗关节,飞节 ②复斜屋顶

game [geɪm] ❶ *n.* ①游戏,比赛,一局〔场,盘〕,(比赛)胜利,得分,(pl.)运动会,玩耍,(显影)灰度规则的(量度单位)对策,诡计,花招 ③猎获物,狩猎物 ❷ *a.* ①勇敢的 ②残废的,受了伤的 ☆**be game for (to do)** 高兴(做)

gaming [ˈgeɪmɪŋ] *n.* 赌博,对策,博弈

gamma [ˈgæmə] *n.* ①(希腊字母)Γ,γ ②(pl.gamma)微克(质量单位) ③第三位的东西 ④伽马(磁场强度单位) ⑤灰度系数,灰度规则的(量度单位) ⑥γ量子 ⑦γ辐射,γ射线 ☆**gamma minus** 仅次于第三等; **gamma plus** 稍高于第三等

gamma-active [ˈgæməæktɪv] *a.* γ放射性的

gammagram [ˈgæməgræm] *n.* 射线照相

gammagraph [ˈgæməgrɑːf] *n.* γ射线照相(装置),γ射线探伤 ‖**~ic** *a.*

gammagraphy [ˈgæməgrəfɪ] *n.* γ射线照相术

gammasonde [ˈgæməsɒnd] *n.* γ探空仪

gammate [ˈgæmeɪt] *n.* 伽马校正单元

gammexane [gæˈmekseɪn]【化】六六六(杀虫剂)

gammil [ˈgæmɪl] *n.* (微量化学的浓度单位)克密尔

gamophen [ˈgæməfən] *n.* 六氯酚

gamut [ˈgæmət] *n.* ①音阶,(全)音域 ②全程,全范围 ③色域

gamy [ˈgeɪmɪ] *a.* ①气味强烈的 ②勇敢的,有胆量的

Gana [ˈgɑːnə] *n.* (= Ghana) 加纳

gancidin [ˈgænsɪdɪn] *n.* (= cancidin) 灭癌素

gander [ˈgændə] *n.* 雄鹅;蠢汉

gang [gæŋ] ❶ *n.* ①一套,全套 ②一组〔帮〕,一列 ③插口数 ④同轴 ⑤脉石,岩脉,尾矿 ❷ *a.* 同轴的,统调的 ❸ *v.* ①联结,(同轴)连接 ②聚束 ③组成一组,联合起来 ☆**gang up** 聚集,联合起来,(机器)编组

gangbang [ˈgæŋbæŋ] *v.* 轮奸

gangboard [ˈgæŋbɔːd] *n.*【航海】跳板

ganged [gæŋdʒd] *a.* 成组的,联动的

ganger [ˈgæŋə] *n.* ①工长,领班 ②工头,监工

Ganges [ˈgændʒiːz] *n.* (亚州)恒河

ganging [ˈgæŋdʒɪŋ] *n.* 成组,(同轴)连接,联动,聚束,同轴,统调

gangle [ˈgæŋgl] *vi.* 笨重地移动

gangliocyte [ˈgæŋglɪəʊsaɪt] *n.* 神经节细胞

ganglion [ˈgæŋglɪən] *n.* (活动)中心,(神经)中枢

ganglioside [ˈgæŋglɪəsaɪd] *n.*【生化】神经节脂沉积症

gangmaster [ˈgæŋˌmɑːstə] *n.* 工长,把头

gangplank [ˈgæŋplæŋk] *n.*【航海】跳〔梯〕板

gangrene [ˈgæŋgriːn] *n.; v.* 坏死,坏疽 ‖ **gangrenous** *a.*

gangster [ˈgæŋstə] *n.* 强盗,匪徒

gangsterism [ˈgæŋstərɪzəm] *n.* 强盗行为

Gangtok [ˈgʌŋtɒk] *n.* 甘托克(锡金首都)

gangue [gæŋ] *n.* 矿渣,脉石,尾矿

gangway [ˈgæŋweɪ] *n.* ①(座位间)过道,(车间)通道,工作走道 ②出入口 ③舷门,跳板,过桥 ④【机】流道 ⑤【矿】主坑道,主运输平巷

ganiometer [gænɪˈɒmɪtə] *n.* 测角器

gan(n)ister [ˈgænɪstə] *n.* 硅石

gannet [ˈgænɪt] *n.* 塘鹅;贪婪的人

gantry [ˈgæntrɪ] *n.* ①(门式起重机的)台架,龙门起重机架 ②跨轨信号架 ③雷达天线 ④导弹拖车

gaol [dʒeɪl] *n.; v.* 监牢,监禁

gaoler [ˈdʒeɪlə] *n.* 看守,监狱看守

gaol-fever [ˈdʒeɪlfiːvə] *n.* 斑疹伤寒

gap [gæp] ❶ *n.* ①间隙,距离,范围 ②裂缝,缺口 ③火花隙 ④孔,眼 ⑤山凹,峡(谷) ⑥中断,插页 ❷ (gapped;gapping) *vt.* 使产生缝隙 ❸ *vi.* 豁开 ☆**bridge the gap between A and B** 填补 A 和 B 之间的空档; **close (up) a gap** 弥合差距; **stop (supply, fill (in))the gap(s)** 填补空缺,填平补齐,弥合差距

gape [geɪp] *n.; v.* 张口,张大嘴,呵欠 ②裂开,张开(的阔度)

gapfiller [ˈgæpfɪlə] *n.* 裂缝填充物;轻型辅助雷达装置

gapgraded [ˈgæpgreɪdɪd] *a.* 间断级配的

gaping [ˈgeɪpɪŋ] ❶ *n.* 缝隙 ❷ *a.* ①张口的 ②重要的

gapped [ˈgæpt] *a.* 豁裂的,有缺口的

gapping [ˈgæpɪŋ] *n.* 裂缝,间隙

gappy [ˈgæpɪ] *a.* 裂缝多的,有裂口的,有缺陷的,脱节的

gapeseed [ˈgeɪpsiːd] *n.* 白日梦,惊人的东西

garage [ˈgærɑː(d)ʒ] ❶ *n.* ①(汽)车库,汽车修理厂 ②(飞)机库 ③掩体 ❷ *vt.* 把(汽车)开进车库,把(飞机)拉入机库

garageman [ˈgærɑːdʒmən] *n.* 汽车修理厂工人

garantose [ˈgɑːrəntəʊs] *n.* 糖精

garb [gɑːb] ❶ *n.* ①服装,束束 ②外表,外衣 ❷ *vt.* 穿,打扮 ☆**be garbed (garb oneself) in** 穿…

衣服; *garb oneself as* 打扮成…

garbage ['gɑ:bɪdʒ] *n.* ①垃圾,废料,内脏,泔水 ②【计】无用数据,无意义的信息,无用存储单元

garble ['gɑ:bl] *v.* ①精选,筛拣,筛去…杂质 ②误解,混淆,歪曲,(任意)窜改,断章取义

garboard ['gɑ:bɔ:d] *n.* 龙骨翼板

garden ['gɑ:dn] ❶ *n.* 花(果)园,(pl.) 公园 ❷ *a.* ①花(果,庭)园的 ②普通的 ❸ *v.* 从事园艺,造园

gardener ['gɑ:dnə] *n.* 园丁,花匠,园艺家

gardening ['gɑ:dnɪŋ] 园艺(学)

gargantuan [gɑ:'gæntjuən] *a.* 庞大的

gargle ['gɑ:gl] ❶ *v.* ①漱口 ②变音 ❷ *n.* 含漱剂

gargoyle ['gɑ:gɔɪl] *n.* ①滴水(嘴) ②一千磅可操纵的炸弹

gargoylism ['gɑ:gɔɪlɪzəm] *n.* 软骨代谢障碍病

garish ['gɛərɪʃ] *a.* 鲜艳夺目的,过分花哨的

garland ['gɑ:lənd] *n.* ①花环 ②索环 ③(高炉的)流水环沟

garlic ['gɑ:lɪk] *n.* 蒜头,大蒜

garlicky ['gɑ:lɪkɪ] *a.* 大蒜一样的,用蒜调味的

garment ['gɑ:mənt] *n.* ①(一件)衣服,外衣,(pl.)服装,外观 ②包皮,饰面,涂层

garner ['gɑ:nə] ❶ *n.* 谷仓,储备物 ❷ *vt.* 储藏,积累(up, in)

garnet ['gɑ:nɪt] *n.* ①石榴石 ②石榴红 ③金刚砂 ④装卸货物用的滑车

garnetiferous [,gɑ:nə'tɪfərəs] *a.* 榴子石的

garnierite ['gɑ:nɪəraɪt] *n.* 硅镁镍矿

garnish ['gɑ:nɪʃ] *vt.;n.* 装饰(物),修饰,伪装网 ‖ ~ment *n.*

garnishry ['gɑ:nɪʃrɪ] *n.* 装饰(品)

garniture ['gɑ:nɪtʃə] *vt.; n.* 装饰(品),陈设

garret ['gærət] ❶ *n.* 屋顶层,顶楼 ❷ *v.* 填塞缝隙 ☆ *from cellar to garret* 或 *from garret to kitchen* 整栋房子,从上到下

garrison ['gærɪsn] ❶ *n.* 卫戍部队,卫戍区 ②要塞,驻地 ❷ *v.* (派…)驻守 ☆ *in garrison* 驻防; *on garrison duty* 担负卫戍任务

garron ['gærən] *n.* 矮马

gas [gæs] ❶ *n.* ①气体,瓦斯,煤气,(爆发)毒气 ②汽油 ③煤气灯 ④欢乐,乐事 ❷ (gassed; gassing) *v.* ①充气 ②放气 ③供给煤气,用煤气处理 ④(给汽车等)加油(up) ⑤放毒气(杀伤) ⑥起泡 ☆ *step on the gas* 踩油门,加速; *turn on the gas* 开煤气; *turn out (off) the gas* 关掉煤气

gasahol ['gæsəhɒl] *n.* 汽油精

gaseity [gæ'si:ɪtɪ] *n.* 气状,气体

gaselier [,gæsə'lɪə] *n.* 煤气吊灯

gaseous ['geɪsɪəs] *a.* 气体的,过热的(蒸汽),无实质的

gaseousness ['geɪsɪəsnɪs] *n.* 气态

gaser ['geɪzə] *n.* γ射线微波激射气

gasetron ['gæsɪtrɒn] *n.* 汞弧整流器

gasfilled ['gæsfɪld] *a.* 充气的,加油的

gasflux ['gæsflʌks] *n.* 气体熔剂

gash [gæʃ] ❶ *n.* 深痕,裂纹,长而深的切痕,大疤,齿隙 ❷ *vt.* 深砍,造成深长的切痕 ❸ *a.* 多余的,备用的

gas-holder ['gæshəuldə] *n.* 储气罐

gasifiable ['gæsɪfaɪəbl] *a.* 可汽化的

gasification [,gæsɪfɪ'keɪʃən] *n.* 汽化,煤气化,气体的生成

gasifier ['gæsɪfaɪə] *n.* 燃气发生器,煤气发生炉

gasiform ['gæsɪfɔ:m] *a.* 气状的,(形成)气体的

gasify ['gæsɪfaɪ] *vt.* (使)汽化,使成气体

gasket ['gæskɪt] ❶ *n.* 衬圈,密封垫片,填(隙)料 ❷ *vt.* 装衬垫,填实

gasketed ['gæskɪtɪd] *a.* 填密的

gasless ['gæslɪs] *a.* 无气(体)的

gas(-)light ['gæslaɪt] *n.* 煤气灯

gasogene ['gæsədʒi:n] *n.* 气体发生器,小型煤气发生器

gasogenic [gæsə'dʒenɪk] *a.* 产气的

gasol ['gæsɒl] *n.* 液化石油气体,气态烃类

gasoline, gasolene ['gæsəli:n] *n.* 汽油

gasoloid [gæsə'lɔɪd] *n.* 气溶胶

gasomagnetron [gæsə'mægnətrɒn] *n.* 充气磁控管

gasometer [gæ'sɒmɪtə] *n.* ①气量计,煤气(储存)计,火表 ②气体计数器 ③储气柜,煤气罐

gasometry [gæ'sɒmɪtrɪ] *n.* 气体定量分析

gasoscope ['gæsəskəup] *n.* 气体检验器

gasp [gɑ:sp] *v.;n.* ①气喘,透不过气 ②渴望(for, after) ☆ *at the last gasp* 在奄奄一息时,最后; *to the last gasp* 到死

gaspingly ['gɑ:spɪŋlɪ] *ad.* 喘着

gaspipe ['gæspaɪp] *n.* 煤气管

gaspocket ['gæspɒkɪt] *n.* 气窝

gasproof ['gæspru:f] *a.* 不漏气的,防毒气的

gassed [gæst] *a.* (气体)中毒的

gasser ['gæsə] *n.* 喷出大量石油气的油井,火井,气孔

gassi ['gæsɪ] *n.* 沙丘沟

gassiness ['gæsɪnɪs] *n.* 气态,充满气体

gassing ['gæsɪŋ] *n.* ①充气 ②放气,放毒气 ③气体生成

gassy ['gæsɪ] *a.* 气体的,出气的,已漏气的

gaster ['gæstə] *n.* 胃后ген

gasteralgia [gæstə'rældʒɪə] *n.* 胃痛

gastrectomy [gæs'trektəmɪ] *n.* 胃切除术

gastremia [gæs'tri:mjə] *n.* 胃充血

gastric ['gæstrɪk] *a.* 胃的

gastricism ['gæstrɪsɪzm] *n.* 胃病

gastriode [gæs'traɪəud] *n.* 充气三极管,闸流管

gastritis [gæs'traɪtɪs] *n.* 胃炎

gastrocamera ['gæstrəuk'æmərə] *n.* 胃内摄影机

gastroenteritis ['gæstrəu,entə'raɪtɪs] *n.* 胃肠炎

gastrointestinal [,gæstrəuɪn'testɪnl] *n.* 肠胃的

gastrokateixia [,gæstrɒkə'tɪksɪə] *n.* 胃下垂

gastrorrhagia [ˌɡæstrɔˈreidʒiə] *n.* 胃出血

gastroscope [ˈɡæstrəskəup] *n.* 胃镜

gastroscopy [ɡæsˈtrɔskəpi] *n.* 胃镜检查

gastrosia [ɡæsˈtrəusiə] *n.* 胃酸过多

gastrosis [ɡæsˈtrəusis] *n.* 胃病

gastrospasm [ˈɡæstrospæzm] *n.* 胃痉挛

gastrula [ˈɡæstrulə] *n.* 原肠胚

gastunite [ˈɡæstənait] *n.* 水硅钾铀矿

gat [ɡæt] *n.* 狭窄航道,港湾,海峡

gatch [ɡætʃ] *n.* 含油蜡

gate [ɡeit] ❶ *n.* ①大门,闸门,洞口 ②闸,舌瓣 ③铸口,流道,切口 ④(场效应晶体管)栅 ⑤选通器,逻辑门,闸门电路 ⑥门票收入,观众数 ❷ *vt.* ①给…装门,(用门)控制 ②选通 ③开浇口

gatecrash [ˈɡeitkræʃ] *vi.* 无券入场

gatecrasher [ˈɡeitkræʃə] *n.* 混入场者,不速之客

gatehouse [ˈɡeithaus] *n.* 闸门控制室

gateless [ˈɡeitlis] ❶ *a.* 无门的 ❷ *n.* 四层二极管

gateway [ˈɡeitwei] *n.* ①门道,入口,通路,途径,方法 ②[计] 网间连接程序

gatewidth [ˈɡeitwidθ] *n.* 门脉冲宽度

gather [ˈɡæðə] ❶ *v.* ①采集,集合,积累 ②渐增,逐渐获得 ③推测,了解 ④引入,使导弹进入导引波束内 ❷ *n.* 聚集,收拢,闭合 ☆*gather from that* 根据…来推测; *gather in upon* 与…啮合; *gather oneself up (together)* 鼓起勇气,振作精神,集中全力; *gather together* 集会,聚集,汇编在一起; *gather up* 集拢,总括,集中

gatherable [ˈɡæðərəbl] *a.* 可收集的,可推测的

gatherer [ˈɡæðərə] *n.* ①收集器,聚集物 ②征收者 ③捡拾器

gathering [ˈɡæðəriŋ] *n.* 聚集,集合,积累,化脓

gating [ˈɡeitiŋ] *n.* ①闸,(开)浇口 ②选通,控制,选择作用

gauche [ɡəuʃ] (法语) *a.* ①笨拙的 ②左方的 ③【数】非对称的,歪的,不可展的

gaucherie [ˈɡəuʃəriː] (法语) *n.* 拙劣,笨拙

gaudy [ˈɡɔːdi] ❶ *a.* 华丽的,华而不实的 ❷ *n.* 盛大宴会

gauffer, gauffre = goffer

gauge [ɡeidʒ] ❶ *n.* ①量规,量具,压强计,(测量)仪表,量测仪器 ②标准,规格,尺寸,容量,限度 ③轨距,轮距 ④(船只)满载吃水深度 ❷ *vt.* ①测量,(精确)计量 ②校准,调整,(用规)检验 ③定容,标准化 ☆*get the gauge of* 探测…的意向; *have the weather gauge of* 在…的上风,较…有利; *take the gauge of* 估计

gaugeable [ˈɡeidʒəbl] *a.* 可测定的,可计量的

gauged [ɡeidʒd] *a.* 校准的,量规的

gaugehead [ˈɡeidʒhed] *n.* 表头

gaugemeter [ˈɡeidʒmiːtə] *n.* 测厚计

gauger [ˈɡeidʒə] *n.* ①检验员,度量者 ②度量物,计量器

gauging [ˈɡeidʒiŋ] *n.* ①测量,(精确)计量 ②校准,调整,规测,标定,刻度

Gaullism [ˈɡɔːlizəm] *n.* 戴高乐主义

gault [ɡɔːlt] *n.* 重黏土

gaunt [ɡɔːnt] *a.* 细长的,荒凉的,贫瘠的 ‖ **~ly** *ad.* **~ness** *n.*

gauntlet [ˈɡɔːntlit] ❶ *n.* ①宽口大手套,长手套 ②交叉火力 ③严酷考验 ❷ *vt.* 两条轨道汇合,(轨道)套叠 ☆*fling (throw,cast) down the gauntlet* 挑战; *pick (take) up the gauntlet* 应战,护卫; *run the gauntlet* 受严厉批评

gauntlet(t)ed [ˈɡɔːntlitid] *a.* 戴长手套的

gausistor [ɡɔːˈsistə] *n.* 磁阻放大器

gauss [ɡaus] *n.* 高斯(磁场强度单位,磁通量密度单位)

gaussage [ˈɡausidʒ] *n.* 高斯数

Gaussian, gaussian [ˈɡausiən] *a.* 高斯的 【用法】注意下面例句中该词的用法:Thermal noise is <u>Gaussian distributed</u>. 热噪声是高斯的。/<u>Being Gaussian</u>, these noise samples are statistically independent.由于这些噪声取样是高斯性的,所以它们在统计上是独立的。

gaussmeter [ˈɡausmiːtə] *n.* 高斯计,磁强计

gauze [ɡɔːz] *n.* ①线(金属丝)网 ②纱布,铁网纱 ③抑制栅极

gauzy [ˈɡɔːzi] *a.* 罗纱似的,薄而轻的

gave [ɡeiv] give 的过去式

gavel [ˈɡævl] *n.* 小槌,木槌

gavelock [ˈɡævələk] *n.* 铁杆,通条

gaw [ɡɔː] *n.* 岩浆岩脉,水沟;衣服上穿薄或穿破处

gawk [ɡɔːk] *n.* 笨人,呆子

gawky [ˈɡɔːki] ❶ *a.* 笨拙的,粗笨的 ❷ *n.* 笨人,呆子

gay [ɡei] *a.* ①快乐的,愉快的 ②华丽的,鲜艳的

gazar [ɡəˈzɑː] *n.* 透明丝织物

gaze [ɡeiz] *n.*; *vi.* 凝视(at, into, on, upon)

gazebo [ɡəˈziːbəu] *n.* 阳台

gazette [ɡəˈzet] ❶ *n.* 公报,报纸 ❷ *v.* 刊载 ☆*be gazetted (out)* 刊载于公报上

gazetteer [ˌɡæzəˈtiə] *n.* 地名辞典

geanticline [dʒiˈæntiklain] *n.* 地背斜

gear [ɡiə] ❶ *n.* ①齿轮,(齿轮)传动装置 ②设备,机构 ③起落架 ④(高)格调,风格 ❷ *v.* ①传动 ②(用齿轮)连接,啮合,将齿轮装上 ③装备(up),使适合(to) ☆*be in gear* (齿轮)啮合,(事情)推得动,在正常状态下; *be out of gear* (齿轮)脱开,(事情)推不动,失调; *gear down* 挂上低速挡,开慢车; *gear into* (齿轮)啮合; *gear level* 挂上中速挡; *gear A to B* (用齿轮) 把 A 连到 B 上,使 A 适应 B; *gear up* 挂上高速挡,开快车,促进; *in (to) high gear* 进入最高速度[工效]; *keep A in gear with B* 使 A 一直与 B 相适应; *out of gear* 不灵,出了毛病; *shift gears* 变速,调挡; *throw (get, put, set) in (to) gear* 搭上齿轮,投入工作; *throw … out of gear* 使…同齿轮脱开,妨碍…的正常进行

gearbox [ˈɡiəbɔks], **gearcase** [ˈɡiəkeis] *n.* 齿

轮箱,减速器

geared [gɪəd] *a.* 齿轮传动的

geargraduation [ˈgɪəgrædjuˈeɪʃən] *n.* 齿轮变速

gearhousing [ˈgɪəhaʊsɪŋ] *n.* 齿轮箱壳

gearing [ˈgɪərɪŋ] ❶ *n.* 传动装置,啮合 ❷ *a.* 齿轮的 ☆*gearing in* 齿轮啮合; *gearing up* 增速传动

gearless [ˈgɪəlɪs] *a.* 无传动装置的,无齿轮的

gearshift [ˈgɪəʃɪft] *n.*; *vt.* 换挡,变速(器)

gearwheel [ˈgɪəwiːl] *n.* (大)齿轮

geat [giːt] *n.* 注口,流道

Gecalloy [ˈgekəlɔɪ] *n.* 盖克洛合金

gedanite [ˈgedənaɪt] *n.* 软琥珀

geep [giːp] *n.* 山绵羊

geese [giːs] goose 的复数

geezer [ˈgiːzə] *n.* 一剂注射毒品;古怪的人

gegenion [ˈgeɪgənaɪən] *n.* 抗衡离子,带相反电荷的离子

gegenreaction [ˈgeɪgənriˈækʃn] *n.* 逆反应

gehlenite [ˈgeɪhlɪnaɪt] *n.* 钙(铝)黄长石

Geiger, geiger [ˈgaɪgə] *n.* 盖革(计数管)

geigerscope [ˈgaɪgəskəʊp] *n.* 闪烁镜

geikielite [ˈgiːkɪlaɪt] *n.* 镁钛矿

geisothermal [dʒiːaɪsəʊˈθɜːməl] *n.* 等地温线

gel [dʒel] ❶ *n.* 凝胶(体),冻胶,胶质炸药 ❷ (gelled; gelling) *vi.* 形成胶体

gelata [ˈdʒelətə] *n.* 凝胶剂

gelate [ˈdʒeleɪt] *vi.* 胶凝

gelatification [ˌdʒelətɪfɪˈkeɪʃn] *n.* 胶凝作用

gelatin(e) [ˈdʒelətɪn] *n.* ①(白)明胶,果子冻,凝胶(体)②彩色半透明滤光板 ③硝酸甘油炸药

gelatinase [dʒɪˈlætɪneɪs] *n.* 白明胶酶

gelatinate [dʒɪˈlætɪneɪt] ❶ *v.* 胶化,(使)成为明胶 ❷ *n.* 凝胶

gelatination [ˌdʒɪˌlætɪˈneɪʃn] *n.* 胶凝(作用)

gelatine [ˌdʒeləˈtiːn] = gelatin

gelatineous [dʒeˈlætɪnɪəs] *a.* 胶质的

gelatiniferous [ˌdʒelætɪˈnɪfərəs] *a.* 产胶的

gelatiniform [dʒeləˈtɪnɪfɔːm] *a.* 胶状的

gelatinization [ˌdʒelətɪnɪˈzeɪʃn] *n.* 凝胶化,明胶化(作用)

gelatinize [dʒɪˈlætɪnaɪz] *v.* 胶化,(使)成明胶,凝结,涂明胶于

gelatinizer [dʒɪˈlætɪnaɪzə] *n.* 胶凝剂,胶化物

gelatinoid [dʒɪˈlætɪnɔɪd] ❶ *a.* 胶状的 ❷ *n.* 胶(状物)质

gelatinolytic [ˌdʒelætɪnəˈlɪtɪk] *a.* 溶胶的

gelatinous [dʒɪˈlætɪnəs] *a.* 胶状的,骨胶的,含凝胶的

gelatinum [dʒeˈlætɪnəm] *n.* 白明胶

gelation [dʒɪˈleɪʃən] *n.* 冻结,胶凝体,胶凝作用

geld [geld] ❶ (gelded 或 gelt) *vt.* 阉割,删去…的不适当部分 ❷ *a.* 不育的

gelemeter [dʒeˈlemɪtə] *n.* 凝胶时间测定计

gelid [ˈdʒelɪd] *a.* 冰冷的,冻结的 ‖ **~ity** *n.* **~ly** *ad.*

gelification [ˌdʒelɪfɪˈkeɪʃən] *n.* 胶凝(作用)

gelignite [ˈdʒelɪgnaɪt] *n.* 葛里炸药,炸胶

geliturbation [ˌdʒelɪtəˈbeɪʃən] *n.*【地质】冻融泥流作用

gellable [ˈdʒeləbl] *a.* 可胶凝的

gellike [ˈdʒelaɪk] *a.* 类胶胶的

gelling [ˈdʒelɪŋ] *n.* 胶凝(作用)

gelometer [dʒeˈlɒmɪtə] *n.* 胶凝计

gelose [ˈdʒeləʊs] *n.* 琼脂糖

gelosis [dʒɪˈləʊsɪs] (pl. geloses) *n.* 凝块,硬块

gelt [gelt] geld 的过去式和过去分词

gelutong [ˈdʒelətɒŋ] *n.* 节路顿树脂

gem [dʒem] ❶ *n.* 宝石,玉,珍宝,精选作品 ❷ (gemmed; gemming) *v.* 用宝石镶

gemel [ˈdʒeməl] *a.* 成对的,双生的

geminate [ˈdʒemɪnɪt] *a.* 双生的,成对的 ❷ [ˈdʒemɪneɪt] *vt.* 重复,配成对 ‖ **~ly** *ad.*

gemination [ˌdʒemɪˈneɪʃən] *n.* 重叠,反复,成双,双生芽

geminative [ˈdʒemɪnətɪv] *a.* 成对的

Gemini [ˈdʒemɪnaɪ] *n.* 双子(星)座,"双子星座"宇宙飞船

geminous [ˈdʒemɪnəs] *a.* (成)双的

gemma [ˈdʒemə] *n.* 芽

gemmary [ˈdʒemərɪ] *n.* 宝石学

gemmate [ˈdʒemɪt] *a.* 有芽的,发芽繁殖的

gemmation [dʒeˈmeɪʃən] *n.* 出芽(生殖)

gemmho [ˈdʒeməʊ] *n.* 微姆欧

gemmifer [ˈdʒemɪfə] *n.* 产芽体

gemmiferous [dʒeˈmɪfərəs] *a.* 产宝石的

gemmy [ˈdʒemɪ] *a.* 宝石多的,镶珠宝的,光辉灿烂的

Gemowinkel [ˈdʒeməʊwɪnkl] *n.* 正切规

gemstone [ˈdʒemstəʊn] *n.* 宝石

gender [ˈdʒendə] *n.* 性(别)
〖用法〗这个词一般用在语法方面。在填各种表格时的"性别"时,应该用"sex"。

gene [dʒiːn] *n.* 遗传因子,基因

genealogy [ˌdʒiːnɪˈælədʒɪ] *n.* 血统,谱系,家系(学)

genecology [ˌdʒiːnɪˈkɒlədʒɪ] *n.* 物种生态学

Genelite [ˈdʒenɪlaɪt] *n.* 非润滑烧结青铜轴承合金

geneogenous [dʒenɪəˈdʒenəs] *a.* 先天性的

genera [ˈdʒenərə] genus 的复数

generable [ˈdʒenərəbl] *a.* 可发生的

general [ˈdʒenərəl] ❶ *a.* ①一般(性)的,通用的,普遍的,平常的 ②概括的,笼统的 ③总的 ④〔用于职位〕总…,…长,首席… ❷ *n.* ①一般,全体 ②将军,(陆军)上将 ③总则,(pl.)梗概,纲要 ☆*as a general rule* 通常,照例; *from the general to the particular* 从一般到个别; *in a general way* 一般地说,普通,大体上; *in general terms* 一般,概括地,大体上; *in (the) general* 通常(说来),大体上,总的来说
〖用法〗 ❶ 注意下面例句中该词的含义:

Servorecorder uses fall into either one of two general types.伺服记录器的用途属于两大类中的一类。(这里"general"一词也常用broad、major来替代。)❷ 注意"general chemistry"意为"普通化学","general physics"意为"普通物理学","general theory of relativity"意为"广义相对论"。❸ "in general"往往插在句中。如：The frequency response H(f) is, in general, a complex quantity.一般来说，频率响应H(f)是一个复量。

generalissimo [ˌdʒenərə'lɪsɪməu] n. 大元帅,总司令

generalist ['dʒenərəlɪst] n. 多面手,通晓数门知识者

generality [ˌdʒenə'rælɪtɪ] n. ①一般性 ②一般原则,通则,梗概 ③大多数 ☆*without (any) loss of generality* 不失一般性; *the generality of* 大多数,大部分,一般的
〖用法〗注意下面例句中该词与动词的搭配：Two-port theory has great generality.二端口理论的通用性很好。/This model achieved remarkable generality.这个模型的通用性极好。

generalization [ˌdʒenərəlaɪ'zeɪʃən] n. ①一般化 ②归纳(的结果),综合,广义(化),概说,通则 ③推广,普及
〖用法〗该词前可以有不定冠词。如：The empirical parameters permit a generalization of the basic Ebers-Moll equations.这些经验参数可以使基本的埃伯斯-莫尔方程一般化。/A generalization of the expression (11.9) is as follows.表达式(11.9)的一般化形式如下。

generalize ['dʒenərəlaɪz] v. ①一般化 ②总结,归纳,综合,从…中引出(一般性)结论(from) ③推广,普及 ④笼统地讲
〖用法〗注意下面例句中该词的含义：Bode has generalized Nyquist's criterion to multiloop systems.博德把尼奎斯特准则推广到了多回路系统。

generalized ['dʒenərəlaɪzd] a. ①广义的,普遍的 ②概括的 ③推广的

generally ['dʒenərəlɪ] ad. ①广泛地,普遍地 ②通常,一般(地) ☆*generally speaking* 一般来说; *it is generally believed that* 普遍认为; *more generally* 更一般地说

generalship ['dʒenərəlʃɪp] n. ①将军〔上将〕的职位 ②机略,才智

generant ['dʒenərənt] a.;n. ①产生的 ②母点(的),母线(的),母面(的)

generate ['dʒenəreɪt] vt. ①产生 ②引起,导致,【数】造形,生成 ③(齿轮)滚铣

generation [ˌdʒenə'reɪʃən] n. ①产生,引起,振荡,【数】造形,形成 ②世代,(一)代(约30年) ③连锁反应级 ☆*a generation ago* 约三十年前; *a generation of* 一代…,(新的)一批…; *for generations* 一连好几代; *from generation to generation* 或 *generation after generation* 一代一代,世世代代

〖用法〗注意下面例句中该词的不同含义：These are a new generation of computers.这些是新一代计算机。/We hope that readers will use these good books to evade the next generation of simulation tragedies and comedies.我们希望读者将使用这些好书来避免再次发生对仿真技术的悲喜剧。

generational [ˌdʒenə'reɪʃənl] a. 一代的,代与代之间的,世代的

generative ['dʒenərətɪv] a. (能)生产的,有生殖能力的,再生的

generator ['dʒenəreɪtə] n. ①发电机,发动机 ②发生器,部分氧化的裂化反应器 ③发送器,传感器 ④母线 ⑤【计】生成程序

generatrix ['dʒenəreɪtrɪks] (pl. generatrices) n. ①母点〔线,面〕,动线 ②发生器,发电机 ③基体,母体

generic [dʒɪ'nerɪk] ❶ a. ①同属的,类属性的 ②一般的,普通的 ❷ n. 名字未注册的药品

generically [dʒɪ'nerɪkəlɪ] ad. 关于种属,从种属上说

generitype [dʒɪ'nerɪtaɪp] n.【生】属型

generosity [ˌdʒenə'rɒsɪtɪ] n. ①慷慨,大方 ②宽大行为 ③丰饶

generous ['dʒenərəs] a. ①慷慨的,大方的,宽大的 ②丰富的 ③浓(厚)的,强烈的,肥沃的 ‖ ~ly ad. ~ness n.

genescope ['dʒenəskəup] n. 频率特性描绘器

geneses ['dʒenɪsiːz] genesis的复数

genesial ['dʒenɪsɪəl] a. 生殖的,发生的,起源的

genesis ['dʒenɪsɪs] (pl. geneses) n. 创始,起源,生殖,产生,成因,来历

genestatic [dʒenɪ'stætɪk] a. 制止生殖的

genetic(al) [dʒɪ'netɪk(əl)] a. 创始的,发生(学)的,创生的,起源的,先天的,由遗传而获得的,原生的,遗传学的

geneticist [dʒɪ'netɪsɪst] n. 遗传学家

genetics [dʒɪ'netɪks] n. 遗传学,发生学

genetous ['dʒenətəs] a. 先天的,生来的

Geneva [dʒɪ'niːvə] n.; a. (瑞士)日内瓦(的)

geneva [dʒɪ'niːvə] n. 星形轮,(荷兰)杜松子酒

Genevan [dʒɪ'niːvən], **Genevese** [ˌdʒenɪ'viːz] a.;n. 日内瓦人(的)

genial [dʒɪ'niːəl] a. 温暖的,舒适的,亲切的,(和蔼)可亲的 ‖ ~ity n. ~ly ad.

genic ['dʒenɪk] a. 基因的,遗传因子的

genicular [dʒə'nɪkjulə] a. 膝的

geniculate [dʒɪ'nɪkjuleɪt] a. 膝状的

genin ['dʒenɪn] n. 配质〔基〕

genista [dʒɪ'nɪstə] n. 金雀花,染料木(属)

genius ['dʒiːnjəs] n. ①创造能力,天才 ②特质,精神,思潮,风气

genlock ['dʒenlɒk] n. 同步耦合器,同步系统,锁相

genlocking ['dʒenlɒkɪŋ] n. 同步锁相,强制同步

genocide ['dʒenəsaɪd] n. 种族灭绝,大规模(灭绝

种族)的屠杀 ‖ **genocidal** *a.*

Genoese [,dʒenəʊ'i:z], **Genovese** [,dʒenəʊ'vi:z] *a.*;*n.* 热那亚的〔人〕

genoid ['dʒi:nɔɪd] *n.* 胞质基因,类基因

genome ['dʒi:nəʊm] *n.* 基因组,染色体组

genomere ['dʒi:nəmɪə] *n.* 基因粒

genonema [,dʒi:nə'ni:mə] *n.* 基因线

genopathy [dʒi:'nʊpəθɪ] *n.* 基因病

genophore ['dʒi:nəfɔ:] *n.* 基因带

genosome ['dʒi:nəsəm] *n.* 基因体

genotron ['dʒenətrɒn] *n.* 高压整流管

genotype ['dʒenətaɪp] *n.* 基因型,遗传型

genotypic [,dʒenə'tɪpɪk] *a.* 遗传(型)的

genre ['ʒɑ:ŋrə](法语) *n.* 种类,式样,形式,风格

gent [dʒent] *n.* 绅士;家伙

genteel [dʒen'ti:l] *a.* 有礼貌的,绅士的,时髦的

Gentex ['dʒenteks] *n.* 欧洲电报交换网络

genthite ['genθaɪt] *n.* 镍水蛇纹石,水镁镍矿

gentiin ['dʒenʃi:ɪn] *n.* 龙胆苷

gentisin ['dʒentɪsɪn] *n.* 龙胆黄素

gentle ['dʒentl] ❶ *a.* 温和的,平缓的,宽大的,亲切的,轻度的 ❷ *n.* 诱饵

gentleman ['dʒentlmən](pl. gentlemen) *n.* ①先生,阁下 ②绅士 ③(pl.)男厕所

gentleness ['dʒentlnɪs] *n.* 和缓,平缓,柔和

gently ['dʒentlɪ] *ad.* ①温和地 ②缓和地,渐渐地,静静地

genu ['dʒi:nju:](pl. genua) *n.* 膝(状体)

genual ['dʒenjʊəl] *a.* 膝(状)的

genuflect ['dʒenjʊflekt] *vi.* 屈服

genuflex ['dʒenjʊfleks] *n.* 屈膝

genuine ['dʒenjʊɪn] *a.* ①真正的,地道的,纯粹的 ②亲笔的 ‖ **-ly** *ad.* **-ness** *n.*

genus ['dʒi:nəs](pl. genera) *n.* ①(种)类,属 ②【数】亏格

geo [gjəʊ] *n.* 海湾

geoacoustics [,dʒi:əʊə'ku:stɪks] *n.* 地声学

geoanticline [,dʒi:əʊ'æntɪklaɪn] *n.* 地背斜,大(地)背斜

geoastrophysics [,dʒi:əʊəstrəʊ'fɪzɪks] *n.* 地球天体物理学

geobenthos [,dʒi:əʊ'benθəs] *n.* 湖底生物

geobotanical [,dʒi:əʊbə'tænɪkəl] *a.* 地球植物的

geobotanist [,dʒi:əʊbə'tænɪst] *n.* 地球植物学家

geobotany [,dʒi:əʊ'bɒtənɪ] *n.* 地球植物学

geocenter [,dʒi:əʊ'sentə] *n.* 地球质量中心

geocentric [,dʒi:əʊ'sentrɪk] *a.* 地心的,以地球为中心的,从地心开始测量的

geocentricism [,dʒi:əʊ'sentrɪsɪzəm] *n.* 地球中心说

geocerite ['dʒi:əʊsɪraɪt] *n.* 硬蜡

geochemical [,dʒi:əʊ'kemɪkəl] *a.* 地球化学的

geochemist [,dʒi:əʊ'kemɪst] *n.* 地球化学工作者

geochemistry [,dʒi:əʊ'kemɪstrɪ] *n.* 地球化学

geochronology [,dʒi:əʊkrə'nɒlədʒɪ] *n.* 地球纪

年学,地质年代学

geoclimatic [,dʒi:əʊklaɪ'mætɪk] *a.* 地面的

geocorona [,dʒi:əʊkə'rəʊnə] *n.* 地冕

geodata [,dʒi:əʊ'deɪtə] *n.* 地震记录转换装置

geode ['dʒi:əʊd] *n.*【地质】晶洞〔簇,球〕,空心石核 ‖ **geodic** *a.*

geodesic [,dʒi:əʊ'desɪk] ❶ *a.* ①大地测量学的【数】最短线的 ❷ *n.* (最)短程线,测(大)地线

geodesical *a.* = geodesic

geodesy [dʒi:'ɒdɪsɪ] *n.* 大地〔普通〕测量学,测学,地势

geodetic(al) [,dʒi:ə'detɪk(əl)] *a.* = geodesic ‖ **-ally** *ad.*

geodetics = geodesy

geodimeter [,dʒi:ə'dɪmɪtə] *n.* 光电测距仪

geoduck ['dʒi:ədʌk] *n.* 陆蛤

geodynamic(al) [,dʒi:əʊdaɪ'næmɪk(əl)] *a.* 地球动力学的

geodynamics [,dʒi:əʊdaɪ'næmɪks] *n.* 地球动力学

geoecology [,dʒi:əʊɪ'kɒlədʒɪ] *n.* 地质生态学,环境地质学

geoeconomy [,dʒi:əʊɪ'kɒnəmɪ] *n.* 地理经济学

geoelectric [,dʒi:əʊɪ'lektrɪk] *a.* 地电的

geoelectricity [,dʒi:əʊɪlek'trɪsɪtɪ] *n.* 地电

geoelectrics [,dʒi:əʊɪ'lektrɪks] *n.* 地电学

geoepinasty [,dʒi:əʊɪpɪ'næstɪ] *n.* 地偏上性

geofix [,dʒi:əʊfɪks] *n.* "杰奥菲克斯" 炸药

Geoflex [,dʒi:əʊfleks] *n.* 爆炸索(商标名)

geofractures [,dʒi:əʊ'fræktʃəz] *n.* 断裂地貌

geogen [dʒi:'ɒdʒən] *n.* 地理环境因素

geogenesis [,dʒi:əʊ'dʒenəsɪs] *n.* 地球发生论

geognosy [dʒi:'ɒgnəsɪ] *n.* 地球构造学 ‖ **geognostic** *a.*

geogony [dʒi:'ɒgənɪ] *n.* 地球成因学

geogram ['dʒi:əʊgræm] *n.* 地学环境制图

geographer [dʒi:'ɒgrəfə] *n.* 地理学家,地理学工作者

geographic(al) [dʒi:ə'græfɪk(əl)] *a.* 地理的,地区的 ‖ **-ly** *ad.*

geography [dʒi:'ɒgrəfɪ] *n.* ①地理(学),地形 ②布局

geohistory [dʒi:ɒ'hɪstrɪ] *n.* 地质历史学

geohydrology ['dʒi:əʊhaɪ'drɒlədʒɪ] *n.* 水文地质学

geohygiene [dʒi:əʊ'haɪdʒi:n] *n.* 地理卫生学

geoid ['dʒi:ɔɪd] *n.* 大地水准面,重力平面

geoidmeter [dʒi:'ɔɪdmɪtə] *n.* 测地仪

geoisotherm [dʒi:əʊ'aɪsəθə:m] *n.* 等地温线

geoisothermal [dʒi:əʊ'aɪsəθə:məl] *n.*; *a.* 地下等温面,等地温线的

geolifluction [dʒi:əʊlɪ'flʌkʃən] *n.* 冰冻泥流

Geolin ['dʒi:əʊlɪn] *n.* 卓林研磨剂

geoline ['dʒi:əʊlɪn] *n.* 凡士林,石油

geologic(al) [,dʒi:ə'lɒdʒɪk(əl)] *a.* 地质(学上)

G

的 ‖ ~ally *ad.*

geologist [dʒɪˈɒlədʒɪst] *n.* 地质学家,地质学工作者

geologize [dʒɪˈɒlədʒaɪz] *v.* 研究地质,作地质调查

geolograph [dʒɪˈɒləgrɑːf] *n.* 钻速及钻时记录仪

geology [dʒɪˈɒlədʒɪ] *n.* 地质(学)

geomagnetic [ˌdʒɪəʊmægˈnetɪk] *a.* 地磁的

geomagnetics [ˌdʒɪəʊmægˈnetɪks] *n.* 地磁学

geomagnetism [ˌdʒɪəʊˈmægnɪtɪzəm] *n.* 地磁(学)

geomalism [dʒɪˈɒmələzm] *n.* 生物生长引力趋向

geomancy [ˈdʒɪəʊmænsɪ] *n.* 泥土占卜

geomechanics [ˌdʒɪ(ː)əʊmɪˈkæniks] *n.* 地质力学

geomedicine [ˌdʒɪəʊˈmedɪsɪn] *n.* 地理医学,环境医学

geometer [dʒɪˈɒmɪtə] *n.* 几何学家,地形测量家

geometric(al) [dʒɪəˈmetrɪk(əl)] *a.* 几何的,按几何级数增长的

geometrically [dʒɪəˈmetrɪkəlɪ] *ad.* 用几何学,几何学上

geometrician [dʒɪəʊmeˈtrɪʃən] *n.* 几何学家

geometrics [dʒɪəˈmetrɪks] *n.* 几何学图形

geometrism [dʒɪˈɒmɪtrɪzm] *n.* 几何画派

geometrization [dʒɪəˈmetrɪˈzeɪʃən] *n.* 几何化

geometrize [dʒɪˈɒmɪtraɪz] *v.* 作几何学图形,用几何学原理研究,用几何图形表示

geometrodynamics [ˌdʒɪˈɒmɪtrəʊdaɪˈnæmɪks] *n.* 四维几何动力学

geometrography [dʒɪəmɪˈtrɒgrəfɪ] *n.* 几何构图法

geometry [dʒɪˈɒmɪtrɪ] *n.* 几何(学),外形尺寸,轮廓

geomorphic [ˌdʒɪːəʊˈmɔːfɪk] *a.* 地貌的,(形状)像地球一样的

geomorphogeny [ˌdʒɪːəʊmɔːˈfɒdʒənɪ] *n.* 地形发生学

geomorphologic(al) [ˈdʒɪəʊˌmɔːfəˈlɒdʒɪkəl] *a.* 地形学的,地貌学的

geomorphology [dʒɪəʊmɔːˈfɒlədʒɪ] *n.* 地形学,地球形态学

geomorphy [ˌdʒɪːəʊˈmɔːfɪ] *n.* 地貌(学)

geomyid [dʒɪˈəʊmaɪɪd] *n.* 衣囊鼠

geomyricite [ˌdʒɪəʊˈmɪraɪt] *n.* 针蜡

geon [ˈdʒɪːən] *n.* 吉纶,吉昂(聚氯乙烯树脂)

geonegative [ˌdʒɪːəʊˈnegətɪv] *a.* 背〔离〕地性的

geonomy [dʒɪˈɒnəmɪ] *n.* 地(球)学

geophex [ˈdʒɪːəʊfeks] *n.* "杰奥发克斯"炸药

geophone [ˈdʒɪːəʊfəʊn] *n.* 小型地震仪,地下传音器,地音探测器

geophotogrammetry [ˌdʒɪːəʊfəʊtəʊˈgræmɪtrɪ] *n.* 地面摄影测量术

geophysical [ˌdʒɪəʊˈfɪzɪkəl] *a.* 地球物理(学)的

geophysicist [ˌdʒɪəʊˈfɪzɪsɪst] *n.* 地球物理学家

geophysics [dʒɪːəʊˈfɪzɪks] *n.* 地球物理学

geophyte [ˈdʒɪːəʊfaɪt] *n.* 地面下发芽植物

geoplane [ˈdʒɪːəʊpleɪn] *n.* 激光扫平仪

geopolitics [ˌdʒɪːəʊˈpɒlɪtɪks] *n.* 地缘政治学

geopositive [ˌdʒɪːəʊˈpɒsɪtɪv] *a.* 向地性面的

geopotential [ˌdʒɪəpəˈtenʃəl] *n.* (地)重力势,位势

geoprobe [ˈdʒɪːəʊprəʊb] *n.* 地球(物理)探测火箭

georama [dʒɪəˈrɑːmə] *n.* 内侧绘有世界地图的大空球

george [dʒɔːdʒ] *n.* 乔治(一种反干扰设备)

Georgetown [ˈdʒɔːdʒtaʊn] *n.* 乔治敦(圭亚那首都)

George Town [ˈdʒɔːdʒˈtaʊn] 乔治市(马来西亚港市)

Georgia [ˈdʒɔːdʒɪə] *n.* ①(美国)佐治亚(州) ②格鲁吉亚

Georgian [ˈdʒɔːdʒɪən] *a.;n.* ①佐治亚州人〔的〕 ②格鲁吉亚人〔的〕

georgic [ˈdʒɔːdʒɪk] *n.* 田园诗

georheology [dʒɪːəʊrɪˈɒlədʒɪ] *n.* 地球流变学

geoscience [ˌdʒɪəʊˈsaɪəns] *n.* 地球科学

geoscope [ˈdʒɪːɒskəʊp] *n.* 坦克潜望镜

geoscopy [dʒɪːˈɒskəpɪ] *n.* 测地学

geosere [ˈdʒɪːəʊsɪə] *n.* 地史演替系列

geospace [ˈdʒɪːəʊspeɪs] *n.* 地球空间(轨道)

geosphere [ˈdʒɪːəʊsfɪə] *n.* 陆界,岩石圈

geostatic [ˌdʒɪːəʊˈstætɪk] *a.* (耐)地压的,土压的

geostatics [ˌdʒɪːəʊˈstætɪks] *n.* 刚体(静)力学

geostationary [ˌdʒɪːəʊˈsteɪʃənərɪ] *a.* 对地静止的

geostatistics [ˌdʒɪːəʊˈstætɪstɪks] *n.* 地球统计学

geostrophic [ˌdʒɪːəʊˈstrɒfɪk] *a.* 地转的,因地球自转而引起的

geostructure [ˌdʒɪːəʊˈstrʌktʃə] *n.* 大地构造

geosutures [dʒɪəˈsuːtʃəs] *n.* 断裂线

geosynchronous [ˌdʒɪːəʊˈsɪnkrənəs] *a.* 对地静止〔同步〕的

geosynclinal [ˌdʒɪːəʊsɪnˈklaɪnəl] *a.;n.* 地向斜(的),地槽(的)

geosyncline [ˌdʒɪːəʊˈsɪnklaɪn] *n.* (大)地槽,地向斜,陆沉带

geotaxis [ˌdʒɪːəʊˈtæksɪs] *n.* 趋地性

geotechnical [ˌdʒɪːəʊˈteknɪkəl] *a.* 土工技术的

geotechnics [ˌdʒɪːəʊˈteknɪks], **geotechnique** [ˌdʒɪːəʊtekˈniːk] *n.* 土工技术,土力学,土工学,地质工程

geotechnological [ˌdʒɪːəʊteknəˈlɒdʒɪkəl] *n.* 土〔地质〕工学的

geotechnology [ˌdʒɪːəʊtekˈnɒlədʒɪ] *n.* 地下资源开发工程学

geotectology [ˌdʒɪːəʊtekˈtɒlədʒɪ] *n.* 大地构造学

geotectonic [ˌdʒɪ(ː)əʊtekˈtɒnɪk] *a.* 地壳构造的

geotectonics [ˌdʒɪːəʊtekˈtɒnɪks] *n.* 大地构造学

geotector [dʒɪːəʊˈtektə] *n.* 地音探测器

geotemperature [ˌdʒɪːəʊˈtempərɪtʃə] *n.* 地温

geotherm [ˈdʒɪːəʊθəm] *n.* 地热

geothermal [,dʒɪ(:)əʊ'θɜːməl] *a.* 地热的

geothermic [,dʒɪ(:)əʊ'θɜːmɪk] *a.* 地温的

geothermics [,dʒɪ:əʊ'θɜːmɪks] *n.* 地热学

geotome ['dʒiːəʊtəʊm] *n.* 取土器

geotorsion [dʒi:əʊ'tɔːʃən] *n.* 地震后扭动

geotrac ['dʒiːəʊtræk] *n.* 地迹

geotropic [,dʒɪ(:)əʊ'trɒpɪk] *a.* 向地性的 ‖ **~ally** *ad.*

geotropism [dʒi:'ɒtrəpɪzəm] *n.* 向地性

geotumor [,dʒi:əʊ'tjuːmə] *n.* 地瘤

geotype ['dʒiːəʊtaɪp] *n.* 地理型

ger [dʒɜː] *n.* 蒙古包

geratic [dʒɪ'retɪk] *a.* 老年的

geratology [,dʒerə'tɒlədʒɪ] *n.* 老年医学

ger-bond ['dʒɜːbɒnd] *n.* 热塑性树脂黏合剂

gerentocratic [,dʒerəntə'krætɪk] *a.* 经理〔行政〕级的

geriatrics [,dʒerɪə'vɪtrɪks] *n.* 老年病学

germ [dʒɜːm] **❶** *n.* ①胚芽,胚,单细胞微生物(常指胚种),细菌,病(原)菌 ②萌芽 ③根源,原因 **❷** *a.* 细菌(性)的 **❸** *vi.* 发芽,萌芽

German ['dʒɜːmən] *a.;n.* 德国的,德国人(的),德语(的),日耳曼的
〖用法〗该词作"德国人"讲时的复数形式是"Germans"而不是"Germen"。

germanate ['dʒɜːməneɪt] *n.* 锗酸盐

germane [dʒɜː'meɪn] **❶** *a.* 有密切关系的,恰当的(to) **❷** *n.* 锗烷 ‖ **-ly** *ad.*

Germanic [dʒɜː'mænɪk] *a.;n.* 德国(人)的,日耳曼语〔的〕

germanic [dʒɜː'mænɪk] *a.* (正,含,四价)锗的

germanicol [dʒɜː'mænɪkəl] *n.* 日耳曼醇

germanide [dʒɜː'mənaɪd] *n.* 锗化物

Germanism ['dʒɜːmənɪzm] *n.* 日耳曼主义

germanite [dʒɜː'mənaɪt] *n.* 亚锗酸盐,锗石

germanium [dʒɜː'meɪnɪəm] 【化】 *n.* 锗

germanize ['dʒɜːmənaɪz] *v.* 使德意志化

germanomolybdate [dʒɜː'mənəməʊ'lɪbdeɪt] *n.* 锗钼酸盐

germanous ['dʒɜːmənəs] *a.* 亚〔二价〕锗的

Germany ['dʒɜːmənɪ] *n.* 德意志,德国

germarite ['dʒɜːməraɪt] *n.* 紫苏辉石

germicidal [,dʒɜːmɪ'saɪdl] *a.* 杀菌的

germicide ['dʒɜːmɪsaɪd] *n.;a.* 杀菌剂,(有)杀菌(力)的

germiculture ['dʒɜːmɪkʌltʃə] *n.* 细菌培养(法)

germifuge ['dʒɜːmɪfjuːdʒ] *n.* 杀〔抗〕菌剂

germinal ['dʒɜːmɪnl] *a.* 幼芽的,根源的,胚的,生殖的

germinant ['dʒɜːmɪnənt] *a.* 发芽的,有生长力的,开头的

germinate ['dʒɜːmɪneɪt] *v.* (使)发芽,(使)发达

germination [,dʒɜːmɪ'neɪʃən] *n.* ①发芽,生长,产生 ②晶核化,长晶核

germinative ['dʒɜːmɪnətɪv] *a.* 发芽的,有发芽力

的

germinator ['dʒɜːmɪneɪtə] *n.* 使发芽的人〔物〕,种子发芽力测定器

germule ['dʒɜːmjuːl] *n.* 初胚,小芽

germyl ['dʒɜːmɪl] *n.* 甲锗烷基,三氢锗基

germylsilans [,dʒɜːmɪl'sɪlənz] *n.* 锗烷基硅烷类

gerocomia [,dʒerə'kəʊmɪə] *n.* 老年保健

gerocomium [dʒerəʊ'kəʊmɪəm] *n.* 敬老院

gerocomy ['dʒerəkəʊmɪ] *n.* 老年保健

gerokomy [dʒɪ'rɒkəmɪ] *n.* 老年保健

geromarasmus [,dʒerəmə'ræzməs] *n.* 老年性消瘦

geromorphism [,dʒerəʊ'mɔːfɪzm] *n.* 【医】早老形象

gerontal [dʒə'rɒntəl] *a.* 老年的,老人的

gerontism [dʒə'rɒntɪzm] *n.* 老年

gerontocracy [,dʒerən'tɒkrəsɪ] *n.* 老人政府,老人统治

gerontogenesis [,dʒerɒntəʊ'dʒenəsɪs] *n.* 老年发生

gerontology [,dʒerən'tɒlədʒɪ] *n.* 老年学,老年医学

gerrymander ['dʒerɪˌmændə] *vt.;n.* 捏造,弄虚作假

gersdorffite ['dʒɜːzdɔːfaɪt] *n.* 辉砷镍矿

gerund ['dʒerənd] *n.* 动名词

gesso ['dʒesəʊ] (意大利语) *n.* 石膏粉,石膏底子

gesticulate [dʒes'tɪkjʊleɪt] *v.* 打手势

gesticulation [dʒestɪkjʊ'leɪʃən] *n.* (打,做)手势

gesticulative [dʒes'tɪkjʊleɪtɪv], **gesticulatory** [dʒes'tɪkjʊlətərɪ] *a.* 打手势的

gesture ['dʒestʃə] **❶** *n.* 手势,手语,姿态,友谊的表示 **❷** *v.* 打手势

get [get] **❶** (got, got 或 gotten; getting) *v.* ①到〔达〕到,到达,取得 ②得到 ③变得,成为,…起来 ④抓住,理解,生(仔) **❷** *n.* 产量,产出 ☆**get about** 表示动,流传(开),动手(干); **get accustomed to** (变得)习惯于; **get across** (使)渡过(去),把…讲清楚,(使)被理解; **get ahead** 赶过(of),有进展,获得成功; **get along** 前进,进,(在…方面)有进展(with),过活,(与…)和好相处(with); **get a new angle on** 换个角度来考虑; **get around** 避免,克服;往来各处; **get at** 到达,得到,够到,领会,查明,意指;**get away** (使)离开,逃脱; **get back** 返〔取〕回,恢复; **get behind** (在…方面)落后,看透,深入; **get by** (从旁边)走过,对付过去,过得去,及格; **get by with** 用…对付过去; **get done with** 把…做完; **get down** 降,下(车,来),放下,记录下; **get down to** (开始)认真对待,专心做,(使)低到;**get hold of** 抓住,握紧; **get home** 回到家,达到目的,中肯; **get in** (使)进入,收集;**get into** (使)进入,从事于; **get it** 明白,理会; **get it on** 处于兴奋状态; **get off** 送走,离开,开脱,出发,开始(从…)下来,脱去; **get on** (乘)上,穿上,(使)前进,获得进展,活话; **get on for** (to, towards) 接近; **get on the stick**

精神饱满地工作; **get on with** 在…方面获得成功; **get out** 取出,泄漏,出去,离开;公布,出版; **get out of** 从…取出,离开; **get over** 越过,克服,恢复,结束,使被了解; **get ready for (to do)** 准备好; **get rid of** 除去,摆脱; **get round** 回避,说服; **get set** 安装,建立; **get through** (使)通过,完成,结束; **get to** 到达,接触到,开始; **get to do** (开始)…起来,变得; **get ... to do** 说服,请; **get together** 聚(召)集,集合; **get under** 控制,镇压; **get up** 起来,登上,唤起,使升高,组织,筹划,装扮,钻研,致力于; **get used to** 变得习惯于; **have got** 有; **have got to do** 不得不(做),必须(做)

〖用法〗除了上述固定短语外,注意下面几点: ❶ "get" 可以跟形容词,成为一个连系动词,意为 "变成"。如: All metals melt when they get hot. 所有金属受热时都会熔化。 ❷ "get +宾语+过去分词(宾语补足语)" 的一般含义是 "由别人来执行某动作"。如: We are going to get our photos taken. 我们要去照相。/Those PCs are still being used to get work done. 人们仍然在使用那些 PC 机来干活。 ❸ "get +过去分词 + by ..." 可以表示被动句。如: The energy that is stored in the inductor and capacitor eventually gets dissipated by the resistor. 储存在电感器和电容器里的能量最终被电阻器消耗殆尽。/Such code does get written. 这种代码确实可以写出来。 ❹ 注意下面例句中该词的含义: How did the universe get to be the way it is? 过去宇宙怎么必须像现在这样运行呢? /We will get down to some specific laser systems. 我们将详细讲解一些特定的激光系统。

getable ['ɡetəbl], **get-at-able** [get'ætəbl] a. 可到达的,能懂的

getaway ['ɡetəwei] n. ①逃跑,跳出,启动,离开,开始 ②活动布景 ③大型邮政转运站

gettable ['ɡetəbl] a. 能得到的,可以获得的

getter ['ɡetə] ❶ n. 吸气剂,吸气器,获得者 ❷ v. 除气

getting ['ɡetiŋ] ❶ get 的现在分词 ❷ n. 获得(物),利益,所得

Gettysburg ['ɡetizbɜ:ɡ] n. (美国)葛底斯堡(市)

gewgaw ['ɡju:ɡɔ:] ❶ n. 小玩意儿,小装饰品,华而不实的东西 ❷ a. 外表好看的,花哨而不实的

geyser ❶ ['ɡaizə,'ɡeizə] n. 喷泉,间歇泉 ❷ ['ɡi:zə] n. (厨房、浴室等的)热水锅炉,水的(蒸汽)加热器

geyserite ['ɡaizərait] n. 硅华

Ghana ['ɡɑ:nə] n. 加纳

Ghanaian ['ɡɑ:neiən] a.; n. 加纳人〔的〕

ghastly ['ɡɑ:stli] a.; ad. ①可怕的(地),恐怖的,苍白的,死人般的(地) ②糟透的,坏极的 ③极大的

ghee [ɡi:] n. (印度水牛)奶油,酥油

Ghent [ɡent] n. 根特(比利时港口)

gherkin ['ɡɜ:kin] n. (一种做泡菜的)小黄瓜

ghetto ['ɡetəu] n. 犹太居民区

ghizite ['ɡizait] n. 蓝云沸玄岩

ghont [ɡɒnt] n. 木刺枣

ghost [ɡəust] n. ①鬼(怪),幽灵 ②幻象,重像,叠影 ③反常回波,鬼脸纹 ④鬼线,散乱的光辉 ⑤空胞,形骸细胞 ⑥一丝,一点点 ☆**have not the ghost of a chance** 连一点点希望都没有

ghosting ['ɡəustiŋ] n. 虚反射

ghostly ['ɡəustli] a. ①鬼(一般)的,可怕的 ②精神(上)的

ghostwrite ['ɡəustrait] (ghostwrote, ghostwritten) v. 代写,代笔

ghostwriter ['ɡəustraitə] n. 代笔人

ghosty ['ɡəusti] a. 鬼(似)的,幽灵(似)的

giant ['dʒaiənt] ❶ n. ①巨人,卓越人物,大力士 ②水枪,冲矿机 ❷ a. 巨大的

giantism ['dʒaiəntizəm] n. 巨大,庞大

giantlike ['dʒaiəntlaik] a. 巨人般的

gib ❶ [dʒib] n. 起重杆,吊杠,吊机臂 ❷ [ɡib] n. ①扁柱,夹条 ②榫 ③(pl.)导块 ❸[ɡib] (gibbed; gibbing) v. 用夹条固定

gibba ['ɡibə] n. 圆瘤

gibber ['dʒibə] v. 急促不清楚地说话

gibberish ['ɡibəriʃ], **gibber** ['dʒibə] n. 莫名其妙的话,【计】无用数据,混乱信息,无用单元

gibbet ['dʒibit] ❶ n. 起重杆,吊杠,(起重机)臂 ❷ v. 绞死,(当众)侮辱

gibbon ['ɡibən] n. 长臂猿

gibbosity [ɡi'bɒsiti] n. 凸面,隆起

gibbous ['ɡibəs], **gibbose** ['ɡibəus] a. 凸圆的,隆起的,驼背的 ‖ **-ly** ad.

gibbs [ɡibz] n. (吸收单位)吉布斯

gibbsite ['ɡibzait] n. (三)水铝矿,水铝氧

gibe [dʒaib] v.;n. ①嘲弄(笑)(at) ②使调和,使适应

Gibraltar [dʒi'brɔ:ltə] n. 直布罗陀

giddily ['ɡidili] ad. …到头晕眼花,急速旋转地

giddiness ['ɡidinis] n. 眩晕,眼花,急速旋转

giddy ['ɡidi] ❶ a. ①发晕的,令人头晕的,眼花缭乱的 ②轻率的 ❷ v. (使)眩晕,(使)急速旋转

gift [ɡift] ❶ n. ①礼物,赠品 ②天赋,天资 ③赋予,授予 ❷ v. 赠送,授予,赋予 ☆**be in the gift of ...** 由…授予; **by (of) free gift** 免费赠送; **(not) as gift** 白送也不(要)

gig [ɡiɡ] ❶ n. ①提升机,绞车,吊桶 ②(轻便)快艇,赛艇 ❷ vi. 乘快艇

giga ['ɡiɡə] n. 京,千兆,十亿

gigabit ['dʒiɡəbit] n. 吉(咖)位

gigabyte ['dʒiɡəbait] n. 吉字节

gigacycle ['ɡiɡəsaikl] n. 吉(咖)周

gigahertz ['ɡiɡəhɜ:tz] n. 吉(咖)周赫

gigantean [,dʒaiɡæn'tiən] a. 巨人似的,巨大的

gigantic [dʒai'ɡæntik], **gigantesque** [dʒaiɡæn'tesk] a. 巨大的,巨人似的 ‖ **-ally** ad.

gigantism [dʒai'ɡæntizəm] n. ①巨大,庞大 ②巨人症,巨大畸形,巨形发育

gigantoblast [dʒaɪˈɡæntəblɑːst] *n.* 巨型有核红细胞

gigantocyte [dʒaɪˈɡæntəsaɪt] *n.* 巨红细胞

gigantosoma [ˌdʒaɪgæntəˈsəumə] *n.* 巨大发育，巨高身材

gigartinine [dʒɪˈɡɑːtɪniːn] *n.* 脒氨甲酰鸟氨酸

gigaton [ˈdʒɪɡətʌn] *n.* 十亿吨(TNT)级

gigawatt [ˈdʒɪɡəwɒt] *n.* 千兆瓦

gilbert [ˈɡɪlbət] *n.* 吉(伯)(磁通势单位)

gilbertite [ˈɡɪlbətaɪt] *n.* 丝光白云母

gild [ɡɪld] (gilded 或 gilt) ❶ *vt.* 镀金于，装上金箔，装饰，使光彩夺目 ❷ *n.* 协会，行会 ☆ **gild refined gold** 做无需做的事; **gild the lily** 画蛇添足; **gild the pill** 虚饰外观，把讨厌的事情弄得容易被接受

gilded [ˈɡɪldɪd] *a.* 镀金的，贴金箔的，装饰的

gilder [ˈɡɪldə] *n.* 镀金者

gilding [ˈɡɪldɪŋ] *n.* ①镀金(术，用材料)，装金，金粉 ②假象

gill [ɡɪl] *n.* ①鱼鳞板 ②肋条支冒，加强盘 ③散热片，百叶窗 ④吉耳(液量单位) ⑤ 测量计算机运算速度的尺度 ⑥基尔(完成一次给定操作的时间单位) ⑦峡谷

gilled [ɡɪld] *a.* 起凸纹的，肋状的

gillingite [ˈɡɪlɪŋɡaɪt] *n.* 水硅铁矿

gillion [ˈɡɪlɪɒn] *n.* 千兆，京

gillnet [ˈɡɪlnet] *n.* (捕鱼用的)刺网

gillyflower [ˈdʒɪlɪflauə] 【植】 *n.* 紫罗兰花

gilpinite [ˈdʒɪlpɪnaɪt] *n.* 硫酸铜铀矿

gilsonite [ˈɡɪlsənaɪt] *n.* 黑沥青

gilt [ɡɪlt] ❶ gild 的过去式和过去分词 ❷ *a.;n.* 镀金(的，材料)，烫金的，金色(的，涂层)，炫目的外表 ☆ **take the gilt off the gingerbread** 剥去金箔，把真相暴露出来

gimbal [ˈdʒɪmbəl] ❶ *n.* ①万向接头 ②(pl.)平衡环，常平架 ❷ *v.* 装以万向接头，用万向架固定

gimbaled [ˈdʒɪmbəld] *a.* 用万向架固定的，装有常平架的

gimbaling [ˈdʒɪmbəlɪŋ] *n.* 常平装置

gimcrack [ˈdʒɪmkræk] *a.;n.* 华而不实的(东西) ~ery ~·y *a.*

gimlet [ˈɡɪmlɪt] ❶ *n.* (木工)手钻，木锥，钻子 ❷ *a.* 有钻孔能力的 ❸ *v.* 用手钻钻孔，用锥子锥，穿透

gimmick [ˈɡɪmɪk] ❶ *n.* ①骗人的玩意，骗局 ②绞合电容器 ❷ *vt.* 搞骗人的玩意

gimp [ɡɪmp] *n.* (唱片录音中出现的)一种外界噪声;绒丝带;瘸子

gin [dʒɪn] ❶ *n.* ①弹棉机，起重装置，打桩机 ②绞车，辘轳 ③陷阱 ④杜松子酒，串香酒，荷兰酒 ❷ *v.* 用陷阱捕捉

ginger [ˈdʒɪndʒə] ❶ *n.;a.* ①生姜 ②元气，精力 ③姜黄色(的) ❷ *vt.* 使更有生气，鼓舞，刺激(up)

gingerbread [ˈdʒɪndʒəbred] *n.;a.* 假货，华而不实的(东西)

gingerin [ˈdʒɪndʒərɪn] *n.* 姜油脂

gingerly [ˈdʒɪndʒəlɪ] *a.;ad.* 小心翼翼(地)，兢兢业业(的)

gingerol [ˈdʒɪndʒərɒl] *n.* 姜酚

gingili [ˈdʒɪndʒɪlɪ] *n.* 芝麻(油)

gingivitis [ˌdʒɪndʒɪˈvaɪtɪs] *n.* 齿龈炎

gingko [ˈɡɪŋkəu] *n.* 银杏，白果树

ginseng [ˈdʒɪnseŋ] *n.* 人参

giobertite [ˈdʒɔːbɜːtaɪt] *n.* 菱镁矿

giraffe [dʒɪˈrɑːf] (pl. giraffe(s)) *n.* ①长颈鹿 ②斜井提升矿车

girasol(e) [ˈdʒɪrəsɒl] *n.* 青蛋白石

gird [ɡɜːd] ❶ (girded 或 girt) *v.* ①佩(带)，束(紧，缚)(on) ②围起，围绕 (round) ❷ *n.* ①横梁 ②保安带 ③(电枢的)扎线，箍，(发电机转子的)护环 ☆ **gird oneself for** 准备

girder [ˈɡɜːdə] *n.* 桁(架)，(大)梁，撑柱，梁杆，槽钢

girderage [ˈɡɜːdərɪdʒ] *n.* 大梁搭接体系

girderless [ˈɡɜːdəlɪs] *a.* 无梁的

girdle [ˈɡɜːdl] ❶ *n.* ①腰带，(抱)柱带，环圈 ②赤道 ❷ *vt.* ①环绕，包围，束住 (about, in, round) ②环割 ☆ **put a girdle round** 绕…一周，围绕

girl [ɡɜːl] *n.* 女孩子，姑娘

giro [ˈdʒaɪrəu] *n.* (自动)旋翼机

girt [ɡɜːt] ❶ *v.* ①gird 的过去式和过去分词 ②用带尺量周围，围长为，围绕，包围 ❷ *n.* ①围梁，围板条，扎线，包箍 ②围长，尺寸

girth [ɡɜːθ] ❶ *n.* ①周围(尺寸,长度)，围长 ②带尺,围梁,翼缘 ③尺寸 ❷ *v.* ①围绕,包围,用带系紧 ②围长为，量…的围长

girtwise [ˈɡɜːtwaɪz] *a.* 【矿】沿走向的

gisement [ˈɡɪsəmənt] *n.* 坐标偏角

gismondite [ˈdʒɪzmɒndaɪt] *n.* 水钙沸石

gist [dʒɪst] *n.* 要点

git [ɡɪt] *n.* 【机】中(心)注管,浇口,闸门,闭锁器

give [ɡɪv] (gave, given) *vt.* ①给出〔定〕,交给,赋予,供给 ②产生,引起,带来 ③举出 ④举行,捐助,屈服 ☆ **give about** 分布,传播; **give and take** 妥协,交换意见; **give away** 分送,颁发,赠送,放弃,暴露; **give back** 归还,恢复,反射; **give forth** 用完,公布,散发,放出; **give in** 提交,扯上; **give in (to ...)**(向…)屈服,(对…)让步,投降; **give in to this view** 接受这个观点; **give into** 通(往,向); **give off** (释)放出,发(散)出,放射(出); **give on (to)**(窗等)向,通向; **give oneself up to** 埋头于; **give or take** 增减…而无大变化,允许有…的小误差; **give out** 用完,给出,放出,发出;发表,公布; **give over** 停止,交出,移交; **give over doing** 停止(做); **give up** 放弃,中断,泄露; **give up A to B** 把 A 让给 B; **give upon** (窗等)向,朝,面对

〖用法〗在科技文中要注意以下几点: ❶ "given" 表示"给定的,特定的"。如: Such a circuit would rarely be used, for not all the causes of change would be noticeable at any <u>given</u> resistance level.

这种电路是很少使用的, 因为在任何给定电阻值时变化的各种缘由并非都能观察到。❷ "give" 可以译成 "给出,表示"。如：The resistivities of various materials are <u>given</u> in Table 6-1.各种物质的电阻率列在表 6-1 中。/The relation between base and collector currents is <u>given</u> by (2-1).基极电流和集电极电流之间的关系由式(2-1)表示。❸ 该动词可以有两个宾语, 这时在被动句中就会有一个 "保留宾语" 处于谓语之后。如：Impedance matching must be given <u>careful consideration</u>.(我们)必须认真地考虑阻抗的匹配(问题)。❹ "given ..." 处于句首时,往往译成 "(如果)已知/(假设)…"。如：<u>Given a certain applied voltage and the resistance</u>, we can find the current in the circuit.已知某个外加电压和电阻〔如果给予了某个外加电压和电阻〕,我们就能求出电路中的电流。❺在下面这种情况下, 我们往往把 "give" 译成 "我们就得到了"。如：Voltage times current <u>gives</u> power.电压乘以电流我们就得到了功率。/Applying V=IR to the multiplier <u>gives</u> the following expression. (如果)把 V=IR 应用于扩程器,我们就得到下面的表达式。/Dividing the current I by the cross-sectional area A of the sample <u>gives</u> us current density.把电流 I 除以样品的横截面积 A 就使我们得到了电流密度。❻ 注意下面例句的含义：We <u>are given</u> that the coefficient of sliding friction between box and floor is μ.我们已知〔被给定〕箱子与地面之间的滑动摩擦系数为 μ。("that ..." 是被动句中的保留宾语从句。)❼ 偶尔它也可以作不及物动词, 意为 "退让, 迁就, 垮下"。如：It should be clear that something has to <u>give</u>.应该很明显, 只得放松某要求〔指标〕。❽ "give + a/an + 动作性名词 +of" 等于那个动词的含义。如：This parameter <u>gives an indication of</u> (= indicates) how much control the base current has over the collector current.这个参数表示了基极电流对集电极电流的控制程度。❾ 注意下面例句的译法：For the same amount of electricity, a fluorescent lamp <u>gives off</u> more light than tungsten bulb.若电量相等, 荧光灯发出的光比钨灯强。(= For the same amount of electricity, the light that a fluorescent lamp gives off is more than that a tungsten bulb does.)

giveaway ['gɪvəweɪ] *n*. (无意中)泄露,放弃,赠品
giver ['gɪvə] *n*. 给予者,施主
giving ['gɪvɪŋ] *n*. ①这个人,这个东西,小物件 ②新玩意,新发明(品)
glabrous ['gleɪbrəs] *a*.【生】无毛的,光秃的
glace ['glæseɪ] (法语) *a*. 光滑的,冰冻的
glacial ['gleɪsɪəl] *a*. ①冰的,冰河时代的,冰川的 ②玻璃状的 ③结晶状的
glacialin ['gleɪʃəlɪn] *n*. 硼酸甘油
glacialite ['gleɪʃəlaɪt] *n*. 白蜡脱石
glaciarium [,gleɪʃə'erɪəm] *n*. 溜冰场(人造冰)

glaciate ['glæsɪeɪt] *vt*. 使冻结,使受冰河作用,冰川化
glaciated ['gleɪsɪeɪtɪd] *a*. 受冰川作用的,冰川生成的,冰封的
glaciation [,gleɪsɪ'eɪʃən] *n*. 冰蚀,冰川作用
glacieolian [,gleɪsɪ'olɪən] *a*. 冰川风成的
glacier ['gleɪsjə] *n*. 冰川(河)
glacieret [,gleɪsjə'ret] *n*. 小冰川(河),二级冰川
glacierized ['gleɪsjəraɪzd] *a*. 冰川化的,冰川覆盖的
glacigenous [gleɪsɪ'dʒenəs] *a*. 冰成的
glacilimnetic [,gleɪsɪlɪm'netɪk] *a*. 冰湖的
glacimarine [,gleɪsɪmə'ri:n] *a*. 冰海的
glacio-eustatism [,gleɪsɪəʊju:'stætɪzəm] *n*. 冰川海面升降
glaciofluvial [,gleɪsɪə'fluvɪəl] *a*. 冰水的
glaciology [,gleɪsɪ'blədʒɪ] *n*. 冰川(河)学,(地区的)冰川特征
glaciometer [,gleɪsɪ'ɒmɪtə] *n*. 测冰仪
glacis ['glæsɪs] (pl. glacis) *n*. ①缓斜坡,斜堤,斜岸,斜甲板 ②缓冲地区
glack [glæk] *n*. 峡谷
glad [glæd] *a*. 使人高兴的,(充满)快乐的 ☆*be (feel, look) glad about (at, of, that, to do)* 对…感到高兴; *give ... the glad hand* 向…伸出欢迎的手
gladden ['glædn] *vt*. 使…高兴〔快乐〕
glade [gleɪd] *n*. 林间空地(通道),沼泽地,湿地
gladiate ['glædɪeɪt] *a*. 剑状的
gladiator ['glædɪeɪtə] *n*. ①斗士,斗剑者 ②争论者
gladly ['glædlɪ] *ad*. 高高兴兴地,欣然,乐意
gladness ['glædnɪs] *n*. 高兴,喜悦
gladsome ['glædsəm] *a*. 愉快的,可喜的,令人高兴的
glairin ['gleərɪn] *n*. 黏胶质
glairy ['gleərɪ] *a*. 卵白状的
glame [gleɪm] *n*. 用照明产生下雨效果的道具
glamor = glamour
glamorize ['glæməraɪz] *vt*. 使有魅力,使吸引人
glamorous ['glæmərəs] *a*. 吸引人的,动人的
glamo(u)r ['glæmə] *n*. 魅力,魔法
glance [glɑ:ns] ❶ *n*. ①一眼,(光线)一闪,一瞥 ②光泽,闪烁 ③辉矿类 ☆*at a glance* 或 *at (the) first glance* 乍一看,初看起来; *take (give) a glance at* (一扫而过地)看一看,浏览; *tell (see) at a glance* 一看就看见,一眼便知; *with a glance to* 考虑到 ❷ *v*. ①看一眼,瞥见(at, over, through), 掠过 (off) ②闪耀,使发光 ③偶尔提到,暗指 (at) ☆*glance back* 反射; *glance down (up)* 朝下〔上〕看一看; *glance (one's eyes) over* 随便看一看
glancing ['glɑ:nsɪŋ] *a*. ①粗略的 ②偶尔的 ③掠过的,滑动的
gland [glænd] *n*. ①压盖,填料盖,衬垫,密封套,塞栓 ②(pl.)气封 ③腺

glandaceous [glæn'deɪʃəs] *a.* 腺状的

glanders ['glændəz] *n.* 鼻疽,皮疽

glandiform ['glændɪfɔːm] *a.* 腺状的,坚果状的

glandless ['glændlɪs] *a.* 无密封垫的,无填料的

glandular ['glændjulə] *a.* 腺的,本能的

glandule ['glændjuːl] *n.* 小腺

glandulous ['glændjuləs] *a.* 多核的,多小腺的

glans [glænz] *n.* 腺状体

glare [gleə] ❶ *n.* ①强光,眩光,灿烂 ②光滑明亮的表面 ③怒目而视 ❷ *v.* ①发眩光,发强烈的光,眩目 ②瞪(at, on, upon)

glarimeter [gleə'rɪmɪtə] *n.* 闪光计,光泽计

glaring ['gleərɪŋ] *a.* ①炫耀的,刺眼的 ②显眼的,突出的,鲜艳的

glaringly ['gleərɪŋli] *ad.* 明显地

glary ['gleəri] *a.* ①炫目的,刺眼的 ②光滑的

Glasgow ['glɑːsgəu] *n.* (英国)格拉斯哥

glasphalt ['glæsfɔːlt] *n.* 玻璃沥青

glass [glɑːs] ❶ *n.* ①玻璃(制品),玻璃杯 ②观察窗 ③镜,(pl.)眼镜 ④筒镜 ④车窗 ⑤温度计;气压计 ⑥一杯的量 ❷ *vt.* ①镶入玻璃,用玻璃盖 ②磨光,打光,使平滑如镜 ③反映
〖用法〗表示"一块玻璃"是"a piece of glass",表示"一副眼镜"是"a pair of glasses"。

Glassboro ['glæsbɔːrə] *n.* (美国)葛拉斯堡罗(市)

glass ceramics ['glɑːsɪ'ræmɪks] *n.* 微晶玻璃,铸石

glasscloth ['glɑːsklɒθ] *n.* 砂布,玻璃布,揩玻璃的布

glassdust ['glɑːsdʌst] *n.* 玻璃粉

glassfiber, glassfibre ['glɑːsfaɪbə] *n.* 玻璃纤维,玻璃丝

glassful ['glɑːsful] *n.* (满)杯,一杯的(容)量

glasshouse ['glɑːshaus] *n.* ①玻璃厂(店) ②温室 ④装有玻璃天棚的摄影室

glassily ['glɑːsɪli] *a.* 玻璃似的

glassine [glæ'siːn] *n.* 玻璃纸,薄半透明纸

glassiness ['glæsɪnɪs] *n.* 玻璃质,玻璃状(态)

glassing ['glɑːsɪŋ] *n.* 装配玻璃,用玻璃保护,磨光

glassivation [ˌglæsɪ'veɪʃən] *n.* 玻璃钝化,涂附玻璃,保护层

glassless ['glɑːslɪs] *a.* 没有玻璃的

glasslike ['glɑːslaɪk] *a.* 玻璃状〔质〕的

glassmaking ['glɑːsmeɪkɪŋ] *n.* 玻璃制造工业〔艺〕

glassman ['glɑːsmən] *n.* 玻璃工,玻璃制造者

glasspaper ['glɑːspeɪpə] *n.* 玻璃纸,砂纸

glasspox ['glɑːspɒks] *n.* 乳白痘,类天花

glassteel ['glæsstiːl] *n.* 玻璃钢

glassware ['glɑːsweə] *n.* 玻璃器皿

glasswork ['glɑːswɜːk] *n.* 玻璃制造业,玻璃制品,玻璃工艺,(pl.)玻璃工厂

glassy ['glɑːsi] *a.* 玻璃质的,透明的,平稳如镜的

Glaswegian [glæs'wiːdʒɪən] *a.;n.* 格拉斯哥人〔的〕

Glauber('s)salt ['glaubəz'sɔːlt] *n.* 芒硝,(结晶)硫酸钠,元明粉

glauberite ['glaubəraɪt] *n.* 钙芒硝

glaucoma [glɔː'kəumə] *n.* 青光眼

glauconite ['glɔːknaɪt] *n.* 海绿石 ‖ **glauconitic** *a.*

glaucous ['glɔːkəs] *a.* 海绿色的

glaze [gleɪz] ❶ *n.* ①釉,瓷釉,珐琅,上釉,打光 ②光泽,光滑(面,层),坚冰,【气】冰雨,雨凇 ❷ *v.* ①装玻璃于 ②上釉于 ③抛光,变光滑,擦亮 ④磨石变钝 ☆ **glaze in** 围在玻璃中

glazed [gleɪzd] *a.* 上釉的,磨光的,装了玻璃的

glazer ['gleɪzə] *n.* ①抛光轮 ②釉工,打光工人

glazier ['gleɪzɪə] *n.* ①釉工,(装)玻璃工人

glazing ['gleɪzɪŋ] *n.* ①装(配)玻璃(业),玻璃细工 ②(上)釉,上光(色料),釉料 ③抛光 ④光泽

glazy ['gleɪzi] *a.* 玻璃似的,上过釉的,光滑的

gleam [gliːm] ❶ *n.* ①微光,一线光明 ②光彩 ❷ *v.* 发光,闪烁,(微弱地)显露出,反照,回光

Gleamax ['gliːmæks] *n.* (光泽镀镍用)格利马克斯电解液

gleamy ['gliːmi] *a.* 发光的,朦胧的

glean [gliːn] *v.* ①(苦心,一点一点地)搜集 ②发现,探明

gleaner ['gliːnə] *n.* 搜集者

gleaning(s) ['gliːnɪŋ(z)] *n.* 苦心搜集,搜集物,拾遗

gleba ['gliːbə] *n.* 产孢组织

glebe [gliːb] *n.* 含矿地带

gleditsin ['gledɪsɪn] *n.* 皂荚素

glee [gliː] *n.* ①高兴,欢欣 ②无伴奏合唱 ☆ **full of glee** 或 **in high glee** 欢天喜地,高兴得了不得

gleeful ['gliːful] *a.* 高兴的,愉快的 ‖ **~ly** *ad.*

gleep [gliːp] *n.* (= graphite low energy experimental pile)低功率石墨实验性(原子)反应堆

gleesome = gleeful

glen [glen] *n.* 峡谷,平底河谷

gley [gleɪ] *n.* 潜育土(层),格列土

gleying ['gleɪɪŋ] *n.* 潜育作用,格列土化

glia ['glaɪə, 'gliːə] *n.* 神经胶质

gliadin ['glaɪədɪn] *n.* 麦醇溶蛋白

glicerine ['glɪsəriːn] *n.* (= glycerine)甘油,丙三醇

glide [glaɪd] ❶ *n.* 滑(动,翔),下滑,滑道,滑翼带 ❷ *v.* ①(使)滑(动,翔),下滑 ②渐消,渐变(into)③消逝 ☆ **glide by (on)** (时间等)不知不觉中溜过,消逝; **glide into the wind** 迎风滑翔; **glide off** 滑落,流下来

glide bomb ['glaɪdbɒm] *v.* 下滑轰炸

glider ['glaɪdə] *n.* ①滑翔机,滑翔导弹,可回收卫星 ②滑行者〔物〕,滑动面,滑行翼

glidewheel ['glaɪdwiːl] *n.* 滑轮

gliding ['glaɪdɪŋ] *n.;a.* 滑翔(运动),滑动(的)

glim [glɪm] *n.* ①灯火 ②一瞥 ③少许,模糊的感觉 ④格雷姆(光亮度单位)

glimmer ['glɪmə] ❶ *n.* ①微光,(微弱的)闪光 ②模糊的感觉,少许 ③云母 ❷ *vi.* 发微光,忽隐忽

现☆**a glimmer (ing) of hope** 一线希望;**have a glimmer (ing) of** 模模糊糊知道 ‖ **-ing** a.

glimmerite ['glɪmərɪt] n. 云母岩

glimpse [glɪmps] n.;v. 一瞥,瞥见(at, of),闪现,微光,闪光,微微的感觉 ☆**a glimpse at ...** 一瞥; **catch (get) a glimpse of** 瞥见

glint [glɪnt] v.;n. ①发微光,隐约闪现 ②(光线)反射,回波起伏 ③掠过 ④窥视

gliobacteria [.glaɪəbæk'tɪərɪə] n. 胶细菌

gliosa ['glaɪəsə] n. 胶灰质

gliotoxin [.glaɪəʊ'tɒksɪn] n. 发霉黏毒,胶(霉)毒素

glirid ['glɪrɪd] n. 睡鼠

glissade [glɪ'sɑːd] v.;n. 侧滑,降落,滑坡

glissando [glɪ'sɑːndəʊ] (pl. glissandi) n.【音】滑音

glissette ['glɪset] n. 推成曲线

glist [glɪst] n. ①云母 ②闪耀

glisten ['glɪsn] vi.;n. 反光,闪烁

glistening ['glɪsnɪŋ] a. 闪耀的,反光的 ‖ **-ly** ad.

glister ['glɪstə], **glitter** ['glɪtə] vi.;n. 闪烁,闪闪发亮,灿烂

glitch [glɪtʃ] n. ①假信号,误操作,低频干扰,频率突增 ②故障,小事故

glittering ['glɪtərɪŋ] n.;a. 闪闪发亮的,灿烂(的) ‖ **-ly** ad.

gloam [gləʊm] vi. 暗下来,变朦胧

gloat [gləʊt] vi. 幸灾乐祸地观望

glob [glɒb] n. 一滴,一团

global ['gləʊbl] a.;n. ①球状的 ②全球的,全世界的 ③总的,全局的,整体的,包括一切的 ④总括的,综合的 ⑤全局符

globalism ['gləʊbəlɪzm] n. 全球性(干涉政策)

globalize ['gləʊbəlaɪz] vt. 使全球化

globally ['gləʊbəlɪ] ad. 世界上,全世界

globar ['gləʊbɑː] n. 碳硅棒

globate(d) ['gləʊbeɪt (ɪd)] a. 球状的,地球(仪)状的

globe [gləʊb] ❶ n. ①球,玻璃球 ②地球,天体 ③(球状)灯罩,玻璃壳,球状玻璃器皿 ④地球仪 ❷ v. (使)成球状

globelike ['gləʊblaɪk] a. 球状的

Globeloy ['gləʊblɔɪ] n. 硅铬锰耐热铸铁

globigerina [.gləʊbɪdʒə'raɪnə] n. 海底软泥

globin ['gləʊbɪn] n. 血球蛋白

globoid ['gləʊbɔɪd] a.;n. 球状体〔的〕

globose ['gləʊbəʊs] a. 球状的,圆形的 ‖ **-ly** ad.

globosity [gləʊ'bɒsətɪ] n. 球状

globular ['glɒbjʊlə] a. ①球状的,小球的 ②世界范围的 ③红细胞的 ‖ **-ly** ad.

globularity [.glɒbjʊ'lærɪtɪ] n. (成)球状

globule ['glɒbjuːl] n. 小球(体);珠滴,水珠;血球,淋巴球;丸药

globulimeter [.glɒbjʊ'lɪmɪtə] n. 血球计算器

globulin ['glɒbjʊlɪn] n. 球蛋白

globulite ['glɒbjʊlaɪt] n. 球雏晶

globulose ['glɒbjʊləʊs], **globulous** ['glɒbjʊləs] a. 小球(状)的,滴状的

globus ['gləʊbəs] (pl. globi) n. 球

glockenspiel ['glɒkənspiːl] n. 钟琴

gloea ['gliːə]【生】n. 胶

glomb [glɒm] n. 滑翔炸弹,无线电控制的滑翔导弹

glomerate ❶ ['glɒmərɪt] a. 密集的 ❷ n. 砾岩,团块 ❸ ['glɒməreɪt] v. 聚合黏结,团聚〔结〕

glomeration [glɒmə'reɪʃən] n. 聚合,黏结,聚集(成球),集块,球形物

glomerulonephritis [.gləʊmerjʊləʊne'fraɪtɪs]【医】n. 血管球性肾炎

glomerulus [gləʊ'merjʊləs] n. 血管球,肾血管球

glomic ['gləʊmɪk] a. 球的

gloom [gluːm] ❶ n. 阴郁,朦胧 ❷ v. (使)变暗,(使)变朦胧 ‖ **-ily** ad. **-iness** n.

gloomy ['gluːmɪ] a. 黑暗的,阴沉的,朦胧的,悲观的 ☆**take a gloomy view of** 对…感到悲观〔没有希望〕

glop [glɒp] n. 糊状(食)物,无味道〔价值〕的东西

gloppy ['glɒpɪ] a. 黏糊糊的

glorification [.glɔːrɪfɪ'keɪʃən] n. ①赞美,歌颂,祝贺 ②光荣 ③美化

glorify ['glɔːrɪfaɪ] vt. 赞美,歌颂,美化,给增光

glorious ['glɔːrɪəs] a. 光荣的,辉煌的,灿烂的,极好的 ‖ **-ly** ad

glory ['glɔːrɪ] ❶ n. ①光荣,荣誉 ②壮观,辉煌 ③荣耀 ❷ vi. 夸耀,为…而自豪(in)

glory-hole ['glɔːrɪhəʊl] n. ①【冶】炉口,观察孔 ②蕴藏量大的矿山,大型露天矿,大洞穴

gloss [glɒs] n.;v. ①光泽(面),光彩,光滑的表面 ②珐琅(质) ③加光泽,弄光滑,上釉,装饰 ④(加)注释,评注,词汇表 ⑤曲解,假象 ☆**gloss over** 掩盖; **put (set) a gloss on** 润饰,掩饰,使具有光泽

glossarial [glɒ'seərɪəl] a. 词汇(表)的

glossarist ['glɒsərɪst] n. 注解者,词汇编辑者

glossary ['glɒsərɪ] n. 词汇(表),语汇,术语

glossily ['glɒsɪlɪ] ad. 光滑,似是而非地

glossiness ['glɒsɪnɪs] n. ①光泽(性,度),有光泽 ②似是而非

glossitis [glɒ'saɪtɪs] n.【医】舌炎

glossmeter ['glɒsmɪtə] n. 光泽计

glossographer [glɒ'sɒgrəfə] n. 注释者

glossolalia [.glɒsəʊ'leɪlɪə] n. 言语不清

glossology [glɒ'sɒlədʒɪ] n. ①舌(科)学,命名学 ②(= linguistics)语言学

glossy ['glɒsɪ] a. ①光滑的,(有)光泽的,发光的 ②虚饰的,似是而非的

glost [glɒst] n. 釉

glottal ['glɒtl] a. 声门的

glottis ['glɒtɪs] n. 喉门

glove [glʌv] ❶ n. 手套 ❷ vt. 戴手套 ☆**be hand in glove (with ...)**(与…)关系密切; **fit like a**

glove 恰好吻合; *with gloves on* 戴着手套; *worth his fielder's glove* 能干的

glovebox ['glʌvbɒks] *n.* 手套箱

glow [gləʊ] ❶ *vi.* 灼热,(无焰)燃烧,发(白热)光,放光,发热 ❷ *n.* 发光,辉光,荧光,白热

glower ❶ ['gləʊə] *n.* 炽热体,发光体,灯丝 ❷ ['glaʊə] *vi.; n.* 凝视,怒目而视(at)

glowing ['gləʊɪŋ] ❶ *n.* 辉光 ❷ *a.* 灼热的,通红的,强烈的,鲜明的

glowworm ['gləʊwɜːm] *n.* 萤火虫

gloze [gləʊz] *n.* ①掩饰(over) ②解释清楚,注解,说明(on, upon)

glucan ['gluːkən]【生化】*n.* 葡聚糖

glucanase ['gluːkəneɪs]【生化】*n.* 葡聚糖酶

glucinium [gluːˈsɪnɪəm], **glucinum** [gluːˈsaɪnəm] *n.*【化】铍

glucoamylase [ˌgluːkəʊˈæmɪleɪs] *n.* 葡糖淀粉酶,葡糖糖化酶

glucogen ['gluːkəʊdʒen] *n.* 糖原,肝糖

glucogenesis [ˌgluːkəʊˈdʒenɪsɪs] *n.* 葡糖生成(作用)

glucogenic [ˌgluːkəˈdʒenɪk] *a.* 生成葡糖的

gluconate ['gluːkəʊneɪt] *n.* 葡糖酸盐

gluconeogenesis ['gluːkəˌniːəʊˈdʒenɪsɪs] *n.* 葡糖异生(作用),糖质新生

gluconoacetone [ˌgluːkəʊnəˈæsɪtəʊn] *n.* 葡糖酸丙酮

gluconolactonase [ˌgluːkəʊnəˈlæktəneɪs] *n.* 葡糖酸内脂酶

gluconolactone [ˌgluːkəʊnəˈlæktəʊn] *n.* 葡糖酸内脂

glucophosphatase [ˌgluːkəʊˈfɒsfəteɪs] *n.* 葡糖磷酸酶

glucoprotein ['gluːkəʊˈprəʊtiːn] *n.* 糖蛋白

glucopyranose [ˌgluːkəʊˈpaɪərənəʊs] *n.* 吡喃(型)葡萄糖

glucosan ['gluːkəsæn] *n.* 葡聚糖

glucose ['gluːkəʊs] *n.* 葡萄糖,右旋糖

glucosidase [gluːˈkəʊsɪdeɪs] *n.* 葡糖苷酶

glucoside ['gluːkəsaɪd] *n.* (葡萄)糖苷,配糖物,糖原质

glucosiduronate [ˌgluːkəˈsaɪdərəneɪt] *n.* 葡糖苷酸盐

glucosiduronide [ˌgluːkəʊˈsaɪdərənaɪd] *n.* 葡糖醛酮

glucuronamide [ˌgluːkjʊrəˈnæmaɪd]] *n.* 葡糖醛酰胺

glucuronate [gluːˈkjʊərəneɪt] *n.* 葡糖醛酸酯

glucurone ['gluːkjʊrəʊn] *n.* 葡糖醛酸内酯

glucuronide [gluːˈkjʊərənaɪd] *n.* 葡糖苷酸

glue [gluː] ❶ *n.* 骨〔牛皮〕胶,胶质,黏结剂 ❷ (glued;gluing) *v.* 胶合,(使)黏牢 ☆*be glued to* 胶着在…上; *glue A onto B* 把 A 黏到 B 上; *with one's eyes glued on* (目不转睛)盯着看; *glue up* 封(起)

gluey ['gluːɪ] *a.* 胶黏的,黏性的,似胶的

glueyness ['gluːɪnɪs] *n.* 胶黏性

glug [glʌg] *n.* (质量单位)格拉格

gluish ['gluːɪʃ] *a.* 胶黏的,胶水状的

gluon ['gluːɒn] *n.*【核】胶子

gluside ['gluːsaɪd] *n.* 糖精

glut [glʌt] ❶ (glutted; glutting) *vt.* 使吃饱;使充满;使满足;吃得过多 ❷ *n.* 供应过剩,过量,充斥,供过于求

glutaconate [ˌgluːtəˈkɒneɪt] *n.* 戊烯二酸(盐)

glutamate ['gluːtəmeɪt] *n.* 谷氨酸(盐)

glutaminase [gluːˈtæmɪneɪs] *n.* 谷酰胺酶

glutamine ['gluːtəmiːn] *n.* 谷酰胺

glutaminyl ['gluːtəmɪnɪl] *n.* 谷酰胺基

glutaraldehyde [ˌgluːtəˈrældəhaɪd] *n.*【化】戊二酸醛

glutarate ['gluːtəreɪt] *n.* 戊二酸(盐)

glutelin ['gluːtəlɪn] *n.* 谷蛋白(质)

gluten ['gluːtən] *n.* 谷蛋白,面筋

glutin ['gluːtɪn] *n.* 明胶蛋白

glutinate ['gluːtɪneɪt] *v.* 胶上

glutinosity [gluːtɪˈnɒsɪtɪ] *n.* 黏质

glutinous ['gluːtɪnəs] *a.* 黏(性)的,面筋似的 ‖ ~**ly** *ad.*

glutinousness ['gluːtɪnəsnɪs] *n.* 黏(滞)性〔度〕

glutol ['gluːtəl] *n.* 明胶甲醛

glutton ['glʌtn] *n.* 贪吃的,酷爱…的人(for)

gluttonous ['glʌtənəs] *a.* 贪婪的(of)

gluttony ['glʌtənɪ] *n.* 贪婪

glycan ['glaɪkæn] *n.* 聚糖

glycanase ['glaɪkəneɪs] *n.* 聚糖酶

glycase ['glaɪkeɪs] *n.* 麦芽糖糊精酶

glycemia [glaɪˈsiːmjə] *n.* 糖血(症)

glyceraldehyde [glɪsəˈrældɪhaɪd] *n.* 甘油醛

glyceramine [glɪsəˈræmɪn] *n.* 甘油胺

glycerate [glɪsəreɪt] *n.* 甘油酸盐

glyceride [glɪsəraɪd] *n.* 甘油酯

glycerin = glycerine

glycerinate [glɪsərɪneɪt] ❶ *n.* 甘油酸盐 ❷ *v.* 用甘油处理,把…存放在甘油中

glycerinated [glɪsərɪneɪtɪd] *a.* 含甘油的

glycerine [glɪsəriːn] *n.* 甘油〔醇〕,丙三醇

glycerite [glɪsəraɪt]] *n.* 甘油剂

glycerodinase [ˌglɪsərəˈdɪneɪs] *n.* 甘油激酶

glycerol [glɪsərɒl] *n.* 甘油,丙三醇

glycerophosphatase [ˌglɪsərəˈfɒsfəteɪs] *n.* 甘油磷酸酶

glycerophosphate [ˌglɪsərəʊˈfɒsfeɪt] *n.* 磷酸甘油

glycerophosphatide [ˌglɪsərəʊˈfɒsfətaɪd], **glycerylphosphatide** *n.* 甘油磷脂

glyceryl [glɪsərɪl] *n.; a.* 甘油基,丙三基

glycidamide [ˌglɪsaɪˈdæmaɪd] *n.* 环氧丙酰胺

glycide [glɪsaɪd] *n.* 缩水甘油,甘油醇,甘油酒精 ‖ **glycidic** *a.*

glycidol ['glɪsɪdəʊl] *n.* 缩水甘油

G

glycidyl ['glɪsɪdɪl] *n.* 缩水甘油基,环氧丙基

glycine ['glaɪsi:n] *n.* 甘氨酸,氨基乙酸,糖胶

glycinin ['glaɪsɪnɪn] *n.* 大豆球蛋白

Glyco ['glaɪkəu] *n.* 铅基轴承合金

glycocoll ['glaɪkəkɒl] *n.* 甘氨酸

glycocyamine [ˌglaɪkə'saɪəmi:n] *n.* 胍基乙酸

glycogen ['glaɪkəudʒen] *n.* 糖原,肝糖,动物淀粉

glycogenase [ˌglaɪkəu'dʒeneɪs] *n.* 糖原酶,肝淀粉酵素

glycogenesis [ˌglaɪkəu'dʒenɪsɪs] *n.* 糖原生成(作用)

glycogenic [ˌglaɪkəu'dʒenɪk] *a.* 生糖原的

glycogenolysis [ˌglaɪkədʒe'nɒlɪsɪs] *n.* 糖原分解(作用)

glycogenosome [ˌglaɪkə'dʒenəsəm] *n.* 糖原颗粒

glycol ['glɪkɒl] *n.* 乙二醇,甘醇

glycolate ['glaɪkəuleɪt] *n.* 乙醇酸酯

glycoleucine [ˌglaɪkə'lju:si:n] *n.* 正白氨酸

glycolide ['glaɪkəulaɪd] *n.* 乙交酯

glycolipide [ˌglaɪkəu'lɪpaɪd] *n.* 糖脂(类)

glycolisome [glaɪ'kɒlɪsəm] *n.* 乙醇酸(氧化)酶体

glycollate ['glaɪkəuleɪt] *n.* 乙醇酸盐

glycollide [glaɪkəulaɪd] *n.* 乙交酯

glycolysis [glaɪ'kɒlɪsɪs] *n.* 糖解

glyconeogenesis ['glaɪkəuˌni:əu'dʒenɪsɪs] *n.* 糖原异生(作用),动物淀粉新生

glycopenia [ˌglaɪkəu'pi:nɪə] *n.* 低血糖

glycopeptide [ˌglaɪkəu'peptaɪd] *n.* 糖肽

glycophorin [ˌglaɪkə'fɒrɪn] *n.* 血型糖蛋白

glycoprotein [ˌglaɪkəu'prəuti:n] *n.* 糖蛋白

glycosamine [glaɪ'kɒsəmaɪn] *n.* 葡糖胺,氨基葡糖

glycosidase [glaɪ'kəusɪdeɪs] *n.* 糖苷酶

glycosidation [ˌglaɪkəusaɪ'deɪʃən] *n.* 苷化

glycoside ['glaɪkəsaɪd] *n.* (糖)苷,配糖物

glycosuria [ˌglaɪkə'sjuərɪə], **glycuresis**[ˌglaɪkju'ri:sɪs] *n.* 糖尿病

glycosylation [ˌglaɪkəsɪ'leɪʃən] *n.* 葡基化

glycuronate [glaɪ'kju:rəneɪt] *n.* 糖醛酸盐;糖醛酸

glycuronide [glaɪ'kju:rənaɪd] *n.* 糖苷酸

glyme [glaɪm] *n.* 甘醇二甲醚

glyoxal [glaɪ'ɒksəl] *n.* 乙二醛

glyoxalase [glɪ'ɒksəleɪs] *n.* 乙二醛酶

glyoxylate [glaɪ'ɒksɪleɪt] *n.* 乙醛酸盐

glyoxysome [glɪ'ɒksəm] *n.* 乙醛酸循环体

glyph [glɪf] *n.* 【建】雕像 ‖ ~ic *a.*

glyphograph ['glɪfəgrɑ:f] ❶ *n.* 电刻版,电气凸版 ❷ *v.* 电刻

glyphographer [glɪ'fɒgrəfə] *n.* 电刻者

glyphographic [ˌglɪfə'græfɪk] *a.* 电刻版的

glyphography [glɪ'fɒgrəfɪ] *n.* 电刻术

glyptal ['glɪptəl] *n.* 甘酞树脂

glyptic ['glɪptɪk] *a.* (玉石)雕刻的,有花纹的

glyptics ['glɪptɪks], **glyptography** [glɪp'tɒgrəfɪ] *n.* (玉石)雕刻术

glyptolith ['glɪptəlɪθ] *n.* 风刻石

glysantine [glɪ'sænti:n] *n.* 乙二醇水溶液防冻剂

gnarl [nɑ:l] ❶ *n.* (木)节,木瘤 ❷ *v.* 扭,生节

gnarled [nɑ:ld], **gnarly** ['nɑ:lɪ] *a.* (树木)多瘤节的,扭曲的

gnat [næt] *n.* 蚊,蚋,琐碎事情 ☆*strain at a gnat* 谨小慎微,拘于小节

gnathostomata [ˌnɑ:θə'stəumətə] *n.*【动】有颌类

gnathostomatous [ˌnɑ:θə'stəumətəs]【动】有颌的

gnaw [nɔ:] (gnawed 或 gnawn) *v.* 啃,咬,啮,蚀,消耗(at, into),折磨

gnawn [nɔ:n] gnaw 的过去分词

gneiss [naɪs, gnaɪs](德语)片麻岩 ‖ ~ic 或~ose 或~y *a.*

gneissoid ['naɪsɔɪd] *a.* 像片麻岩的,片麻岩状的

gnomon ['nəumɒn] *n.* 日圭,(日晷)指时针,太阳高度指示器,【数】磐折形

gnomonic [nəu'mɒnɪk] *a.* 心射的,(日晷)指时针的,磐折形的

gnomonics [nəu'mɒnɪks] *n.* 日晷测时学,日晷仪原理

gnomonogram ['nəumənəgræm] *n.* 心射图

gnosia ['nəusɪə] *n.* 认识

gnosis ['nəusɪs] *n.* 感悟,灵感

gnostic ['nɒstɪk] *a.* 认识的,有感悟的

gnotobiology [ˌnəutəubaɪ'ɒlədʒi:] *n.* 无菌生物学

gnotobiotic [ˌnəutəubaɪ'ɒtɪk] *a.* 择生生物(的),无菌的,限菌的

gnotobiotics [ˌnəutəubaɪ'ɒtɪks] *n.* 对无细菌动物的研究

gnu [nu:, nju:] *n.* 牛羚,角马

go [gəu] ❶ (went, gone; going) *vi.* ①去,走 ②运行,开动,进行,起作用 ③成为,达到(…状态) ④垮,断开,完结,坍塌,失败,衰退,(时间)过去 ⑤响,发声,报时 ⑥(除)得整数商 ⑦(给定数值 ❷ *vt.* ①(生)产 ②买得起,忍受,承担…责任 ③出(价) ④干,做 ☆*as far as it goes* 就目前情况来说,就此而论; *as far as our information goes* 照我们现在资料来看; *as far as our knowledge goes* 就我所知; *as ... go* 就…来说,照…通常情形来说; *be going on for* 接近; *be going too far* 太过分了,用得很过; *go a long way* 达到很远,用得很久; *go a long way in (towards) doing* 大大有利于; *go a step further* 再深入一步; *go about* 走来走去,东奔西走,流传,迂回; 忙于,着手(做),尽力(做); *go above* 超过; *go afoul* 出岔子,失败; *go after* 跟在后面,追求; *go against* 与…相反,逆着,违反,不利于; *go ahead* 进展,前进,一直往前,毫不犹豫; *go all out* 全力以赴,鼓足干劲; *go* *along* 前进,进行(下去); *go along with* 陪伴,和…一致,理解; *go ask him* 去问他; *go as …*表现为; *go astern* (船)后退,反方向移动; *go astray* 误入歧途,迷路; *go at* (努力)从事,着手,冲向,攻击; *go away* 离开; *go back on (upon,from)* 违背,背弃; *go back to* 回到…上来,追溯到; *go before* 居前; *go behind* 寻求,进一步斟酌; *go behind a decision* 对决定再考虑一下; *go between* 调停,奔走于…之间; *go beyond* 过分,超过,超出…范围; *go boom* 崩溃; *go by* 经过,过去,遵循; *go by the board* (计划)被放弃; *go down* 减少,下降,落下,沉没,平静下来,被载入; *go down to* 一直到,达到,下降到; *go down with* 受到…的赞赏; *go far* 效力大,耐久; *go far toward* 向…前进一大步,对…深入,大有助于; *go flat out* = go all out; *go for* 去找,去做,设法取得,适用于,袭击,赞成; *go for nothing* (被认为)毫无用处(效果),等于零; *go forth* 出发,公布; *go forward* 前进,进步,发生; *go fut(phut)* (车胎)破裂,成泡影; *go glimmering* 化为乌有,成泡影; *go halves with* 与…(对半)平分; *go hand in hand (with)* 相结合,相伴而行; *go home* 回家,击中; *go in* (塞)进去,进入,(日,月等)被云遮蔽,参加; *go in for* 为…而努力,从事,参加,爱好,支持; *go into* 走进,进入,通向,参加,从事,深入研究,调查,详细讨论; 〖数〗除;穿着; *go metric* 采用公制; *go mini* 变小; *go off* 离去,消失,射出,爆炸,卖掉,变坏,失去知觉,消失; *go on* 进行,继续,(时间)过去,日子过得,依靠,遵循,接受; *go on for* 接近; *go on the air* 开始广播,发射出去; *go on with* 把…进行下去; *go out* 出去,熄灭,不流行,罢工,辞职,下台,结束,出版; *go over* 越过,绕过(滑轮,皮带轮),过渡,翻倒,(仔细)检查,审查,参观,复习,重读; *go over from A to B* 从 A 转到 B; *go over to* 过渡到,转向,改变为; *go over with* 获得好评,使人留下深刻印象; *go overboard* 做得过分; *go round* 旋转,绕…运行,巡回,(在数量上)够分配; *go shares* 分享,分担,合伙经营; *go so far as to do* 甚至于(做),达到…的程度; *go through* 通过,经历,处理完,仔细查看,搜索,详细讨论,全面考虑,卖完,用完,做完,发行; *go through the motions of* 做…动作; *go through with* 完成,贯彻; *go to do* 去〔做〕,开始(做); *go (to) the length of doing* 甚至于(做); *go under* 沉没,失败,破产; *go without* 没有(…也行),忍受没有…之苦; *go wrong* 出毛病,发生故障; *go wrong with* 失败,发生故障;*Gone are the days when…*…的日子; *It all goes to prove that* 一切都证明了…; *It goes without saying (that)* 不消说,不言而喻,很明显,当然; *let (leave)go off* 松开; *not go so far as to do* 不致(于)(做); *so far as … goes* 就…而论; *so far as it goes* = as far as it goes ❸ n. ①去,进行 ②事件,情况 ③成功,胜利 ❹ a. 可随时发射(使用)的,准备就绪的,有利的 ☆ *(a) near go* 间不容发;

at one go 一举,一气,一次; *be all (quite) the go* 流行; *be full of go* 精力旺盛; *be on the go* 在进行,忙碌,活跃; *have a go at* 企图,尝试; *no go* 不行了,没办法了

〖用法〗❶ 该词可以作为连系动词,意为"变成"。如: The current may go negative.该电流可能变成负的。/In this case the output goes low.在这种情况下,输出变成了低电位。/Why are communications "going digital?"为何通信正在"变成数字式的"呢? ❷ 注意下面例句的含义:Radar is discussed in what has gone before.在前面我们讨论了雷达。/Transconductance in the MOSFET goes as the square root of drain current.金属氧化物半导体场效应管的跨导表现为漏极电流的平方根。

goa [ˈɡəʊə] *n.* 藏原羚,藏羚羊

goaf [ɡəʊf] *n.* 采空区,空岩

goal [ɡəʊl] *n.* 目的〔标〕,终点,瞄准点,球门,门球 ☆ *attain the goal* 达到目的; *get (make, score) a goal* 踢进一个球; *set a goal of doing* 制订…目标

〖用法〗 ❶ 当表示"…的目的"时,其后面往往跟介词"for"。如: The main goal for the design and implementation of swap space is to provide the best throughput for the virtual-memory system.设计和实现交换空间的主要目的在于为虚拟存储器系统提供最好的吞吐量。❷ 注意下面例句中该词的含义: So that you may have in mind the goal towards which you are working, there are shown below the circuit diagrams of the two types of TRF receiver.为了使你对你所要设计的目标做到心中有数,在下面画出了这两类调谐射频接收机的电路图。(由"so that"引导的目的状语从句处于主句前;"are working"在此表示将来的动作,似乎美国人用得比较多;主句属于"there + 被动语态谓语 + 主语"型倒装句;"below"在此是副词作状语,千万不能把它看成是介词,否则主句就没有主语了;主句的主语是"the circuit diagrams of the two types of TRF receiver",由于它很长,因而把"below"前置了。)

goalkeeper [ˈɡəʊkiːpə] *n.* 守门员

goalless [ˈɡəʊlɪs] *a.* 无目标的,无目的的

goalpost [ˈɡəʊlpəʊst] *n.* 门柱

goat [ɡəʊt] *n.* ①山羊,替罪羊 ②(铁路)转辙机 ☆ *make … the goat* 拿…当替罪羊; *separate the sheep from the goats* 把好人和坏人分开

goatbush [ˈɡəʊtbuʃ] *n.* 羊刺灌丛

goatee [ɡəʊˈtiː] *n.* 山羊胡子

goatskin [ˈɡəʊtskɪn] *n.* 山羊皮

gob [ɡɒb] *n.* ①空岩②杂石,黏块,玻璃坯,鼓泡物料 ③(pl.)许多

gobbet [ˈɡɒbɪt] *n.* ①断片,引文 ②一块〔堆〕,一部分

gobble [ˈɡɒbl] *v.* 狼吞虎咽

go-between [ˈɡəʊbɪtwiːn] *n.* 中(间)人,连接杆,中间网络

gobi ['gəubɪ] *n.* 戈壁

goblet ['gɒblɪt] *n.* 高脚玻璃杯,(恒)星胎

gobo ['gəubəu] *n.* 亮度突然降低,透镜遮光片,遮光黑布,(扩音话筒上)排除杂音用的遮布

god [gɒd] *n.* ①神 ②上帝,天主

go-devil ['gəudevəl] *n.* ①堵塞检查器,输油管清扫器,刮管器 ②木材搬运橇,手推车 ③油井爆破器

godown ['gəudaun] *n.* 仓库,栈房

goe [gəuɪ] *n.* 海蚀洞

goer ['gəuə] *n.* 行人,车,马,钟表,走动的机件

goethite ['gəuθaɪt] *n.* 针铁矿

gofer, goffer ['gɒfə] *n.*; *vt.* 起皱,作皱褶,波纹〔皱纹〕

gof(f)ering ['gɒfərɪŋ] *n.* 形成皱纹

goggle ['gɒgl] *v.* 瞪视

goggles ['gɒglz] *n.* 护目镜,风镜,墨镜

going ['gəuɪŋ] ❶ go 的现在分词 ❷ *a.* ①进行中的,运转中的,营业的 ②现行的,流行的 ③出发的 ❸ *n.* ①去,(步,旅)行,出发 ②进行状况,工作条件,道路的状况 ☆ *be going to do* 将〔正〕要; *going strong* 劲头十足,成功,顺利进行; *in going order* 正常; *keep ... going* 使继续; *set (get) ... going* 开动〔展〕,创立,实行,出发

goiter, goitre ['gɒɪtə] *n.* 甲状腺肿

goitrous ['gɒɪtrəs] *a.* 甲状腺肿的

gold [gəuld] ❶ *n.* 【化】金,黄金,金黄色,金箔,金币 ❷ *a.* 金的

goldammer ['gəuldəmə] *n.* 德国干扰抑制系统

goldbeater ['gəuldbi:tə] *n.* 金箔工人

goldbonded ['gəuldbɒndɪd] *a.* 金键(合)的

gold-coated ['gəuldkəutɪd] *a.* 镀金的,包金的

golddust ['gəuldʌst] *n.* 砂金,金泥,金粉

golden ['gəuldən] *a.* 金(制,黄色)的,含金的,贵重的,极好的(机会等)

goldfield ['gəuldfi:ld] *n.* 金矿区,黄金产地

goldfish ['gəuldfɪʃ] *n.* 金鱼

goldfoil ['gəuldfɒɪl] *n.* 金箔

goldleaf ['gəuldli:f] *n.* 金箔,金叶

goldmark ['gəuldmɑ:k] *n.* 记录搜索接收机

goldmine ['gəuldmaɪn] *n.* 金矿,宝库

goldplate ['gəuldpleɪt] ❶ *n.* 金(制)器 ❷ *vt.* 镀金

goldplated ['gəuldpleɪtɪd] *a.* 镀金的,包金的

goldrefining [gəuldrɪ'faɪnɪŋ] *n.* 金精炼(法)

goldsmith ['gəuldsmɪθ] *n.* 金匠,金首饰商

goldtail ['gəuldteɪl] *n.* 金尾蛾

gole [gəul] *n.* 溢水道,溢流堰,水闸,闸门

Golf [gɒlf] *n.* 通信中用以代表字母 g 的词

golf [gɒlf] *n.*; *vi.* (打)高尔夫球

golfer ['gɒlfə] *n.* 打高尔夫球的人

golgiogenesis [gɒldʒɪədʒɪ'nesɪs] *n.* 高尔基体发生

golgiokinesis [gɒldʒɪəkɪ'nesɪs] *n.* 高尔基体分裂

golgiorrhexis [gɒldʒɪə'ri:ksɪs] *n.* 高尔基体断裂

golgiosome ['gɒldʒɪəsəum] *n.* 高尔基体

goliath [gə'laɪəθ] *n.* 巨人,大型(物件),非常重要的事物,强力起重机

golly ['gɒlɪ] *int.* 啊,天哪

goluptious [gə'lʌpʃəs], **goloptious** [gə'lɒpʃəs] *a.* 可口的,使人高兴的

gome [gəum] *n.* 润滑油积炭

gomphiasis [gɒm'faɪəsɪs] *n.* 【医】牙齿松(动)

gomphosis [gɒm'fəusɪs] (pl. gomphoses) *n.* 【医】嵌合

gon [gɒn] *n.* (角度单位)哥恩,百分度

gonad ['gɒnæd] *n.* 性腺,生殖腺

gonane ['gɒneɪn] *n.* 甾烷

gondola ['gɒndələ] *n.* (大型)平底船,(飞艇等的)吊舱,悬篮,圆球室,(铁路)敞篷货车,悬艇式小型零件搬运箱,有漏斗状容器的卡〔拖〕车

gone [gɒn, gɔ:n] ❶ go 的过去分词 ❷ *a.* 过去的,消失的,无望的,衰弱的

gong [gɒŋ] *n.* (铜)锣,【电子】铃碗,铃,皿形钟

goniasmometer [gɒnɪæs'mɒmɪtə] *n.* 量角器

gonidiferous [gəunɪ'dɪfrəs] *a.* 含生殖子的

gonidioid [gə'nɪdɪɒɪd] *a.* 微生子形的

gonidiophore [gə'nɪdɪəfɔ:] *n.* 微生子体

gonidium [gəu'nɪdɪəm] (pl. gonidia) *n.* 微生子,藻(细)胞

goniometer [gəunɪ'ɒmɪtə] *n.* (晶体)测角器,量角仪,测向器,无线电方位测定器

goniometric [gəunɪə'metrɪk] *a.* 测角(计)的

goniometry [gəunɪ'ɒmɪtrɪ] *n.* 角度测定,测角〔向〕术

goniophotometer [gəunɪəufəu'tɒmɪtə] *n.* 变角光度计

gonoblast ['gɒnəbɑ:st] *n.* 原生殖细胞

gonochorism [gɒnəu'kɔ:rɪzəm] 【生】 *n.* 雌雄异体

gonococcus [gɒnəu'kɒkəs] (pl. gonococci) *n.* 淋病双球菌

gonocyte ['gɒnəsaɪt] *n.* 【生】卵胚细胞

good [gud] ❶ (better, best) *a.* ①好的,佳的,优良的,结实的,可靠的,令人满意的 ②有益的,适合的 ③充分的,完全的 ④能胜任的,有能力的 ⑤安全的,靠得住的,真正的 ❷ *n.* ①善良 ②好人 ③好处,用处,(pl.)货物,动产 ☆ *a good many* 好多,许许多多; *(all) in good time* 在适当或有利的时刻,及早,刚巧; *(all) to the good* 很有利; *as good as* 和…一样(好),简直是; *be good at doing* 善于(做); *(be) good for* 对…适用; *(be) good to* …对…很好,有效到…程度; *be no good to ...* 对…没有用; *come to no good* 结果不好;*do (...) good (to)* (对…)有好处,(对…)有用,(对…)有效; *for either good or bad* 或 *for good or for bad* 不论好坏; *for good (and all)* 永远,永久; *for the good of ...* 为了…的目的,为…的利益; *good for nothing* 无用,毫无价值; *hold good (for)*(对…)有效,(对…)适用; *make*

good 补偿,弥补,证明···是正确的; *no sort of ... is any good* 哪一种···都不适用,没有一种···用得上; *not good enough to do* 没有(做)的价值,不值一(做)
〖用法〗注意下面例句中该词的含义:This best correlation is <u>good</u> only <u>for</u> regular-lay ropes.这一最佳关联仅适合于普通捻的绳子。/A useful approximation, <u>good</u> to within 1%, is 1 foot = 30 centimeters.一种有用的近似表示法是 1 英尺等于 30 厘米,其误差在 1%以内。/It is the processing of information into new patterns that the human brain is so <u>good at</u>.人类大脑非常擅长的是把信息处理成新的模式。(这个强调句型强调的是介词"at"的介词宾语。)

goodby(e) ['gud'baɪ] *int.;n.* 再见,告别

goodhumo(u)red ['gudhju:məd] *a.* 兴致勃勃的,愉快的

goodish ['gudɪʃ] *a.* ①还好的,不坏的 ②颇大的,相当的

goodly ['gudlɪ] *a.* ①美观的,漂亮的,优良的,好的,不错的 ②相当(大)的,颇多的

goodness ['gudnɪs] *n.* ①优良,精华 ②优度,质量因数 ③优势

goods [gudz] *n.* ①货物,商品 ②财产 ③本领,才能

goodwill [gud'wɪl] *n.* ①友好 ②商誉

goody ['gudɪ] *n.* 糖果,蜜饯

goody ['gudɪ] *a.;n.* 伪善的(人),假道学的

googol ['gu:gɒl] *n.* 古戈尔(十的一百次方),巨大的数字

googolplex [gu:gɒlpleks] *n.* 古戈尔派勒斯,古戈尔幂

googoo ['gu:gu:] *a.* 色情的

goon [gu:n] *n.* 傻瓜,暴徒,刺客

goop [gu:p] *n.* 黏糊糊的东西,镁尘糊块

goosan ['gu:sæn] *n.* 铁帽

goose [gu:s] ❶ (pl. geese) *n.* (母)鹅 ❷ *vt.* 推动,(开车时)作不平均的加油 ☆*kill the goose that lays the golden eggs* 杀鸡取卵

gooseneck ['gu:snek] *n.* 鹅颈,S 形变(管),肘管,弹簧式弯头车刀

gopher ['gəufə] ❶ *n.* (北美)地鼠 ❷ *vt.* 挖洞(= goffer)

Gordian knot ['gɔ:dɪən'nɔt] *n.* ①难题,难解的结,棘手问题 ②关键,焦点 ☆*cut the Gordian knot* 用快刀斩乱麻的办法解决难题

gore [gɔ:] ❶ *n.* ①(伤口的)凝血,血块 ②三角布,三角地带,锥形坡 ❷ *vt.* ①(用角)刺 ②裁成三角形

gorge [gɔ:dʒ] *n.* 峡,峡谷,隘路,咽喉,【建】凹圆线脚

gorgeous ['gɔ:dʒəs] *a.* ①华丽的,豪华的 ②好看的,漂亮的 ‖ **-ly** *ad.*

gorgon ['gɔ:gən] *n.* 空对空导弹

gorgonin ['gɔ:gənɪn] *n.* 珊瑚硬蛋白

gorse [gɔ:s] *n.* 荆豆(属植物)

gory ['gɔ:rɪ] *a.* 沾满鲜血的,血迹斑斑的,骇人听闻的 ‖ **gorily** *ad.*

goshenite ['gəuʃənaɪt] *n.* 透绿柱石

goslarite ['gəusləraɪt] *n.* 皓矾

gospel ['gɒspəl] *n.* 福音,真理

gosport ['gɒspɔ:t] *n.* (飞机座舱间)通话软管

gossamer ['gɒsəmə] ❶ *n.* ①游丝,薄雨衣 ②蛛〔游〕丝 ③小阳春 ❷ *a.* 轻而薄的 ‖ **-y** *a.*

gossan ['gɒsn] *n.* 【矿】铁帽

gossip ['gɒsɪp] *n.; vt.* ①杂谈,随笔 ②流言

gossiping ['gɒsɪpɪŋ] *n.* 杂谈,闲话

Gossypium ['gɒsɪpɪəm] *n.* 棉属

gossypol ['gɒsɪ,pɒl] *n.* 棉子酚

got [gɒt] get 的过去式及过去分词

Gothic ['gɒθɪk] *a.; n.* ①哥特式的(建筑),尖拱式建筑 ②黑体字(的),哥特体活字,哥特式的

gotten ['gɒtn] get 的过去分词

gotup ['gɒtʌp] *a.* 做成的,人工的,假的

goudron ['gəudrən] *n.* 焦油,沥青

gouge [gaudʒ] ❶ *n.* ①(圆,半圆,弧口)凿,凿出的槽 ②断层泥 ③(带钢缺陷)擦伤 ❷ *v.* ①(用半圆凿)凿孔,凿出(out) ②刨槽

gougerotin ['gaudʒərətɪn] *n.* 谷氏菌素

gouging ['gaudʒɪŋ] *n.* ①用圆凿挖孔,刨槽 ②(砂矿)地沟洗矿

govern ['gʌvən] *v.* ①统治,管理,支配 ②调整,控制,操纵 ③决定,规则,影响,指导 ☆*(be) governed by ...* 取决于,由···决定

governable ['gʌvənəbl] *a.* 可统治的,可支配的

governance ['gʌvənəns] *n.* 统治(方式),管理(方法),支配,权势

government ['gʌvənmənt] *n.* ①政府,内阁 ②管理,控制,调节,支配,统治(权) ③行政管理,管理机构 ④行政管理区域 ‖ **-al** *a.*

governor ['gʌvənə] *n.* ①调速〔整〕器,调速箱,控制器,调节阀 ②管理者,统治者,地方长官,州长,总督

grab [græb] ❶ *n.* ①抓取,抢夺 ②夹钳,抓勾,爬杆脚扣 ③(挖土机)抓斗,抓岩机,开掘机,底质采样器,采泥器,起重钩 ❷ (grabbed; grabbing) *v.* 抓取,(猛然)抓住(at),抢去,霸占 ☆*get (have) the grab on* 强迫,占据比···有利的地位; *make a grab at* 抓住,攫取

graben ['gra:bən] *n.* 地堑,地沟

grace [greɪs] ❶ *n.* ①优美,(pl.)优点 ②恩赐 ③(票据等到期后的)宽限,缓期 ❷ *vt.* 装饰,使···增色 ☆*have the grace to do* 爽爽快快地做,认为应该(做); *with a good grace* 高高兴兴地,爽爽快快地,愿意

graceful ['greɪsful] *a.* 优美的,得体的 ‖ **-ly** *ad.* **-ness** *n.*

gracile ['græsaɪl] *a.* 薄的,细(长)的,纤弱(优美)的

gracious ['greɪʃəs] *a.* 亲切的,客气的,和蔼的 ‖ **-ly** *ad.* **-ness** *n.*

grad [greɪd] *n.* 百分度,梯度;毕业生

G

gradability [ˌgreɪdə'bɪlɪtɪ] n. 可分等级性

gradable ['greɪdəbl] a. 可分级的

gradall ['grædɒl] n. 挖掘平整机

gradate [grə'deɪt] v. ①(使)逐渐变浓〔淡〕,逐渐变色,(使)显出层次次来 ②分级,顺次配列

gradatim [grə'deɪtɪm](拉丁语) ad. 渐渐,一步一步地

gradation [grə'deɪʃən] n. ①分等,(定)次序 ②级配,(深浅,灰度)等级,色调层次,灰度,程度 ③渐变,进展(的过程),渐进性 ④【地质】均夷作用

gradational [grə'deɪʃənəl] a. 有顺序的,分等级的,逐渐变化的 ‖ ~ly ad.

grade [greɪd] ❶ n. ①(等,年)级,级别,牌号 ②分级,阶段,(矩阵的)秩 ③(程)度,坡度,百分度,(测量)标高,纵断度 ④等级 ❷ vt. ①分级,径选,记分数 ②定坡度,减小坡度,平整,【地质】均夷 ③使渐次变化 ❸ vi. ①属于…等级 ②渐次变化 ☆ **at grade** 在同一水平面上; **crossing at grade** 或 **grade crossing** 平面交叉; **grade off** 级配,分级; **grade labeling** (按质)分等级; **make the grade** 达到(理想)标准,成功;爬上陡坡; **on the down grade** 下降〔坡〕,衰败; **on the up grade** 上升〔坡〕,兴盛

gradeability [ˌgreɪdə'bɪlɪtɪ] n. 爬坡的能力,拖曳力

gradebuilder ['greɪdbɪldə] n. 推拉推土机

graded ['greɪdɪd] a. ①分级的,定等级的,有刻度的,校(准)过的 ②不同等级的,筛选的 ③按图布置的,规划好的 ④(有)坡度的,递减的,阶梯式的,缓变的

gradeline ['greɪdlaɪn] n. 坡度线

gradely ['greɪdlɪ] a. 极好的,漂亮的,恰当的

grader ['greɪdə] n. ①平地机,分类器,分级机,筛选机 ②分选工 ③…年级生

gradient ['greɪdɪənt] ❶ n. ①坡度,梯度,斜率,增减率 ②斜坡,坡(道) ③锥度〔形〕 ❷ a. (适于)步行的,倾斜的

gradienter ['greɪdɪəntə] n. 测梯度仪,倾斜计,水准仪

gradin(e) ['greɪdɪn] n. 阶梯的一级,阶梯座位的一排

grading ['greɪdɪŋ] n. ①分(等)级,分类,筛选,粒度 ②分级 ③校准,定标,水准测量 ④定纵坡度 ⑤土工修整,减小坡度,路基平整

gradiomanometer [ˌgreɪdɪəmə'nɒmɪtə] n. 压差密度计

grad(i)ometer [ˌgreɪd(ɪ)'ɒmɪtə] n. 倾斜计,坡度测定仪,重力梯度仪

gradual ['grædjʊəl] a. ①逐渐的,渐变的 ②平缓的,逐渐上升〔下降〕的

gradually ['grædjʊəlɪ] ad. 逐渐

graduate ❶ ['grædjʊeɪt] v. ①刻度(数字),标度 ②校准 ③(准予)毕业,得学位 ④逐步消逝(away),渐渐变成(into) ☆ **graduate in ...** (学科)毕业 ❷ ['grædjʊɪt] n. ①(美国)毕业生,(英国)大学毕业生 ②量杯,分度器 ❸ a. ①毕了业的,研

究生的 ②刻度的 ③分等级的

graduated ['grædjʊeɪtɪd] a. ①分度的,刻度的 ②分等的 ③毕业了的
〖用法〗注意下面例句中该词的含义: Now let us examine a short series of examples of <u>graduated</u> complexity.现在让我们来考察几个具有分级复杂度的例子。

graduation [ˌgrædjʊ'eɪʃən] n. ① (刻,标)度,分等级,级配,选分 ②校准,定标 ③加浓,浓缩 ④【统】修均法 ⑤毕业

graduator ['grædjʊeɪtə] n. 刻度机;刻度员

Graface ['græfɪs] n. 石墨-二硫化钼固体润滑剂

graff [grɑːf] n. 壕,沟,河渠

graft [grɑːft] n.;v. ①嫁接,使接合,移植(物,片) ②贪污,受贿 ③一铲的深度 ④弯口铁铲

graftage ['grɑːftɪdʒ] n. 接枝法

grafter ['grɑːftə] n. ①平铲 ②移植者

grahamite ['greɪəmaɪt] n. 脆沥青

grail [greɪl] n. ①(细)砾石,砂砾,鹅卵石 ②杯,盘

grain [greɪn] ❶ n. ①谷类 ②颗粒,晶粒,粒料 ③英厘,格令(英制质量单位) ④少许,一点儿 ⑤纹理,纤维,地势走向,粒面 ⑥固体推进剂,爆破筒 ⑦组织,构造 ⑧(pl.)交流汇合处 ❷ v. ①(使)粒化,使结晶 ②使表面粗糙 ③把…表面漆成木纹,起纹 ④析皂 ☆ **across the grain** 横纹地; **against the grain** 逆纹理(地),不合意地; **dye in grain** 生染,用不褪色染料染; **grain out** 析皂; **have not a grain of** 连一点…也没有; **in grain** 彻底的,真正的,生来的; **with a grain of salt** 或 **with some grains of allowance** (此话)不可全信,有保留地; **with the grain** 顺纹地; **without a grain of** 一点…也没有

grainage ['greɪnɪdʒ] n. 英厘量

Grainal ['greɪnəl] n. 钡钛铝铁合金

graine [greɪn] n. 蚕卵,蚕种

grained [greɪnd] a. 粒状的,有纹理的

grainer ['greɪnə] n. ①漆木纹(者,用具) ②鞣皮剂,刮毛刀

graininess ['greɪnɪnɪs] n. (多)粒状,粒度

grainless ['greɪnlɪs] a. 无颗粒的,没有纹理的

grainy ['greɪnɪ] a. 粒状的,多粒的,木纹状的

gram [græm] n. 克

gramatom ['græmətəm] n. 克原子

gramicidin [ˌgræmɪ'saɪdɪn] n. 革兰氏阳性钉菌素,短杆菌肽

graminaceous [ˌgreɪmɪ'neɪʃəs], **gramineous** [grə'mɪnɪəs] a. 禾本的,(似)草的

graminivorous [ˌgræmɪ'nɪvərəs] a. 吃草、谷类或种子的

gramion ['græmɪən] n. 克离子

grammalog(ue) ['græməlɒg] n. (速记中)用单一记号表示的字

grammar ['græmə] n. ①语法 ②初步,基本原理 ③(个人的)措词,说法

grammarian [grə'meərɪən] n. 语法学家

grammatical [grə'mætɪkəl] a. 语法上的

grammaticize [grə'mætɪsaɪz] vt. 使合乎语法

grammatite ['græmətaɪt] n. 透闪石

gramme [græm] n. (=gram) 克

grammeter, grammetre [græ'mi:tə] n. 克米

grammol(e) ['græməʊl], **grammolecule** [grə'mɒlɪkjul] n. 克分子

gramophone ['græməfəʊn] n. 留声机,唱机

grampus ['græmpəs] n. 大铁钳

grams [græmz] n. (pl.)唱片〔磁带〕音乐

granary ['grænərɪ] n. 谷仓,产粮区

granatin ['grænətɪn] n. 石榴皮亭

granatohedron ['grænətəhedrɒn] n. 菱形十二面体

granatum [grə'neɪtəm] n. 石榴皮

grand [grænd] a. ①主要的,(最)重大的,(伟,盛,宏)大的 ②庄严的,雄伟的 ③极好的,豪华的 ④完全的,总的

grandchild ['grænd,tʃaɪld] (pl. grandchildren) n. 孙,外孙

grandeur ['grænd3ə] n. 宏伟,崇高,庄严

grandfather ['grænd,fɑːðə] n. (外)祖父,祖先

grandiloquence [græn'dɪləkwəns] a. ①庄严的,雄伟的 ②夸张的 ‖ ~ly ad.

grandiose ['grændɪəʊs] a. ①庄严的,雄伟的 ②夸张的

grandiosity [grændɪ'ɒsɪtɪ] n. ①宏伟,辉煌,崇高 ②夸张

grandite ['grændaɪt] n. 钙铝铁榴石

grandly ['grændlɪ] ad. 庄严地,宏伟地,崇高地

grandomania [grændə'mænɪə] n. 豪华癖

grandmother ['grænd,mʌðə] n. (外)祖母

grandness ['grændnɪs] n. 庄严,宏伟,崇高,伟大,壮丽

grandson ['grændsʌn] n. 孙子,外孙

grandstand ['grændstænd] n. 大看台,全体观众

grange [greɪndʒ] n. 农场〔庄〕,庄园,谷仓

grangerism ['greɪndʒərɪzm] n. 转载别的书上的插图

grangerize ['greɪndʒəraɪz] vt. 转载别的书上的插图,从…中剪下插图 ‖ **grangerization** n.

graniferous [grə'nɪfərəs] a. 有颗粒的

graniform ['grænɪfɔːm] a. 谷粒状的

graniphyric ['grænɪfɪrɪk] a. 花(岗)斑状的

granite ['grænɪt] n. 花岗岩〔石〕 ☆**as hard as granite** 非常坚硬的,顽固的; **bite on granite** 徒劳无功

granitelle ['grænɪtl] n. 二元花岗岩

granitic ['grænɪtɪk] a. 花岗岩(似)的,由花岗岩做成的

granitiform [græ'nɪtɪfɔːm] a. 花岗石状的

granitite ['grænɪtaɪt] n. 黑云花岗岩

granitization [grænɪtɪ'zeɪʃən] n. 花岗岩化(作用)

granitoid ['grænɪtɔɪd] ❶ a. 像花岗石一样的 ❷ n.

人造花岗石面,花岗类岩

granoblastic [grænəʊ'blɑːstɪk] a. 花岗变晶状

granodiorite [grænəʊ'daɪəraɪt] n. 花岗闪长岩

granodising [græ'nəʊdɪsɪŋ] n. 锌的磷酸处理

granodolerite [grænəʊ'dɒlərɪt] n. 花岗粒玄岩

granodraw ['grænədrɔː] n. 磷酸锌处理

granolith ['grænəlɪθ] n. 人造铺地石,花岗岩混凝土

granolithic [grænəʊ'lɪθɪk] n.; a. 人造石铺面(的)

granophyre ['grænəʊfaɪə] n. 花斑岩

granophyric [grænəʊ'faɪrɪk] a. 花斑状的,花斑(岩)的

granose ['grænəʊz] a. 念珠形的

granosealing ['grænəʊsiːlɪŋ] n. 磷酸盐处理(法)

grant [grɑːnt] vt.; v. ①允许,同意 ②给予,授予 ③假定 ④授给物,拨款,转让物 ☆**grant in aid** 补助金; **grant (...) permission to do** 允许(…)(做); **grant (granted ,granting) that ...** 假定,即使; **take ... for granted** 认为…是理所当然的,对…不当一回事; **(This) granted but ...** (就算这个)没错,可是…; **under ... grants** 在…的资助下〖用法〗注意下面例句中该词的含义: We grant a certain lack of mathematical rigor here.我们在这里允许在一定程度上降低数学的严密性。

grantable ['grɑːntəbl] a. 可同意的,可给予的

grantee [grɑːn'tiː] n. 被授予者

granter ['grɑːntə] = grantor

grantor [grɑːn'tɔː] n. 【法】授予者

granula ['grænjulə] (pl.granulae) n. (颗)粒,粒剂

granular ['grænjulə] a. 粒状的,晶粒的,晶状(结构)

granularity [grænju'lærɪtɪ] n. 粒度,粒性

granulate ['grænjuleɪt] v. ①(使)成粒(状),粒化,使表面粗糙〔起粒〕②轧碎

granulated ['grænjuleɪtɪd] a. 成粒的,有斑的,粉碎的

granulation [grænju'leɪʃən] n. 形成粒状,(熔渣的)成粒水淬,粒化,(矿粉)造球,粒度,粒状表面,粉碎

granulator ['grænjuleɪtə] n. 碎料机,成粒器,制粒机,凝渣管

granule ['grænjuːl] n. 小粒,粒砂,粒斑,米粒,(pl.)粒雪

granuliform ['grænjulɪfɔːm] a. 细粒状的,粒状构造的

granulite ['grænjulaɪt] n. 变粒岩

granulitic [grænju'lɪtɪk] a. (成)粒状的

granulitization [grænjulɪtɪ'zeɪʃən] n. 粒化作用

granuloblast ['grænjuləbla:st] n. 【生】成粒细胞

granulocyte ['grænjuləsaɪt] n. 【生】粒性(白)细胞

granuloma [grænju'ləumə] n. 【医】肉芽瘤

granulomatosis [grænjuləumə'təʊsɪs] n. 【医】肉芽肿病

granulometer [grænju'lɒmɪtə] n. 颗粒测量仪,粒

G

度计

granulometric [ˌgrænjuləˈmetrɪk] *a.* 颗粒的

granulometry [ˌgrænjuˈlɒmɪtrɪ] *n.* 颗粒测定法，测粒术，颗粒分析

granulophyre [græˈnjuːləfaɪə] *n.* 微花斑岩

granulosa [ˌgrænjuˈləusə] *n.*【生】粒层，粒膜

granulose [ˈgrænjuləus] ❶ *n.* 淀粉粒质，淀粉糖，细菌淀粉 ❷ *a.* (颗)粒状的，粒面的

granulosity [ˌgrænjuˈlɒsɪtɪ] *n.* (骨料)粒质

granulous [ˈgrænjuləs] *a.* 成粒的，(颗)粒状的，由小粒形成的

granum [ˈgreɪnəm] (pl. grana) *n.*【植】(质体)基粒，颗粒

grape [greɪp] *n.* 葡萄 ☆*sour grapes* 酸葡萄，想得到某种东西而得不到便说它不好

grapefruit [ˈgreɪpfruːt] *n.* (葡萄)柚

grapery [ˈgreɪpərɪ] *n.* 葡萄园

grapestone [ˈgreɪpstəun] *n.* 葡萄状灰岩，葡萄核

grapesugar [ˈgreɪpʃugə] *n.* 葡萄糖

grapevine [ˈgreɪpvaɪn] *n.* ①葡萄藤 ②流言蜚语，小道消息

graph [græf, grɑːf] ❶ *n.* ①图表，曲线图，曲线进度表，描记器 ②网络，脉 ③胶版 ❷ *vt.* ①用曲线表示,作(曲线)图 ②用胶版印刷

〖用法〗❶注意这一搭配关系："a graph of A as a function of (或 a graph of A against; versus) B"意为"A 随(相对于)B 的变化曲线图"。如: A graph of the diode capacitance as a function of V_R is shown in Fig. 1-8.图 1-8 画出了〔显示了〕二极管电容随 V_R 的变化曲线图。❷ 表示"在曲线图上"时用介词"on"。如: The operating point will move to Q_2 on the graph.工作点将移动到曲线图上的 Q_2 点。

graphec(h)on [ˈgræfɪkən] *n.* 阴极射线存储管,存图管

grapheme [ˈgræfiːm] *n.* 语义图〔符〕,字母

grapher [ˈgræfə] *n.* 自动记录器

graphic [ˈgræfɪk] ❶ *a.* ①图解的,(用)图(表)示的,曲线图的,自动记录的,用文字表示的 ②绘画的,印刷的 ③生动的,(轮廓)鲜明的 ❷ *n.* 图解

graphical [ˈgræfɪkəl] *a.* = graphic

graphically [ˈgræfɪkəlɪ] *ad.* 用图表表示,生动地

graphics [ˈgræfɪks] *n.* 图形,制图学,图形学,图解(计算法)

Graphidox [ˈgræfɪdɒks] *n.* 铁合金

graphite [ˈgræfaɪt] ❶ *n.* 石墨(粉),碳精 ❷ *vt.* 涂上石墨

graphitic [græˈfɪtɪk] *a.* 石墨的

graphited [ˈgræfɪtɪd] *a.* 石墨化的,涂石墨剂的

graphitiferous [ˌgræfɪˈtɪfərəs] *a.* (含)石墨的

graphitisable [ˈgræfɪtaɪzəbl] *a.* 可石墨化的

graphitization [ˌgræfɪtaɪˈzeɪʃ(ə)n] *n.* 石墨化,涂石墨

graphitize [ˈgræfɪtaɪz] *vt.* 使石墨化,在…涂石墨

graphitizer [ˈgræfɪtaɪzə] *n.* (石)墨化剂

graphitizing [ˈgræfɪtaɪzɪŋ] *n.* 石墨化(作用),留碳作用

graphitoid [ˈgræfɪtɔɪd] ❶ *a.* 石墨状的 ❷ *n.* 隐晶石墨

graphold [ˈgræfəuld] *n.* 图胚

grapholite [ˈgræfəlaɪt] *n.* 石墨片岩

graphology [græˈfɒlədʒɪ] *n.* 图解法,笔迹学

graphometer [græˈfɒmɪtə] *n.* 量角器,测距器

graphonomy [græˈfɒnəmɪ] *n.* 文字学

graphostatics [ˌgræfəˈstætɪks] *n.* 图解静力学

graphotest [ˈgræfətest] *n.* 图示测微计

graphotherapy [ˈgræfəˈθerəpɪ] *n.* 书写疗法

graphotyper [ˈgræfətaɪpə] *n.* 字图电传机

grapnel [ˈgræpnəl] *n.* (小,四爪)锚,(锚形)铁钩

grapple [ˈgræpl] ❶ *v.* ①抓住,钩住,锚定,用拉竿加固 ②设法对付(with) ☆*grapple with a problem* 抓问题,设法解决问题 ❷ *n.* ①钩杆,抓斗,抓机 ②紧握 ③爬杆脚扣

grapplers [ˈgræpləz] *n.* 爬杆脚扣

grappling [ˈgræplɪŋ] *n.* ①锚定,拉牢 ②小锚 ③擒拿;探线

graptolite [ˈgræptəlaɪt] *n.* 笔石

grapy [ˈgreɪpɪ] *a.* 葡萄的

grasp [grɑːsp] ❶ *v.* ①抓住,握紧 ②理解,领会,掌握 ☆*grasp A as B* 把 A 作为 B; *grasp at* 抓住,攫取 ❷ *n.* ①抓(紧),紧握,把握(力),理解(力)②把手,柄,锚钩 ☆*(be) beyond one's grasp* 为…力所不及; *(be) within one's grasp* 为…力所能及,为…所能理解; *in the grasp of* 在…掌握中; *put ... within grasp* 使…(成为)可以达到(的)

〖用法〗注意下面例句中该词的含义: Even a limited grasp of oxide technology opened a whole new approach to BJJ fabrication.甚至有限地掌握了氧化物技术而开辟了制造双结型晶体管的一种全新方法。

graspable [ˈgrɑːspəbl] *a.* 可抓住的,可理解的

grasper [ˈgrɑːspə] *n.* 抓紧器

grasping [ˈgrɑːspɪŋ] *a.* 抓的,攫取的,贪婪的

grass [grɑːs] ❶ *n.* ①(青,牧)草,禾本科植物 ②草地,地表面,矿山地面 ③茅草干扰,草波,噪声带 ❷ *v.* 植草,铺上草皮 ☆*at grass* 停止工作,空闲,在矿坑外; *bring to grass* (把矿)带出坑外; *gone to grass* 崩溃了的; *lay down in grass* 铺上草皮; *not let the grass grow under one's feet* 及时行动,不失时机

grass-hopper [ˈgrɑːʃɒpə] *n.* ①蚱蜢,蝗虫 ②转送装置,机车起重机 ③小型快速压铸机 ④小型侦察机,轻型单翼机

grassland [ˈgrɑːslænd] *n.* 牧场,(大)草地,草原

grassless [ˈgrɑːslɪs] *a.* 不长草的,没有草的

grass-roots [ˈgrɑːsruːts] ❶ *n.* ①草根 ②地表 ③基础 ④基层(群众) ❷ *a.* ①农业地区的 ②群众性的 ☆*get down to the grass-roots* 谈论到根本问题,追根究底; *go to the grass-roots* 深

入群众

grass-work [ˈɡrɑːsˌwɜːk] n. 【矿】坑外作业

grassy [ˈɡrɑːsɪ] a. 长满草的,草绿色的,禾本科的

grate [ɡreɪt] ❶ n. ①(护)栅,格(子),花格,落砂格子,炉算 ②格栅 ③筛 ④挡药板,栅架 ❷ v. ①摩擦,轧碎,(发)刺耳声(against,on,upon) ②装格栅于,装炉格于,挡住

grated [ˈɡreɪtɪd] a. 有格栅的,有炉格的,搓擦的

gratee [ɡreɪˈtiː] n. 接受资助的人

grateful [ˈɡreɪtful] a. 感谢的,愉快的 ☆ **be grateful to A for B** 为 B 而感谢 A ‖ ~ly ad.
【用法】❶ 注意该词常用句型的一个例句:We are most grateful to our teacher for providing us with many good books.我们非常感谢老师为我们提供了许多好书。❷ 注意下面例句的译法:I am particularly grateful to the editors of the series of which this book is a part. 我要特别感谢本书所属的那套丛书的编辑们。("of which"在从句中作从句表语"a part"的定语。)

grateless [ˈɡreɪtlɪs] a. 无格栅的,无炉格的

grater [ˈɡreɪtə] n. 粗齿木锉,磨光机

graticulation [ˌɡrætɪkjuˈleɪʃən] n. 在设计图上画上方格

graticule [ˈɡrætɪkjuːl] n. ①十字线,目镜测微尺,交叉丝,标线,网(格) ②方格图

gratification [ˌɡrætɪfɪˈkeɪʃən] n. 满足,高兴,令人满意的事物

gratify [ˈɡrætɪfaɪ] v. 使满足,使喜悦 ☆ **be gratified with (at, to do)** 对…感到满意

gratifying [ˈɡrætɪfaɪɪŋ] a. 令人满足的,喜悦的 ☆ **be gratifying to learn (know) that ...** 听到…很高兴 ‖ ~ly ad.
【用法】注意下面例句中该词的含义:The charge-control model is in gratifying agreement with small-signal models.这个电荷控制模型与小信号模型令人满意地一致。

grating [ˈɡreɪtɪŋ] ❶ n. 格栅,花格,(炉,滤)栅,光栅,栅栏,筛子,炉条 ❷ a. 摩擦得嘎嘎响的,刺耳的

gratis [ˈɡreɪtɪs] a.;n. 免费(的),无偿(的),不费什么事的 ☆ **aid given gratis** 无偿援助;**be admitted gratis** 或 **entrance is gratis** 免费入场;**render assistance gratis** 无偿地提供援助

gratitude [ˈɡrætɪtjuːd] n. 感谢 ☆**gratitude to A for B** 因 B 而感谢 A;**in token of one's gratitude** 以示谢意;**out of gratitude** 出于感激;**with gratitude** 感谢
【用法】❶ 跟该词搭配的常见动词是"express",也可用"record"的含义,即:The author would like to express〔record〕his gratitude to somebody for something.作者愿为…对…表示感谢。❷ 注意下面例句是一个省略句型:To them and to all of the above, my gratitude.我要感谢他们以及上述所有人士。

gratuitous [ɡrəˈtjuːɪtəs] a. ①无偿的,免费的 ②无必要的,无故的 ‖ ~ly ad.

gratuity [ɡrəˈtjuːɪtɪ] n. ①退伍金,抚恤金,养老金 ②小费

gratulate [ˈɡrætjuleɪt] v. 祝(贺),满足 ‖ **gratulation** n.

gratulatory [ˈɡrætjuleɪtərɪ] a. 祝贺的

graupel [ˈɡraupəl] n. 霰,软雹

gravamen [ɡrəˈveɪmən] n. 诉讼的要点,诉苦

grave [ɡreɪv] ❶ a. ①严肃的,认真的,庄重的 ②重要的 ③低沉的 ❷ n. 坟,墓 ❸ (graved, graven 或 graved) vt. 雕刻,铭记;清除(船底)并涂油

gravedigger [ˈɡreɪvdɪɡə] n. 掘墓人

gravel [ˈɡrævəl] ❶ n. ①砾(石),卵石 ②(pl.)金属渣 ❷ vt. ①铺砾石于,使(船)搁浅在沙滩上 ②困住,使为难

gravel(l)ing [ˈɡrævəlɪŋ] n. 铺砾石,建筑砾石路面

gravelly [ˈɡrævəlɪ] a. 多砾的,砾质的

gravely [ˈɡreɪvlɪ] ad. 严肃地,沉重地

graven [ˈɡreɪvən] ❶ grave 的过去分词 ❷ a. 雕刻的,铭记在心上的,不可磨灭的

graveolent [ɡrəˈviːələnt] a. 重油气的,刺鼻的

graver [ˈɡreɪvə] n. 雕刻刀,雕刻工人

graveyard [ˈɡreɪvjɑːd] n. 墓地,埋藏地点

gravics [ˈɡrævɪks] n. 重力场学,引力场理论

gravimeter [ɡrəˈvɪmɪtə] n. 重力仪,比重计

gravimetric(al) [ˌɡrævɪˈmetrɪk(əl)] a. 重量(分析)的,比重测定的 ‖ ~ally ad.

gravimetry [ɡrəˈvɪmɪtrɪ] n. 重力测定(法),重量分析

graving [ˈɡreɪvɪŋ] n. ①船底的清除及涂油 ②雕刻(品),版画

gravipause [ˈɡrævɪpɔːz] n. 重力分界

gravireceptor [ˈɡrævɪrɪˈseptə] n. 重力感受器

gravis [ˈɡrævɪs] (拉丁语) a. 重的,剧烈的

gravisphere [ˈɡrævɪsfɪə] n. 引力范围,重力圈

gravitate [ˈɡrævɪteɪt] v. 受重力作用,重力沉降,下降,沉陷,自由落下,移动,倾向(to, towards)

gravitation [ˌɡrævɪˈteɪʃən] n. ①(万有,吸)引力,重力 ②倾向,趋势

gravitational [ˌɡrævɪˈteɪʃənəl] a. (万有)引力的,重力的

gravitative [ˈɡrævɪteɪtɪv] a. 重力的,受引力作用的

gravitino [ˌɡrævɪˈtiːnəu] n.【核】引力子,引力场量子

gravitometer [ˌɡrævɪˈtɒmɪtə] n. 重差计,比重测定器,密度测量计

graviton [ˈɡrævɪtɒn] n. 重(力)子,引力子

gravitophotophoresis [ˈɡrævɪtəu,fəutəufəˈriːsɪs] n. 重力光泳现象

gravity [ˈɡrævɪtɪ] n. ①万有引力,地心吸力,重力,比重 ②严重(性),重要性

gravitymeter [ˈɡrævɪtɪmiːtə] n. 比重计

gravure [ɡrəˈvjuə] n. 照相凹版,影印版

gravy [ˈɡreɪvɪ] n. 肉汤,浇卤

gray [ɡreɪ] a.;n.;v. ① = grey ②格雷(吸收剂量单位)

graybody ['greɪbədɪ] *n.* 灰体

graywacke ['greɪwæk], **graywake** ['greɪweɪk], *n.* = greywacke

graze [greɪz] *v.;n.* ①低掠,(轻轻)擦过,轻触(against, along, by ,past) ②接触 ③擦破,抛光 ④放牧

grazer ['greɪzə] *n.* ①轻擦 ②放牧牲畜,吃草兽 ③放牧者

grazier ['greɪzjə] *n.* 养畜者,牧场主

graziery ['greɪzjərɪ] *n.* 畜牧业

grease ❶ [gri:s] *n.* ①(润)滑膏,黄油,油脂 ②甘油炸药 ③水结冰的第一阶段 ❷ [gri:z] *v.* ①给…涂油,(用油){润滑,擦拭 ②使飞机特别顺利地着陆

greaseless ['gri:slɪs] *a.* 无润滑油的

greaser ['gri:zə] *n.* ①牛油杯,涂油器 ②润滑工,擦拭工人

greasily ['gri:zɪlɪ] *ad.* 多脂,滑溜溜地

greasiness ['gri:zɪnɪs] *n.* 油脂性,油腻

greasing ['gri:sɪŋ] *n.* 润滑,加滑油,涂油脂

greasy ['gri:zɪ] *a.* 多脂的,涂油的,泞泞的;阴沉的

great [greɪt] ❶ *a.* ①(巨,伟,重)大的 ②很多的,非常的 ❷ *n.* 全部 ☆*a great deal (number) of* 很多,大量的; *a great while ago* 很久以前; *be great at (in)* 擅长,精通; *be great on* 精通,对…很兴趣; *in the great* 总括

〖用法〗当表示一个数值"大"时,往往用该词。如: This voltage is always greater than or equal to 0.4 V. 这个电压总是大于或等于 0.4 伏。(句中"than"与"to"共用"0.4 V"。)

greaten ['greɪtən] *v.* 使增大,放大,使变得更加伟大

greatly ['greɪtlɪ] *ad.* ①大大地,非常 ②伟大,崇高地

〖用法〗❶ 注意该词在下面例句中的位置及含义: This type of capacitor used as a standard depends greatly upon the capacitance value. 用作为标准的这类电容器在很大程度上取决于电容值。/The Q can be greatly reduced by shield cans. 用屏蔽罩可以大大地降低 Q 值。❷ "greatly + 比较级"意为"…得多"。

greatness ['greɪtnɪs] *n.* 巨(伟)大,重要,卓越

greaves [gri:vz] *n.* 金属渣

Grecian ['gri:ʃən] *a.;n.* 希腊的,希腊人

Grecism ['gri:sɪzm] *n.* 希腊风格

Grecize ['gri:saɪz] *vt.* 使希腊化,使有希腊风格

gredag ['gredəg] *n.* 石墨油膏

Greece [gri:s] *n.* 希腊

greed [gri:d] *n.* 贪婪(for, of) ‖ ~ily *ad.*

greediness ['gri:dɪnɪs] *n.* 贪婪,渴望

greedy ['gri:dɪ] *a.* 贪婪的,渴望的 ☆ *be greedy for* 渴求; *be greedy of (for) gain* 贪得无厌

Greek [gri:k] *n.;a.* ①希腊人,希腊(的) ②难懂的

green [gri:n] ❶ *a.* ①绿(色)的 ②新(鲜)的,生的,未成熟的,未淬火的,未经处理的,半成品的 ③无经验的,年青的 ④湿的 ⑤反对环境污染的 ❷ *n.* 绿色,草原〔坪〕,青春,(pl.)蔬菜,植物 ❸ *v.* 绿

化,(使)成绿色 ☆*keep one's memory green* 记忆不忘

greenalite ['gri:nəlaɪt] *n.* 铁蛇纹石

greenbelt ['gri:nbelt] *n.* 绿化地带

greenbottle ['gri:nbɒtl] *n.* 潜水艇归航雷达设备

greener ['gri:nə] *n.* 生手,无经验的人

greenery ['gri:nərɪ] *n.* 绿叶〔树〕,绿色草木;暖房

greenheart ['gri:nha:t] *n.* 樟属大树,绿心硬木

greenhouse ['gri:nhaʊs] *n.* 温室,暖房;轰炸机舱

greenish ['gri:nɪʃ] *a.* 浅绿色的

Greenland ['gri:nlənd] *n.* (丹麦)格陵兰(岛)

greenly ['gri:nlɪ] *ad.* 绿色地;不熟练地

greenness ['gri:nnɪs] *n.* 绿色,新鲜,未熟

greenockite ['gri:nəkaɪt] *n.* 硫镉矿

greenroom ['gri:nru(:)m] *n.* (演员)休息室,后台

greensand ['gri:nsænd] *n.* 生砂;海绿石砂

greenstone ['gri:nstəʊn], **greenrock** ['gri:nrɒk] *n.* 绿岩

greensward ['gri:nswɔ:d] *n.* 草地〔坪〕

Greenwich ['gri:nɪdʒ] *n.* 格林尼治

greet [gri:t] *vt.* ①向…致敬,问候,迎接,欢迎 ②入耳,映入眼帘,扑鼻

greeting ['gri:tɪŋ] *n.* 敬礼,致意问候,祝贺,欢迎词 ☆*offer greetings to* 向…致敬〔意〕

gregaloid ['gregəlɔɪd] *a.* 群状的,簇聚的

gregarious [gre'geərɪəs] *a.* 合群的,群居的

gregation [gre'geɪʃən] *n.* 纯群聚

gregorite ['grɪgəraɪt] *n.* 钛铁矿

greig(e) [greɪʒ] *n.* 绸坯

greinerite ['greɪnəraɪt] *n.* 钙磷锰矿

greisen ['graɪzn] *n.* 云英岩

greisenization [graɪznɪ'zeɪʃən] *n.* 云英岩化

gremlin ['gremlɪn] *n.* 莫明其妙的故障;小捣蛋鬼

Grenada [gre'neɪdə] *n.* (拉丁美洲)格林纳达(岛)

grenade [grɪ'neɪd] *n.* 手榴弹,灭火弹

grenadier [grenə'dɪə] *n.* 掷弹兵

grenadine ['grenədi:n] *n.* 五香鸡,五香小牛肉;薄纱;石榴汁

gression ['greʃən] *n.* 移位

grevillol [grə'vɪlɒl] *n.* 银桦酚

grey [greɪ] ❶ *a.* ①灰的,铅色的,半透明的 ②阴沉的,古老的 ❷ *n.* 灰色(颜料,衣服),黎明,黄昏 *v.* (使)变成灰色

greying ['greɪɪŋ] *n.* 石墨化

greyish ['greɪɪʃ] *a.* 浅灰色的

greyly ['greɪlɪ] *ad.* 灰,阴暗地

greyness ['greɪnɪs] *n.* 灰色〔斑〕

greyout ['greɪaʊt] *n.* 灰晕,灰暗

greywacke ['greɪwæk] *n.* 硬砂岩,灰瓦克

grid [grɪd] ❶ *n.* ①格子,(网,栅)格,栅(架,条),炉缀,方眼 ②栅极,调制极 ③网,地图的坐标方格,直角坐标系 ④热绝缘板,槽板 ⑤(蓄电池的)铅板,电瓶铝板 ⑥(砂轮)砂粒细度 ❷ *v.* 装上栅格,打上格子

gridbias ['grɪdbaɪəs] *n.* 栅偏压
griddle ['grɪdl] *n.* 筛子,大火筛
gridiron ['grɪdaɪən] ❶ *n.* ①铁格架子,格状结构 ②管网,道路〔铁路〕网,高压输电线网 ③修船架 ④梁格结构 ❷ *a.* 方格形的,棋盘式的 ❸ *vt.* 安装格栅,装置帘格
Gridistor ['grɪdɪstə] *n.* 栅极晶体管,隐栅管
gridless ['grɪdlɪs] *a.* 无栅的,无格子的
grief [gri:f] *n.* 悲伤,不幸,灾难 ☆**bring ... to grief** 使…失败,使…遭受不幸; **come to grief** 遭到不幸;受伤
〖用法〗注意下面例句中该词的含义:Faulty connections can cause hours of grief. 接线错误会引起数小时的麻烦。
grievance ['gri:vəns] *n.* 委屈,不满,牢骚 ☆**grievance over** 对…的牢骚〔不满〕; **nurse (have) a grievance against** 对…(心怀)不满
grieve [gri:v] *v.* (使)悲痛,(使)伤心(at,for),哀悼(over)
grievous ['gri:vəs] *a.* 痛心的,严重的,剧烈的 ‖ ~ly *ad.* ~ness *n.*
grift [grɪft] *n.*; *v.* 欺骗,骗取 ☆**on the grift** 以行骗〔赌博〕为生
grike [graɪk] *n.* 隙缝,山坡上之深谷,岩沟
grill [grɪl] ❶ *n.* ①(格,铁,光)栅,栅格 ②(铁,帘)格,格子窗 ③焙器,烤肉店,烧烤(食品) ❷ *v.* ①烧,烤,炙 ③装饰
grillage ['grɪlɪdʒ] *n.* 格床,格排,格栅,光栅,网
grilled [grɪld] *a.* 焙的;装有栅格的
grillwork ['grɪlwɜ:k] *n.* 格架
grim [grɪm] *a.* 严酷的,无情的,残忍的 ‖ ~ly *ad.* ~ness *n.*
grime [graɪm] ❶ *n.* 尘垢,污点,灰尘,浮土,污秽物 ❷ *vt.* 使取灰〔垢〕
grimy ['graɪmɪ] *a.* 肮脏的,积满污垢的
grin [grɪn] *v.*; *n.* 露齿而笑,咧嘴
grind [graɪnd] ❶ (ground) *v.* ①研(磨),刃磨,抛光 ②研碎 ③转动 ④(使)刻苦,用苦功(at) ❷ *n.* ①研,碾(声),磨机 ②刻苦,辛苦的工作 ☆**grind away** 磨掉,磨光; **grind down** 把…磨光,(被)碾碎; **grind off** 磨〔凿〕掉; **grind on** 磨光; **grind over** 磨光; **grind to a halt (stop)** (嘎地一声)停住
grindability [graɪndə'bɪlɪtɪ] *n.* 磨削性,可磨性,易磨性
grindable ['graɪndəbl] *a.* 可磨的,可抛光的
grinder ['graɪndə] *n.* ①磨床,研磨机,砂轮(机),圆盘磨碎机,碎石〔木〕机 ②磨工 ③(pl.)天电干扰声④白齿
grindery ['graɪndərɪ] *n.* 研磨车间
grinding ['graɪndɪŋ] *n.*;*a.* 磨(细,光,碎)的,研磨(的),粉碎(的),费事的
grindstone ['graɪndstəun] *n.* 磨石,砂轮
grip [grɪp] ❶ (gripped; gripping) *v.* ①紧扣,抓牢,扣住,夹紧,啮合 ②掌握,支配,理解 ③挖小沟,放干

水 ❷ *n.* ①紧扣,抓紧,夹住,啮合,握力,黏着力 ②手柄,夹具,钳取机构,抓手 ③铆头最大距离 ④领会,掌握,控制 ⑤小沟,沟渠 ⑥流感 ☆**come (get) to grips with** 或 **be at grips with** 努力钻研,认真对待; **get a good grip on** 握牢; **grip against** 紧夹住;**have a good grip of** 深刻理解; **have a (good) grip on** 深刻了解,吸引住…的注意力,把握住; **lose one's grip** 抓不住
gripe [graɪp] *n.*;*v.* ①抓牢,紧握 ②把手,柄,制动器 ③控制,掌握 ④(使)腹痛,肠绞痛
griphand ['grɪphænd] *n.* 置景工
grippal ['grɪpəl] *a.* 【医】流感的
grippe [grɪp] *n.* 【医】流感
gripper ['grɪpə] *n.* 夹钳,抓手装置,抓器
gripping ['grɪpɪŋ] *n.*;*a.* ①抓住(的),夹紧,啮合 ②扣人心弦的
grisamine [grɪ'sæmi:n] *n.* 灰霉胺
grisein ['grɪzɪɪn] *n.* 灰霉素
griseofulvin [,grɪzɪ:əu'fulvɪn] *n.* 灰黄霉素
griseolutin [,grɪsɪə'lu:tɪn] *n.* 灰藤黄素
griseous ['grɪsɪəs] *a.* 深灰色的
grisly ['grɪzlɪ] *a.* 可怕的,恐怖的
grisounite ['grɪsəunaɪt] *n.* 硝酸甘油,棉花炸药
grisoutite ['grɪsəutaɪt] *n.* 硝铵、硝酸钾混合炸药
grisovin [grɪ'sɒvɪn] *n.* = griseofulvin
grist [grɪst] *n.* ①制粉用谷物,谷粉 ②(大)量,许多 ☆**bring grist to the mill** 有利可图
gristle ['grɪsl] *n.* 软骨
gristmill ['grɪstmɪl] *n.* 磨坊,粮谷研磨机
grit [grɪt] ❶ *n.* ①粗砂(岩),研磨砂,石英砂,砂粒,细砂 ②金属屑,棱角形碎金属 ③磨料,人造磨石 ④粒度 ⑤筛网 ⑥勇气和耐力 ❷ (gritted; gritting) *v.* ①摩擦,用磨料磨 ②铺砂(砾) ☆**put grit in the machine** 阻挠计划的实现
gritcrete ['grɪtkri:t] *n.* 砾石混凝土
gritstone ['grɪtstəun] *n.* (粗)砂岩,沙砾(石),天然磨石
gritter ['grɪtə] *n.* 铺砂机
grittiness ['grɪtɪnɪs] *n.* 砂性
gritty ['grɪtɪ] *a.* 砂粒质的,含砂砾的
grizzle ['grɪzl] ❶ *n.* 未烧透的砖,(含硫)低级煤,灰色 ❷ *a.* 灰色的 ❸ *v.* (使)成灰色
grizzled ['grɪzld] *a.* 灰色的,有灰斑的
grizzl(e)y ['grɪzlɪ] ❶ *a.* (带)灰色的,灰白的 ❷ *n.* 固定式炉栅,铁棚筛,劣煤
groan [grəun] *v.*; *n.* ①呻吟,切望(for) ②承受重压(嘎吱)作声 ‖ ~ingly *ad.*
groat [grəut] *n.* 少量 ☆**not worth a groat** 毫无价值
grocer ['grəusə] *n.* 食品杂货商,地面干扰发射机
grocery ['grəusərɪ] *n.* 杂货(店)
grog [grɒg] *n.* ①耐火材料,硅土,陶渣 ②(pl.)砂粒,泥块 ③(酒精掺水的)烈酒
groggy ['grɒgɪ] *a.* 不稳的,东倒西歪的
grogram ['grɒgrəm] *n.* 丝与毛的合织物〔衣服〕,

G

格罗格兰姆呢

groin [grɔɪn] ❶ *n.* ①交叉拱,穹窿交接线 ②防波堤,拦沙堰 ❷ *vt.* ①做成穹棱,做交叉拱 ②给…造防波堤

grommet ['grʌmɪt] *n.* ①索环,金属孔眼,环管 ②衬垫,橡胶密封圈

groom [grum] ❶ *vt.* ①准备 ②修饰,使整洁美观 ❷ *n.* 马夫

groove [gruːv] ❶ *n.* ①槽,沟,沟纹,凹线,切口 ②(焊接接头)坡口 ③模腔 ④(录音,唱片)纹(道) ⑤习惯,常规 ⑥适当的位置 ❷ *vt.* (把…)开槽,做企口工,挖沟,灌唱片 ☆*in the groove* 处于最佳状态

grooveless ['gruːvlɪs] *a.* 无槽的

groover ['gruːvə] *n.* 开槽机,切缝机,挖槽者

grooving ['gruːvɪŋ] *n.;a.* 开槽(的),企口(的),槽舌连接,电化学腐蚀沟纹

groovy ['gruːvɪ] *a.* ①槽的,沟的 ②常规的 ③最佳状态的

grope [grəʊp] *v.* (暗中)摸索,探索(for, after),搜寻(for) ‖ **gropingly** *ad.*

gross [grəʊs] ❶ *a.* ①总的,全部的 ②粗,大概的,肉眼能看到的 ③严重的,重大的 ④稠(厚)的 ⑤迟钝的 ❷ *n.* 全体,总数,毛重 ❸ *ad.* 粗略地,大体上 ❹ *vt.* 冒犯,羞辱(out) ☆*a great gross* 十二罗(=1728个); *a small gross* 十打(=120个); *by the gross* 整批,大量; *gross for net* 以毛重作净重; *in (the) gross* 全部,大体上,一般地,总的说来,批发,大量的

grossly ['grəʊslɪ] *ad.* 大概,大体上,非常
〖用法〗注意下面例句中该词的含义:Such depictions are grossly inaccurate.这样的描述是很不精确的。

grossness ['grəʊsnɪs] *n.* 粗大,迟钝,浓厚

gross-pay ['grəʊs-peɪ] *n.* 应得工资

grossularite ['grɔsjʊləraɪt] *n.* 钙铝榴石

grotesque [grəʊ'tesk] *a.;n.* 奇形怪状的(东西,图形),奇异(的) ‖ **-ly** *ad.* **~ness** 或 **grotesquerie** *n.*

grotto ['grɒtəʊ] (pl. grotto(e)s) *n.* 岩洞,洞穴(室)

ground [graʊd] ❶ *n.* ①地,地面 ②接地,地线 ③场地,地基 ④(pl.)母岩 ⑤(pl.)基础,根据,原因 ⑥背景,底色,(pl.)底材,木砖 ⑦范围 ⑧(pl.)沉淀物 ⑨脉石 ❷ *a.* ①地面的 ②基本的 ③磨过的,研磨光的 ④毛面的,无光泽的 ❸ *v.* ①建立,打基础,把…基于,依靠(on, upon, in) ②(使…)接地 ③(把…)放在地上 ④(使)落地,(使)着陆,停飞 ⑤涂底漆 ⑥(使)搁浅 ⑦教基本知识 ‖ grind的过去式和过去分词 ☆*be dashed to the ground*(希望,计划)破灭; *be grounded on* 以…为基础; *be ill grounded* 根据不足; *be well grounded* 是很有根据的; *break fresh (new) ground* 开垦处女地,开辟新领域,初次讨论一问题; *break ground* 破土,动工,创办;起锚; *cover much ground* 包括很广,走不少路; *cover (the)*

ground 很快地穿过;处理一个题目,包含,涉及; *(down) to the ground* 或 *from the ground up* 彻底,完全; *fall to the ground* 坠地,落空; *forbidden ground* 禁区; *gain ground* 有进展,占优势,普及,逼近(on,upon); *get off the ground* 飞起,开始(发行); *give (lose) ground* 退却,让步,失利,落后; *have good ground(s) (much ground, many grounds)for doing* 有充分理由(做); *hold (stand, keep, maintain) one's ground* 坚持立场,不让步; *on (the) ground(s) of* 由于,因为,根据…(理由); *on (the) ground(s) that* 由于,(以…为)根据; *prepare the ground for* 为…准备条件; *shift one's ground* 改变立场; *smell the ground* 擦底过; *take the ground* 搁浅,登滩; *touch ground* 碰到水底,触及实质性问题
〖用法〗注意下面例句中该词的含义:W. E. Lamb predicted its occurrence on theoretical grounds. W. E. 拉姆根据理论基础知识预言了它的发生。/This can be done on grounds that majority and minority excess densities match.由于多数载流子和少数载流子剩余密度相匹配,所以能够做到这一点。/It is (of) no use (= There is no use (in)) grounding this point.把这一点接地是没有用的。

groundage ['graʊndɪdʒ] *n.* 停泊费,进港费

groundcrew ['graʊndkruː] *n.* 地勤人员

grounded ['graʊndɪd] *a.* 有基础的,根深蒂固的,【物】接地的

grounding ['graʊndɪŋ] *n.* ①【电子】接地,地线 ②停飞,着陆,搁浅 ③底子,(染色的)底色 ④基础,基本知识,初步

groundless ['graʊndlɪs] *a.* 没有根据的

groundline ['graʊndlaɪn] *n.* 基线,地平线

groundmass ['graʊndmæs] *n.* 合金的基体,基质

groundnet ['graʊndnet] *n.* 拖网,地线网

groundnut ['graʊndnʌt] *n.* 【植】(落)花生

groundplasm ['graʊndplæzəm] *n.* 基质

ground-rent ['graʊndrent] *n.* 地租

groundsel ['graʊndsel], **groundsill** ['graʊndsɪl] *n.* 【植】千里光,千里光属植物,作基础的木材,地板梁

groundwater ['graʊndwɔːtə] *n.* 地下水,潜水

groundwork ['graʊndwɜːk] *n.* 基础工作,路基,底子,基本工作原理

group [gruːp] ❶ *n.* ①群,小组,族,系,属,集团,派,【地质】界 ②组合,分组,(晶体)点集 ③空军大队 ❷ *v.* 群聚,聚集,组合,成群 ☆*group by group* 分批地; *a group of* 一组,一群; *group … into (in)* 把…分为; *group (themselves)round (around, about)* 聚集在…的周围; *group (together) A under B* 把 A 归到 B 里; *be grouped under ... headings* 分成…题目; *in a group* 或 *in groups* 成群地
〖用法〗❶ "a group of ..." 作主语时,谓语一般用单数形式。❷ 注意下面例句中该词的用法:The sending device assembles the bits into groups of two.

发送设备把这些比特组合成一组一组的,每一组两个比特。/It is most convenient to divide noise into two broad 〔major,general〕 groups.把噪声分成两大类是极方便的。

grouping ['gru:pɪŋ] *n.* ①分组,成群,编组,配置,集团,集合法,集聚 ②基,团 ③纹槽群集

grouplet ['gru:plɪt] *n.* 小群

groupoid ['gru:pɔɪd] *n.* 广群

grouse [graus] ❶ *n.* 牢骚,发牢骚的人 ❷ *v.* 抱怨,发牢骚

grouser ['grausə] *n.* 锚定桩,轮爪;鸣不平者

grout [graut] ❶ *n.* (薄、灰)浆,薄胶泥,(pl.)渣滓 ❷ *v.* 灌浆,涂薄胶泥,用水泥浆填塞,浆砌

grouter ['grautə] 【建】*n.* 灌浆机,水泥喷补枪

grout vent ['grautvent] *n.* 灌浆口

grove [grəuv] *n.* 小(树)林,丛树 ‖ **grovy** *a.*

grovel ['grɒvl] *v.* 趴在地上,匍匐,卑躬屈节

groveless ['grɒvlɪs] *a.* 无树丛的

grow [grəu] (grew, grown) *v.* ①(使)生长,长大,培育,种植,(饲)养 ②增长,发展,变强 ③渐渐变成,渐渐…起来 ☆ **grow down (downwards)** 缩小,减少; **grow into** 长成为,发展成; **grow less** 减少; **grow on (upon)** ...渐渐增加起来,引起某人爱好; **grow out** 出芽,长出; **grow out of** 由…产生,变得不适合于,抛弃; **grow to be** 发展成变得; **grow up** 长大,成熟,发展形成 〖用法〗❶ 注意下面例句中该词的含义:The current in an inductive circuit grows exponentially with a time constant L/R.感性电路中的电流是以时常数 L/R 按指数形式增长的。❷ 该动词可以成为"连系词",意为"变成",其标志是在它后面跟有一个形容词。如:The liquid has grown red.该液体变成了红色。

growable ['grəuəbl] *a.* 可生长〔种植〕的

grower ['grəuə] *n.* 生长物,培育者

growing ['grəuɪŋ] *n.;a.* 生长(法,的),不断增加(的),发育(达) ‖ **~ly** *ad.*

〖用法〗注意下面例句中该词的译法:There is a growing awareness that it is urgent to reduce the global warming.人们越来越认识到迫切需要降低全球性变暖。

growl [graul] *v.;n.* 咆哮,轰鸣

growler ['graulə] *n.* ①短路线圈测试仪 ②电机转子试验装置 ③咆哮的人

grown [grəun] ❶ grow 的过去分词 ❷ *a.* 生长的,成熟的,发展的

growth [grəuθ] *n.* ①生长(物,过程),滋长 ②增长,(函数的)增长序,发展(过程) ③培育,栽培,发育 ④产物 ☆**of foreign growth** 外国出产的 〖用法〗注意下面例句中该词的搭配关系:"the growth of A to B"意为"A 成长为〔发展成为〕B"。如 The basic virtues of personal computing have resulted in the growth of what was a cottage industry in the early 1980s to the multi-billion-dollar PC hardware and software industries today.个人计算的基本优点已经导致 20 世纪 80 年代初期的家庭工业发展成为今天数十亿美元的硬件和软件产业。

growthiness ['grəuθɪnɪs] *n.* 生长速度

growthy ['grəuθɪ] *a.* 发育良好的,生长快的

grub [grʌb] ❶ *v.* ①掘,除根(up,out),翻找(for) ②钻研(on,along,away) ❷ *n.* 蛆;残根;苦工

grubber ['grʌbə] *n.* 除根机,掘土机,挖根者

grubby ['grʌbɪ] *a.* 肮脏的,污秽的

grudge [grʌdʒ] *vt.;n.* ①羡慕,嫉妒 ②吝惜,舍不得

grudging ['grʌdʒɪŋ] *a.* 吝惜的,舍不得的 ‖ **~ly** *ad.*

grue [gru:] *vi.* 发抖,战栗,可怕的性质〔影响〕

gruel ['gruəl] ❶ *n.* 麦片粥 ❷ *vt.* 重罚,使精疲力竭

gruesome ['gru:səm] *a.* 可怕的,吓人的,讨厌的 ‖ **~ly** *ad.* **~ness** *n.*

gruff ['grʌf] *a.* 粗暴的,粗哑的

grum [grʌm] *a.* 忧郁的

grumble ['grʌmbl] *vi.* 抱怨,鸣不平

grumbling ['grʌmblɪŋ] *a.* 嘟嘟嚷嚷的

grume [gru:m] *n.* 血块,黏液

grummet ['grʌmɪt] *n.* (= grommet)绝缘垫圈

grumose ['gru:məus], **grumous** ['gru:məs] *a.* 由聚团颗粒形成的,凝结的,血块的

grundmol ['grʌndmɒl] *n.* 链节高分子

grunlingite ['grʌnlɪngaɪt] *n.*【矿】硫碲铋矿

gryposis [grɪ'pəusɪs] *n.*(异常)弯曲

Guadeloupe [.gwa:də'lu:p] *n.*(拉丁美洲)瓜德罗普(岛)

guaiacol ['gwaɪəkɒl] *n.* 愈创木酚,甲基氧基苯酚

guaiacum ['gwaɪəkʌm] *n.* 愈创树脂

guaiol ['gwaɪəl] *n.*【医】愈创醇,愈创萜醇

Guam [gwa:m] *n.*(西太平洋)关岛

guanamine ['gwænəmaɪn] *n.*【化】胍胺,三聚氰二胺

guanidine ['gwænɪdi:n] *n.* 胍

guanidinium ['gwænɪdi:njəm] *n.* 胍盐

guanine ['gwa:ni:n] *n.*【生化】鸟嘌呤(核酸的基本成分),鸟尿环

guanosine ['gwa:nəsɪn] *n.*【生化】鸟苷

Guarani [.gwa:ra:'ni:] *n.* 瓜拉尼(人,语)

guarant ['gærənt] *n.* 保证(书),担保

guarantee [.gærən'ti:] *n.;vt.* ①保证(书,人),担保(品) ②承认,许诺 ☆**be guaranteed for (one year)** 保用(一年); **guarantee ... against (from) (loss)** 保证…不受(损失) 〖用法〗❶ 该词后可以跟同位语从句。如:The users have no guarantee how long this kind of device will be operating.用户得不到这种设备能工作多久的保证。/In this case, there is no guarantee that A_1 will be nonsingular.在这种情况下,不能保证 A_1 将是非奇的。❷ 当该词作动词时,有人使用"(should +)动词原形"虚拟句型。

guarantor [.gærən'tɔ:] *n.* 保证人

guaranty ['gærəntɪ] *n.;vt.* 保证(书),担保(品)

guard [ga:d] ❶ *n.* ①警戒〔卫〕,戒备 ②防护(器,

装置),隔绝,护挡板,挡(泥)板,安全栅栏,限程器 ③表链 ④警卫兵,哨兵,看守者 ❷ *v.* ①保卫 ②谨防,防止,看守 ③给…装置防护装置 ☆ *(be) off one's guard* 未戒备着,不提防; *(be) on (one's) guard* 戒备着; *drop (lower) one's guard* 丧失警惕; *guard against* 防卫,谨防; *mount guard* 放哨,去站岗; *relieve guard* 接班,换岗; *stand guard* 站岗

guardband ['gɑ:dbænd] *n.* 保护频带

guarded ['gɑ:dɪd] *a.* 防护着的,警戒着的,谨慎的 ‖ ~**ly** *ad.*

guarder ['gɑ:də] *n.* 警卫,保护装置

guardian ['gɑ:djən] *n.* 管理人,保管员,监护人

guardianship ['gɑ:djənʃɪp] *n.* 保管 ☆ *under the guardianship of* 在…保护之下

guardless ['gɑ:dlɪs] *a.* 无警戒的,无保护(装置)的

guardrail ['gɑ:dreɪl] *n.* 护栏,护轨

guard-rim ['gɑ:drɪm] *n.* 防爆环

guard-ring ['gɑ:drɪŋ] *n.* 保护环

guardsman ['gɑ:dzmən] *n.* 卫兵,警卫

guarinite ['gwærɪnaɪt] *n.* 片榍石

Guatemala [,gwætɪ'mɑ:lə] *n.* 危地马拉

Guatemalan [,gwætɪ'mɑ:lən] *a.;n.* 危地马拉的,危地马拉人(的)

guava ['gwɑ:və] *n.* 番石榴

guavacine [gwɑ:'væsi:n] *n.* 槟榔副碱

guayule [gwɑ:'ju:l] *n.* 【植】银胶菊,银菊胶

guazatine ['gwɑ:zəti:n] *n.* 双胍盐

guddle ['gʌdl] *vi.* 摸索

Gudermannian ['gudəmənɪən] *n.* 【数】古德曼算子(函数)

gudgeon ['gʌdʒən] *n.* ①耳轴,轴柱,舵枢(轴) ②螺栓 ③旋转架,托爪

gue(r)rilla [gə'rɪlə] *n.* 游击(战,队),(pl.)游击队员

guess [ges] *v.; n.* ①推测,猜(at),假设 ②以为,相信 ☆ *at a guess* 依推测; *by guess* 凭推测; *guess who* 不认识的人; *make a guess* 猜想,作一个估计

〖用法〗注意下面例句中该词的用法: You should make an intelligent guess about the reasonableness of your answer.你应该对你的答案的合理性作一智慧的推测。/In this case, the receiver simply makes a random guess.在这种情况下,接收机只是作随机猜测。/Let us follow this sequence through with an educated guess as to the behavior before getting buried in the mathematics.在进行大量的数学推导前,让我们沿着这一思路考虑下去,对其情况作一经验的估计。(从上面的例子看出,当它作名词时后面往往跟介词 "about" 或 "as to",意为 "关于…的推测"。)

guess-rope ['gesrəup], **guess-warp** ['geswɔ:p] *n.* 辅助缆索,扶手绳

gues(s)timate ['gestɪmeɪt] *n.; vt.* 瞎猜,瞎估计

guesswork ['geswɜ:k] *n.* 推测,猜想,假设,推论

guest [gest] ❶ *n.* 客人,宾客 ❷ *v.* 招待客人,作客

〖用法〗注意下面例句中该词的用法: This is a Special Issue on Network Security, guest edited by Bulent Yener and Patrick Dowd.这是有关网络安全的一期专刊,它是由布伦特·耶纳和帕特里克·多德嘉宾编辑的。(该名词在此不带冠词,作状语修饰 "edit"。)

guesthouse ['gesthaus] *n.* 宾馆,招待所

guhr [gɜ:] *n.* 【化】硅藻土

Guiana [gaɪ'ænə] *n.* 圭亚那

guidable ['gaɪdəbl] *a.* 可指〔引〕导的

guidance ['gaɪdəns] *n.* ①引导,导航,导向,导向装置 ②控制,遥控 ③导槽 ☆ *under the guidance of* 在…的指〔引〕导下

guide [gaɪd] *n.; vt.* ①指〔引〕导,指引,导航,控制,操纵,支配 ②导向装置,导(杆),滑槽,波导(管),光导(管) ③指南,入门(to),指导原则 ④导者,领路人,向导 ☆ *(be) guided by* 根据,由…来指导; *guide ... in (onto, out, up)* 把…引进(向,出,上)

guideboard ['gaɪdbɔ:d] *n.* 路牌,标板

guidebook ['gaɪdbuk] *n.* 指南,入门〔指导,说明〕书,参考手册

guideless ['gaɪdlɪs] *a.* 无指导的,无管理的

guideline ['gaɪdlaɪn] *n.* 导向图(表),指南,标(志)线,指导路线,方针,准则

guidemark ['gaɪdmɑ:k] *n.* 划印器印迹

guidepost ['gaɪdpəust] *n.* 导木,标柱,路标,指向牌

guider ['gaɪdə] *n.* 导向器,导星装置

guiderod ['gaɪdrɒd] *n.* 导杆

guiderope ['gaɪdrəup] *n.* 导绳,调节索

guideway ['gaɪdweɪ] *n.* 导轨〔路〕,导向槽,定向线路

guiding ['gaɪdɪŋ] *n.; a.* 导向(的),制导,导航,控制,指导性的,星体跟踪

guild [gɪld] *n.* 行会,同业公会

guildhall ['gɪldhɔ:l] *n.* 市政厅,工会或行会会馆

guile [gaɪl] *n.* 狡猾,奸诈 ‖ ~**ful** *a.*

guillemot ['gɪlɪmɒt] *n.* 【动】海鸠

guillotine [gɪlə'ti:n] ❶ *n.* 【机】闸刀式剪切机,切断器,轧刀,环铣刀 ❷ *v.* 用截断机截断

guilt [gɪlt] *n.* (犯)罪,罪状

guiltless ['gɪltlɪs] *a.* ①无罪的 ②没有经验的,无知的 ☆ *be guiltless of* 不会,没有…的经验,不熟悉

guiltily ['gɪltɪlɪ] *ad.* 有罪地

guilty ['gɪltɪ] *a.* 犯法的,有罪的

Guinea ['gɪnɪ] *n.* 几内亚

Guinean ['gɪnɪən] *a.; n.* 几内亚的,几内亚人(的)

guinea-pig ['gɪnɪpɪg] *n.* ①豚鼠,天竺鼠 ②实验材料,试验品

guipure ['gi:pjuə] *n.* 网络花边,凸纹花边

guise [gaɪz] *n.* ①外装,姿态,服式,装束 ②伪装,借口 ☆ *in (under) the guise of* 假装〔借口〕

guitar [gɪ'tɑ:] *n.* 六弦琴,吉他

guitermanite ['gɪtɜ:mənaɪt] *n.* 块硫砷铅矿

gulch [gʌltʃ] *n.* (峡,干)谷,冲沟

gulch-gold [ˈgʌltʃgəuld] *n.* 砂金

gulf [gʌlf] ❶ *n.* ①(海)湾,深渊,旋涡 ②鸿沟 (between) ❷ *vt.* 深深卷入

Gulfining [ˈgʌlfaɪnɪŋ], **Gulfinishing** [ˈgʌlfɪnɪʃɪŋ] *n.* 海湾(公司)加氢精制(法)

Gulfport [ˈgʌlfpɔ:t] *n.* 格尔夫波特(美国港口)

gulfweed [ˈgʌlfwi:d] *n.* 马尾藻

gull [gʌl] ❶ *n.* ①【动】鸥 ②易受骗的人,(pl.)气球假目标,雷达反射器 ❷ *vt.* 欺骗

gullah [ˈgʌlə] *n.* 狭海峡,水道

gullet [ˈgʌlɪt] ❶ *n.* ①水槽,水落管 ②齿槽 ③水道,海峡,小沟,狭路 ④食道,咽喉 ❷ *vt.* 开槽,修整锯齿

gulleting [ˈgʌlɪtɪŋ] *n.* 切割锯齿

gullet-saw [ˈgʌlɪtsɔ:] *n.* 钩齿锯

gulley, gully [ˈgʌlɪ] ❶ *n.* ①沟,沟渠,进水口〔井〕②溪谷,(沟)壑 ❷ *v.* 开沟,水流冲成

gullible [ˈgʌlɪbl] *a.* 易受骗的,轻信的 ‖ **gullibly** *ad.*

gulose [ˈgʌləus] *n.* 古洛糖

gulp [gʌlp] *v.; n.* ①吞(下)(down),一大口 ②【计】字群,位群,字节组

gum [gʌm] ❶ *n.* ①橡皮,树胶,胶(质),木焦油 ②橡胶树,枫木,(pl.)胶靴 ,橡皮(套)鞋 ③齿龈 ❷ (gummed;gumming) *v.* ①上胶 ,胶合(down, together, up) ②分泌树胶质 ③发黏

gumbo [ˈgʌmbəu] *n.;a.* 【植】秋葵,【地质】黏土(状)(的),肥黏土,残余黏土

gumbotill [ˈgʌmbəutɪl] *n.* 黏韧冰碛

gumbrine [ˈgʌmbrɪn] *n.* 白土,胶盐土

gumma [ˈgʌmə] *n.* 【医】梅毒瘤,树胶肿

gummiferous [gʌˈmɪfərəs] *a.* 含胶的

gummase [ˈgʌmeɪz] *n.* 漆酵素

gumminess [ˈgʌmɪnɪs] *n.* 胶黏性,黏着,树胶状

gumming [ˈgʌmɪŋ] *n.* 结胶,胶接,浸油,胶质生成,树胶的分泌〔采集〕

gummite [ˈgʌmaɪt] *n.* 脂铅铀矿

gummosis [gʌˈməusɪs] *n.* 【植】流胶现象

gummosity [gʌˈmɒsɪtɪ] *n.* (胶)黏性,附着性

gummous [ˈgʌməs] *a.* 有黏性的,胶黏的

gummy [ˈgʌmɪ] *a.* 胶质的,含树胶的,黏(性)的;拙劣的

gum-plant [ˈgʌmplɑ:nt] *n.* 胶草

gumption [ˈgʌmpʃən] *n.* ①本领,精力,创业精神 ②颜料调和法,调和颜料的溶剂

gumshoe [ˈgʌmʃu:] ❶ *n.* ①套鞋,橡皮靴,橡皮底帆布鞋 ②(无声)轻步 ③密探,间谍 ❷ *a.* 秘密的,暗中的 ❸ *vi.* 轻步走,侦探

gun stower [ˈgʌnstəuə] *n.* 枪式充填机

gumwater [ˈgʌmwɔ:tə] *n.* 阿拉伯胶溶液,胶水

gumwood [ˈgʌmwud] *n.* 产树脂的树的木材

gun [gʌn] ❶ *n.* ①枪,炮,喷射器,喷雾器,喷头 ②润滑油泵 ③油门 ❷ (gunned, gunning) *v.* ①炮击,用手枪打 ②加大油门 ☆*give her (it) the gun* 加速(发动机),开动; *stand (stick) to one's*

guns 坚守岗位〔阵地〕,站稳立场,坚持己见

gunar [ˈgʌnə] *n.* 【军】舰用电子射击指挥系统

gunboat [ˈgʌnbəut] *n.* 炮舰;箕斗,自翻斗车,自动卸载小车

guncarriage [ˈgʌnkærɪdʒ] *n.* 炮架

guncotton [ˈgʌnkɒtən] *n.* 【军】火(药)棉,硝棉,硝化纤维素

guncreting [ˈgʌnkri:tɪŋ] *n.* 喷射灌浆混凝土

gunfire [ˈgʌnfaɪə] *n.* 炮火(击)

gunite [ˈgʌnaɪt] ❶ *n.* 喷枪,水泥枪 ❷ *v.* 喷浆,水泥,喷涂

Gunite [ˈgʌnaɪt] *n.* 冈纳特可锻铸铁,钢性铸铁,灰口铁

gunjet [ˈgʌndʒet] *n.* 喷枪

gunk [gʌŋk] *n.* 泥状物质,污秽的东西

gunlayer [ˈgʌnleɪə] *n.* 瞄准手

gunlock [ˈgʌnlɒk] *n.* 槌机,扳机

gunmetal [ˈgʌnmet(ə)l] *n.* 炮铜,锡锌青铜

gunnage [ˈgʌnɪdʒ] *n.* 【军】火炮数量

gunned [gʌnd] *a.* 带枪的

gunnel [ˈgʌn(ə)l] *n.* 船舷的上缘

gunner [ˈgʌnə] *n.* 枪〔炮〕手,射(击)手

gunnery [ˈgʌnərɪ] *n.* 射击(术,学),重炮

gunning [ˈgʌnɪŋ] *n.* 射击,喷射

gunny [ˈgʌnɪ] *n.* 粗麻布,麻袋

gunpoint [ˈgʌnpɔɪnt] *n.* 枪口

gunport [ˈgʌnpɔ:t] *n.* 炮门

gunpowder [ˈgʌn,paudə] *n.* (黑色,有烟)火药

gunship [ˈgʌnʃɪp] *n.* 作战直升机

gunshot [ˈgʌnʃɒt] *n.* 炮击,射程 ☆*be out of gunshot* 在射程之外; *be within gunshot* 在射程之内

gunsight [ˈgʌnsaɪt] *n.* (枪炮)瞄准(线,器),标尺

gunsmith [ˈgʌnsmɪθ] *n.* 军械工人

gun(-)stock [ˈgʌnstɒk] *n.* 枪托

gunwale [ˈgʌnl] *n.* 船缘,甲板边缘

guoethol [gwəˈeθɒl] *n.* 【化】乙氧苯酚

gurgitation [ˌgɜ:dʒɪˈteɪʃən] *n.* 旋涡,汹涌

gurgle [ˈgɜ:gl] *vi.; n.* (作)汩汩声,汩汩地流

gurney [ˈgɜ:nɪ] *n.* 【医】轮床

gush [gʌʃ] *v.; n.* 涌出(from),进发,泉涌,急水流,滔滔不绝地讲

gusher [ˈgʌʃə] *n.* 喷穴,迸发出的东西

gushing [ˈgʌʃɪŋ] *a.* 涌出的

guss [gʌs] *n.* 摊铺

gusset [ˈgʌsɪt] ❶ *n.* 结点板,联结板,角撑板,楔形土地 ❷ *vt.* 装角撑板于

gusseted [ˈgʌsɪtɪd] *a.* 装有角撑板的

gust [gʌst] *n.* 阵风〔雨〕,激发,汹涌,突然一阵 ☆*in gusts* 一阵阵地

gustation [gʌsˈteɪʃən] *n.* 味觉,尝味 ‖ **gustatory** *a.*

gustiness [ˈgʌstɪnɪs] *n.* 阵风性

gusto [ˈgʌstəu] *n.* 爱好,热忱

gustsonde [ˈgʌstsɒnd] *n.* 阵风探空仪

G

gusty ['gʌstɪ] *a.* 阵风性的,多阵风的

gut [gʌt] ❶ *n.* ①内脏,肠线 ②水蒸气小管 ③狭水道,海岬 ④(pl.) 实质 ⑤(pl.) 勇气,力量,耐久力 ❷ (gutted; gutting) *v.* 去内脏,抽去〔剜窃〕…的内容,损坏…的内部装置

gutstring ['gʌtstrɪŋ] *n.* 肠线

gutsy ['gʌtsɪ] *a.* 大胆的,有劲的,热烈的,贪婪的

gutta ['gʌtə] (pl. guttae) *n.* ①古塔〔杜仲〕胶 ②雨珠

guttamer ['gʌtəmiːtə] 滴法张力计

guttapercha ['gʌtə'pɜːtʃə] *n.* 杜仲(树)胶,马来树胶,树胶汁

guttate ['gʌteɪt] *a.* 滴状的,有彩色斑点的

guttation [gʌ'teɪʃən] *n.*【植】叶尖吐水(现象)

gutter ['gʌtə] ❶ *n.* ①沟,槽,漏斗,通风口,雨水口 ②角形火焰稳定器 ③(喇叭形)焊管拉模 ④排版上调整行距用的铅条 ❷ *v.* 开沟,装檐槽

gutteral ['gʌtərəl] *n.* 机载干扰台侦察器

gutterway ['gʌtweɪ] *n.* 排水沟

guttiform ['gʌtɪfɔːm] *a.* 点滴形的,滴状的

guttings ['gʌtɪŋz] *n.* (路面用)细石屑

guttle ['gʌtl] *v.* 狼吞虎咽

guttur ['gʌtə] (拉丁语) *n.* 咽喉

guttural ['gʌtərəl] *n.; a.* 喉的,喉间发出的

gutturophony ['gʌtərəfəunɪ] *n.* 喉音

guvacine ['gʌvəsiːn] *n.* 四氢烟酸

guy [gaɪ] ❶ *n.* 天线拉线,牵索,拉条,钢缆;小伙子,家伙 ❷ *v.* 用支索撑住,使稳定

Guyana [gɪ'ɑːnə] *n.* 圭亚那

Guyanese [gaɪə'niːz] *a.* 圭亚那的

guyot ['gɪ'əu] *n.*【地理】(海底)平顶山,桌状山

guzzle ['gʌzl] *v.* 狂饮,大量消耗

gybe [dʒaɪb] *v.; n.* 改变航道,移帆转向

gym [dʒɪm] *n.* (= gymnasium) 体育馆

gymbal *n.* (= gimbal) 常平架

gymnasium [dʒɪm'neɪzjəm] (pl. gymnasia 或 gymnasiums) *n.* ①体育馆,健身房 ②(德国或欧洲某些国家的)大学预科

gymnast ['dʒɪmnæst] *n.* 体操运动员,体操教师

gymnastic [dʒɪm'næstɪk] *n.;a.* 体操(的),体育(的) ‖ **~ally** *ad.*

gymnastics [dʒɪm'næstɪks] *n.* 体操,体育

gymnocyte ['dʒɪmnəsaɪt] *n.*【生】裸细胞

gymnosperm ['dʒɪmnəuspɜːm] *n.* 裸子植物

gymnotus [dʒɪm'nəutəs] *n.* 电鳗,裸背鳗属

gynandromorphism [,dʒɪnændrə'mɔːfɪzm] *n.* 【生】雌雄同体

gyn(a)ecology [,dʒaɪnɪ'kɒlədʒɪ] *n.* 妇科学

gynandroid [dʒɪ'nændrɔɪd] *n.* 男化女人

gynoecium [dʒɪ'niːsɪəm] *n.*【植】雌蕊

gynoplasm ['dʒɪnəplæzəm] *n.* 雌质

gyps(e) [dʒɪps] *n.* 石膏

gyps(e)ous ['dʒɪps(ɪ)əs] *a.* 石膏(状,质)的,含有石膏的

gypsiferous [dʒɪp'sɪfərəs] *a.* 含〔产〕石膏的

gypsite ['dʒɪpsaɪt] *n.*【地质】土(状)石膏

gypsophil ['dʒɪpsəfɪl] *a.* 嗜石膏的

gypsum ['dʒɪpsəm] ❶ *n.* 石膏,硫酸钙,灰泥板 ❷ *v.* 用石膏处理

gypsy ['dʒɪpsɪ] *n.* ①吉普赛人 ②绞绳筒

gypsyhead ['dʒɪpsɪhed] *n.* 绞缆筒,柿毛虫

gyradisc ['dʒaɪrədɪsk] *n.* 转盘(式)转盘式破碎机

gyral ['dʒaɪərəl] *a.* 旋转的,回旋的,环流的,循环的

gyrate [dʒaɪə'reɪt] ❶ *vi.* 旋转,回转,环动 ❷ *a.* 旋转的,(旋)涡状的,螺旋状的

gyration [dʒaɪə'reɪʃən] *n.* 旋转(运动),回转,陀螺运动,环动

gyrator [dʒaɪəreɪtə] *n.* 旋转器,回旋器,旋转子

gyratory [dʒaɪərətərɪ] ❶ *a.* 旋转的,环动的 ❷ *n.* 旋回破碎机

gyratus ['dʒaɪrətəs] (拉丁语) *a.* 环形的,回状的

gyre [dʒaɪə] *v.; n.* 旋转(运动),回旋,环(流),旋风

gyro ['dʒaɪərəu] *n.* ①陀螺(仪,罗盘),回转仪 ②回转 ③自转旋翼飞机

gyroaxis ['dʒaɪrəuæksɪs] *n.* 陀螺轴

gyro-axle ['dʒaɪrəuæksl] *n.* 回转轴

gyrobearing ['dʒaɪrəbeərɪŋ] *n.* 陀螺方位

gyroclinometer ['dʒaɪrəuklaɪ'nɒmɪtə] *n.* 回转式倾斜计

gyrocompass ['dʒaɪrəu,kʌmpəs] *n.* 回转(式)罗盘,陀螺罗盘,陀螺仪

gyrocopter ['dʒaɪrə'kɒptə] *n.*【航】旋翼机

gyrodine ['dʒaɪrəudaɪn] *n.* 装有螺桨的直升机

gyrodozer ['dʒaɪrə'dəuzə] *n.* 铲斗自由倾斜式推土机

gyrodynamics ['dʒaɪrəudaɪ'næmɪks] *n.* 陀螺动力学

gyrodyne ['dʒaɪrəudaɪn] *n.* 旋翼式螺旋桨机

gyrograph ['dʒaɪrəugrɑːf] *n.* 转速器,旋转测度器,陀螺漂移记录器

gyrohorizon ['dʒaɪrəuhəraɪzən] *n.* 回转水平仪,陀螺地平仪

gyroidal [,dʒaɪə'rɔɪdl] *a.* 螺旋形的,回转的

gyromagnetic [dʒaɪrəumæg'netɪk] *a.* 回转磁的,磁力的

gyrometer ['dʒaɪrəmɪtə] *n.* 陀螺测试仪

gyropilot ['dʒaɪrəupaɪlət] *n.* (陀螺)自动驾驶仪,回转引示

gyroplane ['dʒaɪrəpleɪn] *n.*【航】旋翼机

gyropter ['dʒaɪrɒptə] *n.* 旋翼机

gyrorotor ['dʒaɪrərəutə] *n.* 陀螺转子,回转体

gyrorudder ['dʒaɪrəurʌdə] *n.* 陀螺自动驾驶仪

gyroscope ['dʒaɪrəskəup] *n.* 陀螺仪,回转器,旋转机

gyroscopic [,dʒaɪrə'skɒpɪk] *a.* 陀螺的,回转(式)的,回旋(器,运动)的

gyrose [dʒaɪə'rəus] *a.*【植】屈曲的;波状的,波纹的

gyrosight ['dʒaɪrəusaɪt] *n.* 陀螺瞄准器

gyrosphere ['dʒaɪrəsfɪə] *n.* 回转球

gyro-stabilized [,dʒaɪrəu'steɪbɪlaɪzd] *a.* 陀螺稳

定的

gyrostabilizer [ˈdʒaɪrəʊˈsteɪbəlaɪzə] *n.* 陀螺稳
定器

gyrostat [ˈgaɪərəʊstæt] *n.* 回转轮,(船用)回转稳
定器 ‖ ~**ic** *a.*

gyrostatics [ˈdʒaɪərəʊˈstætɪks] *n.* 【机】陀螺静力学

gyrosyn [ˈdʒaɪərəʊsɪn] *n.* 陀螺感应罗盘,陀螺同
步罗盘

gyrosystem [ˈdʒaɪərəʊsɪstəm] *n.* 陀螺系统

gyrotiller [ˈdʒaɪərəʊtɪlə] *n.* 切土机,旋耕机

gyrotron [ˈdʒaɪərəʊtrɒn] *n.* 振动陀螺仪,回旋管

gyrotrope [ˈdʒaɪrɒtrəʊp] *n.*【电气】电流变向器

gyrotropic [dʒaɪərəʊˈtrɒpɪk] *n.* 旋转回归线

gyrotropy [dʒaɪəˈrəʊtrɒpɪ] *n.* 回旋磁性

gyrounit [ˈdʒaɪərəʊjuːnɪt] *n.* 陀螺部件

gyrous [ˈdʒaɪrəs] *a.* 环形的,回状的

gyrowheel [ˈdʒaɪərəʊwiːl] *n.* 陀螺仪转子

gyrus [ˈdʒaɪrəs] (pl. gyri) *n.* 螺纹,沟回;【医】脑回
(形成大脑半球的组织)

gyttja [ˈjɪttʃɑː] *n.*【地质】腐殖黑泥,湖底软泥

G

H h

haar [hɑː] *n.* 【气】 海雾

haarder ['hɑːdə] *n.* 鲻鱼

Habana [ɑːˈvɑːnɑː] *n.* 哈瓦那(古巴首都)

habenula [həˈbenjələ] *n.* 系带,缰核

habiliments [həˈbɪlɪmənts] *n.* (pl.)服装,衣服

habilitate [həˈbɪlɪteɪt] *v.* ①投资 ②穿 ③取得资格〔权能〕‖ **habilitation** *n.*

habit ['hæbɪt] ❶ *n.* 习惯,癖好;晶形;(生活)常态 ❷ *vt.* 穿着;居住 ☆ *be habited in* 穿(衣服); *be in the habit of* 有…的习惯; *break (off) (get out of) a habit* 打破〔革除〕(一种)习惯; *fall (get) into a habit of* 沾染〔养成…〕的习惯; *form (acquire,cultivate, make) a (the) habit (of)* 养成(…的)习惯;*out of habit* 出于习惯

habitability [ˌhæbɪtəˈbɪlətɪ] *n.* 适于居住,居住适应性

habitable ['hæbɪtəbl] *a.* 可居住的 ‖ **habitably** *ad.* ~**ness** *n.*

habitat ['hæbɪtæt] *n.* 生长环境,产地,栖息地,住所,生活区,居留地

habitation [ˌhæbɪˈteɪʃən] *n.* 住宅,居住

habit-modification ['hæbɪtmɒdɪfɪ'keɪʃən] *n.* 习性变化

habit(-)plane ['hæbɪtpleɪn] *n.* 惯态平面,惯析面

habitual [həˈbɪtjuəl] *a.* 日(惯)常的,惯例的 ‖ ~**ly** *ad.*

habituate [həˈbɪtjueɪt] *vt.* 使…习惯于 ☆ *be habituated to* 习惯于; *habituate A to B* 使A习惯于B

habituation [ˌhæbɪtjuˈeɪʃən] *n.* 习惯,习性形成,成瘾

habitude ['hæbɪtjuːd] *n.* 习惯,惯例

habitus ['hæbɪtəs] *n.* 习性,常态,体质〔型〕,智力

hachure [hæˈʃjʊə](法语) ❶ *n.* 影线,羹状线 ②刻线,痕迹 ❷ *vt.* 用影线表示,用羹状线画

hacienda [hæsɪˈendə] (西班牙语) *n.* 庄园,农场,工厂,矿山

hack [hæk] ❶ *v.,n.* ①劈,砍,刻痕,琢石 ②破土 ③出租 ④鹤嘴锄,十字镐 ⑤格架,晒架,晒砖场,晾棚 ⑥雇 ❷ *a.* 受雇的,出租的,工作过度的 ☆ *hack it* 完成; *take a hack at* 尝试

hackamore ['hækmɔː] *n.* 马勒;笼头

hacker ['hækə] *n.* 砍伐工,体育新手,计算机迷

hacket ['hækɪt] *n.* 木工用斧

hack-file ['hækfaɪl] *n.* 手锯,刀锉

hackle ['hækl] ❶ *vt.* 乱劈,砍光;梳棉〔麻〕 ❷ *n.* 麻梳,梳麻机,针排

hackly ['hæklɪ] *a.* 粗糙的,锯齿状的,参差不齐的

hackmanite ['hækmənaɪt] *n.* 【矿】紫方钠石

hackmatack ['hækmətæk] *n.* 【植】西方落叶松

hackney ['hæknɪ] ❶ *n.* 出租汽车〔马车〕 ❷ *a.* 出租的,陈腐的,平凡的 ❸ *vt.* 出租

hackneyed ['hæknɪd] *a.* ①陈腐的,平常的 ②熟练的

hacksaw ['hæksɔː] *n.* 【机】弓(形)锯,钢锯

had [hæd] have 的过去式或过去分词 ☆ *had best* 最好(是); *had better* 最好是; *had like to (do)* 差一点就…了,几乎…了; *had rather ... than ...* 与其…不如…

hadacidin ['hædəsɪdɪn] *n.* 【化】N-羟-N-甲酰甘氨酸

hadal ['heɪdl] *a.* 【海洋】超深渊的(一般指 6000 米以下海水)

hade [heɪd] ❶ *n.* 【地理】断层余角,偃角,伸角 ❷ *vi.* 倾斜

hadrodynamics [ˌhædrəʊdaɪˈnæmɪks] *n.* 强子动力学

hadron ['hædrɒn] *n.* 【物】强子

hadroproduction [ˌhædrəʊprəˈdʌkʃən] *n.* 强(子致产)生

haemacytometer [ˌhiːməsaɪˈtɒmɪtə] *n.* 【医】血球计

h(a)emagglutinate [ˌhiːmɪˈgluːtɪneɪt] *v.* 【医】血〔红细胞〕凝集

haemal ['hiːməl] *a.* 血液的,血管的

h(a)ematein ['hiːməteɪn] *n.* 苏木红

haematic [hiːˈmætɪk] *a.;n.* 血(液)的,清血药

haematics [hiːˈmætɪks] *n.* 【病】血液学

haematin(e) ['hemətɪn] = hematin (e)

haematinometer [ˌhiːmətɪˈnɒmɪtə] *n.* 【医】血红素计

haematite ['hiːmətaɪt], **haematite** ['hemətaɪt] *n.* 【矿】赤铁矿

h(a)ematocrit ['hemətəʊkrɪt] *n.* 血球比容计,分血器

h(a)ematoid ['hiːmətɔɪd] *a.* 似血的

h(a)ematology [ˌhiːməˈtɒlədʒɪ] *n.* 血液学

haematoma [ˌhiːməˈtəʊmə] *n.* 血肿

h(a)ematometer [ˌhiːməˈtɒmɪtə] *n.* 血红蛋白计,血压计

haematoxylin [ˌhiːməˈtɒksɪlɪn] n.【化】苏木精（素）

h(a)emin [ˈhiːmɪn] n. 氯化血红素,血红素晶

h(a)emocyanin [ˌhiːməʊˈsaɪənɪn] n.【医】血蓝蛋白,血蓝素

h(a)emocyte [ˈhiːməʊsaɪt] n.【医】血细胞,血球

h(a)emocytolysis [ˌhiːməʊsaɪˈtɒlɪsɪs] n.【医】溶血(作用)

h(a)emodynamics [ˌhiːməʊdaɪˈnæmɪks] n. 血流动力学

h(a)emomanometer [ˌhiːməʊməˈnɒmɪtə] n. 血压计

h(a)emophilia [ˌhiːməʊˈfɪlɪə] n.【医】血友病,出血不止症

haemorrhage [ˈhemərɪdʒ] n.; vt.【医】出血,溢血

haemostasia [ˌhiːməʊˈsteɪsɪə], **haemostasis** [ˌhiːməʊˈsteɪsɪs] n. 止血(法)

haemostatic [ˌhiːməʊˈstætɪk] a.; n. 止血的〔剂〕

hafnate [ˈhæfneɪt] n.【化】铪酸盐

hafnia [ˈhæfnɪə] n.【化】二氧化铪,铪

hafnyl [ˈhæfnɪl] n. 铪氧基

haft [hɑːft] ❶ n. 柄,把手,旋钮 ❷ vt. 给…装上把手

haggard [ˈhægəd] n. 憔悴的,凶暴的,野性的

haggite [ˈhægɪt] n.【矿】黑斜钒矿

haggle [ˈhægl] vt. 争论(about, over, for, with),讨价还价

Hague [heɪg] n. (The Hague)海牙(荷兰中央政府所在地)

hagworm [ˈhægwɜːm] n. 蝮蛇

hahnium [ˈhɑːnɪəm] n.【化】第 105 种元素,𨨏

hail [heɪl] ❶ n. 雹(状物),冰雹 ❷ v. ①下雹,(使)纷纷降落,(雹般的)一阵 ②高呼,欢迎 ☆*a hail of* 一阵,一大堆; *hail (...) down on ...*(把…)猛烈迅速地击在…上; *hail from* 来自; *within (out of) hail* 在呼声能及〔不及〕之处

hailer [ˈheɪlə] n. 高声信号器,汽笛

hailstone [ˈheɪlstəʊn] n.【气】雹子,冰雹

hailstorm [ˈheɪlstɔːm] n. (下)雹,雹暴,夹雹暴风雨

haily [ˈheɪlɪ] a. 雹子(样)的,夹雹的

Haiphong [ˈhaɪˈfɒŋ] n. (越南)海防(市)

hair [heə] n. ①毛(状物),头〔毛〕发 ②(游)丝,毛状金属丝,微动弹簧 ③ (pl.)叉线,十字线 ④极微,一点儿 ☆*hang on (by) a hair* 岌岌可危; *not turn a hair* 丝毫未受干扰,毫不动声色,毫不疲倦; *split hairs* 作无益的细微区分,作无谓的挑剔; *to a hair* 或 *to the turn of a hair* 完全一样,精确地

hair(-)breadth [ˈhɛəbredθ] n.;a. 一发之差,毫微小的距离,四十八分之一英寸 ☆*by (within) a hair breadth* 一发之差,间不容发,差一点儿就

hairbrush [ˈheəbrʌʃ] n. 毛刷

haircords [ˈheəkɔːdz] n. 麻纱

haircurling [ˈheəkɜːlɪŋ] a. 使人毛发竖起的,恐怖的

hairfelt [ˈheəfelt] n. (油毛)毡

hairiness [ˈheərɪnɪs] n. 有毛,多毛,毛状

hairless [ˈheəlɪs] a. 无毛(发)的

hair-like [ˈheəlaɪk] a. 毛(似)的,细的

hairline [ˈheəlaɪn] n. ①发丝,极细的线,瞄准线,毛发测量线,(光学仪器上的)叉线,游丝 ②瞄准线 ③细缝,发状裂缝,毛筋 ④细微的区别

hairsplitting [ˈheəsplɪtɪŋ] n.;a. 作无益的琐细的分析(的)

hairspring [ˈheəsprɪŋ] n.【机】细弹簧,游丝,丝极,发丝簧

hairy [ˈheərɪ] a. (多,如)毛的,毛状〔制〕的

Haiti [ˈheɪtɪ] n. (拉丁美洲)海地

Haitian [ˈheɪʃɪən] n.; a. 海地(人,岛)的

hake [heɪk] n. ①格架 ②牵引调节架,【动】鳕鱼类,狗鳕

Hakodate [ˌhækəʊˈdɑːtɪ] n. 函馆(日本港口)

halation [həˈleɪʃən] n. 光晕,晕影,晕光(作用),成晕现象

halazone [ˈhæləzəʊn] n.【化】卤胺宗,对二氯基氨磺酰苯甲酸

Halcomb [ˈhɑːlkəʊm] n. 哈尔库姆合金钢

halcyon [ˈhælsɪən] a. 安静的,平静的

half [hɑːf] (pl. halves) n.;a.;ad. ①(一)半,二分之一 ②一部分,不充分 ☆*by half* (只)一半,过分;*by halves* 不完全地; *cut (break) ... in half (into halves)* 对切,把…分成两半; *go halves with A in B* 和 A 平分 B; *half a mile (a dozen, an hour)* 半英里〔打,小时〕; *half and half* 各半,半对半; *half as large as* (是)…的一半; *half as many (much) again as* 一倍半于…; *half as many (much) as* (是)…的一半; *not half* 少于一半地,一点也不,极端地;*one and a half* 一又二分之一; *one half* 二分之一

〖用法〗冠词一般放在 "half" 之后(尽管有的美国人把冠词放在前面)。如: This average velocity is just half the final velocity.这个平均速度正好是末速度的一半。/This relation involves half an angle. 这个关系式涉及半角。

half-cock [ˈhɑːfkɒk] n. 枪上扳机的安全位置,安全装置

halflights [ˈhɑːflaɪts] n. 半强度的光,暗淡的光线

halfway [ˈhɑːfweɪ] ad. 半路,中途

halibut [ˈhælɪbət] n.【动】大比目鱼

halide [ˈhælaɪd] n.; a. 卤化物(的),卤素(的)

halieutic [ˌhælɪˈjuːtɪk] a. 钓鱼的

Halifax [ˈhælɪfæks] n. ①哈利法克斯(加拿大港口) ②(英国)哈利法克斯(市)

halinokinesis [ˌhælɪnəʊˈkɪnesɪs] n. 盐岩风化层

haliplankton [ˌhælɪˈplæŋktən] n.【生】咸水浮游生物

halite [ˈhælaɪt] n. 岩盐,天然的氯化钠

hall [hɔːl] n. ①(礼,会)堂,大厅,办公大楼,过道 ②机

H

房,车间

hallerite ['hælərait] n.【化】锂钠云母

hallimondite [,hælɪ'mɔndaɪt] n.【矿】砷铀铅矿

hallo(a) [hə'ləu] int.; n. 喂,哈罗

halloysite [hə'lɔɪsaɪt] n. 叙永石,多水高岭土,埃洛石

hallucinate [hə'lu:sɪneɪt] vt. 使产生幻觉

hallucination [,həlu:sɪ'neɪʃən] n. 幻觉,幻觉象,妄想 ‖ **hallucinatory** a.

hallucinogen [,həlu:'sɪnədʒən] n. 致幻药,迷幻剂

hallucinosis [,həlu:sə'nəusɪs] n.【医】幻觉病,精神错乱症

hallway ['hɔ:lweɪ] n. 门厅,过道,回廊

Halman ['hɔ:lmən] n. 哈尔曼铜锰铝合金电阻丝

halmyrolysis [,hælmɪ'rɔulɪsɪs] n. 海解作用

halo ['heɪləu] (pl. halo(e)s) ❶ n. (日、月、照相等的)晕(圈),光轮,多色环 ❷ v. 使有晕轮,成晕圈

halkoalcohol [,hɔ:lkə'ælkəhɔl] n.【化】卤代醇

halobios ['hæləubaɪəs] n.【生】海洋生物

halobiotic [,hæləubaɪ'ɔtɪk] a.【生】海洋(生物)的,盐生的

halobolite ['hæləubəlaɪt] n. 锰结核

halocarbon [,hæləu'kɑ:bən] n.【化】卤代烃,卤碳

halochromic [,hæləu'krəumɪk] a. 卤色化的

halochromism [,hæləu'krəumɪzm] n. 加酸显色,卤色化(作用)

halochromy [,hæləu'krəumɪ] n. 加酸显色现象

halocline ['hæləklaɪn] n. 盐(度)跃层

haloform ['hæləufɔ:m] n.【化】卤仿,三卤甲烷

halogen ['hælədʒən] n.【化】卤素,成盐元素

halogenate ['hælədʒəneɪt] v. 卤化,加卤

halogenation [,hælədʒə'neɪʃən] n.【化】卤化(作用),加卤(作用)

halogenic [hælə'dʒenɪk] a. 卤素的,生盐的

halogenide ['hælədʒənaɪd] n.【化】卤化物,含卤物

halogenocations [,hælədʒənə'keɪʃənz] n. 卤代阳离子

halogenohydrin [,hæləudʒənə'haɪdrɪn] n. 卤醇

halogenous [hə'ləudʒɪnəs] a. 含卤的

halohydrin [,hælə'haɪdrɪn] n.【化】卤代醇

halohydrocarbon [,hæləuhaɪdrə'kɑ:bən] n.【化】卤代烃

haloid ['hælɔɪd] n.;a. 卤(族)的,含卤(素)的,卤化物,海盐

halometer [hæ'lɔmɪtə] n. 盐量计,盐度表

halomethylation [,hæləumeθɪ'leɪʃən] n. 卤甲基化作用

halomicin [,hæləu'maɪsɪn] n. 卤霉素

halophile ['hæləfaɪl] n.【生】嗜盐微生物

halophilic [hæ'lɔfɪlɪk], **halophilous** [hæ'lɔfɪləs] a. 耐盐的

halophobe ['hæləfəub] n. 嫌盐植物

halophobic [,hælə'fəubɪk], **halophobous** [,hælə-'fəubəs] a. 避盐的

halophyte ['hæləfaɪt] n. 适盐植物

haloplankton [,hælə'plæŋktən] n.【生】海水浮游生物

halopolymer [,hælə'pɔlɪmə] n. 卤(代)聚(合)物

halotrichite [hæ'lɔtrɪkaɪt] n.【矿】铁明矾

halowax ['hæləwæks] n. 卤蜡,β-氯代萘

halt [hɔ:lt] n.;v. ①站住,(使)停止,暂停,阻挡,拦截,捕获 ②(暂停)小站,电车站 ③犹豫(不决) ④不完全,有缺点 ☆**bring to a halt** 使…停止; **call a halt** 命令停止; **come (roll, grind) to a halt** 停下来; **make a halt** 停止
【用法】注意下面例句的含义:Nowadays, trunk and international telephone and telex communications would grind to a halt if exchanges suddenly failed. 现今,如果交换机突然出了故障,则长途电话和国际电话以及电传电报就会戛然停止。

halter ['hɔ:ltə] ❶ n. 缰绳,绞索,平衡器 ❷ vt. 束缚,抑制

halting ['hɔ:ltɪŋ] ❶ a. 犹豫的,暂停的 ❷ n. 拦截,捕获(目标) ‖ **-ly** ad.

halvans ['hælvəns] n. 贫矿,杂质多的矿石

halve [hɑ:v] vt. ①对分,二等分,将…减半 ②【建】把…开半对搭
【用法】注意下面例句中该词的含义:If the radius is halved, the flow rate is reduced by a factor of 16. 如果半径减半,则流速要降为原来的 1/16。

halves [hɑ:vz] ❶ half 的复数 ❷ halve 的现在式单数第三人称

halving ['hɑ:vɪŋ] n. 对分,减半,相嵌接合半叠接

halyard ['hæljəd] n.【航海】升降索,扬帆索

ham [hæm] n.;a. ①业余无线电收发报的(爱好者) ②火腿

hamada ['hæmədə] n. 石质沙漠

Hamamatsu [,hɑ:mə'mɑ:tsu:] n. 滨松(日本港口)

hambergite ['hæmbədʒaɪt] n. 硼铍石

Hamburg ['hæmbɜ:g] n. 汉堡(德国港口)

Hamilton ['hæmɪltən] n. ①汉密尔顿(百慕大首府) ②汉密尔顿(加拿大港口)

Hamiltonian [,hæmɪl'təunɪən] n. 哈密尔顿算符

hamlet ['hæmlɪt] n. 小村(庄)

hammer ['hæmə] ❶ n. 锤,锤形,榔头,撞针 ❷ v. ①锤击,锻(造),敲打 ②敲定,想出 ☆**hammer and tongs** 全力以赴地; **hammer at** 敲打,研究,埋头于; **hammer away (at)** 连敲;埋头工作; **hammer down** 用锤钉上; **hammer ... into** 锤入,用锤敲进; **hammer out** 锤平,敲出,想出,消除; **up to the hammer** 第一流的

hammerblow ['hæməbləu] n. 锤打

hammerhead ['hæməhed] n. 锤头;倒梯形机翼

hammering [,hæmərɪŋ] n. 锤击,锻造;推敲,想出

hammerless ['hæməlɪs] a. 无撞针的

hammermill ['hæməmɪl] n. 锤磨机

hamming ['hæmɪŋ] n. 加重平均

hammock ['hæmək] *n.* ①吊床〔带〕②圆丘

hamose ['heɪməʊs] *a.* 尖头的,【植】有钩的,如钩的

hamper ['hæmpə] ❶ *vt.* 妨碍,牵制 ❷ *n.* ①阻碍物 ②有盖的篮 ☆*be hampered by ...*被…妨碍〔所累〕

Hampshire ['hæmpʃɪə] *n.* (英国)汉普郡

hamster ['hæmstə] *n.* 田鼠

hamular ['hæmjʊlə] *a.* 钩状的

hamulate ['hæmjʊleɪt] *a.* 钩状的,有钩的

hamulus ['hæmjʊləs] (pl. hamuli) *n.* 钩,钩状突起

hance [hæns] *n.* 拱腰

hand [hænd] ❶ *n.;a.* ①手,手柄,摇杆 ②(仪表)指针 ③手动的(的) ④人手,劳工 ⑤管理,掌握 ⑥手法,技巧;字迹;鼓掌 ☆*(at) first (second) hand* 直(间)接(地);*at(on, to)one's right hand* 在…右方; *at the hand(s) of* 经…的手,出自…之手; *(be) at hand* 在手边〔不久将来〕,现有的; *(be) close at hand* 就在手边,迫近; *bear (lend) a hand* 帮助(with),参与,与…有关(in); *by hand* 用〔亲〕手,手工做的;*come to hand* 收到,到手,找着; *from hand to hand* 传递; *gain (get) the upper hand of* 占优势; *give one's hand on (a bargain)* 保证履行契约; *go hand in hand with* 与…并行,与…密切联系;*hand and foot* 完全,尽力;*hand in hand* 携手并进,相随; *hand over fist* 稳定而迅速,不费力地,大量地; *hand over hand* 双手交互地,稳定而迅速地; *hands down* 容易(取胜),不费力地; *hands off* 不许动手,不要干涉; *hands up* 举起手来; *hand to hand* 短兵相接; *have a hand in* 与…有关,参与; *have in hand* 执有,在掌握中,在支配下; *have ... on one's hands* 应付不了,有…成为负担; *have one's hand in* 参与,熟悉; *have one's hands full* 事忙; *heavy on (in) hand* 难应付; *in hand* 在手里,在处理中,控制住; *in (on) the hands of* 在…掌握中,交托给,由…负责; *keep ... in hand* 掌握着,管理; *off hand* 马上,无准备,随便;自动的; *off one's hands* 脱手; *on all hands* 或 *on every hand* 在各方面; *in either hand* 在两边; *on hand* 现有,在附近〔手边〕,出席; *on the one hand ... (and)* 或 *on the other hand* 一方面,(而)另一方面…; *out of hand* 难以控制,不受约束,不可收拾;立刻; *put in hand* 开始做; *put (...) in the hands of ...* 把(…)交给…; *put (set) one's hand to* 着手,参与,企图; *take hand in (at)* 参加,和…有关; *take ... in hand* 处理,承担,照料; *to hand* 在手边; *try one's hand at* 试做; *under one's hand* 由…签名; *with a firm hand* 坚决地; *with a free hand* 放手地,浪费地; *with a heavy hand* 粗枝大叶地,高压地 ❷ *vt.* 交出,递给,传递,扶持 ☆*hand down* 留传下来; *hand in* 交来,递交,提出; *hand on* 依次传递; *hand out* 分发,交给; *hand over* 交出,移交,让与; *hand round* 顺次传递; *hand up* 交给(上级); *right (left) handed* 右〔左〕旋的,右〔左〕转的,用右〔左〕手的

〖用法〗注意下面例句中该词的含义: Such accomplishments did not rest in the hands of a single man. 这种成就并不是由一个人取得的。/These locks may be put together by taking the pieces that come to hand. 这些枪机可以随手拿到的部件装配起来。/For the example at hand, we have L = 4. 对于现在这个例子,我们有 L= 4。/With this formula at 〔on,in〕hand, we are ready to describe multichannel modulation in quantitative terms.有了这个公式,我们就要用定量的术语来描述多信道调制。

handbag ['hændbæg] *n.* 手提包,旅行袋

handbarrow ['hændbærəʊ] *n.* (双轮)手推车,担架

handbill ['hændbɪl] *n.* 传单,广告

handbook ['hændbʊk] *n.* 手册,便览,指南

handbreadth ['hændbredθ] *n.* 一手宽

handcar ['hændkɑ:] *n.* (铁路)轨道车,手推车

handcart ['hændkɑ:t] *n.* 手推车,手拉小车

handcraft ['hændkrɑ:ft] ❶ *n.* 手(工)艺,手工艺品,手工(业) ❷ *vt.* 用手工造

handedness ['hændɪdnɪs] *n.* 用右手或左手的习惯

hander ['hændə] *n.* 【机】支持器,架,座,夹头

handful ['hændfʊl] *n.* ①一把,少量 ②一小撮 ③麻烦的事 ☆*a handful of* 很少一点,一小撮

handgrip ['hændgrɪp] *n.* 紧握,柄,把

handgun ['hændɡʌn] *n.* (手)枪

handhold ['hændhəʊld] *n.* ①紧握 ②柄,旋钮,栏杆,把柄

handhole ['hændhəʊl] *n.* (小)孔,注入口,筛眼

handicap ['hændɪkæp] ❶ *n.* 障碍(物),不利(条件),困难,缺陷 ❷ (handicapped; handicapping) *vt.* 妨碍,置于不利地位,为…的障碍

handicraft ['hændɪkrɑ:ft] *n.* 手工(业),手(工)艺,手工艺品

handicraftsman ['hændɪkrɑ:ftsmən] *n.* 手工业者,手艺人

handie-talkie ['hændɪtɔ:kɪ] *n.* 手提式步谈机

handily ['hændɪlɪ] *ad.* 灵巧地

handiness ['hændɪnɪs] *n.* ①灵巧,简便 ②操纵方便

handite ['hændaɪt] *n.*【矿】含锰砂岩

handiwork ['hændɪwɜ:k] *n.* ①手工艺,手工制品 ②亲手做的事情

hand-jack ['hænddʒæk] *n.* 手动起重器〔千斤顶〕

handkerchief ['hæŋkətʃɪf] *n.* 手帕〔绢〕

hand-knitted ['hændnɪtɪd] *a.* 手编的

handlance ['hændlæns] *n.* 喷枪,喷水器,手压泵

handle ['hændl] ❶ *n.* ①柄,摇杆,把手,驾驶盘,(焊)钳 ②可乘之机,把柄 ③【计】句柄 ❷ *vt.* ①触摸,(摆)弄 ②处理,对待,讨论 ③掌握,管理,调度 ④控制,操纵 ⑤运用,加工 ⑥装卸,搬运,输送 ⑦给…装柄 ❸ *vi.* (用手)搬运,易于操纵

H

〖用法〗注意下面例句中该词的含义：A data signal that has a finite duration (which all of them do) can be underlined{handled} by just imagining that it repeats the entire pattern over and over forever. 一个具有有限持续时间的数据信号（它们都是具有有限持续时间的），可以通过让你设想它一次又一次地永远重复整个模式而进行处理。

handleability [ˌhændlə'bɪlətɪ] *n*. 操作性能,控制能力

handleable ['hændləbl] *a*. 可控制〔操作,搬运〕的

handlebar ['hændlbɑː] *n*. 把手,操纵柄

handler ['hændlə] *n*. 管理人,(信息)处理机,处理程序,输送装置

handless ['hændlɪs] *a*. 没手的,手笨拙的

handling ['hændlɪŋ] *n*. ①处理,加工,去除 ②掌握,操纵,控制,驾驭 ③维护,保养,管理 ④装卸,转运,堆放,转换

handout ['hændaʊt] *n*. 免费发给的新闻通报,送给报界刊登的声明

handover ['hændəʊvə] *n*. 移〔转〕交

handpiece ['hændpiːs] *n*. 机头

handplaced ['hændpleɪst] *a*. 手堆的

handprint ['hændprɪnt] *n*. 手纹

handrail(ing) ['hændreɪl(ɪŋ)] *n*. 扶栏,栏杆

handsel ['hænsəl] ❶ *n*. 初次试用,试样,预兆,贺礼 ❷ (handsel(l)ed; handsel(l)ing) *v*. ①第一次试用 ② 庆祝…的落成

handset ['hændset] *n*. (电话)听筒,手机,手持的小型装置

handshaking ['hændʃeɪkɪŋ] *n*. 握手,符号交换,交接过程

handsheet ['hændʃiːt] *n*. 手持面罩

hands-off ['hændzɒf] *n*.;*a*. ①手动断路 ②不干涉的

handsome ['hænsəm] *a*. ①漂亮的,壮丽的 ②可观的,优厚的 ③操纵灵便的,灵敏的,熟练的 ‖ **~ly** *ad*.

handspike ['hændspaɪk] *n*. 杠,推杆

handstone ['hændstəʊn] *n*. 小石子,鹅卵石

handwheel ['hændwiːl] *n*. 驾驶盘,手轮

handworked ['hændwɜːkt] *a*. 手工制成的

handwriting ['hændraɪtɪŋ] *n*. 手写,书写之事物

handy ['hændɪ] ❶ *a*. 便利的,手边的,方便的,合手的,轻巧的,可携带的 ❷ *ad*. 近便,在附近

handyman ['hændɪmæn] (pl. handymen) *n*. ①受雇做杂事的人,手巧的人 ②操纵机

handy-talkie ['hændɪtɔːkɪ] *n*. (手持式)步谈机

hang [hæŋ] ❶ (hung) *v*. ①悬,吊 ②安装 ③拖延,悬搁,阻塞 ④依靠(on),附着,缠住 ❷ *n*. ①悬挂方式,下垂物,飞机悬停 ②意义,要点,用法,诀窍 ③斜坡,倾斜 ☆**get the hang of** 懂得…的用法; **go hang** 被忘却; **hang about (around)** 在…近旁,荡来荡去; **hang back** 踌躇不前,退缩; **hang behind** 拖在后面; **hang fire** (火器)发火慢;耽搁时间,犹豫,不决; **hang A from B** 把 A 挂在 B 上,

把 A 从 B 吊下来; **hang in the balance** 主意未定; **hang in there** 坚持,继续; **hang loose** 保持镇静,放松; **hang off** 放,踌躇不前; **hang on (upon)** 挂在…上;握住不放,(电话)不挂断,坚持下去,靠…而定,取决于; **hang on props** (飞机)因率降低而不稳起来; **hang out** 挂出; **hang over** 挂在…上面,笼罩,突出于;靠近,附着; **hang to** 附着,紧贴着; **hang together** 连在一起,(事物)连贯,符合; **hang up** 挂起来,挂断,意外停机,拖延,悬而不决,搁浅; **let it all hang out** 无牵挂; **let things go hang** 听之任之; **not care (give) a hang (about)** (对…)毫不在乎

〖用法〗注意下面例句中该词的用法：The body underlined{hangs} at rest underlined{from} the ceiling by a vertical cord. 该物体由一个垂直的细绳静吊在天花板上。

hangar ['hæŋə] ❶ *n*. 飞机库 ❷ *vt*. 把…放入机库中

hangarage ['hæŋərɪdʒ] *n*. 飞机棚

hangarette ['hæŋəret] *n*. 小飞机库

hanger ['hæŋə] *n*. ①悬挂者 ②钩子,挂钩,吊钩 ③支架,梁托,垂饰 ④悬挂的东西,起锭器

hangfire ['hæŋfaɪə] *n*.; *vi*. 迟发,滞火,缓燃

hanging ['hæŋɪŋ] *n*.;*a*. ①悬挂,悬料 ②(pl.)窗帘 ③工作吊架 ④悬式的 ⑤斜坡,倾斜

hangnest ['hæŋnest] *n*. 悬巢

hangover ['hæŋəʊvə] *n*. 尾响,拖尾

Hangsterfer ['hæŋstəfə] *n*. (一种)通用切削油

hangtag ['hæŋtæg] *n*. 使用条件说明标签

hangwire ['hæŋwaɪə] *n*. 炸弹保险丝

hank [hæŋk] ❶ *n*. ①一绞,(一)束(长度单位),丝绞 ②卷线轴 ③帆环 ④优势,控制 ❷ *vt*. 使成一绞 ☆**hank for hank** 两船平排着,平等地; **in a hank** 在困难中

hanker ['hæŋkə] *vi*. 渴望,一心想(after, for) ☆ **have a hankering for (after)** 渴望得到

hanksite ['hæŋksaɪt] *n*.【化】碳酸芒硝

hanky ['hæŋkɪ] *n*. 手帕

Han(n)over ['hænəʊvə] *n*. (德国)汉诺威(市)

Hanoi [hæ'nɔɪ] *n*. 河内(越南首都)

Hansard ['hænsəd] *n*. (英国)国会议事录

hansel ['hænsəl] *n*.;*v*. = handsel

hap [hæp] *n*. 意外事件

haphazard ['hæp'hæzəd] *n*.; *a*.; *ad*. 偶然(性,的,的事),任意(性,的),不规则(的),没想到(的) ☆**at (by) haphazard** 偶然地,任意地 ‖ **~ly** *ad*.

hapless ['hæplɪs] *a*. 不幸的

haplite ['hæplaɪt] *n*. 简单花岗岩,细晶岩

haplochromosome [ˌhæpləʊ'krəʊməsəm] *n*.【生】单倍染色体

haploid ['hæplɔɪd] *a*.; *n*. 单一的,简单的,单倍体

haplomitosis [ˌhæpləʊmɪ'təʊsɪs] *n*.【生】半有丝分裂

haplont ['hæplɒnt] *n*.【生】单倍体

haplophase ['hæpləʊfeɪz] *n*. 单倍期

haply ['hæplɪ] *ad*. 偶然,或许

happen ['hæpən] vi. (偶然)发生,碰巧 ☆**as it happens**(插入语)碰巧,偶然;**be likely to happen** 像要发生;**happen in with** 偶然和…碰见;**happen on (upon)** 偶然发现〔看见,碰到〕;**happen to(with)** 发生;**happen to do** 偶然(做);**happen what may** 无论发生何事;**no matter what (whatever) happens** 不管发生什么情况〖用法〗❶ "It happens that ..."意为"偶尔…;碰巧…"。如: It often happens that this factor is not constant.往往这个因子并不是恒定的。❷ 注意下面例句中该词的含义: If B happens to be perpendicular to the surface, cos θ =1. 如果B碰巧垂直于该表面,则 cos θ = 1。

happenchance ['hæpəntʃæns] n. 偶然事件

happening ['hæpənɪŋ] n. 偶然发生的事

happenstance ['hæpənstæns] n. 偶然事件

happy ['hæpɪ] a. ①幸福的,快乐的 ②适当的,中肯的,巧妙的 ☆**be happy in** (幸好)有;**be happy to do** 乐于(做) ‖ **happily** ad. **happiness** n.

hapten(e) ['hæpti:n] n.【生】半抗原,附着素

hapteron ['hæptərɒn] n.【植】附着器,菌素基,吸胞

haptic ['hæptɪk] ❶ a. (由)触觉(引起)的 ❷ n. 密着性

haptics ['hæptɪks] n. 触角学

hapto ['hæptəʊ] n. 络合点

haptogen ['hæptədʒən] n. 凝膜

haptoglobin [,hæptəʊ'gləʊbɪn] n. 结合珠蛋白,亲血色(球)蛋白

haptometer ['hæp'tɒmɪtə] n. 触觉测量器,触觉计

haptonasty ['hæp'tɒnæstɪ] n. 触倾性

haptophore ['hæptəfɔ:] n. 结合簇

haptophyte ['hæptəfaɪt] n. 黏着植物

haptor ['hæptə] n. 吸盘

haptoreaction [,hæptəʊri:'ækʃən] n. 接触反应

haptotaxis [,hæptəʊ'tæksɪs] n. 趋触性

haptotropism [,hæptəʊ'trəʊpɪzəm] n.【植】向触性

haptotype ['hæptəʊtaɪp] n. 近模式标本

harass ['hærəs] vt. 使…烦恼,骚扰,折磨 ‖ ~ment n.

Harbin [ha:r'bɪn] n. 哈尔滨

harbinger ['ha:bɪndʒə] ❶ n. 先驱,前兆 ❷ v. 作先驱,预告

harbo(u)r ['ha:bə] ❶ n. 海港,港湾,码头,避难处 ❷ v. ①停泊,暂住 ②躲藏,庇护,避难,怀(有,恶意) ☆**in harbour** 停泊中;**make harbour** 进港停泊

harbo(u)rage ['ha:bərɪdʒ] n. 停泊处,港湾,避难所

harbo(u)r-entrance ['ha:bəentrəns] n. 港口

hard [ha:d] ❶ a. ①硬(质)的,坚固的,结实的 ②猛烈的 ③困难的,艰苦的,费力的,难忍受的,刻苦的 ④严厉的,苛刻的 ⑤确实的 ⑥(底片)反差强的,刺目的,刺耳的 ⑦含无机盐的 ❷ ad. ①硬,牢,坚固地 ②努力地,困难地 ③猛烈地,竭力地 ④紧接地,接近地 ☆**a hard nut to crack** 难解决的问题;**as hard as a brick** 极硬;**be hard at work** 刻苦工作;**(be) hard by** 在近旁;**(be) hard of** 难以…的;**be hard on (upon)** 损伤,对…严厉,接近(…岁);**(be) hard pressed** 处于困境;**be hard to do** 很难,难以;**(be) hard up** 缺少(钱等),感到为难,没有办法;**(be) hard up for** 缺少;**hard and fast** 严格的,坚定不移的,固定的,搁浅的;**hard row to hoe** 困难费力的工作;**have a hard time doing** 难以(做);**hold on hard** 紧握,坚持

hardback ['ha:dbæk] a.; n. 硬书皮的(书)

hardboard ['ha:dbɔ:d] n. 硬质纤维板,高压板

hardbound ['ha:d'baʊnd] a. 硬书皮装订的

harden ['ha:dn] v. ①(使)变硬),淬火 ②使不受爆炸伤害

hardenability [,ha:dnə'bɪlətɪ] n. (可)硬化度,(可)淬性

hardenable ['ha:dnəbl] a. 可硬化的,可淬的

hardener ['ha:dnə] n. 硬化成分,硬化剂,淬火剂,淬火物质,母合金

hardening ['ha:dənɪŋ] n. 硬化,凝结,增加硬度,增加穿透力,淬火,防原子化,锻炼

hardenite ['ha:dnaɪt] n. 碳素马氏体

hardglass ['ha:dgla:s] n. 硬化玻璃

hardhanded ['ha:d'hændɪd] a. ①双手坚实有力的 ②用高压手段的

hardhat ['ha:d'hæt] n. ①安全帽 ②建筑工人

hardhead ['ha:dhed] n. ①硬头,铁头,硬渣 ②硬质巴比合金

hardheaded ['ha:d'hedɪd] a. 头脑冷静的,实事求是的

hardihood ['ha:dɪhʊd] n. ①大胆 ②结实,毅力

hardily ['ha:dɪlɪ] ad. 大胆地

hardiness ['ha:dɪnɪs] n. ①大胆,胆量 ②结实,抵抗力,耐寒(性)

hard-land ['ha:dlænd] v. (使)硬着陆

hard-liner ['ha:dlaɪnə] n. 主张强硬路线者

hardly ['ha:dlɪ] ad. ①几乎不,几乎没有,简直不 ②很想,未必,大概没有,刚刚(尺) ③严厉地,拼命(地) ☆**hardly any** 很少,几乎不,几乎没有;**hardly at all** 几乎(从)不,难得;**hardly ever** 很少,几乎从不;**hardly more than** 仅仅,不过是;**hardly so** 不会是;**hardly ... when (before)** 刚一…就;**hardly yet** 几乎尚未;**it is hardly too much to say** 可以毫不夸张地说

hardness ['ha:dnɪs] n. ①硬度,(坚)硬性,刚性 ②坚固,防原子能力 ③困难,难解,苛刻

Hardnester ['ha:d'nestə] n. 锥式硬度试验器

hardometer ['ha:'dɒmɪtə] n. (回跳)硬度计

hardpan ['ha:dpæn] n. ①硬土层,不透水层 ②硬盘,坚固的基础 ③底价 ④隐藏着的真实情况

hard-point ['ha:dpɔɪnt] n. 硬点,防原子发射场

hards [ha:dz] n. (pl.)①麻屑,毛屑 ②硬(质)煤

hardsell ['ha:dsel] a. 强行推销的

hardset ['ha:dset] a. 面临困难的,坚决的,顽固的

hardship ['ha:dʃɪp] n. 辛苦,艰难

hardsite ['hɑ:dsaɪt] *n.* 防原子发射基地

hardstand ['hɑ:dstænd] *n.* 停机坪

hardsurface ['hɑ:dsɜ:fɪs] *v.* 表面淬火,给…铺硬质路面

hard(-)tack ['hɑ:dtæk] *n.* 旅行饼干

hardware ['hɑ:dweə] *n.* ①金属构件,导弹构件,设备,电路,硬连线,(小)五金,铁器 ②【计】硬件,硬设备,计算机 ③成品,实物 ④重武器

hardwareman ['hɑ:dweəmən] *n.* ①五金工人 ②五金商人,金属构件制造商

hardy ['hɑ:dɪ] **❶** *a.* 坚固的,结实的,适应性强的,耐劳的,勇敢的 **❷** *n.* 方柄凿

harlot ['hɑ:lət] *n.* 娼妓

harm [hɑ:m] *n.; vt.* 损(伤,危)害,损伤 ☆*come to harm* 受害; *do harm to …* (对…)产生危害; *out of harm's way* 在安全的地方,安全无事; *without harm to* 不损害

harmaline ['hɑ:məli:n] *n.* 【药】哈马林

harmful ['hɑ:mful] *a.* 有害的 ☆*harmful to* 对…有害的 ‖ ~ly *ad.*

harmine ['hɑ:mi:n] *n.* 【药】哈尔碱,骆驼蓬碱

harmless ['hɑ:mlɪs] *a.* 无害的,无恶意的

harmodotron [,hɑ:məʊ'dotron] *n.* 毫米波振荡管

harmonic [hɑ:'mɒnɪk] **❶** *n.* ①谐波,谐波分量,谐振荡,和声,调和 ②(pl.)谐函数 **❷** *a.* 谐波的,调和的,谐调的,悦耳的 ‖ ~al *a.*

harmonica [hɑ:'mɒnɪkə] *n.* 【音】口琴

harmonically [hɑ:'mɒnɪkəlɪ] *ad.* 调和,和谐地

harmonics [hɑ:'mɒnɪks] *n.* ①谐函数 ②谐波,谐和声学;【天】数律分析法

harmonious [hɑ:'məʊnjəs] *a.* 调和的,和谐的,悦耳的,融洽的,相称的 ‖ ~ly *ad.* ~ness *n.*

harmonium [hɑ:'məʊnjəm] *n.* 【音】簧风琴

harmonization, harmonisation [,hɑ:mənaɪ'zeɪʃən] *n.* 谐和,调谐,谐和音,一致

harmonize, harmonise ['hɑ:mənaɪz] *v.* (使)调和,(使)和谐,(使)一致,调谐,校准 ☆*harmonize (A) with B* 使(A)符合于B,使(A)与B相称

harmonograph [hɑ:'mɒnəgrɑ:f] *n.* 谐振记录器

harmonometer [,hɑ:mə'nɒmɪtə] *n.* 和声计〔表〕

harmony ['hɑ:mənɪ] *n.* 谐和,和谐,融洽,和声(学),谐声 ☆*(be) in harmony with* 与…协调,符合于; *(be) out of harmony with* 与…不协调

harness ['hɑ:nɪs] **❶** *n.* ①线束,【纺】通丝 ②(汽车)电气配线,导火线 ③吊带,装〔马〕具,铠装 ④固定的职业 **❷** *vt.* 利用(风等)作动力,(河流等)治理,装铠具,控制,管理 ☆*harness A to B* 利用A作B的动力

harnpan [hɑ:'npæn] *n.* 颅骨

harp [hɑ:p] **❶** *n.* 竖琴;结构加热炉;(刀架)转盘 **❷** *vi.* 弹竖琴;不停地说(on, upon)

harpin(g)s ['hɑ:pɪŋz] *n.* 过敏致病性蛋白;临时牵条

harpoon [hɑ:'pu:n] *n.* (鱼)叉,标枪

harpsichord ['hɑ:psɪkɔ:d] *n.* 拨弦古钢琴,大键琴

harrow ['hærəʊ] **❶** *n.* 耙(子),耙路机,旋转式碎土机 **❷** *vt.* ①耙平,耙地 ②使苦恼,折磨

harrower ['hærəʊə] *n.* 耙土机

harsh [hɑ:ʃ] *a.* ①粗糙的,生硬的,刚性的,涩的 ②严厉的,苛刻的 ‖ ~ly *ad.* ~ness *n.*

hartite ['hɑ:taɪt] *n.* 晶蜡石

hartley ['hɑ:tlɪ], **Hartley** *n.* 哈特利数(一种信息量单位)

Hartree [hɑ:'tri:] *n.* 哈特里(原子单位制的能量单位)

hartsalz ['hɑ:tsɔ:lz] *n.* 硬盐,钾石盐

hartshorn ['hɑ:tsˌhɔ:n] *n.* 鹿角(精),鹿茸

Harvard ['hɑ:vəd] *n.* (美国)哈佛大学(学生,毕业生)

harvest ['hɑ:vɪst] **❶** *n.* ①收获,收成 ②结果,报酬 **❷** *vt.* 收获〔割〕

harvester ['hɑ:vɪstə] *n.* 收获者,收割机

harvestry ['hɑ:vɪstrɪ] *n.* 收获,收割,收割物

has [hæz] have 的第三人称单数形式

Hascrome ['hæzkrəʊm] *n.* 铬钼钢

hash [hæʃ] **❶** *n.* ①杂乱脉冲干扰,噪声干扰,混乱信息,无用数据 ②大杂烩 ③复述,重申 ④传闻 **❷** *vt.* ①把…弄糟 ②反复推敲,仔细考虑(over) ☆*make a hash of* 把…弄糟〔搞乱〕

hashing ['hæʃɪŋ] *n.* 散列法

hasn't [hæznt] = has not

hasp [hɑ:sp] **❶** *n.* 铁扣,线管,纺锭 **❷** *vt.* 用搭扣扣上

hassock ['hæsək] *n.* 草丛,草垫

haste [heɪst] **❶** *n.* ①急速,匆忙,紧迫 ②轻率 **❷** *vi.* 赶快,催促 ☆*be in haste to do* 急于要(做); *in haste* 急切,草率,匆匆; *make haste to doing* 赶快(做),匆匆赶(做); *more haste, less speed* 欲速则不达

hastelloy ['heɪstələɪ] *n.*【物】耐盐酸镍基合金

hasten ['heɪsn] *v.* ①(使)加紧,催促 ②促进 ③赶快

hastily ['heɪstɪlɪ] *ad.* ①急速地,仓促地 ②草率地

hastiness ['heɪstɪnɪs] *n.* ①急迫,仓促 ②草率

hasty ['heɪstɪ] *a.* ①匆匆的,急忙的 ②草率的,仓促的 ☆*avoid hasty conclusions* 避免仓促作出结论; *jump to a hasty conclusion* 草草做出结论

hat [hæt] *n.; vt.* (有边的)帽子,戴帽子,【计】随机码 ☆*take off one's hat to …* 向…表示敬意; *talk through one's hat* 说话不负责任,瞎扯 〖用法〗注意下面例句中该词的含义: Now, it is not <u>old hat</u>.现在它并没有过时。

hatable ['heɪtəbl] *a.* 可恨的,讨厌的

hatch [hætʃ] **❶** *n.* ①窗口,检查孔,升降口,舱口,天窗 ②闸门,鱼栏 ③选矿箱 ④影线,阴影 ⑤孵化 **❷** *v.* ①画阴影线于 ②图谋,策划 ③孵化 ☆*under hatches* 在甲板下,被关着,被埋着

hatchable ['hætʃəbl] *a.* 可孵出幼仔的

hatchback ['hætʃˌbæk] *n.;a.* 有尾窗的(车顶,轿

车）

hatchcover [ˈhætʃˈkʌvə] n. 舱盖

hatchet [ˈhætʃɪt] n. 手斧,斧头,刮刀

hatchetry [ˈhætʃətrɪ] n. 砍削

hatchettite [ˈhætʃətaɪt] n. 伟晶蜡石

hatchettolite [ˈhætʃətəulaɪt] n.【矿】铀钽铌矿,铀烧绿石

hatchibator [ˈhætʃɪbeɪtə] n. 孵化器

hatching [ˈhætʃɪŋ] n. 影线,剖面线,影线图

hatching-out [ˈhætʃɪŋaut] n. 以火星点燃混合物

hatchures [ˈhætʃəz] n. 阴影线

hatchway [ˈhætʃweɪ] n. 孔,舱口,升降口

hate [heɪt] n.; vt. ①憎恨 ②不喜欢

hateful [ˈheɪtful] a. 可恨的,讨厌的 ‖ ~ly ad.

hatful [hætful] n. 一帽之量

hatred [ˈheɪtrɪd] n. 憎恨 ☆**have a hatred for (of)** 憎恶

haughtiness [ˈhɔːtɪnɪs] n. 骄傲,傲慢

haughty [ˈhɔːtɪ] a. 骄傲自大的,傲慢的

haul [hɔːl] ❶ n. ①拖运,运程,距离,体积距,运输量 ②获得物,一网鱼 ❷ v. ①搬运,拖运,牵引,架设,拖曳,用力拖 ②风向改变,(船)改变方向 ☆**haul down** 拉下; **haul in** 拖进; **haul off** 逆风开,跑掉; **haul out** 拉出; **haul round** 风向逐渐改变,因避危险而迂回航行; **haul up** 扯起,使船头向着风;停止;传讯;责备
〖用法〗注意下面例句中该词的含义: This special region is convenient for the short-haul optical communication in silica fibers.这个特殊区域在二氧化硅光纤中的短途光通信是方便的。

haulabout [ˈhɔːləbaut] n. (供)煤船

haulage [ˈhɔːlɪdʒ] n. ①运输(方式),搬运,拖运,牵引(力) ②输送 ③运费

hauler [ˈhɔːlə], **haulier** [ˈhɔːljə] n. ①(货运)承运人 ②运输机,拖曳者,绞车 ③运输工

haulm [hɔːm] n.【植】稻草,麦秆,茎叶

haul-off [ˈhɔːlɒf] n. 驶开,退出,脱离

haulyard [ˈhɔːljed] = halyard

haunch [hɔːntʃ] ❶ n. ①梁腋,拱腰,柱帽,(路面的)厚边,(pl.)后部 ②腰,臀部 ❷ vt. 加腋,加托臂

haunt [hɔːnt] v. 常去,常现

hausma(n)nite [ˈhausmənaɪt] n. 黑锰矿

haustellun [hɔːsˈteləm] (pl. haustella) n. 吸器,吸根

hauteur [əuˈtɜː] (法语) n. 傲慢

Havana [həˈvænə] n. 哈瓦那(古巴首都)

have [hæv] (had; having) ❶ ① 现在式: I have, you have, we have, they have; he has,she has, it has ② 过去式为(各人称)had ③ 否定式的省略形式为 haven't,hasn't,hadn't ❷〔助动词〕①(同过去分词结合构成"完成时")② (had 置于从句之首,表示条件)要是,如果 ❸ vt. ①有,具有 ②取,拿,得到,用吃,喝 ③ (have to + inf.) 必须,不得不 ④〔have+宾语+补足语〕(把,让,叫)…怎么样〔做什么〕,使…受得… ⑤ 同有动作意义的名词联用,

表示动作 ☆**had better (best) do** 最好是(做…); **had (much) rather A than B**; 宁可 A 也不 B; **have a bearing on** 对…有影响; **have a choice of** 有许多…可(供)选择; **have a part in** 同…有关,参与; **have an eye on (upon)** 注意,留心; **have A as B** 把 A 作为 B; **have (got) to do** 必须,不得不; **have it that** 注意到,考虑到; **have it that** 主张; **have much (nothing, something) to do with** 与…很有〔毫无,有些〕关系,与…有许多〔毫无,有些〕共同之处; **have to do with** 涉及,研究的是,与…有关; **have the attention of** 受到…的注意 ❹ n. (通常 pl.) 有产者,富人
〖用法〗❶ "have" 当"使得,让,允许"讲时,其宾语后跟"不带 to 的不定式"(表示将来的动作)和"分词"(可表示多种含义),也可以用形容词作宾语补足语。如: We would have them wait for us. 我们要他们等我们。/The reader may have the right programs handy.读者可能手头有一些合适的程序。这里主要对"分词"作补足语的常见情况作一介绍。①表示"由别人执行的动作"(最常用),如: We have the computer repaired.我们要请人修理这台计算机。/The transistor has its materials arranged n-p-n.该晶体管使其材料安排成 n-p-n 的。②表示"遭受",如:They had their computer stolen yesterday.昨天他们的计算机被偷了。/The book has a few pages missing. 这本书有几页不见了。③表示一种状态或实情,如:A pnp transistor has emitter current flowing into the transistor. pnp 晶体管的发射极电流是流入晶体管的。/Carbon has its first shell filled.碳的第一个电子层是满的。/The expanded product-of-sums form has all variables appearing in each factor. 扩展的"和之积"形式的每个因子中均出现所有的变量。④表示"允许",如:We can't have them wasting time in this way.我们不允许他们这样浪费时间。⑤表示正在或即将要发生的动作,如:We have a school bus waiting for us.有校车在等着我们呢。/Professor Smith has a lot of visitors coming to him today.今天有许多人要来拜访史密斯教授。❷ "have ... available" 意为"有,获得",而 "available" 经常提到宾语的前面。如: In this case we no longer have available the impedance transforming property of the transformer.在这种情况下,我们就不再有变压器的转换阻抗的性质了。❸ "have" 后面可以跟 "that" 从句,意为"得到"。如: For the voltage and current expression above,we have that the time constant is τ = RC.对于上面的电压、电流表达式,我们得到时常数为 τ = RC。❹ 注意下面例句中 "have" 的用法: Network architects have the millennium bug behind them.网络设计师们战胜了千年虫问题。❺ 英美科技人员喜欢用"have"这一句型来代替"be"句型。如: These steel plates have a thickness of 2 centimeters.这些钢板厚 2 厘米。(= The thickness of these steel plates is 2 centimeters.) /This pipe has an approximate length of fifty meters.这根管子长约 50

米。(= This pipe is approximately 50 meters long/in length.) /X rays <u>have a shorter wavelength</u> than light rays.X 射线的波长比光线短。(= The wavelength of X rays is shorter than that of light rays.) /Alcohol does not <u>have as high a boiling point</u> as water does. 酒精的沸点没有水的沸点高。(= The boiling point of alcohol is not as high as that of water.) /That type of antenna <u>has the advantages of</u> simple structure and high efficiency.这类天线的优点是结构简单,效率高。(= The advantages of this type of antenna are simple structure and high efficiency.)

havelock ['hævlɒk] *n.* 遮日光的布

haven ['heɪvn] ❶ *n.* 港口,避难所,船舶抛锚处 ❷ *vt.* 开入港掩护为…提供避难所

havener ['heɪvənə] *n.* 港务长

have-not ['hævnɒt] *n.* (常用 pl.)无产者,穷人,穷国

haven't ['hævnt] = have not

haver ['heɪvə] *vi.;n.* 胡说八道,废话;野生燕麦;同事

haversack ['hævəsæk] *n.* 干粮袋,背囊

haversine ['hævɪsi:n] *n.* 半正矢

having ['hævɪŋ] *n.* (pl.)所有物,财产

havoc ['hævək] ❶ *n.* ❷ (havocked; havocking) *vt.* (自然力造成的)大破坏,严重破坏,浩劫,大混乱 ☆ **make havoc of** 或 **play (raise) havoc among (with)** 对…造成严重破坏,使…陷入大混乱

haw [hɔ:] *n.* 山楂

Hawaii [hɑː'waɪiː] *n.* (美国)夏威夷(岛,州)

Hawaiian [hɑː'waɪɪən] *n.;a.* 夏威夷(的),夏威夷人(的)

hawk [hɔ:k] ❶ *n.* ①鹰,隼 ②镘板,带柄方形灰浆板 ③贪婪的家伙 ❷ *v.* 散布(消息);兜售;咳嗽

hawkbill ['hɔ:kbɪl] *n.* 玳瑁钳

hawkery ['hɔ:kərɪ] *n.* 鹰舍

hawkeye ['hɔ:kaɪ] *n.* 用潜望镜侦察潜水艇的装置

hawkeyed ['hɔ:kaɪd] *a.* 眼光敏锐的,无疏漏的

hawse [hɔ:z] *n.* ①锚链孔,有锚链孔的船首部分 ②船首与锚间水平距离 ③双锚停泊时锚链之位置

hawse(-)hole ['hɔ:zhəʊl] *n.* 锚链孔

hawser ['hɔ:zə] *n.* 钢缆,锚链

hawthorn ['hɔ:θɔ:n] *n.*【植】山楂(属)

hay [heɪ] *n.* 干草 ☆ **make hay of** 使混乱; **make hay while the sun shines** 把握时机

hayatin ['heɪjə'ti:n] *n.* 海牙亭

hay-band ['heɪbænd] *n.* 草绳

haydite ['heɪdaɪt] *n.* 陶粒,海德石

Hayne(s)stellite ['heɪnstɪlaɪt] *n.* 哈氏钨铬钴合金

hayrack ['heɪræk] *n.* 有传动装置的雷达信标,导向式雷达指向台

haywire ['heɪwaɪə] ❶ *n.* 临时电线 ❷ *a.* 乱七八糟的,匆忙做成的 ☆**go haywire** 弄糟,混乱

hazard ['hæzəd] *n.;vt.* ①危险(性),公害,易爆性 ②机会,偶然的事 ③不测事件,失事,失效率 ④拼(命),冒…危险 ☆**at all hazards** 不顾任何危险,

无论如何; **at (by) hazard** 胡乱地,随便地; **at the hazard of** 冒…的危险,拼着

hazardless ['hæzədlɪs] *a.* 无冒险的,无危险的

hazardous ['hæzədəs] *a.* 危〔冒〕险的 ‖ **~ly** *ad.*

haze [heɪz] ❶ *n.* ①薄雾,霾,雾状,朦胧 ②(认识等)模糊 ❷ *v.* 使雾笼罩,起雾,变朦胧,变浊

hazefree ['heɪzfri:] *a.* 不混浊的

hazel ['heɪzl] *n.;a.* 淡褐色的(),榛(子)(的)

hazemeter ['heɪzɪmi:tə] *n.* 薄膜混浊度测量仪,能见度(测量)仪

hazily ['heɪzɪlɪ] *ad.* 朦胧地,模糊地

haziness ['heɪzɪnɪs] *n.* 朦胧,浊度,零能见度

hazy ['heɪzɪ] *a.* ①(有薄)雾的,烟雾弥漫的,模糊的,不清晰的 ②不明白的,有些迷惑的

he [hi:] *pron.* 他

〖用法〗当提到单数的“读者”、“学生”等时,美国人用代词时一般要用“he”或“she”及“his”或“her”。如：Even if <u>a student</u> can follow every line of every example in this book, that doesn't mean that <u>he or she</u> can solve problems unaided.即使学生能够看懂本书中每个例题的每一句话,也并不表明他就能独立解题了。

head [hed] ❶ *n.* ①头,头部,突出部分,上端 ②扬程,落差,水压,(蒸汽等)压力 ③盖,帽,浇口,(刀)架 ④拱心(石),(pl.)【化】(拨)头馏分 ⑤水平巷道,煤层中开拓的巷道 ⑥装置,设备 ⑦标题,项目 ⑧首长,主任,首席 ⑨才能,智力 ⑩一人,一匹,一头 ❷ *a.* ①头(部)的 ②主要的 ☆ **(be) at the head of** 居首位,居先,领头; **(be) above the heads of** 深奥得使…不能理解; **head and shoulders (above)** 高一个头,远远超过; **be unable to make head or tail of** 一点也不明白; **by a head** 只相差一个头,一头之先; **come (being) to head** 成熟,(使)至严重关头,达到顶点; **come under the head of** 编入…类; **count heads** 点人数; **have a (good) head on one's shoulders** 具有实际才能; **head and front** 主要部分; **head first (foremost)** 头朝下,冒冒失失; **head on** 把船头朝前,迎面(碰撞等); **keep one's head** 保持镇静; **lose one's head** 慌张,失去理智; **make head** 前进; **make head against** 战胜,成功地抵制; **make head with** 使…有进展; **make neither head nor tail of (it)** 真相不明; **put ... into one's head** 将…提示给; **put ... out of one's head** 不再想,放弃…念头; **run one's head against a wall** 碰壁,碰得头破血流; **take into one's head** 凭空产生某种想法 ❸ *v.* ①在…的前头,率领,指挥 ②向…方向前进,对着 ③露头,发源 ④为…装头,在…上加标题 ⑤遮拦 ☆ **(be) headed by** 以…为首的,由…带领; **be headed for** 朝…方向前进; **head down** 向下降; **head for** 朝着…方向前进; **head off** 遮拦; **head the list** 列第一名; **head to** 向…(方向)前进; **head up** 在…上加盖子;提高水位; **head A with B** 在 A 开头冠以 B; **the column headed V** (表

格中)标有 "V" 的一栏; *use your head* 动动脑筋

〖**用法**〗注意下面例句中该词的含义：This is a cosine function with a 'head start' of 90° compared with that for the voltage.这是一个与电压函数相比提前 90° 开始的余弦函数。

headache ['hedeɪk] *n.* 头痛(的事情) ☆*have a headache* 头痛

headband ['hedbænd] *n.* 头带,耳机头环

head beam ['hedbiːm] *n.* 扶手

headboard ['hedbɔːd] *n.* 推出板

headchair ['hedtʃeə] *n.* 有头靠的椅子

head-end ['hedend] *a.;n.* 起点的,开始部分的,预备的,首端

header ['hedə] *n.* ①头部,磁〔报文〕头,灯头,顶盖,标题 ②首长 ③母管,联管箱 ④水箱,蓄水池 ⑤镦锻机,锻造机 ⑥横梁,露头石 ⑦俯冲,倒栽

headframe ['hedfreɪm] *n.*【矿】井架

headgear ['hedɡɪə] *n.* ①头载受话器 ②安全帽 ③井架,井塔

heading ['hedɪŋ] *n.* ①方向,方位,航向 ②镦头,顶锻 ③标题,信笺上端所印文字,信头 ④导坑,巷道,(pl.)精矿

headlamp ['hedlæmp] *n.* 头灯,照明灯

headland ['hedlənd] *n.* 岬(角)

headless ['hedlɪs] *a.* 无头的,没有领导的,没有头脑的

headlight ['hedlaɪt] *n.* 前灯,飞机翼上的雷达天线

headline ['hedlaɪn] ❶ *n.* ①标题,页头标题 ②(pl.)新闻广播的摘要 ❷ *vt.* 给…加标题,大肆宣传 ☆*go into headline* 用大字标题登出; *hit (make) the headlines in* 成为…的头条新闻

headlong ['hedlɒŋ] *a.;ad.* 头向前(的),匆促,轻率

headman ['hedmæn] *n.* 工长,监工,酋长

headmost ['hedməust] *a.* 最先的,领头的

head-office ['hedɒfɪs] *n.* 总社,总行

head-on ['hedɒn] *a.;ad.* 迎面(的)

head-page ['hedpeɪdʒ] *n.* 扉页

headphone ['hedfəun] *n.* 头戴受话器,(头戴)耳机,听音器

head(-)piece ['hedpiːs] *n.* ①头戴受话器,耳机 ②盔,帽子 ③横梁 ④扉页 ⑤才智

headquarter ['hedkwɔːtə] *v.* 将…总部设在(in),把…放在总部里

headquarters ['hedkwɔːtəz] *n.* 本部,总会,司令部

headrace ['hedreɪs] *n.* 引水渠

headrest ['hedrest] *n.* 头枕

headroom ['hedruːm] *n.*【建】净空;头上空间,自由空间

headset ['hedset] *n.* (头戴式)耳机

headshell ['hedʃel] *n.* (磁)头壳

headship ['hedʃɪp] *n.* 领导者的地位

headsman ['hedzmən] *n.* 推车工

headspring ['hedsprɪŋ] *n.* 源(泉),起源

headstock ['hedstɒk] *n.* 头架,车床头,主轴箱,联结架

headstone ['hedstəun] *n.* 础石,墓石

headstream ['hedstriːm] *n.* 源流

headwater(s) ['hedwɔːtə(z)] *n.* 上游,河源

headway ['hedweɪ] *n.* ①前进,前移,进展,进航速度 ②(顶部)净空,净空高度 ③(前后两车之间的)车间时距,时间间隔 ☆*make headway* 前进

headword ['hedwɜːd] *n.* 标题,中心词

headwork ['hedwɜːk] *n.* ①渠首工程 ②拱顶石饰 ③脑力劳动 ④(pl.)准备工作

heady ['hedɪ] *a.* ①顽固的,固执的 ②猛烈的

heal [hiːl] *v.* ①医治,治愈,愈合,(使)恢复,(裂缝)合拢 ②调停 ③(在屋面上)盖瓦 ☆*heal up(over)* 合拢,愈合

healant ['hiːlənt] *n.* 修补剂

health [helθ] *n.* 健康(状况),卫生 ☆*be in good (poor) health* 身体(不)健康; *not ... for one's health* 不是随便便干手玩的,另有目的

healthful ['helθful] *a.* (有益于)健康的,卫生的 ‖ ~ly *ad.*

healthiness ['helθɪnɪs] *n.* ①健康 ②健全

healthy ['helθɪ] *a.* ①(有益于)健康的,合乎卫生的 ②健全的 ③相当大的

heap [hiːp] ❶ *n.* ①一堆 ②堆积 ③大量 ❷ *vt.* 堆积,积聚,倾泻 ❸ *ad.* 许多 ☆*a heap of* 或 *heaps of*(一)堆…,许多的; *feel heaps better* 觉得好多了; *heap up (together)* 堆积,上涨; *heap A with B* 将 A 装满 B; *heaps of times* 无数次地; *in a heap* 或 *in heaps* 成堆的

hear [hɪə] (heard) *v.* ①听见,得知 ②听取 ③允许,同意 ☆*have heard say that*(曾)听说; *hear about* 听到…的情况; *hear from* 接到…的信,受到…批评; *hear of* 听到…的事〔人〕,答应,承认; *hear A out* 听 A 说完; *hear A*(+补足语)听见〔到〕A 在(做); *hear of one*(+补充语)听说…怎么样; *hear tell of* 听到…的消息; *will (would) not hear of ...* 不允许,不同意,不予考虑

〖**用法**〗该词可以有 "hear + 宾语 + 补足语(不带 to 的不定式、现在分词或过去分词)" 三种情况。用不定式时一般表示一个事实,用现在分词时一般表示正在进行的动作,用过去分词时表示与宾语是被动的关系。如：We heard him play the piano.我们听到他弹钢琴。(表示一个事实。) /They hear her singing in the room.他们听见她在房间里唱歌。(表示正在进行。) /She heard her name called. 她听到有人叫她的名字。

heard [hɜːd] hear 的过去式和过去分词

hearer ['hɪərə] *n.* 听的人,旁听人

hearing ['hɪərɪŋ] *n.* 听力,听取意见 ☆*out of hearing* 在听不见的地方; *within hearing* 在可以听见的距离内

hearken ['haːkən] *vi.* 倾听,给予注意(to)

hearsay ['hɪəseɪ] ❶ *n.* 传闻,谣言 ❷ *a.* 传闻的,

H

道听途说得来的

hearse [hɜːs] *n.* 灵车

heart [hɑːt] ❶ *n.* ①心脏,内心,勇气 ②中心,精华,要点 ❷ *vt.* 把…安放在中心部 ☆*at heart* 或 *in one's heart (of hearts)* 在内心,暗暗; *find in one's heart to do* 忍心,愿意; *from one's heart* 自心底,衷心; *go (get) to the heart of* 抓住…的要点; *heart to heart* 亲切地,开诚布公地; *learn ... by heart* 暗记,背诵;*lie at the (very) heart of* (正)是…的核心所在; *lose heart* 失去勇气,灰心; *lose one's heart to* 倾心于; *pluck up one's heart* 鼓起勇气,打起精神; *put one's heart into* 热心于…; *set one's heart on* 渴望,专心致志于…; *strike at the heart of* 击中…的要害; *take heart* 鼓起勇气,振作起精神; *take to heart* 深为某事所感动(悲伤); *with one's whole heart* 或 *with all one's heart* 全心全意,衷心地 〖用法〗注意该词在下面例句中的含义: The heart of the system is the digital-to-analog converter.该系统的核心部件是数-模转换器。/Protecting programs is at the heart of computer security.保护程序是计算机安全的核心所在。

hearten ['hɑːtn] *v.* 鼓励,使人振奋

heartfelt ['hɑːtfelt] *a.* 衷心的,真诚的

hearth [hɑːθ] *n.* ①炉,炉床,燃烧室 ②壁炉地面 ③震源,焦点

heartily ['hɑːtɪlɪ] *ad.* 诚心诚意,衷心,亲切地

heartiness ['hɑːtɪnɪs] *n.* 诚心

hearting ['hɑːtɪŋ] *n.* (石墙的)填心石块

heartland ['hɑːtlænd] *n.* 心脏地带

heartless ['hɑːtlɪs] *a.* 无情的, ‖ ~**ly** *ad.*

heartstring ['hɑːtstrɪŋ] *n.* 心弦

heartwood ['hɑːtwud] *n.* 心材

hearty ['hɑːtɪ] *a.* ①衷心的,诚恳的,热情的,亲切的 ②精神饱满的,强健的,丰饶(盛)的

heat [hiːt] ❶ *n.* ①热(量,度),白热,灼热,热学 ②暖气 ③一炉(钢水),(一次)熔炼,加一次热 ④炉子的容量,(每炉)熔炼量 ⑤热烈 ⑥辣味 ❷ *v.* ①热,加热,热处理,熔炼 ②(使)激昂,刺激 ☆ *at a heat* 一气儿; *from heat to heat* 各炉; *heat up* (使)变热,发热; *in the heat of* 在…最热烈时, 在…最激烈的时候; *roll in one heat* 一次(加热)轧成 〖用法〗注意在下面例句中该词作方式状语: It is necessary to heat treat these tools before they are used.必须对这些工具进行热处理后才能使用。

heatable ['hiːtəbl] *a.* 可加热的

heated ['hiːtɪd] *a.* (加,受)热的,热烈的,激昂的 ‖ ~**ly** *ad.* 热情地

heater ['hiːtə] *n.* 加热器,加热装置,热源,(火,加热)炉;加热丝,灯丝,暖气设备;加热工(者)

heath [hiːθ] *n.* ①荒地 ②石南(属常青灌木)

heather ['heðə] ❶ *n.*【植】石南属植物 ❷ *a.* 似石南的

heating ['hiːtɪŋ] *n.; a.* ①加热(的),自热,加热法 ②

保温(的),供暖(的),取〔采〕暖,暖气(装置) ③白炽,灼热 ④刺激的

heatronic [hiːtrɒnɪk] *a.* 高频电热的

heave [hiːv] (heaved 或 hove) *v.;n.* ①举起,鼓起,(道路)冻胀 ②抛,拖 (at, on) ③(使)起伏,升降,搏动 ④【地质】平错,平移断层 ⑤努力,操劳 ☆*heave and set* (波浪)起伏; *heave down* (使船)倾斜; *heave in* 绞进; *heave in sight* (在地平线上)出现,进入眼界; *heave out* 扯起; *heave to* (逆风)停船; *heave up* 拖起(锚等),提升起; *with a mighty heave* 猛拉一下

heaven ['hevn] *n.* ①(常用 pl.)天(空) ②天国,(基督教)天堂 ☆*heaven and earth* 宇宙万物; *in the heavens* 在太空中; *move heaven and earth to do* 竭尽全力去(做); *to heaven(s)*极度地; *under heaven* 究竟,到底

heavenly ['hevənlɪ] ❶ *a.* (自)天空的,天上的 ❷ *ad.* 无比地

heavenward(s) ['hevnwəd(z)] *a.;ad.* 向天(的)

heaver ['hiːvə] *n.* ①杠杆,大杆,举起重物的工具 ②叉篙,钩键 ③扛起物 ④举起重物的人

heavier ['hevɪə] heavy 的比较级

heaviest ['hevɪɪst] heavy 的最高级

heavily ['hevɪlɪ] *ad.* (沉)重地,猛烈地,大量地,密集地 〖用法〗 注意下面例句中该词经常的用法: The accuracy of Eq. (8-8) depends heavily on the manufacturing processes in the fabrication of the detector diode.式(8-8)的精度在很大程度上取决于制作检波二极管的生产过程。

heaviness ['hevɪnɪs] *n.* ①(沉)重,累赘 ②可称性,有重量性 ③浓密,迟钝,不活泼,悲哀

heaving ['hiːvɪŋ] *n.* 举起,升沉(运动)

heavy ['hevɪ] ❶ *a.;n.* ①重的,大功率的 ②大(规模)的,异常的, 浓的,粗的 ③强烈的,厉害的,严肃的 ④繁重的,难对付的,难行的(道路等) ⑤阴暗的,恶劣的(天气) ⑥迟钝的 ⑦发酵不够的 ⑧要人,重物,重炮,重轰炸机 ❷ *ad.* 沉重地,大量地 ☆ *heavy artillery* 重炮(兵),压倒的议论; *heavy guns* 重炮,决定的事实,无可动摇的论据; *heavy hand* 严厉的手段; *heavy metal* 重金属,巨炮(弹);劲敌;伟人; *heavy with (fruit)* (果实)累累的; *lie heavy on (upon,at)* 累,使苦恼 〖用法〗注意下面例句中该词的含义: The machines of this period began making heavy use of integrated circuits.这个时期的计算机开始大量采用集成电路。

heavyweight ['hevɪweɪt] *n.* 特别重的人(物)

hebdomad ['hebdəmæd] *n.* 一周,七天

hebdomadal [heb'dɒmədl] *a.* 一周的,每星期(一次)的

hebetate ['hebɪteɪt] *v.* 使鲁钝

hebetic [hɪ'betɪk] *a.* 青春期的

hebetude ['hebɪtjuːd] *n.* 愚钝

hebiscetin ['hebɪsətɪn] *n.* 木槿黄酮

Hebrew ['hi:bru:] n. 希伯来人〔语〕

heckle ['hekl] vt. 质问;扰袭;梳理

Hecnum ['heknəm] n. 铜镍合金

hecogenin [hekəu'dʒenin] n. 龙舌兰皂苷配基

hectare ['hekta:] n. 公顷

hectic ['hektɪk] a. 患热病的,(脸)发红的,激动的,忙乱的

hectobar ['hektəba:] n. (气压单位)百巴

hectogamma ['hæktəu'gæmə] n. 百微克

hectogram(me) ['hektəugræm] n. 百克

hectograph ['hektəugra:f] n.; vt. 胶印

hectolambda ['hektɒlæmbdə] n. 百微升

hectoliter, hectoliter ['hektəuli:tə] n. 百升

hectometer, hectometre ['hektəumi:tə] n. 百米

hectonewton ['hektəunju:tn] n. 百牛顿

hectorite ['hektə'raɪt] n. 锂蒙脱石

hectostere ['hektəstɪə] n. 百立方米

hectowatt ['hektəwɒt] n. 百瓦特

hedenbergite ['hedənbɜ:gaɪt] n. 钙铁辉石

hedera ['hedərə] n.【植】常春藤

hederagenin ['hedərədʒenin] n. 常春藤皂质

hedge [hedʒ] ❶ n. ①树篱,栅栏,障碍(物) ②模棱两可的话 ③套头交易 ❷ v. ①用篱笆围住,包围 ②设障碍于 ③躲闪,不正面回答 ☆be (sit) on the hedge 骑墙,要两面派; hedge out 用障碍物把…隔开; hedged in with 用…围住

hedgehog ['hedʒhɒg] n.【动】①刺猬 ②环形筑垒阵地 ③刺猬弹,反潜用深水炸弹

hedgehop ['hedʒhɒp] vi. 掠地飞行

hedgehopper ['hedʒhɒpə] n. 掠地飞行的飞机〔驾驶员〕

hedgerow ['hedʒrəu] n. 树篱

hedonism ['hi:dənɪzəm] n. 享乐主义

hedrites ['hedraɪts] n. 多角晶

heed [hi:d] vt.; n. 注意,留心 ☆give (pay)heed to 或 take heed of 注意,留心,提防

heedful ['hi:dful] a. 注意的,用心提防的 (of)

heedless ['hi:dlɪs] a. 不注意的,掉以轻心的,不顾 (of)

heel [hi:l] ❶ n. ①跟(部),后跟,底肢,根部 ②棱缘,肋③拱座,柱脚,坝踵 ④螺钉头,枢轴,凸轮曲线的非凸起部分,(器material的)近柄处 ⑤(pl.)剩余,残留物,渣滓,底结 ⑥(船的)倾侧 ☆bring ... to heel 使…跟着来; come to heel 服从(规则等),追随; follow (on, upon) the heels of 紧跟着…,接踵(而来); heels over head 或 head over heels 头朝下,倒转,颠倒,慌慌张张,深深地;set by the heels 推翻; to heel 紧跟着; tread on the heels of 紧随…之后; turn on one's heels 转身,急向后转; under the heel of 在…的蹂躏下 ❷ v. ①加后跟,装配 ②使倾斜(over) ③紧随,附从 ☆heel over 倾斜

〖用法〗注意下面例句中该词的含义: The present author thinks that with these topics the modifications

for improvement or variations to give better insight will tumble head over heels to suggest. 本作者认为,建议对这些内容修改或改进以使读者更好地理解(这些做法)都将会适得其反。(注意在宾语从句中"the modifications ... or variations ... to suggest"属于"反射式的不定式句型",从句主语是"to suggest"的逻辑宾语。)

heelboard ['hi:lbɔ:d] n. 踵板

heeling ['hi:lɪŋ] n. (船的)倾斜(角),(铣头的)偏转角

heelpiece ['hi:lpi:s] n. (继电器的)根片

heelpost ['hi:lpəust] n. 门轴杆,柱脚

heft [heft] ❶ n. ①重(量),重要(性),影响,势力 ②大部分 ❷ v. 举起,重达

hefty ['heftɪ] a. 很重的,异常大的

hegemonism [hɪ'gæmənɪzəm] n. 霸权主义

hegemony [hɪ(:)'gemənɪ] n. 霸权,(政治)领导权 ‖ hegemonic (al) a.

height [haɪt] n. ①高度,海拔,身长 ②顶点,卓越 ③(常用 pl.)高处,丘 ☆at its height 正盛,达到最高点; be the height of absurdity 荒谬绝伦; in the height of summer 盛夏

〖用法〗表示"(在)…高度"时,其前面要用介词"at"。如: At the height of 1000 feet, the parachute came open. 在 1000 英尺高度,降落伞打开了。/The satellite has to be sent up at a great height. 卫星必须被发射到很高的高度。

height-dependent ['haɪtdɪ'pendənt] a. 随高度而变的

heighten ['haɪtn] v. 提高,增大,加强,(使)变显著,使出色

heil ['haɪl] v. 向…欢呼(呼万岁)

heinous ['heɪnəs] a. 极凶残的,极可恨的

heinrichite ['heɪnrɪkaɪt] n. 砷钡铀矿

heintzite [heɪnt'zaɪt] n. 硼钾镁石

heir [eə] n. 继承人

heist [heɪst] v. 抢,偷,盗窃

hekistotherm ['hekɪstəθɜ:m] n.【植】适寒植物

helcosis [hel'kəusɪs] n.【医】溃疡

held [held] ❶ hold 的过去式和过去分词 ❷ n. (工具的)柄榫头

heldwater ['heldwɔ:tə] n. 吸着〔黏滞〕水

helenine ['helənaɪn] n. 土木香脑

helenite ['helənaɪt] n. 弹性地蜡

heliacal [hi:'laɪəkəl] a. 太阳的,跟太阳同时升落的

helianthin(e) [hi:lɪ'ænθi:n] n. 甲基橙

heliarc ['hi:lɪɑ:k] n. 氦弧

heliation [,hi:lɪ'eɪʃn] n. 日光疗法

heliatron [,hi:lɪ'eɪtrɒn] n.【物】螺线电子轨迹的微波振荡管

heliborne ['helɪbɔ:n] a. 由直升机输送〔运载〕的

helical ['helɪkəl] n.; a. 螺线的,螺旋面,螺旋的

helically ['helɪkəlɪ] n. 成螺旋形

helices ['helɪsi:z] helix 的复数

helicity [he'lɪsətɪ] n. 螺旋性

H

helicline ['helɪklaɪn] *n.* 逐渐上升的弯曲斜坡
helicograph ['helɪkəʊɡrɑ:f] *n.* 螺旋规
helicogyre ['helɪkəʊdʒaɪə], **helicogyro** ['helɪkəʊdʒaɪrəʊ] *n.* 直升机
helicoid ['helɪkɔɪd] *n.;a.* 螺圈,螺旋(面,体),旋涡形
helicoidal [,helɪ'kɔɪdl] *a.* 螺旋桨式风速表
helicon ['helɪkən] *n.* 螺旋波
helicopt ['helɪkɒpt] *v.* 乘直升机,用直升机载送
helicopter ['helɪkɒptə] ❶ *n.* 直升机 ❷ *v.* 乘直升机,用直升机载送
helicoptermanship ['helɪkɒptəmənʃɪp] *n.* 驾驶〔乘坐〕直升机来往
helicospore ['helɪkɒspɔ:] *n.* 卷旋孢子
helicotron ['helɪkətrɒn] *n.* 螺线质谱计
helics ['helɪks] *n.* 螺旋构型
helictite ['helɪktaɪt] *n.* 石枝
helide ['hi:laɪd] *n.* 氢化物
helidrome ['helɪdrəʊm] *n.* 直升机机场
helimagnetism [,hi:lɪ'mæɡnɪtɪzm] *n.*【物】螺旋磁性
heliocentric [,hi:ləʊ'sentrɪk] *a.* 日心的,以太阳为中心的,螺旋心的
heliochrome ['hi:lɪəʊkrəʊm] *n.*【摄】天然色照片
heliochromic [,hi:lɪəʊ'krəʊmɪk] *a.* 天然色照相术的
heliochromy [hi:lɪəʊkrəʊmɪ] *n.*【摄】天然色照相术
heliogeophysics ['hi:lɪəʊdʒɪəʊ'fɪzɪks] *n.* 太阳地球物理学
heliogram ['hi:lɪəʊɡræm] *n.* 回光信号
heliogramma ['hi:lɪəɡræmə] *n.* 日照纸
heliograph ['hi:lɪəɡrɑ:f] *n.;vt.* ①日光反射信号器,日照计 ②【摄】太阳摄影机 ③太阳光度计 ④用太阳照相机拍摄 ⑤日光胶版
heliography [,hi:lɪ'ɒɡrəfɪ] *n.*【摄】①照相制版法,日光胶版法 ②太阳面学 ‖**heliographic** *a.*
heliogravure ['hi:lɪəʊɡrə'vjʊə] *n.*【摄】凹版照相(术)
heliolamp ['hi:lɪəlæmp] *n.* 日光灯
heliolatitude [,hi:lɪəʊ'lætɪtjuːd] *n.* 日面纬度
heliology [,hi:lɪ'ɒlədʒɪ] *n.* 太阳学
heliolongitude [,hi:lɪəʊ'lɒndʒɪtjuːd] *n.* 日面经度
heliometer [,hi:lɪ'ɒmɪtə] *n.* 量日仪
helion ['hi:lɪɒn] *n.* a 质点,氦核
heliophile ['hi:lɪəfaɪl] *n.*【植】适阳植物
heliophilous ['hi:lɪəfɪləs] *a.*【生】适阳的,嗜光的
heliophobe ['hi:lɪəfəʊb] *n.*【植】避阳植物
heliophobous [,hi:lɪə'fəʊbəs] *a.* 避阳的
heliophotography [,hi:lɪəʊfə'tɒɡrəfɪ] *n.*【摄】太阳摄影术
heliophysics [,hi:lɪəʊ'fɪzɪks] *n.* 太阳物理(学)
heliophyte ['hi:lɪəfaɪt] *n.*【植】阳生植物
helioplant ['hi:lɪəplɑ:nt] *n.* 太阳能利用装置
Helios ['hi:lɪɒs] *n.* 赫利阿斯(太阳之神),高级轨道运行太阳观象台

helioscope ['hi:lɪəskəʊp] *n.* 太阳望远镜,回照器,量日镜
heliosis [,hi:lɪ'əʊsɪs] *n.*【医】日射病,中暑
heliosphere ['hi:lɪəsfɪə] *n.* 日光层
heliostat ['hi:lɪəʊstæt] *n.* 定时镜
heliotactic ['hi:lɪəʊtæktɪk] *a.* 趋光的
heliotaxis [,hi:lɪəʊ'tæksɪs] *n.*【生】趋光性
heliotherapy [,hi:lɪəʊ'θerəpɪ] *n.* 日光疗法,日光浴
heliotrope ['heljətrəʊp] *n.* ①回光仪,日光反射信号器 ②紫红色 ③血滴石,鸡血石 ④【植】天芥菜属植物
heliotropic [,heljə'trɒpɪk] *a.* (植物等)向日性的 ‖ **heliotropism** *n.*
heliotype ['hi:lɪəʊtaɪp] *n.* 胶版(面),胶版印刷
heliox ['hi:lɪɒks] *n.* 氢氧混合剂,深水潜水用呼吸剂
helipad ['helɪpæd], **heliport** ['helɪpɔ:t] *n.* 直升机机场
helipot ['helɪpɒt] *n.* 螺旋线圈电势计,螺旋线圈分压器
helitron ['helɪtrɒn] *n.*【电子】(电子)螺旋球面反射体
helium ['hi:ljəm] *n.*【化】氦
Heliweld ['helɪweld] *n.* 赫利焊接
helix ['hi:lɪks] (pl. helices 或 helixes) *n.;a.* ①螺旋线(结构),卷线,螺旋(管,弹簧),(行波)螺旋波导,螺杆,螺旋形(之物) ②(pl.)单环 ③螺旋状的
helixin ['hi:lɪksɪn] *n.* 螺菌素
helixometer [,hi:lɪk'sɒmɪtə] *n.* 窥膛镜
helixor ['hi:lɪksə] *n.* 螺旋充气装置
hell [hel] ❶ *n.* 地狱;地狱,蜂窝;黑暗势力;大混乱;赌博场;训斥 ❷ *vi.* 疾驰 ☆*a hell of* 极恶劣的,不像样的; *hell for leather* 用全速地,尽快地; *like (as) hell* 极猛烈,拼命; *what the hell* 究竟是…; *why in hell* 到底为什么
hellbent ['helbent] *a.* 热心的,坚决的,死心塌地的
hellebrigenin [,helɪ'braɪdʒenɪn] *n.* 嚏根(苷)配基
hellebrin ['helɪbrɪn] *n.*【化】嚏根草因
Hellene ['heli:n] *n.* (古)希腊人
Hellenic [he'li:nɪk] *a.* 希腊(人)的
hellish ['helɪʃ] *a.* ①地狱(似)的 ②可憎的
hello ['heləʊ] ❶ *int.* 喂,哈罗 ❷ *v.* 呼叫,向人呼"喂!"
helm [helm] ❶ *n.* ①舵,驾驶盘,枢机 ②领导 ❷ *vt.* 掌舵,指挥 ☆*at the helm of* 掌握着…; *Down (with the) helm!* 转舵使船背着风; *take the helm of* 开始掌管,处理
helmet ['helmɪt] ❶ *n.* ①盔,安全帽,(电焊)头罩 ②罩,箍,环 ❷ *vt.* 给…戴上安全帽(护面罩)
helmeted ['helmɪtɪd] *a.* 戴头盔〔安全帽,护面罩〕的,头盔状的
Helmholtz ['helmhəʊlts] *n.* 亥姆霍兹(电偶极子层力矩单位)

helminth ['helmɪnθ] *n.* 蠕虫,蛔虫

helmsman ['helmzmən] *n.* 舵手,摄像升降机司机,操舵机构

helobios [he'ləʊbɪəs] *n.* 池沼生物

helopyra ['heləpɪrə] *n.* 【医】疟疾

help [help] *v.;n.* ①帮助,救济,有帮助 ②促进,治疗 ③忍耐,避免 ④补救方法 ☆ *be a great help to ...* 对…有很大帮助; *be of help* 有帮助,有用; *be past help* 无法挽救; *cannot help doing (but do)* 不禁 …,不得不…; *cannot help it* 没办法; *cry for help* 求援; *help in* 帮助(做),促进; *help on (forward)* 使…获得进步; *help out* 帮助取出,帮助完成,帮助…解决难题; *help ... over* 帮助…越过; *help through* 帮助完成; *help (A) with (in) B* 帮助(A)做(从事)B; *There is no help for it.* 这可没有办法; *turn to ... for help* 求助于; *with the help of* 或 *with one's help* 借助于,在…的帮助下 〖用法〗 ❶ 它作及物动词时,可以用不定式作宾语,而不定式的标志"to"可有可无。如: Good magnetic shielding <u>helps to minimize</u> this effect.良好的磁屏蔽有助于把这影响降低到最小。/Science and technology can <u>help meet</u> this need.科学技术能帮助满足这一需求。❷ 不定式可作该动词需要的宾语补足语,不定式的标志"to"可有可无(这时也可以用"in doing"来代替)。如: A number of techniques are available that <u>help us (to) handle</u> 〔= in handling〕such problems systematically.现在已经有了一些方法可以帮助我们系统地处理这些问题。❸ 它可以作不及物动词,意为"有帮助的"。如: It <u>helps</u> to remember the following points.记住下面几点是有益的。/The process of averaging over many measurements <u>helps</u> here.对多次测量取平均值的方法在这里是有帮助的。❹ 它作名词表示"有帮助的"时其前面一般有不定冠词。如: The use of tuned detectors is <u>a great help</u> (= of great help) in avoiding this problem.使用调谐检波器对避免这一问题是大有帮助的。❺ "can't help"后接动作时要用动名词。❻ 注意下面例句中该词的含义: With nanotechnology we can learn to repair our bodies.有了纳米技术的帮助,我们就能学会修补人体。(句首属于"with+名词+动词不定式"结构作状语。)

helper ['helpə] *n.* 帮助者,助手,徒工,辅助机构

helpful ['helpful] *a.* 有帮助的,有益的 ‖ **-ly** *ad.*

helping ['helpɪŋ] ❶ *a.* 帮助的,辅助的 ❷ *n.* 帮助,一份(食物)

helpless ['helplɪs] *a.* ①无助的,无可奈何的,不能自立的 ②无能的,无效的 ‖ **-ly** *ad.*

helpmate ['helpmeɪt] *n.* 助手,合作人员

Helsinki ['helsɪŋkɪ] *n.* 赫尔辛基(芬兰首都)

helter-skelter ['heltə,skeltə] *a.;ad.;n.* 慌慌张张(的),狼狈(的)

helve [helv] ❶ *n.* (斧,工具)柄 ❷ *vt.* 给…装柄

helveous ['helvəs] *a.* 淡黄色的

helvine ['helviːn] *n.* 日光榴石

hem [hem] ❶ *n.* 边缘,折边,蜗缘饰 ❷ (hemmed; hemming) *vt.* ①缝…的边,给…卷边 ②包围,关闭(about, in, round),接界

hemachate ['heməkeɪt] *n.* 血点玛瑙

hemacytometer [,heməsaɪ'tɒmɪtə] *n.* 【医】血球计数器

hemad ['hiːmæd] *n.* 向腹侧;血细胞

hemagglutination ['hiːməgluːtɪ'neɪʃən] *n.* 血球凝集(作用)

hemagglutinin [,hiːmə'gluːtɪnɪn] *n.* 【医】血凝素

hemal ['hiːməl] *a.* 血(管)的

hemateikon [,hemə'taɪkən] *n.* 【医】血系

hematic [hi'mætɪk] *a.* 血的,血色的

hematimetry [,hiːmə'tɪmɪtrɪ] *n.* 血细胞计数法

hematin(e) ['hemətɪn] *n.* 【医】血红素,血色素苏木红,苏木因

hematite ['hemətaɪt] *n.* 【矿】赤铁矿,三氧化二铁锈层

hematochrome ['hemətəʊkrəum] *n.* 血色素

hematocrit ['hemətəkrɪt] *n.* 【医】血球比容计,分血器

hematocyanin [,hiːmətəʊ'saɪənɪn] *n.* 【医】血青蛋白

hematoidin [,hiːmə'tɔɪdɪn] *n.* 【医】类胆红素,血棕晶质

hematology [,hemə'tɒlədʒɪ] *n.* 血液学

hematolysis [,hiːmə'tɒlɪsɪs] *n.* 【医】溶血作用

hematomancy [,hiːmə'tɒmənsɪ] *n.* 【医】验血诊断法

hematometachysis [,hemətəme'tækɪsɪs] *n.* 【医】输血法

hematometer [,hiːmə'tɒmɪtə] *n.* 【医】血红蛋白计

hematopathy [,hiːmə'tɒpəθɪ] *n.* 【医】血液病

hematopexis [,hiːmətəʊ'peksɪs] *n.* 血凝固

hematophyte ['hemətəfaɪt] *n.* 血寄生真菌

hematopyoicsis [,hiːmətəʊpɔɪ'iːsɪs] *n.* 血生成,红细胞生成作用

hematosin [,hiːmə'təʊsɪn] *n.* 高铁血红素

hematoxylin [,hiːmə'tɒksɪlɪn] *n.* 苏木精,苏木紫

heme [hiːm] *n.* 原血红素,亚铁血红素

hemeralope ['hemərələʊp] *n.* 昼盲者

hemeralopia [,hemərə'ləʊpɪə] *n.* 【医】昼盲(症),夜视症

hemerocology [,hemərə'kɒlədʒɪ] *n.* 人工环境生态学

hemiacetal [,hemɪ'æsɪtæl] *n.* 【化】半缩醛

hemianopia [,hemɪə'nəʊpɪə] *n.* 【医】偏盲,一侧视力缺失

hemibel ['hemɪbel] *n.* 半贝(尔)

hemibilirubin [,hemɪbɪlɪ'ruːbɪn] *n.* 【医】半胆红素

hemic ['hiːmɪk] *a.* (关于)血的

hemicellulase [,hemɪ'seljuːlɪs] *n.* 【生化】半纤维素酶

H

hemicellulose [ˌhemɪˈseljuləus] *n.*【化】半纤维素

hemicolloid [ˌhemɪˈkɒlɔɪd] *n.* 半胶体

hemicontinuous [ˌhemɪkənˈtɪnjuəs] *a.* 半连续的

hemicrystalline [ˌhemɪˈkrɪstəlaɪn] *a.* 半结晶的

hemicycle [ˈhemɪsaɪkl] *n.* 半圆形

hemicyclic [ˌhemɪˈsaɪklɪk] *a.* 半(循)环的

hemidome [ˈhemɪdəum] *n.* 半圆屋顶,半穹窿

hemiformal [ˌhemɪˈfɔːməl] *n.*【化】半缩甲醛

hemiglobin [ˌhemɪˈgləubɪn] *n.* 变性血红素;【生化】高铁血红蛋白

hemigroup [ˈhemɪgruːp] *n.* 半群

hemihedral [ˌhemɪˈhedrəl] *a.*【化】半面(像)的

hemihedrism [ˌhemɪˈhiːdrɪzəm] *n.* 半对称性,半面像

hemihedry [ˌhemɪˈhiːdrɪ] *n.* 半对称,半面像

hemihydrate [ˌhemɪˈhaɪdreɪd] *n.*【化】半水化合物

hemikaryon [ˌhemɪˈkærɪɒn] *n.* 单倍核

hemimetabola [ˌhemɪmɪˈtæbələ] *n.*【昆】半变态类

hemimetabolous [ˌhemɪmɪˈtæbələs] *a.*【昆】半变态的

hemimorphic [ˌhemɪˈmɔːfɪk] *a.*【矿】异极的

hemimorphism [ˌhemɪˈmɔːfɪzm] *n.*【化】并形性,异极性,半对称形

hemimorphite [ˌhemɪˈmɔːfaɪt] *n.* 异极矿

hemin [ˈhiːmɪn] *n.* 氯高铁血红素,血红素晶

hemiparasite [ˌhemɪˈpærəsaɪt] *n.*【生】半寄生虫

hemiparasitic [ˌhemɪpærəˈsɪtɪk] *a.* 半寄生的

hemiplegia [ˌhemɪˈpliːdʒɪə] *n.*【医】半身不遂

hemiprismatic [ˌhemɪprɪzˈmætɪk] *a.* 半棱晶的

hemipteran [hɪˈmɪptərən] *n.*【动】半翅目昆虫

hemipyramid [ˌhemɪˈpɪrəmɪd] *n.* 半(棱)锥体

hemisection [ˌhemɪˈsekʃən] *n.* 对切,一半切除

hemisphere [ˈhemɪsfɪə] *n.* ①半球(地图,模型) ②(活动的)范围,领域

hemispheric(al) [ˌhemɪˈsferɪk(əl)] *a.* 半球的

hemispheroid [ˌhemɪˈsfɪərɔɪd] *n.* 半球形(储罐)

hemitrisulfide [ˌhemɪtraɪˈsʌlfaɪd] *n.*【化】三硫化二物

hemitrope [ˈhemɪtrəup] *n.*【化】孪生,孪晶生成

hemivariate [ˌhemɪˈveərɪət] *n.* 半变量

hemline [ˈhemlaɪn] *n.* 底边,贴边

hemlock [ˈhemlɒk] *n.* 铁杉,毒芹,毒胡萝卜

hemochrome [ˈhiːməkrəum] *n.* 血色原

hemochromogen [ˌhiːməˈkrəumədʒen] *n.*【生化】血色原,血色母质

hemochromometer [ˌhiːməkrəuˈmɒmɪtə] *n.* 血色计

hemochromoprotein [ˌhiːməuˈkrəuməuˈprəutiːn] *n.* 血色蛋白

hemocircular [ˌhiːməuˈsɜːkjulə] *a.* 血液循环的

hemoclasis [hiːˈmɒkləsɪs] *n.* 溶血作用

hemoculture [ˌheməˈkʌltʃə] *n.*【医】血培养

hemocyanin [ˌhiːməˈsaɪənɪn] *n.*【昆】血蓝蛋白,血蓝素

hemocyte [ˈhiːməsaɪt] *n.* 血球

hemocytoblast [ˌhiːməˈsaɪtəblæst] *n.*【生】原血细胞

hemocytology [ˌhiːməusaɪˈtɒlədʒɪ] *n.* 血细胞学

hemocytolysis [ˌhiːməusaɪˈtɒlɪsɪs] *n.*【医】血细胞溶解

hemodialysis [ˌhiːməudaɪˈælɪsɪs] *n.*【医】血液透析(作用)

hemodiastase [ˌhiːməuˈdaɪəsteɪs] *n.* 血液淀粉酶

hemodromograph [ˌhiːməˈdrəuməgrɑːf] *n.* 血流计

hemoflagellate [ˌhiːməuˈflædʒɪlɪt] *n.* 血鞭毛虫

hemofuscin [ˌhiːməuˈfjusɪn] *n.*【生化】血褐素,血棕色素

hemoglobin [ˌhiːməuˈgləubɪn] *n.*【生化】血红蛋白,血红素

hemoglobinometer [ˌhiːməugləubɪˈnɒmɪtə] *n.* 血红蛋白计

hemogram [ˈhiːməgræm] *n.*【医】血象〔图〕

hemoid [ˈhiːmɔɪd] *a.* 血样的

hemolysin [ˌhiːməˈlaɪsɪn] *n.*【医】溶血素

hemolysis [hiːˈmɒləsɪs] *n.* 血细胞溶解

hemolytic [hiːˈmɒlɪtɪk] *a.* 溶血的

hemomanometer [ˌhiːməuməˈnɒmɪtə] *n.* 血压计

hemometer [hiːˈmɒmɪtə] *n.* 血测定计

hemopexis [ˌhiːməˈpeksɪs] *n.* 血凝结

hemophilia [ˌhiːməˈfɪlɪə] *n.*【医】血友病

hemophthisis [ˌhiːməfˈθɪsɪs] *n.*【医】贫血

hemorheology [ˌhiːmɒrɪˈɒlədʒɪ] *n.* 血液流变学

hemorrhage [ˈhemərɪdʒ] *n.*; *vi.* 出血,溢血

hemospasia [ˌhiːməuˈspeɪzɪə] *n.*【医】抽血,放血

hemostasis [hɪˈmɒstəsɪs] *n.* 止血(法)

hemostat [ˈhiːməstæt] *n.*【医】止血器〔剂〕,止血

hemostatic [ˌhiːməˈstætɪk] *n.*; *a.* 止血剂〔的〕

hemotoxin [ˌhiːməˈtɒksɪn] *n.*【生化】(溶)血毒素

hemp [hemp] *n.* ①麻(絮,屑),大麻(纤维) ②麻绳

hempen [ˈhempən] *a.* 大麻(制)的,似大麻的

hemppalm [ˈhempɑːm] *n.* 棕榈

hemp-twist [ˈhemptwɪst] *n.* 麻绳

hempa [ˈhempə] *n.* 六甲磷

hence [hens] *ad.* ①因此,所以,从而 ②今后
　　〖用法〗❶ 该词可以处于句首或句中。如: Hence, the voltage drop from a to b is zero.因此,从 a 到 b 的压降为零。/The current flow is hence very small because of the small number of charges in motion.由于处于运动状态的电荷数目很少,因此电流是很小的。❷ 当它处于一个并列复合句的第二个分句之前时,其前面多数情况下应该用 "and" 或分号。如: The net current is small, and hence the material

is a semiconductor.净电流很小，因此该物质为半导体。/In this simple series circuit, the current is 3 A, and hence the current in the 3 Ω resistor is also 3 A. 在这个简单的串联电路中，电流为 3 A，因此流过 3 Ω 电阻器的电流也是 3 A。❸ 该词可以引出一个常见的、省去谓语动词 "comes" 或 "results" 的省略句，它一般处于一个句子的后面（其前面可以是一个逗号、一个分号、一个破折号），也可以单独成一句。如：The stream of electrons is emitted from the cathode of the electron gun, hence the name cathode ray.电子流是从电子枪的阴极发射出来的，因此得到了"阴极射线"这一名称。/Proteins are essential to the growth and the rebuilding of body tissues — hence their importance.蛋白质对人体组织的生长和重建是必不可少的，因此它们极为重要。/Semiconductors are a class of elements whose electrical properties lie in the area between conductors and insulators, hence their name.半导体是其电性能处于导体和绝缘体之间区域内的一类元素，因而得到了其名称。/When the blood becomes viscous, it is difficult for the heart to pump it through the capillaries. Hence the increase in blood pressure.当血液变黏后，心脏就难以把血液泵压通过毛细血管，因而血压就升高了。

henceforth ['hens'fɔːθ], **henceforward** ['hens-'fɔːwəd] ad. 今后,从今以后

henchman ['hentʃmən] (pl. henchmen) n. ①亲信②支持者,仆从,走狗

hendecagon [hen'dekəgən] n.【数】十一角〔边〕形

hendecahedron [hen'dekə'hiːdrən] n.【数】十一面体

hendecanal [hen'dekənæl] n.【化】十一(烷)醛

hendecane ['hendə'keɪn] n.【化】十一(碳)烷

hendecene [hen'desiːn] n.【化】十一烯

hendecyl [hen'desɪl] n.【化】十一(烷)基

hendecyne [hen'desiːn] n.【化】十一碳炔

hendiadys [hen'daɪədɪs] n. 重言法,重名法

henna ['henə] n.【植】指甲花

henry ['henrɪ] n. 亨(利)(电感单位)
〖用法〗❶ 这个词的复数形式有两种：henrys 或 henries。❷ 它表示单位时其前面要用定冠词。如：The unit of inductance is the henry.电感的单位是亨利。

henrymeter ['henrɪmɪtə] n. 电感计

hepar ['hiːpɑː] n.【医】肝

heparin ['hepərɪn] n.【生化】肝素,肝磷酯

hepatectomy [ˌhepə'tæktəmɪ] n.【医】肝切除(术)

hepatic [hɪ'pætɪk] a. 肝(状,色)的

Hepatica [hɪ'pætɪkə] (pl. hepaticae) n. 苔类植物

hepaticology [ˌhɪpætɪ'kɒlədʒɪ] n. 苔类学

hepatin ['hepətɪn] n.【生化】糖原,动物淀粉

hepatitis [ˌhepə'taɪtɪs] n.【医】肝炎

hepatocyte ['hepətəsaɪt] n. 肝细胞

hepatoflavin [ˌhepətəu'fleɪvɪn] n.【药】核黄素

hepatoma [ˌhepə'təumə] n.【医】肝癌

hepcat ['hepkæt] n. 测定脉冲间最大与最小时间间隔的仪器

heptabasic [ˌheptə'beɪsɪk] a. 七碱的

heptacontane [hep'tækənteɪn] n.【化】(正)七十(碳)烷,七十(碳)(级)烷

heptacosane [hep'tækəseɪn] n.【化】廿七(碳)烷

heptad ['heptæd] n.; a. 七个(一组,一套),【化】七价原子,七价物〔的〕

heptadecane [ˌheptə'dekeɪn] n.【化】(正)十七(碳)烷,十七(碳)(级)烷

heptadecene [ˌheptə'desiːn] n.【化】十七碳烯

heptadecyl [ˌheptə'desɪl] n.【化】十七(烷)基

heptadiene [ˌheptə'daɪɪn] n.【化】庚二烯

heptadiyne [ˌheptə'daɪɪn] n.【化】庚二炔

heptagon ['heptəgən] n.【数】七角〔边〕形

heptagonal [hep'tægənl] a.【数】七角〔边〕形的

heptahedron [ˌheptə'hedrən] n.【数】七面体

heptahydrate [ˌheptə'haɪdreɪt] n. 七水(混合)物

heptalateral [ˌheptə'lætərəl] n.; a. 七侧(的),七边(的)

heptaldehyde [hep'tældɪhaɪd] n.【化】庚醛

heptalene ['heptəliːn] n. 庚塔烯

heptalenium [ˌheptə'liːnɪəm] n. 庚塔烯离子

heptamer ['heptəmə] n. 七聚物

heptamethylene [ˌheptə'meθliːn] n.【化】环庚烷,七甲撑

heptanal ['heptənəl] n.【化】庚醛

heptandiol [hep'tændɪəul] n. 庚二醇

heptane ['hepteɪn] n.【化】庚(级)烷

heptanol ['heptənɒl] n.【化】庚醇

heptanone ['heptənəun] n. 庚酮

heptaploid ['heptəplɔɪd] n. 七倍体

heptasulfide [ˌheptə'sʌlfaɪd] n.【化】七硫化物

heptatomic [ˌheptə'tɒmɪk] a.【化】七原子的,七元〔价〕的

heptavalent ['heptəveɪlənt] a.【化】七价的

heptene ['heptiːn] n.【化】庚烯

heptenone ['heptənəun] n. 庚烯酮

heptenyl ['heptənɪl] n. 庚烯基

heptet ['heptet] n. 七重峰

heptine ['heptaɪn] n.【化】庚炔

heptode ['heptəud] n. 七极管

heptose ['heptəus] n. 庚糖

heptoxide [hept'ɒksaɪd] n.【化】七氧化物

heptoximate [hept'ɒksɪmeɪt] n. 庚肟盐

heptoxime [hep'tɒksɪm] n. 庚肟

heptulose ['heptjuləus] n.【生化】庚酮糖

heptyl ['heptɪl] n.【化】庚基

heptylate ['heptɪleɪt] n. 庚酸(盐,酯或根)

heptylene ['heptɪliːn] n. 庚烯

her [hɜː] pron. ①她的 ②(she 的宾格)她

herald ['herəld] ❶ n. 通报者,使者,预言者,先驱 ❷ vt. 宣布,通报,预示 ‖ ~**ic** a.

herb [hɜ:b] *n.* (药,香)草,草本(植物)

herbaceous [hɜ:'beɪʃəs] *a.* 草本的,叶状的

herbage ['hɜ:bɪdʒ] *n.* 草本植物,牧草

herbal ['hɜ:bəl] ❶ *a.* 草(本)的 ❷ *n.* 本草书,植物志

herbalism ['hɜ:bəlɪzəm] *n.* 本草学

herbary ['hɜ:bərɪ] *n.* 草本植物园,药草园

herbicide ['hɜ:bɪsaɪd] *n.* 除草剂

herbiferous [hɜ:'bɪfərəs] *a.* 生草的

herbivore ['hɜ:bɪvɔ:] *n.* 【动】食草(类)动物

herborize ['hɜ:bəraɪz] *vi.* 集植物〔草药〕‖ herborization *n.*

herbosa [hɜ:'bəusə] *n.* 草木植被,草丛

herby ['hɜ:bɪ] *a.* 草(本,多)的

Herculean, herculean [hɜ:'kju:lɪən] *a.* ①力大无比的 ②非常困难的

Hercules ['hɜ:kjuli:z] *n.* ①大力神 ②大力士

herculite ['hɜ:kjulaɪt] *n.* 钢化玻璃

Herculoy ['hɜ:kjulɔɪ] *n.* 锻造铜硅合金

hercynite ['hɜ:sənaɪt] *n.* 铁尖晶石

herd [hɜ:d] ❶ *n.* (兽,牲口)群,牧人 ❷ *v.* 放牧,(使)成群(with, together)

herder ['hɜ:də] *n.* 牧人

herderite ['hədəraɪt] *n.* 磷铍钙石

herdsman ['hɜ:dzmən] (*pl.* herdsmen) *n.* 牧民

here [hɪə] ❶ *ad.* 在(向,到)这里,在这点上;这里 ❷ *n.* 这里,这点 ☆*be here to stay* 成永久性的,为大家所通用的; *here and now* 此时此地; *here and there* 或 *here, there and everywhere* 到处,四面八方; *here below* 在这个世上; *here is* 这是,这里有,下面(叙述的)是; *here it is* 在这里,这是给你的; *here today and gone tomorrow* 暂时的; *neither here nor there* 不得要领,不切题,无关紧要; *we have here* 这儿有,这是 〖用法〗❶ 这个副词经常作后置定语。如: The two equations <u>here</u> are of great importance.这里的两个式子极为重要。❷ "here"往往可以译成"下面"。如: <u>Here</u> is an example.下面(我们)举个例子。/<u>Here</u> is an experiment.下面(我们)做个实验。/This may be described <u>here</u>:…可以如此描述下面?……❸ 定语从句修饰"here be"句型的主语时,作主语的关系词可以省去。如: Here are some ideas <u>will help you to realize how small atoms are</u>.下面一些概念将有助于你了解原子有多小。

hereabout(s) ['hɪərəbaut(s)] *ad.* 在这附近,在这一带

hereafter [hɪə'rɑ:ftə] *ad.* 今后,将来,下文

hereat [hɪər'æt] *ad.* 于是,因此

hereby [hɪə'baɪ] *ad.* ①因(由,特,借)此,兹,由是 ②在这附近

hereditary [hɪ'redɪtərɪ], **hereditable** [hɪ'redɪtəbl] *a.* 【生】遗传(性)的,代代相传的

hereditation [,hɪredɪ'teɪʃən] *n.* 遗传影响

heredity [hɪ'redɪtɪ] *n.* 遗传(性),继承

herefrom [hɪə'frɒm] *ad.* 由此

herein ['hɪər'ɪn] *ad.* 在这里,在本书中,于此处

hereinabove ['hɪərɪnə'bʌv] *ad.* 在上(文)

hereinafter ['hɪərɪn'ɑ:ftə] *ad.* 在下(文)

hereinbefore ['hɪərɪnbɪ'fɔ:] *ad.* 在上(文)

hereinbelow ['hɪərɪnbɪ'ləu] *ad.* 在下(文)

hereinto [hɪər'ɪntu:] *ad.* 到这里面

hereof [hɪər'ɒv] *ad.* ①就此,由此 ②关于这个,在本文(件)中

hereon ['hɪər'ɒn] *ad.* 于此,在这里,在下(面,文)

heresy ['herəsɪ] *n.* 异端,邪说

heretic ['herətɪk] *n.* 持异端者

heretical [hɪ'retɪkəl] *a.* 异端的

hereto [hɪə'tu:] *ad.* 到这里,至此,关于这一点,对于这个

heretofore ['hɪətu'fɔ:] *ad.* ①至今,至此 ②(在此)以前

hereunder [hɪər'ʌndə] *ad.* 在下(面,文)

hereupon [hɪərə'pɒn] *ad.* 于是,关于这个

herewith [hɪə'wɪð] *ad.* ①同此,与此一道 ②用此方法 ☆*enclosed herewith* 在此附上; *I send you herewith* 兹附上

heritability [,herɪtə'bɪlətɪ] *n.* 遗传力,可继承性

heritable ['herɪtəbl] *a.* 可转让的,可继承的,可遗传的

heritage ['herɪtɪdʒ] *n.* 遗产,遗传性,继承物

heritor ['herɪtə] *n.* 继承人

hermannite ['hɜ:mənaɪt] *n.* 蔷薇辉石

hermaphrodite [hɜ:'mæfrədaɪt] ❶ *n.*【动】雌雄同体 ❷ *a.* 具有相反性质的

hermaphroditic(al) [hɜ:,mæfrə'dɪtɪk(əl)] *a.* 雌雄同体的,具有相反性质的

hermaphroditism [hɜ:'mæfrədaɪtɪzəm] *n.*【医】雌雄同体,兼具两性

hermetic(al) [hɜ:'metɪk(əl)] *a.* ①密封的,不透气的 ②炼金术的,奥妙的

hermetically [hɜ:'metɪkəlɪ] *ad.* 密封着,不透气地,牢牢

hermetization [hɜ:,metɪ'zeɪʃən] *n.* 密封,封闭

hermit ['hɜ:mɪt] *n.* 过隐居生活的人

hermitage ['hɜ:mɪtɪdʒ] *n.* 隐居之处,僻静的住处

Hermite ['hɜ:maɪt] *n.* 厄米特插值

Hermitian [hɜ:'mɪtɪən] *a.* 厄米特(式),厄米的

hermiticity [,hɜ:mɪ'tɪsətɪ] *n.* 厄米性,厄米矩阵性

hernia ['hɜ:nɪə] *n.*【医】疝,突出

hero ['hɪərəu] (*pl.* heroes) *n.* 英雄,(男)主角 ☆*make a hero of* 赞扬,捧

heroic [hɪ'rəuɪk] *a.* ①英雄(勇)的,崇高的,壮烈的 ②大于实物的,(音)洪大的,(剂量)大的 ☆*go into heroics* 过于夸张; *heroic size* 大于实物的尺寸

heroically [hɪ'rəuɪklɪ] *ad.* 英勇地,壮烈地,勇猛地

heroify [hɪ'rəuɪfaɪ] *vt.* 使英雄化

heroin ['herəuɪn] *n.* 海洛因

heroine ['herəuɪn] *n.* 女英雄,女主角

heroism ['herəuɪzəm] *n.* 英雄主义〔气概〕,壮举

herpes ['hɜːpiːz] *n.*【医】疱疹

herpetiform ['hɜːpetifɔːm] *a.* 疱疹样的

herpetology [,hɜːpɪ'tɒlədʒɪ] *n.*【动】爬虫学

herpolhode [hɜː'pɒlhəud] *n.*【物】空间极迹,瞬心固迹

herpolhodograph [hɜː,pɒlhəudə'grɑːf] *n.* 空间极迹图

herrerite ['herɜːraɪt] *n.* 铜菱锌矿

herring ['herɪŋ] *n.*【动】鲱(鱼),青鱼 ☆*be packed as close as herrings* 装得密密麻麻,挤得水泄不通;*draw a red herring across the path* 把话题扯到别处,引入歧途;*neither fish, flesh, nor good red herring* 非驴非马,不伦不类

herringbone ['herɪŋbəun] ❶ *n.;a.* 人字形(的),鱼刺(骨)形(的),鲱骨状(的),交叉缝式 ❷ *vt.* 作人字形的,作矢尾形(接合)

hers [hɜːz] *pron.* (she 的物主代词)她的(东西)

herself [hɜː'self] (pl. themselves)*pron.* ①她自己 ②(加语气)(她)亲自,(她)本人 ☆*(all) by herself* (她)独自,独立地

hertz [hɜːts] *n.* 赫(兹)(频率单位)

〖用法〗这个词的单复数是同一个形式。如:Frequency is measured in hertz.频率是用赫兹为单位来度量的。(其它单位均要用复数形式表示。)

hesion ['hiːʒən] *n.* 吸引力

hesitance ['hezɪtəns], **hesitancy** ['hezɪtənsɪ] *n.* 犹豫,迟疑 ‖ **hesitant** *a.* **hesitantly** *ad.*

hesitate ['hezɪteɪt] *vi.* ①犹豫,迟疑,(对…)踌躇(不决) (about) ②暂停 ③含糊,支吾(in) ‖ **hesitatingly** *ad.* **hesitation** *n.* **hesitative** *a.*

hesperetin [hes'perətɪn] *n.* 橘皮素

hesperidin [hes'perɪdɪn] *n.* 橘皮苷

hesperidium [,hespə'rɪdɪəm] *n.*【植】柑果,柠檬果

Hesperus ['hespərəs] *n.* 金星,黄昏星,长庚星

hessian ['hesɪən] *n.* 浸沥青的麻绳,打包麻布,粗麻屑,砂坩埚

Hessian ['hesɪən] *n.* 赫斯(行列)式

hessite ['hesaɪt] *n.* (辉)碲银矿

hessonite ['hesənaɪt] *n.* 钙铝榴石

hetaryne ['hetəriːn] *n.*【化】杂芳炔,脱氢杂环

heteroacid ['hetərəu'æsɪd] *n.* 杂酸

heteroantagonism ['hetərəuæn'tægənɪzəm] *n.* 异型拮抗作用

heteroantibody [,hetərəu'æntɪbɒdɪ] *n.*【医】异种抗体

heteroantigen [,hetərəu'æntɪdʒən] *n.*【医】异种抗原

heteroaromatics ['hetərəu,ærəu'mætɪks] *n.* 杂芳族化合物

heteroatom [,hetərəu'ætəm] *n.*【化】杂(环)原子,异质原子 ‖ **~ic** *a.*

heteroauxin [,hetərəu'ɔːksɪn] *n.*【生化】异植物生长素

heteroazeotrope [,hetərəuə'ziːətrəup] *n.*【化】杂(多)共沸混合物

heterobaric [,hetərəu'bærɪk] *a.*【化】原子量不同的

heterobasidium [,hetərəu'bæsɪdɪəm] *n.*【生】有隔担子

heterobiopolymer ['hetərəu,baɪə'pɒlɪmə] *n.* 生物杂聚物

heterobiotin [,hetərə'baɪətɪn] *n.* 异生物素

heterocaryon [,hetərə'kærɪɒn] *n.*【生】异核体

heterocaryote [,hetərə'kærɪəut] *a.* 有异核的

heterocaryotic ['hetərə,kærɪ'ɒtɪk] *a.* 异核的

heterocatalysis ['hetərə,kə'tælɪsɪs] *n.*【化】异体催化

heterocellular [,hetərə'seljulə] *a.* 异型细胞的

heterocharge ['hetərəutʃɑːdʒ] *n.*【电】混杂电荷

heterochromatic ['hetərəu,krəu'mætɪk] *a.* 异色的,非单色的

heterochromatin [,hetərəu'krəumətɪn] *n.* 异染色质

heterochromaty [,hetərəu'krəumətɪ] *n.* 异染现象

heterochromosome [,hetərəu'krəuməsəum] *n.* 异染色体

heterochromous [,hetərəu'krəuməs] *a.* 异色的,不同色的

heterochronous [,hetərəu'krəunəs] *a.* 差同步的,异等时的

heterochrosis [,hetərəu'krəusɪs] *n.* 变色

heterocomplex [,hetərəu'kɒmpleks] *n.* 杂络物

heterocompound [,hetərəu'kɒmpaund] *n.* 杂化合物

heterocrystal [,hetərəu'krɪstəl] *n.* 异质晶体

heterocycle ['hetərəusaɪkl] *n.*【化】杂环

heterocyclic [,hetərəu'saɪklɪk] ❶ *a.* 杂环的 ❷ *n.* 杂环族化合物

heterocyclization ['hetərəu,saɪklɪ'zeɪʃən] *n.* 杂环化(反应)

heterocyst ['hetərəusɪst] *n.* 异形(分节)细胞

heterodesmic [,hetərəu'desmɪk] *a.*【化】杂键的

heterodiode [,hetərəu'daɪəud] *n.* 异质结二极管

heterodisperse [,hetərədɪs'pɜːs] *a.* 非均相分子的,杂散的

heterodox ['hetərəudɒks] *a.* 非正统的,异端的

heterodoxy ['hetərəudɒksɪ] *n.* 违反公认标准,异端

heteroduplex [,hetərəu'djuːpleks] *n.*【生】异源双链核酸分子

heterodyne [,hetərəudaɪn] *n.;a.;v.* ①【电子】外差(的,法),差拍的 ②外差振荡器 ③成拍,致差,使…混合

heterodyning ['hetərəu'daɪnɪŋ] *n.* 外差(法),外差作用

heteroecious [,hetə'riːʃəs] *a.*【生】异种寄生的

heteroecism [,hetə'riːsɪzəm] *n.*【生】异种寄生(现象)

H

hetero(-)epitaxy ['hetərəu'epɪtæksɪ] *n.* 异质外延

heteroerotism [ˌhetərəu'erəutɪzəm] *n.*【心】异体性欲

hetero-functional [ˌhetərəu'fʌŋkʃ ənəl] *a.* 杂官能的

heterogamete ['hetərəuˌgə'miːt] *n.* 异形配子的

heterogamy [ˌhetə'rɒgəmɪ] *n.*【生】异配生殖

heterogel ['hetərədʒel] *n.* 杂凝胶

heterogen ['hetərədʒen] *n.* 异基因

heterogeneic [ˌhetərə'dʒeniːɪk] *a.* 异种的,不同基因的

heterogeneity ['hetərəudʒɪ'niːətɪ] *n.*【化】不均匀(性),多相性,【数】异类,异成分,不同性质,复杂性,不均质,杂质

heterogeneous [ˌhetərəu'dʒiːnjəs] *a.*【化】不均匀的,不同的,非均质的,异质的,异成分的,多相的,多色的,【数】非齐次的,不纯一的,混杂的

heterogenesis [ˌhetərəu'dʒenɪsɪs] *n.* 异形生殖,世代交替

heterogenetic [ˌhetərəudʒɪ'netɪk] *a.* 异源的,多相的,不均匀的

heterogenic [ˌhetərəu'dʒenɪk] *a.* 异种的,异质的

heterogenicity [ˌhetərɒdʒe'nɪsətɪ] *n.* 不纯一性,多相性,异质性

heterogenite [ˌhetərə'dʒenaɪt] *n.* 水钴矿

heterogony [ˌhetə'rɒgənɪ] *n.*【生】世代交替,【植】花柱异长

heterograft [ˌhetərəu'grɑːft] *n.* 异种移植

heterohemagglutinins ['hetərəˌheməʼgluːtɪnɪns] *n.* 异种血凝素

heterohemolysin [ˌhetərəuhiːʼmɒlɪsɪn] *n.*【医】异种免疫(作用)

heteroid [ˌhetə'rɔɪd] *a.* 不同构造的

heteroimmunization ['hetərəˌɪmjunaɪ'zeɪʃ ən] *n.*【医】异种免疫(作用)

heterojunction [ˌhetərəu'dʒʌŋkʃ ən] *n.* 异质结,异端连接

heterokaryon [ˌhetərəu'kærɪɒn] *n.*【生】异核体

heterokaryosis ['hetərəuˌkærɪ'əusɪs] *n.*【生】异核(现象)

heterokaryote [ˌhetərə'kærɪəut] *a.* 有异型核的

heterolaser [ˌhetərəu'leɪzə] *n.* 异质激光器

heterolateral [ˌhetərə'lætərəl] *a.*【医】对侧的

heterolipid [ˌhetərəu'lɪpɪd] *n.* 杂脂

heterological [ˌhetərə'lɒdʒɪk] *a.* 异种的

heterologous [ˌhetə'rɒləgəs] *a.* 异种〔源〕的

heterolysis [ˌhetə'rɒlɪsɪs] *n.*【生化】异族溶解,外力溶解,异裂

heterolytic [ˌhetə'rɒlɪtɪk] *a.* 异种溶解的

heterolyzate [ˌhetə'rɒlɪzɪt] *n.* 外因杂质

heteromeric [ˌhetərə'merɪk] *a.* 异数的

heteromerite [ˌhetə'rɒməraɪt] *n.* 符山石

heterometry [ˌhetə'rɒmɪtrɪ] *n.* 比浊滴定法

heteromorphic [ˌhetərəu'mɔːfɪk] *a.*【生】异态的,异形的,多晶(型)的

heteromorphism [ˌhetərəu'mɔːfɪzəm] *n.*【生】异形,复形性,异态性,多晶(型)现象

heteromorphous [ˌhetərə'mɔːfəs] *a.*【医】异态的,多晶的

heteronuclear [ˌhetərə'njuːklɪə] *a.* 杂环的,异核的

heteronucleus [ˌhetərəu'njuːklɪəs] *n.* 杂环核

heterophany [ˌhetə'rɒfənɪ] *n.* 异种〔不同〕表现

heterophase ['hetərəfeɪz] *n.* 多相

heterophoria [ˌhetərəu'fəurɪə] *n.*【物】隐斜视

heterophyte ['hetərəufaɪt] *n.*【植】异形〔异养〕植物

heterophytic [ˌhetərəu'faɪtɪk] *a.* 异型二倍体的,异养植物的

heteropic [ˌhetə'rɒpɪk] *a.* 非均匀的

heteroploid ['hetərəuplɔɪd] *n.* 异倍体

heteropolar [ˌhetərəu'pəulə] *a.* 异极的

heteropolarity [ˌhetərəupəu'lærətɪ] *n.*【物】异极性

heteropolyacids ['hetərəuˌpɒlɪ'æsɪdz] *n.* 杂多酸类

heteropolymer [ˌhetərə'pɒlɪmə] *n.* 多聚合物

heteropolysaccharidase ['hetərəˌpɒlɪ'sækə-rɪdeɪs] *n.* 杂多糖酶

heteroscedastic ['hetərəuˌsə'dæstɪk] *a.*【数】异方差的

heteroscedasticity ['hetərəuˌskədæs'tɪsətɪ] *n.*【数】异方差性

heteroside ['hetərəusaɪd] *n.* 葡萄(糖)苷

heterosis [ˌhetə'rəusɪs] *n.* 杂种优势,混种盛势

heterosome ['hetərəusəum] *n.* 性染色体

heterosphere ['hetərəusfɪə] *n.* 非均质层

heterostatic [ˌhetərə'stætɪk] *a.* 异位差的

heterosteric [ˌhetərəu'sterɪk] *a.* 异(型空间)配(位)的

heterostrobe [ˌhetərəu'strəub] *n.* 零差频门,零拍(闸)门

heterostructure [ˌhetərəu'strʌktʃ ə] *n.*【电子】异质结构

heterotaxy [ˌhetərəu'tæksɪ] *n.* 地层变位,内脏异位

heterothallic [ˌhetərəu'θælɪk] *a.*【植】雌雄异体的,异宗配合的

heterothallism [ˌhetərəu'θælɪzəm] *n.* 异宗配合

heterotope ['hetərəutəup] *n.* ①异位素,异(原子)序元素 ②(同量)异序(元素)

heterotopia [ˌhetərəu'təupɪə] *n.* 异位,异常的栖息地或产地

heterotopic [ˌhetərəu'tɒpɪk] *a.*【化】异序的,非同位素的

heterotopy [ˌhetə'rɒtəpɪ] *n.* 异位

heterotrichous [ˌhetərəu'trɪkəs] *a.* 异鞭毛的,异丝体的

heterotroph [ˌhetərəutrɒf] *n.* 异养型,异养生物

heterotrophic [ˌhetərəʊˈtrɒfɪk] *a.* 异养（生物）的

heterotrophism [ˌhetərəʊˈtrɒfɪzəm] *n.* 异养,营养异常

heterotrophy [ˈhetərəʊtrɒfɪ] *n.* 异养,异养性

heterotropic [ˌhetrəʊˈtrɒpɪk] *n.;a.* 斜交（的）,异养的

heterotype [ˈhetərəʊtaɪp] *n.* 同类〔型〕异样物

heterotypical [ˌhetərəʊˈtɪpɪkəl] *a.* 异型的

heterovaccine [ˌhetərəʊˈvæksiːn] *n.* 异种菌苗

heteroxenous [ˌhetəˈrɒksɪnəs] *a.*【生】异主寄生的

heterozygosis [ˌhetərəʊzaɪɡəʊsɪs] *n.* 杂合,异型接合

heterozygote [ˌhetərəʊˈzaɪɡəʊt] *n.* 异型合子,杂合子

heterozygous [ˌhetərəʊˈzaɪɡəs] *a.*【生】杂合的

hetol [ˈhetəl] *n.* 肉桂酸钠

heuristic [hjʊəˈrɪstɪks] *a.;n.* ①启发式的,直观推断②渐进的,探试的

heuristics [hjʊəˈrɪstɪks] *n.*【计】直观推断,试探法

hew [hjuː] (hewed, hewn 或 hewed) *v.* ①砍,劈,斫 ②砍成 ③开采,采掘 ④坚持,遵守(to) ☆**hew at** 砍着; **hew away** 砍去; **hew down** 砍倒; **hew A from B** 从 B 凿出 A; **hew one's way** 开辟道路; **hew out** 把…开采出来,开辟出

hewer [ˈhjuːə] *n.* 砍伐者,采煤工人

hewettite [ˈhjuːətaɪt] *n.* 针钒钙石

hewn [hjuːn] ❶ hew 的过去分词 ❷ *a.* 粗削的,砍劈成的

hex [heks] *a.;n.* ①六角〔边〕形的 ②妖物,魔力〔鬼〕,巫婆

hexabasic [ˌheksəˈbeɪsɪk] *a.* 六(碱)价的,六元的,六代的

hexachloride [ˌheksəˈklɔːraɪd] *n.* 六氯化物

hexachlorocyclohexane [ˈheksəˌklɔːrəʊsaɪkləˈhekseɪn] *n.*【化】六六六,六氯环己烷

Hexachloroethane [ˈheksəˌklɔːrəʊˈeθeɪn] *n.*【化】六氯乙烷

hexachord [ˈheksəkɔːd] *n.*【音】六音阶,六和弦

hexachromic [ˌheksəˈkrəʊmɪk] *a.* 六色的

hexacontane [ˌheksəˈkɒnteɪn] *n.* 六十(碳)烷

hexacosane [ˌheksəˈkəʊseɪn] *n.* (正)廿六(碳)烷

hexacyclic [ˌheksəˈsaɪklɪk] *a.* 六环的

hexad [ˈheksæd], **hexade** [ˈhekseɪd] *n.;a.*【化】六(个),六重轴, 六价元素, 六价的, 六个一组〔套〕

hexadecane [ˈheksədɪkeɪn] *n.*【化】(正)十六(碳)烷,鲸蜡烷

hexadecimal [ˌheksəˈdesɪməl] *a.* 十六进(位)制的

hexadecyl [ˌheksəˈdesɪl] *n.* 十六(烷)基

hexagon [ˈheksəgən] *n.*【数】六角〔边〕形,六角体

hexagonal [hekˈsægənl] *a.* 六角(形)的,六方晶系

hexagram [ˈheksəgræm] *n.*【数】六线形,六芒星形

hexahedral [ˈheksəˈhedrəl] *a.* (有)六面体的,六边形的

hexahedron [ˌheksəˈhedrən] *n.* (正)六面体,立方体

hexahydrate [ˌheksəˈhaɪdreɪt] *n.* 六水合物

hexahydric [ˌheksəˈhaɪdrɪk] *a.*【化】六羟〔元〕的

hexalin [ˈheksəlɪn] *n.* 环己醇

hexamer [ˈheksəmə] *n.* 六聚物

hexamethylene [ˌheksəˈmeθɪliːn] *n.*【化】六甲撑,己撑,环己烷

hexamethylenetetramine [ˈheksəmeˌθɪliːnˈtetrəmiːn] *n.*【化】六甲撑四胺,乌洛托品

hexamine [ˈheksəmiːn] *n.* 六胺,乌洛托品,六甲撑四胺

hexanal [ˈheksənəl] *n.*【化】己醛

hexane [hekˈseɪn] *n.*【化】(正)己烷

hexangular [heksˈæŋɡjulə] *a.* 六角的

hexaplanar [ˌheksəˈpleɪnə] *n.;a.* 六角晶系,平面六角品,六角平面的

hexaploid [ˈheksəˈplɔɪd] *n.* 六倍体

hexapoda [hekˈsæpədə] *n.* (pl.)六足纲,昆虫纲

hexastyle [ˈheksəstaɪl] *a.;n.*【建】 ①有六柱的,六柱式的 ②(正面)有六柱的建筑物

hexatomic [ˌheksəˈtɒmɪk] *a.* 六原子的,六元的

hexavalence [ˌheksəˈveɪləns], **hexavalency** [ˌheksəˈveɪlənsɪ] *n.* 六价 ‖ **hexavalent** *a.*

hexavector [ˌheksəˈvektə] *n.* 六(维)矢(量)

hexene [ˈheksiːn] *n.*【化】己烯

hexenol [ˈheksɪnɒl] *n.* 己烯醇

hexenone [ˈheksɪnəʊn] *n.* 己烯酮

hexides [ˈheksaɪdz] *n.* 己糖二酐

hexine [ˈheksaɪn] *n.*【化】己炔

hexitan [ˈheksɪtən] *n.* 己糖醇酐(脱一水己六醇)

hexitol [ˈheksɪtɒl] *n.*【化】己糖醇

hexoctahedron [ˌheksɒktəˈhedrən] *n.* 六八面体

hexode [ˈheksəʊd] *n.* 六极管

hexokinase [ˌheksəʊˈkaɪneɪs] *n.*【化】己糖激酶

hexone [ˈheksəʊn] *n.* 异己酮,异己丑酮

hexopentosan [ˌheksəˈpentəsæn] *n.* 己戊聚糖

hexosamine [hekˈsɒsəmiːn] *n.* 己糖胺,氨基己糖

hexosan [ˈheksəsæn] *n.*【生化】己聚糖

hexose [ˈhæksəʊs] *n.*【生化】己糖

hexoxide [hekˈsɒksaɪd] *n.* 六氧化物

hexyl [ˈheksɪl] *n.*【化】①己基 ②六硝炸药 ③六硝基二苯胺

hexylene [ˈheksɪliːn] *n.*【化】己烯

hexylresorcinol [ˌheksɪlreˈzɔːsɪnəʊl] *n.*【化】己基间苯二酚

hexyne [ˈheksaɪn] *n.*【化】己炔

hexynol [ˈheksɪnɒl] *n.*【化】己炔醇

hey [heɪ] *int.* 嘿! 你好

heyday ['heɪdeɪ] *n.* 全盛(时)期

hiatus [haɪ'eɪtəs] *n.* ①间断(隙),裂缝 ②漏字(句),缺失,脱漏之处 ③中断,(时间)间歇

hibakusha [hɪ'bɑːkuːʃə] *n.* 核爆余生者

hibernal [haɪ'bɜːnl] *a.* 冬(季)的,寒冷的

hibernate ['haɪbɜːneɪt] *v.* 【动】冬眠,蛰伏,越冬 ‖ **hibernation** *n.*

hiccough ['hɪkʌp] ❶ *n.* 电子放大镜 ❷ *n.;v.* = hiccup 打嗝

hickey ['hɪkɪ] *n.* ①(电器上的)螺纹接合器 ②弯管器 ③新发明的玩意儿

hickory ['hɪkərɪ] *n.* 【植】胡桃木,山核桃木

hick-town ['hɪktən] *n.* 小镇

hicore ['hɪkɔː] *n.* 希科钢

hid [hɪd] hide 的过去式和过去分词

hidden ['hɪdn] ❶ hide 的过去分词 ❷ *a.* 隐藏的,秘密的

hide [haɪd] ❶ (hid; hidden 或 hid) *v.* 躲藏,隐瞒,遮掩,庇护,潜伏,守秘密 ❷ *n.* 生皮,皮革,隐匿处 ☆ *hide and hair* 完全 *hide (...) from ...* 使…不知道〔无法察觉〕(…); *hide or hair* 影踪

hide-and-seek ['haɪdəndsiːk] *n.* 捉迷藏;回避;蒙混

hidebound ['haɪdbaʊnd] *a.* 非常瘦的;墨守成规的;紧皮的(树木)

hideous ['hɪdɪəs] *a.* 丑陋的,讨厌的,骇人听闻的 ‖ ~ly *ad.*

hide-out ['haɪdaʊt] *n.* 隐匿处

hiding ['haɪdɪŋ] *n.* 隐匿,藏匿,遮盖,躲藏(处)

hiding-place ['haɪdɪŋpleɪs] *n.* 躲藏处

hidrosis [haɪ'drəʊsɪs] *n.* 排汗,【医】多汗症

hiduminium ['haɪdjuːˈmɪnɪəm] *n.* 铝铜镍合金

hiemal ['haɪɪməl] *a.* 冬季的,寒冷的

hierarch(i)al, hierarchic(al) ['haɪərɑːkl] *a.* 体系的,分层的,分级的

hierarchization [ˌhaɪərɑːkɪˈzeɪʃən] *n.* 等级化

hierarchy ['haɪərɑːkɪ] *n.* ①体系,谱系 ②分层,分级(结构) ③级别,阶层,等级制度,特权阶级,【计】层次

hieratite ['haɪərətaɪt] *n.* 方氟硅钾石

hieroglyph ['haɪərəʊglɪf] *n.* 象形文字,秘密的符号

hieroglyphic [ˌhaɪərəʊ'glɪfɪk] ❶ *a.* 象形文字的,难懂的 ❷ *n.* (pl.)象形文字,难解的符号〔字〕

hiflash ['haɪflæʃ] *n.* 高闪(燃)点油

higgle ['hɪgl] *vi.* 讨价还价,讲条件,争执

higgledy-piggledy ['hɪgldɪ'pɪgldɪ] *ad.;a.;n.* 极紊乱(的),杂乱无章(的)

high [haɪ] ❶ *a.* ①高,高度的 ②(声音)尖锐的,高音的 ③(颜色)浓的 ④强(烈)的,非常的,正盛的 ❷ *ad.* 高,大,强,显著地 ❸ *n.* ①高(气)压,气压极大区 ②高峰,高水准 ③高地 ☆*aim high* 力争上游;*be high on* 十分兴奋的,特别喜爱; *high and dry*(船)搁浅,落在时代潮流的后面,孤立无援;

high and low 四面八方,上上下下; *high in* 含…量高的,富…的的; *high time (to do)* 正该…的时候; *high up* 位置(地位)高; *hit an all-time high* 创历史上最高纪录; *in high spirits* 高兴,兴致勃勃; *in high terms* 称赞; *... of high antiquity* 远古时候的,老早以前的; *on high* 在高空,在天上; *run high* 起大风浪,兴奋激动;(物价)上涨

highball ['haɪbɔːl] ❶ *n.* (火车)全速前进信号,高速火车 ❷ *vi.* 全速前进

highday ['haɪdeɪ] *n.* 节日

higher ['haɪə] *a.* (high 的比较级)较高的,高等〔阶〕的

highest ['haɪɪst] *a.* (high 的最高级)最高的

highfield ['haɪfiːld] *n.* 强(电)场,高磁场

highland ['haɪlənd] *n.* 高地,高原

highlight ['haɪlaɪt] ❶ *n.* ①(绘画,摄影图像中)最明亮的部分,闪亮点,照明效果 ②重点,显著部分,最精彩的地方,重点节目,集锦 ❷ *vt.* ①使…突出 ②着重,强调 ③以强烈光线照射 ☆ *be in the highlight* 成为注意的中心,使人注目

highly ['haɪlɪ] *ad.* 高,强(烈),非常,高度地 ☆*speak highly of* 赞赏; *think highly of* 尊重,对…评价很高

highpolymer ['haɪpɒlɪmə] *n.* 高聚合物,大分子聚合物

highrise ['haɪraɪz] ❶ *a.* 高耸的,摩天的,高层的 ❷ *n.* 多层高楼

highs ['haɪz] *n.* (pl.)高频分量,高处

hightail ['haɪteɪl] *vi.* 赶快飞离

highway ['haɪweɪ] *n.* ①公路,大道 ②航线,水路 ③传输线,信息通路 ④达到目的的途径

hijack ['haɪdʒæk] *vt.* 劫持

hijackee [haɪdʒæ'kiː] *n.* 被劫持者

hike [haɪk] *v.;n.* ①长途徒步旅行,步行 ②飞起(up),提高 ③在高空检修电线

hiker ['haɪkə] *n.* 徒步旅行者,高空电线检修工

hill [hɪl] ❶ *n.* ①小山,丘(陵),高地 ②山坡,坡道 ❷ *vt.* 堆成小山 ☆*up hill and down dale* 翻山越谷,彻底地,有耐性地,坚持地

hillock ['hɪlək] *n.* ①(外延生长层的)小丘,土坡 ②(pl.)异常析出

hillocky ['hɪləkɪ] *a.* 多小丘的,多土墩的,丘陵地带的

hill(-)side ['hɪl'saɪd] *n.* 山脚(腰),丘陵的侧面

hilltop ['hɪltɒp] *n.* (小山)山顶

hilly ['hɪlɪ] *a.* (多)丘陵的,崎岖的,峻峭的,陡的

hilo ['hɪləʊ] *n.* 一种镍合金;小矿脉

hilt [hɪlt] ❶ *n.* (刀,剑等的)柄,把 ❷ *vt.* 装柄于 ☆ *(up) to the hilt* 彻底地

him [hɪm] *pron.* (he 的宾格)他

Himalaya [hɪmə'leɪə] *n.* 喜马拉雅山

Himalayan [hɪmə'leɪən] *a.* 喜马拉雅山脉的

Himalayas [hɪmə'leɪəz] *n.* 喜马拉雅山(区)(脉)

Himet ['hɪmɪt] *n.* 碳化钛硬质合金

himself [hɪm'self] (pl. themselves) *pron.* ①他自己

②(他)亲自 ☆ *(all) by himself* 独自,单独

hind [haɪnd] (hinder; hindmost 或 hindermost) *a.* 后面的,在后的

hinder ❶ ['hɪndə] *v.* 妨碍,阻止 ☆*hinder ... from doing* 阻止…去(做),使…不能(做) **❷** ['haɪndə] *a.* ①后面的 ②hind 的比较级

hind(er)most ['haɪnd(ə)məust] *a.* ①最后的 ②hind 的最高级

hindrance ['hɪndrəns] *n.* 障碍,干扰,延迟,障碍物 〖用法〗该词可以后跟介词"to"。如: One <u>hindrance to</u> our discussion of operating systems is that there is a question of what to call all the CPU activities.对我们讨论操作系统的一个障碍是存在这么个问题:把所有的 CPU 活动称为什么呢?

hindsight ['haɪndsaɪt] *n.* ①(枪的)照尺 ②后见之明

Hindu ['hɪnduː] *n.*; *a.* 印度人〔的〕

hinelight ['haɪnlaɪt] *n.* 高强度荧光灯

hinge [hɪndʒ] **❶** *n.* ①铰链,折页,门枢,活动关节 ②枢纽,重点,关键 ③透明胶水纸 ☆*off the hinges* 脱节,失常 **❷** *v.* ①给…装铰链,铰接 ②以…而定,依赖 ☆*hinge on (upon) ...* 视…而定,关键在于;靠铰链转动

hingeless ['hɪndʒlɪs] *a.* 无铰(链)的

hingepost ['hɪndʒpəust] *n.* 铰接桥墩

hinny ['hɪnɪ] *n.* 驴骡

hint [hɪnt] **❶** *n.* ①暗(提)示,线索,心得 ②点滴,微量 **❷** *v.* 暗示,启发,略提示 ☆*give (drop) a hint* 暗示,启发; *hint at* 暗示,略为提及; *take a hint* 领会暗示,得到启发

hinterland ['hɪntələænd] *n.* 海岩或河岩后部地方,后置地,后陆,腹地,穷乡僻壤

hiortdahlite ['jɔːtdɑːlaɪt] *n.* 片辉石

hip [hɪp] **❶** *n.* ①(屋)脊,堆尖,臀部 **❷** (hipped; hipping) *vt.* 给…造屋脊,使警觉 **❸** *a.* 熟悉内情的,市面灵通的 ☆*be hip to* 非常熟悉

Hiperco ['haɪpəkəu] *n.* "海波可"磁性合金

Hiperloy ['haɪpələɪ] *n.* 高磁导率合金

Hipernik ['haɪpənɪk] *n.* "海波尼克"高磁导率镍钢

Hipersil ['haɪpəsɪl] *n.* "海波西尔"高磁导率硅钢

Hiperthin ['haɪpəθɪn] *n.* "海波施音"(一种磁性合金)

hipped [hɪpt] *a.* (屋顶)有斜脊的

hippen ['hɪpən] *n.* (= hippin)婴儿用尿布

hippiater ['hɪpɪeɪtə] *n.* 兽医

hippiatric [ˌhɪpɪ'ætrɪk] *a.* 兽医的

hippiatrics [ˌhɪpɪ'ætrɪks] *n.* 兽医学

hippie ['hiːpiː] *n.* (= hippy)嬉皮士

hippocampal [ˌhɪpə'kæmpəl] *a.* 海马(趾)的

hippocampus [ˌhɪpə'kæmpəs] *n.* 马头鱼尾怪兽,海怪,海马,(脑中之)海马趾

hippulin ['hɪpjulɪn] *n.* 异马烯雌(甾)酮,马尿灵

hippuran ['hɪpjurən] *n.* 碘马尿酸钠

hippy ['hɪpiː] *n.* (美国)颓废派,嬉皮士

hircine ['hɜːsaɪn] *a.* 山羊的,好色的

hircus ['hɜːkəs] (pl. hirci) *n.* 腋毛,狐臭

hire ['haɪə] **❶** *n.* ①租用,雇用 ②租金,报酬 ☆*let out on hire* 出租; *pay for the hire of* 付…的租费 **❷** *vt.* 租借,雇用,出租 ☆*hire out* 出租

hireling ['haɪəlɪŋ] *n.*; *a.* 佣工,租用物

hirer ['haɪərə] *n.* 租借者,雇主

Hiroshima [hɪ'rɒʃiːmə] *n.* (日本)广岛

Hirox ['hɪrɒks] *n.* 希罗克斯电磁合金

hirst [hɜːst] *n.* 砂堆

hirsutulous [hɜː'sjuːtjələs] *a.* 毛稀少的

hirudin [hɪ'ruːdɪn] *n.* 【生化】水蛭素

hirudo [hɪ'ruːdəu] *n.* 药用水蛭

hirundine [hɪ'rʌndɪn] *a.* 【动】燕的,似燕的

his [hɪz] *pron.* (he 的所有格)他的(东西)

hisingerite [hɪ'sɪŋgəraɪt] *n.* 硅铁土

hiss [hɪs] *n.*; *vi.* (发)咝咝声,嘘声,杂音,漏气声

histaminase [hɪs'tæmɪnɪs] *n.* 【生化】组胺酶

histamine ['hɪstəmiːn] *n.* 【化】组胺

histic ['hɪstɪk] *a.* 组织的

histidase ['hɪstɪdeɪs] *n.* 【生化】组氨酸酶

histidinal [ˌhɪstɪ'daɪnəl] *n.* 组氨醛

histidine ['hɪstɪdiːn] *n.* 【生化】组氨醇

histiocyte ['hɪstɪəsaɪt] *n.* 组织细胞

hist(i)oma [ˌhɪst(ɪ)'əumə] *n.* 组织瘤

histoautoradiograph ['hɪstəˌɔː'reɪdɪəgraːf] *n.* 组织放射自显影照片

histoautoradiography ['hɪstəˌɔːtəreɪdɪ'ɒgrəfɪ] *n.* 组织放射自显影术

histochemistry [ˌhɪstəu'kemɪstrɪ] *n.* 【生化】组织化学

histocompatibility ['hɪstəuˌkɒmpætɪ'bɪlətɪ] *n.* 【生】组织相合性

histodiagnosis [ˌhɪstədaɪəg'nəusɪs] *n.* 组织诊断(法)

histodifferentiation ['hɪstəˌdɪfərenʃɪ'eɪʃən] *n.* 【生】组织分化

histogen ['hɪstədʒen] *n.* 组织原

histogenesis [ˌhɪstəu'dʒenɪsɪs] *n.* 【生】组织发生

histogram ['hɪstəugræm] *n.* 【数】直方〔柱状,条带,组织〕图,频率曲线

histological [ˌhɪstəu'lɒdʒɪkəl] *a.* 【生】组织的,有机的

histology [hɪs'tɒlədʒɪ] *n.* 组织学

histolysis [hɪs'tɒlɪsɪs] *n.* 组织溶解

histone ['hɪstəun] *n.* 组蛋白

histopathology [ˌhɪstəupə'θɒlədʒɪ] *n.* 组织病理学

histophysiology ['hɪstəuˌfɪzɪ'ɒlədʒɪ] *n.* 组织生理学

historadioautography ['hɪstəˌreɪdɪəuɔː'tɒgrəfɪ] *n.* 组织放射自显影术

historadiography ['hɪstəˌreɪdɪ'ɒgrəfɪ] *n.* 【物】组织射线照相术

historian [hɪs'tɔːrɪən] *n.* 历史学家,年代史编者

H

historiated [hɪsˈtɔːrɪeɪtɪd] *a.* 用人物像装饰的,有图案的

historic [hɪsˈtɒrɪk] *a.* 历史(性)的,有历史意义的

historical [hɪsˈtɒrɪkəl] *a.* 历史(上)的,有关历史的

historically [hɪsˈtɒrɪkəlɪ] *ad.* 在历史上,根据历史的观点

historicism [hɪsˈtɒrɪsɪzəm] *n.* 历史主义

historicity [ˌhɪstəˈrɪsətɪ] *n.* 历史性,真实性

historicize [hɪsˈtɒrɪsaɪz] *v.* 赋予…以历史意义,运用史料

historied [ˈhɪstərɪd] *a.* 有历史的,记载于历史的

historigram [hɪsˈtɒrɪɡræm] *n.* 历史图

historiography [ˌhɪstɔːrɪˈɒɡrəfɪ] *n.* 历史编纂学

history [ˈhɪstərɪ] *n.* ①历史,史学,病史,过去了的事物,经历,沿革 ②时间的函数 ③函数关系 ☆ ***make history*** 永垂史册
〖用法〗注意下面例句中该词的含义: At no other time in our history, has success depended so heavily on intelligence and information. 在我们的历史上从来也没有像现在这样,成功如此大量地依赖于情报和信息。

histosol [ˈhɪstəsɒl] *n.* 有机土

histospectrophotometric [ˈhɪstəˌspektrəfəʊtəˈmetrɪk] *a.* 组织分光光度(学)的

histotroph(e) [ˈhɪstətrəʊf] *n.* 组织营养素

histrionic [ˌhɪstrɪˈɒnɪk] ❶ *a.* 戏剧的,表演的 ❷ *n.* 演员

histrioni(ci)sm [ˌhɪstrɪˈɒnɪ(sɪ)zəm] *n.* 戏剧性

histrionics [ˌhɪstrɪˈɒnɪks] *n.* 舞台艺术,戏剧表演

hit [hɪt] ❶ (hit) *v.* ①打(击),打中,使遭受 ②碰撞,冲击 ③迎合,成功 ④(偶然)碰见,看出,找到 ⑤达到,到达 ⑥瞬断 ☆***hit against (on)*** 撞击,碰在…上; ***hit at*** 瞄准,抨击; ***hit it (right)*** 或 ***hit the nail on the head*** 正中,说对了; ***hit off*** 把…打掉;适合(with);逼真地模仿; ***hit or miss*** 不论结果如何; ***hit on (upon)*** (偶然)想出,碰见; ***hit up*** 请求 ❷ *n.* ①一击,命中 ②成功 ③抨击 ④碰撞 ☆***hit and miss method*** 尝试(断续)法; ***be (make) a (great) hit*** 博得好评,很成功
〖用法〗注意下面例句中该词的含义: When a new bug hits, the remedy takes a while to reach the market. 当一种新的病毒袭来时,其杀毒软件要过一段时间才会上市。

hitab [ˈhɪtæb] *n.* 噪声和背景信号的测定靶

hitch [hɪtʃ] *n.;v.* ①联结,索结,维系 ②联结装置 ③顿挫,障碍,(偶然)停止 ④拴,绑,钩住,套上 ⑤搭便车 ☆***hitch together*** 结合在一起; ***hitch up*** 迅速扯起; ***hitch up to*** 迅速吸引,钩住; ***without hitch*** 无障碍,顺利地

hitching [ˈhɪtʃɪŋ] *n.* 联结,突然停止

hithe [haɪð] *n.* 小港口

hither [ˈhɪðə] ❶ *ad.* (向)到)这里 ❷ *a.* 这边的,附近的 ☆***hither and thither*** 忽此忽彼,向各处

hithermost [ˈhɪðəməʊst] *a.* 最靠近的

hitherto [ˌhɪðəˈtuː] *ad.* 至今,到此,从来

hitherward(s) [ˈhɪðəwəd(z)] *ad.* = hither

Hitler [ˈhɪtlə] *n.* 希特勒

hitter [ˈhɪtə] *n.* 铆钉枪,打击者

hive [haɪv] ❶ *n.* ①蜂巢(状的),蜂箱,蜜蜂群 ②闹市,一窝蜂 ❷ *v.* ①储备,聚居 ②从团体中分出(off)

Hizex [ˈhɪzeks] *n.* 高密度聚乙烯

hjelmite [ˈjelmaɪt] *n.* 钙钽钇矿

hoar [hɔː] *a.;n.* 灰白色(的),斑白的,霜白(的)

hoard [hɔːd] ❶ *n.* 窖藏,储藏(物),宝库 ❷ *v.* 储藏,囤积

hoarder [ˈhɔːdə] *n.* 储藏〔囤积〕者

hoarding [ˈhɔːdɪŋ] *n.* ①板围,栅墙,(建筑工地的)临时围篱,广告牌 ②积蓄,(pl.)储藏〔囤积〕物

hoarfrost [ˈhɔːˈfrɒst] *n.* 白霜

hoariness [ˈhɔːrɪnɪs] *n.* 白发,灰发(症)

hoarse [hɔːs] *a.* 噪声的,嘶哑的

hoary [ˈhɔːrɪ] *a.* 灰白的,陈旧的,古老的

hoax [həʊks] *n.;vt.* 欺骗,骗局

hob [hɒb] ❶ *n.* 滚(铣)刀,铁架;蜗(轮)杆,螺(旋)杆 ❷ *v.* (hobbed; hobbing) ①滚铣,切压 ②(树脂)挤〔切〕压母模 ③给…钉平头钉 ☆***play (raise) hob*** (任意)歪曲,捣乱

Hobart [ˈhəʊbɑːt] *n.* (澳大利亚地名)霍巴特

hobber [ˈhɒbə] *n.* 滚齿机

hobbing [ˈhɒbɪŋ] *n.* 滚刀〔齿〕,滚齿机,切〔挤〕压制模(法)

hobble [ˈhɒbl] *v.;n.* 蹒跚,艰难 ☆***be in (get into) a (nice) hobble*** 进退两难(起来),为难

hobby [ˈhɒbɪ] *n.* 业余爱好,兴趣

hobbyist [ˈhɒbɪɪst] *n.* 业余爱好者

hobnail [ˈhɒbneɪl] ❶ *n.* 平头钉 ❷ *vt.* 钉平头钉子

hobnob [ˈhɒbnɒb] *vi.* 开怀对饮,亲切地交谈

hob-sinking [ˈhɒbˈsɪŋkɪŋ] *n.* 切压(制模)

hock [hɒk] *n.* 肘子;典当;监牢;霍克酒

hockey [ˈhɒkɪ] *n.* 【体】曲棍球,冰球;空话

hocus [ˈhəʊkəs] (hocus(s)ed; hocus(s)ing) *vt.* 欺骗,在…中掺假,麻醉

hocus-pocus [ˈhəʊkəsˈpəʊkəs] ❶ *n.* 戏法;哄骗 ❷ (hocus-pocus(s)ed;hocus-pocus(s)ing) *v.* 欺骗,变戏法

hod [hɒd] *n.* 砂浆桶,灰斗,煤斗,化灰池

hodectron [həˈdektrɒn] *n.* 汞气放电管

hodegetics [ˌhɒdəˈdʒetɪks] *n.* 医学伦理学

hodge(-)poage [ˈhɒdʒpɒdʒ] *n.* ① 85 兆赫至 105 兆赫干扰发射机 ②大杂烩,混合物

hodman [ˈhɒdmən] (pl. hodmen) *n.* 搬运灰泥、砖石的工人,小工

hodograph [ˈhɒdəɡrɑːf] *n.* 速度图,根轨图,高空(风速)分析图

hodometer [hɒˈdɒmɪtə] *n.* 路程计,自动计程仪,轮转计

hodoscope [ˈhɒdəskəʊp] *n.* 描迹仪,辐射计数器

hoe [həʊ] ❶ *n.* 【农】锄,锹,灰耙,耕耘机 ❷ *v.* 锄

(地),挖

hog [hɒg] ❶ (hogged; hogging) v. ①(使)拱曲,(使)中部拱起 ②霸占,横冲直撞 ③【无】干扰 ❷ n. ① 弯拱 ②挖土工人 ③(肥)猪,贪婪的人 ④扫底部脱壳的帚状工具 ☆**go the whole hog** 彻底地干,完全接受; **live high on the hog** 过舒适生活; **low on the hog** 节俭生活

hoganite ['hɒgnaɪt] n. 钠沸石

hogback ['hɒgbæk] n. 拱背,陡峻的拱地,猪背岭

hoggery ['hɒgərɪ] n. 养猪场;贪婪

hoggin ['hɒgɪn] n. 筛过的碎石,夹沙砾石

hogging ['hɒgɪŋ] n. 拱,翘曲,垂度,扭曲

hoghorn ['hɒghɔːn] n. 平滑匹配装置

hogshead ['hɒgzhed] n. ①大(啤酒)桶 ②豪格海(液量单位)

hogskin ['hɒgskɪn] n. 猪皮(制品)

hogsty ['hɒgstaɪ] n. 猪舍

hohlraum ['həʊlrɑːm] n. 空腔,黑体辐射空腔

hoi(c)k [hɔɪk] v. 使(机头)突然仰上,急升

hoise [hɔɪz] v. (hoised or hoist) vt. = hoist

hoist [hɔɪst] v.;n. ①扯起,提高 ②起重(设备),升降机,卷扬机,绞车,启闭机 ☆**hoist down a cargo** 卸下船货; **hoist up** 绞起,升起

hoist-away ['hɔɪstə'weɪ] n. 起重机

hoister ['hɔɪstə] n. ①起重机,卷扬机,绞车 ②吊车司机

hoist-hole ['hɔɪsthəʊl], **hoistway** ['hɔɪstweɪ] n. (货物)起卸口,提升间

hoisting ['hɔɪstɪŋ] n.; a. 起重,提升(的)

Hokkaido [hɒ'kaɪdəʊ] n. (日本)北海道

hokutolite ['hɒku:təlaɪt] n. 北投石,含铅及镭的重晶石

holard ['hɒlɑːd] n. 土壤总含水量

holarrhine ['həʊlərɑɪn] n. 止泻木碱

hold [həʊld] ❶ (held, held or holden) v. ①握,拿,握住,固定 ②保持,支撑,截获 ③持续,耐久 ④抑制,止住 ⑤盛,容纳,存储 ⑥占有,负有,担任,守定(约等) ⑦有效,适用,成立 ⑧认为,心怀 ⑨举行,开(会) ☆**hold back** 退缩,阻止,压住,扣留,保密; **hold by** 遵守,坚持;**hold cheap** 轻视; **hold dear** 看重,珍视; **hold down** 保持,压住,压低,缩减; **hold everything** 停止; **hold fast** 稳固,坚持; **hold for** 适用于; **hold forth** 给予,提出,发表(意见); **hold ... from (doing)** 使…不能,阻止; **hold good (true)** 有效,适用,成立; **hold in** 抑止,压住,忍耐; **hold in balance** 悬置未决; **hold in check** 阻止,抑制; **hold in esteem (honour,respect)** 尊重〔敬〕; **hold in memory** 记住; **hold in place (position)** 把…固定就位; **hold in solution** 溶解; **hold in trust** 保管; **hold it good (to do)** 是好的; **hold off** 隔开,不使接近,拖延,搁搁; **hold on** 抓牢,使固定,保持(to),继续; **hold one's hand** 留不动地,拉…的手; **hold oneself ready (to do)** 准备好(做…); **hold onto** 束缚住; **hold open**(让它)开着; **hold out** 提出,伸出,主张,展开,不退让;

hold over 延期,保存; **hold promise** 有希望; **hold the attention of** 使…注意; **hold to** 抓牢,抱住,坚持,依附; **hold together** 结合,团结; **hold up** 举起,提出,支持,继续下去,仍然有效,阻碍,停顿; **hold water** 不漏水,无懈可击; **hold with** 赞成,和…抱同一意见; **it is held that ...** 人们认为 ❷ n. ①抓,把持,把握,控制 ②握手,架,托,(撑)点 ③同期,同步 ④威力,理解力 ⑤(导弹等)延期发射 ☆**catch (get, claw, seize, take) hold of** 抓住,利用; **have a hold on (over)** 对…有支配力; **have (keep) hold of** 抓住…不放; **lay hold on (of)** 或 **take hold of** 得到,掌握,握住,控制住;**lose hold of** 松手

〖用法〗 ❶ 当它用作不及物动词以及连系动词(在"hold true"中)时,表示"适用,成立",其后面跟介词"for",表示"适用于…"。如：In this case Equation 1-4 holds.在这种情况下,方程 1-4 成立(适用)。/Ohm's law holds (true) only for metallic conductors.欧姆定律只适用于金属导体。❷ 注意它当及物动词时的含义：It is necessary to ensure that the temperature difference between the two ends of the switch is held very low.必须确保把开关两端的温差保持很低。/The work of von Neumann is held as a major theoretical advance in computer design.冯·诺曼所做的工作被认为是计算机设计理论上的一个重要进展。/When an object is being pushed or pulled horizontally, the normal force N holding it against the surface it is on is simply its weight mg.当水平推动物体时,使它贴住其所在表面的法向力就是它的重量 mg。❸ "It holds that ..." 意为"我们得到…,…是成立的"。

holddown ['həʊlddaʊn] n. 缩减,夹板

holdenite ['həʊldənaɪt] n. 红砷锌锰矿

holder ['həʊldə] n. ①保持,稳固 ②柄,把手,托架,座 ③套,圈 ④罐,容器,储蓄器 ⑤支持器,(轴承)保持架,固定件 ⑥持有者

holdfast ['həʊldfɑːst] n. ①保持,稳固,紧握 ②夹钳,钩子,支架,紧握物 ③固定架,固着器,地锚

hold-in ['həʊldɪn] n. 保持(同步)

holding ['həʊldɪŋ] n. ①把握,保持,支撑(物),固定 ②保存,保有,存储 ③同步 ④调整,定位,【数】解的确定过程 ⑤所有物,财产,租借地

holdman ['həʊldmən] n. 舱内装卸工人

hold-off ['həʊldɒf] n. ①延迟,推迟 ②失(同)步,闭锁,释抑

holdout ['həʊldaʊt] n. 坚持(者),不让步的人

hole [həʊl] ❶ n. ①孔,洞,(空)穴,坑,小口,(炉,井)眼,探井,大型导弹地下井 ②孔道,管路 ③绝境,死区,(pl.)(图表曲线)漏洞 ④漏洞,缺陷 ⑤水流深凹处 ❷ v. 穿孔,打洞,把…放入洞中 ☆**a hole in one's coat** 缺点,瑕疵; **(be) in a hole** 陷入绝境; **every hole and corner** 每个角落; **make a hole in** 在…打洞,亏空; **make hole** 钻油井; **pick holes in** 吹毛求疵

holed [həʊld] a. 拉拔〔制〕的

holer ['həʊlə] *n.* 挖洞者

holey ['həʊlɪ] *a.* 有孔的,多洞的

holiday ['hɒlədɪ] *n.* 假〔节〕日,休息日,(pl.)假期,休假 ☆*make holiday* 度假; *on holiday* 在休假中,在度假; *take a holiday* 休假

holidic [hɒ'lɪdɪk] *a.* 科学分析的,全化学成分的

holily ['həʊlɪlɪ] *ad.* 神圣地

holism ['həʊlɪzəm] *n.*【哲】机能整体性,整体论

holisopic [,həʊlɪ'sɒpɪk] *a.* 全生物带

Holland ['hɒlənd] *n.* 荷兰

holland ['hɒlənd] *n.* 洁白亚麻棉布

hollander ['hɒləndə] *n.* (荷兰式)打浆机,漂打机

holler ['hɒlə] *v.;n.* 呼喊,诉苦,抱怨 ☆*holler about* 发牢骚,挑剔,抱怨

hollocellulose [,hɒləʊ'seljʊləʊs] *n.* 全〔综〕纤维素

hollow ['hɒləʊ] ❶ *a.* ①空(心,虚)的,中空的 ②凹的 ③不真实的 ❷ *ad.* 完全 ❸ *n.* ①空心坯块,毛管 ②穴,孔,洞,坑(槽),腔 ③凹部,山谷 ❹ *v.* 挖空,(使)成空穴,弄凹 ☆*hollow out A (into B)* 把 A 挖空(做成 B); *wear hollow* 耗损成空壳

hollowly ['hɒləʊlɪ] *ad.* 凹着,空心;不老实,虚伪

hollowness ['hɒləʊnɪs] *n.* 凹,多孔性,空心度,虚伪

holly ['hɒlɪ] (pl. hollies) *n.*【植】冬青属植物

Hollywood ['hɒlɪwʊd] *n.; a.* (美国)好莱坞(式的)

holmia ['həʊlmɪə] *n.*【化】氧化钬

holmic ['həʊlmɪk] *a.* 钬的

holmite ['həʊlmaɪt] *n.* 云辉黄煌岩

holmium ['hɒlmɪəm] *n.*【化】钬(67 号元素,符号 Ho)

holoaxial [hɒləʊ'æksɪəl] *a.* 全轴(的)

holobasidium [,hɒləʊbə'sɪdɪəm] (pl. holobasidia) *n.* 无隔担子

holocamera [,hɒlə'kæmərə] *n.* 全息摄影机

holocard ['hɒləkɑ:d] *n.* 全息卡

holocarpic [,hɒlə'kɑ:pɪk] *a.* 整体产果式的

holocaust ['hɒləkɔ:st] *n.* 大屠杀,大破坏

holocel(l)ulose [,hɒlə'seljʊləʊs] *n.* 全纤维素

holocene ['hɒləʊsi:n] *n.*【地质】全新统〔世〕

holocentric [,hɒlə'sentrɪk] *a.* 单心的

holochrome ['hɒləkrəʊm] *n.* 全色素

holocoen ['hɒləsi:n] *n.* 全环境,生态系统,群落社会

holocrine ['hɒləkrɪn] *a.* 全(浆)分泌的

holodentography [,hɒlə'dentəgrəfɪ] *n.* 牙科全息照相术

holoenzyme [,hɒləʊ'enzaɪm] *n.*【生化】全酶

holofilm ['hɒləfɪlm] *n.* 全息底片

holoframe ['hɒləfreɪm] *n.* 全息帧

hologenesis [,hɒlə'genɪsɪs] *n.* 完全发生

hologram ['hɒləgræm] *n.* 全息照相,全息图,综合衍射图,(pl.)原样录像

holograph ['hɒləgrɑ:f] *n.; a.* ①全息照相 ②手书

holographic(al) [,hɒləʊ'græfɪk] *a.* 全息(照相)的

holography [hə'lɒgrəfɪ] *n.* 全息学,全息摄影(术),综合衍射学

holohedral [,hɒlə'hedrəl] *a.* 全对称晶形的,全面的

holohedrism [hɒləʊ'hi:drɪzəm] *n.*【物】全对称性

holohedron [,hɒləʊ'hedrən] *n.* 全面体

holohedry [hɒ'lɒhɪdrɪ] *n.*【物】全(面)对称,全晶形,全面像

holohyaline [,hɒləʊ'haɪəli:n] *a.* 全玻(质)的

hololaser [,hɒləʊ'leɪzə] *n.* 全息激光器

hololens ['hɒləʊlenz] *n.* 全息透镜

hololock ['hɒləʊlɒk] *n.* 全息锁

holomagnetization ['hɒləʊ,mægnɪtaɪ'zeɪʃən] *n.* 全磁化

holometabolan [,hɒləʊ,metə'bəʊlən] *n.*【动】全变态类昆虫

holometabolism [,hɒləmɪ'tæbəlɪzəm] *n.*【动】完全变态

holometabolous [,hɒləmɪ'tæbələs] *a.*【动】全变态的

holometer [hə'lɒmɪtə] *n.* 测高计

holometry [hɒ'lɒmɪtrɪ] *n.* 全息照相干涉测量术

holomicrography [,hɒləʊmaɪ'krɒgrəfɪ] *n.*【摄】全息显微照相术

holomictic [,hɒlə'mɪktɪk] *a.* (湖水)全竖直环流的

holomorph ['hɒləmɔ:f] *n.*【生】【数】全形

holomorphic [,hɒlə'mɔ:fɪk] *a.* 正则的

holomorphism [,hɒlə'mɔ:fɪzəm] *n.* 全面形,全对称形态

holomorphy [hɒ'lɒmɔ:fɪ] *n.* 正则

holonomic [,hɒləʊ'nɒmɪk] *a.* 完整的

holonomy [hɒ'lɒnəmɪ] *n.*【数】完整

holoparasite [,hɒləʊ'pærəsaɪt] *n.*【动】全寄生生物

holophone ['hɒləʊfəʊn] *n.* 全息录音机

holophotal [hɒlə'fəʊtl] *a.*【物】全光反射的

holophote ['hɒləfəʊt] *n.* 全光反射装置,全射镜

holophyte ['hɒləfaɪt] *n.*【生】自养植物

holophytic [,hɒləʊ'fɪtɪk] *a.*【生】自养植物的,(全)植物式营养的

holoplankton [,hɒləʊ'plæŋktən] *n.*【生】全浮游生物

holoscope ['hɒləskəʊp] *n.* 全息照相机,全息成像器

holoscopic [,hɒlə'skɒpɪk] *a.* 全面观察的,一览无余的

holoseismic [,hɒlə'saɪzmɪk] *a.* 全息地震的

holoside ['hɒləsaɪd] *n.* 多糖

holotactic [hɒləʊ'tæktɪk] *a.* 全规整

holotape ['hɒləʊteɪp] *n.* 全息录像带

holothuria [,hɒləʊ'θjʊərɪə] *n.* 海参类

holothurian [,hɒləʊ'θjʊərɪən] *n.* 海参类动物

holothurin [,hɒləʊ'θjʊərɪn] *n.* 海参素

holotrichous [hɒ'lɒtrɪkəs] *a.* 全鞭毛的

holotype ['hɒləʊtaɪp] *n.*【生】全型,完模标本

holoviewer [,hɒləu'vju:ə] *n.* 全息观察器〔阅读器〕

holsteel ['hɒlsti:l] *n.* 空心钻钢

holster ['həulstə] *n.* ①手枪套 ②机架,轧辊(台)架

holy ['həulɪ] *a.* 神圣的

holystone ['həulɪstəun] ❶ *n.* 磨石,沙石 ❷ *vt.* 用磨石磨

homage ['hɒmɪdʒ] *n.* 敬意,尊敬 ☆ *do (pay) homage to* 向…致敬,服从

homagra [həu'meɪgrə] *n.* 肩痛风

homaxial [həu'mæksɪəl] *a.* 等轴的

home [həum] ❶ *n.;a.;v.* ①家(的),住处 ②本国(的),本地的 ③产地,基地,中心地 ④自动寻的 ⑤疗养所 ⑥设总部 ❷ *ad.* ①在家,在本国,回家〔国〕②彻底地 ③精确配合 ☆ *at home* 在家,在本国,会客; *at home and abroad* 在国内外; *be at home in (on,with)* 熟悉,精通,习惯; *bring home A to B* 使 B 认识(确信) A; *come (hit, strike) home* 打中目标(要害); *drive (knock) home* 钉牢,打到底; *get home* 达到目的,成功; *home actively (passively)* 主〔被〕动寻的; *home and dry* 安全的; *home bound* 返航,回国的; *home free* 优游自在的;肯定成功; *home on* 自动寻的

〖用法〗❶ 注意以下两种表达法的差异:Is Professor Li <u>at home</u>?李教授在家吗? /Is Professor Li <u>home</u>?李教授回家了吗? ❷ 该词作副词时可以作后置定语。如: They are on their way <u>home</u>. 他们正在回家的路上。❸ 注意下面例句中该词的含义: The missile could <u>home on</u> the jammer signal. 该导弹能对干扰信号自动寻的。/As the difficulty of reducing greenhouse emissions has <u>come home</u>, the focus has shifted somewhat from prevention to adaptation. 由于人们理解了降低温室辐射的难度,所以重点已经有点从预防转向适应了。

homeborn ['həumbɔːn] *a.* 土生土长的

homebound ['həumbaund] *a.* 回家的,回本国的,返航的

homebred ['həum'bred] *a.* 国产的,家内饲养的,自繁的

homedric ['həumɪdrɪk] *a.* 等平面的

homegrown ['həumgrəun] *a.* 本国产的,土生的,自家种植的

homeless ['həumlɪs] *a.* 无家可归的

homely ['həumlɪ] *a.* 家庭的,平常的

homenergic ['həume'nɜːdʒɪk] *a.* 等能量的

homeoblastic [,həumɪəu'blæstɪk] *a.* 等变晶的

homeokinesis [,həumɪəkaɪ'niːsɪs] *n.* 均等分裂

homeologous [,həumɪ'ɒləgəs] *a.* 部分同源的

homeomerous [,həumɪ'ɒmərəs] *a.* 各部相等的

homeomorphism [,həumɪəu'mɔːfɪzəm], **homeomorphy** [,həumɪ'ɒməfɪ] *n.*【化】异质同晶(现象),同胚 ‖ **homeomorphic** *a.*

homeomorphous [,həumɪəu'mɔːfəs] *a.* 同形

(态)的

homeorhesis [,həumɪəu'riːsɪs] *n.* 同态碎片

homeosmoticity [,həumɪəsmə'tɪsətɪ] *n.* 恒渗性

homeostasis [,həumɪəu'steɪsɪs] *n.* 自动动态平衡,体内平衡

homeostat ['həumɪəstæt] *n.* 同态调节器

homeostatic [,həumɪəu'stætɪk] *a.*【生】体内平衡的,稳态的

homeostrophic ['həumɪə'strɒfɪk] *a.* 同向扭转的

homeotherm ['həumɪəθɜːm] *n.*【动】恒温动物

homeothermal [həumɪəu'θeəməl] *a.* 恒温的,温血的

homeothermia [həumɪəu'θeəmɪə] *n.*【生】恒温性,温血性

homeothermous [,həumɪəu'θɜːməs] *a.* 温血〔恒温〕动物的

homeotherms ['həumɪəuθɜːmz] *n.* 同热剂

homeotransplant ['həumɪəu,træns'plɑːnt] *v.; n.* 同种移植

homeotypic [,həumɪəu'tɪpɪk] *a.*【生】同核分裂型的

homer ['həumə] *n.* ①(自动)寻的弹头,自动导航导弹 ②归航信标机,寻的导航(电)台,归航台

homestead ['həumsted] *n.* 住宅,地基

homestretch ['həumstretʃ] *n.* (工作的)最后一部分,终点直道

homeward(s) ['həumwəd(z)] *a.; ad.* 回家(的),回国(的)

homework ['həumwɜːk] *n.* 家庭作业,准备工作

homicide ['hɒmɪsaɪd] *n.* 杀人(行为),杀人罪,杀人者

homilite ['həumɪlaɪt] *n.*【化】硅硼钙铁矿

homing ['həumɪŋ] ❶ *n.* 自动寻的,寻靶,自导,归位 ❷ *a.* (自行)导航的,归航的,回家的

homily ['hɒmɪlɪ] *n.* 布道,陈词滥调

hominid ['hɒmɪnɪd] *n.* 原始人类

hominization [,hɒmɪnaɪ'zeɪʃən] *n.* (机械)人性化,人类对世界的利用

homo ['həuməu] (拉丁语) *n.* 人

homoarbutin ['həumə'ɑː'bjutɪn] *n.* 高熊果苷

homoarginine [həumə'ɑːdʒɪni:n] *n.* 高精氨酸

homoaromaticity ['həumə,ærəumə'tɪsətɪ] *n.* 同芳香性

homoatomic [,həuməuə'tɒmɪk] *a.*【物】同原子的,同素(种)的

homoazeotrope [,həumə'æzɪətrəup] *n.* 均匀共沸混合物

homobasidium [,həuməbə'sɪdɪəm] *n.* 无隔担子,同担子

homocaryon [,həumə'kærɪɒn] *n.* 同核体

homocellular [,həumə'seljulə] *a.* 同一细胞的

homocentric [,hɒməu'sentrɪk] *a.* 同(中)心的

homocentricity [,hɒməusen'trɪsətɪ] *n.* 共心性

homocharge [ˈhɒməʊtʃɑːdʒ] n.【物】纯号电荷

homochromatic [ˌhɒməkrəʊˈmætɪk] a. 同色的, 一种颜色的

homochromic [ˌhəʊməˈkrəʊmɪk] n. 同色异构体

homochromous [ˌhəʊməˈkrəʊməs] a.【动】【植】同色的, 单色的

homochromy [ˌhəʊməˈkrəʊmɪ] n. 同色

homochronism [ˌhəʊməˈkrəʊnɪzəm] n. 单时性

homochronous [həʊˈmɒkrənəs] a.【生】同龄发生的; 同期的(遗传特性在亲子间); 同时的, 类同步的

homoclime [ˈhəʊməklaɪm] n. 相同气候

homocline [ˈhəʊməklaɪn] n. 同斜层, 单斜褶曲

homoconjugation [ˈhəʊməˌkɒndʒʊˈgeɪʃ ən] a. 隔碳共轭

homocycle [ˌhəʊməˈsaɪkl] n. 碳环, 同素环

homocyclic [ˌhəʊməˈsaɪklɪk] a.【化】同素环的, 碳环的

homocysteine [ˌhəʊməʊˈsɪstiːɪn] n.【医】同型半胱氨酸

homocystine [ˌhəʊməʊˈsɪstiːn] n. 高胱氨酸, 同型胱氨酸

homocystinuria [ˈhəʊməʊˌsɪstɪˈnjuːrɪə] n.【医】高胱氨酸尿

homodesmic [ˌhɒməʊˈdesmɪk] n.;a.【物】纯键(的)

homodimer [ˌhəʊməʊˈdaɪmə] n. 同型二聚体

homodisperse [ˌhəʊmədɪsˈpɜːs] a. 均相分散

homodromous [həʊˈmɒdrəməs] a. 同向(运动)的

homodromy [həʊˈmɒdrəmɪ] n. 同向旋转

homodyne [ˈhɒməʊdaɪn] n. 零差(拍), 自差法

homodyning [ˈhəʊməʊdaɪnɪŋ] n.【物】零拍探测(接收)

homoenergetic [ˈhəʊməˌenəˈdʒetɪk] a. 均能的

homoenolate [ˌhəʊməˈenəleɪt] n. 高烯醇化物

homoentropic [ˌhəʊməenˈtrɒpɪk] a. 均熵的

homoeomorphic [ˌhəʊmjəʊˈmɔːfɪk] a.【数】同形态的

homoepitaxy [ˌhəʊmɪˈepɪtæksɪ] n. 同质外延

homofocal [ˌhəʊməˈfəʊkəl] a. 共焦的

homogametic [ˌhəʊməʊgəˈmetɪk] a.【生】同形配子的

homogamy [həʊˈmɒgəmɪ] n.【生】同配生殖, 雌雄蕊同熟

homogen [ˈhəʊmədʒen] n. 均质(合金), 齐次

homogenate [həˈmɒdʒɪneɪt] n.【生】匀浆, 匀化产物

homogeneity [ˌhɒmədʒeˈniːətɪ] n. 同种, 均匀性, 等质性, 一致性, 齐性

homogeneization [ˈhɒməˌdʒeniːˈzeɪʃən] n. 均质化作用

homogeneous [ˌhɒməˈdʒiːnjəs] a. ①同族(性, 类次)的 ②均匀(一)的, 单一的, 齐一的, 一相的, 对等的 ③【数】齐次的, 齐的, 单色的

homogenesis [ˌhɒməʊˈdʒenɪsɪs] n. 纯一发生

homogenic [ˌhəʊməˈdʒenɪk] a. 同种的, 同基因的

homogenization [ˈhɒməʊˌdʒenaɪˈzeɪʃ ən] n. 均化作用, 等质化

homogenize [həˈmɒdʒənaɪz] v. 搅匀, 均匀化, 扩散加热

homogenizer [həˈmɒdʒɪnaɪzə] n. 均质器

homogenizing [həˈmɒdʒənaɪzɪŋ] n. 均匀(扩散)退火

homogenous [həˈmɒdʒənəs] a. 同源的, 构造相同的, 相似的

homogeny [həˈmɒdʒɪnɪ] n. 同种, 生成同一

homogony [həˈmɒgənɪ] n.【植】花蕊同长

homograft [ˈhɒməgrɑːft] n. 同种移植

homograph [ˈhɒməʊgrɑːf] n. 同形异义词

homographic [ˌhɒmɒˈgræfɪk] a. 单应的, 等比对应的

homography [həˈmɒgrəfɪ] n. 单(对)应(性)

homohalin [ˌhəʊməˈhælɪn] n. 均(匀)盐度

homoiosmotic [ˌhəʊmɒɪɒsˈmɒtɪk] a. 等渗性的

homoiostasis [ˌhəʊmɒɪəˈstæsɪs] n.(体)内环境稳定

homoiotherm [həʊˈmɔɪəθɜːm] n.【动】恒温生物

homoiothermal [ˌhəʊmɒɪəˈθɜːməl] a.【动】恒温的

homo(io)thermic [ˌhəʊmɒ(ɪə)ˈθɜːmɪk] a. 调温的

homo(io)thermism [ˌhəʊmɒ(ɪə)ˈθɜːmɪzəm] n. 保持恒温, 温度调节

homoiothermy [həʊˈmɪəəθɜːmɪ] n. 温血动物, 体温恒定

homojunction [ˌhəʊməˈdʒʌŋkʃən] n. 单质结, 同类结

homolanthionine [ˌhəʊməˈlænθɪənɪːn] n. 高羊毛氨酸

homolateral [ˌhəʊməˈlætərəl] a.【医】同侧的

homoleucine [ˌhəʊməˈljuːsiːn] n. 高亮氨酸

homologate [həˈmɒləgeɪt] v. 同意, 认可,【法】批准

homologisation, homologization [ˈhɒmɒlə ˌdʒaɪˈzeɪʃ ən] n. 均裂作用

homologise, homologize [həˈmɒlədʒaɪz] v. (使)相应, (使)一致, (使)同系

homologous [həˈmɒləgəs] a. 相应的, 相似的, 对应的, 同调于(to), 同种异体的

homologue [ˈhɒməlɒg] n. 同系物, 同源染色体, 同种组织

homology [həˈmɒlədʒɪ] n. 相同(当, 应), 同调(源, 种), (现象)对称, 异体同形, 相互射影, 透射

homolysis [həˈmɒlɪsɪs] n.【化】均裂;【医】同种溶解

homolytic [hɒˈmɒlɪtɪk] a. 均裂的

homomeric [ˌhəʊməˈmerɪk] a. 同数的

homomerism [ˌhəʊməˈmerɪzəm] n.(遗传的)同义因子性

H

homomerous [ˌhɒmɒ'merəs] a. 各部分相等的

homometric(al) [ˌhəʊmə'metrɪk(əl)] a. 同 X 光谱的,同效的,同度量的

homomixis [ˌhəʊmə'mɪksɪs] n. 同源融合

homomorph ['həʊməmɔːf] n. 同态像

homomorphic [ˌhɒmə'mɔːfɪk] a. 同态的,同形的

homomorphism [ˌhəʊmə'mɔːfɪzəm] n. 同态(映像)、【化】异质同晶(现象)

homomorphosis [ˌhəʊməʊmɔː'fəʊsɪs] n.【生理】形态相同

homomorphous [ˌhəʊmə'mɔːfəs] a. 同态的,同形的

homonomous [ˌhəʊmə'nɒməs] a.【生】同律〔同列,同系〕

homonomy [hɒ'mɒnəmɪ] n.【生】同律〔同列〕性

homonuclear [ˌhɒmə'njuːklɪə] a. 同核的

homonucleside [ˌhəʊmə'njuːklɪsaɪd] n. 同型核苷

homonym ['hɒmənɪm] n.【生】同名异物;【语】同音〔形〕异义词

homonymics [ˌhɒmə'nɪmɪks] n. 同音学

homonymous [hɒ'mɒnɪməs] a. 同音〔形〕异义的,同名的,模棱两可的,同侧的,同一关系的

homonymy [hɒ'mɒnɪmɪ] n.【语】同音〔形〕异义(性)

homopause ['hɒməpɔːz] n. 均匀层顶

homoperiodic ['həʊmə,pɪərɪ'ɒdɪk] a. 齐周期的

homophase ['həʊməfeɪz] n. 同相

homophone ['hɒməfəʊn] n.【语】同音字母,同音异义词

homophonic [ˌhɒmə'fɒnɪk] a.【语】同音的

homophony [hɒ'mɒfənɪ] n.【语】同音异义,同音

homophytic [ˌhəʊmə'faɪtɪk] a. 同型二倍体的

homoplastic [ˌhəʊmə'plæstɪk] a. 同型的,相似的,同种移植〔成形〕的

homoploid ['həʊməplɔɪd] n.【医】同倍体

homopolar [ˌhɒmə'pəʊlə] a.【电子】同〔单,无〕极的,共价的

homopolycondensation ['hɒmə,pɒlɪkɒnden-'seɪʃən] n. 均向缩聚

homopolymer [ˌhəʊmə'pɒlɪmə] n.【化】同聚物

homopolymerization ['hɒmə,pɒlɪmerɪ'zeɪʃən] n.【化】均聚(合)(作用)

homopolynucleotide ['həʊmə,pɒlɪ'njuːklɪətaɪt] n.【生化】同聚核苷酸

homopolysaccharide ['həʊməʊ,pɒlɪ'sækəraɪd] n.【生化】同多糖

homoptera [həʊ'mɒptərə] n. 同翅目

homoscedastic [ˌhɒməʊs(k)ɪ'dæstɪk] a. 同方差的

homoscedasticity ['hɒməʊsɪˌdæs'tɪsətɪ] n.【数】同方差性

homoseismal [ˌhɒmə'saɪsməl] n. 同地震曲线

homoserine [ˌhəʊmə'sɪəriːn] n.【生化】高丝氨酸

homoseryl [ˌhəʊmə'serɪl] n. 高丝氨酰基

homosexual [ˌhəʊməʊ'seksjuəl] a. 同性恋爱的

homospecific [ˌhɒməspɪ'sɪfɪk] a. 同种(特性)的

homospecificity [ˌhɒmə,spɪsɪ'fɪsətɪ] n. 同种特性,同特异性

homosphere ['hɒməsfɪə] n.【气】均匀气层,均质层

homospory [həʊ'mɒspərɪ] n. 单孢子,孢子同型

homostrobe ['həʊməstrəʊb] n. 零差频选通,单闸门

homostructure [ˌhəʊmə'strʌktʃə] n. 同质结构

homostyle ['həʊməʊstaɪl] n.【植】花柱同长

homotactic [ˌhɒmə'tæktɪk] a. 等效的

homotaxial [ˌhəʊmə'tæksɪəl] a. 排列类似的,等列的

homotaxis [ˌhɒmə'tæksɪs] n.【地质】(底层的)排列类似

homotectic [ˌhəʊmə'tektɪk] a. 同织构的

homothallic [ˌhɒmə'θælɪk] a.【动】同宗配合的

homothallism [ˌhəʊmə'θælɪzəm] n.【生】同宗配合

homotherm ['həʊməθɜːm] n. 恒温海水层,等温层,恒温动物

homothermal [ˌhɒmə'θɜːməl] a. 恒温的,温血的

homothermic [ˌhɒmə'θɜːmɪk] a. 调温的

homothermism [ˌhəʊmə'θɜːmɪzəm] n. 保持恒温,温度调节

homothermous [ˌhəʊmə'θɜːməs] a. 温血的

homothetic [ˌhəʊmə'θetɪk] a. (同)位(相)似的

homotope ['həʊmətəʊp] n. 同族(元)素

homotopic [ˌhəʊmə'tɒpɪk] a.【数】同伦的,同位的

homotopy [ˌhəʊmə'tɒpɪ] n.【数】同伦

homotransplant [ˌhəʊmətræns'plɑːnt] v.;n. 同种移植(物)

homotransplantation ['həʊmə,trænsplɑːn-'teɪʃən] n. 同种移植(术)

homotropic [ˌhəʊmə'trɒpɪk] a. 向同的

homotropism [həʊmə'trɒpɪzəm] n. 亲同类型

homotype ['həʊmətaɪp] n. 同范,等模标本

homotypic [ˌhəʊmə'tɪpɪk] a. 同型的

homovitamin [ˌhəʊməʊvɪ'tæmɪn] n. 高维生素

homozoic [ˌhəʊməʊ'zɔɪk] a. 同种动物的

homozygote [ˌhəʊmə'zaɪgəʊt] n. 同(质结)合子,同型接合体〔子〕

homozygous [ˌhəʊmə'zaɪgəs] a.【生】同构的,同型(结合)的,纯合(子)的

hondrometer [hɒn'drɒmɪtə] n. 粒度计

Honduran [hɒn'djuərən] a.;n. 洪都拉斯的,洪都拉斯人(的)

Honduras [hɒn'djuərəs] n. 洪都拉斯

hone [həʊn] n.;vt. ①(细)磨(刀)厂,含油页岩,磨孔器 ②极细砂岩 ③刮路器 ④搪磨,磨光(out) ⑤金属表面磨损

honer ['həʊnə] n. 搪磨机

honest ['ɒnɪst] a. ①诚实的,老实的,正直的 ②简

单的,普通的 ☆**be honest with** 对⋯说老实话; **(to) be (quite) honest (about it)** (插入语) 老实说 ‖ **~ly** ad.

honestone ['həunstəun] n. 均密砂岩,磨刀石

honesty ['ɒnɪstɪ] n. 诚实,正直

honey ['hʌnɪ] n. (蜂)蜜,甜味

honeycomb ['hʌnɪkəum] ❶ n. 蜂窝,整流器,格状结构,蜂房(式) ❷ a. 蜂窝状的 ❸ v. 使成蜂窝状,把⋯弄成千疮百孔,充斥

honeystone ['hʌnɪstəun] n. 蜜蜡石

honeysuckle ['hʌnɪsʌkl] n.【植】忍冬,金银花

Hongkong ['hɒŋ'kɒŋ] n. 香港

honing ['həunɪŋ] n.【机】①搪磨 ②刮平(路面) ③金属表面磨损

honk [hɒŋk] n.; vi. 汽车喇叭声〔响〕,按(喇叭)

Honolulu [ˌhɒnə'lu:lu] n. 檀香山

honorarium [ˌɒnə'rεərɪəm] n. 酬金

honorary ['ɒnərərɪ] ❶ a. ①名誉(上)的 ②荣誉的,纪念性的 ③信用的 ❷ n. 名誉学位〔团体〕

honorific [ˌɒnə'rɪfɪk] a. 表示敬意的

hono(u)r ['ɒnə] n. ①光荣,荣誉 ②名誉,面子,信用 ③尊敬,敬意,阁下 ☆**do (give,pay) honour to** 对⋯致敬意; **have the honour of (to do)** 荣幸地(做⋯); **in honour of** 向⋯表示敬意,为了祝贺〔纪念〕; **on (upon) one's honour** 可以保证,一定要 ❷ vt. ①尊敬,给予荣誉,赐给 ②承兑 〖用法〗注意科技文中一个常用句型:Electric current is measured in coulombs per second, which is termed an ampere (A) in honor of the French scientist Andre Marie Ampere. 电流的度量单位为每秒库仑,它被称为"安培"(A),以纪念法国科学家安德烈·玛丽·安培。

hono(u)rable ['ɒnərəbl] a. ①荣誉的,光荣的,体面的 ②尊敬的,可敬的 ‖ **hono(u)rably** ad.

Honshu ['hɒnʃu:] n. (日本)本州

hood [hud] n. vt. ①(帽,顶)盖,外壳,兜(帽),罩,排气管,通风柜〔帽〕,遮光板〔罩〕,挡板,(车)篷,【建】遮檐 ②覆盖,隐蔽,罩,加盖子

hoodette ['hu:det] n. 女流氓,女强盗

hoodwink ['hudwɪŋk] vt. 欺骗,隐瞒,蒙蔽

hoof [hu:f] n. 蹄,足 ☆**show the (cloven) hoof** 显原形,露马脚

hoogeveld [hu:'gvɪld] n. 无树区

hook [huk] ❶ n. ①钩,镰刀,扣,箍(圈),陷阱 ②爪,掣子 ③线路中继,变形线 ④河湾 ❷ v. (用钩)钩住,挂上,弯成钩形 ☆**by hook or (by) crook** 不择手段,无论如何; **hook in** 钩住; **hook, line, and sinker** 整个地; **hook on to** 将⋯钩上,依附于,追随; **hook A to B** 把 A 钩在 B 上; **hook up** 用钩钩住

Hooke [huk] n. ①虎克 ②万向接头

hooked [hukt] a. 钩状的,有钩的,用钩针做的,入了迷的(on) ‖ **~ness** n.

hooker ['hukə] n. 吊挂工,挂钩;【纺】码布机

hookey ['hu:kɪ] a. 钩状的,多钩的

hooklet ['huklɪt] n. 小钩子

hookup ['hukʌp] n. ①挂钩,悬挂装置,联结器,接合 ②试验线路,接入电网,电路耦合,转播,联播电台 ③线路图

hookwrench ['hukrentʃ] n. 钩形扳手

hooky ['hukɪ] a. 多钩的,钩状的

hoop [hu:p] ❶ n. ①环,箍,轴环,(垫)圈,箍铁 ②集电弓 ③(热轧)带钢 ④弓形小门 ❷ v. 加箍,用箍把⋯围住

hooping [hu:pɪŋ] n. (加)箍筋,螺旋钢箍

hoot [hu:t] n.; v. ①(汽笛,汽车喇叭)叫声 ②嘲骂,呵斥 ☆**not give a hoot about** 对⋯置之不理,对⋯毫不在乎; **not worth a hoot** 毫无价值

hooter ['hu:tə] n. 汽笛,警报器

hoover ['hu:və] ❶ n. 真空吸尘器 ❷ vt. 用真空吸尘器把⋯弄清洁

hop [hɒp] ❶ (hopped;hopping) v. 跳跃;跳过;作短途旅行 ❷ n. ①单足跳,跳过 ②起飞,一段航程,横渡 ③(电波)反射 ④忽布,蛇麻草,(pl.)啤酒花 ☆**hop off** (飞机)起飞; **hop up** (发动机)超过额定功率

hopcalite ['hɒpkəlaɪt] n. ①钴、铜、银、锰等氧化物的混合物 ②二氧化锰与氧化铜的混合物 ③洁咖炸药

hope [həup] n.; v. 希望,期望 ☆**hope against hope** 抱一线的希望; **hope for the best** 抱乐观态度; **in hopes of** 或 **in the hope of (that)** 希望,期望; **past (beyond) hope** 无希望,绝望; **pin (lay) one's hope(s) on** 把希望寄托在⋯上 〖用法〗❶ 它作动词时其后面一般只跟宾语从句(被动句时用 "it is hoped that⋯"),而不用"宾语+补足语"的句型,或者直接跟动词不定式作其宾语。如: The author hopes that this book will be useful to computer experts. 作者希望本书对计算机专家们会是有用的。/By increasing the number of processors, we hope to get more work done in less time. 通过增加处理器的数目,我们希望在较少的时间内作较多的工作。❷ 注意在下面例句中它构成插入语: The Special Revision Units will, it is hoped, constitute a valuable aid in the task of consolidation. 编者希望,"专门的复习单元"将有助于巩固所学的内容。/One of the major problems which faced me in writing this book was 'digesting' the vast literature on computer-aided library systems and presenting it in what I hope is a clear and concise manner. 我在撰写本书过程中所面临的主要问题之一是,"消化"有关机辅图书馆系统的大量文献资料,并且以我希望的清晰、简洁的方式来介绍它们。("I hope"也是插入句,在其前后没有加逗号。)

hopeful ['həupful] a. 怀着希望的,有希望的 ☆**be hopeful of (about)** 希望,对⋯怀着希望 ‖ **~ly** ad.

hopeite ['həupaɪt] n.【化】磷锌矿

hopeless ['həuplɪs] a. ①无望的,绝望的 ②不可救药的 ‖ **~ly** ad.

hopper ['hɒpə] n. ①漏斗,布料器 ②斗仓 ③【计】

送卡箱,储卡机,削波器 ④储水槽,储煤器 ⑤计量器 ⑥底卸(式)车,漏斗车,开底式泥驳 ⑦轻型(直升)飞机,短程飞机旅客

hoppet ['hɒpɪt] *n.* 提升吊桶

hopping ['hɒpɪŋ] ❶ *n.* 跳跃(动),船身上弯 ❷ *a.* 工作勤奋的

horace ['hɒrəs] *n.* (英国)实验性核反应堆

horary ['hɒrərɪ] *a.* 时间的,每小时的

horbachite [hɔː'bɑːkaɪt] *n.* 硫镍铁矿

horde [hɔːd] *n.* ①游牧部落 ②群

hordein ['hɔːdiːɪn] *n.* 【生化】大麦醇溶蛋白

horicycle [,hɒrɪ'saɪkl] *n.* 极限圆

horizon [hə'raɪzn] *n.* ①地平(线,圈),水平(线) ②地平仪 ③地层 ④视界,视距,见识,远景 ☆**on the horizon** 刚冒出地平线,在地平线上; **widen one's horizon** 开阔眼界

horizontal [,hɒrɪ'zɒntl] *a.;n.* ①地平线的,水平的②横(向)的,卧式的 ③水平线,水平面(物),水平细胞

horizontality [,hɒrɪzɒn'tælətɪ] *n.* 水平状态〔位置〕,水平性质

horizontally [,hɒrɪ'zɒntəlɪ] *ad.* 水平地

hormesis [hɔː'miːsɪs] *n.* 毒物刺激作用,毒物兴奋效应

hormonal [hɔː'məʊnəl] *a.* 【生】激素的,荷尔蒙的

hormone ['hɔːməʊn] *n.* 【生】(刺)激素,荷尔蒙,内分泌

hormonic [hɔː'mɒnɪk] *a.* 激素的

hormonogenesis [,hɔːmɒnəʊ'dʒenɪsɪs] *n.* 激素生成

hormonogenic [,hɜːmənəʊ'dʒenɪk] *a.* 激素生成的

horn [hɔːn] ❶ *n.* ①(触)角,角状物,悬出物 ②号角,喇叭(筒,形) ③操纵杆,电枢臂 ④喇叭形扬声器,漏斗形天线,报警器,集音器 ⑤半岛,海角,角峰 ❷ *vt.* 装角于,使与龙骨成直角

hornbeam ['hɔːnbiːm] *n.* 【植】铁树,角树;鹅耳枥

hornberg ['hɔːnbɜːg] *n.* 角页岩,角山

hornblende ['hɔːnblend] *n.* 【矿】(角)闪石

hornblendite [hɔːn'blendaɪt] *n.* 角闪石岩

hornblock ['hɔːnblɒk] *n.* 角块,(机车的)轴箱架

hornbook ['hɔːnbʊk] *n.* 初学入门书,ABC 初级教程

horned [hɔːnd] *a.* 有角的,角状的

hornesite ['hɔːnɪsaɪt] *n.* 砷镁石

hornet ['hɔːnɪt] *n.* 大黄蜂

hornification [,hɔːnɪfɪ'keɪʃ(ə)n] *n.* 角质化

horniness ['hɔːnɪnɪs] *n.* 角质

hornito [hɔː'niːtəʊ] *n.* 【地质】溶岩滴丘

hornlead ['hɔːnled] *n.* 角铅矿

hornless ['hɔːnlɪs] *a.* 无角的,无喇叭的

hornlike ['hɔːnlaɪk] *a.* 似角的

hornpox ['hɔːnpɒks] *n.* 疣状天花

hornquicksilver [hɔːn'kwɪksɪlvə] *n.* 角汞矿

hornsilver ['hɔːnsɪlvə] *n.* 角银矿

hornstone ['hɔːnstəʊn] *n.* 【地质】角岩(石),黑硅石

hornwork ['hɔːnwɜːk] *n.* 角制品,角堡

horny ['hɔːnɪ] *a.* 角(状,质,制)的,坚硬如角的

horocycle ['hɒrə'saɪkl] *n.* 极限圆

horologe ['hɒrəlɒdʒ] *n.* 钟表,日晷

horologer [hɒ'rɒlədʒə], **horologist** [hɒ'rɒlədʒɪst] *n.* 钟表研究(制造)者,钟表商

horologium [,hɒrə'ləʊdʒɪəm] (pl. horologia) *n.* 钟表,钟塔,时钟(星)座

horology [hɒ'rɒlədʒɪ] *n.* 钟表学,钟表制造术

horosphere ['hɒrəsfɪə] *n.* 极限球面

horrendous [hɒ'rendəs] *a.* 可怕的 ‖ **~ly** *ad.*

horrible ['hɒrəbl], **horrid** ['hɒrɪd] *a.* 可怕(恶)的,讨厌的

horrific [hɒ'rɪfɪk] *a.* 极其可怕的

horrify ['hɒrɪfaɪ] *vt.* 恐吓,使(人)恐惧,使毛骨悚然

horror ['hɒrə] *n.* (引起)恐怖(的事物),(极端)厌恶

hors (法语) *ad.;prep.* (在…)之外

horse [hɔːs] *n.* ①马(力),骑兵(总称) ②支架,马架 ③炉瘤 ④绳索,铁杆 ⑤【地质】夹层 ☆**a horse of another colour** 完全是另外一回事; **put the cart before the horse** 本末倒置; **(straight) from the horse's mouth** (指消息、情报等)直接得来的; **work like a horse** 苦(实)干

horseless ['hɔːslɪs] *a.* 无(不用)马的

horseradish ['hɔːsrædɪʃ] *n.* 辣根

horseshoe ['hɔːsʃuː] *n.;a.* 马掌,马蹄铁,马蹄形,U 形(物,的)

horsfordite ['hɔːsfɜːdaɪt] *n.* 【矿】锑铜矿

horst [hɔːst] *n.* 【地质】地垒〔垣〕

horsy ['hɔːsɪ] *a.* 马(似)的

horticultural [,hɔːtɪ'kʌltʃərəl] *a.* 园艺的

horticulture ['hɔːtɪkʌltʃə] *n.* 园艺(学)

horticulturist [,hɔːtɪ'kʌltʃərɪst] *n.* 园艺家

hose [həʊz] ❶ *n.* 软管,皮管管,水龙带,胶皮管 ❷ *vt.* 接以软管,用软管浇水,软管装油 ☆**hose down** 用水龙带冲洗,用软管洗涤,用软管卸油

hoseman ['həʊzmən] *n.* 消防人员

hosepipe ['həʊzpaɪp] *n.* 蛇(形)管,水龙软管

hosiery ['həʊʒərɪ] *n.* 袜类,袜厂,针织品(厂)

hospitable ['hɒspɪtəbl] *a.* ①招待周到的,好客的 ②宜人的 ③易接受的 ☆**be hospitable to** 易接受 ‖ **hospitably** *ad.*

hospital ['hɒspɪtl] *n.* 医院

hospitalism ['hɒspɪtəlɪzəm] *n.* 医院制度,入院就医癖

hospitality [,hɒspɪ'tælətɪ] *n.* 殷勤招待,适宜

hospitalization [,hɒspɪtəlaɪ'zeɪʃ(ə)n] *n.* 住院(期间),入院(治疗),医疗保险

hospitalize ['hɒspɪtəlaɪz] *vt.* 送进医院治疗,入院

host [həʊst] ❶ *n.* ①主人,宿主,节目主持人,主机 ②基质,晶核 ③许多,多数 ❷ *vt.* (做主人)招待,(在…上)做主人 ☆**a host of** 或 **hosts of** 许多,一大群〔批〕; **play host to** 在…做主人,招待;

reckon without one's host 未经考虑重要因素〔未与主要有关人员磋商〕而作决定,无视困难

hostage ['hɒstɪdʒ] *n.* 人质,抵押(品)

hostel ['hɒstəl] *n.* 旅社,招待所

hostess ['həʊstɪs] *n.* 女主人,女服务员

hostile ['hɒstaɪl] *a.;n.* 敌方的,有敌意的,敌机,敌对分子

hostility [hɒs'tɪlətɪ] *n.* 敌视,敌对,(pl.)战争(状态,行动)

hostler ['hɒslə] *n.* 机车维修人

hot [hɒt] ❶ (hotter, hottest) *a.* ①热(的) ②热烈的,厉害的,有害的 ③刺激性的,辣(味)的 ④最近的(消息等),新鲜的,才出炉的,才发行的 ⑤有放射性的,高压电线的,通电的,不接地的 ❷ (hotter, hottest) *ad.* 热,热烈 ❸ (hotted; hotting) *v.* (变,加)热 ☆**be hot for** 迫切要求; **be hot on** 热衷于; **blow hot and cold** 无定见; **get hot** 变〔发〕热的,激动; **hot one** 极佳的东西; **hot up** 变得激动〔猛乱〕起来 〖用法〗❶ 注意下面例句中该词作方式状语: Forging may be done either hot or cold.锻造既可以是热锻,也可以是冷锻。❷ 注意下面例句中该词的含义: Cryptography is a 'hot' research area.密码学是一个"热门的"研究领域。

hotbed ['hɒtbed] *n.*【农】温床,【机】冷床

hotching ['hɒtʃɪŋ] *n.* 跳汰机产物(选矿)

Hotchkiss ['hɒtkɪs] *n.* 霍契凯斯重机枪

hotchpotch ['hɒtʃpɒtʃ] *n.* 杂烩,乱七八糟的混杂物,混合岩层

hotel [həʊ'tel] *n.* 旅社

hotly ['hɒtlɪ] *ad.* 热烈,激烈地

hotness ['hɒtnɪs] *n.* 热烈〔心〕,激烈,热度

hotpressing ['hɒtpresɪŋ] *n.* 热压,热压机

hotshot ['hɒtʃɒt] *n.* 快车〔船,机〕

hotspots ['hɒtspɒt] *n.* 热点

hotwell ['hɒtwel] *n.* (凝汽器的)热水井,凝结水箱

hough [hɒk] *n.* 肘子,前小腿

houghite ['hɒkaɪt] *n.* 水滑石

hound [haʊnd] *n.* 狗,猎狗,角鲨,卑鄙的人,(拖车车架的)斜杆

hour ['aʊə] *n.* ①小时 ②钟点,时刻 ③(pl.)(规定的,一段,工作)时间 ④(某一)时刻 ⑤一小时的行程 ⑥目前,现在 ☆**after hours** 下班后; **at all hours** 随时,日夜; **at the eleventh hour** 在最后的时刻,在危急关头; **by the hour** 按钟点; **for hours (and hours)**好几个钟头; **from hour to hour** 随时; **hour after hour** 一小时又一小时,连续的;**in a good (happy) hour** 恰巧,幸好; **in the hour of need** 紧急的时候; **keep good hours** 按时作息; **of the hour** 目前的,现在的; **off hours** 业余时间; **office hours** 办公时间; **on the hour** (在某一钟点)正,准点地; **out of hours** 在上班时间之外; **the small hours** 深夜(午夜后一点至四点之间); **to an hour** 恰好 〖用法〗注意该词的下述用法: It is now possible to

determine the average line voltage at midnight, 0100 <u>hours</u>, 0200 <u>hours</u>, and so forth.现在能够确定在半夜、1 点、2 点等等时的平均线电压。

hourage ['aʊərɪdʒ] *n.* 小时数

hourly ['aʊəlɪ] *a.;ad.* 每小时(地,一次的),以钟点计算的,常常

hourmeter ['aʊəmi:tə] *n.* 小时计

house ❶ [haʊs] *n.* ①房屋,住宅,家,建筑物,大楼会议厅 ②室,库,馆,厂房,机构,社,商号,戏院 ③议院 ④(仪器,遮蔽)罩 ⑤听〔观〕众 ❷ [haʊz] *v.* ①收容,供窝 ②收藏,包含,挡住 ③放置,安放〔装〕,把…房屋,内部清洗 ☆**a full house** 客满; **clean house** 打扫房屋,内部清洗; **house of cards** 不牢靠的计划; **like a house on fire** 猛烈迅速地; **on the house** 免费的,白给〔拿〕的

houseclean ['haʊskli:n] *v.* 整顿,打扫(房屋),清洗,改革

housed [haʊzd] *a.* 封装的

houseful ['haʊsful] *n.* 满屋,一屋子

household ['haʊshəʊld] *n.; a.* 家庭〔属族〕,(一)户,家用的,普通的

householder ['haʊshəʊldə] *n.* 住户,户主

housekeeping ['haʊski:pɪŋ] *n.* 保管,辅助工作,【计】内务(操作,处理)

houseless ['haʊslɪs] *a.* 无房屋的,无家的

houselet ['haʊslɪt] *n.* 小房子

houselights ['haʊslaɪts] *n.* (剧场)观众席灯光

houseman ['haʊsmən] *n.* 控制室操作者

houseroom ['haʊsru:m] *n.* 空间,放东西的地方,住宿

housetop ['haʊstɒp] *n.* 屋顶

housewife ['haʊswaɪf] *n.* 主妇

housing ['haʊzɪŋ] *n.* ①供给房屋,住宅,机〔厂〕房 ②壳,套,罩,盖,盒,箱 ③架,轴承座,机体 ④卡箍,垫圈,槽,腔,凹部,榫眼 ⑤遮蔽物,避人洞,壁橱 ⑥(pl.)润滑部位

Houston ['hju:stən] *n.* (美国)休斯敦(市)

hove [həʊv] heave 的过去式和过去分词

hovel ['hɒvəl] *n.* ①茅舍,小屋,杂物间 ②遮蔽物,窑的圆锥形外壳

hovel(l)er ['hɒvlə] *n.* 无执照的领港员

hover ['hɒvə] ❶ *v.* 翱翔,盘旋,升腾,垫升,悬浮(over,about) ❷ *n.* ①覆盖,遮棚 ②翱翔,盘旋

hovercar ['hɒvəkɑ:] *n.* 飞行汽车,气垫车

hovercraft ['hɒvəkrɑ:ft] *n.* 气垫船,腾空艇,气垫飞行器,悬浮运载工具

hovergem ['hɒvədʒəm] *n.* 民用气垫船

hoverliner ['hɒvəlaɪnə] *n.* 巨型核动力气垫船

hovermarine ['hɒvəməri:n] *n.* 海上腾空运输艇

hoverpad ['hɒvəpæd] *n.* 气垫底板

hoverplane ['hɒvəpleɪn] *n.* 直升机

hovership ['hɒvəʃɪp] *n.* 气垫船

hovertrain ['hɒvətreɪn] *n.* 气垫列车

hovite ['həʊvaɪt] *n.* 铝钙石

how [haʊ] ❶ *ad.* 怎样,用什么方法 ❷ *n.* 方法 ☆

how about ...(情况,意见)怎样; *how comes (is)
it that ...*怎么会; *however that may be* 不论怎
样; *How is that?*那是怎么回事?你认为怎样?
〖用法〗 ❶ 它可以引出感叹句,对于可数名词单
数的句型为"how + 形容词 + a〔an〕+ 单数名
词"。如: How good an instrument (it is)！这是一
台多好的仪器啊！ ❷ 副词的感叹: The two
answers, of course, are identical, but how much
more simply the energy principle leads to the final
results!当然这两个答案是一样的,不过用能量原
理来求得最终结果是多么简单(得多)啊!

howbeit ['hau'bi:it] *ad.; conj.* 虽然(如此),仍然

however [hau'evə] *ad.; conj.* ①无论如何,即使…
也 ②但是,然而
〖用法〗 ❶ 该词主要作插入语,其位置可以处于
句首、句中或句尾。如: However, this waveform has
a dc component.然而,这个波形有一个直流分量。
/Note, however, that the phase angle of the capacitor
is +90°with respect to the current.然而请注意: 该
电容器的相角相对于电流是+90°。/The induced
voltage in the primary winding increases with
frequency correspondingly,however.然而初级绕组
中的感应电压是随频率的上升而相应增加的。❷
有时该词处于两个并列分句的中间,则其前面往
往加有"and",或者用分号。如: Often the graphical
method is the easiest way to solve a system of
equations, and however, this method does not
usually give an exact answer.往往图解法是解方程
组最容易的方法,然而,这种方法通常不能给出精
确的答案。/If X and Y are statistically independent,
then they are uncorrelated; however, the converse of
this statement is not necessarily true.如果 X 和 Y
在统计上是独立的,那么它们是不相关的;然而,
这一说法的逆不一定是成立的。❸ 该词可以引导
一个让步状语从句,这时它等效于连词"no matter
how",其中"it is"或"they are"可以省去。如:
A constant number, however large (it is), is never
spoken of as infinite.一个常数无论有多大,永远不
能被说成是无穷大。

howitzer ['hautsə] *n.* 曲射〔榴弹〕炮

howl [haul] *n.; v.* ①怒号,啸声,嗥鸣,咆哮 ②颤噪效
应 ③再生

howler ['haulə] *n.* ①嗥鸣器,汽笛,警报器 ②大错
☆*come a howler* 遭到失败; *commit a howler*
铸成大错

howling ['haulɪŋ] ❶ *n.* ①嗥,啸声,振鸣 ②颤噪效
应 ③再生 ❷ *a.* 极端的,显而易见的,嗥叫的

howlite ['haulait] *n.* 硅硼钙石

howsoever [hausəu'evə] *ad.* (= however)无论如
何

hoy [hɔi] *n.* 重型货驳

huascolite ['wɑ:skəlait] *n.* 硫锌铅矿

hub [hʌb] *n.* ①(轮)毂,旋翼叶毂 ②衬套,套节,轴
(套)③(电线)插孔〔座〕 ④冲头 ⑤(道路的)凸
起,车辙 ⑥标桩 ⑦中枢,(磁带)盘心,多条道路交

汇点 ☆*from hub to tire* 完全,从头至尾

hubbing ['hʌbɪŋ] *n.* 压制阴模法,高压冲制

Hubble ['hʌbl] *n.* 哈勃(天文距离)

hubcap ['hʌbkæp] *n.* 毂盖

hubnerite ['hʌbnərait] *n.* 钨锰矿

huckle ['hʌkl] *n.* 背斜顶尖

huddle ['hʌdl] ❶ *v.* 乱挤,挤作一团,蜷缩(into, up,
together),拥挤(together),草率地做(up.) ❷ *n.* 混
乱,拥挤,乌合 ☆*all in a huddle* 乱七八糟;*go
into a huddle* 同…秘密讨论

Hudson ['hʌdsn] *n.* (美国)哈得逊河

hue [hju:] *n.* ①色,色彩,色相 ②形式,样子 ③喧叫
声,嘈杂声 ☆ *of all hues* 形形色色的;*of
various hues*(意见)各不相同的; *raise a hue
and cry against* 发动大家反对

huebnerite ['hju:bnərait] *n.*【矿】钨锰矿

huerta ['weətə] *n.* 灌溉冲积平原

huff [hʌf] *v.* 把…吹胀;提高…价格

huffish ['hʌfiʃ] *a.* 傲慢的,性急的,怒冲冲的

hug [hʌg] ❶ (hugged; hugging) *vt.* ❷ *n.* ①紧抱 ②
坚持,抱有 ☆*hug oneself on (for, over)* 因…
而沾沾自喜;*hug the shore* 紧靠海岸航行

huge [hju:dʒ] *a.* 巨大的,非常的

hugely [hju:dʒlɪ] *ad.* 极大地

hulk [hʌlk] ❶*n.* ①废船,残骸,外壳 ②庞然大物 ❷
vi. 笨重的

hull [hʌl] ❶ *n.* ①(外)壳,皮,荚 ②本身,船壳,车盘
③薄膜 ❷ *vt.* 去皮〔壳〕☆*hull down* 只见船桅
不见船身,在远处

huller ['hʌlə] *n.* 脱壳机,去皮机

hulsite ['hʌlsait] *n.* 黑硼镁铁矿

hum [hʌm] ❶ *n.* 嗡嗡声,杂声 ❷ (hummed; humming)
vi. (发)嗡嗡声,发出杂音,(电源发出)交流声

human ['hju:mən] *a.; n.* 人(类)(的),似人的

humane [hju:'mein] *a.* 人道的

humanism ['hju:mənizəm] *n.* 人性,人道主义,人
文学

humanity [hju:'mænitɪ] *n.* 人类,人性,人文学

humanize ['hju:mənaiz] *v.* 感化,赋予人性

humankind ['hju:mənkaind] *n.* 人类

humanly ['hju:mənlɪ] *ad.* 用于人情地,在人力所及
范围,从人的角度

humanoid ['hju:mənɔid] ❶ *n.* 具有人类特点的
❷ *a.* 类人动物,人形机

humate ['hju:meit] *n.* 腐植酸盐

humble ['hʌmbl] ❶ *a.* ①谦卑的 ②地位低下的
❷ *vt.* 贬抑,降低

humboldtite ['hʌmbəutait] *n.* 硼钙铁石

humbug ['hʌmbʌg] *n.; v.* 欺骗,骗人的鬼话,骗子

humbuggery ['hʌmbʌgərɪ] *n.* 欺骗

humdrum ['hʌmdrʌm] ❶ *a.;n.* 乏味,单调 ❷
(humdrummed;humdrumming) *vi.* 作单调的动作

humectant [hju:'mektənt] *n.;a.* 保湿剂,致湿的,
润湿器

humectation [,hju:mek'teiʃən] *n.* 润湿,致湿(作

H

用);【医】湿润作用

humic ['hju:mɪk] a. 腐殖的 ‖ **humics** n.

humid ['hju:mɪd] a. (潮)湿的,湿润的 ‖ **~ly** ad.

humidification [,hju:mɪdɪfɪ'keɪʃ ən] n. 湿润,弄湿,增湿作用

humidifier [hju(:)'mɪdɪfaɪə] n. 增湿器

humidify [hju:'mɪdɪfaɪ] vt. 使湿润,调湿

humidiometer [,hju:mɪdɪ'ɒmɪtə] n. 湿度计

humidistat [hju:'mɪdɪstæt] n. 恒湿器,湿度调节器

humidity [hju:'mɪdɪtɪ] n. (潮)湿,湿度

humidizer ['hju:mɪdaɪzə] n. 增湿剂

humidness ['hju:mɪdnɪs] n. 湿度

humidor ['hju:mɪdɔ:] n. 恒湿室,蒸汽饱和室

humidostat [hju:'mɪdəstæt] n. 湿度调节仪,恒湿仪

humification [,hju:mɪfɪ'keɪʃ ən] n. 腐殖作用

humify ['hju:mɪfaɪ] v. 腐殖化

humin ['hju:mɪn] n. 腐殖物,腐黑酸

humite ['hju:maɪt] n.【矿】硅镁石

humiture ['hju:mɪtʃ ə] n. 温湿度

humivore ['hju:mɪvɔ:] n.【生】腐殖质分解生物

hummer ['hʌmə] n. 蜂鸣器

humming ['hʌmɪŋ] n.; a. (发)蜂鸣音の(的)

hummock ['hʌmək] n. 小丘,圆岗,波状地,沼泽中的冰堆

humoral ['hju:mərəl] a. 体液的

humoresque [,hju:mə'resk] n. 诙谐小品文

humorous ['hju:mərəs] a. 幽默的,诙谐的 ‖ **~ly** ad.

humo(u)r ['hju:mə] ❶ n. 滑稽,幽默;体液 ❷ vt. 迎合,迁就,用巧妙办法处理 ☆**in no humour for** 不高兴…,无心…; **in the humour for** 高兴…;**out of humour** 情绪不佳,没兴趣

humo(u)rit ['hju:mərɪt] n. 富于幽默感者,讽刺小品作家

hump [hʌmp] ❶ n. ①驼峰,隆起,凸处,圆丘 ②(曲线)顶点 ③危机 ④费力 ❷ v. ①(使)隆起 ②努力,苦干 ☆**over the hump** 已越过最困难阶段

humpback ['hʌmpbæk] n. 驼背

humped [hʌmpt] a. 驼峰式的,隆起的

humpy ['hʌmpɪ] a. 有瘤的,岗的

humus ['hju:məs] n. 腐殖土

hunch [hʌntʃ] ❶ n. ①圆形隆起物,瘤 ②预感,疑心 ❷ vt. ①弯曲而使之隆起,弯成弓状 ②推 ☆**have a hunch that** 预感到,总觉得

hunchback ['hʌntʃbæk] n. 驼背 ‖ **~ed** a.

hundred ['hʌndrəd] n.; a. (一)百 ☆**a hundred and one** 一百零一,许多的; **a hundred and one ways** 千方百计; **by hundreds** 成百成百的,很多很多; **hundreds of** 数百(的),许许多多; **hundreds of thousands of** 几十万(的),无数; **ninety nine out of a hundred** 百分之九十九,几乎全部

hundredfold ['hʌndrədfəuld] a.;ad. 百倍(地)

hundredth ['hʌndredθ] n.;a. 第一百;百分之一(的)

〖**用法**〗表示"零点零几"要用"a few 〔several〕hundredths"。如: The current through the resistor is a few hundredths of an ampere.通过该电阻器的电流为零点零几安培。

hundredweight ['hʌndrədweɪt] n. 英担

hung [hʌŋ] hang 的过去式和过去分词

Hungarian [hʌŋ'geəriən] a.;n. 匈牙利的,匈牙利人(的)

Hungary ['hʌŋgərɪ] n. 匈牙利

hunger ['hʌŋgə] n.;vi. 饥饿,渴望(after, for)

hungry ['hʌŋgrɪ] a. ①饥饿的,渴望的 ②贫瘠的,不毛的 ☆**be hungry for** 渴望 ‖ **hungrily** ad.

hunk [hʌŋk] n. 大块,厚块

hunks [hʌŋks] n. 卑鄙的人,守财奴

hunt [hʌnt] v.;n. ①打 ②追踪,搜索,寻找,探求(for) ③(机器等)不规则地摆动,寄生振荡 ☆**hunt down** 追击,搜索; **hunt for 〔atter〕** 搜寻,追猎; **hunt out** 逐出; **hunt up** 搜寻

hunter ['hʌntə] n. ①猎人〔狗〕②搜索器 ③搜索者

hunting ['hʌntɪŋ] n. ①狩猎,搜索 ②寻找,探求 ③(不规则的)振荡,摆动,追逐过程,自摆过程,寄生振荡 ④偏航,迂回行车

huntsman ['hʌntsmən] n. 猎人

hurdle ['hɜ:dl] n.;v. ①疏篱,栅栏,栅栏透水坝,障碍 ②用篱笆住(off) ③(pl.)跨栏 ④跳过,克服

hurl [hɜ:l] v.;n. 猛投,猛烈发出 ☆**hurl out** 释出(粒子)

Huron ['hjuərən] n. (北美)休伦(湖)

hurrah [hu'rɑ:], **hurray** [hu'reɪ] n.;v. 欢呼(声),(高呼)万岁

hurricane ['hʌrɪkən] n. 飓风,热带风暴,龙卷风

hurried ['hʌrɪd] a. 仓促的,匆忙的,草率的 ‖ **~ly** ad.

hurry ['hʌrɪ] n.;v. 仓促,慌忙,着急,催促,赶快 ☆**hurry away(off)** (使)赶快去; **hurry through** (匆匆)赶完; **hurry up** 赶快,加紧; **in a hurry** 匆忙,不久; **in no hurry** 不急于

hurst [hɜ:st] n. 沙丘,树林,小丘,磨面罩

hurt [hɜ:t] ❶ (hurt) v. ①损伤,伤害 ②有妨害 ③(使)受伤,疼痛 ❷ n. 创伤,损伤,苦痛

hurter ['hɜ:tə] n. ①缓冲块,防护短柱 ②加害者

hurtful ['hɜ:tful] a. 造成伤害的,有害的 ☆**be hurtful to** 有害于

hurtle ['hɜ:tl] v.;n. 碰撞(声),猛撞,(使)急飞

husband ['hʌzbənd] ❶ n. 丈夫 ❷ vt. 节约,持有

husbandry ['hʌzbəndrɪ] n. ①农业,务农,耕作,饲养 ②家政,节俭 ③处理自己的事务

hush [hʌʃ] n.; v. ①静寂,缓和,(使)沉默 ②衰减 ☆**hush up** 遮掩,蒙蔽,(使)不作声

hush-hush ['hʌʃhʌʃ] ❶ a. 秘密的,秘而不宣的 ❷ n. 秘密气氛,保密政策 ❸ vt. 禁止声张

husk [hʌsk] ❶ n. 外皮,支架,无价值的(外表)部分

❷ *vt.* 脱壳

husker ['hʌskə] *n.* 玉米去苞叶机

husky ['hʌskɪ] *a.* ①(多,似)壳的 ②嘶哑的 ③强健的

hussif ['hʌsɪf] *n.* 针线盒

hustle ['hʌsl] *v.;n.* ①乱推,硬挤 ②逼使 ③赶做 ④卖淫

hut [hʌt] *n.* 棚屋,茅舍,箱,盒

hutch [hʌtʃ] *n.;v.* ①棚屋 ②箱,橱,容器,煤仓 ③矿车,洗矿槽〔箱〕,跳汰机筛下室 ④用洗矿槽洗 ⑤把…装在箱内

hutchinsonite ['hʌtʃɪnsənaɪt] *n.* 硫砷铊铅矿

hutia [hu:'tɪə] *n.* 【动】硬毛鼠

hutment ['hʌtmənt] *n.* 临时办公处,临时营房,设营

hyacinth ['haɪəsɪnθ] *n.* ①红锆石 ②紫蓝色 ③风信子 ‖ ~ine *a.*

hyacinthin [haɪə'sɪnθɪn] *n.* 【化】苯乙醛,风信子质

hyalin ['haɪəlɪn] *n.* 【生化】透明朊;透明蛋白

hyaline ['haɪəlɪn] *a.;n.* 透明的,玻璃(状)的,透明朊,玻璃质

hyalinization [,haɪələnɪ'zeɪʃən] *n.* 透明化

hyalite ['haɪəlaɪt] *n.* 【矿】玻璃蛋白石,斧石

hyalitis [haɪə'laɪtɪs] *n.* 玻璃体炎,玻璃体囊炎

hyalocrystalline [,haɪələʊ'krɪstəli:n] *a.* 透明晶体的

hyalogen [haɪ'ælədʒən] *n.* 透明蛋白原

hyaloid ['haɪəlɔɪd] *a.* 透明的,玻璃状的

hyalophane ['haɪələʊfeɪn] *n.* 钡冰长石

hyaloplasm ['haɪəlɒplæzəm] *n.* 【生】透明质

hyalosome ['haɪələʊsəm] *n.* 拟核仁,透明体

hyalosponge ['haɪələʊspʌndʒ] *n.* 玻璃海绵

hyaluronidase [,haɪəlju'rɒnɪdeɪs] *n.* 透明质酸酶

hybrid ['haɪbrɪd] ❶ *n.* 混合(物,语),混合电路,间生,杂(交)种,杂化物 ❷ *a.* 混合(式)的,间生的

Hybrida ['haɪbrɪdə] *n.* 杂种

hybrid-coupled ['haɪbrɪdkʌpld] *a.* 双 T 形接头耦合的

hybridism ['haɪbrɪdɪzəm] *n.* 混成,混合性,杂交

hybridization [,haɪbrɪdaɪ'zeɪʃən] *n.* 混成,杂化(作用)

hybridize ['haɪbrɪdaɪz] *v.* 使杂交

hycar ['haɪkɑ:] *n.* 合成橡胶

Hycomax ['haɪkəʊmæks] *n.* 铝镍钴系永久磁铁

hydantoin [haɪ'dæntəʊɪn] *n.* 乙内酰脲

hydathode ['haɪdəθəʊd] *n.* 排水器

hydatid ['haɪdətɪd] *n.* 泡,水泡

hydatic [haɪ'dætɪk] *a.* 棘球囊的

hydatogenesis [,haɪdətəʊ'dʒenɪsɪs] *n.* 水成作用

hydatogenic [,haɪdətəʊ'dʒenɪk] *a.* 水成的

hydatoid ['haɪdətɔɪd] *n.;a.* 玻璃体膜,水状液的

hydra ['haɪdrə] *n.* 水螅,水蛇,大患

hydrabarker [,haɪdrə'bɑ:kə] *n.* 水力剥皮机

hydrabeating [haɪdrə'bi:tɪŋ] *n.* 水力打浆

hydrability [haɪdrə'bɪlɪtɪ] *n.* 水化性

hydracid [haɪ'dræsɪd] *n.* (含)氢酸

hydraclone ['haɪdrəkləʊn] *n.* 连续除渣器

hydrafiner [,haɪdrə'faɪnə] *n.* 水化精磨机,高速精浆机

hydraguide ['haɪdrəgaɪd] *n.* 油压转向装置

hydra-headed ['haɪdrəhedɪd] *a.* 多头的,多中心的

hydralsite ['haɪdrəlsaɪt] *n.* 水硅铝石

hydram ['haɪdrəm] *n.* 氢化水溶紫胶

hydramatic [,haɪdrə'mætɪk] *a.* 液压自动式

hydramine ['haɪdrəmaɪn] *n.* 羟基胺

hydrangeitis [,haɪdrændʒɪ'aɪtɪs] *n.* 淋巴管炎

hydrant ['haɪdrənt] *n.* 消防栓,消防龙头

hydranth ['haɪdrənθ] *n.* 水螅

hydrapulpter [,haɪdrə'pʌlptə] *n.* 水力碎浆机

hydrargyria [haɪ'drɑ:dʒərɪə] *n.* 汞中毒

hydrargyrism [haɪ'drɑ:dʒɪrɪzm] *n.* 汞中毒

hydrargyrosis [haɪ'drɑ:dʒɪrəʊsɪs] *n.* 汞中毒

hydrargyrum [haɪ'drɑ:dʒɪrəm] (拉丁语) *n.* 汞

hydrarthrosis [,haɪdrɑ:'θrəʊsɪs] *n.* 关节水肿

hydras ['haɪdrəs] *n.* 水化物

hydrase ['haɪdreɪs] *n.* 水化酶

hydrastine [haɪ'dræsti:n] *n.* 白毛茛碱

hydratability [,haɪdrətə'bɪlɪtɪ] *n.* 水合性

hydratable [,haɪdrə'tæbl] *a.* 能水合的

hydratation [,haɪdreɪ'teɪʃən] *n.* 水合(作用)

hydrate ['haɪdreɪt] *n.;v.* ①水合物,含水物,水合(作用) ②(使成)氢氧化物

hydrated ['haɪdreɪtɪd] *a.* 含水的

hydration [haɪ'dreɪʃən] *n.* 水合(作用)

hydratisomery [,haɪdreɪtaɪ'sɒmərɪ] *n.* 水合同分异构

hydrator ['haɪdreɪtə] *n.* 水化器

hydrature ['haɪdrətʃə] *n.* 水合度

hydraucone ['haɪdrɔ:kəʊn] *n.* 水力喇叭口

hydraulic [haɪ'drɔ:lɪk] ❶ *a.* 水力(学)的,液〔水〕压的,水硬的 ❷ *n.* 液压传动装置

hydraulician [,haɪdrɔ:'lɪʃən] *n.* 水利工程师,水利学家

hydraulicity [,haɪdrɔ:'lɪsɪtɪ] *n.* (水泥)水凝性

hydraulicking [haɪ'drɔ:lɪkɪŋ] *n.* 水力挖土

hydraulics [haɪ'drɔ:lɪks] *n.* 水力学,液压系统

hydrazide ['haɪdrəzaɪd] *n.* 酰肼

hydrazine ['haɪdrəzi:n] *n.* 肼,联氨

hydrazinium [,haɪdrə'zɪnɪəm] *n.* 肼

hydrazinolysis [,haɪdrəzɪ'nɒlɪsɪs] *n.* 肼解(作用)

hydrazoate [,haɪdrə'zəʊeɪt] *n.* 叠氮化物

hydrazone ['haɪdrəzəʊn] *n.* (苯)腙

hydremia [haɪ'dri:mɪə] *n.* 稀血症

hydric ['haɪdrɪk] *a.* 水生的

hydride ['haɪdraɪd] *n.* 氢化物

hydriding ['haɪdraɪdɪŋ] *n.* 氢化

hydrindanol [,haɪdrɪn'dænɒl] *n.* 茚烷醇

hydriodide [haɪ'draɪəʊdaɪd] *n.* 氢碘化物

hydrion ['haɪdrɒn] *n.* 氢离子

H

hydrionic [ˌhaɪdrɪˈɒnɪk] *a.* 氢离子的

hydro [ˈhaɪdrəʊ] (*pl.* hydros) ❶ *n.* ①水上飞机 (=hydroplane) ②水力 ③水疗院 (=hydropathic) ❷ *a.* 水电的(=hydroelectric)

hydroa [haɪˈdrəʊə] *n.* 水疱病

hydroacoustic [ˈhaɪdrəʊəˈkuːstɪk] *a.* 水声的,液压声能的

hydroadipsia [ˌhaɪdrəʊəˈdɪpsɪə] *n.* 不渴(症)

hydroaeroplane [haɪdrəʊˈeərəpleɪn], **hydroairplane** [haɪdrəʊˈeəpleɪn] *n.* 水上飞机

hydroalkylation [ˈhaɪdrəˌælkɪˈleɪʃ ən] *n.* 加氢烷基化

hydroaromatic [ˈhaɪdrəˌærəʊˈmætɪk] *a.* 氢化芳族的

hydrobacteriology [ˈhaɪdrəˌbæktɪərɪˈɒlədʒɪ] *n.* 水生细菌学

hydroballistics [ˌhaɪdrəbəˈlɪstɪks] *n.* 水下弹道学

hydrobilirubin [ˈhaɪdrəˌbɪlɪˈrubɪn] *n.* 氢胆红素

hydrobiology [ˈhaɪdrəʊbaɪˈɒlədʒɪ] *n.* 水生生物学

hydrobios [ˌhaɪdrəˈbaɪɒs] *n.* 水生生物

hydro(-)biplane [ˌhaɪdrəˈbaɪpleɪn] *n.* 双翼水上飞机

hydroblast(ing) [ˈhaɪdrəˈblɑːst(ɪŋ)] *n.* 水力清砂

hydrobomb [ˈhaɪdrəbɒm] *n.* 空投水雷,深水炸弹

Hydrobon [ˈhaɪdrəbɒn] *n.* 催化加氢精制

hydroboom [ˈhaɪdrəbuːm] *n.* 液压支臂

hydroboration [ˌhaɪdrəʊbɔːˈreɪʃ ən] *n.* 硼氢化反应(作用)

hydroboron [ˈhaɪdrəbɔːrɒn] *n.* 硼氢化物

hydrobromination [ˈhaɪdrəʊˌbrɒmɪˈneɪʃ ən] *n.* 溴氢化作用

hydrocal [ˈhaɪdrəkəl] *n.* 流体动力模拟计算器

hydrocarbon [ˌhaɪdrəʊˈkɑːbən] *n.* 烃(类),碳氢化合物(类)

hydrocarbonaceous [ˈhaɪdrəʊˌkɑːbəˈneɪʃ əs] *a.* (含)烃的

hydrocarbonate [ˌhaɪdrəˈkɑːbəneɪt] *n.* 酸性碳酸盐

hydrocarbonic [ˈhaɪdrəʊˈkɑːbənɪk] *a.* 碳氢化合物的

hydrocarbyl [ˌhaɪdrəˈkɑːbɪl] *n.* 烃基

hydrocarbylation [ˈhaɪdrəˌkɑːbɪˈleɪʃ ən] *n.* 烃基化(作用)

hydrocellulose [ˌhaɪdrəˈseljuləʊs] *n.* 水解纤维素

hydrocenosis [ˌhaɪdrəˈsenəʊsɪs] *n.* 导液法

hydrocephalus [ˌhaɪdrəˈsefələs] *n.* 脑积水

hydrocerussite [ˌhaɪdrəsɪˈrʌsɪt] *n.* 水白铅矿

hydrochemical [ˌhaɪdrəˈkemɪkəl] *a.* 水化学的

hydrochemistry [ˌhaɪdrəˈkemɪstrɪ] *n.* 水质化学

hydrochinone [ˌhaɪdrəˈtʃ ɪnəʊn] *n.* 对苯二酚(显影剂)

hydrochloric [ˌhaɪdrəʊˈklɔːrɪk] *a.* 盐酸的,氯化氢的

hydrochloride [ˌhaɪdrəʊˈklɔːraɪd] *n.* 盐酸

hydrochlorination [ˌhaɪdrəklɔːrɪˈneɪʃ ən] *n.* 氯氢化反应

hydrochore [ˈhaɪdrəkɔː] *n.* 水布植物

hydrochory [ˈhaɪdrəkɔːrɪ] *n.* 水媒传布

hydrocincite [ˌhaɪdrəˈsɪnsaɪt] *n.* 水锌矿

hydroclassifying [ˌhaɪdrəˈklæsɪfaɪɪŋ] *n.* 水力分粒法

hydrocleaning [ˌhaɪdrəˈkliːnɪŋ] *n.* 水力清洗

hydroclimate [ˌhaɪdrəʊˈklaɪmɪt] *n.* 水中生物的物理及化学环境,水面气候

hydroclone [ˈhaɪdrəkləʊn] *n.* 水力旋流器

hydrocole [ˈhaɪdrəkəʊl] *a.* 水栖的

hydrocolloid [ˌhaɪdrəˈkɒlɔɪd] *n.* 水解胶体

hydrocondensation [ˈhaɪdrəˌkɒndenˈseɪʃ ən] *n.* 加氢缩合反应

hydrocone [ˌhaɪdrəˈkəʊn] *n.* 液压锥形罩

hydroconion [ˌhaɪdrəʊˈkəʊnɪn] *n.* 喷雾器

hydroconsolidation [ˈhaɪdrəˌkənsɒlɪˈdeɪʃ ən] *n.* 水固结作用

hydrocooler [ˌhaɪdrəˈkuːlə] *n.* 水冷却器

hydrocooling [ˈhaɪdrəkuːlɪŋ] *n.* 用水冷却

hydrocortisone [ˌhaɪdrəʊˈkɔːtɪsəʊn] *n.* 氢化可的松

hydrocoupling [ˌhaɪdrəˈkʌplɪŋ] *n.* 液压联轴节

hydrocracking [ˌhaɪdrəˈkrækɪŋ] *n.* 加氢裂化,氢化裂解

hydrocushion [ˌhaɪdrəˈkuʃ ən] *n.* 液压衬垫

hydrocyanation [ˌhaɪdrəsaɪəˈneɪʃ ən] *n.* 氢氰化(作用)

hydrocyanic [ˌhaɪdrəsaɪˈænɪk] *a.* 氢化氰的

hydrocyanide [ˌhaɪdrəˈsaɪənaɪd] *n.* 氢氰化物

hydrocyclone [ˌhaɪdrəˈsaɪkləʊn] *n.* 水力旋流器

hydro-cylinder [ˌhaɪdrəˈsɪlɪndə] *n.* 液压缸

hydrodealkylation [ˌhaɪdrəˌdiːlkaɪˈleɪʃ ən] *n.* 氢化脱烷基作用

hydrodecyclization [ˈhaɪdrəˌdɪsɪklɪˈzeɪʃ ən] *n.* 氢化开环作用

hydro-densimeter [ˈhaɪdrəʊdenˈsɪmɪtə] *n.* 含水密实度测定仪

hydroderivating [ˌhaɪdrəˈderɪveɪtɪŋ] *n.* 加氢衍生(作用)

hydrodesulfurization [ˈhaɪdrəˌdiːsʌlfjʊrɪˈzeɪʃ en] *n.* 氢化脱硫作用

hydrodesulfurizing [ˌhaɪdrədiːˈsʌlfjʊraɪzɪŋ] *n.* 加氢脱硫

hydro-development [ˌhaɪdrədɪˈveləpmənt] *n.* 水力开发

hydrodiascope [ˌhaɪdrəˈdaɪəskəʊp] *n.* 充液贴目镜

hydrodipsia [ˌhaɪdrəˈdɪpsɪə] *n.* 口渴

hydro-dolomite [haɪdrəˈdɒləmaɪt] *n.* 水白云石

hydrodrill [ˈhaɪdrədrɪl] *n.* 液压钻机

hydroduct ['haɪdrədʌkt] *n.* 水气波导湿度改变形成的大气波导

hydrodynamic(al) [,haɪdrədaɪ'næmɪk(l)] *a.* 流体动力(学)的

hydrodynamics [,haɪdrədaɪ'næmɪks] *n.* 流体动力学

hydrodynamometer ['haɪdrə,daɪnə'mɒmɪtə] *n.* 流速计

hydroejector [,haɪdrəɪ'dʒektə] *n.* (冲灰的)水力喷射器

hydroelectric [haɪdrəɪ'lektrɪk] *a.* 水力发电的

hydroelectricity ['haɪdrəu,ɪlek'trɪsətɪ] *n.* 水电

hydroelectrometer ['haɪdrə,ɪlek'trɒmɪtə] *n.* 水静电计

hydroenergetic ['haɪdrə,enə'dʒetɪk] *a.* 水能学的

hydroenergy ['haɪdrə'enədʒɪ] *n.* 水能

hydroexpansivity ['haɪdrə,ɪkspæn'sɪvɪtɪ] *n.* 水膨胀性

hydroextracting [,haɪdrəɪks'træktɪŋ] *n.* 脱水

hydroextraction [,haɪdrəɪks'trækʃən] *n.* 水力提取

hydroextractor ['haɪdrəuɪks'træktə] *n.* 脱水器,离心机,挤压机

hydrofeeder ['haɪdrəfi:də] *n.* 液压(控制)进给装置

hydrofine ['haɪdrəfaɪn] *v.* 氢化提纯

hydrofinishing ['haɪdrəfɪnɪʃɪŋ] *n.* 加氢精制

hydroflap ['haɪdrəflæp] *n.* 水下舵

hydrofluoric [,haɪdrəflu(:)'ɒrɪk] *a.* 氟化氢的

hydrofluoride [,haɪdrə'fluəraɪd] *n.* 氢氟化物

hydrofluorination ['haɪdrə,flu:ɒrɪ'neɪʃən] *n.* 氢氟化作用

hydrofluorinator [,haɪdrə'flu:ɒrɪneɪtə] *n.* 氢氟化器

hydrofoil ['haɪdrəufɔɪl] *n.* 水叶,着水板,浮筒

hydroform ['haɪdrəfɔ:m] *v.* 液压成形

hydroformate [,haɪdrə'fɔ:meɪt] *n.* 加氢重整汽油

hydroforming ['haɪdrəfɔ:mɪŋ] *a.;n.* ①油液挤压成形 ②临氢重整(的)

hydroformylation ['haɪdrə,fɔ:mɪ'leɪʃən] *n.* 加氢甲酰化

hydrofracturing [,haɪdrəu'fræktʃərɪŋ] *n.* 水破碎

hydrofranklinite [,haɪdrə'fræŋklɪnaɪt] *n.* 黑锌锰矿

hydrofuramide [,haɪdrə'fjuərəmaɪd] *n.* (=furamide) 糠醛胺

hydrogasification ['haɪdrə,gæsɪfɪ'keɪʃən] *n.* 高压氢碳气化

hydrogasoline [,haɪdrə'gæsəli:n] *n.* 加氢汽油

hydrogel ['haɪdrədʒel] *n.* 水凝胶

hydrogen ['haɪdrəudʒen] *n.* 【化】氢

hydrogenable [,haɪdrə'dʒenəbl] *a.* 可以氢化的

hydrogenant [,haɪdrə'dʒenənt] *a.* 加氢的,氢化的

hydrogenase ['haɪdrədʒɪneɪs] *n.* 氢化酶

hydrogenate [haɪ'drɒdʒɪneɪt] ❶ *vt.* 使与氢化合,使氢化,使还原 ❷ *n.* 氢化物

hydrogenated [haɪ'drɒdʒɪneɪtɪd] *a.* 氢化的,加氢的

hydrogenation [,haɪdrədʒə'neɪʃən] *n.* 氢化(作用)

hydrogenator [,haɪdrə'dʒeneɪtə] *n.* 氢化器

hydrogen-bonded ['haɪdrədʒən'bɒndɪd] *a.* 氢键键合的

hydrogencarbonate ['haɪdrədʒən'kɑ:bəneɪt] *n.* 碳酸氢盐

hydrogen-containing ['haɪdrədʒənkən'teɪnɪŋ] *a.* 含氢的

hydrogeneration [,haɪdrədʒenə'reɪʃən] *n.* 水力发电

hydrogenerator [haɪdrə'dʒenəreɪtə] *n.* 水轮发电机

hydrogenesis [,haɪdrəu'dʒenɪsɪs] *n.* 氢解作用

hydrogenic [,haɪdrə'dʒenɪk] *a.* 类似氢的,水生的

hydrogenide [,haɪdrədʒənaɪd] *n.* 氢化物

hydrogenisator [,haɪdrə'dʒenɪseɪtə] *n.* 氢化蒸压器

hydrogenium [,haɪdrəu'dʒi:nɪəm] *n.* 金属氢

hydrogenization [,haɪdrədʒənaɪ'zeɪʃən] *n.* = hydrogenation

hydrogen-like ['haɪdrədʒənlaɪk] *a.* 类〔似〕氢的

hydrogenlyase [,haɪdrə'dʒenlɪeɪs] *n.* 氢解酶

hydrogenolysis [,haɪdrəudʒə'nɒləsɪs] *n.* 用氢还原

hydrogenosome [,haɪdrə'dʒi:nəsəm] *n.* 氢化酶颗粒

hydrogenous [haɪ'drɒdʒɪnəs] *a.* (含)氢的

hydrogen-rich ['haɪdrədʒənrɪtʃ] *a.* 富氢的

hydrogeochemistry [,haɪdrədʒi:ə'kemɪstrɪ] *n.* 水文地球化学

hydrogeological [,haɪdrədʒɪə'lɒdʒɪkəl] *a.* 水文地质的

hydrogeology [,haɪdrəudʒɪ'ɒlədʒɪ] *n.* 水文地质(学)

hydrogermanation [,haɪdrədʒɜ:mə'neɪʃən] *n.* 锗氢化作用

hydroglider ['haɪdrəglaɪdə] *n.* 水上滑翔机

hydrogoethite [,haɪdrə'gəuθaɪt] *n.* 水纤铁矿

hydrograph ['haɪdrəgrɑ:f] *n.* ①自记水位计 ②水位图

hydrographer [haɪ'drɒgrəfə] *n.* 水文(地理)学家

hydrographic(al) [,haɪdrəu'græfɪk(l)] *a.* 水文(地理)的,水道测量术的

hydrography [haɪ'drɒgrəfɪ] *n.* 水文(地理)学,水道学

hydrogrossular [,haɪdrə'grɒsjulə] *n.* 水绿榴石

hydrogymnastic [,haɪdrədʒɪm'næstɪk] *a.* 水中运动的

hydrohalic [,haɪdrə'hælɪk] *a.* 氢卤的

hydrohalide [,haɪdrə'hælaɪd] *n.* 氢卤化物

hydrohalogenation ['haɪdrə,hælɒdʒə'neɪʃən] *n.* 氢卤化作用

hydrohematite [,haɪdrə'hemətaɪt] *n.* 水赤铁矿

hydroheterolite [,haɪdrə'hetərəlaɪt] *n.* 水锌锰矿

hydroid ['haɪdrɔɪd] *n.; a.* 水螅,水螅(虫类)的

hydroiodination [,haɪdrəaɪədɪ'neɪʃən] *n.* 碘氢化反应

hydroisobath [,haɪdrə'aɪsəubɑ:θ] *n.* 潜水位等值线

hydroisohypse [,haɪdrə'aɪsəuhɪps] *n.* 等深线

hydroisomerisation ['haɪdrə,aɪsəuməraɪ'seɪʃən] *n.* 氢化异构现象

hydroisomerizing [,haɪdrə'aɪsəməraɪzɪŋ] *n.* 加氢异构

hydroisopleth [,haɪdrə'aɪsəupleθ] *n.* 等水值线

hydrojet ['haɪdrədʒet] *n.* 喷液,液力喷射(器)

hydro-junction [,haɪdrə'dʒʌŋkʃən] *n.* 水利枢纽

hydrokinematics [,haɪdrəkaɪnɪ'mætɪks] *n.* 流体运动学

hydrokinetic [,haɪdrəukaɪ'netɪk] *a.* 流体动力的

hydrokinetics [,haɪdrəukaɪ'netɪks] *n.* 流体动力学,水动力学

hydrol ['haɪdrəul] *n.* 二聚水分子,(单)水分子

hydrolabil [,haɪdrə'leɪbɪl] *a.* 对水不稳定的,非水稳的

hydrolabile [,haɪdrə'leɪbɪl] *a.* 液体不稳定的

hydrolapachol [,haɪdrə'læpəkɒl] *n.* 氢化拉帕醇

hydrolase ['haɪdrəleɪs] *n.* 水解酶

hydrolastic [,haɪdrə'læstɪk] *a.* 液压平衡的

hydroline ['haɪdrəlaɪn] *n.* 吹制油

hydrolith [haɪ'drɒlɪθ] *n.* 氢化钙

hydrolization [,haɪdrəlaɪ'zeɪʃən] *n.* 水解

hydrolocation [,haɪdrələu'keɪʃən] *n.* 水声定位

hydrolocator [,haɪdrə'ləukeɪtə] *n.* 水声定位器

hydrologic(al) [,haɪdrə'lɒdʒɪk(əl)] *a.* 水文(学)的

hydrologist [haɪ'drɒlədʒɪst] *n.* 水文学家,水文工作者

hydrology [haɪ'drɒlədʒɪ] *n.* 水文学

hydrolube [,haɪdrə'lu:b] *n.* 氢化润滑油

hydrolysate [haɪ'drɒlɪseɪt] *n.* 水解产物

hydrolysis [haɪ'drɒlɪsɪs] *n.* 水解(作用)

hydrolyst ['haɪdrəlɪst] *n.* 水解催化剂

hydrolyte ['haɪdrəlaɪt] *n.* 水解质

hydrolytic [,haɪdrə'lɪtɪk] *a.* 水解的

hydrolyzate [haɪ'drɒləzeɪt] *n.* 水解产物,水解液

hydrolyze ['haɪdrəlaɪz] *v.* (进行)水解

hydrolyzer ['haɪdrəlaɪzə] *n.* 水解器

hydromagnesite [,haɪdrə'mægnɪsaɪt] *n.* 水菱镁矿

hydromagnetic [,haɪdrəmæg'netɪk] *a.* 水磁的

hydromagnetics [,haɪdrəumæg'netɪks] *n.* (电)磁流体(动)力学

hydromagnetism [,haɪdrə'mægnɪtɪzəm] *n.* 水磁学

hydroman ['haɪdrəmæn] *n.* 液压操作器,水力控制器

hydromanometer [,haɪdrəmə'nɒmɪtə] *n.* 测压计

hydromatic [,haɪdrə'mætɪk] *n.* 液压自动传动(系统)

hydromechanical [,haɪdrəumɪ'kænɪkl] *a.* 流体力学的

hydromechanics [,haɪdrəumɪ'kænɪks] *n.* 流体力学,水力学

hydromedusa [,haɪdrəumɪ'dju:sə] *n.* 水螅水母

hydro-melioration [,haɪdrəmi:liə'reɪʃən] *n.* 水利土壤改良

hydrometallurgical [,haɪdrəumetə'lɜ:dʒɪkəl] *a.* 湿法冶金的

hydrometallurgy [,haɪdrəume'tælɜ:dʒɪ] *n.* 湿法冶金(学)

hydrometamorphism [,haɪdrəmetə'mɔ:fɪzm] *n.* 水热变质

hydrometeor [,haɪdrə'mi:tɪə] *n.* ①水汽现象 ②水文气象,(pl.)水汽凝结体

hydrometeorologic(al) [,haɪdrəmi:tɪərə'lɒdʒɪk(l)] *a.* 水文气象的

hydrometeorologist [,haɪdrəmi:tɪə'rɒlədʒɪst] *n.* 水文气象学家

hydrometeorology [,haɪdrəmi:tɪə'rɒlədʒɪ] *n.* 水文气象学

hydrometer [haɪ'drɒmɪtə] *n.* ①(液体)比重计,浮计 ②流速计

hydrometric(al) [,haɪdrəu'metrɪk(l)] *a.* 测定比重的

hydrometry [haɪ'drɒmɪtrɪ] *n.* ①水文测量(学) ②(液体)比重测定(法) ③测速法

hydromica [,haɪdrə'maɪkə] *n.* 水云母

hydro-monoplane [,haɪdrə'mɒnəpleɪn] *n.* 水上单翼机

hydromotor [,haɪdrəu'məutə] *n.* 射水发动机,液压马达

hydromucker [,haɪdrə'mʌkə] *n.* 液压装岩机

Hydron ['haɪdrən] *n.* 海昌(一种酸度单位)

hydronalium ['haɪdrənæljəm] *n.* 铝镁(系)合金

hydronasty [,haɪdrə'nɑ:stɪ] *n.* 感水性

hydronaut ['haɪdrəunɔ:t] *n.* (海军)深水潜航器驾驶员

hydronautics [,haɪdrəu'nɔ:tɪks] *n.* 海洋工程学

hydroncus ['haɪdrənkəs] *n.* 水肿

hydrone ['haɪdrəun] *n.* ①钠铅合金 ②(单体)水分子

hydronephrosis [,haɪdrəune'frəusɪs] *n.* 肾积水

hydronic [haɪ'drɒnɪk] *a.* 循环加热〔冷却〕的

hydronics [haɪ'dʒɒnɪks] *n.* 循环加热〔冷却〕系统

hydronitrogen [,haɪdrəu'naɪtrədʒən] *n.* 氮氢化

合物

hydronium [haɪˈdrəʊnɪəm] n. 水合氢离子

hydrooptics [ˌhaɪdrəˈɒptɪks] n. 水域光学

hydropathic [ˌhaɪdrəʊˈpæθɪk] a. 水疗法的

hydropathy [haɪˈdʒɒpəθɪ] n. 水疗法

hydro-peening [ˌhaɪdrəˈpiːnɪŋ] n. 喷水清洗

hydropenia [ˌhaɪdrəˈpiːnɪə] n. 缺水

hydropenic [ˌhaɪdrəˈpiːnɪk] a. 缺水的,水不足的

hydroperoxidation [ˌhaɪdrəpərɒksɪˈdeɪʃən] n. 氢过氧化(作用)

hydroperoxide [ˌhaɪdrəpəˈrɒksaɪd] n. 过氧化氢物

hydrophil [ˈhaɪdrəʊfɪl] a. 吸水的,亲水的

hydrophile [ˈhaɪdrəʊfaɪl] n. 亲水物,亲水胶体

hydrophilia [ˈhaɪdrəʊfɪlɪ] n. 吸〔亲〕水性

hydrophilic [ˌhaɪdrəʊˈfɪlɪk] a. 亲水(性)的,保持湿气的

hydrophilicity [ˌhaɪdrəʊˈfɪlɪsɪtɪ] n. 亲水性

hydrophilism [ˈhaɪdrəˈfɪlɪzm] n. 吸水（湿）性

hydrophilite [haɪˈdʒɒfɪlaɪt] n. 氯钙石

hydrophilous [haɪˈdʒɒfɪləs] a. 亲水的,水生的,水媒的

hydrophily [haɪˈdrəfɪlɪ] n. 亲水性

hydrophobe [haɪdʒəˈfaɪt] n. 含水石

hydrophobe [ˈhaɪdrəʊfəʊb] a.; n. 疏〔嫌〕水物,疏水胶体

hydrophobia [ˌhaɪdrəʊˈfəʊbjə] n. 狂犬病,恐水症

hydrophobic [ˌhaɪdrəʊˈfəʊbɪk] a. 疏水(性)的,狂犬病的

hydrophobicity [ˌhaɪdrəʊˈfəʊbɪsɪtɪ] n. 疏水性

hydrophobization [ˌhaɪdrəʊfəʊbɪˈzeɪʃən] n. 憎水化

hydrophoby [ˈhaɪdrəʊfəbɪ] n. 疏水性

hydrophone [ˈhaɪdrəfəʊn] n. 水听器,漏水检查器,水中地震检波器,海洋检波器

hydrophore [ˈhaɪdrəfɔː] n. 采水样器,测不同海深的温度计

hydrophorograph [ˌhaɪdrəˈfɔrəgraːf] n. 液体流压描记器

hydrophosphate [ˌhaɪdrəˈfɒsfeɪt] n. 磷酸氢盐

hydrophotometer [ˌhaɪdrəfəʊˈtɒmɪtə] n. 水下光度计

hydrophylic [ˌhaɪdrəˈfɪlɪk] a. 亲水(性)的

hydrophysics [ˌhaɪdrəˈfɪzɪks] n. 水文物理学

hydrophyte [ˈhaɪdrəʊfaɪt] n. 水生植物

hydrophytic [ˌhaɪdrəˈfɪtɪk] a. 水生的

hydropic [haɪˈdʒɒpɪk] a. 水肿的,浮肿的

hydropigenous [ˌhaɪdrəˈpɪdʒənəs] a. 引起水肿的

hydropitchblende [ˌhaɪdrəˈpɪtʃblend] n. 水沥青铀矿

hydropite [ˈhaɪdrəpɪt] n. 蔷薇辉石

hydroplane [ˈhaɪdrəupleɪn] ❶ n. 水上飞机,水面滑走快艇,水平舵,水翼 ❷ vi. 乘水上飞机,掠过水面,水上滑行

hydroplaning [ˈhaɪdrəpleɪnɪŋ] n. 车轮空转,打滑

hydroplankton [ˌhaɪdrəˈplæŋktən] n. 水中浮游生物

hydroplasma [ˌhaɪdrəˈplæzmə] n. 透明质

hydroplasmia [ˌhaɪdrəˈplæzmɪə] n. 血浆稀薄

hydroplumbation [ˌhaɪdrəplʌmˈbeɪʃən] n. 铅氢化作用

hydropneumatic [ˌhaɪdrəʊnjuːˈmætɪk] a. 液(压)气(动)的

hydropneumatics [ˌhaɪdrəʊnjuːˈmætɪks] n. 液压气动学

hydropneumatolytic [ˌhaɪdrəʊnjuːmətəʊˈlɪtɪk] a. 液压气化的

hydropneumonia [ˌhaɪdrəʊnjuːˈməʊnɪə] n. 肺水肿

hydropolymer [ˌhaɪdrəˈpɒlɪmə] n. 氢化聚合物

hydropolymerization [ˌhaɪdrəpɒlɪməraɪˈzeɪʃən] n. 氢化聚合作用

hydroponic [ˌhaɪdrəʊˈpɒnɪk] a. 溶液培养(学)的,水栽法的

hydroponics [ˌhaɪdrəʊˈpɒnɪk] n. 水栽法,溶液培养(学),溶液栽培学

hydroposia [ˌhaɪdrəˈpəʊsɪə] n. 饮水

hydropower [ˈhaɪdrəupauə] n. 水力(发电)

hydropress [ˈhaɪdrəpres] n. 水压机

hydropretreating [ˌhaɪdrəpriːˈtriːtɪŋ] n. 加氢预处理

hydroprocessing [ˌhaɪdrəˈprəʊsesɪŋ] n. 加氢处理

hydrops [ˈhaɪdrɒps] n. 积水,水肿

hydroptendine [ˌhaɪdrɒpˈtendiːn] n. 氢化喋啶

hydropyrophosphate [ˌhaɪdrəpaɪərəʊˈfɒsfeɪt] n. 焦磷酸氢盐

hydroquinone [ˌhaɪdrəʊkwɪˈnəʊn] n. 氢醌,对苯二酚

hydrorefining [ˌhaɪdrərɪˈfaɪnɪŋ] n. 加氢精制

hydroreforming [ˌhaɪdrərɪˈfɔːmɪŋ] n. 临氢重整

hydrorubber [ˌhaɪdrəˈrʌbə] n. 氢化橡胶

hydrosafroeugenol [ˌhaɪdrəsæfrəˈjuːgənɒl] n. 氢化黄樟丁香酚

hydrosandblast [ˌhaɪdrəˈsændblɑːst] n. 水砂清砂

hydrosaturnism [ˌhaɪdrəʊˈsætɜːnɪzm] n. 水铅中毒

hydroscience [ˈhaɪdrəsaɪəns] n. 水科学

hydroscope [ˈhaɪdrəʊskəʊp] n. 水气计,验湿器,深水探视仪,检水器

hydroscopic [ˌhaɪdrəʊˈskɒpɪk] a. 吸水的,湿度计的

hydroscopicity [ˌhaɪdrəskəˈpɪsɪtɪ] n. 吸水性,吸着度

hydroseismic [ˈhaɪdrəsaɪzmɪk] n.;a. 海洋地震(的)

hydroseparator [ˌhaɪdrəˈsepəreɪtə] n. 水力分离器

hydrosere [ˌhaɪdrəˈsiːə] *n.* 水生演替系列

hydrosilation [ˌhaɪdrəsɪˈleɪʃən] *n.* 硅氢化作用

hydrosilicon [ˌhaɪdrəˈsɪlɪkən] *n.* 硅氢化合物

hydrosilylation [ˌhaɪdrəsɪlɪˈleɪʃən] *n.* 氢化硅烷化

hydrosizer [ˈhaɪdrəsaɪzə] *n.* 水力分级器

hydroski [ˈhaɪdrəuskiː] *n.* 帮助水上飞机起飞的水翼

hydrosol [ˈhaɪdrəsɒl] *n.* (脱)水溶胶,液悬体

hydrosoluble [ˌhaɪdrəˈsɒljuːbl] *a.* 水溶性的,可溶于水的

hydrosolvent [ˌhaɪdrəˈsɒlvənt] *n.* 水溶剂

hydrospace [ˈhaɪdrəspeɪs] *n.* 海洋水界,水下空间

hydrosphere [ˈhaɪdrəsfɪə] *n.* 水界,地球水面,地水层

hydro-spin(ning) [ˌhaɪdrəuˈspɪn(ɪŋ)] *n.* 液力旋压

hydro(-)stabilizer [ˌhaɪdrəˈsteɪbɪlaɪzə] *n.* 水上稳定器

hydrostable [ˌhaɪdrəˈsteɪbl] *a.* 对水稳定的,抗水的

hydrostannation [ˌhaɪdrəstæˈneɪʃən] *n.* 锡氢化作用

hydrostat [ˈhaɪdrəustæt] *n.* (汽锅)防爆装置,水压调节器,警水器

hydrostatic(al) [ˌhaɪdrəuˈstætɪk(l)] *a.* 静水学的,液压静力的,水静的

hydrostatics [ˌhaɪdrəuˈstætɪks] *n.* 流体静力学,水静力学

hydrostone [ˈhaɪdrəustəun] *n.* 石膏

hydro-structure [ˌhaɪdrəˈstrʌkʃə] *n.* 水工结构

hydrosulphate, hydrosulfate [ˌhaɪdrəˈsʌlfeɪt] *n.* 硫酸氢盐,酸性硫酸盐

hydrosulphide, hydrosulfide [ˌhaɪdrəˈsʌlfaɪd] *n.* 氢硫化物

hydrosulphite, hydrosulfite [ˌhaɪdrəˈsʌlfaɪt] *n.* 亚硫酸氢盐

hydrosulphonyl, hydrosulfuryl [ˌhaɪdrəˈsʌlfənɪl] *n.* 巯基,氢硫(基)

hydrosynthesis [ˌhaɪdrəˈsɪnθɪsɪs] *n.* 水合成(作用)

hydrotalcite [ˌhaɪdrəˈtælsaɪt] *n.* 水滑石

hydrotaxis [ˌhaɪdrəuˈtæksɪs] *n.* 向〔趋〕水性,趋湿性

hydrotechnics [ˌhaɪdrəˈtæknɪks] *n.* 水(力,利)工(程)学

hydro-technological [ˌhaɪdrəteknəˈlɒdʒɪkəl] *a.* 水力工程学的

hydroterpin [ˌhaɪdrəˈtəpɪn] *n.* 氢化松节油

hydrotherapeutic [ˌhaɪdrəθerəˈpjuːtɪk] *a.* 水疗法的

hydrotherapy [ˌhaɪdrəuˈθerəpɪ] *n.* 水疗法

hydrotherm [ˈhaɪdrəθɜːm] *n.* 热液

hydrothermal [ˌhaɪdrəˈθɜːməl] *a.* 热液的

hydrothermic [ˌhaɪdrəˈθɜːmɪk] *a.* 热水的

hydrotimeter [ˌhaɪdrəuˈtɪmɪtə] *n.* (水的)硬度计

hydrotimetric [ˌhaɪdrəutɪˈmetrɪk] *a.* 水硬度的

hydrotorting [ˌhaɪdrəˈtɔːtɪŋ] *n.* 加氢干馏

hydrotransmitter [ˌhaɪdrətrænsˈmɪtə] *n.* 液力变矩器

hydrotransport [ˌhaɪdrəˈtrænspɔːt] *n.* 水力运输

hydrotreatment [ˌhaɪdrəˈtriːtmənt] *n.* 加氢处理

hydrotrencher [ˌhaɪdrəˈtrentʃə] *n.* 液力挖沟机

hydrotroilite [ˌhaɪdrəˈtrəuɪlaɪt] *n.* 水单硫铁矿

hydrotrope [ˈhaɪdrətrəup] *n.* 水溶物

hydrotropism [ˌhaɪdrəuˈtrɒpɪzm] *n.* 向水性,感湿性

hydrotropy [haɪˈdrɒtrəpɪ] *n.* 水溶助长性

hydrous [ˈhaɪdrəs] *a.* 含(结晶)水的,含氢的

hydro-vac [ˌhaɪdrəˈvæk] *n.* 油压真空制动器

hydro-vacuum [ˌhaɪdrəˈvækjuəm] *n.;a.* 油压真空(并用的)

hydrovalve [ˈhaɪdrəvælv] *n.* 水阀,液压开关

hydrovane [ˈhaɪdrəveɪn] *n.* (飞机的)着水板,水翼

hydrowollastonite [ˌhaɪdrəˈwuləstənaɪt] *n.* 雪硅钙石

hydroxamino [haɪˈdrɒksəmɪnəu] *n.* 羟氨基

hydroxide [haɪˈdrɒksaɪd] *n.* 氢氧化物

hydroxidion [ˌhaɪdrɒksɪˈdaɪən] *n.* 羟离子

hydroxocobalamin(e) [ˌhaɪdrəksəkəˈbæləmɪn] *n.* 羟钴胺素,维生素 B_{12}

hydroxonium [ˌhaɪdrɒkˈsəunɪəm] *n.* 水合氢(离子)

hydroxy [haɪˈdrɒksɪ] *n.* 羟(基)

hydroxyamino [ˌhaɪdrɒksɪˈæmɪnəu] *n.* 羟氨基

hydroxyandrostenedione [ˌhaɪdrɒksɪændrəstɪˈnedɪəun] *n.* 羟雄(甾)烯二酮

hydroxyanthraquinone [ˌhaɪdrɒksɪænθrəˈkwɪnəun] *n.* 羟基蒽醌

hydroxyapatite [ˌhaɪdrɒksɪˈæpətaɪt] *n.* 羟磷灰石

hydroxychloride [haɪˈdrɒksɪˈklɔːraɪd] *n.* 羟基氯化物

hydroxyd [haɪˈdrɒksɪd] *n.* 氢氧化物

hydroxyeremophilone [haɪˈdrɒksɪerɪˈmɒfɪləun] *n.* 羟基雅槛兰酮

hydroxyesterification [haɪˈdrɒksɪesterɪfɪˈkeɪʃən] *n.* 羟酯化(作用)

hydroxyestradiol [haɪˈdrɒksɪesˈtrædɪəul] *n.* 羟雌(甾)二醇

hydroxyestriol [haɪˈdrɒksɪˈestraɪəul] *n.* 羟雌(甾)三醇

hydroxyestrone [haɪˈdrɒksɪˈestrəun] *n.* 羟雌(甾)酮

hydroxyethylation [haɪˈdrɒksɪeθɪˈleɪʃən] *n.* 羟乙基化(作用)

hydroxygen [haɪˈdrɒksɪdʒən] *n.* 液态氧和氢组成的二元燃料

hydroxyhalide [ˌhaɪdrəksɪˈhælaɪd] *n.* 羟基卤化

物

hydroxyindol(e) [haɪˈdrɒksɪndəl] *n.* 羟(基)吲哚

hydroxyiodide [ˌhaɪdrɒksɪˈaɪədaɪd] *n.* 羟基碘化物

hydroxyl [haɪˈdrɒksɪl] = hydroxy

hydroxylable [haɪˈdrɒksɪləbl] *a.* 可以羟化的

hydroxylamine [ˌhaɪdrɒksɪləˈmi:n] *n.* 胲,羟胺

hydroxylase [haɪˈdrɒksɪleɪs] *n.* 羟化酶

hydroxylate [haɪˈdrɒksɪleɪt] *n.* 羟基化物

hydroxylating [haɪˈdrɒksɪleɪtɪŋ] *n.* 羟基化反应

hydroxylation [ˌhaɪdrɒksɪˈleɪʃ ən] *n.* 羟基化(作用)

hydroxylic [haɪˈdrɒksɪlɪk] *a.* 羟基的

hydroxylysine [ˌhaɪdrɒksɪˈlaɪsɪn] *n.* 羟(基)赖氨酸

hydroxymethylase [ˌhaɪdrɒksɪˈmeθɪleɪs] *n.* 羟甲基化酶

hydroxymethylate [ˌhaɪdrɒksɪˈmeθɪleɪt] *n.* 羟甲基化作用

hydroxymethylfurfural [ˌhaɪdrɒksɪmeθɪlˈfɜ:fjurəl] *n.* 羟甲基糠醛

hydroxynervone [ˌhaɪdrɒksɪˈnɜ:vəun] *n.* 羟烯脑苷脂,羟神经苷脂

hydroxynitrate [ˌhaɪdrɒksɪˈnaɪtreɪt] *n.* 碱式硝酸盐

hydroxynitration [ˌhaɪdrɒksɪnaɪˈtreɪʃ ən] *n.* 羟基化硝化(作用)

hydroxyorganosilane [ˌhaɪdrɒksɪɔ:gənəˈsɪleɪn] *n.* 羟基有机硅烷

hydroxypentachloride [ˌhaɪdrɒksɪpentəˈklɔ:raɪd] *n.* 羟基五氯化物

hydroxyphenylketonuria [ˌhaɪdrɒksɪfenɪlki:təˈnjuərɪə] *n.* 羟苯酮尿

hydroxypregnenolone [ˌhaɪdrɒksɪpregˈnjenələun] *n.* 羟基孕(甾)烯醇酮

hydroxyproline [ˌhaɪdrɒksɪˈprəuli:n] *n.* 羟脯氨酸

hydroxyquinone [ˌhaɪdrɒksɪˈkwɪnəun] *n.* 羟基醌

hydroxyskatol [ˌhaɪdrɒksɪˈskætəl] *n.* 羟基甲基吲哚

hydroxysodalite [ˌhaɪdrɒksɪˈsəudəlaɪt] *n.* 羟基方钠石

hydroxystilbene [ˌhaɪdrɒksɪˈstɪlbi:n] *n.* 羟基芪

hydroxytestosterone [ˌhaɪdrɒksɪtesˈtɒstərəun] *n.* 羟睾(甾)酮

hydroxytyramine [ˌhaɪdrɒksɪˈtɪrəmi:n] *n.* 羟酪胺

hydroxyurea [ˌhaɪdrɒksɪˈjuərɪə] *n.* 羟基脲

hydrozincite [ˌhaɪdrəuˈzɪŋkaɪt] *n.* 水锌矿

hydrozoa [ˈhaɪdrəzəuə] *n.* 水螅纲

hydrozoan [ˌhaɪdrəuˈzəuən] *n.* 水螅虫

hydruret [ˈhaɪdrʌrɪt] *n.* 氢化物

hydryzing [ˈhaɪdraɪzɪŋ] *n.* (防止表面氧化的)氢气

(圈内)热处理

hydyne [ˈhaɪdaɪn] *n.* 一种火箭发动机用燃料

hyetal [ˈhaɪɪtəl] *a.* 降雨的

hyetograph [ˈhaɪɪtəugra:f] *n.* 雨量计,雨量记录表

hyetographic [ˌhaɪɪtəuˈgræfɪk] *a.* 雨量计的

hyetography [haɪɪˈtɒgrəfɪ] *n.* 雨量(分布)学,雨量图法

hyetology [haɪɪˈtɒlədʒɪ] *n.* 降水学,雨学

hyetometer [haɪɪˈtɒmɪtə] *n.* 雨量计

hyetometry [haɪɪˈtɒmɪtrɪ] *n.* 雨量测定(法)

Hyfil [ˈhaɪfɪl] *n.* 海菲尔(一种玻璃纤维的商标名)

hygeian [haɪˈdʒi:ən] *a.* 健康的,(医药)卫生的

hygiastic [ˌhaɪdʒɪˈæstɪk] *a.* 卫生(学)的

hygiene [ˈhaɪdʒi:n] *n.* 卫生(学),保健学

hygienic(al) [haɪˈdʒi:nɪk(l)] *a.* 卫生(学)的,保健的

hygienics [haɪˈdʒi:nɪks] *n.* 卫生学,保健学

hygienist [ˈhaɪdʒi:nɪst] *n.* 卫生学家

hygrechema [ˌhaɪgrɪˈki:mə] *n.* 水声,水音

hygric [ˈhaɪgrɪk] *a.* 湿(气)的,潮的

hygrine [ˈhaɪgri:n] *n.* 古液碱

hygroautometer [ˌhaɪgrəuˈtɒmɪtə] *n.* 自记湿度计

hygrochasy [ˈhaɪgrətʃæsɪ] *n.* 逐湿性

hygrocole [ˈhaɪgrəkəul] *n.* 湿生动物

hygrodeik [ˈhaɪgrədaɪk] *n.* 图示湿度计

hygrogram [ˈhaɪgrəgræm] *n.* 湿度图

hygrograph [ˈhaɪgrəugra:f] *n.* (自记)湿度计

hygrokinesis [ˌhaɪgrəkaɪˈni:sɪs] *n.* 感湿性

hygrol [ˈhaɪgrɒl] *n.* 胶状汞,汞胶液

hygrology [haɪˈgrɒlədʒɪ] *n.* 湿度表

hygroma [haɪˈgrəumə] *n.* 水囊瘤

hygrometabolism [ˌhaɪgrəmɪˈtæbəlɪzm] *n.* 湿代谢作用

hygrometric [ˌhaɪgrəuˈmetrɪk] *a.* 测(量)湿(度)的,吸湿(性)的,降水的

hygrometry [haɪˈgrɒmɪtrɪ] *n.* 测湿法

hygronom [ˈhaɪgrənɒm] *n.* 湿度仪

hygropetric [ˌhaɪgrəˈpetrɪk] *a.* 湿石生长的

hygrophilous [ˌhaɪgrəˈfɪləs] *a.* 适湿的

hygrophyte [ˈhaɪgrəfaɪt] *n.* 湿生植物

hygroplasm [ˈhaɪgrəplæsəm] *n.* 液质

hygroscope [ˈhaɪgrəuskəup] *n.* 测湿器

hygroscopic(al) [ˌhaɪgrəuˈskɒpɪk(l)] *a.* 吸湿的,湿度计的

hygroscopicity [ˌhaɪgrəuˈskɒpɪsɪtɪ] *n.* 吸湿性,吸水性

hygroscopy [haɪˈgrɒskəpɪ] *n.* 湿度测定(法),潮解性

hygrostat [ˈhaɪgrəustæt] *n.* 恒湿器,测湿计

hygrotaxis [ˌhaɪgrəˈtæksɪs] *n.* 趋湿性

hygrothermograph [ˌhaɪgrəuˈθɜ:məgra:f] *n.* 温湿计

hygrothermoscope [ˌhaɪgrəˈθɜ:məskəup] *n.* 温

H

湿仪

hygrotropism [,haɪgrə'trɒpɪzm] *n.* 向湿性

hyla ['haɪlə] *n.* 雨蛙;副中脑水管

hyle ['haɪliː] *n.*【哲】实质,原质

hylergography [,haɪləgə'græfɪ] *n.* 环境影响论

hylic ['haɪlɪk] *a.* 物质的,髓质的

hylogenesis [,haɪlədʒə'niːsɪs] *n.* 物质生成

hylogeny ['haɪlədʒənɪ] *n.* 物质生成

hylon ['haɪlən] *n.* 阳性核

hylotheism [,haɪlə'θiːɪzm] *n.* 物神论

hylotropic [,haɪlə'trɒpɪk] *n.* 保组变相物

hymen ['haɪmen] *n.* 处女膜

Hymenomycetes [,haɪmɪnəumaɪ'siːtɪz] *n.* 伞菌类

Hymenophore [,haɪmɪ'nəufɔː] *n.* 子(实)层体

Hymenoptera [,haɪmɪ'nɒptərə] *n.* 膜翅目

hymograph ['haɪmɡrɑːf] *n.* 示波器

hyoid ['haɪɔɪd] *a.* U 字形的,舌骨(形)的

hyoscyamine [haɪə'saɪəmiːn] *n.* 天仙子胺

hyp ['hɪp] *n.* 亥普(衰减单位)

hypabyssal [,hɪpə'bɪsl] *a.* 半深成的,浅成的

hypactic [hɪ'pæktɪk] *a.* 轻泻的

hypaethral [hɪ'piːθrəl] *a.* 无屋顶的,露天的

hypanakinesia [haɪ'pænəkaɪ'niːzɪə] *n.* 运动缺乏

hypanakinesis [,hɪpænəkaɪ'niːsɪs] *n.* 运动缺乏

hypaphorin [haɪə'fɔːrɪn] *n.* 色氨酸三甲基内盐

hype ['haɪp] *n.* ①欺骗,广告　②皮下注射(器)

hypemia [,haɪpə'miːə] *n.* 贫血

hyperacid [,haɪpə(ː)'ræsɪd] *a.* 酸过多的

hyperacidity [,haɪpə(ː)rə'sɪdɪtɪ] *n.* 酸过多

hyperacoustic [,haɪpərə'kaustɪk] *a.* (特)超声(波)的

hyperaction [,haɪpɜː'rækʃən] *n.* 活动过度

hyperactive [,haɪpə(ː)'ræktɪv] *a.* 活动过度的

hyperacute [,haɪpərə'kjuːt] *n.* 极急性的

hyperadiposity [,haɪpərædɪ'pɒsɪtɪ] *n.* 肥胖过度

hyperemia [,haɪpə(ː)'riːmɪə] *n.* 充血

hyperalimentation [,haɪpərəlɪmen'teɪʃən] *n.* 营养过度

hyperammonemia [,haɪpəræmə'niːmɪə] *n.* 高氨血

hyperamnesia [,haɪpɜː'ræmniːsɪə] *n.* 记忆增强

hyperarithmetical [,haɪpərərɪθ'metɪkəl] *a.* 超算术的

hyperballistics [,haɪpəbə'lɪstɪks] *n.* 超高速弹道学

hyperbar ['haɪpəbɑː] *n.* 高气压

hyperbaria [,haɪpə'bɑːrɪə] *n.* 气压过高

hyperbaric [,haɪpɜː'bærɪk] *a.* 高比重的,高压的

hyperbarism [,haɪpə'bɑːrɪzəm] *n.* 过气压病

hyperbase ['haɪpəbeɪs] *n.* 超基

hyperbilirubin(a)emia [,haɪpəbɪlɪruːbɪ'niːmɪə] *n.* 高胆红素血

hyperbola [haɪ'pɜːbələ] (pl. hyperbolas 或 hyperbolae) *n.* 双曲线

hyperbole [haɪ'pɜːbəlɪ] *n.* 夸张法

hyperbolic(al) [,haɪpɜː'bɒlɪk(l)] *a.* 双曲(线)的,夸大的

hyperbolicity [,haɪpɜːbə'lɪsɪtɪ] *n.* 双曲率

hyperbolograph [,haɪpə'bɒləɡrɑːf] *n.* 双曲线规

hyperboloid [haɪ'pɜːbəlɔɪd] *n.* 双曲线体,双曲面

hyperboloidal [,haɪpɜːbə'lɔɪdəl] *a.* 双曲面的

hyperborean [,haɪpɜːbɔː'riːən] *a.;n.* 极北的,寒冷的,北国人(的)

hypercap ['haɪpəkəp] *a.* 变容二极管的

hypercapnia [,haɪpɜː'kæpnɪə] *n.* 高碳酸血(症)

hypercardia [,haɪpɜː'kɑːdɪə] *n.* 心肥大

hypercharge ['haɪpətʃɑːdʒ] ❶ *vt.* 加压过大,对…增压 ❷ *n.* 超荷(量)

hyperchromatic [,haɪpəkrə'mætɪk] *a.* 多色差的,染深色的

hyperchrome ['haɪpəkrəum] *n.* 浓色团

hyperchromic [,haɪpə'krəumɪk] *a.* 增色的,深色的

hyperchromicity [,haɪpəkrə'mɪsɪtɪ] *n.* 增色现象,增色性

hyperchromism ['haɪpə'krəumɪzəm] *n.* 皮肤过黑,细胞染色特深

hyperco ['haɪpəkəu] *n.* 海波可(一种高磁导率与高饱和磁通密度的磁性合金)

hypercoagulability [,haɪpəkəuæɡjulə'bɪlɪtɪ] *n.* 高凝固性

hypercoagulable [,haɪpəkəu'æɡjuləbl] *a.* 高凝固性的

hypercohomology [,haɪpəkəuhə'mɒlədʒɪ] *n.* 超上同调

hypercompact [,heɪpəkəm'pækt] *a.* 超紧的

hypercomplex ['haɪpə'kɒmpleks] *a.* 超复数〔杂〕的

hyperconcentration ['haɪpəkɒnsen'treɪʃən] *n.* 超浓缩

hypercone ['haɪpəkəun] *n.* 超锥

hyperconical [,haɪpə'kɒnɪkl] *a.* 超锥的

hyperconjugation ['haɪpəkəndʒu'ɡeɪʃən] *n.* 超结合,超共轭(效应)

hypercorrect [,haɪpəkə'rekt] *a.* 矫枉过正的

hypercritic(al) [,haɪpə(ː)'krɪtɪk(l)] *a.* 过于苛严的,吹毛求疵的,超临界的‖ **-ly** *ad.*

hypercriticism [,haɪpə(ː)'krɪtɪsɪzəm] *n.* 吹毛求疵的批评

hypercube ['haɪpəkjuːb] *n.* 超正方体

hypercycloid [,haɪpə'saɪklɔɪd] *n.* 圆内旋转线

hypercylinder [,haɪpə'sɪlɪndə] *n.* 超柱形(面,体)

hyperdiploid [,haɪpə'dɪplɔɪd] *a.* 倍数染色体过多的

hyperdisk ['haɪpɜːdɪsk] *n.* 管理磁盘

hyperdistention [,haɪpɜːdɪs'tenʃən] *n.* 膨胀过度

H

hyperdrive ['haɪpədraɪv] *n.* 可超过光速的推进系统(假想的)

hyperelastic [,haɪpərɪ'læstɪk] *a.* 超弹性的

hyperellipsoid [,haɪpərɪ'lɪpsɔɪd] *n.* 超椭圆体

hyperelliptic [,haɪpərɪ'lɪptɪk] *a.* 超椭圆的

hyperemia [,haɪpə(:)'ri(:)mɪə] *n.* 充血

hyperemotivity [,haɪpərɪ:mə'tɪvɪtɪ] *n.* 情感过强

hyperenergia [,haɪpə'ri:nədʒɪə] *n.* 精力过度,能力过强

hyperergy [haɪ'pɜ:rəgɪ] *n.* 超反应性

hyperesthesia [,haɪpərɪs'θɪzjə] *n.* 感觉过敏

hyperesthetic [,haɪpərɪs'θetɪk] *a.* 感觉过敏的

hypereutectic [haɪpərju'tektɪk] *a.:n.* 过共晶的,过低熔的

hypereutectoid [,haɪpərju'tektɔɪd] *n.* 过共析(体),超低共熔体

hyperexcitability [,haɪpəreksaɪtə'bɪlɪtɪ] *n.* 超兴奋性

hyperfiltrate [,haɪpə'fɪltreɪt] *n.* 超滤

hyperfiltration [,haɪpəfɪl'treɪʃən] *n.* 超滤(法,作用),高滤,反渗透(法)

hyperfine ['haɪpə'faɪn] *a.* 超精细的

hyperflow ['haɪpəfləʊ] *n.* 密相气升

hyperfluid [,haɪpə'flʊɪd] *a.;n.* 超流动(的)

hyperfragment [,haɪpə(:)'fræɡmənt] *n.* (含)超裂片

hyperfrequency [,haɪpə'fri:kwənsɪ] *n.* 超高频

hyperfunction [,haɪpə'fʌŋkʃən] *n.* 功能亢进

hypergalaxy [,haɪpə'ɡæləksɪ] *n.* 超星系

hypergene ['haɪpədʒi:n] *n.* 超基因

hypergeometric [,haɪpədʒɪə'metrɪk] *a.* 超几何的

hypergeometry [,haɪpədʒɪ'ɒmɪtrɪ] *n.* 多维几何(学)

hypergeostrophic [,haɪpədʒɪəʊ'strɒfɪk] *a.* 超地转的

hyperglycemia [,haɪpəɡlaɪ'si:mɪə] *n.* 高血糖

hypergol ['haɪpə(:)ɡɒl] *n.* 双组分火箭燃料

hypergolic [,haɪpə(:)'ɡɒlɪk] *a.* 自(点)燃的

hypergon ['haɪpəɡɒn] *n.* 拟球心阔透镜组,对称弯月镜

hypergraph ['haɪpəɡrɑ:f] *n.* 超图

hypergravity [,haɪpə'ɡrævɪtɪ] *n.* 超重

hyperharmonic [,haɪpəhɑ:'mɒnɪk] *a.* 超调和的

hyperhemoglobinemia [,haɪpəhi:məʊɡləbɪ'ni:mɪə] *n.* 高血红蛋白血

hyperhomology [,haɪpəhə'mɒlədʒɪ] *n.* 超(下)同调

hypericin [,haɪpə'raɪsɪn] *n.* 金丝桃蒽酮

hyperideation [,haɪpərɪdɪ'eɪʃən] *n.* 想象过度

hyperimmunization [,haɪpərɪmjʊnaɪ'zeɪʃən] *n.* 高度免疫

hyperin ['haɪpərɪn] *n.* 海棠苷

hyperinsulinism [,haɪpə(:)'ɪnsəlɪnɪzm] *n.* 胰岛素过多(症)

hyperjump ['haɪpədʒʌmp] *n.* 超跃度

hyperkalemia [,haɪpəkə'li:mɪə] *n.* 高钾

hyperkeratosis [,haɪpə(:)kerə'təʊsɪs] *n.* 角化过度(症)

hyperkinesis [,haɪpəkaɪ'ni:sɪs] *n.* 运动过度

hyperkinetic [,haɪpəkaɪ'netɪk] *a.* 运动机能亢进的

hyperlipemia [,haɪpə(:)lɪ'pi:mɪə] *n.* 高脂血

hyperloy ['haɪpəlɔɪ] *n.* (海波洛伊)高磁导率铁镍合金

hyperlysinemia [,haɪpəlaɪsɪ'ni:mɪə] *n.* 赖氨酸过多血

hypermal [haɪ'pɜ:məl] *n.* (海波摩尔)高磁导率铁铝合金

hypermalloy [,haɪpə'mælɔɪ] *n.* (海波摩洛伊)高磁导率铁镍合金

hypermanganate [,haɪpə'mæŋɡəneɪt] *n.* 高锰酸盐

hypermarket [,haɪpə'mɑ:kɪt] *n.* 巨型超级市场

hypermastia [,haɪpə'mæstɪə] *n.* 乳腺肥大

hypermatic [,haɪpə'mætɪk] *a.* 过黏的

hypermatrix [,haɪpə'meɪtrɪks] *n.* 超矩阵

hypermetagalaxy [,haɪpəmetə'ɡæləksɪ] *n.* 超总星系

hypermetropia [,haɪpəmɪ'trəʊpɪə]【医】*n.* 远视(眼) ‖ **hypermetropic** *a.*

hypermnesia [,haɪpəm'ni:zɪə] *n.* 记忆极强

hypermnesic [,haɪpəm'ni:sɪk] *a.* 记忆极强的

hypermorph ['haɪpəmɔ:f] *n.* 超等位基因

hypermultiplet [,haɪpə'mʌltɪplet] *n.* 超多重(谱)线,超多重态

Hypernic, Hypernik ['haɪpənɪk] *n.* (海波尼克)高磁导率镍钢

hypernomic [,haɪpə'nəʊmɪk] *a.* 超规律的,过度的

hypernormal [,haɪpɜ:'nɔ:məl] *a.* 超常态的

hypernotion [,haɪpə'nɔʃən] *n.* 超概念

hypernuclear [,haɪpə'nju:klɪə] *a.* 超核的

hypernucleus [,haɪpə'nju:klɪəs] *n.* 超(子)原子核

hypernumber ['haɪpənʌmbə] *n.* 超数

hypernutrition [,haɪpənju:'trɪʃən] *n.* 营养过度

hyperon ['haɪpə(:)rɒn] *n.* 超子

hyperopia [,haɪpə(:)'rəʊpɪə]【医】*n.* 远视(眼)

hyperorthogonal [,haɪpəɔ:'θɒɡənəl] *a.* 超正交的

hyperosculation [,haɪpərɔ:skju'leɪʃən] *n.* 超密切

hyperosmotic [,haɪpərɔz'mɒtɪk] *a.* 高渗的

hyperoxia [,haɪpə(:)'rɒksɪə] *n.* 氧过多

hyperoxic [,haɪpə'rɒksɪk] *a.* 含氧量高的

hyperoxidation [,haɪpərɒksɪ'deɪʃən] *n.* 氧化过度

hyperoxide [,haɪpə(:)'rɒksaɪd] *n.* 过氧化物

hyperpanchromatic [,haɪpɜ:pænkrəʊ'mætɪk]

n.; a. 高汛色(的),高汛色胶片

hyperparaboloid [ˌhaɪpəpə'ræbələɔɪd] n. 超抛物体

hyperparasite [ˌhaɪpə(:)'pærəsaɪt] n. 重寄生物

hyperpermeability [ˌhaɪpɜ:pɜ:mɪə'bɪlɪtɪ] n. 渗透性过高

hyperphysical [ˌhaɪpə(:)'fɪzɪkl] a. 超物质的,超自然的

hyperpiesia [ˌhaɪpə'paɪəsɪə] n. 高压,高血压

hyperpietic [ˌhaɪpəpaɪ'etɪk] a. 高压的,高血压的

hyper-planar [ˌhaɪpə'pleɪnə] a. 超平面的

hyperplane ['haɪpəpleɪn] n. 超平面

hyperplasia [ˌhaɪpə(:)'pleɪʒɪə] n. 增生

Hyperplastic [ˌhaɪpə'plæstɪk] a. 增生的

hyperplasy ['haɪpəpləsɪ] n. 增生

hyperploid ['haɪpə(:)lplɔɪd] n. 超倍体

hyperpnoea [ˌhaɪpəp'ni:ə] n. 呼吸增快

hyperpolarizability [ˌhaɪpəpəuləraɪzə'bɪlɪtɪ] n. 超极化率

hyperpolarization [ˌhaɪpəpɒləraɪ'zeɪʃən] n. 超极化

hyperpressure [ˌhaɪpə'preʃə] n. 超压

hyperproteinemia [ˌhaɪpəprəutɪ'ni:mɪə] n. 高蛋白血

hyperprothrombinemia [ˌhaɪpəprəuθrɒmbɪ-'ni:mɪə] n. 高凝血酶原血

hyperpure ['haɪpəpjuə] a. 超纯的

hyperpyrexia [ˌhaɪpəpaɪ'reksɪə] n. 过高热

hyperpyrexial [ˌhaɪpəpaɪ'reksɪəl] a. 高热的

hyperquadric [ˌhaɪpə'kwɒdrɪk] a. 超二次曲面的

hyperquantization [ˌhaɪpə(:)kwɒntɪ'zeɪʃən] n. 超量子化

hyperreactive [ˌhaɪpərɪ(:)'æktɪv] a. 反应过度的

hyperrectangle [ˌhaɪpə'rektæŋgl] n. 超矩形

hyperreflexia [ˌhaɪpɜ:rɪ'fleksɪə] n. 反射过度

hyperresonance [ˌhaɪpə'rezənəns] n. 共鸣过强

hyperscope [ˌhaɪpə'skəup] n. 壕沟用潜望镜

hypersecretion [ˌhaɪpəsɪ'kri:ʃən] n. 分泌过多

hypersensibility [ˌhaɪpəsensɪ'bɪlɪtɪ] n. 过敏性

hypersensitive [ˌhaɪpə(:)'sensɪtɪv] a. 超灵敏的

hypersensitiveness [ˌhaɪpə'sensɪtɪvnɪs] n. 过敏(性)

hypersensitivity [ˌhaɪpəsensɪ'tɪvɪtɪ] n. 超(灵)敏度〔性〕,超感光度

hypersensitization [ˌhaɪpəsensɪtɪ'zeɪʃən] n. 超增感,超敏感

hypersensitized [ˌhaɪpə'sensɪtaɪzd] a. 超高灵敏度的,超感光的

hypersensitizer [ˌhaɪpə'sensɪtaɪzə] n. 超增感剂

Hypersil ['haɪpəsɪl] n. 一种磁性合金

hypersolid [ˌhaɪpə'sɒlɪd] n. 多维固体

hypersonic [ˌhaɪpə(:)'sɒnɪk] n. 高超音速的,特超声的

hypersonics [ˌhaɪpə'sɒnɪks] n. 特超声速空气动力学

hypersorber [ˌhaɪpə'sɔ:bə] n. 超吸器,活性吸附剂

hypersorption [ˌhaɪpə'sɔ:pʃən] n. 超吸附

hypersound [ˌhaɪpə'saund] n. 特超声

hyperspace [ˌhaɪpə(:)'speɪs] n. 超(越)空间,多维空间

hypersphere ['haɪpə(:)sfɪə] n. 超球面

hyperspherical [ˌhaɪpə'sferɪkəl] a. 超球面的

hyperstatic [ˌhaɪpə(:)'stætɪk] a. 超静的

hyperstaticity [ˌhaɪpəstæ'tɪsɪtɪ] n. 超静定性

hypersthene ['haɪpɜ:sθi:n] n. 紫苏辉石

hypersthenite ['haɪpɜ:sθi:naɪt] n. 紫苏岩,苏长石

hyperstoichiometry [ˌhaɪpəstɔɪkɪ'ɒmɪtrɪ] n. 超化学计量

hyperstomatous [ˌhaɪpə'stɒmətəs] a. 气孔上生的

hyperstress [ˌhaɪpə'stres] n. 超应力

hyperstructure [ˌhaɪpə'strʌktʃə] n. 超级结构

hypersurface [ˌhaɪpə'sɜ:fɪs] n. 超曲面

hypersusceptibility [ˌhaɪpɜ:səseptə'bɪlɪtɪ] n. 感受性过强

hypersynchronous [ˌhaɪpə'sɪŋkrənəs] a. 超同步的

hypertension [ˌhaɪpə'tenʃən] n. 高血压,压力过高

hypertensive [ˌhaɪpə(:)'tensɪv] a.;n. 高血压的（者）

hypertherm ['haɪpə(:)θɜ:m] n. 人工发热器,发热治疗机

hyperthermal [ˌhaɪpə'θɜ:məl] a. 过热的,高温的

hyperthermia [ˌhaɪpə(:)'θɜ:mɪə] n. 体温过高

hyperthermocouple [ˌhaɪpə(:)'θɜ:məukʌpl] n. 超温差电偶

hyperthermometer [ˌhaɪpəθɜ:'mɒmɪtə] n. 超高温表

hyperthyreosis [ˌhaɪpəθaɪrɪ'əusɪs] n. 甲状腺机能亢进

hyperthyroidism [ˌhaɪpə'θaɪrɔɪdɪz(ə)m] n. 甲状腺机能亢进

hyperthyroidosis [ˌhaɪpə'θaɪrɔɪdəsɪs] n. 甲状腺机能亢进

hypertonia [ˌhaɪpə'təunɪə] n. 高渗压,血压过高

hypertonic [ˌhaɪpə(:)'tɒnɪk] a. 紧张过度的,【化】高渗的

hypertonicity [ˌhaɪpə(:)tə'nɪsɪtɪ] n. 过度紧张,高渗性

hypertorus [ˌhaɪpɜ:'tɔ:rəs] n. 超环面

hypertoxic [ˌhaɪpə(:)'tɒksɪk] a. 剧毒的

hypertoxicity [ˌhaɪpə(:)tɒk'sɪsɪtɪ] n. 剧毒性

hypertron ['haɪpɜ:trɒn] n. 超小型电子射线加速器

hypervelocity [ˌhaɪpəvɪ'lɒsɪtɪ] n. 超高速

hyperventilation [ˌhaɪpə(:)ventɪ'leɪʃən] n. 过度通风

hyperverbal [,haɪpə'vɜ:bəl] *a.* 说话太多的
hyperviscosity [,haɪpɜ:'vɪskɒsɪtɪ] *n.* 黏滞性过高
hypervisor [,haɪpə'vɪzə] *n.* 管理程序
hypervitaminosis [haɪpə(:)vaɪtəmɪ'nəʊsɪs] *n.* 维生素过多(症)
hypervolume [,haɪpɜ:'vɒlju:m] *n.* 超体积
hypethral [hɪ'pi:θrəl] *a.* 无屋顶的,露天的
hypex ['haɪpeks] *n.* 海派克斯喇叭,低音加强号筒
hypha(e) ['haɪfə] *n.* 菌丝
hyphal ['haɪfəl] *a.* 菌丝的
hyphen ['haɪfən] ❶ *n.* 连字符 ❷ *v.* 用连字符连接
hyphenate ['haɪfəneɪt] ❶ *vt.* 用连字符连接 ❷ *n.* 归化的美国公民
hyphenation [,haɪfə'neɪʃən] *n.* 用连字符连接
hypidiomorphic [,haɪpɪdɪəʊ'mɔ:fɪk] *a.* 半自形的
hypisotonic [,haɪpɪsəʊ'tɒnɪk] *a.* 低渗透的
hypnagogic [,hɪpnə'gɒdʒɪk] *a.* 催眠的,安眠的,半睡半醒的,入眠前的
hypnagogue ['hɪpnəgɒg] *a.;n.* 催眠的〔药〕
hypnapagogic [,hɪpnæpə'gɒdʒɪk] *a.* 妨碍睡眠的
hypnic ['hɪpnɪk] *a.* 催眠的
hypnody ['hɪpnədɪ] *n.* 昏睡状态
hypnogenic [,hɪpnə'dʒenɪk], **hypnogenous** [,hɪpnə'dʒenəs] *a.* 催眠的
hypnone ['hɪpnəʊn] *n.* 苯乙酮
hypnopedia [,hɪpnəʊ'pi:dɪə] *n.* 睡眠教学法
hypnophrenosis [,hɪpnəfre'nəʊsɪs] *n.* 睡眠性精神病
hypnosis [hɪp'nəʊsɪs] *n.* 催眠(状态)
hypnosophy [hɪp'nɒsəfɪ] *n.* 睡眠学
hypnospore ['hɪpnəspɔ:] *n.* 休眠孢子
hypnotic [hɪp'nɒtɪk] *n.;a.* 安眠剂药,催眠的
hypnotism ['hɪpnətɪzəm] *n.* 催眠术
hypnotize ['hɪpnətaɪz] *vt.* 施催眠术,使着迷
hypo ['haɪpəʊ] *n.* 硫代硫酸钠,海波;皮下注射器
hypoacidity [,haɪpəʊə'sɪdɪtɪ] *n.* 酸过少
hypoalimentation [,haɪpəʊælɪmen'teɪʃən] *n.* 营养不足
hypobiosis [,haɪpəʊ'baɪəsɪs] *n.* 低生活力
hypoblast ['haɪpəʊblɑ:st] *n.* 下胚层,基芽
hypoborate [,haɪpəʊ'bɔ:reɪt] *n.* 连二硼酸盐,低硼酸盐
hypoboric [,haɪpəʊ'bɔ:rɪk] *a.* 低比重的,低气压的
hypoborism [,haɪpəʊ'bɔ:rɪzm] *n.* 低气压病
hypoboropathy [,haɪpəbɒ'rɒpəθɪ] *n.* 低气压病,高空病
hypobromination [,haɪpəʊbrɒmɪ'neɪʃən] *n.* 次溴酸化(作用)
hypobromite [,haɪpəʊ'brəʊmaɪt] *n.* 次溴酸盐
hypobulia [,haɪpəʊ'bju:lɪə] *n.* 意志薄弱,意志消沉
hypocenter, **hypocentre** ['haɪpəʊsentə] *n.* (核

爆炸,地震)震源
hypocentrum [,haɪpəʊ'sentrəm] *n.* 震源
hypochlorite [,haɪpəʊ'klɔ:raɪt] *n.* 次氯酸盐
hypocholesterolemia [,haɪpəʊkələstərəʊ'li:mɪə] *n.* 低胆固醇血
hypochromatic [,haɪpəʊkrə'mætɪk] *a.* 染浅色的,含染色体少的
hypochrome ['haɪpəʊkrəʊm] *n.* 淡色团
hypochromic [,haɪpəʊ'krəʊmɪk] *a.* 减〔浅〕色的
hypochromicity [,haɪpəʊkrəʊ'mɪsɪtɪ] *n.* 减色现象,减色性
hypochromism [,haɪpə'krəʊmɪzm] *n.* 缺〔少〕色性
hypocrisy [hɪ'pɒkrəsɪ] *n.* 伪善,虚伪
hypocrite ['hɪpəkrɪt] *n.* 伪君子
hypocritic(al) ['hɪpəkrɪtɪk(l)] *a.* 伪善的,虚伪的的 ‖ ~ally *ad.*
hypocrystalline [,haɪpəʊ'krɪstəlaɪn] *a.* 半晶质
hypocycloid [,haɪpəʊ'saɪklɔɪd] *n.* 圆内旋轮线,内摆圆
hypoderm ['haɪpəʊdɜ:m] *n.* 皮下组织
hypodermic [,haɪpəʊ'dɜ:mɪk] *a.;n.* 皮下的组织)的,用于皮下的,皮下注射(器) ‖ ~ally *ad.*
hypodermis [,haɪpəʊ'dɜ:mɪs] *n.* 下皮,真皮,下胚层
hypodiploid [,haɪpəʊ'dɪplɔɪd] *a.* 少于双价的
hypodispersion [,haɪpəʊdɪs'pɜ:ʃən] *n.* 平均分布
hypodynamia [,haɪpəʊdaɪ'næmjə] *n.* 机能减弱,乏力
hypodynamic [,haɪpəʊdaɪ'næmɪk] *a.* 乏力的
hypoelastic [,haɪpəʊɪ'læstɪk] *a.* 次弹性的
hypoelasticity [,haɪpəʊelæs'tɪsɪtɪ] *n.* 亚弹性
hypoelliptic [,haɪpəʊ'lɪptɪk] *a.* 圆内椭圆的
hypoergy [,haɪpəʊ's:dʒɪ] *n.* 低反应性
hypoeutectic [,haɪpəʊju(:)'tektɪk] *n.;a.* 亚共晶(的),次低共熔的
hypoeutectoid [,haɪpəʊju(:)'tektɔɪd] *n.;a.* 亚共析(的),低碳
hypofunction [,haɪpəʊ'fʌŋkʃən] *n.* 机能减退
hypogeal [,haɪpəʊ'dʒi:əl] *a.* 地下的
hypogee ['haɪpədʒi:] *n.* 地下〔岩洞〕建筑
hypogene ['haɪpədʒi:n] *a.; n.* ①地下(生成)的,上升(生成)的 ②内力(的),深成
hypogenic [,haɪpəʊ'dʒenɪk] *a.* 上升生成的,深生的
hypogeostrophic [,haɪpəʊdʒ(:)əʊ'strɒfɪk] *a.* 亚地转的
hypoglottis [,haɪpəʊ'glɒtɪs] *n.* 舌下,舌下囊肿
hypoglyc(a)emia [,haɪpəʊglaɪ'si:mɪə] *n.* 低血糖
hypoglycin [,haɪpəʊ'glaɪsɪn] *n.* 降糖氨酸
hypoglycogenolysis [,haɪpəʊglaɪkədʒɪ'nɒlɪsɪs]

n. 糖原分解不足

hypographous [,haɪpəʊ'ɡræfəs] *a.* 有阴影的

hypogravity [,haɪpəʊ'ɡrævɪtɪ] *n.* 低重

hypohalite(s) [,haɪpəʊ'hælaɪt(s)] *n.* 次石盐

hypohidrosis [,haɪpəʊhɪ'drəʊsɪs] *n.* 少汗

hypohyaline [,haɪpəʊ'haɪəli:n] *a.* 半玻璃质的

hypoid ['haɪpɔɪd] *a.* 准双曲面的

hypoiodite [,haɪpəʊ'aɪədaɪt] *n.* 次碘酸盐

hypoiodous [,haɪpəʊ'aɪədəs] *a.* 次碘酸的

hypolimnile [,haɪpəʊ'lɪmnaɪl], **hypolimnion** [,haɪpəʊ'lɪmnɪɒn] *n.* 湖下层

hypometamorphism [,haɪpəʊmetə'mɔ:fɪzəm] *n.* 亚变质(作用)

hypomnesis [,haɪpəm'ni:sɪs] *n.* 记忆减退

hypomorphic [,haɪpə'mɔ:fɪk] *a.* 亚等位基因的

hyponea [,haɪpəʊ'nɪə] *n.* 精神迟钝

hyponitrate [,haɪpəʊ'naɪtreɪt] *n.* 低硝酸盐

hyponitric [,haɪpəʊ'naɪtrɪk] *a.* 低硝酸的

hyponoia [,haɪpə'nɔɪə] *n.* 精神迟钝

hypoosmotic [,haɪpəʊz'mɒtɪk] *a.* 低渗的

hypophasic [,haɪpəʊ'feɪzɪk] *a.* 低相性的

hypophonesis [,haɪpəfəʊ'ni:sɪs] *n.* 音响过弱

hypophosphatasia [,haɪpəfɒsfə'teɪzɪə] *n.* 低磷酸酯酶症

hypophosphate [,haɪpəʊ'fɒsfeɪt] *n.* 连二磷酸盐,次磷酸盐

hypophosphite [,haɪpəʊ'fɒsfaɪt] *n.* 次磷酸盐

hypophrenia [,haɪpəʊ'fri:nɪə] *n.* 智力缺陷

hypophrenic [,haɪpəʊ'fri:nɪk] *a.* 低能的,智力薄弱的

hypoplankton [,haɪpəʊ'plæŋkt(ə)n] *n.* 下层浮游生物

hypoplasia [,haɪpəʊ'pleɪzjə], **hypoplasty** ['haɪpəʊplæstɪ] *n.* ①发育不全 ②细胞减生(现象)

hypoplastic [,haɪpəʊ'plæstɪk] *a.* 发育不全的

hypopnea [,haɪpəʊp'nɪə] *n.* 呼吸不足〔减慢〕

hypopotentia [,haɪpə'pəʊtenʃɪə] *n.* 电位过低,(能)力不足

hyporrhea [,haɪpə'rɪə] *n.* 轻度出血

hyposaline [,haɪpə'seɪlaɪn] *a.* 低盐的

hyposcope ['haɪpəʊskəʊp] *n.* 军用潜望镜,蟹眼式望远镜

hyposeismic [,haɪpəʊ'saɪzmɪk] *a.* 深震的

hyposensitization [,haɪpəʊsensɪtaɪ'zeɪʃən] *n.* 脱敏(作用)

hypostasis [haɪ'pɒstəsɪs] (pl. hypostases) *n.* 【哲】本质,实在,【化】沉渣

hypostatic(al) [haɪ'pəʊstætɪk(əl)] *a.* 本质的,实在的,沉积的

hyposteel [,haɪpəʊ'sti:l] *n.* 亚共析钢

hypostoichiometric [,haɪpəʊstɔɪkɪə'metrɪk] *a.* 次化学计量的

hypostoma [haɪ'pɒstəmə] *n.* 下口

hypostomatous [,haɪpəʊ'stɒmətəs] *a.* 气孔下生的

hypostroma [,haɪpəʊ'strəʊmə] *n.* 下子座

hypostyle ['haɪpəʊstaɪl] *n.* 多柱式建筑

hyposulphate, hyposulfate [,haɪpəʊ'sʌlfeɪt] *n.* 连二硫酸盐

hyposulphite, hyposulfite [,haɪpəʊ'sʌlfaɪt] *n.* 次亚硫酸盐

hyposynchronous [,haɪpəʊ'sɪŋkrənəs] *a.* 次同步的

hypotaurine [,haɪpəʊ'tɔ:rɪ(:)n] *n.* 亚牛磺酸

hypotelorism [,haɪpəʊ'telərɪzm] *n.* 距离过小,距离缩短

hypotension [,haɪpəʊ'tenʃən] *n.* 血压过低

hypotensive [,haɪpəʊ'tensɪve] *a.* 血压过低的

hypotensor [haɪpəʊ'tensə] *n.* 降压药

hypotenuse [haɪ'pɒtɪnju:z] *n.* (直角三角形的)斜边,弦

hypotestoidism [,haɪpə'testɔɪdɪzm] *n.* 睾丸机能减退

hypothalamus [,haɪpəʊ'θæləməs] *n.* 下丘脑

hypothecate [haɪ'pɒθɪkeɪt] *vt.* 担保,抵押

hypothecation [,haɪpəʊθɪ'keɪʃ(ə)n] *n.* 担保契约

hypothecium [,haɪpəʊ'θi:ʃɪəm] *n.* 囊层基,囊盘下层

hypothermal [,haɪpəʊ'θɜ:məl] *a.* 低温的,降温的

hypothermia [,haɪpəʊ'θɜ:mɪə] *n.* 低温,降温,低温症

hypothermophilous [,haɪpəʊθɜ:'mɒfɪləs] *a.* 适低温的

hypothermy [,haɪpəʊ'θɜ:mɪ] *n.* 低温,降温

hypothesis [haɪ'pɒθɪsɪs] (pl. hypotheses) *n.* 假设,前提 〖用法〗注意下面例句的含义：Newton used the above calculation to justify his hypothesis that gravitaion was truly universal. 牛顿利用上面的计算来证明他的假设：万有引力确实是普遍存在的。

hypothesize [haɪ'pɒθɪsaɪz] *v.* 假定

hypothetic(al) [,haɪpəʊ'θetɪk(əl)] *a.* 假说的,有前提的

hypothyreosis [,haɪpəʊ'θaɪrɪəʊsɪs], **hypothyroidism** [,haɪpəʊ'θaɪrɔɪdɪz(ə)m] *n.* 甲状腺机能减退

hypotonic [,haɪpəʊ'tɒnɪk] *a.* 低渗(透压)的,压力过低的

hypotonicity [,haɪpəʊtə'nɪsɪtɪ] *n.* 低渗性压力过低,张力过弱

hypotrichous [haɪ'pɒtrɪkəs] *a.* 下毛的

hypotrochoid [,haɪpə'trəʊkɔɪd] *n.* 内转迹线

hypotrophy [haɪ'pɒtrəfɪ] *n.* 半自主生长,发育障碍

hypovanadate [,haɪpəʊ'vænədeɪt] *n.* 次钒酸盐

hypoxanthine [,haɪpəʊ'zænθi:n] *n.* 次黄质

hypoxemia [haɪ'pɒksɪmɪə] *n.* 血氧过少

hypoxic [haɪ'pɒksɪk] *a.* 含氧量低的

hypoxyphoremia [,haɪpɒksɪfə'ri:mɪə] *n.* 血氧

输送功能不正常

hypsiloid ['hɪpsəlɔɪd] *a.* Y 字形的

hypsochrome ['hɪpsəkrəum] *n.* 浅色团,向紫增色基

hypsochromic [,hɪpsə'krɒmɪk] *a.* 向蓝移(的)

hypsogram ['hɪpsəgræm] *n.* 电平图

hypsographic [,hɪpsə'græfɪk] *a.* 测高(学)的

hypsography [hɪp'sɒgrəfɪ] *n.* 测高学,等高线法,地形测绘学

hypsometer [hɪp'sɒmɪtə] *n.* ①沸点测高计,沸点气压计 ②用三角测量法测量高度的仪器

hypsometric(al) [,hɪpsə'metrɪk(l)] *a.* 测高(学)的

hypsometry [hɪp'sɒmɪtrɪ] *n.* (沸点)测高法

hypsotonic [,hɪpsə'tɒnɪk] *a.* 增加水表面张力的,界面不活动的

hyracid [haɪ'ræsɪd] *a.; n.* 蹄兔,蹄兔科的

Hy-rib ['haɪrɪb] *n.* 一种钢丝网

hysol ['haɪsəl] *n.* 环氧树脂类黏合剂

Hysomer ['hɪsəmə] *n.* 临氢异构化

hysteogram ['hɪstɪəgræm] *n.* 直方图

hysteranthous [,hɪstə'rænθəs] *n.* 花后生叶

hysteresigraph [,hɪstə'esɪgrɑːf] *n.* 磁滞回线记录仪

hysteresimeter [,hɪstərə'sɪmɪtə] *n.* 磁滞测定器

hysteresis [,hɪstə'riːsɪs] *n.* ①磁滞(现象),迟滞(性) ②平衡阻碍

hysteresiscope [,hɪstə'riːsɪskəup] *n.* 磁滞回线显示仪

hysteresisograph [,hɪstə'riːsɪsəgrɑːf] *n.* 磁滞测定仪,磁滞曲线绘制仪

hysteretic [,hɪstə'retɪk] *a.* 磁滞的

hysteria [hɪs'tɪərɪə] *n.* 癔症,歇斯底里

hysteric(al) [hɪs'terɪk(l)] *a.* 癔症的,歇斯底里(性)的

hysterocrystallization [,hɪstərəkrɪstəlaɪ'zeɪʃən] *n.* 次生结晶作用

hysterometer [,hɪstə'rɒmɪtə] *n.* 子宫测量器

hysteromorphic [,hɪstərə'mɔfɪk] *a.* 后形的

hysteromyoma [,hɪstərəmaɪ'əumə] *n.* 子宫肌瘤

hysterophore ['hɪstərəfɔː] *n.* 子宫托

hysteroptosis [,hɪstərəp'təusɪs] *n.* 子宫下垂

hysterothecium [,hɪstərə'θiːʃɪəm] *n.* 缝裂囊壳

hysterset ['hɪstəseɪt] *n.* 功率电感调整

hystoroscope [,hɪstərə'skəup] *n.* 磁性材料特性测量仪

hyther ['haɪθə] *n.* 湿热作用

hythergraph ['haɪθəgrɑːf] *n.* 温湿图

hytor ['haɪtɔː] *n.* 海托尔抽压机

hytron ['haɪtrɒn] *n.* 哈管,"海特龙"

hyzone ['haɪzəun] *n.* 氚,重氢

H

I i

I [aɪ] *pron.* 我

iamatology [ˌaɪæməˈtɒlədʒɪ] *n.* 药疗学

ianthine [iːˈænθiːn] *a.* 丁香紫色的

ianthinite [iːˈænθɪnaɪt] *n.* 水铀矿

iatreusis [iːˈætruːsɪs] *n.* 治疗,疗法

iatric(al) [ɪˈætrɪk(əl)] *a.* 医学的,药物的

iatrochemistry [ˌaɪætrəˈkemɪstrɪ] *n.* 化学医学, 化学疗法

iatrogenic [ˌaɪætrəˈdʒenɪk] *a.* 医原性的

iatrology [aɪəˈtrɒlədʒɪ] *n.* 医学,治疗学

iatron [ˈaɪətrən] *n.* 投影电位示波器

iatrophysics [ˌaɪætrəˈfɪzɪks] *n.* 物理疗法,物理医学

iatrotechnics [ˌaɪætrəˈtekniks] *n.* 治疗术,医学技术

iatrotechnique [ˌaɪætrəˈteknɪk] *n.* 治疗术,医学技术

ibidem [ɪˈbaɪdem] (拉丁语) *ad.* 出处同上

ice [aɪs] ❶ *n.* 冰;糖衣,冰状物 ❷ *v.* 结冰,冰冻,冻结

ice-bath [ˈaɪsbɑːθ] *n.* 冰浴(器)

iceberg [ˈaɪsbɜːg] *n.* 冰山,流冰

iceblink [ˈaɪsblɪŋk] *n.* 冰原反光

iceboat [ˈaɪsbəut] *n.* 破冰船,在冰上滑行的船

icebound [ˈaɪsbaund] *a.* 封冻的

icebox [ˈaɪsbɒks] *n.* 冰箱

ice(-)breaker [ˈaɪsbreɪkə] *n.* 破冰船,破冰设备

icebreaking [ˈaɪsbreɪkɪŋ] *a.* 开创先例的,打破坚冰的

ice-cold [ˈaɪsˈkəuld] *a.* 冰冷的

ice-cream [ˈaɪskriːm] ❶ *n.* 冰淇淋 ❷ *a.* 乳白色的

ice-fall [ˈaɪsfɔːl] *n.* 冰瀑,冰崩

ice-free [ˈaɪsfriː] *a.* 不冻的,无冰的

ice-glazed [ˈaɪsgleɪzd] *a.* 涂冰的,表面结冰的

icehouse [ˈaɪshaus] *n.* 冰窖,制冰场所

icejam [ˈaɪsdʒæm] *n.* 流冰壅塞,僵局

Iceland [ˈaɪslənd] *n.* 冰岛

Icelandic [aɪsˈlændɪk] *a.* 冰岛(人)的

ice-noise [ˈaɪsnɔɪz] *n.* 冰上噪声

icepoint [ˈaɪspɔɪnt] *n.* 冰点

ice-skate [aɪsˈskeɪt] *vi.* 溜冰

icestone [ˈaɪsstəun] *n.* 冰晶石

ichnofossil [ˈɪknəufɒsɪl] *n.* 足迹化石

ichnogram [ˈɪknəgræm] *n.* 足迹

ichnography [ɪkˈnɒgrəfɪ] *n.* 平面图(法)

ichnolite [ˈɪknəlaɪt] *n.* 化石足印

ichnology [ɪkˈnɒlədʒɪ] *n.* 足迹学

ichor [ˈaɪkɔː] *n.* 岩精,脓水

ichthulin [ɪkˈθjuːlɪn] *n.* 鱼卵磷蛋白

ichthyic [ˈɪkθɪɪk] *a.* 鱼类的,像鱼的

ichthylepidin [ˌɪkθɪˈlepɪdɪn] *n.* 鱼鳞硬蛋白

ichthynat [ˈɪkθɪnət] *n.* 鱼石脂

ichthyocolla [ˌɪkθɪəˈkɒlə] *n.* 鱼(鳔)胶

ichthyoid [ˈɪkθɪɔɪd] *a.;n.* ①鱼(状)的,流线型的 ②鱼形体,流线型体

ichthyology [ˌɪkθɪˈɒlədʒɪ] *n.* 鱼类学

ichthyophagous [ˌɪkθɪˈɒfəgəs] *a.* 食鱼的

ichthyophagy [ˌɪkθɪˈɒfədʒɪ] *n.* 以鱼为食

ichthyosauria [ˈɪkθɪəsɔːrɪə] *n.* 鱼龙目

icicle [ˈaɪsɪkl] *n.* 冰柱,垂冰,毛刺

icily [ˈaɪsɪlɪ] *ad.* 冰冷地

iciness [ˈaɪsɪnɪs] *n.* 冰冷(的状态)

icing [ˈaɪsɪŋ] *n.* 结冰,覆冰

ickle [ˈɪkl] = icicle

icon [ˈaɪkɒn] *n.* 像,图像,插画

iconic [aɪˈkɒnɪk] *a.* 人〔偶〕像的,传统的

iconoclasm [aɪˈkɒnəklæzəm] *n.* 偶像的破坏,对传统观念的嘲弄

iconography [ˌaɪkəˈnɒgrəfɪ] *n.* 插画,图解,肖像学

iconolatry [ˌaɪkəˈnɒlətrɪ] *n.* 偶像崇拜

iconolog [ˌaɪkəˈnɒləg] *n.* 光电读像仪

iconometer [ˌaɪkəˈnɒmɪtə] *n.* 量影仪,测距镜

iconometry [ˌaɪkəˈnɒmɪtrɪ] *n.* 量影学

iconoscope [aɪˈkɒnəskəup] *n.* 光电摄像管,送像装置

iconotron [aɪˈkɒnətrən] *n.* 移像光电摄像管

icosagon [aɪˈkəusəgɒn] *n.* 二十边形

icosahedral [ˌaɪkəusəˈhedrəl] *a.* 二十面体的

icosahedron [ˌaɪkəusəˈhedrən] (pl. icosahedrons 或 icosahedra) *n.* (正)二十面体

ictal [ˈɪktəl] *a.* 发作所致的

icterohepatitis [ˌɪktərəuhepəˈtaɪtɪs] *n.* 黄疸性肝炎

ictometer [ɪkəˈtɒmɪtə] *n.* 心搏计

ictus [ˈɪktəs] (pl. ictus) *n.* 发作,搏动,冲击,暴病

icy [ˈaɪsɪ] *a.* 冰的,冷淡的

Idaho [ˈaɪdəhəu] *n.* (美国)爱达荷(州)

Idahoan [ˈaɪdəhəun] *a.;n.* 爱达荷州的,爱达荷州人(的)

idea [aɪˈdɪə] *n.* ①思想,概〔观〕念 ②想法,打算,目的,意见

〖用法〗该词后可以跟由名词从句构成的同位语从句或由名词性不定式构成的同位语。如: The reader may have <u>no idea what this symbol stands for</u>. 读者可能不了解这个符号表示什么。

ideaed, idea'd [aɪˈdɪəd] *a.* 有某种看法的,主意多的

ideal [aɪˈdɪəl] ❶ *a.* ①理想的,完美的 ②概〔观〕念的,空想的,虚构的 ❷ *n.* ①理想 ②典型 ③最终的目的

idealist [aɪˈdɪəlɪst] *a.;n.* 唯心论的,唯心主义者〔的〕,空想家(的)

idealistic [ˌaɪdɪəˈlɪstɪk] *a.* 唯心主义(者)的,空想家的 ‖ ~**ally** *ad.*

ideality [ˌaɪdɪˈælɪtɪ] *n.* 理想(状态,性质),虚构的事物,想象力

idealization [ˌaɪdɪəlaɪˈzeɪʃən] *n.* 简化,理想化

idealize [aɪˈdɪəlaɪz] *v.* (使)理想〔观念〕化,形成理想,作理想化的解释

ideally [aɪˈdɪəlɪ] *ad.* 理想地,完美地,理论上

〖用法〗注意下面例句中该词的含义: <u>Ideally</u>, one would like no power to be dissipated if there were no signal present.理想的情况是,人们希望如果没有信号存在的话就不消耗功率。/These transistor circuits are <u>ideally</u> suited to amplify voltage signals with minimum waveform distortion.这些晶体管电路最适合于放大电压信号而(使)波形失真最小。

idealoy [aɪˈdɪələɪ] *n.* "理想(化)"坡莫合金

ideaphobia [ˌaɪdɪəˈfəubɪə] *n.* 畏思考症,思考恐怖

ideate [aɪˈdɪ(ː)eɪt] *v.* (对…)形成概念,想象

ideation [ˌaɪdɪˈeɪʃən] *n.* 思维能力

ideational [ˌaɪdɪˈeɪʃənəl] *a.* 观念(作用)的,联想力的

idem [ˈaɪdem] (拉丁语) *n.;a.* 同一根据,同上(的)
☆***idem quod*** 同…

idemfactor [ˈaɪdəmfæktə] *n.* 幂等因子,幂等矩阵,归本因素

idempotency [ˈaɪdəmpəutənsɪ] *n.* 幂等性

idempotent [ˈaɪdəmpəutənt] *a.* 幂等的,等幂的

identic [aɪˈdentɪk] *a.* ① =identical ②(措词,方式)相同的

identical [aɪˈdentɪkəl] ❶ *a.* 相同(等)的,同一的,恒等的 ❷ *n.* 恒等式

〖用法〗该词作形容词时,后跟介词"to"或"with",意为"与…相同〔一致〕"。

identically [aɪˈdentɪkəlɪ] *ad.* 同一〔样〕,相〔恒,全〕等

identifiability [aɪˌdentɪfaɪəˈbɪlɪtɪ] *n.* 能识别性

identifiable [aɪˈdentɪfaɪəbl] *a.* 可识别的,可看做是相同的,可辨认的 ‖ **identifiably** *ad.*

identification [aɪˌdentɪfɪˈkeɪʃən] *n.* ①识别(法),辨认,鉴定,认证,查明,检验 ②同一,恒等 ③标志符号,表示法 ④同化

identifier [aɪˈdentɪfaɪə] *n.* ①标志符 ②鉴别器,鉴

定试剂 ③鉴定人 ④(自动电话)查定电路

identify [aɪˈdentɪfaɪ] *v.* ①确认,识别,辨认,鉴定,验明,标识 ②视为同一,(使)等同,(认为…)一致;使参与

〖用法〗注意下面例句中该词的用法: The ratio △I/△V can be <u>identified as</u> the reciprocal of an equivalent resistance. △I/△V 这一比值可以被认定是等效电阻的倒数。/This current is <u>identified with</u> 'shot noise'.这个电流用"散粒噪声"来标示。

identity [aɪˈdentɪtɪ] *n.* ①同一(性),一致 ②恒等(式)③本性,身份

〖用法〗注意下面例句中该词的含义: This feature varies with the identity of the semiconductor.这一特点是随半导体的性质而变化的。

identometer [ˌaɪdenˈtɒmɪtə] *n.* 材料鉴别仪

ideogenetic [ˌaɪdɪəudʒɪˈnetɪk] *a.* 意识性的

ideogram [ˈɪdɪəgræm], **ideograph** [ˈɪdɪəgrɑːf] *n.* 表意符号 ‖ **ideographic(al)** *a.*

ideography [ɪdˈɒgrəfɪ] *n.* 表意文字系统,意符学

ideological [ˌaɪdɪəˈlɒdʒɪkəl] *a.* 思想(上)的,意识(形态)的

ideologist [ˌaɪdɪˈblədʒɪst] *n.* 思想家

ideology [ˌaɪdɪˈblədʒɪ] *n.* 思想,意识形态

idiobiology [ˌɪdɪəubaɪˈblədʒɪ] *n.* 个体生物学

idioblast [ˈɪdɪəblɑːst] *n.* 细胞原体,异细胞,自形变晶 ‖ ~**ic** *a.*

idiochromatic [ˌɪdɪəukrəˈmætɪk] *a.* 自色的

idiochromatin [ˌɪdɪəˈkrəumətɪn] *n.* 性染色质

idiochromatism [ˌɪdɪəˈkrəumətɪzm] *n.* 本质色性

idiochromosome [ˌɪdɪəˈkrəuməsəum] *n.* 性染色体

idioctonia [ˌɪdɪˈɒktənɪə] *n.* (= suicide) 自杀

idiocy [ˈɪdɪəsɪ] *n.* 白痴

idioecology [ˌɪdɪəɪˈkɒlədʒɪ] *n.* 个体生态学

idioelectric [ˌɪdɪəɪˈlektrɪk] *n.; a.* 非导体,能摩擦起电的(物体)

idiogenetic [ˌɪdɪədʒɪˈnetɪk] *a.* 自发的

idiogeosyncline [ˌɪdɪəudʒ(iː)əuˈsɪnklaɪn] *n.* 山间地槽

idiogram [ˈɪdɪəgræm] *n.* 染色体组型

idiograph [ˈɪdɪəgrɑːf] *n.* 签名,商标

idiographic [ˌɪdɪəˈgræfɪk] *a.* 签名的,商标的,独特的

idiom [ˈɪdɪəm] *n.* ①成语 ②习惯用法 ③风格,特色

idiomatic(al) [ˌɪdɪəˈmætɪk(l)] *a.* 成语的,惯用的

idiomatically [ˌɪdɪəˈmætɪklɪ] *ad.* 按照习惯用法

idiomatics [ˌɪdɪəˈmætɪks] *n.* 成语学

idiomorphic [ˌɪdɪəˈmɔːfɪk] *a.* (矿物)自形的,自发的

idiopathetic [ˌɪdɪəpəˈθetɪk] *a.* 自发的

idiopathic [ˌɪdɪəˈpæθɪk] *a.* 自发的,原因不明的

idiopathy [ɪdɪˈɒpəθɪ] *n.* 自发病

idiophanism [ˌɪdɪəˈfeɪnɪzəm] *n.* 自现干涉圈(现

象)

idiophanous [ɪdɪˈɒfənəs] *a.* 自现干涉圈的

idiophase [ˈɪdɪəfeɪz] *n.* 繁殖期

idioplasm [ˈɪdɪəplæzəm] *n.* 种质,胚质,异胞质

idiosome [ˈɪdɪəsəʊm] *n.* 核旁体,初(浆)粒,圆心质

idiostatic [ˈɪdɪəstætɪk] *a.* 同电(位)的,等位差的

idiosyncrasy, idiosyncracy [ˌɪdɪəˈsɪŋkrəsɪ] *n.* (人的)特质,个性,特异反应(性),特异性体质,特异素

idiosyncratic [ˌɪdɪəsɪŋˈkrætɪk] *a.* 特质的,特异性的,特别的

idiot [ˈɪdɪət] *n.* 傻子,白痴

idiotic [ˌɪdɪˈɒtɪk] *a.* 愚蠢的 ‖ ~ally *ad.*

idiot-proof [ˈɪdɪətpruːf] *a.* 简明的,安全可靠的

idiotroph [ˈɪdɪətrɒf] *n.* 独需型,独特营养要求型

idiotrophic [ˌɪdɪəˈtrɒfɪk] *a.* 自养型的

idiovariation [ˌɪdɪəˌværɪˈeɪʃən] *n.* 自发(性)突变

idle [ˈaɪdl] ❶ *a.;n.* ①(懒)惰的,闲置的 ②无功的,空载的,空转状态 ❷ *v.* 懒惰,虚度;空转(费)〖用法〗注意下面例句中该词的含义:If the dry cell is left idle for some time before it is completely discharged, the internal resistance gradually reduces because of internal diffusion of the ions.如果干电池在完全放电之前搁置一段时间(不用)的话,由于离子的内部扩散,其内阻就会逐渐减小。

idleness [ˈaɪdlnɪs] *n.* 空闲时间,空闲率

idler [ˈaɪdlə] *n.* ①空转轮,惰轮,导辊,托辊 ②惰,无效,空载 ③闲频信号

idlesse [ˈaɪdlɪs] *n.* 空闲,无所事事

idling [ˈaɪdlɪŋ] *n.* 空转,闲置,无效,慢车,空车,低速轧制

idly [ˈaɪdlɪ] *ad.* 无工作,闲散地

idocrase [ˈaɪdəʊkreɪs] *n.* 符山石

idol [ˈaɪdl] *n.* ①偶像,崇拜对象 ②幻象 ③谬论

idolization [ˌaɪdəlaɪˈzeɪʃən] *n.* 偶像化,盲目崇拜

idolize [ˈaɪdəlaɪz] *vt.* 把…作偶像崇拜,盲目崇拜

idolum [aɪˈdəʊləm] (pl. idola) *n.* 幻象,谬论

idotron [ˈaɪdətrɒn] *n.* 光电管检验仪

if [ɪf] ❶ *conj.* ①如果,倘若,(假)设 ②虽然,即使(if 前常带有 even),既然 ③只要…… ④是否,(if ... or)……还是 ❷ *n.* 条件,假定〖用法〗❶当它引导条件状语从句时,只能用一般现在时表示将来的动作。如:If it rains tomorrow, we won't go there.如果明天下雨,我们就不到那儿去了。❷ 注意下面例句中该词的含义:If resistance is the opposition a substance offers to the flow of electric current, conductance is a measure of ease with which current will flow through a substance. 既然电阻是物质对于电流的流动所呈现的阻力,电导就是对于电流流过物质的容易程度的一种度量。/The computer decides if action is to be taken.计算机确定是否采取行动。(这句中的"if"是引导宾语从句的。) ❸ 当它引出表示与目前情况相反的假设时,条件句中要用一般过去时("be"最好用"were"),主句谓语用过去将来

时"should〔would; could; might〕+动词原形"(这是主动语态时)。如:If man made use of all the sunlight, he would have no need for coal or other fuels.人类若能把太阳光全部利用起来,那么就不需要煤或其它燃料了。当它引出表示与过去情况相反的假设时,条件句中要用过去完成时,主句谓语用过去将来完成时"should〔would; could; might〕+have+过去分词"(这是主动语态时)。如:Had electronic computers not been used, it would have taken them a long time to solve the complicated problem.如果当时不使用电子计算机的话,他们解决这个复杂问题就要花很长的时间。(从句中省去了"if"而引起了部分倒装。)当它引出表示与将来情况相反的假设或表示一种告诫的话时,条件句中用"(should)+动词原形"或"were+不定式",主句可以是过去将来时、一般将来时、一般现在时或祈使句。如:If one were to walk along a horizontal floor carrying weight, no work would be done.若一个人携带重物在水平的地面上行走,则并没有做功。/If the pressure be raised further, the container will break.如进一步加压,该容器就会破裂。/Should the skin reaction occur, stop using it at once.一旦出现皮肤反应,就应立即停用。(引导条件句的"if"省去了,所以出现了部分倒装。) ❹ 当"if only"表示"要是…就好了"时,引出的句子要用虚拟语气,用过去时(对于现在的情况)或过去完成时(对于过去的情况)。如:If only he had not made the mistake!他要是不犯这个错误就好了! ❺ "however; on the other hand"等插入语往往放在其后面。如:If, however, the random variable X can take any value in a whole observation interval, X is called a continuous random variable.然而,如果随机变量X在整个观察区间内可以取任一值的话,则 X 被称为连续的随机变量。

iff [ɪf] *conj.* 【数】当且仅当

iffy [ˈɪfɪ] *a.* 富于偶然性的,未确定的

Igamid [ˈiːɡəmɪd] *n.* 依甘米德(德国一种聚酰胺系塑料商品名)

Igatalloy [iːɡˈtælɔɪ] *n.* 钨钴硬质合金

igedur [ˈiːɡduː] *n.* 伊盖杜尔合金

igelite [ˈiːɡəlaɪt] *n.* 聚氯乙烯塑料

igelstromite [ˌɪɡəlˈstrəʊmaɪt] *n.* 磷镁铁矿

igloo, iglu [ˈɪɡluː] *n.* ①圆顶建筑 ②手提透明塑胶保护罩

igloss [ˈɪɡlɒs] *n.* 灼碱

igneous [ˈɪɡnɪəs] *a.* 火(成)的,靠火力的,熔融的

ignescent [ɪɡˈnesənt] *a.;n.* 发出火花的(物质)

igniextirpation [ˌɪɡnɪˌekstɜːˈpeɪʃən] *n.* 烙除法

ignimbrite [ˈɪɡnɪmbraɪt] *n.* 熔结凝灰岩

ignitability [ˌɪɡnaɪtəˈbɪlɪtɪ] *n.* 可燃性

ignitable [ɪɡˈnaɪtəbl] *a.* 可燃的

ignite [ɪɡˈnaɪt] *v.* 点火,(使)燃烧

igniter [ɪɡˈnaɪtə] *n.* 发火器〔剂,装置〕,点火器,引火剂,引爆装置

ignitor [ɪɡˈnaɪtə] = igniter

ignitron [ˈɪɡnɪtrɒn,ɪɡˈnaɪtrɒn] *n.* 点火器,水银半波整流管,放电管

ignitus [ɪɡˈnɪtəs] *n.* 火红色

ignoble [ɪɡˈnəʊbl] *a.* 卑鄙的,可耻的

ignominious [ˌɪɡnəˈmɪnɪəs] *a.* 耻辱的,不光彩的

ignominy [ˈɪɡnəmɪnɪ] *n.* 耻辱,无耻行为

ignorable [ɪɡˈnɔrəbl] *a.* 可忽略(不计)的,可忽视的

ignorance [ˈɪɡnərəns] *n.* 不知道,无知

ignorant [ˈɪɡnərənt] *a.* 不知道的,无知的,外行的

ignore [ɪɡˈnɔː] ❶ *vt.* 不管,忽略不计,【计】不问,忽视,抹杀 ❷ *n.* (电报)空点(子),无作用(符号)

ileitis [ˌɪlɪˈaɪtɪs] *n.* 回肠炎

iletin [ˈɪletɪn] *n.* 胰岛素

ileum [ˈɪlɪəm] *n.* 回肠

Ilgner [ˈɪlɡnə] *n.* 可变电压直流发电装置

ilk [ˈɪlk] *a.;n.* 相同的,同类

ill [ˈɪl] ❶ (worse, worst) *a.* ①生病的 ②坏的,有害的,恶意的 ③难以处理的,麻烦的 ❷ *ad.* ①坏,恶劣,不完美,不充分 ②几乎不 ❸ *n.* 坏,罪恶,病害,(pl.)不幸,灾难,苦痛

ill-adapted [ɪləˈdæptɪd] *a.* 与…不协调的 (to)

illation [ɪˈleɪʃən] *n.* 推定,演绎(法)

illative [ɪˈleɪtɪv] *a.* 推理的

illaudable [ɪˈlɔːdəbl] *a.* 不值得赞美的

ill-being [ɪlˈbiːɪŋ] *n.* 不好的境地,不幸,贫困

ill-conditioned [ˌɪlkənˈdɪʃənd] *a.* 健康状态不好的,情况坏的,【计】病态的

ill-defined [ˌɪldɪˈfaɪnd] *a.* 不定的

ill-disposed [ˌɪldɪsˈpəʊzd] *a.* 对…敌视的,不赞成…的(towards)

ill-effect [ˌɪlɪˈfekt] *n.* 恶果,不良作用

illegal [ɪˈliːɡəl] *a.* 非法的

illegalize [ɪˈliːɡəlaɪz] *vt.* 使非法,宣布…为非法

illegible [ɪˈledʒəbl] *a.* 不明了的,难以辨认的,字迹模糊的

illegibility [ˌɪledʒəˈbɪlɪtɪ] *n.* 难以辨认,模糊

illegibly [ɪˈledʒəblɪ] *ad.* 难以辨认地

illegitimacy [ˌɪlɪˈdʒɪtɪməsɪ] *n.* 非法(性),不合逻辑,不符合惯例

illegitimate [ˌɪlɪˈdʒɪtɪmɪt] ❶ *a.* 非法的,不合逻辑的,不符合惯例的 ❷ *vt.* 宣布…为非法

ill-equipped [ˌɪlɪˈkwɪpt] *a.* 装备不良的

ill-founded [ɪlˈfaʊndɪd] *a.* 无理由的,站不住脚的

ill-gotten [ɪlˈɡɒtən] *a.* 非法获得的

ill-health [ɪlˈhelθ] *n.* 健康不佳,病态,虚弱

ill-humor [ɪlˈhjuːmə] *n.* 心境恶劣

illicit [ɪˈlɪsɪt] *a.* 非法的,不正当的　‖ **~ly** *ad.* **~ness** *n.*

illimitable [ɪˈlɪmɪtəbl] *a.* 无限的,不可计量的

illimitably [ɪˈlɪmɪtəblɪ] *ad.* 无限地

Illinois [ˌɪlɪˈnɔɪ(z)] *n.* (美国)伊利诺(州)

Illinois(i)an, Illinoian [ɪlɪˈnɔɪən] *a.;n.* 伊利诺州的,伊利诺州人(的)

illiquid [ɪˈlɪkwɪd] *a.* 非现金的,不能立即兑现的,无流动资金的,不动的　‖ **-ity** *n.*

illite [ˈɪlaɪt] *n.* 伊利石

illiteracy [ɪˈlɪtərəsɪ] *n.* ①文盲 ②无知

illiterate [ɪˈlɪtərɪt] ❶ *a.* ①文盲的 ②无知的,语言错误的 ❷ *n.* 文盲

illium [ˈɪlɪəm] *n.* 镍铬合金

ill-judged [ɪlˈdʒʌdʒd] *a.* 判断失当而引起的

illness [ˈɪlnɪs] *n.* (疾)病

illogic [ɪˈlɒdʒɪk] *a.* 不合逻辑的,不通的,无条理的　‖ **-ity** 或 **~ness** *n.* **~ly** *ad.*

ill-posed [ɪlˈpəʊzd] *a.* 不适当的,提法不当的

ill-sorted [ɪlˈsɔːtɪd] *a.* 不配对的,不相称的

ill-thriven [ɪlˈθrɪvən] *a.* 不健康的

ill-timed [ɪlˈtaɪmd] *a.* 不合时(宜)的

illuminable [ɪˈljuːmɪnəbl] *a.* 可被照明的

illuminance [ɪˈljuːmɪnəns] *n.* 照(明)度

illuminant [ɪˈljuːmɪnənt] ❶ *a.* 照明的,发光的 ❷ *n.* 发光物,光源

illuminate [ɪˈljuːmɪneɪt] ❶ *vt.* ①照明 ②阐明 ③(用灯、字、画)装饰 ④使受辐射照射 ❷ *vi.* 照亮

illumination [ɪˌljuːmɪˈneɪʃən] *n.* ①照明,光照 ②照度,照明学 ③(常用 pl.)灯饰 ④阐明,解释

illuminator [ɪˈljuːmɪneɪtə] *n.* 发光器,照明装置,反光镜,启发者

illumine [ɪˈljuːmɪn] *vt.* 照明,启发

illuminometer [ɪˌluːmɪˈnɒmɪtə] *n.* 照度计

illusion [ɪˈluːʒən] *n.* 幻影〔觉〕,错觉

illusionism [ɪˈljuːʒənɪzm] *n.* 幻觉艺术

illusive [ɪˈluːsɪv], **illusory** [ɪˈluːsərɪ] *a.* 产生错觉的,虚幻的,迷惑人的

illustrate [ˈɪləstreɪt] ❶ *vt.* 图解,(用图解,举例)说明 ❷ *vi.* 举例

〖用法〗注意下面例句中该词的用法：Its application is <u>illustrated</u> with an example.举例说明了它的应用。/Many figures <u>illustrate and illuminate</u> significant points.许多图阐明了要点。/The I-V breakdown characteristics observed in a common-emitter BJT is <u>illustrating</u>.在其发射极双结型晶体管中所观察到的 I-V 击穿特性是很说明问题的。

illustration [ˌɪləsˈtreɪʃən] *n.* ①插图,图解 ②实例,例(子,证) ③说明,注解,示范

〖用法〗❶ "provide〔be; give〕an illustration of"就等效于 "illustrate" 的含义。如：Fig. 2-6 <u>provides an illustration of</u> a simple transmission process.图 2-6 阐明了简单的传输过程。❷ 注意下面例句中该词的含义：In the first <u>illustration</u>, we see that the multiplication and division were performed first, and then the addition and subtraction were performed.在第一个例题中,我们看到,先做乘除,然后再做加减。/The air pressure in an automobile tire drops in cold weather and increases in warm weather, <u>an illustration of the above property</u>.在寒冷的天气里,

汽车轮胎中的空气压力下降,而在暖和的天气里压力会增加,这是上述性质的一个例证。(逗号后是前面句子的同位语。)

illustrative [ˈɪləstreɪtɪv] *a.* 说明（性）的,直观的

illustrator [ˈɪləstreɪtə] *n.* 说明者

illustrious [ɪˈlʌstrɪəs] *a.* ①杰出的,著名的 ②辉煌的,明亮的 ‖ **-ly** *ad.*

illuviate [ɪˈluːvɪeɪt] *vi.* 经受淀积作用

illuviation [ˌɪluːvɪˈeɪʃən] *n.* 淀积(作用)

illuvium [ɪˈluːvɪəm] *n.* 淋积层

ilmenite [ˈɪlmɪnaɪt] *n.* 钛铁矿

ilminite [ˈɪlmɪnaɪt] *n.* 铝电解研磨法

iluminite [ɪˈljuːmɪnaɪt] *n.* 铝电解研磨法

ima [ˈaɪmə] (拉丁语) *a.* 最下的

image [ˈɪmɪdʒ] ❶ *n.* ①图像,成像,画面 ②极为相似,翻版 ③比喻,印象,概念 ④反射(信号) ❷ *vt.* ①作…的像,反映,映射 ②描绘,使酷似 ③象征 ☆**speak in images** 用比喻说

〖用法〗注意下面例句的含义: No image is formed of an object precisely at the focal point of a converging lens.正好处于聚焦透镜焦点上的物体不成像。("of an object … lens"是修饰主语"image"的。)

imageable [ˈɪmɪdʒəbl] *a.* 可以描摹的

imager [ˈɪmɪdʒə] *n.* 成像器

imagery [ˈɪmɪdʒərɪ] *n.* ①形象化(描述) ②作像,图像法

imaginable [ɪˈmædʒɪnəbl] *a.* 可想象的

imaginal [ɪˈmædʒɪnəl] *a.* (有关)想象的,想象力的

imaginary [ɪˈmædʒɪnərɪ] ❶ *a.* 想象的,假想的,虚(构)的,虚数的 ❷ *n.* 虚数

imagination [ɪˌmædʒɪˈneɪʃən] *n.* 想象(力),假想

imaginative [ɪˈmædʒɪnətɪv] *a.* (富于)想象(力)的 ‖ **-ly** *ad.*

imagine [ɪˈmædʒɪn] *v.* 想象,(设料)想,推测

〖用法〗❶ 该词后若要表示一个动作的话,应该使用动名词。如: Now we may imagine taking an air molecule at absolute zero and warming it up to room temperature a degree at a time.现在我们可以设想取一个处于绝对零度的空气分子,然后一次一度地把它加热到室温。❷ 注意 "imagine + 动名词复合结构" 的情况: Now imagine an extra electron being transferred somehow into the otherwise perfect diamond crystal.现在我们设想用某种方法把一个额外的电子移入本来是理想的金刚石晶体中。❸ 注意下面例句中出现的省略情况: Imagine how different human history might have been had Aristarchus of Samos had a telescope and spectroscope, and Hippocrates a microscope!设想一下,如果当时萨摩斯的阿里斯塔克斯有一台望远镜和分光仪,而希波克雷蒂斯有一台显微镜的话,人类历史可能会与现在的情况有多么的不同啊!(省略发生在虚拟语气的两个并列的条件从句中,后一个条件句要写完整的话应该是 : had Hippocrates had a microscope,注意引出条件句的

"if" 省去了,所以过去完成时的助动词 "had" 倒放在从句主语前了。) ❹ 注意句型 "imagine + 宾语 + 动词不定式作补足语"。如: Imagine the oscillating masses to be constrained by frictionless guides.设想这些振荡的质量受到没有摩擦的导轨的制约。

imagineering [ɪˌmædʒɪnɪərɪŋ] *n.* 人工复制,模拟

imagism [ˈɪmɪdʒɪzm] *n.* 意象主义

imago [ɪˈmeɪgəʊ] *n.* 成虫,意象

imbalance [ɪmˈbæləns] *n.* 不平衡,失调,不稳定(性)

imbank = embank

imbed = embed

imbibe [ɪmˈbaɪb] *v.* ①吸入,浸透 ②感受

imbibition [ˌɪmbɪˈbɪʃən] *n.* 吸收,同化,加水

imbitter [ɪmˈbɪtə] *vt.* 使受苦,使更痛苦,使激怒

imbricate ❶ [ˈɪmbrɪkeɪt] *v.* 作覆瓦状,(使)叠盖,搭盖 ❷ [ˈɪmbrɪkɪt] *a.* 覆瓦〔叠瓦〕状的,重叠的

imbroglio [ɪmˈbrəʊlɪəʊ] (意大利语) *n.* 一团糟,错综复杂的局面

imbue [ɪmˈbjuː] *vt.* ①浸染 ②吸入(水分等),灌注,充满 ③使蒙受,感染

imburse [ɪmˈbɜːs] *vt.* 储存,偿还,在经济上支持

imictron [ɪˈmɪktrɒn] *n.* 模拟神经元

imid [ˈɪmɪd] *n.* 亚胺

imidan [ˈɪmɪdən] *n.* 亚胺硫磷(杀虫剂)

imidazole [ˌɪmɪˈdaɪzəʊl] *n.* 咪唑

imidazoline [ɪˌmɪˈdaɪzəʊliːn] *n.* 咪唑啉

imide [ˈɪmaɪd] *n.* (酰)亚胺

imido [ˈɪmɪdəʊ] *n.* 亚氨

imine [ˈɪmiːn] *n.* 亚胺

iminourea [ˌɪmɪnəʊjuˈriːə] *n.* 胍

imipramine [ɪˈmɪprəmiːn] *n.* 丙咪嗪

imitate [ˈɪmɪteɪt] *vt.* 模仿,仿造,临摹,伪造

imitation [ˌɪmɪˈteɪʃən] *n.* 模仿,仿制品

imitator [ˈɪmɪteɪtə] *n.* 模仿者,仿制者

immaculate [ɪˈmækjʊlɪt] *a.* 洁白的,无瑕疵的

immadium [ɪˈmædɪəm] *n.* 高强度黄铜

immalleable [ɪˈmælɪbl] *a.* 无韧性的

immanent [ˈɪmənənt] *a.* 内在的,固有的(in),含蓄的

immaterial [ˌɪməˈtɪərɪəl] *a.* 非物质的,不重要的,不足道的

〖用法〗 注意在下面例句中该词在科技文中的常见含义: In a transmission system the order in which linear filtering is accomplished is immaterial.在传输系统中,完成线性滤波的顺序是无关紧要的。

immaterialism [ˌɪməˈtɪərɪəlɪzəm] *n.* 观念论,非唯物论

immaterialize [ˌɪməˈtɪərɪəlaɪz] *vt.* 使无形

immature [ˌɪməˈtjʊə] *a.* 不成熟的,发育不全的,生硬的,粗糙的

immeasurability [ˌɪmeʒərəˈbɪlɪtɪ] *n.* 广大无边,不能测量

immeasurably [ɪˈmeʒərəblɪ] *ad.* 不能测量地,无

边地

〖用法〗"immeasurably + 比较级"意为"…得多"。

immediate [ɪ'miːdɪət] a. ①直接的②紧接的,最接近的③立即的

immediately [ɪ'miːdɪətlɪ] ❶ ad. 直接地,立即 ❷ conj. 一…就…

immedicable [ɪ'medɪkəbl] a. 无法可治的

immemorial [ˌɪmɪ'mɔːrɪə] a. 人所不能记忆的,远古的

immense [ɪ'mens] a. 无限的,广大的

immerse [ɪ'mɜːs] vt. ①浸入(没),泡,基础下沉 ②埋头于,陷入

〖用法〗注意下面例句的含义: We live immersed in an ocean of air on which our lives depend.我们生活〔浸沉〕在我们的生活所依赖的空气海洋之中。

immerseable [ɪ'mɜːsəbl] a. 可浸入的

immersible [ɪ'mɜːsɪbl] a. 可浸的,沉没的,密封的

immersion [ɪ'mɜːʃən] n. 浸入,专心

immethodical [ˌɪmɪ'θɒdɪkəl] a. 没有方法的,无秩序的,杂乱的,无条理的

immigrant ['ɪmɪɡrənt] n.; a. 移入者,移民的

immigrate ['ɪmɪɡreɪt] v. 移入,移居入境

imminent ['ɪmɪnənt] a. 危急的,燃眉的,即将来临的

Immingham ['ɪmɪŋhəm] n. 伊明厄姆(英国港口)

immiscibility [ˌɪmɪsɪ'bɪlɪtɪ] n. 不溶混性,不可混合性

immiscible [ɪ'mɪsɪbl] a. 不混合的,不融和的

immission [ɪ'mɪʃən] n. 注入,注射

immitigable [ɪ'mɪtɪɡəbl] a. 不能缓和的

immitance ['ɪmɪtəns] n. 导抗,阻纳

immix [ɪ'mɪks] vt. 混合,掺和

immixable [ɪ'mɪksəbl] a. 不能混合的

immobile [ɪ'məʊbaɪl] a. 不(能移)动的,固定的,静止的

immobility [ˌɪməʊ'bɪlɪtɪ] n. 停滞,不流动性

immoderate [ɪ'mɒdərət] a. 过度的,无节制的,厚颜无耻的

immortal [ɪ'mɔːtəl] ❶ a. 不朽的,永生的 ❷ n. 不朽的人物

immortally [ɪ'mɔːtəlɪ] ad. 永久地

immotile [ɪ'məʊtaɪl] a.【生物】不游动的

immovable [ɪ'muːvəbl] ❶ a. 不可移动的,固定的,坚定不移的 ❷ n. 不可移动的东西,(pl.) 不动产

immune [ɪ'mjuːn] a.;n. ①免疫的,不受(影响)的,不响应的(from, to), 可避免的(against) ②免疫者

〖用法〗This system is immune to noise.这个系统是不受噪声影响的。

immunifacient [ˌɪmjuː'nɪfəʃ[ə]nt] a. 使免疫的

immunifaction [ˌɪmjuːnɪ'fækʃən] n. 免疫(法)

immunisin [ɪ'mjuːnɪzɪn] n. 介体

immunity [ɪ'mjuːnɪtɪ] n. 免疫(性)

〖用法〗 ❶ 该词后一般跟介词 "to",有时跟 "against"。如: CDMA is useful for military communications systems because of its immunity to enemy jamming.CDMA 对于军事通信系统来说是很有用的,因为它能不受敌人干扰的影响。/This ability offers immunity against noise.这一能力促使能够免受噪声的影响。 ❷ 注意搭配关系 "the immunity of A to B",意为 "A 不受 B 的影响"。如: The immunity of a computer to viruses is very important.计算机不受病毒的影响是非常重要的。

immunoassay [ˌɪmjuːnəʊ'æseɪ] n. 免疫测定法

immunobiology [ˌɪmjuːnəʊbaɪ'ɒlədʒɪ] n. 免疫生物学

immunochemistry [ˌɪmjuːnəʊ'kemɪstrɪ] n. 免疫化学

immunodeficiency [ˌɪmjunəʊdɪ'fɪʃənsɪ] n. 免疫缺乏

immunoelectrophoresis [ˌɪmjunəʊɪˌlektrəʊfə'riːsɪs] n. 免疫电泳(法)

immunoferritin [ˌɪmjuːnəʊ'ferɪtɪn] n. 免疫铁蛋白

immunofiltration [ˌɪmjuːnəʊfɪl'treɪʃən] n. 免疫过滤

immunofluorescence [ɪˌmjuːnəʊfluː'resəns] n. 免疫荧光

immunogen [ɪ'mjuːnədʒən] n. 免疫原

immunogenetics [ˌɪmjuːnəʊdʒɪ'netɪks] n. 免疫遗传学

immunogenic [ˌɪmjuːnəʊ'dʒenɪk] a. 致免疫的

immunogenicity [ˌɪmjuːnəʊdʒɪ'nɪsɪtɪ] n. 免疫原性

immunoglobulin [ɪˌmjuːnəʊ'ɡlɒbjulɪn] n. 免疫球蛋白

immunologist [ˌɪmjuː'nɒlədʒɪst] n. 免疫专家

immunology [ˌɪmjuː'nɒlədʒɪ] n. 免疫学

immunoradioautography [ˌɪmjuːnəʊreɪdɪəʊ'ɔːtəɡrəfɪ] n. 免疫放射自显影

immunotherapy [ˌɪmjuːnəʊ'θerəpɪ] n. 免疫治疗(法)

immunotoxin [ˌɪmjuːnə'tɒksɪn] n. 抗毒素

immuration [ˌɪmju'reɪʃən] n. 监禁,束缚

immure [ɪ'mjʊə] vt. ①禁闭 ②把…镶在墙里

immutable [ɪ'mjuːtəbl] a. (永远)不变的

imp [ɪmp] ❶ vt. 增大,加强 ❷ n. 小淘气

impact ❶ ['ɪmpækt] n. ①碰撞,冲击,冲量 ②着陆,中弹 ③回弹,跳跃 ④影响,效果 (on;upon) ❷ [ɪm'pækt] vt. ①碰撞,冲击 ②装紧,楔牢 (into,in), 装填,塞满 ☆*have a strong effect on ...* 对…有巨大影响

〖用法〗 ❶ 该名词一般与动词 "have" 搭配使用,其后主要跟介词 "on〔upon〕"。如: New technologies, different architectures,and faster memories are having a great impact on the computer.新技术、不同的结构以及快速的存储器正在对计算机产生巨大的影响。 ❷ 注意它作名词时的一个搭配模式: "the impact of A on 〔upon〕B",意为 "A 对 B 的影响"。如: The impact of resistance on the resonant curve

must be taken into account.必须把电阻对谐振曲线
的影响考虑进去。/The miniaturized computer and
its many applications are good examples of the
impact of science and technology on our way of life.
微型计算机及其许多应用是科学技术对我们生活
方式产生影响的良好例子。

impaction [ɪm'pækʃən] n. 压紧,撞击

impactometer [,ɪmpæk'tɔmɪtə] n. 碰撞仪,冲击
仪

impair [ɪm'peə] ❶ vt.;n. ①削弱,损害,障碍 ②奇数
❷ a. 奇数的,不成对的
〖用法〗注意下面例句的含义：Loss of certain data
can seriously impair the ability of the corporation to
function.丢失某些数据会严重地削弱公司运作的
能力。

impale [ɪm'peɪl] vt. 刺穿,使绝望 ‖ ~ment n.

impaler [ɪm'peɪlə] n. 插入物

impalpable [ɪm'pælpəbl] a. ①摸不着的,感触不
到的,无形的,难以理解〔捉摸〕的 ‖ **impalpably**
ad.

impar ['ɪmpɑ] a. 【医】不成对的,奇(数)的

impart [ɪm'pɑ:t] v. ①给与 ②透露,通知,传达
〖用法〗注意该词在下面例句中的含义：The
analogy imparts a good grasp of the electron-
distribution problem.该类比能使读者很好地掌握
电子分布问题。

impartial [ɪm'pɑ:ʃəl] a. 公平的,不偏袒的

impartible [ɪm'pɑ:tɪbl] a. 不能分割的

impassable [ɪm'pɑ:səbl] a. 不可通(行)的,不可
逾越的,不(渗)透的

impasse [ɪm'pɑ:s] n. 尽头,死胡同,绝境

impassible [ɪm'pɑ:səbl] a. 无感觉的,麻木的,无动
于衷的,不通的

impassion [ɪm'pæʃən] vt. 激起…的热情

impassive [ɪm'pæsɪv] a. 无感觉的,缺乏热情的,
无动于衷的

impaste [ɪm'peɪst] vt. 用浆糊封,使成糊状

impasto [ɪm'pɑ:stəu] n. 厚涂

impatency [ɪm'peɪtənsɪ] n. 不通,阻塞

impatent [ɪm'peɪtənt] a. 不通的,闭塞的

impatience [ɪm'peɪʃəns] n. 无耐性,急躁

impatient [ɪm'peɪʃənt] a. 无耐性的,急躁的,急于
想…的 ☆**impatient for sth. (to do sth.)** 急着
要

impayable [ɪm'peɪəbl] a. 极贵重的,无价的

impeach [ɪm'pi:tʃ] vt. ①控告,检举 ②对…表示怀
疑,指责

impearl [ɪm'pɜ:l] vt. 使形成(珍)珠状

impeccable [ɪm'pekəbl] a. 无罪的,无瑕疵的,不
会做坏事的

impeccant [ɪm'pekənt] a. 无罪过的,无缺点〔错
误〕的

impedance [ɪm'pi:dəns] n. 阻抗,管阻

impede [ɪm'pi:d] vt. 阻止

impediment [ɪm'pedɪmənt] n. 阻碍,障碍(物),(pl.)
行李,辎重

impedimenta [,ɪmpedɪ'mentə] n. 行李,辎重,累赘

impedimental [,ɪmpedɪ'mentəl], **impedimentary**
[,ɪmpedɪ'mentərɪ] a. 妨碍的

impedimeter [ɪm'pedɪmɪtə] n. 阻抗计

impedimetry [,ɪmpe'dɪmɪtrɪ] n. 阻抗滴定法

impedin [ɪm'pedɪn] n. 阻抑素

impediography [,ɪmpedɪ'ɔɡrəfɪ] n. 超声阻抗描
记术

impedometer [ɪmpe'dɔmɪtə] n. 阻抗计

impedor [ɪm'pi:də] n. 阻抗器

impel [ɪm'pel] vt. ①推进 ②强迫,促成 ③抛,投 ☆
be impelled by necessity 迫不得已

impellent [ɪm'pelənt] ❶ a. 推(进,动)的,促使的
❷ n. 推动物〔力〕,推进器

impeller, impellor [ɪm'pelə] n. 叶轮,涡轮,(水泵)
转子,推进器,抛砂机,旋转混合器,推动者

impend [ɪm'pend] vi. ①挂,垂 ②(事件,危险等)逼
近,即将来临

impending [ɪm'pendɪŋ] a. 将来临的

impenetrability [,ɪmpenɪtrə'bɪlɪtɪ] n. 不可(贯)
入性,不(渗)透性,硬性,不可解

impenetrable [ɪm'penɪtrəbl] a. ①不可贯入的,不
能穿透的,坚硬无比的 ②难以捉摸的,费解的 ③
顽固的,不接受的(to, by) ‖ **impenetrably** ad.

impenetrate [ɪm'penɪtreɪt] vt. 深深截进,贯通,渗
透

impennate [ɪm'peneɪt] a. 无翼的,翼短而覆有鳞
状羽毛的

imperative [ɪm'perətɪv] a.; n. ①命令的,强制(性)
的,不可少的,绝对必要的 ②命令,规则,必须履行
的责任
〖用法〗该词在主句中作表语或宾语补足语时,主
语从句或宾语从句中谓语应该用"(should +)动
词原形"形式。如：It is imperative that science and
engineering students (should) have a working
familiarity with computers.理工科学生必须了解计
算机的实用知识。/In this case, it is imperative that
an rms-responding voltmeter be used.在这种情况下,
必须使用一只响应于均方根值的电压表。

imperceptible [,ɪmpə'septəbl] a. 看不见的,觉察
不到的(to),细微的

imperception [,ɪmpə'sepʃən] n. 知觉缺失

impercipient [,ɪmpə'sɪpɪənt] a. 没有知觉的

imperfect [ɪm'pɜ:fɪkt] a. 不完全的,有缺点的,非理
想的,减弱的
〖用法〗注意下面例句的含义：Each new
development is naturally at first very imperfect and
few, if any, people recognize its possibilities.每一种
新的开发开始时是很不完善的,而且如果有人的
话也没有几个人会认识到它的可能性。("few"
是修饰"people"的。)

imperfectible [,ɪmpə'fektəbl] a. 不可能完善的

imperfection [,ɪmpɜ'fekʃən] n. 不完整性,缺陷

imperforate [ɪm'pɜ:fərɪt], **imperforated** [ɪm'-

pɜ:fəritid] *a*.; *n*. 无孔(隙)的,无气孔的,无齿孔的 (邮票),闭锁的

imperial [im'pɪərɪəl] ❶ *a*. ①帝国的 ②(英国度量衡)法定标准的度量衡制的 ③壮丽的,堂皇的,质地最优的 ❷ *n*. 特优品

imperialism [im'pɪərɪəlɪzm] *n*. 帝国主义

imperil [im'peril] *vt*. 危害,使陷于危险

imperious [im'pɪərɪəs] *a*. ①紧急的 ②专横的,傲慢的 ③不透(水)的 ‖ **~ly** *ad*. **~ness** *n*.

imperishability [ˌimperiʃ ə'biliti] *n*. 不朽性

imperishable [im'periʃəbl] *a*. 不朽的,经久不衰的

impermanence [im'pɜ:mənəns] *n*. 非永久性

impermanent [im'pɜ:mənənt] *a*. 非永久的,暂时的

impermeability [ˌimpɜ:miə'biliti] *n*. 不渗透性,防水性,气密性

impermeable [im'pɜ:miəbl] *a*. 不(可)渗透的,不透水的,密封的

impermeator [im'pɜ:mieitə] *n*. (汽缸的)自动注油器

impermissible [ˌimpə'misəbl] *a*. 不允许的

imperscriptible [ˌimpə'skriptəbl] *a*. 没有文件证明的,非正式的

impersonal [im'pɜ:sənl] *a*. 非个人的,不具人格的

impersonality [ˌimpɜ:sə'næliti] *n*. 非人格性

impersonate [im'pɜ:səneit] *vt*. 人格化,体现,假冒

impertinence [im'pɜ:tinəns], **impertinency** [im'pɜ:tinənsi] *n*. ①无礼,傲慢 ②不切题,不适当,不得要领

impertinent [im'pɜ:tinənt] *a*. ①不恰当的,不中肯的,不得要领的,离题的 ②无礼的

imperturbable [ˌimpɜ:'tɜ:bəbl] *a*. 沉着的

imperturbation [ˌimpɜ:tə'beiʃən] *n*. 沉着

impervious [im'pɜ:viəs] *a*. ①不能透过的,不可渗透的(to) ②感觉不到…的,不受影响的,无动于衷的(to)

imperviousness [im'pɜ:viəsnis] *n*. 不透过性

impetigo [ˌimpi'taigəu] *n*. 脓疱病,小脓疱疹

impetrate ['impitreit] *vt*. 恳求

impetuosity [imˌpetju'ositi] *n*. 激烈,急躁

impetuous [im'petjuəs] *a*. 激烈的,迅疾的,急躁的

impetus ['impitəs] *n*. (原,推)动力,动量,激励,促进,冲击 ☆**give an impetus to** 刺激,促进

imping ['impiŋ] *n*. 接枝

impinge [im'pindʒ] *v*. 碰撞,冲击,侵犯,影响

impinger [im'pindʒə] *n*. 碰撞取样器

implacable [im'plækəbl] *a*. 不可调和的,不饶恕的,不能改变的

implant ❶ [im'plɑ:nt] *vt*. ①播种,种植,牢固树立 ②注入,掺杂,安放 ❷ ['implɑ:nt] *n*. 插入物,植入管

implantation [ˌimplɑ:n'teiʃən] *n*. ①种植 ②注入,

安放 ③建立

implausible [im'plɔ:zəbl] *a*. 难以置信的

implement ❶ ['implimənt] *n*. 工具,器械,仪器,(pl.)全套工具 ❷ ['impliment] *vt*. ①供给器具 ②履行,实现,贯彻,填满

implemental [ˌimpli'məntəl] *a*. (作)器具(用)的,补助的,有助的

implementation [ˌimplimen'teiʃən] *n*. 供给器具,装置,仪器,实现,【计】工具,执行

【用法】❶ 该词前可以有不定冠词。如：An adaptive implementation of the echo canceller is discussed in Problem 4.3. 回波消除器的自动实现在题 4.3 中加以讨论。❷ 注意下面例句的译法：This chapter deals with the implementation of Boolean Functions using these types of gates. 这一章论述用这些类型的门电路来实现波尔函数。(从纯语法上来说,"using these types of gates" 是分词短语作定语修饰 "implementation",而从含义上来说,它是 "implementation" 的逻辑上的方式状语。)

implementor ['implimentə] *n*. 【计】设备,实现者

impletion [im'pli:ʃən] *n*. (充)满

implicant ['implikənt] *n*. 蕴涵项,隐含数

implicate ❶ ['implikeit] *vt*. ①纠缠,牵涉 ②暗示,含蓄,意味着 ☆**be implicated in** 和…牵连 ❷ ['implikit] *n*. 暗指的东西

implication [ˌimpli'keiʃən] *n*. 纠缠,蕴涵,意义 【用法】注意下面例句中该词的含义：The implication of the nonlinear device being memoryless is that it has no energy-storage elements. 非线性器件是非记忆性的这一含义是它没有储能元件。/These benefits have significant implications for the design of wireless communications. 这些优点对于设计无线通信是有重要意义的。

implicative [im'plikətiv] *a*. 含着的,关联的,言外之意的 ☆**implicative of each other** 互相包含的,互相关联的

implicit [im'plisit] *a*. ①含着的,隐含的,暗示的,内含的,固有的 ②无疑的,无保留的,盲目的

implicity [im'plisiti] *n*. 含着的性质或状态,不问理由

implied [im'plaid] *a*. 含着的,不言而喻的

implode [im'pləud] *v*. (向)内(破)裂,向内爆炸,压破

imploit [im'plɔit] *vt*. 管制资源开发

implore [im'plɔ:] *vt*. 恳求

implosion [im'pləuʒən] *n*. ①内爆,内(破)裂,爆聚 ②挤压,冲挤,压碎

implosive [im'pləusiv] *a*.; *n*. 内破裂,挤压震源,破裂音

imply [im'plai] *vt*. ①意味着,暗示 ②包含,蕴涵 【用法】❶ 其后跟动作时一般用动名词。如：Scattering implies causing something to separate into different components. 散射意味着使某东西分解成不同的分量。❷ "as its〔the; their〕name implies"意为"顾名思义"。如：As its name implies, multiuser communications refers to the simultaneous use of a communication channel by a number of users.顾名思义,多用户通信指的是由许多用户同时使用一条通信信道。

impolder [im'pɒldə] vt. 从海边围垦

impolicy [im'pɒlɪsɪ] n. 失策,不高明 ‖ **impolitic** a.

imponderable [im'pɒndərəbl] a.; n. ①极轻的,不可称量的,无法估计的 ②无重量物,(pl.)无法估量的事物

imporosity [ˌimpɔːˈrɒsɪtɪ] n. 无孔性,不透气性,结构紧密性

imporous [im'pɔːrəs] a. 无孔隙的

import ❶ [im'pɔːt] v. ①输入(into),(从…)进口 (from) ②意味着,表(说)明 ③对…有重大关系 ❷ ['impɔːt] n. ①输入,(常用 pl.)进口(货) ②含义 ③重要(性)

importable [im'pɔːtəbl] a. 可进口的

importance [im'pɔːtəns] n. 重要性,价值 (to) ☆ *attach importance to* 重视

〖用法〗❶ "of importance"就等效于"important", "of great importance"等效于"very important"。如: What this book describes is of great importance. 本书讲的内容极为重要。("importance"前还可有 major、fundamental、practical、significant 等形容词。)/The theory is of great importance that the hotter the body is, the more energy it radiates.物体越热,其辐射的能量就越多,这一理论极为重要。("that"引导的是主语"The theory"的同位语从句,为了防止"头重脚轻"现象而发生了句子成分的分隔现象。)❷ 主句中有该词时,主语从句或其同位语从句中谓语一般应该用"(should +)动词原形"形式。如: It is of paramount importance that interference be reduced.降低干扰是头等重要的。❸ 该词后跟介词"to"或"in"。如: This metal is of particular importance to industry.这种金属对工业特别重要。/Only this portion of the diode charateristic is of importance in determining the response. 二极管特性曲线中只有这一部分在确定响应方面是重要的。

important [im'pɔːtənt] a. 重要的,大量的

〖用法〗❶ 主句中该词作表语或补足语时,主语从句或宾语从句中的谓语一般应该使用"(should +)动词原形"形式。如: It is important that a text be written in a way that makes a reader feel comfortable.重要的是教科书应该写得使读者(读起来)感到很舒服。/In all cases it is important that the spurious frequency output of the signal source be less than the level of the distortion to be measured. 在各种情况下,重要的是信号源的寄生频率输出应该小于所要测量的失真的电平。❷ 该词后跟介词"to"或"in",也可跟不定式。如: These details are important to a correct conclusion.这些细节对得出正确的结论起重大的作用。/Error analysis is important in helping us to recognize the limitations

of our measurement system.误差分析对帮助我们认识到测量系统的局限性是重要的。/These are important to producing a maximum power output at radio frequencies.这些对于在射频时产生最大功率输出是重要的。/Their common input-output terminal is very important to avoid unwanted coupling.它们公共的输入-输出端对避免不需要的耦合是非常重要的。

importation [ˌimpɔːˈteɪʃən] n. 输入,进口(货),吸食

importer [im'pɔːtə] n. 进口商

importunate [im'pɔːtjunit] a. 强求的,缠扰不休的,坚持的

importune [im'pɔːtjun] ❶ v. 硬要,强求,纠缠(不休) ❷ a. = importunate ‖ **importunity** n.

impose [im'pəuz] v. ①将…强加于(on,upon),使…负担,强使 ②征(税) ③利用,欺骗 ④发生影响,给人以强烈印象 ⑤装版

imposing [im'pəuziŋ] a. 给人深刻印象的

〖用法〗注意下面例句中该词的含义: The sum of these advantages is so imposing that MOSFETs are the dominant solid-state devices in the world today. 这些优点综合在一起是如此的强劲,以至于金属氧化物半导体场效应管成为现今世界上占统治地位的固态器件。

imposition [ˌimpəˈzɪʃən] n. ①安放,覆盖 ②负担,征税 ③强加 ④排版

impositor [im'pəuzitə] n. 幻灯放映机

impossibility [ˌimpɒsəˈbɪlɪtɪ] n. 不可能性,办不到的事

〖用法〗❶ 该词表示"办不到的事"时其前面一般加不定冠词。如: A single isolated force is an impossibility.单个孤立的力是不存在的。❷ 表示"不可能…"时一般使用"the impossibility of doing ...",而不能在其后面加动词不定式。如: One realizes the impossibility of transmitting the direct current over long distances.人们认识到是不可能把直流电输送到远方的。

impossible [im'pɒsəbl] a. 不可能的

〖用法〗❶ 该词在主句中作表语时,主语从句谓语一般应该使用"(should +)动词原形"形式。如: It is impossible that a resonant circuit not include any resistance.谐振电路不含电阻是不可能的。❷ 绝对不能使用"sb.+连系动词+impossible+to do ...",而应该使用"it is impossible for sb. to do ..."。

impossibly [im'pɒsəblɪ] ad. 不可能地

impost ['impəust] ❶ n. ①(捐,进口)税 ②拱墩,起拱点 ❷ vt. 把(进口商品)分类以估税

imposture [im'pɒstʃə] n. 冒名顶替,欺骗

impotence ['impətəns], **impotency** ['impətənsɪ] n. 无力,无法可想

impotent ['impətənt] n. 无力的,不起作用的

impound [im'paund] vt. ①蓄水,筑堤堵水 ②扣押,没收 ③关在栏中,拘禁

impoundment [ɪmˈpaʊndmənt] n. 蓄水,蓄水量

impoverish [ɪmˈpɒvərɪʃ] vt. 使贫困,使枯竭

impracticable [ɪmˈpræktɪkəbl] a. 不能实行的,不现实的,不实用的,难对付的,无用的 ‖ ~ness n. impracticably ad.

impractical [ɪmˈpræktɪkəl] a. 不实用的,不(切)实际的,不现实的,做不到的 ‖ ~ity 和~ness n. 〖用法〗该词后跟介词"for",表示"对…来说是不切实际的"。如: Natural languages are impractical for computer use.自然语言对计算机使用来说是不实用的。

imprecise [ˌɪmprɪˈsaɪs] a. 不精确的,含糊不清的

imprecision [ˌɪmprɪˈsɪʒən] n. 不精确

impredicable [ɪmˈpredɪkəbl] a. 不可谓的

impredicative [ˌɪmprɪˈdɪkətɪv] a. 非断言的

impreg [ˈɪmpreg] n. 树脂浸渍木材

impregnable [ɪmˈpregnəbl] a. ①攻不破的,坚不可摧的,坚定不移的;不受影响的 ②充满的 ③可渗透的 ‖ **impregnably** ad.

impregnant [ɪmˈpregnənt] n. 浸渍剂,饱和

impregnate ❶ [ˈɪmpregneɪt] v. 注入,浸渍,(使)充满,饱和,使怀孕 ❷ [ɪmˈpregnɪt] a. 浸透的,饱和的

impregnation [ˌɪmpregˈneɪʃən] n. 注入,浸透,饱和;妊娠

impregnator [ɪmˈpregneɪtə] n. 浸渍机

imprescriptible [ˌɪmprɪˈskrɪptɪbl] a. 不受法令约束的,不可剥夺的

impress ❶ [ɪmˈpres] vt. ①施加,盖印,刻画 ②使受(深刻)印象,使…感动,使铭记 ③传递 ❷ [ˈɪmpres] n. ①盖印,铭记 ②印象,记号,痕迹 〖用法〗在科技文中,当它表示"施加"时,与"apply"类同。如: At this time, only the unknown signal is impressed at the input of the voltage-to-current converter.这时,在电压-电流转换器的输入端只加上未知的信号。

impressible [ɪmˈpresəbl] a. 可印的,可铭刻的

impression [ɪmˈpreʃən] n. ①盖印,印痕,模槽,凹陷 ②印次(数,刷),版 ③底色 ④(视觉)印象,视觉感,影响 ⑤观念 ☆ **make no impression on** …对…无影响

impressionability [ˌɪmpreʃənəˈbɪlɪtɪ] n. 可印(刷)性,易感性

impressionable [ɪmˈpreʃənəbl] a. ①易受影响的,敏感的 ②易刻的,可塑的

impressional [ɪmˈpreʃənl] a. 印象(上)的

impressionism [ɪmˈpreʃənɪzəm] n. 印象派 ‖ **impressionistic** a.

impressive [ɪmˈpresɪv] a. 给人深刻印象的,感人的

imprest [ˈɪmprest] ❶ n. 预付款 ❷ a. 预付的

imprimatur [ˌɪmprɪˈmeɪtə] (拉丁语) n. 出版许可,认可

imprimis [ɪmˈpraɪmɪs] ad. 第一,首先

imprimitive [ɪmˈprɪmɪtɪv] a. 非本原的,非原始的

imprint ❶ [ɪmˈprɪnt] vt. 刻上记号,印(刷),盖(印),铭记(on,in) ❷ [ˈɪmprɪnt] n. 印(记),(痕)迹,印象,铭刻,盖印

imprinter [ɪmˈprɪntə] n. 印刷器

imprison [ɪmˈprɪzn] vt. 限制,关押

imprisonment [ɪmˈprɪznmənt] n. 下狱;【化】包含

improbability [ɪmˌprɒbəˈbɪlɪtɪ] n. 未必有(的事),未必确实

improbable [ɪmˈprɒbəbl] a. ①不像会发生的,不可信的,未必有的,未必确实的 ②【物】非概率的 ‖ **improbably** ad.

impromptu [ɪmˈprɒmptjuː] ❶ ad.;a. 无准备(的),即席(的) ❷ n. 即席讲话

improper [ɪmˈprɒpə] a. ①不适当的,不规则的 ②不正确的,不正当的

impropriety [ˌɪmprəˈpraɪətɪ] n. 不适当,用词不当

improvable [ɪmˈpruːvəbl] a. 可以改进的,适于耕耘的 ‖ **improvability** n. **improvably** ad.

improve [ɪmˈpruːv] v. ①改进 ②好转,矫正 ③利用 〖用法〗注意下面例句中该词的含义: In this case the power signal-to-noise ratio is improved by the number of sample points in the record.在这种情况下,功率信噪比被提高了记载中取样点的数(那么多)。/The performance improves with the number of iterations of the decoding algorithm.其性能随着解码算法的迭代次数的增加而提高。

improvement [ɪmˈpruːvmənt] n. ①改善,好转,矫正 ②改进措施 〖用法〗表示"对…改进提高…"时,其后面一般可跟介词"in"、"over"或"on(upon)",其前面往往有不定冠词。如: The use of digital techniques allows(affords;provides)(a) considerable improvement in accuracy.使用数字技术能够大大地提高精度。/This can provide an improvement over the performance of the equalizer.这能够提高该均衡器的性能。

improver [ɪmˈpruːvə] n. ①改良者,改进剂 ②实习生

improvidence [ɪmˈprɒvɪdəns] n. 不顾将来,无远见,不节约

improvident [ɪmˈprɒvɪdənt] a. 无远见的,不顾将来的,不(注意)节约的 ‖ ~ly ad.

improvisatorial [ˌɪmprɒvɪzəˈtɔːrɪəl],**improvisatory** [ɪmˈprɒvɪzətərɪ] a. 即席的

improvise [ˈɪmprəvaɪz] v. 即席创作,临时准备

imprudence [ɪmˈpruːdəns] n. 轻率,不谨慎

imprudent [ɪmˈpruːdənt] a. 轻率的,不谨慎的 ‖ ~ly ad.

impsonite [ˈɪmpsənaɪt] n. 一种焦油沥青

impuberal [ɪmˈpjuːbərəl] a. 未成年的

impuberism [ɪmˈpjubərɪzm] n. 未成年

impuberty [ɪmˈpjuːbətɪ] n. 前青春期

impudicity [ˌɪmpjuˈdɪsɪtɪ] n. 无耻,放肆

impulsator [ɪmˈpʌlseɪtə] ❶ n. ①冲击,碰撞,推力,刺激 ②冲力,动量 ③脉动 ❷ vt. ①冲击,推动,激励 ②发出脉冲

impulser [ɪmˈpʌlsə] n. 脉冲发送器

impulsing [ɪmˈpʌlsɪŋ] n. (脉冲)激励,发出脉冲

impulsion [ɪmˈpʌlʃən] n. ①冲动,推动 ②冲量,推力 ③冲脉

impulsive [ɪmˈpʌlsɪv] a. (由)冲动(造成)的,冲击的,脉冲的

impulsor [ˈɪmpʌsə] n. 非共面直线对

impunctate [ɪmˈpʌŋkteɪt] ❶ a. 非点状的,无细孔的 ❷ n. 无细孔虫

impunity [ɪmˈpjuːnɪtɪ] n. 不受损害,免受惩罚

impure [ɪmˈpjuə] a. 不纯(洁)的,污染的,掺杂的 ‖ **~ly** ad.

impurity [ɪmˈpjuərɪtɪ] n. ①杂质,夹杂物,混杂度 ②不纯,污垢

imput [ˈɪmput] n. = input

imputable [ɪmˈpjuːtəbl] a. 可归因于…的(to)

imputation [ˌɪmpju(ː)ˈteɪʃən] n. 污蔑,转嫁罪责 ‖ **imputative** a.

impute [ɪmˈpjuːt] vt. 把…归(咎)于,把…转嫁于(to)

imputrescibility [ˌɪmpjuːtresəˈbɪlɪtɪ] n. 不腐败性

imputrescible [ɪmpjuːˈtresɪbl] a. 不会腐败的

imref [ˈɪmref] n. 费米,准费米能级

imuran [ɪˈmjuːrən] n. 咪唑硫嘌呤

in [ɪn] ❶ prep. ①在…里,在…下,在…方面 ②以…(方式,单位),用… ③向…里,成(为)… ④为了,以(便) ❷ ad. 在内,进 ❸ a. 在(朝)里面的;到站的;时髦的 ❹ n. 入口

〖用法〗❶ 它与将来时(有时为一般现在时)的瞬间动作或状态连用时表示"在…以后"。如: They will leave for Beijing in five days to attend an international conference on mobile communication. 他们将在 5 天后去北京参加移动通信国际会议。/The reflected wave will be back in a fraction of a second. 反射波将在零点几秒钟后返回来。/The carry term C_n is obtained in a time 2 t_{pd}. 进位项 C_n 在 2 t_{pd} 这段时间后获得。❷ 表示"用…单位"时该介词后的名词一般应用复数形式(hertz 例外)。如: Voltage is measured in volts and current in amperes. 电压的量度单位为伏特,而电流的量度单位为安培。/Frequency is measured in hertz. 频率的度量单位为赫兹。/What is the area of the table top in m^2? 用 m^2 为单位的该桌面的面积为多大? ❸ 注意下面例句中该词的含义: The difference between one element and another is in the structure of its atoms. 一个元素与另一元素之间的区别在其原子的结构方面。/An equation which can be written in the form ax + b = 0 is known as a linear equation in one unknown. 能够写成 ax + b = 0 的形式的方程被称为具有一个未知数的线性方程。/This model consists of twelve equations in fourteen variables. 这个模型是由含有 14 个变量的 12 个方程构成的。/With appropriate software the computer can be instructed in a convenient language to perform any or all of a series of measurements. 利用合适的软件,可以用方便的语言让计算机执行任何一种或所有的一系列测量。/There is a 1-in-17 chance of drawing two successive hearts in this manner. 用这种方式抽出两张连续红桃的概率为 1/17。/δ in Eq. (9.9) is identical to the phase modulation index in its dependence on the length of the crystal L. ❹ 注意科技中的一个常用句型"… in (方面)"的汉译法: This computer is very small in size. 这台计算机的体积很小。/This device is good in performance. 这台设备的性能很好。/As the impedance of the source increases, these capacitances increase in importance. 随着电源阻抗的增加,这些电容的重要性也随之增加。❺ "in + 动名词"最常见意为"在…时候",还可以表示"在…方面;在…过程中"。如: In using this equation, we must pay attention to the sign. 在使用这个式子时,我们必须注意符号。

inability [ˌɪnəˈbɪlɪtɪ] n. 难接近(达到,得到)

〖用法〗它后面应该使用动词不定式,请参见"ability"。

inabsorbability [ˌɪnəbsɔːbəˈbɪlɪtɪ] n. 可吸收的性质或状态

inaccessible [ˌɪnækˈsesəbl] a. 不能接近的,进不去的,难得到的

inaccuracy [ɪnˈækjurəsɪ] n. 不精密(性),不准确(性,度),误差

inaccurate [ɪnˈækjurɪt] a. 不精密的,不准确的,有误差的 ‖ **~ly** ad.

inacidity [ˌɪnəˈsɪdɪtɪ] n. 无酸,酸缺失

inaction [ɪnˈækʃən] n. 不活动(渡),停工,故障

inactivate [ɪnˈæktɪveɪt] ❶ vt. 使不活动,失去活性,钝化 ❷ a. 钝性的,不旋光的

inactivation [ˌɪnæktɪˈveɪʃən] n. 钝化(作用),失活

inactivator [ɪnˈæktɪveɪtə] n. 灭活剂,钝化剂

inactive [ɪnˈæktɪv] a. ①不活动的,反应缓慢的,惰性的,稳定的,不动的 ②不起作用的,失效的,无放射性的,无活性的,不旋(光)的 ③非现役的

inactivity [ˌɪnækˈtɪvɪtɪ] n. 不活动(性),化学钝性,反应缓慢性,不放射性

inadaptability [ˌɪnədæptəˈbɪlɪtɪ] n. 不适应性

inadaptable [ˌɪnəˈdæptəbl] a. 不能适应的,不可改编的 ‖ **inadaptably** ad

inadaptation [ɪnədæpˈteɪʃən] n. 不适应性

inadequacy [ɪnˈædɪkwəsɪ] n. 不适当,不合适,不足

inadequate [ɪnˈædɪkwɪt] a. 不适当的,不充分的,不够的,不(充)足的

inadherent [ˌɪnədˈhɪərənt] a. 不黏结的

inadhesion [ˌɪnədˈhiːʒən] n. 不黏性

inadhesive [ˌɪnədˈhiːsɪv] a. 不能黏结的

inadmissibility [,ɪnədmɪsə'bɪlɪtɪ] *n.* 难允许〔承认〕

inadmissible [,ɪnəd'mɪsəbl] *a.* 不能承认〔允许〕的

inadvertence [,ɪnəd'vɜ:təns], **inadvertency** [,ɪnəd'vɜ:tənsɪ] *n.* 粗心,疏忽,不注意

inadvertent [,ɪnəd'vɜ:tənt] *a.* 不当心的,不注意的,疏忽的,非故意的 ‖ ~**ly** *ad.*

inadvisable [ɪnəd'vaɪzəbl] *a.* 不可取的,失策的,不明智的

inaffable [ɪn'æfəbl] *a.* 不和蔼的,含蓄的

inagglutinable [,ɪnə'glu:tɪnəbl] *a.* 不(能)凝集的

inalienable [ɪn'eɪljənəbl] *a.* 不可分割〔剥夺〕的 ‖ **inalienability** *n.* **inalienably** *ad.*

inalimental [ɪn'eɪlɪmentəl] *a.* 无营养的

inalterability [,ɪnɔ:ltərə'bɪlɪtɪ] *n.* 不变性

inalterable [ɪn'ɔ:ltərəbl] *a.* 不(能)变(更)的 ‖ **inalterably** *ad.*

in-and-out ['ɪnəndaut] *a.* 自由出入的,时好时坏的,暂时性的

inane [ɪ'neɪn] *a.* 无意义的,愚蠢的,空洞的

inanimate [ɪn'ænɪmɪt] *a.* 无生命的,无生机的,无精神的,单调的

inanimation [,ɪnænɪ'meɪʃən] *n.* 无生命(气),不活动

inanition [ɪnə'nɪʃən] *n.* ①无内容,空洞 ②营养不足,虚弱

inanity [ɪ'nænɪtɪ] *n.* ①空洞,无意义 ②愚昧,蠢事

inappetence [ɪn'æpɪtəns] *n.* 无欲望,厌食

inapplicability [,ɪnæplɪkə'bɪlɪtɪ] *n.* 不能应用〔适用〕

inapplicable [ɪn'æplɪkəbl] *a.* 不能应用的,不适用的 ‖ **inapplicably** *ad.*

inapposite [ɪn'æpəzɪt] *a.* 不适合的,不恰当的,不相称的 ‖ ~**ly** *ad.*

inappreciable [,ɪnə'pri:ʃəbl] *a.* 微不足道的,毫无价值的,不足取的 ‖ **inappreciably** *ad.*

inappreciation [,ɪnəpri:ʃɪ'eɪʃən] *n.* 不欣赏,不正确评价 ‖ **inappreciative** *a.*

inapprehensible [,ɪnæprɪ'hensəbl] *a.* 难了解的,难以理解的

inapprehension [,ɪnæprɪ'henʃən] *n.* 不理解

inapprehensive [,ɪnæprɪ'hensɪv] *a.* 未意识到的,缺乏了解的

inapproachable [,ɪnə'prəutʃəbl] *a.* 难接近的,不友好的

inappropriate [,ɪnə'prəuprɪɪt] *a.* 不适当的,不相称的

inapt [ɪn'æpt] *a.* 不适当的,不合适的(for),不熟练的,拙劣的,无能的(at) ‖ ~**ly** *ad.* ~**ness** *n.*

inaptitude [ɪn'æptɪtju:d] *n.* 不适当,不相称,不熟练,拙劣

inarching [ɪn'ɑ:tʃɪŋ] *n.* 嫁接

inarguable [ɪn'ɑ:gjuəbl] *a.* 不容争辩的,毋庸置疑的

inarm [ɪn'ɑ:m] *vt.* 拥抱,环绕

inarmoured [ɪn'ɑ:məd] *a.* 非铠装的

inarray [,ɪnə'reɪ] *n.* 内部数组

inarticulate [,ɪnɑ:'tɪkjulɪt] *a.* 发音不清楚的,哑口无言的,说不出的 ‖ ~**ly** *ad.*

inartificial [,ɪnɑ:tɪ'fɪʃəl] *a.* 天然的,单纯的,不熟练的

inartistic [,ɪnɑ:'tɪstɪk] *a.* 非艺术的,缺乏艺术性的 ‖ ~**ally** *ad.*

inasmuch [,ɪnəz'mʌtʃ] *conj.* 因为,由于

inassimilable [,ɪnə'sɪmɪləbl] *a.* 不(能)同化的

inattention [,ɪnə'tenʃən] *n.* 疏忽,不注意

inattentive [,ɪnə'tentɪv] *a.* 不注意的,疏忽的 ‖ ~**ly** *ad.* ~**ness** *n.*

inaudibility [,ɪnɔ:də'bɪlɪtɪ] *n.* 听不见

inaudible [ɪn'ɔ:dəbl] *a.* 听不见的,无声的,不可闻的 ‖ **inaudibly** *ad.*

inaugural [ɪ'nɔ:gjurəl] ❶ *a.* 开始的,开幕的,创立的,就职的 ❷ *n.* 就职演说〔典礼〕

inaugurate [ɪ'nɔ:gjureɪt] *vt.* ①创始,开始 ②为…举行开幕式,为…举行通车〔落成〕仪式

inauguration [ɪ,nɔ:gju'reɪʃən] *n.* 开始,开幕(仪)式,落成典礼,通车仪式

inaugurator [ɪ'nɔ:gjureɪtə] *n.* 开创者,主持开幕仪式者

inauspicious [,ɪnɔ:s'pɪʃəs] *a.* 不吉祥的

inauthentic [,ɪnɔ:'θentɪk] *a.* 不真的,伪造的

in-band ['ɪnbænd] *a.* 频带内的

inbark ['ɪnbɑ:k] *n.* 树穴

inbeing ['ɪnbi:ɪŋ] *n.* 内在的事物,本质

in-between ['ɪnbɪ'twi:n] ❶ *a.* 在中间 ❷ *n.* 介于中间的事物 ❸ *ad.* 在中间

inblock ['ɪn'blɒk] *n.* 整块,单块

inboard ['ɪnbɔ:d] ❶ *a.* 船(机)内的,机上的 ❷ *ad.* 在船(机)内

inbond ['ɪnbɒnd] *a.* (砖石墙)丁头砌合

inborn ['ɪn'bɔ:n] *a.* 生来的,先天的,遗传的

inbound ['ɪnbaund] *a.* 入境的,归航的,回本国的

inbreak ['ɪnbreɪk] *n.* 侵入,崩落

inbreathe ['ɪn'bri:ð] *vt.* 灌输,吸入

inbred ['ɪn'bred] *a.* 天生的,近亲繁殖的,排外的

inbreeding ['ɪn'bri:dɪŋ] *n.* 近亲交配

in-bridge ['ɪnbrɪdʒ] *n.; ad.* 跨接,并联,旁路

incabloc ['ɪŋkəblɒk] ❶ *n.* 防震装置 ❷ *a.* 防震的

incalculability [,ɪnkælkjulə'bɪlɪtɪ] *n.* 不可胜数,无数

incalculable [ɪn'kælkjuləbl] *a.* ①数不清的,不可数的 ②不能预计的,难预测的 ③不确定的,易变的 ‖ **incalculably** *ad.*

incandesce [,ɪnkæn'des] *v.* (使,烧至)白热(化),灼烧

incandescence [,ɪnkæn'desns] *n.* 灼热,白炽

incandescent [,ɪnkæn'desnt] *a.* ①白炽的,炽热的 ②灿烂的,闪闪发光的

incanous [ɪn'keɪnəs] ❶ *a.* 白发的，灰白 ❷ *n.* 灰白色

incantation [ˌɪnkæn'teɪʃən] *n.* 咒语，妖术；口头念禅

in-cap ['ɪnkæp] *n.* 智能麻醉剂

incapability [ˌɪnkeɪpə'bɪlɪtɪ] *n.* 无（不）能

incapable [ɪn'keɪpəbl] *a.* 不会（能）的，无资格的 〖用法〗它后跟 "of" 短语，表示 "不能…"。

incapacious [ˌɪnkə'peɪʃəs] *a.* 无能的，狭窄的，智力不足的

incapacitant [ˌɪnkə'pæsɪtənt] *n.* 智能麻醉剂

incapacitate [ˌɪnkə'pæsɪteɪt] *vt.* 使…无能力，使不适合

incapacitation [ˌɪnkəpæsɪ'teɪʃən] *n.* 无能力

incapacitator [ˌɪnkə'pæsɪteɪtə] *n.* 智能麻醉剂

incapacity [ˌɪnkə'pæsɪtɪ] *n.* 无资格，无能力，不适当

incaparina [ˌɪnkæpə'riːnə] *n.* 因卡帕林那，廉价蛋白食品

incapsuled [ɪn'kæpsjuld] *a.* 有被膜的，(被)包围的

incarcerate [ɪn'kɑːkərɪt] *a.* 圈围的，禁闭的

incarnate ❶ ['ɪnkɑːneɪt] *vt.* 使具体化，体现 ❷ [ɪn'kɑːnɪt] *a.* 化身的，人体化的

incase [ɪn'keɪs] *vt.* 装入箱内，包住

incasement [ɪn'keɪsmənt] *n.* 包装，入鞘；装箱

incautious [ɪn'kɔːʃəs] *a.* 不慎重的，不当心的 ‖ ~ly *ad.*

incavation [ˌɪnkə'veɪʃən] *n.* 空心的东西

in-cavity [ɪn'kævɪtɪ] *n.* 内共振腔

incendiarism [ɪn'sendjərɪzm] *n.* 放火，煽动

incendiary [ɪn'sendjərɪ] ❶ *a.* 纵火的，煽动性的 ❷ *n.* ①放火者，煽动者 ②燃烧弹

incendive [ɪn'sendɪv] *a.* 易燃的

incense ❶ [ɪn'sens] *v.* ①使(人)发怒 ②点香 ❷ ['ɪnsens] *n.* 香

incenter ['ɪnsentə] *n.* 内心

incentive [ɪn'sentɪv] ❶ *a.* 刺激的，鼓励的 ❷ *n.* 刺激，鼓励，诱因

incept [ɪn'sept] *v.* 开始，接收，取得硕〔博〕士学位

inception [ɪn'sepʃən] *n.* 开始，开端，创办，创刊

inceptisol [ɪn'septɪsɒl] *n.* 始成土

inceptive [ɪn'septɪv] *a.* 开始的

inceptor [ɪn'septə] *n.* 初学者，开始者

incertitude [ɪn'sɜːtɪtjuːd] *n.* ①不确定，无把握，无自信 ②不稳定

incessancy [ɪn'sesnsɪ] *n.* 不间断性，不停

incessant [ɪn'sesnt] *a.* 不间断的，频繁的 ‖ ~ly *ad.* ~ness *n.*

incest ['ɪnsest] *n.* 近亲交配，乱伦

inch[ɪntʃ]❶ *n.* ①英寸 ②少量 ③一英寸的雨量、积雪等 ❷ *v.* 渐进，一点一点前进，缓慢地移动

inchacao [ɪntʃə'kɑːəu] *n.* 脚气(病)

incher ['ɪntʃə] *n.* 小管，口径是…英寸的东西

inching ['ɪntʃɪŋ] *n.* ①精密送料 ②低速转动发动机，瞬时断续接电 ③微动，平稳移动，微调

inchmeal ['ɪntʃmiːl] *ad.* 渐渐地，一点一点地

inchoate ['ɪnkəueɪt] *a.* 才开始的，不完全的

inchoative [ɪn'kəueɪtɪv] *a.* 开始的

incidence ['ɪnsɪdəns] *n.* ①落下 ②进入，入射(角)，倾角 ③发生(率)，影响 ④【数】关联，接合

incident ['ɪnsɪdənt] ❶ *n.* 事件，【数】关联 ❷ *a.* ①易发生的，难免的，伴随而来的(to) ②入射的 ③关联的 〖用法〗该词作形容词时可以后跟介词 "on〔upon〕"，表示 "射向…上"。如：Suppose an optical field is incident on a detector. 假设有一个光场投射到一个检测器上。

incidental [ˌɪnsɪ'dentl] ❶ *a.* ①偶然(发生)的，伴随的 ②非主要的 ❷ *n.* 附随事件，(pl.) 杂费

incidentally [ˌɪnsɪ'dentlɪ] *ad.* ①偶然 ②(插入语)附带说明

incienso [ˌɪnsɪ'ensəu] *n.* 香木

incinderjell [ɪn'sɪndədʒel] *n.* 凝固汽油

incinerate [ɪn'sɪnəreɪt] *n.* 焚化，烧尽，烧灼灭菌法，火葬

incinerator [ɪn'sɪnəreɪtə] *n.* 焚化炉，煅烧装置

incipience [ɪn'sɪpɪəns], **incipiency** [ɪn'sɪpɪənsɪ] *n.* 开始，初步

incipient [ɪn'sɪpɪənt] *a.* 开始的，最初的，初期的

incipit ['ɪnsɪpɪt](拉丁语) *n.* 开始

incircle [ɪn'sɜːkl] *n.* 内切圆

in-circuit [ɪn'sɜːkɪt] *a.*; *n.* 线路中(的)，内部电路

incisal [ɪn'saɪzəl] *a.* 切割的，切(开)的

incise [ɪn'saɪz] *v.* 切割，流切，蚀刻

incision [ɪn'sɪʒən] *n.* 缺口，切开线，(雕)刻，刀痕

incisive [ɪn'saɪsɪv] *a.* 锐利的，切入的，透彻的，轮廓分明的

incisure [ɪn'sɪʒə] *n.* 切迹，切口

incitant [ɪn'saɪtənt] *a.*;*n.* ①刺激的，兴奋的 ②兴奋剂，诱因

incitantia [ɪn'saɪtəntɪə] *n.* 精神兴奋剂，提精剂

incitation [ˌɪnsaɪ'teɪʃən] *n.* 激励，刺激(物)，煽动，诱因

incite [ɪn'saɪt] *v.* 刺激，煽动，引起

incity [ɪn'sɪtɪ] *a.* 市内的

inclemency [ɪn'klemənsɪ] *n.* (天气)严寒，狂风暴雨，残酷无情

inclement [ɪn'klemənt] *a.* (天气)严酷的，恶劣的，狂风暴雨的，无情的

inclinable [ɪn'klaɪnəbl] *a.* ①易倾向…的，赞成…的 ②可使倾斜的

inclination [ˌɪnklɪ'neɪʃən] *n.* ①倾斜(角)，偏斜，交角，斜坡 ②嗜好

inclinator [ˌɪnklɪneɪtə] *n.* 倾倒器

inclinatorium [ˌɪnklaɪnə'tɔːrɪəm] *n.* 矿山罗盘，测斜器

incline [ɪn'klaɪn] *v.* ①(使)倾斜，偏斜 ②(使)倾向

inclined [ɪn'klaɪnd] *a.* 倾斜的，具有…倾向的

inclinometer [ˌɪnklɪ'nɒmɪtə] *n.* 测斜仪，倾斜仪，磁

倾仪,量坡仪

inclose = enclose

inclosed [ɪnˈkləuzd] *a.* 封闭(式)的,包装的

inclosure [ɪnˈkləuʒə] *n.* 罩,包裹体,围墙,封入,包围

include [ɪnˈkluːd] *vt.* ①包括 ②包住 ③算入

【用法】❶ 当该词后接一个动作时,应该使用动名词作它的宾语。如: In this chapter, we study general methods for analyzing networks, <u>including finding</u> unknown voltages, currents, and properties of circuit elements.在本章,我们将学习分析网络的一般方法,包括求电路元件的未知电压、电流和性质。/Measures <u>include using</u> a protective resistor.措施包括使用一个保护电阻器。❷ 注意该词既可表示包括全部,也可表示包括部分,且后者多见。如: This instrument <u>includes</u> an internal oscillator and detector.这台仪器包括一个内部振荡器和一个检波器。/Also <u>included are</u> analog and digital interfaces.还含有(有)模拟和数字接口。(这是一个被动句的全倒装句型。)

includible [ɪnˈkluːdɪbl], **includable** [ɪnˈkluːdəbl] *a.* 可包括在内的

inclusion [ɪnˈkluːʒən] *n.* ①包括〔含〕,掺杂,蕴含 ②杂质,包体,内含物

【用法】注意下面例句中本词的用法: The usual solution to such problems is the <u>inclusion</u> of a low-pass filter at the input.解决这些问题的通常方法是在输入端加一个低通滤波器。

inclusive [ɪnˈkluːsɪv] *a.* 包括(在内)的,一切计算在内的,内容丰富的,单举的,首尾包括在内的 ☆ ***inclusive of*** 连···在内

【用法】 这个词表示首尾包括在内时要处于被修饰的名词后,其前面的逗号可有可无。如: How many numbers are there between 19 and 27, <u>inclusive</u>?19 和 27(这两个数包括在内)之间有多少个数? /This program can legally access all addresses from 300040 through 420940 <u>inclusive</u>.这个程序法定上能够访问从 300040 到 420940(这两个地址包括在内)的所有地址。

incoagulability [ˌɪnkjuægjuləˈbɪlɪtɪ] *n.* 不能凝固

incoagulable [ˌɪnkəuˈægjuləbl] *a.* 不凝结的

incoercible [ˌɪnkəuˈɜːsəbl] *a.* 不可控制〔压制〕的,不能用压力使之液化的

incognizable [ɪnˈkɒgnɪzəbl] *a.* 不可知的,不能认识的

incognizance [ɪnˈkɒgnɪzəns] *n.* 不知觉,不认识

incognizant [ɪnˈkɒgnɪzənt] *a.* 没意识到的,不认识的(of)

incoherence [ˌɪnkəuˈhɪərəns] *n.* ①不连贯(性),无条理 ②非相干性 ③不黏结性,无内聚性,支离破碎

incoherent [ˌɪnkəuˈhɪərənt] *a.* ①不连贯的,无条理的,不相干的 ②无黏性的,松散的,无内聚的,支离破碎的

incoherentness [ˌɪnkəuˈhɪərəntnɪs], **incohesion**

[ˌɪnkəuˈhiːʒən] *n.* 不黏结性,不连性,无内聚性

incohesive [ˌɪnkəuˈhiːsɪv] *a.* 无凝聚力的

Incoloy [ɪnˈkəulɔɪ] 耐热镍铬铁合金

incombustibility [ˌɪnkəmbʌstəˈbɪlɪtɪ] *n.* 不燃性

incombustible [ˌɪnkəmˈbʌstəbl] *a.*; *n.* 不燃性的,防火的,不燃物

income [ˈɪnkʌm] *n.* 所得,(定期)收入,进款,流入物

incomer [ˈɪnˌkʌmə] *n.* 进来者,移民

incoming [ˈɪnˌkʌmɪŋ] ❶ *a.* (进)来的,入射的,到达的,接任的,移民的 ❷ *n.* 进料,来到,(pl.)收入

incommensurability [ˌɪnkəmenʃərəˈbɪlɪtɪ] *n.* 【数】不可通约性,不能用同一单位计算

incommensurable [ˌɪnkəˈmenʃərəbl] *a.* ①【数】不可通约的,无公度的,不能比较的,不能测量的 ③不配与···比较的(with) ‖ **incommensurably** *ad.*

incommensurate [ˌɪnkəˈmenʃərɪt] *a.* ①不相称的,不适当的,不充足的(to, with) ②不成比例的,不能通约的,无共同单位可计量的

incommode [ˌɪnkəˈməud] *vt.* 使为难,打扰

incommodious [ˌɪnkəˈməudjəs] *a.* 不(方)便的,狭小得无回旋余地的 ‖ **incommunicability** *n.*

incommunicado [ˌɪnkəˌmjuːnɪˈkɑːdəu] *a.* (西班牙语)同外界隔离的

incommutable [ˌɪnkəˈmjuːtəbl] *a.* 不能交换的 ‖ **incommutably** *a.*

incompact [ˌɪnkəmˈpækt] *a.* 不紧(密)的,不结实的

in-company [ɪnˈkʌmpənɪ] *a.* 公司内的

incomparability [ˌɪnkɒmpərəˈbɪlɪtɪ] *n.* 不可比性

incomparable [ɪnˈkɒmpərəbl] *a.* 无比的,不可比的,无共同衡量基础的

incompatibility [ˌɪnkəmpætəˈbɪlɪtɪ] *n.* 不相容(性),非兼容性,不能并存,配合禁忌,矛盾

incompatible [ˌɪnkəmˈpætəbl] *a.* 不相容〔容〕的,不一致的,不协调的,性质相反的,矛盾的(to, with)

incompetence [ɪnˈkɒmpɪtəns], **incompetency** [ɪnˈkɒmpɪtənsɪ] *n.* 无能〔力〕,不合格,不(能)胜任,机能不全

incompetent [ɪnˈkɒmpɪtənt] *a.* 不能胜任的,无能〔力〕的,不熟练的,机能不全的,法律无效的

incomplete [ˌɪnkəmˈpliːt] *a.* 未完(成)的,不完全的,不闭合的

incomprehensibility [ˌɪnkɒmprɪhensəˈbɪlɪtɪ] *n.* 费解

incomprehensible [ˌɪnkɒmprɪˈhensəbl] *a.* 不可思议的,不能理解的 ‖ **incomprehensibly** *ad.*

incomprehension [ˌɪnkɒmprɪˈhenʃən] *n.* 无理解力,不了解

incomprehensive [ˌɪnkɒmprɪˈhensɪv] *a.* ①理解不深的,没有理解力的 ②范围不广的

incompressibility [ˌɪnkəmpresəˈbɪlɪtɪ] *n.* 非压缩性

incompressible [ˌɪnkəmˈpresəbl] *a.* 不可压缩的,坚硬的

incomputable [ˌɪnkəmˈpjuːtəbl] *a.* 数不清的,不能计算的

inconceivability [ˌɪnkənsiːvəˈbɪlɪtɪ] *n.* 想不到,不能想象

inconceivable [ˌɪnkənˈsiːvəbl] *a.* 不可想象的,难以相信的,惊人的 ‖ **inconceivably** *ad.*

inconcinnity [ˌɪnkənˈsɪnɪtɪ] *n.* 不适合,不调和

inconclusive [ˌɪnkənˈkluːsɪv] *a.* 缺乏决定性的,不得要领的,无说服力的,没有结论的 ‖ **~ly** *ad.* **~ness** *n.*

incondensable [ˌɪnkənˈdensəbl] *a.* 不冷凝的,不能缩减的

incondite [ɪnˈkɒndɪt] *a.* 结构〔修辞〕拙劣的,无礼貌的

inconductivity [ˌɪnkɒndʌkˈtɪvɪtɪ] *n* 不电导性,非电导率性

inconel [ɪnˈkɒnəl] *n.* 铬镍铁合金,因康镍合金

inconformity [ˌɪnkənˈfɔːmɪtɪ] *n.* 不一致,不适合

incongruence [ɪnˈkɒŋgruəns] *n.* 不适合,不和谐,不相容性,异元性

incongruent [ɪnˈkɒŋgruənt] *a.;n.* 不调和(的),不适合(的),不相容(的),异元(的)

incongruity [ˌɪnkɒŋˈgruɪtɪ] *n.* 不调和,不一致,不适合,不相称,不相容性,异元性

incongruous [ɪnˈkɒŋgruəs] *a.* 不适合的,不调和的(with),不相称的,自相矛盾的,不一致的(with) ‖ **~ly** *ad.*

in-connection [ˌɪnkəˈnekʃən] *n.* 内连接

in-connector [ɪnkəˈnektə] *n.* 内连接器,(流线)内接符

inconscient [ɪnˈkɒnʃənt] *a.* 失去知觉的,无意识的,粗心大意的,缺乏智力的

inconsecutive [ˌɪnkənˈsekjutɪv] *a.* 前后不一贯的,前后矛盾的

inconsequence [ɪnˈkɒnsɪkwəns] *n.* ①不连贯,不合逻辑,不一贯性 ②不重要

inconsequent [ɪnˈkɒnsɪkwənt] *a.* ①不连贯的,不相干的,不合逻辑的 ②无关紧要的 ‖ **~ly** *ad.*

inconsequential [ˌɪnˌkɒnsɪˈkwenʃəl] ❶ *a.* 无意义的,无关紧要的 ❷ *n.* 无关紧要的事物 ‖ **~ly** *ad.*

inconsiderable [ˌɪnkənˈsɪdərəbl] *a.* 不足道的,不值得考虑的,微小的,琐碎的

inconsiderably [ˌɪnkənˈsɪdərəblɪ] *ad.* 不足取

inconsiderate [ˌɪnkənˈsɪdərɪt] *a.* 不顾及别人的,考虑不周的 ‖ **~ly** *ad.* **~ness** 或 **inconsideration** *n.*

inconsistency [ˌɪnkənˈsɪstənsɪ] *n.* ①不一致(性),矛盾,不相容(性) ②不一致的事物

inconsistent [ˌɪnkənˈsɪstənt] *a.* 不一致的,不协调的,不相容的,(前后)不统一的,不合逻辑的 ②反复无常的

inconsolable [ˌɪnkənˈsɒləbl] *a.* 无可安慰的

inconsonant [ɪnˈkɒnsənənt] *a.* 不和谐的,不一致的(with,to)

inconspicuous [ˌɪnkənˈspɪkjuəs] *a.* 不显著的,不引人注意的 ‖ **~ly** *ad.* **~ness** *n.*

inconstancy [ɪnˈkɒnstənsɪ] *n.* 反复无常,不坚定,无恒心,易变,不规则

inconstant [ɪnˈkɒnstənt] *a.* 反复无常的,不坚定的,无恒心的,易变的,无规则的 ‖ **~ly** *ad.*

inconsumable [ˌɪnkənˈsjuːməbl] *a.* 用不尽的,消耗不掉的,非消费性的 ‖ **inconsumably** *ad.*

incontestable [ˌɪnkənˈtestəbl] *a.* 无可争辩的

incontinent [ɪnˈkɒntɪnɪət] ❶ *a.* 不能自制的,无力控制的,不能容纳的 ❷ *ad.* 立即,仓促地 ‖ **incontinence** 或 **incontinency** *n.* **~ly** *ad.*

incontrollable [ˌɪnkənˈtrəuləbl] *a.* 难控制的 ‖ **incontrollably** *ad.*

incontrovertible [ˌɪnkɒntrəˈvɜːtəbl] *a.* 无可争辩的,反驳不了的,无疑的 ‖ **incontrovertibly** *ad.*

inconvenience [ˌɪnkənˈviːnjəns] *vt.; n.* (使)不便,打扰,麻烦事

inconvenient [ˌɪnkənˈviːnjənt] *a.* 不方便的,麻烦的

inconvertible [ˌɪnkənˈvɜːtəbl] *a.* 不能交换的,不可逆的

incoordinate [ˌɪnkəuˈɔːdɪnɪt] *a.* 不配合的,不协调的,非对等的

incoordination [ˌɪnkəuɔːdɪˈneɪʃən] *n.* 有协调性,不配合,不等同

in-core [ɪnˈkɔː] *n.; a.* 堆(芯)内(的)

incorporate ❶ [ɪnˈkɔːpəreɪt] *v.* ①(使)结合,(使)合并,结社 ②包括(有),(安)装有 ③插入 ④使具体化,体现 ❷ [ɪnˈkɔːpərɪt] *a.* ①合为一体的,合并的,紧密结合的 ②组成的 ③掺和的

incorporation [ɪnˌkɔːpəˈreɪʃən] *n.* 结合,合并,加入,公司,团体

incorporator [ɪnˈkɔːpəreɪtə] *n.* 合并者,公司创办人

incorporeal [ˌɪnkɔːˈpɔːrɪəl] *a.* 无实体的,无形(体)的,精神的 ‖ **incorporeity** *n.*

incorrect [ˌɪnkəˈrekt] *a.* 不正确的,不恰当的 ‖ **~ly** *ad.* **~ness** *n.*

incorrelate [ɪnˈkɒrɪleɪt] *a.* 不相关的

incorrigible [ɪnˈkɒrɪdʒəbl] *a.* 难以矫正的,不可救药的 ‖ **incorrigibly** *ad.*

incorrodible [ˌɪnkɔːˈrəudɪbl] *a.* 抗腐蚀的,防锈的

incorrosive [ˌɪnkəˈrəusɪv] *a.* 不腐蚀的

incorrupt [ˌɪnkəˈrʌpt] *a.* 未沾污的,无差错的

incorruptibility [ˌɪnkəˌrʌptəˈbɪlɪtɪ] *n.* 坚固性,不腐败性

incorruptible [ˌɪnkəˈrʌptəbl] *a.;n.* 不易腐蚀的(东西),不易败坏的

in-country [ɪnˈkʌntrɪ] *a.* 国内的

Incrassate [ɪnˈkræseɪt] *a.; v.* 增厚的,浓化(的)

increasable [ɪnˈkriːsəbl] *a.* 可增加的

increase ❶ [ɪnˈkriːs] *v.* 增加,上升,增长 ❷ [ˈɪnkriːs] *n.* 增加

〖用法〗❶ 该动词常与"with"连用,表示"随…(的增加)而增加";有时与"as"连用,表示"以…

增加”。如：The rate of change of current <u>increases</u> <u>with</u> frequency.电流的变化率随频率的升高而增大。/The pumping power <u>increases as</u> p². 抽吸功率是以 p² 增加的。❷ 注意该名词的搭配关系 “the 〔an〕 increase of 〔in〕A with B”，意为 “A 随 B 的增加而增加”。如：<u>The increase of power with pressure</u> is seen in Fig.7-7.从图 7-7 可看到功率是随压力的增加而增加的。/<u>A gradual increase in resistance with speed</u> is characteristic of friction between the boat's bottom and water. 船底和水之间摩擦的特点是阻力随速度的增加而不断增加。❸ 其作定语的分词往往不译成定语。如：P increases with <u>increasing</u> current.功率 P 随电流的增大而增大。/This approach results in <u>increased</u> power dissipation.这种方法会引起功耗的增加。/The main advantage of asynchronous I/O is <u>increased</u> system efficiency.异步 I/O（输入/输出）的主要优点是提高了系统的效率。❹ 它作名词时其前面往往有不定冠词，后面一般跟介词 in 或 of。如：<u>A significant increase</u> in temperature is often followed by <u>an increase in</u> power dissipation.温度明显的上升往往会导致功耗的增加。

increaser [ɪn'kriːsə] n. 异径接头,连轴齿套

increasingly [ɪn'kriːsɪŋlɪ] ad. 愈加,日益,越发
〖用法〗“increasingly + 原级(主要是多音节词,偶尔是单音节词)”意为“越来越…”。如：Electronic devices are getting <u>increasingly complicated</u>.电子设备正变得越来越复杂了。/Modern computers are becoming <u>increasingly complicated</u>.现代计算机正在变得越来越复杂了。/For fixed M, this bound becomes <u>increasingly tight</u> as E/N₀ is increased.如果 M 是固定的,则随着 E/N₀ 的增加,这个限制变得越来越紧。/In this case, <u>increasingly more</u> of the transmit power is concentrated inside the passband of the signal.在这种情况下,发射功率越来越多地集中在该信号的通带内。(“more” 在此一身兼两职,起形容词和名词的双重作用)

incredibility [ˌɪnkredə'bɪlɪtɪ] n. 不能相信

incredible [ɪn'kredəbl] a. 难于置信的,不可思议的,惊人的,非常的

incredibly [ɪn'kredɪblɪ] ad. 不可思议地,惊人地
〖用法〗“incredibly + 比较级”意为“…得多”。

incredulity [ˌɪnkrɪ'djuːlɪtɪ] n. 不信,怀疑

incredulous [ɪn'kredjuləs] a. 不轻信的,怀疑的

increment ['ɪnkrɪmənt] ❶ n. 增加,递增,增量 ❷ v. 增加
〖用法〗❶ 它作名词时,后面一般跟介词 “in”,表示“在…方面的增加”。如：The <u>increment in</u> V₍BE₎ can be related directly to temperature by making use of Eq. 4-2.利用式 4-2 可以把 V₍BE₎ 的增加与温度直接关联起来。❷ 注意下面例句中该词的用法：This synthesizer provides frequencies from 0.1 Hz to 50 MHz <u>in 0.01 Hz increments</u>.这个频率合成器能够提供从 0.1 赫到 50 兆赫的频率,其每一挡的增量为 0.01 赫。/Common rope diameters vary by

1/16-in. <u>increments</u> from 1/4 to 5/8 in.普通绳子的直径范围是从 1/4 英寸到 5/8 英寸,每挡增量为 1/16 英寸。

incremental [ˌɪnkrɪ'məntəl] a. 增加〔量〕的,递增的

increscent [ɪn'kresnt] a. 增大的,渐盈的

incretin [ɪn'kriːtɪn] n. 肠降血糖素,肠促胰岛素

incretion [ɪn'kriːʃən] n. 内分泌

incriminate [ɪn'krɪmɪneɪt] vt. 牵连,归咎于

in-crowd [ɪn'kraud] n. 小集团,小圈子(熟朋友)

incrust [ɪn'krʌst] v. 覆之以皮,镶饰,长硬皮,包壳,结垢

incrustant [ɪn'krʌstənt] a.; n. (水的)硬垢

incrustation [ˌɪnkrʌ'steɪʃən] n. ①用外皮包裹,结痂,硬壳,水锈 ②(建筑物)表面装饰,镶嵌

incubate ['ɪnkjubeɪt] v. ①孵 ②(病)潜伏 ③使发展,(把…)酝酿成熟

incubation [ˌɪnkju'beɪʃən] n. 保温(培养),孵卵,培育,(病)潜伏(期)

incubative ['ɪnkjubeɪtɪv] a. 孵卵的,潜伏期的

incubator ['ɪnkjubeɪtə] n. 孵化器,细菌培养器,培育箱

incubus ['ɪnkjubʌs] n. 梦魇

inculcate ['ɪnkʌlkeɪt] vt. 反复灌输,谆谆教诲
‖ **inculcation** n.

inculpable [ɪn'kʌlpəbl] a. 无可非议的,无罪的

inculturing [ɪn'kʌltʃərɪŋ] n. 移植(法),接种

incumbency [ɪn'kʌmbənsɪ] n. ①责任,义务 ②覆盖(物) ③任职,任期

incumbent [ɪn'kʌmbənt] a. ①负有责任的,义不容辞的(on,upon) ②躺卧的 ③压在上面的,重叠的 ④现任的,在职的

incunabulum [ˌɪnkju'næbjuləm] (pl. incunabula) n. 早期;摇篮时代;古版本;出身地点

incuneation [ɪnkjuːnɪ'eɪʃn] n. 楔入

incur [ɪn'kɜː] v. 招致,承担

incurable [ɪn'kjuərəbl] a. 不治的,不能改正的

incuriosity [ˌɪnkjuərɪ'ɒsɪtɪ] n. 没兴趣,不关心

incurious [ɪn'kjuərɪəs] a. 不感兴趣的,不新颖的

incurrence [ɪn'kʌrəns] n. 招致

incursion [ɪn'kɜːʃən] n. ①侵入,袭击 ②进入

incursive [ɪn'kɜːsɪv] a. ①侵入的,袭击的 ②流入的

incurvate ['ɪnkɜːveɪt] ❶ v. (使)(向内)弯曲 ❷ a. (向内)弯曲的

incurvation [ˌɪnkɜː'veɪʃən] n. 内曲

incurvature [ɪn'kɜːvətʃə] n. 内曲率

incurve ['ɪn'kɜːv] ❶ v. (使)(向内)弯曲 ❷ n. 内弯

incurved [ɪn'kɜːvd] a. 内曲的,弯成曲线的

indagate ['ɪndəgeɪt] vt. 调查,研究

indagation [ɪndə'geɪʃn] n. 小心研究,诊查

indalloy ['ɪndəlɔɪ] n. 铟银〔英法洛依合金〕焊料

indanthrene [ɪn'dænθriːn], **indanthrone** [ɪn'dænθrəun] n. 阴丹士林,标准还原蓝

indate [ɪnˈdeɪt] *n.* 有效期

indebted [ɪnˈdetɪd] *a.* ①负债的 ②受惠的,感恩的
☆ ***be indebted to ...*** 感谢(某人)
〖用法〗该词前面可以用副词"greatly"或"(very)
much"修饰,而不用"very"。如: The author is greatly
indebted to reviewers.作者对审阅人深表感谢。

indebtedness [ɪnˈdetɪdnɪs] *n.* 债务,所受的恩惠
〖用法〗注意它用在感谢句型中的情况: The author
is in indebtedness to Professor Smith for his great
help.作者对史密斯教授给予的巨大帮助表示感
谢。

indeciduous [ˌɪndɪˈsɪdjʊəs] *a.* 不落叶的

indecipherable [ˌɪndɪˈsaɪfərəbl] *a.* 难辨认的,破
译不出的

indecision [ˌɪndɪˈsɪʒən] *n.* 优柔寡断

indecisive [ˌɪndɪˈsaɪsɪv] *a.* ①优柔寡断的 ②非决
定性的 ③模糊的 ‖ **~ly** *ad.* **~ness** *n.*

indecomposable [ˌɪndiːkəmˈpəʊzəbl] *a.* 不可
分解的

indecorous [ɪnˈdekrəs] *a.* 不礼貌的,不雅的

indeed [ɪnˈdiːd] *ad.* ①的确,真是 ②真正地 ③当

indefatigability [ˌɪndɪˌfætɪɡəˈbɪlɪtɪ] *n.* 不疲倦,不
屈不挠

indefatigable [ˌɪndɪˈfætɪɡəbl] *a.* 不屈不挠的,不
(疲)倦的 ‖ **indefatigably** *ad.*

indefeasible [ˌɪndɪˈfiːzəbl] *a.* 不能取消的,不能废
除的 ‖ **indefeasibility** *n.* **indefeasibly** *ad.*

indefectible [ˌɪndɪˈfektəbl] *a.* ①不败的 ②不易
损坏的 ③无缺点的

indefensibility [ˌɪndɪfensɪˈbɪlɪtɪ] *n.* 无法防御,站
不住脚

indefensible [ˌɪndɪˈfensəbl] *a.* 难以防御的,无法
辩护的,站不住脚的 ‖ **indefensibly** *ad.*

indefinable [ˌɪndɪˈfaɪnəbl] ❶ *a.* 难(限)定的,不能
下定义的,不明确的 ❷ *n.* 难以下定义的事物
‖ **indefinably** *ad.*

indefinite [ɪnˈdefɪnɪt] *a.* 未确定的,不明确的,无穷
的 ‖ **indefinitely** *ad.*

indehiscent [ˌɪndɪˈhɪsənt] *a.* (果实等)成熟时不
裂的

indelibility [ˌɪndelɪˈbɪlɪtɪ] *n.* 不能消除,难忘

indelible [ɪnˈdelɪbl] *a.* 去不掉的,不可磨灭的,持久
的 ‖ **indelibly** *ad.*

indelicacy [ɪnˈdelɪkəsɪ] *n.* 粗俗,下流,粗糙

indemnification [ɪnˌdemnɪfɪˈkeɪʃən] *n.* 保障,免
受损失,赔偿(物)

indemnify [ɪnˈdemnɪfaɪ] *vt.* ①保障 ②偿付(for)

indemnitor [ɪnˈdemnɪtə] *n.* 赔偿者

indemnity [ɪnˈdemnɪtɪ] *n.* ①保障 ②赔偿,赔款
③赦免

indemonstrable [ɪnˈdemənstrəbl] *a.* 无法表明
的,不能证明的,无证明必要的 ‖ **indemonstrably**
ad.

indene [ˈɪndiːn] *n.*【化】茚

indent ❶ [ɪnˈdent] *v.* ①刻成锯齿状,刻凹槽,使犬牙
交错 ②使凹进,压印 ③一式两份地起草 ④(用
双联单)订(货,购)(on) ⑤缩进一二字 ❷
[ˈɪndent] *n.* ①压痕,凹槽,锯齿形 ②双联订单,契
约,合同,(国外)订货单 ③【印】缩进

indentation [ˌɪndenˈteɪʃən] *n.* ①刻痕,凹槽,呈锯
齿形 ②印压,压坑 ③缩进 ④曲折崖,嵌穴作用

indented [ɪnˈdentɪd] *a.* 锯齿状的,首行缩排的

indenter [ɪnˈdentə] *n.* (硬度试验)压头,刻痕器,压
陷器,球印器

indenting [ɪnˈdentɪŋ] *n.* 凹进,刻痕,成穴,刻槽

indention = indentation

indenture [ɪnˈdentʃə] *n.* ① = indentation ②学徒
契约,双联合同,凭证

independence [ˌɪndɪˈpendəns] *n.* 单独,独立(性),
自立,不依靠
〖用法〗该词后跟介词"from",表示"与…无关"。
如: It is necessary to yield independence from
amplitude variation.必须要使得与振幅的变化无
关。

independent [ˌɪndɪˈpendənt] *a.* 单独的,独立的,
自主的,【数】无关的 ☆ ***(be) independent of***
与…无关,不取决于…
〖用法〗❶ "independent of" 意为"与…无关
(的)",这个形容词短语可以作表语,但常用做状
语(这时它等同于"independently of")。如: This
voltage is independent of temperature.这个电压与
温度无关。(作表语。)/The secondary voltage
remains independent of frequency.次级电压保持与
频率无关。(作表语。)/The voltage V appears across
the LC combination, independent of the value of R.
在 LC 组合的两端出现了电压 V,它是与 R 的值无
关的。(作状语。)/In this case I₅ is zero, independent
of the applied voltage.在这种情况下,I₅为零,这与外
加电压无关。❷ 注意下面例句中该词的含义:
This information is process independent.这个信息
是与进程无关的。

independently [ˌɪndɪˈpendəntlɪ] *ad.* 独立(任意,
自由)地 ☆ ***independently of*** 与…无关,不取决
于…
〖用法〗注意下面的例句: This flip-flop changes
state independently of the clock.这个触发器改变状
态并不取决于时钟。

in-depth [ˈɪnˈdepθ] *a.* 彻底的,深入的

indescribability [ˌɪndɪskraɪbəˈbɪlɪtɪ] *n.* 难形容
(性)

indescribable [ˌɪndɪˈskraɪbəbl] *a.* 难以描述的,不
明确的 ‖ **indescribably** *ad.*

indestructibility [ˌɪndɪstrʌktəˈbɪlɪtɪ] *n.* 不灭性

indestructible [ˌɪndɪˈstrʌktəbl] *a.* 不(可毁)灭的,
牢不可破的 ‖ **indestructibly** *ad.*

indeterminable [ˌɪndɪˈtɜːmɪnəbl] *a.* 无法决定的,
不能解决的,不定的 ‖ **indeterminably** *ad.*

indeterminacy [ˌɪndɪˈtɜːmɪnəsɪ] *n.* 不确定(性),
模糊,测不准

indeterminate [ˌɪndɪˈtɜːmɪnɪt] ❶ *a.* 未决定的,不定的,不明确的,无法预先知道的 ❷ *n.*【数】未定元

indeterminateness [ˌɪndɪˈtɜːmɪnɪtnɪs] *n.* 不定性

indetermination [ˌɪndɪtɜːmɪˈneɪʃ ən] *n.* 不明确,不(确)定(性),不果断

indeterminism [ˌɪndɪˈtɜːmɪnɪzm] *n.* 不可预测

indevotion [ɪndɪˈvəʊʃ ən] *n.* 不敬

indevout [ˌɪndɪˈvaʊt] *a.* 不忠实的

index [ˈɪndeks] ❶ (pl. indexes 或 indices) *n.* ①索引,检索 ②指数,率 ③标志,下标,符号 ④指引,指示器,针盘指针 ⑤食指,参见号 ❷ *v.* ①加入,附索引,检索 ②记···号码,换指,改址 ③指向〔明〕

indexation [ˌɪndekˈseɪʃ ən] *n.* 指数法

index-breeding [ˈɪndeksbriːdɪŋ] *n.* 指数选择

indexer [ˈɪndeksə] *n.* 分度器,编索引的人

indexing [ˈɪndeksɪŋ] *n.* 指数,分度(法),索引,加下标,换挡,改址

indexless [ˈɪndekslɪs] *a.* 无索引的

India [ˈɪndjə] *n.* 印度

indialite [ˈɪndjəlɪt] *n.* 印度石

Indian [ˈɪndjən] *a.;n.* ①印度(人)的,印度人 ②印第安人(的)

Indiana [ˌɪndɪˈænə] *n.* (美国)印第安纳(州)

Indic [ˈɪndɪk] *a.* 印度的,印度语言的

indicant [ˈɪndɪkənt] *n.;a.* 指示符,指示的,标志,病兆

indicate [ˈɪndɪkeɪt] *vt.* ①指示,指出,表明 ②简述,简要地说明 ③需要,使成为必要

〖用法〗"as the (its) name indicates" 意为"顾名思义"。如: As the name indicates, the wavelength is merely the length of a complete wave. 顾名思义,波长就是一个完整波的长度。

indication [ɪndɪˈkeɪʃ ən] *n.* ①指示,说明,指出 ②指标,读数,表示法 ③象征,迹象,征兆 ④给信号,信号(设备) ☆**The indication is that ...** 有迹象表明···; **there are various indications that ...** 种种迹象表明

〖用法〗❶ "give (provide, be) an indication of"等效于"indicate"。如: The physical size of the resistor is a rough indication of the maximum permissible power the unit is capable of dissipating without appreciable increase in temperature caused by joule heating.电阻器的物理尺寸大致上表明了该设备在由焦耳发热引起的温度上升并不明显的情况下所能够允许消耗的最大功率。❷ 注意下面例句中该词的用法: In this case a meter indication will appear.在这种情况下仪表就会有读数显示。/There is no indication in this paper whether the result obtained applies to all cases.这篇论文并没有表明获得的结果是否适用于各种情况。

indicative [ɪnˈdɪkətɪv] *a.* 指示的,表示特征的,陈述的

〖用法〗"be indicative of"相当于"indicate"的用法,意为"表示了,有···征兆"。如: A hyperbola is indicative of an inverse proportion.双曲线表示了反比的关系。

indicator [ˈɪndɪkeɪtə] *n.* 指示器,显示器,目视仪,计量表,千分表,指针,标记,示踪剂,食指

indicatory [ɪnˈdɪkətərɪ] *a.* 指示的 (of)

indicatrix [ˌɪndɪˈkeɪtrɪks] *n.* ①指标,标形,指示线 ②【地质】畸变椭圆 ③【物】光率体

indices [ˈɪndɪsiːz] index 的复数

indicia [ɪnˈdɪʃ ə] *n.* (pl.) ①标记,象征 ②邮戳

indicial [ɪnˈdɪʃ əl] *a.* 指数的,单位阶跃的,标记的

indicium [ɪnˈdɪsɪəm] *n.* (pl. indicia) *n.* 表示,记号,征候

indict [ɪnˈdaɪt] *vt.* 控告,告发,起诉 ‖ ~ion *n.*

indictable [ɪnˈdaɪtəbl] *a.* 可以起诉的,应告发的

indictee [ˌɪndaɪˈtiː] *n.* 被告

indicter, indictor [ɪnˈdaɪtə] *n.* 原告

indictment [ɪnˈdaɪtmənt] *n.* 告发,控告,起诉(书)

indifference [ɪnˈdɪfrəns], **indifferency** [ɪnˈdɪfrənsɪ] *n.* ①冷淡,(漠)不关心 ②无关紧要 ③无差别 ④中立,惰性 ⑤无亲和力

〖用法〗注意下面例句的含义: It is a matter of indifference which point of view is adopted.采用哪种观点并不重要。

indifferent [ɪnˈdɪfrənt] *a.* ①冷淡的,不在乎的,不感兴趣的 ②不重要的 ③平庸的,质量不高的,很差的 ④中立的,惰性的 ⑤未分化的,无亲和力的

indiffusible [ˌɪndɪˈfjuːzəbl] *a.* 不〔未〕扩散的

indiffusion [ˌɪndɪˈfjuːʒən] *n.* 向内扩散

indigence [ˈɪndɪdʒəns], **indigency** [ˈɪndɪdʒənsɪ] *n.* 贫穷

indigene [ˈɪndɪdʒiːn] *n.* 土生的动(植)物

indigenous [ɪnˈdɪdʒɪnəs] *a.* ①本土的,土产的,土生土长的 ②天生的,固有的(to)

indigent [ˈɪndɪdʒənt] *a.* 贫困的

indigested [ˌɪndɪˈdʒestɪd] *a.* 杂乱的,考虑不充分的,未〔不〕消化的

indigestible [ˌɪndɪˈdʒestəbl] *a.* 难理解的,不消化的

indigestion [ˌɪndɪˈdʒestʃ ən] *n.* 难理解,不消化 ‖ **indigestive** *a.*

indignant [ɪnˈdɪgnənt] *a.* 愤慨的 (at,over,about,with)

indignation [ˌɪndɪgˈneɪʃ ən] *n.* 愤慨,声讨 (at,against,with)

indignity [ɪnˈdɪgnɪtɪ] *n.* 轻蔑,侮辱

indigo [ˈɪndɪgəʊ] *n.* 靛蓝(青)

indigolite [ɪnˈdɪgəlaɪt] *n.* 蓝电气石

indigometer [ˌɪndɪˈgɒmɪtə] *n.* 靛蓝计

indigosol [ˈɪndɪgəʊsɒl] *n.* 溶靛素

indigotic [ˌɪndɪˈgɒtɪk] *a.* 靛蓝的

indigotin = indigo

indirect [ˌɪndɪˈrekt] *a.* ①间接的,迂回的 ②不坦率的

indirectly [ˌɪndɪˈrektlɪ] *ad.* 间接地

indirection [ˌɪndɪˈrekʃ ən] *n.* ①迂回,兜圈子 ②不诚实

indiscernible [ˌɪndɪˈsɜːnəbl] *a.* 分辨不出的,难辨别的 ‖ **indiscernibly** *ad.*

indiscipline [ɪnˈdɪsɪplɪn] *n.* 无纪律

indiscreet [ˌɪndɪsˈkriːt] *a.* 轻率的,不明智的,不加克制的 ‖ ~**ly** *ad.*

indiscrete [ˌɪndɪsˈkriːt] *a.* 紧凑的,不分开的

indiscretion [ˌɪndɪsˈkreʃ ən] *n.* 轻率,不慎重

indiscriminate [ˌɪndɪsˈkrɪmɪt] *a.* 无差别的,不加选择的,杂乱的,不偏袒的 ‖ ~**ly** *ad.* ~**ness** *n.*

indiscrimination [ˈɪndɪskrɪmɪˈneɪʃ ən] *n.* 无差别,不加区别,任意 ‖ **indiscriminative** *a.*

indiscussible [ˌɪndɪsˈkʌsəbl] *a.* 无法〔不可〕讨论的

indispensability [ˌɪndɪspensəˈbɪlɪtɪ] *n.* 紧要,必要

indispensable [ˌɪndɪsˈpensəbl] ❶ *a.* ①不可缺少的,紧要的 ②避免不了的,责无旁贷的 ❷ *n.* 不可少的人〔物〕

【用法】在该形容词后可以跟 "for" 或 "to"。如: The synthesizer is <u>indispensable for</u> automatic testing schemes.频率合成器对自动测试法是必不可少的。/Water and air are <u>indispensable to</u> living things.水和空气是生物所不可缺少的。

indispose [ˌɪndɪsˈpəʊz] *vt.* 使倾向于,使不愿,使不能

indisposed [ˌɪndɪsˈpəʊzd] *a.* 不愿的,不倾向的,不想(干)…的

indisposition [ˌɪndɪspəˈzɪʃ ən] *n.* 不舒服,不适,不想(干)…的,厌恶

indisputable [ˌɪndɪsˈpjuːtəbl] *a.* 无可争辩的 ‖ ~**ness** *n.* **indisputably** *ad.*

indissociable [ˌɪndɪˈsəʊʃəbl] *a.* 不可割裂的

indissolubility [ˌɪndɪsɒljuˈbɪlɪtɪ] *n.* 不溶解性,永久性

indissoluble [ˌɪndɪˈsɒljubl] *a.* ①难〔不〕溶解的 ②稳定的 ③永恒的 ‖ **indissolubly** *ad.*

indissolvable [ˌɪndɪˈsɒlvəbl] *a.* 不溶解的 ‖ ~**ness** *n.*

indistinct [ˌɪndɪsˈtɪŋkt] *a.* 不清楚的,不明显的,难辨认的,不确定的 ‖ ~**ly** *ad.*

indistinction [ˌɪndɪsˈtɪŋkʃ ən] *n.* 无区别,不明

indistinctive [ˌɪndɪsˈtɪŋktɪv] *a.* 不显著的,无特色的,无差别的 ‖ ~**ly** *ad.*

indistinctness [ˌɪndɪsˈtɪŋktnɪs] *n.* 模糊,不清晰

indistinguishability [ˌɪndɪstɪŋgwɪʃ əˈbɪlɪtɪ] *n.* 不可分辨性

indistinguishable [ˌɪndɪsˈtɪŋgwɪʃ əbl] *a.* 不能区别的,难区分的 ‖ ~**ness** *n.* **indistinguishably** *ad.*

indistributable [ˌɪndɪsˈtrɪbjutəbl] *a.* 不可分配〔散布〕的

inditron [ˈɪndɪtrɒn] *n.* 指示管,字码管

indium [ˈɪndɪəm] *n.* 【化】铟

indivertible [ˌɪndaɪˈvɜːtəbl] *a.* 不能引开的,难使转向的

individual [ˌɪndɪˈvɪdjuəl] ❶ *a.* ①个别的,各个的,单独的,个体的 ②独特的,专用的 ❷ *n.* 个体(人),独立单位

【用法】注意下面例句中该词的译法: <u>Individuals</u> involved in most aspects of computing will also find the book useful. 与计算的几乎所有方面有关的人们同样会发现本书是有用的。/About one hundred <u>individuals</u> from dozens of organizations read over this manual.来自几十个组织的大约一百位人士审阅了这本手册。

individualism [ˌɪndɪˈvɪdjuəlɪzəm] *n.* 并体共生,个人〔利己〕主义

individualist [ˈɪndɪˈvɪdjuəlɪst] *a.; n.* 个人主义者,个人主义(者)的 ‖ ~**ic** *a.*

individualistic [ˈɪndɪˌvɪdjuəˈlɪstɪk] *a.* 个人的,专用的

individuality [ˈɪndɪˌvɪdjuˈælɪtɪ] *n.* ①个体〔性〕,单独(性) ②(pl.)特征

individualization [ˈɪndɪˌvɪdjuəlaɪˈzeɪʃ ən] *n.* 差别,个性化

individualize [ˌɪndɪˈvɪdjuəlaɪz] *vt.* ①个别化,使有特性 ②表现区别 ③分别详述

individually [ˌɪndɪˈvɪdjuəlɪ] *ad.* 个别地,一个一个单独地,以个人资格

individuate [ˌɪndɪˈvɪdjueɪt] = individualize

individuation [ˈɪndɪˌvɪdjuˈeɪʃ ən] *n.* 个体化

indivisibility [ˈɪndɪˌvɪzɪˈbɪlɪtɪ] *n.* 不可分性

indivisible [ˌɪndɪˈvɪzəbl] ❶ *a.* 不可分(割)的,【数】除不尽的,极微的 ❷ *n.* 极小物,不可分的东西,不可除尽

Indo-China [ˈɪndəʊˈtʃaɪnə] *n.* 印度支那

Indo-Chinese [ˈɪndəʊtʃaɪˈniːz] *n.;a.* 印度支那(的),印度支那人(的)

indoctrinate [ɪnˈdɒktrɪneɪt] *v.* 教训,灌输,教导 ‖ **indoctrination** *n.*

indol(e) [ˈɪndəʊl] *n.* 吲哚醌

indolence [ˈɪndələns] *n.* 懒散,无痛,慢慢愈合

indolent [ˈɪndələnt] *a.* 懒惰的,无痛的 ‖ ~**ly** *ad.*

indolgenic [ˌɪndəlˈdʒenɪk] *a.* 产吲哚的

indomitable [ɪnˈdɒmɪtəbl] *a.* 不能制服的,不屈不挠的 ‖ **indomitably** *ad.*

Indonesia [ˌɪndəʊˈniːzjə] *n.* 印度尼西亚

Indonesian [ˌɪndəʊˈniːzjən] *a.; n.* 印度尼西亚(人)的,印度尼西亚人(的)

indoor [ˈɪndɔː] *a.* 室内的

indoors [ˈɪnˈdɔːz] *ad.* (在,进入)室内,在屋里

indorsation [ˌɪndɔːˈseɪʃ ən] = endorsement

indorse = endorse

indox [ɪnˈdɒks] *n.* 英多克斯钡磁铁

indoxyl [ɪnˈdɒksɪl] *n.* 吲羟,吲哚酚

indraft, indraught [ˈɪndrɑːft] *n.* 引入,吸风,吸入物,向内的气〔水〕流,向岸流

indrawing [ɪnˈdrɔːɪŋ] *n.* 凹入

indubitable [ɪnˈdjuːbɪtəbl] *a.* 无疑的,明确的 ‖ **indubitably** *ad.*

induce [ɪnˈdjuːs] *vt.* ①诱(发),惹起,引起,招致 ②感应 ③归纳

inducement [ɪnˈdjuːsmənt] *n.* 动机,诱因

inducer [ɪnˈdjuːsə] *n.* ①诱导者〔体〕,诱因 ②电感器 ③叶轮

inducible [ɪnˈdjuːsɪbl] *a.* 可归纳的,可诱导的

induct [ɪnˈdʌkt] *vt.* ①引入 ②感应 ③传授,使初步入门

inductance [ɪnˈdʌktəns] *n.* ①电感,自感系数 ②进气

inductile [ɪnˈdʌktaɪl] *a.* 低塑性的,没有延性的,无伸缩性的,不顺从的

induction [ɪnˈdʌkʃən] *n.* ①引入,诱导(作用),激发 ②感应(现象),电感,磁感 ③吸气 ④归纳(法,推理)⑤入门

inductionless [ɪnˈdʌkʃənlɪs] *a.* 无电感的, 无感应的

inductive [ɪnˈdʌktɪv] *a.* ①引入的,诱导的 ②感应的,电感(性)的 ③归纳的,绪言的

inductivity [ˌɪndʌkˈtɪvɪtɪ] *n.* 感应性,介电常数,诱导率(性)

inductogram [ɪnˈdʌktəgræm] *n.* X 线(照)片

inductolog [ɪnˈdʌktəlɒg] *n.* 感应法电测井

inductometer [ˌɪndʌkˈtɒmɪtə] *n.* 电感计

inductopyrexia [ˌɪndʌktəpaɪˈreksɪə] *n.* (感应)电发热(法)

inductor [ɪnˈdʌktə] *n.*【化】诱导物,【电气】感应器,电感器,电感线圈,引导者

inductorium [ˌɪndʌkˈtɔːrɪəm] *n.* 火花感应线圈

inductosyn [ɪnˈdʌktəsɪn] *n.* 感应同步器,感应式传感器

inductotherm [ɪnˈdʌktəθɜːm] *n.* 感应电热器

inductothermy [ɪnˈdʌktəθɜːmɪ] *n.* 感应电热(疗)法

inductuner [ɪnˈdʌktjunə] *n.* 感应调谐装置

indue = endue

indurance = endurance

indurate ❶ [ˈɪndjuəreɪt] *v.* 使坚固,(使)硬化,硬结 ❷ [ˈɪndjuərɪt] *a.* 硬化的

induration [ˌɪndjuˈreɪʃən] *n.* 硬化(作用),硬结,固结(作用)

indurative [ɪnˈdjuːrətɪv] *a.* 硬结的

indurescent [ˌɪndjuˈresənt] *a.* 渐硬的

Indus [ˈɪndəs] *n.* 印度河

industrial [ɪnˈdʌstrɪəl] ❶ *a.* 工业的,产业的 ❷ *n.* 工业公司,工业家,产业工人

industrialization [ɪnˌdʌstrɪəlaɪˈzeɪʃən] *n.* 工业化

industrialize [ɪnˈdʌstrɪəlaɪz] *v.* (使)工业化

industrially [ɪnˈdʌstrɪəlɪ] *ad.* 工〔产〕业上

industrial-scale [ɪnˈdʌstrɪəlˈskeɪl] *a.* 大规模的,工业规模的

industrious [ɪnˈdʌstrɪəs] *a.* 勤奋的,刻苦的 ‖

~**ly** *ad.* ~**ness** *n.*

industry [ˈɪndəstrɪ] *n.* ①工〔产,实〕业 ②勤奋

indwell [ˈɪndwel] (indwelt) *v.* 内在,存在于…之中

inedible [ɪnˈedɪbl] *a.* 不可食的

in-edit [ɪnˈedɪt] *n.* (磁带)编辑(起)点

inedited [ɪnˈedɪtɪd] *a.* 未出版的,不曾发表过的

ineducable [ɪnˈedjukəbl] *a.* 不可教育的

ineffable [ɪnˈefəbl] *a.* 无法表达的,难以形容的 ‖ **ineffably** *ad.*

ineffaceable [ˌɪnɪˈfeɪsəbl] *a.* 抹不掉的,不能消除的 ‖ **ineffaceably** *ad.*

ineffective [ˌɪnɪˈfektɪv] *a.* 无效的,效率低的,不适合的,不起作用的 ‖ ~**ly** *ad.* ~**ness** *n.*

ineffectual [ˌɪnɪˈfektjuəl] *a.* 无效的,无益的 ‖ ~**ly** *ad.* ~**ness** *n.*

inefficacious [ˌɪnefɪˈkeɪʃəs] *a.* 无效力的,不灵的 ‖ ~**ly** *ad.* ~**ness** *n.*

inefficacy [ɪnˈefɪkəsɪ] *n.* 无效验,无疗效

inefficiency [ˌɪnɪˈfɪʃənsɪ] *n.* 无效(力),效率低

inefficient [ˌɪnɪˈfɪʃənt] ❶ *a.* 效率低的,无效的,不称职的 ❷ *n.* 效率低的人

inelastic [ˌɪnɪˈlæstɪk] *a.* 非弹性的,无弹力的,无适应性的,不能变通的 ‖ ~**ally** *ad.*

inelasticity [ˌɪnɪlæsˈtɪsɪtɪ] *n.* 刚性,无适应性

inelegance [ɪnˈelɪgəns] *n.* 不精致,粗糙（的东西）‖ **inelegant** *a.*

ineligible [ɪnˈelɪdʒəbl] *a.;n.* 不合格的(人),不可取的

ineloquent [ɪnˈeləkwənt] *a.* 无说服力的

ineluctable [ˌɪnɪˈlʌktəbl] *a.* 不可避免的

inenarrable [ˌɪnɪˈnærəbl] *a.* 难以描述的

inept [ɪˈnept] *a.* ①不符合要求的 ②笨拙的,无能的,不称职的 ‖ ~**ness** *n.* **ineptitude** *n.*

inequable [ɪnˈekwəbl] *a.* 不相等的

inequal [ɪnˈiːkwəl] *a.* 不平等的

inequality [ˌɪnɪˈkwɒlɪtɪ] *n.* ①不相等,不平均,不平度,不适应,差别,变动,起伏,地形崎岖度 ②【数】不等(式,性),【天】均差

『用法』 注意下面例句的含义：We have to find how large to make x so as for this inequality to hold. 我们得求出使 x 为多大才能使这个不等式成立。（"how large to make x"是名词性不定式作"find"的宾语,其中"how large"是"x"的宾语补足语; "so as for this inequality to hold"是"so as to (do)"的不定式复合结构形式。）

inequation [ˌɪnɪˈkweɪʃən] *n.* 不等方程式

inequigranular [ˌɪnɪkwɪˈgrænjulə] *a.* 不等粒状的

inequilateral [ˌɪniːkwɪˈlætərəl] *a.* 不等边的

inequipotential [ˌɪniːkwɪpəˈtenʃəl] *a.* 等位的,等势的

inequitable [ɪnˈekwɪtəbl] *a.* 不公正的 ‖ **inequitably** *ad.* **inequity** *n.*

inequivalence [ˌɪnɪˈkwɪvələns] *n.* "异",不等效

ineradicable [ˌɪnɪˈrædɪkəbl] *a.* 根深蒂固的,不能

根除的 ‖ **ineradicably** ad.

inermous [ɪˈnɜːməs] a. 无棘的,无刺的,无针的

inerrable [ɪnˈerəbl], **inerrant** [ɪnˈerənt] a. 不会错的,绝对正确的 ‖ **inerrancy** n.

inerratic [ɪnɪˈrætɪk] a. 按一定轨道运行的,有规律的,固定的

inert [ɪˈnɜːt] ❶ a. 惰性的,不活泼的,不起化学作用的,无反应的,无效的 ❷ n. (pl.)惰性气体

inertance [ɪˈnɜːtəns] n. 惰性,声质量

inertia [ɪˈnɜːʃɪə] n. 惰性,惯性,不活泼

inertial [ɪˈnɜːʃɪəl] a. 惯(惰)性的,不活泼的,惯量的,呆滞的

inertialess [ɪˈnɜːʃɪəlɪs] a. 无惯〔惰〕性的

inertialessness [ɪˈnɜːʃɪəlɪsnɪs] n. 无惯性

inertial-mass [ɪˈnɜːʃɪəlmæs] n. 惯性质量

inertness [ɪˈnɜːtnɪs] n. 惰〔惯〕性,反应缓慢性

inerts [ɪˈnɜːts] n. 惰性气体〔组分,物质〕

inescapable [ˌɪnɪsˈkeɪpəbl] a. 推卸不了的,不可逃避的,必然发生的 ‖ **inescapably** ad.

inessential [ˌɪnɪˈsenʃəl] a.; n. ①不紧要的,无关紧要的(东西) ②无实质的,非本质的

inestimable [ɪnˈestɪməbl] a. 难估量的,无价的 ‖ **inestimably** ad.

inevitability [ˌɪnevɪtəˈbɪlɪtɪ] n. 不可避免,必然性

inevitable [ɪnˈevɪtəbl] a. 必然(发生)的,不可避免的 ‖ **inevitably** ad.

inexact [ˌɪnɪɡˈzækt] a. 不精确的,不正确的 ‖ **~ly** ad.

inexactitude [ˌɪnɪɡˈzæktɪtjuːd] n. 不精确

inexcusable [ˌɪnɪksˈkjuːzəbl] a. 不可原谅的,无法辩解的

inexecutable [ɪnˈeksɪkjuːtəbl] a. 办不到的

inexhaustible [ˌɪnɪɡˈzɔːstəbl] a. 无穷(尽)的,不(知疲)倦的 ‖ **inexhaustibly** ad.

inexhaustive [ˌɪnɪɡˈzɔːstɪv] a. 不彻底的,不详尽的 ‖ **~ly** ad.

inexistence [ˌɪnɪɡˈzɪstəns] n. 不存在(的东西) ‖ **inexistent** a.

inexorable [ɪnˈeksərəbl] a. 不屈不挠的,铁面无私的

inexpansibility [ˌɪnɪkspænsəˈbɪlɪtɪ] n. 不可膨胀性

inexpectant [ˌɪnɪksˈpektənt] a. 不〔未〕期待的

inexpedience [ˌɪnɪksˈpiːdɪəns], **inexpediency** [ˌɪnɪksˈpiːdɪənsɪ] n. 不适当,失策 ‖ **inexpedient** a.

inexpensive [ˌɪnɪksˈpensɪv] a. 花费不多的,廉价的 ‖ **~ly** ad. **~ness** n.

inexperience [ˌɪnɪksˈpɪərɪəns] n. 缺乏经验,外行

inexperienced [ˌɪnɪksˈpɪərɪəst] a. 缺乏经验的,外行的

inexpert [ɪnˈekspɜːt] ❶ a. 业余的,不熟练的 ❷ n. 生手

inexpiate [ɪnˈekspɪeɪt] a. 未抵偿的

inexplicable [ɪnˈeksplɪkəbl] a.不可解释的,莫明其妙的 ‖ **inexplicably** ad.

inexplicit [ˌɪnɪksˈplɪsɪt] a. 含糊的 ‖ **~ly** ad.

inexplorable [ˌɪnɪksˈplɔːrəbl] a. 不能探究的,无法开拓的

inexplosive [ˌɪnɪksˈpləʊsɪv] a. 不破裂的,不爆炸的

inexpressible [ˌɪnɪksˈpresəbl] a. 无法表达的,难以形容的 ‖ **inexpressibly** ad.

inexpressive [ˌɪnɪksˈpresɪv] a. 无表情的,沉默的 ‖ **~ly** ad. **~ness** n.

inexpugnable [ˌɪnɪksˈpʌɡnəbl] a. 难征服的,攻不破的

inextensibility [ˌɪnɪkstensəˈbɪlɪtɪ] n. 非延伸性

inextensible [ˌɪnɪksˈtensəbl] a. 不能扩张的,伸不开的

inextensional [ˌɪnɪksˈtenʃənəl] a. 不可开拓的,非伸缩的

inextirpable [ˌɪnɪksˈtɜːpəbl] a. 不能根除的

inextinguishable [ˌɪnɪksˈtɪŋɡwɪʃəbl] a. 不能消灭的,不能消灭的

inextractable [ˌɪnɪksˈtræktəbl] a. 不可提取的

inextricable [ɪnˈekstrɪkəbl] a. 不能解决的,不能避免的 ‖ **inextricably** ad.

inface [ˈɪnfeɪs] n. 陡峭的山坡

infall [ɪnˈfɔːl] n. 下降,塌陷,进水口

infallibility [ɪnˌfæləˈbɪlɪtɪ] n. 确实性,绝对可靠

infallible [ɪnˈfæləbl] ❶ a. ①没有错误的,不会使人误解的,绝对正确的 ②不可避免的 ❷ n. 可靠的事物,一贯正确的人 ‖ **infallibly** ad.

infamous [ˈɪnfəməs] a. 臭名昭著的,无耻的

infan [ˈɪnfæn] n. 输入端,扇入

infancy [ˈɪnfənsɪ] n. ①幼年时代 ②初期 〖用法〗注意下面例句中该词的用法:This is quite appropriate for a subject in its *infancy*.这(样做)对于某一学科刚处于诞生阶段是完全合适的。

infanette [ˌɪnfəˈnet] n. 婴儿床

infant [ˈɪnfənt] n.; a. ①婴儿 ②幼儿的,初期的

infantile [ˈɪnfəntaɪl], **infantine** [ˈɪnfəntaɪn] a. 婴儿(般)的,初期的,早期的

infantry [ˈɪnfəntrɪ] n. (总称)步兵,步兵团;一群儿童

infantryman [ˈɪnfəntrɪmən] n. 步兵

infarct [ˈɪnfɑːkt] (拉丁语) n. 梗死

infatuate [ɪnˈfætjʊeɪt] ❶ vt. 使迷恋,使糊涂 ❷ n. 被冲昏头脑的人 ‖ **infatuation** n.

infauna [ˈɪnfɔːnə] n. 海底动物

infaust [ɪnˈfɔːst] a. 不利的,不吉祥的

infeasibility [ˌɪnfiːzəˈbɪlɪtɪ] n. 不可行性

infeasible [ɪnˈfiːzəbl] a. 办不到的,不可能的

infect [ɪnˈfekt] vt. 使感染,使受影响

infectant [ɪnˈfektənt] a. 传染的,传播的

infectible [ɪnˈfektɪbl] a. 可感染的

infection [ɪnˈfekʃən] n. ①感染,传染(病) ②(坏)影响 ③抛掷产生雷达干扰的金属带

infectiosity [ˌɪnfekʃɪˈɒsɪtɪ] n. 传染率

infectious [ɪnˈfekʃəs] a. 感染的,传染(性)的 ‖ **~ly** ad. **~ness** n.

infective [ɪnˈfektɪv] *a.* 传染性的,影响别人的 ‖ ~ness 或 **infectivity** *n.*

infeed [ˈinfiːd] *n.* 切入磨法,横切

infelicitous [ˌinfiˈlisitəs] *a.* 不幸的,不合适的 ‖ **infelicity** *n.*

infer [ɪnˈfɜː] *v.* ①推理,推出结论 ②意味着 ③猜想 〖用法〗 注意该词在下面例句中的含义:In this case we _infer_ a value of BV'_CBO_ to be in the neighborhood of 100 V.在这种情况下,我们可以推定 BV'_CBO_ 的一个值大约为 100 伏特。("to be ..." 为宾语补足语。)

inferable [ɪnˈfɜːrəbl] *a.* 可推断的,可推想而知的 (from)

infer-coat [ɪnˈfɜːkəut] *n.* 二道底漆

inference [ˈinfərəns] *n.* 推理,含意

inferent [ˈinfərənt] *a.* 传入的

inferential [ˌinfəˈrenʃəl] *a.* 推理(上)的

inferior [ɪnˈfiəriə] ❶ *a.* ①下等的,低下的,劣质的,下级的,次(要、级)的 ②下方的 ③在地球轨道内侧的 ❷ *n.* ①下级,下辈 ②次品 ③下附数〔文〕字

inferiority [ɪnˌfiəriˈɒriti] *n.* 下级,低劣,下等

infernal [ɪnˈfɜːnl] *a.* 地狱的,恶魔似的

inferno [ɪnˈfɜːnəu] *n.* (1968 年提出的恒星温度单位)因费诺,(pl.)地狱

inferrible, inferrable [ɪnˈferəbl] = inferable

infertile [ɪnˈfɜːtail] *a.* 不毛的,贫瘠的,无生殖力的

infest [ɪnˈfest] *vt.* (大批)出现,蔓延,侵袭;骚扰 ‖ **infestation** *n.*

infidel [ˈinfidəl] ❶ *a.* 不精确的,失真的 ❷ *n.* 异教徒

infidelity [ˌinfiˈdeliti] *n.* 不精确,不真实,失真

in(-)field [ˈinfiːld] *n.* 安装地点,内场

infighting [ˈinfaitiŋ] *n.* 肉搏战,混战

infill [ɪnˈfil] *vt.* 填充

infiller [ɪnˈfilə] *n.* 加密井

infiltrant [ɪnˈfiltrənt] *n.* 浸渗剂

infiltrate [ˈinfiltreit] ❶ *v.* 渗入,渗透,穿过(through, into),抽取 ❷ *n.* 渗入物

infiltration [ˌinfilˈtreiʃən] *n.* ①渗入,穿透,渗透(作用) ②渗入物,吸水量

infiltrometer [ˌinfilˈtrɒmitə] *n.* 渗滤计

infimum [ɪnˈfaiməm] *n.* 下确界,最大下界

infinite [ˈinfinit] ❶ *a.* ①无限的,无穷的,无数的 ②不定的 ❷ *n.* 无穷大,无尽

infinitely [ˈinfinitli] *ad.* 无限地

infinitesimal [ˌinfiniˈtesiməl] ❶ *a.* 无限小的,极小的 ❷ *n.* 无穷小(量),微元

infinite-valued [ˌinfinitˈvæljuːd] *a.* 无限多个值的

infinitive [ɪnˈfinitiv] ❶ *a.* 不定的 ❷ *n.* (动词)不定式

infinitude [ɪnˈfinitjuːd] *n.* 无穷(数),无数

infinity [ɪnˈfiniti] *n.* ①无限,无穷大,无止境 ②大量 ③(刻度盘的)终值

infirm [ɪnˈfɜːm] *a.* 不牢(靠)的,虚弱的,不坚定的 ‖ ~ity *n.* ~ly *ad.*

infirmary [ɪnˈfɜːməri] *n.* 医务所,疗养所

infirmatory [ɪnˈfɜːmətəri] *a.* 无力的,虚弱的,不牢靠的

infirmity [ɪnˈfɜːmiti] *n.* 虚弱,残废

infix ❶ [ɪnˈfiks] *vt.* 嵌入,灌输 ❷ [ˈinfiks] *n.* 插入词,中缀

inflame [ɪnˈfleim] *v.* ①燃烧,着火,使炽热 ②激怒,使火上加油 ③发炎

inflammability [ˌinflæməˈbiliti] *n.* 易燃性,兴奋性

inflammable [ɪnˈflæməbl] ❶ *a.* 可燃的,易激动的 ❷ *n.* 易燃物

inflammation [ˌinfləˈmeiʃən] *n.* ①燃烧,发光,起爆 ②炎症

inflammatory [ɪnˈflæmətəri] *a.* ①激怒的,煽动的 ②发炎的

inflatable [ɪnˈfleitəbl] ❶ *a.* 可膨胀的,可充气的 ❷ *n.* (pl.)喷制件,充气玩具

inflate [ɪnˈfleit] *v.* ①(使)膨胀,吹胀,充气 ②使通货膨胀,抬高物价

inflation [ɪnˈfleiʃən] *n.* ①膨胀,打气,填充 ②均匀伸长 ③通货膨胀,物价上涨 ④夸张,自满

inflationary [ɪnˈfleiʃənəri] *a.* (通货)膨胀(引起)的

inflator [ɪnˈfleitə] *vt.* ①增压泵,充气机,打气筒 ②充气者

inflect [ɪnˈflekt] *vt.* 使弯曲,使曲折

inflection [ɪnˈflekʃən] = inflexion ‖ ~al *a.*

inflective [ɪnˈflektiv] *a.* 抑扬的

inflector [ɪnˈflektə] *n.* (粒子束)偏转器

inflexibility [ˌinfleksəˈbiliti] *n.* ①不曲(性),不挠(性),刚性,不可压缩性 ②不变

inflexible [ɪnˈfleksəbl] *a.* ①不曲的,不可伸缩的,硬性的 ②刚强的,不屈的 ③固定的 ‖ **inflexibly** *ad.*

inflexion [ɪnˈflekʃən] *n.* ①反弯曲,内向弯曲,偏移,【数】拐点,凹陷 ②音调变化

inflict [ɪnˈflikt] *vt.* 使遭受,处罚 ‖ ~ion *n.*

inflight [ˈinflait] *n.; a.* 进入目标,飞行中的

inflorescence [ˌinflɔ(ː)ˈresns] *n.* 花序(簇),开花(期)

inflow [ˈinfləu] *n.* ①流入(量),给水量,渗透 ②流入物

inflowing [ˈinfləuiŋ] *a.* 流入的,注入的

influence [ˈinfluəns] ❶ *n.* ①影响(力),作用 ②反应 ③有影响的人〔事物〕 ❷ *vt.* 影响,感化 ☆ ***exert an influence on (upon)*** 对…施加影响; ***have (an) influence on (upon)*** 对…有影响; ***under the influence of*** 在…影响下 〖用法〗 注意搭配模式"the influence of A on 〔upon〕B",意为"A 对 B 的影响"。如: The influence of temperature on the conductivity of semiconductors must be taken into account.必须把

温度对半导体导电率的影响考虑进去。

influent ['ɪnfluənt] ❶ *a.* 流入的,进水的 ❷ *n.* 流体,流入液,渗流

influential [ˌɪnflu'enʃəl] *a.* 有影响的,感应的 ‖ **~ly** *ad.*

〖用法〗注意下面例句的汉译法：These organizations are becoming more <u>influential</u> as more people recognize the value of standards.随着越来越多的人认识到标准的价值,这些组织正在变得越来越有影响。

influenza [ˌɪnflu'enzə] *n.* 流行性感冒 ‖ **influenzal** *a.*

influx ['ɪnflʌks] *n.* ①流入(量),灌注,汇集 ②注入口,河口,河流的汇合处

influxion [ɪn'flʌkʃən] *n.* 流入

infobond ['ɪnfəubɒnd] *n.* 双面印制线路板点间连线自动操作装置

inform [ɪn'fɔ:m] *v.* ①通知,传达 ②鼓舞 ☆ **inform A of B** 通知 A 有关 B

〖用法〗该词跟有宾语从句时,一定要用"inform + sb. + that 从句"句型,而不能在其后面直接加宾语从句。

informal [ɪn'fɔ:ml] *a.* 非正式的,不拘礼节的

informality [ˌɪnfɔ:'mælɪtɪ] *n.* 非正式(的行为),不拘礼节

informant [ɪn'fɔ:mənt] *n.* 提供消息者

informatics [ˌɪnfə'mætɪks] *n.* 信息(学),信息控制论

informatin [ˌɪnfə'mætɪn] *n.* 信使素

information [ˌɪnfə'meɪʃən] *n.* ①通知 ②情报,消息,资料 ③信息(量) ④查询 ☆ **for your information only** 仅供参考

〖用法〗❶ 在该词后一般跟介词"on"(也可用"about"或"concerning",但不能用"of"),表示"有关的信息〔资料〕"。如：<u>Detailed information on</u> these instruments can be obtained from instrument manufacturers.有关这些仪器的详细资料可以从仪器制造商那儿获得。/<u>Information</u> is also provided on the program for Omega charts and navigational publications required to support the system expansion.同时提供了为拓展系统所需的欧米伽航图及导航资料的计划方面的信息。("on the program ... the system expansion"是修饰主语"Information"的。) ❷ 注意下面例句中该词的含义：We present the answer here for the reader's <u>information</u>.我们在这儿给出了答案供读者参考。/For further <u>information</u>, please contact us.欲知详情,请与我们联系。❸ 该词当"信息"讲时为不可数名词,若要表示"一条信息",则应该使用"a piece 〔an item〕of information"。

informational [ˌɪnfə'meɪʃənəl] *a.* 信息的,(介绍)情况的,(提供)情报的

informationism [ˌɪnfə'meɪʃənɪzm] *n.* 信息论

informative [ɪn'fɔ:mətɪv], **informatory** [ɪn'fɔ:mətərɪ] *a.* 情报的,供给消息的,有益的,增进知识的

〖用法〗注意科技文章中的一个常见句型：it is informative to do sth.,意为"做…是有益的"。如：It is formative to represent the components that comprise the signal x(t) by means of phasor.利用相量来表示构成信号 x(t)的分量是有益的。

informed [ɪn'fɔ:md] *a.* 见闻广的,消息灵通的

informing [ɪn'fɔ:mɪŋ] *a.* 有教益的,启发性的

informofer [ɪn'fɔ:məfə] *n.* 信息子,核信息颗粒

informosome [ɪn'fɔ:məsəm] *n.* 信息体

infra-acoustic [ˌɪnfrəə'kaʊstɪk] *a.* 亚声的,亚音频的,次声频的

infra-audible [ˌɪnfrə'ɔ:dɪbl] *a.* 次〔亚〕声的

infrabar ['ɪnfrəbɑ:] *n.* 低气压

infra-black ['ɪnfrəblæk] *a.* 黑外的

infraconnection [ˌɪnfrəkə'nekʃən] *n.* 内连

infraconscious [ˌɪnfrə'kɒnʃəs] *a.* 下意识的

infracted [ɪn'fræktɪd] *a.* 内折的

infraction [ɪn'frækʃən] *n.* 违法,犯规,不全骨折

infraglacial [ˌɪnfrə'gleɪʃəl] *a.* 冰底的

infrahuman [ˌɪnfrə'hju:mən] *n.;a.* 低于人类的(生物),似人的(生物)

infralittoral [ˌɪnfrə'lɪtərəl] *a.* 远离岸的

infraluminescenece [ˌɪnfrəlu:mɪ'esns] *n.* 红外发光

inframicrobe [ˌɪnfrə'maɪkrəub] *n.*(滤过性)病毒

infraneritic [ˌɪnfrənɪ'rɪtɪk] *a.* 浅海的

infrangible [ɪn'frændʒɪbl] *a.* 不可破的,不可分离〔违背,侵犯〕的

infranics [ɪn'fræniks] *n.* 红外线电子学

infranuclear [ˌɪnfrə'nju:klɪə] *a.* 核下的

infra-orbital [ˌɪnfrə'ɔ:bɪtəl] *a.* 亚轨道的

infraparticle [ˌɪnfrə'pɑ:tɪkl] *n.* 红外粒子

infraplacement [ˌɪnfrə'pleɪsmənt] *n.*(向)下移位

infra-protein [ˌɪnfrə'prəutɪn] *n.* 变性蛋白

infra(-)red [ˌɪnfrə'red] ❶ *a.* 红外(线,区)的,对红外辐射敏感的 ❷ *n.* 红外线〔区〕

infra-refraction [ˌɪnfrərɪ'frekʃən] *n.* 红外折射

infrasil ['ɪnfrəsɪl] *n.* 红外硅

infrasonic [ˌɪnfrə'sɒnɪk] *a.* 亚音频的,亚声的,阈阈以下的

infrasonics [ˌɪnfrə'sɒnɪks] *n.* 次声学

infrasound [ˌɪnfrə'saʊnd] *a.;n.* 亚声(的),不可听音

infrastructure [ˌɪnfrə'strʌktʃə] *n.* ①基础(结构),地基 ②永久性基地,基本设施

infratubal [ˌɪnfrə'tju:bəl] *a.* 管下的

infraversion [ˌɪnfrə'vɜ:ʃən] *n.* 下斜(视),下埋

infrequency [ɪn'fri:kwənsɪ] *n.* 稀少有,很少发生,罕见

infrequent [ɪn'fri:kwənt] *a.* 稀少有的,很少发生的

infrequently [ɪn'fri:kwəntlɪ] *ad.* 偶尔

infression [ɪn'freʃən] *n.* 膨胀形衰退

infriction [ɪn'frɪkʃn] *n.* 涂擦(法)

infringe [ɪn'frɪndʒ] *v.* ①违反 ②侵犯(on,upon)

‖ **~ment** *n*.

infructuous [ɪn'frʌktjuəs] *a*. 徒劳的

infunde [ɪn'frʌnd] (拉丁语) *vt*. 注入

infundibular [ˌɪnfʌn'dɪbjulə] *a*. 漏斗形的

infundibuliform [ˌɪnfʌn'dɪbjulɪfɔ:m] *a*. 漏斗状的

infundibulum [ˌɪnfʌn'dɪbjuləm] *n*. 漏斗状器管

infuse [ɪn'fju:z] *v*. ①注(入),灌注 ②泡,浸渍,沏(茶)

infuser [ɪn'fju:zə] *n*. 注入〔鼓吹〕者,茶壶

infusibility [ˌɪnfju:zə'bɪlɪtɪ] *n*. 不溶性

infusible [ɪn'fju:zəbl] *a*. 难〔不〕熔的,能注入的

infusion [ɪn'fju:ʒən] *n*. ①浸入,灌输,输液 ②浸渍〔液〕,泡,注入物

infusorial [ˌɪnfju:'sɔ:rɪəl] *a*. 藻类的

infusorian [ˌɪnfju'sɔ:rɪən] *n*. 纤毛虫,滴虫

infusum [ɪn'fju:zəm] (拉丁语) *n*. 浸剂

in(-)gate ['ɪngeɪt] *n*. 输入门,入口孔

ingather ['ɪn'gæðə] *v*. 收集

ingberlach ['ɪnbələtʃ] *n*. 生姜糖

ingeminate [ɪn'dʒemɪneɪt] *vt*. 反复讲,重申

ingenious [ɪn'dʒi:njəs] *a*. 机敏的,灵巧的,精致的,有创造才能的 ‖ **-ly** *ad*. **~ness** *n*.

ingenuity [ˌɪndʒɪ'nju:ɪtɪ] *n*. 精巧,机敏,创造性,才能,独出心裁

ingenuous [ɪn'dʒenjuəs] *a*. 直率的,天真的 ‖ **-ly** *ad*. **~ness** *n*.

ingest [ɪn'dʒest] *vt*. 吸入,摄取,咽下,容纳,接待

ingesta [ɪn'dʒestə] *n*. 饮食物

ingestion [ɪn'dʒestʃən] *n*. 吸收,摄取,吸入

ingestive [ɪn'dʒestɪv] *a*. 食入的,摄食的,供吸收的

inglorious [ɪn'glɔ:rɪəs] *a*. ①不光彩的 ②不出名的 ‖ **-ly** *ad*.

ingoing ['ɪngəuɪŋ] *n*.; *a*. 进来(的),就任的,洞察的,深入的

ingot ['ɪŋgət] *n*. ①铸块,锭,浇锭,坯料,铸模 ②结晶

ingotism ['ɪŋgətɪzəm] *n*. 树枝状巨晶

ingrain [ɪn'greɪn] ❶ *vt*. (= engrain)深染 ❷ *a*. ①深染的 ②根深蒂固的 ❸ *n*. ①原纱染色 ②固有的品质,本质

ingrained [ɪn'greɪnd] *a*. 沾染很深的,根深蒂固的

ingrate [ɪn'greɪt] *n*. 忘恩负义的人

ingravescent [ɪn'greɪvsnt] *a*. 加重的,恶化的

ingredient [ɪn'gri:dɪənt] *n*. 组成部分,配料,要素

ingress ['ɪngres] *n*. ①进入,入口,进口处,通道 ②进入权 ③【天】初切

ingrowing ['ɪngrəuɪŋ] *a*. 向内长的

ingrown ['ɪngrəun] *a*. 长在内的,天生的

ingrowth ['ɪngrəuθ] *n*. 向内长

ingurgitate [ɪn'gɜ:dʒɪteɪt] *v*. 大口吞咽,卷入

inhabit [ɪn'hæbɪt] *vt*. 居住

inhabitable [ɪn'hæbɪt(ə)l] *a*. 适于居住的

inhabitancy [ɪn'hæbɪtənsɪ] *n*. 居住

inhabitant [ɪn'hæbɪtənt] *n*. 居民,住户

inhabitation [ˌɪnhæbɪ'teɪʃən] *n*. 居住,住处

inhalant [ɪn'heɪlənt] *n*.; *a*. 被吸入的东西,吸入剂〔器〕,吸入用的

inhalation [ˌɪnhə'leɪʃən] *n*. 吸入(剂,法)

inhalator ['ɪnhələeɪtə] *n*. 吸入器,人工呼吸器

inhale [ɪn'heɪl] *v*. 吸入,吸气

inhaler [ɪn'heɪlə] *n*. 吸入器〔管〕,吸气器,空气过滤器,防毒面具,吸入者

inharmonic(al) [ˌɪnhɑ:'mɒnɪk(əl)] *a*. 不和谐的,非调谐的

inharmonious [ˌɪnhɑ:'məunjəs] *a*. 不调和的,不协调的,冲突的 ‖ **-ly** *ad*.

inharmony [ɪn'hɑ:mənɪ] *n*. 不调和,冲突

inhaust [ɪn'hɔ:st] *vt*. 吸,饮

inhere [ɪn'hɪə] *vi*. (本质上即)属于,固有,含有(in)

inherence [ɪn'hɪərəns], **inherency** [ɪn'hɪərənsɪ] *n*. 固有,内在(性),基本属性

inherent [ɪn'hɪərənt] *a*. 固有的,本征的,先天的,遗传的,内在的
〖用法〗注意下面例句中"inherent in ..."的含义:This illustrates the coupling between input and output terminals <u>inherent in transistors</u>.这说明了在晶体管中所固有的、在输入和输出端之间的耦合(情况)。(形容词短语"inherent in transistors"修饰"the coupling"。)/It is necessary to minimize the distortion <u>inherent in the phase modulator</u>.必须把相位调制器中所固有的失真降到最小。/The assumption <u>inherent in Eq. 2-1</u> is that inequality 2-7 is satisfied.式 2-1 中所蕴含的假设条件是不等式 2-7 得到满足。

inherit [ɪn'herɪt] *v*. 继承,遗传

inheritable [ɪn'herɪtəbl] *a*. 可遗传的,可以继承的

inheritance [ɪn'herɪtəns] *n*. 继承,承受,遗传

inhesion [ɪn'hi:ʒən] *n*. 内在(性),固有(性)

inhibin [ɪn'hɪbɪn] *n*. 抑制素

inhibit [ɪn'hɪbɪt] *vt*. 防〔阻〕止,抑制,防腐蚀

inhibiter = inhibitor

inhibition [ˌɪnhɪ'bɪʃən] *n*. ①抑制,制止 ②阻碍,反催化,延缓
〖用法〗注意下面例句中该词的含义:The most likely cause of a failure to achieve this objective is <u>an inhibition on</u> the application of electronics.未能达到这一目的最可能的原因是由于没有应用电子学。

inhibitive [ɪn'hɪbɪtɪv] *a*. 禁止的,抑制的

inhibitor [ɪn'hɪbɪtə] *n*. ①抑制剂,反催化剂,防锈剂,防腐蚀剂,抗老化剂 ②【计】禁止器 ③约束者 ④(火药)铠装

inhibitory [ɪn'hɪbɪtərɪ] *a*. 禁止的,抑制的

inhomogeneity ['ɪn,hɒməudʒe'ni:ɪtɪ] *n*. 不(均)匀性,非同性〔种〕

inhomogenous [ˌɪnhɒmə'dʒi:njəs] *a*. 不均匀的,不同类的,非齐次的,杂拼的

inhour [ɪn'auə] *n*. 反时针,倒时数

in(-)house [ɪn'haus] *a*. 国内的,(机构)内部的,自〔本〕身的,自用的,固有的,独特的

inhuman [ɪnˈhjuːmən] a. 非人的,野蛮的,残酷的,超人的

inimical [ɪˈnɪmɪkəl] a. 有害的,敌意的 ‖ ~ly ad.

inimitable [ɪˈnɪmɪtəbl] a. 不能模仿的,无与伦比的 ‖ **inimitably** ad.

initial [ɪˈnɪʃəl] ❶ a. 起初的,初始的,开头的,字首的 ❷ n. 首字母,(pl.)姓和名(或组织名称)的头一个字母,起线 ❸ vt. 签姓名的首字母于,草签

initialism [ɪˈnɪʃəlɪz(ə)m] n. 首字母缩略词

initialize [ɪˈnɪʃəlaɪz] v. 起始,【计】预置,清除,初始化,初始准备 ‖ **initialization** n.

initializer [ɪˈnɪʃəlaɪzə] n. 初始程序

initially [ɪˈnɪʃəlɪ] ad. 最初,一开始

initiate ❶ [ɪˈnɪʃɪeɪt] vt. ①开始,着手 ②引进,启动,起燃 ③促使 ❷ [ɪˈnɪʃɪɪt] a.;n. 被准许加入的(人),被传授知识的(人)
〖用法〗注意下面例句中该词的含义: To achieve current amplification, the change is <u>initiated</u> in the base current rather than in the emitter current. 为了获得电流放大,变化是起始于基极电流而不是起始于发射极电流的。

initiation [ɪˌnɪʃɪˈeɪʃən] n. ①开始,发生,引起 ②启动,励磁 ③传授,正式加入

initiative [ɪˈnɪʃɪətɪv] ❶ a. 起始的,初步的 ❷ n. ①第一步,开始 ②主动性,积极性,首创精神

initiator [ɪˈnɪʃɪeɪtə] n. ①开始(传授)者,起始物 ②起爆剂,引爆药,点火器 ③发送端

initiatory [ɪˈnɪʃɪətərɪ] a. 起始的,初步的

inject [ɪnˈdʒekt] vt. ①注射,灌入,喷射 ②插进,引入 ☆**inject A into B** 把 A 注入 B

injectable [ɪnˈdʒektəbl] a.;n. 可注射的,注射物质

injection [ɪnˈdʒekʃən] n. ①注射,喷射,进入 ②针剂 ③入轨道的(时间,地点) ④注满,充血,浸渍
〖用法〗注意搭配模式 "the injection of A into B",意为 "把 A 注入 B"。如: What the forward bias achieves essentially is <u>the injection into</u> the depletion layer <u>of</u> electrons from the conduction band of the N-type material. 正向偏压的主要功能是把来自 N 型材料导带的电子注入到耗尽层中去。(由于本句中"of A"比"into B"长,所以两者的位置对调了一下,成为"the injection into B of A"。)

injector [ɪnˈdʒektə] n. ①注射者 ②注射器,喷头,发射器 ③灌浆机

injectron [ɪnˈdʒektrɒn] n. 高压转换管

injudicial [ˌɪndʒuˈ(:)dɪʃəl], **injudicious** [ˌɪndʒuːˈdɪʃəs] a. 判断不当的,欠考虑的

injunction [ɪnˈdʒʌŋkʃən] n. 命令,训谕

injunctive [ɪnˈdʒʌŋktɪv] a. 命令的,训谕的

injurant [ˈɪndʒʊrənt] n. 伤害物

injure [ˈɪndʒə] vt. 伤害,损伤

injured [ˈɪndʒəd] a. 受了伤的,受了损害的

injurer [ˈɪndʒərə] n. 伤害者

injurious [ɪnˈdʒʊərɪəs] a. 有害的,致伤的,诽谤的

injury [ˈɪndʒərɪ] n. ①损伤,伤害 ②受伤处,伤痕 ③诽谤

injustice [ɪnˈdʒʌstɪs] n. 非正义,不公正

ink [ɪŋk] ❶ n. 墨水〔汁〕,油墨,印色 ❷ vt. 用墨水写,涂油墨于

inkbottle [ˈɪŋkbɒtl] n. 墨水瓶

inker [ˈɪŋkə] n. (油)墨辊,印字机,涂墨者

inkhorn [ˈɪŋkhɔːn] a. 学究气的

inkiness [ˈɪŋkɪnɪs] n. 漆黑

inking [ˈɪŋkɪŋ] n. 涂油墨

inkless [ˈɪŋklɪs] a. 无墨水〔汁〕的

inkling [ˈɪŋklɪŋ] n. 暗示,略知,模糊的想法

ink(-)pad [ˈɪŋkpæd] n. 印台

inkpot [ˈɪŋkpɒt] n. 墨水瓶

inkspot [ˈɪŋkspɒt] n. 墨水点

ink(-)stand [ˈɪŋkstænd] n. 墨水池

ink(-)stone [ˈɪŋkstəʊn] n. ①砚 ②水绿矾

ink(-)well [ˈɪŋkwel] n. 墨水池

inkwriter [ˈɪŋkraɪtə] n. (电报)印字机

inky [ˈɪŋkɪ] ❶ a. 有墨迹的 ❷ n. 小功率白炽灯

inlaid [ˈɪnleɪd] ❶ inlay 的过去式和过去分词 ❷ a. 镶嵌的

inland ❶ [ˈɪnlənd] n.;a. 内陆(的),国内(的) ❷ [ɪnˈlænd] ad. 在…(到)内地

inlay [ɪnˈleɪ] vt. 镶嵌 ❷ [ˈɪnleɪ] n. 镶嵌(物),镶嵌工艺,内置(法),嵌入法,衬垫

inlayer [ɪnˈleɪə] n. 镶嵌者

inlead [ˈɪnliːd] n. 引线

inleakage [ˈɪnliːkɪdʒ] n. 漏泄,渗入,不密封

inlet [ˈɪnlet] ❶ n. ①入口,浇口,入孔 ②进入,引入 ③输入量 ④镶嵌物,引线 ⑤小湾 ❷ vt. 引进,嵌入

inlier [ˈɪnlaɪə] ❶ a. 一列式(的),平行排列的,联机的,轴向(式)的 ❷ n. 纵测线,内围层

in-list [ˈɪnlɪst] n.【计】内目录

inlook [ˈɪnlʊk] n. 向内看

inlying [ˈɪnlaɪɪŋ] a. (位于)内部的

inmate [ˈɪnmeɪt] n. 同居人

inmost [ˈɪnməʊst] a. 最内部的

inn [ɪn] n. 小旅馆,客栈

inage [ˈɪnɪdʒ] n. 剩余油量〔货物〕

innards [ˈɪnədz] n. 内部结构,内脏

innate [ˈɪneɪt] a. 先天的,遗传的,内在的 ‖ ~ly ad. ~ness n.

innavigable [ɪˈnævəgəbl] a. 不便航行的

inner [ˈɪnə] ❶ a. 内部的,里面的 ❷ n. 内部,里面

inner-cased [ˈɪnəkeɪsd] a. 有内套的

innermost [ˈɪnəməʊst] a. 最内部的,最深处的

innervate [ˈɪnɜːveɪt] vt. 使受神经支配,促使活动,刺激

innervation [ɪnɜːˈveɪʃən] n. 神经支配

inning [ˈɪnɪŋ] n. ①盘,局 ②执政期间,全盛时代 ③(pl.)冲积土,涨出地 ④围垦

innocent [ˈɪnəsnt] a. 无罪的,天真的,缺乏…的(of)

innocuity [ɪnəˈkjuːɪtɪ] n. 无害〔毒〕

innocuous [ɪ'nɒkjuəs] a. 无害〔毒〕的,安全的 ‖ ~ly ad. ~ness n.

innominate [ɪ'nɒmɪnɪt] a. 无〔匿〕名的

innominatum [ˌɪnɒmɪ'neɪtəm] n. 髋骨,无名骨

innovate ['ɪnəuveɪt] vi. 改革,革新 (in, on, upon)

innovation [ˌɪnəu'veɪʃən] n. ①改革,革新 ②新设施,合理化建议

innovational [ˌɪnəu'veɪʃənəl], **innovative** ['ɪnəu-veɪtɪv] = innovatory

innovator ['ɪnəuveɪtə] n. 革新者,改革者

innovatory ['ɪnəuveɪtərɪ] a. 革新的,富有革新精神的

innoxious [ɪ'nɒkʃəs] a. 无害〔毒〕的 ‖ ~ly ad. ~ness n.

innuendo [ˌɪnju(:)'endəu] n.; v. 暗讽,影射

innumerable [ɪ'nju:mərəbl], **innumerous** [ɪ'nju:-mərəs] a. 无数的 ‖ **innumerably** ad.

innutrient [ɪ'nju:trɪənt] a. 营养不良的

innutrition [ˌɪnju:'trɪʃən] n. 营养不良 ‖ **innutritious** 或 **innutritive** a.

inoblast ['ɪnəblɑ:st] n. 成结缔组织细胞

inobservance [ˌɪnəb'zɜ:vəns] n. 忽视,违反,不遵守 ‖ **inobservant** a.

inocula [ɪ'nɒkjulə] inoculum 的复数

inoculable [ɪ'nɒkjuləbl] n. 可接种的

inoculant [ɪ'nɒkjulənt] n. 变质〔孕育〕剂,接种物

inoculate [ɪ'nɒkjuleɪt] vt. ①给…接种,给…作预防注射 ②培植,嫁接 ③注入,灌输

inoculation [ɪˌnɒkju'leɪʃən] n. ①【冶】孕育(作用,处理),变质处理 ②接种,预防注射

inoculator [ɪ'nɒkjuleɪtə] n. 接种者,接种物

inoculum [ɪ'nɒkjuləm] n. 细菌培养液,接种体

inodorous [ɪn'əudərəs] a. 无气味的

inoffensive [ˌɪnə'fensɪv] a. 无害的 ‖ ~ly ad.

inofficial [ˌɪnə'fɪʃəl] a. 非官方的

inofficious [ˌɪnə'fɪʃəs] a. 无职务的,不起作用的,无效的

inoperable [ɪn'ɒpərəbl] a. 不能实行的,不能操作的,不能手术的

inoperation [ˌɪnɒpə'reɪʃən] n. 不工作,不操作

inoperative [ɪn'ɒpərətɪv] a. 不起作用的,不工作的,不生效的,无法使用的

inoperculate [ˌɪnəu'pɜ:kjulɪt] a. 无囊盖的,无盖的

inopolypus [ˌɪnə'pɒlɪpəs] n. 纤维(性)息肉

inopportune [ɪn'ɒpətju:n] a. 不合时宜的,不凑巧的,不合适的 ‖ ~ly ad.

inordinance [ɪn'ɔ:dɪnəns] n. 紊乱,不规则

inordinate [ɪ'nɔ:dɪnɪt] a. 无节制的,放肆的,无规律的,紊乱的 ‖ ~ly ad.

inorganic [ˌɪnɔ:'gænɪk] a. 无机的,非自然生长所形成的,人造的 ‖ ~ally ad.

inorganization [ˌɪnɔ:gənaɪ'zeɪʃən] n. 无组织(状态)

inorganized [ɪn'ɔ:gənaɪzd] a. 无组织的

inornate [ˌɪnɔ:'neɪt] a. 朴素的,不加修饰的

inosculate [ɪ'nɒskjuleɪt] v. ①(使…)连合(with),(使)缠结 ②接合 ‖ **inosculation** n.

inoxidizability [ˌɪnɒksɪdaɪzə'bɪlɪtɪ] n. 抗氧化性,耐腐蚀性

inoxidizable [ɪn'ɒksɪdaɪzəbl] a. 抗氧化的,耐腐蚀的

inoxidize [ɪn'ɒksədaɪz] vt. 使不受氧化作用

inpatient [ɪn'peɪʃənt] n. 住院病人

in-person [ɪn'pɜ:sən] a. 亲身的,现场的

in(-)phase ['ɪnfeɪz] a.【电子】同相(位)的

in-pile ['ɪnpaɪl] a. 反应堆内部的

in-place ['ɪnpleɪs] a. 部署适当的

inplane ['ɪnpleɪn] a. 面内的

in-plant ['ɪnplɑ:nt] a. 厂内的

in-point ['ɪnpɔɪnt] n. (磁带)编辑(起)点

inpolar [ɪn'pəulə] n. 内极点

inpouring ['ɪnpɔ:rɪŋ] n.; a. 流入(的),倾入(的)

in-process ['ɪnprəuses] a. (加工,处理)过程中的

input ['ɪnput] ❶ n. ①输入 ②进给,进料 ③输入量,进量,需用功率 ④投资,捐款 ❷ vt. 输入,把(数据)输入计算机

〖用法〗❶ 当表示"给予…的输入"时,一般其后跟介词"to"。如: The input to the detector is a square wave.给予该检测器的输入是一个方波。/Here y₁ can be interpreted as the input to the system. y₁ 可以被看成是〔解释为〕对系统的输入。❷ 表示"在…的输入处〔端〕"时在其前面用介词"at"。如: In this case the spectrum appearing at the input to 〔of〕 an element is flat.在这种情况下,出现在元件输入端的频谱是平坦的。❸ 当它作及物动词时,跟介词"to",意为"输入给〔到〕",并且其过去分词形式是"inputted"或"input"。如: The clock signal is inputted to each AND gate.把时钟信号输入到每个"与"门。

input-limited ['ɪnputlɪmɪtɪd] a. 受输入限制的

inquest ['ɪnkwest] n. 审讯,调查

inquiline ['ɪnkwɪlaɪn] n. 寄生动物

inquilinism [ɪn'kwɪlɪnɪzm] n. 寄食现象

inquination [ˌɪnkwɪ'neɪʃn] n. 污染,感染

inquire [ɪn'kwaɪə] v. ①询问 ②探究,调查

inquirer [ɪn'kwaɪərə] n. 询问者

inquiring [ɪn'kwaɪərɪŋ] a. 好钻研的,好奇的 ‖ ~ly ad.

inquiry [ɪn'kwaɪrɪ] n. ①询问,探究,调查 ②询价

inquisition [ˌɪnkwɪ'zɪʃən] n. 调查,探究,审讯 ‖ ~al a.

inquisitor [ɪn'kwɪzɪtə] n. ①审问〔调查〕员 ②"敌-我"询问器

inradius ['ɪnreɪdɪəs] n. 内径

in-register ['ɪnredʒɪstə] n. 互相对准,互相重合,(三帧基色画面)叠合精确

inroad ['ɪnrəud] n. (突然)侵入〔袭击〕,(pl.)损害,侵蚀

inrooted ['ɪnru:tɪd] a. 根深蒂固的

in-row ['ɪnrəu] a. 行内的

inrush [ˈɪnrʌʃ] *n.* 侵入,启动功率,启动冲量

inrushing [ˈɪnrʌʃɪŋ] *a.* 流进的,冲入的

insalubrious [ˌɪnsəˈljuːbrɪəs] *a.* 有害身体的,不卫生的

insane [ɪnˈseɪn] *a.* 精神错乱的,极愚蠢的

insanitary [ɪnˈsænɪtərɪ] *a.* 不卫生的

insanity [ɪnˈsænɪtɪ] *n.* 精神错乱,愚事,荒谬

insatiability [ˌɪnseɪʃjəˈbɪlɪtɪ] *n.* 不知足,贪欲

insatiable [ɪnˈseɪʃjəbl] *a.* 不知足的,贪得无厌的

insatiate [ɪnˈseɪʃɪɪt] *a.* 贪得无厌的,永不满足的

inscape [ˈɪnskeɪp] *n.* 内在的特性,内部景象

inscattering [ɪnˈskætərɪŋ] *n.* 内散射

inscribable [ɪnˈskraɪbəbl] *a.* 可刻的

inscribe [ɪnˈskraɪb] *vt.* ①写上,雕 ②铭刻 ③题赠 ④把…的名字写入名单,注册 ⑤(使)内接

inscriber [ɪnˈskraɪbə] *a.* 【计】记录器

inscription [ɪnˈskrɪpʃən] *n.* 记入,(铭)刻,题词,碑文,铭文,编入名单,注册

inscriptive [ɪnˈskrɪptɪv] *a.* 铭(刻)的,题字的

inscroll [ɪnˈskrəul] *vt.* 把…载入卷册,把…记录下来

inscrutability [ɪnˈskruːtəˈbɪlɪtɪ] *n.* 不可测,不可思议

inscrutable [ɪnˈskruːtəbl] *a.* 费解的,不可思议的 ‖ **inscrutably** *ad.*

insect [ˈɪnsekt] *n.* 昆虫;卑鄙的人

insecta [ˈɪnsektə] *n.* 六足纲,昆虫纲

insect-borne [ˈɪnsektbɔːn] *a.* 昆虫传播的

insecticide [ɪnˈsektɪsaɪd] *n.* 杀虫剂,农药 ‖ **insecticidal** *a.*

insectifuge [ɪnˈsektɪfjuːdʒ] *n.* 驱虫剂

insectivora [ˌɪnsekˈtɪvərə] *n.* 食虫目

insectivore [ɪnˈsektɪvɔː] *n.* 食虫生物

insectivorous [ˌɪnsekˈtɪvərəs] *a.* 食虫的

insectofungicide [ˌɪnsektəˈfʌndʒɪsaɪd] *n.* 杀虫灭菌剂

insectology [ˌɪnsekˈtɒlədʒɪ] *n.* 昆虫学

insectoverdin [ɪnˈsektɪvɜːdɪn] *n.* 虫绿蛋白

insecure [ˌɪnsɪˈkjuə] *a.* 不安全的,不牢靠的,危险的,易坍的

insecurity [ˌɪnsɪˈkjuərɪtɪ] *n.* 不安全(感,状态),不牢靠,易崩坏

inseminate [ɪnˈsemɪneɪt] *vt.* 播种子,使受精,哺育

insensate [ɪnˈsenseɪt] *a.* 没有感觉的,没有理智的,残忍的

insensibility [ˌɪnsensəˈbɪlɪtɪ] *n.* 无感觉,麻木,不省人事

insensible [ɪnˈsensɪbl] *a.* ①无感觉的,人事不省的,麻木的,不敏感的(of) ②不关心的,冷淡的 ③难以〔不被〕察觉的,缓慢的,极微的 ④莫明其妙的,无意义的

insensibly [ɪnˈsensɪblɪ] *ad.* 不知不觉地

insensitive [ɪnˈsensɪtɪv] *a.* 不灵敏的,不敏感的 〖用法〗该词后跟介词 "to"。如: Insensitive to adverse temperature changes, dust and vibration, the bubble memory shows superior reliability in shop environment.由于磁泡存储器对不利的温度变化、灰尘和振动是不敏感的,所以它在车间环境下显示了极好的可靠性。

insensitiveness [ɪnˈsensɪtɪvnɪs], **insensitivity** [ɪnsensɪˈtɪvɪtɪ] *n.* 钝性,不灵敏,昏迷 〖用法〗该词后跟介词 "to"。如: This transition is appropriate for frequency control by reason of its relative insensitivity to external influences.这一变换对频率控制是合适的,因为它对于外界的影响相对来说不怎么灵敏。

insentient [ɪnˈsenʃənt] *a.* 无知觉的,无生命的

inseparable [ɪnˈsepərəbl] ❶ *a.* 不可分的 (from) ❷ *n.* (pl.)不可分的事物 ‖ **inseparably** *ad.*

inseparate [ɪnˈsepəreɪt] *a.* 不分开的

insert ❶ [ɪnˈsɜːt] *vt.* 插入,加进,登载 ❷[ˈɪnsɜːt] *n.* ①插入物,插页,垫圈,心棒,卡盘 ②镶嵌法 ③(pl.) 金属型芯,镶嵌件

inserted [ɪnˈsɜːtɪd] *a.* 附生的,插入的,附着的

inserter [ɪnˈsɜːtə] *n.* 插入物,插件

insertion [ɪnˈsɜːʃən] *n.* ①插入 ②插入物,插页 ③(卫星等)射入轨道 ④安置,附着 ⑤登载

inservice [ˈɪnsɜːvɪs] *a.* 在使用中进行的,在职期间进行的

inset ❶ [ˈɪnset] *vt.* 插入,镶嵌 ❷ *n.* ①插入 ②插入物,插图 ③镶边 ④水道,(潮水)流入

inshore [ˈɪnˈʃɔː] ❶ *a.* 近(海)岸的,沿海的 ❷ *ad.* 沿海

inside [ˈɪnˈsaɪd] ❶ *n.* ①内部,里面 ②中间 ③内幕 ❷ *a.* ①内部的 ②内幕的,知内情的 ❸ *ad.* 在内(部),往里面 ❹ *prep.* 在…内 〖用法〗它作副词时可以作后置定语。如: Through glass walls visitors could gawk at the great electronic wonder inside.透过玻璃墙,参观者能够呆望内部的惊人电子奇观。

inside-out [ˈɪnsaɪdaut] *n.;a.* 里面向外翻(的)

insidious [ɪnˈsɪdɪəs] *a.* 隐伏的,阴险的 ‖ **~ly** *ad.* **~ness** *n.*

insight [ˈɪnsaɪt] *n.* 洞察(力),理解,见识 ☆**gain (get, have, obtain, yield, develop) (an) insight into** 看透,深入了解; **give (an) insight into** 使…深入了解 〖用法〗注意下面句子中该词的含义: This graphical technique gives insight into the problem. 这种图解法使读者能深入了解该问题。/A tremendous amount of insight can be gained by examining the various implications of this equation. 通过考察这个方程的各种含义就能获得极为深入的理解。/Only with the hope of giving the reader an insight into the principle by which electronic instruments function has this book been written.正是希望使读者能深入了解电子仪器的工作原理而编撰了本书。/The transistor vi characteristic can be used to obtain insight into the operation of the device.晶体管伏安特性曲线可以用来深入地了解

晶体管的工作情况。/Graphical techniques often yield insights not readily obtained from pure algebraic treatments.图解法往往能够使人们获得从纯数学处理不易获得的理解。

insignificance [ˌɪnsɪgˈnɪfɪkəns], **insignificancy** [ˌɪnsɪgˈnɪfɪkənsɪ] n. 无意义,不重要,轻微
〖用法〗of insignificance = insignificant。

insignificant [ˌɪnsɪgˈnɪfɪkənt] a. 无意义的,无价值的,无用的,不重要的(to) ‖ ~ly ad.

insincere [ˌɪnsɪnˈsɪə] a. 不真诚的,虚伪的 ‖ ~ly ad. **insincerity** n.

insinkability [ˌɪnsɪnkəˈbɪlɪtɪ] n. 不沉性

insipid [ɪnˈsɪpɪd] a. (枯燥)无味的,无生气的 ‖ ~ity n. ~ly ad.

insist [ɪnˈsɪst] v. 坚持,坚决主张〔要求,认为〕☆ **insist on (upon)** 坚持,坚决主张
〖用法〗当它表示"坚决要求"时,从句中谓语一般使用"(should +)动词原形"。如:They insist that the agreement be cancelled.他们坚决要求撤销该协议。

insistence [ɪnˈsɪstəns], **insistency** [ɪnˈsɪstənsɪ] n. 坚持,坚决主张〔要求〕
〖用法〗❶ 其后面一般跟介词"on"。如:It is the insistence on quantitative agreement of theory with experimental fact that distinguishes science from philosophy.正是由于(科学)坚持理论与实验结果定量上相一致而区分了科学与哲学。❷ 当"insistence"表示"坚决主张〔要求〕"时,其副位语从句中谓语一般要使用"(should +)动词原形"。如:On the workers' insistence that their wages be raised, the boss complied.经工人们坚决要求增加工资,老板总算依从了。

insistent [ɪnˈsɪstənt] a. 坚持的,迫切的,显著的 ‖ ~ly ad.

inslope [ˈɪnsləup] n. 侧向边坡

insobriety [ˌɪnsəʊˈbraɪətɪ] n. 无节制,酗酒,头脑不清醒

insofaras, **insofar as** [ˌɪnsəʊˈfɑːrəz] conj. 到这样的程度,就…一论上,在…情况下,既然,因为

insolameter [ˌɪnsəˈlæmɪtə] n. 日射计

insolate [ˈɪnsəʊleɪt] vt. (曝)晒

insolation [ˌɪnsəʊˈleɪʃən] n. 曝晒,日照,日光浴,中暑

insolubility [ˌɪnsɒljuˈbɪlɪtɪ] n. 不溶(解)性,不可解性

insolubilize [ɪnˈsɒljubɪlaɪz] v. (使)不溶解,降低溶解度

insolubilizer [ɪnˈsɒljubɪlaɪzə] n. 不溶黏料

insoluble [ɪnˈsɒljubl] ❶ a. ①不溶解的 ②难以理解的,不可解的 ❷ n. (pl.)不溶物(质) ‖ **insolubly** ad.

insolvable [ɪnˈsɒlvəbl] a. 不能解决〔答〕的

insolvency [ɪnˈsɒlvənsɪ] n. 无力偿付债务,破产,倒闭,搁浅

insolvent [ɪnˈsɒlvənt] a.;n. 无偿债能力的〔者〕,破产的〔者〕

insomnia [ɪnˈsɒmnɪə] n. 失眠(症)

insomniac [ɪnˈsɒmnɪæk] n. 失眠症患者

insomuch [ˌɪnsəʊˈmʌtʃ] ad. 到…(的程度),如此(that) ☆**insomuch as** 因为; **insomuch that** 竟然到了这样的程度以致

insonate [ˈɪnsəʊneɪt] v. 使受(超高频)声波的作用 ‖ **insonation** n.

insonification [ˌɪnsɒnɪfɪˈkeɪʃən] n. 声透射,声照射

insonify [ɪnˈsɒnɪfaɪ] v. 声穿透

insorption [ɪnˈsɔːpʃən] n. 吸收

in-space [ˈɪnspeɪs] a. 宇宙中,空中

inspect [ɪnˈspekt] v. 检查,视察,调查,探伤 ☆ **inspect A for B** 检查 A 是否有 B

inspection [ɪnˈspekʃən] n. ①检查,审查,视察,参观,调查,探伤,目测 ②监督,校对
〖用法〗❶ 其前面往往可加不定冠词。如:This is evident from an inspection of Fig. 3.4.通过看一下图 3-4 就可明显地看出这一点。/An inspection of (1-3) reveals that we may obtain too self-consistent types of solutions.看一下式(1-3)揭示出我们可以得到非常自容型的解。❷ 其前面也可以没有冠词。如:Inspection of Eq. 5-4 shows that each curve is a parabola with vertex displaced from the origin.看一下式 5-4 表明每条曲线是顶点移离原点的一条抛物线。❸ "by inspection"意为"用目测法"。如:By inspection the input impedance is Z=16Ω.用目测法我们得知输入阻抗为 Z=16 欧姆。

inspector [ɪnˈspektə] n. 检查员,监工(员)

inspectorate [ɪnˈspektərɪt] n. 检查或视察人的职责〔辖区〕,视察人员,视察团

inspectoscope [ɪnˈspektəskəup] n. 检查仪

inspiration [ˌɪnspəˈreɪʃən] n. ①进〔吸〕气,吸入 ②蒸浓(法) ③鼓舞〔励〕
〖用法〗注意下面例句的含义:Although very little of the original contributors' work remains, their inspiration is still behind the book.虽然原来作者的内容留下来极少,但他们对编写本书仍然是很有帮助的。

inspirator [ˈɪnspəreɪtə] n. 呼吸器,注射口,喷射器

inspiratory [ɪnˈspaɪərətrɪ] a. 吸气的

inspire [ɪnˈspaɪə] vt. ①吸气,灌注 ②鼓舞〔励〕,启发 ③引起 ④唆使

inspiring [ɪnˈspaɪərɪŋ] a. 鼓舞人心的

inspirit [ɪnˈspɪrɪt] vt. 鼓舞,激励

inspirometer [ˌɪnspəˈrɒmɪtə] n. 吸气计

inspissant [ɪnˈspɪsənt] n. 使蒸浓的,浓缩剂

inspissate [ɪnˈspɪseɪt] ❶ vt. 使浓缩〔厚〕 ❷ a. 浓缩了的,浓厚的

inspissation [ˌɪnspɪˈseɪʃən] n. 蒸浓(法),增稠,浓厚化

inspissator [ɪnˈspɪseɪtə] n. 蒸浓器

instability [ˌɪnstəˈbɪlɪtɪ] n. ①不稳定(性,度) ②动摇,不坚决

I

【用法】注意下面例句的译法：Instability is the tendency in certain systems of a quantity associated with energy, such as current, to increase indefinitely in the absence of excitation.不稳定性就是在某些系统中与能量有关的一个个量,比如电流,在没有外部激励的情况下会无限增大的趋势。(本句中存在"the tendency of A to do B"这一模式。)

instable [ɪn'steɪbl] a. 不稳定的,易变的

instal(l) [ɪn'stɔːl] vt. ①安装,装配,装入,陈列 ②任命,使就职

installation [ˌɪnstə'leɪʃən] n. ①(整套)装置,台,站 ②安装,设立 ③任命,就职

installational [ˌɪnstə'leɪʃənəl] a. 安装的

installer [ɪns'tɔːlə] n. 安装者(工),支座

instal(l)ment [ɪn'stɔːlmənt] n. ①分期付款 ②安装 ③(丛书、杂志的)一部,一期,(分期连载的)一部分

instance [ˈɪnstəns] ❶ n. ①例子,实例 ②阶段 ③情况 ④提议,建议 ❷ vt. 举⋯为例,引证,用例子说明 ☆*for instance* 例如; *in no instance* 在任何情况下均不

instancy [ˈɪnstənsɪ] n. ①紧急 ②即时 ③坚持

instant [ˈɪnstənt] ❶ a. ①立刻的,瞬时的,紧急的,速溶的 ②当月的 ❷ n. 瞬间,即刻 ☆*for an instant* 片刻; *in an instant* 立刻; *on the instant* 立刻,马上; *the instant (that)* ... 一⋯就
【用法】❶ "the instant (that)" 起了状语从句引导词的作用。如：It is not always necessary to replace a set of belts the instant one breaks or becomes too badly worn for use.当一组皮带中有一根断裂或磨损得太厉害而不能使用时,并不总是需要把整组皮带都换掉。❷ 注意下面例句中该词的用法：The constant A is determined from the voltage of the source at the instant the switch is closed.常数 A 可以从合上开关瞬间的电源电压求得。(句中在 "the instant" 后省去了引出修饰它的定语从句的 "when" 或 "at which"。)

instantane [ˌɪnstən'tɑːneɪ] (法语) n. 快照,简报,速写

instantaneity [ˌɪnstæntə'niːɪtɪ] n. 瞬时

instantaneous [ˌɪnstən'teɪnjəs] a. 瞬时(作用)的,瞬间的,同时(发生)的

instanter [ɪn'stæntə] ad. 立即,马上

instantiate [ɪn'stænʃɪeɪt] vt. 例示 ‖ **instantiation** n.

instantly [ˈɪnstəntlɪ] ❶ ad. 立刻,马上 ❷ conj. 一⋯就

instantograph [ˌɪnstən'tɒɡrɑːf] n. 即取照相

instanton [ˈɪnstəntɒn] n. 瞬子

instar ❶ [ˈɪnstɑː] n. (昆虫)蜕期 ❷ [ɪn'stɑː] vt. 镶以星(状物)

instate [ɪn'steɪt] vt. 任命,安置,授予职位

in statu quo [ɪn'steɪtjuːkwəʊ] (拉丁语) ad. 维持现状,照旧

instauration [ˌɪnstɔː'reɪʃən] n. 恢复,重建,更新

instaurator [ˈɪnstɔːreɪtə] n. 重建者

instead [ɪn'sted] ad. (来)代替,不(是)⋯而(是),(插入语)而
【用法】❶ 它单独使用时可以处于句首、句尾,有时在句中。如：Most of the quantities that we measure are not end results. Instead, they are used to calculate other quantities.我们测量的大多数量并不是最终结果,而是用它们来计算其他的量。/The electromechanical scanner is not fast enough. Solid-state switches are used instead.机电扫描器不够快,而是使用固态开关。/Some problems do not involve all of these steps and may require other skills instead.有些题并不涉及所有这些步骤,而是可能需要其它的技巧。/If instead we use the upper path, the resulting equation is as follows.而如果我们使用上通路,得到的方程式如下。❷ 经常出现 "but instead",意为 "而是,然而,不过"。如：The capabilities do not point to the objects directly, but instead point indirectly.能力并不直接指向对象,而是间接地指向。/This could be done using the dc bias circuit, but instead we follow a somewhat different procedure.本来可以使用直流偏置电路来做到这一点,不过我们现在采用稍微不同的一个步骤。/In this case, kinetic energy is no longer precisely $(1/2)mV^2$, but is given instead by the following expression.在这种情况下,动能就不再精确地是 $(1/2)mV^2$ 了,而是由下面的表达式来表示。❸ "instead of" 后面可以跟有名词、代词、动名词、动词、副词、介词短语等,一般处于句尾,也可放在句首,意为 "代替;而不是"。如：The balloon is filled with helium instead of hydrogen.该气球充有氦气而不是氢气。/The wire is coiled into a spiral instead of being straight.把该导线卷成螺旋状而不是直的。/The conductivity of the semiconductor increases instead of decreases with temperatures. 半导体的导电率随温度上升而增加,而不是下降。/Our concern is primarily with an 'ideal' gas instead of with any particular real gas.我们主要关心的是 "理想气体",而不是某种特定的真实气体。/Instead of a single cell, we have a battery of five cells connected in series. 我们不是有一节干电池,而是有串联连接起来的五节电池构成的电池组。/Instead of dealing directly with the potential energy of a charged particle, it is useful to introduce the more general concept of potential energy per unit charge.我们不是直接论述一个带电微粒的位能,而是介绍每单位电荷的位能这一更一般的概念会是有用的。❹ "instead of" 与后面表示 "如同;像"的 "as 从句或短语" 连用时意为 "不像⋯那样",而不是 "像⋯那样不⋯"。如：During this period, the climate oscillated between three states instead of remaining in one, as in the whole of recorded human history.在这期间,气候在三种状态之间摆动,而不是像有史以来人类所记载的那样一直处于一种状态之中。

in-step ['ɪnstep] *a.* 同步的,同相的

instigate ['ɪnstɪgeɪt] *vt.* 煽动,怂恿

instigation [,ɪnstɪ'geɪʃən] *n.* ①煽动,教唆 ②刺激(物)

instigator ['ɪnstɪgeɪtə] *n.* 煽动〔教唆〕者

instil(l) [ɪn'stɪl] *vt.* 滴注,浸染,逐渐灌输

instillation [,ɪnstɪ'leɪʃən], **instil(l)ment** [ɪn'stɪl-mənt] *n.* ①滴注(物,法),滴剂,灌输 ②浸润物

instillator ['ɪnstɪleɪtə] *n.* 滴注器

instinct ❶ ['ɪnstɪŋkt] *n.* 本能,直觉,天性,冲动 **❷** [ɪn'stɪŋkt] *a.* 充满…的(with)

instinctive [ɪn'stɪŋktɪv] *a.* 本能的,直觉的,天生的 ‖ ~ly *ad.*

instinctual [ɪn'stɪŋktʃʊəl] *a.* 与天性有关的,本能的

institute ['ɪnstɪtjuːt] **❶** *n.* ①学会,协会 ②研究所〔院〕,学院,专科学校 ③(pl.)(基本)原理 **❷** *vt.* ①建立,制定 ②开始,实行

institution [,ɪnstɪ'tjuːʃən] *n.* ①建立,制定 ②制度,惯例 ③协会,学校〔院〕,机构,公共设施

institutional [,ɪnstɪ'tjuːʃənəl], **institutionary** [ɪnstɪ'tjuːʃənərɪ] *a.* ①设立的,制定的 ②制度(上)的,规定的 ③学会〔校〕的,研究所的,公共机构的

institutionalize [,ɪnstɪ'tjuːʃənəlaɪz] *vt.* 使制度化

institutor ['ɪnstɪtjuːtə] *n.* 设立〔制定〕者

in-store ['ɪnstɔː] *a.* 在店内发生的

instoscope ['ɪnstəskəʊp] *n.* 目视曝光计

instroke ['ɪnstrəʊk] *n.* 内向冲程

instruct [ɪn'strʌkt] *vt.* ①教(育,导) ②指示,说明,命令

instructed [ɪns'trʌktɪd] *a.* 受教育的,得到指示的

instruction [ɪn'strʌkʃən] *n.* ①讲授,教导 ②【计】指令,指南,指示书,守则,细则 ③码
〖用法〗 **❶** 表示"对…的指令"时,其后跟介词"for"。如: The set of instructions for the control unit is called a program.对于控制单元的那套指令就称为程序。**❷** 表示"…的训练"时,其后接介词"in"。如: They received regular instruction in electronics.他们接受过电子学方面的正规训练。

instructional [ɪn'strʌkʃənəl] *a.* 教育的,教学的

instructive [ɪn'strʌktɪv] *a.* 指导的,有益的,指导性的

instructor [ɪns'trʌktə] *n.* 教〔讲〕师,指导员

instrument ['ɪnstrʊmənt] **❶** *n.* ①仪器〔表〕,装置,设备 ②手段,证件〔卷〕③乐器 **❷** *vt.* 用仪器装备,提交法律文件
〖用法〗 **❶** 表示"用于…目的的仪器〔表〕"时,其后跟介词"for"。如: We also discuss instruments for measuring various electrical quantities.我们还讨论用于测量各种电量的仪器〔表〕。**❷** 注意下面例句中含有该词的名词短语作后面句子主语的同位语,并注意其汉译法: An instrument for measuring electric resistance, the ohmmeter is widely used in electrical engineering.欧姆表是测量电阻的一种仪表,它广泛地用于电气工程中。

instrumental ['ɪnstrʊməntl] *a.* ①仪器〔表〕的,器械〔具〕的 ②作为手段的,有帮助的

instrumentality [,ɪnstrʊmen'tælɪtɪ] *n.* 工具,手段

instrumentation [,ɪnstrʊmen'teɪʃən] *n.* ①仪器,(测量仪)装置,测量设备 ②使用仪器,仪表化,仪表使用(法),仪器制造学 ③方法,手段 ④实行

instrumenting ['ɪnstrʊməntɪŋ] *n.* 检测仪表装置

instrumentorium [,ɪnstrʊmen'tɔːrɪəm] *n.* 全套器械

insubmersibility [,ɪnsʌbmɜːsɪ'bɪlɪtɪ] *n.* 不沉性

insubstantial [,ɪnsəb'stænʃəl] *a.* ①无实质〔体〕的,幻想的 ②不坚固的 ‖ -ity *n.*

insuccation [,ɪnsʌ'keɪʃn] *n.* 浸透,泡

insuccess [,ɪnsək'ses] *n.* 没有成功

insufferable [ɪn'sʌfərəbl] *a.* 不能容忍的,难以忍受的

insufficiency [,ɪnsə'fɪʃənsɪ] *n.* 不足够,不充分,不胜任,功能不足

insufficient [,ɪnsə'fɪʃənt] *a.* 不足够的,不能胜任的 ☆ **(be) insufficient to (do)** 不足以…

insufflate ['ɪnsəfleɪt] *vt.* 吹入,喷注

insufflation [,ɪnsə'fleɪʃən] *n.* 吹进,吹气法

insufflator ['ɪnsəfleɪtə] *n.* 吹药器,吹气者

insula ['ɪnsələ] *n.* 岛,脑岛,负生面

insulance ['ɪnsjʊləns] *n.* 绝缘电阻,介质电阻

insulant ['ɪnsjʊlənt] *n.* 绝缘物质

insular ['ɪnsjʊlə] *a.* (海)岛的,像岛似的,隔绝的

insulate ['ɪnsjʊleɪt] *vt.* 使绝缘〔热〕,隔离,使孤立 ☆ **insulate A from B** 把 A 与 B 隔离开来〔绝缘起来〕
〖用法〗注意下面例句中该词的用法: The diode is insulated electrically from the large heat sink.在电气上把该二极管与大型的散热装置隔离开来。

insulating ['ɪnsjʊleɪtɪŋ] *a.* 介电的,绝缘〔热〕的

insulation [,ɪnsjʊ'leɪʃən] *n.* ①绝缘〔热〕,隔离 ②绝缘材料,隔层 ③孤立

insulativity [,ɪnsjʊlə'tɪvɪtɪ] *n.* 绝缘性〔度〕

insulator ['ɪnsjʊleɪtə] *n.* 绝缘体〔子,材料〕,绝热体,隔离物,非导体

insulcrete ['ɪnsjʊlkriːt] *n.* 绝缘板

insulin ['ɪnsjʊlɪn] *n.* 胰岛素

insulinase ['ɪnsjʊlɪneɪs] *n.* 胰岛素酶

insullac ['ɪnsjʊlæk] *n.* 绝缘漆

insult ❶ ['ɪnsʌlt] *n.* 侮辱,凌辱;无礼 **❷** [ɪn'sʌlt] *vt.* 侮辱,伤害

insuperable [ɪn'sjuːpərəbl] *a.* ①不能克服的,无法逾越的 ②不可战胜的 ‖ **insuperably** *ad.*

insupportable [,ɪnsə'pɔːtəbl] *a.* ①不能容忍的,难以忍受的 ②无根据的 ‖ **insupportably** *ad.*

insuppressible [,ɪnsə'presəbl] *a.* 抑制不住的

insurable [ɪn'ʃʊərəbl] *a.* 可以保险的

insurance [ɪn'ʃʊərəns] *n.* ①保险,保险费〔单,金额,业务〕②安全保障

insurant [ɪn'ʃʊərənt] *n.* 被保险人

insure [ɪnˈʃʊə] v. (给)保险,保障,为…提供保证

insurer [ɪnˈʃʊərə] n. 保险商〔公司〕,承保人

insurgence [ɪnˈsɜːdʒəns], **insurgency** [ɪnˈsɜːdʒənsɪ] n. 起义,暴动

insurgent [ɪnˈsɜːdʒənt] a.;n. 起义的〔者〕,暴动的〔者〕

insurmountable [ˌɪnsɜːˈmaʊntəbl] a. 不可克服的 ‖ **insurmountably** ad.

insurrection [ˌɪnsəˈrekʃən] n. 起义,暴动 ‖ **~al** a.

insurrectionary [ˌɪnsəˈrekʃənərɪ] a.;n. 起义的〔者〕,暴动的〔者〕

insusceptibility [ˌɪnsəseptəˈbɪlɪtɪ] n. 无感觉,免疫性

insusceptible [ˌɪnsəˈseptəbl] a. 不受…影响的,不容许…的(of, to)

inswept [ˈɪnswept] a. 流线型的,前端窄的

insymbol [ˈɪnsɪmbəl] n. 内部符号

intact [ɪnˈtækt] a. 未触动的,原封不动的,未受损的

intagliated [ɪnˈtæljeɪtɪd] a. 凹雕的

intaglio [ɪnˈtɑːlɪəʊ] n.; vt. 凹雕

intake [ˈɪnteɪk] n.;v. ①吸入,进给,摄取 ②进口,通风孔 ③吸入量〔物〕,引入量,进风量 ④进气装置,吸入道

intangibility [ˌɪntændʒəˈbɪlɪtɪ] n. 不可触知,不能把握

intangible [ɪnˈtændʒəbl] a.;n. 不能触摸的,模糊的,难弄明白,不可捉摸的(因素,东西),无形的(东西)

intarometer [ˌɪntəˈrɒmɪtə] n. 盲孔千分尺

integer [ˈɪntɪdʒə] n. 整数,整体,完整的东西

integrability [ˌɪntɪɡrəˈbɪlɪtɪ] n. 可积分性

integrable [ˈɪntɪɡrəbl] a. 可积分的

integral [ˈɪntɪɡrəl] ❶ a. ①整的,完整的,综合的,主要的 ②积分的 ③全悬挂的 ❷ n. ①整体,整数 ②积分 ③计算机中由整数表示数量的固定小数点制

integrality [ˌɪntɪˈɡrælɪtɪ] n. 完整性

integralization [ˌɪntɪɡrəlaɪˈzeɪʃən] n. 整化

integrally [ˈɪntɪɡrəlɪ] ad. 整体地

integrand [ˈɪntɪɡrænd] n. 被积函数

integrant [ˈɪntɪɡrənt] ❶ a. =integral ❷ n. 成分,要素

integraph [ˈɪntɪɡrɑːf] n. 积分仪,积分器

integrate ❶ [ˈɪntɪɡreɪt] v. ①求积分 ②(使)完整,整化,使一体化,汇集 ③表示…的总和,合计,积累 ❷ [ˈɪntɪɡrɪt] a. 完整的,综合的
〖用法〗注意下面例句中该词的含义:The first term integrates to zero.第一项的积分为零。

integration [ˌɪntɪˈɡreɪʃən] n. ①积分(法),求积 ②集成(化),综合,整合,积累,整体化
〖用法〗该词可以与“perform”和“carry out”等搭配使用。如:The integration is performed before the delta modulation.在 Δ 调制前进行积分。/The integration is carried out for the bit interval 0≤t≤

T_b.对于二进制码时间 0≤t≤T_b进行积分。

integratism [ˌɪntəˈrætɪzm] n. 整合论

integrative [ˈɪntɪɡreɪtɪv] a. 综合的,整体化的

integrator [ˈɪntɪɡreɪtə] n. 积分仪,综合者

integrity [ɪnˈteɡrɪtɪ] n. 完整性,综合性;诚实

integrometer [ˌɪntəˈɡrɒmɪtə] n. 惯性矩面积仪

integronics [ˌɪntɪˈɡrɒnɪks] n. 综合电子设备

integument [ɪnˈteɡjumənt] n. 一般覆盖物,外皮〔壳〕,包皮 ‖ **~ary** a.

intellect [ˈɪntɪlekt] n. ①理解力,智力 ②有才智的人,知识界

intellection [ˌɪntɪˈlekʃən] n. ①思维(作用),思考,理解 ②概念

intellectronics [ˌɪntɪlekˈtrɒnɪks] n. 人工智能电子学

intellectual [ˌɪntɪˈlektjuəl] ❶ a. (有)智力的,理智的,知识的 ❷ n. 知识分子

intellectuality [ˌɪntɪlektjuˈælɪtɪ] n. 理智(性),智力

intellectualize [ˌɪntɪˈlektjuəlaɪz] v. 推理,使智化

intelligence [ɪnˈtelɪdʒəns] n. ①智力〔慧〕,聪明,理解力 ②消息,情报(机构),谍报 ③信息,指令

intelligencer [ɪnˈtelɪdʒənsə] n. 情报员,间谍

intelligent [ɪnˈtelɪdʒənt] a. 有才智的,聪明的,理解力强的

intelligential [ɪnˌtelɪˈdʒenʃəl] a. 智力的,(传送)情报的

intelligentsia, intelligentzia [ɪnˌtelɪˈdʒentsɪə] n. 知识分子(总称),知识界

intelligibility [ɪnˌtelɪdʒəˈbɪlɪtɪ] n. 可理解(性),可懂度,清晰度

intelligible [ɪnˈtelɪdʒəbl] a. 可理解的,易懂的,清晰的,概念的 ‖ **intelligibly** ad.

intemperate [ɪnˈtempərɪt] a. 激烈的,过度的

intend [ɪnˈtend] vt. ①想(要),打算 ②预定,计划 ③意味着
〖用法〗❶ 注意下面例句中该词的用法:The specifications given are intended to be typical.所给出的指标应该是典型的。/This book is intended for designers of computing systems.本书是为计算系统的设计者编写的。/We intend that $v_L(t) = S(t) v_i(t)$. 我们想要得到 $v_L(t) = S(t) v_i(t)$。/Chapters 1-7 have presented what is intended to be a consistent, reasonably organized approach to the design of digital systems.第 1～7 章介绍了作者设计数字系统想要达到的统一而有条理的方法。❷ “it is intended to do ...” 意为 “it is desired to do ...”。如:It is intended in this chapter to treat transmission lines with the attention they deserve.在这一章(我们)要以应有的详细程度〔恰到好处地〕论述传输线。❸ 它表示“打算”时的宾语从句或主语从句中往往使用虚拟语气句型。如:It is not intended that this book stand alone as a course text.编者并不打算把这一本书单独作为课程教科书。

intendance [ɪn'tendəns] *n.* 监督,行政管理部门

intendancy [ɪn'tendənsɪ] *n.* 监督〔管理〕人员,监督管理区

intendant [ɪn'tendənt] *n.* 监督〔管理〕人

intended [ɪn'tendɪd] *a.* ①计划中的,预期的 ②故意的

intendment [ɪn'tendmənt] *n.* 含义,意图

intenerate [ɪn'tenəreɪt] *vt.* 使柔软,软化

intense [ɪn'tens] *a.* ①强烈的,紧张的,热烈〔情〕的 ②(底片)银影密度高的,厚的

intensely [ɪn'tenslɪ] *ad.* 强烈地,一心一意地

intensification [ɪn,tensɪfɪ'keɪʃən] *n.* 增强,加剧,(底片)加厚(法)

intensifier [ɪn'tensɪfaɪə] *n.* 扩大器,增强器〔剂〕,增压器,强化因子,(底片)增厚剂,增辉电路,中间放大电路

intensify [ɪn'tensɪfaɪ] *v.* 增强,强化,加剧(底片)加厚,增高(底片)银影密度,使更尖锐

intensimeter [ɪnten'sɪmɪtə] *n.* 声强计,X射线强度计

intension [ɪn'tenʃən] *n.* ①紧张,强度 ②专心致志 ③【数】内涵 ‖ ~al *a.*

intensitometer [ɪ,tensɪ'tɒmɪtə] *n.* X射线强度计

intensity [ɪn'tensɪtɪ] *n.* ①强度,密集度,亮度,光强,(底片的)明暗度 ②强烈(性),地震烈度,紧张

intensive [ɪn'tensɪv] ❶ *a.* ①强烈的,密集的,紧张的 ②深入细致的,充分的 ③内涵的 ❷ *n.* 加强器〔剂〕

intent [ɪn'tent] ❶ *n.* 意向,目的,含义 ❷ *a.* 一心一意的,集中的

intention [ɪn'tenʃən] *n.* ①意图,目的,动机,用意 ②意旨 ③概念 ④愈合(过程)

〖用法〗注意下面的句型："the intention of A to do B"。如：The apparent intention of the gas to shrink to zero volume at absolute zero is naturally never fulfilled.气体在绝对零度时体积缩小到零的视图意图,自然是永远不可能实现的。

intentional [ɪn'tenʃənl] *a.* 故意的 ‖ ~ly *ad.*

〖用法〗注意下面例句的译法：Your program can be protected from power turn-off, intentional or accidental.你的程序可以得到保护而不受断电的影响,不论是人为的断电还是意外的断电。

intently [ɪn'tentlɪ] *ad.* 专心地

inter [ɪn'tɜː] *vt.* 埋葬

interabang [ɪn'terəbæŋ] *n.* 疑问感叹号

interaccelerator [ˌɪntəræk'seləreɪtə] *n.* 中间加速器

interact ❶ [ˌɪntər'ækt] *vi.* 相互作用,交感相应 ❷ ['ɪntərækt] *n.* 插曲,幕间休息 ☆ *interact on* 影响,制约；*interact with* 与…相互作用〔配合〕

interactant [ˌɪntər'æktənt] *n.* 相互作用物,【化】反应物

interaction [ˌɪntər'ækʃən] *n.* 相互作用〔制约,配合〕,交互(作用,影响),干扰

〖用法〗 ❶ 注意下面例句中该词的含义：A baseball that lands in an open soon comes to rest because of its interation with the ground.落在开阔地上的棒球很快就停了下来是因为它与地面相互作用的缘故。❷ 注意搭配模式"the interaction of A with (and) B"意为"A与B的相互作用","the interaction between A and B"意为"A和B之间的相互作用"。如：Of great importance is the interaction of phonons with carriers.极为重要的是声子与载波的相互作用。/There is an interaction of depletion-layer capacitance and diffusion capacitance.耗尽层电容与扩散电容存在着相互作用。

interactive [ˌɪntər'æktɪv] *a.* 相互作用〔影响,配合〕的,交互性的,人机联机的

interadaptation [ˌɪntərædæp'teɪʃən] *n.* 相互适应

interagglutination [ˌɪntərəgluːtɪ'neɪʃən] *n.* 交互凝集

interalloy ['ɪntərələɪ] *n.* 中间合金

inter-American [ˌɪntərə'merɪkən] *a.* 美洲国家之间的

interangular [ˌɪntə'ræŋgjulə] *a.* 角间的

interanneal [ˌɪntərə'niːl] *v.* 中间退火 ‖ ~ing *n.*

interassimilation [ˌɪntərəsɪmɪ'leɪʃən] *n.* 粒间同化(作用)

interatomic [ˌɪntərə'tɒmɪk] *a.* 原子间的

interattraction [ˌɪntərə'trækʃən] *n.* 相互吸引

interavailability [ˌɪntərəveɪlə'bɪlɪtɪ] *n.* 相互利用,相互达到

interaxial [ˌɪntə'ræksɪəl] *n.* 轴间的

interbaluster [ˌɪntəbə'lʌstə] *n.* 栏杆空档

interband [ˌɪntə'bænd] *a.;n.* 带间的,中间带

interbank [ˌɪntə'bæŋk] *a.* 银行之间的,管排间的

interbed ['ɪntəbed] *n.* 夹层,层间

interbedded ['ɪntəbedɪd] *a.*【地质】层间的,镶嵌的

interbedding ['ɪntəbedɪŋ] *n.*【地质】互层

interbehavior [ˌɪntəbɪ'heɪvɪə] *n.* 相互行为

interblock ['ɪntəblɒk] *n.* 信息记录组〔区〕,字区

interbody ['ɪntəbɒdɪ] *n.* 介体

interburner [ˌɪntə'bɜːnə] *n.* 中间补燃加力燃烧室

interbus ['ɪntəbʌs] *n.* 联络〔旁路〕母线

intercalary [ɪn'tɜːkələrɪ] *a.* ①闰的 ②插入的,夹层的,间介的

intercalate [ɪn'tɜːkəleɪt] *vt.* ①添〔插〕入 ②闰

intercalation [ˌɪntɜːkə'leɪʃən] *n.* ①插〔嵌〕入 ②【地质】夹层 ③隔行扫描

intercalibrate [ˌɪntəkə'lɪbreɪt] *vt.* 相互校准 ‖ **intercalibration** *n.*

intercardinal [ˌɪntə'kɑːdɪnəl] *a.* (方位)基点间的

intercarrier [ˌɪntə'kærɪə] *a.* (内)载波的,互载的

inter-cell ['ɪntəsel] *n.* 注液电池

intercellular [ˌɪntə'seljulə] *a.* 细胞间的

intercept ❶ [ˌɪntə'sept] *vt.* ①截取,遮断,拦截 ②相交,贯穿 ③窃听 ❷ ['ɪntəsept] *n.* 截距〔流,线〕,

拦截,【通信】旁录,窃听

intercepter = interceptor

interception [,ɪntə'sepʃən] n. ①拦截,截击,遮断,阻断 ②相交,跨越 ③窃听,雷达侦察

interceptor [,ɪntə'septə] n. ①拦截的人(或物) ②拦截器,中间收集器 ③截击机,截击机雷达(站,台),拦截导弹 ④窃听器

interchain ['ɪntətʃeɪn] a. 链间的

interchange ❶ [,ɪntə'tʃeɪndʒ] v. 交换(位置),互换(使)交替(发生),切换,轮流进行,换接 **❷** ['ɪntətʃeɪndʒ] n. ①交换,轮换,换接,反演,交换机 ②道路立体枢纽,高速道路入口处,交换道

interchangeability [,ɪntə(:)tʃeɪndʒə'bɪlɪtɪ] n. 可交换性,互换性

interchangeable [,ɪntə'tʃeɪndʒəbl] a. 可交换的,交替的,可拆卸的 ‖ **interchangeably** ad.

interchanger ['ɪntətʃeɪndʒə] n. 交换机

interchannel ['ɪntətʃænl] a. 信道间的

interchromosomal [,ɪntəkrəʊ'mɒsəmæl] a. 染色体间的

Interciencia [,ɪntə'saɪənsɪə] n. 国际科学学会

intercity [,ɪntə'sɪtɪ] a. 城市间的

interclass ['ɪntə'klɑːs] a. 年级之间的

interclude ['ɪntəklu:d] v. 隔阻,间断

intercoagulation [ɪntəkəʊæɡju'leɪʃən] n. 相互凝结

intercollegiate [,ɪntəkə'li:dʒɪɪt] a. 大学〔学院〕之间的

intercolonial [,ɪntəkə'ləʊnjəl] a. 殖民地间的

intercolumnar [,ɪntəkə'lʌmnə] a. 柱间的

intercolumniation ['ɪntəkəlʌmnɪ'eɪʃən] n. 柱间,分柱法

intercom ['ɪntəkɒm] n. (=intercommunication)对讲机,交谈装置,内部通信联络系统

inter-combination [,ɪntəkɒmbɪ'neɪʃən] n. 相互组合

intercommunicate [,ɪntəkə'mju:nɪkeɪt] vi. 互相联系,互通消息

intercommunication [,ɪntəkəmju:'keɪʃən] n. 互相来往〔通信〕,互通,双向,对讲电话装置

intercommunion [,ɪntəkə'mju:njən] n. 交流

intercomparison [,ɪntəkəm'pærɪsn] n. 互相比较(with)

intercompilation [,ɪntəkɒmpɪ'leɪʃən] n. (程序)编译间

intercondenser [,ɪntəkən'densə] n. 中间电容器,中间冷凝器

interconnect ['ɪntəkə'nekt] v.;n. (相)互连(接),互联

interconnection [,ɪntəkə'nekʃən] n. (相)互连(接),互联,互相联系〔耦合〕,中间接入

interconnector [,ɪntəkə'nektə] n. 内部连线,转接器,连接装置

interconnexion = interconnection

intercontinental [,ɪntəkɒntɪ'nentl] a. 洲际的,大

陆间(的)

interconversion [,ɪntəkən'vɜ:ʃən] n. 变(互)换,相互转换

interconvert [ɪntəkən'vɜ:t] vt. 使互相交换

interconvertible [ɪntəkən'vɜ:təbl] n. 可互相转换的 ‖ **interconvertibility** n.

intercoolant [,ɪntə'ku:lənt] n. 中间冷却剂

intercooled [,ɪntə'ku:ld] a. 中冷的

intercooler [,ɪntə'ku:lə] n. 中间冷却器〔剂〕

intercooling [,ɪntə'ku:lɪŋ] n. 中间冷却

intercoordination ['ɪntəkəʊɔ:dɪ'neɪʃən] n. 相互关系〔耦合,协调〕

intercorrelation [ɪntəkɒrɪ'leɪʃən] n. 组间相关

intercostal [,ɪntə'kɒstəl] **❶** n. 肋所 **❷** a. 肋间的

intercoupling [,ɪntə'kʌplɪŋ] n. 互耦,协调

intercourse ['ɪntəkɔ:s] n. 交际,来往,交流(with),交媾

intercrescence [,ɪntə'kresəns] n. 连生,共生,(晶体)附生

intercross [,ɪntə'krɒs] v. 相互交叉

intercrustal [,ɪntə'krʌstəl] a. 地壳内的

intercrystalline [,ɪntə'krɪstəlaɪn] n.;a. 内结晶,晶(粒)间的

intercurrent [,ɪntə'kʌrənt] a. 中间(发生)的,并发的,介入的

intercycle [,ɪntə'saɪkl] a.; n. 中间循环的,内周期

interdendritic [,ɪntəden'drɪtɪk] a. 枝晶间的

interdental [,ɪntə'dentəl] a. 齿间的

interdepartmental ['ɪntə,di:pɑ:'tmentl] a. 部际的 ‖ **-ly** ad.

interdepend [,ɪntədɪ'pend] vi. 互相依赖

interdependence [,ɪntədɪ'pendəns], **interdependency** [,ɪntədɪ'pendənsɪ] n. 互相依赖,(内部)相依性

interdependent [,ɪntədɪ'pendənt] a. 相互依赖的

interdict ❶ [,ɪntə'dɪkt] vt. 禁止,闭锁,阻断 **❷** ['ɪntədɪkt] n. 禁止,禁令

interdiction [,ɪntə'dɪkʃən] n. 禁止,闭锁,阻断

interdictory [,ɪntə'dɪktərɪ] a. 禁〔制〕止的

interdiffuse [,ɪntədɪ'fju:z] v. 互相扩散,漫射

interdiffusion [,ɪntədɪ'fju:ʒən] n. 相互扩散

interdigital [,ɪntə'dɪdʒɪtəl] a. 交指型的,叉指式的,指间的

interdisciplinary [,ɪntə'dɪsɪplɪnərɪ] a. 学科间的,边缘〔多种〕学科的

interdiscipline [,ɪntə'dɪsɪplɪn] n. 跨学科,多种学科

interdit [,ætə'di:] (法语) a. 禁止的

interdupe [,ɪntə'dju:p] vt. 翻底片

inter(-)electrode [,ɪntərɪ'lektrəʊd] a. (电)极间的

interelectronic [,ɪntərɪlek'trɒnɪk] a. 电子间(的)

interelement [,ɪntə'relɪmənt] a. 元件间的,元素间的

interenin [ˌɪntəˈrenɪn] n. 肾腺皮质激素提出物

interest ❶ [ˈɪntrɪst] n. ①兴趣 ②关心 ③重大,意义,影响 ④利益,股份,利息 ⑤行业,同业者 ☆ *have an interest in* 对…有兴趣; *in the interest(s) of* 为了…利益(起见); *it is of interest to note that* 值得注意的是,饶有兴趣的是; *take (feel, have) no interest in* 对…不感兴趣; *with interest* 有兴趣地 ❷ [ˈɪntrɪst, ˈɪntərəst] vt. 使注意〔关心〕,使发生兴趣 ☆*be interested in* 对…感兴趣

〖用法〗❶ 该名词后一般用"in"。如::Interest in local area networks has developed very rapidly.(人们)对局域网的兴趣提高得很快。❷ "of interest" 作表语用时等效于"interesting"。如: It is of interest to note that these two graphs resemble the graphs of cos x and sin x, respectively.饶有兴趣的是,这两条曲线分别相似于 cos x 和 sin x 的曲线。❸ 注意下面例句的含义: Most steady ac signals of practical interest are not simple sine waves. (人们)具有实际兴趣的大多数稳态交流信号并不是简单的正弦波。/Another parameter of interest to us is the current at the knee of the Zener characteristic.我们关心的另一个参数是处于齐纳特性曲线弯曲处〔拐点〕的电流。❹ 在写自传时的常用句型: His research interests lie/are in 〔focus/concentrate on; include/concern〕(the field/area of) information processing.他的科研兴趣〔方向〕是信息处理。

interested [ˈɪntrɪstɪd] a. 感兴趣的,关心的,有利害关系的,有偏见的 ‖ **-ly** ad.

〖用法〗注意下面例句中该词的用法: The interested student should refer to any of the many texts on solid-state physics.感兴趣的学生应该参阅有关固态物理学方面的任何一本教科书。

interesterification [ˌɪntərestərɪfɪˈkeɪʃən] n. 酯交换

interest-free [ˈɪntrɪstfriː] a. 无息的

interesting [ˈɪntrɪstɪŋ] a. 有趣的 ‖ **-ly** ad.

interface [ˈɪntəfeɪs] ❶ n. ①界面,离合面,接口(程序,设备),边界 ②连接体,(人-机通信用)联系装置❷ v. 对接,接合

〖用法〗❶ 它作名词时后跟介词"to"。如: We discuss the interface to network devices separately in Section 2-10.我们在 2～10 节分别讨论对各种网络设备的接口问题。❷ 它作不及物动词时与介词"with"连用。如: These instruments interface well with other digital instruments.这些仪器能够很好地与其它数字式仪器相合〔配合〕。

interfacial [ˌɪntəˈfeɪʃəl] a. 分界表面的,界面的,面间的,层间的

interfacing [ˈɪntəfeɪsɪŋ] ❶ a. 邻界的,相互联系的 ❷ n. 接口技术,(电路与电路的)连接

interfere [ˌɪntəˈfɪə] vi. ①干涉〔扰〕,扰乱 ②抵触

interfamily [ˈɪntəfæmɪlɪ] a. 科间的

interference [ˌɪntəˈfɪərəns] n. 干涉〔扰〕,扰乱,妨碍,冲突

〖用法〗在该名词前可以有不定冠词。如: This is accomplished by an interference in the recording medium.这是由记录媒介中的干扰来完成的。

interference-free [ˌɪntəˈfɪərənsfriː] a. 无(干)扰的

interferent [ˌɪntəˈfɪərənt] n. 干扰物

interferential [ˌɪntəfəˈrenʃəl] a. 干涉〔扰〕的

interferogram [ˌɪntəˈfɪərəgræm] n. 干涉图

interferoid [ˌɪntəfɪəˈrɔɪd] n. 类干扰素

interferometer [ˌɪntəfɪəˈrɒmɪtə] n. 干涉仪,干扰计

interferometric [ˌɪntəfərəʊˈmetrɪk] a. 干涉的,干扰计的

interferometry [ˌɪntəfɪəˈrɒmɪtrɪ] n. 干涉量度学,干涉〔扰〕测量(法,术)

interferon [ˌɪntəˈfɪərɒn] n. 干扰素

interferoscope [ˌɪntəfɪəˈskəʊp] n. 干涉镜,干扰显示器

interfibrous [ˌɪntəˈfaɪbrəs] a. 纤维间的

interfile [ˌɪntəˈfaɪl] ❶ a. 文件〔资料〕间的 ❷ vt. 把…归档

interfinger [ˌɪntəˈfɪŋgə] ❶ n. 指状夹层 ❷ v. 相互贯穿,交错

interfix [ˈɪntəfɪks] n.; v. 互插,间辍,中间定位,组配

interflex [ˈɪntəfleks] n. 电子管和晶体检波器的组合

interflow ❶ [ˌɪntəˈfləʊ] vi. ①交流,互通 ②合流,互相渗透 ❷ [ˈɪntəfləʊ] n. ①过度流量 ②壤中流 ③交流,互通

interfluent [ɪnˈtɜːfluənt] ❶ a. 汇合的,交错的,混淆的 ❷ n.【地质】内流熔岩

interfluve [ˈɪntəfluːv] n. 江河分水区,分野

interfuse [ˌɪntəˈfjuːz] v. 使渗入,(使)混合,使渗透,使弥漫

interfusion [ˌɪntəˈfjuːʒən] n. 渗入,融合

intergalactic [ˌɪntəgəˈlæktɪk] a. 星系际的

intergenerational [ˌɪntədʒenəˈreɪʃənl] a. 存在于两〔数〕代人之间的

intergeneric [ˌɪntədʒəˈnerɪk] a. (种)属间的

intergenic [ˌɪntəˈdʒenɪk] a. 基因间的

interglacial [ˌɪntəˈgleɪsjəl] n.; a. 间冰期(的)

intergovernmental [ˈɪntəgʌvənˈmentəl] a. 政府间的

intergrade [ˈɪntəgreɪd] ❶ n. 中间的等级,中间级配,中间期 ❷ v. 渐次变迁

intergranular [ˌɪntəˈgrænjulə] a. 颗粒间的,晶粒(格)间的,晶界的

intergrind [ˌɪntəˈgraɪnd] (interground) v. 相互研磨

intergroup [ˈɪntəgruːp] a. 团体之间的

intergrowth [ˈɪntəgrəʊθ] n. 共(附)生,连生(体)

interheater [ˌɪntəˈhiːtə] n. 中间加热器

interhemispheric [ˌɪntəhemɪsˈferɪk] a. 半球间的

interhost [ˌɪntəˈhəʊst] n. 中间寄主

interhuman [,ɪntə'hjuːmən] 人与人间的

interim ['ɪntərɪm] ❶ n. 中间,临时,间歇 ❷ a. ① 间歇的 ②临时的,过渡性的,预先约定的

interindividual [,ɪntəɪndɪ'vɪdjuəl] a. 人与人之间 的

interinhibitive [,ɪntəɪn'hɪbɪtɪv] a. 交互抑制的

interionic [,ɪntəraɪ'ɒnɪk] a. 离子间的

interior [ɪn'tɪərɪə] ❶ a. ①内部的,国内的,室内的 ②内心的 ❷ n. 内部,内务,内地

interiority [ɪntɪərɪ'ɔːrɪtɪ] n. 在内部,内在化

interiorize [ɪn'tɪərɪəraɪz] vt. 使…深入内心

interjacent [,ɪntə'dʒeɪsənt] a. 处在中间的

interject [,ɪntə'dʒekt] vt. (突然)插入

interjection [,ɪntə'dʒekʃən] n. 感叹词,插入(物) ‖ ~al 或 **interjectory** a.

interjoist [,ɪntə'dʒɔɪst] n. 跨距〔度〕

interkinesis [,ɪntəkaɪ'niːsɪs] n. 分裂间期

interlaboratory [,ɪntə'læbərətərɪ] a. 实验室之间 的

interlace [,ɪntə'leɪs] v.;n. ①交织,内叉,编织 ②夹 层 ③隔行 ④交错存储

interlacery [,ɪntə'leɪsərɪ] n. 交织的带子

interlacing [,ɪntə'leɪsɪŋ] n. 隔行,交错(存储),交叉 编织

interlaminar [,ɪntə'læmɪnə] a. 层间的

interlaminated [,ɪntə'læmɪneɪtɪd] a. 层间的

interlamination [,ɪntəlæmɪ'neɪʃən] n. 层间

interlanguage [,ɪntə'læŋgwɪdʒ] ❶ n. 中间语言, 中间代码 ❷ a. 不同语言间的

interlap [,ɪntə'læp] v.;n. 内搭接,内覆盖

interlard [ɪntə'lɑːd] vt. 使夹杂

interlattice [,ɪntə'lætɪs] n. 居间点阵

interlayer ['ɪntəleɪə] n.;a. 夹层,层间的

interleaf ❶ ['ɪntəliːf] n. 插入空白纸,夹层,插页 ❷ [ɪntə'liːf] vt. = interleave

interleave [,ɪntə'liːv] ❶ vt. ①交织〔插,叉〕②插 入空白纸,交叉存取 ③隔行扫描 ❷ n. 分界,交错

interlensing [,ɪntə'lensɪŋ] n. 透镜状夹层

interline [,ɪntə'laɪn] ❶ vt. 在行间插入,隔行书写 〔印刷〕❷ n. 各(铁路)线之间的联运,(两条线中 间的)虚线

interlinear [,ɪntə'lɪnɪə] a. 插在字里行间的,不同文 字的隔行对照本的 ‖ ~ly ad.

Interlingua [,ɪntə'lɪŋgwə] n. 国际语

interlining [,ɪntə'laɪnɪŋ] n. 衣服衬里

interlink [,ɪntə'lɪŋk] v.;n. ①结合,链接,连环〔锁〕 ②联结

interlinkage [,ɪntə'lɪŋkɪdʒ] n. 连接,交链

interlobe ['ɪntələʊb] a. 叶间的

interlock ❶ [,ɪntə'lɒk] v. 联锁,联动,同步,闭塞 ❷ ['ɪntəlɒk] n. ①联锁〔联结;②联锁器〔法〕,联锁 装置,保险设备,锁口 ③相互关系〔联系〕,交替工 作

interlocker [,ɪntə'lɒkə] n. 联锁装置

interlocking [,ɪntə'lɒkɪŋ] a.;n. 可联动的,联锁,闭

塞,锁结,联锁装置

interlocution [,ɪntələʊ'kjuːʃən] n. 对话,交谈

interlocutor [,ɪntə'lɒkjutə] n. 对话者,谈话者

interlocutory [,ɪntə'lɒkjutərɪ] a. 对话的,插话的

interloper ['ɪntələʊpə] n. ①非法商船 ②无执照营 业者

interlude ['ɪntəljuːd] n. 间隔的时间,间歇,插曲,插 入物,【计】插算,中间程序

interlunar [,ɪntə'ljuːnə] a. 月晦期间的,无月期间 的

intermeddle [,ɪntə'medl] vi. 干涉,管闲事

intermedia [,ɪntə'miːdjə] intermedium 的复数

intermediary [,ɪntə'miːdjərɪ] ❶ a. 中间的,中途 的,媒介的 ❷ n. ①中间人,中介物,媒介(物) ② 中间形态,半成品

intermediate [,ɪntə'miːdjət] ❶ a. 中间的,过流的 ❷ n. ①中间体,媒介物 ②中间〔层〕③(pl.)半 成品,中间产品 ❸ vi. 起媒介作用

intermediately [,ɪntə'miːdjətlɪ] ad. 在中间

intermedin [,ɪntə(:)'miːdɪn] n. 促黑激素

intermedium [,ɪntə'miːdɪəm] (pl. intermedia) n. 中间物,媒介物

intermedius [,ɪntə'miːdɪəs] a. 中间〔部〕的

intermembranous [,ɪntə'membrənəs] a. 膜间 的

interment [ɪn'tɜːmənt] n. 埋葬,葬送

intermetallic [,ɪntəmɪ'tælɪk] a. 金属间的

intermetallics [,ɪntəmɪ'tælɪks] n. 金属间化合物

intermicellar [,ɪntə(:)maɪ'selə] a. 微胞〔微晶〕 间的

intermigration [,ɪntəmaɪ'greɪʃən] n. 相互迁移

interminable [ɪn'tɜːmɪnəbl] a. 无限的,无止境的, 冗长的 ‖ ~ness n. **interminably** ad.

intermingle [,ɪntə'mɪŋgl] v. 互相混合,掺杂(with)

intermingling [,ɪntə'mɪŋglɪŋ] n. 混合(物)

intermiscibility [,ɪntə(:)mɪsə'bɪlɪtɪ] n. 互溶性

intermission [,ɪntə'mɪʃən] n. 中止,间歇,暂停,幕 间休息时间

intermit [,ɪntə'mɪt] v. 间歇,(使)中止,断断续续

intermittence [,ɪntə'mɪtəns] n. 中断,间歇(性),周 期性

intermittency [,ɪntə'mɪtənsɪ] n. 间歇现象〔性〕

intermittent [,ɪntə'mɪtənt] a. 间歇的,断续的,周期 性的,冲的

intermix [,ɪntə'mɪks] v. (使)混杂,交杂,拌和(with)

intermixture [,ɪntə'mɪkstʃə] n. 混合,混合物

intermodal [,ɪntə(:)'məudl] a. 综合运输的,联运 的

intermodulation [,ɪntəmɒdju'leɪʃən] n. 相互调 制,交叉调制

intermolecular [,ɪntəmə'lekjulə] a. 分子间的

intermontane [,ɪntə'mɒntən] a. 山间的

intermountainous [,ɪntə'mauntɪnəs] a. 山间的

intermural [,ɪntə'mjuərəl] a. 壁〔墙〕间的,埠际的

intern¹['ɪntɜ:n] *n.* 实习医生

intern² [ɪn'tɜ:n] *v.; n.* 拘留,被拘留者 ‖ **internment** *n.*

internal [ɪn'tɜ:nl] ❶ *a.* 内部的,国内的,体内的,固有的 ❷ *n.* (pl.) 本质,内部零件

〖用法〗它后跟介词"to"时表示"…内部的"。如：P_C represents the total dissipation <u>internal to the transistor</u>.P_C 表示了晶体管内部的总的功耗。

internal-combustion [ɪn'tɜ:nlkəm'bʌstʃ ən] *a.* 内燃的

internality [ˌɪntɜ:'næliti] *n.* 内在性

internalize [ɪn'tɜ:nəlaɪz] *vt.* 使内在化,使藏在心底 ‖ **internalization** *n.*

internally [ɪn'tɜ:nəli] *ad.* 在内部

internation [ˌɪntə'næʃ ən] *n.* 拘禁,禁闭

international [ˌɪntə'næʃ ənl] ❶ *a.* 国际的,世界的 ❷ *n.* 国际性组织,国际比赛,侨居国外者

〖用法〗该词可以作后置定语。如：China Radio <u>International</u> 中国国际广播电台。

internationalism [ˌɪntə'næʃ ənəlɪzm] *n.* 国际主义

internationalist [ˌɪntə'næʃ ənəlɪst] *n.; a.* 国际主义者〔的〕

internationalize [ˌɪntə(:)'næʃ ənəlaɪz] *vt.* 国际化,把…置于国际共管之下 ‖ **internationalization** *n.*

internationally [ˌɪntə'næʃ ənəli] *ad.* 国际上

interne ['ɪntɜ:n] *n.* 见习医生

internecine [ˌɪntə'ni:saɪn] *a.* (内部)互相冲突的,自相残杀的,致命的

Internet ['ɪntənet] *n.* 因特网

〖用法〗该词第一个字母应该大写,而且在其前面一般有定冠词,与它搭配的介词是"on"。如：The feature makes this modem suitable for use <u>on the Internet</u>.该特点使得这个调制解调器适合于用在因特网上。

interneuron [ˌɪntə'njuərɒn] *n.* 中间神经元

interneuronal [ˌɪntə'njuərɒnəl] *a.* 神经元间的

internist [ɪn'tɜ:nɪst] *n.* 内科医师

internodal ['ɪntənəudəl] *a.* 节〔结〕间的

internode ['ɪntənəud] *n.* 节间,波腹

internuclear [ˌɪntə'nju:klɪə] *a.* (原子)核间的

internuncio [ˌɪntə'nʌnʃ ɪəu] *n.* 信使,中间人,使节

internus ['ɪntənəs] *a.* 内部的

interoceanic ['ɪntərəuʃ ɪ'ænɪk] *a.* 海洋间的

interoception [ˌɪntərəu'sepʃ ən] *n.* 内感受

interoceptor [ˌɪntərəu'septə] *n.* 内部感受器

interocular [ˌɪntə'rɒkjulə] *a.* 眼间的

interoffice [ˌɪntə'rɔ:fɪs] *a.* 局间的,办公室之间的

interometer [ˌɪntə'rɒmɪtə] *n.* 干涉仪

interoperable [ˌɪntər'ɒpərəbl] *a.* 彼此协作的

interorbital [ˌɪntə'rɔbɪtəl] *a.* 轨道间的

interosculate [ˌɪntər'ɒskjuleɪt] *vi.* 互相结合,联系,互通

interpage [ˌɪntə'peɪdʒ] *vt.* 把…印入书页间

interparticle [ˌɪntə'pɑ:tɪkl] *a.* 粒(子)间的,颗粒间的

interpass ['ɪntəpɑ:s] *a.* 层间的

interpenetrate [ˌɪntə'penɪtreɪt] *v.* 互相贯通,互相渗透 ‖ **interpenetrating** *a.* **interpenetration** *n.*

interpersonal [ˌɪntə'pɜ:sənl] *a.* 人与人之间的

interphase ['ɪntəfeɪz] *n.; a.* 中间相,界面,细胞分裂间期,相间的

interphone ['ɪntəfəun] *n.* 互通电话机,内线自动电话机,内部通信装置

interpilaster [ˌɪntə'pɪlæstə] *n.* 壁柱空间

interplanar [ˌɪntə(:)'pleɪnə] *a.* 晶面〔平面〕间的

interplane ['ɪntəpleɪn] *a.; n.* 机间的,翼间的;中间翼

interplanetary [ˌɪntə'plænɪtəri] *a.* 星际的,宇宙的

interplant [ˌɪntə'plɑ:nt] ❶ *a.* 厂际的 ❷ *v.* 套种 ❸ *n.* 套种的作物

interplate [ˌɪntə'pleɪt] *a.* 板块间的

interplay [ˌɪntə'pleɪ] *n.* 相互影响,相互作用❷ [ˌɪntə'pleɪ] *vi.* 相互作用,作用和反作用,相互影响

interpolar [ˌɪntə(:)'pəulə] *a.* (两)极〔端〕间的

interpolate [ɪn'tɜ:pəuleɪt] *v.* ①插入值,内插〔推〕②加添,篡改

interpolater = interpolator

interpolation [ˌɪntɜ:pəu'leɪʃ ən] *n.* ①插入,内插〔推〕,篡改 ②插入法,内插〔推〕法 ③插入物

interpolator [ˌɪntɜ:pəuleɪtə] *n.* ①插入器,内插器,校对机 ②篡改〔插入〕者

interpole ['ɪntə(:)pəul] *n.* 极间极,附加磁极,整流极

interpolymer ['ɪntə'pɒlɪmə] *n.* 共聚物,异分子聚合物

interpolymerization [ˌɪntəpɒlɪməraɪ'zeɪʃ ən] *n.* 共聚作用

interpopulational [ˌɪntəpɒpju'leɪʃ ənəl] *a.* 种群间的

interpose [ˌɪntə'pəuz] *v.* ①置于…之间,干预 ②调解

interposition [ˌɪntɜ:pə'zɪʃ ən] *n.* ①放在当中,插入(物),提出异议 ②调停,干涉

interpret [ɪn'tɜ:prɪt] *v.* ①解释,说明 ②口译,译码,判读 ③把…理解为 ④表演

〖用法〗"interpret A as B"为"把 A 翻译〔解释〕为 B"。如：This device can produce a sound 'dit-dah-dit'that a radio operator who knows the Morse code will <u>interpret as</u> the letter R.这个设备能够发出"滴-嗒-滴"的声音,懂得莫尔斯电码的报务员就会把它译成字母 R。

interpretable [ɪn'tɜ:prətəbl] *a.* 可解释〔翻译,判读〕的

interpretation [ɪntɜ:prɪ'teɪʃ ən] *n.* ①解释,说明 ②整理〔分析〕③翻译,译码,判读 ④表演

interpre(ta)tive [ɪn'tɜ:prɪ(teɪ)tɪv] *a.* 解释〔翻译,说明〕的

interpreter, interpretor [ɪn'tɜːprɪtə] n. ①解释员,译员,判读员 ②解释〔翻译〕程序,解释器,翻译机,译码机

interpretoscope [ˌɪntə'priːtəskəup] n. 译释显示器,判读仪

interprocess [ˌɪntə'prəuses] n.; a. 工序间(的)

interproject [ˌɪntə'prɒdʒekt] a. 工程与工程之间的

interprovincial [ˌɪntəprə'vɪnʃəl] a. 省际的

interpulsation [ˌɪntəpʌl'seɪʃən] n. 间脉动

interpulse ['ɪntəpʌls] n. 脉冲间

interreaction [ˌɪntərɪ'ækʃən] n. 相互作用〔反应〕

interreduplication [ˌɪntə(:)riːdjuːplɪ'keɪʃən] n. 间期复制

interreflection [ˌɪntə(:)rɪ'flekʃən] n. 相互反射

interregional [ˌɪntə'riːdʒɪnəl] a. 地区间的

interrelate [ˌɪntərɪ'leɪt] v. 相互有关,(使)互相联系

inter(-)relation [ˌɪntərɪ'leɪʃən] n. 相互关系

interrobang [ɪn'terəbæŋ] n. 疑问感叹号(?!)

interrogate [ɪn'terəgeɪt] v. 询问,提出问题

interrogation [ˌɪntərə'geɪʃən] n. 询问,疑问句

interrogative [ˌɪntə'rɒgətɪv] a. 疑问的,疑惑的 ‖ ~ly ad.

interrogator [ɪn'terəgeɪtə] n. 询问者,问答机,探测脉冲

interrogatory [ˌɪntə'rɒgətərɪ] ❶ a. 询问的 ❷ n. 询问,表示询问的符号

inter-row ['ɪntərəu] a. 行间的

interrupt [ˌɪntə'rʌpt] v.;n. ①遮断,断开 ②阻止,打扰 ③缺口,间隔 ④中断信号

interrupted [ˌɪntə'rʌptɪd] a. 中断的,被遮住的,不通的,断开的,间歇的

interrupter [ˌɪntə'rʌptə] n. ①遮断者 ②断续器,斩波器,开关 ③障碍物

interruptibility [ˌɪntərʌptɪ'bɪlɪtɪ] n. 可中断性,中断率

interruption [ˌɪntə'rʌpʃən] n. ①遮断,断路,阻止,停歇,打扰 ②障碍物 ③中断期

interruptive [ˌɪntə'rʌptɪv], **interruptory** [ˌɪntə'rʌptərɪ] a. 中断的,阻碍的

interrupter = interrupter

inter-saccadic [ˌɪntəsæ'kɑːdɪk] a. 跳跃间的

intersatellite [ˌɪntə'sætəlaɪt] n. 卫星间的

interscan [ˌɪntə(:)'skæn] n. 中间扫描

interscendental [ˌɪntəsen'dentəl] a. 半超越的

intersect [ˌɪntə'sekt] v. 横切,相交

intersectio [ˌɪntə'sekʃɪəu] n. 交叉,交切点

intersection [ˌɪntə'sekʃən] n. ①横切 ②直交,交叉,道路交口 ③逻辑乘法
　　【用法】❶ 表示"在…交点处"时其前面用介词"at"。如: The center of mass of the gyro wheel is at the intersection of axes x, y, and z. 陀螺轮的质量中心处于x,y,z轴的相交处。❷ 表示"与…相交"时后跟介词"with"。如: Its intersection with the dc load line yields the Q point for maximum symmetrical swing.它与直流负载线相交就得到了最大对称性摆动的Q点。❸ 注意"the intersection of A with〔and〕B"这一搭配关系意为"A与B的交点"。如: The load current is given by the intersection of Eq. 4-8 with the diode characteristic. 负载电流由式4-8与二极管特性曲线的交点给出。/The intersection of Eq. 2-6 and the straight line determines the Q point for maximum symmetrical swing. 式2-6与该直线的相交就确定了最大对称性摆动的Q点。❹ 注意下面例句的含义: In this way, two lines may be located at whose point of intersection the center of gravity of the body must lie.这样就可以定出两条线来,该物体的重心必定处于这两条线的交点上。("at whose point of intersection …"是修饰主语"two lines"的定语从句。)

intersegmental [ˌɪntəseg'mentl] a. 节间的

interseptor [ˌɪntə'septə] n. 拦截器

interservice [ˌɪntə'sɜːvɪs] a. 军种的

intersex ['ɪntəseks] n. 雌雄间体

intersexuality [ˌɪntəseksjuː'ælɪtɪ] n. 雌雄间性

intersite ['ɪntəsaɪt] n. 站〔发射场〕间

intersociety [ˌɪntəsə'saɪətɪ] n. 学会间

intersolubility [ˌɪntəsɒljuˈbɪlɪtɪ] n. 互溶性

interspace ['ɪntəspeɪs] ❶ n. ①空间,空隙,间距,净空 ②星际 ❷ v. ①留空隙 ②填充…的间隙

interspecies [ˌɪntə'spiːʃiːz] n. 种间

intersperse [ˌɪntə'spɜːs] vt. ①散布,散置 ②点缀(with) ③交替,更迭 ④引入

interspersion [ˌɪntə'spɜːʃən] n. 散布,散置,点缀

intersputnik [ˌɪntəs'putnɪk] n. 苏联全球卫星通信系统

interstadial [ˌɪntə'steɪdɪəl] n. 间冰段

interstage [ˌɪntə'steɪdʒ] a.; n. 级间(的),中间的

interstand [ˌɪntə'stænd] n. 中间机座

interstate ['ɪntəsteɪt] a. 州际的

interstation [ˌɪntə'steɪʃən] n. 电台间的,台际的

interstellar [ˌɪntə'stelə] a. 星际的,宇宙间的

interstice [ɪn'tɜːstɪs] n. 空隙,间隙,裂缝

interstitial [ˌɪntə'stɪʃəl] ❶ a. 空隙的,填隙式的,成裂缝的,中间的 ❷ n. 填隙子,填隙原子,节间

interstitialcy [ˌɪntə'stɪʃəlsɪ] n. 结点间,节间,填隙子对,堆原子

interstratification [ˌɪntəstrætɪfɪ'keɪʃən] n. 间层作用

interstratified [ˌɪntə'strætɪfaɪd] a. 层间的,间隔的

intersymbol [ˌɪntə'sɪmbəl] a. 码间,符号间的

inter-sync ['ɪntəsɪŋk] a. 内同步

intersystole [ˌɪntə'sɪstəlɪ] n. 收缩间期

intertangling [ˌɪntə'tæŋglɪŋ] n. 卷曲,缠绕

intertexture [ˌɪntə'tekstʃə] n. 交织(物)

intertidal [ˌɪntə'taɪdl] a. 潮(线)间的

intertie ['ɪntətaɪ] n. 交接横木,交叉拉杆

intertill [ˌɪntə'tɪl] vt. 中耕,间作

intertown [ˌɪntə'taʊn] *a.* 市际的,长途的

intertraction [ˌɪntə'trækʃən] *n.* 吸浓作用

intertube [ˌɪntə'tjuːb] *a.* 管间的,偏流道的

intertwine [ˌɪntə'twaɪn] *v.* 使缠结,编织 ‖ **~ment** *n.*

intertwist ❶ [ˌɪntə'twɪst] *v.* = intertwine ❷ ['ɪntətwɪst] *n.* 缠结

intertype ['ɪntətaɪp] *n.* 整行排铸机

interuniversity [ˌɪntəjuːnɪ'vɜːsɪtɪ] *a.* 大学间的

interurban [ˌɪntər'ɜːbən] *a.;n.* 城市间的,长途的

interval ['ɪntəvəl] *n.* ①间隔,空隙 ②时间(间隔),时段 ③区间,范围,音程 ④网孔大小,步长 ⑤间歇 ⑥差异,悬殊

〖用法〗❶ 表示"以〔按〕间隔"时,其前面用介词"at",它一般用复数形式。如: The input voltage is sampled <u>at irregular intervals</u>.输入电压以不规则的间隔进行取样。/We must compare these replicas with the world standard <u>at periodic intervals</u>.我们必须周期地把这些复制品与世界标准作比较。/All clocks do is cause interrupts at <u>well-defined intervals</u>.时钟的功能仅仅是按规定好的间隔引起中断。❷ 表示"在间隔内〔上〕"时,其前面可以用"in; within; during; over; inside; on"。如: We may assume that A_k lies in the closed interval $[-1, 1]$ for all k. 我们可以假定: 对一切 k 来说,A_k 处于闭区间$[-1, 1]$内。

intervalley [ˌɪntə'vælɪ] *a.* 谷际的

intervallic [ˌɪntə'vælɪk] *a.* ①间隔的,幕间的 ②悬殊的 ③音程的

intervalometer [ˌɪntəvə'lɒmɪtə] *n.* 时间间隔计,定时器,曝光节制器

intervalve [ˌɪntə'vælv] *a.;n.* 级间的,闸阀间的,(电子)管间的

intervane [ˌɪntə'veɪn] *a.* 翼间的

intervene [ˌɪntə'viːn] *vi.* ①插进,介入 ②干预(in),参与

〖用法〗注意下面例句中该词的含义: The early BJT and the modern BJT (as well as <u>intervening</u> devices) are linear current amplifiers in the common-emitter configuration. 早期的双结型晶体管和现代的双结型晶体管(以及处于这两者间的那些器件)是接成共发射极的线性电流放大器。

intervenient [ˌɪntə'viːnɪənt] ❶ *a.* ①插入的 ②干涉的 ❷ *n.* 插入物,干涉者

intervention [ˌɪntə'venʃən] *n.* 插入,调停,干涉

interventionist [ˌɪntə'venʃənɪst] *a.;n.* 干涉(者)的,进行干涉的(人)

interview ['ɪntəvjuː] *n.;v.* 会面,会见,探询☆ *have an interview with ...* 会见⋯

interviewee [ˌɪntəvjuː'iː] *n.* 被接见〔采访〕者

interviewer ['ɪntəvjuːə] *n.* 会见者

intervisibility [ˌɪntəvɪzɪ'bɪlɪtɪ] *n.*【测绘】通视

intervolve [ˌɪntə'vɒlv] *v.* 互卷,卷进

inter-war ['ɪntəwɔː] *a.* 两次战争之间的

interweave [ˌɪntə'wiːv] *vt.* (使)交织,织进,使紧密结合(with)

interwind [ˌɪntə'waɪnd] *v.* 互相盘绕

〖用法〗注意下面例句的含义: Science and technology are so <u>interwound</u> with measurement as to be totally inseparable from it.科学和技术是如此与测量交织在一起以至于完全离不开它。

interwinding [ˌɪntə'waɪndɪŋ] *a.* 绕组间的

interword ['ɪntəwɜːd] *a.* 字间的

interwork ['ɪntəwɜːk] *v.* 互相配合,交互影响

interzonal [ˌɪntə'zəʊnəl] *a.* 地带之间的

intestinal [ɪn'testɪnl] *a.* 肠内的

intestine [ɪn'testɪn] ❶ *a.* 内(部的),国内的 ❷ *n.* (pl.)肠

intima ['ɪntɪmə] (pl. intime) *n.* 内膜

intimacy ['ɪntɪməsɪ] *n.* 亲密,亲切感

intimate ❶ ['ɪntɪmɪt] *a.* ①亲密的,密切的,紧密的 ②邻近的 ③直接的,完全的,详细的 ④内心的,内部的,本质的 ⑤精通的 ☆ *be on intimate terms 和⋯有亲密关系* ❷ ['ɪntɪmɪt] *n.* 好友 ❸ ['ɪntɪmət] *vt.* 宣布,表示

intimation [ˌɪntɪ'meɪʃən] *n.* 告知,暗示

intimidate [ɪn'tɪmɪdeɪt] *vt.* 恐吓,威胁 ‖ **intimidation** *n.*

〖用法〗注意下面例句的含义: The student should enjoy, rather than be <u>intimidated</u> by the quantum nature of the laser.学生应该欣赏激光器的量子性质,而不该害怕它〔被它吓倒〕。

intimitis [ˌɪntɪ'maɪtɪs] *n.* 内膜炎

intimity [ɪn'tɪmɪtɪ] *n.* 亲近,亲密;僻静

intine ['ɪntiːn, 'ɪntaɪn] *n.* (芽孢)内壁

intitule [ɪn'tɪtjuːl] *vt.* 加标题于;给⋯命名

into ['ɪntuː, 'ɪntə] *prep.* ①向内,到⋯里 ②变成,化成

intolerable [ɪn'tɒlərəbl] *a.* ①不可容忍的,不允许的 ②过度的,极端的 ‖ **~ness** *n.* **intolerably** *ad.*

intolerance [ɪn'tɒlərəns] *n.* 不能容忍,不耐性,偏执

intolerant [ɪn'tɒlərənt] *a.* 不能容忍的,偏执的 ☆ *be intolerant of 不能容忍* ‖ **~ly** *ad.*

intonation [ˌɪntə'neɪʃən] *n.* 声〔语〕调,音调

intorsion [ɪn'tɔːʃən] *n.* 缠绕,内旋

intort [ɪn'tɔːt] *vt.* 向内弯

Intourist ['ɪntʊərɪst] *n.* 前苏联国际旅行社

intoxation [ˌɪntɒk'seɪʃən] *n.* 中毒

intoxicant [ɪn'tɒksɪkənt] ❶ *a.* 致醉的,使中毒的 ❷ *n.* 致醉物,毒药,酒类饮料

intoxicate [ɪn'tɒksɪkeɪt] *vt.* 致醉,中毒 ‖ **intoxication** *n.*

intra ['ɪntrə] (拉丁语) *n.* 内部,在内 ☆ *ab intra 从内部*

intra-abdominal [ˌɪntræəb'dɒmɪnl] *a.* 腹内的

intra-array [ˌɪntræə'reɪ] *a.* 内阵列的

intra-atomic [ˌɪntræə'tɒmɪk] *a.* 原子内的

intracavity [ˌɪntrə'kævɪtɪ] *n.* 腔内,内腔

intracell [ˌɪntrə'sel] *a.* 晶格内的

intracellular [ˌɪntrə'seljʊlə] *a.* 细胞内的

intrachain [,ɪntrə'tʃeɪn] a. 链内的

intra-city [,ɪntrə'sɪtɪ] a. 市内的

intraclass ['ɪntrəklɑːs] a. 同类的

intracloud ['ɪntrəklaud] a. 云间的

intraconnection [,ɪntrəkə'nekʃən] n. 内连,内引线

intracontinental [,ɪntrəkɒntɪ'nentəl] a. 陆内的

intracorporal [,ɪntrə'kɔːpərəl] a. 体内的

intracrustal [,ɪntrə'krʌstəl] a. 地壳内的

intra(-)crystalline [,ɪntrə'krɪstəlaɪn] a. 晶体内的

intractability [,ɪntræktə'bɪlɪtɪ] n. ①倔强,难弄 ②难对付

intractable [ɪn'træktəbl] a. 难控制的,难加工的,倔强的,难治的 ‖ **intractably** ad.

intraday ['ɪntrədeɪ] a. 一天内的

intradepartmental [,ɪntrədɪpɑː'tmentəl] a. 部门内的

intrados [ɪn'treɪdɒs] n. 拱腹线,拱内圈,拱里

intraductal [,ɪntrə'dʌktəl] a. 管内的

intragalactic [,ɪntrəgə'læktɪk] a. 星系内的

intragenic [,ɪntrə'dʒenɪk] a. 基因内的

intrageniculate [,ɪntrədʒɪ'nɪkjulɪt] a. 膝状体内的

intraglacial [,ɪntrə'gleɪsjəl] a. 冰川内的

intragranular [,ɪntrə'grænjulə] a. 晶粒内的

intramagmatic [,ɪntrəmæg'mætɪk] a. 岩浆内的

intramembrane [,ɪntrə'membreɪn] a. 膜内的

intramicellar [,ɪntrə'maɪselə] a. 微胞内的

intramolecular [,ɪntrəmə'lekjulə] a. 分子内部的

intramural ['ɪntrə'mjuərəl] a. ①内部的,脏器壁内的 ②城市内的,大学内的 ‖ **~ly** ad.

intramuscular [,ɪntrə'mʌskjulə] a. 肌肉内的

intransigence [ɪn'trænsɪdʒəns], **intransigency** [ɪn'trænsɪdʒənsɪ] n. 不妥协

intransigent [ɪn'trænsɪdʒənt] a.;n. 不妥协的,固执的,不妥协的人

intransitive [ɪn'trɑːnsɪtɪv] ❶ a. 非可迁的,非传递的;不及物的 ❷ n. 不及物动词

intrant ['ɪntrənt] ❶ n. 加入者,入学〔会〕者 ❷ a. 加入的

intranuclear [,ɪntrə'njuːkljə] a. 原子核内的,细胞核内的

intra-ocular [,ɪntrə'ɒkjulə] a. 眼内的

intra-office [,ɪntrə'ɒfɪs] a. 局内的

intraoperative [,ɪntrə'ɒpərətɪv] a. 手术〔工作〕期内的

intra-oral [,ɪntrə'ɔrəl] a. 口内的

intraperitoneal [,ɪntrəperɪtə'niːəl] a. 腹膜内的

intraphagic [,ɪntrə'fædʒɪk] a. 噬菌体内的

intraplicate [,ɪntrə'plaɪkeɪt] n. 【地质】内褶缘型

intraply [,ɪntrə'plaɪ] a. 布层内的

intrapopulational [,ɪntrəpɒpjuː'leɪʒ ənəl] a. 种群内的

intrapulse ['ɪntrəpʌls] a. 脉冲内的

intra-residue [,ɪntrə'rezɪdjuː] a. 残基内的

intraretinal [,ɪntrə'retɪnəl] a. 视网膜内的

intrasonic [,ɪntrə'sɒnɪk] n.; a. 超低频(的)

intraspecific [,ɪntrəspɪ'sɪfɪk] a. 种内的

intratelluric [,ɪntrəte'ljuərɪk] a. 【地质】地内的

intrauterine [,ɪntrə'juːtərɪn] a. 子宫内的

intra-valley [,ɪntrə'vælɪ] a. 谷内的

intravasation [,ɪntrævə'seɪʃən] n. 内渗,进入血管

intravehicle [,ɪntrə'viːɪkl] a. 宇宙航行器内的

intravenous [,ɪntrə'viːnəs] a. 静脉内的

intravital [,ɪntrə'vaɪtəl] a. 活体的,生活期内的

intravitreous [,ɪntrə'vɪtrɪəs] a. 玻璃体内的

intrepid [ɪn'trepɪd] a. 无畏的,坚韧不拔的 ‖ **~ity** n. **~ly** ad.

intricacy ['ɪntrɪkəsɪ] n. 复杂,难懂,(pl.) 错综复杂的事物

intricate ['ɪntrɪkɪt] a. 复杂的,缠结的,难懂的 ‖ **~ly** ad.

intrigue [ɪn'triːg] ❶ n. 阴谋,诡计 ❷ vi. 密谋 (with) ❸ vt. 引起…兴趣

intriguingly [ɪn'triːgɪŋlɪ] ad. 使人感兴趣地
〖用法〗注意下面例句中该词的含义: This storage density is <u>intriguingly</u> large and helps explain the interest in holographic data storage.这个存储密度是非常大的,所以有助于解释人们对全息数据存储的兴趣。

intrinsic(al) [ɪn'trɪnsɪk (əl)] a. 内在的,固有的,本质的,本征的.

introduce [,ɪntrə'djuːs] vt. ① 插入,【化】导入 ②引导,介绍,采用,推销 ③引起

introducer [,ɪntrə'djuːsə] n. 介绍人,创始人,导引器

introduction [,ɪntrə'dʌkʃən] n. ①引入〔进〕,传入 ②介绍,推广,采用 ③引言,绪论 ④入门,初步 ⑤提倡之物
〖用法〗❶ 注意当它表示"介绍,入门"时要后跟介词"to"。如: A Brief <u>Introduction to</u> the Westinghouse Company 西屋公司简介。/An <u>Introduction to</u> Computers 计算机入门〔初步〕。当它表示"引进,采用"时它后跟介词"of"。如: With the <u>introduction of</u> computers, complicated problems can be solved in a short time.由于采用〔引入〕了计算机,复杂的问题能够在短时间内得到解决。/The <u>introduction</u> to Europe of different kinds of silk-working machines shows a time lag of three to thirteen centuries.把各种纺丝机械引入欧洲的时间滞后了三至十三个世纪。(本句主语本应是"the introduction of A to B"(把 A 引入 B),由于"of A"比"to B"长而倒过来了。) ❸ "作一介绍"应该写成"give〔provide; offer〕an introduction (to ...)"。如: This chapter <u>gives a brief introduction to</u> wireless communication. 本章简要地介绍无线通信。

introductive [,ɪntrə'dʌktɪv] a. 引导的,绪言的

introductory [ˌɪntrə'dʌktərɪ] *a.* 引言的,初步的

introfaction [ˌɪntrə'fækʃən] *n.* 加速浸泡

introflexion [ˌɪntrə'flekʃən] *n.* 内曲

introgressant [ˌɪntrəu'gresənt] *n.* 渗入基因

introgression [ˌɪntrə'greʃən] *n.* 基因渗入,渐渗杂交

introitus [ɪn'trɔɪtəs] *n.* 入口,阴道口

intromit [ˌɪntrəu'mɪt] *vt.* 进入,插入 ‖ **intromission** *n.*

intromittent [ˌɪntrəu'mɪtənt] *a.* 输送的,插入

intropunitive [ˌɪntrə'pʌnɪtɪv] *a.* 内罚型的

introscope ['ɪntrəskəup] *n.* 腔检视仪,内孔窥视仪

introspection [ˌɪntrəu'spekʃən] *n.* 反省,自我测量

introspective [ˌɪntrəu'spektɪv] *a.* 自省的

introversible [ˌɪntrəu'vɜ:səbl] *a.* 可向内翻的

introversion [ˌɪntrəu'vɜ:ʃən] *n.* 内向

introversive [ˌɪntrəu'vɜ:sɪv], **introvertive** [ɪntrəu-'vɜ:tɪv] *a.* 内向的

introvert ❶ [ˌɪntrəu'vɜ:t] *v.* 使内省,使内弯 ❷ ['ɪntrəuvɜ:t] *n.* 内弯的东西,个性内向者

intrude [ɪn'tru:d] *v.* ①硬挤进(into),强加(upon) ②侵入,干涉,妨碍

intruder [ɪn'tru:də] *n.* ①入侵者 ②入侵飞机〔导弹〕

in-trunk ['ɪntrʌŋk] *n.* 入中继

intrusion [ɪn'tru:ʒən] *n.* ①闯入,侵袭,干涉,妨碍 ②侵入岩(浆)

intrusive [ɪn'tru:sɪv] *a.* ①闯入的,干涉的 ②侵入岩形成的

intubate ['ɪntjubeɪt] *vt.* 插管(入)

intubation [ˌɪntju'beɪʃən] *n.* 插管法

intuit [ɪn'tju:ɪt] *v.* 直观,由直觉知道

intuition [ˌɪntju'ɪʃən] *n.* 直观,直觉知识

intuitional [ˌɪntju:'ɪʃənəl] *a.* 直觉的

intuitionism [ˌɪntju:'ɪʃənɪzəm] *n.* 直觉主义,直观论

intuitive [ɪn'tjuɪtɪv] *a.* 直觉的 ‖ **-ly** *ad.* **~ness** *n.*
〖用法〗注意下面例句中 "intuitively" 的含义: This result should be <u>intuitively</u> obvious.这个结果应该是一目了然的。

intumesce [ˌɪntju'mes] *vi.* 膨胀,肿大,泡沸

intumescence [ˌɪntju'mesəns] *n.* 膨胀,肿大,隆起

intumescent [ˌɪntju'mesənt] *a.* 膨胀的,肿大的,隆起的

intussusception [ˌɪntəsə'sepʃən] *n.* 摄取,接受,同化,反折

inulase ['ɪnjuleɪs] *n.* 菊粉酶

inulin ['ɪnjulɪn] *n.* 菊粉,菊糖

inunction [ɪ'nʌŋkʃən] *n.* 软膏,(pl.)涂擦剂〔法〕

inundate ['ɪnʌndeɪt] *vt.* 淹没,使充满(with)

inundation [ˌɪnʌn'deɪʃən] *n.* ①洪水 ②淹没,泛滥

inundator ['ɪnʌndeɪtə] *n.* 浸泡器

inure [ɪ'njuə] *v.* 使习惯于(oneself to);生效,适用

inustion [ɪ'nʌstʃən] *n.* 深烙法

inutility [ˌɪnju'tɪlɪtɪ] *n.* 无用(的人),废物

inutile [ɪn'ju:taɪl] *a.* 没用的,无价值的

invade [ɪn'veɪd] *vt.* 侵入,拥入

invader [ɪn'veɪdə] *n.* 侵入者〔物〕,侵入病菌

invaginate [ɪn'vædʒɪneɪt] *v.* (使)反折,(使)凹入,套叠

invagination [ˌɪnvædʒɪ'neɪʃən] *n.* 反折(处),凹入(部分),套叠

invalid ❶ ['ɪnvəlɪd] *a.;n.* ①有病的,伤残的 ②病人 ❷ [ɪnvə'li:d] *v.* ①使病残 ②因伤病而退伍

invalid [ɪn'vælɪd] *a.* 无效的,不成立的,废弃的,(大病)虚弱的〔者〕
〖用法〗注意下面例句中该词的含义: The equation is invalid here.该方程在此不成立〔不适用〕。

invalidate [ɪn'vælɪdeɪt] *vt.* 使无效,使作废 ‖ **invalidation** *n.*

invalidism ['ɪnvəlɪdɪzm] *n.* 久病,伤残

invalidity [ˌɪnvə'lɪdɪtɪ] *n.* 无效,丧失工作能力

invaluable [ɪn'væljuəbl] *a.* 无价的,非常贵重的 ‖ **invaluably** *ad.*

invar [ɪn'vɑ:] *n.* (因瓦)镍铁合金

invariability [ɪnˌveərɪə'bɪlɪtɪ] *n.* 不变(性)

invariable [ɪn'veərɪəbl] ❶ *a.* (永)不变的,恒定的 ❷ *n.* 不变量 ‖ **~ness** *n.* **invariably** *ad.*

invariance [ɪn'veərɪəns] *n.* 不变性,不变量

invariant [ɪn'veərɪənt] ❶ *n.* 不变式〔量〕,标量,标量不变量 ❷ *a.* 不变的,恒定的

invasin [ɪn'veɪsɪn] *n.* 扩散因子,透明质酸酶,侵袭素

invasion [ɪn'veɪʒən] *n.* 侵略,闯入,发病,发作

invasiveness [ɪn'veɪsɪvnɪs] *n.* 侵袭力

invective [ɪn'vektɪv] *n.;a.* 抨击(的),痛斥(的)

inveigh [ɪn'veɪ] *vi.* 猛烈抨击,痛斥(against)

invent [ɪn'vent] *vt.* ①发明,创造 ②想出,捏造

invention [ɪn'venʃən] *n.* ①发明,创造,创造力 ②发明物 ③虚构,捏造

inventive [ɪn'ventɪv] *a.* 发明的,有创造力的

inventiveness [ɪn'ventɪvnɪs] *n.* 发明创造能力

inventor [ɪn'ventə] *n.* 发明者,创造者

inventory ['ɪnvəntrɪ] ❶ *n.* ①清单,目录,报表,存货(清单) ②设备,用品 ③资源,矿藏量,库存(量) ④装料 ❷ *vt.* 编(制)目(录),开(存货)清单,盘存

inveracity [ˌɪnvə'ræsɪtɪ] *n.* 不真实,谎言

invernite ['ɪnvɜ:naɪt] *n.* 正斑花岗岩

inverse ['ɪnvɜ:s, ɪn'vɜ:s] ❶ *a.* (相)反的,反向的,倒的 ❷ *n.* ① 反量,逆量,逆矩阵 ②倒数 ❸ *vt.* 使倒转,使成反面 ☆ **(be) an inverse measure of ...** 是与…成反比的
〖用法〗注意下面例句中该词的用法: The strength of this field falls off as the <u>inverse</u> of the distance squared.该场强与距离的平方成反比。

inversely [ɪn'vɜ:slɪ] *ad.* 逆向地,相反地,反之 ☆ **(be) inversely proportional to ...** 与…成反比; **depend inversely as ...** 与…成反比

〖用法〗注意下面例句中该词的含义：In all cases the step response is the time integral of the impulse response, and <u>inversely</u> the impulse response is the time derivative of the step response.在各种情况下，阶跃响应是脉冲响应的时间积分，而脉冲响应则是阶跃响应的导数。

inverse-time [ɪnˈvɜːstaɪm] *a.* 与时间成反比的

inversion [ɪnˈvɜːʃən] *n.* ①颠倒,倒置,反向,【数】反演,求逆,逆增 ②转换,【化】转化,【电气】换流 ③倒置物,颠倒现象 ④【计】"非"逻辑
〖用法〗注意下面例句中该词的含义：<u>At a given inversion</u>, this would cause a reduction in the gain. 在反向值给定时,这会引起增益的下降。

inversional [ɪnˈvɜːʃənəl] *a.* 颠倒的,反向〔演〕的

inversive [ɪnˈvɜːsɪv] *a.* 反的,倒转的

inversor [ɪnˈvɜːsə] *n.* 反演器,倒置器

invert ❶ [ɪnˈvɜːt] *v.* (使)颠倒,(使)倒转,(使)反演,(使)转化 ❷ [ˈɪnvɜːt] *n.;a.* ①转化(的),倒的,逆的 ②仰拱(的) ③颠倒了的物

invertase [ɪnˈvɜːteɪs] *n.* 蔗糖酶,转化酶

invertebrate [ɪnˈvɜːtɪbrɪt] *a.;n.* 无脊椎动物(的)

invertendo [ɪnˈvɜːtendəʊ] *n.* 反比定理

inverter [ɪnˈvɜːtə] *n.* 变换器,电流换向器,变换电路,转换开关,【计】"非"门

invertibility [ˌɪnvɜːtəˈbɪlɪtɪ] *n.* 可逆性

invertible [ɪnˈvɜːtɪbl] *a.* 可逆的,被颠倒的,相反的

invest [ɪnˈvest] *v.* ①授予 ②笼罩 ③投资,花费
〖用法〗注意下面例句中该词的含义：Much effort has been <u>invested</u> to devise procedures that reduce the density of such states to an acceptably low level.(我们)作了很大的努力来导出把这些状态的密度降到可以接受的低水平的一些步骤。

investigate [ɪnˈvestɪgeɪt] *v.* 调查,勘测,研究 ☆ ***investigate into...*** 调查研究...

investigation [ɪnˌvestɪˈgeɪʃən] *n.* ①调查,探查,勘测 ②调查报告 ☆***conduct (carry on) an investigation in (into) ...*** 对…进行研究〔调查〕; ***make an investigation on (of, into) ...*** 对…进行调查研究

investigative [ɪnˈvestɪgeɪtɪv] *a.* 调查的

investigator [ɪnˈvestɪgeɪtə] *n.* 调查者,勘测员

investing [ɪnˈvestɪŋ] *n.* 熔模铸造

investiture [ɪnˈvestɪtʃə] *n.* 授权;装饰

investment [ɪnˈvestmənt] *n.* ①投资(额),花费 ②授予,覆盖 ③熔模制造 ☆ ***investment in...*** 对…的投资; ***make an investment of A in B*** 投资A于B

Investor i [ɪnˈvestə] *n.* 投资者

inveteracy [ɪnˈvetərəsɪ] *n.* 根深蒂固,顽固不化

inveterate [ɪnˈvetərɪt] *a.* 根深蒂固的,长期形成的 ‖ **~ly** *ad.*

inviable [ɪnˈvaɪəbl] *a.* 不能成活的

invidious [ɪnˈvɪdɪəs] *a.* 引起反感的,不公平的

invigilate [ɪnˈvɪdʒɪleɪt] *v.* 监视,监考 ‖ **invigilation** *n.*

invigilator [ɪnˈvɪdʒɪleɪtə] *n.* 监视器,监考人

invigorate [ɪnˈvɪgəreɪt] *vt.* 鼓舞,使精力充沛 ‖ **invigoration** *n.*

invigorating [ɪnˈvɪgəreɪtɪŋ], **invigorative** [ɪnˈvɪgəreɪtɪv] *a.* 令人鼓舞的

invincibility [ɪnˌvɪnsɪˈbɪlɪtɪ] *n.* 无敌

invincible [ɪnˈvɪnsəbl] *a.* 不可战胜的,战无不胜的,不能克服〔征服〕的,无敌的 ‖ **invincibly** *ad.*

inviolable [ɪnˈvaɪələbl] *a.* 不可侵犯的,不可违背的,神圣的

inviscid [ɪnˈvɪsɪd] *a.* 非黏性的,不能展延的 ‖ **~y** *n.*

invisibility [ˌɪnvɪzəˈbɪlɪtɪ] *n.* 不可见(性),看不见(的东西)

invisible [ɪnˈvɪzəbl] ❶ *a.* 看不见的,微小得觉察不出的,隐蔽的,未反应在统计表上的 ❷ *n.* 看不见的东西

invitation [ˌɪnvɪˈteɪʃən] *n.* ①邀请,招待(券),请柬 ②引诱 ③建议,鼓励 ④挑逗,激怒

invitatory [ɪnˈvaɪtətərɪ] *a.* 招待的,邀请的

invite [ɪnˈvaɪt] *vt.* 邀请,招待,吸引,惹起
〖用法〗注意下面例句中该词的含义：This <u>invites</u> appropriate elaboration of the silicon band diagram. 这就需要适当地制作出硅的能带图。/The twelve faces of the regular dodecahedron <u>invite</u> its use as a calendar.规则十二面体的十二个面促使把它用作日历。

invitee [ˌɪnvaɪˈtiː] *n.* 被邀请者

inviter [ɪnˈvaɪtə] *n.* 邀请者

inviting [ɪnˈvaɪtɪŋ] *a.* 引人注目的,美好的 ‖ **-ly** *ad.* **~ness** *n.*

invitro [ɪnˈviːtrəʊ] (拉丁语) *ad.;a.* 在体外(的),在试管内(的),在试验室中的

in vivo [ɪnˈviːvəʊ] (拉丁语) *ad.* 在体内

invocate [ˈɪnvəkeɪt] *v.* 祈求

invoice [ˈɪnvɔɪs] ❶ *n.* 发票,发货单,货物的托运 ❷ *v.* 开发票,开清单

invoice-book [ˈɪnvɔɪsbuk] *n.* 进货簿,发货单存根

invoke [ɪnˈvəʊk] *vt.* ①恳求,呼吁 ②行使,实行 ③援引 ④引起,产生
〖用法〗注意下面例句中该词的含义：We can do this by invoking the isomorphism between a real-valued band-pass filter and a corresponding complex-valued low-pass filter. 我们做到这一点的方法是在实数数值带通滤波器和相应的复数数值低通滤波器之间产生同构映射。

involatile [ɪnˈvɒlətaɪl] ❶ *a.* 不挥发的 ❷ *n.* 不挥发性

involucre [ˈɪnvəluːkə] *n.* 花被,总苞

involuntary [ɪnˈvɒləntərɪ] *a.* 偶然的,无意的,不知不觉的 ‖ **involuntarily** *ad.*

involuntomotory [ˌɪnvɒləntəˈməʊtərɪ] *a.* 不随意运动的

involute [ˈɪnvəluːt] ❶ *n.* 渐开线,渐伸线,切展线 ❷ [ˈɪnvəluːt] *a.* 渐伸的,复杂的 ❸ [ˌɪnvəˈluːt] *vi.* ①内卷 ②复旧 ③消失 ④退化

involution [ˌɪnvəˈluːtən] *n.* ①乘方,自乘,幂 ②对合 ③内卷,错综复杂 ④退化 ⑤复旧

involutory [ˌɪnvəˈluːtərɪ] *a.* 对合的,内卷的

involve [ɪnˈvɒlv] *vt.* ①包含,涉及,牵涉到 ②使卷入,席卷,笼罩 ③占用（时间）,使用 ④自乘 ☆ **(be,become) involved in ...** 包含在…之中,与…有关,被卷入…,专心于…
〖用法〗当该词后面跟一个动作时,应该用动名词表示。如：The final step <u>involves obtaining</u> the inverse Laplace transform.最后一步涉及取拉氏反变换。/Dividing by 2^n <u>involves moving</u> the binary point n places to the left.除以 2^n 涉及把二进制小数点向左移 n 位。

Involved [ɪnˈvɒlvd] *a.* ①所包含（涉及,论述,研究）的,有关的 ②(形式)复杂的,难以理解的,含混不清的
〖用法〗❶ 该词表示"复杂的"时,一般作表语;当表示"有关的"时,一般作后置定语。如: Here, the calculation is quite <u>involved</u>.这里的计算是十分复杂的。/We assume that the capacitor acts as a short circuit at the frequencies <u>involved</u>.我们假定：该电容器在有关的〔所涉及的〕频率上起短路的作用。❷ 它后跟动词时要用动名词。如：Inverse feedback <u>involves</u> taking a small percentage of the output and feeding it back out of phase to a preceding stage.负反馈就是取出一小部分输出,并把它反向地馈回前一级。

involvement [ɪnˈvɒlvmənt] *n.* ①包含 ②缠绕,牵连 ③困难 ④复杂的情况,牵连到的事物

invulnerable [ɪnˈvʌlnərəbl] *a.* 不会受伤害的,无懈可击的,无法反驳的 ‖ **invulnerably** *ad.*

inwall [ˈɪnwɔːl] *n.* 内壁

inward [ˈɪnwəd] ❶ *a.* (向,在)内的,里面的,固有的,输入的 ❷ *ad.* 向（在）内 ❸ *n.* 内部,实质,(pl.)进口商品,进口税

inwardly [ˈɪnwədlɪ] *ad.* 在内部,向内

inwardness [ˈɪnwədnɪs] *n.* 内质,本性

inwards [ˈɪnwədz] *ad.* = inward

inward-tipping [ˈɪnwədtɪpɪŋ] *a.* 向内倾斜的

inweave [ˌɪnˈwiːv] *vt.* 使织入,使交织

inwelling [ɪnˈwelɪŋ] *n.* 海水倒灌

inwrap [ɪnˈræp] = enwrap

inwrought [ˌɪnˈrɔːt] *a.* ①织入(花纹)的 ②嵌有…的（with）③嵌进…的(in, on)

inyoite [ˈɪnjəʊˌaɪt] *n.* 板硼钙石

iodate [ˈaɪədeɪt] ❶ *n.* 碘酸盐 ❷ *vt.* 用碘处理,向…加碘

iodation [ˌaɪəˈdeɪʃən] *n.* 碘化作用

iodazide [ˌaɪəˈdæzaɪd] *n.* 叠氮化碘

iodic [aɪˈɒdɪk] *a.* (含)碘的

iodide [ˈaɪədaɪd] *n.* 碘化物

iodimetric [ˌaɪədɪˈmetrɪk] *a.* 定碘量的

iodimetry [ˌaɪəˈdɪmɪtrɪ] *n.* 碘还原滴定

iodinase [ˈaɪəʊdɪneɪs] *n.* 碘化酶

iodination [ˌaɪəʊdɪˈneɪʃən] *n.* 碘化作用（过程）

iodine [ˈaɪədiːn] *n.* 【化】碘;碘酊

iodinin [ˈaɪəʊdɪnɪn] *n.* 碘(化)菌素

iodism [ˈaɪədɪzm] *n.* 碘中毒

iodival [ˈaɪəʊdɪvəl] *n.* 碘瓦耳

iodization [ˌaɪəʊdaɪˈzeɪʃən] *n.* = iodination

iodize [ˈaɪədaɪz] *vt.* 用碘(化物)处理,使含碘

iodoform [aɪˈɒdəfɔːm] *n.* 碘仿,三碘甲烷

iodol [ˈaɪədəʊl] *n.* 碘末防腐剂

iodometry [ˌaɪəˈdɒmɪtrɪ] *n.* 碘量滴定法

iodophilic [ˌaɪədəˈfɪlɪk] *a.* 嗜碘的

iodoprotein [ˌaɪədəʊˈprəʊtɪn] *n.* 碘蛋白

iodopsin [ˌaɪəˈdɒpsɪn] *n.* 视青紫素

iodopyrine [ˌaɪəʊdəˈpaɪriːn] *n.* 碘匹林

iodyrite [aɪˈɒdəraɪt] *n.* 碘银矿

iolite [ˈaɪəlaɪt] *n.* 堇青石

ion [ˈaɪən] *n.* 离子

ion-baffle [ˈaɪənˈbæfl] *n.* 电离阱

ionic [aɪˈɒnɪk] *a.* 离子的

ionicity [ˌaɪəˈnɪsətɪ] *n.* 电离度,离子性

ion-induced [ˈaɪənɪnˈdjuːst] *a.* 离子感生的

ionite [ˈaɪənaɪt] *n.* 离子交换剂

ionitriding [ˌaɪəˈnaɪtrɪdɪŋ] *n.* 离子氮化法

ionium [aɪˈəʊnɪəm] *n.* 【化】钍 230

ionizability [ˌaɪənaɪzəˈbɪlɪtɪ] *n.* 电离度

ionizable [ˈaɪənaɪzəbl] *a.* 电离的,被离子化的

ionization [ˌaɪənaɪˈzeɪʃən] *n.* 电离(作用,化),离子化(作用)

ionize [ˈaɪənaɪz] *v.* (使)电离(成离子),离子化

ionizer [ˈaɪənaɪzə] *n.* 电离剂（器）

ion-milling [ˈaɪənmɪlɪŋ] *n.* 离子碾磨

ionocolorimeter [ˌaɪənəkʌləˈrɪmɪtə] *n.* 氢离子比色计

ionogen [ˌaɪəˈnɒdʒɪn] *n.* 电解物〔质〕,可电离的基团

ionogenic [ˌaɪənəˈdʒenɪk] *a.* 电离的,离子生成的

ionogram [ˌaɪəˈnɒɡræm] *n.* 电离图,电离层回波探测

ionography [ˌaɪəˈnɒɡrəfɪ] *n.* 离子谱法

ionoluminescence [ˌaɪənəluːmɪˈnesns] *n.* 离子发光

ionomer [aɪˈɒnəmə] *n.* 离聚物;含离子键的聚合物

ionometer [ˌaɪəˈnɒmɪtə] *n.* 离子计

ionometry [ˌaɪəˈnɒmɪtrɪ] *n.* X 射线量测量法

ionone [ˈaɪənəʊn] *n.* 紫罗酮

ionopause [aɪˈɒnəpɔːz] *n.* 电离层顶

ionophilic [ˌaɪənɒˈfɪlɪk] *a.* 亲离子的

ionophone [aɪˈɒnəfəʊn] *n.* 离子扬声器

ionophore [aɪˈɒnəfɔː] *n.* 离子载体

ionophoresis [ˌaɪənəˈfɔrəsɪs] *n.* 电泳

ionoscatter [ˌaɪənəˈskætə] *n.* 电离层散射

ionoscope [aɪˈɒnəskəʊp] *n.* 存储摄像管

ionosonde [aɪˈɒnəsɒnd] *n.* 电离层探测器

ionosorption [ˌaɪənəˈsɔːpʃən] *n.* 离子吸收

ionosphere [aɪˈɒnəsfɪə] *n.* 电离层 ‖ **ionospheric** *a.*

ionotron [aɪˈɒnətrɒn] n. 静电消除器

ionotropic [ˌaɪɒnəˈtrɒpɪk] a. 离子移变的

ionotropy [aɪˈɒnətrɒpɪ] n. 离子移变(作用)

ion-pair [ˈaɪənpeə] n. 离子对

ion-radical [ˈaɪənˌrædɪkəl] n. 离子基

ionsheath [ˈaɪənʃiːθ] n. 离子套

ion-thrustor [ˈaɪənθrʌstə] n. 离子加速器

iontophoresis [ˌaɪɒntəfəˈriːsɪs] n. 离子电渗疗法,离子电泳作用

iontoquantimeter [ˌaɪɒntəkwɒnˈtɪmɪtə] n. 离子(定量)计

iontoradeometer [ˌaɪɒntəreɪdiˈɒmɪtə] n. 离子计,X射线量计

iontron [ˈaɪɒntrɒn] n. 静电消除器

iota [aɪˈəutə] n. ①(希腊字母)I(约塔) ②微小,一点

Iowa [ˈaɪəwə] n. (美国)爱荷华(州)

Iowan [ˈaɪəwən] a.;n. 爱荷华州的,爱荷华州人(的)

ioterium [aɪˈɒtəriəm] n. 毒腺

iozite [ˈaɪəzaɪt] n. 方铁矿

ipomea [ˌɪpəˈmiːə] n. 药薯(根)

ipsolateral [ˌɪpsəˈlætərəl] a. 同侧的

ipsophone [ˈɪpsəfəun] n. 录音电话机

Iran [ɪˈrɑːn] n. 伊朗

Iranian [ɪˈreɪnjən] a.; n. 伊朗的,伊朗人(的)

Iraq [ɪˈrɑːk] n. 伊拉克

Iraqi [ɪˈrɑːkɪ] a.; n. 伊拉克的,伊拉克人(的)

iraser [ɪˈreɪzə] n. 红外激光

irate [aɪˈreɪt] a. 发怒的

irdome [ˈɪədəum] n. 红外导流罩,线罩

Ireland [ˈaɪələnd] n. 爱尔兰

Irian [ɪrɪˈɑːn] n. 伊里安(岛)

irides [ˈaɪərɪdiːz] iris 的复数

iridescence [ˌɪrɪˈdesns] n. 虹〔晕〕色,放光彩

iridescent [ˌɪrɪˈdesnt] a. 虹彩的,闪光的 ‖ ~ly ad.

iridic [ɪˈrɪdɪk] a. 铱的,铱化的

iridioplatinum [ɪˌrɪdɪəˈplætɪnəm] n. 铂铱合金

iridium [aɪˈrɪdɪəm] n.【化】铱

iridosmine [ˌaɪərɪˈdɒsmɪn] n. 铱锇矿,铱锇笔尖合金

iris [ˈaɪərɪs] (pl. irises 或 irides) n. ①虹彩,彩虹色,(眼球的)虹膜,彩虹色石英 ②可变光圈,入射光瞳 ③隔膜,挡板 ④窗孔 ⑤鸢尾属(植物)

irisated [ˈaɪərɪseɪtɪd] a. 虹彩的,彩虹色的

irisation [ˌaɪərɪˈseɪʃən] n. 虹彩

iriscorder [ˈaɪərɪskɔːdə] n. 红外线电子瞳孔仪

irised [ˈaɪərɪst] a. 彩虹色的

Irish [ˈaɪərɪʃ] a.; n. 爱尔兰的,爱尔兰人(的)

iron [ˈaɪən] ❶ n. ①铁 ②烙铁,熨斗 ③ (pl.)铁粉 ❷ a. 铁(制,色,似)的

ironbound [ˈaɪənbaund] a. 包铁的;坚硬的,不容变通的

iron-carbon [ˈaɪənkɑːbən] n. 铁碳合金

iron(-)clad [ˈaɪənklæd] a.; n. 装甲的,金属覆层

iron-copper [ˈaɪənkɒpə] n. 铁铜合金

iron-dog [ˈaɪəndɒg] n. 狗头钉

irone [ˈaɪərəun] n. 鸢尾酮,甲基芷香酮

ironer [ˈaɪənə] n. (轧平和烫平洗净的衣服用)轧液机,轧布机

iron-foundry [ˈaɪənfaundrɪ] n. 铸铁厂〔车间〕

iron-free [ˈaɪənfriː] a. 无铁的,贫铁的

iron-hand [ˈaɪənhænd] n. 机械手

ironhanded [ˈaɪənˈhændɪd] a. 铁腕的

ironic(al) [aɪˈrɒnɪk(əl)] a. ①讽刺的 ②令人啼笑皆非的

ironing [ˈaɪənɪŋ] n. 挤压法,熨烫,烙边,铁烫灭菌法

ironist [ˈaɪərənɪst] n. 讽刺家,冷嘲者

ironless [ˈaɪənlɪs] a. 无铁(芯)的

ironmaking [ˈaɪənmeɪkɪŋ] n. 炼铁

ironmaster [ˈaɪənmɑːstə] n. 铁器制造商

iron-monger [ˈaɪənmʌŋgə] n. 金属器具商,小五金商

iron-mongery [ˈaɪənmʌŋgərɪ] n. 五金器具,五金业〔店〕

ironmo(u)ld [ˈaɪənməuld] ❶ n. 铁锈迹,墨水迹 ❷ v. (使)弄墨水迹,(使)生锈

iron-notch [ˈaɪənnɒtʃ] n. 出铁口

iron-oxide [ˈaɪənɒksaɪd] n. 氧化铁

iron-oxidizer [ˈaɪənɒksɪdaɪzə] n. 铁氧化剂

iron-oxygen [ˈaɪənɒksɪdʒən] n. 铁氧系

ironsmith [ˈaɪənsmɪθ] n. 锻工

iron(-)stone [ˈaɪənstəun] n. 铁矿石,含铁矿石

iron-ware [ˈaɪənweə] n. 铁器,五金店

ironwood [ˈaɪənwud] n. 硬木

ironwork [ˈaɪənwɜːk] n. 铁工,铁制品

ironworker [ˈaɪənwɜːkə] n. 钢铁〔铁器〕工人

iron-works [ˈaɪənwɜːks] n. 钢铁厂

irony [ˈaɪərənɪ] ❶ a. (含)铁的 ❷ n. 讽刺,反话

irradiance [ɪˈreɪdɪəns], **irradiancy** [ɪˈreɪdɪənsɪ] n. ①发光 ②辐照(度,率) ③光辉,灿烂

irradiant [ɪˈreɪdɪənt] a. ①光辉的,灿烂的 ②发光的,辐耀的,辐照的

irradiate [ɪˈreɪdɪeɪt] v. ①照耀,光照,辐照,放射,放光,光渗 ②启发,阐明

irradiation [ɪreɪdɪˈeɪʃən] n. ①照射,辐照,发光,放热,辐照度 ②光渗 ③启发,阐明

irradiative [ɪˈreɪdətɪv] a. 有放射力的,有启发的

irradiator [ɪˈreɪdɪeɪtə] n. 辐射体,照射源,辐射器

irradicable [ɪˈrædɪkəbl] a. 不能根除的

irradome [ɪˈrædəum] n. 红外整流罩

irrational [ɪˈræʃənəl] ❶ a. ①不合理的,荒谬的 ②【数】无理的,不尽的 ❷ n. 无理数

irrationality [ɪˌræʃəˈnælɪtɪ] n. 不合理(的事),无条理

irrationalize [ɪˈræʃənəlaɪz] vt. 使不合理,使无条理

irrationally [ɪˈræʃənəlɪ] ad. 不合理,无条理

irrealizable [ɪˈrɪəlaɪzəbl] a. 不能实现的

irrecognizable [ɪˈrekəgnaɪzəbl] a. 不能认识〔辨

认〕的

irreconcilability [ˌɪrekənsaɪləˈbɪlɪtɪ] *n.* 不调和性

irreconcilable [ɪˈrekənsaɪləbl] ❶ *a.* 不能调和的,不相容的,矛盾的(to,with) ❷ *n.* 不可调和的思想

irrecoverable [ˌɪrɪˈkʌvərəbl] *a.* 不能恢复〔挽回〕的

irrecusable [ˌɪrɪˈkjuːzəbl] *a.* 不能拒绝的,排斥不了的

irredeemable [ˌɪrɪˈdiːməbl] *a.* 不能挽回〔矫正〕的

irreducibility [ˌɪrɪdjuːsəˈbɪlɪtɪ] *n.* 不可约性

irreducible [ˌɪrɪˈdjuːsəbl] *a.* 不能减缩的,【数】不可约的,不能分解的,既约的

irredundant [ˌɪrɪˈdʌndənt] *a.* 不可缩短的

irreflexive [ˌɪrɪˈfleksɪv] *a.* 反自反的,漫反射的

irrefragable [ɪˈrefrəgəbl] *a.* 不能反驳〔否认〕的,无可非议的,无法回答的

irrefrangible [ˌɪrɪˈfrædʒɪbl] *a.* 不可折射的,不可违犯的

irrefutable [ɪˈrefjʊtəbl] *a.* 无可辩驳的,驳不倒的 ‖ **irrefutabilit** *n.* **irrefutably** *ad.*

irregular [ɪˈregjʊlə] ❶ *a.* ①不规则的,无规律的,不定期的 ②(参差)不齐的,有凹凸的 ③非正规的 ❷ *n.* 非正规的东西,不定期出版,(pl.)等外品

irregularity [ɪˌregjʊˈlærɪtɪ] *n.* ①不规则(性),不能调节性,不匀度,参差不齐,非正规,无规律 ②奇异性,奇点 ③(pl.)不规则的事物

irregularly [ɪˈregjʊləlɪ] *ad.* 不规则,非正规,凹凸不平

irrelative [ɪˈrelətɪv] *a.* 无关系的(to),不相干的 ‖ ~**ly** *ad.*

irrelevance [ɪˈrelɪvəns], **irrelevancy** [ɪˈrelɪvənsɪ] *n.* 不切题,不相干,跟不上潮流,枝节问题,【计】不恰当组合

irrelevant [ɪˈrelɪvənt] *a.* 不切题的,不相干的(to),没关系的,跟不上潮流的

irrelievable [ˌɪrɪˈliːvəbl] *n.* 不能解救的,不能减轻的

irremediable [ˌɪrɪˈmiːdɪəbl] *a.* 不可弥补的,无可救药的,难改正的,不(能医)治的

irremissible [ˌɪrɪˈmɪsɪbl] *a.* ①不可原谅的 ②不可避免的,必须承担的

irremovability [ˈɪrɪmuːvəˈbɪlɪtɪ] *n.* 不能移动〔除去〕

irremovable [ˌɪrɪˈmuːvəbl] *a.* 不能移动的,不能除去的

irreparable [ɪˈrepərəbl] *a.* 不能修理的,无可挽救的 ‖ ~**ness** *n.* **irreparably** *ad.*

irreplaceable [ˌɪrɪˈpleɪsəbl] *a.* ①不能调换的,不能替代的 ②不能恢复原状的

irrepleviable [ˌɪrɪˈplevɪəbl] *n.* 不准保释的

irrepressible [ˌɪrɪˈpresəbl] *a.* 压抑不住的 ‖ **irrepressibly** *ad.*

irreproachable [ˌɪrɪˈprəʊtʃəbl] *a.* 无可指责的 ‖ **irreproachably** *ad.*

irresistible [ˌɪrɪˈzɪstəbl] *a.* 不可抵抗的,压制不住,无可反驳的 ‖ **irresistibly** *ad.*

irresolute [ɪˈrezəljuːt] *a.* 犹豫不决

irresolvable [ˌɪrɪˈzɒlvəbl] *a.* 不能分解〔解决〕的

irrespective [ˌɪrɪˈspektɪv] *a.* 不顾的,不考虑的

irrespirable [ˌɪrɪsˈpaɪərəbl] *a.* 不能呼吸的

irresponsibility [ˌɪrɪspɒnsəˈbɪlɪtɪ] *n.* 无责任

irresponsible [ˌɪrɪsˈpɒnsəbl] *a.,n.* ①不负责任的(人)(for),不可靠的 ②不承担责任的(人) ‖ **irresponsibly** *ad.*

irresponsive [ˌɪrɪsˈpɒnsɪv] *a.* 不回答的,没有反应的(to) ‖ ~**ness** *n.*

irretention [ˌɪrɪˈtenʃən] *n.* 不能保持,无保持力 ‖ **irretentive** *a.*

irretrievable [ˌɪrɪˈtriːvəbl] *a.* 不可挽回的,不能恢复的 ‖ **irretrievability** *n.* **irretrievably** *ad.*

irreverence [ɪˈrevərəns] *n.* 不敬,非礼,傲慢

irreversibility [ˌɪrɪvɜːsəˈbɪlɪtɪ] *n.* 不可逆性,不可倒置性

irreversible [ˌɪrɪˈvɜːsəbl] *a.* 不可逆的,单向的,不能取消的

irrevocable [ɪˈrevəkəbl] *a.* 不能取消〔改变,挽回〕的 ‖ **irrevocability** *n.* **irrevocably** *ad.*

irrigable [ˈɪrɪgəbl] *a.* 可灌溉的

irrigate [ˈɪrɪgeɪt] *v.* 灌溉,冲洗(伤口等)

irrigation [ˌɪrɪˈgeɪʃən] *n.* ①灌溉,水利,浇地 ②冲洗(法),(pl.)冲洗剂

irrigationist [ˌɪrɪˈgeɪʃənɪst] *n.* 灌溉者,水利专家

irrigator [ˈɪrɪgeɪtə] *n.* 灌溉者〔设备〕,冲洗器

irritability [ˌɪrɪtəˈbɪlɪtɪ] *n.* 易怒,不能忍耐,过敏〔反应〕,发炎

irritable [ˈɪrɪtəbl] *a.* 易发怒的,性急的,过敏性的 ‖ **irritably** *ad.*

irritant [ˈɪrɪtənt] ❶ *a.* 有刺激(性)的 ❷ *n.* 刺激剂

irritate [ˈɪrɪteɪt] *vt.* 激怒,刺激,使发炎 ‖ **irritating** *a.*

irritated [ˈɪrɪteɪtɪd] *a.* 被激怒的,发炎的

irritation [ˌɪrɪˈteɪʃən] *n.* 激怒,刺激(物),反应过敏,发炎

irritative [ˈɪrɪteɪtɪv] *a.* 使发怒的,刺激(性)的

irrotational [ˌɪrəʊˈteɪʃənl] *a.* 不轮流的,无旋的

irrotationality [ˌɪrəʊteɪʃəˈnælɪtɪ] *n.* 无旋性,无旋涡现象,(矢量场的)有势性

irrupt [ɪˈrʌpt] *vi.* 侵入

irruption [ɪˈrʌpʃən] *n.* 突入,猛然发作 ‖ **irruptive** *a.*

irtron [ˈɜːtrɒn] *n.* 类星系系,红外光射电源

irving [ˈɜːvɪŋ], **irvingite** [ˈɜːvɪŋaɪt] *n.* 钠〔钾〕锂云母

is [ɪz] be 的单数第三人称(一般现在时)
〖用法〗注意下面例句中该词的含义: A 50W silicon Zener diode is to dissipate 10W in a particular circuit. 一只 50 瓦的硅齐纳二极管会在某一特定电路中消耗 10 瓦的功率。/This point is to be discussed in the next chapter. 这一点将在下一

章讨论。

isabellin [ˌɪzə'belɪn] n. 锰系电阻材料

isabelline [ˌɪzə'belɪn] a. 灰黄色的

isabnormal [ˌaɪzəb'nɔːməl] n. 等异常线

isacoustic [ˌaɪzə'kaʊstɪk] a. 等响的

isagoge [aɪsə'ɡəʊdʒɪ] n. (学术研究的)绪论,导言,入门学 ‖ **isagogic** a.

isallobar [aɪ'sæləbɑː] n. 【气】等变压线

isallotherm [aɪ'sæləθɜːm] n. 【气】等变温线

isametral [aɪ'sæmɪtrəl] n. 等偏差线

isanabase [aɪ'sænəbeɪs] n. 等基线

isanabation [ˌaɪsænə'beɪʃən] n. 等上升速度线

isanemone [aɪ'sænə'məʊn] n. 【气】等风速线

isanomal [aɪsə'nɒməl] n. 等距平线,等异常线

isanomaly [ˌaɪsə'nɒməlɪ] n. 等异常线

isarithm [aɪ'særɪðm] n. 等值线

isasteric [ˌaɪsə'sterɪk] a. 等容的

isatin ['aɪsətɪn] n. 靛红

isatron [ˌaɪsə'tron] n. 石英稳定计时比较器,质谱仪

ischemia [ɪs'kiːmɪə] n. 局部缺血

isentropic [ˌaɪsen'trɒpɪk] n.; a. 等熵线,等熵的

isentropics [ˌaɪsen'trɒpɪks] n. 等熵线

isentropy [ˌaɪsen'trɒpɪ] n. 等熵

ishikawaite [ˌɪʃɪ'kɑː'wəaɪt] n. 石川石,铌钽铁铀矿

ishkulite ['ɪʃkəlaɪt] n. 铬磁铁矿

ishwarone ['ɪʃwərəʊn] n. 依诗瓦酮

isinglass ['aɪzɪŋɡlɑːs] n. ①鱼(明)胶 ②云母

iskymeter [ɪs'kɪmɪtə] n. 现场土壤剪切仪

Islam ['ɪzlɑːm] n. ①伊斯兰教 ②(总称)伊斯兰教徒〔国家〕,穆斯林

Islamabad [ɪs'lɑːməbɑːd] n. 伊斯兰堡(巴基斯坦首都)

Islamic [ɪz'læmɪk], **Islamitic** [ɪz'læmɪtɪk] a. 伊斯兰(教)的,穆斯林的

Islamite ['ɪzləmaɪt] n. 伊斯兰教徒,穆斯林

island ['aɪlənd] ❶ n. ①岛(屿),安全岛 ②甲板室,舰台 ③支柱 ④孤立的地区〔组织〕⑤组织〔移植〕片 ❷ vt. 使成岛(状),孤立

islander ['aɪləndə] n. 岛民

islanditoxin [ˌaɪləndɪtoksɪn] n. 冰岛青霉毒素

islandless ['aɪləndlɪs] a. 无岛屿的

isle [aɪl] ❶ n. (小)岛 ❷ v. 使成岛,住在岛上

islet ['aɪlɪt] n. 小岛,小岛状物,岛状地带

isoacceptor [ˌaɪsəʊək'septə] n. 同功受体

isoacetylene [ˌaɪsəʊə'setɪliːn] n. 异乙炔

isoacorone [ˌaɪsəʊ'ækərəʊn] n. 异菖蒲酮

isoadenine [ˌaɪsəʊ'ædənaɪn] n. 异腺嘌呤

isoagglutination [ˌaɪsəʊəɡluː'neɪʃən] n. 同族凝集(作用)

isoagglutinin [ˌaɪsəʊə'ɡluːtɪnɪn] n. 同种凝集素

isoalkane [ˌaɪsəʊ'ælkeɪn] n. 异烷烃

Isoalkyl [ˌaɪsəʊ'ælkɪl] n. 异烷基

iso-allele [ˌaɪsəʊə'liːl] n. 同等位基因

isoalloxazine [ˌaɪsəʊə'lɒksəziːn] n. 异咯嗪

isoamoxy [ˌaɪsəʊə'mɒksɪ] n. 异戊央基

isoamyl [ˌaɪsəʊ'æmɪl] n. 异戊基

isoamylase [ˌaɪsəʊ'æmɪleɪs] n. 异淀粉酶

iso-amyl-nitrite [ˌaɪsə'æmɪlnaɪtrɪt] n. 亚硝酸异戊酯

isoanabaric [ˌaɪsəʊænə'bærɪk] a. 等升压的

isoanabase [ˌaɪsəʊ'ænəbeɪs] n. 等基线

isoanakatabar [ˌaɪsəʊænə'kætəbɑː] n. 等气压较差线

isoantibody [ˌaɪsəʊ'æntɪbɒdɪ] n. 同种抗体

isoantigen [ˌaɪsəʊ'æntɪdʒən] n. 同种抗原

isoatmic [ˌaɪsəʊ'ætmɪk] n. 等蒸发线

isoballast [ˌaɪsəʊbə'lɑːst] a. 等压载的

isobar ['aɪsəʊbɑː] n. ①等压线 ②【化】同质异位素 ③【数】等权

isobaric [ˌaɪsəʊ'bærɪk] a. ①等压(线)的 ②【化】同量异位的 ③【数】等权的

isobarism [ˌaɪsəʊ'bærɪzm] n. 同质异位性

isobary [ˌaɪsəʊ'bærɪ] n. 同质异位性

isobase [ˌaɪsə'beɪs] n. 等基线

isobath ['aɪsəʊbɑːθ] n. 等(水)深线

isobathic ['aɪsəʊbɑːθɪk], **isobathye** ['aɪsəʊbɑːθɪ] a. 等深的

isobathytherm [ˌaɪsəʊ'bæθɪθɜːm] n. 海内等温线

isobilateral [ˌaɪsəbaɪ'lætərəl] a. 二侧相等的,二面的

isobody ['aɪsəbɒdɪ] n. 同种抗体

isoboson ['aɪsəbɒsən] n. 等玻色子数

isobront ['aɪsəʊbrɒnt] n. 等雷暴日数线

isobutane [ˌaɪsəʊ'bjuːteɪn] n. 异丁烷

isobutanol [ˌaɪsə'bjuːtənəl] n. 异丁醇

isobutene [ˌaɪsəʊ'bjuːtiːn] n. 异丁烯

isocaloric [ˌaɪsəʊkə'lɒrɪk] a. 等能的

isocandela [ˌaɪsəʊkæn'diːlə] n. 等烛光,等光强

isocaproaldehyde [ˌaɪsəʊkæprə'ældɪhaɪd] n. 异己醛

isocatabase [ˌaɪsəʊ'kætəbeɪs] n. 等降线

isocatanabar [ˌaɪsəʊ'kætənəbɑː] n. 等升气压较差线

isocellobiose [ˌaɪsəʊselə'baɪəʊs] n. 异纤维二糖

isocenter [ˌaɪsəʊ'sentə] n. 等角点,航摄失真中心

isochiot ['aɪsəʊkaɪət] n. 等雪(高)线

isochore ['aɪsəʊkɔː] n. 等容线,等体积(线),等时差线

isochoric [ˌaɪsəʊ'kɒrɪk] a. 等容的,等体(积)的

isochromate [ˌaɪsəʊ'krəmeɪt] n. 等色线

isochromatic [ˌaɪsəkrə'mætɪk] a. ①等色的 ②【摄】正色的

isochromatism [ˌaɪsəʊkrə'mætɪzm] n. 等色性

isochromosome [ˌaɪsəʊ'krəʊməsəʊm] n. 等臂染色体

isochron ['aɪsəʊkrɒn] a. 等时值的

isochronal [aɪ'sɒkrənl] a. 等时的

isochrone(s) [ˈaɪsəkrəʊn(z)] *n.* 等时线,瞬压曲线

isochronia [ˌaɪsəʊˈkrɒnɪə] *n.* 等〔同〕时(值),等速

isochronic [ˌaɪsəʊˈkrɒnɪk] *a.* 等时的

isochronism [aɪˈsɒkrənɪzm] *n.* 等时性,等时振荡,同步

isochronization [ˌaɪsəʊkrɒnaɪˈzeɪʃən] *n.* 使受时

isochronograph [ˌaɪsəʊˈkrɒnəgrɑːf] *n.* 等时图

isochronous [aɪˈsɒkrənəs] *a.* 等时的,同步的

isoclinal [ˌaɪsəˈklaɪnl] *a.*;*n.* 等倾的,等斜线

isocline [ˌaɪsəˈklaɪn] *n.* 等斜(线),等倾(线)

isoclinic [aɪsəʊˈklɪnɪk] *a.*; *n.* 等倾的,等(磁)倾线(的)

isoclinotropism [ˌaɪsəʊklɪnəˈtrɒpɪzm] *n.* 等斜构造

isocolloid [ˌaɪsəʊˈkɒlɔɪd] *n.* 异胶质

isocompound [ˌaɪsəʊˈpaʊnd] *n.* 异构化合物

isocon [ˈaɪsəʊkən] *n.* 分流直像管

isoconcentrate [ˌaɪsəʊˈkɒnsəntreɪt] *n.* 等浓度线

isoconcentration [ˌaɪsəʊkɒnsənˈtreɪʃən] *n.* 等浓度

isocorrelate [ˌaɪsəʊˈkɒrɪleɪt] *n.* 等相关线

isocount [ˈaɪsəkaʊnt] *n.* 等计数

isocrackate [ˌaɪsəʊˈkrækeɪt] *n.* 异构裂化物

isocracking [ˌaɪsəʊˈkrækɪŋ] *n.* 异构裂化

isocrym [ˈaɪsəʊkraɪm] *n.* 最冷期等水温线

isocurlus [ˌaɪsəʊˈkɜːləs] *n.* 等旋涡强度线

isocyan [ˈaɪsəʊsaɪən] *n.* 异氰

isocyanate [ˌaɪsəʊˈsaɪəneɪt] *n.* 异氰酸盐〔酯〕

isocyanine [ˌaɪsəʊˈsaɪəniːn] *n.* 异花青

isocyclic [ˌaɪsəʊˈsaɪklɪk] *a.* 等节环(型)的

iso-deflection [ˌaɪsəʊdɪˈflekʃən] *n.* 等挠(度)

isodensitometer [ˌaɪsəʊdensɪˈtɒmɪtə] *n.* 等密度计

isodesmic [ˌaɪsəʊˈdezmɪk] *a.* 等链的

isodiametric [ˌaɪsədaɪəˈmetrɪk] *a.* 等直径的

isodiaphere [ˌaɪsəʊˈdaɪəfɪə] *n.* 等超额中子核素,(pl.)同差素

isodiapheric [ˌaɪsəʊdaɪəˈferɪk] *a.* 同差素的

isodiffusion [ˌaɪsəʊdɪˈfjuːʒən] *n.* 等漫射

isodimorphism [ˌaɪsəʊdaɪˈmɔːfɪzm] *n.* 同二晶(现象)

isodisperse [ˌaɪsəʊdɪsˈpɜːs] *a.* 等弥散的,单分散的

isodose [ˈaɪsəʊdəʊs] *n.* 等剂量(线)

isodoublet [ˌaɪsəʊˈdʌblɪt] *n.* 同位旋二重态

isodromic [ˌaɪsəʊˈdrɒmɪk] *a.* 等速的,同航线(飞行)

isodynam [ˌaɪsəˈdaɪnəm] *n.* 等(磁,风)力线

isodynamic [ˌaɪsədaɪˈnæmɪk] *a.*;*n.* 等(热,磁)力的,(放出)等能的

isodynamogenic [ˌaɪsəʊdaɪnæmɪˈdʒenɪk] *a.* 等力性的

isodyne [ˈaɪsədaɪn] *n.* 等力线

isoelastic [ˌaɪsəʊɪˈlæstɪk] *a.* 等弹性的

isoelectric [ˌaɪsəɪˈlektrɪk] *a.* 等电位的,零电位差的

isoelectronic [ˌaɪsəʊɪlekˈtrɒnɪk] *a.* 等电子(数)的

isoemodin [ˌaɪsəʊɪˈməʊdɪn] *n.* 异大黄素

isoenergetic(al) [ˌaɪsəʊenəˈdʒetɪk(əl)] *a.* 等能(量)的

isoentrope [ˌaɪsəˈentrəʊp] *n.* 等熵线

isoentropic [ˌaɪsəʊenˈtrɒpɪk] *a.* 等熵的

isoenzyme [ˌaɪsəʊˈenzaɪm] *n.* 同工酶

isoeugenol [ˌaɪsəʊˈjuːdʒɪnɒl] *n.* 异丁子香酚

isofamily [ˌaɪsəʊˈfæmɪlɪ] *n.* 等族

isofenchone [ˌaɪsəʊˈfenkəʊn] *n.* 异小茴香酮

isofermion [ˌaɪsəʊˈfɜːmɪən] *n.* 等费米子数

isoflavone [ˌaɪsəʊˈfleɪvəʊn] *n.* 异黄酮

isoflux [ˌaɪsəʊˈflʌks] *n.* 等通量

isoforming [ˌaɪsəʊˈfɔːmɪŋ] *n.* 异构重整

isogal [ˈaɪsəgæl] *n.* 等重力线,等伽线

isogam [ˈaɪsəgæm] *n.* 等重(力)线,等磁力线

isogamete [ˌaɪsəʊˈgæmɪt] *n.* 同形配子

isogamous [aɪˈsɒgəməs] *a.* 同形配子的

isogamy [aɪˈsɒgəmɪ] *n.* 同配生殖

isogel [ˈaɪsədʒel] *n.* 等凝胶

isogen [ˈaɪsədʒen] *n.* 等基因

isogeneic [ˌaɪsəʊdʒəˈniːk] *a.* 等基因的

isogenesis [ˌaɪsəʊˈdʒenɪsɪs], **isogeny** [aɪˈsɒdʒənɪ] *n.* 同源 ‖ **isogenous** *a.*

isogenetic [ˌaɪsəʊdʒɪˈnetɪk] *a.* 同宗的

isogenic [ˌaɪsəʊˈdʒenɪk] *a.* 等基因的

isogeopotential [ˌaɪsəʊdʒɪəʊpəˈtenʃəl] *n.* 等大地势线

isogeotherm [ˌaɪsəʊˈdʒɪəθɜːm] *n.* 等地温线

isogloss [ˈaɪsəʊglɒs] *n.* 等语线

isoglutamine [ˌaɪsəʊˈgluːtəmɪn] *n.* 异谷氨酰胺

isogon [ˈaɪsəʊgɒn] *n.* ①等(磁)偏线 ②同风向线 ③等角多角形

isogonal [ˌaɪsəʊˈgɒnəl] *a.*; *n.* 等角(的),等角线

isogonality [ˌaɪsəʊgəˈnælɪtɪ] *n.* 等角变换

isogonic [ˌaɪsəʊˈgɒnɪk] *a.*;*n.* ①等偏角的,等磁偏的,等偏角线的 ②等磁偏角线,等磁偏线

isogonism [ˌaɪsəʊˈgɒnɪzm] *n.* 等角(现象),准同型性

isogony [aɪˈsɒgənɪ] *n.* 对称发育,同速生长

isograd(e) [ˈaɪsəʊgreɪd] *n.* 等梯度线,等变度,等量线

isogradient [ˌaɪsəʊˈgreɪdɪənt] *n.* 等梯度线

isograft [ˈaɪsəgræft] *n.* 同基因(组织)移植

isogram(s) [ˈaɪsəʊgræm(z)] *n.* 等值线图

isograph [ˈaɪsəʊgrɑːf] *n.* ①等线图 ②(解微分方程用)求根仪

isography [aɪˈsɒgrəfɪ] *n.* 复制和临摹书法、手迹的艺术

isogrid [ˈaɪsəgrɪd] n. 地磁等变线

isoguanine [ˌaɪsəʊˈgwɑːniːn] n. 异鸟嘌呤

isogyre [ˈaɪsəʊdʒaɪə] n. 同消色线

isoh(a)emoagglutinin [ˌaɪsəʊheməˈgluːtɪnɪn] n. 同种红细胞凝集素

isohaline [ˌaɪsəˈheɪliːn] n. 等盐度线

isohedral [ˌaɪsəʊˈhiːdrəl] a. 等面(的)

isohel [ˈaɪsəʊhel] n. 等日照线

isohemagglutinin [ˌaɪsəʊheməˈgluːtɪnɪn] n. 同血凝素

isohemalysis [ˌaɪsəʊˈheməlɪsɪs] n. 同族溶血作用

isohion [ˌaɪsəʊˈhaɪən] n. 等雪(深)线,等雪日线

isohydric [ˌaɪsəʊˈhaɪdrɪk] a. 等氢离子的

isohyet [ˌaɪsəʊˈhaɪət] n. 等雨量线,等沉淀线

isohyetal [ˌaɪsəʊˈhaɪətəl] a. 等雨量的

isohygrotherm [ˌaɪsəʊˈhaɪgrəʊθɜːm] n. 等水温线

isohypse [ˈaɪsəhaɪps] n. 等高线

isoimmunization [ˌaɪsəʊɪmjʊnaɪˈzeɪʃən] n. 同种免疫(作用)

isoimperatonin [ˌaɪsəʊɪmpəˈrætənɪn] n. 异王草因

isoimperatorin [ˌaɪsəʊɪmpəˈrætərɪn] n. 异前胡醚

isoinhibitor [ˌaɪsəʊɪnˈhɪbɪtə] n. 同效抑制剂

isoinversion [ˌaɪsəʊɪnˈvɜːʃən] n. 等反演

isokinetin [ˌaɪsəʊˈkaɪnətɪn] n. 异激动素

isokont [ˈaɪsəkɒnt] a. 等鞭毛的

isol [ˈaɪsɒl] n. 孤点元

isolactose [ˌaɪsəˈlæktəʊs] n. 异乳糖

isolantite [ˌaɪsəʊˈlæntaɪt] n. 艾苏兰太特(陶瓷高频绝缘材料)

isolate [ˈaɪsəleɪt] ❶ vt. ①隔离,封锁,(使)孤立,使脱离,断开 ②使绝缘 ③使离析 ❷ a. 隔离(绝缘,孤立)的 ☆*isolate A from B* 使〔把〕A 与 B 分离〔隔绝〕开来

isolateral [ˌaɪsəˈlætərəl] a. 等边的,同侧的

isolation [ˌaɪsəˈleɪʃən] n. ①隔离,隔绝,孤立 ②绝缘,去耦,介质 ③离析(作用),查出(故障) ④日照率
〖用法〗注意搭配模式 "the isolation of A from B",意为 "把 A 与 B 分离〔隔绝〕开来"。如: Isolation of the oscillator from the external loading is necessary. 使振荡器与外部负载隔离开来是必要的。

isolative [ˈaɪsəleɪtɪv] a. 隔离的

isolator [ˈaɪsəleɪtə] n. 绝缘体〔物,子〕,隔离器,隔热〔隔振,隔音〕体,(微波)单向器,去耦器,整流元件

isoleucine [ˌaɪsəˈluːsiːn] n. 异白氨酸

isolinderene [ˌaɪsəˈlɪndəriːn] n. 异钓樟烯

isoline [ˈaɪsəʊlaɪn] n. 等直〔值,价,高,深,温,位〕线,【地质】等斜褶皱

isolit [ˈaɪsəlɪt] n. 绝缘胶纸板

isolite [ˈaɪsəʊlaɪt] n. 艾索莱特(一种分层电木绝缘物)

isolith [ˈaɪsəʊlɪθ] n. 隔离式单片集成电路

isologic [ˌaɪsəˈlɒdʒɪk], **isologal** [ˈaɪsəlɒgəl] a. 对望的

isologous [aɪˈsɒləgəs] a. 同构异素的,等列的,同基因的

isolog(ue) [ˈaɪsəʊlɒg] n. ①对望(变换) ②同构异素体

isolychn [ˈaɪsəlaɪkn] n. 亮度面,发光线

isomagnetic [ˌaɪsəʊmægˈnetɪk] a.;n. 等磁力的,等磁力线

isomaltose [ˌaɪsəˈmɔːltəʊs] n. 异麦芽糖

isomate [ˈaɪsəʊmɪt] n. 异构产品

isomenal [ˈaɪsəʊmenəl] n. (气温)月平均等值线

isomer [ˈaɪsəʊmə] n. (同质)异构体,同质异能素,等降水线

isomerase [aɪˈsɒməreɪs] n. 异构酶

isomeric [ˌaɪsəʊˈmerɪk] a. 同分异构的,同质异能的

isomeride [aɪˈsɒmeraɪd] n. 同分异构体

isomerism [aɪˈsɒmərɪzm] n. 同分异构(性,现象),同素异性

isomerization [aɪˌsɒmeraɪˈzeɪʃən] n. 异构化(作用)

isomeromorphism [aɪˌsɒmərəˈmɔːfɪzm] n. 同分异构同形性

isomerous [aɪˈsɒmərəs] a. 同分异构的,同质异能的

isometric [ˌaɪsəʊˈmetrɪk] a.;n. ①等轴的,立方的 ②等体积的,同尺寸的 ③等比例的,等角的,等距离的 ④等容线

isometrics [ˌaɪsəʊˈmetrɪks] n. 等容线,等体积学

isometropal [ˌaɪsəʊˈmetrəpəl] n. 等秋温线

isometropia [aɪˌsəʊmɪˈtrəʊpɪə] n. (两眼的)折光相等

isometry [aɪˈsɒmɪtrɪ] n. 等距〔轴,容〕

isomorph [ˈaɪsəʊmɔːf] n. 同形体,类质同晶型体

isomorphic [ˌaɪsəʊˈmɔːfɪk] a. 同构造的,同晶型的,同素体的,(数学集)——对应的

isomorphism [ˌaɪsəʊˈmɔːfɪzm] n. 同构(映射),同晶型性,类质同晶型(现象)

isomorphous [ˌaɪsəˈmɔːfəs] a. 同晶的,同态的,(类质)同晶型的

isomyn [ˈaɪsəʊmɪn] n. 伊索明,安非他明

isomyrtanol [ˌaɪsəʊˈmɜːtənɒl] n. 异桃金娘烷醇

isoneph [ˈaɪsənef] n. 等云量线

isoniazide [ˌaɪsəʊˈnaɪzɪd] n. 异烟肼

isonival [ˌaɪsəʊˈnaɪvəl] a. 等雪量的

isonomalis [ˌaɪsəʊˈnɒməlɪs] n. 磁力等差线

isooctane [ˌaɪsəʊˈɒkteɪn] n. 异辛烷

iso-octyl [ˌaɪsəʊˈɒktɪl] n. 异辛基

iso-olefine [ˌaɪsəʊˈɒlɪfaɪn] n. 异烯烃

isoombre [ˌaɪsəʊˈɒmbrə] n. 等蒸发线

isoorthotherm [ˌaɪsəʊˈɔːθəʊθɜːm] n. 等正温线

iso-osmotic ['aɪsəʊɒs'mɒtɪk] *a.* 等渗(透压)的

isopach ['aɪsəpæk] *n.* 等厚线

isopachite [ˌaɪsə'pækaɪt] *n.* 等厚线

isopachous [ˌaɪsəʊ'pækəs] *a.* 等厚的

isopag ['aɪsəpæg] *n.* 等冻期线

isopar ['aɪsəʊpɑː] *n.* 合成异构烷油

isoparaclase [ˌaɪsəʊ'pærəkleɪs] *n.* 岩层平面移动

isoparaffin [ˌaɪsə'pærəfɪn] *n.* 异链烷烃

isoparametric [ˌaɪsəʊpærə'metrɪk] *a.* 等参数的

isopause ['aɪsəpɔːz] *n.* 等层顶

isopentane [ˌaɪsəʊ'penteɪn] *n.* 异戊烷

isopentenylpyrophosphate [ˌaɪsəʊpentɪnɪlpaɪrəʊ'fɒsfeɪt] *n.* 异戊烯焦磷酸

isopentyl [ˌaɪsə'pentɪl] *n.* 异戊基

isoperimetric [ˌaɪsəʊperɪ'metrɪk] *a.* 等周的

isoperm ['aɪsəʊpɜːm] *n.* 等渗透率线,恒磁导率铁镍钴合金

isophane ['aɪsəfeɪn] *n.* 等物候线

isophase ['aɪsəfeɪz] *n.* 等相线

isophasm ['aɪsəfeɪzm] *n.* 变压等直线

isophonic [ˌaɪsə'fɒnɪk] *a.* 等声强的

isophorone [ˌaɪsə'fɒrəʊn] *n.* 异佛尔酮

isophote ['aɪsəfəʊt] *n.* 等照度线

isophotometer [ˌaɪsəʊfəʊ'tɒmɪtə] *n.* 等光度线记录仪

isophyllocladene [ˌaɪsəʊ'fɪləkleɪdiːn] *n.* 异扁枝烯

isopic ['aɪsəʊpɪk] *a.* 同相的

isopiestic [ˌaɪsəʊpaɪ'estɪk] *n.;a.* 等压线,等压的

isopiestics [ˌaɪsəʊpaɪ'estɪks] *n.* 等压线

isopimpinellin [ˌaɪsəʊ'pɪmpənelɪn] *n.* 异茴芹灵

isoplanar [ˌaɪsəʊ'pleɪnə] *a.* 同平面的

isoplanasic [ˌaɪsəʊplə'næsɪk] *a.* 等晕的

isoplanatic [ˌaɪsəʊplə'nætɪk] *a.* 等晕的

isoplanatism [ˌaɪsə'plænətɪzm] *n.* 等晕现象

isoplanogametes [ˌaɪsəʊplænə'gæmətiːz] *n.* 同型游动配子

isoplassont [ˌaɪsə'plæsɒnt] *n.* 同构物

isoplastic [ˌaɪsə'plæstɪk] *a.* 同种的,同基因的

isopleth ['aɪsəʊpleθ] *n.* 等值线,等浓度线

isoplethal [ˌaɪsə'pleθəl] *n.* 等值线

isoplith ['aɪsəʊplɪθ] *n.* 等长片断

isopluvial [ˌaɪsəʊ'pluːvɪəl] *a.* 等雨量的

Isopoda [ˌaɪsəpɒdə] *n.* 等足目

isopolar [ˌaɪsəʊ'pəʊlə] *n.* 等极化线

isopoll ['aɪsəʊpɒl] *n.* 等粉线

isopolymorphism [ˌaɪsəʊpɒlɪ'mɒfɪzm] *n.* 同多形现象,同质多晶型现象

isopor(e) ['aɪsəʊpɔː] *n.* 地磁等年变线

isoporic [ˌaɪsə'pɔːrɪk] *a.;n.* 等磁变的,等磁变线

isopotential [ˌaɪsəʊpə'tenʃəl] *n.* 等势线,等(电)位

isopreference [ˌaɪsəʊ'prefərəns] *n.* 等优先

isoprene ['aɪsəʊpriːn] *n.* 异戊(间)二烯

isoprenoid [ˌaɪsəʊ'prenɔɪd] *n.* 异戊间二烯化合物

isopressor ['aɪsəʊpresə] *a.* 等加压的

isopropanol [ˌaɪsə'prəʊpənɒl] *n.* 异丙醇

isopropenyl [ˌaɪsə'prɒpənɪl] *n.* 异丙烯基

isopropoxy [ˌaɪsəʊ'prɒpəksɪ] *n.* 异丙氧基

isopropyl [ˌaɪsəʊ'prəʊpɪl] *n.* 异丙基

isopropylation [ˌaɪsəprəʊpɪ'leɪʃ ən] *n.* 异丙基化(作用)

isopropylidene [ˌaɪsəʊprəʊ'pɪlədiːn] *n.* 异丙叉基

isoproterenol [ˌaɪsəʊprə'terənɒl] *n.* 异丙基肾上腺素

isopter [aɪ'sɒptə] *n.* 等翅类

isoptera [aɪ'sɒptərə] *n.* 等翅目

isopulse ['aɪsəʊpʌls] *n.;a.* 衡定脉冲(的)

isopycnal [ˌaɪsəʊ'pɪknəl], **isopycnic** [ˌaɪsəʊ'pɪknɪk] *n.* 等密(度)线〔面〕

isopyknic [ˌaɪsəʊ'pɪknɪk] *a.* 等体积的

isoquinoline [ˌaɪsə'kwɪnəlɪn] *n.* 异喹啉

isoquot ['aɪsəkwəʊt] *n.* 等比力点

isorad ['aɪsəʊræd] *n.* 等拉德线(放射性的等量线)

isoradial [ˌaɪsəʊ'reɪdjəl] *n.* 等放射线

isoriboflavin [ˌaɪsəʊrɪbəʊ'flævɪn] *n.* 异核黄素

isorotation [ˌaɪsəʊrəʊ'teɪʃ ən] *n.* 等旋光度

isorrhopic [ˌaɪsəʊ'rɒpɪk] *a.* 等价(值)的

Isosafroeugenol [ˌaɪsəʊsæfrə'juːdʒɪnəl] *n.* 异黄樟丁得油酚

isosafrole [ˌaɪsəʊ'sæfrəʊl] *n.* 异黄樟油素

isoscalar [ˌaɪsəʊ'skeɪlə] *n.* 同位旋标量

isosceles [aɪ'sɒsɪliːz] *a.* 等腰的

isoscope [ˌaɪsəʊskəʊp] *n.* 同位素探伤仪

isoseismal [ˌaɪsəʊ'saɪzməl] *a.;n.* 等震的,等震线

isoseismic [ˌaɪsəʊ'saɪzmɪk] *a.* 等震的

isoseisms [ˌaɪsəʊ'saɪzmz] *n.* 等震线

isosensitivity [ˌaɪsəʊsensɪ'tɪvɪtɪ] *n.* 等敏感度

isosepiapterin [ˌaɪsəʊsepɪəp'terɪn] *n.* 异墨喋呤

isosexual [ˌaɪsəʊ'seksjʊəl] *a.* 同性的

isoshehkangenin [ˌaɪsəʊʃɪ'kændʒɪnɪn] *n.* 异射干配质

isoshehkanin [ˌaɪsəʊʃɪ'kænɪn] *n.* 异射干英

isosinglet [ˌaɪsəʊ'sɪŋɡlɪt] *n.* 同位旋单态

isosite ['aɪsəʊsaɪt] *n.* 等震线

isosmotic [ˌaɪsɒz'mɒtɪk] *a.* 等渗压的

isosmoticity [ˌaɪsɒzmɒ'tɪsɪtɪ] *n.* 等渗(透压)

isospace ['aɪsəspeɪs] *n.* 同空间

isosphere ['aɪsəʊsfɪə] *n.* 等球体

isospin ['aɪsəʊspɪn] *n.* 同位旋

isospinor ['aɪsəʊspɪnə] *n.* 同位旋旋量

isospore ['aɪsəʊspɔː] *n.* 同形孢子

isosporous [ˌaɪsəʊ'spɔːrəs] *a.* 同形孢子的

isostasy [aɪ'sɒstəsɪ] *n.* (压力)均衡,【地质】地壳均衡

isostatic [ˌaɪsəʊ'stætɪk] *a.* (地壳)均衡的,等压的

isostatics [ˌaɪsəʊ'stætɪks] *n.* 等压线

isoster ['aɪsəstə] *n.* 等体度线

isostere ['aɪsəʊstɪə] *n.* 等密度线,同电子排列体

isosteric [,aɪsəʊ'sterɪk] ❶ *n.* 等比容线 ❷ *a.* 等体积的,电子等排的

isosterism [,aɪsəʊ'sterɪzm] *n.* 电子等配性

isostich ['aɪsəstɪk] *n.* 等长片断

isostichous [,aɪsəʊ'stɪkəs] *a.* 等列的

iso-stress ['aɪsəʊstres] *n.* 等应力

isostructural [,aɪsə'strʌktʃərəl] *a.* 同结构(的),同型的

isostructuralism [,aɪsəʊ'strʌktʃərəlɪzm] *n.* 等结构性

isostructure [,aɪsəʊ'strʌktʃə] *n.* 等结构

isosulf ['aɪsəʊsʌlf] *n.* 异构硫

iso-surface ['aɪsəʊsɜːfɪs] *a.* 等面的

isosynchronous [,aɪsəʊ'sɪnkrənəs] *a.* 等同步的

isotac ['aɪsətæk] *n.* 同时解冻线

isotachophoresis [,aɪsətækəfə'riːsɪs] *n.* 等速电泳

isotach(yl) [,aɪsəʊ'tæk(ɪl)], **isotache(n)** ['aɪsətæk(n)] *n.* 等(风)速线

isotactic [,aɪsəʊ'tæktɪk] *a.* 全同(立构)的,等规立构的

Isotacticity [,aɪsəʊ'tæktɪsɪtɪ] *n.* 全同(立构)规整度

isotalantose [,aɪsəʊ'tælən təʊs] *n.* 等年温较差线

isotaxy [,aɪsəʊ'tæksɪ] *n.* 等规聚合

isoteniscope [,aɪsɪə'tenɪskəʊp] *n.* 蒸汽(静)压力计

isothere ['aɪsəʊθɪə] *n.* 等夏温线

isotherm ['aɪsəʊθɜːm] *n.* 等温线

isothermal [,aɪsəʊ'θɜːməl] *a.;n.* 等温(线)的,等温,等温线

isothermalcy [,aɪsəʊ'θɜːməlsɪ] *n.* 等温层结稳定性

isothermic [,aɪsəʊ'θɜːmɪk] *a.* 等温的

isotime ['aɪsəʊtaɪm] *n.* 等时线

isotomeograph [,aɪsəʊ'tɒmɪəgrɑːf] *n.* 地球自转测试仪

isotone ['aɪsəʊtəʊn] *n.* ①同中子异荷素,等中子异位素 ②等渗性

isotonic [,aɪsəʊ'tɒnɪk] *a.* ①等渗的,单调递增的 ②等中子异位的 ③发相同声音的

isotonicity [,aɪsəʊtə'nɪsɪtɪ] *n.* 等张(力)性,等渗性

isotope ['aɪsəʊtəʊp] *n.* 同位素

isotope-activated ['aɪsəʊtəʊp'æktɪveɪtɪd] *a.* 被同位素激活了的

isotope-enriched ['aɪsəʊtəʊpɪn'rɪtʃt] *a.* 同位素富集的

isotopic [,aɪsəʊ'tɒpɪk] *a.* 同位素的,【数】合痕的

isotopy [aɪ'sɒtəpɪ] *n.* 同位素学,同位素性质,合伦,合痕

isotoxin [,aɪsəʊ'tɒksɪn] *n.* 同族毒素

isotrimorphism [,aɪsəʊtraɪ'mɔːfɪzəm] *n.* 三重同形(同晶型)性

isotron ['aɪsəʊtrɒn] *n.* 同位素分析器(分离器)

isotrope ['aɪsəʊtrəʊp] *n.* 均质,各向同性

isotropic(al) [,aɪsəʊ'trɒpɪk(əl)] *a.;n.* 各向同性(的),迷向(的),单折射的,均质的

isotropic-plane [,aɪsəʊ'trɒpɪkpleɪn] *n.* 迷向(极小)(平)面

isotropism [aɪ'sɒtrəpɪzəm] *n.* 各向同性(现象)

isotropous [aɪ'sɒtrəpəs] *a.* 同方向的,各向同性的,单折射的

isotropy [aɪ'sɒtrəpɪ] *n.* 各向同性(现象),单折射

isotype ['aɪsəʊtaɪp] *n.* 反映统计数字的象征性图表

isotypic(al) [,aɪsəʊ'tɪpɪk(əl)] *a.* 同型的

isovaleramide [,aɪsəʊvælə'ræmaɪd] *n.* 异戊酰胺

isovalerate [,aɪsə'veɪlərɪt] *n.* 异戊酸盐(酯,根)

isovalthine [,aɪsəʊ'vælθaɪn] *n.* 异缬硫氨酸

isovector [,aɪsəʊ'vektə] *n.* 等(同位旋)矢量

isovelocity [,aɪsəʊvɪ'lɒsɪtɪ] *n.* 等风速线

isovel(s) ['aɪsəvel] *n.* 等速线

isoviolanthrone [,aɪsəʊvaɪəʊ'lænθrəʊn] *n.* 异蒽酮紫,异宜和蓝酮,红光还原紫

isovols ['aɪsəvɒlz] *n.* 等体积线

isovolumetric [,aɪsəʊvɒlju'metrɪk] *a.* 等体积的

isowarping [,aɪsəʊ'wɔːpɪŋ] *n.* 等挠曲的

isozonide *n.* 异臭氧化物

isozyme ['aɪsəʊzaɪm] *n.* 同工(功)酶

Israel ['ɪzreɪəl] *n.* ①以色列(国) ②以色列人 ③犹太人

Israeli [ɪz'reɪlɪ] *n.;a.* ①以色列的,以色列人(的) ②犹太的,犹太人(的)

Israelitic [,ɪzrɪə'lɪtɪk], **Israelitish** [,ɪzrɪə'laɪtɪʃ] *a.* ①以色列人的 ②犹太人的

issuable ['ɪsjʊəbl] *a.* ①可争论的,可提出抗辩的 ②可发行的 ③可能产生的

issuance ['ɪsjʊəns] *n.* 发行,颁布

issue ['ɪs(j)uː] ❶ *v.* ①涌出,出来 ②发行,颁发,出版 ③导致,结果 ❷ *n.* ①流出 ②发行,出版 ③(报刊)期,号 ④问题,论点

〖用法〗注意下面例句中该词的一个常见含义:
The next <u>issue</u> to be considered is the generation of the FM signal.要考虑的下一个问题是产生调频信号。

issueless ['ɪs(j)uːlɪs] *a.* 无结果的,无可争辩的,无子女的

issuer ['ɪs(j)uːrə] *n.* 发行人

Istanbul [,ɪstæn'buːl] *n.* 伊斯坦布尔(土耳其港口)

isthmectomy [ɪsθ'mektəmɪ] *n.* 峡部切开术

isthmian ['ɪsθmɪən] *a.* 地峡的

isthmic ['ɪsθmɪk] *a.* 地峡的

isthmus ['ɪsθməs] *n.* 地峡,土腰

istle ['ɪstlɪ] *n.* 龙舌兰纤维,凤梨植物纤维

it [ɪt] *pron.* 它

〖用法〗❶ 它一般代替前面出现过的事物,但有时可以代替后面的事物,甚至代替后面的整个句子。如：When it gets hot, this metal melts easily.当这种金属受热时就容易熔化。/It can not be proved here, but the rational numbers do not take up all the positions on the line.虽然在这里不能证明,但有理数确实不能占有该线上的所有位置。/From the upper platform of the Leaning Tower, the story has it, Galileo simultaneously released two spheres, a heavy one made of iron and a lighter one made of wood.据传说,伽利略从斜塔的上面平台上同时放下了两个球,一个是重的铁质球,另一个是较轻的木质球。/Although we seldom pay attention to it, the air around us and in our lungs and ears is under a very considerable pressure.虽然我们很少注意到,但我们周围及我们肺和耳朵里的空气是处于很大压力之下的。/We would appreciate it if you would notify us of any errors or omissions that you identify in the book.如果你能告诉我们在本书中发现的任何差错或疏漏的话,我们将表示感谢。❷ 它作形式〔先行〕主语或形式〔先行〕宾语,代替后面的动词不定式或从句。如：It is necessary to have a working knowledge of computers.必须具有计算机的实用知识。/By substitution it is found that this solution satisfies the given conditions.通过代入就可发现这个解能满足所给的条件。/This makes it essential that level inputs do not change just ahead of a clock pulse.这就使得电平输入必须在时钟脉冲未到之前不改变其值。❸ 用于强调句型 "it is 〔was〕... that ..." ,一般译成 "正是,是…"；当强调what、how 等或其引导的名词从句时,一般译成 "到底,究竟"。如：It is when an object is heated that the average speed of molecules is increased.正是当物体受热时,分子的平均速度就增大了。/It is not clear yet under what conditions this method can be used.到底在什么条件下能够使用这种方法尚不清楚。❹ 它可以表示 "情况" (一般可以不译出来)。如：In this case, it must be that R = r.在这种情况下,必定是 R = r。/It may be that a lot of what follows in this chapter will be familiar to a number of readers.很可能本章下面的许多内容对一些读者来说是熟悉的。/Use of a global variable in a program often indicates that the structure is not quite clean. So it is here.在程序中使用一个全程变量往往表明结构并不是十分干净的。而这里就是如此。

itacolumite [ˌɪtəˈkɒljuːmaɪt] n. 可弯砂岩

itai-itai [ˈiːtaɪˈiːtaɪ] n. 镉中毒

Italian [ɪˈtæljən] a.;n. 意大利(人,语)的,意大利人〔语〕

italic [ɪˈtælɪk] a.; n. 斜体的 (pl.)斜体字

italicize, italicise [ɪˈtælɪsaɪz] vt. 用斜体字印刷

Italy [ˈɪtəlɪ] n. 意大利

itch [ɪtʃ] n.; v. ①痒 ②疥癣 ③渴望(for) ‖ ~ing a.

item [ˈaɪtəm] ❶ n. ①条目,项目,一条新闻 ②物品,信息单位 ③作业,操作 ❷ ad. 同上,又

itemize [ˈaɪtəmaɪz] vt. 逐条列举,分类〔条,项〕

iteral [ˈaɪtərəl] a. 导管的,通路的

Iterance [ˈɪtərəns], **iterancy** [ˈɪtərənsɪ] n. 重复,反复地说

iterate [ˈɪtəreɪt] vt. ①重复,反复(地说) ②迭代

iteration [ˌɪtəˈreɪʃən] n. ①反复,重述,反复地讲 ②迭代(法),逐步逼近法

iterative [ˈɪtərətɪv] a. 反复的,迭代的

iteroparity [ˌɪtərəˈpærɪtɪ] n. 重生

iteroparous [ˌɪtərəˈpærəs] a. 重生的

itinera(n)cy [ɪˈtɪnərə(n)sɪ] n. 巡回

itinerant [ɪˈtɪnərənt] a.; n. 巡回的〔者〕

itinerary [aɪˈtɪnərərɪ] n.; a. 旅行(计划,指南),航海日程表,旅行(途中)的

itinerate [ɪˈtɪnəreɪt] vi. 巡回 ‖ **itineration** n.

its [ɪts] pron. (it 的所有格)它的,其

〖用法〗❶ 它可以代替前面的主语。如：Because of its capacity to handle large volumes of data in a very short time, a computer may be the only means of resolving problems when time is limited.由于计算机能够在很短的时间内处理大量的数据,所以在时间有限的情况下计算机也许是解题的唯一工具。❷ 它与被修饰的词之间可以存在 "主表关系、主谓关系和动宾关系",要注意其用法。如：Because of its simplicity, the circuit is widely used in power supplies.由于该电路结构简单,所以它广泛地用在电源中。(主表关系,its simplicity 等同于 it is simple。)/It is estimated that during 5 billion years of its existence, the core of our sun has used about half of its original supply of hydrogen.据估计,在其存在的 50 亿年期间,太阳核已用去了大约它原来储存的一半的氢。(主谓关系,its existence 等同于 it exists。)/Many scientists have worked at the theory of magnetism since its discovery.自从发现了磁以来,许多科学家一直在研究磁的理论。(动宾关系或被动的主谓关系,its discovery 等同于 man discovered it 或 it was discovered。)

itself [ɪtˈself] pron. 它本身

ivernite [ˈɪvənaɪt] n. 二长斑岩

ivied [ˈaɪvɪd] a. 长满了常春藤的

ivory [ˈaɪvərɪ] ❶ n. ①象牙 ②(pl.)象牙制品 ③象牙色 ④厚光纸 ❷ a. ①象牙制成的,似象牙的 ②象牙色的

ivy [ˈaɪvɪ] ❶ n. ①常春藤 ②(美国东北部的)名牌大学 ❷ a. ①学院的,学究式的 ②纯理论的,无实用意义的

ixodynamics [ˌɪksəʊdaɪˈnæmɪks] n. 黏滞动力学

ixolyte [ˈɪksəlaɪt] n. 红蜡石

ixometer [ɪkˈsɒmɪtə] n. 油compliance流度计

Izmir [ɪzˈmɪə] n. 伊兹密尔(土耳其港口)

izod [ˈɪzəd] a. 悬臂式的

izzard [ˈɪzəd] n. 字母 z ☆**from A to Izzard** 从头至尾,彻底地

J j

jab [dʒæb] ❶ (jabbed; jabbing) v. 戳;猛击;刺 ❷ n. 猛戳,猛刺(进)(into),猛碰

jacinth ['dʒæsɪnθ] n. ①红锆石 ②橘红色

jack [dʒæk] ❶ n. ①千斤顶,倒链 ②支撑物 ③手持风锤 ④传动装置 ⑤动力油缸 ⑥簧片结点 ⑦塞孔 ⑧男子,伐木工人 ❷ vt. ①(用千斤顶)顶起 ②增加,提高(up)

jackal ['dʒækɔ:l] n. ①飞机所带干扰敌人无线电通信设备 ②走狗 ③骗子

jackass ['dʒækæs] n. 锚链孔塞;公驴;愚蠢的人

jackbit ['dʒækbɪt] n. 【机】钻头

jackdaw ['dʒækdɔ:] n. 白头翁科的鸟

jackengine ['dʒækendʒɪn] n. 辅助发动机,小型蒸汽机

jacket ['dʒækɪt] ❶ n. ①外套,套管,壳,(保护)罩,蒙皮 ②铸坑 ③(书籍)护封 ④短上衣,夹克 ❷ vt. ①给…装套,用壳(外套)遮盖 ②穿上短上衣

jacketing ['dʒækɪtɪŋ] n. 蒙套,包壳,封装,套式冷却〔加温〕

jackfield ['dʒækfi:ld] n. 插孔板

jack(-)knife ['dʒæknaɪf] ❶ n. 大折刀 ❷ vt. 用大折刀切(戳)

jack-ladder ['dʒæklædə] n. 索梯,木踏板绳梯

jacklamp ['dʒæklæmp] n. 安全灯

jack-leg ['dʒækleg] a.; n. ①外行的(人) ②轻型钻架 ③权宜之计(的)

jacklift ['dʒæklɪft] n. 【机】起重托架

jacklight ['dʒæklaɪt] n. 簧灯,安全灯,诱鱼灯

jacknut ['dʒæknʌt] n. 起重螺帽

jack-plane ['dʒækpleɪn] n. 粗刨,台车

jack-post ['dʒækpəʊst] n. 轴柱

jack(-)screw ['dʒækskru:] n. 螺旋千斤顶,起重螺旋

jackshaft ['dʒækʃɑ:ft] n. ①中间轴,半轴,副轴 ②暗井

jackstay ['dʒæksteɪ] n. ①撑杆 ②(汽艇)分隔索

jacobsite ['dʒækəbsaɪt] n. 锰尖晶石

jacoline ['dʒækəli:n] n. 夹可灵(生物碱)

jaconet ['dʒækənɪt] n. 白色薄棉布,细薄防水布

jactation [dʒæk'teɪʃən] n. 夸张

jacupirangite [,dʒækjʊpɪ'ræŋgaɪt] n. 钛铁霞辉岩

jade [dʒeɪd] ❶ n. (碧)玉,翡翠,绿玉色 ❷ a. 玉制的,绿玉色的

jadeite ['dʒeɪdaɪt] n. 翡翠,硬玉

jaff [dʒæf] n. 复式干扰

jag [dʒæg] ❶ n. V 字形凹口,尖锐的〔锯齿状〕突出物;传真失真,峻峭 ❷ vt. 使成锯齿状,刻上 V 形缺口

Jakarta [dʒə'kɑ:tə] n. 雅加达(印度尼西亚首都)

jalousie ['ʒælu:zi:] n. 百叶窗,遮窗

Jalten ['dʒæltən] n. 锰铜低合金钢

jam [dʒæm] ❶ (jammed;jamming) v.压紧,紧夹,(使)挤住,楔进,堵塞,开不动,障碍 ❷ n. ①(人为)干扰,扰乱,抑制 ②果酱

Jamaica [dʒə'meɪkə] n. 牙买加

Jamaican [dʒə'meɪkən] a.; n. 牙买加(的),牙买加人(的)

jamb [dʒæm] n. ①矿柱,矿脉中的土石层 ②(门窗)侧壁,侧柱,(pl.)炉壁撑条

jambo ['dʒæmbəʊ] n. 凿岩机,钻车

jambosine ['dʒæmbəʊsɪn] n. 【化】蒲桃碱

jambulol ['dʒæmbʊlɒl] n.【化】蒲桃酸

jammer ['dʒæmə] n. ①干扰台 ②U 型钢丝芯撑

jamming ['dʒæmɪŋ] n. ①堵塞,卡住,紧夹 ②干扰,抑制,干扰噪声

jam-packed [dʒæm'pækt] a. 塞得紧紧的

jamproof ['dʒæmpru:f] n.【电子】抗〔防〕干扰的

jams [dʒæmz] n. 短裤睡衣

janet ['dʒænɪt] n. 卫星散射通信设备

jangle ['dʒæŋgl] v.;n. 刺耳地发出,(发出)刺耳声

janitor ['dʒænɪtə] n. ①看门人 ②照管房屋的工友

janty ['dʒæntɪ] n. 挂旗的船

January ['dʒænjʊərɪ] n. 一月

japaconitine [,dʒəpəkə'naɪtɪn] n.【化】日乌头碱

Japan [dʒə'pæn] n. 日本

japan [dʒə'pæn] ❶ n.;a. ①(涂了)日本漆(的),日本漆器(的) ②日本瓷器 ❷ vt. 涂漆黑,涂以假漆

Japanese [,dʒæpə'ni:z] a.;n. 日本人(的),日本(语)的

japanner [dʒə'pænə] n. (油)漆工

Japlish ['dʒæplɪʃ] n. 日本式英语

jar [dʒɑ:] ❶ n. ①大口瓶,罐,缸 ②电瓶 ③加尔(电容单位) ④震动,冲击 ⑤(刺耳的)杂音 ⑥不调和 ❷ v. ①(使)(突然)震撼 ②刺激(on, upon) ③发出刺耳声 ④冲突,与…不调和(with)

jargan ['dʒɑ:gən] n.【矿】黄锆石

jargon ['dʒɑ:gən] n. ①难懂的话 ②(本专业的)行

话

jarosite ['dʒærəsaɪt] *n.* 【化】黄钾铁矾

jarovization [ˌdʒɑːrəvaɪˈzeɪʃən] *n.* 春化处理

jar-proof ['dʒɑːpruːf] *a.* 防震的

jarring ['dʒɑːrɪŋ] *n.*; *a.* ①炸裂声,震声 ②颤动 ③不调和(的),冲突,刺耳的

jasminal ['dʒæzmɪnəl] *n.* 【植】茉莉醛

jasmin(e) ['dʒæsmɪn] *n.* 淡黄色,茉莉

jasmone ['dʒæzməʊn] *n.* 【植】茉莉酮

jasper ['dʒæspə] *n.* 墨绿色,碧玉

jaundice ['dʒɔːndɪs] *n.* 偏见;黄疸

Java ['dʒɑːvə] *n.* (印尼) 爪哇(岛)

javanicin ['dʒævɪˈnɪsɪn] *n.*【化】爪哇镰菌素

javelin ['dʒæv(ə)lɪn] *n.* 标枪

javellization [ˌdʒæv(ə)laɪˈzeɪʃən] *n.* 消毒净水(法)

jaw [dʒɔː] *n.* ①颌,上(下)颚,(碎矿机)齿板,(上,下)钳口 ②虎钳牙,钳子,夹紧装置 ③凸轮 ④滑块 ⑤销,键 ⑥游标 ⑦量爪

jawbone ['dʒɔːbəʊn] *n.* 牙床骨

jayrator [dʒeɪˈrætə] *n.* 移相段

jay-walk ['dʒeɪwɔːk] *vi.* 违章穿越街道

jazz [dʒæz] *n.* 爵士音乐;废话

jealous ['dʒeləs] *a.* ①注意的,戒备的 ②妒忌的,猜疑的

jean [dʒiːn] *n.* (pl.)工作裤,(细)斜纹布

jecorin ['dʒekərɪn] *n.*【生】肝糖磷脂

jeep [dʒiːp] ❶ *n.* ①一种小型侦察联络飞机 ②吉普车,小型越野汽车 ③小型航空母舰 ④有线电视系统 ❷ *vt.* 用吉普车运输

jeer [dʒɪə] *n.*;*v.* 嘲笑,戏弄

jeerer ['dʒɪərə] *n.* 嘲笑者

jefferisite [dʒeˈfərɪsaɪt] *n.*【矿】水蛭石

jejune [dʒɪˈdʒuːn] *a.* ①不成熟的 ②枯燥无味的,空洞的 ‖ **~ly** *ad.* **~ness** *n.*

jell [dʒel] *v.* ①(使)定形,变明确 ②胶凝,冻胶,(使)凝固

jellet [dʒeˈleɪ] *n.* 耶雷(半荫)棱镜

jellied ['dʒelɪd] *a.* 外涂胶状物的,成胶状的

Jellif ['dʒelɪf] *n.* 镍铬电阻合金

jellification [ˌdʒelɪfɪˈkeɪʃən] *n.* 胶凝

jellify ['dʒelɪfaɪ] *v.* (使)成胶状

jelly ['dʒelɪ] ❶ *n.* (透明)冻胶,糊状物,浆,果子酱 ❷ *v.* (使)成胶质,凝〔冻〕结

jellyfish ['dʒelɪfɪʃ] *n.* 海蜇;海面浮标(应答器)

jellyfishing ['dʒelɪfɪʃɪŋ] *n.* (电视显示图像中出现)"水母"状

jellygraph ['dʒelɪɡrɑːf] *n.* 胶版

jelutong ['dʒeləʊtɒŋ] *n.* 明胶

jemmy ['dʒemɪ] *n.* 短撬棍

Jena ['jeɪnə] *n.* 耶拿(德国城市)

jennet ['dʒenɪt] *n.* 母驴

jenite ['dʒenaɪt] *n.*【矿】黑柱石

jenny ['dʒenɪ] *n.* ①纺纱机 ②(移动)起重机,卷扬机

jeopardize, jeopardise ['dʒepədaɪz] *vt.* 使受危害,危及

jeopardy ['dʒepədɪ] *n.* 危难

jequirity [dʒɪˈkwɪrətɪ] *n.*【植】红豆

jerk [dʒɜːk] *n.*; *v.* 急拉,猛拉(撞,停,抬),跳动,冲击,颠簸地行进

jerky ['dʒɜːkɪ] *a.* 颠簸的,急动的 ‖ **jerkily** *ad.* **jerkiness** *n.*

jerrican ['dʒerɪkæn] *n.* 金属制液体容器

jerry ['dʒerɪ] *a.* 草率了事的,权宜之计的

jerrybuild ['dʒerɪbɪld] *vt.* 偷工减料地建造

jervine ['dʒɜːvɪn] *n.*【化】蒜藜芦碱

jest [dʒest] ❶ *n.* 笑柄,笑话 ❷ *vi.* 嘲弄(at),说笑话

jet [dʒet] ❶ *n.* ①(喷)射流,水舌 ②喷出 ③喷气发动机,喷气式飞机 ④管,筒 ⑤实验段气流,黑色大理石,漆黑,要点 ❷ *v.* ①喷出,射出 ②乘喷气式飞机 ③喷射钻井 ❸ *a.* ①喷气式推进的 ②黑色大理石制的,乌黑发亮的

jetavator ['dʒetəveɪtə] *n.* 射流偏转舵

jet-black ['dʒetblæk] *a.* 漆黑的,煤玉似的

jetblower ['dʒetbləʊə] *n.* 喷射送风机

jetboat ['dʒetbəʊt] *n.* 喷气快艇

jetburner ['dʒetbɜːnə] *n.* 喷射口

jetcrete ['dʒetkriːt] *n.* 喷浆混凝土

jet-drive ['dʒetdraɪv] *n.* 喷气推动

jetevator ['dʒetəveɪtə] *n.* 导流片,喷气流偏转器

jetliner ['dʒetlaɪnə] *n.* 喷气式客机

jetmizer ['dʒetmaɪzə] *n.* 鼻用喷雾器

jetport ['dʒetpɔːt] *n.* 喷气式飞机机场

jet-powered ['dʒetpaʊəd] *a.* 喷气动力的

jet-propelled ['dʒetprəˈpeld] *a.* 疾驰的,喷气推进的

jet-propeller ['dʒetprəˈpelə] *n.* 喷气式推进

jetsam ['dʒetsəm] *n.* ①沉锤 ②被抛弃的东西 ③(船遇难时的,漂到岸上的)投弃货物船的装备

jetstream ['dʒetstriːm] *n.* 喷射水流

jetter ['dʒetə] *n.* 喷洗器

jetting ['dʒetɪŋ] *n.* ①水力沉桩法,射流洗井,水力钻井 ②喷射

jettison ['dʒetɪsən] *n.*; *vt.* 分出,放出,投掷

jettisonable ['dʒetɪsənəbl] *a.* 可投弃的

jetton ['dʒetən] *n.* (赌博时的)筹码

jetty ['dʒetɪ] ❶ *n.* ①建筑物的突出部分 ②突码头,栈桥 ❷ *vi.* 伸出 ❸ *a.* 乌黑发亮的

Jew [dʒuː] *n.* 犹太人;小贩,奸商

jewel ['dʒuːəl] ❶ *n.* ①宝石轴承 ②宝石,贵重的人或物 ❷ *vt.* 嵌以宝石

jewel(l)er ['dʒuːələ] *n.* ①宝石工人 ②珠宝商

jewel(l)ery, jewelry ['dʒuːəl(ə)rɪ] *n.* 珍宝,珠宝玉石工艺品

Jewish ['dʒuːɪʃ] *a.* 犹太人(似)的

Jewry ['dʒʊərɪ] *n.* 犹太民族,犹太人

jew-stone ['dʒuːstəʊn] *n.*【矿】白铁矿

jib [dʒɪb] ❶ *n.* ①臂,吊杆,支架 ②榫 ③镶条,夹具

④(截煤机)截盘 ❷ *vi.* 改变方向

jibber ['dʒɪbə] *n.* 不向前走的马,踌躇不前的人

jibcrane ['dʒɪbkreɪn] *n.* 转臂式起重机

jig [dʒɪg] ❶ *n.* ①夹具,定位模具,机架,托梁,焊接平台 ②钻模,样板,规尺 ③筛选机,跳汰选矿法 ④一串衰减波 ⑤诱饵 ❷ *v.* ①颠簸,快跳动 ②筛矿,跳汰,分类 ③用夹具加工

jig-adjusted ['dʒɪgədʒʌstɪd] *a.* 粗调的

jigger ['dʒɪgə] *n.* ①筛矿器,淘汰筛 ②辘轳,盘车机 ③(制陶器用的)车床台,染布机 ④筛矿者 ⑤高周率变压器,耦合器

jigging ['dʒɪgɪŋ] *n.* 上下簸动,簸选

jiggle ['dʒɪgl] *v.;n.* 轻轻摇晃

jiggly ['dʒɪglɪ] *a.* 摇晃的

jig-mill ['dʒɪgmɪl] *n.* 仿形铣床

jigsaw ['dʒɪgsɔː] ❶ *n.* 锯曲线机,钢丝机,七巧板 ❷ *vt.* 使互相交错搭接,用锯曲线机锯(成)

jimmy ['dʒɪmɪ] ❶ *n.* 煤车,铁撬棍 ❷ *vt.* (用短撬棍)撬

jingle ['dʒɪŋgl] *n.;vt.* 小铃,叮当声

jingo ['dʒɪŋgəʊ] *n.* 侵略主义者

jiningite ['dʒɪnɪŋgaɪt] *n.* 【矿】褐铀钍矿

jitney ['dʒɪtnɪ] *n.* 小公共汽车,五分(镍币)

jitter ['dʒɪtə] *n.;v.* ①颤抖,神经过敏 ②不稳定性,偏差 ③疏散,破碎 ④振动,传真接收图像的不稳定移动

jitterbug ['dʒɪtəbʌg] *n.* 图像跳动

job [dʒɒb] ❶ *n.* ①工作,任务 ②加工件,零件,零工 ③作用 ❷ *v.* ①做临时工,打杂 ②承包,(临时)雇用 ❸ *a.* 包工的,临时雇用的;大宗的
〖用法〗注意下面例句的含义及汉译法: One of these low-energy thermal neutrons will soon enter the uranium and cause the fission of a U²³⁵ nucleus, <u>a job at which thermal neutrons are particularly effective</u>. 这些低能 "热" 中子之一不久会进入铀之中,从而引起 U²³⁵ 原子核的裂变,这一工作对热中子来说是特别擅长的。(逗号后的那部分是前面句子的同位语。)

jobber ['dʒɒbə] *n.* ①假公济私的人 ②批发商,股票经纪人 ③临时工

jobbery ['dʒɒbərɪ] *n.* 假公济私,营私舞弊,官商勾结,渎职行为

jobbing ['dʒɒbɪŋ] *a.* 包工的,做零活的

job-cured ['dʒɒbkjʊəd] *a.* 现场养护的

jobholder ['dʒɒb,həʊldə] *n.* 从业人员,公务员;有固定工作者

jobless ['dʒɒblɪs] *a.* 失业的

job-lot ['dʒɒblɒt] *n.* 杂乱的一堆

job-mix(ed) ['dʒɒbmɪkst] *a.* 现场拌制(的)

jobsite ['dʒɒb,saɪt] *n.* 工作地点

job-work ['dʒɒbwɜːk] *n.* 散工,包工

jockey ['dʒɒkɪ] ❶ *n.* 导轮;驾驶员;膜片;(机器等的)操作者;奸商,骗子 ❷ *v.* 操作,驾驶;欺诈

jocko ['dʒɒkəʊ] *n.* 黑猩猩

jocose [dʒəˈkəʊs] *a.* 开玩笑的 ‖ ~**ly** *ad.* ~**ness**

或 **jocosity** *n.*

jocular ['dʒɒkjʊlə] *a.* 幽默的 ‖ ~**ity** *n.* ~**ly** *ad.*

jog [dʒɒg] ❶ (jogged; jogging) *v.* ❷ *n.* 轻推,微动,接合;拖拉;逐渐进展(on, along);唤起;凸出,凹入(凸出)部;突然转向;割阶

jogged [dʒɒgɪd] *a.* 拼合的

jogging ['dʒɒgɪŋ] *n.* 电动机的频繁反复启动,冲动状态,轻摇,渐动,慢跑

joggle ['dʒɒgl] *v.;n.* ①啮合 ②偏拉梗 ③摇动,抖动 ④折曲,下陷

johannite [dʒəʊˈhænaɪt] *n.* 【矿】铀铜矾

johnstrupite [dʒɒnstrəpaɪt] *n.* 【矿】氟硅铈矿

join [dʒɔɪn] *v.;n.* ①连接,联合,粘连 ②参加,加入

joinder ['dʒɔɪndə] *n.* 结合,连接;联合诉讼

joiner ['dʒɔɪnə] *n.* ①细木工 ②联络员 ③接合物

joinery ['dʒɔɪnərɪ] *n.* 细木工(车间,制品)

joining ['dʒɔɪnɪŋ] *n.* 接合,并接,结合

joining-up ['dʒɔɪnɪŋʌp] *n.* 咬合,连接

joint [dʒɔɪnt] ❶ *n.;v.* ①接合,连接 ②接合点,接缝,折合线,黏结处,铰链,榫,关节 ③(桁架)结点 ④节理 ❷ *a.* 连接的,联合的,共同的,合办的

jointbar ['dʒɔɪntbaː] *n.* 鱼尾板

jointbox ['dʒɔɪntbɒks] *n.* 接线盒

joint-chair ['dʒɔɪnttʃeə] *n.* 接座

joint-cutting [dʒɔɪntˈkʌtɪŋ] *n.;a.* 切缝(的)

jointed ['dʒɔɪntɪd] *a.* 连接的,有节的

jointer ['dʒɔɪntə] *n.* ①管子工人 ②接合器,连接工具,涂缝镘 ③刨

joint-evil ['dʒɔɪntiːvl] *n.* 关节病

joint-forming ['dʒɔɪntˈfɔːmɪŋ] *n.* 接缝成形

jointing ['dʒɔɪntɪŋ] *n.* 连接,填缝,接合,封泥,垫片

jointing-rule ['dʒɔɪntɪŋruːl] *n.* 【机】接榫规

jointless ['dʒɔɪntlɪs] *a.* 无接头的,无接缝的

jointly ['dʒɔɪntlɪ] *ad.* 联合地,连接地
〖用法〗注意下面例句中该词的含义: In this case, its in-phase component and quadrature component are <u>jointly</u> stationary. 在这种情况下,它的同相分量和正交分量均为静止的。

joint-stock ['dʒɔɪntstɒk] *a.* 合股的

joint-stool ['dʒɔɪntstuːl] *n.* 折叠椅子

jointure ['dʒɔɪntʃə] *n.* 接合(处),连接

joist [dʒɔɪst] ❶ *n.* 工字梁,工字钢,桁条 ❷ *vt.* 给…架搁栅,给…安装托梁

joke [dʒəʊk] *n.;v.* ①笑柄,笑料 ②(说)笑话,(开)玩笑 ③空话

jollify [dʒɒlɪfaɪ] ❶ *vt.* 使欢乐 ❷ *vi.* 寻欢

jolly ['dʒɒlɪ] ❶ *a.* (令人)愉快的 ❷ *ad.* 非常

Jolly ['dʒɒlɪ] *n.* 【机】耐火砖成形机

Jolmo Lungma ['dʒɒlməʊ'lʊŋmə] *n.* 珠穆朗玛峰(现译 Qomolangma Feng)

jolt [dʒəʊlt] *n.;v.* ①颠簸,摇动 ②震惊,严重的挫折

jolter ['dʒəʊltə] *n.* 【机】震筑器

jolt-packed [dʒəʊlt'pækt] *a.* 震实的

jolt-packing [dʒəʊlt'pækɪŋ] *n.* 震动填料

jolt-squeeze [dʒəʊlt'skwiːz] *n.* 震压

jolty [ˈdʒəʊltɪ] *a.* 颠簸的,振摇的

Jordan [ˈdʒɔːdn] *n.* 约旦

jordan [ˈdʒɔːdn] *n.*【机】低速磨浆机,锥形精磨机

Jordanian [dʒɔːˈdeɪnɪən] *a.* 约旦的

jordanite [ˈdʒɔːdənaɪt] *n.*【矿】碲硫砷铅矿

joseite [dʒəˈʒeɪaɪt] *n.*【矿】硫碲铋矿

jostle [ˈdʒɒsl] *v.;n.* ①拥挤,冲撞(against, with) ②(与…)竞争

jot [dʒɒt] ❶ *vt.* 匆匆地记下(down) ❷ *n.* 一点(儿),少许

jotter [ˈdʒɒtə] *n.* 便签簿

jotting(s) [ˈdʒɒtɪŋ(z)] *n.* 匆匆记下的东西

joule [dʒuːl] *n.* 焦耳

〖用法〗它表示单位时其前面要用定冠词。如:
The unit of work is the joule. 功的单位是焦耳。

joulemeter [ˈdʒuːlmiːtə] *n.* 焦耳计

jounce [dʒaʊns] *v.; n.* (使)摇动,(使)震动

journal [ˈdʒɜːnl] *n.* ①轴颈,枢轴,支耳 ②杂志,学报 ③(航海)日记,记录 ④流水账

journalese [ˌdʒɜːnəˈliːz] *n.* 新闻文体

journalism [ˈdʒɜːnəlɪzəm] *n.* 新闻工作,新闻业〔学〕

journalist [ˈdʒɜːnəlɪst] *n.* 新闻记者,报纸〔杂志〕编辑

journalistic [dʒɜːnəˈlɪstɪk] *a.* 报刊的,新闻工作(者)的 ‖ **~ally** *ad.*

journalize [ˈdʒɜːnəlaɪz] *v.* ①记入分类账 ②从事新闻〔杂志〕工作

journey [ˈdʒɜːnɪ] *n.; v.* ①(长途)旅行 ②旅程

journey(-)man [ˈdʒɜːnɪmən] *n.* ①熟练工人 ②短工

journey(-)work [ˈdʒɜːnɪwɜːk] *n.* 临时工

Jovial [ˈdʒəʊvɪəl] *a.* 木星的

joy [dʒɔɪ] *n.; v.* 高兴(的事),喜悦

joyful [ˈdʒɔɪful], **joyous** [ˈdʒɔɪəs] *a.* 欢乐的,兴高采烈的

joyless [ˈdʒɔɪlɪs] *a.* 不高兴的,悲哀的 ‖ **~ly** *ad.* **~ness** *n.*

joystick [ˈdʒɔɪstɪk] *n.* 远距离操纵手柄,驾驶盘,操纵杆

jubilant [ˈdʒuːbɪlənt] *a.* 兴高采烈的,喜气洋洋的

jubilee [ˈdʒuːbɪliː] *n.* ①佳节,喜庆 ②(二十五或五十周年)纪念

Judas [ˈdʒuːdəs] *n.* 叛徒,犹大

judder [ˈdʒʌdə] *n.;v.* ①(发出)强烈振动(声),震颤(声) ②声音的突然变化

judge [dʒʌdʒ] ❶ *n.* ①裁判(员),法官 ②审查员,鉴定人 ❷ *v.* 裁判,鉴定,审判 ③断定,下结论

judg(e)matic(al) [dʒʌdʒˈmætɪk(əl)] *a.* 善于识别的,明智的

judg(e)ment [ˈdʒʌdʒmənt] *n.* ①判断(力),断定,判决,审查 ②意见 ③指责

judicial [dʒuːˈdɪʃəl] *a.* ①司法的,法院的,判决的 ②考虑周密的,批判(性)的

judiciary [dʒuːˈdɪʃɪərɪ] *a.;n.* 法官(的),法院的,司法〔部〕的

judicious [dʒuːˈdɪʃəs] *a.* ①有见识的,明智的 ②审慎的 ‖ **~ly** *ad.* **~ness** *n.*

jug [dʒʌg] *n.* (带柄)水罐,地震检波器

jugal [ˈdʒuːgəl] *a.* 颊部的

jugate [ˈdʒuːgeɪt] *a.* 成对出现的,并排的,扣结的

jugful [ˈdʒʌgful] *n.* 满壶,许多

juggle [ˈdʒʌgl] *v.; n.* ①变戏法 ②巧妙处理 ③歪曲 ④捏造,欺骗

juggler [ˈdʒʌglə] *n.* ①变戏法者 ②骗子

jugglery [ˈdʒʌglərɪ] *n.* 魔术;欺骗

jug-handled [ˈdʒʌgˌhændld] *a.* 不匀称的,片面的

juglans [ˈdʒuːglænz] *n.* 胡桃,胡桃皮

jugladin [dʒuːgˈlændɪn] *n.*【生】胡桃定

juglanin [dʒuːgˈlænɪn] *n.*【生】胡桃宁

juglasin [ˌdʒuːgleɪˈsɪn] *n.*【生】核桃球蛋白

juglone [dʒuːgˈləʊn] *n.*【生】胡桃醌

jugular [ˈdʒʌgjulə] *a.* 颈部的,割喉管似的

jugulate [ˈdʒʌgjuleɪt] *vt.* 扼杀,割喉

juice [dʒuːs] *n.* ①汁 ②液体燃料,硝化甘油 ③高利贷

juicy [ˈdʒuːsɪ] *a.* ①多汁的 ②多雨的 ③富于色彩的

jujitsu [dʒuːˈdʒɪtsuː] *n.* 柔道

juke(-)box [ˈdʒuːkbɒks] *n.* 投币式自动电唱机

July [dʒuːˈlaɪ] *n.* 七月

jumble [ˈdʒʌmbl] *v.;n.* 混合(物),掺杂(物),混杂,一团糟

jumbly [ˈdʒʌmblɪ] *a.* 混乱的,乱七八糟的

jumbo [ˈdʒʌmbəʊ] ❶ *n.* ①庞然大物,体大(而笨拙)的东西,大型喷气式客机 ②显赫的人 ③隧道盾构 ❷ *a.* 庞大的

jump [dʒʌmp] *v.;n.* ①跳,越过 ②跳变,跃迁〔变〕,猛增 ③跳线,出轨 ④一跳的距离,阶差,第一类间断点 ⑤矿脉的断层

jumper [ˈdʒʌmpə] *n.* ①跳线,搭接片,跃障器 ②长钻,(上下)跳动钻,桩锤,冲击钻杆 ③棘爪,掣子 ④跳跃者

jumping [ˈdʒʌmpɪŋ] *n.; a.* 跃变,跳跃(的)

jump-off [ˈdʒʌmpɒf] *n.* 开始,垂直起飞

jumpy [ˈdʒʌmpɪ] *a.* ①跳跃性的,急剧变化的 ②激动的,神经质的,痉挛的

junction [ˈdʒʌŋkʃən] *n.* ①接合,跨越,联结 ②接合处,接(合)点,连接点,(半导体)结 ③(道路)交叉(口),道路枢纽,河流汇合处

〖用法〗表示"在…结合处"时,其前面用介词"at"。

junctor [ˈdʒʌŋktə] *n.* 联络线(机)

juncture [ˈdʒʌŋktʃə] *n.* ①连接,接头,接合处,交界处 ②时机,关键 ☆**at this juncture** 在这个时候〔当口〕

June [dʒuːn] *n.* 六月

jungle [ˈdʒʌŋgl] *n.* ①丛林(地带) ②稠密的居住区 ③错综复杂难以解决的事 ④弱肉强食的社会关系

J

jungly [ˈdʒʌŋɡlɪ] *a.* (似)丛林的

junior [ˈdʒuːnjə] ❶ *a.* ①年少的 ②初级的,低年级的 ③新出现的 ❷ *n.* ①年少者,下级 ②(美国四年制大学)三年级生,(三年制大学)二年级生

juniperin [ˈdʒuːnɪpərɪn] *n.*【生】刺柏苦素

junk [dʒʌŋk] ❶ *n.* ①大块,碎片,圆木 ②废料(堆),麻丝 ③旧汽车 ④假货 ⑤无意义信号,无用的书 ⑥帆船,舢板 ❷ *vt.* 丢弃,当作废物

junk-bottle [ˈdʒʌŋkbɒtl] *n.* 黑色厚玻璃瓶

Juno [ˈdʒuːnəʊ] *n.* 朱诺(美国的一种卫星运载火箭)

Jupiter [ˈdʒuːpɪtə] *n.* ①木星 ②丘庇特(美国地对地中程导弹) ③弧光灯

Jurassic [dʒʊˈræsɪk] *n.;a.* 侏罗纪(的),侏罗系(的)

juratory [ˈdʒʊərətərɪ] *a.* 宣誓的

juridic(al) [ˌdʒʊəˈrɪdɪk(əl)] *a.* 司法(上)的,审判(上)的

jurisdiction [ˌdʒʊərɪsˈdɪkʃən] *n.* ①权限,管辖权 ②管辖区域

jurisdictional [ˌdʒʊərɪsˈdɪkʃənl] *a.* 管辖的,司法(权)的

jurisprudence [ˌdʒʊərɪsˈpruːdəns] *n.* 法(理)学

jurist [ˈdʒʊərɪst] *n.* 法律学者,法官,律师

juristic(al) [dʒʊəˈrɪstɪk(əl)] *a.* 法律的 ‖ **~ally** *ad.*

jury [ˈdʒʊərɪ] ❶ *a.* 应急的,备用的 ❷ *n.* 陪审委员会,审查员

juryman [ˈdʒʊərɪmən] *n.* 陪审员

jury-mast [ˈdʒʊərɪˌmɑːst] *n.*【船】应急桅杆

juryrigged [ˈdʒʊərɪˌrɪgd] *a.* 暂时的,临时配备的

jury-rudder [ˈdʒʊərɪˌrʌdə] *n.*【船】应急舵

jury-strut [ˈdʒʊərɪstrʌt] *n.* 应急支柱

just [dʒʌst] ❶ *a.* 公正的,合理的,有根据的 ❷ *ad.* ①恰好 ②仅仅 ③只不过是 ④刚才 ⑤(+how, why 或 what)究竟,到底 ⑥(命令句)请稍…,请…一下 ⑦简直

〖用法〗❶ "just + 过去分词"常作后置定语。如：In solving the optimization problem <u>just described</u>, two conditions must be satisfied. 在解刚才讲到的最优化问题时,必须满足两个条件。❷注意下面例句的含义：The United States of America is <u>just</u> about the hardest country to become a permanent resident of. 美国几乎是(世界上)最难(使你)成为永久性居民的国家。("just about"意为"几乎,差不多","to become a permanent resident of"也可以写成"of which to become a permanent resident",也就是说,这个作后置定语的不定式短语与被修饰词之间存在"其末尾的介词与介词宾语"这样的逻辑关系。又如：Will you please give me a sheet of paper <u>to write on</u>? = Will you please give me a sheet of paper <u>on which to write</u>? 请你给我一张纸写好吗？)

Justape [ˈdʒʌsteɪp] *n.* 整行磁带全自动计算机

justice [ˈdʒʌstɪs] *n.* ①公正,正义,合理 ②审判(员),司法(官)

justifiable [ˈdʒʌstɪˌfaɪəbl] *a.* 言之有理的,正当的,无可非议的

justification [ˌdʒʌstɪfɪˈkeɪʃən] *n.* ①认为有理,证明(正确) ②正当理由,合理性 ③【印】【计】装版,对齐

〖用法〗❶ 该词后面常跟介词"for",表示"…的理由"。如：The <u>justification for</u> using coarse quantization in a correlator depends on the following fact. 在相关器中使用粗量化的理由取决于下面这一点。/<u>Justification for</u> the key step of adding two special-case expressions to obtain each general-case expression deserves emphasis and explanation. 把两个特殊情况的表达式相加起来获得每个一般情况的表达式这一关键步骤的理由值得强调和说明。❷ "a justification of A"表示"证明 A 为正当"。如：<u>A detailed justification of (10-1)</u> is outside the scope of the present treatment. 详细的证明式(10-1)超出了本论述的范围。

justificative [ˈdʒʌstɪfɪkeɪtɪv], **justificatory** [ˈdʒʌstɪfɪkeɪtərɪ] *a.* 认为正当的

justifier [ˈdʒʌstɪfaɪə] *n.* ①装版工人 ②装版衬料 ③证明者

justify [ˈdʒʌstɪfaɪ] *v.* ①证明…是正当的 ②为…辩护(for) ③【印】【计】装版,对齐

〖用法〗❶ 注意下面例句的汉译法：This property <u>justifies</u> our choice of the above constant as positive. 这一性质证明我们把上面的那个常数选为正是合理的。(注意搭配模式"the choice of A as B",意为"把 A 选作为 B"。)❷ 该词后跟动词时应该使用动名词。如：In this case,it is possible to <u>justify ignoring</u> the quadratic term. 在这种情况下,我们能够证明忽略了二次项。/This <u>justifies our setting</u> i △ 1 equal to qv. 这就使我们有理由把 i △1 设成等于 qv。("our setting ..."是动名词复合结构。)

justly [ˈdʒʌstlɪ] *ad.* 公正地,正当地

justness [ˈdʒʌstnɪs] *n.* 公正,正当

jut [dʒʌt] ❶ *vt.* 突出(out, up) ❷ *n.* 突出(部),突出物,悬臂,尖端

jute [dʒuːt] *n.* 黄麻(纤维),电缆黄麻包皮

jutter [ˈdʒʌtə] *n.;v.* ①振动 ②抖纹(螺纹缺陷)

juvabione [ˌdʒuːvəˈbaɪəʊn] *n.*【生化】保幼酮,保幼生物素

juvenescence [ˌdʒuːvəˈnesns] *n.* 复壮现象

juvenile [ˈdʒuːvənaɪl] ❶ *a.* ①年轻的,青少年的,不成熟的 ②岩浆源的,童期的 ❷ *n.* ①少年,青年人,(鱼虾等)幼体 ②儿童〔青少年〕读物

juxtapose [ˈdʒʌkstəˈpəʊz] *vt.* 并置

juxtaposition [ˌdʒʌkstəpəˈzɪʃən] *n.* ①并置,对合 ②斜接 ③邻近 ④交叉重叠法

K k

kabicidin [kɑ:bɪ'sɪdɪn] *n.* 【化】杀真菌素
Kabul ['kɑ:bəl] *n.* 喀布尔(阿富汗首都)
kaempferide ['ki:mpfəraɪd] *n.* 【化】莰非素
kaempferol ['ki:mpfərəl] *n.* 山奈酚
kaffiyeh [kɑ:'fi:jə] *n.* 阿拉伯人的头巾
kafirin ['kæfɪrɪn] *n.* 【生】高粱醇溶蛋白
Kagoshima [kɑ:gə'ʃi:mə] *n.* 鹿儿岛(日本港口)
kahlerite ['kɑ:ləraɪt] *n.* 【矿】黄砷铀铁矿
kainite ['kaɪnaɪt] *n.* 【矿】钾盐镁矾
Kainozoic [,kaɪnə'zəɪk] *n.* 新生代
kairine ['kaɪrɪn] *n.* 【医】克灵(解热碱)
kaiser ['kaɪzə] *n.* (= emperor) 皇帝
kaiserzinn ['kaɪzəzɪn] *n.* 【化】锡基合金
kaleidophone [kə'laɪdəfəʊn] *n.* 发音体振动显像仪,示振器
kaleidoscope [kə'laɪdəskəʊp] *n.* 万花筒,千变万化(的景色)
kaleidoscopic(al) [kə,laɪdə'skɒpɪk(əl)] *a.* 万花筒(似)的,千变万化的 ‖ ~ally *ad*
kali ['kælɪ] *n.* 【化】苛性钾,木灰
Kalimantan [kælɪ'mæntæn] *n.* 加里曼丹(岛)
kalimeter [kə'lɪmɪtə] *n.* 碳酸定量器
kalium ['keɪlɪəm] (拉丁语) *n.* 【化】钾
Kalkowskite [kælɪ'kɔ:fs,kaɪt] *n.* 【矿】高铁钛铁矿
kallidinogen [kælɪ'dɪnədʒən] *n.* 【生】胰激肽原
kallikrein [,kælɪ'krIIn] *n.* 【生】激肽释放酶
kallikreinogen [,kælɪkri:'ɪnədʒən] *n.* 【生】激肽释放酶原
kallirotron [kæ'lɪrətrɒn] *n.* 【物】负阻抗管
kallitron ['kælɪtrɒn] *n.* 卡利管(两个三极管为获得负阻抗而周期性组合)
kallitype ['kælɪtaɪp] *n.* 铁银(印画)法
kalsilite ['kælsɪlaɪt] *n.* 【矿】六方钾霞石
kalsomine ['kælsəmaɪn] ❶ *n.* (刷)墙粉 ❷ *vt.* 刷墙粉(于)
kaltleiter ['kɑ:lt'laɪtə] *n.* 正温度系数半导体元件
kalvar ['kælvə] *n.* 卡尔瓦(记忆装置,照明胶卷),卡尔瓦光致散射体
kamagraph ['kæməgrɑ:f] *n.* 油画复印机,(用油画复印机)复印的油画
kamagraphy [kə'mægrəfɪ] *n.* 卡马油画复制法
kame [keɪm] *n.* 冰砾阜,小沙丘
Kampala [kɑ:m'pɑ:lə] *n.* 坎帕拉(乌干达首都)
kampometer [kəm'pɒmɪtə] *n.* 【物】热辐射计

Kampuchea [,kæmpʊ'tʃɪə] *n.* 柬埔寨
kana ['kɑ:nə] *n.* (日文字母)假名
kanamycin [,kænə'maɪsɪn] *n.* 【生】卡那霉素
kangaroo [,kæŋgə'ru:] *n.* 袋鼠
Kansan ['kænzən] *a.*; *n.* 堪萨斯州人(的)
Kansas ['kænzəs] *n.* (美国)堪萨斯(州)
Kanthal ['kænθəl] *n.* 堪塔尔铬铝钴耐热钢
kaolin(e) ['keɪəlɪn] *n.* 高岭土,(白)陶土
kaolinic [,keɪə'lɪnɪk] *a.* 高岭土的,(白)陶土的
Kaolinised ['keɪəlɪnaɪzd] *a.* 高岭土化的
kaolinite ['keɪəlɪnaɪt] *n.* 【矿】高岭石
kaolinization [,keɪəlɪnaɪ'zeɪʃən] *n.* 高岭石化作用
kaolinize ['keɪəlɪnaɪz] *vt.* 高岭石化(作用)
kaon ['keɪɒn] *n.* 【物】K 介子
kaper ['keɪpə] *n.* 燕麦面饼干
kapnometer [kæp'nɒmɪtə] *n.* 烟密度计
kapok ['keɪpɒk] *n.* 木棉(花),木丝棉
kappa ['kæpə] *n.* ①(希腊字母)K ②卡巴(原生动物病毒)
kapron ['kæprən] *n.* 卡普纶(聚己内酰胺纤维)
kapton ['kæptən] *n.* 卡普顿(聚酰亚胺薄膜)
kar [kɑ:] *n.* 冰坑,凹地
karabin ['kærəbɪn] *n.* 【生】夹竹桃树脂
Karachi [kə'rɑ:tʃɪ] *n.* 卡拉奇(巴基斯坦港口)
karat ['kærət] *n.* ①开(黄金成色单位) ②克拉(宝石的重量单位)
karbate [kɑ:'beɪt] *n.* 无孔碳
karma ['kɑ:mə] *n.* 卡马〔镍铬系精密级〕电阻材料
karstenite ['kɑ:stə,naɪt] *n.* 硬石膏
kart [kɑ:t] *n.* 小型汽车,赛车
kartell [kɑ:'tel] *n.* 卡特尔
karton ['kɑ:tən] *n.* 厚纸
karyapsis [kærɪ'æpsɪs] *n.* 【生】核接合
karyenchyma [kærɪ'enkɪmə] *n.* 【生】核液
karyochrome ['kærɪəʊkrəʊm] *n.* 【生】核(深)染色细胞
karyoclasis [kærɪ'ɒkləsɪs] *n.* 【生】核破裂
karyoclastic [kærɪəʊ'klæstɪk] *a.* 核破裂的
karyocyte ['kærɪəʊ,saɪt] *n.* 有核细胞
karyogamic [kærɪə'gæmɪk] *a.* 核配合的
karyogamy [kærɪ'ɒgəmɪ] *n.* 核融合,核配合
karyogenesis [kærɪəʊ'dʒenɪsɪs] *n.* 核生成
karyogenic [kærɪəʊ'dʒenɪk] *a.* 核生成的
karyokinesis [,kærɪəʊkɪ'ni:sɪs] *n.* 有丝分裂,核

分裂

karyolemma [ˌkærɪəʊˈlemə] n. 【生】核膜

karyolobism [ˌkærɪəʊˈləʊbɪzəm] n. 核分叶

karyology [ˌkærɪˈɒlədʒɪ] n. 细胞核学

karyolymph [ˈkærɪəlɪmf] n. 【生】核淋巴

karyolysis [ˌkærɪˈɒlɪsɪs] n. 【生】(细胞)核溶解

karyometry [ˌkærɪˈɒmɪtrɪ] n. 【生】核测定法

karyomicrosome [ˌkærɪəʊˈmaɪkrəsəm] n. 核微粒

karyomite [ˈkærɪəʊmaɪt] n. 【生】核网丝,染色体

karyomitome [ˌkærɪˈɒmɪtəʊm] n. 【生】核网丝

karyon [ˈkærɪɒn] n. 【生】细胞核

karyophthisis [ˌkærɪˈɒfθəsɪs] n. 【生】核消耗

karyoplasm [ˈkærɪəʊplæzəm] n. 【生】核质

karyorrhexis [ˌkærɪəʊˈreksɪs] n. 【生】核破裂

karyosome [ˈkærɪəʊˌsəʊm] n. 【生】染色仁,核粒

karyosphere [ˌkærɪəʊˈsfɪə] n. 【生】核球

karyota [kærɪˈəʊtə] n. 【生】有核细胞

karyotheca [ˌkærɪəʊˈθiːkə] n. 【生】核膜

karyotin [ˈkærɪəʊtɪn] n. 【生】核质,染色质

karyotype [ˈkærɪəʊtaɪp] n. 染色体组型

Kashima [kʌˈʃiːmɑ] n. 鹿岛(日本港口)

Kashmir [kæʃˈmɪə] n. 克什米尔

kasolite [ˈkæsəlaɪt] n. 【矿】硅铅铀矿

karyostasis [ˌkærɪˈɒstəsɪs] n. 核静止

kasugamycin [ˌkɑːsʊɡəˈmaɪsɪn] n. 【化】春雷霉素,春日霉素

katabatic [ˌkætəˈbætɪk] a. 下降(气流)的

katabolism [kəˈtæbəlɪzəm] n. 陈谢(作用),异化 ‖ **katabolic** a.

katabolite [kəˈtæbəlaɪt] n. 分解代谢产物

katafront [ˈkætəˌfrʌnt] n. 下滑锋

katagenesis [ˌkætəˈdʒenəsɪs] n. 促退生殖,退行

katakana [ˌkætəˈkɑːnə] n. (日语)片假名

katakinesis [ˌkætəkaɪˈniːsɪs] n. 放能作用

katakinetic [ˌkætəkaɪˈnetɪk] a. 放能的

katakinetomere [ˌkætəkaɪˈniːtəmɪə] n. 低能物质,缺能物

katakinetomeric [ˌkætəkaɪnɪtəˈmerɪk] a. 低能的,缺能的

katalase [ˈkætəleɪs] n. 【生】接触酵素,过氧化氢酶

katallobar [kəˈtæləbɑː] n. 负变压中心

katalysis [kəˈtælɪsɪs] n. 催化作用

katamorphism [ˌkætəˈmɔːfɪsəm] n. 简化变质,破碎变质现象

kataphase [ˈkætəfeɪz] n. 细胞分裂期

kataphoresis [ˌkætəfəˈriːsɪs] n. 【物】电(粒)泳

kataseism [ˌkætəˈsaɪzəm] n. 向震中

katathermometer [ˌkætəθəˈmɒmɪtə] n. 冷却温度计

katergol [ˈkætəɡɒl] n. 液体火箭燃料

kathaemoglobin [ˌkæθiːməʊˈɡləʊbɪn] n. 【生】变性高铁血红蛋白

katharometer [ˌkæθəˈrɒmɪtə] n. 热导计

katharometry [ˌkæθəˈrɒmɪtrɪ] n. 热导度测量术

kathepsin [kəˈθepsɪn] n. 【生】组织蛋白酶

kathetron [ˈkæθətrɒn] n. 【物】外控式三极汞气整流管,辉光放电管

Kathmandu [ˈkɑːtmɑːnˈduː] n. 加德满都(尼泊尔首都)

kathode [ˈkæθəʊd] n. (= cathode)【物】阴极

katine [ˈkætiːn] n. 【生】阿拉伯茶碱

kation [ˈkætaɪən] n. 【物】阳离子

katogene [ˈkætədʒiːn] n. 破坏作用

katogenic [ˌkɒtəˈdʒenɪk] a. 分解的

katolysis [kəˈtɒlɪsɪs] n. 不完全分解,中间分解

kaurit [ˈkɔːrɪt] n. 尿素树脂接合剂

kawain [kəˈveɪn] n. 【植】醉椒素

Kawasaki [ˌkɑːwɑːˈsɑːkiː] n. 川崎(日本港口)

kayser [ˈkeɪsə] n. 凯塞(光谱学中波数的单位)

kbyte [ˈkeɪbaɪt] n. 千字节

kedge [kedʒ] ❶ n. 小锚 ❷ v. 抛小锚移锚

keel [kiːl] ❶ n. ①龙骨,脊(棱)龙骨脊 ②(平底)船 ③一平底船的煤 ❷ v. ①装龙骨 ②把(船)翻转(使船)倾覆,失败(over) ③晕倒

keelage [ˈkiːlɪdʒ] n. 入港税

keelboat [ˈkiːlbəʊt] n. 龙骨船

keelless [ˈkiːlɪs] a. 无龙骨的

keel-line [ˈkiːllaɪn] n. 龙骨线

keelson [ˈkiːlsən] n. 内龙骨

keen [kiːn] a. ①锋利的,尖(锐)的 ②敏锐的 ③厉害的 ④渴望的,热心的 ⑤廉价的 ☆ **be keen on ...**爱好,渴望

keen-edged [ˈkiːnˌedʒd] a. 锋利的

keenly [ˈkiːnlɪ] ad 锐利,强烈地

keenness [ˈkiːnɪs] n. 锋利,锐度

keep [kiːp] v. (kept) ①(使)保持,使保,使使,(使)继续 ②保存,储备 ③经营,照料,(供,饲)养 ④制止,抑制 ⑤遵守,履行 ⑥握着,记载 ☆ **keep doing** (使)继续不断; **keep A away from B** 使 A 远离 B; **keep from doing** 使…不,使免于…; **keep hold of** 抓住不放; **keep in mind** 记住,考虑到; **keep in touch with** 保持与…接触; **keep on** 继续(进行),反复,前进; **keep pace with** 跟上;**keep time** 合拍子,准时; **keep to** 坚持,遵守; **keep up with** 赶上; **keep upright** 勿倒置

【用法】❶ 注意句型"keep +宾语+补足语(过去分词,现在分词,形容词,介词短语)"。如:This circuit can keep the bridge balanced. 这个电路能够使这电桥保持平衡。/This force will keep the block moving at constant speed. 这个力将使该木块处于匀速运动状态。/In this case the coupling should be kept as low as possible. 在这种情况下,应该使耦合保持尽可能的低。/The use of a high-gain amplifier will keep the bridge essentially at balance. 使用高增益放大器就能使电桥基本上保持平衡。/The parasitic capacitance can be kept in this case to 10^{-13} farad. 在这种情况下可以把寄生电容保持到约 10^{-13} 法拉。❷ 该词后跟一个动作时应该使用动

名词。如:A baseball in flight will <u>keep moving</u> unless something stops it. 飞行中的棒球将会继续运动下去,除非有某东西阻止它。/The process <u>keeps being repeated</u>. 这个过程会不断地被重复下去。❸ 注意下面这个常用句型:Changes in these impedances should <u>be kept from</u> affecting the gain ratio. 应该使这些阻抗的变化不至于影响增益比。

keep-alive [ˌkiːpəˈlaɪv] n. 保活;点火电极

keeper [ˈkiːpə] n. ①看守〔保管,持有,负责〕人 ②保持器,定位件,卡箍,柄 ③锁紧螺母,定位螺钉 ④衔铁,竖向导板 ⑤门栓,带扣

keeping [ˈkiːpɪŋ] n. ①保管,储存,堆放,看守 ②遵守 ③饲养 ④协调

keepsake [ˈkiːpseɪk] n. 纪念物,赠品

keeve [kiːv] n. 大桶,漂白桶,发酵用瓮

kef [kef] n. 毒品

keg [keg] n. 小桶

keitloa [ˈkaɪtləʊə] n. 犀牛

kelene [ˈkiliːn] n.【化】氯代乙烷

kelly [ˈkelɪ] n. 鲜黄绿色

kelmet [ˈkelmet] n. 油膜轴承,油膜轴承合金(含铅20%～45%的铅青铜)

kelp [kelp] n.【植】大型海藻,海草灰

kelson [ˈkelsn] n. 内龙骨

Kelvin [ˈkelvɪn] n. ①开氏绝对温度 ②一种能量单位

kemet [ˈkemɪt] n. 钡镁合金(吸气剂)

Kemidol [ˈkemɪdɒl] n. 凯米多尔石灰,细石灰粉

ken [ken] ❶ n. 眼界,视野,知识〔认知〕范围 ❷ v. 认识,知道

kenel [ˈkenəl] n. 芯子

kenetron [ˈkenɪtrɒn] n. 高压二极管

kennametal [kenəˈmetəl] n. 钴碳化钨〔钨钛钴类〕硬质合金

kennel [ˈkenl] ❶ n. ①狗窝,群 ②沟渠,阴沟 ❷ v. 钻进(in)

kenning [ˈkenɪŋ] n. ①认识,知道 ②微量

kenopliotron [kenəˈplɪətrɒn] n.【物】二极-三极电子管

kenotoxin [kiːnəˈtɒksɪn] n. 疲劳毒素

kenotron [ˈkenətrɒn] n. 高压整流二极管

Kent [kent] n. (英国)肯特郡

kentallenite [kenˈtæ|ənaɪt] n.【矿】橄榄二长岩

kentanium [kenˈtɪnɪəm] n. 硬质合金

kentite [ˈkentaɪt] n. 肯太炸药(铵硝、钾硝、三硝甲苯炸药)

kentledge [ˈkentlɪdʒ] n. 压载铁,压舱用的铁块

kentrolite [ˈkentrəlaɪt] n.【矿】硅铅锰矿

Kentucky [kenˈtʌkɪ] n. (美国)肯塔基(州)

Kenya [ˈkenjə] n. 肯尼亚

kenyte [ˈkiːnaɪt] n. 霓橄粗面岩

kephalin [ˈkefəlɪn] n.【生】脑磷脂

keramic [kɪˈræmɪk] a. 陶器的

keramics [kɪˈræmɪks] n. (= ceramics) 陶器

kerargyrite [kəˈrɑːdʒɪraɪt] n. 角银矿

kerasin [ˈkerəsɪn] n.【生】角苷脂

keratein(e) [ˈkerətaɪn] n. 还原角蛋白

keratic [kəˈrætɪk] a. 角(质,膜)的

keratin [ˈkerətɪn] n.【生】角质,角蛋白

keratinase [ˈkerətɪneɪs] n.【生】角蛋白酶

keratinization [ˌkerətɪnaɪˈzeɪʃ ən] n. 角化(作用)

keratinize [ˈkerətɪnaɪz] v. 角化,角质化

keratitis [ˌkerəˈtaɪtɪs] n. 角膜炎

keratohyaline [ˌkerətəˈhaɪəlɪn] n. 透明角质

keratoid [ˈkerətɔɪd] a. (似)角质的,角膜样的

keratol [ˈkerətɒl] n. 涂有硝棉的防水布

keratomalacia [ˌkerətəʊˈmæləsɪə] n. 角膜软化症

keratometer [ˌkerəˈtɒmɪtə] n. (韦塞里)角膜曲率计

keratophyre [ˈkerətəfaɪə] ❶ a. 角质〔化〕的 ❷ n. 角斑岩

keratose [ˈkerətəʊs] ❶ a. 角质的 ❷ n. 角质物

keratosis [ˌkerəˈtəʊsɪs] n. 角化病

keratosulfate [ˌkerətəˈsʌlfeɪt] n. 硫酸角质

keraunophone [kəˈrɔːnəfəʊn] n. 闪电预示器

kerb [kɜːb] =curb

kerbstone [ˈkɜːbstəʊn] n. 路缘石,道牙

kerchief [ˈkɜːtʃɪf] n. 头巾,围巾

kerenes [kəˈriːnz] n. 煤油烯

kerf [kɜːf] ❶ n. 截口,锯痕,(气割的)切缝,槽,被砍树的截面 ❷ v. ①截断,切开 ②锯缝,切槽 ③采,掘

kerites [ˈkeraɪts] n. 煤油沥青

kerma [ˈkɜːmə] n. 科玛(放射学中一种功能单位)

kermes [ˈkɜːmɪz] n.【矿】硫氧锑矿

kermesite [ˈkɜːməzaɪt] n.【矿】红锑矿

kern(e) [kɜːn] n. ①核,颗粒 ②型芯撑

kernbut [ˈkɜːnbʌt] n. 断层外侧丘

kernel [ˈkɜːnl] n. ①核,实,心材 ②原子核 ③积分核,弗雷德霍尔姆核 ④要点 ⑤谷粒 ⑥零位线

kernelled [ˈkɜːnld] a. 有核的

kernicterus [kəˈnɪktərəs] n. 核性黄疸

kernstone [ˈkɜːnstəʊn] n. 粗粒砂岩

kerogen [ˈkerədʒən] n. 油母岩

kerosene, kerosin(e) [ˈkerəsiːn] n. 煤油

kerotenes [kəˈrəʊtiːn] n. 焦化沥青质

kerplunk [kəˈplʌŋk] ad. 扑通地

kersantite [ˈkɜːsənˌtaɪt] n.【矿】云斜煌岩

kestose [ˈkestəʊs] n. 科斯糖,蔗果三糖

ket [ket] n. 态矢,刃(矢量)

ketal [ˈkiːtæl] n. 酮缩醇,缩酮

ketazine [ˈketəziːn] n.【化】甲酮连氮

keten(e) [ˈkiːtiːn] n.【化】(乙)烯酮类

ketimine [ˈkiːtəˌmiːn] n.【化】酮亚胺

keto [ˈkiːtəʊ] n. 氧化〔代〕,酮(基)

ketoalkylation [ˌkiːtəʊælkɪˈleɪʃ ən] n. 酮烷基化(作用)

ketoamine [ˌkiːtəʊˈæmiːn] n.【化】酮胺,氨基酮

ketoestradiol [ˌkiːtəʊesˈtrædɪəʊl] n. 酮雌(甾)二醇

K

ketoestrone [ˌkiːtəʊˈestrəʊn] n. 【化】酮雌(甾)酮

keto-form [ˈkiːtəʊfɔːm] n. 酮式

ketogenesis [ˌkiːtəʊˈdʒenɪsɪs] n. 生酮(作用)

ketogenic [kiːtəʊˈdʒenɪk] a. 生酮的

ketogluconate [ˌkiːtəʊˈgluːkəneɪt] n. 【化】酮葡糖酸

ketoglutaramate [ˌkiːtəʊgluːˈtærəmeɪt] n. 【化】酮戊二酸单酰胺

ketoglutarate [ˌkiːtəʊgluːˈtæreɪt] n. 【化】酮戊二酸

ketoheptose [ˌkiːtəʊˈheptəʊs] n. 【化】庚酮糖

ketohexonate [ˌkiːtəʊˈheksəneɪt] n. 【化】己酮糖酸

ketohexose [ˌkiːtəʊˈheksəʊs] n. 【化】己酮糖

ketoimine [ˌkiːtəʊˈimiːn] n. 【化】酮亚胺

ketoindole [ˌkiːtəʊˈɪndəʊl] n. 【化】羟吲哚

ketoisocaprote [ˌkiːtəʊaɪsəʊˈkæprəʊt] n. 【化】酮异己酸

ketoisovalerate [ˌkiːtəʊaɪsəʊˈvæləreɪt] n. 【化】酮异戊酸(盐,酯,根)

ketol [ˈkiːtɒl] n. 【化】乙酮醇

keto-lactol [ˌkiːtəʊˈlæktɒl] n. 【化】内缩酮

ketolysis [kɪˈtɒlɪsɪs] n. 【化】解酮(作用)

ketolytic [ˌkiːtəˈlɪtɪk] a. (分)解酮的

ketone [ˈkiːtəʊn] n. (甲)酮

ketonic [kiːˈtɒnɪk] a. 酮的

ketonization [ˌkiːtəʊnaɪˈzeɪʃən] n. 【化】酮(基)化作用

ketonize [ˈkiːtəʊnaɪz] v. 【化】酮化

ketoplasia [ˌkiːtəʊˈpleɪsɪə] n. 酮体生成

ketoreductase [ˌkiːtəʊrɪˈdʌkteɪs] n. 【化】酮还原酶

ketose [ˈkiːtəʊs] n. 【化】酮糖

ketosis [kɪˈtəʊsɪs] n. 【化】酮病

kettle [ˈketl] n. ①水壶,水锅 ②吊桶,白铁桶 ③【地质】锅穴 ④溪水冲成凹处

kettledrum [ˈketldrʌm] n. (釜状)铜鼓,定音鼓

kettleholder [ˈketlˌhəʊldə] n. 水壶柄,釜〔勺〕柄

keturonate [kəˈtuːrəneɪt] n. 【化】糖酮酸(盐,酯,根)

ketyl [ˈkiːtəl] n. 【化】羰游基

kevatron [ˈkevətrɒn] n. 千电子伏级加速器

kevel [ˈkevəl] n. 盘绳栓

key [kiː] ❶ n. ①钥(匙),(电,音)键,按钮,扳手 ②楔,栓,销 ③拱心石,钩形物 ④【计】信息号码,关键码 ⑤关键,咽喉,秘诀,纲要 ⑥解答,答案 ⑦(主)调,调子 ⑧珊瑚礁,沙洲 ❷ a. 关键的,基础的 ❸ vt. ①销上,啮合,用键固定,楔固 ②键控,调整〔音〕③自动开关 ④向…提供线索 ☆**all in the same key** 千篇一律; **key in** 插入; **key off** 切断; **key on** 接通

〖**用法**〗 表示"的关键〔答案〕"时,在它后面一般跟介词"to",但也有人用"for"。如:The <u>key to</u> these problems is given on page 30. 这些题的答案列在第 30 页上。(注意"key"要用单数。)/The <u>key to</u> creating this survivable grid was what later came to be called packet switching. 创建这种可存在下去的网络的关键是后来人们所说的分组交换技术。/This integral, <u>the key for</u> work in coherent and Fourier optics, will be used extensively throughout this book. 这个积分是在相干和傅氏光学中工作的关键,它将在整个书中广泛使用。

keyboard [ˈkiːbɔːd] ❶ n. (电)键盘,字盘 ❷ v. 用键盘写入(into),用键盘排字机排(字)

〖**用法**〗 注意下面例句的含义:That device with buttons ðn it is a <u>keyboard</u>. 上面带有按键的装置是键盘。

key-bolt [ˈkiːbəʊlt] n. 键螺栓

Keycoder [ˈkiːkəʊdə] n. 键盘编码器

key-colour [ˈkiːkʌlə] n. 基本色

key-drawing [ˈkiːdrɔːiŋ] n. 解释〔索引〕图

key-drive [ˈkiːdraɪv] v. 键传动,键控

keyed [kiːd] a. ①有键的,键控的 ②楔形的 ③锁着的,用拱顶石连住的

keyer [ˈkiːə] n. ①键控器,电钥电路 ②定时器

keyframe [ˈkiːfreɪm] n. 关键帧

keyhole [ˈkiːhəʊl] ❶ n. 锁眼,栓〔钥匙〕孔 ❷ a. 显示内情的

key-in [ˈkiːin] n. 插上,【计】键盘输入

keying [ˈkiːiŋ] n. ①锁上,用键固定 ②键控(法),钥控,发报 ③按键

keyless [ˈkiːlɪs] a. 无键的

keyman [ˈkiːmæn] n. 关键人物

keynote [ˈkiːnəʊt] ❶ n. 主旨,重点,基调 ❷ vt. 给…定下基调

key-out [ˈkiːaʊt] n. 切断,阻挡

keypunch [ˈkiːpʌntʃ] vt.; n. 键控穿孔(机)

keypuncher [ˈkiːpʌntʃə] n. 穿孔员,穿孔机操作员

keyseat [ˈkiːsiːt] ❶ n. 键槽,销槽 ❷ vt. 铣〔插〕键

keyseater [ˈkiːsiːtə] n. 键槽铣床

key-sending [ˈkiːsendiŋ] n. 用电键选择

keysent [ˈkiːsent] n. 用电键发送器拨号

keyset [ˈkiːset] n. 配电钮

keyshelf [ˈkiːʃelf] n. 键座,电键盘

keystone [ˈkiːstəʊn] ❶ n. ①关键,根本原理 ②梯形畸变 ③拱心石,嵌缝石 ❷ vt. 用拱顶石支承

keystoning [ˈkiːstəʊniŋ] n. 梯形失真

keystroke [ˈkiːstrəʊk] n. 键的一击

key-to-disk [ˈkiːtədɪsk] n. 键(盘)-(磁)盘(结合)输入器

key-wall [ˈkiːwɔːl] n. 刺墙

keyway [ˈkiːweɪ] n. 键槽,销座

keyword [ˈkiːwɜːd] n. 关键字

khadar [ˈkɑːdə] n. 新冲积层

khakassite [ˈkɑːkɑːsaɪt] n. 【矿】铝水钙石

khaki [ˈkɑːkɪ] n.;a. 黄褐色(的)

Khart(o)um [kɑːˈtuːm] n. 喀土穆(苏丹首都)

K

khellin ['kelɪn] n.【生】开林,呋喃并色酮

khi [kaɪ] n. (希腊字母)X,χ

Khorramshahr [kɒrəm'ʃɑ:] n. 霍拉姆沙赫尔(伊朗港口)

kibble ['kɪbl] ❶ n. 木桶,吊桶 ❷ vt. 把…碾成碎块,粗磨

kibbled ['kɪbld] a. 破碎成块的,粗碾的

kibbler ['kɪblə] n. 粉碎机

kick [kɪk] v.;n. ①踢 ②反冲(力),冲击,弹力,轴向压力 ③逆转 ④(仪表指针等)急冲,跳动 ⑤反抗 (against, at) ⑥(发动机)启动 ⑦戒除,申斥

kickback ['kɪkbæk] n. 逆转,反冲;踢回;回扣,佣金

kicker ['kɪkə] n. ①踢者,反对的人 ②喷射(抛掷)器,弹踢器,抛煤机 ③落下后反弹起来的物体 ④出乎意料的结果

kickoff ['kɪkˌɒf] n. ①(卫星与运载火箭)分离 ②拨料机

kick-on ['kɪkɒn] n. 跳出

kick-out [,kɪkaʊt] n. 踢出

kick-pedal [,kɪk'pedəl] n. 脚蹬启动踏板

kickpoint ['kɪkpɔɪnt] n. 转折点

kickshaw ['kɪkʃɔ:] n. 佳肴;华而不实的小玩意儿

kicksort ['kɪksɔ:t] v. 振幅分析

kicksorter ['kɪk,sɔ:tə] n. (振幅)分析器,选分仪

kickstand ['kɪkstænd] n. 撑脚架

kick-starter ['kɪksta:tə] n. 反冲式启动器,发动杆

kick-up ['kɪkʌp] n. ①向上弯曲 ②翻车器

kid [kɪd] ❶ n. ①小山羊(皮) ②孩子 ③欺骗,戏弄 ❷ v. 欺骗,戏弄

〖用法〗 注意下面例句的含义:If you were told that some day practically everything electronic will be done digitally, you might think you were being kidded. 如果有人告诉你将来某一天几乎每种电子设备都将数字化,你可能认为人家在逗你呢。

kid-glove ['kɪdglʌv] n. 过分斯文的

kidney ['kɪdnɪ] ❶ n. ①小卵石 ②肾 ③(pl.) (吹炉,转炉)结块 ④性情,脾气 ❷ a. 肾状的,卵形的

kidology [kɪ'dɒlədʒɪ] n. 儿童心理学

kidskin ['kɪdskɪn] n. 小山羊皮

Kiel [ki:l] n. 基尔(德国港口)

kier [kɪə] n. 漂煮(精炼)锅

kies ['ki:z] n.【矿】黄铁矿

kieselguhr ['ki:zəlgʊə] n.【化】硅藻土

kieserite ['ki:zəraɪt] n.【化】水(硫)镁矾

Kigali [kɪ'gɑ:lɪ] n. 基加利(卢旺达首都)

kikekunemalo [,kaɪkɪkjuni'mɑ:ləʊ] n. 漆用树胶

kikumycin [,kɪku'maɪsɪn] n.【生】菊霉素

kilderkin ['kɪldəkɪn] n. 英国容量单位

kilfoam ['kɪlfəʊm] n. 抗泡剂

kill [kɪl] ❶ v. ①杀死 ②破坏,消灭,击落 ③刹住,截断 ④抑制,消去,中和 ⑤脱氧,加脱氧剂 ⑥平整 ⑦结束,完全消耗,使失效,否决,删掉,除去 ❷ n. ①杀死 ②破坏,击落(沉),消灭 ③脱氧 ④沉淀 ⑤(被)击毁的敌机(敌舰) ⑥水道,小河 ☆**kill time** 消磨时间; **Kill two birds with one stone**.一箭双雕

killas ['kɪləs] n. (泥)板岩

killed [kɪld] a. 断开的

killer ['kɪlə] n. ①瞄准(抑制,断路)器 ②扼杀剂 ③消光剂 ④屠刀,凶手 ⑤杀伤细胞

killig ['kɪlɪg] n. 推杆

killing ['kɪlɪŋ] a.;n. ①致死(的),杀伤(的) ②破坏(的) ③切断(的) ④加脱氧剂 ⑤浮选

kill-time ['kɪltaɪm] a.;n. 消磨时间的(事)

kiln [kɪln] ❶ n. (砖,瓦)窑,烘干炉 ❷ vt. (窑内)烘干,窑烧

kiln-dry ['kɪlndraɪ] vt. (窑内)烘干

kilnman ['kɪlmən] n. 烧窑工人

kilo ['kɪləʊ] (词头)千

kilo ['ki:ləʊ] n. ①千克 ②千米

kiloampere ['kɪləʊ,æmpeə] n. 千安(培)

kilobar ['kɪləʊba:] n. 千巴

kilobarn ['kɪləʊba:n] n. 千靶(恩)

kilobaud ['kɪləʊbɔ:d] n. (信号或发报的速率单位)千波特

kilobit ['kɪləʊbɪt] n. 千比特

kilobyte ['kɪləʊbaɪt] n. 千字节

kilocalorie ['kɪləʊ,kæləri] n. 千卡

kilocurie ['kɪləʊ,kjʊəri] n. 千居里

kilocycle ['kɪləʊ,saɪkl] n. 千赫,千周

kilodyne ['kɪləʊdaɪn] n. 千达因

kilogamma ['kɪləʊ,gæmə] n. 千微克

kilogauss ['kɪləʊgaʊs] n. 千高斯(磁感应强度单位)

kilogram(me) ['kɪləʊgræm] n. 千克

kilogrammeter, kilogrammetre [,kɪləʊgræˈmi:tə] n. 千克米

kilohertz ['kɪləʊhɜ:tz] n. 千赫(兹),千周

kilohm ['kɪləʊm] n. 千欧姆

kilohyl ['kɪləʊhɪl] n. 千基尔(公制工程质量单位)

kilojoule ['kɪləʊdʒu:l] n. 千焦(耳)

kiloline ['kɪləʊlaɪn] n. 千磁力线

kilolitre, kiloliter ['kɪləʊ,li:tə] n. 千升

kilolumen ['kɪləʊ,lu:mən] n. 千流明

kilolux ['kɪləʊlʌks] n. 千勒(克司)

kilomega ['kɪləʊ,megə] n. 千兆

kilomegabit ['kɪləʊ,megəbɪt] n. 千兆(二进制)位

kilomegacycle ['kɪləʊ'megə,saɪkl] n. 千兆周

kilometer, kilometre ['kɪləʊ,mi:tə] n. 千米

kilometric(al) [,kɪləʊ'metrɪk(əl)] a. 千米的

kilomol(e) ['kɪləʊməʊl] n. 千摩尔

kiloparsec ['kɪləʊ,pa:sek] n. 千秒差距

kilorad ['kɪləʊræd] n. 千拉德(吸收辐射剂量单位)

kiloroentgen ['kɪləʊ,rʌntdʒən] n. 千伦琴

kilorutherford ['kɪləʊrʌðəfəd] n. 千卢(瑟福)

kilostere ['kɪləʊstɪə] n. 千立方米,千斯脱

kiloton ['kɪləʊtʌn] n. 千吨

kilotron ['kɪləʊtrɒn] n. 整流管

kilovar ['kɪləʊva:] n. 千乏,无功千伏(特)安(培)

kilovolt [ˈkɪləʊvəʊlt] n. 千伏(特)

kilovoltage [ˈkɪləʊˌvəʊltɪdʒ] n. 千伏电压

kilovoltampere [ˈkɪləʊvəʊlˌtæmpeə] n. 千伏(特)安(培)

kilovoltmeter [ˈkɪləʊˌvəʊltmɪtə] n. 千伏计

kilowatt [ˈkɪləʊwɒt] n. 千瓦

kilowatt-hour [ˌkɪləʊwɒtˈaʊə] n. 千瓦小时,(电)度

kilowatt-meter [ˌkɪləʊwɒtˈmɪtə] n. 电力〔千瓦〕计

kilter [ˈkɪltə] n. 良好状态,平衡,成直线

kilurane [ˈkɪləreɪn] n. 千铀,千由阑(放射性能量单位)

kimberlite [ˈkɪmbəlaɪt] n. 角砾云橄岩,金伯利岩

kin [kɪn] n.; a. ①同类(的) ②亲戚(总称),亲属关系,家属

kinase [ˈkaɪneɪs] n. 激酶,致活酶

kind [kaɪnd] ❶ n. ①种(类),级,等,品种 ②性质,本质特性 ❷ a. ①(指矿石)易采的 ②和气的,亲切的

〖用法〗❶ 表示"种"时,它可以采用 "kind(s) of …" 或 "… of … kind(s)",如:This kind of device is very useful. 这种设备是很有用的。(注意在 "kind of" 之后的名词要求使用单数且不用任何冠词。)这句也可写成:Devices of this kind are very useful. /Amplifiers of many kinds are used in electronic instruments. 许多种放大器用在电子仪器中。❷ 注意表示"一种新的〔特殊的〕…"时,形容词"新的〔特殊的〕"等均要放在 "kind" 之前。如:That institute has developed a new kind of computer. 那个研究所开发出了一种新的计算机。❸ 汉语中在有些情况下(诸如表示"方法、语言、算法"等时)"种"字是不能译成 "kind" 的。如:This is a new design method. 这是一种新的设计方法。❹ 在普通英语中有一个常见句型:It is (very) kind of you to do sth.。如:It's very kind of you to repair the instrument for us. 感谢你为我们修理这台仪器。(本句可转换成:You are kind to repair the instrument for us.)

kindergarten [ˈkɪndəˌgɑːtn] n. 幼儿园

kind-hearted [ˌkaɪndˈhɑːtɪd] a. 仁慈的,热心肠的

kindle [ˈkɪndl] v. ①点(火,燃),发亮,照亮 ②激起,鼓舞

kindling [ˈkɪndlɪŋ] n. 点火,发亮 (pl.)引火物

kindly [ˈkaɪndlɪ] a.;ad. ①和气的(地),亲切的(地),衷心地 ②请

kindness [ˈkaɪndnɪs] n. 亲切,好意

kindred [ˈkɪndrɪd] n.;a. 相似(的),同种(的),同源(的),种族,血缘关系

kinema [ˈkɪnɪmə] n. (= cinema) 电影(院)

kinemacolo(u)r [ˌkɪnɪməˈkʌlə] n. 彩色电影

kinemadiagraphy [ˌkɪnɪˌmædaɪəˈgræfɪ] n. 电影照相术

kinematic(al) [ˌkɪnɪˈmætɪk(əl)] a. 运动的,运动学的

kinematically [ˌkɪnɪˈmætɪkəlɪ] ad. 运动学上地

kinematics [ˌkɪnɪˈmætɪks] n. 运动学

kinematograph [ˌkɪnɪˈmætəgrɑːf] ❶ n. ①电影摄影机,运动描记器 ②活动电影,电影制片术 ③放映,电影(院) ❷ v. (电影)摄影

kinematographic [kɪnɪˌmætəʊˈgræfɪk] n. 电影(放映)

kinematograph [ˌkɪnɪˈmætəgrɑːf] n. 电影摄影术,活动影片

kinematography [ˌkɪnɪməˈtɒgrəfɪ] n. 电影摄影术

kinemia [kɪˈniːmɪə] n. 心输出量

kinemograph [ˈkɪnɪməgrɑːf] n. ①转速图表 ②流速坐标图 ③活动影片

kinemometer [ˌkɪnɪˈmɒmɪtə] n. ①流速计 ②感应式转速表

kinephoto [ˈkɪnɪfəʊtəʊ] n. 显像管录像,屏幕录像

kineplastikon [ˌkɪnɪˈplæstɪkən] n. 电影魔术镜头

kineplasty [ˈkɪnɪˈplæstɪ] n. 运动成形切断术

kineplex [ˈkɪnɪpleks] n. 动态滤波多路

kinergety [ˈkɪnɜːdʒetɪ] n. 运动能量

kinescope [ˈkɪnɪskəʊp] ❶ n. ①(电视)显像管 ②显像管录像,电视屏幕纪录片 ❷ vt. 拍摄屏幕纪录片

kinesiatrics [kɪˌniːsɪˈætrɪks] n. 运动疗法

kinesic [kɪˈniːsɪk] a. 【医】运动的

kinesimeter [ˌkɪniːˈsɪmɪtə] n. 运动测量器〔学〕

kinesiodic [kɪˌniːsɪˈɒdɪk] a. 运动路径的

kinesiology [kɪˌniːsɪˈɒlədʒɪ] n. 【医】运动机能学,运动疗法

kinesiometer [kɪˌniːsɪˈɒmɪtə] n. 运动测量器

kinesiotherapy [ˌkɪnɪsɪəˈθerəpɪ] n. 运动疗法

kinesis [kɪˈniːsɪs] n. 动态,运动,动作

kinesitherapy [kɪˌniːsɪˈθerəpɪ] n. 【医】运动疗法

kinesthesia [ˌkɪnɪsˈθiːzɪə], **kinesthesis** [ˌkɪnɪsˈθiːsɪs] n. 【心】动觉,肌觉

kinesthetic [ˌkɪnɪsˈθetɪk] a. (运)动觉的

kinetenoid [ˈkaɪnɪtɪnɔɪd] n. 类激动素

kinetheodolite [ˌkɪnɪθɪˈɒdəlaɪt] n. 摄影经纬仪

kinetic [kɪˈnetɪk] a. ①(运)动的,动力(学)的 ②能动的

kinetics [kɪˈnetɪks] n. 动力学

kinetin [ˈkaɪnɪtɪn] n. 激动素

kinetocamera [kɪˈnetəˌkæmərə] n. 电影摄影机

kinetocardiogram [kɪˈnetəˌkɑːdɪəgræm] n. 心动图

kinetochore [kɪˈnetəkɔː] n. 着丝粒,动粒

kinetocyte [kɪˈnetəsaɪt] n. 活动细胞

kinetogenic [kɪˈnetədʒenɪk] a. 引起运动的

kinetogram [kɪˈnetəgræm] n. (初期的)电影

kinetograph [kɪˈnetəgrɑːf] n. (初期的)活动电影摄影机

kinetographic [kɪˌnetəʊˈgræfɪk] a. 描记运动的

kinetonucleus [kɪˌnetəˈnjuːklɪəs] n. 动核

kinetophone [kɪˈnetəfəʊn] n. 有声活动电影机

kinetoplast ['kɪ'netəplɑ:st] *n.* 动核,动体,毛基粒,激动体

kinetoscope [kɪ'netəskəup] *n.* (活动)电影放映机

kinetosome [kɪ'netəsəum] *n.* (毛)基体,动体

kinetostatics [kɪ,netə'stætɪks] *n.* 运动静力学

kinetron ['kɪnɪtrɔn] *n.* 一种电子束管

king [kɪŋ] ❶ *n.* (国,大)王 ❷ *a.* 主…,中(心)…,特大(号)的

kingbolt ['kɪŋbəult] *n.* ①中枢销,主销,主(螺)栓 ②中心立轴,旋转(主)轴,(螺栓式)中栓

king-closer ['kɪŋkləusə] *n.* 四分之三砖

kingdom ['kɪŋdəm] *n.* ①王国 ②领域

kingite ['kɪŋaɪt] *n.* 白水磷铝石

king-piece ['kɪŋpi:s] *n.* 主梁,中柱

kingpin ['kɪŋpɪn] *n.* ①中枢,转向销 ②中心立轴 ③中心人物

kingpost ['kɪŋpəust] *n.* 主梁〔桩〕,(桁架)中柱

king-rod ['kɪŋrɔd] *n.* 中柱,大螺栓

king-size(d) [,kɪŋ'saɪz(d)] *a.* 超过标准长度的,特别的

kingsnake ['kɪŋsneɪk] *n.* 王蛇

Kingston ['kɪŋstən] *n.* 金斯敦(牙买加首都)

king-tower [,kɪŋ'təuə] *n.* (塔式起重机的)主塔

kingtruss ['kɪŋtrʌs] *n.* 主构架

kinin ['kaɪnɪn] *n.* 激肽,细胞分裂素

kininase ['kaɪnɪneɪs] *n.*【生】激肽酶

kininogen [kaɪ'nɪnədʒɪn] *n.*【生】激肽原

kininogenase [kaɪ'nɪnədʒeneɪs] *n.*【生】激肽原酶

kink [kɪŋk] *n.* ①扭结,死扣,疙瘩,纠缠 ②活套,套索 ③扭折,弯曲 ④(结构,设计)缺陷

kinker ['kɪŋkə] *n.* 扭结轴

kinky ['kɪŋkɪ] *a.* 绞结的,弯曲的

kino ['ki:nəu] *n.* ①开诺(一种充有稀薄氖气的二极管) ②电影院

kinocentrum [,kɪnəu'sentrəm] *n.* 中心体

kinoform ['ki:nəufɔ:m] *n.* 开诺全息照片

kinoin ['kaɪnɔɪn] *n.*【植】吉纳树脂

kinology [kɪ'nɔlədʒɪ] *n.* 运动学

kinomere ['kɪnəmɪə] *n.* 着丝粒

kinoplasm ['kɪnəplæzəm] *n.* 动质

kinosphere ['kɪnəsfɪə] *n.* 星(体),星状体

Kinshasa [kɪn'ʃɑ:sə] *n.* 金沙萨(扎伊尔首都)

kinship ['kɪnʃɪp] *n.* (性质)类似,亲属关系

kinsman ['kɪnzmən] *n.* 男亲属,男亲属

kintal ['kɪntl] *n.* (一)百千克

kiosk [ki:'ɔsk] *n.* 小亭,书报亭,公用电话间,音乐台

kip [kɪp] *n.* ①千磅 ②幼兽之皮 ③旅店,客栈

kir [kɜ:] *n.* 岩沥青

kirk [kɜ:k] *n.* 教会

kirkifier ['kɜ:kɪfaɪə] *n.* 三极管线性整流器

kirksite ['kɜ:k,saɪt] *n.* (模具用)锌合金

kirschheimerite ['kɜ:ʃaɪməraɪt] *n.*【矿】砷钴铀矿

kirsite ['kɜ:saɪt] *n.* 锌合金

kish [kɪʃ] *n.* 结集石墨,渣壳

kiskatom ['kɪskətɔm] *n.* 山核桃

kiss [kɪs] *v.;n.* 接吻,轻触,彼此靠在一起

kisser ['kɪsə] *n.* 氧化铁皮斑点;接吻者

kit [kɪt] *n.* ①(一套)工具,(配套)元件,(成套)仪器 ②(工具)箱〔包,袋〕,背囊,(小)桶 ③套,组,全部

kit-bag ['kɪtbæg] *n.* 旅行包,工具袋

kitchen ['kɪtʃɪn] *n.* 厨房,起居室兼餐厅;全套炊具

kitchenette [kɪtʃɪ'net] *n.* 小厨房

kitchenware ['kɪtʃɪnweə] *n.* 炊具

kite [kaɪt] *n.* 风筝,(纸)鸢,(轻型)飞机

kite-airship [,kaɪt'eəʃɪp] *n.* 系留飞艇

kite-camera [,kaɪt'kæmərə] *n.* 俯瞰图照相机

kite-flying [,kaɪt'flaɪɪŋ] *n.* 放风筝;东拼西凑;开空头支票

kitol ['kɪtəul] *n.*【化】鲸醇

kitten ['kɪtn] *n.* 小猫,小动物;顽皮姑娘

kittle ['kɪtl] *a.* 难对付的,麻烦的,灵巧的;无常的,冒险的

kivuite ['kɪvuaɪt] *n.*【矿】水磷铀钍矿

kiwi ['ki:wi:] *n.* 几维鸟;猕猴桃

klang [klæŋ] *n.* (德语) 音响,响声

klangfilm ['klæŋfɪlm] *n.* 有声影片

klaxon ['klæksn] *n.* 电喇叭〔警笛〕

klendusity [klen'dju:sɪtɪ] *n.* 防感性,避病性

kleptoscope ['kleptəuskəup] *n.* 潜望镜

klieg-light ['kli:glaɪt] *n.* 溢光灯〔强弧光灯〕

klieg-shine ['kli:gʃaɪn] *n.* 溢光灯的光

klinit ['klɪnɪt] *n.*【生】木糖醇

klinkstone ['klɪŋkstəun] *n.* 响岩

klinostat ['klaɪnəu,stæt] *n.* 缓转仪,回转器

klirr [klɜ:] *n.* 失真

klirrfactor [klɜ:'fæktə] *n.* 非线性失真系数,畸变因数

klydonogram [klaɪ'dɒnəgræm] *n.* 脉冲电压记录图

klydonograph [klaɪ'dɒnəgrɑ:f] *n.* 脉冲电压记录器

klystron ['klaɪstrɔn] *n.* 速调管

kmaite ['mɑ:aɪt] *n.* 绿云母

knack [næk] *n.* ①技巧,诀窍 ②习惯

knag [næg] *n.* 木节〔瘤〕,木钉

knaggy ['nægɪ] *a.* 多节〔疙瘩〕的

knap [næp] ❶ (knapped; knapping) *vt.* 打碎,敲打 ❷ *n.* 丘(顶)

knapper ['næpə] *n.* 碎石机〔锤〕

knapsack ['næpsæk] *n.* 背包,行囊

knar [nɑ:], **knarl** [nɑ:l] *n.* 木瘤,木节

knead [ni:d] *vt.* 揉,捏,混合,搅拌

kneadable ['ni:dəbl] *a.* 可搓揉的,可塑的

kneader ['ni:də] *n.* 捏合机,碎浆机

kneading-trough ['ni:dɪŋtrɔf] *n.* 揉和槽

knee [ni:] ❶ *n.* ①膝 ②弯头,肘管,曲材,(曲线的)弯曲处,拐点 ③(铣床的)升降台 ❷ *a.* 直角的,膝形

K

的 **❸** vt. ①用膝盖碰 ②用合角铁〔弯头管〕接合

knee-breeches [ˌniːˈbrɪtʃɪz] n. (长及膝的)短裤

knee-deep [ˈniːdiːp] a. 深到膝的,没膝的,深陷中的(in)

knee-girder [ˈniːgɜːdə] n.; a. 肘状梁(式的)

knee-high [ˈniːhai] a. 高及膝的

kneehole [ˈniːhəul] n. (写字桌等)容纳膝部的地方

knee-iron [ˈniːaiən] n. 隅铁,角铁

knee-joint [ˈniːdʒɔint] n. 膝关节,弯头接合

kneel [niːl] (knelt) vi. 跪下 (down)

knee-pan [ˈniːpæn] n. 膝盖骨

knell [nel] n.; v. (敲)丧钟

knew [njuː] know 的过去式

knickknack [ˈniknæk] n. 小家具,琐碎物

knife [naif] **❶** (pl. knives) n. ①刀,刀口,刀片,刮板,切割器 ②手术刀 **❷** vt. 用(小)刀切,劈开

knife-ege [ˈnaifedʒ] n. 刀口,刀刃形

knife-edged [ˈnaifedʒd] a. 极锋利的,极精密的

knife-machine [ˌnaifməˈʃiːn] n. 磨刀机

knifing [ˈnaifiŋ] n. 切深(轧制),通刀子

knight [nait] n. 骑士,武士,爵士;马

knit [nit] v. ①编织 ②接合 ③弄结实,使紧密结合,使严密

knitmesh [ˈnitmeʃ] n. 织网

knitter [ˈnitə] n. 编织机,编织者

knitting [ˈnitiŋ] n. ①编织(物,法) ②接合,(骨)愈合

knitwear [ˈnitweə] n. 编织的衣物,针织品

knives [naivz] knife 的复数

knob [nɒb] **❶** n. ①节,(铸)瘤,疙瘩,线团 ②(按,旋)钮,圆形把手,球形柄,调节器 ③鼓形绝缘子 ④小丘,(pl.)丘陵地带 **❷** v. 给…装球形把手,鼓起

knobbed [nɒbd] a. 圆头的,多节的

knobble [ˈnɒbl] **❶** n. 小瘤,小球形突出物 **❷** v. ①开坯 ②压平表面上的隆起

knobbling [ˈnɒbliŋ] n. ①熔锤过的铁疙瘩 ②开坯,小压下量轧制 ③压平(表面上的)隆起

knobbly [ˈnɒbli] a. 疙瘩的

knobby [ˈnɒbi] a. 疙瘩多的,崎岖的,棘手的,小球形的

knoblike [ˈnɒblaik] a. 疙瘩状的

knock [nɒk] v.; n. ①敲,碰(撞) ②爆击,震动,敲击,(机器)运动不规律 ③破坏,消灭,击落 ④顶销 ☆ **knock about** 不断冲击,接连敲击,磕碰; **knock A agaist (on) B** 把 A 撞到 B 上; **knock away** 敲掉; **knock down** 撞倒,解体;击落; **knock ... into rapid motion** 使…迅速运动; **knock off** 撞掉,除去,赶完,中止(工作); **knock out** 敲出,敲落,脱离;使失去效能,破坏; **knock over** 弄倒; **knock together** 使碰撞,匆匆做成; **knock up** 匆匆赶做; **knock up against** 碰撞,同…冲突

knockability [ˌnɒkəˈbiləti] n. 【机】出砂性

knock-about [ˈnɒkəbaut] **❶** a. 结实的,吵闹的 **❷** n. 快帆船

knock-compound [nɒkˈkɒmpaund] n. 抗震剂

knockdown [ˈnɒkdaun] **❶** a. ①能拆卸的 ②压倒的,不可抵抗的 ③最低(价)的 **❷** n. 易于拆卸的东西;击倒,降低

knocked-on [ˈnɒktɒn] a. (被)打出的

knocker [ˈnɒkə] n. ①敲(门)者 ②门环,信号铃锤 ③爆震剂 ☆ **up to the knocker** 完全地

knocker-out [ˈnɒkəaut] n. 落砂工

knock-free [ˈnɒkfriː] a. 非〔无〕爆震的

knocking [ˈnɒkiŋ] n. ①撞,爆震,打落(氧化皮),敲击信号 ②水锤 ③震性

knocking-bucker [ˌnɒkiŋˈbʌkə] n. 【建】采石器

knocking-out [ˌnɒkiŋaut] n. 敲出,碰撞位移

knockmeter [ˈnɒkˈmiːtə] n. 爆震计

knock-off [ˈnɒkɒf] **❶** a. 可连接的 **❷** n. 敲落,停止

knock-on [ˈnɒkɒn] n.; a. 弹跳,(被)打出的(粒子)

knockout [ˈnɒkaut] **❶** n. ①敲出,分离,出芯,脱壳,落砂(工作),击倒 ②拆卸工具,脱模机,出器,喷射器 **❷** a. 猛烈的,毁灭性的,迷人的,轰动的

knock-pin [ˈnɒkpin] n. 【机】定位锁,顶销

knockrating [ˈnɒkˈreitiŋ] n. 防爆率,爆震率

knock-reducer [ˌnɒkriˈdjuːsə] n. 抗震剂

knock-sedative [ˈnɒkˈsedətiv] a. 抗爆的

knock-test [ˈnɒktest] n. 抗震性试验

knoll [nəul] n. 小山,墩

Knoopnumber [nuːˈpnʌmbə] n. 【机】努普硬度值

Knoopscale [nuːˈpskeil] n. 【机】努氏(硬度)标度

knop [nɒp] n. 节,瘤,圆形把手,(电)钮,门拴,蕾形装饰,花芽

knopite [ˈnɒpait] n. 【矿】铈钙钛矿

knopper-gall [ˈnɒpəgɔːl] n. 【医】五倍子

knot [nɒt] **❶** n. ①(绳,症)结,(木,波)节,结节扣 ②难事,疙瘩,关键 ③一小群,一小队 ④节(测航速的单位),海里 **❷** (knotted; knotting) v. ①打结,捆扎 ②聚集,聚成块 ☆ **cut the (Gordian) knot** 一刀两断,快刀斩乱麻; **get into knots**(对…)困惑不解; **Gordian knot** 难解的结,棘手问题;关键; **in knots** 三五成群; **tie a rope in a knot** 或 **tie a knot in a rope** 在绳上打个结; **tie oneself (up) in (into) knots** (使自己)陷入困境

knothole [ˈnɒθəul] n. (木头上的)节孔

knotter [ˈnɒtə] n. 打结的人,打结器

knotterman [ˈnɒtəmən] n. 粗筛工

knotty [ˈnɒti] a. ①有节的,瘤状的 ②难解的,纠缠不清的

knot-wood [ˈnɒtwud] n. 木(料)

know [nəu] (knew, known) v. 知道,了解,认识,(能)识别 ☆ **all one knows** 聪明才智;尽全力; **(be) in the know** 知道得很清楚,知内情的; **for all one knows** 据…所知恐怕是; **know a hawk from a handsaw** 辨别力很强; **know a thing or two** 实践经验丰富; **know by heart** 背,记住; **know of (about)** 知道〔听说〕; **know one's business** 或 **know the ropes** =know a thing or two,know right from wrong 分辨是非; **know oneself** 有自知之明; **know what one is about** 一切都应付自如,做事精明 〖用法〗❶ 该词除了可跟"that"从句,如:It is well known that ...（意为"众所周知…"）和 From A we know that ...（意为"由 A 我们得知…"）外, 它可以由动词不定式或"as"短语作补足语.如:Many systems are known to be nonstationary. 我们知道许多系统并不是静止的。/This device is known as the capacitor.这个器件被称为电容器。（注意在下面这个例句中, 该词与"as"并不构成固定的搭配:This integral can be calculated only when the force is known as a function of time.只有当该力已知是时间函数时才能求出这个积分来。）❷ 注意"know of + 动名词复合结构"的情况:We know of the earth's acting as a big magnet. 我们知道,地球的作用就像一块大磁体。❸ 在下面的例句中它构成了插入句:This we know does not have a defined value, since r>1. 我们知道, 这并没有一个限定值, 因为 r>1。

knowability [ˌnəʊəˈbɪlətɪ] n. 可知性

knowable [ˈnəʊəbl] a. 可知的,能认识的

know-all [ˈnəʊɔːl] n. (自称为)无所不知的人

know-how [ˈnəʊhaʊ] n. ①专门技能,实践知识,体验 ②技术情报 ③诀窍

knowing [ˈnəʊɪŋ] ❶ a. ①知道的,有知识的 ②(自作)聪明的 ③时髦的 ❷ n. 知道,认识 ☆ **There is no knowing ...** 没法知道…

knowingly [ˈnəʊɪŋlɪ] ad. 有意识地,机警地,老练地

know-it-all [ˈnəʊɪtɔːl] n. a.; n. 自称无所不知的(人)

knowledge [ˈnɒlɪdʒ] n. ①知道,了解 ②学识,认识,资料 ☆ **as far as our knowledge goes** 就我们所知; **come to one's knowledge** 被…知道; **have no knowledge of** 不知道,不理解; **have some knowledge of** 懂得一点; **not to my knowledge** 据我知道并不是那样; **to one's (certain) knowledge** 据…所知; **to the best of one's knowledge** 就…所知; **within one's knowledge** 据…所知; **without the knowledge of** 不通知,不告诉; **knowledge is power** 知识就是力量 〖用法〗 往往在它前面用不定冠词（有时没有）。如:Under these conditions, a knowledge of the response to a sinusoidal signal does not enable us to predict accurately the response to any other waveform. 在这些条件下,了解对正弦信号的响应并不能使我们精确地预见对其他任何波形的响应。/From many practical purposes, a knowledge of the average behavior of a waveform is more useful than an exact detailed description. 从许多实用目的来看,了解一种波形的平均性能要比对它进行精确而详尽的描述更有用。/Of equal or even greater importance is a knowledge of the shape of the loop gain and phase characteristic in the vicinity of gain crossover. 同样重要或更为重要的是要了解在增

益窜度〔截止频率〕附近的回路增益和相位特性的波形。/Knowledge of the loop gain over the frequency spectrum of the input is important. 了解在输入的频谱内的回路增益是很重要的。

knowledgeable [ˈnɒlɪdʒəbl] a. 博学的,有见识的

known [nəʊn] ❶ know 的过去分词 ❷ a. 已知的,大家知道的 ❸ n. 已知数（物）☆ **(be) known** 闻名,已知; **(to) (be) known as** 称为,叫做,以…闻名; **be known for** 因…而众所周知; **be known to** 为…所知; **known by the name of** 通称为; **make known** 发表,向…公布

know-nothing [ˈnəʊˌnʌθɪŋ] n.;a. 一无所知的(人),不可知论者〔的〕

know-nothingism [ˌnəʊˈnʌθɪŋzəm] n. 不可知论

knoxvillite [ˈnɒksvɪlaɪt] n. 【矿】叶绿矾

knuckle [ˈnʌkl] n. ①关节,肘节,万向接头,枢轴 ②钩爪 ③(屋顶等的)脊 ☆ **knuckle down (under) to ...** 屈服于…; **knuckle down to work** 安下心来工作

knuckle-gear [ˈnʌklɡɪə] n. 圆齿齿轮

knuckle-gearing [ˌnʌklˈɡɪərɪŋ] n. 圆齿齿轮装置

knuckle-joint [ˌnʌklˈdʒɔɪnt] n. 肘(形)接(头),叉形接头

knuckle-tooth [ˈnʌkltuːθ] n. 圆(顶)齿

knurl [nɜːl] n.; v. ①(硬)节,瘤,隆起 ②圆形按钮 ③滚花,刻痕

knurling [ˈnɜːlɪŋ] n. 滚花(刀),刻痕

knur(r) [nɜː] n. (树木等的)硬节,瘤

koa [ˈkəʊə] n. 寇阿相思树

Kobe [ˈkəʊbɪ] n. 神户(日本港口)

kobeite [ˈkəʊbaɪt] n. 【矿】钛稀金矿,河边矿

kobellite [ˈkəʊbəlaɪt] n. 【矿】硫铋锑铅矿

kobokobite [ˌkɒbəˈkəʊbaɪt] n. 【矿】绿铁锰矿

Kodachrome [ˈkəʊdəkrəʊm] n. 柯达彩色胶片

Kodak [ˈkəʊdæk] ❶ n. 柯达照相机 ②(小型照相机拍的)照片 ❷ vt. ①用柯达照相机拍摄 ②生动地描写

kodaloid [ˈkəʊdəlɔɪd] n. 【化】硝酸纤维素

koechlinite [ˈkəʊɪklɪnaɪt] n. 【矿】钼铋矿

Kollag [ˈkɒlæɡ] n. 固体润滑油

kolyseptic [kɒlɪˈseptɪk] a. 防腐的

konal [ˈkəʊnəl] n. 镍钴合金

kone [kəʊn] n. 双纸盆扬声器

konel [ˈkɒnəl] n. 科涅尔(镍合金),科涅尔代用白金

kong [kɒŋ] n. 钢

konigite [ˈkɒnɪɡaɪt] n. 水胆矾

konimeter [kəʊˈnɪmɪtə], **koniogravimeter** [kəʊˈnɪəʊɡrævɪmɪtə] n. 尘度计,空气尘量计

koninckite [ˈkɒnɪnˌkaɪt] n. 【矿】针磷铁矿

koniology [ˌkəʊnɪˈɒlədʒɪ] n. 微尘学

koniscope [ˈkɒnɪskəʊp] n. 检尘器

konisphere [ˈkɒnɪsfɪə] n. 尘圈

konitest [ˈkɒnɪtest] n. 计尘试验

konjak [ˈkɒndʒæk] n. 魔芋

konometer [kə'nɒmɪtə] *n.* 大气尘埃计算器

konstantan [kɒn'stæntən] *n.* 康铜,镍铜合金(= constantan)

Konstruktal [,kɒn'strʌktəl] *n.* 康斯合金

Koosmie ['ku:smi:] *n.* 库斯米(印度紫胶品系)

koplon ['kɒplən] *n.* 黏胶纤维

kopol ['kəupɒl] *n.* 柯巴树脂

kopsol ['kɒpsəl] *n.*【化】滴滴涕

Korea [kə'rɪə] *n.* 朝鲜

Korean [kə'rɪən] *n.; a.* 朝鲜的,朝鲜人(的)

kornbranntwein [kɔ:n'bræntwein]*n.* 黑麦酒

kornishboiler ['kɔ:nɪʃbɔɪlə] *n.* 水平单火管锅炉

koroseal ['kɔ:rəsi:l] *n.*【化】氯乙烯树脂

kotron ['kəutrɒn] *n.*【物】硒整流器

Kovar ['ku:vɑ:] *n.* 柯瓦铁镍钴合金

Kowloon ['kau'lu:n] *n.* (香港)九龙

krablite ['kræblaɪt] *n.*【地质】透长凝灰岩

kraft [krɑ:ft] *n.* 牛皮纸

kraftpaper ['krɑ:ftpeɪpə] *n.* = kraft

krarupization [,kræerupaɪ'zeɪʃən] *n.* 均匀加感

krarupize ['kræerupaɪz] *vt.* 均匀加感

kreosote ['krɪəsəut] *n.*【化】杂酚油

krith [krɪθ] *n.* 克瑞(气体重量单位)

Kromarc ['krɒmɑ:k] *n.* (可)焊接不锈钢

kromscope ['krəumskəup] *n.* 彩色图像观察仪

kryogenin [kraɪ'ɒdʒɪnɪn] *n.* 冷却剂

kryometer [kraɪ'ɒmɪtə] *n.* 低温计

kryoscope [,kraɪə'skəup] *n.* 凝固点测定计

kryoscopy [kraɪ'ɒskəpɪ] *n.* 凝固点测定,冰点测定法

kryotron ['kraɪətrɒn] *n.* = cryotron

kryptol ['krɪptɒl] *n.* (硅)碳棒,粒状碳

kryptomere ['krɪptəumɪə] *n.* 隐晶岩 ‖ **kryptomerous** *a.*

krypton ['krɪptɒn] *n.*【化】氪

kryptopyrrole [,krɪptəu'pɪrəul] *n.* 隐吡咯

kryptoscope ['krɪptəuskəup] *n.* 遮光镜

kryptoseismic ['krɪptəusaɪzmɪk] *a.* 隐式地震的

kryptosterol [krɪptə'sɪərɒl] *n.* 隐甾醇,羊毛甾醇

kryptoxanthin ['krɪptɒksənθɪn] *n.* 隐黄质

krystalglass ['krɪstəlglɑ:s] *n.* 富铅玻璃(器)

krystic ['krɪstɪk] *a.* 冰雪的

krytron ['krɪtrən] *n.* 弧光放电充气管

ktypeite [('k)taɪpaɪt] *n.*【地】泡霰石

Kuala Lumpur [,kwɑ:lə'lumpuə] 吉隆坡(马来西亚首都)

kubonit ['kubənaɪt] *n.*【化】氮化硼

kuchersite ['kutʃəsaɪt] *n.*【地质】油页岩

Kudamatsu [ku:'dɑ:mɑ:tsu:] *n.* 下松(日本港口)

kuh-seng ['kusəŋ] *n.*【植】苦参

Ku Klux ['kju:klʌks] *n.* (= Ku Klux Klan)三 K 党

Kumamoto [,kumə'məutəu] *n.* 熊本(日本港口)

kumanal ['kumənəl] *n.* 铜锰铝标准电阻合金

kumatology [kumə'tɒlədʒɪ] *n.* 冰雪地质学

kumial ['kumɪəl] *n.* 含铝铜镍弹簧合金

kumium ['kumɪəm] *n.* 高电(热)导率铜铬合金

kunifern ['kunɪfɜ:n] *n.* 铜镍合金

kupfelsilumin [,kʌpfel'sɪljumən] *n.* 硅铝刨合金

kupfernickel [,kʌpfə'nɪkl] *n.*【矿】红砷镍矿

kurchatovium [,kuət[ə'təvɪəm] *n.* (= rutherfordium)人造放射性元素 Rf

kurf [kɜ:f] *n.* 切割,切沟

kurhaus [kɜ:haus] *n.* 矿泉疗养所

Kurie ['kjuərɪ] = Curie

Kuril(e)Islands ['kuraɪl'aɪləndz] *n.* 千岛群岛

kurkar [kɜ:kɑ:] *n.* 凝砂块

kuromore ['kʌrəmɔ:] *n.* 镍铬耐热合金

kurtosis [kɜ:'təusɪs] *n.* (曲线的)峰态,尖峰值,突出度

kuttern ['kʌtən] *n.* 铜碲合金

Kuwait [ku'weɪt], **Kuweit** [kə'weɪt] *n.* 科威特

Kuwaiti [ku'weɪtɪ] *a.;n.* 科威特(的),科威特人(的)

Kwangchow ['gwɑ:ŋ'dʒəu] *n.* 广州(市)

Kwangtung ['gwɑ:ŋ'duŋ] *n.* 广东(省)

kyanite ['kaɪənaɪt] *n.* 蓝晶石

kyanize ['kaɪənaɪz] *vt.* 氯化汞冷浸防腐处理

kybernetics [kaɪbə'netɪks] *n.* = cybernetics

kyle [kaɪl] *n.* 海峡

kylin ['ki:lɪn] *n.*【动】麒麟

kyllosis [kɪ'ləusɪs] *n.* 畸形足

kymatology [,kaɪmə'tɒlədʒɪ] *n.* 波浪学

kymogram ['kaɪməugræm] *n.* 记波图

kymograph ['kaɪməgrɑ:f] *n.* 波形自记器,转筒记录器,角功表 ‖ **~ic** *a.*

kymography [kaɪməgrəfɪ] *n.* 记波法

Kyoto [kɪ'əutəu] *n.* (日本)京都

kypfarin ['kɪpfərɪn] *n.* 杀鼠灵

kyrock ['kaɪrɒk] *n.*【地质】沥青砂岩

kystis ['kɪstəs] *n.*【医】包囊,囊肿

Kyushu ['kju:ʃu:] *n.* (日本)九州

L l

laachite ['lɑ:tʃaɪt] n. 黑云透长岩

labdanum ['læbdənəm] n. 劳丹胶

labefactation [ˌlæbɪfæk'teɪʃən], **labefaction** [ˌlæbɪ'fækʃən] n. 动摇,恶化,崩溃

label ['leɪbl] ❶ n. ①标签,纸条,名牌,信息识别符,称号 ②【建】披水石,出缘(线) ❷ (label(l)ed; label(l)ing) vt. ①加标签于,贴商标 ②…称〔列〕为 ☆ *label A as B* 指出〔标明〕A 是 B,把 A 称为 B,把 A 分到 B 类中; *label A with B* 在 A 上注上 B
〖用法〗 当它意为"把…标记为"时,往往可以在补足语前省去介词"as"。如: The unit of resistance <u>is labeled the ohm</u>. 电阻的单位被标记为欧姆。/The current through R₅ <u>is labeled I₅</u>. 流过 R_5 的电流被标记为 I_5。

label(l)ed ['leɪbld] a. (同位素)标记的,示踪的

label(l)er ['leɪblə] n. 贴标签机

labial ['leɪbɪəl] a. 唇(状,侧)的

labiate(d) ['leɪbɪeɪt(ɪd)] a. 唇形的,有唇的

labile ['leɪbaɪl] a. ①活泼的,不稳定的 ②不坚固的 ③滑动的,易滑脱的

lability [lə'bɪlɪtɪ] n. 不安定(性),易변性

labilization [leɪbɪlaɪ'zeɪʃən] n. 不稳定,易变作用

labilize ['leɪbəlaɪz] v. 活化

labiorrhaphy [ˌleɪbɪ'ɔrəfɪ] n. 唇缝术

labitome ['læbɪtəum] n. 有刃钳

labium ['leɪbɪəm] (pl. labia) n. (口)唇,下唇(瓣),阴唇,(管乐器的)嘴

labor ['leɪbə] = labour

laboratorial [ˌlæbərə'tɔ:rɪəl] a. 实验室的

laboratorian [ˌlæbərə'tɔ:rɪən] n. 检验员,化验员

laboratory [lə'bɒrətərɪ] n. ①实验〔化验〕室,研究室〔所〕 ②化学厂,药厂 ③炉房

labored ['leɪbəd] = laboured

laborer ['leɪbərə] = labourer

laboring ['leɪbərɪŋ] = labouring

laborious [lə'bɔːrɪəs] a. ①艰巨的,费力的 ②勤劳的 ‖ **~ly** ad. **~ness** n.

labour ['leɪbə] ❶ n. ①劳动,努力 ②劳动力 ❷ vt. ①劳动,努力,争取(for) ②仔细去做,(在…上)过分花费精力 ☆ *labour at* 埋头于,努力(做); *labour for*; *labour one's way* 吃力地前进; *labour to (do)* 努力(做);*labour under* 受害于; *labour under a delusion* 误解,想错; *lost labour* 或 *labour lost* 徒劳; *the labours of Hercules* 或 *the Herculean labours* 需要花费巨大精力去完成的工作
〖用法〗 注意下面例句中该词的含义: The calculation may involve considerable <u>labor</u>. 该计算可能很费劲。

labourage ['leɪbəreɪdʒ] n. 工资

laboured ['leɪbəd] a. 吃力的,困难的,(文体等)不自然的

labourer ['leɪbərə] n. 劳动者

labouring ['leɪbərɪŋ] a. 劳动的,困难的 ‖ **~ly** ad.

labourist ['leɪbərɪst] n. 工党党员

laboursome ['leɪbəsəm] a. 吃力的

labradorite [ˌlæbrə'dɔːraɪt] n. 拉长岩,富拉玄武岩

labrum ['leɪbrəm] (pl. labra) n. (上)唇,缘边

laccase ['lækeɪs] n. 【生】漆酶

laccol ['lækəl] n. 【生】虫漆酚

laccolite ['lækəlaɪt], **laccolith** ['lækəlɪθ] n. 岩盖 ‖ **laccolitic** 或 **laccolithic** a.

lace [leɪs] ❶ n. ①带子,束带 ②花边 ③皮带接合 ❷ v. ①束紧(up),穿带子(through),编织 ②【计】全条穿孔,一行(一列)全穿孔 ☆ *lace A together with B* 用 B 把 A 系在一起

lacelike ['leɪslaɪk] a. 带子般的,花边状的

lacer ['leɪsə] n. 胶带结合机

lacerable ['læsərəbl] a. 易撕裂的

lacerate ❶ ['læsəreɪt]vt. ①扯破 ②伤害,使痛心 ❷ ['læsərɪt] a. 扯破的,撕裂的,受折磨的

lacerated ['læsəreɪtɪd] a. =lacerate

laceration [læsə'reɪʃən] n. 划破,撕裂,削切 ‖ **lacerative** ['læsəreɪtɪv] a.

lacertilia [ˌlæsə'tɪlɪə] n. 【动】蜥蜴类

lacertus [lə'sɜ:təs] n. 纤维束

lacery ['leɪsərɪ] n. 花边形

lacet ['leɪsɪt] n. ①盘山道路 ②带子

lacework ['leɪswɜːk] n. 花纹(边),网眼针织物

lachrymal ['lækrɪməl] n.;a. 泪(的),泪腺(的)

lachrymation [ˌlækrɪ'meɪʃən] n. 流泪

lachrymator ['lækrɪmeɪtə] n. 催泪性毒气

lachrymatory ['lækrɪmətərɪ] a. 催泪的,泪的

lacing ['leɪsɪŋ] n. ①束紧〔带〕,斜缀条,编丝 ②花边装饰 ③(局内电缆)分编

laciniate(d) [lə'sɪnɪeɪt(ɪd)] a. 有穗的,(叶子)条裂的

lack [læk] v.;n. 缺乏,不足,没有 ☆ *a certain lack*

of 一个特定的缺乏; **for(by, from, through)lack of** 因缺乏; **have no lack of** 不缺乏; **lack of** 缺乏, 没有

〖用法〗 ❶ 注意下面例句中该词的用法:The errors introduced <u>by lack of</u> control of G(s) may now be very significant. 现在由于没有 G(s) 的控制而引起的误差可能是很大的。/<u>The lack of</u> such protection has made it easy for malicious program to destroy data on systems. 由于缺乏这种保护而使得恶意程序容易摧毁系统的数据。 ❷ 注意下面例句的含义:<u>Lacking knowledge of</u> just what these radiations were, the experimenters named them simply alpha, beta, and gamma radiation, from the first three letters of the Greek alphabet. 因为这些实验者当时并不知道这些射线到底是什么东西,所以他们就按照希腊字母表的头三个字母把它们分别命名为阿尔法射线、贝塔射线和伽马射线。("Lacking knowledge of ..." 是分词短语处于句首作原因状语。)

lackadaisical [ˌlækə'deɪzɪkəl] a. 无精打采的,萎靡不振的,懒惰的 ‖ **~ly** ad.

lacker ['lækə] = lacquer

lackey ['lækɪ] n.;vt. 走狗;侍候

lacking ['lækɪŋ] a. 缺少的,不足的 ☆ **lacking in ...** 缺乏…

lackluster,lackluster ['læk,lʌstə] a.;n. 无光泽(的),无生气(的),平凡的

lacmus ['lækəməs] n. 石蕊

laconic(al) [lə'kɒnɪk(ə)l] a. 简洁的,精练的 ‖ **~ally** ad.

laconicism [lə'kɒnɪsɪzəm], **laconism** ['lækənɪzəm] n. 警句,简洁的(表达方式)

lacovo [lə'kjuvə] n. 乐口福(麦精精)

lacquer ['lækə] ❶ n. ①真漆 ②漆器〔膜〕③涂漆镀锡薄钢板 ❷ vt. 喷漆,抛光

lacquerer ['lækərə] n. (油)漆工

lacquering ['lækərɪŋ] n. 上漆,漆沉积

lacquerless ['lækəlɪs] a. 无漆的

lacquerware ['lækəweə] n. 漆器,用漆绘表面的工艺品

lacquey ['lækɪ] = lackey

lacrima ['lækrɪmə] n. 泪

lacrimation [ˌlækrɪ'meɪʃən] = lachrymation

lacrimator ['lækrɪmeɪtə] n. 催泪物质

lacrimatory ['lækrɪmətərɪ] = lachrymatory

lacroisite [læ'krɔɪsaɪt] n.【矿】杂磷锰矿

lacrosse [lə'krɒs] n. ①军事测距系统 ②长曲棍球

lactacidase [læktæ'saɪdeɪz] n. 乳酸酶

lactalbumin [ˌlæk'tælbjumɪn], **lact(o)albumin** ['læktəʊəl'bjuːmɪn] n. 乳白蛋白

lactam ['læktæm] n.【化】内酰胺,乳胺

lactamide [læk'tæmaɪd] n.【化】乳酰胺

lactamize ['læktæmaɪz] v.【化】内酰胺化

lactary ['læktərɪ] a. 奶(状)的

lactase ['lækteɪs] n.【生】乳糖酶

lactate ['lækteɪt] n. 乳酸盐

lactation [læk'teɪʃən] n. 乳汁分泌,哺乳(期)

lacteal ['læktɪəl] a. 含乳状液的

lactean ['læktiːn] a. 乳(状)的

lactenin ['læktɪnɪn] n. 乳抑菌素

lacteous ['læktɪəs] a. 乳(白色)的

lactescence [læk'tesəns] n. 乳化,乳汁状,乳白色 ‖ **lactescent** a.

lactic ['læktɪk] a. 乳汁的

lactics ['læktɪks] n. 产乳酸微生物

lactide ['læktaɪd] n.【化】丙交酯

lactim ['læktɪm] n.【化】内酰亚胺

lactocele ['læktəsiːl] n.【医】乳腺囊肿

lactochrome [ˌlæktəʊ'krəʊm] n. 核黄素,维生素 B2

lactolase [ˌlæktəʊ'leɪs] n.【生】乳酸酶

lactolin [ˌlæktəʊ'lɪn] n. 炼乳

lactolite [ˌlæktəʊ'laɪt] n. 乳酪塑料

lactometer [læk'tɒmɪtə] n. 乳(汁)重计

lactonase [ˌlæktəʊ'neɪs] n. 内酯酶

lactone [ˌlæktəʊn] n.【化】内酯

lactonization [ˌlæktəʊnaɪ'zeɪʃən] n. 内酯化作用

lactoprene [ˌlæktəʊ'priːn] n. 乳胶

lactoscope [ˌlæktəʊ'skəʊp] n. 乳脂计

lactose [ˌlæktəʊs] n. 乳糖

lactoyltetrahydropterin [læktɔɪltetrəˌhaɪdrəp'terɪn] n. 乳酰四氢喋呤

lacuna [lə'kjuːnə] (pl. lacunae) n. ①脱漏(部分),【数】缺项 ②空窝,凹窝 ③【地质】洼地

lacunal [lə'kjuːnəl] a. ①空隙的,凹窝状的 ②缺项的

lacunar [lə'kjuːnə] n. 花格平顶,凹格天板

lacunary [lə'kjuːnərɪ] a. ①空隙的,多小孔的 ②有缺陷的 ③【数】缺项的

lacunose [lə'kjuːnəus] a. 多间隙的,脱漏多的

Lacus ['lækəs] n.【天】(月面上的)湖

lacustrine [lə'kʌstraɪn] a. 湖的,生在湖中的

lacy ['leɪsɪ] a. 花边(状)的,带(状)的

ladder ['lædə] n. ①梯,阶梯 ②斗架 ③(分级机的)耙 ☆ **kick down the ladder** 过河拆桥; **see through a ladder** 看见显而易见的东西

〖用法〗注意下面例句的含义:The next step up the <u>ladder</u> of complexity deals with an elemental crystal. 复杂度高一级的是关于单质晶体。

ladderlike ['lædəlaɪk] a. 梯子状的

laddertron ['lædətrɒn] n. 梯形管

ladder-type ['lædətaɪp] a. 梯形的

laddic ['lædɪk] n. 拉蒂克多孔磁芯

lade [leɪd] (laded, laden) v. 装(载),加负担于,获得,塞满

laden ['leɪdən] ❶ v. lade 的过去分词 ❷ a. 装满的,充满了的(with) ☆ **(be) laden with ...** 装满

lading ['leɪdɪŋ] n. 装载(的货物),加荷,汲取

ladle ['leɪdl] ❶ n. 勺,(厚)斗,桶,铲,铁水包,渣包 ❷ vt. ①(用勺子)舀,舀出(out) ②给予,赠送(out) ☆

ladle in 舀进,插入; *ladle out* 舀出

ladleful ['leɪdlful] *n.* 满勺量

lady [leɪdɪ] *n.* ①女士,夫人,贵妇人 ②小石板 ③探照灯控制设备

ladybird ['leɪdɪbɜ:d], **ladybug** ['leɪdɪbʌg] *n.* 瓢虫

laeotropic [li:ə'trɒpɪk] *a.* 左旋〔转〕的

laete [li:t] *a.* 鲜明的,光亮的

laeve [li:v] *a.* 带绒毛的

laevogyrate [,li:vəʊ'dʒaɪreɪt] *a.* 左旋的,逆时针的

laevoglucose [,li:vəʊ'glu:kəʊs] *n.* 左旋葡萄糖

laevoisomer [,li:vəʊ'aɪsəmə] *n.* 左旋异构体

laevorotation [,li:vəʊrəʊ'teɪʃ ən] *n.* 左旋 ‖ **laevorotatory** [,li:vəʊ'rəʊtətərɪ] *a.*

l(a)evulosaemia [,li:vju'ləʊzi:mɪə] *n.* 果糖血

l(a)evulose [,li:vjʊləʊs] *n.*【生】左旋糖,果糖

l(a)evulosuria [,li:vjʊləs'jʊərɪə] *n.* 果糖尿

lag [læg] ❶ *n.;vi.* ①滞后,迟滞,迟延(的时间),延迟,走慢,耽搁 ②错开,平移 ③套板,板条,罩壳 ❷ *vt.* ①用隔热材料保护一加上外套 ②落后于 ❸ *a.* 最后的 ☆*lag behind (in)* (在…方面)落后(于)

lagena [lə'dʒi:nə] *a.* (烧)瓶,壶

lagengneiss ['lædʒəŋnaɪs] *n.*【地质】层状片麻岩

lageniform [lə'dʒenɪfɔ:m] *a.* 烧瓶形的

laggard ['lægəd] ❶ *a.* 落后的 ❷ *n.* 落后者,懒散的人

lagger ['lægə] *n.* (经济)滞延指数

lagging ['lægɪŋ] ❶ *n.* ①落后,延迟 ②套板,板条,贴皮 ③外套,隔热(套)层,套筒 ④刻纹 ❷ *a.* 落后的,慢的,凹凸不平的 ‖ **~ly** *ad.*

lagniappe [læn'jæp] *n.* 免费赠品

lagomorpha [,lægə'mɔ:fə] *n.* 兔齿目

lagoon [lə'gu:n] *n.* 污水池,礁湖,氧化塘,沼

Lagos ['leɪgɒs] *n.* 拉各斯(尼日利亚首都)

Lagrangian [lə'grændʒɪən] *n.;a.* 拉格朗日算符,拉氏算符(的)

laguna [lə'gu:nə], **lagune** [lə'gu:n] = lagoon

lahar ['lɑ:hɑ:] *n.* (火山)泥流(物)

Lahore [lə'hɔ:] *n.* (巴基斯坦)拉合尔(市)

laid [leɪd] lay 的过去式和过去分词

laid-back ['leɪdbæk] *a.* 悠闲的

laid-up ['leɪdʌp] *a.* 卧病在床的

lain [leɪn] lie 的过去分词

laissez-faire [,leɪseɪ'feə] (法语) *n.* 市场自由学说

laitance ['leɪtəns] *n.* (水泥)翻沫

laitier ['leɪtɪə] *n.* 浮渣

laity ['leɪtɪ] *n.* 外行

lake [leɪk] *n.* ①湖泊,池塘 ②色淀,深红色(颜料),媒色颜料 ③血细胞溶解

lakeland ['leɪklənd] *n.* 多湖泊地区

lakelet ['leɪklɪt] *n.* 小湖

lakeshore ['leɪkʃɔ:] *n.* 湖岸

laky ['leɪkɪ] *a.* ①湖(状)的,多湖泊的 ②深红色的

lala ['lɑ:lɑ:] *n.* 康铜

lalopathy [læ'lɒpəsɪ] *n.* 言语障碍

lam [læm] ❶ *n.* ①沙质泥地 ②逃走 ❷ *v.* ①(鞭)打(into) ②逃走

lama ['lɑ:mə] *n.* 喇嘛僧;泥浆,尾矿

lamb [læm] *n.* 羔羊

lambda ['læmdə] *n.* ①希腊字母第十一字,λ(表示波长的符号) ②微升(百万分之一升)

lamb-dip ['læmdɪp] *n.*【电子】兰姆凹陷

lambdoid ['læmdɔɪd], **lambdoidal** ['læmdɔɪdəl] *a.* 人字形的,Λ形的

lambency ['læmbənsɪ] *n.* (光,光焰等的)轻轻摇曳,柔光,巧妙

lambent ['læmbənt] *a.* (火,光)轻轻摇曳的,闪烁的,巧妙的 ‖ **~ly** *ad.*

lambert ['læmbət] *n.* 朗伯(亮度单位)

lambertite ['læmbə,taɪt] *n.*【矿】斜硅钙铀矿

lambskin ['læmskɪn] *n.* ①羔皮,羊皮纸 ②劣质无烟煤

lame [leɪm] ❶ *a.* ①(损)坏了的,(计量表)停止的,有缺点的,瘸的 ②无说服力的,令人不满意的 ❷ *vt.* 使损坏,使停止 ❸ *n.* 金属薄板 ‖ **~ly** *ad.*

lamel ['læməl] *n.* 薄片

lamella [lə'melə] (pl. lamellae) *n.* 薄片,间片,同心板,薄片剂,菌褶

lamellae [lə'meli:] lamella 的复数

lamellar [lə'melə] *a.* 层状的,多层的 ‖ **~ity** *n.*

lamellate(d) ['læmələtɪ] *a.* 薄片的,层状的

lamellation [læmə'leɪʃ ən] *n.* 纹理,层化

lamellibranch [lə'melɪbræŋk] *n.* 瓣鳃类软体动物

lamellicorn [lə'melɪkɔ:n] *n.* 鳃角的

lamelliform [lə'melɪfɔ:m] *a.* 薄片形的

lameness ['leɪmnɪs] *n.* 残缺,不完备,跛脚

lament [lə'ment] *v.;n.* 恸惜,悲伤,哀悼

lamentable ['læməntəbl] *a.* 令人恸惜的,可悲的 ‖ **lamentably** *ad.*

lamentation [læmən'teɪʃ ən] *n.* 悲伤,哀悼

lamiation [leɪmɪ'eɪʃ ən] *n.* 层组合

lamiflo ['læmɪfləʊ] *n.* 片流膜

lamina ['læmɪnə] (pl. laminae) *n.* 薄片,层状体,叶片

laminable ['læmɪnəbl] *a.* 可成为薄层的

laminac ['læmɪ,næk] *n.* 成形用聚酯树脂

laminae ['læmɪni:] lamina 的复数

laminagram ['læmɪnə,græm] *n.* X 射线断层照片

laminagraph ['læmɪnə,grɑ:f] *n.* 断层照相机

laminagraphy [,læmɪ'nægrəfɪ] *n.* 薄层照相

laminal ['læmɪnəl], **laminar**['læmɪnə], **laminary** ['læmɪnərɪ] *a.* 薄层的,分层的,片(状)的,层理的

laminaribiose [,læmɪneəri'baɪəʊs] *n.*【生】昆布二糖

laminarin [,læmɪ'neərɪn] *n.*【生】海带多糖,昆布多糖

laminarinase [,læmɪ'neərɪneɪs] *n.*【生】昆布〔海带〕多糖酶

L

laminarization [ˌlæmɪnəraɪ'zeɪʃən] *n.* 层(流)化

laminate ['læmɪneɪt] **❶** *v.* ①分成,分成薄片 ②层压,叠层,制成薄片,层压制件,包以薄片 **❷** *a.* 薄板状的,分片的,由薄片叠成的 **❸** *n.* 层压制件,〔薄片〕制品,叠层板,绝缘层

laminated ['læmɪneɪtɪd] *a.* 分成薄层的,层压的,叠层的,(由)薄片(组成)的

laminating ['læmɪneɪtɪŋ] *n.* 层压(法),层合(法),卷成(包以)薄片

lamination [ˌlæmɪ'neɪʃən] *n.* 层压(成型),层叠,铁芯片,叠片〔层压〕结构,起鳞纹理

laminative ['læmɪneɪtɪv] *a.* 层状质地的

laminator ['læmɪneɪtə] *n.* 层合机

laming ['læmɪŋ] *n.* 薄层

laminiferous [ˌlæmɪ'nɪfərəs] *a.* 薄板状的,由薄层组成的

laminogram [ˌlæmɪ'nəugræm] *n.* 体层〔断层〕照片

laminograph [ˌlæmɪ'nəugrɑːf] *n.* 深层 X 光机,X 射线断层〔分层〕摄影机

laminography [ˌlæmɪ'nɒgrəfɪ] *n.* X 射线分层(摄影)法,体〔断〕层照相术

laminose ['læmɪnəus], **laminous** ['læmɪnəs] = laminal

lamish ['leɪmɪʃ] *a.* 有点瘸的,不太完善的

lamp [læmp] **❶** *n.* 灯(泡,光),照明(器),智慧的源泉 **❷** *vt.* 照亮

lamp-black [ˌlæmp'blæk] *n.* 黑烟,灯黑,灯烟

lampadite ['læmpədaɪt] *n.* 铜锰土

lamphole ['læmfhəul] *n.* 灯井

lamphouse ['læmfhaus] *n.* (仪器上的)光源,灯箱

lampless ['læmplɪs] *a.* 未点灯的

lamplight ['læmplaɪt] *n.* 灯光

lampoon [læm'puːn] **❶** *n.* 讽刺文 **❷** *vt.* 写讽刺文攻击

lamppost ['læmppəust] *n.* 灯柱

lamprey ['læmprɪ] *n.* 【动】七鳃鳗,八目鳗

lamprophonia [ˌlæmprə'fəunɪə] *n.* 发音清晰

lamprophonic [ˌlæmprə'fəunɪk] *a.* 发音清晰的

lamprophony [læm'prɒfənɪ] *n.* 发音清晰

lamp-socket ['læmpsɒkɪt] *n.* 灯座

lanai ['lɑːnɑːɪ] *n.* (有顶棚的)门廊,夏威夷式阳台

lanate ['leɪneɪt] *a.* 羊毛状的,棉状的

Lancashire ['læŋkəʃɪə] *n.* (英国)兰开夏(郡)

Lancaster ['læŋkəstə] *n.* 兰开斯特(英国城市)

lance [lɑːns] **❶** *n.* ①标枪,长矛,鱼叉,撞杆 ②喷枪,(喷雾器的)喷杆,喷水器 ③柳叶刀,小刀 **❷** *v.* ①(用)枪刺破,切开 ②用风枪吹除 ③投,掷 ④急速前进 ☆ ***break a lance with*** 与…交锋

lancelet ['lɑːnsəlɪt] *n.* 文昌鱼

lanceol ['lænsɪɒl] *n.* 澳白檀醇

lanceolate ['lɑːnsɪələt] *a.* 矛尖状的,柳叶刀形的

lancet ['lɑːnsɪt] *n.* ①矢状饰,锐尖窗 ②砂钩,小枪 ③(外科用)柳叶刀,刺血针

Lanchow ['lɑːn'dʒəu] *n.* 兰州

lanciform ['lænsɪfɔːm] *a.* 枪状的

lancinate ['lænsɪneɪt] *vt.* 刺,撕裂 ‖ **lancination** *n.*

lancing ['lɑːnsɪŋ] *n.* 切缝,用风枪吹洗,气切割

land [lænd] **❶** *n.* ①陆地,土地,国土,境界 ②齿刃,(钻头)刃带,刃瓣,刀刃的厚度 ③(柱塞的)挡圈 ④纹向表面,接触面 ⑤焊盘,焊接区 ⑥(枪炮的)阳膛线 ☆ ***by land*** 由陆路; ***close with the land*** 接近陆地; ***come to land*** 着〔登〕陆; ***from all lands*** 从各国; ***make (the) land*** 到岸 **❷** *v.* ①(使)登陆,降落,(使)到达 ②走下,卸船 ③沉淀,使陷入 ☆ ***land at ...*** 在…登陆; ***land ... in (into) ...*** (使…)陷入(…状态); ***land on ...*** 登陆,猛烈抨击; ***land with (onto)*** 把…强加于… 〖用法〗注意下面例句中该词的含义:Suppose that a baseball lands in an open. 假设一只棒球落在一个开阔地上。

landau ['lændɔː] *n.* (顶盖可开合或卸下的)四轮马车,敞篷轿车

landaulet(te) [ˌlændɔː'let] *n.* 小型四轮马车,小型轿车

land-based ['lændbeɪst] *a.* 岸基的,在陆上起飞降落的

land-breeze ['lændbriːz] *n.* 陆风

landcarriage ['lændkærɪdʒ] *n.* 路运(输)

landchain ['lændtʃeɪn] *n.* 土地测链

land-climate ['lændklaɪmət] *n.* 大陆气候

lander ['lændə] *n.* 出铁槽,着陆舱,登陆者,【矿】司罐工人

landfall ['lændfɔːl] *n.* 降落,着陆,崩塌

landfill ['lændfɪl] *v.;n.* 填筑,掩埋

landforce(s) ['lændfɔːs (ɪz)] *n.* 地面部队

landform ['lændfɔːm] *n.* 地形(貌)

landing ['lændɪŋ] *n.* ①着〔登〕陆,上靶,着屏,降落,下车,上岸 ②码头,月台,卸货处 ③沉淀〔陷〕④(楼梯)平台 ☆ ***at landing*** 着陆时; ***make (effect) a forced landing*** 强迫降落

landing-gear ['lændɪŋgɪə] *n.* 飞机起落架

landing-stage ['lændɪŋsteɪdʒ] *n.* 浮(动)码头,栈桥

landless ['lændlɪs] *a.* 无土〔陆〕地的

landline ['lændlaɪn] *n.* 陆上通信〔运输〕线

land-locked ['lændlɒkt] *a.* 陆地包围的,为栅栏围住的

landman ['lændmən] *n.* 测量员〔工〕

landmark ['lændmɑːk] *n.* 界桩,里程碑

landmass ['lændmæs] *n.* 陆块

land-mine ['lændmaɪn] *n.* 地雷

land-mobile ['lænd,məubaɪl] *a.* 陆地机动的

landplane ['lændpleɪn] *n.* 陆上飞机

landsat ['lændsæt] *n.* 地球资源技术卫星

landscape ['lændskeɪp] **❶** *n.* 地形,山水,风景(画,摄影),前景展望 **❷** *vt.* (环境)美化,风景设计

landscaper ['lænd,skeɪpə] *n.* 庭园设计师

landslide ['lændslaɪd], **landslip** ['lændslɪp] *n.* 坍坡〔方,崩〕,崩坍

L

landsman ['lændzmən] (pl. landsmen) n. ①本国人,同胞 ②新水手,陆居人

landsnan ['lændznən] n. 陆生贝类

landspout ['lænd,spaʊt] n. 陆上龙卷(风)

landward(s) ['lændwəd(z)] a.;ad. 向陆地,近陆地的

landwash ['lændwɒʃ] n. 【海洋】高潮线

landwaste ['lændweɪst] n. 砂砾,风化石

lane [leɪn] n. ①车道,跑道 ②(飞行)航线,空中走廊 ③小巷

lane-route ['leɪnruːt] n. 海洋航线

langaloy ['læŋgəlɔɪ] n. 铸造合金

langley ['læŋlɪ] n. 兰勒(太阳辐射的能通量单位)

langsyne [,læŋ'saɪn] ad.; n. 很久以前,往昔

language ['læŋgwɪdʒ] n. 语言,文字,语调措辞,【计】(机器)代码
〖用法〗表示"用…语言"时,要将介词"in"放在其前面。如:This is a mathematics book in English (in the English language). 这是一本用英语撰写的数学书。

languid ['læŋgwɪd] a. 疲倦的,无精打采的,阴沉的,萧条的,停滞的,缓慢的,漠不关心的,不起效用的 ‖ **-ly** ad. **~ness** n.

languish ['læŋgwɪʃ] vi. 衰弱无力,疲倦,憔悴,枯萎 ‖ **~ment** n.

languor ['læŋgə] n. 疲倦,沉闷,停滞 ‖ **~ous** a.

laniard ['lænjəd] = lanyard

laniferous [lə'nɪfərəs] a. 羊毛似的,有软毛的

laning ['leɪnɪŋ] n. 通道收缩

lanital ['lænɪtæl] n. 人造羊毛

lank [læŋk] a. 细长的,平直的

lanky ['læŋkɪ] a. 过分细长的

lanocerin [lænə'serɪn] n.【化】羊毛蜡

lanolin(e) ['lænəlɪn], **lanolinum** [lænə'lɪnəm] n.【化】羊毛脂

lanon ['lænɒn] n.【化】聚脂纤维

lansign ['lænsaɪn] n. 语言符号

lantern ['læntən] n. ①(挂,手,信号)灯,灯笼,灯具,信号台 ②幻灯(机) ③罩,外壳 ④(灯笼式)天窗,顶塔

lanthana ['lænθənə] n.【化】氧化镧

lanthanide ['lænθənaɪd] n.【化】镧系元素,镧化物

lanthanite ['lænθənaɪt] n.【矿】镧石

lanthanum ['lænθənəm] n.【化】镧

lanthionine [læn'θaɪəniːn] n. 羊毛硫氨酸

lanugo [lə'njuːgəʊ] n. 胎(柔,细绒)毛

Lanusa [lə'nuːzə] n. 拉努扎(再生纤维的德国商品名)

lanyard ['lænjəd] n. 小索,拉火绳

Lao [laʊ] n.; a. 老挝的,老挝人(的)

Laos ['laʊz] n. 老挝

Laotian [leɪ'əʊʃən] a.; n. 老挝的,老挝人(的)

lap [læp] v.;n. ①搭接,折叠,叠盖,盖板 ②研磨,抛光 ③结疤 ④一圈,棉卷,一段(路),工作阶段 ⑤轻拍(声) ⑥膝部,(衣服的)下摆,裙(衣)兜 ⑦掌管,包住,(使)成卷,使部分重叠 ☆ **dump (drop, throw) A into the lap of B** 把 A 硬塞给 B,把 A 推给 B; **lap out** 抛光; **lap over** 盖成鳞状; **lap round (in)** 缠绕于

lapactic [lə'pæktɪk] a.; n. 泻药

laparoscope ['læpərəʊskəʊp] n. 腹腔镜

laparoscopy [,læpə'rɒskəpɪ] n. 腹腔镜检查

laparotomize [,læpə'rɒtəmaɪz] vt. 剖腹

laparotomy [,læpə'rɒtəmɪ] n. 剖腹术

lapel [lə'pel] n. 翻领

lapicide ['læpɪsaɪd] n. 石工

lapidary ['læpɪdərɪ] n.;a. 宝石工(的),宝石雕琢术(的),宝石商,碑文的,优雅的,精确的

lapie [lɑː'pje] n.【地质】(石灰)岩沟

lapilli [lə'pɪlaɪ] lapillus 的复数

lapillus [lə'pɪləs] (pl. lapilli) n. 火山砾

lapinization [,læpɪnaɪ'zeɪʃən] n. 兔化法,兔体通过(减毒)法

lapis ['læpɪs] (拉丁语) n. (宝)石

lapislazzuli [,læpɪslæ'zjuːliː] n. ①天青石,青金石 ②天蓝色

lap-jointed ['læp'dʒɔɪntɪd] a. 搭接的

Laplacian [lɑː'plɑːsɪən] n.;a. 拉普拉斯算子(的),拉氏(调和量)算符(的),负曲率

Lapland ['læplænd] n. 拉普兰(挪威、瑞典、芬兰、俄罗斯各国北部拉普人居住的地区)

lapless ['læplɪs] a. 无重叠的

lap-over ['læpəʊvə] n. 搭接

lapped ['læpt] a. 搭接的,重叠的,磨过(光)的

lapper ['læpə] n. 研磨机,磨床,搽棉机

lapping ['læpɪŋ] n. ①搭接,重叠 ②研磨,抛光,磨片 ③压榨 ☆ **over lapping** 重叠,跨越,跳火花,堵塞

lapse [læps] n.;v. ①(时间的)经过,消逝 ②误差,失误,笔误,偏离,过失 ③(温度)下降,衰退 ④失效,消失,终止(to) ⑤垂直梯度 ⑥堕落,倒退

lapsus ['læpsəs] (拉丁语) n. 错〔失,笔〕误,失言;滑落

lap-welded ['læpweldɪd] a. 搭焊的

lapwork ['læpwɜːk] n. 搭接

larboard ['lɑːbəd] n.;a.;ad. 左舷,左舷方的,朝左舷

larcener ['lɑːsənə] n. 盗窃(犯)

larceny ['lɑːsənɪ] n. 偷〔盗〕窃

larch [lɑːtʃ] n. 落叶松

lard [lɑːd] ❶ n. 猪油,半固体油 ❷ v. ①润色,修改 ②涂油

lardaceous [lɑː'deɪʃəs] a. 猪油(似)的,蜡质的

lardalite [lɑː'dælaɪt] n.【地质】歪霞正长岩

larder ['lɑːdə] n. 食品储藏室,食橱,家中储存的食品

lardy ['lɑːdɪ] a. (含,涂)猪油的,多脂肪的

large [lɑːdʒ] a. 大的,大容量的,大规模的,开阔的,夸大的 ☆ **at large** 详细地,冗长地,整个的,普通的,普遍地,随便地,无目标地; **by and large** 一般来说,大体上; **half as large** 小二分之一; **in (the) large** 大规模地,一般地,全局的

〖用法〗 由它构成的形容词短语可以作后置定语,也可放在句首或句尾作状语。如: C is a constant larger than 1. C 是大于 1 的一个常数。/Gravitation is in every object, large or small. 每个物体都有万有引力,不论物体是大是小。/Large and powerful, the atmosphere consists of an ocean of gases hundreds of miles high. 大气层宽广有力,它是由几百英里厚的各种气体构成的一个大海洋。

large-duty [ˈlɑːdʒˈdjuːtɪ] a. 高生产率的,产量高的

large-growing [ˌlɑːdʒˈɡrəʊɪŋ] a. 生长快的

large-handed [ˌlɑːdʒˈhændɪd] a. 慷慨的

largehearted [ˈlɑːdʒˈhɑːtɪd] a. 慷慨的,富于同情心的

largely [ˈlɑːdʒlɪ] ad. 大(量,部分,规模)地,基本上,主要
〖用法〗 注意下面例句中该词的含义: Recently, these difficulties have been largely overcome. 最近,这些困难已基本上〔在很大程度上〕克服了。

largeness [ˈlɑːdʒnɪs] n. 巨(广)大

large-tonnage [ˌlɑːdʒˈtʌnɪdʒ] n.;a. 大产量(的),大吨位的

largish [ˈlɑːdʒɪʃ] a. 稍大的

larithmics [ləˈrɪθmɪks] n. 人口学

lark [lɑːk] n.; v. ①(开)玩笑,嬉耍 ②云雀,百灵鸟

larksome [ˈlɑːksəm] a. 爱耍闹的

larmatron [ˈlɑːmətrən] n. 电子注准叠量放大器,拉马管

larmier [ˈlɑːmɪə] n. 飞檐

larmotron [ˈlɑːməʊtrən] n. 直流激励四极放大器

larry [ˈlærɪ] ❶ n. ①薄浆 ②拌浆锄 ③称量车,手推车 ❷ vt. 灌薄浆

larva [ˈlɑːvə] (pl. larvae) n. 幼虫

larvacide [lɑːˈvæsɪd] n. 杀蛹剂,杀虫剂

larval [ˈlɑːvəl] a. 幼体的

larvikite [ˈlɑːvɪkaɪt] n. 【地质】歪碱正长岩

larviporous [lɑːˈvɪpərəs] a. 食幼虫的

laryngeal [ˌlærɪnˈdʒiːəl] ❶ a. 喉的 ❷ n. 喉部,喉音

laryngitis [ˌlærɪnˈdʒaɪtɪs] n. 喉炎

laryngology [ˌlærɪnˈɡɒlədʒɪ] n. 喉科学

laryngopharyngeal [ləˌrɪŋɡəʊfəˈrɪndʒɪəl] a. 咽喉的

laryngophone [ləˈrɪŋɡəfəʊn] n. 喉头送话器

laryngoscope [ləˈrɪŋɡəskəʊp] n. 喉镜

larynx [ˈlærɪŋks] (pl. larynges 或 larynxes) n. 喉

lasability [ˌleɪzəˈbɪlətɪ] n. 可激射性

lasable [ˈleɪzəbl] a. 可激射的

lasant [ˈleɪzənt] n. 激射物

lase [leɪz] ❶ vi. 光激射,产生激光 ❷ n. 激射光

lasecon [ˈleɪzkɒn] n. 激射光转换器

laser [ˈleɪzə] ❶ n. ①激光,莱塞 ②激光器,光(受)激(发)射器,光量子放大器 ❷ v. 光激射,产生激光
〖用法〗 注意当它表示"激光(技术)"时是不可数名词,所以既没有复数形式,也不能加有不定冠

词。如:A new technology introduced in the 1960s, laser can pierce the hardest substance such as diamond. 激光是 20 世纪 60 年代发展起来的一项新技术,它能够穿透像金刚石这样最坚硬的物质。

lasereader [ˈleɪzəriːdə] n. 激光图表阅读器

laser-induced [ˌleɪzəɪnˈdjuːst] a. 激光引发的

lasering [ˈleɪzərɪŋ] a.; n. 产生激光(的)

laserium [ˈleɪzərɪəm] n. (=laserplanetarium)激光天象仪

laserphoto [ˈleɪzəfəʊtəʊ] n. 激光照片传真

laser-quenching [ˈleɪzəkwentʃɪŋ] n. 激光淬火

laser-scope [ˈleɪzəskəʊp] n. 激光显示器

laser-seeker [ˈleɪzəsiːkə] n. 激光自导导弹

lash [læʃ] ❶ n. ①空隙 ②鞭梢 ③鞭打,攻击(at, against,out against) ④睫毛 ❷ v. ①捆扎,(用绳索)系住(down) ②冲击,痛斥,鞭打

lasher [ˈlæʃə] n. ①拦河坝,蓄水池 ②鞭打者 ③装〔清,放〕石工

lashing [ˈlæʃɪŋ] n. ①绳套 ②清除岩石 ③鞭打,斥责 ④ (pl.) 许多,大量(of)

lash-up [ˈlæʃʌp] n. ①临时〔草草〕做成的器械 ②装置,计划

lasing [ˈleɪzɪŋ] a.; n. 产生激光(的),激光作用

lassitude [ˈlæsɪtjuːd] n. 疲劳,厌倦,意志消沉,懒散,无精打采

last [lɑːst] ❶ a. ①最后(的),最近 (的),末尾(的) ②最近过去的,紧接前面的,昨…,上… ③终结 ④结论性的 ⑤最不可能的,最不适合的,最不愿意的,最不希望的,最糟糕的 ❷ ad. 最后,最近(一次),上次 ❸ v. 继〔持〕续,维持,持久,寿命是,所用的时间为 ☆ at (the) last 终于,最后; at (the) long last 久而久之,好容易才,终于; first and last 始终; for the last time 最后一次; from first to last 自始至终; last but not (the) least 最后但非最不重要的; last but one (two) 倒数第二〔三〕; last of all 到最末了; last out 维持到(底); last resort 最后一着; the last word (最)新发明,最高权威; to (till) the last 直到最后
〖用法〗 ❶ 不少人在论文中表示"最后"时,往往使用"at last"(或 "in the end")这一词组,这是错误的。但可以使用 "last" 一词,不过只是极个别人用它。❷ 注意下面例句中该词的含义: This battery, properly used, may last for a long time. 这电池如果使用得当,可以维持很长的时间。

lasting [ˈlɑːstɪŋ] a.; n. 持久(的),永恒(的),牢固(的),耐磨的 ‖ -ly ad. -ness n.

lastly [ˈlɑːstlɪ] ad. 最后,终于
〖用法〗 该词可以表示论文中经常使用的"最后"的含义(不过只有个别人用它,绝大多数人用 "finally" 一词)。如:Lastly, Chapter 11 introduces the basic principles of wideband multichannel telephony systems. 最后,第 11 章介绍宽带多路电话系统的基本原理。

last-minute [ˈlɑːstˈmɪnɪt] a. 最后一分钟的,紧急关头的

L

last-named ['lɑ:stneɪmd] a. 最后提到的

latch [lætʃ] ❶ n. ①(门,窗)闩,插销,弹簧键,挂钩,碰锁,压紧装置 ②掣子,卡铁,凸轮,阀 ③【计】锁存器,锁存电路 ❷ v. ①闩上,上插销 ②锁住,系固 ③抓住,理解(on,onto) ☆ **on the latch** (插销)闩着,锁着

latching ['lætʃɪŋ] n. 封闭,锁住

latch-key ['lætʃki:] n. 弹簧锁钥匙

latch-lock ['lætʃlɒk] n. 弹簧锁

late [leɪt] ❶ (later, latest 或 latter, last) a. ①迟的,后期的 ②近来的 ③滞后的 ④已故的,前任的 ❷ (later,latest) ad. 迟,近来,不久前 ☆**better late than never** 迟做总比不做好; **early and late** 从早到晚; **late in ...** 或 **in the late ...** 在…后期; **of late** 近来; **of late years** 这几年来

〖用法〗 注意下面例句中该词的含义:This is a cosine function of a 'late start'of 90° 这是退后 90° 开始的(〝起步晚〞90°的)一个余弦函数。/The consultation activities of and the pertinent suggestions and corrections made by the late Emery L. Simpson, are gratefully acknowledged as being of utmost aid in the preparation of the first two editions. 我对与已故的埃默里•L•辛普森的讨论以及他提出的中肯的建议和修改意见深表感谢,(因为)这些对撰写头两个版本是极有帮助的。(句中第一个〝of〞与〝by〞共用了介词宾语〝the late Emery L. Simpson〞。)

late-glacial [ˌleɪt'gleɪsjəl] n. 后冰川期

lately ['leɪtlɪ] ad. 最近

late-model ['leɪtmɒdl] a. 新型的

laten ['leɪtən] v. (使)变迟,(使)晚生长

latence ['leɪtəns], **latency** ['leɪtənsɪ] n. ①潜在,潜伏物(期),潜在因素 ②【计】取数时间,等待时间

lateness ['leɪtnɪs] n. 迟

latensification [leɪˌtensɪfɪ'keɪʃən] n. 潜影强化

latent ['leɪtənt] a. 潜伏的 ‖ **-ly** ad.

later ['leɪtə] (late 的比较级) ❶ a. 较后的,后面的,新近的 ❷ ad. 以后,更迟 ☆**later on** 下文,以后; **sooner or later** 迟早,终究

latera ['lætərə] latus 的复数

laterad ['lætəræd] ad. 向侧面

lateral ['lætərəl] ❶ a. 横的,侧的,水平的,支线的 ❷ n. ①侧面,位于侧面的东西 ②支线,横向排水沟,【矿】水平巷道 ③梯度曲线

laterality [ˌlætə'rælɪtɪ] n. 偏重一个侧面,向一侧性,爱用左手或右手的习惯

lateralization [ˌlætərəlaɪ'zeɪʃən] n. 侧枝化

lateralize ['lætərəlaɪz] vt. 使向一侧

laterally ['lætərəlɪ] ad. 侧面地

laterigrade [ˌlætərɪ'greɪd] n. 侧行

laterite ['lætəraɪt] n. 红土,铁矾土

lateritic [ˌlætə'rɪtɪk] a. 红土的

lateritious [ˌlætə'rɪʃəs] a. 土红色的

laterization [ˌlætəraɪ'zeɪʃən] n. 红土化(作用)

laterize ['lætəraɪz] vt. 使红土化

laterodeviation [ˌleɪtrəudɪ'vɪeɪʃən] n. 侧向偏斜

lateroduction [ˌleɪtrə'dʌkʃən] n. 侧转

laterolog [ˌlætərəu'lɒg] n. 横向测井

laterotorsion [ˌlætərəu'tɔ:ʃən] n. 外旋,侧扭

lateroversion [ˌlætərəu'vɜ:ʃən] n. 侧转,旁转

latest ['leɪtɪst] (late 的最高级) a.; ad. 最迟(近)的(地) ☆ **at (the) latest** 最晚

latex ['leɪteks] (pl. latices 或 latexes) n. 橡胶浆,乳状液,天然橡胶

latexed ['leɪtekst] a. 浸了胶乳的

latexometer [ˌleɪtek'sɒmɪtə] n. 胶乳比重计

lath [lɑ:θ] ❶ n. (灰)板条,条板 ❷ vt. 钉条板,用板条覆盖

lathe ['leɪð] n.; vt. 车床,用车床加工,车削

lathe-hand ['leɪðhænd] n. 车工

lather ['leɪðə] ❶ n. 肥皂泡;车工 ❷ v. ①起泡沫 ②涂肥皂沫

latherometer [ˌlɑ:ðə'rɒmɪtə] n. 泡沫仪

lathing ['lɑ:θɪŋ] n. (钉)板条

lathosterol [læθə'sterɒl] n. 7-烯胆(甾)烷醇

lathwork ['lɑ:θwɜ:k] n. 板条

lathy ['lɑ:θɪ] a. 板条状的

lathytine ['lɑ:θɪtɪn] n.【生】α-吡啶丙氨酸

latices ['lætɪsi:z] latex 的复数

laticiferous [ˌlætɪ'sɪfərəs] a. 有乳液的

laticometer [ˌlætɪ'kɒmɪtə] n. 胶乳比重计

Latin ['lætɪn] n.; a. 拉丁(语,人)(的)

Latin-American ['lætɪnəmerɪkən] a.;n. 拉丁美洲人(的)

Latinize ['lætɪnaɪz] vt. 使拉丁化,译成拉丁语

Latino [lə'ti:nəu] n. 拉丁美洲人

latish ['leɪtɪʃ] a.; ad. 稍迟(晚)(的)

latitude ['lætɪtju:d] n. ①纬线,【天】黄纬,纵坐标增量 ②活动余地,宽(容)度,范围,界限,(感光药剂)感光度范围,(行动或言论)自由 ③(pl.)地区 ☆**understand it in its proper latitude** 充分理解它

〖用法〗 注意下面例句中该词的含义:We must devise target descriptions of sufficient latitude to accommodate wide variation in characteristics of individual targets. 我们必须想出具有足够广度的目标描述以至于能适应每个目标特性方面的广泛变化。

latitudinal [ˌlætɪ'tju:dɪnəl] a. 纬度的

latiumite ['lætɪəmaɪt] n.【矿】硫硅石

lative ['leɪtɪv] n. 方向格

latrine [lə'tri:n] n. 公厕

latten ['lætən] n. 金属薄板,镀锡铁片,黄铜片

lattens ['lætənz] n. 拉丁锌铜合金

latter ['lætə] a. ①late 的比较级之一 ②后面(者)的,近来的,最近的 ☆ **in the latter days** 近来,现今; **the former... the latter...** 前者…后者… 〖用法〗 在科技文中,该词主要意为〝后者〞(其前面要加定冠词)。如: The latter has the units of (volts)^2 per hertz. 后者的单位为 V^2/Hz。

latter-day ['lætədeɪ] *a.* 现代的,以后的

latterly ['lætəlɪ] *ad.* 近来,最近,在后期

lattermost ['lætəməust] *a.* 最后的

lattice ['lætɪs] ❶ *n.* ①格子,晶格,点阵 ②网络结构 ③支承架 ❷ *vt.* 做成(网)格状,缀合,双缀

latticed ['lætɪst] *a.* 格构的

lattice-ordered ['lætɪsɔːdəd] *a.* 有格序的

lattice-plane ['lætɪspleɪn] *n.* 晶格面

lattice-point ['lætɪspɔɪnt] *a.* 格点的

lattice-site ['lætɪssaɪt] *n.* 格点,点阵位

lattice-vibration [,lætɪsvaɪ'breɪʃ ən] *n.* 点阵振动

lattice work ['lætɪswɜːk] *n.* 网格(结构)

latticing ['lætɪsɪŋ] *n.* 成(网)格状,双缀,缀合

lattin ['lætɪn] = latten

lattix ['lætɪks] *n.* 光取数晶体管阵列

latus ['leɪtəs] (拉丁语) (pl. latera) *n.* 【数】边,弦,腹,宽

Latvia ['lætvɪə] *n.* 拉脱维亚

Latvian ['lætvɪən] *a.*; *n.* 拉脱维亚人〔语,的〕

lauan [lau'waːn] *n.* 【植】柳桉木

laubanite ['laubənaɪt] *n.* 【矿】白沸石

laud [lɔːd] *vt.*; *n.* 称赞

laudable ['lɔːdəbl] *a.* 值得称赞的,健康的 ‖ **laudably** *ad.*

laudanin ['lɔːdənɪn] *n.* 【化】降甲劳丹碱

laudanosine [lɔː'dænəsiːn] *n.* 【化】劳丹碱

laudation [lɔː'deɪʃ ən] *n.* 称赞,颂扬 ‖ **laudative** ['lɔːdətɪv]或 **laudatory** ['lɔːdətərɪ] *a.*

laugh [lɑːf] *v.*; *n.* 笑(声),发笑 ☆ *laugh at* 嘲笑,漠视; *laugh away (out of court)* 付之一笑

laughable ['lɑːfəbl] *a.* 可笑的 ‖ **laughably**['lɑːfəblɪ] *ad.*

laughing ['lɑːfɪŋ] *a.* 可笑的

laughing-gas ['lɑːfɪŋgæs] *n.* 笑气,一氧化二氮

laughing-stock ['lɑːfɪŋstɔk] *n.* 笑柄 ☆ *make a laughing-stock of oneself* 出洋相

laughter ['lɑːftə] *n.* 笑(声)

laumontite [ləu'mɔntaɪt] *n.* 【矿】浊沸石

launch [lɔːntʃ] ❶ *v.* ①发射,(使)升空,射击 (at, against) ②(使船)下水 ③创办,发动,提出,开始 ❷ *n.* ①发射,(船的)下水 ②小艇,大舢板 ☆ *launch forth (out) on an enterprise* 投身于事业; *launch A into B* 向B发射A; *launch out* (船)下水,开始新的事情,大讲; *launch (out) into* 开始,着手

launcher ['lɔːntʃ ə] *n.* 发射器,启动装置

launching ['lɔːntʃ ɪŋ] *n.* ①发射,启〔发〕动 ②(船)下水,(桥梁架设)滑曳

launching-pad ['lɔːntʃ ɪŋpæd] *n.* 发射台,跳板

launching-tube ['lɔːntʃ ɪŋtjuːb] *n.* (水雷,鱼雷)发射管

launder ['lɔːndə] ❶ *v.* ①洗(衣,熨) ②经洗 ❷ *n.* 洗矿槽,出铁槽,槽流机

launderer ['lɔːndərə] *n.* 洗衣工,洗涤机

launderette [,lɔːn'dret] *n.* 自动洗衣店,自助洗衣房

laundromat ['lɔːndrəmæt] *n.* 自助洗衣店

laundry ['lɔːndrɪ] *n.* 洗衣房,送去洗的东西

lauraldehyde [,lɔː'rældəhaɪd] *n.* 【化】月桂醛

lauramide [lɔː'ræmaɪd] *n.* 【化】月桂酰胺

laurane [lɔː'reɪn] *n.* 【化】月桂烷

Laurasia [lɔː'reɪʒ ə] *n.* 美欧亚古大陆

laurate [lɔː'reɪt] *n.* 【化】月桂酸,月桂酸盐〔酯,根〕

laurdalite [lɔː'dəlaɪt] *n.* = lardalite

laureate [lɔː'rɪət] *a.*;*vt.* 卓越的,带桂冠的,授…以荣誉

laureation [,lɔː,rɪ'eɪʃ ən] *n.* 授以桂冠〔荣誉〕

laurel ['lɔrəl] ❶ *n.* ①月桂树,桂冠 ②(pl.)荣誉 ❷ *vt.* 给予…荣誉 ☆ *rest on one's laurels* 满足于既得的成就; *win (gain) laurels* 获得荣誉

laurel(l)ed ['lɔrəld] *a.* 获荣誉的

laurilignosa [,lɔːrɪlɪg'nəusə] *n.* 常绿木本群落

laurisilvae [,lɔːrɪ'sɪlvi:] *n.* 阔叶乔木群落

lauroyl ['lɔːrəuɪl] *n.* 【化】十二烷酰

laurusan ['lɔːrəsən] *n.* 【化】脱氢间型霉素

lauryl ['lɔːrɪ] *n.* 月桂基

Lausanne [ləu'zɑːn] *n.* (瑞士)洛桑(市)

Lautal ['lɔːtəl] *n.* 劳塔尔铜硅铝合金

lautarite [,lautə'raɪt] *n.* 碘钙石

lauter ['lautə] ❶ *vt.* 过滤 ❷ *a.* 纯净的

lav [læv] *n.* 盥洗室

lava ['lɑːvə] *n.* 火山喷出的熔岩,火山岩

lava-flow ['lɑːvəfləu] *n.* 熔岩流

lavage [læ'vɑːʒ] (法语) *n.*; *v.* 灌洗(法)

lavalier [,lævə'lɪə] *n.* 缀有宝石的环状首饰

lavation [læ'veɪʃ ən] *n.* 洗(净),洗涤用水 ‖ **~al** *a.*

lavatory ['lævətərɪ] *n.* 盥洗室

lave [leɪv] ❶ *v.* 洗涤,沐浴,(缓慢)流过 ❷ *n.* 遗留物

lavement ['leɪvmənt] *n.* 洗涤,沐浴;灌肠

lavender ['lævəndə] *n.*; *a.* 淡紫色(的),熏衣草

lavendulin [lə'vendjulɪn] *n.* 淡紫灰菌素

lavenite ['lævə,naɪt] *n.* 锆钽矿

laver ['leɪvə] *n.* 紫菜属的一种,甘紫菜

laveur [læ'vɜː] (法语) *n.* 灌洗器

lavic ['lævɪk] *a.* 熔岩的

lavish ['lævɪʃ] ❶ *vt.* 浪费 (on,upon),慷慨地给予 ❷ *a.* 过度的,浪费的,大量的 ‖ **~ly** *ad.* **~ness** *n.*

law [lɔː] ❶ *n.* 定(法,规)律,法令,法典,法则,法治,法学 ❷ *v.* (对…)起诉

lawbreaker ['lɔːbreɪkə] *n.* 违法者

lawbreaking ['lɔːbreɪkɪŋ] *n.*;*a.* 违法(的)

lawful ['lɔːful] *a.* 合法的,法律上的 ‖ **~ly** *ad.* **~ness** *n.*

lawless ['lɔːlɪs] *a.* 不法的 ‖ **~ly** *ad.* **~ness** *n.*

lawn [lɔːn] *n.* ①草坪 ②上等细(亚)麻布 ③菌苔

lawn-mower ['lɔːnməuə] *n.* 割草机

lawny ['lɔːnɪ] *a.* ①细麻布(做)的 ②(多)草地的

lawrencium [lɔː'rensɪəm] *n.* 【化】铹

lawrovite ['lɔːrəvait] *n.*【矿】钒辉石

lawsonite ['lɔːsənait] *n.*【矿】硬柱石

lawsuit ['lɔːsjuːt] *n.* 诉讼

lawver ['lɔːvə] *n.*【动】江鳕

lawyer ['lɔːjə] *n.* 律师,法学家

lawyeress ['lɔːjərɪs] *n.* 女律师

lax [læks] *a.* 松(弛)的,疏忽的,不精密的,腹泻的

laxation [læk'seɪʃən] *n.* 松弛,轻泻

laxative ['læksətɪv] *a.* 未被抑制的,轻泻的

laxity ['læksəti] *n.* ①松弛,轻泻(性) ②不严格,疏忽

laxly ['lækslɪ] *ad.* 松,缓慢地

lay[1] [leɪ] lie 的过去式

lay[2] [leɪ] *a.* ①外行的,非专业性的 ②非主导的

lay[3] [leɪ] ❶ (laid;laying) *v.* ①放置,放下,摆 ②埋,敷设,覆盖,打底 ③拟定 ④搓,绞,扭转 ⑤镇住,打倒,压平 ⑥瞄准,投(弹),下赌注,产卵 ⑦把…加于,把…归于 ☆ *lay about* 作准备; *lay aside* 或 *lay away* 或 *lay by* 撤销,放弃,搁置,使不能工作; *lay bare* 揭示; *lay down* 放下;制定,建造,铺设,主张,牺牲,放弃,使沉淀,献出; *lay emphasis* 强调,着重; *lay for* 等待(时机); *lay (one) under the necessity of doing* 使(…)必须(做); *lay in* 储藏; *lay off* 划分,给…标界,放样,下料,中止,休息,辞退; *lay on* 安装,加…(于人);放在…上,安排; *lay oneself out to (do)* 尽力(做); *lay open* 揭露,切开; *lay out* 展开,陈列,布局,设计,拟定,划分,放样,投资; *lay over* 覆盖,敷,延期,胜过,(中途)稍作停留; *lay stress (weight) on* 强调,重视; *lay the foundation of* 打基础; *lay to* 把…归于; *lay up* 贮藏,建立,搁置,卧病 ❷ *n.* ①位置,层次,地形,情况 ②捻(向),(电缆)绞矩 ③方针,职业 ④分红

layabout ['leɪəbaut] *n.* 无业游民

lay-aside [leɪə'saɪd] *n.* ①搁置 ②干路路侧的停车处,备用车道路,矿井中空车皮分道

layboy ['leɪbɔɪ] *n.* 自动折叠机

laydays ['leɪdeɪz] *n.* 装卸〔停泊〕时间

laydown ['leɪdaun] *n.* 沉积作用,搁置

layer ['leɪə] ❶ *n.* ①层,夹层,(薄,垫)片 ②焊层 ③放置者,敷设机 ④产蛋鸡 ❷ *v.* (使)成层,分层 【用法】注意表示"一层新的…"等时,"新的"这样的形容词的位置:There is a new layer of ice on the river. 在河面上有一层新(结)的冰。

layer-built ['leɪəbɪlt] *a.* 分层的

layer-line ['leɪəlaɪn] *n.* (X光)层线

laying ['leɪɪŋ] *n.* ①布置,铺设,衬垫 ②最初所涂的底层 ③瞄准 ④搓,绞合,捻 ⑤一次孵的蛋

laying-off ['leɪɪŋɒf] *n.* 停工,下料

laying-out ['leɪɪŋaut] *n.* 敷设线路〔管道〕

layman ['leɪmən] (pl. laymen) *n.* 俗人,外行

layoff ['leɪɒf] *n.* 解雇,关闭

layout ['leɪaut] *n.* ①配置,规划,安排,布局,陈列 ②划线,放样版式,区分,敷设(线路),加工流程 ③草图,轮廓,方案 ④事态,情况 ⑤数法表 ⑥(一套)工具 ⑦(观测)站,运动场

layover ['leɪəuvə] ❶ *n.* ①(公共交通)终点停车处

②(旅行)中断〔逗留〕期间 ③津贴 ❷ *vi.* 中途下车〔停留〕

layshaft ['leɪʃɑːft] *n.* 副轴

layup ['leɪʌp] *n.* ①扭转,绞合 ②接头 ③敷层

lazar ['læzə] *n.* 恶疾病人(尤指麻风患者)

lazaret ['læzə'ret] *n.* 检疫所(船),传染病院

laze [leɪz] *v.; n.* 偷懒,混日子

lazialite ['leɪzɪəlaɪt] *n.* 蓝方石

lazily ['leɪzɪlɪ] *ad.* ①懒惰地 ②迟钝地

laziness ['leɪzɪnɪs] *n.* 懒惰,迟钝

lazulite ['læzjulaɪt] *n.* 天蓝石 ‖ **lazulitic** *a.*

lazurite ['læzjuraɪt] *n.* 天青石

lazy ['leɪzɪ] *a.* ①懒(惰)的 ②迟钝的

lea [liː] *n.* ①草地 ②【纺】缕,小绞

leach [liːtʃ] ❶ *n.* ①滤器(器) ②滤灰 ❷ *v.* ①滤,浸出,滤取,精炼 ②(用水)漂 ☆ *leach away (out)* 滤除; *leach out* 浸出,溶滤,洗出 ‖ **~ability** *n.*

leachable ['liːtʃəbl] *a.* 浸出的,可沥滤的

leachate ['liːtʃeɪt] *n.* 沥滤液

leaching ['liːtʃɪŋ] *n.* 浸出,浸析作用,溶滤(法),淋洗,洗盐

lead[1] [liːd] ❶ (led) *v.* ①引导 ②导向,通往(to) ③导前,领先 ④导致 ⑤引起(to do),过(生活) ☆ *lead ... astray* 把…引入歧途; *lead away* 带走; *lead A by B* B 比 A 超前 B (量); *lead ... by the nose* 牵着…的鼻子走; *lead in* 引入; *lead off* 领头,开始,导出,排除; *lead to...* 导致; *lead up* 抢先 ❷ *n.* ①引导 ②超前,提前量 ③引线,导管,(阀)导柱,导程,螺距 ④提示,内容提要,导语 ⑤进入口,引水沟 ⑥(pl.) 龙门挺,打桩机导柱 ☆ *a hot lead* 很好的线索; *follow the lead of* 仿效; *give ... a lead* 给…示范,提示…; *have a lead of ...* 领先…(时间,距离); *take the lead* 带头,领先,负责领导,做榜样

【用法】❶ 注意下面例句中该词的用法:If S=R=1, we are led to conclude that both outputs are 0. 如果 S=R=1 的话,就使我们得出结论:两个输出均为零。 /Because of this, we are led directly to a physical interpretation. 由于这一点,我们就直接获得了物理解释。/Eight combinations of the four input variables can lead to L=1. 这四个输入变量的八种组合能够导致(使)L=1。/The current leads the voltage by 90°. 电流导前电压 90°。/These are the input leads to the device. 这是该设备的输入引线。 ❷ 注意"lead to + 动名词复合结构"的情况: A slow sampling rate is likely to lead to the end station not receiving the bits correctly. 抽样速度慢,就有可能导致终端站不能正确地接收到这些比特。

lead[2] [led] *n.* ①铅 ②测锤〔铅〕,铅锤 ③铅条,插片 ④枪弹 ⑤铅笔芯 ⑥(pl.)铅板(屋顶)

leaded ['ledɪd] *a.* 加铅的

leaden ['ledn] *a.* ①铅(制,色)的 ②笨重的,低劣的 ③乏味的

leader ['liːdə] *n.* ①领袖,指挥者,领导 ②领舰〔机〕 ③导管,引(出)线,导火线,顶砖 ④【数】首项,(经

济)先导指数 ⑤社论,重要文章 ⑥点线,虚线 ⑦
片头

leaderette [ˌliːdəˈret] n. (新闻)短评,编者按语

leaderless [ˈliːdəlɪs] a. 无领导的

leadership [ˈliːdəʃɪp] n. 领导,统帅能力

leadfair [ˈliːdfeə] n. 导缆装置

lead-free [ˈledfriː] a. 无铅的

lead-hammer [ˈledhæmə] n. 铅锤

leadin [ˈliːdɪn] n. 引入(端),引(入)线,开场白

leading[1] [ˈliːdɪŋ] n.; a. ①领导(的),指引的 ②超前(的),前置量(以度表示) ③导向的 ④第一流的,(最)主要的

leading[2] [ˈledɪŋ] n. ①铅(制品,框,片) ②加铅,塞铅条

leading-in [ˈliːdɪŋɪn] n. 引入(线)

lead-lag [ˈliːdlæg] n. 超前滞后

leadless ❶ [ˈliːdlɪs] a. 无引线的 ❷ [ˈledlɪs] a. 无铅的

lead-line [ˈledlaɪn] n. 测深索,锤索

lead-lined [ˈledlaɪnd] a. 铅衬的,挂铅的

leadoff [ˈliːdɒf] ❶ n. 开始,着手 ❷ a. 开始的,领头的

lead-out [ˈliːdaʊt] n. 引出(端),引出线,离析

lead-screw [ˈliːdskruː] n. 导(螺)杆,丝杠

leadsman [ˈledzmən] (pl. leadsmen) n. 测深员,掷锤人

lead-tight [ˈledtaɪt] a. 铅密封的

lead-time [ˈliːdtaɪm] n. 订货至交货的时间,研制周期

lead-up [ˈliːdʌp] n. 导致物

leadwork [ˈledwɜːk] n. ① (pl.)铅矿熔炼工厂 ②铅衬,铅制品

leady [ledɪ] a. 含铅的,铅色的

leaf [liːf] (pl. leaves) ❶ n. ①叶(片,饰),(薄,弹簧)片,薄板,(书)页,箔 ②小齿轮,(铣刀杆上的)调整垫 ③天窗 ④活门,节流门 ⑤瞄准尺 ❷ v. 长叶,翻页(over) ☆ **turn over a new leaf** 翻开新的一页,重新开始

leafage [ˈliːfɪdʒ] n. 叶饰,(树)叶

leafing [ˈliːfɪŋ] n. 叶〔飘〕浮,金属粉末悬浮现象

leaflet [ˈliːflɪt] ❶ n. ①小叶 ②活页,传单 ❷ v. 散发传单

leaf-valve [ˈliːfvælv] n.【机】瓣状活门,舌阀

leafy [ˈliːfɪ] a. 叶状的,多叶的

league [liːg] ❶ n. ①同盟,社团 ②种类,范畴 ③(蒙古的)盟 ④里格 ❷ v. ①使…结盟;与…联合 ②团结;结盟 ☆ **be leagued together against ...** 联合起来反对…; **in league with ...** 和…联盟〔勾结〕

leaguer [ˈliːgə] n. ①盟国,同盟者 ②围攻部队

leak [liːk] n.;v. ①漏,渗,泄露 ②渗漏处,裂缝,孔,漏道 ③漏泄电阻,漏出量 ④分支〔路〕 ☆ **leak away** 漏泄; **leak off** 漏气,放出; **leak out** 泄漏,暴露; **leak through** 渗透,滴漏

leakage [ˈliːkɪdʒ] n. ①漏,渗 ②渗滤 ③损耗 ④漏出量〔物〕,许可的漏损率 ⑤渗漏处

leakance [ˈliːkəns] n. 漏泄系数,漏电,漏泄电导

leaker [ˈliːkə] n. 漏泄处,有漏元件,渗水铸件

leak-free [ˈliːkfriː] a. 密封

leak-in [ˈliːkɪn] n. 漏入

leakiness [ˈliːkɪnɪs] n. 泄漏,不致密性

leaking [ˈliːkɪŋ] n.;a. 渗漏(的),不密闭的,透水性(的)

leaking-out [ˈliːkɪŋaʊt] n. 脱出,漏泄

leakless [ˈliːklɪs] a. 密封的,不渗漏的

leak-off [ˈliːkɒf] n. 漏泄

leak-out [ˈliːkaʊt] n. 跑火,漏出

leakproof [ˈliːkpruːf] a. 防漏(泄)的,(真空)密封的

leakproofness [ˈliːkpruːfnɪs] n. 密封性

leak-tested [ˈliːktestɪd] a. 密封度试验的

leak-through [ˈliːkθruː] n. 泄漏

leak-tight [ˈliːktaɪt] a. 不漏的,严密的

leaky [ˈliːkɪ] a. (有)漏隙的,漏泄的,不密的

leaky-mode [ˈliːkɪməud] n.【物】漏模

leam [liːm] n.; v. 沼泽地排水(沟)

lean [liːn] ❶ (leaned 或 leant) v. ①偏斜 ②(使)依靠,倾向(于)(toward,towards) ❷ a. ①贫瘠的 ②歉收的,质劣的 ❸ n. ①偏斜,倾向 ②【冶】未充满 ③瘦肉 ☆ **lean (A) against (on)** B (把A)靠在B上; **lean back (backwards)** 向后仰; **lean forward** 向前俯,探过身去; **lean on (upon)** 根据,靠在…上; **lean out of ...** 俯出…(外); **lean over** 伏在…上

〖**用法**〗注意下面例句中该词的用法:In Fig. 2-8 a ladder in equilibrium <u>leans against</u> a vertical frictionless wall. 在图 2-8 中,一副处于平衡状态下的梯子靠在一个垂直的、无摩擦的墙上。/The derivation of Johson noise <u>leans</u> heavily on thermodynamic considerations. 约翰逊噪声的推导在很大程度上取决于热力学考虑因素。/Chaplin's political views, some people thought, <u>leaned toward</u> communism. 有些人认为,卓别林的政治观点是倾向于共产主义的。

lean-burn [ˈliːnbɜːn] a. 微弱燃烧的

leaning [ˈliːnɪŋ] a.;n. 倾向(towards),倾斜(的),爱好

leanness [ˈliːnnɪs] n. 歉收,贫瘠

leant [lent] lean 的过去式或过去分词

lean-to [ˈliːntuː] n.; a.【建】单斜的,披屋

leap [liːp] ❶ (leapt 或 leaped) v. 跳跃,移位,蹿动 ❷ n. 跳(跃),跳跃的高度〔距离〕,剧增,断层 ☆ **a big leap in ...** (方面的)大跃进; **a leap in the dark** 轻举妄动; **be reached at a single leap** 一跃而就; **by (with) leaps and bounds** 突飞猛进(的); **go by leaps** 飞跃前进; **leap at a chance (an opportunity)** 抓住(机会); **leap forward** 跃进; **leap over** 跳过; **leap to a conclusion** 一下子作出结论; **leap to the eyes** 历历在目; **look before you leap** 深思熟虑而后行; **with a leap** 突然

leaper [ˈliːpə] *n.* 跳跃者

leapfrog [ˈliːpfrɒg] *v.; n.* ①动力夯,用动力夯 ②蛙跳

leapfrogging [ˈliːpfrɒgɪŋ] *n.* 间断勘探,交互跃进

leapt [lept] leap 的过去式和过去分词

learn [lɜːn] (learned 或 learnt) *v.* ①学(会),记住 ②听说,认识到 ☆*learn by (from) experience* 从经验中学习; *learn ... by heart* 默记; *learn by rote* 死记(硬背); *learn of A through B* 通过 B 知道 A; *learn (how) to (do)* 学会(做)

learnable [ˈlɜːnəbl] *a.* 可学会的

learned [ˈlɜːnɪd] *a.* ①博学的 ②学术上的 ☆*be learned in ...* 精通… ‖ ~**ly** *ad.*

learner [ˈlɜːnə] *n.* 学习者

learning [ˈlɜːnɪŋ] *n.* 学习〔问〕,博学

learnt [ˈlɜːnt] learn 的过去式和过去分词

leary [ˈlɪərɪ] *a.* 怀疑的,留神的

leasable [ˈliːsəbl] *a.* 可租借的

lease [liːs] ❶ *n.* 租约,租借期限,租借权〔物〕 ❷ *vt.* ①租借 ②出租 ☆*hold by (on) lease* 租用; *give ... a new lease of life* 使…寿命延长; *put out ... to lease* 出租…; *take a new lease of (on) life* 延长寿命; *take ... on lease* 租用

leasehold [ˈliːshəʊld] ❶ *a.* 租借的 ❷ *n.* 租得物,租借期

leaseholder [ˈliːshəʊldə] *n.* 承租人

leash [liːʃ] ❶ *n.* ①皮条 ②【纺】综束〔把〕 ❷ *vt.* 用皮带系住,抑制 ☆*hold (have) in leash* 用皮带缚住,抑制

least [liːst] ❶ (little 的最高级) *a.;ad.* 最小(的),最不重要的 ❷ *n.* 最小(限度),最下位 ☆*at (the) least* 至少,无论如何; *at the very least* 最低限度,起码; *in the least* 丝毫; *last but not (the) least* 最后但非最不重要; *least of all* 最不,尤其是; *not (nor) in the least* 一点也不; *to say the least of it* (插入语)至少(可以这样说),退一步说 〖用法〗 请看一例句: At the very least, the switch must have enough loss capability so that the round-trip gain is less than 1. 至少,该开关必须具有足够的损耗容量以至于往返增益小于 1。

leastone [ˈliːstəʊn] *n.*【地质】层状砂岩

leastways [ˈliːstweɪz], **leastwise** [ˈliːstwaɪz] *ad.* 无论如何,至少

leather [ˈleðə] ❶ *n.;a.* 皮(革)(的) ❷ *v.* 制成皮,用皮革包,用皮革抽打 ☆*hell-bent for leather* 尽可能快,极快; *leather down* 用皮使劲擦

leatheret(te) [ˈleðəret] *n.* 人造革

leathern [ˈleðɜːn] *a.* 皮革质的

leatheroid [ˈleðərɔɪd] *n.* 纸皮,人造革,薄钢纸

leather-soled [ˈleðəsəʊld] *a.* 皮底的

leathery [ˈleðərɪ] *a.* 革质的,似革的,坚韧的

leave [liːv] ❶ (left) *v.* ①离开,脱离,舍去,出发 ②留下,搁置,保存 ☆*be left on one's own* 放任不管; *be left out* 省去,忽略; *be left over (from)* (从…)遗留下(来); *be left till called for* 留局待领; *be left to itself* 听其自然; *leave a thing as it is* 听其自然; *leave a thing undone* 搁置不做; *leave alone* 不管〔理〕; *leave behind* 遗留,留下,忘(记携)带; *leave ... far behind* 把…远远抛在后面; *leave A for B* 留下 A 给 B; *leave go (hold) of* 放手; *leave ... in the air* 搁置,悬而不决; *leave A in the hands of B* 把 A 委托 B(去做); *leave it at that* 适可而止; *leave much to be desired* 很多地方不能令人满意; *leave no means untried* 用尽方法; *leave no stone(s) unturned* 用尽方法; *leave nothing to be desired* 尽善尽美; *leave off* 停止,放弃; *leave ... on one's own* 放任不管; *leave out* 省去,不考虑,不包括在内; *leave out of account (consideration)* 不(加)考虑; *leave over* 剩下,延期; *leave room for* 留下…的余地; *leave something as it is* 听任某事自然发展; *leave the matter to take its own course* 听其自然; *leave the track* 出轨; *leave ... to chance* 任…自然发展; *leave ... to weather* 听任…经风雨; *leave ... up in the air* 搁置 ❷ *n.* ①离开 ②许可 ③休假,休假 ☆*ask for leave* 请假; *beg leave* 请允许; *by (with) your leave* 请原谅,劳驾; *give leave* 准假; *on leave* 休假; *without leave* 擅自

〖用法〗 ❶ 该动词可以由形容词、过去分词、as 短语、with 短语等作补足语。如: A dry cell should not be left idle for a long time. 干电池不该搁置很长时间。/One input of the device is left open. 该器件的一个输入留着处于开路状态。/The Q point should be left unchanged. Q 点应保持不变。/In this case the frequency meter can be left connected in the system. 在这种情况下,频率计可以保留连接在系统中。/This is left as a problem to the reader. 这就留作读者的一个习题。/In this case the pilot's blood will tend to leave his head because of inertia, leaving him with impaired vision and perhaps unconscious. 在这种情况下,飞行员的血液由于惯性而趋于离开他的头部,从而使他的视力受到损伤并有可能失去知觉。 ❷ "be left with ..." 可有几种含义。如: By the process of elimination, we are left with p. 利用消去法,我们得到了 p。/We are then left with a problem quite different from the original one. 于是我们面临一个与原来完全不同的问题。/The reader is left with the impression that when $i_C = 0$, v_{CE} also equal to zero. 会给读者留这样的印象:当 $i_C = 0$ 时,v_{CE} 也等于零。 ❸ 注意句型 "it is left (as ...) to do ..." 意为"做…就留待…"。如: It is left as a problem to show that these equations reduce to Eq.(2-7) when the point lies on the x-axis. 证明当该点处于 x 轴上时这些方程就简化成式(2-7),这个证明留作一个习题。 ❹ 注意下面句子中该词的用法: The programmers would leave their programs with the operator. 程序员就会把他们的程序留〔交〕给操作人员。/The procedure is repeated until we are left with a final set of source symbols. 重复

L

该步骤直到获得最终一组源符号为止。

leaven ['levən] ❶ vt. ①发生影响,使活跃,使带…气味 ②使发酵 ❷ n. ①酵母,发酵剂,曲,膨松剂 ②气味,色彩 ③引起渐变的因素,潜移默化的影响

leavening ['levnɪŋ] n. ①酵母 ②使发酵 ③影响,引起渐变的因素

leaves [li:vz] ❶ n. leaf 的复数 ❷ v. leave 的单数第三人称现在式

leave-taking ['li:v,teɪkɪŋ] n. 告别

leavings ['li:vɪŋz] n. 剩余物,残余,屑,剩余

Lebanese [,lebə'ni:z] a.;n. 黎巴嫩人,黎巴嫩的

Lebanon ['lebənən] n. 黎巴嫩

leberblende ['lebɜ:blend] n. 【矿】肝锌矿

leca ['li:kə] n. 【矿】黏土陶粒

lechery ['letʃərɪ] n. 好色,淫荡

lecithin(e) ['lesɪθɪn] n. 【生化】卵磷脂

lecithinase ['lesɪθɪ,neɪz] n. 【生化】卵磷脂酶

leck [lek] n. 【矿】致密黏土,黏土石

lectin ['lektɪn] n. 【生化】外源凝集素,植物凝血素

lectotype ['lektətaɪp] n. 选型

lecture ['lektʃə] ❶ n. 讲座,(学术)演讲,讲课,教训 ❷ v. ①讲演〔课〕②教训 ☆*attend a lecture* 听讲; *give (read) ... a lecture* 教训…一顿,给…上一堂课
〖用法〗该名词是可数的,它后跟介词 "on"。如: Professor Wang is going to diliver 〔give〕a series of lectures on mobile communication. 王教授将要作有关移动通信方面的系列讲座。

lecturer ['lektʃərə] n. 讲演者,学术报告者,讲师
〖用法〗该词后一般跟介词 "on",也可跟 "in",但不跟 "of"。如: He is a lecturer on advanced mathematics. 他是高等数学讲师。

lectureship ['lektʃəʃɪp] n. 讲师的职位

led [led] lead 的过去式和过去分词

ledaloyl ['ledəlɔɪl] n. 铅石墨和油的合金

Leddicon ['ledɪkən] n. 雷迪康管

ledeburite ['leɪdəbuː,raɪt] n. 【化】莱氏体

ledererite ['leɪdərəraɪt] n. 【矿】钠菱沸石

ledge [ledʒ] n. ①突出部分,凸耳 ②横档 ③石梁,岩礁,礁脊 ④浅滩 ⑤矿脉 ⑥副梁材

ledgement ['ledʒmənt] n. 横线条,展开图

ledger ['ledʒə] n. ①(脚手架的)横木,卧木,底板,垫衬物 ②总账 ③注册

ledgerock ['ledʒərɒk] n. 【地质】细晶硅岩

ledloy ['ledlɔɪ] n. 加铅钢

ledol ['ledɒl] n. 【化】喇叭茶萜醇

ledrite ['ledraɪt] n. 铅黄铜

lee [li:] ❶ n. 背冰川面,下风,背风面,庇护(所) ❷ a. 背风的,下风(处)的,背冰川面的 ☆ *on (under) the lee* 在背风处; *under the lee of* 躲在…的后面

leech [li:tʃ] ❶ n. ①蚂蟥,水蛭,吸血鬼 ②帆的垂直缘 ③抽血的器械 ❷ v. 吸尽…的血汗,紧紧附着

leechee [li:'tʃi:] n. 荔枝

leech-finger ['li:tʃ,fɪŋgə] n. 环指,无名指

Leeds [li:dz] n. (英国)利兹(市)

leedsite ['li:dsaɪt] n. 【矿】杂重晶石

leek [li:k] n. 【植】韭葱 ☆*not worth a leek* 毫无价值

leer [lɪə] n. (玻璃)退火炉,斜眼一瞥,秋波

leery ['lɪərɪ] a. 狡猾的,留神的

lees [li:z] n. (pl.)渣,沉淀物

lee-side ['li:saɪd] n. 背风面

leeward ['li:wəd] ❶ a.;ad. 在〔向〕下风(的) ❷ n. 下风,逆风向

leeway ['li:weɪ] n. ①可允许的误差,(活动)余地 ②时间的损失,落后 ③风压(差,角) ☆*have leeway* 有活动余地; *have much (a great deal of) leeway to make up* 要花许多力量赶上; *make up (for) leeway* 赶上,摆脱逆境

lefkoweld ['lefkəʊweld] n. 【化】环氧树脂类黏合剂

left[1] [left] leave 的过去式和过去分词

left[2] [left] ❶ a.;n. 左(方,侧,舷,翼,派)(的) ❷ ad. 在左(的),向左 ☆*turn (to the)left* 向左转
〖用法〗当表示"在左方"时,它前面可用介词 "at"、"on" 或 "to"。如:The shaded region shown at 〔on; to〕the left of the figure is called the saturation region. 在该图左边所示的阴影区域被称为饱和区。

left-aligned [,leftə'laɪnd] n. 向左对准的

left-field ['leftfi:ld] n. 边线,活动中心之外

left-handed [,left'hændɪd] a.;ad. ①(用)左手(做)(的),左侧的(地),左旋的(地)②笨拙的(地)

left-in-place ['leftɪnpleɪs] a. 留在原地的

left-invariant ['leftɪnveərɪənt] n. 左不变式

leftish ['leftɪʃ] a. 左倾的

leftist ['leftɪst] a.;n. 左派的,左撇子

left-lane ['leftleɪn] n. 左边车道

left-luggage [,left'lʌgɪdʒ] n. 寄存行李

leftmost ['leftməust] ad. 极左地,最左地

left-off ['leftɒf] a. 脱掉的,不用的

leftover ['leftəʊvə] a.;n. 废屑,剩余的〔物〕

leftright ['leftraɪt] a. 左右方向的

leftward(s) ['leftwəd(z)] a.;ad. 左(面)的,向左面,在左边

leftwing ['leftwɪŋ] a. 进步的,左翼的

leftwinger ['leftwɪŋə] n. 左翼(人士)

leg [leg] ❶ n. ①支线,引线 ②腿,臂柱,支架 ③(三角形的)股,勾,(侧)边 ④(三相系统的)相(位) ⑤成分,结构 ⑥升气器 ❷ v. 走,卖力 ☆*be on one's legs* 站立着,富裕的,已有成就的; *feel (find) one's legs* 有了自信心; *get on one's legs* 站起来; *give ... a leg up* 助…一臂之力; *hang a leg* 犹豫不定; *have not a leg to stand on* 站不住脚; *on one's last legs* 临近结束; *put one's best leg forward (foremost)* 飞速进,全力以赴; *stand on one's own legs* 依靠自己的力量; *the boot is on the other leg* 事实恰恰相反; *try it on the other leg* 试用剩的最后方法去

做

legacy ['legəsɪ] n. 传统,遗产

legal ['li:gəl] ❶ a. 法律(上)的,正当的 ❷ n. 法定 ‖ **-ly** ad.

legalism ['li:gəlɪzm] n. 文牍主义

legality [li:'gælətɪ] n. 合法(性),(pl.)(法律上的)义务

legalization [,li:gəlaɪ'zeɪʃən] n. 使合法化,批准

legalize ['li:gəlaɪz] vt. 使合法化,批准

legally ['li:gəlɪ] ad. 合法地,(在)法律上

legal-size ['li:gəlsaɪz] a. 法定尺寸的

legate ❶ ['legɪt] n. 使者 ❷ [lɪ'geɪt] vt. 把…遗赠给

legation [lɪ'geɪʃən] n. 使节的派遣〔职权〕,公使馆

legcholeglobin [,legkɒlɪ'gləubɪn] n. 【生】豆胆绿蛋白

legend ['ledʒənd] n. ①图例,图表符号 ②铭文,轶事 ③传奇,传说

legendary ['ledʒəndərɪ] a. 传说〔奇〕的

legerdemain [,ledʒədə'meɪn] n. 花招,手法

legerity [lɪ'dʒerətɪ] n. 敏捷,轻巧

legged ['legɪd] a. 有腿的,…腿的

legginess ['legɪnɪs] n. 长腿的,腿细长的;茎长的

legging ['legɪŋ] n. ①起黏丝,拉丝 ②护(裹)腿

leggy ['legɪ] a. 长腿的,多相位的

legh(a)emoglobin [,leghi:məg'ləubɪn] n. 豆血红蛋白

legibility [,ledʒɪ'bɪlətɪ] n. 易读,清晰度

legible ['ledʒɪbl] a. 可识别的,(字迹)清楚的,易读的 ‖ **legibly** ad.

legion ['li:dʒən] n. ①军团 ②多,无数 ‖ **~ary** a.

legislate ['ledʒɪsleɪt] v. 制定法律

legislation [,ledʒɪs'leɪʃən] n. 制定法律,法规

legislative ['ledʒɪslətɪv] n.; a. 立法权的,(有)立法(权)(的)

legislator ['ledʒɪsleɪtə] n. 立法者

legislature ['ledʒɪsleɪtʃə] n. 议会,立法机关

legist ['li:dʒɪst] n. 法律学家

legitimacy [lɪ'dʒɪtɪməsɪ] n. 合法(性)

legitimate ❶ [lɪ'dʒɪtɪmɪt] a. ①合法的 ②正当的,合理的,真实的 ❷ [lɪ'dʒɪtɪmeɪt] vt. 使合法,认为正当 ‖ **-ly** ad.

legitimation [lɪ,dʒɪtɪ'meɪʃən] n. 合法化

legitimatize [lɪ'dʒɪtɪmətaɪz], **legitimize** [lɪ'dʒɪtɪmaɪz] vt. 使合法,认为正当

legless ['leglɪs] a. 无腿的

leglet ['leglɪt] n. 腿饰

legman ['legmæn] n. (因工作需要)到处奔波的人,(现场)采访记者

leg-of-mutton [,legəv'mʌtən] a. 羊腿形的,三角形的

legroom ['legru:m] n. (车辆,飞机上)供乘坐者伸腿的面积

legume ['legju:m], **legumen** [lɪ'gju:mɪn] n. 豆荚,苜蓿类植物

legumelin [legju:'mi:lɪn] n. 【生】豆清蛋白

legumin [lɪ'gju:mɪn] n. 【生】豆球蛋白

legwork ['legwɜ:k] n. 跑腿活儿,新闻采访工作

lehm [lem] n. 黄土

lehr [lɪə] n. (玻璃)退火炉

lehuntite [leɪ'hu:ntaɪt] n. 【矿】钠沸石

lei [leɪ] n. 列伊(罗马尼亚币)

Leicester ['lestə] n. (英国)莱斯特(城,郡)

leiothrix ['laɪəu,θrɪks] n. 相思鸟

Leipsic ['laɪpsɪk], **Leipzig** ['laɪpzɪg] n. (德国)莱比锡(城)

leisure ['leʒə] n.;a. 空闲,自在 ☆**at leisure** 闲着,慢吞吞地,失业; **at one's leisure** 闲暇时

leitmotif ['laɪtməu,ti:f], **leitmotiv** ['laɪtməuti:v] (德语) n. 主题,主要引

lek [lek] n. 列克(阿尔巴尼亚货币单位)

lemarquand ['lemɑ:kwənd] n. 铜锌基锡镍钴合金

lemco ['lemkəu] n. 肉汁

lemma ['lemə] (pl. lemmate 或 lemmas) n. ①命题,题词 ②【数】辅助定理,引(定)理,预备定理

lemniscate [lem'nɪskeɪt] n. 【数】双纽线

lemology [lɪ'mɒlədʒɪ] n. 传染病学

lemon ['lemən] n.;a. 柠檬(的),淡黄色(的);无聊的人,无价值的东西

lemonade [lemə'neɪd] n. 柠檬水

lempira [lem'pɪərə] n. 伦皮拉(洪都拉斯货币单位)

lend [lend] (lent) vt. ①借(给),出租 ②提供,添加 ☆**lend a (helping) hand (with)** 帮忙,帮助; **lend aid (assistance) to** 帮助; **lend self to** 适(用,合)于,有助于; **lend … a hand in doing** 帮助…(做); **lend one's countenance** 赞成; **lend oneself to** 尽力于,参与; **lend out** 借出; **to lend substance to …** 使…有具体内容

〖用法〗注意下面例句中该词的用法:The state-space representation lends itself to system synthesis using modern control techniques that are discussed in later chapters. 利用后面几章所讨论的现代控制方法,这种状态-空间表示法有助于系统的综合。/This fact lends strength to the hydrogen-atom picture just described. 这一点加强了刚描述的氢原子形象。/The rms bandwidth lends itself more readily to mathematical evaluation than the other two definitions of bandwidth, but it is not as easily measurable in the laboratory. 均方根带宽使其比带宽的其它两种定义容易进行数学计算,不过在实验室里不那么容易测量。/This approach also lends itself in a natural manner to numerical calculations of resonator properties. 这方法也适合在一个自然的方式中对谐振器的属性进行数字计算。

lendable ['lendəbl] a. 可供借(贷)的

lender ['lendə] n. 出借者,高利贷者

lending ['lendɪŋ] ❶ n. 借出,出租,租借物 ❷ a. 借出的

L

lenetic [lɪ'netɪk] n.; a. 静水群落(的)

length [leŋθ] n. ①长(度),字长,距(离),截距 ②(持续)时间 ③程度,宽度 ④一段;一节;一截 ☆ *a length of* 一截; *at full length* 详详细细; *at great (considerable) length* 冗长地,相当详细加以赘述; *at length* 终于,长时间地,详细地; *(of) some length* 相当详细,相当长; *(be) at arm's length* 在伸臂可及之处,一臂之长,避开;*be (of) length* 具有…长度; *go the whole length* 尽量; *go (to) all lengths (any length)* 竭尽全力; *go to great lengths* 竭尽全力; *go (to) the length of doing* 甚至(做); *in the same length of time* 在同样长的时间内; *over the length and breadth of …* 涉及…的全部,到处; *to length* 按一定长度

〖用法〗 ❶ 该词可以与 "large" 连用。如:The length of the keystream is much <u>larger</u> than that of the key. 钥匙流的长度比钥匙的长度长得多。❷ 注意下面例句中该词的含义: Discrete memoryless channels were described previously <u>at some length</u> in Section 9.5. 在 9.5 节中已经比较详细地论述了离散无记忆信道。

lengthen ['leŋθən] v. 延（伸）长

lengthener ['leŋθənə] n. 伸（延）长器

length-ga(u)ge ['leŋθgeɪdʒ] n. 长度测量仪

lengthsman [leŋθs'mæn] n. 长度测量员

lengthways ['leŋθweɪz], **lengthwise** ['leŋθwaɪz] a.; ad. 纵(向),纵长的(地)

lengthy ['leŋθɪ] a.(冗,漫)长的 ‖ **lengthily** ad. **lengthiness** n.

leniary ['lenɪərɪ] a. 短刀形的

lenience ['liːnjəns], **leniency** ['liːnjənsɪ] n. 宽大

lenient ['liːnjənt] a. 宽大的,温和的

Leninism ['lenɪnɪzəm] n.; a. 列宁主义(的)

Leninist ['lenɪnɪst] n.; a. 列宁主义者(的)

lenition [lɪ'nɪʃən] n.【语】软化,弱变

lenitive ['lenɪtɪv] a.; n. 镇痛的,缓和的,滑润〔镇痛,缓泻〕剂

lenity ['lenətɪ] n. 宽大,慈悲

lens [lenz] ❶ n. ①透镜,物镜,镜片,放大镜,晶状体 ②扁平矿体,透镜状油矿 ❷ vt. 给…摄影 ‖ ~atic a.

lenscale ['lenskeɪl] n. 大滨藜

lensed ['lenzd] a. 有透镜的

lense-mount ['lenzmaunt] a. 透镜框架的

lensing ['lenzɪŋ] n.; a. 透镜作用,透镜状的

lensless ['lenzlɪs] n. 无透镜的

lenslet ['lenzlɪt] n. 小晶体,小透镜

lensman ['lenzmən] (pl. lensmen) n. 摄影师

lens(o)meter [lenz'(o)mɪtə] n. 焦度计

lent [lent] lend 的过去式或过去分词

lentando [len'tɑːndəu] ad.; a. 渐慢的(地)

lenthionine ['lenθɪənɪn] n. 蘑菇香精

lentic ['lentɪk] a. 死水的

lenticel ['lentɪsel] n.【植】皮孔

lenticle ['lentɪkl] n.【植】扁豆体,透镜体

lenticonus [len'tɪkənəs] n.【物】圆锥形晶状体

lenticular [len'tɪkjuːlə], **lenticulated** [len'tɪkjuː-leɪtɪd] a. 两面凸的,荚状的,晶(状)体的

lenticulation [len,tɪkjuː'leɪʃ ən] n.【物】透镜光栅,双凸透镜形成法

lentiform ['lentɪfɔːm] = lenticular

lentiglobus [lentɪ'gləubəs] n.【物】球形晶状体

lentiginous [len'tɪdʒɪnəs] a. 雀斑的,斑点的

lentigo [len'taɪgəu] (pl. lentigines) n. 黑痣,雀斑,斑点

lentil ['lentɪl] n. ①(小)扁豆 ②【地质】小扁豆层

lentinan ['lentɪnæn] n. 蘑菇多糖

lentoid ['lentɔɪd] a.; n. 透镜状的,透镜状结构

lentor ['lentɔː] n. (CGS 制的运动黏度单位)伦托(即现名 stoke); 缓慢,粘连

Leonid ['liːəunɪd] n.【天】狮子座流星

leonine ['liːənaɪn] a. 狮子(般)的,勇猛的

leopard ['lepəd] n. 豹

leotropic [liːəu'trɒpɪk] a. 左转的,左旋的

leper ['lepə] n. 麻风病患者

lepidic [le'pɪdɪk] a. 鳞状的,胚层的

lepidocrocite [,lepɪdəu'krəusaɪt] n.【矿】纤铁矿

lepidolite ['lepɪdəlaɪt] n. 锂(红)云母

lepidopterin [lepɪ'dɒptərɪn] n.【生】鳞螺呤

lepidosauria [,lepɪdəu'sɔːrɪə] n. 有鳞类

lepidosome ['lepɪdəsəum] n. 鳞片体

lepra ['leprə] n. 麻风病

leprology [lep'rɒlədʒɪ] n. 麻风病(理)学

lepromin ['leprəumɪn] n. 麻风菌素

leprosarium [leprə'seərɪəm] n. 麻风病院

leprosy ['leprəsɪ] n. 麻风(病),堕落

lepta ['leptə] lepton 的复数

leptodactyline [,leptə'dæktɪlaɪn] n.【化】三甲基铵盐,细指蟾碱

leptodermic [,leptəu'dɜːmɪk] a. 薄皮的

leptogenesis [,leptəu'dʒenɪsɪs] n. 可纺性

leptokurtosis [,leptəukə'təusɪs] n. 尖峰态

leptomeninx [,leptəu'miːnɪnks] n.【医】软脑膜

leptometer [lep'tɒmɪtə] n. 比黏计

lepton ['leptɒn] (pl. lepta) n.【物】轻粒子,轻子 ‖ ~ic a.

leptoscope ['leptəuskəup] n. 薄膜镜

leptospirosis [,leptəuspaɪ'rəusɪs] n.【生】钩端螺旋体

lermontovite [,lɜːmən'təvaɪt] n.【矿】水铈铀磷钙石

lerp [lɜːp] n. 按叶胶,昆虫分泌出来的一种蜜

lesion ['liːʒən] n.; vt. 故障,伤痕,疾患

Lesotho [lə'suːtuː] n. (非洲)莱索托

less [les] ❶ (little 的比较级) a.; ad. 更少〔小〕,稍少〔小〕,比较不 ❷ n. 更少〔小〕,较少的数量 ❸ prep. ①不足 ②扣除,去掉 ③无,缺 ☆*any the less* 更少〔小〕一些; *even less* 更不用说; *in*

less than no time 立刻,一眨眼工夫; ***less A than B*** 更多地不是 A 而是 B; ***more or less*** 或多或少(地),大约; ***much less*** (用于否定)更不用说; ***no less a person than*** 级别〔身份〕不低于; ***no less A than B*** 在 A 方面不亚于 B; ***no less than ...*** 不少于…,和…一样,简直是; ***none the less*** 或 ***not(any) the less*** 或 ***no less*** (尽管如此)还是; ***not less than*** 不少于,至少(不比…差); ***nothing less than*** 正(好)是,简直是,无异于; ***still less*** (用于否定)更不用说,何况

〖用法〗 ❶ 在数值上表示"小于"时,一定用"less than"而不用"smaller than"。如: Here A is <u>less</u> than 5.这里 A 小于 5。 ❷ 该词当作"little"的比较级时,一般只用于修饰不可数名词而不能修饰可数名词复数。如: There is <u>less</u> water in this beaker than in that one. 这只烧杯中的水没有那只烧杯中的多。 ❸ "less of"表示"不(怎么)像"之意。如: The Russian space capsule is <u>less</u> of a space station. 俄罗斯的空间舱不怎么像是一个空间站。 ❹ 注意下面例句中该词的含义: The Bohr model is <u>less</u> a fundation of great generality, along the lines of Maxwell's equations or relativity theory, and more a bold departure that led to a fruitful new path of inquiry. 根据麦克斯韦尔方程或相对论,布尔模型并不怎么是广泛一般性的基础,而更像是一种大胆的背离,它导致了一种很有成效的新的探求道路。 ❺ 注意下面例句中该词作介词时的用法: The peak voltage is equal to the transformer voltage <u>less</u> the potential drops across the diodes. 峰值电压等于变压器电压减去二极管上的电位降。/In this case, the system noise figure will be the analyzer noise figure <u>less</u> the gain of the amplifier. 在这种情况下,系统的噪声系数将是分析仪噪声系数减去放大器的增益。

lessee [le'si:] *n.* 承租人

lessen ['lesən] *v.* ①(使)减少,缩小 ②使较不重要,贬低

lessening ['lesəniŋ] *n.* 减小,变小

lesser ['lesə] (little 的比较级之一) ❶ *a.* 较小的,稍少的,次要的 ❷ *ad.* 更少〔小〕地,较少〔小〕地

lessivation [lesi'veiʃən] *n.* 洗涤

lesson ['lesən] ❶ *n.* ①功课,(课本的)一课 ②教训 ❷ *vt.* 教(训),给…上课 ☆ ***be a lesson to ...*** 是…的一个教训; ***take(have)lessons in ... from ...*** 向…学; ***read(teach)... a lesson*** 教训…一顿
〖用法〗 表示"上〔教〕…课"时,其后面一般应跟介词"in",如果涉及某学科的一部分,则它可后跟"in"或"on"。如: He gives(teaches)lessons in chemistry. 他上化学课。

lessor [le'sɔ:] *n.* 出租人

lesspollution [lespə'lu:ʃən] *n.* 无公害,无污染

lest [lest] *conj.* 唯恐,以免,生怕 ☆ ***for fear lest*** 免得

〖用法〗 在它引导的状语从句中,谓语应该使用"(should+)动词原形"形式。如: Batteries should be kept in dry place <u>lest</u> electricity <u>leak</u> away. 应该把电池放在干燥的地方以免漏电〔跑电〕。

let [let] ❶ (let;letting) *v.* ①允许,让,设,允许 ②使流出 ③出租 ④让…进入〔通过〕 ☆ ***let alone*** 更不用说,别去; ***let be*** 别管,听任; ***let by*** 避让; ***let down*** 放弃,减速下降,使失望,辜负; ***let drop(fall)*** 丢下,泄露,画(垂直线等); ***let fly(at)*** (向)射出; ***let go(off)*** 松手,放开,发射,由(它)去; ***let in*** 让进入,通(水,空气等); ***let into*** 容纳,放进; ***let loose*** 释放,放出; ***let off*** 放(出,掉),熄灭,免除,饶恕; ***let out*** 放出,泄露,出租; ***let pass*** 不追究,忽视; ***let slip*** 放走,松开…的绳索; ***let through*** 使通过 ❷ *n.* ①出租 ②障碍

〖用法〗 注意它作动词时,只能用不带"to"的不定式作宾语补足语。如: Let a resistor of resistance R be connected between the terminals of an ac source. 设阻值为 R 的一个电阻器连接在一个交流源的两端。/Let W be the bandwidth of a response. 令 W 为某个响应的带宽。/Let it be required to develop f(x) into a Fourier series.假设需要(我们)把 f(x) 展开成傅氏级数。(这句中的"it"为形式宾语,代表后面的"to develop ..."。)

letch [letʃ] *n.* 色欲,好色者,渴望

letdown ['letdaun] *n.* 下降,排出,失望

let-go ['letgəu] *n.* 放开,释放

lethal ['li:θəl] ❶ *a.* 致命(性)的 ❷ *n.* 【生】致死因子

lethality [li'θæləti] *n.* ①杀伤力,死亡率 ②致命性,武器的效能

lethane ['leθein] *n.* 混合杀虫剂

lethargic(al) [li'θɑ:dʒik(l)] *a.* 不活泼的,冷淡的,无生气的,昏睡的 ‖ ~**ally** *ad.*

lethargy ['leθədʒi] *n.* ①勒(对数能量损失) ②衰减系数 ③昏睡,倦怠,不活泼

lethe ['li:θi:] *n.* 记忆缺失,遗忘(症)

letheral ['li:θərəl] *a.* 健忘的

let-out ['letaut] *n.* 出路,漏洞

letter ['letə] ❶ *n.* ①文字,字母,符号 ②信(件),(常用 *pl.*)证书,通知书 ③(*pl.*)字体 ④出租人 ❷ *v.* 写上字,写印刷体,用字母分类标明 ☆ ***in letter and in spirit*** 无论形式和内容; ***to the letter*** 照字句,严格地
〖用法〗 注意下面例句中该词的含义: The + terminal of cell 2 is <u>lettered</u> b. 电池 2 的正端用字母 b 表示。

letter-case ['letəkeis] *n.* (可携带的)文书夹

lettered ['letəd] *a.* 印有文字的,印有字母的;有学问〔文化〕的

letter-head ['letəhed] *n.* 专用信纸,信纸上端所印文字,信头

lettering ['letəriŋ] *n.* 文字,刻字,写信

letterpaper ['letəpeipə] *n.* 信笺

letter-perfect [letə'pə:fikt] *a.* 字字正确的,逐字的

L

letter-phone ['letəfəʊn] *n.* 书写电话机

letterpress ['letəpres] *n.* 文本,书信复写器

letterset ['letəset] *n.* 活版胶印

letter-sheet ['letəʃi:t] *n.* 信纸

letterweight ['letəweɪt] *n.* 信秤,镇纸

letting-down ['letɪŋdaʊn] *n.* 下滑,【冶】回火

lettuce ['letɪs] *n.*【植】莴苣

letup ['letʌp] *n.* 停止,放松,减小,休息

leu ['leɪu:] (pl. lei) *n.* 列伊(罗马尼亚货币单位)

leucemiz [lu:'semɪz] *n.* (=leukemia)白血病

leucine ['lju:si:n] *n.*【化】白氨酸

leucite ['lju:saɪt] *n.*【矿】白榴石

leucitophyre [lju:sɪtə'faɪə] *n.*【矿】白榴斑岩

leuco ['lju:kəʊ] *a.; n.* 白(的),无色(的),褪色(的)

leucoagglutination [lju:kəʊ,æglutə'neɪʃən] *n.* 白细胞凝集作用

leucobase ['lju:kəʊbeɪs] *n.*【生】无色母体

leucocidin [,lju:kəʊ'saɪdɪn] *n.*【生】杀白细胞素

leucocrate ['lju:kəʊkreɪt] *n.;a.* 淡色岩(的)

leucocratic [,lju:kə'krætɪk] *n.* 淡色岩的

leucocyte ['lju:kəsaɪt] *n.*【医】白细胞

leucocyth(a)emia [,lju:kəsaɪ'θi:mɪə] *n.*【医】白细胞过多症(白血病)

leucoderma [,lju:kəʊ'dɜ:mə] *n.*【医】白癜风

leucometer [lju:'kɒmɪtə] *n.* 白色计

leucophane ['lju:kəʊfeɪn] *n.* 白铍石

leucophore ['lju:kəfɔ:], **leucoplast** ['lju:kəʊplæst] *n.* 白色体

leucoscope ['lju:kəskəʊp] *n.* 光学高温计,感色计

leucosphenite [,lju:kə'sfi:naɪt] *n.* 淡钡钛石

leucotile ['lju:kətaɪl] *n.* 白发石

leucovirus [lju:'kʌvaɪrəs] *n.* 白血病病毒

leuk(a)emia [lju:'ki:mɪə] *n.* 血癌

leukemic [lju:'ki:mɪk] *a.*(患)白血病的

levan ['levæn] *n.* 果〔左〕聚糖,不发酵的面团

levator [lɪ'veɪtə] (pl. levatores) *n.* 起子,撬子,提肌

levee ['levɪ] **❶** *n.* ①堤 ②码头 **❷** *v.* 筑堤

level ['levəl] **❶** *n.* ①水平面,台面,平地,【矿】主平巷 ②水位,标高,水面 ③电平 ④(能,位)级,级〔深,强,密,浓〕度,层(次) ⑤水平仪,等级,地位,范围 **❷** *a.* ①(水)平的 ②相齐的,(电子)等位的 ③(光滑)均匀的 ④平均分布的,平稳的 ☆*at all levels* 各级(的); *be (on a) level with* 跟…相齐; *do one's level best* 尽全力; *draw level (with)* (和…)拉平; *on the level* 公平,坦率 **❸** *v.* ①弄平,矫正,使成水平 ②瞄准 ③使均匀,夷平,毁坏 ☆*level a gun at ...*用枪瞄准…; *level down* 减低→至同一水准,使平整; *level off* 整平,矫直,水平飞行,(使)稳定; *level out* 使→变得水平,拉平,取消; *level up* 提高→(水位)至同一水准,拉平,使整齐,平衡; *level A with B* 使 A 和 B 在同一水平上

〖用法〗 **❶** 当表示"在…水〔电〕平上〔时〕"时,该词前面一般用介词"at"(也有人用

"on")。如: <u>At this level</u> we must surely consider ourselves 'computer designers'.在这一层面上,我们一定要把自己看成是计算机设计人员。/<u>At low signal level</u>, diodes are nonlinear rectifiers. 在低信号电平时,二极管成为非线性整流器。 **❷** 注意下面例句中该词的用法: The standard reference point of the sphygmomanometer is the upper arm, <u>level</u> with the heart. 血压计的标准参考点是与心脏平齐的手臂上部。("level"在此是形容词。)

level(l)er ['levələ] *n.* ①水平测量员,整平者 ②整平器,水平仪,平地机 ③平均主义者

level(l)ing ['levəlɪŋ] *n.* 水准测量,测平,平整,均匀化,调整,匀饰性

leveling-up ['levəlɪŋʌp] *n.* 整平,平衡

levelman ['levəlmən] *n.* 水准测量员

level(-)meter ['levəlmi:tə] *n.* 水平仪,电平表

levelness ['levəlnɪs] *n.* 水平度

level-off ['levəlɒf] *n.* 整平,矫直

level-up ['levəlʌp] *n.* 整齐,平衡

lever ['li:və] **❶** *n.* 杠〔操纵〕杆,工具,手段 **❷** *v.* 用杠杆撬动(操纵) ☆*lever off* 把…撬出; *lever up* 把…撬起来

leverage ['li:vərɪdʒ] *n.* ①杠杆作用 ②杠杆(效)率,杠杆臂长比 ③扭转力矩 ④势力,影响

leverrierite ['levərɪəraɪt] *n.*【矿】晶蛭石

leviathan [lɪ'vaɪəθən] *n.* 巨型远洋船;庞然大物;大海兽

levibactivirus [,li:vɪ'bæktɪvaɪərəs] *n.*【生】光滑噬菌体

levigable ['levɪgəbl] *a.* 可研碎的

levigate ['levɪgeɪt] *vt.* ①粉碎 ②细磨,水磨 ③澄清,沉淀,漂洗‖**levigation** *n.*

levin ['levɪn] *n.* 闪电

levis ['li:vaɪz] **❶** *a.* 轻的,平滑的 **❷** *n.* (pl.)牛仔裤

levitate ['levɪteɪt] *v.* 浮动,(使)飘浮‖**levitation** *n.*

levitron ['levɪtrɒn] *n.* 漂浮器

levity ['levətɪ] *n.* 变化无常,轻率(行为)

levoclination [,li:vəʊklɪ'neɪʃən] *n.* 左偏

levoglucose [,li:vəʊ'glu:kəʊs] *n.*【化】左旋葡萄糖

levogyral [,levəʊ'dʒaɪərəl] *a.* 左旋的

levogyrate [,li:vəʊ'dʒaɪreɪt] *a.* 左旋的 ‖**levogyration** *n.* **levogyric** *a.*

levoisomer [,li:və'aɪsəmə] *n.*【化】左旋异构体

levomycetin [,li:vəʊ'maɪsɪtɪn] *n.*【医】氯霉素

levorotary [li:və'rəʊtərɪ] *a.* 左旋的

levorotation ['li:vərəʊteɪʃən] *n.* 左旋 ‖**levoro-tatory** *a.*

levotorsion ['levəʊtəʃən] *n.* 左偏,左倾

levulinate [le'vʊlɪneɪt] *n.*【化】乙酰丙酸

levulose ['li:vjʊləʊs] *n.*【化】左旋糖

levy ['levɪ] *v.;n.* ①征收,征税 ②征收额 ☆*levy taxes on (upon) ...* 对…征税

lewis ['luɪs] *n.* 吊楔

lewisite ['lju:ɪsaɪt] *n.* ①用降落伞投下的干扰雷达

发射机 ②糜烂性毒气 ③锑钛烧绿石

lewisson ['lju:ɪsən] = lewis

lex [leks](拉丁语) (pl. leges) *n.* 法律

lexeme ['leksi:m] *n.* 语义

lexical ['leksɪkəl] *a.* 词(字)汇的, 词法的

lexicographer [,leksɪ'kɒɡrəfə] *n.* 词典编纂者

lexicographic(al) [,leksɪkə'ɡræfɪk(l)] *a.* 字典编辑上的, 字典式的

lexicography [,leksɪ'kɒɡrəfɪ] *n.* 字典编纂(法)

lexicology [,leksɪ'kɒlədʒɪ] *n.* 词汇学

lexicon ['leksɪkən] *n.* 词典, 语汇, 专门词汇, 词素

Ley [leɪ] *n.* 锡铅轴承合金

ley [leɪ] *n.* ①草坪, 牧场 ②废皂碱水

Leyden ['laɪdən] *n.* 莱顿(荷兰城市)

liability [,laɪə'bɪlɪtɪ] *n.* ①义务(for), 责任 ②(pl.) 负债, 赔偿责任, 负担 ③倾向性, 可能性, 易患, 易染 ④不利条件 ☆ *liability to ...* 易于…, 有…的倾向

liable ['laɪəbl] *a.* ①有(法律)责任的 ②应受(罚)的, 应付(税)的, 应服从的 ③易于…的, 有…倾向的 ④可能的 ☆ *liable for ...* 对…应负责任的; *(be) liable to ...* 易于(发生)…, 有…倾向的, 应服从…的; *(be) liable to (do)* 易于(做), 易(遭)受, 有…的倾向
〖用法〗注意下面例句中该词的用法: This is especially liable to be the situation in solid-state amplifiers. 这是特别容易发生在固态放大器中的情况。/These people are liable to malaria. 这些人易患疟疾。

liaison [lɪ'eɪzɒn] *n.;v.* 联系(人), 联络, 协作(with), 连读

liana [lɪ'ɑ:nə] *n.* 藤本植物

liang [lɪɑ:ŋ] (单复同) *n.* 两(重量单位)

liar ['laɪə] *n.* 光学物镜; 说谎者

libation [laɪ'beɪʃən] *n.* 奠酒

libel ['laɪbəl] *n.; v.* 诽谤, 侮辱 ‖ ~(l)ous *a.*

libellant ['laɪbələnt] *n.* 诽谤者

liber[1] ['laɪbə] *n.* 韧皮部, 内皮

liber[2] ['laɪbə](拉丁语) (pl. libri 或 libers) *n.* 书册, 契据登记簿

liberal ['lɪbərəl] *a.* 大方的, 充足的, 公平的, 自由(主义)的, 心胸宽广的, 大学文科的 ‖ ~ly *ad.*
〖用法〗注意下面例句中该词的含义:This section is liberal with application examples. 本节列举大量的应用例子。

liberalism ['lɪbərəlɪzm] *n.* 自由主义

liberality [lɪbə'rælətɪ] *n.* 慷慨, 丰富, 心胸宽大, 公正

liberalize ['lɪbərəlaɪz] *v.* 解除(官方)对…的控制, (使)自由主义化 ‖ **liberalization** *n.*

liberate ['lɪbəreɪt] *vt.* 解放, 释放

liberation [lɪbə'reɪʃən] *n.* 解放, 释放
〖用法〗注意下面例句中该词的含义:Liberation from the bandwidth constraint has been made possible by the deployment of communication satellites for broadcasting and the ever-increasing

use of fiber optics for networking. 由于〔通过〕部署了通信卫星进行广播以及越来越广泛地利用光纤进行联网而使得能够不受带宽的限制了。

liberator ['lɪbəreɪtə] *n.* 解放者

Liberia [laɪ'bɪərɪə] *n.* 利比里亚

Liberian [laɪ'bɪərɪən] *n.;a.* 利比里亚的, 利比里亚人(的)

liberty ['lɪbətɪ] *n.* ①自由 ②特许(权), 上岸许可(时间) ③冒昧, 失礼 ☆ *at liberty* 任意的, 自由的, 闲着的; *set at liberty* 释放; *take liberty in ...* 在…中是灵活自如的; *take the liberty of doing (to do)* 擅自(做)

libido [lɪ'bi:dəu] *n.* 性的本能, 性欲

libra ['laɪbrə] (pl. librae) *n.* ①磅(lb) ②镑(£)

libramycin [,laɪbrə'maɪsɪn] *n.* 【生】磅霉素

librarian [laɪ'breərɪən] *n.* 图书馆管理员, 【计】程序库管理程序

librarianship [laɪ'breərɪənʃɪp] *n.* 图书馆管理业务

library ['laɪbrərɪ] *n.* ①图书馆 ②藏书, 文库 ③【计】(程序, 信息)库

librate ['laɪbreɪt] *vi.* ①振动 ②平衡

libration [laɪ'breɪʃən] *n.* ①振动 ②天平秤 ③平衡

libratory ['laɪbrətərɪ] *a.* 保持平衡的, 振动的

libretto [lɪ'bretəu] *n.* 歌剧脚本

Libreville ['li:brəvi:l] *n.* 利伯维尔(加蓬首都)

libri ['laɪbraɪ] liber 的复数

libriform ['laɪbrɪfɔ:m] *a.* 韧型的

libron [li:b'rɒn] *n.* 【物】自由子

Libya ['lɪbɪə] *n.* 利比亚

Libyan ['lɪbɪən] *n.; a.* 利比亚(的), 利比亚人(的)

lice [laɪs] louse 的复数

licence, license ['laɪsəns] *n.;vt.* 许可(证), 执照证书, 检查证, 发许可证给… ☆ *a licence for (to do)* …的执照; *licence ... to (do)* 允许…(做); *take licence with* 灵活处理; *under licence* 获得许可

licenced, licensed ['laɪsənst] *a.* 得到批准的, 领有执照的

licensee, licencee [laɪsən'si:] *n.* 领有许可证者

licensor, licenser, licencer ['laɪsənsə] *n.* 发许可证者

licensure ['laɪsənʃuə] *n.* 许可证的发给; 许可

licentiate [laɪ'senʃɪət] *n.* (从大学或学术协会等)领有开业证书的人, (欧洲某些大学中的)硕士

licentious [laɪ'senʃəs] *a.* 放肆的, 不顾规则的

lichen ['laɪkən] *n.* 地衣, 苔藓

lichenase ['laɪkəneɪs] *n.* 【生】地衣多糖酶

licheniform [laɪ'kenɪfɔ:m] *a.* 地衣形(菌素)

lichenoid [laɪkə'nɔɪd] *a.* 似地衣的

lichenology [laɪkə'nɒlədʒɪ] *n.* 地衣学

lichenometry [laɪkə'nɒmɪtrɪ] *n.* 地衣测定法

licit ['lɪsɪt] *a.* 合法的 ‖ ~ly *ad.*

lick [lɪk] *v.;n.* ①冲洗, 卷烧, 吞没, 舐 ②战胜 ③盐砖 ☆ *at a great lick* 或 *(at) full lick* 急忙; *give a*

lick and a promise 马马虎虎弄好; **lick into shape** 整顿,使像样

lickerish ['lɪkərɪʃ] *a.* 贪吃的,渴望的,放荡的

licking ['lɪkɪŋ] *n.* 打败,舔

licorice ['lɪkərɪs] *n.* 甘草

lid [lɪd] ❶ *n.* ①盖,罩,凸缘 ②眼睑(=eyelid) ③温度逆增的顶点 ④取缔 ❷ *vt.* 给…装盖子 ☆**put the lid on** 禁止,取缔

lidded ['lɪdɪd] *a.* 有盖子的,盖着的

lidless ['lɪdlɪs] *a.* 没有盖的

lie [laɪ] ❶ (lay, lain; lying) *vi.* ①躺,平放 ②在,位于 ③保持…状态 ④展现,伸展 ☆**lie at the root (basis) of** 是…的根据; **lie by** 搁置一旁,停歇; **lie idle** (闲)搁着,呆滞; **lie in** 位〔在〕于;**lie on (upon)** 落在…,随…而定,是…的义务;**lie on (its) side** 侧放着; **lie open** 开着(放置); **lie over** 延期,延迟,缓办; **lie to** 集中全力于; **lie under** 遭受;**lie up** 卧病,(船)入坞,停止使用; **lie with** (落)在,是…的权利 ❷ *n.* 位置,状态,花纹方向 ☆**as far as in me lies** 尽我的力量

〖用法〗❶ 如果表示"lie in …(在于…)"而在"in"后面是一个句子,则一定要用"lie in the fact that …"。如:The difference between these two lies in the fact that the ac impedance is not the same as the dc resistance. 这两者的区别在于交流阻抗并不等于直流电阻。❷ 其后面可以跟形容词。如:In such a case, the log will not lie motionless, instead, it will begin to rotate. 在这种情况下,该圆木不会保持静止不动,而是将开始滚动。❸ 注意"lie in + 动名词复合结构"的情况:The wonder of the computer lies in its being very quick and accurate in doing complicated calculations. 计算机的神奇之处在于它能非常迅速而准确地进行复杂计算。

lie [laɪ] ❶ *n.* 谎言,假象,造成错觉的事物 ☆**tell lies** 撒谎; **give the lie to** 揭穿…的谎言 ❷ (lied; lying) *v.* 说谎,造成错觉 ☆**lie about (a matter)** 就(某事)说谎

liebethenite ['li:bəθənaɪt] *n.* 磷铜矿

liebigite ['li:bɪgaɪt] *n.*【矿】铀钙矿

Liechtenstein ['lɪktənstaɪn] *n.* (欧洲)列支敦士登

lief [li:f] *ad.* 欣然地,乐意地 ☆**would (had) as lief A as B** 或 **would (had) liefer A than B** 与其 B 不如 A

lien[1] ['li:n] *n.* 扣押权 ☆ **have a lien on (upon)** 对…有留置权; **have a prior lien on** 对…有先取权

lien[2] ['laɪən] *n.* 脾

lienal ['laɪ'nəl] *a.* 脾的

lienitis [,laɪə'naɪtɪs] *n.* 脾炎

lientery ['laɪəntərɪ] *n.* 不消化性腹泻

lierne [li:'ɜ:n] *n.*【建】(穹顶)枝肋

lieu ['lju:] *n.* 场所 ☆**in lieu of** 代替

〖用法〗注意下面例句的译法:In lieu of specific

requirements, we shall use the average value of 325 psi (pounds per square inch). 我们将使用平均值 325 磅每平方英寸而不用特殊的要求。

lieutenant [lef'tenənt] *n.* (海军)上尉,(陆军)中尉,副职官员

lieutenant-colonel [lef,tenənt'kɜ:nəl] *n.* 中校

lieutenant-general [lef,tenənt'dʒenərəl] *n.* 中将

life [laɪf] *n.* (pl. lives) ①生命〔活〕,生物 ②寿命,操作年限,耐用度 ③实物,活体模型 ④新机会,(生命的)新开端 ☆**a life size** 实物大小; **all one's life** 终身; **as large as life** 实物(原物)那么大小,千真万确; **for dear (one's) life** 拼命地; **for the life of me** 无论如何; **from (the) life** 从原物; **half life** 半辈子,半衰期; **in life** 在生存中,世间; **nothing in life** 毫无; **on your life** 无论如何; **to the life** 逼真地; **true to life** 逼真的

lifeblood ['laɪfblʌd] *n.* 生命线

lifebuoy ['laɪfbɔɪ] *n.* 救生衣

lifeless ['laɪflɪs] *a.* 无生命的,枯燥无味的 ‖ **~ly** *ad.* **~ness** *n.*

lifelike ['laɪflaɪk] *a.* 逼真的,栩栩如生的

lifeline ['laɪflaɪn] *n.* 救生索

life-long ['laɪflɒŋ] *a.* 终生的

lifesize(d) ['laɪfsaɪzd] *a.* 实物大小的

lifespan ['laɪfspæn] *n.* 存在时间,平均生命期

life-spring ['laɪfsprɪŋ] *n.* 生命源泉

life-strings ['laɪfstrɪŋz] *n.* 维持生命之物

lifetime ['laɪftaɪm] *n.* (使用)寿命,生存期,一辈子

lifework ['laɪfwɜ:k] *n.* 终身的事业

lift [lɪft] *v.;n.* ①提起,上升,掘起,除去,撤销 ②升力,升举高度 ③楼层 ④提升次数,一次提(吊)的量 ⑤升降机,电梯,提臂 ⑥运送,空运 ⑦偿付 ⑧鼓舞 ⑨剽窃 ☆**give … a lift** 让…搭车,帮…忙; **lift off** 搬走,发射,起飞,卸下; **lift out** 提升; **lift up** 举起,升高

liftability [lɪftə'bɪlɪtɪ] *n.* 起模性

liftboy ['lɪftbɔɪ], **liftman** ['lɪftmən] *n.* 开电梯的人

lifter ['lɪftə] *n.* 起重者,起重设备,升降叉,【机】砂钩,提钩

lifting ['lɪftɪŋ] *n.;a.* ①举起(的),起重(的),提升 ②咬底

lift-type ['lɪfttaɪp] *a.* 悬挂式的

ligaloes ['lɪgələus] *n.* (= lignaloo) 沉香,伽罗木

ligament ['lɪgəmənt] *n.* 线,系带,韧带,灯丝,扁钢弦 ‖ **~al** 或 **~ary** 或 **~ous** *a.*

ligand ['lɪgənd] *n.* 配合基〔体〕,向心配合体

ligarine ['lɪgəri:n] *n.*【生化】石油醚

ligase ['laɪgeɪs] *n.*【生化】连接酶

ligasoid ['lɪgəsɔɪd] *n.*【物】液气悬胶

ligate ['laɪgeɪt] *vt.* 结扎

ligation [laɪ'geɪʃən] *n.* 结扎(线)

ligature ['lɪgətʃə] *n.;vt.* 绑扎,绑扎线,连接线,连字(符号)

light [laɪt] ❶ *n.* ①投光部分,光,灯,照明,天〔发光〕

L

体 ②日光,白昼 ③启发,见解,显露 ④ (pl.)轻磅镀锡薄钢板 ❷ *a.* ①亮的,发光的,不重要的,轻的,薄的,精巧的 ②明白的 ③松的,粗的,砂质的 ❸ *ad.* 轻(快,装) ❹ (lighted 或 lit) *v.* ①点亮,发亮,照明 ②启动,发射 ③突然降临,偶然碰到 (on,upon) ☆*according to one's light* 依照自己的意见; *bring … to light* 揭露,发现; *by the light of nature* 本能地; *come (be brought) to light* 显露(出来),出现; *in a new light* 用新的见解; *in light* 光线照着; *in (the) light of* 按照,由于,从来看,借助; *in this light* 就此而论; *light come, light go* 易来易去; *light in the head* 头晕的,失去理智的; *light off* 点火,光照终止; *light on* 偶然遇上〔想出来〕; *light up* 点亮,照亮; *make light of* 认为…不很重要,轻视; *see light* 领会; *see the light (of day)*问世,领悟; *shed (throw) (a) light on (upon)* 阐明,使…更明白〔清楚〕

〖用法〗一般它表示"光"时不用冠词,也没有复数形式,而表示"灯"时单数前要有冠词。如:White light is actually a mixture of light of these different colors. 白光实际上是这些不同颜色的光的混合物。/L indicates that the light is on. L 表示(该)灯亮着。

light-curve ['laɪtkɜ:v] *n.* 光变曲线
light-day ['laɪtdeɪ] *n.* 光日
light-duty ['laɪtdju:tɪ] *a.* 小功率的,轻(型)的
lighten ['laɪtn] *v.* ①照亮,启发,发光 ②减轻,缓和,(使)轻松
lighter ['laɪtə] ❶ *n.* ①点火机,照明器,发光器 ②驳船 ❷ *vt.* (用)驳(船)运 ❸ *a.* 更轻的
lighterage ['laɪtərɪdʒ] *n.* 驳运(费),驳船装卸,驳运船
lightering ['laɪtərɪŋ] *n.* 驳运
light-face ['laɪtfeɪs] *n.* 细体(字)
lightfast ['laɪtfɑ:st] *a.* (晒)不褪色的,耐晒的
lightguide ['laɪtgaɪd] *n.* 光导向装置
lighthouse ['laɪthaʊs] *n.* 曝光台,灯塔
lighting ['laɪtɪŋ] *n.* 照明(设备),舞台灯光,点灯〔火〕,启动,发射,退火,减重
lightish ['laɪtɪʃ] *a.* ①(颜色)有点淡的 ②较轻的
lightless ['laɪtlɪs] *a.* 不发光的
lightly ['laɪtlɪ] *ad.* 轻地,稍微,松弛地
lightmeter ['laɪtmi:tə] *n.*【物】照度计
light-month ['laɪtmʌnθ] *n.*【天】光月
light-negative ['laɪt،negətɪv] *a.;n.* 光负的,光阻的,负光电导性
lightness ['laɪtnɪs] *n.* ①明亮,亮度,(色彩的)淡 ②精巧,优美 ③轻微〔便,浮〕
lightning ['laɪtnɪŋ] ❶ *n.* 闪电,雷电 ❷ *a.* 闪电(般)的,快速的 ☆ *at (with) lightning speed* 或 *like (greased) lightning* 风驰电掣地,一眨眼
lightsome ['laɪtsəm] *a.* 光亮的,发光的,无忧无虑的,轻快的
lightweight ['laɪtweɪt] *a.* 轻的,重量(很)轻的,无

足轻重的
lightwood ['laɪtwʊd] *n.* 易燃的木头,轻木
lignan ['lɪgnæn] *n.*【化】木酚素
ligneous ['lɪgnɪəs] *a.* 木(制,状)的
lignicolous [lɪg'nɪkələs] *a.* 长在树上的
ligniferous [lɪg'nɪfərəs] *a.* 木性的,产木材的
lignification [،lɪgnɪfɪ'keɪʃən] *n.* 木质化
ligniform ['lɪgnɪfɔ:m] *a.* 呈木状的,木质似的
lignify ['lɪgnɪfaɪ] *v.* (使)木质化
lignin ['lɪgnɪn] *n.*【化】木质素
lignite ['lɪgnaɪt] *n.* 褐煤
lignitiferous [،lɪgnɪ'tɪfərəs] *a.* 褐煤化的
lignivorous [lɪg'nɪvərəs] *a.* 食木质的
lignocellulose [،lɪgnəʊ'seljʊləʊs] *n.* 木质纤维素
lignocellulosic [،lɪgnəʊseljʊ'ləʊsɪk] *a.* 木质纤维的
lignocerane [،lɪgnəʊ'sereɪn] *n.*【化】廿四烷
ligno-humus [،lɪgnəʊ'hju:məs] *n.*【生】木素腐殖质
lignosa [lɪg'nəʊsə] *n.* 木本植被
lignose ['lɪgnəʊs] *n.* ①木质素 ②一种含有硝化甘油和木质纤维的炸药
lignosol ['lɪgnə'sɒl] *n.* 木浆
lignosulphonate [،lɪgnəʊ'sʌlfəneɪt] *n.* 磺化木质素,木质磺酸盐
lignum ['lɪgnəm] *n.* 木材
lignumvitae ['lɪgnəmvi:taɪ] *n.*【植】铁梨木
ligroin(e) ['lɪgrəʊɪn] *n.* 轻石油,挥发油,石油英
likable ['laɪkəbl] *a.* 可爱的,值得喜欢的,和蔼的,亲切的 ‖ ~ness *n.*
like[1] [laɪk] ❶ *a.* ①同样的,相像的,同类的 ❷ *prep.; conj.* ①像,如同 ②像(想)要 ☆ *and the like* 或 *and such like* 以及诸如此类,依此类推; *anything like* 像…那样的事(物),有任何一点像; *(as) like as not* 十之八九,很可能; *as like as two peas* 一模一样; *feel like doing* 想要; *just like* 正如…一样; *like anything* 极度,拼命地; *like enough* 多半,恐怕; *look like* 看来像; *nothing (none) like* 没有比…更好的,一点也不像; *or the like* 或者诸如此类; *something like* 几乎,差不多,大约,了不起的,像…的东西; *the like of it* 那类东西

〖用法〗 ❶ 注意下面例句中该词的不同含义及用法:In this case the diode acts like a short circuit. 这种情况下,该二极管的作用就像一个短路〔起短路的作用〕。("like"为介词,其作用类似"as"。)/Adding like terms, we have the following expression. 同类项合并的话,我们就有下面的表达式。("like"为形容词。)/Local, torsional, and lateral buckling and the like, although quite important in engineering, are beyond the scope of this text. 局部屈曲、扭力屈曲和横向屈曲等(以及诸如此类),虽然在工程上十分重要,但超出了本书的范围。("like"为名词。)/Ideally, one would like no power to be dissipated if there were no signal present. 理想的情况是,人们希望如果不存在信号的话就不消耗功率。("like"为及物动词。)/In this case, we could treat it somewhat <u>like</u> we treat an ordinary photograph. 在这种情况下,我们可以有点像处理一张普通照片那样来处理它。("like"为状语从句连接词,它类同于"as"。) ❷ 注意"like + 动名词复合结构"的情况。如: Electrical pulses pass along the nerves of the human brain, rather <u>like an electric current passing through insulated wires.</u> 电脉冲沿着人脑的神经传输,颇像电流通过绝缘的导线。

like² [laɪk] ❶ v. 喜欢,爱好,愿意,想 ☆ **should (would) like to + to (do)** 很想(要) ❷ n. 爱好〔物〕

likeable ['laɪkəbl] = likable

likelihood ['laɪklɪhʊd] n. 似然(性),像有,相似(性),可能发生的事物 ☆ **have a high likelihood of doing** 很可能(做); **in all likelihood** 多半,十之八九 〖用法〗 ❶ 注意"the likelihood of + 动名词复合结构"的情况:The half-life of radioactive elements is another factor to be considered in assessing <u>the likelihood of their doing damage.</u> 放射性元素的半衰期, 是在评定它们造成危害的可能性时要考虑的另一个因素。❷ 其后面可跟同位语从句。如:In this case, there is <u>a likelihood that</u> at least one of the received signals will not be severely degraded by fading. 在这种情况下,很可能在接收到的信号中至少有一个不会由于衰减而质量严重下降。

likely ['laɪklɪ] ❶ a. ①很可能的,像是会的 ②(似乎)合理的,有希望的 ❷ ad. 或许,大概,多半 ☆**as likely as not** 多半,说不定,大概,很可能; **(be) likely to** 可能(做),像是要(做); **It is likely that …** 很可能…; **most likely** = as likely as not 〖用法〗该词常用于下面两个句型: This parameter is <u>likely</u> to change with time. 这个参数很可能随时间而变化。/It is <u>likely</u> that there will be many more new programming languages in the future. 很可能在将来还会出现许多新的编程语言。

liken ['laɪkən] vt. 比喻,比拟 〖用法〗"liken A to B"意为"把 A 比作为 B"。如: Shockley <u>likened</u> the band structure of silicon <u>to</u> a two-level garage. 肖克利把带结构的硅比作为一个两层车库。

likeness ['laɪknɪs] n. ①相似,复制品 ②肖像,写真 ③外表 ☆**in the likeness of** 貌似,假装

like-new ['laɪk,njuː] a. 像新的

likewise ['laɪkwaɪz] ❶ ad. 同样,也 ❷ conj. 也,而且 〖用法〗注意下面例句中该词的含义: The parameter h(X) is the differential entropy of X,<u>likewise</u> h(Y). 参数 h(X)是 X 的微分熵, h(Y)同样。

liking ['laɪkɪŋ] n. 爱好,喜爱 ☆**be to one's liking** 合…的意; **have a liking for** 喜欢; **on (the) liking** 实习的,试用的

lilac ['laɪlək] n.; a. 紫丁香,淡紫色(的)

lilaceous [laɪ'leɪʃəs] a. 淡紫色的

liliaceous [,lɪlɪ'eɪʃəs] a. 百合科的

liliquoid ['lɪlɪkwɔɪd] n. 乳状胶体

lilliputian [,lɪlɪ'pjuːʃɪən] a. 很矮小的,小人国的

Lilongwe [lɪ'lɒŋwɪ] n. 利隆圭(马拉维首都)

lilt [lɪlt] v. 以欢快节奏唱(奏)出,轻快地行走

lily ['lɪlɪ] n.; a. ①百合(花) ②洁白的(东西) ☆**paint (gild) the lily** 画蛇添足

lily-white ['lɪlɪwaɪt] a. 纯白的,纯洁的

Lima ['liːmə] n. 利马(秘鲁首都)

limacon ['lɪməkɒn] n. 蚶线,蜗牛形曲线

liman [lɪ'mɑːn] n. 碱滩,溺谷,河口

limb [lɪm] n. ①肢,臂,手足,翼,山侧,支流,(树)大枝 ②分度弧,(分)度盘,量角器 ③零件,部分 ④芯柱,管脚

limbal ['lɪmbəl] a. (边)缘的

limber ['lɪmbə] ❶ a. 可塑的,易弯曲的,轻快的 ❷ v. ①使柔软 ②拖车 ❸ n. ①(拖火炮和弹药车辆的)前车 ②(pl.)(船底龙骨两侧的)污水道,通水孔

limbic ['lɪmbɪk] a. (边)缘的

limbless ['lɪmblɪs] a. 无肢的,无枝杈的

limbo ['lɪmbəʊ] n. ①忘狱,遗弃,丢弃废物的地方 ②中间过渡状态〔地带〕③监狱,拘禁

limburgite ['lɪmbəgaɪt] n.【矿】玻基辉橄榄岩

limbus ['lɪmbəs] (pl. limbi) n. 边缘

lime [laɪm] ❶ n. ①酸橙,椴树 ②石灰,氧化钙,黏包胶☆**in the lime (light)** 引人注目; **lime light** 石灰光,灰光灯,注意点 ❷ vt. 用石灰处理,撒石灰,浸在石灰水中 ☆**lime out** 析

limeade [,laɪm'eɪd] n. 柠檬水

limeburner ['laɪm,bɜːnə] n. 烧石灰工人

limed ['laɪmd] a. 用石灰处理过的,刷了石灰的

limelight ['laɪmlaɪt] ❶ n. ①石灰光,灰光灯 ②注意点 ❷ vt. 把光集中在…上,使成注目中心 ☆**(be) in the limelight** 引人注目,公然; **take (come) into the limelight** 变成人们注意的中心; **throw limelight (on)** 阐明,使真相毕露

limen ['laɪmen] (pl. limens 或 limina) n. (声差,色差)阈

lime-roasting [,laɪm'rəʊstɪŋ] n. 石灰焙烧

lime-rock ['laɪmrɒk], **limestone** ['laɪmstəʊn] n. 石灰石〔岩〕

limes ['laɪmiːz] (pl. limites) n. (要塞的)边界,限度

lime-trat [,laɪm'træt] n. 石灰捕集器

limetree ['laɪmtriː] n. 菩提树

limewash ['laɪmwɒʃ] ❶ n. 石灰水 ❷ v. 刷石灰水,刷白

limic ['lɪmɪk] a. 饥饿的

limicolous [laɪ'mɪkələs] a. 栖于(淤)泥中的

limina ['lɪmɪnə] limen 的复数之一

liminal ['lɪmɪnəl] ❶ a. ①阈的,入口的 ②最初的,开端的 ③勉强感觉到的 ❷ n. 最低量

liming ['laɪmɪŋ] n. 撒(刷)石灰,石灰处理

limit¹ ['lɪmɪt] n. (= limiter) 限制器,限幅器

limit² ['lɪmɪt] ❶ *n.* ①限制 ②极限,限度,范围 ③公差,极限值 ☆*go beyond (over) the limit* 超过限度; *in the limit* 在极限情况下; *limit on* 对…的限制; *off limits* 界限外,禁止入内; *place limits on* 限制; *set a limit to*(对…加以)限制; *there is a limit to …* 是有限度的; *to the (utmost) limit* 到极点,极度地; *within certain limits* 在一定的范围内; *within fine limits* 细致地; *within limits* 适度,有限度地; *within the limits of…* 在…范围内; *without limit* 无限(制)地 ❷ *vt.* 限制,约束,减少 ☆ *a limited number of* 有限的几个; *be limited in …* …(上,方面)受限制; *be limited to* (局)限于

〖用法〗 ❶ 当它作名词时,它后面可以跟"to"或"on"。如:Noise provides a limit to the channel capacity. 噪声限制了信道的容量。("provide a limit to"等效于及物动词"limit"。)/There is a practical limit to how small R_e can be made for a given degree of stability. 对于给定的稳定度而言,能使 R_e 多小是有一个实际限度的。/There is a fixed limit on the number of concurrently open files in a system.一个系统中同时打开的文件数是有固定限度的。/Let us first determine the upper limits on efficiency and power output. 让我们首先确定效率和输出功率的上限。❷ 注意下面例句中该词的含义:Reducing donor density, in the limit, brings the Fermi level to the center of the energy gap. 在极限情况下,降低施主密度对能隙中心的费米能级起作用。❸ 注意下面例句中该动词的常用句型的译法:Almost all broadband voltmeters are limited in sensitivity by noise and spurious signals. 几乎一切宽带伏特计的灵敏度都受到噪声和杂散信号的限制。/Aiken's machine was limited in speed by its use of relays rather than electronic devices. 爱肯机的速度受到了限制是由于它使用了继电器而不是使用电子器件的缘故。❹ "provide a limit to" = "limit"。

limitable ['lɪmɪtəbl] *a.* 可求极限的,可限制的
limitans ['lɪmɪtənz] *n.* 界膜
limitary ['lɪmɪtərɪ] *a.* 有限(制)的,界限的
limitation [ˌlɪmɪ'teɪʃn] *n.* ①限制,制约,界限 ②局限性,缺陷,能力有限 ‖**-al** *a.*

〖用法〗 ❶ 该词后面跟介词"on"。如:The principal limitation on speed is the capacitive load on the output transistor. 对速度的主要制约因素是输出晶体管的电容负载。/One of the basic limitations on sensitivity is the inherent noise in the magnetic amplifiers. 对灵敏度的基本限制因素之一是磁放大器中所固有的噪声。❷ 与它搭配的动词("消除")一般是"overcome"。如: This limitation can overcome by using a special look-ahead-carry circuit. (通过)利用一个特殊的前瞻进位电路就可以消除这一因素。

limitative ['lɪmɪteɪtɪv] *a.* 有限制的,限制(性)的
limitator ['lɪmɪteɪtə] *n.* 限制器

limited ['lɪmɪtɪd] *a.* ①有限(制)的,(被)限定的 ②缺乏创见的 ③乘客定额的,高级的 ‖**-ly** *ad.* **~ness** *n.*
limiter ['lɪmɪtə] *n.* 限制(幅)器
limiting ['lɪmɪtɪŋ] *n.*; *a.* 限制(幅)(的),界(极)限

〖用法〗注意下面例句中该词的含义:The two limiting conditions are=0 and =180 degrees. 这两个极限条件是等于 0 和等于 180 度。

limitless ['lɪmɪtlɪs] *a.* 无限的 ‖**-ly** *ad.* **~ness** *n.*
limitron ['lɪmɪtrɒn] *n.* 电子比较仪
limitrophe ['lɪmɪtrəuf] *a.* 边境地方的,接近…地方的 (to)
limivorous [laɪ'mɪvərəs] *n.* 食泥的
limmer ['lɪmə] *n.* 【矿】沥青石灰石
limn [lɪm] *vt.* ①素描 ②生动地叙述 ‖**-er** *n.* 绘画者,描述者
limnetic [lɪm'netɪk] *a.* 淡水的,湖泊的
limnite ['lɪmnaɪt] *n.* 【矿】沼铁矿
limnograph ['lɪmnəugrɑːf] *n.* 自记水位仪
limnology [lɪm'nɒlədʒɪ] *n.* 湖沼(水文,生物)学
limnophilous ['lɪmnəfɪləs] *a.* 嗜池沼的
limnoplankton [ˌlɪmnəu'plæŋktən] *n.* 池沼浮游生物
limo ['lɪməu] *n.* 大型轿车
limon ['laɪmən] *n.* 柠檬
limonada [ˌlɪmə'nɑːdə] *n.* 柠檬水
limonene ['lɪməniːn] *n.* 【化】柠檬烯
limonile ['laɪmənaɪl] *a.* 深土的
limonis ['laɪmənɪs] *a.* 柠檬的
limonite ['laɪmənaɪt] *n.* 【矿】褐铁矿
limonitic [ˌlaɪmə'nɪtɪk] *a.* 褐铁矿的
limophagous [ˌlɪməu'feɪɡəs] *a.* 食泥的
limosis [laɪ'məusɪs] *n.* 【医】善饥症
limosphere ['laɪməsfɪə] *n.* 【物】顶体球
limotherapy ['lɪməðerəpɪ] *n.*【医】饥饿疗法
limousine ['lɪmuziːn] *n.* 轿车,大型高级轿车
limp [lɪmp] ❶ *a.* 柔软的,无力的 ❷ *vi.*;*n.* 缓慢费力地缓行
limpen ['lɪmpən] *vi.* 变软,弯曲
limpet ['lɪmpɪt] *n.* 帽贝;水下爆破雷弹 ☆*stick like a limpet* 缠住不放,纠缠不休
limpid ['lɪmpɪd] *a.* 清澈的,平静的,无忧无虑的 ‖**~ly** *ad.*
limpidity [lɪm'pɪdətɪ] *n.* 清澈(度),透明(度)
limy ['laɪmɪ] *a.* 黏性的,胶着石灰石,含镁石灰岩
linable ['laɪnəbl] *a.* 排成一直线的
linac ['lɪnæk] *n.* (=linear (electron) accelerator) 直线加速器
linage ['laɪnɪdʒ] *n.* ①排成一直线 ②每页行数
linalool [lɪ'næləu,ɒl] *n.* 里哪(芳菱)醇,沉香(萜)醇,芳樟醇
linamarin [lɪnə'mærɪn] *n.*【植】亚麻苦苷
linar ['laɪnə] *n.* 线星(天体)
linatron ['laɪnətrɒn] *n.* 利纳特朗波导加速器

L

linchpin ['lɪntʃpɪn] n. (开口,保险)销,关键

lindane ['lɪndeɪn] n. 【化】六氯化苯

linden ['lɪndən] n. 【植】菩提树,欧洲椴

line [laɪn] ❶ n. ①行,排,阵,横队,系列 ②(细)绳,索,铁丝,管道,输送管线,铁路 ③线(条,路),战线 ④赤道 ⑤种类,货色 ⑥职业,擅长 ⑦(常用 pl.)方向 ⑧范围,方面 ⑨轮廓,外形,草图,船体型线图 ⑩运输路线(公司,系统) ☆ a line of 一排(系列); **above the line** 标准点以上; **all along the line** 在全线,各方面; **along (on) ... line** 或 **along (on) the lines of** 按照…方向; **(be) in line with** 和…成一直线,和…一致; **(be) on the same (right,wrong...) lines** 以同样(正确,错误)的方针; **(be) out of line** 不成直线,不符合; **bring (get) ... into line** 使排齐(一致); **by rule and line** 准确地,精密地; **come (fall) into line** 排齐,一致,同意; **draw a line between** 划清…(之间)的界线; **draw the line at** 反对; **hew to the line** 服从纪律,循规蹈矩; **hold the line** (打电话时)等着不挂断,坚定不移; **in (a) line** 成一行(排),整齐,一致,有秩序; **in line with** 跟…一致; **on line** 联机,在线; **out of line** 不成一直线,不一致,不协调; **read between the lines** 体会言外之意; **take a line of policy** 采取一种方针; **take a strong line** 干得起劲; **the line of duty** 值勤,公务 ❷ v. ①划线于,画轮廓 ②排齐,使成直线 ③给…加衬里,衬砌,嵌入 ☆ **be lined with** 镶嵌; **line off** 用线划开; **line out** 划线标明,标出; **line through** (一笔)勾销; **line up** 排队,使平直,排齐,调成一直线,使吻合; **line upon line** 一排排地,稳步向前地

〖用法〗❶ 表示"以(用)…线"时,该名词前用介词"in"。如: In this case the body will move in a straight line. 在这种情况下,该物体将作直线运动。/This distortion is shown in dotted lines in Fig. 5-3. 在图5-3中用虚线表示这种失真。❷ 注意下面例句中该词的含义:Here the line between analog microwaves and extremely high-speed digital logic becomes fuzzy. 这里模拟微波与极其高速数字逻辑之间的界线变得模糊了。/We can describe the necessity of gain saturation with a few lines of transparent mathematics. 我们可以用一点清晰的数学来描述增益饱和的必要性。/These chapters describe Boolean algebra, logic design, and the major digital circuit lines. 这几章描述布尔代数、逻辑设计和主要的数字电路系列。❸ 表示"在…线路上"时其前面一般用"on"或"over"。如: DTM has been standardized for use on (over) asymmetric digital lines. 分立式多音频已标准化地用在非对称性数字线路上了。

lineage ['lɪnɪɪdʒ] n. ①排成行 ②行数 ③系,族,系统,谱系 ④血统,门第

lineal ['lɪnɪəl] a. ①(沿)线的,(直)线性的,纵的 ②直系的,世袭的

lineament ['lɪnɪəmənt] n. 面(外,地)貌,特征,区域断裂线

linear ['lɪnɪə] a. ①(直)线的,长条形的,纵的,沿轴作用的 ②(直)线性的,一维的,线性化的 ☆ **be linear with** 与…成线性关系

lineargraph ['lɪnɪəgrɑ:f] n. 线状图

linearisation [ˌlɪnɪəraɪˈzeɪʃən] = linearization

linearise ['lɪnɪəraɪz] = linearize

linearity [ˌlɪnɪˈærətɪ] n. (直)线性

linearization [ˌlɪnɪəraɪˈzeɪʃən] n. 线性化

linearize ['lɪnɪəraɪz] vt. 使线性化

linearizer ['lɪnɪəraɪzə] n. 线性化电路

linearism ['lɪnɪərɪzəm] n. 直线(连续)性

linearly ['lɪnɪəlɪ] ad. 线性地

lineate(d) ['lɪnɪɪt(ɪd)] a. 画有(许多平行)线条的,标线的

lineation [ˌlɪnɪˈeɪʃən] n. 线条,画线,轮廓

line-cone ['laɪnkəʊn] n. 【数】圆锥体

lined [laɪnd] a. 衬砌的,镶的,用线划分的,排成行的

linefeed ['laɪnfi:d] n. 线路馈电,换行

line-focus [ˌlaɪnˈfəʊkəs] n. 线状焦点

line-haul ['laɪnhɔ:l] n. 长途运输

line-indices [ˌlaɪnˈɪndɪsi:z] n. 反射线指数

lineman ['laɪnmən] = linesman

linen ['lɪnɪn] n.; a. ①亚麻(色)的 ②亚麻布(制品) ③用亚麻纺成的

linen-tape ['lɪnɪnteɪp] n. 布卷尺

lineograph ['laɪnəgrɑ:f] n. 描绘规

lineoid ['laɪnɔɪd] n. 超平面

lineolate ['lɪnɪəleɪt] a. 有细纹的

liner ['laɪnə] n. ①(定期)邮轮,班机 ②混凝土模板,两梁间的横梁 ③直线规,画线的人 ④衬砌,轴瓦,炉衬,垫料(片),镶条

lineshaft ['laɪnʃɑ:ft] n. 主轴,传动轴,天轴

lineshape ['laɪnʃeɪp] n. 谱线形状

linesman ['laɪnzmən] n. 巡线工人,调车员,线务员,架线兵

line(-)up ['laɪnʌp] ❶ v. 调整,使平直 ❷ n. 阵容,序列,联盟,一组人

linewidth ['laɪnwɪdθ] n. 行距,谱线宽度

linger ['lɪŋgə] v. 拖延,经久不消,萦延残喘

lingering ['lɪŋgərɪŋ] a. 拖延的,踌躇的

lingo ['lɪŋgəʊ] (pl. lingoes) n. ①专门术语;行话 ②难懂的术语,隐语,外国话

lingot ['lɪŋgɒt] n. 金属锭

lingua ['lɪŋgwə] n. (pl. linguae) n. 舌,语言

lingual ['lɪŋgwəl] a.; n. 舌(的),舌音(的)

linguaphone ['lɪŋgwəfəʊn] n. 用唱片进行语言教学的方法,灵格风

linguiform ['lɪŋgwɪfɔ:m] a. 舌形的

linguist ['lɪŋgwɪst] n. 语言学家,精通数国语言者

linguistic(al) [lɪŋˈgwɪstɪk(əl)] a. 语言学(研究)的

linguistician [ˌlɪŋgwɪsˈtɪʃən] n. 语言学家

linguistics [lɪŋˈgwɪstɪks] n. 语言学

lingulate ['lɪŋgjuleɪt] a. 舌状的

linguodental ['lɪŋgwəʊ'dentəl] *a.* 舌齿的

linguostylistic ['lɪŋgwəʊstaɪ'lɪstɪk] *n.* 语言修辞的

liniment ['lɪnɪmənt] *n.* 涂抹油,擦剂

lining ['laɪnɪŋ] *n.* 衬里〔料〕,镶衬,垫板,面料,镀覆,气套,套筒,(铁路的)拨道

lining-up ['laɪnɪŋʌp] *n.* 试制,预加工;衬里

linishing ['lɪnɪʃɪŋ] *n.* 擦光

link [lɪŋk] ❶ *n.* 杆件,连锁,月牙板,连接线〔设备,部件〕,中继线,耦合线,网络节,线路,(链,连接)环,链条〔节,路〕,【化】键(合),令(测量用的长度单位),河道弯曲,联系人,要点,火炬 ❷ *v.* 连接,耦合,环接,联动 ☆ **link up (with)** (和…)连接〔联系〕
〖用法〗❶ 表示"在线路上"时,其前面一般用介词"on"。如:This approach can be used only on half-duplex links. 这方法只能用在半双工线路上。
❷ 注意下面例句的含义:Television and telephone communications are linking people to a global village, or what one writer calls the electronic city. 电视和电话通信把人们连接到了一个地球村,也就是有位作家所称的电子城。

linkage ['lɪŋkɪdʒ] *n.* ①连接,耦合,交连 ②联动装置,连杆,链 ③无线电中继线路 ④键(合),内聚 ⑤连锁遗传,亲缘关系

linkage-mounted [,lɪŋkɪdʒ'maʊntɪd] *a.* 悬挂式的

linked [lɪŋkt] *a.* 连接的

linker ['lɪŋkə] *n.* 连接(编辑)程序,扎肠机〔工〕,衔接物

linking ['lɪŋkɪŋ] *n.* ①连接,联锁,耦合,键合 ②套口,连圈

linking-up ['lɪŋkɪŋʌp] *n.* 接上,连接

link-motion [,lɪŋk'məʊʃən] *n.* 联杆运动

links ['lɪŋks] *n.* 高尔夫球场场,沙丘

links-and-links ['lɪŋksəndlɪŋks] *a.* (针织品等)双反面组织的

linksland ['lɪŋkslænd] *n.* 海岸沉积沙带

link-transmitter [,lɪŋktrænz'mɪtə] *n.* 强方向射束发射机

link-up ['lɪŋkʌp] *n.* 连接,联络

linkwork ['lɪŋkwɜ:k] *n.* 联动装置

linn [lɪn] *n.* 瀑布,绝壁,溪谷

Linnaeon [lɪ'ni:ən] *n.* 林奈种

Linnaeus [lɪ'nɪəs] *n.* 林奈(瑞典植物学家)

linoleate [lɪ'nəʊlɪeɪt] *n.* 亚(麻子)油酸盐

linoleum [lɪ'nəʊlɪəm] *n.* (亚麻)油毡,漆布

linotape ['lɪnəteɪp] *n.* 黄蜡带,浸漆绝缘布带

Linotron ['laɪnətrɒn] *n.* 【物】利诺管

linotype ['laɪnətaɪp] *n.* 行型活字铸造机

linoxyn [lɪ'nɒksɪn] *n.* 【化】氧化亚麻仁油

linsang ['lɪnsæŋ] *n.* 林狸,灵猫

linseed ['lɪnsi:d] *n.* 亚麻仁,亚〔胡〕麻子

linseite ['lɪnsaɪt] *n.* 【矿】冰钙长石

linseys ['lɪnzɪs] *n.* 亚麻羊毛交织物

lint [lɪnt] *n.* ①纤维屑 ②(绷带用)软麻布 ③皮棉

lintel ['lɪntəl] *n.* 楣,水平横楣,(炉壁)横梁

linter ['lɪntə] *n.* ①短绒 ②棉绒除去器,剥绒机

lintless ['lɪntlɪs] *a.* (布)不起毛的

lintol ['lɪntl] = lintel

liny ['laɪnɪ] *a.* 画线的,多线条的,细的

lion ['laɪən] *n.* ①狮子 ②名人,勇猛的人 ☆ **the lion's share** 较〔最〕大部分

lip [lɪp] *n.* ①唇,唇状物,(凹陷物的)边,(凸)缘 ②刀刃 ③法兰盘 ④(送话器的)嘴子 ⑤挖斗前缘 ⑥百叶窗户 ☆ **be steeped to the lips in** 深陷于…之中; **keep (carry,have) a stiff upper lip** 坚定不移; **on the lips of** 出自…之口,挂在…嘴上

liparite ['lɪpəraɪt] *n.* 【矿】流纹岩

lipase ['laɪpeɪz] *n.* 【生化】脂肪分解酵素

lip-deep ['lɪpdi:p] *a.* 表面上的,无诚意的

lipid(e) ['lɪpɪd], **lipin** ['lɪpɪn] = lipoid

lipidic [lɪ'pɪdɪk] *a.* 脂类的

lipidosis [,lɪpɪ'dəʊsɪs] *n.* 脂沉积(症)

lipless ['lɪplɪs] *a.* 没有嘴唇的

lip-mike ['lɪpmaɪk] *n.* 唇式用传声(微音)器

lipobactivirus [,lɪpəʊbæktɪ'vaɪərəs] *n.* 类脂噬菌体

lipoclastic [,lɪpəʊ'klæstɪk] ❶ *a.* 溶脂的 ❷ *n.* 脂溶物

lipogenesis [,lɪpəʊ'dʒenɪsɪs] *n.* 脂肪形成

lipography [lɪ'pɒgrəfɪ] *n.* (书写时)字母(或词)的脱漏

lipoid [lɪ'pɔɪd] ❶ *n.* 类脂物 ❷ *a.* 类脂的

lipoidosis [,lɪpɔɪ'dəʊsɪs] *n.* 脂沉积症

lipolysis [lɪ'pɒlɪsɪs] *n.* 脂类分解(作用)

lipolytic [,lɪpəʊ'lɪtɪk] *a.* 分解脂肪的

lipomatosis [lɪ,pəʊmə'təʊsɪs] *n.* 脂肪过多症

lipomycin [,lɪpəʊ'maɪsɪn] *n.* 【化】脂霉素

lipophilic [,lɪpəʊ'fɪlɪk] *a.* 亲脂的

lipophobic [,lɪpəʊ'fəʊbɪk] *a.* 疏脂的

lipophrenia [,lɪpəʊ'fri:nɪə] *n.* 神志丧失

lipoplast [,lɪpəʊ'plæst] *n.* 【化】脂质体

lipopolysaccharide [,lɪpəʊpɒlɪ'sækəraɪd] *n.* 【化】脂聚糖

lipoprotein ['lɪpəʊ,prəʊti:n] *n.* 【化】脂蛋白

lipopsyche [lɪ'pɒpsaɪk] *n.* 失神,气绝

lipositol [lɪ'pəʊsɪtɒl] *n.* 【化】肌醇磷脂

liposoluble [,lɪpəʊ'sɒljubl] *a.* 脂溶的

liposome ['lɪpəʊsəʊm] *n.* 【化】脂质体

lipossthymia [lɪ'pɒsθɪmɪə] *n.* 昏厥

lipotrophy [lɪpəʊ'trəʊfɪ] *n.* 亲脂性

lipovitellin [,lɪpəʊvɪ'telɪn] *n.* 【生】卵黄脂磷蛋白

lipoxidase [lɪpɒk'saɪdeɪz] *n.* 【化】脂肪氧化酶

lipoxygenase [lɪpə'ɒksɪdʒəneɪs] *n.* 【化】脂肪氧合酶

lipped [lɪpt] *a.* 唇状的

liquate [lɪ'kweɪt] *vt.* 熔解(化),熔析,液化

liquation [lɪ'kweɪʃən] *n.* 熔析

liquefacient [,lɪkwɪ'feɪʃənt] ❶ *a.* 冲淡的,溶解性的 ❷ *n.* 熔解物

L

liquefaction [ˌlɪkwɪ'fækʃ ən] n. ①液化(作用) ②稀释 ‖ **liquefactive** a.

liquefiable ['lɪkwɪfaɪəbl] a. 能熔化的,可液化的

liquefied ['lɪkwɪfaɪd] a. 熔化的,稀释的

liquefier ['lɪkwɪfaɪə] n. 稀释剂,液化器操作工

liquefrozen [ˌlɪkwɪ'frəuzən] a. 液氮冷冻的

liquefy ['lɪkwɪfaɪ] v. ①液化 ②稀释

liquescence [lɪ'kwesəns], **liquescency** [lɪ'kwesənsɪ] n. 可冲淡液性,易液化性

liquescent [lɪ'kwesənt] a. 可液化的,可冲淡的

liqueur [lɪ'kjuə] n. 甜露酒

liquid ['lɪkwɪd] ❶ n. 液态〔体〕 ❷ a. 液态的,流动的,不稳定的 ‖ **~ly** ad.

liquidate ['lɪkwɪdeɪt] v. ①液化 ②清理,偿还,破产 ③肃清,取消 ‖ **liquidation** n.

liquidationism [ˌlɪkwɪ'deɪʃ ənɪzəm] n. 取消主义

liquidensitometer [ˌlɪkwɪden'sɪtəmɪtə] n. 液体密度(校正)计

liquidity [lɪ'kwɪdətɪ] n. 液性,流动性,流畅

liquidize ['lɪkwɪdaɪz] vt. 使液化

liquidness ['lɪkwɪdnɪs] n. 液态

liquidoid ['lɪkwɪdɔɪd] n.【机】液相

liquidometer [ˌlɪkwɪ'dɒmɪtə] n. 液位计,液体流量计

liquidus ['lɪkwɪdəs] ❶ n. 液相线,沸点曲线 ❷ a. 液相的,液态的

liquification [ˌlɪkwɪfɪ'keɪʃ ən] n. 液化(作用),稀释

liquifier ['lɪkwɪfaɪə] n. 液化器〔剂〕,稀释剂

liquify ['lɪkwɪfaɪ] v. 熔化,稀释

liquor ['lɪkə] n. 液(体,剂),溶液,碱液,酒(类),母液 ☆ 浸在液中用液态物质处理

liquorice ['lɪkərɪʃ] n. 甘草

lira ['lɪərə] (pl. lire 或 liras) n. 里拉(意大利货币单位)

Lisbon ['lɪzbən] n. 里斯本(葡萄牙首都)

lisimeter = lysimeter

lisp [lɪsp] v. 咬着舌头发音,口齿不清地说

lissom(e) ['lɪsəm] a. 柔软的,敏捷的 ‖ **~ly** ad. **~ness** n.

list [lɪst] ❶ n. ①表(格),一览表,(清)单 ②倾(斜,侧) ③狭条 ④布边,边饰 ❷ v. ①列表(举),编目 ②镶边 ③倾(斜) ☆**be listed at** 列为; **draw up (out)a list** 编目录; **make a list of** 造表,编目录; **top (lead) the list** 居首位

listen ['lɪsən] vi.;n. ①听 ②听从 ☆**listen for** 等着听; **listen in** 收听,监(偷)听; **listen in to ...**收听…的广播; **listen to** 听,服从; **on the listen** 在注意地听着

listener ['lɪsənə] n. ①听众,收音员 ②听声器

listener-in ['lɪsənərɪn] (pl. listeners-in). 无线电收听者

listening ['lɪsənɪŋ] ❶ n. 听 ❷ a. 收听的,助听用的

listening-in ['lɪsənɪŋɪn] n. 收听(广播)

listening-post [ˌlɪsənɪŋ'pəust] n. 听音哨

lister ['lɪstə] n. ①制表人,编目者 ②双耕犁

listerine ['lɪstəri:n] n. 防腐溶液

listing ['lɪstɪŋ] n. 列表,编目,一览;倾斜,镶边

listless ['lɪstlɪs] a. 不关心的,无精打采的 ‖ **~ly** ad. **~ness** n.

lit [lɪt] ❶ v. light 的过去式和过去分词 ❷ a. 照亮的,点着的

liter ['li:tə] = litre

literal ['lɪtərəl] ❶ a. 字面(上)的,按字句的,字母的,不加夸张的,缺乏想象力的 ❷ n.【计】(程序)文字,字面值,印刷错误 ☆ **in the literal sense of the word** 照字面的意思,真正 ‖ **~ity** n.

literalize, literalise ['lɪtərəlaɪz] vt. 照字面解释,拘泥字面

literally ['lɪtərəlɪ] ad. ①字面上(地),逐字地 ②真正地 ☆**take too literally** 太拘泥于字面

literarily ['lɪtərərɪlɪ] ad. 文学上地

literariness ['lɪtərərɪnɪs] n. 文学性

literary ['lɪtərərɪ] a. 文学(上)的

literate ['lɪtərət] a.; n. 识字的(人)

literatim [ˌlɪtə'rɑːtɪm] (拉丁语) ad. 逐字,照字面

literation [ˌlɪtə'reɪʃ ən] n. 缩略字

literator ['lɪtəreɪtə] n. 作家,文人

literature ['lɪtərɪtʃ ə] n. ①文学〔艺〕,文学作品 ②文献

〖用法〗 ❶ 当它表示"文献"时,是不可数名词。如:This point has been mentioned in a lot of literature.这一点在许多文献中已提及。❷ 注意下面例句的含义:Mention is often made in the literature of 'generations' of computer systems. 在文献中经常提到计算机系统的"代"。(本句属于"make mention of"的被动形式。)

lithanode [ˌlaɪθə'nəud] n.【化】(铅蓄电池中)过氧化铅

litharge ['lɪθɑːdʒ] n. (一)氧化铅,铅黄,正方铅矿

lithe [laɪð], **lithesome** ['laɪðsəm] a. 柔软的,轻快的

lithergol ['lɪθɜːgəl] n. 液固混合推进剂

lithia ['lɪθɪə] n.【化】氧化锂

lithiasis [lɪ'θaɪəsɪs] n. 结石病

lithic['lɪθɪk] a. ①石(制)的 ②锂的 ③(膀胱)结石的

lithical ['lɪθɪkəl] a. 石质的

lithification [ˌlɪθɪfɪ'keɪʃ ən] n. 岩化(作用),石化

lithite ['lɪθaɪt] n.【动】平衡石

lithium ['lɪθɪəm] n.【化】锂

lithiumation [lɪˌθɪə'meɪʃ ən] n. 锂化

lithoclast [ˌlɪθəu'klæst] n. 碎石器

lithoclastic [ˌlɪθəu'klæstɪk] a. 碎石的

lithocon ['lɪθəukɒn] n. 硅存储管

lithocyst ['lɪθəusɪst] n.【植】晶细胞

lithodialysis [ˌlɪθəudaɪ'ælɪsɪs] n. 碎石〔碎〕石术

lithofacies [ˌlɪθə'feɪʃ ɪ,iːz] n.【地质】岩相

lithofraction [lɪθə'frækʃ ən] n. 岩裂作用

lithogenesis [ˌlɪθə'dʒenɪsɪs], **lithogenesy** [ˌlɪθə-

'dʒenɪsɪ] *n.* 造岩

lithogenous [lɪˈθɒdʒɪnəs] *a.* 造岩的

lithograph [ˈlɪθəɡrɑːf] ❶ *n.* 石版(印刷物),金属版印刷(品) ❷ *v.* 石印,平版印刷 ‖ ~ic *a.*

lithography [lɪˈθɒɡrəfɪ] *n.* 石印术

lithoid [ˈlɪθɔɪd] *a.* 石质的

litholine [laɪˈθəʊlɪn] *n.* 原油

lithologic(al) [ˌlɪθəʊˈlɒdʒɪk(əl)] *a.* 岩性的,岩石学的

lithology [lɪˈθɒlədʒɪ] *n.* 岩石学

lithomarge [ˈlɪθəʊmɑːdʒ] *n.* 【地质】密高岭土

lithometeor [ˌlɪθəʊmiːˈtɪə] *n.* 大气中浮悬尘土

litho-paper [ˈlɪθəʊ-peɪpə] *n.* 石印纸

lithophane [ˈlɪθəfeɪn] *n.* 透光浮雕

lithophotography [ˌlɪθəfəˈtɒɡrəfɪ] *n.* 光刻照相术

lithopone [ˈlɪθəpəʊn] *n.* 【化】锌钡白,硫化亚铅,立德粉

lithoprint [ˈlɪθəʊprɪnt] *vt.* 用照相胶印法印刷

lithosis [laɪˈθəʊsɪs] *n.* 石屑肺病

lithosol [ˈlɪθəʊsɒl] *n.* 【地质】石质土

lithosphere [ˈlɪθəsfɪə] *n.* 地壳,岩石层,陆界,地球的固体部分

lithosporic [ˌlɪθəˈspɒrɪk] *n.* 【地质】石斑

lithostratigraphy [ˌlɪθəʊstrəˈtɪɡrəfɪ] *n.* 【地质】岩相层序

lithostrome [ˌlɪθəˈstrəʊm] *n.* 【地质】均质岩层

lithotomy [lɪˈθɒtəmɪ] *n.* 膀胱切石除术

lithotope [ˈlɪθəˌtəʊp] *n.* 【地质】岩石沉积区

lithotrity [lɪˈθɒtrɪtɪ] *n.* 碎石术

lithotroph [ˈlɪθətrɒf] *n.* 无机营养菌

Lithuania [ˌlɪθjʊˈeɪnjə] *n.* 立陶宛

Lithuanian [ˌlɪθjʊˈeɪnjən] *n.; a.* 立陶宛人〔的,语〕

litmus [ˈlɪtməs] *n.* 石蕊

litmusless [ˈlɪtməslɪs] *a.* 中性的,既不肯定也不否定的

litre [ˈliːtə] *n.* 升(容量单位)

litter [ˈlɪtə] ❶ *n.* ①零乱 ②(杂乱的)废物 ③担架 ❷ *vt.* 使乱七八糟(up),在…上零乱地堆满(with) ☆*in a litter* 一片杂乱

litter-bin [ˈlɪtəbɪn] *n.* 垃圾箱

litteriness [ˈlɪtərɪnɪs] *n.* 杂乱

littery [ˈlɪtərɪ] *a.* 零乱的,碎屑的

little [ˈlɪtl] ❶ (比较级 less 或 lesser,最高级 least) *a.* ①小的,细小的 ②(表示否定语气)少,不多的,几乎没有;(a little 表示肯定语气)少量,一点,稍稍 ③微不足道的,渺小的 ④(比较级 less 或 lesser,最高级 least) *ad.* ①少,(a little)稍许 ②毫不,一点也不 ❸ *n.* 没有多少,(a little)一点,少量 ☆*a little better than* 比…稍微要好一点; *after a little* 经过一段时间〔距离〕; *as little as* 只不过; *(be) of little value* 价值不大; *but little* 稍加,没有什么; *by little and little* 逐渐地,一点一点地; *count for little* 无足轻重; *for a little* 暂时,一会儿; *go for little* 没有多少用处; *in little* 小型的,小规模的

〔地〕; *little better than* (几乎)和…一样; *little A but B* 除 B 以外几乎没有 A; *little by little* 逐渐地,一点一点地; *little if anything* 或 *little or no (nothing)* 几乎没有; *little less than* (几乎)不下于,大致与…相等; *little more than* 只不过(是…多一点),(几乎)等于,只是; *little short of* (几乎)近于; *make (think) little of* 认为…不很重要,轻视,不领会; *Many a little makes a mickle* 积少成多; *no little* 不少(的),很多(的); *not a little* 不少(的),很多(的),非常

〖用法〗 ❶ 它表示"少"时只能修饰不可数名词。如: The frequency of the test square wave is so high that <u>little</u> distortion is produced. 测试方波的频率是如此之高以至于产生很小的失真。❷ 注意下面例句的含义: <u>Little</u> is known of the early evolution of the underground parts of plants. 人们不了解植物地下部分的早期进化。("of the early ..." 是修饰 "Little" 的。)/There is often <u>little</u> that can be done about external noise, short of changing the geographical position of the receiver. 对于外部噪声,除了改变接收机的地理位置外,往往几乎是毫无办法的。

littleness [ˈlɪtlnɪs] *n.* (细,短)小,少量

littoral [ˈlɪtərəl] ❶ *a.* 沿海〔湖岸〕的,潮间带的,海滨的 ❷ *n.* 滨海带,潮汐区

lituus [ˈlɪtjʊəs] *n.* 【数】连锁螺线

livability [ˌlɪvəˈbɪlətɪ] *a.* 生命力,成活率

livable [ˈlɪvəbl] *a.* 适于居住的,过得有价值的,易于相处的 ‖ ~ness *n.*

live ❶ [lɪv] *vi.* (居)住,生活,活着,留存,过(…生活),经历 ☆*as I live* 或 *as sure as one lives* 的确,确; *live by* 靠…生活; *live in* 住进; *live off* 住在…之外,靠…生活; *live on* 以…为生; *live through* 度过; *live up to* 实行,达到; *live with* 同…共处,避免不了 ❷ [laɪv] *a.* ①有生命的,活的 ②燃烧的,精力充沛的 ③有效的,能动的,传动的 ④新鲜的,还未用过的,未采掘的 ⑤充电的,装着炸药的,实弹的,承压的,放射性的 ⑥配线中正极接地的 ⑦实况播送的 ❸ *ad.* 按实况

live-farming [laɪvˈfɑːmɪŋ] *n.* 畜牧业

livelihood [ˈlaɪvlɪhʊd] *n.* 生活〔计〕☆*make (earn, gain) a livelihood* 谋生

liveliness [ˈlaɪvlɪnɪs] *n.* 活泼,生动

liveload [ˈlɪvləʊd] *n.* 活力,负载

livelong [ˈlɪvlɒŋ] *a.* 漫长的,整个的

lively [ˈlaɪvlɪ] ❶ *a.* 生动的,热烈的,真实的 ❷ *ad.* 活泼地,轻快地 ‖ livelily *ad.*

liven [ˈlaɪvən] *v.* 活跃〔振奋〕起来

liveness [ˈlaɪvənɪs] *n.* 生动,活跃度

liver [ˈlɪvə] ❶ *n.* 肝;阀 ❷ *v.* 肝化,硬化

live-roller [ˌlaɪvˈrəʊlə] *n.* 【机】传动辊道

live-rolls [ˈlaɪvrəʊlz] *n.* 【机】辊轴运输机

live-room [ˈlaɪvruːm] *n.* (交)混(回)响室

Liverpool [ˈlɪvəpuːl] *n.* (英国)利物浦

liverstone [ˈlɪvəstəʊn] *n.* 【矿】重晶石

L

liverwort ['lɪvəwɜ:t] n. 地钱

livery ['lɪvərɪ] ❶ n. ①财产所有权的让渡(批准书) ②(出租马、马车的)马车行,各种车辆出租行 ③伦敦同业公会会员 ④马的口粮 ❷ a. 像肝的,有肝病症状的

lives ['laɪvz] ❶ life 的复数 ❷ 见 live 的动词词义

livesteam ['laɪvsti:m] n. 活性蒸汽

livestock ['laɪvstɔk] n. 家畜,牲畜

livestockman ['laɪvstɔkmən] n. 畜牧业经营者,养畜者

livetin ['lɪvtɪn] n.【生】卵黄蛋白

liveweight ['laɪvweɪt] n. 活重,体重

livid ['lɪvɪd] a. 铅〔青灰〕色的

lividity [lɪ'vɪdətɪ] n. 铅〔青灰〕色

living ['lɪvɪŋ] ❶ a. ①有生命的,活着的 ②在使用着的,起作用的 ③活跃的,生动的 ④未经开掘的 ❷ n. 生活〔存〕 ☆*make a living* 谋生,生存 『用法』 注意下面例句的译法: All systems, living and mechanical, are both information and feedback control systems. 一切系统,不论是生物的还是机械的,都是信息和反馈控制系统。

livingstonite ['lɪvɪŋstə,naɪt] n. 硫汞锑矿

lixivial [lɪk'sɪvɪəl] a. 浸滤了的,去了碱的

lixiviant [lɪk'sɪvɪənt] n.【化】浸滤剂

lixiviate [lɪk'sɪvɪeɪt] vt.【化】浸滤,淋洗,去碱 ‖ **lixiviation** n.

lixivium [lɪk'sɪvɪəm] n.【化】浸滤液,碱液

lizard ['lɪzəd] n. 蜥蜴,石龙子

Lloyd's ['lɔɪdz] n. (英国)劳埃德船级协会

load [ləud] n.;v. ①(荷,负)载,负担 ②装载,加载,用铅加重,充填 ③【计】装入,寄存 ④一担〔驮,车〕,装载量 ☆ *be loaded with* 装着; *load A on (onto) B* 把 A 装到 B 上; *load up* 给…加上负载; *take a load* 负载,承重

loadability [,ləudə'bɪlətɪ] n. 载荷能力

loadable ['ləudəbl] a. 可受载的,适于承载的

loadage ['ləudɪdʒ] n. 装载量

loadamatic [,ləudə'mætɪk] a. 随负载变化自动作用的

loader ['ləudə] n. ①装载机,装料器,【计】输入程序 ②搬运工,装弹者

loader-digger ['ləudədɪgə] n. 挖掘装载机

loader-dozer ['ləudədəuzə] n. 装载推土两用机

load-factor ['ləudəfæktə] n. 负载系数

loading ['ləudɪŋ] n.;a. ①装载(的),送料,负载(的),充电(的) ②负载,载荷,(车,船等装载的)货物,船费 ③【计】输入,装入(程序),存入 ④填充物 『用法』 其后跟介词"on",表示"对…的负荷"。如: Its high input impedance reduces the loading on the source. 其高输入阻抗降低了对电源的负荷。

loadometer [ləu'dɔmɪtə] n. 测荷仪,(称量载重汽车的)落地磅

loadstar ['ləudsta:] n. ①指导原则,注意的目标 ②北极星

loadstone ['ləudstəun] n. ①(极)磁铁矿,天然磁石 ②吸引物

loaf [ləuf] ❶ (pl. loaves) n. ①个,块 ②(一条)面包 ❷ v. 浪费时间,混日子,闲逛

loam [ləum] n. 沃土,黏土,麻泥,(做铸模等用的)黏泥和砂等的混合物

loamification [,ləumɪfɪ'keɪʃən] n.【地质】壤质化

loamy ['ləumɪ] a. 壤土(质)的

loan [ləun] n.; v. ①借〔贷〕款,公债 ②外来语 ③外来风俗习惯

loanable ['ləunəbl] a. 可借出的

Loanda [ləu'ændə] = Luanda

loanee [ləu'ni:] n. 借入者,债务人

loaner ['ləunə] n. 借出者,债权人,借用物

loanword ['ləunwə:d] n. 外来语

loath [ləuθ] a. 不愿意的 ☆*be loath to (do)*不愿意(做); *nothing loath* 十分满意

loathe [ləuð] vt. 厌恶,不喜欢

loathful ['ləuðful], **loathsome** ['ləuðsəm], **loathly** ['ləuðlɪ] a. 讨厌的,可恶的

loaves [ləuvz] loaf 的复数

lobate(d) ['ləubeɪt(ɪd)] a. 分裂的,有裂片的

lobby ['lɔbɪ] n. ①门廊,前厅 ②休息〔接待〕室

lobe [ləub] n. ①凸起子,突齿 ②叶片,(天线方向图的)瓣,天线辐射图 ③瓣轮

lobectomy [ləub'ektəmɪ] n.【医】叶切除术

lobed [ləubd] a. 浅裂的,有叶的,分裂的

lobeline ['ləubəli:n] n.【药】山梗碱,山梗烷醇酮

lobing ['ləubɪŋ] n. ①天线扫掠 ②(圆柱的)凸角

Lobito [ləu'bi:təu] n. 洛比托(安哥拉港口)

lobster ['lɔbstə] n. ①龙虾(肉) ②飞机所带的探寻敌人反干扰或雷达的设备

lobular ['lɔbjulə] a. 小裂片(状)的,小叶片(状)的

lobulus [ləu'bjuləs] (pl. lobuli) n. 小叶,翅瓣

local ['ləukəl] ❶ a. ①地方的,当地的 ②局部的,本机的 ③【数】轨迹的 ❷ n. ①地方性,局限性,本地新闻 ②市郊列车

locale [ləu'ka:l] n. 地点,场所

localise ['ləukəlaɪz] = localize

localism ['ləukəlɪzəm] n. 方言,乡土观念

locality [ləu'kælətɪ] n. 地点,位置,方位,现场,所在地,定域性

localizability [,ləukəlaɪzə'bɪlətɪ] n. 可定域性,可定位性

localizable ['ləukəlaɪzəbl] a. 可定位的,可以限制于局部的

localization [,ləukəlaɪ'zeɪʃən] n. ①定位,探测(方位) ②局限(性),地方化,局部化 ③位置,地址

localizator ['ləukəulaɪzeɪtə] = localizer

localize ['ləukəlaɪz] v. ①定位,局部化,地方化 ②局限,使局部化,集中

localized ['ləukəlaɪzd] a. 局部的,固定的

localizer ['ləukəlaɪzə] n. 定位器,定位信标,(飞机降落用)无线电信标,抑制剂

locally [ˈləʊkəlɪ] *ad.* 局部地,在当地

locant [ˈləʊkənt] *n.* 位标

Locarno [ləʊˈkɑːnəʊ] *n.* (瑞士)洛迦诺(市)

locate [ləʊˈkeɪt] *vt.* ①探测(位置,数值) ②【计】定位,放样 ③设置,固定 ☆ **be located at (in)** 位于,坐落在

〖用法〗 注意下面例句的译法:An Ivy League university located in Philadelphia,Penn was founded by Benjamin Franklin and has been a pioneer in education and research for more than two hundred years. 宾大是位于费城的一所常青藤联盟大学,它是由本杰明·富兰克林创建的,两百多年来一直是教学和科研的先驱。(逗号前的短语是句子主语 "Penn" 的同位语,其中 "located in Philadelphia" 作后置定语,划线部分绝不是分词独立结构作状语,因为 "An Ivy League university" 就是指 "Penn",两者是同一个东西,不符合分词独立结构的定义。)

locater [ləʊˈkeɪtə] = locator

locating [ləʊˈkeɪtɪŋ] *n.* 定位

location [ləʊˈkeɪʃən] *n.* ①定位,配置,探测,测定 ②位置,场所 ③【计】(存储)单元,选址 ④(pl.)定位件 ⑤(电影)外景

〖用法〗 表示 "位置" 时,其前面可用介词 "at",也可用 "in"。如: The exact number of Newtons required to lift a mass of one kilogram at a specific location depends on the pull of gravity at that location. 提起在一特定位置的一千克质量所需的精确的牛顿数,取决于在该位置上重力的拉力。/What the actual weight of the stone is we do not know and cannot compute until we have some way of taking into account exactly how strong the pull of gravity is at the particular location we are interested in. 直到我们在感兴趣的特定位置考虑出到底重力的拉力为多强的方法后,我们才能知道并计算出这块石头的实际重量为多大。("What the actual weight of the stone is" 是 "know" 的宾语从句,为了强调而把它倒置在句首了。)/The acceleration due to gravity in a given location depends only on the square of the distance from the center of the earth. 由一特定位置的重力所产生的加速度只取决于离地心的距离之平方。

locator [ləʊˈkeɪtə] *n.* 定位器,探测器,定位销,雷达

loch [lɒk] *n.* (滨海)湖,海湾

lochan [ˈlɒkən] *n.* 池塘,储水池,小湖,小内海

loci [ˈləʊsaɪ] locus 的复数

lock [lɒk] *n.* ①闩,栓,闭锁(装置),锁扣,制动销,气塞,枪机,保险盒 ②联锁,锁定,(交通的)阻塞,同步 ③阀,锁定器 ☆ **lock away (in)** 关〔藏〕起来; **lock in** 锁定,(张弛振荡器的)捕捉; **lock (A) into B** (把 A)固定在 B 中; **lock into the target** 捕捉目标; **lock on (onto)** (开始)自动跟踪,捕获,截获,锁定〔住〕; **lock out** 关在门外,闭塞,切断,分离,松开,开锁; **lock,stock and barrel** 一股脑儿,完全地; **lock up** 闭锁,固定,储藏

〖用法〗 注意下面例句中该词的含义: In this case, the phase-locked loop must first lock onto the input signal. 在这种情况下,锁相环必须首先锁定输入信号。

lockage [ˈlɒkɪdʒ] *n.* ①闸程 ②水闸用材料,水闸通行税 ③水闸通过

locked-seam [ˈlɒktsiːm] *a.* 潜缝的

locker [ˈlɒkə] *n.* (有锁的小)橱,机架,室,锁扣装置

lock-in [ˈlɒkɪn] *n.* 同步,锁定,封〔闩〕锁,关进,捕获

locking [ˈlɒkɪŋ] *n.* 锁定,堵塞,制动,联锁,同步,捕捉,跟踪

lockjaw [ˈlɒkdʒɔː] *n.* 破伤风

lockkeeper [ˈlɒkˌkiːpə], **locksman** [ˈlɒksmən] *n.* 船闸管理人

lockless [ˈlɒklɪs] *a.* 无锁的,无船闸的

locknut [ˈlɒknʌt] *n.*【机】防松螺母,自锁螺帽

lock-on [ˈlɒkɒn] *n.* 锁住;跟踪,捕获

lockout [ˈlɒkaʊt] *v.;n.* ①切断 ②锁定,停止 ③失步

lockpin [ˈlɒkpɪn] *n.* 锁销

locksmith [ˈlɒksmɪθ] *n.* 锁匠

lockstep [ˈlɒkstep] *n.* 前后紧接,因循守旧

lockup [ˈlɒkʌp] *n.* 锁定

lockwasher [ˈlɒkwɒʃə] *n.*【机】锁紧垫圈

lockwire [ˈlɒkwaɪə] *n.* 安全锁线

loco [ˈləʊkəʊ] *n.* (牵引)机车,火车头

locofoco [ˌləʊkəʊˈfəʊkəʊ] *n.* 摩擦火柴

locomobile [ˌləʊkəʊˈməʊbaɪl] ❶ *n.* 自动机车 ❷ *a.* 自动推进的

locomote [ˌləʊkəˈməʊt] *vi.* 走动,行进,移动

locomotion [ˌləʊkəˈməʊʃ(ə)n] *n.* 运转(力),移动(力),交通机关,旅行

locomotive [ˌləʊkəˈməʊtɪv] ❶ *n.* (牵引)机车 ❷ *a.* 有运转力的,移动的

locomotiveness [ˌləʊkəˈməʊtɪvnɪs] *n.* 位置变换性能

locomotory [ˌləʊkəˈməʊtərɪ] *a.* 运(移)动的

loctal [ˈlɒktəl] *a.* 锁式的(电子管座或管脚)

locular [ˈlɒkjʊlə] *a.* 有细胞的,有小室的

locule [ˈlɒkjuːl] *n.*【生】子囊腔

locus [ˈləʊkəs] (pl. loci) *n.* ①(点的)轨迹,根轨图,矢量图,圆图,点点 ②(空间)位置,部位,地点 ③句,节,段落 ☆ **locus in quo** 当场,现场

locust [ˈləʊkəst] *n.* ①(刺)槐 ②蝗虫

locution [ləʊˈkjuːʃən] *n.* 措辞,惯用语

lode [ləʊd] *n.* ①(含)矿脉,岩脉 ②泉源 ③天然磁石

lodestar [ˈləʊdstɑː] *n.* ①指导原则,注意的目标 ②北极星

lodestone [ˈləʊdstəʊn] *n.* 天然磁铁,吸引人的东西

lodge [lɒdʒ] ❶ *n.* 门房,传达室,小屋 ❷ *v.* ①寄宿,容纳 ②射入,(筛孔)堵塞,积聚,堆积 ③提出(抗议等) ④交付,存放 ☆ **lodge a protest against ...**向…提出抗议; **lodge at (in, with)**

寄宿在; **lodge A in B** 使 A 进入并固定于 B,把 A 置于 B 里; **lodge ... with B** 向 B 提出起诉

lodg(e)ment ['lɒdʒmənt] n. ①堆积(物),沉淀(物) ②寄宿处,据点 ③存放(物,处),提出

lodging ['lɒdʒɪŋ] n. ①寄宿 ②(常用 pl.)住处 ③存放处 ④(庄稼等的)倒伏

lodox [lə'dɒks] n. 微粉末磁铁

Lodz [lu:ʒ] n. (波兰)罗兹(市)

loemology [lɪ'mɒlədʒɪ] n. 传染病学

loess ['ləʊɪs] n. 黄土

loessal ['ləʊɪsəl] a. 黄土质的

loessic ['ləʊsɪk] a. 黄土的

loft [lɒft] ❶ n. 顶楼,鸽舍 ❷ v. 放样增进,促进,向太空发射

loft-dried ['lɒftdraɪd] a. 风干的

loftily ['lɒftɪlɪ] ad. 高尚地

lofting ['lɒftɪŋ] n. 放样

loftsman ['lɒftsmən] (pl. loftsmen) n. 放样员

lofty ['lɒftɪ] a. 极高的,崇高的,高级的,玄虚的,傲慢的

log [lɒg] ❶ n. ①原〔圆〕木 ②(工作,航行)日志,记录(表),无线电台日志 ③测井(记录,曲线图) ④计程仪,航速表 ⑤(无线电台)名单 ⑥对数(符号) ❷ v.①采伐 ②记入航海日志,记录(试验结果) ③【计】存入,联机 ☆**heave (throw) the log** 用测程仪测航速; **log down** 【计】注销; **log in** 【计】请求联机; **log off** 【计】注销; **sail by the log** 用测程仪测船的位置

logafier ['lɒgəfaɪə] n. 对数放大器

logagnosia [lɒ'gægnəʊsɪə] n. 失语症

logagraphia [,lɒgə'græfɪə] n. 失写症

logaphasis ['lɒgəfəsɪs] n. 运动性失语症

logarithm ['lɒgərɪðəm] n. 对数 ☆**take logarithm (to the base 10)** 取(以 10 为底的)对数; **take the logarithm of ...** 取…的对数

〖用法〗 ❶ 它后接"to (the) base ... ",表示"以…为底的对数"。如: It is the standard practice today to use a logarithm to base 2. 使用一个以 2 为底的对数是如今的标准做法。❷ "the logarithm of A to the base B" 意为"A 以 B 为底的对数"。如: 'log n' denotes the logarithm of n to the base e. "log n"指的是 n 以 e 为底的对数。

logarithmic [lɒgə'rɪðmɪk] a. 对数的

logarithmically [lɒgə'rɪðmɪkəlɪ] ad. 用对数,对数性地

logarthmoid ['lɒgə:θmɔɪd] n.【数】广对数螺线

logatom [lɒ'geɪtəm] n. (试音用)单音节

logbook ['lɒgbʊk] n. (航行,工作)日记,航程表,履历书

log-down ['lɒgdaʊn] n.【计】注销

loge [ləʊʒ] n. ① = natural logarithm to the base e (以 e 为底的)自然对数 ②包厢,前座,摊位

logetronography [,lɒgətrə'nɒgrəfɪ] n. 电子滤波术

logged [lɒgd] a. 湿透的,弄得笨重的,记录的,砍光

树木的,漏水的

logger ['lɒgə] n. ①(自动)记录器 ②测井仪,对数标度仪 ③伐〔锯〕木工,将圆木装车的机器

logging ['lɒgɪŋ] n. ①测井 ②记录 ③【计】存入,(请求)联机 ④伐木(业,量)

logic ['lɒdʒɪk] ❶ n.①逻辑〔学,电路〕,逻辑性,推理(法) ②威〔压〕力 ❷ a. 逻辑的,逻辑上的

logical ['lɒdʒɪkəl] a. (合乎)逻辑的,逻辑学的

logicality [lɒdʒɪ'kælɪtɪ] n. 逻辑性

logically ['lɒdʒɪkəlɪ] ad. 逻辑上,合乎逻辑地

logician [ləʊ'dʒɪʃən] n. 逻辑学家,伦理学家

logicism ['lɒdʒɪsɪzəm] n. 逻辑主义

log-in [lɒgɪn] n.【计】注册,记入,请求联机

logistic [ləʊ'dʒɪstɪk] ❶ n.①数理逻辑,计算术 ②后勤 ❷ a.①逻辑的 ②对数的 ③后勤的

logistics [ləʊ'dʒɪstɪks] n. 后勤(学)

logitron ['lɒdʒɪtrɒn] n. 磁性逻辑元件

log-log ['lɒglɒg] n. 两坐标轴全用对数的比例图

lognormal ['lɒgnɔ:məl] a.【数】对数正态

log-off ['lɒgɒf] n.【计】注销

logogram ['lɒgəgræm] n. 病情说明图表,语表,速记符号,一种字谜

logogriph ['lɒgəgrɪf] n. 字谜

logometer [lɒ'gɒmɪtə] n. 电流比(率)计,比率表,对数计算尺

logon ['lɒgɒn] n. 注册,登录

logorrhea [,lɒgə'ri:ə] n. 多言癖

logotype ['lɒgəʊtaɪp] n. ①(广告等用的)标识 ②连合活字

logout ['lɒgaʊt] n. 事件记录,运行记录,注销

log-raft ['lɒgrɑ:ft] n. 木筏

logrolling ['lɒgrəʊlɪŋ] n. ①滚木头 ②互相捧场

logway ['lɒgweɪ] n. 筏道

logwood ['lɒgwʊd] n.【植】苏木,苏方树

logy ['ləʊgɪ] a. 迟缓的,弹性不足的

loid [lɔɪd] n.; v.①万能锁卡(开门) ②撬锁塑料片

loimia ['lɔɪmɪə] n. 疫病

loin [lɔɪn] n. 腰(部,肉),生殖器官

loiter ['lɔɪtə] v.①待机,游手好闲,闲逛,耽搁,虚度(时间),混日子,消磨时间 ②指定高度不定方向的巡航

loiterer ['lɔɪtərə] n. 闲混的人

Lola ['ləʊlə] n. (斯坦福粒子高频分离器模型)罗拉

loll [lɒl] v. 负松懒横倾;闲荡;下垂

lolly-ice ['lɒlɪaɪs] n. 海上浮冰

lolongate ['lɒləŋgeɪt] a. 竖伸的

Lome [ləʊm] n. 洛美(多哥首都)

London ['lʌndən] n. 伦敦(英国首都)

Londonderry [lʌndən'derɪ] n. 伦敦德里(英国港口)

lone [ləʊn] a.①孤独的 ②人迹稀少的

lonely ['ləʊnlɪ] a. 孤独的,荒凉的

lonesome ['ləʊnsəm] a. 极为孤单寂寞的,凄凉的,人迹稀少的

long [lɒŋ] ❶ a. ①长的,缓慢的 ②众多的,充足的,长

于…的(on) ❷ ad. 长久,长期以来,遥远地 ❸ n. 全长,长期间 ❹ vi. 渴望 ☆*a little longer* 再… 一会儿,稍长一点; *a long dozen* 十三个; *a long hundred* 一百二十; *a long ton* 长吨; *a long way* 远距离,悬殊; *a long way off* 离得很远; *all day long* 整天; *all one's life long* 终身; *as broad as it is long* 长宽都一样,终究一样; *as long ago as* 早在…就(已); *as long as* 只要,长达; *at long last* 久而久之,终于; *at (the) longest* 最晚,至多; *be long about* 慢吞吞地做; *be long in doing* 好容易才,很久才; *before long* 不久(以后); *(for) along time* 好久; *for long* 长久; *have not long to live* 活不长的,长不了; *in the long run* 从长远来看(终究),归根到底; *long before* 很久以前,远在…以前; *long for* 渴望; *long odds* 悬殊; *long price* 高价; *long sight* 好眼力; *long since* 很久以前(早就),久已; *no longer* 不再; *not ... any longer* (已)不再; *not long since* 就在不久以前; *so long as* 只要; *the long and the short of it (is that)* 概括地说,总之

〖用法〗 ❶ 这个词有时在句中可以既作名词用,同时又作形容词用。如:It takes a body precisely as <u>long</u> to fall from a height h as it does to rise that high. 物体下落 h 个高度所需的时间与它上升到这个高度所需的时间完全相等。 ❷ 注意在句型"主语+ be + long〔a long time;具体的时间〕+ (in)doing... 或 about..."中,"be"表示"spend; take(花费,用)"。如:The concept was a <u>long</u> time explaining. 这概念花费了很长时间才解释清楚。 /They are too <u>long</u> about their work.他们做事〔干活〕太慢了。/The marriage of the monolithic and hybrid technologies has been a <u>long</u> time coming. 单片技术和混合技术的结合姗姗来迟。/He was a month <u>long</u> working out a plan. 他花了一个月才订出了计划。 ❸ 注意下面例句中该词的含义:The piezoelectric effect in certain crystals has <u>long</u> been used to stabilize the frequencies of oscillators. 某些晶体中的压电效应长期以来已用来稳定振荡器的频率。 ❹ "数量状语 + long"可作后置定语。如:Fig.5 shows two parallel wires <u>three meters long</u>. 图 5 画出了两根 3 米长的平行导线。 ❺ 注意下面句子中的否定转移现象: In general,the volume in K space needed to avoid overlap of holograms is now <u>no longer</u> $8^3/(L_xL_yL_z)$ <u>as</u> in the case of plane wave holograms. 一般来说,为了避免全息图的体叠现在 K 空间的体积不再像在平面波全息图的 $8^3/(L_xL_yL_z)$ 了。

longan ['lɒŋgən] *n.* 龙眼树,桂圆

long-decayed [,lɒŋdɪ'keɪd] *a.* 长寿命的

longeron ['lɒndʒərən] *n.* (纵,大)梁,干骨

longest-lived ['lɒŋɡɪstlɪvd] *a.* 寿命最长的

longeval [lɒn'dʒiːvəl] *a.* 耐久的,长命的

longevity [lɒn'dʒevətɪ] *n.* ①长寿,存活力 ②经历

longfin ['lɒŋfɪn] *n.* 长鳍鱼

long-half-life ['lɒŋhɑːflaɪf] *a.* 长半衰期的

long-hand ['lɒŋhænd] *n.* 普通写法

long-haul ['lɒŋhɔːl] *a.* 远程的;长途的

longimetry ['lɒndʒɪmɪtrɪ] *n.* 测距法

longing ['lɒŋɪŋ] *n.* 渴望 ‖ ~ly *ad.*

longish ['lɒŋɪʃ] *a.* 稍长的

longisporin [lɒn'dʒɪspɔːrɪn] *n.* 〖生〗长孢菌素

longitude ['lɒndʒɪtjuːd] *n.* 经度,〖天〗黄经,横距

longitudinal [,lɒndʒɪ'tjuːdɪnl] ❶ *a.* ①经度的 ②纵向的,轴向的 ❷ *n.* 纵梁,(pl.)小梁或纵枕木 ‖ ~ly *ad.*

long-line ['lɒŋlaɪn] *n.* 长线法

long-lived ['lɒŋlɪvd] *a.* 长命的,经久耐用的

long-range ['lɒŋreɪndʒ] *a.* 远程的,作用半径大的,广大范围的,广泛的

longshore ['lɒŋʃɔː] *a.* 海岸边的

longshoreman ['lɒŋʃɔːmən] *n.* 码头工人

longsome ['lɒŋsəm] *a.* 乏味冗长的,令人厌倦的

longstop ['lɒŋstɒp] *n.* 检察员,检查机,起制止作用的人或物

longulite ['lɒŋɡjuːlaɪt] *n.*〖地质〗联珠晶子

longways ['lɒŋweɪz], **longwise** ['lɒŋwaɪz] *ad.* 纵长地

lonneal [lə'nɪəl] *n.* 低温回火

loob [luːb] *n.* 碎锡矿渣

look [lʊk] ❶ *v.* ①看,弄明白,期待 ②看来像是,显得 ❷ *n.* ①(一)看,查看 ②外观,模样,面貌 ☆*look about* 东张西望,警戒,查看情况,考虑; *look after* 照顾,关心,监督,寻求; *look ahead* 考虑未来,超前; *look ahead for (to)* 为…预作准备,盼望; *look around* = look round; *look as if* 看起来像,似乎; *look at* 注视,看,考察,着眼于; *look back* 回顾,追溯,往后看,停止不前; *look down* 俯视; *look down on (upon)* 轻视,瞧不起; *look for* 寻找,期望; *look forward to* 盼望,展望; *look in* (顺便)看望,往里看; *look into* (往里)窥视,观察; *look like* (看来)像,好像是; *look on* (把…)看做(as),观望,面向; *look out* 当心,提防,照料,挑出(for),往外看; *look round* 环顾,到处寻找(for),(事前)仔细考虑; *look sharp* 非常留心,赶快; *look through* 透过…观察,看穿,通读一遍,彻底调查,由…看出; *look to* 往…看去,注意,指望; *look to ... as...* 把…看做…; *look to ... for ...* 指望得到; *look to be* (看上去)像是; *look (to it) that* 注意,当心(别); *look to see* 查看一下; *look toward(s)* 指向,往…看去,为…作好准备,期待; *look up* 检查,查阅,探求,仰视,上涨,查寻; *look up on =look on look you* 注意; *upon the book* 在找寻着

〖用法〗 该词可以作连系动词用,意为"看起来",一般后跟形容词。如: These expressions <u>look rather clumsy</u>. 这些表达式看起来颇为繁杂。

lookout ['lʊkaʊt] *n.* ①警戒,注意,监视 ②望台,监视哨,观景处 ③景色,前途 ④任务 ☆*keep (take)a (good, sharp) lookout for* 小心提防,

戒备; **on the lookout for** 注意,警戒

look-over ['lʊk,əʊvə] n. 检查

look-through ['lʊk,θru:] n. 透视,监听

look-up ['lʊkʌp] n. 检查,搜索,查表

loom [lu:m] ❶ n. ①织布机 ②桨柄 ③翼肋腹部 ④隐约呈现的形象 ❷ vt. ①在…中隐约出现 (through, up through) ②(危险,困难)逼近 ☆**loom large** 显得严重

looming ['lu:mɪŋ] 海市蜃楼

loop [lu:p] ❶ n. ①环,匝,(狭)孔 ②环路,回路,周线,线(圈),环形天线,封闭系统,【计】循环 ③(波)腹 ④筋斗 ❷ v. ①(形)成圈〔环〕,把(导线)连成回路,(用圈)围住 ②形成活套,循环,成旋涡,翻筋斗 ☆**loop A around B** 把(环形物 A)穿〔绕〕在 B 上

〖用法〗 注意下面例句中该词的用法: Better sensitivity can be achieved by looping additional turns through the probe head. 通过探头再绕几匝线圈就能提高灵敏度。

looper ['lu:pə] n. 打环装置,打环的人,【纺】撑套器,防折器;套口机,弯纱轮

loopful ['lu:pfʊl] a. 全环的

loophole ['lu:phəʊl] n. ①窥〔透光,换气〕孔,环眼 ②漏洞

looping ['lu:pɪŋ] n. (使)成环形,成圈

looping-in ['lu:pɪŋɪn] n. 环形安装

loop-locked ['lu:plɒkt] a. 闭环的

loopy ['lu:pɪ] a. 一圈一圈的,多圈的,糊涂的,神经错乱的

loose [lu:s] ❶ a. ①松的 ②散开的,解开的,稀疏的;(染料等)易退的 ③无负荷的 ④游离的,无拘束的,不稳定的 ⑤粗略的,粗糙的 ❷ ad. 松地,不精确地 ❸ v. 解放,发射,放荡,放任,自由 ❹ v. 释放,松开,松土,起锚 ☆**break loose** 挣脱,迸发出来; **cast loose** 解(绳); **come loose** 松开; **get loose** 逃走; **let (set) loose** 放松,释放,发出; **sit loose** 忽视; **turn loose** 释放,发射; **work loose** (螺钉)松动

〖用法〗 注意下面例句中该词的含义: In a loose sort of a way, the power in each mode is proportional to the area 'burnt' away in forming the 'hole'. 粗略地说,每种模式的功率与于形成"洞"的过程中所"烧"掉的面积成正比。

loosely ['lu:slɪ] ad. 松地,宽松地,不精确地

〖用法〗 注意下面例句中该词的含义: Loosely speaking, the auditory system may be modeled as a band-pass filter bank. 大致上来说,听觉系统可以建模为一组带通滤波器。

loosely-spread ['lu:slɪ,spred] a. 未捣实的(混凝土)

loosen ['lu:sən] v. 弄松,松开,(变)松弛 ☆**loosen off** 拧下

looseness ['lu:sənɪs] n. 松度,疏松,松动,模糊,粗

loosing ['lu:sɪŋ] n. 松弛,接触不良

loot [lu:t] v.; n. 掠夺,赃物

lop [lɒp] ❶ v. ①(松弛地)垂下 ②不稳 ③修剪,截短(away, off) ④删除 ⑤缓慢 ❷ n. 砍伐,砍下的树枝

loparite ['lɒpəraɪt] n. 【矿】铈铌钙钛矿

lope [ləʊp] v. 轻松地跳跃,大步走

loping ['ləʊpɪŋ] n. 脉动(输送石油产品)

lopolith ['lɒpəlɪθ] n. 【地质】岩盆

lopper ['lɒpə] n. 砍落器,斩波器

lopping ['lɒpɪŋ] n. 摇晃,不稳

loppy ['lɒpɪ] a. 下垂的

loprotron ['lɒprətrɒn] n. 射束开关管

lopsided [lɒp'saɪdɪd] a. 倾斜的,不平衡的,不对称的 ‖ **~ly** ad. **~ness** n.

loquat ['ləʊkwɒt] n. 枇杷(树)

Lorad ['lɒrəd] n. 罗拉德远距离探测系统

loran ['lɔ:rən] n. (=long range navigation)远程导航(系统),劳兰远航仪

lorandite ['lɔ:rəndaɪt] n. 红铊矿

loranskite [,lɔ:rən'skaɪt] n. 钇钽矿

lorate ['lɔ:reɪt] n. 带状的,舌状的

lord [lɔ:d] n. ①君主,贵族,勋爵,长官 ②主人,大老板,老爷 ☆**lord it over** 对…称王称霸,对…作威作福

lordly ['lɔ:dlɪ] a. ①堂皇的,贵族似的 ②傲慢的,无礼的

lore [lɔ:] n. (特殊的)学问

lorenzenite [lɒ'renzənaɪt] n. 【矿】硅钠钛矿

loretin ['lɔ:rətɪn] n. 【化】试铁灵

Lorraine [ləʊ'reɪn] n. (法国)洛林(地区)

lorry ['lɒrɪ] n. ①卡车,载重汽车 ②手车,运料车 ③载货飞机

Los Angeles [lɒs'ændʒɪ,li:z] n. (美国)洛杉矶(市)

losable ['lu:zəbl] a. 易失的

lose [lu:z] (lost) v. ①失去,损失,降低 ②白费 ③错过,误(车)抓不住,迷失 ④失败 ⑤(钟表)走得慢 ☆**lose an opportunity** 错过机会; **lose no time in doing** 及时(做),抓紧时间(做); **lose one's grip** 松开; **lose oneself** 迷路,消失; **lose oneself in** 埋头于; **lose one's labour** 白费力气; **lose out** 失败,输; **lose sight of** 忘记,看不见; **A lose B to P** A 把 B 传〔丢〕给 P,A 失去 B 并把 B 传给 P; **lose track of ...** 不知…的情况; **There is not a moment to lose.** 一分钟也不能浪费。

loser ['lu:zə] n. 失主,失败者,损失物

losing ['lu:zɪŋ] a.; n. 失败的(者),损失(的)

loss [lɒs] n. ①亏损,损失,衰减,下降 ②丧失,死亡 ③错过,漏失,废料 ④失败 ⑤(光的)损耗,损失; **at a loss** 亏本,不知所措; **be at a loss to do** (对做某事)感到迷惑〔不知所措〕; **be at a loss for a word (words)** 找不到恰当字眼,不知怎样解释才好; **loss in** (…方面的)损失; **without (any) loss of time** 即刻,毫不迟延地; **without loss** 毫无损失地

losser ['lɒsə] *n.* 衰减器

loss-free ['lɒsfri:], **lossless** ['lɒslis] *a.* 无损耗〔失〕的

lossmaker ['lɒs,meikə] *n.* 亏本生意;不断亏损的企业

lossy ['lɒsi] *a.* 有损耗的,耗散(能量)的

lost [lɒst] ❶ *v.* lose 的过去式和过去分词 ❷ *a.* ①无望的,错过的,损失的,失去的 ②徒劳的,不知所措的 ☆*be lost* 迷路; *be lost in* 埋头于; *be lost on (upon)* ... 对…不起作用; *be lost to* ... 不再受…影响,感觉不到…,耗费在…上; *be lost to sight* 消失了

lot [lɒt] ❶ *n.* ①块,分段,场地,马戏场 ②批量,许多 ③命运 ❷ *vt.* 划分,分堆,抽签 ☆ *a good (great) lot* 大量; *a lot* 非常,很多; *a lot of* 很多,大量的;一块(地); *by (in) lots* 分堆〔包〕; *have neither part nor lot in* 同…一点关系也没有; *it falls to the lot of ... to (do)* 得由…来(负责做); *lots of* 或 *lots and lots (of)* 很多,大量的; *quite a lot (of)* 相当多; *the (whole) lot* 全部,总量 〖用法〗 ❶ "a lot + 比较级"意为"…得多"。❷ 句子中有"lots of + 不可数名词"形式,谓语要用复数形式。

lotion ['ləuʃən] *n.* 洗涤剂,洗液

lotline ['lɒtlain] *n.* 地界线

lottery ['lɒtəri] *n.* 彩票,不能预测的事

lotus ['ləutəs] *n.* 荷花,莲饰

louche [lu:ʃ] *a.* 品行不端的,邪恶的

loud [laud] ❶ *a.* 大声的,强调的,坚持的,难闻的 ❷ *ad.* 响亮地,大声地

loudly ['laudli] *ad.* 响亮地

loudness ['laudnis] *n.* 高声,响度

loudness-level ['laudnisleyl] *n.* 响(度)级

loudspeaker [laud'spi:kə] *n.* 喇叭

lough [lɒk] *n.* (爱尔兰的)湖,港湾

Louisiana [lu:i:zɪ'ænə] *n.* (美国)路易斯安那(州)

Louisville ['lu:izvil] *n.* (美国)路易斯维尔(市)

lounge [laundʒ] *n.* 休息室,起居室;闲荡

loup [laup] *n.* 不定形铁块

loupe [lu:p] *n.* (小型)放大镜

louse [laus] (pl. lice) *n.* ①寄生虫 ②虱 ③可鄙的人

louver, louvre ['lu:və] *n.* ①防直射灯罩 ②(通风用)天窗,通气缝,屋顶上的气楼,隔栅 ③发动机盖 ④(汽车的)放热〔气〕孔

lovable ['lʌvəbəl] *a.* 可爱的 ‖ ~ness *n.* **lovably** *ad.*

lovage ['lʌvidʒ] *n.* 【植】独活草,拉维纪草

love [lʌv] *v.;n.* ①热爱,爱好,爱情,恋爱,性爱,情妇,喜欢 ②【体】零分 ☆*for the love of* 为了…起见; *love of* ... 对…的爱好; *not for love or money* 无论怎样也不,无论出什么代价也不

lovely ['lʌvli] ❶ *a.* 可爱的,优美的 ❷ *n.* 漂亮的东西,美女

loving ['lʌviŋ] *a.* 爱的,仁慈的

lovozerite [lə'vozərait] *n.* 基性异性石

low [ləu] ❶ *a.* 矮的,低的,浅的,下部的,不足的 ❷ *ad.* 低,在低处 ❸ *n.* 最低限度,低点,低速度,低水平,最小分数 ☆*at lowest* 至少,最低; *(be) low in* 缺乏,(…方面)低的; *bring low* 减少,恶化; *have a low opinion of* 轻视,认为…不好; *lie low* 平躺,潜伏; *run low* 快用完了

low-activity [,ləuæk'tivɪti] *a.* 弱放射性

low-angle ['ləu,æŋgl] *a.* 小俯冲角的

low-ash ['ləuæʃ] *a.* 低灰分的

low-boiler ['ləubɔilə] *n.* 低沸化合物

low-boom ['ləubu:m] *n.* (桁架)下弦

low-duty ['ləudju:ti] *a.* 小功率的,小容量的

low-end ['ləuend] *a.* 低级的

low-energy ['ləuenədʒi] *a.* 低能的

lower ['ləuə] ❶ low 的比较级 ❷ *a.* (日期)较近的,下(部,级,等)的,【地质】早期的 ❸ *v.* 降低〔下,落〕,放低,减低(弱,少) ☆*lower ... into place (position)* 把…往下放到应有的位置

lower-case ['ləuəkeis] *n.;a.* 小写字(的)

lowering ['ləuəriŋ] ❶ *n.* 降低,低下 ❷ *a.* 阴天的,昏暗的 〖用法〗 注意在该词前可以有不定冠词。如:Such excitation results in a lowering of the resistance of the semiconductor crystal. 这种激励导致了半导体晶体电阻的下降。

lower-key ['ləuəki:] *a.* 较低强度的

lowermost ['ləuəməust] *a.* 最低的

lowest ['ləuist] *a.* 最低的

low-flash ['ləuflæʃ] ❶ *a.* 低闪(光)点的 ❷ *n.* 低温发火,低温闪蒸

low-gear ['ləugiə] *n.* 慢速齿轮

low-hearth ['ləuhɑ:θ] *n.* 精炼炉床

low-intensity [,ləuin'tensəti] *a.* 低强度的

low-key(ed) ['ləuki:(d)] *a.* 低调的,有节制的

lowland ['ləulənd] *n.;a.* 低地(的),低洼地

low-light ['ləulait] *a.* 低照度的

lowly ['ləuli] *a.;ad.* 谦逊的(地),低低的(地),低级的(地)

lowpass ['ləupɑ:s] ❶ *a.* 低通的 ❷ *n.* 低通(滤波器)

low-proof ['ləupru:f] *a.* 酒精成分低的

Lowrer ['ləuə] *n.* 罗兰导航系统

low-rise ['ləuraiz] *a.* 层数少的

low-set ['ləuset] *a.* 矮胖的

low-valent [ləu'veilənt] *a.* 低价的

low-wing ['ləuwiŋ] *n.* 低单翼机

lox [lɒks] ❶ *n.* 液氧 ❷ *v.* 加注液氧

loxic ['lɒksik] *a.* 斜扭的,斜弯的

loxodrome ['lɒksədrəum] *n.* ①斜航(曲线),斜驶线,方位线 ②【天】恒向线

loxodromic(al) [,lɒksə'drɒmik(l)] *a.* 斜航〔驶〕的

loxodromics [,lɒksə'drɒmiks], **loxodromy** [lɒk'sɒdrəmi] *n.* 斜航法

loxosis [lɒk'səʊsɪs] *n.* 斜位

loxotic [lɒksəʊtik] *a.* 斜(弯)的,倾斜的

loxygen ['lɒksɪdʒən] *n.* 液氧

loyal ['lɔɪəl] *a.* 忠诚（实）的 ‖ **~ly** *ad.* **~ness** *n.*

loyalty ['lɔɪəltɪ] *n.* 忠实（诚）,守法

lozenge ['lɒzɪndʒ] *n.; a.* ①菱形(物)(的) ②锭剂,糖锭,药片

Luanda [lu'ændə] *n.* 罗安达(安哥拉首都)

lubarometer [lubə'rɒmɪtə] *n.* 一种测大气压用仪器

lubber ['lʌbə] *n.; a.* 傻大个儿,大而笨拙的

lube [lu:b] *n.* 润滑油,润滑物质

lubex ['lu:beks] *n.* (自润滑油中抽出)芳香族物

Lublin ['lu:blɪn] *n.* (波兰)卢布林(市)

Lubral ['lʌbrəl] *n.* 卢伯拉尔铝基轴承合金

lubricant ['lu:brɪkənt] ❶ *n.* 润滑剂,牛油,油膏 ❷ *a.* 润滑的

lubricate ['lu:brɪkeɪt] *v.* (加)润滑油,(使)润滑

lubrication [,lu:brɪ'keɪʃən] *n.* 润滑,注油,油润

lubricator ['lu:brɪkeɪtə] *n.* ①加油工 ②油壶,防溅盒 ③润滑器,加油器

lubricious [lu:'brɪʃəs], **lubricous** ['lju:brɪkəs] *a.* (光)滑的,不稳定的

lubricity [lu:'brɪsətɪ] *n.* 光滑,润滑性(质),油脂质,不稳定性

lubrification [,lu:brɪfɪ'keɪʃən] *n.* 润滑(性能),涂油

lubritorium [,lu:brɪ'tɔ:rɪəm] *n.* 汽车(加)润滑的油站

Lucalox [luk ʌ'lɒks] *n.* 【化】熔融氧化铝

lucanid [lu:'keɪnɪd] *n.* 锹甲

lucarne ['lju:ka:n] *n.* 屋顶窗

lucency ['lju:sənsɪ] *n.* 发亮,透明

lucent ['lju:sənt] *a.* 明亮的,(半)透明的,明白的,有说服力的

Lucerne [lu:'sɜ:n] *n.* (瑞士)卢塞恩(市)

luces ['lu:si:z] lux 的复数

lucid ['lu:sɪd] *a.* 透明的,清楚的,肉眼可见的 ‖ **~ly** *ad.* **~ness** *n.*

lucida ['lu:sɪdə] *n.* 最亮的星

lucidin ['lu:sɪdɪn] *n.* 光泽汀

lucidity [lu:'sɪdətɪ] *n.* 清晰,透明,明白,洞察力

lucidus ['lu:sɪdəs] *a.* 光泽的

luciferase [lu:'sɪfəreɪs] *n.* (虫)荧光素酶

luciferin [lu:'sɪfərɪn] *n.* (虫)荧光素

luciferous [lu:'sɪfərəs] *a.* 发亮的,有启发的

lucifugous [lu:'sɪfjugəs] *a.* 避光的,怕光的

lucigenin [,lu:sɪ'dʒenɪn] *n.* 【化】光泽精

lucipetal [,lusɪ'petəl] *a.* 趋光性

lucite ['lu:saɪt] *n.* 人造荧光树脂,有机荧光玻璃

luck [lʌk] ❶ *n.* 运气,幸运,好运 ❷ *vi.* 靠运气行事 ☆**be luck** 侥幸; **rough luck** 倒霉; **worse luck** 不幸地

luckily ['lʌkɪlɪ] *ad.* 侥幸地

luckless ['lʌklɪs] *a.* 不幸的

lucky ['lʌkɪ] *a.* 侥幸的,幸运的

lucrative ['lu:krətɪv] *a.* 可获利的,赚钱的,【军】值得作为目标的 ‖ **~ly** *ad.* **~ness** *n.*

lucubrate ['lu:kjubreɪt] *vt.* (在灯下)刻苦钻研,详细论述 ‖ **lucubration** *n.*

luculent ['lu:kjulənt] *a.* ①光亮的,透明的 ②明白的,易懂的

lucullite ['lu:kəlaɪt] *n.* 【矿】卢卡尔石

Ludenscheidt ['lu:dənʃɪt] *n.* 芦丁切伊特锡基合金

ludicrous ['lu:dɪkrəs] *a.* 荒谬的,可笑的 ‖ **~ly** *ad.*

lueshite ['lu:ʃaɪt] *n.* 【矿】钠铌矿

luetic [lu:'etɪk] *a.* 梅毒的,传染病的

luff [lʌf] ❶ *n.* ①抢风行驶 ②船首的弯曲部 ③(货物在起重时的)起落摆动 ❷ *v.* 抢风行驶(up) 起重机吊杆起落

luffing ['lʌfɪŋ] *n.* 起重臂的升降,上下摆动

lug [lʌɡ] ❶ *n.* ①突出部,突缘,凸片,把(手),吊坏 ②肋,悬臂 ③接线片,焊片,接管 ④耳轴 ⑤钳,夹子,轮爪 ⑥(用力)拖曳 ❷ *v.* (拖,用力)拉,曳(about, along, at) ☆**lug in (into)** 引出; **lug out** 拔出

luggage ['lʌɡɪdʒ] *n.* 行李,皮箱

〖用法〗当它表示"行李"时为不可数名词,这时"一件行李"应该写成"a piece of luggage"。

lugless ['lʌɡləs] *a.* 无突出物的,无耳的

lugubrious [lu'ɡu:brɪəs] *a.* 可怜的,悲伤的 ‖ **~ly** *ad.* **~ness** *n.*

luigite ['lu:ɪɡaɪt] *n.* 【矿】结灰石

lukewarm ['lju:kwɔ:m] *a.* ①(液体)微温的 ②不热心的 ‖ **~ly** *ad.* **~ness** *n.*

Lulea ['lu:lə] *n.* 律勒欧(瑞典港口)

lull [lʌl] *v.; n.* (暴风雨等)暂息,使缓和

lullaby ['lʌləbaɪ] *n.* 催眠曲

lumachel(le) ['lu:mætʃel] *n.* 贝壳大理石

lumarith ['lu:mərɪθ] *n.* 留马利兹(一种防蚀层)

Lumatron ['lju:mətrɒn] *n.* 热塑光阀

lumber ['lʌmbə] ❶ *n.* ①木材,锯木 ②废物 ❷ *v.* ①乱堆,阻碍(up) ②采伐(木材) ③隆隆地驶过(along,by,pass)

lumberer ['lʌmbərə] *n.* 伐木工

lumberg ['lʌmbəɡ] *n.* (光能单位)光尔格

lumbering ['lʌmbərɪŋ] ❶ *n.* 伐木(业) ❷ *a.* 外形笨重的,动作迟缓的

lumberman ['lʌmbəmən] *n.* 采伐木材的人

lumbersome ['lʌmbəsəm] *a.* 沉重的,笨重的

lumen ['lu:mən] (pl. lumina) *n.* ①流明(光通量单位) ②(细胞)腔

lumenmeter ['lu:mən'mi:tə] *n.* 流明计

lumerg ['lju:mɜ:ɡ] *n.* (光能单位)流末格

lumeter ['lju:mi:tə] *n.* 照度〔流明〕计

lumicon ['lju:mɪkɒn] *n.* 流密康(一种具有很大的光放大和高分辨能力的电视系统)

lumina ['lu:mɪnə] lumen 的复数

luminaire ['lu:mɪneə] *n.* 发光体,光源

luminance ['lu:mɪnəns] *n.* 亮度,发光率

luminant ['lu:mɪnənt] *a.* 发光的

luminary ['lu:mɪnərɪ] ❶ *n.* 灯光,发光体;名人 ❷ *a.* 光的

lumine ['lju:mɪn] *vt.* 照亮,启发

luminesce [,lu:mɪ'nes] *vi.* 发(冷)光

luminescence [,lu:mɪ'nesəns] *n.* 发〔冷,荧〕光

luminescent [,lu:mɪ'nesənt] *a.* 发光的

luminiferous [,lu:mɪ'nɪfərəs] *a.* 发(冷)光的,(传)光的

lumnite ['lju:mnɪt] *n.* 矾土水泥

luminizing ['lu:mɪnaɪzɪŋ] *n.* 荧光涂敷

luminometer [,lju:mɪ'nɒmɪtə] *n.* 照明计,光度计

luminophor(e) ['lu:mɪnəfɔ:] *n.* 发光体

luminosity [,lu:mɪ'nɒsətɪ] *n.* ①光度,亮度 ②发光体 ③辉点,清晰

luminotron ['lu:mɪnə,trɒn] *n.* 发光管

luminous ['lu:mɪnəs] *a.* ①发光的,夜光的,灿烂的 ②集光(度)的 ③明了的 ④聪明的,有启发的

lumisterol [,lu:mɪ'sterəul] *n.*【生化】光甾醇

lump [lʌmp] ❶ *n.* ①块(团) ②一大堆 ③瘤,肿(块),疱 ④(pl.)块煤,矿块 ❷ *v.* ①(使)成块,把⋯混为一谈 ②集中,浓缩 ③总括(起来)(together) ☆*a lump of ...* 一块⋯; *in a (one) lump* 一次全部地; *in big lumps* 成堆地,大量地; *in (by) the lump* 总共,总的说来; *lump A with B* 把 A 归到 B 类中,把 A 和 B 混为一谈

〖用法〗 注意下面例句中该词的含义:The attenuation resulting from all of these mechanisms is lumped into the distributed loss constant. 把由所有这些机制产生的衰减归入到分布式损耗常数之中。

lumped ['lʌmpt] *a.* 集总的

lumper ['lʌmpə] *n.* ①装卸工,码头工人 ②小包工头

lumpiness ['lʌmpɪnɪs] *n.* 块度,粒度

lumping ['lʌmpɪŋ] ❶ *a.* ①大量的 ②集总的 ③(沉,笨)重的 ❷ *n.* ①集总分裂,浓缩 ②成块,堆积

lumpish ['lʌmpɪʃ] *a.* 块状的,笨重的,迟钝的,矮胖的,学究式的

lump-sum ['lʌmpsʌm] *a.* (金额)一次总付的

lumpy ['lʌmpɪ] *a.* (成)块状的,凹凸不平的 ‖ **lumpily** *ad.*

luna ['lu:nə] *n.* 月球

lunabase ['lu:nəbeɪs] ❶ *n.* 月岩 ❷ *a.* 月海的

lunanaut ['lu:nənɔ:t] *n.* 登月宇航员

lunar ['lu:nə] *a.* ①月(球)的 ②新月形的 ③微亮的 ④(含)银的

lunarite ['lu:nəraɪt] *a.* 月陆的

lunarnaut ['lu:nənɒt] *n.* 登月宇航员

lunarscape ['lu:nəskeɪp] *n.* 月景

lunate ['lu:neɪt] *a.* 新月形的

lunch [lʌntʃ] *vi.; n.* (吃)中饭,便餐

luncheon ['lʌntʃən] *n.* ①=lunch ②午宴,便宴

luncheonette [,lʌntʃə'net] *n.* 小餐馆

lunchery ['lʌntʃərɪ] *n.* 餐馆

luncheteria [,lʌntʃɪ'tɪərɪə] *n.* (顾客自理)简易食堂

lunchroom ['lʌntʃru:m] *n.* 小食堂,餐室

lune ['lu:n] *n.* ①弓形,月牙形 ②(球面)二角形

lunette [lu:'net] *n.* ①(炮车等)牵引环 ②凹凸两面的透镜 ③(潜泳的)护目镜 ④孔面窗

lung [lʌŋ] *n.* ①肺(脏) ②街区小花园 ☆*have good lungs* 声音洪亮

lunge [lʌndʒ] *n.; v.* ①(一种比重单位)伦吉 ②刺;戳

lunged [lʌŋd] *a.* 肺似的,有肺的

lunicentric [,lu:naɪ'sentrɪk] *a.* 月心的

luniform ['lu:nɪfɔ:m] *a.* 月形的

lunik ['lju:nɪk] *n.* 月球火箭〔卫星,探测站,探测器〕

lunisolar [,lu:nɪ'səulə] *a.* 月与日的,由于月日引力的

lunitidal [lu:nɪ'taɪdəl] *a.* 月潮的

lunk [lʌŋk] *n.* 中继线

lunule ['lu:nju:l] *n.* 半月状的东西(或记号)

lurch [lɜ:tʃ] *vi.; n.* ①突然一歪,东倒西歪 ②败北,挫折 ☆*give a (sudden) lurch* 突然一歪,突然倾斜

lure [ljuə] ❶ *n.* 诱惑(物),饵 ❷ *v.* 引诱,吸引

lurid ['ljuərɪd] *a.* 青灰色的,苍白的,(火焰等)火红的,阴暗的 ‖ **-ly** *ad.*

lurk [lɜ:k] *vi.; n.* 潜伏

Lusaka [lu:'sɑ:kə] *n.* 卢萨卡(赞比亚首都)

lush [lʌʃ] *a.* 有利的,茂盛的,豪华的

lust [lʌst] *n.; v.* 贪欲,渴望,欲望

luster ['lʌstə] ❶ *n.* ①光泽 ②烛台,分枝灯架 ③光瓷,虹彩釉 ④五年时间 ❷ *vt.* 发光,使有光泽,给⋯上釉 ☆*add luster to ...* 给⋯增光

lustrous ['lʌstrəs] *a.* 有光泽的

lusterless ['lʌstəlɪs] *a.* 无光泽的

lusterware ['lʌstəweə] *n.* (釉)光瓷

lustily ['lʌstɪlɪ] *ad.* 拼命地,起劲地

lustre ['lʌstə] = luster

lustreless ['lʌstəlɪs] *a.* 无(光)泽的

lustrex ['lʌstreks] *n.* 苯乙烯塑料

lustring ['lʌstrɪŋ] *n.* 光亮绸,(纱布等的)加光整理过程

lustrous ['lʌstrəs] *a.* 有光泽的,灿烂的 ‖ **~ly** *ad.* **~ness** *n.*

lusty ['lʌstɪ] *a.* 强烈的,有力的

lutaceous [lu:'teɪʃəs] *a.* 黏土质的(的)

lutation [lu:'teɪʃən] *n.* 密封,封闭

lute [lu:t] ❶ *n.* ①修整样板 ②密封胶泥,油灰,封闭器,起密封作用的橡皮圈 ③水泥封涂 ④琵琶 ❷ *v.* 用封泥封,涂油灰,浓缩,演奏古琵琶 ☆*lute in* 嵌入

lutecia [lu:'tesɪə] *n.*【化】氧化镥

lutecium [lu:'ti:ʃəm] *n.*【化】镥

lutein ['lu:tɪɪn] *n.*【生】黄体制剂,叶黄素

luteinization [,lu:tɪɪnar'zeɪʃən] *n.* 黄体化

luteous ['lu:tɪəs] *a.* 黄中带绿色的

L

luthern ['luːθən] *n.*【建】老虎天窗
lutestring ['luːtɪstrɪŋ] *n.* 光亮绸
lutil ['luːtɪl] *n.* 金红色
luting ['luːtɪŋ] *n.*; *v.* (用)泥封
lutite, lutyte ['luːtaɪt] *n.* 细屑岩
luvisol ['luːvɪsɒl] *n.* 淋溶土
lux [lʌks] (pl. luxes 或 luces) *n.* 勒(克司)(照度单位),米烛光
luxe [luks] (法语) *n.* 豪华,奢侈 ☆ *de luxe* 上等的,豪华的
Luxemb(o)urg ['lʌksəmbɜːg] *n.* 卢森堡
luxistor ['lʌksɪstə] *n.* 一种光导管
luxmeter ['lʌksmɪtə] *n.* 照度计
luxon ['lʌksɒn] *n.* 光速子,勒克松(视网膜照度单位)
luxuriance [lʌgˈzjuərɪəns] *n.* 繁茂,丰富,华丽
luxuriant [lʌgˈzjuərɪənt] *a.* 繁茂的,丰富的,华丽的
luxuriate [lʌgˈzjuərɪeɪt] *vi.* 茂盛,沉迷,享受(in)
luxurious [lʌgˈzjuərɪəs] *a.* 奢侈的,豪华的
luxury ['lʌkʃərɪ] *n.*; *a.* 奢侈(的),丰富的
Luzon [luːˈzɒn] *n.* (菲律宾)吕宋(岛)
Lyallpur [ˌlaɪəˈpuə] *n.* (巴基斯坦)莱亚普尔(市)
lyase ['laɪəs] *n.*【生化】裂合酶,裂解酶
lyate ['laɪət] *n.* (两性)溶剂阳离子
lyceum [laɪˈsiːəm] *n.* 文苑,文化宫,文艺团体,讲堂,演讲会
lycopodium [ˌlaɪkəˈpəudɪəm] *n.* 石松子
lyddite ['lɪdaɪt] *n.* 立德炸药
lye [laɪ] *n.* ①灰汁 ②碱液的
lying ['laɪɪŋ] ❶ *v.* lie 的现在分词 ❷ *n.* ①虚伪,谎话 ②横卧 ③天窗 ❸ *a.* ①躺着的 ②假的 ☆*lying down* 拒绝履行契约; *lying to* 接近
lymph [lɪmf] *n.* 淋巴,淋巴(液),淋泉
lymphatic [lɪmˈfætɪk], **lymphous** ['lɪmfəs] ❶ *a.* 淋巴的 ❷ *n.* 淋巴管
lyndochite ['lɪndəkaɪt] *n.* 黑稀金矿
lyoenzyme [ˌlaɪəˈenzaɪm] *n.*【生化】细胞外酶,可溶酶
lyogel ['laɪəgel] *n.* 冻胶,液凝胶
lyolipase [ˌlaɪəˈlɪpeɪs] *n.*【生化】可溶脂酶,胞外脂酶
lyolysis [laɪˈɒlɪsɪs] *n.* 液解(作用)
lyometallurgy [ˌlaɪəmeˈtælədʒɪ] *n.* 溶剂冶金,萃取冶金

lyonium [laɪˈɒnɪəm] *n.* (两性)溶剂阳离子
Lyons [ljʊŋ] *n.* (法国)里昂
lyophile ['laɪəfaɪl] *n.* 亲液物
lyophilic [ˌlaɪəʊˈfɪlɪk] *a.* 亲液的
lyophilisation, lyophilization [ˌlaɪɒfɪlaɪˈzeɪʃən] *n.* (低压)冻干(法),冷冻脱水,冷冻真空干燥法
lyophilize [laɪˈɒfɪlaɪz] *vt.* 使冻干
lyophilizer [laɪˈɒfɪlaɪzə] *n.* 冷冻干燥器
lyophilizing [laɪˈɒfɪlaɪzɪŋ] *n.* 冻干
lyophobe ['laɪəfəub] *n.*【生】疏液体
lyophobic [ˌlaɪəʊˈfəubɪk] *a.* 疏液的
lyosorption [ˌlaɪəʊˈsɔːpʃən] *n.* 吸收溶剂(作用)
lyosphere ['laɪəsfɪə] *n.* 液圈
lyotrope ['laɪətrəup] *n.* 感胶离子,易溶物 ‖ **lyotropic** *a.*
lyrate ['laɪərɪt] *a.* 竖琴状的,大头羽裂的
lyric(al) ['lɪrɪk(əl)] *a.* 抒情的,奔放的,竖琴的
Lyrids ['lɪrɪdz] *n.* 天琴(座)流星群
lyrism ['lɪrɪzəm] *n.* 抒情风格
lysate ['laɪseɪt] *n.* 溶解产物,溶菌
lyse [laɪs] *v.* (细胞)溶解
lysimeter [laɪˈsɪmɪtə] *n.* 渗水计,液度(估定)计
lysin ['laɪsɪn] *n.* 细胞溶素
lysinal ['laɪsɪnəl] *n.*【生化】赖氨醛
lysine ['laɪsiːn] *n.*【生化】赖氨酸
lysis ['laɪsɪs] *n.* 溶胞(作用),溶解,溶菌(作用),(病的)渐退
lysochrome ['laɪsəkrəum] *n.* 脂肪染色剂
lysocline ['laɪsəklaɪn] *n.* 溶解跃面
lysogen ['laɪsədʒɪn] *n.* 细胞溶素原
lysogeny [laɪˈsɒdʒɪnɪ] *n.* 溶原性
lysol ['laɪsɒl] *n.* 来沙尔,杂酚皂溶液
lysolecithin [ˌlaɪsəʊˈlesɪθɪn] *n.*【生化】溶血卵磷脂
lysophospholipase [ˌlaɪsəʊˌfɒsfəˈlɪpeɪs] *n.*【生化】溶血磷脂酶
lysosome ['laɪsəsəum] *n.*【生化】溶酶体
lysozyme ['laɪsəzaɪm] *n.*【生化】溶菌酶
lyssa ['lɪsə] *n.* 狂犬病 ‖ **lyssic** *a.*
lysyloxidase [ˌlɪsɪlˈɒkˈsɪdeɪz] *n.*【生化】赖氨酰氧化酶
lytic ['lɪtɪk] *a.* 溶解的,渐退的
lytomorphic [ˌlaɪtəʊˈmɔːfɪk] *a.* 溶解变形的
lytta ['lɪtə] *n.*【动】蚯蚓体

L

M m

maakite ['mɑːkaɪt] *n.*【矿】冰盐

macabre [mə'kɑːbr(ə)] *a.* 可怕的,恐怖的

macadam [mə'kædəm] *n.* 碎石;碎石路面

macadamite [mə'kædəmaɪt] *a.* 碎石路的

macadamix ['mækədəmɪks] *n.* 拌有沥青或其他黏结料的碎石混合料

macadamize [mə'kædəmaɪz] *vt.* 铺碎石 ☆ ***macadamized roads*** 碎石路 ‖ **macadamization** [məˌkædəmaɪ'zeɪʃən] *n.*

Macao [mə'kaʊ] *n.* 澳门

macaroni [ˌmækə'rəʊnɪ] *n.* (意大利)通心粉;通心面条

Macasphalt [mə'kæsfælt] *n.* 马克地沥青混合料

maccaboy ['mækəbɔɪ] *n.* 一种雷达干扰探测器;一种鼻烟

macdougallin ['mækdəʊgəlɪn] *n.*【化】仙人掌甾醇

Mace [meɪs] ❶ *n.* 梅斯毒气(一种暂时伤害性压缩液态毒气) ❷ *vt.* 向…喷射伤害性压缩液态毒气

maceral ['mæsəˌræl] *n.*【地质】煤的基本微观结构,煤素质

macerate ['mæsəreɪt] *v.* (在水中或苛性钾中)浸软;(使)消瘦 ‖ **maceration** [ˌmæsə'reɪʃən] *n.*

macerator ['mæsəreɪtə] *n.* 纸浆制造机;浸渍机

Mach [mɑːk] *n.* 马赫(速度单位)

mache ['mɑːʃeɪ] *n.* 马谢(量镭的单位,空气或溶液中所含氡的浓度单位)

machicolate [mæ'tʃɪkəʊleɪt] *vt.* 在…上开枪眼 ‖ **machicolation** [mətʃɪkə'leɪʃ(ə)n] *n.*

machicoulis [mɑːʃiːkuː'liː] (法语) *n.* 枪眼

machinability [məˌʃiːnə'bɪlətɪ] *n.* (可)切削性;机械加工性

machinable [mə'ʃiːnəbl] *a.* 可切削的;可机加工的

machinate ['mækɪneɪt] *v.* 图谋;策划 ‖ **machination** [ˌmæʃɪ'neɪʃn] *n.*

machine [mə'ʃiːn] ❶ *n.* 装置,机器(构,关),设备;机床,机动车辆;机械作用 ❷ *vt.* 加工;机械切削 ☆ ***machine away*** 切削掉

〖用法〗❶ 注意下面例句中"to machine"只能用主动形式(属于"反射式不定式结构"):These metals are generally difficult <u>to machine</u>. 这些金属一般是难以加工的。(本句可以转换成"It is generally difficult <u>to machine these metals</u>"。)❷ 表示"机器展览大厅"时一般用"<u>machines</u> hall"。

machineability [məˌʃiːnə'bɪlətɪ] *n.* (=machinability) (可)切削性;机械加工性

machineable [mə'ʃiːnəbl] *a.* (=machinable) 可切削的;可机加工的

machinegun [məʃiːn'gʌn] *n.*;*vt.* (用)机枪(扫射)

machinehours [məʃiːn'aʊəz] *n.* 机器运转时间

machineless [mə'ʃiːnlɪs] *a.* 不用机器的;机加工力量不足的

machinelike [mə'ʃiːnlaɪk] *a.* 机器似的

machineman [mə'ʃiːnmən] *n.* 印刷工;钻石工人

machinery [mə'ʃiːn(ə)rɪ] *n.* ①机器(制造);机构 ②工具;方法

machinescrew [mə'ʃiːnskruː] *n.* 机螺丝

machineshop [mə'ʃiːnʃɒp] *n.* 机工车间,机器房

machinework [mə'ʃiːnwɜːk] *n.* 机加工;机械制品

machining [mə'ʃiːnɪŋ] *n.* 机加工,操作;开动机器

machinist [mə'ʃiːnɪst] *n.* 机(械)工(人);机械师;机械安装修理工

machinofacture [mə'ʃiːnəʊfæktʃə] *n.* 机械制造;机加工产品

Machism ['mɑːkɪzəm] *n.* 马赫主义(经验批判主义)

machmeter ['mɑːkˌmiːtə] *n.* 马赫(数)表

machtpolitik ['mɑːhtˌpɔːlɪ'tiːk] (德语) *n.* 强〔霸〕权政治

mackerel ['mæk(ə)r(ə)l] *n.* 鲭鱼;马鲛鱼

mac(k)intosh ['mækɪntɒʃ] *n.* (防水)胶布;(胶布)雨衣

mackintosh(ite) ['mækɪntɒʃ(ɪt)] *n.*【矿】脂钍铅铀矿

macle ['mæk(ə)l] *n.* 八面体双晶,短空晶石;(矿物中的)暗斑

macro ['mækrəʊ] ❶ *a.* 巨大的,宏(观)的;粗视的,肉眼可见的 ❷ *n.* 宏观(组织);【计】宏指令

macroanalysis [ˌmækrəʊə'nælɪsɪs] *n.* 常量分析 ‖ **macroanalytic(al)** [ˌmækrəʊænə'lɪtɪk(l)] *a.*

macroatom [ˌmækrəʊ'ætəm] *n.* 大原子

macrobiota [ˌmækrəʊbaɪ'əʊtə] *n.* 大型生物区(系)

macroblock [ˌmækrəʊ'blɒk] *n.*【计】宏模块

macrobody [ˌmækrəʊ'bɒdɪ] *n.* 宏功能体

macro-call ['mækrəʊkɔːl] *n.*【计】宏调用

macrocausality [ˌmækrəʊkɔː'zælətɪ] *n.* 宏观因果性

macrochemical [ˌmækrəʊ'kemɪkəl] *a.* 常量化学的

macrochemistry [ˌmækrəʊ'kemɪstrɪ] *n.* 常量化学

macrocinematograph [ˌmækrəʊsɪnɪˈmætəɡrɑːf] *n.* 放大电影摄影〔放映〕机;微距电影〔电视〕摄影机

macrocinematography [mækrəʊˌsɪnəməˈtɒɡrəfɪ] *n.* 放大电影摄影术;超近摄技术

macroclastic [ˌmækrəʊˈklæstɪk] *a.* 粗屑的

macroclimate [ˌmækrəʊˈklaɪmɪt] *n.* 大气候 ‖ **macroclimatic** [ˌmækrəʊklaɪˈmætɪk] *a.*

macroclimatology [ˈmækrəʊˌklaɪməˈtɒlədʒɪ] *n.* 大气候学

macrocode [ˈmækrəʊˌkəʊd] ❶ *n.* 【计】宏代码 ❷ *v.* 宏编码

macroconstituent [ˈmækrəʊkənˈstɪtjʊənt] *n.* 常量成分

macrocorrosion [ˈmækrəʊkəˈrəʊʒən] *n.* 宏观腐蚀

macrocosm [ˈmækrə(ʊ)kɒz(ə)m] *n.* 宏观世界,整个宇宙;(任何大的)整体 ‖ **~ic** *a.*

macrocrystal [ˈmækrəʊˈkrɪstl] *n.* 粗晶

macrocrystalline [ˈmækrəʊˈkrɪstəlaɪn] ❶ *a.* 宏晶的 ❷ *n.* 宏晶,粗晶质

macrocyclic [ˌmækrəʊˈsaɪklɪk] *a.* 【化】大环的,长周期的

macrodemography [ˈmækrəʊdiːˈmɒɡrəfɪ] *n.* 总体人口统计学

macrodome [ˈmækrəˌdəʊm] *n.* 长轴坡面

macroeffect [ˌmækrəɪˈfekt] *n.* 宏观效应

macroelement [ˈmækrəˈelɪmənt] *n.* 常量元素;宏组件

macroergic [ˌmækrəʊˈɜːdʒɪk] *a.* 【医】高能(量)的

macroetch [ˈmækrəʊˌetʃ] *vt.* 宏观浸蚀

macroexamination [ˌmækrəʊɪɡˌzæmɪˈneɪʃən] *n.* 宏观研究

macroexercise [ˈmækrəʊˈeksəsaɪz] *n.* 【计】宏检查程序

macroexpansion [mækrəʊɪksˈpænʃən] *n.* 【计】宏(指令)扩展

macrofarad [ˈmækrəʊˈfærəd] *n.* 兆法拉

macrofeed [ˈmækrəʊˈfiːd] *n.* 常量馈给

macrogel [ˈmækrəʊˌdʒel] *n.* 大粒凝胶

macroglobulin [ˌmækrəʊˈɡlɒbjulɪn] *n.* 【医】巨球蛋白

macrograin [ˈmækrəʊɡreɪn] *n.* 粗〔宏观〕晶粒

macrograph [ˈmækrəʊɡrɑːf], **macrography** [məˈkrɒɡrəfɪ] *n.* 宏观检查;宏观图;粗形照相,低倍照相(图)

macrographic [ˌmækrəʊˈɡræfɪk] *a.* 宏观的;低倍照相的

macrohardness [ˈmækrəʊˈhɑːdnɪs] *n.* 宏观硬度

macroheterogeneity [ˈmækrəʊˌhetərəʊdʒˈniːətɪ] *n.* 宏观不均匀性

macroion [ˈmækrəʊaɪən] *n.* 高(分子)离子,重离子

macrolanguage [mækrəʊˈlæŋɡwɪdʒ] *n.* 【计】宏语言

macrolide [ˈmækrəʊlaɪd] *n.* 【化】大环内酯(物),

高酚化物

macrologic [ˌmækrəʊˈlɒdʒɪk] *n.* 宏逻辑

macrometeorology [ˈmækrəʊˌmiːtɪəˈrɒlədʒɪ] *n.* 大气象学

macrometer [məˈkrɒmɪtə] *n.* (光学)测距器

macromethod [ˈmækrəʊˈmeθəd] *n.* 宏观方法;【医】常量法

macromolecular [ˌmækrəʊməʊˈlekjulə] *a.* 【化】大分子的,高分子的

macromolecule [ˌmækrə(ʊ)ˈmɒlɪkjuːl] *n.* 【化】大〔高〕分子

macronucleus [ˌmækrəʊˈnjuːklɪəs] *n.* 【生】巨核,滋养核

macrooscillograph [ˈmækrəʊˈsɪləɡrɑːf] *n.* 常用示波器

macroparameter [ˌmækrəʊpəˈræmɪtə] *n.* 宏观参数

macrophage [ˈmækrə(ʊ)feɪdʒ] *n.* 【生】巨噬细胞

macrophotograph [ˌmækrəʊˈfəʊtəʊɡrɑːf] *n.* 放大照相

macrophagous [ˈmækrəʊˈfæɡəs] *a.* 巨噬动物的

macrophotography [ˌmækrəʊfəˈtɒɡrəfɪ] *n.* 【摄】微距摄影术

macrophysics [ˌmækrəʊˈfɪzɪks] *n.* 【物】宏观物理学

macropinacoid [ˌmækrəʊˈpɪnəkɔɪd] *n.* 长轴(轴)面

macroporosity [ˌmækrəʊpɔːˈrɒsɪtɪ] *n.* 大孔性;大孔隙率

macroporous [ˈmækrəʊˈpɔːrəs] *a.* 大孔(隙)的;多孔的

macroprecipitation [ˌmækrəʊprɪsɪpɪˈteɪʃən] *n.* 常量沉淀

macroprism [ˈmækrəʊˈprɪzəm] *n.* 长轴柱

macroprocessor [ˈmækrəʊˈprəʊsesə] *n.* 【计】宏处理程序

macroprogram [ˌmækrəʊˈprəʊɡræm] *n.;v.* 【计】宏程序(设计)

macroprototype [ˌmækrəʊˈprəʊtətaɪp] *n.* 【计】宏指令记录原形

macropyramid [ˌmækrəʊˈpɪrəmɪd] *n.* 长轴锥

macroradical [ˌmækrəʊˈrædɪkəl] *n.* 宏根;大基团

macrorheology [ˌmækrəʊriːˈɒlədʒɪ] *n.* 宏观流变学

macroroentgenogram [ˈmækrəʊrɒntˈdʒenəɡræm] *n.* X线放大照片

macroroentgenography [ˈmækrəʊˌrɒntdʒeˈnɒɡrəfɪ] *n.* X线放大照相术

macros [ˈmækrɒs] *n.* 【计】宏指令

macrosample [ˈmækrəʊˈsæmpl] *n.* 常量试样

macroscale [ˈmækrəʊskeɪl] *n.* 宏观尺度,大尺度;大规模

macroscheme [ˈmækrəʊˈskiːm] *n.* 宏功能方案

macroscopic(al) [ˌmækrə(ʊ)ˈskɒpɪk(l)] *a.* 低倍放大的,粗视的;宏观的 ‖ **~ally** *ad.*

macroscopic-void [ˌmækrə(ʊ)ˈskɒpɪkvɔɪd] *n.*

大空洞,大孔

macroscopy [,mæ'krɒskəpɪ] *n.* 宏观;粗视检查

macrosection [,mækrəʊ'sekʃən] *n.* 粗视剖面

macrosegregation [,mækrəʊsegrə'geɪʃən] *n.* 宏观〔严重〕偏析

macroseism [,mækrəʊ'saɪzm] *n.* 强震 ‖ ~ic *a.*

macroseismograph [,mækrəʊ'saɪzməgrɑːf] *n.* 强震仪

macroshape ['mækrəʊ,ʃeɪp] *n.* 宏观(几何)形状

macroshot ['mækrəʊʃɒt] *n.* 微距摄影

macroskeleton [,mækrəʊ'skelɪtən] *n.* 宏程序纲要

macrosolifluction [,mækrəʊsɒlɪ'flʌkʃən] *n.* 大型泥石流

macrospore ['mækrəʊspɔː] *n.* 【植】大孢子

macrostate ['mækrəʊ,steɪt] *n.* 宏观状态

macrostrain [,mækrəʊ'streɪn] *n.* 【机】宏应变

macrostress ['mækrəʊstres] *n.* 【机】宏应力

macrostructural [,mækrəʊ'strʌktʃərəl] *a.* 宏观结构的

macrostructure ['mækrə(ʊ)strʌktʃə] *n.* 粗视组织;宏观结构

macrosuccessor [mækrəʊsək'sesə] *n.* 【计】宏功能后继(符)

macrotrace ['mækrəʊtreɪs] *n.* 【计】宏追踪

macroturbulence [,mækrəʊ'tɜ:bjʊləns] *n.* 宏观紊流

macroweather [,mækrəʊ'weðə] *n.* 宏观天气

macrozooplankton [,mækrəʊzəʊə'plæŋktən] *n.* 大型浮游动物

macula ['mækjʊlə] (pl. maculae) *n.* ①暗斑;矿石的疵点;太阳的黑子 ②瑕疵;伤斑

maculae ['mækjuli:] *n.* (macula 的复数)斑疹

maculanin ['mækjʊlənɪn] *n.* 钾淀粉

macular ['mækjʊlə] *a.* 有斑点的;不清洁的

maculate ❶ ['mækjʊleɪt] *vt.* 弄脏,玷污 ❷ ['mækjʊlɪt] *a.* 有斑点的;玷污的

maculation [mækjʊ'leɪʃən] *n.* 斑点;污点

maculose ['mækjʊləʊs] *a.* 斑结状的

mad [mæd] *a.* 疯狂的 ☆*like mad* 疯狂地,猛烈地

Madagascar [,mædə'gæskə] *n.* 马达加斯加(非洲岛国)

madam ['mædəm] (pl. madams 或 mesdames) *n.* 夫人,女士,小姐

madame [mɑː'dɑːm] (法语) (pl. mesdames) *n.* 夫人

made [meɪd] ❶ *v.* make 的过去式和过去分词 ❷ *a.* ①人工制造的,特制的 ②制成的 ③捏造的 ☆*be made from A* 由 A 制成的; *be made of A* 用 A 制成的; *be made to order* 定制的; *ready made* 现成的 〖用法〗注意要能够判断 "be made of" 形式的不同情况: The conductor is made of copper.该导体是由铜制成的。/In solving the problem, no use was made of that given quantity. 在解决题时,没有用到那个已知量。(这是 "make no use of ..." 的被动形式。) /An analysis is made of the performance of the

phase shifter in this paper.本文分析了移相器的性能。(这是 "make an analysis of ..." 的被动形式。) /Holograms <u>must be made of</u> those precious paintings.必须把那些珍贵的画做成全息图。(这是 "make A of B (使 B 成为 A)" 的被动形式。)

Madeira [mə'dɪərə] *n.* 马德拉(群)岛(非洲);马代腊河(巴西)

mademoiselle [mɑːdmwɑː'zel](法语) (pl. mesdemoiselles) *n.* 小姐

madistor ['mædɪstə] *n.*【机】磁控型半导体等离子体器件;磁控等离子体开关;低温半导体开关器件;晶体磁控管

madly ['mædlɪ] *ad.* 疯狂地;极其

Madrid [mə'drɪd] *n.* 马德里(西班牙首都)

maelstrom ['meɪlstrəʊm] *n.* 大旋涡;大动乱;破坏性的力量

maestro ['maɪstrəʊ] *n.* 大师;冷燥大西北风

mafia ['mæfɪə] *n.* 秘密社会;黑手党

mafic ['mæfɪk] *a.* 镁铁矿石的

Magal['mægəl], **magaluma** [,mægə'ljuːmə] *n.* 铝镁合金

magamp ['mægæmp] *n.* (=magnetic amplifier)磁放大器

maganthophyllite [mægænθə'fɪlaɪt] *n.*【矿】镁直闪石

magaseism [mæ'gæsaɪzm] *n.* 剧震

magazine [mægə'ziːn] *n.* ①杂志,期刊 ②暗盒 ③(仓,弹药,军械)库;库存物(弹药)④弹仓 ⑤(材料自动送进)料斗;自动储存送料装置;卡片存储装置 ⑥资源地,宝库

magazinist [,mægə'ziːnɪst] *n.* 期刊编辑,杂志撰稿人

magclad ['mægklæd] *n.* (用劣质镁合金包在优质镁合金板上的)双镁合金板

magcopfos ['mægkɒfɒs] *n.*【化】四磷酸钠

magdolite ['mægdə,laɪt] *n.* 次次煅烧白云石

magdynamo [mæg'daɪnəməʊ], **magdyno** [mæg'daɪnəʊ] *n.* 磁石发电机,(充电用直流发电机组,(点火用)高压永磁发电机

magenta [mə'dʒentə] *n.;a.* 深红色(的),(碱性)品红(色),洋红(染料,色的);红色苯胺染料

maggie ['mægɪ] *n.* 不纯煤;砂质劣铁矿;磁共铁矿

maghemite ['mæg,hiːmaɪt] *n.* 磁赤铁矿

magic ['mædʒɪk] ❶ *n.* 魔术,魔力 ❷ *a.* 魔术的,有魔力的;不可思议的 ☆*as if by magic* 或 *like magic* 不可思议地

magical ['mædʒɪk(ə)l] *a.* 魔术的;不可思议的 ‖ ~ly *ad.*

magician [mə'dʒɪʃ(ə)n] *n.* 魔法师

magicore ['mægɪkɔː] *n.* 高频铁芯粉

magisterial [,mædʒɪs'tɪərɪəl] *a.* 地方行政官的;教师的;硕士的,有权威的

magistracy ['mædʒɪstrəsɪ] *n.* 地方行政官的职权;地方行政官

magistrate ['mædʒɪstrət] *n.* 地方行政官;文职官员

M

magma ['mægmə] *n.* (pl. magmas 或 magmata)岩浆;稠液;乳浆机

magmata ['mægmətə] *n.* (magma 的复数)岩浆

magmatic [mæg'mætɪk] *a.* 岩浆的 ‖ ~**ally** *ad.*

magmatism [mæg'mætɪzm] *n.* 【地质】岩浆作用

magmeter ['mægmɪtə] *n.* 【电子】直读式频率计

magnacard ['mægnəkɑːd] *n.* 磁性凿孔卡装置

magnadur(e) ['mægnədjuə] *n.* 铁钡永磁合金,镁铝合金

magnafacies ['mægnə'feɪʃɪiːz] *n.* 主相,巨相

magnaflux ['mægnə,flʌks] ❶ *n.* ①磁粉探伤机②磁力探伤法,电磁探矿法 ③磁通量 ❷ *vt.* 用磁粉检查法检验,磁力探伤

Magnaglo ['mægnəgləu] *n.* 磁力线探伤用粉末

Magnalite ['mægnə,laɪt] *n.* ①铝基铜镍镁合金 ②探伤磁铁粉

magnalium [mæg'neɪlɪəm] *n.* 马格纳利镁铝

magnamycin [,mægnə'maɪsɪn] *n.* 【生】碳霉素

magnane ['mægneɪn] *n.* 镁烷

magnanimity [mægnə'nɪmətɪ] *n.* 宽宏大量,高尚(的行为),慷慨 ‖ **magnanimous** [mæg'nænɪməs] *a.* **magnanimously** [mæg'nænɪməslɪ] *ad.* **magnanimousness** [mæg'nænɪməsnɪs] *n.*

magnascope ['mægnəskəup] *n.* 放像镜

magnate ['mægneɪt] *n.* 大资本家,(工商界)大亨,巨头

magnechuck ['mægnɪ,tʃʌk] *n.* 电磁吸盘

magneform ['mægnəfɔːm] *v.* 磁力成型

magner ['mægnə] *n.* 无功功率

magnesia [mæg'niːʃə] *n.* 【矿】氧化镁,镁土,菱镁矿

magnesial [mæg'niːʃəl],**magnesian** [mæg'niːʃən] *a.* 镁(质)的,(含)氧化镁的

magnesic [mæg'niːsɪk] *a.* 含镁的

magnesioferrite [mæg,niːʃəu'feraɪt] *n.* 【矿】镁铁矿

magnesite ['mægnəsaɪt] *n.* 【矿】菱镁矿,菱苦土矿

magnesitic ['mægnəsaɪtɪk] *a.* 菱苦土的

magnesium [mæg'niːzjəm] *n.* 【化】镁

magneson [mæg'niːsən] *n.* 【化】试镁灵

magnestat [mæg'niːstæt] *n.* 磁调节器,磁放大器

magnesyn ['mægnəsɪn] *n.* 磁自动同步机

magnet ['mægnɪt] *n.* ①磁铁〔石〕②有吸引力的人或物

magnetic(al) [mæg'netɪk(l)] *a.* 磁(性,学,体)的,磁铁的;能吸引的

magnetically [mæg'netɪklɪ] *ad.* 磁性上,用磁力;有吸引力的

magnetics [mæg'netɪks] *n.* 磁(力)学;磁性元件

magnetism ['mægnɪtɪz(ə)m] *n.* 磁性(学);吸引力

magnetist ['mægnɪtɪst] *n.* 磁学家

magnetite ['mægnɪtaɪt] *n.* 磁铁矿〔石〕

magnetizability [mægnɪtaɪzə'bɪlətɪ] *n.* 磁化率

magnetizable [,mægnɪ'taɪzəbl] *a.* 能磁化的

magnetization [,mægnɪtaɪ'zeɪʃən] *n.* 起磁,磁化(强度)

magnetize ['mægnɪtaɪz] *v.* 磁化,起磁;吸引

magnetizer ['mægnɪtaɪzə] *n.* 磁化机,导磁体

magneto [mæg'niːtəu] ❶ *n.* 永磁发电机 ❷ *a.* 永磁式(的)

magnetoaerodynamics [mæg'niːtəu,eərəudaɪ'næmɪks] *n.* 【物】磁(性)空气动力学

magnetobell [mæg'niːtəubel] *n.* 磁石电铃

magnetobiology [mæg'niːtəubaɪ'ɒlədʒɪ] *n.* 磁生物学

magnetocaloric [mæg'niːtəukə'lɒrɪk] *a.* 磁(致)热的

magnetochemical [mæg,niːtəu'kemɪkəl] *a.* 磁化学的

magnetochemistry [mæg,niːtəu'kemɪstrɪ] *n.* 【化】磁化学

magnetoconductivity [mæg'niːtəu,kɒndʌk'tɪvətɪ] *n.* 磁导率,磁致电导率

magnetocrystalline [mæg'niːtəu'krɪstəlaɪn] *n.* 磁晶

magnetodielectric [mæg'niːtəudaɪɪ'lektrɪk] *n.* 磁性电介质

magneto-diode [mæg'niːtəu'daɪəud] *n.* 磁敏二极管

magnetodynamics [mæg'niːtəudaɪ'næmɪks] *n.* 磁动力学

magnetoelastic [mæg'niːtəuɪ'læstɪk] *a.* 磁致弹性的

magnetoelasticity [mæg'niːtəu,elæ'stɪsətɪ] *n.* 磁致弹性

magnetoelectret [mæg'niːtəuɪ'lektrɪt] *n.* 磁驻极体

magnetoelectric(al) [mæg'niːtəuɪ'lektrɪk(l)] *a.* 磁电的

magnetoelectricity [mæg'niːtəuɪ,lek'trɪsətɪ] *n.* 磁电(学),电磁学

magnetoemission [mæg'niːtəuɪ'mɪʃən] *n.* 磁致发射

magnetofluiddynamic [mæg'niːtəu,fluːɪddaɪ'næmɪk] *a.* 磁流体力学的

magnetofluiddynamics [mæg'niːtəu,fluːɪdaɪ'næmɪks] *n.* 【物】磁流体(动)力学

magnetogasdynamic [mæg'niːtəu,gæsdaɪ'næmɪk] *a.* 磁性气体动力学的

magnetogasdynamics [mæg'niːtəu,gæsdaɪ'næmɪks] *n.* 【物】磁性气体动力学

magnetogenerator [mæg,niːtəu'dʒenəreɪtə] *n.* 磁(石发)电机

magnetogram [mæg'niːtəu,græm] *n.* 磁强记录图,磁力图

magnetograph [mæg'niːtəugrɑːf] *n.* 磁变仪,地磁(强度)记录仪

magnetohydrodynamic [mæg'niːtəu,haɪdrəudaɪ'næmɪk] *a.* 磁流体动力学的

magnetohydrodynamics [mæg,ni:təʊ,haɪ-drəʊdaɪˈnæmɪks] n. 磁流体(动)力学

magnetoilmenite [mægnɪˈtɔɪlmenaɪt] n.【矿】磁钛铁矿

magnetoionic [mægˈni:təʊaɪˈɒnɪk] a. 磁离子的

magnetology [ˈmægni:tələdʒɪ] n. 磁学

magnetomechanical [mægˈni:təʊmɪˈkænɪkl] a. 磁力学的,磁机械的

magnetometer [,mægnɪˈtɒmɪtə] n. 磁强计,地磁仪

magnetometric [,mægnɪtəˈmetrɪk] a. 磁力的,磁性的

magnetometry [,mægnɪˈtɒmɪtrɪ] n.【物】磁力测定,测磁学

magnetomotive [mæg,ni:təʊˈməʊtɪv] a.;n. 磁动力的;磁势

magneton [ˈmægnɪtɒn] n. 磁子(磁矩原子单位)

magnetooptics [mægˈni:təʊˈɒptɪks] n.【物】磁光学

magnetopause [mægˈni:təʊpɔ:z] n.【天】磁顶,磁大气层顶层

magnetophone [mægˈni:təʊfəʊn] n. 磁带录音机,磁电话筒,磁石扩音器

magnetophotophoresis [mægˈni:təʊ,fəʊtəfəˈri:sɪs] n. 磁光致迁动,磁光泳(现象)

magnetoresistance [mæg,ni:təʊrɪˈzɪst(ə)ns] n. 磁致压电电阻

magnetoplasma [mægˈni:təʊˈplæzmə] n. 磁等离子体

magnetoplasmadynamic [mægˈni:təʊ,plæz-mədaɪˈnæmɪk] a. 磁等离子体动力学的

magnetoplasmadynamics [mægˈni:təʊ,plæz-mədaɪˈnæmɪks] n.【物】磁等离子体动力学

magnetoplumbite [mæg,ni:təʊˈplʌmbaɪt] n.【矿】磁铅石,磁铁铅矿

magnetor [ˈmægnɪtə] n. 磁电机

magnetoreceptive [mæg,ni:təʊrɪˈseptɪv] a. 感受磁的

magnetoresistance [mæg,ni:təʊrɪˈzɪst(ə)ns] n.【物】磁阻,磁阻效应

magnetoresistive [mæg,ni:təʊrɪˈzɪstɪv] a. 磁(致电)阻的

magnetoresistivity [mæg,ni:təʊrɪzɪsˈtɪvətɪ] n. 磁致电阻率

magnetoresistor [mæg,ni:təʊrɪˈzɪstə] n. 磁(致电)阻器

magnetoscope [mægˈni:təʊskəʊp] n. 验磁器

magnetosheath [mægˈni:təʊʃi:θ] n.【天】磁鞘

magnetosphere [mægˈni:təʊsfɪə] n. 磁(性)层

magnetostatic [mægni:təʊˈstætɪk] a. 静磁的

magnetostatics [mæg,ni:təʊˈstætɪks] n. 静磁学

magnetostriction [mægˈni:təʊˈstrɪkʃ(ə)n] n.【物】磁致伸缩

magnetostrictive [mægˈni:təʊˈstrɪktɪv] a. 磁致伸缩的

magnetostrictor [mæg,ni:təʊˈstrɪktə] n. 磁致伸缩体

magnetotail [mægˈni:təʊteɪl] n.【物】磁尾

magnetotelephone [mægˈni:təʊˈtelɪfəʊn] n. 永磁电话

magnetotelluric [mæg,ni:təʊteˈlʊərɪk] a. 大地电磁的

magnetotellurics [mæg,ni:təʊteˈlʊərɪks] n.【物】大地电磁学

magnetotropic [mæg,ni:təʊˈtrɒpɪk] a. (地)磁回归线的

magnetotropism [mæg,ni:təʊˈtrəʊpɪzəm] n.【生】向磁性

magnetoviscous [mæg,ni:təʊˈvɪskəs] a. 磁黏性的

magnetrol [ˈmægnɪtrɒl] n. 磁放大器

magnetrometry [mægnɪˈtrɒmɪtrɪ] n. 磁力测定术

magnetron [ˈmægnɪtrɒn] n. 磁控(电子)管

magnetropism [mægnɪˈtrəʊpɪzəm] n. 向磁性

magnetspheric [mægnɪˈsferɪk] a. 地磁的

magnettor [ˈmægnɪtə] n. 二次谐波型磁性调制器

magnicide [ˈmægnɪsaɪd] n. 重大谋杀;暗杀

magniferous [ˈmægnɪferəs] a. 含镁的

magnific [mægˈnɪfɪk] a. 宏伟的,壮丽的

magnification [,mægnɪfɪˈkeɪʃ(ə)n] n. 放大率 〖用法〗❶ 其前面可以用介词"at"。如: The photograph was taken with an electron microscope at a magnification of about 80,000.这照片是用电子显微镜以大约 80,000 倍的放大量拍摄的。❷ 注意下面例句中该词的含义:A shift of 0.1 percent in the frequency of either oscillator results in a 10 percent shift of their difference frequency, a magnification of relative instability by a factor of 100. 两个振荡器中任何一个的频率漂移 0.1%就会使得它们的差频漂移 10%,也就是把相对稳定度放大到了原来的 100 倍。

magnificence [mægˈnɪfɪsns] n. 宏伟,壮丽,豪华

magnificent [mægˈnɪfɪs(ə)nt] a. 宏伟的,庄严的,豪华的;极好的

magnificently [mægˈnɪfɪsəntlɪ] ad. 很好地,大大地

magnifier [ˈmægnɪfaɪə] n. 放大镜,放大器

magnify [ˈmægnɪfaɪ] vt. 放大,加强

magniloquence [mægˈnɪləkwəns] n. 夸大,华而不实 ‖ **magniloquent** [mægˈnɪləkwənt] a.

magniphyric [mægnɪˈfɪrɪk] a. 微粗斑状的

magnistor [ˈmægnɪstə] n. 磁变管,(电)磁开关

magnistorized [ˈmægnɪstəraɪzd] a. 应用磁变管的,磁存储的

magnitude [ˈmægnɪtju:d] n. ①大小,(数)值,模,强度 ②(数)量级,震级,光度 ③重大,巨大 ☆*(be) of the right magnitude* 大小正好合适; *order of magnitude* 数量级 〖用法〗注意下面例句的含义:The couple consists of two forces, each of magnitude F.该力偶是由两个力构成的,每个力的大小为 F。(在"each"后省去

M

了 "being"。）

magno ['mægnəʊ] *n.* (电阻线用)镍锰合金

magnon ['mægnɒn] *n.* 磁(量)子,磁振子

Magnorite ['mægnəʊraɪt] *n.* 硅镁耐火砖

magnoscope ['mægnəʊˌskəʊp] *n.* 电听诊器

magnotest ['mægnəʊtest] *n.* 手表磁性检查仪

Magnox ['mægnɒks] *n.* 镁诺克斯合金

Magnuminium [ˌmægnjuːˈmɪnjəm] *n.* 镁基合金

magslep ['mægslep],**magslip** ['mægslɪp] *n.* 旋转变压器,遥控自动同步机

Maguel ['mægwəl] *n.* 高强度钢丝的张拉锚固法

mahogany [məˈhɒgənɪ] *n.* 桃花心木,(硬)红木;赤褐色

maiden ['meɪd(ə)n] ❶ *n.* 少〔处〕女 ❷ *a.* 处女的,初次的

maidy ['meɪdɪ] *n.* 小女孩

mail [meɪl] ❶ *n.* ①邮递员,邮车;铠甲 ②邮件〔政,递,包〕,信件〔汇〕 ❷ *vt.* 邮寄

mailable ['meɪləbl] *a.* 适用邮寄的

mail-box ['meɪlbɒks] *n.* 邮箱

mailed [meɪld] *a.* 装甲的;披甲的

mailgram ['meɪlgræm] *n.* 邮递电报

mailing ['meɪlɪŋ] *n.* 邮寄(品);租佃农场

Maillechort ['meɪlʃɔːt] *n.* 铜镍锌合金

maillot [maɪˈjəʊ] (法语) *n.* 紧身衣;女游泳衣

mail-order ['meɪlˌɔːdə] *n.* 函〔邮〕购

maim [meɪm] ❶ *vt.* 使受重伤,残害,使…残废 ❷ *n.* 残废,伤亡 ❸ *a.* 伤残的

main [meɪn] ❶ *a.* ①主要的,干线的 ②充分的,尽力的 ❷ *n.* ①(常用 pl.)(水、电、煤气、下水道等的)总〔干〕线,电力网,电源,主管路,干渠 ②体力,力气 ③主要部分,要点 ☆*by main force* 全靠力气; *for (in) the main* 总的说来,大致; *with main strength* 尽全力; *with (by) might and main* 全力以赴地

〖用法〗注意下面例句中划线部分的译法:In general, these techniques can be divided into <u>two main</u> types. 一般来说,可以把这些方法分成两大类。/The <u>main theoretical</u> developments in this decade are as follows.这十年间理论上的主要进展如下。

mainbody ['meɪnbɒdɪ] *n.* 主要部分;主力;正文

maincenter ['meɪnsentə] *n.* 中枢

Maine [meɪn] *n.* (美国)缅因(州)

mainframe ['meɪnfreɪm] *n.* 总配线架,主机架;(汽车)底盘;电脑主机

main-hatch ['meɪnhætʃ] *n.* 中部舱口〔升降口〕

main-land ['meɪnlənd] *n.* 本土,大陆

main-line ['meɪnlaɪn] *n.* 干线

mainly ['meɪnlɪ] *ad.* 主要(地),大抵

mainspring ['meɪnsprɪŋ] *n.* 主发条,主要动机

mainstay ['meɪnsteɪ] *n.* 主要支持,骨干

mainstream ['meɪnstriːm] *n.* 主流,主要倾向

main-supply ['meɪnsəˈplaɪ] *n.;a.* 交流的,电源(的);供电干线;主供油管

mainswitch ['meɪnswɪtʃ] *n.* 主开关

maintain [meɪnˈteɪn] *vt.* ①保持 ②保存 ③保养,(日常)维护 ④制止 ⑤坚持,主张 ⑥操作 ⑦供给 ☆*maintain A onto B* 把 A 固定在 B 上

〖用法〗该词可以用形容词作宾语补足语(被动句时为主语补足语)。如:Zener diodes <u>maintain</u> the output voltage <u>constant</u>.齐纳二极管能使输出电压保持恒定〔不变〕。/The applied voltage must be <u>maintained unchanged</u>.必须使外加电压保持不变。

maintainability [meɪnˌteɪnəˈbɪlətɪ] *n.* 可保养性,维修能力

maintainable [meɪnˈteɪnəbl] *a.* 可维持的,可保养的;可坚持的

maintainer [meɪnˈteɪnə] *n.* 维修工人;养路机

maintenance ['meɪntɪnəns] *n.* 维持;保养,维护,养路;保管;坚持,主张

main-water ['meɪnˈwɔːtə] *n.* 自来水

Mainz [maɪnts] *n.* 美因茨(德国城市)

maiosis [meɪˈəʊsɪs] *n.* 减数分裂

maisonette [ˌmeɪzəˈnet] *n.* 小屋;(二层楼的)公寓

maitlandite ['meɪtləndaɪt] *n.* 【矿】钍脂铅铀矿

maize [meɪz] *n.* 玉米;玉米的颜色

maizena ['meɪzənə] *n.* 玉米粉,淀粉

majestic [məˈdʒestɪk] *a.* 威严的,雄伟的;壮丽的 ‖ ~**ally** *ad.*

majesty ['mædʒestɪ] *n.* 尊〔庄〕严

majolica [məˈdʒɒlɪkə] *n.* (石灰质)陶器,涂有不透明釉的陶器

major ['meɪdʒə] ❶ *a.* (两部分中)较大〔重要〕的,主要〔修〕的,多数的,第一流的 ❷ *n.* ①主科 ②少校 ③成年者 ❸ *vi.* 主修,专门研究(in)

〖用法〗注意下面例句中该词的含义:This type has four <u>major</u> virtues.这一类有四大优点。/Substances fall into two <u>major</u> classes.物质分成两大类。/Linear circuits and systems still play a <u>major</u> role in electronics.线性电路和系统在电子学中仍然起着重要的作用。/He <u>majored in</u> mathematics at college.他在大学时学的是数学专业。

majorant(e) ['meɪdʒərənt] *n.* 【数】强〔优,控制〕函数

majoritarian [məˌdʒɒrɪˈteərɪən] *n.* 多数主义者

majority [məˈdʒɒrətɪ] *n.* ①(大)多数,大部分,多数逻辑 ②成年 ☆*be in (the) majority* 占大多数; *in the great majority of cases* 在大多数情况下; *the majority of* 大多数,大部分

〖用法〗"the majority of ..."意为"大多数,大部分",它作主语时其后面的谓语动词根据"of"后的名词为可数名词复数还是不可数名词而采用复数或单数形式。如: <u>The majority of distance communication</u> in the future could well be computer-to-computer, not person-to-person as at present.将来大部分远程通信很可能是计算机对计算机的,而不是像现在这样人对人的。(注意本句中否定的转移现象。)

Majunga [məˈdʒʌŋgə] *n.* 马任加(马尔加什共和国港口)

majuscule ['mædʒəskjuːl] *n.;a.* 大写(的),大字(的)

make [meɪk] ❶ (made) *vt.* ①制造(作),生产 ②引起,形成 ③接通,接入 ④行驶,转 ⑤make+表示动作的名词=该名词意义的动词 ⑥(make+名词+名词或形容词、前置词词组、副词等)使…成为 ⑦(make+名词+to (do))使…(做),(be made to do))被迫(做) ⑧(make+名词+过去分词)使…(处于某状态),让别人做… ☆*(be) made from* 由(原料)制成; *(be) made of* 由(材料)制(构)成; *(be) made of the order of* 达约; *(be) made up of* 由(部件,材料)制成; *make away with* 带走,摧毁,用光; *make certain* 弄清楚; *make certain of* 确定,把…弄清楚; *make contact* 接通; *make dead;make fast* 把…固定〔栓紧〕; *make for* 有利于,造成,走向; *make A from B* 把 B 做成 A; *make good* 修理,弥补,保持,实现,证实…是正确的; *make A into B* 把 A 做成 B; *make it* 成功; *make like* 模仿,假装; *make much of* 重视,充分利用,悉心照顾,理解; *make A of B* 用 B 做 A; *make out* 发现,读出,证明,理解,书写,扩大,完成; *make over* 转让,更正,更新,修改; *make sure* 弄明白,确信; *make the best of* 充分利用; *make through with* 完成; *make true* 调整,使挺直; *make up* 补充,制作,形成,占(比例),编辑,解决,整理; *make up for* 弥补; *make up A into B* 把 A 做成 B; *make up to* 接近,补偿; *make use of* 利用 ❷ *n.* ①构造,形状,种类 ②制造(量),制造方法,制成品 ③接通,闭合(电路) 〖用法〗❶ 注意下面例句中该词的用法:The noninverting gain should be made nearly equal to the inverting gain. 应该使非反向增益几乎等于反向增益。(形容词短语作主语补足语。)/This input can make Q2 on. 这个输入能够使 Q2 导通。(副词作宾语补足语。)/This connection makes the device an insulator.这样连接就使得该器件成为绝缘体了。(名词作宾语补足语。)/All the quiescent current may be made to flow through a capacitor.可以使得所有的静态电流流过电容器。(不定式短语作主语补足语。) ❷ 注意下面这个常见句型:"make it+形容词+不定式"。如: The invention of radar made it possible to find out an aircraft at night. 雷达的发明使得人们能在夜晚发现飞机。

maker ['meɪkə] *n.* ①制造者,制造机 ②制造厂 ③接合器

makeshift ['meɪkʃɪft] ❶ *n.* 权宜之计;暂时代用品 ❷ *a.* 权宜的;临时用的

make-up ['meɪkʌp] *n.* ①组织,组成,结构 ②接通,闭合 ③补给 ④装配,制作 ⑤化妆(用品)

makeweight ['meɪkweɪt] *n.* (磅秤上)补充重量的东西;相抵之物

making ['meɪkɪŋ] *n.* ①制造,结构,生产,冶炼 ②接通 ③制造物 ④(pl.)性质,要素 ⑤成功的原因〔手段〕

Malabo ['mɑːlɑːbəʊ] *n.* 马拉博(赤道几内亚首都)

malabsorption [,mæləb'sɔːpʃən] *n.* 吸收不良

Malacca [mə'lækə] *n.* 马六甲(马来西亚港市)

malachite ['mæləkaɪt] *n.* 【矿】孔雀石,铜绿

malacon ['mæləkɒn] *n.* 变水锆石

malacosis [mælə'kəʊsɪs] *n.* 软化(症)

maladjusted [,mælə'dʒʌstɪd] *a.* 不适应的;失调的

maladjustment [,mælə'dʒʌstmənt] *n.* ①失调,调整不良 ②不适应,不一致性

maladminister [,mæləd'mɪnɪstə] *vt.* 对…管理不善,不适当地执行,瞎搞

maladministration [,mæləd,mɪnɪ'streɪʃən] *n.* 管理不善

maladroit [,mælə'drɔɪt] *a.* 不熟练的,笨拙的 ‖ ~ly *ad.* ~ness *n.*

malady ['mælədɪ] *n.* 疾病,不适;歪风邪气

malafide [mælə'faɪd] (拉丁语) *a.;ad.* 恶意歪曲地,不诚实的,不守信义地

Malagasy [,mælə'gæsɪ] ❶ *a.* 马尔加什的 ❷ *n.* 马尔加什人〔语〕

malaise [mæ'leɪz] *n.* 不适,欠爽,小病

malakograph ['mæləkəʊˌgrɑːf] *n.* 软化率计

malalignment [mælə'laɪnmənt] *n.* 未对准,不成一直线;不同轴性;偏心率;排列不齐

malapropos ['mæl'æprəpəʊ] ❶ *a.;ad.* 不适当的〔地〕,不凑巧的〔地〕 ❷ *n.* 不适合的东西

malaria [mə'leərɪə] *n.* 疟疾 ‖ **malarial** [mə'leərɪəl] *a.*

Malawi [mɑː'lɑːwɪ] *n.* 马拉维(非洲国家)

malaxate ['mæləkˌseɪt] *vt.* 揉混,拌和 ‖ **malaxation** [,mælək'seɪʃən] *n.*

Malay [mə'leɪ] ❶ *a.* 马来文化的,马来西亚的,马来人(语)的 ❷ *n.* 马来人(语)

Malaya [mə'leɪə] *n.* 马来半岛,马来亚

Malaysia [mə'leɪʃə] *n.* 马来西亚,马来群岛

Malaysian [mə'leɪzɪən] *a.;n.* 马来西亚人(的)

malcolmize ['mælkəʊlmaɪz] *vt.* 不锈钢表面氮化处理

malcompression [mælkəm'preʃən] *n.* 未压紧,压制不到

malcontent ['mælkən,tent] *a.;n.* 不满足(的),不满者

malcrystalline [,mæl'krɪstəlaɪn] *a.* 残晶的

maldeploy ['mældɪ'plɔɪ] *vt.* (军队或战略武器的)错误部署

maldistribution [,mældɪstrɪ'bjuː(ə)n] *n.* 分布不匀

Maldive ['mældɪv] *n.* 马尔代夫(亚洲)

male [meɪl] ❶ *a.* 雄(男)性的,公的 ❷ *n.* ①男(性,子) ②凸模,公插头

Male ['mɑːleɪ] *n.* 马累(马尔代夫首都)

maleability [mɑːlə'bɪlətɪ] *n.* (=malleability)可锻性

malealdehyde [mɑːlɪ'ældɪhaɪd] *n.* 【化】顺丁烯二醛,马来醛

maleate [mæ'liːt] *n.* 【化】顺丁烯二酸,马来酸〔盐,酯,根〕

M

malediction [ˌmælɪˈdɪkʃ(ə)n] n. 咒骂,诽谤,污蔑

maledictory [ˌmælɪˈdɪktərɪ],**malefic** [məˈlefɪk], **maleficent** [məˈlefɪsənt] a. 恶毒的,有害的 ‖ **maleficence** [məˈlefɪsəns] n.

maleimide [ˈmæliːˈmaɪd] n.【化】顺丁烯二酰亚胺

maleinoid [məˈleɪnɔɪd] n.【化】顺式异构化合物

malevolence [məˈlev(ə)l(ə)ns] n. 恶意〔毒〕‖ **malevolent** [məˈlev(ə)l(ə)nt] a.

malformation [ˌmælfɔːˈmeɪʃ(ə)n] n. 畸形〔体〕, 不正常的部分

malformed [ˌmælˈfɔːmd] a. 畸形的,残缺的

malfunction(ing) [mælˈfʌŋkʃ(ə)n(ɪŋ)] n. 不正常工作〔动作〕,故障,动作失调,(机能)失灵

Mali [ˈmɑːliː] n.;a. 马里(的)

malic acid [ˈmælɪkˈæsɪd] n.【化】苹果酸,羟基丁二酸

malice [ˈmælɪs] n. 恶意,怨恨

malicious [məˈlɪʃəs] a. (出于)恶意的,预谋的 ‖ ~ly ad. ~ness n.

malign [məˈlaɪn] ❶ a. 有害的,恶意的 ❷ vt. 诬蔑 ‖ ~ly ad.

malignance [məˈlɪgnəns],**malignancy** [məˈlɪgnənsɪ] n. 恶意;恶性(肿瘤),癌

malignant [məˈlɪgnənt] a. ①有恶意的 ②恶性的 ‖ ~ly ad.

mall [mɔːl] n. ①(大)锤,槌,夯 ②林荫路 ③室内购物中心

mallaunching [mælˈlɔːntʃɪŋ] n. 不成功的发射

malleability [ˌmæliəˈbɪlətɪ] n. 展性,可锻性,可塑性

malleabilization [ˌmæliəbɪˈlaɪzeɪʃ(ə)n] n.【机】锻化

malleable [ˈmæliəb(ə)l] ❶ a. 有展性的,可锻的, 能适应的 ❷ n. 可锻铸铁 ‖ ~ness n.

malleabl(e)ize [mæˈliːəblaɪz] vt. 可锻化,使具有展性

malleableness [ˈmæliəblnɪs] n. 展〔韧〕性,可锻性

malleablizing [ˈmæliəbˌlaɪzɪŋ] n.;a. 退火,可锻化的

malleate [mæliː(ː)ˈeɪt] vt. 锻,锤薄 ‖ **malleation** [mæliː(ː)ˈeɪʃ(ə)n] n.

malleolar [məˈliːlə] a. 踝的

mallet [ˈmælɪt] n. ①(木,短)锤 ②桉树 ③马球

malloy [ˈmælɔɪ] n. 镍钼铁超(级)导磁合金

malm [mɑːm] n. 石灰质砂,钙,白垩土,泥灰岩,灰泥

Malmo [ˈmɑːlməu] n. 马尔摩(瑞典港口)

malmstone [ˈmɑːmstəun] n.【地质】砂岩

malmy [ˈmɑːmɪ] a. 泥灰岩的

malnourished [mælˈnʌrɪʃt] a. 营养不良的 ‖ **malnutrition** [mælnjuːˈtrɪʃ(ə)n] n.

malobservation [mælɒbzə(ː)ˈveɪʃ(ə)n] n. 观察误差

malonamide [ˈmæləunəmaɪd] n.【化】丙二酰胺

malonate [mæləuˈneɪt] n.【化】丙二酸,丙二酸盐〔酯,根〕

maloperation [mælˌɒpəˈreɪʃ(ə)n] n. 不正确操作〔运转〕

malposition [ˌmælpəˈzɪʃ(ə)n] n. 错位

malpractice [mælˈpræktɪs] n. 治疗不当,假公济私,营私舞弊

malstation [ˈmælsteɪʃ(ə)n] vt. 错误地派置(军队等)

malt [mɔːlt] n. 麦芽(酒),麦乳精

Malta [ˈmɔːltə] n. 马耳他(岛)(欧洲岛国)

maltase [ˈmɔːlteɪs] n. 麦芽糖酶

malted [ˈmɔːltɪd] n. 麦乳精饮料

Maltese [ˌmɔːlˈtiːz] a.;n. 马耳他人〔的〕

maltha [ˈmælθə] n. 半液质沥青,沥青柏油胶

malthene [ˈmælθiːn] n. 软沥青质;(pl.) 马青烯,石油脂

malthoid [ˈmælθɔɪd] n. 油(毛)毡

maltreat [mælˈtriːt] vt. 虐待,滥用(机器等) ‖ ~ment n.

mamelon [ˈmæmɪlən],**mameron** [ˈmæmɪrən] n. (小)圆丘

mammal [ˈmæm(ə)l] n. 哺乳动物

mammalian [mæˈmeɪliən] n.;a. 温血动物,哺乳类动物的

mammoth [ˈmæməθ] ❶ a. 巨大的 ❷ n. 猛犸象,庞然大物

man [mæn] ❶ (pl. men) n. 人(类),男人 ❷ vt. 配备人员(with),使载人,操作 ☆**(all) to a man** 毫无例外,全部; **as men go** 照一般的说法; **as one man** 一致地; **to the last man** 毫无例外,全部【用法】表示人类时,它用单数形式且不带冠词,有人还喜欢把其第一个字母大写。如:It must have been much later that Man learned to cook food by heating it with boiling water or with steam.想必是很久以后,人类才学会用开水或蒸汽加热的方法来烧煮食物。("it must have been ... that ..." 为强调句型。)

mana [ˈmɑːnə] n. 神力,超自然力,权威

manaca [ˈmænəkə] n.【植】番茉莉

manacle [ˈmænək(ə)l] ❶ n. (pl.)手铐 ②束缚 ❷ vt. ①上手铐 ②束缚,妨碍

manage [ˈmænɪdʒ] v. ①管理,经营 ②使用,控制 ③设法 ④用…解决问题(with) ☆ **manage without A** 没有 A 也行【用法】❶表示 "设法" 时它要跟动词不定式。如:This university manages to attract some of the brightest students in the world.那所大学设法吸引世界上一些最聪明而有才华的学生。❷注意下面例句中该词的含义:Non-technical people will probably be able to manage Chapters 1, 2, 6, 12, and 14.非技术人员也许能够读懂 1、2、6、12、14 章的内容。

manageability [ˌmænɪdʒəˈbɪlətɪ] n. 可管理性,可使用性

manageable [ˈmænɪdʒəb(ə)l] a. 易管理的,可以设法做到的 ‖ **manageably** [ˈmænɪdʒəblɪ] ad.

management [ˈmænɪdʒmənt] n. ①管理,经营,领导,控制 ②管理部门,经理部,厂方,董事会

manager [ˈmænɪdʒə] n. 管理人,经营者,经理

manageress [ˈmænɪdʒəres] n. 女经理

M

managerial [ˌmænəˈdʒɪərɪəl] a. 管〔经〕理的 ‖ ~ly ad.

managerialist [ˌmænɪˈdʒɪərɪəlɪst] n. 管理学家

managership [ˈmænɪdʒəʃɪp] n. 经理〔管理人〕身份

managing [ˈmænɪdʒɪŋ] n.;a. 管理〔经营〕(的)

Managua [məˈnɑːgwə] n. 马那瓜(尼加拉瓜首都)

Manama [mæˈnæmə] n. 麦纳麦(巴林首都)

manauto [məˈnɔːtəu] n. 手动-自动,手控-自控

Manchester [ˈmæntʃɪstə] n. 曼彻斯特(英国城市)

man-child [ˈmæntʃaɪld] n. 男孩

Mandalay [ˌmændəˈleɪ] n. 曼德勒(缅甸城市)

mandarin [ˈmænd(ə)rɪn] n. 中国官话

mandate [ˈmændeɪt] ❶ n. ①命〔训〕令 ②托管 ❷ vt. 委托(管理),命令,指示,要求
〖用法〗它当及物动词表示"要求,命令"时,后面可跟宾语和由动词不定式充当的补足语,也可跟宾语从句。当跟宾语从句时,从句中谓语一般用"(should)+动词原形"形式。如:The US Congress <u>mandated that the range of the MLRS system be enhanced</u>. 美国国会指示〔要求〕要提高多管火箭系统的射程。

mandator [ˈmændeɪtə] n. 命令者,委任者

mandatory [ˈmændət(ə)rɪ] ❶ a. ①强制性的 ②命令的 ③委任的 ❷ n. 代理人,代办者

man-day [ˈmændeɪ] n. 劳动日,人工日

mandrel,mandril [ˈmændrɪl] ❶ n. ①紧轴,(圆形)心轴 ②卷筒 ③半导体阴极金属心 ④心棒,铁芯,芯子,顶杆 ⑤鹤嘴锄,丁字镐 ⑥滑块 ❷ v. ①拉延 ②随心轴转动

mandrin [ˈmændrɪn] n. 细探针;导尿管导子

mane [meɪn] n. 鬃毛;长而厚的头发

maneating [ˈmænˌiːtɪŋ] a. 吃人的

manengine [ˈmænendʒɪn] n. 坑内升降机

maneton [ˈmænətən] n. 曲轴颈;可卸曲柄夹板

maneuver [məˈnuːvə] n.;v. ①机动(动作,飞行),(pl.)(对抗)演习,运动,调遣 ②操纵法,运用 ③(使用)策略,策划

maneuverability [məˌnuːvərəˈbɪlətɪ] n. 机动性

maneuverable [məˈnuːvərəbl] a. 机动的,容易驾驶的

manful [ˈmænful] a. 勇敢的,果断的 ‖ ~ly ad. ~ness n.

Manganal [ˈmæŋgənæl] n. 含镍高锰钢

manganate [ˈmæŋgəneɪt] n.【化】锰酸盐,(pl.)锰酸盐类

manganese [ˈmæŋgəniːz] n.【化】锰

manganesian [mæŋgəˈniːzɪən] a. (含)锰的

manganic [mæŋˈgænɪk] a. (似,得自)锰的

manganides [ˈmæŋgənaɪdz] 锰系元素

manganiferous [ˌmæŋgəˈnɪfərəs] a. 含锰的

manganin [ˈmæŋgənɪn] n. ①锰铜,锰镍铜合金 ②锰铜镍线

manganite [ˈmæŋgənaɪt] n.【矿】水锰矿,亚锰酸盐

manganotantalite [ˌmæŋgənəuˈtæntəlaɪt] n.【矿】锰钽铁矿

manganous [ˈmæŋgənəs] a. (亚,含)锰的,锰似的

mangcorn [ˈmæŋgəkɔːn] n. 混合粮

mangelinvar [ˈmæŋgəlɪnvɑː] n. 钴铁镍铜合金

mangle [ˈmæŋg(ə)l] ❶ vt. ①碾压,轧(干) ②切碎,撕裂 ③损坏,糟蹋 ❷ n. 碾压机,钢板矫正辊

mangler [ˈmæŋglə] n. 压延机;轧机操作人员

Mangonic [mænˈgɒnɪk] n.【化】镍基锰合金

mangrove [ˈmæŋgrəuv] n.【植】红树

manhandle [ˈmænhænd(ə)l] vt. 人工操作

Manhattan [mænˈhætən] n. 曼哈顿(美国)

manhole [ˈmænˌhəul] n. 人孔,检查孔;探孔,舱口;探井

manhood [ˈmænhud] n. (男子的)成年身份

manhour [ˈmænauə] n. 工时,一人一小时的工作量

Manic [ˈmeɪnɪk] n.【化】铜镍锰合金

manifest [ˈmænɪfest] ❶ vt. ①表明 ②显示 ③显现(出)(oneself) ☆**manifest A as B** 把 A 表现为 B ❷ a. 明白的,显然的 ❸ n. ①显示,声明 ②(载)货单
〖用法〗下面为一常见的句型:Many phenomena <u>manifest themselves as</u> a combination of different frequencies.许多现象显现为不同频率的组合。

manifestation [ˌmænɪfesˈteɪʃ(ə)n] n. ①表明 ②体现,征象 ③公开声明,政治示威
〖用法〗注意在下面例句中该词的含义:The silicon atoms are vibrating—their <u>manifestation</u> of thermal energy.硅原子处于振动状态,这是它们显现出的热能。(破折号后是前面整句的同位语。)

manifestative [mænɪˈfestətɪv] a. 显然的,明了的

manifestly [ˈmænɪfestlɪ] ad. 明白地,显然

manifesto [mænɪˈfestəu] ❶ n. 声明,布告 ❷ vt. 发表宣言〔声明〕

manifold [ˈmænɪfəuld] ❶ a. ①多样的,多方面的,许多的 ②有多种用途的 ❷ ad. 许多倍,…得多 ❸ n. ①(多)支管,集合管,导管,联箱 ②复式接头,油路板 ③【数】簇,流形,拓扑空间 ④复写本,拷贝 ❹ v. ①复印,复制 ②装支管

manifolder [ˈmænɪˌfəuldə] n. 复印机

manifolding [ˈmænɪˌfəuldɪŋ] n. 支管装置,复印〔写〕

Manil(l)a [məˈnɪlə] n. ①马尼拉(菲律宾首都) ②马尼拉麻,马尼拉纸

man-induced [ˈmænɪndjuːst] a. 人为的,人工诱发的

manipulate [məˈnɪpjuleɪt] v. ①操纵,处理,运算,(熟练地)使用 ②键控 ③变换 ④【机】翻侧

manipulater [məˈnɪpjuleɪtə] n. (=manipulator)操纵器;操纵者

manipulation [məˌnɪpjuˈleɪʃ(ə)n] n. ①操纵,管理,转动,处理,计算,使用 ②键控 ③变换 ④【机】翻侧

manipulative [məˈnɪpjuleɪtɪv], **manipulatory** [məˈnɪpjuleɪtərɪ] a. 操作的,手工的

M

manipulator [mə'nɪpjuleɪtə] n. ①操作装置,机械手 ②键控器,发报机 ③操纵者

manjak ['mændʒæk] n. 纯〔硬化〕沥青

mankind [,mæn'kaɪnd] n. ①人(类) ②男子,男性

manly ['mænlɪ] a. 男子气概的;果断的 ‖ **manliness** ['mænlɪnɪs] n.

manned ['mænd] a. 有人驾驶的;载人的

manner ['mænə] n. ①方法〔式〕②举止,风格 ③(pl.)礼貌,规矩 ☆*after the manner of...*仿效; *after this manner* 照这样; *all manner of...*各式各样的,各类; *by all manner of means* 无论如何,必定; *in a broad manner* 一般; *in all manner of ways* 用各种方法; *in a manner* 有点,在某种意义上; *in a somewhat more quantitative manner*(数量)稍多一些的; *in like manner* 同样地; *in (with) the manner* 在现行中,当场; *in the same manner* 同样地; *in this manner* 照这样 【用法】❶ 表示"方式〔法〕"时,其前面用介词"in"。如:In a similar manner, the other rows of the truth table can be verified.以类似的方法,可以证明真值表的其它几行。❷ 其后面的定语从句可以用"in which"或"that"引导或省去引导词。

mannerism ['mænərɪzəm] n. 特殊风格,习气

Mannheim ['mænhaɪm] n. 曼海姆(德国城市)

manning ['mænɪŋ] n. 配备人员

manocryometer [,mænəkraɪ'ɒmɪtə] n. 加压熔点计

manograph ['mænəgrɑ:f] n. 流压记录器,(自)记压

manometer [mə'nɒmɪtə] n. (流体)压强计,测压计

manometric(al) [,mænə'metrɪk(əl)] a. 测压的,压力的 ‖ **manometrically** [,mænə'metrɪklɪ] ad.

manometry [mə'nɒmɪtrɪ] n. 测压术

manoscope ['mænəskəup] n. 流压计,气体密度测定仪

manoscopy [mə'nɒskəpɪ] n. 气体密度测定

manostat ['mænəustæt] n. 恒压器 ‖ **~ic** a.

manpower ['mænpauə] ❶ n. 人力(功率单位),劳动力 ❷ a. 人力的

mansard ['mænsɑ:d] n. 【建】复折屋顶

mansion ['mænʃən] n. 住宅;大厦;(pl.)公寓

mansize(d) ['mænsaɪzd] a. ①大(型)的 ②困难的 ③适于一个人的

manslaughter ['mænslɔ:tə] n. 过失杀人;杀人

mantel ['mænt(ə)l] n. 壁炉架

mantelpiece ['mænt(ə)lpi:s] n. 罩套构件;壁炉台

mantissa [mæn'tɪsə] n. 【数】假数;(对数的)尾数

mantle ['mænt(ə)l] ❶ n. ①罩(盖),覆盖(物),披风,外皮 ②表层,地幔 ③(水车的)槽 ④(高炉)环梁壳 ⑤壁炉台 ⑥衣钵 ❷ v. ①覆盖,包 ②(液面)结皮 ③扩展

manual ['mænjuəl] ❶ a. 手动的,人工的 ❷ n. ①手册,说明书,细则 ②键盘 【用法】注意下面该词常见的用法之一:This book is accompanied by a problem solution manual.本书伴有习题解答手册。

manually ['mænjuəlɪ] ad. 用手(工),手动地

manufactory [,mænju'fæktərɪ] n. 制造厂,工厂

manufacturability [mænjufæktʃərə'bɪlətɪ] n. 可制造性,工艺性

manufacturable [,mænju'fæktʃərəbl] a. 可制造的

manufactural [,mænju'fæktʃərəl] a. 制造(业)的

manufacture [mænju'fæktʃə] vt.;n. ①(机械)制造,大量生产 ②制造业 ③(pl.)制品 ④工厂 ☆ *foreign (home) manufacture* 外国〔本国〕制造 【用法】注意下面例句的含义:Computers now use the major share of electronic components being manufactured.现在计算机所使用的电子部件占了目前正在制造的电子部件的大部分。("being manufactured"是现在分词被动形式作定语,表示正在发生的动作。)

manufacturer [,mænju'fæktʃərə] n. 制造者〔厂〕

manufacturing [,mænju'fæktʃərɪŋ] ❶ a. 制造(业)的 ❷ n. 制造(业)

manumotive ['mænjuməutɪv] a. 手动的,手推的

manumotor ['mænjuməutə] n. 手推车

manure [mə'njuə] ❶ n. 粪肥,肥料 ❷ vt. 给(土地)施肥

manuscript ['mænjuskrɪpt] ❶ n. ①手稿 ②(工件的)加工图 ❷ a. 手抄的 ☆*be in manuscript* 尚未付印 ‖ **~al** a.

many ['menɪ] (more, most) a.;n. ①许多,多数 ②多数人 ☆*a good (great) many (of)* 大量,很多; *as many again*(再)加一倍; *half as many again as* 一倍半于; *half as many as* 为…的一半; *like so many* 像许多人一样; *many a* 许多的; *many (and many) a time* 常常,屡次; *one too many* 多了一个; *one too many (much) for* 胜过,非…所能敌; *too many by one (two)* 多一〔二〕个 【用法】❶用"many a..."作主语时,谓语动词要用单数形式。如:Many a well-shaped stable loop has been known to oscillate at a far different frequency.我们知道许多外形精美的稳定环的振荡频率是很不相同的。❷ 注意下面例句中该词的译法:This circuit requires many more components than the circuit shown on page 3.这个电路需要的元件数比第 3 页上所示的电路所需的要多得多。(当修饰可数名词复数的"多得多"时一定要用"many more",而不能用"much more"。) ❸"as many (+名词 A) as there are 名词 B"意为"有多少个 B 就有多少个 A"。如:In this case it is necessary to use as many crystals as there are frequencies used.在这种情况下,要使用多少个频率就要有多少块晶体。❹ 注意 so many flip-flop applications.在触发器的许多应用场合均是如此。

manyfaceted ['menɪfæsɪtɪd] a. 多方面的

manyfold ['menɪfəuld] ad. 许多倍地

map [mæp] ❶ n. ①地〔天体,布局〕图 ②【数】映射,变址 ③遗传图 ☆*off the map* 不重要的;

on the map 重要的,屈指可数的; *put A on the map* 使 A 被认为重要 ❷ vt. ①绘制,用地图表示,在地图上标出(out) ②计划,安排(out) ③【数】映射,变换 ④测定(染色体中基因)位置 ☆*map into* 映入; *map onto* 映到; *map out* 绘图

maple ['meɪpl] n. ①枫树 ②淡棕色

mappable ['mæpəbl] a. 可用图表示的

mapper ['mæpə(r)] n. ①测绘,标记 ②映射,变换 ③【冶】结疤,龟裂,毛刺,鼠尾

mappist ['mæpɪst] n. 制图者;绘图仪

mar [ma:] vt.;n. ①损害,毁坏 ②划痕 ③障碍,缺点 ☆*make or mar* 促使…完全成功或彻底失败

Maracaibo [,mærə'kaɪbəu] n. 马拉开波(委内瑞拉港市)

maraging ['ma:reɪdʒɪŋ] n. 高强度热处理

Marathon ['mærəθɒn] n.;a. 马拉松(式的)

marble ['ma:b(ə)l] ❶ n. ①(游戏中的)弹子 ②(pl.) 大理石雕刻品 ③大理石,云石 ❷ a. (像)大理石(似,状)的;冷淡的 ❸ vt. 把…做成大理石状

marbled ['ma:bld] a. 大理石的,具有大理石花纹的

marbleize ['ma:b(ə)laɪz] vt. 弄成大理石花纹,大理岩化 ‖ **marbleization** [,ma:blaɪ'zeɪʃən] n.

marbly ['ma:blɪ] a. 像大理石似的;冷淡的

marcasite ['ma:kəsaɪt] n.【矿】白铁矿

march [ma:tʃ] ❶ n. ①(March)三月 ②行进〔军〕③进展,行程 ④进行曲 ⑤(pl.)边界 ☆*be in (on) the march* 在进行〔行军〕中; *steal a march (up) on A* 比 A 占先,越过 A ❷ v. ①(使)前进,进军 ②进行 ☆*march into* (长驱)直入; *march off* 出发; *march on* 继续前进,逼近; *march upon (with)* 与…接邻
〖用法〗注意下面例句中该词的含义:With the onward march of technology, most of these phenomena have become less important than in earlier days.随着技术的向前发展,这些现象中的大多数已经变得没有早些时候那么重要了?

marchite ['ma:tʃaɪt] n.【地质】顽火透辉岩

marchpane ['ma:tʃpeɪn] n. 杏仁糖

marcomizing ['ma:kəmaɪzɪŋ] n. 不锈钢表面氮化处理

marconigram [ma:'kəunɪgræm] n. 无线电报

marcus ['ma:kəs] n. 大铁锤

mare [meə] (pl. maria) n. ①【天】(月亮、火星面的)海(指阴暗区),月球(上的)低洼地 ②海

mare[meə] n. 母马,母驴

marebase ['mærɪbeɪs] n.【天】月岩

marekanite ['mærɪkənaɪt] n. 珠状流纹玻璃

mareogram ['mærɪəgræm] n.【海洋】潮汐曲线

mareograph ['mærɪəgra:f] n. 自动水位计,潮汐自记仪

margarin(e) [,ma:dʒə'ri:n] n. 人造黄油,代黄油

margarite ['ma:gəraɪt] n. 珍珠(云母)

margay ['ma:geɪ] n. (南美)虎猫

marge [ma:dʒ] n. (=margin) 边缘限度,界限

margin ['ma:dʒɪn] ❶ n. ①页边,间距 ②余量,裕度 ③

安全系数,差距 ③边缘〔界,限,距〕,极限,范围 ④保证金 ❷ vt. 加边于,加旁注于 ☆*allow a large margin of safety* 留出很大的安全系数; *allow a margin of A* 留出 A 的余地; *by a narrow margin* 勉勉强强地,差一点儿

marginal ['ma:dʒɪn(ə)l] a. ①页边的,在栏外空白处的,有旁注的 ②勉强够格的,收益仅敷支出的 ③边缘〔界,际〕的,容限的 ④沿岸的,海滨的

marginalia [,ma:dʒɪ'neɪljə] n. ① (pl.)旁注,页边说明 ②次要的东西

marginality [ma:dʒɪ'nælətɪ] n. 边缘〔际〕

marginalize ['ma:dʒɪnəlaɪz] vt. 忽略,排斥

marginally ['ma:dʒɪnəlɪ] ad. ①在边上,在空白处 ②或多或少地,勉强合格

marginate ['ma:dʒɪneɪt] ❶ vt. 加边,界定 ❷ a. 有边(缘)的

marginated ['ma:dʒɪneɪtɪd] a. 有边(缘)的

margosa [ma:'gəusə] n.【植】楝树

Maria [mə'rɪə] n. 玛丽亚(女名)

Marianas [,meərɪ'a:nəz],**Mariana Islands** n. 马里亚纳群岛

marigraph ['mærɪgra:f] n.【海洋】验潮计

marihuana,marijuana [,mærɪ'hwa:nə] n. 大麻毒品,野生烟草

marina [mə'ri:nə] n. 海边空地,摩托艇码头,小游艇船坞

marine [mə'ri:n] ❶ a. 航海的,船的,海军的,海的 ❷ n. ①船舶(设备),舰队,海运(业) ②海军陆战队(员) ③海蚀

marineland [mə'ri:nlənd] n. 海产养殖场

mariner ['mærɪnə] n. 海员,水手

maritime ['mærɪtaɪm] a. 海上的,近海的;海员的

maritimity ['mærɪtɪmətɪ] n. 海洋对气候的影响程度

Mark [ma:k] n. (德)马克(货币单位)

mark [ma:k] ❶ n. ①记号,刻度,商标,印记 ②目标,照准标 ③痕迹,伤痕,纹路,斑点 ④界限,限度 ⑤特征 ⑥…型,…号 ⑦印象,影响 ☆*below the mark* 在标准以下; *beside the mark* 离开目标,不得要领; *beyond the mark* 过度,超出界限; *come (fall) short of the mark* 不合格; *get off the mark* 出发,开始(工作); *hit the mark* 打中目标,达到目的; *miss the mark* 未打中目标,失败; *over the mark* 估计过高; *overshoot the mark* 言过其词; *shoot wide of the mark* 离目标很远; *under the mark* 估计过低; *up to the mark* 达到标准; *wide of the mark* 离开目标,不得要领,毫不相关; *within the mark* 没有弄错 ❷ v. ①作记号,打印,留痕迹 ②标明,表示 ③定位置,区分 ④设计,计划 ⑤记下 ⑥取消 ☆*be marked in* 刻度为; *mark down* 记录(下),减价; *mark off* 区分,给…划界,标出(刻度); *mark off A into B* 给 A 作 B 刻度标志; *mark out* 区划,标出,定位置,指出,订立(计划),规划;*mark out for* 事先决定,决定…的命运; *mark time* 犹豫不决,俟机; *mark up* 标高,

M

涨价,记账,赊卖

〖用法〗它作及物动词时可以带有补足语。如:This terminal is <u>marked +</u>.这个端点被标为+。

marked [ma:kt] a. ①有记号的,标定的 ②明显的

markedly ['ma:kɪdlɪ] ad. 显著地

markedness ['ma:kɪdnɪs] n. 显著

marker ['ma:kə] n. ①标记,指标,信标,记号,浮标旗,标杆,标志器,标志信号发生器,标准层 ②纪念碑,里程碑,标示物 ③记分员,划线工

market ['ma:kɪt] ❶ n. ①市场,商业中心,集市 ②销路 ③买卖 ④市面行情 ❷ v. 买卖,销售 ☆**at the market**照市价; **be in the market for**想买进; **(be) on the market** 出售,可买到; **bring to market** 或 **put (place) on the market** 出售; **raise the market upon** 向…要高价

〖用法〗该名词前可以用介词"in"或"on"。如:The actual performance of these equipments usually must exceed these minimum values to be competitive <u>in the electronics market</u>.这些设备的实际性能通常必须超过这最低值以使于在电子设备市场有竞争力。/This new type of TV will be <u>on the consumer market</u> next year.这种新型的电视机将在明年问世于消费者市场。

marketable ['ma:kɪtəbl] a. (适合)市场(销售)的,销路良好的 ‖ **marketability** [,ma:kɪtə'bɪlətɪ] n.

marketing ['ma:kɪtɪŋ] n. 上市;交易;营销

marketplace ['ma:kɪtpleɪs] n. 市场

marking ['ma:kɪŋ] ❶ n. ①标记,传号,印痕,条纹,商标 ②作记号,打印划线 ❷ a. 赋予特征的

Markite ['ma:kaɪt] n. 导电性塑料

markka ['ma:ka:] n. 马克(芬兰货币单位)

marksman ['ma:ksmən] (pl. marksmen) n. 射手,神枪手

marksmanship ['ma:ksmənʃɪp] n. 射击术,枪法

markstone ['ma:kstəun] n. 【地质】标石

mark-up ['ma:kʌp] n. 标高,涨价

marl [ma:l] ❶ n. 泥灰石,灰泥 ❷ vt. 施泥灰于

marlaceous [ma:'leɪʃəs] a. 泥灰(质)的

marlex ['ma:leks] n. 【化】马来克司聚乙烯

marlin ['ma:lɪn] n. 大马林鱼,枪鱼

marlin(e) ['ma:lɪn] n. 绳索,油麻绳

marlite ['ma:laɪt] n. 【地质】(抗风化的)泥灰岩

marlpit ['ma:lpɪt] n. 泥灰岩坑

marlstone ['ma:lstəun] n. 【化】泥灰岩

marly ['ma:lɪ] a. 泥灰的

marmalade ['ma:məleɪd] n. 甜果酱

marmatite ['ma:mətaɪt] n. 铁闪锌矿

marmite ['ma:maɪt] n. 小砂锅,酸制酵母

marmoraceous [,ma:mɔ:'reɪʃəs] a.(像)大理石的

marmorate(d) ['ma:məreɪt(ɪd)] a. 带大理石纹的

marmoration [,ma:mə'reɪʃən] n. 用大理石贴面

marmoreal [ma:'mɔ:rɪəl], **marmorean** [ma:'mɔ:rɪən] a.(像)大理石的,大理石(制)的

maroon [mə'ru:n] ❶ n.;a. ①爆竹 ②褐红色(的) ❷ vt. 把…放逐到荒岛

marplot ['ma:plɒt] n. 害人精

marque [ma:k] n. 商品的型号

marquee [ma:'ki:] n. 大帐篷;【建】大门罩

marquench ['ma:,kwentʃ] n. 分级淬火,等温淬火

marquetry,marqueterie ['ma:kɪtrɪ] n. 镶嵌细工

Marrakech,Marrakesh ['ma:rəkeʃ] n. 马拉喀什(摩洛哥城市)

marresistance [,ma:rɪ'zɪstəns] n. 耐擦伤性

marriage ['mærɪdʒ] n. 结婚;结合,合并

〖用法〗注意下面例句的含义:Although it has been a long time coming, a greater <u>marriage</u> of the monolithic and hybrid technologies is inevitable.虽然姗姗来迟,但单片技术与混合技术更大程度的结合是不可避免的。

marrow ['mærəu] n. (骨,精)髓;精华;活力 ☆**the pith and marrow of A** A 的精华; **to the marrow** 到骨髓的,地道的

marrowbone ['mærəubəun] n. 髓骨

marrowy ['mærəuɪ] a. 有力的;丰富的;简洁的;骨髓多的

marry ['mærɪ] v. 结婚;使结〔喃〕合

Mars [ma:z] n. 火星

Marseilles [ma:'seɪlz] n. 马赛(法国港口)

marsh [ma:ʃ] n. 沼泽,湿地

marshal ['ma:ʃəl] ❶ (marshal (l) ed;marshal (l) ing) v. ①整理,砌筑 ②(给)…(按顺序)编组,调度 ③引导 ❷ n. ①元帅 ②消防队长,警察局长

Marshall ['ma:ʃəl] n. 马歇尔(男子名)

marshal(l)ing ['ma:ʃəlɪŋ] n. ①配置整齐 ②编组列车

marshland ['ma:ʃlənd] n. 沼泽地,湿地

marshy ['ma:ʃɪ] a. 沼泽的,湿地的

marsoon [ma:'su:n] n. 白鲸

marsquake ['ma:zkweɪk] n. 火星地震

mart [ma:t] n. 商业中心,市场

martemper ['ma:tempə] v.;n.【冶】间歇淬火,分级回火

martensite ['ma:tənzaɪt] n. 马丁体;马丁散铁;马氏体

martensitic [,ma:tɪn'zɪtɪk] a. 马氏体的

martial ['ma:ʃəl] a. ①军事的,战争的 ②火星的 ③(含)铁的 ‖ **~ly** ad.

Martian ['ma:ʃɪən] n.;a. 火星的,火星人(的)

Martin ['ma:tɪn] n. 马丁(炉),平炉

martin ['ma:tɪn] n. 一种燕子

martinal ['ma:tɪnəl] n.【化】氢氧化铝

Martinique [,ma:tɪ'ni:k] n. 马提尼克(岛)(拉丁美洲)

martyr ['ma:tə] n. 烈士,殉难者

Maru ['ma:ru] n. (用于日本船名上,相当于汉语"号")丸

marvel ['ma:vəl] ❶ n. 奇迹,奇观 ❷ v. 惊异,对…大为惊讶(at)

marvel(l)ous ['ma:vɪləs] a. 惊奇的,不可思议的 ‖ **~ly** ad. **~ness** n.

marver ['ma:və] n. 乳光玻璃板

marvie,marvy ['ma:vɪ] *int.* 妙极了

marworking ['ma:wəkɪŋ] *n.* 形变热处理,奥氏体过冷区加工法

Marxism ['ma:ksɪzəm] *n.* 马克思主义

Marxist ['ma:ksɪst] ❶ *n.* 马克思主义者 ❷ *a.* 马克思主义的

M-ARY ['merɪ] 【计】多状态,多条件,多元
〖用法〗注意下面例句中该词的含义:In an M-ary system, the information source emits a sequence of symbols from an alphabet that consists of M symbols.在 M 元系统中,信息源发射出一系列来自由 M 个符号组成的字母表中的符号。

Maryland ['meərɪlænd] *n.* 马里兰(美国州名)

mascon ['mæskɒn] *n.* 质密区,质量密集

masculine ['mæskjulɪn] *a.* 男(阳)性的

mase [meɪz] *vi.* 激射;产生和放大微波

maser ['meɪzə] *n.* 【物】脉塞(泽);微波量子放大器

Maseru ['mæzəru:] *n.* 马塞卢(莱索托首都)

mash [mæʃ] *vt.* ①磨碎,捣烂 ②混合 ③麦芽汁,麦芽糖化醪

masher ['mæʃə] *n.* 磨碎(压榨)机

Mashhad [ma:ʃ'ha:d] *n.* 马什哈德(伊朗城市)

mashy ['mæʃɪ] *a.* 捣得稀烂的

mask [ma:sk] ❶ *n.* ①(防毒)面具,(面,口,防护)罩 ②障板,印相幕罩屏,掩模片 ③快门,(光刻)掩模 ④伪装蔽 ⑤【计】掩码,分离字 ⑥时标 ☆*under the mask of* 假借…的名义 ❷ *v.* ①给…戴面具 ②掩蔽,隐藏,伪装 ☆*mask off* 屏蔽(掉)

maskant ['ma:skənt] *n.* 保护层

masked [ma:skt] *a.* ①戴着面罩的 ②遮蔽着的,有伪装的

masking ['ma:skɪŋ] *n.* 遮蔽,隐现,蒙罩,伪装

maskless ['ma:sklɪs] *a.* 无遮蔽的

mason ['meɪsn] ❶ *n.* 砖石工,泥瓦工 ❷ *vt.* 用石砌

masonic [mə'sɒnɪk] *a.* 砖石工的

masonite ['mæsənaɪt] *n.* 绝缘纤维板,夹布胶木板

masonry ['meɪsnrɪ] *n.* 砌筑,砖建筑;炉墙;石工技术

masonwork ['meɪsənwɜ:k] *n.* 砖石工

mass [mæs] ❶ *n.* ①质量 ②物质 ③块(状物),团,堆,体 ④容积 ⑤大量,成批,大部分,许多,多数 ⑥群众 ❷ *v.* 聚集 ❸ *a.* ①群众(性)的 ②大批的 ③整个的 ④密集的 ☆*a mass of* 一大块(团,堆),大量的; *be a mass of* 一团,遍体,遍地; *in the mass* 合计,大体上; *the (great) mass of* 大多数,大部分
〖用法〗❶ 用 "a mass of" 表示 "许多,大量" 修饰句子主语时,谓语用复数形式。如:A mass of textbooks, manuals and journals are available on this subject.有关这个内容已出版了许多教科书、手册和杂志。❷ 注意下面例句的含义:This is about as small a mass as you can find anywhere.这是你在地球上所能找到的最小质量。

Massachusetts [,mæsə'tʃu:sɪts] *n.* (美国)马萨诸塞(州)

massacre ['mæsəkə] *n.;vt.* 大屠杀

mass-action [,mæs'ækʃən] *n.* 质量(浓度)作用

massage ['mæsɑ:ʒ] *n.;v.* 按摩(法),推拿

mass-based ['mæsbeɪst] *a.* 有广大群众基础的

massenfilter ['mæsənˌfɪltə] *n.* 滤质器

massicot ['mæsɪkɒt] *n.* 【化】一氧化铅,铅黄,黄丹

massif ['mæsi:f] *n.* ①整体,(断层)地块 ②山(岳,丘),山岳岩体

massive ['mæsɪv] *a.* ①(笨,厚)重的,大而重的,大块的 ②结实的 ③大量的 ④【矿】均匀构造的

massively ['mæsɪvlɪ] *ad.* 整体地,整块地;大规模地;沉重地

massiveness ['mæsɪvnɪs] *n.* 又大又重,重量

massivity ['mæsɪvəti] *n.* 整体性;巨块结构

massless ['mæslɪs] *a.* 零质量的

mass-luminosity [mæs,lu:mɪ'nɒsəti] *n.* 质光

mass-manufacture [mæs,mænjʊ'fæktʃə] *vt.* 大量制造

mass-market [mæs'ma:kɪt] *a.* 大量销售的

mass-memory [mæs'meməri] *a.* 大容量存储的

mass-produce [,mæsprə'dju:s] *vt.* 大量生产

mass-produced [,mæsprə'dju:st] *a.* 大量生产的

mass-production [,mæsprə'dʌkʃən] *n.* 大量生产

mass-reflex [,mæs'ri:,fleks] *n.* 总体反射

mass-separator [,mæs'sepə,reɪtə] *n.* 质量分离器

mass-spectrography [,mæsspek'trɒɡrəfi] *n.* 质谱学

mass-spectrometer [mæsspek'trɒmɪtə] *n.*【物】质谱仪

mass-spectrometric [mæs,spektrəʊ'metrɪk] *a.* 质谱(仪)的

mass-spectrometry [,mæsspek'trɒmɪtrɪ] *n.*【物】质谱学

mass-spectrum [mæs'spektrəm] *n.*【物】质谱

mass-synchrometer [mæssɪŋ'krɒmɪtə] *n.*【物】同步质谱仪

mass-transfer [mæstræns'fɜ:] *n.*【物】传质

massy ['mæsɪ] *a.* 实心的,大而重的

mast [ma:st] ❶ *n.* 桅(杆),杆,塔,支座 ❷ *vt.* 在…上装桅杆

master ['ma:stə] ❶ *n.* ①主人,(商船)船长,控制者 ②教师,教练 ③工长,师傅,大师 ④名家,硕士 ⑤校对规,主导装置 ⑥(录音盘)主盘,(录音,录像)原版 ❷ *a.* ①主(要,动,管)的,总的 ②仿形的,靠模的 ③精通的,高超的 ☆*a master of* 精通…的人; *be master of* 精通,控制,能自由处理; *be one's own master* 独立; *make oneself (the) master* 精通,钻研 ❸ *vt.* ①控制,成为…的主人 ②掌握,精通

masterbatch ['ma:stəbætʃ] *n.*【化】(橡胶)原批

masterbuilder ['ma:stəbɪldə] *n.* 工头;营造师

masterclock ['ma:stəklɒk] *n.* 母钟;时钟脉冲

mastercontrol ['ma:stəkən'trəʊl] *vt.* 总控制,主控

masterdom ['ma:stədəm] *n.* 控制(权,力)

masterful ['ma:stəful] *a.* 有权势的,专横的;巧妙

M

的,精彩的

masterhood ['mɑ:stəhʊd] n. ①控制,精通 ②首长〔校长,教师〕的身份

masterkey ['mɑ:stəki:] n. 总电钥〔键〕,万能钥匙;法宝

masterly ['mɑ:stəlɪ] a. 熟练的,高明的

mastermind ['mɑ:stəmaɪnd] n. 具有极大才智的人

masterpiece ['mɑ:stəpi:s] n. 杰作,名著

mastership ['mɑ:stəʃɪp] n. ①精通,控制(over) ②(首长,校长,教师等的)身份,硕士学位

master-slave ['mɑ:stəsleɪv] a. 主从的

master-stroke ['mɑ:stəstrəʊk] n. 高招,妙计

masterwork ['mɑ:stəwɜ:k] n. 杰作,名著

mastery ['mɑ:st(ə)rɪ] n. ①精通(of) ②控制,掌握 ③优势,首位 ☆*acquire one's mastery of* 精通; *exercise mastery over* 掌握; *gain (get, obtain) the mastery of* 控制,精通; *gain mastery over* 制伏; *mastery of the air (seas)* 制空(海)权 【用法】它表示"掌握"时,其前面常加不定冠词"a"。如:College students should have a good mastery of at least one foreign language.大学生应该至少很好地掌握一门外语。

masthead ['mɑ:sthed] n. 【航海】杆顶

mastic ['mæstɪk] n. 膏,树脂,胶黏粘剂,胶泥,厚浆涂料,填箱缝材料,油灰,腻药

masticability [,mæstɪkə'bɪlətɪ] n. 可撕捏性

masticable ['mæstɪkəbl] a. 可撕捏的

masticate ['mæstɪkeɪt] vt. ①捏和,撕捏,咀嚼 ②素炼

mastication [,mæstɪ'keɪʃən] n. 咀嚼

masticator ['mæstɪkeɪtə] n. 立式黏土搅拌机,撕捏机

masticatory ['mæstɪkeɪtərɪ] a. 撕捏的

mastic-lined ['mæstɪklaɪnd] a. 胶泥衬里的

masut [mə'zu:t] n. 铺路油

masuyite ['mɑ:sju,aɪt] n. 【矿】水铅铀矿

mat [mæt] ❶ n. ①(地,垫)席,垫子,(栅,钢筋)网,(包装货物的粗糙)编织品 ②底板,吸盘 ③罩面 ④一丛 ⑤褪光 ❷ a. ①暗淡的 ②未抛光的 ❸ (matted; matting)v. ①铺地下〔底板〕②缠结,编织 ③褪光,使(表面)无光泽

Matadi [mə'tɑ:dɪ] n. 马塔迪(扎伊尔港口)

matador(e) ['mætədɔ:] n. ①斗牛士 ②无人驾驶飞机

matalaine ['mætələɪn] n. 【化】①钴铜铝铁合金 ②含油轴承

match [mætʃ] ❶ v. ①比赛 ②对照 ③敌得过 ④匹配,配合,配对 ⑤与…相适应,和…一致 ⑥使平(直),均整 ❷ n. ①(一根)火柴,导火线 ②比赛 ③对手 ④匹配,相配物 ⑤假型 ☆*be a match for* 敌得过; *be more than a match for* 胜过; *find (meet) one's match* 遇着对手; *play a match* 比赛 【用法】❶ 表示"与…匹配;匹配于…"时,一般

跟介词"to"连用。如:The common-collector stage achieves a good impedance match to a low-impedance load.其集电极放大级能与低阻抗负载获得良好的阻抗匹配。/The common-base output characteristics are well matched to a high-resistance load.其基极输出特性能很好地与高电阻负载匹配。❷ "a match between A and B"表示"A 与 B 之间的匹配"。如:A number of modifications are necessary to obtain a closer match between the diode response and emitter-base transistor response.必须作一些修改以便获得二极管响应与晶体管发射极-基极的响应之间较紧密的匹配。

matchable ['mætʃəbl] a. ①相配的 ②敌得过的

matchboard ['mætʃbɔ:d] n. (假)型板,模板

matchboarding ['mætʃbɔ:,dɪŋ] n. 【建】铺假型板

matchbox ['mætʃbɒks] n. 火柴盒

matcher ['mætʃə] n. 匹配机

matching ['mætʃɪŋ] n. ①匹配,双合,配合 ②协(调)调整 【用法】注意"the matching of A to B"的搭配模式,意为"A 与 B 相匹配"。如:The degree of temperature stabilization depends on the matching of the external diode to the base-emitter diode of the transistor. 温度的稳定度取决于外接的二极管与该晶体管的基极-发射极二极管的匹配情况。

matchjoint ['mætʃdʒɔɪnt] n. 【建】舌槽接合,合榫

matchless ['mætʃlɪs] a. 无敌的

matchlock ['mætʃlɒk] n. 火绳枪,旧式毛瑟枪

matchmaking ['mætʃ,meɪkɪŋ] n. 火柴制造

matchwood ['mætʃwʊd] n. ①碎木,细木片,火柴杆 ②制火柴杆的木材 ☆*make matchwood of* 或 *reduce to matchwood* 粉碎

mate [meɪt] ❶ v. 配对,啮合 ❷ n. ①配对物 ②啮合部分,拼合面 ③大副,副手 ④同伴

material [mə'tɪərɪəl] ❶ n. ①物质,材(原)料 ②(pl.)必需品,器材 ③内容,素材 ④(技术)资料 ❷ a. ①物质的 ②实质(性)的,实体的 ③重要的 ☆*be material to A* 对 A 很重要 【用法】表示"材料学"时一般要用复数形式 "materials science"。

materialisation [mə,tɪərɪəlaɪ'zeɪʃən] n. (= materialization) 物质化,实体化

materialise [mə'tɪərɪəlaɪz] v. (= materialize) 物质化,具体化;突然出现

materialism [mə'tɪərɪəlɪz(ə)m] n. 唯物主义,唯物论

materialist [mə'tɪərɪəlɪst] ❶ n. 唯物主义者 ❷ a. 唯物(论,主义)的

materialistic [mə,tɪərɪə'lɪstɪk] a. 唯物(论,主义)的

materialistically [mə,tɪərɪə'lɪstɪklɪ] ad. 从唯物主义的观点来看,在唯物论上

materiality [mə,tɪərɪ'ælətɪ] n. ①物质性,重要(性) ②(pl.)物质,实体

materialization [mə,tɪərɪəlaɪ'zeɪʃən] n. 具体化,实现

M

materialize [məˈtɪərɪəlaɪz] v. (使)物质〔具体〕化，实现

materially [məˈtɪərɪəlɪ] ad. ①物质〔实质〕上 ②显著地

materiel [mə.tɪərɪˈel](法语) n. 物质材料〔设备〕；作战物资军用品；材料库

maternity [məˈtɜːnɪtɪ] n. 母性;怀孕;产科医院

matglass [ˈmætglɑːs] n. 毛玻璃

mathematic(al) [.mæθɪˈmætɪk(l)] a. ① 严正的，(极)正确的 ②数学上的 ③可能性极小的

mathematically [.mæθɪˈmætɪklɪ] ad. 数学上

mathematicasis [.mæθɪˈmætɪkəsɪs] n. 数学术

mathematician [mæθɪməˈtɪʃən] n. 数学家

mathematics [mæθɪˈmætɪks] n. 数学

〖用法〗当该词前有定冠词时，它表示"数学内容"。如:With the mathematics we shall develop in this text, many kinds of applied problems can be solved. 有了〔用〕我们将在本书中讲述的数学内容，许多种应用题均可解出来。/The mathematics of complicated algorithms can be difficult to work with. 复杂算法的数学问题可能是难以处置的。(本句属于"反射式不定式"句型，句子的主语是句尾"with"的逻辑宾语。)

mathematization [mæθɪ.mætɪˈzeɪʃən] n. 数学化

mating [ˈmeɪtɪŋ] n.;a. 相连(的)(机械零件);配合〔套〕(的)

matitation [.mætɪˈteɪʃən] n. 抖动,摇动

matman [ˈmætmæn] n. 摔跤运动员

matrass [ˈmætrəs] n.【化】卵形瓶,(吹管分析用的)硬质细玻璃管

matrices [ˈmeɪtrɪsiːz] n. matrix 的复数

matricon [ˈmeɪtrɪkɒn] n. 阵选管

matrix [ˈmeɪtrɪks] (pl. matrices 或 matrixes) n. ①母岩,矿脉 ②母体,基质,衬质 【数】矩〔方〕阵，行列,矩阵变换电路 ④模型,原模 ⑤原色 ⑥填充,结合料

〖用法〗该词往往往往"for"。如:The matrix for the unit cell is given by the square matric in (2-3). 单位晶格的矩阵是用式(2-3)中的正方矩阵表示的。

matrixer [ˈmeɪtrɪksə] n. 矩阵变换电路

matrixing [ˈmeɪtrɪksɪŋ] n. ①转换,换算 ②矩阵化,矩阵运算 ③字模铸造

matrizant [ˈmeɪtrɪzənt] n 【数】矩阵积分级数

matroos-pipe [ˈmeɪtruːpaɪp] n. 烟斗

Matsu [ˈmɑːtsuː] n. 马祖(岛)

matt [mæt] ❶ a. ①无(光)泽的,暗淡的 ②粗糙的 ❷ vt. 使无光泽

mattamore [ˈmætəmɔː] n. 地下室〔仓库〕

matter [ˈmætə] ❶ n. ①物质,(实)质,实体,材料,要素 ②事情,(pl.)情况 ③题材,内容,(印刷,书写的)物品 ④(the matter)麻烦(事),毛病,困难 ☆**(a) matter for** ⋯的事情; **a matter of A** 只是 A 的问题,大约 A,A 左右〔上下〕; **a matter of course** 当然的事; **as a matter of convenience** 为了方便起见; **as a matter of course** 势所必然; **as a**

matter of experience 根据经验; **as a matter of fact** 事实上,其实; **as a matter of record** 根据所获得的资料〔数据〕; **as matters stand,as the matter stands** 照目前的情况来看; **for that matter** 或 **for the matter of that** 说实在的,关于那一点,就那件事而论; **in the matter of** 关于,在⋯方面; **in this matter** 关于此事; **it is (makes) no matter** 无关紧要; **it is (makes) no matter whether** 无论⋯都无关紧要; **matter of the utmost concern** (关系)重大的事件; **no matter** 无关紧要,无论; **no matter how (what, when, which, who, where)** 不管怎样〔什么,什么时候,哪一个,谁,什么地方〕; **nothing is the matter with A,there is nothing the matter with A** A 没有什么〔问题〕; **remain a matter of A** 仍然是 A 的问题; **something is the matter with A** 或 **there is something the matter with A** A 有障碍〔毛病〕; **the matter in hand** 着手之事,本件; **the matter went so far that** 事情到了这样的地步以致⋯; **What matter?** 什么要事?那有什么要紧? ❷ vi.(通常用于疑问、否定和条件句中) 要紧,重要,有(重大)关系 ☆**do not matter** 无关紧要; **it does not matter to A** 对 A 无关紧要; **it does not matter if** 即使⋯也无要紧; **it does not matter whether...or...** 无论⋯还是⋯都是一样的,无论是否⋯都不要紧; **it hardly matters at all** 几乎没有什么要紧〔关系〕; **it matters little (least, much, very much, nothing) to A** 这对 A 无所谓〔关系最小,有重大关系,很要紧,没关系〕; **A matters less than B** A 不如 B 重要; **What does it matter?** 这有什么关系?

〖用法〗❶ 当它表示"物质"时,没有复数形式,也不用冠词。如:This section deals with the structure of matter.本节论述物质的结构。/Air is matter and occupies space.空气是物质,所以占有空间。❷ 注意以下例句中该词的含义:In a matter of seconds, the call will arrive at the local central office./在大约几秒钟之后电话就到达当地中心局。/We may connect a resistor—or anything else, for that matter—to the terminals of the voltage source.我们可以把一个电阻器(或说实在的任何其它东西)连接到电压源的两端。/The result is the same no matter what the shape of the surface.无论表面的形状如何,结果都是一样的。/As a consequence of this, we can express the transfer function, or any other network function for that matter, as the following form.由于这一点,我们能够把转移函数(或者甚至〔其实〕其它任何网络函数)表示成下面的形式。❸在科技文中,该词经常有以下含义:This matter is discussed more fully in Chapter 13. 这一点〔问题〕将在第13 章较充分地加以讨论。/It is a simple matter to convert from one equivalent circuit to another.从一种等效电路转换成另一种等效电路是很简单的(事)。/Insofar as the differential phase modulation is concerned, there is one other matter that needs to be

M

addressed.就微分相位调制而言,还有另外一个问题需要说明。/The present exampe raises <u>a matter</u> treated previously in Section 3-8.现在这个例子提出了前面在 3-8 节中讲过的一个问题。/These <u>matters</u> will be treated in detail in Section 4-2.这些问题将在 4-2 节中详细讲解。/<u>As a practical matter</u>, this negative charge has negligible consequences.实际上,这个负电荷的影响是可以忽略不计的。/<u>To simplify matters</u>, only the response for positive frequencies is shown here.为了简化起见,这里只画出了正频率的响应。/<u>To make matters worse</u>, this irreducible leakage current exhibits steep temperature dependence.更为糟糕的是,这个不能降低的漏电流显示出了非常依赖于温度的变化。/This capacitance does not increase without limit, <u>a matter</u> treated further in Section 3-6.这个电容并不是无限增加的,这一点在 3-6 节中要进一步讲述。❹ 注意以下句子中该词作为不及物动词的常见用法:It does not <u>matter</u> which surface is considered as 1 and which as 2.至于把哪个表面看成 1,哪个表面看成 2 是没有关系的。/This point is all that <u>matters</u>.这一点是最重要〔关键〕的。/This is where the choice of programming language <u>matters</u>.这是选择编程语言的重要性所在。/All that <u>matters</u> is the number of holes at t=0. 最重要〔关键〕的是在 t=0 时的空穴数。❺ 在 "no matter what" 引导的从句中有人对其中的谓语使用 "(should +)动词原形" 形式。如:This equation holds, <u>no matter what</u> the independent variable <u>be</u>.不论自变量是什么,这个方程总是成立的。

matterhorn ['mætə,hɔ:n] n. 马塔耳,陡角山峰

mattery ['mætərɪ] a. 重要的;内容丰富的;含脓的

matting ['mætɪŋ] ❶ n. ①垫子,席子,栅网,蒲包,麻袋,编席的材料 ②无光泽表面 ③炼锅 ④(焊前)清洗工序 ❷ mat、matt、matte 的现在分词

Mattisolda ['mætɪ,sɒldə] n.【机】银焊料

mattness ['mætnɪs] n. (油漆的)褪光

mattock ['mætək] n. 鹤嘴锄〔斧〕

mattress ['mætrɪs] n. 柴排;沉排;垫褥

maturation [,mætjʊ'reɪʃən] n. 成熟

maturative [mə'tjʊərətɪv] a. 有助于成熟的;使成脓的

mature [mə'tjʊə] ❶ a. ①成熟的,壮(成)年的 ②考虑周到的 ③到期的 ❷ v. ①成熟 ②完成,到期 〖用法〗注意下面例句的含义:C++ could never have <u>matured</u> without the constant use, suggestions, and constructive criticism of many friends and colleagues.如果没有许多朋友和同事不断地使用、提出建议和建设性的批评意见,C++语言永远不会成熟起来。

maturity [mə'tjʊərətɪ] n. ①成熟(度,时期),壮年(期) ②老化 ③完成,到期 ☆**come to maturity** 成熟 〖用法〗注意下面例句的含义:In its <u>maturity</u> electronic instrumentation is proving remarkably

M

adaptable to other fields.在电子测量成熟过程中,它证明也非常适用于其它的领域。

maturometer [mæ,tjʊə'rɒmɪtə] n. 成熟度计

matutinal [,mætjʊ(:)'taɪn(ə)l] a. 清晨的,早的

mat-vibrated ['mæt-'vaɪbreɪtɪd] a. 表面振动的

mauger,maugre ['mɔ:gə] prep. 不顾,虽然

maul [mɔ:l] ❶ n. 大木〔铁〕锤 ❷ vt. ①刺破,抓伤,虐待 ②笨拙地乱弄 ③用大锤和楔劈开 ④严厉批评,抨击

Mauritania [,mɒ(:)rɪ'teɪnɪə] n. 毛里塔尼亚(西非国家)

Mauritanian [mɒrɪ'teɪnɪən] n.;a. 毛里塔尼亚人(的)

Mauritian [mə'rɪʃən] n.;a. 毛里求斯人,毛里求斯的

Mauritius [mə'rɪʃəs] n. 毛里求斯

mausolea [mɔ:sə'li:] n. (mausoleum 的复数)陵墓;阴森森的大厦

mausoleum [mɔ:sə'lɪəm] (pl. mausoleums 或 mausolea) n. 陵墓,陵庙

mauve [məʊv] n.;a. ①苯胺紫(染料) ②紫红色(的)

mavin ['meɪvɪn] n. 专家,行家

maw [mɔ:] n. 动物的胃,食管,嗉囊

maxi ['mæksɪ] n.;a. ①(=maximum) 最大(量,的) ②长大衣,长女服,长裙

maxim ['mæksɪm] n. 格言,准则,原理

maxima ['mæksɪmə] n. (maximum 的复数)最大数

maximal ['mæksɪm(ə)l] a. 最大的,最高的 ‖ **~ly** ad.

maximin ['mæksɪmɪn] n. 极大化,极小化

maximisation [,mæksɪmaɪ'zeɪʃən] n. (= maximization)最大值化

maximise ['mæksɪmaɪz] v. (=maximize)尽量增大

maximize ['mæksɪmaɪz] v. ①(使)达到最大(值),使极大(化) ②充分重视

maximization [,mæksɪmaɪ'zeɪʃən] n. 最大值化

maximizer ['mæksɪmaɪzə] n. 达到极大

maximum ['mæksɪməm] (pl. maxima 或 maximums) n.; a. 最大值〔数,限度〕,最多(的),顶点 〖用法〗❶ "at ... maximum" 表示 "处于最大值"。如:At this applied voltage, g_m/I_out is <u>at its maximum</u>.在这个外加电压值时,g_m/I_out 为最大(值)。❷ 其后面可跟 "in"。如:In this case <u>the maximum in</u> g_m/I_out occurs.在这种情况下,出现了 g_m/I_out 的最大值。❸ 注意该词在下面例句中的用法:These systems are restricted to <u>a maximum</u> of two sub-apertures.这些系统限于最多只有两个子波瓣。/There is <u>a maximum to</u> the rate at which any communication system can operate reliably when the system is constrained in power.当通讯系统的功率有限时它能够可靠工作的速率存在一个最大值。❹ 注意下面例句中划线部分的译法:It is necessary to determine the <u>maximum instantaneous transistor current</u>.需要确定晶体管的最大瞬时电流。

maxi-order ['mæksɪ'ɔ:də] n. 大订单

Maxite ['mæksaɪt] n. 马克塞特,含钴 18-4-1 型高速钢

maxivalence ['mæksɪveɪləns] n. 最高价

maxterm ['mækstɜ:m] n. 【数】极大项

maxwell ['mækswel] n. 麦(克斯韦)(磁通量单位)

maxwellmeter ['mæk,swel'mi:tə] n. 磁通计

May [meɪ] n. 五月

may [meɪ] (might) v.;aux. ①(表示可能、或然性,否定式用 may not)可能,或许 ②(表示许可,否定式用 must not)可以 ③(表示有理由,否定式用 cannot)(诚然)可以,不妨 ④(用于 (so) that … 从句中,表示目的)(为着,以便)能(够),(使…)可以 ☆*as best one may* 尽最大努力; *as the case may be* 看情况; *be that as it may* 虽然(如此); *come what may* 不管怎样; *however it (that) may be* 不管怎样; *(it) may be* 也许; *may as well* 最好,还是…的好; *may as well …(as not)*…也行(不…也行); *that may well be* 很可能是

〖用法〗 ❶ 其后跟完成式的动词时表示猜测,译成“也许已经”。如:In doing this we may have introduced extraneous solutions.在这么做的时候我们也许已经引入了一些额外的解。/You may have noticed that the atomic mass of carbon is a bit larger than 12, 12.011 to be exact.你也许已经注意到了碳的原子质量比 12 大一点点,确切地说是 12.011。 ❷ 注意下面的例子中该词的用法:Such a particle may be moving along a straight path at constant speed.这样一个质点可能在作匀速直线运动。

maya ['mɑ:jə:] n. 幻境

maybe ['meɪbɪ] ❶ ad. 大概,或许 ❷ n. 疑虑 ☆*as soon as maybe* 尽可能快地

mayer [meɪə] n. 迈尔(热容量单位)

mayhem ['meɪhem] n. 重伤害罪

mayor [meə] n. 市长 ‖ ~al a.

mayoralty ['meərəltɪ] n. 市长的职位〔任期〕

mayoress ['meərɪs] n. 市长夫人,女市长,女市长助理

mayorship ['meəʃɪp] n. 市长的职位

Mazak [mə'zæk] n.【化】梅扎克锌基合金

mazarine [,mæzə'ri:n] n.;a. 深蓝色(的),深蓝色的东西

maze [meɪz] ❶ n. ①迷宫 ②混乱,糊涂 ☆*be in a maze* 不知所措,弄糊涂了 ❷ vt. 使为难〔迷惑,不知所措〕

mazed ['meɪzd] a. 不知所措的

mazily ['meɪzlɪ] ad. 迷宫似地;困惑地

mazout,mazut [mə'zu:t] n. 重油

mazy ['meɪzɪ] a. 迷宫式的;混乱的,困惑的

me [mi:] pron. I 的宾格

〖用法〗当作表语时,往往用“me”。如: It's me. 是我。

meacon ['mi:kən] ❶ n. 虚造干扰设备 ❷ v. 虚造干扰,假象雷达干扰

meadow ['medəʊ] ❶ n. 牧场,草原 ❷ vt. 把…改造成牧场

meadowy ['medəʊɪ] a. 草地的,牧场(似)的

meager,meagre ['mɪgə] a. 贫(瘠,乏)的;量少的;(枯燥)无味的 ‖ ~ly ad. ~ness n.

〖用法〗注意下面例句中该词的含义:Lord Kelvin warned that knowledge not expressible in numbers 'was of a meager and unsatisfactory kind'.开尔芬勋爵告诫说,不能用数字表示的知识“是不充分的、不能令人满意的”。

meal [mi:l] ❶ n. ①餐,膳食,一顿饭 ②麦片,玉米片 ❷ v. 碾碎;进餐,吃饭

mealie ['mi:lɪ] n. 玉米,王蜀黍

mealiness ['mi:lɪnɪs] n. 粉状

mealtime ['mi:ltaɪm] n. 进餐时间

mealy ['mi:lɪ] a. ①(粗)粉状的 ②有斑点的

mean [mi:n] ❶ (meant) vt. ①意思是,意指 ②打算,计划 (to (do)) ③具有意义,对…是重要的 ④预定 ☆*by A is meant B* 所谓 A 指的是 B,用 A 表示 B; *by A we (one) mean(s) B* 我们指的是 B,A 的意思是 B; *mean business* 当真; *mean A for B* 打算使 A 成为 B,指定 A 给 B,把 A 用来做 B; *mean much* 很重要 ❷ n. ①中间 ②平均(数,量,值),(比例)中项,中数 ③ (pl.) 见 means ❸ a. ①平均的,中间的 ②劣等的 ③自私的,讨厌的 ☆*a mean of* 平均(数,…); *have a mean opinion of* 瞧不起; *in the mean time* 这时,同时

〖用法〗❶ 句型“by A is meant B”和“by A we mean B”的例句:By elasticity is meant the tendency of an object to return to its original condition after being deformed.(所谓)弹性指的是物体变形后恢复其原状的趋势。(这是一个倒装句,主语是“the tendency”,谓语是“is meant”。)/By objects, we mean both hardware objects and software objects.所谓对象,我们指的是硬件对象和软件对象两者。 ❷ 注意下面例句的含义:The programmer cannot tell a computer 'You know what I mean', as he might say in daily life.程序员不能像他在日常生活中可能说的那样告诉计算机“你应该懂得我的意思”。(注意句中否定的转移。)/The solid-state radar has a mean time between failures of 1400 hr.固态雷达出故障的平均间隔时间是 1400 小时。

meander [mɪ'ændə] ❶ n. ①曲流,河曲,弯弯曲曲的路 ②(回纹)波形饰 ❷ vi. 蜿蜒,曲折地流;散步;漂泊;闲聊

meandering [mɪ'ændərɪŋ] ❶ a. 曲折的;曲流的;散步的;闲聊的 ❷ n. 曲流〔折〕;蜿蜒,迂曲运动;弯弯曲曲的路;河道的游荡 ‖ ~ly ad.

meandrine [mɪ'ændri(:)n],**meandroid** [mɪ'ændrɔɪd] a. 弯弯曲曲的,有螺旋形面的

meandrous [mɪ'ændrəs] a. 弯弯曲曲的,螺旋形的

meaning ['mi:nɪŋ] ❶ n. ①意义,含义 ②意图 ❷ a. 有意义的,意味深长的 ☆*full of meaning* 意味深长的; *with meaning* 有意义地,有意思地

〖用法〗注意下面例句的含义:A probability in excess of unity is without meaning.概率超过 1 是没

有意义的。

meaningful ['mi:nɪŋful] *a.* 意味深长的,有意义的 ‖ **~ly** *ad.* **~ness** *n.*

meaningless ['mi:nɪŋlɪs] *a.* 无意义〔目的〕的

meaningly ['mi:nɪŋlɪ] *ad.* 有意思地;故意地

meanly ['mi:nlɪ] *ad.* 拙劣;贫弱

meanness ['mi:nnɪs] *n.* ①平均,中间 ②劣等

means [mi:nz] *n.* (单复数同形) ①方法,措施,工具,设备 ③资产,收入 ☆**as a means of** 作为…的工具〔方法〕; **by all means** 无论如何,务必,完全可以; **by fair means or foul** 用任何方法,不择手段; **by means of** 用,借助于; **by no means** 决不; **by some means** 以某种方法; **have a means of doing** 能够〔有办法〕(做); **have no means of doing** 无法(做); **take means** 采取手段; **try every means** 用各种方法; **leave no means untried** 想尽一切办法

〖用法〗❶ 当"by no means"处于句首时,句子要部分倒装。如:By no means do electrons move from anode to cathode inside the electron tube.在电子管内部,电子决不能从阳极跑向阴极。❷ 表示"…的方法(手段,工具)"时,其后往往跟介词"for",也有用"of"的。如:The transformer is the means for changing impedances.变压器是改变阻抗的工具。/This effect affords a convenient and widely used means of controlling the intensity of the propagating radiation. 这个效应提供了控制传播性辐射的强度的一种便捷而使用广泛的方法。❸ 注意在下面例句中该词的用法:Any mechanical device by means of which heat is converted into work is called a heat machine.用来把热转变成功的任何设备就称为热机。❹ 在作及物动词而后跟动作时,该动作一般应该使用动名词,但也有用动词不定式的。如:Applying the Boltzmann-quasiequilibrium concept means assuming that a parallel relationship holds under nonequilibrium conditions.应用波尔兹曼-准平衡概念意味着假设在非平衡条件下存在一种类似的关系式。/To solve this differential equation means to find a primitive of Q.解这个微分方程意味着求Q的原函数。

mean-square ['mi:nskweə] *n.*【数】均方

means-test ['mi:nztest] *vt.* 发放救济,经济调查

meant [ment] mean的过去式和过去分词

meantime ['mi:ntaɪm] ❶ *a.* ①期间 ②当时,同时,一方面 ③一会儿工夫 ❷ *n.* 期间 ☆**in the meantime** 在此期间,一方面,一会儿工夫

meanwhile ['mi:nwaɪl] *n.* (=meantime) 期间,其时

measles ['mi:z(ə)lz] *n.* ①痧子,麻疹,囊虫病 ②(图像)斑点

measling ['mi:zlɪŋ] *n.* 生白斑

measly ['mi:zlɪ] *a.* ①没用的,劣质的 ②微小的,不充分的 ③麻疹似的,囊虫病的

measurability [ˌmeʒərə'bɪlətɪ] *n.* 可测性

measurable ['meʒərəb(ə)l] *a.* ①可测的 ②适度的 ☆**come within a measurable distance of** 接近,临近

measurably ['meʒərəblɪ] *ad.* 到可测定的程度;适地地;显著地

measurand ['meʒərənd] *n.* 被测对象,被测的物理量

measuration [ˌmeʒə'reɪʃən] *n.* 测量〔求积〕(法)

Measuray ['meʒəreɪ] *n.* X光测厚计

measure ['meʒə] ❶ *n.* ①量度,尺寸,数量,数值 ②测量 ③度量单位,量具,比例尺 ④度量方法,措施 ⑤范围,限度 ⑥测度,公约数 ☆**a full measure of** 足够的; **above measure** 非常; **be a measure of A** 是 A 的尺度〔量度,计量单位〕; **beyond measure** 非常,过度; **for good measure** 作为额外增添,加重分量; **give the measure of A** 成为A的标准,表示 A 的程度; **in a great (large) measure** 主要地,大半; **in a (some) measure** 有几分,多少; **in measure** 适度地; **know no measure** 没有边际〔止境〕,极度; **out of measure** 非常,过度; **set measures to** 限制; **show the measure of A** 成为A的标准,表示A的程度; **take measure of** 测定; **take measures** 采取措施,设法,处置; **to fill up the measures of A** 为使A达到极点; **to measure** 照尺寸; **within measure** 适度地; **without measure** 非常,过度 ❷ *v.* ①(测,计,度,估)量,估计,判断 ②有…长〔宽,高等〕③使均衡,调节 ☆**be measured to be A** 测得为A; **measure A against B** 根据〔对照〕B 来度量〔计量〕A,拿B量A; **measure A as B** 把A作为B量度; **measure off** 量出,区划; **measure A on B** 用B来测量A; **measure out** (划)出,计量,量〔配〕好; **measure to** 量测到(某精度); **measure up to** 符合,达到,胜任; **measure with** 符合,满足,胜任

〖用法〗❶ 表示"进行度量"时一般用动词"make"。如:This measure can be made in several ways.可以用几种方法来进行这一度量。❷ 表示"采取措施"时,一般用动词"take",也可用"adopt"。如:We must take measures to prevent global warming.我们必须采取措施来防止全球性变暖。❸ 注意下面例句中该词的含义:The response time depends in large measure upon whether or not the preamplifier is saturated.响应时间在很大程度上取决于前置放大器是否饱和。/The electrical resistance of a conductor is simply a measure of the potential difference required to maintain a current.导体的电阻只是对为维持电流所需电位差的一种度量。/The two sensitive measures of transistor quality are the emitter-collector current gain and the grounded-base output conductance.有关晶体管质量的两个灵敏的参数是发射极-集电极电流增益和共基极输出电导。/A cube of iron measures 5.25 cm on a side and weighs 11.2 N.一块方铁的每边长 5.25 厘米,重 11.2 牛顿。/The church in those days was the keeper of physical as well as spiritual standards and required the infidel to <u>measure up to</u> the former if not the latter.在那些日子里,该教堂不仅是精神标准的主宰人,而且也是物理标准的主宰人,它要求异教徒即使不能符合其精神标准,也要符合其物理标准。

measured ['meʒəd] *a.* ①量过的,已测定的,根据标准的 ②仔细考虑过的

measuredly ['meʒədlɪ] *ad.* ①实测过 ②慎重地

measureless ['meʒəlɪs] *a.* 非常的;无限的

measurement ['meʒəm(ə)nt] *n.* ①测量,(实验)测定,尺寸,量度,测量结果 ②测量法,度量(衡)制 ③(pl.)规范
〖用法〗该词可以是可数名词,所以可以有单复数。表示"对…进行测量"时一般用动词"make",也可用"take"或"conduct",后面接介词"on"(用于测量的间接对象)或"of"(用于测量的直接对象)。如:At each channel a <u>measurement of</u> signal plus noise to noise is <u>made</u> on the transceiver.对收发两用机每一个信道都要测量信号加噪声与噪声之比。/<u>The magnetic-field measurement</u> is <u>conducted</u> by positioning the loop probe a given distance from one face of the equipment.通过使环形探头置于离设备的一面一定距离,就可进行磁场的测量。/There are many specialized <u>measurements taken on</u> transmitters.对于发射机要进行许多专门的测量。

measurer ['meʒərə] *n.* ①量器,测量元件〔仪表〕 ②测量员

measuring ['meʒərɪŋ] ❶ *n.* 测量,量度 ❷ *a.* 测量(用)的,计量的

meat [miːt] *n.* ①肉 ②内容,实质 ③(释热元件的)燃料部分

meaty ['miːtɪ] *a.* ①肉(似)的 ②内容丰富的,重要的,有力的

mecarta [mə'kɑːtə] *n.* 胶木

Mecca ['mekə] *n.* 麦加(沙特阿拉伯一城市)

mechanic [mɪ'kænɪk] ❶ *n.* 机械工,机械师 ❷ *a.* ①机械似的,用机械的 ②手工的

mechanical [mɪ'kænɪk(ə)l] ❶ *a.* ①(用)机械的,机械学的 ②力学的,机(械)工(程)的 ③呆板的 ❷ *n.* 机械部分

mechanically [mɪ'kænɪkəlɪ] *ad.* 用机械(的方法),机械地

mechanicalness [mɪ'kænɪklnɪs] *n.* 机械性

mechanician [mekə'nɪʃ ən] *n.* 机械师,技工

mechanics [mɪ'kænɪks] *n.* ①力学,机械学 ②机械(部分),机构,技术性细节,技巧 ③例行手续
〖用法〗表示"力学,机械学"作主语时谓语用单数,表示"机械结构,技术性细节,技巧"时为复数,其前面可有冠词。如:<u>The mechanics of the problem are</u> the same as those involved in rocket propulsion.这个问题的技术性细节与火箭推动所涉及的相同。

mechanisation [mekənaɪ'zeɪʃ ən] *n.* (= mechanization)机械化

mechanise ['mekənaɪz] *vt.* (= mechanize)使机械化

mechanism ['mekənɪzəm] *n.* ①机械,(机械)装

置,体制 ②机理〔制〕,作用原理 ③进程 ④技巧

mechanismic [mekə'nɪzmɪk] *a.* 机构的;机械装置的;机理的

mechanist ['mekənɪst] *n.* ①机械师,机工 ②机械(唯物)论者

mechanistic [mekə'nɪstɪk] *a.* 机械的 ‖ ~**ally** *ad.*

mechanization [mekənaɪ'zeɪʃ ən] *n.* 机械化

mechanize ['mekənaɪz] *vt.* 使机械化,用机械装备〔制造〕

mechanized ['mekənaɪzd] *a.* 机械化的

mechanizer ['mekənaɪzə] *n.* 进行机械化的人

mechanocaloric [mekənəkə'lɒrɪk] *a.* 热(力)机(械)的,机械变热的,功-热的

mechanoceptor [mɪkænə'zeɪptə] *n.* 机械感受器

mechanochemistry [mekənə'kemɪstrɪ] *n.* 机械化学

mechanogram ['mekənəgræm] *n.* 机械记录图

mechanograph ['mekənəgrɑːf] *n.* 模品,机械复制品

mechanography [mekə'nɒgrɑːfɪ] *n.* 模制法,机械复制法

mechanology [mekə'nɒlədʒɪ] *n.* 机械学(知识,论文)

mechanomorphic [mekənə(ʊ)'mɔːfɪk] *a.* 机械作用的,似机械的

mechanomorphosis [mekənə(ʊ) mɔː'fəʊsɪs] *n.* 机械变态

mechanoreception [mekənəʊrɪ'sepʃ ən] *n.* 机械感受

mechanoreceptor [mekənə(ʊ)rɪ'septə] *n.* 反应机械刺激的感觉器官

mechanostriction [mekənə(ʊ)'strɪkʃ ən] *n.* 力致伸缩

mechanotherapy [mekənə(ʊ)'θerəpɪ] *n.* 机械〔力学〕疗法

mechanotron [mɪ'kænəʊtrɒn] *n.* 机械〔力学〕电子传感器

mechatronic [mɪkæ'trɒnɪk] *a.* 机械电子的

mechatronics [mɪkæ'trɒnɪks] *n.* 机械电子学

mecon ['mekən] *n.* 罂粟,鸦片

medal ['med(ə)l] ❶ *n.* 勋〔奖,纪念〕章 ❷ *vt.* 授予…奖章 ☆*the reverse of the medal* 问题的另一面 ‖ ~**lic** *a.*

medallion [mɪ'dæljən] *n.* (椭)圆形浮雕,大奖章

medallist ['medəlɪst] *n.* 奖章获得者〔收集者,设计家〕

Medan [me'dɑːn] *n.* 棉兰(印度尼西亚城市)

meddle ['med(ə)l] *vi.* 摸〔玩,乱〕弄;干涉(with),管闲事(in)

medevac ['medəvæk] *n.;v.* (用)救伤直升机(运送)

media ['miːdɪə] *n.* (medium的复数)媒体,媒质

mediacy ['miːdɪəsɪ] *n.* 媒介,中间状态

mediad ['miːdɪæd] *ad.* 朝着中线〔中平面〕

mediaeval [medɪ'iːvəl] *a.* (= medieval)中世纪的,中古的 ‖ ~**ly** *ad.*

medial ['miːdjəl] *a.* ①中间的,大小适中的 ②平均

的 ‖ **~ly** ad.

median ['miːdɪən] ❶ a. 中间〔等〕的,中值的 ❷ n. ①【数】中线,中值,中数 ②(正)中,中间分隔带

mediant ['miːdɪənt] n. 中间数

mediate ['miːdɪeɪt] ❶ v. ①处于中间 ②调停 (between) ③介于,传递 ❷ a. 中间的

mediately ['miːdɪeɪtlɪ] ad. 在中间,间接地

mediation [miːdɪ'eɪʃən] n. 调停 ‖ **mediative** ['miːdɪeɪtɪv] a.

mediatize ['miːdɪətaɪz] vt. ①置于中间,调停 ②合并,使成为附庸 ‖ **mediatization** [miːdɪətaɪ'zeɪʃən] n.

mediator ['miːdɪeɪtə] n. 介体,媒剂,媒质 ‖ **-ial** a.

medic ['medɪk] ❶ n. 医务工作者,医生 ❷ a. 医学〔药,疗〕的

medicable ['medɪkəb(ə)l] a. 可医治的

medical ['medɪk(ə)l] ❶ a. ①医学的 ②内科的 ❷ n. ①开业医生 ②薄玻璃小瓶 ☆**under medical treatment** 在治疗中(的)

medically ['medɪkəlɪ] ad. 医学〔药,务〕上,卫生上

medicament [me'dɪkəmənt] n. 医药〔治〕药 ‖ **~ous** a.

medicare ['medɪˌkeə] n. 医疗救护

medicaster ['medɪˌkæstə] n. 江湖医生,庸医

medicate ['medɪkeɪt] vt. 用药治疗;加入药品

medicated ['medɪkeɪtɪd] a. 加有药品的,药(用)的

medication [medɪ'keɪʃən] n. 药物(治疗),加入药品

medicative ['medɪkətɪv] a. 治疗的,加有药品的

medichair ['medɪtʃeə] n. (电子传感)医疗器

medicinable [me'dɪsɪnəbl] a. 医药的,医治的,保健的

medicinal [me'dɪsɪn(ə)l] ❶ a. 药用的,医药的,医疗的,有益健康的 ❷ n. 药物

medicinally [me'dɪsɪnəlɪ] ad. 用医药,由于药效,作为医药

medicine ['medɪsɪn] ❶ n. ①医学〔药〕②药,内服药 ❷ vt. 使服药 ☆**take medicine(s)** 服药

medicobotanical [medɪkəubə'tænɪkəl] a. 药用植物学的

medico-galvanic [medɪkəugæl'vænɪk] a. 电疗的

medicolegal [medɪkəu'liːgəl] a. 法医学的

medieval [medɪ'iːvəl] a. 中古(时代)的,中世纪的 **medievally** [medɪ'iːvəlɪ] ad. 在中古时代,在中世纪

medii ['miːdɪaɪ] n. (medius 的复数)中指

mediocre [miːdɪ'əukə] a. 中等的,平庸的,无价值的

mediocrity [miːdɪ'ɒkrətɪ] n. 平常,平庸之才

mediography [miːdɪ'ɒgrəfɪ] n. 多种材料论文

mediophyric [miːdɪəu'fɪrɪk] a. 中斑晶的

meditate ['medɪteɪt] v. ①企图,策划 ②沉思(on, upon)

meditation [medɪ'teɪʃən] n. 沉思

meditative ['medɪˌteɪtɪv] a. 沉思的

meditator ['medɪteɪtə] n. 策划者;沉思者

mediterranean [medɪtə'reɪnɪən] a. 被陆地包围的,离海岸远的

medium ['miːdɪəm] ❶ (pl. media 或 mediums) n. ①(存储)媒体,媒介,媒质,媒剂,存储介质 ②中间(物) ③平均数 ④方法 ⑤(传动)机构 ⑥培养基 ⑦中号纸 ⑧宣传工具〔手段,方法〕 ❷ a. 中间〔位,等,型,级,速〕的,平均的 ☆**by (through) the medium of A** 以 A 为媒介;**in the medium** 平均来说

medius ['miːdɪəs] (pl. medii) ❶ n. 手的中指 ❷ a. 中间的,正中的

medjidite ['medʒɪdaɪt] n. 【矿】菱铀钙石

medley ['medlɪ] ❶ n.;a. 混合(的,物),集锦 ❷ vt. 使成杂乱一堆

medulla [me'dʌlə] n. 骨〔木〕髓,髓质

medusan [mi'djuːzən] n. 水母

meed [miːd] n. 奖赏,赞辞,报酬,(指称赞等)应得的一份 (of)

meek [miːk] a. 柔和的,温顺的 ‖ **~ly** ad. **~ness** n.

meerschaum ['mɪəʃəm] n. 【矿】海泡石

meet [miːt] ❶ (met) v. ①遇〔会〕见,迎接,遭遇,(与…)会合,集合 ②符合,满足 ③对付,对抗 ☆**be met by** 遇着;**meet in** 会聚合,兼备;**meet the case** 适合;**meet the need(s) for** 满足对…的需要;**meet the needs of** 满足…的需要;**meet together** 集合;**meet up with** 追上,碰见;**meet with** 撞见,遭到,经受;**meet with stresses** 承受应力 ❷ n. 会合,交〔切〕点,集会,【计】"与" ❸ a. 对的,适合的(for, to (do), to be +过去分词)

〖用法〗注意下面例句的含义:About how many elements is it that make up most of the substances we meet in everyday life?到底大约有多少个元素构成了我们日常生活中所遇到的大多数物质呢?(本句是强调句型,它强调由疑问副词引出的疑问句中的主语,其中"how many"修饰句子的主语"elements"。由于是疑问句,所以"is"放在"it"之前了。)

meeting ['miːtɪŋ] n. ①会(议),集会 ②(集,接)合,连接〔汇合〕点 ☆**break up a meeting** 解散会议;**call a meeting** 召集一次会议;**chair a meeting** 主持开会;**dissolve a meeting** 解散会议;**hold a meeting** 举行会;**set up a meeting** 安排一个会

〖用法〗表示"在会上"时,一般在其前面加介词"at"。如:The president made an important speech at the meeting.校长在会上作了重要发言。

meeting-house ['miːtɪŋhaus] n. 会〔教〕堂

meeting-place ['miːtɪŋpleɪs] n. 会场,集会地点

meetly ['miːtlɪ] ad. 恰当地

meetness ['miːtnɪs] n. 恰当

meg [meg] n. 小型绝缘试验器

mega ['megə] n. ①兆,百万 ②大

megabacterium [megəbæk'tɪərɪəm] n. 巨型细菌

M

megabar ['megəbɑ:] *n.*【物】兆巴
megabasite ['megəbəsaɪt] *n.*【矿】黑钨矿
megabit ['megəbɪt] *n.* 兆位,兆比特
megabromite [,megə'brəumaɪt] *n.*【矿】氟溴银矿
megabus ['megəbʌs] *n.*【计】兆位总线
megabyte ['megəbaɪt] *n.* 兆字节
megacurie ['megə,kjuərɪ] *n.* 兆居里
megacycle ['megə,saɪkl] *n.* 兆周,兆赫
megadeath ['megədeθ] *n.* 一百万人死亡(原子战争的死亡单位)
megadyne ['megədaɪn] *n.*【物】兆达(因)
megaerg ['megəɜ:g] *n.*【物】兆尔格
megafarad [,megə'færəd] *n.*【物】兆法(拉)
megafog ['megəfɒg] *n.* 雾信号器
megagauss ['megə,gaus] *n.* 兆高斯
megahertz ['megəhɜ:ts] *n.* 兆赫(兹)
megajet ['megə,dʒet] *n.* 特大喷气客机
megajoule ['megədʒu:l] *n.* 兆焦耳
megaline ['megəlaɪn] *n.* 光力线(磁通单位)
megalith ['megəlɪθ] *n.*(建筑和纪念碑等用的)巨石
megalithic [,megə'lɪθɪk] *a.* 巨石的
megalocardia [,megələu'kɑ:dɪə] *n.*【医】心脏大
megalograph ['megələugrɑ:f] *n.* 显微图形放大装置
megalokaryocyte [megələu'kærɪəusaɪt] *n.*【生】巨核细胞
megalopolis [,megə'lɒpəlɪs] *n.* 大城市,大型工业城镇
megalopsy [,megə'lɒpsɪ] *n.* 视物显大症
megaloscope ['megələskəup] *n.* 放大镜,显微幻灯
megamega ['megəmegə] *n.* 兆兆,百万兆
megameter [,megə'mi:tə] *n.* ①高阻〔兆欧〕表 ②大公里
megampere [meg'æmpeə] *n.* 兆安(培)
megaparsec [,megə'pɑ:sek] *n.*【天】兆秒差距,三兆光年
Megaperm ['megəpɜ:m] *n.* 镍锰铁高导磁率合金
megaphenocryst [megə'fenəkrɪst] *n.* 大斑晶
megaphone ['megəfəun] ❶ *n.* 扩音器,喇叭筒 ❷ *v.* 用扩音器讲
megaphonia [,megæ'fəunɪə] *n.* 扩音,声音响亮
megaphonic [,megæ'fɒnɪk] *a.* 扩音器的
megaphyric [,megæ'fɪrɪk] *a.* 大斑晶状的
megapoise ['megəpɔɪs] *n.* 兆泊(黏滞度单位)
Megapyr ['megəpaɪə] *n.* 梅格派洛铁铝铬电阻丝合金
megarad ['megərəd] *n.*【物】兆拉德
megaroentgen [,megə'rɒntjən] *n.* 兆伦琴
megarutherford [,megə'rʌðəfəd] *n.* 兆卢(瑟福)
megascope ['megəskəup] *n.* ①粗放显微镜 ②扩大照相机,显微幻灯
megascopic [,megə'skɒpɪk] *a.* ①宏观的,放大的,粗视的 ②肉眼可见的 ③显微照相的 ‖ ~**ally** *ad.*
megaseism ['megəsaɪzm] *n.* 大地震,剧烈地震 ‖ ~**ic** *a.*

megaspheric [megəs'ferɪk] *a.* 显球形的
megastructure ['megə,strʌktʃə] *n.* 特级大厦
megasweep ['megəswi:p] *n.* 摇频振荡器
megatectonic [megətek'tɒnɪk] *a.* 巨型构造的
megatemperature [megə'temprɪtʃə] *n.* 高温
megaton ['megətʌn] *n.* ①兆吨 ②百万吨级(核弹爆炸力的计算单位) ‖ ~**ic** *a.*
megatonnage ['megətʌnɪdʒ] *n.* 百万吨级(爆炸力)
megatron ['megətrɒn] *n.* 塔形(电子)管
megavar ['megə,vɑ:] *n.* 兆乏(电抗功率单位)
megaversity ['megəvɜ:sətɪ] *n.* 超级大学
megavolt ['megəvəult] *n.* 兆伏(特)
megavoltage ['megə,vəultɪdʒ] *n.* (= megavolt)兆伏数
megawatt ['megəwɒt] *n.* 兆瓦
megger ['megə] *n.*【物】高阻表,兆欧计
megohm ['megəum] *n.* 兆欧(姆)
megohmite ['megəumɪt] *n.* (= megomit)绝缘物质;云母片
megohmmeter ['megəum,mi:tə] *n.* 兆欧表
megomit(e) [megəu'mi:t] *n.* 整流子云母片
meiobar ['maɪəbɑ:] *n.*【气】低(气)压区,低压等值线
meiosis [maɪ'əusɪs] *n.*【生】减少,减数分裂
meiotic [maɪ'ɒtɪk] *a.* 减数分裂的
mejatron [med'ʒətrɒn] *n.* 特殊观察用扁形显像管
mekometer [mi:'kɒmɪtə] *n.* 光学(精密)测距仪
Mekong ['meɪ'kɒŋ] *n.* 湄公河(在东南亚)
mekydro [mi:'kaɪdrəu] *n.* 液压齿轮
mel [mel] *n.* ①唛(耳)(音调单位) ②蜂蜜(尤指药用蜜)
melaconite [mɪ'lækə,naɪt] *n.*【矿】土黑铜矿
melamine ['meləmɪ(:)n] *n.*【化】蜜胺,三聚氰(酰)胺
melaminoplast [me'læmɪnəupla:st] *n.* 蜜胺塑料
melancholy ['melənkəlɪ] *n.;a.* 忧郁症(的)
Melanesia [,melə'ni:zjə] *n.* 美拉尼西亚群岛(西南太平洋群岛)
Melanesian [,melə'ni:zjən] *n.;a.* 美拉尼西亚(人)的,美拉尼西亚人
melanin ['melənɪn] *n.* 黑(色)素
melanocrate ['melənəkreɪt] *n.*【矿】暗色岩
melanocratic [,melənəu'krætɪk] *a.* 暗色的
melanoidin [melə'nɔɪdɪn] *n.*【生】类黑精
melainotype ['melənəutaɪp] *n.* 铁版照相
melatope ['melə,təup] *n.*【地质】光轴点
Melbourne ['meləbən] *n.* 墨尔本(澳大利亚港口)
meld [meld] *v.* (= merge)合并,混合
meldometer [mel'dɒmɪtə] *n.* (测熔点用)高温温度计
melilite ['melɪlaɪt] *n.*【矿】黄长石
melinite ['melɪnaɪt] *n.* 麦宁炸药;苦味酸
meliorate ['mi:lɪəreɪt] *v.* 改正(良),修正
melioration [,mi:lɪə'reɪʃən] *n.* 改善;土壤改良
meliorative ['mi:lɪərətɪv] *a.* 改善的;土壤改良的
meliority [mi:'lɪɒrətɪ] *n.* 改正〔良〕,进步,优越性

M

meliphane ['melɪfeɪn],**meliphanite** [,mə'lɪfənaɪt] *n.*【矿】密黄长石

melit(ri)ose [melɪt'(raɪ)əʊs] *n.* 蜜三糖,棉子糖

melliferous [me'lɪfərəs] *a.* (生,做)蜜的,甜的

mellite ['melaɪt] *n.*【矿】蜜蜡石

mellitic acid [me'lɪtɪk 'æsɪd] *n.*【化】苯六(羧)酸

mellow ['meləʊ] ❶ *a.* ①柔软的,松的,甘美多汁的,熟的 ②柔和的(光,色),圆润的(音) ③淡的 ❷ *v.* (变)成熟,变软 ‖ **~ly** *ad.* **~ness** *n.*

mellowy ['meləʊɪ] *a.* (=mellow) (古) (因熟透而)醇香的,甘美的;(颜色)柔美的;(声音)圆润的;成熟的

melmac ['melmæk] *n.* 密胺树脂

melochord [meləʊ'kɔːd] *n.* 协和音调;协奏器;协奏合唱

melocol ['meləkɒl] *n.*【化】脲一甲醛,三聚氰胺一甲醛树脂黏合剂

melodeon [mɪ'ləʊdɪən] *n.* ①簧风琴 ②侦察接收机

melodic [mɪ'lɒdɪk] *a.* 旋律的,调子优美的 ‖ **~ally** *ad.*

melodica [mə'lɒdɪkə] *n.* 口风琴

melodion [mɪ'ləʊdɪən] *n.* (=melodeon)簧风琴

melodious [mɪ'ləʊdɪəs] *a.* (有)旋律的,音调优美的 ‖ **~ly** *ad.*

melodium [mɪ'ləʊdɪəm] *n.* (=melodeon)簧风琴

melodrama ['melədrɑːmə] *n.* 情节剧,戏剧性的事件 ‖ **~tic** *a.*

melody ['melədɪ] *n.* 曲调,旋律

melograph ['meləgrɑːf] *n.* 音谱自记器

melomania [,melə'meɪnɪə] *n.* 音乐狂

melon ['melən] *n.* 甜瓜

melonite ['melənaɪt] *n.*【矿】碲镍矿

melt [melt]❶ (melted, melted 或 molten) *v.* 熔化 ❷ *n.* ①熔化〔融,解〕,溶解 ②熔体,熔化物,熔解量,熔炼过程 ③软化,(渐渐)消失 ☆ *melt away* 熔掉,消失; *melt back* 回熔; *melt down* 熔化〔毁〕,销毁; *melt into* 熔入,熔成,消散于; *melt into air* 消失; *melt into distance* 消失在远方,消逝; *melt up* 熔化,销毁

meltability [,meltə'bɪlətɪ] *n.* 可熔性,熔度

meltable ['meltəbl] *a.* 可熔(化)的

meltableness ['meltəblnɪs] *n.* 可熔性,熔度

meltage ['meltɪdʒ] *n.* 熔化,溶解物

meltcasted ['melt,kɑːstɪd] *a.* 熔铸的

meltdown ['meltdaʊn] *n.* 熔化,销毁

melteigite ['meltiːgaɪt] *n.*【地质】霞霓钠辉岩

melter ['meltə] *n.* ①熔炼工 ②熔炉

melting ['meltɪŋ]❶ *n.* 熔化〔炼,融〕,溶解,熔炼法 ❷ *a.* 熔化的

meltingly ['meltɪŋlɪ] *ad.* 融〔溶〕化地

meltwater ['meltwɔːtə] *n.* (冰雪的)融水,熔融液

member ['membə] *n.* ①(组成)部分,结构要素 ②一员,成〔会〕员 ③【数】元,分子,端 ④【化】节,链节,段,(环中)原子数 ☆ *member by member* 逐项

membered ['membəd] *a.* 有肢的,有会员的

membership ['membəʃɪp] *n.* ①会〔党,团〕籍,会员资格 ②全体会员〔成员〕③会员〔成员〕数

membranaceous [,membrə'neɪʃəs],**membranate** ['membrəneɪt] *a.* 膜的

membrane ['membreɪn] *n.* ①薄〔隔〕膜,隔板,防渗护面 ②振动片 ③表层 ④羊皮纸

membraneous [mem'breɪnɪəs], **membraniform** [mem'breɪnɪfɔːm] *a.* 膜样的

membranin ['membreɪnɪn] *n.*【生】膜素

membranous ['membrənəs] *a.* 薄膜的,膜(状,质)的

membron ['membrɒn] *n.*【生】功能膜子

memento [me'mentəʊ] (*pl.* memento(e)s) *n.* 纪念品;备忘手册

memistor ['memɪstə] *n.* 电解存储器,人工记忆神经元,可调电存储器

memnescope ['memnəskəʊp] *n.* 瞬변示波器

memo ['meməʊ] *n.* 笔记,备忘录,便条〔笺〕

Memocon ['meməkɒn] *n.* 电子计算机的一种形式

memoir ['memwɑː] *n.* ①(学术)报告,论文,(*pl.*)(学术)论文集 ②言行录,传记,(*pl.*)回忆录

memoire [mem'wɑː] *n.* (法语)同 memoir

memomotion [,meməʊ'məʊʃən] *n.* ①时间比例标度变化 ②控时摄影

memonic [me'mɒnɪk] ❶ *a.* 记忆的 ❷ *n.* 记忆存换器

memorabilia [,memərə'bɪlɪə] *n.* (*pl.*)值得记忆的事情,大事(记)

memorability [,memərə'bɪlətɪ] *n.* 应记住的事情;重大

memorable ['memərəbl] *a.* 难忘的,值得纪念的,著名的 ‖ **~ness** *n.* **memorably** ['memərəblɪ] *ad.*

memoranda [,memə'rændə] *n.* (memorandum 的复数)备忘录

memorandum [memə'rændəm] (*pl.* memoranda 或 memorandums) *n.* ①备忘录 ②便条〔笺〕 ☆ *make a memorandum of* 记录(以免遗忘)

memorial [mɪ'mɔːrɪəl] ❶ *n.* ①纪念物〔品馆,碑,日〕② (*pl.*)历史记录,编年史 ③备忘录,请愿(抗议)书 ❷ *a.* 纪念的,追悼的

memorialize,memorialise [mɪ'mɔːrɪəlaɪz] *vt.* ①向…递交请愿〔抗议〕书 ②纪念

memorisation,memorization [,memərɑɪ'zeɪʃən] *n.* 背诵,熟记

memorise,memorize ['meməraɪz] *vt.* 记忆,存储

memoriser,memorizer ['meməraɪzə] *n.* 存储器

memoriter [mɪ'mɒrɪtə] *ad.* 凭记忆

memorization [,memərɑɪ'zeɪʃən] *n.* 记忆,存储

memorize ['meməraɪz] ❶ *vt.* 记住,熟〔默〕记 ②【计】存储(器,元件),(信号)积累器

memorizer ['meməraɪzə] *n.* 存储器

memory ['mem(ə)rɪ] *n.* ①记忆(力),纪念(品),回忆 ②存储器,记忆装置,(信息)积累器 ☆ *bear (have, keep) in memory* 记着; *beyond the memory of man (men)* 在人类有史以前; *come* *to one's memory* 想〔记〕起; *commit A to memory* 记住 A; *from memory* 凭记忆; *have no memory of* 完全忘记; *in memory of A* 为纪念 A; *to the best of my memory* 就我记忆所及; *to the memory of A* 为纪念 A; *within living memory* 现在还被人牢记着; *within the memory of man (men)* 在人类有史以来

memorytron ['meməritron] *n.* (阴极射线式)存储管,记忆管

memoscope ['meməskəup] *n.* 存储〔记忆〕管式示波器

memotron ['memətron] *n.* (阴极射线式)存储管,记忆管

men [men] *n.* (man 的复数)男人,人类

menace ['menəs] *v.;n.* 威胁,(使有…)危险 ☆ *menace (A) with B* (使 A)受到 B 的威胁

menacing ['menəsɪŋ] *a.* 威胁(性)的,险恶的 ‖ ~ly *ad.*

menacme [mə'nækmɪ] *n.* 经潮期

menadione [,menə'daɪəun] *n.* (2-)甲(基)萘醌,维生素 K3

menaquinone [,menəkwɪ'nəun] *n.* 甲基萘醌类,维生素 K2 类

mend [mend] ❶ *v.* ①修理(补) ②修正 ③改良 ④加快 ☆ *mend up* 修补 ❷ *n.* ①修理(的部分) ②改善 ☆ *be on the mend* 在好转〔改进〕中

mendable ['mendəbl] *a.* 可修好〔改善,改正〕的

mendacity [men'dæsətɪ] *n.* 虚伪,捏造

mendeleeffite ['mendəli:faɪt] *n.*【矿】钙铌钛铀矿

Mendeleev [,mende'li:v] *n.* 门捷列夫(俄国化学家)

mendelevium [,mendə'li:vɪəm] *n.*【化】钔

mendeleyevite,mendelyeevite [,mendəl'jeɪəvaɪt] *n.*【矿】钙铌钛铀矿

Mendelian [men'di:lɪən] *n.* 孟德尔学派

Mendelism ['mendəlɪzəm] *n.* 孟德尔遗传学说

mender ['mendə] *n.* 修理工〔者〕;修补者;(pl.)报废板材

mendery ['mendərɪ] *n.* 修理店

mendicancy ['mendɪkənsɪ] *n.* 行乞

meninges [mɪ'nɪndʒi:z] *n.*【医】脑〔脊〕膜

meningitis [,menɪn'dʒaɪtɪs] *n.* 脑膜炎

menisci [mɪ'nɪsaɪ] *n.* (meniscus 的复数)半月板,新月形物

meniscoid [mə'nɪskɔɪd] *a.* 弯月面的,新月形的,凹凸薄面的

meniscus [mɪ'nɪskəs] (pl. menisci 或 meniscuses) *n.* ①新月,新月形物 ②(汞柱的)弯月面,弯月形(零件),半月板 ③凹凸透镜

menotaxis [,menə'tæksɪs] *n.*【心】不全定向

mensal ['mensəl] *a.* 每月的

menstrua ['menstruə] *n.* (menstruum 的复数)溶剂

menstrual ['menstruəl] *a.* 每月(一次)的;月经的

menstruum ['menstruəm] (pl. menstrua) *n.*【化】溶〔药〕剂,溶媒

mensual ['mensjuəl] *a.* 按〔每〕月的

mensurability [,mensjuərə'bɪlətɪ] *n.* 可测性

mensurable ['mensjuərəbl] *a.* 可度量〔测量〕的,有固定节奏的,定量的

mensural ['mensjuərəl] *a.* 关于度量的

mensuration [,mensju'reɪʃən] *n.* 测量(术),量法,求积法

mental ['mentl] *a.* ①精神(病)的,愚笨的,智力的,心理的 ②记忆的,思维(想)的 ☆ *make a mental note of* 记住

mentality [men'tælətɪ] *n.* 智〔脑〕力,心理(状态),情绪

mentally ['mentəlɪ] *ad.* 智力〔心理〕地,心算地,精神上

menthe ['menθɪ] *n.* 薄荷液

menthol ['menθɒl] *n.* 薄荷脑

mention ['menʃ(ə)n] *vt.;n.* 说〔提〕到 ☆ *make mention of* 提及; *not to mention* 不用说,更不必说; *to mention a few* 且举几个; *unless otherwise mentioned* 除非另作说明; *without mentioning* 更不必说

〖用法〗 ❶ 注意 "make mention of …" 的被动形式:No mention is made of this phenomenon in other books available.〔This phenomenon is made no mention of in other books available.〕现有的其它书中均没有提到这一现象。❷ 有时在这个名词前可加不定冠词,一般表示 "提一下"。如:This topic deserves a mention of the first law of motion.这个论题值得提一下第一运动定律。

mentor ['mentɔ:] *n.* 顾问,指导者,师傅,良师益友,蒙导者

menu ['menju:] *n.* 菜单;饭菜

meow [mju:] *vi.* 咪咪地叫

mephitic(al) [me'fɪtɪk(l)] *a.* 有毒气〔恶臭〕的

mephitis [me'faɪtɪs] *n.* 毒气;恶臭;瘴气

meral ['merəl] *n.* 米拉尔含铜铝镍合金

merbromin [mə'brəumɪn] *n.* 红药水

mercantile ['mɜ:kəntaɪl] *a.* 商人〔用,业〕的;贸易的;贪财的;重商主义的

mercaptan [mə'kæptæn] *n.*【化】硫醇

mercast ['mɜ:ka:st] *n.* 冰冻水银法,水银模铸造

mercenary ['mɜ:sɪnərɪ] ❶ *a.* 唯利是图的,为钱的,雇佣的 ❷ *n.* 雇佣兵

mercerization,mercerisation [,mɜ:səraɪ'zeɪʃən] *n.* ①丝光处理 ②碱化

mercerize ['mɜ:səraɪz] *vt.* ①丝光处理 ②碱化

mercery ['mɜ:sərɪ] *n.* 布〔绸缎〕类;布〔绸缎〕店

merchandise ['mɜ:tʃəndaɪz] ❶ *n.* ①货物,商品 ②商业 ❷ *v.* 交易,做买卖

merchant ['mɜ:tʃ(ə)nt] ❶ *n.* ①商人,批发商,(国际)贸易商 ②…狂,好〔迷于〕…的人 ❷ *a.* 商人〔业〕的,贸易的

merchantable ['mɜ:tʃ(ə)ntəb(ə)l] *a.* 有销路的,(可作)商品的,适于销售的

merchantman ['mɜ:tʃ(ə)ntmən] *n.* 商船

merchrome ['mɜ:krəum] *n.* 异色异构结晶

M

merchromize ['mɜ:krəumaɪz] *vt.* 水银铬化

merciful ['mɜ:sɪful] *a.* 仁慈的,宽大的;不幸之中算幸运的

mercoid ['mɜ:kɔɪd] *n.* 水银(转换)开关

Mercoloy ['mɜ:kələɪ] *n.* 铜镍锌耐蚀合金

mercomatic [mɜ:kə'mætɪk] *n.* 前进一级后退一级(汽车用)变速机

mercurate ['mɜ:kjureɪt] ❶ *vt.* 使与汞〔水银,汞盐〕化合,汞化,用汞处理 ❷ *n.* 汞化产物

mercuration [mɜ:kju'reɪʃən] *n.* 加汞〔汞化〕作用

mercurial [mɜ:'kjuərɪəl] *a.* ①(含,似)水银的 ②活泼的 ③雄辩的

mercurialism [mɜ:'kjuərɪəlɪzəm] *n.* 水银中毒,汞中毒,汞毒症

mercuriality [mɜ:,kjurɪ'ælətɪ] *n.* 活泼,易变,敏捷

mercurialize [mɜ:'kjuərɪəlaɪz] *vt.* ①用水银处理 ②使活泼 ③做水银疗法

mercurialization [mɜ:,kjuərɪəlaɪ'zeɪʃən] *n.* 用水银处理

mercurially [mɜ:'kjuərɪəlɪ] *ad.* 用水银(剂),活泼地

Mercurian [mɜ:'kjuərɪən] *a.* 水星的

mercuriate ['mɜ:kjurɪeɪt] *n.* 汞盐

mercuric [mɜ:'kjuərɪk] *a.* (含)水银的

mercuride [mɜ:'kjuərəɪd] *n.* 汞化物

mercurimetric [mɜ:kjurɪ'metrɪk] *a.* 汞液滴定的

mercurimetry [mɜ:kju'rɪmɪtrɪ] *n.* 汞液滴定法

mercurizate [mɜ:'kjuərɪzeɪt] ❶ *v.* 汞化,加汞,用汞处理 ❷ *n.* 汞化产物

mercurize ['mɜ:kjuraɪz] *v.* 汞化,用汞处理 ‖ **mercurization** [mɜ:kjuraɪ'zeɪʃən] *n.*

mercurochrome [mɜ:'kjuərəkrəum] *n.* 红汞,红药水

mercurous ['mɜ:kjurəs] *a.* (含)水银的

mercury ['mɜ:kjurɪ] *n.* ①汞 ②水银柱 ③Mercury 水星

mercy ['mɜ:sɪ] *n.* ①怜悯,宽恕 ②幸运 ③恩惠 ☆ **(be)at the mercy of A** 完全受 A 支配,任由 A 摆布; **be left to the tender mercy (mercies) of A** 任由 A 摆布

mere [mɪə] ❶ *a.* 仅仅的 ❷ *n.* ①边界 ②(水)池,塘 〖用法〗注意下面例句中该词的汉译:With such a pulse the light rises and falls a mere 15 times.对于这样的脉冲,该灯亮、暗仅仅 15 次。

merely ['mɪəlɪ] *ad.* 仅仅,只

merge [mɜ:dʒ] *v.* ①消失,吞没 ②熔合 ③汇合 ④合并,合流,合并程序 ☆ **merge into** 合并成,消失在…之中,熔合到…里; **merge A into B with C** 把 A 同 C 合并成 B,把 A 同 B 并入 B

mergee [mɜ:'dʒi:] *n.* 合并的一方

mergence ['mɜ:dʒəns] *n.* 消失;沉没;合并

merger ['mɜ:dʒə] *n.* ①合并 ②托拉斯

merge-sort [mɜ:dʒ-sɔ:t] *n.* 归并分类

meridian [mə'rɪdɪən] ❶ *n.* ①子午线,经线 ②正午 ③高潮,全盛时期 ❷ *a.* 子午线的,切向的;顶点的,全盛时期的 ☆ **be calculated for the**

meridian of 适合…的能力

meridianus [mə'rɪdɪənəs] (pl. meridiani) *n.*【地理】子午线,经线

meridional [mə'rɪdɪən(ə)l] ❶ *a.* ①子午(线)的,切向的,经线的 ②南欧(人)的,南方的,法国南部的 ❷ *n.* 南欧人

meristem ['merɪstem] *n.*【生】分裂组织

meristic [me'rɪstɪk] *a.* 对称(排列)的;裂殖的

merit ['merɪt] ❶ *n.* ①优点,特征 ②指标,准则 ③价值,品质 ④功劳(绩,勋) ⑤(常用 pl.)功过,是非 ☆ **make a merit of** 或 **take merit to oneself for** 把…当作自己的功劳宣传; **on one's own merits** 靠实力; **on the merits of the case** 按事件的是非曲直 ❷ *vt.* 值得 〖用法〗 ❶ 该词表示"优点"时,可以是不可数名词,因此可以说"much merit";但也可以是可数名词,因此可以说"many merits"。 ❷ 下面是它作及物动词的例句:These last two conclusions merit some further discussion.这最后两个结论值得进一步讨论一下。

meritocratic [,merɪtə'krætɪk] *a.* 英才教育的

meritorious [,merɪ'tɔ:rɪəs] *a.* 有价值的,有功绩的,可称赞的 ‖ **-ly** *ad.* **~ness** *n.*

merit-rating ['merɪt'reɪtɪŋ] *n.* 考绩

merlon ['mɜ:lən] *n.*【建】(城)堞,城齿

mermaid ['mɜ:meɪd] *n.* 美人鱼

merocrystalline [,merə'krɪstəlaɪn] *n.* 半晶质

merohedral [merə'hedrəl] *a.* (结晶)缺面(体)的

merohedric [merə'hedrɪk] *a.* (结晶)缺面(体)的

merohedrism [merə'hedrɪzəm] *n.* (结晶)缺面体,缺面性

merohedry [merə'hedrɪ] *n.*【地理】缺面象

meromorphic [,merə'mɔ:fɪk] *a.* 半纯的,有理型的

meromorphism [,merə'mɔ:fɪzm] *n.*【数】映入自同构

meron ['merɒn] *n.* 半子

merosymmetrical [,merəsɪ'metrɪkəl] *a.* (结晶)缺对称的

merosymmetry [,merə'sɪmətrɪ] *n.* (结晶)缺对称的

merosystematic [,merəsɪstə'mætɪk] *a.*(= merosymmetrical) (结晶)缺对称的

merotomize ['merətəmaɪz] *vt.* 分成几部分,裂成几块

merotomy [me'rɒtəmɪ] *n.* 分成几部分,裂成几块

merotropism [,merə'trɒpɪzəm],**merotropy** [merə'trɒpɪ] *n.* 稳变异构(现象)

merozoite [,merə'zəuaɪt] *n.*【生】裂殖子

merrily ['merɪlɪ] *ad.* 愉快地

merriness ['merɪnɪs] *n.* 愉快,高兴

merron ['merɒn] *n.*【化】质子

merry ['merɪ] *a.* 愉快的,有趣的

merry-dancers ['merɪ'dɑ:nsəz] *n.* 北极光

merry-go-round ['merɪgəuraund] *n.* 旋转木马,"走马灯"式预应力钢丝连续张拉设备

mersion ['mɜ:ʃən] *n.* 沉入,浸入

M

merwinite ['mɜ:wɪnaɪt] n. 【矿】镁硅钙石

mesa ['meɪsə] n. ①台地,台面,平顶山 ②台式型晶体管

mesdames ['meɪdæmz] n. (madam 或 madame 的复数)夫人

mesad ['mesəd] n. 【医】向中线

mesencephalon [,mesen'sefəlɒn] n. 【医】中脑

mesenchym(e) ['mezənkaɪm] n. 间质,间叶细胞

mesh [meʃ] ❶ n. ①网(眼,孔,格);筛孔,格(网) ②筛目,每平方英寸孔眼数 ③槽,孔 ④啮合 ⑤罗网,错综复杂 ☆**be in mesh**(齿轮)互相啮合; **go into mesh with** 与…啮合 ❷ v. ①啮合,钩住,紧密配合 ②结网,用网捕 ☆**mesh together** 啮合在一起

mesh-belt ['meʃbelt] n. 织带

Meshed ['meʃed] n. 迈谢德(伊朗城市)

meshed ['meʃed] a. 网状的,有孔的,啮合的

meshing ['meʃɪŋ] n. 啮合;钩住;结网

meshwork ['meʃwɜ:k] n. 网(络,状物),网筛

meshy ['meʃɪ] a. 网状的,多孔的

mesial ['mi:zɪəl] a. 中(央,间)的,当中的 ‖ ~ly ad.

mesic ['mezɪk] a. 【物】介子的

mesionic [mesaɪ'ɒnɪk] a. 介(子)离子的

mesityl ['mezɪtɪl] n. 2,4,6-三甲苯基,3,5-二甲苯基

mesitylene [mɪ'sɪtəli:n],**mesitylol** [mɪ'sɪtɪlɒl] n. 1,3,5-三甲苯基

mesne [mi:n] a. 中间的

mesochronous [,mesəʊ'krəʊnəs] a. 平均同步的

mesoclimate [,mesəʊ'klaɪmɪt] n. 局部气候

mesocolloid ['mesəʊ'kɒlɔɪd] n. 介胶体

mesocrate ['mesəʊ'kreɪt] n. 中色岩

mesocratic [,mesəʊ'krætɪk] a. (火成岩等的)中色的

mesodynamics [,mesədaɪ'næmɪks] n. 介子动力学

mesoform [mesəʊ'fɔ:m] n. 内消旋式

mesoionic [mesəaɪ'ɒnɪk] a. 中离子的,介(子)离子的

mesoisomer [mesə'aɪsəʊmə] n. 内消旋异构体

mesokurtosis [mesəkɜ:'təʊsɪs] n. 【心】常峰态

mesolimnion [,mesəʊ'lɪmnɪɒn] n. 中间湖沼

mesolithic [,mesəʊ'lɪθɪk] a. 中石器时代的

mesology [me'sɒlədʒɪ] n. 生态学,环境学

mesolyte ['mesəlaɪt] n. 中介电解质

mesomer(e) ['mesəmɪə] n. 【医】内消旋体

mesomeric [mesəʊ'merɪk] a. 内消旋的,中介的

mesomeride [mesəʊ'meraɪd] n. 内消旋体

mesomerism [mɪ'sɒmərɪzəm] n. ①中介(现象) ②型键异构(现象) ③共振(现象,状态)

mesometamorphic [mesəʊmetə'mɔ:fɪk] a. 中介变态的

mesomorphic [,mesəʊ'mɔ:fɪk] a. 介晶的;中间形态的

mesomorphism [,mesəʊ'mɔ:fɪzəm] n. 【化】介晶

meson ['mesɒn] n. 【物】介子,重电子

mesonic [me'sɒnɪk] a. 介子的

mesonium [mɪ'səʊnɪəm] n. 介子素

mesopause ['mesəpɔ:z] n. 【气】中圈顶,中(间)层顶

mesopelagic [,mesəʊpə'lædʒɪk] a. 中深海层的

mesophase [mesəʊ'feɪz] n. 中间相,中间期

mesoplast ['mesəplɑ:st] n. 细胞核

mesopore ['mesəpɔ:] n. 间隙孔

mesoscale ['mesəskeɪl] n. 中等规模

mesosphere ['mesəsfɪə] n. 【气】散逸层,中间层,中圈

mesot ['mesət] n. 洋麻

mesotherm ['mesəʊθɜ:m] n. 中温植物

mesothermal [,mesəʊ'θɜ:məl] a. 中温(植物)的

mesothorium [mesəʊ'θɔ:rɪəm] n. 【化】新钍

mesoton ['mesətɒn],**mesotron** ['mesəʊtrɒn] n. 介子,重电子

mesotrophic [,mesəʊ'trɒfɪk] a. 富营养的

mesotype ['mesətaɪp] n. 中型

mesozoic [,mesəʊ'zəʊɪk] n.;a. 中生〔中世〕代(的)

mesozone ['mesəʊzəʊn] n. 中带,中间区

mess [mes] ❶ n. ①凌乱,困境 ②弄糟,失败 ③伙食 ☆**get into a (pretty) mess** 陷入困境; **in a mess** 混乱,乱七八糟; **make a mess of** 弄糟 ❷ vt. 弄糟,搞乱 vi. ①干涉,摆弄 ②供膳 ☆**mess about** 摆弄,拖延; **mess around** 拖延,干涉,浪费时间; **mess up** 陷入困境,弄糟; **mess with** 会餐

message ['mesɪdʒ] ❶ n. ①信(消)息,报导 ②电文,报文,通信,通知(书),咨文 ③使命 ❷ v. 通知,(同…)通信联系 ☆**send a message of greeting to A** 向 A 致贺电

messenger ['mesɪndʒə] n. ①通信〔邮递〕员,使者 ②悬缆

messgear ['mesgɪə] n. 餐具

messhall ['meshɔ:l],**messhouse** ['meshaʊs] n. 餐厅,食堂

messieurs [mə'sjə:z] (法语) n. (pl) 各位(先生)

Messina [me'si:nə] n. 墨西拿(意大利港口)

messmotor ['mesməʊtə] n. 积分马达

messtin ['mestɪn] n. 饭盒

mess-up ['mesʌp] n. 紊乱

messy ['mesɪ] a. 凌乱的,污秽的

met [met] meet 的过去式和过去分词

meta-acid ['metə'æsɪd] n. 偏(位)酸,间(位)酸

meta-anthracite [metə'ænθrəsaɪt] n. 偏无烟煤

meta-autunite [metə'ɔ:tənaɪt] n. ①六水偏钙铀云母 ②二水偏钙铀云母

metabasis [me'tæbəsɪs] n. 转移

metabasite [me'tæbəsaɪt] n. 【地质】变基性岩

metabelian [metə'bi:lɪən] a. 亚可交换的

metabiosis [,metəbaɪ'əʊsɪs] n. 【生】半共生;共栖;后生现象

metabolic [,metə'bɒlɪk] a. 变化的;新陈代谢的;同化作用的

M

metabolimeter [ˌmetəbəˈlimitə] n. 基础代谢计

metabolin [mɪˈtæbəlɪn] n. 代谢物

metabolism [mɪˈtæbəlɪz(ə)m] n. 新陈代谢(作用)

metabolite [mɪˈtæbəlaɪt] n. 代谢物

metabolize [mɪˈtæbəlaɪz] vt. 使新陈代谢,同化

metabolodispersion [mɪˌtæbələudɪsˈpɜːʃən] n. 体内胶质分散程度

metabolon [meˈtæbəlɒn] n. 一种放射性物质的裂变产物

metaboly [meˈtæbəlɪ] n. 新陈代谢(作用),变形

metabond [ˈmetəbɒnd] n. 环氧树脂类黏合剂

metacenter,metacentre [ˈmetəˌsentə] n. (浮体的)稳定中心

metacentric [ˌmetəˈsentrɪk] a.;n. 稳定中心的;定倾中心染色体

metacharacter [ˌmetəˈkærɪktə] n. 【计】元字符

metachemic(al) [ˌmetəˈkemɪk(l)] a. 原子结构化学的

metachemistry [ˌmetəˈkemɪstrɪ] n. 原子结构化学,超化学

metachromasia [metækrəˈmeɪsɪə] n. 因光异色现象〔作用〕,变色现象

metachromatic [metəkrəʊˈmætɪk] a. 因光异色的,异染性的

metachromatin [ˌmetəˈkrəumətɪn] n. 【生】异染质

metachromatism [ˌmetəˈkrəumətɪzəm] n. 因光异色,异染性

metachromism [metəˈkrəumɪzm] n. 色素变色

metacinnabarite [metəsɪˈnæbəraɪt] n. 【矿】黑辰砂矿

metacolloid [metəˈkɒlɔɪd] n. 结晶胶体,(pl.)偏胶质

metacommunication [ˈmetəkəˌmjunɪˈkeɪʃən] n. 元信息传递(学)

metacompound [metəˈkɒmpaʊnd] n. 间位化合物

metacyclic [ˌmetəˈsaɪklɪk] a. 亚循环的

metacyesis [ˌmetəsaɪˈiːsɪs] n. 宫外孕

metacryst [ˈmetəkrɪst] n.【地质】变晶

metacrystal [metəˈkrɪstl] ❶ a. 变晶的 ❷ n. (pl.) 变斑晶

metacrystalline [metəˈkrɪstəlaɪn] a. 亚晶状的,不稳晶的

meta-derivative [metədɪˈrɪvətɪv] n. 间位衍生物

meta-directing [metədɪˈrektɪŋ] a. 间位指向的

metadurain [metəˈdjuəreɪn] n. 变质暗煤

metadyne [ˈmetədaɪn] n. 微场扩流发电机,旋转式磁场放大机

meta-element [ˈmetəˈelɪmənt] n. 过渡金属

metafiction [metəˈfɪkʃən] n. 超小说

metafilter [ˌmetəˈfɪltə] n. 层滤机

metafiltration [ˌmetəfɪlˈtreɪʃən] n. 层滤

metagalactic [ˌmetəɡəˈlæktɪk] a. 总星系的,宇宙的

metagalaxy [ˈmetəˌɡæləksɪ] n. 总星系,宇宙

metage [ˈmiːtɪdʒ] n. 容量或重量的官方〔正式〕测定

metagenesis [ˌmetəˈdʒenɪsɪs] n.【生】世代交替

metagnostics [metəɡˈnɒstɪks] n. 不可知论

metagon [ˈmetəɡɒn] n.【生】后植核酸

meta-halloysite [ˈmetəhəˈlɔɪsaɪt] n. (脱水的)多水高岭土

metainstruction [metəɪnˈstrʌkʃən] n. 中间指令

metaisomeride [metəaɪˈsɒmeraɪd] n. 位变异构体

metaisomer [metəˈaɪsəumə] n. 双键位变异构体

metaisomerism [metəaɪˈsɒmerɪzm] n. 双键位变异构现象

metakaolin [metəˈkeɪəlɪn] n. 偏高岭土

metakinesis [ˈmetəkaɪˈniːsɪs] n.【生】中期分裂

metakliny [ˈmetəˌklɪnɪ] n.【生】基因位变

metal [ˈmet(ə)l] ❶ n. ①金属(制品),五金 ②成色,成分 ③铸铁溶液,熔融玻璃 ④轴承合金 ⑤铺路碎石 ⑥(pl.) 轨道 ⑦(一舰的)总炮数,炮火力,坦克,装甲车,枪筒 ❷ vt. ①用金属电镀 ②用碎石铺路面 ☆*leave (run off) the metals*(火车)出轨

metalanguage [ˈmetəlæŋwɪdʒ] n.【计】元语言,纯理语言

metalate [ˈmetəleɪt] vt. 使金属化

metalation [ˌmetəˈleɪʃən] n. 金属化作用

metalbumin [ˌmetælˈbjumɪn] n.【生】变清蛋白

metal-ceramic [ˈmetælsɪˈræmɪk] n.;a. 金属陶瓷(的)

metalclad [ˈmetəlklæd] n.;a. 装甲(的),(金属)铠装(的)

metaldehyde [mɪˈtældəhaɪd] n.【化】四聚乙醛

metalepsis [ˌmetəˈlepsɪs] n. 取代(作用)

metaler [ˈmetələ] n. 钣金工

metaleucite [mɪˈtæljusaɪt] n. 蚀变白榴石

metalform [ˈmetəlfɔːm] n. (混凝土)金属模板

metalikon [mɪˈtælɪkɒn] n. (金属)喷涂(法)

metalimnion [ˌmetəˈlɪmnɪən] n. 斜温层;(湖的)温度突变层

metalinguistic [ˌmetəlɪŋˈɡwɪstɪk] a. 元语言的

metalist [ˈmetəlɪst] n. 金属工人,金属家

metalization [ˌmetəlaɪˈzeɪʃən] n. (= metallization) 金属化

metalize [ˈmetəlaɪz] vt. (= metallize) 使金属化

metallation [metəˈleɪʃən] n. 金属取代

metalled [ˈmetəld] a. 金属的;碎石铺面的

metaller [ˈmetələ] n. 钣金工

metallergy [mɪˈtælədʒɪ] n. 异性变态反应性

metallic [mɪˈtælɪk] a. (含,似)金属的

metallic-grey [mɪˈtælɪkɡreɪ] a. 银灰色的

metallicity [ˌmetəˈlɪsətɪ] n. 金属性

metallics [mɪˈtælɪks] n. 金属粒子,金属物质

metallide [ˈmetəlaɪd] vt. 电解电镀

metalliferous [ˌmetəˈlɪfərəs] a. (产,含)金属的

metallike [ˈmetəlaɪk] a. 似金属的

metallikon [metəˈlaɪkɒn] n. (液态) 金属喷镀(法)

metalline [ˈmetəlaɪn] a. 金属(似,制)的,含金属的

metal-lined [ˈmetəllaɪnd] a. 有金属衬里的

metal(l)ing [ˈmetəlɪŋ] n. 碎石料,喷金属

metallisation [ˌmetəlaɪˈzeɪʃən] n.(= metallization) 金属化

metallise [ˈmetəlaɪz] vt.(= metallize) 使金属化

metallised [ˈmetəlaɪzd] a.(= metallized) 金属化的

metallist [ˈmetəlɪst] n. 金属工人

metallization [ˌmetəlaɪˈzeɪʃən] n. ①金属化,使具有导电性 ②敷金属(法),金属喷镀

metallize [ˈmetəlaɪz] vt. ①使金属化,使与金属化合 ②(金属)喷镀,喷涂金属(粉)

metallized [ˈmetəlaɪzd] a. 金属化的,敷以金属的,镜面(化)的

metallizer [ˈmetəlaɪzə] n. 喷镀金属器,金属上包覆陶瓷时黏结用金属材料

metallizing [ˈmetəlaɪzɪŋ] n. 金属喷镀(法),镀涂层,镀镜

metalloceramics [metələsɪˈræmɪks] n. 金属陶瓷

metallochemistry [mɪˌtæləˈkemɪstrɪ] n. 金属化学

metallochrome [mɪˈtæləˈkrəʊm] n. 金属着色剂

metalloenzyme [mɪˈtæləʊˈenzɪm] n.【化】金属酶

metallogenetic [mɪˌtælədʒɪˈnetɪk] a. 成矿的;产金属的

metallogeny [mɪˈtæləˈdʒenɪ] n.【地质】矿床成因论

metallograph [mɪˈtæləʊgrɑːf] n. ①（带照相设备）金相显微镜,金相显微摄影机 ②金相照片,金属表面的(射线、电子)显微照相 ③金属版(印刷品)

metallographer [ˌmetəˈlɒgrəfə] n. 金相学家

metallographic(al) [mɪˌtæləʊˈgræfɪk(l)] a. 金相(学)的 ‖ ~ally ad.

metallographist [mɪˌtæləˈgræfɪst] n. 金相学家

metallography [ˌmetəˈlɒgrəfɪ] n. 金相学

metalloid [ˈmetəlɔɪd] a.;n. 金属似的,准(类、赛、非)金属(的),非金属元素 ‖ -al a.

metallometer [mɪˌtælɪˈmiːtə] n. 金属实验器

metallo-optics [ˈmɪtələˈɒptɪks] n. 金属光学

metallorganic [mɪˌtælɔːˈgænɪk] a. 有机金属的

metallorganics [mɪˌtælɔːˈgænɪks] n. 金属有机物

metalloscope [meˈtæləskəʊp] n. 金相显微镜

metalloscopy [mɪˈtæˈlɒskəpɪ] n. 金相显微(镜)检验

metallostatic [mɪˌtæləˈstætɪk] a. 金属静力学的

metallotrophy [metæˈlɒtrəfɪ] n. 金属移变作用

metallurgic(al) [ˌmetəˈlɜːdʒɪk(l)] a. 冶金的 ‖ ~ally ad.

metallurgist [meˈtælədʒɪst] n. 冶金学家,冶金师

metallurgy [mɪˈtælədʒɪ] n. 冶金(学、术)

Metallux [ˈmetəluks] n. 微型金属薄膜电阻器

metalock [ˈmetəlɒk] n. (铸锻件)冷补法

metalogic [ˌmetəˈlɒdʒɪk] n. 元逻辑 ‖ ~al a. ~ly ad.

metaloscope [mɪˈtæləskəʊp] n. 金相显微镜,金相拍照

metaloscopy [mɪˌtæˈləˈskəʊpɪ] n. 金相显微(镜)检验

metalsmith [ˈmetlsmɪθ] n. 金(属技)工

metalster [ˈmetəlstə] n. 金属膜电阻器

metalware [ˈmetlweə] n. 金属器皿

metalwork [ˈmetlwɜːk] ❶ n. 金工;金属制造;金属制品 ❷ vt. 金属加工,制造金属件

metalworker [ˈmetlˌwɜːkə] n. 金属工人

metalworking [ˈmetlˌwɜːkɪŋ] ❶ n. 金属加工,制造金属件 ❷ a. (从事)金属制造的

metamagnet [ˌmetəˈmægnɪt] n. 亚磁体

metamagnetism [ˌmetəˈmægnətɪzəm] n. 变磁性

metamathematics [ˌmetəmæθɪˈmætɪks] n.【数】元数学

metamember [ˈmetəmembə] n. 元成员（成分）

metamer [ˈmetəmə] n. 位变（同分）异构体;条件等色;【生】体节

metamere [ˈmetəmɪə] n. 位变异构体

metameric [ˌmetəˈmerɪk] a. 位变（同分）异构的;条件等色的

metameride [mɪˈtæmərɪd] n. 位变异构体;【生】体节

metamerism [mɪˈtæmərɪzəm] n. 位变（同分）异构(性、体、现象);条件配色;【生】分节(现象)

Metamic [mɪˈtæmɪk] n. 梅氏金属陶瓷

metamict [ˈmetəˌmɪkt] n.【矿】混胶状,蜕晶质,晶体因辐照而造成的无定形状态

metamorphic [ˌmetəˈmɔːfɪk] a. 变质的,改变结构的

metamorphism [ˌmetəˈmɔːfɪzəm] n. 变质,变化

metamorphopsy [ˌmetəˈmɔːfəsɪ] n.【心】视物变形症

metamorphose [ˌmetəˈmɔːfəʊz] vt.;n. (使)变化

metamorphoses [ˌmetəˈmɔːfəsiːz] n. (metamorphosis 的复数)变形,变质

metamorphosis [ˌmetəˈmɔːfəsɪs] (pl. metamorphoses) n. 变化(作用)

metamorphotic [ˌmetəmɔːˈfɒtɪk] a. 变态（质）的

metamorphous [ˌmetəˈmɔːfəs] a. 变形（质）的

metaniobate [məˈtænɪəbɪt] n.【化】偏铌酸盐

metanometer [metəˈnɒmɪtə] n. 甲烷指示计

metanotion [metəˈnəʊʃən] n.【计】元概念

meta-orientation [ˈmetəˌɔːrɪenˈteɪʃən] n.【化】间位定向

metaosmotic [metəsˈmɒtɪk] a. 亚渗透的

metapepsis [metəˈpepsɪs] n. 区域（水热）变质（作用）

metaphor [ˈmetəfə] n. 隐喻,比喻

metaphorical [ˌmetəˈfɒrɪkl] a. 隐（比）喻的

metaphorically [ˌmetəˈfɒrɪkəlɪ] ad. 用隐（比）喻

metaphosphate [metəˈfɒsfeɪt] n.【化】偏磷酸盐

metaphrase [ˈmetəfreɪz] n.;vt. 直译;修译…的措词

metaphrastic [ˌmetəˈfræstɪk] a. 直译的,逐字逐句翻译的

metaphysical [metəˈfɪzɪkl] a. ①形而上学的,玄学的 ②先验的 ③无形的,极抽象的 ‖ -ly ad.

metaphysics [metəˈfɪzɪks] n. 形而上学;玄学;元

M

物理(学)

metaphyte ['metəfaɪt] n.【植】后生植物

metaplasia [,metə'pleɪzɪə] n. 组织变形〔转化〕

metaplasm ['metəplæzəm] n. 词形变异;滋养质,副浆

metapole ['metəpəʊl] n. 等角点,无畸变点

meta-position ['metəpə'zɪʃən] n. 间位

metaproduction [metəprə'dʌkʃən] n.【计】元产生式

metaprogram [,metə'prəʊgræm] n.【计】元〔亚〕程序

metaquartzite [,metə'kwɔːtzaɪt] n.【地质】变质石英岩

metarheology [,metəriː'ɒlədʒɪ] n. 亚流变学

metarhyolite [metərɪ'ɒlɪt] n.【地质】变流纹岩

metascope ['metəskəʊp] n. 红外线显示器,携带式红外线探测器,能看见黑暗中物体的一种望远镜

metasilicate [,metə'sɪlɪkɪt] n.【化】硅酸盐

metasomatic [,metəsəʊ'mætɪk] a.【地质】交代的

metasomatism [,metə'səʊmətɪzm] n. 交代作用

metasome ['metəsəʊm] n.【地质】交代〔寄生〕矿物,新成体

metastability [,metəstə'bɪlətɪ] n. 亚〔介〕稳定性

metastabilization [metəsteɪbəlaɪ'zeɪʃən] n. 亚稳定化

metastable [,metə'steɪbl] ❶ a. 亚〔暂时,相对〕稳(定,态)的,介安的 ❷ n. 亚稳,介稳度,暂时稳定

metastases [me'tæstəsiːz] n. (metastasis 的复数) 转移

metastasic [,metə'stæsɪk] a. 移位的

metastasis [mɪ'tæstəsɪs] (pl. metastases) n. 移位变化,转移,失α微粒变化(现象),变态

metastate ['metəsteɪt] n. 亚态

metastatic [,metə'stætɪk] a. 新陈代谢的,变形的

metastructure [,metə'strʌktrə] n. 次显微组织

metasymbol [,metə'sɪmbl] n. 元符号

metastasize [me'tæstəsaɪz] vi. (癌)转移

metataxis [,metə'tæksɪs] n. 分异深熔〔带状混合〕作用

metatenomery [,metə'tenəmərɪ] n. (含氮物)趋稳重排作用

metatheorem [,metə'θɪərəm] n. 元定理

metatheory ['metə,θɪərɪ] n. 超理论

metatheses [me'tæθəsɪz] n. (metathesis 的复数) 转换

metathesis [me'tæθəsɪs] n. 交换,置换作用

meteorologist [,miːtɪə'rɒlədʒɪst] n. 气象学家,气象工作者

meteorology [,miːtɪə'rɒlədʒɪ] n. 气象学 ‖ **meteo-orological** a. **meteorologically** ad.

meteorotropic [,miːtɪərə'trɒpɪk] a. 受气候影响的

meteorotropism [,miːtɪərə'trɒpɪzəm] n. 气候趋应性

meteosat ['miːtɪəsæt] n. 气象卫星

meter ['miːtə] ❶ n. ①米 ②(测量仪)表,计数器

❷ v. (用计量仪表)计量,统计,登记

〖用法〗表示"在仪表上读出"时,该词前面用介词"on"。如:This phase difference is read on a meter. 这个相位差可以从仪表上读得。

meterage ['miːtərɪdʒ] n. ①计量 ②量表使用费

metathesize [me'tæθəsaɪz] v.【语】换位

metathetic(al) [,metə'θetɪkl] a. 复分解的,置换的

metatitanate [,metə'taɪtəneɪt] n.【化】偏钛酸盐

metatropy ['metətrəʊpɪ] n. 变性

metatungstate [,metə'tʌŋsteɪt] n.【化】偏钨酸盐

metatype ['metətaɪp] n. 次型

metavariable [,metə'veərɪəbl] n. 元变量

metawolframate [,metə'wɒlfrəmeɪt] n.【化】偏钨酸盐

metazeunerite [,metə'zjuːnəraɪt] n.【矿】偏〔变〕翠砷铜铀矿

mete [miːt] ❶ vt. ①分配,给予(out) ②测〔衡〕量,测定 ❷ n. 边界,界石

meteor ['miːtɪə] n. ① 流星,陨石,(流星的)曳光 ② 昙花一现的东西

meteorfax ['miːtɪəfæks] n. 避免流星干扰传递信息

meteoric [,miːtɪ'ɒrɪk] a. ①流星的 ②气象的 ③流星似的,昙花一现的,闪烁的,迅速的

meteorically [,miːtɪ'ɒrɪkəlɪ] ad. 流星似的;迅速地;闪烁地

meteorite ['miːtɪəraɪt] n. 陨星〔石〕

meteoritics [,miːtɪə'rɪtɪks] n. 陨星学

meteorogram [,miːtɪ'ɒːrəgræm] n. 气象(记录)图

meteorograph ['miːtɪərəgrɑːf] n. 气象计,气压-温度-湿度仪 ‖ **~ic** a.

meteoroid ['miːtɪərɔɪd] n. 陨星群 ‖ **~al** a.

meteorolite ['miːtɪərəlaɪt] n. 陨石,陨星

meteorologic(al) [,miːtɪərə'lɒdʒɪkl] a. 气象(学)的

metered ['miːtərɪd] a. 计量的,测定的

metering ['miːtərɪŋ] n. ①测计,测定 ②记录,计数 ③调节(燃料等)

meterman ['miːtəmən] n. 读表者;仪表调整者

metermultiplier ['miːtə'mʌltɪplaɪə] n. 仪表量程倍增器

meter-wand ['miːtəwɒnd] n. 计量基准

methacrylate [me'θækrəleɪt] n.【化】甲基丙烯酸酯,异丁烯酸

methacrylonitrile [,meθəkrɪ'lɒnɪtraɪl] n.【化】甲基丙烯腈

methanation [,meθə'neɪʃən] n. 沼气化

methane ['miːθeɪn] n. 甲烷,沼气

methanol ['meθənɒl] n.【化】甲醇

methemoglobin [met,hiː'məʊ'gləʊbɪn] n.【生化】高铁血红蛋白

methide ['meθaɪd] n. 甲基化物

methionine [me'θaɪəniːn] n.【生化】蛋氨酸

method ['meθəd] n. ①方法,方式,手段 ②规律,条理 ③整理,整顿 ④分类法

〖用法〗❶ 该词表示"方法"时,多数人用介词

"by",也有人用"with",甚至有人用"through"。如:The equation can be solved by this method.该方程可以用这种方法来解。❷ 其后面可以跟"for doing ...","of doing ..."和"to do ..."。如:The simplest method for obtaining inverse transformations is to use a table of transforms.获得反变换的最简单的方法是使用变换表。/This method of finding resultants is called trigonometric solution.求合力的这种方法被称为三角解法。/The method to do this is as follows.其方法如下。❸ 在科技文中,常见"in ... method"。如:In the direct method, the carrier frequency is directly varied in accordance with the input baseband signal.在直接法中,载频是直接按输入的基带信号变化的。

methodic(al) [mɪ'θɒdɪkl] a. ①有秩序的,有条不紊的 ②方法(上)的 ‖ ~ly ad. ~ness n.

methodize ['meθədaɪz] vi. 定秩序(方法),使系统化,分门别类 ‖ **methodization** [ˌmeθədaɪ'zeɪʃən] n.

methodological [ˌmeθədə'lɒdʒɪkl] a. 方法论的,分类法的

methodologist [ˌmeθə'dɒlədʒɪst] n. 方法学家,方法论者

methodology [meθə'dɒlədʒɪ] n. 方法论,分类法

methoxide [meθ'ɒksaɪd] n.【化】甲氧基金属,甲醇盐

methyl ['meɪθaɪl] n.【化】甲基

methylamine [mɪ'θaɪləmiːn] n.【化】甲胺

methylate ['meθɪleɪt] vt.;n. 甲基化(产物),甲醇金属

methylated ['meθɪleɪtɪd] a. 甲基化了的,加入甲醇的

methylene ['meθɪliːn] n.【化】亚甲

methylic [me'θɪlɪk] a. 含甲基的

methylolacetone [mɪθɪlə'læsətəʊn] n.【化】羟甲基丙酮

meticulous [mɪ'tɪkjʊləs] a. 小心的,精确的 ‖ ~ly ad. ~ness n.

métier ['meɪteɪ] (法语) n. 工作,职业

metlbond ['metlbɒnd] n. 酚醛;金属黏合(工艺)

metol ['miːtɒl] n.【化】甲氨基酚

metope ['metəʊp] n. 排档间饰

metraster ['metrɪstə] n. 曝光表

metre ['miːtə] n.(=meter)米,公尺

metrechon ['metretʃɒn] n. 双电子枪存储管

metric ['metrɪk] ❶ a. ①米制的,公尺的 ②量度的,度规的 ❷ n. 度规,尺度 ☆**in metric** 用米制

metrical ['metrɪkl] a. 量度(用)的,度规的

metrically ['metrɪklɪ] ad. 度量上

metrication [ˌmetrɪ'keɪʃən] n. 米制化

metrizable ['metrɪzəbl] a. 可度量(化)的

metrization [ˌmetrɪ'zeɪʃən] n. 度量化,引入度量

metro ['metrəʊ] ❶ n. 地下铁道,大都市地区政府 ❷ a. 大都市(包括效区)的

metrograph ['metrəɡrɑːf] n. 汽车速度计

metrohm ['metrəʊm] n. 带同轴电压电流线圈的欧姆计

metrolac ['metrəʊlæk] n. 胶乳比重计

metrological [ˌmetrəʊ'lɒdʒɪkl] a. 计量学的

metrologist [mɪ'trɒlədʒɪst] n. 计量学家

metrology [mɪ'trɒlədʒɪ] n. ①计量学,测量学 ②计量制

metron ['metrən] n. 密特隆(计量信息的单位)

metronome ['metrənəʊm] n. 节拍声,节拍器 ‖ **metronomic** a.

metropolis [mɪ'trɒpəlɪs] n. ①首都 ②大城市,大都会,文化商业中心

metropolitan [metrə'pɒlɪtn] ❶ a. 首都的,都市的 ❷ n. 大城市居民,大城市派头的人

metrosil ['metrəsɪl] n. 含有碳化硅和非线性电阻的半导体装置

mettle ['metl] n. 勇气,气质,耐力 ☆**on one's mettle** 奋发,鼓起勇气

mettled ['metld] a. 勇敢的,精神焕发的

mettlesome ['metls(ə)m] a.(= mettled)勇敢的,精神焕发的 ‖ ~ly ad.

Metz [mets] n. 梅斯(法国城市)

mew [mjuː] ❶ n. 隐蔽处,密室 ❷ vt. 把…关起来

Mexican ['meksɪkən] a.;n. 墨西哥的(人)

Mexico ['meksɪkəʊ] n. 墨西哥

mezzanine ['mezəniːn] n. a. 中(层)楼的,夹层间,多层构架,(舞台下的)底层

mezzotint ['mezəʊtɪnt] ❶ n. 金属版印刷法(印刷品) ❷ vt. 把…制成金属版

mho [məʊ] n. 姆欧(电导率单位)

mhometer ['məʊmɪtə] n. 电导计

Miami [maɪ'æmɪ] n. 迈阿密(美国港口)

miargyrite [maɪ'ɑːdʒəraɪt] n.【矿】辉锑银矿

miarolitic [ˌmiːərəʊ'lɪtɪk] n.;a. 晶洞(状),洞隙

miasma [mɪ'æzmə] (pl. miasmate 或 miasmas) n. 空中微生物,毒气,瘴气 ‖ ~l 或 ~tic(al)或 miasmic a.

miasmata [mɪ'æzmətə] n.(miasma 的复数)臭气;不良影响

Mic [mɪk] n. 米克(=10⁻⁶亨利,一种电感单位名称)

mica ['maɪkə] n. 云母

micabond ['maɪkəbɒnd] n. 迈卡邦德绝缘材料

micaceous [maɪ'keɪʃəs] a. ①云母的,含云母的 ②薄板状的 ③闪亮的

micacization [ˌmaɪkəsɪ'zeɪʃən] n. 云母化

micadon ['mɪkədən] n. 云母电容器

micafolium [mɪkə'fəʊlɪəm] n. 胶合云母箔

micalamprophyre [maɪkə'læmprəfaɪə] n.【地质】云母煌斑岩

micalex ['maɪkəleks] n. 云母石,云母玻璃

micanite ['maɪkənaɪt] n. 人造云母,胶合云母板,绝缘石

micarex ['maɪkəreks] n.(压黏)云母石,云母玻璃,云母板

micarta ['mekətə] n. 层状酚塑料;胶纸板;胶木;有机玻璃

M

micasization [maɪkəsɪ'zeɪʃ ən], **micatization** [maɪkətɪ'zeɪʃ ən] n. 云母化(作用)

mice [maɪs] n. (mouse 的复数)老鼠

micell(a) [mɪ'sel (ə)] (pl. micellae) n. 胶束〔囊〕, 胶粒,胶态离子,胶态分子团,晶子,微胞;巢

micellae [mɪ'seliː] n. (micelle 的复数)胶束

micellar [mɪ'selə] a. 胶束的,微胞的

Michigan ['mɪʃɪgən] n.(美国)密执安(湖),密歇根〔密执安〕(州)

mickey ['mɪkɪ] n. 雷达手,雷达设备;陈词滥调 ☆ *take the mickey out of* 杀…的威风

mickle ['mɪkl] n.;a. 大量(的) ☆*every little makes a mickle* 积少成多

micra ['maɪkrə] n. (micron 的复数)微米

micrify ['maɪkrɪfaɪ] vt. 缩小,缩微

micro ['maɪkrəʊ] a.;n. ①微型的,微量的,显微的②微米 ③百万分之一 ④测微机

microadd ['maɪkrəʊæd] v. 微量添加

microadjuster [maɪkrəʊə'dʒʌstə] n. 微量调整器,精调装置

microadjustment [maɪkrəʊə'dʒʌstmənt] n. 微量调整,精调

microaerophilic [ˌmaɪkrəʊeəərə'fɪlɪk] a. 微需氧的

microalloy ['maɪkrəʊ'æləɪ] n. 微(量)合金

microammeter [ˌmaɪkrəʊ'æmɪtə] n. 微安(培)计

microamp ['maɪkrəʊæmp], **microampere** [ˌmaɪkrəʊ'æmpeə] n. 微安(培)

microanalyser [ˌmaɪkrəʊ'ænəlaɪzə] n. 显微分析器

microanalyses [ˌmaɪkrəʊə'næləsiːz] n. (microanalysis 的复数)微量分析

microanalysis [ˌmaɪkrəʊə'næləsɪs] (pl.microanalyses) n. 微量分析

microanalytic(al) ['maɪkrəʊˌænə'lɪtɪk(l)] a. 微量分析的

microanalyzer [ˌmaɪkrəʊ'ænələaɪzə] n. 显微分析器

microanaphoretic [maɪkrəʊænəfə'retɪk] a. 微量阴离子电泳的

microangiography [maɪkrəʊændʒɪ'ɒgrəfɪ] n. 微血管照相术

microaphanitic [maɪkrəʊæfə'nɪtɪk] n. 显微隐晶质

microarchitecture [maɪkrəʊ'ɑːkɪtektʃə] n. 微体系结构

microautography [maɪkrəʊɔ:'tɒgrəfɪ] n. 显微放射自显影术

microautoradiogram [maɪkrəʊˌɔːtə'reɪdɪəgræm] n. 显微放射自显影照相

microautoradiograph [ˌmaɪkrəʊˌɔːtə'reɪdɪəgrɑːf] n. 微射线自动照相(机)

microautoradiographic [maɪkrəʊˌɔːtəreɪdɪə'græfɪk] a. 微射线自动照相的

microautoradiography [maɪkrəʊˌɔːtəreɪdɪ'ɒgrəfɪ] n. 微射线自动照相术

microbacillary [ˌmaɪkrəʊbə'sɪlərɪ] a. 细菌的,杆菌的

microbacterium [ˌmaɪkrəʊbæk'tɪərɪəm](pl. microbateria) n. 微生物,细杆菌

microbalance [ˌmaɪkrəʊ'bæləns] n. 微量天平,微量秤

microballoon [maɪkrəʊbə'luːn] n. 微球

microbar ['maɪkrəʊbɑː] n. 微巴(压强单位,1 达因/平米厘米)

microbarn ['maɪkrəʊbɑːn] n. 微靶

microbarogram [ˌmaɪkrəʊ'bærəgræm] n. 微气压记录图

microbarograph [ˌmaɪkrəʊ'bærəgrɑːf] n. (自记)微(气)压计 ‖ ~ ic a.

microbarometer [ˌmaɪkrəʊbɑː'rɒmɪtə] n. 微气压计

microbe ['maɪkrəʊb] n. 微生物,细菌

microbeam ['maɪkrəʊbiːm] n. 微光束

microbial [maɪ'krəʊbɪəl],**microbain** [maɪ'krəʊbɪn], **microbic** [maɪ'krəʊbɪk] a. 微生物的,细菌的,因细菌而引起

microbibliography [ˌmaɪkrəʊbɪblɪ'ɒgrəfɪ] n. 缩微目录

microbicidal [maɪˌkrəʊbɪ'saɪdl] a. 杀菌剂的

microbicide [maɪ'krəʊbɪsaɪd] n. 杀菌剂

microbioassay [maɪkrəʊˌbaɪəʊə'seɪ] n. 微生物测定

microbiologic(al) ['maɪkrəʊˌbaɪə'lɒdʒɪkl] a. 微生物(学)的

microbiologist [ˌmaɪkrəʊˌbaɪ'ɒlədʒɪst] n. 细菌学家,微生物学家

microbiology [ˌmaɪkrəʊbaɪ'ɒlədʒɪ] n. 细菌〔微生物〕学

microbion [maɪ'krəʊbɪɒn] n. 微生物

microbionation [maɪkrəʊbɪə'neɪʃ ən] n. 菌苗接种

microbiophagy [maɪkrəʊbɪ'ɒfədʒɪ] n. 微生物噬菌作用

microbioscope [maɪkrəʊbɪ'baɪəskəʊp] n. 微生物显微镜

microbiotic [maɪkrəʊbaɪ'ɒtɪk] n. 抗生素

microbody ['maɪkrəʊˌbɒdɪ] n. 微体

microbonding [maɪkrəʊ'bɒndɪŋ] n. 微焊

microbore ['maɪkrəʊbɔː] n. ①微孔 ②精密(微调)镗刀头

microbrownian [maɪkrəʊ'braʊnɪən] a. 微布朗的

microburette [maɪkrəʊbjʊə'ret] n. 微量滴定管

micro-burner ['maɪkrəʊ'bɜːnə] n. 微(焰)灯

microbus ['maɪkrəʊbʌs] n. 微型公共汽车

microcache ['maɪkrəʊkæʃ] n. 微程序缓存

microcalipers [ˌmaɪkrəʊkælɪpəz] n. 千分尺

microcalorie ['maɪkrəʊ'kælərɪ] n. 微卡(路里)

microcalorimeter [ˌmaɪkrəʊkælə'rɪmɪtə] n. 微热量计

microcalorimetry [ˌmaɪkrəʊkælə'rɪmɪtrɪ] n. 微观量热法

microcam ['maɪkrəʊkæm] n. 微型摄像机

microcamera [ˌmaɪkrəʊ'kæmərə] n. 微型照相机

microcanonical [,maɪkrəukə'nɒnɪkl] a. 微正则的

microcapillary [,maɪkrəukə'pɪləri] n. 微毛细管

microcapacitor [,maɪkrəukə'pæsɪtə] n. 微电容器

microcard ['maɪkrəukɑ:d] n. 缩微卡,阅微相片

microcartridge [,maɪkrəu'kɑ:trɪdʒ] n. 微调镗刀,微调夹头,微调卡盘

microcataphoretic [maɪkrəukætəfə'retɪk] a. 微量阳离子电泳的

microcator ['maɪkrəukeɪtə] n. 指针测微计

microcausality [,maɪkrəukɔ:'zælətɪ] n. 微观因果性

microcavity [,maɪkrəu'kævətɪ] n. 微空腔

microchad ['maɪkrəutʃæd] n. 微查得

microcharacter [,maɪkrəu'kærɪktə] n. 显微划痕硬度计

microchecker ['maɪkrəutʃekə] n. 微米校验台,微动台

microchemical [,maɪkrəu'kemɪkl] a. 微量化学的

microchemistry [,maɪkrəu'kemɪstrɪ] n. 微量化学

microchronometer [,maɪkrəukrə'nɒmɪtə] n. 精密时计,测微时计

microcinematography [,maɪkrəusɪnɪmə'tɒgrəfɪ] n. 显微电影〔摄影〕术

microcircuit ['maɪkrəu's3:kɪt] n. 微型电路

microcircuitry ['maɪkrəu's3:kɪtrɪ] n. 微型电路学

microclastic [,maɪkrəu'klæstɪk] n.;a. 细屑质的(的)

microcleanliness [,maɪkrəu'klenlɪnɪs] n. 显微清洁度

microclimate ['maɪkrəuklaɪmɪt] n. 小气候 ‖ **microclimatic** [,maɪkrəuklaɪ'mætɪk] a.

microclimatology ['maɪkrəu,klaɪmə'tɒlədʒɪ] n. 微气候学

microcline ['maɪkrəuklaɪn] n. 微斜长石

micrococcus [,maɪkrəu'kɒkəs] (pl. micrococci) n. 球状细菌

microcode ['maɪkrəukəud] n. 微编码,微操作码

microcollar ['maɪkrəukɒlə] n. 微动轴环

microcolorimeter [,maɪkrəukʌlə'rɪmɪtə] n. 微量比色计

microcolorimetry [,maɪkrəukʌlə'rɪmɪtrɪ] n. 测量比色法

microcommunity [maɪkrəukə'mju:nətɪ] n. 小群落

microcomputer ['maɪkrəukəm,pju:tə] n. 微电子计算机

microconcrete ['maɪkrəu'kɒnkri:t] n. 微粒混凝土

microconstituent [,məukrəukɒn'stɪtjuənt] n. 微量成分

microcontext ['maɪkrəukɒntekst] n. 最小上下文

microcontrast [maɪkrəu'kɒntræst] n. 显微衬比

microcopy ['maɪkrəu,kɒpɪ] ❶ n. 缩微照片 ❷ vt. 缩微复制

microcorrosion [maɪkrəukə'rəuʒən] n. 微腐蚀

microcosm [maɪkrəu'kɒzəm] n. (=microcosmos) 微观世界,缩影

microcosmic [,maɪkrəu'kɒzmɪk] a. 微观世界,缩图的

microcoulomb ['maɪkrəu'ku:lɒm] n. 微库(仑)

microcoulometry [maɪkrəuku:'lɒmɪtrɪ] n. 微库仑分析法

microcrack ['maɪkrəukræk] n.;v. 显微裂纹,微疵点

microcrazing ['maɪkrəukreɪzɪŋ] n. 显微裂纹

microcrith ['maɪkrəukrɪθ] n. 氢原子量,微克立司(一个氢原子)

microcryptocrystalline [,maɪkrəukrɪptə'krɪstəlɪn] n.; a. 微隐晶质(的)

microcrystal [,maɪkrəu,krɪstəl] n. 微晶体

microcrystalline [,maɪkrəu'krɪstəlaɪn] n.;a. 微晶(状)的

microcrystallite [,maɪkrəu'krɪstəlaɪt] n. 微晶

microcrystallography [,maɪkrəukrɪstə'lɒgrəfɪ] n. 微观晶体学

microcrystalloscopic [,maɪkrəukrɪstələ'skəupɪk] a. 微晶学的

microculture ['maɪkrəu,kʌltʃə] n. ①小文化区 ②微生物等的培养

microcurie ['maɪkrəu,kjuərɪ] n. 微居里(能量单位)

microdensitometer ['maɪkrəu,densɪ'tɒmɪtə] n. 微密度计,微显像测密度计

microdensitometry ['maɪkrəu,densɪ'tɒmɪtrɪ] n. 微量黑度测量法

microdetection [maɪkrəudɪ'tekʃən] n. 微量测定

microdetector [,maɪkrəudɪ'tektə] n. 微量测定器

microdetermination [,maɪkrəudɪtɜ:mɪ'neɪʃən] n. 微量测定(法)

microdiagnostics [,maɪkrəudaɪəg'nɒstɪks] n. 微诊断法〔程序〕

microdial ['maɪkrəudaɪəl] n. 精密刻度盘

microdiecast ['maɪkrəu'di:kɑ:st] n. 精密压铸

microdiffraction [,maɪkrəudɪ'frækʃən] n. 微衍射

microdilatometer [,maɪkrəudɪlə'tɒmɪtə] n. 微膨胀计

microdimensional [,maɪkrəudɪ'menʃənl] a. 微尺寸的

microdispersoid [,maɪkrəudɪs'pɜ:sɔɪd] n. 微粒分散胶体

microdissection [,maɪkrəudɪ'sekʃən] n. 显微解剖(法)

microdist(ancer) ['maɪkrəudɪst(ənsə)] n. 精密测距仪

microdot ['maɪkrəudɒt] ❶ a. 微粒的 ❷ n. 缩微照片

microdrum ['maɪkrəudrʌm] n. 微分筒,测微鼓

microecology [,maɪkrəuɪ'kɒlədʒɪ] n. 小区域生态学

microeffect [maɪkrəuɪ'fekt] n. 微观效应

microelectrode [maɪkrəuɪ'lektrəud] n. 显微电极

microelectrolytic [,maɪkrəuɪ,lektrəu'lɪtɪk] a. 微量电解的

M

microelectronic [ˌmaɪkrəʊɪˌlek'trɒnɪk] *a.* 微电子(学)的

microelectronics [ˌmaɪkrəʊɪlek'trɒnɪks] *n.* 微电子学,微电子技术

microelectrophoresis ['maɪkrəʊɪˌlektrəʊfə'riːsɪs] *n.* 微量电泳

microelement ['maɪkrəʊˌelɪmənt] *n.* 微型元件,微量元素

microencapsulation ['maɪkrəʊɪnˌkæpsjuː'leɪʃən] *n.* 微囊法(包装)

microetch ['maɪkrəʊetʃ] *n.;v.* 微(刻)蚀

microevolution [ˌmaɪkrəʊiːvə'luːʃən] *n.* 短期进化

microexudate [ˌmaɪkrəʊ'eksjuː'deɪt] *n.* 渗出物薄层

microfarad [ˌmaɪkrəʊ'færəd] *n.* 微法(拉)

microfaradmeter [ˌmaɪkrəʊfə'rædmɪtə] *n.* 微法拉计

microfeed ['maɪkrəʊfiːd] *v.;n.* 微量进给

microferrite [ˌmaɪkrəʊ'feraɪt] *n.* 微铁氧体

microfiber [ˌmaɪkrəʊ'faɪbə] *n.* 微纤维

microfiche ['maɪkrəʊfiːʃ] *n.* 显微照相卡片,缩微胶片

microfield ['maɪkrəʊfiːld] *n.* 微场,微指令段

microfilm ['maɪkrəʊfɪlm] ❶ *n.* 显微胶片,缩微(照相)卡,微薄膜 ❷ *vt.* 把…摄成缩微胶片

microfilmer ['maɪkrəʊˌfɪlmə] *n.* 缩微电影摄影机

microfilmography [ˌmaɪkrəʊfɪlm'ɒɡrəfɪ] *n.* 缩微胶卷目录

microfinishing [ˌmaɪkrəʊ'fɪnɪʃɪŋ] *n.* 精密磨削

microfissuring [ˌmaɪkrəʊ'fɪʃʊərɪŋ] *n.* 微裂隙

microflare [ˌmaɪkrəʊ'fleə] *n.* 微爆发;(太阳的)次耀斑

micro-flaw ['maɪkrəʊflɔː] *n.* 显微裂痕

micro-flop ['maɪkrəʊflɒp] *n.* 微型触发电路

microflora [ˌmaɪkrəʊ'flɔːrə] *n.* 微生物群落

microfluidal [ˌmaɪkrəʊ'fluɪdl] *a.* 显微流态学

microfluorometer [ˌmaɪkrəʊflʊə'rɒmɪtə] *n.* 测微荧光计

microfluorophotometer [ˌmaɪkrəʊflʊərəfə'tɒmɪtə] *n.* 显微荧光光度计

microflute ['maɪkrəʊfluːt] *n.* 微槽

microfluxion [ˌmaɪkrəʊ'flʌkʃən] *n.* 微流结构

microfocus [ˌmaɪkrəʊ'fəʊkəs] *v.* 显微测焦

microforge ['maɪkrəʊfɔːdʒ] *n.* 显微控制仪

microform ['maɪkrəʊfɔːm] *n.;vt.* 缩微(复制),缩微印刷品〔材料〕

microformer ['maɪkrəʊfɔːmə] *n.* 伸长计

microfractography [ˌmaɪkrəʊfræk'tɒɡrəfɪ] *n.* 显微断谱学

microgap ['maɪkrəʊgæp] *n.* 微隙

microglobulin [ˌmaɪkrəʊ'ɡlɒbjulɪn] *n.* 小球蛋白

microgram ['maɪkrəʊɡræm] *n.* 微克;显微图

microgranular [ˌmaɪkrəʊ'ɡrænjulə] *a.* 微晶粒状的

micrograph ['maɪkrəʊɡrɑːf] *n.* 显微照片;显微图;显微传真电报;微写器;显微放大器

micrographic [ˌmaɪkrəʊ'ɡræfɪk] *a.* 显微(照相)的

micrographics [maɪkrəʊ'ɡræfɪks] *n.* 缩微制图工业

micrography [maɪ'krɒɡrəfɪ] *n.* 显微照相〔绘图〕,微写

microgrid ['maɪkrəʊɡrɪd] *n.* 微电网

microgroove ['maɪkrəʊɡruːv] *n.;a.* 密纹(的),密纹唱片

microhardness [ˌmaɪkrəʊ'hɑːdnɪs] *n.* 显微硬度

microhenry ['maɪkrə,henrɪ] *n.* 微亨(利)(电感单位)

microhm ['maɪkrəʊm] *n.* 微欧(姆)(电阻单位)

microholograph [ˌmaɪkrəʊ'hɒləɡrɑːf] *n.* 微型全息照相

microholography [ˌmaɪkrəʊhɒ'lɒɡrəfɪ] *n.* 微型全息照相术

microhoning ['maɪkrəʊhəʊnɪŋ] *n.* 精珩磨

microimage [ˌmaɪkrəʊ'ɪmɪdʒ] ❶ *n.* 录在胶片上的 ❷ *n.* 缩微影像

microinch ['maɪkrəʊɪntʃ] *n.* 微英寸

microindicator [ˌmaɪkrəʊ'ɪndɪkeɪtə] *n.* (测)微指示器,米尼表

microinstability ['maɪkrəʊˌɪnstə'bɪlətɪ] *n.* 微(观)不稳定性

microinstruction ['maɪkrəʊɪnˌstrʌkʃən] *n.* 【计】微程序〔指令〕

microinstrument [ˌmaɪkrəʊ'ɪnstrumənt] *n.* 显微器具

microlamp ['maɪkrəʊlæmp] *n.* 微灯,显微镜用灯,小型人工光源

microlens ['maɪkrəʊlenz] *n.* 微距镜

microlesion [ˌmaɪkrəʊ'liːʒən] *n.* 微创

microlite ['maɪkrəʊlaɪt] *n.* 细晶石;(pl.)微晶

microlith ['maɪkrəʊlɪθ] *n.* 微晶;细小石器

microlithic [ˌmaɪkrəʊ'lɪθɪk],**microlitic** [ˌmaɪkrəʊ'lɪtɪk] *a.* 微晶的;细石器的

microliter ['maɪkrəʊˌliːtə] *n.* 微升

Microlock ['maɪkrəʊlɒk] *n.* 丘比特导弹制导系统

microlock ['maɪkrəʊlɒk] *n.* 卫星遥测系统;微波锁定〔锁相〕

microlog ['maɪkrəʊlɒɡ] *n.* 微电极测井

micrologic [ˌmaɪkrəʊ'lɒdʒɪk] *n.;a.* 微逻辑(的)

micrology [maɪ'krɒlədʒɪ] *n.* 微元件学;显微(科)学

microlug ['maɪkrəʊlʌɡ] *n.* 球化率快速测定试棒

microlux ['maɪkrəʊlʌks] *n.* ①微勒(克斯) ②杠杆式光学比较仪

microm ['maɪkrɒm] *n.* 微程序只读存储器

micromachining [ˌmaɪkrəʊmə'ʃiːnɪŋ] *n.* 微切削加工

micromag ['maɪkrəʊmæɡ] *n.* 一种直流微放大器

micromagnetometer [ˌmaɪkrəʊmæɡnɪ'tɒmɪtə] *n.* 微磁力仪

micromanipulation ['maɪkrəʊməˌnɪpjuː'leɪʃən] *n.* 显微操纵,精密控制

micromanipulator [ˌmaɪkrəʊmə'nɪpjuːleɪtə] *n.*

显微操纵器,精密控制器,显微检验装置,小型机械手

micromanometer [ˌmaɪkrəuməˈnɒmɪtə] n. 精测流体压力计,测微压力〔气压〕计

micromation [maɪkrəuˈmeɪʃən] n. 微型器件制造法;缩微化

micromatrix [maɪkrəuˈmeɪtrɪks] n. 微矩阵(变换电路)

micromechanics [ˌmaɪkrəumɪˈkænɪks] n. 微观力学

micromechanism [ˌmaɪkrəuˈmekənɪzəm] n. 微观机构

micromerigraph [ˌmaɪkrəuˈmerɪgrɑːf] n. 空气粉尘粒径测定仪

micromeritic [ˌmaɪkrəumɪˈrɪtɪk] a. 微晶粒状(的)

micromeritics [ˌmaɪkrəumɪˈrɪtɪks] n. ①测微学,微晶学,粉末工艺学,粉体学 ②微标准学

micromesh [ˈmaɪkrəumeʃ] n. 微孔(筛)

micrometeor [ˌmaɪkrəuˈmiːtɪə] n. 微流星

micrometeorite [ˌmaɪkrəuˈmiːtɪəraɪt] n. 微陨石,陨尘

micrometeoroids [ˌmaɪkrəuˈmiːtɪərɔɪdz] n. 微陨星体,微宇宙尘

micrometeorology [ˌmaɪkrəumiːtɪəˈrɒlədʒɪ] n. 微气象学

micrometer [maɪˈkrɒmɪtə] ❶ n. ①测微器,千分卡(尺),测距器,小角度测定仪 ②微米 ❷ vt. 微测

micrometering [maɪˈkrɒmɪtərɪŋ] n. 微测(量)

micromethod [ˈmaɪkrəuˌmeθəd] n. 微量(测定)法

micrometric(al) [ˌmaɪkrəuˈmetrɪk(l)] a. 测微(术)的

micrometry [maɪˈkrɒmɪtrɪ] n. 测微法

micromho [ˈmaɪkrəum] n. 微姆(欧)

micromicro [ˌmaɪkrəuˈmaɪkrəu] n. 皮

micromicroammeter [ˌmaɪkrəuˈmaɪkrəuˌæmɪtə] n. 皮安培计

micromicrofarad [ˌmaɪkrəuˈmaɪkrəuˌfærəd] n. 皮法(拉)

micromicron [ˌmaɪkrəuˈmaɪkrən] n. 皮米

micromil [ˈmaɪkrəumɪl] n. 毫微米,纤米

microminiature [ˌmaɪkrəuˈmɪnɪətʃə] a. 微型的

microminiaturization, microminiaturisation [ˈmaɪkrəuˌmɪnɪətʃəraɪˈzeɪʃən] n. 超小型化,微型化

microminiaturize, microminiaturise [ˌmaɪkrəuˈmɪnɪətʃəraɪz] v. 使超小型化,使微型化

micromodule [ˌmaɪkrəuˈmɒdjuːl] n. 超小型器件,微模

micromolar [ˌmaɪkrəuˈməulə] a. 微摩尔的

micromorphology [ˌmaɪkrəumɔːˈfɒlədʒɪ] n. 微观形态学

micromotion [ˌmaɪkrəuˈməuʃən] n. 微(移)动

micromotor [ˈmaɪkrəuˌməutə] n. 微型马达

micromotoscope [ˌmaɪkrəuˈməutəskəup] n. 微动摄影装置

micromutation [ˌmaɪkrəumjuːˈteɪʃən] n. (微)小突变,基因突变

micron [ˈmaɪkrɒn] (pl. micra) n. ①微米 ②百万分之一 ③微子 ④微米汞柱

microneedle [ˈmaɪkrəuniːdl] n. 显微针

Micronesia [ˌmaɪkrəuˈniːʒə] n. 密克罗尼西亚群岛(西太平洋群岛)

Micronesian [ˌmaɪkrəuˈniːʒən] ❶ n. 密克罗尼西亚人〔语〕 ❷ a. 密克罗尼西亚(人,语)的

micronex [ˈmaɪkrəuneks] n. 气炭黑

micronics [maɪˈkrɒnɪks] n. 超精密无线电工程

micronization [ˌmaɪkrəunaɪˈzeɪʃən] n. 微粉化

micronize [ˈmaɪkrənaɪz] vt. 使微粉化

micronizer [ˈmaɪkrənaɪzə] n. 超微粉碎机,微粉磨机

micronormal [ˈmaɪkrəunɔːml] n. 微电位(曲线)

micronucleus [ˌmaɪkrəuˈnjuːklɪəs] n. 小核,微核,核仁

micronutrient [ˌmaɪkrəuˈnjuːtrɪənt] n. 微量营养(元)素

microobject [ˌmaɪkrəuˈɒbdʒɪkt] n. 显微样品

microobjective [ˌmaɪkrəuɒbˈdʒektɪv] n. 显微物镜

microoperation [maɪkrəuˌɒpəˈreɪʃən] n. 微操作

microorganic [ˌmaɪkrəuɔːˈgænɪk] a. 微生物的

microorganism [ˌmaɪkrəuˈɔːgənɪəm] n. 微生物,细菌

microoscillograph [ˌmaɪkrəuɒˈsɪləgrɑːf] n. 显微示波器

microosmometer [ˌmaɪkrəuɒzˈmɒmɪtə] n. 微渗透压强计

micropaleontology [ˌmaɪkrəuˌpælɪɒnˈtɒlədʒɪ] n. 古微生物学

microparticle [ˌmaɪkrəuˈpɑːtɪkl] n. 微粒

micropegmatitic [ˌmaɪkrəupegməˈtaɪtɪk] a. 微纹象的

microphone [ˈmaɪkrəfəun] n. 扩音器,话筒

microphonic [ˌmaɪkrəˈfəunɪk] a. 扩音器的

microphonicity [ˌmaɪkrəufəuˈnɪsətɪ] n. 颤噪声

microphonics [ˌmaɪkrəuˈfɒnɪks] n. 颤噪效应,颤噪声

microphonism [ˈmaɪkrəufəunɪzm] n. 传声器效应,颤噪效应

microphonoscope [ˌmaɪkrəuˈfəunəskəup] n. 微音听诊器

microphony [ˌmaɪkrəuˈfəunɪ] n. 颤噪效应,颤噪声

microphoresis [ˌmaɪkrəuˈfɒrəsɪs] n. 微量电泳

microphoto [ˈmaɪkrəufəutəu] n. 显微照片

microphotodensitometer [ˌmaɪkrəufəutəudensɪˈtɒmɪtə] n. 微光密度测定器

microphotoelectric [ˌmaɪkrəufəutəuɪˈlektrɪk] a. 微光电的

microphotogram [ˌmaɪkrəuˈfəutəgræm] n. 缩微照相图,分光光度图

microphotogrammetry [ˌmaɪkrəufəutəuˈgræmɪtrɪ] n. 分光光度术

M

microphotometer [ˌmaɪkrəʊfəʊˈtɒmɪtə] *n.* 微光度计

microphotometric [ˈmaɪkrəʊˌfəʊtəˈmetrɪk] *a.* 微光度计的

microphotometry [ˌmaɪkrəʊfəʊˈtɒmɪtrɪ] *n.* 显微光度术

microphysical [ˌmaɪkrəʊˈfɪzɪkl] *a.* 微观物理的

microphysics [ˌmaɪkrəʊˈfɪzɪks] *n.* 微观物理（学）

micropia [maɪˈkrɒpsɪ] *n.* 视物显小症

micropipet(te) [ˌmaɪkrəʊpɪˈpet] *n.* 微量滴管

microplasma [ˌmaɪkrəʊˈplæzmə] *n.* 微等离子区〔体〕

microplastometer [ˌmaɪkrəʊplæzˈtɒmɪtə] *n.* 微塑性计

micropoikilitic [ˌmaɪkrəʊpɔɪkɪˈlɪtɪk] *a.* 微嵌晶状的

micropolarimeter [ˌmaɪkrəʊpəʊləˈrɪmɪtə] *n.* 测微偏振计

micropolariscope [ˌmaɪkrəʊpəˈlærɪskəʊp] *n.* 测微偏振镜,偏振光显微镜

micropollution [ˌmaɪkrəʊpəˈluːʃən] *n.* 微量污染

micropore [ˈmaɪkrəpɔː] *n.* 微孔

microporosity [ˌmaɪkrəʊpɔːˈrɒsətɪ] *n.* 微孔（性,率）；显微疏松；微裂缝

microporous [ˌmaɪkrəʊˈpɔːrəs] *a.* 微孔性的

microporphyritic [ˌmaɪkrəʊpɔːfəˈrɪtɪk] *a.* 微斑状

microposition [ˌmaɪkrəʊpəˈzɪʃən] *n.* 微定位

micropot [ˈmaɪkrəʊpɒt], **micro potentiometer** [maɪkrəpəˌtenʃɪˈɒmɪtə] *n.* 微电位计

micropowder [ˈmaɪkrəʊpaʊdəz] *n.* 微细研磨粉

micropower [ˈmaɪkrəʊpaʊə] *n.* 微功率

microprint [ˈmaɪkrəʊprɪnt] *n.* 微缩印刷品

microprism [ˈmaɪkrəʊˈprɪzəm] *n.* 微棱镜

microprobe [ˈmaɪkrəʊprəʊb] *n.* 微探针

microprocess [ˌmaɪkrəʊˈprəʊses] *n.* 微观过程

microprocessor [ˈmaɪkrəʊˌprəʊsesə] *n.* 微处理机

microprogram(me) [ˈmaɪkrəʊˈprəʊgræm] *n.* 微程序

microprogrammability [ˌmaɪkrəʊprəʊgræməˈbɪlətɪ] *n.* 微程序控制

microprogrammable [ˌmaɪkrəʊˈprəʊgræməbl] *a.* 微程序控制的

microprogrammed [ˌmaɪkrəʊˈprəʊgræmd] *a.* 用微程序控制的

microprogrammer [ˌmaɪkrəʊˈprəʊgræmə] *n.* 微程序设计员（编制器）

microprogramming [ˌmaɪkrəʊˈprəʊgræmɪŋ] *n.* 微程序（设计,控制）

microprojection [ˌmaɪkrəʊprəˈdʒekʃən] *n.* 显微映像〔投影〕

microprojector [ˌmaɪkrəʊprəˈdʒektə] *n.* 显微映像〔投影〕器,显微放映机

micropulsation [ˌmaɪkrəʊpʌlˈseɪʃən] *n.* 微脉动

micropulser [ˌmaɪkrəʊˈpʌlsə] *n.* 微矩形脉冲发生器

micropulverizer [ˌmaɪkrəʊˈpʌlvəraɪzə] *n.* 微粉磨机

micropunch [ˈmaɪkrəʊpʌntʃ] *v.* 微穿孔

micropyle [ˈmaɪkrəʊpaɪl] *n.* 珠孔

micropyrometer [ˌmaɪkrəʊpaɪˈrɒmɪtə] *n.* ①精测高温计 ②微温计,微小发光体

microradiogram [ˌmaɪkrəʊˈreɪdɪəʊgræm] *n.* 显微射线照相

microradiometer [ˈmaɪkrəʊˌreɪdɪˈɒmɪtə] *n.* 显微辐射计

microray [ˈmaɪkrəʊreɪ] *n.* 微波,微射线

microreaction [ˌmaɪkrəʊrɪˈækʃən] *n.* 显微反应

microreader [ˈmaɪkrəʊˌriːdə] *n.* 显微阅读器

microrelief [ˌmaɪkrəʊrɪˈliːf] *n.* 微（域）地形

microresistor [ˌmaɪkrəʊrɪˈzɪstə] *n.* 微电阻器

microroutine [ˌmaɪkrəʊruːˈtiːn] *n.* 微例（行）程（序）

micro-roentgen [ˈmaɪkrəʊˈrʌntgən] *n.* 微伦琴

microrutherford [ˌmaɪkrəʊˈruːθəfɔːd] *n.* 微卢（瑟福）

microscale [ˈmaɪkrəʊskeɪl] *n.* 微刻度,小规模

microscan [ˈmaɪkrəʊskæn] *v.* 显微扫描

microscope [ˈmaɪkrəskəʊp] *n.* 显微镜

microscopic(al) [ˌmaɪkrəˈskɒpɪk (l)] *a.* 显微（镜）的,微观的

microscopically [ˌmaɪkrəˈskɒpɪklɪ] *ad.* 用显微镜,显微地

microscopist [maɪˈkrɒskəpɪst] *n.* 显微镜工作者

microscopy [maɪˈkrɒskəpɪ] *n.* 显微（技）术,微镜镜检查（法）

microscratch [ˈmaɪkrəʊskrætʃ] *n.* 微痕

microscreen [ˈmaɪkrəʊskriːn] *n.* 微孔筛网

microsecond [ˈmaɪkrəʊˌsekənd] *n.* 微秒

microsection [ˌmaɪkrəʊˈsekʃən] *n.* (显微)磨片,显微镜检查用薄片,金相切片

microsegregation [ˈmaɪkrəʊˌsegrɪˈgeɪʃən] *n.* 显微偏析,微观分凝

microseism [ˈmaɪkrəʊˌsaɪzm] *n.* 微震,脉动 ‖ **~ic(al)**

microseismicity [ˌmaɪkrəʊsaɪzˈmɪsətɪ] *n.* 微震活动性

microseismograph [ˌmaɪkrəʊˈsaɪzməgrɑːf] *n.* 微震计

microseismology [ˌmaɪkrəʊsaɪzˈmɒlədʒɪ] *n.* 微震学

microseismometer [ˌmaɪkrəʊsaɪzˈmɒmɪtə] *n.* 微震计

microseismometry [ˌmaɪkrəʊsaɪzˈmɒmɪtrɪ] *n.* 微震测定法

microsensor [ˈmaɪkrəʊˌsensə] *n.* 微型传感器

microshrinkage [ˈmaɪkrəʊʃrɪŋkeɪdʒ] *n.* 显微缩孔

microslide [ˈmaɪkrəʊslaɪd] *n.* 显微镜载片〔承物玻璃片〕

M

microsolifluction [ˌmaɪkrəʊsɒlɪˈflʌkʃən] *n.* 显微泥流

microsome [ˈmaɪkrəʊsəʊm] *n.* 微粒体

microspectrofluorimeter [ˈmaɪkrəʊ,spektrəfluəˈrɪmɪtə] *n.* 显微荧光分光计

microspectrometry [ˌmaɪkrəʊspekˈtrɒmɪtrɪ] *n.* 显微光谱学

microspectroscope [ˌmaɪkrəʊˈspektrəʊskəʊp] *n.* 显微分光镜

microspectroscopy [ˌmaɪkrəʊspekˈtrɒskəpɪ] *n.* 显微光谱学

microspheric [ˌmaɪkrəʊˈsferɪk] *a.* 微球状的

microspherulitic [ˈmaɪkrəʊ,sfɪrəˈlɪtɪk] *a.* 微球粒状的

microspike [ˌmaɪkrəʊˈspaɪk] *n.* 微端丝

microspindle [ˈmaɪkrəʊspɪndl] *n.* 千分螺杆

microspot [ˈmaɪkrəʊspɒt] *n.* 微黑子

microstack [ˈmaɪkrəʊstæk] *n.* 微存储栈

microstat [ˈmaɪkrəʊstæt] *n.* 显微镜载物台

microstatistics [ˌmaɪkrəʊstəˈtɪstɪks] *n.* 微统计学

microstone [ˈmaɪkrəʊstəʊn] *n.* 细粒度油石

microstoning [ˈmaɪkrəʊstəʊnɪŋ] *n.* 超精加工

microstrain [ˈmaɪkrəʊstreɪn] *n.* 微应变

microstrainer [ˈmaɪkrəʊstreɪnə] *n.* 微滤器,微孔滤网

microstrip [ˈmaɪkrəʊstrɪp] *n.* 微波传输带,缩微胶卷

microstroke [ˈmaɪkrəʊstrəʊk] *n.* 微动行程

microsubroutine [ˈmaɪkrəʊ,sʌbruːˈtiːn] *n.* 微子程序

microswitch [ˈmaɪkrəʊswɪtʃ] *n.* 微型(动)开关

microsyn [ˈmaɪkrəʊsɪn] *n.* 精密自动同步机

microtacticity [ˌmaɪkrəʊtækˈtɪsətɪ] *n.* 微观规整性

microtasimeter [ˌmaɪkrəʊtæˈsɪmɪtə] *n.* 微压计

microtechnic [ˌmaɪkrəʊˈteknɪk] *n.* 显微技术

microtechnique [ˌmaɪkrəʊtekˈniːk] *n.* 显微技术

microtensiometer [ˈmaɪkrəʊ,tensɪˈɒmɪtə] *n.* 测微张力计

microtherm [ˈmaɪkrəʊθɜːm] *n.* 低温(植物)

microthermistor [ˈmaɪkrəʊ,θɜːmɪstə] *n.* 微热敏电阻

microtitrimetry [ˌmaɪkrəʊtaɪˈtrɪmətrɪ] *n.* 微量滴定法

microtome [ˈmaɪkrəʊtəʊm] *n.* (薄片)切片机 ‖ **microtomic(al)** [ˌmaɪkrəʊˈtɒmɪk(l)] *a.*

microtomy [maɪˈkrɒtəmɪ] *n.* (显微)切片技术

microtonometer [ˌmaɪkrəʊtəˈnɒmɪtə] *n.* 微测压计

microtransparency [ˈmaɪkrəʊtræns'peərənsɪ] *n.* 透明的缩微复制品

microtron [ˈmaɪkrəʊtrɒn] *n.* 电子回旋加速器

microtronics [ˌmaɪkrəʊˈtrɒnɪks] *n.* 微电子学

microtubule [ˌmaɪkrəʊˈtjuːbjuːl] *n.* 微管(丝)

microturbulence [ˌmaɪkrəʊˈtɜːbjʊləns] *n.* 微小涡动

microtwinning [ˈmaɪkrəʊtwɪnɪŋ] *n.* 微孪晶

micro-universe [ˌmaɪkrəʊˈjuːnɪvɜːs] *n.* 微宇宙

microvariometer [ˌmaɪkrəʊ,veərɪˈɒmɪtə] *n.* 微型变感器

microvibrograph [ˌmaɪkrəʊˈvaɪbrəɡrɑːf] *n.* 微震计

microvilli [ˌmaɪkrəʊˈvɪlaɪ] *n.* 微小突起物

microviscometer [ˌmaɪkrəʊ,vɪskˈɒmɪtə], **microviscosimeter** [ˌmaɪkrəʊ,vɪskəˈsɪmɪtə] *n.* 微黏度仪

microvoid [ˌmaɪkrəʊˈvɔɪd] *n.* 微孔

microvolt [ˈmaɪkrəʊvəʊlt] *n.* 微伏(特)

microvoltameter [ˌmaɪkrəʊvɒlˈtæmɪtə] *n.* 微电量计

microvolter [ˌmaɪkrəʊˈvəʊltə] *n.* 微伏计

microvoltometer [ˌmaɪkrəʊvɒlˈtɒmɪtə] *n.* 微伏特计

microwatt [ˈmaɪkrəʊwɔːt] *n.* 微瓦(特)

microwave [ˈmaɪkrəʊweɪv] *n.;a.* 微波(的)

microweather [ˈmaɪkrəʊweðə] *n.* 小天气

microweigh [ˈmaɪkrəʊweɪ] *v.* 微量称量

microzoaria [ˌmaɪkrəʊzəʊˈeərɪə] *n.* 微生物

microzyme [ˈmaɪkrəʊzaɪm] *n.* 酵母菌

micrurgy [ˈmaɪkrɜːdʒɪ] *n.* 显微手术

mid [mɪd] ❶ *prep.* 在…之中 ❷ *a.* 中央的 ☆*in mid air*(在)半空中; *in mid course* 在中途; *in the mid of...* 在…中间

midautumn [ˌmɪdˈɔːtəm] *n.;a.* 中秋(的)

midazimuth [ˌmɪdˈæzəməθ] *n.* 平均方位(角)

midband [ˈmɪdbænd] *n.* 中频(带)

midbandwidth [ˌmɪdˈbændˌwɪdθ] *n.* 中心带宽

midchannel [ˌmɪdˈtʃænl] *n.* 水路的中段

midco [ˈmɪdkəʊ] *n.* 四刃的一种钻头

midcourse [ˈmɪdkɔːs] *n.* 中途,(弹道)中段

midcourt [ˈmɪdkɔːt] *n.* 中场区

midday [mɪdˈdeɪ] *n.;a.* 正午(的) ☆*at midday* 正午

middle [ˈmɪdl] ❶ *n.* ①中间,当中 ②中间物,媒介物 ③【数】中项 ☆*in the middle of A* 正在 A 当中,在 A 的中途 ❷ *a.* 中间(等级)的,正中的 ❸ *v.* 处于中心位置,(把…)对折

〖用法〗表示"在…中间"一般使用"in the middle of ...",但也有用"at the middle of ..."的。如:In this case, the Fermi level falls at the middle of the bandgap.在这种情况下,费米能级处于带隙的中间。

middleman [ˈmɪdlmæn] *n.* 中间人

middlemost [ˈmɪdlməʊst] *a.* 最当中的

middler [ˈmɪdlə] *n.* 中年生级

middleshot [ˈmɪdlʃɒt] *a.* 中击的

middling [ˈmɪdlɪŋ] ❶ *a.* 中等的,中级的,中号的 ❷ *n.* ①中等货,中间产物 ②麦麸,粗面粉 ❸ *ad.* 略为,颇为

midget [ˈmɪdʒɪt] ❶ *n.* ①微型(物) ②小照片 ③微型焊炬 ❷ *a.* 微型的,袖珍的,小尺寸的

midheaven [ˈmɪdˈhevn] *n.* 中空;中天;子午圈

M

midland ['mɪdlænd] *n.;a.* 中间（地方）(的)，内地(的)

midline ['mɪdlaɪn] *n.* 中线

midmost ['mɪdməʊst] *a.;ad.;n.* 最当中(的)

midnight ['mɪdnaɪt] *n.;a.* 午夜(的) ☆**burn the midnight oil** 开夜车

Midop ['mɪdɒp] *n.* 测量导弹弹道的多普勒系统

midperpendicular [mɪd,pɜ:pən'dɪkju:lə] *n.* 中垂线

midpoint ['mɪdpɔɪnt] *n.;a.* 中点(值的)

midrange ['mɪd,reɪndʒ] *n.* 中列数；极值中数；射程中段；波段中心

mid-sea ['mɪdsi:] *n.* 外海

mid-series ['mɪd'sɪəri:z] *n.* 半串联

mid-shot ['mɪdʃɒt] *n.* 中枪

mid-shunt ['mɪdʃʌnt] *n.* 半并联

midst [mɪdst] ❶ *n.* 正中 ☆**from (out of) the midst of** 从…当中；**in the midst of** 在…当中；**into the midst of** 到…中间 ❷ *ad.* 在中间 ☆**first, midst and last** 始终一贯，彻头彻尾 ❸ *prep.* 在…中间

midstream [mɪd'stri:m] *n.* 中流

midsummer [mɪd'sʌmə] *n.* 盛夏

mid-tap ['mɪdtæp] *n.* 中心抽头

midterm [mɪd'tɜ:m] ❶ *a.* 中间的，期中的 ❷ *n.* 中项

midway ['mɪdweɪ] *n.;a.;ad.* （位于，在）中间(的)，(在)中途(的) ☆**midway between** 介乎…之间(的)，位于…中间(的)

midweek [mɪd'wi:k] *n.* 周中

Midwest [,mɪd'west] *n.* (美国的)中西部，中西部的人〔事物〕

midwife ['mɪdwaɪf] (pl. midwives) *n.* 助产士

midwifery ['mɪdwɪfərɪ] *n.* 助产(术)

midwinter [mɪd'wɪntə] *n.;a.* 隆冬(的)，冬至(的)

Mig=MIG [mɪg] *n.* 米格式飞机

might [maɪt] ❶ *v.; aux.* (may 的过去式) ①可能，或许 ②可以 ③说不定早已 ④本该，是不是可以 ❷ *n.* ①势力 ②大量，很多 ☆**as might have been expected** 不出所料；**by might** 用武力；**might as well A (as B)** (与其 A)还不如 B；**with (by) might and main, with all one's might** 竭尽全力

〖用法〗"might+动词完成式"表示对过去动作的推测，译成"也许"。

mightily ['maɪtɪlɪ] *ad.* 非常，强烈地

mightiness ['maɪtɪnɪs] *n.* 强大，伟大

mighty ['maɪtɪ] (mightier,mightiest) ❶ *a.* ①强大的 ②巨大的，非凡的 ❷ *ad.* 非常

migma ['mɪgmə] *n.* 混合岩浆

migmatite ['mɪgmətaɪt] *n.* 【地质】混合岩

migmatization [,mɪgmətɪ'seɪʃən] *n.* 混合岩化(作用)

migrant ['maɪgrənt] *n.* 移居者；移栖动物；候鸟

migrate [maɪ'greɪt] *v.* ① 迁移,移动,进位 ②移居

migration [maɪ'greɪʃən] *n.* ①迁〔转〕移,移动；进位(计)；离子的移动；色移 ②移民

migrator [maɪ'greɪtə] *n.* 移居者；候鸟

migratory [maɪ'geɪtərɪ] *a.* 迁移的

mike [maɪk] *n.* ①扩音器,麦克风 ②千分尺 ❷ *vt.* 通过话筒传送

mikra ['maɪkrə] *n.* (mikron 的复数)微米

mikrokator ['maɪkrokeɪtə] *n.* 扭簧式比较仪

Mikrolit [mɪ'krɒlɪt] *n.* 一种陶瓷刀具

Mikrolux ['maɪkrə,lʌks] *n.* 杠杆式光学比较仪

mikropoikilitic [,maɪkrəpɔɪkɪ'lɪtɪk] *a.* 微嵌晶结构的

mil [mɪl] *n.* ①密耳(量金属线直径和薄板厚度的单位) ②密位,角密耳,角密度,千分角 ③ 千分之一镑 ④毫升,毫英寸

milammeter ['mɪ,leɪmɪtə] *n.* 毫安(培)计

Milan [mɪ'læn],**Milano** [mi:'lɑ:nəʊ] *n.* 米兰(意大利城市)

milarite ['mɪləraɪt] *n.* 整柱石

mild [maɪld] *a.* ①温和的,轻(微)的,缓和的,(柔)软的,适度的 ②低碳的

milden ['maɪldn] *v.* (使,变)温和

mildew ['mɪl,du:] ❶ *n.* 霉病 ❷ *v.* 生霉

mildewed ['mɪl,du:d] *a.* 发了霉的；陈腐的

mildly ['maɪldlɪ] *ad.* 缓和地,轻度地

mildness ['maɪldnɪs] *n.* 温〔缓〕和,适度

mile [maɪl] *n.* 英里 ☆**be miles better** 好得多；**be miles easier** 容易得多；**not 100 miles from** 离…不远〔不久〕,差得不远

mileage ['maɪlɪdʒ] *n.* 里数〔程〕,按里计算的运费,汽车消耗一加仑汽油所行的平均里程

mileometer [,maɪl'ɒmɪtə] *n.* 里程计

milepost ['maɪlpəʊst] *n.* 里程碑

milestone ['maɪlstəʊn] *n.* 里程碑,(历史上)重大事件

milieu ['mi:ljɜ:] *n.* 周围,环境,背景

militancy ['mɪlɪtənsɪ],**militance** ['mɪlɪtəns] *n.* ①斗争性(强), 好战性 ②交战状态 ‖ **militant** ['mɪlɪtənt] *a.* **militantly** ['mɪlɪtəntlɪ] *ad.* **militantness** ['mɪlɪtəntnɪs] *n.*

militarily ['mɪlɪtərɪlɪ] *ad.* 在军事上, 从军事角度

militarism ['mɪlɪtərɪzm] *n.* 军国主义

militarist ['mɪlɪtərɪst] *n.;a.* ①军国主义者〔的〕,军阀(的) ②军事学家(的) ‖ **~ic** *a.*

militarize ['mɪlɪtəraɪz] *vt.* ①军国主义化 ②军事化 ‖ **militarization** [,mɪlɪtəraɪ'zeɪʃən] *n.*

military ['mɪlɪtərɪ] ❶ *a.* 军事〔用,队,人〕的 ❷ *n.* 军队,陆军

militate ['mɪlɪteɪt] *vi.* (发生)影响,妨碍 ☆**militate against** 妨碍,冲突

militia [mɪ'lɪʃə] *n.* ①民兵(部队,组织) ②国民警卫队

milk [mɪlk] ❶ *n.* ①乳(剂,状液),牛奶,(植物或水果的)浆 ②子同位素 ☆**spilt milk** 不可挽回的事情 ❷ *v.* ①挤奶,榨取 ②子同位素从母体中分离 ③

偷听,套出(消息)

milkability [ˌmɪlkəˈbɪlətɪ] *n.* 产奶量

milker [ˈmɪlkə] *n.* ①电池充电用低压直流电机 ②子同位素发生器 ③挤奶器〔员〕,产奶牛〔羊〕

milkglass [ˌmɪlkˈglɑːs] *n.* 乳白玻璃

milkiness [ˈmɪlkɪnɪs] *n.* 乳状(性);浑浊性;阴暗

milking [ˈmɪlkɪŋ] *n.* ①乳浊 ②蓄电池个别单元充电不足 ③溶离,子同位素从母体中分离

milkpowder [ˈmɪlkpaudə] *n.* 奶粉

milkwhite [ˈmɪlkhwaɪt] *a.* 乳白色的

milky [ˈmɪlkɪ] *a.* (像)牛乳的,乳状的;混浊的

mill [mɪl] ❶ *n.* ①工厂,碾磨厂,磨坊 ②研磨机,磨粉机 ③滚水机,轧制设备 ④铣刀 ⑤钢芯 ⑥轧钢厂 ⑦清选机 ⑧密尔 ❷ *v.* ①碾磨,磨细(碎) ②碾压,轧制 ③铣,切削 ④锯 ⑤搅拌 ⑥选矿 ☆ *go through the mill* 经受磨炼; *in the mill* 在制造中; *mill around (about)* (不规则地)转动,成群兜圈子; *mill off* 铣掉

millability [mɪləˈbɪlətɪ] *n.* 可轧性,可铣性

millable [ˈmɪləbl] *a.* 可轧〔铣〕的

millbar [ˈmɪlbɑː] *n.* 熟铁初轧条

millboard [ˈmɪlbɔːd] *n.* 麻丝板

millconstruction [ˌmɪlkənˈstrʌkʃən] *n.* 工厂建筑;耐火构造

millcourse [ˈmɪlkɔːs] *n.* 磨槽

milldam [ˈmɪldæm] *n.* 水闸;水车用储水池

milled [mɪld] *a.* ①磨碎了的,研压的 ②铣成的 ③(周缘)滚花的

millenarian [ˌmɪlɪˈneərɪən] *a.* 一千年的

millenary [mɪˈlenərɪ] *n.;a.* 一千(年的)

millennia [mɪˈlenɪə] *n.* (millennium 的复数)千年期

millennial [mɪˈlenɪəl] *a.* 一千年的

millennium [mɪˈlenɪəm] *n.* (pl. millennia 或 millenniums) *n.* ①一千年 ②(幻想中的)黄金时代

miller [ˈmɪlə] *n.* ①铣工 ②铣床(用工具) ③磨坊主 ④制粉厂

millerite [ˈmɪləraɪt] *n.* 【矿】针(硫)镍矿

millesimal [mɪˈlesɪməl] ❶ *a.* 千分(之一)的 ❷ *n.* 千分之一 ‖ ~ly *ad.*

millet [ˈmɪlɪt] *n.* 小米

millhand [ˈmɪlhænd] *n.* 研磨〔制粉,纺织〕工人

milliammeter [ˌmɪlɪˈæmɪtə] *n.* 毫安(培)表

milliamp [ˈmɪlɪæmp], **millampere** [ˈmɪlɪæmpeə] *n.* 毫安(培)

milliamperage [ˌmɪlɪˈæmpərɪdʒ] *n.* 毫安(培)数

milliamperemeter [ˌmɪlɪæmpəˈremɪtə] *n.* 毫安表

milliangstrom [ˌmɪlɪˈæŋstrəm] *n.* 毫埃

milliard [ˈmɪljɑːd] *n.* 十亿

milliarium [mɪlɪˈeərɪəm] *n.* ①距离单位(=1.48千米) ②里程碑 ‖ **milliary** [ˈmɪljərɪ] *a.*

millibar [ˈmɪlɪbɑː] *n.* 毫巴(压强单位)

millibarn [ˈmɪlɪbɑːn] *n.* 毫靶(恩)

millicron [ˈmɪlɪkrɒn] *n.* 毫微米

millicurie [ˌmɪlɪˈkjuərɪ] *n.* 毫居(里)

millidarcy [ˈmɪlɪˌdɑːsɪ] *n.* 毫达西

millidegree [ˌmɪlɪdiːˈgriː] *n.* 毫度

millier [mɪˈljeɪ] (法语) *n.* 公吨

millifarad [ˈmɪlɪˌfærəd] *n.* 毫法(拉)

milligal [ˈmɪlɪgæl] *n.* 毫伽(重力加速度单位)

milligamma [ˈmɪlɪgæmə] *n.* 毫微克

milligauss [ˈmɪlɪgaus] *n.* 毫高斯(磁场强度单位)

milligoat [ˈmɪlɪgəut] *n.* 对方向不灵敏的辐射探测器

milligram [ˈmɪlɪgræm] *n.* 毫克

milligramage [ˈmɪlɪgræmeɪdʒ] *n.* 毫克时

milligramequivalent [ˌmɪlɪgræmɪˈkwɪvələnt] *n.* 毫克当量

millihenry [ˈmɪlɪˌhenrɪ] *n.* 毫亨(利)

millijoule [ˈmɪlɪdʒuːl] *n.* 毫焦耳

Millikan electrometer [ˈmɪlɪkənlekˈtrɒmɪtə] 一种早期的电离室剂量计

millilambda [ˈmɪlɪˈlæmbdə] *n.* 毫微升

millilambert [ˈmɪlɪˈlæmbɜːt] *n.* (亮度单位)毫朗伯

millilitre,milliliter [ˈmɪlɪˌliːtə] *n.* 毫升(cc)

millilux [ˈmɪlɪlʌks] *n.* 毫勒(克斯)

millimess [ˈmɪlɪmes] *n.* 一种测微仪

millimeter,millimetre [ˈmɪləˌmiːtə] *n.* 毫米

millimetric [ˌmɪlɪˈmetrɪk] *a.* 毫米的

millimho [ˈmɪlɪməu] *n.* 毫姆欧

millimicra [ˈmɪlɪˌmaɪkrə] *n.* (millimicron的复数)毫微米

millimicro [ˈmɪlɪmɪkrəu] *n.* 纤毫微

millimicrofarad [ˈmɪlɪmaɪkrəˈfærəd] *n.* 毫微法(拉)

millimicromicroammeter [ˈmɪlɪmaɪkrəumaɪkrəˈæmɪtə] *n.* 毫微微安(培)计

millimicron [ˈmɪlɪˌmaɪkrɒn] *n.* (pl. millimicra) *n.* ①纤米,毫微米 ②毫微克

millimicrosecond [ˌmɪlɪˈmaɪkrəuˈsekənd] *n.* 毫微秒

millimol [ˈmɪlɪməl] *n.* 毫克分子,毫摩尔

millimolar [ˈmɪlɪˈmələ] *a.* 毫克分子的

millimole [ˈmɪlɪməul] *n.* 毫(克)分子(量)

millimu [ˈmɪlɪmju] *n.* 毫微米

milling [ˈmɪlɪŋ] *n.* ①碾磨,磨矿,制粉 ②铣 ③滚花,轧制 ④选矿

milling-cutter [ˈmɪlɪŋˈkʌtə] *n.* 铣刀

milling-machine [ˈmɪlɪŋməˈʃiːn] *n.* 铣床,切削机

milling-tool [ˈmɪlɪŋtuːl] *n.* 铣刀

millinile [ˈmɪlɪnaɪl] *n.* 反应性单位

millinormal [ˈmɪlɪˈnɔːməl] *a.* 毫规(度)的,毫(克)当量的

millioersted [ˈmɪlɪˈəusted] *n.* 毫奥(斯特)

milliohm [ˈmɪlɪəum] *n.* 毫欧(姆)

million [ˈmɪljən] ❶ *n.* ①百万,兆 ②大众 ③(pl.)无数,许许多多 ❷ *a.* 百万的 ☆ *by the million* 大量的; *millions upon millions of* 千百万的

millionaire [mɪljənˈneə] *n.* 大富豪,百万富翁

millionfold [ˈmɪljənfəuld] *a.;ad.* (成)百万倍(的,地)

M

millionth [ˈmɪljənθ] *a.;n.* 百万分之一(的),第百万个(的)

millioscilloscope [ˈmɪlɪˈɒsɪləskəʊp] *n.* 小型示波器

milliosmol(e) [ˌmɪlɪˈɒzməʊl] *n.* 毫渗压单位,毫渗透分子

milliosmolarity [ˌmɪlɪˈɒzməˈlærətɪ] *n.* 毫渗量

milliped(e) [ˈmɪlɪped] *n.* 百（千）足虫

milliphot [ˈmɪlɪfəʊt] *n.* 毫辐透(照度单位)

millipoise [ˈmɪlɪpɔɪz] *n.* 毫泊(黏度单位)

millirad [ˈmɪlɪræd] *n.* 毫位德(辐射剂量单位)

milliradian [mɪlɪˈreɪdɪən] *n.* 毫弧度

millirem [ˈmɪlɪrem] *n.* 毫拉德当量

milliroentgen [ˈmɪlɪˌrɒntgən] *n.* 毫伦琴

millirutherford [mɪlɪˈrʌθəfɔːd] *n.* 毫卢(瑟福)

milliscope [ˈmɪlɪskəʊp] *n.* 金属液温度报警器

millisecond [ˈmɪlɪsekənd] *n.* 毫秒

millisite [ˈmɪlɪsaɪt] *n.* 【矿】水磷铝钙石

millitorr [ˈmɪlɪtɔː] *n.* (真空压强单位)毫托,微米汞柱

Minalith [mɪˈnæliθ] *n.* 防腐剂

millival [ˈmɪlɪvl] *n.* 10克当量/100升

millivolt [ˈmɪlɪvəʊlt] *n.* 毫伏特

milliwatt [ˈmɪlɪwɒt] *n.* 毫瓦特

millman [ˈmɪlmən] *n.* 轧钢工

millpond [ˈmɪlpɒnd], **millpool** [ˈmɪlpuːl] *n.* 水车用储水池 ☆*like a millpond* 非常平静

millrace [ˈmɪlreɪs] *n.* 水车的进水槽;水车用水流

millrun [ˈmɪlrʌn] ❶ *n.* ①水车用水流 ②一定量矿砂 ❷ *a.* ①未分等级的,未经检查的 ②普通的

millscale [ˈmɪlskeɪl] *n.* 热轧钢锭表面的氧化皮

millscrap [ˈmɪlskræp] *n.* (轧材的)切头

millstone [ˈmɪlstəʊn] *n.* 磨石,沉重的负担 ☆*be between the upper and nether (lower) millstone* 被上下夹攻而陷入困境

millstream [ˈmɪlstriːm] *n.* 水车用的水流

mill-tail [ˈmɪlteɪl] *n.* 水车的出水槽

milltailings [ˈmɪlteɪlɪŋz] *n.* 工场废渣,尾砂

millwork [ˈmɪlwɜːk] *n.* ①水车的(安装或操作),工厂机械 ②磨光工作

millwright [ˈmɪlraɪt] *n.* 水车(轮机)工,磨轮机工,机械安装工

milometer [maɪˈlɒmɪtə] *n.* 计程器

milpa [ˈmɪlpə] *n.* 栽培地,玉米地

milrule [ˈmɪlruːl] *n.* 密位量角器

milscale [ˈmɪlskeɪl] *n.* 千分尺

milt [mɪlt] *n.* 脾脏;鱼白

MILTRAN [ˈmɪltrən] *n.* 一种军用数字仿真语言

mimeo [ˈmɪmiːəʊ] *n.;v.* 油印(品)

mimeograph [ˈmɪmɪəɡrɑːf] ❶ *n.* (滚筒)油印机,复写机,油印品 ❷ *vt.* 用油印机油印,用复写器复印

mimesis [maɪˈmiːsɪs] *n.* 模仿

mimesite [ˈmɪmɪsaɪt] *n.* 【地质】粒玄岩

mimetic [mɪˈmetɪk] *a.* 模仿的,拟态的,顺对称的 ‖ ~ally *ad.*

mimetism [ˈmɪmɪtɪzm] *n.* 模仿(性),拟态

mimetite [ˈmɪmɪtaɪt] *n.* 【矿】砷铅矿

mimic [ˈmɪmɪk] ❶ *a.* 模仿的,拟态的 ❷ *n.* 仿造物,模写物 ❸ *vt.* ①模仿,摹写 ②与…极为相似
〖用法〗注意下面例句的含义:In our ideal example,the electrons that are emitted <u>mimic</u> the arriving photons.在我们理想的例子中,发射的电子非常相似于到达的光子。

mimicked [ˈmɪmɪkt] *v.* (mimic 的过去式和过去分词)模仿

mimicker [ˈmɪmɪkə] *n.* 模仿者

mimicking [ˈmɪmɪkɪŋ] *v.* (mimic 的现在分词)模仿

mimicry [ˈmɪmɪkrɪ] *n.* 模拟;仿制品

mimiteller [ˈmɪmɪtelə] *n.* 小型出纳机

mim-men [ˈmɪmmən] *a.* 死记硬背的

mimose [mɪˈməʊs] *n.* 含羞草

minacious [mɪˈneɪʃəs] *a.* 威吓(性的) ‖ **minacity** [mɪˈnæsətɪ] *n.*

minar [mɪˈnɑː] *n.* 小(灯)塔,望楼（楼）

Minargent [mɪnədʒənt] *n.* 一种铜镍合金

Minalpha [mɪˈnælfə] *n.* 锰铅标准电阻丝合金

mince [mɪns] *v.* ①切〔绞〕碎 ②装腔作势,矫揉造作

mincer [ˈmɪnsə] *n.* 绞碎机

mind [maɪnd] ❶ ①精神,意志 ②头脑,内心 ③愿望,想法 ④记忆,回忆 ☆*apply the mind to* 专心于; *be in two (several, twenty) minds* 犹豫不决; *be of a (one) mind* 意见一致; *bear (have, keep) in mind* 记住,考虑到; *blow one's mind* 极度激动; *bring (call) to one's mind* 使…想起; *come to (into) one's mind* 想起; *dawn on one's mind* (真相)变明白了; *disclose (say, speak, tell) one's mind* 坦率表明意见; *give one's mind to* 专心于; *have a great (good) mind to (do)* 打算,有意; *have half a mind to (do)* 有几分想; *have A in mind* 记得〔想到〕A; *have no (little) mind to (do)* 一点儿也不想; *have A on (upon) one's mind* 把A挂在心上; *in one's mind* 在…的心目中; *keep an open mind* 不抱成见; *keep (have) one's mind on* 专心于,留心; *make up one's mind* 决意,下决心,认定; *on the mind* 开阔眼界; *set one's mind on* 决心要; *speak one's mind* 坦率说出想法; *spring to mind* 使人突然想起; *to one's mind* 照…的想法; *turn one's mind to* 注意 ❷ *vt.* 注意,照顾;介意

〖用法〗❶ 注意下面例句中该词的用法和译法:These gates were designed <u>with only two uses in mind</u>.设计这些门电路时只考虑到了两种用途。/The Internet Protocol was not designed <u>with security in mind</u>.设计因特网协议时并没有考虑到安全问题。❷当它作动词表示"介意"而后接动词时,要用动名词。

minded ['maɪndɪd] *a.* ①有意的,有…意图的 ②有…头脑的,热心于…的,关心…的

minder ['maɪndə] *n.* 看管人(机)

mindful ['maɪndful] *a.* 注意,记挂,不忘(of) ‖ ~ly *ad.* ~ness *n.*

minimal ['mɪnɪməl] *a.* 最小限度的,极小的

minimality [mɪnɪ'mælɪtɪ] *n.* 最小(性)

mindingite ['mɪndɪŋaɪt] *n.*【矿】铜水钴矿

mindless ['maɪndlɪs] *a.* ①不注意…的(of) ②无头脑的 ‖ ~ness *n.*

mine [maɪn] ❶ *pron.* (I 的物主代词)我的 ❷ *n.* 矿,资源,地雷 ☆*charge a mine* 装填地雷; *lay a mine* 布设地雷; *strike a mine* 触雷; *work a mine* 采矿 ❸ *v.* ①开矿,采掘 ②挖坑道 ③敷设地雷(水雷),布雷于 ④(暗地)破坏

mine-dragging ['maɪn'drægɪŋ] *n.* 扫雷工作

mine-dredger ['maɪn'dredʒə] *n.* 扫雷艇,扫雷机

minelaying ['maɪnleɪɪŋ] *a.* 布雷的

minelite ['maɪnlaɪt] *n.* 采矿炸药

miner ['maɪnə] *n.* ①矿工 ②地雷(坑道)工兵 ③开采机

mineragraphy [mɪnə'rægrəfɪ] *n.* 矿相学

mineral ['mɪnərəl] ❶ *n.* ①矿物,矿石 ②无机物,矿泉水 ❷ *a.* ①(含)矿物的 ②无机的

mineral-dressing ['mɪnərəl'dresɪŋ] *n.* 选矿

mineralization [mɪnərəlaɪ'zeɪʃən] *n.* 矿化(作用)

mineralize ['mɪnərəlaɪz] *v.* 矿化,探矿

mineralized ['mɪnərəlaɪzd] *a.* 矿藏丰富的

mineralizer ['mɪnərəlaɪzə] *n.* ①造矿元素,矿化剂 ②探矿者,采矿者

mineralocorticoid [mɪnərələʊ'kɔːtɪkɔɪd] *n.* 矿物类皮质激素

mineralogical [mɪnərə'lɒdʒɪkəl] *a.* 矿物(学)的 ‖ ~ly *ad.*

mineralogist [mɪnə'rælədʒɪst] *n.* 矿物学家

mineralography [mɪnərə'lɒgrəfɪ] *n.* 矿相学

mineralogy [mɪnə'rælədʒɪ] *n.* 矿物学

mineraloid ['mɪnərəlɔɪd] *n.* 似矿物

minerocoenology [mɪnərəsɪ'nɒlədʒɪ] *n.* 矿共生学

minerogenetic [mɪnərədʒɪ'netɪk], **minerogenic** [mɪnərə'dʒɪːnɪk] *a.* 成矿的

miner-inch [mɪ'nerɪntʃ] *n.* 矿工英寸(矿上量水的单位)

minesite ['maɪnsaɪt] *n.* 敏勒炸药

minette [mɪ'net] *n.*【地质】云煌岩

mingle ['mɪŋgl] *v.* ①混合(with) ② 加入(among, in, with)

mingle-mangle ['mɪŋgl'mæŋgl] *n.* 大杂烩

mini ['mɪnɪ] *n.* ①缩影 ② 缩型 ③小型计算机,微型汽车

miniature ['mɪnɪətʃə] ❶ *n.* ①缩影 ②微型 ③小型物,小型照相机 ❷ *a.* 小型的,缩小的,袖珍的 ☆*in miniature* 小型的,小规模的(地) ❸ *vt.* ① 画成小型,用缩图表示 ②使…小型化

miniaturization [mɪnɪətʃəraɪ'zeɪʃən] *n.* 小(微)型化

miniaturize ['mɪnɪətʃəraɪz] *vt.* (使)小型化

minibar ['mɪnɪbɑː] *n.* 小型条信号(发生器)

minibike ['mɪnɪbaɪk] *n.* 小型摩托车

miniboom ['mɪnɪbuːm] *n.* 短暂繁荣

minicab ['mɪnɪkæb] *n.* 微型出租汽车

minicam ['mɪnɪkæm], **minicamera** ['mɪnɪkæmərə] *n.* 小(微)型照相机

minicard ['mɪnɪkɑːd] *n.* 缩微字符卡

minicell ['mɪnɪsel] *n.* 微细胞

minicom ['mɪnɪkʌm] *n.* 小(型)电感比较仪

minicomponent ['mɪnɪkəm,pəʊnənt] *n.* 小型元件

minicrisis ['mɪnɪkraɪsɪs] *n.* 短暂危机

minicrystal ['mɪnɪ,krɪstl] *n.* 微晶

minidiode ['mɪnɪdaɪəʊd] *n.* 小型二极管

miniemulator ['mɪnɪ,emjuleɪtə] *n.* 小型仿真程序

minification [mɪnɪfɪ'keɪʃən] *n.* 缩小尺寸,削减

minifier ['mɪnɪ,faɪə] *n.* 缩小镜

minify ['mɪnɪfaɪ] *vt.* 缩小(尺寸),缩减

minigroove ['mɪnɪ,gruːv] *n.* 密纹

minihost ['mɪnɪhəʊst] *n.* 小型主机

minikin ['mɪnɪkɪn] ❶ *n.* 微小的东西 ❷ *a.* 微小的

miniliform ['mɪnɪlɪfɔːm] *a.* 念珠状的

minilog ['mɪnɪlɒg] *n.* 微电极测井

minim ['mɪnɪm] ❶ *n.* ①量滴(液量最小单位) ②最小物,微小物 ❷ *a.* 最小的,微小的

minima ['mɪnɪmə] *n.* (minimum 的复数)极小值

Minimag ['mɪnɪmæg] *n.* 米尼麦格微型磁力仪

minimalization [mɪnɪməlaɪ'zeɪʃən] *n.* 极小化;取极小值

minimax ['mɪnɪmæks] *n.* 鞍点;极大极小,最大最小

minimeter ['mɪnɪ,miːtə] *n.* ①测微仪 ②米尼表 ③千分比较仪 ④空气压尺仪

minimization [mɪnɪmaɪ'zeɪʃən] *n.* 极(最)小化,求最小值,最简化

minimize ['mɪnɪmaɪz] *vt.* ①使…成极小,将…减至最小(量,值),使…趋于最小值 ②求…的最小值 ③轻视,将…作最低估计 ④信务剧减,压缩通报

minimodule ['mɪnɪmɒdjuːl] *n.* 微型组件

minimum ['mɪnɪməm] ❶ (pl. minima 或 minimums) *n.* 最小(量,限度),最低(值,点,限度) ❷ *a.* 最小(限度)的,最低的 ☆*at minimum* 至少 【用法】该词后可跟"in"。如:In this case, the minimum in $C_b + C_i$ occurs.在这种情况下,出现了 $C_b + C_i$ 的最小值。

mining ['maɪnɪŋ] ❶ *n.* ①开矿,开采,矿业,矿山 ②敷设地雷(水雷) ❷ *a.* 采矿的,矿用的

mininoise ['mɪnɪnɔɪz] *a.* 低噪声的

minioscilloscope [mɪnɪə'sɪlə,skəʊp] *n.* 小型示波器

minipad ['mɪnɪ,pæd] *n.* 小垫片

miniprints ['mɪnɪprɪnts] *n.* 缩印品

M

minipump ['mɪnɪpʌmp] n. 小〔微〕型真空泵

minister ['mɪnɪstə] n. ①部长,阁员,大臣 ②公使 ③侍从

ministerial [ˌmɪnɪ'stɪərɪəl] a. ①部长的,大臣的 ②内阁的,政府(方面)的,部的 ③起作用的(to) ‖ ~ly ad.

ministrant ['mɪnɪstrənt] n.;a. 助理(的)

ministration [mɪnɪ'streɪʃən] n. 帮助,服务,救济

ministrative ['mɪnɪstrətɪv] a. 帮助的,服务的

ministry ['mɪnɪstrɪ] n. ①部 ②内阁(各部),全体部 长 ③部长职位

minisub ['mɪnɪsʌb] n. 小型潜水艇

minitrack ['mɪnɪtræk] n. 电子跟踪系统

minitransistor [ˌmɪnɪtræn'zɪstə] n. 小型晶体管

minitrim ['mɪnɪˌtrɪm] n.;v. 微调

minituner ['mɪnɪtjuːnə] n. 小型谐调器

minium ['mɪnɪəm] n. ①红铅(粉),红丹 ②朱色

minivalence [ˌmɪnɪ'veɪləns] n. 最低化合价

miniwatt ['mɪnɪˌwɒt] n. 小功率

Minofar [mɪ'nəʊfaː] n. 餐具锡合金

minometer [mɪ'nɒmɪtə] n. 微放射计

minor ['maɪnə] ❶ a. ①(两者之中)较小的,较少的, 少数的 ②次要的,辅助的 ③子行列式的 ❷ n. ①【数】子行列式,余子式 ②选修科,次要科目 ③ 【音】小调

minorant(e) ['mɪnɪərənt] n.【数】弱函数

Minorca [mɪ'nɔːkə] n. 米诺卡岛(西地中海)

minority [maɪ'nɒrɪtɪ] n. ①少数 ②少数民族 ③未 成年 ☆be in the minority 占少数

Minovar [mɪnəʊ'vaː] n. 低膨胀高镍铸铁

Minsk [mɪnsk] n. 明斯克(白俄罗斯城市)

minster ['mɪnstə] n. 寺院的教堂

mint [mɪnt] ❶ n. ①薄荷 ②造币厂 ③巨额,大宗 ④富源 ❷ a. 崭新的,完美的 ☆in mint state (condition) 崭新的,无污损的,完善的 ❸ vt. 铸 造(钱币),新造(词句)

mintage ['mɪntɪdʒ] n. 铸币

minterm ['mɪnˌtəm] n. 小项

mint-weight ['mɪntweɪt] n. 货币的标准重量

minuend ['mɪnjʊend] n.【数】被减数

minus ['maɪnəs] ❶ a. 负的,减去的,零下的 ❷ n. ①负数 ②【数】减号,负号,零下 ③不足,损失 ❸ prep. ①减去 ②没有(…的),去掉

minuscule ['mɪnəskjuːl] ❶ n. 小写字母 ❷ a. 很 小的,很不重要的

minute ❶ ['mɪnɪt] n. ①分,角度的弧分 ②一会儿, 刹那 ③备忘录,笔记,(pl.)会议记录 ☆half a minute 片刻; in a minute 立即; make a minute of 记录; the minute (that)...刚一… 就…; this minute 现在,即刻; to the minute 一分 不差,准确地; up to the minute 最新(式)的; at the last minute 在紧要关头 ❷ ['mɪnɪt] vt. ①记 录,将…列入会议记录 ②测定…的精确时间 ❸ [maɪ'njuːt] a. ①微小的 ②详细的,精密的 〖用法〗 ❶ 在下面例句中,该词起到了引导时间

状语从句的连接词的作用:You may have already realized that the minute a PC product is available on a shelf in a store, it is obsolete.你也许已经觉察到 了:一种 PC 产品刚上市就过时了。❷注意下面例 句中该词的含义:It is now a well-known fact that all matter is made up of minute particles.所有物质 都是由微小的粒子构成的,这现在已是众所周知 的事实了。

minute-book ['mɪnɪtbʊk] n. 记录簿

minute-hand ['mɪnɪthænd] n. 分针,长针

minutely ❶ ['mɪnɪtlɪ] a.;ad. 每分钟(都发生的), (连续)不断(的) ❷ [maɪ'njuːtlɪ] ad. 微小地,详细 地,精密地

minuteman ['mɪnɪtmæn] n. (美国独立战争时的) 民兵

minuteness [maɪ'njuːtnɪs] n. 微小,详细;精密

minutia [mɪ'njuːʃɪə] n. (pl. minutiae) n. 细节,琐事

minutiae [mɪ'njuːʃɪiː] n. (minutia 的复数)细节, 琐事

Minvar ['mɪnvaː] n. 镍铬铸铁

minverite ['mɪnvəˌraɪt] n.【地质】钠长角闪辉绿岩

miny ['maɪnɪ] a. 似矿坑的,地下的

Miocene ['maɪəʊsiːn] n.;a. 第三纪中新世(的)

miogeosyncline ['maɪəʊˌdʒɪːəʊ'sɪnklaɪn] n. 冒 地槽

mionectic [maɪə'nektɪk] a. 低氧的

miostagmin [maɪə'stægmɪn] n. 减张抗体

mipor ['maɪpɔː] a. 多微孔的

mipora [mɪ'pɒrə] n. 米波拉(一种保温材料)

Mira [mɪ'raː] n. 米拉铜合金

mirabilia [ˌmɪrə'bɪlɪə] (拉丁语) n. 不可思议的事 (物),奇迹

Mirabilite [mɪ'ræbɪlaɪt] n. 米拉比来铝合金;芒硝

miracle ['mɪrəkl] n. 奇迹,令人惊奇的事(物) ☆to a miracle 奇迹般地,不可思议地

miraculous [mɪ'rækjʊləs] a. 奇迹般的;不可思议 的;超自然的 ‖ ~ly ad. ~ness n.

mirage ['mɪraːʒ] n. ①蜃景,海市蜃楼 ②幻想,妄想 ③光辉

miran [mɪ'ræn] n. (= missile ranging)导弹射程测定 系统或称米兰系统

mirbane ['mɜːbeɪn] n. 硝基苯,密斑油

mire [maɪə] ❶ n. 淤泥,泥潭,矿泥,困境 ☆be in the mire 陷入困境; drag...through the mire 使…丢丑; find (stick) oneself in the mire 掉 在泥坑里,陷入困境 ❷ v. (使)陷入泥坑〔困 境〕,(使)束手无策

mire-drum ['maɪədrʌm] n. 天然盐水

miriness ['maɪərɪnɪs] n. 泥泞

mirror ['mɪrə] ❶ n.;v. ①镜子,反射器 ②借鉴 ③反 射,映出 ❷ a. 镜式的

mirrored ['mɪrəd] a. 镀金(属)的;镜面(化)的

mirrorless ['mɪrəlɪs] a. 无反射镜的

mirth [mɜːθ] n. 欢笑,高兴

mirthful ['mɜːθfʊl] a. 欢笑的,高兴的 ‖ ~ly ad.

M

~**ness** *n.*

miry ['maɪrɪ] *a.* 淤泥的,泥泞的;肮脏的

misadjustment [,mɪsə'dʒʌstmənt] *n.* 误调(整,谐),失调

misadministration ['mɪsədmɪnɪs'treɪʃ ən] *n.* 管理失当

misadventure ['mɪsəd'ventʃ ə] *n.* 不幸遭遇,灾难 ☆**by misadventure** 因不幸,过失

misaim [mɪs'eɪm] *v.* 失准

misalignment ['mɪsəlaɪnmənt] *n.* ①不对准,未校准,未线性,不同轴性,不同心度,不平行度 ②不重合,安装误差,失调,不正,偏移 ③角(度)误差 ④偏心率

misapplication [,mɪsæplɪ'keɪʃ ən] *n.* 误用

misapply [,mɪsə'plaɪ] *vt.* 误用

misapprehend [,mɪsæprɪ'hend] *vt.* 误解(词语),误会(人) ‖ **misapprehension** ['mɪs,æprɪ'henʃ ən] *n.* **misapprehensive** ['mɪs,æprɪ'hensɪv] *a.*

misappropriate [,mɪsə'prəʊprɪ,eɪt] *vt.* 挪用;侵占 ‖ **misappropriation** ['mɪsə,prəʊprɪ'eɪʃ ən] *n.*

misarrange [,mɪsə'reɪndʒ] *vt.* 排错,安排不当 ‖ ~**ment** *n.*

misbecome [,mɪsbɪ'kʌm] (misbecame,misbecome) *vt.* 不适于

misbelief [,mɪsbɪ'li:f] *n.* 误信

miscalculate [mɪs'kælkjuleɪt] *v.* 算错,估计错误 ‖ **miscalculation** ['mɪs,kælkjʊ'leɪʃ ən] *n.*

miscall [mɪs'kɔ:l] *vt.* 错叫,误称

miscarriage [mɪs'kærɪdʒ] *n.* ①错误,误送 ②失败,流产

miscarry [mɪs'kærɪ] *vt.* ①失败,流产 ②产生错误,误投

misce ['mɪsi:](拉丁语) *v.* 混合

miscellanea [,mɪsə'leɪnɪə] *n.* (pl.) 杂事,随笔

miscellaneous [,mɪsə'leɪnɪəs] ❶ *a.* (混)杂的,杂项的,多方面的 ❷ *n.* 其他 ‖ ~**ly** *ad.*

miscellany [mɪ'selənɪ] *n.* ①混杂 ②杂集,随笔 ☆**a miscellany of** 各种各样的,杂七杂八的

mischance [mɪs'tʃɑ:ns] *n.* ①不幸(事件),灾难 ②障碍,故障 ☆**by mischance** (由于)不幸(事件),不巧

mischcrystal [mɪstʃ'krɪstəl] *n.* 混晶,固溶体

mischief ['mɪstʃɪf] *n.* ①损害,灾祸 ②故障 ③胡闹,恶作剧 ☆**make mischief (between)**(在…之间)挑拨离间;**play the mischief with** 损害,把…弄得乱七八糟

mischievous ['mɪstʃəvəs] *a.* 有害的;胡闹的,淘气的 ‖ ~**ly** *ad.* ~**ness** *n.*

mischmetal ['mɪʃmetl] *n.* 含铈的稀土元素合金,稀土金属混合物

mischzinn ['mɪʃzɪn] *n.* 焊锡

miscibility [,mɪsə'bɪlətɪ] *n.* 可混合性,溶混性

miscible ['mɪsɪb(ə)l] *a.* 可混(合)的,可(溶)混的(with)

misclosure [mɪs'kləʊʒə] *n.* 闭合差

miscoding [mɪs'kəʊdɪŋ] *n.* 密码错编

miscolo(u)r ['mɪsk ʌlə] *vt.* 着色不当,错误表现

misconceive [,mɪskən'si:v] *v.* 误解,(对…)有错误观念(of)

misconception [,mɪskən'sepʃ ən] *n.* 误解;概念不清;错觉

misconduct ❶ [mɪs'kɒndʌkt] *n.* 不端行为;处理不当 ❷ [,mɪskən'dʌkt] *vt.* ①处理不当 ②胡作非为

misconnection [,mɪskə'nekʃ ən] *n.* 错接

misconstruction [,mɪskən'strʌkʃ ən] *n.* ①曲解 ②盖错 ☆**be open to misconstruction** 容易引起误会

misconstrue [,mɪskən'stru:] *vt.* 误解,曲解

misconvergence [,mɪskən'vɜ:dʒəns] *n.* 收敛失效,无收敛;失聚

miscount ['mɪs'kaʊnt] *v.;n.* 算错,误计数

miscreate [,mɪskrɪ'eɪt] *v.* 错造;弄成奇形怪状

misdate ['mɪs'deɪt] *v.* 记错日期

misdealing ['mɪs'di:lɪŋ] *n.* 做错

misdeed ['mɪs'di:d] *n.* 罪行

misdeem [mɪs'di:m] *vt.* 错认为,估计错

misdelivery [mɪsdɪ'lɪvərɪ] *n.* 误投

misdemeano(u)r [,mɪsdɪ'mi:nə] *n.* 坏事,犯轻罪

misderive [mɪsdɪ'raɪv] *n.* 错误得出

misdescribe [,mɪsdɪ'skraɪb] *v.* 记述错误 ‖ **misdescription** [mɪsdɪs'krɪpʃ ən] *n.*

misdirect [,mɪsdɪ'rekt] *vt.* ①指导错误;方向指错;瞄错 ②写错;错用;错误处置 ‖ ~**ion** *n.*

misdoing ['mɪs'du:ɪŋ] *n.* (常用 pl.) 坏事,罪行

misdoubt [,mɪs'daʊt] *vt.;n.* 怀疑;担心

mise [mi:z] *n.* 协定;赌金

miseducation ['mɪs,edjʊ'keɪʃ ən] *n.* 错误教育

misemploy [mɪsɪm'plɔɪ] *v.* 误用

miser ['maɪzə] *n.* ①钻湿土用大型钻头,钻探机 ②守财奴,小气鬼

miserable ['mɪzərəbl] *a.* ①可怜的,不幸的,悲惨的 ②简陋的 ③糟糕的,使人难受的 ‖ ~**ness** *n.*

miserably ['mɪzərəblɪ] *ad.* ①可怜地,不幸地,悲惨地 ②非常

misery ['mɪzərɪ] *n.* 悲惨,苦难,不幸

misestimate ❶ [mɪs'estɪmeɪt] *vt.* 错估,误估 ❷ [mɪs'estɪmɪt] *n.* 错误评价

misfeasance [mɪs'fi:zəns] *n.* 滥用职权,违法,过失

misfeed ['mɪsfi:d] *n.;v.* 误传送

misfire [mɪs'faɪə] *vi.;n.* ①(发动机)不发火,点火不良,发动不起来 ②(枪炮)射不出,空射,瞎炮(眼)③打不中要害

misfit ['mɪsfɪt] *v.;n.* ①不吻合,配错 ②不配合的零件;不称职的人

misfocus [mɪs'fəʊkəs] *v.* 散焦

misform [mɪs'fɔ:m] *v.* 做成奇形怪状;弄成残缺不全

misfortune [mɪs'fɔ:tʃ ən] *n.* 不幸,灾难

misframing [mɪs'freɪmɪŋ] *n.* 帧失步

M

misgave [mɪsˈgeɪv] v. (misgive 的过去式)疑虑

misgive [mɪsˈgɪv] (misgave,misgiven) vt. 使感到疑虑〔不安〕

misgiven [mɪsˈgɪvn] v. (misgive 的过去分词)疑虑

misgiving [mɪsˈgɪvɪŋ] n. 疑虑,不安

misgovern [mɪsˈgʌvən] vt. 对…管理不当 ‖ ~ment n.

misgrowth [ˈmɪsˈgrəʊθ] n. 异常发育

misguidance [ˌmɪsˈgaɪdəns] n. 错误的指导

misguide [mɪsˈgaɪd] vt. 对…指导错误;使…误入歧途

misguided [ˌmɪsˈgaɪdɪd] a. 搞错的;误入歧途的 ‖ ~ly ad.

mishandle [mɪsˈhændl] vt. ①处理错,乱弄 ②误操作

mishap [ˈmɪshæp] n. 不幸(事),灾难

mishear [mɪsˈhɪə] (misheard) vt. 听错

mishmash [ˈmɪʃmæʃ] n. 杂烩

misinform [ˌmɪsɪnˈfɔːm] vt. 误传,使误解

misinformation [ˌmɪsɪnfəˈmeɪʃ(ə)n] n. 误传,错误的消息

misinformer [ˌmɪsɪnˈfɔːmə] n. 误传者

misinterpret [ˌmɪsɪnˈtɜːprɪt] vt. 误解〔译〕,误以为 ‖ **misinterpretation** [ˈmɪsɪnˌtɜːprɪˈteɪʃ(ə)n] n.

misjudge [mɪsˈdʒʌdʒ] v. (把…)判断错误;轻视

misjudg(e)ment [mɪsˈdʒʌdʒmənt] n. 判断错误

mislabel [mɪsˈleɪbl] v. 误贴标签

mislaid [mɪsˈleɪd] v. (mislay 的过去式和过去分词)放错,遗失

misland [mɪsˈlænd] vt. 卸错,弄错起卸港

mislay [mɪsˈleɪ] (mislaid) vt. 误置,不知放在什么地方

mislead [mɪsˈliːd] (misled) vt. 带错;使…迷惑

misleading [mɪsˈliːdɪŋ] a. 使人误解的,引入歧途的

misled [mɪsˈled] v. (mislead 的过去式和过去分词)带错;使…迷惑

mislike [mɪsˈlaɪk] vt.;n. 厌恶

misloading [mɪsˈləʊdɪŋ] n. 误装

mismachined [ˈmɪsməˈʃiːnd] a. 加工不当的

mismanage [mɪsˈmænɪdʒ] v. 处理错误,管理不善 ‖ ~ment n.

mismatch [ˈmɪsmætʃ] n.;vt. ①失配 ②配合不符 ③不重合,未对准 ④【冶】错箱

mismatching [mɪsˈmætʃɪŋ] n. 错配,失配系数

mismate [mɪsˈmeɪt] v. 误配,错配合

misname [mɪsˈneɪm] vt. 误称,叫错

misnomer [mɪsˈnəʊmə] n. 误称,名称使用不当

misoneism [ˌmɪsəʊˈniːɪzm] n. 保守主义

misoperation [ˈmɪsɒpəˈreɪʃ(ə)n] n. 误动作;误操作;故障

misorientation [ˈmɪsɔːrɪenˈteɪʃ(ə)n] n. 取向错误,迷失方向

misoriented [mɪsˈɒrɪentɪd] a. 取向错误的

mispairing [mɪsˈpeərɪŋ] n. 缺对

mispickel [ˈmɪspɪkəl] n. 毒砂

misplace [mɪsˈpleɪs] vt. ①错放,误置 ②误给

misplug [mɪsˈplʌg] v.;n. 误插

misprise,misprize [mɪsˈpraɪz] vt. 轻视

mispronounce [ˌmɪsprəˈnaʊns] vt. 发错音 ‖ **mispronunciation** [ˌmɪsprənʌnsɪˈeɪʃ(ə)n] n.

misproportion [ˌmɪsprəˈpɔːʃ(ə)n] n. 不匀称;不成比例

misquote [mɪsˈkwəʊt] vt. 误引 ‖ **misquotation** [ˌmɪskwəʊˈteɪʃ(ə)n] n.

misread [mɪsˈriːd] (misread) vt. 错读,把…解释错误

misregister [mɪsˈredʒɪstə] n.;vt. 记录不准确

misregistration [ˈmɪsˌredʒɪˈstreɪʃ(ə)n], **misregistry** [mɪsˈredʒɪstrɪ] n. 错误配准;记录错误;(电视彩色)不协调;【计】位置不正

misremember [ˌmɪsrɪˈmembə] v. 记错,忘记

misreport [ˌmɪsrɪˈpɔːt] v. 错报

misrepresent [ˌmɪsreprɪˈzent] vt. ①误传,歪曲,把…颠倒黑白,虚报 ②错误表示 ‖ ~ation n.

misroute [mɪsˈruːt] vt. 错误指向

misrun [ˈmɪsrʌn] n.;vi. 滞流;【冶】缺肉,未铸满

miss [mɪs] v.;n. ①未打中,脱靶,落空 ②未拿到,损失,失去 ③未看到〔听到,觉察〕④遗漏,省掉(out) ⑤未赶上,错过,够不上 ⑥逃脱,免于 ⑦惦念 ⑧小姐 ☆*a miss is as good as a mile* 毫末之错仍为错; *miss one's (the) mark (aim)* 未达到原定目的,不恰当; *miss fire* (枪炮)不点火;不成功; *miss out on* 得不到期望中的东西; *miss the bus* 错过机会; *miss the point* 不得要领

missdistance [mɪsˈdɪstəns] n. 脱靶〔误差〕距离

missend [ˈmɪsˌsend] (missent) vt. 送错

missense [ˈmɪsˌsens] n. 误义

misshape [mɪsˈʃeɪp] vt. 使成异形

misshapen [mɪsˈʃeɪp(ə)n] a. 畸形的;缺缺不全的

missile [ˈmɪsaɪl] ❶ n. 导弹,飞弹,射体,抛射体 ❷ a. 可发射〔投掷〕的

missiledom [ˈmɪsaɪldəm] n. 导弹世界

missileer [ˌmɪsɪˈlɪə] n. 导弹专家

missileman [ˈmɪsaɪlmən] n. 火箭发射手,导弹专家

mssil(e)ry [ˈmɪsəlrɪ] n. 导弹技术

missing [ˈmɪsɪŋ] ❶ n. ①遗漏,未打中,空白 ②不着火,故障 ③损失 ④通过 ❷ a. 失去的,失踪的,缺少的

mission [ˈmɪʃ(ə)n] ❶ n. ①使命,飞行(任务) ②代表团,使团,使节 ③(汽车的)变速箱 ❷ v. 派遣

missis [ˈmɪsɪz] n. 夫人,太太

Mississippi [ˌmɪsɪˈsɪpɪ] n. (美国)密西西比(河,州)

Mississippian [ˌmɪsɪˈsɪpɪən] ❶ a. (美国)密西西比河〔州〕的 ❷ n. (早石炭纪)密西西比纪〔系〕

missive [ˈmɪsɪv] n. 公文,书信

Missouri [mɪˈzʊərɪ] n. (美国)密苏里(州)

misspend [mɪsˈspend] (misspent) vt. 浪费,误用,虚度

mist [mɪst] ❶ n. ①雾,霾,烟云,湿气 ②朦胧 ☆*lost in the mists of time* 时间久了渐被遗忘; *see things through a mist* 模模糊糊地看东西

❷ *v.* 下雾,被雾所笼罩;模糊不清

mistakable [mɪs'teɪkəbl] *a.* 易错的,易被误解的

mistake [mɪs'teɪk] ❶ (mistook) *v.* 弄错;误解;失策 ❷ *n.* 错误,过错;误会 ☆ ***and no mistake*** 无疑地 〖**用法**〗 ❶ 它作名词意为"错误"时为可数名词,它一般与"make"连用,表示"犯错误",但也可以用"commit"。 ❷ 句型"There is no mistaking ..."意为"···是不可能搞错(误解的);···是清楚不过的"。❸ 当它作及物动词时,注意句型"mistake A for B",意为"把 A 错当成 B"。如:Once in a while the channel noise causes the transmitted code word to <u>be mistaken for</u> a nearby code word.偶尔信道噪声会使得人们把发送的码字误认为是邻近的码字。

mistaken [mɪs'teɪk(ə)n] ❶ *v.* mistake 的过去分词 ❷ *a.* 错误的,搞错了的,误解了的 ‖ ~**ly** *ad.* ~**ness** *n.*

mister ['mɪstə] *n.* 先生

misterm [mɪs'tɜ:m] *vt.* 误称

mistermination [mɪs,tɜ:mɪ'neɪʃən] *n.* (端接)失配;失谐

mistful ['mɪstful] *a.* 雾深的,朦胧的

mistily ['mɪstɪlɪ] *ad.* 雾深,朦胧地,模糊地

mistime [mɪs'taɪm] *vt.* 做(说)得不合时宜;不同步

mistimed [,mɪs'taɪmd] *a.* 不合时宜的

mistiness ['mɪstɪnɪs] *n.* 雾深,朦胧,模糊

mistlike ['mɪstlaɪk] *a.* 薄雾状(似)的

mistranslate ['mɪstræns'leɪt] *vt.* 译错,误译

mistranslation [,mɪstræns'leɪʃən] *n.* 译错

mistress ['mɪstrɪs] *n.* 女主人;情妇

mistrust [mɪs'trʌst] ❶ *vt.* 不信任,怀疑 ❷ *n.* 不相信,怀疑(of,in)

mistrustful [mɪs'trʌstful] *a.* 不相信的,怀疑的(of) ☆ ***be mistrustful of*** 不信任 ‖ ~**ly** *ad.* ~**ness** *n.*

mistune [mɪ'stju:n] *vt.* 失谐(调)

misty ['mɪstɪ] *a.* (有)雾的;雾深的;模糊(不清)的,朦胧的

misunderstand [,mɪsʌndə'stænd] (misunderstood) *vt.* 误会,曲解

misunderstanding [,mɪsʌndə'stændɪŋ] *n.* 误会,隔阂

misusage [mɪs'ju:sɪdʒ] *n.* 错用

misuse ❶ [mɪs'ju:z] *vt.* 用错 ❷ [mɪs'ju:s] *n.* 错用

miswork ['mɪs'wɜ:k] *vi.* 工作出错

miswrite [mɪs'raɪt] (miswrote,miswritten) *vt.* 写错

mite [maɪt] *n.* 一点点,小东西 ☆ ***a mite of*** 一点点; ***not a mite*** 一点也不(也没有)

miticide ['maɪtɪsaɪd] *n.* 杀螨药

mitigable ['mɪtɪgəbl] *a.* 可缓和的

mitigate ['mɪtɪgeɪt] *vt.* 减轻,使镇静,调节 ‖ **mitigation** [,mɪtɪ'geɪʃən] *n.*

mitigative ['mɪtɪgeɪtɪv] ❶ *a.* 缓和性的,止痛的 ❷ *n.* 镇静(止痛)剂

mitigator ['mɪtɪgeɪtə] *n.* 镇静剂

mitigatory ['mɪtɪgeɪtərɪ] *a.* 镇静的,减轻的

mitis ['maɪtɪs] ❶ *n.* 可锻铁(铸件) ❷ *a.* 铸造用可

锻铁的,缓和的

mitochondria [,maɪtəu'kɒndrɪə] *n.* 【生】线粒体

mitogen [,mɪtə'dʒən] *n.* 促细胞分裂剂

mitogenetic [,mɪtəudʒɪ'netɪk] *a.* 引起细胞间接分裂的

mitome ['mɪtəum] *n.* 原生质网

mitosis [maɪ'təusɪs] *n.* 【化】有丝分裂

mitre,miter ['maɪtə] *vt.,n.* ①斜接,斜榫,斜角缝 ②成 45°角斜接,作成斜的

mitron ['maɪtrɒn] *n.* 电子调谐式柱形磁控管

mitten ['mɪt(ə)n] *n.* 连指手套

mix [mɪks] ❶ *v.* ①混合,掺和搅拌 ②配料,配制 ③混频 ④混淆 ⑤交往,参与(in) ☆ ***mix enroute*** 路拌; ***mix up*** 混合,搅匀,混淆 ❷ *n.* ①混合,掺和 ②混合料,新浇混凝土 ③配合比 ④糊涂,迷惑 ❸ *a.* 混合的

mixable ['mɪksəbl] *a.* (可)溶混的

mixed [mɪkst] *a.* 混合的,拌和(式)的,各式各样的,混淆的

Mixee ['mɪksi:] *n.* 米克斯粉末混合度测量仪

mixer ['mɪksə] *n.* ①混合器,料料箱,搅拌机 ②混铁炉 ③混频器,调音台 ④混合者

mixi ['mɪksɪ] *a.* 长、中、短俱备的

mixing ['mɪksɪŋ] *n.* ①混合(力),混炼,搅拌 ②混频,变频 ③混录,转录,配音 ④混合物的形成,混合对称化(张量指标)的循环 〖**用法**〗注意"mixing of A with B"。如:This method involves <u>a mixing of the field with a delayed version of itself</u>.这种方法涉及把该场与其延迟的变体进行混合。

mixolimnion [,mɪksə'lɪmnɪən] *n.* 混成层,环行层(指湖水)

mixometer [mɪk'sɒmɪtə] *n.* 拌和计时器

mixture ['mɪkstʃə] *n.* 混合物(剂,状态);配料;型砂 〖**用法**〗注意下面例句的汉译法:Salt water, <u>a mixture</u>, is made up of two compounds, salt and water.盐水是一种混合物,它是由盐和水两种化合物构成的。

mixy ['mɪksɪ] *a.* 适于混合的

Miyazaki ['mi:jɑ:'zɑ:ki:] *n.* 宫崎(日本港口)

Mizushima ['mi:zu'ʃi:mə] *n.* 水岛(日本港口)

mizzle ['mɪz(ə)l] *vi.,n.* (下)毛毛雨

mizzly ['mɪzlɪ] *a.* 毛毛雨的

mneme ['ni:mɪ] *n.* 记忆力

mnemic ['ni:mɪk] *a.* 记忆的

mnemon ['ni:mən] *n.* 记忆单位

mnemonic [nɪ'mɒnɪk] ❶ *a.* (帮)助记(忆)的,记忆(性)的 ❷ *n.* ①记忆术,记忆装置,助记符号 ②(pl.)寄存,增进记忆的方法,帮助记忆的东西

mnemonics [nɪ'mɒnɪks] *n.* 记忆术,助记法

mnemotechnics [ni:məu'teknɪks],**mnemotechny** ['ni:məuteknɪ], **mnemonic** [nɪ'mɒnɪk] *n.* 记忆术

Mo [məu] *n.* 【化】钼

mo [məu] *n.* 顷刻;细沙土,岩粉

moan [məʊn] *n.; v.* 呻吟,悲叹(声) ‖ **~ful** *a.*

moat [məʊt] ❶ *n.* (水)沟,城壕,护城河 ❷ *vt.* 挖壕围绕

moated ['məʊtɪd] *a.* (围)有壕沟的

mobile ['məʊbaɪl] ❶ *a.* ①动〔易〕动的,可移动的,游离的 ②轻便的,可携带的 ③易变的 ④汽车的 ❷ *n.* 运动物体,活动装置,汽车

mobility [məʊˈbɪlətɪ] *n.* 机动性,流动率,迁移(率) 〖用法〗当它表示"迁移率"时为可数名词。如:Hole <u>mobilities</u> are small in this kind of material.在这物质中空穴的迁移率是很低的。

mobilization [ˌməʊbɪlaɪˈzeɪʃən] *n.* 活动;动员;动用;活动法

mobilize ['məʊbəlaɪz] *vt.* 动员;调动;动(运)用;使流通,使活动

mobiloil ['məʊbɪˌlɔɪl] *n.* 流性油,机油,润滑油

mobilometer [ˌməʊbɪˈlɒmɪtə] *n.* 淌度计,流вар计

mobot ['məʊbɒt] *n.* 人控机器人

mock [mɒk] ❶ *vi.* 嘲笑,挖苦(at) ②制造模型(up) ❷ *vt.* 嘲弄;模仿;挫败 ❸ *a.* 假的,模仿的 ❹ *n.* 嘲笑,模仿,仿造(品) ☆**make a mock of** 讥笑,嘲笑; **mock up** (制造)模型,制造样板

mockery ['mɒkərɪ] *n.* 嘲笑,愚弄

mocksun ['mɒksʌn] *n.* 幻日

mockup ['mɒkʌp] ❶ *n.* ①同实物等大的研究用模型,样机 ②等效雷达站 ③伪装物 ❷ *a.* 模型的

mod [mɒd] *a.;n.* 时髦的

modal ['məʊdl] *a.* ①模态的 ②最普通的,出现频率最高的 ③形式的,形态的,语气的,情态的

modality [məʊˈdælətɪ] *n.* 模态,形态,样式

modally ['məʊdlɪ] *ad.* 模态,最常见,形式上

mode [məʊd] *n.* ①方式,外形,形态 ②模式,式样,(波,振荡,传输)模〔型〕③出现频率最大的值,最可几值 ④方法,手段 ☆**all the mode** 非常流行; **out of mode** 不流行 ☆**model A after (on,upon) B** 按照 B 制作 A

model ['mɒdl] ❶ *a.* ①模型的 ②标准的,模范的 ☆**on new television models** 在新型电视机(样机)中; **on the model of** 仿照 ❷ *n.* ①模范,标本,模型,模式,式〔试〕样,型号 ②样板,靠模 ❸ (model(l)ed; model(l)ing) *v.* ①作…的模型,塑型 ②模拟,仿造 ③设计 ☆**be model(l)ed on** 仿形; **model A after (on,upon) B** 按照 B 制作 A 〖用法〗❶ 表示"…的模型"时,其后常跟介词"for",也可用"of"。如:These effects lead to capacitance elements in the circuit <u>model for</u> the diode.这些效应导致在二极管的电路模型中出现了电容元件。❷表示"在…上建模"时,它与"on"搭配。如:Microwave theory and techniques of today permit circuits to be <u>modeled on</u> the computer in great detail.现今的微波理论和技术使得人们能在计算机上详细地对电路进行建模。❸ "model A as B"意为"把 A 建模(表示)成 B"。

modeller ['mɒdlə] *n.* 造型者

modelling ['mɒdlɪŋ] *n.* ①模(型)化 ②模型制造 ③仿形,靠模

modelocker ['mɒdlɒkə] *n.* 锁模器

modem ['məʊdem] *n.* 调制解调器

modena ['mɒdɪnə] *n.* 深紫色

moder ['məʊdə] *n.* 脉冲编码装置

moderate ❶ ['mɒdərɪt] *a.* 适度的,有节制的,中等的,缓和的 ❷ ['mɒdəreɪt] *v.* 缓和,节制,使适中 ☆**exercise a moderating influence on** 对…起缓和作用

moderated ['mɒdərɪtɪd] *a.* 慢化的,(带有)减速(剂)的

moderately ['mɒdərɪtlɪ] *ad.* 适度地,中等地;温和地;一般地 〖用法〗注意下面例句的译法:In this region, the slope is <u>moderately</u> high.在这个区域,斜率适中。

moderation [mɒdəˈreɪʃən] *n.* 减速;缓和;节制;适度

moderative ['mɒdərətɪv] *a.* 减速的,慢化的

moderator ['mɒdəreɪtə] *n.* ①减速剂,减速器 ②主席,议长,仲裁者,调停者,长老会会议主席,主持人

modern ['mɒdən] ❶ *a.* ①现代的,近代的 ②时髦的 ❷ *n.* 现(近)代人,新时代人

modernism ['mɒdənɪzm] *n.* 现代方法〔主义〕

modernistic [ˌmɒdəˈnɪstɪk] *a.* 现代的

modernity [mɒˈdɜːnətɪ] *n.* 现代性,现代风格,(pl.)现代的东西

modernization [ˌmɒdənaɪˈzeɪʃən] *n.* 现代化

modernize,modernise ['mɒdənaɪz] *vt.* 使现代化,用现代方法

modernly ['mɒdənlɪ] *ad.* 用现代式,在现代

modest ['mɒdɪst] *a.* ①合适的,适度的,有节制的 ②谨慎的,谦虚的 ‖ **~ly** *ad.*

modesty ['mɒdɪstɪ] *n.* ①适度,节制,中肯 ②谨慎,朴实,虚心

modi ['məʊdaɪ] *n.* (modus 的复数)程序

modicum ['mɒdɪkəm] *n.* 少量,一点点,适量 ☆**a modicum of** 少量

modifiable ['mɒdɪˌfaɪəbl] *a.* 可变更的,可缓和的 ‖ **~ness** *n.*

modification [ˌmɒdɪfɪˈkeɪʃən] *n.* ①变更,改变,改(饰),调整 ②改进了的形式 ③缓和,限定 ④变质处理 〖用法〗❶ 该词表示一种动含义时往往后跟介词"to",否则跟"of"。如:This bound is <u>a modification of</u> the ordinary Cramer-Rao bound. <u>The modification to</u> this bound is made to overcome computational difficulties.这个界限是对普通的克拉默-拉奥界限的一种修正。而我们对这个界限做修改以便克服计算上的困难。❷注意下面例句的含义:The <u>modifications</u> for improvement or variations to give better insight will tumble head over heels to suggest. 要想建议为改进(那部分内容)而作些修改或为使读者更好地理解(那部分内容)而作些变动都将会适得其反。("to suggest"的逻辑宾语是"the modifications"和"variations",这属于"反射式

不定式"。)

modificative ['mɒdɪfɪkeɪtɪv], **modificatory** ['mɒdɪfɪkeɪtərɪ] *a.* 修正的,改进的,缓和的

modificator ['mɒdɪfɪkeɪtə] *n.* 变质剂;孕育剂

modified ['mɒdɪfaɪd] *a.* 变更的,改进的,修正的,修饰的

modifier ['mɒdɪfaɪə] *n.* ①调节器,镜相器 ②调节剂 ③修饰因子,改性物 ④(火箭火药的)改良成分 ⑤【计】变址数 ⑥调节(修改)者,修饰语

modify ['mɒdɪfaɪ] *vt.* ①(使)变更,改变(进),修饰,调整 ②【计】变址 ③缓和,限定 ④变质处理

modillion [mə'dɪljən] *n.* 【建】托饰

moding ['məʊdɪŋ] *a.;n.* (波,振荡,传输)模的,跳模

modioliform [məʊ'daɪəlɪfɔːm] *a.* 蜗轴状的

modish ['məʊdɪʃ] *a.* 时髦的, ‖ ~ly *ad.* ~ness *n.*

modul ['mɒdjʊl] *n.* 模(数,量)

modulability [,mɒdjʊlə'bɪlətɪ] *n.* 调制能力

modular ['mɒdjʊlə] *a.* ①模(数)的,比率的 ②制成标准组件的,预制的

modularity [,mɒdjʊ'lærətɪ] *n.* ①积木性,模件性 ②调制性〔率〕

modularize ['mɒdjʊləraɪz] *v.* (使)积木化,(使)模件化 ‖ **modularization** [,mɒdjʊləraɪ'zeɪʃən] *n.*

modulate ['mɒdjʊleɪt] *v.* ①调制(整,幅) ②转变,变调

modulation [,mɒdjʊ'leɪʃən] *n.* 调制〔整,幅〕,转调,缓和
〖用法〗该词可以与"perform"搭配使用。如:Spread-spectrum modulation is performed at the transmitter.在发射机里进行扩展频谱调制。

modulator ['mɒdjʊleɪtə] *n.* 调制器,调制电极,抑扬调节器

modulatory ['mɒdjʊleɪtərɪ] *a.* 调制的

module ['mɒdjuːl] *n.* ①模,系数,比 ②阶(数) ③模件,组件,可互换标准件,程序片,指令组 ④基本单位,测量流水等的单位,圆柱的半径度 ⑤【数】加法群 ⑥舱

moduli ['mɒdjʊlaɪ] *n.* (modulus 的复数)模件

modulo ['mɒdjʊləʊ] ❶ *n.* 模殊余数 ❷ *prep.* 以…为模 ❸ *ad.* 按模计算

modulometer [,mɒdjʊ'lɒmɪtə] *n.* 调制计

modulus ['mɒdjʊləs] (pl. moduli) *n.* ①模数,模运算,系数,比 ②模件 ③基本单位

modus ['məʊdəs] (pl. modi 或 moduses) *n.* 方法,方式,程序

Moelinvar [məʊ'lɪnvə] *n.* 莫林瓦合金

moellon ['məʊələn] *n.* 麂皮脂;碎石

mof(f)ette [mɒfə'tiː] *n.* 【地理】碳酸喷气孔,放出二氧化碳等气体的火山口

Mogadishu [,mɒgə'dɪʃuː] *n.* 摩加迪沙(索马里的首都)

mogullizer ['mɒʊgəlɪzə] *n.* 真空浸渗设备

Mohm [mɔːm] *n.* (力迁移率的一种单位)莫姆

Moho ['məʊhəʊ] *n.* 【地理】莫霍(不连续)面

mohole ['məʊhəʊl] *n.* 莫霍钻探

Mohshardness ['məʊshaːdnɪs] *n.* 莫氏硬度

mohsite [məʊ'saɪt] *n.* 【矿】钛铁矿

moiety ['mɔɪɪtɪ] *n.* 一半,一部分

moil [mɔɪl] ❶ *v.* (辛勤)劳动;翻腾;争辩;讨价还价 弄湿(污) ❷ *n.* ①(辛勤)劳动 ②鹤嘴锄,十字镐 ③泥潭

moirepattern [mwaː'reɪpætən](法语)*n.* 波纹图形

moist [mɔɪst] *a.* (潮)湿的,多雨的

moisten ['mɔɪs(ə)n] *v.* 变湿

moistener ['mɔɪsnə] *n.* 润湿器,喷水装置

moistly ['mɔɪslɪ] *ad.* (潮)湿地

moistness ['mɔɪstnɪs] *n.* 湿气〔度〕

moisture ['mɔɪstʃə] *n.* 湿度,水分

moistureless ['mɔɪstʃəlɪs] *a.* 没有湿气的

moistureproof ['mɔɪstʃə'pruːf] *a.* 防潮的,耐湿的,不透水的

moisty ['mɔɪstɪ] *a.* 潮湿的

Moji ['mɔː'dʒiː] *n.* 门司(日本港口)

mol [məʊl] *n.* (= mole)摩尔,克分子

molal ['məʊləl] *a.* 克分子(浓度)的

molality [məʊ'lælətɪ] *n.* 克分子浓度,重模(浓度),单位重量的摩尔浓度

molamma ['məʊləmə] *n.* 粒渣紫胶

molar ['məʊlə] *a.;n.* ①克分子(浓度)的,容模的 ②质量(上)的 ③磨碎的 ④臼齿的

molarity [məʊ'lærətɪ] *n.* 克分子(浓)度,容模

Molasse [məʊ'lɑːs] *n.* 【地质】磨砾层(相)

molasses [mə'læsɪz] *n.* 糖浆,糖蜜

molcohesion ['məʊlkəʊ'hiːʒən] *n.* 分子内聚力

Moldavia [mɒl'deɪvɪə] *n.* 摩尔达维亚

Moldavian [mɒl'deɪvɪən] *a;. n.* 摩尔达维亚人(的)

moldery ['məʊldərɪ] *n.* 造型车间

mole [məʊl] ❶ *n.* ①摩尔,克分子(量),克模 ②防波堤,海堤 ③隧洞全断面掘进机 ④鼹鼠 ⑤黑痣 ⑥间谍 ❷ *v.* 掘土,掘隧道 ☆*as blind as a mole*(双目)全瞎

Mole [məʊl] *n.* 莫尔式管道测弯仪

molechism,molecism ['mɒləkɪzəm] *n.* 分子有机体

molectron [məʊ'lektrɒn] *n.* 集成电路,组合件

molectronics [,məʊlek'trɒnɪks] *n.* 分子电子学

molecula [məʊ'lekjʊlə] (pl. moleculae) *n.* (= molecule)(克)分子,微小颗粒

moleculae [məʊ'lekjuːliː] *n.* (molecula 的复数)(克)分子,微小颗粒

molecular [mə'lekjʊlə] *a.* (克)分子的

molecularity [mə,lekjʊ'lærətɪ] *n.* 分子性

molecule ['mɒlɪkjuːl] *n.* (克)分子,微小颗粒
〖用法〗注意下面例句的含义:Matter consists of molecules and molecules of atoms.物质是由分子构成的,而分子是由原子构成的。(在第二个"molecules"后省去了"consist"一词。)

molecules [mɒlɪ'kjuːləs] *n.* 分子常数

moledrain ['məʊldreɪn] ❶ *vt.* 掘地下排水沟 ❷ *a.*

M

地下排水的

molefraction [məul'fræk∫ən] *n.* 克分子份数,克分子比

moler ['məulə] *n.* 【地质】硅藻土

mole-skin ['məulskin] *n.* 软毛皮,一种棉织物

moletron ['məultrɒn] *n.* 分子加速器

molion ['məulaiən] *n.* 分子离子

mollerize ['mɒləraiz] *v.* 钢渗铝化(处理)

mollescence [mə'lesəns] *n.* 软化

mollescent [mə'lesənt] *a.* 软化的,柔软的

mollescuse [mə'leskju:s] *n.* 软化

mollient ['mɒliənt] ❶ *v.* 使柔软 ❷ *n.* 软化剂

mollifiable ['mɒlifaiəbl] *a.* 可软化的

mollification [mɒlifi'keiʃən] *n.* 软化(作用);减轻;镇静

mollifier ['mɒlifaiə] *n.* 软化剂

mollify ['mɒlifai] *vt.* 使软化;减轻;安慰;使平静

mollisin ['mɒlisin] *n.* 滑菌醌

mollisol ['mɒlisɔ:l] *n.* (冻土)融化土层,松软土

mollusc ['mɒləsk] *n.* 软体动物

molluscan [mɒ'lʌskən] *a.;n.* 软体动物(的)

molochite ['mɒlət∫ait] *n.* 煅烧高岭土

moloxide [mə'lɒksaid] *n.* 分子氧化物

molozonide [məu'ləuzəu,naid] *n.* 分子臭氧化物

molten ['məultən] ❶ *v.* melt 的过去分词 ❷ *a.* 熔化的,浇铸的

molugram ['mɒljugræm] *n.* 克分子

moluranite [mə'ljuərə,nait] *n.* 【矿】黑钼铀矿

molybdate [mə'libdeit] *n.* 【化】钼酸盐

molybdena [mə'libdi:nə] *n.* 【化】氧化钼

molybdenate [mə'libdineit] *n.* 【化】钼酸盐

molybdenic [məlib'denik] *a.* (三价)钼的

molybdenite [mə'libdənait] *n.* 【矿】辉钼矿

molybdenous [mə'libdinəs] *a.* (二价)钼的

molybdenum [mə'libdənəm] *n.* 【化】钼

molybdic [mə'libdik] *a.* (正,三价,六价)钼的

molybdine [mə'libdain], **molybdite** [mə'libdait] *n.* 钼华

molybdoferredoxin [mə'libdəfərə'dɒksin] *n.* 【化】固氮铁钼蛋白

molybdous [mə'libdəs] *a.* 亚钼的

molybdyl [mə'libdil] *n.* (羟)氧钼根

Molykote ['mɒlikəut] *n.* 二硫化钼润滑剂

Mombasa [mɒm'bæsə] *n.* 蒙巴萨(肯尼亚港口)

moment ['məumənt] *n.* ①瞬间,片刻 ②矩,动量 ③要素 ④时机 ⑤紧要 ☆ *at a moment's notice* 一接到通知立即,马上; *at moments* 时常; *(at) any moment* 随时; *at the last moment* 最后关头; *at the moment* 此刻,那时; *at the moment of...* 当…时; *at the moment when...* 在…的时刻; *at the right moment* 在适当的时候; *at the very moment when...* 就在…的那一瞬间,一…就; *at this very moment* 此刻; *(be) of great moment* 意义重大; *every moment* 时刻刻刻; *for a moment* 片刻; *for the moment* 目前,

暂时; *half a moment* 片刻; *in a moment* 立刻; *not (never) for a moment* 决不,从来没有; *on (upon) the moment* 立刻; *the (very) moment* (相当于连接词)一…就; *this (very) moment* 此刻; *to the moment* 恰好,不差片刻

〖用法〗注意下面例句中该词的用法:The current starts to flow <u>the (very) moment (when)</u> the switch is closed.就在开关闭合的那一瞬间,电流就开始流动。("the moment"起了状语从句引导词的作用,它等效于"as soon as"的含义。)/Without a good deal of friction a screw jack under load would unwind <u>the moment</u> the applied force was released.若没有大量的摩擦,外力一释放掉,负重的千斤顶就会松脱开来。/We do not discuss this point <u>for the moment</u>.暂时我们不讨论这一点。

momenta [məu'mentə] *n.* (momentum 的复数)动量,动向

momental [məu'mentəl] ❶ *a.* 惯量(的),力矩的 ❷ *n.*(力)矩

momentarily ['məumentərili] *ad.* ①一瞬间,暂时 ②每时每刻

momentary ['məumentəri] *a.* 瞬时的,顷刻的,短暂的,时时刻刻的

momentous [məu'mentəs] *a.* 重大的,严重的 ‖ **~ly** *ad.* **~ness** *n.*

momentum [məu'mentəm] (pl. momenta) *n.*【物】(线性)动量;(总)冲量;势头;力量

monachism ['mɒnəkizəm] *n.* 修道

monacid [mɒn'æsid] ❶ *a.* 一价的,一酸的 ❷ *n.* 一元酸

Monaco ['mɒnəkəu] *n.* 摩纳哥

monad ['mɒnæd] ❶ *n.* ①单一,个体,单原子元素 ②一价物 ③单细胞生物 ❷ *a.* 不能分的

monadic(al) [mɒ'nædik(l)] *a.* 单一的,单原子元素的,一元的

monadnock [mə'nædnɒk] *n.*【地质】残山〔丘〕

monamide [,mɒn'æmaid] *n.*【化】一酰胺

monamine [,mɒnə'mi:n] *n.*【化】一元胺

monarch ['mɒnək] *n.* 君主,国王

monarchic [mɒ'nɑ:kik] *a.* 君主的

monarchy ['mɒnəki] *n.* 君主国

monarkite [mə'nɑ:kit] *n.* 芬那卡特炸药

monaster [mɒ'næstə] *n.* 单星体

monatomic [mɒnə'tɒmik] *a.* 单原子的,一价的

monaural [mɒn'ɔ:rəl] *a.* 单耳的;单声道的

monavalent [mɒnə'vælənt] *a.* 一价的

monaxial [mɒ'næksiəl] *a.* 单轴的

monazite ['mɒnəzait] *n.*【矿】独居石

monchiquite ['mɒnʃikwait] *n.*【地质】沸煌岩

Monday ['mʌndi] *n.* 星期一

〖用法〗❶ 当它前面有"next"或"last"时为副词性短语,在该短语前就不能再加任何冠词了。❷ "on Mondays"意为"每逢星期一"。

Mondays ['mʌndiz] *ad.* 每星期一

mondial ['mɒndiəl] *a.* 全世界范围的

M

Monel (metal),monelmetal [məʊ'nel(metl)] *n.* 蒙乃尔高强度耐蚀镍铜合金

monergol ['mɒnɜ:gɒl] *n.* 单一组成喷气燃料

moneron [mə'nɪrɒn] (pl. monera) *n.* 无核原生质团

monetary ['mʌnɪtərɪ] *a.* (金)钱的,金融的,货币的

monetize ['mʌnɪtaɪz] *vt.* 铸成货币,定为货币 ‖ **monetization** [,mʌnɪtaɪ'zeɪʃən] *n.*

money ['mʌnɪ] ❶ *n.* ①金钱,货币 ②财富 ③(pl.) 金额,款项 ☆**on the money** 在最适当的地点(或时间) ❷ *v.* ①铸造(货币) ②(卖出)换成现金,供给现款
〖用法〗表示"挣钱"用 "make〔earn〕money"; 表示"筹钱"用 "raise〔mobilize, find〕money"。

moneyed ['mʌnɪd] *n.* 金钱的,富有的

moneyeyed ['mʌnɪaɪd] *a.* 有钱的

moneyman ['mʌnɪmæn] *n.* 金融专家

money-market ['mʌnɪ'mɑ:kɪt] *n.* 金融界,金融市场

money-order ['mʌnɪ'ɔ:də] *n.* 汇兑,汇票

monger ['mʌŋgə] ❶ *n.* 商人,贩子,专事…的人 ❷ *vt.* 贩卖

Mongol ['mɒŋgɒl] *n.* 蒙古人

Mongolia [mɒŋ'gəʊlɪə] *n.* 蒙古

Mongolian [mɒŋ'gəʊlɪən] *a.;n.* 蒙古的〔人〕

mongrel ['mʌŋgrəl] *n.;a.* 杂种,血统不明的

monial ['məʊnɪəl] *n.* 竖框

monic ['məʊnɪk] *a.* 首项系数为 1 的

monica ['mɒnɪkə] *n.* 飞机尾部警戒雷达

moniliform [məʊ'nɪləfɔ:m] *a.* 念珠形的,珠串状的

monilin [mə'nɪlɪn] *n.*【生】抗念珠菌素

Monimax ['mɒnɪmæks] *n.* 钼镍铁(高导磁)合金

monism ['mɒnɪzəm] *n.* 一元论

monistic(al) [mɒ'nɪstɪk(l)] *a.* 一元论的,未游离的

monition [məʊ'nɪʃən] *n.* 警告;预兆;戒谕

monitor ['mɒnɪtə] *n.* ①监视器,侦测器,控制测量仪表 ②剂量计,监测器 ③火箭追踪器 ④保险设备 ⑤通风顶 ⑥监听员,调音师,班长

monitorial [,mɒnɪ'tɔ:rɪəl],**monitory** ['mɒnɪtərɪ] *a.* 警告的,劝告的

monium ['məʊnɪəm] *n.*【化】镁

monk [mʌŋk] *n.* 僧侣

monkey ['mʌŋkɪ] ❶ *n.* ①猴子 ②(打桩)锤 ③活扳手 ④起重机小车 ⑤渣口,小坩埚 ❷ *v.* 玩弄 (about),干涉(with)

mono ['mɒnəʊ] *a.;n.* ①单音的,单声道的 ②单核白细胞增多症

monoaccelerator [,mɒnəʊæk'seləreɪtə] *n.* 单加速器

monoacetate [mɒnəʊ'æsɪteɪt] *n.*【化】一乙酸酯

monoacid [,mɒnəʊ'æsɪd] ❶ *a.* 一酸的 ❷ *n.* 一元酸,一酸值物

monoacidic [,mɒnəʊə'sɪdɪk] *a.* 单元的,一酸的

monoamplifier [,mɒnəʊə'æmplɪfaɪə] *n.* 单端放大器

monoatomic [,mɒnəʊə'tɒmɪk] *a.* 单原子的

monoaxial [,mɒnəʊ'æksɪəl] *a.* 单轴的

monobasic [,mɒnəʊ'beɪsɪk] *a.* ①一价碱的 ②一代的

monobasis ['mɒnəbeɪsɪs] *n.* 单基

monobel ['mɒnə,bəl] *n.* 单贝尔炸药

monobloc ['mɒnə,blɒk] *a.* 单块的,整体的

monoblock ['mɒnəblɒk] *n.;a.* 整体〔块〕(的)

monobromated [mɒnə'brɒmeɪtɪd] *a.* 一溴化的

monobromide [mɒnə'brəʊmaɪd] *n.* 一溴化物

monobrominated [,mɒnə'brɒmɪneɪtɪd] *a.* 一溴化的

monobromination [,mɒnəbrɒmɪ'neɪʃən] *n.* 一溴化作用

Monobromomethane [mɒnəbrɒmə'meɪθeɪn] *n.*【化】溴甲烷

Mono bucket ['mɒnəbʌkɪt] *n.* 单斗

monocable [mɒnə'keɪbl] *n.* 架空索道

monocarbide [mɒnə'kɑ:baɪd] *n.*【化】一碳化物

monocentric [mɒnə'sentrɪk] *a.* 单心的

monochlorated [,mɒnə'klɒrɪtɪd] *a.* 一氯化的

monochloride [mɒnə'klɔ:raɪd] *n.*【化】一氯化物

monochlorinated [mɒnə'klɒrɪneɪtɪd] *a.* 一氯化的

mono-chlorination [,mɒnəklɒrɪ'neɪʃən] *n.* 一氯化作用

monochlorizated [mɒnə'klɒrɪzeɪtɪd] *a.* 一氯化的

monochlorosilane [mɒnə'klɒrəsɪleɪn] *n.*【化】一氯甲硅烷

monochord ['mɒnəkɔ:d] *n.* 单弦(音响测定器); 弦音计;听力计;和谐

monochroic [,mɒnəʊ'krəʊɪk],**monochromatic** [,mɒnəʊkrə'mætɪk] *a.* 单色(光)的,各向同等吸光的,单能的

monochroism [,mɒnəʊ'krəʊɪzm] *n.* 光的各向同等吸收

monochromat [,mɒnəʊ'krəʊmæt] *n.* 单色透镜〔视者〕

monochromatically [,mɒnəʊkrəʊ'mætɪklɪ] *ad.* 成单色

monochromaticity ['mɒnəʊ,krəʊmə'tɪsətɪ] *n.* 单色性

monochromatic-pinhole [,mɒnəʊkrə'mætɪk-'pɪnhəʊl] *n.* 单色针孔

monochromating [,mɒnəʊ'krəʊmeɪtɪŋ] *a.* 致单色的

monochromatism [,mɒnəʊ'krəʊmeɪtɪzəm] *n.* 全色盲

monochromatize [,mɒnəʊ'krəʊmətaɪz] *vt.* 使单色化 ‖ **monochromatization** ['mɒnəʊ,krəʊmətaɪ'zeɪʃən] *n.*

monochromator [,mɒnəʊ'krəʊmeɪtə] *n.* 单色仪,单色光镜

monochrome ['mɒnəkrəʊm] ❶ *n.* 单色,黑色影片〔图像〕❷ *a.* 单色的,黑白的

monochrometer [,mɒnəʊ'krɒmɪtə] *n.* 单色仪, 单色光镜,单能化器

M

monochromic(al) [ˌmɒnəʊˈkrɒmɪk(l)] a. 单色的

monochromize [ˌmɒnəˈkrəʊmaɪz] v. 使单色化

monocle [ˈmɒnəkl] n. 单片眼镜

monoclinal [ˌmɒnəʊˈklaɪnəl] a. 单斜层的

monocline [ˈmɒnəklaɪn] n. 单斜(层)

monoclinic [ˌmɒnəʊˈklɪnɪk] a. 单结晶的

monocoil [ˈmɒnəʊkɔɪl] n.;a. 单线圈(的)

monocolo(u)r [ˈmɒnəʊkʌlə] n. 单色

monocontrol [ˈmɒnəʊkənˈtrəʊl] n. 单(一)控制

monocoque [ˈmɒnəʊkəʊk] n.;a. 硬壳式(的);单壳机身;无大梁结构

monocord [ˈmɒnəʊkɔːd] n. 单软线

monocotyledon [ˌmɒnəkɒtɪˈliːd(ə)n] n. 单子叶植物

monocrystal [ˈmɒnəˌkrɪstl] n. 单晶(体)

monocrystalline [ˌmɒnəˈkrɪstəlaɪn] n.;a. 单晶(的)

monocular [məˈnɒkjulə] ❶ a. 单目的,单透镜的 ❷ n. 单筒望远镜

monocycle [ˈmɒnəsaɪk(ə)l] n. 独轮车;单环;单循环

monocyclic [ˌmɒnəˈsaɪklɪk] a. 单环的,单循环的

monocyte [ˈmɒnəsaɪt] n.【生】单核细胞

monodecyl [ˈmɒnədɪsl] n. 单癸基

monodermic [ˈmɒnəˈdɜːmɪk] a. 单层的

monodirectional [ˈmɒnədɪˈrekʃənl] a. 单向的

monodisperse [ˌmɒnəʊdɪsˈpɜːs], **monodispersity** [ˌmɒnədɪsˈpɜːsətɪ] n.;a. 单分散(性),等弥散的

monodnabactivirus [mɒnəʊˈdnəbæktɪvaɪrəs] n. 单 DNA 噬菌体

monodrome [ˈmɒnədrəʊm] n. 单值

monodromic [ˌmɒnəʊˈdrəʊmɪk] a. 单值的;单一性的

monodromy [məʊˈnɒdrəmɪ] n. 单值(性)

monoecious [məˈniːʃəs] a. 雌雄同体〔株〕的

monoenergetic [ˌmɒnəʊenəˈdʒetɪk], **monoergic** [mɒnəˈedʒɪk] a. 单一能量的,单色的

mono-ester [ˈmɒnəʊˈestə] n. 单酯

mono-ethenoid [ˈmɒnəʊˈeθɪnɔɪd] n. 单烯型

monoether [ˈmɒnəʊˈiːðə] n. 单醚

monofier [ˌmɒnəʊˈfaɪə] n. 振荡放大器

monofil [ˈmɒnəfɪl], **monofilament** [ˈmɒnəʊfɪləmənt] n. 单丝;单纤维

monofile [ˈmɒnəfaɪl] n. 单文件

monofilm [ˈmɒnəfɪlm] n. 单分子层;单(层,分子)膜

monofluorated [mɒnəˈflʊəreɪtɪd] a. 一氟化的

monofluoride [ˈmɒnəˈfluːəˌraɪd] n.【化】一氟化物

monofluorinated [ˌmɒnəˈflʊərɪneɪtɪd] a. 一氟化的

monoflurination [ˌmɒnəˈflʊərəˈneɪʃən] n. 一氟化作用

monoflurizated [ˌmɒnəˈflʊərɪzeɪtɪd] a. 一氟化的

monoformer [ˈmɒnəˈfɔːmə] n. 光电单函数发生器

monofrequent [ˈmɒnəˌfriːkwənt] a. 单频率的

monofuel [ˈmɒnəfjʊəl] n. 单元燃料

monogamy [məˈnɒɡəmɪ] n. 一一对应;单配偶(性)

monogen [ˈmɒnədʒen] n. 单价元素;单种血清

monogenesis [ˌmɒnəˈdʒenɪsɪs] n. 一元;单性生殖;单细胞源论

monogenetic [ˌmɒnəʊdʒɪˈnetɪk] a. 单性的;单色的

monogenic [ˌmɒnəˈdʒenɪk] a. 单基因的,单性生殖的

monogeosyncline [ˌmɒnəʊdʒɪəˈsɪnklaɪn] n.【地质】单地槽,狭长地槽

monogram [ˈmɒnəɡræm] n. 拼合文字 ‖ ~matis a.

monograph [ˈmɒnəɡrɑːf] ❶ n. 专题论文,专著论文单行本 ❷ vt. 记录;在专论中讨论;写关于…的专题文章

monographer [mɒˈnɒɡrəfə] n. 专题论文的作者

monographic(al) [ˌmɒnəˈɡræfɪk(l)] a. 专题论文的 ‖ ~ally ad.

monographist [mɒˈnɒɡrəfɪst] n. 专题论文的作者

monohalide [ˌmɒnəhælaɪd] n.【化】一卤化物

monohalogenated [ˌmɒnəhæləˈdʒeneɪtɪd] a. 一卤代的

monohapto [ˌmɒnəˈhæptəʊ] n. 单络(合点)

monohedral [ˌmɒnəˈhedrəl] a. 单面的

monohedron [ˌmɒnəˈhedrən] n. 单面体

monohydrate [ˌmɒnəˈhaɪdreɪt] n. 一水化物

monohydric [ˌmɒnəˈhaɪdrɪk] a. 一羟(基)的

monohydroxy [ˌmɒnəʊhaɪˈdrɒksɪ] a. 一羟基的

monoid [ˈmɒnɔɪd] n. 独异点 ‖ ~al a.

monoiodated [mɒnəˈaɪədeɪtɪd] a. 一碘化的

monoiodide [mɒnəˈaɪədaɪd] n.【化】一碘化物

monoiodinated [ˌmɒnəˈaɪədɪneɪtɪd] a. 一碘化的

monoiodination [mɒnəˌaɪədaɪˈneɪʃən] n. 一碘化作用

monoiodizated [ˌmɒnəˈaɪədɪzeɪtɪd] a. 一碘化的

monoisotopic [ˈmɒnəˌaɪsəʊˈtɒpɪk] a. 单一同位素的

monojet [ˈmɒnədʒet] n. 单体喷雾口

monokaryon, **monocaryon** [ˌmɒnəˈkærɪən] n. 单核

monokinetic [ˌmɒnəʊkaɪˈnetɪk] a. 单动能的

monolateral [ˌmɒnəˈlætərəl] n. 单边(音)

monolayer [ˈmɒnəleɪə] n.;a. 单层(的)

monolever [ˈmɒnəliːvə] n. 单手柄

monolith [ˈmɒnəlɪθ] n. 独石,独块巨石,整块石料,单块

monolithic [ˌmɒnəˈlɪθɪk] ❶ a. ①整体(式)的,整铸的,单块的,单片式的 ②一致的 ❷ n. 单片,单块 ☆*(be) monolithic with* 与…成整体

monolock [ˈmɒnəlɒk] n. 单锁

monolocular [ˈmɒnəˌlɒkjulə] n. 单室的

monolog(ue) [ˈmɒnəlɒɡ] n. 独白;独演剧本

monomark [ˈmɒnəʊmɑːk] n. 注册标记;略符

monomer ['mɒnəmə] *n.* 单体;单基物
monomeric [,mɒnə'merɪk] *a.* 单体的
monometallic [,mɒnəumɪ'tælɪk] *a.* 单一金属的 ‖ **monometallism** [,mɒnəu'metəlɪzəm] *n.*
monomial [mə'nəumɪəl] ❶ *a.* 单项(式)的 ❷ *n.* 单项式
monomineral [,mɒnəu'mɪnərəl] *n.* 单矿物
monomolecular [,mɒnəmə'lekjulə] *n.;a.* 单分子(的)
monomorph ['mɒnəmɔːf] ❶ *n.* 单晶物 ❷ *a.* 单晶的
monomorphic [,mɒnə'mɔːfɪk] *a.* 单一同态的
monomorphism [,mɒnəu'mɔːfɪzəm] *n.* 单形态学说
monomorphous [,mɒnə'mɔːfɪəs] *a.* 单晶形的
monomotor [,mɒnə'məutə] *n.* 单发动机
monomultivibrator [,mɒnə,mʌltɪvaɪ'breɪtə] *n.* 单稳态多谐振荡器
mononitrate [,mɒnəu'naɪtreɪt] *n.*【化】一硝酸盐(酯)
mononitration [,mɒnənaɪ'treɪʃən] *n.* 一硝基化
mononitride [,mɒnə'naɪtraɪd] *n.* 一氮化物
mononuclear [,mɒnə'njuːklɪə] *n.;a.* 单核(的)
mononucleate [,mɒnəu'njuːklɪeɪt] *a.* (细胞)单核的
monooxide [mɒ'nɒksaɪd] *n.* 一氧化物
monophagy [mə'nɒfədʒɪ] *n.* 单食性
monophase ['mɒnəfeɪz] *n.;a.* 单相(位)(的)
monophone ['mɒnəfəun] *n.* 收发话器
monophonic [,mɒnə'fɒnɪk] *a.* 单音的
monophosphate [,mɒnə'fɒsfeɪt] *n.*【化】单磷酸盐
monophyletic [,mɒnəfaɪ'letɪk] *a.* 一元的,单种的
monoplane ['mɒnəpleɪn] *n.* 单翼(飞)机,单平面
monoplasmatic [,mɒnəplæs'mætɪk] *a.* 单细胞的
monoplast ['mɒnəuplɑːst] *n.* 单细胞
monoploid ['mɒnəplɔɪd] *n.;a.* 单倍体(的)
monopodial [,mɒnəu'pəudɪəl] *a.* 单轴的;单足的
monopodium [,mɒnə'pəudɪəm] *n.* 单生轴
monopolar [,mɒnə'pəulə] *n.;a.* 单极(的)
monopole ['mɒnəpəul] *n.* 单极;孤立电荷
monopolist [mə'nɒpəlɪst] *n.* 独占〔垄断〕者
monopolistic [mə,nɒpə'lɪstɪk] *a.* 垄断的
monopolization [mə,nɒpəlaɪ'zeɪʃən] *n.* 垄断;获得专利权
monopolize [mə'nɒpəlaɪz] *vt.* 垄断,专营;得到…专利权
monopoly [mə'nɒpəlɪ] *n.* ①垄断(权),专利(权,品),专卖(权) ②独家经营,垄断公司,垄断集团〔企业〕☆*have a monopoly of foreign trade* 拥有对外贸易专营权; *make a monopoly of* 垄断,独家经营
〖用法〗该词表示"垄断"时其后可以跟"of"或"on"。
monopropellant [,mɒnəuprə'pelənt] *n.* 单元燃料,单一组分的液体火箭燃料
monoradical [,mɒnə'rædɪkl] *n.*【化】单价基(团)
monorail ['mɒnəreɪl] *n.* 单轨;单轨道

monoreactant [,mɒnəurɪ'æktənt] *n.* 单元燃料;单一反应物
monorefringent [,mɒnərɪ'frɪndʒənt] *a.* 单折射的
monosaccharide [,mɒnə'sækəraɪd] *n.* 单糖(类)
monosaccharose [,mɒnə'sækərəuz] *n.* 单糖
monoscience ['mɒnəsaɪəns] *n.* 单项学科;专论
monoscope ['mɒnəskəup] *n.* ①单像管 ②存储管式示波器
monose ['mɒnəuz] *n.*【化】单糖
monoseaplane [,mɒnə'siːpleɪn] *n.* 单翼水上飞机
monosilane [,mɒnə'sɪleɪn] *n.*【化】单硅烷
monosilicate [,mɒnə'sɪlɪkeɪt] *n.*【化】单硅酸盐
monosomatis [,mɒnəsə'mætɪs] *n.* 单体
monosomatous [,mɒnə'səumətəs] *a.* 单体的
monosome ['mɒnəsəum] *n.* 单染色体;单核(糖核)蛋白体
monosomic [,mɒnəu'səumɪk] *a.* 单染色体的
monosomy [,mɒnə'səumɪ] *n.* 单体性
monospar ['mɒnəspɑː] *n.* 单梁
mono spindle [,mɒnəspɪndl] *n.* 单轴
monosplines ['mɒnəsplaɪnz] *n.*【数】单项仿样函数
monospore [,mɒnə'spɔː] *n.*【生】单孢子
monosporous [,mɒnə'spəurəs] *a.* 单孢子的
monostability [,mɒnəstə'bɪlətɪ] *n.* 单稳状态
monostable [,mɒnəu,steɪbl] *a.*【计】单稳态的
monostratal [,mɒnə'streɪtl] *a.* 单层的
monosubstituted [,mɒnə'sʌbstɪtjuːtɪd] *a.* 单基取代了的
monosubstitution [,mɒnəsʌbstɪ'tjuːʃən] *n.* 单基取代
monosulfide [,mɒnə'sʌlfaɪd] *n.*【化】一硫化物
monotactic [,mɒnə'tæktɪk] *n.* 构形的单中心规整性
monotechnic [,mɒnəu'teknɪk] *a.;n.* 单种工艺的(学校),专科学校
monotectic [,mɒnə'tektɪk] *a.;n.* 偏晶体的(的)
monoterminal [,mɒnə'tɜːmɪnl] *a.* 单电极的
monothetic [,mɒnə'θetɪk] *a.* (根据)单(一)原则的
monotint ['mɒnəutɪnt] ❶ *n.* 单色画 ❷ *a.* 单色的
monotone ['mɒnətəun] *n.;a.* 单色(音)调(的)
monotonic [,mɒnə'tɒnɪk] *a.* 音调的【计】**-ally** *ad.*
monotonicity [,mɒnətə'nɪsətɪ] *n.* 单调(性),无变化
monotonous [mə'nɒtənəs] *a.* 单调的,千篇一律的 ‖ **-ly** *ad.* **-ness** *n.*
monotony [mə'nɒtənɪ] *n.* 单一性,千篇一律
monotremata [,mɒnəu'triːmətə] *n.* 单孔目
monotron [,mɒnəu,trɒn] *n.* 摩诺直越式调速管,摩诺硬度检验仪
monotropic [,mɒnəu'trɒpɪk] *a.* 单变的;单食(性)的
monotropism [,mɒnəu'trɒpɪzm] *n.* 单变性
monotropy [mə'nɒtrəpɪ] *n.* 单变性〔现象〕
monotube ['mɒnətjuːb] *n.* 单管
monotype ['mɒnətaɪp] *n.* ①(单式)自动排字浇印机,(单字)排铸机 ②单型 ③单版画(制作法)
monotypic [,mɒnə'tɪpɪk] *a.* 自动排铸的;单型的
monounsaturate ['mɒnə,ʌn'sætʃəreɪt] *n.* 单一

不饱和油脂

monovalence [,mɒnəʊ'veɪləns], **monovalency** [,mɒnəʊ'veɪlənsɪ] n. 一价

monovalent [,mɒnəʊ'veɪlənt] a. 【化】单价的

monovariant [,mɒnə'veərɪənt] a. 单变的

monoverticillate [,mɒnəvə'tɪsɪleɪt] a. 单轮生的

monovular [mɒ'nɒvjʊlə] a. 单卵的

monowheel ['mɒnəʊwiː:l] n. 单轮

monox ['mɒnɒks] n. 【化】氧化硅

monoxenous [mɒ'nɒksɪdʒənəs] a. 单主寄生的

monoxid [mɒ'nɒksɪd],**monoxide** [mə'nɒksaɪd] n. 【化】一氧化物

monoxygenase [mɒ'nɒksɪdʒɪ,neɪs] n. 【化】一氧化物酶

Monrovia [mən'rəʊvɪə] n. 蒙罗维亚(利比里亚首都)

mons [mɒnz] n. 隆凸,阜

monsieur [mə'sjɜ:](法语)n. 先生

monsoon [mɒn'su:n] n. 季(节)风

monster ['mɒnstər] ❶ n. 巨人〔物〕,怪物 ❷ a. 巨大的,异常大的

monstrosity [mɒns'trɒsətɪ] n. 畸形,怪物,庞然大物

monstrous ['mɒnstrəs] a. ①畸形的,怪异的,可怕的 ②庞大的,异常大的,荒谬的 ‖ **~ly** ad. **~ness** n.

montage [mɒn'tɑ:ʒ] n.;vt. ①(镜头)剪辑,蒙太奇 ②安装

Montana [mɒn'tænə] n. (美国)蒙大拿(州)

montanate [mɒn'tæneɪt] n. 【化】褐煤酸酯

montant ['mɒntənt] n. (嵌板的,框架的)竖杆

Montegal ['mɒntəgl] n. 镁硅铝合金

Monterrey [,mɒntə'reɪ] n. 蒙特雷(墨西哥城市)

montesite ['mɒntə,saɪt] n. 【矿】硫黄锡铅矿

Montevideo [,mɒntɪvɪ'deɪəʊ] n. 蒙得维的亚(乌拉圭首都)

montgolfier [,mɒnt'gɒlfɪə] n. 热空气气球

month [mʌnθ] n. 月(份),一个月的时间 ☆ *a month of Sundays* 很久; *month in,month out* 每月; *this day month* 下个月今天 〖用法〗"the month"可以后跟一个句子修饰它,意为"在…的那个月",整个短语作状语。

monthly ['mʌnθlɪ] ❶ a. 每月(的),每月一次的 ❷ ad. 每月,每月一次 ❸ n. 月刊

monticellite [,mɒntɪ'selɪt] n. 【矿】钙镁橄榄石

monticule ['mɒntɪkjuː:l] n. 火山丘;小突起

montmorillonite [,mɒntmə'rɪlənaɪt] n. 【化】蒙脱土〔石〕,微晶高岭土

Montreal [,mɒntrɪ'ɔ:l] n. (加拿大)蒙特利尔

monument ['mɒnjumənt] n. ①纪念物〔碑〕 ②界碑,(测量用)石桩,遗址,名胜 ③不朽功绩〔著作〕 〖用法〗当它表示"纪念碑〔墓碑〕"时要后跟介词"to";而表示"不朽功绩〔著作〕"时其后面可用"to"或"of"。

monumental [,mɒnju'mentl] a. ①纪念(性,碑)的,不朽的 ②极端的

monumentalize [,mɒnju'mentəlaɪz] vt. 立碑纪念

monumentally [,mɒnju'mentlɪ] ad. ①用纪念碑 ②非常

monzonite ['mɒnzənaɪt] n. 【地质】二长岩

mooch [mu:tʃ] vi. 流浪;敲竹杠

mood [mu:d] n. 语气;心情

moody ['mu:dɪ] a. 易怒的,忧郁的

moon [mu:n] ❶ n. ①月亮,月相 ②(人造地球)卫星 ☆*blue moon* 不可能〔不合理,难遇见〕的事; *moon's phase* 月的盈缺; *once in a blue moon* 极少,永无 ❷ vt. 闲荡 ☆*moon away* 虚度

moonbeam ['mu:nbi:m] n. 月光

moon-bounce ['mu:nbaʊns] n. 月球弹跳

moonbuggy ['mu:n'bʌgɪ] n. 月球车

mooncraft ['mu:nkrɑ:ft] n. 月球飞船

moondown ['mu:ndaʊn] n. 月落(时)

mooned ['mu:n(ɪ)d] a. 月亮般的,新月状的

mooneye ['mu:naɪ] n. 【医】夜盲症

moonfall ['mu:nfɔ:l] n. 落至月面

moonik ['mu:nɪk] n. (苏联的)月球火箭;月球卫星

moonless ['mu:nlɪs] a. 没有月亮的;无卫星的

moonlet ['mu:nlɪt] n. 小月亮;小卫星

moonlight ['mu:nlaɪt] n.;a. 月光(的),有月亮的

moonlit ['mu:nlɪt] a. 有月亮的,被月亮照亮的

moonman ['mu:nmæn] n. 登月太空人

moonmark ['mu:nmɑ:k] n. 月球陆标

moonport ['mu:npɔ:t] n. 月球火箭发射站

moonquake ['mu:nkweɪk] n. 【天】月震

moonrise ['mu:nraɪz] n. 月出(的时刻)

moonrock ['mu:nrɒk] n. (取自)月球(的)石

moonscooper ['mu:n'sku:pə] n. 宇宙车

moonscope ['mu:nskəʊp] n. (人造)卫星观测望远镜

moonset ['mu:nset] n. 月落(的时刻)

moonshine ['mu:nʃaɪn] n.;a. ①月光(的),月夜的 ②空想(的)

moonshiny ['mu:n,ʃaɪnɪ] a. ①月光照耀的,月光似的 ②空想的

moonship ['mu:nʃɪp] n. 月球飞船

moonshot ['mu:nʃɒt] n. 月球探测器;向月球发射

moonstone ['mu:nstəʊn] n. 月长石

moonstruck ['mu:nstrʌk], **moonstrucken** ['mu:nstrʌkn] a. 神经错乱的;发呆的

moontrack ['mu:ntræk] v. 卫星跟踪

moonward(s) ['mu:nwəd(z)] ad. 往月球

moony ['mu:nɪ] a. 月亮〔状〕的,新月形的,月光似的

moor [mʊə] ❶ n. ①沼泽 ②荒野 ③停泊,下锚 ❷ v. (使)停泊,锚定

moorage ['mʊərɪdʒ] n. 停泊(所);系泊费

mooring ['mʊərɪŋ] n. ①停泊,下锚,泥流淤积 ②(pl.)系船具,系留用具 ③(pl.)停泊所,系锚处

moorland ['mɔ:lənd] n. 荒野;沼泽地

moorpeat ['mʊəpi:t] n. 沼煤,泥沼土

moorstone ['mʊəstəʊn] n. 【地质】花岗岩

moory ['mʊərɪ] a. 多沼泽的;原野的

M

moot [mu:t] ❶ *a.* 争论的,(悬而)未决的,不切实际的 ❷ *vt.;n.* 讨论,提出

mooted ['mu:tɪd] *a.* 悬而未决的;有疑问的

mop [mɒp] ❶ *n.* ①拖把 ②抛光轮,布轮 ❷ *vt.* ①拿拖把拖 ②肃清,扫荡 ☆*mop the floor with A* 彻底击败 A; *mop up* 擦去,扫掉,结束,做完

mopboard ['mɒpbɔ:d] *n.*【建】踢脚板

mope [məup] *v.* 忧郁

moped ['məuped] *n.* 机动自行车

mopstick ['mɒpstɪk] *n.* 拖把柄

Mopti ['mɔ:pti] *n.* 莫普蒂(马里城市)

mor [mɔ:] *n.* 酸性有机质

moraine [mə'reɪn] *n.*【地质】冰碛层,冰堆石

moral ['mɒrəl] ❶ *a.* ①道德(上)的,(有关)是非的 ②精神上的,有教育意义的 ❷ *n.* ①教训,寓意 ②是非的原则,道德 ☆*give A moral support* 给 A 以道义上的支持; *moral certainty* 确实,可靠〔非常可能〕的事; *moral outlook* 人生观; *moral principles* 道义

morale [mə'rɑ:l] *n.* 士气;风纪;道德

moralism ['mɒrəlɪzəm] *n.* 道德;格言;道义

morality [mə'ræləti] *n.* 道德(品质);教训;寓意

moralize ['mɒrəlaɪz] *vt.* 说明…的深刻意义;说教

morally ['mɒrəlɪ] *ad.* 道德上;实际上

morass [mə'ræs] *n.* 泥沼(地);艰难,困境

morass-ore [mə'ræs:ɔ:] *n.* 褐铁矿;沼铁矿

moratorium [,mɒrə'tɔ:rɪəm] *n.* 延期付款期间〔命令〕,暂停

morbid ['mɔ:bɪd] *a.* 病态的,不健康的;可怕的 ‖ ~ity, ~ness *n.* ~ly *ad.*

morbific [mɔ:'bɪfɪk] *a.* 致病的

morceau [u:es'ɔ:] (法语) (pl. morceaux) *n.* 小片,(作品)片断

morcellate ['mɔ:səleɪt] *vt.* 使裂开,切碎

mordant ['mɔ:dənt] ❶ *a.* ①尖锐的,讽刺的 ②腐蚀性的 ③剧烈的 ❷ *n.* ①(金属)腐蚀剂,酸洗剂 ②媒染剂 ❸ *v.* 腐蚀,酸洗,媒染 ‖ ~ly *ad.*

more [mɔ:] *a.;n.;ad.* (many 或 much 的比较级)更多(的);再;额外,附加 ☆*all the more* 更加,越发; *and no more* 只此而已…不过…罢了; *hardly more than* 不过是; *more like* 大约,毋宁说; *more likely A than B* 比起 B 更可能是 A; *more often than not* 往往,大概; *more or less* 或多或少,多少,左右; *more A than B* 比 B 更 A,与其说是 B 不如说是 A; *more than all* 尤其; *more than enough* 十二分,绰绰有余的; *more than ever* 更加,更多的; *more than that (this)* 不仅如此,此外; *neither more nor less than* 不多不少,正是; *never more* 决不再; *none the more* 或 *not the more* 依旧; *not A any more than B* 正像 B 一样也不 A; *nothing more or less than* 不多不少,正是; *nothing more than* 只不过是; *rather more than...* 比…多一些; *what is more* 而且,此外,更有甚者

〖用法〗❶ "more of" 表示"在更大程度上,更像"。如:A fire wall is more of an idea than it is a single device.防火墙更像一种概念而不是一种器件。/The microprocessor revolution was more of an evolutionary development.微处理机革命更像一种进化研究。❷ "more than+名词、动词或形容词等"表示"不仅仅,足以"。如:Physics is more than a course of study.物理学不仅仅是一门学习的课程。/This peak swing more than meets the specifications.这个峰值摆幅足以满足技术要求。/This router is more than fast enough to keep up with the latest transmission technologies.这个路由器的速度是足够快的,足以能跟上最新的传输技术。❸ "more than + one +名词"在语法上要作为单数来对待。如: More than one transistor is used in this circuit.在这个电路中使用了多只〔不止一只〕晶体管。❹ 注意下面例句中该词的用法:The caloric theory existed for fifty more years.热质理论又存在了 50 年。/There was no more reason for choosing ε and μ equal to unity than for choosing γ equal to unity in Newton's law of gravitation.与在牛顿引力定律中把 γ 选为等于 1 没有理由一样,把 ε 和 μ 选为等于 1 是同样没有道理的。/There is much more to be said about time windows and frequency line shapes.有关时间窗口和频率线形状,要讲的内容还多得多。❺ This book is dedicated to Abby and Smoky who, regrettably, are no more.本书是献给阿比和斯莫基的,很遗憾,他们已不在人世了。

moreen [mɔ:'ri:n] *n.* 波纹毛呢

morenosite [mə'renə,saɪt] *n.*【化】碧矾

moreover [mɔ:'rəuvə] *ad.* 况且,此外;又

morgan ['mɔ:gən] *n.* 摩(基因交换单位);印度鲛

morgen ['mɔ:gən] *n.* 摩肯(荷兰等国的土地面积单位)

Morgoil ['mɔ:gɔɪl] *n.* 铝锡合金轴承

morgue [mɔ:g] *n.* ①资料室,(参考)图书室 ②陈尸所

moribund ['mɒrɪbʌnd] *a.* 垂死的,临终的;腐朽的,没落的

morin ['mɔ:rɪn] *n.* 桑色素

morion ['mɒrɪən] *n.* 黑晶;高顶盔

morn [mɔ:n] *n.* 黎明;日出;东方

morning ['mɔ:nɪŋ] *n.;a.* 早晨(的),上午(的),黎明 ☆*from morning till (to) night (evening)* 从早到晚

〖用法〗❶ 表示某一特定日子的上午时,其短语前面要用介词"on",而不是"in"(但与"early"或"late"连用时仍要用"in")。如:Another comsat was launched on the morning of Oct. 8.在 10 月 8 日上午又发射了一颗通信卫星。❷ 与"all, this, that, every, tomorrow, yesterday"等连用时该短语起副词作用,在该短语前不用任何介词。

morning-glory ['mɔ:nɪŋˌglɔrɪ] *n.* 牵牛花

Moroccan [mə'rɒkən] *a.;n.* 摩洛哥的〔人〕

Morocco [mə'rɒkəu] *n.* 摩洛哥

moron ['mɔ:rɒn] n. 白痴,笨人 ‖ ~ic a. ~ity n.

morph [mɔ:f] n. 变种

morpha ['mɔ:fə] n. 形态

morphactin [mɔ:'fæktɪn] n.【生化】形态素

morpheme ['mɔ:fi:m] n.【语】词态,词素

morphia ['mɔ:fjə],**morphin** ['mɔ:fɪn],**morphine** ['mɔ:fi:n] n. 吗啡

morphinism ['mɔ:fɪnɪzəm] n. 吗啡中毒

morphism ['mɔ:fɪzəm] n.【数】态射;摹式

morphodifferentiation [mɔ:fə,dɪfə,renʃɪ'eɪʃən] n. 形态分化

morphogenesis [,mɔ:fə'dʒenɪsɪs] n. 地貌形成

morpholine ['mɔ:fɒ,li:n] n.【化】吗啉

morphologic(al) [,mɔ:fə'lɒdʒɪk(l)] a. 形态学的;地貌的

morphology [mɔ:'fɒlədʒɪ] n. ①组织,形态(学),词态学,词法 ②表面几何形状

morphometry [mɔ:'fɒmɪtrɪ] n. 形态测量学

morphophysiology ['mɔ:fəu,fɪzɪ'ɒlədʒɪ] n. 形态生理学

morphotropism [,mɔ:fəu'trɒpɪzm] n. 变晶现象

morphotropy [,mɔ:'fɒtrəpɪ] n. 变形性;变晶影响

morphotype [,mɔ:'fəutaɪp] n. 形态型

Morrison bronze ['mɒrɪsən'brʌnz] n. 青铜

morrow ['mɒrəu] n. ①早晨 ②次日 ③紧接在后的一天 ☆**on the morrow of A** 紧接着 A

Morse(code) [mɔ:s(kəud)] n. 莫尔斯电码

morsel ['mɔ:s(ə)l] ❶ n. 少量,一小块,一口;佳肴;微不足道的人 ❷ vt. 分成小块,少量地分配

mortal ['mɔ:təl] ❶ a. ①致死的,致命的 ②垂死的,临终的 ③拼死的,不共戴天的 ④人(类)的 ⑤极端的,非常的 ⑥(any、every、no等连用)可能的,想象得出的 ❷ n. 人类,不能免死的生物

mortality [mɔ:'tælətɪ] n. ①致命性 ②死亡率,失败率 ③人(类)

mortally ['mɔ:təlɪ] ad. ①致命地,严重地 ②非常

mortar ['mɔ:tə] ❶ n. ①砂浆,胶泥 ②臼,乳钵 ③石工 ❷ vt. 用砂浆涂抹（黏接）

mortarless ['mɔ:təlɪs] a. 干砌的,无灰浆的

mortgage ['mɔ:gɪdʒ] n.;vt. 抵押;保证

mortiferous [mɔ:'tɪfərəs] a. 致死的

mortify ['mɔ:tɪfaɪ] v. 伤害,使人感到羞耻 ‖ **mortification** [,mɔ:tɪfɪ'keɪʃən] n.

mortmain ['mɔ:tmeɪn] n. 永久管业权

mortise ['mɔ:tɪs] n.【机】①榫槽,凹〔凸〕榫,沟,座 ②固定

mortiser ['mɔ:tɪsə] n. 凿榫机

mortuary ['mɔ:tjuərɪ] n. 太平间,停尸房;殡仪馆

mosaic [məu'zeɪɪk] ❶ n.;a. ①镶嵌(的),嵌花(的),镶嵌木工,拼成的,马赛克(的) ②感光嵌幕,嵌镶光电阴极 ❷ vt. 镶嵌

mosaicism [məu'zeɪɪsɪzəm] n. 镶嵌现象

mosaic(k)er [məu'zeɪɪkə] n. 镶嵌者

mosandrite [məu'sændraɪt] n.【矿】褐硅铈矿

Moscow ['mɒskəu] n. 莫斯科(俄罗斯首都)

mosque [mɒsk] n. 伊斯兰教寺院,清真寺

mosquito [mə'ski:təu] ❶ (pl. mosquito(e)s) n. 蚊子 ❷ a. 蚊式的,小型的

moss [mɒs] n. ①苔,地衣 ②沼泽

mossite ['mɔ:saɪt] n.【矿】重铌钽矿

mossy ['mɒsɪ] a. ①生苔的,苔似的 ②海绵状的

most [məust] ❶ a.;n. (many 或 much 的最高级) ①最大(的,限度),最多(的) ②非常,很,几乎,差不多 ☆**at (the) most** 或 **at the very most** 至多(不过); **for the most part** 大概,多半,通常地; **make the most of** 充分利用; **most and least** 统统,毫无例外; **most of all** 尤其是,首先
〖用法〗❶ 有时在形容词之前它并不表示最高级,特别是"a most+形容词+单数名词"的情况,而是意为"极其"。如:In this case a simple rectangular filter might be <u>most useful</u>.在这种情况下,一个方形滤波器可能是极其有用的。/Mathematics has played <u>a most important role</u> in the development and understanding of the various fields of technology.数学在讲述和理解技术的各个领域中了十分重要的作用。❷ 注意下面例句中该词的含义:With this memory you are sure to have enough for <u>most</u> any application.有了这种记忆装置,你肯定可以(足够)用于几乎任何的应用了。/This is the method applied <u>the most</u> to semiconductors.这是应用于半导体最广的方法。

mostly ['məustlɪ] ad. ①主要地,基本上,多半 ②大概

mote [məut] n. ①尘埃 ②瑕疵

motel [məu'tel] n. 专为汽车游客开设的(公路两旁的)旅馆

moth [mɒθ](pl. moth) n. ①蠹,蛾 ②摧毁敌方雷达站用的导弹

mothball ['mɒθbɔ:l] ❶ n. ①卫生球 ②封存 ❷ a. 保存的,收藏起来的,退役的 ❸ vt. 封存 ☆**in mothballs** 收存起来,封存中,退役

mother ['mʌðə] ❶ n. ①母亲 ②根本,源泉 ③母同位素 ④母盘,母模 ⑤航空母舰〔机〕,飞机运载器 ❷ a. 母的,本国的 ❸ v. 产生,照管
〖用法〗注意下面例句的含义:Called 'the mother of all networks',the Internet is an international network connecting up to 400 000 smaller networks in more than 200 countries.因特网被称为"一切网络之母",它是连接200多个国家内多达40万个较小网路的一个国际网。("Called ..."是分词短语处于句首作状语,补充说明主语。)

motherland ['mʌðələænd] n. 祖国

motherless ['mʌðəlɪs] a. 没有母亲的

motherlike ['mʌðəlaɪk] a. 母亲般的

motherly ['mʌðəlɪ] a.;ad. 慈母般的〔地〕

mothproof ['mɒθpru:f] ❶ a. 防蛀的 ❷ vt. 把…加以防蛀处理

mothproofer ['mɒθpru:fə] n. 防蛀剂

motif [məu'ti:f] n. 主题;特色

motile ['məutaɪl] a. 活动的,能动的;有动力的

motility [məu'tɪlətɪ] n. 游动(现象);活力;活动性

M

motion ['məʊʃən] ❶ n. ①运动,运行,行进 ②行〔冲〕程 ③运动机构 ④(pl.)活动,动作 ⑤提议,动议 ❷ v. 以手势示意(to),招手 ☆ **be in motion** 在运动(中),在运转者; **go through the motions of** 装…样子; **make motions (a motion)** 用手势表示,提议; **of one's own motion** 自动地; **put (set) A in motion** 使 A 运动〔运转,开始工作〕,把 A 付诸实践

〖用法〗注意搭配模式"the motion of A round〔around〕B"。如:Ellipses are used to describe the motions of the planets round the sun.人们用椭圆来描述行星绕太阳的运行。

motional ['məʊʃənəl] a. 运动的;动态的;由运动产生的

motionless ['məʊʃənlɪs] a. 不动的,固定的

motivate ['məʊtɪveɪt] vt. ①推动,激发,促使 ②启发,诱导

〖用法〗注意下面例句的含义:The purpose of these chapters is to motivate you to spend time on fundamental concepts and basic language features. 这几章的目的在于促使你把时间花在一些基本概念和基本的语言特点上。

motivation [,məʊtə'veɪʃən] n. ①刺激,激发,诱导,动力 ②机能

〖用法〗该词一般可以后跟"for"。如:The motivation for doing so is to pave the way for the description of another fundamental limit in information theory.这样做的目的是为描述信息论中的另一个基本限制铺平道路。

motivator ['məʊtɪveɪtə] n. 操纵机构;操纵面

motive ['məʊtɪv] ❶ a. 发动的,(引起)运动的,不固定的 ❷ n. 动机,目的,主题 ❸ vt. ①推动,激发,促使 ②成为…的主题

motiveless ['məʊtɪvlɪs] a. 无目的的

motivism ['məʊtɪvɪzəm] n. 动机说

motivity [məʊ'tɪvəti] n. 动力;储能

motley ['mɒtlɪ] a. 杂色的,混杂的

moto ['məʊtəʊ] n. 月吨产量

motobloc ['məʊtəblɒk] n. 拉床;拉丝机

motofacient [,məʊtə'feɪʃɪənt] a. 促动的,发动的

motometer [məʊ'tɒmɪtə] n. 转数计

motoneuron [,məʊtə'njʊərɒn] n. 运动神经原

motor ['məʊtə] ❶ n. ①发〔电〕动机,马达,引擎 ②机动车,汽车 ③运动源 ④双矢量量 ❷ a. 发〔原〕动的,汽车的 ❸ v. ①用汽车搬运 ②乘〔开〕汽车

motorable ['məʊtərəbl] a. 可通行汽车的

Motorama [,məʊtə'rɑːmə] a. 新车展览

motorbicycle ['məʊtə,baɪsɪkl], **motorbike** ['məʊtəbaɪk] n. (二轮)摩托车

motorboat ['məʊtəbəʊt] ❶ n. 汽艇 ❷ v. 乘汽艇

motorboating ['məʊtə,bəʊtɪŋ] n. 汽船声;乘汽船

motorborne ['məʊtəbɔːn] a. 汽车拖运的

motorbus ['məʊtəbʌs] n. 公共汽车

motorcab ['məʊtəkæb] n. 出租汽车

motorcade ['məʊtəkeɪd] n. 汽车行列

motorcar ['məʊtəkɑː] n. (小)汽车;自动车;(铁道上的)机动车厢

motorcycle ['məʊtəsaɪk(ə)l] ❶ n. 摩托车 ❷ vi. 骑摩托车

motordynamo ['məʊtədaɪnəməʊ] n. 电动直流发电机

motorfan ['məʊtəfæn] n. 电扇

motorial [məʊ'tɔːrɪəl] a. (引起)运动的,原动的

motoring ['məʊtərɪŋ] n. ①汽车运输 ②电动回转

motorist ['məʊtərɪst] n. 汽车驾驶人;乘汽车者

motorium [məʊ'tɔːrɪəm](拉丁语) n. 运动中枢,运动器

motorius [məʊ'tɔːrɪəs] n. 运动神经

motorization [,məʊtəraɪ'zeɪʃən] n. 机械〔摩托〕化

motorize ['məʊtəraɪz] vt. 使机动〔汽车〕化,给…安装发动机

motorized ['məʊtəraɪzd] a. 装有发动机的,摩托化的

motorlaunch ['məʊtələːntʃ] n. 汽艇

motorless ['məʊtəlɪs] a. 无发动机的

motorlorry ['məʊtəlɒrɪ] n. 运货〔载重〕汽车

motormaker ['məʊtəmeɪkə] n. 汽车制造人〔厂〕

motorman ['məʊtəmæn] n. 驾驶员

motormeter [məʊ'tɒmɪtə] n. 电动机型积算表;电动式电度计;汽车仪表

motorpathy [məʊ'tɒpəθɪ] n. 运动疗法

motorplane ['məʊtəpleɪn] n. 动力飞机

motorscooter [,məʊtə'skuːtə] n. 低座小摩托车

motorship ['məʊtəʃɪp] n. 汽船

motorspirit ['məʊtəspɪrɪt] n. (车用)汽油

motorsquadron ['məʊtəskwɒdrən] n. 汽车队

motorstarter ['məʊtəstɑːtə] n. (电动机的)启动器,发动器

motortruck ['məʊtətrʌk] n. 载重〔运货〕汽车

motortype ['məʊtətaɪp] a. 电动机型的,马达型的

motorway ['məʊtəweɪ] n. 汽车道,公路;快车道

motory ['məʊtərɪ] a. (引起)运动的

motle [mɒtl] ❶ v. 弄上斑点,使成杂色 ❷ n. 斑点,混色斑纹;麻口

mottled [mɒtld] a. 杂色的,有斑点的

mottling ['mɒtlɪŋ] n. 斑点,色斑;麻口化;制毛面

motto ['mɒtəʊ] (pl. motto(e)s) n. 座右铭,格言

mottler ['mɒtlə] n. 上色者

mottramite ['mɒtrəmaɪt] n. 【矿】钒铜铅矿

mou [muː](汉语) n. 亩

moulage [muː'lɑːʒ] n. 石膏模子;蜡模

mould [məʊld] ❶ n. ①铸(纸)型,模子,铸模,坩埚 ②样板,曲线板 ③花边,线脚 ④霉 ⑤类型,气质 ☆ **mould A into B** 把 A 铸成 B; **mould on (upon)** 按…的模子做

mouldability [,məʊldə'bɪlətɪ] n. 可塑性,成型性

mouldable ['məʊldəbl] a. 可塑的

mouldboard ['məʊldbɔːd] n. 型板

mouldenpress ['məʊldənpres] n. 自动压机

M

moulder ['məʊldə] ❶ n. ①模塑者,铸工,造型工 ②模,薄板坯,毛坯机,翻砂机,【印】(复模用的)电铸板 ❷ v. 崩溃,消亡

mo(u)lding ['məʊldɪŋ] n. ①模塑(法),造型(法),模塑物,模压,压模,翻砂 ②型工 ③压制件 ④嵌条,线脚

mouldproof ['məʊldpruːf] a. 防霉的

mouldy ['məʊldɪ] ❶ a. 发霉的 ❷ n. (空投)鱼雷水雷 ☆**go mouldy** 发霉

moulinet ['məʊlɪnɪt] n. 扇闸

Moulmein [muːl'meɪn] n. 毛淡棉(缅甸港口)

moult [məʊlt] v.;n. 换羽,脱毛〔角,皮〕

mound [maʊnd] ❶ n. ①土墩,土小山,冈,丘 ②堆,团 ③(护)堤 ❷ vt. 筑堤,造土堆

mount [maʊnt] ❶ v. ①安装,固定,悬挂,镶嵌,裱贴 ②测定,建立 ③制作标本 ④发动(攻势),设置(岗哨) ⑤登〔骑〕上,增加 ☆**mount A in B** 把A安装在B上〔里〕; **mount up** 安装,增加 ❷ n. ①固定件,夹架,支持物,机座,电子管脚,箍 ②装置,机构 ③装配台 ④(显微镜的)载片

mountable ['maʊntəbl] a. 可安装的;能登上的

mountain ['maʊntɪn] n. ①山,(pl.)山脉 ②巨大如山的物,大量 ☆**a mountain of** 大量的,山一般的; **make a mountain (out) of a molehill** 小题大做; **remove mountains** 移山倒海,创造奇迹

mountained ['maʊntɪnd] a. 山一样的;多山的

mountaineer [ˌmaʊntɪ'nɪə] ❶ n. 山地人,登山运动员 ❷ vi. 登山

mountaineering [ˌmaʊntə'nɪərɪŋ] n. 登山运动

mountainous ['maʊntɪnəs] a. 山的;多山的;山似的;巨大的

mountainside ['maʊntɪnsaɪd] n. 山腰

mountebank ['maʊntɪbæŋk] n. 江湖医生;骗子

mounted ['maʊntɪd] a. ①安装好的,安装在…上的,悬挂(式)的 ②【军】机动的 ③已建立的 ④骑马的 ⑤架设的,裱装的,镶嵌的

mounter ['maʊntə] n. 安装工;夹套

mounting ['maʊntɪŋ] n. ①安装,固定,悬挂 ②台座,支架,固定件 ③(pl.)配件,构件 ④钢筋 ⑤上升 ⑥登上,上车〔马〕

mourn [mɔːn] v. 悲痛,哀悼(for, over) ‖ ~**er** n. ~**ful** a. ~**ing** n.

mouse [maʊs] ❶ (pl. mice) n. ①鼠 ②(上下窗户用的)坠子 ③小火箭 ④【计】鼠标 ❷ a. 鼠色的

mouser ['maʊsə] n. 捕鼠动物

mousetrap ['maʊstræp] n. 捕鼠器;反潜弹

moustache [məs'tɑːʃ] n. 小胡子

mousy ['maʊsɪ] a. 老鼠般的;多鼠的;胆小的

mouth [maʊθ] ❶ n. ①口,出口,喷嘴,孔,开口处 ②输入〔出〕端,进入管,排出管 ☆**by (word of) mouth** 口头(上); **from the horse's mouth** (消息等)直接得来的; **give mouth to** 吐露; **in the mouth of** 据…说; **with one mouth** 异口同声地

mouthful ['maʊθful] n. 一口,一口之量 ☆**at a mouthful** 一口; **make a mouthful of** 一口吞下

mouth-gag ['maʊθgæg] n. 张口器

mouthing ['maʊθɪŋ] n. 漏斗形开口,承口

mouthpiece ['maʊθpiːs] n. ①接口,管接头,承口,套口,送信口,护嘴,口嘴子 ②代言人,喉舌

mouthwash ['maʊθwɒʃ] n. 漱口药

movability [ˌmuːvə'bɪlətɪ] n. 可动性;迁移率

movable ['muːvəbl] ❶ a. 可移动的,可卸的 ❷ n. (pl.)动产

movably ['muːvəblɪ] ad. 可动地

move [muːv] ❶ v. ①运动,(使)改变位置,运转,前进 ②提议 ③搬家 ④感〔鼓,推〕动 ☆**move for** 提议,要求; **move heaven and earth** 竭尽全力; **move off** 离去,启动,畅销; **move on** (继续)前进,进行,进一步讨论(into, to); **move onto (on to)** 移动…上; **move over to** 移到; **move through** 经过 ❷ n. ①运动,推移 ②措施,手段 ☆**get move on** 赶紧; **keep A on the move** 使A继续运动; **make a move** 移动,开始行动; **on the move** 在移动中,在进展中
〖用法〗❶ 注意在下面例句中该词的过去分词作定语的特殊用法:Speed is the distance <u>moved</u> divided by the time elapsed.速度等于运动的距离除以所花的时间。❷ 注意下面例句中该词的含义:Before we <u>move on</u> to discuss these applications, let us review some basic concepts.在我们进一步〔下面〕来讨论这些应用之前,让我们复习一些基本概念。

movement ['muːvmənt] n. ①运动,位移,运转(状态),调动 ②动程 ③机械装置 ④(pl.)举止

mover ['muːvə] ❶ n. ①原动机,马达,推进器,原动力 ②在动的人〔物〕,搬场工人,提议人 ❷ a. 可动的

movie ['muːvɪ] n. 影片;电影(院)

moviegoing ['muːvɪˌgəʊɪŋ] n. 看电影

movietone ['muːvɪtəʊn] n. 疏密法录音的有声电影;(浓淡线条法的)影片录音

Movil ['muːvɪl] n. 聚氯乙烯合成纤维

moving ['muːvɪŋ] n.;a. ①活动(的) ②自动(的),运输业的 ③使人感动的

moviola [ˌmuːvɪ'əʊlə] n. 音像同步装置;声话编辑机

mow [məʊ] ❶ (mowed, mown 或 mowed) v. 割(草)刈(倒,除) ☆**mow down (off)** 割下,刈倒 ❷ n. (干)草堆,禾堆

mower ['məʊə] n. 割草机;割草工人

mown [məʊn] v. (mow 的过去分词) 割(草)

moxibustion [ˌmɒksɪ'bʌstʃən] n. 【医】艾灸

moya ['mɔɪə] n. 【地质】泥熔岩

moyle [mɔɪl] n. 鹤嘴锄,十字镐

Mozambican [ˌməʊzəm'biːkən] a. 莫桑比克的

Mozambique [ˌməʊzəm'biːk] n. 莫桑比克(非洲东南部国家)

Mr. ['mɪstə] n. (= mister)先生
〖用法〗该词用在姓名(或职位)前,其后面的省略符小黑点可以省去,但它不能单独使用(这时应该用 Sir),也不能用 "mister"。

Mrs. ['mɪsɪz] *n.* (= mistress) 女士,夫人,太太 【用法】该词放在姓名前,它没有复数形式,其后面的小黑点可以省去。

mucase [mju'keɪs] *n.* 【生】黏多糖酶

mucedine ['mju:sɪdi:n] *n.* 【生】霉

much [mʌtʃ] (more, most) ❶ *a.* 很多 ❷ *ad.* ① 非常 ②常常,好久 ☆*as much again as* 二倍于; *as much A as B* 像 B 那样多的 A,正像 B 一样也(是)A; *as much as to say* 等于说; *be (not) much of an A* 是个(不怎么)好的 A; *be too much for A* 非 A 所能比〔对付〕; *count for much* 关系重大; *ever so much* 非常; *go for much* 大有用处; *half as much again as* 一倍半于; *have much in common* 有许多共同之处; *have much to do with* 与…很有关系; *in as (so) much as* 由于,既然; *in so much that …*到…的程度,以致; *it is hardly too much to say* 可以毫不夸张地说; *make much of* 了解,夸奖; *much more likely* 极可能,想必; *much of* 大量的,大部分; *much of a size (sort, type)* 大小〔种类,形式〕相仿; *much the same* 大致相同; *not so much as* 甚于于; *not so much A as B* 与其说是 A 不如说是 B,没有 B 那么多的 A; *not think much of…*不认为…好,认为…不怎么好; *(not) up to much* (不是)很有价值; *quite as much* 同样(多); *so (thus) much* 这么些,到这程度; *so much for A* 关于 A 就讲这么多; *so much the better*(那就)更好; *so much the worse*(那就)更坏; *think much of* 重视; *very much so* 无疑,完全可能; *without so much as (doing)*甚于于不; *in much the (same) way as (that)…* 以很类似…的方式〔法〕

【用法】❶ "much+比较级" 意为 "得多"。如:This computer is <u>much better</u> than that one.这台计算机比那台好得多。❷修饰动词和只能作表语的形容词及 "too(太)" 时只能用 "much" 而不能用 "very"。如:It doe not <u>much</u> matter in which direction this type of transistor is operated.朝哪个方向运用这类晶体管关系不大。❸ 这个词可以既做名词又起形容词的作用,可带有比较级级。如:The recommended practice is to let R₅ contribute as <u>much</u> of 45 Ω as possible.我们建议的做法是让 R₅尽可能提供 45 欧姆(的电阻)。❹ 注意下面例句中该词的含义:In this case the propagation delay is <u>much</u> reduced.在这种情况下,传播时延大大地缩短了。/The input gate is connected to multiplier resistors, <u>much</u> as in the case of the VOM circuit.把输入门电路连接到倍压电阻组上,很像在伏欧计电路的情况下那样。/In this case, the response time is not as <u>much of</u> a problem as it is for visual sensors.在这种情况下,响应时间就不像是对于视觉传感器那样的一个问题了。

muchness ['mʌtʃnɪs] *n.* 很多,许多 ☆*be much of a muchness* 大同小异

mucic ['mju:sɪk] *a.* 黏(液)的,分泌黏液的

mucid ['mju:sɪd] *a.* (发)黏〔霉〕的;有霉味的

muciferous [mju:'sɪfərəs] *a.* 含有(产生)黏液的

mucific [mju:'sɪfɪk] *a.* 分泌黏液的

muciform ['mju:ksɪfɔ:m] *a.* 黏液状的

mucilage ['mju:sɪlɪdʒ] *n.* 黏液,(植物的)黏浆

mucilaginous [,mju:sɪ'lædʒɪnəs] *a.* 黏(性)的,黏液的

mucin ['mju:sɪn] *n.* 黏蛋白

mucinase ['mju:sɪneɪs] *n.* 黏多糖酶

mucinogen [mju:'sɪnədʒɪn] *n.* 黏粘蛋白原

mucinous [mju:'sɪnəs] *a.* 黏质的;含黏蛋白的

muck [mʌk] ❶ *n.* ①腐殖土,软泥 ②废渣(料)③污物,粪,肥料(土)☆*be in (all of) a muck* 浑身是泥; *make a muck of* 弄脏(糟)❷ *v.* ①弄脏 ②挖泥,出渣 ☆*muck about* 混日子; *muck out* 挖除软土,出渣; *muck up* 弄脏〔糟〕

muckamuck ['mʌkəmʌk] *n.* 大人物,大亨

muckbar ['mʌkbɑ:] *n.* 熟铁条

mucker ['mʌkə] *n.* ①软土〔淤泥〕挖运机,装岩机 ②挖泥工

muckle ['mʌkl] *a.;n.* 大量(的)

mucky ['mʌkɪ] *a.* 脏的

mucoglobulin [,mju:kə'glɒbjulɪn] *n.* 黏球蛋白

mucoid ['mju:kɔɪd] *n.;a.* 类黏蛋白; 黏液状的

mucoitin [mju:'kəʊɪtɪn] *n.* 黏液素

muconolactone [,mju:kənəʊ'læktəʊn] *n.* 黏康酸内脂

mucopeptide [,mju:kəʊ'peptaɪd] *n.* 黏肽

mucopolysaccharide [,mju:kəʊpɒlɪ'sækəraɪd] *n.* 黏多糖

mucoproteid [,mju:kəʊ'prəʊti:d] *n.* 黏蛋白化合物

mucoprotein [,mju:kəʊ'prəʊti:n] *n.* 黏蛋白

mucor ['mju:kə] *n.* 毛霉

mucosa [mju:'kəʊsə] *n.*【化】黏膜 ‖ **mucosal** [mju:'kəʊsəl] *a.*

mucosity [mju:'kɒsətɪ] *n.* 黏性

mucous ['mju:kəs] *a.* (似,分泌)黏液的

mucus ['mju:kəs] *n.* 黏液

mud [mʌd] ❶ *n.* ①泥,浆,淀渣,涂料 ②没价值的东西 ③不清晰的无线电或电报信号 ④诽谤的话 ☆*fling (sling, throw) mud at A* 泥涂在 A 上,污蔑; *in the mud* (电视等)清晰度不良,音量过小; *stick in the mud* 陷入泥淖,停滞不前,墨守成规 ❷ *vt.* ①弄混 ②使沾上污泥,抹黑 ③(钻井采油时)把泥浆压入(off)

mudapron ['mʌdeɪprən] *n.* 挡泥板

mudcap ['mʌdkæp] *vt.;n.* 用泥盖法进行爆破

muddily ['mʌdɪlɪ] *ad.* (浑身)尽是泥;污浊;头脑混乱地

muddiness ['mʌdɪnɪs] *n.* 污浊;头脑混乱

muddle ['mʌd(ə)l] ❶ *v.* ①弄得尽是泥,使(颜色)混浊 ②(使)混乱,弄糟 ③混淆(up, together),搅拌 ④浪费(away) ☆*muddle along (on)* 敷衍过去,混日子; *muddle throug* 混过去; *muddle with one's work* 敷衍了事 ❷ *n.* 混乱,糊涂 ☆

M

in a muddle 杂乱无章,一塌糊涂; *made a muddle of* 弄糟

mud drag ['mʌddræg] *n.* 疏浚机

muddy ['mʌdɪ] ❶ *a.* ①泥泞的,肮脏的 ②混浊的,泥色的 ③混乱的,糊涂不清的 ❷ *v.* 拿泥弄脏;使头脑糊涂

mudflat ['mʌdflæt] *n.* 海滨;泥滩

mudflow ['mʌdfləʊ] *n.* 泥流土

mudguard ['mʌdgɑ:d] *n.* 挡泥板

mudhole ['mʌdhəʊl] *n.* 排泥孔;澄泥箱

mudjack ['mʌdˌdʒæk] ❶ *n.* 压浆泵 ❷ *v.* 压浆

mudlump ['mʌdlʌmp] *n.* 泥火山

mudpump ['mʌdpʌmp] ❶ *v.* 抽泥 ❷ *n.* 泥浆泵

mudsill ['mʌdsɪl] *n.* 排架垫木;底基

mudstone ['mʌdstəʊn] *n.* 泥石〔岩〕

mu-factor [mʊ'fæktə] *n.* 放大率

muff [mʌf] ❶ *n.* ①套筒,轴套 ②笨人 ③失败,错误 ④ 笨拙 ☆*make a muff of the business* 把事情弄糟 ❷ *v.* 失败,弄错,放过(机会)

muffle ['mʌf(ə)l] ❶ *v.* ①包住,裹(up) ②消声,压住(声音),蒙住,抑制 ❷ *n.* ①围巾 ②消音器〔材料〕③闭(式烤)炉 ④套筒,玻璃罩

muffler ['mʌflə] *n.* ①围巾 ②消音器 ③(汽车上的)回气管 ④拳击用手套

mug [mʌg] ❶ *n.* ①(有把的)大杯,一种清凉饮料 ②嘴脸 ③罪犯,笨蛋 ④(工程质量单位)马格 ❷ *v.* ①拍照 ②抢劫 ③攻读,钻研

muggy ['mʌgɪ] *a.* 闷热的;喝醉了的

mulberry ['mʌlbərɪ] *n.* 桑树

mulch [mʌltʃ] *n.;vt.* 覆盖(料),用覆盖料覆盖

mulde [mju:ld] *n.* 凹地;【地质】向斜层

mule [mju:l] *n.* ①小型电动机车 ②骡子 ③冻疮 ④顽固的人,杂种

mull [mʌl] ❶ *n.* ①软布 ②失败,乱七八糟 ③海角 ④黑泥土 ☆*make a mull of* 弄糟 ❷ *vt.* ①弄糟 ②研究,思索 ③研磨 ④煨煮 ☆*mull over* 仔细考虑

Mullarator [mʌ'læreɪtə] *n.* 辗轮-转子式混砂机

muller ['mʌlə] *n.* ①研磨机,(辗轮式)混砂机 ②搅棒 ③滚轮

mullicite ['mʌlɪsaɪt] *n.* 【矿】蓝铁矿

mullion ['mʌlɪən] ❶ *n.* 竖框,窗门的直梃 ❷ *v.* 装直梃于 ‖ ~ed *a.*

mullite ['mʌlaɪt] *n.* 【矿】富铝红柱石

mullock ['mʌlək] *n.* ①矿山废土 ②混乱的状态

mulser ['mʌlsə] *n.* 乳化机

multangular [mʌl'tæŋgjʊlə] *a.* 多角的

multiaccelerator [ˌmʌltɪək'seləreɪtə] *n.* 多重加速器

multiadapter [ˌmʌltɪə'dæptə] *n.* 多用接合器

multiaddress [ˌmʌltɪə'dres] *n.;a.* 多地址(的)

multianalysis [ˌmʌltɪə'næləsɪs] *n.* 全面分析

multianode [ˌmʌltɪ'ænəʊd] *n.;a.* 多阳极的

multiar(circuit) ['mʌltɪə(sɜ:kɪt)] *n.* 多向鉴幅电路,(雷达)多距电路

multiaspect [ˌmʌltɪ'æspekt] *n.* 多方向

multiband ['mʌltɪbænd] *n.* 多频带

multibank ['mʌltɪˌbæŋk] *a.* 多列的,多组的

multibarrel [ˌmʌltɪ'bærəl] *a.* 多管(式)的

multibeacon [ˌmʌltɪ'bi:kən] *n.* 多信标

multibilayer [ˌmʌltɪbaɪ'leɪə] *n.* 多组双层

multiblade ['mʌltɪbleɪd] *n.;a.* 复叶(的)

multibladed ['mʌltɪbleɪdɪd] *a.* 多叶的

multibreak ['mʌltɪbreɪk] ❶ *n.* 多重开关 ❷ *a.* 多断点的

multibucket ['mʌltɪbʌkɪt] *n.;a.* 多斗(式)

multibulb rectifier ['mʌltɪbʌlb'rektɪfaɪə] *n.* 多管臂(汞弧)整流器

multican ['mʌltɪkən] *a.* 多分管的

multicarbide [ˌmʌltɪ'kɑ:baɪd] *n.* 多元碳化物

multicasting ['mʌltɪkɑ:stɪŋ] *n.* 立体声双声道调频广播

multicell ['mʌltɪsel] ,**multicellular** [ˌmʌltɪ'seljʊlə] *a.* 多室的,多孔的,多单元的,多网格的,多细胞的

multicentered [ˌmʌltɪ'sentəd] *a.* 多心的

multichain [ˌmʌltɪ'tʃeɪn] *a.* 多链的

multichamber [ˌmʌltɪ'tʃæmbə] *n.* 多室

multichannel [ˌmʌltɪ'tʃænl] *n.;a.* 多道(的),多路(的)

multicharge [ˌmʌltɪ'tʃɑ:dʒ] *n.* 混合装药

multichip ['mʌltɪtʃɪp] *n.;a.* 多片(状)

multiclone ['mʌltɪˌkləʊn] *n.* 多旋风器,多聚尘机

multicoat ['mʌltɪkəʊt] *n.* 多层

multicoil ['mʌltɪkɔɪl] *a.* 多线圈的

multicollinearity [ˌmʌltɪkəlɪ'nɪərɪtɪ] *n.* 多次共线性

multicompany [ˌmʌltɪ'kʌmpənɪ] *n.* 多种经营的

multicomponent [ˌmʌltɪkəm'pəʊnənt] *a.* 多成分的;多元的

multicompression [ˌmʌltɪkəm'preʃən] *n.* 多级压缩

multiconductor [ˌmʌltɪkən'dʌktə] *n.* 多触点

multiconstant [ˌmʌltɪ'kɒnstənt] *n.* 多常数

multicontact [ˌmʌltɪ'kɒntækt] *a.* 多触点的

multicore ['mʌltɪkɔ:] *a.* 多芯的

multicoupler [ˌmʌltɪ'kʌplə] *n.* 多路耦合器

multicrank [ˌmʌltɪ'kræŋk] *n.* 多曲柄

multi-crystal ['mʌltɪ'krɪstl] *a.* 多晶的

multicurie [ˌmʌltɪ'kjʊərɪ] *a.* 具有数居里放射性的

multicut ['mʌltɪkʌt] *n.* 多刀切削

multicutter ['mʌltɪkʌtə] *n.* 多刀具

multicycle ['mʌltɪ'saɪkl] *a.;n.* 多周期的,多循环(的)

multicyclone [ˌmʌltɪ'saɪkləʊn] *n.* 多管式旋流(除尘器),多级旋风分离器,多旋风子

multideck [ˌmʌltɪ'dek] *a.* 多层的

multidemodulation [ˌmʌltɪdɪˌmɒdjʊ'leɪʃən] *n.* 多解调电路

multidiameter [ˌmʌltɪdaɪ'æmɪtə] *n.* 多(直)径

multidigit ['mʌltɪˌdɪdʒɪt] *n.* 【计】多位

multidimensional [ˌmʌltɪdɪ'menʃənl] *a.* 多维的

multidirectional [,mʌltɪdɪˈrekʃənl] a. 多向的

multidisc [,mʌltɪˈdɪsk] n. 多盘式,多片

multidisciplinary [,mʌltɪdɪsəˈplɪnərɪ] a. 多种学科的

multidomain [,mʌltɪdəˈmeɪn] n.【计】多畴 ‖ **~ed** a.

multidraw [ˈmʌltɪdrɔ:] n. 多点取样

multiecho [,mʌltɪˈekəʊ] n. 多次回声

multi-effect [ˈmʌltɪˈfekt] a. 多效的

multielement [ˈmʌltɪ,elɪmənt] n. 多元(素,件)

multiemitter [ˈmʌltɪɪˌmɪtə] n. 多发射极

multiengine [ˈmʌltɪˌendʒi:n] ❶ n. 多曲柄式发动机 ❷ a. 多发动机的

multiengined [ˈmʌltɪˌendʒɪnd] a. 多发动机的

multi-facility [ˈmʌltɪfəˈsɪlətɪ] n. 多机能

multifactor [ˈmʌltɪˌfæktə] n. 复因子

multifarious [,mʌltɪˈfeərɪəs] a. 多样性的,千差万别的,各种各样的,五花八门的 ‖ **~ly** ad. **~ness** n.

multifee [ˈmʌltɪfi:] n. 复式收费

multifeed [ˈmʌltɪfi:d] n. 多点供电的

multifilament [,mʌltɪˈfɪləmənt] n.;a. 多灯丝(的),多纤维(的)

multiflagellate [,mʌltɪˈflædʒəleɪt] a. 多鞭毛的

multi flame [ˈmʌltɪfleɪm] n. 多焰

multiflash [ˈmʌltɪflæʃ] ❶ n. 多闪光装置 ❷ a. 多闪光(灯)的

multiflow [ˈmʌltɪfləʊ] a. 多流的

multifoil [ˈmʌltɪfɔɪl] n.;a.【建】多叶饰(的)

multifold [ˈmʌltɪfəʊld] a. 多倍的

multifont [ˈmʌltɪfɒnt] n. 多字体

multiform(ed) [ˈmʌltɪfɔ:m(d)] a. 多形的,各式各样的

multiformity [,mʌltɪˈfɔ:mətɪ] n. 多形性

multiframe [ˈmʌltɪfreɪm] n. 复帧

multifrequency [,mʌltɪˈfri:kwənsɪ] a. 多频(率)的,复频的

multifuel [ˈmʌltɪfjʊəl] a. 多种燃料的

multifunction [,mʌltɪˈfʌŋkʃən] n. 多功能

multifunctional [,mʌltɪˈfʌŋkʃənl] a. 多功能的

multigang [ˈmʌltɪgæŋ] n. 多联的

multigap [ˈmʌltɪgæp] n. 多隙

multigauge [ˈmʌltɪgeɪdʒ] n. 多用规,多用检测计

multigerm [ˈmʌltɪdʒɜ:m] n. 多芽的

multigrade [ˈmʌltɪgreɪd] a. 多品位的,多等级的

multigraph [ˈmʌltɪgrɑ:f] n. (旋转式)排字印刷机,油印机

multigrate [ˈmʌltɪgreɪt] n. 复炉箅

multigreaser [,mʌltɪˈgri:sə] n. 多点润滑器

multigrid [ˈmʌltɪgrɪd] n.;a. 多栅极的

multigroup [ˈmʌltɪgru:p] a. 多群(组)的

multigun [ˈmʌltɪgʌn] n. 有数个电子枪的

multiharmonograph [,mʌltɪˈhɑ:mənɒgrɑ:f] n. 多谐记录仪

multihearth [ˈmʌltɪhɜ:θ] n. 多层炉

multihole [ˈmʌltɪhəʊl] n.;a. 多孔(的)

multiholed [ˈmʌltɪhəʊld] a. 多孔的

multihull [ˈmʌltɪhʌl] n. 多体船

multiimage [ˈmʌltɪˈɪmɪdʒ] n. 重复图像,分裂影像

multi-injector [ˈmʌltɪɪnˈdʒektə] n. 多喷嘴

multi-input [ˈmʌltɪˈɪnput] n. 多端输入

multijunction [ˈmʌltɪˈdʒʌŋkʃən] n. 多结

multikey [ˈmʌltɪki:] n. 多键

multikeyway [ˈmʌltɪˈki:weɪ] n. 多键槽

multilaminate [,mʌltɪˈlæmɪneɪt] a. 多层的

multilane [ˈmʌltɪleɪn] a. 多车道的;多线的

multilateral [,mʌltɪˈlætərəl] a. 多边的,多方面的,多国参加的

multilateralize [,mʌltɪˈlætərəlaɪz] vt. 使多国化

multilayer [ˈmʌltɪˌleɪə] n.;a. 多层(的),多层膜

multilead [ˈmʌltɪli:d] a. 多引线的

multi-legs [ˈmʌltɪlegz] a. 复式的

multilength [ˈmʌltɪleŋθ] a. 多倍长度的

multilevel [ˈmʌltɪˌlevəl] n.;a. 多层(的),多平面(的)

multiline [ˈmʌltɪˌlaɪn] n. 多线,复式线路

multilineal [ˈmʌltɪˈlɪnɪəl] a. 多线的

multilinear [ˈmʌltɪˈlɪnɪə] a. 多线性的

multilith [ˈmʌltɪlɪθ] n. 简易影印机

multilobe [ˈmʌltɪˌləʊb] n. 多叶片的,多瓣的

multiloop [ˈmʌltɪlu:p] n. 多回路的,多匝的,多圈的

multimachine [,mʌltɪməˈʃi:n] n. 多机

multimass [ˈmʌltɪmæs] n. 多质量

multimedia [,mʌltɪˈmi:dɪə] ❶ a. 多种手段的 ❷ n. 多媒体

multimeter [,mʌltɪˈmi:tə] ❶ n. 万用表,多量程测量仪,通用测量仪器 ❷ v. 多点测量

multimetering [,mʌltɪˈmi:tərɪŋ] n. 多次〔多点〕计算〔测量〕,多重读数

multimicroelectrode [,mʌltɪ,maɪkrəʊɪˈlektrəʊd] n. 微电极组

multimillionaire [,mʌltɪmɪljəˈneə] n. 拥有数百万家财的富翁

multimodal [,mʌltɪˈməʊdəl] n. 多峰

multimode [ˈmʌltɪˌməʊd] n. 多波型;多模

multimolecular [,mʌltɪməʊˈlekjʊlə] a. 多分子的

multimotored [,mʌltɪˈməʊtəd] a. 几个发动机的

multinational [,mʌltɪˈnæʃənəl] a. 多民族的,多国家的

multi-nitride [,mʌltɪˈnaɪtraɪd] ❶ v. 多次氮化(处理) ❷ n. 多元氮化物

multinodal [,mʌltɪˈnəʊdəl] a. 多节点的

multinode [ˈmʌltɪnəʊd] a. 多节的

multinomial [,mʌltɪˈnəʊmɪəl] ❶ n. 多项式 ❷ a. 多项的

multinormal [ˈmʌltɪnɔ:məl] a. 多维正态的

multinuclear [ˈmʌltɪˈnju:klɪə] a. 多核的

multinucleate [ˈmʌltɪˈnju:klɪɪt] a. 复核的

multioffice [ˈmʌltɪˈɒfɪs] n. 多局制

multioutlet [ˈmʌltɪˈaʊtlet] n. 多引线

multipack [ˈmʌltɪpæk] n. 多件头商品小包

multipacting [ˈmʌltɪpæktɪŋ], **multipactoring** [,mʌltɪˈpæktərɪŋ] n. 次级电子倍增

multipactor [ˌmʌltɪˈpæktə] n. 次级电子倍增效应

multiparameter [ˌmʌltɪpəˈræmɪtə] n. 多参数

multipartite [ˌmʌltɪˈpɑːtaɪt] a. 多歧的;由多国参加的

multiparty line [ˌmʌltɪˈpɑːtɪlaɪn] 合用线

multipass [ˈmʌltɪpɑːs] n.;a. 多次通过,多通道的;(螺纹)多头的

multipath [ˈmʌltɪpɑːθ] n.;a. 多路径(的);(螺纹)多头的

multiped(e) [ˈmʌltɪped] ❶ a. 多足的 ❷ n. 多足虫

multiphase [ˈmʌltɪfeɪz] n.;a. 多相(的)

multiphasic [ˌmʌltɪˈfeɪzɪk] a. 多相的;多方面的

multiphoton [ˌmʌltɪˈfəʊtɒn] n. 多光子

multiplace [ˈmʌltɪpleɪs] a. 多座的,多位的

multiplane [ˈmʌltɪpleɪn] ❶ n. 多翼飞机 ❷ a. 多翼的

multiplaten [ˈmʌltɪpleɪtn] a. 多层的

multiple [ˈmʌltɪpl] ❶ a. ①多重的,复式的,许多的,反复的 ②成倍的 ❷ n. ①倍数 ②复接 ③多路系统 ④(pl.)多倍厚板 ❸ v. ①复接 ②成为多重 ☆ **be multiples of A** 是 A 的倍数
〖用法〗"an integer multiple of A" 意为 "A 的整数倍"。

multiplet [ˈmʌltɪplət] ❶ n. 相重项,多重线,多重态 ❷ a. 多重谱线的

multiplex [ˈmʌltɪpleks] ❶ n. 多路(传输,通信,复用),多工;多倍测图仪 ❷ a. 多重的;复式的;倍增的

multiplexer,multiplexor [ˈmʌltɪpleksə] n. ①多路调制器,多重通道,多路扫描器 ②信号连乘器,倍增器,扩器器 ③转换开关 ④乘数

multipliable [ˈmʌltɪplaɪəbl], **multiplicable** [ˈmʌltɪplɪkəbl] a. 可增加〔加倍〕的,可乘的

multiplicand [ˌmʌltɪplɪˈkænd] n. 被乘数

multiplicate [ˈmʌltɪplɪkeɪt] a. 多重的,复合的

multiplication [ˌmʌltɪplɪˈkeɪʃən] n. ①增加,繁殖,倍增,放大 ②乘法〔积〕,相乘 ☆ **multiplication by A** 乘以 A; **multiplication cross** 叉乘

multiplicational [ˌmʌltɪplɪˈkeɪʃənl] a. 增加的,倍增的,乘法的

multiplicative [ˈmʌltɪplɪkətɪv] a. 倍增的,相乘的,乘法的

multiplicatively [ˈmʌltɪplɪkətɪvlɪ] ad. 用乘法,增加地

multiplicatrix [ˌmʌltɪplɪˈkætrɪks] n. 倍积

multiplicity [ˌmʌltɪˈplɪsətɪ] n. ①多重性,重复(性,度) ②(相)重数,相乘〔重〕性
〖用法〗注意下面例句中该词的含义:The crystal 'regards' the ⟨a⟩ multiplicity of input beams as a single,albeit complex, beam.晶体把许多输入射束 "看〔当〕做" 单个(虽然是复杂的)的射束。

multiplier [ˈmʌltɪplaɪə] n. ①乘法,扩器器,乘法装置,(光电)倍增管 ②乘数〔式,子〕,系数,增益率 ③增加〔殖〕者

multiploid [ˈmʌltɪplɔɪd] n. 多倍体

multiply ❶ [ˈmʌltɪplaɪ] v. ①(使)增加,繁殖,(按比例)放大 ②乘,倍增 ❷ [ˈmʌltɪplɪ] ad. ①复合地,多样〔重,路〕地 ②复杂地
〖用法〗❶ 注意下面例句中该词的用法:
Multiplying through by 2, we have the following expression.两边均乘以 2 我们就得到以下的表达式。/The distributive law in Boolean algebra allows us to multiply through just as we do in ordinary algebra.波尔代数中的分配律使得我们能够像普通代数中那样一个一个乘进去。❷ "A 等于 B 乘以C"应该写成 A equals(is equal to)B multiplied by C。如:Voltage is equal to current multiplied by resistance.电压等于电流乘以电阻。❸ "multiply A by B" 意为 "A 乘以 B"。

multipoint [ˈmʌltɪpɔɪnt] n.;a. 多点(式,的)

multipolar [ˌmʌltɪˈpəʊlə] n.;a. 多极(的,电磁机)

multipolarity [ˌmʌltɪpəʊˈlærətɪ] n. 多极性

multipole [ˈmʌltɪpəʊl] n. 多极

multipollutant [ˌmʌltɪpəˈluːtənt] n. 多种污染物

multipolymer [ˈmʌltɪˈpɒlɪmə] n. 共聚物

multiporous [ˈmʌltɪpɔːrəs] a. 多孔的

multiport [ˈmʌltɪpɔːt] a. 多端口的

multiposition [ˌmʌltɪpəˈzɪʃən] n. 多位置

multipressure [ˌmʌltɪˈpreʃə] a. 多压的

multiprobe [ˈmʌltɪprəʊb] n. 多探针(法),多探头

multiprocessing [ˌmʌltɪˈprəʊsesɪŋ] n. 多重处理

multiprocessor [ˌmʌltɪˈprəʊsesə] n. 多重处理机

multiprogram [ˈmʌltɪˈprəʊgræm] n. 多重程序

multiprogrammed [ˌmʌltɪˈprəʊgræmd] a. 多道程序的

multiprogramming [ˌmʌltɪˈprəʊgræmɪŋ] n. 多道程序(设计),程序复编

multipropellant [ˌmʌltɪprəˈpelənt] n. 多元推进剂

multipunch press [ˌmʌltɪpʌntʃ pres] n. 多头冲床

multipurpose [ˌmʌltɪˈpɜːpəs] a. 万能的

multiqueue dispatching [ˈmʌltɪkjuːdɪsˈpætʃɪŋ] n. 多路排队调度

multiracial [ˈmʌltɪreɪʃəl] a. 多种族的

multirange [ˈmʌltɪreɪndʒ] a. 多限的;多量程〔刻度,波段〕的

multireflector [ˈmʌltɪrɪflektə] n. 多层反射器

multireflex [ˈmʌltɪriːfleks] n. 多次反射

multirotation [ˌmʌltɪrəʊˈteɪʃən] n. 变旋(现象),旋光改变(作用)

multirow [ˈmʌltɪrəʊ] a. 多排的

multirunning [ˈmʌltɪˈrʌnɪŋ] n. 多道程序设计

multiscaler [ˌmʌltɪˈskeɪlə] n. 万能定标器;通用换算线路

multiseater [ˈmʌltɪsiːtə] n. 多座机

multisecond [ˈmʌltɪˈsekənd] a. 多秒钟的

multisection [ˈmʌltɪˌsekʃən] n. 多段

multisegment [ˈmʌltɪˌsegmənt] a. 多节的

multiselector [ˈmʌltɪsɪˈlektə] n. 复接选择器

multisequencing [ˌmʌltɪˈsiːkwənsɪŋ] n. 多序列执行

M

multiserial [ˌmʌltɪˈsɪərɪəl] a. 多列的

multiseries [ˌmʌltɪˈsɪəriːz] a. 混联的;多系列的

multishaft [ˈmʌltɪʃɑːft] a. 多轴的

multishift [ˈmʌltɪʃɪft] a. 多班制的

multishock [ˈmʌltɪʃɒk] n.;a. 激波系,多激波的

multishoed [ˈmʌltɪʃuːd] n.;a. 多蹄式(的)

multislot [ˈmʌltɪslɒt] n. 多槽

multispan [ˈmʌltɪspæn] n. 多跨

multispar [ˈmʌltɪspɑː] n. 多梁

multispecimen [ˌmʌltɪˈspesɪmən] n. 多试件

multispeed [ˈmʌltɪspiːd] a. 多速的

multisphere [ˈmʌltɪsfɪə] n. 多弧

multispindle [ˌmʌltɪˈspɪndl] n.;a. 多轴(的)

multispiral [ˌmʌltɪˈspaɪərəl] a. 多螺旋的

multispot array [ˈmʌltɪspɒtəˈreɪ] 多元基阵

multistability [ˌmʌltɪstəˈbɪlətɪ] n. 多稳定性

multistable [ˌmʌltɪˈsteɪbl] a. 多稳态的

multistage [ˈmʌltɪsteɪdʒ] n.;a. 多级(式,的),多段(的),分阶段进行的,多阶(的),级联式

multistage(d) [ˈmʌltɪsteɪdʒd] a. 多级〔段〕的

multistand [ˈmʌltɪstænd] a. 多机座〔机架〕的

multistandard [ˌmʌltɪˈstændəd] a. 多标准

multistate [ˈmʌltɪsteɪt] a. 多国的;各州的

multistep [ˈmʌltɪstep] a. 多的;阶式的

multistor(e)y [ˌmʌltɪˈstɔːrɪ],**multistoried** [ˌmʌltɪˈstɔːrɪd] a. 多层(楼)的

multistrand [ˈmʌltɪstrænd] n.;a. 多股(的),多股流钢

multistream [ˈmʌltɪstriːm] n.;a. 多管(的),多股流的

multistudio [ˌmʌltɪˈstuːdɪəu] n. 多用演播室

multiswitch [ˈmʌltɪswɪtʃ] n. 复接机键

multisyllable [ˌmʌltɪˈsɪləbl] n. 多音节

multitalent [ˌmʌltɪˈtælənt] n. 多才多艺的人,多面手

multiterminal [ˌmʌltɪˈtɜːmɪnl] n.;a. 多端(的),多接线端子的

multitone [ˈmʌltɪtəun] n. 多频音

multitool [ˈmʌltɪtuːl] n. 多刀工具

multitooth [ˈmʌltɪtuːθ] n.;a. 多齿(的) ‖ ~ed a.

multitrack [ˈmʌltɪtræk] n. 多信道,多声道

multitron [ˈmʌltɪtrɒn] n. 甚高频脉冲控制的功率放大器

multitube [ˈmʌltɪtjuːb] ❶ n. 多管 ❷ a. 多管的

multitubular [ˌmʌltɪˈtjuːbjulə] a. 多管式的

multitude [ˈmʌltɪtjuːd] n. ①许多,大批 ②多倍 ③集,组 ☆**a multitude of** 许多的; **as the stars in multitude** 多得像繁星一样
〖用法〗使用"a multitude of"时,后跟复数名词,若作主语则谓语用复数形式,其用法与"a large number of"雷同。

multitudinous [ˌmʌltɪˈtjuːdɪnəs] a. 许多的,大批的,各色各样的 ‖ **~ly** ad. **~ness** n.

multiunit [ˌmʌltɪˈjuːnɪt] a. 多重的,多部件的

multivalence [ˌmʌltɪˈveɪləns], **multivalency** [ˌmʌltɪˈveɪlənsɪ] n. 多价,多义性

multivalent [ˌmʌltɪˈveɪlənt] a. 多价的,多叶的

multivalued [ˌmʌltɪˈvæljuːd] a. 多值的,多谷结构的

multivalve [ˈmʌltɪvælv] a. 多电子管的

multivane [ˈmʌltɪveɪn] a. 多叶的

multivariable [ˌmʌltɪˈveərɪəbl] a. 多变量的

multivariant [ˌmʌltɪˈveərɪənt] a. 多变的

multivariate(d) [ˌmʌltɪˈveərɪeɪt(ɪd)] n.;a. 多元(的),多变(的)

multivector [ˈmʌltɪˌvektə] a. 多重矢量;交错张量

multivelocity [ˌmʌltɪvɪˈlɒsətɪ] n.;a. 多速(的)

multiversity [ˌmʌltɪˈvɜːsətɪ] n. 多科性大学

multivertor [ˈmʌltɪvətə] n. 复式变换器

multivibrator [ˌmʌltɪvaɪˈbreɪtə] n. 多谐振荡器

multiviscosity [ˌmʌltɪvɪsˈkɒsətɪ] n. 稠化

multivocal [ˌmʌltɪˈvəuk(ə)l] ❶ a. 多义的,含糊的 ❷ n. 多义语

multivoltage [ˌmʌltɪˈvəutedʒ] a. 多电压的

multivoltine [ˌmʌlˈtɪvɒltɪn] a. 多化性的;多孢的

multivoltmeter [ˌmʌltɪˈvəultˌmɪtə] n. 多量程电压表

multivolume(d) [ˌmʌltɪˈvɒljuːmd] a. (书等)多卷的

multivor [ˈmʌltɪvɔː] n. 多主寄生物

multiwave [ˈmʌltɪˌweɪv] n.;a. 多波(的)

multiway [ˈmʌltɪˌweɪ] n.;a. 多路(的),多向(的),复合的

multiwheel [ˈmʌltɪˌwiːl] n. 多轮

multiwire [ˈmʌltɪˌwaɪə] a. 复线的

multizone [ˈmʌltɪzəun] a. 多区域的

multocular [mʌlˈtɒkjulə] a. 多眼的

multum in parvo [ˈmʌltəmɪnˈpɑːvəu] n. 小而俱全

mum [mʌm] ❶ a.;n. 沉默(的),无言(的),不说话(的);妈妈 ❷ v. 闭口,沉默,不讲话

mumble [ˈmʌmb(ə)l] v. 含糊地说话

mumeson [ˈmjuːˈmiːsɒn] n. μ介子

mumia [ˈmʌmɪə] n. 蛹

mummification [ˌmʌmɪfɪˈkeɪʃən] n. 僵化,木乃伊化;干性坏疽

mummify [ˈmʌmɪfaɪ] v. 弄干(保存),使枯萎;弄成木乃伊

mummy [ˈmʌmiː] n. 木乃伊,干瘪的人;妈妈

mump [mʌmp] v. 闹别扭

mundane [ˈmʌnˌdeɪn] a. ①现世的,世俗的 ②宇宙的

mundic [ˈmʌndɪk] n. 【矿】黄铁矿

Mungoose metal [ˈmʌŋguːsˈmetl] n. 铜镍锌合金

Munich [ˈmjuːnɪk] n. 慕尼黑(德国城市)

municipal [mjuˈnɪsɪp(ə)l] a. 市(政,立)的,城市的,内政的

municipality [mjuˌnɪsɪˈpælɪtɪ] n. 市(区),自治市〔区〕,市政府

municipalize [mjuːˈnɪsɪpəlaɪz] v. 归市有

municipally [mjuːˈnɪsɪpəlɪ] ad. 市政上

muniment [ˈmjuːnɪmənt] n. (pl.)契约,证书

munition [mjuˈnɪʃ(ə)n] ❶ n. (pl.)军需品,军火,弹药,必需品 ❷ vt. 供给军需品

munity ['mjʊnɪtɪ] n. 易感性

munjack [‚mʌn'dʒæk] n. 硬化沥青

munnion ['mʌnjən] n. 竖框

Munsell ['mʌnsel] n. 孟塞尔云母

munting ['mʌntɪŋ] n.【建】门中挺,窗格条

muon ['mju:ɒn] n. μ 介子

muonic [mju:'ɒnɪk] a. μ 介子的

muonium [mju:'ɒnɪəm] n. μ 介子素, μ +介子与电子组合成的耦合系统

mural ['mjʊər(ə)l] ❶ a. 墙壁(上,似)的,壁形的 ❷ n. 墙壁,壁饰

muramidase ['mjʊərəmɪ‚deɪs] n.【生】胞壁质酶,溶菌酶

murder ['mɜ:də] n.;vt. ①谋杀(案),杀害 ②弄坏

murderer ['mɜ:dərə] n. 凶手,杀人犯

murderous ['mɜ:d(ə)rəs] a. 杀害的,凶残的 ‖ ~ly ad.

murein ['mjʊəri:n] n.【生】胞壁质

murexan [mju:'reksən] n.【化】氨基丙二酰脲

murexide [mjʊə'reksaɪd] n.【生】紫脲酸铵

muriate ['mjʊərɪt] n. 氯化物,盐酸盐

muriatic [‚mjʊərɪ'ætɪk] a. 氯化的,盐酸化的

muriform ['mjʊərɪfɔ:m] a. 似鼠的,砖格状的

murine ['mjʊəraɪn] a. 老鼠的,鼠科的

murk [mɜ:k] n.;a. 黑暗(的),阴暗(的)

murky ['mɜ:kɪ] a.(阴)暗的,有浓雾的,隐晦的

murmur ['mɜ:mə] n.;v. ①(发)沙沙声,(发)嗡嗡声,潺潺声 ②(发)牢骚,私语声 ‖ ~ous a.

murphy ['mɜ:fɪ] n. (= murphy bed) 隐壁床,折床

murrhine ['mʌrɪn] a. 萤石(制)的

Muscat ['mʌskət] n. 马斯喀特(阿曼首都)

musci ['mjʊsɪ] n. (pl.) 藓类植物

muscle ['mʌs(ə)l] ❶ n. ①肌(肉),筋 ②体力 ☆ **man of muscle** 力气大的人; **not move a muscle** 面不改色 ❷ vi. 靠力气前进(through) ☆**muscle in** 硬挤入,干涉

muscleless ['mʌsllɪs] a. 没有力气的

muscovite ['mʌskəvaɪt] n. 白云母

muscular ['mʌskjʊlə] a. 肌肉(发达)的

muscularity [‚mʌskjʊ'lærətɪ] n. 肌肉发达,强壮

musculature ['mʌskjʊlətʃ ə] n. 肌肉组织

muse [mju:z] v.;n. 沉思,冥想

museum [mju:'zɪəm] n. 博物〔美术〕馆

mush [mʌʃ] n. ①烂泥,糊状物 ②噪声,干扰 ③废话,梦呓

mushroom ['mʌʃrʊm] ❶ n. ①蘑菇,蕈 ②蘑菇状物 ③钟形泡罩,阀(舌) ❷ a. 蘑菇形的,伞形的 ❸ vi. ①迅速生长,蓬勃发展 ②打扁成蘑菇形 ③爆炸

mushroomed ['mʌʃrʊmd], **mushroom-shaped** ['mʌʃrʊmʃeɪpt] a. 蘑菇形的,辐射环式的

mushy ['mʌʃɪ] a. ①(黏)糊状的 ②(飞机等)性能失灵的

music ['mju:zɪk] n. ①音乐,乐曲 ②激烈的辩论 ☆**face the music** 勇于承担后果,临危不惧; **set A to music** 为 A 谱曲

musical ['mju:zɪk(ə)l] ❶ a. 音乐(般)的,悦耳的 ❷ n. 音乐会,音序 ‖ ~ity n.

musically ['mju:zɪkəlɪ] ad. 音乐上,像音乐;和谐地

musicassette [‚mju:zɪkæ'set] n. 卡式音乐录音带

musician [mju:'zɪʃ (ə)n] n. 音乐(作曲)家

musicology [‚mju:zɪ'kɒlədʒɪ] n. 音乐学,音乐研究

musk [mʌsk] n. 麝香〔鹿〕

muskeg ['mʌskeg] n. 淤泥,沼(泽)

musket ['mʌskɪt] n. 滑膛枪

musketry ['mʌskɪtrɪ] n. 步枪射击术

muskiness ['mʌskɪnɪs] n. 有麝香气

musky ['mʌskɪ] a. 有麝香气的

muslin ['mʌzlɪn] n. 细棉布,软棉布

muss [mʌs] ❶ n. 杂乱,一团糟 ❷ vt. 使混乱 ☆ **muss up** 搞乱

mussel ['mʌsəl] n. 蠔;淡菜;贻贝

mussy ['mʌsɪ] a. 杂乱的

must[1] [mʌst] ❶ v.;aux. 必须,一定要 ❷ a. 绝对需要的,不可缺少的 ☆**a must book** 一本必读的书 ❸ n. 必须要做的事,必需的东西
〖用法〗❶ "must not" 一般表示"决不能,不得"。如:The total modulation index <u>must not</u> exceed unity, or distortion results.总的调制度不得超过 1,要不然就会产生失真。/This value <u>must not</u> be exceeded if the junction temperature is to be kept within safe limits.如果结温保持在安全限度内,就不得超过这个值。❷ "must+动词完成式"表示"想必已经…,很可能 … "。如:That device <u>must have been damaged.</u>那设备想必已经损坏了。❸注意下面例句中该词的含义:In this case, reliability is <u>a must.</u>在这种情况下,可靠性是必须要有的。

must[2] [mʌst] n.(发酵前的)葡萄汁;新葡萄酒

must[3] [mʌst] n. 霉(臭);麝香 ❷ vi. 发霉

mustard ['mʌstəd] n. 芥(末);芥子气;芥菜

muster ['mʌstə] n.;v. ①集合,召集 ②样品 ③检验〔阅〕④清单,花名册

mustiness ['mʌstɪnɪs] n. 霉状〔性〕

musty ['mʌstɪ] a. ①发霉的,霉烂的 ②陈腐的,过时的

mutability [‚mju:tə'bɪlɪtɪ] n. 易变(性),反复无常

mutable ['mju:təb(ə)l] a. 可〔易〕变的,反复无常的 ‖ **mutably** ['mju:təblɪ] ad.

mutagen ['mju:tədʒ(ə)n] n. 致变物,诱变因素

mutagenesis [‚mju:tə'dʒenɪs] n. 诱变,引起突变

mutagenic [‚mju:tə'dʒenɪk] a. 诱变的,引起突变的

mutagenicity [‚mju:tədʒɪ'nɪsətɪ] n. 突变性,诱变

mutagenize ['mju:tədʒɪnaɪz] vt. 诱变

mutagism ['mju:tədʒɪzm] n. 诱变

mutain ['mju:teɪn] n. 突变蛋白

mutamer ['mju:təmə] n. 变构物,旋光异构体

mutamerism [mju:'tæmərɪzəm] n. 变构〔变旋光〕现象

mutant ['mju:t(ə)nt] n. 突变体,变种生物

mutarotase [‚mju:tə'rəʊteɪs] n. 变旋酶

mutarotation [‚mju:tərəʊ'teɪʃ (ə)n] n. 变异旋光

（作用），多重旋光

mutate [mju:'teɪt] n. 更换,转变; 【生】变异

mutation [mju:'teɪʃ(ə)n] n. 变化,突变,变异,突变基因,突变体

mutator ['mju:teɪtə] n. 突变基因

mute [mju:t] ❶ n.;v. ①噪声抑制 ②哑巴（人）③（鸟）拉屎 ❷ a. 哑的,沉默的 ‖ **-ly** ad.

Mutegun ['mju:təgʌn] n. 堵眼机

Mutemp ['mju:temp] n. 铁镍合金

mutilate ['mju:tɪleɪt] vt. 残害,损坏,使残废〔变形〕 ‖ **mutilation** [,mju:tɪ'leɪʃ ən] n.

mutilative ['mju:teɪlətɪv] a. 破坏性的;切断的

mutineer [,mju:tɪ'nɪə] n. 叛变者

mutinous ['mju:tɪnəs] a. 叛变的,反抗的

mutiny ['mju:tɪnɪ] n.;vi. 哗变,造反

muton ['mju:tɒn] n. 【生】突变子

mutter ['mʌtə] v.;n. 轻声低语,抱怨

mutton ['mʌt(ə)n] n. 羊肉

mutual ['mju:tjuəl] a. 相互的,共同的

mutualism ['mju:tjuəlɪz(ə)m] n. 协同作用,互惠共生;共栖

mutualist ['mju:tjuəlɪst] n. 共栖动物

mutuality [,mju:tju'ælɪtɪ] n. 相互关系

mutually ['mju:tjuəlɪ] ad. 相互

muzzle ['mʌz(ə)l] ❶ n. 喷嘴,腔（枪,炮）口 ❷ v. 抑制,封住…的嘴

my [maɪ] pron. （I 的所有格）我的

mycalex ['maɪkə,leks] n. 云母玻璃

mycological [,maɪkəʊ'lɒdʒɪkl] a. 真菌学的

mycology [maɪ'kɒlədʒɪ] n. 真菌学

mycoplasma [,maɪkəʊ'plæzmə] n. 支原体

mydriasis [mɪ'draɪəsɪs] n. 瞳孔放大

mykol ['maɪkɒl] n. 菌醇

mykroy ['maɪkrɔɪ] n. 米克罗依绝缘材料

mylar ['maɪlɑ:] n. 聚酯薄膜〔树脂〕

mylonite ['maɪlənaɪt] n. 【地质】糜棱岩 ‖ **mylonitic** [,maɪlə'naɪtɪk] a.

mylonitization [,maɪlənɪtaɪ'zeɪʃ ən] n. 糜棱化（作用）

myocardial [,maɪəʊ'kɑ:dɪəl] a. 心肌的

myocardiogram [,maɪəʊ'kɑ:dɪəgræm] n. 心肌运动图

myofibril [,maɪəʊ'faɪbrɪl] n. 肌原纤维

myofilament [,maɪəʊ'fɪləmənt] n. 肌丝（肌原纤维的组成部分）

myogen ['maɪədʒən] n. 【生化】肌蛋白

myogram ['maɪəgræm] n. 肌动（电流）图

myope ['maɪəʊp] n. 近视者

myopia [maɪ'əʊpɪə] n. 近视 ‖ **myopic** [maɪ'ɒpɪk] a.

myosis [maɪ'əʊsɪs] n. 瞳孔缩小

myriabit ['mɪrɪə,bɪt] n. 万位

myriad ['mɪrɪəd] ❶ n. 一万,无数 ❷ a. 无数的,数不清的

myriadyne ['mɪrɪədaɪn] n. 万达因

myriagram(me) ['mɪrɪə,græm] n. 万克,十公斤

myrialiter,myrialitre ['mɪrɪə,li:tə] n. 万公升

myriameter,myriametre ['mɪrɪə,mi:tə] n. ①万米 ②超长（波）

myriametric [mɪrɪə'metrɪk] a. 万米的

myriapod ['mɪrɪəpɒd] n.;a. 多足的(动物)

myrmekite ['mɜ:mɪ,kaɪt] n. 蠕状石

myrosin ['mɪrəsɪn] n. 【生化】芥子酶,芥子酵素

myself [maɪ'self] pron. 我自己 ☆**(all) by myself** 独自,独力地

mysterious [mɪ'stɪərɪəs] a. 神秘的,不可思议的 ‖ **-ly** ad.

mysterium [mɪ'stɪərɪəm] n. (银河系)神秘波源

mystery ['mɪst(ə)rɪ] n. ①神秘,奥妙,不可思议 ②诀窍 ☆**be a mystery to A** A 不能理解; **be wrapped in mystery** 关在闷葫芦里,不可理解; **dive into the mystery of** 探索…的奥秘; **make a mystery of** 把…神秘化

『用法』注意下面例句的含义:It is still a mystery how it was that that phenomenon was discovered.那个现象究竟是如何发现的,仍然是个谜。(句中 "how" 引出了一个主语从句,而其本身又被 "it was that" 强调句型所强调,由于它是引导词,所以必须处于从句句首,因而从 "it was" 之后提到 "mystery" 之后了。)

mystic(al) ['mɪstɪk(l)] a. 神秘的,不可思议的 ‖ **-ally** ad.

mysticism ['mɪstɪ,sɪzəm] n. 玄妙,神秘教;神秘主义

mystification [,mɪstɪfɪ'keɪʃ ən] n. 故弄玄虚,蒙蔽

mystify ['mɪstə,faɪ] vt. 故弄玄虚,神秘化,蒙蔽 ☆**be mystified by** 给…弄得莫名其妙

mystique [mɪs'ti:k] n. 奥妙,神秘性

myth [mɪθ] n. 神话(式的人物);虚构的故事

mythic(al) ['mɪθɪk(l)] a. 神话的;虚构的 ‖ **-ly** ad.

mythicize ['mɪθɪsaɪz] vt. 神话化

mythologic(al) [,mɪθɪ'lɒdʒɪkl] a. 神话似的,荒唐无稽的

mythology [mɪ'θɒlədʒɪ] n. 神话

mythus ['maɪθəs] n. 神话

myxoflagellates [,mɪksə'flædʒəleɪts] n. 【生】黏鞭毛虫

myxovirus ['mɪksəʊ,vaɪərəs] n. 黏液病毒

myxoxanthophyll [,mɪksəzæn'θɒfɪl] n. 蓝溪藻黄素乙

M

N n

nab [næb] *n.* 水下礁丘;岬

nabam ['neɪbəm] *n.*【化】一种保护性杀菌剂

nabla ['næblə] *n.*【数】微分算符,劈形算符

nacelle [nə'sel] *n.* 吊舱;发动机舱;(气球的)吊篮

nacre ['neɪkə] *n.* 珍珠母;珠光

nacred ['neɪkəd] *n.* 含有珍珠母的

nacreous ['neɪkrɪəs], **nacrous** ['neɪkrəs] *a.* 含有珍珠母的,像珍珠质的;虹彩般的

nacrite ['neɪkraɪt] *n.*【地质】珍珠陶土

nad [næd] *n.* 常年潮湿沼泽地

Nada ['nædə] *n.* 一种铜基合金

nada ['nɑːdɑː] *n.* 虚无

nadel ['nædl] *n.* 针状突起

nadir ['neɪdə] *n.* ①【天】天底(点) ②最低点 ☆*at the nadir of* 在…的最下层

naegite ['neɪgaɪt] *n.*【矿】锆铀矿

naevi ['niːvaɪ] *n.* (naevus 的复数)痣

naevus ['niːvəs] *n.* 痣,斑点

Nagano [nə'gɑːnəʊ] *n.* 长野(日本城市)

Nagasaki [,nægə'sɑːkɪ] *n.* 长崎(日本港口)

Nagoya [nɑː'gəʊjɑː] *n.* (日本)名古屋(市)

nail [neɪl] ❶ *n.* ①(铁)钉 ②指甲,爪 ③纳尔(长度单位) ❷ *vt.* ①用钉钉牢,使固定 ②引起(注意) ☆*drive (knock) in a nail* 钉(入)钉子; *hit the (right) nail on the head* 说得正确,中肯; *nail down* 用钉子钉住; *nail ... down to ...* 使…负责〔说明白〕

nailable ['neɪləbl] *a.* 可打钉的

nailcrete ['neɪlkriːt] *n.* 受钉混凝土

nailer ['neɪlə] *n.* 制钉工人

nailery ['neɪlərɪ] *n.* 制钉厂

nailhead ['neɪlhed] *n.* 钉头〔帽〕;【建】钉头饰

nailing ['neɪlɪŋ] *a.;ad.* ①敲钉用的,受钉的 ②极好(的)

naillless ['neɪlɪs] *a.* 没敲钉的

nailpicker ['neɪlpɪkə] *n.* 捡钉器

Nairobi [,naɪə'rəʊbɪ] *n.* 内罗毕(肯尼亚首都)

naive [nɑː'iːv] *a.* ①自然的,朴素的 ②天真的 ‖ ~**ly** *ad.* ~**ness** *n.*

naivete [nɑː'iːvteɪ], **naivety** [nɑː'iːvtɪ] *n.* 质朴,天真

Nak [næk] *n.* 钠钾共晶合金

naked ['neɪkɪd] *a.* ①裸(露)的,无遮蔽的,无绝缘的 ②如实的,无注释的 ☆*naked of ...* 没有…的 ‖ ~**ly** *ad.* ~**ness** *n.*

Nalcite ['nælsaɪt] *n.* 碱性阴离子交换树脂

naled ['nælɪd] *n.*【化】冰堆;二溴磷

namable ['neɪməbl] *a.* 可起名的

name [neɪm] ❶ *n.* ①名字〔称〕,姓名 ②名义 ③名声 ④著名的人物 ❷ *vt.* ①给…命名 ②列举,指定 ③提名,任命 ④开(价格) ☆*as the name implies (suggests,indicates,shows)* 顾名思义;*(be) named for*(被)指定作; *be named in honour of...* 为纪念…而命名; *(be) true to one's name* 名符其实; *by name* 用名字,名叫; *by (of, under) the name of...* 名叫…,以…的名字〔义〕; *call... by name* 叫…的名字; *go by (under) the general name of...* 统称为…; *have a name for... , have the name of...* 以…著称; *in name but not in reality* 有名无实的; *in one's own name* 以自己的名义; *in the name of...* 以…的名义,替; *know... by name* 只知道…的名字; *name after (for) ...* 以…命名; *name... for...* 提名…作…; *not to be named on (in) the same day with...* 比…差得多; *of (no) name* 有〔无〕名的; *the name of the game* 事情的本质; *to one's name* 属于自己的东西; *without a name* 无名的,不知名的,名字说不出的 〖用法〗❶ 该名词后一般跟"for"。如:The liter is a special <u>name for</u> a cubic decimeter.升是一立方分米的专有名称。❷ "name A B"意为"把 A 叫做(称为)B"(在"B"前决不能加上"as")。❸ 注意下面例句中该动词的一种常见用法:Java also provides support for development of database applications, graphical user interfaces, reusable objects, and two-dimensional and three-dimensional modeling, <u>to name a few</u>. Java 还为开发数据库的应用、绘图的用户接口、可重新使用的对象以及二维和三维建模(这里仅列举几种)提供支持。❹ "第一作者"译为"the first-named author"。

nameboard ['neɪmbɔːd] *n.* 船名板

named ['neɪmd] *a.* 标着名称的;指定的

nameless ['neɪmlɪs] *a.* ①无名的,没有署名的 ②难以形容的

namely ['neɪmlɪ] *ad.* (= that is to say)即,也就是 〖用法〗该词用来引出同位语,在其前后一般用逗号。如:The potential drop across the network is equal to the battery emf, <u>namely</u>, 13V. 网路两端的电位降等于电池的电动势,即 13 伏。

nameplate ['neɪmpleɪt] *n.* 铭牌;名牌;商标;报刊等

刊头

namesake ['neɪmseɪk] *n.* 同名的人〔东西〕

Namibia [nə'mi:bɪə] *n.* 纳米比亚(西南非洲国家)

Nampo ['na:m'pəʊ] *n.* 南浦(朝鲜民主主义人民共和国港口)

Namurian [nə'mu:rɪən] *n.*【地质】(在欧洲石炭系的)拿摩里阶

nandinine ['nændɪnaɪn] *n.* 南天竹碱

nanism ['neɪnɪzəm] *n.*【医】矮小,侏儒症,矮态,侏儒状态

nanmu ['nænmu:] *n.* 楠木

nanoplankton ['nænəʊˌplæŋktən] *n.*【生】微型浮游生物

nano ['nænəʊ] *n.* 纳(诺),毫微

nanoammeter [ˌnænə'æmiːtə] *n.* 纳安计

nanoamp(ere) [ˌneɪnə'æmp(eə)] *n.* 纳安(培)

nanocircuit [ˌnænə's3:kɪt] *n.* 毫微电路

nanocurie ['nænəˌkjʊərɪ] *n.* 毫微居(里)

nanofarad ['nænəˌfærəd] *n.* 毫微法(拉)

nanofossil ['nænəʊˌfɒsɪl] *n.*【地质】超微化石

nanogram ['neɪnə(ʊ)græm] *n.* 纳克

Nanograph ['neɪnəˌgra:f] *n.* 镜面仪表读数记录用随动系统

nanohenry ['nænəˌhenrɪ] *n.* 毫微亨,纳亨(利)

nanometer ['neɪnəˌmiːtə] *n.* 纳米

nanon ['neɪnɒn] *n.* 纳米

nanophotogrammetry [nænəfəʊtəʊ'græmɪtrɪ] *n.* 缩微摄影测量(术)

nanoprogram [ˌneɪnə'prəʊgræm] *n.* 纳程序

nanoscope ['nænəskəʊp] *n.* 纳秒示波器

nanosecond ['nænə(ʊ)sekənd] *n.* 纳秒

nanosurgery ['nænəʊˌs3:dʒərɪ] *n.* 外科手术

nanowatt ['neɪnəʊˌwɒt] *n.* 纳瓦(特)

nap [næp] *n.;vi.* ①(绒布等面上的)细毛,使(绒布等)起毛 ②打瞌睡,小睡 ☆**be caught napping** 冷不防被人抓住,被发现在打瞌睡; **take (have) a nap** 打盹,睡午觉; **take (catch)... napping** 乘…不备

napalm ['neɪpa:m] ❶ *n.* 凝固汽油(弹),胶化汽油,凝汽油剂 ❷ *vt.* 用凝固汽油弹轰炸,用喷火器攻击

nape [neɪp] *n.* 颈背,后颈

naphazoline ['næfəzəli:n]【药】萘唑啉

naphtha ['næfθə] *n.* (粗)挥发油,石脑油,石油(精)

naphthalene ['næfθəli:n],**naphthaline** ['næfθəˌlɪn] *n.* 卫生球

naphthanol ['næfθənɒl] *n.* 萘烷醇

naphthenate ['næfθəneɪt] *n.* 环烷酸盐

naphthene ['næfθiːn] *n.* (石油)环烷,(脂)环烃

naphthenic [næf'θiːnɪk] *a.* 环烷的,(脂)环烃的

naphthenone ['næfθɪnəʊn] *n.* 环烷酮

naphthol ['næfθɒl] *n.*【化】萘酚

naphtholithe ['næfθəˌli:ð] *n.* 沥青页岩

naphthoquinone ['næfθəkwɪ'nəʊn] *n.* 萘醌

naphthyl ['næfθɪl] *n.* 萘基

naphthylamine [næf'θɪləmɪn] *n.*【化】萘胺

napier ['neɪpɪə] *n.* 奈培(衰减单位)

Napier ['neɪpɪə] *n.* 纳比尔(新西兰港口)

napkin ['næpkɪn] *n.* 餐巾 ☆**lay up in a napkin** 藏着不用

Naples ['neɪplz] *n.* 那不勒斯(意大利港口)

napoleonite [nə'pəʊlɪəˌnaɪt] *n.*【矿】球状闪长岩

nappe [næp] *n.* ①叶,(溢流)水舌 ②外层 ③推覆体,熔岩流

narcosis [na:'kəʊsɪs] *n.* 麻醉

narcosynthesis [ˌna:kəʊ'sɪnθɪsɪs] *n.*【医】麻醉精神疗法

narcotherapy [ˌna:kəʊ'θerəpɪ] *n.*【医】麻醉疗法

narcotic [na:'kɒtɪk] ❶ *a.* 麻醉性的,催眠的 ❷ *n.* 麻醉剂,催眠药

narcotine ['na:kəti:n] *n.* 碱溶鸦片碱

narcotism ['na:kətɪzəm] *n.* 麻醉(作用,状态);不省人事

narcotize ['na:kətaɪz] *vt.* 使麻醉 ‖ **narcotization** [ˌna:kətaɪ'zeɪʃən] *n.*

nard [na:d] *n.* 甘松(香)

Narite ['næraɪt] *n.* 一种铝青铜

nark [na:k] ❶ *n.* 密探 ❷ *v.* 告密

narrate [næ'reɪt] *vt.* 叙述

narration [næ'reɪʃ(ə)n] *n.* 叙述;故事

narrative ['nærətɪv] ❶ *n.* ①故事,叙述文 ②解说词 ❷ *a.* 叙述的,叙事体的

narrator [nə'reɪtə] *n.* 叙述者;讲解员;播音员

narratress [nə'reɪtrɪs] *n.* 女讲解〔播音〕员

narrow ['nærəʊ] ❶ *a.* ①窄的,狭窄的 ②有限的 ③严密的,精确的 ④勉强的,仅仅的 ❷ *v.* 弄窄,收缩 (down)❸ *n.* 狭窄的地方,(常用 pl.)海峡,峡谷 ☆**in a narrow sense of the word** 狭义地说; **narrow (A) to B** (把 A)限制在 B(之内)

narrowing ['nærəʊɪŋ] *n.;a.* 缩小,收缩,变窄;限制;狭窄的;严密的

narrowly ['nærəʊlɪ] *ad.* ①狭窄地 ②勉强地 ③严密地,精细地

narrow-minded ['nærəʊ'maɪndɪd] *a.* 气量狭窄的;有偏见的

narrowness ['nærəʊnɪs] *n.* 狭窄

Narrows ['nærəʊz] *n.* 达达尼尔海峡;奈洛斯海峡(在美国纽约市斯塔腾岛之间)

n-ary [en'eərɪ] *a.* n 元的

nasal ['neɪz(ə)l] *a.;n.* 鼻的;鼻音(的)

nasality [neɪ'zælɪtɪ] *n.* 鼻音(性)

nasalize ['neɪzəlaɪz] *v.* 鼻音化 ‖ **nasalization** [ˌneɪzələ'zeɪʃən] *n.*

nascence ['næsəns],**nascency** ['næsənsɪ] *n.* 发生;起源

nascent ['næs(ə)nt] *a.* 初生的;处于生成过程的;在排出时的

nasitis [neɪ'saɪtɪs] *n.* 鼻炎

Nassau ['næsɔ:] *n.* 拿梭(巴哈马首都)

nastily ['næːstɪlɪ] *ad.* 污秽,不清洁 ‖ **nastiness**

['nɑːstɪnɪs] *n.*

nasturtium [nəˈstɜːʃəm] *n.*【植】旱金莲

nasty ['nɑːstɪ] ❶ *a.* ①很脏的,讨厌的 ②险恶的 ③难应付的 ❷ *n.* 讨厌的东西

nat [næt] *n.* 奈特(一种度量信息的单位)

natal ['neɪt(ə)l] *a.* 诞(初)生的

natality [neɪˈtælɪtɪ] *n.* 出生率;产生率

natant ['neɪt(ə)nt] *a.* 浮在水上的,游泳的,漂浮的 ‖ **-ly** *ad.*

natation [neɪˈteɪʃ(ə)n] *n.* 游泳

natatorial [ˌneɪtəˈtɔːrɪəl], **natatory** [nəˈteɪtərɪ] *a.* 游泳(用)的

natatorium [ˌneɪtəˈtɔːrɪəm] (pl. natatoriums 或 natatoria) *n.* (室内)游泳池

nation ['neɪʃ(ə)n] *n.* 国家;民族

national ['næʃənəl] ❶ *a.* ①国家的,民族的 ②国民的 ❷ *n.* 国民,侨民,同胞

nationalism ['næʃənəlɪzəm] *n.* ①民族主义,国家主义 ②工业国有化主义

nationalist ['næʃənəlɪst] *n.;a.* 民族主义者(的),国家主义者〔的〕 ‖ **-ic** *a.* **~ically** *ad.*

nationality [ˌnæʃəˈnælɪtɪ] *n.* ①国籍 ②民族,部族 ③国民 ④国家

nationalization [ˌnæʃənəlaɪˈzeɪʃən] *n.* 国有(化,制)

nationalize ['næʃənəlaɪz] *vt.* ①收归国有,(使)国有化 ②使(国家)获得独立

nationally ['næʃənəlɪ] *ad.* 全国地,在全国范围内

nationwide ['neɪʃ(ə)nwaɪd] *a.* 全国的,全国性的;全民的

〖用法〗该词可以作后置定语。如:Internet service providers <u>nationwide</u> have recognized that ISDN access to the Internet is a crucial element of their business strategy in order to meet the demand for faster service.(美国)全国的因特网服务供应商识别到了,为了满足更快服务的要求,以ISDN来访问因特网是他们商务策略的一个关键因素。

native ['neɪtɪv] ❶ *a.* ①本国〔地〕的,当地人的,出生的,土产的 ②天然的,天生的,先天的 ❷ *n.* ①(出生于…的)人,本地人 ②当地产的动〔植〕物 ‖ **~ly** *ad.* **~ness** *n.*

nativity [nəˈtɪvɪtɪ] *n.* 诞生;出生地

natrium ['neɪtrɪəm] *n.*【化】钠

natroautunite [ˌneɪtrəʊˈɔːtənaɪt] *n.* 钠钙铀云母

natrolite ['nætrəlaɪt] *n.* 钠沸石

natron ['neɪtrən] *n.* 天然碳酸钠,泡碱;含水苏打

nattily ['nætɪlɪ] *ad.* 整洁地

natty ['nætɪ] *a.* ①整洁的,干净的 ②清楚的 ③敏捷的

natural ['nætʃərəl] *a.* ①自然(界)的,天然的 ②固有的,天赋的,必然的 ③常态的,正常的 ④预期的 ⑤逼真的 ☆**come natural to...**对…来说是轻而易举的

〖用法〗当它在主句中作表语时,主语从句中谓语往往用"(should+)动词原形"形式。如:It is <u>natural</u>

that a change in current <u>lead</u> to a change in electric field.电流的变化自然会引起电场的变化。

naturalism ['nætʃərəlɪzəm] *n.* 自然主义;本能主义

naturalist ['nætʃərəlɪst] *n.* 自然科学工作者;博物学家;自然主义者

naturalistic [ˌnætʃərəˈlɪstɪk] *a.* 自然的;自然主义的;写实的

naturalize ['nætʃərəlaɪz] *v.* ①(使)加入国籍(in, into),归化 ②采用(外来语) ③使习惯于 ☆**become naturalized as (in) ...** 加入…国籍

naturally ['nætʃərəlɪ] *ad.* ①自然地,天生地 ②当然,不用说 ③容易地

naturalness ['nætʃərəlnɪs] *n.* ①自然 ②纯真

nature ['neɪtʃə] *n.* ①自然,天然(状态),自然界,自然现象,宇宙万物 ②特性,性质,本性 ③实况 ④种类,品种 ⑤树脂 ☆**against nature** 违反自然;**(be) in(of)the nature of** 具有…的性质,好像(是);**(be) true to nature** 逼真的;**by (from, the (very) nature of things (the case)** 理所当然地;**by (its) very nature** 天然地,本来;**in a (the) state of nature** 在自然状态;**in nature** (就)性质上(来说),实质上,究竟;**in the course of nature** 通常,按照常例

〖用法〗❶ 表示"自然界"时,其前面不加冠词。如:There are over 100 elements in <u>nature</u>.自然界中有100多种元素。❷ 注意下面例句中该词的含义:The <u>nature</u> of the external circuit does not matter. 外电路的性质是没有关系的。/This linearized model does not take into account the exponential <u>nature</u> of the pn-junction vi characteristic.这个线性化的模型并没有把pn结伏安特性曲线的指数性质考虑进去。/These limitations are imposed by <u>nature</u> and cannot be circumvented.这些限制条件是天然地加上的,所以是无法回避的〔克服的〕。

naught [nɔːt] *n.* 无(价值);【数】零 ☆**a thing of naught** 没价值的东西; **all for naught** 徒然; **bring ... to naught** 使…成泡影; **care naught for** 对…不感兴趣; **come to naught** 失败,落空; **set ... at naught** 藐视,嘲笑

naughty ['nɔːtɪ] *a.* 顽皮的,淘气的

naumannite ['nɔːmənaɪt] *n.*【矿】硒银矿

naupathia [nɔːˈpæθɪə] *n.* 晕船

Nauru [nɑːˈuːruː] *n.* 瑙鲁(约在东经167°之赤道附近)

nausea ['nɔːsjə] *n.* ①恶心,晕船 ②厌恶,反感 ☆**feel nausea** 作呕

nauseate ['nɔːsɪeɪt] *v.* 恶心,使恶心;使厌恶

nauseating ['nɔːsɪeɪtɪŋ], **nauseous** ['nɔːsɪəs] *a.* 令人作呕的;讨厌的

nautical ['nɔːtɪk(ə)l] *a.* 航海的;海(上)的;海员的

nautics ['nɔːtɪks] *n.* 航海术

nautilus ['nɔːtɪləs] *n.* ①一种潜水器 ②虹鱼,鹦鹉螺

nautophone ['nɔːtəˌfəʊn] *n.* 雾信号器;高音雾笛

navaglide ['neɪvəglaɪd] *n.* 飞机盲目着陆系统

navaglobe ['neɪvəgləʊb] *n.* 远程无线电导航系统

navaho ['nævəhəʊ] *n.* (美国)一种地对地导弹,超音速巡航导弹

navaid ['næveɪd] *n.* 助航设备,助航系统

naval ['neɪv(ə)l] *a.* ①海军的,军舰的 ②海洋的,船舶的

navally ['neɪvəlɪ] *ad.* 在海军方面

navamander [,nævə'mændə] *n.* 编码通信设备

navar ['nævɑ:] *n.* 导航雷达,指挥飞行的雷达系统

navarchy ['neɪvɑ:kɪ] *n.* 海军力

navarho ['neɪvɑ:həʊ] *n.* 一种远程无线电导航系统

navascope ['neɪvəskəʊp] *n.* 机载雷达示位器导航仪

navascreen ['neɪvəskri:n] *n.* 导航屏幕

navaspector [,neɪvə'spektə] *n.* 导航谱

nave [neɪv] *n.* ①(轮)毂,(衬)套 ②(铁路车站等建筑的)中间广场 ③中殿,听众席

navel ['neɪv(ə)l] *n.* 脐;中央

naviation [,neɪvɪ'eɪʃən] *n.* 海军航空(兵)

navicular [nə'vɪkjulə] *a.* 船形的

navigability [,nævɪgə'bɪlɪtɪ] *n.* 适航性

navigable ['nævɪgəb(ə)l] *a.* ①可通航的 ②适于航行的

navigate ['nævɪgeɪt] *v.* ①驾驶船〔飞机〕,领航 ②沿···航行,航空〔海〕③使通过

navigation [,nævɪ'geɪʃən] *n.* ①导航 ②航行,航海 ③船舶(总称)

navigational [,nævɪ'geɪʃənəl] *a.* 导航的,航海,航空的 ‖ **-ly** *ad.*

navigation-coal [,nævɪ'geɪʃ(ə)nkəʊl] *n.* 锅炉煤

navigator ['nævɪgeɪtə] *n.* ①领航员,航行员 ②导航设备

navigraph ['nævɪgrɑ:f] *n.* 一种领航表

navvy ['nævɪ] ❶ *n.* ①挖凿机,粗工,无特殊技术的工人 ②挖掘工作 ❷ *v.* 掘

navy ['neɪvɪ] *n.* ①海军 ②舰队,船队 ③藏青色

nay [neɪ] ❶ *ad.* ①不但如此 ②不,否 ❷ *n.* 否定,拒绝

naysay ['neɪseɪ] *n.;v.* 拒绝;否认

naze [neɪz] *n.* 海〔岬〕角

Ndjamena [n'dʒɑ:menɑ:] *n.* 恩贾梅纳(乍得首都)

Ndola [n'dəʊlɑ:] *n.* 恩多拉(市)(赞比亚)

neap [ni:p] ❶ *n.;a.* 最低潮(的),小潮(的) ❷ *v.* (潮水)渐向小潮,达小潮最高点,(由于小潮)使(船)受阻 ☆**be neaped**(船)因小潮搁浅

near [nɪə] ❶ *ad.;prep.* ①接〔靠,附〕近,邻接,在···近旁 ②将近,大约 ③精密 ❷ *a.* ①接近的,近似的 ②左侧的 ③(路等)直达的,近道的 ❸ *v.* 接近 ☆**as near as...**在···限度内; **be near to...** 离···不远(的); **come near** 接近,靠近; **come (go) near (to) doing** 几乎,差一点; **far and near** 远近,到处; **get (draw) near** 接〔逼〕近; **in the near future** 在不久的将来; **near at hand** 在手边,

在近旁,即将临近; **near by...**在···附近,靠近···; **near to...** 在···近旁; **near upon** 将近; **not (nowhere) near** 离···很远,差得远; **on a near day** 日内,三五天内

〖用法〗 ❶ 在它的形容词比较级和最高级后面往往省去介词"to"。如:The numbers shown beside the isotope images are the integers <u>nearest the atomic masses</u>.在同位素图像旁边所示的数字是最接近原子质量的整数。/The planet <u>nearest the sun is</u> Mercury.最靠近太阳的行星是水星。 ❷ 注意下面例句中该词的词类及含义:The <u>near</u> cancellation of fluxes means that the induced voltages are essentially independent of frequency.磁通量几乎抵消掉意味着感应电压基本上是与频率无关的。

nearby ['nɪəbaɪ] ❶ *a.;ad.* 附近(的),靠近(的) ❷ *prep.* 在···的附近

〖用法〗它作副词时可以作后置定语。如:We start at this point and go to a point <u>nearby</u>.我们从这点出发,移动到附近的一点。

nearly ['nɪəlɪ] *ad.* ①几乎,将近 ②接近,密切地 ③好容易 ④精密 ☆**not nearly** 远不及,相差很远; **not nearly enough** 远不够,相差很远; **not nearly** 绝不,远非

nearness ['nɪənɪs] *n.* 邻近;近似;密切

neat [ni:t] *a.* ①整洁的 ②纯的,未搀杂的 ③简洁的 ④平滑的 ⑤匀称的 ⑥灵巧的 ‖ **-ly** *ad.* **~ness** *n.*

neaten ['ni:t(ə)n] *vt.* 使整洁(齐)

neatline ['ni:tlaɪn] *n.* 准线;图表边线;墙面交接线

Nebraska [nɪ'bræskə] *n.* (美国)内布拉斯加(州)

nebula ['nebjulə] *n.* ①〔天〕星云,雾气 ②喷雾剂

nebulae ['nebjulɪ] *n.* (nebula 的复数)星云

nebular ['nebjulə] *a.* 星云的,星云状的

nebulium [nɪ'bju:lɪəm] *n.* 〔天〕氪

nebulization [,nebjulaɪ'zeɪʃən] *n.* 喷雾(作用)

nebulize ['nebjulaɪz] *v.* 喷雾;使成雾状

nebulizer ['nebju,laɪzə] *n.* 喷雾器

nebulosity [,nebju'lɒsɪtɪ] *n.* ①星云状态,云雾状态 ②模糊(状态);朦胧

nebulous ['nebjuləs] *a.* ①星云(状)的,云雾状的 ②模(含)糊的,朦胧的

necessarily ['nesɪsərɪlɪ] *ad.* 必定,必要地,当然

〖用法〗"not necessarily"意为"不一定"。如:This explanation is <u>not necessarily</u> correct.这一解释不一定正确。/Because of friction, stepping on the accelerator of a car does <u>not necessarily</u> accelerate the car.由于摩擦,踩上小汽车的加速器并不一定会使汽车加速。

necessary ['nesɪsərɪ] ❶ *a.* 必需的,必要的,必须做的 ❷ *n.* (常用 pl.)(生活)必需品 ☆**(be) necessary to (for) ...**是···所必需(的); **if necessary** 如果必要的话; **it is necessary (for...) to (do) ...** 必须(做),(···)有(做)的必要

〖用法〗 ❶ 主句中该词作表语〔宾语补足语〕时,主语〔宾语〕从句中的谓语应该使用"(should+)动词原形"形式。如:It is not <u>necessary</u> that the primary be. suddenly connected or disconnected.把初级线圈突然地接通或断开是不必要的。/We consider it necessary that the applied voltage remain constant.我们认为外加电压必须保持不变。❷ 为了加强语气，它可以作后置定语。如:The instruments necessary as conventional.所需的仪器都是常规的。/The only other step necessary is to realize the following fact.必要的另一个唯一步骤是要认识到下面一点。

necessitate [nɪˈsesɪteɪt] vt. ①需要，使成为必要 ②迫使，强迫
〖用法〗❶ 在它后面的宾语从句中必须使用"(should+)动词原形"形式的谓语。如:This increase in resolution necessitates that more numerical information be obtained during the conversion process.要使分辨率提高到这样的程度，就要求在转换过程中必须获得更多的数字信息。❷ 它后面直接跟动作时应该使用动名词。如:Component changes in the low input amplifiers may necessitate resetting the input and output dc voltages.低输入放大器中更换元件时也可能需要重新设置输入、输出直流电压。/Changing the name of a process may necessitate examining all other process definitions.改变一个进程的名称必须检查其它所有进程的定义。

necessitous [nɪˈsesɪtəs] a. ①穷的 ②紧迫的 ③必须的，不可避免的 ‖ ~ly ad. ~ness n.

necessity [nɪˈsesɪtɪ] n. ①必要，必然(的事) ②需要 ③必需品 ④贫困，危急 ☆ **be under the necessity of doing** 被迫(做); **from necessity** 迫于必要;(no) necessity for...to do...(没)有…的必要;of (by) necessity 必然,不得已,不可避免的
〖用法〗❶ 在它的表语或同位语从句中谓语应该使用"(should+)动词原形"的形式。如:This follows from the necessity that the control logic for each flip-flop interpret the total present state.这是由于每个触发器的控制逻辑必须表示出目前的总状态的缘故。❷ 该词后面一般跟介词"for"(也可用"of"的)。如:Several chapters have emphasized the necessity for an accurate 'standard of reference' in making an accurate measurement.好几章都强调了在进行精确测量时必须有一个精确的"参考标准"。

neck [nek] ❶ n. ①颈部,脖子,弯颈,叶根,柄 ②凹槽 ③窄路,地(海)峡 ❷ v. ①截面收缩,形成轴(细)颈(down) ②(锻件下料时)冲槽 ☆ break the neck of... 做(完)…的最困难的一部分; neck and neck 并驾齐驱,不分上下; on (over) the neck of...紧跟在…后面; up to one's neck in...齐颈陷在…中,深陷于…中; neck or nothing 孤注一掷

necked [nekt] a. 压缩的;拉细的

neckerchief [ˈnekətʃɪf] n. 围巾;领巾

necking [ˈnekɪŋ] n. ①颈缩,形成轴颈,形成细颈现

象,(锻件下料时)冲槽 ②颈部 ③伸展点 ④柱颈 ⑤去道钉头

necklace [ˈneklɪs] n. 项链

necktie [ˈnektaɪ] n. 领带

neckwear [ˈnekweə] n. 领带、围巾之类

necrology [neˈkrɒlədʒɪ] n. 死亡统计(通知);讣告

necroparasite [nekrəʊˈpærəsaɪt] n. 死物寄生菌

necropsy [ˈnekrɒpsɪ], **necroscopy** [neˈkrɒskəpɪ] n. 验尸

necrosis [neˈkrəʊsɪs] (pl. necroses) n. 坏死;黑斑症

nectar [ˈnektə] n. 甘美的饮料;花蜜;一种汽水

necton [ˈnektən] n. 自游生物

need [ni:d] n. ①需要,必需 ②缺乏,贫困,危急 ③(pl.)必需品,要求 ☆at (one's)need 必要时,急需时; be (stand)in need of 需要; have need to do 必须(做),需要(做); have no need of 不需要; if need be 如果需要的话; in time (case) of need 在紧急的时候,万一有事时; meet the needs for (of) …满足…的需要; the need for doing(做)的必要; the need for A to do A(做)…的必要性 ❷ v. 需要,必须,有…的必要 ☆ need doing 或 need to be done 需要(做); there needs no...不需要…; it need hardly be said that 简直不必说
〖用法〗❶ 在它作名词时,其后面多数情况用介词"for"表示"对…需求(要)";它也可以后跟动词不定式。如:The need for a counter should be discussed at this time.现在应该讨论一下需要计数器的问题。/The need for secure communications is more profound than ever.对于安全通信的需求现在比以往任何时候更大了。/In most practical systems the need to satisfy Equation (7-10) forces one to use small values of load resistance R_L.在大多数实用系统中,需要满足式(7-10)这一点迫使人们使用小值的负载电阻 R_L。❷ 这个动词既可以是情态动词,也可以是实意动词。如:In this case neither the current I nor the battery voltage V need be known.在这种情况下,电流 I 和电池电压 V 均不必已知。/To draw this ac load line, we need only one point.为了画这根交流负载线,我们只需要一点。/All you need to do is (to) measure the voltage across the resistor.你只需要测出这个电阻器上的电压。❸ "need not have done"表示"做了本来不必做的事"。如:You need not have measured the voltage across this capacitor.你本来无需测量这个电容器上的电压。❹ 如果句子的主语是"need"后面动词表示的动作的承受者,该动词可以使用动名词主动形式或不定式的被动形式。如:This computer needs repairing〔to be repaired〕.这台计算机需要修理了。/In this case all the supplies need readjusting(to be readjusted).在这种情况下,所有的电源均需要重新调整。

needful [ˈni:dful] ❶ a. 需要的,必要的(for,to) ❷ n. 需要的事物

needfully ['ni:dfʊlɪ] *ad.* 必然地;不得已

neediness ['ni:dɪnɪs] *n.* 贫穷

needle ['ni:d(ə)l] ❶ *n.* ①针;指示器;针状物 ②尖岩,方尖塔,(桥面下)横梁,【冶】穿炉引杆 ③刻薄话 ❷ *v.* ①(用针)刺(穿)(through),(用针)缝 ②(使)成针状结晶;**hit the needle** 用横撑木支持 ☆*as sharp as a needle* 非常敏锐; **hit the needle** 击中要害; **look for a needle in a bundle（bottle）of hay** 大海捞针; **on the needle** 嗜毒成瘾; **seek（look for）a needle in a meadow** 在草堆里找针,海底捞针; **thread the（a）needle** 完成一件艰辛工作

needless ['ni:dlɪs] *a.* 不需要的,多余的 ☆*(it is) needless to say* (插入语)不用说 ‖ ~**ly** *ad.* ~**ness** *n.*

needling ['ni:dlɪŋ] *n.* 横撑木

needs [ni:dz] *ad.* 必须,一定 ☆*must needs do* 偏偏(要),坚持要(做); **needs must do** 必须(做),非做不可

needy ['ni:dɪ] *a.* 贫困的;缺乏生活必需品的

nefarious [nɪ'feərɪəs] *a.* 罪恶的,无法无天的

negaohm ['negəʊm] *n.* 负阻材料

negate [nɪ'geɪt] *vt.* ①否定,拒绝,使无效,取消 ②求反,"非"

negater [nɪ'geɪtə] *n.* 【电子】"非"门

negation [nɪ'geɪʃ(ə)n] *n.* ①否定,拒绝,反对 ②虚无 ③"非"操作

negative ['negətɪv] ❶ *a.* ①否定的,拒绝的 ②负的,阴性的 ③黑白颠倒的,底片的 ❷ *n.* ①否定 ②负数 ③负电,阴极板 ④(照相)底片,负片,底片用胶卷 ⑤【计】"非" ❸ *vt.* 否定,拒绝,使无效,抵消 ☆*in the negative* 否定地; **on negative lines** 消极地

negatively ['negətɪvlɪ] *ad.* ①否定地,消极地 ②负(地) ☆*charge...negatively* 使…带负电荷

negativism ['negətɪvɪz(ə)m] *n.* 否定论;消极主义

negativity ['negə'tɪvɪtɪ] *n.* 【电子】负性

negator [nɪ'geɪtə] *n.* 【计】"非"元件

negatoscope ['negətəskəʊp] *n.* 底片观察盒,看片箱

negatron ['negətrɒn] *n.* 【电子】①负电子 ②双阳极负阻管

negentropy [neg'entrəpɪ] *n.* 负熵

negion ['negaɪn] *n.* 阴离子

neglect [nɪ'glekt] *vt.;n.* ①忽视 ②遗漏
〖用法〗注意下面例句中该词的含义:The approximation that Eq. 5-6 involves is <u>neglect of</u> the small amount of leakage current.式 5-6 所涉及的近似表达式忽略了少量的漏电流。

neglected [nɪ'glektɪd] *a.* 被忽视的

neglectful [nɪ'glektfʊl] *a.* 疏忽的;不留心的 ☆*be neglectful of...* 不注意…,不管… ‖ ~**ly** *ad.* ~**ness** *n.*

negligence ['neglɪdʒ(ə)ns] *n.* 忽视,粗心大意

negligent ['neglɪdʒənt] *a.* 疏忽的,粗心大意的 ☆*be negligent of（in）...* 疏忽…,不注意… ‖ ~**ly**

negligible ['neglɪdʒəb(ə)l] *a.* 可忽略的;微不足道的,不重要的

negligibly ['neglɪdʒɪblɪ] *ad.* 可忽略地;微不足道地
〖用法〗注意下面例句中该词的含义:This current is <u>negligibly</u> small and can be neglected.这个电流是极其小的,所以能够忽略不计。

negode ['negəʊd] *n.* 负极

negotiability [nɪ,gəʊʃɪə'bɪlɪtɪ] *n.* 流通性;可转移性

negotiable [nɪ'gəʊʃɪəb(ə)l] *a.* 可谈判的;可转让的;可流通的

negotiate [nɪ'gəʊʃɪeɪt] *v.* ①商议,谈判,协商,交涉(with) ②处理 ③使(证券等)流通,转让 ④克服,越过(障碍)

negotiation [nɪ,gəʊʃɪ'eɪ(ə)n] *n.* ①商议,谈判,协商 ②流通,转让 ☆*be in negotiation with...* 与…商议; **carry on negotiations with...** 与…进行谈判; **enter into（upon）negotiations with...** 和…开始谈判; **negotiation for...** …的谈判

negotiator [nɪ'gəʊʃɪeɪtə] *n.* 交涉者

negotiatory [nɪ'gəʊʃɪeɪtərɪ] *a.* 商议〔谈判〕的

Negro ['ni:grəʊ] *n.;a.* 黑(种)人的

Negroid ['ni:grɔɪd] *a.* 黑(种)人的;类似黑人的

neighbo(u)r ['neɪbə] ❶ *n.* 邻居(国);邻近的东西;邻粒子;邻近值 ❷ *v.* 邻近,相邻,接近(on, upon, with)

neighbo(u)rhood ['neɪbəhʊd] *n.* ①邻里;邻近;街道 ②【数】邻域
〖用法〗注意下面例句中该词的用法:It is found in practice that <u>in the neighborhood of</u> room temperature, I₀ approximately doubles for an increase in temperature of 10℃.在实践中人们发现:在室温附近,温度上升 10℃,I₀近似增加一倍。

neighbo(u)ring ['neɪbərɪŋ] *a.* 邻近的,附近的,接壤的

neighborite ['neɪbəraɪt] *n.* 【矿】氟镁钠石

neighbo(u)rliness ['neɪbəlɪnɪs] *n.* 睦邻,友好 ‖ **neighbo(u)rly** ['neɪbəlɪ] *a.*

neiloid ['neɪlɔɪd] *n.* 凹面体

neisseriology [naɪ,sɪərɪ'ɒlədʒɪ] *n.* 【医】淋病学

neither ['naɪðə,ni:ðə] ❶ *a.;pron.* (两者)都不,(两者)没有一个 ❷ *ad.;conj.* 也不 ☆*neither... nor...* 既不…也不…; **neither more nor less than...** 和…完全一样
〖用法〗❶它可以用来表示全否定,意为"两者均不",而当它作代词在句中作主语时,谓语一般用单数形式,但也可以用复数形式。如果用"neither of"而其后面名词前没有代词的话,一定要有定冠词"the"。如:<u>Neither of the</u> equations holds〔hold〕here.这两个式子在此均不适用。❷ 注意下面例句中该词的词类及含义:Fig.7-4 shows an amplifier with two input terminals, <u>neither</u> one of which is

ad.

N

connected to the system ground.图 7-4 画出了带有两个输入端的放大器,任何一个端点均没有连接到系统的接地处。(作形容词用。)/The use of oscilloscopes to measure phase is underline{neither} rapid nor accurate.使用示波器来测量相位既不迅速也不精确。(作连接词用。) ❸ 当它作副词表示"也不"而放在句首时,该句子应该部分倒装,甚至它作形容词处于句首的介词短语中时句子也要部分倒装。如:underline{At neither end of the ladder does} the direction of the force coincide with the direction of the ladder.在梯子的任何一端,力的方向均不与梯子的方向一致。 ❹ 使用 "neither A nor B" 引出主语时,谓语的单复数从语法上讲应该由 B 来决定。如:underline{Neither the receivers nor the transmitter is} out of order.既不是那些接收机也不是发射机出了故障。

nekoite ['nekəaɪt] n.【矿】新硅钙石

nekton ['nekt(ə)n] n.【生】自游生物

nektonic [nek'tɒnɪk] a. 自游的

nematic [nɪ'mætɪk] a. 向列的;丝状的

nemo ['niːməʊ] n. 室外广播;实况转播

nenadkevite [ne'nɑːdkəvaɪt] n.【矿】硅钙铅铀钍铈矿

nentode ['nentəʊd] n.【电子】五极管

neobiogenesis ['niːəʊbaɪəʊ'dʒenɪsɪs] n. 新生物发生;新生源说

Neocene ['niːəsiːn] n.;a. 新〔晚〕第三纪(的)

neocolonialism [ˌniːəʊkə'ləʊnɪəlɪz(ə)m] n. 新殖民主义

neocuproin [nɪəʊ'kjuː'prɔɪn] n. 新式铜灵

neodarwinism ['njuə'dɑːwɪnɪzm] n. 新达尔文主义

neodoxy ['nɪəʊdɒksɪ] n. 新学说,新见解

neodymia [ˌniːəʊ'dɪmɪə] n.【化】氧化钕

neodymium [ˌniːə(ʊ)'dɪmɪəm] n.【化】钕

neofat [ˌnɪəʊ'fæt] n. 再生脂肪

neoformation [ˌniːəʊfɔː'meɪʃ(ə)n] n. 新生物

neoformative [ˌniːəʊ'fɔːmətɪv] a. 新生的;新组成的

Neogen ['niːəʊdʒən] n. 银色合金,一种镍黄铜

Neogene ['niːəʊdʒiːn] n. 新第三纪

neogenesis [ˌniːəʊ'dʒenɪsɪs] n. 新生

neogenic [ˌniːəʊ'dʒenɪk] a. 新生的

neoglacial [ˌnɪəʊ'gleɪsjəl] n. 新冰川作用的

neohexane [ˌnɪəʊ'heksein] n.【化】新己烷

neoid [niː'əʊɪd] n.【数】放射螺线

neolite ['niːəʊlaɪt] n.【地质】新石

neolith ['niːəʊlɪθ] n. (新石器时代的)石器

neolithic [ˌnɪəʊ'lɪθɪk] a. 新石器时代的;过时的

nelogism ['niːlədʒɪzm] n. 新词语;新词的创造〔使用〕

neologize [niː'ɒlədʒaɪz] vi. 创造新词

Neomagnal ['niːəʊmæɡnəl] n. 铝镁锌耐蚀合金

neomorph [niːə'mɔːf] n.【生】新形态,新效等位基因

neomorphic [niːə'mɔːfɪk] n. 新生形

neomorphosis [ˌniːə'mɔːfəsɪs] n. 新变态,新(形体)形成

neomycin [ˌniːəʊ'maɪsɪn] n.【药】新霉素

neon ['niːən] n.【化】氖 N;霓虹灯

Neonalium [niːəʊ'næliəm] n. 一种铝合金,涅昂铝铜合金

neonatal [ˌniːəʊ'neɪtəl] a. 新生儿(期)的

neontology [ˌniːɒn'tɒlədʒɪ] n. 近代生物学

neopentane [ˌniːəʊ'pentein] n.【化】新戊烷

neophytadiene [ˌniːə'faɪtədaɪˌiːn] n.【化】新植二烯

neoplasia ['niːəʊ'pleɪzɪə] n.【医】新瘤形成

neoplasm ['niːəʊplæzəm] n.【医】瘤,恶性增生

neoplastic [nɪəʊ'plæstɪk] a. 瘤的

neoplasty ['niːəʊˌplæstɪ] n. 造型术

neoprene ['niːəʊpriːn] n. 聚氯丁橡胶

neopterin ['niːəʊptərɪn] n.【化】新喋呤

neorobiosis [nɪərəbaɪ'əʊsɪs] n. 细胞坏死

neosome ['niːəʊsəʊm] n. 新成体;新火岩体

neostigmine [ˌnɪəʊ'stɪgmiːn] n.【药】新斯的明(治疗青光眼用)

neotectonics [ˌnɪətek'tɒnɪks] n. 新构造运动

neoteric [ˌnɪəʊ'terɪk] a.;n. 近〔现〕代的〔人〕;新式的;新发明的

neotron ['nɪəʊtrɒn] n. 充气式脉冲发生管

neotype ['nɪəʊtaɪp] n. 新型,新模标本

neoxanthin [ˌnɪəʊ'zænθɪn] n.【生】新黄质,新叶黄素

neozoic ['nɪəʊˈzəʊɪk] a. 新生代的

Nepal [nɪ'pɔːl] n. 尼泊尔

Nepalese [nepɔː'liːz], **Nepali** [niː'pɔːlɪ] n.;a. 尼泊尔人〔语,的)

neper ['neɪpə] n. 奈培(衰耗单位)

nepermeter ['neɪpəmɪtə] n. 奈培表

nephanalysis [nefə'nælɪsɪs] n.【气】云层分析

nepheline ['nefɪlɪn], **nephelite** ['nefɪlaɪt] n.【矿】霞石

nephelinite ['nefɪlɪnaɪt] n.【地质】霞岩

nephelometer [ˌnefɪ'lɒmɪtə] n. (散射)浊度计,比浊计,烟雾计,测云计,能见度测定计

nephelometry [ˌnefɪ'lɒmɪtrɪ] n. 浊度测定法,比浊法,散射测浊法,测云速和方向法

nephew ['nefjuː] n. 侄,甥

nephograph ['nefəɡrɑːf] n. 云摄影机

nephology [nɪ'fɒlədʒɪ] n.【气】云学

nephometer [nɪ'fɒmɪtə] n.【气】云量仪

nephoscope ['nefəskəʊp] n. (反射式)测云器,云速计

nephrite ['nefraɪt] n.【矿】软玉

nephritic [ne'frɪtɪk] a. 肾(病)的

nephritis [ne'fraɪtɪs] n. 肾炎

nephroid ['nefrɔɪd] a. 肾形的,肾脏线

nephrosis [ne'frəʊsɪs] n.【医】肾变病

nepit ['nepɪt] n. 内比特

nepotism ['nepətɪz(ə)m] n. 裙带关系;任人唯亲作风

nepouite [nɪ'puːaɪt] n.【矿】镍绿泥石

Neptune ['neptjuːn] n.【天】海王星

neptunian [nep'tjuːnɪən] a. 海王星的

neptunist ['neptjunɪst] n. 水成论者

neptunite [nep'tjuːnaɪt] n.【矿】柱星叶石

neptunium [nep'tjuːnɪəm] n.【化】镎

neral ['niːræl] n.【化】橙花醛,柠檬醛

Nergandin ['nɜːgəndɪn] n. 内甘丁 7:3 黄铜

neritic [nɪ'rɪtɪk] a. 浅海的,近岸的

nerol ['nɪrəul] n.【医】橙花醇

nerval ['nəːvəl] a. 神经(系统)的

nerve [nəːv] ❶ n.①神经,中枢 ②回缩性,(弹性)复原性 ③(pl.)神经过敏 ④胆量,勇气 ❷ v. 鼓励,使有勇气 ☆*have iron nerves* 或 *have nerves of iron (steel)* 有胆量; *have the nerve to (do)* 有(做)的勇气,厚着脸皮(做); *nerve oneself* 鼓起勇气; *strain every nerve* 竭尽全力

nerveless ['nəːvlɪs] a.①无力的,没勇气的,松懈的 ②沉着的 ③无翅脉的 ‖ ~ly ad. ~ness n.

nervelet ['nəːvlɪt] n. 小神经

nervism ['nɜːvɪzm] n. 神经论

nervosism ['nɜːvəsɪzm] n. 神经衰弱

nervous ['nəːvəs] a.①神经(质,紧张)的,不安的 ②强健的 ③胆怯的 ☆*feel nervous about* 担心,害怕,不寒而栗; *full of nervous energy* 精力充沛 ‖ ~ly ad. ~ness n.

nervure ['nəːvjuə] n.【生】叶脉

nervus ['nəːvəs] (拉丁语) (pl. nervi) n. 神经

nervy ['nəːvɪ] a.①神经紧张〔过敏,质〕的 ②刺激神经的 ③镇静的,有胆量的

nesa ['nesə] n. 奈塞(透明导电膜)

nesacoat ['nesə,kəut] n.【物】氧化锡薄膜电阻

nescience ['nesɪəns] n.①无知,缺乏知识 ②【哲】不可知论

nescient ['nesɪənt] a.;n.①无知的,不知的(of) ②不可知论的(者) ☆*be nescient of...* 对 … 一无所知

nesistor ['nesɪstə] n.【物】负阻器件

nesosilicate [,niːsəu'sɪlɪkeɪt] n.【化】岛硅酸盐

ness [nes] n. 海角,海岬

nesslerization [nesləraɪ'zeɪʃən] n. 奈氏比色法

nest [nest] ❶ n.①巢,窝,束 ②一套器具,连身齿轮 ③定位器 ④槽,塞孔 ⑤窝,蜂窝,巢,穴 ⑥休息处,庇护所,安乐窝 ❷ v.①筑巢,做窝 ②叠垒,套用,成套 ☆*a nest of...* 一套(一个比一个小可叠在一起的)…; *nest A with B* 把 B 和 A 套起来

nestable ['nestəbl] a. 可套起来的

nestantalite [nes'tæntəlaɪt] n.【矿】黄镍铁矿

nested ['nestɪd] a. 套(装)的;嵌套的;巢状的;内装的

nestiatria [nestɪ'eɪtrɪə] n. 饥饿疗法

nestification [,nestɪfɪ'keɪʃən] n. 嵌套;套用;叠加

nesting ['nestɪŋ] n. 嵌套

nestle ['nes(ə)l] v. 安居,座落(down, in, into, among); 挨靠(against, up to)

net [net] ❶ a.①净的,纯粹的 ②网状的,有网脉的 ❷ n.①网,无线电网 ②双工通信中同频率电台组 ❸ v.①撒网(于),结网,用网捕,用网覆盖 ②净得 〖用法〗注意下面例句中该词的含义:The hexagonal lattice can be regarded as a net of equilateral triangles. 六边形晶格可以被看成是由多个等边三角形构成的一个网。

nether ['neðə] a. 下(面)的;地下的

Netherlander ['neðələndə] n. 荷兰人

Netherlandish ['neðələndɪʃ] a.;n. 荷兰(人,语)的,荷兰语的

Netherlands ['neðələndz] n. 荷兰

nethermost ['neðəməust] a. 最下面的,最低的

netman ['netmæn] n. 网球选手

netted ['netɪd] a. 用网捕的;网状的

netter ['netə] n. 网捕船

netting ['netɪŋ] n. 网;钢筋网;撒网;联络

nettle ['net(ə)l] n.;v.①荨麻 ②刺激,激怒 ☆*grasp the nettle* 攻坚,坚毅迅速地解决困难,大胆抓起棘手问题

nettlesome ['netlsəm] a. 棘手的;易生气的

netty ['netɪ] a. 网状的

network ['netwəːk] ❶ n. 网,(四端)网络,电力网,广播(电视)联播公司 ❷ vt. 使成网状,联播 ☆*a network of...* 一套…,…网

neural ['njuər(ə)l] a. 神经(系统,中枢)的

neurilemma [njuərɪ'lemə] n. 神经鞘

neurine ['njuəriːn] n.【药】神经碱

Neuristor ['njuə'rɪstə] n. 类神经器件,人造神经纤维

neurite ['njuəraɪt] n.【生】神经突;轴突;体轴

neuritis [,njuə'raɪtɪs] n.【医】神经炎

neuroactive [,njuərəu'æktɪv] a. 刺激神经的

neuroanatomy [,njuərəuə'nætəmɪ] n.【医】神经解剖学

neurobiology [,njuərəubaɪ'ɒlədʒɪ] n.【医】神经生物学

neurobionics [njuərəu'baɪɒnɪks] n. 神经仿生学

neurocalorimeter [,njuərəkælə'rɪmɪtə] n. 神经热量计

neurochemistry [,njuərəu'kemɪstrɪ] n. 神经化学

neurocommunication [,njuərəkəmjuːnɪ'keɪʃən] n. 神经通信

neurocybernetics [,njuərəsaɪbə'netɪks] n.【心】神经控制论

neurocyte ['njuərəsaɪt] n. 神经细胞

neurodynamics [,njuərədaɪ'næmɪks] n. 神经动力学

neuroelectric [,njuərəɪ'lektrɪk] a. 电神经的

neurofibrilla [njuərəu'faɪbrɪlə] (pl. neurofibrillae) n. 神经原纤维

neurofibrillar [njuərəu'faɪbrɪlə] a. 神经原纤维的,属于神经原纤维的

neuroglia [,njuə'rɒglɪə] n.【医】神经胶质

N

neurohormone [ˌnjuərəu'hɔ:məun] n.【药】神经激素

neurohypophysis [ˌnjuərəuhaɪ'pɒfɪsɪs] n.【生】垂体神经叶,(脑下)垂体后叶

neuroid ['njuərɔɪd] n.【生】神经元网络

neurology [ˌnjuə'rɒlədʒɪ] n. 神经(病)学

neuromime ['njuərəmaɪm] n. 神经元模型

neuromotor [ˌnjuərəu'məutə] a. 传出神经兴奋的

neuron(e) ['njuərɒn] n. 神经细胞,神经原〔元〕

neurophone ['njuərəfəun] n. 脑听器

neurophysiology [ˌnjuərəu'saɪəns] n. 神经生理学

neuropile ['njuərəupaɪl] n. 神经丛

neuroscience [ˌnjuərəu'saɪəns] n. 神经科学

neurotic [njuə'rɒtɪk] ❶ a. ①神经(病,系统,过敏)的,影响神经系统的 ❷ n. 神经病患者,影响神经的药剂

neurotomy [ˌnjuə'rɒtəmɪ]【医】神经切断术,神经 n. 解剖学

neurula ['njuərələ] (pl. neurulas 或 neurulae) n. 【生】神经(轴)胚

neuston ['njuːstɒn] n. 漂浮生物

neuter ['njuːtə] n.;a. ①中性(的),无性的 ②中立,中立者

neutral ['njuːtr(ə)l] ❶ a. ①中性的,中和的,中立的 ②不带电的③空挡的 ④无确定性质的,(颜色等)不确定的,非彩色的 ❷ n. ①中立者,中立国 ②空挡 ③中线,中性,中和 ④中性粒子 ⑤非彩色〖用法〗注意下面例句中该词的含义:This framework is essentially target neutral.这个框架基本上是与目标无关的。(不带冠词的"target"在此作状语,修饰"neutral"。)

neutralator ['njuːtrəleɪtə] n. 中线补偿器

neutralism ['njuːtrəlɪzəm] n. 中立主义;种间共处

neutrality [njuː'trælɪtɪ] n. 中性;中立地位;平衡;无作用

neutralization [ˌnjuːtrəlaɪ'zeɪʃən] n. ①中和,中立,平衡,抵消 ②使失效,抑制

neutralize ['njuːtrəlaɪz] vt. ①使中和,平衡,抵消 ②使中立 ③使失效,抑制

neutralizer ['njuːtrəˌlaɪzə] n. 中和器

neutretto [njuː'tretəu] n. 中(性)介子

neutrin ['njuːtrɪn] n. 微中子

neutrino [njuː'triːnəu] n. 中微子

neutrodon ['njuːtrəudən] n. 平衡电容器

neutrodyne ['njuːtrəudaɪn] ❶ n. ①中和法 ②(有)中和(的)高频调谐放大器 ❷ a. 平衡式的

neutron ['njuːtrɒn] n. 中子

neutronics [njuː'trɒnɪks] n. 中子(物理)学

neutron-tight ['njuːtrɒntaɪt] a. 不透中子的

neuropath ['njuərə(u)pæθ] n. 神经病患者,神经质者

neuropathology [ˌnjuərəupə'θɒlədʒɪ] n. 神经病理学

neutropause ['njuːtrəpɔːz] n. 中性层顶

neuropharmacology [ˌnjuərəuˌfɑ:mə'kɒlədʒɪ] n.【医】神经药理学

neutrophil ['njuːtrə(u)fɪl] n.;a. 嗜中性粒细胞,嗜中性白细胞,嗜中性的

neutrophilous [njuː'trɒfɪləs] a. 嗜中性的

neutrosphere ['njuːtrəusfɪə] n. 中性层

neutrovision [ˌnjuːtrə'vɪʒən] n. 中子摄像显示装置

Nevada [ne'vɑːdə] n. (美国)内华达(州)

nevadite ['nevəˌdaɪt] n.【地质】斑流岩

neve ['neveɪ] (法语) n. 万年雪(尚未压成冰者),冰原

never ['nevə] ad. ①永远不,从来没有,未曾 ②决不,切勿 ③一点也不,一点也没有 ☆**never again** 永不再; **never before** 以前从来没有; **never ever** "永不"的加重语气; **never mind** 不必介意; **never so** 非常; **never so much as** 甚至不; **never the + 比较级** 一点也不〖用法〗当它处于句首时,句子要部分倒装。如:Never do the electrons flow from the positive to the negative in a wire.在导线中,电子永远不会从正流到负。

nevermore [ˌnevə'mɔː] ad. 永不再

nevertheless [ˌnevəðə'les] ad.;conj. ①尽管如此,然而 ②仍然〖用法〗它当连接词时处于句首,其后面一般有逗号。如:Nevertheless, the idea of a current source is conceptually very useful in circuit analysis.然而,电流源这一概念在电路分析中是很有用的。

new [njuː] ❶ a. ①新的,初次的,没经验的 ②重新的 ③新近的 ④另加的 ❷ ad. 新(近) ☆**(be) new to ...** 对…不熟悉; **new from...** 刚从…来的

newberyite ['njuːbərɪaɪt] n.【矿】镁磷石

newborn ['njuːbɔːn] a. 新生的

newbuild ['njuːbɪld] vt. 新建,重建

Newcastle ['njuːkɑːsl] n. ①纽卡斯尔(澳大利亚港口) ②纽卡斯尔(英国港口)

newcome ['njuːkʌm] ❶ a. 新来的 ❷ n. 新来者

newcomer ['njuːkʌmə] n. 新来的人;新手

New Delhi [njuː'delɪ] n. 新德里(印度首都)

newel ['njuːəl] n. (螺旋梯)中柱,楼梯栏杆柱

newfangled ['njuːfæŋgld] a. 爱好新事物的

newfashioned ['njuːˌfæʃənd] a. 新式的,新流行的

newfound ['njuːfaund] a. 新发现的

Newfoundland [ˌnjuːfənd'lænd] n. (加拿大)纽芬兰(岛)

New Hampshire [njuː'hæmpʃɪə] n. 新罕布什尔(美国州名)

newish ['njuːɪʃ] a. 稍新的,相当新的

New Jersey [njuː'dʒɜːzɪ] n. 新泽西(美国州名)

Newloy ['njuːlɔɪ] n. 一种耐蚀铜镍合金

newly ['njuːlɪ] ad. ①新近 ②重新,以新的方式

New Mexico [njuː'meksɪkəu] n. 新墨西哥(美国

州名）

newness ['nju:nɪs] *n.* 新(奇);不熟悉

Newport [nju:pɔ:t] *n.* 新港(英国港口)

news [nju:z] *n.* ①新闻,消息,音信,新事件 ②…报 〖用法〗该词作"消息,新闻"讲时为不可数名词。 要表示"一〔几〕则〔条〕新闻〔消息〕"应该用 a piece of news, a few pieces of news 或 an item of news, a few items of news。

newsagency ['nju:zeɪdʒənsɪ] *n.* 通讯社

newscast ['nju:zkɑ:st] *n.* 新闻广播

newscaster ['nju:z,kɑ:stə] *n.* 新闻广播员;评论员

newscasting ['nju:z,kɑ:stɪŋ] *n.;a.* 新闻广播(的)

newsless ['nju:zlɪs] *a.* 没有新闻的

news letter ['nju:zletə] *n.* 通信(稿);简信;定期出 版的时事通信

newsmagazine ['nju:z,mægə'zi:n] *n.* 新闻杂志; 时事刊物

newsman ['nju:zmæn] *n.* 新闻记者;送报人

newsorgan ['nju:zɔ:gən] *n.* 报纸,新闻杂志

newspaper ['nju:speɪpə] *n.* 报纸,新闻纸 ☆**take (in) a newspaper** 订阅报纸

newsreel ['nju:zri:l] *n.* 新闻(影) 片

newsvendor ['nju:zvendə] *n.* 报贩

newsworthy ['nju:zwɜ:ðɪ] *a.* 有新闻价值的

newsy ['nju:zɪ] *a.* 新闻多的

newton ['nju:t(ə)n] *n.* 牛顿(米千克秒制中力的单 位)

Newtonian [nju:'təunjən] *a.* 牛顿的

Newtrex ['nju:treks] *n.*【化】聚合松香

New York ['nju:'jɔ:k] *n.* 纽约(美国州名)

New Zealand [nju:'zi:lənd] *n.* 新西兰(大洋洲)

next [nekst] ❶ *a.;n.* ①(其,下)次的,下一个 ②与… 邻接的 ❷ *ad.* 其次,然后,下一次〔步〕❸ *prep.* 次 于…,在…近旁,紧挨着 ☆**come next** 继之及; **in the next place** 其次,第二点; **next but one** 隔一 个(即第三个); **next ... but one** 相邻第二; **next door to** 在…隔壁,几乎是; **next to** 紧跟在…之后 的,仅次于…(的),在…邻近,几乎; **the next best**(仅)次(于最)好的

〖用法〗❶ "next+表示时间的名词"表示将来的 含义的,其前面不加定冠词。如:We shall discuss this topic next week.我们将在下周讨论这个内容。

❷ 注意下面例句中该词的含义及其位置:Next came the transistor. 然后出现了晶体管。/This scheme is next in the level of complexity.这个方法 在复杂程度上是第二位的。/Consider next the definite integral.下面(我们来)考虑一下定积分。 /The resulting band-pass filter outputs are next combined in parallel to form the input to the common channel.然后得到的那些带通滤波器的 输出平行地结合在一起形成公用信道的输入。 /Next we note that J_n(x) multiplied by a constant will still be a solution of Bessel's equation.下面我 们注意到 J_n(x) 乘以一个常数后仍然是贝塞尔方 程的解。/This issue is discussed next.这个问题在下

面讨论。

nexus ['neksəs] *n.* 联系,结合,互连;网络;连杆;融 合膜

niacin ['naɪəsɪn] *n.*【药】抗癞病维生素

niacinamide [,naɪə'sɪnəmaɪd] *n.*【药】烟酰胺,尼 克酰胺,抗糙皮病维生素

Niag [naɪəg] *n.* 一种含铅黄铜

Niagara [naɪ'ægərə] *n.* 尼亚加拉(河);急流;大 洪水

Niamey [nja'meɪ] *n.* 尼亚美(尼日尔首都)

Nib[1] [nɪb] *n.*【计】半字节,四位组

nib[2] [nɪb] ❶ *n.* ①笔尖,【建】突边 ②字模 ③可可 豆的碎粒 ❷ *vt.* 装(换)尖头,弄尖

nibble ['nɪb(ə)l] *v.;n.* ①啃,一点一点地切下 ②吹毛 求疵(at) ③赞同 ④半字节

nibbler ['nɪblə] *n.* 步冲轮廓机,毛坯下料机

Nicalloy ['nɪkəlɔɪ] *n.* 一种高磁导铁镍合金,镍锰铁 合金

Nicaragua [,nɪkə'rɑ:gwə] *n.* 尼加拉瓜 ‖ **Nicaraguan** [,nɪkə'rɑ:gwən] *a.;n.*

nicarbing [naɪ'kɑ:bɪŋ],**Ni-carbing** *n.* 渗碳氮化

niccolite ['nɪkəlaɪt] *n.*【矿】红砷镍矿

Nice [ni:s] *n.* 尼斯(法国港口)

nice [naɪs] *a.* ①好的,优美的,细微的 ②吸引人的 ③(反语)糟糕的,困难的 ☆**nice and+a.**…得很, 很…(口语上用); **get ... into a nice mess** 使… 陷入困境; **in a nice fix** 进退两难,处于困境; **weighed in the nicest scale** 用极精密的秤称过 的,经仔细考虑过的

nicely ['naɪslɪ] *ad.* 很好地;精美地;合适地;恰好地

nicety ['naɪsɪtɪ] *n.* ①美好,优美,精细,微妙 ②(pl.) 细节 ☆**to a nicety** 正确地,恰好地

niche [nɪtʃ] *n.* ①壁龛 ②适当的位置,小生境 ❷ *vt.* 放在壁龛内,放在适当的位置

Nichicon ['nɪtʃɪkən] *n.*【物】电容器

nichrome ['naɪkrəum] *n.* 镍铬合金

Nichrosi ['nɪkrɒsɪ] *n.* 硅镍铬合金

nick [nɪk] ❶ *n.* ①(V 形小) 刻痕,缺口沟,凹隙 ②恰 于其时 ❷ *vt.* ①刻 V 形缺口于 ②(恰好)赶上 ☆ **in the nick of time** 正是时候

nickel ['nɪk(ə)l] ❶ *n.*【化】镍 ②(美国)镍币, 五分镍币 ❷ *vt.* 镀镍(于)

nickelage ['nɪkəlɪdʒə] *n.* 镀镍

nickelate ['nɪkəleɪt] *n.* 镍酸盐

Nickelex ['nɪkəleks] *n.* 光泽镀镍法

Nickelin ['nɪkəlɪn] *n.* 铜镍锌合金

Nickeline ['nɪkəli:n] *n.* 镍铬林合金

Nickelizing ['nɪkəlaɪzɪŋ] *n.* 镍的电处理

nickelocene [nɪkə'lɔ:si:n] *n.* 二茂镍

Nickeloid ['nɪklɔɪd] *n.* 一种铜镍耐蚀合金

nickelous ['nɪkələs] *a.* (二价)镍的

Nickeloy ['nɪkəlɔɪ] *n.* ①镍铁合金 ②铝铜镍合金

nickelplate ['nɪklpleɪt] *vt.* 镀镍

nickelsteel ['nɪklsti:l] *n.* 镍钢

nickings ['nɪkɪŋz] *n.* 煤屑,焦屑

N

nickname ['nɪkneɪm] ❶ n. 绰号(for) ❷ vt. 给… 起绰号

Nicla ['nɪklə] n. 一种铅黄铜

Niclad ['nɪklæd] n. 包镍耐蚀高强度钢板

nicofer ['nɪkəfə] n. 镍可铁

Nicol ['nɪkəl] n. 尼科耳(棱镜);偏光镜

nicolayite [,nɪkə'leɪaɪt] n. 硅铀钍铅矿

Nicosia [,nɪkəu'siːə] n. 尼科西亚(塞浦路斯首都)

nicotian [nɪ'kəuʃən] a.;n. 烟草的;抽烟的(人)

nicotinamide [,nɪkə'tɪnəmaɪd] n. 烟酰胺,抗糙皮病维生素

nicotine ['nɪkətiːn] n. 烟碱,尼古丁

nicotinic [,nɪkə'tɪnɪk] a. 烟碱(酸)的

Nicral ['nɪkrəl] n. 一种铝合金

Nicrite ['nɪkraɪt] n. 一种镍铬耐热合金

Nicrobraz ['nɪkrəbræz] n. 镍铬焊料合金

Nicrosilal [nɪk'rəusɪləl] n. 镍铬硅铸铁

nictate ['nɪkteɪt] v. 眨眼睛

Nida ['nɪdə] n. (拉刨用)青铜

nidal ['naɪdəl] a.【医】巢的

nidation [naɪ'deɪʃən] n.【医】营巢,(孕卵在子宫内)着床,殖入(胚体),埋藏(于体内)

nido ['naɪdəu] n. 巢型

niece [niːs] n. 侄女,甥女

nif [nɪf] n. 固氮基因

nife(core) ['naɪv(kɔː)] n. 镍铁(合金磁芯)

nig [nɪg] (nigged;nigging) vt.(雕)琢,废除

Niger ['naɪdʒə] n. 尼日尔,尼日尔河

nigeran ['naɪdʒərən] n. 黑曲霉多糖

Nigeria [naɪ'dʒɪərɪə] n. 尼日利亚

Nigerian [naɪ'dʒɪərɪən] a.;n. 尼日利亚的,尼日利亚人(的)

nigericin [naɪ'dʒərɪsɪn] n. 尼日利亚菌素

niggerhead ['nɪgəhed] n. 黑礁砾;黑色压缩烟砖;系索柱

nigh [naɪ] ❶ ad. 靠近地,几乎 ❷ a. ①近的,直接的 ②在左侧的 ③高的 ❸ prep.(接)近

night [naɪt] n. 黑夜,黑暗 ☆*all night (long)* 或 *all the night through* 整夜,通宵;*at night* 夜晚;*by night* 趁黑夜;*day and night* 日以继夜,夜以继日;*good night*(晚间分别说)晚安;*late at night* 在深夜;*last night* 昨夜;*night after night* 每夜;*on the night of*(某日)晚上;*over night* 过夜;*the night before last* 前夜;*throughout the night* 通宵达旦;*under night* 乘黑夜,秘密;*under (the) cover of night* 趁夜黑夜,秘密 〖用法〗"the night"可以后跟一个句子修饰它,意为"在…的那个晚上",整个短语作状语。

nightblindness ['naɪtblaɪndnɪs] n.【医】夜盲症

nightfall ['naɪtfɔːl] n. 黄昏 ☆*at nightfall* 傍晚

nightglass(es) ['naɪtglɑːs(ɪz)] n. 夜用望远镜

nightlanding [naɪt'lændɪŋ] n. 夜间降落〔登陆〕

nightlatch ['naɪtlætʃ] n. 弹簧锁

nightlong ['naɪtlɒŋ] a.;ad. 彻夜的〔地〕

nightly ['naɪtlɪ] a.;ad. 每夜的(的),晚上(的)

nightops ['naɪtɒps] n. 夜袭;夜间演习

nightraid ['naɪtreɪd] vt. 夜袭

nightshift ['naɪtʃɪft] n. 夜班;夜班工人(总称)

night-sight ['naɪtsaɪt] n. 夜间瞄准器

nighttime ['naɪttaɪm] n. 夜间

nightviewer ['naɪtˌvjuə] n. 夜间观察器

nigrescence [naɪ'gresəns] n. 变黑

nigrescent [naɪ'gres(ə)nt] a. 发黑的,渐渐变黑的

nigrify ['nɪgrɪfaɪ] vt. 使变黑

nigrometer [naɪ'grɒmɪtə] n. 黑度计

nigrosine ['naɪgrəsiːn] n. 水溶ว苯黑;黑色素

Nihard ['nɪhɑːd] n.【冶】镍铬冷硬铸铁

nihil ['naɪhɪl](拉丁语) n.(虚)无,毫无价值的东西

nihilism ['naɪɪlɪzəm] n. 虚无主义;无政府主义

nihilist ['naɪɪlɪst] n. 虚无主义者 ‖ -ic a.

nihility [naɪ'hɪlɪtɪ] n. 虚无;琐事

Nikalium ['nɪkəlɪəm] n. 一种镍铝青铜

Nike ['naɪkiː] n.(美国)奈克地对空导弹

nikethamide [nɪ'keθəmaɪd] n.【药】尼可剎米,可拉明(中枢兴奋剂)

Nikrothal [nɪk'rəθəl] n. 精密级镍铬电阻丝合金

nil [nɪl] n. 无,零(点)

nile [naɪl] n. 奈耳(反应性代用单位)

Nile [naɪl] n.(非洲)尼罗河

Nilex ['nɪleks] n. 一种镍铁合金

nill [nɪl] vt. 拒绝

nilometer [naɪ'lɒmɪtə], **niloscope** ['naɪləskəup] n. 水位计

Nilotic [naɪ'lɒtɪk] a. 尼罗河(流域)的

nilpotent ['nɪlpəutənt] n.【数】幂零

nimbi ['nɪmbaɪ] n.(nimbus 的复数)雨云

nimble ['nɪmb(ə)l] a. 敏捷的,迅速的,机警的,构思很灵巧的 ‖ ~ness n. **nimbly** ['nɪmblɪ] ad.

nimbus ['nɪmbəs] (pl. nimbi 或 nimbuses) n. 雨云

nimiety [nɪ'maɪətɪ] n. 过剩

Nimol ['nɪmɒl] n. 耐蚀高镍铸铁

Nimonic [nɪ'mɒnɪk] n. 镍铬钛铝合金

nincompoop ['nɪnkəmpuːp] n. 傻瓜

nine [naɪn] n.;a. 九(个) ☆*in nine cases out of ten* 十之八九,大概; *nine times out of ten* 几乎每次,十之八九,常常

ninefold ['naɪnfəuld] a.;ad. 九倍〔重〕的(地)

nineteen [naɪn'tiːn] n.;a. 十九(的)

nineteenth [naɪn'tiːnθ] n.;a. 第十九(个),十九分之一(的)

ninetieth ['naɪntɪɪθ] n.;a. 第九十(个),九十分之一(的)

nine-to-fiver ['naɪntə'faɪvə] n.(九点到五点的)白领员工

ninety ['naɪntɪ] n.;a. 九十(个) ☆*ninety nine times out of a hundred* 百分之九十九,几乎全部

ningyoite ['nɪngɪɒaɪt] n. 水磷铀钙矿

ninhydrin [nɪn'haɪdrɪn] n.【化】(水合)茚三酮

ninth [naɪnθ] n.;a. 第九(的),九分之一(的) ‖ ~ly

ad.

niobate ['naɪəbeɪt] *n.* 铌酸盐

niobic [naɪ'əubɪk] *a.* (五价)铌的

niobite ['naɪəbaɪt] *n.* 铌铁矿

niobium [naɪ'əubɪəm] *n.* 【化】铌

niobous [naɪ'əubəs] *a.* 三价铌的,亚铌的

niobyl ['naɪəbɪl] *n.* 铌氧基

niocalite [naɪə'kælaɪt] *n.* 黄硅铌钙矿

nioro [naɪ'ɒrəu] *n.* 铜金镍合金

nip [nɪp] *v.;n.* ①挟,钳,剪断,摘取 ②压缩,(轧件端部)压轧 ③虎钳 ④寒气,严寒 ⑤阻碍 ⑥赶快 ☆ *nip...in the bud* 防患于未然; *nip off* 剪断,摘掉

nipholite ['nɪfəlaɪt] *n.* 锥冰晶石

nipper ['nɪpə] *n.* ①钳者,剪断者 ②(pl.)钳〔镊〕子,拔钉钳

nipple ['nɪpl] *n.* ①奶头,橡皮奶头,乳头状突起 ②连接套,(螺丝)管接头 ③(喷灯)喷嘴,(枪炮的)火门

Nippon [nɪ'pɒn] *n.* 日本

Nipponese [,nɪpə'ni:z] *n.;a.* 日本人(的),日本〔语〕的

nippy ['nɪpɪ] *a.* 刺身的;寒冷的

Niranium [nɪ'reɪnɪəm] *n.* 钴铬铬齿科用铸造合金

nisiloy ['nɪsɪlɔɪ] *n.* 镍硅(孕育剂)

nisin ['naɪsɪn] *n.* 乳酸链球菌肽,尼生素

nisus ['naɪsəs] (拉丁语) *n.* 努力,企图,奋斗

nit [nɪt] *n.* 尼特(表面亮度单位),内比特;幼虫,饭桶

Nital ['naɪtəl] *n.* 【化】硝酸乙醇腐蚀液

Nitinol ['nɪtɪnɒl] *n.* 镍钛诺

nitometer [nɪ'tɒmɪtə] *n.* 尼特(亮度)计

niton ['naɪtɒn] *n.* 【化】氡

nitpick ['nɪtpɪk] *v.* 吹毛求疵

nitragin ['naɪtrədʒɪn] *n.* 根瘤菌剂

nitralising ['naɪtrəlaɪsɪŋ] *n.* (钢板涂搪瓷前)硝酸钠溶液浸渍处理法

Nitralloy(steel) ['naɪtrəlɔɪ(sti:l)] *n.* 氮化合金(钢)

nitramine [naɪ'træmɪn] *n.* 【化】硝胺

nitramon ['naɪtrəmɒn] *n.* 硝铵炸药

nitratase ['naɪtrəteɪs] *n.* 硝酸还原酶

nitrate ['naɪtreɪt] ❶ *n.* 硝酸盐 ❷ *vt.* 硝化

nitration [naɪ'treɪʃən] *n.* 硝化,氮化

nitratite ['naɪtrətaɪt] *n.* 钠硝石

nitre ['naɪtə] *n.* ①硝酸钾 ②硝酸钠

nitrene ['naɪtri:n] *n.* 氮烯

nitriability [,naɪtrɪə'bɪlɪtɪ] *n.* 氮化性

nitric ['naɪtrɪk] *a.* (含)氮的,硝酸根的

nitridation [,naɪtrɪ'deɪʃən] *n.* 渗氮,氮化

nitride ['naɪtraɪd] *n.;vt.* 氮化(物),硝化

nitriding ['naɪtraɪdɪŋ] *n.* 氮化(法),渗氮

nitriferous [,naɪ'trɪfərəs] *a.* 硝化了的

nitrification [,naɪtrəfə'keɪʃən] *n.* 硝酸化作用

nitrifier ['naɪtrɪfaɪə] *n.* 【医】硝化菌

nitrify ['naɪtrɪfaɪ] *v.* 硝化;使与氮结合

nitrilase ['naɪtrɪleɪs] *n.* 腈水解酶

nitrile ['naɪtraɪl] *n.* 腈

nitrite ['naɪtraɪt] *n.* 亚硝酸盐〔酯,根〕

nitrizing ['naɪtraɪzɪŋ] *n.* 氮化法

nitro ['naɪtrəu] *n.* 【化】硝基

nitroamine [naɪtrəu'æmi:n] *n.* 硝胺

nitroaniline [,naɪtrəu'ænɪlaɪn] *n.* 硝基苯胺

nitrobacter [naɪtrəu'bæktə] *n.* 【生】硝化杆菌

nitrobacterium [,naɪtrəubæk'tɪərɪəm] *n.* 【生】硝化细菌

nitrobenzene [,naɪtrəu'benzi:n], **nitrobenzol** [,naɪtrəu'benzɒl] *n.* 【化】硝基苯

nitrocalcite [,naɪtrəu'kælsaɪt] *n.* 钙硝石

nitrocellulose [,naɪtrəu'seljuləus] *n.* 【化】硝化纤维,棉火药

nitrochalk ['naɪtrəutʃɔ:k] *n.* 钾铵硝石

nitrocobalamin [,naɪtrəukɒbə'læmɪn] *n.* 硝钴维生素

nitrocompound [naɪtrəu'kɒmpaund] *n.* 硝基化合物

nitrocotton [,naɪtrəu'kɒtən] *n.* 硝化棉

nitrodope [naɪtrəu'dəup] *n.* 硝化涂料

nitroexplosive [,naɪtrəuɪks'pləusɪv] *n.* 硝化火药

nitrofen ['naɪtrəfən] *n.* 除草醚

nitroform ['naɪtrəfɔ:m] *n.* 【化】硝仿

nitrogelatine [naɪtrə'dʒeləti:n] *n.* 硝化明胶炸药

nitrogen ['naɪtrədʒ(ə)n] *n.* 【化】氮

nitrogenase ['naɪtrədʒəneɪs] *n.* 【化】固氮酶

nitrogenation [,naɪtrədʒə'neɪʃən] *n.* 氮化作用

nitrogenous [naɪ'trɒdʒənəs] *a.* 含氮的

nitroglycerin(e) ['naɪtrəu'glɪsəri:n] *n.* 硝化甘油(炸药),甘油三硝酸酯

nitroguanidine [,naɪtrə'gwa:nɪdi:n] *n.* 【化】硝基胍

nitrokalite ['naɪtrəkəlaɪt] *n.* 硝石

nitrolime ['naɪtrəlaɪm] *n.* 氰氨(基)化钙

nitrometer [naɪ'trɒmɪtə] *n.* 氮量计

nitromethane [naɪtrə'meθeɪn] *n.* 硝基甲烷

nitron ['naɪtrɒn] *n.* 硝酸灵,黄硝

nitronaphthalene [naɪtrəu'næfθəli:n] *n.* 【医】硝基萘

nitronate ['naɪtrəneɪt] *n.* 氮酸酯

nitrophenol [,naɪtrə'fi:nəul] *n.* 硝基酚

nitrophenylation [naɪtrəufi:nɪ'leɪʃən] *n.* 硝苯基化

nitrophile ['naɪtrəfaɪl] *n.* 喜氮植物

nitrophilous ['naɪtrəfaɪləs] *a.* 嗜氮的

nitrophoska [,naɪtrəu'fɒskə] *n.* 硝酸磷酸钾

nitropowder [,naɪtrəu'paudə] *n.* 硝化火药

nitroprusside [,naɪtrə'pru:saɪd] *n.* 硝普盐

nitrosation [,naɪtrəu'seɪʃən], **nitrosylation** [naɪtrəsɪ'leɪʃən] *n.* 亚硝基化(作用)

nitrosification [naɪtrəsɪfɪ'keɪʃən] *n.* 亚硝化作用

nitroso [naɪ'trəusəu] *n.* 亚硝基

nitros(o)amine ['naɪtrəsə'mi:n] *n.* 【化】亚硝(基)胺

nitrosocamphor ['naɪtrəsə'kæmfə] *n.* 亚硝基樟脑

nitrosoguanidine [naɪ,trəusəu'gwa:nədi:n] *n.*

N

严硝基胍

nitrosomonus [naɪtrə'sɒmənəs] n. 亚硝化毛杆菌

nitrosourea [,naɪtrəsəʊ'jʊərɪə]【药】亚硝基脲

nitrostarch ['naɪtrəstɑ:tʃ] n. 硝化淀粉

nitrosyl ['naɪtrəsɪl] n. 亚硝酰(基)

nitrotoluene [,naɪtrəʊ'tɒljʊi:n] n. 硝基甲苯(炸药)

nitrotyl ['naɪtrətɪl], **nitroyl** ['naɪtrɔɪl]【化】肟基

nitrous ['naɪtrəs] a. ①亚硝(酸)的 ②(似)硝石的 ③亚氮的

nitrovinylation [naɪtrəvɪnɪ'leɪʃən] 硝基乙烯化(作用)

nitroxide [naɪ'trɒksaɪd] n. 硝基氧

nitroxime [naɪ'trɒksi:m] n. 硝基肟

nitroxyl [naɪ'trɒksɪl] n. 硝酸基,硝酰

nitty-gritty ['nɪtɪ'grɪtɪ] n. 细节,事实真相 ☆**get down to the nitty-gritty** 追究根源〔细节〕

nitwit ['nɪtwɪt] n. 傻瓜

Nivaflex ['nɪvəfleks] n. 一种发条合金

nival ['naɪv(ə)l] a. (多)雪的,终年积雪地区的,生长在雪中的

nivarox ['naɪvərɒks] n. 尼瓦洛克斯合金

nivation [naɪ'veɪʃən] n. 雪〔霜〕蚀

nivenite ['nɪvə,naɪt] n. 沥青铀矿,黑富铀矿

nivometer [nɪ'vɒmɪtə] n. 雪量器

nivometric [nɪvə'metrɪk] a. 测雪的

nix [nɪks] n.;ad.;vt. ①没有,无物 ②不(行,干),不同意 ③无法投递的邮件

no [nəʊ] ❶ a. 无,没有任何 ❷ ad. 不,否 ❸ (pl. noes) n. 否定〔认〕,(pl.)投反对票者 ☆**no...either...** 也不,也没有; **no other than** 正是,恰恰是 【用法】❶ 它可以用来表示"全否定"。如: No textbooks available explain this point. 现有的教科书均没有解释这一点。❷ 它表示否定时有时语气比较强。如:In some applications this is no disadvantage. 在有些应用场合,这根本不是什么缺点。/This circuit requires no transformers.这个电路根本不需要变压器。/No amount of experimentation can ever prove any of them absolutely.实验再多也不可能绝对地证明其中任何一点。❸ 当它所在的介词短语处于句首时,句子要部分倒装。如:In no case is the root locus plot necessary to solve an oscillator problem.我们绝不需要根轨迹图来解有关振荡器的问题。❹ 注意下面例句中该词的用法:When no current is flowing, these 'free' electrons move randomly throughout the structure.当没有电流流动时,这些"自由"电子在物质〔结构〕中杂乱地运动。/There are, in fact, no circumstances where it is not desirable that ammeter resistances are zero and voltmeter resistances are infinite.事实上,人们总是希望安培表的电阻为零而伏特表的电阻为无穷大。❺ 注意它可以构成否定的转移。如:No single electric element can act as a current source the way a battery acts as a voltage source.没有一个电气元件能够像电池那样作为电压源那样作为电流源。(这里"the way"相当于"as"。)❻ 当它用于回答一般疑问句时,它只取决于答句是否定时才能用。❼ 当它修饰名词时,其前面不能有冠词。

noalite ['nəʊəlaɪt] n. 铌钇铀矿

nob [nɒb] n. 有钱人,上流人物

nobbing ['nɒbɪŋ] n. 压挤熟铁块

Nobelist [nəʊ'belɪst], **Nobelman** [nəʊ'belmən], **nobelity** [nəʊ'belɪtɪ] n. 诺贝尔奖金获得者

nobelium [nəʊ'belɪəm] n.【化】锘

nobility [nəʊ'bɪlɪtɪ] n. ①高贵〔尚〕②贵族(阶层)

noble ['nəʊb(ə)l] a.;n. ①高贵〔尚〕的,宏大的,壮丽的 ②贵重的 ③惰性的 ④贵族(的) ☆**noble to** 对…有惰性 ‖ **nobly** ad.

nobody ['nəʊbədɪ] pron. 没有人,谁也不 ☆**nobody else** 没有其他人

nocardamin [nəʊ'kɑ:dəmɪn] n. 诺卡胺素

nociceptor [,nəʊsɪ'septə] n. 损伤感受器

noctalopia [,nəʊktə'ləʊpɪə]【医】夜盲(症)

noctilucence [,nɒktɪ'lju:sn(ə)s] n. 夜〔磷〕光

noctilucent [,nɒktɪ'lju:sn(ə)t] a. 夜光的,生物(性)发光的

noctisor ['nɒktəsə] n. 暗视器

noctovision [nɒktə'vɪʒən] n. 红外线电视;暗视(觉)

noctovisor ['nɒktəvɪsə] n. 红外线摄像机〔望远镜〕

nocturia [nɒk'tjʊərɪə] n.【医】遗尿症

nocturnal [nɒk'tɜ:n(ə)l] ❶ a. 夜(间,间发生)的 ❷ n. 夜间时刻测定器

nocturnalism [nɒk'tɜ:nəlɪzm] n. 夜(间)活动

nocturne [nɒk'tɜ:n] n. 夜景画

nocufensor [nɒkjʊ'fensə] n. 外伤防御器

nocuous ['nɒkjʊəs] a. 有害的,有毒的

nod [nɒd] v.;n. ①点头 ②打瞌睡 ③偶尔出错 ④摇摆 ☆**on the nod** 未经正式手续的,有默契的

nodal ['nəʊdəl] a. ①(波)节的,节点的 ②枢纽的,关键的 ③组合件的

nodalizer [nəʊdəlaɪzə] n. 波节显示器

nodding ['nɒdɪŋ] ❶ n. 晃动 ❷ a. 点头的,低垂的,摆动的

node [nəʊd] n. ①(波,茎)节,瘤 ②节点 ③分支(点) 【用法】它表示"节点"时,其前面用介词"at"。如:The algebraic sum of the currents at any node is zero.任一节点处的电流代数和均为零。/In this case, let us not apply KCL at this node.在这种情况下,让我们在这个节点上不要应用基氏电流定律。

nodi ['nəʊdaɪ] n. (nodus的复数) ①(结)节 ②难点 ③错综复杂

nodical ['nəʊdɪkəl] a. 交点的

nodoc ['nəʊdɒk] n. 倒密码子

nodose ['nəʊdəʊs] a. 有节的,瘤形的

nodoubtedly ['nəʊdaʊtɪdlɪ] ad. 无疑地

nodular ['nɒdjʊlə], **nodulated** ['nɒdjʊleɪtɪd]

(结)节(状)的

nodularization [nɒdjulərarˈzeɪʃən] n. 球化

nodularizer [ˈnɒdjuˈleɪzə] n. 球化剂

nodulation [.nɒdjuˈleɪʃən] n. 生节(块)

nodule [ˈnɒdjuːl] n. (不规则的)球结节;【矿】岩球,矿瘤

noduliferous [nɒdjuˈlɪfərəs] a. 带瘤的

nodulizer [ˈnɒdjulaɪzə] n. 球化剂,成粒机

nodulizing [ˈnɒdjulaɪzɪŋ] n. 团矿,球化(退火),附聚作用

nodulose [ˈnɒdjuləus],**nodulous** [ˈnɒdjuləs] a. 有小结节的,有矿瘤的

nodum [ˈnəudəm] n.【生】植被抽象单位

nodus [ˈnəudəs] (pl. nodi) n. ①(结)节 ②难点 ③错综复杂

noematic [nəuiˈmætɪk] a. 思考的,思想的

noesis [nəuˈiːsɪs] n. 认识,识别;智力

noetic [nəuˈetɪk] a. 认识的,识别的;智力的

nog [nɒg] ❶ n. 木钉;【矿】木垛,支柱垫楔 ❷ vt. 砌木砖

nogalamycin [.nɒgələˈmaɪsɪn] n.【药】诺加霉素

noggin [ˈnɒgɪn] n. 诺金(液量单位)

nogging [ˈnɒgɪŋ] n. 填充的砖石砌体,木架砖壁

no-go [ˈnəuˈgəu] a. ①不宜开展的 ②治外法权的 ③(通)不过的

Nogos [ˈnəugəus] n.【药】敌敌畏

nohlite [ˈnəulaɪt] n. 铌钇铀矿

nohow [ˈnəuhau] ad. 决不;没法解决地

noil [nɒɪl] n. (羊毛、丝等的)刷屑;【纺】精梳短毛

Noil [nɒɪl] n. 一种锡青铜

noise [nɒɪz] ❶ n. ①噪声,杂音 ②干扰;(文献检索)无效 ③喧闹声 ❷ vt. ①发噪音,喧闹 ②谣传 ☆ *make a noise* 或 *make noises* 产生噪声,用语言表达或暗示

noiseful [ˈnɒɪzful] a. 喧闹的

noisekiller [ˈnɒɪzkɪlə] n. 噪声抑制器,静噪器

noiseless [ˈnɒɪzlɪs] a. 无噪音的,低噪声的,无干扰的 || **-ly** ad. **~ness** n.

noiseproof [ˈnɒɪzpruːf] a. 防杂音的,抗噪的

noise-shielded [ˈnɒɪzʃiːldɪd] a. 防噪声的

noisily [ˈnɒɪzɪlɪ] ad. 吵闹地

noisiness [ˈnɒɪzɪnɪs] n. 噪声,吵闹

noisome [ˈnɒɪsəm] a. 有害的;有恶臭的;令人讨厌的 || **-ly** ad. **~ness** n.

noisy [ˈnɒɪzɪ] a. 有噪声的,嘈杂的

nom [nɔːm] (法语) n. 名

noma [ˈnəumə] n. 水癌

nomad [ˈnəuˌmæd] n.;a. 游牧(民,的),流浪者

nomadic [nəuˈmædɪk] a. 游牧的,无定的

nomadize [ˈnəumədaɪz] v. 过游牧生活

Nomag [ˈnɒmæg] n. 非磁性高电阻合金铸铁

nomenclature [nəuˈmenklətʃə] n. 术语(表,集),专门用语,命名(法,原则)

nominal [ˈnɒmɪn(ə)l] ❶ a. ①标称(定)的,铭牌的 ②名义上的 ③极小的 ④按计划进行的,令人满意的 ❷ n. 标称词,名词性的词(或词组)

nominally [ˈnɒmɪnəlɪ] ad. 标称,名义上

nominate [ˈnɒmɪneɪt] vt. 提名,任命 ☆ *be nominated to...* 被任命担任…; *nominate... for...* 提名…为… || **nomination** n.

nominative [ˈnɒmɪnətɪv] a. 指名的,被提名的,任命的;主格的;记名的

nominator [ˈnɒmɪneɪtə] n. ①提名者 ②分母

nominee [nɒmɪˈniː] n. 被提名〔任命〕者

nomogram [ˈnɒməɡræm],**nomograph** [ˈnɒməɡrɑːf] n. 列线图,计算图表

nomographic [.nɒməˈɡræfɪk] a. 列线的

nomography [nəuˈmɒɡrəfɪ] n. 列线图解法,计算图表学

nomology [nəuˈmɒlədʒɪ] n. 法律学,法理学,法则论

nomotron [ˈnɒmətrɒn] n. 开关电子管

non [nʌn] (拉丁语) ad. 非,不(是),无 ☆ *non plus ultra* 极点,绝顶; *non sequitur* 与事实不符的推断

nonacidfast [nɒnˈæsɪdfəst] a. 非抗酸性的

nonactin [nɒnˈæktɪn] n.【生】无活(性)菌素

nonactinic [nɒnækˈtɪnɪk] n.;a. 无光化性(的)

nonactivated [nɒnˈæktɪveɪtɪd] a. 未激活的;未活化的;非放射化的

nonadditive [.nɒnˈædɪtɪv] a. 非相加的

nonadditivity [nɒnædɪˈtɪvɪtɪ] n. 非相加性

nonadjustable [ˈnɒnəˈdʒʌstəbl] a. 不可调节的

nonage [ˈnɒnɪdʒ] n. 未成年〔熟〕,幼稚,早期

nonagenary [nɒnˈeɪdʒɪnərɪ] a. 九十进制的

nonaggression [.nɒnəˈɡreʃən] n. 不侵略,不侵犯

nonagon [ˈnɒnəɡən] n. 九边形

nonalloyable [nɒnəˈlɔɪəbl] a. 不能成合金的

nonamer [nɒnəmə] n. 九聚物

nonane [ˈnɒneɪn] n.【化】壬烷

nonanol [ˈnɒnənɒl] n.【化】壬醇

nonarithmetic [.nɒnərɪθˈmetɪk] a. 非算术的

nonary [ˈnəunərɪ] n.;a. 九进的,九个一组的东西

nonbook [ˈnɒnbuk] n. 无真实价值的书

nonbreeding [nɒnˈbriːdɪŋ] n.;a. 非增殖的

nonbrowning [nɒnˈbrauniŋ] a. 不暗化的

nonce [nɒns] n.;a. 现时,一度发生〔使用〕的 ☆ *for the nonce* 目前,暂且

nonchalance [ˈnɒnʃələns] n. 漠不关心 ☆ *with nonchalance* 无动于衷地 || **nonchalant** [ˈnɒnʃələnt] a.

nonclaim [nɒnˈkleɪm] n. 不提出要求

noncoherent [ˈnɒnkəuˈhɪərənt] a. 不相干的;松散的;不黏的

noncoincidence [.nɒnkəuˈɪnsɪdəns] n. 不一致

noncompetitive [nɒnkəmˈpetɪtɪv] a. 非竞争性的

noncompliance [.nɒnkəmˈplaɪəns] n. 不同意,不顺从

N

noncondensing [ˈnɒnkənˈdensɪŋ] *a.* 不(能)冷凝的,不凝结的,非凝汽的

nonconductor [ˌnɒnkənˈdʌktə] *n.* 非导体,电介体,绝缘体

nonconfidence [ˈnɒnˈkɒnfɪdəns] *n.* 不信任

nonconformable [ˈnɒnkənˈfɔːməbl] *a.* 不一致的;不整合的

nonconjunction [ˈnɒnkənˈdʒʌŋkʃən] *n.* (数理逻辑) "与非"

nonconservation [ˈnɒnkɒnsəˈveɪʃən] *n.* 不守恒(性)

nonconservative [ˈnɒnkənˈsɜːvətɪv] *a.* 非保守的;不可逆流的

nonconsumable [ˈnɒnkənˈsjuːməbl] *a.* 非自耗的,不消耗的

noncooperative [ˈnɒnkəʊˈɒpərətɪv] *a.* 不合作的

noncoplanar [ˈnɒnkəʊˈpleɪnə] *n.;a.* 非共面(的),异(平)面的

noncorrodibility [nɒnkərəʊdəˈbɪlɪtɪ] *n.* 【医】抗腐蚀能力

noncorroding [ˈnɒnkəˈrəʊdɪŋ] *a.* 抗腐性的

noncriticality [ˈnɒnkrɪtɪˈkælɪtɪ] *n.* 非临界性

noncrossover [ˈnɒnˈkrɒsəʊvə] *a.* (染色体)非交换型的,非互换体的

noncryogenic [ˈnɒnkraɪəˈdʒenɪk] *a.* 非低温〔深冷〕的

noncrystalline [ˈnɒnˈkrɪstəlaɪn] *n.;a.* 非晶态(的),不透明的

noncubic [ˈnɒnˈkjuːbɪk] *a.* 非立方(系)的

noncyclic [ˈnɒnˈsaɪklɪk] *a.* 非周期〔循环〕的

nondecomposable [ˈnɒndɪkəmˈpəʊzəbl] *a.* 不可分解的

nondegenerate(d) [ˌnɒndɪˈdʒenəreɪt(ɪd)] *a.* 非退化的,非简并的,常态的

nondescript [ˈnɒndɪsˈkrɪpt] ❶ *a.* 形容不出的;难区别的;没有特征的;难以归类的 ❷ *n.* 难以形容〔归类〕的人〔物〕

nondescriptor [ˌnɒndɪsˈkrɪptə] *n.* 非叙词

nondestructive [ˌnɒndɪsˈtrʌktɪv] *a.* 非破坏(性)的,无损的

nondisjunction [ˌnɒndɪsˈdʒʌŋkʃən] *n.* (数量逻辑) "或非",不分离

nondispersive [ˈnɒndɪsˈpɜːsɪv] *a.* 非色散的

nondividing [ˌnɒndɪˈvaɪdɪŋ] *a.* (细胞)不分裂的

nondraining [ˈnɒndreɪnɪŋ] *a.* 不泄放的

nondusty [ˈnɒndʌstɪ] *a.* 不起尘的

none [nʌn] ❶ *pron.* ①谁〔一点〕都不,谁〔一点〕也没有 ②…之中无论哪个都不〔都没有〕 ❷ *ad.* 毫不 ☆**next to none** 几乎什么都没有,比谁都不坏; **none at all** 一点〔一个〕也没有; **none but** 仅,只,只有…才; **none else** 没别人; **none other but (than)** (不是别的)正是; **none so (too) + a. (+ad.)** 不太…,一点也不…; **none the less** (虽然那样)还是; **none the worse (for)** 丝毫不(因…而)受影响

〖用法〗 ❶ 它可以用来表示全否定(用于三者或三者以上),意为 "都不";它作主语时谓语可以用单数形式,也可用复数形式;采用 "none of" 形式而后面的名词前没有代词时一定要有定冠词 "the"。如:<u>None of the</u> ordinary windows can withstand so large a force.普通的窗户均承受不了这么大的力。 ❷ 注意下面例句中该词的用法:In this case the output contains only harmonics of the audio frequency and <u>none of</u> the fundamental.在这种情况下,输出只含有该音频的各次谐波而根本不含其基波。

noneffective [ˌnɒnɪˈfektɪv] *a.* 无效力的,不起作用的

nonelastic [ˌnɒnɪˈlæstɪk] *a.* 非弹性的

nonelectrogenic [ˈnɒnɪˌlektrəˈdʒenɪk] *a.* 非生的

nonelectronic [ˌnɒnɪlekˈtrɒnɪk] *a.* 非电子的

nonentity [nɒnˈentɪtɪ] *n.* 不存在(的东西),虚构(物)

nonenzymatic [ˈnɒnenzaɪˈmætɪk] *a.* 无酶(催化)的

nonepitaxial [ˈnɒnepɪˈtæksɪəl] *a.* 非外延(生长)的

nonequivalent [ˈnɒnɪˈkwɪvələnt] *a.* 非等效的

nonesuch [ˈnʌnsʌtʃ] *n.* 无以匹敌的人〔物〕;典范

nonet [nəʊˈnet] *n.* 九重线〔奏〕

nonex [ˈnɒneks] *n.* 铅硼玻璃

nonexponential [ˈnɒnekspəʊˈnenʃəl] *a.* 非指数的

nonexposed [ˈnɒnɪksˈpəʊzd] *a.* 未暴露的

nonextractable [ˈnɒnɪksˈtræktəbl] *a.* 不可萃取的

nonferrous [ˈnɒnˈferəs] *a.* 非铁的

nonfission [nɒnˈfɪʃən] *n.;a.* 不裂变(的)

nonflame [ˈnɒnfleɪm] *n.* 非火焰,无焰

nonflammable [ˈnɒnˈflæməbl] *a.* 不可燃的,非自燃的

nonfusible [ˈnɒnˈfjuːzəbl] *a.* 不熔的

nonglacial [ˈnɒnˈgleɪʃəl] *a.* 非冰川的

nonhappening [ˈnɒnˈhæpənɪŋ] *n.* 无关重要的事

nonhomocentricity [ˈnɒnˌhɒməsenˈtrɪsɪtɪ] *n.* 非共心性

nonhomogeneity [ˈnɒnˌhɒməʊdʒəˈniːɪtɪ] *n.* 不均匀性

nonhomogeneous [ˈnɒnˌhɒməˈdʒiːnjəs] *a.* 非齐次的;非均匀的

nonillion [nəʊˈnɪljən] *n.* (英、德)1×10⁵⁴,(美、法)1×10³⁰

noninflammable [ˈnɒnɪnˈflæməbl] *a.;n.* 不易燃的〔物〕,不着火的

noninvariance [ˈnɒnɪnˈveərɪəns] *n.* 非不变性

nonirradiated [ˈnɒnɪˈreɪdɪeɪtɪd] *a.* 未受辐照的

nonirritant [ˈnɒnˈɪrɪtənt] *a.* 无刺激性的

nonisoelastic [ˈnɒnaɪsəʊɪˈlæstɪk] *a.* 非等弹性的

nonisothermality [ˈnɒnaɪsəθɜːˈmælɪtɪ] *n.* 非等温性

nonisotropic [ˈnɒnaɪsəʊˈtrɒpɪk] *a.* 各向异性的

nonius [ˈnɒnjəs] *n.* 游标尺;计算尺上的游标

nonlead(ed) [ˈnɒnled(ɪd)] *a.* 无铅的

nonlinear ['nɒn'lɪnɪə] *a.* 非线性的,非直线的

nonlinearity [ˌnɒnlɪnɪ'ærɪtɪ] *n.* 非线性,非直线特性

nonlocalizability ['nɒnləukələɑɪzə'bɪlɪtɪ] *n.* 不可定位性

nonlocalizable ['nɒn'ləukəlɑɪzəbl] *a.* 不可定位的

nonluminous ['nɒn'lu:mɪnəs] *a.* 不发光的,不闪耀的

nonmalignant [nɒnmə'lɪgnənt] *a.* 非恶性的

nonmetal ['nɒn'mætl] *n.* 非金属(元素)

nonmicrophonic ['nɒnmɑɪkrə'fɒnɪk] *a.* 无颤噪效应的

nonmigratory ['nɒn'mɑɪgrətərɪ] *a.* 非迁移的;不回游的

nonmoderator [nɒn'mɒdəreɪtə] *n.* 非减速剂,非慢化剂

nonnegligible [nɒn'neglɪdʒɪbl] *a.* 不可忽视的,重大的

nonnegotiable ['nɒnnɪ'gəuʃjəbl] *a.* ①无商议余地的 ②不可流通的

nonneoplastic ['nɒnˌni:ə'plæstɪk] *a.* 非肿瘤性的

nonode ['nɒnəud] *n.* 九极管

nonoil ['nɒnɔɪl] *a.* 非石油的

nonopaque [ˌnɒnəu'peɪk] *a.*【医】能透过 X 线的,透光的

nonorbital [nɒn'ɔ:bɪtəl] *a.* 无轨道的

nonorthogonality ['nɒnɔ:θəgə'nælɪtɪ] *n.* 非正交性

nonose ['nɒnəus] *n.*【化】【医】壬糖

nonparametric ['nɒnˌpærə'metrɪk] *a.* 非参数的,非参量性的

nonpareil [ˌnɒnpə'rəl] *a.;n.* ①无比的,独特的(人,物) ②【印】六点间隔

nonpersistent ['nɒnpə'sɪstənt] *a.* 非持久性的

nonplus [nɒn'plʌs] *vt.;n.* (使)迷惑〔狼狈,不知所措〕☆*at a nonplus* 不知所措; *be nonplussed over...* 对···一筹莫展; *put (reduce) to a nonplus* 使为难,使不知所措

nonpolar ['nɒn'pəulə] *a.* 非〔无〕极性的

nonpolarity ['nɒnpəu'lærɪtɪ] *n.* 非〔无〕极性

nonpredetermined ['nɒn'pri:dɪ'tə:mɪnd] *a.* 非预先决定的

nonpressurized ['nɒn'preʃərɑɪzd] *a.* 不加压的

nonprimitive ['nɒn'prɪmɪtɪv] *a.* 非初级的

nonproductive ['nɒnprə'dʌktɪv] *a.* 非生产性的,无生产力的

nonproliferation ['nɒnprəuˌlɪfə'reɪʃ ən] *n.* 禁止扩散,不扩散

nonradial ['nɒn'reɪdɪəl] *a.* 非径向的

nonradiative ['nɒn'reɪdɪeɪtɪv] *a.* 非辐射的,不辐射的

nonradioactive ['nɒnreɪdɪə'æktɪv] *a.* 非放射性的

nonradiogenic ['nɒnreɪdɪəu'dʒenɪk] *a.* 非放射产生的

nonreactive ['nɒnrɪ'æktɪv] *a.* 不起反应的,非电抗的 ☆*nonreactive with...* 不和···起反应的

nonreactivity ['nɒnˌrɪæk'tɪvɪtɪ] *n.* 无反应性,惰性

nonrealistic ['nɒnrɪə'lɪstɪk] *a.* 不能实现的,不现实的

nonreciprocal ['nɒnrɪ'sɪprəkəl] *a.* 单向的,非交互的

nonregenerable ['nɒnrɪ'dʒenərəbl] *a.* 不能再生的

nonrepeatability ['nɒnrɪpi:tə'bɪlɪtɪ] *n.* 不可重复性

nonresident ['nɒn'rezɪdənt] *a.;n.* 暂住的,非本地居民

nonresuperheat ['nɒnrɪ'sju:pəhi:t] *a.* 无中间再过热的

nonrigid ['nɒn'rɪdʒɪd] *a.* 非硬式的,非刚性的

nonrotation [nɒnrəu'teɪʃ ən] *n.* 未旋转

nonsaline ['nɒn'seɪlɑɪn] *a.* 淡的,无盐的

nonsaturable ['nɒn'sætʃərəbl] *a.* 不饱和的

nonsaturated ['nɒn'sætʃəreɪtɪd] *a.* 不〔非,未〕饱和的

nonscheduled ['nɒn'ʃedju:ld] *a.* (客机)不定期的

nonsense ['nɒnsəns] *n.;a.* 废话;胡说,谬论

nonsensical [nɒn'sensɪkəl] *a.* 没有意义的;荒谬的 ‖ *~ly ad.*

nonsettling ['nɒn'setlɪŋ] *a.* 不沉降的,不沉积的

nonsexual ['nɒn'seksuəl] *a.* 无性的

nonsignificant ['nɒnsɪg'nɪfɪkənt] *a.* 无足轻重的,无意义的

nonsingular ['nɒn'sɪŋgjulə] *a.* 非奇(异)的;非退化的;满秩的

nonsingularity ['nɒnˌsɪŋgju'lærɪtɪ] *n.* 非奇异性

nonsked [nɒn'sked] *n.* 不定期航线;不定期运输机

nonsoap ['nɒn'səup] *a.*【化】无皂的

nonsociety ['nɒnsəu'sɑɪətɪ] *a.* 不属于工人团体(或工会)的

nonsolute ['nɒn'sɒlju:t] *n.* 非溶质

nonspecification ['nɒnspesɪfɪ'keɪʃ ən] *n.* 无规格,非规范

nonstable ['nɒn'steɪbl] *a.* 不稳定的

nonstatic ['nɒn'stætɪk] *a.* 无静电荷的;无静电干扰的;非静止的

nonstationarity ['nɒnsteɪʃ ə'næriɪtɪ] *n.* 非平稳性

nonstationary ['nɒn'steɪʃ ənərɪ] *a.* 不稳定的,非稳恒的,不固定的

nonsteady ['nɒn'stedɪ] *a.* 不稳(定)的

nonsteroid(al) ['nɒn'stɪərɒɪd(əl)] *a.* 非类脂醇的

nonstick(ing) ['nɒn'stɪk(ɪŋ)] *a.* 不黏的;灵活的

nonstoichiometric ['nɒnstɔɪkɪə'metrɪk] *a.* 非化学计量的

nonstoichiometry ['nɒnstɔɪkɪ'ɒmɪtrɪ] *n.* 非化学计量

nontacky ['nɒn'tækɪ] *a.* 不黏的,非黏性的

nontainting ['nɒn'teɪntɪŋ] *a.* 无污染的

nonthermal ['nɒn'θɜ:məl] *a.* 非热能的

nontranslational ['nɒntræns'leɪʃ ənəl] *a.* 非平移的

N

nontrivial ['nɒn'trɪvɪəl] *a.* 非平凡的

nontronite ['nɒntrənaɪt] *n.*【矿】绿高岭石

nonuniformity ['nɒn,ju:nɪ'fɔ:mɪtɪ] *n.* 不均匀性;
不一致性,异质性

nonvalent ['nɒn'veɪlənt] *a.*【化】无价的,惰性的

nonvanishing ['nɒn'vænɪʃɪŋ] *a.* 非零的,不消
失的

nonvariant ['nɒn'veərɪənt] *a.* 不变的,无变量的

nonvector [nɒn'vektə] *n.*【生】非病媒

nonvolatile ['nɒn'vɒlətaɪl] *a.* 不挥发的

nonwelding ['nɒn'weldɪŋ] *a.* 不焊合的

nonwoven ['nɒn'wəuvən] *a.* 无纺的,非纺织的

nonyl ['nɒnɪl] *n.* 壬基

nonzero ['nɒnzɪərəu] *n.;a.* 非零(的,值)

noodle ['nu:d(ə)l] *n.* ①傻瓜 ②面条

nook [nuk] ❶ *n.* 角(落),岬角,转角处,偏僻地方 ❷
v. 放在角落〔隐蔽〕处 ☆*every nook and
corner* 到处

noon [nu:n] *n.;a.* ①中午(的) ②全盛期 ③子午线
的 ☆*as clear(plain)as noon* 极明白,一清二
楚; *high noon* 正午十二时
〖用法〗表示"在中午"要用"at noon"。

noonday ['nu:ndeɪ] *n.* 正〔中〕午,全盛 ☆*at
noonday* 在中午

noontide ['nu:ntaɪd] *n.* ①中午 ②午夜 ③顶点,最
高点

noose [nu:s] ❶ *n.* 套〔绞〕索,圈套,束缚 ❷ *vt.* 在
绳上结成活套,安圈套,处绞刑

nootkatone [,nu:tkə'təun] *n.* 努特卡酮

nopal ['nəupəl] *n.* 胭脂仙人掌

nopyl ['nəupɪl] *n.* 诺甫(醇)基

nor [nɔ:] *conj.* ①也不,也没 ②…也不 ☆*neither A
nor B* 既不 A 又不 B,无论 A 还是 B 都不
〖用法〗句子用它开头时要发生部分倒装(当其谓
语动词等与前述句相同时一般采用省略句型)。
如:Practically speaking, the current through an
inductor cannot change instantaneously, nor can the
voltage across a capacitor.实际上,流过电感的电流
是不能瞬时变化的,而电容器两端的电压也是不
能瞬间变化的。/The power density spectrum does
not specify the signal uniquely, nor does it tell us
very much about how the amplitude of the signal
varies with time.功率密度谱并不能唯一地说明该
信号,它也不能具体地告诉我们该信号的幅度是
如何随时间变化的。

Noral ['nɔ:rəl] *n.* 铝锡轴承合金

noralite ['nɔ:rəlaɪt] *n.* 钙铁闪石

Norbide ['nɔ:baɪd] *n.* 一种碳化硼

Nordic ['nɔ:dɪk] *n.;a.* 北欧人〔的〕

nordmarkite ['nɔ:dmɑ:kaɪt] *n.* 英碱正长岩

nordstrandite ['nɔ:dstrændaɪt] *n.* 新三水氧化铝

norethindrone [nɔ:'reθɪndrəun] *n.*【药】炔诺酮

norethynodrel [,nɔ:reθɪ'nədrel] *n.*【药】异炔
诺酮

Norfolk ['nɔ:fək] *n.* ①诺福克(美国港市) ②(英国)
诺福克(郡)

noria ['nɔ:rɪə] *n.* ①戽水车 ②多斗挖土机

norium ['nɔ:rɪəm] *n.*【化】铷(旧称)

norm [nɔ:m] *n.* ①定额,当量,平均值 ②标准,规格,
准则 ③【数】范数,模方 ④标准矿物成分

normability [nɔ:mə'bɪlɪtɪ] *n.* 可模性

Normagal ['nɔ:məgəl] *n.* 铝镁耐火材料

normal ['nɔ:məl] *n;a.* ①正常〔规〕(的),常态(的)
②标准(的),额定的,【化】当量(浓度)的,常量
③垂直(的,线),铅垂线,正交(的),法线〔向〕(的)
④简正的 ⑤【化】正(链)的 ⑥师范的 ☆*(be)
normal to* 垂直于…,对…成直角; *off normal* 离
位,不正常
〖用法〗"normal to…"可以作方式状语。如: The
field is applied normal to the direction of propagation.
施加电场的方向垂直于传播的方向。

normality [nɔ:'mælɪtɪ] *n.* ①常态,标准状态(性质),
正规性 ②当量浓度,每升的克当量 ③垂直
〖用法〗注意这个词的搭配关系"the normality of
A to B",意为"A 与 B 垂直"。如:It is of interest to
find the normality of the force to the surface of the
earth.有趣的是(我们)发现这个力与地球表面是
垂直的。

normalizable ['nɔ:məlaɪzəbl] *a.* 可规范化的

normalize ['nɔ:məlaɪz] *vt.* ①正常〔规范,归一〕
化 ②(热处理)解除内应力,常化 ③取准,校正
‖ **normalization** [,nɔ:məlaɪ'zeɪ ən] *n.*
〖用法〗注意下面例句中该词的含义:The storage
time is applied in normalized fashion in Fig.3-5.存储
时间以标称化的形式画在图 3-5 中。

normalizer ['nɔ:məlaɪzə] *n.* 正规化子;标准化
部件

normally ['nɔ:məlɪ] *ad.* 正常地;通常
〖用法〗注意下面例句的含义:For a transistor to
function normally, it is necessary to apply proper
voltages to its electrodes.为了使晶体管能够正常工
作,必须给其电极加上合适的电压。(逗号前为不
定式复合结构作目的状语,译成"为了使…(能
够)…"。写作时英美科技人员一般不写成"To
make a transistor function normally"。)

norman ['nɔ:mən] *n.* U 形环,U 形螺栓

normative ['nɔ:mətɪv] *a.* (定)标准的,规范的,正常
的 ‖ **-ly** *ad.* **~ness**

normatron ['nɔ:mətrɒn] *n.* 模型计算机

normed [nɔ:md] *a.*【数】赋范的

normergic [nɔ:'mə:dʒɪk] *a.* 反应正常的

normobaric [nɔ:mə'bærɪk] *a.* 正常气压的

normochromic [nɔ:mə'krəumɪk] *a.*【医】常色的

normocyte ['nɔ:məsaɪt] *n.*【医】正常红细胞

normoglycemia ['nɔ:məglaɪ'si:mɪə] *n.*【医】血
糖量正常

normothermia [nɔ:mə'θɜ:mɪə] *n.*【医】正常体温

normoxic ['nɔ:məksɪk] *a.* 含氧量正常的

norol ['nɔ:rɒl] *a.;n.* 无滚子的;汽车坡路停车防滑
机构

N

Norpac ['nɔ:pæk] *n.* 北太平洋

norpluvine ['nɔ:plʌvɪn] *n.* 降〔去甲〕雨石蒜碱

norsteroid [nɔ:'stɪərɔɪd] *n.*【生】【化】去甲甾类，去甲类固醇

north [nɔ:θ] ❶ *n.;a.* ①北(方)(的) ②位于北部的，来自北方的 ❷ *ad.* 向〔在〕北，自北方 ☆**due north** 正北；**in the north of ...** 在…的北部；**north by east (west)** 北偏东〔西〕；**on the north of ...** 在…以北(接界)；**to the north of ...** 在…北边(不接界)

northeast [nɔ:θ'i:st] ❶ *n.;a.* 东北(的)，从东北来的,向东北的 ❷ *ad.* 向〔在,从〕东北

northeaster ['nɔ:θ'i:stə] *n.* (强烈的)东北风

northeasterly ['nɔ:θ'i:stəlɪ] *a.* 来自东北的,向东北的

northeastern [nɔ:θ'i:stən] *a.* (来自,在,向)东北的

northeastward ['nɔ:θ'i:stwəd] ❶ *n;a.* (在)东北方(的),朝东北的 ❷ *ad.* 在东北

northeastwards ['nɔ:θ'i:stwədz] *ad.* 在〔向〕东北

northerly ['nɔ:ðəlɪ] ❶ *a.;ad.* 偏北的,从北方吹来的,向(在,从)北方 ❷ *n.* 北风

northern ['nɔ:ðən] *a.* (在)北(方)的,北部的

northerner ['nɔ:ðənə] *n.* 北方人

northernmost ['nɔ:ðənməust] *a.* 最北的

northing ['nɔ:θɪŋ] *n.* ①北距,北偏 ②北进〔航〕 ③北中(天),北向纬度

northlight ['nɔ:θlaɪt] *n.* 北极光

northward ['nɔ:θwəd] ❶ *a.;ad.* 向北(方,的),朝北(的) ❷ *n.* 北(方,端)

northwards ['nɔ:θwədz] *ad.* 向北方,朝北

northwest ['nɔ:θ'west] ❶ *n.;a.* 西北(部,方,的),从西北来的,向西北的 ❷ *ad.* 向〔在〕西北

northwester [nɔ:θ'westə] *n.* (强烈的)西北风,西北风暴

northwesterly ['nɔ:θ'westəlɪ] *a.;ad.* 来自西北(的),向〔在〕西北

northwestern [nɔ:θ'westən] *a.* (来自,在,向)西北的

northwestward [nɔ:θ'westwəd] ❶ *n.;a.* (在)西北方(的),朝西北的 ❷ *ad.* 在〔向〕西北 ‖ **~ly** *ad.;a.*

northwestwards ['nɔ:θ'westwədz] *ad.* 在〔向〕西北

norvaline ['nɔ:vəlɪn] *n.*【化】正缬氨酸

Norway ['nɔ:weɪ] *n.* 挪威

Norwegian [nɔ'wi:dʒən] *a.;n.* 挪威的,挪威人(的),挪威语(的)

nosazontology [nɒs,æzən'tɒlədʒɪ] *n.* 病因学

nose [nəuz] *n.* ①鼻(子,锥,状物),(物)端,突出部,前端〔缘〕,刀尖,头部,机头,船〔艇,弹〕头 ②管〔筒,枪〕口,喷嘴 ③(无线电台)信号方向图的最长线 ④地角 ⑤嗅觉 ☆**as plain as the nose in (on) one's face** 显而易见的；**count (tell) noses** 计算赞成人数；**cut (bite) off one's nose**

to spite one's face 拿自己出气,搬起石头砸自己的脚；**follow one's nose** 一直向前,依本能行动；**have a good nose** 嗅觉灵敏；**nose to nose** 面对面,迎面(相遇)；**rub one's nose in** 使亲身体会；**(right) under one's very nose** 就在…的面前,当着…的面,公然 ❷ *v.* ①闻〔嗅,探,看,露〕出(out),闻(at,about),探索(after,for) ②(船等)前进,向…飞行 ③【地理】倾斜(in) ☆**nose ahead** 以少许之差领先；**nose down**(机首)向下降落,俯冲；**nose heavy** 机头下沉,头重；**nose up**(机首)向上,上仰

nosean(e) ['nəuzən] *n.* 黝方石

nosed [nəuzd] ❶ *a.* 头部的 ❷ *n.* (送轧坯料的)楔形前端

noseless ['nəuzlɪs] *a.* 无喷嘴的;无鼻子的

noselite ['nəuzəlaɪt] *n.* 黝方石

nosepiece ['nəuzpi:s] *n.* ①顶,接(线)头 ②喷嘴 ③换镜旋座,(显微镜)镜鼻

noseplate ['nəuzpleɪt] *n.* 前底板;分线盘

nosin ['nəuzɪn] *n.* 黝方石

nosing ['nəuzɪŋ] *n.* ①(机身)头部,机头〔头部〕整流罩 ②突缘(饰),梯级突边,护轨鼻铁

nosite ['nəuzaɪt] *n.* 黝方石

nosocomial [,nɒsə'kɒmɪəl] *a.* 医院的

nosocomium [,nɒsəu'kəumɪəm] *n.* 医院

nosogenic [,nɒsəu'dʒenɪk] *a.* 致病的,病原的

nosogeography [,nɒsəudʒɪ'ɒgrəfɪ] *n.* 疾病地理学

nosography [nəu'sɒgrəfɪ] *n.*【医】病理学

nostrum ['nɒstrəm] (拉丁语) *n.* 秘方,成药

not [nɒt] *ad.* 不,非 ☆**and what not** 等等,诸如此类；**as likely as not** 说不定,很可能；**if not** 即使不,甚至(也)；**(it is) not that ...** 并不是；**not a bit (of)**决不,一点也不；**not a few (a little)**不少(的),很多(的)；**not all that** 不那么…(地)；**not at all** 完全没有,毫不；**not but** 虽然,但；**not A but (rather) B** 不是 A 而是 B；**not but that (what)**虽然；**not by a long way(=not by long odds)**远不；**not either A or B** 既不 A 也不 B；**not in any degree** 决不；**not (in) the least** 一点也不；**not nearly** 远不及；**not A nor B** 既不 A 也不 B；**not seldom** 屡屡;**not so...as all that** 不是…到这样的程度；**not so much as...** 甚至连…也不；**not so much A as B** 与其说是 A 不如说是 B；**not that** 并不是说；**not that...but that...** 不是(因为)…而是(因为)…；**not to mention** 更不用说；**not to scale** 超出量程；**not too well** 不太好；**not yet** 尚未,到现在还;几乎跟…一样；**only not** 简直是,几乎跟…一样

【用法】❶ 它与"all, both, every 等"连用时一般表示部分否定,意为"并非都"。如:This equation cannot be satisfied by all values of x.并非 x 的所有值均能满足这个方程。❷ 它与 as 从句、as 短语或"the way ..."连用时应该译成"不像…那样…",而不是"像…不…"。如:This figure showed that the speed of light was not infinite as many then

N

believed. 这个数字表明光速并不像当时许多人所认为的那样是无穷大的。/This current flows from C to F, and <u>not</u> from F to C <u>as</u> shown. 这个电流是从 C 流向 F 而不是像图示那样从 F 流向 C 的。/This disease does <u>not</u> affect most animals <u>the way</u> it does humans.这种疾病并不像它影响人类那样影响大多数动物。❸ 以 "not always,not only, not until 等开头的句子要部分倒装。如:<u>Not always does the</u> addition or removal of heat to or from a sample of matter lead to a change in its temperature.把热加给某个物质样品或从它那儿取走热并不总会导致其温度的变化。❹ 以 "not only A but also B" 作主语时,谓语由 B 来确定。如:Not only the devices used but also <u>the entire circuit is</u> good in performance.不仅所用的器件性能能好,而且整个电路的性能也很好。

nota bene [ˌnəʊtəˈbiːnɪ](拉丁语)*v.* 注意,留心

notabilia [ˌnəʊtəˈbɪliə] *n.* (pl.) 著名的事物

notability [ˌnəʊtəˈbɪlɪtɪ] *n.* ①显著,著名 ②著名的事物,重要人物 ③值得注意

notable [ˈnəʊtəb(ə)l] *a.;n.* ①值得注意的,著名的 ②可看得出的 ③(知)名人(士)

notably [ˈnəʊtəblɪ] *ad.* 显著地;值得注意地;特别是

〖用法〗该词常常像下面例句中那样用于科技文中:The resistances of many conductors (<u>notably</u> metals) depend only on their physical circumstances.许多导体(特别是金属)只取决于它们的物理条件。/The effect of bandwith was demonstrated by several individuals, <u>notably</u> Shannon, Fourier, and Nyquist.有几个人(特别是香农、傅里叶和奈奎斯特)展示了宽带的影响。

notandum [nəʊˈtændəm](拉丁语)(pl. notanda 或 notandums)*n.* 拟记录的事项,备忘录

notarial [nəʊˈteərɪəl] *a.* 公证(人)的 ‖ **~ly** *ad.*

notarize [ˈnəʊtəraɪz] *vt.* 公证

notary [ˈnəʊtərɪ] *n.* 公证人

notate [ˈnəʊteɪt] *vt.* 把…写成标志

notatin [nəʊˈteɪtɪn] *n.* 【药】点霉素,葡糖氧化酶

notation [nəʊˈteɪʃən] *n.* ①符号,标志,注释,备忘录 ②符号表示法,计数法 ③乐谱,记谱法 ④记号 ‖ **~al** *a.*

〖用法〗❶ 该词后一般跟介词 "for",表示 "(用于)…的标记法"。如:These two forms are identical to ordinary algebraic <u>notation for</u> multiplication.这两种形式与(用于)乘法的普通代数标记法是相同的。❷ 注意下面例句中该词的用法:It is convenient to write both the equations <u>in compact</u> <u>matrix notation</u>.用简洁的矩阵标记法来书写这两个方程是方便的。

notch [nɒtʃ] ❶ *n.* ①槽口,凹槽,刻痕,(V 形)切痕(in,on) ②入孔 ③(换级,步进)触点,挡 ④(选择器)标记〔志〕⑤隘路,峡谷,路堑 ⑥(棘轮)齿 ❷ *vt.* ①给…开槽口,刻 V 形凹痕于 ②穿孔 ③计分,赢得

notchback [ˈnɒtʃbæk] *n.* 客货两用汽车

notchboard [ˈnɒtʃbɔːd] *n.* 凹板

notched [nɒtʃt] *a.* 带切口的,刻有凹槽的

notching [ˈnɒtʃɪŋ] *n.;a.* ①切口,开槽,作凹口法 ②切,砍 ③ 阶梯式,下凹的

note [nəʊt] ❶ *n.* ①笔(札)记,草稿,备忘录 ②注(解,释),按语 ③记号,标志 ④意见,评论 ⑤注意,暗〔提〕示 ⑥便条,(短的)信函,外交照会 ⑦票(借)据,纸币 ⑧拍,律音,音符,琴键,音调,语气 ☆**(be)** **of note** 有名的,值得注意的;**(be) worthy of note** 显著的,值得注意的;**compare notes with…** 和…交换意见;**make notes of** 作…的草稿;**make (take) notes (a note) of** 记录〔下〕;**take** **note of** 注意 ❷ *vt.* ①记录,摘下(down) ②加注〔附注,记号,音符〕③注意,留心 ④特别提到 ☆**as already noted** 或 **as noted above** 如上所述;**it should be noted that** 应该注意;**unless** **otherwise noted** 除非另有说明

〖用法〗❶ 这个词经常使用在祈使句中。如:<u>Note</u> <u>that</u> it is possible to achieve either a step-up transformer or a step-down transformer.请注意:我们既能获得升压变压器,也能获得降压变压器。/<u>Note that</u> this transistor has its semiconductor materials arranged p-n-p.请注意:这个晶体管把其半导体材料排列成了 p-n-p。❷ 在下面的例句中,它构成了插入句:Velocity, <u>we have noted before</u>, is a vector quantity.我们在前面已注意到,"速度"是个矢量。❸ "It should be noted that …" 意为 "应当注意…"。

notebook [ˈnəʊtbʊk] *n.* 笔记本

noted [ˈnəʊtɪd] *a.* 著〔有〕名的 ☆**(be) noted for (as) …** 以…而著名〔著称,闻名〕

notedly [ˈnəʊtɪdlɪ] *ad.* 显著地

notekeeper [ˈnəʊtkiːpə] *n.* 记录员

notekeeping [ˈnəʊtkiːpɪŋ] *n.* 记录

noteless [ˈnəʊtlɪs] *a.* 不引人注意的;不著名的;音调不和谐的

notelet [ˈnəʊtlɪt] *n.* 短信

notepaper [ˈnəʊtˌpeɪpə] *n.* 信纸,便条用纸

noteworthy [ˈnəʊtˌwɜːðɪ] *a.* 值得注意的,显著的 ‖ **noteworthily** [ˈnəʊtˌwɜːðɪlɪ] *ad.* **noteworthiness** [ˈnəʊtˌwɜːðɪnɪs] *n.*

nothing [ˈnʌθɪŋ] ❶ *n.* ①没任何东西,什么也没零 ②琐事 ❷ *ad.* 毫不,决不 ☆**all to nothing** 百分之百的;**be nothing to…**不能和…相比,对…无关紧要;**come to nothing** 毫无结果;**for nothing** 无收获,白白,毫无理由,免费;**count for nothing** 算不了什么;**go for nothing** 毫无用处,毫无结果;**have nothing to do with** 与…毫无关系;**make** **nothing of** 不懂,没有利用,对…毫不在意;**next** **to nothing** 差不多没有;**nothing but** 或 **nothing** **else but (than)** 或 **nothing less (more) than** 只不过是;**nothing near (like) so** 远不及;**nothing of the kind(sort)**一点也不是;**nothing** **remains but to (do)** 此外只要…就行了,只需;

nothing short of 完全是,除非; **there is nothing for it but to (do)** 除…之外别无它法; **there is nothing like …** 什么也比不上…; **think nothing of** 不把…放在心里,把…看成不重要; **to say nothing of** 更不必说…(了)

〖用法〗❶ 注意下面例句中该词的含义:The final column contains <u>nothing but</u> zeros.最后一列全是一些零。❷ 修饰它的形容词必须后置。如:Now computers are <u>nothing mysterious</u>.现在计算机已不是什么神秘的东西了。

nothingness ['nʌθɪŋnɪs] n. ①(虚)无,不存在 ②无关紧要,没有价值

notice ['nəʊtɪs] n.;vt. ①注意,警告 ②注意事项 ③布告,消息,价目牌,标志,招牌 ④短评,简介 ☆**at a moment's notice** 立即; **at (on) short notice** 即刻,一接通知(马上就…); **bring (come) … to (under) one's notice** 引起(谁)对…的注意; **give a week's notice** 在一星期前通知; **give notice of …** 通知(关于)…(的事); **have notice of …** 接到(关于)…的通知; **take notice of …** 注意(到)…,留心…; **till (until) further notice** 在另行通知以前; **without notice** 不预先通知

〖用法〗❶ 该词与 "note" 类同,也经常用在祈使句中。如:<u>Notice that</u> v_EB varies between 0.7 and 0.9 V. 请注意:v_EB 在 0.7 伏到 0.9 伏范围内变化。❷ 注意下面例句中该词构成插入句:This, <u>it will be noticed</u>, is a real function due to the fact that the time function is an even one.我们会注意到,由于时函数是个偶函数,所以这是个实函数。/We could apply these two vectors, which <u>it will be noticed</u> are in polar form, to any network characteristic.我们可以把这两种矢量应用于任何网络特性,读者将会注意到(这两种矢量均为极坐标形式。(插入句位于定语从句中。)

noticeable ['nəʊtɪsəbl] a. 引人注意的,显著的 ‖ **noticeably** ['nəʊtɪsəblɪ] ad.

noticeboard ['nəʊtɪsbɔːd] n. 布告牌

notifiable ['nəʊtɪfaɪəbl] a. 应通知的

notification [,nəʊtɪfɪ'keɪʃən] n. 通知,通告 ☆ **notification of … to …** 把…通知…

notify ['nəʊtɪfaɪ] vt. 通知,通告 ☆**notify A of B** 或 **notify B to A** 把 B 通知 A

notion ['nəʊʃən] n. ①观念,概念,意见 ②(pl.) 小杂物(针线等) ☆**give a (some) notion** 使人产生了一个想法,使人大概地知道; **have a good notion of** 很懂得; **have no notion of** 完全不懂,没有…的意思

notional ['nəʊʃənəl] a. ①概念上的,抽象的 ②想象的 ③象征的,名义上的 ‖ ~ly ad.

notochord ['nəʊtəkɔːd] n. 【生】脊索

notogaea [,nəʊtə'dʒiːə] n. 南界(动物地理区),南域(包括新西兰、澳大利亚地区以及西太平洋的各岛屿)

notoriety [,nəʊtə'raɪətɪ] n. 臭名昭著,声名狼藉(的人)

notorious [nəʊ'tɔːrɪəs] a. 臭名昭著的,声名狼藉的 ☆**be notorious for …**在…方面(一般指坏的方面)是出了名的 ‖ ~ly ad. ~ness n.

notwithstanding [nɒtwɪθ'stændɪŋ] prep.;ad.; conj. 虽然,尽管

Nouakchott [nu'ɑːkʃɒt] n. 努瓦克肖特(毛里塔尼亚首都)

nougat ['nuːgɑː] n. 牛轧糖,果仁(蛋白)糖

nought [nɔːt] n. 零,无,没有价值的东西 ☆ **bring … to nought** 使…失败; **come to nought** 失败,落空; **set … at nought** 忽视…

noumeite ['nuːmɪaɪt] n. 【矿】硅镁镍矿

noumena ['nuːmənə] n. (noumenon 的复数)实体,本体

noumenal ['nuːmənəl] a. 实体〔在〕的 ‖ ~ly ad.

noumenon ['naʊmɪnɒn] (pl. noumena) n. 实体,实在

noun [naʊn] n. 名词 ‖ ~al a.

noup [nuːp] n. 高耸陡峭的岬角

nourish ['nʌrɪʃ] vt. ①养育,滋养 ②抱希望,孕育 ③供给,支持,助长

nourishing ['nʌrɪʃɪŋ] n. 滋养的,富于营养的

nourishment ['nʌrɪʃmənt] n. 食物,滋养品,营养

nous [naʊs] n. 智力;理智;精神;常识

nousic ['naʊsɪk] a. 智力的

nouveau [nuː'vəʊ] a. 新近到达的,新近来的

nova ['nəʊvə] (pl. novas) n. 新星

novacekite [nəʊ'væsəkaɪt] n. 水砷镁铀矿

novachord ['nəʊvəkɔːd] n. 电子琴

novaculite [nəʊ'vækjʊlaɪt] n. 均密石英岩

Novalite ['nəʊvəlaɪt] n. 一种铜铝合金,诺瓦赖特铝基活塞合金

novel ['nɒvəl] ❶ a. 新型的,新颖的;奇异的 ❷ n. 长篇小说

novelette [nɒvə'let] n. 短〔中〕篇小说

novelist ['nɒvəlɪst] n. 小说作家

novelty ['nɒvəltɪ] n. ①新颖,奇异 ②新事物,新产品 〖用法〗注意下面例句中该词的含义:The <u>novelty</u> of this sheme is in the use of recursive systematic convolutional codes.这种方法的新奇之处在于使用了循环的有序卷积码。

November [nəʊ'vembə] n. 十一月

novenary [nəʊ'viːnərɪ] a. 九(进制)的

novendenary [nəʊ'vendənərɪ] a. 十九进制的

novice ['nɒvɪs] n. 初学者,新手

noviciate, novitiate [nə'vɪʃɪət] n. 新手;见习(期)

novobiocin [,nəʊvə'baɪəsɪn] n. 【生】新生霉素

novocain(e) ['nəʊvəkeɪn] n. 【药】奴佛卡因(一种麻醉药)

Novokonstant [,nəʊvəʊ'kɒnstænt] n. 标准电阻合金

novolac, novolak ['nəʊvəlæk] n. (线型)酚醛清漆(树脂)

novursane ['nɒvəseɪn] n. 诺乌烷

now [naʊ] ❶ ad. ①此刻,目前,现在 ②刚才,那时

N

③立刻(就) ④(表示作者的语气,多在句首)原来,那么,于是,可是 ❷ *conj.* (=now that ...)既然 ❸ *n.* (接在介词后面)此刻,目前,现在 ❹ *a.* 十分时髦的,领先潮流的 ☆*before now* 在这以前; *but now*刚才; *by now* 至此; *(every)now and then (again)* 时时,不时地; *from now on* 从现在起; *just now* 此刻,立即,刚才; *now (is the time) of never* 机不可失,时不再来; *now that ...*既然,因为; *till (up to) now* 迄今

〖用法〗注意下面例句中该词的词义:For now it suffices to say that after band-pass filtering of the nonlinear device's output, we have a new FM signal defined by the following expression.眼下(就目前来讲),我们只要说以下这一点就足够了:在对非线性器件的输出进行带通滤波后,我们得到了由下面的表达式所定义的一个新的调频信号。

nowaday ['nauədeɪ] *a.* 现今的

nowadays ['nauədeɪz] *ad.* 现今,现在,目下

noway(s) ['nauweɪ(z)] *ad.* 一点也不,决不

nowcast ['naukɑ:st] *n.* 即时天气预报

nowel ['nəuel] *n.* ①【冶】底箱,下型箱 ②阻力

nowhere ['nəuhweə] ❶ *ad.* 无处,哪儿也不,远远地在后面 ❷ *n.* 无处 ☆*be (come in) nowhere* (在比赛中)被淘汰,完全失败,一事无成; *get (lead) nowhere* 一事无成; *nowhere near* 谈不上,远不及,离…很远

〖用法〗该词处于句首时句子要部分倒装。如:Nowhere in the definition of compuer viruses is there any mention of nonprompted, secret operations, of destructive actions, or of spreading across multiple computer installations.在定义计算机病毒时,任何地方均没有提到自发的秘密运作、破坏性的行为或者在多个计算机设施之间进行的传播。/Nowhere in nature is aluminium found free.在自然界任何地方均不会发现铝是处于游离状态的。

nowness ['naunɪs] *n.* 现在性

nox ['nɒks] *n.* 诺克斯(弱照度单位)

noxious ['nɒkʃəs] *a.* 有害的;不卫生的 ‖*~ly ad. ~ness n.*

noy [nɔɪ] *n.* 诺伊(一种可觉察到的噪音度单位)

nozzle ['nɒz(ə)l] *n.* ①喷管〔嘴,丝头〕,喷射器,燃烧器,排气管 ②注〔出铁〕口,浇包眼,波导(的)出口 ③穴腹 ④喷嘴形波导管天线

nozzleman ['nɒzlmən] *n.* 喷水〔砂〕工,喷枪操作工

nozzling ['nɒzlɪŋ] *n.* 打尖,锤头

nuance [nju:'ɑ:ns] (法语) *n.* 细微差别

nub [nʌb], **nubble** ['nʌb(ə)l] *n.* ①小块,瘤 ②要点,核心 ③(pl.)(有色)结块

nubar ['nju:bɑ:] *n.* 平均裂变中子数

nubbly ['nʌblɪ] *a.* 块状的,瘤〔节〕多的

nubecula [nju:'bekjulə] *n.*【医】混浊症

nubiform ['nju:bɪfɔ:m] *a.* 云形的

nubility [nju:'bɪlɪtɪ] *n.* (女子的)适婚性,已达结婚年龄

nubilose ['nju:bɪləus] *n.* 喷雾干燥器

nubilous ['nju:bɪləs] *a.* ①多云〔雾〕的 ②模糊的,不明确的

nuble ['nʌbl] *n.* 瘤子,疖子;小(煤)块

Nubrite ['nju:braɪt] *n.* 光泽镀镍法

nucha ['nju:kə] (pl. nuchae) *n.* 项,颈背

nuchal ['nju:kəl] *a.* (颈)项的

nuclear ['nju:klɪə], **nucleal** ['nju:klɪəl], **nucleary** ['nju:klɪərɪ] *a.* ①(原子)核的,核心的 ②核物理的,原子弹的

nucleartipped ['nju:klɪə'tɪpd] *a.* 有核弹头的

nuclease ['nju:klɪeɪs] *n.*【生】核酸酶

nucleate ['nju:klɪeɪt] ❶ *v.* 成核,形成晶核,集结,是…的核心 ❷ *a.* 有核的,核酸(盐)的

nucleated ['nju:klɪeɪtɪd] *a.* 有核的

nucleation [,nju:klɪ'eɪʃən] *n.* ①成核,核化,核晶作用 ②形成核心,晶核形成 ③人工造雨法

nucleator ['nju:klɪeɪtə] *n.* (成)核剂

nuclei ['nju:klɪaɪ] *n.* (nucleus的复数)核心;原子核

nucleid ['nju:klɪɪd] *n.* 类原子核

nucleiform ['nju:klɪfɔ:m] *a.* (似)核形的

nuclein ['nju:klɪn] *n.* 核素,核蛋白

nucleoalbumin ['nju:klɪə'ælbjumɪn] *n.* 核蛋白

nucleocapsid ['nju:klɪə'kæpsɪd] *n.*【生】壳包核酸,病毒粒子,壳体核,苷酸核荚膜

nucleocidin ['nju:klɪə,sɪdɪn] *n.* 核杀菌素

nucleogenesis ['nju:klɪəu'dʒenɪsɪs] *n.* (元素的)核起源,原子核形成

nucleoid ['nju:klɔɪd] *n.* 类核;病毒核心;核当量

nucleolin [nju:'kli:əlɪn] *n.* 核仁素

nucleolus [nju:'kli:ələs] (pl. nucleoli) *n.* 核仁,小核体

nucleometer [nju:klɪ'ɒmɪtə] *n.* (测量 α、β、γ 射线的)核子计,放射能计数器

nucleon ['nju:klɒn] *n.* 核子,单子 ‖ *~ic a.*

nucleonic [,nju:klɪ'ɒnɪk] *a.* 核(电)子的,核物理的

nucleonics [,nju:klɪ'ɒnɪks] *n.* (应用)核子学,应用核物理

nucleophile ['nju:klɪəfaɪl] *n.* 亲核试剂,亲核物质

nucleophilic [,nju:klɪəu'fɪlɪk] *a.* 亲核的,亲质子的

nucleophilicity [,nju:klɪəfɪ'lɪsɪtɪ] *n.* 亲核性

nucleoplasm ['nju:klɪə,plæzm] *n.* 核原生质

nucleopore ['nju:klɪəpɔ:] *n.* 核孔

nucleoprotamine [,nju:klɪə'prəutəmi:n] *n.* 核精蛋白,鱼精蛋白

nucleoprotein ['nju:klɪəu'prəuti:n] *n.* 核蛋白

nucleor ['nju:klɔ:] *n.* "裸"核子,核子核心

nucleosidase [,nju:klɪə'saɪdeɪs] *n.*【生】核苷酶

nucleoside ['nju:klɪəsaɪd] *n.*【生】核苷

nucleotide ['nju:klɪətaɪd)] *n.*【生】核苷酸

nucleus ['nju:klɪəs] ❶ (pl. nuclei 或 nucleuses) *n.* ①(原子,晶,细胞)核,核子 ②核心,核心程序环 ③【天】彗核 ④积分核 ❷ *a.* 有核的

nuclide ['nju:klaɪd] *n.* 核素

nude [nju:d] *a.* ①裸(露)的,光秃的 ②肉色的 ③(契约等)无偿的 ‖ *~ly ad. ~ness n.*

nudge [nʌdʒ] v. 轻推

nudibranch ['nju:dɪbræŋk] n. 裸鳃类软体动物

nudity ['nju:dɪtɪ] n. 裸露,(pl.)裸体部

nuevite ['nu:e,vaɪt] n.【矿】铌钇矿

nugatory ['nju:gətərɪ] a. 没价值的;无效的

nugget ['nʌgɪt] ❶ n. ①矿块,天然贵金属块,金块 ②点焊熔核,点核 ③小而有价值的东西 ❷ a. 极好的

nuisance ['nju:sns] n. ①麻烦事情,讨厌的事〔东西,人〕②障〔妨〕碍,骚扰,公害 ☆**commit no nuisance** 禁止倾倒垃圾〔弃置杂物〕

nuke [nju:k] ❶ n. (俚)核武器,核电站 ❷ v. 用核武器攻击

Nukualofa ['nu:kuə'lɔ:fə] n. 努库阿洛法(汤加首都)

nulhomotopy [,nʌlhəʊ'mɒtəpɪ] n. 零论

null [nʌl] n.;a. ①零(位)(的),零点,无 ②不存在的 ③无效的 ☆**null and void** 无效(的),作废

nullah ['nʌlə] n. 水道,河床,峡谷

nullification [,nʌlɪfɪ'keɪʃən] n. ①废弃,使无效 ②压制

nullifier ['nʌlɪfaɪə] n. 废弃者

nullify ['nʌlɪfaɪ] vt. ①废弃,使无效,成泡影,使无价值 ②使为零

nullisomic [,nʌlɪ'səʊmɪk] a. 缺对染色体的

nullity ['nʌlɪtɪ] n. ①【数】零度(数),零维(数) ②无效 ③(全)无,不存在,无用的

nullo ['nʌləʊ] (拉丁语) n. ①零 ②遥控飞机

nullvalent ['nʌlvələnt] a. ①零价的 ②不起反应的

Nultrax ['nʌltræks] n. 线位移感应式传感器

numb [nʌm] a.;v. (使)麻痹(木)(的),失去感觉的 ‖ ~**ly** a. ~**ness** n.

number ['nʌmbə] ❶ n. ①数(目,字) ②号码,第…号〔卷,期〕③序数,系〔指〕数 ④(pl.)算术 ❷ vt. ①给…编号,用数字标记 ②共有〔数〕,总共 ③计算,计入(among,in,with) ☆**a large (great, tremendous, considerable) number of** 大量的; **a limited number of** 数目有限的; **a number of** 一些,若干,许多; **an equal number of A and B** 相同数目的 A 和 B; **back numbers** 过期期刊; **be among the number of** 在…之列; **be numbered** 屈指可数,不多了; **by (in) number** 总共,数目上; **by numbers** 依靠数量优势而…; **in round numbers** 取其整数,约计; **large numbers of** 大量; **model number** 型号; **number... among...** 把…算入…之内; **number up** 列举; **numbers of** 一些,若干,许多; **put the number at** 估计数目为…; **quite a number of** 相当多的; **the current number** 最近一期; **times without number** 多次,数不清的次数; **to the number of** 达到…数目,合计数为; **without (beyond, out of) number** 无数的,无法计算

〖用法〗❶ 当"a〔large,small,limited 等〕number of"后跟复数名词作主语时,谓语要用复数形式。如 :<u>A number of materials contain</u> many free electrons.许多物质含有大量的自由电子。❷ "the number of times〔units, places, days 等〕"后跟定语从句时可以不用引导词(或由关系副词 that 引导,或以 by which 开头)。如:The voltage gain is the number of times <u>a stage, or a number of stages, amplifies the signal</u>.电压增益就是一级或数级放大器放大信号的倍数。/It is necessary to count the number of places <u>the decimal point has been shifted</u>.必须计算出十进制小数点移动了的位数。❸ 注意下面例句中该词的用法:A sufficient <u>number</u> of simultaneous equations must be obtained to solve for the total <u>number</u> of unknown currents.为了求解所有的未知电流就必须获得足够数目的联立方程。/Evidently the equivalent resistance of any <u>number</u> of resistors in series equals the sum of their individual resistances.显然任意个串联电阻器的等效阻值就等于它们单个电阻之和。/The circles <u>numbered</u> two through eight indicate terminals on the network.标着数字 2 至 8 的圆圈表示了网络上的端点。/The telephone companies <u>number</u> well over 1000 in the United States.在美国,电话公司的数目远远超过了 1000 个。

numbered ['nʌmbəd] a. 达到限定值的,已被编号的

numbering ['nʌmbərɪŋ] n. 编号

numberless ['nʌmbəlɪs] a. ①无数的,不可胜数的 ②没号码的

numerable ['nju:mərəbl] a. 可数的,可计算的

numeracy ['nju:mərəsɪ] n. 数量观念强;丰富的思维能力、数学能力

numeral ['nju:mərəl] a.;n. ①数的,数字(的),数词,(pl.)数码 ②示数的

numerary ['nju:mərərɪ] a. 数的,有关数的

numerate ['nju:məreɪt] ❶ v. 计算,读(数) ❷ a. 有丰富的思维能力的

numeration [nju:mə'reɪʃən] n. ①计算(法),读数(法) ②【计】命〔计〕数法 ③编号

numerator ['nju:məreɪtə] n. ①(分数的)分子 ②计数器 ③信号机,示号器,回转号码机 ④计算者

numeric [nju:'merɪk] n.;a. ①数(的) ②分数 ③不可通约数

numerical [nju:'merɪkəl] a. 数的,用数字表示的

numerically [nju:'merɪkəlɪ] ad. 数字上,用数

numerology [,nju:mə'rɒlədʒɪ] n. 命理学;数字学

numeroscope ['nju:mərəskəʊp] n. 示数器,数字记录器

numerous ['nju:mərəs] a. ①为数众多的,大批的 ②无数的

numinous ['nju:mənəs] a. 超自然的

numismatics [,nju:mɪs'mætɪks] n. 钱币学,古钱学

nummiform ['nʌmɪfɔ:m] a. 钱币形的

nun [nʌn] n. 尼姑,修女;毛松虫白蛾

nupercaine ['nju:pəkeɪn] n.【药】奴白卡因(局部及脊髓麻醉剂)

Nural [ˈnjuːrəl] *n.* 努拉尔铝合金

Nuremberg [ˈnjuːrəmbɜːg] *n.* (德国)纽伦堡(市)

Nuroz [ˈnjuːrɒz] *n.* 聚合木松香(商品名)

nurse [nəːs] **❶** *n.* ①护士,看护人,保姆 ②受照顾 **❷** *vt.* ①精心照料 ②护理 ③加气〔油〕
〖用法〗注意下面例句的含义:It is the <u>nurse</u> with whom the patients spend most of the time in a ward room.病人在病房里大部分时间与其打交道的是护士。(本句是强调句型,强调介词"with"的宾语,它也可写成:It is the nurse who〔that〕the patients spend most of the time in a ward room with.)

nurs(e)ling [ˈnɜːslɪŋ] *n.* 婴儿;苗木

nursery [ˈnɜːsəri] *·n.* ①苗圃,繁殖场 ②托儿所,育儿室

nurseryman [ˈnəːsərimən] (pl. nurserymen) *n.* 苗圃工作者;园主

nursing-home [ˈnɜːsɪŋhəum] *n.* (私人)疗养所,私立病院

nurturance [ˈnɜːtʃərəns] *n.* 关怀备至

nurture [ˈnəːtʃə] *n.;vt.* ①养育,培养,训练 ②营养物,食物 ③环境因素

nut [nʌt] **❶** *n.* ①螺帽 ②胡桃,坚果 ③小块煤 **❷** *v.* 上螺母 ☆*a hard nut to crack* 不易解决的难题

nutate [njuːˈteɪt] *vi.* 晃动;下垂

nutation [njuːˈteɪʃən] *n.* ①下垂,垂头 ②【天】晃动 ③(植物)自动旋转运动,转头 ④点头病

nutgall [ˈnʌtgɔːl] *n.* 五倍子

nutrient [ˈnjuːtriənt] **❶** *a.* 营养的 **❷** *n.* 营养素,培养基,养分

nutrilite [ˈnjuːtrɪlɪt] *n.* 生长〔营养〕因子

nutriment [ˈnjuːtrɪmənt] *n.* 营养品,滋养物 ‖ ~al *a.*

nutriology [ˌnjuːtrɪˈɒlədʒɪ] *n.* 营养学

nutrition [njuˈtrɪʃən] *n.* 营养;滋养物 ‖ ~al *a.*

nutritious [njuˈtrɪʃəs],**nutritive** [ˈnjuːtrɪtɪv] *a.* (有)营养的

nutshell [ˈnʌtʃel] **❶** *n.* 坚果壳,无价值的东西 **❷** *a.* 简洁的,扼要的 ☆*in a nutshell* 简言之,在极小的范围内

nutted [ˈnʌtɪd] *a.* 上了螺帽的

nutting [ˈnʌtɪŋ] *n.* 上螺母

nutty [ˈnʌtɪ] *a.* ①多〔似〕坚果的,(土等)多硬核的 ②愚笨的

nuvistor [nuˈvɪstə] *n.* 超小型抗震管

nyctalopia [ˌnɪktəˈləupɪə] *n.* 【医】夜盲(症) ‖ **nyctalopic** [ˌnɪktəˈlɒpɪk] *a.*

nycterine [ˈnɪktəraɪn] *a.* ①【医】夜间〔发〕的 ②暧昧的,隐蔽的

nycterohemeral [ˌnɪktərəˈhemərəl] *a.* 【医】昼夜的

nyctinasty [ˌnɪktɪˈnæstɪ] *n.* 感夜性

nyctometer [ˌnɪkˈtɒmɪtə] *n.* 暗视计;夜盲计

nyctoplankton [ˌnɪktəˈplæŋktən] *n.* 夜浮游生物

Nykrom [ˈnɪkrɒm] *n.* 高强度低镍铬合金钢

Nylasint [ˈnaɪləsɪnt] *n.* 烧结filled尼龙粉末材料

Nylatron [ˈnaɪlətrɒn] *n.* 石墨填充酰胺纤维

nylon [ˈnaɪlən] *n.* 【纺】①尼龙 ②(pl.)尼龙织品

nymph [nɪmf] *n.* (活动)蛹,幼虫;女神

nystagmograph [nɪˈstægməgrɑːf] *n.* 眼球震颤描记器

nystagmus [nɪsˈtægməs] *n.* 【医】眼球震颤

nystatin [ˈnɪstətɪn] *n.* 【药】制霉菌素;真菌素

Nytron [ˈnaɪtrɒn] *n.* 【化】碳氢化合物硫酸钠清洁剂

N

O o

oaf [əuf] *n.* 呆子,白痴(尤指男人) ‖ ~ish *a.*

oak [əuk] *n.* ①橡树 ②橡木

oaken [ˈəukən] *a.* 橡木制造

oakland [ˈəuklənd] *n.* 奥克兰(美国港市)

oakum [ˈəukəm] *n.* 麻絮

oar [ɔː] ❶ *n.* 桨,橹 ☆*put one's oar in* 多管闲事,干涉; *rest on one's oars* 暂时休息 ❷ *v.* 荡桨

oarsman [ˈɔːzmən] *n.* 划手,摇桨者

oarweed [ˈɔːwiːd] 【植】叶片状海藻

oases oasis 的复数

oasis [əuˈeɪsɪs] *n.* 绿洲;舒适的地方;令人宽慰的事物

oast [əust] *n.* 烘炉

oat [əut] *n.* 燕麦

oaten [ˈəutn] *a.* 燕麦的,燕麦做的

oath [əuθ] *n.* ①誓言,誓约 ②诅咒 ☆*swear (take) an oath* 发誓,宣誓; *be on (under) oath* 已发誓说真话

oatmeal [ˈəutmiːl] *n.* 燕麦片(用以做蛋糕及早餐)

oats [əuts] *n.* 燕麦 ☆*be off one's oats* 没有胃口; *feel one's oats* 精力充沛; *sow one's oats* 年轻时纵情玩乐

Ob [ɒb] *n.* 鄂毕河

obbligato [ɒblɪˈɡɑːtəu] *n.*【音】伴奏

obbo [ˈɒbəu] *n.* 观测气球

obdurate [ˈɒbdjurɪt] *a.* 顽固的,倔强的 ‖ ~ly *ad.* **obduracy** *n.*

obeah [ˈəubiə] *n.* (英属西印度群岛的)一种巫术

obedience [əˈbiːdjəns] *n.* 服从,遵守 ☆*hold ... in obedience* 使…服从; *in obedience to* 遵照

obedient [əˈbiːdjənt] *a.* 顺从的 ☆*be obedient to* 服从; *Your (most) obedient servant.* (来往信函结尾套语)您顺从的仆人 ‖ ~ly *ad.*

obeisance [əuˈbeɪsəns] *n.* 敬礼,鞠躬 ☆*make obeisance to* 尊敬

obeli [ˈɒbɪlaɪ] obelus 的复数

obelisk [ˈɒbɪlɪsk] *n.* 方尖碑

obelize [ˈɒbɪlaɪz] *vt.* 加剑号

obelus [ˈɒbɪləs] *n.* 短剑号;疑问记号

oberon [ˈəubərən] *n.* 控制炮弹的雷达系统

obese [əuˈbiːs] *a.* 肥胖的

obesity [əuˈbiːsɪtɪ] *n.* (过度)肥胖,肥胖症

obey [əˈbeɪ] *v.* ①遵守,服从 ②满足(方程式)要求

obfuscate [ˈɒbfʌskeɪt] *vt.* ①使迷惑,使困惑 ②使模糊,难懂 ‖ **obfuscation** *n.*

obiter [ˈɒbɪtə](拉丁语) *ad.* 顺便,附带

obiterdictum [ɒbɪtəˈdɪktəm] *n.* (法律或正式)附言

obituary [əˈbɪtʃuərɪ] ❶ *n.* 讣告 ❷ *a.* 死的,死亡的

object ❶ [ˈɒbdʒɪkt] *n.* ①物体 ②对象 ③目的 ④宾语 ☆*attain one's object* 达到目的; *no object* 不成问题; *there is no object in doing* 没有必要; *with the object of* 以…为目的 ❷ [əbˈdʒekt] *v.* 反对,不赞成 ☆*object to (against)* 反对,不同意

〖用法〗表示"(做…)的目的"时,一般用"the object of doing ..."。

objectify [ɒbˈdʒektɪfaɪ] *vt.* 体现,具体化

objection [əbˈdʒekʃən] *n.* ①反对 ②缺点 ③障碍 ④反对的理由 ☆*be open to objection* 值得怀疑; *feel an objection to doing* 不愿意做; *have an (no) objection to doing* 〔不〕反对; *make (take) an objection against (to)* 对…表示反对; *raise an objection against (to)* 对…提出异议

〖用法〗该名词后一般跟介词"to",也可跟"against",表示"反对…"。如: A practical objection to the use of LDPC codes is as follows. 使用 LDPC 码的实际障碍如下。

objectionable [əbˈdʒekʃənəbəl] *a.* ①令人讨厌的 ②该反对的 ③不合适的 ‖ ~bly *ad.*

objective [ɒbˈdʒektɪv] ❶ *a.* ①客观的 ②目标的,对象的 ③物镜的 ❷ *n.* ①目的,目标 ②对象 ③物镜

〖用法〗它可以与动词"achieve"搭配使用。如:This design objective can be achieved in two different ways. 这个设计目标可以用两种不同的方法来获得。

objectively [ɒbˈdʒektɪvlɪ] *ad.* 客观地

objectiveness [ɒbˈdʒektɪvnɪs] *n.* 客观性

objectivism [ɒbˈdʒektɪvɪzəm] *n.* 客观主义

objectivity [ɒbdʒekˈtɪvɪtɪ] *n.* 客观性

objectless [ˈɒbdʒektlɪs] *a.* 没有目标的,没有对象的

object-line [ˈɒbdʒɪktlaɪn] *n.* 轮廓线

objector [əbˈdʒektə] *n.* 反对者

object-plate [ˈɒbdʒɪktpleɪt] *n.* 检镜片

object-staff [ˈɒbdʒɪktstɑːf] *n.* (测量的)准尺

objurgate [ˈɒbdʒɜːgeɪt] *vt.* 斥责 ‖ **objurgation** *n.*

oblate ['ɒbleɪt] *a.* 扁圆的

oblateness [ɒb'leɪtnɪs] *n.* 扁率,扁圆形

obligate ['ɒblɪgeɪt] ❶ *vt.* 使···负有责任,强迫 ❷ *a.* ①受约束的 ②必须的 ☆ *be obligated to (do)* 有责任

obligation [ɒblɪ'geɪʃən] *n.* ①义务,责任 ②恩惠 ③契约,债务 ☆ *be under an obligation to (do)* 有义务; *obligation to A* 对 A 的责任; *without obligation* 没有义务,不受约束

obligatory [ə'blɪgətərɪ] *a.* ①义务的,必须的 ②约束的 ☆ *It is obligatory on (upon) A to (do)* A 必须做
〖用法〗在"it is obligatory(必须的)that ..."的"that"从句中,应该使用"(should +)动词原形"虚拟句型。

oblige [ə'blaɪdʒ] *vt.* ①使满足,感谢 ②强迫,要求 ☆ *be obliged to A* 感激 A; *be obliged to do* 不得不; *oblige A by doing* 替 A 做

obliging [ə'blaɪdʒɪŋ] *a.* ①应尽的 ②乐于助人的 ‖ **~ly** *ad.*

oblique [ə'bli:k] ❶ *a.* ①倾斜的 ②不坦率的 ③间接的 ❷ *vi.* 倾斜 ❸ *ad.* 成45°角地 ‖ **~ly** *a.*

obliqueness [ə'bli:knɪs], **obliquity** [ə'blɪkwɪtɪ] *n.* 倾斜(度)

obliterate [ə'blɪtəreɪt] *vt.* ①涂掉 ②使消失,【计】清除 ③平整

obliteration [əblɪtə'reɪʃən] *n.* 涂抹,消失,【医】管腔闭合

oblivion [ə'blɪvɪən] *n.* ①忘却 ②大赦 ☆ *be buried in oblivion* 被人们忘却; *fall (sink) into oblivion* 渐被忘却,废而不用

oblivious [ə'blɪvɪəs] *a.* ①忘却的 ②不在意的 ☆ *be oblivious of A* 忘记 A ‖ **~ly** *ad.*

oblong ['ɒblɒŋ] ❶ *n.* 长方形,椭圆形 ❷ *a.* 长方形的,椭圆形的

obloquy ['ɒbləkwɪ] *n.* 大骂,谴责

obmutescence [ɒbmju:'tesns] *n.* 死不吭声

obmutescent [ɒbmju:'tesnt] *a.* 死不吭声的

obnoxious [ɒb'nɒkʃəs] *a.* 讨厌的 ☆ *be obnoxious to A* 是A所讨厌的 ‖ **~ly** *ad.* **~ness** *n.*

oboe ['əʊbəʊ] *n.*【音】双簧管,欧巴

oboist ['əʊbəʊɪst] *n.* 欧巴吹奏者

obol ['ɒbɒl] *n.* ①古希腊小银币 ②欧洲人从前使用的小银币

obovate [ɒb'əʊveɪt] *a.*【植】(叶子)倒卵形的

obovoid [ɒb'əʊvɔɪd] *a.*【植】(果实)倒卵形的

obruchevite [ɒ'bru:tʃevaɪt] *n.* 钇铀烧绿石

obscuration [ɒbskjʊə'reɪʃən] *n.* ①朦胧,模糊 ②【天】掩星,蚀

obscure [əb'skjʊə] ❶ *a.* ①阴暗的,模糊的 ②隐藏的 ③含糊的,难解的 ❷ *vt.* ①使模糊 ②使难理解 ③使相形见绌 ‖ **~ly** *ad.* **~ness** 或 **obscurity** *n.*

obsecration [ɒbsɪ'kreɪʃən] *n.* ①恳请,求恳 ②

【宗】以 by 开始的恳求祈祷句

obsequial [ɒb'si:kwɪəl] *a.* 葬礼的

obsequies ['ɒbsɪkwɪz] *n.* 葬礼

obsequious [əb'si:kwɪəs] *a.* 谄媚的,卑躬屈膝的 ‖ **~ly** *ad.* **~ness** *n.*

observability [əbzəvə'bɪlɪtɪ] *n.* 可观察性

observable [əb'zɜ:vəbl] ❶ *a.* ①可遵守的,应该遵守的 ②值得注意的 ③可观察到的 ❷ *n.* ①观察到的事物或现象 ②值得注意的东西 ‖ **observably** *ad.*

observance [əb'zɜ:vəns] *n.* ①遵守,奉行 ②庆祝,纪念 ③习惯 ④礼仪 ⑤观察

observant [əb'zɜ:vənt] *a.* ①遵守的 ②注意的,留心的 ③观察力强的

observation [ɒbzə'veɪʃən] *n.* ①观察,监视 ②观察力 ③观察结果 ④遵守 ⑤意见,短评 ⑥能见度 ☆ *come (fall) under one's observation* 引起注意,被看到; *escape (avoid) observation* 没有被察觉; *keep...under observation* 观察,监视; *make a few observations on* 发表一些意见; *take an observation* 测天; *under observation* 在观察中,在监视下
〖用法〗❶ 表示"进行观察"时,一般使用动词"make"。如:Usually, when we see something move, we do not just make two observations. 通常,当我们看到某物运动时,我们并不只是作了两次观察。❷ 注意下面两个同位语从句的译法: This accounts for the observation that the resistivity of a metal increases with temperature. 这就解释了人们观察到的这一现象:金属的电阻率是随温度的上升而增加的。/A consequence of the discovery of electricity was the observation that metals are good conductors while non metals are poor conductors.发现了电的一个结果是人们观察到金属是良导体而非金属是不良导体。❸ 表示动作含义时其前面也可带有不定冠词。如: An observation of i(t) during a period T will yield the following expression.观察 i(t)一个周期就会得到下面的表达式。

observational [ɒbzə'veɪʃənəl] *a.* 根据观察的,监视的 ‖ **~ly** *ad.*

observatory [əb'zɜ:vətərɪ] *n.* 观测台,天文台

observe [əb'zɜ:v] *v.* ①观察,监视 ②遵守 ③庆祝 ④评论 ☆ *be observed from* 从···可以看出; *it is observed that* 可以看出,可以说
〖用法〗❶ 该词可以带有不定式或现在分词作补足语(作宾语补足语的不定式一般不带"to")。如:The shot noise is observed to increase as M^n.人们观察到散粒噪声是以 M^n 的方式增加的。/The user should never be observed keying in the password.用户绝不该让别人看到其键入密码。❷ 注意下面例句中该词的不同用法及含义:We observe that in the saturation region an increase in base current does not result in a proportionate increase in collector current.我们观察到:在饱和区,基极电流的增加并不会引起集电极电流成比例的

增加。/Observe that for i<1.16 A, D_2 is a short circuit.请注意:在 i<1.16 A 的情况下,D_2 短路。/This will result in the observed increase of temperature.这会引起温度的明显增加。

observer [əb'zɜ:və] n. ①观察者,观测员 ②观察器,侦察机 ③见证人 ④评论员 ⑤遵守者

observing [əb'zɜ:vɪŋ] a. 注意的,善于观察的

obsess [əb'ses] vt. ①萦绕 ②缠住,使烦扰

obsession [əb'seʃən] n. 挥之不去的意念 ☆be under an obsession of 被…缠住

obsessional [əb'seʃənəl] n.; a. 有执念(的人)

obsessive [əb'sesɪv] ❶ n. 受意念萦绕的人 ❷ a. 成见性的

obsidian [əb'sɪdɪən] n. 黑曜岩

obsolescence [ɒbsə'lesəns] n. 陈旧,废弃

obsolescent [ɒbsə'lesənt] a. 过时的

obsolete ['ɒbsəli:t] ❶ a. 作废的,过时的 ❷ n. 作废的东西 ‖ ~ly ad. ~ness n.
〖用法〗注意下面例句的含义:The concept of the 'computer center' as a room with a large computer to which users bring their work for processing is now totally obsolete. 计算中心作为带有一台大型计算机的、用户们把他们的工作带去进行处理的一个房间这样一个概念现在已经完全过时了。

obstacle ['ɒbstəkl] n. ①障碍 ②雷达目标 ☆ throw obstacles in one's way 妨害,阻碍
〖用法〗该词后跟介词"to",表示"对…的障碍"。如:This is an obstacle to progress.这是取得进步的一个障碍。/Unfortunately, this is the main obstacle to the wide use of vector quantization in practice. 遗憾的是,这是实践中广泛使用矢量量化的主要障碍。

obstetric(al) [ɒb'stetrɪk(əl)] a. 产科的

obstetrician [ɒbste'trɪʃən] n. 产科医生

obstetrics [əb'stetrɪks] n. 产科学,助产科

obstinacy ['ɒbstɪnəsɪ] n. 顽固〔强〕,固执 ☆with obstinacy 顽固地,顽强地

obstinate ['ɒbstɪnɪt] a. 顽固的,固执的,顽强的 ☆ be obstinate in 在…方面固执 ‖ ~ly ad.

obstreperous [əb'strepərəs] a. (指小孩)吵闹的,难管束的 ‖ ~ly ad. ~ness n.

obstruct [əb'strʌkt] vt. ①阻碍,截断 ②阻挠 ☆ obstruct … from (in) doing 阻碍

obstructer =obstructor

obstruction [əb'strʌkʃən] n. ①阻碍,阻挠 ②障碍物

obstructionism [əb'strʌkʃənɪzəm] n. 故意阻碍的行为

obstructive [əb'strʌktɪv] a.; n. 引起阻塞的(东西) ☆ be obstructive to 是…的障碍 ‖ ~ly ad. ~ness n.

obstructor [əb'strʌktə] n. 障碍物,起阻碍作用的人

obstruent ['ɒbstruənt] ❶ n. 梗阻的,阻塞的 ❷ a. 止泻剂,收敛剂

obtain [əb'teɪn] v. ①得到,获得 ②成立
〖用法〗❶ 它作及物动词时可以用 as 短语作补足语。如: For this phasor diagram, the receiver output is readily obtained as the following expression. 对于这个相量图,能容易地获得接收机的输出为下面的表达式。/This wavelength can be obtained from Eq. 1-7 simply as $1/\lambda = f/c$.从式 1-7 能获得这个波长为 $1/\lambda = f/c$。 ❷ 它可以作不及物动词用。如: In this case, steady-state oscillation obtains.在这种情况下就获得了稳态振荡。/Large induced dipoles can obtain in certain organic molecules.在某些有机分子中能够得到大的感应偶极子。

obtainable [əb'teɪnəbl] a. 能得到的,能达到的
〖用法〗为加强语气,该词可以作后置定语。如:The ability of a system to reproduce such changes faithfully is an important measure of the picture quality obtainable.一个系统忠实地再生出这种变化的能力是对所能获得的画面质量的一种重要度量。

obtest [ɒb'test] v. ①哀求,恳求 ②请求某人作证 ③反对,抗议

obtrude [əb'tru:d] v. ①突出,伸出,冲出,挤出 ②使注意 ③强迫 ☆obtrude on (upon) 强迫,强加

obtruder [əb'tru:də] n. 冒冒失失的人

obtruncate [əb'trʌŋkeɪt] v. 砍去头部

obtrusion [əb'tru:ʒən] n. ①冒失,鲁莽,管闲事 ②强迫接受,强求

obtrusive [əb'tru:sɪv] a. ①伸出的 ②冒失的 ③强迫别人接受(己见)的 ‖ ~ly ad.

obtund [ɒb'tʌnd] vt. ①使缓和 ②止痛

obtundent [ɒb'tʌndənt] n. 【药】止痛药

obturate ['ɒbtjuəreɪt] vt. 紧塞,气密

obturation [ɒbtjuə'reɪʃən] n. 紧塞,气密

obturator ['ɒbtjuəreɪtə] n. 塞子,气密装置

obtuse [əb'tju:s] a. ①钝的 ②迟钝的 ③(印象)不鲜明的,(疼痛)不剧烈的 ‖ ~ly ad. ~ness n.

obverse ['ɒbvɜ:s] n. (硬币或奖章的)正面,对应面 ☆ ~ly ad.

obversion [ɒb'vɜ:ʃən] n. 转换,将表面反过来

obvert [ɒb'vɜ:t] v. 换个面观看(事物),将(正面)反过来

obviate ['ɒbvɪeɪt] vt. ①排除,消除 ②避免,预防

obviosity [ɒbvɪ'ɒsɪtɪ] n. 显而易见的事

obvious ['ɒbvɪəs] a. 明显的,清楚的,显而易见的 ‖ ~ness n.
〖用法〗"It is obvious that … = Obviously, …"。如: It is obvious that the sum, the difference, and the product of two polynomials are polynomials. 显然,两个多项式之和、差、积均为多项式。

obviously ['ɒbvɪəslɪ] ad. 显然,很明显

obvolute ['ɒbvəlju:t] a. 【植】(叶或瓣)跨褶的,重叠的

ocarina [ɒkə'ri:nə] n. 奥卡利那笛

occasion [ə'keɪʒən] ❶ n. ①场合,(重大的)时刻

②时机 ③偶然原因,诱因 ④理由,必要 ⑤盛事 ☆*as occasion demands (requires)* 必要时,有需要时;*as occasion serves* 一有机会(就);*at ... occasion* 在…时候; *for the occasion* 临时; *give occasion to* 引起; *have no occasion for* 没有根据(必要); *have no occasion to do* 没有…的理由(必要); *should occasion arise* 遇有机会时,必要时; *improve the occasion* 因势利导; *on great occasions* 在盛大的节日(场面); *on no occasion* 决不; *on (upon) occasion* 间或; *on one occasion* 曾经,有一次; *on rare occasions* 很少,偶尔; *on repeated (several) occasions* 不止一次,屡次; *on that occasion* 在那个时候,一有机会; *on the first occasion* 一有机会; *on the occasion of* 在…的时候,值此…之际; *rise to the occasion* 随机应变; *take (seize) the occasion to do* 乘机; *there is no occasion to do* 没有理由(必要) ❷ vt. 引起

【用法】❶ 表示“在…场合”时,在其前面要用介词“on”。如:On this occasion a protective resistance should be used. 在这种场合应该使用一个保护电阻。❷ 修饰它的定语从句应该用“when”(或用“on which”)引导。如:There are many occasions when measurements of the true rms value of a voltage are highly desirable. 有许多场合特别需要测量电压的真正均方根(有效)值。

occasional [əˈkeɪʒənəl] *a.* ①偶尔的 ②特殊场合的 ③备不时之需的

occasionalism [əˈkeɪʒənəlɪzəm] *n.* 偶因论

occasionally [əˈkeɪʒənəlɪ] *ad.* 偶尔地,间或 【用法】注意下面例句中该词的含义:The Q of a capacitive resistor is occasionally said to be negative. 有时把容性电阻器的Q值说成是负的。

occasioned [əˈkeɪʒənd] *a.* 偶然引起的

occident [ˈɒksɪdənt] *n.* 西方

occidental [ˌɒksɪˈdentəl] ❶ *a.* 西方的,西方文化的 ❷ *n.* 西方人,欧美人

occidentalize [ˌɒksɪˈdentəlaɪz] *v.* 西方化

occipital [ɒkˈsɪpɪtl] *a.* 【医】枕骨的

occiput [ˈɒksɪpʌt] *n.* 【医】枕骨

occlude [əˈkluːd] *vt.* ①使闭塞,堵塞 ②吸藏,吸气 ③使光透不过

occlusion [əˈkluːʒən] *n.* ①闭塞,堵塞 ②吸留现象 ③牙咬合

occlusive [əˈkluːsɪv] *a.* ①咬合的 ②闭塞的

occlusor [əˈkluːsə] *n.* 【动】闭肌

occult [ɒˈkʌlt] ❶ *a.* ①隐藏的,看不见的 ②秘密的 ③玄妙的 ④【天】隐藏,掩星,使成食 ❷ *v.* 【天】隐藏,掩星,使成食

occultation [ˌɒkəlˈteɪʃən] *n.* ①【天】掩星 ②隐藏,消失

occultism [ˈɒkəltɪzəm] *n.* 神秘论,神秘主义

occupancy [ˈɒkjupənsɪ] *n.* ①占有,居住 ②占有期间,占用率 ③(建筑物的)被占部分 ④财产的运用

occupant [ˈɒkjupənt] *n.* ①占有人,居住者 ②任职者

occupation [ˌɒkjuˈpeɪʃən] *n.* ①占用,占有 ②占有期间 ③职业,工作

occupational [ˌɒkjuˈpeɪʃənəl] *a.* ①职业的 ②军事占领的

occupied [ˈɒkjupaɪd] *a.* 已占用的 ☆ *be occupied* 有人占用

occupier [ˈɒkjupaɪə] =occupant

occupy [ˈɒkjupaɪ] *vt.* ①占领,占据 ②花费,需要(时间) ③处于(某种地位) ④从事 ☆ *be occupied in (with) doing* 或 *occupy oneself in (with) doing* 忙于

【用法】注意在下面例句中该词的含义:It is semiconductor properties that will largely occupy us through the remainder of the book. 半导体的性质将在很大程度上占本书其余部分的篇幅。/This challenge occupied leading investigators in the closing years of the last century. 这一挑战使主要的调查研究者们花费了上个世纪的最后几年时间。

occur [əˈkɜː] *vi.* ①发生 ②出现 ③想起 ☆ *occur as A* 以A的形式存在

【用法】注意下面例句的含义: In 1831, it occurred to Michael Faraday that a converse effect should also be observable.在1831年,米歇尔•法拉第想到,也应当可以观察到逆效应。(“it occurred to somebody that”意为“某人想到了”。)

occurrence [əˈkʌrəns] *n.* ①发生,出现 ②偶发事件 ③(矿床等的)埋藏 ④传播,分布 ☆ *be of common (frequent) occurrence* 经常发生; *be of rare occurrence* 偶尔发生

【用法】注意下面例句中该词的用法及译法:It is a rare occurrence for a body to vibrate with only one frequency. 物体只有一个频率振动的情况是很少见的。/Rotational motion is of much more occurrence than is motion in straight line. 转动比直线运动出现得频繁得多。/This is an important occurrence in the intrinsic base region only. 这是仅仅出现在本征基区的一个重要现象。

occurrent [əˈkʌrənt] *a.* 目前正在发生的,偶然发生的

ocean [ˈəuʃən] *n.* ①海洋 ②无限 ☆ *oceans of* 大量的,许多的

oceanarium [ˌəuʃənˈneərɪəm] *n.* 海洋水族馆

oceanaut [ˈəuʃənɔːt] *n.* 海洋工作人员,潜航员

oceaneering [ˌəuʃəˈnɪərɪŋ] *n.* 海洋工程

ocean-going [ˈəuʃənˌgəuɪŋ] *a.* 远洋航行的

Oceania [ˌəuʃɪˈeɪnjə], **Oceanica** [ˌəuʃɪˈænɪkə] *n.* 大洋洲

Oceanian [ˌəuʃɪˈeɪnjən] *a.; n.* 大洋洲的,大洋洲人

oceanic [ˌəuʃɪˈænɪk] ❶ *a.* ①海洋的 ②无边无际的 ❷ *n.* (pl.)海洋工程学

oceanite [ˈəuʃənaɪt] *n.* 大洋岩

oceanization [ˌəuʃənaɪˈzeɪʃən] *n.* 海洋化

oceanobionics [ˌəʊʃɪənəbaɪˈɒnɪks] *n.* 海洋仿生学

oceanographer [ˌəʊʃəˈnɒgrəfə] *n.* 海洋学家

oceanographic [ˌəʊʃənəʊˈgræfɪk] *a.* 海洋学的

oceanography [ˌəʊʃəˈnɒgrəfɪ] *n.* 海洋学

oceanology [ˌəʊʃəˈnɒlədʒɪ] *n.* 海洋开发技术

oceanophysics [ˌəʊʃənəˈfɪzɪks] *n.* 海洋物理学

ocellus [əʊˈseləs] *n.* 【动】(昆虫的)单眼,脑眼

ocelli [əʊˈselaɪ] ocellus 的复数

ocher, ochre [ˈəʊkə] *n.* 【矿】赭石,赭色(黄褐色)

ocherous [ˈəʊkərəs] *a.* 赭色的,赭石的

ochlocracy [ɒkˈlɒkrəsɪ] *n.* 暴民政治

ochlocrat [ˈɒklɒkræt] *n.* 暴民政治家

ocimene [ˈɒsɪmiːn] *n.* 罗勒烯

ocimenone [ɒsɪˈmenəʊn] *n.* 罗勒烯酮

o'clock [əˈklɒk] =of the clock …点钟 ☆**know what o'clock it is** 熟悉情况; **like one o'clock** 迅速的,马上;非常乐意的,津津有味的

ocpan [ˈɒkpæn] *n.* 锡基白合金

ocrea [ˈɒkrɪə] *n.* 【植】托叶鞘

octad [ˈɒktæd] *n.* ①八个一组 ②八价物,八价元素

octadentate [ɒktəˈdenteɪt] *n.* 八齿

octadic [ɒkˈtædɪk] *n.; a.* 八进制(的),八价(的)

octaforming [ˈɒktəfɔːmɪŋ] *n.* 八碳重整

octagon [ˈɒktəgən] *n.* 八边形

octagonal [ɒkˈtægənəl] *a.* 八边形的

octahedra [ɒktəˈhiːdrə] octahedron 的复数

octahedral [ɒktəˈhiːdrəl] *a.* 八面的,八面体

octahedrite [ɒktəˈhiːdraɪt] *n.* 八面石

octahedron [ɒktəˈhiːdrən] *n.* 八面体,正八面体

octal [ˈɒktəl] *a.* ①八进制的 ②八面的,八角的

octamer [ɒkˈtæmə] *n.* 【化】八聚物

octamiter [ɒkˈtæmɪtə] *n.* 八音步诗

octamonic amplifier [ɒktəˈmɒnɪkˈæmplɪfaɪə] *n.* 倍频放大器

octane [ˈɒkteɪn] *n.* 【化】正辛烷

octanol [ˈɒktənəl] *n.* 【化】辛醇

octant [ˈɒktənt] *n.* ①八分圆,八分区 ②八分仪 ③【数】卦限

octantal [ɒkˈtæntəl] *n.* (航海)八分仪误差

octaploid [ˈɒktəplɔɪd] *n.* 八倍体

octapole [ˈɒktəpəʊl] *n.* 八极

octarius [ɒkˈtæərɪəs] *n.* 液磅

octaroon [ɒktəˈruːn] *n.* =octoroon

octastyle [ˈɒktəstaɪl] *n.* 八柱式

octavalence [ɒktəˈveɪləns] *n.* 八价

octavalency [ɒktəˈveɪlənsɪ] =octavalence

octavalent [ɒktəˈvælənt] *a.* 八价的

octave [ˈɒktɪv] *n.* ①八个一组的事物 ②八音度 ③八行诗,十四行诗的前八行

octavo [ɒkˈteɪvəʊ] *n.* 八开纸,八开本

octene [ˈɒktiːn] *n.* 【化】辛烯

octet(te) [ɒkˈtet] *n.* ①八重唱 ②八角体 ③【计】八位位组

octillion [ɒkˈtɪljən] *n.* (英)1×10^{48},(美)1×10^{27}

octivalence [ɒktɪˈveɪləns] *n.* 八价

octivalent [ɒktɪˈveɪlənt] *a.* 八价的

October [ɒkˈtəʊbə] *n.* 十月

octobolite [ɒkˈtɒbəlaɪt] *n.* 辉石

octode [ˈɒktəʊd] *n.* 八极管

octodecimo [ɒktəˈdesɪməʊ] *n.* 十八开本(纸,页)

octodenary [ɒktəʊˈdenərɪ] *a.* 十八进制的

octofollin [ɒktəʊˈfɒlɪn] *n.* 辛叶素

octogenarian [ɒktəʊdʒɪˈneərɪən] *n.* 八十岁至九十岁之间的人

Octoil [ɒkˈtɔɪl] *n.* 辛基油

octonal [ˈɒktənəl] *a.* 八进制的

octonary [ˈɒktənərɪ] =octonal

octopamine [ɒktəʊˈpæmiːn] *n.* 章鱼胺

octopod [ˈɒktəpɒd] *n.* 八足类软体动物

octopole [ˈɒktəpəʊl] *n.; a.* 八极,八极的

octopus [ˈɒktəpəs] *n.* 章鱼

octoroon [ˌɒktəˈruːn] *n.* 有八分之一黑人血统的混血儿

octose [ˈɒktəʊs] *n.* 【药】辛糖

octovalence [ɒktəʊˈveɪləns] *n.* 八价

octovalent [ɒktəʊˈveɪlənt] *a.* 八价的

octroi [ˈɒktrwɑː] (法语) *n.* 货物税

octulose [ˈɒktjuːləʊs] *n.* 辛酮糖

octuple [ˈɒktjuːpl] ❶ *a.* 八倍的 ❷ *v.* 加至八倍

octupole [ˈɒktjuːpəʊl] *n.; a.* 八极,八极的

octyl [ˈɒktaɪl] *n.* 辛基

octylene [ˈɒktaɪliːn] *n.* 【化】辛烯

ocular [ˈɒkjʊlə] ❶ *n.* ①视觉的,眼睛的 ②目镜的 ❷ *n.* 目镜

oculist [ˈɒkjʊlɪst] *n.* 眼科医生

oculomotor [ɒkjʊləˈməʊtə] *a.* 转动眼球的

oculomotrorius [ɒkjʊləˈməʊtrərɪəs] *n.* 动眼神经

oculopathy [ɒkjʊˈlɒpəθɪ] *n.* 【医】眼病

oculus [ˈɒkjʊləs] *n.* 眼睛

oculi [ˈɒkjʊlɪ] oculus 的复数

odalisque [ˈəʊdəlɪsk] *n.* 婢妾,女奴

Oda metal [əʊdəˈmetəl] *n.* 铜镍系合金

odd [ɒd] *a.* ①奇怪的 ②单个的,无配对的 ③零星的,不规则的 ④奇数的 ⑤偶然的,不固定的 ☆**at odd times** 偶尔; **odd lot** 零星货物,不成套的东西; **oddly odd** 奇数和奇数的积

oddball [ˈɒdbɔːl] *n.* 行为怪异或不正常的人

oddity [ˈɒdɪtɪ] *n.* ①奇怪,古怪 ②怪人,怪事,奇怪的东西

oddly [ˈɒdlɪ] *ad.* ①奇怪地 ②单个地,零星地 ☆**oddly enough to say** 说也奇怪

oddment [ˈɒdmənt] *n.* ①残余物,零头 ②库存量

oddness [ˈɒdnɪs] *n.* 奇妙,奇异

odd-odd *a.* 奇-奇的

odd-parity check 奇数奇偶性校验

odds [ɒdz] *n.* ①希望,可能性 ②恩惠 ③差别,不平等〔均〕 ☆**be at odds with...** 和…争吵; **by long (all) odds** 远远超过; **give (receive)**

odds 比赛前给予〔得到〕有利条件; ***it makes no odds*** 没有差别; ***make odds even*** 拉平; ***odds and ends*** 残余,零碎的东西; ***The odds are that...*** 多半,很可能

odd-shaped ['ɔdʃeɪpt] *a.* 畸形的

odd-sized ['ɔdsaɪzd] *a.* 尺寸特殊的

ode [əud] *n.* 长诗

odevity [əu'devɪtɪ] *n.* 【数】奇偶性

odious ['əudɪəs] *a.* 可恶的,讨厌的 ‖ ~ly *ad.*

odium ['əudɪəm] *n.* 憎恨,讨厌

odograph ['əudəgrɑ:f] *n.* 里程表

odometer [əu'dɒmɪtə] *n.* 里程表

odometry [əu'dɒmɪtrɪ] *n.* 测距法

odontoblast [əu'dɒntəblæst] *n.*【生】齿胚细胞

odontograph [əu'dɒntəgrɑ:f] *n.* 画齿规

odontoid [əu'dɒntɔɪd] *a.* 齿状的

odor ['əudə] =odour

odorant ['əudərənt] ❶ *n.* 添味剂,恶臭物质 ❷ *a.* 有气味的

odoriferous [əudə'rɪfərəs] *a.* 有气味的,芳香的

odorimeter [əudə'rɪmɪtə] *n.* 气味计

odorimetry [əudə'rɪmɪtrɪ] *n.* 气味测定法

odorize ['əudəraɪz] *vt.* 给加臭味,洒香水于

odorizer ['əudəraɪzə] *n.* 加臭剂

odorless ['əudəlɪs] =odourless

odorometer ['əudə'rɔ:mɪtə] *n.*【医】气味计

odorous ['əudərəs] *a.* 有气味的,芳香的

odorousness ['əudərəsnɪs] *n.* 气味浓度

odour ['əudə] *n.* ①气味,臭味 ②声誉 ☆***in bad odour*** 声名狼藉; ***be in good odour with ...*** 对…有威望,受…欢迎

odourless ['əudəlɪs] *a.* 没有气味的

odynometer [əudɪ'nɒmɪtə] *n.* 痛觉计

odyssey ['ɒdɪsɪ] *n.* 长途冒险的旅程

oecumenical [i:kju'menɪkəl] =ecumenical

oedema [i:'di:mə] *n.* 浮肿,水肿

oenologist [i:'nɒlədʒɪst] *n.* 酿酒学家

oenology [i:'nɒlədʒɪ] *n.* 酿酒学

oenometer [i:'nɒmɪtə] *n.* 酒精定量计

oeolotropic [i:ələ'trɒpɪk] *a.* 各向异性的

oersted ['ɜ:sted] *n.* 奥斯特(磁场强度单位)

oerstedmeter ['ɜ:stedmɪtə] *n.* 奥斯特计,磁场强度计

oesophagoscope [i:'sɒfəgəskəup] *n.*【医】食道镜

oestrin ['i:strɪn] *n.* 雌激素

oestrogen ['i:strədʒən] *n.* 雌激素

oestrus ['i:strəs] *n.* 动情期

of [ɔf,əv] *prep.* ①(表示对象、性质、特征)…的 ②(表示材料、组分)用…做的 ☆***of account*** 重要的; ***of itself*** 自动地;本身,单独; ***of late*** 近来 〖用法〗❶ 它可以表示"在…之中"(既可以用于最高级句型中,也可以用于一般句子中)。如: Of all physical properties of matter, electrical resistance perhaps shows the greatest range of values. 在物质

的所有物理性质中,也许电阻所示的数值范围最广。/ Of the total mass of the hydrogen atom, 1/1837 part is the mass of the electron. 在氢原子的整个质量中,1837 分之一是电子的质量。/Only 4 of the 5 valence electrons of the phosphorous are required to bind the 4 neighbouring C atoms. 在磷的 5 个价电子中只需要 4 个来键联周围 4 个碳原子。❷ 它可以表示同位关系。如:The idea of a current source is very useful in circuit analysis.电流源这一概念在电路分析中是非常有用的。/This milliammeter has a full-scale deflection of 5 mA.这只毫安表的满刻度偏转为 5 毫安。❸ "of +某些抽象名词(help, use, value,importance,significance 等)"等效于这些名词对应的形容词。如:This book is of great help to electrical engineers.这本书对电气工程师们来说是很有帮助的。❹ "(be) of + 某些抽象名词(年龄、尺寸、种类、重量、兴趣等)"表示"具有…"("of"有时可以省去)。如: Computers are of two general types.计算机有两大类。/Only these currents are of interest.只有这些电流是我们感兴趣的。/Consider the square wave of period T and maximum value I illustrated in Fig. 2-4. 我们来考虑一下图 2-4 所示的周期为 T、最大值为 I 的那个方波。❺ 它可以在 "ability,tendency,capacity,failure,desire 等" 词后引出一种特殊的不定式复合结构。如: The ability of a body to do work is called energy.物体做功的能力被称为能量。❻ 在个别情况下其后面可以跟一个介词短语。如: These pulses are emitted at the rate of from a few hundreds to many thousands per second. 这些脉冲每秒几百个到上万个的速率发射出去。❼ 其它情况: This follows from what we know of Lissajous figures. 这一点从我们由李育沙图看到的情况可以得知。/The basic arithmetic operations require of digital networks are as follows. 数字网络所需的基本算术运算如下。/The sending device assembles the bits into groups of two. 发送设备把比特汇编成一组一组的, 每组为两个比特。/The extraction of meaningful information from an arbitrary signal is more of an art than a science in many cases. 从一个任意信号中提取有用的信息在许多情况下与其说是一门科学,不如说是一种艺术。

off [ɔf] ❶ *ad.* ①(与动词连用)…去,…掉,…下 ②离开,在远处 ③断开,关闭,截止 ☆***be badly off*** 生活贫困; ***be well off*** 生活富裕; ***better off*** 情况更好; ***off and on*** 断断续续; ***right (straight) off*** 立刻,马上; ***worse off*** 情况更坏 ❷ *prep.* ①从…离开 ② 不足,少于,扣除 ☆***off the air*** 停播; ***off bound*** 驶出的; ***off center*** 离心的; ***off duty*** 下班; ***off frozen*** 解冻; ***off hand*** 立即,马上; ***off issue*** 枝节问题; ***off limits*** 界外的; ***off line*** 脱机,离线; ***off normal*** 不正常的,偏离; ***off peak*** 非峰值的; ***off the beam*** 不对; ***off the map*** 不存在的; ***off the point*** 离题的; ***off the reel*** 即刻,一口气 ❸ *a.* ①不新鲜的 ②远离的 ③空闲的

④分支的 ☆**off with** 拿掉,脱去; **on the off chance** ❹ *v.* ①离开 ②断开,截止 ③废除 ❺ *n.* 关闭,断开,截止
〖用法〗注意下面例句中该词的含义:Transistor Q1 is off. 晶体管 Q1(处于)截止(状态)。/The switch is off.开关处于关闭状态。

offal ['ɒfəl] *n.* 废物,垃圾,内脏,下水
off-angle ['ɒfæŋgl] *a.* 斜的
off-axis ['ɒfæksɪs] *a.* 离轴的,偏轴的
off-balance ['ɒfbæləns] *a.* ; *ad.* 失去平衡的
off-bar ['ɒfbɑː] *vt.* 把……关在外面
off-bear ['ɒfbeə] *vt.* 移开,拿去
off-beat ['ɒfbiːt] ❶ *a.* ①不寻常的 ②次要的,临时的 ❷ *n.*【音】弱拍
off-blast ['ɒfblɑːst] *n.* 停风
off-cast ['ɒfkɑːst] *n.* ; *a.* 废除的,抛弃的
off-centering ['ɒfsentərɪŋ] *n.* 中心偏移
off-centre(d) ['ɒfsentə(d)] *a.*;*ad.*;*v.* 偏移中心(的),不平衡(的),不对称(的)
off-chance ['ɒftʃɑːns] *n.* 侥幸,不大会有的机会
off-color(ed), off-colour(ed) ['ɒfkʌlə(d)] *a.* 不标准颜色的,变色的
off-contact ['ɒfkɒntækt] *n.* 触点断开
off-course ['ɒfkɔːs] *n.* 偏离航向
off-cut ['ɒfkʌt] ❶ *n.* 切余纸,切余板,切下之物 ❷ *a.* 不正常尺寸的
off-day ['ɒfdeɪ] *n.* 休息日
off-design ['ɒfdɪˈzaɪn] *n.*;*n.* 非设计的,偏离设计值的
off-diagonal ['ɒfdaɪˈægnəl] *a.* 对角线外的,非对角线的
off-dimension ['ɒfdɪˈmenʃən] *n.* 尺寸不合格的
off-duty ['ɒfˈdjuːtɪ] *a.* 不值班的,未运行的
off-effect ['ɒfiˈfekt] *n.* 撤光效应
offence [əˈfens] *n.* ①过错,犯罪 ②攻击 ③冒犯 ④令人讨厌的事物 ☆**an offence against** 违反;**give (cause) offence to** 得罪; **take offence at** 因……而生气
offenceless [əˈfenslɪs] *a.* 没有过错的,不攻击的
offend [əˈfend] *v.* ①犯罪 ②得罪 ③冒犯 ☆**be offended at (over)...** 对……生气,被……触怒; **be offended with A for B** 因A的B而生气; **offend against** 违反
offender [əˈfendə] *n.* ①罪犯,肇事者 ②事故原因
offending [əˈfendɪŋ] *a.* 损坏了的,令人不愉快的
offensive [əˈfensɪv] ❶ *a.* ①无礼的,令人不愉快的 ②攻击的 ❷ *n.* 攻击 ☆**offensive against ...** 对……的攻击
offer ['ɒfə] *v.*;*n.* ①提供,给予 ②出价 ③呈现 ④表示愿意 ☆**as occasion (opportunity) offers** 有机会时; **counter offer** 还价; **make an offer** 提议,出价; **offer a starting point** 从……开始; **offer itself** 呈现; **offer the main hope of success** 最有成功的希望; **on offer** 出售; **take the first opportunity that offers** 一有机会就利用

〖用法〗注意下面例句的含义:Satellite communications offers global coverage. 卫星通信能够覆盖全球。

offering ['ɒfərɪŋ] *n.* ①提供,提议 ②贡献,礼物
offertory ['ɒfətərɪ] *n.* 捐款
off-fiber [ɒfˈfaɪbə] *n.* 撤光纤维
off-flavo(u)r [ɒfˈfleɪvə] *n.* 臭味,异味
off-gas [ɒfˈgæs] *n.* 废气,尾气
off-gauge [ɒfˈgɔːdʒ] *a.* 不合规格的,不标准的
off-go [ɒfˈgəu] *n.* 离开,出发
offgoing [ɒfˈgəuɪŋ] *a.* 离去的,出发的
offgrade [ɒfˈgreɪd] *n.* ; *a.* 不合格(的),等外品
off-grounded ['ɒfgraundɪd] *a.* 不接地的
offhand [ɒfˈhænd] *a.* ; *ad.* ①没有准备的 ②立即
off-heat ['ɒfhiːt] *n.* 熔炼废品
off-hour [ɒfˈauə] *n.* 工作以外的时间
office ['ɒfɪs] *n.* ①办公室,办事处,营业所 ②职务 ③局,室,处,科 ☆**be in office** 执政,在职; **be out of office** 下台,在野; **do (hold) the office of** 担任……职务; **leave (resign) office** 辞去职务; **take office** 就职;**through the good offices of** 由于……的尽力斡旋
office-bearer ['ɒfɪsbeərə] *n.* 官员
office-building ['ɒfɪsbɪldɪŋ] *n.* 办公楼
office-clerk ['ɒfɪsklɑːk] *n.* 职员
office-holder =office-bearer
office-hours ['ɒfɪsauəz] *n.* 办公时间,营业时间
officer ['ɒfɪsə] *n.* ①官员,军官 ②(高级)职员,公务员
official [əˈfɪʃəl] ❶ *a.* ①官方的,正式的 ②职务的,公务上的 ❷ *n.* 官员,公务员
officialese [əfɪʃəˈliːz] *n.* 公文用语
officialism [əˈfɪʃəlɪzəm] *n.* 官僚主义
officially [əˈfɪʃəlɪ] *ad.* 正式地,官方地
officiate [əˈfɪʃɪeɪt] *vi.* 执行公务,主持,司仪
officinal [ɒfɪˈsaɪnl] *a.* 药用的,法定的
officious [əˈfɪʃəs] *a.* 爱发命令的,好出主意的
offing ['ɒfɪŋ] *n.* 不远的将来,视界范围内的远处海面 ☆**gain (take) an offing** 驶出海面; **in the offing** 在眼前; **keep an offing** 行驶在海上; **take the offing** 驶出海面
off-interval [ɒfˈɪntəvəl] *n.* 关闭间隔
offish ['ɒfɪʃ] *a.* 疏远的,冷淡的,不喜欢交际的
off-key ['ɒfkiː] *a.* 走调的
offlap ['ɒflæp] *n.* 复发,分错距,平移断层
offlet ['ɒflɪt] *n.* 放水管,路边引水沟
off-limits ['ɒflɪmɪts] *n.* ①超出范围 ②止步,禁止入内
off-line ['ɒflaɪn] *a.* 脱离主机的,离线的
off-load ['ɒfləud] *vt.* 卸载,卸下
off-loader ['ɒfləudə] *n.* 卸载器
off-lying ['ɒflaɪɪŋ] *a.* 遥远的,偏离的
off-melt ['ɒfmelt] *n.* 废品钢
off-normal ['ɒfnɔːməl] *a.* 不正常的,偏离正常的
off-path ['ɒfpɑːθ] *n.* 不正常路径
off-peak ['ɒfpiːk] *a.* 非峰值的,正常的,额定的

O

off-position [ˈɒfpəzɪʃən] n. 关闭状态,开路状态
off-print [ˈɒfprɪnt] ❶ n. (书刊中选文的)单行本 ❷ vt. 翻印,抽印
off-rating [ˈɒfreɪtɪŋ] n. 超出额定值,非标准状态
off-resonance [ˈɒfrezənəns] n. 失谐
off-road [ˈɒfrəʊd] a. 路面外的,越野的
offscourings [ˈɒfskaʊərɪŋz] n. 渣滓,垃圾
off-screen [ˈɒfskriːn] n. 离开屏幕的,在观众视线以外发生的
offscum [ˈɒfskʌm] n. 废渣
off-sea [ˈɒfsiː] a. 离海的,由海洋吹向陆地的
off-season [ˈɒfsiːzən] n. 淡季
offset [ˈɒfset] n.;vt. ①偏移,偏离 ②弥补,抵消 ③凸版印刷,胶印 ☆be offset from 偏离
off-setting [ˈɒfsetɪŋ] n. ①偏移,偏心距 ②斜率,倾斜
offshoot [ˈɔːfʃuːt] n. 分枝,支路,支流,衍生物
off-shore [ˈɔːfʃɔː] a.;ad. 离开海岸的,近海的,由陆地吹向海洋的
offside [ˈɔːfsaɪd] n.;a. 反面,后边,(车、马等的)右边的,(足球运动)越位的
off-size [ˈɒfsaɪz] n. 不合尺寸,不合规格
offspring [ˈɔːfsprɪŋ] n. ①子孙,后代 ②产物,结果 ③幼苗,仔 ④次级粒子
off-stage [ˈɒfsteɪdʒ] a.;ad. 不在舞台上的,幕后的
off-stream [ˈɒfstriːm] ❶ n.【化】侧馏分 ❷ a. 停用的
off-street [ˈɒfstriːt] a. 不在街上的,路外的
off-sulphur [ˈɒfsʌlfə] n. 去硫的
offtake [ˈɒfteɪk] ❶ n. ①排出口 ②扣除 ③泄水处 ❷ v. 耗去
off-test [ˈɒftest] a. 未经检验的
off-time [ˈɒftaɪm] n. 关机时间,断电时间,非规定时间
offtrack [ˈɒftræk] v.;n. 出轨,偏离轨道
off-tube [ˈɒftjuːb] ❶ a. 带有断开电子管的 ❷ n. 闭锁管,截止管
off-tune [ˈɒftjuːn] a. 失谐式的
offtype [ˈɒftaɪp] a. 不合标准的
offward(s) [ˈɒfwəd(z)] ad. (离岸)向海面
off-white [ˈɒfwaɪt] a. 米色的,近于纯白的
offwool [ˈɒfwuːl] n. 低等毛
oft [ɒft] ad. 时常
often [ˈɒfən] ad. 经常,往往 ☆as often as 每当; as often as not 常常; every so often 时常; more often than not 通常,多半
〖用法〗该副词一般放在动词前;在有"be"或助动词和情态动词时处于其后(若强调的话可放在其前面);也可放在句首或句尾。
oftentimes [ˈɒfəntaɪmz] ad. 时常
Ogalloy [ˈɒɡælɔɪ] n. 含油轴承
ogee [ˈəʊdʒiː] a.;n. 双弯曲形的
ogival [əʊˈdʒaɪvəl] a. 尖顶式的,卵形的
ogive [ˈəʊdʒaɪv] n. 头部尖拱,卵形线
ogle [ˈəʊɡl] ❶ v. 抛媚眼,向…送秋波 ❷ n. 媚眼,

秋波
oh [əʊ] int. 哦!哎呀!哎哟!
Ohio [əʊˈhaɪəʊ] n. (美国)俄亥俄州
ohm [əʊm] n.【物】欧姆(电阻单位,符号为Ω)
〖用法〗表示"用欧姆为单位"时要用复数,其前面用介词"in"。如:We measure resistance in ohms. 我们用欧姆来度量电阻。
ohmage [ˈəʊmɪdʒ] n.【物】欧姆电阻数
ohmal [ˈəʊməl] n. 铜镍锰合金
ohmammeter [əʊmæˈmiːtə] n. 欧姆安培计
ohmer [ˈəʊmə] n. (直读式)电阻欧姆表
ohmic [ˈəʊmɪk] a. 电阻的
ohmmeter [ˈəʊmmiːtə] n. 欧姆表
oidium [ɒˈɪdɪəm] n. 裂生子
oil [ɔɪl] ❶ n. 油,石油 ❷ v. ①涂油 ②加油润滑 ☆ oil and vinegar 水火不相容; pour oil on the flame 火上加油,煽动; strike oil 探得油矿,大发横财
oil-bath [ˈɔɪlbɑːθ] n.【化】油浴,油槽
oilberg [ˈɔɪlbɜːɡ] n. 超级油轮
oil-can [ˈɔɪlkæn] n. 加油壶,运油车
oilcloth [ˈɔɪlklɒθ] n. 油布
oil-colours [ˈɔɪlkʌləz] n. 油画颜料
oil-core [ˈɔɪlkɔː] n. 油泥芯
oildag [ˈɔɪldæɡ] n. 石墨膏,石墨润滑剂
oiled [ɔɪld] a. 加了油的,润滑的
oiler [ˈɔɪlə] n. ①加油器,涂油机 ②加油工 ③(正产着油的)油井 ④油船,运油车
oilfield [ˈɔɪlfiːld] n. 油田
oil-filled [ˈɔɪlfɪld] a. 充油的,油浸的
oil-fired [ˈɔɪlfaɪəd] a. 烧油的
oil-free [ˈɔɪlfriː] a. 无油的
oil-gas [ˈɔɪlɡæs] n. 石油气
oilgear [ˈɔɪlɡɪə] n. ①液压传动装置 ②润滑齿轮
oil-hardening [ˈɔɪlhɑːdnɪŋ] n. 油淬火
oil-heated [ˈɔɪlhiːtɪd] a. 烧油的
oiliness [ˈɔɪlɪnɪs] n. 油性,润滑性
oiling [ˈɔɪlɪŋ] n. 注油,涂油
oilite [ˈɔɪlaɪt] n. (多孔)含油轴承合金
oilless [ˈɔɪlɪs] a. 无油的,未经油润的
oillet [ˈɔɪlɪt] n. 孔眼
oil-limiter [ˈɔɪlɪmɪtə] n. 限油器
oilostatic [ɔɪləˈstætɪk] a. 油压的
oil-pool [ˈɔɪlpuːl] n. 油藏
oilseed [ˈɔɪlsiːd] n. 含油种子
oil-skin [ˈɔɪlskɪn] n. 油布,防水布
oil-spring [ˈɔɪlsprɪŋ] n. 油井,油泉
oilstone [ˈɔɪlstəʊn] n. 油石
oil-tank [ˈɔɪltæŋk] n. 油箱
oil-tanker [ˈɔɪltæŋkə] n. 油轮,运油车
oil-tempering [ˈɔɪltempərɪŋ] n. 油回火
oil-tight [ˈɔɪltaɪt] a.;n. 不透油的,油封
oil-trap [ˈɔɪltræp] n. 捕油器,集油槽
oil-way [ˈɔɪlweɪ] n. 油路,注油孔
oily [ˈɔɪlɪ] a. 多油的,油状的,浸过油的,油腻的,圆滑

的
oink [ɔɪŋk] *n.* 猪哼声
ointment ['ɔɪntmənt] *n.* 软膏,药膏
ok ['əu'keɪ] ❶ *a.* 全对,不错 ❷ *ad.* 好,行 ❸ *n.* 同
意 ❹ *vt.* 同意,批准
okay =ok
Oker ['əukə] *n.* 铸造改良黄铜
Okinawa [əuki'nɑ:wə] *n.* 冲绳岛
Oklahoma [əuklə'həumə] *n.* (美国)俄克拉荷马
州
olafite ['əuləfaɪt] *n.* 钠长石
olation [əu'leɪʃən] *n.* 羟聚合作用
old [əuld] ❶ *a.* ①年老的,旧的,过时的 ②…岁〔年〕
的 ③有经验的 ☆*old in* 富有…经验;*old times*
古时候 ❷ *n.* ①往昔 ②老人们 ☆*old and*
young 老老少少
〖**用法**〗 ❶ 注意在下面例句中该词的译法:
Measurement as a precise art is only a few hundred
years old. 作为一门精确的艺术,测量仅有几百年
的历史。❷ 表示"…岁的人"可用"a person of ...
years old","a person of ... years"或"a person ...
years old"。
olden ['əuldən] ❶ *a.* 往昔的,古老的 ❷ *v.* 变老
old-fashioned ['əuldfæʃənd] *a.* 过时的
oldish ['əuldɪʃ] *a.* 稍老(旧)的
old-line ['əuldlaɪn] *a.* ①保守的 ②历史悠久的
old-metal ['əuldmetəl] *n.* 废金属
Oldsmoloy ['əuldzməlɔɪ] *n.* 铜镍锌合金
oldster ['əuldstə] *n.* 上了年纪的人
old-style ['əuldstaɪl] *a.* 旧式的
oldwood ['əuldwud] *n.* 古代材
oleaceae ['əuliəsɪɪ] *n.* 木樨科
oleaginous [əuli'ædʒɪnəs] *a.* 含油的,多脂肪的,
润滑的
oleander [əuli'ændə] *n.*【植】夹竹桃
oleandrose [əuli'ændrəus] *n.* 齐墩果糖
olease ['əuli:s] *n.* 油酸酯酶
oleate ['əulɪeɪt] *n.* 油酸根,油酸盐
olefination [əuləfaɪ'neɪʃən] *n.*【化】烯化作用
olefin(e) ['əuləfɪn] *n.*【化】链烯烃
olefinic [əuli'fɪnɪk] *a.* 烯烃的
oleic [əu'li:ɪk] *a.* 油的,油酸的
oleiferous [əuli'i:fərəs] *a.* 油性的,润滑的
olein ['əuli:ɪn] *n.*【化】三油酸甘油酯,三油精
oleo ['əuliəu] *n.* 油,黄油状油,牛软脂
oleo-gear ['əuliəugɪə] *n.* 油压减震器
oleo-leg ['əuliəuleg] *n.* 油液空气减震柱
oleometer [əuli'ɒmɪtə] *n.* 油量计,油比重计
oleophilic [əuliəu'fɪlɪk] *a.* 亲脂的
oleophobic [əuliəu'fəubɪk] *a.* 疏油的
oleorefractometer [əuliəurɪfræk'tɒmɪtə] *n.* 油
折射计
oleoresin [əuliə'rezɪn] *n.* 含油树脂
oleosol ['əuliəusɒl] *n.* 油溶胶,润滑脂
oleosome ['əuliəusəum] *n.* 油质体

oleostrut [əuliəu'strʌt] *n.* 油液空气减震柱
oleosus [əuli'əusəs] *a.* 油状的,油性的
oleoyl [əu'li:əuɪl] *n.* 油酰
olesome ['əulisəum] *n.* 油滴颗粒
oleum ['əuliəm] (拉丁语) *n.* 发烟硫酸
olfaction [ɒl'fækʃən] *n.* 嗅觉
olfactometer [ɒlfæk'tɒmɪtə] *n.* 嗅觉计
olfactory [ɒl'fæktərɪ] *a.* 嗅觉的
olfactronics [ɒlfæk'trɒnɪks] *n.* 嗅觉电子学
olibanum [əu'lɪbənəm] *n.* 乳香
oligemia [ɒlɪ'dʒi:mɪə] *n.* 血量减少
Oligocene [ɒ'lɪgəusɪn] *n.* 渐新世〔统〕
oligochaete ['ɒlɪgəuki:t] *n.* 贫〔寡〕毛类环虫动
物
oligoclase ['ɒlɪgəukleɪs] *n.* 奥长石
oligodendrocyte [ɒlɪgəu'dendrəusaɪt] *n.*【生】
少突神经胶质细胞
oligodynamic ['ɒlɪgəudaɪ'næmɪk] *a.* 微动力的
oligodynamics ['ɒlɪgəudaɪ'næmɪks] *n.* 微动力
学
oligoelement ['ɒlɪgəu'elɪmənt] *n.* 少量元素
oligomer ['ɒlɪgəumə] *n.* 低聚物,齐聚物
oligomerization [ɒlɪgəməraɪ'zeɪʃən] *n.*【化】低
聚合作用
oligometallic [ɒlɪgəmɪ'tælɪk] *a.* 少量金属的
oligomycin [ɒlɪgəu'maɪsɪn] *n.*【生】寡霉素
oligonitrophilic [ɒlɪgəunaɪtrə'fɪlɪk] *a.* 微嗜氮的
oligonucleotide [ɒlɪgə'nju:klɪətaɪd] *n.*【生】低
核苷酸
oligophagous [ɒlɪ'gɒfəgəs] *a.* 寡食性的
oligoplasmatic [ɒlɪgəuplæs'mætɪk] *a.* 细胞质
少的
oligosaccharide [ɒlɪgəu'sækəraɪd] *n.* 低聚糖
oligosaprobic [ɒlɪgəu'sæprəbɪk] *n.;a.* 微腐生物,
低污染的
oligose ['ɒlɪgəus] *n.* 低聚糖
oligosilicic acid [ɒlɪgəu'sɪlɪsɪk'æsɪd] *n.*【化】
寡硅酸
oligotrophic [ɒlɪgəu'trɒfɪk] *a.* 贫瘠的,营养不足
的
oligotrophy [ɒlɪ'gɒtrəfɪ] *n.* 营养不足
oliguria [ɒlɪ'gjuərɪə] *n.*【医】少尿(症)
olivaceous [ɒlɪ'veɪʃəs] *a.* 橄榄色的,橄榄状的
olivary ['ɒlɪvərɪ] *a.* 橄榄形的
olive ['ɒlɪv] *n.;a.* ①橄榄树 ②橄榄色 ☆*hold*
out the (an) olive branch 伸出橄榄枝,建议讲
和
oliver ['ɒlɪvə] *n.* 脚踏铁锤,冲锻锤模
olivet(te) ['ɒlɪvet] *n.* ①橄榄园 ②人造珍珠 ③剧
院用的一种强力泛光灯
olivil ['ɒlɪvɪl] *n.* 橄榄树脂素
olivin(e) [ɒlɪ'vi:n] *n.*【矿】橄榄石
olivinoid [ɒ'lɪvɪnɔɪd] *n.* 似橄榄石
olivomycin [ɒlɪvəu'maɪsɪn] *n.* 橄榄霉素
ollite ['ɒlaɪt] *n.* 滑石

O

Olympiad [əʊˈlɪmpɪæd] *n.* 奥林匹克运动会

Olympic [əˈlɪmpɪk] *a.* 奥林匹克的

Oman [əʊˈmɑːn] *n.* 阿曼

ombrogenous [ɒmˈbrɒdʒənəs] *a.* 喜雨的

ombrogram [ˈɒmbrəɡræm] *n.*【气】雨量图

ombrograph [ˈɒmbrəɡræf] *n.*【气】自计雨量器

ombrology [ɒmˈbrɒlədʒɪ] *n.*【气】测雨学

ombrometer [ɒmˈbrɒmɪtə] *n.*【气】雨量计

ombrotrophic [ɒmbrəʊˈtrɒfɪk] *a.* 喜雨的

omega [ˈəʊmɪɡə] *n.* ①希腊字母的末一字 Ω, ω ②奥米伽远程导航系统 ③末尾, 最终

omegatron [ˈəʊmɪɡətrɒn] *n.* 奥米伽管, 高频回旋质谱仪

omen [ˈəʊmən] *n.* ; *vt.* 征兆

omicron [əʊˈmaɪkrən] *n.* (希腊字母)O,o

ominous [ˈɒmɪnəs] *a.* 不祥的, 预兆的 ‖ ~ly *ad.*

omissible [əʊˈmɪsəbl] *a.* 可以省略的

omission [əʊˈmɪʃən] *n.* 省略, 删除

omissive [əʊˈmɪsɪv] *a.* 省略的, 遗漏的, 失职的

omit [əʊˈmɪt] *vt.* 省略, 遗漏 ☆*omit A from (in) B* 在 B 中略去 A
【用法】❶ 该词后跟动作时, 既可用动名词, 也可用不定式。如: In this way, the users can omit entering (to enter) a password. 这样, 用户就可以不必键入密码了。❷ 注意下面例句的含义: The destructive phenomena are omitted from consideration here. 这些有害的现象在此略去不加考虑了。

Ommatidium [ɒməˈtɪdɪəm] (pl. ommatidia) *n.* 【动】小眼

ommochrome [ˈəʊməkrəʊm] *n.* 眼色素

omni [ˈɒmnɪ] (拉丁语)全部

omnibearing [ˈɒmnɪˈbeərɪŋ] *a.* 全方位的, 全向导航的

omnibus [ˈɒmnɪbəs] ❶ *n.* 公共汽车; 全集, 精选集 ❷ *a.* ①混合的 ②多用的, 总括的

omnicardiogram [ˈɒmnɪˈkɑːdɪəʊɡræm] *n.*【医】全心图

omnicolous [ɒmnɪˈkʌləs] *a.* 杂栖的

omnicompetent [ˈɒmnɪˈkɒmpɪtənt] *a.* 有全权的

omnidirectional [ˈɒmnɪˈdɪrekʃənl] *a.* 全向的, 不定向的

omni-factor [ˈɒmnɪˈfæktə] *n.* 多因子

omnifarious [ɒmnɪˈfeərɪəs] *a.* 各种各样的, 五花八门的

omnifont [ˈɒmnɪfɒnt] *n.* 全字体

omniforce [ˈɒmnɪfɔːs] *n.* 全向力

omnigraph [ˈɒmnɪɡrɑːf] *n.* 缩图器, (发送电报码的)自动拍发器

omnimate [ˈɒmnɪmeɪt] *n.* 简化的自动生产设备 ‖ **omnimatic** *a.*

omniphibious [ɒmnɪˈfɪbɪəs] *a.* 能在任何条件下着陆的

omnipotence [ɒmˈnɪpətəns] *n.* 全能, 万能 ‖

omnipotent *a.*

omnipresence [ɒmnɪˈprezəns] *n.* 普遍存在 ‖ **omnipresent** *a.*

omnirange [ˈɒmnɪreɪndʒ] *n.* 全程, 全向无线电信标, 全向导航台

omniscience [ɒmˈnɪsɪəns] *n.* 无所不知, 博识, 上帝 ‖ **omniscient** *a.*

omnitron [ˈɒmnɪtrən] *n.* 全能〔粒子〕加速器

omnium [ˈɒmnɪəm] *n.* 总额, 全部

omnivore [ˈɒmnɪvɔː] *n.* 杂食动物

omnivorous [ɒmˈnɪvərəs] *a.* 信手拈来的, 任何食物都吃的, 任何书都看的 ‖ ~ly *ad.*

omphacite [ˈɒmfəsaɪt] *n.* 绿辉石

omphalos [ˈɒmfələʊs] *n.* 中心点, 中枢

omtimeter [ɒmˈtɪmɪtə] *n.* 高精度光学比较仪

on [ɒn] ❶ *prep.* ①(在一表面上)的 ②朝向 ③在…时 ④一…就 ⑤关于 ⑥靠, 借助于 ⑦临近, 在…旁 ☆*on foot* 步行; *on gauge* 标准的, 合格的; *on record* 记录在案的; *on the eve* 前夕 ❷ *ad.* ①不停地, 继续 ②(电路)接通 ③(发动机)启动 ④进行中, 上演 ⑤连接上去 ☆*and so on* 等等; *farther on* 再向前; *from today on* 从今以后; *later on* 后来, 以后; *on and off* 断断续续地; *on and on* 不断地
【用法】❶ "on + 动名词(或表示动作的名词)"可以表示"一…就; 在…以后; 在…时候"。如: On reaching b, the system is stable. 一到达 b 处, 该系统就稳定了。/On simplifying, the result becomes u(t) = sin t + cos t. 简化后, 结果就成为 u(t) = sin t + cos t。/On collision, the kinetic energy which an electron has gained as a result of being accelerated by the field is transferred to the ion with which it has collided. 碰撞后, 电子由于受到场的加速而获得的动能被传给了与其碰撞的离子。/On playback, the moving magnetic tape induces signal current in the head. 在回放时, 运动的磁带就会在磁头中感应出信号电流来。❷ 注意下面例句中该词的含义:If the cell is on open circuit, the terminal potential difference has its maximum value.如果电池处于开路状态, 其端点电位差为最大值。/The diode conducts on each negative cycle of input voltage.在输入电压的每个负半周期间说二极管导通。/Transistor Q1 is strongly on.晶体管 Q1 处于强导通状态。/From here we assume that f(t) = 0 for t<0.从这儿起, 我们假设在 t<0 时 f(t) = 0。/This feedback system can position the missile launcher quite accurately on commands from potentiometer R_1. 这个反馈系统能够根据来自电位器 R_1 的命令十分精确地置位导弹发射架。/The load may be an accumulator on charge. 负载可能是正在充电的蓄电池。/The switch is on.开关处于闭合状态。❸ "数量状语 + on"可以作后置定语。如: We proceed from this point to a point a little further on. 我们从这点出发前移动到往前一点点的一点。

on-axis [ɒn'æksɪs] a. 同轴的

on-board [ɒn'bɔ:d] a.;ad. 在船上,在飞机上

on-campus [ɒn'kæmpəs] a. 在校的

once [wʌns] ❶ ad. ①一次 ②曾经 ☆**all at once** 突然,同时一起; **at once** 立刻; **once in a while** 偶尔; **once again** 再一次; **once and again** 屡次; **once and away** 只此一次,永远地; **once (and) for all** 彻底地,一劳永逸地; **once more** 再一次; **once upon a time** 从前 ❷ conj. 一旦 ❸ n. 一次

once-over ['wʌnsəʊvə] n. 一过了事,匆促的检查

once-run ['wʌnsrʌn] **oil** 原馏油

once-through ['wʌnsθru:] a. 单程的,直通的,一次操作的

oncogene ['ɒŋkədʒi:n] n. 【生】致癌基因

oncogenesis [ɒŋkə'dʒenɪsɪs] n. 【生】肿瘤形成

oncogenous [ɒŋkə'dʒenəs] a. 致瘤的

oncology [ɒŋ'kɒlədʒɪ] n. 【生】肿瘤学

oncolysis [ɒŋ'kɒləsɪs] n. 【生】肿瘤消溶

oncoma [ɒŋ'kəʊmə] n. 【生】肿瘤(=tumor)

oncometer [ɒŋ'kɒmɪtə] n. 器官体积测量器

oncoming ['ɒnkʌmɪŋ] a. ①即将来的 ②迎面而来的

oncost ['ɒŋkɒst] n. 杂费,间接成本

on-course [ɒn'kɔ:s] a. 在航线上的

oncovin [ɒŋ'kɒvɪn] n. 长春新碱

on-dit [ɒn'di:] (法语) n. 听说

ondograph ['ɒndəgra:f] n. 高频示波器

ondometer [ɒn'dɒmɪtə] n. 测波器,频率计

ondoscope ['ɒndəskəʊp] n. 示波器

ondulateur [ɒndju:leɪts:] n. 时号自记仪

ondulation [ɒndju:'leɪʃən] n. 波动

one [wʌn] ❶ a.;n. ①一,一个 ②第一 ③某一,同一的 ④完整的,一体的 ☆**a thousand and one** 无数的; **all in one** 一致; **at one time** 一次; **be all one to** 对…完全一样; **become one** 成为一体; **by ones and twos** 三三两两地; **for one thing** 理由之一是,首先; **in ones** 一个一个地; **last but one** 倒数第二; **on the one hand...; on the other hand** 一方面…,另一方面…; **one after another** 一个接着一个,陆续; **one and all** 人人; **one and only** 唯一的; **one and the same** 同一个,一样的; **one another** 相互; **one by one** 一个一个地; **one or the other** 总有一个; **one or two** 一两个; **one to one** 一对一的; **one way or another** 以种种方法; **ten to one** 很有可能; **with (in) one voice** 异口同声地 ❷ pron. ①一个人,任何人

【用法】❶ 它可以表示"有人,人们,我们"等含义,但语法上为单数第三人称;它在句中常常作主语,也可作宾语。如: In solving logarithmic equations, one should keep in mind the basic properties of logarithms. 在解对数方程时,我们应该记住对数的基本性质。/A German found out that one could make the best paper from trees. 一位德

国人发现,人们能够由树木制成最好的纸张。/This permits one to plot the value of a = f(T). 这就允许我们画出 a = f(T)的值来。/A few numbers should convince one of this fact. 举几个数字就可以使人们相信这一点了。❷ 使用 "one of ..." 时, 其前面不加冠词;若表示 "…之一" 的 "of" 后面没有代词的话应该加定冠词。如: One of the principal applications of calculus comes from electricity. 微积分的主要应用之一来自于电学。/The process of measurement is essentially one of comparison. 测量的过程本质上是比较的过程。❸ 它可以作代词,代替可数名词单、复数,所以它可以有复数形式,其前面一般用定冠词,也有人不用冠词。如: This form of Newton's Second Law is the one most often used.牛顿第二定律的这一形式是最常用的(一种形式)。/In the latter part of the seventeenth century, Newton did calculations similar to the ones above. 在十七世纪的后半个世纪,牛顿进行了类似于上面的那些计算。/One of the most useful equivalent circuits is (the) one that results from Thevenin's theorem. 最有用的等效电路之一是由戴文宁定理产生的那个电路。

one-course ['wʌnkɔ:s] a. 单层的

one-eighty ['wʌneɪtɪ] a. 180°转弯的

on-effect [ɒnɪ'fekt] n. 给光效应

one-kick ['wʌnkɪk] a. 单次的,一次有效的

onemeter [əʊ'nemɪtə] n. 组合式毫伏安计

oneness ['wʌnɪs] n. ①独一无二,独特 ②完整,统一

one-off ['wʌnɒf] a. 单件的

onerous ['ɒnərəs] a. 繁重的,麻烦的 ‖ ~ly ad.

one-seater ['wʌnsi:tə] n. 单座汽车(飞机)

oneself [wʌn'self] pron. ①自己 ②亲自 ☆ **absent oneself** 缺席; **all by oneself** 独自; **of oneself** 独自

one-shot ['wʌnʃɒt] n. ①【计】一次通过(编程序) ②(电视摄像机)单镜头拍摄 ③单冲

one-sided ['wʌnsaɪdɪd] a. 单方面的,片面的

one-sidedness ['wʌnsaɪdɪdnɪs] n. 片面性

one-size ['wʌnsaɪz] a. 同样大小的,同粒度的

one-stroke ['wʌnstrəʊk] a. 单行程

one-track ['wʌntræk] a. 单轨的,一成不变的,狭隘而刻板的

one-worlder ['wʌn'wɜ:ldə] n. 世界大同主义者

onfall ['ɒnfɔ:l] n. 攻击

on-fiber ['ɒnfaɪbə] n. 给光型纤维

onflow ['ɒnfləʊ] n. 流入,支流

on-gauge [ɒn'ɡɔ:dʒ] a. 标准的,合格的

ongoing ['ɒnɡəʊɪŋ] ❶ a. 正在进行的 ❷ n. 行动,事务

on-impedance ['ɒnɪm'pi:dəns] n. 开态阻抗

on-interval ['ɒnɪntəvəl] n. 接通间隔

onion ['ʌnjən] n. 洋葱

on-job ['ɒndʒɒb] a. 在工地的

onlap ['ɒnlæp] n. 上层

onlay ['ɒnleɪ] *n.* 盖板,修整

on-line ['ɒnlaɪn] *a.* ①【计】与主机联在一起工作的 ②在线的

on-load ['ɒnləud] ❶ *v.* 加载 ❷ *a.* 带着负荷时的

onlooker ['ɒnlukə] *n.* 旁观者,观众

only ['əunlɪ] ❶ *a.* ①唯一的,仅有的 ②最适当的 ☆**one and only** 唯一的 ❷ *ad.* ①只有 ②不料,结果却 ☆**if only** 要是…就好了；**only just** 好容易,刚刚才；**only too** 非常 ❸ *conj.* 但是,不过 ☆**only that** 只是

〖用法〗❶ 以 "only +状语(副词,介词短语,状语从句)" 开头的句子要发生部分倒装现象。如: Only rarely must a gate talk to the outside world. 只有在极个别情况下门行电路要与外界发生联系。/Only under a matched condition is there maximum output. 只有在匹配条件下,才会获得最大的输出。/Only when work is done against a conservative force is there an increase in potential energy.只有当克服守恒力做功时,势能才会增加。❷ "…only to (do...)" 表示 "…,不料〔但却〕…"。如: It used to be said in Britain that British scientists were always making important discoveries, only to find no commercial applications for them at home, thus forcing their applications to be profitably realized abroad. 在英国,过去人们常说英国科学家们总是不断地做出重要的发现,但却在国内得不到商业的应用,从而迫使它们在国外获得了有利可图的应用。/Too often, the designer finds he has done a splendid job in meeting the specifications for size, weight, and electrical performance, only to find that the equipment cannot be easily manufactured. 设计师常常会发现,他在满足尺寸、重量和电气性能等技术指标方面的工作完成得很出色,但却发现这个设备制造起来才不容易。❸ 当它作副词时往往可以放在它所修饰的短语之后。如:The network is resistive at this frequency (and at this frequency only). 该网络在这个频率上(也仅仅在这个频率上)是阻性的。/These forces are applied at the ends of the bar only. 这些力只施加在该棒的两端。❹ 当它作形容词表示 "唯一的" 时,其前面一定要用定冠词。如:In this case, the only effect of the force is to change the direction of motion.在这种情况下,该力的唯一作用是改变运动的方向。/A computer may be the only means of resolving problems when time is limited.当时间有限时,计算机可能是解题的唯一手段。

on-mike ['ɒnmaɪk] *a.* 靠近话筒,正在送话

onocerin ['ɒnəsərɪn] *n.*【医】芒柄花醇

on-off ['ɒnɒf] *a.* 时断时续的,离合的

on-off-fiber ['ɒnɒfaɪbə] *n.* 给撒光纤维

onomasiology [ɒnəuməsɪˈɒlədʒɪ] *n.* 专名学,名称学

onomasticon [ɒnəˈmæstɪkən] *n.* 专用名词表

onomatopoeia [ɒnəuˌmætəuˈpiːə] *n.* 拟声词〔法〕

onozote ['ɒnəzuet] *n.* 加填料的硫化橡胶

on-peak ['ɒnpiːk] *n.* 峰值的,最大的

on-position ['ɒnpəˈzɪʃən] *n.* 接通位置,工作状态

onrush ['ɒnrʌʃ] *n.* 猛冲,奔流

onset ['ɒnset] *n.* 开始,动手,发作;攻击 ☆**at the very onset** 刚一开始

onshore ['ɒnʃɔː] *a.* ; *ad.* 在岸上的,向着海岸的

onsite ['ɒnsaɪt] *a.* 现场的,就地的

onslaught ['ɒnslɔːt] *n.* 猛攻,突击

on-state ['ɒnsteɪt] *a.* 接通状态下的

on-stream ['ɒnstriːm] *a.* 在生产中的

Ontario [ɒnˈteərɪəu] *n.* ①(加拿大)安大略省 ②铬合金工具钢

on-test ['ɒntest] *a.* 试验进行中的

on-the-air ['ɒnðɪeə] *a.* 正在播音中的,(电波)正在发射的

on-the-job ['ɒnðədʒɒb] *a.* 在工作中的,在职的

on-the-shelf ['ɒnðəʃelf] *a.* 滞销的,搁置的

on-the-spot ['ɒnðəspɒt] *a.* 现场的

on-time ['ɒntaɪm] *n.* 工作时间

onto ['ɒntu] *prep.* 到…上

ontoanalysis [ɒntəuəˈnæləsɪs] *n.* 个体分析

ontogenesis [ɒntəˈdʒenɪsɪs], **ontogeny** [ɒnˈtɒdʒənɪ] *n.* 个体发育〔发生〕

ontology [ɒnˈtɒlədʒɪ] *n.* 本体论

onus ['əunəs] *n.* ①义务,责任 ②过失

onward ['ɒnwəd] *a.* 向前的

onwards ['ɒnwədz] *ad.* 向前 ☆**from A onwards** 从 A 算起

Onychophora ['ɒŋkəfərə] *n.*【动】有爪类

onym ['ɒnɪm] *n.* 术语

onyx ['ɒnɪks] *n.* 彩纹玛瑙,爪甲

oocyan(in) [əuəˈsaɪən(ɪn)] *n.* 胆绿素,卵青素,蛋壳青素

oocyst ['əuəsɪst] *n.*【生】卵囊

oocyte ['əuəsaɪt] *n.*【生】 卵母细胞

oodles ['uːdlz] *n.* 大量

〖用法〗"oodles of" 表示 "大量的",后面可跟可数名词复数或不可数名词。

oof [uːf] *n.* 金钱,财富

oogamous [əuˈɒgəməs] *a.*【生】异配的

oogamy [əuˈɒgəmɪ] *n.*【生】异配生殖,卵配

oogenesis [əuəˈdʒenɪsɪs] *n.*【生】卵子发生

oogonium [əuəˈgəunɪəm] *n.*【生】卵原细胞,卵囊

ookinesis [əuəkɪˈniːsɪs] *n.*【生】卵核分裂

ookinete [əuəˈkaɪniːt] *n.*【生】动合子

oolite ['əuəlaɪt] *n.*【地质】鱼卵石,鲕粒岩

oolith ['əuəlɪθ] *n.* 鱼耳石

oolitic [əuəˈlɪtɪk] *a.* 鱼卵状的

oology [əuˈɒlədʒɪ] *n.* 鸟卵学

oolong ['uːlɒŋ] *n.* 乌龙茶

ooplasm ['əuəplɑːzəm] *n.*【生】卵质

oosperm ['əuəspɜːm] *n.*【生】受精卵

oosphere ['əuəsfɪə] *n.*【生】卵球,卵芽

oospore ['əuəspɔː] *n.*【生】卵孢子,受精卵

ootid [ˈəʊətɪd] *n.* 【生】卵细胞

ooze [uːz] ❶ *v.* ①慢慢地流 ②渗出 ❷ *n.* 软泥,淤泥

oozy [ˈuːzɪ] *a.* ①渗出的 ②淤泥的,像软泥的

opacification [əʊpæsɪfɪˈkeɪʃən] *n.* 浑浊

opacifier [əʊˈpæsɪfaɪə] *n.* 遮光剂

opacimeter [əʊpæˈsɪːmɪtə] *n.* 暗度计

opacity [əʊˈpæsɪtɪ] *n.* 不透明性,浑浊度

opacus [əʊˈpeɪkəs] *a.* 蔽光的

opal [ˈəʊpəl] *n.;a.* ①蛋白石 ②乳白色玻璃 ③乳白的

opalesce [əʊpəˈles] *v.* 发猫眼石光

opalescence [əʊpəˈlesəns] *n.* 乳光,乳白色

opalescent [əʊpəˈlesənt], **opalesque** [əʊpəˈlesk] *a.* 发乳光的,乳白色的

opaline [ˈəʊpəliːn] ❶ *a.* 发乳光的,乳白色的,蛋白石的 ❷ *n.* 乳白玻璃

opalwax [ˈəʊpəlwæks] *n.* 乳白蜡

opaque [əʊˈpeɪk] ❶ *a.* ①不透明的 ②浊的 ③含糊的,迟钝的 ④不导电〔热〕,隔音的 ❷ *n.* ①不透明体 ②遮光涂料 ③遮檐

open [ˈəʊpən] ❶ *a.* ①开的 ②开放的,空旷的 ③露天的 ④畅通的 ⑤宽松的 ⑥尚未解决的 ⑦开明的,直率的 ⑧ 公开的 ⑨断开的 ⑩多孔的,疏松的,空心的 ☆ *be open to* 对…开放,有…余地; *be open to question* 值得怀疑; *be open to an offer* 愿意考虑某一提议; *be open with* 不隐瞒; *fly open* 突然敞开; *keep one's eyes open* 留神看看; *with open arms* 张开手臂,热诚欢迎; *with open eyes* 留神地,吃惊地 ❷ *v.* ①打开 ②开始 ③开发 ④开通 ⑤公开,泄露 ☆ *be opened to the sky* 是敞开的; *open the way for* 为…开辟道路; *open up* 开辟; *open with* 从…开始 ❸ *n.* ①空地,露天 ②开路 ☆ *come out into the open* 公开; *in the open* 公开地,在野外

〖用法〗注意下面例句中该词的含义及整句的汉译法: Remaining open is the question of whether WSI will enjoy a time in the sun. 现在的问题是晶片规模集成技术是否能蓬勃发展起来。

openable [ˈəʊpənəbl] *a.* 能开的

open-air [ˈəʊpəneə] *a.* 野外的,露天的

open-armed [ˈəʊpənɑːmd] *a.* 衷心的,热诚的

opencast [ˈəʊpənkɑːst], **opencut** [ˈəʊpənkʌt] *n.* 露天开采的矿山

open-delta [əʊpənˈdeltə] *n.* V 形连接

opened [ˈəʊpənd] *a.* 开路的

open-end(ed) [ˈəʊpənend(ɪd)] *a.* 无尽头的,可扩充的

opener [ˈəʊpnə] *n.* ①开启工具 ②开启者 ③扳直机

open-faced [ˈəʊpənfeɪst] *a.* 坦率的

open-graded [ˈəʊpəngreɪdɪd] *a.* 开式级配的

open-grid [ˈəʊpəngrɪd] *n.* 【物】自由栅,栅极开路

opening [ˈəʊpnɪŋ] *n.* ①开 ②开口 ③【机】辊缝

④断开 ⑤空地

openly [ˈəʊpənlɪ] *ad.* 公开地,公然

open-mouthed [ˈəʊpənmaʊθt] *a.* 大口的

openness [ˈəʊpənɪs] *n.* 公开,空旷,直率

open-pit [ˈəʊpənpɪt] *a.* 露天采掘的

open-reel [ˈəʊpənriːl] *n.* 开盘式录像机

open-riser [ˈəʊpənraɪzə] *n.* 明冒口

open-steel [ˈəʊpənstiːl] *n.* 沸腾钢

open-textured [əʊpəntækstʃəd] *a.* 开级配的,不密实的

open-top [ˈəʊpəntɒp] *a.* 敞口式的

open-web [ˈəʊpənweb] *a.* 空腹的

openwork [ˈəʊpənwɜːk] *n.* ①网格状细工,透雕细工 ②露天采掘

opera [ˈɒpərə] *n.* ①歌剧 ②opus 的复数

operability [ɒpərəˈbɪlɪtɪ] *n.* 可操作性,手术率

operable [ˈɒpərəbl] *n.* ①切实可行的 ②可操作的,可动手术的

operameter [ɒpəˈræmɪtə] *n.* 转速计

operance [ˈɒpərəns] = operation

operand [ˈɒpərænd] *n.* 运算对象,操作数

operant [ˈɒpərənt] *a.* 有效果的

operate [ˈɒpəreɪt] *v.* ①操作,管理 ②起作用 ③实行 ④运算 ⑤运行,工作 ⑥动手术 ☆ *operate as* 起…作用; *operate off:* 以…为动力来运转; *operate on (upon) sb.* 给某人动手术; *operate on sth.* 对…起作用,影响…,处理…

〖用法〗注意下面例句中该词的含义: The algorithm operates on a corresponding frame of the received sequence. 该算法影响接收到的序列的一个相应的帧。

operated [ˈɒpəreɪtɪd] *a.* 操作的,控制的,运行的

operating [ˈɒpəreɪtɪŋ] *a.* 操作的,控制的,工作的,营业的

operation [ɒpəˈreɪʃən] *n.* ①运行 ②运算 ③操作,控制,管理,经营 ④作用 ⑤手术 ☆ *bring … into operation* 将…投入生产; *come (go) into operation* 开始运转,开始实施; *in a single operation* 一道工序; *in operation* 运转中,实施中; *keep … in operation* 保持运转; *out of operation* 停止工作; *put … into operation* 实施; *put … out of operation* 使…停止运转

〖用法〗❶ 该词可以与动词 "perform" 搭配使用。如: The precoding operation performed on this binary data sequence converts it into another binary sequence. 对这个二进制数据序列进行的预编码使它转换成了另一个二进制序列。❷ 注意下面例句中该词的含义: The first method is by surgery and skin replacement, an operation which leaves permanent marks. 第一种方法是用外科手术进行换皮,不过这种方法会给您留下永久的疤痕。("an operation … marks" 为名词短语作前面的同位语,注意其汉译法。)

operational [ɒpəˈreɪʃənəl] *a.* ①运算的 ②操作上的,运转的 ③作战的 ☆ *be operational* 可供

使用

operative [ˈɒpərətɪv] ❶ a. ①运算的 ②操作的,运转的 ③有效力的 ④手术的 ❷ n. 工人,技工

operator [ˈɒpəreɪtə] n. ①工作者,操作员,话务员,经营者,手术者 ②算子,操作码
【用法】在下面例句中该词不带冠词,它作修饰动词的方式状语(这是一些名词的特殊作用): Trunk calls were <u>operator</u> connected. 过去长途电话是靠接线员连接的。

operon [ˈɒpərɒn] n. 操纵子

ophicalcite [ɒfɪˈkælsaɪt] n.【矿】蛇纹大理岩

ophicleide [ˈɒfɪklaɪd] n.【音】低音大号(一种喇叭)

ophidian [ɒˈfɪdɪən] a. 蛇类的,似蛇的

ophiolater [ɒfɪˈɒlətə] n. 蛇的崇拜者

ophiolite [ˈɒfaɪəlaɪt] n.【矿】蛇纹石,蛇绿岩,奥菲奥岩

ophiology [ɒfɪˈɒlədʒɪ] n.【动】蛇类学

ophiuride [ɒˈfɪjuːraɪd] n. 蛇尾线

ophthalmiater [ɒfˈθælmɪeɪtə] n.【医】眼科医生

ophthalmic [ɒfˈθælmɪk] a. 眼的

ophthalmology [ɒfθælˈmɒlədʒɪ] n.【医】眼科学

ophthalmometer [ɒfθælˈmɒmɪtə] n. 眼科检查镜,眼膜曲率计

ophthalmoscope [ɒfˈθælmɒskəup] n. 检眼镜,眼膜曲率镜

ophthalmotonometer [ɒfˈθælməutəˈnɒmɪtə] n.【医】眼压计

ophthalmus [ɒfˈθælməs] n.【医】眼

opiomania [əupɪəˈmeɪnɪə] n. 鸦片瘾

opiate [ˈəupɪət] ❶ n. 鸦片制剂,麻醉剂 ❷ a. 安眠的,麻醉的

opine [əuˈpaɪn] v. 想,认为

opinion [əˈpɪnjən] n. ①意见,看法 ②舆论 ③判断,评价 ☆*a matter of opinion* 看法问题; *act up to one's opinions* 按…的意见行事; *be of the opinion that* 认为,相信; *give an opinion on* 对…表示意见; *have a good（high）opinion of* 认为…好,对…评价很高; *have no opinion of* 对…印象不好; *have the courage of one's opinions* 敢说敢做; *in my opinion* 我认为,依我看; *in the opinion of ...* 照…的看法; *of the same opinion* 意见一致; *pass an opinion* 下结论; *win（the）golden opinions* 博得美誉

opinionated [əˈpɪnjənetɪd] a. 坚持己见的,自以为是的

opisometer [ɒpɪˈsɒmɪtə] n. 曲线计

opisthotonus [ɒpɪsˈθɒtənəs] n.【医】角弓反张

opium [ˈəupɪəm] n. 鸦片,麻醉剂

op-patenting [əpˈpeɪtəntɪŋ] n. 织洛老式淬火法

oppilate [ˈɒpɪleɪt] vt. 封闭,阻止

opponent [əˈpəunənt] n. 对手,敌手

opportune [ˈɒpətjuːn] a. 合适的,及时来的,凑巧的 ‖ **-ly** ad.

opportunism [ɒpəˈtjuːnɪzəm] n. 机会主义

opportunist [ɒpəˈtjuːnɪst] n. 机会主义者 ‖ **~ic** a.

opportunity [ɒpəˈtjuːnɪtɪ] n. 机会,时机,可能 ☆ *at the earliest opportunity* 一有机会,尽早; *have an opportunity to do ...* 有机会…; *make an opportunity to do...* 造成…的机会; *make the most of an opportunity* 极力利用机会; *on the first opportunity* 一有机会; *take（seize）the opportunity of（for）doing（to do）...* 趁机…

oppose [əˈpəuz] vt. ①反对,反抗 ②与…对抗 ☆ *oppose A against（to）B* 把 A 与 B 对照,使 A 对抗 B; *oppose oneself to* 反对

opposed [əˈpəuzd] a. ①反对的,对抗的 ②相对的,对立的 ☆*as opposed to ...* 与…不同,与…相反; *be（stand）opposed to* 反对

opposed-piston [əˈpəuzd-ˈpɪstən] n. 对置活塞

opposite [ˈɒpəzɪt] ❶ n. 相反的人或物 ❷ a. ①相反的,对立的 ②反相的,不同极性的 ☆ *at opposite ends* 位于两端; *be opposite to* 在…对面; *be opposite from* 与…相反,与…不相容; *equal and opposite* 大小相等方向相反 ❸ prep. 在…对面
【用法】❶ 一般地, "opposite" 是与 "to" 或 "from" 在一起的,但也可以分开。如: The current flow has a direction <u>opposite</u> to that of the electron flow. 电流流动的方向与电子流动的方向相反。/The 'free' electrons are urged to move in the <u>opposite</u> direction <u>to</u> this electric field. 这些"自由"电子被促使朝相反于电场的方向运动。/For convenience in the present discussion, we are taking clockwise torques to be positive, the <u>opposite</u> choice <u>from</u> that used in preceding sections. 为了方便目前的讨论,我们将把顺时针方向的力矩取作为正,这一选择是与前面几节中所采用的选择相反的。(注意句中第二个逗号后的名词短语是前面句子的同位语,并注意其汉译法。) ❷ "opposite to..." 可以作方式状语。如: The impedance of a parallel LC circuit varies <u>opposite</u> to that of the series LC <u>circuit</u>. 并联 LC 电路的阻抗变化情况与串联 LC 电路相反。

opposite-flow [ˈɒpəzɪtfləu] n. 逆流

oppositely [ˈɒpəzɪtlɪ] ad. 相反地,面对面

opposition [ɒpəˈzɪʃən] n. ①对立,对抗 ②反向 ③障碍物,阻力 ④反对党,在野党 ☆ *in opposition to* 与…相反; *rise in opposition to* 起来反对
【用法】❶ 该词后跟 "to",表示"对…的阻力〔反抗〕"。如: Conductors offer very small <u>opposition</u> to the flow of electrons. 导体对电子流动提供〔产生〕的阻力是很小的。/ The more branches added in parallel, the less <u>opposition</u> there is to the flow of current from the supply source. 并联的支路越多,对由电源产生的电流流动所呈现的阻力就越小。(在 "added" 之前省去了 "are"; 主句部分 "there be" 句型的主语被提到了主句句首。) ❷

注意下面例句的含义: The opposition that a conductor offers tending to impede the transmission of electricity is called electrical resistance. 由导体产生的、趋于阻止导电的阻力被称为电阻。("tending to impede the transmission of electricity"是修饰"The opposition"的。)

oppositipolar ['ɒpəzɪtɪpəʊlə] a. 【医】对极的

oppositive [ə'pɒzətɪv] a. 反对的

oppress [ə'pres] vt. 压迫,压制

oppression [ə'preʃən] n. ①压迫,压制 ②沉闷,闷热

oppressive [ə'presɪv] a. ①压迫的,暴虐的 ②难忍的,烦闷的

oppressor [ə'presə] n. 压迫者,暴君

opprobrious [ə'prəubrɪəs] a. ①侮辱的,不敬的 ②可耻的 ‖ ~ly ad.

opprobrium [ə'prəubrɪəm] n. 公开的侮辱,诽谤;不名誉的人〔事〕

oppugn [ə'pju:n] vt. 反驳,攻击,反对

opsearch [ɒp'sɜ:tʃ] n. (= operational research) 运筹学

opsin ['ɒpsɪn] n. 【医】视蛋白

opsiometer [ɒpsɪ'ɒmɪtə] n. 【医】视力计

opsonin ['ɒpsənɪn] n. 【药】调理素

opt [ɒpt] v. ①挑选, 选择 ②不参加, 停止

optacon ['ɒptəkɒn] n. 盲人阅读器

optic ['ɒptɪk] ❶ n. 镜片 ❷ a. = optical

optical ['ɒptɪkəl] a. ①光的,光学的 ②视觉的

optically ['ɒptɪkəlɪ] ad. 光学上,用视力

opticator ['ɒptɪkeɪtə] n. (仪表的)光学部分,光学扭簧测微仪

optician [ɒp'tɪʃən] n. 光学仪器制造商,眼镜商

opticist ['ɒptɪsɪst] n. 光学家

opticity [ɒp'tɪsɪtɪ] n. 旋光性,光偏振性

opticon ['ɒptɪkən] n. 【动】第三视神经节

optics ['ɒptɪks] n. 光学,光学器件

optidress ['ɒptɪdres] n. 光学修正

optima ['ɒptɪmə] n. optimum 的复数

optimal ['ɒptɪməl] a. 最优的

optimality [ɒptɪ'mælɪtɪ] n. 最优性

optimatic [ɒptɪ'mætɪk] n. 光电式高温计

optimeter [ɒp'tɪmɪtə] n. 光学比较仪,光电比色计

optiminimeter [ɒptɪmɪ'nɪmɪtə] n. 光学测微仪

optimisation n. = optimization

optimise v. = optimize

optimism ['ɒptɪmɪzəm] n. 乐观主义

optimist ['ɒptɪmɪst] n. 乐观主义者

optimistic(al) [ɒptɪ'mɪstɪk (əl)] a. ①乐观的 ②最有利的 ‖ optimistically ad.

optimization [ɒptɪmaɪ'zeɪʃən] n. ①最优化 ②优化法 ③最佳特性确定

optimize ['ɒptɪmaɪz] v. ①最优化 ②确定…的最佳特性,选择…的最佳条件 ③表示乐观

optimum ['ɒptɪməm] ❶ n. 最适度,最适条件;最好结果,最高限度 ❷ a. 最优的,最有利的

option ['ɒpʃən] n. ①选择的自由 ②选择之物

③随意,任意 ☆at one's option 任意; have no option 没有其它的选择; leave to one's option 任…选择

optional ['ɒpʃənəl] a. ①任选的,可选择的 ②非强制的 ‖ ~ly ad.

optiphone ['ɒptɪfəun] n. 特种信号灯

optist ['ɒptɪst] n. 【医】验光师

optochin ['ɒptəuʃɪn] n. 奥普托欣(乙基氢化羟基奎宁的商品名)

optoelectronic [ɒptəuɪlek'trɒnɪk] a. 光电子的

optoelectronics [ɒptəuɪlek'trɒnɪks] n. 光电子学

optogram ['ɒptəgræm] n. 视网膜像

optoisolator [ɒptə'aɪsəleɪtə] n. 光绝缘体

optokinesis [ɒptəkɪ'ni:sɪs] n. 趋光性

optomagnetic [ɒptəmæg'netɪk] a. 光磁的

optometer [ɒp'tɒmɪtə] n. 【医】视力计

optometrist [ɒp'tɒmɪtrɪst] n. 【医】验光技师

optometry [ɒp'tɒmɪtrɪ] n. 【医】验光,视力测定

optomotor ['ɒptə'məutə] n.;a. 视动(的)

optophone ['ɒptəfəun] n. 盲人光电阅读装置,光声器,光声对讲器,视音机

optotransistor [ɒptətræn'sɪstə] n. 光晶体管

optotype ['ɒptəutaɪp] n. 【医】验光字体

optron ['ɒptrɒn] n. 光导发光元件

optronic [ɒp'trɒnɪk] a. 光导发光的

optronics [ɒp'trɒnɪks] n. 光电子学

opulence ['ɒpjuləns] n. 富裕,丰富

opulent ['ɒpjulənt] a. 富裕的,丰富的

opuntia [əu'pʌnʃɪə] n. 【植】仙人掌属植物

opus ['əupəs] (拉丁语) n. 著作,艺术作品

or [ɔ:] conj. ①或者 ②即,就是 ③否则,要不然 ④或者说 ☆either A or B 要么 A 要么 B; or else 否则; or otherwise 或相反; or rather 确切些说; or so 左右,上下

【用法】❶ 当表示"或者"时,一般为"A,B(,)or C",但为了强调可以在每两个之间加"or",即"A or B or C"。如:When A or B or C or D is high, the collector of T1 is LOW. 当 A 或 B 或 C 或 D 为高电位时,晶体管 T1 的集电极为低电位。/These interrupts signify that output has completed, or that input data are available, or that a failure has been detected. 这些中断表明输出已经完成,或者输入数据已存在,或者已检测到一个故障。❷ 当它表示"即"时,一般在其前面有逗号,但有时也没有逗号,这时就要根据句子含义来判别了。如: This variable should be compared with the ideal, or desired value. 应该把这个变量与理想的,即所希望的值作比较。/There are three laws of mechanics or three laws of Newton. 力学有三大定律,即牛顿三定律。❸ 当句子前面部分有"must, important, essential, imperative, necessary"等时,它表示"要不然"。如: Computers are particularly useful in such systems as telemetry, where signals must be quickly recorded or be lost. 计算机在诸如遥测这样的领域特别有用,因为在那儿信号必须被迅速地记录

下来，要不然就丢失了。/It is important for the reader to learn and understand the basic concepts and operations presented here, or the development and the applications of later topics will be difficult to comprehend. 重要的是读者要学懂这里讲到的基本概念和运算方法，要不然对后面内容的讲解和应用将会难以理解。 ❹ 有时它在两句之间时可以表示"或者说，换句话说"的含义。如:The greater the resistivity, the greater the field needed to establish a given current density, or the smaller the current density caused by a given field.电阻率越大，为建立一个给定的电流密度所需的电场就越强，或者说，由给定的电场所产生的电流密度就越小。 ❺ 如果"A or B"作主语,谓语由 B 来确定。 ❻ 由它连接的两个形容词可以作后置定语。如:No part of this book may be reproduced or utilized in any form or by any means, electronic or mechanical. 本书任何部分均不可以用任何方式或任何手段（不论是电子的还是机械的）加以复印和利用。

oracle [ˈɒrəkəl] n. 预言者

oral [ˈɔːrəl] a. ①口头的 ②口的,口部的

oralloy [ˈɒrəlɔɪ] n. 橙色合金

oralogist [ɒˈrælədʒɪst] n.【医】口腔学家

oralogy [ɒˈrælədʒɪ] n.【医】口腔学

Oran [ɔːˈrɑːn] n. 奥兰(阿尔及利亚港口)

orange [ˈɒrɪndʒ] n.;a. 橘子,橙色的 ☆*apples and oranges* 一些属于不同种类的东西

orangeade [ˈɒrɪndʒˈeɪd] n. 橘子水

orange-brown [ˈɒrɪndʒbraʊn] a. 橙棕色的

orange-red [ˈɒrɪndʒred] a. 橙红色的

orangite [ˈɒrɪndʒaɪt] n. 橙黄石

orate [ɒˈreɪt] v. 演说（讲）

oration [ɒˈreɪʃən] n. ①演讲 ②引语,叙述法

orator [ˈɒrətə] n. 演说者 ‖ ~ial 或 ~ical a.

orb [ɔːb] ❶ n. ①球,环,天体 ②轨道 ❷ vt. ①做成球,弄圆 ②包围

orbed [ɔːbd] a. ①圆的,球状的,被包围着的 ②十全的

orbicular [ɔːˈbɪkjʊlə], **orbiculate** [ɔːˈbɪkjʊlɪt] a. 球状的,圆的

orbit [ˈɔːbɪt] ❶ n. ①轨道 ②活动范围,旅程 ③眼窝 ☆*in orbit* 在轨道上,运行的时候 ❷ v. 沿轨道运行,绕…作圆周运动
〖用法〗注意下面例句的含义: Orbiting the nucleus are negative charged particles called electrons. 绕原子核运行的是称为电子的带负电的微粒。(这是"分词+助动词 is 或 are +主语"型倒装句,汉译时可等效于 "What orbit the nucleus are …"。）

orbital [ˈɔːbɪtəl] a.;n. ①轨道的 ②边缘的,核外的 ③轨函数

orbiter [ˈɔːbɪtə] n.【天】轨道卫星

orbit-motion [ˈɔːbɪtˈməʊʃən] n.【天】轨道运动,公转运动

orbitoid [ˈɔːbɪtɔɪd] n. 小穴孔虫

orbitron [ˈɔːbɪtrən] n. 轨旋管,弹道式钛泵

orbit-trimming [ˈɔːbɪtˈtrɪmɪŋ] n. 轨道调整

orcein [ˈɔːsiːɪn] n.【化】地衣红

orchard [ˈɔːtʃəd] n. 果园

orchestra [ˈɔːkəstrə] n. 管弦乐队

orchid [ˈɔːtʃɪd] n. 兰花

orcinol [ˈɔːsɪnəʊl] n.【化】地衣酚

ordeal [ɔːˈdiːl] n. 严峻考验

order [ˈɔːdə] ❶ n. ①整齐 ②顺序 ③命令 ④【数】阶,数量级 ⑤(光谱衍射)序数,序列级 ☆*a large (tall)order* 繁重的任务; *back order* 暂时无法满足的订货; *be in order* 正常,有条理; *(be) in the order of* 按照…次序,大约; *(be) of the order of* 数量级为,大约; *(be)on order* 已在定购,可供定购; *(be)on the order of* 约为,大约; *(be) out of order* 混乱,出故障,失调; *by order of* 奉…的命令; *come under the orders of* 服从…的命令; *give (place) an order for* 定购; *in good working order* 工作情况良好; *in order that (to do)* 为了,以便; *keep … in good order* 保持整齐; *make an order of magnitude improvement in A* 把 A 改善了一个数量级; *of the first order* 头等的,首屈一指的; *of the same order as* 与…差不多; *order of the day* 议事日程,社会风气; *put … on the order of the day* 把…排到议事日程上; *put (set) … in order* 整理; *take things in order* 依次做事; *to the order of* 到big大约 ❷ v. ①命令 ②调配,安排 ③订购 ☆*(be) made to order* 定做的; *order A from B* 向 B 定购 A,命令 A 离开 B
〖用法〗 ❶ 在 "in order that …" 的从句中,其谓语往往采用 "(should +) 动词原形" 形式。如: In order that Eq. (2-7) be satisfied for all values of t, both Eqs. (2-8) and (2-9) must be true. 为了使所有的 t 值均能满足式(2-7),式(2-8)和式(2-9)都必须成立。 ❷ 注意词组 "in order to (do)" 的不定式复合结构的形式: In order for this equation to hold, x must be less than 1. 为了使这个方程能够成立, x 必须小于 1。 ❸ "of the order of" 和 "(in) the order of" 基本上是同义的。如:This product is of the order of 1. 这个乘积约为 1。/The low-end cutoff of a video amplifier may be on the order of 1 or 2 Hz. 视频放大器的低端截止频率约为 1 或 2 赫兹。 ❹ 当它作动词或名词表示"命令"时,其宾语从句或同位语从句、表语从句中谓语一般要用 "(should +)动词原形"。 ❺ 在其后面的定语从句中有人会省去引导词。如:They are executed in the order their definitions occur. 它们按其定义发生的次序被执行。 ❻ 注意下面例句中该词的含义: There are as many partial derivatives of the first order as there are independent variables. 有多少个自变量就有多少个一阶偏导数。/At this point a note on terminology is in order. 这时（现在）说明一下术语是合适的。/The source symbols are listed in order of decreasing probability.

这些源符号是按概率递减的次序来列出的。/At the receiver, the channel output (received signal) is processed in <u>reverse order to</u> that in the transmitter. 在接收机处,信道输出(即接收到的信号)是按与发射机中相反的次序来处理的。/Its I-V characteristic will <u>to first order</u> resemble the load characteristic presented there.其 I-V 特性将非常相似于那里呈现的负载特性。

order-book ['ɔ:dəbuk] n. 定货簿

order-disorder ['ɔ:dədɪs'ɔ:də] n. 有序-无序,规则-不规则

ordered ['ɔ:dəd] a. 有序的

orderer ['ɔ:dərə] n. 定货人

order-form ['ɔ:dəfɔ:m] n. 定货单,定货用纸

order-function ['ɔ:dəfʌŋkʃən] n. 序函数

ordering ['ɔ:dərɪŋ] n. 调整,排列次序,有序化

orderliness ['ɔ:dəlɪnɪs] n. 有秩序,整齐

orderly ['ɔ:dəlɪ] ❶ a. ①有秩序的,整齐的 ② 守秩序的 ❷ n. 勤务兵,护理员,勤杂工

order-of-magnitude ['ɔ:dəəv'mægnɪtju:d] n. 数量级,绝对值的阶

ordinal ['ɔ:dɪnəl] ❶ a. 顺序的,依次的 ❷ n. 序数词

ordinance ['ɔ:dɪnəns] n. 条例,法令,圣餐礼

ordinarily [ɔ:dɪn'eərəlɪ] ad. ①通常 ②一般地 ☆ **more than ordinarily** 异乎寻常地

ordinary ['ɔ:dɪnərɪ] ❶ a. 普通的,平凡的 ❷ n. 常事,平凡 ☆ **in an ordinary way** 通常,按惯例; **out of the ordinary** 异常的,例外的

ordinate ['ɔ:dɪneɪt] ❶ n.【数】①纵坐标,纵距 ②弹道高度 ❷ a. 有规则的

ordination [ɔ:dɪn'eɪʃən] n. ①整理,排列 ②命令,授予神职

ordnance ['ɔ:dɪnəns] n. 大炮,军用品,兵工

ordonnance ['ɔ:dənəns] n.(建筑物)布局,配置;(绘画、文学作品等的)安排,配置,法令

ordosite ['ɔ:dəsaɪt] n. 河套岩

ordo-symbol ['ɔ:dəusɪmbəl] n. 朗道符号

Ordovician [ɔ:də'vɪʃən] n.; a. 奥陶纪(的)

ordure ['ɔ:djuə] n. 排泄物,粪便

ordus ['ɔ:dəs] n. 有深线

ore [ɔ:] n. 矿 ☆**be in ore** 含有矿物

ore-burden ['ɔ:bɜ:dən] n. 矿石配料

orecarrier ['ɔ:kærɪə] n. 矿石船

ore-deposit ['ɔ:dɪ'pɒzɪt] n. 矿床

Oregon ['ɒrɪɡən] n.(美国)俄勒冈州

oreide ['ɔ:rɪɪd] n. 金色铜,金色合金

oreing ['ɔ:rɪŋ] n.(高碳钢的)矿石脱碳法

ore-mineral ['ɔ:mɪnərəl] n. 金属矿物

oreometry [əʊrɪ'ɒmɪtrɪ] n. 山的高度测量

organ ['ɔ:ɡən] n. ①器官 ②机关 ③风琴,口琴

organchlorine [ɔ:ɡən'klɔrɪn] n. 有机氯化合物

organdie ['ɔ:ɡændɪ] n. 薄棉纱布,玻璃纱

organelle [ɔ:ɡə'nel] n.【生】细胞器(官)

organic [ɔ:'ɡænɪk] a. ①有机的 ②有组织的 ③器

官的 ④根本的;逐渐的;演进的;自然的

organically [ɔ:'ɡænɪkəlɪ] ad. ①有机地,根本上 ②用器官

organidin [ɔ:'ɡænɪdɪn] n.【医】碘化甘油

organism ['ɔ:ɡənɪzəm] n. ①有机体,生物 ②有机组织

organizable ['ɔ:ɡənaɪzəbl] a. 可变为有机体的,可以组织起来的

organization ['ɔ:ɡənaɪzeɪʃən] n. ①组织 ②团体,协会 ③有机体,有机化 ‖ ~al a.

organize ['ɔ:ɡənaɪz] v. ①组织,筹备,创办 ②使有机化,使有条理,成立,组建(联盟、党派等)

organized ['ɔ:ɡənaɪzd] a. 有器官的,有机的

organizer ['ɔ:ɡənaɪzə] n. 组织者,创办者

organobentonite [ɔ:ɡənəu'bentənaɪt] n. 有机膨润土

organoboration [ɔ:ɡənəubɒ'reɪʃən] n.【化】有机硼化

organochlorine [ɔ:ɡənəu'klɔ:ri:n] n.;a.【化】有机氯(的)

organogel [ɔ:'ɡænədʒel] n.【化】有机凝胶

organogenic [ɔ:ɡənəu'dʒenɪk] a. 有机生成的

organogeny [ɔ:ɡə'nɒdʒənɪ] n. 器官发生学

organography [ɔ:ɡə'nɒɡrəfɪ] n. 器官学

organoid ['ɔ:ɡənɔɪd] ❶ n. 细胞器,类器官 ❷ a. 器官状的

organoleptic [ɔ:ɡənəu'leptɪk] a. 影响器官的,特殊感觉的

organolite ['ɔ:ɡənəlaɪt] n. 离子交换树脂

organomercurial [ɔ:ɡənəumɜ:'kjuərɪəl] n. 有机汞制剂

organon ['ɔ:ɡənɒn] (pl. organa) n. 推理法,工具论

organonitrogen [ɔ:ɡənəu'naɪtrədʒən] n.【化】有机氮

organophosphate [ɔ:ɡənəu'fɒsfeɪt] n.【化】有机磷酸盐

organophosphor [ɔ:ɡənəu'fɒsfə] n.【化】有机磷化合物

organophosphorus [ɔ:ɡənəu'fɒsfərəs] ❶ n.【化】有机磷 ❷ a. 有机磷的

organoscopy [ɔ:ɡə'nɒskəpɪ] n. 内脏镜检查

organosilicon [ɔ:ɡənəu'sɪlɪkən] ❶ n.【化】有机硅(化合物) ❷ a. 有机硅(化合物)的

organosiliconpolymer [ɔ:ɡənəusɪlɪkən'pɒlɪmə] n.【化】有机硅高聚物

organosol [ɔ:'ɡænəsɒl] n.【化】有机溶胶

organotrophy [ɔ:ɡə'nɒtrəfɪ] n. 器官营养

orgasm ['ɔ:ɡæzəm] n.(性交的)高潮,极端的兴奋

orgatron ['ɔ:ɡətrɒn] n. 电子琴;簧片电风琴

orgiastic [ɔ:dʒɪ'æstɪk] a. 狂欢的,狂野的;极度兴奋的

orgy ['ɔ:dʒɪ] n. 狂欢,狂欢活动;无节制的活动

orichalc(h) ['ɒrɪkælk] n. 含锌多的黄铜;绿铜锌矿

oricycle [ɒrə'saɪkl] n. 极限圆

oriel ['ɔ:rɪəl] n. 突出壁外的窗,凸出壁外的窗,凸肚窗

O

orient ['ɔ:rɪənt] ❶ *vt.* ①定向,调整 ②正确地判断,认清形势 ③使向东 ❷ *n.;a.* 东方(的),上升的(太阳),开始发生的 ☆*orient oneself to ...* 使自己适应…

orientability [ɔ:rɪəntə'bɪlɪtɪ] *n.* 可定向性

orientable [ɔ:rɪ'entəl] *a.* 可定向的

oriental [ɔ:rɪ'entəl] ❶ *a.* 东方的,亚洲的,灿烂的,上升的,(珍珠或宝石)优质的,珍贵的,有珍珠光泽的;(诗歌用语)东的;东方的(太阳),开始发生的 ❷ *n.* 东方人,亚洲人;东方,亚洲,东半球

orientate ['ɔ:rɪ,enteɪt] = orient

orientation [ɔ:rɪ'enteɪʃən] *n.* ①定向,辨认方向 ②方位,方向性,定位(力);环境判定;方向判断;【动】(尤指鸟)归巢能力 ‖**-al** *a.*

oriented ['ɔ:rɪentɪd] *a.* ①与…有关的 ②定向的 ③着重…的,适于…的 ☆*oriented to* 以…为目标的 〖用法〗注意"名词+ oriented"的译法:This book is <u>hardware-oriented</u>. 本书主要讲硬件。/These students are <u>physics-oriented</u>. 这些学生是学物理专业的。/These are <u>computer-oriented</u> devices. 这些是用于〔面向〕计算机的设备。/This is <u>object-oriented</u> technology. 这是面向对象技术。

orientometer [ɔ:rɪən'tɒmɪtə] *n.* 结构取向性测定器

orifice ['ɒrəfɪs] ❶ *n.* ①小孔 ②注孔 ③喷嘴管 ④隔板,遮光板,筛眼 ❷ *vt.* 阻隔,调整光圈 ‖ orificial *a.*

orificemeter [ɒrɪfɪ'semɪtə] *n.* 锐孔流速计

orificium [ɒrɪ'fɪʃɪəm] (拉丁语) (pl. orificiae) *n.* 管口

origin ['ɒrɪdʒɪn] *n.* ①起源,由来 ②坐标原点 ③来历,出身,血统 ④来龙去脉,原因 ⑤【医】(肌肉的)起端 ☆*be ... by origin* 原籍…; *be ... of origin* 起源于… 〖用法〗注意"have one's origin(s) in ..."意为"起源〔因〕于…"。如:Duality <u>has its origin in</u> the theory of graph. 对偶性起源于图论。/'Communications' <u>has its origins in</u> the beginnings of wire telegraphy in the 1740s, telephony some decades later and radio at the beginning of this century. "通讯"起源于 18 世纪 40 年代有线电报学的早期、几十年后电话学的早期以及上世纪初无线电的早期。

original [ə'rɪdʒɪnəl] ❶ *a.* ①原来的,最初的 ②独创的,新颖的 ③原版的,原作的 ❷ *n.* 正本,原型

originality [ərɪdʒə'nælɪtɪ] *n.* ①原本 ②独创性

originally [ə'rɪdʒənəlɪ] *ad.* ①原来,最初 ②独特地,新颖地

originate [ə'rɪdʒɪneɪt] *v.* ①源自 ②首创 ☆*originate from (in)* 起源于,从…中产生

origination [ərɪdʒɪ'neɪʃən] *n.* ①开始产生,出现 ②创办,发起 ③起源,起因

originative [ə'rɪdʒɪneɪtɪv] *a.* 新颖的,有创造性的

originator [ə'rɪdʒəneɪtə] *n.* 创作者,创办人

origine [ɒ'rɪdʒɪni:] (拉丁语) *n.* ①发端,起源 ②【数】原点

origo ['ɒrɪgəʊ] *n.* 起点

orileyite [ɔ:'rɪlaɪtaɪt] *n.* 砷铜铁矿

orixine ['ɔ:rɪksɪn] *n.* 【化】和常山碱

Orlikon ['ɔ:lɪkən] *n.* 地对空导弹

orlite [ɔ:laɪt] *n.* 水硅铀铅矿

orlon ['ɔ:lɒn] *n.* 奥龙(一种合成纤维)

ormolu ['ɔ:məlu:] *n.* ①锌青铜,铜锌锡合金 ②镀金物

ornament ['ɔ:nəmənt] ❶ *n.* 装饰品 ❷ *vt.* 装饰,添光彩

ornamental [ɔ:nə'mentəl] ❶ *a.* 装饰用的,观赏的 ❷ *n.* (pl.) 装饰品

ornamentalize [ɔ:nə'mentəlaɪz] *vt.* 装饰

ornamentally [ɔ:nə'mentəlɪ] *ad.* 作为装饰

ornamentation [ɔ:nəmen'teɪʃən] *n.* 装饰,装饰品

ornate [ɔ:'neɪt] *a.* 华丽的 ‖ ~ly *ad.* ~ness *n.*

ornithine ['ɔ:nɪθɪ:n] *n.* 鸟氨酸

ornithology [ɔ:nɪ'θɒlədʒɪ] *n.* 鸟类学,禽学

ornithophily [ɔ:nɪ'θɒfɪlɪ] *n.* 鸟媒(传花粉),鸟媒花

ornithopter [ɔ:nɪ'θɒptə] *n.* 扑翼飞机

ornithyl ['ɔ:nɪθɪl] (词头)鸟氨酰,鸟氨基

orogen ['ɔ:rədʒɪn] *n.* 造山地带

orogenesis [ɔ:rəʊ'dʒenəsɪs] *n.* 造山运动,造山作用

orogenic [ɔ:rəʊ'dʒenɪk] *a.* 造山的

orogeny [ɔ:'rɒdʒɪnɪ] *n.* 造山运动,造山作用

orographic(al) [ɔ:rə'græfɪkəl] *a.* 山岳的,山地形的

orography [ɒ'rɒgrəfɪ] *n.* 山志学,山岳形态学

orohydrography [ɔ:rəhaɪ'drɒgrəfɪ] *n.* 高山水文地理学

oroide ['ɔ:rəʊɪd] *n.* 铜锌锡合金

orology [ɒ'rɒlədʒɪ] *n.* 山理学,山岳成因学

orometer [ɒ'rɒmɪtə] *n.* 山岳气压计

orometry [ɒ'rɒmɪtrɪ] *n.* 山的高度测量

orophysin [ɒrə'fɪsɪn] *n.* 【医】(垂体前叶)酮体生因子;生酮因素(垂体前叶)

orpin(e) ['ɔ:pɪn] *n.* 【植】紫景天

orotund ['ɒrəʊtʌnd] *a.* ①(声音)镇静而洪亮的 ②做作的,夸张的

orphan ['ɔ:fən] *n.*; *vt.* 孤儿,使成孤儿

orphanage ['ɔ:fənɪdʒ] *n.* 孤儿院

orpiment ['ɔ:pɪmənt] *n.* 三硫化二砷,雌黄

orrery ['ɒrərɪ] *n.* 太阳系仪

orrimmunity [ɔ:rɜ:rɪ'mju:nɪtɪ] *n.* 血清免疫性

orrhology [ɒ'rɒlədʒɪ] *n.* 血清学

ortet ['ɔ:tet] *n.* 源株

Orthatest [ɔ:'θətest] *n.* 【医】(蔡司)奥托比较仪

orthicon ['ɔ:θɪkɒn], **orthiconoscope** [ɔ:'θɪ- kɒnəskəʊp] *n.* 低速电子束摄像管,直线性光电显像管

orthite ['ɔ:θaɪt] *n.* 褐帘石

ortho-acid ['ɔ:θəʊ'æsɪd] *n.* 【医】【化】正酸,原酸

ortho-axis ['ɔ:θəʊ'æksɪs] *n.* 正交轴

orthocenter ['ɔ:θəsentə] *n.* 垂心 ‖**orthocentric** *a.*

orthochromatic [ɔ:θəkrəʊ'mætɪk] *a.* 正色的

orthochromatism [ɔ:θəkrəʊ'mætɪzəm] *n.* 本色性

orthoclase ['ɔ:θəkleɪs] *n.* 正长石

orthoclastic [ɔ:θə'klæstɪk] *a.* 正解理的

orthocline ['ɔ:θəklaɪn] *n.* 直倾型

orthocomplement ['ɔ:θə'kɒmplɪmənt] *n.* 【计】正交补

ortho-compound ['ɔ:θə'kɒmpaʊnd] *n.* 【化】邻位化合物

orthocresol [ɔ:θə'kri:səʊl] *n.* 【化】邻甲酚

orthodiagonal [ɔ:θədaɪ'ægənəl] *a.* 正轴的

orthodiagraphy [ɔ:θə'daɪəgrəfɪ] *n.* 【医】X 射线正摄像术

orthodome ['ɔ:θəʊdəʊm] *n.* 正轴坡面

orthodox ['ɔ:θədɒks] *a.* ①正统的,旧式的 ②习俗的,惯例的

orthodoxy ['ɔ:θədɒksɪ] *n.* 正统观念

orthodrome ['ɔ:θədrəʊm] *n.* 大圆弧

ortho-effect ['ɔ:θəʊɪ'fekt] *n.* 邻位效应

orthoferrite ['ɔ:θəferaɪt] *n.* 正铁涂氧,正铁氧体

ortho-fused ['ɔ:θəʊ'fju:zd] *a.* 单边合稠的

orthogenesis [ɔ:θə'dʒenɪsɪs] *n.* 直向演化

orthogenics [ɔ:θə'dʒenɪks] *n.* 优生学

orthogeosyncline ['ɔ:θədʒɪəʊ'sɪklaɪn] *n.* 正地槽

orthogeotropism [ɔ:θədʒɪə'trɒpɪzəm] *n.* 直向地性

orthogneiss [ɔ:'θɒgneɪs] *n.* 正片麻岩,火成片麻岩

orthogon ['ɔ:θəgɒn] *n.* 【数】矩形

orthogonal [ɔ:'θɒgənl] *a.* 【数】正交的

orthogonality [ɔ:θɒgə'nælɪtɪ] *n.* 相互垂直,正交

orthogonalizable [ɔ:'θɒgənəlaɪzəbl] *a.* 【计】可正交化的

orthogonalization [ɔ:θɒgənəlaɪ'zeɪʃən] *n.* 【计】正交化

orthogonalize [ɔ:'θɒgənəlaɪz] *vt.* 正交化,使相互垂直

orthograde ['ɔ:θəgreɪd] *a.* 直体步行的

orthograph ['ɔ:θəgrɑ:f] *n.* 正视图,正投影图

orthographic(al) [ɔ:θə'græfɪk(əl)] *a.* ①正交的 ②正射的 ③正直线投射的 ④正字法的

orthography [ɔ:'θɒgrəfɪ] *n.* ①正投影法,正射法,【数】正交射影 ②剖面,【建】面图投影 ③正字法

orthohelium [ɒθə'hi:lɪəm] *n.* 正氦

orthohexagonal [ɔ:θə'heksəgənl] *a.* 正六方的

orthohydrogen [ɔ:θə'haɪdrədʒən] *n.* 正氢

ortho-iodine [ɔ:θəɪ'əʊdi:n] *n.* 正碘

orthokinesis [ɔ:θəkaɪ'ni:sɪs] *n.* 正动态

ortho-molecule ['ɔ:θə'mɒlɪkjul] *n.* 正分子

orthomorphic [ɔ:θə'mɔ:fɪk] *a.* 正形的

orthomutation [ɔ:θəmju'teɪʃən] *n.* 定向突变

orthonik ['ɔ:θənɪk], **orthonol** ['ɔ:θənɒl] *n.* 具有矩形磁滞环线的铁芯材料

orthonormal [ɔ:θə'nɔ:məl] *a.* ①正规化的 ②标准正交的

orthonormality [ɔ:θənɔ:'mælɪtɪ] *n.* 正规化,标准化,正交归一性

orthonormalization [ɔ:θənɔ:məlaɪ'zeɪʃən] *n.* 正交归一化

orthonormalize [ɔ:θə'nɔ:məlaɪz] *vt.* 使正规化,使标准化,规格化正交

orthop(a)edy ['ɔ:θəʊpi:dɪ], **orthop(a)edics** ['ɔ:θəʊpi:dɪks] *n.* 矫形术

orthopan ['ɔ:θəpæn], **orthopanchromatic** [ɔ:θəpænkrə'mætɪk] *a.* 全色的

orthophenylphenol [ɔ:θə'fenɪlfenɒl] *n.* 联苯酚

orthopia [ɔ:'θəʊpɪə] *n.* 斜视矫正

orthoporic [ɔ:θə'pɒrɪk] *a.* 正位的,直视的

orthophosphate [ɔ:θəʊ'fɒsfeɪt] *n.* 正磷酸盐

orthophotograph [ɔ:θə'fəʊtəʊgrɑ:f] *n.* 正射投影像片

orthophotomap [ɔ:θə'fəʊtəʊmæp] *n.* 正射投影像片组合图

orthophotoscope [ɔ:θə'fəʊtəʊskəʊp] *n.* 正射投影纠正仪

orthophyre ['ɔ:θəfaɪə] *n.* 正长斑岩

orthopole ['ɔ:θəʊpəʊl] *n.* 正交极

ortho-position [ɔ:θəpə'zɪʃən] *n.* 【化】邻位

orthopositronium [ɔ:θəpəzɪ'trəʊnɪəm] *n.* 【化】正阳电子素

Orthoptera [ɔ:'θɒptərə] *n.* 直翅目

orthoptic [ɔ:'θɒptɪk] *a.* 矫正斜眼的,切面的

orthopraxia [ɔ:θə'præksɪə] *n.* 矫形术

orthoquartzite [ɔ:θə'kwɔ:tzaɪt] *n.* 正石英岩

orthoradioscopy [ɔ:θə'reɪdɪəʊskɒpɪ] *n.* 【医】X 射线正摄像术

orthorhombic [ɔ:θə'rɒmbɪk] *a.* 正交(晶)的,斜方(晶系)的,正菱形的

ortho-rock ['ɔ:θərɒk] *n.* 正变质岩,火成变质岩

orthoscope ['ɔ:θəʊskəʊp] *n.* 水层检眼镜;正像计

orthoscopic [ɔ:θəʊ'skɒpɪk] *a.* 无畸变的,直线式的

orthoscopicity [ɔ:θəʊskəʊ'pɪsɪtɪ] *n.* 保真显示性

orthoscopy [ɔ:'θɒskəpɪ] *n.* 无畸变

orthose ['ɔ:θəʊs] *n.* 正长石

orthoselection [ɔ:θəʊsɪ'lekʃən] *n.* 直向选择,定向选择

orthosilicate [ɔ:θə'sɪləkeɪt] *n.* 【化】原硅酸盐

orthostatic [ɔ:θəʊ'stætɪk] *a.* 立态的

orthostatism [ɔ:θəʊ'stætɪzm] *n.* 直立(体)

orthostigmat [ɔ:θə'stɪgmæt] *n.* 广角镜头

orthotest [ɔ:'θətest] *n.* 杠杆式比较仪

orthotomic [ɔ:θə'tɒmɪk] *a.* 面正交的

O

orthotomy [ɔːˈθɒtəmɪ] n. 面正交性
orthotope [ˈɔːθətəup] n. 棱正交的多胞形
orthotropic [ɔːθəuˈtrɒpɪk] a. 正交各向异性的
orthotropy [ɔːˈθɒtrəpɪ] n. 异面异弹性
orthovanadate [ɔːθəˈvænədeɪt] n. 原钒酸盐
orvillite [ˈɔːvɪlaɪt] n. 水锆石
oryzanin [ɒˈraɪzənɪn] n.【医】硫胺素,维生素 B1
oryzenin [əuˈraɪzɪnɪn] n. 米谷蛋白
Osaka [əuˈsɑːkə] n. 大阪(日本港口)
os(ar) [ˈəus(ɑː)] n. 蛇丘
osazone [ˈəusəzəun] n. 脎(农药)
Oscar [ˈɒskə] n. (电影界)奥斯卡金像奖
oscillate [ˈɒsəleɪt] v. ①振荡 ②摇摆,动摇
oscillation [ɒsɪˈleɪʃən] n. ①振荡,来回摆动 ②振幅
oscillator [ˈɒsɪleɪtə] n. 振荡器,振子,振动部
oscillatoria [ɒsɪˈleɪtərɪə] n.【医】颤藻属
oscillatory [ˈɒsɪleɪtərɪ] a. 振荡的,摆动的
oscillector [ˈɒsɪlektə] n. 振荡选择器,频率选择器
oscillight [ˈɒsɪlaɪt] n. 显像管
oscillion [ɒˈsɪljən] n. 三极振荡管
oscillistor [ɒsɪˈlɪstə] n. 半导体振荡器
oscillogram [ɒˈsɪləgræm] n. 波形图,振荡图
〖用法〗它与动词 "make" 搭配使用。如: Fig. 8-4 shows an oscillogram made while using a current probe. 图 8-4 显示了当使用电流探头时所获得的波形图。
oscillograph [ɒˈsɪləgrɑːf] n. 示波器,振动描记器 ‖ **osllographic** a.
oscillography [ɒsɪˈlɒgrəfɪ] n. 示波法
oscillometer [ɒsɪˈlɒmɪtə] n. 示波器,振动测定器
oscillometric [ɒsɪləˈmetrɪk] a.【医】示波计的,振动描记法的
oscillometry [ɒsɪˈlɒmɪtrɪ] n. 示波测量法,振动描记术
oscilloprobe [ˈɒsɪləprəub] n. 示波器探头
oscilloreg [ˈɒsɪləreg] n. 激光 X-Y 高速记录器
oscilloscope [ˈɒsɪləskəup] n. 示波器,录波器
oscillosynchroscope [ɒsɪləˈsɪnkrəskəup] n. 同步示波器
oscillotron [ˈɒsɪlətrɒn] n. 阴极射线示波管
oscitancy [ˈɒsɪtənsɪ] n. 困倦,冷淡
oscitate [ˈɒsɪteɪt] v. 打哈欠
oscitron [ˈɒsɪtrɒn] n. 隧道二极管振荡器
osculate [ˈɒskjuleɪt] v. 接吻,密切,(面,线)接触,有共同点
osculating [ˈɒskjuleɪtɪŋ] a. 密切的
osculation [ɒskjuˈleɪʃən] n. 超密切,接触 ‖ **osculatory** a.
osculum [ˈɒskjuləm] (pl. oscula) n. 小口,细孔
osier [ˈəuʒə] n.; a. 柳树枝(的),柳树条(的)
Oslo [ˈɒzləu] n. 奥斯陆(挪威首都)
osmanthus [ɒsˈmænθəs] n. 木樨属植物
osmate [ˈɒzmeɪt] n. 锇酸盐
Osmayal [ˈɒzmeɪəl] n. 欧斯马铝锰合金

osmics [ˈɒzmɪks] n. 嗅味学
osmious [ˈɒzmɪəs] a. 锇的
osmiridium [ɒzmɪˈrɪdɪəm] n. 铱锇矿,铱锇合金
osmite [ˈɒzmaɪt] n. 铱锇矿,天然锇
osmium [ˈɒzmɪəm] n.【化】锇
osmocene [ˈɒzməsiːn] n. 二茂锇
osmogen [ˈɒzmədʒən] n. 酶原
osmolality [ɒzməˈlælɪtɪ] n. 重量摩尔(克分子)渗透压浓度
osmolarity [ɒzməˈlærɪtɪ] n. 摩尔(克分子),渗压浓度,渗透压
osmole [ˈɒzməul] n. 渗透压摩尔(克分子)
osmometer [ɒzˈmɒmɪtə] n. 渗压计,渗透计
osmometry [ɒzˈmɒmɪtrɪ] n. 渗透力测定法
osmondite [ˈɒzməndaɪt] n. 奥氏体变态体
osmophilic [ɒzməˈfɪlɪk] a. 亲渗的,易渗的
osmophobic [ɒzməˈfɒbɪk] a. 憎渗的
osmoreceptor [ɒzmərɪˈseptə] n. 渗透压感受器
osmoregulation [ɒzməuregjuˈleɪʃən] n. 渗透压调节
osmoregulator [ɒzməˈregjuleɪtə] n. (X 线)透射调节器
osmoregulatory [ɒzməuˈregjuləterɪ] a. 调节渗透的
osmosalts [ˈɒzməsɔːlts], **osmosar** [ˈɒzməsɑː] n. 渗透盐剂
osmoscope [ˈɒzməskəup] n. 渗透试验器
osomose [ˈɒzməus], **osmosis** [ɒzˈməusɪs] n. 渗透性,渗透作用
osmosize [ˈɒzməusaɪz] v. 渗透
osmotaxis [ɒzməuˈtæksɪs] n. 趋渗性
osmotic [ɒzˈmɒtɪk] a. 渗透的
osmoticum [ɒzˈmɒtɪkʌm] (pl. osmotica) n. 渗压剂
osmotropism [ɒzˈmɒtrəpɪzm] n. 向渗性
osnode [ɒzˈnəud] n. 自密切点
osology [əuˈsɒlədʒɪ] n. 体液学
osone [ˈɒzəun] n.【医】邻酮醛糖
osophone [ˈɒsəfəun] n. 助听器,奥索风
osphresiology [ɒsfriːzɪˈɒlədʒɪ] n. 嗅觉学
osphresis [ɒsˈfriːsɪs] n. 嗅觉
osphyalgia [ɒsfɪˈældʒɪə] n.【医】腰疼
osram [ˈɒzrəm] n. 钨丝,锇钨灯丝合金
ossein(e) [ˈɒsiɪn] n. 生胶质,骨胶原,骨素
osseoalbuminoid [ɒsɪəælˈbjuːmɪnɔɪd] n. 骨硬蛋白
osseocolla [ɒsɪəˈkəulə] n. 骨胶
osseomucoid [ɒsɪəˈmjuːkɔɪd] n. 骨黏蛋白
ossify [ˈɒsɪfaɪ] v. 成骨片,骨化 ‖ **ossification** n.
ostensible [ɒsˈtensəbl] a. 表面的,伪装的,显然的
ostensibly [ɒsˈtensəblɪ] ad. 表面上,外表上
ostensive [ɒsˈtensɪv] a. 用实物表示的,外表的,显然的
ostentation [ɒstenˈteɪʃən] n. 夸耀,虚饰,卖弄,讲排场,风头主义 ‖ **ostentatious** a. **ostentatiously**

ad.

osteoarthritis [ˌɒstiːˌəuɑːˈθraɪtɪs] *n.*【医】骨关节炎

osteoblast [ˈɒstɪəblæst] *n.* 成骨细胞

osteoclast [ˈɒstɪəklæst] *n.* 破骨细胞,折骨器

osteofibrosis [ˌɒstɪəufaɪˈbrəusɪs] *n.* 骨纤维变性(症)

osteogenesis [ˌɒstɪəˈdʒenɪsɪs] *n.* 成骨作用

osteolepid [ˌɒstɪəuˈlepɪd] *n.* 甲虫,骨磷鱼

osteolite [ˈɒstɪəlaɪt] *n.* 土磷灰石

osteolith [ˈɒstɪəlɪθ] *n.* 土磷灰石

osteoma [ˌɒstɪˈəumə] *n.* 骨瘤

osteomyelitis [ˌɒstɪəumaɪəˈlaɪtɪs] *n.* 骨髓炎

osteopathy [ˌɒstɪˈɒpəθɪ] *n.* 按摩,骨疗法

osteophone [ˈɒstɪəufəun] *n.* 助听器

osteoporsis [ˌɒstɪəupəˈrəusɪs] *n.*【医】骨质疏松症

osteosis [ˌɒstɪˈəusɪs] *n.* 骨质生成,骨化病

ostiole [ˈɒstɪəul] *n.* 孔口

ostium [ˈɒstɪəm] (pl. ostia) *n.* 口,心门

ostracism [ˈɒstrəsɪzəm] *n.* 放逐,排斥 ‖ **ostracize** *vt.*

ostracoda [ˌɒstrəˈkəudə] *n.* 介形亚纲

ostrea [ˈɒstrɪə] *n.* 牡蛎属

ostrich [ˈɒstrɪtʃ] *n.* 鸵鸟

other [ˈʌðə] ❶ *a.* ①别的,其它的 ②不同的 ☆ *(all) other things being equal* 其他条件都相同; *among other things* 其中,尤其; *every other day* 每隔一天,(除了这天之外的)每天; *every other line* 隔行; *no other A than B* 除 B 之外没有别的 A,除 B 之外别的 A 都不; *on the other hand* 另一方面; *other from* 不同于; *quite other* 完全不同的; *the other way round* 相反 ❷ *pron.* ①别的人〔东西〕 ②(the other)另一个 ☆*among others* 其中,尤其; *each other* 相互,彼此; *on that day of all others* 偏偏在那一天; *one after the other* 一个接一个地,陆续; *some day or other* 总有一天 ❸ *ad.* 不是那样,用别的方法,另外 ☆*no (none) other than* (不是别人)正是; *nothing other than* (不是别的)正是; *other than* 除了,不同于,而不是; *somehow or other* 设法,无论如何,不知为什么

【用法】❶ 它作为单数单个使用时,要在其前面加定冠词。如: It must be possible to convert from one equivalent circuit to the other. 必须要能够从一种等效电路转换成另一种等效电路。/These comparators are such that when one input becomes equal to the other, their output changes state. 这些比较器是这样的以至于当一个输入变成等于另一个时,它们的输出就改变状态。只有在这种情况下其前面不加定冠词: One or other of the meters is not accurate. 这两只仪表之一是不精确的。❷ 注意"some, several, many, any, 数词"等一定要放在"other"之前,英汉词序不一样。如: Several other books are on computers.其他几本书是有关计算机

的。/Two other factors must be taken into account. 其他两个因素必须要考虑进去。只有当"数词"作名词用时,"other"放在其前面。如: If any three are known, the other two may be calculated. 如果任何三个量已知,则可以计算出其他两个量。❸ "other" 当名词用时可以有复数形式。如: The ampere is the fundamental electrical unit on which the others are based. 安培是其他单位所基于的基本电单位。/3 loop equations are needed here and any others are redundant. 这里需要 3 个回路方程,而其他的任何方程都是多余的。❹ "other than" 既可以表示"except"的含义,也可以表示"besides, in addition to"的含义,只能根据上下文来确定。如: When two forces act concurrently at an angle other than 0° or 180°, the resultant can be found by the parallelogram method.当两个力同时作用而其夹角为非 0° 或 180° 时,可以用平行四边形法求出它们的合力来。(这里表示 except 的含义。)/In this case the bias voltage is set at a potential other than zero. 在这种情况下,偏置电压设在非零的电位上。(这里表示 except 的含义。)/In many instances, the designer has little choice other than to employ the superheterodyne in the microwave region.在许多情况下,在微波设计人员只好采用超外差法。(这里表示 except 的含义。) /Tubes other may also rectifiers be either directly or indirectly heated.除了整流器外其他电子管既可以是直热式的,也可以是间热式的。(这里表示 besides 的含义。)/This kind of controller offers advantages other than its design simplicity.这种控制器除了设计简单外,还有其他一些优点。(这里表示 besides 的含义。)/There are other methods than gray wedges for obtaining variable light. 除了灰光劈外,还有其他一些方法可获得可变光。(=besides,注意"other"与"than"分割开了。) ❺ "other than that" 可以引出从句。如:We make no initial assumptions about the waveshape other than that it is periodic.我们对波形不作初始的假设,只是认为是周期性的。❻ 有时"other than"可以表示"不是"的含义。如: The input impedance of the line is other than purely resistive.该传输线的输入阻抗并不是纯阻性的。/In some cases, navigation aids other than landmarks are used.在某些情况下,人们使用导航设备而不用地标。/What would cause V_{BE} to be other than constant?什么原因会使得 V_{BE} 不是恒定的? /We assume other than default values for the capacitance parameters.我们假设电容参数都是现实的数值。❼ "另外两个"一般表示成"the other two"或"two others"。

otherwhere(s) [ˈʌðəweə(z)] *ad.* 在别处

otherwise [ˈʌðəwaɪz] ❶ *ad.* ①不同地,用别的方法 ②其他方面 ☆*and otherwise* 及其他,等等;*but otherwise* 然而在别的方面却; *can do no otherwise than* 或 *can not do otherwise than* 除…外别无他法,只好; *not (any)*

otherwise than 不用…以外的任何方式,不是别的情况;***otherwise known as*** 或者称为;***otherwise than*** 不像,与…不同,除…之外; ***rather to do something than otherwise*** 巴不得做; ***under otherwise identical (equal) conditions*** 其他条件都相同时; ***unless otherwise mentioned (noted, specified, stated)*** 除非另作说明 ❷ *conj.* 否则,要不然,在不同的情况下 ☆***or otherwise*** 或相反,或用其他方式

〖用法〗❶ 注意下面例句中该词的含义:The electric behavior of positive holes is the same as that of positrons but <u>otherwise</u> there is no similarity. 带正电的空穴的电性能与正电子相同,但在其他方面没有相似性。/f(t) is constant for 0<t<t₀ and is zero <u>otherwise</u>. 在 0<t<t₀ 时,f(t)为常数,而在其他情况下它为零。/Unless <u>otherwise</u> stated, it is assumed that silicon transistors are used.除非另有说明,我们假设使用的是硅管。❷ 它可以表示虚拟语气的条件。如:The value of R must be the same for the measurement of L1 as it is for L2, <u>otherwise</u> the current through AB <u>would be</u> different in each case and the theory would not apply. 测量 L1 时的 R 值必须与测量 L2 时的一样,要不然在每种情况下流过 AB 的电流会不同,那么该理论就不适用了。

otherworld [ˈʌðəwɜːld] *n.* 来世

otic [ˈəʊtɪk] *a.* 耳的,耳部的

otidium [ˈɒtɪdɪəm] *n.* 【医】耳囊

otiose [ˈəʊʃɪəʊs] *a.* 没有用的,不必要的 ‖ **otiosity** *n.*

otitis [əʊˈtaɪtɪs] *n.* 耳炎

otocyst [ˈəʊtəsɪst] *n.* 听泡,听囊

otolaryngology [ˌəʊtəʊlærɪŋˈɡɒlədʒɪ] *n.* 耳鼻喉科学

otolith [ˈəʊtəlɪθ] *n.* 耳石,听耳

otology [əʊˈtɒlədʒɪ] *n.* 耳科学

otophone [ˈəʊtəfəʊn] *n.* 助听器,奥多风

otoscope [ˈəʊtəskəʊp] *n.* 检耳镜

Ottawa [ˈɒtəwə] *n.* 渥太华(加拿大首都)

otter [ˈɒtə] *n.* 水獭

otto [ˈɒtəʊ] *n.* 玫瑰油

ouabain [wɑːˈbeɪɪn] *n.* 乌巴因,毒毛旋花

Ouagadougou [wɜːɡəˈduːɡuː] *n.* 瓦加杜古(非洲布基纳法索的首都)

ought [ɔːt] ❶ *v. aux.* ① 应该,应当 ②(指过去)早应该,本应当(to have+过去分词) ❷ *n.* 零

ounce [aʊns] *n.* ①盎司 ②少量,微量

our [ˈaʊə] *pron.* (we 的所有格)我们的

〖用法〗注意下面例句中该词的用法及其汉译法: Thus far <u>our</u> discussion of the principles of mechanics has been concerned primarily with particles.到目前为止我们对力学原理的讨论主要涉及质点。/This is possible because of <u>our</u> assumption that the transistor is a linear amplifier over the range of voltages and currents of interest. 之所以能够这

样是因为我们假设了在我们感兴趣的电压、电流范围内晶体管是一个线性放大器。

ours [ˈaʊəz] *pron.* (we 的名词性物主代词)我们的

ourself [aʊəˈself] *pron.* (报社社论用语) 我们自己

ourselves [aʊəˈselvz] *pron.* 我们自己 ☆***(all) by ourselves*** 我们单独地; ***for ourselves*** 自己,亲自

oust [aʊst] *vt.* 驱逐,赶走,(非法)剥夺 ‖ ~er *n.*

out [aʊt] ❶ *ad.* ①向外面,在外面,向外界,不在家 ③(借)出去了,发表了,问世了 ④完全,终于 ⑤不再流行 ⑥远在… ⑦熄灭,完结 ⑧失灵 ⑨(无线电通话用语)"报文完,不必回答" ☆***all out*** 尽力地; ***be on the way out*** 将要过时; ***be out at elbows*** 捉襟见肘; ***be out for*** 把…当做目标,追求; ***be out to*** 设法做; ***go all out*** 鼓足干劲,全力以赴; ***have a day out*** 休假一天; ***in and out*** 忽隐忽现,进进出出; ***out and away*** 远远地; ***out and home*** 来回; ***set out*** 着手; ***times out of number*** 无数次 ❷ *prep.* 通过…向外面 ❸ *a.* ①外面的 ②输出的 ③偏高的 ☆***out and out*** 完全的,十足的 ❹ *n.* ①出口 ②外部,外面 ③借口 ④缺点,弱点 ⑤【印】漏排 ☆***be at (on) the outs with*** 与…不和; ***from out to out*** 从一头到另一头; ***make a poor out of it*** 出洋相; ***out to out*** 总尺寸; ***the ins and outs*** 细节 ❺ *vt.* ①拿出,说出 ②驱逐 ③延伸 ④熄灭 ⑤暴露,公布

〖用法〗注意下面例句中该词的含义: The equalizer could be designed to match the Fig.2-2 requirements <u>out</u> to two or three times the natural resonant frequency. 能够把均衡器设计得使图 2-2 的要求完全与二至三倍的自然谐振频率相匹配。

outage [ˈaʊtɪdʒ] *n.* ①放出孔,排气孔 ②运输中的损失量,排出量 ③停止,间歇 ④停电 ⑤(油罐、油槽中为了液体膨胀)预留容积 ⑥(发动机关闭后)油箱内的剩余燃料 ⑦断线率

outback [ˈaʊtbæk] ❶ *n.; a.* 内地(的),内地偏僻而人口稀少的地区(的) ❷ *ad.* 向内地

outbade [aʊtˈbeɪd] outbid 的过去式

outbalance [aʊtˈbæləns] *vt.* ①重于,优于 ②在效果上超过

outbid [aʊtˈbɪd] (outbid 或 outbade, outbid 或 outbidden) *vt.* 出价高于别人,抢先,开价低于,低叫(牌)

outbidden [aʊtˈbɪdn] *v.* outbid 的过去分词

outboard [ˈaʊtbɔːd] ❶ *a.* 船外的,机外的 ❷ *ad.* 向船外,向机外 ❸ *n.* 外侧,外装电动机

outbond [aʊtˈbɒnd] *a.* 外砌的,横叠式的

outbound [ˈaʊtbaʊnd] ❶ *a.* ①外出的,离开港口的 ②输出的 ❷ *n.* 边境 ❸ *vt.* 跳过,追越

outbrave [aʊtˈbreɪv] *vt.* ①比…勇敢 ②战胜 ③蔑视,不把…放在心上

outbreak [ˈaʊtbreɪk] *vt.* ①某些坏事的突然出现或发生 ②爆发,暴动 ③冲破 ④破裂,断裂

outbreeding [ˈaʊtbriːdɪŋ] *n.* 远系繁殖,异系交配

outbuilding [ˈaʊtbɪldɪŋ] *n.* 附属建筑物,外屋

outburn [aʊtˈbɜːn] v. 烧完,燃烧时间超过

outburst [ˈaʊtbɜːst] n. ①爆发 ②喷出 ③闪光 ④脉冲,尖头信号

outcast [ˈaʊtkɑːst] n. 被遗弃者

outclass [aʊtˈklɑːs] vt. 远远超过

outclimb [aʊtˈklaɪm] vt. 比…爬得高

outcome [ˈaʊtkʌm] n. ①结果 ②产量 ③出口,排 气口

outcoming [ˈaʊtkʌmɪŋ] ❶ n.【医】结果 ❷ a. 出 口的,逸出的

outconnector [aʊtkəˈnektə] n.【计】(流线)改接 符,外连接器

outcrop [ˈaʊtkrɒp] n.; vi. 露出(地面的部分),露头

outcry [ˈaʊtkraɪ] n. 喊叫,强力抗议(要求),叫卖

outcut [ˈaʊtkʌt] n. 切口

outdated [aʊtˈdeɪtɪd] a. 过时的,陈旧的

outdevice [ˈaʊtdɪvaɪs] n. 输出设备

outdid [aʊtˈdɪd] v. outdo 的过去式

outdiffusion [aʊtdɪˈfjuːʒən] n. 向外扩散

outdistance [aʊtˈdɪstəns] vt. 远远超过,把…远远 抛在后头

outdo [aʊtˈduː] (outdid, outdone) vt. 优于,打败

outdoor [ˈaʊtdɔː] a. ①户外的,露天的 ②外面的, 表面的

outdoors [aʊtˈdɔːz] ❶ a. 在户外,在野外 ❷ n. 户外,露天

outdoor-type [ˈaʊtdɔːtaɪp] a. 户外的,野外的,露 天的

outer [ˈaʊtə] ❶ a. ①外面的,外侧的 ②边远的 ③ 客观的,物质的 ❷ n. 外线

outerface [ˈaʊtəfeɪs] n. (磁带、纸带的)外面

outer-field [ˈaʊtəfiːld] a. 外层的,外侧的

outermost [ˈaʊtəməʊst] a. 最外面的,最远的

outerspace [ˈaʊtspeɪs] n. 外部空间,外层空间,宇 宙空间

outerwear [ˈaʊtəweə] n. 外衣

out-expander [ˈaʊtɪksˈpændə] n. 输出扩展电路

outface [aʊtˈfeɪs] vt. 大胆地面对

outfall [ˈaʊtfɔːl] n. ①河口,排水口 ②冲锋,突袭 ③ 排出,抛下

outfan [ˈaʊtfæn] n. 输出端,扇出

outfield [ˈaʊtfiːld] n. 外场,郊外,边境,未知的世界

outfire [aʊtˈfaɪə] vt. 灭火

outfit [ˈaʊtfɪt] ❶ n. ①(成套)设备 ②一群人(尤指 一起工作者) ③装配 ④行号,商店 ❷ vt. 装配, 配备,供给旅行用品

outflank [aʊtˈflæŋk] vt. 包围,迂回,战胜

outflow [ˈaʊtfləʊ] n.; v. ①流出,外流 ②(化学反应) 进行

outfly [aʊtˈflaɪ] v. 飞越,在飞行速度上超过

outfoot [aʊtˈfʊt] vt. 赶过

outgas [ˈaʊtgæs] vt. 排气,漏气

out-gate [ˈaʊtgeɪt] n.【计】电路输出门,输出开关, 冒口

outgeneral [aʊtˈdʒenərəl] vt. 用战术胜过

outgiving [ˈaʊtgɪvɪŋ] n. 声明,发表

outgo [ˈaʊtgəʊ] ❶ vt. 优于,跑在前头 ❷ n. ①支 出 ②出发,流出,出口 ③结果,产品

outgoing [ˈaʊtgəʊɪŋ] ❶ a. ①开朗的 ②即将卸任 的 ③输出的,离开的 ❷ n. ①费用 ②动身 ③声 明

outgrow [aʊtˈgrəʊ] vt. 长得比…大或快

outgrowth [ˈaʊtgrəʊθ] n. ①自然的结果 ②生长 物,副产品 ③幼芽,枝条 ④附晶生长,过生长

outguard [ˈaʊtgɑːd] n. 前哨

outhouse [ˈaʊthaʊs] n. 附属建筑物,外屋,户外厕 所

outing [ˈaʊtɪŋ] n. 外出,旅行

outlaid [aʊtˈleɪd] outlay 的过去式和过去分词

outland [ˈaʊtlænd] n.; a. 外国(的),外地(的)

outlander [ˈaʊtlændə] n. 外国人,局外人

outlandish [aʊtˈlændɪʃ] a. ①外国的 ②奇异 的 ‖ ~ly ad.

outlast [aʊtˈlɑːst] vt. 较…经久,比…持续得久

outlaw [ˈaʊtlɔː] ❶ n. ①被剥夺公民权者,被查禁的组 织 ②歹徒,罪犯 ❷ vt. 使失去法律效力 ‖ ~ly n.

outlay [ˈaʊtleɪ] ❶ n. ①费用 ②移植物 ❷ vt. ① 支付 ②外置

outleakage [ˈaʊtliːkɪdʒ] n. 漏出,漏电,漏出量

outlet [ˈaʊtlet] n. ①排出口 ②排出 ③电源插座 ④引线 ⑤销路,出路

outlier [ˈaʊtlaɪə] n. ①局外人 ②离开本体的东西, 分离物

outline [ˈaʊtlaɪn] ❶ n. ①外形,轮廓 ②提纲,梗概 ☆ *draw outlines of* 画轮廓,概述; *give an outline of* 概述; *in outline* 梗概地; *make an outline of* 写…提纲 ❷ vt. ①画出轮廓,草拟 ② 概述

outlive [aʊtˈlɪv] vt. ①比…经久 ②活得比…更久 ③度过

outlook [ˈaʊtlʊk] ❶ n. 前景,前途,观点,警戒 ❷ vt. 比…好看

outlying [ˈaʊtlaɪɪŋ] a. ①远离中心的,边远的 ②无 关的,题外的

outmaneuver, outmanoeuvre [aʊtməˈnuːvə] vt. 挫败…的计谋,以谋略取胜

outmarch [aʊtˈmɑːtʃ] vt. 进行得比…快

outmarry [ˈaʊtmæri] v. 高攀

outmatch [aʊtˈmætʃ] vt. 胜过

outmilling [ˈaʊtmɪlɪŋ] n. 对向铣切,迎铣

outmoded [aʊtˈməʊdɪd] a. 过时的,废弃了的

outmost [ˈaʊtməʊst] = outermost

outness [ˈaʊtnɪs] n. 客观存在性,外在性

outnumber [aʊtˈnʌmbə] vt. 数量上超过

out-of-date [ˈaʊtəvˈdeɪt] a. 过时的

out-of-focus [ˈaʊtəvˈfəʊkəs] a. 不聚焦的,模糊的

out-of-frame [ˈaʊtəvfreɪm] a. 帧失调的

out-of-ga(u)ge [ˈaʊtəvgɔːdʒ] a. 不合规格的

out-of-repair [ˈaʊtəvrɪˈpeə] a. 失修的,破损的

out-of-roundness [ˈaʊtəvraʊdnɪs] n. 不圆度,椭

圆率

out-of-season [ˈautəvsiːzn] *a.* 过时,不当令

out-of-step [ˈautəvstep] *a.* 不同步的

out-of-the-way [ˈautəvðəweɪ] *a.* ①边远的,交通不便的,人迹罕至的 ②奇特的

out-operator [ˈautɒpərəreɪtə] *n.* "出"算子

outpace [autˈpeɪs] *vt.* 跑得比⋯快

outpatient [ˈautpeɪʃnt] *n.* 门诊患者

outperform [autpəˈfɔːm] *vt.* 工作性能比⋯好,胜过

outphase [ˈautfeɪz] *n.* ; *v.* 反相,相位不重合

outpolar [ˈautpəulə] *a.* 外配极的

outport [ˈautpɔːt] *n.* 外港,输出港

outpost [ˈautpəust] *n.* 前哨地区,边远地区,哨兵

outpour [autˈpɔː] *vt.*; *n.* 泻出

outpouring [ˈautpɔːrɪŋ] *n.* 泻出,迸发

out-primary [autˈpraɪmərɪ] *n.* 初级绕组端

outproduce [autprəˈdjuːs] *vt.* 在生产上胜过

output [ˈautput] ❶ *n.* ①产量 ②输出 ③流量,输出量 ④计算结果 ❷ *vt.* 输出

〖用法〗表示"在输出端"时,应该写成"at the output"。如:The mean-square signal current <u>at the output</u> is as follows. 在输出端的均方信号电流如下。

outrage [ˈautreɪdʒ] ❶ *n.* 暴行 ❷ *vt.* 违反,迫害

outrageous [autˈreɪdʒəs] *a.* 残暴的,荒谬绝伦的

outran [autˈræn] outrun 的过去式

outrance [uːˈtrɒŋs] (法语) *n.* 极端,最后

outrange [autˈreɪndʒ] *vt.* ; *n.* 射程超过,比⋯能看得远,超出作用距离范围

outrank [autˈræŋk] *vt.* 等级超过

outre [uˈtreɪ] (法语) *a.* 超越常规的,奇怪的,过度的

outreach [autˈriːtʃ] ❶ *v.* 超过 ❷ *n.* 起重机臂,伸出,延展,范围

outremer [uːtrəˈmeə] (法语) ❶ *ad.* 在海外 ❷ *n.* 海外

outridden [autˈrɪdən] outride 的过去分词

outride [autˈraɪd] (outrode, outridden) *vt.* 行驶速度比⋯快,冲过

outrigged [ˈautrɪgd] *a.* 有舷外装置的

outrigger [ˈautrɪgə] *n.* 承力外伸支架,悬臂梁

outright [autˈraɪt] ❶ *ad.* ①完全地,全部地 ②公开地 ③立刻 ❷ *a.* 直率的,彻底的,总共的

outrival [autˈrɪvəl] *vt.* 胜过

outrun [autˈrʌn] (outran, outrun) *vt.* 超过比,比⋯跑得更快

outrush [ˈautrʌʃ] *n.* 高速流出的射流

outsail [autˈseɪl] *vt.* 航行比⋯快

outscriber [ˈautskraɪbə] *n.* 输出记录机

outsell [autˈsel] (outsold) *vt.* 卖得比⋯多(快)

outset [ˈautset] *n.* 开始,最初 ☆**at (in) the outset** 当初,开始; **from the outset** 从开头

outshine [autˈʃaɪn] *vt.* 照得比⋯亮,使⋯相形见绌

outshoot [autˈʃuːt] *v.*;*n.* 射出,伸出物

outshore [autˈʃɔː] *n.* 远离海滨,海上

outshot [ˈautʃɒt] ❶ *n.* 废品,凸出部分 ❷ *v.* outshoot 的过去式和过去分词

outside [autˈsaɪd] ❶ *n.* ①外部,外表 ②极端 ③(游标卡尺的)外卡脚 ❷ *prep.* ①在⋯的外边 ②超过⋯范围 ③除去⋯的 ❸ *a.* ①外面的,表面的 ②室外的 ③极端的 ④局外的,外行的 ❹ *ad.* ①在外面,户外 ②在海上 ③出线 ☆**at the (very) outside** 至多

outsider [ˈautˈsaɪdə] *n.* 外行,局外人

outsight [ˈautsaɪt] *n.* 对外界事物的观察

outsize [ˈautsaɪz] *n.* 特大号

outsized [ˈautsaɪzd] *a.* 特别大的

outskirts [ˈautskɜːts] *n.* 郊外,外围,边界 ☆**on the outskirts of** 在⋯的外边〔郊区〕

outsleep [autˈsliːp] *vt.* 睡过

outsmart [autˈsmɑːt] *vt.* 比⋯聪明,以机智胜过,哄骗 ☆**outsmart oneself** 聪明反被聪明误

outsole [ˈautsəul] *n.* 脚,基底,皮鞋底的外部

outspent [autˈspent] *a.* 废的,耗尽的

outspoken [autˈspəukən] *a.* 直率的

outspread [autˈspred] ❶ *n.* 扩张,展开,散布伸开 ❷ *a.* 扩张的,展开的

outstanding [autˈstændɪŋ] ❶ *a.* ①杰出的,突出的 ②未完成的,未解决的 ☆**leave outstanding** 搁置不管 ❷ *a.* 突出的,伸出的 ‖ ~**ly** *ad.*

outstation [ˈautsteɪʃən] *n.* 分局,外场,野外靶场,边缘哨所

outstay [autˈsteɪ] *v.* 住得超过限度,在持久力上超过

outstep [autˈstep] *vt.* 走过,超过

outstretch [autˈstretʃ] *vt.* 拉长,伸展(得超出⋯的范围)

outstrip [autˈstrɪp] *vt.* 超过,(使)超前,提前,优于

outstroke [autˈstrəuk] *n.* 排气冲程

outthrust [autˈθrʌst] *v.*;*a.*;*n.* 冲出(的),突出(的,物)

out-to-out [ˈautəaut] *n.*; *a.* 总外廓尺寸,全长,全宽

outtravel [autˈtrævəl] *vt.* 旅行超出某范围,在速度上超过

out-trunk [autˈtrʌŋk] *n.* 去中继线,出中继线

outturn [ˈauttɜːn] *n.* 产量,卸货

outvalue [autˈvæljuː] *vt.* 比⋯有价值

outvie [autˈvaɪ] *vt.* 胜过,打败

outvoice [autˈvɔɪs] *vt.* 声音压过,竞争胜过

outwalk [autˈwɔːk] *vt.* 比⋯走得快(远),追过

outward [ˈautwəd] ❶ *a.* ①外部的,表面的 ②向外的 ③物质的 ④明显的,公开的 ❷ *ad.* 向外,表面上,往海外 ❸ *n.* 外部,外表 ☆**to outward seeming** 从外表上看来; **outward and homeward** 来回

outward-bound [ˈautwədˈbaund] *a.* 开往国外的,出航的

outwardly [ˈautwədlɪ] *ad.* ①向外,从外面来 ②外表上,向外,离家,离出发地

outwardness [ˈautwədnɪs] *n.* 客观性

outwards ['aʊtwədz] *ad.* 向外,外表上,向外,离家,离出发地

outwash ['aʊtwɒʃ] *n.* 冲蚀,刷净,冰水沉积

outwatch ['aʊtwɒtʃ] *vt.* 比…看得久,一直看到看不见为止

outwear [aʊt'weə] *vt.* ①比…经久耐用 ②用完 ③穿破

outweigh [aʊt'weɪ] *vt.* 重于,优于,在重要性或价值方面超过

outwell [aʊt'wel] *v.* ①倒掉 ②铸造,涌出;喷出

outwit [aʊt'wɪt] *vt.* 以智战胜

outwork ❶ ['aʊtwɜːk] *n.* ①野外工作 ②外围防御工事 ❷ *vt.* 在工作上胜过

outworker ['aʊtwɜːk] *n.* 外勤人员

outworn [aʊt'wɔːn] *a.* ①过时的,已废除不用的 ②磨坏的

oval ['əʊvəl] *n.* ; *a.* 椭圆(的),卵形(的,物,线)

ovalbumin [əʊvæl'bjuːmən] *n.* 卵清蛋白 卵白蛋白

ovalene ['əʊvəliːn] *n.* 【化】卵苯

ovalisation, ovalization [əʊvəlaɪ'zeɪʃən] *n.* 成椭圆形

ovality [əʊ'vælɪtɪ] *n.* 椭圆度

ovaloid ['əʊvəlɔɪd] ❶ *n.* 卵形面 ❷ *a.* 似卵形的

ovaritis [əʊvə'raɪtɪs] *n.* 卵巢炎

ovary ['əʊvərɪ] *n.* 卵巢,子房

ovate ['əʊveɪt] *a.* 卵圆形的

ovation [əʊ'veɪʃən] *n.* 热烈欢迎（鼓掌）,欢呼

oven ['ʌvən] *n.* 烤炉,烘箱,恒温箱

ovenbird ['ʌvənbɜːd] *n.* 灶巢鸟

ovenstone ['ʌvənstəʊn] *n.* 耐火石

ovenware ['ʌvənweə] *n.* 烤盘

over ['əʊvə] ❶ *prep.* ①在…上方 ②越过 ③超过 ④比起…来 ⑤在…期间 ☆*excess of A over B* A 超过 B 的部分; *just over* 稍稍超过; *over a range of* 在…的范围内; *over and above* 此外,超过,太过分; *over the air* 用无线电,广播里; *over the hump* 大半已完,困难的部分已经过去; *well over* 比…多得多,大大超过 ❷ *ad.* ①落下 ②溢满 ③从头到尾 ④重复 ⑤剩余 ⑥互换 ⑦过度 ☆*all over* 到处,持续整个一 次,到期; *over again* 再一次,重复 *over against* 正对着,与…对比; *over and over (again)*再三 ❸ *a.* ①上面的,上级的 ②过度的,剩余的 ③过去的 ☆*all over with* 完结; *be over* 结束 ❹ *vt.* 跨过,绕过
〖用法〗❶ 该词作介词时在科技文中的常见含义有: ①它可以表示“与…相比”的含义。如: This method has a few advantages over that one. 这方法与那方法相比有一些优点。/This is a marked decrease over the 150℃ previously cited. 这与前面列举的150℃有了明显的下降。/In this case, the use of frequency modulation offers the possibility of improved noise performance over amplitude modulation.在这种情况下,频率调制提供了与振幅调制相比可以提高噪声性能的可能性。②它可以

表示“通过”。如: It is necessary to protect data that are transferred over the network. 必须保护通过网路传递的数据。③它可表示在“在…上方”。如: These signals are picked up by electrodes taped to the skin over the muscle.这些信号由绑在肌肉上方皮肤上的电极取得接收。④它可表示“在…范围内”,“相对于”。如: The integral of a torque over the time interval it acts is called the angular impulse of the torque.力矩在其作用的时间间隔内的积分就称为该力矩的角动量。/The average frequency in Hertz, over an interval from t to t + Δt, is given by the following expression.在从t到t + Δt的间隔内的平均频率(单位为赫兹)由下式表示。⑤它可以引出其前面名词的逻辑宾语。如: This voltage gives the control over the brightness of the light spot. 这个电压是控制光点的亮度。⑥它可以表示“超过,多于”。如: The force between the spheres is only a little over a millionth of a pound.这两个球体之间的力仅比百万分之一磅多一点。⑦它可以表示“而不是”(来源于其含义“胜过”)。如: The selection of one method over another is often influenced by the computer system to be used. 选用一种方法而不是另一种方法往往受到所要采用的计算机系统的影响。/On this basis, it is reasonable to choose the former over the latter. 根据这一点,选择前者而不是后者是合理的。⑧它可以表示“除以”。如: Current is equal to voltage over resistance. 电流等于电压除以电阻。❷ 注意下面例句的中该词的含义: For belts 8 in. wide and over, use the second figure of the column. 对于8英寸及8英寸以上宽度的皮带,要使用本栏中的第二个数字。

overabound [əʊvərə'baʊnd] *vi.* 过多

overabundance [əʊvərə'baʊndəns] *n.* 过多,过剩

overabundant [əʊvərə'baʊndənt] *a.* 过多的,过富的

overacidity [əʊvərə'sɪdɪtɪ] *n.* 过酸度

overact [əʊvə'rækt] *v.* 动作过火,夸张

overactive [əʊvə'ræktɪv] *a.* 过度活化的,过于活泼的

overactivity [əʊvəræk'tɪvɪtɪ] *n.* 过度活化性,过于活泼

overage ['əʊvərɪdʒ] *v.;n.;a.* ①超出(的),(商品)过多(的) ②过老化(的),逾龄(的)

overagitation [əʊvərædʒɪ'teɪʃən] *n.* 过度搅拌

overalkalinity [əʊvərælkə'lɪnɪtɪ] *n.* 过碱度

overall ['əʊvərɔːl] ❶ *a.* ①总共的,全面的 ②一般的 ❷ *ad.* 全面地,总的说来
〖用法〗注意下面例句中该词的含义: The resulting equation is the same as the previous equation except for an overall factor of −1. 得到的方程是与前面的那个方程相同的,只不过每项都乘上了一个因子−1。

overambitious [əʊvəræm'bɪʃəs] *a.* 野心太大的

overamplification [əʊvəræmplɪfɪ'keɪʃən] *n.* 放

O

大过度

overanneal [ˌəʊvərəˈniːl] v. 过度退火

overanxiety [ˌəʊvəræŋˈzaɪətɪ] n. 过于担心,过分渴望,过虑,杞人忧天

overanxious [ˌəʊvəˈræŋkʃəs] a. 过于担心的,过分渴望的,急于求成

overarch [ˌəʊvəˈrɑːtʃ] v. (在上面)做成拱形

overarm [ˈəʊvərɑːm] a. 举手过肩而投球的

overbake [ˌəʊvəˈbeɪk] v. 烘焙过度

overbalance [ˌəʊvəˈbæləns] ❶ v. ①(使)失去平衡 ②过重,(价值)超过 ❷ n. ①不平衡 ②超重,(价值)超过

overbank [ˌəʊvəbæŋk] n. 大坡度转弯,倾斜过度,河滩

overbar [ˈəʊvəbɑː] n. 划在上面的横线

overbased [ˈəʊvəbeɪst] a. 高碱性的

overbate [ˌəʊvəˈbeɪt] v. 过度软化〔减弱〕,过度减弱

overbear [ˌəʊvəˈbeə] vt. 压碎,克服,压服,否决

overbearing [ˌəʊvəˈbeərɪŋ] a. ①厉害的,压倒的 ②专横的,傲慢的 ‖ **~ly** ad.

overbend [ˌəʊvəˈbend] v. 过度弯曲

overbiased [ˌəʊvəˈbaɪəst] a. 过偏压的

overbleach [ˌəʊvəˈbliːtʃ] v. 过度漂白

overblouse [ˈəʊvəblaʊs] n. 女式长罩衫

overblow [ˌəʊvəˈbləʊ] v. ①(转炉)过吹,(高炉)加速鼓风 ②狂吹,吹散

overblown [ˌəʊvəˈbləʊn] a. ①被吹散刮走的,(风)停了的 ②被忘记的,完了的;停息的,盛开的

overboard [ˈəʊvəbɔːd] ad. 在船外,到水中;拒绝;丢弃 ☆ **throw overboard** 扔掉,放弃,丢在船外〔水中〕

overboard-dump [ˈəʊvəbɔːdʌmp] n. 卸载

overbold [ˌəʊvəˈbəʊld] a. ①过于大胆的 ②过分显眼的,过于凸露的

overbreak [ˌəʊvəˈbreɪk] v. 隧洞超挖,超爆,过度断裂,塌方

overbreakage [ˌəʊvəˈbreɪkɪdʒ] n. 超挖度

overbridge [ˈəʊvəbrɪdʒ] n. 天桥,跨线桥

overbrim [ˌəʊvəˈbrɪm] v. (使)溢出 ☆ **fill to overbrimming** 灌得满满的

overbuild [ˌəʊvəˈbɪld] v. ①建筑过多 ②建筑在上面 ③指望过度

overbunch [ˈəʊvəˈbʌntʃ] v. 过聚束

overburden [ˌəʊvəˈbɜːdn] ❶ n. ①超载,过度负担 ②上部积土,覆盖层,(高炉)过重料 ❷ v. 超载,(使)负担过度,覆土

overburdensome [ˌəʊvəˈbɜːdənsəm] a. 超载的,过重的

overburn [ˌəʊvəˈbɜːn] v. 烧毁,过烧

overburnt [ˌəʊvəˈbɜːnt] a. 过烧的

overbusy [ˈəʊvəˈbɪzɪ] a. 太忙的

overbuy [ˈəʊvəˈbaɪ] vt. 买得过多,买得过贵

overcanopy [ˌəʊvəˈkænəpɪ] vt. 用帐篷遮盖

overcapacity [ˌəʊvəkəˈpæsɪtɪ] n. 超负荷

overcapitalization [ˌəʊvəkæpɪtəlaɪˈzeɪʃən] n. 投资过多

overcapitalize [ˈəʊvəˈkæpɪtəlaɪz] vt. 投资过多

overcarbonate [ˌəʊvəˈkɑːbəneɪt] v. 充碳酸气过饱和

overcarbonation [ˌəʊvəkɑːbəneɪʃən] n. 充碳酸气过饱和

overcare [ˈəʊvəˈkeə] n. 过分小心,过虑

overcareful [ˈəʊvəˈkeəful] a. 太小心的

overcast [ˈəʊvəkæst] ❶ n. ①阴天 ②支撑加空管道(拱形)支架 ❷ a. 阴天的,忧伤的 ❸ v. 使阴暗,阴云遮蔽

overcaution [ˈəʊvəˈkɔːʃən] n. 过于谨慎

overcautious [ˌəʊvəˈkɔːʃəs] a. 过于谨慎的 ‖ **~ly** ad.

overcharge [ˌəʊvəˈtʃɑːdʒ] ❶ v. ①过高索价 ②过度充电 ③超载 ❷ n. ①过高的索价 ②充电过度 ③超载

overclaim [ˈəʊvəkleɪm] n. 过分的要求

overclass [ˈəʊvəklɑːs] n. 扩类

overclassification [ˌəʊvəklɑːsɪfɪˈkeɪʃən] n. 分级过高

overclimb [ˈəʊvəklaɪm] n. 失速,气流分离

overcloud [ˌəʊvəˈklaʊd] v. 乌云密布,被阴影遮住,(使)变阴暗

overcoat [ˈəʊvəkəʊt] ❶ n. 涂层 ❷ v. 涂刷

overcoating [ˌəʊvəˈkəʊtɪŋ] n. 外敷层,保护涂层,涂刷

overcolor, overcolour [ˌəʊvəˈkʌlə] vt. 着色过浓,夸张

overcome [ˌəʊvəˈkʌm] (overcame, overcome) v. 克服,打败,压倒 ☆ **be overcome** (被)压倒

overcommutation [ˌəʊvəkɒmjuːˈteɪʃən] n. 过度整流,加速换向

overcompacted [ˌəʊvəkəmˈpæktɪd] a. 过度压实的,压得过密的

overcompensate [ˌəʊvəˈkɒmpənseɪt] v. 过度补偿 ‖ **overcompensation** n.

overcompound [ˌəʊvəˈkɒmpaʊnd] v.; n. 过复励,过复绕

overcompression [ˌəʊvəkəmˈpreʃən] n. 过度压缩

overconfidence [ˈəʊvəˈkɒnfɪdəns] n. 过于自信,自负 ‖ **overconfident** a.

overconsolidated [ˌəʊvəkənˈsɒlɪdeɪtɪd] a. 过度固结的 ‖ **overconsolidation** n.

overconstrained [ˌəʊvəkənˈstreɪnd] a. 约束过多的,无解的

overcontrol [ˌəʊvəkənˈtrəʊl] v. 过度控制,过分操纵

overconvergence [ˌəʊvəkənˈvɜːdʒəns] n. 过度收敛,过会聚

overcook [ˌəʊvəˈkuk] v. 焙烧过度,过度损坏

overcool [ˌəʊvəˈkuːl] v. 过度冷却

overcoring [ˌəʊvəˈkɔːrɪŋ] n. 套芯

overcorrection [əʊvəkəˈrekʃən] n. 过调节,重新调整,过校正

overcount [əʊvəˈkaʊnt] v.; n. 计数过度

overcouple [ˈəʊvəˈkʌpl] vt. 过耦合

overcrack [əʊvəˈkræk] v. 过度裂化

overcredulity [ˈəʊvəkrɪˈdjuːlɪtɪ] n. 过于轻信

overcredulous [əʊvəˈkredjʊləs] a. 过于轻信的

overcritical [ˈəʊvəˈkrɪtɪkəl] a. 超过临界的,过分吹毛求疵的

overcross [əʊvəˈkrɒs] v. 上跨交叉,跨越

overcrow [əʊvəˈkrəʊ] vt. 打垮;夸耀

overcrowd [əʊvəˈkraʊd] vt. 使太拥挤

overcrowded [əʊvəˈkraʊdɪd] a. 过于拥挤的,塞得太满的

overcrowding [əʊvəˈkraʊdɪŋ] n. 过分拥挤,人口过密,工业过分集中

overcrowned [ˈəʊvəˈkraʊnd] a. 路拱过大的

overcrust [əʊvəˈkrʌst] vt.; n. 用外皮包,加壳

overcure [əʊvəˈkjʊə] v.; n. 过度硫化;过分治疗

overcurious [əʊvəˈkjʊərɪəs] a. 过于好奇的

overcurrent [ˈəʊvəˈkʌrənt] n. 过载电流

overcut [ˈəʊvəkʌt] v. ①过度切割 ②过度调制

overdam [əʊvəˈdæm] v. 堵坝淹没,过度壅水 ‖ **overdamming** n.

overdamp [əʊvəˈdæmp] v. 过阻尼,强衰减

overdaring [ˈəʊvəˈdeərɪŋ] a. 过于胆大的

overdeepening [əʊvəˈdiːpənɪŋ] n. 过量下蚀

overdelicate [ˈəʊvəˈdelɪkɪt] a. 过于精致的

overdense [ˈəʊvədens] a. 过密的

overdepth [ˈəʊvədepθ] n. 超出深度,外加深度

overdesign [əʊvədɪˈzaɪn] vt.;n. 保险设计,大储备计算

overdetermination [əʊvədɪtɜːmɪˈneɪʃən] n. 超定

overdetermined [ˈəʊvədɪˈtɜːmɪnd] a. 超定的

overdevelop [əʊvədɪˈveləp] vt. 显像过度;过度发展 ‖ **~ment** n.

overdilution [əʊvədaɪˈljuːʃən] n. 过分冲淡

overdimensioned [əʊvədɪˈmenʃənd] a. 超尺寸的

overdischarge [ˈəʊvədɪsˈtʃɑːdʒ] v.;n. 过量放电,(活塞发动机的)提前排气

over-distension [əʊvədɪsˈtenʃən] n.【经】膨胀过度

overdistillation [əʊvədɪstɪˈleɪʃən] n. 另侧的蒸馏

overdo [ˈəʊvəˈduː] vt. ①做得过火,夸张,煮过头 ②使用过多 ③过于劳累 ☆**overdo oneself** 勉强,过分努力

overdog [ˈəʊvədɒg] n. 占上风者

overdoor [ˈəʊvəˈdɔː] ❶ n. ①门顶装饰 ②山墙,人字墙 ❷ a. 门上的

overdose [ˈəʊvədəʊs] n.; vt. 过度剂量

overdraft [ˈəʊvədræft] n. ①透支 ②过度通风,上部通风装置 ③轧件上弯,下压力 ④过度抽汲

overdraught = overdraft

overdraw [ˈəʊvəˈdrɔː] vt. ①透支 ②张拉过度 ③夸张

overdress [ˈəʊvəˈdres] ❶ vt. 过度装饰 ❷ n. 薄外衣

overdried [əʊvəˈdraɪd] a. 过分干燥的

overdrive [əʊvəˈdraɪv] v.; n. ①超速行驶,超速挡,增速传动装置 ②激励过度 ③使用过度,使负担过重

overdriven [əʊvəˈdrɪvn] a. ①超速传动的 ②过载的,过激励的

overdriving [əʊvəˈdraɪvɪŋ] n. 过激励,过载,过调制

overdry [əʊvəˈdraɪ] v. 过分干燥

overdue [ˈəʊvəˈdjuː] a. 过时的,过期的

overdye [ˈəʊvəˈdaɪ] vt. 套色,再染

overeager [ˈəʊvəˈiːgə] a. 过分热心的

overemphasis [ˈəʊvəˈemfəsɪs] n. 过于强调,偏重

overemphasize [ˈəʊvəˈemfəsaɪz] v. 过分强调

overenthusiastic [əʊvəɪnθjuːzɪˈæstɪk] a. 过于热心的

overestimate [ˈəʊvəˈestəmeɪt] v.; n. 估计过高,过于重视

overestimation [ˈəʊvəestɪˈmeɪʃən] n.【经】估计过高,过于重视

overexaggerate [əʊvəɪgˈzædʒəreɪt] v. 过分夸大

overexcavate [əʊvəˈekskəveɪt] v. 超挖

overexcitation [ˈəʊvəɪksaɪˈteɪʃən] n. 过励磁,过激励

overexcite [ˈəʊvəɪgˈsaɪt] vt. 过励磁,过激励 ‖ **~ment** n.

overexert [ˈəʊvəɪgˈzɜːt] vt. 过于用力,过于努力 ‖ **overexertion** n.

overexpansion [ˈəʊvəɪksˈpænʃən] n. 过度膨胀

overexpose [ˈəʊvəɪksˈpəʊz] vt. 使曝光过度,使照射过度 ‖ **overexposure** n.

overextend [ˈəʊvəɪksˈtend] vt. 使延伸过长,使承担过多的义务 ‖ **~ed** a.

overfall [ˈəʊvəfɔːl] ❶ v. 袭击,突然落到⋯头上,漫溢 ❷ n. 溢水沟,溢出口,外溢

overfamiliar [ˈəʊvəfəˈmɪljə] a. 太熟悉的,太普通的

overfatigue [ˈəʊvəfəˈtiːg] vt.;n. (使)疲劳过度,(使)筋疲力尽

overfault [ˈəʊvəfɔːlt] n. 上冲断层

overfeed [ˈəʊvəˈfiːd] v.; n. 过分供给,加料过多

overfill [ˈəʊvəˈfɪl] n.;v. 过满,过量填注 ‖ **~ed** a.

overfinish [əʊvəˈfɪnɪʃ] v. 过度修整

overfire [əʊvəˈfaɪə] v. 过度燃烧,过热,烧毁

overflash [əʊvəˈflæʃ] v.;n. 闪络,过汽化

overflight [ˈəʊvəflaɪt] n. (飞机)飞越上空

overflow [ˈəʊvəˈfləʊ] ❶ v. ①溢出,边缘泄漏 ②超过⋯的界限 ③充满,洋溢 ❷ n. ①泛滥,外溢,边

缘泄漏 ②溢出物 ③排水管,溢水沟

overflowing [əʊvəˈfləʊɪŋ] *n.;a.* 溢出(的,物),充沛(的),洋溢

overflume [ˈəʊvəflju:m] *n.* 越渠渡槽

overflux [ˈəʊvəflʌks] *n.* 超通量

overfly [əʊvəˈflaɪ] *v.* 飞越,飞行在…上空

overfoaming [ˈəʊvəˈfəʊmɪŋ] *n.* 溢泡(现象)

overfoci [əʊvəˈfəʊsaɪ] overfocus 的复数

overfocus [əʊvəˈfəʊkəs] *vt.* 过焦(点)

overfold [ˈəʊvəˈfəʊld] *n.* ; *v.* 倒转褶皱

overfond [ˈəʊvəˈfɒnd] *a.* 过于爱好的

overformed [əʊfəˈfɔːmd] *a.* 过冶成的

overfreight [ˈəʊvəˈfreɪt] ❶ *vt.* 载货过多 ❷ *n.* 过载,超过租船合同货量的运费,运货单之外的一批运货

overfrequency [ˈəʊvəˈfrɪkwənsɪ] *n.* 超频率

overfuel [əʊvəˈfjʊəl] *v.* 燃料供应过量

overfulfil(l) [əʊvəfʊlˈfɪl] *v.* 超额完成 ‖ ~ment *n.*

overfull [ˈəʊvəˈfʊl] ❶ *a.* 太满的,充满的 ❷ *ad.* 过度

overgas [ˈəʊvəgæs] *v.* (煤气加热炉)过吹

overgassing [ˈəʊvəgæsɪŋ] *n.* 过度析出气体,放气过多,过吹(大玻璃砂),过量供给燃气

overgauge [əʊvəgeɪdʒ] ❶ *a.* 超过规定尺寸的,等外的 ❷ *vt.* 放尺,正偏差轧制

overgenerous [ˈəʊvəˈdʒenərəs] *a.* 过于丰富的,过浓的,过于强烈的

overgild [ˈəʊvəˈgɪld] *vt.* 给…表面镀金,把…染成金黄色

overglaze [ˈəʊvəgleɪz] ❶ *a.* 釉面的 ❷ *n.* 面釉

overgovern [əʊvəˈgʌvən] *vt.* 统治过严,强行不必要的规定

overgrind [əʊvəˈgraɪnd] *v.* 研磨过度,过度粉碎

overground [ˈəʊvəgraʊnd] *a.* ①地上的 ②研磨过度的,过度粉碎的

overgrow [ˈəʊvəgrəʊ] *v.* ①生长过度,长过…的范围 ②丛生,长满

overgrown [ˈəʊvəgrəʊn] *a.* 长得太快的,长满的

overgrowth [ˈəʊvəgrəʊθ] *n.* ①生长过度,肥大 ②附生长,增生 ③繁茂,蔓延

overhand [ˈəʊvəhænd] ❶ *a.* 举手过肩的,支撑的 ❷ *ad.* 从上支持着手,举手过肩 ❸ *n.* 优势,上风

overhang [ˈəʊvəˈhæŋ] ❶ *v.* ①外伸,悬垂,悬于…之上 ②威胁,逼近 ❷ *n.* ①突出物,悬垂物,悬伸 ②横罩,檐 ❸ *a.* 悬臂的,突出的

overhanging [ˈəʊvəˈhæŋɪŋ] *a.* 悬伸的,突出的,在轴端的,前探的

overhardening [əʊvəˈhɑ:dnɪŋ] *n.* ; *a.* 过硬的,硬化

overhasty [ˈəʊvəˈheɪstɪ] *a.* 太急速的,过分轻率的

overhaul [ˈəʊvəˈhɔ:l] ❶ *n.* ①大检修,彻底检查 ②超过免费标准的运距 ❷ *v.* ①大检修 ②追上 ③超runner过

overhead [ˈəʊvəˈhed] ❶ *a.* ①头上的,高架的 ②经常的 ③普遍的,平均的 ④未分类的,间接的 ⑤

塔顶馏出的 ❷ *n.* ①经常管理费,杂项开支 ②辅助操作 ③塔顶流出物,(蒸馏塔)顶部 ④额外消耗,额外量 ⑤天花板 ❸ *ad.* 在头上,高高地 【用法】该词当副词时可以作后置定语。如: Before 1960, the standard of time was the interval of time between successive appearances of the sun overhead, averaged over a year, and called the mean solar day. 在 1960 年前,时间标准是头顶上的太阳相继出现的时间间隔在一年内的平均值,它被称为平均太阳日。

overheap [ˈəʊvəˈhi:p] *vt.* 堆积过多,装载过度

overhear [əʊvəˈhɪə] *vt.* ①串音 ②偶而听到,偷听

overheat [ˈəʊvəˈhi:t] *v.;n.* ①(使)过热 ②(使)过分激动 ‖ **overheated** *a.*

overheater [əʊvəˈhi:tə] *n.* 过热器

overhours [ˈəʊvəaʊəz] = overtime

overhoused [ˈəʊvəˈhaʊzd] *a.* 房子太大的

overhung [ˈəʊvəˈhʌŋ] *a.* 悬臂的,外伸的

overhydration [əʊvəhaɪˈdreɪʃən] *n.* 水合过度,水中毒

overhydrocracking [əʊvəhaɪdrəʊˈkrækɪŋ] *n.* 深度加氢裂化

overindulge [ˈəʊvəɪnˈdʌldʒ] *vt.* 放纵,姑息

overinflation [əʊvəɪnˈfleɪʃən] *n.* 【医】过度打气,过量充气

overirradiation [əʊvəɪreɪdɪˈeɪʃən] *n.* 【医】过度辐照

overissue [ˈəʊvəˈɪsjʊ] *n.;v.* 滥发,限外发行,过剩印刷物

overjoyed [əʊvəˈdʒɔɪd] *a.* 极度高兴的

overjump [ˈəʊvəˈdʒʌmp] *v.* ①跳过,飞越 ②飞过头 ③忽略

overkill [ˈəʊvəˈkɪl] ❶ *v.* 用过多的核力量摧毁(目标),过量杀伤 ❷ *n.* 过多(的核武器摧毁力)

overlabo(u)r [ˈəʊvəˈleɪbə] *vt.* 使劳动过度

overlade [ˈəʊvəˈleɪd] *vt.* 超载,过负荷

overladen [ˈəʊvəˈleɪdn] *a.* 过载的,过负荷的

overland [ˈəʊvəˈlænd] ❶ *ad.* 经由陆路 ❷ *a.* ①陆路上的,横跨大陆的 ②地表的

overlap [əʊvəˈlæp] *v.;n.* ①部分重叠,互搭,覆盖(面) ②叠加,交错 ③(时间等)巧合,重复(摄影) ④并行,复用 ⑤跨越 ⑥飞弧,溢流 ⑦堵塞 ⑧(焊接的)飞边,焊瘤

overlay [ˈəʊvəˈleɪ] ❶ *n.* ①外罩,覆盖层,盖在上面的东西 ②镀,覆盖 ③【计】重复占位(程序) ④共用(交换使用)存储区 ④(照片)轮廓纸 ⑤增加物,(牙)高嵌体 ❷ *v.* ①镀,覆盖,堆焊 ②重叠 ③【计】重复占位 ④弄阴,叠影放映(复制),把作(照片)轮廓的纸贴在…上

overleaf [ˈəʊvəˈli:f] ❶ *ad.* 在下页,在反面 ❷ *n.* 下页,反页

overleap [ˈəʊvəˈli:p] ❶ *vt.* ①跳过 ②忽略 ❷ *v.* 过犹不及,做得过火

overlength [ˈəʊvələŋθ] *n.* 过长,剩余长度

overlie [ˈəʊvəˈlaɪ] *v.* 放在上面,覆盖在…上面

overlimed ['əʊvəlaimd] *a.* 加灰过量的

overline ['əʊvəlain] *a.* 跨线的

overload ['əʊvə'ləʊd] *v.* ; *n.* (使)超载,超重(现象)

overloader ['əʊvələʊdə] *n.* 斗式装载机

overlong ['əʊvə'lɒŋ] *a.* 过长的

overlook [əʊvə'lʊk] *v.* ①俯视,眺望 ②忽视,漏看 ③耸立,高过 ④监督,视察

overlooker ['əʊvə'lʊkə] *n.* 检查员,督察员

overlord ['əʊvəlɔ:d] *n.* 大地主,霸王

overlower [əʊvə'ləʊə] *v.* 过度降低

overlubricate [əʊvə'lju:brikeit] *vt.* 过量润滑

overly ['əʊvəli] *ad.* 过分地

overlying [əʊvə'laiiŋ] *a.* 上面覆盖的,叠加的

overman ['əʊvəmən] **❶** *n.* 工头,监督者 **❷** *v.* 配置人员过多

overmany [əʊvə'meni] *a.* 过多的

overmasted [əʊvə'mɑ:stid] *a.* 桅杆太长的

overmaster [əʊvə'mɑ:stə] *vt.* 征服,压倒

overmastication [əʊvəmæsti'keiʃən] *n.* 过度研磨

overmatch [əʊvə'mætʃ] **❶** *vt.* 优于,过匹配 **❷** *n.* 劲敌

overmaximal [əʊvə'mæksiməl] *a.* 超最大值的

overmeasure [əʊvə'meʒə] **❶** *v.* 估量过大,高估 **❷** *n.* 余量,容差

overmelt ['əʊvəmelt] *v.* ; *n.* 过度熔炼

overmill [əʊvə'mil] *v.* 过度捏和

overmix [əʊvə'miks] *v.* 拌和过度

overmoderate [əʊvə'mɒdəreit] *vt.* 过度缓和

overmodulation [əʊvəmɒdju'leiʃən] *n.* 过调制

overmuch ['əʊvə'mʌtʃ] **❶** *a.* 过多的 **❷** *ad.* 过度地

overmull ['əʊvə'mʌl] *v.* 过混(混砂时间过多)

overnervous ['əʊvə'nɜ:vəs] *a.* 过于紧张,太胆小的

over-neutralization [əʊvənju:trəlai'zeiʃən] *n.* 过度中和

overnice ['əʊvə'nais] *a.* 过于吹毛求疵的,太严格的

overnight ['əʊvə'nait] *a.;ad.* ①在晚上,一夜功夫 ②突然的 ③前一天晚上(的),昨夜(的)

overnutrition [əʊvənju:'triʃən] *n.* 营养过分

over-oxidation [əʊvəɒksi'deiʃən] *n.* 过度氧化

overoxidize ['əʊvə'ɒksidaiz] *vt.* 过度氧化

overpass [əʊvə'pɑ:s] *vt.;n.* ①渡过,越过 ②立体交叉,上跨路(桥) ③忽略,漏看 ④违反 ⑤优于 ⑥溢流挡板

overpassed, overpast ['əʊvə'pɑ:st] *a.* 过去的,已经废除的

overpay [əʊvə'pei] *vt.* 多付款 ‖ **~ment** *n.*

overpeopled ['əʊvə'pi:pld] *a.* 人口过多的

overpickling [əʊvə'pikliŋ] *n.* (板,带材等的)过酸洗

overpitch [əʊvə'pitʃ] *vt.* 夸大

overplay ['əʊvə'plei] *vt.* 把…做得过火,过分依赖…的力量

overplumped [əʊvə'plʌmpt] *a.* 过肥的

overplus [əʊvə'plʌs] *n.* 过剩,超出的数量

overpole [əʊvə'pəʊl] *v.* (炼铜)插树过度,还原过度

overpopulation ['əʊvəpɒpju'leiʃən] *n.* ①人口过多 ②种群过剩 ③超电势

overpotential [əʊvəpə'tenʃəl] *n.* 超电势,过电压

overpower [əʊvə'paʊə] **❶** *vt.* ①打败,压倒 ②供给…过强的力量 **❷** *n.* 过功率

overpowering [əʊvə'paʊəriŋ] *a.* 难以抗拒的,太强的

overpraise [əʊvə'preiz] *vt* ; *n.* 过奖

overpressure ['əʊvə'preʃə] **❶** *n.* 超压,过剩压力 **❷** *v.* 压力上升

overpressurize [əʊvə'preʃəraiz] *v.* 使超压,产生剩余压力 ‖ **overpressurization** *n.*

overprime [əʊvə'praim] *v.* 起动时燃料过量注入 ‖ **~d** *a.*

overprint ['əʊvə'print] *vt.* 加印,罩印,晒相过度,附加印刷(印在空白区的标记)

overproduce ['əʊvəprə'dju:s] *v.* 生产过剩

overproduction ['əʊvəprə'dʌkʃən] *n.* 生产过剩

overproof(ed) [əʊvə'pru:f(d)] *a.* 超标准的

overprotection [əʊvəprə'tekʃən] *n.* 过度防护

overproud [əʊvə'praʊd] *a.* 太骄傲的

overpunching [əʊvə'pʌntʃiŋ] *n.* 【计】上部(附加,三行区)穿孔,补孔修改法

overquench [əʊvə'kwentʃ] *v.* 淬火过度

overradiation [əʊvəreidi'eiʃən] *n.* 辐射过度

overrange [əʊvə'reindʒ] **❶** *v.* 超出额定的界限,超出正常的界限 **❷** *a.* 过量程的

overrate [əʊvə'reit] **❶** *vt.* 定额过高,高估 **❷** *n.* 过定额

overreach [əʊvə'ri:tʃ] *vt.* ; *n.* ①伸得过长 ②越过 ③延长动作(时间) ④普及 ☆ **overreach oneself** 弄巧成拙,枉费心机

overreact [əʊvəri:'ækt] *vt.* 反应过度,反作用过强

overread ['əʊvə'ri:d] *vt.* ①通读 ②从头读完

overreduce [əʊvəri'dju:s] *v.* 过度还原,过度简化 ‖ **overreduction** *n.*

overrefine [əʊvəri'fain] *v.* 过度精制

overreinforced [əʊvəriin'fɔ:st] *a.* 钢筋过多的

overrelaxation [əʊvəri:læk'seiʃən] *n.* 过度松弛

overresonance [əʊvə'rezənəns] *n.* 过共振

overrich ['əʊvəritʃ] *a.* 过富的,混合气体过浓的

override [əʊvə'raid] *v.* ①超过,压倒,克服 ②过载,凸出 ③不顾,藐视 ④取而代之,补偿,人工代用装置 ⑤盈余,上升 ⑥滥用 ⑦清除区(机场跑道两端的备用地区) ⑧代理人佣金

overriding [əʊvə'raidiŋ] **❶** *a.* 占优势的,压倒的;首要的;行驶过度的 **❷** *n.* 超越,仪器过载

overrigid [əʊvə'ridʒid] *a.* 具有多余杆件的(结构)

overripe ['əʊvə'raip] *a.* 过于成熟的

O

overroad ['əʊvərəud] *a.* 跨路的

overroasting ['əʊvə'rəustɪŋ] *n.* 焙烧过度

overroll [əʊvə'rəul] *v.* 过度碾压

overrule [əʊvə'ruːl] *vt.* ①驳回,否决 ②统治,压倒

overrun [əʊvə'rʌn] *v.;n.* ①跑过,超过 ②越程,超速,超支 ③覆盖 ④ 泛滥,荒废 ⑤(飞机)跑道延伸段

overs ['əʊvəs] *n.* 筛渣,筛除物,伸放纸

oversail [əʊvə'seɪl] *v.* 突出,使连续突腰

oversanded ['əʊvəsændɪd] *a.* 多砂的

oversaturated [əʊvə'sætʃəreɪtɪd] *a.* 过饱和的 ‖ **oversaturation** *n.*

overscanning ['əʊvə'skænɪŋ] *n.* 过扫描

overscore ['əʊvəskɔː] *vt.* 在…顶上画线

oversea(s) ['əʊvə'siː(z)] ❶ *a.*①海外的,外国的 ②海面的 ❷ *ad.* 在海外

oversee [əʊvə'siː] *vt.* ①监督,照料 ②忽视

overseam ['əʊvəsiːm] *v.* 包缝

overseer [əʊvə'sɪə] *n.* 监工,监视程序

oversensitive ['əʊvə'sensɪtɪv] *a.* 过分灵敏的 ‖ **oversensitivity** *n.*

overserious ['əʊvə'sɪərɪəs] *a.* 过于严重的,过于认真的,太严肃的

overset [əʊvə'set] *vt.* 翻倒,推翻,(精神)混乱,排字过密

oversew ['əʊvəsəʊ] *vt.* 对缝,缝合

overshadow [əʊvə'ʃædəu] *vt.* ①遮蔽,使蒙上阴影 ②使不显著,夺取…的光彩 ③保护

overshine [əʊvə'ʃaɪn] *vt.* 光比…强,使…相形见绌

overshoe ['əʊvəʃuː] *n.* 套鞋

overshoot [əʊvə'ʃuːt] ❶ *v.* ①过调,过冲(量),超越度 ②(曲线的)突起,脉冲跳增,尖峰 ❷ *v.* ①射击高过瞄准的目标 ②走得太快以至错过了 ③超过,过分 ④溢出 ⑤从高处射下 ☆ **overshoot the mark (oneself)** 做得过火,弄巧成拙

overshot ['əʊvə'ʃɒt] *a.* ①上击式的,上部比下部突出的 ②夸大的

overside [əʊvə'saɪd] ❶ *a.* 从船边的,在唱片反面的 ❷ *ad.* 从船边,越过边缘

oversight ['əʊvəsaɪt] *n.* ①监督,小心照顾 ②大意 ③误差 ☆ **by (an) oversight** 由于粗心大意;**have (the) oversight of** 监督,看管

oversimplify ['əʊvə'sɪmplɪfaɪ] *vt.* 过于简化 ‖ **oversimplification** *n.*

oversize ['əʊvə'saɪz] ❶ *a.* 过大的,安全系数过大的 ❷ *n.* ①超过尺寸,加大的尺子 ②筛上物 ③超差

oversized ['əʊvə'saɪzd] = oversize

oversizing ['əʊvə'saɪzɪŋ] *n.* 选择参数的裕度

overskirt ['əʊvəskɜːt] *n.* 罩裙,外裙

overslaugh ['əʊvəslɔː] ❶ *n.* ①因有重要任务免除职务 ②洲,沙滩 ❷ *vt.* ①解除职务 ②阻止

oversleeve ['əʊvəsliːv] *n.* 袖套

overslip [əʊvə'slɪp] *vt.* ①滑过,错过 ②看漏

oversmoke [əʊvə'sməuk] *v.* 弄得满是烟

overspeed ['əʊvəspiːd] *n.;v.* (使)超速运行,超转速

overspend [əʊvə'spend] *v.* 花费过多,耗尽

overspill ['əʊvəspɪl] *n.* 溢出物

overspray ['əʊvəspreɪ] *n.* 过度喷除

overspread [əʊvə'spred] *v.* 涂,覆盖,蔓延 ☆ **be overspread with** 布满

overstability ['əʊvəstə'bɪlətɪ] *n.* 超稳定性 ‖ **overstable** *a.*

overstaggered [əʊvə'stægəd] *a.* 过参差失调的

overstain [əʊvə'steɪn] *v.* 过度染色

overstate [əʊvə'steɪt] *v.* 夸大,言过其实 ‖ **overstatement** *n.*

overstay [əʊvə'steɪ] *vt.* 呆得超过…的限度

oversteepen [əʊvə'stiːpən] *v.* 削峭 ‖ **oversteepening** *n.*

oversteer [əʊvə'stɪə] ❶ *n.;v.* 过度转向 ❷ *a.* 对驾驶盘反应过敏的

overstep [əʊvə'step] ❶ *vt.* 超越 ❷ *n.* 大冲掩断层

overstock [əʊvə'stɒk] *vt.;n.* 充满,供应过多,存货过剩

overstorey ['əʊvəstɔːrɪ] *n.* 上木(亦作 overwood)

overstory ['əʊvəstɔːrɪ] *n.* 上层

overstrain [əʊvə'streɪn] ❶ *n.* 过度应变,紧张过度 ❷ *v.* 过度应变,(使)过度紧张,过载

overstress [əʊvə'stres] *vt.;n.* 过分强调,紧张过度,过载

overstressing ['əʊvə'stresɪŋ] *n.* 逾限应变,超负载

overstretch [əʊvə'stretʃ] *v.* 过度伸长

overstrung ['əʊvə'strʌŋ] *a.* 过度变形的,紧张过度的

overstuff ['əʊvə'stʌf] *vt.* ①装填过度,塞紧盖起来 ②涂油过多

overstuffed ['əʊvəstʌft] *a.* ①填塞很多的 ②涂油过多的

oversulfur [əʊvə'sʌlfə] *v.* 加硫过量

oversupply ['əʊvəsə'plaɪ] *vt.;n.* 供应过度

overswelling [əʊvə'swelɪŋ] *n.* 冒槽,泛滥,溢出

overswing = overshoot

oversynchronous [əʊvə'sɪŋkrənəs] *a.* 超同步的

overt ['əʊvɜːt] *a.* 外表的,公开的,明显的

overtake [əʊvə'teɪk] *vt.* ①超越,超车 ②突然袭击,突然降临 ③压倒

overtamp [əʊvə'tæmp] *v.* 捣固过度

overtan [əʊvə'tæn] *v.* 过鞣

overtask [əʊvə'tɑːsk] *v.* 加重负担

overtax [əʊvə'tæks] *vt.* 使负担过重,抽税过重

overtemper [əʊvə'tempə] *v.* 过度回火

overtemperature [əʊvə'tempərɪtʃə] *n.* 过热温度,超温

overtension [əʊvə'tenʃən] *n.* 过应力,电压过高,

紧张过度

overthrow [əʊvə'θrəʊ] *vt.;n.* 击败,推翻,打倒,倾覆 ‖ ~al *n.*

overthrust ['əʊvəθrʌst] ❶ *n.* 掩冲断层 ❷ *vt.* 掩冲

overtime ['əʊvətaɪm] ❶ *n.* 加班时间,加班加点费 ❷ *ad.* 在规定时间之外 ☆ *be on overtime* 在加班中

overtire [əʊvə'taɪə] *v.* 使过于疲劳

overtitration ['əʊvətɪ'treɪʃən] *n.* 滴定过头

overtly ['əʊvɜːtlɪ] *ad.* 公开,公然,明显地

overtoil [əʊvə'tɔɪl] *v.* 使过劳

overtone ['əʊvətəʊn] ❶ *n.* ①泛音,泛(倍)频,谐波 ②附带意义 ❷ *vt.* 晒过度

overtop ['əʊvə'tɒp] *vt.* 超出,胜过

overtrade ['əʊvətreɪd] *v.* 过额贸易

overtrades ['əʊvətreɪdz] *n.* 高空信风

overtrain ['əʊvə'treɪn] *vt.* 训练过度

overtravel [əʊvə'trævəl] *v.;n.* ①超程 ②过调(量)

overture ['əʊvətʃʊə] *n.* ①提议,建议 ②序曲,序幕 ☆ *make overtures to* 向…提议

overturn [əʊvə'tɜːn] *v.;n.* 倾覆,推翻

overuse [əʊvə'juːs] *vt.;n.* 使用过度

overvaluation ['əʊvəvælju:'eɪʃən] *n.* 高估

overvalue ['əʊvə'vælju:] *vt.* 过于重视,高估

overventilation ['əʊvəventɪ'leɪʃən] *n.* 换气过度

overvibration ['əʊvəvaɪb'reɪʃən] *n.* 振动过度

overview ['əʊvəvju:] *n.;v.* ①观察,概观 ②综述,概述

overvoltage ['əʊvə'vəʊltɪdʒ] *n.* 超电压,过电压

overvoltage-proof ['əʊvə'vəʊltɪdʒpru:f] *a.* 耐过电压的,有过电压保护的

overvulcanization ['əʊvəvʌlkənaɪ'zeɪʃən] *n.* 【化】过度硫化 ‖ **overvulcanize** *v.*

overwalk ['əʊvə'wɔːk] *v.* 行走过度

overwater ['əʊvə'wɔːtə] *a.* 水面上的

overweening [əʊvə'wiːnɪŋ] *a.* 自负的,傲慢的

overweight ['əʊvəweɪt] *n.;a.;vt.* 超重(的),使负担过重 ‖ ~ed *a.*

overweld [əʊvə'weld] *v.* 过焊

overwet ['əʊvəwet] ❶ *a.* 过湿的 ❷ *v.* 使过湿

overwhelm [əʊvə'welm] *vt.* ①压倒,挫败,击溃 ②淹没,埋没

overwhelming [əʊvə'welmɪŋ] *a.* 压倒的,占绝对优势的 ‖ ~ly *ad.*

overwind ['əʊvə'waɪnd] *v.;n.* (反发条)卷得太紧,卷过头,上卷式

overwinding ['əʊvə'waɪndɪŋ] *n.* 附加绕组

overwintering ['əʊvə'wɪntərɪŋ] *n.* 越冬

overwood ['əʊvə'wʊd] *n.* 上木

overwork ['əʊvə'wɜːk] ❶ *v.* (使)工作过度 ❷ *n.* 过度的工作,加班

overwrap ['əʊvə'ræp] *n.* 外包装纸

overwrite ['əʊvə'raɪt] *v.* ①写在…上面 ②写得过多 ③【计】(冲掉)改写

overwrought [əʊvə'rɔːt] *a.* 过劳的,紧张过度的

overyear ['əʊvə'jɜː] *n.* 越冬

overzoom ['əʊvəzu:m] *n.* 失速,气流分离

oviform ['əʊvɪfɔːm] *a.* 卵形的

ovionic [əʊvɪ'ɒnɪk] *n.* 按奥夫辛斯基效应工作的半导体组件

ovipara [əʊ'vɪpərə] *n.* 卵生动物

oviparous [əʊ'vɪpərəs] *a.* 卵生的

oviposition [əʊvɪpə'zɪʃən] *n.* 产卵

ovist ['əʊvɪst] *n.* 卵原论者

ovoflavin [əʊvəʊ'fleɪvɪn] *n.* 核黄素

ovoglobulin [əʊvə'glɒbjulɪn] *n.* 卵球蛋白

ovoid ['əʊvɔɪd] *a.;n.* 卵(圆)形的,卵形物 ‖ ~al *a.*

ovolo ['əʊvələʊ] *n.* 镘形饰

ovonic [əʊ'vɒnɪk] *a.* 双向的

ovonics [əʊ'vɒnɪks] *n.* 交流控制的半导体元件,双向开关半导体器件

ovulation [ɒvju'leɪʃən] *n.* 排卵

ovum ['əʊvəm] (pl. ova) *n.* 【生】卵,卵细胞

owe [əʊ] *v.* ①欠…的债 ②对…负有义务 ③感谢 ☆ *owe a debt to* 欠…的债,感谢; *owe it to ... that* 亏…; *owe much to* 在很大程度上归功于,多亏; *owe A to B* 把 A 归功于 B
〖用法〗注意下面例句的含义: Special gratitude <u>is owed to</u> Professor J.Z. Young for his great help. 要特别感谢 J. Z. 杨教授所给予的大力帮助。

owing ['əʊɪŋ] *a.* 未付的,欠着的 ☆ *owing to* 由于; *owing to the fact that* 由于

owl [əʊl] *n.* 猫头鹰,夜生动物

owl-light ['əʊlaɪt] *n.* 微光,薄暮

own [əʊn] ❶ *a.* ①自己的 ②独特的 ❷ *v.* ①拥有 ②同意,承认 ❸ *n.* 固有量 ☆ *all one's own* 独特地; *come into one's own* 获得应有的信誉; *hold one's own* 坚持自己的立场; *of one's own* 自己的;*on one's own* 独自
〖用法〗短语 "all one's own" 可以作后置定语。如: This instrument has a few advantages <u>all its own</u>. 这台仪器有一些它独特的优点。/ATM is certainly deserving of a volume <u>all its own</u>. ATM 技术当然应该有自己独特的专集。

owner ['əʊnə] *n.* 所有者,物主,业主,【计】文件编写人 ☆ *at owner's risk* (损失等)由物主负责

ownership ['əʊnəʃɪp] *n.* 所有权,主权

ox [ɒks] (pl. oxen) *n.* 牛

oxacid [ɒk'sæsɪd] *n.* 含氧酸

oxacyclopropane [ɒksəsaɪkləʊ'prəʊpeɪn] *n.* 氧杂环丙烷,环氧乙烷

oxalate ['ɒksəleɪt] *n.* 草酸盐(酯,根),乙二酸盐

oxalic [ɒk'sælɪk] **acid** 乙二酸,草酸

Oxally [ɒk'sælɪ] *n.* 包层钢

oxalacetamide [ɒksæləæsɪ'tæmaɪd] *n.* 草酰乙酰胺

oxalopropionamide [ɒksəprəʊpɪə'næmaɪd] *n.* 草酰丙酰胺

oxamide ['ɒksəmaɪd] n. 草酰胺,乙二酰二胺

oxazinone [ɒk'sæzɪnəʊn] n. 恶嗪酮

oxazolone [ɒksə'zəʊləʊn] n. 恶唑酮

oxazones ['ɒksəzəʊnz] n. 恶嗪酮,羟恶嗪

oxbow ['ɒksbəʊ] n. U 字形弯曲

oxen ['ɒksən] n. ox 的复数

Oxford ['ɒksfəd] n. 牛津,牛津大学

Oxfordian [ɒks'fɔːdɪən] n. (晚侏罗世)牛津阶

oxicracking [ɒksɪ'krækɪŋ] n.【化】氧化裂解

oxidability [ɒksɪdə'bɪlɪtɪ] n.可氧化性

oxidable ['ɒksɪdəbl] a. 可氧化的

oxidant ['ɒksɪdənt] n.【化】氧化剂

oxidase ['ɒksɪdeɪz] n.【化】氧化酶

oxidate ['ɒksɪdeɪt] ❶ v. 氧化 ❷ n. 氧化物

oxidation [ɒksɪ'deɪʃən] n. 氧化作用,氧化层

oxidation-reduction [ɒksɪ'deɪʃənrɪ'dʌkʃən] n.【化】氧化还原作用

oxidation-resistant [ɒksɪ'deɪʃənrɪ'zɪstənt] ❶ n. 抗氧化剂 ❷ a. 抗氧化的

oxidative ['ɒksɪdeɪtɪv] a. 氧化的

oxide ['ɒksaɪd] n. ; a. 氧化物〔皮,层,的〕

oxide-coated ['ɒksaɪd'kəʊtɪd] a. 涂氧化层的,表面氧化的

oxide-free ['ɒksaɪdfriː] a. 无氧化物的

oxide-fuelled ['ɒksaɪdfjʊəld] a. 氧化物作为燃料的

oxide-mask pattern ['ɒksaɪdmɑːsk'pætən] n. 氧化层掩蔽图案

oxidic [ɒk'sɪdɪk] a. 氧化的

oxidiferous [ɒksɪ'dɪfərəs] a. 含氧化物的

oxidimetry [ɒksɪ'dɪmɪtrɪ] n. 氧化(还原)测定法

oxidisability= oxidizability

oxidisable= oxidizable

oxidisation= oxidization

oxidise= oxidize

oxidizability [ɒksɪdaɪzə'bɪlɪtɪ] n. 可氧化性,氧化度

oxidizable [ɒksɪ'daɪzəbl] a. 可氧化的

oxidization [ɒksɪdaɪ'zeɪʃən] n. 氧化作用,生锈

oxidize ['ɒksɪdaɪz] v. ①使氧化,使生锈 ②使脱氢 ③使增加原子价

oxidizer ['ɒksɪdaɪzə] n. 氧化剂

oxido-indicator ['ɒksɪdəʊ'ɪndɪkeɪtə] n. 氧化物指示剂

oxido-reductase [ɒksɪdəʊrɪ'dʌkteɪs] n. 氧化还原酶

oxido-reduction [ɒksɪdəʊrɪ'dʌkʃən] n. 氧化还原作用

oxidosis [ɒksɪ'dəʊsɪs] n. 酸中毒

oxidosome ['ɒksɪdəʊsəm] n. 氧化体,氧化粒

oximase ['ɒksɪmeɪs] n. 肟酶

oximate ['ɒksɪmeɪt] n. 肟盐

oximation [ɒksɪ'meɪʃən] n.【化】肟化作用

oxime ['ɒksiːm] n. 肟

oximeter [ɒk'sɪmɪtə] n. 血氧定量计,光电血色计

oximetry [ɒk'sɪmɪtrɪ] n. 测氧化,氧化测定术

oximide ['ɒksɪmaɪd] n. 草酰亚胺

oxinate ['ɒksɪneɪt] n.【医】8-羟基喹啉盐

oxine ['ɒksaɪn] n.【医】8-羟基喹啉

oxirane ['ɒksɪreɪn] n. 环氧乙烷

oxisol ['ɒksɪsɒl] n. 氧化土

oxitol ['ɒksɪtɒl] n. 苯基溶纤剂

oxo ['ɒksəʊ] a. 氧代,氧络的,含氧的

oxo-compound ['ɒksəʊ'kɒmpaʊnd] n.【化】氧基化合物

oxoglutarate [ɒksə'glʌtəreɪt] n. 酮戊二酸

oxogroup ['ɒksəgruːp] n. 桥氧基

oxoisomerase [ɒksəaɪ'səʊməreɪs] n. 磷酸己糖异构酶

oxolation [ɒksəʊ'leɪʃən] n. 氧桥合作用

oxonation [ɒksəʊ'neɪʃən] n. 羰化反应

Oxonian [ɒk'səʊnɪən] a. 牛津大学的

oxo-process ['ɒksəʊ'prəʊses] n. 氧化法,氧化合成

oxoprolinase [ɒksəʊ'prəʊlɪneɪs] n. 羟脯氨酸酶

oxo-reaction [ɒksəʊrɪ'ækʃən] n.【化】含氧化物合成反应

oxo-synthesis [ɒksəʊ'sɪnθəsɪs] n. 氧化合成

oxozone ['ɒksəzəʊn] n. 四聚氧

oxozonide [ɒk'sɒzənaɪd] n. 氧臭氧化合物

oxyacetone [ɒksɪæ'sɪtəʊn] n. 氧丙酮

oxyacetylene ['ɒksɪə'setɪliːŋ] n. ; a. 氧炔(的)

oxyacid [ɒksɪ'æsɪd] n. 含氧酸

oxyarc ['ɒksɪɑːk] n. 吹氧切割弧

oxyaustenite [ɒksɪ'ɒstənaɪt] n. 氧化奥氏体

oxybiontic [ɒksɪbaɪ'ɒntɪk] a. 需氧的

oxybiosis [ɒksɪ'baɪəsɪs] n. 需氧生活

oxybiotin [ɒksɪ'baɪəʊtɪn] n. 氧代生物素

oxybromide [ɒksɪ'brəʊmaɪd] n. 溴氧化物

oxycalorimeter [ɒksɪkælə'rɪmɪtə] n. 氧量热计

oxycatalyst [ɒksɪ'kætəlɪst] n. 氧化催化剂

oxycellulose [ɒksɪ'seljʊləʊs] n. 氧化纤维素

oxycephalic [ɒksɪ'sefəlɪk], oxycephalous [ɒksɪ'sefələs] a.【医】尖头的

oxychloride ['ɒksɪ'klɔːraɪd] n. 氯氧化物

oxychlorination [ɒksɪklɔːraɪ'neɪʃən] n. 氧氯化

oxycholesterol [ɒksɪkəʊ'lestərəʊl] n. 羟胆甾醇,羟胆固醇

oxychromatic [ɒksɪkrəʊ'mætɪk] a. 嗜酸染色质的

oxychromatin [ɒksɪ'krəʊmətɪn] n. 嗜酸染色质

oxydant ['ɒksɪdənt] n. 含氧成分

oxydehydrogenation [ɒksɪdɪhaɪdrədʒɪ'neɪʃən] n. 氧化脱氢

oxydol ['ɒksɪdɒl] n. 双氧水,过氧化氢

oxydone ['ɒksɪdɒn] n. 氧化酮

oxydrolysis [ɒksɪ'drəʊlɪsɪs] n. 氧化水解反应

oxydum ['ɒksɪdʌm] n. (拉丁语)氧化物

oxyferrite [ɒksɪferaɪt] n. 氧化铁素体

oxyfluoride [ɒksɪˈfluəraɪd] n. 氟氧化物

oxyful [ˈɒksɪfʊl] n. 双氧水

oxygen [ˈɒksɪdʒən] n.【化】氧,氧气

oxygenant [ˈɒksɪdʒɪnənt] n. 氧化剂

oxygenase [ˈɒksɪdʒɪneɪs] n. 加氧酶

oxygenate [ɒkˈsɪdʒɪneɪt] v. 用氧处理,使氧化,充氧 ‖ oxygenation n.

oxygenator [ˈɒksɪdʒəneɪtə] n. 充氧器

oxygen-bearing [ˈɒksɪdʒən'beərɪŋ] a. 含氧的

oxygen-blown [ˈɒksɪdʒənbləʊn] a. 吹氧的

oxygen-containing [ˈɒksɪdʒənkənˈteɪnɪŋ] n.;a. 含氧(的)

oxygen-enriched [ˈɒksɪdʒənɪnˈrɪtʃt] a. 增氧的

oxygen-free [ˈɒksɪdʒənfriː] a. 无氧的,不含氧的

oxygenic [ɒksɪˈdʒenɪk] a. 含氧的,似氧的

oxygenium [ˈɒksɪdʒənɪəm] n. 氧(气)

oxygenolysis [ɒksɪdʒəˈnɒlɪsɪs] n. 氧化分解作用

oxygenous= oxygenic

oxygen-rich [ˈɒksɪdʒənrɪtʃ] a. 富氧的

oxygen-sensitive [ˈɒksɪdʒənˈsensɪtɪv] a. 对氧灵敏的

oxygon(e) [ˈɒksɪgɒn] n. 锐角三角形

oxygon(i)al [ɒksɪˈgɒn(ɪ)əl] n. 锐角(三角形)的

oxyhalide [ɒksɪˈhælaɪd] n. 卤氧化物

oxyhalogen [ɒksɪˈhæləʊdʒən] n. 卤氧

oxyhalogenide [ɒksɪˈhæləʊdʒənaɪd] n. 卤氧化物

oxyhemocyanin [ɒksɪhiːməˈsaɪənɪn] n. 氧合血蓝蛋白

oxyhemoglobin [ɒksɪhiːməˈgləʊbɪn] n. 氧合血红蛋白

oxyhepatitis [ɒksɪhepəˈtaɪtɪs] n. 急性肝炎

oxyhydrate [ɒksɪˈhaɪdreɪt] n. 氢氧化物

oxyhydrogen [ɒksɪˈhaɪdrədʒən] n. 氢氧爆炸气,爆炸瓦斯

oxylophyte [ɒkˈsɪləfaɪt] n. 喜酸植物

oxyluciferin [ɒksɪluːˈsɪfərɪn] n. 氧化荧光

oxyluminescence [ɒksɪlʊmɪˈnesns] n. 氧发光

oxymercuration [ɒksɪmɜːkjʊˈreɪʃən] n. 氧基汞化作用

oxymeter [ɒkˈsɪmɪtə] n. 量氧计

oxymuriate [ɒksɪˈmjʊərɪt] n. 氯氧化物

oxynervone [ɒksɪˈnɜːvəʊn] n. 羟基神经苷酯

oxynitrate [ɒksɪˈnaɪtreɪt] n. 含氧硝酸盐

oxynitride [ɒksɪˈnaɪtraɪd] n. 氮氧化合物

oxyopia [ɒksɪˈəʊpɪə] n. 敏视,视觉敏锐

oxyosis [ɒksɪˈəʊsɪs] n. 酸中毒

oxyphilous [ɒksɪˈfɪləs] a. 嗜酸的

oxyphobous [ɒksɪˈfəʊbəs] a. 嫌酸的

oxyphytes [ˈɒksɪfaɪts] n. 喜酸植物

oxyproline [ɒksɪˈprəʊlɪn] n. 羟基脯氨酸

oxypurine [ɒksɪˈpjʊərɪn] n. 羟基嘌呤

oxyquinoline [ɒksɪˈkwɪnəʊlɪn] n. 8-羟基喹

oxyradical [ɒksɪˈrædɪkəl] n. 氧化自由基

oxysalt [ˈɒksɪsɔːlt] n. 含氧盐

oxysensible [ɒksɪˈsensəbl] a. 对氧敏感的

oxysphere [ˈɒksɪsfɪə] n. 岩石圈

oxysulfate [ɒksɪˈsʌlfɪt] n. 含氧硫酸盐

oxysulfide, oxysulphide [ɒksɪˈsʌlfaɪd] n. 硫氧化物

oxytetracycline [ˈɒksɪtetrəˈsaɪklɪn] n. 氧四环素,土霉素

oxythiamine [ɒksɪˈθaɪəmɪn] n. 羟基硫胺素

oxytolerant [ɒksɪˈtɒlərənt] a. 耐氧的

oxytrichloride [ɒksɪtraɪˈklɔːraɪd] n.【化】三氯氧化合物

oxytrifluoride [ɒksɪtraɪˈfluəraɪd] n.【化】三氟氧化物

oxytropic [ɒksɪˈtrɒpɪk] a. 向氧的

oxytropism [ɒksɪˈtrɒpɪzəm] n. 向氧性

oxyty [ˈɒksɪtɪ] n.【医】溶氧浓度

oyamycin [ˈɔɪəmɪsɪn] n.【化】大谷霉素

oyster [ˈɔɪstə] n.;a. ①透镜形零件,扁豆形的 ②蚝,牡蛎

ozocerite, ozokerite [əʊˈzəʊkəraɪt] n. 地蜡

ozonation [əʊzəʊˈneɪʃən] n. 臭氧化作用,臭氧消毒处理

ozonator [ˈəʊzəneɪtə] n. 臭氧发生器

ozone [ˈəʊzəʊn] n.【化】臭氧,新鲜空气

ozonic [əʊˈzɒnɪk] a. 臭氧的,臭氧似的

ozonidate [əʊzəʊˈnaɪdeɪt] n. 臭氧剂

ozonide [ˈəʊzənaɪd] n. 臭氧化物

ozoniferous [əʊzəˈnɪfərəs] a. 有臭氧的

ozonium [ˈəʊzəʊnɪəm] n. 菌丝束

ozonize [ˈəʊzənaɪz] vt. 用臭氧处理,臭氧化 ‖ ozonization n.

ozonizer [ˈəʊzənaɪzə] n. 臭氧发生器,臭氧消毒机

ozonolysis [əʊzəʊˈnɒlɪsɪs] n. 臭氧分解

ozonometer [əʊzəˈnɒmɪtə] n. 臭氧计

ozonometry [əʊzɒˈnɒmɪtrɪ] n. 臭氧测定术

ozonopause [əʊˈzəʊnəpɔːs] n. 臭氧顶层,臭氧层上界

ozonoscope [əʊˈzəʊnəskəʊp] n. 臭氧测量器

ozonosphere [əʊˈzəʊnəsfɪə] n. 臭氧层

ozostomia [əʊzɒsˈtəʊmɪə] n. 口臭(症)

O

P p

pace [peɪs] ❶ n. ①步子,一步 ②步法 ③速度 ④梯台,梯步 ☆**at a great (quick, rapid) pace** 大步地,快步地; **at a steady pace** 稳步地; **keep (hold) pace with** 跟上,与⋯并驾齐驱; **put one through one's paces** 或 **try one's paces** 考察⋯的能力; **set (make) the pace** 定速度 ❷ v. ①来回踱步 ②步测,为⋯定速 ☆**pace out (off)** 步测出(一段距离)
〖用法〗表示"以⋯速度"时其前面要用介词"at"。如: The train travels at the pace of 100 kilometers an hour. 该火车以每小时100公里的速度行驶。

pacemaker ['peɪsmeɪkə] n. ①领跑者 ②【医】电子起搏器,心房脉冲产生器

pacer ['peɪsə] n. ①步测者 ②领步人 ③定速装置,起搏器

pachimeter [pə'kɪmɪtə] n. 【商】测重机,弹性切力极限测定计

pachometer [pə'kɒmɪtə] n. 【商】测厚计

pachyglossia [pækɪ'glɒsɪə] n. 厚舌,舌肥厚

pachyman ['pækɪmən] n. 【药】茯苓聚糖

pachymeter = pachometer

pachymose ['pækɪməʊs] n. 茯苓糖

pachynema [pækɪ'niːmə] n. 粗线

pacific [pə'sɪfɪk] a. 和平的,太平洋的 ‖ **~ally** ad.

pacify ['pæsɪfaɪ] vt. 抚慰,使平静,平息

pacing ['peɪsɪŋ] ❶ n. 【心】步测,【药】定速 ❷ a. 基本的

pack [pæk] ❶ n. ①包,捆 ②组件,弹头筒 ③塞子 ④叠板 ⑤包装 ⑥堆,群 ⑦大块浮冰 ⑧帕克(重量名) ❷ v. ①打包,装箱 ②组合 ③装填,密封,堆积 ④压紧,夯实 ☆**pack in** 挤进,塞进; **pack out** 解开; **pack up** 包装好,收拾(工具等),出故障
〖用法〗注意下面例句中该词的含义: It is of interest to look at a model of a diamond-structured crystal to see in which planes the atoms are most densely packed. 有趣的是考察一下菱形结构晶体的模型,看看在哪些平面上原子密度最大。

package ['pækɪdʒ] ❶ n. ①包裹,捆 ②外壳,密封的装置 ③【计】插件,(标准)部件,成套设备,(电视等可售予厂商的)完整节目,程序(数据) ④(薄板叠轧时的)折叠 ⑤包装费 ❷ vt. 打包,装箱,封装
〖用法〗注意下面例句中该词的含义: The large dielectric constant of many ceramic materials provides large capacitance values in a small package. 由于许多陶瓷材料的介电常数大,所以很小的一块就能提供很大的电容量。

packaged ['pækɪdʒɪd] a. 小型的,集装的

packager ['pækɪdʒə] n. 打包机

packaging ['pækɪdʒɪŋ] n. ①打包,装箱,外层覆盖 ②包装,封装 ③插件 ④包装材料

packer ['pækə] n. ①包装工人,打包商,罐头公司 ②打包机,装填器,压土机 ③密垫,灌浆塞

packet ['pækɪt] ❶ n. ①小包,小捆,(一)盒 ②小件包裹,数据包 ③邮船 ④子弹 ❷ vt. ①做成包裹 ②用邮船运送

packet-day ['pækɪtdeɪ] n. 邮件截止日,邮船开船日

pack-hardening [pæk'hɑːdnɪŋ] n. 装箱渗碳,装箱表面硬化

pack-house ['pækhaʊs] n. 仓库,堆栈

pack-ice ['pækaɪs] n. 大块浮冰

packing ['pækɪŋ] n. ①打包,装箱,组装 ②包装物,包装用材料 ③填密,灌注,夯实 ④【建】填料,密封件 ⑤【计】存储,合并 ⑥【数】填(敛)集 ⑦图像压缩 ⑧按最大密度选择配料

packingless ['pækɪŋlɪs] a. 不能密封的,无密封的

packless ['pæklɪs] a. 无衬垫的,未包装的,未填实的

packplane ['pækpleɪn] n. 【商】货舱能脱换的飞机

pack-rolled ['pækrəʊld] a. 叠轧的

packsaddle ['pæk‚sædl] n. 驮鞍

packsand ['pæksænd] n. 细砂岩

packway ['pækweɪ] n. 马道

pact [pækt] n. 合同,【法】契约,协定

Pacteron ['pæktərɒn] n. 铁碳磷母合金

paction ['pækʃən] = pact

pad [pæd] ❶ n. ①(缓冲,密封)垫,垫片,垫圈,填料 ②法兰(盘),凸缘 ③底座 ④缓冲器 ⑤焊盘,焊接点 ⑥印色盒,墨滚,底漆 ⑦【商】便笺本,拍纸簿 ❷ vt. ①(装)填,插入 ②添凑,铺 ③【电子】垫整(到),跟踪 ④整平,打底

Padar ['pædə] n. 被达,(一种)无源雷达

padder ['pædə] n. 【计】微调电容器

padding ['pædɪŋ] n. ①填塞(物),衬垫 ②统调,跟踪 ③连接 ④浸染,打底 ⑤冒口贴边 ⑥定色剂,定色法 ⑦使平直,使均匀 ⑧补白

paddle ['pædl] ❶ n. ①桨(状物),叶片 ②搅棒 ③

踏板 ④闸门,开关 ❷ v. 划桨,戏

paddy ['pædɪ] n. 稻,谷

padeye ['pædaɪ] n. 垫板孔眼

padlock ['pædlɒk] ❶ n. 挂锁,扣锁 ❷ vt. 用挂锁锁上,关闭

pad-out ['pædaʊt] n. 填充

paedogamy [pi:'dɒɡəmɪ] n. 幼体配合,自核交配,同支无性交配

paedogenesis [,pi:dəʊ'dʒenɪsɪs] 【动】幼体生殖

paedomorphosis [pi:də,mɔː'fəʊsɪs] n. 滞面发生,幼体发育

paeonidin [pi:'əʊnɪdɪn] n. 芍药素

paeonol,peonol [pi:'əʊnəʊl] n. 芍药醇

pagan ['peɪɡən] n. 异教徒

page [peɪdʒ] ❶ n. ①(印张的)一面,一页 ②招待员 ③记录 ❷ vt. 标明…的页数,寻呼 ☆ *page through* 翻阅
〖用法〗❶表示"在第…页上"要用"on page ..."。❷ 表示"从第 A 页到第 B 页"如果用缩略词的话应该写成"pp. A to B"。(这里"pp."等于"pages"。)

pageant ['pædʒənt] ❶ n. 盛大的场面,盛装游行 ❷ v. 举行盛典庆祝

pager ['peɪdʒə] n. 呼叫器,寻呼机

paginal ['pædʒɪnəl] a. 页的,逐页的

paginary ['pædʒɪnərɪ] = paginal

paginate ['pædʒɪneɪt] vt. ①标记页数 ②【计】加页码 ‖ pagination n.

paging ['peɪdʒɪŋ] n. ①编页码 ②【计】分页,播叫

pagoda [pə'ɡəʊdə] n. 宝塔

pagoda-tree [pə'ɡəʊdə'tri:] n. 槐,榕树

pagodite [pə'ɡəʊdaɪt] n. 寿山石

pagoscope [pə'ɡəʊskəʊp] n. 测霜仪

paid [peɪd] a. 已付的,有工资的

pail [peɪl] n. 桶,一桶之量

pailful ['peɪlful] n. 满桶,一桶

pain [peɪn] ❶ n. ①痛苦 ②费力,刻苦 ☆ *be at the pains of* 苦心(做); *go to great pains* 下苦功夫,费大劲; *spare no pains* 不辞劳苦; *take pains to (do)* 尽力(做),煞费苦心(做) ❷ v. (使)痛苦

painful ['peɪnfəl] a. 痛苦的,费劲的

pain-killer ['peɪnkɪlə] n.【药】止痛药

painless ['peɪnlɪs] a. 无痛的

painstaking ['peɪnzteɪkɪŋ] a.;n. 刻苦苦心(的) ‖ ~ly ad.

paint [peɪnt] ❶ n. ①油漆,涂料 ②雷达显示器上显像 ❷ v. 涂漆,上涂料 ☆ *paint the lily* 画蛇添足
〖用法〗注意下面例句中该词的含义:Designed for an undergraduate software engineering curriculum, this book paints a pragmatic picture of software engineering and practices. 本书为本科生"软件工程"课程设计的,它讲述了软件工程研究和实践的实用情况。

paintbox ['peɪntbɒks] n. 颜料盒

paintbrush ['peɪntbrʌʃ] n. 漆刷,画笔

paintcoat ['peɪntkəʊt] n. 涂层

painted ['peɪntɪd] a. 着了色的,上了漆的,色彩鲜明的

painter ['peɪntə] n. ①油漆工具 ②油漆工人,着色者 ③画家 ④【体】系船索

painting ['peɪntɪŋ] n. ①着色,涂漆 ②颜料,油漆 ③图画,油画

paintwork ['peɪntwɜ:k] n. 油画,油漆工

pair [peə] ❶ n. ①一对,一双,一副 ②(电)线对 ☆ *in pairs* 成双,成对 ❷ v. ①成对,配合 ② 叠轧 ☆ *pair off* 逐对分开; *pair up with* 与…成对(配合)
〖用法〗❶ 注意其前面的形容词在汉译时的位置:Fig.5 shows a multiplexed pair of time-base generators. 图 5 画出了一对复合时基发生器。/We can use a ganged pair of variable resistors. 我们可以使用一对联动可变电阻器。❷ 有些成对出现的物品名词要使用"a pair of ..."。如:a pair of glasses "一副眼镜", a pair of trousers "一条裤子", a pair of shoes "一双鞋",a pair of scissors "一把剪刀"等,有形容词修饰时一般应放在"pair"前。如:To do this,a large pair of scissors is required.为此,需要一把大的剪刀。

pairing ['peərɪŋ] n. ①配对,(核子等)成对,并行 ②电缆芯的对绞,行偶对偶现象 ③叠轧

pairwise ['peəwaɪz] ad. 对偶地,成对地

paisbergite ['paɪs,bɜ:gaɪt] n. 蔷薇辉石

pajamas [pə'dʒɑ:məz] n. 睡衣,宽松裤 ☆ *the cat's pajamas* 卓越的人 (事物)

Pakistan [,pɑ:kɪ'stɑ:n] n. 巴基斯坦

Pakistani [,pɑ:kɪ'stɑ:nɪ] a. 巴基斯坦的,巴基斯坦人(的)

paktong ['pæktɒŋ] n. 白铜

pal [pæl] ❶ n. ①帕耳(固体上振动强度的无量纲单位) ②伙伴 ❷ vi. 结为伙伴 ☆ *pal up with* 同…结交

palace ['pælɪs] n. 宫殿,大厦;宏伟的建筑物

palaeo-arctic [pælɪəʊ'ɑ:ktɪk] n.;a. 古北极区的

palaeo-astrobiology [pælɪəʊ,æstrəʊbaɪ'ɒlədʒɪ] n. 古天体生物学

pal(a)eobiology [pælɪəʊbaɪ'ɒlədʒɪ] n. 古生物学

palaeocene ['peɪlɪəʊsi:n] a. 古新的

palaeoclimate ['pælɪəʊ,klaɪmɪt] n. 古气候

palaeo-climatology ['pælɪəʊ,klaɪmə'tɒlədʒɪ] n. 古气候学

palaeoecology [pælɪəʊi:'kɒlədʒɪ] n. 古生态学

Palaeogene ['pælɪədʒi:n] n. 早第三纪

palaeogenesis [pælɪəʊ'dʒenəsɪs] n. 重演性发生

palaeogeography [pælɪəʊdʒə'ɒgrəfɪ] n. 古地理学

palaeolithic [,pælɪəʊ'lɪθɪk] a. 旧石器的

palaeomagnetic [pælɪəʊmæɡ'netɪk] a. 古地磁的

palaeomagnetism [,pælɪəʊ'mæɡnɪtɪzəm] n. 古地磁学,古磁(性)

palaeontology [,pælɪɒn'tɒlədʒɪ] n. 古生物学,化石学

P

palaeosalinity [ˌpælɪəʊsəˈlɪnətɪ] *n.* 原始盐度

palaeotectonics [ˌpælɪəʊtekˈtɒnɪks] *n.* 古地质构造学

palaeozoic [ˌpælɪəʊˈzəʊɪk] *a.;n.* 古生代(的)

palagonite [pəˈlægənaɪt] *n.* 橙玄玻璃

Pal-Asia [ˈpælˈeɪʃə] *n.* 古亚洲大陆

palatial [pəˈleɪʃəl] *a.* 宫殿(似)的;富丽堂皇的

palau [pɑːˈlaʊ] *n.* 钯金

palaver [pəˈlɑːvə] *n.;v.* ①商谈,交涉 ②闲谈,瞎扯

pale [peɪl] **❶** *a.* ①暗淡的,微弱的 ②苍白的 **❷** *n.* ①栅栏,围篱 ②界限 ③尖板条 ☆*beyond the pale of ...* 在…的范围之外 **❸** *v.* 使变淡,设栅

pale-face [ˈpeɪlfeɪs] *n.* 白人

Palembang [ˌpɑːlemˈbɑːŋ] *n.* 巴邻旁,巨港(印度尼西亚港口)

paleness [ˈpeɪlnɪs] *n.* 苍白

paleobotany [ˌpælɪəʊˈbɒtənɪ] *n.* 古植物学

paleocirculation [pælɪəʊsɜːkjuˈleɪʃən] *n.* 古环流

paleolith [ˈpeɪlɪəʊlɪθ] *n.* 旧石器

paleolithic [ˌpeɪlɪəʊˈlɪθɪk] *a.* 旧石器时代的

paleontologist [ˌpeɪlɪɒnˈtɒlədʒɪst] 古生物学家,化石学家

paleontology [ˌpeɪlɪɒnˈtɒlədʒɪ] *n.* 古生物学,化石学

paleosere [ˈpælɪəʊsɪə] *n.* 古生代演替系列

paleotransport [pælɪəʊˈtrænspɔːt] *n.* 古搬运

paleozoic [pælɪəˈzəʊɪk] *a.* 古生代的

Palestine [ˈpæləstaɪn] *n.* 巴勒斯坦

Palestinian [ˌpæləˈstɪnɪən] *a.;n.* 巴勒斯坦的,巴勒斯坦人(的)

palette [ˈpælɪt] *n.* 调色板

pale-yellow [ˈpeɪlˈjeləʊ] *a.* 浅黄色

palid [ˈpælɪd] *n.* 铅基轴承合金

palification [ˌpælɪfɪˈkeɪʃən] *n.* 打桩

palinal [ˈpælɪnəl] *a.* 向后的

paling [ˈpeɪlɪŋ] *n.* 围篱,打桩

palingenesis [ˌpælɪnˈdʒenɪsɪs] *n.* 再生作用,新生;变态 ‖ **palingenetic** *a.*

palinmnesis [pælɪˈniːsɪs] *n.* 【医】回忆

palirrhea [ˌpælɪˈriːə] *n.* 回流

palisade [ˌpælɪˈseɪd],**palisado** [ˌpælɪˈseɪdəʊ] **❶** *n.* 栅栏,桩,断崖 **❷** *vt.* 用围篱围绕

palish [ˈpeɪlɪʃ] *a.* 略带苍白的

pali(s)sander [ˌpælɪˈsændə] *n.* 红木

Palium [ˈpælɪəm] *n.* 铝基轴承合金

pall [pɔːl] = pawl

palladic [pəˈlædɪk] *a.* ①含钯的 ②正钯的

palladium [pəˈleɪdɪəm] *n.* 【化】钯

pallador [pəˈleɪdɔː] *n.* 铂钯热电偶

palladous [pəˈleɪdəs] *a.* 亚钯的

pallet [ˈpælɪt] *n.* ①平板架,货架 ②调色板 ③集装箱 ④刮铲,泥刀,抹灰盘,镘板 ⑤制模板 ⑥垫板,垫衬 ⑦棘爪

palletise, **palletize** [ˈpælɪtaɪz] *vt.* 垫以托板,夹板装载 ‖ **palletisation** 或 **palletization** *n.*

palliate [ˈpælɪeɪt] *vt.* ①(暂时)减轻 ②辩解

palliation [ˌpælɪˈeɪʃən] *n.* ①减轻物 ②掩饰,辩解

palliative [ˈpælɪətɪv] **❶** *n.* ①减轻剂 ②减尘剂,防腐剂 ③辩解 **❷** *a.* 使减轻的,治标的,减尘的

palliator [ˈpælɪeɪtə] = palliative

pallid [ˈpælɪd] *a.* 苍白的,没血色的 ‖ **~ly** *ad.* **~ness** *n.*

pallium [ˈpælɪəm] *n.* 层状雨云,大脑皮层

pallor [ˈpælə] *n.* 苍白

pally [ˈpælɪ] *a.* 要好的,亲密的

palm [pɑːm] **❶** *n.* ①手掌,掌状物 ②棕榈 ③优胜奖 ☆*bear (carry off) the palm* 得胜; *yield the palm to ...* 输给…,对…让步 **❷** *vt.* 用手掌抚摸,把…藏于掌心

palmaceous [pælˈmeɪʃəs] *n.*【植】棕榈科的

palmar [ˈpælmə] *a.* 手掌的,掌中的

palmary [ˈpælmərɪ] *a.* 最优秀的,最有价值的

palmate [ˈpælmɪt] *a.* 掌状的

palmatine [ˈpælməˈtiːn] *n.* 非洲防己碱,巴马亭

palmella [pælˈmelə] *n.* 不定群体

palmeter [ˈpælmɪtə] *n.* 帕耳计

palmistry [ˈpɑːmɪstrɪ] *n.* 手相术

palmital [ˈpælmɪtəl] *n.* 棕榈醛

palmitate [ˈpælmɪteɪt] *n.*【化】棕榈酸,棕榈酸盐(酯)

palmitic [pælˈmɪtɪk] **acid**【化】棕榈酸,软脂酸

palmitin [ˈpælmɪtɪn] *n.*【化】棕榈精

palmityl [ˈpælmɪtɪl] *n.* 棕榈酰(基),软脂酰(基)

palmus [ˈpælməs] *n.*【药】心跳,心悸

palmy [ˈpɑːmɪ] *a.* ①棕榈的,产棕榈的 ②繁茂的

palnut [ˈpælnʌt] *n.* 一种单线螺纹锁紧螺母

palp [pælp] *n.* 触须

palpability [ˌpælpəˈbɪlətɪ] *n.* ①可感知性 ②明白

palpable [ˈpælpəbl] *a.* ①可触知的 ②明显的 ‖ **palpably** *ad.*

palpate [ˈpælpeɪt] *vt.* 触摸检查 ‖ **palpation** [ˈpælpeɪʃən] *n.*

palpitation [pælpɪˈteɪʃən] *n.* 心悸,心跳,颤动

palstance [ˈpɔːlstəns] *n.*【物】角速度

palsy [ˈpɔːlzɪ] *n.*【医】瘫痪,中风

paltry [ˈpɔːltrɪ] *a.* 没有价值的,不重要的

paludal [pəˈljuːdl],**paludine** [pəˈljuːdaɪn] *a.* 沼泽的,生瘴气的

Paludicola [pæljuːˈdɪkəʊlə] *n.* 淡水亚目

paludicolous [pæljuːˈdɪkələs] *a.* 沼栖的

paludine [ˈpæljudaɪn] *a.* 沼生的

paludism [ˈpæljuːdɪzəm] *n.*【医】疟疾

palygorskite [ˌpælɪˈɡɔːskaɪt] *n.* 坡缕石

palynology [ˌpælɪˈnɒlədʒɪ] *n.* 花粉分析,孢粉学

Pamirs [pəˈmɪəz] *n.* 帕米尔(高原)

pampas [ˈpæmpəz] *n.* (南美)大草原

pamper [ˈpæmpə] *vt.* 纵容,姑息

pamphlet [ˈpæmflɪt] *n.* 小册子,单行本

pamphleteer [pæmflɪˈtɪə] *n.* 小册子作者

pan [pæn] **❶** *n.* ①盘(状物),秤盘,平底锅 ②凹地,

浅坑 ③平（板）面 ④底盘 ⑤硬土层 ❷ v. ①拍摄全景,摇镜头(移动摄影机)以跟随拍摄物 ②扫视 ☆**pan down** (摄像机)镜头垂直下移

panacea [pænə'sɪə] n. 灵丹妙药

panacene ['pænəsi:n] n. 人参烯

panacon ['pænəkɒn] n. 人参酮

panactinic [,pænæk'tɪnɪk] a. 全光化的

panadaptor [,pænə'dæptə] n. 扫调附加器,景象接收器

Panadol ['pænədɒl] n. 扑热息痛

panalarm ['pænə,lɑːm] n. 报警设备

pan-algebraic [pænældʒə'breɪɪk] a. 泛代数的

panalyzor [pænə'laɪzə] n. 调频发射机综合测试仪,全景分析仪

Panama [pænə'mɑː] n. 巴拿马

Panamanian [pænə'meɪnjən] a.;n. 巴拿马的,巴拿马人(的)

Pan-American [pænə'merɪkən] n. 泛美的,全美洲的

Panaplate ['pænəpleɪt] n. 敌敌畏

pancake ['pænkeɪk] ❶ n. ①薄烤饼,盘形混凝土块 ②(飞机)平降 ❷ a. 扁平的,平螺旋状的 ❸ vt. 使扁平,使飞机平降

Pancha Shila ['pæntʃə'ʃiːlə] n.(和平共处)五项原则,潘查希拉

panchromate ['pænkrəmeɪt], **panchromatic** [,pænkrə'mætɪk] a. 全色的,泛色的

panchromatism [pænkrə'mætɪzəm] n. 泛色感性

panchromatize [pæn'krəmətaɪz] vt. 使成全色的,使成泛色的

panchromatograph [,pænkrə'mætəɡrɑːf] n. 多能色谱仪

panclimax [pæn'klaɪmæks] n. 演替顶极,泛顶极群落

pancratic [pæn'krætɪk] a. 视界大的,可随意调节的(透镜)

pancreas ['pæŋkrɪəs] n. 胰脏,胰腺

pancreatin ['pæŋkrɪətɪn] n.【生化】胰酶,胰液素

pancreatitis [,pæŋkrɪə'taɪtɪs] n. 胰腺炎

panda ['pændə] n. 熊猫

pandemic [pæn'demɪk] ❶ a. 广泛流行的,传染性的,普遍的 ❷ n. 传染病

pane [peɪn] ❶ n. ①(棋盘)方格 ②窗格玻璃 ③锤顶,锤尖 ❷ v. 嵌玻璃

panegyric [,pænɪ'dʒɪrɪk] n.;a. 颂词,称赞(的)

panegyrize ['pænɪdʒɪraɪz] v. 称赞,致颂词

panel ['pænl] ❶ n. ①板,盘 ②仪表板,操纵盘 ③小组(委员会),小组讨论会 ④画板,名簿 ⑤节间 ⑥一组,一批 ❷ vt. 给…镶板

panelling ['pænəlɪŋ] n. ①镶板 ②分段法

panel(l)ist ['pænəlɪst] n. 专家小组成员,专家座谈会参加者,讨论会主持人

panformation [pænfə'meɪʃən] n. 泛群系

pang [pæŋ] n. (一阵)剧痛,悲痛

pangaea [pæn'dʒiːə] n. 古陆桥

pan(-)geodesics [pæn,dʒiːəʊ'desɪks] n. 泛短程线,泛测地线

panhandle ['pæn,hændl] n. 锅柄;柄状狭长地带

panhead ['pænhed] n. 截锥头

panhygrous [pæn'haɪɡrəs] a. 全湿的

panic ['pænɪk] n.;a.;v. 惊慌

panicky ['pænɪkɪ] a. (容易引起)恐慌的

panicle ['pænɪkl] n.【植】圆锥花序

panic-stricken ['pænɪkstrɪkən] a. 惊慌失措的

panidiomorphic [pæn,ɪdɪəʊ'mɔːfɪk] a. 全自形的

panlite ['pænlaɪt] n. 聚碳酸酯树脂

pannikin ['pænɪkɪn] n. 小金属杯,一小杯之量

panogen ['pænədʒen] n. 双氰胺甲汞

panoplay ['pænəpleɪ] n. 摄全景动作,摇全景

panoptic [pæ'nɒptɪk] a. (用图)表示物体全貌的

panoram ['pænəræm] n. 全景图,全景装置

panorama [,pænə'rɑːmə] n. ①全景图,全息(周视)图,全景镜,全景装置 ②遥镜头,遥摄 ③通盘考察,概观

panoramic [,pænə'ræmɪk] a. ①全景的 ②频谱扫调指示的

panose ['pænəʊs] n.【化】潘糖

panotron ['pænətrɒn] n. 电子钢琴

panotrope ['pænətrəʊp] n. 电唱机

Pan-Pacific ['pænpə'sɪfɪk] a. 泛太平洋的

panphotometric [pæn,fəʊtə'metrɪk] a. 全色测光的

panradiometer [pæn,reɪdɪ'ɒmɪtə] n. 全波段辐射计,"黑"辐射计

panstrophoid [pæn'strɒfɔɪd] n. 泛环索线

pant [pænt] ❶ v.;n. ①喘气,心跳 ②波动,振动 ③(整流)罩 ④渴望 ❷ a. 裤子的

pantal ['pæntəl] n. 潘塔尔铝合金

pantelegraph [pæn'teləɡrɑːf] n.【商】传真电报

pantelegraphy [pæntə'leɡrəfɪ] n. 传真电报(术)

pantelephone [pæn'telɪfəʊn] n. 无失真电话机

pantetheine [,pæntə'θiːɪn] n.【药】泛酰硫基乙胺

pantile ['pæntaɪl] n. 波形瓦

panting ['pæntɪŋ] n. 脉动,波动,振动

pantodrill ['pæntə,drɪl] n. 自动钻床,全能钻床

pantograph ['pæntəɡrɑːf] n. ①缩放仪,(地震)偏移位置标绘仪 ②(电车顶)导电弓(架) ‖ ~ic a.

pantology [pæn'tɒlədʒɪ] n. 百科全书

pantometer [pæn'tɒmɪtə] n.【商】经纬测角仪,万能测角仪

pantomorphic [pæntə'mɔːfɪk] a. 变化自由的,具有各种形态的

pantomorphism [pæntə'mɔːfɪzəm] n. 全形性,全对称性

pantonine ['pæntəni:n] n. 泛氨酸

pantophagous [pæntə'fæɡəs] a. 杂食性的

pantoplankton [pæntə'plæŋktən] n. 泛浮游生物

pantoscope ['pæntəskəʊp] n.【商】广角照相机,

P

广角透镜

pantoscopic [ˌpæntəˈskɒpɪk] *a.* 广角的,眼界宽广的

pantothenate [ˌpæntəˈθeneɪt] *n.*【化】泛酸盐(酯,根)

pantothenic [ˌpæntəˈθenɪk] **acid**【化】泛酸

pantothenylcysteine [pæntə,θenɪlˈsɪstii:n] *n.* 泛酰半胱氨酸

Pantotheria [pæntəˈθeriə] *n.* 古兽目

pantry [ˈpæntrɪ] *n.* 食品室,餐具室,配餐室

pants [pænts] *n.* 衬裤

pantskirt [ˈpæntskɜ:t] *n.* 裙裤

panzer [ˈpænzə] ❶ *a.* 装甲的 ❷ *n.* 装甲车,坦克车

panzeractinometer [pænzəræktɪˈnɒmɪtə] *n.* 温差电感光计

papain [pəˈpeɪɪn] *n.*【医】木瓜蛋白酶

papaverine [pəˈpævəri:n] *n.* 罂粟碱

paper [ˈpeɪpə] ❶ *n.* ①纸,报纸 ②论文 ③文件,试卷 ④证券,纸币,票据 ❷ *a.* 纸做的,书面的 ❸ *vt.* 用纸覆盖,用砂纸磨光,加贴衬页 ☆**on paper** 理论上,统计上; **set a paper** 出考题
〖用法〗表示普通"纸张"时它为不可数名词,表示"(几张)纸"时只能用"piece(s)〔sheet(s)〕of paper",但当表示"论文,报纸,试卷"等时它为可数名词。如:These <u>papers</u> deal with the prevention of air pollution. 这些论文论述防止空气污染问题。

paperback [ˈpeɪpəbæk] *n.* 平装书 ‖ ~ed *a.*

paperboard [ˈpeɪpəbɔ:d] *n.* 纸板

paper-chromatography [ˈpeɪpəkrəuməˈtɒgrəfɪ] *n.* 纸上色层分析法

paper-knife [ˈpeɪpəˈnaɪf] *n.* 裁纸刀

paper-making [ˈpeɪpəmeɪkɪŋ] *n.* 造纸

paper-mill [ˈpeɪpəˈmɪl] *n.* 造纸厂

paper(-)weight [ˈpeɪpəˌweɪt] *n.*【商】压纸器,压尺

papilionaceous [pə,pɪlɪəˈneɪ ʃəs] *a.*【植】蝶形的

papilla [pəˈpɪlə] *n.* 乳头状小突起

Papua [ˈpæpjuə] **New Guinea** [ˈgɪnɪ] 巴布亚新几内亚

papyrograph [pəˈpaɪərəˌgrɑ:f] *n.*【商】复写器,复写板

papyrus [pəˈpaɪərəs] *n.* 纸莎草纸

par [pɑ:] *n.* 同等,等价,标准,常态 ☆**at par** 按照原价(票面价值); **nominal (face) par** 票面价格; **official par of exchange** 法定汇兑平价; **on a par with...** 和···同等; **par avion** (法语)(邮政)航空; **par exemple** 例如; **par excellence** 典型的,卓越的

paraballoon [pærəbəˈlu:n] *n.* 充气天线,抛物形天线

parabionts [pærəˈbaɪənts] *n.* 共生生物

parabiotic [pærəbaɪˈɒtɪk] *a.*【医】间生态的

parable [ˈpærəbl] *n.* 比喻,寓言 ☆ **in parables** 用比喻

parabola [pəˈræbələ] *n.* 抛物线,抛物面反射器

parabolic(al) [ˌpærəˈbɒlɪk(əl)] *a.* ①抛物线的,抛物面的 ②用比喻说明的

paraboloid [pəˈræbəlɔɪd] *n.* 抛物面天线,抛物面反射器,抛物体,抛面镜

paraboloidal [pəræbəˈlɔɪdl] *a.* 抛物面的,抛物线体的

parabomb [ˈpærəbɒm] *n.* 伞投炸弹

paraboy [ˈpærəbɔɪ] *n.* 跳伞员,伞兵

paracasein [ˌpærəˈkeɪsi:n] *n.*【药】衍酪蛋白

paracentral [pærəˈsentrəl] *a.* 旁中央的,近中心的

parachor [ˈpærəkɒ] *n.* (摩尔)等张比容,等张体积

parachromatin [ˌpærəˈkrəumətɪn] *n.*【药】副染色质

parachrome [ˈpærəkrəum] ❶ *n.* 胞内色素 ❷ *a.* (细菌)反常鲜色的

parachute [ˈpærəʃu:t] ❶ *n.* 降落伞,(竖井井筒内的)防坠器,(巷道用)保险器 ❷ *v.* 跳伞,空投

parachutism [ˈpærəʃu:tɪzəm] *n.* 降落伞装置,跳伞法

parachutist [ˈpærəʃu:tɪst],**parachuter** [ˈpærəʃu:tə] *n.* 跳伞员,伞兵

paraclase [ˈpærəkleɪs] *n.*【地质】断层裂缝

paraclimax [pærəˈklaɪmæks] *n.* 亚演替顶极

paracompact [ˌpærəˈkɒmpækt] *a.*【数】仿紧的

para-compound [pærəˈkɒmpaund] *n.* 对位化合物

paracon [ˈpærəkɒn] *n.* 聚酯(类)橡胶质

paraconductivity [ˈpærə,kɒndʌkˈtɪvətɪ] *n.* 顺电导性

paraconformity [pærəkənˈfɔ:mɪtɪ] *n.* 副整合

paracontrast [pærəˈkɒntrɑ:st] *n.* 网膜上减敏衬度

paracoumarone [ˌpærəˈku:mərəun] *n.* 聚苯并呋喃,聚库玛隆,聚氧茚

paracourse [ˈpærəkɔ:s] *n.* 并行航线

paracresol [ˌpærəˈkri:sɒl] *n.* 对位甲酚

paracril [ˈpærəkrɪl] *n.* 丁腈橡胶

paracrystal [ˌpærəˈkrɪstəl] *n.* 次晶,仲晶,不完全结晶

paracrystalline [pærəˈkrɪstəlaɪn] *a.* 次晶的,仲晶的,类结晶的

para-curve [ˈpærəkɜ:v] *n.* 抛物线

parade [pəˈreɪd] *n.;v.* ①游行,阅兵,列队行进 ②陈列 ③炫耀 ④广场

paradichlorobenzene [ˌpærədaɪˌklɔ:rəˈbenzi:n] *n.* 对二氯苯

paradigm [ˈpærədaɪm] *n.* 典范,示例,聚合体

paradise [ˈpærədaɪs] *n.* 天堂

paradox [ˈpærədɒks] *n.* ①矛盾事物 ②似是而非的说法,诡辩

paradoxical [ˌpærəˈdɒksɪkəl] *a.* ①反论的,似是而非的 ②不合理的,矛盾的,诡辩的 ‖ ~ity 或 **paradoxy** *n.*

paradrop [ˈpærədrɒp] *n.;v.* 伞投,空投

para-electric [pærəɪˈlektrɪk] *n.;a.* 顺电的,顺电材料

parafermion [pærəˈfɜ:mɪɒn] *n.* 仲费米子

paraffinaceous [ˌpærəfɪˈneɪʃəs] *a.* 石蜡的

paraffin(e) [ˈpærəfɪn] ❶ *n.* 石蜡,煤油 ❷ *vt.* 涂石蜡,用石蜡处理

paraffinic [pærəˈfɪnɪk] *a.* 石蜡族的,烷烃的

paraffinicity [pærəfɪˈnɪsəti] *n.* 石蜡含量,链烷烃含量

paraffinum [pəˈræfɪnəm] *n.* 石蜡

para-flare-chute [pærəˈfleəʃu:t] *n.* 照明降落伞,伞投照明弹

paraflow [ˈpærəfləʊ] *n.* 【化】一种抗凝剂,巴拉弗洛

parafocus [ˈpærəfəʊkəs] *n.;v.* 【医】仲聚焦

paraformaldehyde [ˌpærəfɔ:ˈmældəhaɪd] *n.* 仲甲醛

paragenesis [ˌpærəˈdʒenɪsɪs] *n.* 共生次序

parageosyncline [pærəˌdʒi:əʊˈsɪŋklaɪn] *n.* 【地质】准地槽,副地槽

paraglider [ˈpærəˌglaɪdə] *n.* 【体】滑翔降落伞

paraglobulin [ˌpærəˈglɒbjulɪn] *n.* 副球蛋白,血清球蛋白

paragneiss [ˈpærəˌnaɪs] *n.* 副片麻岩,水成片麻岩

paragon [ˈpærəgən] ❶ *n.* 模范,模型 ❷ *vt.* 当作典型,胜过

paragonite [pəˈrægənaɪt] *n.* 钠云母

paragraph [ˈpærəgrɑ:f] ❶ *n.* ①段,短文 ②段落号 ③短评 ④尺寸段 ❷ *vt.* 分段,写短评

Paraguay [ˈpærəgwaɪ] *n.* 巴拉圭

Paraguayan [pærəˈgwaɪən] *a.;n.* 巴拉圭的,巴拉圭人(的)

paragutta [pærəˈgʌtə] *n.* 假橡胶,合成树胶

paraheliotropism [pærəhi:lɪəʊˈtrɒpɪzm] *n.* 避日性,避日运动

parahelium [pærəˈhi:ljəm] *n.* 【化】仲氦

parahematin [ˌpærəˈhemətɪn] *n.* 拟高铁血红素

parahemophilia [ˌpærəˌhi:məˈfɪlɪə] *n.* 【医】副血友病

par(a)hormone [ˌpærəˈhɔ:məʊn] *n.* 【药】副激素

parahydrogen [ˌpærəˈhaɪdrɪdʒən] *n.* 【化】仲氢

para-iodine [pærəˈaɪədi:n] *n.* 【化】仲碘

para-isomer(ide) [pærəaɪˈsɒmə(raɪd)] *n.* 对位异构体

paralanguage [ˌpærəˈlæŋgwɪdʒ] *n.* 【心】副语言

paralbumin [pærælˈbju:mɪn] *n.* 【药】拟清蛋白,副白蛋白

paraldehyde [pəˈrældɪˌhaɪd] *n.* 【药】仲醛,乙醛,三聚乙醛

paralic [pəˈrælɪk] *a.* 近海的

parallactic [ˌpærəˈlæktɪk] *a.* 【医】视差的

parallactoscopy [ˌpærəˌlækˈtɒskəpɪ] *n.* 视差镜术

parallageosyncline [ˌpærələˈdʒi:əʊˈsɪŋklaɪn] *n.* 海滨地槽

parallax [ˈpærəˌlæks] *n.* ①【天】视差 ②【数】倾斜线

parallaxometer [ˌpærəlækˈsɒmɪtə] *n.* 视差计

parallel [ˈpærəlel] ❶ *a.* ①平行的,并列的 ②并联的 ③同样的 ❷ *n.* ①平行线 ②并联 ③纬线 ④垫板,垫片 ⑤类似(物),与…相似之处 ❸ *v.* ①平行于 ②类似于,相当于 ③(使)同时进行 ☆ *in parallel* 并联;*in parallel with* 与…并联(平行);*parallel to（with）* 平行于;与…平等;*without parallel* 无比的,无与伦比

〖用法〗❶ 形容词短语 "parallel to ..." 可以作方式状语。如:One component acts parallel to the plane. 一个分量平行于该平面起作用。❷ 它也可单独作方式状语。如:When a picture is taken of an object at a great distance, the rays from any one point on the object come into the lens almost parallel. 当对远处的物体照相时,来自其任何一点的光线几乎是平行地进入镜头的。(注意 "of an object at a great distance" 是修饰 "a picture" 的,这属于 "分割现象"。)❸ 注意它作为及物动词时的常见含义:These procedures parallel those tests made on individual components. 这些步骤类似于对每个部件所做的那些测试。/The role of measurement in unraveling the mysteries of celestial mechanics is paralleled in other branches of sciences. 测量在揭开天体力学之谜方面的作用同样体现在科学的其它分支之中。❹ 注意下面例句中该词的含义: Fig. 2-5 is parallel to Fig. 2-4. 图 2-5 类同于〔相似于〕图 2-4。/A parallel comment can be made for the two cutoff regions. 对于这两个截止区可以作出同样的评论。

parallel(-)axiom [ˈpærəlelˈæksɪəm] *n.* 平行公理

parallel-by-bit [ˈpærəlelbɪˈbaɪbɪt] *n.* 【计】位平行

parallel-by-character [ˈpærəlelbɪˈkærɪktə] *n.* 字符平行

paralleled [ˈpærəleld] *a.* 并行的,并联的

parallelehedra [ˌpærəlelɪˈhi:drə] *n.* 平行面体

parallelepipedal [ˌpærəleˈlepipedəl] *a.* 平行六面体的

parallelepiped(on) [pærəleˈlepiped(ɒn)] *n.* 平行六面体

paralleling [pærəˈlelɪŋ] *n.* 并联

parallelism [ˈpærəlelɪzəm] *n.* 平行度,平行性,类似,【心】并行论

parallelizability [ˌpærəlelɪzəˈbɪlətɪ] *n.* 【计】可平行化性质

parallelizable [pærəˈlelɪzəbl] *a.* 可平行化的

parallelize [ˈpærəlelaɪz] *vt.* 使平行于,平行放置

parallelly [ˈpærəlelɪ] *ad.* 平行地

parallelogram [ˌpærəˈleləgræm] *n.* 平行四边形 ‖ ~mic *a.*

parallelohedron [pærəˈleləhedrɒn] *n.* 平行多面体

parallelometer [pærəleˈlɒmɪtə] *n.* 平行仪

parallelopiped(on) = parallelepiped(on)

P

paralleloscope [,pærə'leləskəup] *n.* 平行镜

parallelotope [,pærə'lelətəup] *n.*【数】超平行体,超六边形

parallel-plate ['pærəlelpleɪt] *n.* 平行板

parallel-resonant ['pærəlel'rezənənt] *a.* 并联谐振的

parallel-stays ['pærələlsteɪz] *n.* 平行性拉线

parallergy [pæ'rælədʒɪ] *n.*【心】副变态反应

paraloc ['pærəlɒk] *n.* 参数器振荡电路

paralyse,paralyze ['pærəlaɪz] *vt.* ①使无效,使瘫痪 ②关闭 ‖ **paralysation** 或 **paralyzation** [,pærəli'zeɪʃ ən] *n.*

paralyser,paralysor['pærəlaɪzə],**paraly** ['pærəlɪ] *n.* 麻痹药,阻化剂

paralysis [pə'rælɪsɪs] *n.* ①闭塞,截止 ②瘫痪,麻痹 ③无能力

paralytic [,pærə'lɪtɪk] ❶ *a.* 麻痹的,瘫痪的,无力的 ❷ *n.* 患麻痹者

paralyze = paralyse

paramagnet [,pærə'mægnɪt] *n.* 顺磁性物质,顺磁体

paramagnetic [,pærəmæg'netɪk] *a.* 顺磁的

paramagnetism [pærə'mægnətɪzəm] *n.* 顺磁性

paramarines ['pærəməri:nz] *n.* 海军伞兵

parambulator [pə'ræmbjuleɪtə] *n.* 计程车

paramecin [,pærə'mi:sɪn] *n.* 草履虫素

paramecium [,pærə'mi:siəm] *n.*【动】草履虫属

paramenia [,pærə'mi:niə] *n.*【医】月经紊乱

parameter [pə'ræmɪtə] *n.* ①参数,特征值,补助变数,计算指标 ②半晶轴,标轴 ③(根据基准时间、劳动力、工具、管理等的)工业生产预测法

parameterized [pə'ræmɪtəraɪzd] *a.* 参数化的

parametral [pærə'metrəl] *a.* 参变的

parametric [,pærə'metrɪk] *a.* 参数的,参量的

parametrix [,pærə'metrɪks] *n.*【数】拟基本解(奇异函数)

parametrization [,pærə,metrɪ'zeɪʃ ən] *n.*【计】参数化法

parametron [,pærə'metrən] *n.*【计】参变管,参数器,变态元件,变参数元件,参数激励子

paramicrobe [pærə'maɪkrəub] *n.*【医】寄生微生物

paramilitary [,pærə'mɪlɪtərɪ] *a.* 准军事的

paramo ['pærəməu] *n.* 高山植皮

para-molecule [pærə'mɒlɪkju:l] *n.* 仲分子

paramolybdate [pærə'mɒlɪbdeɪt] *n.* 仲钼酸盐

paramorph ['pærə,mɔ:f] *n.*【矿】同质异形体,同质异晶体

paramorphic [pærə'mɔ:fɪk] *a.* 同质异形的

paramorphism [pærə'mɔ:fɪzəm] *n.* 同质异晶现象,同质异形性

paramos ['pærəmɒs] *n.* 高寒带

paramount ['pærəmaunt] ❶ *a.* ①最重要的,卓越的 ②优于 ❷ *n.* 最高统治者

〖**用法**〗注意下面例句的含义:Their electrical and magnetic properties, <u>often paramount</u>, are discussed in this chapter. 本章讨论它们的电、磁性质,这些性质往往是最重要的。("often paramount"在此作主语的非限制性定语。)

paramountcy ['pærəmauntsɪ] *n.* 最高权位,至上

paramp [pə'ræmp] *n.* 参量放大器

paramucin [,pærə'mju:sɪn] *n.*【药】异黏液素,副黏蛋白

paramutation [,pærəmju:'teɪʃ ən] *n.*【生】旁突变

paramylum ['pærəmɪləm] *n.*【生】副淀粉

paramyosin [,pærə'maɪəsɪn] *n.*【药】副肌(浆)球蛋白

Parana [pɑ:rə'nɑ:] *n.* 巴拉那河(在巴西和阿根廷境内)

paranecrosis [,pærəne'krəusɪs] *n.* 类坏死

paranoia [,pærə'nɔɪə] *n.*【医】偏执狂,妄想狂

paranormal [,pærə'nɔ:məl] *a.* 超自然的,奇异的

paranox ['pærənɒks] *n.* 一种润滑油多效添加剂

paranthelion [,pæræn'θi:liən] *n.*【天】远幻日

parantiselena [,pærən'tɪsəlinə] *n.*【天】远幻月

parapack ['pærəpæk] *n.* 空投包

parapet ['pærəpɪt] *n.* ①栏杆,防浪墙 ②人行道 ‖ ~**ed** *a.*

paraphernalia [,pærəfə'neɪljə] *n.* (pl.)①随身用具,零星器具 ②(机械的)附件

paraphrase ['pærəfreɪz] *n.;v.* 释义,意译 ‖ **para-phrastic(al)** *a.*

paraphysate [pə'ræfɪsɪt] *a.* 有侧丝的

paraphysis [pə'ræfɪsɪs] *n.*【生】(脑上)旁突体,侧丝

paraplasm ['pærə,plæzəm] *n.* 原生质液,副质,透明质,异常增生物;新旧替代

paraplasmic [pærə'plæzmɪk] *a.* 透明质的,异常增生的

para-plastic [pærə'plæstɪk] *n.;a.* 似塑料(的),异常增生的,发育异常的

paraplex [pærə'pleks] *n.* 增塑用聚酯,聚酯树脂

para-position [pærəpə'zɪʃ ən] *n.*【化】对位

para-positronium [pærəpɒzɪ'trəunjəm] *n.*【物】仲正电子素

paraprotein [,pærə'prəuti:n] *n.*【药】病变蛋白

para-rock(s) ['pærərɒk(s)] *n.* 水成变质岩,副变质岩

pararescue [,pærə'reskju:] *n.* 空降营救

paraschist ['pærə,ʃɪst] *n.* 副片岩,水成片岩

paraschoepite [pærə,ski:'paɪt] *n.* 副柱铀矿

paraselene [,pærəsɪ'li:nɪ] *n.*【气】幻月

parasexuality [,pærə,seksjʊ'ælətɪ] *n.*【生】准性生殖

parasite ['pærəsaɪt] *n.* ①寄生物,寄生虫,废阻力 ②天线反射器 ③寄生振荡现象

parasitic(al) [,pærə'sɪtɪk(əl)] *a.* 寄生物的,寄生性的,派生的

parasitics [,pærə'sɪtɪks] *n.* 干扰,寄生现象

parasitifer [ˌpærəˈsɪtɪfə] n.【医】带寄生物者,宿主

parasitism [ˈpærəsaɪtɪzəm] n. 寄生生活,寄生物感染

parasitize [ˈpærəsaɪtaɪz] vt. 寄生

parasitogenic [ˌpærəˌsaɪtəˈdʒenɪk] a.【医】寄生物质的,寄生物所致的

parasitoid [ˌpærəˈsaɪtɔɪd] a. 寄生物样的

parasitology [ˌpærəsaɪˈtɒlədʒɪ] n.【生】寄生物学,寄生虫学

parasitosis [ˌpærəsaɪˈtəʊsɪs] n.【医】寄生物〔虫〕病

parasol [ˈpærəsɒl] n. 阳伞,伞式单翼机

parastatistics [ˌpærəˈstætɪstɪks] n.【物】仲统计法

parasympathetic [ˌpærəˌsɪmpəˈθetɪk] n.;a. 副交感神经(的)

parasympathin [ˌpærəˈsɪmpəθɪn] n.【药】副交感神经素

paratactic [ˌpærəˈtæktɪk] a. 罗列的,并列的

parataxy [ˈpærətæksɪ] n. 挠平行性

paratellurite [ˌpærəˈteljuˌraɪt] n.【医】亚碲酸盐

parater [ˈpærətɜːm] n. 仲项

parathyroid [ˌpærəˈθaɪrɔɪd] a.;n. 副甲状旁腺(的)

parathyroidectomy [ˌpærəˌθaɪrɔɪˈdektəmɪ] n.【医】甲状旁腺切除手术

paraton(e) [ˈpærətəʊn] n. 帕拉顿(一种黏度添加剂)

paratonic [ˌpærəˈtɒnɪk] a. 外力或外因促成的,由光热等刺激而生的,生长迟延的

paratriptic [ˌpærəˈtrɪptɪk] a.;n. 防止耗损的,防衰的,防衰剂

paratroops [ˈpærətruːps] n. (pl.) 伞兵部队

paratrophic [ˌpærəˈtrɒfɪk] a. 活物寄生的,偏寄生营养的

paratropic [ˌpærəˈtrɒpɪk] **plane** 经向面

paratungstate [ˌpærəˈtʌŋsteɪt] n. 仲钨酸盐

paratype [ˈpærəˌtaɪp] n. 副型,副模

paratyphoid [ˌpærəˈtaɪfɔɪd] a.;n. 副伤寒(的)

paratypic(al) [ˌpærəˈtɪpɪk(əl)] a. 副型的,异型的

para-unconformity [ˌpærəˌʌnkənˈfɔːmətɪ] n. 假整合

paravane [ˈpærəveɪn] n.【军】扫雷器,防水雷器,防潜艇器

paravion [pɑːræˈvjɔ̃ː] (法语) (邮政)航空

paraxial [pæˈræksɪəl] a. 近轴的,等轴的

paraxonia [ˌpærəˈsæknɪə] n. 偶蹄目

paraxylene [pəˈræksɪliːn] n. 对位二甲苯

parcel [ˈpɑːsl] ❶ n. ①包裹 ②部分 ③(常带贬义)一批,一群 ❷ vt. ①分配,分成数份 ②打包 ☆ **by parcels** 一点一点的; **part and parcel of ...** 的重要部分,…的不可缺少的部分; **parcel out** 分配; **parcel up** 包起来

parcenary [ˈpɑːsɪnərɪ] a.;n. 共同继承

parch [pɑːtʃ] v.;n. ①干透,焦干 ②烘,炒

parchment [ˈpɑːtʃmənt] n. (类)羊皮纸,羊皮纸文件,垫衬沥青纸毡

parchmoid [ˈpɑːtʃmɔɪd] n. 仿羊皮纸

parchmyn [ˈpɑːtʃmɪn] n. 仿羊皮纸

pardon [ˈpɑːdn] n.;vt. 原谅

pare [peə] vt. ①削,修,剥,刮 ②削减

paregoric [ˌpærəˈɡɒrɪk] ❶ a. 镇痛的 ❷ n. 镇痛药

paren [ˈpærən] = parenthesis

parenchyma [pəˈreŋkɪmə] n.(木材的)薄壁组织

parent [ˈpeərənt] ❶ n. 父母,母体,本源 ❷ a. 原始的,起始的

parentage [ˈpeərəntɪdʒ] n. 出身,血缘,亲子关系

parenteral [pæˈrentərəl] a.【药】不经肠的,胃肠外的

parenthesis [pəˈrenθɪsɪs] (pl. parentheses) n. ①插入句 ②括弧,圆括号 ☆ **by way of parenthesis** 附带地

〖用法〗表示"括弧"时要用复数形式。如:Under these conditions, the second term in the parentheses of Eq.(2-4) turns out to be negligible compared with the first. 在这些条件下,式(2-4)的括弧中的第二项与第一项相比证明是可以略略不计的。

parenthetic(al) [ˌpærənˈθetɪkəl] a. 插入的,括弧中的,作为附带说明的

parenthetically [ˌpærənˈθetɪkəlɪ] ad. 顺便地说,作为插句

〖用法〗注意下面例句中该词的含义: It should be noted parenthetically that all the errors and limitations described above for digital signal processing have counterparts in signal analysis by analog means. 顺便应该注意:上面提到的有关数字信号处理的一切差错和缺陷在用模拟方法进行信号分析时也是有的。

parent-molecule [ˈpeərəntˈmɒlɪkjuːl] n.(在彗星头中的)母分子

parerga [pæˈrɜːɡə] parergon 的复数

parergon [pæˈrɜːɡən] n. ①副业 ②补遗,附录 ③附属装饰

paresis [ˈpærɪsɪs] n. 局部麻痹 ‖ **paretic** [pəˈretɪk] a.

paresthesia [ˌpærɪsˈθiːʒɪə] n.【医】感觉异常

paresthetic [ˌpærɪsˈθetɪk] a.【医】感觉异常的

parfocal [pɑːˈfəʊkəl] a. 齐焦的,正焦点的

parge [pɑːdʒ] vt. 为…涂上灰泥

parget [ˈpɑːdʒɪt] ❶ n. 石膏,灰泥 ❷ v. 粗涂灰泥

parhelion [pɑːˈhiːlɪən] n.【气】幻日(日晕上的光轮) ‖ **parhelic** [pɑːˈhiːlɪk] 或 **parheliacal** [pɑːhiːˈlaɪəkəl] a.

parhelium [pɑːˈhiːljəm] n. 仲氦,副氦

parhemoglobin [pɑːhiːˈməʊˈɡləʊbɪn] n. 醇不溶性血色素

paring [ˈpeərɪŋ] n. (常用 pl.) 刨花,削下来的皮

pari passu [ˈpeərɪˈpæsuː] (拉丁语) ad. 同一步调地,并行地

Paris [ˈpærɪs] n. 巴黎

Parisian [pəˈrɪzjən] a.;n. 巴黎的,巴黎人(的)

parish [ˈpærɪʃ] n. 教区,工作范围,知识范围

parisite [ˈpærɪˌsaɪt] n. 氟菱钙铈矿

P

parison ['pærɪsən] *n.* (玻璃,塑料等)型坯

parity ['pærɪtɪ] *n.* ①同等,平等,均势 ②类似 ③比价率,等价值 ④【计】奇偶性,奇偶误差 ☆ *by parity of reasoning* 由此类推

park [pɑːk] ❶ *n.* 公园,停车场,停机坪 ❷ *v.* 停放,布置,安顿

parker ['pɑːkə] *n.* 停放的车辆

parkering ['pɑːkərɪŋ] *n.* 磷酸盐处理

parkerise,parkerize ['pɑːkəraɪz] *vt.* 磷酸盐被膜防锈处理

parkine ['pɑːkiːn] *n.* 派克木碱

parking ['pɑːkɪŋ] *n.* 停车场,街心公园

parklike ['pɑːklaɪk] *a.* 公园般的

parkway ['pɑːkweɪ] *n.*【建】风景区干道,公园大路

parky ['pɑːkɪ] *a.* 空〔天〕气寒冷的

parlance ['pɑːləns] *n.* 说法 ☆*in common parlance* 俗话,所谓,照一般说法

parley ['pɑːlɪ] *n.;v.* 谈判,讨论

parliament ['pɑːləmənt] *n.* 国会,议会 ‖ ~**al** 或 ~**ary** *a.*

parlour ['pɑːlə] *n.* 起居室,休息室,营业室

parochial [pə'rəʊkɪəl] *a.* 狭隘的,有限的,有局限性的,地方性的

parochor ['pærəkə] *n.* 等张体积(摩尔)

parol [pə'rəʊl] *n.* 石蜡燃料

paroline ['pærəlɪn] *n.* 液体石油膏

parodontitis [,pærədɒn'taɪtɪs] *n.* 牙周炎

paromomycin [,pærəməʊ'maɪsɪn] *n.* 巴龙霉素

paronite ['pærənaɪt] *n.*【商】石棉橡胶板

parotid [pə'rɒtɪd] *n.;a.* 腮腺(的),耳边的,耳下的

paroxysm ['pærəksɪzəm] *n.* 暴发高潮,突发波,发作

paroxysmal [,pærək'sɪzməl] *a.* 发作的,阵发的,突发的

parquet ['pɑːkeɪ] ❶ *n.* ①镶木地板,拼花地板 ②正厅后座 ❷ *a.* 镶木细工的 ❸ *vt.* 铺镶木地板

parquetry ['pɑːkɪtrɪ] *n.* 镶木细工,镶木地板

parrot ['pærət] *n.* 鹦鹉

parry ['pærɪ] *vt.;n.* 挡开,回避

pars [pɑːz] (拉丁语) *n.* 部分

parse [pɑːz] *vt.* (语法)分析

parsec ['pɑːsek] (= parallax second)【天】秒差距(表示天体距离的单位)

parser ['pɑːzə] *n.*【计】(句法)分析程序

parsonsite ['pɑːsənzaɪt] *n.* 斜磷铅铀矿

part [pɑːt] ❶ *n.* ①部分 ②零件 ③(几)分之一 ④职责,角色 ⑤(书籍)部,篇,分册 ⑥【建】(柱下部)半径的三十分之一 ☆*a man of parts* 有才干的人; *do one's part* 尽己职责; *feel a part of* 感到自己对…有一分责任; *for one's part* 至于某人; *for the most part* 大概,多半,通常; *have no part in ...* 同…无关; *in large part* 在很大程度上; *in part* 部分地; *in parts* 分几部分; *on the part of* 在…方面,就…角度来讲; *part by part* 逐项,详细; *play a part in* 在…中起作用; *play*

the part of 扮演…角色; *take part in* 参加; *take part with* 与…站在一边; *the better part* 大部分,主要部分 ❷ *v.* 分开,断绝(关系,联系) ☆*part from* 离开,同…分手; *part with* 离开,放弃 ❸ *a.; ad.* 部分的,地

〖用法〗❶ 注意表示分数的另一种方法:数字+ part(s)+per〔in a〕+数词(或阿拉伯数字)。如:This number differs from that one by more than 1 part in 10^7. 这个数与那个数相差 1/10^7。/A cesium clock maintains its frequency constant to one part in one hundred billion or better. 铯钟的频率稳定度达达 1/10^{11} 或更高。/Its volume decreases by 20 parts per million for a pressure increase of 1 atm. 压力每增加 1 个大气压,其体积就会缩小百万分之 20。/The temperature coefficient is given in parts per million per degree Celsius. 温度系数是用每摄氏度百万分之几来表示的。❷ 在词组 "take part in" 的 "part" 前是没冠词的,但在其前面有形容词时就要加不定冠词了。如:They are taking an active part in scientific research. 他们正在积极参加科研。❸ 注意下面例句的译法:Information may be as much a part of the physical universe as matter and energy. 信息可以与物质和能量一样属于物理世界的一部分。/The center of curvature of a spherical concave mirror is the center of the sphere of which the mirror is a part. 球形凹面镜的曲率中心就是该镜所在球体的球心。("of which" 在从句中作从句表语 "a part" 的定语。)/One important symbol-manipulating activity of the computer is the translation from a user language such as Fortran or Algol to the computer's internal language, a necessary part of all modern computer usage. 计算机的一个重要的符号处理功能,就是把像 Fortran 或 Algol 这样的用户语言翻译成计算机的内部语言,这一转换过程是所有现代计算机使用中的一个必要部分。(画线部分是前面表语的同位语。)/The Leaning Tower of Pisa is also inseparably connected with the history of physics because of the part it played in an experiment that was alleged to have been performed more than three centuries ago by the famous Italian scientist Galileo. 比萨斜塔由于在一个实验中所起的作用也是与物理学的历史密切相关的,这个实验据说是在三个多世纪以前由著名的意大利科学家伽利略所做的。(在定语从句中出现了 "play a part in" 这一词组,而代替 "the part" 的关系代词被省略了。)❹ 表示 "零件目录" 时,一般用复数形式 "parts list"。

partable ['pɑːtəbl] *a.* 可分开的

partake [pɑː'teɪk] *v.* ①分享,参与 ②有几分,有点儿 ☆ *partake in (of) A with B* 同 B 分担(共享)A

partaker [pɑː'teɪkə] *n.* 分担者,参与者,有关系的人

parted ['pɑːtɪd] *a.* 裂口的,分开的

parterre [pɑː'teə] *n.* ①花坛 ②【建】正厅后座

parthenocarpy ['pɑːθɪnəʊ,kɑːpɪ] *n.*【植】单性结实,无性结实

parthenogenesis [,pɑ:θɪnəʊ'dʒenɪsɪs] n.【生】单性生殖,孤雌生殖

partial ['pɑ:ʃəl] ❶ a. ①部分的,局部的 ②偏的,偏微分的 ③偏心 ④零件的 ❷ n.(pl.)分音,泛音,偏流,偏导数

partial-image ['pɑ:ʃəl'ɪmɪdʒ] n. 分像图

partially ['pɑ:ʃəlɪ] ad. 部分地,偏袒地

partibility [pɑ:tə'bɪlətɪ] n. 可分性,可劈性

partible ['pɑ:təbl] a. 可分的

participant [pɑ:'tɪsɪpənt] ❶ n. 参与者,共享者 ❷ a. 参与的,有关的

participate [pɑ:'tɪsɪpeɪt] vi. ①参与,参加,共享(in) ②带有…的性质

participation [pɑ:tɪsɪ'peɪʃən] n. 参与,共享

participator [pɑ:'tɪsɪpeɪtə] n. 参与者,合作者

participial [pɑ:tɪ'sɪpɪəl] a. 分词的

participle ['pɑ:tɪsɪpl] n. 分词

particle ['pɑ:tɪkl] n. ①微粒 ②质点 ③极小量 ☆ *have not a particle of* 一点儿…也没有

particle-size ['pɑ:tɪklsaɪz] n. 粒度,粒径

particoloured ['pɑ:tɪkʌləd] a. 杂色的,斑驳的

particular [pə'tɪkjulə] ❶ a. ①特定的,个别的 ②详细的 ❷ n. ①项目,特色 ②(pl.)详细资料,摘要,细节 ☆ *be particular about* 讲究; *be particular to* 是…所特有的; *give particulars* 详述; *go into particulars* 详细叙述; *in every particular* 在任何方面; *in particular* 特别是

particularity [pə,tɪkju'lærətɪ] n. 特殊性,过分考究,详细,个性

particularize [pə'tɪkjuləraɪz] v. 逐一列举,特别指出,特殊化 ‖ **particularization** n.

particularly [pə'tɪkjuləlɪ] ad. 特别,详细地 〖用法〗注意下面例句中该词的位置: Note, particularly, that neither the current nor the battery voltage needs be known. 特别要注意,既不必知道电流也不必知道电池电压。

particulate [pə'tɪkjulɪt] n.;a. 粒子,微粒状的,粒子组合的

parting ['pɑ:tɪŋ] ❶ a. 分离的,离别的 ❷ n. ①分离 ②分界,岔口 ③夹层 ④分离工序,分型面,分离剂 ⑤剖截(冲压),切断,掀(千叠)板 ⑥分金

Partinium ['pɑ:tɪnɪəm] n. 一种铝合金

partisan,partizan [,pɑ:tɪ'zæn] n. 游击队员,同党人

partisanship [pɑ:tɪ'zænʃɪp] n. 党派性

partition [pɑ:'tɪʃən] n.;v. ①划分,分割 ②隔板,隔膜

partitioned [pɑ:'tɪʃnd] a. 分配的,隔离的

partly ['pɑ:tlɪ] ad. 部分地,局部地

partly-mounted ['pɑ:tlɪ'mauntɪd] a. 部分悬挂的

partner ['pɑ:tnə] n. 合伙人,股东,配偶

partnership ['pɑ:tnəʃɪp] n. ①合伙,合营 ②公司,合伙组织 ☆ *in partnership with* 和…合作; *strike up partnership* 合伙,结成一体

parton ['pɑ:tɒn] n. 部分子

partook [pɑ:'tuk] vt. partake 的过去式

part-time ['pɑ:ttaɪm] a. 兼任的,零星的

part-transistorized ['pɑ:ttræn'sɪstəraɪzd] a. 部分晶体管化的

parturition [,pɑ:tju'rɪʃən] n.【医】分娩,生产

party ['pɑ:tɪ] n. ①党,党派 ②聚会 ③当事人,一方 ④一群,一队 ☆ *be a party to* 参与,同…发生关系

party-line ['pɑ:tɪlaɪn] n. ①党的路线 ②同线电话

party-wall ['pɑ:tɪwɔ:l] n. 界墙,共用墙

parvafacies [,pɑ:və'feɪsɪ,i:z] n.【地质】分相

parylene ['pærɪli:n] n. 聚对苯二甲基

pascal ['pæskal] n. 帕斯卡(压强单位)

pass [pɑ:s] ❶ n. ①通道,小路 ②通行证,护照 ③合格 ④焊道 ⑤【冶】孔型,轧道(槽) ☆ *bring ... to pass* 引起,实行; *come to pass* 发生,实现 ❷ v. ①通过,穿过 ②消逝 ③传递 ④合格,及格 ⑤流通 ☆ *pass across* 横穿; *pass along* 传递,使…向前传播,经过; *pass away* 死亡,(时间等)过去,度过(时间); *pass beyond* 超越; *pass by* 绕过,忽略,(时间)过去; *pass for (as)* 被认为是,冒充; *pass into* 变成,进入; *pass off* 冒充过去,发生,结束; *pass on* 继续前进,传递; *pass out* 从中冒出,不复存在; *pass over* 从…上面经过,传给; *pass round* 绕; *pass through* 穿过,刺穿,经历; *pass up* 向上移动,拒绝,不理

passable ['pɑ:səbl] a. 可通行的,能通过的,过得去的,合格的 ‖ **passably** ad.

passage ['pæsɪdʒ] n. ①通过,流通 ②通道,走廊 ③航行,行程 ④一段(文章) ⑤中天 〖用法〗注意搭配模式 "the passage of A through B"。如: All conductors offer small resistance to the passage of electrons through them. 所有导体对电子通过它们呈现很小的电阻。

passage-way ['pæsɪdʒweɪ] n. 通路,航线,走廊

passameter [pæ'sɑ:mɪtə] n.【商】外径指示规,外径精测仪

passant ['pæsɑ:ŋ] (法语)en passant 顺便

passavant [pɑ:sə'vɑ:ŋ] (法语) n. 通行证

pass-band ['pɑ:sbænd] n.通带,频带

pass-book ['pɑ:sbuk] n. 银行存折

pass-check ['pɑ:stʃek] n. 入场券,通行证

pass-course ['pɑ:skɔ:s] n. 通过路线

passenger ['pæsɪndʒə] n. 乘客,旅客

passe-partout ['pæspɑ:tu:] (法语)n. 画框,护照

passer-by ['pɑ:sə'baɪ] n. 过路人,行人

passeriform ['pæsərɪfɔ:m] n. 雀形目

passerine ['pæsəraɪn] n. 雀类

passim ['pæsɪm] (拉丁语)ad. 到处

passimeter [pæ'sɪmɪtə] n. ①杠杆式内径指示计,内径精测仪 ②自动售票器 ③步数计

passing ['pɑ:sɪŋ] ❶ a. ①经过的,通行的 ②合格的 ③目前的 ④短暂的,草率的,偶然的 ❷ n. 经过,透射,退去,(时间)推移,超越,忽略 ☆ *in passing* 顺便,附带

passingly ['pɑːsɪŋlɪ] *ad.* 顺便,仓促,很

passion ['pæʃən] *n.* ①热情,热望,爱好 ②激怒

passionate ['pæʃənɪt] *a.* 热烈的,热情的,易激动的 ‖ ~**ly** *ad.*

passionless ['pæʃənlɪs] *a.* 没有热情的,冷淡的 ‖ ~**ly** *ad.*

passivant ['pæsɪvənt] *n.* 钝化剂

passivate ['pæsɪveɪt] *v.*【冶】钝化

passivation [pæsɪ'veɪʃən] *n.* 钝化作用,保护膜的形成

passivator ['pæsɪveɪtə] *n.* 钝化剂,减活剂

passive ['pæsɪv] ❶ *a.* ①被动的,钝态的,不活泼的 ②无源的 ❷ *n.*【电子】无源
〖用法〗注意下面例句中该词的含义: We refer to such elements as being *passive*. 我们把这样的组件称为是无源的。

passivity [pæ'sɪvətɪ] *n.* ①被动,消极,不抵抗 ②钝性,无源性

passkey ['pɑːskiː] *n.* ①万能钥匙 ②碰锁门钥匙

passless ['pɑːslɪs] *a.* 没有路的,走不通的

passometer [pæ'sɒmɪtə] = passimeter

passport ['pɑːspɔːt] *n.* ①护照,证明书,执照 ②手段,敲门砖

pass-test ['pɑːstest] *n.* 测试通过,检验合格

password ['pɑːswɜːd] *n.*【计】口令,通行字
〖用法〗注意下面例句的含义: One way to guess a password is for the intruder to know the user or to have information about the user. 猜出通行字的一种方法是闯入者认识用户或了解用户。

past [pɑːst] ❶ *a.* 刚过去的,结束的 ❷ *n.* 过去 ❸ *prep.* 过了(…以后),超过
〖用法〗在使用 "in the past" 时,句子应该使用一般过去时。如: In the past it was considered possible to make fracture a remote possibility by using a very conservative design philosophy.在过去,使用十分保守的设计原则可以大大减少断裂的可能性。

pastagram ['pɑːstgræm] *n.* 温高图

paste [peɪst] ❶ *n.* 糨糊,软膏,面团 ❷ *vt.* 粘贴,裱糊,涂胶

pasteboard ['peɪstbɔːd] *n.* 胶纸板,厚纸板

pasted ['peɪstɪd] *a.* 膏的,胶的,糨糊的

pastel [pæs'tel] *n.* 彩色粉笔(画),蜡笔画

paster ['peɪstə] *n.* 涂胶纸,粘贴人〔物〕,自动接纸装置

pasteurellosis [,pæstərə'ləusɪs] *n.*【医】巴斯德菌病

pasteurisation,pasteurization [,pæstəraɪ'zeɪʃən] *n.* 巴氏灭菌法

pasteurise ['pæstəraɪz] *vt.* 进行巴氏灭菌

pasteuriser,pasteurizer ['pæstəraɪzə] *n.* 巴氏灭菌〔消毒〕器

pastil(le) ['pæstɪl] *n.*【药】锭剂

pasturage ['pɑːstjurɪdʒ] *n.* ①畜牧业 ②牧场,牧草

pasture ['pɑːstʃə] ❶ *n.* 牧场,牧草 ❷ *v.* 放牧

pasture-ground ['pɑːstʃəgraund], **pasture-land** ['pɑːstʃəlænd] *n.* 牧场

pasty ['peɪstɪ] ❶ *a.* ①糨糊状的,黏性的 ②苍白的 ❷ *n.* (酥皮)馅饼

pat [pæt] ❶ *n.* ①饼子,扁块 ②(水泥安定性试验的)试饼 ③轻拍 ❷ *v.* 轻拍 ❸ *a.* 恰当的 ☆*stand pat* 坚持,拒绝改变

patabiont ['pætəbɪɒnt] *n.* 林地动物

patacole ['pætəkəul] *n.* 林地暂居动物

patch [pætʃ] ❶ *n.* ①补丁,补胎片,补块 ②临时性的线路,【计】插入(程序补)码 ③小块地 ☆*not a patch on* 远不如; *strike a bad patch* 遭到不幸或困难 ❷ *v.* ①修补 ②(用软线)临时性接续线路 ☆*patch in* 临时接入电路; *patch out* 暂时撤去; *patch up* 修补,拼凑,平息

patchboard ['pætʃbɔːd] *n.* 接线板,转接插件

patchcord ['pætʃkɔːd] *n.* (配电盘的)软线,【计】插入线,连接电缆

patchery ['pætʃərɪ] *n.* 弥缝,拙劣的修补

patchily ['pætʃɪlɪ] *ad.* 杂凑地,不规则地

patching ['pætʃɪŋ] *n.* ①修补,路面补坑 ②临时性接线

patching-in ['pætʃɪŋɪn] *n.* 临时性接线

patch-panel ['pætʃ'pænl] *n.* 转插板

patchplug ['pætʃplʌg] *n.* 转接插头

patchwork ['pætʃwɜːk] *n.* 修补工作,拼凑的东西

patchy ['pætʃɪ] *a.* 修补成的,杂凑的

pate [peɪt] *n.* 脑袋,颈部,前额

patency ['peɪtənsɪ] *n.* 明显,公开

patent ['peɪtənt] ❶ *n.*【法】专利,专卖权,获专利的发明物 ❷ *a.* ①专利的 ②精巧的,上等的 ③明显的 ❸ *v.* ①取得专利 ②(钢丝)韧化处理,铅淬火
〖用法〗它表示"专利"时,其后面一般跟介词"for"。如: The first patent for a magnetic recorder was issued to Valdemar Poulson in Denmark before the turn of the last century. 磁录音机的第一个专利是在进入上个世纪之前颁发给了丹麦的瓦尔德默·波尔逊。

patentable ['peɪtəntəbl] *a.* 可以取得专利的

patentee [,peɪtən'tiː] *n.* 专利权所有人

patent-hammered ['peɪtənt'hæməd] *a.* 面石修饰的

patenting ['peɪtəntɪŋ] *n.*【商】拉(丝)后的退火处理,铅淬火,【计】登记专利

patentizing ['peɪtəntaɪzɪŋ] *n.* 铅淬火

patently ['peɪtəntlɪ] *ad.* 明白地

patentor ['peɪtəntə] *n.* 专利许可者

patera ['pætərə] *n.* 插座,接线盒

pateraite ['pætərə,aɪt] *n.* 黑钼钴矿

paternoster ['pætə'nɒstə] *n.* 链斗式升降机

path [pɑːθ] *n.* ①小路,路径 ②路线,轨迹,弹道 ③射程,路径长度 ④轧辊型缝
〖用法〗该词在电子学中表示"道路,通道"时,其前面一般用介词"in"(而在供人行走时,其前面可以用"on"或"along"等)。如: The ion travels

in a path of this radius. 该离子沿这个半径的通路运动。

pathematology [ˌpæθɪməˈtɒlədʒɪ] *n.* 病理学

pathergasiology [ˌpæθəˈgeɪsɪˈɒlədʒɪ] *n.* 精神病学

pathetic [pəˈθetɪk] *a.* ①可怜的,悲惨的 ②感情上的 ‖ ~ally *ad.*

pathfinder [ˈpɑːθfaɪndə] *n.* ①开拓者,探险者,导航人员 ②领航飞机,导航器

pathfinding [ˈpɑːθfaɪndɪŋ] *n.* 领航,寻找目标

pathobiology [ˌpæθəʊbaɪˈɒlədʒɪ] *n.* 【医】病理学

pathochemistry [ˌpæθəʊˈkemɪstrɪ] *n.* 病理化学

pathocidin [ˈpæθəsaɪdɪn] *n.* 灭病菌素

pathogen [ˈpæθədʒən], **pathogene** *n.* 病原体,致病菌

pathogenesis [ˌpæθəˈdʒenɪsɪs] *n.* 致病原因

pathogenetic [ˌpæθədʒɪˈnetɪk], **pathogenic** [pæθəˈdʒenɪk], **pathogenous** [pæθəˈdʒenəs] *a.* 病原的

pathogenicity [ˌpæθədʒɪˈnɪsətɪ] *n.* 【医】致病性,病原性

pathogeny [pəˈθɒdʒɪnɪ] *n.* 病原(论)

pathologic(al) [ˌpæθəˈlɒdʒɪk(əl)] *a.* 病理学的,病态的,治疗的

pathology [pəˈθɒlədʒɪ] *n.* 病理(学),病状

pathophysiology [ˈpæθəˌfɪzɪˈɒlədʒɪ] *n.* 【医】病理生理学

pathway [ˈpɑːθweɪ] *n.* 路径,轨迹,航线,弹道

patience [ˈpeɪʃəns] *n.* 容忍,忍耐力,耐心 ☆ *be out of patience with* 对…不能再忍受; *have no patience with* 不能容忍; *have not the patience to (do)* 没有耐心做

patient [ˈpeɪʃənt] ❶ *a.* 有耐性的 ❷ *n.* 病人

patiently [ˈpeɪʃəntlɪ] *ad.* 耐心地

patina [ˈpætɪnə] *n.* 铜绿,铜锈,(金属或矿物的)氧化表层

patinate [ˈpætɪneɪt] *v.* (使)生绿锈

patinated [ˈpætɪneɪtɪd] *a.* 生了锈的,布满铜绿的

patination [pætɪˈneɪʃən] *n.* 生锈,布满铜绿

patinous [ˈpætɪnəs] *a.* 有锈的

patio [ˈpætɪəʊ] *n.* 天井,庭院

patriarch [ˈpeɪtrɪɑːk] *n.* 家长,族长;罗马教皇,主教;别祖,元老

patrician [pəˈtrɪʃən] *n.;a.* 贵族(的)

patriot [ˈpeɪtrɪət] ❶ *n.* 爱国者 ❷ *a.* 爱国的

patriotic [ˌpætrɪˈɒtɪk] *a.* 爱国的 ‖ ~ally *ad.*

patriotism [ˈpætrɪətɪzəm] *n.* 爱国心,爱国精神

patrix [ˈpeɪtrɪks] *n.* 阳模,上模

patrol [pəˈtrəʊl] *n.;v.* 巡逻,巡逻者,巡逻队

patrolman [pəˈtrəʊlmən] *n.* 外勤员,巡逻工,(电线等的)保线员

patron [ˈpeɪtrən] *n.* ①赞助人 ②顾客

patronage [ˈpætrənɪdʒ] *n.* 赞助,支持,奖励

patronite [ˈpætrənaɪt] *n.* 绿硫钒矿

patronize [ˈpætrənaɪz] *n.* 赞助,照顾

patten [ˈpætən] *n.* ①柱基,柱脚 ②平板,狭板条 ③木套鞋

patter [ˈpætə] ❶ *n.* ①(雨点或轻快敲打等急速的)拍打声 ②行语,黑话 ❷ *v.* 喋喋讲述,急速拍打声

pattern [ˈpætən] ❶ *n.* ①典型,榜样 ②模型,模式 ③样式,款式 ④图形,图案,图样 ⑤晶格 ⑥(天线)辐射图,波瓣图 ❷ *vt.* ①模仿,仿造 ②以图案装饰,加花样 ☆*follow the pattern of* 仿照

pattern-bomb [ˈpætənbɒm] *vt.* 定形轰炸

patterning [ˈpætənɪŋ] *n.* 制作布线图案,图像重叠

patternmaker [ˈpætənmeɪkə] *n.* 制模工

pattinsonization [ˌpætɪnsnaɪˈzeɪʃən] *n.* 粗铅除银精炼法

patulin [ˈpætjulɪn] *n.* 【生化】棒曲霉素

patulous [ˈpætjuləs] *a.* 【植】张开的,展开的

paucidisperse [pɔːsɪdɪsˈpɜːs] *v.* 少量分散

paucity [ˈpɔːsətɪ] *n.* 少量,贫乏

paulin [ˈpɔːlɪn] *n.* 【商】焦油帆布,防水帆布

paulite [ˈpɔːlaɪt] *n.* 砷钾铀云母

Paulownia [pɔːˈləʊnɪə] *n.* 【植】桐属〔树〕

pauperize [ˈpɔːpəraɪz] *vt.* 使贫困 ‖ **pauperization** *n.*

pause [pɔːz] *n.;vi.* ①间歇,暂停 ②犹豫 ③休止音符

pave [peɪv] *vt.* ①铺砌 ②安排 ☆ *pave the way for* 为…铺平道路

pavement [ˈpeɪvmənt] *n.* 铺砌层,路面,铺地材料,人行道(= sidewalk)

〖用法〗注意下面例句的句型: Pavement is a paved path at the side of a street for people to walk on. 人行道是在街道边上供人们在上面行走的、铺平了的道路。("for people to walk on"是不定式复合结构作后置定语。)

paver [ˈpeɪvə] *n.* 铺砌工,铺路机

pavilion [pəˈvɪljən] ❶ *n.* ①亭,阁 ②大帐篷,更衣室,(运动场)休息所 ❷ *vt.* 搭帐篷盖住

paving [ˈpeɪvɪŋ] *n.;a.* 铺路(用的),铺面材料

pavio(u)r [ˈpeɪvjə] *n.* 铺路工人,铺路机

paw [pɔː] ❶ *n.* 脚爪 ❷ *vt.* 抓,搔

pawl [pɔːl] ❶ *n.* ①棘爪,倒齿 ②勾,爪 ❷ *vt.* 用爪止住

pawn [pɔːn] *n.* ①典当,抵押物 ② = pawl

pawpaw [ˈpɔːpɔː] *n.* 木瓜

Paxboard [ˈpæksbɔːd], **Paxfelt** [ˈpæksfelt] *n.* 一种绝缘材料

Paxolin [ˈpæksəlɪn] *n.* 一种酚醛层压塑料

pay [peɪ] ❶ *v.* ①支付,偿还 ②付款,酬劳 ③合算 ☆*it pays* 值得,有意义的 ☆ *pay attention to* 注意; *pay back* 偿还,报答,报复; *pay down* 即时用现金支付,(分期付款购货时)先支付; *pay for* 付…的代价,负担…费用; *pay in* 缴款,捐款; *pay lip service to* 口头上承认; *pay off* 偿还; *pay one's way* 支付应承担的费用,自己出钱; *pay out* 支付,偿还,报复,放松,释放; *pay up* 付清,付讫 ❷ *n.* 报酬,工资 ❸ *a.* 收费的,工资的,含矿的

P

payable ['peɪəbl] *a.* ①可付的,应付的 ②合算的 ‖ **payably** *ad.*

paycheck ['peɪtʃek] *n.* 工资

payee [per'i:] *n.* 受款人,收款人

payer ['peɪə] *n.* 付款人,付给者

paying ['peɪɪŋ] ❶ *a.* 有利可图的,合算的 ❷ *n.* 支付

payload ['peɪləʊd] *n.* ①有效负载,战斗部 ②工厂的工资负担

payloader ['peɪləʊdə] *n.* 【商】运输装载机

payment ['peɪmənt] *n.* ①支付额,付款方法,缴纳 ②惩罚,报应

payoff ['peɪɒf] ❶ *n.* ①偿清,支付 ②成果,收效 ③发工资(日) ④放线装置 ⑤(事件或叙述等的高潮 ⑥决定性的因素 ❷ *a.* 得出结果的,决定的

payroll ['peɪrəʊl] *n.* 工资单,计算报告表

pay-sheet ['peɪʃi:t] *n.* 工资

pazite ['peɪzaɪt] *n.* 硫砷铁矿

pea [pi:] *n.* 豌豆,豌豆级煤

peace [pi:s] *n.* 和平,安静,平安,和睦

peaceful ['pi:sful] *a.* 和平的,安宁的

peacetime ['pi:staɪm] *n.;a.* 平时(的)

peach [pi:tʃ] *n.* 桃;桃红色

peacock ['pi:kɒk] *n.* ①孔雀;孔雀蓝色 ②飞机无线电发射机系统

peak [pi:k] ❶ *n.* ①峰值,极大值 ②顶点 ③波峰,错尖 ❷ *v.* 达最高达,顶点是 ②锐化,消瘦 ③使(脉冲)尖锐,引入尖脉冲

peak-and-hold ['pi:kəndhəʊld] *n.* 峰值保持

peaked [pi:kt] *a.* ①最大值的,峰值的 ②有尖顶的,消瘦的

peaker ['pi:kə] *n.* 峰化器,脉冲整形器,微分(脉冲修尖)电路

peak-holding ['pi:khəʊldɪŋ] *n.* 峰值保持

peaking ['pi:kɪŋ] *n.* ①剧烈增加 ②脉冲修尖(峰化),引入尖脉冲 ③求峰值,加以微分,微分法

peakload ['pi:kləʊd] *n.* 峰值负载,最大负荷

peaky ['pi:kɪ] *a.* 有峰的,似峰的,多峰的

peal [pi:l] *n.;v.* 钟声,发隆隆声

peamafy ['pi:məfɪ] *n.* 坡莫菲高磁导率合金

pean ['pi:ən] *n.* 赞歌,凯歌

peanut ['pi:nʌt] *n.* 花生

pear [peə] *n.* 梨,梨树

peariform ['peərɪfɔ:m] *a.* 梨形的

pearl [pɜ:l] ❶ *n.* ①珍珠,微粒 ②杰出者,珍品 ③珍珠色 ❷ *a.* 珍珠(状,色)的,淡蓝灰色的 ❸ *v.* (使)呈珍珠状,采珠

pearled [pɜ:ld] *a.* ①用珍珠装饰的 ②珍珠似的,有珍珠色彩的

pearlite ['pɜ:laɪt] *n.* 【冶】珠光体(铸铁),(纯)珠层体,珠粒体,层片形组织 ②珍珠岩

pearlitic [pɜ:'lɪtɪk] *a.* 珠光体的,珠层铁的,珠粒的

pearl-necklace ['pɜ:l'neklɪs] *n.* 珠链

pearly ['pɜ:lɪ] *a.* ①珍珠似的,珍光的 ②响亮的

pearlyte ['pɜ:laɪt] *n.* 珠光体

pear-push ['peəpʊʃ] *n.* 悬吊式按钮

pear-switch ['peəswɪtʃ] *n.* 悬吊开关

peart [pɪət] *a.* 快活的,活泼的

peasant ['pezənt] *n.* 农民

peasantry ['pezəntrɪ] *n.* 农民阶级

peastone ['pi:stəʊn] *n.* 豆砾石

peat [pi:t] *n.* 泥煤,泥炭土

peatery ['pi:tərɪ] *n.* 泥炭产地,泥炭沼

peaty ['pi:tɪ] *a.* 泥炭(似)的,泥煤(似)的

peavey ['pi:vɪ] *n.* 长撬棍,(翻木头用的)钩棍,压脚子

pebble ['pebl] ❶ *n.* ①卵石,砾石 ②(轧制金属的)粒状表面,粗纹 ❷ *v.* 铺以卵石

pebbling ['peblɪŋ] *n.* 卵石皮

pebbly ['peblɪ] *a.* 多石子的,多卵石的

pecan [pɪ'kæn] *n.* (美洲)薄壳山核桃(树)

peccable ['pekəbl] *a.* 容易犯罪的,容易有过失的

peccancy ['pekənsɪ] *n.* 犯罪,违章

peck [pek] ❶ *n.* ①配克(粒状物的容量单位) ②啄孔(痕) ③许多 ❷ *v.* 啄掘,吹毛求疵

pecker ['pekə] *n.* ①啄木鸟 ②替续板,接续器,簧片,舌形部 ③穿孔器,穿孔针 ④鹤嘴锄

pectase ['pekteɪs] *n.* 果蔬酵素,果胶酶

pectic ['pektɪk] *a.* 果胶的

pectin ['pektɪn] *n.* 果胶

pectinase ['pektɪneɪz] *n.* 果胶酶

pectinate ['pektɪneɪt], **pectinated** ['pektɪneɪtɪd] *a.* 梳状的,齿形的

pectination [pektɪ'neɪʃən] *n.* 梳状物,梳理

pectinesterase [,pektaɪ'nestəreɪs] *n.* 【生化】果胶酯酶

pectinose ['pektɪnəʊs] *n.* 【生化】树胶醛糖,果胶糖

pectization [pektaɪ'zeɪʃən] *n.* 果胶糖,【药】胶凝作用

pectograph ['pektəgrɑ:f] *n.* 【化】胶干图形

pectography [pek'tɒgrəfɪ] *n.* 胶干图形学

pecul ['pɪkʌl] = picul

peculate ['pekjuleɪt] *v.* 挪用,盗用(公款等) ‖ **peculation** *n.*

peculiar [pɪ'kju:lɪə] ❶ *a.* 独特的,奇怪的 ❷ *n.* 特权,特有财产

〖用法〗注意"peculiar to ..."意为"是…特有的"。如:This advantage is peculiar to TTL.这一优点是晶体管-晶体管逻辑电路所特有的。

peculiarity [pɪ,kju:lɪ'ærətɪ] *n.* 特征,奇特,怪癖

pecuniary [pɪ'kju:nɪərɪ] *a.* 金钱上的,应罚款的

ped [ped] *n.* (土壤自然)结构体

pedagogic(al) [pedə'gɒdʒɪk] *a.* 教学法的,教师的,教育学的

pedagogy ['pedəgɒdʒɪ] *n.* 教育学,教学法

pedal ['pedl] ❶ *n.* ①踏板,脚蹬 ②【数】垂足线,垂足面 ❷ *a.* ①踏板的,脚踏的 ②【数】垂足的 ③脚的 ❸ *v.* 蹬踏板

pedal-dynamo ['pedəl'daɪnəməʊ] *n.* 脚踏发电机

pedalfer [pɪ'dælfə] *n.* 淋余土,铁铝土

P

pedalian ['pedəlɪən] *a.* 足的

pedalium [pɪ'deɪlɪəm] *n.* 叶状体

pedal-rod ['pedəlrɒd] *n.* 踏板拉杆

pedant ['pedənt] *n.* 卖弄学问的人

peddling ['pedlɪŋ] *a.* 琐碎的,不重要的

pedestal ['pedɪstəl] ❶ *n.* ①底座,基座,脚 ②轴承座(架),轴箱架 ③轴箱导板(夹板) ④消隐脉冲电平 ⑤焊接凸点,焊接台柱 ❷ *v.* 搁在架上,支持 ☆*put (set) on (upon) a pedestal* 把…当作崇拜的对象

pedestrian [pɪ'destrɪən] ❶ *n.* ①行人 ②步行主义者 ❷ *a.* 行人的,普通的,平淡的

pedial ['pedɪəl] *a.* 单晶面的

pedicab ['pedɪkæb] *n.* 三轮车

pedigree ['pedɪgriː] ❶ *n.* ①(封建社会的)家谱,血统,起源,(飞机,轮船等的)演变过程 ❷ *a.* 纯种的

pediment ['pedɪmənt] *n.* ①山墙,人字墙,三角楣饰 ②山前侵蚀平原,麓原 ‖~al *a.*

pedimented ['pedɪməntɪd] *a.* 有山墙的,人字形的

pedimeter [pɪ'dɪmɪtə] = pedometer

pedimetry [pi'dɪmɪtrɪ] *n.* 步测法

pedion ['piːdɪən] *n.* 单面(晶)

pedipulator [,pedɪ'pʌleɪtə] *n.* 步行机

pedlar ['pedlə] *n.* 小贩,传播(谣言等)的人

pedocal ['pedə,kæl] *n.*【地质】钙层土

pedodontics [,piːdəʊ'dɒntɪks] *n.*【医】儿童牙科学

pedogenesis [pi:dəʊ'dʒenɪsɪs] *n.* ①幼虫或幼态期生殖 ②【地质】成土作用

pedogeography [,pedəʊdʒɪ'ɒgrəfɪ] *n.* 土壤地理学

pedogram ['pedəgræm], **pedograph** ['pedəgrɑːf] *n.* 脚印

pedological [pi:dəʊ'lɒdʒɪkəl] *a.* 土壤学的

pedology [pɪ'dɒlədʒɪ] *n.* 土壤学;儿科学

pedometer [pɪ'dɒmɪtə] *n.* 步数计,计步器,计程器

pedomotor ['pedəməʊtə] *n.* 足动机

pedon ['piːdən] *n.* 单个土体

pedonosology [pi:dənə'sɒlədʒɪ] *n.* 儿科学

peek [piːk] *vi.* 窥视,偷看

peek-a-boo ['piːkəbuː] *n.*【计】(一组卡片的) 相同位穿孔

peel [piːl] ❶ *n.* ①树皮 ②(锻造操作机的)钳杆 ③推杆 ❷ *v.* ①剥皮,脱壳 ②凿净(铸件)

peeler ['piːlə] *n.* ①削皮器,脱壳器 ②坯料剥皮机

peeling ['piːlɪŋ] *n.* ①去皮,脱皮 ②(热处理引起的)脱皮 ③渣皮,铸件表皮

peen [piːn] ❶ *n.* 锤顶,扁头砂冲 ❷ *vt.* 用锤头敲打

peening ['piːnɪŋ] *n.* ①用锤尖敲击 ②喷珠硬化

peep [piːp] *v.;n.* ①窥视,偷看 ②流露 ③唧唧声 ④吉普车(同 jeep)

peer [pɪə] ❶ *n.* 同等,匹敌者 ❷ *v.* ①比得上 ②盯着 ③隐现

peerless ['pɪəlɪs] *a.* 无双的

peg [peg] ❶ *n.* ①拴钉,木楔,销,(标)桩 ②晒夹 ③标高,测标 ④借口 ❷ *v.* ①栓牢 ②打桩,用标桩划界 ③限定 ☆*peg away at* 继续努力做; *peg out* 定界,放样

pegamoid ['pegəmɔɪd] *n.* 人造革,防水布

peganine ['pegəniːn] *n.* 瓦丝素

pegging ['pegɪŋ] *n.* 销子连接

pegging-out ['pegɪŋaʊt] *n.* 打桩,标界

pegmatite ['pegmətaɪt] *n.* 伟晶岩

pegmatolite [peg'mætə,laɪt] *n.* 正长石

pegtop ['pegtɒp] *a.* 陀螺形的

peiminane ['peɪmɪneɪn] *n.* 贝母烷

peiminone ['peɪmɪnəʊn] *n.* 贝母酮

pein = peen

peinotherapy [,paɪnə'θerəpɪ] *n.* 饥饿疗法

pek [pek] *n.* 油漆,涂料

pelagial [pɪ'leɪdʒɪəl] *n.* 远洋带

pelagic [pə'lædʒɪk] *a.* 大洋的,海栖的,浮游的

pelagism ['pelədʒɪzəm] *n.* 晕船

pelagite ['pelədʒaɪt] *n.* 海底锰结核

pelagium ['pelədʒɪəm] *n.* 海面群落

pelagophilus [,peləgəʊ'fɪləs] *a.* 栖海面的

pelargonate [pelɑː'gɒneɪt] *n.* 壬酸(盐)

pelargonidin [,pelɑː'gɒnɪdɪn] *n.* 花葵素,天竺素

pelargonium [,pelɑː'gəʊnɪəm] *n.*【植】天竺葵(属)

pelhamite ['peləmaɪt] *n.* 蛭石

pelican ['pelɪkən] *n.* 鹈鹕,塘鹅

pelite ['piːlaɪt] *n.*【地质】泥质岩

pelitic [pɪ'lɪtɪk] *a.*【地质】泥质的

pellet ['pelɪt] ❶ *n.* ①药丸,小球,小子弹 ②切片,颗粒,圆形器件 ③球团矿 ❷ *v.* 压丸,做成丸状

pelleter ['pelɪtə] *n.* 制片机,制粒机

pelletize ['pelɪtaɪz] *v.* 造球,制粒

pelletizer ['pelɪtaɪzə] *n.* 制粒机,造球机

pellicle ['pelɪkl] *n.* 薄皮,薄层,薄膜,(照相)胶片

pellicular [pe'lɪkjulə] *a.* 薄膜的

pellmell ['pel'mel] *n.;ad.* 杂乱,混乱

pellonxite ['pelɒnksaɪt] *n.* 生石灰

pellotine [pelə,tiːn] *n.* 佩落碱

pellucid [pe'ljuːsɪd] *a.* 清澈的,透明的 ‖~ly *ad.*

pellucidity [,pelju:'sɪdətɪ] *n.* 透明度

Pellux ['pelʌks] *n.* 一种脱氧剂

pelochthium ['peləʊkθɪəm] *n.* 泥滩群落

pelorus [pɪ'lɔːrəs] *n.*【海洋】罗经刻度盘,方位仪

pelotherapy [,piːləʊ'θerəpɪ] *n.*【医】泥土疗法,自然物外用疗法

pelt [pelt] *v.;n.* ①投掷,(雨等)大降 ②毛皮,生皮 ☆*go (at) full pelt* 拼命,开足马力

peltatin ['peltætɪn] *n.* 盾叶鬼臼素

peltogynol [,peltə'dʒɪnəl] *n.* 盾母醇

peltry ['peltrɪ] *n.* ①皮囊,皮货 ②风箱

pelyte ['pelaɪt] *n.*【地质】泥质岩

pem(m)ican ['pemɪkən] *n.* 文摘,提要;干(牛)肉饼

pen [pen] ❶ *n.* 钢笔 ❷ *v.* 写作
pen [pen] *vt.;n.* 栏,圈,放牧区
penal ['pi:nl] *a.* 刑事的,刑罚的
penalise,penalize ['pi:nəlaız] *vt.* 处罚,使恶化 ‖ **penalisation** 或 **penalization** *n.*
penalty ['penəltı] *n.* ❶ 惩罚,罚款 ❷ (质量的)恶化 ☆ *at the penalty of* 以⋯这代价
〖用法〗注意下面例句中该词的含义: Operation at frequencies outside the cutoff frequencies of the amplifier carries with it the <u>penalty</u> of impaired frequency stability.如果工作在放大器截止频率外的话就会带来频率稳定度受到损害的恶果。/It is evident that one pays <u>a penalty</u> in this approach, however, because the curve is no longer as steep as before.然而,显然在这个人们要付出代价,因为曲线不再像以前那么陡了。/Some of the evolutionary changes in BJT structure were made to ameliorate the performance <u>penalties</u> associated with parasitic effects.在双结型晶体管的结构方面作了某些改进以改善由寄生效应引起的性能的恶化。
pencatite ['penkɑ:taɪt] *n.*【地质】水滑大理岩
pence [pens] *n.* penny 的复数
penchant ['pɑ:ʃɑːŋ] (法语) 喜好,倾向
pencil ['pensl] ❶ *n.* ①铅笔 ②光线锥,光束 ❷ *v.* 用铅笔写;用铅笔涂 ☆ *pencil in* 暂定,草拟
〖用法〗注意下面例句的含义:The picture most of us have of a light ray is a narrow <u>pencil</u> of light.我们大多数人对光线的概念是一条窄窄的光锥。("most of us have" 和 "of a light ray" 都是修饰 "The picture" 的。)
pencil-case ['penslkeıs] *n.* 铅笔盒
pencil(l)ed ['pensld] *a.* 用铅笔写的;光线锥的
pencil(l)ing ['penslɪŋ] *n.* 铅笔痕,细线
pencraft ['penkrɑ:ft] *n.* 书法,文体
pend [pend] *vi.* 悬垂,悬而未决
pendant ['pendənt] ❶ *n.* ①吊挂 ②悬垂物,挂钩,吊灯,耳环 ③旗架 ④(三角)小旗,测绳上的标志 ⑤附录,附属物 ❷ *a.* 悬垂的,未定的
pendency ['pendənsı] *n.* 悬垂,未定
pendent ['pendənt] *a.* 悬垂的,悬而未决的
pendentive [pen'dentıv] *n.*【建】穹隅,斗拱
pending ['pendɪŋ] ❶ *a.* 悬空的,悬而未决的 ❷ *prep.* ①在⋯期间 ②直到
pendular ['pendjulə] *a.* 振动的,摆动的
pendulate ['pendjuleıt] *vi.* 摆动,振动
pendulosity [,pendju'lɒsətɪ] *n.* 摆性
pendulous ['pendjuləs] *a.* 悬垂的,摇摆不定的
pendulum ['pendjuləm] ❶ *n.* 摆,振动体 ❷ *a.* 摆动的
〖用法〗注意下面例句的汉译法:An idealized model for a more complex system, a simple <u>pendulum</u> consists of a point mass suspended by an inextensible weightless string. 简单的钟摆是一种更复杂的系统的理想化模型,它是一根不能伸展的、无重量的细绳悬挂起来的一个点的质量。(注

意句首的名词短语是句子主语的同位语。)
peneplain,peneplane ['pi:nıpleın] *n.* 准平面,准平原
peneseismic [penı'saızmık] *a.* 少地震地区的
penetrability [penıtrə'bılətı] *n.* ①可穿透性,透过率 a渗透力,透明度 b突破能力
penetrable ['penıtrəbl] *a.* 可穿透的,可渗透的
penetralia [penı'treılıə] *n.* 内部,最深处,秘密
penetrameter [penı'træmıtə] (=penetrometer)【物】 *n.* (测量 X 射线穿透力的)透度计,贯入〔针入〕度仪
penetrance ['penıtrəns] *n.* 穿透性,穿透率,外显率,放大因数倒数
penetrant ['penıtrənt] ❶ *n.* 渗透剂,穿透物 ❷ *a.* 穿透的,渗透的,透彻的
penetrate ['penıtreıt] *v.* ①透视,透过 ②弥漫 ③突破 ④看穿,洞察 ☆ *penetrate into* 透入,深入
penetrating ['penıtreıtıŋ] *a.;n.* ①穿透的,贯穿的 ②敏锐的,透彻的 ③尖声的,刺激性气味的
penetration [penı'treıʃən] *n.* ①贯穿,穿透,侵入 ②穿透力,渗透性 ③(焊接)熔深 ④洞察力 ⑤突防
penetrative ['penıtrətıv] *a.* 有穿透能力的,能渗透的,敏锐的
penetrator ['penıtreıtə] *n.* ①侵入者,突防飞机(导弹) ②穿透物,穿头 ③过烧,烧化 ④洞察者
penetrometer [penı'trɒmıtə] *n.* 透光计,稠度计
penetron ['penıtrɒn] *n.* ①【物】介子 ②(射线)透射密度测量仪,γ透射测厚仪,电压穿透式彩色管
penguin ['peŋgwın] *n.* 企鹅
penholder ['penhəuldə] *n.* 笔杆
penicillin [,penı'sılın] *n.*【药】青霉素
penicillinase [penı'sılıneıs] *n.*【生】青霉素酶
penicilliosis [penı'sılıəusıs] *n.* 青霉病
penicillium [penı'sılıəm] *n.*【生】青霉菌
penicillus [,penı'sıləs] *n.* 青霉头,青霉帚
peninsula [pı'nınsjulə] *n.* 半岛
peninsular [pı'nınsjulə] ❶ *a.* 半岛(状)的 ❷ *n.* 半岛的居民
peniotron ['penıəutrɒn] *n.* 日本式快波简谐运动微波放大器
penitence ['penıtəns] *n.* 忏悔,悔罪
penitentes [penı'tents] *n.* 锯齿形几米高小雪山堆
pen-knife ['pennaıf] *n.* 小刀
penman ['penmən] *n.* 抄写员,书法家,文人
pennant ['penənt] *n.* 短索;尖旗,三角旗,信号旗
pennate ['peneıt] *a.* 羽状的
penniform ['penıfɔ:m] *a.* 羽状的
penniless ['penılıs] *a.* 身无分文的,贫困的
penning ['penıŋ] *n.* 石块铺砌,护坡
pennogenin [pe'nɒdʒənın] *n.* 偏诺皂苷元
pennon ['penən] *n.* 长三角旗
Pennsylvania [pensıl'veınjə] *n.* (美国)宾夕法尼亚州
penny ['penı] *n.* ①(pl. pennies 指个数,pence 指价

额)便士(英货币名) ②(美)分 ☆ *not a penny the worse* 比以前一点不坏

pennystone ['penɪstəun] n. 平扁小块石

pennyweight ['penɪweɪt] n. (英国一种金衡单位)英钱

pennyworth ['penɪwɜ:θ] n. ①一便士的东西,少量 ②交易额

penologist [pɪ:'nɒlədʒɪst] n. 刑法学家

penology [pɪ:'nɒlədʒɪ] n. 【律】刑法学

penros ['penrɒs] n. 聚合木松香(商品名)

pension ['penʃən] vt.;n. 发给养老(退休)金,津贴;供膳的宿舍

penstock ['penstɒk] n. (节制)闸门,救火龙头,进水管,引水管道,压头管线,水渠

pent [pent] a. 被关住的

penta ['pentə] n. (流速仪装置上的)五个接触点,五氯酚,季戊炸药

pentaborane [,pentə'bɔ:reɪn] n. 戊硼烷

pentabromide [,pentə'brəumaɪd] n. 五溴化物

pentac lens ['pentəklenz] n. 五元透镜

pentacarbonyl [,pentə'kɑ:bənɪl] n. 五羰基化物

pentacene ['pentəsi:n] n. 【化】戊省,并五苯

pentachloride ['pentə'klɔ:raɪd] n. 五氯化物

pentachloroethane [,pentə,klɔ:rə'eθeɪn] n. 五氯乙烷

pentachloronitrobenzene [,pentəklɔ:rə,naɪtrəu-'benzi:n] n. 五氯硝基苯

pentachlorophenol [,pentə,klɔ:rə'fi:nəl] n. 五氯(化)苯酚

pentacle ['pentəkl] n. 五角星

pentacosane [,pentə'kəuseɪn] n. 二十五烷

pentad ['pentæd] n. 五个一组,五价〔物〕,【气】候,五天

pentadactyl [,pentə'dæktɪl] a. 五指状的,五趾的

pentadecagon [,pentə'dekəgən] n. 十五边形

pentadecane [,pentə'dekeɪn] n. 十五烷

pentaerythrite [,pentə'rɪθraɪt], **pentaerythritol** [,pentəɪ'rɪθraɪtəl] n. 【化】季戊四醇

pentaether ['penti:θə] n. 五醚

pentagon ['pentəgən] n. 五边形,五角形 ☆ *the Pentagon* 五角大楼,美国国防部

pentagonal [pen'tægənl] a. 五边形的,五角形的

pentagram ['pentəgræm] n. (由正五边形对角线连成的)五角星(形)

pentagraph ['pentəgrɑ:f] n. = pantograph

pentagrid ['pentəgrɪd] n. 【无】五栅(七极)管

pentahalide [,pentə'hælaɪd] n. 五卤化物

pentahapto [pentə'hæptəu] a. 五络的

pentahedra [,pentə'hi:drə] n. pentahedron 的复数

pentahedroid [,pentə'hedrɔɪd] n. 五胞超体

pentahedron [pentə'hedrən] n. 【数】五面体

pentahydrate [,pentə'haɪdreɪt] n. 【化】五水化物

pentahydric alcohol [pentə'haɪdrɪk'ælkəhɒl] n. 五元醇

pentalene ['pentə,li:n] n. 戊搭烯,并环戊二烯

pentaline ['pentəlaɪn] n. 五氯乙烷

pentalyn [pen'tælɪn] n. (改性)松香,季戊四醇酯

pentamer ['pentəmə] n. 【医】五节聚合物

pentamethide [pen'tæməθaɪd] n. 有机金属化合物

pentamethylpararosaniline [,pentə,meθɪl-,pærərəu'sænɪli:n] n. 五甲基副品红,甲基紫

pentamirror [,pentə'mɪrə] n. 五面镜

pentammine [,pen'tæmi:n] n. 五氨络合物

pentanal [,pentə'næl] n. 戊醛

pentanamide [,pentə'næmaɪd] n. 戊酰胺

pentane ['penteɪn] n. (正)戊烷,戊级烷

pentanoate ['pentə,nəuɪt] n. 戊酸(盐、酯、根)

pentanoic acid ['pentənɔɪk'æsɪd] n.【化】戊酸

pentanol ['pentənɒl] n.【化】戊醇

pentanone ['pentənəun] n. 戊酮

pentaoxide [pentə'ɒksaɪd] n. 五氧化物

Pentaphane ['pentəfeɪn] n. 膜状氯化聚醚塑料

pentaphosphate [pentə'fɒsfeɪt] n. 五磷酸盐

pentaploid ['pentə,plɔɪd] n.【生】五倍体

pentaploidy [pentə'plɔɪdɪ] n. 五倍性

pentaprism ['pentəprɪzəm] n.【物】五棱镜

pentaspherical coordinates [pentə'sferɪkəl-kəu'ɔ:dɪneɪts] n. 五球坐标

pentatomic [,pentə'tɒmɪk] a.【化】五原子的

pentatron ['pentətrɒn] n. 五极二屏管

pentavalence [,pentə'veɪləns] n. 五价

pentavalent ['pentə'veɪlənt] a.【化】五价的

penten ['pentən] n. 五亚乙基六胺

penthouse ['penthaus] n. 屋顶房间,附属建筑物,遮檐

penthrit(e) ['penθraɪt] n.【化】季戊炸药

pentice ['pentɪs] = penthouse

pentile ['peɪntaɪl] = pantile

pentine ['pentaɪn] n.【化】戊炔

pentlandite ['pentləndaɪt] n. 硫镍铁矿

pentobarbital [,pentə'bɑ:bɪtəl] n. 戊巴比妥

pentode ['pentəud] n.【无】五极管

pentol ['pentɒl] n. 五醇

pentolite ['pentə,laɪt] n. 彭托利特炸药

penton ['pentən] n. 片通(一种氯化聚醚塑料)

pentopyranose [pentə'pɪrənəus] n.【化】吡喃戊糖

pentosamine [pentə'sæmɪn] n. 戊糖胺

pentosan ['pentəsæn] n.【化】戊聚糖

pentose ['pentəus] n.【化】戊糖

pentoside ['pentəsaɪd] n.【化】戊糖苷

pentosuria [,pentə'sjuərɪə] n. 戊糖尿

pentoxide [pen'tɒksaɪd] n. 五氧化物

pentroof [pentru:f] n. 单坡屋顶,斜屋顶

pent-up ['pent'ʌp] ❶ n. 抑制;幽禁 ❷ a. 被压抑的;幽闭的

pentyl ['pentɪl] n. ①戊(烷)基 ②季戊炸药

pentylene ['pentɪli:n] n.【化】戊二烯

penultimate [pɪ'nʌltɪmɪt] n.;a. 倒数第二个(字,音节)

penumbra [pɪ'nʌmbrə] n. 半阴影,画面浓淡相交处

P

peony ['pɪəni:] *n.* 芍药,牡丹

people ['pi:pl] *n.* ①人民,民族 ②人们
〖用法〗该词表示"人们, 人民"时其后不能加"s";
而"peoples"表示"(多个)民族"的意思。

pep [pep] ❶ *n.* 劲头,锐气 ❷ *vt.* 打气,替…加油

peperino [,pepə'ri:nəu] *n.* 【地质】白榴拟灰岩

peplomer ['pepləmə] *n.* (病毒)包膜子粒,膜粒

peplopause [peplə'pɔ:z] *n.* 多云层顶

peplos ['pepləs] *n.* 病毒包膜,包被

pepper ['pepə] *n.* 胡椒,辣椒,花椒

peppermint ['pepəmɪnt] *n.* 薄荷,薄荷油,薄荷糖

pepsic ['pepsɪk] *a.* 消化的

pepsin(e) ['pepsɪn] *n.* 胃蛋白酶

pepsinogen [pep'sɪnədʒən] *n.* 【生化】胃蛋白酶原,酸酶原

peptase ['pepteɪs] *n.* 【医】肽酶

peptidase ['peptɪdeɪs] *n.* 【生化】肽酶

peptid(e) ['peptaɪd] *n.* 【生化】肽,缩氨酸

peptidoglycan [,peptɪdəu'glaɪkæn] *n.* 【生化】肽葡聚糖,黏肽

peptinotoxin [,peptɪnə'tɒksɪn] *n.* 消化毒素

peptisation = peptization

peptization [,peptaɪ'zeɪʃən] *n.* 胶溶作用,解胶

peptizator ['peptɪzeɪtə] *n.* 胶溶剂

peptize ['peptaɪz] *v.* 【化】使胶溶,塑解

peptizer ['peptaɪzə] *n.* 塑解剂,胶溶剂

peptocrinin [,peptəu'krɪnɪn] *n.* 消化分泌素

peptone ['peptəun] *n.* 【生化】(蛋白)胨

peptonization [peptəunaɪ'zeɪʃən] *n.* 胨化

per [pɜ:] *prep.* ①每 ②由,经,以,根据 ☆*as per usual* 照常; *per annum* 按年计; *per capita* 每人,按人口(平均); *per diem* 每日,按日; *per example* 根据样品; *per mensem* 每月; *per rail* 由铁路
〖用法〗它表示"每(一)"时其前面不能有任何冠词, 如: per day = a day。

peracid ['pɜ:,æsɪd] *n.* 过酸(类)

peracidity [pərə'sɪdətɪ] *n.* 过酸性

peradventure [pərəd'ventʃə] ❶ *ad.* 也许 ❷ *n.* 偶然,可能性 ☆*beyond peradventure* 毫无疑问; *If (lest) peradventure* 万一

peralkaline [pə'rælkəlaɪn] *n.* 【化】过碱性

Peraluman [,pɜ:rə'lju:mæn] *n.* 优质镁铝锰合金

perambulation [pə,ræmbju'leɪʃən] *n.* 查勘,巡视

perambulator [pə'ræmbjuleɪtə] *n.* ①巡视者 ②手推车,婴儿车 ③测程车,测程器

perazine [pɜ:'ræzi:n] *n.* 【药】甲哌丙嗪

perbasic [pɜ:'beɪsɪk] *a.* 高碱性的

perbenzoic acid [pɜ:ben'zɔɪk'æsɪd] *n.* 【化】过苯(甲)酸

perbunan [pɜ:'bju:nən] *n.* 丁腈橡胶

percarbonate [pə'kɑ:bəneɪt] *n.* 【化】过碳酸盐

perceivable [pə'si:vəbl] *a.* 可以感觉到的,明白的 ‖ **perceivably** *ad.*

perceive [pə'si:v] *vt.* ①感觉,察觉 ②领会,看出

percent [pə'sent] *n.* 百分数,百分比

percentage [pə'sentɪdʒ] *n.* 百分率,百分数

percentagewise [pə'sentɪdʒwaɪz] *ad.* 按百分率

percentile [pə'sentaɪl] ❶ *n.* 百分位,百分之一 ❷ *a.* 按百等分排列的

perceptibility [pə,septə'bɪlətɪ] *n.* 可察觉性,理解力

perceptible [pə'septəbl] *a.* 可感觉到的,显而易见的 ‖ **perceptibly** *ad.*

perception [pə'sepʃən] *n.* 感觉(过程,作用),理解(力),感受

perceptive [pə'septɪv] *a.* 有知觉的,有理解力的 ‖ **~ly** *ad.*

perceptivity [pɜ:sep'tɪvətɪ] *n.* 知觉,理解力

perceptron [pə'septrɒn] *n.* 【无】视感控器,感知器

perceptual [pə'septjuəl] *a.* 感性的,知觉的

perceptually [pɜ:'septjuəlɪ] *ad.* 感性地,有感觉地
〖用法〗注意在下面例句中该词的含义:It is necessary to code the nonredundant parts of the speech signal in a perceptually efficient manner. 必须非常有效地对话语信号的非冗余信号进行编码。

percevonics [pɜ:sɪ'vɒnɪks] *n.* 知觉学

perch [pɜ:tʃ] ❶ *n.* ①棒,(连)杆,主轴 ②(英国丈量单位)杆 ③高位,有利地位,休息处 ④栖木 ⑤虚荣心 ❷ *v.* 栖息,位于高处,坐落,休息

perchance [pə'tʃɑ:ns] *ad.* 偶然,万一

perchlorate [pə'klɔ:reit] *n.* 【化】高氯酸盐

perchloride [pə'klɔ:raɪd] *n.* 【化】高氯化物

perchlorination [pəklɔ:rɪ'neɪʃən] *n.* 全氯化

perchlorobenzene [pəklɔ:rə'benzi:n] *n.* 【化】六氯苯

perchloroethylene [pə,klɔ:rəu'eθili:n] *n.* 【化】全氯乙烯

percipience [pə'sɪpɪəns] *n.* 知觉,感觉,理解(力) ‖ **percipient** *a.*

percolate ['pɜ:kəleɪt] ❶ *v.* 渗漏,穿流 ❷ *n.* 渗出液

percolation [,pɜ:kə'leɪʃən] *n.* 渗滤,渗漏,地面渗入

percolator ['pɜ:kəleɪtə] *n.* 渗滤器,渗流器,滤池

percrystallization [pə,krɪstəlaɪ'zeɪʃən] *n.* 透析结晶作用

percussion [pə'kʌʃən] *n.* 撞击,振动,叩诊

percussive [pɜ:'kʌsɪv] *a.* 撞击的,冲击的

percutaneous [pɜ:kju:'teɪnɪəs] *a.* 【医】经皮的

percylite ['pɜ:sɪlaɪt] *n.* 氯铜铅矿

perdeuterated [,pɜ:'dju:təreɪtɪd] *a.* 全氘化的

perdistillation [pə,dɪstɪ'leɪʃən] *n.* 透析蒸馏作用

perdu(e) [pɜ:'dju:] *a.* 看不见的,潜伏的

perdurability [pɜ:djurə'bɪlətɪ] *n.* ①延续时间 ②耐久性,持久性

perdurable [pɜ:'djuərəbl] *a.* 持久的,永久的

perdure [pə'djuə] *vi.* 持久,继续

perduren [pə'djurən] *n.* 硫化橡胶

peregrinate ['perɪgrɪneɪt] *v.* 游历,旅行,侨居外国

perigrin(e) ['perɪgrɪn] *a.* 外国的,移居的

peremptory [pə'remptərɪ] a.【法】①绝对的,断然的,不许违反的 ②独断的 ‖ **peremptorily** ad.

perennial [pə'renɪəl] ❶ a. 一年到头的,多年生的,持久的 ❷ n. 多年生植物 ‖ **~ly** ad.

perester [pə'restə] n. 过酸酯

perezinone [perɪ'zɪnəun] n. 佩惹增酮,墨西哥菊酮

perezone ['perə,zəun] n. 佩惹宗,三褶菊酮

perfect ['pɜːfɪkt] ❶ a. ①完美的,理想的 ②正确的 ③精通的 ④完成的 ❷ v. ①使完善,完成 ②使熟练 〖用法〗❶ 它当“完美的”讲时是不能有比较级的,不要受汉语的影响。❷ 注意下面例句中该词的译法: The receiver operates in perfect synchronism with the transmitter. 接收机的工作与发射机完全同步。

perfectible [pɜː'fektəbl] a. 可以完成的,可以完善的

perfection [pə'fekʃən] n. 完善,完美,熟练 ☆**to perfection** 完善地,完美地

perfective [pə'fektɪv] a. 使完美的,使完善的

perfectly ['pɜːfɪktlɪ] ad. 完全地,完美地

perfectness ['pɜːfɪktnɪs] n. 完全性,完整性

perfector [pɜː'fektə] n. 两面印刷机

perfidy ['pɜːfɪdɪ] n. 背信弃义,不忠,叛卖

perflation [pə'fleɪʃən] n. 通风,换气,吹入法

perflectometer [pɜːflek'tɒmɪtə] n. 反射头,反射显微镜

perflow ['pɜːfləu] n. 半光泽镀镍法的添加剂

perfluorination [pəfluərɪ'neɪʃən] n. 全氟化作用

perforate ['pɜːfəreɪt] v. 穿孔,贯穿

perforation [pɜːfə'reɪʃən] n. ①穿孔,打眼 ②孔眼

perforative ['pɜːfəreɪtɪv] a. 有穿孔力的

perforator ['pɜːfəreɪtə] n. 穿孔器,打孔机

perforatorium [pɜːfərə'tɒrɪəm] n. 顶体

perforce [pə'fɔːs] ad.;n. 必定,务必,强制(地) ☆**by perforce** 用力气,强迫 **of perforce** 不得已

perform [pə'fɔːm] v. ①实行,进行 ②运用 ③表演,演奏 〖用法〗注意下面例句中该词的含义:This circuit performs well. 这个电路性能良好。

performable [pə'fɔːməbl] a. 可执行的,可完成的

performance [pə'fɔːməns] n. ①(运转)性能,表现 ②实行,表演 〖用法〗它在科技文中主要表示“性能”之意。❶ 它既可以是一个不可数名词。如: It is necessary to enclose the crystal in a temperature-controlled oven to achieve good performance as a frequency standard. 必须把晶体装入温控干燥炉内以获得良好性能而用作为频率标准。/It is of particular interest to compare the noise performance of AM and FM systems.比较一下调幅系统和调频系统的噪声性能是特别有趣的。/To achieve such a high level of performance, we resort to the use of channel coding. 为了获得这么好的性能,我们就要采用信道编码。

❷ 它也可以作可数名词。如: Here we present a comparison of noise performances of CW modulation systems.这里我们给出对各种连续波调制系统的噪声性能的比较。/These systems can provide a satisfactory performance.这些系统能够提供令人满意的性能。

performer [pə'fɔːmə] n. 执行者,表演者

performeter [pə'fɔːmɪtə] n. ①工作监视器 ②自动调谐的控制谐振器

perfume ['pɜːfjuːm] ❶ n. 芳香,香水 ❷ vt. 弄香

perfumery [pə'fjuːmərɪ] n. 香料,香水,香料厂

perfunctory [pə'fʌŋktərɪ] a. 敷衍的,马虎的

perfuse [pə'fjuːz] vt. 灌注,使充满 ‖ **perfusion** n.

perfusive [pə'fjuːsɪv] a. 易散发的,能渗透的

pergameneous [ˌpɜːgə'miːnɪəs] a. 羊皮纸的

pergament ['pɜːgəmənt] n. (假)羊皮纸

pergamyn ['pɜːgəmɪn] n. 羊皮纸

perglow [pɜː'gləu] n. 光泽镀镍法的添加剂

pergola ['pɜːgələ] n. 凉亭,藤架

perhafnate [pɜː'hæfneɪt] n.【化】高铝酸盐

perhalogenation [pəhælədʒɪ'neɪʃən] n. 全卤化作用

perhaps [pə'hæps] ❶ ad. 或许,大概 ❷ n. 假定,设想

perhapsatron [pə'hæpsətrɒn] n. 磁缩装置(一种环形放电管)

perhumid [pə'hjuːmɪd] a. 过湿的(气候)

perhydrate [pə'haɪdreɪt] n. 过水合物

perhydride [pə'haɪdraɪd] n. 过氢作物

perhydroanthracene [pəˌhaɪdrə'ænθrəsiːn] n. 蒽烷,全氢化蒽

perhydrocyclopentanophenanthrene [pəˌhaɪdrə,saɪkləu,pentənə,fə'nænθriːn] n. 环戊烷,多氢菲

perhydrol [pə'haɪdrɒl] n. 强双氧水

perhydrous [pə'haɪdrəs] **coal** 含氢量超过一般水平的煤

peri ['pɪərɪ] n. 妖精,美女

perianth ['perɪænθ] n.【植】花被,蒴苞

perianthopodin [ˌperi:ænθə'pɒdɪn] n. 坏安坡定,花被足定

periapsis [ˌperɪ'æpsɪs] n.【天】近拱点,最近点

periastral [ˌperɪ'æstrəl] a. 星体周围的

periastron [perɪ'æstrɒn] n.【天】近星点

pericarp ['perɪkɑːp] n.【植】果皮

pericentral [perɪ'sentrəl] a. 中心周围的

pericentre [perɪ'sentə] n. 近中心点

periclase ['perɪkleɪs], **periclasite** [peri'klæsaɪt] n. 方镁石

periclinal [ˌperɪ'klaɪnəl] a. 穹状的

pericline ['perɪklaɪn] n. ①穹顶 ②【矿】肖钠长石

peri-compound [perɪ'kɒmpaund] n. 迫位化合物

pericon ['perɪkɒn] n. (红锌及黄铜的)双晶体

peri-condensed [perɪkən'denst] a. 迫位缩合的,带边冷凝的

P

pericycloid [ˌperɪ'saɪklɔɪd] *n.* 周摆线

pericyte ['perɪsaɪt] *n.* 周细胞

periderm ['perɪdɜːm] *n.* 周表,周皮

peridiole [pə'rɪdɪəʊl] *n.* 小包,第二子壳

peridium [pə'rɪdɪəm] *n.* 包被,子座

peridot ['perɪdɒt] *n.*【矿】橄榄石

peridotite [ˌperɪ'dəʊtaɪt] *n.*【地质】橄榄岩

perielectrotonus [perɪ'lektrɒtənəs] *n.* 周围电紧张

perienzyme [perɪ'enzaɪm] *n.* 细胞外酶,外周酶

perifocus [perɪ'fəʊkəs] *n.* 近焦点

perigean [perɪ'dʒiːən] *a.* (在)近地点的

perigee ['perɪdʒiː] *n.* ①【天】近地点 ②弹道最低点

periglacial [perɪ'gleɪʃəl] *n.;a.* 冰川周围的,近冰河的

perigon ['perɪgɒn] *n.* 周角

perihelion [perɪ'hiːljən] *n.* ①【天】近日点 ②最高点,极点

perikinetic [ˌperɪkaɪ'netɪk] *a.*【物】与布朗运动有关的

perikon detector ['perɪkɒndɪ'tektə] 双晶体检波器,红锌矿检波器

peril ['perɪl] ❶ *n.* 危险,危急 ❷ *vt.* 冒险,置…于危险中

perilla [pə'rɪlə] **oil** 紫苏子油

perillartine [perɪ'lɑːtiːn] *n.* 紫苏子亭

perilous ['perɪləs] *a.* 危险的,冒险的 ‖ **~ly** *ad.*

perilune ['perɪluːn] *n.*【天】(人造月球卫星在轨道上的)近月点

perilymph ['perɪlɪmf] *n.* 外淋巴

perimeter [pə'rɪmɪtə] *n.* ①周边,周长 ②视野计 ③圆度

perimetry [pə'rɪmɪtrɪ] *n.* 视野测量法

perinaphthenone [ˌperɪ'næfθɪnəʊn] *n.* 周萘酮,萘嵌苯酮

perineum [ˌperɪ'niːəm] *n.*【医】会阴

perineural [ˌperɪ'njʊərəl] *a.* 外周神经的

perinucleolar [ˌperɪ'njuːklɪələ] *a.* 核仁外周的

period ['pɪərɪəd] *n.* ①时期,阶段 ②时代 ③周期,循环 ④课时,学时 ⑤句号 ⑥寿命,反应堆时间常数 ☆ **come to a period** 结束,完成; **put a period to** 使…结束

periodate [pe'raɪədeɪt] *n.*【化】高碘酸盐

periodic [ˌpɪərɪ'ɒdɪk] ❶ *a.* 周期性的,定期的,断续的 ❷ *a.*【化】高碘的

periodical [ˌpɪərɪ'ɒdɪkəl] ❶ *a.* = periodic ❷ *n.* 期刊,杂志

periodicalist [pɪərɪ'ɒdɪkəlɪst] *n.* 期刊论文作者,杂志发行人

periodically [pɪərɪ'ɒdɪkəlɪ] *ad.* 周期地,定期,间歇地

periodicity [ˌpɪərɪə'dɪsətɪ] *n.* ①周期性,间歇性 ②【电子】频率,周波

〖用法〗注意下面例句的含义: The <u>periodicity</u> of all functions involved shows that it is immaterial over which interval we integrate, as long as its length is 2π. 所涉及的所有函数的周期性表明,只要区间长度为 2π,我们在哪个区间上积分都是没有关系的。

periodization [ˌpɪərɪədaɪ'zeɪʃən] *n.* 周期化

periodogram [pɪərɪ'ɒdəgræm] *n.* 周期曲线图

perioscope ['perɪəʊskəʊp] *n.*【医】扩视镜,视野计

peripheral [pə'rɪfərəl] ❶ *a.* 周边的,外围的,非本质的,神经末梢的 ❷ *n.*【计】外部设备,附加设备

peripheric [pə'rɪferɪk] *a.* 周边的,末梢的

peripherine [pə'rɪfəriːn] *n.* 陶拉唑啉

periphery [pə'rɪfərɪ] *n.* 周边,圆周,边缘,范围,(神经)末梢(的周围)

periphonic [ˌperɪ'fɒnɪk] *a.* 多声道的

periphysis [pə'rɪfəsɪs] *n.*【植】缘丝

periphytes [pə'rɪfɪts] *n.* 附生植物

periphytic [perɪ'fɪtɪk] *a.* 水中悬垂生物的

periphyton [pə'rɪfɪtɒn] *n.* 水中悬垂生物

periplanatic [ˌperɪplə'nætɪk] *a.* 全平面的

periplasm ['perɪplæzəm] *n.* 外周胞质,胞外质

periplast ['perɪplɑːst] *n.* 周质体

periplogenin [ˌperɪpləˈdʒenɪn] *n.* 杠柳毒苷配基

peripolar ['perɪpəʊlə] *a.* 极周的

peri-position [perɪpə'zɪʃən] *n.* (萘环的)迫位

peripteral [pə'rɪptərəl] ❶ *a.*【建】围柱(式)的,(运动物体)周围气流的 ❷ *n.* 围柱式殿

periptery [pə'rɪptərɪ] *n.* ①围柱式建筑 ②(运动物体)周围的气流区

periscope ['perɪskəʊp] *n.* 潜望镜,窥视窗

periscopic(al) [ˌperɪ'skɒpɪk(əl)] *a.* ①(用)潜望镜的,潜望镜式大角度的(透镜,照相机)

perish ['perɪʃ] *v.* 灭亡,毁灭,枯萎

perishable ['perɪʃəbl] ❶ *a.* 易腐败的,不经久的,脆弱的 ❷ *n.* 易腐品,易坏物 ‖ **perishably** *ad.*

perisperm ['perɪspɜːm] *n.*【植】外胚乳

perisphere ['perɪsfɪə] *n.* ①(大)圆球,星外球 ②势力范围

perispore ['perɪspɔː] *n.* 孢母细胞,孢子外壁,芽胞膜

perissodactyla [pəˌrɪsəʊ'dæktɪlə] *n.* 奇蹄类

peristalsis [ˌperɪ'stælsɪs] *n.* 蠕动

peristaltic [ˌperɪ'stæltɪk] *a.* 蠕动的,有压缩力的,起于两导体间的

peristasis [pə'rɪstəsɪs] *n.* 环境

peristerite [pə'rɪstəraɪt] *n.* 钠长石

peristome ['perɪstəʊm] *n.* (无脊椎动物的)围口部,口缘

peristyle ['perɪstaɪl] *n.*【建】周柱式,列柱廊

peritectic [ˌperɪ'tektɪk] *a.;n.*【化】包晶(体)的,转熔(体)的

peritectoid [ˌperɪ'tektɔɪd] *n.;a.*【化】包晶(体)(的),转熔体

perithecium [ˌperɪ'θiːʃɪəm] *n.*【生】子囊壳

peritoneum [ˌperɪtə'niːəm] *n.*【生】腹膜

peritricha [pə'rɪtrɪkə] *n.* 周毛菌

peritrichate [pəˈrɪtrɪkɪt],**peritrichous** [pəˈrɪtrɪkəs] *a.*【医】周毛的,遍体有毛的

peritron [ˈperɪtrɒn] *n.* 荧光屏可轴向移动的三维显示阴极射线管

perivascular [ˌperɪˈvæskjulə] *a.*【生】血管周围的

periwinkle [ˈperɪwɪŋkl] *n.*【植】长春花(属的植物)

perk [pɜːk] *v.* ①动作灵敏 ②振作,昂起 ③详细调查,窥视 ④过滤,渗透

perklone [ˈpɜːkləun] *n.* 全氯乙烯(商品名)

perknite [ˈpɜːknaɪt] *n.*【地质】辉闪岩类

perky [ˈpɜːkɪ] *a.* 喜气洋洋的,有信心的,傲慢的,鲁莽的

perlatolic [pɜːləˈtɒlɪk] **acid** 珠光酸

perlimonite [ˈpɜːlɪməˌnaɪt] *n.* 褐铁矿

perlit [ˈpɜːlɪt] *n.* 高强度珠光体铸铁

perlite [ˈpɜːlaɪt] *n.*【地质】珠光体,珍珠岩

perlitic [pɜːˈlɪtɪk] **structure**【地质】珍珠结构(构造)

perlon [ˈpɜːlən] *n.* 贝纶

perlucidus [pəˈluːsɪdəs] *n.*【气】透光云,漏隙云

perma [ˈpɜːmə] *n.* 层压塑料

permaclad [ˈpɜːməklæd] *n.* 碳素钢板上覆盖不锈钢板的合成层板

permafrost [ˈpɜːməfrɒst] *n.*【地质】永久冰冻,多年冻土

permag [ˈpɜːmæg] *n.* 清洁金属用粉

permaliner [ˌpɜːməˈlaɪnə] *n.* 垫整电容器

permalloy [ˈpɜːmɔɪ] *n.*【冶】坡莫合金,强磁性铁镍合金,透磁钢

permalon [ˈpɜːmələn] *n.* 偏氯乙烯树脂

permanence [ˈpɜːmənəns] *n.* 永久性,持久

permanency [ˈpɜːmənənsɪ] *n.* ① = permanence ②永久的事物

permanent [ˈpɜːmənənt] *a.* ①永久的,恒定的 ②常设的,常务的

permanently [ˈpɜːmənəntlɪ] *ad.* 永久地,持久地

permanganate [pɜːˈmæŋɡəneɪt] *n.*【化】高锰酸盐

permanganic [ˌpɜːmænˈɡænɪk] **acid**【化】高锰酸

permaphase [ˈpɜːməfeɪs] *n.* 带硅酮

permatron [ˈpɜːmətrɒn] *n.* 磁场控制管

permeability [ˌpɜːmɪəˈbɪlətɪ] *n.* 渗透性,穿透性,【物】磁导率

permeable [ˈpɜːmɪəbl] *a.* 可渗透的,不密封的 ‖ ~ness *n.* **permeably** *ad.*

permeameter [pɜːmɪˈæmiːtə] *n.*【物】磁导计,渗透仪

permeance [ˈpɜːmɪəns] *n.* ①【物】(磁阻的倒数)磁导,磁导率 ②渗入,弥漫 ‖ **permeant** *a.*

permease [ˈpɜːmɪeɪs] *n.*【化】透性酶

permeate [ˈpɜːmɪeɪt] *v.* ①渗透,透过 ②普及,弥漫

permeation [pɜːmɪˈeɪʃən] *n.* 渗透作用,贯穿,透过

permendur(e) [ˈpɜːmendə] *n.* 波明德合金

permenorm [ˈpɜːmənɔːm] *n.* 波曼诺铁镍镍合金

permet [ˈpɜːmɪt] *n.* 帕米特铜镍钴永磁合金

Permian [ˈpɜːmɪən] *n.;a.*【地质】二叠纪(的)

permillage [pəˈmɪlɪdʒ] *n.* 千分率,千分比

perminvar [ˈpɜːmɪnvə] *n.* 一种高磁导率合金

permissible [pəˈmɪsəbl] *a.* 可容许的,许可的 ‖ **permissibly** *ad.*

〖用法〗该词可以作后置定语。如:What is the maximum amount of white noise *permissible* in this case? 在这种情况下所允许的最大白噪声量为多大?

permission [pəˈmɪʃən] *n.* 许可,同意 ☆**ask for permission** 请求许可〔同意〕 **give ... permission to do** 允许做; **with the permission of** 经···许可; **without permission** 未经许可

permissive [pəˈmɪsɪv] *a.* ①许可的,容许的 ②随意的 ‖ **~ly** *ad.* **~ness** *n.*

permit ❶ [pəˈmɪt] *v.* 许可,允许,使得有可能 ☆ **permit of** 容许 **❷** [ˈpɜːmɪt] *n.* ①许可 ②许可证,执照

〖用法〗**❶** 该词一般可以跟动词不定式作补足语。如: Differences in properties *permit* components to be separated from a mixture. 性质的不同使得有可能把各成分从混合物中分离开来。**❷** 其后接动词时要用动名词表示。如: These doping methods permit *having essentially only one impurity in a given region.* 这些掺杂方法使我们能够在一给定区域内基本上只有一种杂质。/According to the quantum theory, light spreads out from a source as a succession of localized packets of energy, each sufficiently small to permit *its being absorbed by a single electron.* 根据量子理论,光从源出发以一系列固定的能量包形式向外传播,每个能量包是足够小的,以至于允许它被单个电子所吸收。("*its being absorbed by a single electron*"是动名词复合结构。) **❸** 它可以带两个宾语。如: In this case, users of a common channel are permitted *access to the channel in the following way.* 在这种情况下,一个公用信道的用户们被允许按下面的方法来使用该信道。("*access to ...*"为被动句中的保留宾语。)

permittance [pəˈmɪtəns] *n.* ①电容性电纳 ②许可

permittimeter [pɜːmɪˈtɪmɪtə] *n.* 电容率计

permittivity [ˌpɜːmɪˈtɪvətɪ] *n.*【电子】(绝对)电容率,介电常数

permmeter [ˈpɜːmɪtə] *n.* 透气性试验仪

permolybdate [pɜːˈmɒlɪbˌdeɪt] *n.* 过钼酸盐

permometer [pəˈmɒmɪtə] *n.* 连接雷达回波谐振器用的设备

permselective [pɜːmsɪˈlektɪv] *a.* 选择性渗透的

permselectivity [ˌpɜːmsɪlekˈtɪvətɪ] *n.* 选择透过性

permutability [ˌpɜːmjuːtəˈbɪlətɪ] *n.* 交换性,可置换性

permutable [pəˈmjuːtəbl] *a.* ①可变更的,可交换的 ②【数】可排列的

permutation [ˌpɜːmjuːˈteɪʃən] *n.* ①交换,重新配置 ②【数】重排列 ③【化】蜕变

permutator [ˈpɜːmjuːˌteɪtə] *n.* 转换开关,变换器

P

permute [pə'mju:t] *vt.* ①改变…的顺序,交换 ②（滤砂）软化

permutit ['pɜ:mjutɪt] *n.* (天然或人造)沸石

permutite [pə'mju:taɪt] *n.* 人造沸石(使硬水软化的人造硅酸盐),滤水砂

permutoid [pə'mju:tɔɪd] *n.* 【化】交换体

pernicious [pə'nɪʃəs] *a.* 有害的,致命的 ‖ **~ly** *ad.* **~ness** *n.*

pernickety [pə'nɪkɪtɪ] *a.* ①吹毛求疵的 ②难对付的 ③要求极度精确的

pernio ['pɜ:nɪəu] *n.* 冻疮

perofskite [pə'rɒfskaɪt] *n.* 钙钛矿

peroikic [p'rɔɪkɪk] *a.* 多主晶的

perolene ['perəli:n] *n.* 载热体

peroral [pə'rɔ:rəl] *a.* 【医】口吸取的

perorate ['perəreɪt] *vt.* 下结论,作结束语

peroration [perə'reɪʃən] *n.* 结论,结束语

perovskite [pə'rɒvskaɪt] *n.* 钙钛矿

peroxidase [pə'rɒksɪdeɪs] *n.*【生化】过氧物酶

peroxidation [pərɒksɪ'deɪʃən] *n.*【化】过氧化反应

peroxide [pə'rɒksaɪd] *n.*【化】 过氧化物

peroxidize [pə'rɒksɪdaɪz] *v.* 过氧化

peroxisome [pə'rɒksɪsəum] *n.*【生化】过氧物酶体

peroxyl [pə'rɒksɪl] *n.*【化】过氧化氢

peroxysulfate [pə,rɒksɪ'sʌlfeɪt] *n.*【化】过氧硫酸盐

perpend ❶ ['pɜ:pənd] *n.* 【建】穿墙石,贯石 ②砖石砌体的垂直缝 ❷ [pɜ:'pend] *v.* 仔细考虑,注意

perpendicular [,pɜ:pən'dɪkjulə] ❶ *a.* ①与…垂直 ②直立的 ❷ *n.* ①垂直,正交 ②垂线,垂直面 ☆*be out of the perpendicular* 倾斜
〖用法〗"perpendicular to …"意为"垂直于…"。如: The two lines are <u>perpendicular to</u> each other.这两根线相互垂直。它还可以作方式状语,如: The force acts <u>perpendicular to the surface of the earth</u>.该力是垂直于地球表面起作用的。

perpendicularity [,pɜ:pən,dɪkju'lærətɪ] *n.* 垂直性,正交
〖用法〗注意搭配模式"perpendicularity of A to B",意为"A 垂直于 B,A 对 B 的垂直性〔度〕"。如: <u>Perpendicularity</u> of the y axis <u>to</u> the x axis may be adjusted. y 轴对于 x 轴的垂直度是可以调整的。

perpendicularly [,pɜ:pən'dɪkjulələrɪ] *ad.* 垂直

perpetrate ['pɜ:pɪtreɪt] *vt.* 犯罪,做(坏事) ‖ **perpetration** *n.*

perpetrator ['pɜ:pɪtreɪtə] *n.* 犯罪者

perpetual [pə'petjuəl] *a.* 永久的,无休止的

perpetually [pə'petjuəlɪ] *ad.* 永远地

perpetuate [pə'petjueɪt] *vt.* 使永存,使永垂不朽 ‖ **perpetuation** 或 **perpetuance** *n.*

perpetuity [,pɜ:pɪ'tjuɪtɪ] *n.* 永久,永恒,永存(物)

perplex [pə'pleks] *vt.* 使混乱,使困惑,使复杂化

perplexing [pə'pleksɪŋ] *a.* 错综复杂的,使人困惑的

perplexity [pə'pleksətɪ] *n.* 混乱,复杂,令人困惑的事物

perquisite ['pɜ:kwɪzɪt] *n.* ①额外所得,津贴 ②小费 ③特权享有的东西

perquisition [pɜ:kwɪ'zɪʃən] *n.* 彻底搜查;详细的询问

perrhenate ['pɜ:rɪneɪt] *n.* 高铼酸盐

perron ['perən] *n.*【建】(大建筑物门前的)露天梯级,石阶

perry ['perɪ] *n.* 梨酒

persalt ['pɜ:,sɔ:lt] *n.*【化】过酸盐

per se [pɜ:'si:] (拉丁语)本身,本质上

perse [pɜ:s] *n.;a.* 深灰色(的),深紫色(的)

persecute ['pɜ:sɪkju:t] *vt.* ①迫害 ②困扰,难住 ☆*persecute A with B* 用 B 来难住 A ‖ **persecution** *n.*

perseverance [,pɜ:sɪ'vɪərəns] *n.* 坚韧不拔,毅力

perseverant [,pɜ:sɪ'vɪərənt] *a.* 能坚持的

perseveration [pɜ:sevə'reɪʃən] *n.*【心】持续动作〔言语〕过去经验之自然重复

persevere [,pɜ:sɪ'vɪə] *vi.* 坚持,不屈不挠(at, in, with)

Persian ['pɜ:ʃən] *a.;n.* ①波斯的,波斯人(的),波斯绸 ②(pl.)百叶窗

persiennes [,peəsɪ'enz] *n.* (pl.)百叶窗

persifleur [,peəsɪ'flɜ:] *n.* 爱挖苦人的人

persimmon [pə:'sɪmən] *n.*【植】柿子,柿子树

persist [pə'sɪst] *vi.* ①坚持(in) ②持久,耐久

persistence [pə'sɪstəns],**persistency** [pə'sɪstənsɪ] *n.* ①坚持,持久性 ②余辉,(荧光屏上余辉)持续时间,(视觉)暂留 ③(时间)常数

persistent [pə'sɪstənt] *a.* 坚持的,持久的,稳定的 ‖ **~ly** *ad.*

persister,**persistor** [pə'sɪstə] *n.* 冷持管,冷持存储元件

persistron [pə'sɪstrɒn] *n.* 持久显示器

persitol ['pɜ:sɪtəl] *n.*【化】鳄梨糖醇

persnickety [pə'snɪkɪtɪ] = pernickety

person ['pɜ:sn] *n.* 人,个体 ☆*in person* 亲自; *in the person of* 以…资格,代表; *no less a person than* 级别不低于

persona [pɜ:'səunə] *n.* 人 ☆*persona grata* 受欢迎的人; *persona non grata to*（with）不受…欢迎的人

personage ['pɜ:sənɪdʒ] *n.* ①重要人物 ②个人

personal ['pɜ:sənl] *a.* 个人的,专用的

personality [,pɜ:sə'nælətɪ] *n.* 人格,个性

personalize ['pɜ:sənəlaɪz] *vt.* ①使人格化,体现 ②在物品上标出姓名(记号) ‖ **personalization** *n.*

personally ['pɜ:sənəlɪ] *ad.* 就个人来说

personalty ['pɜ:sənəltɪ] *n.*【法】动产

personate ['pɜ:səneɪt] *vt.* 扮演 【法】假冒

person-day ['pɜ:sndeɪ] *n.* 活动日

personhood ['pɜ:snhud] *n.* 个人特有的品质或特点,个性

P

personification [pɜːˌsɒnɪfɪˈkeɪʃən] n. ①人格化 ②典型,化身,体现

personify [pɜːˈsɒnɪfaɪ] vt. ①使人格化,把…看做人 ②表现,体现,是…的化身

personnel [ˌpɜːsəˈnel] n. (全体)人员, (全体)职员,人事部门

〖用法〗该词可以表示"全体人员",其前面可以有不定冠词。当它表示"人员(们)"时表示复数,其前面可以有数词或 these、those 等。

persorption [pɜːˈsɔːpʃən] n.【化】吸附作用,多孔性吸附

perspective [pəˈspektɪv] n.;a. ①透视图,中心透视(的),投影的,配景 ②远景,展望 ③观点,看法 ④透视法地,正确地 ⑤透镜,望远镜 ☆*in perspective* 合乎透视法地,正确地; *in one's true perspective* 正确如实地

〖用法〗注意下面例句中该词的含义:To put the significance of this result in perspective, consider next a simple coding scheme. 为了正确地说明这一结果的意义,下面来考虑一种简单的编码方法。

perspectivity [pəspekˈtɪvətɪ] n. 透视性,明晰度

perspex [ˈpɜːspeks] n. 有机玻璃,不碎透明塑胶

perspicacious [ˌpɜːspɪˈkeɪʃəs] a. 敏锐的,判断理解力强的

perspicacity [ˌpɜːspɪˈkæsətɪ] n. 敏锐,判断理解力强

perspicuity [ˌpɜːspɪˈkjuːətɪ] n. 清晰,清楚

perspicuous [pəˈspɪkjʊəs] a. 意思明白的,表达清楚的 ‖ **~ly** ad.

perspiration [ˌpɜːspəˈreɪʃən] n. 出汗,分泌,蒸发,排出 ‖ **perspiratory** a.

perspire [pəˈspaɪə] vi. 出汗,排出,分泌,蒸发

persuadable [pəˈsweɪdəbl] a. 可说服的,可使相信的

persuade [pəˈsweɪd] vt. ①说服,劝说 ②使相信 ☆ *persuade oneself* 确信

persuader [pəˈsweɪdə] n. 威慑物,(超正析像管)电子偏转板,劝说者

persuasion [pəˈsweɪʒən] n. ①说服,劝说 ②派别,集团 ③种类,性别

persuasive [pəˈsweɪsɪv] ❶ a. 有说服力的 ❷ n. 动机,诱因

persulfate,persulphate [pɜːˈsʌlfeɪt] n.【化】过硫酸盐

persulfide,persulphide [pɜːˈsʌlfaɪd] n.【药】过硫化物

persulfuric [pɜːˈsʌlfjʊrɪk] **acid**【化】过(二)硫酸

persulphuric acid = persulfuric acid

persymmetric [pɜːsɪˈmetrɪk] a. 广对称的

pert [pɜːt] n. 鲁莽的,活泼的,别致的,辛辣的 ‖ **~ ly** ad.

pertain [pəˈteɪn] vi. ①属于 ②关于 ③适合,匹配

pertaining [pəˈteɪnɪŋ] ❶ a. 有关系的,附属的 ❷ prep. 关于 ❸ n. 附属物

pertechnetate [pəˈteknɪteɪt] n. 高锝酸盐

perthite [ˈpɜːθaɪt] n.【地质】条纹长石

perthophyte [ˈpɜːθəfaɪt] n. 活体腐生生物

perthosite [ˈpɜːθəsaɪt] n.【地质】淡钠二长石

pertinacious [ˌpɜːtɪˈneɪʃəs] a. ①固执的 ②坚持的 ‖ **~ly** ad. **pertinacity** n.

pertinax [ˈpɜːtɪnæks] n. 焙结纳克斯胶(电木),胶纸板,酚醛塑料

pertinence [ˈpɜːtɪnəns], **pertinency** [ˈpɜːtɪnənsɪ] n. 恰当,相关,切题

pertinent [ˈpɜːtɪnənt] ❶ a. ①恰当的,贴切的,中肯的 ②相干的,与…有关的(to) ❷ n. 附属物

〖用法〗注意下面例句中该词的含义: These chapters are underline{pertinent for} the engineer who would acquire a full technical understanding of the present art of sine-wave testing. 这些章节的内容适合于想要在技术上全面理解正弦波测试的目前技术状态的工程师。/Other underline{pertinent} discussions are to be found in References [16,17]. 在参考资料[16,17]中可以找到其它相关的讨论。

pertungstate [pəˈtʌŋsteɪt] n. 高钨酸盐

perturb [pəˈtɜːb] vt. ①烦扰,干扰,使紊乱 ②【天】使摄动

perturbable [pəˈtɜːbəbl] a. 易被扰动的

perturbance [pəˈtɜːbəns] n. 扰乱,干扰,【天】摄动

perturbation [ˌpɜːtəˈbeɪʃən] n. 扰乱,波动,破坏,【天】摄动

pertussin [pɜːˈtjuːsɪn] n. 深咳波氏菌素

Peru [pəˈruː] n. 秘鲁

perusal [pəˈruːzəl] n. 精读,研讨

peruse [pəˈruːz] vt. 细读,研讨

Peruvian [pəˈruːvɪən] a.;n. 秘鲁的,秘鲁人(的)

pervade [pɜːˈveɪd] vt. 蔓延,弥漫,渗透,盛行,充满 ‖ **pervasion** n. **pervasive** a.

pervanadate [pəˈvænədeɪt] n. 过钒酸盐

pervaporation [pəveɪpəˈreɪʃən] n. 全蒸发(过程)

perveance [ˈpɜːvɪəns] n. 导流系数,电子管导电系数

perverse [pəˈvɜːs] a. 不正当的,坚持错误的,反常的 ‖ **~ly** ad.

perversion [pəˈvɜːʃən] n. 误用,曲解,颠倒,反常 ‖ **perversive** a.

perversity [pəˈvɜːsətɪ] n. 邪恶;反常;倔强

perversor [pəˈvɜːsə] n. 逆归一化回元数

pervert [pəˈvɜːt] vt. 误用,曲解,使反常

pervertible [pəˈvɜːtəbl] a. 易被误用的,易被曲解的,易反常的

pervial [ˈpɜːvɪəl] a. 可透水的,能透过的

pervibration [pəvaɪˈbreɪʃən] n. (混凝土)内部振捣

pervibrator [pəˈvaɪbreɪtə] n. 内部振捣器,插入式振捣器

pervious [ˈpɜːvɪəs] a. 透光的,透水的,有孔的,能透过的

perviousness [ˈpɜːvɪəsnɪs] n. 渗透性

pervium [ˈpɜːvɪəm] n. 通道

P

perylene ['perili:n] *n.* 二萘嵌苯

pes [peɪz] *n.*【生】足,蹄

Peshawar [pəˈʃɔːə] *n.* 白沙瓦(巴基斯坦城市)

pesky ['peski] *a.* 麻烦的,讨厌的

peso ['peɪsəu] *n.* 比索(拉丁美洲许多国家及菲律宾等国的货币名)

pessary ['pesəri] *n.*【医】子宫托,阴道环

pessimism ['pesɪmɪzəm] *n.* 悲观主义

pessimist ['pesɪmɪst] *n.* 悲观主义者

pessimistic [ˌpesɪ'mɪstɪk] *a.* 悲观的,最不顺利的

pessimize ['pesɪmaɪz] *vi.* 悲观

pessimum ['pesɪməm] *n.*【药】劣性(过频或过强的刺激)

pest [pest] *n.* ①害虫,有害的东西,害人虫 ②鼠疫,瘟疫

pester ['pestə] *vt.* 使苦恼,烦扰

pesticide ['pestɪsaɪd] *n.* 杀虫剂,除害剂

pesticin ['pestɪsɪn] *n.*【生】鼠疫巴氏杆菌素

pestiferous [pes'tɪfərəs] *a.* ①传染性的 ②有害的,讨厌的 ‖ **-ly** *ad.*

pestilence ['pestɪləns] *n.* ①瘟疫,流行病 ②有毒害的事物,伤风败德之事

pestilent ['pestɪlənt] *a.* ①致命的,传染性的 ②有危害性的 ③讨厌的 ‖ **~ly** *ad.*

pestilential [ˌpestɪ'lenʃəl] *a.* ①引起瘟疫的,传染性的 ②有危害性的 ③讨厌的 ‖ **~ly** *ad.*

pest-insect ['pest'ɪnsekt] *n.* 害虫

pestis ['pestɪs] *n.* 鼠疫,瘟疫,黑死病

pestle ['pesl] **❶** *n.* 研杵,捣锤,碾锤 **❷** *v.* (用杵)捣

pestmaster ['pestmɑ:stə] *n.*【医】溴甲烷

pestology [pes'tɒlədʒɪ] *n.* 害虫学,鼠疫学

pet [pet] *n.;a.* 喜爱的(动物),受宠爱的人;不高兴,生气

petal ['petl] *n.* 花瓣

petalite ['petəlaɪt] *n.*【矿】透锂长石

petaloid ['petəlɔɪd] *a.*【生】花瓣状的

petate [pə'tɑ:tɪ] *n.* 棕榈席,草席〔垫〕

petcock ['petkɒk] *n.* 小活栓,小龙头,油门

peter ['pi:tə] *vi.* 逐渐消失,耗尽

petiole ['petɪəul] *n.*【植】叶柄,(动物的)肉柄

petit [pə'ti:] (法语)【法】次要的,琐碎的

petition [pɪ'tɪʃ ən] *n.;v.* 请求(书),诉状 ‖ **~ary** *a.*

petitioner [pɪ'tɪʃ ənə] *n.* 请求人

petralol ['petrəlɒl] *n.* 液体石油膏

petrean ['petri:n] *a.* 岩石的,化石的,硬化的

petrifaction [ˌpetrɪ'fækʃən],**petrification** [petrɪfɪ'keɪʃ ən] *n.*【地质】化石,石化作用

pertrifactive [petrɪ'fæktɪv],**petrific** [pɪ'trɪfɪk] *a.* 有石化性能的

petrification [petrɪfɪ'keɪʃ ən] *n.* ①成为化石,化石 ②吓呆

petrified ['petrɪfaɪd] *a.* 化石的,石化的

petrify ['petrɪfaɪ] *v.* ①使石化,硬化 ②使发呆

petroacetylene [petrəu'əsetɪli:n] *n.* 石油乙炔

petrobenzene [petrəu'benzi:n] *n.* 石油苯

petrochemical [ˌpetrəu'kemɪkəl] **❶** *a.* 石油化学的 **❷** *n.* 石化产品

petrochemistry [ˌpetrəu'kemɪstrɪ] *n.*【地质】石油化学,岩石化学

petrocole ['petrəkəul] *n.*【生】石栖动物

petrofabric [petrə'fæbrɪk] *n.*【地质】岩组学

petrogas ['petrə.gæs] *n.* 液体丙烷

petrogenesis [ˌpetrəu'dʒenɪsɪs] *n.* 岩石成因论

petrogentic [petrəu'dʒentɪk] **element** 造岩元素

petrogeny [pe'trɒdʒɪnɪ] *n.*【地质】岩石发生学

petrographer ['petrəgrɑ:fə] *n.* 岩石学家

petrographic(al) [ˌpetrə'græfɪk (əl)] *a.* 岩石(学)的,岩相(学)的

petrography [pe'trɒgrəfɪ] *n.*【地质】岩相学,岩类学

petrol ['petrəl] **❶** *n.* ①汽油,挥发油 ② = petroleum **❷** *vt.* 加汽油

petrolatum [ˌpetrəu'leɪtəm] *n.*【化】矿脂,石蜡油,软石蜡,凡士林

petrolax ['petrəlæks] *n.* 液体矿脂

petrolene ['petrəli:n] *n.*【化】石油燃,沥青脂

petroleum [pɪ'trəuliəm] *n.* 石油(产品)

petrolic [pɪ'trɒlɪk] *a.* 石油的,从石油中提炼的

petroliferous [petrə'lɪfərəs] *a.* 含石油的

petrolift ['petrəulɪft] *n.* 燃料泵

petrolin(e) ['petrəlɪn] *n.* 石油淋

petrolize ['petrəlaɪz] *vt.* 用石油点燃〔覆盖〕,用石油处理,用柏油铺(路)

petrologic(al) [ˌpetrə'lɒdʒɪk (əl)] *a.*【地质】岩石学的

petrology [pɪ'trɒlədʒɪ] *n.*【地质】岩石学,岩理学

petrol-resistance ['petrəlrɪ'zɪstəns] *n.* 耐汽油性

petronaphthalene [petrə'næfθæli:n] *n.* 石油萘

petronol ['petrənɒl] *n.* 液体石油脂

petrophone ['petrəufəun] *n.*【音】石琴

petrophysics [ˌpetrə'fɪzɪks] *n.*【地质】岩石物理学

petroprotein [petrə'prəuti:n] *n.* 石油蛋白

petrosal [pɪ'trəusəl] *a.* 硬的,石头般的

petrosapol [ˌpetrə'sæpɒl] *n.* 石油软膏

petrosio [pɪ'trɒʃɪəu] *n.* 液体矿脂

petrosphere ['petrəsfɪə] *n.* 地壳

petrotectonics [ˌpetrətek'tɒnɪks] *n.*【地质】岩石构造学

petrous ['petrəs] *a.* 石质的,化石的

petticoat ['petɪkəut] **❶** *n.* ①衬裙,裙状物 ②筒,有圆锥口的软管 **❷** *a.* 女性的,女人腔的

pettifog ['petɪfɒg] *vi.* 挑剔,过分注重细节,小题大做 ‖ **~ging** *a.*

pettiness ['petɪnɪs] *n.* 微小,琐碎

petty ['petɪ] *a.* ①微小的,琐碎的,不足道的 ②下级的,次等的

petulance ['petjuləns] *n.* 易怒

petunia [pɪ'tu:njə] *n.*【植】喇叭花,深紫红色

petunidin [.pe'tju:nɪdɪn] *n.* 矮牵牛(苷)配基

petunin ['petunɪn] *n.* 矮牵牛苷

petzite ['petsaɪt] n. 针碲银矿,碲金银矿

peucedanine [,pju'sedəni:n] n. 前胡精

peucine ['pju:sɪn] n. 【医】沥青,树脂

peucinous ['pju:sɪnəs] a. 【医】沥青性的,树脂性的

pewter ['pju:tə] n. 【冶】白镴

pexia ['peksɪə] n. 固定术

pexitropy [pek'sɪtrəpɪ] n. 冷却结晶作用

pexol ['peksɒl] n. 强化松香胶(商品名)

pez [pez] n. 地沥青

phacella [fə'selə] n. 胃丝

phacoid ['fækɔɪd] a. 【医】透镜状的

phacolite ['fækəlaɪt] n. 【矿】扁菱沸石

phacolith ['fækəlɪθ] n. 【地质】岩脊眼,岩脊鞍

phacometer [fə'kɒmɪtə] n. 透镜折射率计

phacotherapy [fækəʊ'θerəpɪ] n. 日光浴,【医】日光疗法

phaenotype ['fi:nətaɪp] n. 【医】表型,显型

ph(a)eophorbide [fi:ə'fɔ:baɪd] n. 脱镁叶绿甲酯酸

Phaeophyceae [fi:ə'faɪsi:] n. 褐藻纲

phaeophyta [fi:ə'faɪtə] n. 褐藻

phaeton ['feɪtn] n. 敞篷旅行汽车,游览车

phage [feɪdʒ] n. 噬菌体

phage-coded ['feɪdʒkəʊdɪd] a. 噬菌体信息编码的

phagocytable [fægə'saɪtəbl] a. 易吞噬的

phagocyte ['fægəsaɪt] n. 【生】吞噬细胞 ‖ **phagocytic** a.

phagocytin [fæ'gɒsɪtɪn] n. 【生】吞噬细胞素

phagocytise ['fægəsaɪtaɪz] v. 吞噬

phagocyto(ly)sis [fægəsaɪ'təʊsɪs] n. 【生】吞噬细胞作用,吞噬细胞溶解

phagocytolytic [fægəsaɪtə'lɪtɪk] a. 吞噬细胞裂解的

phagolysis [fə'gɒlɪsɪs] n. 【生】吞噬细胞溶解作用

phagosome ['fægəsəʊm] n. 【生】吞噬体

phagostimulant [fægə'stɪmjʊlənt] n. 诱食剂

phagotroph ['fægətrəf] n. 吞噬

phagotrophic [fægə'trɒfɪk] a. 吞噬的

phalacrosis [,fælə'krəʊsɪs] n. 秃(发)病

phallitis [fæ'laɪtɪs] n. 【医】阴茎炎

phalloidin(e) [fæ'lɔɪdɪn] n. 【医】鬼笔(毒)环肽,鬼笔碱

phaneric [fə'nerɪk] a. 显晶的

phanerite ['fænəraɪt] n. 【地质】显晶岩

phanerocrystalline [,fænərə'krɪstəlaɪn] n. 显晶质

phanerogam ['fænərəʊgæm] n. 显花植物

phanerogamous [fænərəʊ'gæməs] a. 种子植物的

phaneromere ['fænərəʊmɪə] n. 显粒岩

Phanerozoic [,fænərə'zəʊɪk] a. 【地质】显生代的,沙面动物的

phanotron ['fænətrɒn] n. 热阴极充气二极管

phantasm ['fæntæzəm] n. 幻影,幻觉

phantasma [fæn'tæzmə] n. 幻影,幻觉,空想

phantasmagoria [,fæntæzmə'gɒrɪə] n. ①幻觉效应 ②变幻不定的场面

phantasmagoric [,fæntæzmə'gɒrɪk] a. 幻影似的,变幻不定的

phantasmal [fæn'tæzməl],**phantasmic** [fæn'tæzmɪk] a. 幻影的,幻觉的,幻想的

phantastron ['fæntəstrɒn] n. 延迟管,【计】幻象管延迟电路,幻象多谐振荡器

phantasy ['fæntəsɪ] = fantasy

phantom ['fæntəm] ❶ n. ①幻影,错觉 ②仿真,(人体)模型 ③影子 ④鬼怪式飞机 ⑤有名无实的东西 ❷ a. ①空幻的,虚的 ②假想的,外表上的 ③鬼怪的

phantoming ['fæntəmɪŋ] n. 构成幻路

phantophone ['fæntəfəʊn] n. 幻象电话

phantoscope ['fæntəskəʊp] n. 万花筒

phaopelagile [,feɪə'peləd ʒɪl] n. 海洋面的

phao-plankton [feɪə'plæŋktən] n. 【医】透光层浮游生物

pharate ['færeɪt] n. 蜕裂

pharbitin ['fɑ:bɪtɪn] n. 牵牛亭

phare [feə] = pharos

pharmaceutic [,fɑ:mə'sju:tɪk] = pharmaceutical

pharmaceutical [,fɑ:mə'sju:tɪkəl] ❶ a. 药用的,医药的,制药的 ❷ n. 药品,药物 ‖ **~ly** ad.

pharmaceutics [,fɑ:mə'sju:tɪks] n. 制药学

pharmac(eut)ist [,fɑ:mə's(ju:t)ɪst] n. ①药剂师 ②药商

pharmacokinetics [,fɑ:məkəʊkɪ'netɪks] n. 药物动力学

pharmacolite [fɑ:'mækəlaɪt] n. 毒石

pharmacology [,fɑ:mə'kɒlədʒɪ] n. 药物学,药理学

pharmacopoeia [,fɑ:məkə'pi:ə] n. 药典,(一批)备用药品

pharmacy ['fɑ:məsɪ] n. ①药剂学,制药 ②药房,药店 ③(一批)备用药品

pharmic ['fɑ:mɪk] a. 药物的,药学的

pharoid ['fɑ:rɔɪd] n. 辐射加热器

pharos ['feərɒs] n. 灯塔,航标灯

phase [feɪz] ❶ n. ①(发展)阶段,局面 ②相位,物相,波相 ③方面,步骤 ④(月象)盈亏 ⑤节拍 ☆**(be) in phase**【物】同相的;**(be) of opposite phase to** 与···反相; **(be) out of phase** 异相的,不协调; **be 180° out of phase** 位相相差180°;**enter on a new phase** 进入新阶段 ❷ vt. ①使定相 ②使分阶段进行 ☆**phase down** 逐步缩减; **phase in** 分阶段引入,逐步采用; **phase out** 逐步取消,分期完成,退役

〖用法〗注意下面例句中该词的含义: The transducer output is <u>phased</u> to produce a degenerative feedback signal. 把传感器输出的相位定成能产生一个负反馈信号。/Many readers will be students

P

who are not familiar with all phases of the logic filed. 许多读者将是对逻辑领域的各个方面并非都熟悉的学生。（注意句中出现的部分否定。）/This instrument phase tracks a voltage controlled oscillator.该仪器对电压控制的振荡器进行相位跟踪。（"phase"和"voltage"均为名词作修饰动词的状语。）

phase-down ['feɪzdaʊn] n. 停止活动,逐步缩减,解列

phase-in(to) ['feɪzɪn(tʊ)] n. 投入,启动,并列

phaselin ['feɪzlɪn] n. 豆蛋白酶

phase-locked ['feɪzlɒkt] a. 锁相的,相位同步的

phasemass ['feɪzmæs] n. 相位量

phasemeter ['feɪzmiːtə] n. 相位计

phase-modulated ['feɪz'mɒdjuleɪtɪd] a. 调相的

phaseolin [fə'seəlɪn] n. 云扁豆蛋白,菜豆球蛋白

phase-out ['feɪzaʊt] n. 逐渐停止,解列,逐步结束

phaser ['feɪzə] n. 相位器,相位计,声子量子放大器

phase-shifted ['feɪzʃɪftɪd] a. 不同相的,异相的

phasigram ['feɪzɪɡræm] n. 【医】相图

phasitron ['feɪzɪtrɒn] n. (一种)调频管,调相管

phasmajector [,feɪzmə'dʒektə] n. 简单静像管,静像发射管

phasometer [feɪ'zɒmɪtə] n. 相位计

phasor ['feɪzə] n. 相位复(数)矢量,相量,相图

phasotropy [feɪzə'trɒpɪ] n. 氨基氢原子振动异构(现象)

phellandral [fɪ'lændrəl] n. 水芹醛

phellandrene ['feləndriːn] n. 水芹烯

phellem ['feləm] n. 【植】木栓

phellogen ['feladʒən] n. 【植】木栓形成层

phenacemide ['fenəsɪmaɪd] n. 苯乙酰脲

phenacetolin [fenəsɪ'tɒlɪn] n. 迪吉讷(Degener)指示剂

phenacite ['fenəsaɪt] n. 【矿】似晶石,硅铍石

phenamine ['fenəmɪn] n. 非那明,苯丙胺

phenanthrene [fə'nænθriːn] n. 【化】菲

phenanthridine [fə'nænθriːdɪn] n. 菲啶

phenanthryne [fə'nænθraɪn] n. 【化】菲炔

phenate ['fiːneɪt] n. 【化】苯酚盐,石碳酸盐

phene [fiːn] n. 【化】苯

phenelzine ['fenəlziːn] n. 【药】苯乙肼

phenesterin(e) [fiːne'steriːn] n. 【化】胆甾醇对苯乙酸酯氮芥

phenethyl [fen'eθəl] n. 【化】苯乙基

phenethylene [fə'neθɪliːn] n. 【化】苯乙烯

phenetics [fɪ'netɪks] n. 【生】共性分类法,表型学

phenetidine [fɪ'netɪdiːn] n. 乙氧基苯胺

phenetol(e) ['fenətəʊl] n. 【化】苯乙醚,乙氧基苯

phengite ['fendʒaɪt] n. 多硅白云母

phenic ['fiːnɪk] acid 苯酚的别名

phenixin [,fɪ'nɪksɪn] n. 四氯化碳

phenobarbitone [,fiːnəʊ'bɑːbɪtəʊn] n. 【药】苯巴比妥

phenocopy ['fiːnəʊkɒpɪ] n. 【生】拟表型

phenocryst ['fiːnəkrɪst] n. 【地质】斑晶

phenogenetics [,fiːnədʒɪ'netɪks] n. 【生】发育遗传学,表型遗传学

phenogram ['fiːnəɡræm] n. 【生】物候图

phenol ['fiːnɒl] n. 【化】苯酚,石碳酸

phenolase ['fiːnəleɪs] n. 【生化】酚酶

phenolate ['fiːnəleɪt] n. 【化】酚的,苯酚的

phenolic [fɪ'nɒlɪk] a. 【化】酚的,苯酚的

phenolics [fɪ'nɒlɪks] n. 酚醛塑料,酚醛树脂

phenology [fɪ'nɒlədʒɪ] n. 生物气候学,物候现象

phenolphthalein [,fiːnɒl'fθæliːn] n. 【化】苯酚酞

phenolplast ['fiːnə,plɑːst] n. 酚醛塑料

phenolsulfonate [,fiːnəl'sʌlfəneɪt], **phenolsulphonate** n. 苯酚磺酸盐

phenolsulfonphthalein [fiːnəl'sʌlfɒnfθələiːn] n. 酚磺肽,酚红

phenolsulphonic [,fiːnəlsʌl'fɒnɪk] **acid process** 苯酚磺酸酸电镀锡法

phenolysis [fɪ'nɒlɪsɪs] n. 酚解

phenomena [fɪ'nɒmɪnə] phenomenon 的复数

phenomenal [fɪ'nɒmɪnl] a. ①现象的 ②从感觉得到的 ③显著的,非常的

phenomenalize [fɪ'nɒmɪnəlaɪz] vt. 作为现象来观察,把…当作现象看待

phenomenally [fɪ'nɒmɪnlɪ] ad. 现象上,稀有

phenomenological [fɪ,nɒmɪnə'lɒdʒɪkl] a. 表象学的,现象上的 ‖ ~ly ad.

phenomenology [fɪ,nɒmɪ'nɒlədʒɪ] n. 【哲】现象学,表象学

phenomenon [fɪ'nɒmɪnən] n. ①现象,征兆 ②珍品,奇迹 ③不平常的事物 ④杰出人才

〖用法〗 ❶ 注意下面例句中该词的用法及译法:A magnet attracts iron materials, a familiar phenomenon. 磁铁能吸引铁质物质,这一现象是大家所熟悉的。(该名词短语作前面句子的同位语。)/At extremely low temperatures, near absolute zero, some conductors lose the last vestige of resistance, a phenomenon referred to as superconductivity. 在接近绝对零度的极低温度时,有些导体失去了最后一点点电阻,这一现象被称为超导性。(逗号后面的那部分是前面句子的同位语。)❷ 注意"a〔the〕phenomenon or +动名词复合结构"的情况: Heat is simply a phenomenon of molecules moving. 热只不过是分子运动的一种现象。

phenometry [fɪ'nɒmɪtrɪ] n. 物候测定学

phenomycin [,fiːnə'maɪsɪn] n. 酚霉素

phenon ['fiːnɒn] n. (数值分类)表观群,同representivity表种

phenophase ['fiːnəfeɪs] n. 物候期

phenoplast ['fiːnəplɑːst] n. 【化】苯酚醛塑料

phenosafranine [,fiːnə'sæfrə,niːn] n. (蓝光碱性)酚藏花红

phenotype ['fiːnətaɪp] n. 【生】表现型,显型

phenoweld ['fiːnəweld] n. 改性酚醛树脂黏合剂

phenoxide [fɪ'nɒksaɪd] n. 【化】苯酚盐,苯氧化物

phenyl ['fenɪl] n. 【化】苯基

phenylacetylglutamine [ˌfenəlˌæsɪtɪlˈglutəmiːn] n. 苯乙酰谷氨酰胺

phenylacetylglycine [ˌfenɪlˈæsɪtɪlˈglɪsiːn] n. 苯乙酰甘氨酸,苯乙尿酸

phenylalanine [ˌfenəlˈæləniːn] n. 苯基丙氨酸

phenylamine [ˌfenəlˈæmiːn] n.【化】苯胺

phenylbenzene [ˌfiːnɪlˈbenziːn] n. 联苯

phenyl-cellosolve [fenɪlˈseləsɒlv] n. 乙二醇单苯醚

phenylcumalin [ˌfenəlˈkuːməlɪn] n. 苯基吡喃

phenylene [ˈfenɪliːn] n.【化】苯撑,亚苯基

phenylethane [ˌfenəlˈeθiːn] n.【化】苯乙烷

phenylfluorone [fenɪlˈfluərəun] n.【化】苯基荮酮,苯基荧光酮

phenylhydrazine [ˌfiːnɪlˈhaɪdrəziːn] n.【化】苯肼

phenylog [ˈfenəlɒg] n.【化】插苯物,联苯物

phenylphenol [ˌfenəlˈfenɒl] n.【化】苯基苯酚,联苯酚

phenylstilbene [fenɪlˈstɪlbiːn] n.【化】苯芪

pheochromocyte [ˌfiːəuˈkrəuməsaɪt] n. 嗜铬细胞

pheophorbide [ˌfiːəuˈfɔːbaɪd] n. 脱镁叶绿酸

pheophorbin [ˌfiːəuˈfɔːbɪn] n. 脱镁叶绿二酸

pheophytin [ˌfiːəˈfaɪtɪn] n. 脱镁叶绿素

pheromone [ˈferəməun] n.【生化】信息素,外激素

pheron [ˈferɒn] n.【生化】酶蛋白,脱辅基酶

phi [faɪ] n. (希腊字母)Φ

phial [ˈfaɪəl] n. 小药瓶,长颈小瓶

phialide [ˈfaɪəlaɪd] n. 瓶梗,瓶瓶形

phialis [ˈfaɪəlɪs] (pl. phialides) n.【医】管形瓶

phialopore [ˈfaɪələpɔː] n. (团藻的)沟孔

Philadelphia [ˌfɪləˈdelfɪə] n. 费城,费拉德尔菲亚〔美国港市〕

〖用法〗注意下面例句的含义: An Ivy League university located in Philadelphia, Penn was founded by Benjamin Franklin and has been a pioneer in education and research for more than two hundred years. 宾州大学是位于费城的一所常春藤名牌大学,它是由本杰明·弗兰克林创建的,两百多年来一直是教育和科研的先驱。(逗号前面部分是句子主语 "Penn" 的同位语。)

Philip [ˈfɪlɪp] n. 菲利普(男子名)

Philippine [ˈfɪlɪpiːn] a. 菲律宾的

Philisim [ˈfɪlɪsɪm] n. 一种炮铜

philologic(al) [ˌfɪləˈlɒdʒɪkəl] a. 语言学的

philologist [fɪˈlɒlədʒɪst] n. 语言学家

philology [fɪˈlɒlədʒɪ] n. 语言学

philomath [ˈfɪləmæθ] n. 数学爱好者

philosopher [fɪˈlɒsəfə] n. 哲学家,思想家

philosophic(al) [ˌfɪləˈsɒfɪk(əl)] a. ①哲学的 ②理性的,冷静的 ③自然科学研究的

philosophize [fɪˈlɒsəfaɪz] v. 从哲学观点思考,从哲学角度来看

philosophy [fɪˈlɒsəfɪ] n. ①哲学,哲理 ②人生观,宇宙观 ③沉着

〖用法〗有人在该词后的从句中使用虚拟语气句型。如: It is my philosophy that a text include many examples, and that these examples be worked in sufficient detail so that the reader can follow each example from beginning to end. 我的看法是,一本教科书应包括许多例题,并且这些例题要详细地推演出来,使得读者能从头至尾地看懂每个例题。

philotechnic(al) [ˌfɪləˈteknɪk(əl)] a. 爱好工艺的

phlean [ˈfliːn] n.【化】梯牧草果聚糖

phlebogram [ˈflebəˌgræm] n. 静脉 X 线照片,静脉搏动图

phlebostatic [ˌflɪbəˈstætɪk] a. 静脉静力学的

phlebolite [ˈflebəlaɪt] n.【医】静脉石

phlebology [fliˈbɒlədʒɪ] n.【医】静脉学〔论〕

phlegm [flem] n. ①痰,黏液 ②迟钝

phlegmatic(al) [flegˈmætɪk(əl)] a. 黏液质的,迟钝的

phleomycin [ˈfliːəumɪsɪn] n.【生化】腐草霉素

phlobaphene [ˈfləubəfiːn] n. 栎鞣红

phlobatannin [fləubəˈtænɪn] n. 红粉单宁

phloem [ˈfləuem] n.【植】韧皮部

phlogistic [flɒˈdʒɪstɪk] a. ①燃素的 ②【医】炎症的

phlogistication [flɒdʒɪstɪˈkeɪʃən] n. 除氧作用

phlogiston [flɒˈdʒɪstən] n. 燃素

phlogopite [ˈflɒgəpaɪt] n.【矿】金云母

phlogosis [flɒˈgəusɪs] n. 炎症

phloretin [ˈflɒːretɪn] n. 根皮素,根皮苷配基

phlorizin [ˈflɒrɪzɪn] n.【化】根皮苷,果树根皮精

phloridzin [fləˈrɪdzɪn] n.【化】根皮苷,果树根皮精

phloroglucin [ˌflɒːrəˈgluːsɪn] n.【化】间苯三酚

phloroglucinol [flɒrəˈgluːsɪnɒl] n.【化】间苯三酚

phlorol [ˈflɒrəl] n.【化】乙基苯酚

Phnom Penh [pəˈnɒmˈpen] n. 金边(柬埔寨首都)

phobia [ˈfəubɪə] n. (病态的)恐惧,憎恶 ‖ **phobic** a.

phobism [ˈfəubɪzəm] n. 恐怖状态

phobotaxis [fəubəˈtæksɪs] n.【生】趋避性

phoenicine [ˈfiːnɪsiːn] n. 绯红素

phoenix [ˈfiːnɪks] n. ①(神话中的)长生鸟,凤凰 ②绝世珍品

phoenix-tree [ˈfiːnɪkstriː] n. 梧桐

phoeophorbide [fiːəˈfɔːbaɪd] n. 脱镁叶绿酸

phoeophorbin [fiːəˈfɔːbɪn] n. 脱镁叶绿二酸

phoeophytin [ˌfiːəˈfaɪtɪn] n. 脱镁叶绿素

pholerite [ˈfəuləraɪt] n. 大岭石

pholithography [fɒlɪˈθɒgrəfɪ] n. 光刻法

phon [fɒn] n.【物】方(响度单位)

phonal [ˈfəunəl] a.【医】声音的

phonautograph [fəuˈnɔːtəgrɑːf] n.【物】声波记振仪

phone [fəun] ❶ n. ①电话 ②送受话器,耳机 ❷ v. 给…打电话

phoneme [ˈfəuniːm] n.【语】语音,音素,音位 ‖ **phonematic** 或 **phonemic** a.

phonemeter [ˈfəunmiːtə] n. 通话计数器,测声计

phonetic [fəuˈnetɪk] ❶ a. 语音的,语音学的 ❷ n.

(pl.) 语音学 ‖ ~ally ad.

phoneticism [fəʊˈnetɪsɪzəm] n. 音标表示法

phoneticize [fəʊˈnetɪsaɪz] vt. 用语音符号表示

phonevision [ˈfəʊnˌvɪʒən] n. 【通信】电话电视, 有线电视

phoney [ˈfəʊnɪ] ❶ a. 假的,伪造的 ❷ n. 骗子,假货

phonic [ˈfəʊnɪk] ❶ a. 声音的,语音的 ❷ n. (pl.) 声学,语音学

〖用法〗注意下面例句的含义: It is a longstanding custom to let ϕ represent Fermi level in terms of electrostatic potential because of the phonic aid to memory. 用 ϕ 按照静电势能来表示费米能级是一种长期存在的习惯,因为它在语音上便于记忆。

phonily [ˈfəʊnɪlɪ] ad. 虚假地

phoniness [ˈfəʊnɪnɪs] n. 虚假

phonite [ˈfəʊnaɪt] n. 霞石

phono [ˈfəʊnəʊ] n. 声音,唱机

phono-bronze [ˈfəʊnəʊbrɒnz] n. 铜锡系合金

phonocardiogram [ˌfəʊnəʊˈkɑːdɪəgræm] n. 【医】心音图

phonocardiography [ˌfəʊnəʊˈkɑːdɪəgræfɪ] n. 【医】心音描记术

phonochemistry [ˌfəʊnəʊˈkemɪstrɪ] n. 【化】声化学

phonodeik [ˈfəʊnədaɪk] n. 【物】声波显示仪

phonofilm [ˈfəʊnəfɪlm] n. 有声电影

phonogram [ˈfəʊnəgræm] n. ①录音片,唱片 ②话传电报

phonograph [ˈfəʊnəgrɑːf] n. 唱机,留声机

phonographic(al) [ˌfəʊnəˈgræfɪk(əl)] a. ①录音的 ②唱机的,留声机的 ③表音速记法的

phonography [fəʊˈnɒgrəfɪ] n. 表音法,速记法

phonolite,phonolyte [ˈfəʊnəlaɪt] n. 响岩(石)

phonometer [fəʊˈnɒmɪtə] n. 【物】声强计,测声计

phonometry [fəˈnɒmɪtrɪ] n. 声强测定法,测声术

phonomotor [ˈfəʊnəˈməʊtə] n. 电唱机用电动机

phonon [ˈfəʊnɒn] n. 【核】声子

phono-drag [ˈfəʊnəʊdræg] n. 声子-曳引

phonophore [ˈfəʊnəfɔː] n. 报话合用机

phonophote [ˈfəʊnəfəʊt] n. 音波发光机

phonophotography [ˌfəʊnəˈfəʊˈtɒgrəfɪ] n. 声波照相法

phonoplug [ˈfəʊnəˌplʌg] n. 信号电路中屏蔽电缆用插头

phonopore [ˈfəʊnəpɔː] n. 报话合用机

phono-radio [ˈfəʊnəʊreɪdɪəʊ] n. 电唱收音机

phonoreceptor [fəʊnəʊrɪˈseptə] n. 感音器

phonorecord [ˈfəʊnəˌrekɔːd] n. 唱片

phonoscope [ˈfəʊnəskəʊp] n. 【物】验声器,微音器

phonosensitive [ˌfəʊnəˈsensɪtɪv] a. 感音的,声敏的

phonosynthesis [ˌfəʊnəˈsɪnθɪsɪs] n. 声合成

phonotaxis [ˌfəʊnəˈtæksɪs] n. 趋声性

phonotropism [ˈfəʊnəˈtrɒpɪzəm] n. 向声性

phonotype [ˈfəʊnəʊtaɪp] n. 【印】音标铅字(体)

phonotypy [ˈfəʊnəʊtaɪpɪ] n. 表音印刷(速记)法

phonovision [ˈfəʊnəˌvɪʒən] = phonevision

phonozenograph [fəʊnəˈzenəˌgrɑːf] n. 声波测向器,声波定位器

phony [ˈfəʊnɪ] = phoney

Phoral [ˈfɔːrəl] n. 铝磷合金

phorbide [fɔːˈbaɪd] n. 脱镁叶绿环类

phorbin [fɔːˈbɪn] n. 脱镁叶绿(母)环类

phorbol [ˈfɔːbɒl] n. 佛波醇

phoresis [fəʊˈriːsɪs] n. 【物】电泳现象

phorocyte [ˈfɒrəsaɪt] n. 结缔组织细胞

phorogenesis [fɒrəˈdʒenəsɪs] n. 平移作用

phorone [ˈfɔːrəʊn] n. 佛尔酮,两个异丙叉丙酮

phoronomics [ˌfɔːrəˈnɒmɪks] n. 声测角计,声测向计

phos [fɒz] (希腊语) n. 光

phosgenation [fɒzdʒɪˈneɪʃən] n. 光气化作用

phosgene [ˈfɒzdʒiːn] n. 【化】光气

phosgenite [ˈfɒzdʒɪnaɪt] n. 【矿】角铅矿

phosphagen [ˈfɒsfədʒɪn] n. 【生化】磷酸原,磷肌酸

phosphamide [fɒsˈfæmaɪd] n. 磷酰胺

phosphaminase [fɒsˈfæmɪneɪs] n. 氨基磷酸酶

phosphatase [ˈfɒsfəteɪs] n. 【生化】磷酸(酯)酶

phosphate [ˈfɒsfeɪt] n. 【化】磷酸盐,磷肥

phosphatic [fɒsˈfætɪk] a. 【化】磷的,含磷的

phosphatidalcholine [fɒsfətaɪdælˈkəʊlɪn] n. 缩醛磷脂胆碱

phosphatidalserine [fɒsfətaɪdəlˈsɜːrɪn] n. 缩醛磷脂酰丝氨酸

phosphatidase [ˌfɒsfəˈtaɪdeɪs] n. 【生化】磷脂酶

phosphatidate [fɒsfəˈtaɪdeɪt] n. 【化】磷脂酸(盐、酯、根)

phosphatide [ˈfɒsfətaɪd] n. 【生化】磷脂

phosphatidylcholine [ˈfɒsfə,taɪdɪlˈkəʊliːn] n. 【生化】磷脂酰胆碱,卵磷脂

phosphating [ˈfɒsfeɪtɪŋ] n. (金属表面)磷酸盐防锈处理

phosphatization [fɒsfətaɪˈzeɪʃən] n. 磷化

phosphatizing [ˈfɒsfəˈtaɪzɪŋ] n. 磷酸作用,磷化

phosphide [ˈfɒsfaɪd] n. 【化】磷化物,磷素

phosphinate [ˈfɒsfɪneɪt] n. 亚磷酸盐,亚磷酸酯

phosphine [ˈfɒsfiːn] n. 【化】磷化氢,碱性染革黄棕

phosphinyl [ˈfɒsˈfɪnɪl] n. 磷酰基

phosphite [ˈfɒsfaɪt] n. 【化】亚磷酸盐,亚磷酸酯

phosph(o)amidase [ˌfɒsfəˈæmɪdeɪs] n. 磷酰胺酶

phosphoarginine [ˌfɒsfəˈɑːdʒɪnaɪn] n. 【生化】磷酸精氨酸

phosphobacteria [fɒsfəbækˈtɪərɪə] n. 磷细菌

phosphocreatine [ˌfɒsfəʊˈkriːətiːn] n. 【生化】磷酸肌酸

phosphodiesterase [ˌfɒsfə,daɪəˈstereɪs] n. 【生化】磷酸二酯酶

phosphodihydroxyacetone [ˌfɒsfʊ,daɪ,haɪ,-

drɒksɪˈæsɪtəun] n. 磷酸二羟丙酮

phosphodoxin [ˌfɒsfəuˈdɒksɪn] n.【生化】磷酸氧还素

phosphoesterase [ˌfɒsfəˈestəreɪs] n.【生化】磷酸酯酶

phosphofructokinase [ˌfɒsfəˌfrʌktəˈkɪneɪs] n.【生化】磷酸果糖激酶

phosphoglyceraldehyde [ˌfɒsfəˌɡlɪsəˈrældɪhaɪd] n.【生化】甘油醛磷酸,磷酸甘油醛

phosphoglyceride [ˌfɒsfəˈɡlɪsəraɪd] n.【生化】磷酸甘油酯

phosphoglycerol [ˌfɒsfəˈɡlɪsərɒl] n.【生化】甘油磷酸,磷酸甘油

phosphoglyceromutase [ˌfɒsfəˌɡlɪsərəˈmjuːteɪs] n.【生化】磷酸甘油酯变位酶

phosphoglycoprotein [ˌfɒsfəˌɡlaɪkəˈprəutiːn] n. 磷糖蛋白

phosphohexoisomerase [ˌfɒsfəˌheksəuˌaɪsəuˈmereɪs] n. 磷酸己糖异构酶

phosphohexokinase [ˌfɒsfəˌheksəuˈkɪneɪs] n.【生化】磷酸己糖激酶

phosphohexose [ˌfɒsfəuˈheksəus] n.【生化】己糖磷酸,磷酸己糖

phosphohomoserine [ˌfɒsfəuˌhəuməuˈseriːn] n.【生化】磷酸高丝氨酸

phosphohumate [fɒsfəuˈhjuːmeɪt] n. 腐殖酸磷肥

phosphoinositide [ˌfɒsfəuɪˈnəusɪtaɪd] n. 磷酸肌醇

phosphokinase [ˌfɒsfəuˈkaɪneɪs] n.【生化】磷酸激酶

phospholipase [ˌfɒsfəuˈlaɪpeɪs] n.【生化】磷脂酶

phospholipid [ˌfɒsfəuˈlɪpɪd] n.【生化】磷脂

phosphomolybdate [ˈfɒsfəuˌməˈlɪbdeɪt] 磷钼酸盐

phosphomonoesterase [fɒsfəˌməunəˈestəreɪs] n.【生化】磷酸单酯酶

phosphomutase [ˌfɒsfəuˈmjuːteɪs] n. 磷酸变位酶,转磷酸酶

phosphonation [ˌfɒsfəuˈneɪʃən] n. 磷酸化(作用)

phosphonitrogen [ˌfɒsfəˈnaɪtrədʒən] n. (一种)磷氮肥

phosphoprotein [ˌfɒsfəuˈprəutiːn] n.【化】磷蛋白

phosphopyridoxal [ˌfɒsfəuˌpɪrɪˈdɒksæl] n. 磷酸吡哆醛

phosphopyridoxamine [fɒsfəpɪrɪˈdɒksəmaɪn] n. 磷酸吡哆胺

phosphopyruvate [ˌfɒsfəupɪˈruːveɪt] n. 磷酸丙酮酸

phosphor [ˈfɒsfə] n. ①磷,黄磷 ②荧光物质(粉),荧光体

phosphoramide [ˌfɒsˈforəmaɪd] n. 磷酰胺

phosphoramid(o)ate [ˌfɒsfəˈræmɪdeɪt] n. 磷酰胺酯,氨基磷酸酯

phosphorate [ˈfɒsfəreɪt] vt. 使和磷化合,加磷

phosphoresce [ˌfɒsfəˈres] vi. 发磷光

phosphorescence [ˌfɒsfəˈresəns] n.【物】磷光,荧光现象

phosphorescent [ˌfɒsfəˈresənt] ❶ a. 磷光性的,发磷光的 ❷ n. 磷光质

phosphoret(t)ed [ˈfɒsfəretɪd] a. 含磷的,与磷化合的

phosphoribomutase [ˌfɒsfərɪbəˈmjuːteɪs] n. 磷酸核糖变位酶

phosphoribosylamine [ˌfɒsfərɪbɒsɪˈlæmiːn] n. 磷酸核糖胺

phosphoribulokinase [ˌfɒsˌfəurɪbuləˈkɪneɪs] n. 磷酸核酮糖激酶

phosphoric [fɒsˈfɒrɪk] a. 磷的

phosphorimeter [ˌfɒsfəˈrɪmɪtə] n. 磷光计

phosphorimetry [ˌfɒsfəuˈrɪmɪtrɪ] n. 磷光测定法

phosphorise [ˈfɒsfəraɪz] = phosphorize ‖ **phosphorisation** n.

phosphorism [ˈfɒsfərɪzəm] n. 慢性磷中毒

phosphorite [ˈfɒsfəraɪt] n. ①亚磷脂肪酸 ②【地质】磷钙土,磷灰石

phosphorization [fɒsfəraɪˈzeɪʃən] n. 磷化作用,增磷

phosphorize [ˈfɒsfəraɪz] v. 磷化,引入磷元素

phosphorizer [ˈfɒsfəraɪzə] n. 增磷剂

phosphorography [ˌfɒsfəˈrɒɡrəfɪ] n. 磷光照相术

phosphorolysis [ˌfɒsfəˈrɒlɪsɪs] n.【生化】磷酸解(作用)

phosphorometer [fɒsfəˈrɒmɪtə] n. 磷光计

phosphoroscope [ˈfɒsfərəuskəup] n.【物】磷光镜,磷光计

phosphorous [ˈfɒsfərəs] a. 含(三价)磷的,由磷得到的

phosphorus [ˈfɒsfərəs] n. ①【化】磷 P ②磷光体 ③【天】启明星,金星

phosphoryl [ˈfɒsˈfoːrɪl] n.【化】磷酰基

phosphorylase [ˈfɒsfərɪleɪs] n.【生化】磷酸化酶

phosphorylation [ˌfɒsfərɪˈleɪʃən] n.【化】磷酸化(作用)

phosphorylcholine [ˌfɒsfərɪlˈkəulɪn] n. 磷酸胆碱

phosphorylethanolamine [fɒsfərɪlɪˌθænəˈlæmiːn] n. 磷酸乙醇胺

phosphotaurocyamine [ˌfɒsfətɔːrəˈsaɪəmiːn] n. 磷酸脒基牛磺酸

phosphotriose [ˌfɒsfəˈtraɪəus] n. 丙糖磷酸,磷酸丙糖

phosphotungstate [ˌfɒsfəˈtʌŋsteɪt] n. 磷钨酸盐

phosphowolframate [ˌfɒsfəˈwolfreɪmeɪt] n. 磷钨酸盐

phosphuranylite [fɒsˈfjurənɪlaɪt] n. 磷铀矿

phosphuret(t)ed [ˈfɒsfjuretɪd] a. 含(低)磷的

phossy [ˈfɒsɪ] a.【医】磷毒性的,磷的

phosvitin [ˈfɒsvɪtɪn] n. 卵黄高磷蛋白

phoswich [ˈfɒswɪtʃ] n. 层状闪烁体

P

phot [fɒt] *n.* 【物】辐透,厘米烛光(照度单位)

phote [fəut] *n.* 辐透(照度单位)

photelometer [fəutə'lɒmɪtə] *n.* 【医】光电比色计

photetch ['fəutetʃ] *n.* 光蚀刻,光刻技术

photic ['fəutɪk] *a.* ①光的,发光的 ②透光的 ③感光的

photicon ['fəutɪkɒn] *n.* 光电摄像管,高灵敏度摄像管

photion ['fəutʃən] *n.* 充气光电二极管

photism ['fəutɪzəm] *n.* 【心】后起光觉,幻视

photistor ['fəutɪstə] =phototransistor

photo ['fəutəu] ❶ (= photograph) 照片,(摄影)图片 ❷ *vt.* 拍照 ❸ *a.* 摄影的 ☆*have(get)one's photo taken* (请人)给…拍照; *make photos of* 摄下…的图像; *take a photo* 拍照

photoabsorption [,fəutə,əb'sɔ:pʃən] *n.* 光(电)吸收

photoactinic [,fəutəuæk'tɪnɪk] *a.* (发出)光化射线的,能产生光化作用的

photoactivate [,fəutəu'æktɪveɪt] *vt.* 光激活 ‖ **photoactivation** *n.*

photoactive [,fəutəu'æktɪv] *a.* 光敏的,感光的

photoactor [,fəutəu'æktə] *n.* 【无】光电开关,光敏器件

photo-addition [fəutəuə'dɪʃ[ən] *n.* 光化加成作用,光化加成反应

photoadsorption [,fəutəuəd 'sɔ:pʃən] *n.* 【物】光致吸附

photoag(e)ing [,fəutəu'eɪdʒɪŋ] *n.* 光(致)老化作用

photoalidade [fəutə'ælɪdeɪd] *n.* 相片量角仪

photoammeter [fəutə'æmɪtə] *n.* 光电安培计

photoanalysis [,fəutəuə'næləsɪs] *n.* 光电分析

photoangulator [,fəutəu'æŋgjuleɪtə] *n.* 【医】摄影量角仪

photoassociation [,fəutəuəsəuʃɪ'eɪʃən] *n.* 光缔合

photoautotroph [,fəutəu'ɔ:tətrɒf] *n.* 【生】光能自养,光合自养生物

photoautoxidation [,fəutəu,ɔ:təksɪ'deɪʃən] *n.* 光自动氧化

photobacteria [,fəutəubæk'tɪərɪə] *n.* 发光细菌

photobase ['fəutəubeɪs] *n.* 摄影基线

photo-beat [fəutəu'bi:t] *n.* 光拍,光频差拍

photobehavior [,fəutəu,bɪ'heɪvɪə] *n.* 感光行为

photobiology [,fəutəubaɪ'ɒlədʒɪ] *n.* 光生物学,生物光学

photobleaching [,fəutəu'bli:tʃɪŋ] *n.* 光致漂白,光褪色

photocarrier ['fəutəukærɪə] *n.* 光生载流子

photocartograph [,fəutəu'kɑ:təgrɑ:f] *n.* 摄影测图仪

photocatalysis [,fəutəukə'tælɪsɪs] *n.* 【化】光催化(作用)

photocatalyst [,fəutəu'kætəlɪst] *n.* 光(化学)催化剂

photocathode [,fəutəu'kæθəud] *n.* 【电子】光(电)阴极

photocell ['fəutəsel] *n.* 【物】光电管,光电池

photo-ceramic [fəutəusɪ'ræmɪk] *n.* 摄制图案美化陶瓷

photo-charting [fəutəu'tʃɑ:tɪŋ] *n.* 摄影制图

photochemical [,fəutəu'kemɪkəl] *a.* 【化】光化学的

photochemiluminescence [,fəutəu,kemɪ,lumɪ'nesns] *n.* 光化学发光

photochemistry [,fəutəu'kemɪstrɪ] *n.* 【化】光化学

photochopper [,fəutəu'tʃɒpə] *n.* 光线断路器,遮光器

photochromatic [,fəutəukrə'mætɪk] *a.* 彩色照相的

photochrome ['fəutəkrəum] *n.* 【摄】彩色照片

photochromic [,fəutəu'krəumɪk] ❶ *a.* 光致变色的,光色(敏)的 ❷ *n.* (pl.) 光敏材料,光色玻璃

photochromism [,fəutəu'krəumɪzəm] *n.* 光致变色现象,光色(敏)性

photochromy ['fəutəkrəumɪ] *n.* 彩色照相术

photochronograph [,fəutəu'krɒnəgrɑ:f] *n.* ①活动物体照相机,活动物体照片 ②照相记时仪

photochronography [,fəutəukrə'nɒgrəfɪ] *n.* 活动物体照相术,摄影记时术

photocinetic [,fəutəusɪ'netɪk] *a.* 光致运动的

photoclino-dipmeter ['fəutəklaɪnə'dɪpmɪtə] *n.* 摄影测斜仪

photoclinometer [,fəutəuklaɪ'nɒmɪtə] *n.* 【医】照相井斜仪

photocoagulation ['fəutəukəu,ægju'leɪʃən] *n.* 光焊接,光致凝结

photocolorimeter [,fəutəu,kʌlə'rɪmɪtə] *n.* 光比色计

photocolorimetry [,fəutə,kʌlə'rɪmɪtrɪ] *n.* 光色法,光色度学

photo-communication [fəutəukə,mju:nɪ'keɪʃən] *n.* 光通信

photocompose [,fəutəukəm'pəuz] *vt.* 【印】照相排版,光学排字 ‖ **photocomposition** *n.*

photo-computer [fəutəukəm'pju:tə] *n.* 光计算机

photocon ['fəutəkɒn] *n.* 【无】光电导元件

photoconductance [,fəutəkən'dʌktens] *n.* 光电导值

photoconducting [fəutəkən'dʌktɪŋ] *a.* 光导的

photoconduction [,fəutəkən'dʌkʃən] *n.* 【物】光电导性

photoconductive [,fəutəkən'dʌktɪv] *a.* 【物】光电导的

photoconductivity ['fəutəu,kɒndʌk'tɪvətɪ] *n.* 【物】光电导率

photoconductor [,fəutəukən'dʌktə] *n.* 【物】光电导体,光敏电阻

photocontrol [,fəutəukən'trəul] *n.;v.* 相片连测

photocopy ['fəʊtəʊ,kɒpɪ] ❶ *n.* 照相版,照相复制品 ❷ *v.* 照相复制

photocreep ['fəʊtəʊ,kri:p] *n.* 光蠕变

photocrosslinking [,fəʊtə'krɒslɪŋkɪŋ] *n.* 光致交联

photocurrent [,fəʊtəʊ'kʌrənt] *n.* 【物】光电流

photod ['fəʊtəʊd] *n.* 光电二极管

photodechlorination [,fəʊtədi:klɔ:raɪ'neɪʃən] *n.* 感光去氯(作用)

photodensitometer [,fəʊtəʊ,densɪ'tɒmɪtə] *n.* 光稠计,光密度计

photodensitometry [,fəʊtəʊ,densɪ'tɒmɪtrɪ] *n.* 光密度分析法

photodepolarization [fəʊtəʊ,di:pəʊlaraɪ'zeɪʃən] *n.* 光去极化

photodestruction [,fəʊtəʊdɪs'trʌkʃən] *n.* 光裂解,光化裂解聚合物

photodetachment [,fəʊtəʊdɪ'tætʃmənt] *n.* 光致分离,光电分离

photodetector [,fəʊtəʊdɪ'tektə] *n.* 【电子】光电探测器

photodeuteron [fəʊtə'dju:tərɒn] *n.* 光致氘核

photodichroic [,fəʊtəʊdaɪ'krɔɪk] *n.* 光(致)二向色的

photodichroism [,fəʊtəʊ'daɪkrəʊɪzəm] *n.* 光二(向)色性

photodimer [,fəʊtəʊ'daɪmə] *n.* 光二聚物

photodimerization [,fəʊtəʊ,daɪməraɪ'zeɪʃən] *n.* 光二聚作用

photodinesis [,fəʊtəʊ'daɪnɪsɪs] *n.* 光致原生质流出

photodiode [,fəʊtəʊ'daɪəʊd] *n.* 【电子】光敏(控)二极管

photodisintegration ['fəʊtəʊdɪs,ɪntɪ'greɪʃən] *n.* 【核】光致蜕变,光核反应

photodissociation ['fəʊtəʊdɪ,səʊʃɪ'eɪʃən] *n.* 【物】【化】光致分解,光化学离解

photodosimeter [,fəʊtəʊdəʊ'sɪmɪtə] *n.* 光电测量计

photodrama ['fəʊtəʊdrɑ:mə] *n.* 影片

photodromy ['fəʊtɒdrəmɪ] *n.*【医】光动现象

photoduplicate ❶ [,fəʊtəʊ'dju:plɪkeɪt] *v.* 照相复制 ❷ [,fəʊtəʊ'dju:plɪkɪt] *n.* 照相复制本

photodynamic [,fəʊtəʊdaɪ'næmɪk] *a.* 在光中发荧光的,光动力的,光促的

photodynamics [,fəʊtəʊdaɪ'næmɪks] *n.* 光动力学

photodynesis [,fəʊtəʊ'daɪnəsɪs] *n.* 光致原生质流动

photoeffect [,fəʊtəʊɪ'fekt] *n.* 光电效应

photoelastic [,fəʊtəʊɪ'læstɪk] *a.*【物】光(测)弹(性)的

photoelasticity [,fəʊtəʊɪlæs'tɪsətɪ] *n.*【物】光(测)弹性(学),光致弹性

photoelectret [,fəʊtəʊɪ'lektrɪt] *n.* 光驻极体

photoelectric(al) [,fəʊtəʊɪ'lektrɪk (əl)] *a.*【电子】

光电的 ‖ **~ally** *ad.*

photoelectricity [,fəʊtəʊɪlek'trɪsətɪ] *n.*【电子】光电学,光电现象

photoelectroluminescence [,fəʊtəʊɪ,lektrəʊ,lu:mɪ'nesns] *n.*【物】光控场致发光,光电发光

photoelectrolytic [,fəʊtəʊɪ,lektrəʊ'lɪtɪk] *a.* 光解的

photoelectromagnetism [,fəʊtəʊɪ,lektrəʊ'mægnɪtɪzəm] *n.* 光电磁

photoelectrometer [,fəʊtəʊɪlek'trɒmɪtə] *n.* 光电比色计

photoelectromotive [,fəʊtəʊɪlektrə'məʊtɪv] *a.*【物】光电动的

photoelectron [,fəʊtəʊɪ'lektrɒn] *n.*【电子】光电子

photoelectronics [,fəʊtəʊɪlek'trɒnɪks] *n.* 光电子学

photoelement [,fəʊtəʊ'elɪmənt] *n.* 光电元件,光电池

photo-elimination [fəʊtəʊɪlɪmɪ'neɪʃən] *n.* 光致消除

photoemf *n.* 光电动势

photoemission [,fəʊtəʊɪ'mɪʃən] *n.*【电子】光电子放射,光致发射

photoemissive [,fəʊtəʊɪ'mɪsɪv] *a.* 光电发射的

photoemissivity [,fəʊtəʊɪmɪ'sɪvətɪ] *n.* 光电子发射能力,光电发射率

photoemitter [,fəʊtəʊɪ'mɪtə] *n.* 光电子发射器,光电源

photo-emulsion [fəʊtəʊɪ'mʌlʃən] *n.* (照相)乳胶

photoenergetics [,fəʊtəʊ,enə'dʒetɪks] *n.* 光能力学

photoengraving [,fəʊtəʊɪn'greɪvɪŋ], **photoetching** [fəʊtə'etʃɪŋ] *n.* ①照相制版,影印板 ②【物】光刻技术

photoenlarger [,fəʊtəʊ,en'lɑ:dʒə] *n.* (相片)放大机

photoesthetic [,fəʊtəʊi:s'θetɪk] *a.* 感光的,光觉的

photoexcitation [,fəʊtəʊ,eksɪ'teɪʃən] *n.*【核】光致激发,光激励

photoexcited [,fəʊtəʊɪk'saɪtɪd] *a.* 光激的

photoexciton [,fəʊtəʊ'eksɪtɒn] *n.* 光激子

photoextinction [,fəʊtəʊɪk'stɪŋkʃən] *n.* 消光

photo-eyepiece [fəʊtəʊ'aɪpi:s] *n.* 投影目镜

photo-fabrication ['fəʊtəʊ,fæbrɪ'keɪʃən] *n.* 光工,光刻法

photofission [,fəʊtəʊ'fɪʃən] *n.*【核】光致(核)裂变

photoflash ['fəʊtəʊflæʃ] *n.* 照相闪光灯,闪光灯照片

photoflood ['fəʊtəʊflʌd] *n.* 摄影泛光灯

photofluorogram ['fəʊtəʊ'flu(:)ərəgræm] *n.* 荧光屏图像照片

photofluorography [,fəʊtəʊfluə'rɒgrəfɪ] *n.* 荧光屏图像照相,荧光照相术

photofluorometer [,fəʊtəʊfluə'rɒmɪtə] *n.* 荧光计

P

photofluoroscope [,fəʊtəʊ'fluərəskəʊp] *n.* 荧光屏,荧光屏照相机

photoformer [,fəʊtəʊ'fɔːmə] *n.* 光电函数发生器,光电管振荡器

photogalvanic [,fəʊtəʊgæl'vænɪk] **effect** 光电效应

photogel ['fəʊtəʊdʒel] *n.* 摄影明胶

photogelatin [,fəʊtəʊ'dʒelətɪn] *n.* 感光底片胶,照相明胶

photogen(e) ['fəʊtədʒen] *n.*【矿】页岩煤油,发光体

photogene ['fəʊtəʊdʒiːn] *n.* 余像,闭眼留像

photogenerator [fəʊtəʊ'dʒenəreɪtə] *n.* 光电信号发生器

photogenic [,fəʊtəʊ'dʒenɪk] *a.*①【生】(磷)光的,发光的 ②由于光而产生的 ③适宜于摄影的

photogeology [,fəʊtəʊdʒɪ'ɒlədʒɪ] *n.* 摄影地质学

photoglow [fəʊtəʊ'gləʊ] **tube** 充气光电管

photoglyph ['fəʊtəglɪf] *n.*【印】照相雕刻版,光刻板

photoglyphy ['fəʊtəʊglɪfɪ] *n.* 照相雕刻术

photogoniometer [fəʊtəʊgɒnɪ'ɒmɪtə] *n.* 相片量角仪

photogram ['fəʊtəʊgræm] *n.*①黑影照片,测量照片,摄影测量图②传真电报

photogrammeter [,fəʊtəʊ'græmɪtə] *n.* 摄影经纬仪

photogrammetric [,fəʊtəʊgræ'metrɪk] *a.* 摄影测量(学)的

photogrammetrist [,fəʊtəʊgræ'metrɪst] *n.* 摄影测绘者

photogrammetry [,fəʊtəʊ'græmɪtrɪ] *n.* 摄影地形测量学,摄影测绘

photograph ['fəʊtəgrɑːf] ❶ *n.* 照片 ❷ *v.* 照相 ☆*have one's photograph taken* 或 *pose for one's photograph* 或 *have oneself photographed* 请人给自己照相; *take a photograph of* 拍一张···照片

photographable [fə'tɒgrəfəbl] *a.* 可拍摄的

photographer [fə'tɒgrəfə] *n.* 摄影者

photographic(al) [,fəʊtə'græfɪk(əl)] *a.*①摄影的②详细的,逼真的

photographically [,fəʊtə'græfɪkəlɪ] *ad.* 用照相的方法,用照片,照相似地

photographophone [fə'tɒgrəfəʊn] *n.* 光电话

photography [fə'tɒgrəfɪ] *n.* 摄影术,摄影学

photogravure [,fəʊtəgrə'vjʊə] *n.;vt.*【印】照相制(凹)版法,用照相凹版印刷

photogrid ['fəʊtəʊgrɪd] *n.*(金属冷加工过程的)坐标变形试验法

photogun ['fəʊtəgʌn] *n.* 光电子枪

photogyration [fəʊtəʊdʒaɪə'reɪʃən] *n.* 光回转效应

photohalide [fəʊtəʊ'hælaɪd] *n.*【化】感光性卤化物

photohalogenation [fəʊtəʊhelədʒə'neɪʃən] *n.*【化】光卤化作用

photo-hardening [fəʊtəʊ'hɑːdənɪŋ] *n.*光硬化作用

photohead ['fəʊtəʊhed] *n.* 光电传感头

photoheliograph [fəʊtəʊ'hiːlɪəʊgrɑːf] *n.* 太阳照相仪

photohmic [fəʊ'təʊmɪk] *a.* 光欧姆的

photohole ['fəʊtəhəʊl] *n.* 光穴

photohyalography [fəʊtəʊ'hiːlɪəʊgrɑːfɪ] *n.* 照光蚀刻术

photoimpact [fəʊtəʊ'ɪmpækt] *n.* 光冲量,光电脉冲

photo-inactivation [fəʊtəʊɪnæktɪ'veɪʃən] *n.* 光钝化作用,光不激活

photo-induced [fəʊtəʊɪn'djuːst] *a.* 光诱导的,光致的

photoinduction [fəʊtəʊɪn'dʌkʃən] *n.* 光诱导,光感应

photoinjection [fəʊtəʊɪn'dʒekʃən] *n.* 光注入

photo-intelligence [fəʊtəʊɪn'telɪdʒəns] *n.* 摄影侦察

photo-interconversion [fəʊtəʊɪntəkən'vɜːʃən] *n.* 光致互转换

photo-interpretation [fəʊtəʊɪntəprɪ'teɪʃən] *n.* 相片判读,相片辨认

photointerpreter [fəʊtəʊɪn'tɜːprɪtə] *n.* 相片识别器,照片判读员

photoion [fəʊtəʊ'aɪən] *n.* 光离子

photoionization [fəʊtəʊaɪənɪ'zeɪʃən] *n.* 光致电离

photoisolator [fəʊtəʊ'aɪsəleɪtə] *n.* 光隔离器

photoisomer [fəʊtəʊ'aɪsəʊmə] *n.* 光致同分异构体

photoisomerism [fəʊtəʊaɪ'sɒmərɪzm] *n.* 感光异构现象

photojournalism [fəʊtəʊ'dʒɜːnəlɪzəm] *n.* 新闻摄影工作,摄影报道

photokinesis [fəʊtəkɪ'niːsɪs] *n.* 光动性,趋光性

photokinetic [fəʊtəkɪ'netɪk] *a.* 趋光的

photoklystron [fəʊtəʊ'krɪstrɒn] *n.* 光电速调管

photolabile [fəʊtəʊ'leɪbaɪl] *a.* 对光不稳的,不耐光的

photolayer [fəʊtəʊ'leɪə] *n.* 光敏层,摄影敏感层

photolithoautotrophy [fəʊtəʊlɪθəˈɔːtətrɒfɪ] *n.* 无机光能自养

photolithograph [fəʊtə'lɪθəgrɑːf] ❶ *n.* 影印石版,照相平版印刷品 ❷ *vt.* 影印,光刻‖ **photolithographic** *a.*

photolithography [fəʊtəlɪ'θɒgrəfɪ] *n.* 照相平版印刷术,影印法,光刻法,光蚀法,照相影印石版术

photolocking ['fəʊtəʊlɒkɪŋ] *n.* 光锁定

photolog ['fəʊtəʊlɒg] *n.* 摄影记录

photology [fə'tɒlədʒɪ] *n.* 光学,物理光学

photolometer [fəʊtə'lɒmɪtə] *n.* 光电比色计

photoluminescence ['fəʊtəʊluːmɪ'nesns] *n.* 光致发光,荧光 ‖ **photoluminescent** *a.*

photolyase [fəʊtəʊlɪ'eɪs] *n.* 光裂合酶

photolysis [fəʊ'tɒlɪsɪs] *n.* 光分解作用

photolyte ['fəʊtəʊlaɪt] *n.* 光解质

photolytic [fəʊtə'lɪtɪk] *a.* 光分解的

photoma [fə'təʊmə] *n.* 闪光

photomacrograph [fəʊtə'mækrəɡrɑːf] *n.* 宏观照片,宏观照相

photomacrography [fəʊtə'mækrɒɡrəfɪ] *n.* 宏观照相术,粗型照相术

photomagnetic [fəʊtəʊmæɡ'netɪk] *a.* 光磁的

photomagnetism [fəʊtəʊ'mæɡnətɪzəm] *n.* 光磁性

photomagnetoelectric [fəʊtəʊmæɡ'niːtəʊ-'lektrɪk] *a.* 光磁电的

photomap ['fəʊtəʊmæp] ❶ *n.* 空中摄影地图 ❷ *v.* 摄制空中地图

photomask ['fəʊtəʊmɑːsk] *n.* 光掩模,遮光模

photomasking ['fəʊtəʊmɑːskɪŋ] *n.* 光学掩蔽,感光掩蔽

photomaton [fəʊtəʊ'meɪtɒn] *n.* (几分钟内可印出照片的) 自动摄印相机

photomechanical [fəʊtəʊmɪ'kænɪkəl] *a.* ①光(学)机械的 ②照相工艺(制版)的

photomeson [fəʊtəʊ'miːsən] *n.* 光介子

photometer [fə'tɒmɪtə] *n.* 【物】光度计,曝光表,测光仪

photometering [fəʊtəʊ'miːtərɪŋ] *n.* 光度测量

photometric [fəʊtə'metrɪk] *a.* 光度计的,光测的

photometry [fəʊ'tɒmɪtrɪ] *n.* 光度学,测光学

photomicrograph [fəʊtə'maɪkrəɡrɑːf] ❶ *n.* ①显微照相 ②显微照片 ❷ *vt.* 给…拍摄显微照片

photomicrography [fəʊtəmaɪ'krɒɡrəfɪ] *n.* 用显微镜照相术

photomicrometer [fəʊtəʊ'maɪkrɒmɪtə] *n.* 显微光度计

photomicroscope [fəʊtə'maɪkrəskəʊp] *n.* 照相显微镜,显微照相机

photomicroscopy [fəʊtə'maɪkrəskɒpɪ] *n.* 显微照相术

photomixer [fəʊtəʊ'mɪksə] *n.* 光电混频器,光混合器

photomixing ['fəʊtə'mɪksɪŋ] *n.* 光混频

photomodulator [fəʊtəʊ'mɒdjʊleɪtə] *n.* 光调制器

photomontage [fəʊtəmɒn'tɑːʒ] *n.* 集成照片制作法,照片剪辑

photomosaic [fəʊtəʊməʊ'zeɪɪk] *n.* 感光镶嵌幕,镶嵌光电阳极

photomotion [fəʊtəʊ'məʊʃən] *n.* 光激活动

photomotograph [fəʊtə'məʊtəɡrɑːf] *n.* 肌动光电描记仪

photomultiplier [fəʊtə'mʌltɪplaɪə] *n.* 电子倍增管,光电倍增器

photomuon [fəʊtəʊ'mjuːən] *n.* 光 μ 子,μ 光介子

photomural [fəʊtəʊ'mjʊərəl] *a.* 大幅照片

photomutant [fəʊtəʊ'mjuːtənt] *n.* 光突变体

photon ['fəʊtɒn] *n.* ①光子,量子 ②特罗兰(眼网膜感度单位)

photonastic [fəʊtəʊ'næstɪk] *a.* 倾光性的

photonasty [fəʊtəʊ'nɑːstɪ] *n.* 倾光性,感光性

photonegative [fəʊtəʊ'neɡətɪv] ❶ *a.* 负趋光性的,负光电的 ❷ *n.* 负光电材料

photonephelometer [fəʊtənefəl'ɒmɪtə] *n.* 光电浊度计

photoneutron [fəʊtə'njuːtrɒn] *n.* 光激中子

photonics [fəʊ'tɒnɪks] *n.* 光子学

photonitrosation [fəʊtɒnɪtrə'zeɪʃən] *n.* 光亚硝化作用

photonon ['fəʊtənɒn] *n.* 光钟

photonuclear [fəʊtə'njuːklɪə] *n.* 光核的

photonucleation [fəʊtənjuː klɪ'eɪʃən] *n.* 光致晶核形成(见光度)

photo-offset [fəʊtəʊ'ɒfset] *n.* 照相胶印法

photo-optical [fəʊtəʊ'ɒptɪkəl] *a.* 光学照相的

photo-optics [fəʊtəʊ'ɒptɪks] *n.* 光学照相

photoorganotrophy [fəʊtəʊɔːɡə'nɒtrəfɪ] *n.*【生】有机光能营养

photooscillogram [fəʊtəʊ'ɒsɪləɡræm] *n.* 光波形

photooxidant [fəʊtəʊ'ɒksɪdənt] *n.* 光氧化剂

photooxidation [fəʊtəʊɒksɪ'deɪʃən] *n.* 感光氧化作用,光致氧化作用

photopair ['fəʊtəʊpeə] *n.* 照片对

photoparametric [fəʊtəʊpærə'metrɪk] *a.* 光参数的

photopeak ['fəʊtəʊpiːk] *n.* 光电峰

photoperiod ['fəʊtə'pɪərɪəd] *n.* 光照周期 ‖ ~ic(al) *a.*

photoperiodicity [fəʊtəʊpɪərɪə'dɪsɪtɪ] *n.*【生】光照周期性

photoperiodism [fəʊtəʊ'pɪərɪədɪzm] *n.* 光周期现象

photoperspectograph [fəʊtəʊpɜːs'pektəɡrɑːf] *n.* 摄影透视仪

photophase ['fəʊtəʊfeɪz] *n.* 光照阶段

photophile ['fəʊtəʊfaɪl] *a.*【生】喜光的

photophilous [fəʊ'tɒfɪləs] *a.* 嗜光的,喜光的

photophobic [fəʊtəʊ'fɒbɪk] *a.* 憎光的

photophoby [fəʊtəʊ'fəʊbɪ] *n.* 畏光,羞光

photophone ['fəʊtəfəʊn] *n.* 光线电话机,光通话,光声变换器

photophor ['fəʊtəfɔː] *n.* 磷光核

photophore ['fəʊtəfɔː] *n.* (医用)内腔照明器,发光器官

photophoresis ['fəʊtəfə'riːsɪs] *n.* 光泳现象,光致迁动

photophosphorylation [fəʊtəʊfɒsfərɪ'leɪʃən]

n.【生】光合磷酸化作用

photophygous [fəutəu'fɪgəs] *n.* 避强光的

photopia [fəu'təupɪə] *n.* 光适应,眼对光调节

photopic [fəu'tɒpɪk] *a.* 适光的,明视的

photopigment [fəutəu'pɪgmənt] *n.*【生化】感光色素

photopion [fəutəu'paɪɒn] *n.* 派光介子

photoplane ['fəutəupleɪn] *n.* 摄影飞机

photoplastic [fəutə'plæstɪk] *a.* 光范性的

photoplasticity [fəutəplæs'tɪsɪtɪ] *n.* 光塑性

photoplate ['fəutəupleɪt] *n.* 照相底片,乳胶片

photoplay ['fəutəpleɪ] *n.* 故事影片,戏剧片

photoplaywright [fəutəu'pleɪraɪt] *n.* 电影编剧者

photopography [fəutə'pɒgrəfɪ] *n.* 照相地形图

photopolarimeter [fəutəupəulə'rɪmɪtə] *n.* 光偏振表

photopolymer [fəutəu'pɒlɪmə] *n.* 干膜,光聚合物

photopolymerisable [fəutəupɒlɪmə'raɪzəbl] *a.* 光聚合的

photopolymerization ['fəutəupɒlɪməraɪ'zeɪʃ ən] *n.* 光致聚合作用

photopolymerizer [fəutəu'pɒlɪməraɪzə] *n.* 光聚合剂

photopositive [fəutəu'pɒzətɪv] ❶ *a.* 正趋光性的,正光性的,光导的 ❷ *n.* 正光电材料

photopotential [fəutəupə'tenʃ əl] *n.* 光生电位

photopredissociation [fəutəuprɪdɪsəuʃ ə'eɪʃ ən] *n.* 光致预离解

photoprint ['fəutəprɪnt] ❶ *n.* 影印画,照相复制品 ❷ *v.* 影印,照相复制

photoprocess [fəutəu'prəuses] *n.;v.* 光学处理

photoproduced [fəutəprə'dju:st] *a.* 光形成的,光致的

photoproduct ['fəutəprɒdʌkt] *n.* 光化产品,光合产物

photoproduction [fəutəuprə'dʌkʃ ən] *n.* 光致产生,光致作用

photoproton [fəutə'prəutɒn] *n.* 光激质子,光致质子

photopsia [fəu'tɒpsɪə] *n.* 火花幻视,闪光幻视

photopsin ['fəutɒpsɪn] *n.*【医】光视蛋白

photopsy [fəu'tɒpsɪ] *n.*【医】光幻觉

photoptometer [fəutɒp'tɒmɪtə] *n.*【医】光觉计

photoptometry [fəutɒp'tɒmɪtrɪ] *n.*【医】辨光测验法,光觉测验法

photoradar ['fəutəureɪdə] *n.* 光雷达

photoradiogram [fəutə'reɪdɪəugræm] *n.* 无线电传真照相(电报,图片)

photoreaction [fəutəurɪ'ækʃ ən] *n.* 光致反应,光化反应

photoreactivation [fəutərɪæktɪ'veɪʃ ən] *n.* 光照活化作用,光复合作用,光再生

photoreader ['fəutəuri:də] *n.* 光电读出器,光电输入机

photoreading ['fəutəuri:dɪŋ] *n.* 光电读数,光电读出

photoreception [fəutəurɪ'sepʃ ən] *n.* 光感受

photoreceptor [fəutəurɪ'septə] *n.* 光感受器,光感器

photorecon [fəutəu'rekɒn], **photoreconnaissance** [fəutəurɪ'kɒnɪsəns] *n.* 空中摄影侦察

photoreconversion [fəutəurɪkən'vɜ:ʃ ən] *n.* 光致再转换

photorecorder [fəutəurɪ'kɔ:də] *n.* 摄影记录器,自动记录照相机

photorectifier [fəutə'rektɪfaɪə] *n.* 光电二极管,光电检波器

photoreduce [fəutəurɪ'dju:s] *v.* 光相缩小

photoreductant [fəutəurɪ'dʌktənt] *n.* 光化还原剂

photoreduction [fəutəurɪ'dʌkʃ ən] *n.* ①光致还原作用 ②照相缩版

photorefraction [fəutəurɪ'frækʃ ən] *n.* 光反射照相

photorelay [fəutəu'ri:leɪ] *n.* 光控继电器,光开关

photorelease [fəutəurɪ'li:s] *v.;n.* 光致

photorepeater [fəutəuri'pi:tə] *n.* 照相复印机,光重复机

photoresist [fəutəurɪ'zɪst] *n.* 光致抗蚀剂,光阻材料

photoresistance [fəutəurɪ'zɪstəns] *n.*【物】光敏电阻

photoresistor [fəutəurɪ'zɪstə] *n.*【物】光敏电阻器

photoresonance [fəutəu'rezənəns] *n.* 光共振

photorespiration ['fəutəurespə'reɪʃ ən] *n.* 光呼吸作用

photoresponse [fəutəurɪs'pɒns] *n.* 感光反应,光电活度

photoscanner [fəutəu'skænə] *n.* 光扫描器

photoscanning ['fəutəuskænɪŋ] *n.* 光扫描

photoscope [fəutəskəup] *n.* 透视镜荧光屏

photosensibilization [fəutəusensɪbɪlɪ'zeɪʃ ən] *n.* 光敏作用

photosensitive ['fəutə'sensɪtɪv] *a.* 光敏的

photosensitiveness [fəutəu'sensɪtɪvnɪs] *n.* 光敏性,感光性

photosensitivity [fəutəsensɪ'tɪvɪtɪ] *n.* 感光性,光敏性,感光灵敏度

photosensitization [fəutəusensɪtaɪ'zeɪʃ ən] *n.* 光敏作用,光敏增感作用

photosensitize [fəutə'sensɪtaɪz] *vt.* 使具有感光性,使光敏

photosensitizer [fəutəu'sensɪtaɪzə] *n.* 光敏剂,感光剂,光敏材料

photosensor ['fəutəusensə] *n.*【物】光敏器件,光电传感器

photoset ['fəutəuset] *vt.* 照相排版

photo-signals ['fəutəu'sɪgnəlz] *n.* 光电流信号

photosource ['fəʊtəʊsɔːs] n. 光源

photospallation [fəʊtəʊspɔːˈleɪʃ ən] n. 散裂光核反应,光致散裂反应

photosphere ['fəʊtəsfɪə] n. 【天】光球

photospot ['fəʊtəʊspɒt] n. 摄影聚光灯

photostability [fəʊtəʊstəˈbɪlɪtɪ] n. 耐光性,不感光性

photostable [fəʊtəʊˈsteɪbl] a. 不感光的,耐光的

photostage ['fəʊtəʊsteɪdʒ] n. 光照阶段

photostar ['fəʊtəʊstɑː] ❶ n. 【天】发光星体,光星 ❷ a. 发出光的

photostat ['fəʊtəstæt] ❶ n. 直接影印机,直接影印制品 ❷ vt. 用直接影印机复制

photostereograph [fəʊtəʊˈstɪərɪəgrɑːf] n. 立体测图仪

photostimulation [fəʊtəʊstɪmjuˈleɪʃ ən] n. 光刺激作用

photostrophism [fəʊtəʊˈstrɒfɪzm] n. 【植】植物茎叶扭转向光性

photostudio [fəʊtəʊˈstjuːdɪəʊ] n. 照相馆,摄影棚

photosummator [fəʊtəʊˈsʌmeɪtə] n. 光电累进器

photosurface [fəʊtəʊˈsɜːfɪs] n. 光敏表面,感光面

photoswitch ['fəʊtəˈswɪtʃ] n. 光控继电器,光控开关

photosynthesis [fəʊtəʊˈsɪnθəsɪs] n. 【生】光化合成作用

photosynthesizer [fəʊtəʊˈsɪnθəsaɪzə] n. 光合作用系统

photosynthetic [fəʊtəʊsɪnˈθetɪk] a. 光合作用的 ‖ ~ally ad.

photosyntometer [fəʊtəʊsɪnˈtɒmɪtə] n. 光合计

phototactic [fəʊtəʊˈtæktɪk] a. 趋光性的

photo-tape ['fəʊtəʊteɪp] n. 光电穿孔带

phototaxis [fəʊtəˈtæksɪs] n. 趋光性 ‖ phototactic

phototelegram [fəʊtəʊˈtelɪgræm] n. 传真电报

phototelegraph [fəʊtəʊˈtelɪgrɑːf] ❶ n. 传真电报机 ❷ v. 传真发送

phototelegraphy [fəʊtəʊtɪˈlegrəfɪ] n. ①传真电报术,电传真 ②光通信

phototelephone [fəʊtəʊˈtelɪfəʊn] n. 光线电话,传像电话

phototelephony [fəʊtəʊˈtelɪfənɪ] n. 光传电话,传真电话

phototelescope [fəʊtəʊˈtelɪskəʊp] n. 照相望远镜

phototheodolite [fəʊtəʊθɪˈɒdəlaɪt] n. 照相〔摄影〕经纬仪,测照仪

phototherapy [fəʊtəˈθerəpɪ] n. 【医】光线疗法

photothermal [fəʊtəʊˈθɜːməl] a. 光热的,辐射热的

photothermionic [fəʊtəʊθɜːmɪˈɒnɪk] a. 光热离子的

photothermoelasticity [fəʊtəʊθɜːməɪlæsˈtɪsɪtɪ] n. 光热弹性

photothermomagnetic [fəʊtəʊθɜːməmægˈnetɪk] a. 光热磁性的

photothermometry [fəʊtəʊθɜːˈmɒmɪtrɪ] n. 光测温学

photothermy [fəʊtəʊˈθɜːmɪ] n. 光热作用,辐射热作用

phototimer [fəʊtəʊtaɪmə] n. ①曝光计 ②摄影计时器

phototiming [fəʊtəʊtaɪmɪŋ] n. 光同步,光计时,曝光定时

phototonus [fəʊˈtɒtənəs] n. 光敏性

phototopography [fəʊtəʊtəˈpɒgrəfɪ] n. 摄影地形测量学

phototoxic [fəʊtəʊˈtɒksɪk] a. 光毒性的,光线损害的

phototoxis [fəʊtəʊˈtɒksɪs] n. 光线损害,放射线损害

phototransformation [fəʊtəʊtrænsfəˈmeɪʃ ən] n. 光致转换,光转化作用

phototransistor [fəʊtəʊtrænˈsɪstə] n. 【物】光电晶体三极管

phototriangulation [fəʊtəʊtraɪæŋgjuˈleɪʃ ən] n. 摄影〔相片〕三角测量

phototriode [fəʊtəʊˈtraɪəʊd] n. 【计】光电三极管

phototron ['fəʊtəʊtrɒn] n. 矩阵光电管

phototronics [fəʊtəʊˈtrɒnɪks] n. 【电子】矩阵光电电子学

phototroph ['fəʊtəʊtrɒf] n. 光能利用菌

phototrophic [fəʊtəʊˈtrɒfɪk] a. 【植】向光的,光营养的

phototrophy [fəʊˈtɒtrəfɪ] n. 【植】光养,光合营养,光色互变现象

phototropic [fəʊtəʊˈtrɒpɪk] a. 向光的

phototropism [fəʊˈtɒtrəpɪzəm] n. ①【植】向光性,趋光性 ②光色互变现象

phototropy [fəʊˈtɒtrəpɪ] n. 光致色互变现象,光电互变现象

phototube ['fəʊtəʊtjuːb] n. 光电管

phototype ['fəʊtətaɪp] n. 珂罗版制版术,珂罗版印刷品

phototypesetting [fəʊtəˈtaɪpsetɪŋ] n. 照相排版

phototypy ['fəʊtəʊtaɪpɪ] n. 珂罗版制版术

photounit ['fəʊtəʊjuːnɪt] n. 【物】光电元件

photovalve ['fəʊtəʊvælv] n. 【物】光电管

photovaristor [fəʊtəˈveərɪstə] n. 【物】光敏电阻

photovision [fəʊtəʊˈvɪʒən] n. 电视

photovisual [fəʊtəʊˈvɪzjʊəl] a. (用于消色差透镜)对光化射线和最强可见光线有同样焦距的

photovoltage [fəʊtəʊˈvəʊltɪdʒ] n. 光电压

photovoltaic [fəʊtəʊvɒlˈteɪɪk] n. 光电池的,光致电压的

photovulcanization [fəʊtəʊvʌlkənaɪˈzeɪʃ ən] n. 光硫化作用

Photox ['fəʊtɒks] n. 一种光电池(商品名)

P

photoxide [fəʊ'tɒksaɪd] n. 光氧化物

photozincograph [fəʊtəʊ'zɪŋkəgrɑːf] ❶ n. 照相锌版印刷品 ❷ vt. 用照相锌版印刷

photozincography [fəʊtəʊzɪŋ'kɒgrəfɪ] n. 照相锌版制造术

photronic [fəʊ'trɒnɪk] a. 用光电池的

phot-second ['fɒtsekənd] n. 辐透秒(曝光单位)

phoxim ['fɒksɪm] n.【化】腈肟磷,倍腈松

phragmoplast ['fræɡməplɑːst] n.【生】成膜体

phrasal ['freɪzl] a. 短语的

phrase [freɪz] ❶ n. ①短语,词组 ②成语,惯用语 ③措词 ❷ vt. 用短语表示,措辞

phraseogram ['freɪzɪəɡræm],**phraseograph** ['freɪzɪəɡrɑːf] n. 表示短语的速记符号

phraseological [freɪzɪə'lɒdʒɪkəl] a. 措辞的,习语的

phraseology [freɪzɪ'ɒlədʒɪ] n. 措辞,成语

phrasing ['freɪzɪŋ] n. 措辞,表达法

phreatic [frɪ'ætɪk] a. 井的,凿井取得的,地下的

phreatophyte [frɪ'ætəfaɪt] n.【植】潜水湿生植物

phren [fren] n. 膈;精神,意志

phrenitis [frɪ'naɪtɪs] n.【医】膈炎,脑炎,发狂

phrenosin ['frenəsɪn] n.【生化】羟脑苷脂

phthalazone ['θæləzəʊn] n.【化】酞嗪酮

phthalein ['θæliːn] n.【化】酞

phthalic ['θælɪk] **acid**【化】酞酸,苯二酸

phthalimide ['θælɪmaɪd] n.【化】酞酰(邻苯二甲酰)亚胺

phthalocyanin(e) [θæləʊ'saɪənin] n.【化】酞化青染料,酞菁

phthalodinitrile [θælədɪ'naɪtraɪl] n. 【化】酞腈,(邻)苯二甲腈

phthiocol ['θaɪəkɒl] n.【生化】结核杆菌醇素,结核萘醌

phthisic ['θaɪsɪk] n.;a.【医】肺结核(病人),有肺结核的 ‖ **-al** a.

phthisis ['θaɪsɪs] n.【医】肺结核

phugoid ['fʌɡɔɪd] n.;a. 长周期振动,低频自振动,长周期的

phut(t) [fʌt] n.;ad. 砰的一声,啪的一声 ☆**go phut** (车胎)爆掉,出毛病,失败

phychroenergetics [faɪkrəʊenə'dʒetɪks] n. 环境热能学

phycobilin [faɪkəʊ'baɪlɪn] n. 藻胆素

phycobiont [faɪkəʊ'baɪɒnt] n.【植】藻类共生体,藻类成分

phycochrome ['faɪkəʊkrəʊm] n. 藻色素

phycocyanin [faɪkəʊ'saɪənɪn] n.【生化】藻青蛋白,藻蓝素

phycocyanobilin [faɪkəʊ'saɪənɒbɪlɪn] n.【生化】藻胆青素

phycoerythrin [faɪkəʊ'erɪθrɪn] n.【生】藻红素,藻红蛋白

phycoerythrobilin [faɪkəerɪθrəʊ'baɪlɪn] n.【生】藻红素

phycology [faɪ'kɒlədʒɪ] n.【生】藻类学

phycomycetes [faɪkəʊ'maɪsiːts] n. 丝状菌属,藻菌纲

phycophaein [faɪkəʊ'fiːɪn] n.【化】藻褐素

phycophyta [faɪkəʊ'faɪtə] n.【植】藻类植物

phycoxanthin [faɪkə'zænθɪn] n.【生化】藻黄素

phylacobiosis [faɪəkəbaɪ'əʊsɪs] n. 守护共栖

phylactic [fɪ'læktɪk] a. 防御作用的,防护的

phylaxin [fɪ'læksɪn] n. 抵抗素

phyllite ['fɪlaɪt] n. 千枚岩,硬绿泥石

phyllocaline [fɪlə'keɪlɪn] n.【生化】成叶素

phylloclade ['fɪləʊkleɪd] n.【植】叶状枝

phyllocladene [fɪlə'klædiːn] n. 扁枝烯

phyllode ['fɪləʊd] n.【植】叶状柄,假叶

phyllodulcin [fɪlə'dʌlsɪn] n.【生化】叶甜素

phylloerythrin [fɪləʊ'erɪθrɪn] n.【生化】叶赤素

phylloid ['fɪlɔɪd] a.;n. 叶状的,叶状枝

phyllonite ['fɪlənaɪt] n. 千枚糜棱岩

phylloporphine [fɪlə'pɔːfiːn] n.【药】叶卟吩

phylloporphrin [fɪlə'pɔːfrɪn] n.【生化】叶卟啉

phyllopyrrole [fɪləpɪ'rəʊl] n.【药】叶吡咯

phylloquinone [fɪləʊkwɪ'nəʊn] n.【药】叶绿醌

phyllosilicate [fɪlə'sɪlɪkeɪt] n.【化】页硅酸盐

phyllosinol [fɪlə'saɪnɒl] n. 叶点霉素

phylogenesis [faɪlə'dʒenəsɪs] n. 种系(种族)发生,系统发育

phylogeny [faɪ'lɒdʒənɪ] n. 事物的发展史,系统发育,亲缘关系

phylum ['faɪləm] n. ①(生物)门,类 ②语系

phymatiasis [faɪmə'taɪəsɪs] n.【医】结核病

phyon(e) ['faɪɒn] n.【医】(垂体前叶)促成长素

physalia [faɪ'sælɪə] n. 僧帽水母

physalite ['faɪsəlaɪt] n.【矿】(浊)黄玉

physiatrics [fɪzɪ'ætrɪks] n.【医】物理疗法

physic ['fɪzɪk] ❶ n. 医药,药剂 ❷ vt. 治疗,给…服药

physical ['fɪzɪkəl] ❶ a. ①物质的,有形的,实际的 ②物理的,自然的 ③身体的,体格的 ❷ n. 体格检查

physically ['fɪzɪkəlɪ] a. ①实际上,物理上,就物理意义讲,按照自然规律 ②身体上,体格上 〖用法〗注意下面例句中该词的含义：Physically, the transistor consists of three parts, emitter, base, and collector. 从物理结构上看,晶体管由三部分构成:发射极、基极和集电极。

physician [fɪ'zɪʃən] n. (内科)医生 〖用法〗在美国,往往用它来表示泛指的"医生(= doctor)"。

physicist ['fɪzɪsɪst] n. 物理学家

physicochemical [fɪzɪkəʊ'kemɪkəl] a. 物理化学的

physicochemistry [fɪzɪkəʊ'kemɪstrɪ] n. 物理化学

physico-metallurgy [fɪzɪkəʊme'tælɜːdʒɪ] n. 物理冶金

physics ['fɪzɪks] n. ①物理学 ②物理性质,物理意义(过程,现象)

P

〖用法〗注意下面例句中该词的含义:There is considerable <u>physics</u> buried in such a simple equation. 这个简单方程所涉及的物理概念相当多

physiochemical [ˌfɪziə'kemɪkəl] *a.* 生理化学的,生物化学的

physiochemistry [ˌfɪziə'kemɪstrɪ] *n.* 生理化学,生物化学

physiognomy [ˌfɪzi'ɒnəmɪ] *n.* ①外貌 ②地势,地貌

physiograph ['fɪziəgrɑːf] *n.* 生理仪

physiographer [ˌfɪzi'ɒgrəfə] *n.* 地文学家,自然地理学家

physiographic(al) [ˌfɪziə'græfɪk(əl)] *a.* 地文学的,自然地理学的

physiography [ˌfɪzi'ɒgrəfɪ] *n.* 地文学,自然地理学,地球形态学,区域地貌学

physiol = physiology

physiologic(al) [ˌfɪziə'lɒdʒɪk(əl)] *a.* 生理(学)的 ‖ ~ally *ad.*

physiology [ˌfɪzi'ɒlədʒɪ] *n.* 生理学

physiotherapeutic [ˌfɪziəuθerə'pjuːtɪk] ❶ *a.* 物理疗法的 ❷ *n.*(pl.)物理疗法

physiotherapy [ˌfɪziəu'θerəpɪ] *n.*【医】物理疗法

physique [fɪ'ziːk] *n.* 体格,体质

physisorption [ˌfɪzɪ'sɔːpʃən] *n.* 物理吸附

physostigmine [ˌfaɪsəu'stɪgmiːn] *n.*【药】毒扁豆碱

phytagglutinin [faɪ'tægljutɪnɪn] *n.* 植物凝集素

phytase ['faɪteɪz] *n.* 肌醇六磷酸酶

phytate ['faɪteɪt] *n.* 肌醇六磷酸盐〔酯,根〕

phytin ['faɪtɪn] *n.*【化】肌醇六磷酸钙镁,非丁,白木耳

phytoaeron [ˌfaɪtəu'eərɒn] *n.* 空中微生物群落

phytoalexin [ˌfaɪtəu'æleksɪn] *n.* 植物抗毒素

phytobenthon [ˌfaɪtəu'benθɒn] *n.*【植】水底植物

phytobiocenose [ˌfaɪtəubaɪəu'siːnəus] *n.* 植物群落

phytochemical [ˌfaɪtəu'kemɪkəl] *a.* 植物化学的

phytochemistry [ˌfaɪtəu'kemɪstrɪ] *n.* 植物化学

phytochrom(e) ['faɪtəukrəum] *n.* 植物(光敏)色素

phytocide ['faɪtəsaɪd] *n.* 除莠剂

phytoclimate [ˌfaɪtəu'klaɪmɪt] *n.* 植物气候

phytoclimatology ['faɪtəuklaɪmə'tɒlədʒɪ] *n.* 植物小气候学

phytocoenology [ˌfaɪtəusiː'nɒlədʒɪ] *n.* 植物群落学

phytocoenosis [ˌfaɪtəusɪ'nəusɪs](pl. phytocoenoses) *n.* 植物群落

phytocoenosium [ˌfaɪtəusɪ'nəuzɪəm] *n.*【植】植物群落

phytocommunity [ˌfaɪtəukə'mjuːnɪtɪ] *n.*【植】植物群落

phytocytomine [ˌfaɪtəu'saɪtəumiːn] *n.* 植物细胞分裂素

phytoecdysone [ˌfaɪtəu'ekdɪsəun] *n.* 植物蜕皮激素

phytoecology [ˌfaɪtəuɪ'kɒlədʒɪ] *n.* 植物生态学

phytoedaphon [ˌfaɪtəu'edæfɒn] *n.* 土壤微生物群

phytoene ['faɪtəuiːn] *n.* 八氢番茄红素

phytoflavin [ˌfaɪtəu'flævɪn] *n.*【化】藻黄素

phytofluene [ˌfaɪtəu'fluːɪn] *n.*【药】六氢番茄红素

phytogenic [ˌfaɪtəu'dʒenɪk] **rock** 植物岩

phytogeography [ˌfaɪtəudʒɪ'ɒgrəfɪ] *n.* 植物地理学

phytoh(a)emagglutinin ['faɪtəuhiːmə'gluːtɪnɪn] *n.*【医】植物血细胞凝集素

phytohormone [ˌfaɪtə'hɔːməun] *n.* 植物激素

phyto-indicator [ˌfaɪtəu'ɪndɪkeɪtə] *n.* 指示植物

phytokinase [ˌfaɪtəu'kɪneɪs] *n.* 植物激酶

phytokinin [ˌfaɪtəu'kɪnɪn] *n.* 细胞分裂素,植物激动素

phytol ['faɪtɒl] *n.*【化】植醇,叶绿醇

phytolaccatoxin [ˌfaɪtəulæk'tɒksɪn] *n.* 商陆毒素

phytolipopolysaccharid [ˌfaɪtəulɪpəupɒlɪ'sækraɪd] *n.* 植物脂多糖

phytoliths ['faɪtəulɪθs] *n.* 植物岩

phytology [faɪ'tɒlədʒɪ] *n.* 植物学

phytomelane [ˌfaɪtəu'meleɪn] *n.* 植物黑素

phytomelioration [ˌfaɪtəumiːliə'reɪʃən] *n.* 植物改良

phytometer [faɪ'tɒmɪtə] *n.* 植物计

phytometry [faɪ'tɒmɪtrɪ] *n.* 植物测法

phytomicroorganism [ˌfaɪtəumaɪkrə'ɔːgənɪzm] *n.* 植物微生物

phytoncide ['faɪtənsaɪd] *n.* 植物杀菌素

phytopathology [ˌfaɪtəupə'θɒlədʒɪ] *n.* 植物病理学

phytophage [faɪ'tɒfədʒ] *n.*【昆】食植性,食植动物

phytophagous [faɪ'tɒfəgəs] *a.*【昆】食植物的,植食性的

phytophysiology [ˌfaɪtəufɪzɪ'ɒlədʒɪ] *n.* 植物生理学

phytoplankter [ˌfaɪtəu'plæŋktə] *n.*【植】浮游植物,浮游个体

phytoplankton [ˌfaɪtəu'plæŋktən] *n.* 海洋浮游植物,可繁殖的海洋浮游生物

phytosis [faɪ'təusɪs] *n.* 植物性寄生病,植物病

phytosphingosine [ˌfaɪtəu'sfɪŋgəsiːn] *n.* 植物鞘氨醇

phytosterol [faɪ'tɒstərɒl] *n.*【生化】植物甾醇类,植物固醇

phytotoxic [ˌfaɪtəu'tɒksɪk] *a.* 植物性毒素的,阻止植物成长的

phytotoxicity [ˌfaɪtəutɒk'sɪsɪtɪ] *n.*【环】植物毒性(中毒),药害

phytotoxin [ˌfaɪtə'tɒksɪn] *n.*【植】植物性毒素

phytotron(e) ['faɪtəutrɒn] *n.* 育苗室,人工气候室

phytotrophy [faɪ'tɒtrəfɪ] *n.* 植物寄生(营养)

P

phytoxanthin [faɪtəʊˈzænθɪn] *n.* 叶黄素,胡萝卜醇

phytozoon [faɪtəʊˈzəʊɒn] *n.* 植虫类,食植动物

pi [paɪ] *n.* ①(希腊字母) π ②圆周率 π

pial [ˈpaɪəl] ❶ *a.* 软膜的 ❷ *n.* 小瓶

pianette [piːəˈnet], **pianino** [piːˈænɪnəʊ] *n.*【音】小型竖式钢琴

pianissimo [piːəˈnɪsɪməʊ](意大利语) *a;ad.* 很轻(的)

pianist [pɪˈænɪst] *n.* 钢琴家

piano [pɪˈænəʊ] *n.*【音】钢琴 ☆ *play (on) the piano* 弹钢琴

pianoforte [pjænəʊˈfɔːtɪ] *n.*【音】钢琴

pianola [pɪæˈnəʊlə] *n.*【音】自动钢琴

pianotron [pɪˈænəʊtrɒn] *n.*【音】电子钢琴

piauzite [ˈpaɪɔːzaɪt] *n.* 板沥青

piazza [pɪˈætsə] *n.* ①广场 ②游廊,有拱顶的长廊

picayune [pɪkəˈjuːn] ❶ *n.* 不值钱的东西 ❷ *a.* 微不足道的,不值钱的

picein [ˈpɪsɪən] *n.* 云杉素〔苷〕

pick [pɪk] ❶ *n.* ①选择(物,权),精华 ②(鹤嘴)锄,镐 ③传感器 ④【印】污点 ❷ *v.* ①挑选 ②采集,摘取,拾 ③挖,凿,戳 ☆*pick at* 挑剔,戳; *pick holes in* 对…吹毛求疵; *pick off* 摘去,拾取,狙击; *pick on* 挑选,挑剔; *pick out* 选拔,分辨出,分类,领会; *pick over* 拣选 捡起,整理,改良,振作,加速,学会,获得,(电极头)粘连,溶入,探测出,读出

pickaback [ˈpɪkəbæk] *a.;ad.* ①在肩(背)上的,背着(的) ②在铁道平车上(的)

pickax(e) [ˈpɪkæks] ❶ *n.* 鹤嘴锄,镐 ❷ *v.* 用鹤嘴锄掘

picked [pɪkt] *a.* ①精选的 ②用锄〔镐〕挖掘过的 ③尖的

pickel [ˈpɪkəl] *n.* 冰斧

picker [ˈpɪkə] *n.* ①鹤嘴锄,镐 ②拣选工,拣选机 ③取模针 ④清棉机,松棉机

picket [ˈpɪkɪt] ❶ *n.* ①尖木桩 ②前哨,哨兵,(罢工时的)纠察队 ❷ *vt.* ①用桩围住 ②设置警戒哨

picketboat [ˈpɪkɪtbəʊt] *n.* 雷达哨艇

picketline [ˈpɪkɪtlaɪn] *n.* 哨兵线,警戒线,(罢工时)的纠察线

picking [ˈpɪkɪŋ] *n.* ①掘 ②摘取,选择 ③采集物

pickle [ˈpɪkl] ❶ *n.* ①盐水,(清洗金属表面用)酸洗液 ②困境 ③空投鱼雷 ❷ *vt.* 酸洗,浸泡

pickler [ˈpɪklə] *n.* 酸洗装置,酸洗液

pickling [ˈpɪklɪŋ] *n.* ①酸洗,浸渍 ②封藏

picklock [ˈpɪklɒk] *n.* 撬锁工具

picknometer [pɪkˈnɒmɪtə] *n.* 比重瓶〔管〕

pick-off [ˈpɪkɔːf] *n.* ①摘去 ②传感器 ③拣拾器,自动脱膜装置

pickpocket [ˈpɪkpɒkɪt] *n.* 扒手 ☆*beware of pickpockets* 谨防扒手

picksome [ˈpɪksəm] *a.* 好挑剔的

pick-test [ˈpɪktest] *n.* 取样试验

pick-up [ˈpɪkʌp] ❶ *n.* ①拾起,挑选 ②拾音(器),(电)唱头 ③传感器,地震检波器,放声磁头 ④电视摄像管,电视发射管 ⑤实况转播地点,连接实况转播的电路系统 ⑥固定夹具 ⑦ 小吨位卡车,小型轻便货车,待取(信息的存储)单元 ⑧(商业等的)好转 ❷ *a.* ①挑选的 ②灵敏的 ③现成的,临时拼凑的

piclear [ˈpɪklɪə] **unit** 图像清除器

picnic [ˈpɪknɪk] *n.;v.* 野餐,郊游

picnometer = pycnometer

picoammeter [pɪkəˈæmɪtə] *n.* 皮安计

picoampere [ˈpɪkˈæmpeə] *n.* 皮安,10^{-12} 安培

picocurie [ˈpaɪkəʊkjʊəri] *n.* 皮居(里)

picofarad [pɪkəˈfærəd] *n.* 皮可法(拉)

picogram [ˈpɪkəgræm] *n.* 皮克

picohenry [ˈpɪkəhenrɪ] *n.* 皮亨

picojoule [ˈpɪkədʒuːl] *n.* 皮焦

picoline [ˈpɪkəliːn] *n.*【化】皮考啉,甲基吡啶

picologic [ˈpɪkˈlɒdʒɪk] *n.* 皮可逻辑电路

picometer [ˈpɪkəʊmiːtə] *n.* 皮米

picopicogram *n.* 皮皮克

picoprogram(ming) [pɪkəˈprəʊgræm(ɪŋ)] *n.* 皮可程序设计

picosecond [ˈpaɪkəʊsekənd] *n.* 皮秒

picotite [ˈpɪkətaɪt] *n.* 铬尖晶石

picornavirus [paɪkɔːnəˈvaɪərəs] *n.*【生】小病毒

picral [ˈpɪkræl] *n.* 苦味醇液

picrate [ˈpɪkreɪt] *n.* 苦味酸盐

picric [ˈpɪkrɪk] *a.* 苦味酸的

picrite [ˈpɪkraɪt] *n.* 苦橄石

picro-carmine [pɪkrəʊˈkɑːmaɪn] *n.* 苦味胭脂红

picromycin [pɪkrəˈmaɪsɪn] *n.* 苦霉素

picrotin [ˈpɪkrəʊtɪn] *n.* 苦亭

picrotoxin [pɪkrəʊˈtɒksɪn] *n.*【药】木防己苦毒素

pictest [ˈpɪktest] *n.* 杠杆式千分表,靠表,拔表

pictogram [ˈpɪktəgræm] *n.* 象形图,曲线图,图解

pictograph [ˈpɪktəgrɑːf] *n.* 象形文字,统计图表 ‖ **-ic** *a.*

pictorial [pɪkˈtɔːrɪəl] ❶ *a.* 绘画的,有插图的,图解的 ❷ *n.* 画报,画刊

pictorialize [pɪkˈtɔːrɪəlaɪz] *vt.* 用图表示 ‖ **pictorialization** *n.*

pictorially [pɪkˈtɔːrɪəlɪ] *ad.* 用插图,如绘成图画

picture [ˈpɪktʃə] ❶ *n.* ①画,图片 ②图像,景象 ③实况,概念,描述 ☆*come (enter, step) into the picture* 出现,起作用,牵连进去;*out of the picture* 不合适,在本题以外的 ❷ *vt.* ①画,描绘 ②用图表示 ③设想

〖用法〗❶ 在科技文中,该词常常意为"情况,描述,概念"。如: This chapter gives a mathematical picture of the basic sine-wave measurement methods. 这一章用数学描述了基本的正弦波测量方法。/Basically, the signal-flow diagram represents a detailed picture of a system's topological structure. 基本上,信号流图能够表示一个系统的拓扑结构

的详细情况。/The picture of conduction processes we have developed so far is oversimplified. 到目前为止我们讲解的传导过程的情况是过于简单化了。/In this way, we can develop a clearer picture of an intranet's value. 这样，我们就能够获得内联网价值的比较清晰的概念。/The picture most of us have of a light ray is a narrow pencil of light. 我们大多数人对光线的概念，是一条光锥。("of a light ray" 是修饰 "picture" 的。)/After the advent of television and radar, the picture quickly changed. 在出现了电视和雷达后，情况迅速改变了。❷ 注意下面例句中该词的含义:Graphical techniques provide a visual picture of circuit operation. 图解法能够提供电路工作的可见形象。/The electrons are pictured as whirling about the nucleus in circular orbits. 电子被描绘成在圆形轨道上绕原子核飞快地旋转。

picturephone ['pɪktʃ əfəʊn] n. 电视电话

picturesque [pɪktʃ ə'resk] a. 如画的,逼真的,生动的 ‖ **~ly** ad. **~ness** n.

picturize ['pɪktʃ əraɪz] vt. 用图画表现,把…拍成电影

picul ['pɪkʌl] n. 担(中国重量单位)

piddling ['pɪdlɪŋ] a. 微小的,不重要的

pidgin ['pɪdʒɪn] n. 混杂语言,洋泾浜语;事务

pie [paɪ] ❶ n. ①馅饼 ②饼式线圈 ❷ vt. 弄乱铅字或排版 ☆**as easy as pie** 非常容易; **cut a pie** 多管闲事; **have a finger in the pie** 干预

piebald ['paɪbɔːld] a. 花斑的

piece [piːs] ❶ n. ①块(片,件,只,支,匹) ②切片,部分 ③零件,构件 ④坯料,待加工工件 ☆**a piece of** 一块(件,个,只); **all to pieces** 完全,失去控制地,粉碎; **break into pieces** (使)成碎片; **come (fall,go) to pieces** 瓦解; **cut in (into, to) pieces** 把…切碎; **of a piece with** 同性质地; **piece by piece** 逐件; **take ... to pieces** 拆散(机器) ❷ vt. 拼成,修理 ☆**piece in** 插入,添加; **piece A onto B** 把 A 接到 B 上; **piece out** 凑够,串成; **piece together** 拼凑; **piece up** 修补 【用法】❶ 有些名词属于不可数名词,要表示"一件(支,篇,张…)"时,应该使用 "a piece of ..."。如: a piece 〔sheet〕of paper "一张纸",a piece of chalk "一支粉笔",a piece of furniture "一件家具",a piece of literature "一篇文献资料",等等。如果有形容词修饰的话,一般要放在它的前面。如: This is a valuable piece of information.这是一条有价值的信息。/In this case, we need a straight piece of iron. 在这种情况下,我们需要一块直的条形铁。❷ 注意下面例句中该词的含义: Whitney has invented molds and machines for making all the pieces of his locks as exactly equal, that take a hundred locks to pieces and mingle their parts and the hundred locks may be put together by taking the pieces that come to hand. 惠特尼发明了一些模具和机器,可使得其枪机的所有零件制造得如此地一模一样,以至于

如果把一百个枪机拆开并把其部件混在一起的话,可以用随手拿到的零件把这一百个枪机装配起来。(其中,"that" 引导一个结果状语从句;"take ... and the hundred ..." 属于句型 "祈使句+and+句子" 表示 "如果…的话,就…"。)

piecemeal ['piːsmiːl] ❶ ad.;a. 逐件,逐段,零碎地 ❷ n. 片段 ☆**by piecemeal** 一件一件地,逐渐地,零碎地

piecewise ['piːswaɪz] ad.;a. 分段(的),逐段(的)

piecework ['piːswɜːk] n. ①计件工作 ②单件生产

pied [paɪd] a. 斑驳的,杂色的

piedmont ['piːdmənt] n.;a. 山麓(的)

piedmontite ['piːdməntaɪt] n. 红帘石

piend [piːnd] n. 尖棱,突角

pier [pɪə] n. ①水上平台 ②码头,防波堤 ③桥墩 ④窗间壁 ⑤方柱,角柱 ☆**ex pier** 码头交货

pierce [pɪəs] ❶ v. ①刺入,渗透 ②戳穿,贯通 ③钻孔 ❷ n. 工艺品

piercer ['pɪəsə] n. ①锥子 ②钻孔机 ③冲床 ④冲头 ⑤自动轧管机,心棒

piercing ['pɪəsɪŋ] ❶ a. 刺穿的,锐利的,敏锐的,打动人心的 ❷ n. 戳穿,刺穿,钻孔

pierhead ['pɪəhed] n. 码头外端,防波堤头部

piesimeter [paɪ'sɪmɪtə] n. 压力计

piesis ['paɪəsɪs] n.【医】血压

piesometer [paɪ'sɒmɪtə] n. 压力计

pieze ['paɪəzə] n. 皮兹(MTS 制的基本压力单位)

piezocaloric [paɪˌiːzəkə'lɒrɪk] a. 压热的(的)

piezochemistry [paɪˌiːzəu'kemɪstrɪ] n. 高压化学

piezochrom(at)ism [paɪˌiːzəu'krɒm(æt)ɪzm] n. 受压变色

piezocoupler [paɪˌiːzəu'kʌplə] n. 压电耦合器

piezocrystal [paɪˌiːzəu'krɪstl] n. 压电晶体

piezocrystallization [paɪˌiːzəukrɪstəlaɪ'zeɪʃ ən] n.【地质】加压结晶

piezodialysis [paɪˌiːzəudaɪ'ælɪsɪs] n. 加压渗析

piezodielectric [paɪˌiːzəudaɪ'lektrɪk] a. 压电介质的

piezo-effect [paɪˌiːzəʊ'fekt] n. 压电效应

piezoelectric(al) [paɪˌiːzəʊɪ'lektrɪk(əl)] a. 压电的

piezoelectricity [paɪˌiːzəuɪlek'trɪsɪtɪ] n. 电压现象,压电学

piezoelectrics [paɪˌiːzəʊɪ'lektrɪks] n. 压电体

piezogauge [paɪˌiːzəu'geɪdʒ] n. 压力计

piezoglypt [paɪˌiːzəu'glɪpt] n. 气印,鱼鳞(烧蚀)坑

piezoid [paɪ'iːzɔɪd] n. (压电)石英片,石英晶体

piezoisobath [paɪˌiːzəu'aɪsəubɑːθ] n. 加压等深线

piezolighter [paɪˌiːzəu'laɪtə] n. 压电点火器

piezo-luminescence [paɪˌiːzəʊluːmɪ'nesəns] n. 压电发光

piezomagnetic [paɪˌiːzəumæg'netɪk] a. 压电磁的

piezomagnetism [paɪˌiːzəu'mægnɪtɪzm] n. 压磁现象

P

piezometamorphism [paɪiːzəumetə'mɔːfɪzm] *n.* 压力变质作用

piezometer [paɪə'zɒmɪtə] *n.* (流体)压力计,微压表,地下水位计,材料压缩性测量计

piezometric [paɪiːzəu'metrɪk] *a.* 测压(计)的,测压水位的

piezometry [paɪi'zɒmɪtrɪ] *n.* 流体压力测定

piezophony [paɪi'zɒfəunɪ] *n.* 压电(晶体)送(受)话器

piezoquartz [paɪiːzəu'kwɔːts] *n.* 压电晶体

piezoresistance [paɪiːzəurɪ'zɪstəns] *n.* 【物】压(电电)阻,压敏电阻

piezoresistive [paɪiːzəurɪ'zɪstɪv] *a.* 压阻(现象)的,压敏电阻的

piezoresistivity [paɪiːzəurɪzɪs'tɪvɪtɪ] *n.* 【物】压电电阻率

piezoresistor [paɪiːzəurɪ'zɪstə] *n.* 【物】压敏电阻器

piezoresonator [paɪiːzəu'rezəneɪtə] *n.* 压电晶体谐振器

piezotropy [paɪə'zɒtrəpɪ] *n.* 压性

pig [pɪg] *n.* ①猪 ②生铁,(金属)锭块

pigeon ['pɪdʒɪn] *n.* 鸽子

pigeonhole ['pɪdʒɪnhəul] ❶ *n.* ①鸽笼,小室,小出入孔 ②文件分类架 ❷ *vt.* ①把(文件)归类,置于架格中 ②把(计划)搁置

piggery ['pɪgərɪ] *n.* 猪栏

pigging ['pɪgɪŋ] *n.* 生铁

piggyback ['pɪgɪbæk] *a.;ad.* 在背上(的),在铁道平车上(的);驮背运输;机载的;自动分段控制的

pig-iron ['pɪgaɪən] *n.* 生铁

piglet ['pɪglɪt] *n.* 小猪;小锭

pigment ['pɪgmənt] ❶ *n.* 颜料,色素,涂剂 ❷ *v.* 加颜色

pigmental [pɪg'mentl], **pigmentary** ['pɪgməntərɪ] *a.* (含有)颜料的

pigmentation [pɪgmən'teɪʃ ən] *n.* 颜料淀积(作用),色素形成

pigtail ['pɪgteɪl] *n.* ①猪尾 ②辫子 ③抽头,引线 ④猪尾形线 ⑤柔软铜辫丝

pike [paɪk] ❶ *n.* ①矛,刺,尖头 ②十字镐 ③关卡,通行税 ❷ *vt.* 刺

piked [paɪkt] *a.* 尖的

pilaster [pɪ'læstə] *n.* 壁柱,(桥台前墙的)扶壁,半露柱

pilbarite ['pɪlbəraɪt] *n.* 【矿】硅铀钍铅矿

pile [paɪl] ❶ *n.* ①桩,堆 ②电堆,核反应堆 ③大量,大块 ④高大的(一群)建筑物 ⑤软硬 ❷ *v.* ①打桩 ②打成捆 ③堆积 ④挤进,挤出 ☆*pile it on* 夸张

pileate ['paɪlɪɪt] *a.* 伞形的,具菌盖的

piled [paɪld] *a.* 打了桩的,成捆的

pile-down ['paɪldaun] *n.* 反应堆的逐渐停堆

pile-drawer ['paɪldrɔːə] *n.* 拔桩机

pile-driver ['paɪldraɪvə] *n.* 打桩机

pile-head ['paɪlhed] *n.* 桩头

piler ['paɪlə] *n.* 堆集机,集草机,堆垛装置

pileus ['paɪlɪəs] (pl. pilei) *n.* 菌伞

pilework ['paɪlwɜːk] *n.* 打桩工程

pilfer ['pɪlfə] *v.* 偷窃

pilferage ['pɪlfərɪdʒ] *n.* 偷窃,赃物

pilferer ['pɪlfərə] *n.* 小偷

pili *n.* pilus 的复数

piliferous [paɪ'lɪfərəs] *a.* 如毛的,有毛的

piling ['paɪlɪŋ] *n.* ①打桩(工程,工具),桩基 ②堆积,垛起 ③分层

pilite ['paɪlaɪt] *n.* 羽毛矿

pill [pɪl] ❶ *n.* 药丸,小球 ❷ *v.* 把…做成丸

pillage ['pɪlɪdʒ] *n.;v.* 掠夺,抢劫,掠夺物

pillar ['pɪlə] ❶ *n.* 支柱,(桥,闸)墩 ❷ *vt.* 用柱支持,成为支柱

pillar-bolt ['pɪləbəult] *n.* 柱形螺栓

pillaret ['pɪlərет] *n.* 小柱

pillaring ['pɪlərɪŋ] *n.* (高炉)冷料柱

pillbox ['pɪlbɒks] *n.* ①药片盒 ②碉堡,掩体 ③小屋

pillion ['pɪljən] ❶ *n.* (摩托车)后座 ❷ *ad.* 坐在后座上

pillow ['pɪləu] ❶ *n.* ①枕头 ②垫座,衬板 ❷ *vt.* 枕在…上,垫

pillowy ['pɪləuɪ] *a.* 枕头似的,柔软的,一压就凹的

pilocarpine [paɪləu'kɑːpaɪn] *n.* 【药】毛果(芸香)碱

pilose ['paɪləus] *a.* 毛发状的

pilot ['paɪlət] ❶ *n.* ①飞行员 ②领航员,舵手 ③驾驶仪 ④控制器 ⑤导杆 ⑥(机车前面的)排障器 ⑦指示灯 ⑧航海指南 ⑨导洞 ❷ *a.* ①导向的 ②控制的 ③辅助的,检查的 ❸ *vt.* ①导向,领航 ②驾驶,指示

pilotage ['paɪlətɪdʒ] *n.* ①领航(术,费),领港(术,费) ②驾驶(术)

piloted ['paɪlətɪd] *a.* 有人驾驶的

pilotherm ['paɪləθɜːm] *n.* (双金属片控制的)恒温器

pilothouse ['paɪləthaus] *n.* 操舵室

piloting ['paɪlətɪŋ] *n.* 领港,驾驶,控制

pilotless ['paɪlətlɪs] *a.* 无人驾驶〔操纵〕的

pilot-tube ['paɪləttjuːb] *n.* 指示灯

pilular ['pɪljulə] *a.* 药丸的,药丸状的

pilule ['pɪljuːl] *n.* 小药丸

pilus ['paɪləs] (pl. pili) *n.* 【生】纤毛,菌毛

pimaradiene [pə'mærədiːn] *n.* 海松二烯

pimping ['pɪmpɪŋ] *a.* 微不足道的,没价值的

pimple ['pɪmpl] *n.* 【医】①丘疹,疙瘩,粉刺 ②小突起,小高处,脓包

pimpling ['pɪmplɪŋ] *n.* 粗糙度

pin [pɪn] ❶ *n.* ①别针,大头针 ②插头,引线,(电子管)管脚 ③枢轴,螺栓,定位销,探针 ④(钥匙)插入锁孔的部分 ⑤小东西 ⑥公螺纹 ❷ *a.* 针的,销的 ❸ *v.* ①别住 ②牵制 ③止住

Pinaceae [paɪ'neɪsɪiː] *n.* 松科

pinacoid ['pɪnəkɔɪd] *n.* 【化】平行双面(式),轴面(体)

pinboard ['pɪnbɔːd] *n.* 接线板
pincer ['pɪnsə] *a.* 钳子的,钳形动作的
pincers ['pɪnsəz] *n.* ①铁钳,钢丝钳,镊子 ②(蟹等的)螯
pincette [pæn'set] (法语) *n.* 小钳子,夹架
pinch [pɪntʃ] *v.;n.* ①捏,掐 ②夹紧,挤压(变形),折皱 ③勒索,诈取 ④困难,紧要关头 ⑤微量 ⑥等离子线柱 ⑦收缩效应 ☆***at (in, on, upon) a pinch*** 在危急时,在紧要关头;***if (when) it comes to the pinch*** 在危急时,必要时; ***know (feel) where the shoe pinches*** 知道困难所在; ***pinch off*** 压紧,夹断,节流
pinchbeck ['pɪntʃbek] ❶ *n.* ①金色铜,铜锌合金 ②冒牌货 ❷ *a.* 波纹管(状)的
pinchcock ['pɪntʃkɒk] *n.* (夹在软管上调节液流用)活嘴夹
pinched [pɪntʃt] *a.* 夹紧的,(自)收缩的,受箍缩的
pincher ['pɪntʃə] *n.* ①(条钢因耳子造成的)折叠(缺陷),(薄板的)折印(缺陷) ②(pl.)钳子,铁钳
pinch-off ['pɪntʃɒf] *n.* 夹〔箍〕断,夹紧
pincushion ['pɪnkuʃɪn] *n.* ①放针用的针插 ②枕形失真
pine [paɪn] ❶ *n.* 松树,松木 ❷ *vi.* ①憔悴,消瘦 ②渴望
pineal ['pɪnɪəl] *a.* 松果形的
pineapple ['paɪnæpl] *n.* 菠萝;炸弹
pinene ['paɪniːn] *n.* 【化】蒎烯
pinery ['paɪnərɪ] *n.* 松林,菠萝园
pinetree ['paɪntriː] *n.* 松树
ping [pɪŋ] ❶ *n.* (枪弹飞过的)咻声,声呐脉冲 ❷ *v.* ①咻咻地响 ②发爆鸣声
pinger ['pɪŋə] *n.* (研究海流用)声脉冲发达器,声信号发生器
ping-pong ['pɪŋpɒŋ] *n.* 乒乓球;往复转换工作
pinhead ['pɪnhed] *n.* 针头;微不足道的东西
pinhole ['pɪnhəʊl] *n.* 针孔,针眼(钢锭缺陷),细缩孔,气泡,(皮下)气孔,(pl.)疏松
pinion ['pɪnjən] ❶ *n.* ①翅膀,羽毛 ②小齿轮,齿杆 ❷ *vt.* 缚住
pinipicrin [pɪnɪ'pɪkrɪn] *n.* 松叶苦素
pinitol ['pɪnɪtɒl] *n.* 【化】蒎立醇,右旋肌醇甲醚
pink [pɪŋk] ❶ *a.* 粉红的 ❷ *n.* ①粉红色,石竹(花) ②精华,化身 ③(皮革等)饰孔,小孔 ❸ *v.* ①刺,戳,穿小孔 ②(内燃机)发爆震声
pink-collar ['pɪŋkkɒlə] *a.* 粉领阶层的(多指女的)
pinkie ['pɪŋkɪ] *n.* 小手指
pinkish ['pɪŋkɪʃ] *a.* 带粉红色的
pinky = pinkie
pinnace ['pɪnɪs] *n.* 舢板,小艇,舰载艇
pinnacle ['pɪnəkl] ❶ *n.* ①小尖塔 ②尖峰 ③顶点 ❷ *vt.* ①置于尖顶上,把…放在最高处 ②造小尖顶
pinnate ['pɪnɪt] *a.* 羽状的
pinnatifid [pɪ'nætɪfɪd] *a.* 【植】羽状半裂的
pinning ['pɪnɪŋ] *n.* ①打小桩,支撑 ②销连接 ③销住,阻塞
Pinnipedia [pɪnɪ'pedɪə] *n.* 鳍脚目
pinocytosis [paɪnəʊsaɪ'təʊsɪs] *n.* 胞饮作用,胞饮现象,饮液作用
pinoline [paɪ'nəʊlɪn] *n.* 轻松香油
pinoquercetin [pɪnə'kwɜːsɪtɪn] *n.* 【化】西黄松黄酮
pinoresinol [pɪnə'resɪnɒl] *n.* 【化】松(树)酯醇,松脂酚
pinosome ['pɪnəsəm] *n.* 胞饮泡
pinostrobin [pɪnə'strəʊbɪn] *n.* 【化】乔松酮
pinosylvin [pɪnə'sɪlvɪn] *n.* 【化】赤松素
pinpoint ['pɪnpɔɪnt] ❶ *n.* ①针尖,极尖的顶端 ②微物,琐事 ③航空照片 ❷ *a.* ①针尖的 ②精确定位的 ③极准确的,详尽的 ❸ *vt.* ①准确定位 ②定点轰炸 ③正确地指出 ④强调 ⑤从空中精确拍摄
pint [paɪnt] *n.* (液量及容量单位)品脱
pintle,pintel ['pɪntl] *n.* ①枢轴 ②开口(链节)销 ③枢(针,舵)栓 ④扣钉,扣针
pinxit ['pɪŋksɪt] (拉丁语) *v.* 由某人绘制(用于绘画落款后面,常略为 pinx 或 pxt)
pioloform ['paɪələfɔːm] *n.* 【化】聚乙烯醇缩醛
pion ['paɪɒn] *n.* π 介子
pioneer [paɪə'nɪə] ❶ *n.* ①拓荒者,开辟者 ②先驱,先锋,少先队 ③工兵 ❷ *v.* ①倡导,走在前列 ②首先采用,发明 ❸ *a.* ①最早的 ②首创的,开拓的,先驱的
〖用法〗注意下面例句的含义及汉译法: One of the foremost pioneers in the development of military electronics, Westinghouse had produced over 35,000 radars for air, sea, ground and space applications.“西屋”公司是研制军事电子装备最重要的先驱者之一,它为海、陆、空以及空间应用生产了 35,000 多部雷达
Pioneer [paɪə'nɪə] *n.* 一种耐蚀镍合金
pionnotes ['paɪənəʊts] *n.* 黏分生孢子团
pip [pɪp] *n.* ①(广播)报时信号 ②峰值,尖头脉冲信号 ③剧变 ④(骨牌)点子 ⑤(肩章)星 ⑥(梨,柑)种子 ⑦筒,导管 ⑧(雷达)反射点
pipage ['paɪpɪdʒ] *n.* ①管子,管道系统 ②用管子输送 ③(用管)输送费
pipe [paɪp] ❶ *n.* ①管道,管状物,导管 ②烟斗 ③管乐器,笛子 ④嗓子,声带 ⑤容易做的工作 ⑥刚性同轴传输线 ⑦(铸件)缩孔,缩管 ⑧ 管状(矿)脉,火山筒 ❷ *v.* ①给…装管道,用管道输送 ②(用导线,用同轴电缆)传送,传递(消息) ③用管乐器吹奏 ④发出尖音 ⑤为…镶边 ⑥看见,注视 ☆***pipe away*** 发出开船信号; ***pipe down*** 压低声音; ***pipe in*** 用电信设备传送; ***pipe off*** 宣布…不受欢迎; ***pipe up*** 提高声音,开始唱(吹奏)
pipeage = pipage
pipe-insert ['paɪpɪnsɜːt] *n.* 水管套座
pipelayer ['paɪpleɪə] *n.* ①管道敷设机 ②铺管工
pipeless ['paɪplɪs] *a.* 无管的

P

pipeline ['paɪplaɪn] ❶ *n.* ①管道线 ②商品供应线 ③情报来源渠道 ④【计】流水线 ❷ *vt.* 为…装管道,用管道输送 ☆*in the pipeline*(指货物)运输中,即将送达,在进行中

pipeliner ['paɪplaɪnə] *n.* 管道安装工,铺管工,管路专家

pipelining ['paɪplaɪnɪŋ] *n.* 管道敷设,管路输送,流水线操作

pipeloop ['paɪpluːp] *n.* 管圈,环形管线

pipemill ['paɪpmɪl] *n.* 钢管轧机,焊管机

pipe-mover ['paɪpmuːvə] *n.* (喷灌装置)管道移动器

piper ['paɪpə] *n.* 管道工,吹笛人

piperamide ['paɪpərəmaɪd] *n.* 胡椒酰胺

piperazin(e) [pɪ'perəziːn] *n.* 【化】哌嗪,驱蛔灵

piperidine [pɪ'perɪdiːn] *n.* 【化】哌啶,氮杂环己烷

piperine ['pɪpəriːn] *n.* 【化】胡椒碱

piperitenol [pɪpə'rɪtənɒl] *n.* 【化】胡椒烯醇,薄荷二烯

piperitenone [pɪpə'rɪtənəʊn] *n.* 【化】薄荷二烯酮

piperitol [pɪ'perɪtɒl] *n.* 【化】胡椒醇,薄荷烯醇

piperitone [pɪ'perɪtəʊn] *n.* 【化】薄荷烯酮,胡椒酮

piperonal ['pɪpərənæl] *n.* 【化】胡椒醛

piperonyl ['pɪpərənɪl] *n.* 胡椒基

pipet(te) [pɪ'pet] ❶ *n.* (玻璃制)吸管,量管,滴管,细导管 ❷ *vt.* (用滴管)吸取

pipework ['paɪpwɜːk] *n.* 管道工程,管道系统,输送管线

piping ['paɪpɪŋ] ❶ *n.* ①管道系统,管道布置 ②管流,沿管道输送 ③笛声 ④镶边 ⑤气泡缝,(钢锭)缩孔,浇铸成型 △①似笛声的,尖声的 ②平静的 ❸ *ad.* 沸腾地,吱吱地

pipkin ['pɪpkɪn] *n.* (有横柄的)小金属锅

pipy ['paɪpɪ] *a.* ①管状的,有管状结构的 ②发尖音的,笛声的

piquancy ['piːkənsɪ] *n.* 辛辣,开胃;泼辣 ‖ **piquant** *a.*

pique [piːk] *n.;vt.* ①使生气 ②刺激 ③夸耀

piquet [pɪ'ket] *n.* 前哨,警戒哨

piracy ['paɪərəsɪ] *n.* ①海盗行为 ②(河道)夺流 ③非法翻印 ④侵犯专利权,剽窃

pirate ['paɪərɪt] *n.;v.* ①海盗,掠夺者 ②非法翻印者 ③掠夺

piratic(al) [paɪ'rætɪk(əl)] *a.* 海盗的,非法翻印的 ‖ **~ally** *ad.*

pirn [pɜːn] *n.* 纤丝,纬纱管

pirogue [pɪ'rəʊg] *n.* 独木舟

pirolatin [pɪ'rəʊlətɪn] *n.* 鹿蹄草亭

Pisa ['piːzə] *n.* 比萨

pis aller [piːz'æleɪ] (法语)最后一手,应急措施,权宜之计

pisatin ['pɪsətɪn] *n.* 【生化】豌豆素

piscary ['pɪskərɪ] *n.* 在他人水域内捕渔的权利,共渔权,捕鱼场

piscatorial [pɪskə'tɔːrɪəl], **piscatory** ['pɪskətərɪ] *a.* 渔业的

Pisces ['paɪsiːz] *n.* ①鱼纲 ②双鱼座〔宫〕

pisciculture ['pɪsɪkʌltʃə] *n.* 养鱼业

piscina [pɪ'saɪnə] *n.* 鱼塘

piscine ['pɪsaɪn] *a.* 鱼类的,似鱼的

piscivore ['pɪsɪvɔː] *n.* 食鱼动物

piscivorous [pɪ'sɪvərəs] *a.* 食鱼的

pise [piː'zeɪ] *n.* 砌墙泥,捣实黏土

pisiform ['paɪsɪfɔːm] *a.* 豌豆形的

pisolite ['paɪsəlaɪt] *n.* 豆石

piss [pɪs] *v.* 小便

pissasphalt [pɪ'sæsfælt] *n.* 软沥青

pistacite ['pɪstəsaɪt] *n.* 绿帘石

piste [piːst] (法语) *n.* 小路,便道

pistil ['pɪstɪl] *n.* 【植】雌蕊

pistillate ['pɪstɪleɪt] *a.* 雌蕊的,只有雌蕊的

pistol ['pɪstl] ❶ *n.* ①手枪,信号手枪 ②手持喷枪 ❷ *vt.* 以手枪射击

pistolgraph ['pɪstɒlɡrɑːf] *n.* 快照(机)

piston ['pɪstən] *n.* 活塞,柱塞

pistonphone ['pɪstənfəʊn] *n.* 活塞式测声〔发声〕仪

piston-rod ['pɪstənrɒd] *n.* 活塞杆

pit [pɪt] ❶ *n.* ①坑,洼地 ②凹点,凹槽 ③壁龛 ④锈斑 ⑤矿井,地下温室,堑壕 ⑥井,陷阱,深渊 ⑦(剧场)正厅后排 ⑧心窝 ⑨果核 ❷ *vt.* ①凹下 ②挖坑于,窖藏 ③使抗衡 ☆*pit A against B* 使 A 与 B 相斗或竞争

pitch [pɪtʃ] ❶ *n.* ①沥青 ②售货摊 ③(建筑物)倾斜度,高跨比 ④(足球,曲棍球等)球场 ⑤(音符或声音)音调 ⑥(船只)上下颠簸 ⑦(丝槽)间距,节距,螺旋线间隔 ☆*at concert pitch* 处于高效能(充分准备)状态; *to the highest (lowest) pitch* 到最高〔低〕限度 ❷ *v.* ①涂沥青 ②投掷 ③倾斜 ④为…定音调,选择 ⑤上下颠簸 ⑥安顿 ⑦偶然碰见 ☆*pitch down* 俯冲; *pitch in* 努力投入工作; *pitch into* 猛烈攻击,投身于; *pitch on (upon)* 偶然碰见,决定; *pitch up* 上仰 【用法】注意下面例句的含义: Standard chains are made in widths approximately 1.5 to 12 times the pitch.标准链条的宽度(做成)近似为 1.5 到 12 倍的节距。(句中 "approximately 1.5 to 12 times the pitch" 作后置定语,修饰 "widths"。)

pitchblack ['pɪtʃ'blæk] *a.* 漆黑的

pitchblende ['pɪtʃblend] *n.* 【矿】沥青铀矿

pitchdown ['pɪtʃdaʊn] *n.* 俯冲

pitcher ['pɪtʃə] *n.* ①投掷者 ②水瓶 ③(用以产生俯仰力矩的)俯仰操纵机构

pitchfork ['pɪtʃfɔːk] ❶ *n.* 音叉,干草叉 ❷ *vt.* 骤然把…塞进

pitching ['pɪtʃɪŋ] ❶ *n.* ①扔出 ②(飞机)俯仰(角的变化),(汽车)前后颠簸,(船只)纵摇 ③铺砌(砌石)护坡 ❷ *a.* 陡的,倾斜的

pitchout ['pɪtʃaʊt] *n.* 突然转弯(动作)

pitchover ['pɪtʃ'əʊvə] *n.* (火箭垂直上升后)按程

序转弯

pitchstone [ˈpɪtʃstəun] n. 松岩

pitch up [ˈpɪtʃʌp] n. ①上仰 ②拉高 ③安定下来 ④搭帐篷

pitchwheel [ˈpɪtʃwiːl] n. 相互啮合的齿轮

pitchy [ˈpɪtʃɪ] a. ①沥青(似)的,涂有沥青的,黏性的 ②漆黑的 ③多树脂的

pitfall [ˈpɪtfɔːl] n. ①陷阱,圈套 ②(由疏忽而出的)毛病,失误,隐蔽的危险,易犯的错误

pith [pɪθ] n. ①(木,骨,精)髓 ②体〔精〕力 ③核心,要点,精华 ④重要性意义

pithead [ˈpɪthed] n. 矿井口,坑入口及其附近建筑物

pithily [ˈpɪθɪlɪ] ad. 简练地,有力地

pithy [ˈpɪθɪ] a. ①(多)髓的 ②精辟的,简练的

pitiful [ˈpɪtɪfəl] a. ① 可怜的 ②可耻的

pitman [ˈpɪtmən] (pl.pitmen) n. ①矿工,矿工,钳工,锯木工 ②摇杆

pitocin [pɪˈtəusɪn] n. 催产素

pitometer [pɪˈtɒmɪtə] n. (测量流速的)皮氏压差计,流速计

pitot [ˈpiːtəu] n. 空速管

pitprop [ˈpɪtprɒp] n. (矿井)临时坑木柱

pitressin [pɪˈtresɪn] n. 加压素,抗利尿激素

pit-run [ˈpɪtrʌn] a. 采自料坑的,未筛的

pitted [ˈpɪtɪd] a. 有凹痕的,去核的

pitting [ˈpɪtɪŋ] n. ①(金属)点蚀,剥蚀,点状腐松 ②小孔,凹痕,蚀斑,锈痕(斑) ③(焊接)烧熔边缘 ④(耐火材料的)软化,蚀损斑,氢气泡疤

Pittsburgh [ˈpɪtsbɜːg] n. (美国)匹兹堡(市)

pituitrin [pɪˈtjuːɪtrɪn] n. 垂体激素,黏液腺激素

pity [ˈpɪtɪ] n. 可惜,遗憾,同情,可惜的事 〖用法〗常见的一个句型是:"It is a pity that ...",意为"遗憾的是…"。如: It is a pity that the Babylonians did not divide the circle into 24 parts, as we now divide the day, to obtain their basic units. 遗憾的是,巴比伦人并不像我们现在分割一天那样把圆分成 24 份来获得它们的基本单位。(注意本句中否定的转移。)

pivacin [ˈpɪvəsɪn] n. 杀鼠酮

pivalate [paɪˈvæleɪt] n.【化】特戊酸酯,三甲基乙酸盐

pivaloyl [ˈpɪvəlɔɪl] n.【化】特戊酰

pivot [ˈpɪvət] ❶ n. ①枢(轴),支点,(钻石)轴尖 ②旋转〔摆动〕中心 ③枢纽,中心点 ④基准 ❷ a. 在枢轴上转动的,枢轴的 ❸ v. ①(以枢为中心的)旋转 ②把…装在枢(轴)上,装枢轴干,使绕着枢轴转动 ③由…而定 ☆ **pivot about** 围绕…旋转; **pivot on (upon) A** 以 A 为枢(轴)而转动,视 A 而定

pivotal [ˈpɪvətl] a. ①(作为)枢轴的 ②中枢的,非常重要的,作为支点的 ‖ **-ly** ad.

pivoted [ˈpɪvətɪd] a. 装在枢轴上的,回转的,转动的 ☆ **be pivoted at** 支点位于; **be pivoted between (in)** 把枢轴放在…上

pix [pɪks] n. ①pic 的复数 ②焦油,沥青,检查(硬币

的)重量和纯度 ③照片,影片

pixtone [pɪkˈstəun] n. 捡石机

placard [ˈplækɑːd] n.;vt. (用布告)公告,告示,招贴画,行李牌,张贴,替…贴广告

place [pleɪs] ❶ n. ①地方,场所 ②区域 ③(适当)位置 ④容积 ⑤【数】(数)位 ⑥次序 ⑦座〔席,职〕位,名次 ⑧广场 ☆ **give first place to ...** 把…放在首位; **be twisted into place** 拧进去; **fall into place** 放到应有的位置,得到解释〔决〕; **find a place in ...** 应用到…中; **all over the place** 到处,到…的余地,不是…来的地方; **from place to place** 到处; **give place to** 让位给; **go places** 获得成功; **in place** 在应有〔适当〕位置,(安装)就位,(各)得其所,相称的; **in place of** 代替; **in the first place** 首先,本来,第一(点); **make place for** 给…腾出空位,让位于; **out of place** 不在适当的地位,不相称的,碍事的; **supply the place of** 代替; **take one's place** 代替;就位〔座〕; **take place** 发生,举〔进〕行,出现; **take the place of** 代替,充当 ❷ vt. ①放置,接入,安排,整顿,浇注 ②定(场所,时间,次序,等级),发出(订单),存(款),投(资) ③安插,任命,寄托(希望) ④估计,评价 ☆ **place an order for machines with a factory** 向工厂预订机器; **place a problem on agenda** 把问题提到议事日程上; **place A in layers** 分层放(铺,砌) A; **place ... in orbit** 把…送上轨道; **place the proper interpretation on A** 对 A 加以适当解释; **be well placed (to(do))** 很有条件(做); **place A as B** 任命 A 为 B; **place limits (a limit) to** 限〔控〕制; **place out of service** 从电路切断,(使)不工作 〖用法〗❶ 当它表示"在…地方"时,其前面一般用介词"at"(近于一点),也可用"in"(范围大一些)。如:The inner circle of vectors represents the magnitude and direction of the field at various places on the earth's surface. 这些矢量的内圈表示了场在地球表面各处的数值和方向。/They plan to spend their vacation in a quiet place. 他们打算在一个安静的地方度假。❷ 在其后面的定语从句一般用"where"或"in which"引导,但也有人用"that"引导。如:There are two places that a swap space can reside. 有两个地方可以存放交换空间。❸ 注意下面例句中该词的含义: The topic of dc digital voltmeters deserves a place of its own. 直流数字式电压表这一内容应该有它自己的位置。/It is necessary to move the binary point five places to the left. 必须把二进制小数点向左移 5 位。

placeability [pleɪsəˈbɪlɪtɪ] n. (混凝土的)可灌注性,和易性,工作度

place-isomeric [pleɪsaɪsəuˈmerɪk] a. 位置同分异构的

placement [ˈpleɪsmənt] n. ①方位 ②位置,布局,安排 ③堆放,填筑,安置,就业安排,实习工作,实习课

placenta [plə'sentə] (pl. placentas 或 placentae) n. 胎盘,胎座

placentalia [plæsən'teɪlɪə] n. 有胎盘(哺乳)类

placentolysin [plæsən'tɒlɪsɪn] n. 胎盘溶解素

placer ['pleɪsə] n. ①放置人,浇筑工人 ②敷设器,灌筑机 ③砂矿,矿床,砂金;冲积矿,放置者

placet ['pleɪset] (拉丁语) n. 赞成(票)

placid ['plæsɪd] a. 平静的,温和的 ‖~ity n. ~ly ad.

plage [plɑ:ʒ] n. 海滨,光斑,色球

plagiarism ['pleɪdʒə,rɪzəm] n. 抄袭,剽窃(物),侵犯著作权

plagiarist ['pleɪdʒɪərɪst] n. 抄袭〔剽窃〕者

plagiaristic [pleɪdʒɪə'rɪstɪk] a. 抄袭〔剽窃〕的

plagiarize ['pleɪdʒəraɪz] v. 抄袭,剽窃

plagiary ['pleɪdʒərɪ] n. 剽窃(者,物)

plagioclase ['pleɪdʒɪəʊkleɪs] n. 斜长石

plagioclimax [pleɪdʒɪəʊ'klaɪmæks] n. 偏途顶极群落

plagiogeotropism [pleɪdʒɪəʊdʒɪ'ɒtrəpɪzəm] n. 斜向地性

plagiohedral [pleɪdʒɪ(əʊ)'hedrəl] a. 片面的

plagiosere ['pleɪdʒɪəsɪə] n. 偏途演替系列

plagiotropic [pleɪdʒɪə'trɒpɪk] a. 斜向的

plagiotropism [pleɪdʒɪ'ɒtrəpɪzəm] n. 斜向性

plague[pleɪg] ❶ n. 瘟疫,黑死病,灾害,麻烦事,讨厌的人〔物〕 v. ①使…染(瘟)疫,使遭灾祸 ②折磨,扰扰 ☆**be plagued with** 受…的纠缠〔干扰,影响〕

〖用法〗注意在下面例句中该词的含义: The next kind of parasitic charge we shall consider is one that plagued early MOS technology. 我们将要考虑的下一种寄生电荷是困扰早期金属氧化物半导体技术的那一种。

plaice [pleɪs] n. 鲽

plaid [plæd] ❶ n. 方格花纹 ❷ ①彩格呢 ②格子呢;毛呢 ③毛呢长披肩(苏格兰民族服饰的一部分) ‖~ed a.

plain [pleɪn] ❶ a. ①简单的,单色的,(朴)素的 ②平(坦,凡)的 ③明白的,直率的 ④十足的,彻底的 ⑤无花纹的,极普通的 ❷ ad. 平(易)清楚 ❸ n. 平原,平地 ☆ **be in plain sight (view)** 能清晰看到,一览无遗; **in plain words (terms)** 坦白〔率〕地说 ‖~ly ad. ~ness n.

plainclothes ['pleɪnkləʊðz] a. 穿便衣的

plain-dressing ['pleɪn'dresɪŋ] n. 光面修整

plain-sawed ['pleɪnsɔ:d] a.;n. 平锯的,平锯木,纯锯

plainsman ['pleɪzmən] n. 平原居民,平地人

plainspoken ['pleɪnspəʊkn] a. 坦率的,直言不讳的

plait [plæt] ❶ n. 辫(绳),褶 ❷vt. 编织,打褶,卷起

plaited ['plætɪd] a. 打褶的,编成的

plakalbumin [plækəl'bju:mɪn] n. 片清蛋白

plakins ['pleɪkɪnz] n. 血小板溶素

plan [plæn] ❶ n. ①计〔规〕划,方案 ②平面〔规划〕图,设计图,草图 ③进程〔程序,时间〕表 ④方法,策略 ❷ (planned; planning) v. ①设计,绘制…的平面图 ②(订)计划,规划,打算,部署 ☆**in a planned way** 有计划地; **plan for** 打算; **plan on** 打算,想要; **plan out** 布置,策划

planar ['pleɪnə] a. ①平面的,平的 ②【数】二维的

planation [pleɪ'neɪʃən] n. 均夷作用

planchet [plɑ:nʃɪt] n. 圆片,货币坯料

plancton ['plæŋktən] n. 浮游生物

plane [pleɪn] ❶ n. ①(水)平面 ②刨 ③飞机 ④程度,阶段,级 ⑤法国梧桐(树) ❷ a. 平(面,坦)的 ❸ v. ①弄平(滑),刨去(away,down) ②翱翔,飞速前进

plane-concave ['pleɪnkɒn'keɪv] n.;a. 平凹(的)

plane-convex ['pleɪnkɒn'veks] n.;a. 平凸(的)

plane-cylindrical ['pleɪnsɪ'lɪndrɪkəl] a. 平面-柱面的

planeload ['pleɪnləʊd] n. 一飞机的人〔物〕,飞机负载量

planeness ['pleɪnɪs] n. 平面度,平整度

planer ['pleɪnə] n. ①(龙门)刨床 ②(地面)整平机,刨路〔煤〕机 ③刨工

planeside ['pleɪnsaɪd] n.;a. 飞机旁(的)

plane-spherical ['pleɪn'sferɪkəl] a. 平面-球面的

planet ['plænɪt] n. ①【天】行星 ②行星齿轮

plane-table ['pleɪnteɪbl] n. 平板仪,平板绘图仪

planetarium [plænɪ'teərɪ:əm] n. ①天象仪,太阳系仪 ②天文馆,(天文馆中)放映天象的装置

planetary ['plænɪterɪ] a. ①行星(式)的 ②行星齿轮的 ③轨道的

planetesimal [plænɪ'tesɪməl] a.;n. 微(行)星(的),星子,星子组成的

planetoid ['plænɪtɔɪd] n. 小行星,类似行星的物体 ‖~al a.

planetology [plænɪ'tɒlədʒɪ] n. 行星学

planform ['plænfɔ:m] n. 平面图,机翼平面形状,外形,俯视图

plangency ['plændʒənsɪ] n. 轰鸣,哀鸣,悲哀 ‖ **plangent** a.

planiform ['plænɪfɔ:m] a. 平面的,扁平形的

planigraphy [plæ'nɪgrəfɪ] n. 平面断层摄影法

planimegraph [pleɪnɪ'megrəf] n. 缩图器,面积比例规

planimeter [plæ'nɪmɪtə] n. 面积仪,(平面)求积仪,积分器

planimetric(al) [plænɪ'metrɪk(əl)] a. 平面测量的,平面的

planimetry [plæ'nɪmɪtrɪ] n. 测面学〔法〕,平面几何

planing ['pleɪnɪŋ] n.;a. ①刨,整平 ②(pl.)刨屑

planish ['plænɪʃ] vt. 碾平,打平,压平(使)平整,使光泽

planished ['plænɪʃɪd] a. 轧平的

planisher ['plænɪʃə] n. 打平器〔锤〕,精轧机座

planisphere ['plænɪsfɪə] n. 平面球形图,平面天体图,星座一览图

planitron ['plænɪtrɒn] n. 平面数字管

plank [plæŋk] ❶ n. ①(厚)木板,板(条) ②支持物,基础,政策要点 ❷ v. ①铺以厚板 ②立即支付(down, out, up),放下(down)

planking ['plæŋkɪŋ] ❶ n. ①铺板(条) ②板材,船壳板 ❷ v. 加衬

plankton ['plæŋktən] n. 浮游生物

planless ['plænlɪs] a. 无计划的,没有明确目标的 ‖ **-ly** ad. **~ness** n.

planned [plænd] ❶ v. plan 的过去式和过去分词 ❷ a.(按照,有)计划的,部署好的

planner ['plænə] n. 设计人,计划员,策划者

planning ['plænɪŋ] n. ①计划,规划 ②分配

plano-concave [pleɪnəʊkɒn'keɪv] a. 一面平一面凹的,平凹面

plano-conformity [pleɪnəʊkən'fɔ:mɪtɪ] n. 平行整合

planoconic [plænəʊ'kɒnɪk] a. 平锥形的

planocyte ['plænəsaɪt] n. 游动细胞

planogamete ['plænəʊgə'mi:t] n. 游动孢子

planography [plə'nɒgrəfɪ] n. 平版印刷,平印品,平版

planogrinder [plænəʊ'graɪndə] n. 龙门磨床

planoid ['plænɔɪd] n. 超平面

planometer [plə'nɒmɪtə] n. 测平仪,平面规

planomiller ['pleɪnəʊ'mɪlə],**planomilling machine** 龙门铣床,刨式铣床

planoparallel [plænə'pærəlel] n. 平行平面板

planophyre ['pleɪnəfaɪə] n. 层斑岩

planosol ['pleɪnəʊsɒl] n. 湿草原土,黏磐土

planox ['plænɒks] = plane oxidation (process)

plansifter ['pleɪnsɪftə] n. 平面筛,套筛

plant [plɑ:nt] ❶ n. ①(整套)设备 ②(电)站,厂,厂矿 ③植物,苗木 ④侦探 ❷ vt. ①栽,(播)种 ②设置〔立〕,安插,丢弃,建立,事先准备 ☆**(be) in plant**(植物)生长着,活着;**lose plant** 枯(死);**miss plant**(种子)不发芽

plantable ['plɑ:ntəbl] a. 可种植的,适于耕作的

plantae ['plænti:] n. 植物界

plantagin [plɑ:n'teɪdʒɪn] n. 车前苷

plantain ['plæntɪn] n. 大蕉,车前草

plantation [plæn'teɪʃən] n. ①种植,植树造林,人造林 ②大农场,庄园 ③(pl.)新开垦地 ④移民 ⑤灌输,创设

planter ['plɑ:ntə] n. ①栽培者 ②播种机 ③安装人 ④花盆

plantigrade ['plæntɪgreɪd] ❶ a. 跖行类的 ❷ n. 跖行(类)的,跖行动物

planting ['plɑ:ntɪŋ] n. ①种植,绿化 ②基础底层,装备

plant-scale ['plɑ:ntskeɪl] a. 大规模的,工业规模的

plant-sociology ['plɑ:ntsəʊʃɪ'ɒlədʒɪ] n. 植物群落学,植物社会学

planum ['pleɪnəm](拉丁语)(pl. plana) n. 平面

plaque [plæk] n. ①(装饰用)板,牌,匾 ②斑(点),【医】血小板

plash [plæʃ] n.;v. ①溅泼,泼水,(发)溅泼声 ②积水坑

plasm = plasma

plasma ['plæzmə] n. ①等离子体〔区,气体〕 ②血浆,原生质 ③【矿】深绿玉髓

plasmagel [plæzmədʒel] n. 血浆凝胶

plasmagene ['plæzmədʒi:n] n.(细)胞质基因

plasmagram ['plæzməgræm] n. 等离子体色谱图

plasmaguide ['plæzməgaɪd] n.(充)等离子体波导管

plasmalemma [plæzmə'lemə] n.(原生)质膜

plasmalogen [plæz'mælədʒən] n. 浆(缩醛)磷脂

plasmapheresis [plæzməfə'ri:sɪs] n. 血浆除去法

plasmase ['plæzmeɪs] n. 纤维蛋白酶

plasmatic [plæz'mætɪk] a.(血,原)浆的,原生质的

plasmatron ['plæzmətrɒn] n. ①等离子管 ②等离子(体)电焊机

plasmid ['plæzmɪd] n.【生】质粒,质体

plasmin ['plæzmɪn] n.【生】血纤维蛋白溶酶,胞浆素

plasminogen [plæz'mɪnədʒɪn] n.【生】血纤维蛋白溶酶原,胞浆素原

plasmobiont [plæzmə'baɪɒnt] n.【生】原浆生物

plasmochisis [plæzmə'kɪsɪs] n.【生】(细胞)原生质裂片,细胞浆分裂

plasmodesma [plæzmə'dezmə] (pl.plasmodesmata) n.【生】胞间连丝

plasmodiocarp [plæzmə'məʊdɪɑkɑ:p] n.【生】不定形复孢囊,原质果

plasmodium [plæz'məʊdɪəm] n.【生】变形体,原质团,疟原虫

Plasmofalt [plæz'məʊfɔ:t] n. 一种土壤稳定剂(废糖浆和燃料油混合物)

plasmogamy [plæz'mɒgəmɪ] n. 胞质配合,胞质融合

plasmogen ['plæzmədʒɪn] n. 生物原浆,原生质

plasmograph ['plæzməgrɑ:f] n. 等离子体照相

plasmoid ['plæzmɔɪd] n. 等离子粒团,等离子体状态

plasmolemma [plæzmə'lemə] n.【生】质膜

plasmolemmasome [plæzməʊ'leməsəʊm] n. 质膜内体

plasmolysis [plæz'mɒlɪsɪs] n.【生】质壁分离,胞浆溶解

plasmon(e) ['plæzmən] n.(细胞)质粒基因组,胞质团

plasmoptysis [plæz'mɒptɪsɪs] n.【生】胞质逸出

plasmorrhysis [plæzmə'raɪsɪs] n. 红细胞碎裂

plasmosin ['plæzməsɪn] n.【生】原生质素

plasmosome ['plæzməsəʊm] n.【生】真核仁

plastacele ['plæstəsiːl] n. 粉状乙酸纤维素

plastalloy [plæz'tælɔɪ] n. 细晶粒低碳结构钢,铁合金粉末

plastein ['plæstɪɪn] n. 类蛋白

plastelast ['plæstɪlæst] n. 塑弹性物,弹性塑料

P

plaster ['plɑ:stə] ❶ n. ①灰泥,墙粉,涂层 ②熟石膏 ③膏药,橡皮膏 ④重皮 ❷ vt. ①粉刷,墁灰(泥) ②粘贴,涂抹 ③用熟石膏处理,用…涂抹

plasterer ['plɑ:stərə] n. 抹灰工,泥水匠

plastering ['plɑ:stərɪŋ] n. ①抹灰工作,粉刷 ②灰泥面,石膏制品 ③粘贴(胶带,膏药)

plastery ['plɑ:stərɪ] a. 灰泥状的

plasthetics [plæs'θetɪks] n. 合成树脂,塑胶制品

plastic ['plæstɪk] ❶ a. ①可塑的,黏滞的,柔顺的 ②塑料的,合成树脂做的 ③塑造的,整形的,人工合成的,非真正的 ④有创造力的 ❷ n. (常用 pl.) ①塑料,合成树脂,电木 ②塑料制品 ③塑胶学,整形外科 ④深度错觉,图像的起伏畸变

plasticate ['plæstɪkeɪt] vt. 塑化

plastication [plæstɪ'keɪʃən] n. 增塑,塑化作用

plasticator ['plæstɪkeɪtə] n. 塑炼机

plasticimeter [plæstɪ'sɪmɪtə] n. 塑性计

plasticine ['plæstɪsi:n] n. 代用黏土,蜡泥,型砂

plasticise = plasticize ‖ **plasticisation** n.

plasticiser = plasticizer

plasticity [plæ'stɪsətɪ] n. ①塑性,适应〔柔软〕性,黏性 ②塑性(力)学

plasticization [plæstɪsaɪ'zeɪʃən] n. 增塑〔作用〕,塑炼

plasticize ['plæstɪsaɪz] v. 增塑,塑炼

plasticizer ['plæstɪsaɪzə] n. 增塑剂,塑化剂

plasticon ['plæstɪkɒn] n.【化】聚苯乙烯薄膜

plasticostatics [plæstɪkəʊ'stætɪks] n. 塑性体静力学

plastid ['plæstɪd] n.【生】(真核)质体,成形粒

plastidome ['plæstɪdəʊm] n. 质体系

plastify ['plæstɪfaɪ] = plasticize ‖ **plastification** n.

plastigauge ['plæstɪgeɪdʒ] n. 塑料线间隙规

plastigel ['plæstədʒel] n. 塑性凝胶

plastilock [plæstɪlɒk] n. 用合成橡胶改性的酚醛树脂黏合剂

plastimeter [plæs'tɪmɪtə] n. 塑度计

plastimetry [plæs'tɪmɪtrɪ] n. 塑性测定法,测塑法

plastique [plæs'ti:k] n. 可塑炸弹

plastisol ['plæstɪsɒl] n. 塑料溶胶,增塑糊

plastocene ['plæstəsi:n] n. 油泥

plastocyanin [plæstə'saɪənɪn] n.【生化】质体蓝素,质体菁

plasto-elasticity [plæstəʊɪlæs'tɪsɪtɪ] n. 弹塑性力学,塑弹性

plastogamy [plæs'tɒgəmɪ] n.【生】胞质融合〔配合〕

plastogel ['plæstədʒel] n. 塑性凝胶

plastogene [plæstədʒi:n] n. 质体基因

plastograph ['plæstəʊgrɑ:f] n. 塑性形变记录仪

plastom(e) ['plæstəʊm] n.【医】质体基因组

plastomer ['plæstəʊmə] n. 塑料,塑性体

plastometer [plæs'tɒmɪtə] n. 塑性计,塑性仪

plastometry [plæs'tɒmɪtrɪ] n. 塑性测定法

plastoquinone ['plæstəʊkwɪnəʊn] n.【生化】质体醌

plat [plæt] ❶ n. ①地段,地图,平面图 ②编条 ❷ vt. ①编织 ②绘制…的地图

platability [pleɪtə'bɪlɪtɪ] n. 可镀性

platan(e) ['plætən] n. 悬铃木,法国梧桐

platband ['plætbænd] n. 平边,长条地,花畦,扁突线条

plate [pleɪt] ❶ n. ①(金属,平)板,盘,(平)碟,铭牌 ②薄板,板材 ③(电子管)阳〔板〕极,(蓄电池)极板,电容器板 ④底片,(整页)插图,图版 ⑤(蒸馏塔)塔板 ⑥平台,横木板 ⑦培养皿 ⑧板岩 ⑨(噬菌体)基片 ❷ vt. ①(电)镀 ②给…装钢板,覆以金属板,铺以板 ③打成薄板 ④沉积

plateau ['plætəʊ] (pl. plateaus 或 plateaux) n. ①高原,台地 ②平稳状态〔时期〕 ③曲线的平稳段,平顶,台阶 ④大〔浅〕盘子
〖用法〗注意下面例句中该词的含义: Bohr's starting place was the plateau of understanding achieved by Ernest Rutherford, in whose laboratory Bohr worked as a young man. 布尔的起点是由欧内斯特·拉瑟福德所取得的高水平认识〔理解〕, 当时布尔是工作在拉瑟福德实验室的一位年轻人。

plated ['pleɪtɪd] a. 电镀的,覆以金属板的,装甲的

plateful ['pleɪtful] n. (一)满盘

plateholder ['pleɪt,həʊldə] n. 干〔硬〕片夹

platelayer ['pleɪtleɪə] n. (铁路)铺〔养〕路工

platelet ['pleɪtlɪt] n. 片晶,(悬浮体粒子)薄层,血小板

platelike ['pleɪtlaɪk] a. 层〔片,板〕状的

platen ['plætən] n. ①台板,机床工作台,焊机床面 ②压板,(压印)滚筒,(印刷机)压印板 ③压磨板 ④滑块,冲头 ⑤屏

plater ['pleɪtə] n. ①电镀工人,金属板工 ②镀覆装置

platform ['plætfɔ:m] ❶ n. ①(平,站,工作,装卸)台,台架,座,场 ②栈桥,炮床 ③纲领 ❷ a. 平台工的 ❸ v. ①把…放在台上,为…设月台 ②铂重整 ☆ **be at home on the platform** 善于演说

platformer ['plætfɔ:mə] n. 铂重整装置

platforming [plæt'fɔ:mɪŋ] n. 铂重整,凌波平航

platina ['plætɪnə] n. (天然)铂,白金

platinammines [plætɪ'neɪmi:nz] n. 铂氨化物

platine ['plætɪn] n. (装饰用)锌铜合金

plating ['pleɪtɪŋ] n. ①(电,喷)镀,电镀术,镀色,镀层 ②装甲,制板,包蒙皮 ③(制革,造纸的)熨平,晒相片

plating-out ['pleɪtɪŋaʊt] n. 电解法分离,镀层析出,镀出

platinic [plə'tɪnɪk] a. (四价)铂的,白金的

platiniferous [plætɪ'nɪfərəs] a. 含〔产〕铂的

platiniridium [plætɪnaɪ'rɪdɪəm] n. 铂铱矿

platinite ['plætɪnaɪt] n. 代铂钢,代白金

platinize ['plætɪnaɪz] vt. 镀铂,在…上镀铂 ‖ **platinization** n.

platino ['plætɪnəʊ] n. 金铂合金

platinode ['plætɪnəʊd] n. 伏打电池的阴极

platinoid ['plætɪnɔɪd] ❶ a. 铂状的 ❷ n. ①铂铜,

镍铜锌电阻合金 ②镍铜锌合金电阻丝 ③铂系合金,假铂,假白金

platinoiridita [plætɪnɔɪr'ɪdɪtə] n. 铂铱

platinotron ['plætənəutrɔn] n. (雷达用)大功率微波管,铂管

platinotype ['plætɪnəutaɪp] n. 铂黑印片术,铂黑照片,白金照相术

platinous ['plætɪnəs] a. 亚铂的

platinum ['plætnəm] n. 【化】铂, 白金

plation ['plætɪən] n. 板极控制管

platitude ['plætɪtju:d] n. 陈词滥调,老生常谈 ‖ **platitudinous** a.

platometer = planimeter

platoon [plə'tu:n] n. (步兵等的)排,小队,车队,一组(东西)

platreating [plæ'tri:tɪŋ] n. 加氢精制法

platten ['plætn] vt. ①弄平 ②制成平箔 ③敲弯或敲平钉头

platter ['plætə] n. ①母板,小底板 ②大浅盘 ☆**on a platter** 现成的,不费力地

platy ['pleɪtɪ] a. 板〔片,层〕状的

platyhelminthes [plætɪ'helmɪnθɪːs] n. 扁虫类

platykurtosis [plætɪ'kɜ:'təusɪs] n. 低峰态,低阔峰

platynite ['plætənaɪt] n. 硫硒铋铅矿

plausibility [plɔːzə'bɪlətɪ] n. 似乎真实,似乎合理,似是而非

plausible ['plɔːzəbl] a. 似乎真实〔合理,可取〕的,似是而非的 ‖ **plausibly** ad.
〖用法〗注意下面例句中该词的含义: We should use as low an order of polynomial as appears <u>plausible</u>. 我们应该使用尽可能低阶的多项式。

play [pleɪ] ❶ v. ①玩,奏,扮 ②起作用 ③运动,跳动,浮动,闪动,吹拂 ④(连续、断续地)发射(on, over, along),放出,(唱片等)放音,播放 ⑤处置,发挥 ☆ **play a role in** 在…中起作用; **play back** 放(录音带等),重演; **play down** 减低…的重要性; **play off A against B** 使 A 和 B 互相制约,抗衡; **play out** 用〔做,演〕完,放出〔松〕〔绳索〕; **play tricks with** 乱用,干扰; **play with** 玩弄 ❷ n. ①游戏,剧本,赌博,(博弈)局 ②活动,作用 ③【机】(游,缝,齿)隙动 ④闪动,窜动,变幻 ⑤往复行程 ☆ **allow full play to** 使充分活动〔发挥〕; **be in full play** 正开足马力,正充分起作用; **bring (call) into play** 利用,发挥(作用),开动,实行; **come into play** 开始起作用〔运行〕; **give (free) play to** 让…自由活动; **give (full) play to** (充分)发挥; **make good play** 顺利进行; **make play** 行动有效; **put into play** 使…运转,实现
〖用法〗❶ 表示"打…球"时,"play"后的球类名词前不加冠词。如:play basketball "打篮球";而表示"弹〔拉〕(乐器)"时,在乐器前要加定冠词。如: play the violin "拉小提琴"。❷ 该词表示"玩"时只用于孩子,对成年人应该用"have a good time"或 "enjoy oneself〔themselves〕"。❸ 注意下面

例句的含义: In this case, transistor action <u>comes into play</u>. 在这种情况下,就出现了晶体管效应。

playa ['plɑːjə] n. 干盐湖,海边修养地

playable ['pleɪəbl] a. 可演奏的,可播放的,可玩的,宜玩的

playact ['pleɪækt] v. 表演,装扮,假装,做作

playactor ['pleɪæktə] n. 演员

playback ['pleɪbæk] n. ①反〔重〕演,(磁带)录返,再现 ②读数 ③放音〔像〕(设备),播放
〖用法〗注意下面例句的含义: On <u>playback</u>, the moving magnetic tape induces a signal current in the head. 回放时,运动的磁带会在磁头里感应出一个信号电流来。

playbook ['pleɪbuk] n. 剧本,剧本集

play-by-play [pleɪbaɪ'pleɪ] a. ①比赛实况解说的 ②详尽的

player ['pleɪə] n. ①选手,演奏者,演员,局中人 ②唱机,留声机

playground ['pleɪɡraund] n. 运动(游戏)场,操场,活动场所

playhouse ['pleɪhaus] n. 剧场,儿童游戏屋

playing ['pleɪɪŋ] n. 比赛,演奏,扮演

playland ['pleɪlænd] n. 运动场,游戏场

play-over ['pleɪəuvə] n. 直接播放(录音)

playwright ['pleɪraɪt] n. 剧作家

playwriting ['pleɪraɪtɪŋ] n. 剧本创作

plaz(z)a ['plɑːzə](西班牙语)n. 广场,集市场所,大空地

plea [pliː] n. ①抗辩,辩解,口实 ②恳求 ☆**make a plea for** 主张,请求(考虑),替…说话; **on (under) the plea of** 借口

pleach [pliːtʃ] vt. 编(结)

plead [pliːd] (pleaded 或 ple(a)d) v. ①辩护,答辩,托辞 ②恳求 ☆ **plead against** 反驳,劝人不要; **plead for** 恳求,为…辩护; **plead with** 向…恳求

pleader ['pliːdə] n. 辩护人,抗辩人

pleasant ['plezənt] a. 愉快的,舒适的,合意的,有趣的 ‖ **~ly** ad.

please [pliːz] v. ①(使)高兴,想要 ②使满意,喜欢 ☆**as you please** 随你便; **if you please** 请,对不起; **please yourself** 请便

pleased [pliːzd] a. 高兴的,满意的 ☆ **be much pleased at** 听到…很高兴; **be pleased to (do)** 乐于; **be pleased with** 对…感到满意

pleasing ['pliːzɪŋ] a. 使人愉快的(to),合意的,令人满意的 ‖ **~ly** a.

pleasure ['pleʒə] ❶ n. 愉快,快乐,满足,娱乐,消遣,快乐的事物 ❷ v. (使)高兴,(使)愉快,喜欢 ☆ **at pleasure** 随意,任意;**with pleasure** 高兴地

pleat [pliːt] ❶ n. 褶 ❷ vt. 使打褶,编织

plectridium [plek'trɪdɪəm] n. 鼓槌孢子型

pled [pled] v. plead 的过去式及过去分词

pledge [pledʒ] ❶ n. 誓约,抵押(品) ❷ vt. 保证,许诺,发誓,抵押,为…干杯 ☆**be (stand) pledged to** 对…作保证; **give A in pledge** 以 A 作抵押;

P

pledge oneself to 保证

pledget ['pledʒɪt] *n.* 小拭子,纱布

pleiade ['plaɪəd] *n.*【医】同位素群

pleionomer [plaɪ'ɔnəmə] *n.* 均（同性）低聚物

pleiotropism [plaɪ'ɔtrə,pɪzəm] *n.*（基因）多效性,多向性

pleiotropy [plaɪ'ɔtrəpɪ] *n.* 多效性

Pleistocene ['plaɪstəusi:n] *n.;a.*【地质】（第四纪前期）更新世(的),更新统(的)

pleistoseismic [plaɪstəu'saɪzmɪk] **zone**【地质】强震带

plena ['pli:nə] *n.* plenum 的复数,充实,充满,全体会议

plenarily ['pli:nərɪlɪ] *ad.* 十〔充〕分,完全地,充分地

plenary ['pli:nərɪ] *a.* ①充分的,完全的 ②全体出席的,有全权的,无限的,绝对的

plenilune ['pli:nəlu:n] *n.* 望〔满〕月

plenipotentiary [plenɪpə'tenʃərɪ] *n.;a.* 全权代表,全权大使,有全权的

plenish ['plenɪʃ] *vt.* 给(房屋)安装设备,给…供应

plenitude ['plenɪtju:d] *n.* ①充分,完全 ②充足,丰富 ‖ **plenitudinous** *a.*

plenteous ['plentjəs] *a.* 丰(富,硕)的,充足的 ‖ **~ly** *ad.*

plentiful ['plentɪful] *a.* 大量的, 丰富的 ‖ **~ly** *ad.* **~ness** *n.*

plentitude ['plentɪtju:d] = plenitude

plenty ['plentɪ] ❶ *n.* 丰富,许多 ❷ *a.* 充分的 ❸ *ad.* 充分地 ☆ *plenty of* 足够的,大量的 〖用法〗"plenty of" 后面可以跟不可数名词(作主语时谓语用单数形式),也可跟可数名词复数(作主语时谓语用复数形式)

plenum ['pli:nəm] ❶ (pl. plenums 或 plena) *n.* ①充实,空间充满物质(对应 vacuum) ②强制通风,增压室,(高压状态中的)封闭的空间 ③全体会议 ❷ *a.* 增压的,压气的

pleochroic [pli:ə'krəuɪk] *a.* 多色的,多向色的

pleochroism [plɪ'ɔkrəuɪzəm] *n.* 多(向)色性,多色(现象)

pleochromatic [pli:əu,krə'mætɪk] *a.* 多(向)色的

pleochromatism [pli:əu'krəumə,tɪzəm] *n.* 多色(现象),多向色性

pleoergy [plɪ'ɔ:dʒɪ] *n.* 超过敏性,变应性过度

pleomorphic [pli:ə'mɔ:fɪk] *a.* 多晶的,多形(态)的

pleomorphism [plɪ(:)ə'mɔ:fɪzəm] *n.*（同质)多晶形(现象),同质异形(现象)

pleomorphous [pli:ə'mɔ:fəs] *a.* 多形的

pleonasm ['plɪənæzəm] *n.* 冗言,啰嗦话,冗长

pleonastic [plɪ(:)ə'næstɪk] *a.* 冗长的,啰嗦的,赘述的 ‖ **~ally** *ad.*

pleophony ['plɪəfənɪ] *n.* 全音

plesiomorphic [pli:sɪə'mɔ:fɪk] *a.* 形态相似的

plesiomorphism [pli:sɪə'mɔ:fɪzm] *n.*【医】形态相似

plesiomorphous [pli:sɪə'mɔ:fəs] *a.* 形态相似的

plesiosauria [pli:sɪə'sɔ:rɪə] *n.* 鳍龙目

plessite ['plesaɪt] *n.* 合纹石

plethora ['pleθərə] *n.* 过多,过剩 ‖ **plethoric** *a.*

plethysm ['pleθɪzm] *n.* 器官血量变化

plethysmography [pleθɪz'mɔgrəfɪ] *n.* 体积描记术

pleuritis [pluə'raɪtɪs] *n.* 胸膜炎

pleurodont ['pluərədɔnt] *n.* 连骨牙,侧生齿动物

pleuropneumonia [pluərənju:'məunɪə] *n.* 胸膜肺炎

pleuston ['plu:stɔn] *n.* 浮表〔水漂〕生物

plexicoder ['pleksɪkəudə] *n.* 错综编码器

plexidur ['pleksɪdə:], **plexiglas** ['pleksɪglɑ:s], **plexigum** ['pleksɪgʌm] = plexiglass

plexiglass ['pleksɪglɑ:s] *n.* 胶质玻璃,耐热有机玻璃

pliability [plaɪə'bɪlɪtɪ] *n.* 柔韧性,可挠性,能适应性

pliable ['plaɪəbəl] *a.* 易弯的,柔韧的,能适应的 ‖ **pliably** *ad.*

pliancy ['plaɪənsɪ] *n.* = pliability

pliant ['plaɪənt] *a.* = pliable

plica ['plaɪkə] *n.* 壳褶

plicacetin [plaɪ'kæsɪtɪn] *n.* 折皱菌素

plicate ['plaɪkɪt], **plicated** ['plaɪkeɪtɪd] *a.* 有褶(皱)的,有沟的

plication [plaɪ'keɪʃən] *n.*（细)褶皱,皱纹

pliensbachian [pleɪns'bætʃɪən] *n.*（地质年代)普利恩斯巴奇阶

pliers ['plaɪəz] *n.* 钳(子),扁嘴钳,老虎钳

plight [plaɪt] ❶ *n.* ①境况,困境 ②誓约 ❷ *vt.* 保证,许婚,以身相许

plim [plɪm] (plimmed ; plimming) *v.*（使)膨胀(out)

plimsoll ['plɪmsəl] *n.* (pl.)（轻便)橡皮底帆布鞋

plink [plɪŋk] *v.;n.*（发)叮当声,乱射

plinth [plɪnθ] *n.* 底座,踢脚线,接头座

plinthite ['plɪnθaɪt] *n.* 杂赤铁土

pliobond [plɪ'ɔbɔnd] *n.* 合成树脂结合剂,功率电子管

pliocene ['plaɪəsi:n] *n.;a.*【地质】上新世的

pliodynatron [plaɪɔdɪ'neɪtrɔn] *n.* 负互导管

pliofilm ['plaɪəfɪlm] *n.*（氢)氯化橡胶(薄膜),胶膜(容器)

plioform ['plaɪəfɔ:m] *n.* 普和形(塑料)

pliomorphism [plaɪə'mɔ:fɪzm] *n.* 多形核白细胞

pliotron ['plaɪətrɔn] *n.* 功率三极管,带有控制栅极的负阻四极管,空气过滤器

plod [plɔd] *v.;n.* 沉重缓慢地走,艰苦地工作

plodder ['plɔdə] *n.* 蜗压机;沉重行走的人,辛勤工作的人

plodding ['plɔdɪŋ] ❶ *n.* 模压 ❷ *a.* 沉重缓慢的,单调乏味的 ‖ **~ly** *ad.*

plomatron ['plɔmətrɔn] *n.* 栅控承弧管

plop [plɔp] *n.;v.;ad.* 扑通〔啪哒〕声(落下)

ploration [pləu'reɪʃən] *n.* 流泪

plot [plɔt] ❶ *n.* ①地块,基址,苗圃 ②(曲)线图(图),图表 ③测绘板 ④计策 ⑤情节,结构 ❷ (plotted;

plotting) v. ①标绘,作图,画曲线,设计 ②区分 ③ 密谋 ☆ *plot A against B* 依据B标绘A,画出A 对B的(关系)曲线; *plot out one's time* 分配时间 〖用法〗❶ 注意搭配模式 "a plot of A against (versus; as a function of)B",意为 "A相对于B 的曲线(图)"。如:As a <u>plot</u> of k as a function of time is given in Fig.1. 图1中给出了k随时间变化的曲 线(图)。❷ "plot as" 意为 "(被)画成…"。如: Eq. (6-2) <u>plots as</u> a straight line on the drain characteristics of the FET. 式(6-2)在该场效应管 的漏极特性曲线上被画成了一根直线。❸ plot A as B 意为 "把A画成B"。如:It is convenient to <u>plot</u> the magnitude and phase of αβ <u>as</u> a function of frequency. 把αβ的大小和相位画成频率的函数是 方便的

plot-observer ['plɒtəb'sɜːvə] n. 测绘员,情节观 察员

plot(o)mat ['plɒt(ə)mæt] n. 自动绘图机

plotter ['plɒtə] n. ①标绘器,坐标自记器,记录仪,地 震剖面仪 ②标面图板 ③标图员 ④谋谋者,密谋,策 划者,搞阴谋的人

plotting ['plɒtɪŋ] n. ①测绘,绘图,图标,画曲线 ② 标定 ③计算刻度

plough [plaʊ] ❶ n. ①犁,创雪机,扫雪机,开沟器, 平土机 ②耕作 ③(木工)沟〔槽〕④搅拌棒,刮板 ❷ v. ①犁,挖沟,翻松 ②(木工)开槽,用刨煤机采 (煤) ③费力穿过〔读完〕,钻研,刻苦从事(through) ☆ *plough into* 干劲十足地投入; *plough the sand* 徒劳; *plough under* 压倒,埋葬掉; *plough up* 犁翻,翻耕

ploughability [plaʊə'bɪlɪtɪ] n. 可耕性

ploughshare ['plaʊʃeə] n. 犁铧〔头,铲〕

plowshare = ploughshare

ploy [plɔɪ] n. ①活动,职业 ②手法 ③由横队变纵 队

pluck [plʌk] ❶ v. ①采 ②拉,拽 ③抢,夺(away, off),抓住(at) ④弹,拨 ⑤拨伸 ☆ *pluck down* 拖下,拆毁; *pluck off* 扯去; *pluck out* 拔出; *pluck up* 根绝,振作精神 ❷ n. ①(一)拉,拔下的 东西 ②勇气 ③(图画)清晰

plucker ['plʌkə] n. 拔取〔摘取〕装置,拔毛机

pluckless ['plʌklɪs] a. 没有勇气〔胆量〕的,没精神的

plucky ['plʌkɪ] a. ①有勇气〔胆量〕的 ②(图画) 清晰的 ‖ **pluckily** ad.

plug [plʌg] ❶ n. ①塞,填充,栓 ②【电气】插头 ③ (给水,消防)栓 ④衬套,柱销 ⑤心杆,顶头 ⑥底结, 炉瘤 ⑦岩颈 ❷ a. 柱形的,插入式的 ❸ (plugged; plugging) v. ①塞住,堵塞(up) ②插入 ③枪击,拳打

plugboard ['plʌgbɔːd] n. 插头板,配线盘,插件,线 路连接板

pluggable ['plʌgəbl] a. (可)插入的

plugger ['plʌgə] n. ①填塞物,凿岩机 ②充填器 ③ 堵洞者 ④(产品)宣传者

plugging-up ['plʌgɪŋʌp] n. ①填塞 ②闭塞(用户 线)

plug-hole ['plʌghəʊl] n. 塞孔

plug-in ['plʌgɪn] ❶ n. 插座,插入 ❷ a. 插入式的, 组合式的,插〔换〕上的,嵌入的,只要插进电插座就 可运用的

plug-selector ['plʌgsɪ'lektə] n. 塞绳式交换机

plum [plʌm] ❶ n. ①李,梅 ②混凝土用毛石料块或 大石子 ③精华 ❷ ad. 充分,完全,称心的,值得拥 有的

plumb [plʌm] ❶ n. ①铅锤,线铊 ②竖直 ❷ a.;ad. ①垂直(的) ②公正〔平〕③完全 ④恰恰 ❸ v. ①用铅锤测量(水深),用铅锤检查垂直度 ②(使) 垂直 ③作铅管细工 ④灌铅(以增加重量),用铅封 ⑤探测,了解 ⑥到达…的底(部)

plumbagine [plʌm'bædʒɪːn] n. 石墨(粉)

plumbaginous [plʌm'bædʒɪnəs] a. (含)石墨的

plumbago [plʌm'beɪgəʊ] n. 石墨(粉),炭精

plumbate ['plʌmbeɪt] n. (高)铅酸盐

plumbean ['plʌmbiːn] a. (正)铅的

plumbeous ['plʌmbɪəs] a. (正,似,含)铅的,重的

plumber ['plʌmə] n. 白铁工,铅(管)工

plumbery ['plʌmərɪ] n. 管工车间,铅管工厂

plumbic ['plʌmbɪk] a. (含,高)铅的

plumbicon ['plʌmbɪkən] n. 光导摄像管,铅靶管, 氧化铅摄像管

plumbiferous [plʌm'bɪfərəs] a. 含(产)铅的

plumbing ['plʌmɪŋ] n. ①铅管系统 ②管道(管路), 卫生工程 ③铅锤测量,铅垂 ④波导

plumbism ['plʌmbɪzəm] n. 铅(中)毒,铅毒症

plumbite ['plʌmbaɪt] n. (亚)铅酸盐

plumbless ['plʌmlɪs] a. 深不可测的

plumbline ['plʌmlaɪn] ❶ n. 铅垂线 ❷ vt. ①用铅 垂线测量,用铅垂线检查…的垂直度 ②探测

plumbness ['plʌmnɪs] n. 垂直

plumboniobite [plʌm'bɒnɪəʊbaɪt] n. 铅铌铁矿

plumbous ['plʌmbəs] a. (亚,二价)铅的

plumbsol ['plʌmsɒl] n. 银锡软焊料

plumbum ['plʌmbəm] n. (拉丁语) 铅,【化】铅

plume [pluːm] ❶ n. ①羽毛,翎 ②羽(毛)状物,(水 下原子爆炸时扬起的)羽状水柱 ③烟缕,(火箭喷 出的)羽烟 ④(日晷的)极线 ❷ v. 一缕缕喷 出,(使)形成羽毛状 ☆ *plume oneself on* 以… 为荣

plumelet ['pluːmlɪt] n. 小羽毛

plummer-block ['plʌməblɒk] n. 止推轴承

plummet ['plʌmɪt] ❶ n. 铅锤,线铊 ❷ vi. 垂直落 下,暴跌

plummy ['plʌmɪ] a. 好的,理想的

plumose ['pluːməʊs] a. 羽毛状的

plump [plʌmp] ❶ a. ①饱满的,鼓起的 ②直截了 当的 ❷ v. ①(使)鼓起 ②突然落下(down),突然进入(in), 突然冲出(out) ③溶胀,膨 胀 ❸ n. ①(沉重地)落下,猛冲 ②扑通声,冲撞声 ❹ ad. ①扑通一声,沉重地 ②猛然 ③直率地 ‖ ~ly ad.

plumper ['plʌmpə] n. ①猛跌,沉重落下 ②除酸剂,

除酸工人

Plumrite ['plʌmraɪt] *n.* 普鲁姆里特黄铜

plumule ['plu:mju:l] *n.* 胚芽,(昆虫的)香羽鳞,(鸟的)绒毛

plunder ['plʌndə] *v.;n.* 掠夺(物),抢劫

plunderable ['plʌndərəbl] *a.* 易遭掠夺的

plunderage ['plʌndərɪdʒ] *n.* 掠夺,劫掠(品),盗窃

plunderer ['plʌndərə] *n.* 掠夺(抢劫)者

plunge-je [plʌndʒ] *v.;n.* ①(使)插入,沉(浸,潜)入,陷入,钻入(into),插进(into) ②急降 ③倒转 ④(船引)颠簸 ⑤跳入,游水 ⑥倾(补,褶)角 ☆ ***plunge into a difficulty*** 陷入困境; ***take the plunge*** 冒险尝试,采取断然行动

plunger ['plʌndʒə] *n.* ①柱塞,插棒〔杆〕,(弄通堵塞管道用的)揣子 ②滑阀,(浸入水中的)浮子 ③【冶】钟罩,冲杆,压模,压实器 ④(波导管)短路器,(线圈的)可动铁芯 ⑤撞针 ⑥跳(潜)水人

plunging ['plʌndʒɪŋ] ❶ *n.* 倒转,切入,压入法,钟罩法 ❷ *a.* 跳进的,突然往下的

plun-jet ['plʌndʒet] *n.* 气动塞

plunk [plʌŋk] ❶ *vt.* ①砰地放下 ②(发)扑通声,砰砰地响 ❷ *ad.* ①砰地,扑通地 ②恰好 ☆ ***plunk down*** 突然落下,猛然放下; ***with a plunk*** 砰地一声

plural ['pluərəl] *n.;a.* 复数(的),多于一个的

pluralism ['pluərəlɪzəm] *n.* 复数;多种;兼职

plurality [pluə'ræləti] *n.* ①复数(性),多元 ②大多数,许多 ③兼职

〖用法〗注意下面例句中该词的含义: A common channel can be time-shared by a plurality of users by means of pulse modulation. 利用脉冲调制许多用户就可以对一个普通信道实行时分共享。

pluralize ['pluərəlaɪz] *v.* ①(使)成复数(形式),以复数形式表示 ②兼职

pluramelt ['pluərəmelt] *n.* 包层钢板

plurinuclear [pluri'nju:klɪə] *a.* 多核的

pluripolar [pluərə'pəulə] *a.*【医】多极的

pluripotent [pluərɪ'pətənt] *a.* 多能的

pluripotential [pluərɪpə'tenʃəl] *a.*【医】多能的

plus [plʌs] ❶ *prep.* 加,加上 ❷ *a.* ①正的,阳性的 ②〔通常放在被修饰的词之后〕略大的,附加的,多余的 ❸ *n.* ①正号,加号 ②正数,正极 ③附加额(物) ④增益

〖用法〗❶ 注意下面例句中该词的用法:We shall not attempt to give a complete discussion of the general case of translation plus rotation.我们不想全面讨论平动加转动这一一般情况。/The current equals the source emf divided by the total circuit resistance, external plus internal. 电流等于电源电动势除以电路的总电阻,既包括外部电阻,也包括内阻。/This term is the mean-square value of the total sigal, dc plus ac. 这一项是总信号(直流加交流)的均方值。❷ C++读成"si:plʌsplʌs"。❸ "A plus B"作主语时,谓语的数取决于A。如:The signal plus noise passes through the receiving filter

and is sampled by the A/D converter. 信号加上噪声通过接收滤波器,并由模/数转换器取样。

plush [plʌʃ] ❶ *n.* (长)毛绒,丝绒 ❷ *a.* 长毛绒(做)的,豪华的

plushy ['plʌʃɪ] *a.* 长毛绒(似)的,豪华的

plutarchy ['plu:ta:kɪ] = plutocracy

Pluteus ['plu:tɪəs] *n.* (地质年代)普鲁丘斯阶

pluto ['plu:təu]【天】冥王星 ‖ ~nian 或~nic *a.*

pluto ['plu:təu] *n.* ①放射性检查计 ②海上搜索救援飞机

plutocracy [plu:'tɒkrəsɪ] *n.* 富豪〔财阀〕统治(集团)

plutocrat ['plu:təkræt] *n.* 富豪,财阀 ‖ ~ic *a.*

plutonate [plu:'təuneɪt] *n.*【化】钚酸盐

pluton(e) ['plu:tɒn] *n.* 深成岩体

plutonia [plu:'təunɪə] *n.*【化】二氧化钚

plutonic [plu:'tɒnɪk] *a.*【地质】深成(岩)的,火成的

plutonism ['plu:tənɪzm] *n.* ①火成论 ②钚射线伤害

plutonite ['plu:tənaɪt] *n.* 深成岩

plutonium [plu:'təunɪəm] *n.*【化】钚

plutonomic [plu:tə'nɒmɪk] *a.* (政治)经济学的

plutonomist [plu:'tɒnəmɪst] *n.* 政治经济学家

plutonomy [plu:'tɒnəmɪ] *n.* (政治)经济学

plutonyl ['plu:təunɪl] *n.*【核】双氧钚根,钚酰

pluvial ['plu:vjəl] *a.* (多)雨的,洪积的,(由于)雨(水作用而)成的

pluvian ['plu:vɪən] *a.* 下(多)雨的

pluviogram ['plu:vɪəgræm] *n.*【地理】雨量图

pluviograph ['plu:vɪəgra:f] *n.*【地理】(自记)雨量计

pluviometer [plu:vɪ'ɒmɪtə] *n.* 雨量器(计)

pluviometric(al) [plu:vɪə'metrɪk(əl)] *a.* 雨量器的,量雨的

pluviometry [plu:vɪ'ɒmɪtrɪ] *n.* 测雨法,降水量测量学

pluvioscope ['plu:vɪəskəup] *n.*【地理】雨量计

pluviose ['plu:vɪəus] *a.* 雨量多的 ‖ **pluviosity** *n.*

pluvious ['plu:vɪəs] *a.* (多)雨的,潮湿的

ply [plaɪ] ❶ *n.* ①层(片),(绳)股,板片,线网层 ②厚度,折叠 ③倾向,癖 ❷ (plied;plying) *v.* ①使绞合 ②折,弯 ③使劲(做),(忙于)使用 ④往返(于)(between) ⑤通过

ply-bamboo ['plaɪbæmbu:] *n.* (多)层竹(板)

plycast ['plaɪka:st] *n.* 熔模壳型

plyer ['plaɪə] *n.* ①拉管台,拔管小车 ②(pl.)钳子,手钳

plyglass ['plaɪgla:s] *n.* 纤维夹层玻璃

plying ['plaɪɪŋ] *n.* 绞合,折,弯

plymax ['plaɪmæks] *n.* 镶铝装饰用胶合板

plymetal ['plaɪmetl] *n.* 包铝(的)层板,涂金属层板,夹金属胶合板

Plymouth ['plɪməθ] *n.* 普利茅斯(英国港口)

plywood ['plaɪwud] *n.* 胶合板,层压(木)板

pneudraulic [nju:'drɔ:lɪk] *a.* 气动液压的

pneudyne ['nju:daɪn] n. 气动变向器

pneulift ['nju:lɪft] n. 气动升降机

pneun = pneumatic

pneumal ['nju:məl] a. 【医】肺的

pneumatic [nu:'mætɪk] ❶ a. ①气动的,由压缩空气推动的 ②(有)空气的,(可)充空气的 ③气体(力)学的 ④呼吸的 ❷ n. 气胎,有气胎的车辆 ‖ ~ally ad.

pneumatics [nu:'mætɪks] n. ①气动力学,气体力学 ②气动装置 ③气胎

pneumatization [nju:mətaɪ'zeɪʃən] n. 【医】气腔形成

pneumatized ['nju:mətaɪzd] a. 充气的,含有气腔的

pneumatogenic [nju:mətəʊ'dʒenɪk] a. 气成的

pneumatogram [nju:'mætəgræm] n. 呼吸描记图

pneumatology [nju:mə'tɒlədʒɪ] n. 气体力学,气体(治疗)学

pneumatolysis [nju:mə'tɒlɪsɪs] n. 【地质】气化(作用),气成 ‖ **pneumatolytic** a.

pneumatometer [nju:mə'tɒmɪtə] n. 【医】呼吸气量测定器

pneumatometry [nju:mə'tɒmɪtrɪ] n. 呼吸气量测量法

pneumatophore [nju:'mætəfɔ:] n. ①载气体,浮囊 ②出水通气根,【动】气胞囊,【植】呼吸根

pneumatosphere [nju:mə'tɒsfɪə] n. 电子(控制)气动

pneumeractor [nju:mə'ræktə] n. 测量石油产品量的记录仪

pneumocin ['nju:məsɪn] n. 【医】肺炎克氏杆菌素

pneumoconiosis,pneumokoniosis [nju:mə-kəʊnɪ'əʊsɪs] n. 肺尘埃沉着病

pneumogram ['nju:məgræm] n. (宇航员用)肺呼吸运动记录图,呼吸描记图,充气照片

pneumohydraulic [nju:məhaɪ'drɔ:lɪk] a. 气动液压的

pneumohypoxia [nju:məhaɪ'pɒksɪə] n. 【医】肺部缺氧症

pneumolith ['nju:məlɪθ] n. 肺石

pneumology [nju:'mɒlədʒɪ] n. 肺病学

pneumolysin [nju:mə'laɪsɪn] n. 【生】肺炎球菌溶血素

pneumonectasis [nju:mə'nektəsɪs] n. 【医】肺气肿

pneumonia [nju(:)'məʊnjə] n. 【医】肺炎

pneumonic [nju(:)'mɒnɪk] a. 肺(炎)的

pneumonics [nju(:)'mɒnɪks] n. 压气(射流自动)学

pneumonitis [nju(:)'məʊnaɪtɪs] n. 【医】(局部急性)肺炎

pneumonoconiosis, pneumonokoniosis [nju:mənəʊkəʊnɪ'əʊsɪs] n. 【医】肺尘(埃沉着)病

pneumonoultramicroscopicsilicovolcanoconiosis ['nju:mənəʊʌltrəmaɪkrəs'kɒpɪk'sɪlɪkəvɒl'keɪnəʊkəʊnɪ'əʊsɪs] n. 矽肺病

pneumosilicosis [nju:məsɪlɪ'kəʊsɪs] n. 【医】矽肺(病),硅肺

pneumothorax [nju:məʊ'θɔ:ræks] n. 【医】气胸

pneumotoxin [nju:mə'tɒksɪn] n. 【生化】肺炎球菌毒素

pneumotropic [nju:mə'trɒpɪk] a. 亲肺的

pneusis ['nju:sɪs] n. 呼吸

pneusometer [nju'sɒmɪtə] n. 肺活计

pneutronic [nju:'trɒnɪk] a. 电子气动的

poach [pəʊtʃ] v. ①【化】漂洗 ②踩成泥浆 ③偷猎,侵犯他人领域 ④把…戳入(into)

poacher ['pəʊtʃə] n. 偷猎〔渔〕者

poaptor ['pəʊptə] n. (纵向力)操纵装置

pock [pɒk] n.;vt. (使有)麻点,痘痕

pocket ['pɒkɪt] ❶ n. ①衣袋,囊,匣,油兜,储存器 ②槽,腔,坑 ③壳,罩 ④气阱 ⑤矿穴,溶解囊 ⑥矿仓,料筐,集料架,煤库 ⑦(孤立的)小块地区,死胡同 ❷ a. ①袖珍的,小型的 ②压缩的,紧凑的 ❸ vt. ①把…装入袋内,封入 ②忍受,压制 ③阻挠 ④侵吞,盗用 ☆ **be in pocket** 赚钱; **be out of pocket** 赔钱; **out of pocket expenses** 现金支付,实际的花费

pocketable ['pɒkɪtəbl] a. 衣袋里放得下的

pocketbook ['pɒkɪtbuk] n. ①袖珍本 ②女用钱包 ③财力,经济利益

pockety ['pɒkɪtɪ] a. ①矿脉瘤的,分布不匀的,闭塞的 ②囊形的

pockmark ['pɒkmɑ:k] ❶ n. 麻点,痘痕 ❷ vt. 使布满痘痕

pockwood ['pɒkwud] n. 愈疮木

poculum ['pɒkjuləm] n. 杯

pod [pɒd] ❶ n. ①(豆)荚 ②容器,吊舱,(翼梢上的)发射架 ③有纵槽的螺旋钻,手摇钻的钻头承窝 ④导流罩,推进毂罩 ⑤(蝗虫等的)卵囊,蚕茧 ❷ vt. 结荚;装有吊舱

podium ['pəʊdɪəm] (pl. podiums 或 podia) n. ①墩座墙,垫块 ②讲台,交通指挥台 ③(动物)足 ④(植物)叶柄

podocarprene [pɒdə'kɑ:pri:n] n. 罗汉松烯

podogram ['pɒdəgræm] n. 足印

podoid ['pɒdɔɪd] n. 心影

podophyllotoxin [pɒdəfɪlə'tɒksɪn] n. 【生】鬼臼素〔毒〕,足叶草脂

podsol,podzol ['pɒdzɒl] n. 【地质】灰壤 ‖ **-ic** a.

podsolization,podzolization [pɒdzɒlaɪ'zeɪʃən] n. 【地质】灰(壤)化作用

podsolize,podzolize ['pɒdzɒlaɪz] vt. 【地质】灰(壤)化

poecilitic [pi:sɪ'lɪtɪk] a. 【地质】嵌晶状的

poecilosmoticity [pi:sɪlɒzmə'tɪsɪtɪ] n. 变渗(透压)性

poecilothermia [pi:sɪləʊ'θɜ:mɪə] n. 变温性

poem ['pəʊɪm] n. 诗,韵文

poet ['pəʊɪt] n. 诗人

poetic(al) [pəʊ'etɪk(əl)] a. 诗(意,人)的,韵文的,

理想化了的 ‖ **~ally** *ad.*

poetise,poetize ['pəʊɪtaɪz] *v.* 作诗,用诗表达

poetry ['pəʊɪtrɪ] *n.* 诗(歌,集,意),作诗

poggy ['pɒgɪ] *n.* 小鲸

pogonip ['pɒgənɪp] *n.* 冻雾

pogrom ['pɒgrəm] *n.;v.* 大〔集体〕屠杀

poid [pɔɪd] *n.* 形心(曲线),顺正弦线

poidometer [pɔɪ'dɒmɪtə] *n.* 重量计,加料计

poignancy ['pɔɪgnənsɪ] *n.* ①辛辣,尖锐 ②强烈,深刻

poignant ['pɔɪnənt] *a.* ①辛辣的,尖锐的 ②强烈的 ③恰当的,针对的 ‖ **~ly** *ad.*

poikilitic [pɔɪkɪ'lɪtɪk] *a.*【地质】嵌晶结构的,斑状的

poikiloblastic [pɔɪkɪləʊ'bla:stɪk] *a.*【地质】变嵌晶状的

poikilosmotic [pɔɪkɪlɒz'mɒtɪk] *a.* 变渗透压的

poikilotherm [pɔɪ'kɪləʊθɜ:m] *n.*【地质】变温〔冷血〕动物

poikilothermic [pɔɪkɪləʊ'θɜ:mɪk] *a.* 不定温的

poikilothermy [pɔɪ'kɪləʊθɜ:mɪ] *n.* 变温性,温度变化适应性

point [pɔɪnt] ❶ *n.* ①点,小数点 ②地点,位置,处所,中心 ③尖(端,状物),针〔刀,笔〕尖,指针,末端,转辙器,(pl.) 道岔 ④测(试)点,插座 ⑤(程,温,强)度 ⑥时刻,瞬间 ⑦交点,要点,论点,观点 ⑧意义,目的,用途 ⑨分(数),学分,(比赛)得分 ⑩(铅字大小的单位)磅 ❷ *v.* ①指(向,出,明),朝向,瞄准,表明 ②弄尖 ③使尖锐,强调 ④给…加标点,给…加小数点(off) ☆ **a case in point** 恰当的证据,适当的例子; **a point of no return** 航线临界点,无还点,只能前进不能后退的地步; **a point of safe return** 安全返航点; **at all points** 充分,彻底,在各个方面; **at this point** 这里,此时(处,刻); **be at the point of** 将近…的时候,正要; **be off the point** 不中要害; **(be) on the point of (doing)** 刚好要(做); **be to the point** 中肯,正中要害,恰到好处; **beside the point** 离题,不中肯; **carry (gain) one's point** 达到目的,说服别人同意; **catch the point of** 抓…要点; **come to the point** 到紧要关头,抓住关键; **cut to a point** 弄尖; **from point to point** 一项一项,在各点; **get one's point** 抓住…话中的要害; **give point to** 给…增添力量〔论据〕,强调; **in point** 适当的,切题的,所论及的; **in point of** 就…而言,关于,在…这点; **in point of fact** 事实上,实际上; **in points of detail** 在某些细节上; **keep to the point** 扣住要点; **make a point** 得一分,证明论点正确,达到目的; **make a point of (doing) A** 决心〔坚持〕(做)A,认为(做)A 是必要的; **make a point that ...** 主张,强调,明确指出; **make it a point** 或 **make a point of it** 必定; **miss the point** 抓不着要点; **ponit at** 指着,指点; **point A at B** 把 A 指着〔向〕B; **point by point** 逐一,详细; **point for point** 细细,正确地; **point out** 指出; **point to** 指向,针对; **point up** 朝上,强调,使突出; **score a**

point 得一分,获得利益,达到目的; **see the point in (doing)** 懂得(做)的要点; **serve one's point** 适应…的目的,满足…的需要; **stand on points** 拘泥于细节; **strain (stretch) a point** 超出范围,变通处理,破例作让步,越权处理; **to the point** 中肯,扼要; **to the point of** 或 **to the point that** 或 **to the point where** 到(达)…的程度; **up to this point** 直到目前为止,迄今

〖用法〗 ❶ 注意在下面例句中该词的含义及其前面所用的介词:This object may be located at any point in a gravitational field. 这个物体可以位于重力场中任何一点。/Since the concept is easier to grasp, we introduce it at this point. 由于这个概念比较容易掌握,所以我们在这个时候介绍它。/In this case the transistor does not have sufficient time to heat up to the point where it burns out. 在这种情况下,该晶体管没有足够的时间会发热到烧坏的程度。❷ 注意下面例句中该词的含义:Up to this point we have discussed only addition of positive numbers. 直到此时我们只讨论了正数的加法。/The prices of microcomputers have reached a point where these computers are widely used in some consumer products. 微机的价格已经达到了它们广泛用在一些消费品之中的程度。/A node is the point at which three or more conductors are joined.节点就是三根或多根导线相连在一起的点。/This model is able to explain the origin of these magic numbers, a strong point in its favor. 这个模型能够解释这些神奇数字的来历,这是它的一大优点。("a strong point in its favor"是名词短语前面的同位语,注意其汉译法,"in its favor"意为"有利于它(的)"。)/The point is that α is dimensionless, so its value does not depend on our system of units. 问题是 α 是无量纲的,所以其值并不取决于我们的单位制。/The present example is a good case in point. 现在这个例子是非常恰当的例子。/Now an important point must be made. 现在必须提及重要的一点。/The use of such a supplementary channel points to a major limitation of conventional cryptography. 使用这种辅助信道是针对〔说明〕普通密码术的一个主要缺陷。/The above discussion points to the fact that the noise in the photo current can be blamed on the physical process that introduces the randomness. 上面的讨论表明,光电流中的噪声可以归咎于引起随机性的物理过程。❸ "It must be pointed out that ..." 意为"必须指出…"。

point-blank ['pɔɪnt'blæŋk] *a.;ad.* ①近距离平射(的),一条直线上 ②直截了当(的),断然

pointdappui ['pwɛndæ'pwɪ:] (法语)交〔集合〕点,战线据点

point-device ['pɔɪntdɪvaɪs] *a.;ad.* 非常精密(的),完全正确(的)

point-duty ['pɔɪntdju:tɪ] *n.* (交通警)值勤,站岗,交通指挥

pointed ['pɔɪntɪd] *a.* 尖的,直截了当的,有所指的,

突出的

pointer [ˈpɔɪntə] n. ①指针,指示器〔字,者,物〕,地址计数器 ②启示,线索 ③瞄准手

pointing [ˈpɔɪntɪŋ] n.;a. ①指点,瞄准,定向 ②弄尖 ③(砌砖)勾缝,嵌филл(用材料)

pointless [ˈpɔɪntlɪs] a. ①钝的,无尖头的 ②无意义的,空洞的,不得要领的 ‖ ~ly ad. ~ness n.

pointolite [ˈpɔɪntəlaɪt] n.【电子】点光源,钨丝弧光灯

points [pɔɪnts] a.;n. 配合(的)

pointsman [ˈpɔɪntsmən] n. 扳道工,交通警察

pointwise [ˈpɔɪntwaɪz] a.;ad. 逐点(的)

pointy [ˈpɔɪntɪ] a. 非常尖的,有明显尖状突出部的

poise [pɔɪz] ❶ n. ①平〔均〕衡 ②砝码,秤锤 ③泊(黏度单位) ④镇静,沉着 ❷ v. ①(使)均衡,(使保持)平衡 ②犹豫不决 ③(使)作好准备 ☆ **be poised to** 随时准备着(做)

poiser [ˈpɔɪzə] n. 平(均)衡剂,平衡棒,氧化还原反应缓冲剂

poison [ˈpɔɪzən] ❶ n. ①毒 ②毒害〔化〕 ③抑制剂,反应堆,残渣 ❷ a. 有毒的,放入毒物的 ❸ v. ①(使)中毒,毒害,放毒 ②玷污 ③阻碍,抑制(催化剂等)

poisoning [ˈpɔɪznɪŋ] n. 中〔置〕毒,毒害

poisonous [ˈpɔɪzənəs] a. 有毒的,恶毒的,讨厌的

poisson [pwɑːˈsɔːn] n. 泊松

poke [pəʊk] n.;v. ①戳,捅 ②拨弄(火),添火 ③把…指向 ④袋,囊

poker [ˈpəʊkə] n. ①搅拌(铁)杆 ②拨火棒,通条,烙画用具 ③刺者

pok(e)y [ˈpəʊkɪ] a. ①狭小的,简陋的 ②不动的 ③邋遢的,肮脏的

poking [ˈpəʊkɪŋ] n. 拨火,棒触

Poland [ˈpəʊlənd] n. 波兰

polar [ˈpəʊlə] ❶ a. ①(南,北)极的,(近)地极的 ②极性的,【数】极坐标的 ③有两种相反性质〔方向〕的 ❷ n. 极线(图),极面,极性

polarimeter [pəʊləˈrɪmɪtə] n.【物】偏振计,极化计,旋光计

polarimetric [pəʊlærɪˈmetrɪk] a.【物】测定偏振〔旋光,极化〕的

polarimetry [pəʊləˈrɪmɪtrɪ] n.【物】旋光测定(法),偏振测定(法),测极化(术)

polarine [ˈpəʊləraɪn] n. 一种马达润滑油

polaris [pəʊˈlærɪs] n. 北极星(飞弹)

polarisation [pəʊləraɪˈzeɪʃən] n. 偏振现象,极化(作用),分化

polariscope [pəʊˈlærɪskəʊp] n.【物】偏振〔极化,偏振〕光镜,光测偏振仪,旋光计

polariscopy [pəʊˈlærɪskəʊpɪ] n.【物】旋光镜检法

polarise = polarize

polariser = polarizer

polariton [pəʊˈlærɪtən] n.【物】极化声子,偏振子

polarity [pəʊˈlærɪtɪ] n.【物】极性,偏光性 ②正相反

polarium [ˈpəʊlərɪəm] n. 钯金合金

polarizability [pəʊlərəaɪzəˈbɪlətɪ] n.【机】极化性

polarizable [ˈpəʊləraɪzəbl] a. 可极化的

polarization [pəʊlərɪˈzeɪʃən] n. ①极化(强度,作用),两极分化 ②配极变换 ③【物】偏振化作用 ④(印刷电路板)定位

〖用法〗注意在该词前可以有不定冠词。如: In this case there is induced in the material a polarization at the sum frequency $\omega_1 + \omega_2$. 在这种情况下,在和频 $\omega_1 + \omega_2$ 上在该物质中感应出了极化。(本句属于 "there +被动态谓语+主语" 倒装句型。)

polarize [ˈpəʊləraɪz] v.(使)极化,(使)偏振(化),(使)两极分化

polarized [ˈpəʊləraɪzd] a. 极化的,偏振的

polarizer [ˈpəʊləraɪzə] n. (起)偏振器,(起)偏光镜,极化镜

polarogram [pəʊˈlærəgræm] n. 极谱(图)

polarograph [pəʊˈlærəgrɑːf] n. 极谱(仪),旋光计,方形波偏振器

polarographic [pəʊlærəˈgræfɪk] a. 极谱(法)的

polarography [pəʊləˈrɒgrəfɪ] n. 极谱(分析)法,极谱学

polaroid [ˈpəʊlərɔɪd] n.【物】(人造)偏振片,即显胶片,(人造)偏光板

polaron [ˈpəʊlərɒn] n.【电子】极化子,偏振子

polaroscope [pəˈlærəskəʊp] n.【物】偏振光镜

polarotaxis [pəʊlærəˈtæksɪs] n.【电子】趋偏光性

polaxis [pəʊˈlæksɪs] n. 极轴

polder [ˈpəʊldə] n. 围圩,围垦的低地,围海造田

pole [pəʊl] ❶ n. ①(磁,电,地)极 ②杆,竿棒,桩 ③杆(长度单位) ④【冶】插树(作业),插青 ❷ v. ①用杆支撑,立杆,架线路,(用篙)撑(船) ②【冶】插树,(炼锡)吹气 ☆ **poles apart** 截然相反,南辕北辙; **up the pole** 陷于困境,进退两难

Pole [pəʊl] n. 波兰人

poleax(e) [ˈpəʊlæks] n. 长柄战斧,短把斧,屠斧

polecat [ˈpəʊlkæt] n. 臭猫

polectron [pɒˈlektrɒn] n.【化】聚乙烯咔唑树脂

poled [pəʊld] a. 连接的,已接通的

poleless [ˈpəʊlɪs] a. 无极的,无电杆的

polemic [pəˈlemɪk] ❶ n. 争论,论战,驳斥 ❷ a. (爱)争论的

polemical [pəˈlemɪkəl] a. = polemic ‖ ~ly ad.

polemize [pɒˈlɪmaɪz] vi. 争论,反驳

polemology [pəʊləˈmɒlədʒɪ] n. 战争学

pole-star [ˈpəʊlstɑː] n. 北极星,极球

polhode [ˈpɒlhəʊd] n. 本体极迹

polianite [pəˈlaɪənaɪt] n. 黝锰矿

police [pəˈliːs] ❶ n. 警察,治安,内务执勤 ❷ vt. ①维持治安,警备 ②统治,管辖 ③修正,校正

policeman [pəˈliːsmən] n. ①警察 ②【化】淀帚

policlinic [pɒlɪˈklɪnɪk] n. 门诊部

policy [ˈpɒləsɪ] n. ①政策,方针 ②政治(形态) ③保险单,凭单

〖用法〗❶ 注意下面例句的含义: It is always a good policy to check the results by substituting the values of the unknowns into the original equations to see that the values satisfy the equations. 通过把未知数的数值代入原方程看看这些值能否满足该方程来检验所得结果,这总是一种好方法。❷ 在其后跟的同位语从句或表语从句等中有人使用“(should +)动词原形”虚拟句型。

polimetrician [pɒlɪmɪ'trɪʃən] *n.* 政治计量学家

poling ['pəulɪŋ] *n.* ①支撑 ②立杆,架线路 ③【冶】插树,插青,(炼锡)吹气 ④调整电极

poliomyelitic [pəulɪəumaɪə'laɪtɪk] *a.*【医】脊髓灰质炎的

poliomyelitis [pəuli:əumaɪə'laɪtɪs] *a.*【医】脊髓灰质炎,小儿麻痹症

poliovirus [pəulɪəu'vaɪərəs] *n.*【医】脊髓灰质炎病毒

Polish ['pəulɪʃ] ❶ *a.* 波兰(人) ❷ *n.* 波兰语

polish ['pɒlɪʃ] *v.*; *n.* ①磨光,研磨,擦亮,精加工 ②抛光剂,擦光油,磨料 ③擦光漆,虫胶清漆,泡立水 ☆ ***give a good polish to*** 把…好好擦一擦; ***polish off*** 很快结束,草草了事; ***polish up*** 完成,改良

polisher ['pɒlɪʃə] *n.* ①抛光(打磨)工 ②抛光机(剂) ③(水处理)终端过滤器

polishing ['pɒlɪʃɪŋ] *n.* 磨,磨料

politburo [pɒ'lɪtbjuərəu] *n.* ①政治局 ②决策机构

polite [pə'laɪt] *a.* 有礼貌的

politic ['pɒlɪtɪk] *a.* 精明的,有策略的,得当的

political [pə'lɪtɪkəl] *a.* 政治(上)的

politicalize [pə'lɪtɪkəlaɪz] *vt.* 使具有政治性,使带政治色彩 ‖ **politicalization** *n.*

politically [pə'lɪtɪkəlɪ] *ad.* ①政治上 ②精明地

politician [pɒlɪ'tɪʃən] *n.* ①政治家 ②政客

politicize [pə'lɪtɪsaɪz] *v.* ①使具有政治性,从政治角度讨论 ②谈论政治 ‖ **politicization** *n.*

politick [pɒ'lɪtɪk] *v.* 从事竞选(拉选票)等政治活动

politico [pə'lɪtɪkəu] *n.* 政客

politics ['pɒlɪtɪks] *n.* ①政治(学,活动) ②策略,政治观点 ☆ ***play politics*** 玩弄权术,耍阴谋诡计

politure ['pɒlɪtʃə] *n.* 抛光,光泽

polity ['pɒlɪtɪ] *n.* ①政治形态,政体 ②政治(国家)组织

P

polje ['pəulje] *n.*【地质】灰岩盆地,喀斯特地形区大尘地

polkadot ['pɒlkədɒt] *n.* 圆点花纹

poll[1] [pəul] ❶ *n.* ①人(数),人头(税) ②选举投票,投票数(处) ③民意测验 ④(锤的)宽平端 ❷ *v.* ①投票 ②【计】登记(挂号)通信,转态 ③得到(票数) ④对…进行民意测验 ⑤剪去…的毛(角,顶部枝梢)

poll[2] [pɒl] *n.* 普通学位(的毕业生)

pollack ['pɒlək] (pl. pollack(s)) *n.* 绿(青)鳕

pollard ['pɒləd] *n.* 截头树,去角运动

pollen ['pɒlən] *n.*【植】花粉

pollen-antigen ['pɒlɪn'æntɪdʒən] *n.* 花粉抗原

pollinate ['pɒləneɪt] *vt.* 授粉(给)

pollinator ['pɒlɪneɪtə] *n.* 授花粉器

polling ['pəulɪŋ] *n.*【计】登记,转态过程,终端设备定时询问,叫站,轮询

Pollopas ['pɒləpəs] *n.*【医】脲醛树脂

pollster ['pəulstə],**polltaker**['pəulteɪkə] *n.* 民意测验者

pollucite [pɒ'ljʊsaɪt] *n.* 铯榴石

pollutant [pə'lu:tnt] ❶ *n.* 污染物(质),污染剂,散布污染物质者 ❷ *a.* 污染的

pollute [pə'lu:t] *vt.* 污染,玷污,败坏

polluted [pə'lu:tɪd] *a.* 被污染(玷污)的

polluter [pə'lu:ter] *n.* 污染者,污染物质

pollution [pə'lu:ʃən] *n.* 污染,玷污,腐败,公害

pollutional [pə'lu:ʃənəl] *a.* 污染的

pollutive [pə'lju:tɪv] *a.* 造成污染的

pollux [pɒ'ləks] *n.* 铯榴石

polo ['pəuləu] *n.* 马球,水球

polocyte ['pəuləsaɪt] *n.* 极细胞,【农】极体

polology [pəu'lɒlədʒɪ] *n.* 定极学,散射矩阵极点残数的确定

polonium [pə'ləuni:əm] *n.*【化】钋

poly ['pɒlɪ] *n.* 多,聚,复

polyacene [pɒlɪ'æsi:n] *n.*【化】多并苯

polyacetal [pɒlɪ'æsɪtəl] *n.*【化】聚(缩)醛(树脂)

polyacid [pɒlɪ'æsɪd] ❶ *n.*【化】缩多酸,多元酸 ❷ *a.* 多酸的

polyacrylamide [pɒlɪ'ækrɪləmaɪd] *n.*【化】聚丙烯酸腈

polyacrylonitrile [pɒlɪækrələu'naɪtrɪl] *n.*【化】聚丙烯腈

polyad ['pɒlɪæd] ❶ *n.* 多价物 ❷ *a.* 多价的

polyaddition [pɒlɪə'dɪʃən] *n.* 加聚(作用)

polyalkane [pɒlɪ'ælkeɪn] *n.*【化】聚链烷

polyalkene [pɒlɪ'ælki:n] *n.*【化】聚链烯

polyalkoxide [pɒlɪ'ælkɒksaɪd] *n.*【化】聚烷氧化物

polyamidation [pɒlɪæmɪ'deɪʃən] *n.*【化】聚酰胺化

polyamide [pɒlɪ'æmaɪd] *n.*【化】聚酰胺,尼龙

polyamine [pɒlɪ'æmɪn] *n.*【化】聚(酰)胺,多胺

polyaminoester(s) [pɒlɪə'mi:nəui:stə(z)] *n.*【化】聚酰胺酯(类)

polyampholyte [pɒlɪ'æmfəlaɪt] *n.* 聚两性电解质

polyandry ['pɒli:ændrɪ] *n.* 一雌多雄(配合),多雄;一夫多妻(制)

polyarylate [pɒlɪ'ærɪleɪt] *n.* 多芳基化合物

polyase ['pɒlɪeɪs] *n.* 多糖酶

polyatomic [pɒlɪə'tɒmɪk] *a.* ①多原子的,(有机)多元的 ②多碱的 ③多酸的

polyatron [pəlɪ'ætrɒn] *n.* 多阳极计数放电管

polyauxotroph [pɒlɪɔ:ksə'trɒf] *n.* 多重营养缺陷型

polybase [pɒlɪ'beɪs] *n.* 聚多碱,混合基

polybasic [pɒlɪ'beɪsɪk] *a.* ①多碱(价)的,多代的,多元的 ②多原子的(醇)

polybasite [pɒlɪ'beɪsaɪt] *n.*【化】硫锑铜银矿

polybenzimidazole [pɒlɪbenzɪmə'dæzəul] *n.*【化】聚苯并咪唑

polyblend(s) ['pɒlɪblend(z)] *n.* 聚合(物的)混合物,共混聚合物,高聚物共混体
polybond ['pɒlɪbɒnd] *n.* 聚硫橡胶黏合剂
polybutadiene [pɒlɪbju:tə'daɪi:n] *n.*【化】聚丁二烯
polybutene(oil) [pɒlɪ'bju:ti:nɔɪl] *n.*【化】聚丁烯(润滑油)
polycaprolactam [pɒlɪkæprə'læktəm] *n.*【化】聚己(内)酰胺
polycarbonate [pɒlɪ'kɑ:bəneɪt] *n.*【化】聚碳酸酯,多碳酸盐
polycenter(ed) [pɒlɪ'sentə(d)] *a.* 多(中)心的
polycentric [pɒlɪ'sentrɪk] *a.* 多(中)心的,具有多着丝点的
polyceptor [pɒlɪ'septə] *n.* 多受体
polychaeta ['pɒlɪki:tə] *n.* 多毛纲
polychlor ['pɒlɪklə] *n.*【化】聚氯
polychloride [pɒlɪ'klɔ:raɪd] *n.*【化】多氯化物
polychloroprene [pɒlɪ'klɒ(:)rəpri:n] *n.*【化】聚氯丁烯,氯丁橡胶
polychlorotrifluoroethylene [pɒlɪ'kɪɔ:rə'traɪ-'fluərə'eθɪli:n] *n.*【化】聚三氟氯乙烯
polychrestic [pɒlɪ'krestɪk] *a.* (药品等)有多种用途的
polychroism ['pɒlɪkrəuɪzm] *n.* (晶体等的)多色(现象),各向异色散
polychromasia [pɒlɪkrəu'meɪzɪə] *n.*【生】多染色性
polychromate[pɒlɪ'krəumeɪt] *n.* 多色物质
polychromatic[pɒlɪkrəu'mætɪk] *a.* 多色的
polychromatism [pɒlɪ'krəumətɪzm] *n.* 多色性
polychromator [pɒlɪ'krəumeɪtə] *n.* 多色仪
polychrome ['pɒlɪkrəum] ❶ *a.* 多色(印刷)的,彩饰的 ❷ *n.* 多色(画),彩色(艺术品) ❸ *vt.* 彩饰
polychromic [pɒlɪ'krəumɪk] *a.* 多色的
polychromy ['pɒlɪkrəumɪ] *n.* 多色性,多色画法,彩饰法
polycistron [pɒlɪ'sɪstrɒn] *n.* 多顺反子
polyclimax [pɒlɪ'klaɪmæks] *n.* 多元演替顶极
polyclinic [pɒlɪ'klɪnɪk] *n.* 综合医院
polycoagulant [pɒlɪkəu'ægjulənt] *n.* 凝聚剂
polycomplex [pɒlɪ'kɒmpleks] *n.* 络聚剂
polycomplexation [pɒlɪkɒmplek'seɪʃən] *n.*【化】络聚(作用)
polycompound [pɒlɪ'kɒmpaund] *n.* 多组分化合物
polycondensate [pɒlɪkɒn'denseɪt] *n.* 缩聚(产)物
polycondensation [pɒlɪkɒnden'seɪʃən] *n.* 缩聚(作用)
polyconic [pɒlɪ'kɒnɪk] **projection** 多圆锥射影〔投影〕
polycore ['pɒlɪkɔ:] **cable** 多芯电缆
polycrase ['pɒlɪkreɪz],**polycrasite** [pɒlɪ'kreɪsaɪt] *n.* 复稀金矿,锗铀钇矿石
polycross ['pɒlɪkrɒs] *n.* 多系〔多元〕杂交
polycrystal [pɒlɪ'krɪstəl] *n.* 多晶(体)
polycrystalline [pɒlɪ'krɪstəlaɪn] *a.* 多(结)晶的,多晶体的
polycrystallinity [pɒlɪkrɪstə'lɪnɪtɪ] *n.* 多晶性,多晶结晶度
polycycle ['pɒlɪsaɪkl] *n.*【化】多旋回
polycyclic [pɒlɪ'saɪklɪk] *a.*【化】多环的,多周的,多相的
polycyclotrimerization [ˌpɔlɪˌsaɪkləˌtraɪmerɪ-'zeɪʃən] *n.*【化】多环三聚(作用)
polycylinder [pɒlɪ'sɪlɪndə] *n.* 多柱面,圆柱(体),汽缸
polycyth(a)emia [pɒlɪsaɪ'θi:mɪə] *n.*【医】红细胞增多症,放射性白血病
polydichlorstyrene [pɒlɪdaɪklɔ:'staɪəri:n] *n.* 聚二氯苯乙烯
polydiene [ˌpɒlɪ'daɪi:n] *n.* 聚二烯
polydirectional [ˌpɒlɪdɪ'rekʃənəl] *a.* 多方向(性)的
polydisperse [ˌpɒlɪ'dɪspɜ:s] *a.* 多分散(的),杂散的
polydispersity [ˌpɒlɪdɪs'pɜ:sətɪ] *n.* 多分散性,杂散性
polydivinylbenzene [pɒlɪdaɪvɪnɪl'ben zi:n] *n.* 聚二乙烯基苯
polydomain [ˌpɒlɪdəu'meɪn] *n.*【数】多畴
polydynamic [ˌpɒlɪdaɪ'næmɪk] *a.* 多动态的
polyelectrolyte[ˌpɒlɪɪ'lektrəuˌlaɪt] *n.* 聚合电解质
polyelectron [ˌpɒlɪɪ'lektrən] *n.* 多电子
polyembryony [ˌpɒlɪ'embrɪənɪ] *n.* 多胚性,多胚生殖〔现象〕
polyenanthoamide [ˌpɒlɪən'ænθəuəmaɪd] *n.* 聚庚酰胺
polyene ['pɒlɪi:n] *n.* 多〔聚〕烯
polyenergetic [ˌpɒlɪˌenə'dʒetɪk], **polyenergic** [ˌpɒlɪɪ'nɜ:dʒɪk] *a.* 多能(量)的,非单色的
polyenergid [ˌpɒlɪ'enədʒɪd] *n.* 多活质体
polyenes ['pɒlɪi:nz] *n.*【医】多烯类抗菌素
polyenic [ˌpɒlɪ'i:nɪk] *a.* 多烯的
polyepoxide [ˌpɒlɪˌe'pɒksaɪd] *n.* 聚环氧化物
polyester [ˌpɒlɪ'estə] *n.* 聚酯
polyesteramide [ˌpɒlɪˌestə'ræmaɪd] *n.* 聚酰胺酯
polyesterification [ˌpɒlɪesˌterɪfɪ'keɪʃən] *n.* 聚酯(化,作用)
polyether [ˌpɒlɪ'i:θə] *n.* 聚〔多〕醚
polyethylene [ˌpɒlɪ' eθɪli:n]*n.* 聚乙烯
polyethyleneglycol [ˌpɒlɪˌeθɪli:n'glaɪkɒl] *n.* 聚乙二醇
polyfiber [ˌpɒlɪ'faɪbə] *n.* 聚苯乙烯纤维
polyfilla [pɒlɪ' fɪlə] *n.* 一种赛璐珞填缝料
polyflon ['pɒlɪflɒn] *n.* 聚四氟乙烯(合成)树脂
polyfluor(in)ated [pɒlɪ'fluər(ɪn)eɪtɪd] *a.* 多氟化的
polyfluoride [ˌpɒlɪ'fluəraɪd] *n.* 多氟化物
polyfluoro(hydro)carbon [pɒlɪfluərə(haɪdrə)-'kɔ:bən] *n.* 多氟烃
polyfoam ['pɒlɪfəum] *n.* 泡沫塑料
polyform ['pɒlɪfɔ:m] *v.* 聚合重整

P

polyformaldehyde [ˌpɒlɪfɔːˈmældɪhaɪd] *n.* 聚甲醛

polyfunctional [ˌpɒlɪˈfʌŋkʃənəl]*a.* 多官〔功〕能(团)的,多函数的,多重(性)的

polyfunctionality [ˌpɒlɪfʌŋkʃəˈnæləti] *n.* 多官能度

polyfurnace [ˌpɒlɪˈfɜːnɪs] *n.* 聚合炉

polygalacturonase [ˌpɒlɪgæləkˈtjʊərəneɪs] *n.* 多聚半乳糖醛酸酶

polygalite [pəˈlɪgəlaɪt] *n.* 远志糖醇

polygamous [pɒˈlɪgəməs] **flower** *n.* 单性与两性花共存

polygamy [pɒˈlɪgəmɪ] *n.* 杂性式,多配性,一雄多雌

polygas [ˈpɒlɪgæs] *n.* 聚合汽油

polygen [ˈpɒlɪdʒen] *n.* 多种价元素

polygene [ˈpɒlɪdʒiːn] *n.* 多基因

polygenesis [ˌpɒlɪˈdʒenɪsɪs] *n.* 多元发生

polygenetic [ˌpɒliːdʒəˈnetɪk] *a.* 多元(发生)的,多源的,多种物质构成的

polygeosyncline [ˌpɒlɪˌdʒɪəʊˈsɪnklaɪn] *n.* 复地槽

polyglass [ˈpɒlɪglɑːs] *n.* 苯乙烯玻璃〔塑料〕

polyglot [ˈpɒliːˌglɒt] ❶ *a.* 数种语言(对照)的,通晓数种语言的(人) ❷ *n.* 用多种语言写成的书 ‖ **~ous** 或 **~tal** 或**~tic** *a.*

polyglycerine [ˌpɒlɪˈglɪsərɪn] *n.* 甘油聚合物

polyglycine [ˌpɒlɪˈglaɪsɪn] *n.* 多聚甘氨酸

polyglycol [ˌpɒlɪˈglaɪkɒl] *n.* 聚(乙)二醇(一缩二乙二醇的商品名)

polygon [ˈpɒliːˌgɒn] *n.* (平面)多边〔角〕形,封闭折线,多边形地区

polygonal [ˈpɒlɪgənl] *a.* 多边〔角〕形的

polygoneutic [pɒlɪgəˈnjuːtɪk] *a.* 多产的

polygonic [pɒlɪˈgɒnɪk] **function** 多角函数

polygonization [ˌpɒlɪgənaɪˈzeɪʃən] *n.* 多边形化,多边〔角〕化

polygonometry [ˌpɒlɪgəˈnɒmɪtrɪ] *n.* 多角形几何学

polygram [ˈpɒlɪgræm] *n.* 多字母(组合),多能记录图

polygraph [ˈpɒlɪˌgrɑːf] *n.* ①复写器 ②多路描记器,多能气象〔记录〕仪,测谎器 ③论集 ④多产作家 ‖ **~y** *n.*

polygraphical [pɒlɪˈgræfɪk(əl)] *a.* 复写的

polygyny [pɒˈlɪdʒɪnɪ] *n.* (一雄)多雌配合,一夫多妻

polyhalide [pɒlɪˈhælaɪd] *n.* 多卤化物

polyhead [ˈpɒlɪhed] *n.* (噬菌体)聚合头部

polyhedral [ˌpɒlɪˈhiːdrəl] *n.* polyhedron 的复数

polyhedral [ˈpɒlɪˈhedrəl], **polyhedric(al)** [pɒlɪˈhedrɪk(əl)] *a.* 多面(体,角)的

polyhedroid [pɒlɪˈhiːdrɔɪd] *n.* 多胞形

polyhedrometry [ˌpɒlɪheˈdrɒmɪtrɪ] *n.* 多面测定法

polyhedron [ˌpɒlɪˈhedrən] (pl. polyhedra,polyhedrons) *n.* ①多面体 ②可剖分空间

polyhistor [ˌpɒlɪˈhɪstɜː] *n.* 博学的人

polyhomoeity [ˌpɒlɪˌhəʊˈmiːɪtɪ] *n.* 多均匀性

polyhybrid [ˌpɒlɪˈhaɪbrɪd] *n.* 多混合(电路,波导联接)

polyhydrate [ˌpɒlɪˈhaɪdreɪt] *n.* 多水合物

polyhydrazide [ˌpɒlɪˈhaɪdrəzaɪd] *n.*【化】聚酰肼

polyhydric [ˌpɒlɪˈhaɪdrɪk] *a.* 多羟(基)的

polyhydrone [ˌpɒlɪˈhaɪdrəʊn] *n.* 多聚水

polyimide [ˌpɒlɪˈɪmaɪd] *n.* 聚酰胺

polyion [ˌpɒlɪˈaɪən] *n.* 聚〔多〕离子,高分子量离子

polyiron [ˌpɒlɪˈaɪən] *n.* 多晶形铁

polyisobutene [pɒlɪaɪsəʊˈbjuːtiːn] *n.* 聚异丁烯

polyisobutylene [pɒlɪˈaɪsəʊˈbjuːtɪliːn] *n.* 聚异丁〔乙〕烯

polyisoprene [pɒlɪˈaɪsəʊpriːn] *n.* 聚异戊二烯

polylaminate [ˌpɒlɪˈlæmɪneɪt] *a.* 多层的

polylateral [ˌpɒlɪˈlætərəl] *a.*【医】多边〔角〕形的

polyleptic [pɒlɪˈleptɪk] *a.* 多次复发的

polylight [ˈpɒlɪlaɪt] *n.* 多灯丝灯泡

polylithiation [pɒlɪlɪθɪˈeɪʃən] *n.* 聚锂化(作用)

polylol [ˈpɒlɪlɒl] *n.* 多元醇

polylysogen [ˌpɒlɪˈlɪsədʒən] *n.* 聚合溶原体

polymath [ˈpɒliːˌmæθ] = polyhistor

polymer [ˈpɒləmə]*n.* 聚合物〔体〕,多〔高〕聚物

polymerase [ˈpɒlɪməˌreɪs] *n.* 聚合酶,多聚酶

polymeric [ˌpɒlɪˈmerɪk] *a.* 聚合(物)的

polymerid [ˈpɒlɪmərɪd] *n.* 聚合物〔体〕

polymeride [pɒˈlɪməraɪd] = polymer

polymerisate [ˌpɒlɪˈmerɪzeɪt] *n.* 聚合产物

polymerise = polymerize ‖ **polymerisation** *n.*

polymerism [pɒˈlɪmərɪzm] *n.* 聚合(现象)

polymerization [ˌpɒlɪməraɪˈzeɪʃən] *n.* 聚合(作用,反应)

polymerize [ˈpɒlɪməraɪz] *v.* (使)聚合

polymerizer [ˈpɒlɪməraɪzə] *n.* 聚合剂〔器〕

polymerous [pɒˈlɪmərəs] *a.* 聚合状的

polymery [pɒˈlɪmərɪ] *n.* 多出式

polymetamorphism [pɒlɪmetəˈmɔːfɪzm] *n.* 多相变质

polymeter [pɒˈlɪmɪtə] *n.* ①复式物性计,多测计 ②湿度计

polymethacrylate [ˌpɒlɪmeˈθækrɪleɪt] *n.* 聚甲基丙烯酸酯

polymethacrylic [pɒlɪmeˈθækrɪlɪk] **acid**【化】聚甲基丙烯酸

polymethine [pɒlɪˈmeθiːn] *n.*【化】聚甲炔

polymethylene [ˌpɒlɪˈmeθɪliːn] *n.*【化】聚甲烯〔撑〕,环烷烃,聚亚甲基

polymethylenic [pɒlɪmeθɪˈlenɪk] *a.* 聚甲烯的

polymethylmethacrylate [ˌpɒlɪmeθɪlmeˈθækrəleɪt] *n.*【化】聚甲基丙烯酸甲酯,有机玻璃

polymicrobial [ˌpɒlɪˈmaɪkrəbɪəl] *a.* 多种微生物的

polymict [ˈpɒlɪmɪkt] *n.* 复矿碎屑岩

polymignite [ˌpɒlɪˈmɪgnaɪt] *n.* 铌铈钛锆矿

polymolecular [ˌpɒlɪməʊˈlekjʊlə] *a.* 多分子的

polymolecularity [ˌpɒlɪməˌlekjʊˈlærətɪ] *n.* 多分

P

子性,高分散性

polymorph ['pɒlɪ,mɔ:f] n. 多晶型物,(同质)多形物 ‖ ~ic a.

polymorphism [,pɒlɪ'mɔ:fɪzəm] n. (同质)多晶型(现象),多形(性)(现象)

polymorphous [,pɒlɪ'mɔ:fəs] a. 多晶型的,多形的

polymorphy ['pɒlɪmɔ:fɪ] n. 多晶型现象

polymyxin [,pɒlɪ'mɪksɪn] n. 多黏菌素

polynary ['pɒlɪnərɪ] a. 多元的

Polynesia [pɒlɪ'ni:ʒə] n. 波利尼西亚(群岛) ‖ ~n. a.

polyneuritis [,pɒlɪnjuə'raɪtɪs] n. 多发性神经炎

polynia [pə'lɪnɪə] = polynya

polynome ['pɒlɪ nəum] n. 多项式

polynomial [,pɒlɪ'nəumjəl] n.;a. 多项式(的)

polynosic [,pɒlɪ'nɒsɪk] n. 高湿模量黏胶纤维,黏液丝

polynuclear [,pɒlɪ'nju:klɪə] a. 多核〔环〕的

polynucleate [,pɒlɪ'nju:klɪeɪt] a.【医】多核的

polynucleotidase [,pɒlɪ'nju:klɪətaɪdeɪs] n. 多核苷酸酶

polynucleotide [,pɒlɪ'nju:klɪə,taɪd] n. 多(聚)核苷酸

polynya [pə'lɪnɪə] n. 冰隙〔穴〕,海面未结冰处,冰前沼,冰间湖

polyol ['pɒlɪɒl] n. 多元醇

polyolefin(e) [,pɒlɪ'əuləfɪn] n.【化】聚烯烃

polyol(s) ['pɒlɪɒl(z)],**polylol** ['pɒlɪlɒl] n. 多元醇

polyoma [,pɒlɪ'əumə] n. 多瘤(病毒)

polyonymous [,pɒlɪ'ɒnɪməs] a. 多名的

polyopia [,pɒlɪ'əupɪə] n. 视物显多症,多(幻)视症

polyorganosiloxane [,pɒlɪ,ɔ:gənə,sɪ'lɒkseɪn] n.【化】聚硅氧烷

polyoses [,pɒlɪ'əusɪs] n. 多糖,聚糖

polyoxamide [,pɒlɪɒk'sæmaɪd] n.【化】聚乙二酰胺

polyoxin [,pɒlɪ'ɒksɪn] n. 多氧菌素

polyoxy [,pɒlɪ'ɒksɪ] n. 聚氧

polyoxybutylene [pɒlɪɒksɪ'bju:tɪli:n] n.【化】聚氧化丁烯

polyoxymethylene [,pɒlɪ,ɒksɪ'meθɪli:n] n.【化】聚氧化甲撑,聚甲醛

polyp ['pɒlɪp] n. 珊瑚虫,水螅体,息肉

polypedon [,pɒlɪ'pedən] n. 土壤群体,集合土体

polypentanamer [,pɒlɪ'pentəneɪmə] n. 聚戊烯(橡胶)

polypeptide [,pɒlɪ'peptaɪd] n. 多肽,缩多氨酸

polyperoxide [,pɒlɪpə(:)'rɒksaɪd] n.【化】聚过氧化物

polyphagous [pɒ'lɪfəgəs] a. 多食性的

polyphagy [pə'lɪfədʒɪ] n. 多主寄生性,多噬性

polyphase ['pɒlɪfeɪz] a.;n. 多相(的)

polyphasecurrent [,pɒlɪfeɪz'kʌrənt] n. 多相电流

polyphenol [,pɒlɪ'fi:nɒl] n.【化】多酚

polyphenylether [pɒlɪ'fi:nɪl,i:θə] n.【化】聚苯醚

polyphone ['pɒlɪfəun] n. 多音字母〔符号〕,百音盒

polyphonic [,pɒlɪ'fəunɪk],**polyphonous** [pɒlɪ'fəunəs] a. ①多音的,有多种发音的 ②复调的,对位(法)的

polyphony [pə'lɪfənɪ] n. 多音,对位法,复旋律性

polyphosphate [,pɒlɪ'fɒsfeɪt] n.【化】聚磷酸盐(酯)

polyphyletic [,pɒlɪfaɪ'letɪk] a. 多元的,多源的

polyphyletist [,pɒlɪ'faɪletɪst] n. 多元论者

polyplanar [,pɒlɪ'pleɪnə] n. 多晶平面(工艺)

polyplane ['pɒlɪpleɪn] n. 多翼飞机

polyplant ['pɒlɪplɑ:nt] n. 聚合装置

polyplexer [,pɒlɪ'pleksə] n. 天线互换器,天线收发转换开关

polyploid ['pɒlɪ,plɔɪd] n. 多倍体

polyploidy ['pɒlɪ,plɔɪdɪ] n. 多倍性〔态〕

polypolarity [,pɒlɪpə'lærətɪ] n. 多极性

polyporous [pɒ'lɪpərəs] a. 多孔的

polypropylene [,pɒlɪ'prəupɪli:n] n.【化】聚丙烯

polyprotonic [,pɒlɪprə'tɒnɪk] **acid**【化】多元酸

polyptychial [,pɒlɪp'tɪkɪəl] a.【医】多(复)层的

polypyrazine [,pɒlɪpɪ'reɪzi:n] n.【化】聚吡嗪

polyquinoxaline [,pɒlɪkwɪnək'sæli:n] n.【化】聚喹喔啉

polyradical [,pɒlɪ'rædɪkəl] n. 聚合基

polyribosome [,pɒlɪ'raɪbəsəum] n. 多核(糖)蛋白体,多核糖体

polyrod ['pɒlɪrɒd] **antenna** 介质天线

polysaccharidase [,pɒlɪ'sækəraɪdeɪs] n.【化】多糖酶

polysaccharide [,pɒlɪ'sækəraɪd], **polysaccharose** [pɒlɪ'sækərəus] n. 多糖,(高)聚糖

polysalt ['pɒlɪsɔ:lt] n.【化】聚(合)盐

polysaprobic [,pɒlɪsə'prəubɪk] a. 重污水的,多污水腐生的

polysarcia [,pɒlɪ'sɑ:sɪə] n. 多脂,肥胖

polysemantic [,pɒlɪsɪ'mæntɪk] a. 多义词的

polysemous [,pɒlɪ'si:məs] a. 多义的,有多种解释的

polysemy [,pɒlɪ'si:mɪ] n. 多义性,一词多义

polyset ['pɒlɪset] n. 聚酯树脂(商品名)

polysheath ['pɒlɪʃi:θ] n. (噻菌űn)聚合尾鞘

polysilicate [,pɒlɪ'sɪlɪkɪt] n. 多硅酸盐

polysilicon [,pɒlɪ'sɪlɪkən] n. 多晶硅

polysilicone [,pɒlɪ'sɪlɪkəun] n. 有机硅聚合物

polysiloxane [,pɒlɪ,sə'lɒkseɪn] n.【化】聚硅氧烷

polysleeve ['pɒlɪsli:v] n. 多信道的

polyslip ['pɒlɪslɪp] n. 复滑移

polyslot ['pɒlɪslɒt] n. 多槽

polysap ['pɒlɪsæp] n. 高分子表面活性剂

polysoap ['pɒlɪsəup] n. 聚皂

polysome ['pɒlɪsəum] n. 多核(糖核)蛋白体,多核糖体

polyspast ['pɒlɪs,pɑ:st] n. 滑车组,复滑车

polyspeed ['pɒlɪspi:d] a. 多种速度的,均匀调节

P

速度的

polyspermy ['pɒlɪspɜːmɪ] *n.* 多精卵

polyspherical [,pɒlɪ'sferɪkəl] *a.* 多球的

polysphygmograph [,pɒlɪs'fɪgməgrɑːf] *n.* 多导脉波描记器

polystenobaric [,pɒlɪ'stenəbærɪk] *a.* 狭强压性的

polystenobath [,pɒlɪ'stenəbɑːθ] *a.* 狭深水性的

polyster ['pɒlɪstə] *n.* 聚酯

polystome ['pɒlɪstəʊm] *a.* 多口的

polystyle ['pɒlɪs,taɪl] ❶ *n.* 多柱式(建筑) ❷ *a.* 多柱的

polystyrene [,pɒlɪ'staɪəriːn] *n.* 聚苯乙烯

polystyrol [,pɒlɪ'staɪrɒl] *n.* 【医】聚苯乙烯

polysulfide,polysulphide[pɒlɪ's ʌlfaɪd] *n.* 【化】聚〔多〕硫化物

polysulfone,polysulphone [,pɒlɪ's ʌlfəʊn] *n.* 聚砜

polysyllabic [,pɒlɪsɪ'læbɪk] *a.* 多音节的 ‖ **~ally** *ad.*

polysyllable [,pɒlɪ'sɪləbl] *n.* 多音节词

polysynthesis [,pɒlɪ'sɪnθəsɪs], **polysynthetism** [pɒlɪ'sɪnθɪtɪzm] *n.* 多数〔多词素〕综合 ‖ **polysynthetic** *a.*

polytechnic [,pɒlɪ'teknɪk] ❶ *a.* 各〔多〕种工艺的,多种科技的 ❷ *n.* 综合性工艺学校,工业大学

polytechnical [,pɒlɪ'teknɪkəl] = polytechnic

polytene ['pɒlɪtiːn] ❶ *n.* 聚乙烯(纤维),多线染色体 ❷ *a.* 多线的

polyterpene [,pɒlɪ'tɜːpiːn] *n.* 多萜(烯)

polytetrafluoroethylene [,pɒlɪ,tetrə,fluərə'eθɪliːn] *n.* 【化】聚四氟乙烯

polythene ['pɒlɪ,θiːn] *n.* 【化】聚乙烯

polytherm ['pɒlɪθɜːm] *n.* 暖狭温动物,暖狭温种

polythermal [,pɒlɪ'θɜːməl] *a.* 多种燃料的

polythioester [,pɒlɪθaɪə'i:stə] *n.* 【化】聚硫酯

polythioether [pɒlɪθaɪə'i:θə] *n.* 【化】聚硫醚

polythionate [,pɒlɪ'θaɪəneɪt] *n.* 【化】连多硫酸盐

polythiourea [,pɒlɪθaɪə'jʊərɪə] *n.* 【化】聚硫脲

polytocous [pə'lɪtəkəs] *a.* 多产的,多胎分娩的

polytonality [,pɒlɪtəʊ'nælətɪ] *n.* 多调〔音〕性

polytope ['pɒlɪtəʊp] *n.* 多面体,可分空间,多胞形

polytopic [,pɒlɪ'tɒpɪk] *a.* 多处发生的

polytopy [pə'lɪtəpɪ] *n.* 异地同型

polytrichate [,pɒlɪ'trɪkeɪt], **polytrichous** [pɒlɪ'trɪkəs] *a.* 【医】多鞭毛的

polytrifluorochloroethylene [,pɒlɪtraɪ,fluərə,klɔːrə'eθɪliːn] *n.* 【化】聚三氟氯乙烯

polytrifluoromonochlorethylene [,pɒlɪtraɪ,fluərəmɒnə,klɔː'eθɪliːn] *n.* 【化】聚三氟一氯乙烯

polytrope ['pɒlɪtrəʊp] *n.* 多变〔元〕性,多变过程〔曲线〕

polytropic [,pɒlɪ'trɒpɪk] *a.* 广〔杂,多〕食性的

polytropic(al) [,pɒlɪ'trɒpɪk (əl)] *a.* 多变〔方〕性的

polytropism [,pɒlɪ'trɒpɪzm] *n.* (同质)多晶〔型〕

(现象)

polytropy ['pɒlɪtrɒpɪ] *n.* 多变现象,多变性

polytype ['pɒlɪtaɪp] *n.* 多型

polytypic [,pɒlɪ'tɪpɪk] *a.* 多型体的

polyunit [,pɒlɪ'juːnɪt] *n.* 叠合装置

polyurea [,pɒlɪ'jʊərɪə] **fiber** 聚脲纤维

polyurethane [,pɒlɪ'jʊərɪθeɪn] *n.* 【化】聚氨基甲酸(乙)酯,聚氨酯

polyuria [,pɒlɪ'jʊərɪə] *n.* 多尿(症)

polyvalence [,pɒlɪ'veɪləns] *n.* 多价

polyvalent [,pɒlɪ'veɪlənt] ❶ *a.* 多价的 ❷ *n.* 多价(染色)体

polyvinyl [,pɒlɪ'vaɪnɪl] *n.;a.* 【化】聚乙烯(化合物(的),基)

polyvinylene [,pɒlɪ'vaɪnɪliːn] *n.* 【化】聚乙烯撑,聚次亚乙烯

polyvinylether [,pɒlɪ'vaɪnɪleθə] *n.* 【化】聚乙烯醚

polyvinylidene [,pɒlɪvaɪ'nɪlɪ,diːn] *n.* 【化】聚乙二烯

polyvinylpyrrolidone [,pɒlɪ,vaɪnɪl,pɪrə'lɪdəʊm] *n.* 【化】聚乙烯吡咯烷酮

polywater [,pɒlɪ'wɔːtə] *n.* 聚合〔反常〕水

polyyne [pə'lɪɪn] *n.* 聚炔烃

polyzoa [,pɒlɪ'zəʊə] *n.* 苔藓虫纲

pom [pɒm] ❶ *n.* 砰的一声 ❷ (pommed;pomming) *vi.* 发砰砰声

pomade [pə'mɑːd] *n.;v.* (用)润发脂(搽)

pome [pəʊm] *n.* 梨(仁)果

pomegranate [,pɒm'grænɪt] *n.* 石榴

pomelin [pɒ'miːlɪn] *n.* 柑橘球蛋白

pomelo ['pɒmɪləʊ] *n.* 柚,文旦

pomeron ['pɒmərɒn] *n.* 【物】坡密子

pomet ['pɒmɪt] *n.* 纯铁粉烧结材料

pomiferin [pɒ'mɪfərɪn] *n.* 橙桑砰酮

pommel ['pʌml] ❶ *n.* 球端,球饰,(铸压)柱塞,(马鞍)前桥 ❷ (pommel (l) ed;pommel (l) ing) *vt.* 打,击

pomology [pəʊ'mɒlədʒɪ] *n.* 果树〔栽培〕学

pomp [pɒmp] *n.* 壮观,盛况,浮夸,夸耀

pompier ['pɒmpjə] *n.;a.* 救火梯,救火员(用的)

pompom ['pɒmpɒm] *n.* 大型〔多管高射〕机关炮

pomposity [pɒm'pɒsətɪ] *n.* 浮夸,摆架子

pompous ['pɒmpəs] *a.* ①豪华的,盛大的 ②浮夸的 ‖ **~ly** *ad.*

pon [pɒn] *prep.* = upon

ponceau ['pɒnsəʊ] *n.* 深〔朱〕红,鲜红色(染料),丽春花

poncelet ['pɒnslɪt] *n.* 百千克米,百公斤米

pond [pɒnd] ❶ *n.* 池(沼),槽,蓄水池,水库 ❷ *v.* 堵水成池 (back,up)

pondage ['pɒndɪdʒ] *n.* (池沼,水库)蓄水(量),调节容量

ponder ['pɒndə] *v.* ①(仔细)考虑,沉思(on,over) ②衡〔估〕量

ponderability [pɒndərə'bɪlətɪ] *n.* (重量)可称性,有重量性,有质性

ponderable ['pɒndərəbl] **❶** a. ①可衡〔估〕量的,能估计的 ②(重量)可称的 **❷** n. (pl.)可考虑的情况,可估量的事物,有重量的东西

ponderal ['pɒndərəl] n. 【医】重量的

ponderance ['pɒndərəns],**ponderancy** ['pɒndərənsɪ] n. ①重量 ②重要,严重

ponderation [,pɒndə'reɪʃən] n. 考虑衡〔估〕量,沉思

ponderator ['pɒndəreɪtə] n. 有重量可称体

ponder(o)motive ['pɒndə(rə)'məutɪv] **force** 有质动力

ponderosity [,pɒndə'rɒsətɪ] n. 可称性,有重量性,有质性

ponderous ['pɒndərəs] a. 笨重的,冗长的

ponding ['pɒndɪŋ] n. 积水(库),拦坝,人工蓄塘

pongee [pʌn'dʒiː] n.;a. 柞丝绸(的),茧绸(的)

ponor ['pəunɔː] n. 落水洞

pons [pɒnz] n. 脑桥

pong [pɒŋ] n. 恶臭,坏透,讨厌透

pontage ['pɒntɪdʒ] n. 过桥费

pontic ['pɒntɪk]a. (关于)黑海的

pontil ['pɒntɪl] n. (取熔融玻璃用的)铁杆

pontium ['pɒntɪəm] n. 深海群落

pontlevis [pɒnt'leɪvɪs] (法语) n. 吊桥

ponton ['pɒntən] n. = pontoon

pontoneer,pontonier [,pɒntə'nɪə] n. 架设浮桥的人

pontoon [pɒn'tuːn] **❶** n. ①趸船,起重机船 ②浮桥(船) ③浮筒〔囊〕,浮码头 ④潜水钟〔箱〕,沉箱 **❷** vt. 架浮桥于,用浮船渡河

pony ['pəunɪ] **❶** n. 矮种〔小〕马,小型轧机中间机座 **❷** a. 小(型)的,矮的

pood [puːd] n. 普特(俄国重量单位)

pool [puːl] n. ①池,池塘,坑,槽,浴,水道 ②放置处,(基因,代谢)库,信道组 ③石油(瓦斯)层,油田地带 ④联合(营),合伙 ⑤集中备用的物资,备用物资储存处 **❷** v. ①统筹,联营,合伙 ②集中控制 ③把…汇集起来 ④采掘 ⑤在…中形成潭

poop [puːp] **❶** n. ①船尾(楼) ②情报材料,(有关的)事实 ③尖锐冲声 ④喇叭声,啪响声,炮声 **❷** v. ①冲打(船尾) ②(使)筋疲力尽(out) ③发啪啪声

poor [puə] a. 穷的,差的,贫乏的

poorish ['puərɪʃ] a. 不大好的,不大充分的

poorly ['puəlɪ] ad. 贫〔穷〕地,拙劣地

poorness ['puənɪs] n. ①贫乏,不足(of) ②粗(低)劣

pop [pɒp] **❶** (popped;popping) v. ①发出爆裂声,(突然)爆开〔叫〕②突然出现 ③发射,弹射 ④间歇振荡 ⑤【计】上托,退栈 **❷** n. ①爆裂(喀哓)声,爆音(点),回火淬燃,砰的一声 ②汽水 ③流行术 **❸** ad. 突然,出其不意地,砰地(一声) **❹** a. 新潮的,流行的,大众的 ☆**pop down** 突然放下;**pop in** 突然进入;**pop off** 匆匆离去,忽然离开(不见);**pop out** 突然灭掉,突然伸〔跳〕出

popcorn ['pɒpkɔːn] n. 爆玉米花

poplar ['pɒplə] n. 白杨(树)

poplin ['pɒplɪn] n. 府绸,毛葛

popouts ['pɒpauts] n. 坑穴,气孔,火山口式陷坑

poppet ['pɒpɪt] n. ①(提升阀的)提动头 ②(车床的)随转尾座〔架〕③装轴台 ④托架

popping ['pɒpɪŋ] **❶** n. ①爆音〔裂〕,汽船声(收音机障碍)②间歇振荡 **❷** a. ①凸出的 ②间歇的,阵发性的

popple ['pɒpl] v.;n. ①流〔波〕动,沉浮,起泡沫 ②(沸水)起泡翻滚,汹涌

poppy ['pɒpɪ] n. ①芙蓉红,深红色 ②罂粟(花)

popular ['pɒpjulə] **❶** a. ①大众的,通俗的,普及的,流行的 ②受欢迎的,有声望的 **❷** n. 通俗书报 ☆**be popular with** 受…欢迎 【用法】注意下面例句中该词的含义: Digital filters are becoming very popular, and considerable literature can be found on this subject. 数字滤波器正变得很流行〔普遍,常用〕,而有关该方面的文献也相当多。

popularity [,pɒpju'lærətɪ] n. 通俗性,流行,普及,声望 【用法】**❶** 该词与动词"win, enjoy, gain"搭配使用,可以表示"受欢迎"。如:This system has gained popularity in recent years. 这个系统近年来受到人们的欢迎。/Digital voltmeters are enjoying a growing popularity as bench instruments and systems. 数字伏特计正作为实验室的仪表和系统而越来越受到欢迎。**❷** 它一般表示"流行"。如: Recent years have seen other switching methods rising rapidly in popularity. 近年来,其它的转换方法迅速流行开来了。

popularize ['pɒpjuləraɪz] v. 使普及,推广 ‖ **popularization** n.

popularizer ['pɒpjuləraɪzə] n. 普及〔推广〕者,通俗读物

popularly ['pɒpjuləlɪ] ad. 一般地,普遍地,通俗地

populate ['pɒpjuleɪt] v. ①居住于,使人口聚居于 ②繁殖,(使)粒子数增加 ③填充,占据

population [,pɒpju'leɪʃən] n. ①人口(数),集团 ②【数】(对象)总体 ③总数,个数,存栏数,(能级)布居,密度 ④占有〔粒子〕数 ⑤族,种群,星族

populous ['pɒpjuləs] a. 人口稠密的,挤满的 ‖ **~ly** ad.

porapak ['pɒrəpæk] n. 聚苯乙烯型色谱固定相

porasil ['pɒrəsɪl] n. 多孔硅胶珠

porc = porcelain

porcelain ['pɔːslɪn] **❶** n. 瓷,陶瓷 **❷** a. ①瓷(制)的 ②精美的 ③脆的,易碎的

porcelainous ['pɔːsəlɪnəs],**porcel(l)aneous** [,pɔːsə'leɪnɪəs], **porcel(l)anic** [pɔːsə'lænɪk], **porcel(l)anous** [pɔː'selənəs] a. 瓷(器),像瓷的,瓷样的

porch [pɔːtʃ] n. ①门〔游〕廊,入口处,大门内停车处 ②(脉冲)边沿

porched ['pɔːtʃɪd] a. 有门廊的

porcine ['pɔ:saɪn] a. (像)猪的,肮脏的

pore [pɔ:] ❶ n. 细孔,间隙,缝 ❷ v. ①注视(over) ②钻研,熟读 (over) ③深入思考,熟虑(on, upon, at) ④因凝视过度而使···疲劳(out)

pore-creating ['pɔ:krɪ'eɪtɪŋ] n. 造孔

pored [pɔ:d] a. 有孔的

porfiromycin [pɔ:ˌfɪrə'maɪsɪn] n. 甲基丝裂霉素

porgy ['pɔ:dʒɪ] n. 鲷鱼,棘鬣鱼(一种海鱼)

porifera [ˌpɒrɪ'ferə] n. 多孔动物门(海绵动物)

poriferasterol [ˌpɒrɪferə'sterəl] n. 【化】多孔甾醇

poriform ['pɔ:rɪfɔ:m] a. 毛孔状的

poriness ['pɒrɪnɪs] n. 多孔性,孔隙率,疏松性

porism ['pɔ:rɪzəm] n. (希腊几何)系,系论,不定命题定理

poristic [pɒrɪ'stɪk] **system of circles** 圆的内接外切系

poritoid [pə'raɪtɔɪd] n. 孔状珊瑚

pork [pɔ:k] n. 猪肉

porky ['pɔ:kɪ] a. 似猪肉的

porodine ['pɔ:rədaɪn] n. 胶状岩

porodite ['pɔ:rədaɪt] n. 变质碎屑喷出岩类

poroplastic [ˌpɒrəʊ'plæstɪk] a. 多孔而可塑的

porosimeter [ˌpɒrə'sɪmɪtə] n. 孔率计

porosint ['pɒrəsɪnt] n. 多孔材料

porosity [pɔ:'rɒsɪtɪ] n. ①多孔性 ②孔隙率,孔率度,气孔率,(疏)松度 ③孔(隙),(密集)气孔,砂眼 ④多孔部分〔结构,的东西〕

porous ['pɔ:rəs] a. ①多孔的,似海绵状的 ②能渗透的 ③素烧(瓷)的 ‖ ~ly ad.

porousness ['pɔ:rəsnɪs] = porosity

porphin(e) ['pɔ:fɪn] n. 卟吩

porphobilinogen [ˌpɔ:fəbaɪ'lɪnədʒen] n. 胆色素原

porphyre ['pɔ:fɪə] n. 斑岩

porphyrin(e) ['pɔ:fərɪn] n. 【化】卟啉

porphyrinogen [ˌpɔ:fə'rɪnədʒən] n.【化】卟啉原,还原卟啉

porphyrinuria [ˌpɔ:fɪrə'njʊərɪə] n. 卟啉尿

porphyrite ['pɔ:fəraɪt] n. 玢岩

porphyritic [ˌpɔ:fə'rɪtɪk] a. 斑(状,岩)的

porphyroblastic [pɔ:fərəʊ'blæstɪk] n. 斑状变晶的

porphyropsin [pɔ:fə'rɒpsɪn] n. 视紫(质)

porphyry ['pɔ:fərɪ] n. 斑岩

porpoise ['pɔ:pəs] n.;v. ①海豚 ②前后振动,波动

porrect [pə'rekt] ❶ a. 伸出的,平伸的,延长的 ❷ vt. 伸出

port [pɔ:t] ❶ n. ①港,航空站 ②气〔水〕门,(出,端)口,空气口 ③舱门(口),舷窗,射击孔,端口 ④(船)左舷,(飞机)左侧 ❷ v. ①入港,停泊于 ②转(舵)向左 ☆ **in port** 在港内,停泊
〖用法〗在电路学中,该词表示"端口","在端口处"要用"at the port"。如: A voltage waveform is delivered at the port.在端口处输出了电压波形。

portability [pɔ:tə'bɪlətɪ] n. 轻便(性),可携带(性),

【计】(可)移植(性)

portable ['pɔ:təbl] ❶ a. 手提(式)的,轻便〔型〕的 ❷ n. ①手提打字机〔收音机,电视机〕 ②活动房屋

portage ['pɔ:tɪdʒ] ❶ n. ①搬运(物)运输 ②运费 ③货物 ④水陆联运 ❷ v. 水陆联运

portal ['pɔ:tl] n. 入口,正〔桥,隧道,洞〕门,排出口,门静脉,门架

portative ['pɔ:tətɪv] a. ①轻便的,可携带的 ②有力搬运的,用作支撑的

portcullis [pɔ:t'kʌlɪs] ❶ n.【建】吊门 ❷ vt. 给···装吊门,用吊门关闭

ported ['pɔ:tɪd] a. ①装有气门〔喷口,排气口〕的 ②用气〔活〕门关闭的

portend [pɔ:'tend] vt. 预示,警告

portent ['pɔ:tent] n. ①预〔征,凶〕兆,警告 ②奇事,怪物

portentous [pɔ:'tentəs] a. 预〔凶〕兆的,怪异的 ‖ ~ly ad.

porter ['pɔ:tə] n. ①看门人 ②搬运工人,清洁工 ③搬运车 ④黑啤酒

porterage ['pɔ:tərɪdʒ] n. 搬运(行李,业),搬运费

portfire ['pɔ:tfaɪə] n. 点火装置,引火具

portfolio [pɔ:t'fəʊljəʊ] n. ①(皮制)公事包,文件夹 ②部长〔大臣〕职务 ③(保险)业务量,有价证券 ④(艺术)代表作选择

porthole ['pɔ:thəʊl] n. (观察,射击,窥视,墙,气)孔,(炮)眼,(舷)窗,孔,道

portico ['pɔ:tɪkəʊ] n. (有圆柱的)门(柱)廊

portio ['pɔ:ʃɪəʊ] (拉丁语) (pl. portions) n.【医】部(分)

portion ['pɔ:ʃən] ❶ n. ①部分,区划 ②(一)份(股,批,部分) ❷ vt. ①分配,将···分成(几)份(out) ②把(一份···)分给(to)
〖用法〗注意下面例句的含义: During no portion of this curve is the stress proportional to the strain. 在这条曲线的任何一部分,应力均不与应变成正比。(注意句子产生了部分倒装。)

portite ['pɔ:taɪt] n. 假晶石

Portland ['pɔ:tlənd] n. 波特兰(美国港口)

portlandite ['pɔ:tləndaɪt] n. 羟钙石

Port Louis ['pɔ:t'lʊ(:)ɪ(s)] n. 路易港(毛里求斯首都)

portmanteau [pɔ:t'mæntəʊ] ❶ (pl. portmanteaus 或 portmanteaux) n. 旅行皮包〔箱〕 ❷ a. 多用途的,多性质的

Port Moresby [pɔ:t'mɔ:zbɪ] n. 莫尔斯比港(巴布亚新几内亚首都)

Porto ['pɔ:təʊ] n. 波尔图(葡萄牙港口)

Port-of-Spain ['pɔ:təv'speɪn] n. 西班牙港(特立尼达和多巴哥首都)

Porto-Novo ['pɔ:təʊ'nəʊvəʊ] n. 波多诺伏(达荷美首都)

Porto Rican = Puerto Rican

Porto Rico = Puerto Rico

Portrait ['pɔ:trɪt] n. ①肖〔画〕像,半身像 ②生动的描写 ③形式,相似

portraiture ['pɔ:trɪtʃə] n. ①肖〔画〕像,照相 ②生动的描写

portray [pɔ:'treɪ] vt. 描绘,(刻)画,扮演
〖用法〗注意下面例句中该词的含义: This figure <u>portrays</u> the probability of P_e plotted versus E_b/N_0. 这个图画出了〔显示了〕概率 P_e 相对于 E_b/N_0 的曲线。

portrayal [pɔ:'treɪəl] n. 描绘,画〔肖〕像

portress ['pɔ:trɪs] n. ①女看门人 ②女搬运工人,女清洁工

Port Said [pɔ:t'saɪd] n. 塞得港(埃及港口)

portside ['pɔ:tsaɪd] a. 左边的,惯用左手的

Portsmouth ['pɔ:tsməθ] n. ①朴次茅斯(英国港口) ② 朴次茅斯(美国港口)

Port Sudan [pɔ:tsuː(ː)'dɑ:n] n. 苏丹港(苏丹港口)

Port Swettenham [pɔ:t'swetnəm] n. 巴生港(马来西亚港口)

Portugal ['pɔ:tjəgəl] n.;a. 葡萄牙(的,人的)

Portuguese [,pɔ:tju'gi:z] a.;n. 葡萄牙的,葡萄牙人(的),葡萄牙语

pose [pəuz] ❶ n. ①姿势〔态〕 ②装腔作势,伪装 ❷ v. ①装做…姿态,把…摆好姿态 ②提出(问题) ③摆架子,装腔作势 ☆ **pose a condition** 提出条件; **pose a threat (an obstacle) to** 成为…的威胁〔障碍〕; **pose limitations on** 使…受到限制; **put on a pose of** 装出…样子
〖用法〗注意下面例句中该词的含义:Supporting this mobility <u>poses</u> many technical challenges. 支持这种机动性会带来许多技术上的挑战。/The wide variety of available devices <u>poses</u> a problem for operating-system implementors. 这现有的各种各样的设备给操作系统的实现者提出了一个问题。

Poseidon [pɔ'saɪdən] n. 海神(式导弹)

poser ['pəuzə] n. ①难〔怪〕题 ②装腔作势的人,伪装者

poseur [pəu'zз:](法语) n. 装腔作势的人,伪装者

posh [pɒʃ] a. 豪华的,舒适的,时髦的 ‖ **~ly** ad.

posigrade ['pɒzə,greɪd] n. 推动〔加速〕(火箭)的

posiode ['pɒzə,əud] n. 正温度系数热敏电阻

posion [pɒ'zaɪən] n. 阴离子,阳向离子

posistor ['pɒzɪstə] n. 正温度系数热敏电阻(器)

posit ['pɒzɪt] vt. ①安〔布〕置 ②假〔断〕定

positex ['pɒzɪteks] n. 阳〔酸〕性橡胶,阳〔酸〕性乳胶

position [pə'zɪʃən] ❶ n. ①位置,方位,场所,布局 ②状态,形势,境地,情况 ③(发射)阵地 ④坐席,台,地位,职位 ⑤立场,看法 ❷ vt. ①把…放在适当位置,安置 ②规定…的位置,定位 ☆ **be in a position to do** 处在可以〔做…)的地位,能够做…; **get (go) into position** 进入阵地; **in position** 在适当〔应有〕位置; **out of position** 不在适当〔应有〕位置; **put … in a false position** (使…)

处于被误解〔违反原则行事〕的地位
〖用法〗表示"在位置"时,其前面可用介词"in"或"at"。如: In this case the push-button switch must remain at position B. 在这种情况下按钮开关必须仍然〔保持〕处于位置 B 上。/In this case the switch is thrown in the up position. 在这种情况下,把开关拨在向上的位置。

positional [pə'zɪʃənəl] a. 位置(上)的,地位的,阵地的 ‖ **~ly** ad.

positioner [pə'zɪʃənə] n. ①定位器,位置控制器 ②反馈放大器 ③(焊接用)转动换位器,转胎 ④操纵机

positioning [pə'zɪʃənɪŋ] n. ①定位,位置控制 ②转位 ③配置 ④固位装置

positive ['pɒzətɪv] ❶ a. ①正的,阳的,(荷)正电的 ②确定的,可靠的 ③积极的,建设性的,肯定的 ④刚性的,强制(传动)的 ⑤(照相)正片的,正像的 ⑥规定的 ⑦ (刺激源)向性的,趋性的 ❷ n. ①(照相)正片,正像 ②正数,正压 ③阳极(板) ④实在,确实 ☆ **be positive about (of)** 确信〔知〕,断定,对…极有把握
〖用法〗注意下面例句中画线部分的译法: In this case, the electron moves towards the <u>positive battery terminal</u>.在这种情况下, 电子朝电池的正端运动。("positive"与"battery"两词在汉译时位置要对调一下。)

positiveation [pɒzətɪ'veɪʃən] n. 正(值)化

positively ['pɒzətɪvlɪ] ad. 确定,必定,断然,积极地,【数】正

positivism ['pɒzətɪvɪzəm] n. ①实证论,实证主义 ②自信,独断

positivity [pɒzɪ'tɪvətɪ] n. ①确实〔信〕,积极性 ②正性

positor ['pɒsɪtə] n.【医】复位器

positron ['pɒzɪtrɒn] n. 正电子,正子

positronium [,pɒzɪ'trəunɪəm] n. 正电子素,电子偶素

posology [pəu'sɒlədʒɪ] n. 剂量学

posse ['pɒsɪ](拉丁语) n. ①武装队,一队〔群〕 ②可能性 ☆ **in posse** 可能地

possess [pə'zes] vt. ①具有,(使)拥〔占〕有(of, with) ②支配,控制 ☆ **be possessed of** (拥,握)有; **possess oneself of** 持有,获得

possession [pə'zeʃən] n. ①所有〔物,权〕,财产 ②占有 ③(pl.)领地 ☆ **come into one's possession** 到手; **come into possession of** 获得; **get (take) possession of** 拿到,占有; **in possession**(物)被据有,(人)据有,**in possession of** 占有; **in the possession of** (为)…所占有的

possessive [pə'zesɪv] a. 所有(权)的,占有的 ‖ **~ly** ad.

possessor [pə'zesə] n. 所〔持〕有人

possessory [pə'zesərɪ] a. 占有的,所有(者)的

possibility [pɒsɪ'bɪlətɪ] n. ①可能(性),或然(性) ②(常用 pl.)可能(发生)的事,希望 ☆ **be within**

P

the bounds (range) of possibility 是可能的,在可能范围内; *by any possibility* 万一,有可能; *by some possibility* 或〔也〕许; *open up possibilities for* 为…提供(了)可能性,开辟…的可能性

〖用法〗❶ 该词后面可以跟" of + 动名词(或动名词复合结构)"或由 that 引导的同位语从句。如:Is there <u>any possibility of the gate being closed in this case</u>?在这种情况下该门电路可能会关闭吗?/The phase angle is introduced here to account for <u>the possibility that the current and voltage are not in phase</u>.这里引入了相角来说明电流和电压不同相的可能性。❷ 在该词前有时可以用不定冠词。如:In this case there is <u>a possibility that the diodes may suffer a Zener breakdown</u>. 在这种情况下二极管可能遭受齐纳击穿。❸ "there is every possibility that…(或 of…)"意为"完全有可能…"。如:There is every <u>possibility</u> that satisfactory results will be obtained. 完全有可能获得令人满意的结果。/There is every <u>possibility</u> of plastics being used instead of steel. 完全有可能用塑料来代替钢。("of"后面是动名词复合结构被动形式作介词宾语。)❹ 注意下面例句的含义及汉译法:The possible values for N range from 0 to $R^M - 1$, <u>a total of R^M possibilities</u>. N 的可能值为 0 到 $R^M - 1$,一共有 R^M 种可能性。(逗号后一部分是前面的同位语。)

possible ['pɒsɪbl] ❶ *a.* ①可能的,潜在的 ②合理的,可以接受的 ❷ *n.* ①可能(性),潜在性 ②全力 ③可能的人,可能出现的事物 ④(pl.)必需品 ☆ *as … as possible* 尽量,尽可能; *at as early a stage as possible* 在尽可能早的阶段; *in as convenient a way as possible* 尽量方便地,用尽可能方便的办法; *(be) possible of* 可能…的; *do one's possible* 全力以赴,竭尽所能; *everything possible must be done to (do)* 必须尽一切可能(做…); *if possible* 如果可能的话; *whenever possible* 每当有可能(就); *wherever possible* 在一切可能的地方,只要可能(就)

〖用法〗❶ 当它在主句中作表语(或宾语补足语)时,在主语从句(或宾语从句)中谓语一般应该使用"(should +)动词原形"。如:It is possible that the clock <u>produce</u> one pulse each time. 时钟每次产生一个脉冲是可能的。❷ 为了加强语气,它作定语时可以作后置定语。如:A large scientific computer would probably be designed for the highest speed <u>possible</u> in order to minimize caculation time.我们把大型科学计算机设计得其速度尽可能快以便于把计算时间降到最少。/These conditions represent the extreme cases <u>possible</u>. 这些条件代表了可能出现的极端情况。❸ "This is possible because〔since〕…"一般译成"之所以能这样是由于…"。如:<u>This is possible since</u> a square wave can be considered to a dc voltage

which is switched on and off at the frequency of the wave.之所以能这样是因为一个方波可以被看成为以该波的频率断通的一个直流电压。

possibly ['pɒsəblɪ] *ad.* ①可能(地) ②也许 ③〔否定句,疑问句〕无论如何(也不),万万(不会) ④尽可能

post [pəust] ❶ *n.* ①柱,(标)杆,桩,墩 ②接线柱 ③岗位,位置 ④营区,哨所,站 ⑤邮政,邮车,驿马 ☆*at one's post* 在岗位上; *be on the wrong (right) side of the post* 干得不对〔对〕; *hold a post at* 在…任职; *stick to one's post* 坚守岗位 ❷ *vt.* ①粘(张)贴,揭示,公布 ②布岗,指派 ③邮寄 ④ 记入,过(到总)账 ☆*be(well) posted up in* 对…(很)了解; *post off (over)* 赶紧寄发 *post* [pəust](拉丁语) *ad.* 在后

postadaptation [pəustə'dæp'teɪʃən] *n.* 事后〔新环境〕适应,后期适应

postage ['pəustɪdʒ] *n.* 邮费

postal ['pəustəl] *a.* 邮政的

postalbumin [pəust'ælbju:mɪn] *n.* 后白〔后清〕蛋白

post-amplifier [pəust'æmplɪfaɪə] *n.* 后置放大器

postatomic ['pəustə'tɒmɪk] *a.* 原子能发现之后的,第一颗原子弹爆炸之后的

postattack [pəustə'tæk] *a.* 攻击后的

postbaking ['pəust'beɪkɪŋ] *n.* 后烘干,后烘焙

postbellum ['pəust'beləm] *a.* 战后的

postboost ['pəust'bu:st] *a.* 关机后的,主动段后的,被动段后的

post-box ['pəustbɒks] *n.* 信箱,邮筒

postcard ['pəustkɑ:d] *n.* 明信片

postclimax ['pəust'klaɪmæks] *n.* 后顶极群落,后极相

post-combustion [pəustkəm'bʌstʃən] *n.* 后燃,补充燃烧,二次燃烧

post-condenser [pəustkən'densə] *n.* 后冷凝器

post-cracking ['pəust'krækɪŋ] *n.* 次生裂缝,后发开裂

post-curing ['pəust'kjuərɪŋ] *n.* 二次硬〔熟,硫〕化,辅助硬化

postdate ['pəust'deɪt] *vt.;n.* ①填迟日期,把日期填得迟几天 ②接在…后面

postdeflection [pəustdɪ'flekʃən] *n.* 【医】偏转后聚焦

postdepositional [pəustdɪpɒ'zɪʃənəl] *a.* 沉积(作用)后的

postdetection [pəustdɪ'tekʃən] *a.* 后(置)检波,检波后的

post-detector [pəustdɪ'tektə] ❶ *a.* 检波(器)后的 ❷ *n.* 后置检波器

postdicrotic [pəustdɪ'krɒtɪk] *a.*【医】重波〔重搏〕后的

postdoctoral [pəust'dɒktərəl] ❶ *a.* 博士后的 ❷ *n.* 博士后

postdose ['pəustdəuz] *n.*【医】辐照后,已辐照

postembryonic [pəʊstˌembrɪ'ɒnɪk] *a.* 胚后的

postemphasis [pəʊst'emfəsɪs] *n.* 后（去,减）加重

poster ['pəʊstə] *n.* 广告画,招贴,海报,标语;贴传单的人,送信（招贴）人

poste restante ['pəʊst'resta:nt] (法语)留局待领邮件,特领邮件业务

posterior [pɒs'tɪərɪə] ❶ *n.* 后部 ❷ *a.* 后面的,较迟的,经验的 ‖ **~ly** *ad.*

posteriority [pɒsˌtɪərɪ'ɒrətɪ] *n.* （时间,次序,位置）在后,后天性

posterity [pɒs'terətɪ] *n.* 后代,后世

postern ['pəʊstɜ:n] ❶ *n.* 便（后,边）门,暗道,逃路 ❷ *a.* ①后（边,便）门的 ②位于后面的,在旁边的 ③较少的,次等的 ④暗中的,私自的

postexpose [pəʊstɪks'pəʊz] *v.* 后曝光,闪光

postface ['pəʊstfɪs] *n.* 刊后语

postfactor ['pəʊst'fæktə] *n.* 后因子

postfix ❶ ['pəʊstfɪks] *n.* 后缀,词尾 ❷ [pəʊst'fɪks] *vt.* 加词尾于

postform [pəʊst'fɔ:m] *vt.* 把（加工后的薄板材料）再制成一定的形状

postglacial ['pəʊst'gleɪʃəl] *a.* 冰（川）后的

postgraduate [pəʊst'grædjʊət] ❶ *n.* 研究（进修）生 ❷ *a.* 大学毕业后（继续研究）的,（大学）研究院的,进修的

posthaste ['pəʊst'heɪst] *ad.* 急速,尽可能快速地

postheating ['pəʊst'hi:tɪŋ] *n.* （随）后（加）热,焊后加热

posthitis [pɒst'θaɪtɪs] *n.* 包皮炎

posthumous ['pɒstʃəməs] *a.* 遗腹的;死后（出版）的 ‖ **~ly** *ad.*

posthydrolysis [pəʊsthaɪ'drɒlɪsɪs] *n.* 后水解

postiche [pɒs'ti:ʃ] (法语) *a.;n.* ①伪造的,假（冒）的 ②多余的(添加物)

postil ['pɒstɪl] *n.* （基督教“圣经”的）注解,边注

postimpulse [ˌpəʊst'ɪmpʌls] *a.* 脉冲后的

postindustrial [ˌpəʊstɪn'dʌstrɪəl] *a.* 信息化的,脱工业化的

postindustrialism [ˌpəʊstɪn'dʌstrɪəlɪzəm] *n.* 信息化,脱工业化

postindustrialite [ˌpəʊstɪn'dʌstrɪəlaɪt] *n.* 信息化（脱工业化）社会的人

postinjection [ˌpəʊstɪn'dʒekʃən] *n.* 后注入,引入（入轨）后,补充喷射

post-installation [pəʊstɪnstə'leɪʃən] *a.* 安装（装配）后的

postirradiation [ˌpəʊstɪreɪdɪ'eɪʃən] *n.* 已辐照,辐照后

post-labo(u)r [pəʊst'leɪbə] *a.* 产（分娩）后的

post-larva [pəʊst'la:və] *n.* 后期行鱼（幼体）

postliberation ['pəʊstˌlɪbə'reɪʃən] *a.* 解放后的

postmark ['pəʊstˌma:k] ❶ *n.* 邮（政日）戳 ❷ *vt.* 给…盖上邮戳

postmaturity [ˌpəʊstmə'tjʊərətɪ] *n.* 过度成熟（现象）

postmeridian ['pəʊstmə'rɪdɪən] *a.;n.* 午后（发生）(的)

postmill ['pəʊstˌmɪl] *n.* 单柱风车

postmitotic ['pəʊstmɪ'tɒtɪk] *a.* 分裂期后的

postmortem ['pəʊst'mɔ:təm] *a.;n.* ①死〔善〕后的 ②事后的(调查分析,剖析) ③解剖（的）,算后检查

postmultiplication ['pəʊstmʌltɪplɪ'keɪʃən] *n.* （自）右乘

postnatal ['pəʊstˌneɪtəl] *a.* （出）生后（的）

post-nova [pəʊst'nəʊvə] *n.* 爆后新星

post-office ['pəʊstɒfɪs] *n.* 邮局

postoptimality [pəʊstɒptɪ'mælɪtɪ] **problems** 【计】优化后问题

postoptokinetic [pəʊstˌɒptə,kaɪ'netɪk] *a.* 视动（反应）后的

postoral [pəʊst'ɔ:rəl] *a.* 【医】口后的

postpartum [pəʊst'pa:təm] *a.* 【医】产后的

postponable [pəʊst'pəʊnəbl] *a.* 可以延缓的

postpone [ˌpəʊst'pəʊn] *vt.* ①推迟（到）,搁置（到）(until,till,to),延期(…时间)(for) ②放在次位(to) 〖用法〗当它后接动词时要跟动名词。

postponement [pəʊst'pəʊnmənt] *n.* 延期,搁置

postposition ['pəʊstpə'zɪʃən] *n.* 后置（位）,放在后头 ‖ **~al** 或 **postpositive** *a.*

postprandial [pəʊst'prændɪəl] *a.* 饭后的

post-processing [pəʊst'prəʊsesɪŋ] *n.* 后加工（处理）,后部工艺

post-reactor [pəʊstrɪ'æktə] *n.* 补充反应器

postscript ['pəʊstskrɪpt] *n.* ①(信末的)附言,又及 ②(书刊)附录,跋,结束语

postselection [ˌpəʊstsɪ'lekʃən] *n.* 后选择

postselector [pəʊstsɪ'lektə] *n.* 有拨号盘的电话终端

poststressed [pəʊst'strest] *a.* 后加应力的,后张的

postsynaptic [pəʊstsɪ'næptɪk] *a.* 突触后的,联会的

posttectonic [pəʊstek'tɒnɪk] *a.* 构造后的, 造山（期）后的

post-tensioned [pəʊsttenʃ'ənd] *a.* 后张（拉）的,后加拉力的

posttest ['pəʊstest] *v.;n.* 事后试验,期末测验

posttetanic [ˌpəʊstə'tænɪk] *a.* 强直后的

postulate ❶ ['pɒstʃəˌleɪt] *v.* ①假定（设）,主张 ②要求 ③以…为前提（出发点）❷ ['pɒstjulɪt] *n.* ①假定〔设〕,公理,设定 ②先决条件,基本要求

postulation [ˌpɒstju'leɪʃən] *n.* 假定(公式),公设,要求 ‖ **~al** *a.*

posture ['pɒstʃə] ❶ *n.* 姿势〔态〕态度,形势 ❷ *v.* （使）采取某种姿势〔态〕

posturography [pɒstju'rɒgrəfɪ] *n.* 姿势描记术

postwar ['pəʊst'wɔ:] ❶ *a.* 战后的 ❷ *ad.* 在战后

postzone ['pəʊst'zəʊn] *n.* 后带

pot [pɒt] ❶ *n.* ①罐(状物),筒,壶,盆,钵 ②盒,箱 ③坩埚 ④(深,熔)锅,釜 ⑤奖杯〔品〕,大笔(款项) ❷ (potted;potting) *v.* ①把…装在罐（筒…）里,罐藏

P

potable ['pəutəbl] ❶ a. (可适于)饮用的 ❷ n. (pl.) 饮料

potamic [pəu'tæmɪk] a. 河川的,江河的

potamobenthos [,pɒtəməu'benθɒs] n. 河底生物

potamology [,pɒtə'mɒlədʒɪ] n. 河流〔川〕学

potamometer [,pɒtə'mɒmɪtə] n. 水力计

potamoplankton [,pɒtəmə'plæŋktən] n. 河流浮游生物

potash ['pɒtæʃ] n. 钾〔草〕碱,碳酸钾,钾碱火硝

potass = potassium

potassamide [,pɒtə'sæmaɪd] n. 氨基钾

potassium [pə'tæsɪəm] n.【化】钾

potato [pə'teɪtəu] (pl. potatoes) n. 马铃薯,土豆,甘薯

poteclinometer [pɒtekli'nɒmɪtə] n. 连续井斜仪

potence ['pəutəns], **potency** ['pəutənsɪ] n. ①权势,力(量) ②效力,说服力 ③潜能,能力

potent ['pəutənt] a. (强)有力的,有势力的,有效的,有说服力的,烈性的 ‖ **-ly** ad.

potentate ['pəutən,teɪt] n. 当权者,统治者

potentia [pə'tenʃə] n.【医】力,能力

potential [pə'tenʃəl] ❶ a. ①潜在的,可能的 ②势的,位的,无旋的,有势的 ❷ n. ①潜力〔能〕,(动力)资源,蕴藏量 ②势(能),位(能),电势(位,压) ③位〔势〕函数 ☆ *tap the potential of* 挖掘…的潜力

〖用法〗❶ 表示"处于电位"时,其前面用介词"at"。如: In this case the anode and the cathode are at the same potential. 在这种情况下阳极和阴极处于同一电位上。❷ 注意搭配"the potential of A to do B"表示"A 做 B 的潜在能力。"如: Clearly, the potential of the latest Internet protocols to contribute communications components is of considerable interest to telecommunications operators and suppliers. 显然,最新的因特网协议提供通信组分的潜在能力对通信操作人员和供应商来说是很感兴趣的。

potentiality [pəten'ʃɪ'ælətɪ] n. 可能性,(矢量场的)有势性,无旋性,潜(在的可)能,(pl.)潜力

potentialize [pə'tenʃəlaɪz] vt. 使成为势〔位〕能,使成为潜在的 ‖ **potentialization** n.

potentially [pə'tenʃəlɪ] ad. 可能地,潜伏地

potentialoscope [pə'tenʃələskəup] n. 电势(存储)管,记忆示波管

potentiate [pə'tenʃɪeɪt] v. 加强,使更有效力

potentiation [pəten'ʃə'eɪʃən] n. 势差现象

potentiometer [pətenʃɪ'ɒmɪtə] n. ①电位(差,滴定)计,电位器,电势计 ②分压器

potentiometric [pətenʃɪə'metrɪk] a. 电势〔位〕(测定)的

potentiometry [,tenʃə'ɒmɪtrɪ] n. 电势测定〔分析〕法,电位测定〔分析〕法

potentiostat [pə'tenʃɪəstæt] n. 恒(电)势器,电势恒定器,电压稳定器,潜态电位测量计 ‖ **-ic** a.

potentize [pə'tentaɪz] v.【医】增强,强化

potful ['pɒtful] n. 一壶〔罐,钵,锅〕

pothead ['pɒt,hed] n. (电缆)终端套管

pother ['pɒðə] n. ①骚动,喧闹 ②弥漫的烟雾〔尘土〕

pothole ['pɒthəul] n. ①【地质】壶〔锅,瓯〕穴,地壶 ②凹处,坑洼,车印

potin ['pəutɪn] n. 铜锌锡合金

potio [pə'uʃɪəu] (拉丁语) n.【医】饮剂

potion ['pəuʃən] n.【医】一服药水〔剂〕,饮剂

potline ['pɒtlaɪn] n. 电解槽系列

potometer [pə'tɒmɪtə] n. 蒸腾计,散发仪

potpourri [,pəupu'ri:] n. ①混合香料,杂烩 ②混合物 ③杂录〔集〕

potroom ['pɒtru:m] n. 电解车间

Potsdam ['pɒtsdæm] n. 波茨坦〔德国城市〕

potshot ['pɒtʃɒt] n. (近距离)射击,(肆意)抨击

potstone ['pɒtstəun] n. 不纯皂石

potted ['pɒtɪd] ❶ v. pot 的过去式和过去分词 ❷ a. 罐装〔封〕的,防水包装的,有坑洞的

potter ['pɒtə] ❶ n. ①陶工 ②罐头制造人 ❷ v. 磨蹭(at, in),闲逛(about, around),混(日子),浪费(时间)(away)

pottery ['pɒtərɪ] n. ①陶陶 ②陶器(制造术),陶瓷厂

potting ['pɒtɪŋ] n. ①制陶 ②装(罐,壶,缸,瓶),罐藏〔封〕,埋嵌,浇灌 ③(路面)形成坑洞

potty ['pɒtɪ] a. 琐碎的,不重要的,容易的

pouch [pautʃ] ❶ n. 盒,袋 ❷ v. 把…放入袋中,(使)成袋状

pouched [pautʃɪd], **pouchy** ['pautʃɪ] a. 有袋的,袋形的

poudrette [pu:'dret] n. 混合肥料

poultry ['pəultrɪ] n. 家禽,鸡鸭(等)

pounce [pauns] ❶ n. (撒在镂空模板上以印出图案的)印花粉,吸墨粉,去油粉 ❷ vt. ①用印花粉印出,用擦粉修于…擦光,撒吸墨粉于…上 ②猛扑,攻击(on, upon)

pound [paund] ❶ n. ①磅(略作 lb.) ②(英)镑(英币单位),略作 £或 L ③重击(声) ☆ *a pound of flesh* 合法但极不合理的要求; *in the pound* 每镑; *pay twenty shillings in the pound* 全数付清; *pound for pound* 均等地 ❷ vt. ①连续重击〔敲打〕(at,on) ②捣〔击,打〕碎 ③沉重地行走〔行驶,飞行〕,隆隆行驶 ④捣固,夯实 ⑤(不断重复)灌输 ⑥(持续)苦干(away at) ☆ *pound out* 连续猛击而产生,敲出

poundage ['paundɪdʒ] n. ①按磅的收费数 ②按镑的收税额 ③磅数,以磅计算的重量 ④(企业总收益中)工资所占百分比

poundal ['paundəl] n. (英尺-磅-秒制的力的单位)磅达

pounder ['paundə] n. ①一磅重〔以磅计〕的东西 ②杵,捣具,连续猛击〔敲打〕的人〔物〕 ③鞭状天线

pour [pɔ:] v.;n. ①倾(注,泻),倒(出),灌,淋,泼 ②(浇)注,(浇,灌)铸,一次浇注(入模)的量,(混凝土)浇筑块 ③(不断)流〔通,泻,溢,射,放〕出(out),喷射 ④(下)倾盆大雨 ☆ *pour cold water on* 对…泼冷水; *pour oil on the fire (the flame(s))* 火上浇油; *pour oil upon troubled waters* 排解,调停; *pour onto* 涌到…上,大量地射到…上

pourable ['pɔ:rəbl] a. 可浇注的,可灌入的

pourer ['pɔ:rə] n. 浇注工

pourparler [puə'pɑ:leɪ] n. (法语)(常用 pl.)预备性谈判,谈判前磋商,非正式讨论

pou sto ['pau'stəu] (希腊语)立足点,根据地

pout [paut] v.;n. 撅嘴〔起〕,鼓起

poval ['pɒvəl] n. 聚乙烯醇

poverty ['pɒvətɪ] n. ①贫穷〔困,瘠〕 ②缺〔贫〕乏,不足(of,in)

powder ['paudə] ❶ n. ①粉(末,料),浮石粉 ②火药,推动〔爆炸〕力 ❷ v. ①研粉,磨碎,(使)变成粉末 ②施粉于 ☆*keep one's powder dry* 准备万一; *smell of powder* 火药味,实战经验

powdered ['paudərɪd] a. (弄成)粉末(状)的

powdering ['paudərɪŋ] n. 洒〔敷〕粉,洒炭黑,粉碎〔化〕

powdery ['paudərɪ] a. 粉(末,状)的,易成粉末的,满是粉的

powdiron ['puədaɪən] n. 多孔铁

powellite ['pauəlaɪt] n. 钼钨钙矿

power ['pauə] ❶ n. ①(动,电,能)力,电〔能〕源 ②势〔权,威,体〕力,机能,本领,权averaging力 ③功率〔效〕,效率,力量,(电子透镜的)光强,(透镜)放大率 ④【数】乘方,幂 ⑤势,权 ⑥强〔大〕国 ⑦许多,大量 ❷ v. ①给…以动力,装以发动机 ②【计】升幂(to) ☆*a power of* 许多的; *beyond (out of) one's power* 能力所不及; *give someone full powers* 授予全权; *have power over* 能支配,对…有控制权; *in full power* 全力(以赴); *in power* 当权,执政; *make power* 产生动力,发电; *power down* 减低(宇宙飞船的)动力消耗; *power up* 增加(宇宙飞船的)动力消耗

〖用法〗注意下面例句中该词的含义及用法: This parallel resistance has a value proportional to the flux density raised to some fractional power. 这个并联电阻的值正比于磁通密度的某个分数幂。(注意 2⁴读成 "two raised to the fourth power"。)/One of the most dramatic demonstrations of the power of correlation techniques for analyzing noisy signals is the detection by autocorrelation of periodic signals hidden in random noise. 相关技术用于分析噪声信号的能力的最引人注目的展示之一是由自相关(作用)来检测藏于随机噪声中的周期信号。(注意:这里 "by autocorrelation" 是 "detection" 的逻辑方式状语,而 "of periodic signals..." 是引出 "detection" 的逻辑宾语。)/The great power and versatility of electronic devices make it imperative that science and engineering students obtain a working familiarity with electronics.电子设备巨大的威力和广泛的用途,使得理工科学生必须获得电子学方面的实用知识。

power-actuated [pauə'æktjueɪtɪd] a. 用机械传动的

power-boat ['pauəbəut] n. 汽艇〔船〕

power-brake ['pauəbreɪk] n. 机动闸,机力制动〔器〕

powered ['pauəd] a. 装有发动机的 ,有动力装置的,(产生)动力的,供电的,用动力推动的

powerforming ['pauəfɔ:mɪŋ] n. 功率〔强化〕重整

powerful ['pauəful] a. ①强大的,强有力的,有势力的 ②有功效的 ③大功率的,(透镜)大倍数的 ‖ ~**ly** ad.

power-house ['pauəhaus] n. 动力室,发电厂〔站〕,电站建筑物,(影响的)源泉

powering ['pauərɪŋ] n. 动力〔马力〕估计,供电

power-law ['pauəlɔ:] a. 按幂函数规律的,幂定律的

powerless ['pauəlɪs] a. 无力〔能,效,权,依靠〕的 ☆*be powerless to (do)* 无力(做) ‖ ~**ly** ad.

power-lift ['pauəlɪft] v. 动力提升〔起落〕

power-lifter ['pauəlɪftə] n. 动力提升机构〔起落装置〕

power-line ['pauəlaɪn] n. 输电线,电源〔力〕线

power-making ['pauəmeɪkɪŋ] a. 产生动力的,发电的

powerman ['pauəmən] n. 发电机专业人员

power-off ['pauəɒf] n.;a. (电动机)停车,关油门的,切断电源的

power-on ['pauəɒn] a. 开油门的,接通电源的

powerplant ['pauəplɑ:nt] n. 动力装置,发动机,动力〔发电〕厂

power-spectral ['pauəspektrəl] a. 功率〔能力〕谱的

power-station ['pauəsteɪʃən] n. 发电站

power-take-off ['pauəteɪkɒf] n. 分出功率,动力输出(轴),动力输出轴驱动装置

power-train ['pauətreɪn] n. 动力系

powwow ['pauwau] n.;v. 会议,商议

pox ['pɒks] n. 痘,天花

poxvirus ['pɒks,vaɪrəs] n. 痘病病毒

Poznan ['pəuznæn] n. 波兹南 (波兰城市)

pozz(u)olan(a) [pɒts(u) ə'lɑ:n(ə)] n. ①白榴火山灰 ② = pozzolan cement

pozz(u)olanic [pɒtsə'lɑ:nɪk] a. 火山灰(质)的,凝硬性的

practicability [præktɪkə'bɪlətɪ] n. (切实)可行性,实用性〔物〕

practicable ['præktɪkəbl] a. ①可实行的,行得通的 ②切合实际的,切实可行的,能实际使用的,可(适,实)用的 ③可通行的 ‖ ~**ness** n. **practicably** ad.

practical ['præktɪkəl] a. ①实际〔践,地〕的 ②实〔应〕用的,有实效的,切实可行的 ③事实上的,实事求是的 ④有实际经验的,注重实际〔践〕的 〖用法〗注意下面例句中该词的含义: It is desirable to have the two as close together as practical. 最好使这两者尽可能地靠近。

practicalism ['præktɪkəlɪzəm] *n.* 实用〔际〕主义

practicality [,præktɪ'kælətɪ] *n.* ①实践性,实际〔用〕性,实用主义 ②实物〔例〕

practically ['præktɪkəlɪ] *ad.* ①实际上,事实上 ②从实际出发 ③几乎,简直

〖用法〗要根据具体情况来确定其到底是"实际上"还是"几乎"的含义。如: Some substances have practically no free electrons.某些物质几乎没有自由电子。/It is practically impossible to have the current or voltage change a specified amount in no time. 要使电流或电压在零时间内变化一个特定的量实际上是不可能的。/In the primary the induced voltage is practically equal to, and opposes, the applied voltage. 在初级,感应电压几乎与外加电压大小相等,但方向相反。("to"与"opposes"共用了"the applied voltage"。)

practice ['præktɪs] ❶ *n.* ①实践 ②实〔练,演〕习,实验操作,操作规程 ③惯例,习惯(作法),(通常)作法 ④老练,策略,诡计 ⑤营〔开〕业,业务 ❷ *v.* = practise ☆*a matter of common practice* 寻常的事; *accepted practice* 常例,习惯做法; *be good practice* 是切实可行的,实践证明是比较好的; *bring (carry, put) in (into) practice* 实行〔施〕; *in conventional practice* 在通常情况下,按照惯例; *in practice* 实际上,在实践〔行〕中; *in practice if not in profession* 虽不明讲而实际如此; *it is common practice to (do)* 通常的做法是; *it is good practice to (do)* …是个好习惯; …是切实可行的; *make a practice of doing* 以…为惯用手段; *out of practice* 缺乏〔久不〕练习,荒疏; *practice makes perfect* 熟能生巧; *put in (into) practice* 实行〔施〕,把…付诸实践; *sharp practice* 不正当的手段; *with a little practice* 稍经一试(就),稍微实践〔练习,实地应用〕一下

〖用法〗注意下面例句中该词的不同含义: It is standard engineering practice to assume that k is a constant. 工程上的标准做法是假设 k 是个常数。/We could now use the first condition for equilibrium, instead, for added practice in using moments, we take moments about the point A. 我们现在本来可以使用平衡的第一条件,但是为了进一步练习使用力矩,我们取环绕 A 点的那些力矩。/Many lathe manufacturers combine these two rods in one, a practice that reduces the cost of the machine at the expense of accuracy.许多车床制造商把这两根杆合并成了一根,这一做法虽降低了机器的成本,但降低了精度。("a practice …"是前面句子的同位语。)/In fact, these two terms are often used interchangeably, a practice we also employ. 事实上,这两个术语在过去经常互用,而这一做法我们现在也采用。("a practice"是前面句子的同位语。)

practician [præk'tɪʃən] *n.* 有实际经验者,熟练者,开业者

practicum ['præktɪkəm] *n.* 实习〔践〕课

practise ['præktɪs] *v.* ①实践〔施,行〕 ②(使)练习,训练,实习 ③养成…的习惯 ④执行…事务,开业 ☆*practise in* 培养…,练习…; *practise on (upon)* 利用…的弱点,欺骗

〖用法〗当它后接动作时要用动名词。如: It is necessary to practise operating a computer. 练习操作计算机是必要的。

practised ['præktɪst] *a.* 熟〔老〕练的,经验丰富的

practising ['præktɪsɪŋ] *a.* 从事活动的,开业的

practitioner [præk'tɪʃənə] *n.* 专业人员,开业者,开业医生,老手

praesidium = presidium

praetersonics [pri:təˈsɒnɪks] *n.* 高超声波学,极超短波晶体声学

praezipitin [pri:ˈzɪpɪtɪn]【医】沉淀素

pragmatic(al) [præɡˈmætɪk (əl)] *a.* ①重实效的,实际的 ②实用主义的 ③独断的,自负的 ‖ ~**ally** *ad.* ~**alness** *n.*

pragmaticism [præɡˈmætɪsɪzəm] *n.* 实用主义

pragmaticist [præɡˈmætɪsɪst] *n.* 实用主义者

pragmatics ['præɡˈmætɪks] *n.* 语用学

pragmatism ['præɡməˌtɪzəm] *n.* ①实用主义 ②实验主义,实用的观点与方法 ③独断

pragmatist ['præɡmətɪst] *n.* 实用主义者

pragmatistic [,præɡməˈtɪstɪk] *a.* 实用主义的

pragmatize ['præɡmətaɪz] *vt.* 使实际〔现实〕化,合理地解释

Prague [prɑːɡ],**Praha**['prɑːhɑː] *n.* 布拉格(捷克首都)

Praia ['praɪɑː] *n.* 普腊亚(佛得角群岛首府)

prairie ['preərɪ] *n.*(大)草原,牧场 ☆*A single spark can start a prairie fire.* 星星之火,可以燎原

praisable ['preɪzəbl] *a.* 值得称赞的,可嘉的 ‖ ~**ness** *n.* **praisably** *ad.*

praise [preɪz] *vt.;n.* ①称赞,表扬,赞美 ②吹捧 ☆*give praise to* 或 *bestow praise on* 表扬; *in praise of* 为歌颂〔表扬〕; *win high praise* 受到高度表扬

praiseful ['preɪzful] *a.* 赞不绝口,赞扬的,歌颂的 ‖ ~**ness** *n.*

praiseworthy ['preɪzˌwɜːðɪ] *a.* 值得称赞的,可嘉的

pram [prɑːm] ❶ *n.* 平底船 ❷ [præm] *n.* 婴儿车

pramaxwell ['præmækswel] *n.* 波拉麦克斯韦(磁束的实用单位)

prang [præŋ] *vt.;v.* ①投弹命中,轰炸 ②(使)飞机坠毁 ③撞,击

prank [præŋk] *n.;v.* ①不正常的动作,(机器的)不规则转动 ②恶作剧 ③装饰,点缀

prase [preɪz] *n.* 葱绿玉髓,绿石英

praseodymia [preɪzɪəʊˈdɪmɪə] *n.* 氧化镨

praseodymium [,preɪzɪəˈdɪmɪəm] *n.*【化】镨

pratique ['prætɪ(ː)k] (法语)(发给已检疫船只的)

无疫通行证

prattle ['prætl] v.;n. 空谈,胡说,废话

Pravda ['prɑːvdə] n. (俄)真理报

pravity ['prævətɪ] n. 障碍,故障,腐烂,邪恶

prawn [prɔːn] n. 对虾,明虾

praxiology [,præksɪ'ɒlədʒɪ] n. 人类行为学

praxis ['præksɪs] (pl. praxes) n. ①实践,实(应,运)用,练⻜ ②实〔惯〕例,习惯,常规 ③行为,举止 ☆ **come into praxis** 获得应用

pray [preɪ] v. 恳求,请 ☆**pray A for B** 向 A 恳(请)求 B;**pray A to(do)**请求 A(做);**be past praying for** 不可救药,毫无希望

prayer [preə] n. ①祈求〔祷〕②恳求的事 ③(pl.)祝福〔祷〕

preabsorption ['priːəb'sɔːpʃən] n. 预吸收

preaccelerator ['priːæk'seləreɪtə] n. 前加速器

preaccentuator ['priːæk'sentjueɪtə] n. 预增强器,预加重器,预频率校正电路

preach [priːtʃ] vt.;n. 宣扬,鼓吹,说教 ☆**preach down** 贬损; **preach up** 吹捧,赞扬 ‖ ~ment n. ~y a.

preacher ['priːtʃə] n. 鼓吹〔说教〕者,传道士

preacquaint ['priːə'kweɪnt] vt. 预先通知,预告 ‖ ~ance n.

preact ['priːækt] v.;n. ①提前(进气),超前 ②提前(修正)量 ③预作用

preadaptation ['priːædæp'teɪʃən] n. 预先适应

preag(e)ing ['priːeɪdʒɪŋ] n. 预老〔陈〕化,预时效

prealbumin [,priː'ælbjumɪn] n. 前白〔前清〕蛋白

prealloy(ing) ['priːæləɪ(ɪŋ)] n. 预合金

preamble [priː(ː)'æmbl] ❶ n. ①序〔导〕言,绪论 ②序程序,始标 ③预兆性事件 ❷ vi 作序言〔绪论〕 ☆**without preamble** 直截了当地,开门见山地

preambulate [priː'æmbjuleɪt] vi. 作序言〔绪论〕

preamplification [pri:æmplɪfɪ'keɪʃən] n. 前置〔级〕放大

preamplifier [pri:'æmplɪfaɪə] n.【无】前置〔预先〕放大器

preanalysis [pri:ə'nælɪsɪs] n. 预分析

preannounce ['priːə'nauns] vt. 预告

preanodize ['priː'ænədaɪz] v. 预阳极化

prearrange [,priːə'reɪndʒ] vt. 预先安排,预定 ‖ ~ment n.

preassemble ['priːə'sembl] v. 预装(配)

preassembly ['priːə'semblɪ] n. 预装配

preassigned ['priːə'saɪnd] a. 预先指定的,预先分配〔派〕的

preatomic ['priːə'tɒmɪk] a. 原子能〔弹〕使用之前的,利用原子能时代之前的

preaudit ['priː'ɔːdɪt] n. 事先〔前〕审计

pre-augered ['priː'ɔːgəd] a. 预钻的

prebake ['priː'beɪk] v.;n. 预烘干〔烘焙〕,预焙

prebattle ['priː'bætl] a. 战斗〔交战〕前的

prebend ['priːbend] v. 预(先)弯(曲)

pre-blank ['priː'blæŋk] n.【航】预熄灭,预匿影

preblend [priː'blend] v.;n. 预拌,预先混合

preboiler ['priː'bɔɪlə] n. 预热锅炉

prebook ['priː'buk] vt. 预订,预约

preboring ['priː'bɔːrɪŋ] n. 初步钻探

prebox [priː'bɒks] n. 前置组件

prebuilt [priː'bɪlt] a. 预制〔建〕的

prebunched [priː'bʌntʃt] a. 预聚束的

precalciferol [priː'kælsɪfərəl] n. 预〔前〕钙化醇

precalculated [priː'kælkjuˌleɪtɪd] a. 预先计算好的

precamber ['priːˌkæmbə] n. 预拱度

precambrian [priːˈkæmbrɪən] n.;a. 前寒武纪(的)

precancerous ['priːˌkænsə] n. 初癌,癌症前期

precancerous ['priːˈkænsərəs] a. 癌症前期的,可能成癌症的,癌变前的

precarburization [,priːkɑːbuːraɪ'zeɪʃən] n. 预先碳化〔渗碳〕

precarcinogen [,priːkɑː'sɪnədʒən] n. 前致癌物

precarious [prɪ'keərɪəs] a. ①不稳定的,不安全的,危险的 ②可疑的,根据不充足的 ‖ ~ly ad. ~ness n.

precast [,priː'kɑːst] vt.;a. 预浇铸(的),预制(的),装配式的

precative ['prekətɪv],**precatory** ['prekətərɪ] a. 恳〔请〕求的

precaution [prɪ'kɔːʃən] n.;vt. ①预防(措施,方法),保护(措施) ②小心,注意,警惕〔戒〕,预先警告 ☆ **by way of precaution** 为小心起见,作为预防手段; **take precautions (to do)**采取(预防)措施来; **take precautions against** 采取预防…的措施

precautionary [prɪ'kɔːʃəˌnærɪ] a. 预防的,警戒的,小心的

precedable [prɪ(ː)'siːdəbl] a. 可能先发生的,可能被超先的

precede [prɪ'siːd] v. ①(时间,位置,次序)居先〔前〕,在〔位于〕…之前 ②优于 ③放在…之前

precedence [prɪ'siːdəns],**precedency** [prɪsiː'dənsɪ] n. ①(时间,位置,次序)在先,优先(权,地 位) ②优越性 ☆**give precedence to** 承认…的优越性,把…放在前; **take (have) (the) precedence of (over)** (地位)在…之上,优(先)于

precedent ❶ ['presɪdənt] n. 先〔惯〕例 ☆**have no precedent to go by** 没有先例可循; **set (create) a precedent for** 开…的先例,为…创先例; **without precedent in history** 史无前例的,空前的 ❷ [prɪ'siːdənt] a. 在前的,领先的,先行的 ‖ ~ly ad.

〖用法〗❶ 当它作形容词时,有时可作后置定语。如: This is a condition underline{precedent}. 这是一个先决条件。❷ 该词作名词时可以后跟介词 “for”。如:underline{Precedent} exists for using the symbol I_s for the BJT intercept current.有惯例把符号 I_s 用来表示双结型晶体管的截断电流。(本句的 “for 短语” 是修饰主语的,属于 “句子成分的分割现象”。)

precedented ['presɪdəntɪd] a. 有先例的,有前例可循的

preceding [prɪ'siːdɪŋ] a. 以〔在〕前的,(在)先的,

前面的,上述的

precelled ['pri:'seld] *a.*【医】前细胞的

precensor ['pri:'sensə] *vt.* 预先审查 ‖ ~ship *n.*

precept ['pri:,sept] *n.* ①(技术)规则,方案 ②训导,警告,命令书 ③格言

preception [pri:'sepʃən] *n.* 教训,警告

preceptor [pri'septə] *n.* 教(导)师,校长

preceptorial [,pri:sep'tɔ:riəl] *a.* 教师(指导)的,导师的,校长的

precess [pri(:)'ses] *vi* 进动,旋进,【天】按岁差向前运行

precession [pri'seʃən] *n.* ①进动,旋进 ②【天】岁差 ③先(前)行,领先

precessor [pri'sesə] *n.* 进动自旋(元)磁体

prechamber [pri:'tʃeimbə] *n.* 预燃(前置)室

precharge [pri:'tʃɑ:dʒ] *v.;n.* 预先充电

precheck [pri:'tʃek] *v.;n.* 预先检验

prechlorination [pri:,klɔ:ri'neiʃən] *n.* 预氯化

precholecalciferol ['pri:kɒlekæl'sifərəl] *n.* 预胆钙化醇

pre-Christian [pri:'kristʃən] *a.* 公元前的

precinct ['pri:,siŋkt] *n.* ①范围,(辖,管)区,境界 ②(pl.)周围,附近

precious ['preʃəs] *a.;ad.* ①贵重的,珍贵的 ②彻底的,非常 ③过分讲究的 ‖ ~ly *ad.* ~ness *n.*

precipice ['presəpis] *n.* ①悬崖,峭壁 ②危机,危险的处境,灾难的边缘

precipitability [prisipitə'biliti] *n.* 沉淀性(度),临界沉淀点

precipitable [pri'sipitəbl] *a.* 可沉淀的,可淀析的

precipitance [pri'sipitəns], **precipitancy** [pri-'sipitənsi] *n.* 急躁,仓促

precipitant [pri'sipitənt] ❶ *n.* 沉淀剂(物),脱溶(试药),淀析剂 ❷ *a.* ①很快落下的 ②突然的,猛冲的,急躁的,仓促的

precipitate ❶ [pri'sipitit] *n.;a.* ①沉淀物,残渣,脱溶物 ②冷凝物(雨,露等) ③头朝下的,猛烈落下的,猛冲的 ④仓促的,急躁的,突然的 ❷ [pri'sipiteit] *v.* ①(使)沉淀(出),析出,(使)脱溶,(使)凝结 ②抛(扔)下,突然落下 ③促使,加速,使突然发生,使突然陷入(into) ‖ ~ly *ad.*

precipitating [pri'sipiteitiŋ] *a.* 起沉淀作用的,导致沉淀的

precipitation [pri,sipi'teiʃən] *n.* ①沉淀(相,反应,作用),沉积(物),淀析,分凝,脱溶(作用) ②降水(量),凝结 ③摔下,急躁,仓促,猛冲

precipitator [pri'sipiteitə] *n.* ①沉淀器(剂),沉淀器操作者 ②聚尘器,电滤器 ③促使者(物)

precipitin [pri'sipitin] *n.* 沉淀素

precipitinogen [pri,sipi'tinədʒən] *n.* 沉淀素原

precipitinoid [pri'sipitinɔid] *n.* 类沉淀素

precipitometer [pri,sipi'tɔmitə] *n.* 沉淀计

precipitophore [pri'sipitəfɔ:] *n.*【医】沉淀载体

precipitous [pri'sipitəs] *a.* ①险峻的,陡峭的 ②突然的,急转直下的 ③急躁的,仓促的 ‖ ~ly *ad.*

precipitum [pri'sipitəm] *n.*【医】沉降物,沉淀细菌

precis ['preisi:] (法语) ❶ (pl. precis) *n.* 摘(纲)要,大意,梗概 ❷ *vt.* 做…的大纲,写…的摘要

precise [pri'sais] *a.* ①精密的,准确的 ②明确的 ③严谨的 ☆*at the precise moment* 恰恰在那个时刻; *to be precise* (插入语)确切地说 ‖ ~ly *ad.* ~ness *n.*

precision [pri'siʒən] ❶ *n.* ①精密(度),准确度,精细,正确 ②拘(严)谨 ❷ *a.* 精确(密)的
〖用法〗❶ "with (great) precision" 意为"(非常)精确地"。如:The drain characteristics are not given with sufficient precision. 画出的漏极特性不够精确。❷ 与它连用的动词一般为"increase",表示"提高",但也有用"improve"的。如:Astronomers gradually increased the precision of their observations. 天文学家逐渐提高了他们观测的精度。❸ 有时该名词前可用不定冠词。如:The frequency meters are fabricated with a precision that keeps errors as low as a few parts in 10^5 in the best instruments. 制作的频率计其精度在最好的仪器中可使误差低至十万分之几。

precleaner [pri'kli:nə] *n.* 预清机,(空气)粗滤器

preclimax [pri:'klaimæks] *n.* 前演替顶极

preclinical ['pri:'klinikəl] *a.* 临床前的

preclude [pri'klu:d] *vt.* ①预防,排除 ②阻碍,使不可能 ☆*preclude A from doing* 使 A 不能(做)
〖用法〗该词后跟动作时要用动名词。如: This precluded cleaning up the C syntax. 这就预防了清除掉 C 句法。

preclusion [pri'klu:ʒən] *n.* ①预防,排除 ②防止,妨碍

preclusive [pri'klu:siv] *a.* ①预防(性)的(of),排除(性)的,消除(性)的 ②遮断的,妨碍的

precoat [pri'kəut] *n.;v.* 预涂(层),预浇,打底子,底漆,(在过滤器表面涂敷的)滤料层

precocious [pri'kəuʃəs] *a.* 早熟(成)的 ‖ ~ly *ad.*

precocity [pri'kɒsəti] *n.* 早熟,早成

precognition [,pri:kɒg'niʃən] *n.* 预知,预先审查

pre-collector ['pri:kə'lektə] *n.* 前级(预先)除尘器

pre-column ['pri:'kɒləm] *n.* 预置柱

precombustion [pri:kəm'bʌstʃən] *n.* 预燃,在前置燃烧室内燃烧

precomminution [pri:,kɒmi'nju:ʃən] *n.* 预粉碎

pre-compaction [pri:kəm'pækʃən] *n.* 初步压块

precompiler [pri:kəm'pailə] *n.*【计】预编译程序

precompose ['pri:kəm'pəuz] *vt.* 预作

precompressed ['pri:kəm'prest] *a.* 预压的

precompression ['pri:kəm'preʃən] *n.* 预(加)压(力),预先压缩

precompressor ['pri:kəm'presə] *n.* 预压器,填装器

precomputed [,pri:kəm'pju:tid] *a.* 预(先计)算的

preconceive ['pri:kən'si:v] *vt.* 预想,事先想好,事先作出(某种想法,意见)

preconcentration ['pri:kɒnsen'treiʃən] *n.* 预

（先)富集,预精选〔浓缩〕

preconception [ˌpriːkənˈsepʃən] n. 预想,先入之见,偏见

preconcert [ˈpriːkənˈsɜːt] vt. 预(先商)定,事先同意

precondensation [ˌpriːkɒndenˈseɪʃən] n. 预凝

precondenser [ˈpriːkənˈdensə] n.【化】预冷凝器

precondition [ˈpriːkrənˈdɪʃən] ❶ n. 前提,先决条件 ❷ vt. ①预(先)处理,预先安排好 ② 使…先有思想准备

preconditioner [ˈpriːkənˈdɪʃənə] n. 预调节器

preconize [ˈpriːkənaɪz] v. 宣告,声明,指名召唤 ‖ preconization n.

preconsideration [ˈpriːkɒnsɪdəˈreɪʃən] n. 预先考虑

preconsolidate [ˈpriːkənˈsɒlɪdeɪt] v. 预先〔前期〕固结 ‖ preconsolidation n.

precontamination [ˈpriːkəntæmɪˈneɪʃən] n. 初期污染

precontract ❶ [ˈpriːkɒnˈtrækt] v. 预约 ❷ [ˈpriːkɒntrækt] n. 预约(规定)

precontrol [ˈpriːkənˈtrəʊl] v.;n. 预先控制

precool [ˈpriːˈkuːl] v.;n. 预(先)冷(却)

precoolant [ˈpriːˈkuːlənt] n. 预冷剂

precooler [ˈpriːˈkuːlə] n. 预(先)冷(却)器,前置冷却器

precorrection [ˈpriːkəˈrekʃən] n. 预(先)校正

precorrosion [ˈpriːkəˈrəʊʒən] n. 预腐蚀

precritical [ˈpriːˈkrɪtɪkəl] a. 临界前的,亚〔次〕临界的

precure [ˈpriːˈkjʊə] v. 预塑化,预硫化,早期养护,早熟化

precursive [priːˈkɜːsɪv] = precursory

precursor [priːˈkɜːsə] n. ①先驱〔锋,导〕,前任〔辈〕②预报器,前兆 ③初级粒子,前驱波,先驱物,产物母体,前身

precursory [priːˈkɜːsərɪ] a. ①先驱〔锋〕的,前任〔辈〕的 ②预兆的 ③开端的,初步的

precut [ˈpriːˈkʌt] n. 预切割

predacity [priːˈdæsətɪ] n. 肉〔捕〕食性

predate [ˈpriːˈdeɪt] v. ①把…的日期填早 ②居先,在日期上早于 ③发生在…时之前

predation [priːˈdeɪʃən] n. 捕食

predator [ˈpredətə] n. 捕食者,食肉动物

predatory [ˈpredətərɪ] a. 捕食性的,食肉的,掠夺(性,成性)的 ‖ predatorily ad.

predawn [ˈpriːˈdɔːn] a. 黎明前的

predecease [ˈpriːdɪˈsiːs] v.;n. 先死,死在…之前

predecessor [ˈpriːdɪsesə] n. ①前人〔辈,任〕②(被代替的)原有物,前期物质,原始粒子,先驱

predecomposition [ˈpriːdiːkɒmpəˈzɪʃən] n. 预分解

predefine [ˈpriːdɪˈfaɪn] vt. 预先规〔确〕定

predegassing [ˈpriːdiːˈgæsɪŋ] n. 预先除气

predeposition [ˈpriːdɪpəˈzɪʃən] n. 预淀积

predesign [ˈpriːdɪˈzaɪn] vt.;n. 初步〔草图〕设计,

预谋〔定〕

predestinarian [priːˌdestɪˈneərɪən] a.;n. 宿命论的〔者〕

predestinate [priːˈdestɪneɪt] ❶ vt. ①(命中)注定 ②预先确定 ❷ a. ①宿命的,命定的 ②预定的

predestination [prɪˌdestɪˈneɪʃən] n. 宿命论,命运,预定

predestine [prɪˈdestɪn] vt. ①预先指〔决〕定 ②命中注定

predetection [ˈpriːdɪˈtekʃən] a. 检波〔验〕前的

predeterminate [ˌpriːdɪˈtɜːmɪnɪt] a. 预〔先〕定的

predetermination [ˈpriːdɪtɜːmɪˈneɪʃən] n. ①预测〔定,算,计〕②【生】前定(说)

predetermine [ˌpriːdɪˈtɜːmɪn] vt. ①预(先决)定,注定 ②对…先规定方向,使先有一定倾向〔偏见〕

predetonation [prɪˌdetəˈneɪʃən] n. 预爆轰〔震〕

predial [ˈpriːdɪəl] ❶ a.(附属于)土地的,田地的,乡村的 ❷ n. 农奴

predicability [predɪkəˈbɪlətɪ] n. 可断定,可断定为…的属性

predicable [ˈpredɪkəbl] ❶ a. 可断定(为…的属性)的,可谓的 ❷ n. 可(被作为属性而)断定的事物,(同类事物的共同)属性,范畴

predicament [prɪˈdɪkəmənt] n. ①困〔险〕境,境遇 ②(可被论断的)事物,被断定的东西,种类,范畴

【用法】下面例句的含义: In this case, you are most likely in a <u>predicament</u> that no programming language can help you out of. 在这种情况下,你极有可能处于没有哪种编程语言能够帮助你摆脱的困境。("that" 引出的是一个定语从句,它在从句中作从句末尾介词 "of" 的宾语。)

predicate ❶ [ˈpredɪkɪt] n.;a. ①谓语,谓(表)语的 ②宾词,本质,属性 ③【计】宾〔谓〕项(的) ❷ [ˈpredɪkeɪt] vt. ①断定,断言（为…的属性）(about,of) ②使有根据,(使)基于,由于(on,upon) ③宣言〔布〕,声明 ④意味着

predication [ˌpredɪˈkeɪʃən] n. 断定,推算,预测

predicative [prɪˈdɪkətɪv] a.;n. ①断言〔定〕的,论断性的 ②表述的,直谓的 ③表语(的) ‖ -ly ad.

predicatory [ˈpredɪkətərɪ] a. 断定的,宣言的,说教(性)的

predict [prɪˈdɪkt] vt. 预言〔示,计,报〕

【用法】它可以由不定式作它要求的补足语。如:Both the mechanisms <u>predict</u> low-level recombination rate <u>to be proportional to minority-carrier density</u>. 这两种机制预示了低水平复合率是正比于少数载流子密度的。

predictability [prɪˌdɪktəˈbɪlətɪ] n. 可预言〔示,计,报〕性

predictable [prɪˈdɪktəbl] a. 可预言〔知,测〕的

predictand [prɪˈdɪktənd] n.【气】预报量

prediction [prɪˈdɪkʃən] n. ①预言〔报,示,测〕②前置量,超前

【用法】它可以与动词"perform"搭配使用。如:This

P

filter underlines{performs short-term prediction}. 这个滤波器能够进行短期预测。

predictive [prɪˈdɪktɪv] *a.* 预言(性)的,预兆(先)的

predictor [prɪˈdɪktə] *n.* ①预言(报)者,预测(报)器 ②预测值,预报函数,预示公式〔算子〕③射击指挥仪

prediffusion [ˈpriːdɪˈfjuːʒən] *n.* 预扩散

predigest [ˈpriːdaɪˈdʒest] *vt.* 简化;预先消化

predigestion [ˈpriːdɪˈdʒestʃən] *n.* ①预先消化,使容易消化 ②简化,使易懂

predilection [ˌpriːdɪˈlekʃən] *n.* 偏爱,嗜好,特别喜爱(for) ☆**have a predilection for** 对…特别爱好

predischarge [ˌpriːdɪsˈtʃɑːdʒ] *v.;n.* 预放电,预排气,预先卸载

predispose [ˌpriːdɪsˈpəʊz] *vt.* ①预先安排〔处理〕②使…先倾向于,使偏爱,使易患〔易接受〕(to, to do)

predisposition [ˌpriːdɪspəˈzɪʃən] *n.* 倾向(性),诱因,偏爱〔好〕,素质

predissociation [ˌpriːdɪˌsəʊsɪˈeɪʃən] *n.*【化】预离解(作用),预分离〔分解〕

predistillation [ˈpriːdɪstɪˈleɪʃən] *n.* 预〔初步〕蒸馏

predistorter [prɪdɪsˈtɔːtə] *n.*【电子】置前补偿器,预修正〔矫正〕电路

predistortion [ˌpriːdɪsˈtɔːʃən] *n.*【电子】预矫正,预失真,频应预矫

predistribution [ˈpriːdɪstrɪˈbjuːʃən] *n.* 初步分配,预先分布

prednisolone [predˈnɪsələʊn] *n.*【化】脱氢皮质(甾)醇,【医】氢化波尼松

prednisone [ˈprednɪzəʊn] *n.*【医】脱氢可的松,强的松,波尼松

predominance [prɪˈdɒmɪnəns] *n.* ①优〔卓〕越,优势,支配 ②显著,突出

predominant [prɪˈdɒmɪnənt] *a.* ①主要的,卓越的,突出的,最显著的 ②支配的,(对…)占优势的(over) ‖ **~ly** *ad.*

predominate ❶ [prɪˈdɒmɪneɪt] *v.* 统治,主导,居支配(地位),起主要〔支配〕作用,突出,占优势(over) ❷ [prɪˈdɒmɪnɪt] *a.* = predominant ‖ **~ly** *ad.*
〖用法〗注意下面例句中该词的含义: It is often sufficient to consider only the fundamental frequency, since it underlines{predominates}.只要考虑基频往往就够了,因为它占主导地位。

predominatingly [prɪˈdɒmɪneɪtɪŋlɪ] *ad.* …为主,占优势地,突出地

predomination [prɪˌdɒmɪˈneɪʃən] = predominance

predose [ˈpriːdəʊs] *n.*【化】辐照〔照射〕前,前剂量

predrive [prɪˈdraɪv] *n.;v.*【计】预驱动〔激励〕,前级激励

pre-echo [priˈekəʊ] *n.* 前回声〔波〕

pre-edition [priːɪˈdɪʃn] *n.*【计】预先编辑

pre-editor [ˈpriːˈedɪtə] *n.*【计】预编辑

preejection [priːɪˈdʒekʃən] *a.* 弹射前的

preelect [ˈpriːɪˈlekt]【法】*vt.* 预选

preelection [ˈpriːɪˈlekʃən] ❶ *a.* 选举前的 ❷ *n.* 预〔优〕先的选择,预选〔定〕

preem [priːm] *n.* 初次上演

preeminence [priˈemɪnəns] *n.* 卓越,优胜地位

preeminent [priˈemɪnənt] *a.* 优秀的,卓越的,显著的 ‖ **~ly** *ad.*

preemphasis [priˈemfəsɪs] *n.* (频应)预矫,预修正,预加重,预增幅,【电子】预强调

preempt [priˈempt] *vt.* 优先购买,先取〔占〕‖ **preemption** *n.*

preemptive [priˈemptɪv] *a.* 优先的,抢先的,【法】优先购买(权)的,先发制人的

preencase [priːɪnˈkeɪs] *vt.* 先行包裹(在中)

preengage [ˈpriːɪnˈgeɪdʒ] *v.* 预约,先得 ‖ **~ment** *n.*

pre-engineered [ˈpriːendʒɪˈnɪəd] *a.* 使用预制部件建造的

pre-enzyme [ˈpriːˈenzaɪm] *n.*【化】酶原

preequalization [ˈpriːɪkwələˈzeɪʃən] *n.*【计】(频应)预矫

preestablish [ˈpriːɪsˈtæblɪʃ] *vt.* 预先设立〔制定〕

pre-estimate ❶ [ˈpriːˈestɪmeɪt] *vt.* 预算 ❷ [ˈpriːˈestɪmɪt] *n.* 预算

preevacuate [ˈpriːɪˈvækjueɪt] *v.* 预抽,预排气 ‖ **preevacuation** *n.*

preexamine [ˈpriːɪgˈzæmɪn] *vt.* 预先检查,预考试 ‖ **preexamination** *n.*

preexist [ˈpriːɪgˈzɪst] *v.* 先存在,先于…而存在

preexpose [ˈpriːɪksˈpəʊz] *v.* 预曝光 ‖ **preexposure** *n.*

prefab [ˈpriːˈfæb] ❶ *a.* 预制的 ❷ *n.* 预制品,活动〔预制〕房屋

prefabricate [ˈpriːˈfæbrɪkeɪt] ❶ *vt.* 预制,预加工 ❷ *n.* 预制品,【经】预制构件

preface [ˈprefɪs] ❶ *n.* 序〔前,绪〕言,卷首语,开端 ❷ *v.* 作序,成为…的开端
〖用法〗表示"…的序言"时,其后面一般常用介词"to"(也有人用"of"或"for")。如:The preface <u>to</u> this book is well written.这本书的序言写得好。

prefactor [priːˈfæktə] *n.* 前因子

prefatorial [prefəˈtɔːrɪəl], **prefatory** [ˈprefətərɪ] *a.* 序言的,位于前面的

prefer [prɪˈfɜː] (preferred; preferring) *vt.* ①(比较起来)更喜欢,(与其…)宁可〔愿〕…,情愿 ②提出,建议 ③把…提升到(to),推荐 ④优先偿付 ☆**A is preferred** 最好是用 A; **prefer A above all others** 最喜欢 A; **prefer A to B** 喜欢 A 胜过 B,宁愿用 A 而不用 B; **prefer to (do)** 喜欢(做); **prefer to use A instead of using B** 比较爱用 A 而不用 B
〖用法〗❶ "prefer A to B"中,"A"和"B"可以都是名词、动词不定式或动名词。❷ 注意下面例句中该词的用法:For these reasons, step functions and square waves are often preferred to

impulses.由于这些理由,人们往往喜欢用阶跃函数和方波而不用脉冲。❸ "A is preferred over B" 意为 "喜欢 A 而不用 B"。如: The use of nonsystematic codes is ordinarily preferred over systematic codes in convolutional coding.在卷积编码中通常喜欢使用非系统码而不用系统码。❹ 当它表示 "建议" 时,在其宾语从句或主语从句中往往使用 "(should+)动词原形" 的虚拟句型。

preferable ['prefərəbl] *a.* 优越的,更可取的,较好的 ☆ **be preferable to** 胜于,比···更可取 ‖ **preferably** *ad.* 〖用法〗❶当该词在主句中作表语(或宾语补足语)时,在主语从句(或宾语从句)中谓语应该使用 "(should +)动词原形"。如: It is certainly preferable that these values be checked in the original equation.当然最好把这些值在原方程中进行检查。❷ 注意下面例句的含义: It is preferable to start the pump with the discharge valve open.最好在打开排水阀的情况下启动水泵。("with the discharge valve open" 属于 "with+名词+形容词" 型,"with 结构" 作条件状语。)

preference ['prefərəns] *n.* ①偏爱(for),喜欢 ②优先(权),特惠,偏爱物 ③选择(权,机会) ☆ **give (no) preference to A** (不)偏爱 A; **have a preference for A** 特别喜欢 A; **have a preference of A to (over) B** 喜爱 A 甚于喜爱 B; **preference to A** 优先于 A,(宁取···)而不取 A 〖用法〗注意下面例句中该词与介词的搭配用法: This explains the preference for 'N-MOS'over 'P-MOS'. 这就解释了为什么喜欢用 "N-MOS" 而不用 "P-MOS"。

preferential [prefə'renʃəl] ❶ *a.* 优先的,特惠的,择优的 ❷ *n.* 优先权 ‖ **~ly** *ad.*

preferment [prɪ'fəmənt] *n.* ①提升,升级 ②有利可图的职位,肥缺 ③优先权 ④提出 ⑤酶原

preferred [prɪ'fɜ:d] ❶ *v.* prefer 的过去式和过去分词 ❷ *a.* 【计】优先的,可取的,较佳的,择优的

prefetch ['pri:'fetʃ] *v.* 【计】预取

prefiguration [pri:fɪgju'reɪʃən] *n.* 预示〔想〕,原型 ‖ **prefigurative** *a.*

prefigure [pri:'fɪgə] *vt.* 预示〔想,见,言〕,通过形象预示

prefill ['pri:'fɪl] *v.* 预装填,预先充满

prefilter [pri:'fɪltə] *n.* 预过滤器,前置滤光片

prefire [pri:'faɪə] *v.* 预(先焙)烧,预先点火

prefiring [pri:'faɪərɪŋ] ❶ *n.* 预先点火,预烧 ❷ *a.* 点火〔启动〕前的

prefix ❶ ['pri:fɪks] *n.* ①词头,前缀,首标 ②前束,(电视)超前脉冲 ③文献编号前面的代号 ④人名前的尊称(如 Mr.、Dr.、Sir 等) ❷ [prɪ'fɪks] *vt.* ①添加词头〔前缀,标题〕 ②加在···前头,预先指定

prefixion [pri:'fɪkʃən], **prefixture** [prɪ'fɪkstʃə] *n.* ①用词头〔前缀〕 ②序,绪言

preflex [pri:'fleks] *v.;n.* 预弯,预加弯力

preflight ['pri:'flaɪt] *a.* 飞行前的,为起飞作准备的

prefluxing [prɪ'flʌksɪŋ] *n.* 预涂熔剂

prefocus ❶ [pri:'fəukəs] *vt.* (prefocus(s)ed ; prefocus(s)ing) 预先聚焦,预〔初〕聚焦 ❷ *a.* 置于集焦反光镜焦点处的

preform ❶ [pri:'fɔ:m] *vt.* 预制成,预成型(塑坯)预塑,把···初步加工,预先形成 ❷ ['pri:'fɔ:m] *n.* 塑坯预塑,初步加工的成品,预型件,雏形

preformation [pri:fɔ:'meɪʃən] *n.* 预先形成

preformative [pri:'fɔ:mətɪv] *a.;n.* 使预先形成的,前缀(的)

preformer [pri:'fɔ:mə] *n.* 预压机,制锭机

prefractionator ['pri:'frækʃəneɪtə] *n.* 【化】初步分馏塔

preframe ['pri:'freɪm] *v.* 【化】预装配

preg [preg] *a.* 怀孕的

preglacial ['pri:'gleɪsjəl] *a.* 冰河期前的

pregnable ['pregnəbl] *a.* 可攻克的,易占领的,易攻击的,有受孕能力的

pregnancy ['pregnənsɪ] *n.* 怀孕,内容充实,富有意义

pregnane ['pregneɪn] *n.* 【生化】孕(甾)烷

pregnanediol [pregneɪn'daɪɒl] *n.* 【生化】孕(甾)二醇

pregnanedione [pregneɪn'daɪəʊn] *n.* 【生化】孕(甾)二酮

pregnanolone [preg'nænələʊn] *n.* 【化】【医】孕(甾)烷醇酮

pregnant ['pregnənt] *a.* ①怀孕的 ②充满的,富有的,含蓄的,意义深长的 ③富于想象力的 ④富于成果的,丰产的 ‖ **-ly** *ad.*

pregnene ['pregni:n] *n.* 【化】【医】(甾)烯

pregnenolone [preg'nenələʊn] *n.* 【生化】孕(甾)烯醇酮

preheat ['pri:'hi:t] *v.* 【机】预热,初步加热

preheater ['pri:'hi:tə] *n.* 【化】预热器〔炉〕

prehensile [prɪ'hensaɪl] *a.* 【医】能抓〔握〕住的

prehension [prɪ'henʃən] *n.* 【医】抓〔握〕住,理解

prehistoric [pri:hɪs'tɒrɪk] *a.* ①史前的 ②很久以前的,老式的,陈腐的 ‖ **-ally** *ad.*

prehistory [pri:'hɪstərɪ] *n.* 史前时期,史前背景,史前史

prehumen [pri:'hju:mən] *a.* 人类以前的

prehydration ['pri:haɪ'dreɪʃən] *n.* 预先水化

prehydrolysis ['pri:haɪ'drɒlɪsɪs] *n.* 【化】预加水分解

preignite ['pri:'ɪgnaɪt] *vt.* 预〔提前〕点火

preignition ['pri:ɪg'nɪʃən] *n.* 预燃(作用),【机】预〔提前〕点火

preimage [pri:'ɪmɪdʒ] *n.* 逆〔原〕像,【数】前像

preimpregnated ['pri:ɪm'pregneɪtɪd] *a.* 预浸渍的

preindicate [pri:'ɪndɪkeɪt] *vt.* 预兆,预先显示

preinducer [pri:ɪn'dju:sə] *n.* 前诱导剂

preinjector [pri:ɪn'dʒektə] *n.* 预注入器,前加速器

prejudge ['pri:'dʒʌdʒ] *vt.* 预计,预先〔过早〕判

断 ‖ **prejudg(e)ment** *n.*

prejudication ['priːdʒuːdɪ'keɪʃən] *n.* 预先判断,【法】预先判决,判例

prejudice ['predʒudɪs] ❶ *n.* ①偏(成)见,歧视 ②侵(伤)害,不利 ☆**have prejudice against (in favour of)** 对…有偏见〔偏爱〕; **to the prejudice of** 有损于; **without prejudice to** 不使(合法权利)受到损害 ❷ *vt.* ①使…抱偏见 ②损害,使受到不利的影响 ☆**prejudice him against (in favour of)** …使他偏恨〔偏爱〕

prejudiced ['predʒədɪst] *a.* 有偏(成)见的,偏心的

prejudicial [predʒu'dɪʃəl] *a.* 造成偏见〔损害〕的,对…不利的,有损于…的(to)

preknow [priː'nəu] *v.* 先知,事先知道

prelase [priː'leɪs] *v.* 预(超前)激射

prelaser [priː'leɪzə] ❶ *a.* 激光照射前的 ❷ *n.* 激光敏感剂

prelaunch ['priːlɔːntʃ] *a.* 发射前的

prelect [prɪ'lekt] *vi.* (在大学里)讲课,演讲 ‖ **~ion** *n.*

prelibation ['priːlaɪ'beɪʃən] *n.* 预(试)尝

preliberation ['priːlɪbə'reɪʃən] *a.* 解放前的

prelim ['priːlɪm] = preliminary

preliminarily [prɪ'lɪmə'nərɪlɪ] *ad.* 预先地

preliminary [prɪ'lɪmɪnərɪ] ❶ *a.* ①初步〔级,始〕的 ②预备〔先〕的,序言(性)的 ❷ *ad.* 预先 ❸ *n.* ①(pl.)准备工作〔措施〕,初步行动,事先接触 ②预试〔赛〕,淘汰赛 ③(常用 pl.)初步,前端 ④(pl.)正文前的书页〔内容〕,序言,文前栏目 ⑤初期微震 ☆**without preliminaries** 直截了当的; **preliminary to(do)** 在(做…)之前;作为(做…)的准备 【用法】注意下面例句中画线部分的译法: This section deals with <u>preliminary circuit</u> designs.本节论述电路的预设计。

preload ['priː'ləud] *v.;n.* ①预先加料,预装入 ②预加(荷)载 ③预压 ‖ **preloading** *n.*

prelubricated [priː'ljuːbrɪkeɪtɪd] *a.* 预润滑的

prelude ['preljuːd] ❶ *n.* 序曲〔幕〕,(软件)序部,前奏,过程标题 ❷ *v.* 成为…的序章〔序曲,前奏〕,开头

preludial [prɪ'ljuːdɪəl] *a.* 序幕(式)的,序曲(式)的,先导的

preludize ['preljuːdaɪz] *vi.* 作(奏)序曲

prelusive [prɪ'ljuːsɪv], **prelusory** [prɪ'ljuːsərɪ] *a.* 序曲〔幕〕的,前奏的,先导的

premature [premə'tjuə] ❶ *a.* ①过早的,未成熟的 ②早熟的 ❷ *n.* 过早发生的事物,过早爆炸的炮弹

prematurity [prɪmə'tjurətɪ] *n.*【医】早熟

pre-maximum [priː'mæksɪmən] *n.* 初始极大值,极大前瞬

premeditate [prɪ'medɪteɪt] *v.* 预谋,预先考虑(计划) ‖ **premeditation** *n.*

premelting ['priː'meltɪŋ] *n.* 预熔

premier ['premɪə] ❶ *n.* 总理,首相 ❷ *a.* 首位的,最早的,最前的

premiere ❶ ['premɪeə] (法语) *n.;v.* 首次放映〔演出〕 ❷ *a.* 突〔杰〕出的,首要的

premise ❶ ['premɪs] *n.* ①前提 ②(pl.)前言,根据 ③(pl.)房屋,房产 ④(pl.)上述各点;房屋 ❷ [prɪ'maɪz] *v.* (提出…)作为前提,先说,predstruct 【用法】"on the premise that..." 意为 "在…前提下"。如: This form of cryptography operates <u>on the premise that</u> the key is known to the encrypter (sender) and by the decrypter (receiver) but to no others.这种形式的密码术是在这样的前提下工作的: 只有加密人(发送者)和解密人(接收者)知道密钥,而其他人都是不知道的。

premiss ['premɪs] *n.* 前提

premium ['priːmɪəm] ❶ *n.* ①奖(金,品,状,牌) ②保险费,学费,佣金,额外费用,贴水,溢价 ③高级,优质 ❷ *a.* 特级的,质量改进的 ☆**be at a premium** 非常需要〔宝贵〕,很受重视,超过票面价值; **premium for** 为…而发的奖金; **put (place) a premium on** 助长,鼓(奖)励,重视

premix [priː'mɪks] ❶ *v.* 预先混合,预拌 ❷ *n.* 预(先混合好的)混合料

premixer [priː'mɪksə] *n.* 预先混合器

premodification [priːmɔdɪfɪ'keɪʃən] *n.*【计】预先修改

premodulation [priːmɔdju'leɪʃən] *n.* 预调制

premonition [priːmə'nɪʃən] *n.* 预感(兆),前兆

premonitory [prɪ'mɔnɪtə] *n.* 预兆,预先警告者

premonitory [prɪ'mɔnɪtərɪ] *a.* 预兆的,预(先警)告的

premo(u)ld ['priː'məuld] ❶ *v.* 预塑〔铸〕,预制 ❷ *n.* (塑)料片,药片,锭剂 ‖ **premo(u)lded** *a.*

premultiplication [priːmʌltɪplɪ'keɪʃən] *n.*【计】自左乘

premonition [priːmə'nɪʃən] *n.*【医】预防措施〔接种〕,传染(病后)免疫

prenderol ['prendərɔl] 甫仁德醇,【医】2,2-二乙基-1,3-丙二醇

prentice ['prentɪs] *n.* 学徒

preoccupancy [priː'ɔkjupənsɪ] *n.* 先占,全神贯注

preoccupation [priːɔkju'peɪʃən] *n.* ①全神贯注,出神 ②使人全神贯注的事物,急务 ③先取,预先,偏(成)见 ☆**preoccupation with** 专心于

preoccupied [priː'ɔkjupaɪd] *a.* 全神贯注的,被先占的 ☆**be preoccupied with thoughts of** 一心想着

preoccupy [priː'ɔkjupaɪ] *vt.* ①预占,先取 ②使全神贯注,吸引住

preoiler [priː'ɔɪlə] *n.* 预先加油器,预润滑器

preoperative ['priː'ɔpərətɪv] *a.* 操作前的,【医】外科手术前的

preordain [priːɔː'deɪn] *vt.* 预先注〔规〕定

prep [prep] ❶ *n.* ①预备功课,家庭作业,预习 ②预备学校,预科(学生) ❷ *v.* ❸ (prepped ; prepping) *v.* 预备,进行预备训练,进预备学校

prepack(age) ['priː'pæk(ɪdʒ)] *n.;v.* 预先包装

prepaging ['priː'peɪdʒɪŋ] n.【计】预约式页面调度

prepaid ['priː'peɪd] a. (邮资,运费等)预(先)付(讫)的

preparable [prɪ'pærəbl] a. 可准〔预〕备的,可(配)制的

preparate ['prɪpæreɪt] 准备好了的,现成的,预制的

preparation [ˌprepə'reɪʃən] n. ①预〔准,制〕备,预先加工,配制 ②(pl.)准备工作〔措施〕 ③(配,预)制剂,配制品,标本,试液 ④装料,选矿 ☆ *be in preparation* 在准备中; *in preparation for* 为…作准备,以备; *make preparations against* 为对付〔防止〕…作准备 〖用法〗该词一般与动词"make"连用(也有用"do"的),后跟"for",表示"作准备"(它常用复数形式)。如:They <u>are</u> making preparations <u>for</u> the test. 他们正在为试验做准备。

preparative [prɪ'pærətɪv] ❶ a. 初步的,预备(性)的 ❷ n. 预〔准,筹〕备 ‖ **-ly** ad.

preparator [prɪ'pærətə] n. 选矿机,【医】介体

preparatory [prɪ'pærətərɪ] ❶ a. 准〔预,筹〕备的,初步的 ❷ n. (大学)预科 ❸ ad. 作为准备,在先前 ☆*preparatory to* 在…之前,在…之前

prepare [prɪ'peə] v. 准〔预,筹〕备,为…作准备 ②训练,配备 ③制订,布置,作成(计划、图案等),配制,拌制 ☆*prepare A for (to do)* 使 A 对…作(思想)准备,为…而制订 A

prepared [prɪ'peəd] a. ①有准备的,准备好的 ②特别处理过的,精制的 ☆*be prepared for (to do)* (已)准备好(做…)

preparedness [prɪ'peərɪdnɪs] n. 准备(状态),有〔已,作好〕准备

preparer [prɪ'peərə] n. 调制机

prepay ['priː'peɪ] (prepaid) vt. 预付

prepayable ['priː'peɪəbl] a. 可预付的

prepayment [ˌpriː'peɪmənt] n. 预付(款)

prepd = prepared

prepense [prɪ'pens] a. 预先考虑过的,故意的

preplace ['priː'pleɪs] vt. 预置

preplan ['priː'plæn] (preplanned; preplanning) v. 规划,预先计划

preplasticizer ['priː'plæstɪsaɪzə] n. 预增塑剂

preplasticizing ['priː'plæstɪsaɪzɪŋ] n.【化】预塑化

prepolarized ['priː'pɒləraɪzd] a. 预极化的

prepolymer ['priː'pɒlɪmə] n.【化】预聚(合)物,先聚合物

prepolymerization [priː'pɒlɪməraɪzeɪʃən] n.【化】预聚合

preponderance [prɪ'pɒndərəns], **preponderancy** [prɪ'pɒndərənsɪ] n. 重〔胜〕过,偏重,(重量、数量、力量)优势

preponderant [prɪ'pɒndərənt] a. (重量,数量,力量上)占优势的,偏重的,压倒的(over)

preponderate [prɪ'pɒndəreɪt] v. 超过,过重,占优势,压倒

preposition [prepə'zɪʃən] n.;vt. ①前置词,介词 ②前面的位置,(把…)放在前面,预先放好

prepositional [ˌprepə'zɪʃnl] a. 前置词的,介词的

prepositive [prɪ'pɒzɪtɪv] ❶ a. 前置〔缀〕的 ❷ n. 前置的词

prepossess [prɪ'pə'zes] vt. ①预先影响,灌输,使充满 ②使…先有好感 ③使有偏见(against) ☆ *be prepossessed by A* 从 A 先获得好感; *be prepossessed with* 充满着; *prepossess A with B* 使 A 先具有 B

prepossessing [ˌpriː'pə'zesɪŋ] a. 令人喜爱的,吸引人的

prepossession [ˌpriː'pə'zeʃən] n. ①预先形成的印象,先入之见 ②全神贯注,着迷,偏爱,偏见

preposterous [prɪ'pɒstərəs] a. (十分)荒谬的,颠倒的,反常的,愚蠢的 ‖ **-ly** ad.

prepotency [prɪ'pəʊtənsɪ] n.【医】优势 ‖ **prepotent** [prɪ'pəʊtənt] a.

prepotential ['priː'pə'tenʃəl] n. 前电位

preppy,preppie ['prepɪ] n. (大学)预科生

preprandial ['priː'prændɪəl] a. 餐前的

prepreference ['priː'prefərəns] a. 最优先的

prepressing ['priː'presɪŋ] n. ①预压 ②(pl.)预压坯块

preprint ['priː'prɪnt] ❶ vt. 预印 ❷ a. 预先印好的 ❸ n. 预印本,未定稿版

preprocessor ['priː'prəʊsesə] n.【计】预加工〔处理〕器

preproduction ['priː'prə'dʌkʃən] ❶ n.【化】试制,〔小批〕生产 ❷ a. 生产前的,生产前试验的

preprogram ['priː'prəʊɡræm] vt. 预编程序

prepropage ['priː'prəfeɪdʒ] n.【医】前噬菌体原

preprophase ['priː'prəʊfeɪs] n. 早前期

prepulse ['priː'pʌls] n.【计】前脉冲

prepulsing [priː'pʌlsɪŋ] n. 预馈〔先行〕脉冲,发出超前脉冲

prepump [prɪ'pʌmp] n. 前级〔预抽〕泵

prepurging [prɪ'pɜːdʒɪŋ] n. 洗炉

prequalify [prɪ'kwɒlɪfaɪ] v. 预先具有资格〔条件〕

prequenching [prɪ'kwentʃɪŋ] n. 预淬火

prereacted ['priː'riː'æktɪd] a. 预加反应的

prerecord ['priː'riː'kɔːd] vt. 预先录下〔制〕

prereducing ['priː'riː'djuːsɪŋ], **prereduction** ['priː-riː'dʌkʃən] n.【计】预先还原

prerelativistic [prɪrelætɪ'vɪstɪk] a. 在相对论之前的

pre-relativity ['priː'relə'tɪvɪtɪ] n. 相对论前(时期)

prerelease ['priː'riː'liːs] n. (电影)预映,预先发行,(蒸汽机)提前排气

prerequisite ['priː'rekwɪzɪt] ❶ a. 必须预先具备的,先决条件的,必〔首〕要的(to) ❷ n. 先决〔必要〕条件,前提 〖用法〗它作名词时一般为可数名词,其后面一般跟介词"for",也有跟"to"的。如: This is the <u>prerequisite for</u> solving this type of nonlinear equation.这是解这类非线性方程的先决条件。/Knowing C is not a prerequisite for learning C++. 了解 C 语言并不是学习 C++语言的先决条件。/This information is a prerequisite to the study of machine language and assembly language programming.这个信息是学习机器语言和汇编语言编程的先决条件。

preroast ['pri:'rəust] v. 预(先)焙烧

prerogative [prɪ'rɒgətɪv] ❶ n.【法】①特权 ②特性〔点〕 ❷ a. (有)特权的

prerotation ['pri:rəu'teɪʃ ən].【化】预旋〔转〕

presage ❶ ['presɪdʒ] n. 预感,预兆 ❷ [prɪ'seɪdʒ] v. 预感,预示,(成为)前兆

presbyacusia [prezbɪə'kju:sɪə] n.【医】老年性聋

presbyope ['prezbɪəup] n.【医】远视者,老花(眼)者

presbyopia [prezbɪ'əupɪə] n.【医】远视眼,老花眼 ‖ **presbyopic** [prezbɪ'ɒpɪk] a.

〖用法〗 注意下面例句的含义:The range of accommodation decreases with age as the lens hardens, a condition known as presbyopia. 随着(眼球的)晶状体的硬化,(视力)调节的范围随年龄的增长而下降,这一情况被称为老花。(逗号后面的名词短语为前面句子的同位语。)

prescaling ['pri:'skeɪlɪŋ] n. 预引比例因子

preschool ['pri:'sku:l] ❶ a. 学龄前的 ❷ n. 幼儿园

preschooler ['pri:'sku:lə] n. 学龄前儿童

prescience ['pre'saɪəns] n. 预知,先见

prescient ['pre'saɪənt] a. 预知的,有先见之明的 ‖ ~ly ad.

prescientific ['pri:saɪən'tɪfɪk] a. 近代科学出现以前的,科学方法应用前的

prescind [prɪ'sɪnd] v. 孤立地考虑,使…集中而顾不上考虑其它(from)

prescore [pri:'skɔ:] v. 先期录音

prescribe [prɪs'kraɪb] v. ①规定,命令 ②开(药方),医嘱

prescript ❶ ['pri:skrɪpt] n. 规定,命令 ❷ [prɪs'krɪpt] a. 命〔法〕令(的),规定(的)

prescription [prɪs'krɪpʃ ən] n. ①命令,法规,规定,说明,吩咐 ②质量要求,惯例 ③处方 ④【法】命令,规定

prescriptive [prɪs'krɪptɪv] a. 规定的,命令的,约定俗成的,惯例的

presedimentation [prɪsedɪmen'teɪʃ ən] n. 预先沉淀

preselect [pri:sɪ'lekt] vt. 预选,预定

preselection [pri:sɪ'lekʃ ən] n. 预选〔定〕,预选送,前置选择(法)

preselective [pri:sɪ'lektɪv] a. 预选式的

preselector [pri:sɪ'lektə] n.【计】预选器〔装置〕,前置选择器,高频预选滤波器

presence ['prezns] n. ①出席〔现〕,在〔到〕场 ②存在,存在的人〔物〕 ③态〔风〕度 ☆ **in the presence of A** 在有 A 的情况下,在 A 面前;

presence of mind 镇静,沉着; **without the presence of** 没有…,不存在

〖用法〗 ❶ 注意下面例句中该词的常用情况:This section deals with measurements in the presence of noise. 这一节论述存在噪声情况下的测量。/The presence of such a filter does reduce the amount of noise presented to the digitizing circuitry.这种滤波器的存在确实能降低呈现给数字化电路的噪声量。/The presence of the iron in the coil has increased the magnetic induction to over 5500 times what it was. 线圈中铁的存在,使磁感应提高到了原来的 5500 多倍。❷ 注意下面例句的含义及译法:Every element exhibits a unique line spectrum when a sample of it is suitably excited, and its presence in a substance of unknown composition can be ascertained by the appearance of its characteristic wavelengths in the spectrum of the substance. 每一种元素当其样品受到激励时就会显示出一种独特的谱线,因而通过在结构未知的物质中出现其特征波长就能确定它存在于该物质之中。(在 "its presence" 中, "its" 与 "presence" 之间存在 "主表关系"。)

present ❶ ['preznt] a. ①在场的,出现的,存在于…中的(in) ②现今的,目前的,现存的 ③本,此 ☆**at (the) present (time)** 目前,现今; **be present to** 出现在…面前; **be present to the mind** 放在心里,不忘记; **have A present with B** 或 **have present with B A** 使 A 同 B 并存,把 A 和 B 弄到一起 ❷ ['preznt] n. ①现在,目前 ②礼物,赠品 ☆ **at present** 现在,目前; **by these presents** (法律上)根据本文件; **for the present** 目前,暂且,眼下; **make (give) a present of A to B** 把 A 作为礼物送给 B; **(up) to the present** 至今 ❸ [prɪ'zent] vt. ①给〔提,送,演〕出,提供 ②带来,引起,导向 ③赠,呈 ④介绍,引见

〖用法〗 ❶ 当它为形容词用表示 "存在的,在场的" 作定语时要后置。如:The nucleus contains a total positive charge equal to the number of protons present. 原子核中包含的正电荷的总数与存在的质子数相等。/Qf is the only charge present. Qf 是存在的唯一电荷。❷ 注意下面例句中该词的不同含义:This section will present some of the theoretical and practical aspects of fluctuations in frequency standards. 这一节将介绍频率标准波动的一些理论和实际方面。/Polyatomic gases present a more complicated problem. 多原子气体引出了一个更为复杂的问题。/In a source some additional influence must be present that tends to push positive charges from lower to higher potential.在电源中必须存在另外的某种影响,它趋于把正电荷从低电位推向高电位。(定语从句 "that tends to push…" 是修饰主语 "some additional influence" 的,这属于 "句子成分的分隔现象"。) ❸ 注意句型 "there is 〔are〕present + 主语"。如:There is present a set of deflecting plates in the electron gun.在电子枪内存

在一组偏转板。

presentable [prɪ'zentəbl] a. ①拿得出(去)的,像样的 ②可介绍(推荐)的,适于赠送的

presentability [prɪˌzentə'bɪlɪtɪ] n. 中看;漂亮;适于赠送 ‖ **presentably** ad.

presentation [prezən'teɪʃən] n. ①提〔演〕出,表〔展〕示,呈现 ②外观,形式 ③上演,放映,描绘 ④呈文,赠品 ⑤赠(授)与,说明,介绍,引见,出席 〖用法〗注意下面例句中该词的含义,其前面可以用不定冠词:This chapter gives a more thorough presentation, still not requiring advanced knowledge of quantum theory. 本章给出了更为透彻的介绍〔论述〕,但仍然不需要有关量子理论的高等知识。/A number of suggestions and comments from users of the book have been used to improve the presentation and coverage. 来自本书使用者的许多建议和意见已用于改进论述方法和所述内容。

presentational [prezən'teɪʃənəl] a. ①直觉的,观念的 ②上演的

presentationism [prezən'teɪʃənɪzm] n. 【心】【法】表象论(主义)

presentative [prɪ'zentətɪv] a. 起呈现作用的,抽象的

presentee [prezən'tiː] n. 被推荐者,被接见者,接受礼物者,【法】受赠者,被推荐者

presentence [prɪ'sentəns] n. 【法】判决以前的

presenter [prɪ'zentə] n. 推荐(提出,赠送)者

presentient [prɪ'senʃɪənt] a. 预感的(of)

presentiment [prɪ'zentɪmənt] n. 预感

presentive [prɪ'zentɪv] a. 直(接表)示的

presently ['prezntlɪ] ad. ①不久,即刻 ②目前,现在 〖用法〗注意下面例句的含义:He is presently working towards the PhD degree in computer science at the University of Toronto, Canada. 他现在正在加拿大多伦多大学攻读计算机科学博士学位。

presentment [prɪ'zentmənt] n. ①陈〔叙〕述,描写 ②呈现,提出,演出

preservable [prɪ'zɜːvəbl] a. 可保存〔管〕的,可维持的

preservation [prezə'veɪʃən] n. 保存〔持〕,堆放,防腐

preservative [prɪ'zɜːvətɪv] ❶ a. 保存〔藏〕的,防腐的 ❷ n. 保存剂,防腐剂,预防法〔药〕

preservatize [prɪ'zɜːvətaɪz] vt. 给…加防腐剂

preservatory [prɪ'zɜːvətərɪ] ❶ a. 保存的 ❷ n. 储藏所

preserve [prɪ'zɜːv] ❶ vt. ①保存〔藏,持〕,防腐 ②禁猎 ③腌渍,做成罐头 ❷ n. ①(常用 pl.)保藏物,罐头,蜜饯,果酱 ②禁猎地,饲养场 ③护目镜,遮〔太阳,遮尘〕眼镜

preserver [prɪ'zɜːvə] n. ①保护〔管〕人,保存者,保护物 ②(制)储藏食品者

preservice [prɪ'sɜːvɪs] a. 服役以前的

preset [prɪ'set] ❶ (preset; presetting) vt.预先调整; 事先装置 ❷ a. 安装程序的,给定〔预定〕的,给定程序的 ❸ n. 预调装置

preshaping ['priːʃeɪpɪŋ] n. 预先成形

preshaving ['priːʃeɪvɪŋ] n. 剃前

presheaf ['priːʃiːf] n. 【数】预层

preshoot [priːʃuːt] n. 倾斜,前〔预〕冲,前置尖头信号

preshot ['priːʃɒt] n. 爆破前

preshrunk [priːʃrʌŋk] a. 已预缩的,落水后不会再缩的

preside [prɪ'zaɪd] vi. 主持〔管〕,负责(安排),指挥,担任主席(over, at) ☆*be presided over by A* 由 A 主持; *preside at (over) a meeting* 主持会议

presidency ['prezɪdənsɪ] n. ①总统〔会长,董事长,总经理,院长,校长,社长,主席〕的职位 ②上述各职位的任期

president ['prezɪdənt] n. ①(美,法,德,印等国)总统 ②(美大学)校长,(英大学)院长 ③(协会,团体等)会长,社长,(会议)主席 ④(公司,银行)行长,总裁,董事长,总经理 ⑤大臣,总督 ‖ ~**ial** a.

presider [prɪ'zaɪdə] n. (会议)主席,主持者

presiding [prɪ'zaɪdɪŋ] a. 主持会议的,首〔主〕席的

presidium [prɪ'sɪdɪəm] n. 【法】常务委员会,主席团

presinter [priː'sɪntə] v. 预(先)烧结,压结前烧结

presoak [priː'səuk] v.:n. 预浸

presoil ['priːsɔɪl] n. 【化】预污染

pre-spark ['priːspɑːk] n. 预火花

presplitting [priː'splɪtɪŋ] n. 预裂,预裂法

prespore ['priːspɔː] n. 前孢子

press [pres] n.;v. ①压(紧,榨,平,碎),冲压,模压 ②按,挤,推,熨 ③承压 ④压(力,榨)机,压床,冲床,压捆机,打包机 ⑤印刷(所,品,机,厂,业,术),出版(物,社,界),报刊,新闻报道,新闻界,通讯社,报刊评论 ⑥使贴紧,紧挨 ⑦催,强迫 ⑧坚持(贯彻) ⑨密集,繁忙,人群 ⑩柜,(柜)橱,夹具 ☆*at press time* 在发稿时; *come (go, be sent) to press* (被)付印; *(be) in the press* 正在印刷; *(be) off the press* 已印好,已发行; *be pressed for* 困于,短少,刚刚到; *give A a (light) press* (轻)按 A 一下; *make (fight) one's way through the press* 挤过人从; *press A against B* 用 A 紧压〔贴〕住 B; *press back* 推回去,击退; *press for* 紧急(迫切)要求,催促; *press A for (to do)* 敦促〔逼〕A(做); *press forward (ahead)* 推〔突〕进,向前挤; *press on (forward) with* 加紧(劲)(干),决心继续; *press on (upon)* 推进,挤向前,猛攻,迫使接受,把…强加于; *press A to B* 把 A 紧贴在 B 上; *send to press* 付印; *the press of business (work)* 事务〔工作〕繁忙 〖用法〗注意下面例句中该词的含义: The ladder presses against the wall and the ground. 该梯子紧靠〔贴〕着墙和地面。

pressductor ['presdʌktə] n. 压力传感器

pressed [prest] a. 加压的,压缩〔制〕的,模〔冲,

P

pressel ['presəl] *n.* 悬挂式电铃按钮

presser ['presə] *n.* ①压机〔模压,打包〕工 ②压榨机,加压〔压实〕器,承压滚筒 ③【机】冲压工,压机,榨机

pressing ['presɪŋ] ❶ *n.* ①压〔制,榨,干〕,冲〔挤〕压,压模,榨(油),熨平 ②冲压件,模压制品 ③【化】打包机 ❷ *a.* 紧迫的,迫切的,再三要求的 ‖ ~ly *ad.*

pressiometer [presɪ'ɒmɪtə] *n.* 压力计

pressman ['presmən] *n.* ①模压工 ②印刷工人 ③新闻工作者

pressmark ['presmaːk] *n* 书架号

pressometer [pre'sɒmɪtə] *n.* 【医】压力测量计

pressor ['presə] *a.* 加〔增〕压的,增高血压的,刺激的

presso(re)ceptor [presə(rɪ)'septə] *n.* 【医】压力感受器

pressostat ['presəstæt] *n.* 恒〔稳〕压器

press-photographer [pres'fəutəugrəfə] *n.* 摄影记者

pressroom ['presruːm] *n.* 印刷间,记者室

presstite ['prestaɪt] *n.* 普列斯塑料

pressure ['preʃə] ❶ *n.* ①压力,压强 ②电压 ③气压 ④挤压,按,榨 ⑤强制,急迫,艰难 ❷ *vt.* ①对…施加压力 ②增压,密封,(用加压蒸煮器)蒸煮 ③迫使 ☆ **bring pressure to bear on**(**upon**)对…施加压力; **under (the) pressure of** 在…的压力下; **work at high pressure** 紧张的工作,使劲干

〖用法〗❶ 表示"在…压力时"一般在其前面用介词"at",所以其后面的定语从句要以"at which"开头。❷ 注意下面例句的含义: 如: If the partial pressure is less than the vapor pressure, the vapor is saturated.如果局部压力小于蒸汽压力的话, 该蒸汽就饱和了。(往下比"压力"时一般用"less",而不是"smaller"。)

pressuregraph ['preʃəgraːf] *n.* 气压记录器,压力曲线图

pressuretightness ['preʃə'taɪtnɪs] *n.* 气密性, 渗透性

pressurization [preʃəraɪ'zeɪʃən] *n.* ①增压 ②压紧,气密 ③压力输送,挤压 ④【化】高压密封法;加压法

pressurize ['preʃəraɪz] *v.* ①(使)增压,对…加压 ②(加压)密封 ③使压入,使耐压

pressurizer ['preʃəraɪzə] *n.* ①加压器,增压装置 ②体积补偿器 ③【化】稳压器

prestage [prɪ'steɪdʒ] *n.* ①前置级 ②(火箭)初步点火

prestarting ['priː'staːtɪŋ] *a.* 启动前的

prestige [pres'tiːʒ] *n.* 威信,声望〔誉〕

prestigious [pres'tiːdʒəs] *a.* 有威信的,有声望的,受尊敬的

presto ['prestəu] *ad.;a.* ①(赶)快,立刻,转眼间 ②快得像变戏法似的

Preston ['prestən] *n.* 普雷斯顿(英国港口)

prestone ['prestəun] *n.* 【化】一种低凝固点液体乙二醇防冻剂

prestore ['priː'stɔː] *v.* 【计】预存

prestrain ['priː'streɪn] *n.* 【化】预加应变,预加载

prestress ['priː'stres] *vt.;n.* 【化】预加应力于,预拉伸 ‖ ~ed *a.*

prestretching ['priː'stretʃɪŋ] *n.* 预先拉伸

presumable [prɪ'zjuːməbl] *a.* 可假定〔推测〕的,可能的

presumably [prɪ'zjuːməblɪ] *ad.* 推测起来,大概,估计可能

presume [prɪ'zjuːm] *v.* ①假定,设想,(姑且)认为 ②擅自,冒昧 ③指望,利〔滥〕用(on, upon) 〖用法〗该词除可以接宾语从句外,还可用于带补足语。如:These two parameters are presumed to be known. 我们假定这两个参数是已知的。

presumed [prɪ'zjuːmd] *a.* 假定的,推测的

presumedly [prɪ'zjuːmdlɪ] *ad.* 据推测,大概

presuming [prɪ'zjuːmɪŋ] *a.* 自以为是的,放肆的 ‖ ~ly *ad.*

presummit ['priː'sʌmɪt] *a.* 高级首脑会议前的

presumption [prɪ'zʌmpʃən] *n.* ①推测〔论〕,假定,设想 ②(作出推论的)根据,证据 ③可能性,或然率 ④自以为是,冒昧

presumptive [prɪ'zʌmptɪv] *a.* ①(基于)推测的,(可以)推定的 ②预期的,设想的 ‖ ~ly *ad.*

presumptuous [prɪ'zʌmptjuəs] *a.* 自以为是的,放肆的,冒昧的 ‖ ~ly *ad.* 〖用法〗注意下面例句的含义: It would be presumptuous to attempt to improve on the expository style of Cathode Ray or even try to imitate it. 试图来改进卡瑟德·雷的叙述笔调,甚至力图来模仿它都是冒昧的。

pre-superheater [priː'sjuːpəhiːtə] *n.* 预过热器,第一级蒸汽过热器

presuperheating [priː'sjuːpəhiːtɪŋ] *n.* (蒸汽的)预过热

pre-super(script) [prɪ'sjuːpə(skrɪpt)] *n.* 左上标

presuppose [prɪsə'pəuz] *vt.* ①预先假定,推测,预想〔料〕 ②先决条件是,意味着

presupposition [priːsʌpə'zɪʃən] *n.* 预想(的事),预先假定(的事),推测,先决条件,含示

presurmise [priːsɜː'maɪz] *vt.* 预先猜测

presynaptic [prɪsɪ'næptɪk] *a.* 【生】前联合的,神经原突触前的

pretectum [prɪ'tektəm] *n.* 前顶盖

pretence [prɪ'tens] *n.* ①假装,伪伪 ②托辞,借口 ③自命〔吹〕 ④(无事实根据的)要求,虚假的理由,企图 ☆ **make a pretence of** 假装; **on (under) the pretence of (that)** 以…为借口,托辞

pretend [prɪ'tend] *v.* ①假装,借口 ②自称〔封〕妄想(to),想要(to do) 〖用法〗该词后可以跟名词、宾语从句或动词不定

式。如:Let us <u>pretend that</u> a single effect can be obtained. 让我们假设可以获得单个效应的。/These animals can <u>pretend to be dead</u>. 这些动物会装死的。

pretension ❶ [prɪˈtenʃən] *n.* ①预拉(伸,力),预应力,预加载 ②要求,主张,权利,自负(称),借口 ☆**have no pretensions to** 无权主张,说不上是; **make no pretensions to** 不自以为(有) ❷ [priˈtenʃən] *vt.* 预拉伸,预张

pretentious [prɪˈtenʃəs] *a.* ①自命不凡的,自负的,狂妄的 ②用力的,需要技巧的 ③做作的 ‖ ~ly *ad.*

preterhuman [pri:tə(ː)ˈhjuːmən] *a.* 超人的,异乎常人的

preterition [pretəˈrɪʃən],**pretermission** [pri:-tə(ː)ˈmɪʃən] *n.* 忽略,遗漏,置之不顾

preterminal [pri:ˈtɜːmɪnəl] *a.* 终端前的

pretermit [pri:tə(ː)ˈmɪt] (pretermitted;pretermitting) *vt.* ①忽略,遗漏,对…置之不顾 ②中止

preternatural [pri:tə(ː)ˈnætʃərəl] *a.* 超自然的,异常的,不可思议的 ‖ ~ly *ad.*

pretersensual [pri:tə(ː)ˈsensjuəl] *a.* 感觉不到的

pretest ['pri:test] ❶ *n.* 预备考试,预备调查 ❷ *v.* 事先试验,预先检验 ❸ *a.* 试验前的

pretext ❶ ['pri:tekst] *n.* 借口,托词 ❷ [pri:ˈtekst] *vt.* 借口,托词 ☆**find a pretext for** 为…找借口; **make a pretext for** 借口来解释; **on some pretext or other** 用某种借口; **on(under,upon) the pretext of** 以…为借口

pretone [ˈpri:təun] *n.* 重读音节前的音节(元音)

pretranslator [pri:ˈtrænsˌleɪtə] *n.* 【计】预译器

pretreat [ˈpri:tri:t] *vt.* ①粗(初步)加工 ②预先处理

pretreatment [ˈpri:ˈtri:tmənt] *n.* 预处理,粗加工

pretrigger [pri:ˈtrɪgə] *n.* 【计】预触发(极)

prettify [ˈprɪtɪfaɪ] *vt.* 修饰,美化

prettily [ˈprɪtɪlɪ] *ad.* 漂亮地,可爱地

pretty [ˈprɪtɪ] ❶ *a.* ①漂亮的 ②相当的 ③十分恰当的 ④巧妙的 ❷ *ad.* 相当

prevail [prɪˈveɪl] *vi.* ①流(盛)行,普及,占优势 ②胜(过),战胜,克服(over, against),奏效 ③说服(on, upon, with)

〖用法〗注意下面例句的含义:The above analysis describes the steady-state condition of a circuit, the condition that <u>prevails</u> after the circuit has been connected to the source for a long time. 上面的分析描述了电路的稳态情况,也就是在把电路连接到电源上很长时间后所存在的情况。

prevailing [prɪˈveɪlɪŋ] *a.* 流(盛)行的,显著的,占优势的

prevalence [ˈprevələns] *n.* 流(盛)行,普遍,优势

prevalent [ˈprevələnt] *a.* 普遍的,流(盛)行的,优势的

prevaricate [prɪˈværɪkeɪt] *vi.* 搪塞,撒谎 ‖ **prevarication** [prɪˌværɪˈkeɪʃən] *n.*

prevenience [pri:ˈvi:njəns] *n.* 预料(期)

prevenient [prɪˈvi:njənt] *a.* ①以(在)前的,领先的 ②预期的(of) ③预防的,妨碍的(of)

prevent [prɪˈvent] *v.* ①防(制)止 ②阻挡,使…避免(from) ☆**prevent A (from) doing** 使 A 不致 〖用法〗❶ 表示"使…不致…"时,一般要用介词"from"。如: The Schottky diode can also be used to prevent a transistor <u>from</u> saturating. 也可以用肖特基二极管来使晶体管不至于饱和。❷ 该词后也可以跟动名词复合结构。如:Short passwords have too few possible permutations to prevent <u>their being guessed by repeated trials</u>. 短的密码具有的可能的排列组合太少以致不能防止通过重复尝试而被猜出来。

preventability [prɪˌventəˈbɪlɪtɪ] *n.* 可预防性,可制止性

preventable [prɪˈventəbl] *a.* 可阻止的,可预防的

preventative [prɪˈventətɪv] ❶ *a.* 预防(性)的 ❷ *n.* 预防法(物)

preventer [prɪˈventə] *n.* ①阻止(防护)器,防护设备,防…器(剂) ②预防法 ③辅助(保险)索

prevention [prɪˈvenʃən] *n.* 预防(法),阻止,妨碍

preventive [prɪˈventɪv] ❶ *a.* 预防的,阻止的 ❷ *n.* 预防剂(药,法,措施)

preview [ˈpri:vju:] *n.;vt.* 预检(展,映,演,习),试映,(电影)预告片

previous [ˈpri:vɪəs] ❶ *a.* ①预先的,以前的,上述的 ②过早(急)的 ❷ *ad.* 在前(先) ☆**previous to** 在…以前(之先)

previously [ˈpri:vɪəslɪ] *ad.* 以(在)前,预先

previse [prɪˈvaɪz] *vt.* 预见(知),预先警告(通知)

prevision [prɪˈvɪʒən] *n.* 预见(知,测) ‖ ~al *a.*

previtamin [ˈpri:ˈvaɪtəmɪn] *n.* 【医】维生素原

prevue [ˈpri:vju:] *n.* (电影)预告片

prewar [ˌpri:ˈwɔː] *a.* 战前的

prewashing [pri:ˈwɒʃɪŋ] *n.* 预先洗涤

preweld [ˈpri:ˈweld] *n.* 焊接前,烧焊前

prewet [ˈpri:ˈwet] *v.* 预先润湿

prewhirl [ˈpri:ˈwɜːl] *n.* 预旋

prewood [pri:ˈwud] *n.* 【化】浸脂(胶)木材

prey [preɪ] ❶ *n.* 捕获(物),牺牲品 ❷ *vt.* ①掠夺,诈取 ②折磨,损害(on, upon) ☆**be (fall) a prey to** 成为…的牺牲品

prezone [ˈpri:zəun] *n.* 前区带

price [praɪs] ❶ *n.* ①价格 ②代(造)价 ③价值 ❷ *vt.* ①给…定价,给…标价 ②问…的价格 ☆**above (beyond, without) price** 极贵重的,无价的; **at a price** 以很大代价; **at any price** 无论花多少代价,无论如何; **at the price of** …为代价; **make a price** 开价; **of great price** 十分宝贵的,价值极高的; **pay a high price for** 为…付出很高代价; **set a price on (upon)** 定…的价格; **set high (little, no) price on** 不够,不)重视 〖用法〗❶ "the price of…"意为"…的价格",而"the price for …"则一般意为"…的代价"。

P

如:The price of this new instrument is very high. 这台新仪器的价格很高。/This will reduce resolution in the frequency domain, but this is the price for better separation between adjacent harmonics. 这会降低频域内的分辨率,但这是获得相邻谐波间的良好分离的代价。❷ 当它表示"以价格"时,其前面用介词"at";与它搭配的形容词是"high"和"low"(不能用"expensive"和"cheap",这两个词只能与物品搭配使用)。如: These desirable characteristics are achieved at a price: a larger signal-to-noise ratio is required. 这些有利特性的取得是有代价的:需要有较高的信噪比。

priced [praɪst] *a.* (有)定价的

priceless ['praɪslɪs] *a.* ①无价的,极贵重的 ②极有趣的,极荒谬的

pricey ['praɪsɪ] *a.* 价格高的,昂贵的

pricing ['praɪsɪŋ] *n.* 定价

prick [prɪk] ❶ *v.* ①刺(穿),穿(孔) ②刺痛 ③(用小点,小记号)挑选出,选拔出(off, out) ④缝合 ❷ *n.* 刺痕〔孔,痛〕☆ **kick against the pricks** 以卵击石,螳臂挡车; **prick near** 与…不相上下; **prick up** 打底子,漆底子

pricker ['prɪkə] *n.*【机】冲(锥)子,(刺孔)针,(电缆试线用)触针,砂钉,(轴或板上凸出的)抓钉

prickle ['prɪkl] *v.;n.* 刺痛 ‖ **prickly** ['prɪklɪ] *a.*

pride [praɪd] ❶ *n.* ①自尊(心),自豪 ②骄傲,自满 ③全盛(期) ☆ **false pride** 妄自尊大; **Pride goes before a fall** 骄者必败; **pride of place** 头等重要的地位; **proper (honest) pride** 自尊心; **take (a) pride in** 对…感到自豪 ❷ *vt.* **pride oneself on (upon)** 以…自豪,得意于

prier ['praɪə] *n.* 刺探(打听)者

priest [priːst] *n.* 神父,牧师

priles [praɪlz] *n.* (叠轧时的)三型版

prill [prɪl] ❶ *n.*【化】金属(小)球,金属颗粒 ❷ *a.* 散装的 ❸ *vt.* 使(固体)变成颗粒状,使(粒状,晶状材料)变成流体

prim [prɪm] *a.* 整洁的,拘谨的,呆板的

prima ['priːmə](意大利语) *a.* 第一的,主要的

primacord ['praɪməkɔːd] *n.* 导火索,起爆软线

primacy ['praɪməsɪ] *n.* 首位,首要

primadet ['praɪmədet] *n.* (包括起爆药线与雷管的)起爆体

primaeval = primeval

prima facie ['praɪmə'feɪʃɪ(ː)](拉丁语)①初看时,乍看起来 ②(据初次印象是)真实的,显而易见的,表(字)面上的,名义上的

primage ['praɪmɪdʒ] *n.* ①汽锅水分诱出量,(蒸汽,云雾)含水量 ②【经】(货主给船主、租船人的)运费贴补,小额酬金

primal ['praɪməl] *a.* ①最初的,原始的 ②主要的,根本的

primarily ['praɪmərɪlɪ] *ad.* ①首先,起初 ②主要是,基本上,首要地

primary ['praɪmərɪ] ❶ *a.* ①最初的,根本的,原来

的,初级(步,期)的 ②基本的,主要的 ③第一位(级,次)的 ④【地】原生的 ⑤【化】伯(的),连上一个碳原子的,一代的(无机盐) ❷ *n.* ①(次序,质量)居首位的事物 ②初级线圈 ③原核子,原始(基本)粒子 ④原色(感),基色 ⑤(油漆)底子 ⑥【天】主星 ⑦初等式〔项,量〕⑧(政党的)预选

primate ❶ ['praɪmɪt] *n.* 大主教 ❷ ['praɪmeɪt] *n.* 灵长目(动物)

prime [praɪm] ❶ *a.* ①最初的,原始的,基本的 ②主要的 ③最好的,上等的 ④【数】素(数)的(的) ❷ *n.* ①最初,初期 ②青春,全盛时期 ③精华 ④(pl.)(钢板)一级品,〔轧〕优质板 ⑤【数】素,质(素)数,质(素)元素,第一阶 ⑥(字码右上角的)撇号 ⑦基〔主重〕音,同度 ❸ *ad.* 极好地 ❹ *v.* ①使准备好,(注入水,油)使…启动,让(蒸汽机)水雾与压入汽缸的蒸汽混合,(汽化器浮子室)注油 ②(沥青路面)浇透层油,涂底漆〔色层〕,给…打底子 ③灌注,装填,(为…)装雷管(火药) ④事先给…指导,事先(向…)提供情报 ⑤标以撇号 ⑥质量变好 ☆ **(be) of prime importance** (是)最重要的; **be primed with the latest news** 掌握最新消息; **prime A with B** 供给 A 以 B,把 B 注〔灌〕入 A 内,给 A 涂 B 打底

〖用法〗注意下面例句中该词的含义: Here we use the prime superscript. 这里我们使用一撇上标。/This characteristic is of prime importance. 这个特性是最重要的。

primer ['praɪmə] *n.* ①启动注油器 ②第一层,(防锈用)底层涂料,底漆,首涂〔透层〕油 ③发火机,起爆器,雷管,(弹药)底火,导火线,点火剂 ④发火极 ⑤初级读物,入门(书),初步 ⑥装火药者

prime-time ['praɪmtaɪm] *n.* 黄金时间

primeval [praɪ'miːvəl] *a.* 太古(代)的,远古的,原始的 ‖ **-ly** *ad.*

primeverin [praɪ'mevərɪn] *n.*【化】樱草苷

primeverose [praɪ'mevərəuz] *n.*【化】樱草糖

priming ['praɪmɪŋ] *n.* ①涂底漆,打底子,涂油,浇透层 ②装雷管〔火药〕,起爆,触发 ③注油,注水 ④蒸溅,蒸汽带水 ⑤电荷储存管中将储存素充放电到一个适于写入的电位,靶的制备 ⑥(事先)提供消息〔情报〕

primitive ['prɪmɪtɪv] ❶ *a.* ①原始的,初级的,远古的 ②原来的,开始的,基本的,自然的 ③简陋的,不发达的,朴素的 ❷ *n.* ①原始人(事物) ②原色 ③【数】本原,原始,原函数 ④【计】原语,基元,基本数据

primly ['prɪmlɪ] *ad.* 呆板地

primo ['praɪməʊ](拉丁语) *ad.;a.* 第一(的),首先的

primocarcin [praɪmə'kɑːsɪn] *n.*【化】伯抗癌素

primogenitor [,praɪməʊ'dʒenɪtə] *n.* 祖先,始祖

primordial [praɪ'mɔːdjəl] *a.* (从)原始(时代存在)的,原生的,最初的,基本的

primordium [praɪ'mɔːdɪəm](拉丁语)(pl.primordia) *n.*【医】原基

primrose ['prɪmrəʊz] ❶ n.【医】樱草 ❷ a. 浅黄色的

primus ['praɪməs] n. 一种燃烧汽化油的炉子

prince [prɪns] n. ①王子,亲王 ②君主,(诸)侯,(公,侯,伯…)爵 ③巨头,大王

princely ['prɪnslɪ] a. ①王子(似)的,王侯(般)的 ②豪华的,奢侈的

princeps ['prɪnseps](拉丁语) a.【医】第一的,最初的

princess [prɪn'ses] n. 公主,王妃,亲王(公爵,侯爵)夫人

principal ['prɪnsəpl] ❶ a. ①主要的,领头的,基本的 ②最重要的 ③首长的 ④资本的 ❷ n. ①首(会,校)长,负责人 ②各部门首脑,长官 ③委托人,本人 ④(主要)屋架,主构(材,梁) ⑤资本,本金,基本财产 ⑥主题 ⑦独奏(唱)者 ⑧主犯
〖用法〗注意该词在下面例句中的译法: This is the principal remaining limitation. 这是余下的主要限制因素。(注意"principal"与"remaining"两词汉译time词序。)

principally ['prɪnsəpəlɪ] ad. 主要,大抵

principate ['prɪnsɪpeɪt] n. 最高权力

principia [prɪn'sɪpɪə] n. principium 的复数

principium [prɪn'sɪpɪəm] (pl.principia) n. 原理,原则,基础,初步

principle ['prɪnsəpl] n. ①原理〔则〕,规律,法则,方法 ②因素,本质 ③【化】(要)素 ④本性,天然的性能(倾向),天赋的才能 ⑤主(道)义,准则方针,信念 ☆in principle 原则上,一般地; of principle 原则性的; on principle 根据原则; on the principle of 根据…原理〔则〕
〖用法〗表示"根据原则〔理〕"时,其前面要用介词"on"。如: On this principle successful correlators can be built with a high-frequency performance similar to that of a modern sampling oscilloscope. 根据这一原理,可以构建成功的相关器,其高频性能类似于现代取样示波器。/The hot-water heater, the central heating system, and the oven all work on a similar principle.热水器、中央供热系统以及烤炉的原理都是雷同的。

principled ['prɪnsəpld] a. 原则(性)的,有原则的

print [prɪnt] ❶ v. ①印(刷,制,花,染),打(盖)印 ②晒图〔印〕,印晒〔晒〕 ③用印刷体写 ④刊行〔载〕出版 ⑤复制(电影拷贝等) ☆print from A on B 用 A 印到 B 上; print off 晒出(相片),复制; print out 印出,晒出(相片),复制,用打字机打印出,打印输出 ❷ n. ①印刷(品,体,术,业),出版物,复写 ②相(照,正)片,晒图,插图,版画,印花布 ③印迹(痕),痕迹,指纹 ④印模(章),打印器,戳子,印刷体字母 ⑤印模制物,打着印痕的东西 ⑥版本,印次 ⑦芯头 ☆in cold print 用铅字印刷,(比喻)不能再更动; in print 已出版,书店有售的;out of print (书)绝版的,已停售的; put into print 付印,出版
〖用法〗注意下面例句中该词的含义: If still in print, the material can be obtained from the Office of

Technical Services, US Department of Commerce, Washington, DC. 如果仍然有售的话,可以从华盛顿哥伦比亚特区美国商务部的技术服务处购到该材料。

printability [prɪntə'bɪlɪtɪ] n. 适印性

printable ['prɪntəbl] a. 可印刷〔刊印〕的,适于出版的

printer ['prɪntə] n. ①印刷机,(数据)打印机,电传打字机,印模,印字机 ②印相机,晒图机 ③印刷〔染〕工,排字工 ④印刷商

printergram ['prɪntəgræm] n. 印字电报

printery ['prɪntərɪ] n. 印刷所

printing ['prɪntɪŋ] n. ①印刷(术,业),印字〔像,花〕,打印(输出),复印,晒印 ②(书)一次印数 ③(pl.)供印刷用纸 ④印刷字体

printometer [prɪn'tɒmɪtə] n. 折印计,复印的仪器读数装置

printout ['prɪntaʊt] n.【计】用打印机印出,打印输出

printshop ['prɪntʃɒp] n. 图片〔版画〕店,印刷所

printworks ['prɪntwɜːks] n. 印染厂

prionotron [praɪə'nəʊtrɒn] n. 调速(电子)管

prior ['praɪə] ❶ a. ①前(上)一个,先前的,居先的 ②优先的,更重要的 ③先验的 ❷ ad. 在前,居先 (to)
〖用法〗注意下面例句中该词的含义: Prior exposure to high school algebra is required.(使用本书的读者)应该具有中学代数的知识。

priori [praɪ'ɔːraɪ](拉丁语) a.;ad. ①先验(的),既定的,不根据经验(的),事前(的) ②由原因推出结果的,演绎(的),推测的,直觉的

priorite ['praɪə,raɪt] n. 钇易解石

prioritize [praɪ'ɒrɪtaɪz] vt. 按重点排列,按优先次序排列

priority [praɪ'ɒrɪtɪ] n. ①(在)前,先前 ②优先(权,数,级,项目,次序,控制,配给),优先考虑的事③次序,轻重缓急 ☆according to priority 依次; assign a priority 确定轻重缓急; enjoy priority in 在…方面享有优先权; give (first) priority to 给…以(最)优先权,(最)优先考虑; have priority over 优先于; reorder the priority 重新安排优先考虑的事项; take priority of 比…居先,得…的优先权

prisable ['praɪzəbl] a. 可以捕获的

prise [praɪz] vt.;n. 撬(开,动)(off, out, up),撬棍,杠杆(作用)

prisere ['praɪsɪə] n. 正常演替系列

prism ['prɪzəm] n. ①棱镜〔晶〕,三棱镜〔形,体〕 ②【数】棱〔角〕柱(体) ③光谱,(pl.)光谱的七色 ④折光物体

prismatic [prɪz'mætɪk] a. ①棱柱(形)的,棱晶(形)的,角柱的,棱镜(形)的 ②分光的 ③斜方(晶系)的 ④等截面的 ⑤虹色的,五光十色的,耀眼的 ‖ ~ally ad.

prismatine ['prɪzmətaɪn] n. 柱晶石

P

prismatoid ['prɪzmətɔɪd] n.【数】旁面三角台,梯形体

prismatometer [prɪzmə'tɒmɪtə] n. 测棱折射角计

prismoid ['prɪzmɔɪd] n.【医】平截头棱锥体,棱柱体

prismoidal [prɪz'mɔɪdəl] a. 似棱形的,拟柱的

prismometer [prɪz'mɒmɪtə] n.【化】测棱镜折射角计

prismy ['prɪzmɪ] a. ①棱柱（镜）的 ②虹色的,五光十色的

prison ['prɪzn] n. 监狱（禁）,拘留所 ☆**be in prison** 在狱中; **be taken to prison** 被关入狱

prisoner ['prɪznə] n. ①囚犯,俘虏,拘留犯 ②固定〔锁紧〕销

prissy ['prɪsɪ] a. 谨小慎微的,刻板的

pristane ['prɪsteɪn] n.【化】姥鲛烷

pristine ['prɪstaɪn] a. ①太古的,原始(状态)的,早期的 ②质朴的 ‖ ~ly ad.

privacy ['praɪvəsɪ] n. ①隐避（退）②秘密,保密 ③私用室 ☆**in strict privacy** 完全秘密(的)

private ['praɪvɪt] a. ①私人〔立〕的,亲启的,个人的,专(用)的 ②秘密的,隐蔽的 ③民间的,无官职的 ☆**in private** 秘密地; **private and confidential** 机密

privately ['praɪvɪtlɪ] ad. 私下,秘密地

privation [praɪ'veɪʃən] n. 丧失,不便,穷困,艰辛

privative ['prɪvətɪv] a. ①剥夺的,缺乏…性质的 ②否定的,反义的

privilege ['prɪvɪlɪdʒ] ❶ n. 特权,优惠,特殊的荣幸 ❷ vt. 特许,给予特权

privileged ['prɪvɪlɪdʒd] a. 有特权的,特许的,优惠的

privily ['prɪvɪlɪ] ad. 私下地,秘密地

privity ['prɪvɪtɪ] n. 默契,参与秘密(to),【经】非当事人的利益

privy ['prɪvɪ] ❶ a. 个人的,秘密的,隐蔽的,暗中参与(to)的 ❷ n. 有利害关系的人

prix [pri:] (法语)(单复数相同)奖金（品）,价格

prize [praɪz] ❶ n. ①奖(品,金) ②战利品,横财 ③杠杆,撬棍 ④捕获船 ❷ a. 有奖的,作为奖品的 ❸ vt. ①珍视〔藏〕,评〔估〕价 ②捕获 ③撬(开,动),撑起,推动(open, up, off, out) ☆**gain (carry off, take, win) a prize** 得奖; **make prize of** 缉捕,捕获(船货等); **play one's prize** 谋私利

prizeman ['praɪzmən] n. 得奖人

prizewinner ['praɪzwɪnə] n. 获奖人

pro¹ [prəʊ] ❶ n. ①能手 ②赞成(者,票,意见),正面 ❷ ad. 正面地 ☆**pro and con** 从正反两方面,赞成和反对

pro² [prəʊ] (拉丁语) prep. 为了,按照 ☆**pro forma** 形式上,估价单(发货通知用)预付发票; **pro forma invoice** 估价单,(发货通知用)预付发票; **pro hac vice** 只这一回; **pro rata** 按比例; **pro re nata** 临时(的); **pro tanto** 至此,到此; **pro tempore** 时的,当时的

proaccelerin [prəʊæk'selərɪn] n.【医】促凝血球蛋白原

proactinomycin [prəʊˌæktɪnə'maɪsɪn] n.【化】原放线菌素

proal ['prəʊəl] a.【医】向前运动的

proala [prəʊ'eɪlə] n. 前翅

proantigen [prəʊ'æntɪdʒən] n. 前抗原

probabilistic [prɒbəbɪ'lɪstɪk] a.【计】盖然论的,概率(统计)的,随机的

probability [prɒbə'bɪlɪtɪ] n. ①概（机,或然）率 ②可能(性),或然(性) ③可能发生的事情〔结果〕☆**in all probability** 大概,多半,十之八九; **The probability is that** 很可能是,想必; **There is every probability of （that…）** 多半会（有）; **There is no（little, not much）probability of （that…）** 不（很少）像会

【用法】❶ 在该词前可用定冠词或不定冠词,其后可以跟"同位语从句"或"of+名词、动名词短语或动名词复合结构"或"不定式复合结构"或"for+名词"。如: This area is the probability that the signal amplitude at any arbitary time will be between x_1 and x_2.在任意时间的信号幅度很可能将处于 x_1 和 x_2 之间。/There is a small probability that an excited molecule will decay to the triplet state T_1.受激分子衰变到三重状态 T_1 的概率是很小的。/The probability of exceeding the amplitude x_1 is equal to the shaded area of Fig 4-6. 超过幅度 x_1 的概率等于图4-6的阴影区域。/This curve is very useful in finding the probability of that quantity's being either less or greater than some specified value. 在求出那个量小于或大于某个特定量的概率方面,这个曲线是非常有用的。/The probability of an electron having the energy required to move to an empty state in the conduction band is much greater than the probability of an electron having the energy required to move to an empty state in the valance band.电子具有为运动到导带中的空态所需要的能量的概率远大于电子具有为运动到价带中的空态所需的能量的概率。("an electron having …" 是动名词复合结构作介词宾语。)/We will study what the probability will be of a certain happening taking place.我们将研究某一事件发生的概率为多大。("of a certain …" 是修饰"the probability"的,这属于"句子成分的分隔现象",而"a certain happening"是动名词复合结构作"of"的介词宾语。)/The probability p(n) for n events to occur in an observation period is given by the Poisson distribution function.在观察期内发生 n 个事件的概率 p(n) 用波伊斯森分布函数表示。/Take the probability for excitation of a carrier by an incident photon as η. 我们把入射光子激励载流子的概率取为 η。/This is the probability of symbol error.这是符号误差的概率。❷ 注意下面例句中该词的含义: In this case, the electron will, with high probability, reach the layer boundary. 在这种情况下,该电子很可能会到达层的界线。

probable ['prɒbəbl] ❶ a. ①概〔几〕率的,或然的 ②可能的,大概的 ③假定的 ❷ n. 像要发生的事,

有希望(⋯)的人

probably ['prɒbəblɪ] *ad.* 多半(会,是),很可能

probarbital [prə'bɑ:bɪtəl] *n.*【化】【医】异丙巴比妥

probasidium [prəʊ'bæsɪdɪəm] *n.* 原担子

probation [prə'beɪʃən] *n.* ①验证,鉴定 ②试行,见习(期),预备期 ③察看 ☆**on probation** 作为试用,察看 ‖ **~al** 或 **~ary** *a.*

probationer [prə'beɪʃnə] *n.* 试用人员,见习生

probative ['prəʊbətɪv], **probatory** ['prəʊbətərɪ] *a.*【法】检(试)验的,鉴定的,提供证据的

probe [prəʊb] ❶ *vt.* 试〔刺〕探针,探查,探〔彻底〕调查(into),示踪 ❷ *n.* ①探针,探测器,扫描头 ②传感器 ③测管〔针〕④取样器 ⑤(试)探(电)极,测高仪 ⑥(波导或同轴电缆的)能量引出装置 ⑦试样,矿样 ⑧附件 ⑨ 横销 ⑩ (飞机)空中加油管

probenazole [prə'benəzəʊl] *n.* 噻菌灵

prober ['prəʊbə] *n.*【计】①探查者 ②探测器

probing ['prəʊbɪŋ] *n.* 试探,探测,检查,测深

probit ['prɒbɪt] *n.* 概率单位

probity ['prəʊbɪtɪ] *n.* 正直,诚实

problem ['prɒbləm] ❶ *n.* 问〔习〕题,难题,疑问 ❷ *a.* 成为问题,难对付的 ☆**sleep on（upon, over）a problem** 把问题留到第二天解决;**the problem child(ren)(of A)** (在 A 方面的)不好解决的难题,(在 A 上)难对付的问题 〖用法〗❶ 在该词后常跟 with,也可跟 in 或 associated with。如: A final problem with layered implementations is that they tend to be less efficient than other types. 对于这些分层实现方案的最后一个问题是它们与其它的类型相比趋于不太有效。/One problem with a global replacement algorithm is as follows.全程替代算法的一个问题如下。/The problem with algorithm 1 is that it does not retain sufficient information about the state of each thread. 算法 1 的问题是,它不保留有关每个线程足够的状态信息。/A major problem in the design of any service is the decision on the process structure of the server.在设计任何服务方面的一个主要问题是确定服务器的进程结构。/The main problem associated with replica is their update. 与仿形有关的主要问题是它们的更新。❷ 注意下面例句中该词的含义: It is left as a problem for the reader to show that this equation reduces to equation (6) when the point is on the x-axis.证明当该点处于 x 轴上时这个方程就简化为方程 (6)这一点,就留作为读者的一个习题。❸ 在它后面可跟名词从句的同位语从句或名词性不定式的同位语。如: The problem arises whether the series converges. 现在出现了这么个问题:该级数是否收敛呢?（本句属于"主语+谓语(不及物动词)+主语的修饰语(同位语从句)"型分割句型。实际上在"whether"之前省去了 on、about、of、as to 等。）

problematic(al) [prɒblə'mætɪk] *a.* ①有问题的,

疑难的,(悬而)未决的,未定的 ②或然性的 ‖ **~ally** *ad.*

problemsome ['prɒbləmsəm] *a.* 成问题的

probolog ['prəʊbəlɒg] *n.* (检验热交换器管路缺陷的)电测定器,电感式〔涡流式〕探伤仪

proboscidea [prəʊbə'sɪdɪə] *n.* 长鼻目〔类〕

procarboxypeptidase [prəkɑ:bɒksɪ'peptɪdeɪs] *n.*【化】羧肽酶原

procaryote [prə'kærɪəʊt] *n.*【化】原核生物 ‖ **~procaryotic** [prəʊkærɪ'ɒtɪk] *a.*

procedural [prə'si:dʒərəl] *a.*【经】程序上〔性〕的

procedure [prə'si:dʒə] *n.* ①程〔工〕序,流程,步骤,手续 ②作业,【机】(单用)过程 ③工序,措施 ④传统的做法,(外交,军队等的)礼仪,礼节 〖用法〗❶ 该词后一般可跟介词"for",也有用动词不定式的。如:A straightforward procedure for choosing the piecewise-linear segments is to divide up the interval into equal parts. 选择分段式线性线段的简单步骤是把区间分成一些相等的部分。/Here is one possible procedure to synchronize the transmitter and receiver clocks. 下面是使发射机和接收机时钟同步的一个可能的步骤。❷ 该词可以与动词"do"连用。如: The procedure will not be done here.该步骤在这里就不一做了。❸ 注意下面例句的含义及汉译法:In order to apply these laws of motion, we must take into detailed account all the various forces acting in a given situation at any point in the path of a moving body, usually a difficult and complicated procedure. 为了运用这些运动定律,我们必须仔细考虑在某一特定的情况下在运动物体路径的任一点处作用的各种力,这一步骤通常是困难而复杂的。(逗号后的那部分是前面句子的同位语。）

proceed [prə'si:d] *vi.* ①进行,继续做下去 ②开始,着手 ③发生 ④起诉(against) ☆**proceed from** 出于,由⋯产生,从⋯出发; **proceed on（upon）** 照⋯进行; **proceed to** 着手; **proceed to do** 着手做,继续,转到; **proceed with** 继续〔重新〕进行下去,从⋯下手 〖用法〗注意下面例句中该词的含义: This will become more obvious as we proceed with a description of its operation. 随着我们对它工作情况的描述,这一点会变得越来越明显。/To do this, we may proceed as follows. 为此,我们可以如下(方法、步骤)来进行。/Before proceeding let us remind ourselves of some results developed in connection with conventional laser media. 在讲下去之前,让我们回忆一下关于普通的激光媒介所导出的一些结果。/To proceed, we define φ(t) as follows.首先,我们把 φ(t) 定义如下。

proceeding [prə'si:dɪŋ] *n.* ①程序,进程,做法 ②(pl.)汇编,会刊,学报,会议录 ③事项,议程

proceeds ['prəʊsi:dz] *n.* (pl.)收入,结果

procellular [prəʊ'seljʊlə] *a.* 前细胞的

procentriole [prəʊ'sentrɪəʊl] *n.* 原中心粒

P

proceomycin [prəʊsɪə'maɪsɪn] *n.* 【化】高霉素

process ['prəʊses] **❶** *n.* ①过〔进,流,历〕程,工序, 手续 ②工艺(规程,方法),方法 ③照相制版术,照 相版图片 ④诉讼,(法律)手续,传票 ⑤(生物)机 体的突起 **❷** *vt.* 加工,处理 ②用照相版影印 ③对…起诉,(要求)对…发出传票 **❸** *a.* ①经过 特殊加工的 ②照相版的 ③有幻觉效应的 ☆*be in process*(在)进行着; *cascade the process* 用逐次逼近法进行计算; *in the process of time* 随着时间的推移,逐渐地
〖用法〗**❶** 表示"方法"时该名词后一般可跟 介词"for",而其前面用介词"by"。如:This is a systematic, step-by-step process for solving a particular digital signal-processing problem. 这是解 某个特殊的数字信号处理问题的一种系统而逐步 的方法。/Modulation is defined as the process by which some characteristic of a carrier is varied in accordance with a signal. 调制被定义为根据信号 来改变载波的某一特性的过程。**❷** 注意下面例句 中含有该词的名词短语作前面整个句子或一部分 的同位语,同时注意其汉译法:AC can be changed into DC, a process referred to as rectification.交流 电可以被转换成直流电,这一过程就称为整流。 /Computers are electronic devices capable of processing information — a process which previously could be accomplished only inside our heads. 计算机是能处理信息的设备,而处理信 息这一过程以前只能在我们的头脑里完成。

processability [prəʊsesə'bɪlɪtɪ] *n.* 【化】加工〔制 备〕性能

processing ['prəʊsesɪŋ] *n.* 【计】①(数据)处理, 加工 ②整理,调整 ③配制,作业,选矿 ④工艺设 计,工艺过程
〖用法〗**❶** 注意搭配模式"the processing of A into B"意为"把 A 处理成 B"。如: It is the processing of information into new patterns that the human brain is so good at. 人类大脑极为擅长的,就是把 信息处理成新的模式。(这是一个强调句型,本句 也可写成: It is the processing of information into new patterns at which the human brain is so good.) **❷** 该词可以与动词"perform"连用。如: The processing is performed in the baseband domain. 这 一过程是在基带域中进行的。

procession [prə'seʃ ən] *n.;v.* ①行列,列队行进 ②一(长)行

processional [prə'seʃ ənəl] *a.* 行列的,队伍的,列 队行进的

processionary [prə'seʃ ənərɪ] *a.* 列队前进的

processor ['prəʊsesə] *n.* 【计】①加工者,加工机 械,自动显影机 ②处理程序,信息处理机 ③(数据, 情报)分理者

proces-verbal ['prəʊsesvə'bæl] (法语)官方〔会 议〕记录

procetane ['prəʊsətəɪn] *n.* 【化】柴油的添加剂

prochirality [prəʊkaɪ'rælɪtɪ] *n.* 【化】前手性

prochordata [prəʊ'kɔːdətə] *n.* 原索动物门

prochromosome [prəʊ'krəʊməsəʊm] *n.* 【医】 前染色体

prochronism ['prəʊkrənɪzm] *n.* 日期填早

proclaim [prə'kleɪm] *vt.* ①宣布,宣告 ②表明, 显露

proclamation [prɒklə'meɪʃ ən] *n.* ①宣布,声明 ②公告,宣言 ‖ **proclamatory** [prə'klæmətərɪ] *a.*

proclimax [prəʊ'klaɪmæks] *n.* 亚极相,原顶极 群落

proclivity [prə'klɪvətɪ] *n.* 癖性,倾向(to, towards, for)

procollagen [prəʊ'kɒlədʒən] *n.* 【化】(酸)溶胶原 (蛋白),原骨胶原

proconsul [prəʊ'kɒnsəl] *n.* 殖民地总督

pro-consul [prəʊ'kɒnsəl] *n.* 代理领事

proconvertin [prəʊkən'vɜːtɪn] *n.* (血清凝血酶原) 转变加速因子前体,原转变素

procrastinate [prəʊ'kræstɪneɪt] *vt.* 拖延,耽搁,因 循 ‖ **procrastination** [prəʊ,kræstɪ'neɪʃ ən] *n.*

procreant ['prəʊkrɪənt] *a.* 生殖的,产生的

procreate ['prəʊkrɪeɪt] *v.* 生殖,产生 ‖ **procreation** [,prəʊkrɪ'eɪʃ ən] *n.* **procreative** ['prəʊkrɪeɪtɪv] *a.*

procryptic [prəʊ'krɪptɪk] *a.* 有保护色的

proctor ['prɒktə] *n.* 【法】代理人

procurable [prəʊ'kjʊərəbl] *a.* 可以得到的

procural [prə'kjʊərəl] *n.* 获〔取〕得

procurance [prə'kjʊərəns] *n.* ①获〔取〕得,实现 ②代理

procuration [prɒkjʊə'reɪʃ ən] *n.* ①获〔取〕得 ② 【经】代理(权),(对代理人的)委任

procurator ['prɒkjʊəreɪtə] *n.* 【经】代理人,检察 官 ‖ **~ial** *a.*

procuratory ['prɒkjʊərətərɪ] *n.* (对代理人的)委任

procure [prə'kjʊə] *vt.* ①取〔获〕得,物色,采购 ② 实现,达成

procurement [prə'kjʊəmənt] *n.* 取〔获〕得,征 〔采〕购,斡旋,促成

prod [prɒd] **❶** *v.* (prodded;prodding) 刺,戳,激起 〔励〕,推动 **❷** *n.* ①刺,戳 ②锥(子),竹签 ③热 〔温差〕电偶

prodigal ['prɒdɪɡəl] **❶** *a.* ①非常浪费的,奢侈的 ②不吝惜的(of) ③(物产)丰富的,大量的 **❷** *n.*浪 费者 ☆*play the prodigal* 挥霍 ‖ **-ly** *ad.*

prodigality [prɒdɪ'ɡælɪtɪ] *n.* ①浪费,挥霍,不吝惜 ②丰富,大量

prodigalize ['prɒdɪɡəlaɪz] *vt.* 浪费,挥霍

prodigiosin [prəʊdɪdʒɪ'əʊsɪn] *n.* 灵菌红素,灵菌 菌素

prodigious [prə'dɪdʒəs] *a.* ①巨〔庞〕大的 ②异 常的,惊人的 ‖ **~ly** *ad.*

prodigy ['prɒdɪdʒɪ] *n.* 奇迹〔观〕,奇事〔物〕

prodrome ['prəʊdrəʊm] (pl.prodromata 或 pro-dromes) *n.* ①绪论,作为导论的书(to) ②【医】前 驱症状 ‖ **prodromal** [prəʊ'drəʊmə]或 **prodromic**

[prəʊ'drɒmɪk] a.

produce ❶ [prə'dju:s] v. ①生产,结(出果实) ②引起,产生 ③【数】使延长,使扩展 ④提出,出示 ⑤出版,制(片),放映,演出,创作 **❷** ['prɒdju:s] n. 产品(物),作品,成果

〖用法〗主语为动名词短语或动作性名词短语时,可用该词作谓语表示"… 产生了〔使我们得到了〕…"。如: Substituting〔Substitution of〕Eq (1-7) in〔into〕Eq (1-5) <u>produces</u> the following expression. 如果把式(1-7)代入式(1-5),我们就得到了下面这个表达式。(这时它也可以用 gives、yields、results in、leads to、gives rise to 等来替代。)

producer [prə'dju:sə] n. ①(煤气)发生炉,产生器,制造机 ②振荡器,发电机 ③产油井 ④生产者,产地 ⑤演出者,制片(监制)人 ⑥产生菌

producibility [prədju:sə'bɪlɪtɪ] n. 可生产性,可演出,可延长(性)

producible [prə'dju:səbl] a. 可生产的,可上演的,可提出的,可延长的

product ['prɒdəkt] n. ①产物,产〔作〕品 ②出产,创作 ③【数】(乘)积,(张量的)外积 ④成果 ⑤分量,成分

〖用法〗**❶** "the product of A and〔with〕B" 意为 "A 与 B 之乘积"。如:Momentum is defined as the <u>product of</u> mass <u>and</u> velocity.动量被定义为质量与速度之乘积。/The cost of representing an M-valued item of information is defined as <u>the product of</u> the number of variables that are required <u>and</u> the number of values that each variable can take on. 表示一个 M 值的信息项的成本,被定义为所需变量数和每个变量所能呈现的数值数之积。/Consider the <u>product of</u> v(t) <u>with</u> v(t+τ). 我们来考虑一下 v(t) 与 v(t+τ) 之积。❷ 注意下面例句中该词的含义: The <u>products</u> produced by mixing are the fundamental and harmonics. 由混频所产生的产物〔成分〕有基波和各种谐波。/Were we to evaluate this <u>product</u> using the complex form of the functions, we would get the following expression. 如果我们用这些函数的复数形式来计算这个乘积的话,我们就得到了下面的表达式。(本句第一部分是虚拟语气句型中省了"if"的部分倒装状语从句。)/The dot <u>product</u>, being the <u>product of</u> three scalars, is a scalar. 由于这个点乘是三个标量之乘积,所以它是个标量。(处于两个逗号之间的是分词短语作原因状语。)

productible [prə'dʌktɪbl] a. 可生产的

productile [prə'dʌktaɪl] a. 可延长的,延长性的

production [prə'dʌkʃən] n. ①生产,开采,发生,引起,提供 ②制作,摄制,演出 ③产(作)品,成果 ④(生)产量,生产率,开采量 ⑤【数】延长(线),生成式 ⑥拿出,提供 ☆**go (be put) into production** 投产 ‖ **~al** a.

productive [prə'dʌktɪv] a. ①(能)生产的,有生产力的 ②富饶的,有成果的 ③出产…的,导致…(of) ‖ **~ly** ad.

productiveness [prə'dʌktɪvnɪs] n. 生产率,多产

productivity [prɒdʌk'tɪvɪtɪ] n. ①生产率〔量,力〕②多产(性)

productized [prə'dʌktaɪzd] a. 按产品分类的

proelastase [prəʊɪ'læsteɪs] n. 【化】弹性蛋白酶原

proem ['prəʊem] n. 序,前言,开场白,开端 ‖ **~ial** a.

proembryo [prəʊ'embrɪəʊ] n. 【生】原胚,胚前

proenzyme [prəʊ'enzaɪm] n. 【生化】酶原

proferment [prəʊ'fɜ:mənt] n. 【生化】生酶素,酶原

profess [prə'fes] v. ①声称,表明,承认 ②自称,冒充 ③以…为职业,讲授

professed [prə'fest] a. ①公开表示的 ②自称的,假装的 ③专业的 ‖ **~ly** ad.

profession [prə'feʃən] n. ①职业 ②同业 ③表白,宣布 ☆**be a … by profession** 以…为业; **make it a profession to do** 以(做)…为业

professional [prə'feʃənl] **❶** a. 职业的,业务的,专业的 **❷** n. 专业人员,内行,以某种职业为生的人

professionalize [prə'feʃənəlaɪz] v. (使)职业化,(使)专业化

professionless [prə'feʃənlɪs] a. 没有专业或未受过专门训练的

professor [prə'fesə] n. 教授 ☆**assistant professor** 助教; **associate professor** 副教授; **(full) professor** (正)教授; **professor emeritus** 荣誉退休教授; **visiting professor** 客座(访问)教授

professoriate [profe'sɔ:rɪɪt] n. (全体)教授,教授职位

professorship [prə'fesəʃɪp] n. 教授(职位)

proffer ['prɒfə] vt.;n. 提供,贡献,建议

profibrinolysin [prəʊfaɪbrɪ'nɒlɪsɪn] n. 血纤维蛋白溶酶原

proficiency [prə'fɪʃənsɪ] n. 熟练,精通(in)

proficient [prə'fɪʃənt] **❶** a. 熟练的,精通的(at, in) **❷** n. 能手,专家(in) ‖ **~ly** ad.

〖用法〗该词后还可跟介词"for"。如: In this field, the engineer should be <u>proficient for</u> solving problems found in this modern technological age. 在这一领域,工程师应该能熟练地解决现代技术时代所出现的问题。

profile ['prəʊfaɪl] **❶** n. ①轮廓,外形,(纵)断面(图),侧面图,(叶、翼、炉)型,测线,(高炉)内型曲线 ②型材〔条〕③靠模,仿形,【建】标杆 **❷** vt. ①画…的轮廓(图),画…的侧面〔纵断面〕图 ②靠模加工,仿形切削,给…铣出轮廓 ③做成型材

profiler ['prəʊfaɪlə] n. 靠模工具机,靠模铣床

profiling ['prəʊfaɪlɪŋ] n. 压型,仿形切削,成型,靠模加工,剖面测定(法)

profilogram [prəʊ'fɪləgræm] n. 轮廓曲线

profilograph [prəʊ'fɪləgrɑ:f], **profilometer** [prəʊfɪ'lɒmɪtə] n. 轮廓曲线仪,表面光度仪,地形测定器,(表面光洁度)轮廓仪,验平仪,显微光波干涉仪

P

profiloscope [prəʊˈfɪləskəʊp] *n.* 拉模孔光洁度光学检查仪,纵断面观测镜

profit [ˈprɒfɪt] ❶ *n.* ①得益,益处 ②(常用 pl.)利润(率),赢利 ❷ *v.* ①有利(于) ②获益,利用(by, from) ☆ *at a profit* 有利可图,赚钱; *make a profit (on)* (在…上)获利〔赚钱〕; *make one's profit of* 利用,得益于; *show a profit* 赚钱,有利可图; *to one's profit* 或 *with profit* 有益

profitable [ˈprɒfɪtəbl] *a.* 有利(可图)的,有益的 ‖ **profitably** [ˈprɒfɪtəblɪ] *ad.*

profiteer [ˌprɒfɪˈtɪə] ❶ *n.* 投机商,奸商 ❷ *vi.* 牟取暴利,从事投机活动

profitless [ˈprɒfɪtlɪs] *a.* 无利〔益〕的,无利可图的 ‖ ~**ly** *ad.*

profitwise [ˈprɒfɪtwaɪz] *ad.* 在利润方面,赢利〔赚钱〕地

proflavin [prəʊˈfleɪvɪn] *n.* 二氨基吖啶,原黄素

proflavine [prəʊˈfleɪviːn] *n.*【化】普罗黄素,硫酸原黄素

profligacy [ˈprɒflɪgəsɪ] *n.* 恣意挥霍,极度浪费 ‖ **profligate** [ˈprɒflɪgɪt] *a.*

profondometer [ˌprəʊfɒnˈdɒmɪtə] *n.* 深部异物计,异物定位器

pro forma, proforma prəʊˈfɔːmə] *a.;ad.* 形式上(的)

profound [prəˈfaʊnd] ❶ *a.* ①意味深长的,意义深远的,深奥的 ②渊博的 ③深厚〔刻〕的 ❷ *n.* 深渊,深处 ‖ ~**ness** *n.*

profoundly [prəˈfaʊndlɪ] *ad.* 深深地,奥妙地

profundal [prəˈfʌndəl] ❶ *n.* (湖,海)深底 ❷ *a.* 湖底的,深海底的

profundis [prəˈfʌndɪs] (拉丁语) ☆ *de profundis* 从深处

profundity [prəˈfʌndɪtɪ] *n.* ①深(度,渊),深奥〔刻〕②(常用 pl.)深奥的事物,深刻的思想〔话〕

profundus [prəˈfʌndəs] *a.* (拉丁语)深的

profuse [prəˈfjuːs] *a.* ①非常丰富的,充沛的,极多的 ②十分慷慨的,挥霍的 (in, of) ‖ ~**ly** *ad.* ~**ness** *n.*

profusion [prəˈfjuːʒən] *n.* ①充沛,丰富,过多 ②挥霍,奢侈

progametangium [ˌprəʊɡæmɪˈtændʒɪəm] *n.* 原配子囊

progamete [prəʊɡæˈmiːt] *n.*【生】原配子

progamic [prəˈɡæmɪk] *a.* 受精前的

progenesis [prəʊˈdʒenɪsɪs] *n.* 初期发育

progenitor [prəʊˈdʒenɪtə] *n.* ①祖先,起源,先驱,【数】前趋,前辈,正本 ②原(始)粒子

progeny [ˈprɒdʒɪnɪ] *n.* ①子孙,后代〔裔〕②结果 ③次级粒子

progesterone [prəʊˈdʒestərəʊn] *n.*【生化】黄体酮,孕(甾)酮

progestin [prəʊˈdʒestɪn] *n.*【医】黄体制剂,孕(甾)酮,孕激素(类)

progestogen [prəʊˈdʒestədʒən] *n.*【医】孕激素类

prognoses [prɒɡˈnəʊsiːz] *n.* prognosis 的复数

prognosis [prɒɡˈnəʊsɪs] (pl.prognoses) *n.* 预知〔测〕,【医】病状预断,预后

prognostic [prɒɡˈnɒstɪk] *a.;n.* 预测(的),预兆〔知〕(的)(of)

prognosticate [prɒɡˈnɒstɪkeɪt] *vt.* 预言〔测,兆)

prognostication [prəɡˌnɒstɪˈkeɪʃən] *n.* 预言〔测〕,前兆

prognosticator [prɒɡˈnɒstɪkeɪtə] *n.* 预言〔测〕者

prograde [prəʊˈɡreɪd] *a.* 与其他天体共同方向运行〔旋转〕的,正转的

program ❶ [ˈprəʊɡræm] *n.* ①【计】程序〔进度〕表 ②程序 ③规划,纲领,提纲,方案 ④节目(单) ❷ (program(m)ed ; program(m)ing) *v.* ①【计】(为…)编(制)程序 ②(给…)拟定程序〔计划〕,使按程序工作 ③规划,制定大纲 ④把…排入节目

programing [ˈprəʊɡræmɪŋ] = programming

programmatic [ˌprəʊɡrəˈmætɪk] *a.* ①纲领性的,有纲领的 ②计划性的,有计划的 ③标题音乐的

programme = program

programmer [ˈprəʊɡræmə] *n.* ①程序设计器,程序装置 ②程序设计员,订计划者,排节目者

programming [ˈprəʊɡræmɪŋ] *n.;a.* ①规划(的),大纲(的) ②程序设计,编程序(的) ③广播节目

progress ❶ [ˈprəʊɡres] *n.* 进步,发展前行 ❷ [prəˈɡres] *vi.* 前进,进步〔展,度),改进 ☆ *extend progress in* 在…方面取得进展; *in progress* (正在)进行中; *make progress* 进步,前进; *progress toward* 向…前

progression [prəˈɡreʃən] *n.* ①前〔渐〕进,进展〔步),发展 ②连续,一系列 ③【数】级数,数列 ☆ *in progression* 连续,相继

progressional [prəˈɡreʃənl] *a.* ①(向)前进的,连续的 ②【数】级数的

progressist [prəˈɡresɪst] *n.* ①进步分子,进步论者 ②改良主义者

progressive [prəˈɡresɪv] ❶ *a.* ①前〔上〕进的,进〔逐〕步的,递增的,渐〔累〕进的 ❷ *n.* ①进步人士,革新主义者 ②改良主义者

progressively [prəˈɡresɪvlɪ] *ad.* 前进(地),渐进地,累进地

〖用法〗注意下面例句中该词的具体含义: The amplitude of the signal may assume a progressively smaller value. 该信号的振幅可以呈现越来越小的数值。

progynon [prəʊˈdʒɪnən] *n.*【化】雌酮

prohibit [prəˈhɪbɪt] *vt.* 禁〔防〕止 ☆ *prohibit A from doing* 禁止 A(做)

prohibition [ˌprəʊhɪˈbɪʃən] *n.* 禁止〔令〕,禁酒

prohibitive [prəˈhɪbɪtɪv], **prohibitory** [prəˈhɪbɪtərɪ] *a.* 禁止(性)的,抑制的,(价格)过高的

〖用法〗注意下面例句中该词的译法: In the fields of science and engineering, many problems were being reduced to mathematical expressions which were so complex that it took a prohibitive amount of time to perform the arithmetic necessary to evaluate them for the various sets of parameters. 当时, 在科学技术领域内, 许多问题被简化为数学表达式, 这些表达式是极其复杂的, 以各组参数来对这些表达式求值所需的时间是花不起的。/For large n, the cost of key distribution becomes prohibitive. 如果 n 比较大, 则钥匙分配的费用是花不起的。

prohibitively [prəˈhɪbɪtɪvlɪ] ad. 禁止性地, (价格)过高地
〖用法〗注意下面例句中该词的译法: Holographic storage is prohibitively expensive today. 现今全息存储器太贵了, 是买不起的。

proinsulin [prəʊˈɪnsjulɪn] n. 【化】胰岛素原

project ❶ [ˈprɒdʒekt] n. ①计划, 方案 ②工程, (科研)项目, 课题 ③突状物 ❷ [prəˈdʒekt] v. ①投〔射〕出 ②伸〔突〕出 ③规划, 预计 ④投影, 射影, 作…的投影图, 放映 ⑤表明…的特点, 使…具体化 ☆ **project ... beyond (the wall)** 伸出(墙)外(…); **project from** 从…伸〔凸〕出; **project into** 投入…中; **project on** 投射到…上; **project over** 伸出到…上(方); **project up (through)** (穿过…顶) 向上伸出
〖用法〗注意词汇搭配模式 "project A on 〔onto〕 B", 意为 "把 A 投影到 B 上"。

projectile [ˈprɒdʒɪktaɪl] n. ①抛射体, 导(炮, 飞)弹 ②轰击〔入射〕粒子 ❷ a. [prəˈdʒektaɪl] 射出的, (可)投射的, 推进的

projecting [prəˈdʒektɪŋ] ❶ n. 设计, 演示, 放映, 投影 ❷ a. 凸(伸)出的, 射投的

projection [prəˈdʒekʃən] n. ①投射(物), 抛射 ②凸〔伸〕出(部分), 拱砌体, 吊砂 ③投影(图, 法), 放映 ④规划, 设计 ⑤预测 ⑥具体化 ‖ ~al a.
〖用法〗该词可以与 "do" 连用, 并注意其搭配模式 "the projection of A on 〔onto〕 B", 意为 "A 在 B 上的投影, A 投射在 B 上"。如: Projection of the light image on the face of the picture tube is usually done by the Schmidt reflective system, preferred because of its efficiency for maximum brightness. 把光图像投影在显像管的表面通常是由施密特反射系统完成的, 喜欢采用该系统的原因在于它产生最大亮度的效率高。

projectionist [prəˈdʒekʃənɪst] n. ①地图〔投影图〕绘制者 ②电影放映员, 电视播放员

projective [prəˈdʒektɪv] a. ①投射的, 射影的 ②凸〔突〕出的 ‖ ~ly ad.

projectivity [prɒdʒekˈtɪvɪtɪ] n. 射影对应(性), 射影(变换), 投影

projectometer [prɒdʒekˈtɒmɪtə] n. 投影式比较测长仪

projector [prəˈdʒektə] n. ①放映机, 投影机, 幻灯 ②探照灯, 聚光灯, 【物】辐射源 ③发射装置, 射声器 ④设计者, 计划人 ⑤(制图) 投射线

projectoscope [prəˈdʒektəskəup] n. 【医】投影器

projecture [prəˈdʒektʃə] n. 凸〔突〕出(物)

projet [ˈprɒʒei] n. (法语) 草案, 计划, 设计

prokaryon [ˈprəʊkærɪɒn] n. 原核

prokaryota [prəʊkærɪˈəʊtə] n. 原核细胞

prokaryote [prəʊˈkærɪəut] n. 原核生物

prokaryotic [prəʊkærɪˈəʊtɪk] a. 原核生物的

prokinin [prəʊˈkaɪnɪn] n. 【化】激肽原

proknock [prəʊˈnɒk] n. 【化】促爆〔助爆震〕(剂), 诱震剂

prolactin [prəʊˈlæktɪn] n. 【医】催乳激素

prolamine [ˈprəʊləmiːn] n. 【生化】醇溶谷蛋白

prolan [ˈprəʊlæn] n. 【医】绒毛膜促性腺激素

prolate [ˈprəʊleɪt] a. ①伸〔延〕长的, 扁长的, 椭圆形的(长球状) ②扩大〔展〕的

prole [prəʊl] n. 无产者

prolegomenon [prəʊleˈɡɒmɪnən] (pl.prolegomena) n. (常用 pl.) 序, 绪论

prolepsis [prəʊˈlepsɪs] (pl.prolepses) n. 预期(叙述) ‖ **proleptic** [prəʊˈleptɪk] a.

proletaire [prəʊlˈtɛə] (法语) n. 无产者

proletarian [prəʊleˈtɛərɪən] ❶ a. 无产阶级的 ❷ n. 无产者

proletarianize [prəʊleˈtɛərɪənaɪz] vt. 使无产阶级化 ‖ **proletarianization** [ˈprəʊleteərɪənaɪˈzeɪʃən] n.

proletariat(e) [prəʊleˈtɛərɪət] n. 无产阶级

prolidase [ˈprəʊlɪdeɪs] n. 【化】氨酰基脯氨酸(二肽)酶, 脯氨肽酶

proliferate [prəˈlɪfəreɪt] v. 【医】增〔繁〕殖, 增生, (使)激增, (使)扩散 ‖ **proliferation** [prəʊlɪfəˈreɪʃən] n. **proliferative** [prəˈlɪfərətɪv] a.

proliferous [prəʊˈlɪfərəs] a. 增殖〔生〕的, 分芽繁殖的, 蔓延的

prolific [prəˈlɪfɪk] a. ①【医】多产〔育〕的, 繁殖的, 多…的(of) ②【经】丰富的, 富饶的, 富于…的(in, of) ③引起…的(of, in) ‖ ~ally ad.

proligerous [prəʊˈlɪɡərəs] a. 【医】多育〔产〕的, 繁殖的

prolinase [ˈprəʊlɪneɪs] n. 【化】脯氨酰氨基酸(二肽)酶, 【医】脯氨酰肽酶

proline [ˈprəʊliːn] n. 【医】脯〔氮戊〕氨酸

prolintane [prəʊˈlɪnteɪn] n. 【化】普罗林坦; 苯咯戊烷; 丙苯乙吡咯

prolipase [ˈprəʊlɪpeɪs] n. 【化】脂酶原, 【医】前脂酶

Prolite [ˈprəʊlaɪt] n. 钨钴钛系硬质合金

prolix [ˈprəʊlɪks] a. 冗长的 ‖ ~ity n.

prolocutor [prəʊˈlɒkjutə] n. 【法】代〔发〕言人

prolog(ue) [ˈprəʊlɒɡ] ❶ n. 序言〔幕〕, 开场白(to), 开端 ❷ vt. 成了…的开端, 为…写序言

prolog(u)ize [ˈprəʊlɒɡaɪz] vi. 作序言, 作开场白

prolong [prəˈlɒŋ] ❶ vt. 延长〔伸, 期〕, 拉长, 外延 ❷ n. 【化】冷凝管, (蒸馏炼锌)延伸器

prolongable [prəˈlɒŋɡəbl] a. 可延〔拉, 拖〕长的, 可拖延的

prolongate [prəˈlɒŋɡeɪt] vt. 延〔拉〕长, 拖延

P

prolongation [ˌprəʊlɒŋˈɡeɪʃ ən] n.【医】延长(部分),延〔展〕期,拓展,拉〔伸〕长,引申

prolonged [prəˈlɒŋd] a. 持续很久的,长时间的

prolusion [prəˈljuːʒən] n.序言〔幕〕,绪论 ‖ **prolusory** a.

proluvial [prəʊˈljuːvɪəl] n. 洪积〔沉积物〕

Promal [ˈprəʊmæl] n. 特殊高强度铸铁

promegaloblast [prəʊˈmeɡələʊblɑːst] n.【医】原巨红细胞

promenade [ˌprɒmɪˈnɑːd] n.;v. 散步(场所),游行,骑马,开车(兜风),堤顶大路

promeristem [prəʊˈmerɪstem] n.【医】原分生组织

prometal [prəʊˈmetl] n. 一种耐高温铸铁

prometaphase [prəʊˈmetəfeɪz] n. 前中期

promethazine [prəʊˈmeθəziːn] n.【化】异丙嗪

promethium [prəˈmiːθɪəm] n.【化】钷

prominal [ˈprəʊmɪnəl] n.【医】甲基苯巴比妥,普罗米那

prominence [ˈprɒmɪnəns], **prominency** [ˈprɒmɪnənsɪ] n. ①突(凸)起,凸出(物),起伏度 ②突〔杰〕出,显著,重要 ③日珥 ☆ *come into prominence* 显露头角,变得重要,占主导,流行; *give prominence to the key points* 突出重点

prominent [ˈprɒmɪnənt] a. ①突起的,凸出的 ②杰〔突〕出的,显著的 ③重要的 ‖ **~ly** ad.

promiscuity [ˌprɒmɪsˈkjuːɪtɪ] n. 混杂(淆),杂乱,不加选择

promiscuous [prəˈmɪskjʊəs] a. 混杂的,杂乱的,不加选择(区别)的,偶然的 ‖ **~ly** ad.

promise [ˈprɒmɪs] ❶ n. ①诺言,约定,契约,字据 ②(有)希望,(有)前途 ☆ *make (give, keep, carry out, break) a promise* 作出(许下,信守,履行,违背)诺言; *show promise* 有希望〔前途〕 ❷ v. ①答应,约定,订约 ②有(…)希望,有前途,有…的可能,预示 ③断定,保证

promisee [ˌprɒmɪˈsiː] n. 受约人

promiser [ˈprɒmɪsə] n. 立约者,订约者

promising [ˈprɒmɪsɪŋ] a. 有希望〔前途〕的,期望的 ‖ **~ly** ad.

promisor = promiser

promissory [ˈprɒmɪsərɪ] a. 约定的,约定支付的,表示允诺的

promittor [prəʊˈmɪtə] n. 许愿星

promnard [ˈprɒmnɑːd] n. 散步路

promo [ˈprəʊməʊ] ❶ a. 宣传的,广告的 ❷ n. 宣传性的声明〔影片,录音,短文,表演〕

promontary [ˈprɒməntərɪ] n. 山嘴

promontoried [ˈprɒmənt(ə)rɪd] a. 有〔形成〕海角的,有岬的

promontorium [prɒˈmɒntɔːrɪəm](拉丁语) n. 岬

promontory [ˈprɒmənt(ə)rɪ] n. ①岬,海角 ②峭壁,悬崖

promote [prəˈməʊt] vt. ①促进,激励,助长 ②发起,提倡,设法通过 ③宣传,推销 ④提升

promoter [prəˈməʊtə] n. ①发起人,创办人,促进者 ②助催化剂,促进剂,助聚剂 ③激发器,启动子

promotion [prəˈməʊʃən] n. ①促进,助长,激励 ②发起,创立 ③宣传,促销 ④提升,进〔升〕级 ‖ **~al** 或 **promotive** a.
〖用法〗该词可以与动词"do"连用,并且它有复数形式。如: He has done all the promotions in preparation for the release of the text. 他为准备发行本教材而作了各种宣传。

promotor = promoter

prompt [prɒmpt] ❶ a. ①敏捷的,即时〔刻〕的 ②当场交付的 ❷ ad. 准时地 ❸ vt. ①促使,敦促,推(鼓,煽)动,激励 ②引(激)起 ③提醒 ❹ n. ①催促,提醒 ②催款单 ③付款期限(协定)

promptitude [ˈprɒmptɪtjuːd] n. 敏捷,迅速,果断

promptly [ˈprɒmptlɪ] ad. 敏捷地,迅速地

promulgate [ˈprɒmʌlɡeɪt] vt. 颁〔宣〕布,散播 ‖ **promulgation** n.

promulgator [ˈprɒmʌlɡeɪtə] n. 颁布者,传播者

promycelium [ˌprəʊmaɪˈsiːlɪəm] n.【植】先菌丝

promycetes [prəʊˈmaɪsiːts] n. 原担子菌类

pronase [ˈprəʊneɪs] n.【生化】链霉蛋白酶

pronate [ˈprəʊneɪt] v. 使(手掌,前肢)转向下〔内〕,(使)俯 ‖ **pronation** n.

pronator [prəˈneɪtə] n. 旋前肌

prone [prəʊn] a. ①俯向的,易于…的(to) ②俯伏的 ③倾斜的,陡的 ‖ **~ly** ad.

prong [prɒŋ] ❶ n. ①音叉的股,叉尖,齿尖,齿叶根 ②尖头(物),叉,耙,(电子)管脚,(轮叶的)叉形叶根,叉形物,支架 ③射线(径迹) ❷ vt. 戳,耙开,掘翻

pronged [prɒŋd] a. 有齿的,齿形的

pronormoblast [prəʊˈnɔːməblɑːst] n. 原红细胞

pronoun [ˈprəʊnaʊn] n. 代词

pronounce [prəˈnaʊns] v. ①发音 ②断言,表示(意见),作判断 ③宣告〔布〕

pronounceable [prəˈnaʊnsəbl] a. 可发音的,读得出的

pronounced [prəˈnaʊnst] a. ①明确的,显著的,断然的 ②发出音的,讲出来的 ‖ **~ly** ad.
〖用法〗注意下面例句的汉译法: The skin effect is more pronounced as the frequency increases. 随着频率的增加,集肤效应越来越明显。

pronouncement [prəˈnaʊnsmənt] n. ①宣告,声明 ②表示,见解

pronouncing [prəˈnaʊnsɪŋ] a. (有关)发音的,注音的

pronto [ˈprɒntəʊ] ad. 马上

pronucleus [prəˈnjuːklɪəs] n. 原〔前〕核

pronunciation [prəˌnʌnsɪˈeɪʃ ən] n. 发音(法),读法 ‖ **~al** a.

proof [pruːf] ❶ n. ①证明〔实据〕,论证 ②证验,验算 ③【数】证(法) ④(印刷)校样,样张,初晒 ⑤(铠甲)不穿透性,不贯穿性 ⑥(酒类)强度标准,标准酒精度 ❷ a. ①试验过的,合乎标准的 ②防

〔耐,抗〕…的,不漏…的,耐久的,能抵挡的(against) ❸ vt. ①检验,校模铸件(校验压铸模尺寸) ②试印,把…印成校样,校对 ③使…不被穿透,使能防水 ☆**be above (below) proof** 合乎〔不合〕标准; **be capable of proof** 可经验证; **be full proof that** 充分证明; **give proof of** 证明,提供…的证据; **have proof of shot** 子弹打不穿; **in proof of** 作为…的证据; **proof positive of A** 关于 A 的确实证据; **put (bring) A to the proof** 检〔考〕验; **read the proof** (进行)校对; **require proof(s) of** 需要有关…的证据; **stand the proof** 经住考验; **The proof of the pudding is in the eating** (谚语)布丁好坏,一尝便知;空谈不如实验 〖用法〗 ❶ 注意 "the proof of + 动名词复合结构"的情况: Look about you and you will see proof of <u>electrically generated energy in action.</u> 若朝周围环视一下,你就会看到电能在起作用的证据。(在 "electrically generated energy"后省去了"being"。) ❷ 注意下面例句中该词的用法: This completes <u>the proof.</u>证毕。/<u>A proof of</u> this theorem is presented in the next section. 在下一节给出这个定理的证明。

proofing ['pru:fɪŋ] n. ①证明,验算 ②使不透〔漏〕,上胶 ③防护(器,剂) ④(pl.)胶布
proofless ['pru:flɪs] a. 无证据的
proofmark ['pru:fma:k] n. 验迄印记
proof-plane ['pru:fpleɪn] n. 验电板
proofread ['pru:f,ri:d] vt. 校对
proofreader ['pru:f,ri:də] n. 校对员
proofroom ['pru:frum] n. 校对室
prooftest ['pru:ftest] vt. 检〔校〕验
prop [prop] ❶ n. ①支撑物,支柱,撑脚〔材〕,顶杠 ②螺旋桨 ③支持者,靠山 ❷ (propped;propping) vt. 支持,用支柱加固(up)
propaedeutic(al) [prəupi:'dju:tɪk(əl)] a. 初步〔预备〕(教育)的,基本的
propaedeutics [prəupi:'dju:tɪks] n. 预备知识,基本原理〔训练〕
propagand [propə'gænd] vt. 宣传
propaganda [propə'gændə] n. 宣传〔手段,机构〕 〖用法〗对于产品的宣传〔广告〕,一般不用这个词而应该用 advertising。
propagandism [propə'gændɪzm] n. 宣传(法,制度)
propagandist [propə'gændɪst] ❶ n. 宣传(人)员 ❷ a. 宣传的 ‖ ~ic a.
propagandize [propə'gændaɪz] v. ①宣传 ②(对…)进行宣传
propagate ['propəgeɪt] v. ①传播,宣传,推广,扩张,普及 ②繁殖,增殖,蔓延 ‖ **propagation** [,propə'geɪʃən] n.
propagative ['propəgeɪtɪv] a. 传播的,繁殖的
propagator ['propəgeɪtə] n. ①传播者〔物〕,宣传员 ②(费因曼)传播函数,分布函数

propagulum [prəu'pægjuləm] n. 植物繁殖体
propanal ['prəupənæl] n. 丙醛
propane ['prəupeɪn] n. 丙烷
propanol ['prəupənol] n. 丙醇
propanone ['prəupənəun] n. 丙酮
propantheline [prəu'pænθəlɪn] n.【药】普鲁本辛
proparaclase [prəu'pærəkleɪs] n. 横(推)断层
proparagyl [prəu'pɑ:dʒɪl] n. 炔丙基,丙炔
propcopter [,prop'koptə] n. 直升机,用空气螺旋垂直起飞的无翼飞行器
propel [prə'pel] (propelled; propelling) vt. 推进,驱策,鼓励 ☆**propel A into** 把 A 推进到
propellant, propellent [prə'pelənt] ❶ n.(火箭)推进剂,喷气(发动机)燃料,(气雾剂的)挥发剂,推动力〔者〕 ❷ a. 推(进)的,(有)推动(力)的
propeller, propellor [prə'pelə] n. ①螺旋桨,推进器〔者〕,(泵,风机的)工作轮 ②(混料机的)推进刮板 ③螺桨船
propenal [prə'penəl] n. 丙烯醛
propene ['prəupi:n] n. 丙烯
propenol [,prəu'penol] n. 丙烯醇
propensity [prə'pensətɪ] n. 倾向,习性,嗜好(to, toward; to do; for doing)
proper ['propə] ❶ a. ①适当的,适合的,正确的 ②特有的,独特的,专属(供)的(to) ③本征的,真(正)的,本色的 ❷ n. 适合某人本身〔教,部,来〕,正文,纯(粹)的,完全的 ❸ ad. 完完全全地,彻底地 ☆**as you think proper** 你认为怎么适宜就…; **at a (the) proper time** 在适当的时候; **in the proper sense of the word** 按这词的本来意义; **proper for the occasion** 合时宜
properdin ['prəupədɪn] n. 备解素,血清灭菌蛋白
properly ['propəlɪ] ad. ①适当地,正确地 ②专属地,真正地 ③严格地 ④(…得)适当,正常地 ⑤彻底地,非常 〖用法〗This battery, <u>properly</u> used, may last for a long time. 这个电池如果使用得当,就可以维持很长的时间。("properly used" 是分词短语,处于主谓之间作条件状语。)
propertied ['propətɪd] a. 有财产的
property ['propətɪ] n. ①性质,特性,特点〔征〕 ②所有(权),地〔资〕产 ③器材,物品,道具 〖用法〗注意下面例句的含义及汉译法: The laser is able to amplify light — <u>one unique property.</u> 激光器能放大光,这是它的一种独特的性质。(破折号后面那部分是前面整个句子的同位语。)
prophage ['prəufeɪdʒ] n. 原〔前〕噬菌体
prophase ['prəufeɪz] n. 前〔初,早〕期
prophecy ['profəsɪ] n. 预言〔告〕
prophesy ['profəsaɪ] v. 预言〔示〕(of)
prophet ['profɪt] n. 预言者〔家〕,提倡者
prophetic(al) [prə'fetɪk(əl)] a. 预言…〔示〕的(of) ‖ ~ ally ad.
prophylactic [profɪ'læktɪk] a.;n. 预防(性)的,预防法〔剂,药,器〕

P

prophylaxis [ˌprɒfiˈlæksɪs] (pl. prophylaxes) n. 预防(法),防病

propigment [prəˈpɪgmənt] n. 色素原

propine [ˈprəupaɪn] n. 丙炔

propinquity [prəˈpɪŋkwəti] n. 接〔邻〕近,近〔类〕似(性)

propionate [ˈprəupɪəneɪt] n. 丙酸盐〔酯,根〕

propione [ˈprəupɪən] n. 二乙基甲酮

propitious [prəˈpɪʃəs] a. 顺(有)利的,适合的(for, to) ‖ **-ly** ad. **~ness** n.

propjet [ˈprɒpdʒet] n. 涡螺(旋)桨(喷气)发动机

proplasm [ˈprəuˌplæzəm] n. (造,模,铸)型

proplastid [prəuˈplæstɪd] n. 前〔原〕质体

proplatina [prəuˈplætɪnə], **proplatinum** [prəuˈplætɪnəm] n. 镍铋银(装饰用)合金

propolis [ˈprɒpəlɪs] n. 蜂胶

propolize [ˈprɒpəlaɪz] v. 覆蜡,充蜡

propone [prəˈpəun] vt. 提〔建〕议,提出,陈述

proponent [prəˈpəunənt] ❶ n. 提议者,支持者,辩护者 ❷ a. 建议的,支持的,辩护的

proportion [prəˈpɔːʃən] ❶ n. ①比(例,率) ②均衡,匀称 ③配合 ④部分,份儿 ⑤(pl.)大小(长,宽,厚),容〔面〕积,尺寸 ☆**in proportion** 按比例; **in proportion as** 按…的比例,依…的程度而定; **in proportion to** 与…成(正)比例 ❷ vt. ①使成比例,使相称(to),(使)均衡 ②(按比例定量)配合,分摊
〖用法〗❶ 注意其搭配模式"the proportion of A to B",意为"A 与 B 之比"。如: The proportion of waves escaping the system to those remaining is very small. 逸离该系统的波与留下来的波之比是很小的。❷ 注意下面例句中该词的含义: Conductors of electricity contain large proportions of free carriers. 电的导体含有大量的自由载流子。

proportionable [prəˈpɔːʃənəbl] a. 成比例的,相称的,可均衡的 ‖ **proportionably** [prəˈpɔːʃənəbli] ad.

proportional [prəˈpɔːʃnl] ❶ a. (成正)比例的,(与…)相称的,调和的(to) ❷ n. 【数】比例量〔数、项〕 ☆**be (directly) proportional to** 与…成正比; **be inversely proportional to** 与…成反比
〖用法〗注意下面例句的含义: The acceleration of a body is proportional to and in the direction of external forces acting upon it. 物体的加速度与作用在其上面的外力成正比,并且其方向与外力的方向一致。("to"与"of"共用"external forces"。)

proportionality [prəˌpɔːʃəˈnælɪti] n. 比例(性),均衡(性),相称
〖用法〗注意词汇搭配模式"the proportionality of A to B",意为"A 与 B 的比例"。如: The proportionality of output current I_C to input current I_B is a consequence of the following fact. 输出电流 I_C 与输入电流 I_B 的比例是由于下述情况引起的。

proportionally [prəˈpɔːʃnəli] ad. 按比例,相应地

proportionate ❶ [prəˈpɔːʃnɪt] a. (与…成)比例的,(与…)相称的,均衡的,适当的(to) ❷ [prəˈpɔːʃəneɪt] vt. 使相称(成比例,相当,均衡,适应)

proportionately [prəˈpɔːʃnɪtli] ad. 成比例地,相称地
〖用法〗注意下面例句中该词的含义: In this case, the current will be proportionately larger. 在这种情况下,该电流会成倍地增大。

proportioned [prəˈpɔːʃnd] a. 成比例的,相称的

proportioner [prəˈpɔːʃənə] n. 比例调节器,输送量调节装置,(定量)给料器,剂量器

proportioning [prəˈpɔːʃənɪŋ] n. 使成比例,确定(几何)尺寸,配料〔量〕

proportionment [prəˈpɔːʃənmənt] n. 比例,按比例划分,定量配制,均衡,相称,调和(to)

proposal [prəˈpəuzl] n. ①提出 ②提议 ③投标
〖用法〗说明它的表语从句或同位语从句中的谓语一般使用"(should +)动词原形"形式。

propose [prəˈpəuz] v. ①提〔建〕议,提出 ②(作出)计划,打算 ③推荐
〖用法〗❶ 它的宾语从句或主语从句中的谓语一般使用"(should +)动词原形"形式。如: Minkowski proposed that time or duration be considered as the fourth dimension supplementing the three spatial dimensions. 敏考斯基建议,应把时间或持续期看成第四维以作为对空间三维的补充。❷ 其后跟动词不定式或动名词时意为"打算"。如: We propose to provide an empirical answer to this important question. 我们打算给出这个重要问题的经验答案。

proposer [prəˈpəuzə] n. 提议者

proposition [ˌprɒpəˈzɪʃən] n. ①提议,主张 ②命题,定理 ③事情,问题
〖用法〗注意下面例句的含义: The following propositions, although incorrect (in part) in normal algebra, are correct in and basic to Boolean algebra. 下面的这些命题虽然在普通代数学中是(部分地)不正确的,但它们是基于布尔代数的基础。("in"与"to"共用了"Boolean algebra"。)

propositional [ˌprɒpəˈzɪʃənl] a. 命题的

propound [prəˈpaund] vt. 提出(问题,计划)供考虑,提议

propounder [prəˈpaundə] n. 提议者

proprietary [prəˈpraɪətəri] ❶ a. ①专利的,有专利权的,有专属权的 ②所有(人)的,业主的 ❷ n. 所有(权),所有人,业主,专卖药

proprietor [prəˈpraɪətə] n. 所有人,业主

proprietorial [prəˌpraɪəˈtɔːrɪəl] a. 所有(权)的

proprietorship [prəˈpraɪətəʃɪp] n. 所有(权)

propriety [prəˈpraɪəti] n. 适当,得体,礼貌,(pl.)礼仪〔节〕

proprioception [ˌprəuprɪəˈsepʃən] n. 本体感受

proprioceptor [prəupriə'septə] *n.* 本体感受器

proprio motu ['prəupriəu'məutu:] （拉丁语）自动,自愿

propulsion [prə'pʌlʃən] *n.* ①（向前）推动,推进（力）②推进器,动力装置

propulsive [prə'pʌlsɪv] *a.* (有推进)力的

propulsor [prə'pʌlsə] *n.* 喷气式发动机,推进器

propyl ['prəupɪl] *n.* 丙基

propylene ['prəupɪli:n] *n.* 丙烯,甲代乙撑,丙邻撑

propyne ['prəupaɪn] *n.* 丙炔

proreduplication [prəurɪdjuplɪ'keɪʃən] *n.* 前期复制（增组）

prorennin [prəu'renɪn] *n.*【化】【医】凝乳酶原

prorogation [prəurə'geɪʃən] *n.*【法】闭（休）会

prorogue [prə'rəug] *v.*【法】(使)闭（休）会,使延期

prorsad ['prɔ:sæd] *ad.*【医】向前,前向

prorsal ['prɔ:səl] *a.*【医】向前的

prosage ['prəusɪdʒ] *n.*【食】素肠

prosaic [prəu'zeɪɪk] *a.* ①平凡的,散文体的 ②如实的

prosaicism ['prəuzeɪɪsɪzm] *n.* 散文体,平凡,枯燥

proscenium [prəu'si:nɪəm] （pl. proscenia）*n.* ①舞台前部（装置）②前部,显著地位

proscribe [prəu'skraɪb] *vt.* ①不予法律保护,剥夺公权,放逐 ②排斥,禁止 ‖ **proscription** [prəu-'krɪpʃən] *n.* **proscriptive** [prəu'skrɪptɪv] *a.*

prose [prəuz] ❶ *n.* ①散文,叙述文 ②平凡,单调 ③乏味的话 ❷ *a.* (用)散文(写)的,如实的 ❸ *v.* 写散文,平铺直叙地写

prosecute ['prɒsɪkju:t] *v.* ①彻底进行,实行 ②从事,经营 ③【法】起诉,检举,依法进行 ‖ **prosecution** [prɒsɪ'kju:ʃən] *n.*

prosecutor ['prɒsɪkju:tə] *n.*【法】原告,起诉（检举）人

prosify ['prəuzɪfaɪ] *vt.* 使散文化,使平庸化

prosily ['prəuzɪlɪ] *ad.* 平铺直叙地,乏味地

prosit ['prəusɪt]（拉丁语）*int.* 祝健康!祝成功!

prosize ['prəusaɪz] *n.* 大豆蛋白松香胶料

Prosobranchia ['prɒsəbrænʧɪə] *n.* 前鳃亚纲

prosorus [prə'sɔ:rəs] *n.* 原孢子堆

prospect ❶ ['prɒspekt] *n.* ①景色,视野,境界 ②展望,预期,可能性,前景 ③勘察（探）,有希望的矿区,矿石样品（中的矿物量）④ 林荫路 ❷ [prəs'pekt] *v.* ①勘探（察）,探查,找矿（for）②（矿产量）有（开采）前途 ☆*in (within) prospect (of)* 有〔…〕希望;*open up ... prospects (for...)* (为…)开辟…的前景

prospective [prəs'pektɪv] *a.* 预期的,有望的,远景的

prospector ['prɒspektə] *n.* 勘探员,探矿者

prospectus [prəs'pektəs] *n.* ①计划（任务）书,说明（意见,发起）书 ②简介,大纲

prosper ['prɒspə] *v.* (使)繁荣,(使)成功

prosperity [prɒs'perɪtɪ] *n.* 繁荣,昌盛,成功,幸运

prosperous ['prɒspərəs] *a.* ①【经】繁荣的,成功的 ②顺利的,幸运的,良好的 ‖ **~ly** *ad.*

prosporangium ['prəuspɔ:'rændʒɪəm] *n.* 原孢子囊

prosposition [prɒspə'zɪʃən] *n.* （萘环的）平位

prostaglandin [‚prɒstə'glændɪn] *n.*【医】前列腺素

prostatitis [prɒstə'taɪtɪs] *n.*【医】前列腺炎

prosthecas [prɒs'θi:kəs] *n.* 菌柄

prosthesis ['prɒsθɪsɪs] *n.* ①修复术,修补物,假体〔肢,器官〕②取代

prosthetic [prɒs'θetɪk] *a.* ①【医】弥补性的,取代的 ②非蛋白基的

prosthetics [prɒs'θetɪks] *n.*【医】修复,假肢器官（学）

prostigmin(e) [prəu'stɪgmɪn] *n.*【医】普洛斯的明,新斯的明

prostrate ❶ ['prɒstreɪt] *a.* ①俯卧的,匍匐的 ②拜倒的,屈服的,疲惫的,沮丧的 ❷ [prɒs'treɪt] *vt.* 使俯卧,弄倒,使屈服,使衰惫 ‖ **prostration** *n.*

prostyle ['prəustaɪl] *a.;n.* 前柱(式的,式建筑)

protachysterol [prɒ'tætʃɪstərəl] *n.*【化】前速甾醇

protactinides [prəutæk'tɪnaɪdz] *n.* 镤化物

protactinium [‚prəutæk'tɪnɪəm] *n.*【化】【医】镤

protagon ['prəutəgɒn] *n.*【化】初磷脂,【医】脑组织素

protagonist [prəu'tægənɪst] *n.* ①主角,主人公 ②领导（提倡）者,积极参加者

protaminase [prə'tæmɪneɪs] *n.*【化】鱼精蛋白酶,羧肽酶,【化】精蛋白酶

protamine ['prəutəmi:n] *n.*【化】【医】鱼精蛋白

protan ['prəutən] *n.*【医】红色盲者

protandrous [prəu'tændrəs] *a.*【植】雄性〔蕊〕先熟的

protanope ['prəutənəup] *n.*【医】对红色识别力差者,红色盲者

protanopia [‚prəutə'nəupɪə] *n.*【医】第一原色盲,红色盲

protean [prəu'ti:ən] *a.* 变幻莫测的,易变的,多方面的

protease ['prəuti:eɪs] *n.*【化】【医】蛋白酶

protect [prə'tekt] *vt.* ①保护,防御 ②关税保护,准备（期票等的）支付金 ③在…上装防护装置 ☆ *protect A against B* 保护 A 以抗 B; *protect A from B* 保护 A 免于〔受〕B; *to be protected from cold (heat)* (包装箱上用语)怕冷〔热〕【用法】注意下面例句中该词的用法: Such a galvanometer should be <u>protected</u>, by a large series resistance,<u>from</u> the relatively high currents that would otherwise flow through it when in off-balance situations. 应该用一个大的串联电阻来保护这种电流计,以防止在失衡情况下流过它的电流会比

P

较大。

protectant [prə'tektənt] *n.* 防护剂

protection [prə'tekʃən] *n.* ①保护,预防 ②保护装置,防护物 ③护照,通行证 ④保护贸易制度 ☆*under the protection of* 在…的保护下,受…保护 〖用法〗❶ 注意词汇搭配模式 "protection of A from B",意为 "保护 A 免受 B"。如: Absolute protection of the system <u>from</u> malicious abuse is not possible. 绝对保护系统不受恶性滥用是不可能的。❷ "protection against..." 意为 "保护以防止…"。如: Here channel bandwidth is sacrificed for the sake of <u>protection against</u> interfering signals. 这里牺牲了信道带宽来保护免受干扰信号的干扰。

protectionism [prə'tekʃənɪzm] *n.* 保护(贸易)制

protective [prə'tektɪv] ❶ *a.* 保护(性)的,防护的,保护贸易的 ❷ *n.* 保护物(剂),油绸 ‖ **~ly** *ad.*

protector [prə'tektə] *n.* ①保护器,防护罩,护板,保护层(质) ②防腐剂 ③保险丝 ④避雷器 ⑤外胎面 ⑥保护人,防御者

proteid(e) ['prəuti:d] 【医】❶ *n.* 蛋白质 ❷ *a.* 蛋白质的

protein ['prəuti:n] *n.* 蛋白质 ‖ **~aceous** 或**~ic** 或 **~ous** *a.*

proteinase ['prəutɪneɪs] *n.* 【化】【医】蛋白酶

proteinoid [prəutɪ'ɪnɔɪd] *n.* 【化】【医】类蛋白(质)

proteinuria [prəuti:'njuərɪə] *n.* 【化】【医】蛋白尿

pro tempore [prəu'tempərɪ] (拉丁语)暂(临)时,目前,当时的

protend [prəu'tend] *v.* (使)伸出(展,延)

protensive [prəu'tensɪv] *a.* 伸长的,延长(时间)的

proteoglycan [prəutiə'glaɪkən] *n.* 【生化】(含)蛋白多糖

proteolipid [prəutiə'lɪpɪd] *n.* 【化】(含)蛋白脂质

proteolysis [prəuti'ɒlɪsɪs] *n.* 【化】蛋白质水解作用 ‖ **proteolytic** [prəutiə'lɪtɪk] *a.*

proteose ['prəutiəus] *n.* 【化】【医】 蛋白间质

proterokont [prəutə'rɒkɒnt] *n.* 原生鞭毛

Proterozoic [ˌprɒtərə'zəuɪk] *n.;a.* 原生代(的),原生代岩石(的)

protest ❶ ['prəutest] *n.* ①抗议,反对 ②(坚决)主张,声明 ③抗议书 ❷ [prə'test] *v.* ①坚决声明,坚持,断言 ②(向…提)抗议,反对 ③拒付(票据) ☆*a protest cheque* 空头支票; *make (lodge, enter) a protest against* 对…提出抗议; *under protest* 持异议地,不得已地 ‖ **~ation** *n.*

protestingly [prə'testɪŋlɪ] *ad.* 抗议地,不服地

proteus ['prəutju:s] *n.* 【医】变形杆菌属

prothallus [prə'θæləs] *n.* (*pl.* prothalli) *n.* 原叶体

prothenchyma [prəu'θeŋkɪmə] *n.* 厚壁细胞

prothrombin [prəu'θrɒmbɪn] *n.* 【化】【医】凝血素,凝血酶原,前凝血酶

prothrombinase [prəu'θrɒmbɪneɪs] *n.* 【化】凝

血酶原酶,促凝血球蛋白,凝血因子

prothromboplastin [prəuθrɒmbə'plæstɪn] *n.* 凝血酶激酶原

protide ['prəutaɪd] *n.* 【化】【医】蛋白族化合物

protist ['prəutɪst] *n.* 原生(单细胞)生物

protista [prəu'tɪstə] *n.* 【医】原生(单细胞)生物

protistology [prəutɪs'tɒlədʒɪ] *n.* 【医】原(单细胞)生物学

protium ['prəutɪəm] *n.* 【化】氕(氢的同位素)

protoactinium [prəutəu'æktɪnɪəm] *n.* 【化】镤

protoaetioporphyrin [prəutəui:tɪə'pɔ:fɪrɪn] *n.* 原本卟啉

protoanemonin [prəutəuə'nemənɪn] *n.* 【化】【医】原银莲花素,原白头翁素

protoatmosphere [prəutəu'ætməsfɪə] *n.* 原始大气(层),初始大气

protobasidium [prəutəu'bæsɪdɪəm] *n.* 原担子

protobiology [prəutəubaɪ'ɒlədʒɪ] *n.* 原生物学

protobiont [prəutəu'baɪɒnt] *n.* 原(始)生物

protobios ['prəutəubaɪəs] *n.* 【医】噬菌体(旧称)

protocerebrum [prəutəu'serɪbrəm] *n.* 原脑

protochloride [prəutəu'klɔ:raɪd] *n.* 【化】【医】低氯化物,氯化亚

protochlorophyll [prəutəu'klɔ:rəfɪl] *n.* 原叶绿素

protochlorophyllide [prəutəu'klɔ:rəfɪlaɪd] *n.* 原叶绿脂

protoclase [prəutəukleɪs] *n.* 原生解理

protoclastic [prəutəu'klæstɪk] *n.* 原生碎屑

protocol ['prəutəkɒl] ❶ *n.* ①议定书,协议,约定,会谈记录 ②礼仪,外交礼节 ❷ (protocol(l)ed; protocol(l)ing) *v.* 拟定议定书,打草稿

protocollagen [prəutə'kɒlədʒən] *n.* 【化】本胶原(蛋白)

protocrocin [prəutəu'krɒsɪn] *n.* 【化】【医】原藏花素

protoferriheme [prəutəu'ferɪhi:m] *n.* 【化】【医】高铁血红素

protogalaxy [prəutəu'gæləksɪ] *n.* 原星系

protogen ['prəutədʒən] *n.* 【化】硫辛酸

protogen(et)ic [prəutəu'dʒenɪk] *a.* 原生的,生质子的

protogenous ['prəutəudʒenəs] *a.* 原生的

protoheme ['prəutəuhi:m] *n.* 【化】【医】血红素

protohistory [prəutə'hɪstərɪ] *n.* 史前时期,原史学,史前人类 ‖ **protohistoric** [prəutə'hɪstɒrɪk] *a.*

protokaryon [prəutəu'kærɪɒn] *n.* 初核

protolignin [prəutə'lɪgnɪn] *n.* 原(本)木素

protolog ['prəutəlɒg] *n.* 原记述

protolysis [prə'tɒlɪsɪs] *n.* 【化】(叶绿素)光解反应,质子迁移

protolyte ['prəutəlaɪt] *n.* (叶绿素)光解质,【化】质子传递物

protomagmatic [prəutəumæg'mætɪk] *a.* 原始岩浆的

P

protomer ['prəʊtəʊmə] *n.* 【化】原体,膜色胞

protomitosis [prəʊtəmai'təʊsis] *n.* 原有丝分裂

protomorphic [,prəʊtəʊ'mɔ:fik] *a.* 原形态的

protomyxa ['prəʊtəʊmiksə] *n.* 黏菌虫类

proton ['prəʊtɒn] *n.* 质子,氢核

protonate ['prəʊtəneit] *vt.* 【化】加质子于

protonation [prəʊtə'neiʃ ən] *n.* 【化】质子化(作用)

protonema [prəʊtəʊ'ni:mə] *n.* (藻类)原丝体

protonic [prəʊ'tɒnik] *a.* 【医】质子的,始基的

protonize ['prəʊtənaiz] *v.* 质子化

protonogram ['prəʊtənəʊgræm] *n.* 质子衍射图

protonolysis [prəʊtə'nɒlisis] *n.* 【化】质子分解

protonsphere ['prəʊtɒnsfiə] *n.* 质子层

protopectin [prəʊtə'pektin] *n.* 【化】原果胶质

protopectinase [prəʊtə'pektineis] *n.* 【化】原果胶酶

protoperithecium [prəʊtəperi'θi:siəm] *n.* 原菌丝体,原子囊壳

protopetroleum [prəʊtəpi'trəʊliəm] *n.* 【化】原(生)石油,原油

protophage ['prəʊtəfeidʒ] *n.* 原噬菌体

protophase ['prəʊtəfeis] *n.* 前期

protophile ['prəʊtəfail] *n.* 【化】亲质子物

protophilic ['prəʊtəfilik] *a.* 亲质子的,【机】强碱的

protophyte(s) ['prəʊtəfait(s)] *n.* 【医】原生植物

protopine ['prəʊtəpain] *n.* 【化】【医】前鸦片碱

protoplanet [prəʊtə'plænit] *n.* 【天】原行星

protoplasm ['prəʊtəplæzəm] *n.* 原生〔形〕质,原浆,细胞质 ‖ **~ic** *a.*

protoplasmic [prəʊtə'plæzmik] *a.* 【医】原生质的

protoplast ['prəʊtəplæst] *n.* 【医】原物〔型〕,原人,原生质体

protoporphyrin [prəʊtə'pɔ:firin] *n.* 【化】【医】原卟啉

protoprism [prəʊtə'prizm] *n.* 原棱镜

protopyramid [prəʊtə'pirəmid] *n.* 原棱锥,初级棱锥体

protore ['prəʊtɔ:] *n.* 矿胎,胚胎矿

protosalt ['prəʊtəsɔ:lt] *n.* 【化】【医】低价金属盐

protosatellite [prəʊtə'sætəlait] *n.* 原卫星

protosoil ['prəʊtəsɔil] *n.* 原生土

protospore ['prəʊtəspɔ:] *n.* 原〔第一代,产菌丝〕孢子

protostar ['prəʊtəstɑ:] *n.* 【天】原恒星

protostellar [prəʊtə'stelə] *a.* 【天】原恒星的

protosulphide [prəʊtə'sʌlfaid] *n.* 硫化亚,低硫化物

protosun ['prəʊtə,sʌn] *n.* 原太阳

Prototheria ['prəʊtəθəriə] *n.* 单孔目

prototoxoid [prəʊtə'tɒksɔid] *n.* 【医】强亲和类毒素

prototroph ['prəʊtətrɒf] *n.* 【医】原养型,原(营)养型微生物,矿质寄生物

prototrophy ['prəʊtətrɒfi] *n.* 原营养

prototropy [prə'tɒtrəpi] *n.* 【化】【医】原(营)养型

prototype ['prəʊtətaip] ❶ *n.* ①原型,样机,足尺模型,设计原型,试制形式 ②典型,范例,模范 ❷ *a.* 实验性的 ‖ **prototypal** [,prəʊtə'tipəl] 或 **prototypic(al)** [,prəʊtə'tipik(əl)] *a.* 原型的

protovirus [prəʊtəʊ'vairəs] *n.* 原始病毒

protoxide [prəʊ'tɒksaid] *n.* 【化】【医】氧化亚物,低(价)氧化物

protozoa [prəʊtəʊ'zəʊə] *n.* 【医】原生动物(门)

protozoan [prəʊtəʊ'zəʊən] *n.* 原生动物

protozoology [prəʊtəʊzəʊ'ɒlədʒi] *n.* 【医】原生动物学

protozoon [prəʊtəʊ'zəʊɒn] *n.* 【化】【医】原生动物

protract [prə'trækt] *vt.* ①拖延 ②突出 ③(用量角器或比例尺)制图,绘平面图,绘制

protraction [prə'trækʃ ən] *n.* 延长,伸长;制图

protracted [prə'træktid] *a.* 延长的,拖延的,长时间的 ‖ **~ly** *ad.*

protractile [prə'træktail] *a.* 可伸出的,可外伸的

protractor [prə'træktə] *n.* ①量角器,分度规,角规②延长〔拖延〕者

protrude [prə'tru:d] *v.* (使)伸〔突,凸〕出(from),耸出

protrusile [prə'tru:sail] *a.* 可伸〔突〕出的

protrusion [prə'tru:ʒən] *n.* 伸〔突〕出,伸〔推〕进,突起(物,部) ‖ **protrusive** [prə'tru:siv] *a.*

protuberance [prə'tju:bərəns] *n.* ①突起,突出(部,物) ②凸度 ③瘤,节疤,疙瘩 ④【天】日珥

protuberant [prə'tju:bərənt] *a.* 隆起的,突〔凸〕出的,显著的,引人注意的

protyle ['prəʊtail] *n.* (假想的)不可分原质

proud [praʊd] *a.* ①骄傲的,妄自尊大的 ②自豪的(of) ③(有)自尊(心)的 ④辉煌的 ⑤涨水的,泛滥的 ⑥凸出于…之上的(of),凸出来的 ☆ **be proud of A** 以 A 感到自豪,以 A 为荣;凸出于 A 之上 ‖ **~ly** *ad.*
〖用法〗该词后可以跟动词不定式、of 短语或 that 从句。

proustite ['pru:stait] *n.* 硫砷银矿

provable ['pru:vəbl] *a.*【法】可证明的,可查验的 ‖ **~ness** *n.* **provably** *ad.*

prove [pru:v] (proved, proved 或 proven) *v.* ①证明,证实 ②证明是,(结果)表明是,原来是,成为(to be) ③检验,验算 ④探明(up) ⑤【数】证(明)⑥试印 ☆ **prove out** 证明是合适的; **prove up** 具备…条件,探明; **prove up to the hilt** 充分证明
〖用法〗❶ 该词可以作连系动词或半助动词,它可以采用 "prove (to be) + 形容词或名词" 或 "prove + 动词不定式" 的形式。如:This circuit proves (to be) suitable for many applications. 这个电路证明适用于许多应用。/These circuits prove to have serious limitations. 这些电路证明是有严重

缺陷的。❷ 该词可以采用"prove +宾语 + (to be +) 形容词或名词"句型或"prove that ..."及"it is proved that ..."句型。

proven ['pru:vən] *a.* 被证实的,证据确凿的 〖用法〗注意下面例句中该词的含义:The designs presented in this manual are proven with time and will get the job done. 本手册中介绍的设计方案是经过了时间考验的,它们将会使你的设计任务得以完成。

provenance ['prɒvɪnəns] *n.* 起源,出处

prover ['pru:və] *n.*【法】证人〔据〕,试验者〔物〕,校准仪

proverb ['prɒvə(:)b] ❶ *n.* ①谚语,格言 ②话〔笑〕柄 ❷ *vt.* 使成为话柄 ☆*as the proverb goes (runs, says)* 常言道,俗话说; *pass into a proverb* 成为话柄; *to a proverb* 到尽人皆知的地步

proverbial [prə'vɜ:bjəl] *a.* 众所周知的,尽人皆知的,谚语的

proverbially [prə'vɜ:bɪəlɪ] *ad.* 如谚语所说,俗话说得好,众所周知地

provide [prə'vaɪd] *v.* ①提供,供应,装备(with),维持,规定,装载 ②防备,预防,禁止(against) ③为…创造条件,为…作准备(for) ④规定(for) ☆*(be) provided for A* 为 A 而设〔提供〕; *(be) provided with A* 装〔设备,配〕有 A,具备 A; *provide for* 保证,供给,规定; *provide A for B* 为 B 提供 A; *provide A with B* 给 A 提供 B 〖用法〗❶ 表示"为 A 提供 B"绝不能写成"provide A B",也就是说它没有间接宾语加直接宾语这样的用法,一定要写成"provide A with B"或"provide B for A"。❷ 注意下面例句中该词的用法: I will always be indebted to the MIT Lincoln Laboratory for the considerable support provided me. 我总是要感谢麻省理工学院林肯实验室给我提供的巨大支持。(在"me"前有些人往往把介词"to"省去了。)/This channel bandwidth provides for the accompanying sound signal. 这个信道带宽保证了伴随的声音信号的使用。❸ "provide+a/an+动作性名词+of"等效于该动作。如: Figure 2-6 provides an illustration of (= illustrates) a simple transmission process. 图 2-6 阐述了一种简单的传输过程。

provided [prə'vaɪdɪd] **(that)** *conj.* 只要,如果,假如,倘若,以…为条件 〖用法〗❶ 注意当该词后是个完整的句子时它就是一个状语从句引导词。如: Provided the frequency is not too high, the instantaneous current has the same value at all points of the circuit. 如果频率不太高的话,瞬时电流在电路各点具有相同的数值。/Any point may be chosen as the pivot point in making the computation provided the vector sum of the forces is zero. 如果所有力的矢量和为零的话,进行计算时可以把任何一点选作为支点。❷ 它可以引出虚拟语气句: Everything on the earth would lose its weight provided there be no gravity. 如果没有地球引力,地球上的一切东西都将失重。

providence ['prɒvɪdəns] *n.* ①远见,深谋远虑,慎重,节约 ②天意

provident ['prɒvɪdənt] *a.* ①有远见的 ②节约的 ‖~ly *ad.*

providential [prɒvɪ'denʃəl] *a.* ①幸运的,凑巧的 ②天意的 ‖~ly *ad.*

provider [prə'vaɪdə] *n.* 供应者

providing [prə'vaɪdɪŋ] = provided 〖用法〗总体上来说,它比"provided"出现得少。如: The system has flat response over a relatively wide frequency range, providing the instrument is recording a small sinusoidal signal.如果该仪器记录一个小的正弦信号的话,该系统在比较广的频率范围内具有平坦的响应。/This diode is on providing that vi is less than Vim. 如果 vi 小于 Vim,则这个二极管导通。

province ['prɒvɪns] *n.* ①省,州,(pl.)地方 ②领域,部门,(活动,职权)范围 ☆*be outside (within) one's province* 在…的职权〔研究〕范围之外〔内〕 〖用法〗注意我国省名的表示法: Shaanxi Province = the Province of Shaanxi "陕西省"。

provincial [prə'vɪnʃəl] ❶ *a.* 省〔州〕的,地方(性)的,狭隘的 ❷ *n.* 地方居民,兴趣狭窄的人 ‖~ly *ad.*

provincialism [prə'vɪnʃəlɪzəm] *n.* ①地区性 ②偏狭

provirus [prə'vaɪərəs] *n.* 原病毒

provision [prə'vɪʒən] ❶ *n.* ①预〔储〕备,(预防)措施 ②供给(应) ③设备,构造 ④规定,条款,(pl.)粮食,给养 ❷ *vt.* 供应粮食〔必需品〕 ☆*make provision against* 准备,防备; *make provision for* 为…作好准备,采取措施; *with provision for* 考虑到; *with this provision* 在这种条件下 〖用法〗❶ 该词一般与动词"make"连用。如: There are several methods for making such a provision. 有好几种方法可以提供这样的安排。❷ 注意下面例句的含义: This is realized by the provision to the customer of the means to support the services.实现这一点的方法是给顾客提供支持这些服务的手段。(注意"of the means…"是修饰"the provision"的。原来该词的搭配模式是"the provision of A to B",现在由于"of A"比"to B"长,所以改成了"the provision to B of A"。)

provisional [prə'vɪʒənl] *a.* 暂定的,暂时(性)的 ‖~ly *ad.*

provisionality [prə,vɪʒə'nælɪtɪ] *n.* 临〔暂〕时性

provisionary [prə'vɪʒənərɪ] = provisional

provisionment [prə'vɪʒənmənt] *n.* 粮食供应

proviso [prə'vaɪzəu] (pl. proviso(e)s) *n.* 附文,(附带)条件,限制性条款

provisor [prə'vaɪzə] *n.* 伙食采办者

provisory [prə'vaɪzərɪ] *a.* ①有附文的,附有条件

的 ②临时的,暂时性的,除外的

provitamin [prəʊˈvaɪtəmɪn] n. 维生素原,【医】前维生素

provocation [prɒvəˈkeɪʃən] n. ①挑衅,激怒 ②令人气愤的事,挑衅行为

provocative [prəˈvɒkətɪv] ❶ a. ①挑衅的,刺激(性)的,引起…的(of) ②引起争论(兴趣)的 ❷ n. 刺激物

provoke [prəˈvəʊk] vt. ①引〔激,惹〕起,诱发 ②对…挑衅,挑拨,激怒

provoking [prəˈvəʊkɪŋ] a. 令人气愤的,气人的 ‖ **~ly** ad.

provost [ˈprɒvəst] n. ①院长,教务长 ②负责官员

prow [praʊ] n. 船头,(飞行器、防冲设施)头部突出的前端

prowess [ˈpraʊɪs] n. 杰出的才能〔技巧〕,技术,英勇

prowl [praʊl] v.;n. 徘徊,潜行,四处觅食 ☆ **on the prowl** 徘徊,潜行

proxicon [ˈprɒksɪkən] n. 近距聚焦摄像管

proximal [ˈprɒksɪməl] a. ①最接近的,(时间、空间,次序上)次一个的,近似的 ②邻近的,近侧〔端〕的,【医】近接的,邻近的 ‖ **~ly** ad.

proximate [ˈprɒksɪmɪt] a. ①最接近的,贴近〔紧〕的,近似的 ②即将到来的 ‖ **~ly** ad.

proximation [prɒksɪˈmeɪʃən] n. 迫近

proximeter [prɒkˈsɪmɪtə] n.【航】着陆高度表

proximity [prɒkˈsɪmɪtɪ] n. ①接〔贴,邻〕近 ②近似 ③近程,接近度 ☆ **by sheer proximity** 纯然由于靠近; **in close proximity to** 在极接近于…之处,非常接近于,紧靠着; **in the proximity of** 在…附近 〖用法〗表示"靠近"时其后跟介词"to"。如: This the grid is able to do primarily because of its great proximity to the cathode. 栅极之所以能够做到这一点主要是由于它靠阴极特别近。(为了强调"do"的宾语而把"this"倒装在句首了;"its"与"proximity"之间属于逻辑上的"主表关系",等效于"because it is greatly proximate to…"的含义。)

proximo [ˈprɒksɪməʊ](拉丁语) a. 下月的

proxy [ˈprɒksɪ] n. 代理(权,人),代替物,委托书 ☆ **be (stand) proxy for** 担任…的代理人,代表; **vote by proxy** 由代表投票

prozane [ˈprəʊzeɪn] n.【化】三氮烷

prozone [ˈprəʊzəʊn] n. 前带,前区,【医】前界,前区(指血清稀释度)

prozymogen [prəʊˈzaɪmədʒən] n.【医】前酶,原酶原

prude [pruːd] n. 过分拘谨的人

prudence [ˈpruːdəns] n. ①谨慎,小心,深谋远虑 ②节俭

prudent [ˈpruːdənt] a. ①谨慎的,细心的 ②精明的 ③节俭的 ‖ **~ly** ad.

prudential [pruːˈdenʃəl] ❶ a. ①谨慎的,深谋远

虑的 ②(备)咨询的 ❷ n. (pl.)应审慎考虑的事,慎重的考虑

prudery [ˈpruːdərɪ] n. 假正经

prunasin [ˈpruːnəsɪn] n. 野黑樱苷,洋李苷

prune [pruːn] ❶ v. ①切断(分路),截边,修剪 ②删除〔改〕,削去 ❷ n. ①梅脯 ②深紫红色 ③傻瓜

pruning [ˈpruːnɪŋ] n. 修剪

pruritus [prʊəˈraɪtəs] n.【医】(皮肤)瘙痒(症)

Prussia [ˈprʌʃə] n. 普鲁士

Prussian [ˈprʌʃən] a. 普鲁士(人,式)的

Prussianize [ˈprʌʃənaɪz] vt. 使独裁化,使普鲁士化,使军国主义化

prussiate [ˈprʌʃɪɪt] n.【化】【医】(亚铁,铁)氰化物,氢氰酸盐

prussic [ˈprʌsɪk] a. (从)普鲁士蓝(得来)的

pry [praɪ] ❶ v. ①窥视,盯着看,探问,追究(into) ②撬(动,起),挖,用尽方法使脱离 ❷ n. ①杠杆,撬棍,起货钩 ②杠杆作用 ③窥探 ④探究者 ☆ **pry about** 到处窥探,东张西望; **pry apart** 把 A 撬开; **pry into** 窥视,探问; **pry A loose (open,up)** 把 A 撬松〔开,起〕; **pry out** 探出

przhevalskite [peʒəˈvɑːlzkart] n. 变水磷铅铀矿

psammite [ˈsæmaɪt] n. 砂屑岩 ‖ **psammitic** [sæmɪˈtɪk] a.

psammivorous [sæˈmaɪvərəs] a. 食沙的(动物)

psammohont [ˈsæməhɒnt] n. 沙栖生物

psammon [ˈsæmɒn] n. 沙栖生物

psammophyte [ˈsæməfaɪt] n.【植】沙生植物

psammosere [ˈsæməsɪə] n. 沙生演替系列

psephite [ˈsiːfaɪt] n. 砾(质,屑)岩

psephitic [siːˈfɪtɪk] a. 砾状的

pseudo [ˈsjuːdəʊ] a. 假的,冒充的,像是而实际并非真的

pseudoacid [sjuːdəʊˈæsɪd] n.【机】假酸

pseudoadiabatic(al) [sjuːdəʊædɪəˈbætɪk(əl)] a. 伪〔假〕绝热的

pseudoallelism [sjuːdəʊˈæləlɪzm] n. 拟等位性

pseudoalum [sjuːdəʊˈæləm] n. 假矾

pseudoantagonism [sjuːdəʊænˈtægənɪzm] n. 伪对立

pseudoaquatic [sjuːdəəˈkwætɪk] a. 湿地〔假水〕生的

pseudoauxin [sjuːdəʊˈɔːksɪn] n. 假植物激素

pseudobalance [sjuːdəʊˈbæləns] n. (电桥的)伪平衡

pseudobinary [sjuːdəʊˈbaɪnərɪ] a. 伪二元的

pseudocapillitium [sjuːdəʊˈkæpɪlɪtɪəm] n. 假孢丝

pseudocarburizing [sjuːdəʊˈkɑːbjʊəraɪzɪŋ] n.【冶】假渗碳处理

pseudocatalysis [sjuːdəʊkəˈtæləsɪs] n. 伪催化

pseudocatenoid [sjuːdəʊˈkætɪnɔɪd] n. 伪悬链曲面

pseudocavitation [sjuːdəʊkævɪˈteɪʃən] n. 伪空穴

P

pseudochitin [sjuːˈdɒkɪtɪn] *n.* 假(甲)壳质

pseudocleavage [sjuːdɒkˈliːvɪdʒ] *n.* 伪劈理

pseudocolloid [sjuːdəʊˈkɒlɔɪd] *n.* 【医】假胶体

pseudocombination [sjuːdəʊkəmbɪˈneɪʃən] *n.* 虚组合,(数理统计)虚处理

pseudocolony [sjuːdəʊˈkɒlənɪ] *n.* 【动】假群体

pseudoconcave [sjuːdəʊˈkɒnkeɪv] *n.;a.* 伪凹(的)

pseudoconjugation [sjuːdəʊkɒndʒʊˈgeɪʃən] *n.* 【动】假接合

pseudocontinuum [sjuːdəʊˈkɒntɪnəm] *n.* 伪连续区

pseudoconvex [sjuːdəʊˈkɒnveks] *n.;a.* 伪凸(的)

pseudocritical [sjuːdəʊˈkrɪtɪkəl] *a.* 准临界的

pseudocrystal [sjuːdəʊˈkrɪstəl] *n.* 【化】赝晶体

pseudocrystalline [sjuːdəʊˈkrɪstəlaɪn] *a.* 赝晶的

pseudodefinition [sjuːdəʊdefɪˈnɪʃən] *n.* 伪定义

pseudodielectric [sjuːdəʊdaɪɪˈlektrɪk] ❶ *n.* 赝电介质 ❷ *a.* 假电介的

pseudodislocation [sjuːdəʊdɪsləʊˈkeɪʃən] *n.* 伪位错

pseudoelliptic [sjuːdəʊɪˈlɪptɪk] *a.* 伪〔准,似〕椭圆的

pseudoequilibrium [sjuːdəʊiːkwɪˈlɪbrɪəm] *n.* 准〔伪〕平衡

pseudoeutectic [sjuːdəʊjuːˈtektɪk] *n.;a.* 赝共晶(体)

pseudofront [sjuːdəʊˈfrʌnt] *n.* 假锋,假波前

pseudogamy [sjuːˈdɒgəmɪ] *n.* 假配合,假受精,伪偶子

pseudogel [sjuːdəʊˈdʒel] *n.* 假凝胶

pseudogley [sjuːdəʊgleɪ] *n.* 假潜育土

pseudoglobulin [sjuːdəʊˈglɒbjʊlɪn] *n.* 【生化】拟球蛋白

pseudograph [ˈsjuːdəʊgrɑːf] *n.* 【法】伪书,冒名作品

pseudohalgen [sjuːdəʊˈhældʒən] *n.* 拟卤素

pseudohalide [sjuːdəʊˈhælaɪd] *n.* 【化】拟卤化物

pseudoheart [sjuːdəʊˈhɑːt] *n.* 假心

pseudohermaphroditism [sjuːdəʊhəˈmæfrədaɪtɪzm] *n.* 【医】半阴阳,假雌雄同体现象,假两性畸形

pseudoimage [sjuːdəʊˈɪmɪdʒ] *n.* 【医】假象

pseudoinstruction [sjuːdəʊɪnsˈtrʌkʃən] *n.* 伪指令

pseudointegration [sjuːdəʊɪntɪˈgreɪʃən] *n.* 假积分法

pseudoisomerism [sjuːdəʊˈaɪsəmerɪzm] *n.* 【化】伪同质异能性

pseudokarst [sjuːdəʊˈkɑːst] *n.* 假喀斯特

pseudokeratin [sjuːdəʊˈkerətɪn] *n.* 【化】【医】拟角蛋白

pseudolanguage [sjuːdəʊˈlæŋgwɪdʒ] *n.* 伪语言

pseudomembrane [sjuːdəʊˈmembreɪn] *n.* 【医】伪膜

pseudomer [ˈsjuːdəʊmə] *n.* 【化】假〔赝〕异构体

pseudomerism [sjuːdəʊˈmerɪzm] *n.* 【化】假(同分)异构(现象)

pseudomonotropy [sjuːdəʊməˈnɒtrəpɪ] *n.* 【化】假〔伪〕单变性

pseudomorph [ˈsjuːdəmɔːf] *n.;a.* ①假象,伪形,赝形体 ②【医】假(同)晶 ‖ ~ous *a.*

pseudomorphism [sjuːdəʊˈmɔːfɪzm] *n.* 假象,假同晶(现象),赝形性

pseudomorphosis [sjuːdəʊmɔːˈfəsɪs] *n.* 假同晶

pseudomorphy [sjuːdəʊˈmɔːfɪ] *n.* 假象,假同晶

pseudomycelium [sjuːdəʊmaɪˈsiːlɪəm] *n.* 【医】假菌丝体

pseudomycete [sjuːdəʊˈmaɪsiːt] *n.* 【医】伪真菌,假霉菌

pseudonorm [ˈsjuːdəʊnɔːm] *n.* 伪模,伪范数

pseudonym [ˈsjuːdənɪm] *n.* 假〔笔〕名

pseudonymity [sjuːdəʊˈnɪmɪtɪ] *n.* 使用假名〔笔名〕,签有假名〔笔名〕

pseudonymous [sjuːˈdɒnɪməs] *a.* 匿名的;使用笔名的;使用假名的

pseudo-op(eration) [sjuːdəʊɒp(əˈreɪʃən)] *n.* 【计】伪操作,伪指令,伪运算

pseudoparaphysis [sjuːdəʊpəˈræfɪsɪs] *n.* 拟侧丝,小〔不育〕担子

pseudopearlite [sjuːdəʊˈpɜːlaɪt] *n.* 伪珠光体

pseudoperidium [sjuːdəʊpəˈriːdɪəm] *n.* (pl. ~dia) 拟包被

pseudophotoesthesia [ˈsjuːdəʊfəʊtəʊiːsˈθiːzjə] *n.* 光幻觉

pseudoplankton [sjuːdəʊˈplæŋktən] *n.* 假浮游生物

pseudoplastic [sjuːdəʊˈplæstɪk] *n.* 【化】假塑性体

pseudo-plasticity [sjuːdəʊplæsˈtɪsɪtɪ] *n.* 【化】假塑性,非宾汉塑性

pseudopodiospore [sjuːdəʊˈpɒdɪəspɔː] *n.* 【医】伪足孢子

pseudopodium [sjuːdəʊˈpəʊdɪəm] *n.* 【医】伪〔假,变形〕足

pseudopotential [sjuːdəʊpəˈtenʃəl] *n.* 伪势

pseudopsy [ˈsjuːdɒpsɪ] *n.* 光幻视〔觉〕

pseudopupil [sjuːdəʊˈpjuːpɪl] *n.* 伪瞳

pseudopurpurin [sjuːdəʊˈpɜːpjurɪn] *n.* 假红紫素

pseudoquadrupole [sjuːdəʊˈkwɒdrʌpəʊl] *n.* 伪四极

pseudoracemate [sjuːdəʊˈræsɪmeɪt] *n.* 假外消旋物

pseudorandom [sjuːdəʊˈrændəm] *n.;a.* 伪〔赝,虚拟〕随机(的),【电子】假散乱

pseudoreduction [sjuːdəʊrɪˈdʌkʃən] *n.* 假减数,【医】假减数分裂

pseudoscalar [ˈsjuːdəskeɪlə] *n.* 假〔伪,赝〕标量,

伪〔拟,准〕纯量

pseudoscience [,sju:dəu'saɪəns] *n.* 假科学 ‖
pseudoscientific [sju:dəu,saɪən'tɪfɪk] *a.*

pseudoscope ['sju:dəskəup] *n.* 幻视镜

pseudoscopic [sju:dəu'skɒpɪk] *a.* 幻视的,反视
立体的

pseudoscopy ['sju:dəuskəupɪ] *n.* 幻视术

pseudoseptate [sju:dəu'septeɪt] *a.* 伪膈膜的

pseudoseptum [sju:dəu'septəm] (pl.pseudo-
septa) *n.* 伪膈

pseudosimilar ['sju:dəu'sɪmɪlə] *a.* 假〔伪〕相似
的

pseudosolution [sju:dəusə'lu:ʃən] *n.* 【化】
【医】假〔胶体〕溶液

pseudosound ['sju:dəusaund] *n.* 假声

pseudospore ['sju:dəuspɔ:] *n.* 假孢子

pseudostationary [psju:dəu'steɪʃənərɪ] *a.* 假
稳的,准稳定的,伪定常的

pseudosymmetry [sju:dəu'sɪmɪtrɪ] *n.* 假〔赝〕
对称

pseudotemperature [sju:dəu'tempərɪtʃə] *n.*
伪温度

pseudotensor [sju:dəu'tensə] *n.* 【物】伪张量

pseudotermination [sju:dəu,tɜ:mɪ'neɪʃən] *n.*
假终止反应

pseudotime ['sju:dəutaɪm] *n.* 伪时间

pseudotopotaxis ['sju:dəutɒpə'tæksɪs] *n.* 伪
趋激性

pseudotransonic [sju:dəutræn'sɒnɪk] *a.* 假
〔伪〕跨音速的

pseudotumor ['sju:dəutju:mə] *n.*【医】假肿瘤

pseudouridine [sju:dəujuərɪdi:n] *n.*【生化】假
尿(嘧啶核)苷

pseudovacuole [sju:də'vækjuəul] *n.*【医】假空泡

pseudovector [sju:dəu'vektə] *n.* 假〔伪,赝,准〕
矢量,轴矢量

pseudovirion [sju:dəu'vaɪrɪɒn] *n.*【生】假病毒
(粒子),拟病毒子

pseudowax ['sju:dəuwæks] *n.* 假石蜡

pseudozo(a)ea [sju:dəu'zəuɪə] *n.* (虾蛄)伪蚤状
幼虫

psicofuranine [saɪkə'fjurənɪn] *n.*【化】狭霉素
C,阿洛酮糖腺苷

psilocin ['saɪləsɪn] *n.*【生化】二甲-4-羟色胺,裸头
草亭

psilocybin [saɪlə'saɪbɪn] *n.*【化】二甲-4-羟色胺磷
酸,裸头草碱

psilomelane [saɪ'lɒmɪleɪn] *n.*【化】硬锰矿

Psilophytales [saɪ'lɒfɪteɪlz] *n.* 裸蕨目

psilopside [saɪ'lɒpsaɪd] *n.* 裸蕨类植物

psittaciforme [sɪtə'saɪfɔ:m] *n.* 鹦鹉类

psittacosis [,sɪtə'kəusɪs] *n.* 鹦鹉病,鹦鹉热

Psocids ['səusɪdz] *n.*【动】啮虫

psophometer [səu'fɒmɪtə] *n.* 噪声(电压)测量仪,
杂音表,测听器 ‖ **psophometric** ['səufɒmətrɪk] *a.*

psoraline ['sɒrəli:n] *n.*【化】【医】补骨脂灵

psorosis [sɒ'rəusɪs] *n.*【植】鳞皮病

psych [saɪk] *v.* ①猜透…的动机,智胜 ②想出 ③
使作好精神准备 (oneself) ④吓坏 (out) ⑤使兴
奋 (up)

psychagogia [saɪkə'gɒdʒɪə] *n.*【医】心理教育

psychagogic [saɪkə'gɒdʒɪk] *a.*【医】心理教育的

psychagogy ['saɪkəgədʒɪ] *n.*【医】心理教育

psychedelic [,saɪkə'delɪk] *a.* 荧光的,引起幻觉的,
颜色鲜艳的

psychiatry [saɪ'kaɪətrɪ] *n.* 精神病治疗法,精神
病学

psychic(al) ['saɪkɪk(əl)] *a.* 精神的,心理的

psychics ['saɪkɪks] *n.*【医】心理学

psychoacoustics [saɪkəuə'kaustɪks] *n.*【心】
心理声学

psychoanalysis [saɪkəuə'nælɪsɪs] *n.* 心理分析

Psychoda ['saɪkəudə] *n.*【医】毛蠓属

psychoelectrical [saɪkəuɪ'lektrɪkəl] *a.* 心理
电的

psychogalvanometer [saɪkəgælvə'nɒmɪtə] *n.*
心理电流反应检测器,精神电流计

psychokinesis [,saɪkəukɪ'ni:sɪs] *n.* 精神致动,心
理发生

psycholinguistics [,saɪkəulɪŋ'gwɪstɪks] *n.* 心
理语言学

psychological [,saɪkə'lɒdʒɪkəl] *a.* 心理(上,学)
的,精神的 ‖ **~ly** *ad.*

psychologist [saɪ'kɒlədʒɪst] *n.* 心理学家

psychologize [saɪ'kɒlədʒaɪz] *v.* 用心理学(观点)
解释〔分析,研究〕

psychology [saɪ'kɒlədʒɪ] *n.* 心理学(状态)

psychometrics [,saɪkəu'metrɪks], **psychometry**
[saɪ'kɒmɪtrɪ] *n.* 心理测验(学),【医】精神测定学

psychoneurosis [,saɪkəunjuə'rəusɪs] *n.* 精神
(性)神经病

psychoneurotic [saɪkəunjuə'rɒtɪk] *a.;n.*【医】患
精神(性)神经病的(人)

psychopathic [,saɪkəu'pæθɪk] *a.;n.*【医】精神变
态的〔者〕

psychopathy [saɪ'kɒpəθɪ],**psychosis** [saɪ'kəusɪs]
n.【医】精神病,精神变态

psychophysics [,saɪkəu'fɪzɪks] *n.* 心理物理学

psychophysiological [saɪkəfɪzɪə'lɒdʒɪkəl] *a.*
精神生理的

psychophysiology ['saɪkəfɪzɪ'ɒlədʒɪ] *n.*【医】
心理生理学

psychopictorics [saɪkəupɪk'tɒrɪks] *n.* 图像心
理学

psychosine [saɪ'kəusɪn] *n.* (神经)鞘氨醇半乳
糖苷

psychosomatic ['saɪkəusəu'mætɪk] *a.* 身心的

psychosphere ['saɪkəusfɪə] *n.* 精神世界,心理
环境

psychotechnics [saɪkəu'teknɪks]=psychotech-

P

nology

psychotechnology [ˌsaɪkəʊtekˈnɒlədʒ] *n.* 心理技术学

psychotic [saɪˈkɒtɪk] *a.;n.* 精神病的(患者)

psychotrine [saɪˈkɒtrɪn] *n.* 【化】【医】吐根碱

psychotropic [ˌsaɪkəʊˈtrɒpɪk] *a.* 治疗精神病的

psychrolusia [saɪkəʊˈluːsɪə] *n.* 【医】冷水浴

psychrometer [saɪˈkrɒmɪtə] *n.* 【化】【医】(干湿球)湿度计,干湿计

psychrometric [saɪkrəˈmetrɪk] *a.* 温度计的

psychrometry [saɪˈkrɒmɪtrɪ] *n.* 【化】温度测定法,测湿学

psychrophilic [saɪkrəʊˈfɪlɪk] *a.* 喜爱寒带地方的,好寒性的,【医】嗜冷的

pswar [ˈsaɪwɔː] *n.* 心理战

pteridine [ˈterədiːn] *n.* 【生化】蝶啶

pteridophyte [ˈterɪdəʊfaɪt] *n.* 【医】蕨类植物

pterin [ˈterɪn] *n.* 【生化】蝶呤

pterobilin [terəˈbɪlɪn] *n.* 蝶蓝素

pteropsida [ˈterəpsɪdə] *n.* 真蕨型植物

pterosaur [ˈterəsɔː] *n.* 翼〔飞〕龙

Pterosaurian [terəˈsɔːrɪən] *n.;a.* 翼手龙(的)

pterostilbene [terəˈstɪlbiːn] *n.* 蝶芪,紫檀芪

Pterygota [ˈterɪɡəʊtə] *n.* 有翅亚纲

ptomain(e) [ˈtəʊmeɪn] *n.* 【化】肉毒胺,死毒〔碱〕

ptosis [ˈtəʊsɪs] *n.* 【医】下垂

ptotic [ˈtɒtɪk] *a.* 【医】下垂的

ptyalin [ˈtaɪəlɪn] *n.* 【化】【医】唾液淀粉酶

pubescent [pjuːˈbesənt] *a.* 青春期的,覆有软毛的

public [ˈpʌblɪk] ❶ *a.* ①公共(有,立)的,公开的 ②政府的,国际(上)的,普遍的 ③知名的,突出的 ④可感知的 ❷ *n.* 公众,社会,界 ☆*be in the public domain* 没有版权〔专利权〕; *give to the public* 出版,印行; *in public* 公开,当众; *make a secret public* 揭露秘密; *make A public* 公布〔发表〕A; *reduce the cost of A to the public* 把 A 的价格降低到民用的价格

publication [ˌpʌblɪˈkeɪʃən] *n.* ①发表〔布,行〕,公布 ②出版(物),刊物

publicist [ˈpʌblɪsɪst] *n.* 国际法专家,时事评论员,广告〔宣传〕员

publicity [pʌbˈlɪsɪtɪ] *n.* 公开(性),出名,(公众的)注意,宣传(材料),广告,推广 ☆*give publicity to* 宣传,公开〔布〕; *in the full blaze of publicity* 在众目睽睽之下; *in the publicity of the street* 在街道上大家都看得见的情况下

publicize [ˈpʌblɪsaɪz] *vt.* 宣扬〔传〕,公布,为…做广告

publicly [ˈpʌblɪklɪ] *ad.* ①公然,当众,公开地 ②由公众(名义),由政府

publish [ˈpʌblɪʃ] *v.* ①公〔宣,发〕布,公开,发表,宣传 ②出版

publishable [ˈpʌblɪʃəbl] *a.* 可发表的,适于出版的

publisher [ˈpʌblɪʃə] *n.* 出版者〔商,公司〕,发行人,发表者

puce [pjuːs] *n.;a.* 紫褐色(的)

puchel [ˈpjuːkɪl] *n.* 钚螯合物

puck [pʌk] *n.* (橡胶)圆盘,冰球

pucker [ˈpʌkə] ❶ *v.* 折叠,(使)起皱,(使)缩拢,皱起(up) ❷ *n.* 皱纹〔褶〕 ☆*in a pucker* 激动,慌张,烦恼

puckering [ˈpʌkərɪŋ] *n.* 皱纹〔褶〕,深压延件壁部的波形

puckle [ˈpʌkl] *n.* 一种锯齿波振荡电路

pudding [ˈpʊdɪŋ] *n.* 布丁(状的);船尾碰垫;优点 ☆*Let the proof be in the pudding.* 让实践来证明优劣; *The proof of the pudding is in the eating.* 布丁好坏,一尝便知;空谈不如实践

puddingy [ˈpʊdɪŋɪ] *a.* 像布丁的,愚笨的

puddle [ˈpʌdl] ❶ *n.* ①泥水坑,小塘 ②【冶】熔融部分,熔潭 ③胶泥〔土〕 ❷ *v.* ①搅〔搅〕拌(成泥浆,糊状) ②用胶泥填塞,涂以胶泥,捣密 ③【冶】搅炼 ④搅浑,弄脏

puddler [ˈpʌdlə] *n.* ①搅炼冶炉〔棒〕,炼铁炉 ②捣实机 ③搅拌泥浆者,搅炼者

puddling [ˈpʌdlɪŋ] *n.* ①搅〔涂〕泥浆,捣密〔实〕 ②【冶】搅炼(作用) ③洗涤黏土质矿石

puddly [ˈpʌdlɪ] *a.* (多)泥泞的,多水坑的,混浊的

pudge [pʌdʒ] *n.* 短而粗的东西

pudgy [ˈpʌdʒɪ] *a.* 短而粗的

Puerto Rican [ˈpwɜːtəʊˈriːkən] *a.;n.* 波多黎各的,波多黎各人(的)

Puerto Rico [ˈpwɜːtəʊˈriːkəʊ] *n.* 波多黎各

puff [pʌf] ❶ *n.* ①(一)喷〔吹〕,一阵,一股(气,烟),喷气声 ②吹嘘 ③隆起的小块 ④鸭绒被 ❷ *v.* ①(一阵阵地)喷〔吹〕(出),吹〔冒〕气,喷烟(away, out),从…喷出(up from, up out of) ②吹〔充〕气,(使)膨胀(out),疏松,隆起(up) ③爆开〔裂〕 ④吹捧为,为…作广告 ⑤气喘吁吁地说

puffball [ˈpʌfbɔːl] *n.* 尘〔马勃〕菌

puffer [ˈpʌfə] *n.* ①吹气〔喷烟〕的东西 ②小绞车,小型发动机 ③吹捧者

puffery [ˈpʌfərɪ] *n.* 吹捧(性广告),鼓吹

puffin [ˈpʌfɪn] *n.* 海鸭,海鹦,善知鸟

puff-puff [ˈpʌfpʌf] *n.* 喷气〔卟卟〕声

puflerite [ˈpʌfləraɪt] *n.* 钙辉沸石

pug [pʌg] ❶ *n.* ①泥料,黏土,窑泥,断层泥 ②揉捏机,拌〔捏〕土机 ③煤和黏结剂的搅拌箱 ④小火车头 ❷ (pugged;pugging) *v.* ①(制砖瓦)捣碎(黏土),拌 ②用黏土堵塞,涂〔填〕隔音土〔层〕

pugging [ˈpʌɡɪŋ] *n.* ①(制砖瓦)捣捏黏土 ②隔音层

pugh [pjuː] *int.* 呸

pugmill [ˈpʌɡmɪl] *n.* 捏〔搅〕土机,叶片式洗矿〔混料〕机

puke [pjuːk] ❶ *vi.* 呕吐 ❷ *n.* 令人作呕的东西

Pula [ˈpuːlɑː] *n.* 普拉(南斯拉夫港口)

pulcom [ˈpʌlkəm] *n.* 小型晶体管式测微指示表

pulegene [ˈpuːlɪdʒiːn] *n.* 【化】蒲勒烯

pulegol ['pʊlɪɡɒl] *n.* 【化】长叶薄荷醇

pulegone ['pʊlɪɡəʊn] *n.* 【化】【医】长叶薄荷酮

pull [pʊl] *v.;n.* ①拉,拖,牵,抽(曳,出) ②牵引,吸引,有吸引力 ③拉(牵引)力,吸引力 ④拉制(裂),扯下(开,破) ⑤把手 ⑥划(动),行驶 ⑦费力地前进 ⑧草样 ⑨(隧洞)一次爆破进尺 ⑩犯…的过错 ☆*pull about* 把…拖来拖去; *pull apart* 拉断,撕开,找出…错处; *pull at* 用力拉,吸吮; *pull away* 脱出; *pull back* 拉回,后移; *pull down* 往下拉,拉倒,压低,弄垮,摧毁,推翻,(制革)软化; *pull for* 帮助; *pull in* 拉进,进站,到岸,牵引,缩(减); *pull off* 脱(衣,帽等),扯(摘)下,拖出,努力实现,获得成功; *pull on* 穿,戴,(继续)拉; *pull out* 拔(牵,驶)出,拉长(平),使不同步; *pull out fuse* 插入式保险丝; *pull out type fracture* 剥落,破坏; *pull over* 拉倒,推翻,驾驶,套上,把…拉过来,递回; *pull round* 复原; *pull through* (使)渡过(危险,难关等),克服困难,复原; *pull together* 协力,聚拢; *pull to pieces* (胎,弹)撕成碎片,把…攻击得一钱不值; *pull up* 向上拉,拔起,拉住,停止,根绝; *pull up to (with)* 追(赶)上

puller ['pʊlə] *n.* ①拔(拉)具,拆卸器,拔桩机,拉单晶机 ②拉者,制革工人 ③吸引人之物

pulley ['pʊlɪ] **❶** *n.* ①滑轮,辘轳 ②皮带轮,滚筒 **❷** *vt.* 用滑车举起(推动),装滑车
〖用法〗注意下面例句的含义: A cord passes over a small frictionless pulley and is attached to a block. 一根细绳穿过一个小型无摩擦的滑轮,而系在一块木块上。

pulling ['pʊlɪŋ] *n.* ①拉,拔,拖 ②拉晶技术,拉力,应(张)力 ③(振荡器)频率牵引 ④(非线性扫描引起的)图像的伸长部分,影像失真 ⑤拔钉

Pullman ['pʊlmən] *n.* 普尔门式火车,卧车(客车)

pullrake ['pʊlreɪk] *n.* 指销式(牵引式)搂草机

pullshovel ['pʊlʃʌvl] *n.* 反(索,拉)铲

pullulanase ['pʊljuləneɪs] *n.* 【化】支链淀粉酶

pulmometer [pʌl'mɒmɪtə] *n.* 【医】肺(容)量计

pulmonary ['pʌlmənərɪ] *a.* 肺(状)的

pulmonic [pʌl'mɒnɪk] *a.* 【医】肺(炎)的,肺(状)的

pulmonitis [pʌlmə'naɪtɪs] *n.* 【医】肺炎

pulmotor ['pʌlməutə] *n.* 【医】人工呼吸器

pulp [pʌlp] **❶** *n.* ①纸(木,泥)浆,浆料(液),矿泥 ②果肉(浆),(牙)髓 **❷** *v.* ①制成浆 ②把…捣成浆状,使化为纸浆,除去…的果肉

pulper ['pʌlpə] *n.* 【化】搅碎(浆粕,碎浆)机

pulpify ['pʌlpɪfaɪ] *v.* 打成浆,使软烂,【医】成髓,髓化

pulpiness ['pʌlpɪnɪs] *n.* 浆状,稀烂,柔软性

pulping ['pʌlpɪŋ] *n.* ①制浆,蒸煮,【化】纸浆,【医】髓,果肉,果浆,纸浆

pulpit ['pʊlpɪt] *n.* ①控制台,操纵室 ②讲坛

pulpitry ['pʌlpɪtrɪ] *n.* 说教,讲道

pulpwood ['pʌlpwʊd] *n.* 纸浆原材

pulque ['pʊlkɪ] *n.* (墨西哥)龙舌兰酒

pulsactor [pʌl'sæktə] *n.* 饱和电感

pulsafeeder [pʌlsə'fiːdə] *n.* 脉动电源,脉动供料机

pulsar ['pʌlsɑː] *n.* 【天】脉冲星

pulsatance ['pʌlsətəns] *n.* 角频率

pulsate [pʌl'seɪt] **❶** *v.* 脉(搏,振,颤)动 **❷** *a.* 脉动(冲)的

pulsatile ['pʌlsətaɪl] **❶** *a.* 【医】搏动的,脉(搏)动的,打击的 **❷** *n.* 打击乐器

pulsating [pʌl'seɪtɪŋ] *a.;n.* ①脉动(的),脉冲的 ②一片片的

pulsation [pʌl'seɪʃən] *n.* ①脉(跳,颤)动,冲(程),(差)拍,一次的跳动 ②间断(法) ③(交流电的)角频率

pulsative ['pʌlsətɪv] *a.* 脉动的

pulsator [pʌl'seɪtə] *n.* ①蒸汽双缸泵 ②液压拉伸压缩疲劳试验机 ③无瓣空气凿岩器 ④振动筛,脉动体,断续器,簸动机,脉冲澄清池,【医】搏动式人工呼吸器

pulsatory ['pʌlsətərɪ] = pulsative

pulsatron ['pʌlsətrɒn] *n.* 双阴极充气三极(脉冲)管

pulscope ['pʌlskəup] *n.* 脉冲示波器

pulse [pʌls] **❶** *n.* ①脉冲(波) ②脉(搏),小地震波 ③冲(脉)量 ④意(倾)向,激动 ⑤豆(类,子) **❷** *vt.* ①脉动,使产生脉动,冲击,加以脉冲 ②用脉冲输送(in,out),脉冲地产生(调节) **❸** *a.* 一片片的 ☆*pulse on* 启动
〖用法〗注意下面例句中该词的用法: If Eq (6-2) is not satisfied, the laser can only operate pulsed. 如果式(6-2)不能得到满足,那么该激光器只能脉冲式地工作。

pulse-chase ['pʌlsˈtʃeɪs] *v.;n.* 脉冲追踪(术)

pulse-clock ['pʌlsˈklɒk] *n.* 【医】脉波计

pulse-column ['pʌlsˈkɒləm] *n.* 【冶】脉冲塔

pulsecutting ['pʌlskʌtɪŋ] *n.* 脉冲削减

pulsed [pʌlst] *a.* 脉冲(动)的,在脉冲工作状态中的,脉冲调制的,脉冲激发的,脉冲式的

pulse-duct ['pʌlsdʌkt] *n.* 冲压管,脉动式(空气)喷气发动机

pulsejet ['pʌlsdʒet] *n.* 脉冲式(空气)喷气发动机

pulsemodulated ['pʌlsˈmɒdjuleɪtɪd] *a.* 脉冲调制的

pulse-monitored ['pʌlsˈmɒnɪtəd] *a.* 有脉冲信号的

pulse-on ['pʌlsɒn] *n.* 启动,开启

pulser ['pʌlsə] *n.* 【计】【化】脉冲发生(送)器,脉冲源

pulse-stretching ['pʌlsˈstretʃɪŋ] *n.* 脉冲展宽

pulsewidth ['pʌlswɪdθ] *n.* 脉冲宽度,脉冲持续时间

pulsimeter [pʌl'sɪmɪtə] *n.* 【医】脉冲计,脉搏计

pulsing ['pʌlsɪŋ] *n.* ①脉冲发生(发送,调制) ②脉动

pulsion ['pʌlʃən] *n.* 推进,【医】推出,压出

pulsive ['pʌlsɪv] *a.* 推进的

pulsojet ['pʌlsədʒet] = pulsejet

P

pulsometer [pʌl'sɒmɪtə] n. ①蒸汽双缸泵〔吸水机〕 ②气压唧筒,气压抽水机 ③自动运酸机 ④【医】脉冲计

pulverable ['pʌlvərəbl] = pulverizable

pulverescent ['pʌlvəresənt] a. 粉状的

pulverise = pulverize ‖ **pulverisation** n.

pulveriser = pulverizer

pulverizable ['pʌlvəraɪzəbl] a. 可以粉化的,能研碎的

pulverization [pʌlvəraɪ'zeɪʃən] n. ①磨碎 ②雾化 ③金属喷镀 ④【医】粉碎,研磨

pulverizator ['pʌlvəraɪzeɪtə] n. 粉碎器

pulverize ['pʌlvəraɪz] v. ①磨碎,研磨 ②粉(剂)碎 ③雾化 ④疏松,松土

pulverizer ['pʌlvəraɪzə] n. ①粉磨机,磨煤机,碎土器 ②喷雾机 ③粉碎者,【化】粉碎机,喷雾器,磨煤机

pulverous ['pʌlvərəs] a. ①粉状的 ②满是粉〔灰尘〕的

pulverulence [pʌl'verʊləns] n. 粉末状态

pulverulent [pʌl'verʊlənt] a. ①碎成粉末的 ②(满是)粉〔灰尘〕的 ③脆的 ④【医】粉末的,粉样的

pulveryte ['pʌlvəraɪt] n. 细粒沉积岩

pulvimix ['pʌlvɪmɪks] n.;v. 粉碎(松土)拌和,经粉碎拌和的混合料

pulvimixer ['pʌlvɪmɪksə] n. 松土拌和机

pulvinate ['pʌlvɪneɪt] a.【医】垫〔枕〕状的

pumicate ['pjuːmɪkeɪt] ❶ n. 浮〔轻〕石 ❷ vt. 用浮石磨(光)

pumice ['pʌmɪs] ❶ n. 浮石,浮岩 ❷ vt. 用浮石磨(光),用轻石擦

pumiceous [pjuː'mɪʃəs] a. 浮石的,(像)轻石的,轻石质的

pumicite ['pʌmɪsaɪt] n. ① = pumice ②火山尘埃

pummel ['pʌml] n. 球端,圆头

pump [pʌmp] ❶ n. ①泵,抽水(气)机,打气筒 ②抽吸 ③盘〔探〕问 ❷ v. ①(用泵)抽(吸,运),操作抽机 ②(用气筒)打气 ③泵送 ④摆动,上下往复运动,急剧起伏,使(剧烈)喘息 ⑤盘问 ☆ *fetch a pump* 给泵灌水使产生吸力以开始抽水; *prime the pump* 采取措施促使…发展; *pump down* 抽气,降压; *pump into* 注入; *pump off* 抽出; *pump A onto B* 把 A 喷到 B 上;*pump out* 抽空,排出; *pump up* 泵送; *pump upon* 倾注

pumpability [pʌmpə'bɪlɪtɪ] n. ①【化】可泵性 ②泵的抽送能力,输送〔抽送〕量

pumpable ['pʌmpəbl] a. 可(用)泵(抽)的

pumpage ['pʌmpɪdʒ] n. 泵的抽送量〔工作能力〕

pumpback ['pʌmpbæk] n.【化】回抽,反流

pumpcrete ['pʌmpkriːt] n. 泵浇〔送〕混凝土

pumpdown ['pʌmpdaʊn] n. 抽气〔空〕,降压

pumper ['pʌmpə] n. ①抽水机,装有水泵的消防车 ②要用泵才能抽出油来的油井 ③有抽水现象的混凝土板 ④司泵员,抽水机工人

pumphouse ['pʌmphaʊs] n. 泵房,抽水站

pumping ['pʌmpɪŋ] n. ①抽吸,泵喷,压出,汲取,充气,泵作用 ②脉动,激励 ③【化】抽运 ④【医】抽出,压出

pumpkin ['pʌmpkɪn] n. ①南瓜 ②大亨

pun [pʌn] ❶ (punned ; punning) v. ①捣,夯 ②用夯把…打实(up) ③用双关语(说) ❷ n. 双关语

puna ['puːnɑ:] n. (西班牙语)高山病,呼吸困难

punch [pʌntʃ] ❶ n. ①打眼器,穿孔器 ②冲床 ③剪票铗,钉铳 ④(凸模)冲头,冲子,大钢针,戳子 ⑤(冲出的)孔,切口 ⑥精〔活〕力,(拳)一击 ⑦果汁混合饮料 ❷ v. ①穿孔,冲压 ②(用钉铳)打进,(用打印器)打印,(用凸模冲头)冲孔,(用票铗)剪(铁)票,(用棒)戳 ③(用拳)猛击 ☆*punch out* 穿孔输出

punch-card ['pʌntʃkɑːd] n. 穿孔卡,卡片穿孔

puncheon ['pʌntʃən] n. ①短〔架〕柱,短木料,(圆木料对剖成的)半圆木料,冲孔机,锥 ③(一面凿光的)石板,石凿 ④大桶

puncher ['pʌntʃə] n. ①穿孔机〔器〕,冲床 ②打眼者,冲压工 ③报名员,穿孔机操作员 ④【计】穿孔员 ⑤【化】穿孔机

punching ['pʌntʃɪŋ] n. ①凿孔,冲孔 ②打印 ③模压,冲锻 ④【冶】清理风口 ⑤(pl.)冲(孔)屑

puncta ['pʌŋktə] punctum 的复数

punctate(d) ['pʌŋkteɪt(ɪd)] a. 点〔细孔〕状的,有斑点的,【地质】有疹壳的 ‖ **punctation** [pʌŋ'teɪʃən] n.

punctilio [pʌŋk'tɪlɪəʊ] n. (拘泥)细节 ☆*stand upon punctilios* 过于拘泥细节

punctilious [pʌŋk'tɪlɪəs] a. 拘泥细节的,谨小慎微的 ‖ **~ly** ad.

punctual ['pʌŋktjʊəl] a. ①准时的,正点的,按期的 ②精确的 ③点状的 ④【数】点的 ‖ **~ly** ad.

punctuality [pʌŋktjʊ'ælɪtɪ] n. 准时,正点,按期

punctuate ['pʌŋktjʊeɪt] v. ①加标点(于) ②强调 ③(不时)打断(发言等)

punctuation [pʌŋktjʊ'eɪʃən] n. 标点(法),点标点

punctuative ['pʌŋktjʊətɪv] a. (作为)标点的

punctulate [pʌŋkjʊleɪt] a. 有细孔〔斑点,凹痕〕的

punctum ['pʌŋktəm] (pl. puncta) n.【医】(斑)点,尖

puncturable ['pʌŋktʃərəbl] a. 可刺穿的

puncture ['pʌŋktʃə] n.;v. ①刺破,(车胎)漏气 ②(电,绝缘)击穿 ③刺孔〔伤,漏〕,穿刺术,穿孔,小孔〔洞〕④爆破,放炮 ⑤揭穿

pundit ['pʌndɪt] n. 权威(性评论者)

punditry ['pʌndɪtrɪ] n. 学者

pungency ['pʌndʒənsɪ] n. 刺激性,辛辣,尖刻

pungenin ['pʌndʒənɪn] n. 松针苷

pungent ['pʌndʒənt] a. ①刺激(性)的,辛辣的 ②尖锐〔刻〕的 ‖ **~ly** ad.

punily ['pjuːnɪlɪ] ad. 软弱无力地,次要地 ‖ **puniness** ['pjuːnɪnəs] n.

punish ['pʌnɪʃ] v. ①(处,惩)罚 ②痛击,严厉对付 ③耗尽

punishable ['pʌnɪʃəbl] *a.* 该罚的

punishing ['pʌnɪʃɪŋ] *a.* 处〔惩〕罚的,猛烈的,使疲劳的

punishment ['pʌnɪʃmənt],**punition** [pju:'nɪʃən] *n.* (处,惩,刑)罚,痛击,损害,大负荷

punitive ['pju:nɪtɪv],**punitory** ['pju:nɪtərɪ] *a.* 给予惩罚的,惩罚(性)的,刑罚的 ‖ **~ly** *ad.*

punk [pʌŋk] ❶ *n.* 废物〔话〕,朽木 ❷ *a.* 无用的,低劣的,腐朽的

punkin ['pʌŋkɪn] = pumpkin

punner ['pʌnə] *n.* 夯(具),手夯

punning ['pʌnɪŋ] *n.* 夯实

punningly ['pʌnɪŋlɪ] *ad.* 一语双关地

punt [pʌnt] *n.* ①平底船 ②铁杆

puntee ['pʌnti:],**punty** ['pʌntɪ] *n.* (取熔融玻璃用的)铁杆

puny ['pju:nɪ] (punier, puniest) *a.* ①微弱的,软弱无力的 ②不足道的,次要的

pup [pʌp] *n.* ①低功率干扰发射机 ②标准耐火砖 ③小狗

pupa ['pju:pə] (pl.pupae 或 pupas) *n.* 蛹

pupil ['pju:pl] ①(小)学生,门生 ②瞳孔,出射孔

pupil(l)age ['pju:pɪlɪdʒ] *n.* 学生时期,幼年时代

pupil(l)ary ['pju:pɪlərɪ] *a.* ①(小)学生的 ②瞳孔的

pupillogram ['pju:pɪləgræm] *n.* 瞳孔散缩图

pupillography [pju:pɪ'lɒgrəfɪ] *n.* 瞳孔测录术

pupillomotor [pju:pɪlə'məutə] *a.*【医】瞳孔运动的

pupilometer [pju:pɪ'lɒmɪtə] *n.* 测瞳仪

pupilometry [pju:pɪ'lɒmɪtrɪ] *n.* 测瞳术

pupinize ['pju:pɪnaɪz] *v.*(线圈)加感,加负荷〔载〕 ‖ **pupinization** [,pju:pɪnɪ'zeɪʃən] *n.*

puppet ['pʌpɪt] *n.* 木偶,傀儡

puppetoon ['pʌpɪtu:n] *n.* (电影)木偶片

puppetry ['pʌpɪtrɪ] *n.* 木偶,傀儡

purblind ['pɜ:blaɪnd] ❶ *a.* 半瞎的,迟钝的,笨的 ❷ *vt.* 使成半瞎 ‖ **~ly** *ad.*

purchasable ['pɜ:tʃəsəbl] *a.* ①可买(到)的 ②可收买的

purchase ['pɜ:tʃəs] ❶ *n.* ①(购)买,购得(物) ②滑轮(组),绞盘 ③起重〔杠杆〕装置,杠杆作用,杠杆率 ④价格,收益 ⑤紧握〔缠〕,缠力 ❷ *vt.* ①购买〔置〕,采购 ②赢〔取〕得 ③吊举

purchaser ['pɜ:tʃəsə] *n.* 购买人,买方〔主〕

pure [pjuə] ❶ *a.* ①纯的,单纯的 ②无瑕的,完美的 ③全然的 ④纯理论的,抽象的 ❷ *vt.* 纯净,提纯 ❸ *ad.* 非常,彻底地 ☆ **pure and simple** 完完全全的,十足的

purebred ['pjuə,bred] ❶ *a.* 纯种的 ❷ *n.* 纯种家畜〔禽〕

purely ['pjuəlɪ] *ad.* ①纯粹地,单纯地,清洁地 ②全然地,彻底地 ③仅仅地 ☆ **purely and simply** 十分单纯地,不折不扣地

pureness ['pjuənɪs] *n.* ①纯净〔粹,洁〕 ②纯度

purfle ['pɜ:fl] *n.*;*vt.* 镶边,边缘饰,美化

purgation [pɜ:'geɪʃən] *n.* 净化,清洗,【医】催泻 ‖ **purgative** ['pɜ:gətɪv] *a.*

purge [pɜ:dʒ] *v.*;*n.* ①清〔消〕除,排空,(使)清洁,清洗 ②冲净,肃清 ③(使)净化,提纯 ④泻药

purger ['pɜ:dʒə] *n.* 净化〔清洗〕器,清洗装置

purging ['pɜ:dʒɪŋ] *n.* ①清洗〔除〕,吹洗,净化 ②换气

purification [,pjuərɪ'fɪkeɪʃən] *n.* ①净化(法,作用),纯净法,清洗 ②提纯(作用),精制 ‖ **purificatory** [pju'rɪfɪkətərɪ] *a.*

purifier ['pjuərɪfaɪə] *n.* ①清洗装置,净化器,滤清器,提纯器 ②精制者,清洁者

purify ['pjuərɪfaɪ] *vt.* ①使纯净,使清洁,净〔纯〕化 ②提纯,精制

purine ['pjuərɪn] *n.*【化】【医】嘌呤,尿(杂)环

purinethol ['pjuərɪnəθɒl] *n.*【化】巯基嘌呤

purinometer [pjuərɪ'nɒmɪtə] *n.*【医】嘌呤测定器

purity ['pjuərɪtɪ] *n.* ①纯净〔粹,正,色〕,光洁度,纯化 ②纯度,品位 ③分压和总压之比

purl [pɜ:l] *n.*;*v.* ①(使)翻倒 ②潺潺声,漩涡 ③流苏,边饰 ④用反针编织

purler ['pɜ:lə] *n.* 坠落

purlieu ['pɜ:lju:] *n.* ①森林边缘 ②(pl.)近郊,外围 ③(pl.)范围,环境 ④贫民区

purlin(e) ['pɜ:lɪn] *n.*【建】檩(条),(平行)桁条

purling ['pɜ:lɪŋ] *n.* 下洗流,清流,流灌,洒水

puromycin [pjuərəu'maɪsɪn] *n.*【化】【医】嘌呤霉素

puron ['puərən] *n.* 高纯度铁

purone ['pjuərəun] *n.* 嘌酮,四氢化尿酸

purple ['pɜ:pl] ❶ *n.*;*a.* ①紫(红)色(的),紫色染料 ②华而不实的,辞藻华丽的 ❷ *v.* 染〔变〕成紫色

purplish ['pɜ:plɪʃ],**purply** ['pɜ:plɪ] *a.* 略带紫色的

purport ['pɜ:pɔ:t] ❶ *n.* 意〔涵〕义,要旨 ❷ *vt.* ①大意是 ②表〔写〕明 ③声称,号称 ④意欲

purpose ['pɜ:pəs] ❶ *n.* ①目的,企图 ②用途,效果,作用 ③论题,行动 ❷ *v.* 企图(做),打算(做),决心要(to do, doing, that) ☆ **answer (serve) the purpose** 符合目的,管用; **answer (to) the purpose of** 符合…目的,足以代替…之用; **attain (bring about, accomplish, carry) one's purpose** 达到目的; **for (all) practical purposes** 从实用(的观点)来看; **for most purposes** 对大多数(实)用场合(言); **for purposes (the purpose) of** 为了(…起见); **for the purpose at hand** 对目前实际应用来说,目前; **on (in, of set) purpose** 故意地; **to all intents and purposes** 无论从哪一点看,实际上; **to good purpose** 有成效地; **to little (some) purpose** 有很少〔有一些〕结果〔效果,意义〕; **to no purpose** 徒然,白白地无用; **to the purpose** 得要领,中肯的,合适的; **with the purpose of** 以…为目的

P

〖用法〗❶ 表示"为了〔对于〕…目的"时,要用介词"for"(所以后跟定语从句时要用"for which"开头)。如: Under present purposes, the diodes are considered to be ideal. 就目前来说,我们把二极管看成是理想的。/The frequency used depends on the purpose for which the device is designed. 所用的频率取决于设计该设备的目的。❷ 表示"编写本书的目的"一般为"the purpose of writing this book",但"我写本书的目的"应该为"my purpose in writing this book"。

purposeful ['pɜːpəsful] a. ①有目的的〔意义〕的,蓄意的 ②果断的,有决心的 ‖ ~ly ad.

purposefulness ['pɜːpəsfulnɪs] n. 目的性

purposeless ['pɜːpəslɪs] a. 无目的的〔意义,决心〕的 ‖ ~ly ad. ~ness n.

purposely ['pɜːpəslɪ] ad. 故意

purposive ['pɜːpəsɪv] a. ①有目的(性)的,为一定目的服务的 ② 果断的,有决心的 ‖ ~ly ad. ~ness n.

purpureal [pə'pjuərɪəl] a. 红紫色的

purpurin ['pɜːpjurɪn] n.【化】【医】紫红素

purpurogallin [pɜːpjurəu'gælɪn] n.【化】【医】红棓酚

purpurogenone [pɜːpjuˈrɒdʒənəun] n. 红紫精酮

purr [pɜː] n.;v. ①(发出)低沉的震颤声 ②高兴地表示

pur sang [ˌpjuə'sɑːŋ] (法语)纯粹,不折不扣,真正

purse [pɜːs] ❶ n. 钱包,资金,款项 ❷ vt. 缩拢,起皱(up)

purser ['pɜːsə] n. ①(轮船,班机的)事务长 ②【经】会计员,出纳员,事务长

pursuable [pə'sju(ː)əbl] a. 可追赶〔踪,求〕的,可实行的

pursuance [pə'sjuːəns] n. ①实行,从事,(继续)进行 ②追赶〔踪,求〕 ☆ **in pursuance of** 按,为实行,在执行…时

pursuant [pə'sjuːənt] a.;ad. ①遵循(的),依据(的)(to) ②追赶〔踪,求〕的

pursuantly [pə'sjuːəntlɪ] ad. 从而,因此

pursue [pə'sjuː] vt. ①追赶〔踪,捕〕,跟随,追〔寻〕求 ②(继续)做,从事,进行 ③照…而行

pursuer [pə'sjuːə] n. ①追赶〔踪〕者 ②从事者,研究者

pursuit [pə'sjuːt] n. ①追赶〔踪,击〕 ②追随,寻求 ③从事,事务,研究 ④歼击机 ☆ **come in pursuit** 追踪而来; **lead pursuit** 沿追踪曲线接近; **in pursuit of** 为了求得〔追求,追击〕

pursy ['pɜːsɪ] a. 缩拢的,皱起的

purulence ['pjuərələns], **purulency** ['pjuərələnsɪ] n.【医】脓,化脓

purulent ['pjuərələnt] a. 化脓的

purvey [pɜː'veɪ] v. 承办,供应(伙食等)

purveyance [pɜː'veɪəns] n. (承办,供应)伙食,供应的食物

purveyor [pɜː'veɪə] n. 供应者,给养员

purview ['pɜːvjuː] n. ①【法】权限,范围 ②眼界 ③条款部分

pus [pʌs] n. 脓

push [puʃ] v.;n. ①推,压,戳 ②推进〔行,销〕,促进,引人注意,逼近 ③攻势(击),撞击 ④推力,努力(争取)(for) ⑤(使)伸出,增加 ⑥急迫,危机 ⑦按钮 ☆ **at a push** 不得已时,紧急时; **at a push of (a button)** 一按〔揿〕(电钮); **at one push** 一推,一口气,一下子; **be in the push** 熟悉情况; **be pushed for** 为…所迫; **bring to the push** 使陷绝境; **come to the push** 到紧急关头; **make a push (to do)** 加把劲(做); **push against** 推斥,按压; **push ahead with** 推进〔行〕; **push along (forward)** 继续进行,把…推向前; **push around** 把…推来推去,摆布,烦扰,欺侮; **push aside (away)** 推开,排除; **push down** 向下压; **push in** 推进(去),(船)向岸靠近; **push off** 离去,启程,撑开(船),推开〔倒〕使偏; **push on** 推动,推进,努力向前,继续进行(with); **push one's way** 挤出一条路,挤过去; **push out** 推,伸; **push over** 推倒; **push through** (使)穿过,〔完〕成,长出(叶子); **push A to do** 推动 A(做…); **push up** 向上推,增加; **push upwards** 将…向上推

pushable ['puʃəbl] a. 可以推的,推得动的

push-and-pull ['puʃəndpul] n. 推拉,推挽

push-button ['puʃˌbʌtən] ❶ n. 按钮 ❷ a. 按钮式的,遥控的

pushcart ['puʃkɑːt] n. 手推车

push-down ['puʃdaun] n. ①下推,推下 ②叠加,叠式〔后进先出〕存储器 ③【计】下推

pushed [puʃt] a. (黑色路面)推挤现象的

pusher ['puʃə] n. ①推进机 ②推杆,挺杆 ③推钢机,推床 ④推进式飞机,后推机车 ⑤推(动,销)者

pusher-type ['puʃətaɪp] a. 推送〔料〕式的,(强)压式的

pushfiller ['puʃfɪlə] n. 回填机,填土机

pushful ['puʃful] a. 有进取心的,有冲劲的

pushing ['puʃɪŋ] ❶ n. (材料)推挤,【机】推,推力,推动 ❷ a. 推(进)的,有进取心的

pushloading ['puʃləudɪŋ] n. 推式装载

push-off ['puʃɒf] n.推出器

push-out ['puʃaut] n.【计】【化】推〔排〕出

pushover ['puʃˌəuvə] n. ①易如反掌的事 ②弱敌 ③推出器,推杆 ④(导弹,火箭)沿弹道水平方向的位移 ⑤ = pushdown

push-piece ['puʃpiːs] n. 按销

pushpin ['puʃpɪn] n. ①高顶图画钉 ②微不足道的东西

push-pull ['puʃpul] a. 推挽〔式〕的,推拉

pushrake ['puʃreɪk] n. 推集机

push-type ['puʃtaɪp] a. 推进式的,前悬挂式的

push-up ['puʃʌp] n. ①上推 ②落砂 ③砂眼,型穴,结疤 ④【机】模面挤凹

pussy ['pusɪ] a. 脓多的

pussyfoot ['pusɪfut] vi.;n. 抱骑墙态度(的人),不

表态,观望(者)

pustule ['pʌstju:l] *n.* 小〔脓〕疱,色点

put [put] ❶ (put; putting) *v.* ①放,装,加…于 ②拨动,使靠近,投掷,发射 ③使渡(过),(使,向…)航行,匆忙离开 ④做成,处理,结束 ⑤使处于〔从事,受到〕,迫使 ⑥提出〔交,议〕,表达,翻译 ⑦记下,标明,附加 ⑧估计,评价,认为 ⑨投资,课税 ❷ *n.* ①推,掷 ②在一定期限以一定价格交售一定数量商品的选择权,卖方的选择 ❸ *a.* 固定的 ☆ *be hard put to it (to do)* 陷入困境,很难(做); *put about* (使)改变方向,(使)向后转,使为难〔烦恼〕; *put across* 横放,渡过,使…接受,欺骗,有效地表达; *put an end to* 完〔终〕结; *put apart* 拨出; *put aside* 撇开,搁置;排除;储存;备用; *put at* 把…置于〔定在〕; *put away* 储存,把…收好;拿开,送走,处理掉(П船); *put back* 把…放〔拨〕回(原处),向后移,返航,阻止,推迟; *put behind* 放在后面,拒绝考虑,忘却,延搁 *put by* 搁着,回避,忽视,放弃,储存…备用; *put down* 下,拒绝,储藏(减)(贬)低,削减,节省;制止,批评,镇压;把…归因于(to);估计(at, as);认为(as,for); *put down one's foot* 坚决反对; *put faith in* 信任; *put forth* 伸(长,拿)出;发挥;出版;起航; *put forward* 提出,建议,推荐;促进;拨快 *put in* 把…放进,插入;进港,接通,启动,提出〔交〕,实行,做,花费,度过(时间),申请(for);任命; *put into* 把…放进,放入,使进入,翻译(成) *put it on* 大为高价; *put it over* 欺骗(on);获得成功(推广); *put it to* 提出这一点请…考虑; *put off* 拿开,推诿,搪塞,拖延,设法使…等待,劝阻,阻碍(from);脱掉,放弃,用欺骗手段卖掉,动身,出航;*put on* 把…放在…上,装〔穿,载〕上;增加,把…施加于;开〔煽〕动,使运转;拨快,拉紧;显示,演〔装〕出,伪称有; *put ... on* 注意; *put out* 拿〔逐,制,役,驶〕出;熄灭,遮断(电),停止,消除,阻碍,使为难,投资;生产,发布,出版,表现,完成, *put out of account* 不考虑; *put out of action (service)* 使停止工作,损坏不能用; *put out of circuit* 使断路; *put over* 把…放在…之上,引渡,驶到对面,使转向,使(圆满地)成功〔完成〕,被接受,被理解,受欢迎); 推迟; *put right* 收拾,治好,修理,纠正; *put the other way round* 反过来说; *put through* 使…穿过(通过),贯彻,实现,使经受〔从事〕,(电话)把…接通; *put ... to do* 使…; *put to earth* 接地; *put to (good) use* (充分)利用; *put to it* 逼使,使为难; *put to rights* 整理〔顿〕; *put to sea* 开船,出海; *put together* 把…放在一起,组装,使构成整体;编看;合计;综合考虑; *put under* 使处于…之下; *put up* 树〔建,架,搭,升,举,挂〕起,建造;提供(出,高,名);进行,表现出,张贴,收拾〔藏〕,包装,把…装罐;配制;涨价;密谋; *put upon* 欺骗,使成为牺牲品; *put B up to* 告知 B,唆使 B(做),通知 B; *put up with* 容忍; *stay put* 待着不动 〖用法〗注意下面例句中该词的含义: Simply put, a computer is an electronic brain.简单地说计算机是电脑。/Here is another way of putting the matter. 下

面是解释该问题的另一种方法。

putative ['pju:tətiv] *a.* ①假定(存在)的 ②推定的,被公认的,被称为…的 ‖ **~ly** *ad.*

pute [pju:t] *a.* 单纯的 ☆ *pure (and) pute* 纯粹的,十足的,不折不扣的

putidaredoxin [putɪdæri'dɒksɪn] *n.* 假单孢氧还蛋白

putlock ['putlɒk], **putlog** ['putlɒg] *n.* 脚手架跳板横木

putrefacient [,pju:trɪ'feɪʃ ənt] = putrefactive

putrefaction [,pju:trɪ'fækʃ ən] *n.* 腐败(物,作用),腐烂〔化〕

putrefactive [,pju:trɪ'fæktɪv] *a.* (容易)腐败〔烂〕的,致腐的,【医】腐败性的,腐化的

putrefy ['pju:trɪfaɪ] *v.* (使)腐败(烂),(使)发霉,(使)化脓,(使)堕落

putresce [pju:'tres] *vi.* 开始腐败,腐坏

putrescence [pju:'tresns] *n.* 腐烂〔败,化〕(作用),正在腐烂的东西,堕落

putrescent [pju:'tresnt] *a.* 腐败的,正在腐烂的

putrescibility [pju:tresɪ'bɪlɪtɪ] *n.* 腐败性

putrescible [pju:'tresɪbl] ❶ *a.* 会〔易〕腐败的 ❷ *n.* 会腐败的东西

putrescine [pju:'tresi:n] *n.* 【化】腐胺

putrid ['pju:trɪd] *a.* ①腐烂〔败,朽〕的 ②极讨厌的,坏透的 ③堕落的

putridity [pju:'trɪdɪtɪ] *n.* 腐烂(的东西),霉,腐败(物),堕落

putter ❶ ['putə] *n.* ①置球者,提出…的人 ②运煤工,推车工 ❷ ['pʌtə] *v.* ①闲荡,偷懒 ②混(时间),浪费(away)

puttier ['pʌtɪə] *n.* 使用油灰者

putty ['pʌtɪ] ❶ *n.* ①油灰(状黏性材料),封泥 ②(玻璃、五金用)擦粉 ❷ *vt.* 用油灰填塞(up),用油灰接合,涂油〔灰〕

puttyless ['pʌtɪlɪs] *a.* 无油灰的

puy [pwi] (法语) *n.* 死火山锥

puzzle ['pʌzl] *n.;v.* ①难题,谜 ②(使)迷惑,不解,使为难,(把…)难住 ③苦思☆ *puzzle (one's way) through* 下一番苦工夫解决; *puzzle oneself (one's brains)about(over, upon, to do)* 为…而深思苦想〔大伤脑筋〕; *puzzle out* 苦思而解决; *puzzle over* 苦思

puzzledom ['pʌzldəm] *n.* 为难,困境

puzzlement ['pʌzlmənt] *n.* 迷〔困〕惑,苦思

puzzler ['pʌzlə] *n.* 难题,使人为难的人〔物〕

puzzling ['pʌzlɪŋ] *a.* 费解的,令人迷惑的,莫明其妙的,摸不透的 ‖ **~ly** *ad.*

puzzolane ['pʌzəuleɪn], **puzz(u)olana** [pʌzəu'leɪnə] *n.* 白榴火山灰

py(a)emia [paɪ'i:mɪə] *n.* 脓毒血症,脓毒症

pycnidiospore [paɪk'nɪdɪəspɔ:] *n.* 【植】器孢子体

pycnidium [pɪk'nɪdɪəm] *n.* 【医】分生孢子器

pycnium [pɪk'nɪəm] *n.* (锈菌)性孢子器

pycnogonid [pɪknə'gɒnɪd] *n.* 【动】海蜘蛛类动物

pycnometer [pɪk'nɒmɪtə] n. 【化】【医】比重瓶〔管、计〕,比色计

pycnosclerotium [pɪknəsklɪə'rəutiəm] n. 器菌核,菌核层

pygm(a)ean [pɪg'miːən] a. 微少〔薄〕的,无足轻重的

pygmaein [pɪg'miːɪn] n. 矮柑醚

pygmy ['pɪgmɪ] ❶ a. 微〔矮〕小的,小规模的,微型的,无足轻重的 ❷ n. 微不足道的东西

pygriometer [pɪgrɪ'ɒmɪtə] n. 【医】比重计

pyjama [pə'dʒɑːmə] n. (常用复数形式) 睡衣裤

pyknometer [pɪk'nɒmɪtə] = pycnometer

pyknosis [pɪk'nəusɪs] n. 【生化】(细胞)致密(变)化,固缩

pyknotic [pɪk'nɒtɪk] a. 【医】固缩的,致密的

pyller ['pɪlə] n. 塔门,标塔

pylon ['paɪlən] n. ①塔门,(机场)标塔,(高压输电线的)桥〔铁〕塔,塔架,梯形门框 ②柱台,支架,悬臂,标杆 ③定向起重机 ④(机身下的)吊架

pyocin ['paɪəsɪn] n. 绿脓杆菌素

pyocyanase [paɪəu'saɪəneɪs] n. 【化】【医】绿脓菌酶

pyocyanin(e) [paɪəu'saɪənɪn] n. 【医】绿脓(菌)素,绿脓(菌)青素

pyocyanolysin [paɪəusaɪə'nɒlɪsɪn] n. 【医】绿脓杆菌溶血素

pyocyte ['paɪəusaɪt] n. 【医】脓细胞

pyod ['paɪəd] n. 热电偶,温差电偶

pyofluorescein [paɪəufluə'resɪɪn] n. 【医】绿脓菌荧光素

pyogenesis [paɪə'dʒenəsɪs] n. 【医】化〔生〕脓

pyohemia [paɪə'hiːmɪə] n. 【医】脓毒〔血〕症

Pyongyang ['pjɒŋ'jæŋ] n. 平壤(朝鲜民主主义人民共和国首都)

pyoxanthose [paɪəu'zænθəuz] n. 【医】脓黄素

pyramid ['pɪrəmɪd] ❶ n. ①金字塔 ②棱〔角〕锥(体,状物),锥形,四面体 ③叠罗汉 ❷ v. ①(使)成角锥形 ②(为获利而)使用〔经营,连续投机〕 ③(使)节节增涨,步步升级

pyramidal [pɪ'ræmɪdl], **pyramidic(al)** [pɪ'ræmɪdɪk(ə)l] a. 金字塔(形)的,(棱,角)锥(体,形)的,尖塔(状)的

pyramine [pɪ'ræmiːn] n. 嘧胺

pyran ['paɪræn] n. 【化】【医】吡喃,氧(杂)茚

pyrandione [paɪ'rændɪəun] n. 【化】吡喃二酮

pyranoglucose [paɪrənə'gluːkəus] n. 【化】吡喃葡糖

pyranohexose [paɪrənə'heksəus] n. 【化】吡喃己糖

pyranol ['pɪrænɒl] n. 不烂油(一种代用品绝缘油)

pyranometer [paɪrə'nɒmɪtə] n. 日〔辐〕射强度计,(平面)总日射表

pyranometry [paɪrə'nɒmɪtrɪ] n. 全日射强度测量

pyranopentose [paɪrənəu'pentəus] n. 【化】吡喃戊糖

pyranose ['paɪərənəuz] n. 【生化】吡喃糖

pyranoside [pɪ'rænəsaɪd] n. 【生化】吡喃糖苷

pyranthrene [pɪ'rænθrɪːn] n. 【化】皮蒽

pyranthrone [pɪ'rænθrəun] n. 皮蒽酮(染料),阴丹士林金黄 G

pyrantimonite [pɪrən'taɪmənaɪt] n. 红锑矿

pyranylation [pɪrənaɪ'leɪʃən] n. 吡喃基化

pyrargyrite [paɪ'rɑːdʒɪraɪt] n. 【化】深红〔硫锑〕银矿

pyrasteel ['pɪrəstiːl] n. 铬镍耐蚀耐热钢

pyrazine ['pɪrəziːn] n. 【化】【医】吡嗪,对二氮杂苯

pyrazomycin [pɪrəzə'maɪsɪn] n. 吡唑霉素

pyrectic [pɪ'rektɪk] a. 【医】致〔发〕热的,热性的

pyrene ['paɪəriːn] n. 【化】芘,嵌二萘

Pyrenees [,pɪrə'niːz] n. 比利牛斯山脉

pyrenoid [paɪ'riːnɔɪd] n. 【植】淀粉核

pyrenol ['paɪrɪnɒl] n. 【化】芘醇(百里酚等的混合物)

Pyrenomycetes [paɪriːnə'maɪsiːts] n. 核菌类

pyrenyl ['paɪrɪnɪl] n. 【化】芘基

pyrethrin [paɪ'riːθrɪn] n. 【化】【医】除虫菊酯

pyrethrone ['paɪrəθrɒn] n. 【化】除虫菊酮

pyrethrum [paɪ'riːθrəm] n. 【医】除虫菊

pyretic [paɪ'retɪk] a. 【医】(引起)发烧的

pyretogenic [paɪrətə'dʒenɪk] a. 【医】热原的,致热的

pyrex ['paɪəreks] n. 硼硅酸(耐热)玻璃

pyrexia [paɪ'reksɪə] n. 【医】发热 ‖ **pyrexic** [paɪ'reksɪk] a.

pyrexial [paɪ'reksɪəl] a. 【医】发热的

pyrexin [paɪ'reksɪn] n. 致热因子

pyrgeometer [,paɪgɪ'ɒmətə] n. 地面〔大气〕辐射强度计

pyrheliometer [paɪə,hiːlɪ'ɒmɪtə] n. (直接)日射(强度)计,日温计,太阳热量计

pyrheliometry [paɪəhiːlɪ'ɒmɪtrɪ] n. 直接日射强度测量学

pyridazinone [pɪrə'dæzənəun] n. 【化】哒嗪酮

pyridazone [pɪrə'dæzəun] n. 哒酮

pyridin(e) ['pɪrɪdɪn] n. 【化】吡啶,氮苯

pyridinium [pɪrɪ'dɪnɪəm] n. 吡啶,吡啶(盐)

pyridone ['pɪrɪdəun] n. 【化】吡啶酮,羟基吡啶

pyridoxal [pɪrɪ'dɒksæl] n. 【生化】吡哆醛,维生素 B6

pyridoxamine [pɪrɪ'dɒksəmiːn] n. 【生化】吡哆胺,维生素 B6

pyridoxin(e) [pɪrɪ'dɒksɪn] n. 吡哆醇〔素〕,维生素 B6

pyridoxol [pɪrɪ'dɒksɒl] n. 【化】吡哆醇

pyridylaldehyde [pɪrɪdɪ'lældɪhaɪd] n. 吡啶甲醛

pyridylium ['pɪrɪdɪlɪəm] n. 吡啶翁,吡啶阳离子

pyriform ['pɪrɪfɔːm] a. 梨形的,梨状的,梨形的

pyrimidine [paɪ'rɪmɪdɪn] n. 【化】嘧啶,间二氮苯

pyrin ['paɪrɪn] n. 脓素

pyrite ['paɪəraɪt] n. 黄铁矿,(pl.) 硫化铁矿类

P

pyrithiamine [pɪrɪˈθaɪəmiːn] n. 【化】【医】吡啶（代噻唑）硫胺素,抗硫胺素

pyritic [paɪˈrɪtɪk],**pyritous** [ˈpaɪrɪtəs] a. 黄铁矿的

pyritohedron [pɪraɪtəˈhiːdrən] n. 【矿】五角十二面体

pyro [ˈpaɪərəʊ] = pyrogallol

pyroacid [ˈpaɪrəˈæsɪd] n. 焦(性)酸

pyrobitumen [paɪrəʊbɪˈtjuːmɪn] n. 焦(性)沥青 ‖ **pyrobituminous** [paɪrəʊbɪˈtjuːmɪnəs] a.

pyrocarbon [paɪrəʊˈkɑːbən] n. 高温炭,高温石墨

Pyrocast [ˈpaɪrəˌkɑːst] n. (派罗卡斯特)耐热铁铬合金

pyrocatechase [paɪrəʊˈkætətʃeɪs] n. 【化】邻苯二酚酶

pyrocatechol [paɪərəʊˈkætɪkɔːl] n. 【化】【医】焦儿茶酚,邻苯二酚

pyrocellulose [paɪrəʊˈseljələʊs] n. 【机】焦(高氮硝化)纤维素

pyroceram [paɪrəˈserəm] n. 【化】耐高温陶瓷黏合剂,耐热玻璃,高温陶瓷

pyrochemistry [ˌpaɪərəʊˈkemɪstrɪ] n. 【化】高温化学

pyrochlor(e) [ˈpaɪərəʊklɔː] n. 烧(焦)绿石

pyroclastic [paɪərəˈklæstɪk] n.;a. 火成碎屑物(的)

pyrocondensation [ˈpaɪərəʊkɒndenˈseɪʃən] n. 【机】热缩(作用)

pyroconductivity [ˌpaɪərəʊˌkɒndʌkˈtɪvɪtɪ] n. 【电】高温导电性,热传导性(率)

pyrodigit [paɪrəʊˈdɪdʒɪt] n. 一种数字显示温度指示器

pyrodynamics [ˌpaɪərəʊdaɪˈnæmɪks] n. 爆发动力学

pyroelectric [paɪərəʊɪˈlektrɪk] ❶ a. 热电的 ❷ n. 热电物质

pyroelectricity [ˌpaɪərəʊɪlekˈtrɪsɪtɪ] n.【化】【医】热电(学,现象)

pyroelectrics [paɪərəʊɪˈlektrɪks] n. 热电体

pyroferrite [ˌpaɪrəʊˈferaɪt] n. 热电铁氧体

pyrogallol [ˌpaɪrəˈgæləʊl] n. 【化】【医】焦棓酚,连苯三酚

pyrogen [ˈpaɪərəʊdʒən] n.【医】热原,致热质,发热物质

pyrogenetic [paɪrəʊdʒɪˈnetɪk] a. 【医】热发生的

pyrogenic [paɪrəʊˈdʒenɪk] a. ①火成的 ②焦化的 ③发热的,由热引起的,热解的

pyrogenous [paɪərəʊˈdʒenəs]a. 火成的,高热所产生的,由热引起的,致热的

pyrogram [ˈpaɪərəʊgræm] n. 裂解色谱图

pyrograph [ˈpaɪərəgrɑːf] n. 裂解色谱,热谱,烙画

pyrographite [paɪrəʊˈgræfaɪt] n. 焦(性)石墨

pyrography [paɪəˈrɒgrəfɪ] n. 裂解色谱法,热谱法,烙画(法,术),烙出的画,热解色层

pyroheliometer [paɪərəʊhiːlɪˈɒmɪtə] n. 太阳热量计

pyrohydrolysis [paɪərəʊhaɪˈdrɒlɪsɪs] n. 热(高温)水解(作用)

pyroil [ˈpɪrɔɪl] n. 一种润滑油多效能添加剂

pyroligneous [ˌpaɪərəʊˈlɪgnɪəs] a. 【医】干馏木材而得的,焦木的

pyrolite [ˈpaɪrəlaɪt] n. 玄武橄榄岩

pyrolith [ˈpaɪrəʊlɪθ] n. 火成岩

pyrology [paɪˈrɒlədʒɪ] n. 热工学

pyrolusite [paɪərəʊˈluːsaɪt] n.【化】软锰矿

pyrolyse = pyrolyze

pyrolysis [paɪˈrɒlɪsɪs] n.【化】【医】热解(作用),高温分解

pyrolytic [paɪˈrɒlɪtɪk] a. 热解的,高温分解的

pyrolyzate [paɪˈrɒləzeɪt] n.【化】热解物,干馏物

pyrolyze [ˈpaɪərəˌlaɪz] vt. 热(分)解

pyrolyzer [ˈpaɪərəʊlaɪzə] n.【化】热解器

pyromagnetic [paɪrəʊmægˈnetɪk] a. 热磁的

pyromagnetism [paɪrəʊˈmægnetɪzm] n. 热磁性,高温磁学

Pyromax [ˈpaɪrəʊmæks] n. 派罗马克斯电热丝合金

pyromellitonitrile [paɪrəʊmelɪtəʊˈnaɪtrɪl] n. 苯四甲腈

pyrometallurgical [paɪrəʊmetəˈlɜːdʒɪkəl] a. 火法冶金的

pyrometallurgy [paɪrəʊmeˈtælədʒɪ] n.【化】火法(高温)冶金(学)

pyrometamorphism [paɪrəʊmetəˈmɔːfɪzm] n. 高热(热力,高温)变质(作用),高温变相

pyrometasomatism [paɪrəʊmetəˈsɒmətɪzm] n. 热力交代作用

pyrometer [paɪəˈrɒmtə] n.【化】【医】高温计

pyrometric [paɪrəʊˈmetrɪk] a. 高温测量的,高温计的

pyrometry [paɪəˈrɒmtrɪ] a.(测)高温学(法,术),高温测定学(术,法)

Pyromic [paɪəˈrɒmɪk] n. 一种镍铬耐热合金

pyromorphite [paɪrəʊˈmɔːfaɪt] n. 磷氯铅矿,火成晶石,火成结晶

pyromorphous [paɪrəʊˈmɔːfəs] a. 火(成结)晶的

pyrone [ˈpaɪrəʊn] n.【化】【医】吡喃酮

pyroniobate [paɪrəʊˈnaɪəbeɪt] n. 焦铌酸盐

pyronone [ˈpaɪrənəʊn] n.【化】皮让酮

pyrope [ˈpaɪrəʊp] n. 镁铝榴石(红榴石)

pyrophanite [paɪəˈrɒfənaɪt] n.【化】红钛锰矿

pyrophore [ˈpaɪrəfɔː] n. (撞燃的)引火物

pyrophoric [paɪrəʊˈfɔːrɪk] a. (可)自燃的,引火的,生火花的

pyrophoricity [paɪərəʊfɔːˈrɪsɪtɪ] n. 自燃

pyrophorus [paɪəˈrɒfərəs] n. 引火物,自燃物

pyrophosphatase [paɪrəʊˈfɒsfəteɪs] n.【化】焦磷酸酶

pyrophosphate [paɪrəʊˈfɒsfeɪt] n.【化】焦磷酸盐(酯)

P

pyrophosphite [ˌpaɪrəˈfɒsfaɪt] n.【化】焦亚磷酸盐〔酯〕

pyrophosphorolysis [ˌpaɪrəfɒsfəˈrɒlɪsɪs] n.【化】焦磷酸解作用

pyrophosphorylase [ˌpaɪrəfəsˈfɒrɪleɪs] n.【化】焦磷酸化酶

pyrophyllite [ˌpaɪrəʊˈfɪlaɪt] n.【医】叶蜡石

pyropissite [ˌpaɪrəʊˈpɪsaɪt] n. 蜡煤

pyroprocessing [ˌpaɪrəʊˈprəʊsesɪŋ] n. 高温冶金处理〔加工,回收〕

pyroreaction [ˌpaɪrərɪˈækʃən] n. 高温反应

pyros [ˈpaɪrəs] n. 一种耐热镍合金

pyroscan [ˈpaɪrəskæn] n. 一种红外线探测器

pyroscope [ˈpaɪrəskəʊp] n.【医】辐射热度计,高温计

pyroshale [ˈpaɪrəʃeɪl] n. 焦页岩,可燃性油母页岩

pyrosol [ˈpaɪrərəsɒl] n.【化】高温溶胶

pyrosphere [ˈpaɪrəsfɪə] n. 火界,熔界

pyrostat [ˈpaɪrəʊstæt] n. 高温保持〔调节,恒温〕器,恒温槽〔器〕

pyrosulfate [ˌpaɪrəʊˈsʌlfeɪt] n.【化】焦硫酸盐

pyrosynthesis [ˌpaɪrəʊˈsɪnθəsɪs] n. 高温合成

pyrotechnic(al) [ˌpaɪrəʊˈteknɪk(əl)] a. 烟火制造术的,信号弹的,令人眼花缭乱的

pyrotechnics [ˌpaɪrəʊˈteknɪks] n. ①烟火(制造术,使用法),(烟火)信号弹 ②炫耀

pyrotechny [ˈpaɪrəʊtekni] n. 烟火制造术〔使用法〕,烟火的施放

Pyrotenax [ˌpaɪrəˈtenæks] n. 一种高韧性、不燃、耐高温的矿物绝缘(低压)电缆

pyrotic [paɪˈrɒtɪk] ❶ a.【医】腐蚀的,苛性的 ❷ n. 腐蚀剂

pyrotitration [ˌpaɪrəʊtaɪˈtreɪʃən] n. 热滴定(法)

pyrotoxin [ˌpaɪrəʊˈtɒksɪn] n. 热毒素(一种能使动物发热的菌毒)

pyrotron [ˈpaɪrətrɒn] n. 磁镜热核装置,高温器

pyroxene [ˈpaɪərɒksiːn] n.【矿】辉石

pyroxenite [paɪˈrɒksɪnaɪt] n. 辉岩

pyroxylin(e) [paɪˈrɒksɪlɪn] n.【化】低氮硝(化)纤维素,火棉,可溶硝棉,焦木素

pyrozolyl [ˌpaɪrəˈzɒlɪl] n. 吡唑基,邻二氮茂基

pyrradio [pɪˈreɪdɪəʊ] n. 高温射电

pyrrhite [pɪˈraɪt] n.【矿】烧绿石

pyrrholite [ˈpɪrəlaɪt] n. 钙块云母

pyrrhotine [ˈpɪrəʊtaɪn] n.【化】磁黄铁矿

pyrrhotite [ˈpɪrəʊtaɪt] n. 磁黄铁矿

pyrrole [ˈpɪrəʊl] n.【化】吡咯

pyrrolidine [pɪˈrəʊlɪdiːn] n.【化】吡咯烷,四氢化吡咯

pyrrolidone [pɪrəʊˈlɪdəʊn] n.【医】吡咯烷酮

pyrrolidyl [pɪrəʊˈlɪdɪl] n.【化】吡咯烷基,氮(杂)环戊基

pyrrones [ˈpɪrəʊnz] n.【化】吡酮类

Pyrophyta [ˈpɪrəʊfɪtə] n. 甲藻门

Pyruma [paɪˈruːmə] n. 一种耐火黏土水泥

pyruvaldehyde [ˌpaɪruːˈvældɪhaɪd] n.【化】丙酮醛

pyruvate [paɪˈruːveɪt] n.【化】丙酮酸盐〔酯〕

pyruvonitrile [paɪruːvəʊˈnaɪtrɪl] n.【化】丙酮腈

pyruvoyl [paɪˈruːvɒɪl] n.【化】丙酮酰

pythmic [ˈpɪθmɪk] a. 湖底的

pythogenesis [pɪθəˈdʒenəsɪs] n.【医】腐败〔化,生〕

pythogenic [pɪθəˈdʒenɪk] a.【医】腐化〔败〕的

python [ˈpaɪθəːn] n. 蚺蛇,无毒的大蟒

pyx [pɪks] ❶ vt. 检查硬币的重量和纯度 ❷ n. 硬币样品箱

P

Q q

qua [kweɪ] (拉丁语) *conj.* 以…资格,作为

quack [kwæk] ❶ *n.* ①庸医,骗子 ②嘈杂声 ❷ *a.* 骗子的,冒充内行的,胡吹的 ❸ *v.* ①胡吹 ②大声吵闹

quackery ['kwækərɪ] *n.* 骗子行为,骗术,自我吹嘘

quackish ['kwækɪʃ] *a.* 骗人的,胡吹的,(像)庸医的

quacksalver ['kwæksælvə] *n.* 骗子,庸医

quad [kwɒd] ❶ *n.;a.* ①方形 ②象限,扇形体,扇626 ③四倍(重)(的) ④四芯线组(电缆) ⑤嵌(铅)块 ⑥四合院 ❷ (quadded; quadding) *vt.* 用空铅填

quadded ['kwɒdɪd] *a.* 四线的

quadra ['kwɒdrə] *n.* 勒脚

quadrable ['kwɒdrəbl] *a.* 用等价平方表现的,可用有限代数项表示的,可乘的

quadraline ['kwɒdrəlaɪn] *n.* 四声道线

quadrangle ['kwɒ.dræŋgl] *n.;a.* ①四边(角)形(的),方形的 ②四合院 ③(美国)标准地形图上的一方格

quadrangular [kwɒ'dræŋgjʊlə] ❶ *a.* 四角(边)(形)的,方形的 ❷ *n.* 四棱柱 ‖ ~ly *ad.*

quadrant ['kwɒdrənt] *n.* ①【数】象限 ②四分之一圆周,四分(之一)圆,四分体 ③象限(四分)仪 ④扇形体(板,座,齿轮),鱼鳞板

quadrantal [kwɒ'dræntəl] *a.* 象限的,四分体的,扇形的,鱼鳞板的

quadraphonic [.kwɒdrə'fɒnɪk] *a.* 四声道立体声的

quadraphonics [.kwɒdrə'fɒnɪks] *n.* 四声道立体声

quadrasonics [.kwɒdrə'sɒnɪks] *n.* 四声道立体声

quadrat ['kwɒdræt] *n.*【印】填空白的嵌条,铅块,空铅

quadrate ❶ ['kwɒdrɪt] *n.;a.* ①(正,长)方形(的,物) ②平方(的),二次(的) ③方钢,方嵌体 ❷ [kwɒ'dreɪt] *v.* ①(使)适合(with, to) ②(使)成正方形,(把圆)作成等积正方形,四等份 ③平方,二次

quadratic [kwɒ'drætɪk] ❶ *a.* ①二次的,平方的,象限的 ②(正)方形的 ❷ *n.* 二次方程式,二次项,(pl.)二次方程论 ☆*a quadratic with x* x 的二次方程式

quadratrix [kwə'dreɪtrɪks] *n.* 割圆曲线

quadratron [kwə'dreɪtrɒn] *n.* 热阴极四极管

quadrature ['kwɒdrətʃə] *n.* ①【数】求面积,求积分 ②平方面积 ③90°相移 ④正交 ⑤【天】方照,(上,下)弦 ☆(*be*) *in quadrature with A* 与 A 在相位上相差 90°

quadravalence [.kwɒdrə'veɪləns], **quadravalency** [.kwɒdrə'veɪlnsɪ] *n.* 四价

quadravalent [.kwɒdrə'veɪlənt] *a.* 四价的

quadrel ['kwɒdrəl] *n.* 方块石,方砖

quadrennial [kwɒ'drenɪəl] *a.;n.* ①连续四年的(时间) ②每四年一次的(事件) ③第四周年(纪念) ‖ -ly *ad.*

quadrennium [kwɒ'drenɪəm] (pl. quadrenniums 或 quadrennia) *n.* 四年的时间

quadric ['kwɒdrɪk] *a.;n.*【数】二次的,二次曲(锥)面的

quadricapsular [.kwɒdrɪ'kæpsjʊlə] *a.* 四囊的

quadricentennial [.kwɒdrəsen'tenɪəl] *a.;n.* 第四百周年(纪念)(的)

quadriceps ['kwɒdrəseps] *n.* 四头肌

quadriceptor [.kwɒdrɪ'septə] *n.*【医】四簇介体

quadricorrelator [.kwɒdrɪ'kɒrɪ.leɪtə] *n.* 自动调(节)相(位)线路,自动正交相位控制电路

quadricovalent [.kwɒdrɪ'kɒveɪlənt] *a.*【化】四配价的

quadricycle ['kwɒdrɪsaɪkl] *n.* 特省油汽车;脚踏四轮车

quadrielectron [.kwɒdrɪɪ'lektrɒn] *n.* 四电子(组合)

quadrifid ['kwɒdrɪfɪd] *a.* 分成四部分的

quadrilateral [.kwɒdrɪ'lætərəl] *a.;n.* 四边(角)形(的,物)

quadrilinear [.kwɒdrɪ'lɪnɪə] *a.* 四线性的

quadrilingual [.kwɒdrɪ'lɪŋgwəl] *a.* 用四种语言(写成)的

quadrille [kwə'drɪl] *a.* 有正方(长)方形标记的

quadrillion [kwɒ'drɪljən] *n.* (英、德)10^{24},(美、法)10^{15}

quadrillionth [kwɒ'drɪljənθ] *n.* (英、德)10^{-24},(美、法)10^{-15}

quadrimolecular [kwɒdrɪmə'lekjʊlə] *a.* 四分子的

quadrinomial [.kwɒdrɪ'nəʊmɪəl] *a.;n.* 四项的,四项式(的)

quadripartite [.kwɒdrɪ'pɑːtaɪt] *a.* 四分的,由四部分(四方,四人)组成的,分成四部分的

quadriphase ['kwɒdrɪfeɪz] *a.* 四相

quadriplanar [kwɒdrɪ'pleɪnə] *a.* 四面的

quadriplane [kwɒdrɪpleɪn] *n.* 四翼飞机

quadriplegia [kwɒdrə'pli:dʒiə] *n.* 【医】四肢麻痹（瘫痪）

quadripolar [kwɒdrɪ'pəʊlə] *a.* 四极（端）的

quadripole [kwɒdrɪpəʊl] *n.* 四端网络,四极(子),双偶极

quadripolymer [kwɒdrɪ'pɒlɪmə] *n.*【化】四元共聚物

quadripuntal [kwɒdrɪpʌntəl] *a.* 穿四孔的;【电子】四孔

quadriquaternion [kwɒdrɪkwɒ'tɜ:nɪən] *n.* 四级四元数

quadrisyllabic [kwɒdrɪsɪ'læbɪk] *a.* 四音节(词)的

quadrisyllable [kwɒdrɪˌsɪləbl] *n.* 四音节的词

quadrivalence [ˌkwɒdrɪ'veɪləns], **quadrivalency** [ˌkwɒdrɪ'veɪlənsɪ] *n.*【化】四价

quadrivalent [ˌkwɒdrɪ'veɪlənt] *a.*【医】四价的

quadrode [kwɒdrəʊd] *n.* 四极管

quadrumvir [kwɒ'drʌmvə] *n.* 四人小组的一个成员

quadrumvirate [kwɒ'drʌmvərɪt] *n.* 四人小组

quadruped [kwɒdruped] ❶ *n.* 四足兽;(防波堤用)四对称圆锥钢筋混凝土管 ❷ *a.* 四足的 ‖ **~al** *a.*

quadruple [kwɒdrupl] ❶ *a.* ①四倍(于…)的(of, to),四重(路,工)的 ②由四部分组成的,四方的 ❷ *ad.* 四倍地 ❸ *n.* 四倍(频,器),四元组 ❹ *v.* 四倍(于),乘以四

quadrupler [kwɒdruplə] *n.*【计】四倍(频,压)器,四倍乘数,乘 4 装置

quadruplet [kwɒdruplɪt] *n.* 四件一套(的东西),四联体,四重线,四胞胎

quadruplex [kwɒdrupleks] ❶ *a.* ①四倍(重)的 ②四工的,(同一线路中)四重信号的 ❷ *n.*【计】四路多工系统,四式

quadruplicate ❶ [kwɒ'dru:plɪkɪt] *a.* ①四倍(重)的,(反复)四次的 ②一式四份的,第四(份)的 ③【数】四次方的 ❷ [kwɒ'dru:plɪkɪt] *n.* 一式四份中之一,(pl.)一式四份的文件 ❸ [kwɒ'dru:plɪkeɪt] *vt.* 合成四倍(重),放大到四倍,把…作成一式四份 ☆*in quadruplicate* 一式四份地

quadruplication [kwɒdrupli:'keɪʃən] *n.* (放大到)四倍,乘以四,一式四份

quadrupling [kwɒ'dru:plɪŋ] *n.* 四倍

quadruply [kwɒdruplɪ] *ad.* 四倍(重)地

quadrupole [kwɒdrəpəʊl] *n.;a.*【化】四极(的,于)

quaggy [kwægɪ] *a.* 沼泽地的,泥泞的

quagmire [kwægmaɪə] *n.* ①沼泽,泥沼 ②绝境,(进退不得的)困难局面

quai [kweɪ] =quay

quaint [kweɪnt] *a.* ①离奇的,古怪的 ②精湛的 ‖ **~ly** *ad.* **~ness** *n.*

quake [kweɪk] *vi.;n.* ①震(晃)动,战栗,颤抖 ②地震 ☆*quake with (for)* 因…而发抖 ‖ **quakingly** *ad.*

quaker [kweɪkə] *n.* 震动的东西

quaky [kweɪkɪ] *a.* (易)震动的,颤抖的

quale [kwɑ:lɪ] (pl. qualia) *n.* 可感受的特性

qualification [kwɒlɪfɪ'keɪʃən] *n.* ①资(powers)格,技能,熟练程度(for) ②鉴定,合格(性,证书),资格证明书,学位,执照 ③(限制)条件 ④称做 ☆*be hedged with qualifications* 受种种条件限制; *with certain qualifications* 附带某条件,有某些保留地; *without qualification* 无条件地,无限制地

qualificatory [kwɒlɪfɪkətərɪ] *a.* ①资格上的,使合格的 ②限制性的,带有条件的

qualified [kwɒlɪfaɪd] *a.* ①有资格的,(鉴定)合格的,胜任的,适合的 ②受限制的,有保留的 ☆*be qualified for (as) ...* 有…的资格; *be qualified to (do) (for doing)* 有资格(做),适于(做); *in a qualified sense* 有点,在有限的意义上

qualify [kwɒlɪfaɪ] *v.* ①使具有资格(for),证明合格 ②限制 ③减轻,渗淡 ④看做(as)
〖用法〗注意下面例句中该词的含义:In a strict sense, full amplitude modulation does not qualify as linear modulation because of the presence of the carrier wave. 从严格的意义上来说,满振幅调制并不能看做线性调制,因为存在有载波。

qualimeter [kwɒ'lɪmɪtə] *n.*【医】X 射线硬度测量仪

qualitative [kwɒlɪtətɪv] *a.* 性质上的,质量上的,品质的,定性的,合格的 ‖ **~ly** *ad.*

quality [kwɒlɪtɪ] ❶ *n.* ①性(品)质,质量,性能 ②音色(质),色调 ③纯度,精度(级) ④品位,等级,规格 ⑤优质,高级 ⑥参数(量) ⑦身份,地位 ⑧才能,本领 ⑨纯学术书报 ❷ *a.* 优质的,高级的 ☆*be superior in quality* 质量好; *have quality* 质量好; *have the defects of one's qualities* 有随着优点而来的缺点; *in various qualities* 各种品种的; *of good (poor) quality* 上(劣)等的
〖用法〗❶ 表示"提高…的质量"应该写成"improve the quality of ..."。❷ 注意下面例句中该词的含义:Very early in life, Thomas Alva Edison showed that he was full of curiosity, a quality which is so important to inventors. 托马斯·阿尔瓦·爱迪生在很小的时候就表现出充满了好奇心,这一素质对发明者来说是非常重要的。("a quality ... to inventors" 是前面句子的同位语,注意其汉译法。)

qualm [kwɔ:m] *n.* ①(一阵)晕眩 ②疑虑,恶心

qualmish [kwɔ:mɪʃ] *a.* 恶心的,于心不安的

quandary [kwɒndərɪ] *n.* ①迷惑,为难 ②困境,难题 ☆*be in a quandary (about, as to)* (对…感到)左右为难

quant [kwɒnt] *n.* (局)量子,平顶篙下端的扁平木块

quanta [kwɒntə] *n.* quantum 的复数

quantal [kwɒntəl] *a.*【物】局量子的

quantameter [kwɒn'tæmɪtə] *n.* (电离法)光量子能量测定器

quaking [kweɪkɪŋlɪ] *ad.*

quantasome ['kwɒntəsəʊm] *n.* 光能转化体,量子体

quantic ['kwɒntɪk] *n.* 齐次多项式

quantification [ˌkwɒntɪfɪ'keɪʃən] *n.*【计】【经】定量,量化

quantifier ['kwɒntɪfaɪə] *n.* 量词,计量器

quantify ['kwɒntɪfaɪ] *vt.* 用数量表示,量化

quantile ['kwɒntaɪl] *n.* 分位点(数)

quantimet ['kwɒntɪmɪt] *n.* 定量电视显微镜;【化】图像分析仪

quantise = quantize ‖ **quantisation** ['kwɒntɪseɪʃən] *n.*

quantiser = quantizer

quantitate ['kwɒntɪteɪt] *vt.* 测定(估计)…的数量,用数量表示(说明),定量 ‖ **quantitation** [kwɒntɪ'teɪʃən] *n.*

quantitative ['kwɒntɪtətɪv] *a.* (数)量的,定量的 ‖ **~ly** *ad.*

quantity ['kwɒntɪtɪ] *n.* ①(数,定)量,定额,值,参数,大小 ②(pl.)大量(批) ☆ *a negligible quantity* 无足轻重的东西; *a quantity of* 或 *quantities of* 大量; *an unknown quantity* 未知量,尚待决定(证实)的事; *in numerical quantities* 定量地(的); *in quantities of A* 以 A 个为一批; *in quantity* 或 *in (large, enormous) quantities* 大量(批)地

〖用法〗"a large(small, great, vast)quantity of" = "large(small, great, vast)quantities of",一般后接不可数名词,但有时也可跟可数名词。如:There is only <u>a small quantity of water</u> in the pond. 在该池中只有少量的水。/The computer processes <u>vast quantities of</u> data at high speed. 该计算机能够高速地处理大量的数据。

quantivalence [ˌkwɒntɪ'veɪləns], **quantivalency** [ˌkwɒntɪ'veɪlənsɪ] *n.* 化合价

quantivalent [ˌkwɒntɪ'veɪlənt] *a.*【医】多(化合)价的,化合价的

quantization [ˌkwɒntɪ'zeɪʃən] *n.* ①量化,数字化,取离散值 ②量子化(作用) ③脉冲调制,脉冲发送的选择

quantize ['kwɒntaɪz] *v.* ①【计】量化,把连续量转换为数字,取离散值 ②(使)量子化

quantizer ['kwɒntaɪzə] *n.* 数字转换器,量子化装置,脉冲调制器,量化装置

quantometer [kwɒn'tɒmɪtə] *n.* ①光量计,剂量计 ②光谱分析仪 ③冲击电流计,光电直读仪

quantorecorder [ˌkwɒntərɪ'kɔːdə] *n.* 光量计,辐射强度测量计,光子计数器

quantosome ['kwɒntəsəm] *n.* 量子换能体

quantum ['kwɒntəm] (pl. quanta) *n.* ①量子 ②(定)量,数(量) ③和,总数(计) ④时限,(分时系统用)量程 ⑤量子产量

quaquaversal [ˌkweɪkwə'vɜːsəl] *a.;n.* 穹状,由中心向四方扩散的

quarantine ['kwɒrəntiːn] *n.;vt.* ①对…进行检疫,检疫(期,处),检疫停船,防疫隔离 ②隔离 ☆ *be in*

quarantine 隔离; *be out of quarantine* 解除检疫

quark [kwɔːk] *n.*【物】夸克

quarkonics ['kwɔːkɒnɪks] *n.* 夸克学

quarrel ['kwɒrəl] ❶ (quarrel(l)ed; quarrel(l)ing) *vi.* 争论,吵架 ❷ *n.* ①争论,吵架 ②方形瓦,菱板,方头的东西(工具)

quarrelsome ['kwɒrəlsəm] *a.* 好争吵的

quarriable ['kwɒriəbl] *a.* 可以露天开采的

quarrier ['kwɒriə] *n.* 采石工(人)

quarry ['kwɒri] ❶ *n.* ①采石场,石矿 ②菱形砖(瓦,石,玻璃片) ③(知识的)源泉 ④猎物 ⑤追求的目标 ❷ *v.* ①采(石),钻掘,(露天)开采 ②发掘,极力搜索 ☆ *quarry out* 挖出

quarrying ['kwɒriɪŋ] *n.* 采石(工程)

quarryman ['kwɒrimən] *n.* 采石工(人)

quarry-pitched ['kwɒripɪtʃt] *a.* 粗琢(凿)的

quart [kwɔːt] *n.* 夸(脱)(容量单位),一夸脱的容器 ☆ *put a quart into a pint pot* 做不可能(做到)的事

quartation [kwɔː'teɪʃən] *n.* ①(硝酸)析银法 ②四分(取样)法

quarter ['kwɔːtə] ❶ *n.* ①四分之一,四开 ②(一)刻钟 ③季(度),一学期,按季度付的款项 ④方位(角),象盘(上)四个主要点中的一点 ⑤四分之一码(元,英里,路宽) ⑥方面(向),来源 ⑦地区(域),市(街)区, (pl.)住处,宿舍,营房,寓所 ⑧船(舷)后部 ⑨【天】弦 ❷ *a.* 不到一半的,极不完善的 ❸ *vt.* ①把…分为四等份,四开 ②使互相垂直 ③驻扎于 ☆ *at close quarters* 逼近; *first (last) quarter* (月的)上(下)弦; *from all quarters* 或 *from every quarter* 从四面八方; *in all quarters* 或 *in every quarter* 在到处,在各处; *in some quarters* 在某些领域(方面); *not a quarter* 远不是(像),完全不是; *not a quarter so (as) good as* 远不及

quarterage ['kwɔːtərɪdʒ] *n.* ①【经】按季收付款项,季度工资,季度税 ②供给住宿,住宿费

quarterbound ['kwɔːtəbaʊnd] *a.* (书)皮脊装饰的

quartered ['kwɔːtəd] ❶ *a.* 四开的 ❷ *n.* 四开木材

quartering ['kwɔːtərɪŋ] ❶ *n.* ①四分(法,取样法),四开,方桁 ②供给住宿 ❷ *a.* 成直角的,从船后侧向吹来的

quarterly ['kwɔːtəlɪ] ❶ *a.* (按)季度的,四分之一的 ❷ *ad.* ①一季一次,按季度地 ②四分之一 ❸ *n.* 季刊

quartermaster ['kwɔːtəˌmɑːstə] *n.* ①军需军官 ②舵手

quarterm ['kwɔːtəm] *n.* 四等份,四分之一,四分之一品脱

quarternary ['kwɔːtənərɪ] *a.* 四元的,四进制的,四级的,第几纪的

quarternate ['kwɔːtəneɪt] *a.* 四个一组的

quarterplate ['kwɔːtəpleɪt] *n.* 3.5 英寸×4.5 英寸大的照相感光片(照的照片)

Q

quarterwind ['kwɔːtəwɪnd] *n.* (从)船尾(吹来的)风

quartet(te) [kwɔːˈtet] *n.* ①四个一组,四分体,四位字节,四人小组 ②四重线,四重峰,四重奏(唱)③四核子(基)

quartic ['kwɔːtɪk] *a.;n.* 四次(的), 四次(曲)线(的),四次幂(的)

quartile ['kwɔːtaɪl] *a.;n.* ①四分点(的),四分位(数)②【天】方照(的),弦(的),两个天体直径差九十度(的)

quarto ['kwɔːtəʊ] *n.;a.* 四开(的,本)

quartz ['kwɔːts] *n.* 石英,水晶

quartzarenite ['kwɔːtsərənaɪt] *n.* 火成石英岩

quartzdiorite ['kwɔːtsdɪəraɪt] *n.* 石英闪长岩

quartziferous [kwɔːˈtsɪfərəs] *a.* 由石英形成的,含石英的,石英质的

quartzite ['kwɔːtsaɪt] *n.*【化】石英岩,硅岩

quartzose ['kwɔːtsəʊs],**quartzous** ['kwɔːtsəs] *a.* 石英质的

quartzy ['kwɔːtsɪ] *a.* 石英(质)的,水晶的

quarzal ['kwɔːzəl] *n.* 铝基轴承合金

quasar ['kweɪzɑː] *n.* 类星射电源,类星体

quash [kwɒʃ] *vt.* ①取消,废除,宣告无效 ②镇压,揭碎

quasi ['kwɔːzɪ(ː),'kweɪsaɪ] *conj.* ①即,恰如 ②似,准拟,伪,半

quasibarotropic ['kwɒzɪbæərə'trɒpɪk] *a.* 准正压的

quasicontraction ['kwɒzɪkən'trækʃən] *n.* 拟收缩

quasidielectric ['kwɒzɪdaɪə'lektrɪk] *a.* 准介电的

quasielastic ['kwɒzɪ'læstɪk] *a.* 准(似)弹性的

quasigeoid ['kwɒzɪ'dʒɪːɔɪd] *n.* 准大地水平面,似大地水准面

quasilinearization ['kwɒzɪlɪnɪəraɪ'zeɪʃən] *n.*【化】拟线性化

quasimodo [kwɒzɪ'məʊdəʊ] *n.* 小靶悬浮器

quasimolecule ['kwɒzɪ'mɒlɪkjuːl] *n.*【核】准分子

quasimomentum ['kwɒzɪməʊ'mentəm] *n.* 准动量,晶体动量

quasistationarity [kwɒzɪsteɪʃəˈnærɪtɪ] *n.* 准稳性

quasistellar [kwɒzɪ'stelə] *a.* 类星的

quasitensor [kwɒzɪ'tensə] *n.* 准张量

quasivariable [kwɒzɪ'veərɪəbl] *n.*【计】准变量

quassation [kwæ'seɪʃən] *n.*【医】压(破)碎

quassia ['kwɒʃə] *n.*【化】【医】苦木属(药),啤酒苦味剂

quaterdenary [,kwɒtə'diːnərɪ] *a.* 十四进制的

quaterfoil ['kwɒtəfɔɪl] = quatrefoil

quaterisation [,kwɒtəraɪ'zeɪʃən] *n.*【化】季铵化反应

quaternarization [kwɒtə,nərɑɪ'zeɪʃən] *n.*【化】季胺化作用

quaternary [kwə'tɜːnərɪ] *a.;n.*【计】①四(元价,成分)(的)②四个一组,第四的 ③四进(位)制(的)④连上四个碳原子的 ⑤第四纪(的),季的

quaternion [kwə'tɜːnjən] *n.* 四(个),四元数,四个一组(的东西),(pl.)四元法

quaternionic [kwɒtɜːnɪ'ɒnɪk] *a.* 四元的

quaternity [kwə'tɜːnɪtɪ] *n.* 四(个一组)

quaternization [,kwɒtɜːnaɪ'zeɪʃən] = quaternarization

quatrefoil [,kætrəfɔɪl] *n.* ①四叶饰 ②四花瓣的花朵,四叶片的叶子

quatuor ['kwɒtjuə] *n.* 四,四倍

quaver ['kweɪvə] *v.;n.* (声音)颤抖,颤声(音),八分音符 ‖ ~ing 或 ~ous 或 ~y a. ~ingly ad.

quay [kiː] *n.* 码头,停泊所,堤岸 ☆*ex quay* 码头交货

quayage ['kiːɪdʒ] *n.* 码头费(税,面积),码头的空货位;【经】码头使用费

quayside ['kiːsaɪd] *n.* 码头区,靠近码头的地方

quaywall ['kiːwɔːl] *n.* 岸墙(壁),岸壁型码头

queasy ['kwiːzɪ] *a.* ①令人眩晕(作呕)的 ②谨小慎微(的)③不稳的,动荡不定的 ‖ queasily ['kwiːzɪlɪ] ad.

Quebec [kwɪ'bek] *n.* 魁北克(加拿大港市、省名)

quebrabunda [keɪbrə'bʌndə] *n.*【医】跨立病

quebrachine ['keɪbrəkaɪn] *n.*【医】白雀碱

quebrachite ['keɪbrəkaɪt] *n.* 白雀醇

quebrachitol [keɪ'brækɪtɒl] *n.*【医】白雀醇,白坚木醇,肌醇甲醚

quebracho [keɪ'brɑːtʃəʊ] *n.* 坚木,破斧木

quebrachomine [keɪ'brɑːtʃəʊmɪn] *n.* 白雀碱

queen ['kwiːn] *n.* 女王,王后,(pl.)大石板

queer [kwɪə] ❶ *a.;ad.* ①奇怪(的),不平常的 ②可疑(的)③不舒服的,眩晕的 ④对…着了迷的(for, on, about)⑤假的,无价值的 ❷ *vt.* ①破坏,把…弄糟 ②使处于不利地位,使觉得奇怪 ‖ ~ly ad.

quell [kwel] *vt.* ①镇压 ②消除,减轻

quellung ['kwelʌŋ] *n.* 荚膜膨胀试验

quench [kwentʃ] *v.;n.* ①(使)熄灭,淬熄,熄弧,断开 ②把…淬火,使淬硬,淬冷 ③抑制,阻尼,弱化 ☆*quench from* 在…(温度)下淬火

quenchable ['kwentʃəbl] *a.* 可熄灭的,可冷却的,可抑止的

quenchant ['kwentʃənt] *n.* 淬火油

quencher ['kwentʃə] *n.* ①淬火器(具),淬火工 ②【化】淬灭器(剂),淬熄物 ③消音(阻尼)器 ④冷却池急冷器 ⑤抑制器(物)

quenchhardening ['kwentʃhɑːdnɪŋ] *n.* 淬火硬化

quenching ['kwentʃɪŋ] *n.* ①淬熄,断开 ②淬冷,浸渍,硬化 ③抑制,消稳,阻尼,弱化 ☆*apply quenching to A* 把 A 淬火

quenchless ['kwetʃlɪs] *a.*【机】难弄熄的,不可冷却的

quenchometer [kwen'tʃɒmɪtə] *n.* 冷却速度试验器

quercetagenin [kwɜːsɪ'tædʒənɪn] *n.*【医】六羟黄酮

quercetagetin [kwɜːsɪ'tædʒətɪn] *n.*【化】栎草亭

quercetin ['kwɜːsɪtɪn] *n.*【化】橡黄素,槲皮酮

quercetone ['kwɜ:sɪtəʊn] *n.* 栎酮

quercimetin ['kwɜ:sɪmetɪn] *n.* 栎素

quercitol ['kwɜ:sɪtɒl] *n.* 【化】栎醇,环己五醇

quercitrin ['kwɜ:sɪtrɪn] *n.* 【化】槲皮苷

quercitron ['kwɜ:sɪtrən] *n.* 【化】栎皮粉

quercus ['kwɜ:kəs] *n.* 【植】栎属

querist ['kwɪərɪst] *n.*【法】询(质)问者

quern ['kwɜ:n] *n.* (小型)手推磨

quernstone ['kwɜ:nstəʊn] *n.* 磨石

query ['kwɪərɪ] *n.;v.* ①询(质)问,疑问 ②对…表示怀疑,加疑问号

quest [kwest] *n.;vi.* ①探索,寻找,追求 ②调查 ☆ **in quest of A** 为(寻)求 A; **quest about** 寻找; **quest for** 探求,寻找; **quest out** 找出

question ['kwestʃən] ❶ *n.* ①问题,疑问 ②可能性,机会 ❷ *vt.* ①怀疑,讯问 ②探究 ③争论 ☆**an open question** 未解决(容许争论)的问题; **be beside (foreign to) the question** 和本题无关,离题; **be in question** 成为问题,正在讨论中; **be only a question of time** 只不过是迟早而已; **(be) open (subject) to question** 还有讨论的余地,还值得怀疑; **(be) out of question** 毫无疑问,不成问题; **(be) out of the question** 毫无可能; **be some question of** 对…有些疑问; **beg the question** 用未经证明的假定作为论据,回避讨论的实质,武断; **beyond (all) question** 的确,毫无疑问(怀疑); **call A in (into) question** 对A表示疑问(怀疑); **come into question** 变成现实问题,成(为讨论)的问题; **go into the question** 研究这个问题; **in question** 上述的(那个),所讨论的; **It cannot be questioned but (that)** 毫无疑问; **make no question of** (对…毫)不怀疑,承认; **past question** 毫无疑问,当然; **put a question to** 向…提(出)问题; **put the question** 提付表决; **questions ar (in) issue** 悬案,争执问题; **raise a question** 提出问题; **sleep on (upon, over) a question** 把问题留到第二天解决; **the point in question** 争论点; **the question resolves itself into** 问题在于,问题归结为; **there is no question ...** …是没有疑问的,…是不可能的,…是未经提出讨论的; **there is no question (but) that ...** …是没有疑问的; **to the question** 针对所讨论的题目,对题; **without question** 毫无疑问,当然 〖用法〗❶ 句型 "The question now arises ..." 意为 "现在出现了这么个问题:…" 或 "现在的问题是…"(这是属于句子成分分隔的句型)。如:The question now arises whether this series converges. 现在的问题是这个级数是否收敛。("whether" 引导的名词从句作 "question" 的同位语。)/The question now naturally arises as to how to choose the operating point. 现在很自然地出现了关于如何选择工作点的问题。("as to how ..." 是介词短语,作 "The question" 的后置定语。)❷ 注意下面例句中该词的含义:The area and height of the

rectangle are the same as the waveform in question. 这个矩形的面积和高度是与所讨论的波形相同的。/It may be questioned whether this approach is the best for the physicist. 人们可能会问,这种方法对物理学家来说是否是最佳的呢?(这里的 "question" 一词是及物动词。) ❸ 注意 "a question of +动名词复合结构" 的情况。如:Automation is not a question of machines replacing man. 自动化并不是机器代替人的问题。

questionable ['kwestʃənəbl] *a.* 可疑的,不可靠的,引起争论的 ‖ **questionably** ['kwestʃənəblɪ] *ad.*

questionary ['kwestʃənərɪ] ❶ *a.* 询(疑)问的 ❷ *n.* 征求意见表,调查表

questioner ['kwestʃənə] *n.* 询问者

questioningly ['kwestʃənɪŋlɪ] *ad.* 怀疑地,诧异地

questionless ['kwestʃənlɪs] *a.;ad.* 无疑的(地),的确

question(n)aire [kwestʃə'neə] (法语) *n.* 征求意见表,调查表

queue [kju:] ❶ (queu(e)ing) *v.* 排队(up) ❷ *n.* ①行(排)列 ②排队,长队,等候的车(人)列

quibble ['kwɪbl] *n.;v.* ①遁词,避免正面答复 ②推托,诡辩 ③吹毛求疵,找碴子 ④(用)双关语

quibbling ['kwɪblɪŋ] *a.;n.* 诡辩,吹毛求疵(的),找碴子

quibinary ['kwɪbaɪnərɪ] *n.*【计】五-二(进制)码

quick [kwɪk] ❶ *a.;ad.* ①快速的 ②敏捷的,活(跃)的 ③(支票)可兑现的 ④锐角的,尖锐的,急剧的 ❷ *n.* ①要点,本质 ②匆匆做成的事 ❸ *v.* = quicken ☆**(as) quick as thought (lightning)** 极快的,刹那间,风驰电掣般; **be quick about (at) (one's) work** (工作)迅速; **be quick in (action)** (行动)敏捷; **be quick in (on) the uptake** 理解很快; **be quick of apprehension** 理解力强; **be quick of sight** 眼快; **be quick to (do)** 于(做); **in quick succession** 紧接着; **quick hand at** …方面的快手; **to the quick** 真正,彻头彻尾,触及要害(痛处)

quickchange ['kwɪktʃeɪndʒ] *a.* (快)速变(换)的

quickcuring ['kwɪkkjʊərɪŋ] *a.* 快速硫(熟)化的

quickcutting ['kwɪkʌtɪŋ] *n.* 高速切削

quickeared ['kwɪkɪəd] *a.* 听觉灵敏的

quicken ['kwɪkən] *v.* ①加快,使变快 ②使(曲线)更弯,使(斜坡)更陡 ③刺激,使活泼,使明亮

quickening ['kwɪknɪŋ] ❶ *n.* 混汞 ❷ *a.* 加快的,(使)活跃的

quickeyed ['kwɪkaɪd] *a.* 眼睛尖的

quickfire ['kwɪkfaɪə] ❶ *a.* 速射的 ❷ *n.* 速射枪(炮)

quickfiring ['kwɪkfaɪərɪŋ] *a.* 速射的

quickfreeze ['kwɪkfri:z] ❶ (quickfroze, quickfrozen) *vt.* (使)速冻 ❷ *n.* 速冻,快冷

quickie ['kwɪkɪ] *n.;a.* ①仓促制成的(物品),劣等(影片) ②快的,简短的

quicklime ['kwɪklaɪm] *n.*【化】生石灰

Q

quicklunch ['kwɪklʌntʃ] *n.* 快餐
quickly ['kwɪklɪ] *ad.* 迅速地
quickness ['kwɪknɪs] *n.* ①迅速,敏捷 ②速度
quicksand ['kwɪksænd] *n.* 流沙(区),捉摸不定的事物,易使人上当的东西
quicksilver ['kwɪk,sɪlvə] ❶ *n.* ①汞 ②汞锡合金 ❷ *vt.* 涂水银(于) ❸ *a.* 水银似的,易变的
quicktran ['kwɪk'træn] *n.*【计】①①快速翻译语言 ②(全部大写)快速翻译程序
quickwater ['kwɪkwɔ:tə] *n.* 水流湍急的地方
quid [kwɪd] *n.* (单复数相同)一镑
quiddity ['kwɪdɪtɪ] *n.* ①本质 ②遁词,诡辩 ③怪念头 ④无关紧要的争论
quid pro quo ['kwɪdprəʊ'kwəʊ] (拉丁语) ①赔偿,补偿(交换)物,报酬 ②报复 ③张冠李戴
quiesce [kwaɪ'es] *vi.* 静(止),寂静
quiescence [kwaɪ'esns],**quiescency** [kwaɪ'esnsɪ] *n.* 静止状态,沉寂,静止期
quiescent [kwaɪ'esnt] *a.* 静的,沉寂(默)的 ‖ ~ly *ad.*
quiet ['kwaɪət] ❶ *a.* ①寂(安,镇)静的,静止的,无扰动的,磁静的 ②轻声的 ③内心的,秘密的 ④(颜色)素的 ⑤非正式的 ❷ *n.* 寂(安,镇)静 ❸ *ad.* 平静地 ❹ *v.* (使)安静,(使)变稳定,(使)镇定 ☆ ***at quiet*** 平静地; ***in quiet*** 安静地; ***in the quiet of night*** 夜深人静时; ***keep... quiet*** 对…保持秘密,使…保持安静; ***on the quiet*** 秘密地,偷偷地; ***quiet down*** 稳定(平静)下来 = quiet
quieten ['kwaɪətən] *n.*
quieter ['kwaɪətə] *n.* 内燃机的消音装置
quietly ['kwaɪətlɪ] *ad.* 静静地
quietness ['kwaɪətnɪs] *n.* 平静,寂静,安定
quietude ['kwaɪətju:d] *n.* 寂(平)静,沉着
quietus [kwaɪ'i:təs] *n.* ①静止状态 ②(债务)偿清,解除 ③平息,死
quill [kwɪl] *n.* ①主(钻,线,空心)轴,衬套 ②滚针 ③导火线 ④羽毛管 ❷ *vt.* 卷在线轴上,刺穿
quilt [kwɪlt] ❶ *n.* (一床)被子 ❷ *vt.* ①缝被子,绗缝 ②用垫料填塞
quin [kwɪn] =quintuplet
quinacrine ['kwɪnəkri:n] *n.*【医】阿的平
quinaform ['kwɪnəfɔ:m] *n.*【化】加喃仿
quinaphthol ['kwɪnəfθɒl] *n.*【化】奎萘酚
quinary ['kwaɪnərɪ] *a.;n.* ①五(个,元,倍)的,第五位的 ②【计】五进制的 ③五个一套(的)
quinaseptol ['kwɪnəseptɒl] *n.*【医】奎石醇
quinazoline [kwɪ'næzəli:n] *n.*【化】喹唑啉
quincentenary [kwɪnsen'ti:nərɪ] *n.;a.* 第五百周年(的)
quincuncial [kwɪn'kʌnʃəl],**quincunxial** [kwɪn-'kʌnksɪəl] *a.* 五点形的,梅花式的 ‖ ~ly *ad.*
quincunx ['kwɪnkʌŋks] *n.* 五点形,梅花形
quindenary ['kwɪndənərɪ] *a.* 十五进制的
quinhydrone [kwɪn'haɪdrəʊn] *n.*【化】(醌)氢醌,对苯醌对二酚

quinic ['kwɪnɪk] *a.* 奎宁的
quinide ['kwɪnaɪd] *n.*【化】奎尼内酯
quinine [kwɪ'ni:n] *n.* 奎宁,金鸡纳碱(霜)
quininize ['kwɪnɪnaɪz] *vt.*【医】奎宁化
quinizarin [kwɪ'nɪzərɪn] *n.*【化】二羟基-蒽醌
quinoid ['kwɪnɔɪd] *n.*【化】【医】醌型
quinoline ['kwɪnəlɪn] *n.*【化】喹啉
quinolinol ['kwɪnəlɪnəl] *n.* 喹啉醇 C_9H_7NO
quinolizine [kwɪ'nɒlɪzi:n] *n.*【化】喹嗪
quinondiimine [kwɪ'nɒndɪɪmi:n] *n.* 醌二亚胺
quinone [kwɪ'nəʊn] *n.*【化】(苯)醌
quinonization [kwɪnənʊnɪ'zeɪʃən] *n.* 醌化作用
quinoticine [kwɪ'nɒtɪsɪn] *n.* 奎诺剔素
quinotidine [kwɪ'nɒtɪdɪn] *n.* 奎诺剔定
quinotine ['kwɪnətɪn] *n.* 奎诺亭
quinovose ['kwɪnəvəʊs] *n.*【化】异鼠李糖,6脱氧葡糖,鸡岩糖
quinoxyl [kwɪ'nɒksɪl] *n.*【医】奎诺昔尔
quinpropyline [kwɪn'prɒpɪlɪn] *n.* 奎丙灵
quinquagenary [,kwɪŋ'kwədʒɪ:nərɪ] *a.;n.* 五十周年纪念的,五十岁的(人)
quinquangular [kwɪŋ'kwæŋgjʊlə] *a.* 五角(形)的,五边形的
quinquenniad [kwɪŋ'kwenɪæd] = quinquennium
quinquennial [kwɪŋ'kwenɪəl] *a.;n.* 持续五年的(事),每五年一次的(事) ‖ ~ly *ad.*
quinquennium [kwɪŋ'kwenɪəm] (pl. quinquenniums 或 quinquennia) *n.* 五年的时间
quinquepartite [,kwɪŋkwɪ'pɑ:taɪt] *a.* 由五部分组成的
quinquevalence [kwɪŋkwɪ'veɪləns],**quinque-valency** [kwɪŋkwɪ'veɪlənsɪ] *n.* 五价
quinquevalent,**quinquivalent** [kwɪŋkwɪ'veɪlənt] *a.* 五价的
quinquiphenyl [kwɪŋkwɪ'fenɪl] *n.* 对联五苯
quinsy ['kwɪnzɪ] *n.*【医】扁桃腺发炎,扁桃体周脓肿,咽门炎
quint [kwɪnt] *n.* ①五件一套 ②五度(音)
quintal ['kwɪntl] *n.*【经】①公担 ②英制重量单位
quintenyl [kwɪn'tenɪl] *n.*【化】戊基
quintessence [kwɪn'tesns] *n.* ①精髓 ②实体,本质 ③浓粹 ④第五种基本物质 ‖ quintessential [kwɪntɪ'senʃəl] *a.*
quintet(te) [kwɪn'tet] *n.* ①五件一套,五个一组,五人小组 ②五重奏(峰,态) ③五重奏(唱)
quintic ['kwɪntɪk] *a.;n.*【计】五次(的)
quintile ['kwɪntaɪl] *n.* 两个天体相差 72°(五分之一圆)的情况
quintillion [kwɪn'tɪljən] *n.* (英、德) $1×10^{30}$,(美、法) $1×10^{18}$
quintozene ['kwɪntəzi:n] *n.*【化】五氯硝基苯(杀菌剂)
quintuple ['kwɪntjʊpl] ❶ *a.* 五(倍,重,路)的 ❷ *n.* 五倍量,五个一套,五元组 ❸ *v.* (使)成五倍
quintupler ['kwɪntjʊplə] *n.*【计】五倍(倍频,倍压)

Q

器,乘五装置

quintuplet ['kwɪntjuːplɪt] *n.* 五个一套,五人一组,五重态,五重谱线

quintuplicate ❶ [kwɪnˈtjuːplɪkɪt] *a.* ①五倍(重)的 ②一式五份的,第五(份)的 ❷ [kwɪnˈtjuːplɪkɪt] *n.* ①五倍的数 ②一式五份(的一份),第五份 ❸ [kwɪnˈtjuːplɪˈkeɪt] *vt.* ①把…作成一式五份 ②使成五倍

quintuplication [kwɪntjuːplɪˈkeɪʃən] *n.* (使成)五倍;【经】一式五份

quintupling ['kwɪntjuːplɪŋ] *n.* (成)五倍

quinuclidine [kwɪnjuˈklaɪdɪn] *n.* 【化】奎宁环

quinuclidone [kwɪnjuˈklaɪdəʊn] *n.* 【化】奎宁酮

quip [kwɪp] *n.;v.* ①讽刺,嘲弄 ②遁词 ③怪事

quire [kwaɪə] *n.* 一刀(纸),(待装订的)对折的纸叠

quirk [kwɜːk] ❶ *n.* ①诡辩,遁词,讽刺语 ②花体字 ③深槽,凹部,火道 ④突然弯曲 ⑤三角形的东西,菱形窗玻璃 ❷ *vt.* ①嘲弄 ②(使)弯(扭)曲,使有深槽

quirky ['kwɜːkɪ] *a.* 狡诈的,离奇的,古怪的

quisle ['kwɪzl] *vt.* 卖国,做卖国贼

quisling ['kwɪzlɪŋ] *n.* 卖国贼,内奸 ‖ ~ism *n.*

quit [kwɪt] ❶ (quit(ted); quit(t)ing) *v.* ①停止,放弃 ②离开,退出 ③偿还,尽(义务) ④解除 ❷ *a.* 被释放的,免除…的 ❸ *n.* 离开,退出,辞职 ☆ *be (get) quit of A* 摆脱了 A,免除 A; *quit hold of* 放开,解除; *quit score with A* 和 A 结清账目

quitclaim ['kwɪtkleɪm] ❶ *n.* 放弃要求(权),转让契约 ❷ *vt.* 放弃(转让)对…的合法权利

quite [kwaɪt] *ad.* ①完全,十分 ②相当 ③的确,实在 ☆ *not quite + a. (ad.)* 不完全,不大…; *quite a few (a little, a good deal of)* 相当多,不少; *quite a lot (of)* 非常多(的); *quite a number of* 相当多的; *quite another (other)* 完全不同的,另外一回事; *quite as much* 同样(多); *quite so (right)* 正是如此,很对; *quite some* 非常多; *quite the contrary* 恰恰相反; *quite the same as* 与…完全相同; *quite the thing* 被认为是正确的东西,流行,时尚; *quite too (+a.)* 非常… 〖用法〗对于 "这是一台相当好的计算机",我们可以说 "This is a quite good computer." 或 "This is quite a good computer."。

Quito ['kiːtəʊ] *n.* 基多(厄瓜多尔首都)

quits [kwɪts] *a.* 对等的,两相抵消的,两不相欠的,不分胜负的

quittance ['kwɪtəns] *n.* ①免除 ②收据,付款,计算,复账 ③酬报,赔偿,报复 ④【经】(债务的)免除,免除债务的证书,收据

quitter ['kwɪtə] *n.* 半途而废的人,懦夫

quiver ['kwɪvə] *v.;n.* ①(使)(声,光,翼等)颤动,(使)微震,一闪 ②箭袋(筒) ③大群 ④(能装一套东西的)容器 ☆ *have an arrow (a shaft) left in one's quiver* 还有办法; *quiver with A* 因 A 而颤抖 ‖ ~ing *a.*

quiverful ['kwɪvəful] *n.* 大量,许多(of)

quixotic(al) [kwɪkˈsɒtɪk(əl)] *a.* 唐·吉诃德式的,幻(空)想的 ‖ ~ally *ad.*

quiz [kwɪz] ❶ (pl.quizzes) *n.* ①测验,难题,猜谜(问答)节目 ②挖苦,嘲弄 ❷ (quizzed; quizzing) *vt.* ①挖苦,嘲弄 ②考问,出难题

quizzical ['kwɪzɪkəl] *a.* ①可笑的 ②嘲弄的 ③好奇的,疑惑的 ‖ ~ly *ad.*

quizzy ['kwɪzɪ] *a.* 爱查问的,爱打听的

qunty = quantity

quoad hoc ['kwəʊæd'hɒk] (拉丁语)①关于这一点,在这一点上,就此而论 ②到此程度(范围)

quod [kwɒd] *n.;vt.* 监狱,把…关进监狱

quod [kwɒd] (拉丁语) *pron.* 这

quoin [kwɔɪn] ❶ *n.* ①楔子,楔形石,楔形支持物 ②突角,隅石(块) ③角落 ❷ *vt.* ①用楔子支持 ②给…装嵌隅石块

quoining ['kwɔɪnɪŋ] *n.* (接合墙壁或平面的)外角构件

quoit [kwɔɪt] ❶ *n.* (金属,橡皮,绳)圈 ❷ *vt.* 扔,抛

quonset ['kwɒnsɪt] *n.* 活动房屋

quorum ['kwɔːrəm] *n.* 法定人数

quota ['kwəʊtə] *n.* ①份额,(分担)部分 ②定额,定量

quotability [ˌkwəʊtəˈbɪlɪtɪ] *n.* 有引证价值

quotable ['kwəʊtəbl] *a.* 可以引用的,值得援引的

quotation [kwəʊˈteɪʃən] *n.* ①引证(用,文)②语录 ③(商业)行市,行情,报价 ④行情表,报价表 ⑤(印刷上填空白用的(铅)块 ‖ **quotative** ['kwəʊtətɪv] *a.*

quote [kwəʊt] ❶ *v.* ①引用(证,述),援引(例证),标出 ②开(报)价 ❷ *n.* ①引证(用)文,引语 ②(pl.)引号 ☆ *be quoted as* 被指出(引述); *be quoted at A…* 的标价是 A; *be quoted for* 指的是,是针对…来讲

quoter ['kwəʊtə] *n.* 引用(证)者

quoteworthy ['kwəʊtwɜːðɪ] *a.* 有引用(证)价值的

quoth [kwəʊθ] *vt.* 说(过)

quotidian [kwɒˈtɪdɪən] *a.* 每日(天)的,平凡的

quotient ['kwəʊʃənt] *n.* ①【数】商(数),率,系数 ②份额 〖用法〗 ❶ 注意词汇搭配模式 "the quotient of A and (by) B",意为 "A 与 B 之商;A 除以 B"。如:The quotient of a corresponding charge and (by) current yields a time constant. 相应的电荷量以电流就得到了一个常数。❷ 注意下面例句中该词的含义:The expression $20 \div 2 + 3$ is evaluated by first dividing 20 by 2 and adding this quotient of 10 to 3 in oder to obtain the result of 13. 表达式 $20 \div 2 + 3$ 的计算方法是:先用 2 除以 20,然后把这个商 10 加到 3 上去就得到了结果 13。

quotiety [kwəʊˈtaɪətɪ] *n.* 率,系数

Quo Vadis ['kwəʊ'veɪdɪs] (拉丁语)①向何处去 ②朝什么方向发展

Q

R r

Rabat [rə'bæt] *n.* 拉巴特(摩洛哥首都)

rabbet ['ræbɪt] ❶ *n.* ①插孔,插座 ②榫头,(窗凹,玻璃)槽,企口〔凹凸〕缝 ③缺〔切〕口,凹部〔缝〕④刨刀,槽刨 ❷ *v.* ①开槽口于 ②嵌接,榫接,槽企〔舌〕接合

rabbit ['ræbɪt] *n.* ①兔,兔皮〔毛〕②视频再现 ③样品容器

rabbittite ['ræbɪtaɪt] *n.* 水菱镁钙石

rabble ['ræbl] ❶ *n.* 耙,搅料棒,拨火〔混合〕棒 ❷ *vt.* 搅动

rabbler ['ræblə] *n.* ①铲子,刮刀 ②【冶】搅拌器 ③司炉

rabies ['reɪbiːz] *n.* 【医】狂犬病

race [reɪs] ❶ *n.* ①(速度上的)竞赛,赛跑〔马,船〕②航线,轨〔航,渠,水,跑〕道,路〔历〕程 ③急流,(螺旋桨)滑流 ④环,轮槽 ⑤(滚动轴承的)座圈,(滚珠)滚道,(滚珠轴承)套 ⑥(织机)梭道,走梭板 ⑦方法,特性 ⑧种族,(种)类,属 ❷ *v.* ①(和…)比速度,(和…)竞赛 ②(使)疾驰 ③使空转,(因阻力或负荷减少而)猛〔急〕转 ☆*race against* 和…赛跑; *race against time* 和时间赛跑

racecourse ['reɪskɔːs] *n.* 跑道,水道

racemase ['reɪsmeɪs] *n.* 【化】消旋酶

racemate ['reɪsmeɪt] *n.* 【化】消旋(化合)物

racemation [reɪsɪ'meɪʃən] *n.* 【化】串,簇;消旋(作用)

raceme [rə'siːm] *n.* 【化】(外)消旋体,总状花序

racemic [rə'siːmɪk] *a.* (外)消旋的

racemism ['ræsɪmɪzm] *n.* 外消旋的性质〔状态〕

racemization [ræsɪmɪ'zeɪʃən] *n.* 【化】(外)消旋(作用)

racemize ['ræsɪmaɪz] *vt.* (外)消旋

racemoid ['reɪsɪmɔɪd] *n.* 外消旋物

racemomucor [ræsɪ'mɒmjukə] *n.* 总状毛霉

racemose ['ræsɪməʊs] *a.*【医】总状分枝的,串状花序的

racemulose [ræ'semjʊləʊs] *a.* 小簇状的,串状排列的

racer ['reɪsə] *n.* ①竞赛用的车(艇,马,飞机等)②参加(速度)比赛者 ③轴承环

racetrack ['reɪstræk] *n.* ①(比赛用)跑道 ②(共振加速器中的)粒子轨道

raceway ['reɪsweɪ] *n.* ①(输)水道,导水路,电缆管道,轨道 ②(轴承)座圈

rachet ['rætʃɪt] =ratchet

rachion ['reɪkɪən] *n.* 湖岸线,防波线

rachis ['reɪkɪs] (pl. rachises) *n.*【医】脊柱,主〔羽,叶,花序〕轴

rachitis [rə'kaɪtɪs] *n.*【医】佝偻病

racial ['reɪʃəl] *a.* 种族的

racialism ['reɪʃəlɪzm] *n.* 种族主义

racialist ['reɪʃəlɪst] *n.* 种族主义者

racing ['reɪsɪŋ] *n.* ①赛跑,竞赛 ②发动机超速,空转 ③紊乱(控制)

racism ['reɪsɪzm] *n.* 种族主义〔歧视〕

racist ['reɪsɪst] *n.;a.* 种族主义者(的),种族歧视的

rack [ræk] ❶ *n.* ①齿条〔板,轨,棒〕,牙条,导轨 ②架,支架,机柜,格栅 ③固定洗矿盘 ④嘎哒声,震响 ⑤破坏,毁灭 ❷ *vt.* ①把…放在架子上,装架 ②压榨,折磨 ③洗矿 ④变形 ☆*be on the rack* 受酷刑,极度焦虑; *in a high rack* 居高位; *off the rack* (衣服)现成做好的; *rack one's brains* 绞尽脑汁; *rack up* 击败〔倒〕

racket ['rækɪt] *n.;vi.* ①喧嚷,纷乱 ②敲诈,骗局

racketeer [rækɪ'tɪə] *n.;v.* 诈骗(者),敲诈勒索(者)

rackety ['rækɪtɪ] *a.* ①喧嚷的 ②摇晃的,不可靠的

racking ['rækɪŋ] *n.* ①挤压(运动)②企口(阴阳榫)接缝 ③去渣,洗矿

rackwork ['rækwɜːk] *n.* ①齿条(加工)②调位装置 ③调焦旋钮

racy ['reɪsɪ] *a.* 有力的,活泼的,有风味的,芬芳的,新鲜的,挑逗性的

radameter ['reɪdɑːmiːtə] *n.* 防撞雷达装置,警戒雷达

radar ['reɪdɑː] *n.* 雷达(站,台),无线电探向和测距

radargrammetry [reɪdɑː'græmɪtrɪ] *n.* 雷达测量学

radarkymography [reɪdɑːkɪ'mɒgrəfɪ] *n.* 雷达计波摄影

radarman ['reɪdɑːmæn] *n.* 雷达(操纵)员

radarmap ['reɪdɑːmæp] *n.* 雷达地图

radarproof ['reɪdɑːpruːf] *a.* 防(反)雷达的

radarscope ['reɪdɑːskəʊp] *n.* 雷达显示器,雷达屏,【电子】雷达镜

radcrete ['rædkriːt] *n.* 放射混凝土

raddle ['rædl] ❶ *n.* ①代(红)赭石 ②圆木,树溪 ③灌木,篱笆 ④壁骨 ❷ *v.* 用红赭色涂 ②编织

raddled ['rædld] *a.* 坏掉的,用旧的;糊涂的

radechon ['reɪdkɒn] *n.*【电子】一种具有障栅的信息存储管(雷得康管)

radexray ['reɪdeksreɪ] n. X射线雷达

radiability [reɪdɪə'bɪlɪtɪ] n. 【医】X射线透过性

radiable ['reɪdɪəbl] a. 【医】X线可透的

radiac ['reɪdɪæk] n. 剂量探测〔放射性检测〕仪器,辐射计

radiacmeter [reɪdɪ'ækmɪtə] n. 剂量计,核辐射测定器

radiagraph ['reɪdɪəgrɑ:f] n. 活动焰切机

radial ['reɪdɪəl] ❶ a. ①径向的,【天】沿视线(方向)的 ②放射(式)的,辐射(状)的 ③绕骨(侧)的 ❷ n. ①径向,射线 ②放射部,垂直于圆弧部分的杆 ③桡骨神经〔动脉〕

radialization [,reɪdɪəlaɪ'zeɪʃən] n. 辐(放)射

radialized ['reɪdɪəlaɪzd] a. 辐射状的,放射的

radian ['reɪdjən] n. (缩写为 rad)弧度
〖用法〗注意下面例句的含义:An angle in radians, being defined as the ratio of a length to a length, is a pure number. 由于用弧度表示的角被定义为长度与长度之比,所以它是一个纯数字。(处于句子主谓之间由两个逗号分开的分词短语在此作原因状语。)

radiance ['reɪdjəns], **radiancy** ['reɪdjənsɪ] n. ①发光(度),光辉 ②辐射(率,性能),面辐射强度 ③深粉红色 ④容光焕发

radiant ['reɪdjənt] ❶ a. ①辐(放)射的,发出辐射热的 ②光芒四射的,照耀的,灿烂的,容光焕发的 ❷ n. ①光〔热,辐射〕源,辐射器,辐射物 ②(电炉,煤气炉的)白炽部分

radiate ['reɪdɪeɪt] ❶ v. ①发射(光线,电磁波),放射(热量),辐〔照〕射 ②射出,从中心向各方伸展出 ③照明〔亮〕,传播 ❷ a. 有射线的,辐射状的

radiation [reɪdɪ'eɪʃən] n. ①发射,放射,照射,辐射 ②放射线〔物〕,辐射线〔能,热〕③辐射状排列,放射形 ④射线疗法

radiationless [reɪdɪ'eɪʃənlɪs] a. 非辐射的

radiationmeter [reɪdɪ'eɪʃənmɪtə] n. 辐射计

radiative ['reɪdɪeɪtɪv] a. 放〔辐〕射的,放热的

radiativity [reɪdɪə'tɪvɪtɪ] n. 放射性,发射率

radiator ['reɪdɪeɪtə] n. ①辐射体〔源〕,放热器 ②散热器〔片〕,暖气片,取暖炉,冷却器,(汽车等)水箱 ③发射天线,振子

radical ['rædɪkəl] ❶ a. ①根本的,主要的 ②【数】根的 ③【化】基的,原子团的 ④激进的,过激的 ❷ n. ①根部,基础 ②【数】根式〔号〕③【化】基,原子团,官能团

radically ['rædɪkəlɪ] ad. 根本上,主要地

radicalisin ['rædɪkəlɪsɪn] n. 根基菌素

radicand ['rædɪkænd] n. 【数】被开方数

radicate ['rædɪkeɪt] v. ①【数】开方 ②使生根,确立

radication [rædɪ'keɪʃən] n. 【数】开方

radices ['reɪdɪsi:z] radix 的复数;【计】基数

radiciform ['rædɪsɪfɔ:m] a. 【医】根状的

radicite ['rædɪsaɪt] n. 化石根

radicivorous [rædɪ'sɪvərəs] a. 食根的

radicle ['rædɪkl] n. ①【化】根,基,原子团 ②胚〔细〕根,官能团

radicolous [rædɪk'ʌləs] a. 生在根部的

radicular ['ræ'dɪkjulə] a. 根的

radiferous ['rædɪfərəs] a. 【医】含镭的

radii ['reɪdɪaɪ] n. radius 的复数;【医】半径,辐射线

radio ['reɪdɪəu] ❶ n. ①无线电,射电 ②无线电话〔报〕,无线电传送〔通信,广播〕③无线电设备,收音机 ④无线电台,无线电广播事业 ❷ v. ①用无线电发送〔广播〕,向…发无线电报〔话〕②用 X 射线拍照 ❸ a. 射(高)频的,射电的,无线电报的,收音机的
〖用法〗❶ 表示"收音机(= radio set)"时,其单数前面一定要有冠词。"从(通过)收音机"要表示成 "on〔over〕the radio","收听广播"要表示成 "listen to the radio"。❷ 在下面例句中该词作方式状语:We can radio control this device. 我们能够用无线电来控制这个设备。

radioacoustic ['reɪdɪəuə'kaustɪk] a. 无线电声学的

radioacoustics ['reɪdɪəuə'kaustɪks] n. 【电子】射电〔无线电〕声学

radioactinium ['reɪdɪəuæk'tɪnɪəm] n. 放射性锕

radioaction ['reɪdɪəu'ækʃən] n. 【医】放射性,放射现象

radioactivate ['reɪdɪəu'æktɪveɪt] v. 放射性化

radioactivated ['reɪdɪəu'æktɪveɪtɪd] a. 辐射活化的 ‖ **radioactivation** ['reɪdɪəu'æktɪveɪʃən]

radioactive ['reɪdɪəu'æktɪv] a. 放射性的

radioactivity ['reɪdɪəuæk'tɪvɪtɪ] n. 【化】放射性,放射现象,放射学

radioaerosol ['reɪdɪəu'eərəsɒl] n. 【化】放射性气溶胶

radioaltimeter ['reɪdɪəuæl'tɪmɪtə] n. 射〔无线〕电测高计

radioamplifier ['reɪdɪəu'æmplɪfaɪə] n. 高频放大器

radioanalysis ['reɪdɪəuə'nælɪsɪs] a. 放射性分析

radioapplicator ['reɪdɪəu'æplɪkeɪtə] n. 放射性照射器

radioassay ['reɪdɪəuə'seɪ] n.【化】【医】放射性测量〔鉴定,分析〕

radioastronomer ['reɪdɪəuə'strɒnəmə] n. 射电天文学家

radioastronomy ['reɪdɪəuə'strɒnəmɪ] n. 【电子】射电天文(学)

radioautocontrol ['reɪdɪəu'ɔ:təukən'trəul] n. 无线电自动控制

radioautogram ['reɪdɪəu'ɔ:təgræm] n. 无线电传真

radioautograph ['reɪdɪəu'ɔ:təgrɑ:f] ❶ n. 无线电传真,放射(同位素)迹线图 ❷ vt. 给…拍摄放射自显影照相 ‖ ~ic a.

radioautography ['reɪdɪəuɔ:'tɒɡrəfɪ] n. 【化】①放射(自)显影术,自动射线照相术 ②无线电传真

术

radiobeacon ['reɪdɪəʊ'biːkən] *n.* 无线电信标

radiobearing ['reɪdɪəʊ'beərɪŋ] *n.* 无线电定向

radiobiochemistry ['reɪdɪəʊbaɪə'kemɪstrɪ] *n.* 【化】放射生物化学

radiobiology ['reɪdɪəʊbaɪ'ɒlədʒɪ] *n.* 放射生物学

radiobroadcast ['reɪdɪəʊ'brɔːdkɑːst] ❶ (radiobroadcast 或 radiobroadcasted) *vt.* 用无线电广播 ❷ *n.* 无线电广播(节目)

radiobuoy ['reɪdɪəʊbɔɪ] *n.* 无线电浮标

radiocancerogenesis ['reɪdɪəʊkænsərəʊ'dʒenɪsɪs] *n.* 【医】放射致癌

radiocarbon ['reɪdɪəʊ'kɑːbən] *n.* 放射性碳

radiocardiogram ['reɪdɪəʊ'kɑːdɪəgræm] *n.* 放射心电图

radiocardiography ['reɪdɪəʊkɑːdɪ'ɒɡrəfɪ] *n.* 【医】放射心电图测定,心放射图

radiocast ['reɪdɪəʊ'kɑːst] *vt.* 用无线电广播

radiocaster ['reɪdɪəʊ'kɑːstə] *n.* 无线电广播者

radioceramic ['reɪdɪəʊsɪ'ræmɪk] *n.* 高频瓷

radiocesium ['reɪdɪəʊ'siːzɪəm] *n.* 【化】放射性铯

radiochemistry ['reɪdɪəʊ'kemɪstrɪ] *n.* 【化】【医】放射化学

radiochemoluminescence ['reɪdɪəʊkeməʊˌluːmɪ'nesns] *n.* 辐射化学发光

radiochromatogram [ˌreɪdɪəʊˌkrəʊ'mætəgræm] *n.* 辐射色层谱

radiochromatography [ˌreɪdɪəʊkrəmə'tɒɡrəfɪ] *n.* 【化】辐射色层法,放射(性)色谱(学)

radiochrometer ['reɪdɪəʊ'krɒmɪtə] *n.* 【医】X 射线硬度测定仪,X 射线穿透计

radiocirculography ['reɪdɪəʊsɜːkjʊ'lɒɡrəfɪ] *n.* 放射(血)循环描记术

radiocobalt ['reɪdɪəʊ'kəʊbɔːlt] *n.* 放射性钴

radiocolloid ['reɪdɪəʊ'kɒlɔɪd] *n.* 【化】放射性胶质

radiocompass ['reɪdɪəʊ'kʌmpəs] *n.* 无线电罗盘

radiocontamination ['reɪdɪəʊkɒntæmɪ'neɪʃən] *n.* 放射性污染

radiocytology ['reɪdɪəʊsaɪ'tɒlədʒɪ] *n.* 放射细胞学

radiodermatitis ['reɪdɪəʊdɜːmə'taɪtɪs] *n.* 放射性皮炎

radiodetector ['reɪdɪəʊdɪ'tektə] *n.* 无线电探测器,雷达

radiodiagnosis ['reɪdɪəʊdaɪəg'nəʊsɪs] *n.* 【医】X 光诊断

radioecho ['reɪdɪəʊ'ekəʊ] *n.* 无线电回波

radioeclipse ['reɪdɪəʊ'klɪps] *n.* 射电食

radioecology ['reɪdɪəʊiː'kɒlədʒɪ] *n.* 【生】放射生态学

radioed ['reɪdɪəʊd] *a.* 无线电传送的

radioelectronics ['reɪdɪəʊɪlek'trɒnɪks] *n.* 无线电电子学

radioelement ['reɪdɪəʊ'elɪmənt] *n.* 放射性元素

radioengineering ['reɪdɪəʊendʒɪ'nɪərɪŋ] *n.* 无线电工程

radioexamination ['reɪdɪəʊɪgzæmɪ'neɪʃən] *n.* 放射性检验(法)

radiofacsimile ['reɪdɪəʊfæk'sɪmɪlɪ] *n.* 无线电传真

radiofication ['reɪdɪəʊfɪ'keɪʃən] *n.* 无线电化

radiofrequency ['reɪdɪəʊ'friːkwənsɪ] *n.* 射〔高〕频,无线电频率

radiogalaxy ['reɪdɪəʊ'gæləksɪ] *n.* 射电星系

radiogen ['reɪdɪəʊdʒən] *n.* 【医】放射物

radiogenetics ['reɪdɪəʊdʒɪ'netɪks] *n.* 放射遗传学

radiogenic [ˌreɪdɪəʊ'dʒenɪk] *a.* 【医】放射所致的

radiogeodesy ['reɪdɪəʊdʒə'ɒdəsɪ] *n.* 无线电测地学

radiogoniograph ['reɪdɪəʊ'gəʊnɪəɡrɑːf] *n.* 无线电定向计

radiogoniometer ['reɪdɪəʊˌgəʊnɪ'ɒmɪtə] *n.* 【无】无线电测向仪,无线电定向台 ‖ **radiogoniometric** ['reɪdɪəʊˌgəʊnɪəʊ'metrɪk] *a.*

radiogoniometry ['reɪdɪəʊɡəʊnɪ'ɒmɪtrɪ] *n.* 无线电测向术

radiogram ['reɪdɪəʊɡræm] *n.* ①无线电报 ②X 射线照片 ③无线电唱机

radiogramophone ['reɪdɪəʊ'ɡræməfəʊn] *n.* 收音电唱两用机

radiograph ['reɪdɪəʊɡrɑːf] ❶ *n.* 射线照相,放射照片,X 射线图 ❷ *vt.* 拍…的射线照片

radiographic ['reɪdɪəʊ'ɡræfɪk] *a.* 【医】射线照相的

radiography [reɪdɪ'ɒɡrəfɪ] *n.* 射线照相(术),放射照相学〔术〕

radiohazard ['reɪdɪəʊ'hæzəd] *n.* 射线伤害〔危害〕

radioheating ['reɪdɪəʊ'hiːtɪŋ] *n.* 射频加热

radioheliogram ['reɪdɪəʊ'hiːlɪəʊɡræm] *n.* 射电测日图

radioheliograph ['reɪdɪəʊ'hiːlɪəʊɡrɑːf] *n.* 射电日像仪

radiohistography ['reɪdɪəʊhɪs'tɒɡrəfɪ] *n.* 放射组织自显术

radiohm ['reɪdɪəʊm] *n.* 雷电欧

radiohygiene ['reɪdɪəʊ'haɪdʒiːn] *n.* 放射卫生学

radioimmunoassay ['reɪdɪəʊˌɪmjʊnəʊ'æseɪ] *n.* 【化】放射免疫测定(法)

radioimmunology ['reɪdɪəʊˌɪmjʊ'nɒlədʒɪ] *n.* 【化】放射免疫(法)

radioindicator ['reɪdɪəʊ'ɪndɪkeɪtə] *n.* 【化】示踪原子,同位素指示剂

radioinduction ['reɪdɪəʊɪn'dʌkʃən] *n.* 辐射感应

radiointerference ['reɪdɪəʊɪntə'fɪərəns] *n.* 无线电干扰

radiointerferometer ['reɪdɪəʊɪntəfə'rɒmɪtə] *n.* 射电(天文)干涉仪

radioiodinated ['reɪdɪəʊ'aɪədɪneɪtɪd] *a.* 放射性碘标记的

radioisotope ['reɪdɪəʊ'aɪsətəʊp] *n.* 放射性同位素 ‖ **radioisotopic** [,reɪdɪəʊaɪsə'təʊpɪk] *a.*

radiokymography [reɪdɪəʊkɪ'mɒɡrəfɪ] *n.*【医】X 射线动态摄影

radiolabel ['reɪdɪəʊ'leɪbl] (radiolabel(l)ed) *v.* 放射性同位素标踪

radiolabelling ['reɪdɪəʊ'leɪblɪŋ] *n.*【化】放射性标记

Radiolaria [reɪdɪəʊ'leərɪə] *n.*【医】放射虫纲

radiolarian [,reɪdɪəʊ'leərɪən] *a.* 放射虫类的

radiolead ['reɪdɪəʊled] *n.*【医】镭 D,放射性铅

radiolesion ['reɪdɪəʊ'liːʒn] *n.*【医】放射性损害

radiolocate ['reɪdɪəʊ'ləʊkeɪt] *v.* 无线电定位

radiolocation ['reɪdɪəʊləʊ'keɪʃən] *n.* 雷达学;【无】无线电定位(学)

radiolocator ['reɪdɪəʊləʊ'keɪtə] *n.* 雷达(站),无线电定位器

radiologia [reɪdɪəʊ'lɒdʒɪə] *n.*【医】放射学

radiologic(al) [reɪdɪəʊ'lɒdʒɪk(əl)] *a.*【医】放射(性,学)的

radiologist ['reɪdɪəʊ'lɒdʒɪst] *n.*【医】放射学家

radiology [reɪdɪ'ɒlədʒɪ] *n.* 放射学,X 射线学

radiolucent ['reɪdɪəʊ'luːsnt] ❶ *a.*【医】射线可透过的,透射的,辐射透明的 ❷ *n.* 透射的伦琴射线 ‖ **radiolucence** ['reɪdɪəʊ'luːsns]或 **radiolucency** ['reɪdɪəʊ'luːsnsɪ] *n.*

radioluminescence ['reɪdɪəʊluːmɪ'nesns] *n.*【化】辐射发光,放射性物体放射的光

radiolysis [reɪdɪ'ɒlɪsɪs] (pl. radiolyses) *n.*【化】辐射分解,射解作用

radiolytic [reɪdɪə'lɪtɪk] *a.* 辐射分解的

radioman ['reɪdɪəʊmæn] (pl. radiomen) *n.* 无线电人员〔技师,话务员〕

radiomasking ['reɪdɪəʊmaːskɪŋ] *n.* 无线电伪装

radiomaximograph ['reɪdɪəʊ'mæksɪməɡraːf] *n.* 大气(天电)干扰场强仪

radiometal ['reɪdɪəʊ'metəl] *n.* 无线电高磁导性合金,射电金属

radiometallography [,reɪdɪəʊ,metə'lɒɡrəfɪ] *n.* 射线金相学

radiometallurgy ['reɪdɪəʊmə'tælədʒɪ] *n.* 辐射冶金学

radiometeorogram ['reɪdɪəʊmiː'tɪərəɡræm] *n.* 无线电气象记录〔图解〕

radiometeorograph ['reɪdɪəʊ'miːtɪərəɡraːf] *n.*【无】无线电探空仪,无线电高空测候器

radiometeorology ['reɪdɪəʊmiːtɪə'rɒlədʒɪ] *n.* 无线电气象学

radiometer [reɪdɪ'ɒmɪtə] *n.* 射线探测仪

radiometric [,reɪdɪəʊ'metrɪk] *a.* 辐射测〔度〕量的

radiometry [reɪdɪ'ɒmɪtrɪ] *n.* 辐射测量术〔学〕,放射分析法〔度量学〕

radiomicrobiology ['reɪdɪəʊmaɪkrəbaɪ'ɒlədʒɪ] *n.* 辐射微生物学

radiomicrometer [,reɪdɪəʊmaɪ'krɒmɪtə] *n.*【医】辐射微热计,无线电测微计

radiomimetic [,reɪdɪəʊmɪ'metɪk] *a.*【医】辐射模拟的,类辐照的

radiomovies [,reɪdɪəʊ'muːvɪz] *n.* 电视电影

radiomutant [,reɪdɪəʊ'mjuːtənt] *n.* 辐射突变体

radiomutation [reɪdɪəʊmjuː'teɪʃən] *n.* 辐射(致)变异

radion ['reɪdɪɒn] *n.* (放)射(微)粒

radionavigation ['reɪdɪəʊnævɪ'ɡeɪʃən] *n.*【无】无线电导航

radionecrosis ['reɪdɪəʊne'krəʊsɪs] *n.*【医】辐射致坏死

radionics [reɪdɪ'ɒnɪks] *n.* 射电电子学,电子管学

radionuclide [,reɪdɪəʊ'njuːklaɪd] *n.* 放射性核素〔原子核〕

radiopacity [,reɪdɪəʊ'pæsɪtɪ] *n.* 辐射不透明度〔性〕;【医】X 线不透性,射线不透性

radiopaque [reɪdɪəʊ'peɪk] *a.* 辐射不透明的,射线透不过的;【医】不透 X 线的,不透射线的

radioparency [reɪdɪəʊ'peərənsɪ] *n.* 射线可透性

radioparent [reɪdɪəʊ'peərənt] *a.* 射线可透的

radiophare ['reɪdɪəʊfeə] *n.* 雷达探照灯,无线电指示台,(海上)无线电信标

radiopharmaceuticals [,reɪdɪəʊ,faːmə'sjuːtɪkəlz] *n.* 防辐射药物

radiophone ['reɪdɪəʊfəʊn] *n.;v.*【电子】无线电(发,收)话(机)

radiophony [reɪdɪ'ɒfəʊnɪ] *n.* 无线电话学

radiophosphorus ['reɪdɪəʊ'fɒsfərəs] *n.*【化】放射(性)磷

radiophoto ['reɪdɪəʊfəʊtəʊ] *n.;vt.*【无】无线电传真(照片)

radiophotograph ['reɪdɪəʊ'fəʊtəʊɡraːf] *n.* 无线电传真(照片)

radiophotography ['reɪdɪəʊfə'tɒɡrəfɪ] *n.*【计】无线电传真术;【医】X 线照相术

radiophotoluminescence [reɪdɪəʊ,fəʊtəʊluːmɪ'nesns] *n.* 辐射光致发光

radiophotostimulation [reɪdɪəʊ,fəʊtəʊstɪmjuː'leɪʃən] *n.* 辐射光刺激

radiophototelegraphy [reɪdɪəʊ,fəʊtəʊtɪ'leɡrəfɪ] *n.* 无线电传真电报(学)

radiophysics ['reɪdɪəʊ'fɪzɪks] *n.* 无线电物理学

radiophysiology [reɪdɪəʊ,fɪzɪ'ɒlədʒɪ] *n.* 放射生理学

radiopill ['reɪdɪəʊ,pɪl] *n.* 无线电丸

radiopilot [reɪdɪəʊ'paɪlət] *n.* 无线电测风气球

radiopolarography [reɪdɪəʊpəʊlæ'rɒɡrəfɪ] *n.* 放射极谱法

radioprotection [reɪdɪəʊprə'tekʃən] *n.* 辐射防护 ‖ **radioprotective** [reɪdɪəʊprə'tektɪv] *a.*

radioprotector [reɪdɪəʊprə'tektə] *n.*【化】辐射防护剂(装置)

radioprotect(or)ant [,reɪdɪəʊprə'tekt(ər)ənt] *n.*

R

辐射防护剂

radiopurity [ˌreɪdɪəʊˈpjuːrɪtɪ] n. 放射性纯度

radioquiet [ˌreɪdɪəʊˈkwaɪət] a. 不产生无线电干扰的

radiorace [ˈreɪdɪəʊˌreɪs] n. 辐射亚种

radiorange [ˈreɪdɪəʊreɪndʒ] n. ①无线电测向仪,射电轨,无线电(航向)信标 ②无线电测得的距离

radioreaction [ˌreɪdɪəʊrɪˈækʃən] n. 放射反应

radioresistance [ˈreɪdɪəʊrɪˈzɪstəns] n.【化】辐射抗性 ‖ **radioresistant** [ˈreɪdɪəʊrɪˈzɪstənt] a.

radioresponsive [ˌreɪdɪəʊrɪsˈpɒnsɪv] a.【医】对放射有反应的

radioruthenium [ˌreɪdɪəʊruˈθɪnɪəm] n. 放射性钌

radioscintigraphy [ˈreɪdɪəʊsɪnˈtɪgrəfɪ] n. 放射性闪烁摄影法

radioscope [ˈreɪdɪəʊskəʊp] n. 放射镜,放射探测仪

radioscopy [reɪdɪˈɒskəpɪ] n. 射线检查法

radioselection [ˌreɪdɪəʊsɪˈlekʃən] n. 辐射选种

radiosensitive [ˈreɪdɪəʊˈsensɪtɪv] a.【医】对射线敏感的

radiosensitivity [ˈreɪdɪəʊˌsensɪˈtɪvɪtɪ] n. 放射灵敏度

radiosensitization [ˌreɪdɪəʊsensɪtaɪˈzeɪʃən] n.【化】【医】辐射敏化

radioset [ˈreɪdɪəʊset] n. 收音机,无线电设备

radioshielded [ˈreɪdɪəʊˈʃiːldɪd] a. 射频屏蔽的 ‖ **radioshielding** [ˈreɪdɪəʊˈʃiːldɪŋ] n.

radiosonde [ˈreɪdɪəʊsɒnd] n.【无】①无线电高空测候器,无线电探空仪,气象气球 ②无线电测距器

radiosource [ˈreɪdɪəʊsɔːs] n.【天】射电源

radiospectroscopy [ˌreɪdɪəʊspekˈtrɒskəpɪ] n. 放射光谱学,无线电频谱学

radiostat [ˈreɪdɪəʊstæt] n. 中放晶体滤波式超外差接收机

radiosterilization [ˌreɪdɪəʊsterɪlaɪˈzeɪʃən] n. 辐射消毒

radiostimulation [ˌreɪdɪəʊstɪmjʊˈleɪʃən] n. 辐射刺激(作用)

radiostrontium [ˌreɪdɪəʊˈstrɒntɪəm] n.【化】放射性锶

radiosusceptibility [ˌreɪdɪəʊsəˌseptɪˈbɪlɪtɪ] n. 辐射敏感性〔易感性〕

radiosymmetric [ˌreɪdɪəʊsɪˈmetrɪk] a. 辐射对称的

radiosynthesis [ˌreɪdɪəʊˈsɪnθəsɪs] n.【化】放射合成

radiotechnics [ˌreɪdɪəʊˈtekɪks] n. 无线电技术

radiotelegram [ˈreɪdɪəʊˈtelɪgræm] n. 无线电报

radiotelegraph [ˈreɪdɪəʊˈtelɪgrɑːf] ❶ n. 无线电报(机,术) ❷ v. 用无线电报机发(信)

radiotelegraphic [ˌreɪdɪəʊtelɪˈgræfɪk] a. 无线电报的

radiotelegraphy [ˈreɪdɪəʊtɪˈlegrəfɪ] n. 无线电报

学

radiotelemetering [ˌreɪdɪəʊˈtelɪmiːtərɪŋ] n.;a. 无线电遥测(的)

radiotelemetric [ˌreɪdɪəʊtelɪˈmetrɪk] a. 无线电遥测的

radiotelemetry [ˌreɪdɪəʊtɪˈlemɪtrɪ] n. 无线电遥测学(术)

radiotelephone [ˈreɪdɪəʊˈtelɪfəʊn] ❶ n. 无线电(发,收)话(机) ❷ v. 用无线电话发(信)

radiotelephonic [ˌreɪdɪəʊtelɪˈfɒnɪk] a. 无线电话的

radiotelephony [ˌreɪdɪəʊtɪˈlefənɪ] n. 无线电话(学,术)

radiotelescope [ˈreɪdɪəʊˈtelɪskəʊp] n. (无线)电望远镜

radioteletype [ˌreɪdɪəʊˈtelɪtaɪp], **radiotele-typewriter** [ˌreɪdɪəʊtelɪˈtaɪpraɪtə] n. 无线电电传打字(电报)机

radiotelevision [ˌreɪdɪəʊˈtelɪvɪʒən] n. 无线电电视

radiotelevisor [ˈreɪdɪəʊˈtelɪvɪzə] n. 电视接收机,无线电电视机

radiother [ˈreɪdɪəʊðə] n.【化】放射指示剂

radiotherapeutics [ˈreɪdɪəʊθerəˈpjuːtɪks], **radiotherapy** [ˈreɪdɪəʊˈθerəpɪ] n. 放射疗法

radiothermics [ˌreɪdɪəʊˈθɜːmɪks] n.【电子】射频加热技术

radiothermoluminescence [ˌreɪdɪəʊˌθɜːməʊluːmɪˈnesns] n. 辐射热致发光

radiothermy [ˈreɪdɪəʊˈθɜːmɪ] n. 高频电疗法,热放射疗法

radiothor [ˌreɪdɪˈɒθə] n. 放射性指示剂

radiothorium [ˈreɪdɪəʊˈθɔːrɪəm] n.【医】放射性钍

radiotick [ˈreɪdɪəʊˌtɪk] n. 无线电时间信号

radiotolerance [ˌreɪdɪəʊˈtɒlərəns] n. 辐射容限

radiotopography [ˈreɪdɪəʊtəˈpɒgrəfɪ] n. 放射性分布图测定法

radiotoxicity [ˌreɪdɪəʊtɒkˈsɪsɪtɪ] n.【化】放射毒性,辐射中毒

radiotoxicology [ˌreɪdɪəʊˌtɒksɪˈkɒlədʒɪ] n.【化】放射毒理学

radiotracer [ˈreɪdɪəʊˌtreɪsə] n. 放射指示剂,放射性示踪物

radiotransmission [ˌreɪdɪəʊtrænsˈmɪʃən] n. 无线电发射〔传输〕

radiotransparent [ˌreɪdɪəʊtrænsˈpeərənt] a.【医】透 X 线的

radiotron [ˈreɪdɪəʊtrɒn] n. 三极电子管

radiotropic [ˌreɪdɪəʊˈtrɒpɪk] a.【医】放射影响的

radiovision [ˈreɪdɪəʊvɪʒən] n.【无】(无线)电视,无线电传真

radiovisor [ˈreɪdɪəʊvaɪzə] n. ①电视接收机 ②光电监视器

radiowarning [ˌreɪdɪəʊwɔːnɪŋ] n. 无线电报警

radiowindow ['reɪdɪəuwɪndəu] n. (地球大气层的)无线电窗

radist ['reɪdɪst] n. (=radio distance)无线电导航系统,无线电测距

radium ['reɪdjəm] n. 镭

radius ['reɪdjəs] ❶ (pl. radii) n. ①半径,界限 ②辐条,径向射线 ③桡骨 ❷ vt. 切成圆角

radiused ['reɪdjəst] a. ①辐射(式)的 ②切成圆角〔弧〕的

radix ['reɪdɪks] (pl. radices 或 radixes) n. ①【数】根值,基数,(计算制)底数 ②词根 ③根本(源)

radlux ['reɪdlʌks] n. 辐射用勒克司

radom(e) ['reɪdəum] n. (=radar dome)(钟,屏蔽,整流)罩,(雷达)天线罩,(微波)天线屏蔽器

radon ['reɪdɒn] n. 【化】氡,镭射气

radphot ['reɪdfɒt] n. 射辐透(照度单位),拉德辐透

radstilb ['reɪdstɪlb] n. 拉德〔辐射〕熙提

radurization [rə,djuːrɪ'zeɪʃən] n. 辐射杀菌

radux ['reɪdʌks] n. 计数制的底数;远距离双曲线低频导航系统

radwaste ['rædweɪst] n. 【化】放射性废料

rafaelite ['ræfiːlaɪt] n. 钒地沥青,斜符氯铅矿

raff [ræf] n. ①大量〔批〕②废料,垃圾,碎屑

Raffinal ['ræfɪnəl] n. 一种高纯度铝

raffinase ['ræfəneɪs] n. 棉子糖酶

raffinate ['ræfɪneɪt] n. 【化】(润滑油等溶剂精制提炼的)提余液,残油液

raffinose ['ræfɪnəus] n. 【化】【医】蜜三糖,棉子糖

raffle ['ræfl] ❶ n. 废物,绳索杂物 ❷ n.;v. 抽彩

raft [rɑːft] ❶ n. ①筏,木排,筏形基础 ②浮箱 ③一大堆,大量 ④垫板,垫层 ❷ a. 筏式的 ❸ v. 用筏子运,把…扎成筏子

rafter ['rɑːftə] ❶ n. ①椽子,桷 ②木材筏运工 ❷ vt. 装椽子于

rafting ['rɑːftɪŋ] n. 合金,熔合物;筏运

rag [ræg] ❶ n. ①毛刺,轧辊焊纹 ②条石,石板瓦 ③破布,擦拭材料 ④无价值的东西 ❷ (ragged; ragging) v. ①除去毛刺 ②压〔滚〕花,轧槽堆焊 ③划伤 ④恶作剧

rage [reɪdʒ] ❶ n. ①猛烈,狂暴 ②大怒 ③流行 ❷ vi. ①发怒,(风)狂吹,(浪)汹涌 ②盛行,猖獗 ☆ (be) (all) the rage (很)风行,风行一时

ragged ['rægɪd] a. ①高低不平的 ②粗糙的,破裂成块的 ③不规则的,紊乱的

ragging ['rægɪŋ] n. ①压〔滚〕花,(轧辊)刻纹 ②(摇筛选矿)重粒料铺层,(重锤)击碎 ③行的不规则性

raggle ['rægl] n. 墙上槽口,承水石槽

raglan ['ræglən], **raglin** ['ræglɪn] n. 平顶搁栅

raglet ['ræglɪt] n. (用以固定泛水的)墙上凹槽,拔水槽

ragstone ['rægstəun] n. 硬石,粗砂岩

raid [reɪd] n.;v. ①(突然)袭击 ②搜查〔捕〕③非法盗用,抢劫

raider ['reɪdə] n. 袭击机,侵入者

rail [reɪl] ❶ n. ①轨道(迹),钢〔导〕轨,铁路,(pl.)铁道网 ②栏杆,护栏,扶手,横木〔条,梁,档〕❷ v. ①铺铁轨 ②由铁路运输 ③装栏杆,设围栏,用栏杆隔开(off) ④栅栏干扰 ⑤挑剔,抱怨 ☆by rail 乘火车,由铁路; get (go) off the rails 出〔越〕轨; off the rail 出〔越〕轨(的),无法控制的; on the rails 在正常轨道上的,顺利进行着

railage ['reɪlɪdʒ] n. 铁路运输〔费〕

rail-borne ['reɪlbɔːn] a. 用轨道支承的,在轨道上运行的

railcar ['reɪlkɑː] n. (单节)机动有轨车

railclamp ['reɪlklæmp] n. 轨头座栓

rail-guard ['reɪlɡɑːd] n. 排障器

railhead ['reɪlhed] n. ①铁路端点,建造中的铁路已经到达的最远点 ②轨头 ③垂直刀架

railing ['reɪlɪŋ] n. ①栏栅(用材料),栏杆,围栏,扶手 ②荧光屏上栅形干扰 ③铁路装运

railman ['reɪlmæn] n. 铁路职工,码头工人

railmotor ['reɪlməutə] a. 铁路公路联运的

railroad ['reɪlrəud] ❶ n. ①铁路,有轨车道,铁道部门 ②轨道设备,滑轨装置 ❷ v. 用铁路运输,给…筑铁路

railway ['reɪlweɪ] n. 铁路(公司,设施),轨道

railway-yard ['reɪlweɪjɑːd] n. 调车场

rain [reɪn] ❶ n. ①雨,下雨,(pl.)阵雨,(大西洋)多雨地带,雨季 ②电子流 ❷ v. 降雨,(雨水般)淌下,(使)雨点般落下 ☆ rain cats and dogs 下倾盆大雨; rain pitchforks 下倾盆大雨; rain influence on 给…很大影响; rain or shine 不论晴雨,无论如何; rain out 因下雨阻碍(取消,中断),冲洗,清除; right as rain 丝毫不错,十分正确

rainbow ['reɪnbəu] n. ①彩虹 ②五颜六色的排列,各种事物的聚合 ③幻想 ☆all the colo(u)rs of the rainbow 五颜六色

raincloth ['reɪnklɒθ] n. 防雨布

raincoat ['reɪnkəut] n. 雨衣

raindrop ['reɪndrɒp] n. 雨点

rainer ['reɪnə] n. 喷灌(人工降雨)装置

rainfall ['reɪnfɔːl] n. 降水,雨量,一场雨

rainforest ['reɪn,fɒrɪst] n. 雨林

raingauge ['reɪnɡeɪdʒ] n. 雨量器

raingraph ['reɪnɡrɑːf] n. 雨量图

raingun ['reɪnɡʌn] n. 远射程喷灌器〔人工降雨器〕

rainhat ['reɪnhæt] n. 雨帽

raininess ['reɪnɪnɪs] n. 雨量强度,多雨

rainless ['reɪnlɪs] a. 无雨的

rainmaker ['reɪn,meɪkə] n. ①喷灌设备,人工降雨设备 ②参加人工降雨的气象工作人员

rainmaking ['reɪn,meɪkɪŋ] n. 人工降雨

rainprint ['reɪnprɪnt] n. 雨痕,雨点坑

rainproof ['reɪnpruːf] ❶ a. 防雨的 ❷ n. 雨衣〔披〕❸ vt. 使…能防雨

rainspout ['reɪnspaut] n. ①水落管,排水口 ②海龙卷

rainstorm ['reɪnstɔːm] n. 暴(风)雨

R

raintight ['reɪntaɪt] *a.* 防雨的

rainwash ['reɪnwɒʃ] *n.* (暴)雨(冲)蚀,雨水的冲刷,被雨水冲走的东西

rainwater ['reɪnwɔːtə] *n.* 雨〔软〕水

rainwear ['reɪnweə] *n.* 雨衣〔披,裤〕

rainworm ['reɪnwɜːm] *n.* 蚯蚓

rainy ['reɪnɪ] *a.* 下〔多,带〕雨的

raise [reɪz] *vt.;n.* ①举〔抬,升,激〕起,提〔升〕高,增加 ②产生,引起,提出,发展 ③使隆起,高起处 ④【矿】天井,上升巷道,(自下而上的)掘进 ⑤【数】使自乘 ⑥解除,放弃 ⑦种植,饲养,养育 ⑧【纺】起绒,起毛 ☆**make a raise of** 筹集到,弄到; **raise to a power** 自乘; **raise up** 举〔抬〕起 〖用法〗注意下面例句中该词的含义:This nature raises a practical issue: how do we know the beginning and the end of a code word? 这个性质提出了一个实际问题:我们怎么能够知道一个码字的起始和结束呢?

raiser ['reɪzə] *n.* ①抬起器,提升器 ②挖掘机 ③浮起物,【纺】(经纬线)浮点 ④举起者,提出者

raison detre ['reɪzɔːn'detrə] (法语) *n.* 存在的理由〔目的〕 〖用法〗The raison detre for the optical amplifiers is as follows. 光放大器存在的理由如下。

rake [reɪk] ❶ *n.* ①倾斜,倾度,倾角 ②【矿】倾伏,斜脉 ③(炉,钉齿)耙,(拨)火钩,搅拌棒 ❷ *v.* ①耙(松,平) ②搜〔探〕索(among, in, into) ③扫视〔射〕,俯瞰,掠过(across, over) ④(使)倾斜 ⑤掊刮,撤去(off) ☆**rake among (in) A** 在 A 中搜集材料; **rake (through, over) A for B** 从 A 里搜集 B; **rake out** 耙出,搜集; **rake up** 搜集,重新提起

raker ['reɪkə] *n.* ①撑脚〔杆〕,斜撑 ②火耙 ③耙路机

rakish ['reɪkɪʃ] *a.* ①外形灵巧的,看上去速度快的 ②洋洋得意的 ‖ **~ly** *ad.*

rale [reɪl] *n.* 【医】(肺的)水泡音,罗音

rally ['rælɪ] *v.;n.* ①(重新)聚集,集中 ②团结 ③振作,恢复 ④(群众性)大会 ⑤(市场)价格止跌 ⑥嘲笑

ram [ræm] ❶ *n.* ①公羊,【天】公羊(星)座 ②夯(锤),锤头,沙春,(桩,捣)锤 ③(压力机)压头,压实器,(水压机)活塞 ④顶〔撞〕杆,(炉)用推钢机 ⑤(牛头刨)滑枕,拖板 ⑥动力油缸,升降机 ⑦(发动机进气)冲压管 ⑧船的总长度,(船首水线下的)冲角 ❷ (rammed; ramming) *vt.* ①夯(实,紧),锤击,冲压,打桩,捣 ②充填,装弹药,塞 ③灌输,迫使接受 ☆**ram down (home)** 夯实; **ram off** 落砂; **ram up** 预填

ramal ['reɪməl] *a.* 【植】(分)支的

ramark ['reɪmɑːk] *n.* (=radar marker)【电子】雷达信标

ramaway ['ræməweɪ] *n.* 落砂;【机】捣砂走样

rambling ['ræmblɪŋ] *a.* 凌乱的,不连贯的

ramellose ['ræmələʊs] *a.* 小枝的

ramet ['reɪmet] *n.* ①碳化钽(合金),金属陶瓷〔硬质合金〕 ②无性繁殖植株

ramie, ramee ['ræmɪ] *n.* 青麻

ramiferous [ræ'mɪfərəs] *a.* 有枝的,有分叉的

ramification [ˌræmɪfɪ'keɪʃən] *n.* ①支状分布,分支①,【数】分歧 ②支流〔脉,线〕,门类 ③衍生物,结果

ramiform ['ræmɪfɔːm] *a.* 分支的

ramify ['ræmɪfaɪ] *v.* (使)分支〔歧,叉〕

ramjet ['ræmdʒet] *n.* 冲压式(空气)喷气发动机

rammability [ræmə'bɪlɪtɪ] *n.* 可夯实性

rammer ['ræmə] *n.* 夯(具,锤),撞锤〔杆〕,捣锤,夯实机,(压力机)压头,冲头

ramming ['ræmɪŋ] *n.* ①锤〔撞〕击,落锻,打夯,夯实 ②速度头 ③【机】捣砂,捣制

ramoff ['ræmɒf] *n.* 落砂

ramollescence [ˌræmə'lesns] *n.*【化】软化作用 ‖ **ramollescent** [ˌræmə'lesənt] *a.*

ramose ['reɪməʊs] *a.* 分〔有,多〕支的 ‖ **~ly** *ad.*

ramp [ræmp] ❶ *n.* ①斜面〔道〕,坡道,滑道〔轨〕,倾斜装置,斜台,滑行台 ②停机坪,(发射)斜轨 ③装料(滑)台 ④凸轮滑边 ⑤台阶,客机梯子 ⑥楼梯扶手的弯曲部分 ⑦【地质】逆〔对冲〕断层 ⑧接线夹,鳄鱼夹 ⑨斜升,等变率 ⑩敲诈,索取高价 ❷ *v.* ①使有斜面(坡)②倾斜 ③暴跳,猛袭 ④(草木)蔓生

rampactor ['ræmpæktə] *n.* 跳击夯

rampage [ræm'peɪdʒ] *n.;vi.* 袭击,横冲直撞

rampancy ['ræmpənsɪ] *n.* 蔓延,猖狂;【法】过激,猖獗,猖狂

rampant ['ræmpənt] *a.* ①蔓延的 ②猛烈的,猖狂的 ③具有一个比一个高的桥台的 ‖ **~ly** *ad.*

rampart ['ræmpɑːt] ❶ *n.* 保护物,壁垒,防土墙 ❷ *v.* (用壁垒)防护

rampiston ['ræm,pɪstən] *n.* 压力机活塞

rampway ['ræmpweɪ] *n.* 斜道

ramrod ['ræmrɒd] ❶ *n.* 推弹杆,(枪的)通条,捣棒,洗杆 ❷ *a.* 笔直不弯的,生硬的

ramsayite ['ræmzɪˌaɪt] *n.* 褐硅钠钛矿

ramshackle ['ræm,ʃækl] *a.* (像)要倒塌的,摇摇欲坠的,草率建成的,衰弱的,腐败的

ramulose ['ræmjuləʊs], **ramulous** ['ræmjuləs] *a.* 多小枝的

ramulus ['ræmjuləs] (pl. ramuli) *n.* 副枝,小分支

ramus ['reɪməs] (pl. rami) *n.*【生】(岔)枝,支

rance [ræns] *n.;v.* 支柱〔撑〕,闩(住)

ranch [rɑːntʃ] ❶ *n.* 大牧〔农〕场,专业性牧〔养殖〕场 ❷ *v.* 经营牧〔农〕场,在牧〔农〕场工作

rancher [rɑːntʃə] *n.* 大牧〔农〕场主,大牧〔农〕场工人

ranchero [ræn'tʃeərəʊ] *n.* 大牧〔农〕场主,大牧场工人

ranchette [ˌræn'tʃet] *n.* 小型农〔牧〕场

rancho ['ræntʃəʊ] *n.* ①大牧〔农〕场 ②小茅屋

rancid ['rænsɪd] *a.* 腐烂(了)的,败坏的,恶臭的 ‖ **rancidness** [ræn'sɪdnɪs] *n.*

rancidity [ræn'sɪdɪtɪ] *n.* 臭〔酸〕败(作用,性)

rand [rænd] *n.* ①边,缘,卡圈 ②凸缘 ③垫皮

randanite ['rændənaɪt] *n.* 硅藻土

random ['rændəm] ❶ *a.* ①随意(选择)的,偶然的 ②【数】【计】随机的 ③不规则的,(杂)乱的 ❷ *ad.* 胡乱地,随便地 ❸ *n.* 偶然的行动〔过程〕,随机抽样 ☆**at random** (紊)乱(地),任意,没有规律地,无目的地; *in a random way* 无规则的; *shoot at random* 无的放矢

randomize, randomise ['rændəmaɪz] *vt.* ①形成不规则分布 ②随机化,使不规则化 ‖ **randomization** 或 **randomisation** [,rændəmaɪ'zeɪʃ ən] *n.*

randomizer ['rændəmaɪzə] *n.* 随机函数发生器

randomly ['rændəmlɪ] *ad.* ①任意地,无规律地 ②偶然地 ③【数】随机地

randomness ['rændəmnɪs] *n.*【计】随机〔偶然,不规则〕性,无序度

randox ['rændɒks] *n.* 二烯丙基-2-氯乙酰胺

range [reɪndʒ] ❶ *v.* ①排列,把…排成行 ②(距离)调整,把…对准,定向,测距 ③(把…)分类,使系统化,编入,分等级 ④绵延,达到,分布,沿…巡航 ⑤游历,徘徊,跋涉,(动物)栖息 ☆ *be ranged against* 站在反对…方面; *range all the way from A to B* 其范围从 A 起一直到 B 为止; *range into* 范围伸展到; *range A on B* 把 A 对准 B; *range out* 定位; *range over* 分布于…范围内,在…范围内(变化); *range oneself with (on the side of)* A 站在 A 的立场上; *range up to A* 在 A 和 A 以下的范围内; *range with* 与…并列 ❷ *n.* ①范围,幅度,度盘标度,涉及的科学门类,(知识)领域,值域,【统】全距 ②量程,波段,音域,级数,极差,限度 ③射(行)程,(作用,飞越)距离,(相互)作用半径,空间,位置,距离 ④序,(排)列,等级,批,绵延 ⑤靶场 ⑥山脉 ⑦一种 徘徊,漫游 ☆ *a long range of* 一长列; *a whole range of* 一大堆(批),各种各样的; *a wide range of* 大量的,各式各样的; *at a range of A* 在 A 的范围(射程); *at close range* 接近地,在很近的范围里; *at long range* 在〔从〕远距离; *at short range* 在〔从〕近距离; *(be) in range* 在范围〔射程〕以内; *in range with* 和…并排着; *in the range of A to B* 在 A 到 B 之间〔范围内〕; *in whole ranges* 品种〔规格〕齐全地,成龙配套地; *out of one's range* 能力达不到的,在知识范围以外; *over a range of* 在…范围内; *over a wide range of* 在很宽的…范围内; *within the range of* 在范围〔变动,射程〕内,…能力达得到的 〖用法〗 ❶ 表示"在…范围内",一般使用"over"或"in",有时也用"on"。如:These phenomena affect the value of capacitance <u>over a wide frequency range</u>. 这些现象在很广的频率范围内影响着电容量。/This type of analyzer is used presently only <u>in the microwave frequency range</u>. 这种分析仪目前只用于微波频率范围。/The time constant would change <u>on each range</u>. 时间常数在每个频率段上都会变化的。❷ 注意下面例句中该词作不及物动词时的情况:Typical values of a <u>range</u> from 0.90 to 0.99. a 的典型值从 0.9 到 0.99。/The wavelengths encountered in electromagnetic radiation can <u>range</u> through many orders of magnitude. 在电磁辐射中遇到的波长范围宽达多个数量级。

rangeability [reɪndʒə'bɪlɪtɪ] 可调范围

rangefinder ['reɪndʒfaɪndə] *n.* 测距仪

rangeland ['reɪndʒlænd] *n.* 牧地〔场〕,草场〔原〕

ranger ['reɪndʒə] *n.* ①测距仪 ②别动队员,巡逻骑兵 ③森林管理员,护林人 ④漫游者,徘徊者

rangesetting ['reɪndʒsetɪŋ] *n.* 射程表尺数

rangetable ['reɪndʒteɪbl] *n.* 射程表

rangetaker ['reɪndʒteɪkə] *n.* 测距员

rangey ['reɪndʒɪ] *a.* 长脚的;有回旋余地的

ranging ['reɪndʒɪŋ] *n.* ①测距,射程测定,距离调整 ②广泛搜索

Rangoon [ræŋ'guːn] *n.* 仰光(缅甸首都)

rank [ræŋk] ❶ *n.* ①横(行,排)(顺,次)序,(矩阵的)秩,(张量的)阶 ②等级,阶层,地位,军衔,(pl.)队伍,军队 ❷ *v.* ①排列,把…列成横列 ②把…分等级,【数】秩评定 ③列为,占有最高级 ④列队(前进) ❸ *a.* ①繁茂的,太肥沃的,多杂草的 ②臭气难闻的,粗糙的,极端的 ☆ *be in the first rank* 是第一流的; *close (the) ranks* 紧密团结,使行列靠拢; *give first rank to* 把…放在第一位; *rank above* 高于; *rank among* 列为; *rank first (second, third) in (on)* 在…方面居第一〔二,三〕位; *rank A as B* 把 A 评为 B; *rank next to* 仅次于; *rank with* 同…并列; *take rank of* 在…之上; *take rank with (among)* 和…并列; *the rank and file* 普通成员 〖用法〗 注意下面例句中该词的含义: This student <u>ranks among</u> the top students in his class. 或 This student <u>ranks high in</u> his class. 这位学生在班上名列前茅。("rank first" 意为"名列第一"。)

Rankine ['ræŋkɪn] ❶ *a.*【物】(根据)兰金刻度的 ❷ *n.* 兰金

ranking ['ræŋkɪŋ] ❶ *n.* 顺序,序列,等级,【数】秩评定,分类 ❷ *a.* 地位高的,首位的,第一流的

ranquilite ['ræŋkwɪlaɪt] *n.* 多水硅钙铀矿

ransack ['rænsæk] *vt.* ①彻底搜索,仔细搜查(for) ②洗劫,掠夺

ransom ['rænsəm] *n.;v.* 赎(出,金),敲诈,勒索

rant [rænt] *n.* 大话,叫喊

Ranunculaceae [rənʌŋkju'leɪsɪɪ] *n.*【植】毛茛科

rap [ræp] ❶ *v.* (rapped; rapping) *v.* 抢走;使着迷;交谈;敲打 ❷ *n.* ①轻敲(声),急拍(声) ②无价值的东西 ③交谈 ④责备 ⑤刑事责任,罪名 ⑥(包缠管道用的)绝缘体,潮湿绝缘体 ☆ *not care (give) a rap* 毫不在乎; *not worth a rap* 毫无价值

rapacious [rə'peɪʃəs] *a.* 强夺的,贪婪的

rapanone ['ræpənəun] *n.* 酸藤子醌

rape [reɪp] *n.* 芸苔,野油菜;强奸,掠夺

R

raphia [ˈreɪfɪə] *n.* 酒椰,酒椰纤维

rapid [ˈræpɪd] ❶ *a.* ①快的,迅(急)速的,(湍)急的 ②陡峭的,险峻的 ❷ *n.* (pl.)急〔奔〕流,湍滩

rapidity [rəˈpɪdɪtɪ] *n.* ①快,迅〔急〕速,急剧 ②速度,快速性 ③陡,险峻
〖用法〗 当它表示"迅速"时,"with rapidity"等效于"rapidly",所以其后面跟的定语从句应该以"with which"开头。如:The ease and rapidity with which this result is obtained should be compared with that necessary using Kirchhoff's rules. 应该把获得这一结果的容易程度和快速性与利用基氏定律所需要的情况作一比较。

rapier [ˈreɪpɪə] *n.* 轻剑

rapine [ˈræpaɪn] *n.* 抢劫,劫掠;【法】抢劫,掠夺,强夺

raplot [ˈreɪˌplɒt] *n.* 等点绘图法

rappage [ˈræpeɪdʒ] *n.* 起模胀砂

rapper [ˈræpə] *n.* 松模工具,振动器,(取样用的)轻敲锤;【机】敲杆

rapping [ˈræpɪŋ] *n.* 【机】松动(模样),扩砂,轻击修光

rapport [ræˈpɔ:] (法语) *n.* 关系,联系,一致,协调 ☆*en rapport* (法) 与…一致〔融洽〕

rapporteur [ˌræpɔ:ˈtuə] (法语) *n.* 指定委员会(或大会)起草报告的人

rapprochement [ræˈprɒʃmɑ:ŋ] (法语) *n.* ①友好关系的建立 ②恢复邦交,和解(with)

rapt [ræpt] *a.* 全神贯注的

raptatory [ˈræptˈeɪtərɪ] *a.* (= raptatorial 或 raptatorious)【动】掠食的,凶猛的

rapture [ˈræptʃə] *n.* 着迷,全神贯注,狂喜

rara avis [reərəˈæviz] (拉丁语) 罕见的人〔物〕,不寻常的人〔物〕

rare [reə] ❶ *a.* ①稀(少,有)的,罕见的 ②杰出的,珍贵的 ③半生不熟的 ❷ *ad.* 非常,罕有地 ☆*in rare cases* 或 *on rare occasions* 不常,偶尔,难得

rarefaction [ˌreərɪˈfækʃən] *n.*【医】①稀少〔释〕,稀疏(作用) ②膨胀波 ‖ -al 或 **rarefactive** [ˌreərɪˈfæktɪv] *a.*

rarefication [ˌreərɪfɪˈkeɪʃən] *n.* 稀薄〔疏〕,稀薄度

rarefied [ˈreərɪfaɪd] *a.* ①(变)稀少的,被抽空的 ②极高的 ③只限于小圈子内的

rarefy [ˈreərɪfaɪ] *v.* (使)变稀少〔疏〕,(使)变纯净,造成真空,排气,使精炼;【医】使稀疏,使疏松

rarely [ˈreəlɪ] *ad.* ①很少,难得,罕见地 ②珍贵地 ③非常

rareness [ˈreənɪs] *n.* 稀薄〔疏〕,罕有

rareripe [ˈreəraɪp] *a.;n.* 早熟的(果,菜)

rariconstant [ˌreərɪˈkɒnstənt] *n.* 寡常数

raring [ˈreərɪŋ] *a.* 急切〔热情〕的

rarity [ˈreərɪtɪ] *n.* ①稀薄〔疏〕②稀有〔罕〕③珍品〔贵〕,罕见的事物

rascal [ˈrɑ:skəl] *n.* 流氓,无赖 ‖ **~ly** *ad.*

rascality [rɑ:sˈkælɪtɪ] *n.*【法】流氓〔卑鄙〕行为

raschite [ˈræskaɪt] *n.* 一种硝铵炸药

rascle [ˈræskl] *n.* 灰炭参差蚀面

raser [ˈreɪzə] *n.* 雷泽,电波受激发射放大器,射频量子放大器

rash [ræʃ] ❶ *a.* ①急躁的,轻率的 ②过早的,未成熟的 ❷ *n.* ①皮疹 ②一下子大量出现的事物 ‖ **-ly** *ad.* **~ness** *n.*

rasher [ˈræʃə] *n.* 咸肉片,火腿片

rasion [ˈreɪʒn] *n.*【医】锉刮〔磨〕

rasp [rɑ:sp] ❶ *n.* ①粗〔木〕锉 ②锉磨声 ❷ *v.* ①(用粗锉刀)锉 ②挫伤 ③发刺耳声 ☆*rasp away (off)* 锉掉

rasper [ˈrɑ:spə] *n.* ①锉刀 ②用锉的人

rasping [ˈrɑ:spɪŋ] ❶ *a.* 锉磨声的,粗声的 ❷ *n.* (pl.)锉屑

raspite [ˈræspaɪt] *n.* 斜钨铅矿

raspy [ˈrɑ:spɪ] *a.* 粗糙的,易怒的

raster [ˈræstə] *n.* ①光栅 ②网板,屏面〔电〕试映图

rasterelement [ræstəˈreləmənt] *n.* 光栅单元

rat [ræt] ❶ *n.* ①(老)鼠 ②表面凸起 ③叛徒,密探 ❷ (ratted; ratting) *vi.* 叛变 ☆*smell a rat* 觉得可疑

ratal [ˈreɪtl] *n.* 纳税额

ratchel [ˈrɑ:tʃəl] *n.* 大石块,砾石,毛石

ratchet [ˈrætʃɪt], **ratch** [rætʃ] ❶ *n.* ①棘轮,闸轮,齿杆,齿弧 ②棘齿,棘爪 ❷ *vt.* ①啮合 ②安装棘轮机构于,制成棘齿 ③【核】(燃料和释热元件外壳之间的)松脱

ratcheting [ˈrætʃɪtɪŋ] *n.* ①啮合 ②离合器 ③棘轮效应

rate [reɪt] ❶ *n.* ①(比)率,比(值,例) ②速率〔度〕(钟或快慢的)差率,变化率,生产率 ④等级,定额〔值〕⑤价格〔值〕⑥捐税,税率 ⑦估价,(pl.)定价,价目表 ⑧情况 ❷ *v.* ①对…估价,计算 ②认(列)为 ③定额,定…的等级 ④定…的运费(保险费),定税率 ⑤测量,确定 ⑥(被)列入(等级),值多 ☆*at a good rate* 以相当的速度; *at a great rate* 以高速地,非常地; *at an easy rate* 非常容易地,廉价地; *at any rate* 在任何情形下,毕竟,至少,总之; *at that (this) rate* 如果那〔这〕样; *at the (a) rate of* 按…的比率,以…速度; *(be) rated at* 额定为; *by no rate* 绝没有; *rate as* 列入; *rate A at B* 将 A 测定为 B; *A rate of change* 或 *rate of change in (of) A* 对 A(坐标)的导数,A 的变化率; *rate with* 受…好评; *the A rate of B* B 相对于 A 的比率
〖用法〗❶ 在该名词后可以跟"of +名词或动名词"或由"at which"开头的定语从句。如:This term equals the rate of dissipation of energy in the internal resistance of the source. 这一项等于在电源的内电阻中消耗能量的速率。/Its rate of doing work is as follows. 其做功的速率如下。/Power is the rate at which work is done. 功率就是做功的速

率。❷ 表示"以速率"时,其前面一般用介词"at"。如:A computer processes information <u>at extremely rapid rates</u>. 计算机处理信息的速度极快。❸ 注意下面例句中该词的用法:With a sampling <u>rate</u> of 8 kHz, each frame of the multiplexed signal occupies a period of 125 μs. 如果取样速率为 8 千赫〔对于 8 千赫的取样速率来说〕,多路信号的每一帧所占时间为 125 微秒。/This voltmeter <u>is rated at</u> 1000 Ω/V. 这只伏特表的定额为 1000 欧姆/伏特。

rateable ['reitəbl] a. 可估价的,按比例的,该纳税的 ‖ **rateably** ['reitəbli] ad.

rated ['reitid] a. ①额〔标〕定的,标称的,定额的 ②设计的 ③票面的 ④适用的

ratemeter ['reit,mi:tə] n.【电子】①速率计,测速计 ②(辐射)强度计

rater ['reitə] n. ①估价人,定等级人 ②…等级的东西 ③【经】率,比率,价格

rather ['rɑ:ðə] ad. ①宁愿,宁可,(与其…)倒不如 ②相当地,颇为,稍微 ③(在句首,或作插入语,它前面通常是个否定句)相反地,倒不如(说) ④(说得)更确切些 ☆ **(not, seldom, hardly, …) but rather…** (不,很少,几乎不,…)而是,而宁可; **had (would) rather** 宁可; **had (much) rather A than B** 宁可 A 也不 B; **or rather** (说得)更确切些; **rather than** 而不; **A rather than B** 或 **rather A than B** 宁可 A 也不 B,是 A 而不是 B; **rather A than otherwise** 不是别的而是 A; **rather too A** 稍 A 了些

『用法』 在科技文中,该词主要有以下几种用法: ❶ 作普通副词用,意为"相当,颇"。如:The input signal shown in Fig. 8-9 is <u>rather</u> complex. 图 8-9 所示的输入信号是相当复杂的。/Many inductors have a <u>rather</u> low Q (也可以表示为 rather a low Q). 许多电感器的 Q 值是相当低的。 ❷ 与前面当否定的句子连用(一般用"but rather",也可单独使用在一句的开头),意为"而是"。如:On a microscopic scale, blood is not a homogeneous fluid <u>but rather</u> a suspension of solid particles in a fluid. 微观地看,血液并不是一种同质流体,而是一些固体微粒在流体中的一种悬浮液。/At that time, the user did not interact directly with the computer systems. <u>Rather</u>, the user prepared a job, and submitted it to the computer operator. 在那时,用户并不是直接与计算机系统交互活动的,而是用户准备好一项任务,然后把它交给计算机操作人员。 ❸ "rather than"的用法:①它与句尾的"as"从句或短语连用时,表示"否定的转移",译成"而不像…那样…"。如:The increase in mass of a piece of iron when it rusts indicates that iron has combined with some other material, <u>rather than</u> having decomposed, <u>as</u> the early chemists believed. 当铁块生锈时质量的增加表明,铁与其它某种物质化合了,而并不是像早期的化学家们所认为的那样铁分解了。/The output voltages for OR and NOR are between −0.81 and −0.96 V <u>rather than</u> −0.8, <u>as</u> predicted by

Eq.(3-9)."或"门和"或非"门的输出电压均在 −0.81 伏和−0.96 伏之间,而不像式(3-9)所预示的那样是−0.8 伏。②作为一个普通的并列连词使用,意为"而不是",其后面一般跟短语,偶尔也可跟一个并列句。如:Here lower limit is defined as zero <u>rather than</u> minus infinity. 这里,下限被定义为零而不是负无穷。/The result is class AB <u>rather than</u> class B operation. 结果是 AB 类工作而不是 B 类工作。/In this case, it may be more efficient to have a process run remotely, <u>rather than</u> to transfer all the data locally. 在这种情况下,可能更为方便的是使进程遥远地运行而不是就地传送所有的数据。/A great deal of that early development was carried out by individual enthusiasts, <u>rather than</u> by well-funded development or research facilities. 大量的早期开发是由一些个人爱好者而不是由受到很好资助的研发机构进行的。/The generator is supplying <u>rather than</u> consuming ac power. 该发电机正在提供而不是消耗交流功率。/It is better that an analyst scrap his fine analysis, <u>rather than</u> he later see the mechanism scrapped. 最好是一位分析工作者宁可废弃他精密的分析,也不要在后来看到制造出来的装置报废掉。(在"it is better that …"句型的"that"从句中,谓语一般使用"(should +)动词原形"的虚拟形式。) ③"rather than +动词原形或动名词"表示"不是…",一般放在句首,偶尔也可在句尾。如:<u>Rather than use</u> the wave analyzer to measure each harmonic individually, some prefer to use the distortion analyzer. 有些人不是使用电波分析仪来单独测量每个谐波,而是喜欢使用失真分析仪。/<u>Rather than let</u> the CPU sit idle when this interactive input takes place, the operating system will rapidly switch the CPU to the program of some other user. 当这种交互输入发生时,操作系统不是让 CPU 闲置着,而是会迅速地把 CPU 转向其它某个用户的程序。/<u>Rather than writing</u> this number over and over repeatedly, we use the notation aⁿ. 我们不是反复地把这个数一遍一遍地写,而是采用标记 aⁿ。/In this case the entire system runs only 10 percent slower, <u>rather than failing</u> altogether. 在这种情况下,整个系统的运算速度只是慢了百分之十,而不是完全失效了。

ratherish ['rɑ:ðəriʃ] ad. 颇,相当,有点儿

raticide ['rætisaid] n.【医】灭鼠药,杀鼠药

ratification [,rætifi'keiʃən] n. 批准,认可;【经】追认,批准

ratifier ['rætifaiə] n. 批准者;【法】批准者,认可者

ratify ['rætifai] vt. 批准,认可

rating ['reitiŋ] n. ①额定值,定额,额定性能〔容量〕,(广播或电视节目)收看(听)率,量程极值 ②分等〔摊配〕,等级,军阶 ③参数,特性,规格 ④测〔鉴〕定,额定值的确定,评价〔级〕⑤税率,工资〔运费〕率

ratio ['reiʃiəu] ❶ n. ①比(率,值),传动比 ②(变换)系数 ❷ vt. 求出比值,以比率表示,按比例放大

☆*(be) in constant ratio* 之比为常数; *(be) in the ratio A:B* 比率为 A:B; *(be) in the same ratio* 比值相等; *direct (inverse) ratio* 正〔反〕比

〖用法〗❶ 表示"A 与 B 之比"时一般用"the ratio of A to B",也可用"the ration between A and B"。如:Speed is defined as the ratio of distance to time. 速度被定义为距离与时间之比。/It is possible to find out the ratio of the input impedance of a transmission line when it is shorted at the far end to that when the far end is open-circuited.我们能够求出传输线远端短路时的输入阻抗与远端开路时的输入阻抗之比。/The angular velocity of a particle in uniform circular motion is the ratio between its linear speed and the radius of its path. 质点处于匀速圆周运动时的角速度就是其线速度与其通道半径之比。❷ 注意下面例句中该词的译法:The force vector parallel to the plane is smaller in magnitude than the weight vector in the same ratio as the height of the plane is smaller than its length. 平行于该平面的力矢量的数值小于重量矢量,其比例相当于该平面的高度与长度之比。❸ 该词可以用"large"和"small"修饰。如:In this case a larger signal-to-noise ratio is required. 在这种情况下,需要一个比较高的信噪比。

ratiocinate [ˌrætɪˈɒsɪneɪt] vi. (用三段论法)推论 ‖ **ratiocination** [ˌrætɪˌɒsɪˈneɪʃən] n. **ratiocinative** [ˌrætɪˈɒsɪneɪtɪv] a.

ratiometer [reɪʃɪˈɒmɪtə] n. 比率表,比值计

ration [ˈræʃən] n.;vt. ①定量(分配,供应),配给(量),(一份)份②(pl.)给养,口粮,食物 ☆*put ... on rations* 对…实行配给供应制

rational [ˈræʃənl] ❶ a. ①合(有)理的②(有)理性的,理智的,有辨别力的③头脑清楚的④【数】有理(数)的 ❷ n. 有理数

rationale [ˌræʃəˈnɑːl] n. ①(基本)原理,理论(基础)②原理的阐述,合乎逻辑的论据
〖用法〗该词一般可以后跟介词"for"。如:The rationale for the system is rooted in information theory. 该系统的理论基础扎根于〔来源于〕信息理论。

rationality [ˌræʃəˈnælɪtɪ] n. 合(有)理性,(pl.)合理的意见

rationalizable [ˈræʃənəˌlaɪzəbl] a. (可)有理化的

rationalize, rationalise [ˈræʃənəˌlaɪz] vt. ①使合理(化),使有理化②合理地说明(处理),合理化改革③【数】使成为有理数④文过饰非 ☆*rationalize away* 据理说明 ‖ **rationalization** 或 **rationalisation** [ˌræʃənəlaɪˈzeɪʃən] n.

rationally [ˈræʃənəlɪ] ad. 理性上,合理地

rationing [ˈræʃənɪŋ] n. 定量配给(on)

ratite [ˈrætaɪt] a. 有扁平胸骨的,无龙骨的

rato [ˈreɪtəu] n. 火箭助推起飞,起飞辅助火箭

rator [ˈreɪtə] n. 分段线型函数发生器

ratran [ˈrætrən] n. 三雷达台接收系统

rattan [rəˈtæn] n. 藤(条,杖)

rattle [ˈrætl] ❶ v. ①(使)发among声,咔嗒作响②振(颤)动③使慌乱④使振作 ❷ n. ①爆炸(喀啦)声,硬物震动声②响度③急响器

rattler [ˈrætlə] n. ①磨耗试验机,磨砖机②货运列车,有轨电车③劣质气煤④响尾蛇⑤倾盆大雨⑥格格响的东西⑦【机】打磨滚筒

rattlesnake [ˈrætlsneɪk] n. 响尾蛇

rattletrap [ˈrætltræp] n.;a. 破旧得格格作响的(东西),破旧的,零碎东西

rattling [ˈrætlɪŋ] ❶ a. ①轻快的②第一流的③咔嗒响的 ❷ ad. 极,非常 ❸ n. 咔嗒声,胡言

raunchy [ˈrɔːntʃɪ] a. 不够标准的,破旧的,秽亵的

rauvite [ˈrɔːvaɪt] n. 红钒钙铀矿

ravage [ˈrævɪdʒ] v.;n. 蹂躏,劫掠,(使)荒废,毁坏,(pl.)劫掠后的残迹

rave [reɪv] v.;n. ①呼啸,咆哮②(pl.)(运货车四周的)栏板〔围栏〕

ravel [ˈrævl] ❶ (ravel(l)ed; ravel(l)ing) v. ①解开,拆散〔开〕,绽裂,剥落(out)②弄明白,解除,得到解决(out)③拆纱,使纠缠,使错综复杂 ❷ n. 纠缠的东西

ravel(l)er [ˈrævələ] n. ①使变得复杂者②拆散〔解开〕者

ravel(l)ing(s) [ˈrævəlɪŋ(z)] n. 乱纱,(路面)散,拆开,纠缠,剥落

raven ❶ [ˈreɪvən] a. 乌黑的 ❷ [ˈreɪvən] n. ①乌鸦②飞机反雷达 ❸ [ˈrævən] v. 抢劫,吞食

ravener [ˈrævənə] n. 强盗

ravenous [ˈrævənəs] a. 贪婪的,渴望的 ‖ ~**ly** ad.

ravin [ˈrævɪn] n. 掠夺,捕食物

ravine [rəˈviːn] n. (峡,深)谷,沟壑,山涧

ravish [ˈrævɪʃ] vt. 夺去,使陶醉 ‖ ~**ment** n.

ravishing [ˈrævɪʃɪŋ] a. 引人入胜的,令人陶醉的 ‖ ~**ly** ad.

raw [rɔː] a. ①生的,原(状,始)的②未处理〔加工〕的③粗(糙,暴)的④生疏(硬)的,无经验的,未经训练的⑤未稀释的,纯的⑥阴(湿)冷的⑦擦破皮的,(伤口)露肉的 ☆*in the raw* 处于自然状态,不完善的,裸露的; *touch ... on the raw* 触到…的痛处 ‖ ~**ly** ad.

Rawalpindi [rɑːvəlˈpindiː] n. 拉瓦尔品第(巴基斯坦城市)

rawhide [ˈrɔːhaɪd] ❶ n. 生牛皮,皮条 ❷ a. 生(牛)皮(制)的 ❸ v. 用生皮鞭抽打

rawin [ˈreɪwɪn] n. 无线电高空测风仪,雷达气球

rawinsonde [ˈreɪwɪnsɒnd] n. 无线电高空测风仪

rawish [ˈrɔːɪʃ] a. 夹生的,似未精制的

rawness [ˈrɔːnɪs] n. 生(制),生硬

ray [reɪ] ❶ n. ①光线,光迹,射线 ②【数】半直线 ③辐射状的直线 ④微量 ⑤光辉,一线(光芒) ⑥(木材)射髓 ⑦鳐鱼 ❷ v. 放(照)射,辐照,闪现

raydist [ˈreɪdɪst] n. 相位比较仪,射线距

Rayhead [ˈreihed] n. 瑞海德煤气红外线加热器

rayl [reɪl] n. 雷(耳)(1 牛顿/米²声压能产生 1 米/秒

的质点速度的声阻抗率)

Rayleigh ['reɪlɪ] n. ①雷利(人名) ②极光和夜天光的发光强度的单位

rayless ['reɪlɪs] a. 无光线的,黑暗的

raymark ['reɪmɑːk] n. 雷达信标

Rayo ['reɪjəʊ] n. 雷约镍铬合金

rayon ['reɪɒn] n. ①【化】(纤维素)人造丝,人造〔黏胶〕纤维,嫘萦,人(造)丝织物 ②一种雷达干扰发射机

rayonism ['reɪɒnɪzəm] n. 四元空间派,辐射主义

rayonnant ['reɪənənt] a. 辐射式的

rayotube ['reɪəʊtjuːb] n. (测量运行中轧件温度的)光电高温计

raytracing ['reɪtreɪsɪŋ] n. 射线跟踪,射线描迹

raze [reɪz] vt. ①铲平,把…夷为平地,毁灭 ②抹去(out),消除(印象)

razon ['reɪzɒn] n. 导弹,无线电控制炮弹

razor ['reɪzə] ❶ n. 剃刀 ❷ vt. 剃刮 ☆**be on a razor's edge** 在锋口上,在危急关头

razz [ræz] vt. 嘲笑,戏弄

razzmatazz ['ræzmətæz] n. 噱头,卖弄

re [riː] (拉丁语) prep. 关于 ☆**in re** 关于,说到

reabsorb [riːəb'sɔːb] vt. 【医】重吸收,再吸附

reabsorption ['riːəb'sɔːpʃən] n. 【医】重吸收,再吸附

reach [riːtʃ] ❶ v. ①到(达),达到,获得 ②扩展(到),蔓延,伸出 ③影响 ④伸(手),交给 ☆**as far as the eye can reach** 就眼力所及; **be reached by (railway)** 可通(火车); **reach after (at, for)** 竭力想达到,追求,伸手去够; **reach as far as A** 一直延伸到 A; **reach bottom** 到底,查明; **reach A for B** 把 A 递给 B; **reach out** 伸出(手); **reach (out) (one's hand) for** 伸手取 ❷ n. ①可达到的距离,所能及的限度,有效半径,(有效,影响)范围,作用区,臂长,(起重机)外伸幅度,射程 ②河段,流域,海角 ③拉〔活塞〕杆 ④伸出,延伸 ⑤一次努力〔航程〕,一段旅程 ☆**above (beyond, out of) one's reach** 或 **above (beyond, out of) the reach of** 为…力所不及,超出…的(作用,影响); **get A by a long reach** 尽力伸手取 A; **have a wide reach** 范围宽广; **lower (upper) reaches of A** A 的下(上方)游; **within easy reach of** 在…容易到达的地方,在…附近; **within one's reach** 或 **within the reach of** 在…够得着的地方,为…力所能及的(范围内); **within reach** 可以达(办)到,力所能及的

reachability [riːtʃə'bɪlɪtɪ] n. 能达到性

reachless ['riːtʃlɪs] a. 不能达到的

reacquired ['riːə'kwaɪəd] a. 再获得的

react [riː'ækt] v. ①起反应,起反作用,有影响 ②恢复原状 ③重作,再做 ☆**react against** 反对; **react chemically with** 与…起化学反应; **react on (upon)** 反作用于,对…有效果,对…起反应; **react to (with)** 对…起反应

reactance [rɪ'æktəns] n. ①电抗,无功(有感)电阻

②反应性

reactant [rɪ'æktənt] n. ①成分,组成 ②【化】试剂,反应物

reactatron [rɪ'æktətrɒn] n. 一种晶体二极管低噪声微波放大器

reaction [rɪ'ækʃən] n. ①反应(作用) ②反作用(力),阻力 ③反冲,恢复原状 ④(天线)反向辐射 ⑤(正)回馈 ⑥反动(势力),极端保守
〖用法〗注意其两种搭配关系:"reaction (of A) on B"意为"(A)对 B 的反作用","reaction (of A) to B"意为"(A)对 B 的反应"。

reactionary [rɪ(ː)'ækʃənərɪ] ❶ a. ①反应的,反作用的 ②反动的,倒退的 ❷ n. 反动分子,反动派

reactionism [rɪ'ækʃənɪzm] n. 极端保守主义,反动主义

reactionist [rɪ'ækʃənɪst] ❶ a. 反动的 ❷ n. 反动分子

reactionless [rɪ'ækʃənlɪs] a. 无反应的,惰性的

reactionlessness [rɪ'ækʃənlɪsnɪs] n. 【化】化学惰性,反应缓慢性

reactivate [rɪ'æktɪveɪt] v. ①使恢复活动,(使)复活,(使)重新具有放射性 ②重激活 ‖ **reactivation** [ˌrɪ(ː)æktɪ'veɪʃ ən] n.

reactivator [rɪ'æktɪveɪtə] n. 【化】再生〔反应〕器

reactive [rɪ'æktɪv] a. ①(易,可起)反应的,反冲(作用)的,倒退的,反馈的 ②电抗性的 ③【化】反应性的,活性的 ‖ ~**ly** ad.

reactiveness [rɪ'æktɪvnɪs] n. 【医】反应性;【化】活动性

reactivity [ˌrɪæk'tɪvɪtɪ] n. ①反应(性,能力),活化性 ②再生性,电抗性

reactor [rɪ'æktə] n. ①【化】反应器,【物】反应堆 ②电抗器,电焊阻流圈 ③引起〔经受〕反应作用的人〔物〕,(对外来物质)呈阳性反应的人(动物)

reacylation [rɪæsɪ'leɪʃən] n. 【化】再酰化作用

read ❶ [riːd] (read [red]) v. ①读,读出(读数),阅(读) ②辨认,解释,识别,(数据)判读 ③(内容)写的是,读做,(仪表显示)读数是 ☆**read back** 复述,读回; **read down to** (从曲线向横坐标轴)往下读取; **read A for B** (勘误表用)把 B 改为 A; **read in** 【计】写入; **read A into B** 读入; **read of** 读知,阅悉; **read off** 读出,从…读取; **read out** 读出,宣读; **read over** 读完; **read through** 读遍; **read to oneself** 默读; **read up** 专攻(某科目),攻读 ❷ [riːd] n. 读出 ❸ [red] a. ①读出(的) ②读得多的 ☆**be well (little) read in** 精(略)通
〖用法〗❶ 该词作为动词后跟数值时,其意为"读数为"。如:The meter <u>reads 5V</u>. 该仪表的读数为 5 伏特。/The balance <u>reads 8 lb</u>. 该天平的读数为 8 磅。/If the current through a resistance is kept constant, a voltmeter across it <u>reads resistance linearly</u>. 如果使流过电阻的电流保持不变,则电阻两端的伏特计能够线性地读出阻值来。❷ "be

read (as) ..." 意为"被读成…"。如:ΣF$_x$ is read as sum of the x-components of the forces. ΣF$_x$ 被读成 "这些力的 x 分量之和"。/ X = (1/2π) FC is read as capacitive reactance is equal to the reciprocal of 2 pi times the frequency times the capacitance. X=(1/2π) FC 被读成容抗等于 2π 的倒数乘以频率乘以电容。/This dot is read AND. 这个点被读成"与"。❸ 注意下面例句中该词的含义: The distance L$_0$ is read off as L$_0$=87 km. 距离 L$_0$ 读数为 L$_0$=87 km。/The coupled mode equations now read dA/dz = k$_{ab}$ B exp[−i2(Δβ)^2] and dB/dz = k$_{ba}$ A exp[i2(Δβ)^2]. 现在耦合模式方程能读成 dA/dz=k$_{ab}$ B exp[−i2(Δβ)^2]和 dB/dz=k$_{ba}$ A exp [i2(Δβ)^2]。

readability [ˌriːdəˈbɪlɪtɪ] n. ①可读性,明确性 ②清晰度 ③易读性

readable [ˈriːdəbl] a. 易读的,明白的,值得一读的

readaptation [ˈriːˌædæpˈteɪʃən] n. 重适应,再匹配〔配合〕

readatron [ˈriːdətrɒn] n. 印刷数据读出和变换装置

readdress [ˈriːəˈdres] vt. 改写〔更改〕(收信人的)地址〔姓名〕;再讲,再致辞 ☆***readdress oneself to*** 重新着手〔致力于〕

reader [ˈriːdə] n. ①读者,校对人,审稿人,抄表员 ②读本 ③【计】读出器,指示器,阅读机,阅读程序

readership [ˈriːdəʃɪp] n. ①读者(们,数) ②读者的职务,身份

readily [ˈredɪlɪ] ad. ①容易地,不费力,快速地 ②欣然,乐意地,不犹豫地
〖用法〗在科技文中该词往往意为"easily"。如:The first moment is readily calculated on a computer. 在计算机上可容易地计算出第一个力矩。/Potential energy is capable of being readily changed into kinetic energy. 位能能够容易地被转换成动能。

readiness [ˈredɪnɪs] n. ①准备(妥),备用状态 ②容易,敏捷 ③欣然,愿意 ☆***in readiness for*** 为…准备妥当;***have everything in readiness for*** 为…准备好一切; ***Readiness is all.*** 有备无患; ***show readiness to (do)*** 表示愿意(做); ***with readiness*** 欣然地,快

reading [ˈriːdɪŋ] ❶ n. ①读(数据),读出,判读 ②读数,指示(数),计数 ③读书,阅读 ④读物,学识 ⑤解释,看法 ❷ a. 阅读的
〖用法〗❶ 表示"取读数"一般用"make the reading"。如:The accuracy of measurement also depends on the care with which the reading is made. 测量的精度还取决于获取读数的仔细程度。❷ 注意下面例句中该词的含义:A literal reading of Fig. 3-4 says that n(0) = p(0) = 0. 如实地读一下图 3-4 表明 n(0) = p(0) = 0。

readjust [ˈriːəˈdʒʌst] vt. ①更〔修〕正,校准,重调 ②再调整〔调节,整理〕 ‖ ~ment n.

readmit [ˈriːədˈmɪt] vt. 重新接纳 ‖ **readmission** [ˈriːədˈmɪʃən] n.

readout [ˈriːdaʊt] ❶ n. 【计】读出(数据,信息),

表示值读数 ②读出器 ③【机】轧制带材厚度指示仪 ④【计】结果传达,测量结果输出值 ❷ vi. 读出

ready [ˈredɪ] ❶ a. ①准备好的,现成的 ②易于…的 ③迅速的,立即的 ❷ vt. 使准备好,就绪 ❸ n. (射击)准备姿势,现款 ☆***(be) ready at*** 易〔善〕于; ***(be) ready at (to) hand*** 在手边; ***(be) ready for*** 准备好(用于);随时可以; ***(be) ready for orders*** 整装待命; ***(be) ready to (do)*** 准备好(做),随时可以(做),乐于(做); ***get ready for (to do)*** (使)做好…的准备; ***make ready for (to do)***准备(好,做); ***Ready all !*** 各就各位; ***ready up*** 即付,用现金支付,欺骗
〖用法〗注意下面例句中该词的功能:In this case, the file is loaded, ready to be edited. 在这种情况下,文件已装好,准备加以编辑。("ready to be edited"为形容词短语处于句尾作附加说明。)

reaeration [rɪˌeɪəˈreɪʃən] n. 【医】还原,复氧,再充气

reafference [rɪˈæfərəns] n.【心】再内导

reaffirm [ˈriːəˈfəːm] vt. 重申,再证实

reafforest [ˈriːæˈfɒrɪst] vt. 重新植林(于),重新造林 ‖ ~ation n.

reagency [riːˈeɪdʒənsɪ] n. 反应力〔作用〕

reagent [rɪ(ː)ˈeɪdʒənt] n. 试剂〔药〕,反应剂〔力〕

reaggregation [ˈriːˌægrɪˈgeɪʃən] n. 重团聚,重新聚集

reagin [rɪˈeɪdʒɪn] n.【生】反应素,反应抗体

reaging [ˈriːˈeɪdʒɪŋ] n. 反复老化,再老化

real [rɪəl] ❶ a. (现)实的,真(实)的,实际〔数〕的 ❷ ad. 真正,实在 ❸ n. ①实在的东西,现实 ②【数】实数 ☆ ***for real*** 真的,实在的,很; ***real gone*** 极度地,彻底地

realgar [rɪˈælgə] n.【化】【医】雄黄,鸡冠石

realia [rɪˈeɪlɪə] n. (realis 的复数) ①直观教具,实物教学 ②实际事物,实在

realign [ˈriːəˈlaɪn] v. ①改线,重新定线〔中心〕,整治(河道) ②(使)重新排列〔整顿〕,改组 ‖ ~ment n.

realism [ˈrɪəlɪzəm] n. 现实主义,真实〔性,感〕

realist [ˈrɪəlɪst] n.;a. 现实主义者〔的〕

realistic [rɪəˈlɪstɪk] a. 现实(主义)的,逼真的,实际的 ‖ ~ally ad.

reality [rɪˈælɪtɪ] n. 真实(性),现实(性),真相,事实 ☆***be (become) alienated from reality*** 脱离实际; ***in reality*** 实际〔事实〕上; ***with (startling) reality*** 惟妙惟肖,逼真地

realizability [ˌrɪəlaɪzəˈbɪlɪtɪ] n. 现〔真〕实性,可实现性

realizable [ˈrɪəlaɪzəbl] a. 可实现〔行〕的,可认识的

realization [ˌrɪəlaɪˈzeɪʃən] n. ①实现,实感 ②认识,了解
〖用法〗❶ 注意下面例句中该词的含义:A simple realization of such a deflector is shown in Figure

9-12. 在图 9-12 中显示了这种反射器的一种简单实现方法。/The importance of this device in modern communications systems is largely due to its realization as an integrated circuit. 这个器件在现代通信系统中的重要性主要由于能够把它做成集成电路。（"its"与"realization"之间存在"动宾关系"。） ❷ "There is an increasing realization that ..." 意为"（人们）越来越认识到…"。

realize ['rɪəlaɪz] v. ①实现,完成 ②认识〔意识〕到,了解 ③写实

really ['rɪəlɪ] ad. 真实〔正〕地,果然

realm [relm] n. ①区〔领〕域,范围,界 ②王国,领土 ☆*place A in the realm of B* 把 A 列入 B 范围〔领域〕之内; *within the realm of possibility* 有可能性的,属于可能的范围

ream [ri:m] ❶ n. ①(一)令(纸张计数单位) ②(pl.) 大量(的纸或著述) ③生奶油 ❷ vt. ①铰(锥)孔,扩大…的孔,修整…的孔(out) ②铰除(疵点等)(out) ③榨取(汁液)

reamer ['ri:mə] ❶ n. ①【化】【医】铰刀〔床〕,扩锥,整孔钻 ②(果汁)压榨器 ❷ v. 铰〔扩〕孔

reamplify [ri:'æmplɪfaɪ] v. 再〔重复〕放大

reanimate [ri:'ænɪmeɪt] vt. ①【医】使复活〔苏〕②鼓舞,激励

reannal [ri:ə'næl] vt. 重〔再〕退火

reap [ri:p] v. ①收割〔获〕②获得,遭到 ☆*reap as（what）one has sown* 自食其果; *reap the fruits of one's action* 自作自受; *reap where one has not sown* 不劳而获

reaper ['ri:pə] n. 收割者,收割机

reappear ['ri:ə'pɪə] vi. 再(出)现,重现 ‖ ~ance n.

reappoint ['ri:ə'pɔɪnt] vt. 重新任命,重新约〔指〕定 ‖ ~ment n.

reapportion ['ri:ə'pɔ:ʃən] vt. 重新分配

reappraisal ['ri:ə'preɪzəl] n. 重新估价,重新评价〔鉴定〕

rear [rɪə] ❶ n. ①后部〔方,面〕,尾部 ②背面 ❷ a. 后(方,部)的,背(后)的 ❸ v. ①竖起,高耸 ②建立 ③培养,养育 ④饲养,养殖 ☆*at the rear of* 或 *in (the) rear of* 在…的后面〔后部〕; *close (bring up) the rear* 殿后; *rear up* 暴跳

rearloader ['rɪələʊdə] n. 后装载机

rearm ['ri:'ɑ:m] v. 重新武装,重整军备,供以新式武器 ‖ ~ament n.

rearmost ['rɪəməust] a. 最后(面)的

rearmounted ['rɪəmauntɪd] a. 后悬挂(式)的,后置的

rearrange ['rɪə'reɪndʒ] v. 重新整理〔安排,布置〕,重置合,调整,整顿
〖用法〗在数学中,该词表示"(重新)整理"。如:Let us rearrange this equation. 让我们重新整理一下这个方程。/Rearranging Eq.(2.17), the following relationship results. 把式 (2.17) 整理一下,(我们)就得到了下面的关系式。（"Rearranging ..."是分词短语处于句首作条件状语。）

rearrangement ['rɪə'reɪndʒmənt] n. ①重新整理〔编排,排列〕②调整〔配〕③【数】移项,变位,分子重排作用

rearward ['rɪəwəd] ❶ a.;ad. 在后面(的),向后面(的),在末尾的 ❷ n. 后方〔部〕☆*in (at) the rearward* 在后部; *in (on, to) the rearward of* 在…的后方

rearwards ['rɪəwədz] ad. 向〔在〕后方

reason ['ri:zn] ❶ n. ①理由,原因 ②道理,理性〔智〕☆*as reason was* 根据情理; *by reason of* 因为,为了,凭着; *by reason (that)* 因为; *for no other reason than (but)* 只是因为; *for reasons of* 由于…原因; *for the reason that* 因为; *give reasons for doing* 说明…的理由; *have good reason to say that* 有充分根据说; *in (all) reason* 按理,(合情)合理, *It stands to reason (that)* 理所当然的是,显然; *out of all reason* 不可理喻的; *stand to reason* 合乎道理,毫无疑义; *That (This) is the reason why...* 这就是为什么…; *There is no reason for A to (do)* A (做…)是没有理由的; *with reason* 有理由; *without reason* 没有道理,不合乎情理; *without rhyme or reason* 无缘无故,莫名其妙 ❷ v. ①推理,论证,探讨 ②说服,解释 ③讨论 ☆*reason about* 推出(…的道理); *reason A out of B* 说服 A 放弃 B; *reason out* 通过推理作出
〖用法〗❶ 表示"由于…理由"一般在"reason"前使用"for"。如:For this reason only silicon diodes are discussed here. 由于这个理由,在这里只讨论硅二极管。❷ 表示"…的理由"时,在"reason"后用"for+ 名词或动名词"或由"why,for which 或 that"引出的定语从句(也可省去引导词)。如:Some reasons for not using this technique here are as follows. 这里不使用这种方法的一些理由如下。/The reason (why, for which, that) a resistor is used here is quite clear. 这里使用一个电阻的理由是十分清楚的。❸ 以"reason"为主语时,其表语从句应该用"that"引导,但不正规时也有用"because"引出的。如:The reason for this is that the fluxes caused by current in the primary and secondary windings cancel each other. 其理由是由初级和次级绕组中的电流所产生的磁通量彼此抵消了。/The reason why the standard kilogram is still a natural object is because masses can presently be compared with the standard with greater precision than is possible by means of other laboratory processes. 为什么标准千克仍然是一个自然的物体的理由是:由于目前质量与该标准比较时获得的精度要比利用其它实验方法所可能获得的精度高。❹ 注意下面例句中该词的用法:This transition is appropriate for frequency control by reason of its relative insensitivity to external influences. 这种转换对于频率控制是合适的,因为它对外部影响相对来说是不灵敏的。/By similar reasoning it is possible to determine the current in each resistor. 通

过类似的推理,我们能够确定每个电阻中的电流。/Fault-tree analysis reasons about the design. (利用)故障树分析法能够推出该设计的理由。/At UHF a solid state phased array is less expensive than a tube system — the reason that the PAVE PAWS radar is going solid state. 在超高频时,固态相控阵没有电子管系统那么昂贵,所以 PAVE PAWS 雷达正在日趋固态化。/Man finally learned not to impose his beliefs on nature but, instead, humbly to ask questions of her and apply reason to her answers. 人类最终懂得不要把自己的信念强加给大自然,而是要谦卑地问一些有关大自然的问题,并理智地对待由大自然所做出的回答。/The reason you are being taught valves is not so that you will be able to repair one which has become unserviceable, but is to make sure that you understand the circuits which use them. 要给你们讲解电子管的理由,并不是为了你们将来能修理出了故障的电子管,而是确保你们能懂得使用电子管的电路。❺ 注意下面例句中该词后面的 "that 从句" 是同位语从句:The diagrams in Fig.3-4 are symmetric from left to right for the obvious reason that equal doping values exist on the two sides. 图 3-4 中的那些曲线图从左到右是对称的,这明显是由于在两边存在着相同的掺杂值。(这里 "that" 是不能换成 "why" 或 "for which" 的。)

reasonable ['ri:znəbl] a. ①合理的,有道理的 ②适当的,比较好的 ③(售价)公道的
〖用法〗❶ 在 "it is reasonable that ..." 中的 "that" 从句中,有人使用 "(should +) 动词原形" 虚拟句型。如:It is intuitively reasonable that successive adjustments to the tap-weights of the predictor be made in the direction of the steepest descent of the error surface. 在误差表面最陡下降的方向上对预测算子的分流权值进行相继调整显然是合理的。
❷ 注意下面例句中该词的含义:This value is in reasonable agreement with the measured value.这个值与测量的值比较吻合。

reasonableness ['ri:znəblnɪs] n. 合理性 ☆with reasonableness 妥善〔合理〕地

reasonably ['ri:znəblɪ] ad. ①合理地,适当地 ②相当地

reasoning ['ri:zənɪŋ] ❶ n. ①推理〔论〕(的方法),讲理 ②论证〔据〕❷ a. 理性的,推理的

reasonless ['ri:znlɪs] a. ①没有道理的,不合情理的 ②不可理喻的 ③无理性的

reassemble ['ri:ə'sembl] v. ①重新装配 ②重新聚集〔集合〕③重编 ‖ **reassembly** ['ri:ə'semblɪ] n.

reassert ['ri:ə'sɜ:t] vt. 再主张〔断言,宣称〕‖ ~ion n.

reassess ['ri:ə'ses] vt. 对…再估〔评〕价,再鉴定,再评收 ‖ ~ment n.

reassign ['ri:ə'saɪn] vt. 再交给〔分配,委派,指定〕,重赋值 ‖ ~ment n.

reassume ['ri:ə'sju:m] vt. 再假定〔设〕,再担任〔接受〕‖ **reassumption** ['ri:ə'sʌmpʃən] n.

reassurance ['ri:ə'ʃuərəns] n. 再确认,再保证

reassure [ri:ə'ʃuə] vt. ①再向…保证 ②使放心

reattachment ['ri:ə'tætʃmənt] n. 重附着,回贴;【法】重新逮捕

Reaumur ['reɪəmjuə] n.;a. 列氏温度计(的)

reaustenitize [ri:'ɔ:stənɪtaɪz] v. 重新奥氏体化

rebabbit [ri:'bæbɪt] vt. 重浇巴氏〔轴承〕合金

rebate ['ri:beɪt] ❶ n. 减少,折〔回〕扣 ❷ vt. ①减少,使变钝 ②打折扣,给予回扣

rebatron ['rebətrɒn] n. 大功率电子聚束器

Rebecca [rɪ'bekə] n. 无线电应答式导航系统,雷别卡导航系统,飞机雷达

rebed [rɪ'bed] (rebedded; rebedding) v. 分垄,破垄;(修理时)浇注轴承

rebel ❶ [rɪ'bel] (rebelled; rebelling) vi. 造反,反抗(against) ❷ ['rebəl] n. 造反者 ❸ ['rebəl] a. 造反(者)的,反叛(者)的

rebellion [rɪ'beljən] n. ①造反 ②叛乱

rebellious [rɪ'beljəs] a. ①造反的 ②难对付的 ‖ ~ly ad.

rebind [ri:'baɪnd] (rebound) vt. 重捆,重新装订〔包扎〕

rebirth ['ri:'bɜ:θ] n. 再生,复活〔兴〕

reblade ['ri:'bleɪd] v. (用平地机)重复整型,重装〔修复〕叶片

reblending ['ri:'blendɪŋ] n. 再混合,重复拌和

reboil ['ri:'bɔɪl] v. 再沸腾,再煮

reboiler ['ri:'bɔɪlə] n. 重沸器,再煮器〔锅〕

rebore ['ri:'bɔ:] v. 重镗,重钻〔磨〕

reborer ['ri:'bɔ:rə] n. 重镗孔钻

reborn [ri:'bɔ:n] a. 再生的,更新的

rebounce [rɪ'bauns] n. 回跳冲击,反弹冲击

rebound [rɪ(:)'baund] v.;n. (使)弹〔跳〕回,回跳,回跳高度,后坐力,碰回

rebreathe ['ri:'bri:ð] v. 再(呼)吸

rebrick ['ri:'brɪk] v. (内衬的)改砌,重砌

rebroadcast [ri:'brɔ:dkɑ:st] ❶ (rebroadcast(ed)) v. 转〔重〕播 ❷ n. 转〔重〕播〔的节目〕

rebuff [rɪ'bʌf] n.;vt. (断然)拒绝,漠视,挫败,阻碍

rebuild [,ri:'bɪld] (rebuilt) v. ①再〔改〕建,重装〔配〕,修复,(汽车等)大修 ②改造

rebuke [rɪ'bju:k] v.;n. ①指责,非难 ②阻碍,制止

reburn [ri:'bɜ:n] v. 再燃(烧),重新点燃

rebus ['ri:bəs] n. 谜,画谜,字谜

rebust(ing) [ri:'bʌst(ɪŋ)] n. 分垄,破垄

rebut [rɪ'bʌt] (rebutted; rebutting) v. ①辩驳,驳回,击退 ②揭露 ‖ ~ment n.

rebuttable [rɪ'bʌtəbl] a.【法】可反驳的,可反驳回的

rebuttal [rɪ'bʌtəl] n. ①辩〔反〕驳,驳回 ②反〔驳〕的证〔据〕

rebutter [rɪ'bʌtə] n.(法)辩驳〔揭露〕者,反驳的论点

recalcification [ri:kælsɪfɪ'keɪʃn] n.【医】再钙化

recalcitrate [rɪˈkælsɪtreɪt] *vi.* 不服从,抗拒 ‖ **recalcitrance** [rɪˈkælsɪtrəns] *n.* **recalcitrant** [rɪˈkælsɪtrənt] *a.*

recalculate [ˈriːˈkælkjuleɪt] *vt.* 重新计算,再核算,换算 ‖ **recalculation** [ˈriːˈkælkjuˈleɪʃ] *n.*

recalesce [ˈriːkəˈles] *vi.*【冶】再(复)辉,再炽热 ‖ **recalescence** [ˈriːkəˈlesns] *n.*

recalibrate [ˈriːˈkælɪbreɪt] *vt.* 再(重新)校准,重新刻度,再分度,重检 ‖ **recalibration** [ˈriːˈkælɪˈbreɪʃ] *n.*

recalking [rɪˈkɔːkɪŋ] *n.* (=re caulking) 重凿缝

recall [rɪˈkɔːl] *vt.;n.* ①叫(召,收)回,复活,取消 ②二次呼叫 ③回想,(使)回忆,(使)想起 ④检索率,再调用 ☆*beyond (past) recall* 记不起的,不能撤销(挽回)的; *It will be recalled that...* 我们记得…; *recall A to one's mind* 回忆(想起)A ‖ **recallable** [rɪˈkɔːləbl] *a.*
〖用法〗❶ 注意下面例句中该词在科技文中的常见含义:From Sec. 1-2, we recall that the envelope detector output due to noise alone is Rayleigh distributed. 从 1-2 节,我们记起由噪声单独引起的包络检波器的输出是雷利分布的。❷ 它后面跟动词时一般要用动名词的完成时态。如:He can't recall having met me before. 他记不起以前曾见过我。

recamber [ˈriːˈkæmbə] *vt.* 使…重新翘起

recant [rɪˈkænt] *v.* 放弃(主张),撤销,公开认错 ‖ **recantation** [ˌriːkænˈteɪʃ] *n.*

recap ❶ [ˈriːkæp] =recapitulate 或 recapitulation ❷ [ˈriːˈkæp 或 ˈriːˈkæp] (recapped; recapping) *vt.* 翻新胎面,翻修路面 ❸ *n.* 胎面翻新的轮胎

recapitulate [ˌriːkəˈpɪtjuleɪt] *v.* 扼要重述,概括,重现 ‖ **recapitulation** [ˌriːkəˌpɪtjuˈleɪʃ] *n.* **recapitulative** [ˌriːkəˈpɪtjuleɪtɪv] 或 **recapitulatory** [ˌriːkəˈpɪtjuleɪtərɪ] *a.*
〖用法〗注意下面例句的含义:This chapter is a recapitulation in matrix terminology of earlier result. 这一章是用矩阵术语来重新叙述前面(获得)的结果。("of earlier results" 是修饰 "recapitulation" 的。)

recapper [ˈriːˈkæp] *n.* 轮胎翻新器

recapture [ˈriːˈkæptʃə] *v.;n.* ①取(夺)回(物),收复,重俘获,归公 ②再经历

recarbonation [ˈriːkɑːbəˈneɪʃ] *n.*【化】再碳酸化

recarbonize [ˈriːˈkɑːbənaɪz] *v.* 再碳化

recarburation [riːkɑːbjəˈreɪʃ], **recarburization** [riːkɑːbjərɑːˈzeɪʃ] *n.* 增碳(作用),再碳化

recarburizer [riːˈkɑːbjəraɪzə] *n.* (再)增碳剂,渗碳剂

recase [ˈriːˈkeɪs] *v.* 重装封面,重新装箱

recast [ˈriːˈkɑːst] ❶ (recast) *vt.* ① 重新铸造 ②重做 ③重算 ④重新安排 ❷ *n.* ①再铸造,重浇铸,改铸 ②重算 ③重做,改写,经重铸(做)的事物
〖用法〗注意下面例句中该词的含义:We can recast (6-2) in a slightly different, and easier to use form.

我们可以把式(6-2)改写成稍有不同而较易使用的形式。

recatalog(ue) [ˈriːˈkætəlɒg] *v.* 重新编目

recaulk [rɪˈkɔːk] *v.* 重捻(凿)缝

recce, reccy, recco [ˈrekə] (= reconnaissance) 侦察,搜索

recede [rɪˈsiːd] *v.* ①退回,退缩 ②向后倾斜 ③收回,撤销(from) ④降低,缩减,变坏,贬值,失去重要性
〖用法〗In Figure 12-3, the sound recedes from the optical beam. 在图 12-3 中,声音从光束撤回。

receipt [rɪˈsiːt] ❶ *n.* ①收到(据),回执,收据(收) ③(pl.)收入,收到之物 ❷ *vt.* 签收,给(开…的)收据,在…上注明"收讫"("付清")☆*be in receipt of* 已收到; *on (upon)(the) receipt of* 一收到…(就立即)

receivable [rɪˈsiːvəbl] ❶ *a.* ①可收到的,应收的 ②可接受的 ③待付款的 ❷ *n.* (pl.)应收票据(款项)
〖用法〗当强调时,它可以作后置定语。如:User data are usually associated with an application such as accounts receivable. 用户数据通常与应用有关,例如应收的账目。

receive [rɪˈsiːv] *v.* ①接收,收到,接受(见,待) ②容纳,支持,负担 ③承(遭)受,顶住
〖用法〗❶ 这个词在无线电技术中往往可以作名词的前置定语。如:A single antenna is used for both transmit and receive. 一根天线可同时用于发射和接收。/The device is operating in the receive condition. 该设备正工作在接收状态。❷ 注意下面例句中该词的含义:Simple in structure and low in price, this device is warmly received in countryside. 由于这个设备结构简单,价格低廉,所以在农村深受欢迎。(逗号前面那一部分为形容词短语作原因状语。)

received [rɪˈsiːvd] *a.* ①被接收的,被容纳的 ②公认的,被普遍接受的,标准的

receiver [rɪˈsiːvə] *n.* ①接收机,收音(报)机 ②(电话)听筒,耳机,受话器 ③输入元件 ④接收器,收集器 ⑤储气室,集气包,储蓄罐,槽车 ⑥(鼓风炉的)前床 ⑦接受者,收件(款,受)人,领受人,接待人

receiving [rɪˈsiːvɪŋ] *a.;n.* 接收(的),【计】接收,【经】收入,得到

recency [ˈriːsnsɪ] *n.* 新(近),最近

recension [rɪˈsenʃ] *n.* 修订(本,版),校正(本)

recent [ˈriːsnt] *a.* 新(近)的,近来的,最近的

Recent [ˈriːsnt] *a.*【地质】全新世的

recenter [ˈriːˈsentə] *v.* 回到中心位置

recently [ˈriːsntlɪ] *ad.* 近来,最近 ☆*as recently as ... ago* 就在(距今)…以前; *more recently* 新近,更近一些; *until recently* 直到最近

recentralize [rɪˈsentrəlaɪz] *v.* ①再(次)集中 ②恢复到中心位置 ‖ **recentralization** [ˌrɪsentrəlaɪˈzeɪʃ] *n.*

R

recentrifuge ['ri:'sentrəfjudʒ] v. 再次离心

receptacle [rɪ'septəkl] n. ①容器,接收器,储箱(池,罐)②插座(孔),容器 ③储藏所,仓库 ④花托(床),囊托

receptacular [rɪ'septəkjulə] a.【医】接受的,收容的

receptance [rɪ'septəns] n. 敏感性,响应

receptarius [rɪ'septərɪəs] n.【医】调剂员

receptible [rɪ'septəbl] a. 能(被)接收的 ‖ **receptibility** [rɪ,septə'bɪlɪtɪ] n.

reception [rɪ'sepʃən] n. ①接收 ②接受〔纳,见〕③感受,知觉 ④招待〔欢迎〕会

receptive [rɪ'septɪv] a. 接(感)受的,(有)接收(力)的,容纳的 ‖ **~ly** ad.

receptivity [rɪsep'tɪvɪtɪ] n. ①感受性,吸收率,可接收度 ②容积

receptolysin [rɪ'septəlɪsɪn] n.【医】感受器溶解素

receptor [rɪ'septə] n. 接收器,接收器,受体

receptoric [rɪsep'tɒrɪk] a. 富于感受性,容易感受的

recess [rɪ'ses] n.;v. ①凹〔切〕口,凹入(处),山凹,壁凹〔龛〕,(凹,沟,环,退刀)槽,(幽)深处,洼地 ②做成凹处,开槽 ③置于凹处,退隐 ④休息〔假,会〕☆**at recess** 在休息时间; **take a recess** 休息

recession [rɪ'seʃən] n. ①退回〔缩〕,后退 ②(经济)衰退,(价格)暴跌 ③凹处 ④(领土)归还

recessional [rɪ'seʃənəl] a. 后退的,退出的

recessionary [rɪ'seʃənərɪ] a. 经济衰退的

recessive [rɪ'sesɪv] a. ①倒退的,退缩的,逆行的 ②【生】隐性的,劣势的 ‖ **~ly** ad.

recessivity [rɪse'sɪvɪtɪ] n. 隐性,劣势

rechange [ri:'tʃeɪndʒ] n. 进一步的变更

rechannel [rɪ'tʃænl] (rechannel (l) ed; rechannel (l) ing) vt. 使改道,为…重新开拓途径

recharge [ri:'tʃɑ:dʒ] vt.;n. ①再装,补充(量)②再充电,更换释热元件 ③回灌(地下水),注水

rechargeable [ri:'tʃɑ:dʒəbl] a. 可再充电的,收费的

recharger ['ri:'tʃɑ:dʒə] n.【化】再装填器

recheck ['ri:'tʃek] v. 再核对,重新检查

recherche [rə'ʃeəʃeɪ] (法语) a. ①精心设计的,精选的,珍贵的 ②太讲究的 ③供不应求的

rechipper ['ri:'tʃɪpə] n. 复切(木片)机,精削(复研)机

rechlorination ['ri:klɔ:rɪ'neɪʃən] n. 再氯化(作用)

rechristen ['ri:'krɪsn] vt. 再施洗礼,再命名

rechucking [ri:'tʃʌkɪŋ] n. (对称性)半模造型(法)

Recidal ['resɪdəl] n. 一种易切削高强度铝合金

recin ['resɪn] n. 蓖麻毒素

recipe ['resɪpɪ] n. ①处方,制法 ②方法,诀窍

recipher ['ri:'saɪfə] v.;n. 译成密码,密(码文)件

recipience [rɪ'sɪpɪəns], **recipiency** [rɪ'sɪpɪənsɪ] n. 接受,容纳

recipient [rɪ'sɪpɪənt] ❶ n. ①容器,信息接收器,(空气泵的)挤压筒,(真空泵的)工作室 ②接收〔受〕者,收货(件)人 ③受体 ❷ a. (能)接受的,容纳的

〖用法〗注意下面例句的含义:He is the recipient of the May Day Medal. 他获得了"五一奖章"。

reciprocal [rɪ'sɪprəkl] ❶ a. ①相互的,互惠的 ②互换的,可逆的 ③【数】倒数的 ④倒的,(彼此相)反的,相互补足的 ❷ n. ①互相起作用的事物 ②【数】反商,倒数 ③互逆,互反

reciprocally [rɪ'sɪprəklɪ] ad. 相反地,互易地

reciprocant [rɪ'sɪprəkənt] n. 微分不变式

reciprocate [rɪ'sɪprə,keɪt] v. ①(使)往复(运动),前后转动,上下移动,互换(位置),来回,交替 ②互给,报答

reciprocating [rɪ'sɪprə,keɪtɪŋ] n.;a. ①往复(的,式),来回的,交替的,互换的 ②后转动,上下移动 ③往复式发动机

reciprocation [rɪ,sɪprə'keɪʃən] n. 往复运动,来回,互给(换),报答

reciprocator [rɪ'sɪprəkeɪtə] n. ①往复运动机件,抖动器 ②报答者 ③【计】倒数器

reciprocity [,resɪ'prɒsɪtɪ] n. ①相互关系,交互作用 ②相互性,互易(性),互反(换)性,可逆性,倒易,反比 ③交换,互利

recirculate [rɪ'sɜ:kjuleɪt] v.【计】【化】①再循环,回流 ②信息重复循环 ‖ **recirculation** [rɪ'sɜ:kju'leɪʃən] n.

recirculator [rɪ'sɜ:kjuleɪtə] n. 再循环系统管路

recision [rɪ'sɪʒən] n. 废除,作废,削减,稀释

recital [rɪ'saɪtl] n. ①朗诵,详述,列举 ②独唱〔奏〕会

recite [rɪ'saɪt] v. 朗〔背〕诵,讲述,列举 ‖ **recitation** [,resɪ'teɪʃən] n. **recitative** [,resɪtə'ti:v] a.

reck [rek] v. ①顾虑 ②(和…)有关系 ③注意,对…关心

reckless ['reklɪs] a. ①粗心大意的,轻率的 ②不顾后果的,冒险的

reckon ['rekən] v. ①计数,核算,算出(入)②推算,估计,推断,断定 ③算做,当作,认为 ④指望,依赖 ☆**reckon for** 准备,估计; **reckon A in** 把 A 算在内; **reckon on (upon)** 指(期)望,凭借; **reckon up** 合计,评定; **reckon with** 慎重处理,认真对待,…加以考虑,和…结算

〖用法〗表示"把 A 看作为(认为)B"可以写成"reckon A B"、"reckon A as B"或"reckon A to be B"。

reckoner ['rekənə] n. ①计算员 ②计算表,计数器,计算手册 ③(钢)管壁减薄轧机

reckoning ['rekənɪŋ] n. ①计〔核〕算,估计,统计,判断 ②推测航行法,定位法 ③算账,账单 ☆**(be) out in one's reckoning** 计算(估计)错误

reclad [ri:'klæd] ❶ reclothe 的过去式和过去分词 ❷ (reclad; recladding) vt. ①在…上再包一层金属 ②在砖、石上再做一层贴面 ③再次装入外壳中

reclaim [rɪ'kleɪm] v. ①重新使用,恢复,重炼,精制

②收回 ③开垦〔拓〕,翻造,改良〔造〕,驯养 ④矫正

reclaimable [rɪˈkleɪməbl] *a.* 可回收的,可改造的,可开垦的;【法】可改造的,可悔改的,可感化的

reclaimer [rɪˈkleɪmə] *n.* ①回收设备,再生装置 ②(旧料)复拌机 ③储存场装载输送机 ④再生胶厂 ⑤脱硫剂

reclamation [ˌrekləˈmeɪʃən] *n.* ①(废料)回收,修整〔废品〕,翻造 ②收回,要求归还 ③开垦〔拓〕,(土壤)改良,筑 ④驯化

reclame [reɪˈklɑːm] (法语) *n.* 公众的欢迎,沽名钓誉(的手段)

reclamp [riːˈklæmp] *v.* 再夹(住)

reclassification [ˈriːˌklæsɪfɪˈkeɪʃən] *n.* 再〔重新〕分类

reclassify [riːˈklæsɪfaɪ] *vt.* 重新安排,再分类

recline [rɪˈklaɪn] *v.* (使)向后靠,斜倚,依靠,信赖(on, upon)

reclocking [ˈriːˈklɒkɪŋ] *n.*【计】重复计时

reclose [riːˈkləʊz] *vt.* 重新接通,重闭

recloser [riːˈkləʊzə] *n.* 自动重合闸,自动反复充电装置,自动接入继电器

reclosure [riːˈkləʊʒə] *n.*【化】再次〔自动〕接入

reclothe [ˈriːˈkləʊð] (reclothed 或 reclad) *vt.* 使再穿〔包〕上,使换衣服

recluse [rɪˈkluːs] ❶ *a.* 隐居的 ❷ *n.* 隐士

Reco [ˈrekəʊ] *n.* 一种铝镍钴镍钴铁磁合金,雷科磁性合金

recoal [ˈriːˈkəʊl] *vt.* 重新添煤

recoat [ˈriːˈkəʊt] *vt.* 重新涂

recoct [ˈriːˈkɒkt] *vt.* 再次烹煮 ‖ **recoction** [ˈriːˈkɒkʃən] *n.*

recognition [ˌrekəgˈnɪʃən] *n.* ①认出,识别,辨别 ②公认(度),承认,赏识,表彰,褒奖 ③认可 ☆ **beyond〔out of〕recognition** 不能辨认; *in recognition of* (由于)承认…而;为…酬答而 〖用法〗❶ 注意词汇搭配模式 "the recognition of A as B",意为 "把 A 看成〔认为,作为〕B"。如:The recognition of symbols as labels is often facilitated by placing a special terminating character after the string of characters. 通过把一个特殊的终端字符放在这一串字符之后就能容易地把符号认做标记。❷ 注意下面例句中该词的含义:Work per unit charge is termed a volt（V）in recognition of the early worker in electricity, Alessandro Volta. 每单位电荷的功被称为一伏特(V)是为了纪念电学的早期工作者亚历山德罗·伏打。/Particular recognition is due to Dr. Richard K. Brown for his assistance in the computations leading to Figs. 5 and 6. (本作者)要特别感谢查德·K·布朗博士为(我们)获得图 5 和图 6 所进行的计算而给予的帮助。❸ 注意其后跟的同位语从句往往采用 "动宾" 译法。如:The main theoretical development in this decade has been in the recognition that material properties should be included in analytical models.

这十年中理论上的主要进展在于人们认识到了应该把材料的性质包括在分析模型中。/During the past several years, there has been an increasing recognition within business and academic circles that certain nations have evolved into information societies. 在过去几年中,商界和学术界越来越认识到某些国家已经发展成信息社会了。

recognizable [ˈrekəgnaɪzəbl] *a.* 可认出的,可辨认的 ‖ **recognizability** [ˌrekəgnaɪzəˈbɪlɪtɪ] *n.*

recognizance [rɪˈkɒgnɪzəns] *n.*【法】保证书(金),抵押金

recognize [ˈrekəgnaɪz] *v.* ①认出,识别,辨别〔认〕判明 ②承〔公〕认,认可 ③考虑〔认识〕到 ④具结 〖用法〗❶ 注意 "recognize A as〔to be〕B" 意为 "把 A 承认为〔识别为〕B"。如:The gravitational field is that which interacts with another body brought to its vicinity to produce what we recognize as the gravitational force between them. 物体的重力场是这样的场:它能够与放在其附近的另一个物体相互作用而在它们之间产生我们所说的万有引力。/This variation is recognized to be the same as that of a conventional MFSK signal. 这种变化被识别为相同于普通的多元频移键控的变化。❷ 注意:在下面的例句中它构成了一个插入句:This part of the solution we recognize has the form of the natural response. 我们认出,该解的这一部分具有自然响应的形式。

recognizer [ˈrekəgnaɪzə] *n.* 识别器,测定器,识别程序〔算法〕

recoil [rɪˈkɔɪl] *v.;n.* ①反冲(弹),弹回,反方向动 ②(产生)反作〔冲〕用,(产生)后坐(力),倒退 ③(弹性)碰撞 ④反冲原子 ⑤重绕 ⑥退缩,撤退 ☆ *recoil from doing* 于(做…)畏缩不前

recoiler [rɪˈkɔɪlə] *n.* 卷取机,重卷机

recoilless [rɪˈkɔɪlɪs] *a.* 无后坐力的

recoin [ˈriːˈkɔɪn] *vt.* 重铸

recollect ❶ [ˈriːkəˈlekt] *v.* ①重新集合 ②振作,镇定 ❷ [rekəˈlekt] *v.* 记起,回忆

recollection ❶ [rekəˈlekʃən] *n.* ①回想,记忆力 ②(pl.)回忆录,往事 ❷ [ˈriːkəˈlekʃən] *n.* 重新集合

recolo(u)r [ˈriːˈkʌlə] *vt.* 给…重新着色

recombinant [rɪˈkɒmbɪnənt] *n.* 重组体,重组细胞〔器官〕

recombination [ˈriːkɒmbɪˈneɪʃən] *n.*【计】【化】【医】复合,合成,还原,恢复,再化合,重新组合

recombine [ˈriːkəmˈbaɪn] *vt.* 重新结合,复合

recombiner [ˈriːkəmˈbaɪnə] *n.* 复合器〔剂,仪器〕

recommence [ˈriːkəˈmens] *v.* (使)重新开始,回头再做

recommend [ˌrekəˈmend] *vt.* ①推荐,介绍 ②建议,劝告 ③委托 ④使成为可取 ☆ *recommend A to (do)* 建议〔推荐,劝〕A(做) 〖用法〗❶ 当它用在主句中作谓语时,其宾语从句

或主语从句中谓语动词应该用"(should +)动词原形"形式。如:We recommend that the reader <u>not try</u> to absorb this chapter completely before proceeding to the subsequent chapters. 我们建议:读者不必等完全掌握了这一章后才去学习后面的章节。❷ 表示"向 A 推荐 B"可以写成"recommend A B"或"recommend B to A"。❸ 表示"劝告"时,可用"recommend <u>doing sth</u>"和"recommend sb. <u>to do sth.</u>"。

recommendable [rekə'mendəbl] *a.* 可〔值得〕推荐的,得当的

recommendation [,rekəmen'deɪʃən] *n.* ①建议,劝告,推荐,介绍(信) ②可取之处,特长 ③建筑和维护规则 ☆***recommendation(s) for*** 关于…的推荐(值); ***speak in recommendation of A*** 介绍〔推荐〕A; ***The recommendation is made that ...*** 建议,值得推荐的是,最好是… 〖用法〗在这个词后面的同位语从句或表语从句中的谓语动词应该使用"(should +)动词原形"形式。如: Their recommendation is that this point <u>be</u> grounded. 他们的建议是把这一点接地。

recommission ['ri:kə'mɪʃən] *vt.* 再服役

recommit ['ri:kə'mɪt] *vt.* ①再委托,重新提出 ②重犯 ③【法】再委托,重提,再犯

recompact ['ri:kəm'pækt] *v.* 再压制〔密,紧〕

recompense ['rekəmpens] *vt.;n.* ①回报,报酬〔答〕,酬金 ②赔偿

recompility ['ri:kəm'pɪlɪtɪ] *n.*【计】重新编译性

recompletion ['ri:kəm'pli:ʃən] *n.* 重新完成

recompose ['ri:kəm'pəuz] *vt.* ①重新组合,改组〔作〕②使恢复镇定 ‖ **recomposition** [,ri:kɒmpə'zɪʃən] *n.*

recompounding ['ri:kəm'paundɪŋ] *a.* (橡胶)再次配合

recompress [,ri:kəm'pres] *v.* 再压(缩),压力再次增大 ‖ **recompression** [,ri:kəm'preʃən] *n.*

recomputation ['ri:kəmpju'teɪʃən] *n.*【经】重新计算

recon ['ri:kɒn] *n.* ①(= reconnaissance) 侦察,搜索,探测 ②【化】重组子,交换子

reconcilable ['rekənsaɪləbl] *a.* ①可以调和的,可以取得一致的 ②同伦的 ③【法】可调解的,可和解的,可调停的

reconcile ['rekənsaɪl] *vt.* ①使一致〔符合,相协调〕②调解〔停〕,使和解 ③使听从于,使甘心于 ☆**(be) reconciled to A** 或 **reconcile oneself to A** 甘心于〔听从于〕A; **reconcile A with B** 使 A 和 B 一致

reconciliation [rekən,sɪlɪ'eɪʃən] *n.* 调和〔解〕,和解,甘愿 ‖ **reconciliatory** [,rekən'sɪlɪətərɪ] *a.*

recondensation ['ri:kɒnden'seɪʃən] *n.* 再冷凝,再凝聚

recondite [re'kɒndaɪt] *a.* 深奥的,隐秘的的 ‖ **~ly** *ad.*

recondition [,ri:kən'dɪʃən] *vt.* ①修理〔复,补〕,检〔翻〕修 ②重整,修磨,再处理 ③更新,复原 ④

改善,正常化

reconditionable ['ri:kən'dɪʃənəbl] *a.* 可修理〔复〕的,可检修的

reconditioner ['ri:kən'dɪʃənə] *n.* 调整机

reconfiguration ['ri:kənfɪgjuˈreɪʃən] *n.* ①【计】重新组合,重新配置 ②结构变换

reconfigure [,ri:kən'fɪgə] *vt.* 重新配置〔组合〕

reconfirm [,ri:kən'fɜ:m] *vt.* 再证实〔确认〕,再订妥

reconnaissance [rɪ'kɒnɪsəns] *n.* ①侦察,搜索②勘测,普查,草〔采〕测,选线〔点〕③侦察队〔车〕

reconnection ['ri:kə'nekʃən] *n.* 重接

reconnoiter, reconnoitre [rekə'nɔɪtə] *v.* ①踏勘,勘测 ②侦察,搜索

reconnoiterer [rekə'nɔɪtərə], **reconnoitrer** [rekə'nɔɪtrə] *n.* 侦察〔踏勘〕者

reconsider [,ri:kən'sɪdə] *v.* 重新考虑〔审议〕 ‖ **~ation** *n.*

reconsolidate ['ri:kən'sɒlɪdeɪt] *v.* ①重新巩固〔加强〕,再压实 ②(使)重新合并〔联合〕 ‖ **reconsolidation** ['ri:kənsɒlɪ'deɪʃən] *n.*

reconstitute [,ri:'kɒnstɪˌtju:t] *vt.* 重新构成,重新制定,重建 ‖ **reconstitution** [,ri:kɒnstɪ'tju:ʃən] *n.*

reconstruct [,ri:kən'strʌkt] *vt.* ①重〔改〕建,改造,翻修 ②重新产生,再现

reconstruction [,ri:kəns'trʌkʃən] *n.* ①重〔改〕建,翻修,复兴,改建物 ②(影像等)再现

reconversion [ri:kən'vɜ:ʃən] *n.* ①恢复原状 ②再转变 ③恢复平时生产

reconvert ['ri:kən'vɜ:t] *v.* ①使恢复原状 ②(使)再转变 ③恢复平时生产

recool ['ri:'ku:l] *v.* 再〔循环〕冷却

recooler ['ri:'ku:lə] *n.* 二次冷却器

record ❶ [rɪ'kɔ:d] *v.* 记录,记载,录音,录像 ❷ ['rekɔ:d] *n.* ①资料,数据,档案,履历 ②唱片 ③从未达到过的最高(低)记录 ❸ ['rekɔ:d] *a.* 创纪录的 ☆**as a matter of record** 根据已得到的资料,有案可查; **beat (break, cut) the (a) record (for)** 打破(…)纪录; **go on record** 被记录下来,公开表明; **keep to the record** 不扯到题外; **off the record** 不公开(的),不得引用,不得发表,非正式的; **on record** 留有记录的,登记过的,公开发表的,有史以来的; **travel out of the record** 扯到题外,离开议题

recordable [rɪ'kɔ:dəbl] *a.* 可记录的,可录音的

recordance [rɪ'kɔ:dəns] *n.* 记录,登记

recordation [,rekɔ'deɪʃən] *n.*【经】记录〔载〕,登记

recorder [rɪ'kɔ:də] *n.* ①记录器,录音〔录像〕机,收报机 ②录音员,记录员

recording [rɪ'kɔ:dɪŋ] *n.* ①记录,录音〔像〕②唱片,录音的磁带,录音节目 〖用法〗与其搭配的动词一般是"make"。如:The recorder <u>makes a continuous recording</u> of the phase difference. 该记录器能够对相位差进行连续的记录。

recordist [rɪˈkɔːdɪst] n. (影片)录音员

recount ❶ [rɪˈkaʊnt] vt. 详细叙述,列举 ❷ [ˈriːˈkaʊnt] vt.;n. 重数,重新计算

recoup [rɪˈkuːp] vt.【经】扣除,赔偿 ‖ ~ment n.

recourse [rɪˈkɔːs] n. ①依赖,求助,救助 ②追索(权) ③求助的对象 ☆**have recourse to** 依靠,求助于; **without recourse** 无权追索; **without recourse to** 不依靠 〖用法〗注意下面例句中一词组的用法:In order to proceed further <u>without recourse to</u> the computer, we have to assume that internal losses distributed through the length of the medium are zero. 为了进一步进行下去而不依赖于计算机,我们必须假设分布于整个媒介的内部损耗均为零。

recover ❶ [rɪˈkʌvə] v. ①恢复,复〔还〕原,退出螺旋 ②回收,收回,再现,利用(废料),萃取 ③补偿(救),挽回,弥补,赔偿 ④重新发现(获得,找到) ❷ [ˈriːˈkʌvə] vt. 重新盖,改装封面

recoverability [rɪˌkʌvərəˈbɪlɪtɪ] n. (可)恢复〔修复〕性

recoverable [rɪˈkʌvərəbl] a. ①可恢复〔修复〕的 ②可回收的,多次有效的 ‖ ~ness n.

recoverer [rɪˈkʌvərə] n. 回收器

recovery [rɪˈkʌvərɪ] n. ①恢复,复〔还〕原,重得,补偿,退出螺旋 ②收回,更新,(废物)利用 ③萃取,开采 ④恢复期 ⑤=recovery of an element ⑥合金过渡系数,收获率 ⑦【矿】采收率 〖用法〗 该词可以与动词"perform"连用。如 :Timing recovery is <u>performed</u> before phase recovery. 在相位恢复前进行定时恢复。

recracking [ˈriːˈkrækɪŋ] n.【化】再裂化

recreate ❶ [ˈriːkrɪeɪt] vt. ①再造,还原,重做 ②重新创造 ❷ [ˈrekrɪeɪt] v. (使)得到休养,消遣

recreation [ˌrekrɪˈeɪʃən] n. ①改造,重做,重新创造 ②【医】保养,娱乐,游览 ‖ ~al a.

recreative [ˈrɪkrɪeɪtɪv] a. 适合于休养的,消遣的

recrescence [rɪˈkresns] n. 再生(尤指失去的器官的再生)

recruit [rɪˈkruːt] ❶ v. ①补充,招募,征求 ②使恢复原 ❷ n. 新兵〔手〕,补给品

recruitment [rɪˈkruːtmənt] n. ①【经】补充,招募,增添量 ②新兵征召,新成员的吸收 ③复原

recrusher [ˈriːˈkrʌʃə] n. (二)次(破)碎机

recrystal(lization) [ˈriːˈkrɪstəl(aɪzeɪʃən)] n. 重结晶(作用)

recrystallize [riːˈkrɪstəlaɪz] v. 重结晶

rectangle [ˈrektæŋgl] n. (长)方形,直角 ‖ ~d a.

rectangular [rekˈtæŋgjulə] a. ①矩形的 ②(成)直角的,正交的 ‖ ~ity n. ~ly ad.

rectangulometer [rek,tæŋgjuˈlɒmɪtə] n. 直角测试仪

rectiblock [ˈrektɪblɒk] n. 整流片

rectifiability [ˌrektɪˌfaɪəˈbɪlɪtɪ] n. 可矫正性

rectifiable [ˈrektɪfaɪəbl] a. ①可矫正的,可调整的 ②【化】可精馏的 ③【电子】可整流的 ④【数】可求长的

rectificate [rekˈtɪfɪkeɪt] v. ①【电子】整流,检波 ②【化】精馏 ③【数】求长

rectification [ˌrektɪfɪˈkeɪʃən] n. ①【经】调整,矫正,改直河道,整顿(风) ②【电子】整流,检波 ③【化】精馏,精制,净化 ④【数】求长(法)

rectifier [ˈrektɪfaɪə] n. ①整流器(管),检波器,解调器 ②【化】精馏器 ③纠正仪,矫正器 ④纠正的人

rectiformer [ˈrektɪfɔːmə] n. 整流变压器

rectify [ˈrektɪfaɪ] vt. ①校〔矫〕正,调整,整顿 ②【电子】整流,检波 ③【化】净化,精制 ④【数】(曲线)求长

rectilineal [ˌrektɪˈlɪnɪəl], **rectilinear** [ˌrektɪˈlɪnɪər] ❶ a. 直线的,无畸变的 ❷ n. 环箍筋

rectilinearity [rektɪlɪnɪˈærɪtɪ] n. 直线性

rectiplex [ˈrektɪpleks] n. 多路载波通信设备

rectisorption [ˌrektɪˈsɔːpʃən] n. 整流吸收

rectistack [ˈrektɪstæk] n. 整流块

rectitude [ˈrektɪtjuːd] n. ①【法】正直,严正 ②笔直

recto [ˈrektəu] n. 纸张的正面,书籍的右页

rectometer [rekˈtɒmɪtə] n. 精馏计

rector [ˈrektə] n. ①氧化铜整流器 ②教区长,校长,负责人

rectron [ˈrektrɒn] n. 电子管整流器

recumbency [rɪˈkʌmbənsɪ] n. ①躺着 ②依靠

recumbent [rɪˈkʌmbənt] a. 躺着的,斜靠的

recuperability [rɪˌkjuːpərəˈbɪlɪtɪ] n. 恢复力,可回收性

recuperable [rɪˈkjuːpərəbl] a. 可复原的,可回收的

recuperate [rɪˈkjuːpəreɪt] vt. ①恢复,(使)复原 ②回收,蓄热,余热利用

recuperation [rɪˌkjuːpəˈreɪʃən] n. ①恢复,复原,挽回 ②回收,重得 ③同流挽热(法),蓄热,余热利用,再生利用法

recuperative [rɪˈkjuːpərətɪv] a. ①【医】(帮助)恢复的,还原的 ②同流换热的,再生的

recuperator [rɪˈkjuːpəreɪtə] n. ①同流换热器,蓄热器 ②【化】回收装置 ③(炮的)复进机

recur [rɪˈkɜː] (recurred; recurring) vi. ①复现,再发生,(疾病)复发 ②【数】递归,循环 ③回想,重新浮现 ☆**recur to** 重新提起〔浮现〕,借助于 ‖ **recurrence** [rɪˈkɜːrəns] n.

recurrent [rɪˈkʌrənt] a. ①复现的,再现的,周期的,经常(发生)的 ②【数】递归的,循环的

recurrently [rɪˈkʌrəntlɪ] ad. 循环地,周而复始地

recursion [rɪˈkɜːʃən] n.【数】【计】递归(式),递推,循环

recursive [rɪˈkɜːsɪv] a.【计】递归的,循环的 ‖ **~ly** ad.

R

recursiveness [rɪ'kɜːsɪvnɪs] *n.* 递归性

recurvate [riː'kɜːvɪt] *a.* 反弯的,向后弯的

recurvation [riːkɜː'veɪʃən] *n.* 反向弯曲

recurvature [rɪ'kɜːvətʃə] *n.* 反弯,(风)转向

recurve [riː'kɜːv] *v.* ①(使)向后弯曲 ②(风,水)折回,转向

recusancy ['rekjuzənsɪ] *n.* 不服权威〔规章〕‖ **recusant** ['rekjuzənt] *a.*

recuspine ['rekəspaɪn] *n.* 逆刺

recut [riː'kʌt] *vt.* 再挖,复切

recycle [riː'saɪkl] *v.;n.* ①(使)重复循环,回收,再利用 ②重新计时 ③压延

red [red] ❶ (redder, reddest) *a.* ①红色的,赤热的 ②(磁石)指北(极)的 ❷ *n.* ①红(色),红染料,(pl.)红粉 ②赤字,亏损 ③磁铁北极 ☆ *(be) in the red* 亏损,负债; *get out of the red* 不再亏空; *go into red ink* 亏空; *not worth a red cent* 一文不值; *see red* 发怒,冒火; *see the red light* 觉察危险迫近

redact [rɪ'dækt] *vt.* 编辑〔纂〕,拟〔修〕订

redaction [rɪ'dækʃən] *n.* 编辑(部),修订(本),校〔拟〕订,新版(本) ‖ **~al** *a.*

redactor [rɪ'dæktə] *n.* 编辑〔写〕者,拟订者

Redalon ['redəlɒn] *n.* 利达隆缓凝剂

redd [red] *vt.* 整顿,清理

redden ['redn] *v.* 使变红

redder ['redə] red 的比较级

reddest ['redɪst] red 的最高级

reddish ['redɪʃ] *a.* 带红色的,淡红的

reddle ['redl] ❶ *n.* 红土,代赭石,土状赫铁矿 ❷ *v.* 用代赭石涂

redeck ['riː'dek] *v.* 修复路面,重修平屋顶

redecorate ['riː'dekəreɪt] *v.* 重新装饰〔油漆〕

redecussate ['riːdɪ'kjuːseɪt] *v.* 再交叉

redeem [rɪ'diːm] *vt.* 挽〔赎〕回,恢复,偿还,补救,履行,改善,兑换

redeemable [rɪ'diːməbl] 【经】可补救〔赎回〕的,能改过的

redeemer [rɪ'diːmə] *n.* 偿还者,补救者,履行者

redefine ['riːdɪ'faɪn] *vt.* 重新规定〔定义〕‖ **redefinition** [ˌriːdefɪ'nɪʃən] *n.*

redemption [rɪ'dempʃən] *n.* 偿还,补救,挽〔赎〕回,改善,修复 ☆ *beyond（past, without）redemption* 无恢复希望的,不可挽回的 ‖ **~al** 或 **redemptive** [rɪ'demptɪv] *a.*

redeploy [ˌriːdɪ'plɔɪ] *v.* 调遣,重新部署 ‖ **~ment** *n.*

redeposit ['riːdɪ'pɒzɪt] *v.* 再沉积 ‖ **~ion** *n.*

redescribe ['riːdɪs'kraɪb] *v.* 重新描述

redesign ['riːdɪ'zaɪn] *v.;n.* 重新设计

redetermination ['riːdɪtɜːmɪ'neɪʃən] *n.* 新的测定

redetermine ['riːdɪ'tɜːmɪn] *vt.* 重新测定〔决定〕

redevelop ['riːdɪ'veləp] *v.* ①再发展〔开发〕②改建,复兴 ③二次显影,再冲洗 ‖ **~ment** *n.*

redid ['riː'dɪd] redo 的过去式

redifferentiation [riːdɪfərənʃɪ'eɪʃn] *n.* 【医】再分化

rediffusion ['riːdɪ'fjuːʒn] *n.* 转播,电视放映,有线广播

redilution ['riːdaɪ'ljuːʃən] *n.* 【化】再稀释

redingote ['redɪŋɡəʊt] *n.* 大礼服,长大衣

redintegrate [re'dɪntɪɡreɪt] *vt.* 使恢复完整,重建,重整,复原 ‖ **redintegration** [re'dɪntɪ'ɡreɪʃən] *n.*

redire ['riːdɪə] (pl. redair) 雨后储水区,短期湖

redirect [ˌriːdɪ'rekt] *vt.* ①改址 ②改变方向,使改道 ‖ **~ion** *n.*

rediscover ['riːdɪ'skʌvə] *vt.* 重新发现 ‖ **rediscovery** ['riːdɪ'skʌvərɪ] *n.*

redislocation ['riːdɪsləʊ'keɪʃən] *n.* 【医】再脱节,复脱位

redispersion ['riːdɪs'pɜːʃən] *n.* 【化】再弥散,重分散

redissolution ['riːdɪsə'luːʃən] *n.* 再溶

redissolve ['riːdɪ'zɒlv] *v.* 重复溶解

redistill ['riːdɪs'tɪl] *v.* 【化】重蒸馏 ‖ **~ation** *n.*

redistribute ['riːdɪs'trɪbjuːt] *v.* 重新分配,再分布 ‖ **redistribution** [ˌriːdɪstrɪ'bjuːʃn] *n.*

redistrict ['riː'dɪstrɪkt] *vt.* 把…重新划区

redivide ['riːdɪ'vaɪd] *v.* 重新划分,再区分 ‖ **redivision** ['riːdɪ'vɪʒn] *n.*

redix ['redɪks] *n.* 【化】环氧类树脂

Redo ['redəʊ] *n.* 雷度(乙烯树脂涂胶织物,商标名)

redo [riː'duː] (redid, redone) *vt.* 再〔补〕做,重整理,改写,重演

redolent ['redəʊlənt] *a.* ①芬芳的 ②有…气味的 ③使人联想起…的(of) ‖ **redolence** ['redəʊləns] *n.* **redolently** ['redəʊləntlɪ] *ad.*

redone [ˌriː'dʌn] redo 的过去分词

redouble [riː'dʌbl] *v.* ①(再)加倍,加强,倍增 ②重复 ③重折 ④【纺】复并 ⑤反响 ☆ *redouble one's effort* 加倍努力

redoubt [rɪ'daʊt] *n.* 防守的阵地,安全的退避处,据点

redoubtable [rɪ'daʊtəbl] *a.* ①可怕的,厉害的 ②著名的,杰出的 ③勇敢的

redound [rɪ'daʊnd] *vi.* ①促进,有助于(to) ②回报,返回到(upon)

redox ['redɒks] *n.* 【化】【医】氧化还原(作用)

redoxogram [re'dɒksəɡræm] *n.* 氧化还原图

redoxostat [re'dɒksəstæt] *n.* 氧化还原电位稳定器

redoxreaction [redɒksrɪ'ækʃən] *n.* 氧化还原反应

redox(y)potential [re'dɒks(ɪ)pə'tenʃəl] *n.* 氧化还原电位

redraw [riː'drɔː] *vt.* ①再拉,重拉伸 ②回火 ③重新画〔拔〕出 ④【纺】倒筒,再络

Redray ['redreɪ] *n.* 一种镍铬合金

redress [rɪ'dres] *vt.;v.* ①矫正,调整,(轧辊)重磨,赔〔补〕偿 ②重新裹〔穿〕上,重新修整 ③使再平

衡 ④医治

redressment [rɪ'dresmənt] *n.* 矫正,调整,歪像整形

redrive [ri:'draɪv] *v.* 重打(桩),重钻进

redsear ['redsɪə] *n.* 热(红)脆

redshift ['redʃɪft] *n.* 红移

redtop ['redtɒp] *n.* 小糠草,牧草

reduce [rɪ'dju:s] *v.* ①减少,缩减,降低(职),(使)衰退,攻敌 ②压缩,缩径(瘦)③【数】简化,约简,归并,通分,换算,转换 ④【化】(使)还原(脱氧),提炼,冲淡 ⑤把(底片)减薄,减低强度,使变弱 ⑥处理(数据),译解 ⑦(细胞)减数分裂,(脱臼,骨折)复位 ☆*at a reduced price* 减(廉)价; *(be) reduced to* 还原(分解)成,简化为; *on a reduced scale* 小规模地; *reduce A by B* 把 A 降低(减少)B; *reduce A by B times* 把 A 减少到 B 分之一,把 A 除以 B; *reduce oneself into A* 陷入 A 的地步; *reduce A to B* 把 A 减少到(简化为); *reduce A to practice* 将 A 付诸实施 〖用法〗❶ 注意下面例句中该词的含义:In this way, the network is reduced(reduces)to that shown in Fig. 1-10. 这样,该网络就简化成图 1-10 所示的那样。/The supply voltage can be reduced in the ratio R₁/(R₁+R₂). 电源电压可以按 $R_1/(R_1+R_2)$ 的比例来降低。/The network reduces the world to one the size of a display. 网络把世界缩小成显示器那么大小了。/The BJT was invented in 1948, reduced to practice in 1951. 双结型晶体管是在 1948 年发明的,于 1951 年正式制成。❷ 注意下面例句中 "reduced" 的汉译法:Compared to the channelized receiver, the major differences are reduced dynamic range, size, and weight. 与信道接收机相比,其主要差异在降低了动态范围,缩小了体积,减轻了重量。

reducer [rɪ'dju:sə] *n.* ①减压器(阀),减速器,减振器 ②【化】变径管,异径接头 ③扼流圈,节流器 ④【化】还原剂(塔),退黏剂 ⑤简化器,变换器 ⑥【摄】减薄剂 ⑦粗纱机,练条机

reducibility [rɪ,dju:sə'bɪlɪtɪ] *n.* ①(可)还原性 ②【数】可约性

reducible [rɪ'dju:səbl] *a.* ①可缩(小)的 ②【数】可约的,可简化(还原)的

reducibleness [rɪ'dju:səblnɪs] *n.* 可还原性

reducing [rɪ'dju:sɪŋ] *n.;a.* ①减少(的),缩小(的),下降(量)②压延,缩径,减轻 ③还原(的),简化(的)④消退 ⑤脱轻质油

reductant [rɪ'dʌktənt] *n.* ①(燃料的)成分,试剂 ②【化】还原剂

reductase [rɪ'dʌkteɪs] *n.* 还原酶

reductibility [rɪdʌktɪ'bɪlɪtɪ] *n.* 还原性(能力)

reduction [rɪ'dʌkʃən] *n.* ①减少,缩减,降低,衰退 ②压缩,缩径,压延,缩图(写)③【数】简化,约化,通分 ④(数据)整理,换算,归算,变换,变形(化)⑤【化】还原(法,作用),提炼 ⑥【摄】减薄 ⑦【医】复位术,(细胞)减数分裂 ☆*at a reduction of*

10 percent 打九折; *make a reduction* 打折扣; *reduction for (distance)* (距离)换算 〖用法〗❶ 表示 "在…方面减少(降低)" 时,该词后一般用介词 "in",但也可用 "of",而且其前面往往用不定冠词。如:In this case a parallel circuit should be added to achieve a reduction in resistance. 在这种情况下,应该加一个并联电路来降低电阻。/This reflects the reduction in gain. 这反映了增益的下降。/The observed deduction in potential difference implies a reduction in the electric field. (我们)观察到的电位差下降表明电场下降了。/This causes a reduction of gain. 这会引起增益的下降。❷ 注意该词的一个搭配模式 "the reduction of A to B",意为 "把 A 简化(降)为 B"。如:Successive stages in the reduction of a combination of resistors to a single equivalent resistance are shown in Fig. 2-9. 把一组电阻器简化为单个电阻的相继步骤示于图2-9之中。❸ 注意下面例句中该词的含义:These two samples will give a mean-value-error reduction of 100. 这两个取样会使平均值误差下降 100。❹ 注意 "the reduction of A to practice" 意为 "把 A 付之实施"。如:The reduction of this device to practice was reported in 1967. 在 1967 年报道了这个器件的制成。❺ 注意该词的另一个搭配模式 "a(the) reduction in(of)A with B",意为 "A 随 B 的增加而减少"。

reductionism [rɪ'dʌkʃənɪzm] *n.* 简化(法,论),还原论

reductionist [rɪ'dʌkʃənɪst] *n.* 简化(还原)论者

reductive [rɪ'dʌktɪv] ❶ *a.* 减少(小)的,还原的,抽象(还原)艺术的 ❷ *n.* 还原剂,脱氧剂

reductometry [rɪdʌk'tɒmɪtrɪ] *n.* 还原滴定法

reductone [rɪ'dʌktəʊn] *n.* 还原酮

reductor [rɪ'dʌktə] *n.* ①减速(压,振)器 ②还原剂,复位器 ③缩放仪 ④变径管 ⑤电压表附加电阻

Redulith [rɪ'dʌlɪθ] *n.* 一种含锂合金

redundance [rɪ'dʌndəns], **redundancy** [rɪ'dʌndənsɪ] *n.* 剩余度,冗余,过多,重复(能力),重叠(文献检索),超静定

redundant [rɪ'dʌndənt] ❶ *a.* 多(冗)余的,过剩的,累赘的,冗长的,超静定的 ❷ *n.* 信息多余部分,备份 ‖ **-ly** *ad.*

reduplicate [rɪ'dju:plɪkeɪt] ❶ *vt.* 重复(叠),使加倍,再复制 ❷ *a.* 重复的,加倍的 ‖ **reduplication** [rɪ,dju:plɪ'keɪʃən] *n.* **reduplicative** [rɪ'dju:plɪkətɪv] *a.*

reduster [ri:'dʌstə] *n.* 再除尘器

Redux [rɪ'dʌks] *n.* 一种树脂黏结剂

reduzate [rɪ'dju:zeɪt] *n.* 还原沉积物

redwood ['redwʊd] *n.* 红杉,红木,欧洲赤松

redye [ri:'daɪ] *vt.* 再(重)染

reecho [ri:'ekəʊ] ❶ *v.* 再(发)回声,反响,使(回声)传回 ❷ *n.* 反响,(回声)传回

R

reed [riːd] ❶ n. ①(弹)簧(片),舌〔笛〕簧,簧乐器,衔铁 ②苇管状裂痕 ③【纺】(钢)筘 ④(爆破)导火线 ❷ vt. ①在…上装簧片 ②【纺】穿筘

reeded ['riːdɪd] a. 有沟的,有凹槽的

reedy ['riːdɪ] a. ①芦苇似的,细长的,脆弱的 ②似笛声的,尖声的 ③【纺】筘痕的 ‖ **reediness** ['riːdɪnɪs] n.

reef [riːf] n. ①(暗)礁 ②矿脉 ③【海洋】缩帆 ☆ **take in a reef** 缩帆,小心进行,紧缩费用

reefer ['riːfə] n. ①冰箱,冷藏室〔车,船〕②缩帆结,对8结

reek [riːk] ❶ n. ①烟,雾,湿气 ②臭气,强烈的气味 ❷ v. ①用烟熏,(用焦油)熏涂 ②冒烟,冒水蒸气,散发出(气息,强烈臭气)

reeky ['riːkɪ] a. 冒烟的,冒水蒸气的,散发臭气的

reel [riːl] ❶ n. ①卷(线)轴,卷盘,绕线筒 ②卷丝机,绞车 ③带卷,钢筋 ④滚筒,鼓轮,转子,圆筒筛 ⑤卷尺 ⑥(电线)一卷,(影片,磁带,纸带等)一盘 ⑦摇纱机 ❷ v. ①卷,缠绕(in, up) ②(从卷轴上)放出(out),抽出(off) ③滚压,(圆辊)矫直,(使)旋转 ④摇晃,震颤 ⑤缫〔络〕丝,摇纱,纺(线)

reelability [riːlə'bɪlɪtɪ] n. 可绕性

reelable ['riːləbl] a. 可卷的

reeler ['riːlə] n. 卷取〔开卷,拆卷,矫直〕机,(轧管用)均整机

reelingly ['riːlɪŋlɪ] ad. 旋转地,眩晕地,摇晃地

reenable ['riːɪ'neɪbl] vt. 使再能

reenact ['riːɪ'nækt] vt. 重新制定,再次扮演 ‖ **~ment** n.

reenergize ['riːː'enədʒaɪz] vt. 使…又通上电流,重激励〔供能〕

reengine ['riːː'endʒɪn] vt. 更换…的发动机

reenter [ˌriːː'entə] v. ①重新进入 ②再加入,再登记 ③凹入 ④放射入

reenterability ['riːentərə'bɪlɪtɪ] n. 可重入性

reenterable ['riːː'entərəbl] a. 可重入的

reentrainment ['riːɪn'treɪnmənt] n. (集尘的)再飞散

reentrancy ['riːː'entrənsɪ] n. 重入

reentrant ['riːː'entrənt] ❶ a. 再进入的,再返的 ❷ n. 重新进入,重新进入状态

reentry ['riːː'entrɪ] n. ①再入,重返,重新入场 ②再记入〔登记〕

reestablish ['riːɪs'tæblɪʃ] vt. 重〔另〕建,重新设立〔创办〕,另行安置 ‖ **~ment** n.

re-esterification ['riːesterɪfɪ'keɪʃən] n. 再酯化(反应)

re-evacuate ['riːɪ'vækjueɪt] v. 再抽空〔汲出,排出〕

reevaluate ['riːɪ'væljueɪt] v. 重新估价

reeve [riːv] (rove 或 reeved) vt. ①(绳索)穿(过,入),把…缚住 ☆ **reeve … in (on, to)** 穿(绳)入孔结牢; **reeve (rope) through** 穿(绳)入孔

reexamine [ˌriːɪg'zæmɪn] vt. 复试〔查〕,再调查,重考 ‖ **reexamination** [ˌriːɪg,zæmɪ'neɪʃən] n.

reexchange ['riːɪks'tʃeɪndʒ] n. ①再交换,重新交易 ②赔偿要求,赔偿额

reexport ❶ ['riːˈeksˈpɔːt] vt. 再输出,(把进口货物)再出口,装回去 ❷ ['riːˈekspɔːt] n. 再输出,转口,再出口〔输出〕的商品 ‖ **~ation** n.

re-extract ['riːɪks'trækt] vt. 再萃取,反洗 ‖ **~ation** n.

refabricate ['riːˈfæbrɪkeɪt] vt. 再〔重复〕制备 ‖ **refabrication** [rɪˌfæbrɪ'keɪʃən] n.

reface ['riːˈfeɪs] vt. ①重修表面 ②修面,(阀面)重磨 ③更换摩擦片

refacer ['riːˈfeɪsə] n. 光面器,表面修整器

refashion ['riːˈfæʃən] vt. ①重作,重制 ②给…以新形式 ‖ **~ment** n.

refect [rɪ'fekt] vt. 使恢复(体力),提神

refection [rɪ'fekʃən] n. ①恢复,消遣 ②小吃,茶点

refectory [rɪ'fektərɪ] n. 饭厅,食堂

refectious [rɪ'fekʃəs] a. 恢复的

refer [rɪ'fɜː] (referred; referring) v. ①把…归类〔因〕于,认为…属于 ②谈及,提到,指(的是),有关 ③送交,交付,委托 ④参考〔照,看〕,引证,查阅 ⑤指点〔引〕 ⑥折合 ☆ **be referred to** 涉及(到),关系到,被委托向…接洽,(把)提交…处理〔讨论〕,被归入…类; **(be) referred to as** 叫做,称(之)为; **by A (we) refer to B** 所谓 A(我们)指的是 B; **refer oneself to** 依赖,求助于; **refer to** 涉及,关于,提到,指的是,参考〔照,看,阅〕,引证〔用〕,用于,访问; **refer A to B** 把 A 归因于 B,认为 A 起源于 B,叫 A 参考〔查看,查阅,调查,注意,找〕B,把 A 提交 B〔处理,讨论〕,把 A 归于 B 类,用 B 来表示 A; **refer to A about B** 参考 A 关于 B(的问题) 〖用法〗注意下面例句中该词的含义:The reader is referred to [3,4]. 请读者参阅参考资料[3,4]。/The opposition to the flow of current is referred to as electrical resistance. 对电流流动的阻力被称为电阻。/We can refer to the potential difference between the ends of a resistance through which a current flows as the 'IR drop across the resistance'. 我们可以把电流流过的电阻两端之间的电位差称为"该电阻两端的 IR 压降"。/In Fig. 6-1, the motion of a particle is referred to a rectangular coordinate system. 在图 6-1 中,质点的运动以直角坐标系为参照的。/Referring to (1-4), we have the following expression. 看一下式(1-4),我们就得到了下面的表达式。/The primary current in Eq. (3-7) refers only to the additional current accompanying a load on the secondary. 式(3-7)中的初级电流只与伴随次级负载的附加电流有关

referable [rɪ'fɜːrəbl] a. ①可归因于…的,可归入…的,与…有关的 ②可交付的 ③可参考〔看〕的 ④可涉及的 ☆ **(be) referable to** 是由于…而引起,与…有关

referee [refə'riː] ❶ n. ①受托人,仲裁人,裁判员,稿件审阅者 ②(受法庭委托的)鉴定人 ❷ v. (为…)担任裁判〔仲裁,鉴定〕,审稿

reference ['refrəns] ❶ n. ①参考〔照〕,查阅,咨询,访问 ②基准点,依据,坐标 ③读数起点 ④参考文献〔资料,书目,符号,电源〕,推荐书,鉴定书,附〔旁〕注,引证,出处 ⑤送交,委托 ⑥证明〔介绍〕(书),证明〔介绍〕人 ⑦谈到,提〔涉〕及,关系 ⑧职权〔审查〕范围 ❷ a. 参考的,参照的,基准的 ❸ v. ①定位,核对位置 ②给…加参考符号〔书目〕,注明资料来源 ☆*(be) available for reference* (随时)可供参考的; *by reference to A* 参考〔照,看〕A; *for reference to* 论及,指(的是); *give a reference to A* 提供 A 以供参考; *give references* 注明出处; *have reference to A* 和A有关,涉及,与…有关; *in reference to* 关于,根据,与…有关; *keep to the terms of reference to* 关于,根据,与…有关; *keep up the terms of reference* 不越出职权〔审查〕范围; *make reference to* 提到,涉及,参考; *no reference to* 不涉及,没有提到; *of reference* 参考的,基准的; *reference is made to* 提到,涉及,指的是,加附注以介绍; *reference to* 查阅,参考; *with reference to* 参考,关于,(相)对于,在…方面; *with reference to the context* 根据上下文; *without reference to* 不管,与…无关,非经与…商讨(就不能),不向…查询(就不能) 〖用法〗注意下面例句中该词的含义: Its carrier frequency is <u>referenced</u> to the atomic second rather than to the second of universal time. 其载频是以原子秒而不是以世界时间的秒为基准的。/To understand this, <u>reference is made to</u> typical hysteresis loops for a conventional oxide-powder tape. 为了理解这一点,我们提及了用于通用氧化物粉磁带的典型的磁滞回线。/For <u>reference</u>, see Ref. 3, pages 316 to 359. 为供(读者)参考,请参阅参考资料3的第316至359页。/<u>Reference to</u> the construction of Fig. 6-2 will show that the acceleration vector must always lie on the concave side of the curved path. 参看一下图 6-2 的结构就可知道加速度矢量必定总是处于弯曲道路的凹的一边。/<u>Reference notes to</u> basic source materials are provided throughout the text for those who require them. 全书均注出了基本原材料的出处以供需要的人参考。/<u>Reference to</u> Figure 3-4 shows that this is true. 看一下图 3-4 就能看出这是确实如此的。

referendary [,refə'rendərɪ] 仲裁人

referendum [,refə'rendəm] (拉丁语)(pl. referenda 或 referendums) n. 公民投票

referent ['refərənt] n. (涉及的)对象,讨论目标,被谈到的事物

referential [,refə'renʃəl] a. 参考(用)的,有(成为)参考资料的,咨询的,对…有关系的(to) ‖ ~**ly** ad.

referment ['ri:'fə:ment] v. 再度发酵

referral [rɪ'fə:rəl] n. ①职业分派,被分派职务的人 ②治疗安排

referred [rɪ'fə:d] refer 的过去式和过去分词

refery ['refərɪ] n. 仲裁

refigure [ri:'fɪgə] v. 重新描绘〔塑造,计算〕,恢复形状

refill ['ri:'fɪl] ❶ v. 再装满,再充填,回填,还土 ❷ n. 新补充物,再装品,替换物

refiller ['ri:'fɪlə] n. 注入装置,注水器

refinable [rɪ'faɪnəbl] a. 可精炼的

refinance ['ri:faɪ'næns] vt. 再供给…资金,重新为…筹集资金

refind ['ri:'faɪnd] vt. 重新〔再次〕找到

refine [rɪ'faɪn] v. ①精制〔炼〕,精选,加工,净化 ②清扫〔除,理,洗〕,澄清 ③改进 ④推敲,琢磨 ☆*refine away (out)* 提去杂质; *refine on (upon)* 琢磨,推敲,精益求精

refined [rɪ'faɪnd] a. ①精制〔炼〕的,净化的 ②精细〔确〕的,严密的 ③过于讲究的 ‖ ~**ly** ad.

refinement [rɪ'faɪnmənt] n. ①精制〔炼,细〕,(精)加工,改善,净化 ②清扫〔除〕③精致,细化,(加工)精巧的程度,经过改进的装置〔设计〕

refiner [rɪ'faɪnə] n. ①精炼机,提纯器 ②精制〔炼〕者

refinery [rɪ'faɪnərɪ] n. 精炼厂,提炼厂

refining [rɪ'faɪnɪŋ] n. ①精炼(法),提纯,去除 ②改善 ③匀料

refinish ['ri:'fɪnɪʃ] vt. 返工修光,整修…的表面

refire ['ri:'faɪə] v. 重着火〔击穿〕

refit ['ri:'fɪt] ❶ v. (refitted; refitting) n. 改装,整修,重新装备 ❷ n. 改装,整修,重新装配,修缮 ‖ ~**ment** n.

reflate [ri:'fleɪt] v. (使)通货再膨胀 ‖ **reflation** [ri:'fleɪʃ ən] n.

reflect [rɪ'flekt] v. ①反射〔映,照,光,响〕,映出(形象),折〔弹〕回 ②思考,反省,怀疑(on, upon) ☆*reflect back on* 回顾; *reflect on (upon)* 考虑,周密思考,深思(熟虑),招致,使…博得,影射,对…有不良影响; *without reflecting on the consequences* 不顾后果 〖用法〗 注意下面例句中该词的含义:It is worthwhile to <u>reflect</u> for a moment <u>on</u> the advances in long distance telecommunications that have occurred in the recent past. 我们值得暂且来考虑一下在最近的过去所出现的长途通信方面的进展。/The organization of this book <u>reflects</u> the observation that we usually learn best by progressing from the concrete to the abstract. 本书的内容安排反映了人们观察到的情况:从具体到抽象我们通常能学得最好。

Reflectal [rɪ'flektəl] n. 锻造铝合金

reflectance [rɪ'flektəns] n. 反射(比,率)

reflectible [rɪ'flektəbl] a. 可反射的,可映出的

reflection, reflexion [rɪ'flekʃ ən] n. ①反射〔映,照,光,响〕,倒影 ②反射波(光,热,作用),反映物 ③折射,偏转 ④考虑,沉思,反省 ⑤想法,见解 ⑥指责 ☆*cast a reflection upon* 指责,批评; *on (upon) reflection* 经再三考虑(之后) 〖用法〗注意下面例句中该词的含义:A little

R

reflection shows that all these high-capacity systems would not be in service unless they were needed! 稍加思考就会明白:除非需要,所有这些大容量系统并非都会处于工作状态。

reflectional [rɪˈflekʃənəl] *a.* 反射(引起)的,反映的

reflectionless [rɪˈflekʃənlɪs] *a.* 不反射的

reflective [rɪˈflektɪv] *a.* ①反射〔映〕的 ②沉思的,反省的 ‖ ~ly *ad.*

reflectivity [ˌriːflekˈtɪvɪtɪ] *n.* 反射(比,率,性,能力)

reflectogauge [rɪˈflektəgeɪdʒ] *n.* (金属片)厚度测量器,超声波探伤仪

reflectogram [rɪˈflektəgræm] *n.* 反射(波形)图,探伤器波形图,回波图

reflectometer [ˌriːflekˈtɒmɪtə] *n.* 反射仪,反光白度计

reflectometry [rɪflekˈtɒmɪtrɪ] *n.* 反射测量术

reflector [rɪˈflektə] *n.* ①反射器(体,镜),反光罩〔镜〕②反射望远镜 ③中子反射器 ④反映者

reflectorize, reflectorise [rɪˈflektəraɪz] *vt.* ①反射,反光处理,加工 ─ 使能反射光线 ②在…上装反射器(镜) ‖ **reflectorization** 或 **reflectorisation** [ˌrɪflektəraɪˈzeɪʃən] *n.*

reflectoscope [rɪˈflektəskəup] *n.* 【医】反射测试仪,反射镜

reflet [rəˈfle] (法语) *n.* (表面)光泽〔彩〕,反射〔映〕

reflex ❶ [ˈriːfleks] *n.* ①反射(光,热,作用),反映(光,照)②映像,倒影 ③来复(式),来复式收音〔接收〕机 ④习惯性思维〔行为〕方式 **❷** [ˈriːfleks] *a.* ①反射的,反作用的 ②来复的 ③【数】优角的 **❸** [rɪˈfleks] *vt.* ①把…折回 ②使经历反射过程

reflexed [rɪˈflekst] *a.* 反折的,下弯的

reflexible [rɪˈfleksəbl] *a.* 可反射的,可折转的

reflexio [rɪˈfleksɪəu] *n.* 反射(作用),反折

reflexive [rɪˈfleksɪv] *a.* 反射(性)的,折转〔回〕的 ‖ ~ly *ad.*

reflexivity [ˌriːflekˈsɪvɪtɪ] *n.* 自反性,反射性

reflexless [rɪˈflekslɪs] *a.* 无反射〔映〕的

reflexograph [riːˈfleksəgraːf] *n.* 反射描记器

reflexology [ˌriːflekˈsɒlədʒɪ] *n.* 反射学(论)

reflexometer [riːflekˈsɒmɪtə] *n.* (肌肉)反射计

reflexotherapy [rɪˌfleksəuˈθerəpɪ] *n.* 反射疗法

refloat [ˈriːˈfləut] *v.* (使)再浮起,打捞 ‖ ~ation *n.*

refloor [ˈriːˈflɔː] *v.* 重新铺面,重铺楼板

reflow [ˈriːˈfləu] *v.;n.* 回〔逆,反〕流,退潮

reflowing [ˈriːˈfləuɪŋ] *n.* ①回〔逆,反〕流,退潮 ②软熔

refluence [ˈrefluəns], **refluency** [ˈrefluənsɪ] *n.* 倒〔逆,回〕流,退潮 ‖ **refluent** [ˈrefluənt] *a.*

reflux [ˈriːflʌks] *n.* ①倒〔逆,反,回〕流,退潮,灌注 ②分馏,(回流)加热 ③回流液,回流量 ☆**(be) in a state of flux and reflux** 处于潮涨潮落〔盛衰〕的状态

refocus [ˈriːˈfəukəs] *v.* 再聚焦

refoot [ˈriːˈfut] *vt.* 给…换底(脚)

reforest [ˈriːˈfɒrɪst] *vt.* (采伐后)重新造林 ‖ ~ation *n.*

reform [rɪˈfɔːm] *v.;n.* ①改革(造,进,编,过),革新 ②换算,还原,矫正 ③重做,重新形成,整形 ④【化】重整

reformable [rɪˈfɔːməbl] *a.* 可改革〔良,造〕的,可革除的

reformate [ˈrefəmeɪt] *n.* (汽油)重整产品

reformation [ˌrefəˈmeɪʃən] *n.* ①改革〔造,良,过〕,革新 ②重新形成

reformative [rɪˈfɔːmətɪv] *a.* 起改革〔革新,改良〕作用的

reformer [rɪˈfɔːmə] *n.* ①改革〔良〕者 ②重整装置,裂化粗汽油炉,转化器

reforming [rɪˈfɔːmɪŋ] *n.* 换算,重整,改进

reformulate [riːˈfɔːmjuleɪt] *vt.* 重新阐述,再形成

refrachor [rɪˈfrækə] *n.* (化合物的物理常数)等折比容

refract [rɪˈfrækt] *vt.* ①使折射,使屈折 ②测定…的折射度,对…验光

refractable [rɪˈfræktəbl] *a.* 可折射的,折射性的

refraction [rɪˈfrækʃən] *n.* ①折射(作用,度),折光(差,度),屈折 ②(对眼进行)折射度测定 ‖ ~al *a.*

refractionist [rɪˈfrækʃənɪst] *n.* 验光师

refractive [rɪˈfræktɪv] *a.* 折射的,屈光的

refractiveness [rɪˈfræktɪvnɪs] *n.* 折射性

refractivity [rɪfrækˈtɪvɪtɪ] *n.* 折射率〔性〕,折射能力

Refractoloy [ˌrɪˈfræktələɪ] *n.* 一种镍基耐热合金

refractometer [ˌrɪfrækˈtɒmɪtə] *n.* 折射仪,屈光度计

refractometric [ˌrɪfræktəˈmetrɪk] *a.* 折射计的

refractometry [ˌrɪfrækˈtɒmɪtrɪ] *n.* 折射法

refractor [rɪˈfræktə] *n.* 折射器,折射透镜,折射式望远镜

refractorily [rɪˈfræktərɪlɪ] *ad.* 难熔,难火,难对付

refractoriness [rɪˈfræktərɪnɪs] *n.* ①耐熔性,耐火性,耐热性 ②不应性,难治,失效

refractory [rɪˈfræktərɪ] **❶** *a.* ①耐熔〔火,热,酸,蚀〕的,不易处理的(矿石)②难控制的,难治的,倔强的 **❷** *n.* ①耐火材料〔陶瓷,砖〕,耐熔质 ②难驾驭的人〔物〕

refractoscope [rɪˈfræktəskəup] *n.* 折射检验器,光率仪

refrain [rɪˈfreɪn] *v.* 忍住,制止(from)

reframe [ˈriːˈfreɪm] *vt.* ①再构造,重新制订 ②给…装上新框架

refrangibility [rɪˌfrændʒɪˈbɪlɪtɪ] *n.* (可)折射性〔度,率,本领〕,屈光性,屈折性〔度〕

refrangible [rɪˈfrændʒɪbl] *a.* 可折射的,屈折性的 ‖ ~ness *n.*

Refrasil [rɪˈfræsl] *n.* 耐火玻璃布

refrax [rɪˈfræks] *n.* 碳化硅耐火材料,金刚砂砖

refreeze [ˈriːˈfriːz] *vt.* 重新结冰,再冰冻

refresh [rɪˈfreʃ], **refreshen** [rɪˈfreʃən] *v.* ①使清

新〔新鲜〕②(使)更新,再生,恢复 ③使得到补充,
补充供应品 ④使精力恢复,使精神爽快〔振作〕‖
refreshable [rɪˈfreʃəbl] a.

refresher [rɪˈfreʃə] n.;a. ①复习(课程,的),补习
(材料,的) ②最新动态介绍的(的) ②使人清新的事物

refreshing [rɪˈfreʃɪŋ] a. 爽快的,使人振作
的 ‖ **-ly** ad.

refreshment [rɪˈfreʃmənt] n. ①(精力,精神)恢复,
爽快 ②点心,饮料 ③更新,翻修

Refrex [rɪˈfreks] n.(用作冷藏车加热燃料的)一种
醇混合物的商品名

refrex [rɪˈfreks] n. 碳化硅耐火材料

refrigerant [rɪˈfrɪdʒərənt] ❶ n. 冷冻〔制冷〕剂,
退热药 ❷ a. 制冷〔冷冻,退热〕的

refrigerate [rɪˈfrɪdʒəˌreɪt] v. 制冷,冷冻,解热

refrigeration [rɪˌfrɪdʒəˈreɪʃən] n. 制冷(作用,学),
冷冻(法,作用),冷藏法

refrigerator [rɪˈfrɪdʒəˌreɪtə] n. 制冷器,冷气机,冷
冻器,(电)冰箱,冷柜,冷藏室〔箱,库〕

refrigeratory [rɪˈfrɪdʒərətərɪ] ❶ a. 制冷的,消热
的 ❷ n. 冷却器,冰箱

refringence [rɪˈfrɪndʒəns], **refringency** [rɪˈfrɪn-
dʒənsɪ] n. 折射(率差,本领),折光率

refringent [rɪˈfrɪndʒənt] a. 折射的,屈光的

refuel [rɪˈfjuəl] (refuel(l)ed; refuel(l)ing) v. 给…
加燃料,加油

refuge [ˈrefjuːdʒ] ❶ n. ①避难,庇护 ②安全地带,
保护区,隐蔽处,安全岛,避车台 ③权宜之计 ❷ v.
躲避,庇护 ☆ *seek refuge from* 躲避; *take
refuge in* 躲在…里

refugee [ˌrefjuˈdʒiː] ❶ n. 避难〔流亡〕者,难民 ❷
vi. 避难

refugium [rɪˈfjuːdʒɪəm] n.【生】残遗种和保护区

refulgence [rɪˈfʌldʒəns] n. 光辉,灿烂 ‖ **refulgent**
[rɪˈfʌldʒənt] a.

refund ❶ [riːˈfʌnd] v. 偿还,归还 ❷ [ˈriːfʌnd] n. 偿
还(额),付还 ‖ **refundable** [rɪˈfʌndəbl] a.

refurbish [ˈriːˈfɜːbɪʃ] vt. 重新磨光〔擦亮〕,(再)刷
新,整修

refurnish [ˈriːˈfɜːnɪʃ] vt. 再供给,重新装备

refusable [rɪˈfjuːzəbl] a. 可拒绝的

refusal [rɪˈfjuːzəl] n. ①拒〔谢〕绝,不承认 ②优先
权 ③(桩的)止点 ☆ *have the refusal of* 对…
有优先权; *refusal to (do)* 拒绝(做),(某事做)不
了

refuse ❶ [rɪˈfjuːz] v. ①拒绝,不愿做〔接受〕②再熔
化 ❷ [ˈrefjuːz] n. 废物,渣滓,残渣,屑屑,垃圾 ❸
[ˈrefjuːs] a. 无用的,不合格的,报废的 ☆ *refuse
to (do)* 拒绝〔不愿〕(做),…不了
〖用法〗表示"不许某人做某事"可以写成"refuse
sb. sth." 或 "refuse sth. to sb."。

refusion [rɪˈfjuːʒən] n. 再熔

refutable [ˈrefjutəbl] a. 可驳〔斥,倒〕的

refutal [rɪˈfjuːtəl] n. 驳斥,反驳

refute [rɪˈfjuːt] vt. 驳斥〔倒〕,反驳 ‖ **refutation**

[ˌrefjuːˈteɪʃən] n.

reg [reg] n. 砾(质沙)漠

regain [rɪˈgeɪn] vt. ①收回,回收,恢〔收〕复,复得 ②
返回,重新占有,回潮 ☆ *regain one's footing* 恢
复身体的平衡,重站起来

regal [ˈriːgəl] a. 国王的,豪华的

regale [rɪˈgeɪl] v.;n. 盛情招待,盛宴

regap [ˈriːˈgæp] (regapped; regapping) vt. 重新调整
火花塞电极之间的间隙

regard [rɪˈgɑːd] vt.;n. ①考虑,注意(之点),关心 ②
看待,尊重〔敬〕,(pl.)问候,致意 ③与…有关 ④
理由,动机 ⑤方面,特点 ☆ *as regards* 关于,
在…方面,就…来说; *do not regard the
question* 与这个问题无关; *have (a) regard for*
重视,尊重; *have (pay) regard to* 顾及,考虑,重
视; *in regard to (of)* 关于,论及,(相)对于,按照,
就…而论; *in this (that) regard* 在这〔那〕方
面,关于这〔那〕一点; *regard ... with favour* 赞
成,对…有偏爱; *regard ... with suspicion* 怀疑;
take regard to 注意到; *with best (kind)
regards* 此致敬礼,谨致问候; *with due regard
for (to)* 给…以适当的考虑; *with regard to* 或
in regard to 或 *without regard to (for)* 不顾,
不考虑〔涉及〕,与…无关
〖用法〗❶ 该动词带有补足语时,一般用"as ..."。
如:This energy can be regarded as associated with
the electric field in space between conductors. 可以
认为这个能量与处于导体间的空间中的电场有
关。❷ 注意在 "as" 后面可以接形容词或过去分
词短语,因为它属于 "准介词"。但如果补足语是
一个形容词的话,可以有四种形式。如:The current
flowing into the junction is regarded as being
positive〔as positive, to be positive, positive〕. 流
入结点的电流被认为是正的。

regardful [rɪˈgɑːdful] a. ①留心的,注意的,关心的
(of) ②表示尊敬的(for) ‖ **-ly** ad.

regarding [rɪˈgɑːdɪŋ] prep. 关于

regardless [rɪˈgɑːdlɪs] ❶ a. 不注意的,不关心的,
不重视的,不考虑的 ❷ ad. 不顾一切地,无论如何
☆ *regardless of* 不管〔顾〕,不注意,无论,与…无
关

regasify [ˈriːˈgæsɪfaɪ] vt. 再汽化,再蒸发

regelate [ˈriːdʒɪleɪt] v. 再冻〔凝〕,重新凝结

regelation [riːdʒɪˈleɪʃən] n. 复冰(现象),再冻

regenerable [ˈriːˈdʒenərəbl] a. 可再生的

regeneracy [rɪˈdʒenərəsɪ] n. 新〔再〕生

regenerant [rɪˈdʒenərənt] ❶ n. 再生剂,回收物
❷ a. 交流换热的

regenerate ❶ [rɪˈdʒenəreɪt] v. ①(使)再生,更新,
还原 ②回收,使回授,蓄热 ③革新,变换 ❷
[rɪˈdʒenərɪt] a. 再生的,更新的,革新的

regeneration [rɪˌdʒenəˈreɪʃən] n. ①再生(现象),
再加工,更新,革新,改造,脱硫 ②恢复,还原 ③回
收〔热〕,交流换热(法),蓄热(作用) ④正反馈

regenerative [rɪˈdʒenəreɪtɪv] a. ①再生的,更新

的 ②回热(式)的,蓄热的,交流换热的 ③(正)反馈的

regenerator [rɪ'dʒenəreɪtə] n. ①回热器 ②蓄热器,交流换热器 ③再生器,还原器,再生电路 ④再生者,改革者

regenesis [ri:'dʒenəsɪs] n. 新生,再生;更新

reggeization [redʒi:'zeɪʃən] n. 雷其化

reggeon ['redʒɪɒn] n.【核】雷琪子

regime [reɪ'ʒi:m], **regimen** ['redʒɪmən] n. ①政体,体系,政治系统,统治(方式) ②状况,状态,水情,自然现象的特征 ③方式,方法 ④领域,范围 ⑤规范

regiment ['redʒɪmənt] ❶ n. ①【军】团,联队 ②(pl.)大群,大量,多数 ❷ vt. 编制,(严密)组织,系统化 ‖ **~al** a.

regimentation [,redʒɪmən'teɪʃən] n. 编制,(严密)组织,集中管理

region ['ri:dʒən] n. ①区(域),地方(区),部位 ②(境)界,领域,范围 ☆ **in the region of** (在)…的左右

regional ['ri:dʒənl] ❶ a. ①地方(性)的,区域性的 ②整个地区的 ❷ n. (美)地区交易所

regionalism ['ri:dʒənə,lɪzəm] n. 区域划分,地方习惯(制度,主义),地域性

regionality [ri:dʒə'nælɪtɪ] n. 区域性

regionalize ['ri:dʒənəlaɪz] vt. 把…分成地区,使地区化 ‖ **regionalization** [,ri:dʒənəlaɪ'zeɪʃən] n.

regionspecific ['ri:dʒənspɪ'sɪfɪk] a. 部位专属的

register ['redʒɪstə] ❶ n. ①记录(表,员),登记(簿,员),注册(簿,员),簿记中的项目,芯头标记 ②(自动)记录器,加法器,寄存器,记忆装置 ③调气器 ④对齐,定位,调整,重合 ⑤音域 ❷ v. ①登记,注册,挂号,交…托运 ②(自动)记录,(仪表)指示 ③记载,储存 ④对齐,套准 ☆ **(be) in register** 对得齐,配准; **(be) out of register** 对得不齐,没有配准; **register as** 表现为,显示出

registrable ['redʒɪstrəbl] a. ①可登记(注册)的,可挂号的 ②可对齐(套准)的

registrant ['redʒɪstrənt] n. ①管理登记(注册,挂号)工作人员 ②被登记(注册)者

registrar [,redʒɪs'trɑ:] n. 管理登记(注册)工作人员,户籍员,负责登记、证明股票的人

registration [,redʒɪs'treɪʃən] n. ①登记(证),注册(证),挂号,登记簿中的项目 ②(仪表)读数,(自动)记录 ③配(对,套)准,(图像)重合,定位

registrogram ['redʒɪstrəgræm] n. 记录图

registry ['redʒɪstrɪ] n. ①登记(处),注册(处),挂号(处) ②记录 ③图像(电视图像) ④船舶的国籍

reglet ['reglet] n.【建】平嵌缝

reglowing ['ri:'gləʊɪŋ] n. 再辉,再炽热

regmagenesis [,regmə'dʒenɪsɪs] n. 大断裂作用

regnant ['regnənt] a. 占优势的,支配的

regolith ['regəlɪθ] n. 表(浮)土,土被,风化层

regorge [rɪ'gɔ:dʒ] v. ①吐(出),涌回 ②(使)倒流

regosol ['regə,sɒl] n. 岩成土(松散母质),浮土

regradation [ri:grə'deɪʃən] n. 倒〔后,衰〕退

regrading [ri:'greɪdɪŋ] n. 重整坡度;再分类

regrant [ri:'grænt] vt. 重新许可

regrate [ri:'greɪt] vt. 囤积,(哄抬物价而)倒卖

regress ❶ [ri:'gres] n. [rɪ'gres] 退化,退步,回归 ❷ [rɪ'gres] vi. ①退回〔步,化〕,倒〔后〕退,逆行 ②【天】退行,回归 ③【地质】海退,衰退〔减〕 ‖ **~ly** ad. **regression** [rɪ'greʃən] n.

regressand [rɪ'gresənd] n. 回归方程中的从属变量

regressive [rɪ'gresɪv] a. 回归的,倒退的,退化的,逆向的 ‖ **~ly** ad. **regressivity** [rɪgre'sɪvɪtɪ] n.

regressor [rɪ'gresə] n.【统】回归方程中的自变量

regret [rɪ'gret] v.;n. 遗憾,抱歉,惋惜,后悔,哀悼,(pl.)歉意 ☆ **express regret at (for, over)** 对…表示遗憾 ‖ **~ful** a. **~fully** ad.
〖用法〗表达"对已做的某事表示懊悔、抱歉"时,该词除了可跟名词作的宾语或宾语从句外,一般还可用动名词作其宾语(有时也用不定式);对"正在做或将要做的事情"表示歉意时,其后可用不定式,如 "regret to say that ..." 和 "regret to disturb you"。

regrettable [rɪ'gretəbl] a. 令人遗憾的,可惜的 ‖ **regrettably** [rɪ'gretəblɪ] ad.

regrind [rɪ'graɪnd] (reground) v. 重新研磨

regrinding [rɪ'graɪndɪŋ] n. ①再次研磨 ②回收物料,二次粉碎物料

regroover [rɪ'gru:və] n. 再次刻纹机,重新挖槽的工具

reground [rɪ'graʊnd] a. 重新研磨的

regroup ['ri:'gru:p] vt. 重新组(聚)合,改变…的部署

regrowth [rɪ'grəʊθ] n. 再生〔增〕长

regulae [regju'li:], **regula** ['regjulə] n.【建】方嵌条,扁带饰

regular ['regjulə] ❶ a. ①(有)规则的,有规律的 ②正规的,常规的,标准的,普通的 ③经常的,定期的,固定的,照例的,一贯的 ④端正的 ⑤【数】正则的,等边〔角,面)的,对称的 ⑥正式的,合乎法规的 ⑦整齐的,有系统的 ⑧常备军的 ❷ n. 正规兵,固定职工,老顾客,修道士 ❸ ad. ①规则地,经常地 ②十分

regularity [,regju'lærɪtɪ] n. ①规律(性),一致性,可调性,不变(性) ②整齐(度),匀称 ③正规(常),经(惯)常,定期

regularize ['regjuləraɪz] vt. ①调整,整理 ②规则化,正则化,使有规则〔秩序) ‖ **regularization** [,regjuləraɪ'zeɪʃən] n.

regularly ['regjuləlɪ] ad. ①有规则〔规律,组织)地 ②经常地,定期地

regulate ['regju,leɪt] vt. ①调整(准),校准,整平,稳定 ②管制,限制 ③使整齐〔有条理)

regulation [,regju'leɪʃən] ❶ n. ①调整(率),校准,控制,稳定,管理 ②规则〔章,定程),章程,条例,细则 ③调整率 ❷ a. 规定的,正规的,普通的

regulative ['regjʊlətɪv] *a.* 调整〔节〕的,管理的

regulator ['regjʊ,leɪtə] *n.* ①调节器〔阀〕,调整器,调速器,变阻器 ②稳定器 ③节制闸 ④标准计时仪 ⑤调节剂,调整〔校准,管理〕者 ⑥调变生物,调节基因

regulatory ['regjʊlətərɪ] *a.* ①管理的,制定规章的 ②调整〔节〕的

regulex ['regjʊleks] *n.* 电机调整器,磁饱和放大器

reguli ['regjʊlaɪ] regulus 的复数

regulin ['regjʊlɪn] *n.* 边条曲菌素

reguline ['regjʊlaɪn] ❶ *a.* 熔块〔状〕的 ❷ *n.* 平滑黏附的电解淀积

regulon ['regjʊlɒn] *n.* 【生】调节子,调节单元

regulus ['regjʊləs] (pl. reguluses 或 reguli) *n.* ①金属渣,熔块 ②锑铅合金 ③硫化复盐

regurgitant [rɪ'gɜ:dʒɪtənt] *a.* 回流的

regurgitation [rɪ,gɜ:dʒɪ'teɪʃən] *n.* 反胃,吐出,反流

regurgitate [rɪ'gɜ:dʒɪ,teɪt] *vi.* 回流,反胃,反刍,重新泛起

rehabilitate [,ri:hə'bɪlɪteɪt] *vt.* ①修〔康〕复,重建,改善 ②休整 ③恢复…的地位〔权利〕等 ‖ **rehabilitation** [ri:hə,bɪlɪ'teɪʃən] *n.*

rehalation [ri:hə'leɪʃn] *n.* 再(呼)吸

rehandle ['ri:'hændl] *vt.* 重新处理,重铸,回修,再搬运

reharden ['ri:'hɑ:dn] *v.* 再硬化

rehash ['ri:'hæʃ] ❶ *vt.* 以新形式处理旧材料,改头换面地重复,炒冷饭 ❷ *n.* 旧料改新,改写品,故事新编

reheader [rɪ'hedə] *n.* 二次成形凸缘件镦锻机

rehearsal [rɪ'hɜ:səl] *n.* 排练,复述,背诵,演习

rehearse [rɪ'hɜ:s] *v.* 排演〔练〕,复述

reheat ['ri:'hi:t] ❶ *v.* 对…重新加热,二次加热,(指发动机)加力 ❷ *n.* 后燃室,加力燃烧室

reheater ['ri:'hi:tə] *n.* ①再(加,预)热器,重热炉 ②(金属等)重新加热工

rehiring [ri:'haɪərɪŋ] *n.* 重新雇工

rehmanin [rɪ'mænɪn] *n.* 地黄宁

rehousing ['ri:'haʊsɪŋ] *n.* 旧房翻新

rehybridization ['ri:haɪbrɪdaɪ'zeɪʃən] *n.* 再次杂化

rehydration [,ri:haɪ'dreɪʃən] *n.* 再水化(作用)

reify ['ri:ɪ,faɪ] *vt.* 使(概念)具体化 ‖ **reification** [,ri:ɪfɪ'keɪʃən] *n.*

reign [reɪn] *n.;vi.* ①统治(时期) ②领域,界 ③占优势,支配,盛行

reignite [,ri:ɪg'naɪt] *v.* 逆弧,二次点燃〔启动〕,反点火,二次放电 ‖ **reignition** [ri:ɪg'nɪʃən] *n.*

reimburse ['ri:ɪm'bɜ:s] *vt.* 偿还,赔偿

reimbursible ['ri:ɪm'bɜ:səbl] *a.* 可偿还的,可赔偿的

reimplantation [,ri:ɪmplɑ:n'teɪʃən] *n.* 复植法

reimport ❶ ['ri:ɪm'pɔ:t] *vt.* 再进口 ❷ [ri:'ɪmpɔ:t] *n.* 再输入(的商品),再进口 ‖ **~ation** *n.*

reimpose ['ri:ɪm'pəʊz] *vt.* 再强加,重新征收

rein [reɪn] *n.;vt.* ①驾驭,控制,支配,统治 ②止住,放慢(in, up) ③(一种黏度单位)黏因 ④手柄,把手 ⑤缰绳 ☆ ***draw rein*** 停止,慢下来,放弃努力,节省费用; ***drop the reins of government*** 下台; ***give the reins to*** 或 ***give rein to*** 充分发挥,对…放任; ***hold the reins of government*** 执政; ***rein in on the brink of a precipice*** 悬崖勒马; ***take the reins*** 掌握,支配; ***throw the reins to*** 对…不加约束

reincarnate [ri:'ɪnkɑ:neɪt] *vt.* 赋予(灵魂)新的肉体,使再生

reincorporation ['ri:ɪnkɔ:pə'reɪʃən] *n.* 重掺入

reindeer ['reɪndɪə] *n.* 驯鹿

reindex ['ri:'ɪndeks] *v.;n.* 变换符号

reineckate ['reɪnɪkeɪt] *n.* 雷纳克酸盐

reinfection ['ri:ɪn'fekʃən] *n.* 【医】再感〔传〕染

reinforce [,ri:ɪn'fɔ:s] ❶ *v.* ①加强〔固〕,强化,给…加钢筋 ②增强〔援〕,补充 ③得到增援 ❷ *n.* 增强物,枪炮后膛较厚部分

reinforced [,ri:ɪn'fɔ:st] *a.* 增强(了)的,加钢筋的

reinforcement [,ri:ɪn'fɔ:smənt] *n.* ①加强(法),强化,〔焊缝〕加厚,补强,支援 ②加强件,强化物,装甲,钢筋,护炉设备

reinforcer [,ri:ɪn'fɔ:sə] *n.* 【心】强化刺激

reinfusion [ri:ɪn'fju:ʒən] *n.* 再注

reinite ['reɪnaɪt] *n.* 方钨铁矿

reinjection [,ri:ɪn'dʒekʃən] *n.* 再注入,回收〔送〕

reink ['ri:'ɪŋk] *vt.* 重新涂墨水〔油墨〕于

reinoculation ['ri:ɪnɒkjʊ'leɪʃən] *n.* 重新孕育,再接种

reinsert ['ri:ɪn'sɜ:t] *vt.* 重新插入,重新引入 ‖ **reinsertion** ['ri:ɪn'sɜ:ʃən] *n.*

reinspection ['ri:ɪn'spekʃən] *n.* 再检验〔考察〕,复查

reinstate ['ri:ɪn,steɪt] *vt.* 复原,恢复,使正常,使恢复原状〔位〕 ‖ **-ment** *n.*

reinsurance ['ri:ɪn'ʃʊərəns] *n.* 再保险

reinsure ['ri:ɪn'ʃʊə] *vt.* 重新给…保险

reintegrate ['ri:'ɪntɪgreɪt] *vt.* 使重新完整〔结合〕,重建 ‖ **reintegration** [ri:ɪntɪ'greɪʃən] *n.*

reinterpret ['ri:ɪn'tɜ:prɪt] *vt.* 重新解释,给…以不同的解释 ‖ **~ation** *n.*

reinvest ['ri:ɪn'vest] *vt.* ①重新投资于 ②重新赋〔授〕于 ③再围攻

reinvestigation ['ri:ɪnvestɪ'geɪʃən] *n.* 重新调查

reinvocation ['ri:ɪnvə'keɪʃən] *n.* 复能(作用),再活化(作用)

reirradiation ['ri:ɪrædɪ'eɪʃən] *n.* 重复照射,再辐照

reissue ['ri:'ɪsju:] *vt.;n.* 再〔重新〕发行,重排〔印,刊〕,再版,再公告专利

reiterate [ri:'ɪtəreɪt] *vt.* 重申,反复地做〔说〕 ‖ **reiteration** [ri:,ɪtə'reɪʃən] *n.*

reiterative [ri:'ɪtərətɪv] *a.* 反复的

R

reject ❶ [rɪ'dʒekt] *vt.* ①拒绝〔收〕,剔除,排斥,呕出,舍弃 ②抑制,干扰,阻碍,衰减 ③驳回,否决〔认〕,抵制 ❷ ['riːdʒekt] *n.* 等外品,下脚料,等外材,废品〔料〕,尾矿,遭拒绝者

rejectamenta [rɪdʒektə'mentə] (拉丁语) *n.* 垃圾,排泄物,漂浮物

rejection [rɪ'dʒekʃən] *n.* ①拒绝〔收〕,排斥〔除〕,剔除,舍弃,滤去,废品 ②抑制,阻止,干扰,衰减 ③驳回,否决,抵制 ‖ **rejective** [rɪ'dʒektɪv] *a.*

rejector [rɪ'dʒektə] *n.* ①带阻滤波器,拒〔除〕波器 ②抑制器 ③杂音分离器 ④掺杂物排除器 ⑤拒绝者,否决者

rejig [riː'dʒɪg] (rejigged; rejigging) *vt.* 重新装备

rejigger ['riː'dʒɪgə] *vt.* 重新安排,更改

rejoice [rɪ'dʒɔɪs] *v.* 高兴,欢庆 ☆**rejoice at (over)** 为⋯而感到高兴〔欣欣鼓舞〕

rejoicingly [rɪ'dʒɔɪsɪŋlɪ] *ad.* 欢欣鼓舞地

rejoin¹ ['riː'dʒɔɪn] *v.* 再参加,再接合,重装

rejoin² [rɪ'dʒɔɪn] *v.* 回答,答复

rejoinder [rɪ'dʒɔɪndə] *n.* 答辩,回答,反驳

rejoint ['riː'dʒɔɪnt] *v.* 再填缝,重接

rejuvenate [rɪ'dʒuːvəneɪt] *v.* (使)复原〔苏〕,(使)再生,(使黏胶)嫩化,(使)恢复〔活力〕,使回春 ‖ **rejuvenation** [rɪ,dʒuːvə'neɪʃən] *n.*

rejuvenator [rɪ'dʒuːvɪneɪtə] *n.* (电子管等)复活器,再生器,嫩化器

rejuvenescence [,riːdʒuːvɪ'nesəns] *n.* 复壮(现象),复原〔苏〕,再生,回春,活力的恢复

rekindle ['riː'kɪndl] *v.* 重新燃起,重新激起

rel [rel] *n.* 雷耳(磁阻单位)

relaid ['riː'leɪd] relay 的过去式和过去分词

relapsable [rɪ'læpsəbl] *a.* 可复发的

relapse [rɪ'læps] *n.;vi.* ①(旧病)复发,复旧 ②恶化,堕落,沉陷

relatching [riː'lætʃɪŋ] *n.* (脱钩安全器等的)再接合

relate [rɪ'leɪt] *v.* ①联系(起来),显示出⋯与⋯的关系 ②有关(系),涉及 ☆**(be) related to** 与⋯有关(系); **relate to** 与⋯有关〔相联系〕,涉及(到); **relate with** 符合; **relating to** 关于⋯的 〖用法〗英美科技人员喜欢用 "A and B are related by C" 或 "A is related to B by C" 表示 "A 与 B 的关系可用 C 来表示",它等效于 "The relationship between A and B can be expressed〔denoted,given,shown〕by C"。如:The force and displacement are related by Hook's law. 力与位移之间的关系可用虎克定律来表示。/Current is related to voltage by the following equation. 电流与电压之间的关系可由下式表示。

related [rɪ'leɪtɪd] *a.* ①有〔相〕关的,有联系的 ②叙述的 ☆**related to** 与⋯有关系的,与⋯相关的

relation [rɪ'leɪʃən] *n.* ①关系式,联系,比例关系,方程〔式〕 ②叙述 ③亲戚 ☆**(be) out of (all) relation to** 和⋯完全不符〔毫无关系〕; **bear (have) a relation to** 与⋯有关(系); **bear no**

relation to 和⋯(毫)无关(系),完全不符; **have relation(s) to (with)** 和⋯有关(系); **in relation to** 关于,至于,与⋯有关(成比例); **make relation to** 提及; **the relation of A to B** A 对 B 之比,A 与 B 的关系; **with no relation to** 与⋯无关; **with relation to** 关于,至于,提及

relational [rɪ'leɪʃənl] *a.* 有(比例)关系的,关系式的

relationship [rɪ'leɪʃənʃɪp] *n.* ①关系,关联,关系式 ②媒质 ③亲属关系 ☆**bear (have) (a) relationship to (with)** 和⋯有关〔类似〕; **have a direct relationship to** 和⋯成正比; **in close relationship with** 与⋯有密切关系〔联〕系 〖用法〗"the relationship between A and B" 或 "the relationship of A to〔and〕B" 表示 "A 与 B 之间的关系"。如:This curve shows the relationship between distance and speed. 这个曲线显示〔画出〕了距离与速度之间的关系。/The emf of an electrical source bears a relationship to its power output analogous to that of applied force to mechanical power in a machine. 电源电动势与其输出功率之间的关系类似于外力与机器中的机械功率之间的关系。/This equation expresses the relationship of force to mass and acceleration. 这个式子表示了力与质量和加速度之间的关系。

relativation [rɪləti'veɪʃən] *n.* 相对化

relative ['relətɪv] ❶ *a.* 相对〔关〕的,比较的,(成)比例的,有关的 ❷ *n.* ①有关的东西 ②亲族〔戚〕 ☆**(be) low relative to** 低于; **(be) relative to** 关于,相对于,和⋯有关,对⋯来说 〖用法〗❶ 形容词短语 "relative to ⋯" 既可作后置定语或表语等,也常常作状语,意为 "相对于,与⋯成比例地"。如:The focal length of a lens depends upon the index of refraction of its material relative to that of the medium it is in, and upon the radii of curvature of its surfaces. 透镜的焦距既取决于其材料相对于它所处介质的(材料)的折射率,也取决于其表面的曲率半径。/The transition capacitance increases relative to the capacitance value found in a reverse-biased diode. 渡越电容是与负向偏置二极管中的电容值成正比的。❷ 注意在下面例句中该词的含义:Vertical cavity surface emitting semiconductor lasers differ from their more conventional relatives. 垂直腔面发射半导体激光器与更常见的同类激光器是不同的。

relatively ['relətɪvlɪ] *ad.* 相对〔相关,比较,成比例〕地 ☆**relatively to** 相对于

relativism ['relətɪvɪzəm] *n.* 相对性〔论,主义〕

relativist ['relətɪvɪst] *n.* 相对论者

relativistic [,relətɪ'vɪstɪk] *a.* 相对论(性)的 ‖ ~**ally** *ad.*

relativity [,relə'tɪvɪtɪ] *n.* 相对(论,性),相关(性),比较性,相互依存

relativization [relə,tɪvaɪ'zeɪʃən] *n.* 相对性

relativize ['relətɪvaɪz] *vt.* ①把⋯作为相对物处理

②用相对论的术语描述

relator [rɪ'leɪtə] n. 叙述者,原告

relatum [rɪ'leɪtəm] (pl. relata) n. 【数】被关系者

relax [rɪ'læks] v. ①(使)松〔张〕弛,(使)放松〔宽〕②缓和,削弱 ③衰减 ④(使)松懈,休息,使轻松 〖用法〗注意下面例句中该词的含义:These conditions simplify the mathematics (but will have to be <u>relaxed</u> later). 这些条件能够简化数学推导(但在以后得加以放宽)。

relaxation [,ri:læk'seɪʃən] n. ①松弛(作用),张弛 ②削弱,减缓,卸载 ③衰减 ④休息 ‖ **-al** a.

relaxed [rɪ'lækst] a. 松懈的,放松的,不严格的,随意的 ‖ **-ly** ad.

relaxin [rɪ'læksɪn] n.【生化】(耻骨)松弛激素,松弛肽

relaxometer [rɪlæk'sɒmɪtə] n. 应力松弛仪

relaxor [rɪ'læksə] n. 张弛振荡器

relay¹ [ri:'leɪ] (relaid) v. 重新铺,再放置

relay² ❶ [rɪ'leɪ] (relayed) v. ①中继,转播〔发〕,接力,分程传递,传达 ②用继电器控制 ③(把)接替,给…换班 ❷ ['rɪleɪ] n. ①【电子】继电器,【机】继动器 ③【电子】中继站,中继卫星 ④转播(的节目) ⑤中继,传达,转运,接力(赛跑) ⑥备用品,补充物资 ⑦调班,替班(人)

relayer ['ri:'leɪə] n. 重新铺设装置

release [rɪ'li:s] vt.;n. ①释放,解开,免除,赦免,放开,抛下,投弃 ②脱扣〔钩〕,脱离 ③放〔吐,逸〕出 ④发行〔表〕,出版,发布的消息,发行的部〔影片〕⑤释放器,脱扣器,松开装置 ⑥断路器,排气装置 ☆**release A to B for ...** 把 A 交付 B 以便…; **release A from** 使 A 不… 〖用法〗注意下面例句的含义:Pollution may be caused by <u>the release</u> by man of completely new and often artificial substances into the environment. 污染可能由人类把崭新的而且往往是人造的物质丢弃到环境中造成。(这里的搭配模式是"the release of A into B by C",但由于此处"by C"很短因而放在前面,变成了"the release by C of A into B"。)

releaser [rɪ'li:sə] n. 排除器〔者〕,释放装置

relegate ['relɪgeɪt] vt. ①驱逐,使降级 ②归属(于) ③委托,把…移交给 ☆**relegate A to B** 把 A 归入 B 类,把 A 委托〔移交〕给 B ‖ **relegation** [,relɪ'geɪʃən] n.

relent [rɪ'lent] vi. 变缓和,减弱

relentless [rɪ'lentlɪs] a. ①无情的,严酷的 ②坚韧的,不屈不挠的 ‖ **-ly** ad.

relet [rɪ'let] (relet; reletting) vt. 再出租,续〔转〕租

relevance ['reləvəns], **relevancy** ['reləvənsɪ] n. 关联〔注〕,适当,中肯

relevant ['reləvənt] a. ①有关的,关联的,适当的,中肯的,贴切的 ②成比例的,相应的 ☆**(be) relevant to (with)** 和…有关的,适合于 ‖ **-ly** ad.

relevelling ['ri:'levlɪŋ] n. 重复水准测量

reliability [rɪ,laɪə'bɪlɪtɪ] n. 可靠性,安全性,强度 〖用法〗表示"可靠性高〔好〕"时,往往用"great"

一词。如:Besides good uniformity, advantages of this approach include low cost of materials, high yield, and <u>greater reliability</u>. 除了良好的均匀性外,这种方法的优点包括材料的成本低、产量高、可靠性比较好。

reliable [rɪ'laɪəbl] a. (工作)可靠的,可信赖的,(使用)安全的,牢固的 ‖ **reliably** [rɪ'laɪəblɪ] ad.

reliance [rɪ'laɪəns] n. 信赖,依靠 ☆**feel (have, place, put) reliance on (upon, in)** 依赖,相信; **in reliance on** 信任…(而)

reliant [rɪ'laɪənt] a. ①依靠的,信赖的 ②自力更生的

relic ['relɪk] ❶ n. 遗物〔迹〕,纪念物,残余物,残遗群落,废墟 ❷ a. 残余的

relict ['relɪkt] n. 残余(物),残遗种

reliction [rɪ'lɪkʃən] n. 海退,陆进

relief [rɪ'li:f] ❶ n. ①减轻,缓减,卸货,降压,解〔消〕除,调剂 ②释放,松弛,间隙 ③援救,救济 ④接替(者),换防,接防部队 ⑤浮雕,凹凸,凸纹 ⑥【数】模曲面 ⑦(轮廓)鲜明,对照(against) ⑧地形〔貌,势〕⑨(刀具)的后角,背面 ❷ a. ①凸起的,起伏的 ②立体的 ③防护的,救济的 ☆**bring (throw) into relief** 使鲜明; **in relief** 鲜明地,如浮雕一般; **stand out in (bold, sharp, strong) relief (against)** 鲜明地耸立,(藉…衬托)极为明显,(与…)成强烈的对照 〖用法〗注意下面例句中该词的用法:This will provide some <u>relief</u> to the imposition of Shannon's law. 这在一定程度上降低了香农定律的苛刻要求。

relier [rɪ'laɪə] n. 信赖(他人)者

relievable [rɪ'li:vəbl] a. ①可减轻的,可解除的 ②可救济的 ③可使突出的,可刻成浮雕的

relieve [rɪ'li:v] v. ①减轻,卸载,解除,放气,缓和,降低 ②分离,释放,摆脱 ③救济 ④替换,换班 ⑤衬托,使显著,(使)成浮雕 ☆**relieve A against B** 藉 B 的衬托使 A 显得格外分明; **relieve A from (of) B** 使 A 解除〔免于〕B; **be relieved of one's duties** 被解职

reliever [rɪ'li:və] n. ①减压装置,解脱器 ②辅助炮眼 ③接替者,救济者

relievo [rɪ'li:vəu] n. 浮雕(品)

religion [rɪ'lɪdʒən] n. 宗教 ‖ **religious** [rɪ'lɪdʒəs] a.

reline ['ri:'laɪn] vt. ①换衬,重新换衬,重砌内衬,重浇轴瓦 ②重新画线

reliner ['ri:'laɪnə] n. 换衬器

relink ['ri:'lɪŋk] v. 重新连接

relinquish [rɪ'lɪŋkwɪʃ] vt. 放弃,撤回,松手放开;把…交给(to) ‖ **~ment** n.

reliquiae [rɪ'lɪkwɪi:] n. 遗迹〔物,著〕,化石

reliquidate [ri:'lɪkwɪdeɪt] vt. 再清算,重新调整

relish ['relɪʃ] n. 滋〔风〕味,含义,吸引力,调味(品)

relive ['ri:'lɪv] v. ①再生,复活 ②重温,再体验

reload ['ri:'ləud] vt. 重新加载,再装

reloader [ˌriːˈləʊdə] *n.* 重新装载机

relocatability [ˌriːləʊkətəˈbɪlɪtɪ] *n.* (可)再定位,浮动 ‖ **relocatable** [riːˈləʊkətəbl] *a.*

relocate [ˈriːləʊˈkeɪt] *vt.* ①重新定…的位置,重新配置 ②改线,移位,变换,浮动

relocation [ˈriːləʊˈkeɪʃən] *n.* ①重新安置,再定位,易位,浮动 ②改线,转移,变换

relomycin [reləˈmaɪsɪn] *n.* 雷洛霉素

relucent [rɪˈljuːsənt] *a.* 光辉的,明亮的

reluct [rɪˈlʌkt] *vi.* ①作抵抗(against),反抗,反对(at) ②不同意,勉强

reluctance [rɪˈlʌktəns], **reluctancy** [rɪˈlʌktənsɪ] *n.* ①磁阻 ②不愿,勉强,反抗 ☆*feel no reluctance in doing* 毫不勉强地(做);*with reluctance* 不情愿地,勉强地;*without reluctance* 欣然,甘愿 〖用法〗注意其搭配模式"the reluctance of A to do B",意为"A 不愿意做 B"。如:It may be hard for us today to understand the reluctance of our ancestors to shed their intuitive beliefs in the face of experimental evidence. 今天我们可能难以理解为什么我们的祖先面对实验证据(是相反的情况)还不愿意抛弃他们一些直观的信念。

reluctant [rɪˈlʌktənt] *a.* ①不愿的,勉强的 ②难得到的,难处理的,难驾驭的 ③反对的,抵抗的 ☆*be reluctant to (do)* 不愿(做) ‖ *-ly ad.*

reluctivity [ˌreləkˈtɪvɪtɪ] *n.* 【物】磁阻率

relume [rɪˈljuːm], **relumine** [rɪˈljuːmɪn] *vt.* 重新点燃,使重新照亮

relustering [rɪˈlʌstərɪŋ] *n.;a.* 恢复光泽的(的)

rely [rɪˈlaɪ] *vt.* 依赖,信任 ☆*rely on (upon)* 依靠,信赖,取决于; *rely upon it* 的确如此,一定,错不了,放心; *rely upon it that* 相信

rem [rem] (拉丁语) ☆*ad rem* 得要领,中肯,适宜

rem [rem] *n.* (=roentgen equivalent man) 雷姆,人体伦琴当量

remachine [ˈriːməˈʃiːn] *v.* 再机械加工

remagnetize [ˈriːˈmægnɪtaɪz] *v.* 再磁化,重新起磁 ‖ **remagnetization** [ˈriːmægnɪtaɪˈzeɪʃən] *n.*

remain [rɪˈmeɪn] *vi.* ①剩余,遗(保)留,搁置 ②仍然(是),保持(…状态) ③有待于,留待,剩下的是 ④(最终)归于(with) ☆*I remain yours truly (respectfully)* 敬上(信末署名前客套话); *Let it remain as it is.* (那就)听其自然吧; *Nothing remains but to (do)* 此外只要(做)就行了,只需(做) 〖用法〗对于该词的使用,在科技文章中最常见以下几种情况:❶ "remain + 形容词"时,它属于连系动词,意为"保持;仍然(是)"。如:The applied voltage must remain constant. 外加电压必须保持不变。/Here we shall proceed to idealize the geometry as much as remains possible. 下面我们将使该几何结构尽可能地理想化。❷ "remain + 不定式(被动形式)"时,它属于半助动词,意为"有待于"。如:Finally, the paper presents some technical problems which remain to be solved. 最后,本文提出了一些有待于解决的技术问题。/It remains now to be seen when this equation holds. 现在有待于查明这个等式何时成立。(注意:"when"在此引出的是主语从句,其含义是"何时")。❸ 有时候它可以构成被动语态,但强调状态。如:The gate will remain closed by the low input until the clock pulse arrives. 该门电路将会由于低电位输入而保持关闭状态,直到时钟脉冲的到来。/For the next approximately 5900 years fountains remained for the most part driven by gravity. 在随后的近 5900 年中,喷泉一直是靠重力驱动的。❹ 它单独用时,表示"留下来,保留着"。如:Some thermal drift remains. 仍然有一些热漂移。/In this way no air gap remains. 这样就不存在空气间隙了。❺ 表示"其余"时,一般用"remaining"而绝不能使用"rest"(有时也用"remainder")。如:The remaining points represent irrational numbers. 其余的点表示无理数。❻ 其现在分词可以单独作后置定语,本意是"留下来的"。如:Some technical problems remaining are outlined here. 这里概述了有待于解决的一些技术问题。

remainder [rɪˈmeɪndə] ❶ *n.* ①剩余(物,部分),残品(渣) ②【数】余(数,项),余额 ③存货,滞销书 ④(pl.)遗址(迹,物),废墟 ❷ *a.* (剩)余的,其余的 ❸ *v.* 廉价出售 〖用法〗注意下面例句中该词的含义:In the remainder of this section, several examples are given for converting the dynamics of a system into the state-space forms. 在本节的余下部分,给出了把系统的动态特性转变成状态-空间形式的几个例子。

remains [rɪˈmeɪnz] *n.* (pl.) ①残余,剩下的东西 ②余物(额)③遗物(迹,址,者,体),废墟 ④化石

remake [ˈriːˈmeɪk] ❶ *v.* (remade) 重新(制),改造,翻制,修改 ❷ *n.* ①重做(制),改造,翻新,修改 ②重制物,重新摄制的影片

remalloy [rəˈmælɔɪ] *n.* 磁性合金,铁钴钼合金

reman [ˈriːˈmæn] (remanned; remanning) *vt.* 给…重新配备人员

remand [rɪˈmɑːnd] *n.;v.* 召回,还押

remanence [ˈremənəns], **remanency** [ˈremənənsɪ] *n.* ①顽磁,剩磁(感应强度),剩余磁通密度 ②后效(现象)

remanent [ˈremənənt] *a.* 剩(残)余的,残留的

remark [rɪˈmɑːk] *v.;n.* ①注意到,注视,觉察 ②表示,陈述,评论,说明 ③评语,意见 ④(pl.)备考,附注,要点,论点 ☆*as remarked above (earlier)* 如上所述; *general remarks* 总论; *I should like to remark that* 我认为; *it is often remarked that* 常常提到; *make a remark upon* 就…表示意见,评论; *make no remark* 不加评论; *make remarks* 陈述,提意见; *pass a remark (about)* 表示意见,说到; *pass without remark* 置若罔闻; *remark on (upon)* 或 *pass remarks about (at)*

议论; *the remarks column* 备考〔注〕栏
〖用法〗注意下面例句中该词的含义:The above
<u>remarks</u> apply, of course, to amplifier circuits. 当然,
上面的陈述适用于放大电路。/In 1966, they had
<u>remarked on</u> the injection of carriers from the source
region into the channel. 在 1966 年,他们谈到了把
载流子从源区注入到沟道里去。

remarkable [rɪ'mɑːkəbl] *a.* 值得注意的,显著的,
惊人的 ☆*a remarkable bit of* 相当多的

remarkably [rɪ'mɑːkəblɪ] *ad.* 显著地,非常

remasticate [riːˈmæstɪkeɪt] *vt.* 反刍

rematch [riːˈmætʃ] *v.* 再匹配,复赛

remediable [rɪ'miːdɪəbl] *a.* 可挽回〔补救,修补〕
的,可治疗的 ‖ **remediably** [rɪ'miːdɪəblɪ] *ad.*

remedial [rɪ'miːdɪəl] *a.* 治疗(上用)的,补救的,修
补的 ‖ **-ly** *ad.*

remediless ['remɪdɪlɪs] *a.* 治不好的,不能挽回〔校
正,修补〕的 ‖ **-ly** *ad.*

remedy ['remɪdɪ] *n.;vt.* ①补救,修缮,校正 ②治疗,
药品 ③赔〔补〕偿 ☆*be past (beyond) remedy*
无法补救; *The remedy is worse than the
disease.* 这种办法无异于饮鸩止渴; *There is
no remedy but* 除…外别无(补救)办法
〖用法〗该词后可以跟 "for"。如:We may use a
special class of sequences as <u>a remedy for</u> this
shortcoming. 我们可以用一类特殊的序列作为这
一缺点的补救办法。

remelt ['riːmelt] *vt.;vn.* 再熔〔融〕化,回熔(法)

remelter ['riːmeltə] *n.* 再熔炉

remember [rɪ'membə] *v.* ①想起,记得〔住,忆〕,
回忆 ②记录 ③【计】存储 ④问候〔好〕,代…
致意 ☆*remember me to* 请代我向…问好
〖用法〗❶ 该词后跟动名词(一般式或完成式)或
动词不定式的完成式或宾语从句时的含义是相同
的,意为 "记得〔想起〕曾经…"。❷ 在下面的
例句中,它作了插入语:All this is happening,
<u>remember</u>, on a time scale measured in
microseconds or picoseconds. 请记住,这一切都是
发生在以微秒或皮秒为度量单位的时间尺度上
的。

rememberable [rɪ'membərəbl] *a.* 可记得〔住,
起〕的,可纪念的

remembrance [rɪ'membrəns] *n.* ①记忆(力),回
忆,存储 ②备忘录,纪念(品),(pl.)问候,致意 ☆
bear (keep) ... in remembrance 把…记在心
里; *call to remembrance* 想起; *Give my kind
remembrance to* 请代我向…问好; *have in
remembrance* 记得; *have no remembrance
of* 记不得; *in remembrance of* 为纪念,回忆,
put in remembrance 使想起

remembrancer [rɪ'membrənsə] *n.* 提示者,纪念
品

remerge [riːˈmɜːdʒ] *vi.* 再归并,重合并

remesh [rɪ'meʃ] *v.* 重啮合

remilitarize ['riːˈmɪlɪtəraɪz] *vt.* 使重新武装 ‖

remilitarization ['riːˌmɪlɪtəraɪˈzeɪʃən] *n.*

remind [rɪ'maɪnd] *vt.* 使想起,提醒 ☆*remind A of
B* 使 A 想起 B
〖用法〗注意下面例句中该词的含义:We <u>remind
ourselves that</u> gain or losses can be represented by
taking the dielectric constant of a medium as
complex. 我们记得,通过把介质的介电常数取为
复数形式就能表示增益或损耗。

reminder [rɪ'maɪndə] *n.* ①暗〔提〕示,提醒者〔物〕
②记录手册,催单 ③纪念品 ☆*as a reminder*
提示一下
〖用法〗注意下面例句的含义:The solution of water
and other materials in which the tissues are bathed is
slightly salty, <u>an interesting reminder of</u> the first
living cells which originated in the sea. 人体组织浸
沉其中的、由水和其它物质构成的溶液是带有一
点咸味的,这有趣地表明了原始的生物细胞是起
源于海洋的。(逗号后面的名词短语是前面句子的
同位语,注意其汉译法。)

remindful [rɪ'maɪndful] *a.* ①留意的,注意的 ②令
人回想的,提醒人的 (of)

reminisce [ˌremɪ'nɪs] *v.* 回〔追〕忆,提醒 (of)

reminiscence [ˌremɪ'nɪsns] *n.* 回忆,(pl.)回忆录,
提醒物,痕迹 ☆*There is a reminiscence of A
in B.* B 使人联想到 A。

reminiscent [ˌremɪ'nɪsnt] *a.* 回忆〔暗示〕的 ☆
(be) reminiscent of 使人想起,暗示 ‖ **-ly** *ad.*
〖用法〗注意下面例句中该词的含义:This result <u>is
reminiscent of</u> the signal power from a
photomultiplier. 这个结果暗示了来自光电倍增器
的信号功率。

remiss [rɪ'mɪs] *a.* 疏忽的,粗心的,没尽职的,懈怠的,
无精打采的 ☆*feel remiss about* 由于…而感
到(自己)是疏忽了 ‖ **-ly** *ad.*

remission [rɪ'mɪʃən] *n.* ①缓和,减轻,松弛 ②免除,
赦免 ③汇款

remissness [rɪ'mɪsnɪs] *n.* 疏忽,不负责任

remit [rɪ'mɪt] ❶ (remitted; remitting) *v.* ①减轻,松
弛,免除 ②延期,推迟 (to, till) ③(使)恢复原状
④送出,移交,指示,汇寄 ❷ *n.* 移交的事件

remittance [rɪ'mɪtəns] *n.* 汇款(额)

remittee [ˌremɪ'tiː] *n.* 收款人

remittence [rɪ'mɪtəns] *n.* 缓解,弛张

remittent [rɪ'mɪtənt] *a.* ①忽轻忽重的,间歇性的
②缓解的,弛张的

remitter [rɪ'mɪtə] *n.* 汇款人

remix ['riːˈmɪks] *v.* 再混合,重拌和

remixer [riːˈmɪksə] *n.* 复搅机

remnant ['remnənt] *n.;a.* ①剩余(的,物),残余〔留〕
的 ②残〔痕〕迹,遗〔留〕物 ③残存者

remodel ['riːˈmɒdl] (remodel(l)ed; remodel(l)ing)
vt. 重新塑造,改型〔造,编〕,重作

remodulation ['riːˌmɒdjuˈleɪʃən] *n.* 再调制

remolten ['riːˈməʊltn] *a.* 再度熔化的

remonstrate [rɪ'mɒnstreɪt] *v.* ①抗议〔辩〕②规

R

劝,告诫,苦谏

remora ['remərə] n. ①吸附在船底的一种鱼 ②妨碍,障碍物

remote [rɪ'məut]❶ a. ①遥(远,控)的,远程的 ②间接的 ③细微(小)的,极少的,模糊的 ④偏(疏)远的,冷淡的,久远的 ❷ n. 现场转播节目,实况广播〔摄像〕 ‖ ~ly ad. ~ness n.

remotor [rɪ'məutə] n. 后动肌

remoulade [,reɪmə'lɑːd] n. 加料的蛋黄酱

remo(u)ld ['riː'məuld] vt. 改铸(塑),重塑〔铸〕

remo(u)ldability ['riːməuldə'bɪlɪtɪ] n. (可)重塑性,可重铸 ‖ **remo(u)ldable** [riː'məuldəbl] a.

remount ['riː'maunt] vt. ①再上,重登 ②重新安装 ③回溯(到)(to)

remous ['riːməs] n. 螺旋桨后的洗流,涡流,旋风

removability [rɪmuːvə'bɪlɪtɪ] n. 可移动〔拆,卸〕性,可除去性

removable [rɪ'muːvəbl] a. 可移(动)的,可(更)换的,可拆(卸,装)的,可取下的

removal [rɪ'muːvəl] n. ①移动〔开〕,挪移,错位〔除〕〔拆,卸〕去,排〔驱,清〕除,切削〔除〕,放〔逸,排〕出,分离 ③撤换,免除 ④(pl.)木材年伐量 【用法】注意该词的搭配模式 "the removal of A from B",意为 "把 A 从 B 中去掉〔移开〕"。如:The advantage of the TTL gate is the quick <u>removal</u> of charge <u>from</u> the base of the output transistor when the output switches from LOW to HIGH. 晶体管-晶体管逻辑门电路的优点是,当输出从低电位转向高电位时能够迅速地把电荷从输出晶体管的基极移走。

remove [rɪ'muːv]❶ v. ①移动〔置〕,搬开,运去 ②拆卸,分离 ③除去,取消,排除,清除,切〔锉,磨〕掉 ❷ n. ①移动,迁移 ②距离,间隔 ③程度,阶段 ☆ **remove A from B** 从 B 中提取〔除去,消去〕A

remover [riː'muːvə] n. ①拆卸工具,排除装置,清除〔移去,脱离〕器 ②除…剂,脱膜剂,(渗透检验的)洗净液 ③搬运工人,搬移者

remunerate [rɪ'mjuːnə,reɪt] vt. 报酬,赔偿

remuneration [rɪ,mjuːnə'reɪʃən] n. 报酬,薪水,赔偿

remunerative [rɪ'mjuːnərətɪv] a. 有报酬的,有利益的

ren [ren] (pl. renes) n. 肾

renal ['riːnl] a. 肾脏的

renaissance [rɪ'neɪsəns] n. 再生,复兴

renaissant [rɪ'neɪsənt] a. (文艺)复兴的,复苏的

rename [,riː'neɪm] vt. 改名,给…重新命名

renardite [rɪ'nɑːdaɪt] n. 【矿】黄磷铅铀矿

renaturation ['riːneɪtʃə'reɪʃən] n. 恢复,再生作用

renatured [riː'neɪtʃəd] a. 复原的

rencounter [ren'kauntə] n.;v. 遭遇战,(与…)冲突;论战;偶遇

rend [rend] (rent) v. 割〔撕〕裂,劈开,使分离,扯,剥夺

render ['rendə] ❶ vt. ①提出〔供〕,给予,呈递,汇报 ②再生〔现〕,表现,(使)反映 ③翻译,复制 ④执行,行使 ⑤抵底,抹灰,粉刷 ⑥提炼,熬(取) ⑦使…变得 ⑧放弃,让与,归还,报答,报复,献出 ❷ n. ①抹灰,打底,初涂 ②缴纳 ☆ **render an account of** 说明; **render back** 归还; **render down** 炼〔熬〕成; **render A into B** 把 A 译成 B; **render up** 让〔放弃〕给

【用法】❶ 在科技文中,该词常见的含义是 "使得"。如:Many years ago, a transatlantic communications line <u>was rendered useless</u> because of excessively high voltage signals. 多年前,由于当时使用了过高的电压信号而使得一条横跨大西洋的通信线路无效了。/This <u>renders</u> the product r₁r₂ a positive number. 这就使得乘积 r_1r_2 成为一个正数。❷ 表示 "给某人某事(如帮助等)" 可以写成 "render sb. sth." 或 "render sth. to sb."。

rendering ['rendərɪŋ] n. ①翻译 ②初涂,打底,抹灰,粉刷 ③透视〔示意〕图,复制图

renderset ['rendəset] n. 【建】二层抹灰

rendezvous ['rɒndɪvuː] ❶ vi. 使在指定地点集合〔聚会,相见〕 ❷ (pl.rendezvous ['rɒndɪ,vuːz]) n. ①相遇,约会,集合 ②(空间,航天)会合(点),约会地点

rendition [ren'dɪʃən] n. ①重显,复制 ②生产额 ③解释,翻译,演出 ④给予,让出,放弃

rendu [rɒn'duː] n. (渲染了的)建筑(学)设计图,已渲染的设计

renegade ['renɪgeɪd] n.;a.;vi. 叛徒,背叛(的)

renegotiate ['riːnɪ'gəuʃiːeɪt] vt. 重新谈判(协商) ‖ **renegotiation** [riː,nɪgəuʃɪ'eɪʃən] n.

renew [rɪ'njuː] v. ①(使)更新〔换〕,(使)恢复 ②重新开始 ③重建〔订,做,申〕,补充 ④翻新〔修〕,修补 ⑤(准予)展期

renewable [rɪ'njuːəbl] a. ①可更新〔代替,恢复〕的,可再次使用的 ②可继续的,可重新开始的 ③可更换的,可重新供给的 ④可展期的

renewal [rɪ'njuːəl] n. ①更新〔换〕,恢复 ②新修,修补 ③重新开始,继续,重做〔建,申〕④展期,续订 ⑤(pl.)备件

renicapsule ['renɪkæpsjul] n. 肾上腺

renieratene [rə'nɪərə,tiːn] n. 胡萝卜素

renierite ['renɪəraɪt] n. 【矿】硫铜锗矿

reniform ['renɪ,fɔːm] a. 肾脏形的

renin ['riːnɪn] n. 【生化】肾素,高血压蛋白原酶

renitency ['renɪtənsɪ] n. 抵抗(性),顽强(性) ‖ **renitent** [rɪ'naɪtənt] a.

Renminbi ['ren'mɪn'biː] n. (汉语)人民币(略作 RMB)

rennin ['renɪn] n. 凝乳酶〔素〕

renominate ['riː'nɒmɪneɪt] vt. 重新提名,提名…连任 ‖ **renomination** [riː,nɒmɪ'neɪʃən] n.

renormalizability ['riːnɒmələaɪzə'bɪlɪtɪ] n.【物】可重正化性

renormalize [riː'nɔːmə,laɪz] vt.【物】使重正化,再

归一化 ‖ **renormalization** [ˈriːnɔːməlaɪˈzeɪʃən] *n.* **renormalizable** [ˈrɪnɒːməˈlaɪzəbl] *a.*

renounce [rɪˈnaʊns] *vt.* 放弃,拒绝,否认 ‖ **~ment** *n.*

renovate [ˈrenəveɪt] *vt.* 更〔革,刷,翻〕新,改造,重建,整修 ‖ **renovation** [ˌrenəˈveɪʃən] *n.*

renovationist [ˌrenəˈveɪʃənɪst] *n.* 革新派

renovator [ˈrenəveɪtə] *n.* ①更新器 ②革新者,修复者

renown [rɪˈnaʊn] *n.;vt.* (使有)名望

renowned [rɪˈnaʊnd] *a.* 著名的

rent [rent] ❶ *v.* ①rend的过去式和过去分词 ②租用 ③出租 ❷ *n.* ①裂缝,断口,破裂(处)②租(金),出租的资产 ❸ *a.* 撕(分)裂的 ☆*for rent* 供出租的; *rent at (for)* 租金(为)

rental [ˈrentl] ❶ *n.* 租费〔赁〕,出租 ❷ *a.* ①租用的 ②出租的

rentalism [ˈrentəlɪzm] *n.* 租赁制度

renter [ˈrentə] *n.* ①租赁人 ②出租人

renucleation [riːnjuːklɪˈeɪʃən] *n.* 核植入

renumber [ˈriːˈnʌmbə] *v.* 再数,改…的号码

renunciate [rɪˈnʌnsɪeɪt] *v.* 放弃,弃权,否认,断绝 ‖ **renunciation** [rɪˌnʌnsɪˈeɪʃən] *n.* **renunciative** [rɪˈnʌnsɪeɪtɪv]或 **renunciatory** [rɪˈnʌnsɪətərɪ] *a.*

renvoi [renˈvɔɪ] *n.* 驱逐出境

Renyx [ˈrenɪks] *n.* 雷尼克斯压铸铝合金

reoccupy [ˈriːˈɒkjupaɪ] *vt.* ①再(占)用,再占领 ②使再从事

reodorant [riːəˈdɔːrənt] *n.* 芳(再)香剂

reoil [ˈriːˈɔɪl] *vt.* 重泼〔浇〕油,重涂,重润滑

reopen [ˈriːˈəʊpən] *v.* ①重开,再断开 ②再开始,重新进行

reopener [ˈriːˈəʊpənə] *n.* 重新协商的条款

reoperate [riːˈɒpəreɪt] *v.* 翻新,修理,重新运转 ‖ **reoperative** [riːˈɒpərətɪv] *a.*

reorder [ˈriːˈɔːdə] ❶ *v.* ①重新安排,排序,改组 ②再订购(同类货品) ❷ *n.* 再订购(单)

reorganize [ˈriːˈɔːgənaɪz] *vt.* 改组〔编〕,整顿,重排 ‖ **reorganization** [riːˈɔːgənəˈzeɪʃən] *n.*

reorientation [ˈriːˈɔːrɪenˈteɪʃən] *n.* 重取向,重新定向

reovirion [riːəʊˈvaɪrɪɒn] *n.* 新病毒颗粒

reovirus [ˌriːəʊˈvaɪərəs] *n.* 呼吸道肠道病毒

reoxidize [ˈriːˈɒksɪdaɪz] *v.* 再氧化 ‖ **reoxidation** [riːɒksɪˈdeɪʃən] *n.*

reoxygenation [riːɒksɪdʒəˈneɪʃən] *n.* 重新充氧作用

rep [rep] *n.* 棱纹平布

repack [ˈriːˈpæk] *v.* 改装,重新包装,再装配,拆修(轴承)

repackage [rɪˈpækɪdʒ] *vt.* 重新装配,重新包装

repaint ❶ [ˈriːˈpeɪnt] *vt.* 重新涂(漆),重画 ❷ [ˈriːpeɪnt] *n.* 重涂漆(的东西),重画(的部分)

repair [rɪˈpeə] *v.;n.* ①修理(补,缮),检修 ②改〔订,矫〕正,补救,弥补,赔偿 ③维修状况, (pl.) 修理工程〔工作〕④备用零件 ⑤ *vi.* (经常,大伙儿)去,聚集 ☆*(be) in bad repair* 或*(be, get) out of repair* 失修; *(be) in good repair* 或 *in a good state of repair* 维修良好; *(be) under repair(s)* 在修理中(的)

repairable [rɪˈpeərəbl] *a.* ①可修的 ②可补救〔偿〕的,可弥补的,可恢复的

repairman [rɪˈpeəmən] *n.* 修理〔安装〕工

repand [rɪˈpænd] *a.* 【植】(边缘)残波状的,波形的

reparametrization [ˌriːpəˌræmɪtraɪˈzeɪʃən] *n.* 再参量化

reparation [ˌrepəˈreɪʃən] *n.* ①修理〔缮〕,维修工程 ②弥补,补救,恢复,(pl.) 赔款 ‖ **reparative** [rɪˈpærətɪv] *a.*

repartee [repɑːˈtiː] *n.;v.* 巧妙的回答〔反驳〕

repartition [ˈriːpɑːˈtɪʃən] *n.;vt.* (重新)分配,(重新)划分〔瓜分〕

repass [ˈriːˈpɑːs] *v.* (使)再经(通,穿)过

repast [rɪˈpɑːst] *n.;vi.* 饮食,设宴,就餐(时间)

repaste [ˈriːˈpeɪst] *v.* 再涂

repasteurization [ˈriːˌpæstəraɪˈzeɪʃən] *n.* 再消毒

repatch [ˈriːˈpætʃ] *v.* 修补(炉衬)

repatency [rɪˈpeɪtənsɪ] *n.* 再开放,再通

repatriate [riːˈpætrɪeɪt] ❶ *v.* (把…)遣返回国 ❷ *n.* 被遣返回国者 ‖ **repatriation** [riːˌpætrɪˈeɪʃən] *n.*

repave [ˈriːˈpeɪv] *v.* 重铺路面

repay [rɪˈpeɪ] (repaid) *v.* 付还,补偿,报答,对…会报以良好效果 ‖ **repayable** [rɪˈpeɪəbl] *a.*

repayment [rɪˈpeɪmənt] *n.* 偿还,报答,偿付的款项〔物品〕

repeal [rɪˈpiːl] *vt.;n.* 撤销,废除

repeat [rɪˈpiːt] *v.;n.* ①重复,反复出现,循环 ②复制(测述)③转播,中继 ④背(诵)⑤围盘轧制 ⑥再订同类货(单)

repeatability [rɪˌpiːtəˈbɪlɪtɪ] *n.* 可重复性,反复性,再现性,复测正确度 ‖ **repeatable** [rɪˈpiːtəbl] *a.*

repeated [rɪˈpiːtɪd] *a.* ①反复的,屡次的 ②【机】围盘轧制的 ‖ **~ly** *ad.*

repeater [rɪˈpiːtə] *n.* ①重发器,转播器,中继器,(替续)增音器,1:1 变压器 ②(轧制)围盘 ③连发(手,步)枪,转轮枪 ④循环小数 ⑤复示器

repeating [rɪˈpiːtɪŋ] *n.;a.* ①重复,循环 ②转播〔发〕,中继,接力,(增音)放大 ③连发 ④【机】用围盘轧制

repel [rɪˈpel] (repelled; repelling) *v.* ①击退,排斥,抵制 ②推开,弹回 ③防,抗

repellence [rɪˈpeləns], **repellency** [rɪˈpelənsɪ] *n.* 抵抗〔相斥〕性

repellent, repellant [rɪˈpelənt] ❶ *a.* 排〔相〕斥的,驱除的,消肿的,弹回的 ❷ *n.* 排斥〔反拨〕力,防水布,防护剂,驱除〔消肿〕药

repeller [rɪˈpelə] *n.* 反射〔排斥〕极,离子反射板,弹回装置,栏板

R

repent ❶ [rɪ'pent] v. 悔悟,后悔(of) ❷ ['ri:pənt] a. 匍匐生根的,爬行的

repentance [rɪ'pentəns] n. 悔恨,懊悔 ‖ **repentant** [rɪ'pentənt] a.

repeptization [ri:peptaɪ'zeɪʃ ən] n. 再脱溶

repercolation [ri:,pɜ:kə'leɪʃ ən] n. 再渗滤(作用)

repercussion [,ri:pə'kʌʃ ən] n. ①反击(冲),回声,弹回 ②相互作用,(pl.)反响 ③消退(法),消肿(法,作用)

repercussive [,ri:pə'kʌsɪv] ❶ a. 反应(响)的,消肿的 ❷ n. 消肿药

reperforator [,ri:'pɜ:fəreɪtə] n. 复凿孔机,自动纸带穿孔机

repertoire ['repətwɑ:] n. ①(全部,保留)剧目,放映节目 ②(完整的)清单,(电脑)指令表 ③全部技能,所有组成部分

repertory ['repətərɪ] n. ①仓库,库存 ②储备 ③全部剧目,上演节目 ④指令表,指令系统

reperuse ['ri:pə'ru:z] vt. 重新仔细阅读

repetend [repɪ'tend] n. (小数的)循环节

repetition [,repɪ'tɪʃ ən] n. ①重复,再现,循环 ②副本,复制品 ③背诵
〖用法〗该词前往往可加不定冠词,表示"重复一下…"。如:A repetition of the electron-density calculation just carried out yields the same result as before. 重复一下刚进行的电子密度计算就可获得与以前相同的结果。

repetitional [repɪ'tɪʃ ənəl], **repetitionary** [repɪ'tɪʃ ənərɪ] a. 重(反)复的

repetitive [rɪ'petɪtɪv] a. 重复的 ‖ **~ly** ad. **~ness** n.

rephosphoration [,ri:fosfə'reɪʃ ən] n. 回磷,磷含量回升

rephosphorise,rephosphorize [ri:'fosfəraɪz] v. 回(复)磷 ‖ **rephosphorisation** 或 **rephosphorization** [,ri:fosfəraɪ'zeɪʃ ən] n.

replace [rɪ'pleɪs] vt. ①替换,代替 ②把…放回(原位,原处),复原,移位 ③归(赔)还
〖用法〗表示"用 A 代替 B"时可用"replace B by A"或"replace B with A"。如:Nowadays, discrete components are replaced by(with)integrated circuits. 现在,分立元件由集成电路来替代。

replaceability [rɪ,pleɪsə'bɪlɪtɪ] n. 替换性

replaceable [ri:'pleɪsəbl] a. 可更(置,替,调)换的,可取代的,可拆的,可放回原处的,可复原的

replacement [rɪ'pleɪsmənt] n. ①替(调,轮)换,更新,取代 ②放回,归还,位移,移位 ③替换人员 ④替换件,代替物

replacer [rɪ'pleɪsə] n. 换装器,装卡(取换,嵌入)工具

replan [ri:'plæn] (replanned; replanning) v. 重新计划

replant ['ri:'plɑ:nt] vt. (在…上)补植,改种,重新栽培

replating [rɪ'pleɪtɪŋ] n. 金属堆焊(焊补)

replay ❶ [ri:'pleɪ] vt. 回答,答辩 ❷ ['ri:pleɪ] n. 重赛,再播

replenish [rɪ'plenɪʃ] vt. ①(再)添满,(再)装满 ②补充,加强,再充电 ☆**replenish A with B** 用 B 装满 A

replenisher [rɪ'plenɪʃ ə] n. ①补充器,补充者〔物〕 ②显像剂 ③感应起电机

replenishment [rɪ'plenɪʃ mənt] n. ①再倒满,(再)补给,充实(满,填) ②容量

replete [rɪ'pli:t] a. 充满的,充实的,充分供应的,饱和(满)的(with)

repletion [rɪ'pli:ʃ ən] n. 装满,饱和(满),充足(实) ☆**to repletion** 满满,充分

replica ['replɪkə] n. ①复制品,摹写品,拷贝 ②仿形 ☆**a replica of A** 同 A 一模一样的
〖用法〗注意下面例句中该词的含义:The intensity modulation is a linear replica of the modulating voltage. 强度调制是调制电压的线性拷贝。

replicability [,replɪkə'bɪlɪtɪ] n. (可)复制性 ‖ **replicable** ['replɪkəbl] a.

replicase ['replɪkeɪs] n. 【生化】复制酶

replicate ❶ ['replɪkeɪt] vt. ①重复,复制 ②折转,反叠 ❷ ['replɪkɪt] a. 复制的,折回的,反叠的 ❸ ['replɪkɪt] n. 同样的样品,重复的实验(过程)

replication [,replɪ'keɪʃ ən] n. ①重复,复制(品,过程),拷贝 ②反复的实验,折转 ③回声 ④回答,答辩

replicative ['replɪkeɪtɪv] a. (自我)复制的

replicator ['replɪkeɪtə] n. 复制器,复制基因

replicon ['replɪkon] n. 【生】复制子

replier [rɪ'plaɪə] n. 回答(答复)者

replisome ['replɪsəm] n. 复制颗粒

replot ['ri:'plot] (replotted; replotting) v. 重画(曲线),重制(图表),重划分,改建

reply [rɪ'plaɪ] v.;n. ①回(应)答,答复〔辩〕 ②反响 ☆**in reply (to)** 作为(对…的)答复,为了答复; **make no reply** 不作答复; **reply for** 代表…回答; **reply paid** 复电费已付; **wire a reply** 拍复电

repoint ['ri:'pɔɪnt] vt. ①重嵌灰缝,重勾缝 ②锻伸〔补焊〕

repolarization ['ri:pəʊlərəɪ'zeɪʃ ən] n. 重新极化

repolish ['ri:'polɪʃ] v. 再磨〔抛〕光

repopulate [ri:'popjuleɪt] vt. 使人重新住入,使新居民住于;种群恢复;重组鱼群

repopulation [ri:,popju'leɪʃ ən] n. 重新住入,粒子数再增

report [rɪ'pɔ:t] vt.;n. ①报告(道,到),通知,公(通,汇)报 ②通信,采访,传闻 ③笔录,意见(报告,判决)书 ④揭发,检举 ⑤枪炮声,爆炸声 ☆**It is reported that** 据说,据报道; **make a report** (作)报告; **report for duty (work)** 上班; **report has it that** 据传说; **report (in) to ...** 向…报到; **the report goes** 据(传)说; **report on (upon)** 就…问题提出报告,关于…的报告

reportage [,repɔ:'tɑ:ʒ] n. ①新闻报道,报道(工作)

②报告文学

reportedly [rɪˈpɔːtɪdlɪ] *ad.* 据(传)说

reporter [rɪˈpɔːtə] *n.* ①报告〔汇报〕人 ②(采访)记者,通讯员,新闻广播员 ③指示器,指针

reportorial [ˌrepəˈtɔːrɪəl] *a.* 记者的,报(导)的,报告文学的

repose [rɪˈpəuz] *v.;n.* ①静〔休〕止,休〔安〕息 ②寄托,信赖,依靠 ③蕴藏 ④坐落,基于,放 ☆ **repose (A) in B** (把 A)寄托在 B 上,信赖 B; **repose on** 置于…上,坐落在,基于; **repose A on B** 把 A 靠在 B 上

reposeful [rɪˈpəuzful] *a.* 安〔平〕静的 ‖ ~ly *ad.*

reposit [rɪˈpɒzɪt] *vt.* ①储存,保存(in) ②放回原处

reposition [ˌriːpəˈzɪʃən] ❶ *n.* 储存,复原,回原处 ❷ *vt.* 改变…的位置

repository [rɪˈpɒzɪtərɪ] *n.* ①储藏室,仓库,宝库 ②博物馆,陈列室 ③学识渊博的人,亲信

repossess [ˈriːpəˈzes] *vt.* 重新获得,(使)重新占有

repossite [ˈrepəsaɪt] *n.* 钙磷铁锰矿

repour [ˈriːˈpɔː] *n.;v.* 重灌,再浇

repousse [rəˈpuːseɪ] (法语) ❶ *a.* 凸纹形的 ❷ *n.* 凸纹(面)

repower [ˈriːˈpauə] *vt.* 给…重新匹配动力

repp [rep] *n.* (= rep) 棱纹平布

reprecipitation [ˈriːprɪsɪpɪˈteɪʃən] *n.* 再沉淀

reprehend [ˌreprɪˈhend] *vt.* 严责;申斥 ‖ **reprehension** [ˌreprɪˈhenʃən] *n.* **reprehensible** [ˌreprɪˈhensəbl] *a.*

represent [ˌreprɪˈzent] *v.* ①代表〔理〕,表示,显示 ②意味着 ③描绘,说明,阐述,声称 ④提出 ⑤演出,扮演 ⑥提出异(抗)议 ☆ **be represented** 有代表出席,参加; **represent … to oneself** 想象出 【用法】❶ 在科技文中表示"表示"时,其后可以接动名词复合结构作宾语。如:We now represent symbolically the farmer's being in the south barn by the letter F. 我们现在可以用字母 F 来表示该农夫处于南边的谷仓里。/Fig. 1-5 represents a solid cylinder of mass m and radius R being pulled along a horizontal surface by a horizontal force P applied at its center. 图 1-5 表示了以 m、半径为 R 的实心圆柱体受到施加在其中心的一个水平力 P 而沿着水平表面被拉动的情况。❷ 该动词可以带 "as 短语" 作补足语,译成 "表示为"。如:These resistors can be represented as a single equivalent resistor. 这些电阻器可以被表示为单个等效电阻器。❸ 当其宾语后带有过去分词短语时应该顺着词序汉译。如:Fig. 2-8 represents a source connected to an external circuit. 图 2-8 表示了电源被连接到外电路的情况。

represent[2] [ˈriːprɪˈzent] *v.* 再提出,再赠送

representable [ˌreprɪˈzentəbl] *a.* 能加以描绘〔述〕的,能被代表的

representation [ˌreprɪzenˈteɪʃən] *n.* ①表〔体〕现,表示(法) ②显示,图像 ③【数】表象,映射 ④代表,代理(人) ⑤说明,描述〔写,绘〕,(pl.)陈述,

正式抗议 ⑥演出,扮演 ☆ **make representation to** 向…抗议 【用法】表示 "…的表示法、表达式" 时,其后一般涉介词 "for",但也可用 "of"。如:Here we take the representation for -6. 这里我们取 "-6" 的表示法。/We shall develop signal-space representations of the transmitted signal and the interfering signal. 我们将推导出发射的信号和干扰信号的信号-空间表达式。

representative [ˌreprɪˈzentətɪv] ❶ *a.* 表示的,(有)代表(性)的,象征的,典型的,代理的 ❷ *n.* ①代表,代理(人),标本 ②【数】表示式 ‖ ~ly *ad.* 【用法】 "be representative of = represent",意为 "表示,代表"。如:These waveforms chosen are representative of those to be measured. 这些所选的波形表示了所要测量的波形。/The CO_2 laser is representative of the so-called molecular lasers. 二氧化碳激光器代表了所谓的分子激光器。

repress [rɪˈpres] *vt.* ①再压(缩),镇压 ②约束,制止

repression [rɪˈpreʃən] *n.* 镇压,制止,阻遏(作用)

repressive [rɪˈpresɪv] *a.* 镇压的,抑制的,阻遏的

repressor [rɪˈpresə] *n.* 阻遏物,压抑剂,抑制子

reprieve [rɪˈpriːv] *v.;n.* 暂减〔缓〕,缓期执行

reprint [ˈriːˈprɪnt] *v.;n.* ①再版,翻印,转载 ②再版本,翻印品 ③单行本,抽印材料

reprisal [rɪˈpraɪzl] *n.* 报复行为

reprise ❶ [rɪˈpraɪz] *n.* ①年〔租〕金 ②再发生,重新开始 ❷ [rɪˈpriːz] *vt.* ①重奏 ②赔偿

repristinate [riːˈprɪstɪneɪt] *vt.* 使恢复原状

reproach [rɪˈprəutʃ] *v.;n.* ①责备,非难 ②(使)丢脸,有损…的名誉 ☆ **above (beyond, without) reproach** 无可指责,无瑕疵的; **reproach A for (with) B** 责备 A(不该)B

reproachful [rɪˈprəutʃful] *a.* 责备的,谴责的,应当受指责的,可耻的 ‖ ~ly *ad.*

reproachingly [rɪˈprəutʃɪŋlɪ] *ad.* 责备地,谴责地,应受指责地,可耻地

reprocess [ˈriːˈprəuses] *vt.* ①(再)加工,重新处理,精制 ②使再生,(核燃料)回收

reprod [ˈreprəd] *n.* (= receiver protective device) 接收机保护装置,天线转换开关

reproduce [ˌriːprəˈdjuːs] *v.* ①再生(产) ②复(仿)制,重作,模拟,重发〔述,播,演〕③转载,翻印〔版〕,复印〔写〕④还原 ⑤繁殖,生殖

reproduceable [ˌriːprəˈdjuːsəbl] *a.* 可再生产的,能复制〔印〕的,具有重现性的

reproducer [ˌriːprəˈdjuːsə] *n.* ①再生器,再现装置,累加信息重现装置,重生程序 ②复制器 ③扬声〔扩音〕器 ④还原器

reproducibility [ˌriːprəˌdjuːsəˈbɪlɪtɪ] *n.* 可再现性,复验性,再生性〔率〕,增幅率,还原性

reproduction [ˌriːprəˈdʌkʃən] *n.* ①复〔仿〕制(品),复写,翻印,仿造,再生产(过程),加工 ②再现,重发〔演,放〕,还原,繁〔生〕殖 ‖ **reproductive**

[ˌriːprəˈdʌktɪv] a.

reprogram [ˈriːˈprəʊɡræm] vt. 改编〔重编〕程序，程序重调

reprographic [ˌreprəˈɡræfɪk] a. 电子翻印(术)的

reprography [riːˈprɒɡrəfɪ] n. 电子翻印(术)

reproof [rɪˈpruːf] ❶ n. 谴责,责备 ❷ vt. 重新上防水胶,重新打样

repropellent [rɪprəˈpelənt] n. 添加推进剂

reproportionation [ˌrɪprəˌpɒʃəˈneɪʃən] n. 逆歧化反应

reprove [rɪˈpruːv] vt. 责备,谴责,不赞成 ‖ **reproval** [rɪˈpruːvəl] n. **reprovingly** [rɪˈpruːvɪŋlɪ] ad.

reprovision [ˈriːprəˈvɪʒən] vt. 再给⋯食品,再补充粮食给

reptantia [repˈtænʃɪə] n. 爬行虾蟹类

reptilase [ˈreptɪleɪs] n. 蛇毒凝血酶

reptile [ˈrep.taɪl] n.;a. ①爬虫(类的),爬行的(动物) ②卑鄙〔劣〕的(人)

Reptilia [repˈtɪlɪə] n.【动】爬行(动物)纲,(pl.)爬虫类

republic [rɪˈpʌblɪk] n. 共和国

republican [rɪˈpʌblɪkən] a. 共和国的 ☆ **Republican** 共和党的

republication [ˈriːˌpʌblɪˈkeɪʃən] n. 再版(本),翻印,再发行,重新发表

republish [ˈriːˈpʌblɪʃ] vt. 再版,翻印,再印刷,重新发表

repudiate [rɪˈpjuːdɪeɪt] v. ①抛〔遗〕弃,与⋯断绝关系 ②否认⋯的权威,拒绝接受〔偿付〕

repudiation [rɪˌpjuːdɪˈeɪʃən] n. 抛弃,否认,拒绝偿还债务

repudiator [rɪˈpjuːdɪeɪtə] n. 否认者,拒绝支付者

repugnance [rɪˈpʌɡnəns],**repugnancy** [rɪˈpʌɡnənsɪ] n. ①不一致(之处),不相容,矛盾(之处),抵触(between, of, to, with) ②厌恶,极为反感(to, against)

repugnant [rɪˈpʌɡnənt] a. ①不一致的,不相容的,矛盾的(to, between) ②对抗性的,相斥的,敌对的(with) ③令人厌恶〔反感〕的(to)

repulp [rɪˈpʌlp] vt. 二次浆化,再调成矿浆

repulper [rɪˈpʌlpə] n. 再浆化槽,再调浆器

repulse [rɪˈpʌls] vt.;n. ①拒绝,排〔驳〕斥 ②击退,挫败 ③厌恶

repulsion [rɪˈpʌlʃən] n. ①拒绝,排〔驳〕斥,斥力,击退 ②厌恶

repulsive [rɪˈpʌlsɪv] a. ①斥的,斥力的 ②严厉拒绝的 ③使人厌恶的,讨厌的 ‖ **-ly** ad. **~ness** n.

repulverize [ˈriːˈpʌlvəraɪz] v. 重新粉化

repurification [ˈriːpjʊrɪfɪˈkeɪʃən] n. 再净〔纯〕化

repurifier [ˈriːˈpjuːrɪfaɪə] n. 再提纯器

reputable [ˈrepjʊtəbl] a. ①声誉好的 ②规范的 ‖ **reputably** [ˈrepjʊtəblɪ] ad.

reputation [ˌrepjʊˈteɪʃən] n. 名声,声望,信誉 ☆ **have a reputation for** 或 **have the reputation of** 以⋯闻名; **of good (great, high) reputation**

有名的,有信〔声〕誉的

repute [rɪˈpjuːt] ❶ n. 名声,声望,信用 ❷ v. 认为,称为 ☆ **of repute** 有名的(的),著名的

reputed [rɪˈpjuːtɪd] a. 有名的,声誉好的,号称⋯的 ☆ **be reputed (as, to be)** 被认为是,被称为; **be reputed for** 以⋯著称 ‖ **-ly** ad.

request [rɪˈkwest] n.;vt. ①请〔要〕求,申请(书) ②需要 ③要求的事情,点播 ☆ **as requested** 按照要求; **as one's request** 或 **at the request of** 应⋯的要求〔请求〕; **be in (great) request** (非常)需要; **be mailed on (upon) request** 承索即寄; **by request** 按照需要,应邀,如嘱; **make (a) request for** 请求,恳请; **make a request for instructions** 请示; **request A from B** 向 B 求 A

【用法】 ❶ 当它作及物动词表示"要求,需要"时,其宾语从句或主语从句中一般应该使用"(should +)动词原形"的虚拟句型;当它作名词表示"要求;需要"时,其同位语从句或表语从句中同样要用这样的虚拟句型。❷ 注意下面例句中该词的含义:These units have been commercially available on special request. 根据特殊需要,这些部件已经在市场上有卖的了。

require [rɪˈkwaɪə] v. ①要〔请〕求 ②需要 ③命令 ④订货 ☆ **It requires that** 有⋯的必要; **require A to (do)** 要求〔需要〕A(做); **require B of A** 对 A 有 B 的要求

【用法】 ❶ 当该动词带有宾语从句或主语从句时,从句中的谓语应该使用"(should +)动词原形"形式。如:Incoherent sampling does not require that the input signal be periodic. 杂乱取样并不要求输入信号是周期性的。/It is required in this case that there be no decay in response between pulses. 在这种情况下要求脉冲间的响应不该有衰减。❷ 在该动词后如果有一动词的话,则要用动名词(短语)。如:This desire requires connecting together different, and frequently incompatible networks. 这一愿望要求〔需要〕把不同的而且往往是不相容的网络连接在一起。/Modern computing systems require treating instructions as pure, unmodified codes. 现代操作系统要求把指令看做纯的、未经修饰的代码。/This would require dividing through by x^2. 这就需要两边都除以 x^2。/Static methods do not require being associated with an object. 静态法并不需要与对象有关。❸ 如果它后面的动作的逻辑宾语是句子的主语,则其后面应该使用动名词主动形式或不定式被动形式。如:These precise instruments require looking after carefully (= to be looked after carefully). 这些精密仪器需要仔细照料。❹ 注意下面例句中该词的用法:High input impedance is required of the voltmeter. 要求伏特表具有高的输入阻抗。/It requires a strong magnetic field to magnetize these substances. 磁化这些物质需要一个强磁场。

required [rɪˈkwaɪəd] a. 要求的,规定的,需要的

requirement [rɪˈkwaɪəmənt] *n.* ①需要(物,量),必需品 ②要求,必要性,(必要的)条件,规格 ☆ ***pass the requirements*** 符合规格,合格 〖用法〗❶ 当它跟有同位语从句或表语从句时,从句中的谓语应该使用"(should +) 动词原形"的形式。如:The requirement that the list <u>be kept</u> sorted may complicate creating and deleting files. 要使该表保持被挑选这一要求可能使建立和删除文件复杂化。/One requirement is that the bandwidth of x(t) <u>be</u> much wider than that of y(t)。一个要求是,x(t)的带宽要比 y(t)的带宽宽得多。❷ 表示"满足要求"时,它可以与动词"meet"、"fulfil 或 satisfy"连用。如:This can meet〔satisfy, fulfil〕selectivity requirements. 这能够满足选择性的要求。❸ 表示"(对)…的要求"时,它后面一般用"for",也有用"on"或"of"的。如:Rapid turnaround time is <u>a requirement for</u> certain two-way data systems. 迅速的周转时间是某些双向数据系统的一个要求。/This section also presents some of the design <u>requirements for</u> frequency standard instruments. 本节还要介绍对频率标准仪的一些要求。/ Eq. (9-4) can only be applied provided that the unsaturated gain coefficient exceeds the losses — a necessary <u>requirement for</u> oscillation. 只有在非饱和放大系数超过损耗的情况下(是产生振荡的一个必要条件)才能使用式(9-4)。/The <u>requirements on</u> each amplifier are not as severe. 对于每个放大器的要求不是那么苛刻的。/The accuracy and resolution <u>requirements of</u> the phase comparison are quite high. 对于相位比较的精度和分辨率的要求是很高的。❹ 表示"…的要求"时,其后跟"of"。如:This satisfies <u>the requirements of</u> the end users. 这能够满足终端用户的要求。❺ 它作定语时往往用复数形式。如:The <u>requirements</u> documents tell us all about the problem that the system is to solve. 要求文件告诉我们有关该系统所要解决的问题的所有情况。/This is a <u>requirements</u> vector. 这是一个要求矢量。

requisite [ˈrekwɪzɪt] ❶ *a.* 必〔需〕要的,必不可少的 ❷ *n.* 必需品,必要条件,要素 ☆ ***requisite for ...*** …所必需〔要〕的,…的必需品

requisition [ˌrekwɪˈzɪʃən] ❶ *n.* ①(正式)要求〔请求〕,申请,通知〔调拨,购〕单 ②需要,征用 ③必要条件 ❷ *vt.* 要求,索取,征用 ☆ ***be in (under) requisition*** 有需要,被使用着; ***bring (call, place) into requisition*** 或 ***lay under requisition*** 或 ***put in requisition*** 征收〔用〕; ***make a requisition on A for B*** 向 A 征用 B

requital [rɪˈkwaɪtl] *n.* 报答,报复,补偿 ☆ ***in requital of (for)*** 作为对…的报答

requite [rɪˈkwaɪt] *vt.* 报答,答谢,报复 ☆ ***requite A for B*** 报答〔答谢〕A 的 B; ***requite B with A*** 以 A 报 B

reradiate [riːˈreɪdɪeɪt] *vt.* 【物】再〔逆〕辐射,转播 ‖ **reradiation** [ˌriːreɪdɪˈeɪʃən] *n.* **reradiative** [riːˈreɪdɪeɪtɪv] *a.*

rerailer [ˈriːreɪlə] *n.* 复轨器

reran [ˈriːræn] rerun 的过去式

reread [ˈriːˈriːd] (reread [ˈriːˈred]) *vt.* 再〔重新〕读

rereduced [ˈriːrɪˈdjuːst] *a.* 再还原的

rereeling [ˈriːˈriːlɪŋ] *n.* 复摇

reregister [ˈriːˈredʒɪstə] *v.* 再对准,再对齐,重复对准 ‖ **reregistration** [riːˌredʒɪsˈtreɪʃən] *n.*

rering [ˈriːˈrɪŋ] *n.;v.* ①再呼叫 ②更换活塞环

reroll [riːˈrəʊl] *v.* 二次轧制,重绕,卷胶卷 ‖ **rerollable** [riːˈrəʊləbl] *a.*

reroute [riːˈruːt] *v.* (道路)改线,重定路线,绕行

rerum [ˈrɪərəm] (拉丁语) ☆ ***de rerum natura*** 就事物本质而论

rerun ❶ [ˈriːˈrʌn] (reran, rerun; rerunning) *v.* 使再跑;重播,重演 ❷ [ˈriːrʌn] *n.* ①(使)再开动,重新〔复〕运行 ②重算程序 ③再处理,重馏 ④再度上映

res [riːz] (拉丁语) *n.* 物件,特殊事件,财产

resail [riːˈseɪl] *vi.* 再航行,回航

resale [ˈriːseɪl] *n.* 再〔转〕卖

resample [riːˈsæmpl] *v.* 重新〔重复〕取样

resanding [ˈriːˈsændɪŋ] *n.* (过滤池)补沙

resaturate [riːˈsætʃəreɪt] *v.* 再饱和 ‖ **resaturation** [riːˌsætʃəˈreɪʃən] *n.*

resaw [ˈriːˈsɔː] ❶ *vt.* 再锯 ❷ *n.* 解锯

resazurin [reˈzæʒərɪn] *n.* 【医】刃天青

rescaling [riːˈskeɪlɪŋ] *n.* 尺度改变,改比例

rescarify [riːˈskeərɪfaɪ] *v.* 再翻挖

rescatter [riːˈskætə] *v.* 重〔再〕散射

reschedule [riːˈʃedjuːl] *vt.* 重新排定(…日程)

rescind [rɪˈsɪnd] *vt.* 废除,撤销,撤回 ‖ **rescission** [rɪˈsɪʒən] *n.* **rescissory** [rɪˈsɪsərɪ] *a.*

rescreen [riːˈskriːn] *v.* 二次筛分,重新过筛

rescript [ˈriːskrɪpt] *n.* ①(官方)命令〔法令,声明〕,诏书 ②重写(的东西),再写,抄件

rescue [ˈreskjuː] *vt.;n.* 营〔挽〕救,救出,劫回 ☆ ***come (go) to the rescue*** (来,去)营救; ***rescue A from B*** 营救 A 脱离 B

rescuer [ˈreskjuːə] *n.* 援〔营〕救者

reseal [riːˈsiːl] *v.* 重新填缝,再浇封层

research [rɪˈsɜːtʃ] *n.;v.* ①(科学,学术)研究 ②调查,探索,追究,分析 ☆ ***a research after (for, into)*** …的调查; ***be engaged in research work*** 从事研究工作 〖用法〗❶ 表示"进行研究"时,它一般与"make"连用,也可用"conduct"、"do"。如:Teachers also <u>make〔conduct, do〕scientific</u> research in laboratories. 教师们还要在实验室里搞科研。/In recent years, <u>much research has been conducted</u> to obtain a better display means than a CRT. 近年来,人们进行了许多研究来获得比阴极射线管更好的显示设备。❷ 表示"(在,对)…方面的研究"时,其后面常用"on",也可用"for"或"with"或"into",但不能用"of"。如:Professor Smith is engaged in the <u>research on</u> image processing. 史密斯教授从事于图像处理方

面的研究。

researcher [rɪˈsɜːtʃə], **researchist** [rɪˈsɜːtʃɪst] n. 研究人员,调查者

reseat [ˈriːˈsiːt] vt. ①换…底部,修整座部,给…装新座 ②使再坐,使复位

reseater [ˈriːˈsiːtə] n. 阀座,修整器

reseau [reɪˈzəu] (法语) (pl. reseaux) n. ①栅网,网状组织,台站网,晶格,点阵 ②【天】网格 ③(彩色照相的)滤屏,光栅 ④线(管)路,网络

resect [riˈsekt] vt. ①切除 ②【测绘】(后方)交会 ‖ **resectable** [riˈsektəbl] a.

resection [riˈsekʃən] n. ①后方交会(法),反切法,截点法 ②交叉,截断 ③切除(术)

resedimentation [ˌriːsedɪmenˈteɪʃən] n. 重沉降

resell [ˈriːˈsel] (resold) vt. 再(转)卖

resemblance [rɪˈzembləns] n. ①类似(处),相似,相像 ②外观,外形特征 ☆ *bear (have) a resemblance to* 与…相似; *resemblance of A with (to) B* A 与 B 相类似(处) 〖用法〗 该词前可以有不定冠词,也可以没有。如:This result bears a strong qualitative resemblance to that for the now-familiar symmetric step junction. 这个结果在定性方面与现在大家熟悉的对称性阶跃结的情况非常相似。/This structure bears little resemblance to the prototypical 'bar' structure. 这个结构与原型的"条式"结构没什么相似之处。/We may rewrite Eq.2-5 so as to emphasize its resemblance to the convolution integral. 我们可以重新写一下式 2-5 以强调它相似于卷积。

resemble [rɪˈzembl] vt. 类(相)似,像,仿造

resend [riˈsend] (resent) vt. 再寄(送,发,派),送还

resene [ˈresiːn] n. 树脂素,氧化(碱不溶)树脂

resent [rɪˈzent] vt. 对…不满,对…产生反感 ‖ ~ful a. ~ment n.

resequent [riˈsiːkwənt] a. 再顺的

reserpine [ˈresəpiːn] n.【药】利血平

reservation [ˌrezəˈveɪʃən] n. ①保留(存),储备,备用 ②限制,条件 ③预定(约)④隐藏(保留〔专用,禁猎〕地,自然保护区 ☆ *make reservations* 预定,附保留条件; *with reservations* 有保留地; *without reservation* 直率〔无条件,无保留〕地,完全

reserve [rɪˈzɜːv] ❶ vt. ①隐藏,保留〔存〕,储备 ②预定(订,约),留出,注定 ③推迟,改期 ❷ n. ①储备(物,金),储藏物,备品,储量,裕(余)量,准备(公积)金,(pl.)各项准备 ②保留,限制〔度〕③防染物 ④(pl.)后备军,预备役 ⑤保留〔专用,禁猎〕地,保护区 ⑥代替品 ⑦未透露的消息,秘密 ❸ a. 备用的,储备的,保留的,限止的 ☆ *be reserved for* 专留作…; *in reserve* 留下来的,预备的; *keep (have) in reserve* 留作预备; *with (some) reserve* 有保留地,仔细地 不承担义务并保留条件; *without reserve* 直言不讳地,无条件地

件地

reserved [rɪˈzɜːvd] a. ①保留的,限制的 ②预订(备)的,留作专用的 ③缄默的,冷淡的

reservoir [ˈrezəvwɑː] ❶ n. ①水库,蓄水池 ②蓄水(油,气)器,油(水)箱 ③储罐,钢瓶,容器,倾转式前炉 ④储层,储液囊,储主 ⑤储藏,蓄积 ❷ vt. 储藏,蓄积

reset [ˈriːˈset] ❶ (reset; resetting) vt. 重新安放,重排,复位 ❷ n. ①重新放(配,设)置,重新调整,重调(设定)②(使)复原(位,还),回到零位,置"0",回程 ③转换(接),换向,翻转 ④制动手柄 ⑤重镶之物,重种的植物 ‖ **resettable** [ˈriːˈsetəbl] a. **resettability** [ˈriːsetəˈbɪlɪtɪ] n.

resettle [ˈriːˈsetl] v. 再沉淀

reshabar [ˈreʃəbɑː] n.【气】黑风

reshape [ˈriːˈʃeɪp] v. ①改造,重新整型,再成型 ②重订…的新方针

reshaper [ˈriːˈʃeɪpə] n. 整形器

resharpen [ˈriːˈʃɑːpən] vt. 重新磨快,再磨锐

reshear [ˈriːˈʃɪə] n. (钢板)重剪机,精剪机

resheet [ˈriːˈʃiːt] v. 重新铺设,再覆(盖)以…(with)

reship [ˈriːˈʃɪp] (reshipped; reshipping) vt. ①把…再装上船 ②把…转装到其他船上 ‖ **reshipment** [rɪˈʃɪpmənt] n.

reshuffle [ˈriːˈʃʌfl] vt.;n. 重配置,改组,转变,撤换

resid [rɪˈzɪd] n. 残油

reside [rɪˈzaɪd] vi. ①居住,存在 ②驻留 ③归于 ☆ *reside at* 住在; *reside in* 住在,存在于,归于 〖用法〗注意下面例句的含义:The Internet will become a place where the musings of Homer, Shakespeare and Lao-tzu will reside just a mouse click away from school lunch menus and agendas for the next city council meeting. 因特网将变成这样一个地方:那儿存有荷马、莎士比亚和老子的大作〔深奥哲理〕,它们离学校的午餐菜单及下一次市政会议议程仅仅鼠标的一点之隔。/The security of the system resides in the secret nature of the key. 该系统的安全在于钥匙的秘密本性。

residence [ˈrezɪd(ə)ns] n. ①居住,驻扎 ②住宅 ③滞(驻)留 ④居住期间,保留时间 ⑤从事学术研究工作的一段时期 ☆ *in residence* 驻在(工地)的,住校的

residency [ˈrezɪd(ə)nsɪ] n. 高级训练(阶段),住处

resident [ˈrezɪd(ə)nt] ❶ a. 居住〔留〕的,固有的,驻工地的 ❷ n. ①居民 ②驻外政治代表 ③住院医生 ④留鸟,留兽 ☆ *be resident at* 住在…的; *be resident in* 住在,归属〔存在〕于的

residential [ˌrezɪˈdenʃəl] a. 住宅的,居住的

residua [rɪˈzɪdjuə] residuum 的复数

residual [rɪˈzɪdjuəl] ❶ a. ①剩(余)的,残留的 ②【数】残(留)数的 ③有后效的 ❷ n. ①残余〔留〕【数】残数,余数,偏差,级数的余项 ③【地质】残丘 ④残余物,残渣,(合金中)残留元素 ⑤后遗症

residuary [rɪˈzɪdjuərɪ] ❶ a. 残〔剩,留〕余的 ❷ n.

①残余 ②【数】偏差

residue ['rezɪdjuː] *n.* ①剩余(物) ②渣滓,残留物,滤渣,废料,沉淀物 ③【数】残〔留,余〕数,余式〔项〕,(残)基 ☆**for the residue** 至于其余,说到其他

residuum [rɪ'zɪdjuəm] (pl. residua) *n.* ①剩余〔残留〕物,风化壳 ②残渣,渣滓,残油,沉淀 ③【数】残差〔数〕,留〔余〕数,误差 ④社会底层〔渣滓〕

resign[1] [rɪ'zaɪn] *v.* ①放弃,辞去,退出 ②把…交托给 ③听任,服〔屈〕从 ☆**resign from** 辞去; **resign A to (into) B** 把 A 交托给 B; **resign oneself to** 听任,服从,甘心接受; **resign to** 屈从于

resign[2] ['riː'saɪn] *v.* 再签署

resignation [ˌrezɪg'neɪʃən] *n.* ①放弃,辞职(书),辞呈 ②屈〔顺〕从

resigned [rɪ'zaɪnd] *a.* ①已放弃的,已辞去的 ②屈〔顺〕从的

resile [rɪ'zaɪl] *vi.* ①跳〔折,撤〕回,回弹,回复原来位置 ②能恢复原状,有弹〔回复〕力

resilience [rɪ'zɪlɪəns], **resiliency** [rɪ'zɪlɪənsɪ] *n.* ①跳回,回弹 ②弹能,变形能 ③弹〔恢复〕力 ④弹性变形 ⑤冲击(值,韧性)

resilient [rɪ'zɪlɪənt] *a.* 有弹性的,弹〔跳〕回的,能恢复原状的

resilifer [re'zɪləfə] *n.* 内韧带槽

resilin [rɪ'zɪlɪn] *n.* 【生化】节肢弹性蛋白

resiliometer [rɪ,zɪlɪ'ɒmɪtə] *n.* 回弹仪〔计〕

resillage ['rezɪlɪdʒ] *n.* 网状裂纹

Resilon ['rezɪlɒn] *n.* 一种沥青基材料(的商品名)

resin ['rezɪn] ❶ *n.* 树脂(胶),松香,树脂制品 ❷ *vt.* 涂树脂(于),用树脂处理

resina ['rezɪnə] (拉丁语) *n.* 树脂,松香

resinaceous [rezɪ'neɪʃəs] *a.* 树脂性的

resinate ['rezɪneɪt] ❶ *n.*【化】树(松)脂酸盐 ❷ *vt.* 用树脂浸透

resination [rezɪ'neɪʃən] *n.* 树脂整理,用树脂浸透

resinene ['rezɪniːn] *n.* 中性树脂

resineon ['rezɪnɪɒn] *n.* (医用防腐)树脂油

resiniferous [ˌrezɪ'nɪfərəs] *a.* 产树脂的,含有树脂的

resinification [rezɪ,nɪfɪ'keɪʃən] *n.* 树脂化,树脂凝结成型,用树脂处理

resinify [re'zɪnɪfaɪ] *v.* ①使树脂化,变成树脂 ②用树脂处理,涂树脂,涂胶,浸〔涂〕焦油

resinize ['rezɪnaɪz] *vt.* 用树脂处理,涂树脂

resinography [rezɪ'nɒgrəfɪ] *n.*【化】显微树脂学 ‖ **resinographic** [,resɪnə'græfɪk] *a.*

resinoid ['rezɪnɔɪd] ❶ *n.* 热固树脂,熟树脂,热固性黏合剂 ❷ *a.* 树脂状的

resinol ['rezɪnɒl] *n.* 松香油,树脂醇,石油的干馏代用品

resinotannol ['rezɪnəʊtənɒl] *n.* 树脂单宁醇

resinous ['rezɪnəs] *a.* ①(像,含,涂)树脂的,树脂质的,从树脂中获得的,涂胶的 ②负电性的

resinousness ['rezɪnəsnɪs] *n.* 树脂性〔度〕

resinox ['rezɪnɒks] *n.* 酚-甲醛树脂〔塑料〕

resinter [riː'sɪntə] *n.;v.* 再烧结,压制品的烧结

resiny ['rezɪnɪ] *a.* 树脂的

resiode ['resɪˌəʊd] *n.* 变容二极管

resipiscence [ˌresɪ'pɪsəns] *n.* 认错,悔过自新

Resisco ['resɪskəʊ] *n.* 一种铜铝合金

resist [rɪ'zɪst] ❶ *v.* ①抵(反)抗,耐得住 ②阻挡,抵制,反对 ❷ *n.* ①保护层〔膜〕 〖用法〗该动词后表示动作时要用动名词作它的宾语。如:This metal cannot <u>resist</u> being eroded by acid. 该金属抗〔耐〕不住酸的腐蚀。/The body <u>resists</u> being accelerated. 物体抵〔阻止〕受到加速。

Resista [rɪ'zɪstə] *n.* 一种铁基铜合金

Resistac [rɪ'zɪstæk] *n.* 一种耐蚀耐热铜镍合金

Resistal [rɪ'zɪstəl] *n.* ①一种铝青铜 ②耐蚀硅砖

resistance [rɪ'zɪstəns] *n.* ①抵抗〔制〕,反对 ②阻力,阻尼,抵抗力,抗〔耐〕…性 ③电阻 ④安定性,稳定性 ☆**make (offer, put up) resistance to (against)** 抵抗; **line of least resistance** 阻力最小的方向,最容易的方法 〖用法〗❶ 注意该词的搭配模式"the resistance of A to B",意为"A 对 B 的阻力;A 反抗 B"。如:Inertia is the <u>resistance of</u> matter <u>to</u> change in its state of motion. 惯性就是物质对其运动状态改变的阻力〔惯性是物质反抗其运动状态的变化〕。❷ 与其搭配的形容词是 large、great 和 small。如:This resistance is <u>large</u> (10 MΩ or greater). 这个电阻很大(为 10 兆欧或更大)。

resistant [rɪ'zɪst(ə)nt] ❶ *a.* ①(有)抵抗(力)的,反对的,耐久的,坚实的 ②抗…的,耐…的 ❷ *n.* 抵抗〔反对〕者,防腐剂,抗药性 〖用法〗❶ 该形容词与介词"to"连用,表示"耐〔防〕…的"。如:This type of tape is <u>resistant to</u> stretching and tearing. 这类绷带耐拉伸和撕扯。/This container is <u>resistant to</u> acids. 这个容器是耐〔防〕酸的。❷ 表示"耐"的对象可以处于该词前面,不带冠词。如:This material is <u>acid resistant</u>. 这种材料是耐酸的。/The watch is <u>water resistant</u>. 该手表是防水的。

resistibility [rɪ,zɪstə'bɪlɪtɪ] *n.* 抵抗力,抵抗得住

resistible [rɪ'zɪstəbl] *a.* 抵抗得住的,可抵抗的

resisticon [rɪ'zɪstɪkɒn] *n.* 高速电视摄像管

resistin [rɪ'zɪstɪn] *n.* ①一种锰铜电阻合金 ②抵抗素

resisting [rɪ'zɪstɪŋ] *a.* 稳定的,耐久的

resistive [rɪ'zɪstɪv] *a.* 抵抗性的,有阻力的,电阻性的

resistivity [riːzɪs'tɪvɪtɪ] *n.* ①抵抗力〔性〕,稳定性 ②电阻率

resistless [rɪ'zɪstlɪs] *a.* 不可抵抗〔抗拒,避免〕的,无抵抗力的 ‖ **~ly** *ad.*

resisto [rɪ'zɪstəʊ] *n.* 一种镍铁铬(电阻线)合金

resistojet [rɪ'zɪstəʊˌdʒet] *n.* 电阻引擎

resistomycin [rɪzɪs'tɒmɪsɪn] *n.* 抗霉素

resistor [rɪ'zɪstə] *n.* 电阻(器),阻滞器

〖用法〗 注意下面例句的含义:It is necessary to find out the current through and the voltage across this <u>resistor</u>. 必须求出这个电阻(器)上的电流和电压。("through"和"across"共用了"this resistor"。要注意本句的"this resistor"前是不能用"on"的。)

resistron [rɪˈzɪstrɔn] n. 光阻摄像管

resit ❶ [ˈrezɪt] n. 丙阶(不溶)酚醛树脂 **❷** [riˈsɪt] vt. (笔试)补考,重考

resitol [ˈrezɪtɔl], **resolite** [ˈrezəlaɪt] n. 乙阶(半溶)酚醛树脂

resiweld [ˈrezɪweld] n. 环氧树脂类黏合剂

resize [ˌriːˈsaɪz] vt. 改变尺寸

resizing [riːˈsaɪzɪŋ] n. 尺寸再生,恢复到应有尺寸

resmelt [ˈriːˈsmelt] vt. 再熔(炼),重新熔化

resmooth [ˈriːˈsmuːð] v. 重新弄光

resnatron [ˈreznəˌtrɔn] n.【电子】分米波超高功率四极管,谐腔四极管

resojet [ˈrezəuˌdʒet] n.〔航〕脉动式喷气发动机

resol [ˈrezɔl] n. (=resole) 甲阶(可溶,早阶段)酚醛树脂

resold [ˈriːˈsəuld] resell 的过去式和过去分词

resole [ˈriːˈsəul] vt. 给(鞋)换底

resolidification [ˈriːsɔlɪdɪfɪˈkeɪʃ ən] n. 再固化(作用)

resolubilization [ˈriːzɔljubɪlaɪˈzeɪʃ ən] n. 再增溶(作用)

resoluble [rɪˈzɔljubl] a. ①可溶(分解)的(into) ②可分辨的 ③可解(决,答)的

resolute [ˈrezəˌluːt] **❶** a. 坚决(定)的,果断的,不屈不挠的 **❷** n. ①分力 ②坚定(果敢)的人 **❸** vi. 作出决议 ‖ ~ly ad. ~ness n.

resolution [ˌrezəˈluːʃən] n. ①坚决(定),决心,决议(案),果断,不屈不挠 ②分解,溶解,解体,离析,拆卸 ③解,题解 ④反复溶解,再溶 ⑤分辨(率,度),鉴别(力),(析像)清晰度 ⑥消除(退) ☆ *make (come to, form, take) a resolution to (do)* 下决心(做); *resolution in A* A(的)分辨能力; *pass (carry, adopt) a resolution for (against, on, in favour of)* 通过一项支持(反对,关于,赞成)…的提案

〖用法〗❶ 注意该词的搭配模式"the resolution of A into B",意为"把 A 分解成 B"。如:The <u>resolution</u> <u>of</u> a force <u>into</u> the x-component and the y-component is possible. (我们)能够把一个力的 x 分量和 y 分量。❷ 当它表示"决定"时,其后跟的同位语从句或表语从句中要使用"(should +)动词原形"虚拟句型。

resolutive [ˈrezəljuːtɪv] a. 使分(溶)解的,解除的,消散性的

resolvability [rɪˌzɔlvəˈbɪlɪtɪ] n. 可分(溶)析性,可解析(决)性,可分辨性,可分离性

resolvable [rɪˈzɔlvəbl] a. 可分(溶)的,可解析(决)的,可分辨的,解决得了的

resolve [rɪˈzɔlv] **❶** v. ①决心(定) ②(使)分(溶)

解,(使)解体,解答(决),还原,消除(散) ③分辨,鉴别,析像 **❷** n. 决心,坚决 ☆ *make a resolve to (do)* 决心要(做); *of resolve* 坚决决心的,刚毅的; *resolve (A) into B* (使 A)分解(归结,转化)为 B

〖用法〗当它表示"决定"时,其宾语从句或主语从句中一般使用"(should +)动词原形"虚拟句型。

resolved [rɪˈzɔlvd] **❶** a. (有)决心的,坚定的 **❷** v. resolve 的过去式和过去分词 ☆ *(be) resolved to (do)* 决心(做)

resolvent [rɪˈzɔlvənt] **❶** a. 有溶解力的,(使)分解的,消散的 **❷** n. ①分解物,溶剂,消散剂 ②解决办法 ③【数】预解(式)

resolver [rɪˈzɔlvə] n. ①分解(解析)器,求解仪 ②溶剂

reso-meter [ˈrezəˌmiːtə] n. 谐振频率计

resonance [ˈrezənəns] n. ①共振,谐振,共鸣 ②中介(现象) ③反响 ④回声 ☆ *in resonance with* 与…相谐调

〖用法〗❶ 表示"在谐振时"时,其前面一般用介词"at",也有用"in"或"on"。如:The capacitive reactance cancels the inductive reactance <u>at</u> <u>resonance</u>. 在谐振时,容抗与感抗相抵消。/<u>At</u> <u>resonance</u>, ωL = 1/(ωC). 在谐振时,ωL=1/(ωC)。/<u>In resonance</u>, the current in the circuit is maximum. 在谐振时,电路中的电流为最大。/<u>On resonance</u>, r_1r_2 = negative number. 在谐振时,r_1r_2 是一个负数。❷ 表示"处于谐振状态"时,其前面用介词"in"。如:At this frequency the circuit is said to be <u>in</u> <u>resonance</u>. 在这个频率上,该电路被说成处于谐振状态。

resonant [ˈrezənənt] a. ①共(谐)振的,共鸣的 ②有回声的,反响的 ③洪亮的 ‖ ~ly ad.

resonate [ˈrezəneɪt] v. ①(使)谐(共)振,(使)共鸣 ②(使)回响 ③调谐

resonator [ˈrezəneɪtə] n. 谐振(共振,共鸣)器(腔)

resonon [ˈrezənən] n. 费米米振

resonoscope [ˈrezənəskəup] n. 共(谐)振示波器

resorb [rɪˈsɔːb] v. ①重新吸收(入) ②消耗(溶)

resorbent [rɪˈsɔːbənt] adj. 再吸收的

resorber [rɪˈsɔːbə] n. 吸收器(体,剂)

resorcin(e) [rɪˈsɔːsɪn], **resorcinol** [rɪˈsɔːsɪnɔul] n. 间苯二酚,雷琐辛

resordinol [rɪˈzɔːdɪnəl] n. 间甲酚

resorption [rɪˈsɔːpʃən] n. ①再(重新,反复)吸收,吸回,除,消溶(散) ②【地质】熔蚀

resorptivity [ˌrɪsɔːpˈtɪvɪtɪ] n. 吸回能力,再吸入(本领)

resort ❶ [rɪˈzɔːt] vi.;n. ①求助,凭借,诉诸 ②手段,凭借的方法 ③常去(的地方),娱乐场(所),(游览)胜地 **❷** [ˈriːˈsɔːt] vt. 使再分开,把…再分类 ☆ *have resort to A* 诉诸(乞求于)A; *in the (as a) last resort* (当一切均失败后)作为最后的手段,

最后; **resort to** 凭借,诉诸,常去; **resort to all kinds of methods** 采取一切办法; **without resort** 无计可施; **without resort to** 不靠

resound[1] [rɪˈzaʊnd] v. ①(使)回响,充满声音(with),(使)回荡,反响,反响(with) ②传播〔颂,遍〕,赞扬,驰名

resound[2] [ˈriːˈzaʊnd] v. (使)再发声

resounding [rɪˈzaʊndɪŋ] a. ①共鸣的,共振的,反响的,有回声的 ②极洪亮的 ③强有力的 ‖ **~ly** ad.

resource [rɪˈsɔːs] n. ①资源,原料,物〔财〕力 ②手段,对策,智谋 ③物资 ☆**as a last resource** 为最后手段〔一着〕; **at the end of one's resources** 山穷水尽,无计可施; **be lost without resource** 无可挽回地失败了

resourceful [rɪˈsɔːsful] a. ①资源〔人力,物力〕丰富的 ②机智的 ‖ **~ly** ad.

respace [ˈriːˈspeɪs] v. 重新隔开

respect [rɪsˈpekt] n;vt. ①关系,方面,着眼点 ②考虑,重视,关心,注意,尊敬,遵守,(pl.)敬意,问候 ☆**as respects** 关于,至于,在…方面; **give(pay, send) one's respects to** 向…致意〔问候〕; **have (show) respect for** 尊重,照顾,关心; **in all respects** 或 **in every (each) respect** 在各个方面(都),无论从哪一点来看(都); **in no respect(s)** 无论在哪一方面都不,决不; **in respect of (to)** 关于,就…而论,相对于; **in respect that** 就…而言,因为,考虑到; **pay respect to** 考虑,关心; **with respect to** 关于,就…而论,(相)对(于),根据; **without respect to (of)** 不顾

〖用法〗❶ 注意下面例句中该词的含义: The width reduction varies slowly with respect to both ripple and signal-to-noise ratio. 带宽的减少是随波纹和信号噪比两者缓慢变化的。/Φ(t) is the instantaneous phase angle of the oscillator with respect to an ideal oscillator of frequency ω₀. $Φ(t)$ 是该振荡器相对于频率为 ω₀ 的理想振荡器的瞬时相角。/It is found that simultaneous application of the forces F_x and F_y is equivalent in all respects to the effect of the original force. 我们发现,同时施加 F_x 和 F_y 这两个力完全等效于原来那个力的作用〔效应〕。❷ 注意在下面例句中它的用法:We keep all the variables of the function constant with respect to which we are differentiating. 除了我们要对其进行微分的那个变量外,我们把该函数的所有其它变量都看做常数。

respectability [rɪˌspektəˈbɪlɪtɪ] n. 可尊敬(的人或物),体面

respectable [rɪsˈpektəbl] a. ①可敬的,值得尊重〔敬〕的 ②体面的,像样的 ③相当的,过得去的,不错的,可观的 ‖ **respectably** [rɪsˈpektəblɪ] ad.

〖用法〗 注意下面例句中该词的含义: One can obtain a respectable estimate as to the pulse width by using the following equation. 利用下面的式子我们就能获得有关脉冲宽度不错的〔相当好的〕

估计值。

respected [rɪsˈpektɪd] a. 尊敬的

respecter [rɪsˈpektə] n. 尊重者

respectful [rɪsˈpektful] a. 恭敬的,尊重人的 ‖ **~ly** ad.

respecting [rɪsˈpektɪŋ] prep. 关〔鉴〕于,说到

respective [rɪsˈpektɪv] a. 各自的,个别的,有关的

respectively [rɪsˈpektɪvlɪ] ad. 分别地

〖用法〗"respectively" 这个词在使用时一般有逗号与句子其它部分分开,它可以处于说明词的前面或后面(用在后面的情况较为多见)。如: The rates of dissipation of energy in the two resistors are, respectively, 0.75 W and 1.75 W. 这两个电阻中消耗能量的速率分别为 0.75 瓦和 1.75 瓦。/The outputs Q_0, Q_1, and Q_2 are connected to the inputs D_1, D_2, and D_3, respectively. 三个输出 Q_0、Q_1、Q_2 被分别连接到三个输入 D_1、D_2、D_3 上。

respirable [rɪsˈpaɪərəbl] a. 能〔适于〕呼吸的

respiration [ˌrespəˈreɪʃ[ə]n] n. 呼吸

respirator [ˈrespəreɪtə] n. 呼吸器,防毒面罩,口罩,滤毒罐

respiratory [rɪsˈpaɪərətərɪ] a. 呼吸(作用)的

respire [rɪsˈpaɪə] v. ①呼吸〔出〕②松口气

respirometer [ˌrespɪˈrɒmɪtə] n. 呼吸(运动)器,呼吸测定计,透气性测定器

respirometry [ˌrespɪˈrɒmɪtrɪ] n. 呼吸测量法

respirophonogram [reˌspɪrəʊˈfɒnəgræm] n. 呼吸音图

respite [ˈrespaɪt] n.;vt. 暂缓〔停〕,缓解,延期,暂时休息

resplendence [rɪsˈplendəns], **resplendency** [rɪsˈplendənsɪ] n. 灿烂,辉煌 ‖ **resplendent** [rɪsˈplendənt] a.

resplicing [ˈriːˈsplaɪsɪŋ] n. 重编接

respond [rɪsˈpɒnd] ❶ v. ①回〔应〕答,反应,响应 ②相适应 ③承担责任 ❷ n. 壁联,用作拱支座的墩式壁柱 ☆**respond to** 与…相对应〔相符合〕,响应答复,对…起反应; **respond with** 报以

respondence [rɪsˈpɒndəns], **respondency** [rɪsˈpɒndənsɪ] n. ①相应,适〔符〕合 ②作答,响应

respondent [rɪsˈpɒndənt] ❶ a. 回答的,有反应的(to) ❷ n. 回答〔响应〕者,答辩人

respondentia [ˌrespɒnˈdenʃɪə] n.【商】船货抵押借款,冒险借款

responder [rɪsˈpɒndə] n. ①【电子】应答器,响应机,响应数 ②回答〔响应〕者

response [rɪsˈpɒns] n. ①答复,应答,吸合 ②响应(曲线),响应度,频率特性,灵敏度,感应,扰动 ☆**in response to** (为)响应,随…(而),根据

〖用法〗❶ 注意该词的搭配模式 "the response of A to B",意为 "A 对 B 的响应"。如: In this chapter, the response of transistor circuits to small signals is studied. 在本章中研究晶体管电路对小信号的响应。/The response of any linear system to a sinusoid is a sinusoid of the same frequency. 任何线性系统

对正弦波的响应是具有(与其)相同频率的一个正弦波。❷ 该词后要跟介词"to",表示"对…的响应"。如:What is often important about a linear system is its response to transient signals. 对于一个线性系统来说,往往重要的是它对暂态信号的一个响应。

responser [rɪ'spɒnsə] n. 响应器,应答机

responsibility [rɪ,spɒnsə'bɪlɪtɪ] n. ①责任(心),职责,负担 ②响应性(度),反应性 ③可信赖性,偿付能力 ☆*assume (take) the responsibility for (of doing)* 负(起)…的责任; *at the responsibility of* 由 … 负 责; *bear responsibility for* 对…负有责任; *lacking in responsibility* 责任心不强的; *on one's own responsibility* 自(作)主(张)地,自己负责; *take full responsibility for* 对…负完全责任; *take the responsibility upon oneself* 负责; *undertake fresh responsibilities* 负起新的任务 〖用法〗该词后一般跟"for doing sth."或"of doing sth."而不用动词不定式。

responsible [rɪ'spɒnsəbl] a. ①(应)负责的,(有)责任的 ②可信赖的,认真负责的,责任重大的 ☆ *be responsible for* (应)对…负责,是(造成)…的(主要)原因,造成,导致,引起; *be responsible in A* 在 A 上 负 有 责 任; *hold oneself responsible to the people* 对人民负责; *make oneself responsible for* 负(…的责任) ‖ **responsibly** [rɪ'spɒnsəblɪ] ad.

responsive [rɪ'spɒnsɪv] a. 应答的,响应的,共鸣的,易起反应的,敏感的 ☆*(be) responsive to* 对…敏感(起反应)

responsiveness [rɪ'spɒnsɪvnɪs], **responsivity** [rɪspɒn'sɪvɪtɪ] n. 响应性(度),灵敏度,反应能力,动作速度 〖用法〗注意词汇搭配模式"the responsiveness of A to B",意为"A 对 B 的响应"。如:The magnitude of the current density J depends also on the responsiveness of the carriers to the field. 电流密度 J 的数值也取决于载波对场的响应。

resquared ['ri:skweəd] a. 【机】方正度要求高的

resquaring ['ri:skweərɪŋ] n. 【机】钢板的精确剪切,切成方形

ressort [re'sɔ:] (法语) ☆*dernier ressort* 最后手段

rest [rest] ❶ n. ①休息(闲),静止,安静,睡眠 ②刀(支,托)架,中心架,支承台,支座,垫,枕,支持物,挡块 ③休息(住宿)处 ④其余(的人),其他,剩余部分,余渣,残留物 ⑤盈余,储备金 ❷ v. ①(使)休息,静止(寂) ②(使,被)支撑(在),(使)搁(在),把…寄托在,(使)停留在,靠 ③依然(是),保持 ☆ *above the rest* 特别,尤其; *among the rest* (亦在)其中; *and (all) the rest (of it)* 以及其他等等; *(as) for the rest* 至于其他; *at rest* 静止(状态的),休息,已解决; *come to rest* 静止(下来); *lay to rest* 埋葬,消除; *rest A against (on) B* 把 A

搁〔靠〕在 B 上; *rest in* 信赖; *rest on (upon)* 倚靠,建立在 … 上; *rest one's argument on facts* 以事实作为论据; *rest with* 在(归)于,由…担负; *take a rest* 休息一下; *the rest* 其余(的人,的东西),剩余部分 〖用法〗 ❶ 在科技文中,它处于另一个名词前作修饰语时,表示"静止的",而不能表示"其余的"。如:Suppose that there is a rest charge here. 假设这里有一个静电荷。 ❷ 如果要表示"其余的",应该使用"remaining"或"remainder"作定语,或用"the rest of the ..."。如:The rest of the current (= The remaining current) has to go through the shunt. 该电流的其余部分必须流过并联支路。 ❸ 注意下面例句中该词的含义:A book is resting on the top of a level table. 一本书静放在一张水平桌子的面上。/A crate rests on an inclined plane. 一只板条箱停放在一个斜面上。 ❹ 它作名词时,在此前面有时可有不定冠词。如:Let's take a rest. 我们歇一会儿吧。

restabilization [ri:,steɪbɪlaɪ'zeɪʃən] n. 再〔重新〕稳定

restage ['ri:'steɪdʒ] vt. 重演

restandardize ['ri:'stændədaɪz] vt. 使再合标准

restart [ri:'stɑ:t] v. 重新启动〔开始〕,恢复运行

restartable [ri:'stɑ:təbl] a. 可重新启动的

restate [,ri:'steɪt] vt. 重申,重新陈述 ‖ **~ment** n.

restaurant ['restərənt] n. 餐厅,饭馆

restful ['restful] a. 平〔宁〕静的 ‖ **-ly** ad.

restiform ['restɪ,fɔ:m] n. 索状的

restim ['restɪm] n. 网状内皮系统刺激剂

restitute ['restɪtju:t] v. ①恢复,复〔还〕原,取代 ②偿〔归〕还,赔偿 ‖ **restitution** [,restɪ'tju:ʃən] n.

restive ['restɪv] a. 难于控制的,不安静的,难驾驭的,不驯服的

restless ['restlɪs] a. 没有休息的,不安定的,不静止的,永不宁静的 ‖ **-ly** ad. **~ness** n.

restock [,ri:'stɒk] vt. ①再储存 ②(使)重新进货 ③再放养(鱼群)

restorable [rɪ'stɔ:rəbl] a. 可恢复〔复原,归还〕的 ‖ **restorability** [rɪ,stɔ:rə'bɪlɪtɪ] n.

restoration [,restə'reɪʃən] n. ①恢复(原状),复辟〔位〕,复辟 ②修理〔缮〕,修复(物),重建(物),翻修,更新 ③还原,去氧,回收,再生 ④归还

restorative [rɪ'stɔ:rətɪv] a.;n. ①复原的,恢复健康的 ②营养食品,补药(品)

restore [rɪ'stɔ:] vt. ①去氧,还原,再存入〔建,缮,理〕,重建 ②(使)恢复,(使)复原,(使)复辟 ④拉〔束〕紧 ⑤提高,增加 ⑥归〔交〕还

restorer [rɪ'stɔ:rə] n. ①修建〔恢复〕者 ②修补物,恢复设备〔电路〕,复位〔还原〕器

restrain [rɪ'streɪn] vt. 抑制,阻〔禁〕止,约束,限〔克〕制,箍固

restrained [rɪ'streɪnd] a. 限制的,受约束的 ‖ **~ly** ad.

restrainer [rɪ'streɪnə] n. 限制器,抑制剂,酸洗缓蚀剂

restraint [rɪ'streɪnt] *n.* ①抑〔克,节〕制,制〔禁〕止,制约,约束(力) ②限制〔阻尼,减震〕器 〖用法〗❶ 其后面一般跟介词"on"。如:This presents a real restraint on the size of C_2. 这就对 C_2 的尺寸提出了一个实际的限制〔这实际上限制了 C_2 的尺寸〕。❷ 当它表示"限制条件"时,其后面的同位语从句或表语从句中的谓语往往采用"(should +) 动词原形"的形式。如:The only restraint is that the circuit be resistive. 唯一的限制条件是电路应该是阻性的。

restrict [rɪ'strɪkt] *vt.* ①限制,约束,保密 ②节流〔制〕,制止 ☆**be restricted by (in) A** (在)A 上受到限制; **be restricted to A** 限于 A; **be restricted to (do)** 只限于(做); **be restricted within** 限制在…范围内 〖用法〗注意下面例句中该词的用法:To avoid problems, DPCs are restricted to be fairly simple. 为了避免出现问题,我们把 DPC 限于是相当简单的。

restrictable [rɪ'strɪktəbl] *a.* 可限制的,可约束的

restricted [rɪ'strɪktɪd] *a.* (受)限制的,受约束的,拘束的,保密的 ‖ **~ly** *ad.*

restricting [rɪ'strɪktɪŋ] *n.;a.* 限制(的),扼流(的);保护套,限燃层

restriction [rɪ'strɪkʃən] *n.* ①限制(幅),节流,制约,保密 ②油门,节气阀,扼流圈 ③干扰(介质) ④流体阻力 ☆**impose (place) restrictions on** 对…实行限制 〖用法〗❶ 在它后面的同位语从句或表语从句中,谓语往往使用"(should +) 动词原形"的形式。如:Our power restriction is simply that the average collector dissipation be less than the maximum allowable average collector dissipation. 我们的功率限制条件只是:平均集电极功耗要低于可允许的最大集电极功耗。❷ 其后面一般跟介词"on"。如:This violates a restriction on the constant-E continuity-transport equation. 这违反了对于恒 E 连续传送方程的限制。/The restriction on bandwidth arises from the following requirement. 对于带宽的限制来自于下面的要求。

restrictive [rɪ'strɪktɪv] *a.* ①限制(性)的,约束(性)的,特定的 ②节〔扼〕流(的) ‖ **~ly** *ad.*

restrictor [rɪ'strɪktə] *n.* ①节气门,闸门,节流阀,扼流圈,限流器 ②限制器

restrike [riː'straɪk] *vt.;n.* ①再触发,再点火 ②打击,整形

restropin [rɪ'strɒpɪn] *n.* 网状内皮系统作用物质

restructure [,riː'strʌktʃə] *vt.* 重新组织,调整,改组

reststrahlen ['rest,straːlən] *n.* 剩余射线

restudy ['riː'stʌdɪ] *vt.;n.* 重新研究〔估计〕,再学习

restuff ['riː'stʌf] *vt.* 重新填塞

resubgrade [riː'sʌbgreɪd] *v.* 重筑路基

resubject [,riː'səb'dʒekt] *vt.* 使再受支配,使再置于…影响下

resublime ['riː'sə'blaɪm] *v.* 再升华 ‖ **resublimation**

[riː,səblaɪ'meɪʃən] *n.*

resulphurize, resulfurize ['riː'sʌlfju,raɪz] *vt.* 重新硫化,再用硫处理 ‖ **resulphurization** 或 **resulfurization** [riː,sʌlfjuraɪ'zeɪʃən] *n.*

result [rɪ'zʌlt] ❶ *n.* ①结果,答案 ②成果,效果 ③产物 ④决议 ☆**as a result** 结果,因此; **as a result of** 由(于)…的结果; **give no result** 没有结果〔成绩〕; **in (the) result** 结果; **lead to no result** 得不出任何结果; **obtain (meet with, produce) results** 产生结果; **reconcile the results** 使结果相符; **with the result that** 结果就〔是〕,因而; **without result** 徒劳地,无效地,毫无结果地 ❷ *vi.* 结果是,产〔发〕生,终归,致成 ☆**result in** 由…引起,起因于,由于; **result in** 导致,(结果)引起

〖用法〗❶ 在科技文中经常用该不及物动词来代替"be obtained (developed, produced)"。如:In this case excessive ripple may result. 在这种情况下,可能会产生过大的波纹。/The pattern which results can be a straight line, a circle, or an ellipse, depending upon the phase angle. 产生的图案可能是一条直线,一个圆,或一个椭圆,这取决于相角。/Simplification results if one axis coincides with one of the forces. 如果一个轴与其中一个力重叠的话,(问题)就得到了简化。❷ 词组"result from"由于属于不及物动词性质,属于"主动的形式,被动的含义",所以以不能用被动语态,不能用过去分词形式作后置定语,而只能用其现在分词形式作后置定语。如:All so-called magnetic phenomena result from forces between electric charges in motion. 一切所谓的磁效应都是由处于运动状态的电荷之间的力引起的。/This medicine can treat the illness resulting from eating too much. 这种药能够治疗由于吃得太多引起的病。/Fig.9-5 accounts for the first-order difference terms resulting from these effects. 图 9-5 解释了由这些效应所引起的一阶差项。❸ 注意"result in + 动名词复合结构"的常见情况:The solution of these independent equations often results in certain of the currents being negative. 解这些独立的方程往往会导致这些电流中有些是负的。❹ "as a result of + 动名词复合结构"的情况亦常见,如:A current flows through the resistor as a result of there being a potential difference across it. 由于在该电阻器两端存在有电位差,所以有电流流过它。❺ 注意下面例句中该词的含义:This decreases the effective cross-sectional area of the conductor, with the result that the resistance increases. 这就缩小了导体的有效横截面积,因而电阻增加了。/The negatively charged acceptors attract the positively charged lithium ions, forming ion pairs with the result of ideal compensation. 带负电的受主吸引带正电的锂离子,结果形成了一些离子对,从而获得了理想的补偿。/Chemistry deals with changes in matter as a result of which it is possible to form a new

R

substance. 化学是论述靠其来形成新物质的物质变化的。

resultant [rɪ'zʌltənt] ❶ a. ①合(成)的,组合的 ②(作为)结果(而产生)的,最后的,后果的 ❷ n. ①合力,合(成矢)量,组〔总〕合 ②结果 ③【化】(反应)产物,生〔合〕成物 ④【数】(联立方程式的)终结式,消元式,结式

〖用法〗在科技文中,它往往等效于"resulting"的含义。如:The resultant equation is shown below. (最终)获得的方程式示于下面。/The high-order sum bit is equal to the carry resultant from the addition of A₈ and B₈. 高阶和数位等于由 A₈ 和 B₈ 相加而引起的进位。

resultful [rɪ'zʌltful] a. 有成果的,富有成效的

resulting [rɪ'zʌltɪŋ] a. (由此)引起(产生)的,(最后)所得到的,结果的

〖用法〗它一般作前置定语,但也可作后置定语。如:The resulting curves can be difficult to explain. (最终)获得的曲线可能是难于解释的。/The resulting numerical value for K is given by the following expression. 获得的 K 的数值由下式表示。/Because the electromagnetic field produced by DC is static, there is no radiation resulting. 由于由直流电产生的磁场是静态的,所以不会产生任何辐射。/The hole density resulting is p=N_A−N_D. 得到的空穴密度为 p=N_A−N_D.

resultless [rɪ'zʌltlɪs] a. 无结果的,无成效的

resumable [rɪ'zjuːməbl] a. 可恢复的,可重新开始的

resume [rɪ'zjuːm] v. ①重新开始,(再)继续,恢复 ②收回,再取得,重新占用 ③概述 ☆resume the thread of one's discourse 言归正传

resume ['rezjuː(ː)meɪ] (法语) n. 简历,摘要,梗概

resummon ['riː'sʌmən] vt. 再召唤,重新召集

resumption [rɪ'zʌmpʃən] n. ①恢复,(再)继续,重新开始 ②再取回,重新占用 ③摘要

resumptive [rɪ'zʌmptɪv] a. ①概括的,扼要的 ②恢复的,再开始的,收回的 ‖ -ly ad.

resuperheat [riː'sjuːpəhiːt] v.;n. 再〔重新〕过热

resuperheater [riːsjuːpə'hiːtə] n. 再过热器,中间再热器

resupinate [rɪ'sjuːpɪneɪt] a. 形状颠倒的,倒生的,扁平的,倒置的,仰卧的

resupination [riːsjuːpɪ'neɪʃn] n. 翻转,颠倒,仰卧位

resupply [ˌriːsə'plaɪ] vt.;n. 再供应,再补给

resurface [riː's3ːfɪs] v. ①重做面层,在…换新面,修整工具,铺新路面 ②重新露出水面,重新露面 **resurfacer** [riː's3ːfɪsə] n. 表面修整器

resurgence [rɪ's3ːdʒəns] n. 苏醒,复活,恢复活动 ‖ **resurgent** [rɪ's3ːdʒənt] a.

resurrect [ˌrezə'rekt] vt. 使复活,复跳,使再现,使再受注意 ‖ **resurrection** [ˌrezə'rekʃən] n. **resurrective** [ˌrezə'rektɪv] a.

resurvey [riː'sə'veɪ] vt. 再测量〔勘查〕

resuscitant [rɪ'sʌsɪtənt] n. 催醒剂

resuscitation [rɪ,sʌsɪ'teɪʃən] n. 恢复正常呼吸,复活

resuspension [riːsəs'penʃən] n. 重悬浮

resweat [rɪ'swet] v. 石蜡的再发汗

resynchronize [rɪ'sɪŋkrənaɪz] v. 再〔恢复〕同步 ‖ **resynchronization** [rɪˌsɪŋkrənaɪ'zeɪʃən] n.

resynthesis [rɪ'sɪnθəsɪs] n. 再合成

resynthesize [rɪ'sɪnθəsaɪz] v. 再合成

ret [ret] (retted; retting) vt. 浸渍,沤

retail ['riːteɪl] ❶ n. 零售 ❷ a. 零售的 ❸ ad. 以零售方式 ❹ vt. ①零售 ②(到处)传播,转述 ☆at (by) retail 零售; buy retail 零买

retailer ['riːteɪlə] n. 零售商,传播人

retailoring [riː'teɪlərɪŋ] n. 【冶】还原熔炼

retain [rɪ'teɪn] vt. ①保持,保留 ②夹持,卡住,制动 ③记住 ④挡(土),拦(水),留住,残留 ⑤聘雇(律师等)

retainable [rɪ'teɪnəbl] a. ①可保持〔留〕的 ②可记住的 ③可聘请〔雇用〕的

retainer [rɪ'teɪnə] n. ①护圈,(滚动轴承)保持架,定位器,承器,导座 ②挡板,隔栅〔环〕,止动器 ③随从,雇员,走卒 ④保持〔留〕者 ⑤(律师等的)聘用(费)

retake [rɪ'teɪk] ❶ (retook, retaken) vt. ①再取,取回,夺回 ②重摄,重录 ③再次接受 ❷ n. ①再取,夺回,克服 ②重录〔摄〕,补拍

retaliate [rɪ'tælɪeɪt] v. ①报复,反击,以牙还牙(upon, against) ②征收报复性关税 ‖ **retaliation** [rɪˌtælɪ'eɪʃən] n. **retaliative** [rɪ'tælɪətɪv]或 **retaliatory** [rɪ'tælɪətərɪ] a.

retamp [rɪ'tæmp] v. 再夯实

retard [rɪ'tɑːd] vt.;n. ①延〔推〕迟,延缓,阻滞 ②(发动机)点火滞后 ③妨碍,阻止 ④使减速,制动,慢化,缓凝 ☆in retard 延迟,被妨碍; keep at retard 使推迟,阻碍,妨碍进步

retardancy [rɪ'tɑːdənsɪ] n. 阻〔滞〕止性

retardant [rɪ'tædənt] a. 阻滞〔止〕的,使延迟的

retardation [rɪtɑː'deɪʃən] n. ①延〔推〕迟,延缓,迟〔阻〕滞 ②妨碍,阻止,障碍物 ③减速,制动,缓凝(作用) ④迟差,光程(相)差 ⑤推〔延〕迟量

retardative [rɪ'tɑːdətɪv], **retardatory** [rɪ'tɑːdətərɪ] a. 使延迟的,妨碍的,减速的

retarder [rɪ'tɑːdə] n. ①延迟〔时〕器,延迟线圈 ②延迟剂 ③减速〔制动〕器 ④隔离抑流圈 ⑤挡俏

retardin [rɪ'tɑːdɪn] n. 抑制素,延缓素

rete ['riːtiː] (pl. retia) n. 【医】网,丛

retell [ˌriː'tel] (retold) vt. 再讲,重述

retemper [rɪ'tempə] v. ①(加水)重塑,改变稠度 ②再次回火

retene ['riːtiːn] n. 【化】惹烯

retention [rɪ'tenʃən] n. ①保存〔留〕,保持,抑制,滞留,固位,隔离 ②保持(力),留置率,留置量 ③(包装)牢固性 ④记忆(力),存储 ⑤保留物

retentive [rɪ'tentɪv] a. ①(有)保持(力)的,保留的,

记忆力强的 ②易潮湿的,保持湿度的 ☆ *be retentive of A* 能保持〔记得〕A 的 ‖ ~ly *ad.* ~ness *n.*

retentivity [,ri:ten'tɪvɪtɪ] *n.* 保持性〔力〕,滞留能力,缓和性,顽磁性,剩磁

retentor [rɪ'tentə] *n.* 保持肌

retest ['ri:'test] *n.;v.* 再试验,重复测试〔试验〕

rethink [,ri:'θɪŋk] (rethought) *v.* 再想,重新考虑,重复思考

rethread [,ri:'θred] *vt.* 把…重新穿(引)进

retial ['ri:ʃɪəl] *a.* 网的

retiary ['ri:ʃɪərɪ] ❶ *a.* 网(状)的 ❷ *n.* 结网蜘蛛

reticle ['retɪkl] *n.* 标线,十字线

reticular [rɪ'tɪkjʊlə] *a.* ①网眼的,网状(组织)的 ②错综复杂的 ‖ ~ly *ad.*

reticulate [rɪ'tɪkjʊleɪt] ❶ *v.* (使)成网状,(使)分成小方格 ❷ *a.* (覆以)网状(物)的

reticulation [rɪ,tɪkjʊ'leɪʃən] *n.* 网状(物,组织),网组化

reticule ['retɪkju:l] *n.* ①标(度)线,分度线,(光学)十字线,光网,刻线,交叉线 ②标线片,分划板,调制盘,标准格

reticulin [rɪ'tɪkjʊlɪn] *n.* 网状菌素

reticulocyte [rɪ'tɪkjʊləu,saɪt] *n.*【医】网织红细胞

reticulum [rɪ'tɪkjʊləm] *n.* 网状的,网状

retiform ['ri:tɪfɔ:m] *a.* 网状的,有交叉线的

retighten [rɪ'taɪtn] *v.* 重新固定〔拉紧〕

retimber [ri:'tɪmbə] *vt.* 重新支撑,修理木支架

retime ['ri:'taɪm] *vt.* 重新调整…时间,重新定时

retina ['retɪnə] (pl. retinas 或 retinae) *n.* (视)网膜

retinal ['retɪnəl] ❶ *a.* (视)网膜的 ❷ *n.* 视网膜醛,维生素 A 醛

retine ['reti:n] *n.* 视黄素,惹亭,抑细胞素

retinene ['retɪni:n] *n.* 视网膜醛,维生素醛,视黄醛

retinoblast ['retɪnəublɑ:st] *n.* 成视网膜细胞

retinochrome ['retɪnəu,krəum] *n.* 视网膜色素

retinol ['retɪnɒl] *n.* 松香油,视黄醇,维生素 A 醇

retinoscope ['retɪnəuskəup] *n.*【医】眼睛曲率器,视网膜镜

retinoscopy [,retɪ'nɒskəpɪ] *n.*【医】视网膜镜检法,测眼膜术

retinue ['retɪnju:] *n.* 随员

retinula [rɪ'tɪnjulə] *n.*【动】小网膜

retire [rɪ'taɪə] *v.* ①退〔下〕,撤退 ②退休〔役〕③收回(成本),收回票据,付清 ④使出局 ☆ *retire from A to B* 离开 A 回到 B

retired [rɪ'taɪəd] *a.* 退休〔役〕的,歇业的

retiree [rɪ,taɪə'ri:] *n.* 退休〔役〕者

retirement [rɪ'taɪəmənt] *n.* ①退职〔役〕,引退 ②收回(成本,退货等) ③(主动)退却,撤退

retiring [rɪ'taɪərɪŋ] *a.* 退休〔役〕的,退却的

retool ['ri:'tu:l] *v.* ①给以新装备,对机械进行改装以生产新产品 ②(为适应新形势而)改组

retort [rɪ'tɔ:t] ❶ *n.* ①(蒸馏,曲颈)罐〔瓶〕,干馏釜,转炉,烧结罐 ②反驳,报复 ❷ *v.* ①蒸馏,(在蒸馏罐中加热)提纯 ②反驳,报复,还击 ③扭转,扭曲 ☆ *retort against (on, upon)* 反驳,扭转

retortion [rɪ'tɔ:ʃən] *n.* (=retorsion) ①扭转,反投 ②报复

retouch ['ri:'tʌtʃ] *v.;n.* 修饰〔正〕,整饰,润色

retrace [rɪ'treɪs] *vt.;n.* ①折回,倒转,逆行 ②【电子】回扫(线),逆程 ③回忆,再追溯〔探查,描摹〕☆ *retrace one's steps* 顺原路返回,走老路;*retrace one's steps to* 回顾,追溯到

retract [rɪ'trækt] ❶ *v.* ①缩进,收缩 ②拉回,移回 ③退回〔刀〕,回程 ④取消,撤回 ❷ *n.*【数】收缩核

retractable [rɪ'træktəbl] *a.* ①能缩进的,收缩式的,可伸缩的 ②可取消的,可收回的

retracted [rɪ'træktɪd] *a.* 处于收起位置的,缩回去了的,取消了的

retractile [rɪ'træktaɪl] *a.* 能缩回的,可收缩的

retractility [,ri:træk'tɪlɪtɪ] *n.* 伸缩性,可缩进

retraction [rɪ'trækʃən] *n.* ①缩进,回缩,收缩(力) ②【数】保核收缩 ③撤回,取消,收回

retractive [rɪ'træktɪv] *a.* (易)缩回的

retractor [rɪ'træktə] *n.* ①牵引器,抽筒器 ②收回声明〔前言〕的人

retractozyme [rɪ'træktəzaɪm] *n.* 血凝块收缩酶

retrad ['ri:træd] *ad.* 向后(地),向后方或背侧

retral ['ri:trəl] *a.* 在后面的,向后(面)的,倒退的 ‖ ~ly *ad.*

retranslate [,ri:træns'leɪt] *vt.* 再〔重,转〕译,把…重译成原文

retransmission [,ri:trænz'mɪʃən] *n.* 中继,转播,重发

retransmit [,ri:trænz'mɪt] *v.* 中继,中继站发送,转播,重〔转〕发

retransmitter [,ri:trænz'mɪtə] *n.* 中继〔转播,转发〕发射机

retransposing [,ri:træns'pəuzɪŋ] *n.* 重交叉(易位),再转置

retrapping [ri:'træpɪŋ] *n.* 再捕获,再陷

retread ❶ ['ri:'tred] *v.* ①修补(轮胎) ②再踏上 ❷ ['ri:'tred] *n.* ①补过的轮胎,翻新的旧轮胎 ②路面重复处置层

retreat [rɪ'tri:t] ❶ *v.* ①再处理(加工),重复处治 ②后退,向后倾 ③【地质】海退 ④放弃,退出(from) ❷ *n.* ①退却,撤退 ②收容〔休养〕所 ☆ *be at a retreat* 撤退,打退堂鼓

retreatment [rɪ'tri:tmənt] *v.* 再处理(加工),重新处理,重复处治

retree [rɪ'tri:] *n.* 不好的纸,稍有污损的纸

retrench [rɪ'trentʃ] *v.* ①减少,紧缩,节〔约〕,裁减,修剪 ②删除(节),省略 ‖ ~ment *n.*

retrial ['ri:'traɪəl] *n.* ①再〔重新〕试验 ②再〔复〕审

retribution [,retrɪ'bju:ʃən] *n.* 报酬〔偿,复〕,报应

retrievable [rɪ'tri:vəbl] *a.* 可恢复〔挽救,弥补〕的,可重新得到的

R

retrieval [rɪ'triːvəl] n. ①(可)取回,(可)复原, (可)弥补,(可)补偿已得到 ②【计】检索,(信息的)恢复,查(找),探索,提取 ☆*beyond (past) retrieval* 不能补救〔挽回,恢复〕

retrieve [rɪ'triːv] ❶ v. ①收〔挽〕回,恢复 ②更正,修补,弥补,援救,补偿 ③【计】检索 ④追溯,回忆 ❷ n. =retrieval ☆*beyond (past) retrieve* 不可补救〔恢复,挽回〕; *retrieve A from B* 拯救 A 免于 B

retriever [rɪ'triːvə] n. 挽救者,重新寻到者;恢复器

retrim [riːˈtrɪm] (retrimmed; retrimming) v. 再〔过〕平衡,重新调整

retroact [ˌretrəʊˈækt] vi. ①倒行,回转 ②再生,反馈,逆反应 ③追溯 ‖ **retroaction** [ˌretrəʊˈækʃən] n. **retroactive** [ˌretrəʊˈæktɪv] a.

retrocede [ˌretrəʊˈsiːd] v. ①退却 ②交还,恢复 ‖ **retrocession** [ˌretrəʊˈseʃən] n.

retrocognition [ˌretrəʊkɒgˈnɪʃən] n. 【心】超过常态感,超人的认识

retrodiffused [retrəʊdɪˈfjuːst] a. 反向〔向后〕扩散的

retrodiffusion [ˌretrəʊdɪˈfjuːʒən] n. 后向散射,反散射

retrodirective [retrəʊdɪˈrektɪv] a. 反向的

retrofire [ˈretrəʊˌfaɪə] ❶ vt. 发动(制动火箭) ❷ vi.; n. (制动火箭)点火发动

retrofit [ˈretrəˌfɪt] ❶ (retrofitted; retrofitting) v. (对…)作翻新改型;改型安装(新部件或新设备) ❷ n. 改型,更新

retroflex(ed) [ˈretrəʊfleks(t)] a. 反曲的,翻转的;卷舌的

retroflexion [ˌretrəʊˈflekʃən] n. 反曲,翻转,折回,卷舌(音)

retrogradation [ˌretrəʊgrəˈdeɪʃən] n. ①后退,逆行,反向 ②退化 ③【地质】海蚀变狭作用

retrograde [ˈretrəʊgreɪd] a.;ad.;vi. ①后退(的),向后(的),逆行〔转〕(的),反向(的) ②次序颠倒的,反常规的(减化)(的),衰退(的),恶化(的) ③扼要地重述 ☆*in a retrograde order* 次序相反地,颠倒地

retrogress [ˌretrəˈgres] vi. ①后〔衰〕退,退步〔化,缩〕②逆行,逆反应 ‖ **retrogression** [ˌretrəˈgreʃən] n.

retrogressive [ˌretrəˈgresɪv] a. 后退的,逆行的,退步〔化〕的

retroinfection [ˌretrəʊɪnˈfekʃən] n. 逆传染

retroject [ˈretrədʒekt] vt. ①向后抛,掷回,向后投射 ②回想〔溯〕

retron [ˈretrɒn] n. 反转录子;勒脱朗 (γ 谱仪) (商品名)

retronecine [ˌretrəʊˈniːsiːn] n. 倒千里光裂碱

retropack [ˈretrəʊpæk] n. 制动〔减速〕发动机,制动装置

retroposed [ˈretrəʊpəʊzd] a. 后移的

retroreflect [ˌretrəʊrɪˈflekt] v. 反光,回射,向后反

射

retroreflector [ˌretrəʊrɪˈflektə] n. 反光镜,后向反射器,后向反射镜

retrorse [rɪˈtrɔːs] a. 向后弯的,后翻的,倒向的

retrorsine [reˈtrɔːsiːn] n. 倒千里光碱

retrosection [retrəʊˈsekʃən] n. 纽形剖线

retrospect [ˈretrəʊˌspekt] n.;v.;a. 回顾〔想〕(的),追溯(的),追忆(的) ‖ ~ion n. ~ive a.

retrothrust [retrəʊˈθrʌst] n. 制动推力

retroverse [ˈretrəʊˌvɜːs] a. 向后弯的,后翻的

retroversion [ˌretrəʊˈvɜːʃən] n. ①倒退,回顾 ②后倾,翻转

retrovert [ˌretrəʊˈvɜːt] vt. 使翻转,使后倾

retrude [rɪˈtruːd] vt.【医】(牙齿)后移 ‖ **retrusion** [rɪˈtruːʃən] n.

retry [ˌriːˈtraɪ] vt. 再试(做),复〔重〕算

retting [ˈretɪŋ] n. 浸渍〔解〕,沤(麻),麻脱胶

retube [riːˈtjuːb] v. (更)换管(子)

retune [riːˈtjuːn] v. 重调(谐),再调整

return [rɪˈtɜːn] ❶ v. ①返回,回行,曲折 ②归还,回复,反驳 ③反射,回响 ④复原〔发〕,再现 ⑤报告,汇报 ❷ n. ①返回,回程,回位,(应变)恢复 ②归还 ③报答,答复,(pl.)报告(书),汇〔申〕报,统计表,结果报告 ④恢复,复原,回收,再现 ⑤反射(信号) ⑥输出量,退还之物,(pl.)返回料 ⑦(pl.)利润(率),报酬 ⑧(pl.)研究成果 ⑨ног延侧面 ❸ a. ①返回的,回程的 ②折回的 ③重现的,报答的 ☆*by return (post, of post)* 立即回复,请即回示; *in return* 作为回报,回过来,替换; *in return for* 作为…的交换〔报酬〕,来替换; *make a return* 作报告(汇报); *make return for* 报答; *point of no return* 航线临界点;无还点,无退路的地步; *point of safe return* 安全返航点; *return blow for blow* 以牙还牙; *To return (to one's muttons)* 回到本题,言归正传; *without return* 无利(润)地 〖用法〗❶ 它作名词时后面可以跟 "to"。如:Because of these requirements there has been a return to considering the advantages of metallic magnetic media. 由于这些要求,值得考虑金属磁性介质的优点。❷ 注意该名词的搭配模式 "the return of A to B",意为 "A 返回到 B"。如:Evaporation from the soil and transpiration from vegetation are responsible for the direct return to the atmosphere of more than half the water that falls on the land. 土壤的蒸发和植物的蒸腾作用促使降在大地上的一半以上的水直接返回到大气层。(注意:这里的 "A" 是 "more than half the water …",而 "B" 是 "the atmosphere"。由于 "of A" 比 "to B" 长,所以 "of A" 与 "to B" 两者的位置换了一下。)

returnability [rɪˌtɜːnəˈbɪlɪtɪ] n. 多次使用的可能性,可回收性

returnable [rɪˈtɜːnəbl] a. 返回的,可回收的,允许退还的,可重复利用的

returned [rɪˈtɜːnd] a. ①已归(来)的,已回国的 ②

退回的,回收的

returnee [rɪtɜːˈniː] *n.* 回国的人

returnless [rɪˈtɜːnlɪs] *a.* 不回来的,回不来的,无报酬的

retuse [rɪˈtjuːs] *a.* 凹端的

reunient [riːˈjuːnɪənt] *a.* 再联合的

reunify [ˈriːˈjuːnɪ.faɪ] *vt.* 使重新统一〔团结〕‖
reunification [ˈriːˌjuːnɪfɪˈkeɪʃ ən] *n.*

Reunion [riːˈjuːnjən] *n.* (非洲)留尼汪(岛)

reunion [ˈriːˈjuːnjən] *n.* ①再结合〔统一〕,重聚,融洽,(断裂)复合 ②重叠式皮带运输机

reunite [ˈriːˈjuːˈnaɪt] *v.* (使)再结合〔联合〕,统一,(使)重聚

reusability [riːjuːzəˈbɪlɪtɪ] *n.* 复用性

reusable [riːˈjuːzəbl] *a.* 可再次使用的,可重复利用的

reuse ❶ [ˈriːˈjuːz] *vt.* 再使用,重新使用;重复利用 ❷ [ˈriːˈjuːs] *n.* 再〔重新,重复〕使用

reused [ˈriːˈjuːzd] *a.* 再生的

Reuter(s) [ˈrɔɪtə(z)] (=Reuter's News Agency)(英国)路透(通讯)社

reutilization [riːˌjuːtɪlaɪˈzeɪʃ ən] *n.* 再用,回收利用

rev [rev] ❶ *n.* (发动机)一次回转,旋转 ❷ (revved; revving) *v.* 增加转速(up),降低转速(down)

revaccinate [riːˈvæksɪneɪt] *v.* 再接种 ‖ **revaccination** [ˌriːvæksɪˈneɪʃ ən] *n.*

Revalon [ˈrevələn] *n.* 一种铜锌合金

revalorization [ˈriːˈvæləraɪˈzeɪʃ ən] *n.* (因通货膨胀引起的)重新估价

revaluate [ˈriːˈvæljueɪt] *vt.* 对…再〔重新〕估价,使升值 ‖ **revaluation** [ˈriːˈvæljuˈeɪʃ ən] *n.*

revalve [ˈriːˈvælv] *v.* 更换电子管,更换阀门

revamp [ˈriːˈvæmp] *vt.* ①修〔建〕,整修 ②把…翻新 ③部分地再制〔再装备〕

revanchism [rəˈvɒnʃɪzəm] *n.* 复仇主义

revaporize [riːˈveɪpəraɪz] *v.* 再蒸发〔汽化〕‖ **revaporization** [riːˌveɪpəraɪˈzeɪʃ ən] *n.*

revaporizer [riːˈveɪpəraɪzə] *n.* 二次蒸发器

reveal [rɪˈviːl] ❶ *vt.* 展现,显示〔露〕,揭示,揭露,揭发 ❷ *n.* 外露,(窗框,门框的)半槽边,(外墙与门或窗之间的)窗侧,门侧 ☆*reveal itself* 出〔呈〕现,表现出来 ‖ ~ment *n.*

revealable [rɪˈviːləbl] *a.* 可展现的,可揭露的

revealer [rɪˈviːlə] *n.* 展示者,揭露者

revegetate [riːˈvedʒɪteɪt] *vi.* 再植被,再种植,再发育 ‖ **revegetation** [ˌriːvedʒɪˈteɪʃ ən] *n.*

reveille [rɪˈvælɪ] *n.* 起床号

revel [ˈrevl] ❶ (revelled; revelling) *v.* ①狂欢,联欢 ②狂喜,沉迷,醉…而洋洋得意(in) ❷ *n.* 狂欢;喧闹的宴会或庆典

revelation [ˌrevəˈleɪʃ ən] *n.* ①展现,显示〔露〕,揭露,展示 ②(揭示的,透露的)新材料〔事物,经验〕,意想不到的事,新发现 ‖ ~al *n.*

revelator [ˈrevəleɪtə] *n.* 展〔揭〕示者

revelatory [ˈrevələtərɪ] *a.* 展示〔揭露〕性的

revendication [rɪvendɪˈkeɪʃ ən] *n.* 收复失地(的正式要求)

revenge [rɪˈvendʒ] *vt.;n.* (替)报仇,报复,雪耻(机会) ‖ -ful *a.*

revenue [ˈrevənjuː] *n.* 收〔岁〕入,收益,税收,年收入

reverberant [rɪˈvɜːbərənt] *a.* 反响的,混响的,回响的,洪亮的 ‖ -ly *ad.*

reverberate [rɪˈvɜːbəreɪt] ❶ *v.* ①(使)反响,(使)回荡 ②反射(光,热),反照,屈折 ③弹回,反冲 ④放…入反射炉处理 ❷ *a.* 回响的,反焰的

reverberation [rɪˌvɜːbəˈreɪʃ ən] *n.* ①反响,回荡,混响,响应 ②反焰,反射物 ③在反射炉中的处理

reverberative [rɪˈvɜːbərətɪv] *a.* 反射的,反响的,混响的

reverberator [rɪˈvɜːbəreɪtə] *n.* 反射器〔炉〕,反焰炉

reverberatory [rɪˈvɜːbərətərɪ] ❶ *a.* 回响的,交混回响的,反射的,反焰的 ❷ *n.* 反射〔反焰〕炉

reverberometer [ˌrɪvɜːbəˈrɒmɪtə] *n.* 混响计,混响时间测量计

revere [rɪˈvɪə] ❶ *vt.* 尊敬 ❷ *n.* 翻领〔边〕

reverence [ˈrevərəns] *n.;vt.* 尊敬〔重〕

reverend [ˈrevərənd] *a.* 可尊敬的

reverent [ˈrevərənt], **reverential** [revəˈrenʃ əl] *a.* 恭敬的,虔诚的 ‖ -ly *ad.*

reverie [ˈrevərɪ] *n.* 幻〔空〕想,白日梦 ☆*(be) lost in reverie* 陷入幻想中; *fall into (a) reverie* 一心空想

revers [rɪˈvɪə] (法语) *n.* 翻领〔边〕

reversal [rɪˈvɜːsəl] *n.* ①颠倒,相反 ②反〔换〕向,反接,变换〔更,号〕,极性变换,倒车(装置),反行程 ③推翻,撤销

reverse [rɪˈvɜːs] *v.;n.;a.;ad.* ①颠倒(的),反(的) ②(使)倒退,改变方向,回动的逆流(的),回程(的),倒退〔车,挡〕(的) ③倒转,换向(的),可逆(的) ④回动装置,反演〔机构〕 ⑤背面(的) ⑥镜对称的,反转对称的 ⑦废弃(的) ⑧挫折,败北 ☆*in reverse* 相反,反之,朝相反方向,挂倒挡,倒车; *in (the) reverse order* 次序颠倒地,方向相反地; *on the reverse* (汽车)倒下开者; *quite the reverse* 或 *the very reverse* 正相反; *reverse oneself about (over)* A 完全改变对 A 的看法; *The reverse is true.* 反之亦然,情况又反过来了; *the reverse side of the coin* 事物的相反〔另一〕面,硬币的背面 ‖ -ly *ad.*

reversed [rɪˈvɜːst] *a.* 颠倒的,反向的,撤销的

reverser [rɪˈvɜːsə] *n.* ①换向器,转换设备,换向开关 ②逆换机构,回动机构,倒逆装置 ③翻钢机

reversibility [rɪˌvɜːsəˈbɪlɪtɪ] *n.* 可逆(性),反向可能性,反转性,两面可用(性),反演性,可回塑性,可取消性

reversible [rɪˈvɜːsəbl] *a.* 可逆的,双向的,回行的,可反转的,正反两面可用的 ‖ **reversibly** [rɪˈvɜːsəblɪ] *ad.*

reversion [rɪˈvɜːʃ ən] *n.* ①颠倒,转换,反转,倒转,回行 ②复原〔员〕,恢复,退回 ③(硫化)返原 ④返

祖〔隔代〕遗传 ‖ ~al a.

reverso [rɪ'vɜːsəʊ] n. （书的）左页,偶数页

revert [rɪ'vɜːt] ❶ v. ①回复,（恢）复原（状）(to) ②使颠倒,逆转 ③回头讲,回想 ④返祖遗传,回复变异 ❷ n. 返料

revertant [rɪ'vɜːtənt] n. 回复突变体

revertex [rɪ'vɜːteks] n. 浓缩橡浆,蒸浓胶乳

revertible [rɪ'vɜːtəbl], **revertive** [rɪ'vɜːtɪv] = reversible

revest [rɪ'vest] vt. ①使恢复原状（位）②重新投资

revet [rɪ'vet] (revet(t)ed; revet(t)ing) vt. （用砖石）护墙（堤,坡,岸）,砌面

revetment [rɪ'vetmənt] n. 护岸工程,护墙〔坡〕,铺〔砌〕面,挡土墙

revibration [riːvaɪ'breɪʃən] n. 再振动,重复振动

review [rɪ'vjuː] v.;n. ①（再）检查,（再）考察,再看 ②评论(文章,杂志),评论性刊物,述评,写评论(for) ③复习,回顾 ☆*a review of* 考察,研究,看看; *be reviewed favourably* 得到好评; *in (under) review* 在检查〔审阅〕中; *pass (march) in review* （使）行进接受检阅,(被)检查,(被)回顾; *review A for B* 为 B 写 A 的评论

reviewable [rɪ'vjuːəbl] a. 可检查的,可评论的,可回顾的

reviewal [rɪ'vjuːəl] n. 书评,评论,复查

reviewer [rɪ'vjuːə] n. 评论者,书评作者,报刊评论员

revisal [rɪ'vaɪzl] n. 订〔修,校〕正

revise [rɪ'vaɪz] ❶ vt. 修（校,改）订,改变,对…重新分类 ❷ n. 二校样,修订

reviser [rɪ'vaɪzə] n. 修订〔正,改〕者,校对者

revision [rɪ'vɪʒən] n. 修订(本,版),校订〔正〕,复审 ‖ ~ary a.

revisionism [rɪ'vɪʒənɪzm] n. 修正主义

revisionist [rɪ'vɪʒənɪst] n.;a. 修正主义（的）

revisit [riː'vɪzɪt] vt.;n. ①再访问〔参观〕②重游,回到

【用法】 注意下面例句中该词的含义:We will revisit this issue in Chapter 9. 我们将在第9章再讨论这个问题。

revisory [rɪ'vaɪzərɪ] a. 修订的,校订〔对〕的

revistin [rɪ'vɪstɪn] n. 反转录酶素

revitalize [riː'vaɪtəlaɪz] vt. 使新生,复活,使恢复元气 ‖ **revitalization** [riːˌvaɪtəlaɪ'zeɪʃən] n.

revivable [rɪ'vaɪvəbl] a. 可恢复的,可再生的,可复活的

revival [rɪ'vaɪvəl] n. ①复活(兴）,恢复 ②再生 ③再流行,重新出版〔上演〕

revive [rɪ'vaɪv] v. ①（使）复活〔兴〕,苏醒 ②再生,恢复,(使)还原 ③（使）再流行 ④回想起

revivification [rɪ(ː),vɪvɪfɪ'keɪʃən] n. (活性)恢复,复活(作用)

revivifier [rɪ(ː)'vɪvɪfaɪə] n. 复活剂,再生器,交流换热器

revivify [riː'vɪvɪfaɪ] v. (活性)恢复,(使)复活

reviviscence [ˌrevɪ'vɪsns] n. 复活,恢复 ‖ **reviviscent** [ˌrevɪ'vɪsnt] a.

revocable ['revəkəbl] a. 可撤销〔回〕的,可废除的

revocation [ˌrevə'keɪʃən] n. 撤回〔销〕,废〔解〕除 ‖ **revocatory** ['revəkətərɪ] a.

revoke [rɪ'vəʊk] v.;n. ① 撤销,废〔解〕除 ②回想,召回 ☆*beyond revoke* 不能撤销〔废除〕的

revolt [rɪ'vəʊlt] vt.;n. ①反抗(against),造反 ②反叛 ③厌恶

revolute ['revəluːt] ❶ v. ①旋转 ②干革命 ❷ a. ①旋转的 ②外卷的,反旋的

revolution [ˌrevə'luːʃən] n. ①转(动,圈),旋转(运动),公转,(沿轨道)运行 ②转数 ③循环 ④【数】回转体 ⑤革命,(彻底的)大改革 ☆ *make revolution* 干革命; *start (raise) a revolution* 闹革命; *work a revolution in A* 在 A 上引起革命 【用法】表示"转…圈"时,它与动词"make"连用。如:The digital electronic counter can be used to count the number of revolutions a motor makes in a given time. 数字电子计数器能够被用来计算马达在给定的时间内所转的圈数。

revolutionary [ˌrevə'luːʃnərɪ] ❶ a. 旋转的,革命的 ❷ n. 革命者,革命党人

revolutionist [ˌrevə'luːʃnɪst] n.;a. 革命者(的),革命党人(的)

revolutionize [ˌrevə'luːʃənaɪz] vt. 使革命化,引起〔从事〕革命,彻底改革,变革 ‖ **revolutionization** [revəˌluːʃənaɪ'zeɪʃən] n.

revolve [rɪ'vɒlv] v. ①(使)旋转,公转,转动,运行 ②循环 ③再三考虑,思索 ☆ *revolve around (round, about) A* 绕 A 旋转,围绕着 A 盘旋; *revolve on A* 绕 A(轴)旋〔自〕转

revolver [rɪ'vɒlvə] n. ①旋转器,(物镜)转换器 ②转炉 ③转轮,滚筒 ④快速访问道,快速循环数区 ⑤左轮手枪

revolving [rɪ'vɒlvɪŋ] a. 旋转式的,循环的,转动的

revulse [rɪ'vʌls] vt. 使极其厌恶

revulsion [rɪ'vʌlʃən] n. ①收回,(突然)抽回 ②突变 ③反感(against)

revulsive [rɪ'vʌlsɪv] a. 诱导的,心情突变的

reward [rɪ'wɔːd] ❶ n. ①报酬〔答〕,酬〔赏〕金 ②效益,好处 ❷ vt. 报答,奖赏,酬劳〔谢〕 ☆ *be rewarded by* 获得(成功); *be rewarded with* 获得(结果); *in reward for* 为〔以〕酬答

rewarding [rɪ'wɔːdɪŋ] a. 有益的,值得做的

rewardless [rɪ'wɔːdlɪs] a. 无报酬的,徒劳的

rewasher [rɪ'wɒʃə] n. 再洗机

rewater [riː'wɔːtə] ❶ vt. 再浇 ❷ n. 纸浆残水

reweigh ['riː'weɪ] vt. 再〔重新〕称量

reweld ['riː'weld] v. 重〔返修〕焊

rewet ['riː'wet] v. 再〔重〕湿润

rewind [riː'waɪnd] ❶ (rewound) vt. 再上(发条),重绕,反绕,再把…绕紧,倒带〔片〕 ❷ n. 倒(电影)

片器,反绕装置

rewinder [riːˈwaɪndə] *n.* 重绕机,反轴机,(纸张,胶卷的)倒卷器,再卷装置

rewire [riːˈwaɪə] *vt.* 重新布〔接〕线

reword [riːˈwɜːd] *vt.* 重说〔复〕,改变…的措辞

rework [riːˈwɜːk] *v.;n.* 再制,再处理,二次加工,返工

rewound [ˈriːˈwaʊnd] rewind 的过去式和过去分词

rewrite [ˈriːˈraɪt] ❶ (rewrote, rewritten) *vt.* ①重〔改〕写,重新记录 ②【计】再生 ③书面答复 ❷ *n.* 改写稿,改写的作品〔文章〕

〖用法〗❶ 该动词可以带由"as"引出的补足语,"as"可以省去(特别是被动时)。如:We can rewrite the original equation as x=e^y. 我们可以把原方程写成 x=e^y。❷ 注意在下面例句中该词为名词:From this rewrite it is evident that Equation3-8 is nothing but Bessel's equation. 由这改写后的式子看出,式 3-8 显然就是贝塞尔函数。

rex [reks] *n.* 控制导弹的脉冲系统

Reykjavik [ˈreɪkjə,viːk] *n.* 雷克雅未克(冰岛首都)

reyn [reɪn] *n.* 雷恩(英制动力黏度单位,用于润滑方面)

Rezistal [ˈrezɪstəl] *n.* 一种镍铬钢

rhabdite [ˈræbdaɪt] *n.* 杆状体,叶突

rhabdoid [ˈræbdɔɪd] *a.* 棒状的,杆状的

rhabdom(e) [ˈræb,dɒm] *n.*【动】感杆束,(复眼的)视轴

rhabdomere [ˈræbdə,mɪə] *n.*【动】(复眼的)感(光)杆

rhaegmageny [ˈriːgmæedʒənɪ] *n.* 扭裂运动

Rhaetian [ˈriːʃən] *n.* (晚三叠世晚期)瑞提阶

rhaetizite [ˈriːtɪzaɪt] *n.* 白晶石

rhamnose [ˈræmnəʊs] *n.*【生化】鼠李糖

rhamnoside [ˈræmnəsaɪd] *n.* 鼠李糖苷

rhapontigenin [,ræpɒnˈtɪdʒənɪn] *n.* 丹叶大黄素

rhe [rɪ] *n.* 流值(流度的绝对单位)

rhegmaglypt [regˈmæglɪpt] *n.* 气印,鱼鳞坑,烧蚀坑

rhenate [ˈreneɪt] *n.* 铼酸盐

rhenides [ˈriːnaɪdz] *n.* 铼系元素

Rhenish [ˈriːnɪʃ] *a.* 莱茵河(流域)的

rhenite [ˈriːnaɪt] *n.* 亚铼酸盐

rhenium [ˈriːnɪəm] *n.*【化】铼

rhenopalites [riːˈnɒpəlaɪts] *n.* 细晶岩类

rheobase [ˈrɪə,beɪs] *n.*【生理】基电流,基强度

rheocasting [ˈriːə,kʌstɪŋ] *n.* 流变铸造〔压铸〕

rheochor [ˈriːəkə] *n.* (摩尔)等黏比容

rheochord [ˈriːəkɔːd] *n.* 滑线变阻器

rheodestruction [,riːədɪsˈtrʌkʃən] *n.* 流变破坏

rheodichroism [,riːə,daɪˈkrəʊɪzm] *n.* 流变二色性

rheodynamics [,riːədaɪˈnæmɪks] *n.* 流变动力学

rheoencephalograph [,riːˌenˈsefələgrɑːf] *n.* 脑血流测定仪

rheogoniometer [riːə,gəʊnɪˈɒmɪtə] *n.* 流变性测定仪,流变测角计

rheogoniometry [riːə,gəʊnɪˈɒmɪtrɪ] *n.* 流变性测定法

rheogram [ˈriːəgræm] *n.* 流变图

rheograph [ˈriːəgrɑːf] *n.* 流变记录器

rheologic(al) [riːəˈlɒdʒɪk(əl)] *a.* 流变(学)的

rheologist [riːˈɒlədʒɪst] *n.* 流变学家

rheology [rɪˈɒlədʒɪ] *n.* 流变学,液〔河〕流学

rheometer [riːˈɒmɪtə] *n.* 电流计,(血)流速(度)计,流变仪

rheometry [riːˈɒmɪtrɪ] *n.* 流变测定法〔测量术〕

rheomicrophone [,riːəˈmaɪkrə,fəʊn] *n.* 微音器

rheomorphism [,riːəˈmɔːfɪzəm] *n.* 深流作用

rheonome [ˈriːə,nəʊm] *n.* 电流强度变换器,神经反应测定器

rheopectic [,riːəˈpektɪk] *a.* 震凝的,抗流变的,触变性的

rheopexic [riːəˈpeksɪk] *a.* 震凝的,抗流变的,触变性的

rheopexy [ˈriːə,peksɪ] *n.* 触变(性),震凝(性,现象),抗流变性,流凝性

rheophore [ˈriːəfɔː] *n.* 电极

rheophile [ˈrɪə,faɪl] *n.* 急流生物

rheophyte [ˈriːəfaɪt] *n.* 河生植物

rheoplankton [riːəˈplæŋktən] *n.*【生】流水浮游生物

rheoscope [ˈriːəskəʊp] *n.*【物】验电器,(电流)检验器

rheospectrometer [,riːəˌspekˈtrɒmɪtə] *n.* 流谱计

rheo(s)tan [ˈriːə(s)tən] *n.* 变阻合金,高电阻铜合金,高电阻丝

rheostat [ˈriːəstæt] *n.*【物】变阻器,电阻箱,可变电阻(器)

rheostatic [riːəˈstætɪk] *a.* 变阻(器)式的,电阻的

rheostriction [riːəˈstrɪkʃən] *n.* 流变压缩,夹紧效应

rheotaxial [riːəˈtæksɪəl] *a.* 液相外延的

rheotaxic [riːəˈtæksɪk] *a.* 趋流的,液相外延的

rheotaxis [riːəˈtæksɪs] *n.* 趋流性,液相外延性

rheotome [ˈriːəˌtəʊm] *n.* (周期)断流器,(电流)断续器

rheotron [ˈriːətrɒn] *n.* 电子〔电磁〕感应加速器,电子回旋加速器;通用流变仪

rheotrope [ˈriːətrəʊp] *n.* 电流转换开关,电流变向器

rheotropic [riːəˈtrɒpɪk] *a.* 向流(流动方向)性的

rheotropism [rɪˈɒtrəpɪzəm] *n.* (大)向流性

rheoviscometer [riːəvɪsˈkɒmɪtə] *n.* 流变黏度计

rhetoric [ˈretərɪk] *n.* ①修辞学,辩术,花言巧语 ②言语

rhetorical [rɪˈtɒrɪkəl] *a.* 修辞(学)的,浮夸的 ‖ **~ly** *ad.*

rheum [ruːm] *n.* ①感冒,鼻炎,风湿痛 ②稀黏液 ③大黄(属)

rheumatic [ruːˈmætɪk] ❶ *a.* (引起,患)风湿病的,

R

由风湿病引起的 ❷ *n.* 风湿病患者, (pl.) 风湿病
rheumatism [ˈruːmətɪzəm] *n.* 风湿病
rheumatoid [ˈruːmətɔɪd] *a.* (患)风湿病(关节炎)的
rheumy [ˈruːmɪ] *a.* ①(多)稀黏液的 ②(空气)潮湿的,阴冷的 ③易引起感冒〔风湿病〕的
rhexis [ˈreksɪs] *n.*【医】(染色体)碎裂
rhexistasy [ˌreksɪˈstæsɪ] *n.* 破坏平衡
rhinal [ˈraɪnl] *a.* 鼻的
Rhine [raɪn] *n.* 莱茵河
rhinemetal [ˈraɪnmetəl] *n.* 铜锡合金
rhinestone [ˈraɪnstəʊn] *n.* 一种水晶,仿制的金刚钻
rhinitis [raɪˈnaɪtɪs] *n.* 鼻炎
rhino [ˈraɪnəʊ] *n.* ①钱,现金 ②犀牛
rhinoceros [raɪˈnɒsərəs] (pl. rhinoceros(es) 或 rhinoceri) *n.*【动】犀牛
rhinoscope [ˈraɪnəskəʊp] *n.*【医】鼻(窥)镜
rhinoscopy [raɪˈnɒskəpɪ] *n.*【医】鼻(窥)镜检查(法)
rhinovirus [ˌraɪnəʊˈvaɪərəs] *n.*【生】鼻病毒
rhizines [ˈraɪzɪnz] *n.* 锚接菌丝
rhizobia [raɪˈzəʊbɪə] *n.* 根瘤菌
rhizobiocin [raɪzəˈbaɪəʊsɪn] *n.* 根瘤菌素
rhizocaline [raɪzəʊˈkeɪlɪn] *n.*【植】促成根素
rhizoid [ˈraɪzɔɪd] ❶ *a.* 根状的 ❷ *n.* 假根
rhizome [ˈraɪzəʊm] *n.* 根(状)茎
rhizomorph [ˈraɪzəˌmɔːf] *n.*【植】菌索,根状体
rhizomycelium [raɪzəʊˈmaɪsɪlɪəm] *n.*【植】根状菌丝体
rhizopin [ˈraɪzəʊpɪn] *n.* 根霉促进素
rhizoplane [ˈraɪzəʊpleɪn] *n.*【植】根际,根围
Rhizopoda [ˈraɪzəpɒdə] *n.* 根足(亚纲,虫类)
rhizopodium [raɪzəˈpəʊdɪəm] *n.* 根足
Rhizopus [ˈraɪzəpəs] *n.*【生】酒曲菌属
rhizosphere [ˈraɪzəsfɪə] *n.*【植】根际
rho [rəʊ] 希腊字母 P,ρ 单位(离子剂量单位)
rhocrematics [rəʊkrɪˈmætɪks] *n.* 货流学
rhodamine [ˈrəʊdəmiːn] *n.*【化】若丹明,玫瑰精,盐基桃红
rhodanate [ˈrəʊdəneɪt] *n.* 硫(代)氰酸盐
rhodanese [ˈrəʊdəˌniːs] *n.* 硫氰酸酶
rhodanide [ˈrəʊdənaɪd] *n.* 硫氰酸盐,硫氰化物
rhodanise [ˈrəʊdənaɪz] *v.* 镀铑(于铁表面)
rhodate [ˈrəʊdɪt] *n.* 铑酸盐
Rhode Island [rəʊdˈaɪlənd] *n.* (美国)罗得艾兰(州),罗得岛
rhodeite [ˈrəʊdeɪt] *n.* 万年青糖醇
rhodenin [ˈrəʊdənɪn] *n.* 万年青宁
Rhodesia [rəʊˈdiːzjə] *n.* 罗得西亚(现称 Zimbabwe 津巴布韦)
rhodethanil [ˈrəʊdəˌθænɪl] *n.* 硫氰苯胺
rhodexin [ˈrəʊdəksɪn] *n.* 万年青素
Rhodia [ˈrəʊdɪə] *n.* 罗达(耐纶 66 型聚酰胺纤维的商品名);乙酸纤维素

rhodic [ˈrəʊdɪk] *a.*【化】(含)铑的,高价铑的
rhodirite [ˈrəʊdɪraɪt] *n.* 硼钩钾矿
rhodium [ˈrəʊdɪəm] *n.*【化】铑
rhodochrosite [ˌrəʊdəˈkrəʊsaɪt] *n.*【矿】菱锰矿
rhodomycetin [ˌrəʊdəˈmaɪsɪtɪn] *n.* 紫红菌素
rhodomycin [ˌrəʊdəˈmaɪsɪn] *n.*【化】紫红霉素
rhodonite [ˈrəʊdənaɪt] *n.*【矿】蔷薇辉石
Rhodophyceae [ˌrəʊdəˈfaɪsɪɪ] *n.* 红藻科
Rhodophyta [ˌrəʊdəˈfaɪtə] *n.* 红藻门
rhodopseudomonacin [rəʊdəˌpsjuːdəˈmɒnəsɪn] *n.* 红极毛杆菌素
rhodopsin [rəʊˈdɒpsɪn] *n.*【生化】(视网膜上的)视紫素
rhodopurpurin [ˌrəʊdəˈpɜːpjʊrɪn] *n.* 紫菌红素
rhodoquinone [ˌrəʊdəˈkwɪnəʊn] *n.* 深红醌
rhodotorula [ˌrəʊdəˈtɔːrʊlə] *n.* 红酵母
rhodotoxin [ˌrəʊdəˈtɒksɪn] *n.* 玫红素
rhodous [ˈrəʊdəs] *a.* (含)铑的,低价铑的
rhodovibrin [ˈrəʊdəˈvɪbrɪn] *n.* 紫菌红醇
rhodoviolasin [ˌrəʊdəvaɪəˈlæsɪn] *n.* 紫菌红醚
rhodoxanthin [ˌrəʊdəˈzænθɪn] *n.* 紫松果黄素
rhomb [rɒm] *n.* (偏)菱形,斜方形〔晶〕,斜方六面体
rhombi [ˈrɒmbaɪ] rhombus 的复数
rhombic [ˈrɒmbɪk] *a.;n.* ①菱形(的),斜方形的,斜方晶体的 ②有菱形底〔剖面〕的 ③正交(晶)的
rhombohedral [ˌrɒmbəˈhiːdrəl] *a.* 菱形的,菱形(六面)体的,三角晶(系)的
rhombohedron [ˌrɒmbəˈhedrən] (pl. rhombohedrons 或 rhombohedra) *n.* 菱形(六面)体,菱面体
rhomboid [ˈrəʊmbɔɪd] *n.* 偏〔长〕菱形,长斜方形 ‖ ~al *a.*
rhombus [ˈrɒmbəs] (pl. rhombuses 或 rhombi) *n.* 菱形,斜方形
rhometal [ˈrəʊˌmetəl] *n.* 镍铬硅铁磁合金
rhooki [ˈruːkɪ] *n.* 成熟紫胶
Rhopalocera [rəʊpəˈlɒsərə] *n.* 锤角亚目
Rhotanium [rəʊˈteɪnɪəm] *n.* 一种钯金合金
rho-theta [ˈrəʊˈθiːtə] *n.* 距离-角度导航,测距和测角的导航计算机
rhubarb [ˈruːbɑːb] *n.* 大黄
rhumb [rʌm] *n.* ①罗盘方位,罗经点 ②罗盘方位单位 ③(=rhumb line)航线〔航向,等方位,等角〕线
rhumbatron [ˈrʌmbəˌtrɒn] *n.* 空腔谐振器,环状共振器
Rhus [ruːs] *n.*【植】漆树属
rhyme [raɪm] ❶ *n.* 韵 ❷ *v.* 押韵 ☆ *neither rhyme nor reason* 一无可取,杂乱无章; *without rhyme or reason* 莫名其妙,毫无道理
Rhynchocephalia [ˈrɪŋkəʊsɪˈfeɪlɪə] *n.* 喙头目
rhyolite [ˈraɪəˌlaɪt] *n.* 流纹岩
rhyotaxitic [raɪəˈtæksɪtɪk] *a.* 流纹状的
rhysimeter [raɪˈsɪmɪtə] *n.* (流体)流速(测定)计
rhythm [ˈrɪðəm] *n.* ①节奏,韵律 ②周期性(变动),有规律的重复发生 ③调和,协调,匀称
rhythmic(al) [ˈrɪðmɪk(əl)] *a.* ①间歇的,有节奏的,

律动的,韵律的 ②调和的,协调的 ‖ ~(al)ly ad.

rhythmless ['rɪðmlɪs] a. 无节奏的,无律动的,不匀称的

rhythmogenesis [rɪðməˈdʒenɪsɪs] n. 节律发生

ria ['rɪə] n.【地理】溺河,沉溺河

rib [rɪb] ❶ n. ①肋条(材,骨),棱 ②拱肋(棱),加强肋,加厚部,翼肋,(拱肋)横梁,伞骨 ③(活塞胀圈槽之间的)凸缘 ④矿壁,矿柱 ⑤【纺】棱纹,凸条,螺纹 ⑥叶(翅)脉 ❷ (ribbed; ribbing) vt. 加肋条于,装肋材于

riband ['rɪbənd] n. (装饰用)缎(丝)带

ribband ['rɪbænd] ❶ n. ①木桁 ②支材 ③防滑材,滑道导板 ❷ vt. 用木桁固定

ribbed [rɪbd] a. (带)肋的,带筋的,呈肋状的,用肋材料支撑的

ribbing ['rɪbɪŋ] n. ①加肋,用肋加固 ②肋条,肋材料架 ③【纺】棱纹,凸条 ④叶(翅)脉 ⑤散热片

ribbon ['rɪbən] ❶ n. ①(缎,丝)带,带状物,带状电缆 ②色带 ③条板,木桁 ④钢卷尺,发条 ⑤带锯 ❷ v. ①饰以带状线条,成带状 ②撕成长条(碎片)

ribitol ['raɪbɪtɒl] n. 核糖醇

ribmet ['rɪbmet] n. 膨体混凝土

ribodesose [ˌraɪbəˈdesəʊs] n. 脱氧核糖

riboflavin [ˌraɪbəʊˈfleɪvɪn] n. 核(乳)黄素,维生素 B_2

ribofuranose [ˌraɪbəˈfjʊrəˌnəʊs] n. 呋喃核糖

ribonuclease [ˌraɪbəʊˈnjuːklɪeɪs] n.【生化】核糖核酸酶

ribonucleoside [ˌraɪbəʊˈnjuːklɪəsaɪd] n.【生化】核(糖核)苷

ribose ['raɪbəʊs] n.【生化】核糖

ribosomal [raɪbəˈsəʊməl] a.【生化】核蛋白体的,核糖体的

ribosome ['raɪbəsəʊm] n.【生化】核(糖核)蛋白体,核糖体

ribostamycin [ˌraɪbəstəˈmaɪsɪn] n. 核糖霉素

ribosylation [ˌraɪbəʊsɪˈleɪʃən] n. 核糖基化(作用)

ribosylzeatin [ˌraɪbəˈsɪlzɪtɪn] n. 玉米素核苷,核基玉米素

ribothymidine [ˌraɪbəˈθaɪmədiːn] n. 胸腺嘧啶核糖核苷

ribotide ['raɪbətaɪd] n.【生化】核(糖核)苷酸

ribovirus [raɪbəˈvaɪərəs] n. 核糖核酸病毒

ribulose ['raɪbjuləʊs] n. 核酮糖,阿东糖

rice [raɪs] n. ①稻(谷),(大)米,饭 ②米级无烟煤

ricer ['raɪsə] n. 压粒器,压米条机

rich [rɪtʃ] ❶ a. ①富(饶,丽)的,多产的 ②浓的,稠的,高品位的,高浓度的,富油的 ③珍(昂)贵的,贵重的 ④丰富多彩的,富有成果的 ❷ n. ①富油(混合比),富化 ②(pl.)财(丰)富,宝库 ☆(be) **rich in A** 富有 A 的

richen ['rɪtʃn] vt. 使(更)富,使更浓,使可燃成分更高

richetite ['rɪtʃˌtaɪt] n. 水板铅铀矿

richly ['rɪtʃlɪ] ad. ①富(饶)地,浓厚地,昂贵地 ②(与 deserve 连用)完全地,彻底地

richness ['rɪtʃnɪs] n. 富饶(裕),浓厚,昂贵

ricin ['raɪsɪn] n.【生化】蓖麻蛋白

ricinine ['rɪsɪniːn] n. 蓖麻碱

rick [rɪk] ❶ n. 一垛干草,一堆木料 ❷ vt. 把…堆成垛

rickardite ['rɪkəˌdaɪt] n. 碲铜矿

rickets ['rɪkɪts] n.【医】佝偻病

rickettsia [rɪˈketsɪə] n. 立克次氏体

rickettsiosis [rɪketsɪˈəʊsɪs] n.【医】立克次氏体病

rickety ['rɪkɪtɪ] a. ①【医】(似,患)佝偻病的 ②摇摇晃晃的,东倒西歪的

ricksha ['rɪkʃə] n. 人力车,黄包车

ricochet ['rɪkəʃet] n.;v. 跳飞(射),回跳,掠水而飞

rictus ['rɪktəs] n. ①裂(口),开口状,嘴裂 ②呵欠,龇牙咧嘴

rid [rɪd] (rid or ridded; ridding) vt. ①使摆脱,使除去 ②迅速了结,打扫,收拾 ☆**be (get) rid of (from)** 或 **rid oneself of** 除去,摆脱,驱除; **rid A of B** 使 A 免除(摆脱)B; **rid up** 清除

ridable, rideable ['raɪdəbl] a. 可骑的,可乘的,可通行的

riddance ['rɪdəns] n. 摆脱,清除(from)

ridden ['rɪdn] ❶ ride 的过去分词 ❷ a. (常用于构成复合词)受…支配(压迫)的

riddle ['rɪdl] ❶ n. ①谜,莫名其妙的事物,难以捉摸的人物 ②(粗,盘)筛,筛网(面,板) ❷ vt. ①猜(谜) ②检查,鉴定,探究 ③过筛,分级,清选 ④驳(难)倒,非难,把…打得满是窟窿 ⑤充满于,弥漫于

riddled ['rɪdld] a. 散乱的,不清楚的

riddler ['rɪdlə] n. 振动(摆动)筛

riddlings ['rɪdlɪŋz] n. 筛屑,筛出物,粗粒

ride [raɪd] ❶ (rode, ridden) v. ①乘(车),骑(马),载,驾,沿(曲线)飞行 ②漂浮,停泊 ③安放(跨在)(…上) ④照旧进行 ❷ n. ①乘坐,行驶 ②(林中)马道 ③乘波飞行,沿曲线运动 ☆**be ridden by** 受控制(驱使,折磨); **ride at anchor** 停泊; **ride for a fall** 鲁莽行事; **ride high** 极成功,非常顺利; **ride in** 乘(车,船); **ride off** 岔开去; **ride on** 乘(车,船),搭(跨,支撑)在…上(而动),在…上飞行,(靠)…行驶,依靠; **ride on air** 腾空行驶; **ride on the wind (waves)** 乘风(破浪)前进; **ride out** 经受住,渡过; **ride out a storm** 安然度过风暴,平安度过困难; **ride over** 骑在…头上,压制; **ride over A on B** 借助 B 在 A 上行驶; **ride the crest of a wave** 处于最得意的阶段; **ride up and down** 上下浮动

〖用法〗注意下面例句中该词的含义:To an observer <u>riding in</u> the elevator, the body appears to be in equilibrium. 对于乘电梯的观察者来说,该物体似乎处于平衡状态。

rideability [raɪdəˈbɪlɪtɪ] n. 行驶性能,可行驶性

rideau [ri:'dəu] *n.* 土丘〔阜〕

rideograph ['raɪdəɡrɑ:f] *n.* 测振仪,平整度测定仪

rider ['raɪdə] *n.* ①骑手,乘车的人 ②游客 ③制导器 ④驾束式导弹 ⑤【数】系,应用问题 ⑥【机】架在上面的部分,放在另一部分上 ⑦附文,附加条款〔评论〕⑧(支墙)斜撑,(加固船体的)盖顶木料〔钢板〕

ridership ['raɪdəʃɪp] *n.* 乘客量

ridge [rɪdʒ] ❶ *n.* ①(山,海)脊,岭,山脉 ②螺脊 ③背,(波)峰,刃,隆起物 ④高压脊 ⑤垄,坝 ❷ *v.* 装(屋)脊,使成脊状

ridgy ['rɪdʒɪ] *a.* 有脊的,隆起的

ridicule ['rɪdɪkju:l] *n.;vt.* ①嘲笑〔弄〕,奚落 ②笑柄,荒谬 ☆*bring ... into ridicule* 或 *hold up... to ridicule* 或 *pour ridicule on ...* 嘲笑〔奚落〕…

ridiculous [rɪ'dɪkjuləs] *a.* 荒谬〔可笑〕的 ‖ *-ly ad.* *~ness n.*

riding ['raɪdɪŋ] ❶ *n.* ①乘车,骑马,行驶,马道 ②按曲线运动,波束引导 ③安放,叠置 ❷ *a.* 骑马(用)的,乘车的

riebeckite ['ri:bekaɪt] *n.*【矿】钠闪石

riedel ['ri:dəl] *n.* 河间地,(河间)垠丘

rifamp(ic)in [rɪ'fæmpaɪsɪn] *n.* 利福平

rifamycin [rɪfə'maɪsɪn] *n.* 利福霉素

rife [raɪf] *a.* ①盛行的,普遍的 ②充满的(with)

riffle ['rɪfl] ❶ *n.* ①(采集金矿用)格条,摇床,(取样用)分格缩分槽 ②(板带材侧缘的)皱纹 ③急流,浅滩 ❷ *v.* ①轧辊刻纹,凿沟,压花,刻痕 ②用金刚砂水磨 ③(用拇指)很快地翻(…的边)(through),快速洗纸牌 ④流过(浅滩),使起涟漪 ☆*make the riffle* 成功,达到目的

riffler ['rɪflə] *n.* 沉砂槽,条板,除沙盘,弓形锉

riffling ['rɪflɪŋ] *n.* 压花,刻痕,凿沟,轧辊刻纹,用金刚砂水磨,用沉砂槽澄砂纯化

rifle ['raɪfl] ❶ *n.* ①步枪,来复枪 ②来复线,膛线 ❷ *vt.* ①在(管)中刻出螺旋形凹线,在(枪膛)内制来复线,用步枪射击 ②抢劫,掠夺

rifleman ['raɪflmən] *n.* 步兵

rifler ['raɪflə] *n.* 波纹锉,牙轮钻头

riflery ['raɪflrɪ] *n.* 步枪打靶,步枪弹

riflescope ['raɪflskəup] *n.* 步枪上的望远镜瞄准具

rifleshot ['raɪflʃɒt] *n.* 步枪射程〔射手,子弹〕

rifling ['raɪflɪŋ] *n.* 膛线,拉制来复线

rift [rɪft] ❶ *n.* ①裂缝,空隙,(岩石的)劈裂性 ②断裂,断层线,长狭谷,浅滩 ③分裂,不和 ❷ *v.* ①劈(裂)开 ②穿透,渗入 ☆*a little rift within the lute* 会影响整体的裂痕,最初的分歧

rig [rɪg] ❶ (rigged; rigging) *vt.* ①装(配,填),安装(out, up),悬挂,水平测量 ②临时拼凑,草草做成(up) ❷ *n.* ①装备,成套器械 ②(试验)台,钻(井)机,钻架(塔,车) ③索具,帆缆 ④(pl.)运输工具 ⑤欺诈,骗局

rigescence [rɪ'dʒesns] *n.* 僵化,生硬 ‖ **rigescent**

[rɪ'dʒesnt] *a.*

rigesity [rɪ'dʒesɪtɪ] *n.* 糙度

rigger ['rɪɡə] *n.* ①(索具,机身)装配工,暗中操纵者 ②束带滑车

rigging ['rɪɡɪŋ] *n.* ①装配〔填〕,灯光预置,吊,调整,水平测量 ②索具,帆缆 ③杠杆传动,组装模板,装配带

right [raɪt] ❶ *a.;ad.* ①正确(的),对(的) ②正常(的),正直〔当〕(的),合宜的 ③如实(的) ④正(面)(的) ⑤直(角)(的),笔直(的),直接(的) ⑥右(面,派)(的),向右,在右边 ⑦正好,立刻,完全,彻底,十分 ❷ *n.* ①正确〔正当〕②权利,优惠权 ④右(边,面,翼)⑤(pl.)实况,真相 ❸ *v.* ①扶直,使改正,使恢复平稳〔正常〕②整理〔顿〕☆*all right* 对,行,无误,不错; *at (on, to) one's right hand* 在…右方; *at right angles with (to)* 和…垂直; *bring to rights* 恢复原状,改正; *by (in) right of* 依…的权限,凭借; *by right(s)* 正当地,当然,按理说; *claim a right to* 要求对…的权利; *come right* 改正,实现; *do (him) right* 公平对待(他); *get ... right* (彻底)搞清楚,使…恢复正常; *get (make) right* 改正,恢复正常; *in the right* 有理,正当; *in the right way* 正确地; *keep to the right* (行人)靠右行; *of right* 按照法律,正当地,按理说; *on the right side of fifty* 50岁以下; *put one's right hand to the work* 尽力做事; *right along* 不停地,继续地; *right and left* (从)左右,到处; *right away* 立刻; *right down* 一直朝下,彻底,明明白白地; *right here* 即刻,现在就在这里; *right home* (打桩)打到止点,到底; *right itself* 恢复常态,(重新)弄平; *right now* 正是现在; *right off* 即刻,全然, *right of priority* 优先权; *right of way* 道路用地,通行权;到期; *right on* 对极了; *right oneself* (人或船)恢复平稳,辩明; *right opposite* 正面对,正相反; *right or wrong* 无论怎样,一定; *right out* 全然,彻底; *right over (the way)* 在(马路的)正对过; *right round* 全程地; *right side up* 正面朝上; *right straight* 即刻; *right through* 从头到尾,彻底,直接通过; *right to* 向右到底; *right up and down* 直率坦真的,(海)风平浪静; *set right* 使…恢复正常,整顿,改正; *set to rights* 使…恢复正常,整顿,改正; *the right way* 正路(to),正当地,真相; *the right of the case (story)* 事情的真相

〖用法〗❶ "in one's own right" 意为 "凭本身的性质、特点、质量、资格等"。如:Some of the interim results are useful in their own right. 某些中间结果就其本身的情况是有用的。/This structure received intensive study in its own right. 这一结构凭其本身的特点而受到了广泛的研究。❷ 注意下面例句中该词的含义:Let us consider distances positive if to the right of O. 让我们把距离(如果处于原点右边的话)看做为正。(在 "if" 之后省去了 "they are"。)

righteous ['raɪtʃəs] *a.* 正直〔义,当〕的 ‖ *~ly ad.*

~ness *n.*

rightful ['raɪtful] *a.* 正当〔义,直〕的,合法的,当然的 ‖ **-ly** *ad.*

righting ['raɪtɪŋ] *n.* 复原,改正

rightism ['raɪtɪzm] *n.* 右派纲领〔言论〕

rightist ['raɪtɪst] *n.;a.* 右派分子(的),保守分子(的)

rightly ['raɪtlɪ] *ad.* 正当,正确,当然

rightness ['raɪtnɪs] *n.* 正确〔直,当〕,恰当,诚实

rightward(s) ['raɪtwəd(z)] *ad.;a.* 向右(的),在右边(的)

rigid ['rɪdʒɪd] ❶ *a.* ①刚性的,坚硬的,硬式的,不易弯的 ②固定(连接)的 ③严格的 ❷ *n.* 刚度,稳定性 ‖ **rigidly** ['rɪdʒɪdlɪ] *ad.*

rigidify [rɪ'dʒɪdɪfaɪ] *v.* 固定,(使)僵化

rigidity [rɪ'dʒɪdɪtɪ] *n.* ①刚性(率),刚度,稳定〔坚固〕性 ②强硬,刚直,严密,僵化

rigidization [rɪdʒɪdɪ'zeɪʃən] *n.* 刚性化

rigidize ['rɪdʒɪdaɪz] *vt.* 硬化,刚性化,加固

rigmarole ['rɪgmərəul] *n.* 冗长的废话,烦琐的仪式〔程序〕,胡言乱语

rigorous ['rɪgərəs] *a.* 严格〔密,酷〕的,精密的

rigour ['rɪgə] *n.* 严格〔密,厉〕,精密,酷烈,艰苦

rile [raɪl] *vt.* 搅浑,激怒

rill [rɪl], **rillet** ['rɪlɪt] *n.* 小河〔沟溪〕

rill(e) [rɪl] *n.* (月面)谷

rilsan ['rɪlsən] *n.* 耐纶 11 型聚酰胺纤维,丽绚

rim [rɪm] ❶ *n.* ①边(缘),凸缘,框 ②轮缘〔箍〕,胎环 ③齿圈〔环〕④垫圈,承垫 ⑤组合式支承辊的辊套 ⑥海面 ❷ (rimmed; rimming) *v.* ①给…装边,装轮圈于 ②形成边状,显出边缘

rima ['raɪmə] (pl. rimae) *n.* 裂〔缝〕,细长之口

rimal ['raɪməl] *a.* 裂(缝)的

rime [raɪm] *v.;n.* ①冰霜,霜淞,(飞机上)毛冰 ②不透明冰晶 ③结壳〔晶,霜〕

rimocidine ['raɪmə,sɪdi:n] *n.* 龟裂霉素

rimose ['raɪməus] *a.* 有裂隙的,皱〔龟〕裂的

rimpull ['rɪmpul] *n.* 轮缘拉力

rimy ['raɪmɪ] *a.* 蒙着一片白霜的

rind [raɪnd] ❶ *n.* ①外观,表面 ②(外,硬)壳,硬层,(树,果)皮 ❷ *vt.* 削〔剥〕皮

ring [rɪŋ] ❶ *n.* ①环,圈,环形物,环状 ②【数】环 ③环(形电)路,回路 ④计算环,环形存储(器)⑤箍(圈)⑥环纹,条痕 ⑦集团 ⑧铃,铃声 ⑨按铃,打电话 ❷ (rang, rung) *v.* ①环绕,围困(round, about, in),(把…)圈起来,成环形 ②(用笔)圈出 ③盘旋上升 ④按(铃),敲(钟),振(铃),呼叫 ⑤回响 ⑥跳动,瞬变 ⑦给戴上戒指,给套上环

ringbolt ['rɪŋbəult] *n.* 环端螺栓

ringed [rɪŋd] *a.* 带环的,用圈标出的,成圈状的,被包围的

ringent ['rɪndʒənt] *a.* 开口的,张开的

ringer ['rɪŋə] *n.* ①(电)铃,振铃器 ②按铃者,敲钟者 ③酷似某物的东西或人 ④套环,铁环

ringlet ['rɪŋlɪt] *n.* 小环〔圈〕

ringotron ['rɪŋətrɔn] *n.* 环形加速器

ringstone ['rɪŋstəun] *n.* 砌拱用的楔形砖或块材,拱石

ringway ['rɪŋweɪ] *n.* 环形道路

rink [rɪŋk] ❶ *n.* (室内)溜冰场,冰球场〔队〕❷ *vi.* 溜冰

rinker ['rɪŋkə] *n.* 溜冰者

rinsability [rɪnsə'bɪlɪtɪ] *n.* 可洗涤性,可漂洗性

rinsable ['rɪnsəbl] *a.* 可洗涤〔漂洗,清洗〕的

rinse [rɪns] *vt.;n.* 漂〔清,淋,冲〕洗,漂清,洗净(away, out),漱口

rinser ['rɪnsə] *n.* 冲洗器,清洗装置

rinsing ['rɪnsɪŋ] *n.* ①(常用复数)(漂清冲洗用)清水 ②漂清,冲洗 ③(常用复数)残渣剩余物(= dregs)

Rio de Janeiro ['ri:əudədʒə'nɪərəu] *n.* 里约热内卢(巴西港口,巴西州名)

riometer [raɪ'ɒmɪtə] *n.* 电离层吸收测定器,无线电报探测计

riot ['raɪət] *n.;v.* 骚扰〔动〕;轰动的演出 ‖ **~ous** *a.*

rip [rɪp] ❶ (ripped; ripping) *v.* ①撕〔扯〕,割(开,掉),剥去,割裂(away, off, up) ②裂开,暴露 ③(车,船)猛开〔冲〕,突进 ④猛攻,抨击(into) ❷ *n.* ①扯裂,裂口,破裂 ②洗涤器,刮板〔刀〕

riparian [raɪ'peərɪən] ❶ *a.* 河边的,湖滨的 ❷ *n.* ①岸线权 ②河岸所有者〔居住者〕

ripe [raɪp] *a.* ①(成)熟的,准备好的 ②老练的 ☆ **be ripe for** (已)成熟,可以…; **of ripe age** 有经验的,成年的; **opportunity ripe to be seized** 可利用的好机会

ripen ['raɪpən] *v.* 熟化,催熟

ripener ['raɪpənə] *n.* 催熟剂

ripeness ['raɪpnɪs] *n.* 成熟,完成

ripening ['raɪpənɪŋ] *n.* 成熟,熟化

rippability [rɪpə'bɪlɪtɪ] *n.* (岩石的)可凿性,可剥离性

ripper ['rɪpə] *n.* ①松土〔耙路〕机 ②粗齿锯 ③平巷掘进机 ④拆缝线用具,拆屋顶用具 ⑤撕裂者,拆缝线者,粗齿锯操作者

ripple ['rɪpl] ❶ *n.* ①波〔纹〕纹,被褶,细浪,涟漪,表面张力波 ②波动,交流声,潺潺声 ③波纹(录音)❷ *v.* (使)起波纹,把…弄成波浪形,使波〔飘〕动

riprap ['rɪp,ræp] ❶ *n.* 抛〔乱〕石,防冲乱石 ❷ (riprapped; riprapping) *vt.* 在…上堆筑冲乱石

ripsaw ['rɪpsɔ:] *n.* 粗齿锯,粗木锯

rise [raɪz] ❶ (rose, risen) *v.* ①上升,升〔爬〕高,升〔扬〕起 ②上涨,增长〔大〕③起立,起床 ④高耸 ⑤浮现 ⑥发源于(in),起因于(from) ⑦闭〔休〕会 ⑧能应付(to) ❷ *n.* ①上升〔涨〕,升高,增长〔加〕,涨水(量) ②出现,浮起 ③拱矢 ④(楼梯)级高 ⑤高地,丘岗,隆起 ⑥上沿,竖板 ⑦纵坐标差 ☆ **give rise to** 引起,产生,导致; **on the rise** 在涨(增加); **rise to a bait** 入圈套,上当; **take its rise in** 发源于; **rise from** 由…引起; **rise in the mind** 涌上心头; **rise up** (在…中)上升

〖用法〗 表示"…(方面)的上升〔增加〕"时,其后面一般跟介词"in",也可以用"of"。如:Increasing levels of carbon dioxide and pollutants are responsible for a rise in global temperature, a phenomenon called global warming. 二氧化碳和各种污染物浓度的不断增加导致了全球温度的上升,这一现象就称为全球性变暖。(注意逗号后的名词短语作前面句子的同位语,并注意其汉译法。)

risen ['rɪzn] ❶ rise 的过去分词 ❷ a. 已上升的,升起的

riser ['raɪzə] n. ①提升器,升降器,上升装置 ②立式管道,竖管,升井 ③【冶】(补缩)冒口 ④气口,溢水口 ⑤(整流子)竖片 ⑥(梯级的)竖板,起步板 ⑦(铝电解)立母线

risering ['raɪzərɪŋ] 冒口设计

rising ['raɪzɪŋ] ❶ a. ①上升〔涨〕的,增长的 ②渐高的,向上斜的 ③繁荣的,正在发展的 ❷ n. ①上升〔涨〕,增长 ②高地 ③起立〔床〕④起义,造反,叛乱 ❸ prep. ①将近…〔岁〕②…以上 ☆**(be) rising ... years** 将近…岁; **rising (of) ... tons** 超过…吨

risk [rɪsk] ❶ n. ①危〔冒,风〕险 ②(保险业用语)…险,危险率,保险金(额),保险对象 ③危险人物 ❷ vt. 冒…的危险,冒险干 ☆**at all risks** 或 **at any risk** 或 **whatever the risk** 无论冒什么危险,不顾一切; **at one's own risk** (损失)自己负责; **at risk** 处于危险之中,危机四伏的; **at the risk of (one's life)** 冒着(生命)危险; **run (take) a risk** 冒(一次)风险; **run (take) the risk of doing** 有〔冒着〕…的危险
〖用法〗 ❶ 该词后面可以跟"of +动名词或动名词复合结构"。如: There is the risk of the diode's breaking down. 该二极管可能会击穿。❷ 该词后面一般跟介词"to"。如: In this way, the trainee can receive many hours of on-the-job training without risk to himself or others. 这样,受训者能够接受多个小时的在职培训而对他自己或别人都不会有任何风险。

risky ['rɪskɪ] a. 危险的,冒险的,大胆的 ‖ **riskily** ['rɪskɪlɪ] ad.
〖用法〗注意下面例句的含义:Slightly more risky, you can open a file as plain ASCII text. 再稍微冒险一点的话,你可以把文件打开成简单的ASCII文本。

risoerite ['rɪsəuəraɪt] n. 钛褐钇铌矿

rissenite ['rɪsə,naɪt] n. 绿铜锌矿

ristocetin [,rɪs'təusiːtɪn] n. 瑞斯托菌素

risus ['riːsəs] n. 笑,大笑

rite [raɪt] n. 仪式,惯例,典礼

ritual ['rɪtjuəl] a. 典礼的

ritz [rɪts] n. 夸示,炫耀

ritzy ['rɪtsɪ] a. 非常豪华的,炫耀的

rivage ['rɪvɪdʒ] n. 岸,滨

rival ['raɪvəl] ❶ n. ①对手,竞争者 ②匹敌者,可与之相比的东西 ❷ a. 竞争的,对抗的 ❸

(rival(l)ed; rival(l)ing) v. ①(同…)竞争〔对抗〕②与…相匹敌 ☆**(be) without a rival** 无(与匹)敌,举世无双; **rival in ...** …(上)的对手

rivalry ['raɪvəlrɪ], **rivalship** ['raɪvəlʃɪp] n. 竞争,对抗

rive [raɪv] ❶ (rived, rived 或 riven) v. 扯裂,劈开,拆断,拧去(away, from, off) ❷ n. 裂缝,碎片

river ['rɪvə] n. ①河,江,川 ②巨流,大量

riverain ['rɪvəreɪn] ❶ a. 河流〔边〕的 ❷ n. 近河区

riverbasin ['rɪvəbeɪsn] n. (江河)流域

riverbed ['rɪvəbed] n. 河床〔底〕

riverhead ['rɪvəhed] n. 河源

riverine ['rɪvəraɪn] a. 河流的,河边的,河岸上的

riverside ['rɪvəsaɪd] n.;a. 河边〔岸〕(的)

riverward(s) ['rɪvəwəd(z)] a.;ad. 向河(方向)

rivet ['rɪvɪt] ❶ n. 铆钉 ❷ vt. ①(用铆钉)铆接,固定 ②敲打…使成铆钉头(以铆紧) ③集中(注意)(on, upon),吸引

rivet(t)er ['rɪvɪtə] n. ①铆工 ②铆钉枪

rivet(t)ing ['rɪvɪtɪŋ] n. 铆接

rivotite ['rɪvətaɪt] n. 碳酸铜锑矿

rivulet ['rɪvjulɪt] n. 小河,溪流

Riyadh [riː'jɑːd] n. 利雅得(沙特阿拉伯首都)

road [rəud] n. ①(道)路,行车道 ②行程 ③办法,手段,途径 ④停泊场,水上作业场 ☆**break a road** 排除困难前进; **by road** 走公路,乘汽车; **go (take) the wrong road** 走错了路; **on the road** 在旅途中; **out of the common road of** 远离,逸出…的常规; **royal road to** …的捷径,康庄大道; **rules of the road** 交通规则; **take the road** 起程; **take the road of** 占先; **take to the road** 出发,初学驾驶汽车

roadability [,rəuə'bɪlɪtɪ] n. ①(车辆)行车稳定性和适应性,行车舒适性 ②可运输性

roadbed ['rəudbed] n. ①路基表面,路床 ②行车道

roadblock ['rəudblɒk] ❶ n. 路障,问题,难题 ❷ vt. 阻碍,在…设置路障

roadbuilder ['rəudbɪldə] n. 筑路机,筑路工作者

roadbuilding ['rəudbɪldɪŋ] n. 筑路,道路建筑物

roadless ['rəudlɪs] a. 无路(可通)的

roadman ['rəudmən] n. 修〔筑〕路工人

roadmarking ['rəudmɑːkɪŋ] n. 路面〔道路〕画线,道路标线

roadmixer ['rəudmɪksə] n. 筑路拌料机

roadpacker ['rəudpækə] n. 夯路机

road(-)side ['rəudsaɪd] n.;a. 路旁,路边(的),路旁地带 ☆**by (on) the roadside** 在路旁

roadsman ['rəudzmən] n. (筑)路工(人)

roadstead ['rəudsted] n. 停泊所,抛锚处

roadster ['rəudstə] n. 双门篷车,(活顶)跑车

roadstone ['rəudstəun] n. 筑路石料

road(-)way ['rəudweɪ] n. 车行道,路面,(铁路)路线

roak [rəuk] *n.* 发裂,表面缺陷

roam [rəum] *v.;n.* 漫游〔步〕(about),游历

roan [rəun] ❶ *n.* 装订书面的软羊皮 ❷ *a.* 花毛的

roar [rɔː] *n.;v.* 吼,咆哮,轰鸣 ☆**roar down** 咆哮〔轰鸣〕而下,使轰鸣; **roar out** 高声喊出

roaring ['rɔːriŋ] *n.;a.* 咆哮(的),喧哗的,轰鸣(的)

roast [rəust] *v.;n.* ①焙(烧,砂),烤,炙,煅烧 ②(烤得)(使)变热 ③焙烧生成物

roaster ['rəustə] *n.* 烘烤器,焙烧炉,炉栅

rob [rɒb] *v.* ①抢劫,非法剥夺,使丧失 ②消〔损〕耗 ☆**rob A of B** 使A失去B,从A夺去B; **rob Peter to pay Paul** 拆东墙,补西墙;挖肉补疮

robber ['rɒbə] *n.* 强盗,盗贼

robbery ['rɒbəri] *n.* ①抢劫(案) ②河流袭夺

robe [rəub] *n.* 长袍,浴衣

robin ['rɒbin] *n.* 知更鸟

roblitz ['rəublits] *n.* 无人驾驶轰炸机的闪电轰炸

robot ['rəubɒt] ❶ *n.* ①机器人,(通用)机械手 ②自动机,自动交通信号,遥控机械装置 ❷ *a.* 自动操纵的,遥控的

robotics [rəu'bɒtiks] *n.* 机器人学,遥控学

robotize ['rəubətaiz] *vt.* 使自动化;给…装备机器人 ‖ **robotization** ['rəubətai'zeiʃən] *n.*

robotology [rəubə'tɒlədʒi] *n.* 机器人学

robotomorphic [,rəubətəu'mɔːfik] *a.* (观点)机械的

robust [rəu'bʌst] *a.* ①坚固〔定〕的,硬的 ②加强的,较粗的,健全的,结实的 ‖ **~ly** *ad.*
〖用法〗该形容词后跟"to"。如:A PCM system is robust to channel noise and interference. 脉冲编码调制对信道噪声和干扰是很稳健的。

robustness [rə'bʌstnis] *n.* 强度,坚固性,鲁棒性
〖用法〗注意该词的搭配模式"the robustness of A to B",意为"A对B的鲁棒性"。如:We use the simulated data to verify the robustness of the method to the image error. 我们用模拟的数据来证实该方法对图像误差的鲁棒性。

roc [rɒk] *n.* 无线电制导的电视瞄准导弹

Rochellesalt [rəu'ʃelsɔːlt] *n.* 四水(酒)石酸钾钠(压电晶体),罗谢尔盐

rock [rɒk] *n.* ①岩石,大石块 ②磐石,基石 ③(pl.)暗礁,灾难 ④钻石 ⑤摇摆 ❷ *v.* ①摇摆 ②(处于)不稳定状态 ③跳摇摆舞 ☆**as firm as (a) rock** 或 **like a rock** 坚如磐石,稳如泰山; **at rock bottom** 根本上; **(go, run, strike, be driven, be thrown) on (upon) the rocks** 触礁,毁坏,遭难,破产; **lift a rock only to drop it on one's own toes** 搬起石头砸自己的脚; **see rocks ahead** 看到前途有危险; **split on a rock** 遭遇意外危险〔灾难〕

rockair ['rɒkeə] *n.* 机载高空探测火箭

rockbolt ['rɒk,bəult] *n.* 岩栓

rockbottom ['rɒkbɒtəm] *n.;a.* ①岩底 ②最低的〔点〕,最低限度 ③底细,真相

rocker ['rɒkə] *n.* ①摇轴〔臂,座,椅〕,摇摆器,振动

器,洗矿盘,淘金摇动槽 ②套钩

rockery ['rɒkəri] *n.* ①假山(庭园),石园 ②粗面石工

rocket ['rɒkit] ❶ *n.* ①火箭,火箭发动机 ②火箭弹,(火箭推进的)导弹〔飞船〕 ❷ *v.* ①用火箭运载 ②发射火箭 ③乘火箭旅行 ④(如火箭般)飞速上升

rocketdrome ['rɒkitdrəum] *n.* 火箭发射场

rocketed ['rɒkitid] *a.* 火箭助推的,利用火箭运载的

rocketeer [,rɒki'tiə], **rocketer** ['rɒkitə] *n.* 火箭发射人员,火箭专家,火箭设计者

rocketry ['rɒkitri] *n.* 火箭(学,技术)

rockfill ['rɒkfil] *n.* 废石充填,填石

rocking ['rɒkiŋ] *n.;a.* ①摆动,船只纵向颠簸 ②来回摇摆的

rockling ['rɒkliŋ] *n.* 【动】海鳕鱼

rockman ['rɒkmən] *n.* 炸岩工

rockogenin [rɒkə'dʒiːnin] *n.* 岩配质

rockoon [rɒ'kuːn] *n.* 火箭探空气球

rockshaft ['rɒkʃɑːft] *n.* (内燃机的)摇臂轴,(提升)杠杆轴

rocksy ['rɒksi] *n.* 地质学家

rockwool ['rɒkwul] *n.* 石棉,玻璃纤维

rocky ['rɒki] *a.* ①岩石的,多岩石的 ②坚如岩石的,稳固的 ③不稳的,摇摇晃晃的 ④多障碍的

rod [rɒd] ❶ *n.* ①杆,棒(状物),视杆细胞,杆菌,枝条 ②测杆,标尺 ③圆棒,棒材,钢筋 ④悬杆,钻杆 ⑤避雷针 ⑥竿〔长度单位〕 ⑦权势,暴政 ❷ (rodded; rodding) *vt.* 用棒捣实,用通条插通

rodding ['rɒdiŋ] *n.* 用棒捣实,管道通条,插钎

rode [rəud] ride 的过去式

rodent ['rəudənt] *a.;n.* 侵蚀性的,啮齿类动物(的),啮的

Rodentia [rəu'denʃə] *n.* 啮齿目

rodenticide [rəu'denti,said] *n.* 灭鼠药,杀啮齿类剂

roentgen ['rɒntgən] *n.* ①伦琴(剂量单位) ②X射线

roentgendefectoscopy ['rɒntgəndi'fektəskɒpi] *n.* X射线探伤法

roentgenkymography ['rɒntgənki'mɒgrəfi] *n.* X射线动态摄影术

roentgenofluorescence ['rɒntgənəfluə'resəns] *n.* X射线荧光

roentgenogram ['rɒntgənəgræm], **roentgeno-graph** ['rɒntgənəgrɑːf] *n.* 伦琴射线照相,X射线照片 ‖ **roentgenographic** [rɒntgənə'græfik]

roentgenography [,rɒntge'nɒgrəfi] *n.* X射线照相术

roentgenology [,rɒntge'nɒlədʒi] *n.* X射线学

roentgenoluminescence [,rɒntgenəluː'mi-'nesns] *n.* X射线发光

roentgenometer [,rɒntge'nɒmitə] *n.* 伦琴计,X射线辐射计

R

roentgenoscope [ˈrɒntgənɒskəup] n. 伦琴射线透视机,X 光机

roentgenoscopy [ˌrɒntgəˈnɒskəpɪ] n. X 射线透视法

roentgenotherapy [ˌrɒntgənəˈθerəpɪ] n. X 射线疗法

roer [rəu] n. 火枪

roeteln [ˈreteln] n. 风疹

Rogor [ˈrɒgə] n. (农药)乐果

rogue [rəug] ❶ n. 流氓,无赖 vt. 诈骗,捉弄,除去(生长不良之植物) ‖ **roguish** [ˈrəugɪʃ] a.

roguery [ˈrəugərɪ] n. 流氓(无赖)行为,诈骗

roguing [ˈrəugɪŋ] n. 选株

roil [rɔɪl] v. 搅浑,动荡,惹怒 ‖ **~y** a.

roke [rəuk] n. 【冶】深口(一种表面缺陷)

rolandometer [ˌrəulænˈdɒmɪtə] n. 大脑皮质沟测定器

role [rəul] n. ①角色 ②任务,作用 ☆*fill the role of* 担当…的任务; *play an important role in...* 在…中起重要作用,在…中扮演重要角色; *play the role of* 起…的作用

〖用法〗"起(作用)"一般用动词"play",但也可用"perform"。如:In the context of our present application, the PN sequence <u>performs the role of</u> a spreading code. 在我们现在这种应用的情况下,PN 序列起到了扩散码的作用。

roll [rəul] ❶ v. ①滚(轧,压),转动 ②推车,(乘车)行驶 ③卷,裹 ④辗轧,辊压,压延 ⑤翻滚,(飞机)侧滚 ⑥横摇,颠簸 ⑦发雷隆声,轰鸣 ❷ n. ①滚动,翻滚 ②轧制 ③(轧)辊,(滚)轮,滚筒(轴子),碾压机,(pl.)轧机 ④卷筒(形物),薄板卷,绕线轴 ⑤摇晃,起伏,隆起 ⑥倾斜角,坡角 ⑥名册,目录,公文,案卷 ⑦隆隆声,轰响声 ☆*a roll of ...* 一卷; *be rolling in ...* 被…围起,富于…,在…之中(打滚); *roll around* (时间)流逝,循环; *roll back* 重新运行;重绕;反转,击退; *roll by* (时间)流逝; *roll down* 轧制,压缩; *roll in* 转入,纷至沓来,滚滚而来; *roll in pack form* 叠板轧制; *roll into one* 合成一体,(合而)成为一个; *roll off* 滑离,轧去; *roll on* (时间)流逝,进行,(浪)滚滚而来; *roll on edge* 立轧,轧边; *roll out* 辊平,延伸,铺开;轧去,卷边;离开,转出; *roll over* 翻转〔倒〕在…上;在…上滚动; *roll ... smooth* 把…压平〔光〕; *roll ... solid* 把…压实; *roll to death* 死轧; *roll up* 卷起(来),堆积,团拢,缠绕,折叠,(烟)袅袅上升; *roll A up B* 把 A 沿着 B 往上滚

rollability [ˌrəulæˈbɪlɪtɪ] n. 可轧制性

rolled [rəuld] a. 碾压过的,压实的,轧制的

roller [ˈrəulə] n. ①滚子(柱,筒,轴),卷轴,棉卷,纱布卷 ②辊(子) ③辗压机,压路机 ④滑轮,滑车 ⑤压延工,轧制工

rollerman [ˈrəuləmən] n. 轧钢工,压路机驾驶员

rollgang [ˈrəulˌgæŋ] n. 输送辊道

rollhousing [ˈrəuˌhauzɪŋ] n. 轧机机架

rollick [ˈrɒlɪk] ❶ n. 说笑,欢闹 ❷ vi. 耍闹

rolling [ˈrəulɪŋ] ❶ n. ①滚动〔压〕,轧制〔平〕,旋辗 ②侧滚,翻滚 ③起伏,颠簸,电视显像上下滚动 ④轰鸣,隆隆声 ❷ a. ①滚压的,碾压的,旋转的 ②起伏的,左右倾侧的 ③周而复始的 ④轰鸣的,隆隆的

rollpass [ˈrəulpɑːs] n. 轧辊型缝

rollway [ˈrəulˌweɪ] n. 滚路

rom [rəum] n. 罗姆(米·千克·秒制导电率单位)

romaine [rəuˈmeɪn] n. 长叶莴苣

romal [rəˈmæl] n. 马鞭

Roman [ˈrəumən] ❶ n. ①罗马人 ②罗马字(体),罗马字铅字 ❷ a. ①罗马(人)的 ②罗马字(体)的,罗马数字的,正体的

romance [rəuˈmæns] ❶ n. 传奇(文学),浪漫文学,(虚构的)冒险故事 ❷ vi. 渲染,虚构

Romanesque [ˌrəuməˈnesk] a.;n. 罗马式的(建筑)

Romania [rəuˈmeɪnjə] n. 罗马尼亚

Romanian [rəuˈmeɪnjən] a.;n. 罗马尼亚的,罗马尼亚人(的)

Romanium [rəuˈmeɪnɪəm] n. 罗曼铝基合金

romanize [ˈrəumənaɪz] v. 用罗马字体书写(印刷) ‖ **romanization** [ˈrəuməˌnaɪˈzeɪʃən] n.

romantic [rəuˈmæntɪk] a. 传奇(式)的,浪漫的,不切实际的,虚构的,荒诞的

romanticism [rəˈmæntɪsɪzəm] n. 浪漫主义

Rome [rəum] n. 罗马(意大利首都)

romp [rɒmp] n. 乱奔乱闹,顽皮嬉闹

Ronchigram [ˈrɒntʃɪgræm] n. 伦奇图

rondelle [rɒnˈdel] n. 丸,五彩玻璃

rondure [ˈrɒndjuːə] n. 圆形(物),优美的弧线

Roneo [ˈrəunɪəu] ❶ n. 复写机 ❷ vt. (用复写机)复写

rongalite [ˈrɒŋgəlaɪt] n. 雕白粉,甲醛化次硫酸钠

rood [ruːd] n. ①十字架 ②路得(英国面积单位=1/4 英亩)

roof [ruːf] ❶ n. ①顶,顶部,屋面 ②担任空中掩护的飞机 ③绝对上升限度 ❷ vt. ①给…盖(屋)顶,覆盖 ②保护,遮蔽

roofage [ˈruːfɪdʒ] n. 盖屋顶的材料

roofed [ruːft] a. 有(屋)顶的

roofing [ˈruːfɪŋ] n. ①盖屋顶(材料),屋面(材料) ②覆盖,保护

roofless [ˈruːflɪs] a. 没有屋顶的

rooflet [ˈruːflɪt] n. 小屋顶

Roofloy [ˈruːflɔɪ] n. 耐蚀铅合金

rooftop [ˈruːftɒp] a. 屋脊状的,脊顶的

rooftree [ˈruːftriː] n. 栋梁,屋脊

roofwork [ˈruːfwɜːk] n. 屋顶工作

rook [ruk] vt. 诈取,敲诈

rookery [ˈrukərɪ] n. ①贫民窟 ②(同类事物的)集中处

room [ru(ː)m] n. ①房(间),室,(车)间,舱 ②场所 ③空间,余地 ☆*allow (leave) room for* 给…留出地方; *give room* 退让,让出地位(机会); *in* one's room 或 in the room of 代替,代…而; make room for 为…让出(位置),腾出…的地方; There's room for (improvement) (尚)有(改进)的余地; no room to turn in 没有活动的余地,地方狭窄

〖用法〗表示"空间,余地"时为不可数名词,所以其前面不能有不定冠词。如:You should draw a large circuit diagram so that you have plenty of room for labels. 你应该把电路图画得大一点,以便你有足够的空间标上符号。/Local area networks represent a system with room for expansion. 局域网代表了有扩展余地的一种系统。/As competitive in price as these products already tend to be, there is still room for improvement. 虽然这些产品在价格上已经趋于具有竞争性了,但仍有改进的余地。

roomette [ru(:)'met] n. 小房间

roomful ['ru(:)mful] n. 满房间,一屋子(的人)

roomily ['ru(:)mɪlɪ] ad. 广阔地,宽敞地

roominess ['ru(:)mɪnɪs] n. 宽敞〔广〕

roomy ['ru(:)mɪ] a. 宽敞的

rooster ['ru:stə] n. 敌我识别器,飞机问答机

root [ru:t] ❶ n. ①块根,根茎,根,根底部 ②榫头 ③【数】根(值式),方根 ④根基,本质 ⑤根源,祖先 ⑥(和弦的)基础音 ❷ v. ①(使)生根,(使)扎根,(使)固定 ②【数】开根 ③翻,搜寻(about),发现(out) ☆at (the) root 根本上; be at the root of 是…的根本(基础); cut at roots of 齐根砍断; get at (go to) the root of 追究…的根底(真相); pull (pluck) up … by the roots 连根拔除; root and branch 彻底地,一股脑儿; root in 根源在于; root … in 使…的根固定于,安置于…上; root up (out, away) 铲除,take (strike) root 生〔扎〕根,固定(着); to the root(s) 充分,根本

rootage ['ru:tɪdʒ] n. ①生根,固定 ②根部 ③根源

rootdozer ['ru:tdəuzə] n. 除根机

rooted ['ru:tɪd] a. 生了根的,根深蒂固的

rooter ['ru:tə] n. 拔根器,(筑路用)翻土机

rootle ['ru:tl] vi. 挖掘,寻觅

rootlet ['ru:tlɪt] n. 细根,支根

rootstalk ['ru:tstɔ:k] n. 初生主根,根茎

rootstock ['ru:tstɔk] n. 块根,根源

rooty ['ru:tɪ] a. 多根的,似根的

rope [rəup] ❶ n. ①绳(索),索,缆 ②(干扰雷达用的)长反射器 ③(pl.)内情,规则 ❷ v. ①(用绳)捆,扎,绑,系住 ②拧成绳(状),系上绳子串起来 ☆a rope of 一串; be at (come to) the end of one's rope 智穷力尽,穷途末路; know (learn, show …, put … up to) the ropes 熟悉〔告知〕内幕〔秘诀,规则〕

ropedancer ['rəup,dɑ:nsə], **ropewalker** ['rəup-wɔ:kə] n. 走(钢)索演员

ropeology [rəupɪ'ɒlədʒɪ] n. 钢丝绳制造学

ropeway ['rəupweɪ] n. (运输用)架空索道

ropheocytosis [,rəufɪəsaɪ'təusɪs] n. 细微胞饮作用

ropiness ['rəupɪnɪs] n. 成丝性,胶黏,黏丝状

ropy ['rəupɪ] a. 成丝的,黏性的,可拉长成丝的,像绳子的

rorqual ['rɔ:kwəl] n.【动】鳁鲸

rosace ['rəuzeɪs] n. 圆花窗,圆浮雕,蔷薇花图样

Rosaceae [rəu'zeɪsɪɪ] n. 蔷薇科

rosaceous [rəu'zeɪʃəs] a. 蔷薇花形的,玫瑰色的

rosalia [rəu'sælɪə] n. 猩红热

rosanilline [rəu'zænɪli:n] n. 玫瑰苯胺〔色素〕

roscoelite ['rɒskəulaɪt] n.【矿】钒云母

rose [rəuz] ❶ rise 的过去式 ❷ n. ①玫瑰(花,红) ②接线盒 ③(罗盘的)记录盘 ④(莲蓬式)喷嘴 ⑤圆花窗 ⑥丹毒 ❸ a. 玫瑰花〔色〕的 ❹ vt. 使成玫瑰色

roseate ['rəuzɪɪt] a. 玫瑰(粉红)色的,愉快的,乐观的

Rosein ['rəuzɪɪn] n. 罗新镍基合金

roseite ['rəuzɪ,aɪt] n. 蛭石

rosemary ['rəuzmərɪ] n.【植】迷迭香,艾菊

rosenbuschite ['rəuzənbu,ʃaɪt] n. 锆针钠钙石

rosette [rəu'zet] n. ①插座,(天花板)接线盒 ②玫瑰花形(物),圆花饰〔窗〕③套筒,罩盘 ④蔷薇状共晶组织 ⑤丛〔簇〕生

rosewood ['rəuzwud] n. 蔷薇木,花梨树,青龙木

rosin ['rɒzɪn] ❶ n. 树脂,松香 ❷ vt. 用树脂〔松香〕擦,涂以松香

rosiness ['rəuzɪnɪs] n. 玫瑰色〔状〕

rosinol ['rɒzɪnɒl] n. 松香油

rosinyl ['rɒzɪnɪl] n. 松香基

rosite ['rəuzaɪt] n. 硫铜锑矿

roster ['rɒstə] ❶ n. 名单〔录〕,花名册 ❷ vt. 列入名单内

Rostock ['rɒstɒk] n. 罗斯托克(德国港口)

rostrum ['rɒstrəm] (pl. rostrums 或 rostra) n. ①嘴,喙,船嘴,嘴状突起物 ②讲坛,主席台 ③活动门窗 ④钳子

rosy ['rəuzɪ] a. ①玫瑰色的,粉红色的 ②有希望的,光明的,美好的,乐观的

rot [rɒt] v.;n. ①(使)腐(烂,朽),枯,风化 ②蜕变,分裂 ③讲挖苦话 ④腐烂〔朽〕的东西,根腐病 ⑤蠢事,荒唐

rotamer ['rəutəmə] n.【化】旋转挂钩体

rotameter ['rəutə,mi:tə] n. ①转子式测速仪,旋转式流量计 ②(线)曲率测量器 ③血流测定器

rotamower [,rəutə'məuə] n. 旋转式割草机

rotaplane ['rəutə,pleɪn] n. 旋翼(直升)机

rotaprint ['rəutə,prɪnt] n. 轮转机印的印刷品

rotary ['rəutərɪ] ❶ a. ①旋转(式)的,回转(式)的,轮转(印刷)的 ②环形的 ③循环的,轮流的 ❷ n. ①旋转运行的机器,旋转钻井机,轮转(印刷)机 ②(道路)转盘式交叉

rotascope ['rəutəskəup] n. (高速)转动机械观察仪

rotatable ['rəuteɪtəbl] ❶ a. 可旋转的,可循环〔轮流〕的 ❷ n. 旋转机件

R

rotate [rəu'teɪt] v. ①(使)旋转,(使)翻转 ②(使)循环,(使)轮流〔换〕③(使)变换
〖用法〗注意下面例句的含义:No physical axis for the body to rotate about needs to be provided. 不需要提供该物体旋转所绕的物理轴。("for the body to rotate about"是不定式复合结构作后置定语,"about"是不能少的,它的逻辑宾语是"physical axis"。不定式作定语时与被修饰的名词之间一定要存在某一逻辑关系。)

rotation [rəu'teɪʃ ən] n. ①旋〔自,回〕转 ②(旋转的)一圈 ③循环,轮流〔作〕④旋(光)度(性) ⑤涡流〔度〕,旋涡 ⑥轮种(法),换茬 ☆**be set in rotation** 使…转动; **in (by) rotation** 轮流地
〖用法〗表示"转…圈"时,一般它与"make"连用。如:The rotator makes ten rotations in a second. 该转子每秒钟旋转十圈。

rotational [rəu'teɪʃ ənl], **rotative** ['rəuteɪtɪv] a. ①旋转的,转动的 ②循环的,轮流的

rotator [rəu'teɪtə] n. ①转动体,旋转器,转动装置 ②【电气】转子 ③旋转反射炉 ④旋转肌

rotatory ['rəutətərɪ] ❶ a. ①(使)旋转的,轮转的 ②(使)循环的,(使)轮流的 ③旋光的 ❷ n. (道路)环形交叉

Rotatruder ['rəutə,tru:də] n. 旋转输送机

rotaversion [,rəutə'vɜ:ʃ ən] n. 反顺转变(作用)

rote [rəut] n. ①死记硬背 ②机械的方法,生搬硬套 ☆**by rote** 机械地,死记硬背地

rotenone ['rəutənəun] n. 【化】鱼藤酮

rotifer ['rəutɪfə] n. 轮虫(类)

rotoblast ['rəutə,bla:st] n. 转筒喷砂,喷丸

rotoblasting ['rəutə,bla:stɪŋ] n. 喷丸(除鳞)

rotochute ['rəutəʃu:t] n. 减低降速螺旋桨,高空降落伞

rotocleaner ['rəutə,kli:nə] n. 滚筒式清选机

rotoclone ['rəutə,kləun] n. 旋风收尘器

rotodome ['rəutə,dəum] n. 旋转天线罩

rotodyne ['rəutədaɪn] n. 有旋翼的飞行器

rotoforming ['rəutə,fɔ:mɪŋ] n. 旋转成型法

rotograph ['rəutəgra:f] n. 无底片黑白照片,旋印照片

rotogravure ['rəutəgrə'vjuə] n. 轮转凹版印刷术〔品〕

rotoinversion ['rəutəɪn'vɜ:ʃ ən] n. 旋转反演

rotometer [rəu'tɒmɪtə] n. 旋转流量计

roton ['rəutɒn] n. 旋子

rotophore ['rəutəfɔ:] n. 旋光中心,旋光基

rotopiler ['rəutəpaɪlə] n. 旋转式集草机

rotoplug ['rəutəplʌg] n. 转塞

rotor ['rəutə] n. ①转子,电枢 ②转动体,回转器 ③转片,叶轮,旋翼 ④旋度 ⑤滚筒,转筒

rotorcraft ['rəutəkra:ft] n. 旋翼机

rotorforming ['rəutəfɔ:mɪŋ] n. 离心造型

roto-sifter ['rəutəsɪftə] n. 转轴式松土机

rototiller ['rəutətɪlə] n. 转轴式松土机

rototrol ['rəutətrəul] n. 旋转式自励自动调整器,自励(电机)放大器

rototrowel ['rəutətrauəl] n. 旋转式镘浆机

rotovate ['rəutəveɪt] v. 翻松,松土 ‖ **rotovation** [rəutə'veɪʃ ən] n.

rotovator ['rəutəveɪtə] n. 松土机

rot-proof ['rɒtpru:f] a. 防腐的

rotproofness [rɒt'pru:fnɪs] n. 耐腐性

rotten ['rɒtn] a. ①腐烂〔朽〕的 ②风化的,崩裂的,不坚固的 ③劣等的,无用的 ‖ ~**ly** ad.

rottenness ['rɒtnnɪs] n. 脆性,腐烂

rotter ['rɒtə] n. 自动瞄准干扰发射机

Rotterdam ['rɒtədæm] n. 鹿特丹(荷兰港口)

rotund [rəu'tʌnd] a. ①圆形的 ②浮夸的,华丽的 ‖ ~**ity** n. ~**ly** ad.

rotunda [rəu'tʌndə] n. 圆亭〔厅〕,(有圆顶的)圆形大厅

roturbo [rəu'tɜ:bəu] n. 透平泵

rouble ['ru:bl] n. 卢布(俄国币名)

Rouen ['ru:ən] n. 鲁昂(法国港口)

rouge [ru:ʒ] ❶ n. 红铁粉,铁丹 ❷ v. 搽红粉,变〔弄〕红

rough [rʌf] ❶ a.;ad. ①粗(糙)(的),(凹凸)不平(的) ②粗制的,未修整的,简陋的 ③大致(的),粗略(的) ④粗〔狂〕暴(的),暴风雨的,颠簸(的) ⑤笨重的,艰巨的 ❷ n. ①毛坯,粗糙,未加工物,粗制(品) ②天然(物),粗矿,废矿 ③凹凸不平的地面 ④梗概,草样 ⑤艰难 ❸ v. ①弄粗,粗加工 ②画轮廓,草拟,写提纲(in,out),草草做成 ③(使)变粗糙 ④粗分离(out) ⑤粗暴对待(up)

roughage ['rʌfɪdʒ] n. 粗材料,粗食物

roughen ['rʌfən] v. (使)变粗糙,凿毛,弄成崎岖不平 ‖ ~**ing** n.

rougher ['rʌfə] n. 粗轧机座(轧钢工),粗选机

roughing ['rʌfɪŋ] n. 粗加工,粗选〔轧〕

roughly ['rʌflɪ] ad. ①粗(糙,暴)地,草率地 ②大致上 ③大致说来 ☆**roughly estimated** 粗略估计; **roughly speaking** 大体上讲

roughmeter ['rʌfmɪtə] n. 粗糙度测定仪

roughness ['rʌfnɪs] n. ①粗糙度,不平度 ②凹凸不平,崎岖 ③近似,草率

roughometer [rə'fɒmɪtə] n. 不平整度(测定)仪,表面光度仪

roulette [ru:'let] ❶ n. ①滚花刀(具) ②【数】转迹线,(一般)旋轮线 ③刻压连续点子的滚轮 ❷ vt. ①滚花 ②在…上滚压连续点子〔骑缝孔〕

round [raund] ❶ a.;n. ①圆(形)的,圆柱形的 ②圆(形物),圆片,环,圆形嵌齿 ③圆钢条,(pl.)圆钢 ④环形路,圆周运动,巡视 ⑤绕(一)圈的,来回的 ⑥(一)圈〔回合,轮,发,阵〕,一系列 ⑦周围,循环 ⑧(用十、百、千等一类)整数(表示)的,大概的 ⑨整整的,完全的,巨大的 ☆**connect a round for firing** 接通发射火管的控制电路; **energize the round** 接通弹上设备的电源; **go the round(s) (of)** 传遍,巡视; **make (go) one's rounds** (例行)巡视,按户投递; **in round numbers (figures)**

(舍弃零数)用(十、百、千等)整数表示,约略,总而言之; *in the round* 圆雕的,刻画鲜明的,全面地; *out of round* 不(很)圆,失圆; *reject a round* 把不合要求的火箭从发射架上拆下来; *roll a round into position on the rack* 把火箭装到发射架的滑轨上; *take a round* 走一圈,散步 ❷ *v.* ①弄圆 ②环绕(…而行),拐(弯),绕过,兜圈 ③使圆满结束 ④进入(into) ⑤把…四舍五入,含入成整数 ⑥拉(绳),牵(索)(in) ☆*round down* 把…四舍五入; *round off (out)* 弄圆,修整;使圆满结束;四舍五入,化整数; *round up* 聚拢,围捕;弄成圆球,使数目恰恰好,把…四舍五入,综述 ❸ *prep.;ad.* ①环(绕),拐(过),围(绕)着 ②在(…)周围 ③到处,往各处 ④循环地,迂回地,周而复始地,(在时间上)从头到尾地 ⑤逐一 ⑥朝反方向 ⑦到(在)某地点 ☆*all round* 四面八方,彻底; *all round ...* (在)…的四周围,在…各处; *all the year round* 整年; *come round* (从某处)转来,(风)转向,改变意见,轮到; *get round* 回避,克服;传开来; *go round* 旋转,绕过,走遍; *go a long way round* 绕道走; *go round the corner* 拐弯,拐过(房)角; *look round* 环顾,察看,到处寻找(for); *right round* 就在(…)周围;整整一圈地;完全朝着相反方向; *round about* 大约,(在…)四面八方,各方面;向相反方向;迂回地; *round and round* (围绕着…)不断旋转; *round the clock* 或 *the clock round* 连续一昼夜; *round the day* 一整天; *round the world* 环球(一周); *taking it all round* 从各方面来考虑,全面地来看; *the other way round* 绕另一条路,相反地,反过来,用正好相反的方法; *the (whole) year round* 一年到头地; *turn round* 转过来,改变意见 〖用法〗注意下面例句中该词的含义:The calculated width should be rounded off to the closest standard belt width listed in Table 1-4. 应该把计算出来的宽度修正到表 1-4 中所列出的最接近的标准带宽。/The resulting rectangular wave is rounded off by a band-pass filter. 获得的长方形波用带通滤波器加以修整。/The presence of channel noise tends to round off the discontinuities. 信道噪声的存在趋于把间断点搞平滑。/n_i takes on the nice round value at a temperature of 248℃. 在温度为 248℃时,n_i 呈现一个很好的整数值。

roundabout ['raʊndəbaʊt] ❶ *a.* ①绕(远)道的,间接的,迂回的 ②圆滚滚的,胖的 ❷ *n.* 迂回路线,环形交叉,环道,兜圈子的话〔文章〕

rounded ['raʊndɪd] *a.* ①圆形的,圆拱的 ②完整〔美〕的

roundel ['raʊndl] *n.* ①圆形物,圈 ②【建】串珠花边饰

roundhouse ['raʊndhaʊs] *n.* 调车房,圆形机车车库,后甲板舱室

roundish ['raʊndɪʃ] *a.* 略圆的,带圆形的

roundlet ['raʊndlɪt] *n.* 小圆,小的圆形物

roundly ['raʊndlɪ] *ad.* ①成圆形,圆圆地 ②充分地

③努力地,活跃地,直率地,严厉地 ☆*go roundly to work* 热心从事工作

roundness ['raʊndnɪs] *n.* ①(正)圆度,球度 ②完整,圆满 ③无零数

round-off ['raʊndɒf] *v.* 四舍五入,化(修)整

roundout ['raʊndaʊt] *n.* (着陆前)飞机拉平

roundsman ['raʊndzmən] *n.* 巡夜人,商业推销员

roundtop ['raʊndtɒp] *n.* 桅杆

roundup ['raʊndʌp] *n.* ①集拢 ②综述,摘要

roundworm ['raʊndwɜ:m] *n.* 蛔虫,任何圆体不分节的虫

rouse [raʊz] *v.* ①唤醒,奋起(up),激起 ②搅动

rouser ['raʊzə] *n.* 唤起者

rousing ['raʊzɪŋ] *a.* ①使人觉醒的,令人振奋的 ②活跃的,兴旺的 ③惊人的

roust [raʊst] *v.* ①驱逐(out) ②唤醒,鼓舞(up) ③勤奋地工作

roustabout ['raʊstəbaʊt], **rouster** ['raʊstə] *n.* ①码头工人,杂工 ②非(半)熟练工

rout [raʊt] ❶ *vt.* ①挖,刻 ②掘出(out) ③翻,寻 ④唤起,驱逐(out) ⑤击溃 ⑥用鼻子拱地 ❷ *n.* ①溃败 ②骚动

route [ru:t] ❶ *n.* ①路(程,线),航线 ②话务信道 ③道路,方法 ❷ *vt.* ①(确)定(路)线,划定航线,迂回 ②按规定路线发送 ③安排…的程序 ④发送(指令),通信,演算 ☆*en route* (法语)在途中; *route to* (通向)…的道路,(解决)…的方法; *through route* 直达路线

routine [ru:'ti:n] ❶ *n.* ①(子)程序,例行程序〔手续〕,常规 ②日常工作,例行维护 ❷ *a.* ①日常的,例行的 ②定期的

routineer [ru:tɪ'nɪə] *n.* ①定期测试装置 ②墨守成规者,事务主义者

routing ['ru:tɪŋ] *n.* ①发送(指令) ②程序安排 ③特形铣 ④选定路线 ⑤线路,路程,轨迹

routinism [ru:'tɪnɪzəm] *n.* 墨守成规,事务主义

routinize [ru:'tɪnaɪz] *vt.* 程序化,使成常规‖ **routinization** [,ru:tɪnaɪ'zeɪʃən] *n.*

rovalising ['rəʊvəlaɪzɪŋ] *n.* 金属磷酸膜被覆法

rove [rəʊv] ❶ *v.* ①遨(漫)游,徘徊,漂泊 ②穿过孔拉 ③把…纺成粗纱 ❷ *n.* 粗纱 ☆*rove over* 遨游,漂泊

rover ['rəʊvə] *n.* ①流浪者,漫游者 ②海盗(船)

roving ['rəʊvɪŋ] ❶ *a.* ①游动的,不固定的 ②流浪的 ❷ *n.* ①漫游,流浪 ②粗纱

row [rəʊ] ❶ *n.* ①行列,横行,排 ②(矩阵)行 ③街道,地区 ❷ *v.* ①划船 ②使成行(排)(up) ③划(船,行),荡桨 ☆*a hard (long, stiff, tough) row to hoe* 困难的工作,难办的事; *in a row* 成一排(长行),连续,一连串; *in rows* 排列着,成数排

rowdy ['raʊdɪ] *n.* 粗暴的人,流氓,无赖

roweite ['rəʊaɪt] *n.* 【矿】硼锰锌石

rowing ['rəʊɪŋ] *n.* 划船,赛艇运动

rowlock ['rəʊlɒk] *n.* ①桨架(叉) ②顺砌的砖,竖

R

砌砖

roxite ['rɒksaɪt] n. 罗赛特(电木塑料)

royal ['rɔɪəl] a. ①王(室)的,女王的 ②(英国)皇家的 ③极大的,极好的 ④鲜艳的,鲜亮的 ⑤不易发生化学变化的

royalty ['rɔɪəltɪ] n. ①王位,皇(王)族 ②版税,专利权税,(矿区)使用费 ③庄严,高贵

rub [rʌb] ❶ (rubbed; rubbing) v. ①摩擦,擦 ②磨损,研磨 ③涂(抹),擦上 ❷ n. ①(摩)擦 ②擦伤处,磨损处 ③疑难点,障碍 ④磨石 ⑤崎岖 ⑥嘲笑 ☆**rub against** 摩擦; **rub A against (over) B** 用A摩擦B; **rub along** 挨〔蹭〕过去; **rub away (off, out)** 擦掉,磨去,消除; **rub A bright** 把A擦亮; **rub ... in (into)** 用力擦使…渗入,反复讲,说服; **rub up** 擦亮〔平〕,把…磨光滑,温习,拌和,想起

rubber ['rʌbə] ❶ n. ①橡皮,橡胶(状物,制品),生胶,硫化胶,合成橡胶,橡皮筋 ②摩擦器〔物〕,摩擦的工具,擦具,砥石,磨(刀)石,粗锉,磨光器,(橡皮)擦子,砂皮,(机器上)借助摩擦转动的装置 ③摩擦者〔体〕④(pl.)橡皮套鞋,汽车轮胎 ⑤障碍,麻烦,困难 ❷ a. 橡皮(制)的,橡胶的 ❸ vt. 覆〔包〕以橡皮,给…涂上橡胶

rubberize ['rʌbəraɪz] vt. 给…贴〔涂〕(橡)胶,用橡胶液处理〔浸渍〕

rubbery ['rʌbərɪ] a. 似橡胶的

rubbish ['rʌbɪʃ] n. ①碎屑,垃圾 ②下脚料 ③废物〔话〕☆**talk rubbish** 胡说八道

rubbishing ['rʌbɪʃɪŋ], **rubbishy** ['rʌbɪʃɪ] a. ①垃圾的,废物的 ②无价值的,微不足道的

rubble ['rʌbl] n. ①毛(乱,卵,碎)石,石砾 ②碎砖,破瓦

rubblework ['rʌblwɜːk] n. 毛石工程,乱石工程

rubbly ['rʌblɪ] a. 毛(乱)石的,瓦砾状的

Rube Goldberg ['ruːb'ɡəʊldbəɡ] a. 用复杂方法做简单事情的,杀鸡用牛刀的,小题大作的

rubeanate ['ruːbɪəneɪt] n. 红氨酸盐

rubefy ['ruːbɪfaɪ] n. 发红剂

rubella [ruː'belə] n. (病毒性)风疹,风痧

rubellite ['ruːbəlaɪt] n. 红电气石

rubeola [ruː'biːələ] n.【医】麻疹,红疹

ruberoid ['ruːbrɔɪd] n. (盖屋顶用的)一种油毛毡

Rubiaceae [ruːbɪ'eɪsɪɪ] n. 茜草科

Rubicon ['ruːbɪkən] n. ①卢比孔河(意大利一河名)②界限〔线〕☆**cross (pass) the Rubicon** 破釜沉舟,采取断然手段

rubidium [ruː'bɪdɪəm] n.【化】铷

rubidomycin [ruːbɪdə'maɪsɪn] n. 红比霉素

rubiginous [ruː'bɪdʒɪnəs] n. 锈色的,赤褐色的

rubigo [ruː'baɪɡəʊ] n.【化】铁丹,铁锈,锈斑病

rubixanthin [ruːbɪ'zænθɪn] n. 玉红黄质

rubomycin [ruːbə'maɪsɪn] n. 变红菌素

rubric ['ruːbrɪk] ❶ n. ①红字,(红)标题 ②成规〔例〕③(编辑的)按语,注释 ❷ a. 用红字写〔刻〕的,印红字的 ‖ **~al. ~ally** ad.

rubricus ['ruːbrɪkəs] n. 红字标题,用特殊字体印

rubricate ['ruːbrɪkeɪt] vt. 红色印〔写〕,加红字标题于

ruby ['ruːbɪ] ❶ n.;a. ①红宝石(制品,钟表轴承),红玉 ②红宝石色(的),颜色像红宝石的东西 ❷ vt. 把…染成红宝石色

ruck [rʌk] ❶ n. ①皱,褶 ②一堆(东西),一群(人)③乱七八糟,碎屑,废物 ④一般事物,普通人

ruckle ['rʌkl] ❶ n. 皱,褶 ❷ v. 弄皱,折叠(up)

rucksack ['rʊksæk] n. 帆布背包

rudaceous ['ruːdeɪʃəs] a. 砾状的,砾质的

rudder ['rʌdə] n. ①(方向)舵 ②指导原则 ③舵手,领导

rudderless ['rʌdəlɪs] a. 无舵的,没有领导的

ruddevator ['rʌdəveɪtə] n. 方向升降舵

ruddle ['rʌdl] ❶ n. ①红土,代赭石(一种赤铁矿)②赭色 ❷ vt. 给…涂红赭色

ruddy ['rʌdɪ] ❶ a. 红的,壮健的 ❷ v. 变红,使带红

rude [ruːd] a. ①原(始)的,天然的 ②(加工)粗糙的,未加工的,拙劣的 ③粗略的 ④崎岖的,荒芜的,粗暴的,刺耳的 ‖ **-ly** ad. **~ness** n.

rudiment ['ruːdɪmənt] n. (pl.)基本原理,初步,雏形,萌芽,未长成的器官,遗迹

rudimental [ruːdɪ'mentl], **rudimentary** [ruːdɪ'mentərɪ] a. 基本(初步)的,原始的,不成熟的,发育不全的,残遗的,已退化的

rudyte ['ruːdaɪt] n. 砾质〔状〕岩

rue [ruː] n.;v. 懊悔,悔恨 ‖ **-ful** a.

ruff [rʌf] n. 轴环

ruffian ['rʌfɪən] n.;a. ①流氓,暴徒 ②凶暴的 ③无线电盲目投弹系统

rufous ['ruːfəs] a. 赤褐色的,面色红润的

rug [rʌg] n. ①(粗,地,车,厚毛)毯 ②反雷达干扰发射机 ☆**sweep ... under the rug** 掩盖(缺点,错误)

ruga ['ruːɡɪ] n.【生】【医】(尤指内脏的)皱,皱褶,皱纹

rugged ['rʌɡɪd] a. ①(凹凸)不平的,粗(糙)的,有皱纹的,崎岖的,坚固的,笨重的 ③(气候)恶劣的,严酷的,狂风暴雨的 ‖ **-ly** ad.

ruggedise, **ruggedize** ['rʌɡɪdaɪz] v. 加强,使坚固,使粗糙,增加耐磨和可靠性 ‖ **ruggedisation** 或 **ruggedization** [rʌɡɪdaɪ'zeɪʃən] n.

ruggedness ['rʌɡɪdnɪs] n. 强〔粗糙〕度,坚固性,稳定性,皱纹,崎岖

〖用法〗该词后跟介词"to"。如:Another important characteristic of a PCM system is its <u>ruggedness to</u> interference. 脉码调制系统的另一个重要特性是它对干扰的稳固性。

rugose ['ruːɡəʊs], **rugous** ['ruːɡəs] a. 多皱(纹)的 ‖ **-ly** ad.

rugosity [ruː'ɡɒsɪtɪ] n. 皱曲〔纹层,波〕,凹凸不平,粗糙度,不规则

Ruhr [rʊə] n. 鲁尔(区,河)(莱茵河支流)

R

ruin ['ru:ɪn] ❶ n. ①毁灭,毁坏,崩溃,瓦解 ②倒塌的建筑物,(pl.)废墟,遗迹 ③毁灭的原因 ❷ v. (使)毁灭,灭亡,摧毁,(使)变成废墟 ☆*be (lie) in ruins* 变成废墟; *be the ruin of* 成为…毁灭的原因; *bring ruin upon oneself* 自取灭亡; *bring... to ruin* 使失败〔毁灭〕; *come (go) to ruin* 毁灭,崩溃; *fall into ruin* 破败不堪

ruination [,ru:ɪ'neɪʃ ən] n. 毁灭(的原因)

ruined ['ru:ɪnd] a. 毁坏了的,倒塌的

ruinous ['ru:ɪnəs] a. ①毁灭性的 ②倒塌的,废墟的 ‖ **-ly** ad. **~ness** n.

rule [ru:l] ❶ n. ①规(法,定)则,规(定)律 ②准则 ③章程,规章,惯〔条〕例 ④刻度〔刃口〕尺,尺,比例尺,画线板 ⑤嵌线 ⑥统治(期),管理,控制,支配 ⑦【数】法则 ☆*as a (general) rule* 通常,照例(地); *by rule* 按规则,墨守成规地,刻板地; *by rule and line* 准确地; *lay down the rule that* 规定; *make a rule of doing* 或 *make it a rule to (do)* 通常(做某事),有(做某事)的习惯 ❷ v. ①统治,支配,管理,规定 ②画线于,以线分隔,把…排成直线 ③保持某一水平 ④裁定 ☆*be ruled by* 被…所支配〔影响〕,受…所控制; *rule against* 否决; *rule ... off* (用尺)划一线把…隔开; *rule out* (用直线)划去,拒绝(考虑),取消; *rule over* 支配,统治
〖用法〗表示"…的规则"时,其后面一般跟"for"。如:These are the rules for multiplication and division. 这些是乘法和除法的规则。/The rules for the addition of two binary digits are as follows. 两个二进制数的相加规则如下。

ruler ['ru:lə] n. ①(直,规)尺,直规,画线板 ②统治〔管理〕者

ruling ['ru:lɪŋ] ❶ n. ①(用尺)画线,(用尺)量度,划出的线,(光栅)画线技术 ②统治,管理 ③裁决〔定〕 ❷ a. 统治的,支配的

rulley ['rʌlɪ] n. 四轮卡车

rum [rʌm] ❶ a. ①离奇的,惊人的 ②难对付的,危险的,拙劣的,蹩脚的 ❷ n. 朗姆酒,甘蔗酒,糖酒 ‖ **~ly** ad.

rumble ['rʌmbl] v.;n. ①(发)隆隆声,隆隆行驶 ②吵嚷,噪声 ③磨箱,滚(转)筒,转筒清砂 ④(=rumble seat)汽车背后的座位 ⑤彻底了解,察觉 ☆*rumble on* 隆隆前进

rumbler ['rʌmblə] n. 清理滚筒

rumble-tumble ['rʌmbl,tʌmbl] n. ①马车背后的座位 ②行驶时发隆隆声的载重车辆

ruminant ['ru:mɪnənt] a.;n. ①反复思考的,沉思的 ②反刍(动物);反刍类(动物)

ruminate ['ru:mɪneɪt] v. ①沉思默想,反复思考(over, about, of, on) ②反刍 ‖ **rumination** [,ru:mɪ'neɪʃ ən] n. **ruminative** ['ru:mɪnətɪv] a.

rummage ['rʌmɪdʒ] v.;n. ①(彻底)查查,(仔细)检查,翻找(about) ②搜〔查〕出(up, out) ③搜出的物件

rummager ['rʌmɪdʒə] n. 搜〔检〕查者

rumo(u)r ['ru:mə] n.;vt. 谣言〔传〕,传闻〔说〕

rumo(u)rmonger ['ru:mə,mʌŋgə] n. 造谣者

rumo(u)rmongering ['ru:mə,mʌŋgərɪŋ] n. 造谣

rump [rʌmp] n. 臀(部),尾部

rumple ['rʌmpl] v. (弄)皱,起皱

rumpus ['rʌmpəs] n. 喧嚷,吵闹

run [rʌn] ❶ (ran, run; running) v. ①跑,运行,经营 ②运转〔算〕,驾驶,开动,操纵,管理 ③通过,延伸,蔓延,传播,流传,(合同等)继续有效 ④流动,进行 ⑤赶,追,逃,碰,刺,戳 ⑥穿(引),引导 ⑦流,渗(开),熔化,滴,淌,提炼,抽丝,脱纹〔针〕出血 ⑧(连续)刊登,刊印,畅销 ❷ n. 跑步;赛跑;短期旅行或访问,滑行距离 ❸ a. ①溶化的,铸的 ②提取的,抽出的 ③被走私〔偷运〕的 ☆*a run of* 一连串的; *be out of the common run* 不平常; *by the run* 突然; *cut and run* 奔逃,连忙逃走; *get the run of* 熟悉,掌握; *give ... the run of...* 允许…随意使用…; *have a good run* 非常流行,销路很好; *in the long run* 从长远的观点来考察,归根到底; *in the short run* 不久,从短期看来,暂时; *It's all in the day's run.* 应看做正常〔普通〕的事; *keep the run of* 与…保持接触,经常了解,不落后于; *let (him) have (his) run* 放任(他)自由地去做; *no run left* 气力用完; *on a large production run* 在大生产过程中; *on the run* 在跑着时,逃跑,忙碌,奔波; *run a chance of doing* 有…的可能; *run across* 横(跑)过,碰见; *run after* 追求〔随〕; *run against* (偶然)碰见,违反;不利于,不合乎; *run aground* 搁浅; *run ahead of* 赶〔超〕过; *run along* 走掉,离开; *run away with* 轻易得出〔接受〕,失去控制; *run away with it* 顺利办妥; *run back over* 回想〔顾〕; *run before* 胜过,预料; *run before the wind* 顺风行驶; *run by* (时间)逝去,跑过; *run by the name of* 以…名字见知于世; *run close* 几乎赶上,逼紧;与…几乎相等(to); *run counter* 违反,与…背道而驰(to);倒转; *run down* 变弱,用乏,(渐)停,慢下来,沿…而行; *run for* 为…奔走,竞赛〔选〕; *run free* 自由活动; *run high* 高涨,汹涌,激昂; *run idle* 空转; *run into* 跑〔戳,流〕入,使…陷于;和…合并,偶然碰见; *run low* 缺乏,减少,消耗殆尽; *run off* (使)逃跑,逃〔逸,溢,排,写,印〕出,出轨,离题; *run on* 接续,不分段,不换行;(时间)流逝;涉及,牵;开动; *run out* 跑出,溢流,把(绳)放出去,消退,缺〔疲〕乏,用尽,停止,期满; *run out of* 用光,缺乏,从…跑〔流〕出; *run out of control* 失去控制;跑〔跳〕出去〔过来〕;溢出,超过,蔓延,匆匆行事,过目,概述,从…上辗过; *run over* (跑)过去〔过来〕; *run rampant* 横行,猖狂; *run risks* 冒险; *run short* 缺乏,快用完; *run upon* 碰到,触(礁),总是想着; *run wild* 失去控制,蔓延; *with a run* 突〔忽〕然
〖用法〗当这词后跟形容词时,它就变成了连系动词。如:The disease is running wild. 这个疾病正在蔓延。/That stream has run dry. 那条小溪已经干

涸。

runabout ['rʌnə,baut] ❶ *n.* ①轻便小汽车〔汽艇〕,轻便货车,小型飞机 ②流浪者 ❷ *a.* 流浪的,徘徊的

runaround ['rʌnə,raund] *n.* ①借口,闪避,拖延 ②藐视,冷待

runaway ['rʌnəweɪ] *n.;a.* ①逃跑(者),逸出,逃〔飞〕逸,飞车,超速 ②超出控制范围,超越 ③事故,破坏,击穿,剧变 ④脱离控制的,(物价)飞涨的

runback ['rʌnbæk] *n.* 反流,回转〔跑〕

rundle ['rʌndl] *n.* 梯级,绞盘轮

rundown ['rʌn,daun] ❶ *a.* ①用〔疲〕乏了的,(钟等)停了的,衰弱的 ②失修的,坍塌的,破烂的 ❷ *n.* ①减少,变弱,衰退,缩〔裁〕减 ②简要的总结,分列项目的报告 ③撞坏〔沉〕 ④停止,渐停

rung [rʌŋ] ❶ ring 的过去分词 ❷ *n.* 梯级,车辐,(椅子的)横档,级位

runin ['rʌn,ɪn] *n.* ①试车,磨合运转 ②飞机向目标的飞行 ③【印】添补部分 ④争论,口角

runlet ['rʌnlɪt] *n.* 溪,小河,细流

runnability [rʌnə'bɪlɪtɪ] *n.* 流动性

runnel ['rʌnl] *n.* 溪,小河,(水)沟

runner ['rʌnə] *n.* ①转〔滚,碾〕子,叶〔转〕轮,导滑车,游动绞辘,上磨盘 ②滑橇〔道,轨〕,滑行架,导板 ③【冶】浇口,浇道,流道〔槽〕④狭长地毯 ⑤操作者,通信〔推销,收款,接待〕员,火车司机,跑动的人 ⑥走私者(船)⑦蔓,纤匐枝

running ['rʌnɪŋ] ❶ *a.* ①跑的,流(动)的,运行着的 ②连续的,持久的 ③草草的 ④例行的,现在的 ⑤直线的 ❷ *n.* ①跑,运行〔转〕,转动,(转子)旋转,行驶 ②工〔操〕作,进行,控制 ③(pl.)馏分 ☆ *make (take up) the running* 开头,带头 〖用法〗❶ 表示"连续的"时,它可以放在被修饰的名词后。如: He has won this match for five years underline{running}. 他已连续五年赢得了比赛。❷ 注意在下面例句中该词的含义:We will use the convolutional encoder of Fig.1-7 as a underline{running} example to illustrate the insights that each one of these three diagrams can provide. 我们将把图 1-7 的那个卷积式编码器作为一个随意的例子来阐明这三个图中每一个所能提供的内涵。

running-in ['rʌnɪŋ'ɪn] *n.* 试车,配研

runoff ['rʌnɔ:f] *n.* ①径流量,流出 ②流放(放出)口 ③出轨 ④(曲线)缓和长度 ⑤决赛

run-off-tab ['rʌnɔftæb] *n.* 引板

run-off-(the-)mill ['rʌnɔf(ðə)mɪl] *a.* (质量)一般的,不突出的

run-of-paper ['rʌnəv'peɪpə] *a.* (由编辑)随意决定登载位置的

run-of-the-mine ['rʌnəvðəmaɪn] *a.* ①不按规格质量分等级的,粗制的 ②(质量)一般的,不突出的

runtime ['rʌntaɪm] *n.* 运行时间

runway ['rʌnweɪ] *n.* ①(机场)跑道 ②悬索道,吊车道,滑道,导轨 ③河床 ④(窗框等)的滑沟

rupture ['rʌptʃə] *n.;v.* 破裂,(脆性,构造)断裂,拉断,断开,绝缘击穿 ②敌对,交战,断绝(关系)

rural ['ruərəl] *a.* 乡村的,城外的

rurality [ruə'rælɪtɪ] *n.* 农村(特征,性质)

rurban ['rɜ:bən] *a.* (住)在从事农业的居住区的

ruse [ru:z] *n.* 诡计,计策

rusé ['ru:zeɪ] (法语) *a.* 诡计多端的,狡猾的

rush [rʌʃ] ❶ *v.;n.* ①(猛,急)冲,奔,迅速运动,飞驶,(向前)猛进,突然袭击,猛推 ②冲击,敲打 ③赶紧,仓促(做)(to,into) ④闪现,跳出(out) ⑤繁忙,迫切需要,抢购,向…索高价 ⑥(pl.)(未经剪辑的)电影样片 ⑦无价值的东西,(pl.)灯心草 ❷ *a.* 紧急的,猛冲的,突击的,赶紧完成的 ❸ 繁忙的,争先恐后,蜂拥而来的 ☆ *not care a rush* 毫不在乎; *not worth a rush* 毫无价值; *rush at* 向…冲过去; *rush into extremes* 走〔趋〕极端; *rush ... off one's feet* 迫使…(无时间思索而)仓促行动; *rush on (upon)* 袭击; *rush through (one's work)* 抢着做工作; *with a rush* 猛地,哄地一下子

Russ [rʌs] ❶ (pl. Russ 或 Russes) *n.* 俄国人〔语〕 ❷ *a.* 俄国(人,语,式)的

russellite ['rʌsəlart] *n.* 钨铋矿

russet ['rʌsɪt] *n.;a.* 黄〔赤〕褐色(的)

russety ['rʌsɪtɪ] *a.* 带黄〔赤〕褐色的

Russia ['rʌʃə] *n.* 俄罗斯

Russian ['rʌʃən] *a.;n.* 俄罗斯的,俄罗斯人的,俄语

rusk [rʌsk] *n.* 干面包片,(脆)饼干

rust [rʌst] ❶ *n.* ①(铁)锈,锈斑,铁锈色 ②发锈,荒废 ③锈菌,锈病 ❷ *v.* (使)生锈,成铁锈色,变〔弄〕钝 ☆ *gather rust* 生锈; *get (rub) the rust off* 把锈弄掉; *keep from rust* 使不生锈

rustic ['rʌstɪk] *a.* 粗面(石工)的,乡间的,朴实的,没礼貌的

rusticate ['rʌstɪkeɪt] *v.* 下乡,把…送到乡村去;粗琢

rusticity [rʌs'tɪsɪtɪ] *n.* 乡村特点(式,风味),朴实,粗糙

rustily ['rʌstɪlɪ] *ad.* 生锈地

rustiness ['rʌstɪnɪs] *n.* 生锈,锈蚀,荒疏,过时

rustle ['rʌsl] *v.;n.* ①(使)沙沙作响,沙沙声 ②使劲干,急速动

rustless ['rʌstlɪs] *a.* 不〔无〕锈的

rustling ['rʌslɪŋ] *n.;a.* (发)沙沙声(的)

rust-proof ['rʌst'pru:f] *a.* 防〔不〕锈的

rusty ['rʌstɪ] *a.* ①(生,多)锈的,铁锈色的,褪了色的,腐蚀了的锈色的,陈旧的,过时的,(学识等)荒疏的 ③(肉类等)腐烂发臭的,(植物)患锈病的

rut [rʌt] ❶ *n.* ①车辙〔印〕,轮〔轨〕距,压痕 ②常规,老一套 ❷ (rutted; rutting) *vt.* 在…形成车辙,在…挖槽 ☆ *get into a rut* 陷入老框框,开始墨守成规; *lift ... out of the rut* 使…摆脱常规〔旧习惯〕; *move in a rut* 照惯例(老一套)行事

ruth [ru:θ] *n.* 同情,悔恨

ruthenate [ruːˈθɪneɪt] *n.* 钌酸盐
ruthenium [ruːˈθiːnɪəm] *n.* 【化】钌
ruthenous [ˈruːθɪnəs] *a.* 亚钌的
rutherford [ˈrʌðəfəd] *n.* 卢(瑟福)(放射性强度单位)
rutherfordine [ˈrʌθəfɜːdɪn] *n.* 菱铀矿
rutherfordium [ˌrʌðəˈfɔːdɪəm] *n.* 【化】鑪
ruthless [ˈruːθlɪs] *a.* 无情的,残忍的,冷酷的 ‖ ~ly
ad. ~ness *n.*
rutilant [ˈruːtɪlənt] *a.* 发红色火光的
rutile [ˈruːtiːl] *n.* 金红石

rutin [ˈruːtɪn] *n.* 芸香苷,芦丁
rutter [ˈrʌtə] *n.* 刨,刮土机
rutty [ˈrʌtɪ] *a.* 有〔多〕车辙的
Rwanda [ruːˈɑːndə] *n.* 卢旺达
Rx [ˈɑːrˈeks] *n.* 药方,解决方案
rydberg [ˈrɪdbɜːg] *n.* 里德伯(光谱单位)
rye [raɪ] *n.* 黑〔裸〕麦,(吉普赛)绅士
Ryukyu [rɪˈjuːkjuː] *n.* 琉球(群岛)
ryve [raɪv] *vi.* 戳通
ryzelan [ˈraɪzɪlæn] *n.* 黄草消

R

S s

Saar [sɑ:] n. ①萨尔河 ②(=Saarland)（德国）萨尔（州）

Sabathecycle [ˌsæbəθɪ'saɪkl] n. 等容等压混合加热循环,萨巴蒂循环

Sabbath ['sæbəθ] n.【宗】安息日

sabbatic(al) [sə'bætɪk(əl)] a.（似）安息日的

sabellarid [sæbə'lærɪd] n. 帚毛虫

sabicu ['sæbɪ'ku:] n.（古巴出产的）一种质地坚硬的贵重木材

sabin(e) ['seɪbɪn] n. 赛宾,沙平（声吸收单位）

sabinene ['sæbaɪ'ni:n] n. 桧萜,桧烷

sabinol ['seɪbɪnɒl] n. 桧醇

sable ['seɪbl] n.; a. ①黑貂(皮, 皮制的) ②黑的,深褐色的

sabot ['sæbəʊ] n. ①木鞋 ②锉刀垫木 ③镗杆,衬套 ④炮弹软壳 ⑤桩靴

sabotage ['sæbətɑ:ʒ] n.; v.（阴谋）破坏,捣乱(on),破坏活动

saboteur [ˌsæbə'tɜ:]（法语）n. 怠工者,破坏分子

sabre ['seɪbə] n. 军（马,指挥）刀

sabugalite ['sæbjugəlaɪt] n. 铝(钙)铀云母

sabulite ['sæbjulaɪt] n. 一种极强烈的炸药

sabulous ['sæbjuləs] a.（多）沙的,沙质的

sac [sæk] n.①(液)囊,袋 ②凹〔袋状〕湾 ③上衣

saccade [sæ'kɑ:d] n. 跳跃

saccate ['sækeɪt] a. 囊状的,有囊的

saccharamide [sækə'ræmaɪd] n. 糖二酰胺

saccharase ['sækəreɪs] n.【化】蔗糖酶

saccharic [sə'kærɪk] a.（含）糖的,糖质的

sacchariadase ['sækə,raɪdeɪs] n. 糖酸酶

saccharide ['sækə,raɪd] n.【化】糖化物,糖类,糖酸盐

sacchariferous [ˌsækə'rɪfərəs] a. 含〔产〕糖的

saccharification [ˌsækərɪfɪ'keɪʃən] n. 糖化(作用)

saccharify [sə'kærɪfaɪ] v.（使）糖化,制成糖

saccharimeter [ˌsækə'rɪmɪtə] n. 检糖计,糖量计,糖度表

saccharimetry [ˌsækə'rɪmɪtrɪ] n.【化】测糖方法

saccharin ['sækərɪn] n. 糖精,苯甲酰亚胺

saccharine ❶ ['sækəraɪn] a. 糖(质)的,极甜的 ❷ ['sækərɪn] n. = saccharin

saccharinity [ˌsækə'rɪnɪtɪ] n. 甜蜜,含糖量

saccharinol [sə'kærɪnɒl] n. 糖精

saccharoid ['sækərɔɪd] ❶ a. 纹理像砂糖的 ❷ n. 粒状物,砂糖状物,糖晶

saccharomycetes [ˌsækərəʊ'maɪsi:ts] n. 酵母菌

saccharo(no)lactone [ˌsækərə(nəʊ)'læktəʊn] n. 葡糖二酸单内酯

saccharophilous [ˌsækərəʊ'fɪləs] a. 嗜糖的

saccharopine [ˌsækə'rəʊpɪn] n. 酵母氨酸

saccharose ['sækərəʊs] n. 蔗糖

sacculus ['sækjuləs] n. 小囊,球囊

sachem ['seɪtʃəm] n. 大亨,巨头,酋长

sack [sæk] ❶ n.①(麻,纸)袋,包,囊,罩 ②一袋,一包 ③劫掠 ❷ vt.①装袋 ②劫掠 ③开除,解雇

sackable ['sækəbl] a. 可作为解雇理由的

sackcloth ['sækklɒθ] n. 麻（粗平）袋布,粗麻布

sacker ['sækə] n. 装袋器

sackful ['sækful] n. 满袋,(一)袋

sacking ['sækɪŋ] ❶ n. 粗麻布,麻袋布 ❷ v.①装袋 ②劫掠 ③解雇,开除

sacred ['seɪkrɪd] a.①神圣的,不可侵犯的 ②献给…的,专供…用的(to)

sacrifice ['sækrɪfaɪs] ❶ n. 牺牲(品),损失 ☆**at a sacrifice in** 减少,牺牲; **at a sacrifice of B** 靠牺牲 B,有损于 B; **at the sacrifice of B** 牺牲 B 而（才）; **fall a sacrifice to** 成为…的牺牲(品); **make sacrifices to** 为牺牲 ❷ v. 牺牲,抛〔放〕弃,献出 ☆**sacrifice A for (to) B** 为 B 牺牲 A

sad [sæd] a.①(颜色)深暗的,黯淡的 ②悲伤〔惨〕的,忧愁的 ‖ **~ly** ad.
『用法』注意其句型:"it is sad that..."（意为"遗憾的是…"）和 "(be) sad to (do)"（意为"因…而悲伤"）。

sadden ['sædn] v.①使黯淡 ②(使)悲伤

saddening ['sædənɪŋ] n.①(颜色)加深,黯淡处理 ②再加热 ③小变形锻造,小压下量轧制

saddle ['sædl] ❶ n.①马鞍,鞍,鞍状构造,轴鞍 ②座,(阀门的)底座,门座,凹座,滑板,踏板 ③管托,托梁,圆枕木 ④(谐振曲线的)凹谷,鞍点 ❷ vt.①装鞍(于) ②强加(于)(on,upon),使负担(with) ☆**be in the saddle** 骑着马,执政; **be saddled with** 负担着,陷入; **cast out of the saddle** 免职; **get into the saddle** 就职

saddle-back ['sædlbæk] ❶ n. 鞍背,鞍状峰,鞍形屋顶（山脊）❷ a. 鞍形的

saddletree ['sædltri:] n. 鞍架

safari [sə'fɑ:rɪ] n.（徒步）旅行

safe [seɪf] ❶ a. 安全的,稳定的,保险的,有把握的 ❷ n. 保险柜 ☆**be safe against doing** 免受…

之害,防止; **be safe from** 没有受(到)…的危险; **be safe to (do)** 必定(做成); **from a safe quarter** 据可靠方面(消息); **(to be) on the safe side** (为了)万无一失,安全的,谨慎的,不冒险的,(妥加准备)以防万一

〖用法〗注意下面例句中该词的含义: These allocators are <u>interrupt safe</u>. 这些分配器是不受中断影响的。("interrupt"为不带冠词的名词作状语修饰形容词"safe"。)/It is safe to predict that the future holds many more. 完全可以预料,将来会有多得多的东西出现。

safeguard ['seɪfɡɑːd] ❶ vt. 捍卫,防护(against) ❷ n. ①防护装置,安全装置,保护物,护栏 ②卫兵,通行证 ③保镖,保护者

safely ['seɪflɪ] ad. 安全地

safener ['seɪfənə] n. 防护剂

saferite ['seɪfraɪt] n. 两面磨光嵌网玻璃

safety ['seɪftɪ] ❶ n. ①安全(性,措施),可靠性 ②安全器,保险装置 ❷ vt. 防护,使保险 ☆**(be) in safety** 安全(地); **with safety** 安全地

safflower ['sæflaʊə] n. 红花

saffron ['sæfrən] n. 藏(红)花,番红花

safranal ['sæfrænæl] n. 藏红花

safranine ['sæfrəniːn] n. 藏红染料,番红精

safrole ['sæfrəʊl] n. 黄樟脑,黄樟(油)素

sag [sæɡ] ❶ (sagged; sagging) v. ①下垂,弯曲,倾斜 ②陷下,沉降 ③下跌,萧条 ④塌箱 ❷ n. ①垂度,松弛(度),塌箱 ②凹陷 ③经济萧条 ④物价下跌

sagacious [səˈɡeɪʃəs] a. ①精明的,有远见的 ②明智的 ‖ ~ly ad. **sagacity** n.

sage [seɪdʒ] ❶ a. ①贤明的,审慎的 ②一本正经的 ❷ n. ①贤人 ②年高望重的人 ③鼠尾草

saggar, sagger ['sæɡə] n. ①(陶瓷工业用)烧箱(盆),退火罐,坩埚 ② vt. 用烧箱烘

sagging ['sæɡɪŋ] n.①下垂(沉),松垂,垂度 ②(搪瓷制品表面)凹凸,瓷层波纹

sagitta [səˈdʒɪtə] n. ①【数】(弓)矢 ②【天】矢星座(北天之一小星座) ③箭虫

sagittal ['sædʒɪtl] a. 矢(状)的,弧矢的,径向的

sagpipe ['sæɡpaɪp] n. 倒虹管

Sahara [səˈhɑːrə] n.①(非洲)撒哈拉(沙漠) ②荒野

Saharan, Saharian, Saharica a. ①撒哈拉沙漠的 ②不毛的

said [sed] ❶ say 的过去式和过去分词 ❷ a. 上述的,该 ☆**it is said that …** 据说,一般以为

Saida ['sɑːɪdɑː] n. 赛伊达(黎巴嫩港口)

Saigon [saɪˈɡɒn] n. 西贡(越南胡志明市旧称)

sail [seɪl] ❶ n. ①帆,篷 ②(pl. sail) 帆船 ③滑翔机 ④航程 ☆**be under sail** 在航行中; **get under sail** 启程; **make sail** 加帆急驶,启程; **more sail than ballast** 重外表而不重实质; **set sail** 出航,起航; **set sail for** 驶往; **shorten (take in) sail** 减帆,收敛; **take the wind out of one's sail (the sails of)** 出其不意击败 ❷ v.①航行(于) ②开船 ③(禽类)游泳,翱翔 ☆**sail away** (船)开走,挥发;

sail close (near) to the wind 切风行驶; **sail in (into)** 努力而有信心地开始从事,攻击,斥责;驶入港口; **sail into the wind** 顶风航行; **sail out** 开船; **sail over** 突出,跳过; **sail (right) before the wind** 顺风航行,一帆风顺

sailboat ['seɪlbəʊt] n. 帆船

sailcloth ['seɪlklɒθ] n. 帆布

sailflight ['seɪlflaɪt], **sailflying** ['seɪlflaɪɪŋ] n. 滑翔飞行

sailing ['seɪlɪŋ] ❶ n. ①航行,航海(术) ②开航 ③随波飘驶 ④滑翔 ❷ a. 扬帆的,航行的

sailor ['seɪlə] n. 海员,水兵

sailorly ['seɪləlɪ] a. 能干的,伶俐的

sailplane ['seɪlpleɪn] n. 滑翔机

saint [seɪnt] n. 圣人

saira ['seɪrə] n. 秋刀鱼

sake [seɪk] n. 缘故,目的 ☆**for any sake** 无论如何; **for form's sake** 形式上; **for one's (own) sake** 为了…; **for (the) sake of** 为…起见,由于…缘故; **without sake** 无缘无故; **art for art's sake** 为艺术而艺术

〖用法〗表示"为了简单起见"可以是"for the sake of simplicity"或"for simplicity's sake"。

Sakhalin [sækəˈliːn] n. 萨哈林岛(即库页岛)

sal [sæl] n. ①(=salt)【化】盐 ②(= sial) 硅铝质,硅铝地层 ③(年,月)薪,工资

salable ['seɪləbl] a. 畅销的,可出售的,价格适当的 ‖ **salability** n.

salad ['sæləd] n. 色拉

salamander ['sæləmændə] n. ①(高炉)炉底结块 ②烤炉,能耐高热的东西 ③蝾螈

salammoniac [ˌsæləˈməʊnjæk] n. 氯化氨

salaried ['sælərɪd] a. 领〔支〕薪水的

salary ['sælərɪ] ❶ n. ①(月)薪,工资 ❷ vt. 发工资 〖用法〗表示"加薪"一般在其前面用动词"increase"、"raise"或"boost"。

salband ['sælbænd] n.【地质】近围岩岩脉

sale [seɪl] n. ①卖(出),推销 ②销(路,售额) ③拍卖 ☆**on sale** 上市出售

saleite, saleeite ['sælei,aɪt] n. 镁磷铀云母

salengalite ['sælənɡəlaɪt] n. 磷铝铀矿

salesman ['seɪlzmən](pl. salesmen) n. 营业员,推销员

salesmanship ['seɪlzmənʃɪp] n. 推销术,外交手腕

saleswoman ['seɪlzwʊmən](pl. saleswomen) n. (= salesgirl)女售货员

salic ['sælɪk] a.【化】含氧化铝的

Salicaceae [ˌsælɪˈkeɪsiː] n. (pl.) 杨柳科

salicin ['sælɪsɪn] n. 水杨苷,柳醇

salicyl ['sælɪsɪl] n. 水杨基,邻羟苄基

salicylate [sæˈlɪsɪleɪt] n. 水杨酸盐(酯)

salience ['seɪljəns], **saliency** ['seɪljənsɪ] n. ①突起(部) ②特征 ③凸极性 ④跳跃

salient ['seɪljənt] ❶ a. ①凸出的 ②显著的,卓越的,③喷射的,涌出的 ❷ n. 凸角,突出部

Salientia [,seɪlɪ'enʃə] *n.* 新两栖总目
saliferous [sə'lɪfərəs] *a.* 含（产）盐的
salifiable ['sælɪfaɪəbl] *a.* (能改)成盐的
salify ['sælɪfaɪ] *vt.* 盐化,使与盐化合 ‖ **salification** *n.*
saligenin [,sælə'dʒenɪn] *n.* 水杨醇
salimetry [sə'lɪmɪtrɪ] *n.* 盐分析法
salina [sə'laɪnə] *n.* 盐碱滩,盐田
salination [,sælɪ'neɪʃən] *n.* 用盐〔盐水〕处理,(盐)腌
saline ❶ ['seɪlaɪn] *a.* 含盐的,咸的,用碱金属形成的 ❷ [sə'laɪn] *n.* 盐水（田,泉）,盐碱滩,盐栈
salineness ['seɪlaɪnɪs] *n.* 含盐度
saliniferous [,sælɪ'nɪfərəs] *a.* 含盐的
salinification [,sælɪnɪfɪ'keɪʃən] *n.* 盐化作用,盐渍(作用)
salinimeter [sælɪ'nɪmɪtə] *n.* 盐量计
salinity [sə'lɪnɪtɪ] *n.* 盐〔浓〕度,咸度
salinization [,sælɪnɪ'zeɪʃən] *n.* 盐渍（碱）化
salinograph [sæ'lɪnəɡrɑːf] *n.* 盐量图
salinometer [,sælɪ'nɒmɪtə] *n.* 盐量计,盐浓度计,盐(度)表,(电导)调浓器
salinoness ['sælɪnənɪs] *n.* 含盐度
salinous [sə'lɪnəs] *a.* 盐的,咸的
saliter ['sælɪtə] *n.* 硝石,钠硝,硝酸钠
saliva [sə'laɪvə] *n.* 唾液
salivary ['sælɪvərɪ] *a.* 唾液的,分泌的
salivate ['sælɪveɪt] *v.* 分泌唾液,(使)流涎
salivation [,sælɪ'veɪʃən] *n.* 唾液(分泌),流涎;水银中毒
salle [sɑːl] *n.* (法语) 大厅,室
sally ['sælɪ] ❶ *n.* ①突出部,钝角 ②突围,反攻,③俏皮话 ❷ *vi.* ①冲出,出击(off,out) ②动身(forth,out)
salmiac ['sælmɪæk] *n.* 氯化铵
salmin(e) ['sælmiːn] *n.* (化)鲑精蛋白
salmon ['sæmən] *n.*; *a.* 赭色,鲑鱼
salmonella [,sælmə'nelə] *n.* 沙门氏菌
salmonellosis [,sælmənə'ləʊsɪs] *n.* 【医】沙门氏菌病
salometer [,sælə'mɪtə] *n.* 盐(液比)重计,盐液浓度计
salometry [sə'lɒmɪtrɪ] *n.* 盐量测定
salon ['sælɔːŋ] (法语) *n.* ①大会客室,沙龙 ②美术展览馆,画廊
saloon[1] [sə'luːn] *n.* ①(大,客)厅,沙龙,酒吧间 ②餐车,轿车
saloon[2] [sə'luːn] *n.* (= satellite balloon)卫星气球,辅助气球
salpingectomy [,sælpɪn'dʒektəmɪ] *n.* 【医】输卵管切除
salpinx ['sælpɪŋks] *n.* (pl. salpinges) *n.* (输卵)管
salse [sæls] *n.* 泥火山
salsola [sæl'səʊlə] *n.* 猪毛菜
salsolidine [sæl'sɒlɪdiːn] *n.* 猪毛菜定,绿毛草定
salt [sɔːlt] ❶ *n.* ①盐(类),咸度 ②要素,刺激 ③有经验的水手 ❷ *a.* (含)盐的,咸的,盐渍的 ❸ *vt.*

撒盐,用盐处理,盐渍; 虚报 ☆**salt in** 盐〔助〕溶;
salt out 盐析; **salt up** 沉出盐粒;**take (a statement) with a grain of salt** 对(叙述)抱怀疑态度
saltation [sæl'teɪʃən] *n.* 跳跃;突然变动;菌落局变;河底滚沙;沙暴
saltbush ['sɔːltbʊʃ] *n.* 含盐灌木
salt-cake ['sɔːltkeɪk] *n.* 芒硝
salted ['sɔːltɪd] *a.* 用盐处理的,盐渍的,有经验的
saltern ['sɔːltn] *n.* 盐场,碱土
saltish ['sɔːltɪʃ] *a.* 微咸的,有盐味的
saltmarsh ['sɔːltmɑːʃ] *n.* 盐碱滩,盐沼
saltness ['sɔːltnɪs] *n.* 含盐度,咸性
saltpeter, saltpetre ['sɔːltpiːtə] *n.* 硝酸钾,硝石
saltus ['sæltəs] *n.* 急变,急跳,【哲】飞跃
saltwater ['sɔːltwɔːtə] *n.* 咸（盐）水的,栖居咸水中的,海洋的
saltworks ['sɔːltwɜːks] *n.* (制)盐场,盐厂
salty ['sɔːltɪ] *a.* ①(含)盐的,咸(味)的,盐渍的 ②有经验的,老练的
salubrious [sə'luːbrɪəs] *a.* 有益于健康的,有利的 ‖ **~ly** *ad.*
salubrity [sə'luːbrɪtɪ] *n.* 有益于健康,合乎卫生
salutaridine [,səluː'tærɪdiːn] *n.* 7-氧二氢萨巴因-φ
salutarium [,sæljuː'teərɪəm] *n.* 疗养地
salutary ['sæljutərɪ] *a.* 有益(于健康)的,(合于)卫生的
salutation [,sælju'teɪʃən] *n.* 问候,欢迎,致意,(信件)称呼
salutatory [sə'luː'tətərɪ] *a.* 致意的,表示欢迎的
salute [sə'luːt] *n.*; *v.* ①行礼,致敬,敬意 ②(鸣)礼炮
salvable ['sælvəbl] *a.* 可挽救的
Salvador ['sælvədɔː] *n.* 萨尔瓦多
Salvadoran [,sælvə'dɔːrən] *a.*; *n.* 萨尔瓦多的,萨尔瓦多人(的)
salvage ['sælvɪdʒ] *n.*; *vt.* ①救捞,抢救,(海上)打捞 ②(工程)抢修 ③(废物)利用 ④废弃品(处理),(可利用的)废料,待废器材 ⑤救济费
salvageable ['sælvɪdʒəbl] *a.* 可抢救的,可打捞的
salvaging ['sælvɪdʒɪŋ] *n.* 废物利用〔处理〕,打捞船舶,抢修工程
salvarsan ['sælvəsən] *n.* 洒尔佛散(商品名),六〇六
salvation [sæl'veɪʃən] *n.* 救济(物),救助,挽救
salve ❶ [sælv] *vt.* 抢救〔修〕,打捞; 消除,减轻,掩饰 ❷ [sɑːv] *n.* 油膏剂,软膏,安慰
salvelike ['sælvəlaɪk] *a.* 药膏状的
salvelin ['sælvəlɪn] *n.* 鳟精蛋白
salver ['sælvə] *n.* (金属,托)盘
salvianin ['sælvɪənɪn] *n.* 鼠尾苷
salvo ['sælvəʊ] *n.* ①齐投（射）,齐声欢呼 ②保留条款;通词
salvor ['sælvə] *n.* 救难者(船),救援（打捞)船
salvy ['sælvɪ] *a.* 药膏状的
sam [sæm] *v.* 受潮,陈化
samara ['sæmərə] *n.* 翅(翼)果

samaria [səˈmeərɪə] n. 氧化钐

samaric [səˈmeərɪk] a.; n. (三价)钐(的)

samarium [səˈmeərɪəm] n.【化】钐

samarous [səˈmeərəs] a.; n. (亚,二价)钐的,亚钐化物

samarskite [səˈmɑːkskaɪt] n.【矿】铌钇矿

sambunigrin [sæmˈbjuːnɪɡrɪn] n. 黑接骨木苷,苯乙腈葡糖苷

same [seɪm] ❶ a. ①同样的,相同的 ②上述的 ❷ pron. 同样的事〔人〕,上述事物 ❸ ad. 同样地 ☆ **all (just) the same** 虽然如此(却)仍然,并无差别; **amount (come) to the same thing** 并无差异; **at the same time** 同时,而(且)又; **be all (just) the same to** 对…完全一样〔无关紧要〕; **be the same for (with)** 对…(是)一样(的); **in the same way** 同样地; **in the same way as (that)** 如同…一样; **much the same (as…)** (与…)差不多相同,完全相同; **the same applies to** 或 **the same is true of** 上述情况也适用于,…的情况也如此 〖用法〗❶在该词前一般要加定冠词 "the"。如: In this case there is the same potential difference across each resistor. 在这种情况下,在每个电阻器的两端有相同的电位差。❷与它连用的 "as" 是一个引导定语从句的关系代词,但在不少情况下 "as" 后是一个省略句。如: Positively charged 'particles' would move in the same direction as the field. 带正电的 "微粒" 会朝与电场相同的方向运动。/ It is possible to find a single force which will produce the same effect as is produced by the simultaneous action of the given forces. (我们)能够求出一个力来,这个力所产生的效应与给定的几个力同时作用所产生的效应相同。(在本句中,"as" 引导一个完整的定语从句,它起关系代词的作用,在从句中作主语。)/We do this in the same manner as we solve any equation. 我们做这题的方法与(我们)解任何方程一样。(在本句中,"as" 引出的是一个完整的定语从句,"as" 在此为关系副词,等效于 "in which" 的作用。)❸ "the same" 还可以起名词的作用。如: Its design is a mechanical engineering problem beyond the scope of this book, and the same can be said of the choice of bearings. 其设计是一个机械工程问题,它超出了本书的范畴,而对于轴承的选择同样如此。❹ 一般认为 "the same … as" 从句与 "the same … that" 从句是不同的,前者表示 "与…同类的事物" 而后者表示 "是同一个事物"。如: This is the same computer as our laboratory has. 这台计算机与我们实验室里的类型一样。/This is the same computer that our laboratory has. 这台计算机就是我们实验室里的那台。❺ 在科技文中,往往 "in the same way 〔manner〕as 从句" 表示成 "in the same way 〔manner〕that 从句"。❻ "this is the same as saying that …" 意为 "这等于是说…"。❼ 注意下面例句中该词的用法: All these basic logic circuits

work the same. 所有这些基本的逻辑电路工作原理都是相同的。("the same" 等效于 "in the same way"。)/Here we have treated subtraction the same as addition. 这里我们像加法一样处理了减法。("the same as …" 可看成是 "in the same way as …" 的省略形式。)/These two polynomials are one and the same. 这两个多项式完全相同。

samel [ˈsæməl] n. 半烧砖

sameness [ˈseɪmnɪs] n. 同一样,一致,单调,千篇一律

samiresite [ˌsæmɪˈresaɪt] n. 铅铌钛铀矿

samite [ˈsæmaɪt] n. 碳化硅,金刚砂,六股丝锦缎

samizdat [ˈsæmɪzdæt] n. 地下出版(社,物)

Samoa [səˈməuə] n. 萨摩亚群岛

samogenin [ˌsæməˈdʒenɪn] n. 沙漠皂苷元

sampan [ˈsæmpæn] n. 舢板

sample [ˈsɑːmpl] ❶ n. ①样品〔本〕,试〔货〕样,试件〔料〕②标本,模型 ③取样 ④ (pl.)锌华 ❷ vt. ①(从…)取样(品),抽查,试用 ②脉冲调制,变为脉冲信号 ③取连续变量的离散值 ☆ **up to sample** 与样品相符

sampled [ˈsɑːmpld] a. 抽样的

sampler [ˈsɑːmplə] n. ①样板,模型 ②取样器,取样系统,脉冲调制器 ③样品检查员,取样工

sampling [ˈsɑːmplɪŋ] n.; a. ①抽样(的),抽样检验(法) ②脉冲调制,变为脉冲信号 ③(三色电视信号结合或分离的)连续选择 〖用法〗该词可以与动词 "do" 搭配使用表示 "进行取样"。如: In this case sampling is done in synchronism with the coherent signal. 在这种情况下,与相干信号同步地进行取样。

samploscope [ˈsɑːmpləskəup] n. 取样示波器

Samson [ˈsæmsən],**Sampson** [ˈsæmpsən] n. 大力士

Samson('s)-post [ˈsæmsn(z)pəust] n. (船)吊杆柱,起重柱

San Antonio [sæn,ænˈtəunɪəu] n. 圣安东尼奥(智利港口)

sanatorium [ˌsænəˈtɔːrɪəm] (pl. sanatoria) n. 疗养院〔所〕,休养地

sanatory [ˈsænətəri],**sanative** [ˈsænətɪv] a. 有助健康的,有疗效的,治疗的

sanatron [ˈsænətrɔn] n.【电子】窄脉冲多谐振荡管〔器〕

San Clemente [sæn,klɪˈmentɪ] (美国)圣克利门蒂(岛)

sanclomycin [ˌsænkləˈmaɪsɪn] n. 四环素

sanctify [ˈsæŋktɪfaɪ] vt. (使)神圣化

sanctification [ˌsæŋktɪfɪˈkeɪʃən] n. 神圣化,神灵化

sanction [ˈsæŋkʃən] n.;vt. 批准,承认,制裁,惩罚 ☆ **give sanction to** 批准,认可; **take (apply) sanctions against** 制裁

sanctuary [ˈsæŋktjuərɪ] n. (宗教的)圣〔教〕堂,寺院,礼拜堂,庇护所,禁猎区

sanctum [ˈsæŋktəm] n. 圣地,书斋

sand [sænd] ❶ n. ①沙,砂 ②粗矿石,尾矿 ③(pl.) 沙地〔漠,滩〕❷ vt. 撒〔铺,填,掺〕砂,用砂〔纸〕擦〔打磨〕,砂磨 ☆**(be) built on (the) sand** 凭空建造的,不牢固的; **numberless as the sand(s)** 多如恒河沙数(的)(的),无数的; **number (plough the) sands** 白费力气; **sand up** 铺〔填〕砂

sandal ['sændl] n. ①凉〔草〕鞋 ②檀香木

sandalled ['sændld] a. 穿凉〔草〕鞋的

sandalwood ['sændlwud] n. 檀香木

sandarac(h) ['sændəræk] n. 山达脂,香松树胶,雄黄,鸡冠石

sand-blast(ing) ['sændblɑ:st(ɪŋ)] vt.;n. 喷砂(法),砂吹,砂磨

sand-blower ['sændbləuə] n. 喷砂器

sand-break ['sændbreɪk] n. 防沙林

sandcloth ['sændklɒθ] n. (金刚)砂布

sanded ['sændɪd] a. 撒〔铺,多〕沙的,沙地的

sander ['sændə] n. 撒〔喷〕砂器,打磨器,砂轮磨光机

sanderite ['sændə,raɪt] n. 二水泻盐

sand-flag ['sændflæg] n. 薄层砂岩

sand-flood ['sændflʌd] n. 砂堆

sandfly ['sændflaɪ] n. 毛蠓,白蛉

sand-gauge ['sændgeɪdʒ] n. 量沙箱

sand-glass ['sændglɑ:s] n. 计时沙漏

sandgrouse ['sænd,graus] n. 沙鸡

sandhog ['sændhɒg] n. 隧道工程工人

sandhopper ['sændhɒpə] n. 沙蚤

San Diego [,sændɪ'eɪgəu] 圣地亚哥(美国港口)

sandiness ['sændɪnɪs] n. 沙质,多沙,不稳定状态

sanding ['sændɪŋ] n. 铺〔撒,喷〕砂,砂纸打磨,砂磨

sandish ['sændɪʃ] a. 砂(质)的

sandiver ['sændɪvə] n. 玻璃沫

sandline ['sændlaɪn] n. 输沙管

sandlot ['sændlɒt] n.(市郊)空旷沙地

sandpaper ['sændpeɪpə] ❶ n.(金刚)砂纸 ❷ vt. 用砂纸擦〔打〕光

sandpit ['sændpɪt] n. 沙坑,采沙场

sandrammer ['sændræmə] n. 抛砂机型砂捣击锤

sandslinger ['sændslɪŋgə] n.【机】抛砂机

sandstone ['sændstəun] n. 砂石〔岩〕

sandwich ['sænwɪdʒ] ❶ n. ①夹心(式,结构,部件),夹层,混凝土间防水层,分层结构 ②复合〔夹层〕板 ③夹心面包,三明治 ❷a. 层状的 ❸ vt. 夹在当中,在两件之间夹上

sandwiching ['sænwɪdʒɪŋ] n. 夹心,夹层材料

sandwichlike ['sænwɪdʒlaɪk] a. 夹心状的

sandy ['sændɪ] a. 沙(质)的,含沙的,流沙似的,不稳固的

sane [seɪn] a. ①神志清楚的,健全的 ②明智的 ③合情合理的 ‖ **~ly** ad.

sanforizing ['sænfəraɪzɪŋ] n.(织物)机械防缩处理

San Francisco [,sænfrən'sɪskəu] 旧金山,圣弗兰西斯科(美国港口)

sang [sæŋ] sing 的过去式

sanguicolous [sæŋ'gwɪkələs] a.【动】生活在血中的,血寄生的

sanguinary ['sæŋgwɪnərɪ] a. 血腥的,残暴的 ‖ **sanguinarily** ad.

sanguine ['sæŋgwɪn] ❶ a. ①有希望的,乐观的,有信心的 ②血红色的,(含)血的 ③嗜血成性的 ❷ n. 血红色,红粉笔 ☆**be sanguine of** 抱着…的希望

sanguineous [sæŋ'gwɪnɪəs] a. ①红色的,(多)血的,血腥的 ②有希望的

sanguisorbin [sæŋ'gwɪsɔ:bɪn] n. 地榆英

sanguivorous [sæŋ'gwɪvərəs] a.【动】食血的,吸血的(昆虫)

sanidine ['sænɪ,di:n] n. 透长石,玻璃长石

sanify ['sænɪfaɪ] vt. 使合卫生,改善环境卫生

sanipractic [sænɪ'præktɪk] n. 保健医学

sanitarian [,sænɪ'teərɪən] a. 公共卫生(学)的,保健的

sanitarium [,sænɪ'teərɪəm] n. 疗养院〔所〕

sanitary ['sænɪtərɪ] ❶ a. (环境)卫生的,保健的,清洁的,消过毒的 ❷ a. (有抽水设备的)公共厕所

sanitation [,sænɪ'teɪʃ ən] n. (环境)卫生,卫生(设备),下水道设备

sanitize ['sænɪtaɪz] vt. 使清洁,给…消毒; 除去不良印象

sanitizer ['sænɪtaɪzə] n. 卫生消毒剂

sanity ['sænɪtɪ] n. 神志清楚,精神健全

San Jose [,sɑ:nhəu'zeɪ] n. 圣约瑟(哥斯达黎加首都),圣何塞(美国加州西部城市)

San Juan [sæn'hwɑ:n] n. 圣胡安(波多黎各首都)

sank [sæŋk] sink 的过去式

San Marino [,sænmə'ri:nəu] 圣马力诺

sans [sænz] (法语) prep. 无,缺乏

San Salvador [sæn'sælvədɔ:] n. 圣萨尔瓦多(萨尔瓦多首都)

Sanscrit, Sanskrit ['sænskrɪt] n. 梵文

sanshoamide [sænʃ'uəmaɪd] n. 山椒酰胺

sanshool [sænʃ'u:l] n. 山椒醇

sanshotoxin [,sænʃəu'tɒksɪn] n. 山椒毒

Santa Claus ['sæntə'klɔ:z] n. 圣诞老人

Santa Isabel ['sæntə'ɪzəbel] 圣伊萨贝尔(赤道几内亚首都)

santalene ['sæntəli:n] n. 檀香萜

santalin(e) ['sæntəlɪn] n.【化】紫檀(色)素

santene ['sænti:n] n. 檀烯

Santiago [,sæntɪ'ɑ:gəu] n. ①圣地亚哥(智利首都) ②圣地亚哥(古巴港市)

santodex ['sæntɒdeks] n. 黏度指数改进剂

Santo Domingo ['sæntəudə'mɪŋgəu] n. 圣多明各(多米尼加首都)

Santolube ['sæntəlu:b] n. 山道留勒(润滑油的一种添加剂)

santomerse [sæn'tɒmə:s] n. 润湿剂,烷化芳基磺酸盐

santonian [sæn'təuniən] n. (晚白垩世)桑托阶

santonin ['sæntənɪn] n. 山道年(驱蛔虫药)

Santopour [ˈsæntɒpʊə] n. 散陶普尔(一种降凝添加剂)

santorin [ˈsæntərɪn] n. 一种天然火山灰

santorine [ˈsæntə,riːn] n. 杂伊利石

Santos [ˈsɑːntəs] n. 桑多斯(巴西港口)

sanvista [ˈsænvɪstə] n. 一种电子色盲治疗仪

São Tomé [ˈsaʊŋtəˈme] 圣多美(圣多美和普林西比首都)

sap [sæp] ❶ n. ①树液 ②(树皮下的)白木质 ③(渗碳钢)软心 ④风化岩石 ⑤坑道 ⑥元气,精力 ❷ (sapped; sapping) v. ①(逐渐)削弱〔浸蚀〕,下陷 ②除去树液 ③挖掘(坑道)

sapient [ˈseɪpjənt] a.; n. 有智慧的,史前人

sapiphore [ˈsæpəfɔː] n. 味团

sapling [ˈsæplɪŋ] n. ①树苗,小树 ②年轻人

sapodilla [,sæpəˈdɪlə] n. 赤铁矿常青树或其果实

sapogenin [,seɪpəˈdʒenɪn] n. 【化】皂角苷配基,皂草配质

saponaceous [,sæpəˈneɪʃəs] a. 似肥皂的,肥皂质的

saponated [,sæpəʊˈneɪtɪd] a. 用皂处理的,皂化的

saponifiable [səˈpɒnɪfaɪəbl] a. 可皂化的

saponification [səpɒnɪfɪˈkeɪʃən] n. 皂化(作用)

saponifier [səˈpɒnɪfaɪə] n. 皂化剂

saponify [səˈpɒnɪfaɪ] vt. 皂化

saponin [ˈsæpənɪn] n. 皂角苷

saponite [ˈsæpənaɪt] n. 皂石

sapotoxin [,sæpəˈtɒksɪn] n. 皂角毒苷

sappare [ˈsæpeə] n. 【矿】蓝晶石

sapper [ˈsæpə] n. 坑道工兵,挖掘者〔器〕

sapphire [ˈsæfaɪə] n.; a. 蓝宝石(色的),青玉(色的)

sapphirine [ˈsæfəraɪn] n. 像蓝宝石的,像青玉的

Sapporo [səˈpɔːraʊ] n. 札幌(日本港口)

sappy [ˈsæpɪ] a. ①多汁液的,多〔似〕白木质的 ②精力充沛的 ③糊涂的

sapr(a)emia [sæˈpriːmɪə] n. 腐血症,脓毒中毒

saprobe [ˈsæprəʊb] n. 腐生菌

saprobia [sæˈprəʊbɪə] n. 污水生物

saprobic [sæˈprəʊbɪk] a. 腐生的,污水生的

saprobiont [sæˈprəʊbɪɒnt] n. 腐生物,污水生物

saprobiotic [,sæprəʊbaɪˈɒtɪk] a. 污水生物的,污水生的

saprocol [ˈsæprəkɒl] n. 灰质腐泥

saprogen [ˈsæprədʒɪn] n. 腐生物,生腐菌

saprogenic [,sæprəʊˈdʒenɪk] a. 生腐的,腐化的

saprolite [ˈsæprəlaɪt] n. 腐泥土

saprolith [ˈsæprəlɪθ] n. 残余土

sapropel [ˈsæprəpel] n. 腐殖质,腐泥煤

saprophage [ˈsæprə,feɪdʒ] n. 腐蚀

saprophagous [səˈprɒfəgəs] a. 食腐的,食腐动物的

saprophile [ˈsæprəfaɪl] a.; n. 腐生的,适腐植物

saprophilous [səˈprɒfɪləs] a. 腐生的,适腐的

saprophyte(s) [ˈsæprəʊfaɪt(s)] n. 腐生菌,死物寄生菌

saprophytic [,sæprəˈfɪtɪk] a. 腐生的

saprophytism [ˈsæprəfɪtɪzəm] n. 腐生(现象),腐生生活,腐物寄生

saproplankton [,sæprəˈplæŋktən] n. 污水浮游生物

saprotrophic [,sæprəˈtrɒfɪk] a. 腐生营养的

saprozoic [,sæprəʊˈzəʊɪk] a.;n. 腐生的(动物),食腐的(动物)

saprozoite [ˈsæprəzɔɪt] n. 腐生动物

sapwood [ˈsæpwʊd] n. 边材,液材

saran [səˈræn] n. 萨冉树脂,莎纶

sarbe [ˈsɑːbiː] n. 搜索和营救信标设备

sarcasm [ˈsɑːkæzəm] n. 讽刺,嘲笑,挖苦 ‖ **sarcastic** a. **sarcastically** ad.

sarcine [ˈsɑːsaɪn] n. 八叠球菌

sarcinene [ˈsɑːsɪniːn] n. 叠黄质,八叠球菌烯

sarcoidosis [,sɑːkɔɪˈdəʊsɪs] n. 【医】结节病

sarcolemma [,sɑːkəˈlemə] n. 【医】肌纤(维)膜,肉膜

sarcoma [sɑːˈkəʊmə] n. 肉瘤

sarcomere [ˈsɑːkəmɪə] n. 【生】肌原纤维节

sarcomycin [,sɑːkəˈmaɪsɪn] n. 肉瘤霉素

sarcophaga [sɑːˈkɒfəgə] n. 食肉动物

sarcoplasm [ˈsɑːkə,plæzəm] n. 肌浆

sarcosine [ˈsɑːkəsiːn] n. 【生化】肌氨酸

sarcotome [ˈsɑːkətəʊm] n. 弹簧刀

sarcotubule [,sɑːkəˈtjuːbjuːl] n. 肌小管

sardina [ˈsɑːdɪnə] n. 沙丁鱼属

sardine [sɑːˈdiːn] ❶ n. 沙丁鱼 ❷ vt. 挤塞 ☆ *packed like sardines* 拥挤不堪,挤得水泄不通

sardonic [sɑːˈdɒnɪk] a. 讽刺的,挖苦的 ‖ ~**ally** ad.

sarin [ˈsɑːrɪn] n. 沙林

sark [sɑːk] n. 衬垫物,衬衣,箱子

sarking [ˈsɑːkɪŋ] n. 【建】衬垫材料

sarkinite [ˈsɑːkɪnaɪt] n. 红砷锰矿

sarkomycin [,sɑːkəˈmaɪsɪn] n. 抗癌霉素

sarmentose [sɑːˈmentəʊs] n. 箭毒羊角拉糖

saros [ˈseərɒs] n. 【天】沙罗周期(计 18 年又 11.5 天,日蚀和月蚀关系的反复周期)

sarsaponin [,sɑːsəˈpɒnɪn] n. 萨酒皂苷

sarsen [ˈsɑːsən] n. 砂岩漂砾

sartor [ˈsɑːtə] n. 裁缝师

sartorite [ˈsɑːtəraɪt] n. 【矿】脆硫砷铅矿

sasanqua [səˈsæŋkwə] n. 油茶

Sasebo [ˈsæsɪbɒː] n. 佐世保(日本港口)

sash [sæʃ] ❶ n. ①框(格),窗框 ②窗框钢,钢窗料 ❷ v. 装上框格〔窗框〕

sassafras [ˈsæsəfræs] n. 黄樟,檫树

sasse [sæs] n. 木闸

sastrugi [sɑːˈstruːgɪ] n. 波状沙层,沙(雪)波

sat [sæt] sit 的过去式及过去分词

Satan [ˈseɪtən] n. (基督教)撒旦,魔鬼

satan [ˈseɪtən] n. 尘魔

satchel [ˈsætʃəl] n. 小帆布袋,书包

satellite [ˈsætəlaɪt] ❶ n. ①(人造)卫星 ②伴生矿

S

物 ③追随者,随从,附属物 ④(染色体)随体 ❷ *a.* 附属的,伴(随)的,卫星的

satellitic [,sætə'lɪtɪk] *a.* 卫星的

satelloid ['sætələɪd] *n.* 准卫星,飞船式卫星,卫星体,载人飞行器

satiable ['seɪʃɪəbl] *a.* 可使满足的

satiate ['seɪʃɪeɪt] *vt.* 使吃饱,使满足 ‖ **satiation** *n.*

satin ['sætɪn] ❶ *n.;a.* 缎子(做的,似的) ❷ *vt.* 加(上缎子似的)光泽,轧光

satire ['sætaɪə] *n.* (一个)讽刺 (on, upon),讽刺作品

satiric(al) [sə'tɪrɪk(əl)] *a.* 讽刺的 ‖ **~ally** *ad.*

satirize ['sætəraɪz] *vt.* 讽刺

satisfaction [,sætɪs'fækʃən] *n.* ①满足〔意〕,称心 ② 偿还 ☆ ***express one's satisfaction at (with)*** 对…表示满意; ***find satisfaction in*** 对…感到满意; ***give satisfaction to*** 使…满意(足); ***in satisfaction of*** 作为…的补偿; ***make satisfaction for*** 补偿,偿还; ***to the satisfaction of*** 使…满意地; ***with satisfaction*** 满意地,(令人)满意地
〖用法〗注意下面例句的含义：'Society' will recognize the need and be willing to pay for its satisfaction. "社会"会认识到这种需求,并将为满足这种需求而乐意资助。("its"是 "satisfaction" 的逻辑宾语。)

satisfactory [,sætɪs'fæktərɪ] *a.* (令人)满意的,圆满的 ☆ ***be anything but satisfactory*** 决不能令人满意; ***be satisfactory for*** 令人满意地用于,适宜于; ***be satisfactory to*** 满足…的,使…满意的 ‖ **satisfactorily** *ad.*

satisfy ['sætɪsfaɪ] *vt.* ①满足(…的条件),使满意,说服,消除(疑虑),偿还,答应(要求),履行(义务)②使饱和 ③达到(目标) ☆ ***be satisfied for*** 适宜于; ***be satisfied of (that)*** 确信,深知; ***be satisfied with*** 对…表示满意,满足于; ***satisfy oneself of (that)*** 查明,把…搞清楚,使自己确信
〖用法〗在该词后面接动作时要用动名词。

saturability [,sætʃərə'bɪlɪtɪ] *n.* 饱和度

saturable ['sætʃərəbl] *a.* 可饱和的,可浸透的

saturant ['sætʃərənt] ❶ *n.* 饱和剂,饱和物 ❷ *a.* (使)饱和的,浸透的

saturate ❶ ['sætʃəreɪt] *vt.* 使饱和〔浸透〕 ☆ ***be saturated with*** (充分)浸透了,充满着; ***saturate oneself in*** 埋头在…中,埋头研究 ❷ ['sætʃərɪt] *a.* 饱和的,浸透的 ❸ *n.* (pl.) 饱和物

saturation [,sætʃə'reɪʃən] *n.* (色)饱和(度,状态),浸透,(色度学的)章〔彩〕度;因子函数;足量供应
〖用法〗注意下面例句中该词的用法：In this case the transistor remains deep in saturation. 在这种情况下,晶体管仍处于深饱和状态。

saturator ['sætʃəreɪtə] *n.* 饱和剂〔器〕

Saturday ['sætədɪ] *n.* 星期六

Saturdays ['sætədɪz] *ad.* 每星期六

saturex ['sætʃəreks] *n.* 饱和器

saturite ['sætʃəraɪt] *n.* 【地质】饱和溶液沉积物

Saturn ['sætɜːn] *n.* 土星

saturnic [sə'tɜːnɪk] *a.* 中了铅毒的

saturnine ['sætənaɪn] *a.* 铅(中毒)的

saturnism ['sætənɪzəm] *n.* 铅中毒

saturnium [sæ'tɜːnɪəm] *n.* =protactinium 镤

satyrid ['sætɪrɪd] *n.* 【动】眼蝶

sauce [sɔːs] *n.* (辣)酱油,佐料,调味品

saucepan ['sɔːspæn] *n.* (长柄金属)蒸锅,釜

saucepot ['sɔːspɒt] *n.* 炖锅

saucer ['sɔːsə] *n.* 茶托,(垫,茶)盘,碟

saucerman ['sɔːsəmən] *n.* 星球人,外太空人

sauconite ['sɔːkənaɪt] *n.* 锌蒙脱石,羟锌矿

Saudi Arabia [,saudɪə'reɪbɪə] *n.* 沙特阿拉伯

Saudi Arabian [,saudɪə'reɪbɪən] *n.;a.* 沙特阿拉伯的,沙特阿拉伯人(的)

sauerkraut ['sauəkraut] *n.* 腌菜,泡白菜

saunders ['sɔːndəs] *n.* 檀香

saunter ['sɔːntə] *vi.;n.* 闲逛,漫步

saurel ['sɔːrəl] *n.* 竹荚鱼

Sauria ['sɔːrɪə] *n.* (pl.) 蜥蜴目〔类〕

saurolophus [,sɔːrə'lɒpəs] *n.* 龙栉龙

Sauropsida [sɔː'rɒpsɪdə] *n.* 蜥形类(包括爬行类和鸟类)

Sauropterygia [sɔː'rɒptərɪdʒɪə] *n.* 鳍龙目

sausage ['sɔːsɪdʒ] *n.* 香〔腊〕肠

saussuritization [sɔː,surɪtɪ'zeɪʃən] *n.* 槽化作用

savage ['sævɪdʒ] ❶ *a.* 野蛮的 ❷ *n.* 野人 ‖ **~ly** *ad.* **~ness** *n.*

savanna(h) [sə'vænə] *n.* 热带稀树草原林地

save [seɪv] ❶ *v.;n.* ①(援,营)救,救助 ②节省,免去 ③储蓄,贮存 ❷ *prep.* 除了…(以外) ☆ ***be saved …***省略,免于; ***(be) time saving*** 省时间; ***save and except*** 除了…(以外); ***save of*** 节省; ***save on*** 节省(约); ***save that*** 除…外; ***save up*** 储蓄,储存
〖用法〗注意下面例句中该词的含义：Almost all distortion measurements (save perhaps the direct measurement of a transfer charcteristic) utilize the following fact. 几乎一切失真测量(也许除了直接测量转移特性外)均利用以下这一点。

saver ['seɪvə] *n.* ①救助者 ②节约〔回收〕器,节约装置

saving ['seɪvɪŋ] ❶ *a.* ①补救的,救助的 ②节约的,储蓄的,保留的,除外的 ❷ *n.* 救助,保存〔留〕,节约〔省〕(pl.)储蓄(金),存款 ❸ *prep.* 除…以外,免得

savio(u)r ['seɪvjə] *n.* 救星,(基督教)救世主

savour ['seɪvə] ❶ *n.* 味,滋〔风〕味 ❷ *vi.* 具有…味道(性质,意味),带…气 (of) ❸ *vt.* 尝(味)

savo(u)ry ['seɪvərɪ] *a.* 滋味好的,有香味的,咸的

saw [sɔː] ❶ *n.* see 的过去式 ❷ *n.* ①锯 ②格言,谚语 ❸ (sawed, sawed 或 sawn) *v.* 锯,用(拉)锯 ☆ ***saw down*** 锯倒; ***saw down the middle*** 从中间锯开; ***saw off*** 锯断〔短〕; ***saw the air*** 挥动手臂,指手画脚; ***saw up*** 锯断〔掉〕

sawability [sɔː'bɪlɪtɪ] *n.* 可锯性

sawing ['sɔːɪŋ] *n.* 锯(工,法)

sawlog ['sɔːlɒg] *n.* 可锯木

sawn [sɔːn] saw 的过去分词

sawtooth ['sɔː tuːθ] *n.;a.* 锯齿(形的);锯齿形脉冲〔信号〕

sawyer ['sɔːjə] *n.* 锯木工人,锯木者

saxatile ['sæksətaɪl] *a.* 与岩石有关的,长于岩石间的

saxicoline [sæk'sɪkəlaɪn], **saxicolous** [sæk'sɪkələs] *a.* 居于(岩)石间的

saxin ['sæksɪn] *n.* 糖精

saxol ['sæksəl] *n.* 液体石蜡油

Saxon ['sæksən] *n.;a.* 撒克逊人(的)

saxonite ['sæksənaɪt] *n.* 方辉橄榄岩

saxophone ['sæksəfəʊn] *n.* 顶馈直线性天线(列)

say [seɪ] ❶ (said) *v.* ①说,表明 ②假定,估计,比方说 ❷ *n.* 话,发言(权),说法,谚语 ☆*as much as to say*等于是说; *be said to (do)* 被说成,被认为,据说; *have good reason to say that...* 有充分根据说; *have heard say that ...* 曾听说; *it is hard to say* 很难说; *it is hardly too much to say* 可以毫不夸张地说…也不过分; *(it is) needless to say*〔插入语〕不用说; *it is not too much to say* (这样)…并不过分,可以说; *it is safe to say* 可以有把握地说,不妨说; *it is said that ...* 据说,一般认为; *may well say that ...* 很可以说,有充分根据说; *no sooner said than done* 马上就办; *oddly to say* 说也奇怪; *people say that ...* 听说,据说,一般认为; *say it were true* 倘若是真; *so to say*(插入语)可以这么说,可谓,好比; *strange to say*(插入语)说来也怪; *that is to say*(插入语)也就是,即; *to say nothing of*(插入语)更不用说; *to say the least (of it)*(插入语)至少可以这样说; *when all is said and done* 结果,到底,归根结蒂

〖用法〗❶ 这个词往往作插入语(= let us say),意为"譬如说",它一般在被说明的词前,也有在后的;它前后一般有逗号,也可没有。如: By adjusting the value of, say, the capacitance, the circuit may be tuned to different frequencies. 通过调整比如说电容的数值,就可以把电路谐于不同的频率。/ Well-grounded students can absorb Chapters 4 and 5 in say three weeks. 基础好的学生,在譬如说三个星期内就能掌握第四、五章的内容了。/ Now we connect a conductor charged with, let us say, positive electricity, to the ground. 现在我们把带有譬如说正电的一个导体接地。/ In Fig. 5-1 we show a system of energy levels that are associated with a given physical system—an atom, say. 在图5-1我们画出了一个能级系统,这些能级是与一个给定的物理系统——譬如说原子相关的。/The probability density function for a single random variable (X, say) can be obtained in this way. 以这种方法可以获得单个随机变量(比如说 X)的概率密度函数。

❷ 注意在科技文中"is said to (do)"一般译成"被

说成"或"我们(人们)说",而很少译成"据说"。如: Such conductors are said to obey Ohm's law. 这样的导体被说成是遵循欧姆定律的。/In this case, the bridge is said to be balanced. 在这种情况下,我们说该电桥平衡了。(以上两句中的动词不定式为"主语补足语")❸ 注意下面例句的译法: This is equivalent to saying that everything is attracted by the earth. 这等于是说任何东西均受到地球的吸引。❹ 在下面的例句中为了强调而把谓语动词放在句首了: Said Dr. Samuel Rankin, head of the mathematical sciences department at Worcester Polytechnic Institute in Worcester, Mass.: 'The farther you go out into the scientific and technological frontiers, especially in the kinds of things we are seeing today, you are going to find mathematics.' 位于麻省伍斯特市的伍斯特工业学院数学科学系主任塞缪尔•兰金博士说: "你在科学技术的新领域(特别是在你今天目睹的那些事物中)研究得越深入,你就会发现数学的踪迹。" ❺ 注意下面例句中该词的含义: A literal reading of the model's prediction says that charge drops steeply to zero and then goes to a miniscule negative value. 如实地读一下该模型的预测表明: 电荷急剧地降为零,然后到达微乎其微的一个负值。

saying ['seɪɪŋ] *n.* 话,言论,谚语 ☆*as the saying is (goes)* 俗话说,常言道; *it goes without saying that ...* 不言而喻,显然; *there is no saying* 很难说,说不上

scab [skæb]❶ *n.* ①疤,瑕疵,痂,疥癣,孔,铸痂 ②拼接板 ③凸块 ❷ *v.* 结疤(痂),拼接,铸型冲刷,凿平石料

scabbard ['skæbəd] *n.* 鞘,枪套

scabbed [skæbd] *a.* 有疤的,拼接的

scabbing ['skæbɪŋ] *n.* 成疤,局部露骨

scabble ['skæbl] *vt.* 粗琢

scabbling ['skæblɪŋ] *n.* 粗琢,石片

scabies ['skeɪbiːz] *n.*【医】疥癣病

scabland ['skæblənd] *n.* 崎岖地,劣地

scabrous ['skeɪbrəs] *a.* ①粗糙的 ②多困难的 ③有鳞的

scacchite ['skækaɪt] *n.* 钙镁橄榄石,氯镁矿

scaffold ['skæfəld] ❶ *n.* ①脚手(架),鹰架,支架,看台,绞架 ②棚料,吊盘 ❷ *vt.* 搭脚手架,支架,用脚手架支持

scaffolding ['skæfəldɪŋ] *n.* ①脚手架,鹰架,支架 ②搭脚手架(用的材料),搭棚

scagliola [skæ'ljəʊlə] *n.*【建】仿云石,人造大理石

scalability [.skeɪlə'bɪlɪtɪ] *n.* 可量测性

scalable ['skeɪləbl] *a.* 可称的;可攀登的

scalage ['skeɪlɪdʒ] *n.* ①缩减(降低)比率 ②估量,衡量

scalar ['skeɪlə] *n.;a.* ①数量(的),标量(的),标量张量 ②梯状的,分等级的

scalariform [skə'lærɪfɔːm] *a.* 梯子状的,阶状的

scalary ['skeɪlərɪ] *a.* 如梯的,有阶段的

S

scald [skɔːld] *n.;vt.* 烫(out),烫伤,用沸水〔蒸汽〕清洗

scalder ['skɔːldə] *n.* 热烫机,烫池,烫洗工

scale [skeɪl] ❶ *n.* ①刻度(盘,表),标度,尺度,(刻)度盘,度数,温标 ②(比例,标刻度)尺 ③(pl.)秤(盘)天平(盘) ④规模,比例,程度,(品,等,阶)级 ⑤记数法,进位制 ⑥音阶,乐律 ⑦鳞(片,状物),氧化皮,铁渣,铁鳞,结垢,水垢〔锈〕,废料 ☆*a pair of scales* 一架天平; *at the other end of the scale* 另一方面,相反; *hang in the scale* 未作决定; *on a ... scale* 在…规模上,就…规模(来说); *scale of A to B* A 比 B 的缩尺; *to a scale* 按一定比例; *to scale* 按比例(尺); *to the same scale* 按同一比例(尺); *turn the scale(s)* 改变形势,改变力量对比,起决定性作用; *turn the scale in one's favo(u)r* 使…占上风 ❷ *vt.* ①用缩尺〔按比例〕制图 ②换算,调节,改变〔确定〕比例,按比例缩小,刻尺度,定标 ③重(多少),秤 ④(用梯子)爬,攀登,逐渐变高 ⑤起鳞,剥鳞,起(氧化)皮 ⑥去锈〔垢,鳞〕,剥落 ☆*scale away (off)* 剥〔脱〕落; *scale down* (把…)按比例缩小〔减少〕,递减; *scale up* (把…)按比例增加〔扩大〕,递加

〖用法〗注意下面例句中该词的含义：A current of 0.02 A can cause the galvanometer to deflect full scale. 0.02 安培的电流能引起电流计满刻度偏转。/This meter can read 150 V full-scale. 这只表满刻度的读数为 150 伏。/At that scale, the basic techniques discussed here still apply. 按那个标度,这里讲到的方法仍然适用。/The parallelogram is constructed to scale. 该平行四边形是按比例构建的。/The temporal variation of the first three terms in (6-5) is on the scale of picoseconds (or less). 式(6-5)中头三项的时间变化量处于皮秒(或更低)的档次。

scalebreaker ['skeɪlbreɪkə] *n.* 破〔除〕鳞机

scalecide ['skeɪləsaɪd] *n.* 杀介壳虫剂

scaled [skeɪld] *a.* 成比例的,有刻度的,鳞片状的

scalehandling ['skeɪlhændlɪŋ] *n.* 清除氧化皮,清除水垢

scalelike ['skeɪlaɪk] *a.* 鳞状的

scalene ['skeɪliːn] *n.; a.* 不规则〔不等边〕三角形(的),斜角肌的

scalenohedron [,skeɪliːnə'hedrən] *n.* 偏三角面体

scale-off ['skeɪlɒf] *n.* 鳞落,片落,剥落

scaleover ['skeɪləʊvə] *n.* 过刻度

scaleplate ['skeɪpleɪt] *n.* 标度,标尺,刻度板,标度盘

scaler ['skeɪlə] *n.* ①定标器 ②(脉冲)计数器 ③换算器,换算电路 ④水垢净化器,除(铁)鳞器,去壳器 ⑤量物者,检尺员

scaliness ['skeɪlɪnɪs] *n.* 起鳞程度,多鳞,结水垢

scaling ['skeɪlɪŋ] *n.* ①定标,换标 ②(电脉冲)计数 ③起〔生成〕氧化皮,起鳞,剥落 ④除氧化皮,剥鳞,除锈〔垢〕 ⑥定比例,换算比例

〖用法〗注意下面例句中该词的含义：The situation often arises where a variable must be multiplied by a constant, a process called scaling. 经常会发生这样的情况：一个变量必须乘上一个常数,这一过程叫做换标。

scall [skɔːl] *n.* 头皮屑,结痂

scallop ['skɒləp] ❶ *n.* ①(pl.)粗糙度,扇形豁口,凹坑(毛边) ②耳子,花槽,【冶】裙状花边 ③(pl.)扇贝,扇形 ❷ *v.* 切成扇形

scalloped ['skɒləpt] *a.* 裙状花边的,折痕的

scalp [skælp] ❶ *n.* ①头皮,头壳,秃山顶,突出的岩石 ②战利品 ☆*have the scalp of* 打败〔打倒〕; *take one's scalp* 打胜,报仇 ❷ *vt.* ①剥去表层,剥光,刮平〔垫平〕(道路),修整 ②拔顶 ☆*scalp off* 脱屑

scalper ['skælpə] *n.* 筛机,护筛粗筛;(外科)解剖刀

scalping ['skælpɪŋ] *n.* ①去表面层,剥皮,剥光,修整 ②筛出粗块,(pl.)石屑

scaly ['skeɪlɪ] *a.* 鳞状的

scam [skæm] *n.* 阴谋,骗局,谣传

scan [skæn] ❶ (scanned; scanning) *v.* ①细看,校验,浏览 ②扫描 ③搜索 ④全景摄影 ⑤铰〔钻〕孔 ❷ *n.* 扫描

scanatron ['skænətrɒn] *n.* 扫描管

scandal ['skændl] ❶ *n.* ①丑事〔闻〕②反感,公愤 ③流言蜚语 ❷ *vt.* 使反感

scandalous ['skændələs] *a.* 可耻的,引起反感〔公愤〕的

Scandinavia [,skændɪ'neɪvjə] *n.* 斯堪的纳维亚

Scandinavian [,skændɪ'neɪvjən] *a.; n.* 斯堪的纳维亚的〔人〕,北欧的〔人〕

scandium ['skændɪəm] *n.* 【化】钪

scanister ['skænɪstə] *n.* (集成)半导体)扫描器

scanner ['skænə] *n.* ①扫描器〔程序〕,扫描器 ②析像器 ③多点测量仪,巡回检测装置,探伤器,光电继电器,调整〔节〕器 ④审视者

scanning ['skænɪŋ] *n.;a.* 扫描(的),扫掠(的),搜索(的),全景摄影

scanpath ['skænpɑːθ] *n.* 扫视途径

scansion ['skænʃən] *n.* 析像,图像分解

scant [skænt] ❶ *a.* 不足的,欠缺的 ❷ *n.* 次材 ❸ *vt.* 克扣,减少,限制

scantling ['skæntlɪŋ] *n.* ①一点点,少量 ②样品,略图,样本草图,小块木〔石〕料 ③小材料尺寸

scanty ['skæntɪ] *a.* 不够的,狭隘〔小〕的 ‖ **scantily** *ad.*

scape [skeɪp] *n.* 柱身,独脚根,花葶

scapegoat ['skeɪpgəʊt] *n.* 替罪羊

Scaphopoda [skæ'fɒpədə] *n.* 掘足纲,掘足类软体动物

scar [skɑː] *n.* ①(裂,伤)痕,(钢锭)斑疤,伤疤 ②孤岩,断崖 ③(pl.)空一格;(化铁炉中)冻结物

scarabee ['skærəbiː] *n.* 【数】蜣螂段

scarce [skeəs] *a.* ①缺乏的,不足的 ②稀少的,罕见的

scarcely ['skeəslɪ] *ad.* ①几乎没有,决不 ②稀罕地,

不充分地 ③仅仅 ④勉勉强强,好容易(才) ☆**be scarcely possible** 几乎不可能; **scarcely any** 几乎没有(什么); **scarcely A before (when) B** 刚一 A 就 B; **scarcely ever** 极难得,极少; **scarcely less** 简直相等(一样) 〖用法〗当它处于句首时,句子应该发生部分倒装。如: Scarcely does one know the constraint function with absolute precision. 人们几乎不可能绝对精确地知道约束函数。

scarcement ['skeəsmənt] *n.* 壁阶,梯架

scarcity ['skeəsɪtɪ] *n.* 缺乏,不足,稀少,供不应求

scare [skeə] *v.; n.* 惊(吓,恐,慌),恐慌(怖),吃惊

scarf [skɑːf] ❶ (pl. scarfs 或 scarves) *n.* ①围(领,头)巾,领带,披肩 ②嵌接,(斜嵌)槽,割口,凹线 ❷ *vt.* ①嵌接(配),榫接 ②修切边缘,气刨,烧剥,表面缺陷的火焰清理

scarfer ['skɑːfə] *n.* ①嵌接头(片)②钢坯烧剥器,火焰清理机 ③铲疵工

scarfing ['skɑːfɪŋ] *n.* ①嵌接 ②割口 ③表面缺陷清除,烧剥,火焰清理,气割,气刨

scarfweld ['skɑːfweld] *n.* 嵌焊,斜面焊接

scarification [ˌskeərɪfɪˈkeɪʃən] *n.* 翻松(挖),粉碎

scarifier ['skeərɪfaɪə] *n.* 松土机,翻(耙)路机

scarify ['skeərɪfaɪ] *vt.* ①翻松(挖,路)②在…上划痕

scarifying ['skeərɪfaɪɪŋ] ❶ *a.* 可怕的 ❷ *n.* 划破,翻松

scarlet ['skɑːlɪt] *n.; a.* 深(猩,绯)红(的),红布,红衣

scarp [skɑːp] *n.; vt.* (使形成)陡坡,悬崖,马头丘

scarper ['skɑːpə] *n.* 溜掉,撤退

scarplet ['skɑːplɪt] *n.* 滑坡,小崖

scary ['skeərɪ] *a.* 可怕的,使惊恐的,易受惊的,胆小的

scatacratia [ˌskætəˈkreɪtɪə] *n.* 大便失禁

scathe [skeɪð] *n.* 伤害,损伤

scathing ['skeɪðɪŋ] *a.* ①伤害的,灼伤的 ②严厉的,苛刻的 ‖ **~ly** *ad.*

scatol(e) ['skætɒl] *n.* 粪臭素,甲基吲哚

scatter ['skætə] *v.; n.* ①散布(射),漫射 ②分(扩,疏,驱,弥,色)散 ③撒 ☆**scatter about** 散布; **scatter away from** 从…散开; **scatter A over B** 把 A 撒在 B 上(分布在 B 范围内); **scatter to the winds** 浪费

scatterance ['skætərəns] *n.* 散布(射)

scattered ['skætəd] *a.* 散(漫)射的,分(弥,扩)散的,散漫的,分裂的

scatterer ['skætərə] *n.* 扩散器,散射物质

scattergram ['skætəgræm] *n.* 散布曲线,相关曲线

scattering ['skætərɪŋ] ❶ *n.* 散射,漫射,扩(驱)散 ❷ *a.* 散射的,漫射的,扩散的

scatterometer [ˌskætəˈrɒmɪtə] *n.* 散射仪

scavenge ['skævɪndʒ] *v.* ①打扫,清除,吹除,净化,除垢 ②换气,回油 ③从(废物)中提取有用物质,利用废物

scavenger ['skævɪndʒə] *n.* ①清道工 ②清除剂,电荷捕捉剂 ③清除机,换气管 ④选池 ⑤食腐肉的动物

scawtite ['skɔːtaɪt] *n.* 片柱钙石

scenario [sɪˈnɑːrɪəʊ] (意大利语)(pl. scenari 或 scenarios) *n.* ①剧情(概要),电影剧本 ②方案 ③情况 〖用法〗在科技文中,该词意为"情况",其次是"方案;设想"。如: In the most common scenario, wave 1 is incident on the grating, and wave 2 is the diffracted wave. 最普通的情况是,波 1 入射在光栅上,而波 2 是衍射波。/Let us consider the following realistic scenario. 让我们考虑下面这一现实情况。/ From this statement, one might reasonably pose the following scenario. 由这一陈述,人们合情合理地(理所当然地)会提出下面的设想。

scene [siːn] *n.* ①布(风,情)景,景色 ②场面,一场(幕),一个镜头 ③事件 ④现场 ☆**appear (come, enter) on the scene** 出现(在舞台上),登场; **behind the scenes** 内幕,秘密地,暗中,幕后(活动)的; **on the scene**(重复出现)在出事地点,当场

Scenedesmus [ˈsiːndəsməs] *n.* 栅列藻属

scenery ['siːnərɪ] *n.* 布(风)景,景色,风光

scenic ['siːnɪk] *a.* ①布(风)景的,天然景色的 ②舞台的,戏剧性的 ‖ **~ally** *ad.*

scenioscope ['siːnɪəskəʊp] *n.* 【摄】景像管

scenograph ['siːnəgrɑːf] *n.* 透视图法

scenography [siːˈnɒgrəfɪ] *n.* 透视图法

scent [sent] ❶ *n.* ①香气,气味 ②线索,嗅觉 ❷ *vt.* 嗅(出),闻出,察觉(out); 使(空气)变香 ☆**(be) off the scent** 或 **on a wrong (false) scent** 在错误方向探索,不大有成功可能; **have a scent for politics** 有政治嗅觉; **on the scent of** 追寻…线索

scentless ['sentlɪs] *a.* 无气(香)味的

scentometer [senˈtɒmɪtə] *n.* 气味计

sceptic ['skeptɪk] *n.* 怀疑派,怀疑论者

sceptical ['skeptɪkəl] *a.* 怀疑的(about, of)

scepticism ['skeptɪsɪzəm] *n.* 怀疑(论,主义,态度)

scepter ['septə] *n.* 王位,权杖,笏

sceptron ['septrɒn] *n.* 声频滤波器,频(谱)比(较)识别器

schamotte [ˈʃɑːmɒt] *n.* 耐火黏土

scharnier [ˈʃɑːnɪə] *n.* 卧(再)褶

schedule ['ʃedjuːl, 'skedjʊl] ❶ *n.* ①细目,(一览)表,时间(计划,进度)表,清单 ②进程,日程 ③程序,规范,大纲,工艺过程 ④状态,方式 ☆**(according) to schedule** 按计划; **ahead of schedule** 提前(地); **on schedule** 按(预定)计划,照时间表 ❷ *vt.* ①安排,制表 ②编制目录,编制时间表 ☆**ahead of scheduled time**(较规定时间)提前; **be scheduled to (do)** 预定(做某事); **schedule A into production** 把 A 列入生产计划

scheduler ['ʃedjuːlə] *n.* ①程序机 ②调度器(程

S

序）③生产计划员

scheduling ['ʃedju:lɪŋ] *n.* ①编目录,制表,编制计划 ②工序 ③调度,安排,规划

scheelite ['ʃi:laɪt] *n.* 白钨矿,重石

schema ['ski:mə]（pl. schemata） *n.* 大纲,概要,略图,先验图式,方案,规划

schemata ['ski:mətə] schema 的复数

schematic [skɪ'mætɪk] ❶ *a.* 图解〔式〕的,示意的,概略的 ❷ *n.* 简图

〖用法〗在科技文中该词常用于"schematic diagram",意为"略图,示意图,原理图"。如：A schematic diagram of the amplifier configuration is shown in Fig. 1-6. 放大器构形〔电路构成〕的略图示于图 1-6 中。

schematically [skɪ'mætɪkəlɪ] *ad.* 用示意图,大略地

〖用法〗注意该词在句中的用法：Schematically, a transistor appears as in Fig. 3-8. 用示意图表示的话,晶体管如图 3-8 所示。

schematize ['ski:mətaɪz] *vt.* 把…系统〔计划〕化;用一定程式表达,照公式安排 ‖ **schematization** *n.*

schematograph [skɪ'mætəgrɑ:f] *n.* 视野轮廓测定器

scheme [ski:m] ❶ *n.* ①(略,示意,流程)图,分类表 ②方案〔法〕,模式,计划,设计,安排,配置,体制 ③大纲,概略 ❷ *v.* ①(编制)计划 ②策划,阴谋

〖用法〗❶ 注意下面例句中该词的含义：A basic scheme for comparing a local frequency standard with the broadcasts from a master station is shown in Fig. 5-1. 图 5-1 画出了把本地频率标准与来自主台的广播(频率)进行比较的一种基本方案。/The aim is to ensure that a student understands not only what a particular system does and how it does it, but also where it fits 'into the scheme of things' and what its future prospects are. 目的在于确保学生不仅懂得某一特殊系统的功能和工作原理,而且了解其使用的场合及其将来的前景。❷ 其前面一般用"in",但也有用"under"的。如：Under this scheme, the incoming data stream is divided into quadbits. (i.e., groups of four successive bits.) 在这种方案下,输入的数据流被分成一个一个的四倍长比特(即一些具有四个相继比特的信息组)。

schemer ['ski:mə] *n.* ①计〔规〕划者 ②阴谋者

scheming ['ski:mɪŋ] *a.* 计划的,多诡计的

schemochrome ['ski:məkrəum] *n.* 结构色

schesis ['ski:sɪs] *n.* 体质,气质

scheteligite [ʃə'telɪgaɪt] *n.* 水钛铌钇锑矿

schiller ['ʃɪlə] *n.* 闪光,斑辉石等之青铜色光泽

schillerization [ˌʃɪlərаɪ'zeɪʃən] *n.* 呈虹色,放光彩,闪光(化)

schism ['sɪzəm] *n.* 分裂 ‖ **~atic** *a.*

schist [ʃɪst] *n.* 片岩,页〔板〕岩,结晶片岩 ‖ **~ic** *a.*

schistose ['ʃɪstəus], **schistous** ['ʃɪstəs] *a.* 片岩(状)的,片〔页〕状的

schistosity [ʃɪs'tɒsɪtɪ] *n.* 片理,片岩性

Schistosoma [ˌʃɪstə'səumə] *n.* 裂体吸虫属,血吸虫属

schistosomiasis [ˌʃɪstəsəu'maɪəsɪs] *n.* 血吸虫病,分体吸虫病

schistosomicide [ˌʃɪstəsəu'maɪsaɪd] *n.* 杀血吸虫药

schizocarp ['skɪzəkɑ:p] *n.* 裂果

schizogenesis [ˌskɪzəu'dʒenəsɪs] *n.* 裂生(作用),分裂生殖 ‖ **schizogenetic** *a.*

schizogone [skɪ'zɒgəun], **schizogonium** [skɪzəu'gəunɪəm] *n.* 多核变形体

schizogony [skɪ'zɒgənɪ] *n.* 裂殖〔分裂〕生殖(原生动物)

schizolite ['skɪzəlaɪt] *n.* 斜锰针钠钙石,二分脉岩

schizomycete [ˌskɪzəu'maɪsi:t] *n.* 裂殖菌

schizomycetotrophy [ˌskɪzəmaɪsɪtət'rɒfɪ] *n.* 细菌营养,细菌内寄生

schizont ['skɪzɒnt] *n.* 裂殖体,增裂原虫

schizophrenia [ˌskɪzəu'frenɪə] *n.* 精神分裂症 ‖ **schizophrenic** *a.*

schizophyceae [ˌskɪzəu'faɪsi:] *n.* 裂殖藻类

schizophyte ['skɪzəfaɪt] *n.* 分裂菌,裂殖植物

schizozoite [ˌskɪzəu'zəuaɪt] *n.* 裂殖孢子,裂体性孢芽

schliere ['ʃlɪə] *n.* 纹影,异离体,流层

schlieren ['ʃli:rən] *n.* 条纹(照相),暗线照相,纹影法〔仪〕,异离体,纹影

schnap(p)s [ʃnæps] *n.* 荷兰杜松子酒,马铃薯烧酒,烈酒

schnorkel ['ʃnɔ:kl] *n.* 潜水呼吸管,潜水罩,(潜艇)柴油机通气管工作装置

schoepite ['skepaɪt] *n.* 柱铀矿

schohartite ['skɒhətaɪt] *n.* 重晶石

scholar ['skɒlə] *n.* ①学者 ②学生 ③门徒

scholarly ['skɒləlɪ] *a.* 学究气的,学者派头的

scholarship ['skɒləʃɪp] *n.* ①学问 ②奖学金

scholastic [skə'læstɪk] *a.* ①学校的,教育的 ②烦琐哲学的,故弄玄虚的

scholasticism [skə'læstɪsɪzəm] *n.* ①烦琐哲学 ②墨守成规

school [sku:l] ❶ *n.* ①学校,(大学里的)学院 ②学(流)派 ③学会 ④军事训练 ⑤学业,功课 ⑥(鱼)群 ☆***after school*** 下课后,课余; ***at school*** 在学校〔上学,求学〕; ***be dismissed (expelled) from school*** 被开除学籍; ***go to school*** 上学; ***in school*** 在上学; ***schools of thought*** 几派意见,几学派 ❷ *vt.* ①训练,熏陶 ②教育〔授,导〕 ❸ *vi.* (鱼等)群集

school-age ['sku:leɪdʒ] *a.* 学龄的

school(-)book ['sku:lbuk] ❶ *n.* 教科书,教材,课本 ❷ *a.* 教科书式的

school(-)day ['sku:ldeɪ] *n.* 上课日,(pl.)学生时代

schooling ['sku:lɪŋ] *n.* (学校)教育,训练,驯马,学费

schoolmaster ['sku:lmɑ:stə] *n.* 男教员(尤指中学),(中、小学)校长

S

schoolmate ['sku:lmeɪt] *n.* 同学,校友

schoolmistress ['sku:lmɪstrɪs] *n.* 女教员(指中小学),(中、小学)女校长

schoolroom ['sku:lrʊm] *n.* 教室,课堂

schooltime ['sku:ltaɪm] *n.* 上课时间,学生时代

schooner ['sku:nə] *n.* (二桅,三桅)纵帆船

schooping ['sku:pɪŋ] *n.* 金属喷敷

schorl [ʃɔ:l] *n.* 黑电气石

schorlomite ['ʃɔ:ləmaɪt] *n.* 钛榴石

schort [ʃɔ:t] *n.* ①环线 ②短线

schroeckingerite ['ʃrekɪŋəraɪt] *n.* 板菱铀矿

schubweg ['ʃubweg] *n.* 移动距离

schutzite ['ʃutzaɪt] *n.* 天青石

schwingmetall ['ʃwɪŋmetəl] *n.* 施温橡胶-钢板黏合工艺

sciadopitene [,saɪə'dɒpɪti:n] *n.* 金松烯

sciagraph ['saɪəgrɑ:f] *n.* 投影图,房屋纵断面图

sciagraphy [saɪ'ægrəfɪ] *n.* X 光照相术,投影法,房屋纵断面图

scialyscope [saɪ'ælɪskəʊp] *n.* 隔室传真装置

sciamachy [saɪ'æməkɪ] *n.* 模拟战,假想战

science ['saɪəns] *n.* ①科学 ②自然科学,理科

scienology [,saɪə'nɒlədʒɪ] *n.* 科学学

sciential [saɪ'enʃəl] *a.* (有)知识的

scientific [,saɪən'tɪfɪk] *a.* 科学(上)的,学术(上)的 ‖ **scientifically** *ad.*

scientist ['saɪəntɪst] *n.* 科学家
〖用法〗注意下面例句的含义：The applied scientists find 'problems' for the theoretical scientists to work on. 应用科学家提出供理论科学家研究的"问题"。("for the theoretical scientists to work on" 是不定式复合结构作"problems"的后置定语，"on" 是不能少的,因为逻辑宾语就是"problems",因为不定式作定语时一定要与被修饰的名词之间存在某一逻辑关系。)

scientize ['saɪəntaɪz] *vt.* 使科学化

scillabiose ['sɪləbaɪəʊs] *n.* 绵枣儿二糖,海葱二糖

scillaren ['sɪlərɪn] *n.* 海葱苷

scillaridin ['sɪlərɪdɪn] *n.* 海葱苷配基,海葱定

scilliroside ['sɪlɪrəsaɪd] *n.* 海葱糖苷

scintigram ['sɪntɪgræm] *n.* 闪烁曲线,扫描图

scintigraphy [sɪn'tɪgrəfɪ] *n.* 闪烁扫描术,闪烁照相术

scintilla [sɪn'tɪlə] *n.* ①闪烁 ②火花 ③微量 ④微分子

scintillant ['sɪntɪlənt] *n.* 闪烁体

scintillascope ['sɪntɪlæskəʊp] *n.* 闪烁计

scintillate ['sɪntɪleɪt] *vi.* 闪烁,发火花

scintillation [,sɪntɪ'leɪʃən] *n.* ①闪烁(现象),闪光,(发出)火花 ②焕发

scintillator ['sɪntɪleɪtə] *n.* 闪烁器〔体,剂〕,焕发出聪明才智的人

scintillometer [,sɪntɪ'lɒmɪtə] *n.* 闪烁计

scintilloscope [sɪn'tɪləskəʊp] *n.* 闪烁(观察)镜,闪烁仪

scintilogger [,sɪntɪ'lɒgə] *n.* 闪烁测井计数管

scintipan ['sɪntɪpæn] *n.* 一种包装在塑料套内的干燥混合物,溶解后可制闪烁溶液

scintiphotogram [,sɪntɪ'fəʊtəgræm] *n.* 闪烁照相图

scintiphotography [,sɪntɪfə'tɒgrəfɪ] *n.* 闪烁照相术

scintiscan ['sɪntɪskæn] *n.; v.* 闪烁扫描,闪烁图

scintiscanner ['sɪntɪskænə] *n.* 闪烁扫描器

scintiscanning ['sɪntɪskænɪŋ] *n.* 闪烁扫描,闪烁图术

sciolism ['saɪəlɪzm] *n.* 一知半解

scion ['saɪən] *n.* ①后裔,子孙 ②(树)接穗,插扦

scission ['sɪʒən] *n.* 切〔剪〕断,剪裂,裂变,分离

scissor ['sɪzə] *vt.* 剪(断,下) (off ,out ,up)

scissoring ['sɪzərɪŋ] *n.* 剪(切),(pl.)剪下来的东西,剪存的资料

scissors ['sɪzəz] *n.* 剪刀,剪子,(起落架的)剪形装置
〖用法〗表示"一把剪刀"时,要用"a pair of scissors"。如：In the case of a pair of scissors, the range of motion is increased at the expense of a reduced force. 在一把剪刀的情况下,运动距离增加了,而力减小了。

sclera ['sklɪərə] *n.* (眼球的)巩膜

scleratheroma [,skləræθə'rəʊmə] *n.* (动脉)粥样硬化

sclerenchyma [sklɪə'reŋkɪmə] *n.*【植】厚壁组织,【动】石核组织

sclerometer [sklɪə'rɒmɪtə] *n.* 硬度计

Scleron ['sklerɒn] *n.* (司克龙)铝基合金

sclerophyll [sklɪə'rəʊfɪl] *n.* 硬叶

scleroprotein [,sklɪərəʊ'prəʊti:n] *n.* 硬蛋白

scleroscope ['sklɪərəʊskəʊp] *n.* 硬度计,验硬器 ‖ **scleroscopic** *a.*

sclerose [sklɪ'rəʊs] *v.* 变硬

sclerosis [sklɪə'rəʊsɪs] *n.* (pl. scleroses) 硬化

sclerosphere [,sklɪərəʊ'sfɪə] *n.* 硬质圈,硬球层

sclerotin [sklɪə'rəʊtɪn] *n.* 壳硬蛋白,骨质

sclerot(i)oid [sklɪ'rəʊʃɔɪd] *a.* 菌核(状)的,似菌核的

sclerotium [sklɪ'rəʊʃɪəm] *n.* (pl. sclerotia) 菌核,硬化体

scobs [skɒbz] *n.* 锯屑,刨花,锉屑

scoff [skɒf] *vi.; n.* 嘲弄〔笑〕(at)

scold [skəʊld] *v.* 训斥,责备,指责

scolecology [skəʊlɪ'kɒlədʒɪ] *n.* 蠕虫学

scolecospore [skəʊlɪ'kəspɔ:] *n.* 线形孢子

scombrine ['skɒmbrɪn] *n.* 鲭精蛋白

scombron(e) ['skɒmbrəʊn] *n.* 鲭组蛋白

scone [skɒn] *n.* 锭剂,便帽,烤饼

scoop [sku:p] **❶** *n.* ①勺子,戽斗,铲(斗),收集器 ②洞,穴,凹处 ③(一)舀,(一)铲 ④独家新闻,抢到得到的暴利 ☆*at a (one) scoop* 或 *in (with) one scoop* 一舀〔铲,次〕就,一下子(就) **❷** *vt.* ①舀(取),挖空,淘(铲)起,用勺取出 ②抢先获得 ☆

scoop in 舀进; **scoop out** 挖,舀出,用勺取出; **scoop up** 舀（打）上来,铲（挖）起

scooper ['sku:pə] n. ①(翻)斗式升运机 ②勺子,戽（铲）斗

scoopfish ['sku:pfɪʃ] n. 在航(的)采样戽,铲泥枪

scoopful ['sku:pful] n. 一满勺〔斗〕

scoot [sku:t] vi. 疾走,溜走,喷出

scooter ['sku:tə] n. 小型摩托车,踏板车,窄式开沟铲,喷水炮,注射器

scope [skəup] n. ①范围,广度,见识,视野,【数】辖〔原〕域,作用域 ②场所,机会 ③显示器,阴极射线管,观测望远镜 ☆ **beyond（outside）the scope of** 超出〔不属于〕…范围,为…力所不及; **come within the scope of** 归入…范围〔领域〕之内; **give scope to** 给…发挥的机会; **have full（free, large）scope** 有充分的余地,能充分发挥能力; **within the scope of** 在…范围内在,…能及的地方

scopic ['skɒpɪk] a. 视觉的,广泛的

scopiform ['skɒpɪfɔ:m] n. 帚形

scopolamine [skəʊ'pɒləmaɪn] n. 莨菪胺〔碱〕

scopoletin ['skəʊpələtɪn] n. 莨菪酊

scopoline ['skəʊpəli:n] n. 莨菪灵

scopometer [skə'pɒmɪtə] n. 视测浊度计

scopometry [skə'pɒmɪtrɪ] n. 视测浊度测定法

scorch [skɔ:tʃ] ❶ vt. ①烧（烤）焦,灼伤 ②焦化,(橡胶)过早硫化 ❷ vi. ①焦,枯萎 ②开足马力,飞跑 ③挖苦 ❸ n. 烧焦,焦痕 ②过早硫化 ③高速行驶(的时间)

scorcher ['skɔ:tʃə] n. ①极热的东西 ②大热天 ③高速行驶的驾驶员

scorching ['skɔ:tʃɪŋ] ❶ n. ①疾驰 ②过早硫化,弄焦 ③横晶,穿晶;自动换电极 ❷ a. 极热的,灼人的

score [skɔ:] ❶ n. ①(刻,伤,划)痕,裂缝 ②起跑线 ③画线(器) ④得分(记录),记分,比数,标记(牌) ⑤乐谱 ⑥理由 ⑦二十,(pl.)许多,大量 ☆ **by scores** 很多; **in scores** 很多,大批; **keep (the) score** 记分〔数〕; **level the score** 打平; **make a good score** 成绩好; **on a new score** 重新; **on ... score** 因为,在…点上; **on more scores than one** 为了种种理由; **on the score of** 因为,为了; **scores of**（好）几十,许多; **score(s) of times** 几十次,屡次 ❷ v. ①斫割,划痕 ②划线,打记号 ③计…的数,得胜 ④取得(成功,胜利) ⑤给…评分,记分 ⑥作曲 ☆ **score hits** 命中; **score off** 打败,驳倒; **score out**（用线）划掉; **score over** 打败; **score under A** 在 A 下划线; **score up** 记下来 〖用法〗注意下面例句中该词的含义: The literature is inconsistent on this score. 文献资料在这一点上是不一致的。

scoreboard ['skɔ:bɔ:d] n. 记分牌

scorecard ['skɔ:kɑ:d] n. 记分卡,示分牌

scoria ['skɔ:rɪə] n. (pl. scoriae) 熔渣 ‖ ~ceous a.

scoriated ['skɔ:rɪeɪtɪd] a. 成熔渣的

scorification [,skɒrɪfɪ'keɪʃən] n. 烧渣(试金法),渣化法,铅析(金银)法

scorifier ['skɒrɪfaɪə] n. 渣化皿,试金坩埚

scoriform ['skɒrɪfɔ:m] a. 熔渣形的

scorify ['skɒrɪfaɪ] vt. 用烧熔(试金法)析出,煅烧(矿石)试样,烧熔成渣

scoring ['skɔ:rɪŋ] n. ①得〔评〕分 ②胜利,画线(器具),划痕 ③乐谱

scorn [skɔ:n] n.; v. 藐〔蔑〕视 ‖ ~ful a. ~fully ad.

scorpion ['skɔ:pɪən] n. 蝎子

Scot [skɒt] n. 苏格兰人

scotch [skɒtʃ] ❶ n. ①刻痕,切口 ②制动棒 ❷ vt. ①浅刻 ②压碎,镇压 ③制止(车轮)滚动

Scotch [skɒtʃ] a.; n. 苏格兰的,苏格兰人(的)

scotchlite ['skɒtʃlaɪt] n. 一种反射玻璃材料

Scotchman ['skɒtʃmən] n. 苏格兰人

Scotland ['skɒtlənd] n. 苏格兰

scotograph ['skɒtəugrɑ:f] n. X射线照片

scotography [skə'tɒgrəfɪ] n. X射线照相,暗室显影(法)

scotometer [skə'tɒmɪtə] n. 视测浊度计,目场计

scotonon ['skɒtənən] n. 暗钟

scotophor ['skɒtəfɔ:] n. 暗淡粉,黯光磷光体(荧光粉)

scotopic [skə'təpɪk] a. 微光的,暗视的

scotopsin [skɒ'təʊpsɪn] n. 暗视蛋白

Scots [skɒts] a.;n. 苏格兰人的,苏格兰英语

Scottish ['skɒtɪʃ] a.; n. 苏格兰的,苏格兰人(英语)

scottsonizing ['skɒtsənaɪzɪŋ] n. 不锈钢表面硬化法(商品名)

scoulerine ['skauləri:n] n. 金黄紫堇碱

scoundrel ['skaundrəl] n. 恶棍,无赖,流氓 ‖ -ly a.

scour ['skauə] ❶ v. ①擦,洗,酸洗,打磨,清除,去壳,净化 ②疏浚,灌肠 ③腐〔烧,侵〕蚀,【冶】渣侵蚀 ④飞快地跑过 ☆ **scour about for** 或 **scour after** 搜索,追寻; **scour along** 搜索,跑过; **scour away (off, out)** 擦掉（净,去）❷ n. ①(摩)擦,去锈 ②冲洗,疏浚,灌肠 ③侵蚀

scourage ['skauərədʒ] n. 洗余水,洗涤液

scourer ['skauərə] n. 洗刷器,去壳机,打光机,洗擦者

scourge [skɜ:dʒ] ❶ n. 惩罚,灾难 ❷ vt. 折磨,严惩

scout [skaut] ❶ n. 侦察(兵,机,舰),侦探,勘探者,搜索,巡逻;海鸟,海鸠,善知鸟 ❷ v. ①侦察,探测,搜索,寻找(out, up) ②排斥,拒绝,嘲笑 ☆ **scout about（around, round）(for A)** 到处搜索(A)

scoutplane ['skautpleɪn] n. 侦察机

scove [skəʊv] vt. 泥封

scow [skau] n. 平底船,方驳

scowl [skaul] n.; vi. 皱眉头,怒容,(天气)阴沉起来

scrabble ['skræbl] v. 抓,摸索,做苦工,乱涂写

scrabbled ['skræbld] a. 粗面的

scram [skræm] n.; vt. 急停〔离〕,(紧急)刹车,快速

断开,迅速停止反应堆

scramble ['skræbl] *v.*; *n.* ①(向上)爬,攀(about, up) ②抢,争夺(for),(命令截击机组)紧急起飞 ③炒(鸡蛋)④扰频,改变频率使不被窃听,【计】量化,编码 ⑤使混杂,搅乱 ☆*in a scramble* 急忙,赶忙; *scramble along (on)* 爬向前,勉强对付过去

scrambler ['skræmblə] *n.* (脉冲)量化器,编码器,扰频器

scrap [skræp] ❶ *n.* ①碎片〔屑铁〕,小块的剪报,文章摘录,少许,切边 ②废品〔料,金属,液〕,残渣〔余〕,回炉料 ❷ *a.* 碎的,废的,报废的,剩余的 ❸ (scrapped; scrapping) *v.* 废弃,报废,使成碎屑 ☆ *a scrap of* 少许; *a scrap of paper* 碎纸头,一纸空文; *not a scrap (of)* 一点也没有

scrape [skreip] ❶ *v.* 刮,削,擦,挖 ☆ *scrape against (past)* 擦过; *scrape along* 擦…而过,勉强通过; *scrape away (off)* 刮〔削,擦〕去; *scrape down* 弄平; *scrape through* 好容易完成; *scrape up (together)* 凑集 ❷ *n.* 刮,擦,削,困境 ☆*be in a scrape* 正在为难; *get into a scrape* 陷于困境

scraper ['skreipə] *n.* ①刮刀〔板〕,刮削器 ②刮除机,刮泥板,铲土机 ③橡皮擦

scraping ['skreipiŋ] *n.* 刮,擦,挖,耙运

scrapless ['skreiplis] *a.* ①无屑的,无碎片的 ②无渣的

scrappage ['skræpidʒ] *n.* 废物,报废(率)

scrappy ['skræpi] *a.* 碎料的,剩余的

scratch [skrætʃ] ❶ *v.* ①抓(伤),刮(伤),擦(伤),刻,划 ②刻线,标线 ③潦草地写,涂掉,勾去(off, out, through) ④积攒,凑拢(up) ☆ *scratch the surface in doing* 肤浅地(做); *scratch the surface of A)* 接触到(A 的)皮毛 ❷ *n.* ①刻(划,刮,擦)痕,绘痕 ②刮伤,划一下 ③乱写〔涂〕④(放唱片时)针头噪声,表面噪声 ❸ *a.* 偶然的,凑合的

scratchability [,skrætʃə'biliti] *n.* 易刻性,刻痕度,柔软度

scratch(-)pad ['skrætʃpæd] *n.* ①便条〔笺〕②便笺式〔高速暂存〕存储器

scratchy ['skrætʃi] *a.* 潦草的,拙劣的,发刮擦声的

scrawl [skrɔːl] *v.*; *n.* 乱涂〔写〕

scrawny ['skrɔːni] *a.* 骨瘦如柴的,皮包骨的

scream [skriːm] ❶ *v.* ①发啸声(out) ②振荡〔动〕 ❷ *n.* ①尖叫声 ②非常可笑的事 ③极有趣的人

screaming ['skriːmiŋ] *a.* 非常可笑的

scree [skriː] *n.* 山麓碎石,岩屑堆,(煤)筛

screech [skriːtʃ] *v.*;*n.* ①发出尖叫声,呼啸;泼妇 ②(火箭以及涡轮发动机中发生的)振荡燃烧

screed [skriːd] ❶*n.* ①(瓦工用的)样板,整平板,匀泥尺,抹灰的冲筋 ②冗长的书信〔议论〕❷ *vt.* ①用样板刮平 ②喋喋不休

screen [skriːn] ❶ *n.* ①屏,幕 ②荧光屏,屏〔银〕幕,电影 ③屏蔽(物,板),隔离屏〔罩〕,屏障,烟幕 ④筛,(滤)网,纱窗,百叶窗 ⑤帘栅板,屏极,光栅 ⑥晶格,点阵 ⑦滤光镜,滤膜 ⑧(交通)流水线交织图 ⑨布告板 ☆*make a screen version of* 将…拍成电影; *show (throw) on the screen* 放映; *under the screen of night* 在夜幕的掩护下 ❷ *v.* ①遮,保护,屏蔽,隐蔽,隔离 ②筛选(分) ③审查,甄别 ④适于拍成电影 ☆*be screened from* 不受…的影响,与…隔开; *screen off* 筛除,遮去; *screen out* 筛出

screenage ['skriːnidʒ] *n.* 屏蔽,影像

screened [skriːnd] *a.* 部分封闭的,部分屏蔽的,过筛的

screener ['skriːnə] *n.* 筛,筛分机,筛分工

screenerator [,skriːnə'reitə] *n.* 筛砂松砂机

screening ['skriːniŋ] *n.* ①遮屏蔽,隔离 ②筛选 ③防波 ④ (pl.) 筛屑,筛余物 ⑤ 荧光屏检查

screw [skruː] ❶ *n.* ①螺钉,丝杆,千斤顶 ②(一)拧,旋(转) ③叶片(测流计的或叶轮的)☆*(have) a screw loose* (出)毛病〔故障〕; *give (a nut) a good screw* 拧紧(螺母); *put the screw on* 施加压力 ❷ *vt.* ①拧(紧),旋,(用螺钉)拧紧 ②攻丝,车螺纹于 ③压榨 ④急忙离开 ☆*screw down* 拧紧,旋下; *screw in* 拧进去; *screw its way through* 靠螺旋桨的旋转穿过…前进; *screw off* 拧开; *screw on* 拧上; *screw out* 旋出; *screw up* 拧紧,卷成螺旋形,鼓起(勇气),毁坏

screwdown [skruː'daun] *n.* (螺旋)压下机构,用螺丝拧紧

screwdriver ['skruːdraivə] *n.* (螺丝)起子,改锥,旋凿

screwhead ['skruːhed] *n.* 螺钉头

screwy ['skruːi] *a.* 螺旋形的

scribble ['skribl] *v.*; *n.* 涂(乱)写,潦草书写

scribe [skraib] ❶ *n.* ①缮写 ②划痕,划割 ③(木工)雕心 ❷ *n.* ①抄写者,文牍 ②画线器

scriber ['skraibə] *n.* 划针,画线〔片〕器

script [skript] *n.* ①正本,电影脚本,广播稿 ②笔迹,手书〔迹〕,手写体,书写的字母、数字、符号等 ③答案

scripton ['skriptən] *n.* 转录子

scriptural ['skriptʃərəl] *a.* 根据《圣经》的,书写的

scripture ['skriptʃə] *n.* 《圣经》,经典,经文,手稿

scroll [skrəul] ❶ *n.* ①卷(轴,形物),书卷 ②涡形管,旋涡花样,蜗壳,离心泵(或风机)的蜗室 ❷ *vt.* 打草稿,卷成卷轴形

Scrophulariaceae [,skrɔfjulə'riəsi:n] *n.* 玄参科

scrotum ['skrəutəm] *n.* 阴囊

scrub [skrʌb] ❶ *v.* 擦净(净),洗涤(刷),气体洗涤,摩擦 ❷ *n.* ①擦洗 ②灌木(丛)

scrubbed [skrʌbd] *a.* 洗净的,精制的

scrubber ['skrʌbə] *n.* ①擦洗器,除尘器,洗气(装置),洗涤塔,洗涤机 ②(湿式)煤气洗涤器 ③拖板刷,擦布 ④擦洗者,清洁工

scrubbing ['skrʌbiŋ] *n.* ①(气体)洗涤,擦洗,涤气,净化 ②刷去,摩擦

scrubby ['skrʌbɪ] *a.* 杂木丛生的;肮脏的,破旧的

scruff [skrʌf] *n.* 浮渣,氧化锡,颈背(的松皮)

scrunch [skrʌntʃ] *vt.* 碾碎,缩紧,弄皱

scruple ['skru:pl] *n.; v.* ①(道德上的)犹豫,顾忌 ②极微之量 ☆*do not stick at scruples* 不犹豫; *have scruples about* 对…有所顾忌; *make no scruple of* 毫不迟疑地; *stand on scruple* 顾虑重重; *without scruple* 毫无顾忌地

scrupulous ['skru:pjʊləs] *n.; v.* ①谨慎的 ②认真〔细心〕的,严格的 ☆*be scrupulous about* 对…很认真; *pay scrupulous attention to* 细心注意; *with scrupulous precision* 以一丝不苟的精确性 ‖ ~*ly ad.*

scrutable ['skru:təbl] *a.* 可辨认的,能被理解的

scrutator ['skru:teɪtə] *n.* 观察者,检查者

scrutinize,scrutinise ['skru:tɪnaɪz] *v.* 仔细检查〔研究〕,考〔审〕查,核对,推敲,追究 ‖ **scrutinizingly** *ad.*

scrutiny ['skru:tɪnɪ] *n.* 细看,仔细检查,详尽的研究,推敲 ☆*make a scrutiny into* 详细〔彻底〕检查〔研究〕; *not bear scrutiny* 有可疑的地方

scud [skʌd] ❶ *n.* ①黄铁矿 ②疾走 ③飞〔雨〕云,急〔阵〕雨,飞沫 ❷ *v.* ①疾飞,飞驶 ②刮面

scuff [skʌf] *v.* ①拖着脚步走,(鞋)磨损 ②(齿轮)咬接,划伤,(表面)产生塑性变形 ☆*scuff up* 擦破(表面)

scuffing ['skʌfɪŋ] *n.* 折皱变形,(齿轮)咬(现象),划痕,塑性变形

scull [skʌl] ❶ *n.* ①短桨,橹,小划船,扁筐 ②【冶】结壳,渣壳,包结瘤,底结 ❷ *v.* 划船

sculp [skʌlp] *n.* 雕刻,雕塑

sculps [skʌlps], **sculpsit** ['skʌlpsɪt], **sculpserunt** ['skʌlp'serʌnt](拉丁语)雕刻者,(某某)刻

sculpt [skʌlpt] *v.* 雕刻;做头发

sculptor ['skʌlptə] *n.* 雕刻〔塑〕家

sculptress ['skʌlptrɪs] *n.* 女雕刻〔塑〕家

sculpture ['skʌlptʃə] ❶ *n.* ①雕刻,雕塑(品) ②刻蚀,侵蚀的痕 ❷ *v.* ①雕刻〔塑〕 ②刻蚀,风化 ‖ **sculptural** *a.*

scum [skʌm] ❶ *n.* 泡沫,浮渣,碎屑,水垢,菌膜,卑贱的人 ❷ *v.* (scummed; scumming) *v.* ①除浮渣,撇渣(off) ②起泡沫,形成浮渣,吐渣

scumble ['skʌmbl] *vt.; n.* 涂暗色,涂不透明色

scummer ['skʌmə] *n.* 撇渣勺,除渣器

scumming ['skʌmɪŋ] *n.* ①撇渣 ②(pl.)浮渣 ③吐渣

scummy ['skʌmɪ] *a.* 泡沫〔渣滓〕的,浮渣(状)的,卑劣的

scunner ['skʌnə] *v.* 憎恶,讨厌

scupper ['skʌpə] ❶ *n.* (甲板)排水口,流口 ❷ *vt.* 使(船)沉没

scurf [skɜ:f] ❶ *n.* 头屑,表皮屑,糠秕 ❷ *vt.* ①刮除(皮屑等) ②(像是)蒙上(皮屑)

scurry ['skʌrɪ] *vi.; n.* ①疾走,奔忙,乱转 ②飞散,弥漫 ③骤雨

scurvy ['skɜ:vɪ] ❶ *n.* 坏血病 ❷ *a.* 卑鄙的 ‖

scurvily *ad.*

scotch [skɒtʃ] ❶ *n.* 石工小锤,刨锤,打麻机 ❷ *v.* 【纺】清(棉),打(麻)

scutcher ['skʌtʃə] *n.* 打麻〔清棉,开棉〕机

scuttle ['skʌtl] ❶ *n.* ①煤斗,筐 ②天窗,小舱口 ❷ *v.* ①凿沉,使(船)沉没 ②逃奔,赶急(off,away)

scuzz [skʌz] *n.* 邋遢的人,脏东西

scyelite ['saɪlaɪt] *n.* 闪云橄榄岩

scyllitol ['sɪlɪtɒl] *n.* 鲨肌醇

scymnol ['sɪmnɒl] *n.* 鲨胆甾醇;鲨胆固醇

scyphoid ['saɪfɔɪd] *a.* 杯状的

Scyphomedusae [,saɪfəmɪ'dju:sɪ] *n.* (pl.) 水母类,钵水母纲

scyphozoa [,saɪfə'zəʊə] *n.* (pl.)钵水母纲,真水母类

scythe [saɪð] ❶ *n.* 长柄大镰刀 ❷ *v.* 用(大)镰刀割

sea [si:] ❶ *n.* ①海(洋) ②海面状况,风浪,(波)浪,涛 ❷ *a.* 海的,航海的 ☆*above (the) sea (-level)*海拔; *arm of the sea* 海湾; *a sea of* 大量的; *at full sea* 满潮,在高潮上,极端; *at sea* 在海上,在航海途中,茫然不知所措; *beyond (across, over) the sea(s)* 在海外; *by sea* 经海路; *by the sea* 在海边; *empty (itself) into the sea* 流注入海; *go (down) to the sea* 到海边去; *head the sea* 迎浪行驶; *high (heavy,rough) sea* 怒涛,巨浪; *keep the sea* 在继续航行中; *on the sea* 在海上,坐着船,在海边; *out at sea* 航行中; *put (out) to sea* 离港,出海; *stand to sea* 离陆驶向海洋; *take the sea* 乘船,下水; *the high seas* 大〔公〕海; *the closed sea* 领海

seabank ['si:bæŋk] *n.* 防波堤,海岸

seabase ['si:beɪs] *n.* 海上基地

seabased ['si:beɪst] *a.* 舰上的,舰载的

seabed ['si:bed] *n.* 海床

seabee ['si:bi:] *n.* 海军工兵,一种小型水陆两用飞机

seaborne ['si:bɔ:n] *a.* 海生的

seadragon ['si:drægən] *n.* 海龙

seadrome ['si:drəʊm] *n.* 海面机场

seafaring ['si:feərɪŋ] *a.* 航海的,水手的

seal [si:l] ❶ *n.* ①封(口,闭,蜡,铅,焊,条),铅(熔,蜡)封 ②密封,绝缘(装置),气(油)密,垫圈(料)③印记,图章,捺印,封缄 ④保证,批准 ⑤海豹 ☆*affix (stamp, put, set) one's seal to* 在…上盖印,保证,批准; *break (take off) the seal* 开封; *put a (the) seal on (upon)* 或 *put under seal* 封,加封蜡(铅)于…之上 ❷ *vt.* ①(密)封,给…封口(蜡,铅),焊封,绝缘,隔离 ②盖印于,封缄 ③保证,决定 ☆*seal in* 焊接,密封,封入; *seal off* 密封,隔离,脱焊,烫平; *seal on* 焊上; *seal A to B* 使 A 和 B 隔绝; *seal up* 密封,封固; *sign and seal* (在…上)签字盖章

sealability [,si:lə'bɪlɪtɪ] *n.* 密封性能,胶黏性

sealant ['si:lənt] *n.* 密封胶,填缝料

sealed [si:ld] *a.* 密(焊)封的,气密的

sealer ['si:lə] *n.* 密封器,保护层,渗补料

sealing ['si:lɪŋ] *n.* ①(焊)封,封闭 ②堵塞,填缝,压

实填料 ③补铸件的漏洞,浸补

sealplate ['si:lpleɪt] n. 密封板

Sealvar ['si:lvə] n. 一种铁镍钴合金

seam [si:m] ❶ n. ①(接,焊)缝,接合(处,线,缝面) ②发裂,疤痕,皱纹,节理 ③模缝飞边,(玻璃的)磨边 ④(夹,薄,煤)层 ❷ vt. ①缝合,合接 ②卷边接合 ③留有疤痕 ❸ vi. 生裂缝

seamail ['si:meɪl] n. 海邮

seaman ['si:mən] (pl. seamen) n. 海员,水手

seamanship ['si:mənʃɪp] n. 航海术

seamer ['si:mə] n. 封口机

seaming ['si:mɪŋ] n. 接缝,缝合,卷边接合〔缝〕

seamless ['si:mlɪs] a. 无缝的,压制的

seamstress ['si:mstrɪs] n. 缝纫女工

seamy ['si:mɪ] a. 有缝的,有疤痕的

seapeak ['si:pi:k] n. 海底峰

seaplane ['si:pleɪn] n. 水上飞机

seaport ['si:pɔ:t] n. 海港

seaquake ['si:kweɪk] n. 海啸,海震

sear [sɪə] ❶ vt. 烧〔烙〕…的表皮,烧,灼,烫焦;使干枯 ❷ n. ①烙印 ②(枪炮)扣机 ❸ a. 枯萎的,枯干的

search [sɜ:tʃ] v.; n. ①搜〔探〕索,勘探,查查,研究,寻找,【计】检索,觅数 ②进入 ③扫描 ☆ **in search of** (为了)寻求; **make a search after (for)** 寻找,追求; **search after (for)** (对…的)寻找〔探索,调查〕; **search into** 调查; **search out** 搜〔探〕出,找到
〖用法〗❶ 注意下面例句中该词的含义: This difficulty has stimulated many searches for better methods of multiplication, division, mixing and filtering. 这一困难激起了(人们)积极寻求乘、除、混合和滤波的更好方法。❷ 作动词时,"search …"意为"搜查…",而"search for …"表示"搜寻…"。

searcher ['sɜ:tʃə] n. ①搜索器,探针 ②塞尺,间隙规 ③搜寻者,(海关,船舶)检查员

searching ['sɜ:tʃɪŋ] a.;n. ①搜索(的),探查 ②透彻的,严格的

searchlight ['sɜ:tʃlaɪt] ❶ n. 探照灯 ❷ v. 探测,探照灯搜索,雷达搜索〔导航〕 ☆ **turn the searchlight of A on B** 以 A 的眼光来观察 B

searing ['sɪərɪŋ] ❶ n. 修型 ❷ a. 灼热的

seascape ['si:skeɪp] n. 海(上)景(观)

seashells ['si:ʃelz] n. (pl.)海洋贝类

seashore ['si:ʃɔ:] n. 海滨〔岸,滩〕

seasick ['si:sɪk] a. 晕船的 ‖ **seasickness** n.

seaside ['si:saɪd] n. 海滨的

season ['si:zn] ❶ n. ①季节,时令 ②好时机,旺季,时效 ③暂时 ④(木材)风干 ⑤月〔季〕票 ❷ v. ①使适用 ②风干(木材),晾干,老化 ③(皮革)涂光 ☆ **at all seasons** 一年四季; **for a season** 一时; **in due season** 在适当的时候; **in good season** 恰好,恰合时宜; **in season** 应时的,当令的,恰合时宜(的); **in season and out of season** 始终,不断,不拘任何时间; **out of**

season 过时(的),不当令的,失去时机

seasonable ['si:zənəbl] a. ①合时宜的,适合时机的,恰好的 ②合适的 ‖ **seasonably** ad.

seasonal ['si:zənl] a. 季节(性)的,随季节而变化的

seasoning ['si:zənɪŋ] n. ①(风,晾)干,干燥〔处理〕,(木材)自然干燥,风化,晾纸 ②时效(处理),自然时效,陈化 ③调质,调味(品) ④(皮革)涂光 ⑤(磁控管)不稳定性

seasonless ['si:znlɪs] a. ①无季节性变化的 ②未平整的

seat [si:t] ❶ n. ①座(位,席),基座,支撑面,台板,垫铁 ②位置,场所,中心,震源,焦点 ❷ vt. ①使坐下,安置 ②可坐…人 ③修理〔安装〕…的座部
〖用法〗注意下面例句中该词的含义: The nucleus is assumed to be the seat of the essential part of the mass of the atom. 原子核被认为是原子质量主要部分的所在。

seatainer ['si:teɪnə] n. 船用集装箱

seater ['si:tə] n. 座机,有(多少个)座位的飞机〔汽车〕

seating ['si:tɪŋ] n. ①(底,插)座,支架,基础,座位 ②装置

seatrain ['si:treɪn] n. 火车渡船

Seattle [si:ætl] n. 西雅图(美国港口)

seawall ['si:wɔ:l] n. 海塘,护岸

seaward ['si:wəd] ❶ a.;ad. 向海的 ❷ n. 海那一边

seawards ['si:wədz] ad. 向海

seawater ['si:wɔ:tə] n. 海水

seaweed ['si:wi:d] n. 海藻

seaworthiness ['si:wɜ:ðɪnɪs] n. 适航性,耐波性

seaworthy ['si:wɜ:ðɪ] a. 适(于)航(海)的,经得起风浪的

sebacate ['sebəkeɪt] n. 癸二酸盐〔酯〕

sebaceous [sɪ'beɪʃəs] a. 脂肪的

sebocystoma [,sebəsɪ'stəumə] n. 皮脂囊肿

sebum ['si:bəm] n. 皮脂

sec [sek] a. ①略具甜味的,淡的 ②干的

secalin ['sekəlɪn] n. 裸麦醇溶蛋白,黑麦精

secant ['si:kənt] ❶ n. 正割,割线 ❷ a.(横)切的,交叉的,两断的

secateurs ['sekətɜ:z] n. 修整〔树〕剪

secede [sɪ'si:d] vi. 退出,脱离(from),割让 ‖ **secession** n.

secern [sɪ'sɜ:n] v. ①区分,鉴别 ②分开〔离,泌〕

seclude [sɪ'klu:d] vt. 隔绝,分离 ‖ **seclusion** n.

secohm ['sekəum] n. 秒欧(姆)(电感的旧单位)

secohmmeter [,sekəu'mi:tə] n. 电感表

secoisolarciresinol [,sekəuaɪsələ:sɪ'resɪnɒl] n. 开环异落叶杉脂酚

second ['sekənd] ❶ a. ①第二的,二〔次〕等的,其他的,另一个 ②次(级)的,辅助的,额外的 ❷ n. ①秒,片刻 ②第二(名),另一人〔物〕 ③(某月)二日 ④(pl.)次货,废品 ⑤助手 ❸ ad. 第二(地),次要地 ❹ vt. 辅助,赞成 ☆ **come second** 占第二位; **every second day** 每隔一天; **for the second** 第二次; **(have) second thoughts** 改

变主意,重新考虑; *in a second* 立刻,转瞬间; *in the second place* 第二(点),其次; *on every second line* 每隔一行; *(play) second fiddle (to)* 做(…的)副手,居于次要地位; *second floor (storey)*〔英〕三楼,〔美〕二楼; *second to none* 第一,独一无二

〖用法〗"a second" 并不表示次序,而是意为"另一个",一般也可汉译成"第二个"。如: A second example is the sawtooth wave. 另一个例子是锯齿波。/This signal is amplified a second time by A₃. 这个信号被 A₃ 再次放大。

secondary ['sekəndərɪ] ❶ *a.* ①第二性(级,期,阶段)的,再生的,【数】二次(方)的 ②次要〔级,等,生)的,副的,(学校)中等的,辅助的,继发性的 ❷ *n.* ①副手 ②副线圈,次级绕组 ③二次产品,中间产物 ☆*be of secondary importance* 不太重要

secondly ['sekəndlɪ] *ad.* 第二,其次

secrecy ['si:krəsɪ] *n.* 秘密, 保密, 隐蔽 ☆*in (with) secrecy* 秘密地,暗中; *with great (the utmost) secrecy* 极秘密地

secret ['si:krɪt] ❶ *a.* ①秘(保)密的,隐蔽的,暗藏的 ②神秘的,不可思议的 ❷ *n.* ①秘(机)密,秘诀,奥妙 ②(pl.)神秘,奇迹 ☆*be in the secret* 知道〔参与〕秘密; *in secret* 秘密地; *keep a (the) secret* 保守秘密; *keep A a secret from B* 把 A 对 B 保密; *let A into the secret* 告诉 A 秘密,对 A 传授秘诀; *let out a secret* 泄露秘密; *make a (no) secret of* 把〔不把〕…保守秘密

〖用法〗注意下面例句中该词的含义: There is no secret that, in order to couple to space the output of a transmitter or the input of a receiver, some sort of interface is essential. 显然,为了使发射机的输出或接收机的输入与空间耦合,必须要有某种接口。

secreta [sɪ'kri:tə] *n.* (pl.)分泌物

secretagogue [sɪ'kri:təgɔg] *n.* 促分泌素

secretarial [,sekrə'teərɪəl] *a.* 秘书(工作)的,书记的,部长的,大臣的

secretariat(e) [,sekrə'teərɪət] *n.* ①秘书,书记 ②部长,大臣 ③(协会)干事

secrete [sɪ'kri:t] *vt.* ①(隐)藏,隐匿 ②分泌 ③侵吞

secretin [sɪ'kri:tɪn] *n.* 肠促胰激素,分泌素

secretinase [sɪ'kri:tɪneɪs] *n.* 肠促胰液肽酶

secretion [sɪ'kri:ʃən] *n.* 分泌(作用),分泌物

secretive [sɪ'kri:tɪv] *a.* ①遮掩掩的 ②(促进)分泌的

secretly ['si:krɪtlɪ] *ad.* 秘密〔隐蔽〕地

secretogogue [sɪ'kri:təgɔg] *n.* 催分泌素,促分泌剂

secretomotor [,sɪkri:təʊ'məutə] *n.* (促)分泌神经

secretory [sɪ'kri:tərɪ] *a.* 分泌的

sect [sekt] *n.* 宗派 ‖ ~**arian** *a.*

sectarianism [sek'teərɪənɪzəm] *n.* 宗派主义

sectile ['sektaɪl] *a.* 可切〔分〕的,可剖开的,分段的

sectility [sek'tɪlɪtɪ] *n.* 切割

sectilometer [,sektɪ'lɔmɪtə] *n.* 切割计

section ['sekʃən] ❶ *n.* ①截面(图),剖视,截口 ②切开〔割〕,分段,环节 ③断〔切〕片,磨片 ④部分,片段,舱,(火箭)级 ⑤节,段(落),区,部门,工段,科 ⑥刃口,动刀片 ❷ *vt.* ①拆,截,剖,切断,区分 ②作截面图,做薄片 ☆*build in sections* 分部制造(最后装配); *convey in sections* 拆开搬运; *section out* 分〔标〕出,使…和…分开; *section through A* (通过)A(处)的剖面(图)

〖用法〗注意其缩略形式的复数形式: Secs. 3.1.2 and 3.1.3 are for reference only. 3.1.2 和 3.1.3 节仅供参考。

sectional ['sekʃənəl] *a.* ①部分的,部门的 ②分区〔段)的,局部的 ③截面的,剖视的 ④组合的 ‖ ~**ly** *ad.*

sectionalize ['sekʃənəlaɪz] *vt.* ①分段 ②使地方主义化 ‖ **sectionalization** *n.*

sectionman ['sekʃənmən] *n.* (道路)区段工长

sectometer [sek'tɔmɪtə] *n.* 轮胎压力分布仪

sector ['sektə] ❶ *n.* ①扇形(面,体,齿轮),齿弧,弧三角形 ②区(段),方面,象限,组 ③两脚规,量角器,函数尺 ④象限仪 ⑤凹口,切口 ❷ *v.* 扇形扫描

sectorial [sek'tɔ:rɪəl] ❶ *a.* (似)扇形的,瓣状的,分段的,(适于)切割的 ❷ *n.*【动】裂牙

sectorization [,sektəraɪ'zeɪʃən] *n.* (划)分(为扇形)区

sectrometer [sek'trɔmɪtə] *n.* 真空管滴定计

secular ['sekjʊlə] *a.* ①现世的,非宗教的 ②长期的,百年一度的,永久的,缓慢的

secundo [sɪ'kʌndəʊ] (拉丁语)*ad.* 其次,第二

secundum [sɪ'kʌndəm] (拉丁语)*prep.* 按照,根据

securable [sɪ'kjʊərəbl] *a.* 可获得的,可保安全的

secure [sɪ'kjʊə] ❶ *a.* ①安全的,牢固的,保险的,确有把握的,必定的 ☆*be secure against (from)* 没有(遭受)…的危险; *be secure of* 对…有把握,确信; *feel secure about (as to)* 对…(觉得)放心 ❷ *vt.* ①使安全〔可靠〕,保障 ②关(扣,卡)紧,固定 ③得到,吸引 ☆*secure A against B* 保护 A 免受 B; *secure A from B* 保护 A 不受 B,从 B 得到 A; *secure one's end (object)* 达到目的; *secure A to B* 把 A 固定在 B 上 ‖ ~**ly** *ad.*

securitron [sɪ'kjuːrɪtrɔn] *n.* 电子防护系统

security [sɪ'kjʊərɪtɪ] *n.* ①安全,可靠,稳固 ②保障,保密(措施)③保证(物),担保(物),(pl.)证券,债券 ☆*go into (enter into, give) security (for)* (为…)作保; *in security* 安全地; *in security for* 作为…的担保〔品〕

sedan [sɪ'dæn] *n.* 轿车〔子〕,单舱汽艇

sedate [sɪ'deɪt] *a.* 镇静的,庄重的 ‖ ~**ly** *ad.* ~**ness** *n.*

sedation [sɪ'deɪʃən] *n.* 镇静(作用)

sedative ['sedətɪv] *a.*; *n.* 镇静(剂)

sedentary ['sedəntərɪ] *a.* 久坐的,固定不动的

sedge [sedʒ] *n.* 芦苇

sediment ['sedɪmənt] *n.* ①沉积(物),泥沙 ②渣滓,残渣,水垢

sedimental [ˌsedɪˈmentl], **sedimentary** [ˌsedɪˈmentərɪ] *a.* 沉积的,(含有)沉淀物的,由渣形成的,冲积的

sedimentate [ˈsedɪmənteɪt] *v.* 沉积

sedimentation [ˌsedɪmənˈteɪʃən] *n.* 沉积(物,法,作用),沉淀,泥沙堆积,敷镀

sedimentator [ˈsedɪmənteɪtə] *n.* 沉淀器,离心器

sedimentin [ˌsedɪˈmentɪn] *n.* 促红细胞沉降物质

sedimentology [ˌsedɪmənˈtɒlədʒɪ] *n.* 沉积学

sedimentometer [ˌsedɪmənˈtɒmɪtə] *n.* 红细胞沉降速度测定器

sedition [sɪˈdɪʃən] *n.* 煽动,捣乱

seditious [sɪˈdɪʃəs] *a.* 煽动性的

sedovite [ˈsedəvaɪt] *n.* 褐钼铀矿

sedurene [ˈsedjuːren] *n.* 瑟杜烯

sedulity [sɪˈdjuːlɪtɪ] *n.* 勤奋 ‖ **sedulous** *a.*

see [siː] (saw, seen) *v.* ①看,见,观察 ②看出,明白 ③查看,检查,注意 ④经历,遭遇,经受 ⑤参观,访问,送(别) ☆ *as I see it* 据我看; *as seen* 显然,正如所看到的那样; *as will be readily seen* 不难看出; *has seen its best days* (它)现在不行了; *not see the use (good advantage) of doing* 未明白做…的益处; *see about …* 注意,留神,查考; *see after* 照看; *see at a glance* 一看就明白; *see fit (good) to (do)* 觉得…是适宜的; *see for oneself* 亲自证实,亲眼去看; *see into* 调查,彻底理解; *see into the matter* 调查〔理解〕事情; *see it* 了解,理会; *see much (nothing, something) of* 常常(不,偶尔)碰见; *see (him) off* 送别(他); *see one's way (clear) to (do) (to doing)* 设法(做…); *see over* 仔细看一遍; *see service* 有战斗经验,用久〔坏〕了; *see stars* 眼冒金星; *see the last of* 做完,最后见见,赶走; *see the light (of the day)* 出世;公之于世;领悟,得到正确的观念;刊行; *see the sights* 游览,观光; *see the time when* 遭遇到; *see that …* 设法使,留心务必使; *see through* 穿,通过…看,把…做完; *see to* 注意,留心,照料; *see to it that* 设法使,保证; *see well and good* 觉得好,认为不要紧; *you see* 〔插入语〕你一定明白,我必须现在告诉你; *seeing that …* 鉴于
〖用法〗❶ 它常跟从句。如: We see that this simplifies to the following expression. 我们看到,这就简化成了下面的表达式。/It is seen that the collector dissipation is a maximum when no signal is present. 我们看到,当不存在信号时,集电极功耗为最大值。❷ 它可以跟补足语(常见的是 as 短语或动词不定式、分词等)。如: Routers have often been seen as one of the lagging technologies. 路由器往往被视做为落后的技术之一。/The slope of the output voltage is seen to be constant in both cases. 在两种情况下输出电压的斜率均看成是恒定的。/In this case, the capacitor is seen to have negligible impedance in comparison with R_L. 在这种情况下,我们看到电容器的阻抗与 R_L 相比是可以忽略不计

的。/You can see these building blocks applied in the subsequent chapters. 你会看到这些构件应用在随后的章节中。/Moving in the other direction, we see the depletion approximation improving with increased doping. 如果朝另一方向移动的话,我们看到耗尽层近似值随着掺杂的不断增加而提高。/If you let your pencil drop to the floor, you can see gravity in action. 如果你让铅笔掉向地面,你就能看到重力在起作用。❸ 一种特殊句型: "名词(时间,地点或事物)+ see"。如: The 1980s saw the rise of the personal computers. 个人计算机兴起于 20 世纪 80 年代。/The last two years have seen substantial changes in the availability of Internet services and facilities. 最近两年在因特网服务及设施的可用性方面有了显著的变化。/MOS devices see considerable use in logic circuits. 金属氧化物半导体器件在逻辑电路中得到了大量的应用。❹ 当它用于祈使句时,可以表示"(请)参见"之意,它等效于"the reader is referred to"。如: For a detailed discussion, see Ref. 9, pages 196 to 197. 对于详细的讨论,(请)参见参考资料9,第 196 页到 197 页。❺ 注意下面例句中该词的用法: In the ten years since this book was first published significant changes have been seen in metalworking. 自从本书首次出版以来的十年间,金属加工业发生了很大的变化。❻ 在普通英语中,不带"to"的动词不定式和现在分词均可作宾语补足语,前者表示从动作的开始看到结束,后者表示动作正在进行。

seeable [ˈsiːəbl] *a.* 看得见的

seed [siːd] ❶ *n.* ①种子,籽晶,籽源 ②颗粒,晶粒 ③火种,点火源 ④种子选手 ⑤开端,萌芽 ⑥子孙,后代 ❷ *v.* 结子,成熟;播种;去…核;活化 ☆ *seed out* 结晶析出

seedbed [ˈsiːdbed] *n.* 种子田,苗床

seeder [ˈsiːdə] *n.* 播种机〔者〕

seedholder [ˈsiːdhəuldə] *n.* 籽晶夹头

seeding [ˈsiːdɪŋ] *n.* ①播种,植草,孕育 ②加晶种 ③撒干冰

seedling [ˈsiːdlɪŋ] ❶ *n.* 秧〔树〕苗 ❷ *a.* 从种子栽培的,原始状态的

seedtime [ˈsiːdtaɪm] *n.* 播种期

seedy [ˈsiːdɪ] *a.* 多(种)子的,多核的,结粒的;(玻璃)多气泡的;不舒服的,破旧的

seehear [ˈsiːhɪə] *n.* 视听器

seeing [ˈsiːɪŋ] ❶ see 的现在分词 ❷ *n.* 视力,观看,像清晰度,能见度 ❸ *prep.;conj.* 因为,(有)鉴于(that)

seek [siːk] (sought) *v.* (寻)找,探寻,追求,寻的,征求;朝…而去 ☆ *be not far to seek* 不难找到,在近旁,very明显; *little (much) sought after* 不大〔很〕需要; *seek after (for)* 寻〔追〕求,试图获得; *seek out* 寻找,找出,发现; *seek to (do)* 设法(做某事); *to seek the truth from facts* 实事求是
〖用法〗注意下面例句的含义: The second term is the correction sought. 第二项就是所寻求的修正量。

seeker ['si:kə] *n.* ①搜索者,探寻器 ②自导导弹,自动寻的弹头,目标坐标仪,寻的制导系统

seeking ['si:kɪŋ] *n.* 寻找,寻的,自动导引

seem [si:m] *vi.* 仿佛(是),似乎(是) ☆*it seems as if* 仿佛;像是; *it seems certain that* 看来一定是…; *it seems (would seem, should seem) that* 看来,似乎; *it seems to ... that* 在…看来(似乎); *there seem to be* 似乎有; *there seem to be some cases* 似乎有时
〖用法〗❶ 注意否定的转移译法: This computer does not seem to be as good as that one. 这台计算机似乎没有那么好。❷ "seem"后面接动词不定式时为"半助动词",而接形容词或名词时为"连系动词"。如: In everyday life, forces seem to be transmitted only by 'direct contact'. 在日常生活中,力似乎是仅仅通过"直接接触"来传递的。/This situation seems possible in some cases. 在某些情况下,这种情况似乎是可能发生的。下面句中的"to be"往往可以省去。如: The reference standard seems (to be) particularly important in time and frequency measurements. 参考标准在时间和频率测量方面似乎特别重要。

seeming ['si:mɪŋ] ❶ *a.* 表面上的,似乎的 ❷ *n.* 外观,表面 ‖ **seemingly** *ad.*

seemly ['si:mlɪ] *a.* 适宜的,恰当的;有礼的 ‖ **seemliness** *n.*

seen [si:n] see 的过去分词

seep [si:p] *vi.* 渗出,渗漏(滤) ☆*seep in* 渗入 ❷ *n.* 水陆两用吉普车

seepage ['si:pɪdʒ] *n.* 渗漏(透,溢),过滤,油苗

seepy ['si:pɪ] *a.* 漏水〔油,气〕的

seer ['si:ə] *n.* 观看者

seersucker ['sɪəsʌkə] *n.* 泡泡纱

seesaw ['si:sɔ:] ❶ *n.* ①跷跷板 ②上下运动 ③交替,起伏 ❷ *a.* 上下动的,杠杆式的 ❸ *vi.* ①上下运动,前后运动 ②交替,起伏

seethe [si:ð] *v.* 沸腾,煮沸,起泡,骚动,云集 ‖ **seething** *a.*

seggar ['segə] *n.* 火泥,火泥箱,退火罐

segment ['segmənt] ❶ *n.* ①(分割的)部分,切片 ②段,节 ③弓形块,扇形体 ④球缺 ❷ *v.* 分割,切断

segmental [seg'mentl], **segmentary** ['segmən-tərɪ] *a.* ①部分的,扇〔弓,弧〕形的,球缺的 ②段〔节〕的,分割的,片断的

segmentation [,segmen'teɪʃən] *n.* ①分裂〔割,段,节〕,切块,区段,节段法 ②【计】段式,程序段分段

segmer ['segmə] *n.* 链段

segregability [,segrɪgə'bɪlɪtɪ] *n.* (混凝土粗颗粒的)分离能力,离析性

segregate ['segrɪgeɪt] ❶ *v.* ①分离,隔离,分门别类 ②分凝,离析,偏集 ❷ *a.* 孤立的,单独的

segregation [,segrɪ'geɪʃən] *n.* 分开,种族隔离,离析,离解,反乳化,偏集

segregative ['segrɪgeɪtɪv] *a.* ①分离的,离析的 ②爱分裂的

segregator ['segrɪgeɪtə] *n.* 分离器

segresome ['segrɪsəm] *n.* 离解颗粒

seiche [seɪʃ] *n.* 湖面波动,湖震,假潮,湖啸

seichometer [seɪ'ʃɒmɪtə] *n.* 湖震测定器

seism ['saɪzəm] *n.* 地震

seismal ['saɪzməl], **seismic(al)** ['saɪzmɪk(əl)] *a.* 地震(所引起)的,与地震有关的

seismicity [saɪz'mɪsɪtɪ] *n.* 地震在某一地区之频度、强度或分布,地震活动性

seismicrophone [saɪz'maɪkrəfəʊn] *n.* 地震话筒,地震微音器

seismism ['saɪzmɪzəm] *n.* 地震现象

seismocardiography [,saɪzməʊkɑ:dɪ'ɒgrəfɪ] *n.* 心震描记法

seismogenesis [,saɪzmə'dʒenəsɪs] *n.* 地震成因

seismogenic [,saɪzmə'dʒenɪk] *a.* 地震的

seismogram ['saɪzməgræm] *n.* 地震波图

seismograph ['saɪzməgrɑ:f] *n.* 地震仪,测震仪 ‖ **seismographic(al)** *a.*

seismography [saɪz'mɒgrəfɪ] *n.* 地震(仪器)学,地震测验法,地震仪使用法

seismological [,saɪzmə'lɒdʒɪkəl] *a.* 地震学(上)的

seismologist [saɪz'mɒlədʒɪst] *n.* 地震工作者,地震学家

seismology [saɪz'mɒlədʒɪ] *n.* 地震学

seismometer [saɪz'mɒmɪtə] *n.* 地震仪

seismometry [saɪz'mɒmɪtrɪ] *n.* 测震术〔学〕

seismonasty ['saɪzmənæstɪ] *n.* 感震性

seismophysics [,saɪzmə'fɪzɪks] *n.* 地震物理学

seismos ['saɪzmɒs] *n.* 地震,震动

seismoscope ['saɪzməskəʊp] *n.* 地震波显示仪,地震测验仪

seismotherapy [,saɪzmə'θerəpɪ] *n.* 振动疗法

seismostation [saɪzməs'teɪʃən] *n.* 地震台

seismotectonics [,saɪzmətek'tɒnɪks] *n.* 地震大地构造学

seize [si:z] *v.* ①抓住,捉住,夺(取) ②卡〔咬〕住,扯裂 ③绑扎 ④利用(机会) ☆*be (stand) seized of* 占有,知道; *seize hold of* 抓住,占领; *seize on (upon)* 抓,占有,扣押,没收,查封,了解,利用; *seize up* 抓,绑住,卡住,失灵,停止转动

seizure ['si:ʒə] *n.* ①捉〔卡,咬〕住,滞塞 ②夺取,捕获,捕获物,查封 ③(病)发作,擦伤

sekisamin [,sekɪ'sæmɪn] *n.* 瑟奇萨明(二氢明)

sekisanine [,sekɪ'sæni:n] *n.* 瑟奇萨宁(二氢碱)

sekisanolin [,sekɪ'sænəlɪn] *n.* 瑟奇萨脑灵(二氢脑灵)

seldom ['seldəm] *ad.* 很少,难得 ☆*it is seldom worth while doing* 不太值得; *not seldom* 往往,时常; *seldom if ever* (极)难得,绝无仅有; *seldom or never* 或 *very seldom* 极难得,简直不
〖用法〗当该词处于句首时,句子要发生部分倒装。如: Seldom does this situation occur in reality. 实际上,这种情况难得会发生。

S

select [sɪ'lekt] ❶ *vt.* 选,挑选 ☆ *be selected from （among）* 是从…中挑选出来的 ❷ *a.* 精选的,极好的 ❸ *n.* 精选品 〖用法〗该词一般跟有 "as 短语" 或 "to be ..." 作补足语。如：The origin is selected as（to be）the center of the circle. 原点被选作为圆心。

selectable [sɪ'lektəbl] *a.* 可选择的

selectance [sɪ'lektəns] *n.* 选择度,选择系数

selected [sɪ'lektɪd] *a.* 精选的,挑选出来的

selection [sɪ'lekʃən] *n.* ①选择,选择物,精选（物）②提取,分离,淘汰,分类 ③(自动电话)拨号,选址,访问 ④选〔育〕种 〖用法〗❶ 注意其一种搭配关系 "the selection of A as B"。❷ 注意下面例句中该词的含义：There is a smaller selection of ECL counters than in TTL. ECL 计数器的选择范围比 TTL 电路的来得小。

selective [sɪ'lektɪv] *a.* ①选择(性)的,挑选的,淘汰的 ②局部的,优先的,析出的

selectivity [,sɪlek'tɪvɪtɪ] *n.* 选择,精选,选择性,专一性

selectode [sɪ'lektəʊd] *n.* 变反导管

selectoforming [sɪlek'tɔːfɔːmɪŋ] *n.* 选择重整

selector [sɪ'lektə] *n.* ①选择器,寻线器 ②波段开关,调谐旋钮 ③挑选者

selectric [sɪ'lektrɪk] *n.*(字球式)电动打字机(商品名)

selectrode [sɪ'lektrəʊd] *n.* 选择电极(商品名)

selectron [sɪ'lektrɒn] *n.* ①选数管 ②不饱和聚酯树脂(商品名)

Selektron [sɪ'lektrɒn] *n.* 一种锻造镁合金

selenate ['seləneɪt] *n.* 硒酸盐〔酯〕

selenic [sɪ'lenɪk] *a.* 硒的,硒质的

selenide ['selɪnaɪd] *n.* 硒化物,硒盐,硒醚

selenious [sɪ'liːnɪəs] *a.* 亚硒的

selenite ['selɪnaɪt] *n.* ①亚硒酸盐 ②透(明)石膏

selenium [sɪ'liːnɪəm] *n.*【化】硒

selenodesist [,selɪ'nɒdɪsɪst] *n.* 月球学家

selenocentric [,selɪnɒ'sentrɪk] *a.* 以月球为中心的,月心的

selenodesy [,selɪ'nɒdɪsɪ] *n.* 月面测量(学)

selenograph [sɪ'liːnəgrɑːf] *n.* 月面图

selenographer [sɪ'liːnəgrɑːfə] *n.* 月理学者

selenographic [,sɪliːnə'græfɪk] *a.* 月面学的

selenography [,selɪ'nɒgrəfɪ] *n.* 月(球地)理学,月面学

selenol ['selɪnɒl] *n.* 硒醇

selenology [,selɪ'nɒlədʒɪ] *n.* 月球学

seletron [sɪ'lɪtrɒn] *n.* 硒整流器

self [self] ❶ *n.*(pl.selves)自己,本身 ❷ *a.* ①自(己,生,动)的 ②同一(性质,类型,材料)的,纯净的 ❸ *v.* 同种繁殖

selfhood ['selfhʊd] *n.* ①个性,人格 ②自我中心,自私

selfish ['selfɪʃ] *a.* 自私的,利己的 ‖ ~**ly** *ad.* ~**ness** *n.*

selfless ['selflɪs] *a.* 无私的,忘我的

selfsame ['selfseɪm] *a.* 完全相同的,同一的

selinane ['selɪneɪn] *n.* 蛇床烷

selinene ['selɪniːn] *n.* 芹子烯

selinenol ['selɪnənɒl] *n.* 蛇床烯醇,瑟灵烯醇,榜油酚

sell [sel] (sold) *v.* ①卖,销售 ②说服,推荐 ☆ *be sold on* 热衷于; *sell by retail* 零售; *sell (by) wholesale* 批发; *sell off* 廉售,卖完,处理(存货); *sell out* 卖光;背叛; *sell up* 拍卖,变卖; *sell well* 畅销

seller ['selə] *n.* ①卖主,供货方 ②行销货 ☆ *best seller* 畅销(品); *ex seller's godown* 卖方仓库交货价格

sellout ['selaʊt] *n.* 售完,客满

selsyn ['selsɪn] *n.* 自动同步(机),自动同步传感器

seltrap ['seltræp] *n.* 半导体二极管变阻器

selvage,selvedge ['selvɪdʒ] *n.* ①布〔织〕边 ②【地质】断层泥 ③边缘,待切去的边 ④锁孔板

semanteme [sɪ'mæntiːm] *n.* 语义,义素

semantic(al) [sɪ'mæntɪk(əl)] *a.* 语义(学)的

semantics [sɪ'mæntɪks] *n.* ①语义学 ②语义哲学 ③符号学

semaphore ['seməfɔː] ❶ *n.* 信号(机,杆),信号标〔灯,装置〕,旗号,信号量 ❷ *v.* 打信号,用信号机通知

sematic [sɪ'mætɪk] *a.* 预告危险的

semblance ['sembləns] *n.* ①类似 ②外观 ③伪装 ☆ *have no semblance of* 一点也不像; *in semblance* 外貌上; *under the semblance of ...* 着着…的样子; *without even the semblance of ...* 连像…的地方也没有

semeiology [,siːmaɪ'ɒlədʒɪ] *n.* ①符号学 ②症状学

semen ['siːmen] (pl. semina 或 semens) *n.* 精液,种子

Semendur ['semenduː] *n.* 一种钴铁簧片合金

semester [sɪ'mestə] *n.* 一学期,半(学)年

semiactive ['semɪ'æktɪv] *a.* 半活动的

semialdehyde ['semɪ'ældɪhaɪd] *n.* 半醛

semiannual [,semɪ'ænjʊəl] *a.* (每)半年的,一年两次的 ‖ ~**ly** *ad.*

semiartificial ['semɪɑːtɪ'fɪʃəl] *a.* 半人造的

semiautomatic [,semɪɔːtə'mætɪk] *a.* 半自动(化)的

semiautonomous ['semɪɔː'tɒnəməs] *a.* 半自主性的

semiaxis ['semɪ'æksɪs] *n.* 半轴,后轴

semibreadth ['semɪ'bredθ] *n.* 半宽度

semibridge ['semɪ'brɪdʒ] *a.* 半桥的

semicarbazide ['semɪ'kɑːbəzaɪd] *n.* 氨基脲

semicarbazone ['semɪ'kɑːbəzəʊn] *n.* 缩氨基脲,半卡巴腙

semicircle ['semɪsɜːkl] *n.* 半圆 ‖ **semicircular** *a.*

semicircumference [,semɪsə'kʌmfərəns] *n.* 半圆周

semiclassical [,semɪ'klɑːsɪkl] *a.* 半经典的

semicoke ['semɪkəʊk] *n.;v.* 半焦(炭),半焦化(作用),低温炼焦

S

semicolloid [,semɪkə'lɔɪd] *n.* 半胶体

semicolon [,semɪ'kəʊlən] *n.* 分号

semicommercial [,semɪkə'mɜːʃəl] *a.* 半商业性的,试销的

semi-computer [,semɪkəm'pjuːtə] *n.* 准计算机

semicon ['semɪkɒn] *n.* 半导体

semiconducting ['semɪkən'dʌktɪŋ] *a.* 半导电的,半导体的

semiconduction ['semɪkən'dʌkʃən] *n.* 半导电(性)

semiconductive ['semɪkən'dʌktɪv] *a.* 半导电的,半导体的

semiconductivity ['semɪkɒndʌk'tɪvɪtɪ] *n.* 半导性(率)

semiconductor ['semɪkən'dʌktə] *n.* 半导体

semicontinuous [,semɪkən'tɪnjʊəs] *a.* 半连续(式)的

semicontinuum [,semɪkən'tɪnjʊəm] *n.*【数】半连续统

semicrystalline [,semɪ'krɪstəlaɪn] *n.; a.* 半晶质(状)(的),半结晶(的)

semicycle ['semɪ'saɪkl] *n.* 半周期

semicyclic ['semɪsaɪklɪk] *a.* 半环的,半循环的

semicylinder ['semɪ'sɪlɪndə] *n.* 半柱面

semidarkness ['semɪ'dɑːknɪs] *n.* 半暗

semidiameter [,semɪdaɪ'æmɪtə] *n.* 半径

semidirect [,semɪdɪ'rekt] *a.* 半直接的,部分直接的

semidistributed [,semɪdɪs'trɪbjuːtɪd] *a.* 半分布的

semidome ['semɪdəʊm] *n.* 半圆层顶

semidominance ['semɪ'dɒmɪnəns] *n.* 半显性

semidry ['semɪ'draɪ] *a.* 半干(性)的

semidurables ['semɪ'djʊərəblz] *a.* 半耐用商品

semielastic ['semɪɪ'læstɪk] *a.* 半弹性的

semielectronic ['semɪɪlek'trɒnɪk] *a.* 半电子(式)的

semiellipse ['semɪɪ'lɪps] *n.* 半椭圆 ‖ **semielliptic** *a.*

semiellipsoid ['semɪɪ'lɪpsɔɪd] *n.* 半椭圆体 ‖ **semiellipsoidal** *a.*

semiempirical ['semɪem'pɪrɪkəl] *a.* 半经验的

semiexciting ['semɪɪk'saɪtɪŋ] *a.* 半激磁(式)的

semifinished ['semɪ'fɪnɪʃt] *a.* 半制(成)的,半成(品)的

semifireproof [,semɪ'faɪəpruːf] *a.* 半耐火的

semifixed [se'mi:'fɪkst] *a.* 半〔暂时〕固定的

semiflexible [se'maɪfleksəbl] *a.* 半柔性的

semifloating ['semɪ'fləʊtɪŋ] *a.* 半浮式

semifluid ['semɪ'fluːɪd] *a.* 半流(质,体)的,半流动性的

semiformal ['semɪ'fɔːməl] *a.* 半正式的

semifractionating ['semɪ'frækʃəneɪtɪŋ] *a.* 半〔部分〕分馏的

semigelatin ['semɪ'dʒelətɪn] *n.* 半凝胶(炸药)

semiglobe ['semɪ'gləʊb] *n.* 半球

semigloss ['semɪ'glɒs] *a.* 半光泽〔亮〕的

semigroup ['semɪ'gruːp] *n.* 半群

semihumid ['semɪ'hjuːmɪd] *a.* 半潮湿〔湿润〕的

semihyaline ['semɪ'haɪəlɪn] *a.* 半透明的

semihydrogenation ['semɪhaɪdrədʒə'neɪʃən] *n.* 半氢化作用

semikilled ['semɪ'kɪld] *a.* 半镇静(钢)的,半脱氧(钢)的

semilethal ['semɪ'liːθəl] *a.; n.* 半致死的,(pl.)半致死因子

semiliquid ['semɪ'lɪkwɪd] *n.;a.* 半流体(的),半流态的

semilog(arithmic) ['semɪ'lɒg(ərɪðmɪk)] *a.* 半对数的

semilunar ['semɪ'ljuːnə] *a.* 新〔半〕月形的,月牙形的

semimachine ['semɪmə'ʃiːn] *vt.* 部分机械加工

semimetal ['semɪ'metəl] *n.* 半金属(元素),类金属 ‖ **semimetallic** *a.*

semimicro ['semɪ'maɪkrəʊ] *a.* 半微量的

semimicroanalysis [,semɪmaɪkrəʊə'næləsɪs] *n.* 半微量分析

semina ['semɪnə] semen 的复数

seminal ['semɪnəl] *a.* 种子的,精液的,有创造能力的

seminar ['semɪnɑː] *n.* 会议,研讨会,课堂讨论

seminary ['semɪnərɪ] *n.* 高等中学,研究班,温床

seminase ['semɪneɪs] *n.* 甘露糖酶,半酶

seminose ['semɪnəʊs] *n.* 甘露糖

semiochemical [,semɪəʊ'kemɪkəl] *a.* 化学信息的

semiochemicals [,si:mi:əʊ'kemɪklz] *n.* 化学信息素

semiofficial [,semɪə'fɪʃəl] *a.* 半官方的

semiology [,si:mɪ'ɒlədʒɪ] = semeiology

semioscillation ['semɪɒsɪ'leɪʃən] *n.* 半(周期)振荡

semiosis ['semɪ'əʊsɪs] *n.* 半状态〔过程〕

semiotic ['semɪ'ɒtɪk] *a.* 符号(语言)学

semioutdoor ['semɪ'aʊtdɔː] *a.* 半露天的,半户外的

semiparabolic [,semɪpærə'bɒlɪk] *a.* 半抛物线的

semiparasite [,semɪ'pærəsaɪt] *n.* 半寄生物 ‖ **semiparasitic** *a.*

semiperiod ['semɪ'pɪərɪəd] *n.* 半周期

semipermanent ['semɪ'pɜːmənənt] *a.* 半永久性的

semipermeability ['semɪpɜːmɪə'bɪlɪtɪ] *n.* 半渗透性

semipersistent [,semɪpɜː'sɪstənt] *a.* 半持久性的

semipolar ['semɪ'pəʊlə] *a.* 半极化的,半极性的

semiportable ['semɪ'pɔːtəbl] *a.* 半轻便的

semipotentiometer [,semɪpətenʃə'ɒmɪtə] *n.* 半电位计

semiproduct ['semɪ'prɒdʌkt] *n.* 半成品

semirigid [,semɪ'rɪdʒɪd] *a.* 半刚性的

semiremote ['semɪrɪ'məʊt] *a.* 半遥(控,远)的

semis ['semɪs] *n.* 半成品

semisaprophyte ['semɪ'sæprəʊfaɪt] *n.* 半腐生植物

semishrouded ['semɪ'ʃraʊdɪd] *a.* 半开的,半闭的

semispan ['semɪspæn] *n.* 半翼展

semispecies ['semɪ'spiːʃiːz] *n.* 半种,半分化种
semistall ['siːmɪstɔːl] *n.* 半失速,局部分离
semistor ['semɪstə] *n.* 正温度系数热敏电阻
semitone ['semɪtəun] *n.* 半音,半色调
semivitreous ['semɪ'vaɪtriəs] *a.* 半玻璃化的,半透明的
sempervirent [sempə'vaɪrənt] *a.* 常绿的
sen [sen] *n.* 钱(日本辅币名,=1/100 日圆)
senaite ['senəaɪt] *n.* 铅锰钛铁矿
senarmontite [,senə'mɒntaɪt] *n.* 方锑矿
senary ['siːnərɪ] *a.* 六的,六进制的
senate ['senɪt] *n.* 参议院
senator ['senətə] *n.* 参议员
senatorial [,senə'tɔːrɪəl] *a.* 参议院的
send [send] (sent) *vt.* 送,寄,派遣,发送(射),使处于,使变为 ☆**send away** 派遣,发送,逐出; **send for** 派人去叫〔拿〕; **send forth** 发出; **send out** 发射,发出; **send round** 传阅; **send to press** 付印; **send word** 通知,转告
〖用法〗❶ 在科技文中,该词可以作名词起前置定语的作用。如: The send and receive operations themselves are flexible. 发送和接收操作本身是灵活的。❷ "send A at B" 意为 "向 A 发送(射向)B"。如: Laser beams are sent at the moon. 把激光束射向月球。❸ 该词可以有两个宾语。如: In 1858, Darwin was sent a scientific paper by a man called Alfred Wallace. 在 1858 年,有一位名叫艾尔弗莱德·华莱士的人给达尔文寄去了一篇科学论文。("a scientific paper" 是被动句中的保留宾语。)
Sendai ['sendaɪ] *n.* 仙台(日本港口)
Sendalloy [,sendə'lɔɪ] *n.* 一种钨钼硬质合金
sender ['sendə] *n.* 发〔传〕送器,记录器,发送(寄信,送货)人
sendout ['sendaut] *n.* 发出,送出
sendust ['sendʌst] *n.* 铝硅铁粉
Senegal [,senɪ'gɒl] *n.* 远志树脂
Senegol [,senɪ'gɒl] *n.* 塞内加尔(非洲)
senescence [sɪ'nesəns] *n.* 衰老 ‖ **senescent** *a.*
senile ['siːnaɪl] *a.* 衰老的
senilism ['siːnɪlɪzəm] *n.* 早衰
senility [sɪ'nɪlɪtɪ] *n.* 老态龙钟
senior ['siːnjə] ❶ *a.* 年长的,高级的 ❷ *n.* 年长者,高年级(大学四年级)生
seniority [,siːnɪ'ɒrɪtɪ] *n.* 年长,上级,老资格
Senperm ['senpəm] *n.* 硅镍铁合金
sensation [sen'seɪʃən] *n.* 感觉,轰动 ☆**create (make, cause) a sensation** 引起轰动
sensational [sen'seɪʃənəl] *a.* 感(知)觉的,轰动的,耸人听闻的
sense [sens] *n.* 感(知)觉,明白,意义,方向,辨方率,观念,意识,理性 ☆**come to one's senses** 恢复知觉〔理性〕;**common sense** 常识;**in a broad sense** 在广义上;**in a sense** 在某种意义上;**in no sense** 决不是;**make no sense** 没有意义,讲不通;**there is no sense in doing** (做…)是没

有意义的
〖用法〗❶ 注意下面例句中该词的含义: This component is pointed in the same sense of the angular acceleration of the body. 这个分量指向该物体角加速度相同的方向。/Two diodes are connected to the same voltage source but in the opposite sense. 两个二极管被连接到同一个电压源上,但方向相反。/Feedback control systems can 'think' in the sense that they can replace, to some extent, human operations. 在反馈系统能够在某种程度上代替人的操作这一意义上来说,它们是能够 "思考" 的。/For this to make sense in a C++ program, the names x, y, and f must be suitably declared. 为了使这在 C++ 程序中有意义,必须对 x, y, f 这三个名称作适当的申述。❷ 注意下面例句中该词构成插入句: Figure 3-5 pictures an addition of velocities that our common sense tells us must be right. 图 3-5 画出了速度的相加情况,我们的常识告诉我们这种相加方法必定是正确的。(插入句 "our common sense tells us" 是从 "as" 处引出定语从句的。)
senseless ['senslɪs] *a.* 无感(知)觉的,无意义的
sensibiligen [,sensɪ'bɪlɪdʒən] *n.* 过敏原
sensible ['sensəbl] *a.* 可感觉到的,明智的,不花哨的
sensibility [,sensɪ'bɪlɪtɪ] *n.* 感觉性,灵敏度,感光度
sensing ['sensɪŋ] *n.*; *a.* 感觉,方向指示,敏感的
sensistor [sen'sɪstə] *n.* 硅电阻
sensitive ['sensɪtɪv] *a.* 敏感的,灵敏的,高度机密的 ☆**(be) sensitive to (about)** ... 对…敏感的,易感受…的 ‖ **-ly** *ad.* **~ness** *n.*
〖用法〗注意下面例句的含义: The ear is most sensitive to frequencies between 2000 and 3000 Hz where the threshold of hearing, as it is called, is about −5 dB. 耳朵对于 2000 到 3000 赫兹之间的频率最灵敏,在这范围内人们所说的听觉门限为 −5 分贝。("as it is called" 是一种特殊的非限制性定语从句,修饰 "the threshold of hearing",详见 "as" 词条。)
sensitivity [,sensɪ'tɪvɪtɪ] *n.* 灵敏度,感光性
〖用法〗❶ 表示 "对…的灵敏度〔敏感性〕" 时,其后跟介词 "to"。如: Diode compensation reduces sensitivity to temperature. 二极管补偿会降低对温度的敏感性。❷ 注意 "the sensitivity of A to B" 的搭配模式。如: Minimum sensitivity of gain to device parameter variation is achieved.(我们)获得了增益对器件参数变化的最低敏感性。❸ 表示 "提高灵敏度" 时一般用动词 "improve"。如: The sensitivity of the meter is improved by increasing the magnetic field of the magnet, the coil area, and the number of turns on the coil. 通过增强磁铁的磁场、增大线圈的面积以及增加线圈的匝数,就可提高该仪表的灵敏度。❹ 表示 "较高〔更高〕的(灵敏度)" 时,一般用形容词 "better"。如: Better sensitivity can be achieved in this way. 这样就能够获得较高的灵敏度。
sensitize ['sensɪtaɪz] *vt.* ①使敏感,激活 ②促燃

sensitizer ['sensɪtaɪzə] n. 敏化剂,抗体

sensitogram ['sensɪtəgræm] n. 感光图

sensitometer [,sensɪ'tɒmɪtə] n. 感光计,曝光表

sensitometric [,sensɪtə'metrɪk] a. 感光的

sensitometry [,sensɪ'tɒmɪtrɪ] n. 感光度

sensomotor [sensə'məutə] = sensorimotor

sensor ['sensə] n. 传感器,探头,读出器

sensorimotor [,sensərɪ'məutə] a. 感觉运动的

sensorium [sen'sɔːrɪəm] (pl. sensoria) n. 感觉中枢,意识

sensory ['sensərɪ] a. 感觉的,灵敏的,传感的

sensuous ['sensjuəs] a. 感觉上的

sent [sent] send 的过去式和过去分词

sentence ['sentəns] n.;vt. 句子,判决 ☆ *be sentenced to death* 被判处死刑; *serve a sentence* 服刑

sentential [sen'tenʃəl] a. 句的,命题的

sentience ['senʃəns] n. 感觉能力 ‖ **sentient** a.

sentiment ['sentɪmənt] n. 感情,情操,意见 ‖ **sentimental** a.
〖用法〗表示"对…的意见"时,其后一般用介词"on",也可用"regarding"。

sentinel ['sentɪnl] ❶ n. 哨兵,标志,识别指示器 ❷ vt. 放哨,警卫 ☆*stand sentinel over* 守卫,放哨

sentisection [,sentɪ'sekʃən] n. 活体解剖

sentron ['sentrɒn] n. 短波电子管

sentry ['sentrɪ] n. 哨兵,步哨

sentry-box ['sentrɪbɒks] n. 岗亭

sentry-go ['sentrɪgəu] n. 步哨线

Seoul [səul] n. 首尔(韩国首都)

sepal ['siːpəl] n. 【植】萼片

separability [,sepərə'bɪlɪtɪ] n. 可分〔离〕性,可分辨性

separable ['sepərəbl] a. 可分开的 ‖ **separably** ad.
〖用法〗它与"from"连用,表示"可与…分开〔分离〕的"。

separant ['sepərənt] n. 隔离剂,隔离子

separate ['sepəreɪt] ❶ vt. 使分离 ☆*separate A from B* 把 A 与 B 分开来,使 A 脱离 B; *separate A into B* 把 A 分成 B ❷ a. 分开的,单独的
〖用法〗注意下面例句的含义:The opposite poles of a magnet cannot be separated from one another the way opposite electric charges can. 磁铁两个相反的磁极是不能像两个相反的电荷那样被分离开来的。(本句存在否定的转移现象。)/Many questions are included in a separate section of each chapter. 许多问题放在每章的单独一节中。/A separate Study Guide has been prepared for those who wish additional help in mastering the text. 还编了一本《学习指导》,供为掌握本教材想另外帮助的学生使用。

separately ['sepərɪtlɪ] ad. 分别地,单独地
〖用法〗注意下面例句中该词的含义:Let us consider separately the effects of phase and amplitude distortion. 让我们来分别考虑相位失真

和振幅失真的影响。/TV receivers will be described separately.(我们)将对电视接收机单独加以论述。

separation [sepə'reɪʃən] n. 分离(开),间隔(隙),间距
〖用法〗注意词汇搭配模式 "the separation of A from〔into〕B"。如: The separation of the desired frequency from the unwanted ones is a serious problem in this situation. 在这种情况下,把所要的频率与不需要的频率分离开来是一个重要的问题。/The separation of this force into x- and y-components is possible.(我们)能够把这个力分解成 x 和 y 分量。

separative ['sepərətɪv] a. 分离的

separatography [,sepərə'tɒgrəfɪ] n. 无色化合物的吸附分离

separator ['sepəreɪtə] n. 分离〔选〕器,隔离物,脱膜剂

separatory ['sepərətərɪ] a. 使分离的

separatrix [,sepə'reɪtrɪks] n. 分割号,闭合曲线

sephadex ['sefədeks] n. 葡萄糖凝胶

sepharose ['sefərəus] n. 琼脂糖(凝胶)

sepia ['siːpjə] (pl. sepias 或 sepiae) n. 乌贼墨汁,深褐色

sepiolite ['siːpɪəlaɪt] n. 海泡石

seprobia [se'prəubɪə] n. 污水生物

sepsis ['sepsɪs] n. 败血症

sepsometer [sep'sɒmɪtə] n. 空气有机质测定计

septal ['septəl] a. 隔膜的

septangle ['septæŋgl] n. 七角(边)形 ‖ **septangular** a.

septanose ['septənəus] n. (氧杂)七环糖

septarium [sep'teərɪəm] n. 龟背石

septate ['septeɪt] a. 分隔的,有隔膜的

septavalence [sept'veɪləns], **septavalency** [sept'veɪlənsɪ] n. (= septivalence 或 septivalency) 七价 ‖ **septavalent** 或 **septivalent** a.

September [səp'tembə] n. 九月

septenary, septinary [sep'tiːnərɪ] ❶ a. 七的,七进制的,第七年的 ❷ n. 七(个),七年间

septendecimal [,septen'desɪməl] a. 十七进制的

septet(te) [sep'tet] n. 七重,七个一组

septic ['septɪk] a. 腐败的,败血病的

septicemia [,septɪ'siːmɪə] n. 败血病

septicity [sep'tɪsɪtɪ] n. 腐败(性)

septiform ['septɪfɔːm] n. 隔膜形的,七倍的

septilateral [,septɪ'lætərəl] a. 有七边的

septillion [sep'tɪljən] n.(英)百万的七乘方,10^{42},(法,美)千的八乘方,10^{24}

septimal ['septɪməl] a. 七的

septum ['septəm] n. 隔膜,隔板

septuple ['septjupl] ❶ a.; n. 七倍重(的) ❷ v. 变成七倍

septuplet [sep'tʌplɪt] n. 七重态

septuploid ['septjuplɔɪd] n. 七倍体

sequel ['siːkwəl] n. 后果,结局,后遗症,续集

〖用法〗该词后跟介词"to"：如：This chapter is the natural <u>sequel to</u> the preceding chapter. 这一章是前一章的自然接续。

sequela [sɪˈkwiːlə] (拉丁语) (pl. sequelae) n. 结果，后遗症

sequelize [ˈsiːkwəlaɪz] vi. 写续篇，拍续集

sequenator [ˈsiːkwəneɪtə] n. 顺序分析仪

sequence [ˈsiːkwəns] ❶ n. 顺序,序〔数〕列,接续,结果,后文,轮换 ❷ vt. 列程序，安排顺序 ☆**a causal (physical) sequence** 因果关系; **in regular sequence** 按次序,有条不紊也; **in sequence** 逐一; **in sequence of date** 按日期的先后

〖用法〗注意下面例句的含义：Symbols used in assembly language programs are made up of any <u>sequence</u> of letters and digits, with the first character of the symbol a letter. 用在汇编语言程序中的符号是由字母和数字的任何顺序组成的，而符号的第一个字符是字母。(在逗号后的是"with +名词+名词"结构,作附加说明。)/Let us follow this <u>sequence</u> through with an educated guess as to the behavior before getting buried in the mathematics. 在进行大量的数学推导前，让我们沿着这一思路考虑下去,对其情况作一经验的估计。

sequencer [ˈsiːkwənsə] n. 程序装置

sequent [ˈsiːkwənt] ❶ a. 继续的,结果的 ❷ n. 结果,【数】相继式

sequential [sɪˈkwenʃəl] a. 继续的,顺〔时〕序的,序列的 ‖ **sequentially** ad.

sequester [sɪˈkwestə] v. 使隔绝,扣押,没收,查封

sequestrable [sɪˈkwestrəbl] a. 可扣押〔没收〕的,可隔离的

sequestrant [sɪˈkwestrənt] n. 多价螯合剂

sequestrate [sɪˈkwestreɪt] vt. 扣押,查封,没收

sequestration [ˌsiːkwesˈtreɪʃən] n. 隐蔽作用;多价螯合作用

sequoia [sɪˈkwɔɪə] n. 美洲杉

serac [ˈseræk] n. 冰塔

seral [ˈsɪərəl] a. 演替系列的

seralbumin [ˌsɪərælˈbjuːmɪn] n. 血清白蛋白

seration [sɪəˈreɪʃən] n. 交错群落

sere [sɪə] a.; n. 干枯的,演替系列

serein [səˈrən] (法) 晴空雨

serendipity [ˌserənˈdɪpɪtɪ] n. 偶然发现珍宝的运气

serene [sɪˈriːn] a. 晴朗的

serf [sɜːf] n. 农奴

serfdom [ˈsɜːfdəm] n. 农奴制,奴役

serge [sɜːdʒ] n. 哔叽

sergeant [ˈsɑːdʒənt] n. 中士,军士,警官

serial [ˈsɪərɪəl] ❶ a. 连续的,串联的,系列的 ❷ n. 连载,系列,连续剧 ‖ **~ly** ad.

serialise,serialize [ˈsɪərɪəlaɪz] vt. 使连续,连载

seriate [ˈsɪərɪɪt] ❶ a. 连续的,系列的 ❷ vt. 使连续,系列化 ‖ **seriation** n.

seriatim [ˌsɪərɪˈeɪtɪm] (拉丁语) ad. 逐一地,连续地

sericin [ˈserɪsɪn] n. 丝胶

sericite [ˈserɪsaɪt] n. 丝云母

sericulture [ˈserɪkʌltʃə] n. 养蚕(业)

series [ˈsɪəriːz] ❶ (pl. series) n. 连续〔载〕,串联,串行,批,组,系列,丛书 ❷ a. 成批的,串联〔行〕的 ☆**a series of** 一系列的; **in series** 串联(的),成批地; **series No.** 档案号

〖用法〗❶ 当它表示"系列"作主语时谓语要用单数形式。如：This <u>series of</u> instruments <u>uses</u> the transformer-ratio-arm principle. 这种系列的仪器采用变压器比臂原理。/A <u>series of</u> loadlines is shown in Fig.4-2. 图 4-2 画出了一系列的负载线。❷ 注意下面例句的含义：For the <u>series</u>, therefore, to be convergent and represent ln $(1+x)$, $-1<x\le1$. 因此,为了使该级数能够收敛并表示 ln $(1+x)$,则 $-1<x\le1$。(句中在"-1"前的部分为动词不定式复合结构作目的状语。)/It is necessary to find how large to make r so as for the <u>series</u> to converge. 必须求出使 r 为多大才能使该级数收敛。("so as for the series to converge"为"so as to ..."的不定式复合结构作结果状语。)

serimeter [seˈrɪmɪtə] n. 验丝机

serine [ˈseriːn] n. 丝氨酸

seriograph [ˈsɪərɪəɡrɑːf] n. 连续照相器

seriography [ˌsɪərɪˈɒɡrəfɪ] n. 连续照相术

serioparallel [ˌsɪərɪəˈpærələl] a. 串并联的

serious [ˈsɪərɪəs] a. 严肃的,严重的

sermon [ˈsɜːmən] n. 说教

serodiagnosis [ˌsɪərəʊdaɪəɡˈnəʊsɪs] n. 血清学诊断

serosa [sɪˈrəʊsə] n. 浆膜

serotherapy [ˌsɪərɪəˈθerəpɪ] n. 血清疗法

serotoxin [ˌsɪərəˈtɒksɪn] n. 血清毒素

serotype [ˈsɪərətaɪp] n. 血清型

serous [ˈsɪərəs] a. 血清的

serpent [ˈsɜːpənt] n.(巨) 蛇

serpentine [ˈsɜːpəntaɪn] ❶ a. 蛇状的,螺旋形的,蜿蜒的 ❷ n. 蛇形线〔管〕,利血平 ❸ vt. 盘旋,蛇行

serpentinization [ˌsɜːpəntɪnaɪˈzeɪʃən] n. 蛇纹岩化(作用)

serpentuate [sɜːˈpentjʊeɪt] v. 盘旋,蛇行

serpentuator [sɜːˈpentjʊeɪtə] n. 蛇形管

serpex [ˈsɜːpeks] n. 塞佩克斯(碱性耐火材料)

serpiginous [sɜːˈpɪdʒɪnəs] a. 匍行的,波形的

serrasoid [ˈserəsɔɪd] n. 锯齿波(调制)

serrate ❶ [ˈserɪt] a. 齿状的 ❷ [ˈserɪt] n. 飞机上的反截击雷达设备 ❸ [seˈreɪt] vt. 使成锯齿形

serration [seˈreɪʃən] n. 锯齿(形)

serried [ˈserɪd] a. 排紧的,(行列)密集的

serrulate(d) [ˈserjʊleɪt(ɪd)] a. 细小锯齿形的

serry [ˈserɪ] v.(使)密集

serum [ˈsɪərəm] (pl. sera 或 serums) n. 血清〔浆〕,乳清〔浆〕

servant [ˈsɜːvənt] n. 仆人,雇工,公务员,工具

S

serve [sɜ:v] v. (为…)服务,适合于,起…作用,配种 ☆*as occasion serves* 一有机会就; *serve as (for)* 用作,起…作用; *serve to (do)* 用来…,起…作用; *serve two ends* 一举两得 〖用法〗注意下面例句中该词的含义(它等效于 "be used"): This section <u>serves</u> to introduce the subject of Communications Systems. 这一节用来介绍"通讯系统"这一课题。/A wire <u>serves</u> as an antenna. 一根导线可以用作为天线。(serve as 与 act as、behave as、function as 雷同,表示主动的形式、被动的含义。)

server [ˈsɜ:və] n. 服务员;盘,盆

service [ˈsɜ:vɪs] n.;vt. 服务,操作,管理,维修,保养,发球,配种 ☆*(be) at one's service* 供…使用; *(be) in service* 在使用中; *put (place) … in (into) service* 交付使用

serviceability [ˌsɜ:vɪsəˈbɪlɪtɪ] n. 使用〔服务〕能力,可维修性

serviceable [ˈsɜ:vɪsəbl] a. 可用的,便利的

service-life [ˈsɜ:vɪslaɪf] n. 服务年限

serviceman [ˈsɜ:vɪsmən] (pl. servicemen) n. 服务〔维修〕人员

service-pipe [ˈsɜ:vɪspaɪp] n. 入户管

servicer [ˈsɜ:vɪsə] n. 燃料加注车,服务车,服务程序

service-rack [ˈsɜ:vɪsræk] n. 检修〔洗车〕台

service-wire [ˈsɜ:vɪswaɪə] n. 入户线

servile [ˈsɜ:vaɪl] a.(似)奴隶的,隶属的 ‖ ~ly ad. servility n.

serving [ˈsɜ:vɪŋ] n. 服务,技术维持; 一份食物〔饮料〕

servitude [ˈsɜ:vɪtju:d] n. 苦役

servo [ˈsɜ:vəʊ] ❶ n. 伺服机构,随动系统 ❷ a. 伺服的,随动的 ❸ vt. 补偿,修正

servo-actuator [ˌsɜ:vəʊˈæktjʊeɪtə] n. 伺服拖动装置

servoamp [ˈsɜ:vəʊæmp] n. 伺服放大器

servodrive [ˈsɜ:vəʊdraɪv] n.; v. 伺服传动 ‖ ~n a.

servodyne [ˈsɜ:vəʊdaɪn] n. 伺服系统的传动(装置)

servoelement [ˌsɜ:vəʊˈelɪmənt] n. 伺服元件

servo-flaps [ˈsɜ:vəʊflæps] n. 随动〔辅助〕襟翼

servo-gear [ˈsɜ:vəʊgɪə] n. 伺服〔助力〕机构

servo-link [ˈsɜ:vəʊlɪŋk] n. 伺服〔助力〕系统

servo-lubrication [ˌsɜ:vəʊljuːbrɪˈkeɪʃən] n. 中央润滑

servomanipulator [ˌsɜ:vəʊməˈnɪpjʊleɪtə] n. 伺服机械手

servomanometer [ˈsɜ:vəʊməˈnɒmɪtə] n. 伺服压力计

servomultiplier [ˈsɜ:vəʊˈmʌltɪplaɪə] n. 伺服乘法器

servo-positioning [ˌsɜ:vəʊpəˈzɪʃənɪŋ] n. 伺服定位

servo-rudder [ˌsɜ:vəʊˈrʌdə] n. 伺服舵

servoscribe [ˌsɜ:vəʊˈskraɪb] v. 伺服扫描

servotab [ˈsɜ:vəʊtæb] n. 伺服补偿机,伺服调整片

servounit [ˈsɜ:vəʊˈjuːnɪt] n. 伺服机构〔单位〕

sesame [ˈsesəmɪ] n. 芝麻

sesamoid [ˈsesəmɔɪd] a. 芝麻籽状的

sesquialter [ˌseskwɪˈɔːltə] n. 一倍半

sesquibenihene [ˌseskwɪˈbenɪhen] n. 倍半贝尼烯

sesquibenihidiol [ˌseskwɪˈbenɪhɪdɪɒl] n. 倍半贝尼黑二醇

seskwibenihiol [ˌseskwɪˈbenɪhɪɒl] n. 倍半贝尼黑醇

sesqui-biplane [ˌseskwɪˈbaɪpleɪn] n. 翼半式飞机

sesquicentennial [ˌseskwɪsenˈtenɪəl] n.; a. 一百五十年纪念(的) ‖ ~ly ad.

sesqhichamene [ˌseskwɪˈtʃæmiːn] n. 倍半沙烯

sesquichloride [ˌseskwɪˈklɔːraɪd] n. 倍半氯化物

sesquiplicate [ˌsesˈkwɪplɪkeɪt] a. 二分之三次方的

sesquisalt [ˈseskwɪsɔːlt] n. 倍半盐

sesquisilicate [ˌseskwɪˈsɪlɪkeɪt] n. 倍半硅酸盐

sesquisulfide [ˌseskwɪˈsʌlfaɪd] n. 倍半硫化物

sesquiterpene [ˌseskwɪˈtɜ:piːn] n. 倍半萜烯

sessile [ˈsesaɪl] a. 无柄的,固着的,不动的

session [ˈseʃən] n. (一届)会议,会期,上课时间,一段时间,会话期

sessional [ˈseʃənəl] a. 会议的,开庭的

seston [ˈsestən] n. 悬浮物

set [set] ❶ n. (set; setting) v. 放〔安〕置,使得,固定,令,出(题),校准,日落 ☆*(be) all set* 准备就绪; *set a goal of doing* 制定…目标; *set a limit to* 限制; *set an example* 作〔树立〕典型; *set aside* 放在一边; *set back* 使挫折,退后; *set fire to* 点燃; *set forth* 规定,出发; *set forward* 提出,前进; *set in (into) motion* 启动; *set up* 设立 ❷ n. (一)套〔组,副,群,批,帮,盘,局〕仪器,用具,站,台,接收机,集合,校准,固定,日落 ❸ a. 固定的,装好的,坚决的,固执的 ☆*at the set time* 在规定时间; *be set in one's ways* 顽固不化; *in sets of (+five)*(每五件)组成一套; *supply in full sets* 成套地供应; *with set teeth* 咬着牙关 〖用法〗❶ 当它表示"设"带有补足语term时,一般用"(to be +)形容词"如: Here we <u>set</u> the left side of (1-5) <u>(to be) equal to</u> zero. 这里我们把式(1-5)的左边设为等于零。❷ 表示汉语的"一套〔副,组,…〕+形容词+名词"时,形容词要放在其前面,而不放在"of"后面的名词中。如: Here <u>a new set of</u> parameters must be used. 这里必须使用一组新的参数。/In this case <u>a complex set of</u> phenomena will occur. 在这种情况下,就会出现一组复杂的现象。❸ 注意下面例句中该词的含义: The ball <u>is set</u> rotating about a vertical axis. (我们)使该球正统一个垂直轴旋转。/In this case the bias voltage <u>is set at</u> a potential other than zero. 在这种情况下,(我们)把偏压设在非零的电位上。/<u>Such a set</u>, with its associated rules of combination, we will call a mathematical system. 我们将把这种集,连同其有关的组合规则称为数系。(把宾语"Such a set"提前

了。)/In a typical cable TV service, there are usually 24 channels, in two sets of 12. 在典型的电缆电视服务中,通常有 24 个频道,分成两组,每组 12 个频道。/Set into the stone wall of Saint Stephen's Cathedral in Vienna are two iron bars with protruding ends. 插入维也纳圣·斯蒂芬文大教堂石墙上的是两根各有一端露在外面的铁棍。(本句属于"过去分词+助动词 is/are+主语"型全倒装句。)/The present section has been set apart in spite of its brevity because the resulting equations are so important. 这一节尽管很简要,但由于所获得的一些方程非常重要,所以单独列出来了。/At this value of electric field velocity saturation sets in. 电场为这一数值时,速度就饱和了。

seta ['si:tə] (pl. setae) n. 棘毛,鬃

setaceous [sɪ'teɪʃəs] a. 有刚毛的,鬃毛状的

setback ['setbæk] n. 挫折,退步,拨回

set-down ['setdaun] n. 申斥,拒绝,搭乘,触地

set-fair ['setfeə] ❶ a. 晴定了的 ❷ n. 镀光的灰泥面

sethammer ['sethæmə] n. 扁锤

set-in ['setɪn] ❶ a. 嵌入的 ❷ n. 嵌入物,来临

set-maker ['setmeɪkə] n. 接收机(收音机)制造者

set-off ['set'ɔf] n. 扣除,装饰,凸起部

set-out ['set'aut] n. 出发,准备

setover ['setəuvə] n. 超过位置,偏(纵)置,偏距

set-piece ['setpi:s] a. 事先精心策划的

setscrew ['setskru:] n. 定位(制动)螺钉

set-square ['set'skweə] n. 三角板,斜角规

set-stock ['setstɔk] v. 固定放牧

sett [set] n. 小方石

settee [se'ti:] n. 长靠椅,中小型沙发

setter ['setə] n. 安置者,调整工,唆使者;定位器〔装置〕

setting ['setɪŋ] n. 安装,调整,定位〔器〕
〖用法〗注意下面例句中该词的含义: In such a setting, analog-to-digital and digital-to-analog conversions are needed. 在这种情况下,就需要进行模数和数模转换。

setting-off ['setɪŋɔf] n. 断流,关闭

setting-out ['setɪŋaut] n. 出发,测定,放样

setting-up ['setɪŋʌp] n. 装置,固定,建立,硬化

settle ['setl] ❶ v. 安顿,调整,使固(稳)定,澄清,付清,下沉,解决 ❷ n. 高靠背长靠椅

settled ['setld] a. 固(稳)定的,付清的,解决了的,沉积的

settlement ['setlmənt] n. 解决,固定,付清;沉淀(物);住宅区,居留地 ☆come to a settlement 解决,和解; in full settlement 偿还全部债务

settler ['setlə] n. 沉淀器〔槽〕,移民

settling ['setlɪŋ] n. 沉淀(物),安(稳)定,解决,解决〔液〕

set-up ['setʌp] n. 布置,创立,调定,机构,体制

seven ['sevn] n.;a. 七(个)

sevenfold ['sevnfəuld] a.;ad. 七倍〔重〕(的)

seventeen [,sevn'ti:n] n.;a. 十七(个)

seventeenth [,sevn'ti:nθ] n.;a. 第十七,十七日,十七分之一

seventh ['sevnθ] n.;a. 第七,七日,七分之一

seventieth ['sevntɪɪθ] n.;a. 第七十,七十分之一

seventy ['sevntɪ] n.;a. 七十(个)

sever ['sevə] v. ①割断,分离 ②断绝,终止 ‖ **severance** n.

severable ['sevərəbl] a. 可割断(分开)的

several ['sevərəl] a.;n. ①若干,几个 ②各自的,不同的
〖用法〗❶ 注意"several tenths (of ...), several hundredths (of ...)"的含义为"零点几,零点零几"。这里的"several"为名词,它等同于"a few",它是分数的分子,后面的序数词复数是分母。 如: The voltage across the resistor is several tenths of a volt. 这个电阻上的电压是零点几伏特。/The current through the capacitor is several hundredths of an ampere. 流过该电容器的电流为零点零几安培。 ❷ 下面例句中该词为形容词词性: E can be several tens or even hundreds of volts if desired. 如果需要的话,E 可以是几十甚至数百伏特。

severalfold ['sevərəlfəuld] ad.;a. 几倍,有几部分〔方面〕(的)

severally ['sevərəlɪ] ad. 个别〔单独,分别〕地

severance ['sevərəns] n. 切〔斩〕断;分开,断绝;区别(开)

severe [sɪ'vɪə] a. ①严厉〔肃,重,峻〕的,剧烈的,急剧的 ②艰难的,繁重的,恶劣的 ③纯朴的 ☆**be severe on (upon)** 严格对待 ‖ **~ly** ad. **~ness** n.

severginite [se'vɜ:dʒɪnaɪt] n. 锰斧石

severite ['sevərait] n. 埃洛石

severity [sɪ'verɪtɪ] n. ①严格〔厉,肃,重〕,猛烈,艰难 ②刚度,苛刻度,严重性 ③纯洁,朴素

sew[1] [səu](sewed, sewn 或 sewed) v. 缝纫(补,合),熔合,装订

sew[2] [sju:] v. ①(从…)排水 ②漏泄 ③(船)搁浅

sewage ['sju:ɪdʒ] n. ①污水,污物 ②下水道(系统)

sewer[1] ['səuə] n. 裁缝,缝具

sewer[2] ['sjuə] ❶ n. 污水管,下水道,阴沟 ❷ vt. 敷设下水道,修暗沟,(用下水道)排污水

sewerage ['sjuərɪdʒ] n. ①污水(排水)工程,排水系统,沟渠 ②污水(处理)

sewing ['səuɪŋ] n. ①缝 ②(塑料)熔合 ③缝制物 ④锁线订(书)

sewn [səun] sew 的过去分词

sex [seks] n. 性别

sexadecimal [,seksə'desɪməl] ❶ a. 十六进制的 ❷ n. 十六分之一

sexadentate [,seksə'denteɪt] n. 【化】六配位体

sexdigitism [seks'dɪdʒɪtɪzm] n. 六指(趾)状态

sexagesimal [,seksə'dʒesɪməl] ❶ a. 六十(进制,为底)的,与六十有关的 ❷ n. 以六十(或 60") 为分母的分数

sexamer [sek'sæmə] n. 六聚物,六节聚合物

S

sexangle ['seksæŋgl] *n.* 六角〔边〕形 ‖ **sex-angular** *a.*

sexavalence [,seksə'veɪləns] ,**sexavalency** [,seksə'veɪlənsɪ] *n.* 六价 ‖ **sexavalent** *a.*

sexcentenary [seks'senti:nərɪ] ❶ *a.* 六百(年)的 ❷ *n.* 六百周年(纪念)

sexennial [sek'senɪəl] *a.* 持续六年的,每六年一次的 ❷ *n.* 六日热

sexidecimal [,seksɪ'desɪməl] *a.* 十六进制的

sexivalence [,seksɪ'veɪləns],**sexivalency** [,seksɪ'veɪlənsɪ] *n.* 六价 ‖ **sexivalent** *a.*

sexless ['sekslɪs] *a.* 中性的

sextan ['sekstən] ❶ *a.* 六日周期的,每六日复发一次的 ❷ *n.* 六日热

sextant ['sekstənt] *n.* ①(反射镜)六分仪 ②圆的六分之一,60°角

sextet(te) [seks'tet] *n.* 六重奏〔唱,态〕

sextic ['sekstɪk] *a.*; *n.* 六次(的),六次(曲)线

sextile ['sekstaɪl] *n.* 六十度角的差别

sextillion [seks'tɪljən] *n.* ①(英,德)百万的六乘方 ②(法,美)千的七乘方

sexto ['sekstəu] *n.* 六开本(的书),六开纸

sextodecimo [,sekstəu'desɪməu] *n.* 十六开本,十六开的纸

sextuple ['sekstjupl] ❶ *a.* 六倍〔重,维〕的 ❷ *n.* 六倍的量 ❸ *v.* (使)成六倍

sextuplet [seks'tjuplɪt] *n.* 六个一组的,六连音

sexual ['seksjuəl] *a.* 性(别,欲)的,有性的,两性之间的

sexuality [,seksju'ælɪtɪ] *n.* 有性,性征,性能力,性感〔欲〕

Seychelles [seɪ'ʃelz] *n.* (非洲)塞舌尔(群岛)

Seymourite [si:'mɔ:raɪt] *n.* 一种耐蚀铜镍锌合金

sferic ['sfɪərɪk] *n.*【气】天电,远程雷电,大气干扰

sferics ['sfɪərɪks] *n.*【气】天电(学),大气干扰 ②电子探测雷电器

sferix ['sfɪərɪks] *n.*【气】低频天电

shabby ['ʃæbɪ] *a.* ①破旧的,失修的 ②低劣的,卑鄙的 ‖ **shabbily** *ad.* **shabbiness** *n.*

shack [ʃæk] *n.* 棚房,木造小房

shackle ['ʃækl] ❶ *n.* ①钩环〔链,键〕,挂钩,铁扣,锁扣,卡子 ②镣铐,枷锁,束缚,障碍(物) ③绝缘器 ❷ *vt.* ①上镣铐于,束缚,妨碍 ②用钩链连接 ③装绝缘器

shad [ʃæd] *n.* 河鲱(鱼)

shaddock ['ʃædək] *n.* 柚子,文旦

shade [ʃeɪd] ❶ *n.* ①阴影(部分),阴暗 ②遮光物,挡风物罩,太阳镜,帽,天棚,伞 ③(色彩)浓淡,明暗 ④(意义的)细微差别 ⑤少量 ☆*a shade* 少许; *delicate shades of meaning* 意义的细微差别; *fall into the shade* 黯然失色;*in the shade* 在阴暗处,在阴影部分; *the shadow of a shade* 幻影; *throw (cast, put) into the shade* 使黯然失色〔相形见绌〕; *under the shade of* 在…的荫底下; *without light and shade* 没有

明暗的,单调的 ❷ *v.* ①遮,荫蔽,装罩 ②使暗 ③画影线,描影,着色 ④(使)逐渐变化

〖用法〗注意下面例句中该词的含义: A thin shell of radius r and thickness dr is shown underlined. 一个半径为 r、厚度为 dr 的薄壳表示成〔画成〕阴影部分。

shadily ['ʃeɪdɪlɪ] *ad.* 阴暗地,隐蔽地,可疑地

shadiness ['ʃeɪdɪnɪs] *n.* 阴影系数

shading ['ʃeɪdɪŋ] *n.* ①荫〔遮,屏〕蔽,覆盖层,阴影,发暗 ②描影法,明暗(度),浓淡,(品质等)细微差别 ③电信号补偿 ④寄生信号,黑点

shadow ['ʃædəu] ❶ *n.* ①阴影,影子 ②荫区(雷达,电波传播),盲区 ④余影,(微)痕,少许 ⑤(pl.)苗头,尾迹 ❷ *v.* ①遮,荫蔽,伪装 ②投影,画阴影于 ③成为…的前兆 ☆*a shadow of* 一点点; *cast shadows* 投影,预兆; *catch at shadows* 或 *run after a shadow* 白费气力,捕风捉影; *in the shadow* 在阴暗处; *in (under) the shadow of* 在…附近,在…荫蔽〔保护〕之下; *within the shadow of* 在…身边; *without (beyond) a shadow of doubt* 毫无怀疑地

shadowfactor ['ʃædəufæktə] *n.* 阴影系数,影蔽因素

shadowgraph ['ʃædəugrɑ:f] *n.* ①X 光摄影〔照片〕,X 射线照片 ②逆光摄影 ③描影,(阴)影图,阴影法 ④放映检查仪器 ⑤皮影戏

shadowing ['ʃædəuɪŋ] *n.* 遮影,阴影(形成),变暗,荫屏(作用),伪装

shadowless ['ʃædəulɪs],**shadowproof** ['ʃædəupru:f] *a.* 无阴影的

shadowy ['ʃædəuɪ] *a.* ①有影的,阴影的 ②模糊的 ③预兆性的,虚幻的

shady ['ʃeɪdɪ] *a.* ①遮阴的,多影的,朦胧的 ②(形迹)可疑的,成问题的 ☆*keep shady* (不声不响)避免引人注意,匿藏

shaft [ʃɑ:ft] ❶ *n.* ①轴,辊 ②竖导(矿,通风)井,烟囱 ③柱〔筒〕身,炉身,塔尖 ④〔箭,矛,旗〕杆,箭,矛,柄 ⑤车杠,辕 ⑥树干,茎 ❷ *v.* 装以轴〔柄〕,传动,射出来束,欺骗,利用 ☆*a shaft of light* 一束光线; *get the shaft* 受骗; *give the shaft* 欺骗; *have a shaft left in one's quiver* 还有办法〔本钱〕; *sink (put down) a shaft* 挖竖井,打直井

shafting ['ʃɑ:ftɪŋ] *n.* 轴系〔材〕

shaftless ['ʃɑ:ftlɪs] *a.* 无轴的

shag [ʃæg] ❶ *n.* 粗毛,长绒(呢) 蓬乱的一丛 ❷ *a.* = shaggy ❸ (shagged; shagging) *v.* ①(使)蓬松〔杂乱〕 ②追,赶,紧跟于后

shaggy ['ʃægɪ] *a.* ①起毛的,(毛发)粗浓的 ②粗糙的,蓬乱的,毛烘烘的 ‖ **shaggily** *ad.* **shagginess** *n.*

shagreen ['ʃægri:n] *n.* 粗面皮革,鲨革

shaitan ['ʃaɪ'tɑ:n] *n.* 尘暴;魔鬼,撒旦,恶人

shakable ['ʃeɪkəbl] *a.* 可摇动的

shake [ʃeɪk] ❶ (shook, shaken) *v.* ①摇动,振动,抖动 ②使震惊,减损,挫折 ❷ *n.* ①摇动,动摇,振荡 ②震颤,颤抖 ③裂纹,(木材的)环裂 ④片刻

⑤(pl.)地震 ⑥百分之一微秒(时间) ☆*a fair shake* 公平交易〔处置〕; *be no great shakes* 不是重大〔了不起〕的事〔东西,人〕; *give ... a (good) shake* 使劲地摇···; *in (half) a shake* 或 *in two shakes* 马上,忽然,一刹那,一下子; *shake down* 摇落,勒索;衰减振动;适应新环境,安下心来;(运行)试验; *shake hands* 握手; *shake it up* 赶快; *shake off* 抖〔掸〕去,摆脱,推开; *shake on to* 承认,答应; *shake oneself together* 振作起来; *shake out* 打开,抖掉;振动落砂; *shake to compact* 摇紧; *shake up* 摇混〔匀,醒〕,摇整齐,整顿,激励

shakedown [ˈʃeɪkˈdaʊn] ❶ *n.* ①试用,强制破坏,调整,改进 ②安定(现象),安顿,地铺,临时床铺 ③敲诈 ❷ *a.* 试运转的,震荡破坏的

shakeless [ˈʃeɪklɪs] *a.* 不摇动的,稳定的

shaken [ˈʃeɪkən] ❶ shake 的过去分词 ❷ *n.* 破损缺页,装订不合规格的出版物

shakeout [ˈʃeɪkaʊt] *n.* ①抖开,抖掉 ②摇动,筛选 ③落砂

shakeproof [ˈʃeɪkpruːf] *a.* 防振的

shaker [ˈʃeɪkə] *n.* 摇动〔搅拌〕器,振动〔落砂〕机,(摇动)筛,振子,抖动机构;摇动者

shakeup [ˈʃeɪkˈʌp] *n.* ①振动 ②整顿,激励,大改组

shaking [ˈʃeɪkɪŋ] *n.;a.* 摇(动,振),摆〔抖,搅〕动,摇摆,手摇式

shaky [ˈʃeɪkɪ] *a.* ①摇动的,不稳的,衰弱的 ②有裂口的,不安全〔可靠〕的 ‖ **shakily** *ad.* **shakiness** *n.*

shale [ʃeɪl] *n.* (油)页岩

shall [ʃæl,ʃəl] (过去式 should) *v.aux.* ①将(要),会 ②应该,必须

shalloon [ʃəˈluːn] *n.* 斜纹里子薄呢

shallow [ˈʃæləʊ] ❶ *a.* 浅的,薄的,表面的,不认真的 ❷ *n.* (常用 pl.)浅水(处),浅滩,浅层 ❸ *v.* 使浅

shaly [ˈʃeɪlɪ] *a.* (含)页岩的,页岩状的

sham [ʃæm] ❶ *n.* 伪物,赝品,假冒 ②骗子 ③纸皮,人造皮革 ❷ (shammed; shamming) *v.* 假装

shamble [ˈʃæmbl] *vi.* 蹒跚

shambles [ˈʃæmblz] *n.* ①大混乱,废墟 ②屠宰场,肉市

shambling [ˈʃæmblɪŋ] *a.* 拖沓的,呆滞的,笨拙的

shame [ʃeɪm] ❶ *n.* 羞耻〔愧〕,惭愧 ❷ *vt.* 使羞愧 ☆*cry shame on (upon)* 责备

shameful [ˈʃeɪmful] *a.* 可耻的

shameless [ˈʃeɪmlɪs] *a.* 无耻的

shammer [ˈʃæmə] *n.* 假冒者,骗子

shammy [ˈʃæmɪ] *n.* 麂皮,油鞣革;羚羊

shamoy [ˈʃæmɔɪ] *n.* (= shammy) 麂皮

shampoo [ʃæmˈpuː] ❶ *n.* 洗头,洗发(剂,液),香波 ❷ *vt.* 洗头(发)

Shanghai [ʃæŋˈhaɪ] *n.* 上海

Shangri-La,Shangrila [ˌʃæŋɡriːˈlɑː] *n.* 香格里拉,世外桃源,乌托邦

shank [ʃæŋk] *n.* ①胫,小腿,(昆虫的)胫节 ②(刀,手)柄,后部,根部,(轮)轴,(铆钉,螺栓,柱等的)体

〔干〕,(锚)杆,摇把,轴耳,端包(柄)③镜身 ④支柱,开沟器

shanty [ˈʃæntɪ] *n.* (临时,简陋)小屋

shapability [ˌʃeɪpəˈbɪlɪtɪ] *n.* 随模成形性

shapable [ˈʃeɪpəbl] = shapeable

shape [ʃeɪp] ❶ *n.* ①形状(态),轮廓,造型,样子,类型,波形,体现,具体化 ②(pl.)型材,模制塑胶 ③情况,变化过程 ④特征 ☆*be in (a) bad shape* 处于混乱状态; *cut ... to shape* 切成一定形状; *get ... into shape* 把···弄成一定形状,整顿; *get out of shape* 变形,走样; *give shape to* 使···成形,修整,实现; *hold ... in shape* 使···具有适当的形状; *in good shape* 完整无损,情况好; *in no shape* 决不; *in the shape of* 以···形状,通过···方式; *keep ... in shape* 使···保持原状(不走样); *put ... in (into) shape* 使成形,整理,使···具体化; *take shape* 成形,实现,具体化; *take the shape of* 呈(现)···(形)状; *work into shape* 加工成形 ❷ *v.* ①成形(型),塑造,定形,形成,使具有某种形状 ②想出,使具体化 ☆*be shaped like* 形状(做得)像; *shape ...+ a.* 把···做成···形状; *shape the destiny of* 决定···的命运; *shape up (out)* 成···形(状态),形成,顺利发展

shapeable [ˈʃeɪpəbl] *a.* ①可成形的,可塑造的 ②样子好的

shapeless [ˈʃeɪplɪs] *a.* ①无形状的,不定形的 ②不像样的,不匀称的

shapely [ˈʃeɪplɪ] *a.* 样子好的,匀称的,定形的,有条理的 ‖ **shapeliness** *n.*

shapen [ˈʃeɪpən] *a.* 作成〔给以〕一定形状的

shaper [ˈʃeɪpə] *n.* ①成形机,整形器,冲锤 ②牛头刨床 ③脉冲形成电路 ④造型〔塑造〕者

shaping [ˈʃeɪpɪŋ] *n.* ①形成〔造型,整平 ③刨削,压力加工 ❷ *a.* 成形的,塑造的

shapometer [ʃeɪˈpɒmɪtə] *n.* 形状测定器

shard [ʃɑːd] *n.* 碎片,薄硬壳

share [ʃeə] ❶ *n.* ①份儿,(pl.)股份(票) ②复用,共享 ③贡献 ④犁头,锄铲,开沟器 ☆*bear (take) one's share of* 负担一部分···; *do one's share of the work* 做自己的那份儿工作; *go shares with A in B* 跟 A 平等分担〔合伙经营〕B; *have one's share of* 有自己的一份儿; *have (take) a share in* 参与,分担; *lion's share* 最大的一份; *on shares* 分摊盈亏; *one's fair share* (某人)应得〔应负担〕的一份; *take share (and share) alike* 平均分享〔担〕❷ *v.* 均分,分摊〔享,担,派〕,共用〔有,享〕,共同遵守,参与 ☆*be shared between* 共用于,对···起相同作用; *share (one's) views (and opinions)* 看法相同; *share out* 均分; *share up* (把···)分完

〖用法〗注意下面例句中该词的用法: A major share of semiconductor devices is used in computers. 计算机中半导体器件占了很大一部分。/These users <u>share</u> the main computer. 这些用户共用这台主机。/In this case, the computer is <u>time shared</u>. 在

这种情况下,计算机是分时的。/By time sharing is meant that the computer is able to alternate and interweave the running of its programs so that several jobs or users can be on at the same time. (所谓)分时意味着(指的是)计算机能够交叉运行它的各种程序以便于可以同时几件工作或几个用户同时在一台计算机上工作。(本句主句属于"介词短语+被动句谓语+主语从句"型倒装句。)

shared [ʃeəd] *a.* 共有的

shareholder [ˈʃeəhəuldə] *n.* 股票持有人,股东

sharer [ˈʃeərə] *n.* 分配(派)者,共享者,关系人(in, of)

shark [ʃɑ:k] ❶ *n.* ①鲨鱼 ②骗子 ❷ *vt.* 骗取,敲诈

sharkskin [ˈʃɑ:kskin] *n.* 鲨鱼皮(指表面畸形)

sharp [ʃɑ:p] ❶ *a.* ①锐利的,尖锐的,锋利的,成锐角的 ②急剧的,陡的,剧烈的,突然的 ③灵敏的,敏锐的,准确的 ④(轮廓,边缘)明显(清晰)的,鲜明的 ⑤机警的,精明的,狡猾的 ❷ *ad.* ①急剧地,突然地 ②准时地,正(时刻) ③锐利地,机警地 ☆**be in sharp contrast with** 与…成鲜明对比; **be sharp at** 擅长,精于; **turn sharp to the left** 突然向左转弯

sharpen [ˈʃɑ:pən] *v.* ①削尖,使尖锐,磨尖(快),锐化 ②加深(重,强)

sharpener [ˈʃɑ:pənə] *n.* ①削具,磨床(具,石),磨快器,砂轮机 ②锐化器,锐化电路 ③磨削者

sharpening [ˈʃɑ:pəniŋ] *n.* 磨(削)快(尖),加强,锐化

sharper [ˈʃɑ:pə] ❶ *n.* ①磨具 ②骗子 ❷ *a.* sharp 的比较级

sharpie [ˈʃɑ:pi] *n.* 三角帆平底船;狡猾(机灵)的人;(自封的)内行

sharpite [ˈʃɑ:pait] *n.* 多水菱铀矿

sharpline [ˈʃɑ:plain] *n.* 尖锐(谱)线

sharply [ˈʃɑ:pli] *ad.* ①急剧地,锐利地 ②清晰地 ③敏捷地

sharpness [ˈʃɑ:pnis] *n.* ①锐度,锋利性,尖锐 ②清晰度,鲜明 ③调谐锐度

sharshlik [ˈʃɑ:ʃlik] *n.* 烤羊肉串

sharpshooter [ˈʃɑ:pʃu:tə] *n.* 神枪手,狙击手

shatter [ˈʃætə] ❶ *v.* ①打碎,爆碎,破开,震裂 ②吹(溅)散,散落 ③损伤(毁),破灭 ❷ *n.* ①碎片,岩屑,废石 ②粉碎,震裂,散落

shave [ʃeiv] *v.;n.* ①剃,刮,修整,掠过 ②(切成)薄片 ③辛免 ☆**be (have) a close shave** 死里逃生,幸免于难; **by a (close, narrow) shave** 差一点点,险些(儿); **shave off** 刮(刨)掉

shaven [ˈʃeivn] *v.* shave 的过去分词

shaver [ˈʃeivə] *n.* ①电动剃刀,刨刀 ②刮刀,切除器 ③理发师

shaving [ˈʃeiviŋ] *n.* ①剃,刮 ②修边,修面 ③(pl.)刮屑,刨花,薄片

shaw [ʃɔ:] *n.* 小树林,林丛

shawl [ʃɔ:l] *n.* 披肩,围巾

she [ʃi:] ❶ *pron.* (her, her; pl. they, them, their) ①她 ②(代替 country, earth, moon, ship, train 等)它,她

❷ *n.; a.* 女(的),雌的

sheaf [ʃi:f] ❶ (pl. sheaves) *n.* (一)束,(一)捆,(一)扎,射面,【数】层 ❷ *v.* (打)捆

shear [ʃiə] ❶ (sheared 或 shore, shorn 或 sheared) *v.* 剪,切,(收)割 ☆**(be) shorn of** 完全失去,被剥夺; **shear through** 剪,切削 ❷ *n.* ①剪(力),切(力),剪切变形 ②(pl.)大剪刀,剪床,剪断机 ③(pl.)起重三脚架,人字起重架 ④剪下的东西

shearer [ˈʃiərə] *n.* ①剪切机 ②滚齿刨煤机

sheargraph [ˈʃiəgrɑ:f] *n.* 剪应力记录仪

shearing [ˈʃiəriŋ] *n.* 剪切

shearwater [ˈʃiəwɔ:tə] *n.* 海鸥式破冰船坝

shearwelder [ˈʃiəweldə] *n.* 剪刀焊接机组

sheath [ʃi:θ] ❶ *n.* ①鞘,套,壳,(壳)层 ②铠装,屏蔽,缠线,铅包,覆盖(物) ③外(蒙)皮,护套 ④钢盘鞘管,金属套管 ⑤正电极 ⑥离子鞘,空间电荷层 ❷ *v.* = sheathe

sheathe [ʃi:ð] *vt.* ①插入鞘子 ②装以护套,覆盖,铠装,屏蔽

sheathing [ˈʃi:ðiŋ] *n.* ①包鞘,包端 ②铠装,(加)护层 ③壳层,包上,覆套,覆盖层,外膜 ④覆盖板

sheave [ʃi:v] ❶ *n.* ①滑轮,(三角)皮带轮 ②滑车,滚子,导辊,牵引盘 ❷ *vt.* 捆,束,反桨划船

sheaves [ʃi:vz] *n.* sheaf 和 sheave 的复数

shed [ʃed] ❶ (shed; shedding) *v.* ①流(出,下),泻(下) ②脱落,摆脱 ③卸掉 ④散发 ⑤放(抛)弃,扔掉 ☆**shed light on (upon)** 照亮,阐明,把…弄明白; **shed the blood of** 弄伤,杀死; **shed the load** 截断若干线路的电流供应 ❷ *n.* ①棚,小屋,库房,工作间,(堆)栈 ②歇(特)(核子截面单位)

shedder [ˈʃedə] *n.* 卸件装置,推料器,喷射器

sheel [ʃi:l] *n.* ①壳,套 ②铲

sheelite [ˈʃi:lait] *n.* 白钨矿

sheen [ʃi:n] *n.; a.; vi.* (发出)光彩,光泽

sheeny [ˈʃi:ni] *a.* 有光泽的,闪耀的,发光的

sheep [ʃi:p] (sing.; pl.) *n.* (绵)羊;羊皮;胆小鬼

sheepskin [ˈʃi:pskin] *n.* (绵)羊皮,羊皮纸

sheer [ʃiə] ❶ *a.* ①全然的,纯粹的,绝对的 ②极薄的,透明的 ③峻峭的,无斜坡的 ❷ *ad.* 完全,彻底,垂直地 ❸ *n.* ①透明细纱 ②舷弧 ③(pl.)人字起重架 ❹ *v.* (使)偏航,(使)转向,避开(off, away) ☆**sheer off (away)** 逸出,迂回,转向

sheet [ʃi:t] ❶ *n.* ①(一)张,(一,薄)片,层 ②板料,纸,钢板,片材 ③报表,图纸,单(据) ④罩布,床单 ⑤平面束,【数】面的叶 ⑥帆脚索 ⑦【地质】岩席 ❷ *vt.* 覆盖,铺设,展开,压片 ☆**a blank sheet** 一张空白纸;纯洁的心灵; **a sheet of** 一张(片); **sheet out** 成片

【用法】注意下面例句中该词的含义:Equal and opposite sheets of charge exist in the flanking N^+ and P^+ layers. 在侧面的 N^+ 和 P^+ 层中存在有数值相等、符号相反的电荷层片。

sheeter [ˈʃi:tə] *n.* 压片机

sheeting [ˈʃi:tiŋ] *n.* 薄片(膜),帐篷,挡板,板栅,

护堤板

sheetlike ['ʃiːtlaɪk] *a.* 像薄片一样的

sheetmetal ['ʃiːtmetəl] *n.* 金属片,钢皮

Shefield ['ʃefiːld] 谢菲尔德(英国城市)

sheik(h) [ʃeɪk] *n.* (阿拉伯)酋长

sheikhdom ['ʃeɪkdəm] *n.* 酋长国

shekanin ['ʃekənɪn] *n.* 射干英,鸢尾黄酮苷 ($C_{16}H_{16}O_8$)

shelf [ʃelf] ❶ (pl. shelves) *n.* ①架子,搁板 ②(沙)洲,暗礁 ③【矿】(平)层,锡砂矿基岩 ④【地质】大陆架,陆棚 ❷ *v.* 放在架子上 ☆*off the shelf* 现用(服役,流行)的,复活的; *on the shelf* 搁置一旁的,闲置的,废弃的,退役的; *put (lay, cast) on the shelf* 搁在架子上,束之高阁,废弃

shell [ʃel] ❶ *n.* ①壳,荚 ②套(管),层,(护)罩 ③外框,骨架,轴瓦,模壳 ④毛管,坯料 ⑤(炮)弹,爆破筒 ⑥(汽)锅身,筒身 ⑦电铸壳 ⑧缄默,冷淡 ❷ *v.* ①去壳 ②用壳包 ③炮击

shellac [ʃə'læk] ❶ *n.* ①虫胶,虫漆,虫胶漆片,紫胶,天然树脂,假漆 ②虫胶制剂 ❷ (shellacked; shellacking) *vt.* ①涂以假漆,以虫胶处理 ②殴打,彻底打垮

shellacester [ʃə'læsɪstə] *n.* 虫胶酯

shellane ['ʃeleɪn] *n.* 壳烷

sheller ['ʃelə] *n.* 去皮(壳)机,脱粒机

shellfish ['ʃelfɪʃ] *n.* 贝,甲壳类

shellfishing ['ʃelfɪʃɪŋ] *n.* 贝养殖

shellmoulding ['ʃelməuldɪŋ] *n.* 壳型造型

shelly ['ʃelɪ] *a.* 贝壳状的,含贝壳的,壳的

shelter ['ʃeltə] ❶ *n.* ①掩蔽(所),庇护,掩体,工棚,屏障 ②百叶箱,棚 ③临时收容所 ☆*get under shelter* 获得掩蔽; *take shelter (from)* 躲避; *under the shelter of* 在…的庇护下 ❷ *v.* ①掩蔽,庇护,躲藏(避) ☆*shelter from* 躲(避); *shelter A from B* 保护 A 免受 B; *shelter oneself* 掩护自己,为自己辩护

shelterbelt ['ʃeltəbelt] *n.* 防风林,防护林带,屏蔽带

shelve [ʃelv] *v.* ①置于架上,搁置,储放 ②辞退,解雇,罢免 ③(慢慢)倾斜

shelves [ʃelvz] *n.* shelf 的复数

shelving ['ʃelvɪŋ] ❶ *n.* ①斜坡,倾斜(度) ②搁板材料 ❷ *a.* 有坡度的,倾斜的

shepherd ['ʃepəd] ❶ *n.* 牧羊人,(基督教)牧师,指导者 ❷ *vt.* 领(指,引)导,带领,盯梢

sherardise, sherardize ['ʃerədaɪz] *vt.* 粉(末)镀(锌),喷镀(锌),固体渗锌

sheridanite ['ʃerədənaɪt] *n.* 透绿泥石

sheriff ['ʃerɪf] *n.* 郡长,(市,县的)行政司法长官

sherry ['ʃerɪ] *n.* 雪利酒,(西班牙等地所产的)葡萄酒

shield ['ʃiːld] ❶ *n.* ①盾 ②(防护)屏,屏蔽(板,物),(护)罩,挡障,遮护板 ③铠框 ④保护(装置)防护,防御 ⑤地盾,【矿】掩护支架 ☆*the other side of the shield* 事情的反面,问题的另一面 ❷ *v.* 防(保)护,屏蔽,隔离,铠装 ☆*shield A from B* 保护 A 不受 B(的影响,的伤害),使 A 与 B 隔绝

shielded ['ʃiːldɪd] *a.* 有屏蔽的,铠装的,防护的,隔离的

shielding ['ʃiːldɪŋ] ❶ *n.* 防护(层,屏),屏蔽,遮挡,隔离 ❷ *a.* 屏蔽的,防护的

shift [ʃɪft] ❶ *v.* ①(变,轮,替)换,换挡(班) ②(使)移动,移相,位(漂)移 ③推卸 ☆*shift about* 四处移动,屡变位置; *shift down (up)* 减(加)速; *shift for oneself* 自行设法; *shift gears* 调速;改变方式; *shift off* 拖延,推卸,回避,移掉; *shift A on(onto, upon)B* 把 A 推(卸)给 B; *shift one's ground* 改变论据(立场); *shift out* 移出 ❷ *n.* ①移(动)位 ②(漂,频)移,偏心 ②移位 ③变动,更换,变速器 ④(轮)班(制),工作班 ⑤方法,权宜之计 ⑥推卸 ⑦平移断层 ⑧按下字型变换键 ☆*be on the day (night) shift* 值日(夜)班; *for a shift* 凑合地,为眼前打算; *go on (off) shift* 上(下)班; *make shift* 设法,对付; *one's (the)last shift* 最后的手段; *work in three shifts* 分三班工作

〖用法〗注意下面例句中该词的含义：The operating point <u>shifts</u> drastically <u>with</u> temperature. 工作点随温度而漂移很厉害。/The <u>shift in</u> I_{CQ} for the silicon transistor would be negligible for most applications. 硅管的 I_{CQ} 的漂移在多数应用场合是可以忽略不计的。

shiftable ['ʃɪftəbl] *a.* 可拆(替)换的

shifter ['ʃɪftə] *n.* ①移动(切换)装置,移位器,转换机构 ②移(倒)相器 ③(变速)拨叉 ④(印字电报机)换行器 ⑤搬移者,领班,回避论点者

shiftless ['ʃɪftlɪs] *a.* 无能(力)的,偷懒的,得过且过的

shifty ['ʃɪftɪ] *a.* 变化多端的,不稳定的

shigellosis [ʃɪgə'ləusɪs] *n.* 菲草毒,志贺氏菌痢疾

Shikoku ['ʃɪkəuku:] *n.* (日本)四国岛

shilling ['ʃɪlɪŋ] *n.* 先令(英旧币制单位)

shim [ʃɪm] ❶ *n.* ①(楔形)填隙片,(薄)垫片,衬里 ②补偿(粗调)棒 ③万能开锁片 ❷ (shimmed; shimming) *vt.* ①(用)填隙(片塞),用垫片调整,垫补 ②(磁场)的调整

shimmer ['ʃɪmə] *v.* ; *n.* (使)闪光,微光 ‖~y *a.*

shimmy ['ʃɪmɪ] ❶ *n.* 摇摆,跳动 ❷ *vi.* (汽车)摆动,不正常地振动

Shimonoseki [ʃɪmənəu'sekɪ] *n.* 下关(日本港口)

shin [ʃɪn] ❶ *n.* 胫(骨) ❷ *v.* 攀,爬

shine [ʃaɪn] ❶ (shone) *vi.* ①发亮,放光,照耀 ②卓越,出众 ❷ *vt.* 使发光(亮)❸ (shined) *vt.* 磨(抛)光,擦亮 ☆*shine (A) on (onto) B* (把 A)照(射)到 B 上 ❷ *n.* ①光亮(泽,彩) ②反照,辉亮,日光 ③刷擦 ④恶作剧,诡计 ☆*put a good shine on* 把…擦得晶亮; *rain or shine* 不论晴雨; *take the shine off (out of)* 使…黯然无光

〖用法〗注意下面例句的含义：<u>Shine sunlight through a prism and</u> it breaks into the glorious colors of the rainbow. 如果让阳光透过棱镜的话,它就会分解成彩虹那样的各种绚丽的颜色。(本句中"祈使句+and"表示条件。)

shiner ['ʃaɪnə] n. ①发光物 ②出色的人物 ③(pl.)金钱

shingle ['ʃɪŋgl] ❶ n. ①木瓦,盖板 ②小圆石,粗砾 ❷ vt. ①盖以木瓦搭叠 ②挤压 ③镦锻

shingler ['ʃɪŋglə] n. 镦锻机,挤渣压力机

shingles ['ʃɪŋglz] n. 带状疱疹,缠腰龙

shining ['ʃaɪnɪŋ] a.①发光的,照耀的 ②卓越的

Shinto ['ʃɪntəu] n.(日本的)神道

shiny ['ʃaɪnɪ] a. ①发光的,亮晶晶的 ②擦亮的,磨光的 ③晴朗的

ship [ʃɪp] ❶ n. ①船舶,舰艇 ②飞行器,飞船 ③全体船员 ❷ (shipped; shipping) v.①船运 ②发货 ③(火车,陆路)运输 ④乘船 ☆ship off 送往; take ship 搭船

shipbased ['ʃɪpbeɪst] a. 舰载的,以舰为基地的

shipboard ['ʃɪpbɔːd] n. 船(上),舷侧

shipborne ['ʃɪpbɔːn] a. 船载的

shipbreaker ['ʃɪpbreɪkə] n. 收购和拆卸废船的承包人

shipbroker ['ʃɪpbrəukə] n. 船舶捐客

shipbuilder ['ʃɪpbɪldə] n. 造船工,造船厂

shipbuilding ['ʃɪpbɪldɪŋ] ❶ n. 造船(业,学) ❷ a. 造船(用)的

shipfitter ['ʃɪpfɪtə] n. 舰船(飞行器)装配工

shiplap ['ʃɪplæp] n.; vt. 搭叠,鱼鳞板

shipline ['ʃɪplaɪn] n. 航运公司

shipload ['ʃɪpləud] n. 船的载货量,船货

shipman ['ʃɪpmən] n.①海员,水手 ②(商船等的)船员

shipmaster ['ʃɪpmɑːstə] n.(商船等的)船长

shipment ['ʃɪpmənt] n. 装舶,装运(的货物),(一批)载货

shippable ['ʃɪpəbl] a. 可装运的,便于船运的

shippen, shippon ['ʃɪpən] n. 牛棚,马房

shipper ['ʃɪpə] n.①发货人,托运人,货主 ②(装运货物的)容器 ③(装运的)货物

shipping ['ʃɪpɪŋ] n.①海〔装〕运,航业 ②(运输)船舶,船舶总吨数 ③发货

shipplane ['ʃɪpleɪn] n. 舰上飞机

shipshape ['ʃɪpʃeɪp] a.;ad. 整齐(的),船体形的

shipside ['ʃɪpsaɪd] n. 码头

shipway ['ʃɪpweɪ] n. (造)船台,航道

shipworm ['ʃɪpwɜːm] n. 蛀木虫

shipwreck ['ʃɪprek] v.;n. ①(船只)失事,毁灭,挫折 ②遇难船

shipwright ['ʃɪpraɪt] n. 船体装配工

shipyard ['ʃɪpjɑːd] n. 造〔修〕船厂,船坞

shire ['ʃaɪə] n.(英国行政区划)郡

shirk [ʃɜːk] v. 逃〔回〕避,开小差

shir(r) [ʃɜː] ❶ n. 宽紧带,宽紧织物 ❷ (shirred; shirring) vt.①使成抽褶 ②焙(去壳蛋)

shirt [ʃɜːt] n. 衬衫;高炉炉衬

shist [ʃɪst] n. 片(麻)岩

shit [ʃɪt] v. 大便

shive [ʃaɪv] ❶ n. 碎片,薄塞,(剥,小)刀,亚麻皮 ❷

shiver ['ʃɪvə] ❶ v. ①颤动,发抖 ②(打,敲)碎,碎裂 ❷ n. ①冷战 ②碎块〔片〕③页岩 ☆ break (burst) into shivers 粉碎; give ... the shivers 使…不寒而栗,令…毛骨悚然

shivery ['ʃɪvərɪ] a. ①颤抖的,寒冷的 ②易碎的,脆弱的

Shizuoka [ʃiːˈzuəkə] n. 静冈(日本港市)

shoal [ʃəul] ❶ n. ①浅滩,沙洲 ②隐伏的危机 ③鱼群,许多 ❷ a. 浅(水) ❸ v. ①群聚 ②(使)变浅 ☆in shoals 许多,成群; shoals of 许多

shoaly [ʃəuli] a. 多浅滩〔险阻〕的

shock [ʃɒk] ❶ n. ①冲击,碰撞,打击 ②震惊,震动,地震 ③电击,休克,中风 ④(压缩,压力)激波,冲击波,冲激波波阵面,涡涌 ⑤弹跳 ⑥爆音 ⑦乱蓬蓬的一堆 ❷ v.①(使)震动(震惊)②冲击,推撞 ③打垛 ❸ a. 蓬乱的,浓密的

shocking ['ʃɒkɪŋ] ❶ a. 令人震惊的,极坏的 ❷ ad. 极其

shockingly ['ʃɒkɪŋlɪ] ad. 恶劣地,极端地

shockless ['ʃɒklɪs] a. 无冲击的,无震动的

shockproof ['ʃɒkpruːf] a. 耐〔防,抗〕震的,耐电击的

shod [ʃɒd] ❶ shoe 的过去式和过去分词 ❷ a. 穿着鞋的,装有轮胎〔蹄铁〕的,装靴的

shoddy ['ʃɒdɪ] ❶ n.【纺】①长弹毛 ②次〔赝〕品,再生布 ❷ a.①弹毛的 ②劣质的,冒充的

shoe [ʃuː] ❶ n. ①鞋(形物),靴,履,桩靴,马掌,蹄铁,金属箍 ②闸瓦,制动器,【电子】极靴 ③轮〔外〕胎 ④管(接)头,尾撑,防磨装置 ⑤开沟器 ⑥(导弹)发射导轨 ⑦ (pl.)地位,境遇 ❷ (shod) vt. ①给…穿上鞋 ②在尖头上装金属箍,配以靴状物 ☆know (feel) where the shoe pinches (由经验)知道困难〔症结〕所在; be (stand) in another's shoes 处于别人的地位〔处境〕;that is another pair of shoes 那完全是另外一个问题

shoebill ['ʃuːbɪl] n. 鲸头鹳

shoebox ['ʃuːbɒks] n. 鞋盒

shoehorn ['ʃuːhɔːn] n. 鞋拔

shoelace ['ʃuːleɪs] n. 鞋带

shoestring ['ʃuːstrɪŋ] n.①鞋带 ②少额资本,小本经营 ③(pl.)油炸土豆丝

shone ['ʃəun] v. shine 的过去式和过去分词

shonkinite ['ʃɒŋkɪnaɪt] n. 等色岩

shoofly ['ʃuːflaɪ] n. 临时道路,迂回路线;动物状摇椅;剥离爪

shook [ʃuk] ❶ v. ①shake 的过去式 ②把(板料等)装配起来 ❷ n. ①装配木桶〔箱,盒〕的一套现成板料 ②禾束堆

shoot [ʃuːt] ❶ (shot) v.①射击,发射,发出,闪〔发〕光,投掷 ②射中 ③突出,出芽 ④穿〔飞,掠〕过 ⑤喷〔涌〕出 ⑥(快速)拍摄 ⑦爆破 ❷ n.①发〔照〕射,射击 ②爆炸,闪光 ③拍摄 ④滑道〔槽〕,滑动面 ⑤奔流,推力,崩落 ⑥(发)芽,抽枝 ⑦垃圾场 ⑧富矿砂 ☆shoot across 掠过; shoot ahead

飞速向前,迅速超过对手; *shoot at* 射〔投〕向; *shoot away* 打光子弹; *shoot by* 从旁射〔掠〕过; *shoot down* 击落,废除; *shoot for* 追求; *shoot forth* 抽芽; *shoot off* 射出,击落,打掉,信口开河; *shoot one's bolt* 尽力而为; *shoot out* (放)射出,冒出,击灭,用武力解决; *shoot straight* 打得准,言行正直; *shoot up* 射向天空,上冒,射〔喷〕出,发芽,急升,上涨; *shoot upward* 喷出,冲上去; *take a shoot* 在激流中驶过,走近路

shooter ['ʃuːtə] *n.* ①射手,爆破手 ②手枪

shop [ʃɒp] ❶ *n.* ①商店 ②车间,工场 ③职业,本行 ④工作室,机构 ⑤手工艺(学,室) ❷ *a.* 在工厂进行的 ❸ (shopped; shopping) *v.* ①选购 ②交付检修 ③到处寻找(around) ④拘禁 ☆*all over the shop* (散置)在各处,零乱; *serve the shop* 站柜台; *set up shop* 开始营业; *shut up (close) shop* 停止营业,宣告破产; *talk shop* 三句不离本行

shoplift ['ʃɒplɪft] *v.* 混在顾客群中在商店扒窃

shopmade ['ʃɒpmeɪd] *a.* 定做的

shopman ['ʃɒpmən] *n.* 店员

shoporder ['ʃɒpˌɔːdə] *n.* (工厂)工作单,工厂定单

shopper ['ʃɒpə] *n.* 顾客

shopping ['ʃɒpɪŋ] *n.* 购物 ☆*go (do, be out) shopping* (去)买东西; *have some shopping to do* 去买点东西

shopwork ['ʃɒpwɜːk] *n.* 车间工作

shopworn ['ʃɒpwɔːn] *n.* 在商店里陈列得旧了的,陈旧的

shoran ['ʃɔːræn] *n.* 近程无线电导航系统

shore [ʃɔː] ❶ *n.* ①(海)滨 ②湖)滨,海滩 ②支(撑)柱 ❷ *v.* ①(用支柱)支撑(up) ②shear 的过去式 ☆*go on shore* 上岸; *in shore* 近岸,近海滨; *off shore* 离岸; *on shore* 在岸上,在海滨上; *put on shore* 卸货上岸; *within these shores* 在这个国家内

shoreland ['ʃɔːlænd] *n.* 沿岸地区

shoreline ['ʃɔːlaɪn] *n.* 海岸线

shoreward ['ʃɔːwəd] ❶ *ad.* 向岸 ❷ *a.* 岸方面的

shoring ['ʃɔːrɪŋ] *n.* ①撑住,支持,支柱 ②支柱工

shorinophon ['ʃɔːrɪnəfəun] *n.* 机械录音机

shorl [ʃɔːl] *n.* 黑电石

shorn [ʃɔːn] ❶ *v.* shear 的过去分词 ❷ *a.* 被剪过的,被夺去的

short [ʃɔːt] ❶ *a.* ①短(暂)的,矮的,简短的,浅陋的 ②短少的,有欠缺的,少量的,欠压的 ③脆的,易碎的 ❷ *ad.* ①突然 ②不足(地) ③简短〔略〕地 ④脆 ❸ *n.* ①简略,不足 ②短路 ③压制不足,欠压 ④(pl.)短路,短尺品,废料,细麸子 ⑤短片,短讯,短音符 ⑥空头户,(pl.)短期债务 ❹ *vt.* 缩减,使短路(out) ☆*(be) little short of* 几乎是; *(be) nothing short of* 简直是,除非; *(be) short for* (是)…的缩写〔简称〕; *(be) short of* 缺少,不到; *bring up short* 突然停住; *come (fall) short of*

没有达到,未能满足,缺乏,除…外; *cut short* (突然)停止,打断,截短,缩减; *everything short of* 只差; *fall short (of)* 缺乏,达不到; *for short* 简称,缩写; *go short (of)* 缺乏; *in short* 简言之; *in short order* 迅速地; *in the short run* 在短期内,不久; *make a long story short* 扼要地讲; *make short work of* 迅速了结; *pull up short* 突然停住; *run short of* (快)用完了,缺乏; *short A through B* 通过 B 使 A 短路; *short on* 短于,弱于; *short out* 使短路(中止); *stop short* 突然中止; *stop short of* 未到达,不到…便停住; *the long and the short of it* 总而言之; *the short and (the) long* 要旨; *to be short* 〔插入语〕简单地说

〖用法〗注意下面例句中该词的含义: R₁ is shorted out for ac signals. 对于交流信号来说,R₁ 被短路掉了。/The metal-semiconductor system is heated short of melting. 该金属半导体系统被加热到不至于熔化的程度。/External noise is difficult to treat quantitatively, and furthermore there is often little that can be done about it. short of changing the geographical location of the system. 外部噪声是难以定量处理的,而且除了改变系统的地理位置外往往几乎无法消除它。

shortage ['ʃɔːtɪdʒ] *n.* ①缺少,不足(额) ②缺点〔陷〕 ☆*cover (fill up, make good, meet) the shortage (of)* 弥补(…的)不足

shortcoming ['ʃɔːtkʌmɪŋ] *n.* 缺点,不足

short-cut ['ʃɔːtkʌt] *n.* 捷径,近路

shorten ['ʃɔːtn] ❶ *v.* 缩短,减少,(使)不足,(使)松脆 ❷ *n.* 缩短

〖用法〗注意下面例句的含义: In this case, the area is shortened by a factor cosθ. 在这种情况下,该面积将缩小到原来的 cosθ 倍。

shortfall ['ʃɔːtfɔːl] *n.* 缺少,不足,亏空

shorthand ['ʃɔːthænd] ❶ *n.* 速记(法),简写(形式) ❷ *a.* (用)速记(法)的

shorthanded ['ʃɔːt'hændɪd] *a.* 人手不足的

shortly ['ʃɔːtlɪ] *ad.* 不久,立刻,简短地,简言之 ☆*to put it shortly* 简单地说

shortness ['ʃɔːtnɪs] *n.* ①短,矮 ②不足,缺乏 ③简短 ④(易)脆性,松脆 ⑤(塑料)压制不足

shortrun ['ʃɔːtrʌn] *n.;a.* 短期(的),少量〔短期〕生产

shorts [ʃɔːts] *n.* 短流路;短裤

shot [ʃɒt] ❶ *n.* ①发(注)射,射击,瞄准,(火箭)飞行,枪〔炮〕声 ②弹,弹丸,粒 ③冲击,爆炸〔破〕 ④射程 ⑤射手,射孔,炮眼 ⑥拍摄,镜头,景,(拍摄)张 ⑦物料量 ⑧尝试,猜〔推〕测 ❷ shoot 的过去式和过去分词 ❸ (shotted; shotting) *vt.* ①装弹 ②(金属溶液)粒化,制铁丸 ③用铁锤吊着沉下去 ❹ *a.* ①(丸)粒状的 ②点焊的 ③闪色的,杂色的 ④用坏的,破坏的,失败的 ☆*a close shot* 近景; *a good (bad) shot* 好〔不好的〕枪手,猜对〔错〕的; *a long shot* (电视,电影)远景,远摄,大胆的企图

〔猜测〕,试为困难之事; **as a shot** 当做猜测,看(起)来; **at a shot** 一枪就; **be a shot at** 是针对…说的; **big shot** 名人,大人物; **dead shot** 神枪手; **get (take, make, have) a shot at (for)** (对…)射击,推测,尝试; **like a shot** 立刻,毫不迟疑地,高速地; **not by a long shot** 绝对没有希望的,决不; **not worth powder and shot** 不值得费力; **out of shot** 在射程之外; **take a shot of** 给…拍照; **within shot** 在射程之内

shotcrete [ˈʃɒtkriːt] *n.* 喷浆混凝土

shotgun [ˈʃɒtɡʌn] *n.* 猎枪,滑膛枪炮

shothole [ˈʃɒthəʊl] *n.* 爆破孔,弹孔

shotmaking [ˈʃɒtmeɪkɪŋ] *n.* 准确击球,准确投篮

shotpin [ˈʃɒtpɪn] *n.* 制动销

shotting [ˈʃɒtɪŋ] *n.* 制造铁丸,金属粒化

shou [ʃəʊ] *n.* 寿鹿

should [ʃʊd] (shall 的过去式) *v.aux.* (否定式 should not 缩写为 shouldn't) ①应当,会,该,可能 ②用于某些虚拟语气的句型中,一般没有确切的词义。

〖用法〗注意下面例句中表示的一种常见句型:

Should the bomber encounter such an air-defence system, the result would be fatal. 一旦轰炸机遇到这种空防系统,后果将是致命的。(本句是涉及将来时间的虚拟句型,条件状语从句的引导词"if"省了了,所以"Should"处于句首。)/The morning's newspapers predicted a dire disaster that day should a widespread computer virus detonate its logic bomb. 那天各晨报预言,一旦一种传播广泛的计算机病毒起爆其逻辑炸弹的话,就会引起可怕的灾难。(同样,条件状语从句的引导词"if"省了了,不过本句从句在主句之后。)

shoulder [ˈʃəʊldə] ❶ *n.* 肩,(肩形)凸出部,挂耳,【机】根面,钝边,胎缘,炉腹 ❷ *vt.* 掮,扛,挑(托)起,承担 ☆**give (show, turn) the cold shoulder to** 排斥; **have broad shoulders** 能担负重大责任; **have on one's shoulders** 承担着(责任); **put (set) one's shoulder to the wheel** 尽力完成任务; **rub shoulders with** 和…接触,并肩协力; **shoulder one's responsibilities** 负起(自己的)责任; **shoulder to shoulder** 肩并肩,齐心协力; **straight from the shoulder** 很准的,一针见血; **stand head and shoulders above** 远高于,远胜于

shouldered [ˈʃəʊldəd] *a.* 带肩的

shout [ʃaʊt] *n.;v.* 呼喊,喊叫,嚷 ☆**shout for** (大声)召唤; **shout out** 呼喊; **shout at** 对某人大声叫嚷呼喊

shove [ʃʌv] ❶ *v.* ①(猛)推,撞击 ②置放,乱塞 ③灌注 ④涌流,冰移动 ⑤强使 ☆**shove along** 推着走; **shove in** 推进; **shove off (out)** 把…推开,离开,出发; **shove on** 推着…往前走; **shove past** 推开…往前走 ❷ *n.* 推,(一)推

shovel [ˈʃʌvl] ❶ *n.* ①铲,(铁)锹,勺(子) ②(单斗)挖土机 ③一铲的量 ❷ (shovel(l)ed; shovel(l)-

ing) *v.* 铲,挖,舀

shovelful [ˈʃʌvlful] *n.* 满铲,一铲(锹)的量

shovel(l)er [ˈʃʌvlə] *n.* 翻扬机,挖土机驾驶员

shovelman [ˈʃʌvlmən] *n.* 挖土机驾驶员

show [ʃəʊ] ❶ (showed, shown 或 showed) *v.* ①显(表)示,表现,展览,陈列,放映,出席 ②证(说,表)明 ③(带)领,陪,向导 ☆**as shown** 如所示; **as shown above** 如上所述; **show in** 陪进; **show interest in** 对…表示关心; **show itself** 呈现,露头; **show (no) signs of** (没)有…的迹象; **show off** 夸耀,渲染; **show one's hand (cards, colours)** 摊牌,公开表明; **show out** 送出; **show over (round)** 带领…参观一遍; **show up** 显露,出席 ❷ *n.* ①显(夸)示 ②展览(会,品),陈列(品),表演 ③说(证)明 ④景(迹)象 ☆**by (a) show of hands** 举手(表决); **have a (the) show of** 好像; **in open show** 公然; **in show** 外观上(是),表面上; **make a good show** 好看; **make a show of** 夸示,表现; **on show** 被陈列着,展览中; **put up a good show** 干得漂亮; **run (boss) the show** 主持,操纵; **show of reason** 似乎有理

〖用法〗该动词可以有以下形式的补足语: ❶ "as 短语"。如: These states are shown <u>as heavy horizontal lines</u> in Fig. 7-2. 这些状态在图 7-2 中被画成粗的水平线。/Fig. 1-11 shows temperature coefficients of diodes <u>as a function of the diode voltage</u> at room temperature. 图 1-11 把二极管的温度系数画成了室温下二极管电压的函数。❷ "to be +形容词或名词"。如: The slope of this voltage is shown <u>to be proportional to the level of the input signal</u>. 这个电压的斜率被证明是与输入信号电平成正比的。/With $V_{on} = 6$ V the maximum V_{in} can be shown <u>to be $V_{im} = 3$ V</u>. 当 $V_{on} = 6$ V 时,可以证明 V_{in} 就是 $V_{im} = 3$ V。❸ 形容词(短语)。如: Cathode rays had earlier been shown <u>capable of causing phosphorescence on the glass walls of a vacuum tube</u>. 早些时候表明阴极射线能够在电子管的管壁上产生磷光。/Its RF power spectrum is shown <u>shaded</u>. 其射频功率谱被画成阴影的。❹ 分词短语。如: Fig. 7-1 shows a body <u>moving in a horizontal direction</u>. 图 7-1 画出(显示)了一物体在朝水平方向上运动。/Fig. 4-3 shows F <u>resolved into two components</u>. 图 4-3 画出了 F 被分解成了两个分量。/Fig. 3-8 shows a ball <u>being thrown horizontally</u> at the same instant that another ball is dropped. 图 3-8 画出了就在让一个球下落时把另一个球水平抛出的情况。/In Fig. 2-1 rays are shown <u>entering the objective from two distant objects</u>. 图 2-1 显示了光线从两个远方物体进入物镜的情况。/This transfer function of time is shown <u>expressed as a Fourier function of frequency</u>. 这种时间的转移函数被显示为表示成频率的傅氏函数。❺ 注意下面例句属于全倒装句型: Shown in Fig. 1-1 is the block diagram of a radio transmitter. 图 1-1 中画出的是无线电发射机的方

框图。

show-bill ['ʃəubɪl] n. 招贴,海报

show-card ['ʃəukɑ:d] n. 广告牌

show-case ['ʃəukeɪs] n. 陈列橱(柜)

showdomycin [.ʃəudə'maɪsɪn] n. 焦土霉素

shower ['ʃauə] ❶ n.①指示器 ②出示〔展出〕者,表现者 ❷ n. ①阵雨,(一)阵 ②(宇宙的粒子)簇射,电子流,通量 ③淋浴,连蓬头头 ④骤雨 ❸ v. ①下阵雨,浇灌,洒水,淋浴 ②大量地给予,阵雨般地降落

showery ['ʃauərɪ] a. 多阵雨的,阵雨(般)的

show-how ['ʃəuhau] n. 示范

showily ['ʃəuɪlɪ] ad. 炫耀地,过分华丽地

showing ['ʃəuɪŋ] n. ①表现,陈述 ②外表,迹象 ③显示,展览,陈列

shown [ʃəun] show 的过去分词

showpiece ['ʃəupi:s] n. 展览品,供展览的样品

showplace ['ʃəupleɪs] n. 展出地

showroom ['ʃəurum] n. 陈列〔展览〕室

showup ['ʃəuʌp] n. 暴露,揭发

showy ['ʃəuɪ] a. 炫耀的,显眼的

shox [ʃɒks] n.(汽车的)减震器

shrank [ʃræŋk] shrink 的过去式

shrapnel ['ʃræpnəl] n.①榴霰弹,子母弹 ②弹片

shred [ʃred] ❶ n. ①碎片,碎屑,细条;(pl.)乳胶碎条 ②一点点 ☆**not a shred of ...** 一点点…都没有; **tear ... to (into) shreds** 把…扯得粉碎,把…驳得体无完肤 ❷ (shredded;shredding) vt. 扯〔切〕碎,切细

shredder ['ʃredə] n. 撕〔切〕碎机,纤维梳散机

shredding ['ʃredɪŋ] n. (机械)裂解,粉碎(作用),研磨(作用),纤化

shrewd [ʃru:d] a. ①精明的,机灵的 ②狡猾的 ③严酷的,凛冽的 ‖ ~**ly** ad. ~**ness** n.

shrewdie ['ʃru:dɪ] n. 机灵鬼,狡诈的人

shrewish ['ʃru:ɪʃ] a. 泼妇似的,爱骂街的,刻薄的

shriek [ʃri:k] v.;n. 尖(叫)声,叫喊

shrike [ʃraɪk] n. 百舌鸟

shrill [ʃrɪl] ❶ a. (声音)尖锐的,刺耳的 ❷ v. 发出尖锐刺耳的声音 ❸ v. 尖声 ‖ ~**ly** ad. ~**ness** n.

shrimp [ʃrɪmp] n.;v. (小河)虾,虾制品;捕小虾

shrine [ʃraɪn] n. ①庙,殿堂 ②圣地

shrink [ʃrɪŋk] ❶ n. 收缩 ❷ (shrank 或 shrunk; shrunk 或 shrunken) v.①(使)收缩〔萎缩〕,缩小,弄皱 ②退缩,畏缩 ☆**shrink away** 消失,退缩; **shrink back** 退缩,害怕; **shrink from doing** 怕〔推辞〕(做),由于…而退缩; **shrink on** 烧嵌,(先热胀后取冷使)紧紧箍在…上; **shrink to nothing** 渐渐缩小到没有; **shrink up** 缩拢,缩做一团

shrinkable ['ʃrɪŋkəbəl] a. 可〔会〕收缩的

shrinkage ['ʃrɪŋkɪdʒ] n. 收缩,压〔皱〕缩,缩减〔短〕,减少,下沉

shrinker ['ʃrɪŋkə] n. (补缩)冒口,收缩机

shrinkproof ['ʃrɪŋkpru:f] a. 防缩的,不收缩的

shrivel ['ʃrɪvl] (shrivel(l)ed; shrivel(l)ing) v. ①皱〔萎〕缩,枯萎(up) ②(使)束手无策,(使)失效

shroud [ʃraud] ❶ n. ①屏蔽板,帐幕,遮拦 ②护罩,罩盖,套筒,围带,笼罩 ③(降落伞)吊伞索 ❷ vt. 覆盖,遮蔽,笼罩

shrub [ʃrʌb] n. 灌木

shrubbery ['ʃrʌbərɪ] n. 灌木丛(路)

shrubby ['ʃrʌbɪ] a. 灌木丛生的

shrug [ʃrʌg] v.;n.①耸(肩),一耸 ②轻视,贬低,不予理睬(off)

shrunk [ʃrʌŋk] shrink 的过去式和过去分词

shrunken ['ʃrʌŋkn] ❶ shrink 的过去分词 ❷ a. 缩拢的,皱缩的

shuck [ʃʌk] ❶ n. 外皮,壳,无价值的东西 ❷ v. 剥壳〔皮〕

shucker ['ʃʌkə] n. 剥壳器,剥皮机

shudder ['ʃʌdə] v.; n. 发抖,打战 ‖ ~**ingly** ad.

shuffle ['ʃʌfl] v.;n. ①拖着脚走(along),慢慢移动(变动) ②混合,改组,乱堆,一团糟 ③搪塞,推诿,蒙混 ☆**shuffle off** 逃避,推诿; **shuffle through** 敷衍

shuffler ['ʃʌflə] n. 拖着脚走路的人;蒙混者;洗牌者

shuffling ['ʃʌflɪŋ] n. 【数】重排,重列

shun [ʃʌn] vt. 躲避,避免

shunpike ['ʃʌnpaɪk] ❶ n. (避免超级公路拥挤的)支路 ❷ v. 走支路

shunt [ʃʌnt] ❶ n. ①(装)分路,分支,使…(旁路)分流,使…并联,短路 ②调车(到旁轨),使…转轴,往侧线,闪开,丢弃 ③推给别人 ④拖延,搁置 ☆**shunt off** 把…调到旁轨上 ❷ n. ①分路〔流〕器,旁路,并联,并联电阻 ②转辙器 ③调轨

shunted ['ʃʌntɪd] a. 分路〔流〕的,并联的

shunter ['ʃʌntə] n. ①调车员,扳道员 ②转轨器,调车机车

shunting ['ʃʌntɪŋ] n. 分路,并联,转轨

shut [ʃʌt] ❶ n. ①关闭,闭塞 ②光栏,挡板 ③焊缝 ❷ (shut) v. 关(闭),闭(塞),切断,折拢,折叠 ☆**shut down** (使)关闭,(使)封闭;(使)停机,熄火;断路;制止,压制(on, upon); **shut in** 把…关在里面,封住; **shut A in B** 把A夹在B中; **shut off** 关掉,切断,断路,截流;停止,排除;遮住;把…挡在外面; **shut out** 把…关在外面,遮住; **shut up** 关闭,密封,住口

shutdown ['ʃʌtdaun] n. ①关闭,断路,停工,发动机熄火,抑制 ②非工作周期

shutoff ['ʃʌtɒf] n. ①关闭,闭锁,切断,拉开,停止 ②关闭阀,闭止器

shutout ['ʃʌtaut] n. 闭厂,停业

shutter ['ʃʌtə] ❶ n. ①百叶窗,挡板,鱼鳞板 ②快门,光闸 ③色(曝光)盘 ④节气门,卷帘式铁门,闸门(板) ⑤断续器,开关,闸 ⑥(防触电用)保护罩 ❷ vt. 装上〔关闭〕百叶窗,装上〔关闭〕快门 ☆**put up the shutters** 关上百叶窗,关上快门;关店,停业; **take down the shutters** 打开百叶窗,打开快门

S

shuttering ['ʃʌtərɪŋ] *n.* 模板

shuttle ['ʃʌtl] ❶ *n.* ①梭(子),水闸 ②(短程)来回的列车,航天飞机,字航飞船 ③往复(前后)(移动),穿梭般来回 ④气压(液压)传送装置 ⑤羽毛球,板球 ❷ *a.* 往复式的,往返的,穿梭式的 ❸ *v.* (穿梭般的)往复〔往返,前后〕运动,穿梭

shuttlecock ['ʃʌtlkɒk] *n.* 羽毛球;争论之点;动摇的人

shuttlecraft ['ʃʌtlkrɑ:ft] *n.* 航天飞机

shuttling ['ʃʌtlɪŋ] *n.* 梭动

shy [ʃaɪ] ❶ (shier 或 shyer, shiest 或 shyest) *a.* ①害羞的 ②胆小的,畏缩的(of) ③隐蔽的 ④缺少的,不足的 ☆*be shy at a shadow* 杯弓蛇影; *be shy of (on)* 缺少,不足; *be shy of doing* 不敢(做); *look shy at (on)* 怀疑 ❷ *v.* ①退避,畏缩②乱投(at) ☆*shy away (off)* 避开; *shy away from* 畏避,逃避

sial ['saɪæl] *n.* 硅铝带,硅铝地层

sialic [saɪ'ælɪk] *a.* 硅铝层的

sialidase ['saɪəlɪdeɪs] *n.* 唾液酸酶

sialism ['saɪəlɪzm] *n.* 多涎

sialma ['saɪəlmə] *n.* 硅铝镁带

sialolithiasis [ˌsaɪæləlɪ'θaɪəsɪs] *n.* 涎石形成

siamese [ˌsaɪə'mi:z] *a.* (管道)二重连接的,孪生的

Siberia [saɪ'bɪərɪə] *n.* 西伯利亚 ‖—*n a.*

sibilant ['sɪbɪlənt] ❶ *n.* 嘘(咝)音,带齿音的字 ❷ *a.* 作咝咝声的

sibilate ['sɪbɪleɪt] *v.* 发咝音,咝咝地说

sibling ['sɪblɪŋ] *n.* 同胞,一氏族的成员

sic [sɪk] (拉丁语)原文如此

Sical ['sɪkəl] *n.* 硅铝合金

siccation [sɪ'keɪʃən] *n.* 干燥(作用)

siccative ['sɪkətɪv] ❶ *a.* 干的,收湿的 ❷ *n.* 催干剂

siccity ['sɪsɪtɪ] *n.* 干燥

sichromal [sɪ'krɒməl] *n.* 耐热硅钢,罐管用铝钢

Sicilian [sɪ'sɪljən] *n.; a.* 西西里(岛)的,西西里人(的)

Sicily ['sɪsɪlɪ] *n.* 西西里(岛)

sick [sɪk] ❶ *a.* ①有病的,身体不舒服的,恶心的 ②需要修理的,有毛病的 ③易碎的 ❷ *n.* (the sick)病人,患者 ☆*be sick (and tired) of* 或 *be sick to death of* 倦于,厌恶; *fall (get) sick* 生病; *feel (turn) sick* 恶心,要呕吐

sicken ['sɪkən] *v.* ①(使…)生病 ②作呕(at) ③厌恶(of)

sickening ['sɪkənɪŋ] *a.* 使人厌恶的 ‖ ~**ly** *ad.*

sicker ['sɪkə] *a.* 安全的,可靠的

sickle ['sɪkl] *n.* 镰刀,切割器

sicklecrit ['sɪklkrɪt] *n.* 镰刀形红细胞容量计

sickly ['sɪklɪ] *a.* ①病态的 ②令人作呕的 ③有碍健康的

sickness ['sɪknɪs] *n.* (疾,患)病,恶心,呕吐

sicon ['sɪkɒn] *n.* 硅靶视像管

Sicroma ['sɪkrəmə] *n.* 硅铬弹簧钢

Sicromal [sɪ'krɒməl] *n.* 铝铬硅耐热钢

sidac [sɪ'dæk] *n.* 双向开关元件,交流用硅二极管

side [saɪd] ❶ *n.* 边,方面,侧面,舷侧,旁边,坡,岸,(一)方 ❷ *a.* ①旁边的,侧面的 ②副的,附带的,枝节的 ❸ *v.* ①同意,支持,赞助,偏袒,站在…的一边(with) ②给…装上侧面,刨平…的侧面 ☆*(be) on the safe side* 稳当,可靠,万无一失; *blind (weak) side* 弱点; *by the side of* 在…的旁边(附近),和…在一起比较; *from (on) all sides* 或 *from (on) every side* 从各方面,四面八方; *from side to side* 左右(摇摆),从一侧到另一侧,翻来覆去的; *on one side* 在一旁〔边〕; *on the high (low) side* 稍高〔低〕; *on the other side* 在对面; *on the side* 另外; *on the small side* 略小,较小; *on this side of* 在…的这一边; *place (put) on (to) one side* 放到一边,蔑视,不理会; *right side up* 正面朝上; *side by side* 并排地; *side to side* 左右地; *to be on the safe side* 为可靠起见; *this side of* 在…以前〔下〕,不超过; *to one side* 一边〔侧〕

【用法】❶ 表示"在本身的边上"时可用"on",也有用"in"的。如: The second term on (in) the right hand side of Eq. (2-4) is the convolution integral. 在式(2-4)右边的第二项是一个卷积。❷ 表示"在本身外的旁边"时,其前面可用介词"on"、"at"或"to"。

sideband ['saɪdbænd] *n.* 边带

sided ['saɪdɪd] *a.* 有边的,〔构成复合词〕有…边〔面〕的

sidedozer ['saɪdəuzə] *n.* 侧铲推土机

sideglance ['saɪdglɑ:ns] *n.* 斜视,暗示

sidehill ['saɪdhɪl] ❶ *n.* 山坡(侧),半填挖 ❷ *a.* (适宜于)山坡上的

sidelap ['saɪdlæp] *n.* 旁向重叠

sidelight ['saɪdlaɪt] *n.* ①侧光,边窗 ②边〔侧〕灯,侧面照明 ③侧面消息,间接说明,偶然启示

sideline ['saɪdlaɪn] *n.* ①边线,侧道 ②副业,兼职 ③(pl.)界外线,边缘区域 ④局外人的观点

sideling ['saɪdlɪŋ] *a.; ad.* 斜的〔着〕,倾斜的

sidelining ['saɪdlaɪnɪŋ] *n.* 侧内衬

sidelong ['saɪdlɒŋ] *a.; ad.* 横(的),斜(的),侧面(的)

sidelurch ['saɪdlɜ:tʃ] *n.; v.* 侧倾

sidenote ['saɪdnəut] *n.* 旁注

sidepiece ['saɪdpi:s] *n.* 边件,侧部

sideration [ˌsaɪdə'reɪʃən] *n.* 闪电状发病,电击,电灼疗法

sidereal [saɪ'dɪərɪəl] *a.* (恒)星的,星座的

siderite ['saɪdəraɪt] *n.* 陨铁,菱铁矿,蓝石英

sideroconite [ˌsaɪdə'rɒknaɪt] *n.* 黄方解石

siderograph ['saɪdərəgrɑ:f] *n.* 恒星仪

siderography [ˌsaɪdə'rɒgrəfɪ] *n.* 钢板雕刻(复制)术

siderolite ['saɪdərəlaɪt] *n.* 铁陨石

siderology [ˌsaɪdə'rɒlədʒɪ] *n.* 冶铁学

sideromagnetic [ˌsaɪdərəmæg'netɪk] *a.* 顺磁的

siderophil ['saɪdərəfɪl] *a.; n.* 嗜铁的〔体〕

siderophilin [ˌsaɪdə'rɒfɪlɪn] *n.* 铁传递蛋白

siderosis [ˌsaɪdə'rəusɪs] *n.* 铁质沉着,铁尘肺,高铁血

siderosphere [,sɪdə'rɒsfɪə] *n.* 铁圈,重圈

siderostat ['sɪdərəstæt] *n.* 定星镜

siderous ['sɪdərəs] *a.* 含铁的

sideseat ['saɪdsi:t] *n.* 边座

sideslip ['saɪdslɪp] *n.;vi.* 侧向滑(移),沿横轴方向运动

sidespan ['saɪdspæn] *n.* 边〔旁〕跨

sidespin ['saɪdspɪn] *n.* 侧旋

sidestep ['saɪdstep] ❶ *v.* 闪避(责任,困难) ❷ *n.* 侧步,(侧面的)台阶,梯级

sidetrack ['saɪdtræk] ❶ *n.* ①侧线,旁轨 ②次要地位 ❷ *vt.* 把…转入侧线,避〔岔〕开,使降到次要地位

sideview ['saɪdvju:] *n.* 侧视图,侧面形状

sidewalk ['saɪdwɔ:k] *n.* 人行道,侧道

sidewall ['saɪdwɔ:l] *n.* 侧壁,井壁,轮胎侧壁

sideward(s) ['saɪdwəd(z)] *a.;ad.* 侧面(的),向旁边(的),从旁边(的)

sidewash ['saɪdwɔ:ʃ] *n.* 侧洗流,侧冲

sideway(s) ['saɪdweɪ(z)] *n.;a.;ad.* 小路,旁(的),横(向的),斜(的),侧向的

sidewind ['saɪdwɪnd] ❶ *n.* 侧风,侧气流,间接的影响〔方法〕 ❷ *a.* 间接的,不正当的

sidewinder ['saɪdwɪndə] *n.* 一种小的响尾蛇(导弹)

Sidicon ['sɪdɪkɒn] *n.* 硅视像管

siding ['saɪdɪŋ] *n.* ①侧线,旁轨,(索道)滑轨 ②板壁,挡板 ③(船材的)边宽;让船处

sidle ['saɪdl] *v.* 侧身而行

Sidon ['saɪdn] *n.* 西顿(黎巴嫩港口)

siege [si:dʒ] *n.;vt.* ①包围,围攻 ②炉底 ☆*lay siege to* 包围,围攻

siemens ['si:mənz] *n.* ①西门子(MKS 电导单位,等于欧姆的倒数),姆欧 ②Siemens 西门子(厂家)
〖用法〗注意下面例句: Here S is the symbol for siemens, the unit for conductance. 这里 S 是西门子的符号,它是电导的单位。

sienna [sɪ'enə] *n.* (富铁)黄土(颜料),赭土(颜料),赭色

sierozem [,si:ərə'zem] *n.* 灰漠钙土

sierra ['sɪərə] *n.* 山脉,锯齿山脊,岭

Sierra [sɪ'erə] *n.* 通信中用以代表字母 S 的词

Sierra Leone ['sɪərəlɪ'əun] *n.* 塞拉利昂

sieve [sɪv] ❶ *n.* (细,格)筛,筛子〔网,板〕,滤网 ❷ *vt.* 筛(分),过滤

sifbronze ['sɪfbronz] *n.* 西夫青铜,钎焊青铜焊料

sift [sɪft] *vt.* ①筛,过滤,通过(through,into) ②挑选,淘汰 ③精查

sifter ['sɪftə] *n.* ①筛子,筛分器,细筛 ②筛筛的人,筛分工 ③详细审查者

siftings ['sɪftɪŋz] *n.* 筛屑,筛过的东西

sigh [saɪ] *v.;n.* 叹息(气),渴望,怀念(for),(风)呼啸 ‖ ~**ingly** *ad.*

sight [saɪt] ❶ *n.* ①视力〔觉,线〕 ②眼界,视野 ③测视〔角,点〕 ④风景,壮观 ⑤见解,看法 ⑥瞄准(器),观测(孔,器) ❷ *vt.* ①观测,看见,瞄准 ②调整瞄准器,以瞄准器装于 ❸ *a.* ①即席的 ②单凭当场认识的 ③见票即付的 ☆*a (long) sight better* 比…好得多; *a sight of* 非常多的; *at first sight* 一见就,初〔乍〕看起来; *at sight* 一见(就),不加准备地; *at (the) sight of* 见到…时; *be in (within) sight* 看得见,在视线范围内,在望; *be within sight of each other* 彼此可以望见; *be (lost) out of sight* 看不见; *catch (have, get) (a) sight of* 发现,看出; *come in (into) sight* 出现; *come in sight of* 看见了; *get a sight of* 看看; *get (go) out of sight* 看不见了; *in one's (own) sight* 由…来看; *in (within) sight* 被见到; *in the sight of* 由…看来; *lose one's sight* 失明; *lose sight of* 看不见…了,忽略,忘记; *not by a long sight* 差得远,绝不; *on sight* 凭眼力,一见(就); *out of sight* (在)看不见(的地方),(标准)高得达不到; *put out of sight* 把…藏起来,对…不予理会; *sight unseen* (购货时)事先未先看货; *take a sight at* 观测,瞄准; *take sights on* 观测; *within sight of* (在)看得见…(的地方)

sighted ['saɪtɪd] *a.* 视(力)的

sightglass ['saɪtglɑ:s] *n.* 观察〔窥视〕孔

sightless ['saɪtlɪs] *a.* 无视力的,盲的 ‖ ~**ly** *ad.*

sightly ['saɪtlɪ] *a.* 悦目的,漂亮的

sightsee ['saɪtsi:] *vt.* 游览,观光

sightseer ['saɪtsi:ə] *n.* 游客

sightworthy ['saɪtwɜ:ðɪ] *a.* 值得看的

siglure ['sɪgljuə] *n.* 地中海果蝇引诱剂,诱虫环

sigma ['sɪgmə] *n.* (希腊字母)Σ,σ

sigmate ['sɪgmeɪt] ❶ *a.* Σ〔S〕形的 ❷ *vt.* 加 Σ〔S〕于

sigmatron ['sɪgmətron] *n.* 西格马加速器

sigmoid ['sɪgmɔɪd] *a.;n.* S 形(的),C 形的,反曲(的),乙状的

sign [saɪn] ❶ *n.* ①记〔符〕号,手势 ②迹象,征兆,病征,痕迹 ③标志〔记,牌〕,签 ☆*in sign of* 作为…的记号〔表示〕; *signs of the times* 时代的征候; *there are signs of* 有…的征兆〔迹象〕 ❷ *v.* 签字(于),加符号(于),订(契约) ☆*sign away* 签字放弃; *sign in* 签到,签收,记录…的到达时间; *sign off* 广播结束,停止活动; *sign on* 广播开始,在…上签字; *sign on the dotted line* 接受既成事实,在虚线上签字; *sign up* 签约参加工作,签约承担义务(for)

signa ['sɪgnə] signum 的复数

signable ['saɪnəbl] *a.* 可〔应〕签名的

signal ['sɪgnəl] ❶ *n.* ①信号(机),标志,征象,预兆 ②原因,动机,导火线(for) ❷ *a.* ①信号(用)的 ②显著的 ❸ (signal(l)ed; signal(l)ing) *v.* ①发信号(给,通知,报告),(向…)发(传输)信号,发码,通信,信号化 ②成为预兆
〖用法〗注意下面例句中该词的含义: This

comparison signals the control logic to close the gate. 这一比较就告知控制逻辑电路来关闭门电路。

signalise, signalize ['sɪgnəlaɪz] vt. ①用信号通知,(向…)发信号,信号化 ②使显著,(突出地)表明 ‖ **signalisation** 或 **signalization** n.

signal(l)er ['sɪgnələ] n. ①信号装置 ②信号手,通信兵

signaling ['sɪgnəlɪŋ] n. ①(发)信号,信号化 ②信号设备〔系统〕

signally ['sɪgnəlɪ] ad. 显著地

signalman ['sɪgnəlmən] n. 信号员,通信兵,司号员

signalyzer ['sɪgnəlaɪzə] n. 信号(分析)器

signatory ['sɪgnətərɪ] ❶ n. 签字人,签约国 ❷ a. 签过字的,署名的

signature ['sɪgnətʃə] n.①签名 ②特征谱貌 ③标记(图) ④(广播节目的)信号曲,【音】调号 ⑤书帧折标,书帖 ⑥【医】用法说明 ☆add (put) one's signature to 在…上签名(盖章)

signboard ['saɪnbɔːd] ❶ n. 标志牌 ❷ v. 设置标志牌

signet ['sɪgnɪt] ❶ n. 图〔私〕章 ❷ vt. 盖章于

significance [sɪg'nɪfɪkəns] n. ①意义 ②重要(性) ③有效位

〖用法〗❶ 表示"…有意义的"时,可以用 be of …",也可用 have (has)…。如: This value is of great significance. 这个值是很有意义的。/The a and b coefficients have physical significance. a 和 b 这两个系数是具有物理意义的。/This law has major significance. 这个定律是很重要的。/This term is of particular significance in the context of reflector antennas. 这个术语在反射器天线的情况下是特别重要的。❷ 注意下面例句中该词的含义: The significance of the error is reduced if the resistance of the voltmeter is much greater than R. 如果伏特计的电阻远大于 R 的话,该误差的重要性就会降低。

significant [sɪg'nɪfɪkənt] a. ①意味深长的,有影响的 ②重要的,显著的,值得注意的 ③有效的 ④非偶然的 ☆(be) significant of 表示〔明〕…的

〖用法〗注意下面例句中该词的含义: The unknown resistances are significant. 这些未知电阻是比较大的。/This value is accurate to three significant figures. 这个值精确到三位有效数。/For a significant year or two, this important technological change was held as a trade secret. 这个重要的技术变化作为商业秘密被保持了整整一两年。

significantly [sɪg'nɪfɪkəntlɪ] ad. 大大地,重要地

〖用法〗❶ "significantly + 比较级"意为"…得多"。如: I_{CO} will usually be significantly larger than I_{EO}. I_{CO} 通常比 I_{EO} 大得多。❷ 注意下面例句中该词的含义: The value of the collector current is not altered significantly. 集电极电流值变化不大。

signification [ˌsɪgnɪfɪ'keɪʃən] n. ①词义,正确意

义,含义 ②表明,正式通知 ③重要,重大

significative [sɪg'nɪfɪkətɪv] a. 有意义的,表示的 ☆*significative of* 有…意义的,表明…的,为…提供推定证据的

signifier ['sɪgnɪfaɪə] n. 表示者,记号

signify ['sɪgnɪfaɪ] v. ①表明,意味着,预示 ②有意义,有重要性 ③符号化

sign-in ['saɪnɪn] n. 签名运动,签到

sign-off ['saɪnɒf] n. 广播结束,停止工作

sign-on ['saɪnɒn] n. 广播开始

sign-posting ['saɪnpəʊstɪŋ] n. 树立标志

signum ['sɪgnʌm] (pl. signa) n. 正负号函数

sikimin ['sɪkɪmɪn] n. 日本八角烯,莽草素

Sikkim ['sɪkɪm] n. 锡金

silaceous [sɪ'leɪʃəs] a. 含硅的

silafont ['sɪləfɒnt] n. 硅铝合金

silage ['saɪlɪdʒ] n. 青储饲料,饲料青储法

Silal ['sɪləl] n. 含硅耐热铸铁

Silanca ['sɪlænkə] n. 锑银合金

silane ['sɪleɪn] n. 硅烷

silanize ['sɪlənaɪz] vt. 使硅烷化 ‖ **silanized** a.

silanizing ['sɪlənaɪzɪŋ] n. 硅烷化

silanol ['sɪlənɒl] n. (甲)硅(烷)醇

Silastic [sɪ'læstɪk] n. 硅橡胶

silastomer [sɪ'læstəmə] n. 硅塑料

silbolite ['sɪlbəlaɪt] n. 阳起石

Silcaz ['sɪlkæz] n. 硅钙铁合金

silcrete ['sɪlkriːt] n. 硅结砾岩

Silcurdur [sɪl'kɜːdə] n. 耐蚀硅铜合金

silence ['saɪləns] ❶ n. ①静默,沉默,肃静,哀哀 ②忘却,未提到,无音信 ❷ vt. ①使…沉默,使静寂 ②禁止,遏止 ☆keep silence 保持沉默; listen in silence 静着听; put … to silence 驳得…哑口无言,驳倒

silencer ['saɪlənsə] n. 消声器

silent ['saɪlənt] ❶ a. ①(寂)静的,无(噪)声的,不发声的,信号〔音信〕不通的 ②无症状的 ❷ n. (pl.) 无声影片 ☆be silent 肃静; keep silent 保持肃静; keep (remain) silent about … 对…始终保持缄默 ‖ silently ad.

silentious [saɪ'lenʃəs] a. 沉默寡言的

silex ['saɪleks] n. 硅石,二氧化硅

silfbronze ['sɪlbrɒnz] n. 含锡镍 4%~6% 的黄铜

Silfos ['sɪlfəʊs] n. 铜银合金

Silfram ['sɪlfræm] n. 铬镍铁耐热合金

Silfrax ['sɪlfræks] n. 碳化硅高级耐火材料

silhouette [ˌsɪluː'et] ❶ n. 轮廓,侧面影像,剪影,黑色半面画像 ☆in (on) silhouette 像影子(剪影)一样的, 成黑色轮廓像 ❷ vt. 呈现出…的轮廓,映出影子(on, against), 使出现黑色影像

silica ['sɪlɪkə] n. 硅石,二氧化硅

silicagel ['sɪlɪkədʒel] n. (氧化)硅胶

silicane ['sɪlɪkeɪn] n. (甲)硅烷

silicasol [ˌsɪlɪ'kæsɒl] n. 硅溶胶

silicate ['sɪlɪkɪt] ❶ n. 硅酸盐〔酯〕 ❷ v. 硅化,和

硅酸化合
silication [ˌsɪlɪˈkeɪʃ ən], **silicatization** [ˌsɪlɪkə-taɪˈzeɪʃ ən] n. 硅化(作用)
siliceous [sɪˈlɪʃ əs] a. 含硅的,硅质〔酸〕的
silicic [sɪˈlɪsɪk] a. 硅(酸,石)的
silicide [ˈsɪlɪsaɪd] n. 硅化物
silicify [sɪˈlɪsɪfaɪ] a. (使)硅化 ‖ **silicification** n.
silicious [sɪˈlɪʃ əs] a. 含硅的,硅质〔酸〕的
silicium [sɪˈlɪsɪəm] n.【化】硅
silicochloroform [ˌsɪlɪkəuˈklɒrəfɔːm] n. 三氯甲硅烷
silicochromium [ˌsɪlɪkəuˈkrəumjəm] n. 硅铬(合金)
silicoethane [ˌsɪlɪkəuˈeθeɪn] n. 乙硅烷
silicoferrite [ˌsɪlɪkəuˈferaɪt] n. 硅铁(固溶体)
silicofluoride [ˌsɪlɪkəuˈfluəraɪd] n. 氟硅化物
silicoformer [ˌsɪlɪkəuˈfɔːmə] n. 硅变压整流器
silicoide [ˈsɪlɪkɔɪd] n. 硅质矿物
silicoil [ˈsɪlɪkɔɪl] n. 一种碳氢化合物
silicomangan [ˌsɪlɪkəuˈmæŋgən] n. 硅锰合金
silicomanganese [ˌsɪlɪkəuˈmæŋgəniːz] n. 硅锰(中间)合金,锰硅铁
silicomethane [ˈsɪlɪkəuˈmeθeɪn] n. 甲硅烷
silicomilybdate [ˈsɪlɪkəumɪˈlɪbdeɪt] n. 钼硅酸盐
silicon [ˈsɪlɪkən] n.【化】硅
silicone [ˈsɪlɪkəun] n. 聚硅酮,硅有机树脂,硅有机化合物
siliconeisen [ˌsɪlɪkəuˈniːsən] n. 低硅铁合金(硅5%~15%)
Siliconite [ˈsɪlɪkəunɪt] n. 硅碳棒,西利尔尼特电阻器
siliconize, siliconise [ˈsɪlɪkəunaɪz] vt. 硅化(处理),(扩散)渗硅
silicosis [ˌsɪlɪˈkəusɪs] n. 矽肺病,硅肺
silicula [sɪˈlɪkjulə], **silicle** [ˈsɪlɪkl] n. 短角(果),短荚
silification [ˌsɪlɪfɪˈkeɪʃ ən] n. 硅化作用
siliqua [ˈsɪlɪkwə], **silique** [sɪˈliːk] n. 长角(果),长荚
silistor [ˈsɪlɪstə] n. (半导体)可变电阻(器)
silit [ˈsɪlɪt] n. 碳化硅,碳硅电阻材料
silk [sɪlk] ❶ n. ①丝,丝绸,绸缎,丝织品,(植物的)穗丝 ②降落伞 ③(英)皇室律师 ❷ a. 丝(绸)制的,丝状的
silken [ˈsɪlkən] a. ①柔软光滑的 ②丝〔绸〕制的,丝一样的
silkiness [ˈsɪlkɪnɪs] n. 丝状,柔滑
silklay [ˈsɪlkleɪ] n. 细粉塑性高级耐火黏土
silkman [ˈsɪlkmən] n. 丝织品制造〔出售〕者
silky [ˈsɪlkɪ] a. ①丝一般的,丝绸的,柔软的,光滑的,圆滑巴结的 ②温和的 ③有丝状细毛的
sill [sɪl] n. ①基石〔木〕,底木,门槛,窗台 ②岩床(层),海底山脊,海槛 ③底梁,平巷底
sillimanite [ˈsɪlɪmənaɪt] n. 硅线石
silly [ˈsɪlɪ] ❶ a. 愚蠢的,糊涂的 ❷ n. 傻子
silmanal [sɪlˈmænəl] n. 银锰铝特种磁性合金
silmelec [sɪlˈmelek] n. 硅铝耐蚀合金

硅酸化合
silmet [ˈsɪlmet] n. 板〔带〕状镍银
silmo [ˈsɪlməu] n. 硅钼特殊钢
silo [ˈsaɪləu] (pl. silos) n. ①储仓,地下仓库,地窖,储煤坑〔沟〕 ②(竖,发射)井,导弹地下仓库 ③放散装水泥的大槽,地坑
silocell [ˈsɪləsel] n. 绝热砖
siloxane [sɪlˈɒkseɪn] n. 硅氧烷
siloxen [ˈsɪlɒksen] n. 硅氧烯
siloxicon [sɪlˈɒksɪkən] n. 氧碳化硅,硅碳耐火材料
silt [sɪlt] ❶ n. ; a. ①淤泥(砂)(的) ②泥浆,泥釉 ③粉沙(粒)(的),煤渣,残渣 ❷ v. 淤积
siltation [sɪlˈteɪʃ ən] n. 淤积,淤塞
siltfilled [ˈsɪltfɪld] a. 塞满淤泥的
silting [ˈsɪltɪŋ] n. 淤积,沉积,泥泞
siltstone [ˈsɪltstəun] n. 泥砂岩
silty [ˈsɪltɪ] a. 粉土质的,淤泥的
silumin [sɪˈljuːmɪn] n. 铝硅合金,硅铝明合金,高硅铝合金
silundum [sɪˈlʌndəm] n. 硅碳刚石
Silurian [sɪˈljuəriən] a. 志留纪(系)的,西留尔人的
silva, sylva [ˈsɪlvə] n. 森林,林木志
sylvan [ˈsɪlvən] a. 森林的,树木多的,乡村的
silvatic [sɪlˈvætɪk] a. 森林的
silvax [ˈsɪlvæks] n. 锆铁钛中间合金
Silvel [ˈsɪlvəl] n. 锰黄铜
silver [ˈsɪlvə] ❶ n. ①【化】银 ②银色〔器,币〕,银制物 ❷ a. ①银(制,色,白)的,似(镀)银的 ②第二流的 ❸ vt. 镀(包)银,涂锡汞合金,用硝酸银使感光,使成银白色，变成银白色
silvered [ˈsɪlvəd] a. 镀银的
Silverine [ˈsɪlvəriːn] n. 铜镍耐蚀合金
silveriness [ˈsɪlvərɪnɪs] n. 像银,银光〔白色〕
silvering [ˈsɪlvərɪŋ] n. ①镀银,包银 ②用硝酸银使感光 ③银色光泽
silverize [ˈsɪlvəraɪz] vt. 镀〔包〕银
silverly [ˈsɪlvəlɪ] ad. 像银一样地
silvern [ˈsɪlvən] a. 银(制,色)的,似银的,第二位的
Silveroid [ˈsɪlvərɔɪd] n. 镍银,铜镍银白色合金
silverware [ˈsɪlvəweə] n. 银器
silvery [ˈsɪlvərɪ] a. 似银的,银色的,银制的,镀〔包〕银的
silvical [ˈsɪlvɪkəl] a. 造林学的
silviculture [ˈsɪlvɪkʌltʃ ə] n. 造林(学),森林学 ‖ **silvicultural** a.
Silvore [ˈsɪlvɔː] n. 铜镍耐蚀合金
silylation [ˌsɪlɪˈleɪʃ ən] n. 硅烷化
silzin [ˈsɪlzɪn] n. 硅黄铜
sima [ˈsaɪmə] n. 硅镁层,硅镁带,硅镁圈
Simanal [ˌsɪməˈnæl] n. 硅锰铝铁基合金
simazine [ˈsɪməziːn] n. 西玛三嗪,西玛津(农药)
Simex [ˈsɪˈmeks] n. 联合法抽提
Simgal [ˈsɪmgəl] n. 硅镁铝合金
similar [ˈsɪmɪlə] ❶ a. 相似的,类似的,同样的 ❷ n. 类(相)似(物) ☆ (be) similar to 与…相似,类似于,像; (in) a similar way to 与…相似的方式

S

【用法】❶ "in a similar way 〔manner〕 = similarly"。如：In a similar way, the equivalent circuit looking into the emitter is easily obtained by redrawing Fig. 6-1 as shown in Fig. 6-4. 同样, 把图 6-1 重新画成图 6-4 所示那样就可容易地获得从发射极看进去的等效电路。❷ 形容词短语 "similar to ..." 可以作方式状语；由逗号分开时, 一般作前面句子的附加说明。如：For large values of v_{CE}, an avalanche breakdown takes place similar to that described in Sec. 1-2 for the diode. 如果 v_{CE} 的值比较大, 则类似于在 1-2 节中所述的二极管的情况会发生雪崩击穿(现象)。/This circuit operates similar to an up-down counter. 这个电路是类似于加减计数器那样工作的。/The current reaches the maximum when ω = ω₀, similar to the situation in a series resonant circuit. 当 ω = ω₀ 时, 电流就到达最大值, 这类似于串联谐振电路中的情况。

similarity [ˌsɪmɪˈlærɪtɪ] n. 相似(性), 类似, (pl.) 类似点 (物), 相似之点, 共性
【用法】表示"与…的类似性"时, 该词后跟介词 "to"；特别要注意一种搭配模式 "the similarity of A to B"(也可用 "the similarity between A and B")。如：The common-collector amplifier is more often termed an emitter follower because of similarity to the source follower circuit. 共基电极放大器更经常地被称为射极跟随器, 因为它类似于源极跟随器电路。/The similarity of Eq. 10-3 to Eq. 2-6 is apparent. 显然式 10-3 类似于式 2-6。/Table 9-1 shows the similarity between the two operations. 表 9-1 显示了这两种运算的相似性。/There are many points of similarity between these systems. 这些系统之间有许多共同点。

similarly [ˈsɪmɪləlɪ] ad. 同样〔类似〕地 ☆**be similarly situated** 处境〔情况〕相似
【用法】该词往往处于句首。如：Similarly, in Fig. 3-2, we can obtain the impulse response directly. 同样, 在图 3-2 中, 我们能够直接获得脉冲响应。

simile [ˈsɪmɪlɪ] n. 直(明)喻

similiflorous [ˌsɪmɪlɪˈflɔːrəs] a. 花式相同的

similitude [sɪˈmɪlɪtjud] n. ①相似(性), 类似(物), 对应物, 副本 ②同样, 模拟 ③形象外貌 ④比喻 ☆**in similitudes** 用比喻；**in the similitude of** 与…相似, 模仿着

Similor [ˈsɪmɪlə] n. 含锡黄铜

simmer [ˈsɪmə] v.;n. 慢慢煮, 徐沸, 熬煨, 文火, 激化状态 ☆**at a (on the) simmer** 在文火上慢慢煮沸, 处于将沸未沸〔将爆发而尚未爆发〕状态；**bring ... to a simmer** 使…煮沸；**simmer down** 被煮浓, 被总括起来, 平静下来

simoniz [ˈsaɪmənɪz] n. 汽车蜡

simoom [sɪˈmuːm], **simoon** [sɪˈmuːn] n. 西蒙风(阿拉伯地方的干热风)

simple [ˈsɪmpl] ❶ a. ①简单(明)的, 单纯的, 率直的, 完全的 ②朴素的, 容易的 ③仅仅的 ④(结构) 单一的, 因素单纯的 ⑤初级的, 原始的 ⑥不折不扣的, 绝对的, 无条件的 ❷ n. 单体, 单一成分, (点阵的)初基, 单味药 ☆ **pure and simple** 绝对的, 完全的, 地地道道的; **simple impossibility** 简直不可能; **simple to (do)** 容易(做); **the simple fact is that** 事情无非就是

simplex [ˈsɪmpleks] ❶ (pl. simplexes 或 simplices) n. ①单(纯)形, 单体 ②单缸 ③【通信】单工 ❷ a. 单一〔纯, 工, 缸〕的, 简化的

simplexin [ˈsɪmpleksɪn] n. 单纯杆菌素

simplicial [sɪmˈplɪʃəl] a. 单纯〔形〕的

simpliciter [sɪmˈplɪsɪtə] (拉丁语) ad. 绝对地, 完全地, 普遍地, 无限地

simplicity [sɪmˈplɪsɪtɪ] n. 简单(性), 简明, 单纯, 天真, 朴素 ☆ **for simplicity** 为简便〔单〕起见

simplification [ˌsɪmplɪfɪˈkeɪʃən] n. 简化, 约化, (工业标准)简单化
【用法】注意下面例句的含义及汉译法：By calculating torques about the inner end of the beam we eliminate F_x and F_y, a convenient simplification. 通过计算绕柱子内端的力矩, 我们消去了 F_x 和 F_y, 这种简化是很方便的。(逗号后的那部分是前面句子的同位语。)

simplifier [ˈsɪmplɪfaɪə] n. 简化物

simplify [ˈsɪmplɪfaɪ] v. 简化, 化简, 单一化, 使易懂〔做〕
【用法】❶ 在文章中该词往往用作不及物动词。如：The last relation simplifies to the following expression. 最后一个关系式就简化为以下的表达式。/Eq. (5-9) simplifies to the following parameter equation. 式(5-9)就简化为下面的参数方程。❷ 它作及物动词而后跟动词时要用动名词。如：Noted technologists consider how to simplify finding the information we desire. 知名的技术专家们考虑如何简化寻求我们所要的信息。

simplism [ˈsɪmplɪzəm] n. 过分简单化, 片面看问题 ‖ **simplistic** a.

simply [ˈsɪmplɪ] ad. ①简单(明)地, 单纯地, 直率地 ②仅仅 ③简直的, 的确, 就是 ④绝对地 ☆**more simply** 〔插入语〕说得再简单些
【用法】注意下面例句中该词的词义：Many optical phenomena simply cannot be understood without wave concepts. 如果没有波动概念, 简直就不能理解许多光学现象。/That point is simply the Q point. 那一点就是 Q 点。

simul [ˈsɪməl] ad. 【医】一道, 一齐, 同时(用于处方中)

simulacrum [ˌsɪmjuˈleɪkrəm] (pl. simulacra 或 simulacrums) n. ①像, (幻)影 ②模拟物, 假的东西

stimulant [ˈsɪmjulənt] ❶ a. 伪装的, 模拟的 ❷ n. 模拟装置

simulate [ˈsɪmjuleɪt] vt. ①模拟, 仿真 ②模型化, 模拟试验, 模拟分析 ③伪装, 冒充 ‖ **simulation** n.

simulative [ˈsɪmjulətɪv] a. 模拟的

simulator [ˈsɪmjuleɪtə] n. ①模拟器, 模拟装置〔电路, 程序〕, 模拟计算机, 仿真器 ②模仿者

S

simulcast ['sɪməlkɑːst] ❶ (simulcast) v. 同时联播 ❷ n. 电视和无线电同时联播(节目)

simultaneity [,saɪməltə'niːətɪ] n. 同时(性,发生,存在)

simultaneous [,saɪml'teɪnɪəs] a. ①同时的,一齐的 ②联立(方程)(的)(的),合并的 ☆be simultaneous with 与…同时发生,与…同步 ‖~ness n.
〖用法〗在数学上该词经常具有以下含义:Simultaneous solution of these equations gives the following expressions. 联立地解这些方程就得到了下面的表达式。/It is desired to find the simultaneous solution of 〔to〕the following two equations. (我们)要求出下面两个方程的联立解。

simultaneously [,saɪml'teɪnɪəslɪ] ad. 同时地,联立地
〖用法〗❶ 在数学上该词的用法如下:Solving these equations simultaneously, we obtain the following result. 如果我们联立地解这些方程就能够获得下面的结果。❷ 注意下面例句中该词的语法作用:The advent almost simultaneously of the stored-program digital computer provided a large potential market for the transistor. 几乎同时出现的存储程序数字计算机,为晶体管提供了巨大的潜在市场。

sin [sɪn] n.; vi 罪孽(恶),犯罪

Sinai ['saɪnaɪ] n. 西奈(半岛) ‖~tic a.

sinalbin [sɪn'ælbɪn] n. 芥子白

sinapine ['sɪnəpɪn] n. 芥子(酸胆)碱(酯)

since [sɪns] ❶ prep. 从…以来,自从…以后 ❷ conj. ①自…以来 ②既然,因为,鉴于 ❸ ad. ①后来,此后 ②(= ago) 以前 ☆ever since 从那时起(一直到现在),以来 ; long since 很久以前(早就) ; not long since 近来,就在不久以前 ; since then 从那时起
〖用法〗❶ "it is 〔has been〕... since ..."表示"(干…)已经多少时间了"。如:It is five years since he came to this university. 他到这所大学已经五年了。❷ "since + 表示持续动作或状态的过去时谓语"时表示否定的含义。如:I haven't heard from him since he lived/was in this city. 自他离开这个城市后,我没有收到过他的来信。/It is three years since he was in the army. 他不当兵三年了。/It is a long time since they studied English. 他们好久不学英语了。❸ 它引导的时间状语从句可以修饰前面的名词。如:In the ten years since this book was first published, significant changes have been seen in metal-working. 自从本书首次出版以来的这十年间,金属加工工业发生了巨大变化。❹ 注意下面例句中该词的含义:Until January 1, 1984, the organization included the 22 Bell Operating Companies, but they have since been divested and operate as separate entities in seven regions throughout the country. 直到 1984 年元月 1 日前,该组织包含有这 22 个贝尔运作公司,但是自那以后它们就脱离了组织并在全国 7 个地区作为独

立的实体运作。❺ "since(因为)"一般不与"so"连用。

sincere [sɪn'sɪə] a. ①真诚的,诚挚的 ②纯粹的,不掺假的(of) ‖ ~ly ad. ☆yours sincerely (信的结尾的客套语)谨启,您的忠诚的

sincerity [sɪn'serɪtɪ] n. 真诚,诚挚,纯粹

sine [saɪn] n. 正弦

sine ['saɪnɪ] (拉丁语) prep. 无

sinecure ['sɪnɪkjʊə] n. 挂名职务,闲差事

sinemurian [sɪn'emʊrɪən] n. (侏罗纪)西耐摩尔阶

sinesoid ['saɪnsɔɪd] n. 正弦曲线

sinew ['sɪnjuː] ❶ n. ①腱,(pl.)肌肉 ②体〔精〕力 ③(pl.)砥柱,资源 ❷ vt. 支持,加强

sinewy ['sɪnjuːɪ] a. 强有力的,坚韧的,结实的

sinful ['sɪnfʊl] a. 有罪的,邪恶的 ‖ ~ly ad. ~ness n.

sing [sɪŋ] ❶ (sang, sung) v. ①唱,歌颂(of) ②作响,发蜂鸣声,啸扰 ❷ n. 唱会,叮玲声 ☆sing another song 改变调子〔方针,态度〕

Singapore ['sɪŋgəpɔː] n. 新加坡

singe [sɪndʒ] ❶ (singed; singeing) v. 烧焦,烤焦 ❷ n. 烤焦,损伤

singer ['sɪŋə] n. 歌手,歌唱家

singing ['sɪŋɪŋ] n. ①唱歌 ②蜂鸣〔音〕,啸扰〔声〕

single ['sɪŋgl] ❶ a. 单一的,单身的,唯一的,简单的 ❷ n. 一个,单独,单程票 ❸ vt. 挑选(出)
〖用法〗它处于形容词或副词最高级前时表示强调。如:The Smith chart represented one of the single most significant contributions to microwave analysis. 史密斯图表示了对微波分析最最重要的贡献之一。/The channel coding system is the single most important result of information theory. 信道编码系统是信息论最为重要的成果。

singleness ['sɪŋglnɪs] n. 专一,单个

singlet ['sɪŋglɪt] n. 单纯,单(谱)线,单电子键,零自旋(核)能级;(男式)汗衫,背心,运动衫

singlings ['sɪŋglɪŋz] n. 初馏物

singly ['sɪŋglɪ] ad. 单独地,各自地,直截了当地

singular ['sɪŋgjʊlə] ❶ a. ①奇的,异常的,非凡的 ②单数的,单独的 ③持异议的 ❷ n. 单数(式) ☆all and singular 一切都,全体,一律; singular to say 〔插入语〕说也奇怪

singularise, singularize ['sɪŋgjʊləraɪz] vt. ①使奇异 ②把…弄算成单数

singularity [,sɪŋgjʊ'lærɪtɪ] n. ①特殊性,奇异 ②奇(异)点,奇〔异〕性 ③奇异的东西,奇事 ④单独,单个
〖用法〗表示"在奇点处"时,其前面用介词"at"。如:The oscillation condition is satisfied at these singularities. 在这些奇点处能满足该振荡条件。

singularly ['sɪŋgjʊləlɪ] ad. 非凡地,奇异地,单独地

singultus [sɪŋ'gʌltəs] n. 打嗝

Sinic ['saɪnɪk] a. 中国的

sinigrin ['sɪnɪgrɪn] n. 黑芥子苷

Sinimax ['sɪnɪmæks] n. 铁镍磁软合金

sinine ['sɪnɪn] *n.* 新宁

sinister ['sɪnɪstə] *a.* ①阴险的,凶恶的 ②不幸的,导致灾难的 ③左边的 ‖ **~ly** *ad.* **~ness** *n.*

sinistrad ['sɪnɪstræd] *ad.;a.* 左向,左旋的,从右向左的

sinistral [sɪ'nɪstrəl] *a.* 左旋的,用左手的

sinistrodextral [,sɪnɪstrəu'dekstrəl] *a.* 从左向右移动〔展开〕的

sinistrogyration [,sɪnɪstrəudʒaɪ'reɪʃən] *n.* 左旋

sinistrogyric [,sɪnɪstrəu'dʒaɪrɪk] *a.* 左旋的,逆时针旋转的

sinistrorse ['sɪnɪstrɔ:z] *a.* 左旋〔转〕的

sinistrotorsion [,sɪnɪstrəu'tɔ:ʃən] *n.* 左旋

sink [sɪŋk]❶ (sank 或 sunk; sunk(en)) *v.* ①(使)沉,下沉,塌下 ②降下,减少,(坡)斜下去,消失 ③挖,凿,雕 ④插入,埋入,渗透,吸收 ⑤丧失,浪费〔挥霍〕掉 ☆**sink (down) into** 陷进,沉到…里; **sink in** 沉在…里; **sink into oblivion** 默默无闻,被忘掉; **sink money in (into)** 投资于; **sink or swim** 成或败,无论如何,不论好坏; **sink out of sight** 沉没不见 ❷ *n.* ①潭,穴,陷落 ②(尾)闸,汇〔点〕③阴〔水〕沟,洗涤槽,渠道,水斗,漏〔储〕水池,泄水口,坑,吸收皿,落水洞,洗涤盆 ④(中子)吸收剂 ⑤变换器,散热器

〖用法〗注意下面例句中该词的含义: In this case, the gate is sinking 16 mA. 在这种情况下,该门电路吸收 16 毫安(的电流)。/After a few ideas have sunk in, we move on to a higher-speed data networking strategy. 在理解了几个概念后,我们进而讨论〔研究〕一种高速数据组网策略。

sinkable ['sɪŋkəbl] *a.* 会沉的,会降低的

sinkage ['sɪŋkɪdʒ] *n.* 沉陷,下沉深度,沉没的东西,低洼地;章头空白

sinker ['sɪŋkə] *n.* ①冲钻 ②沉锤,测深锤 ③消能〔受油〕器 ④下向凿岩机,挖井工人 ⑤排水孔

sinkhead ['sɪŋkhed] *n.* 补缩冒口

sinkhole ['sɪŋkhəul] *n.* 收缩孔,污水井,阴沟凹口,渗坑,落水洞,泥箱

sinking ['sɪŋkɪŋ] *n.* ①下沉,沉没,淹没,凹下,凿井 ②孔,凹处 ③冷拔,无芯棒拔制

sinless ['sɪnlɪs] *a.* 无罪的 ‖ **~ly** *ad.* **~ness** *n.*

sinner ['sɪnə] *n.* 罪人

Sinogram ['saɪnəugræm] *n.* 汉字

Sinologist [sɪ'nɒlədʒɪst], **Sinologue** ['sɪnəlɒg] *n.* 汉学家,研究中国问题专家

Sinology [sɪ'nɒlədʒɪ] *n.* 汉学,中国问题研究

sinomenine [,saɪnəu'mənɪːn] *n.* 汉防己碱,青藤碱(一种中药)

sinopal ['sɪnəpəl] *n.* 一种合成岩石

sinopite ['sɪnəpaɪt] *n.* 铁铝英石

sinople ['sɪnəpl] *n.* 铁水铝英石,铁石英

sinter ['sɪntə] ❶ *n.* ①烧结,粉末冶金 ②矿渣,烧结块 ③(矿泉中沉淀的结晶岩石)泉华 ④(铁的)锈皮 ⑤灰(烬) ❷ *vt.* 烧结(成块),生成氧化铁皮,生成溶渣,粉末冶金

sintercorund(um) [,sɪntə'kɒrənd(əm)] *n.* 矾土陶瓷,烧结金刚砂〔刚玉〕

sintered ['sɪntəd] *a.* 烧结的,热压结的

sintex ['sɪnteks] *n.* 陶瓷刀具,烧结氧化铝车刀

synthetics [sɪn'θetɪks] *n.* =synthetics

Sintox ['sɪntɒks] *n.* 陶瓷车刀刃,烧结氧化铝车刀

sinuate ❶ ['sɪnjuɪt] *a.* 波状的,起伏的 ❷ ['sɪnjueɪt] *vt.* 成波状,弯曲 ‖ **~ly** *ad.* **sinuation** *n.*

sinuosity [,sɪnju'ɒsɪtɪ] *n.* 曲折,弯曲(度),蜿蜒,错综复杂

sinuous ['sɪnjuəs] *a.* ①弯曲的,曲折的,正弦(波)形的 ②蜿蜒的 ③错综复杂的 ‖ **~ly** *ad.* **~ness** *n.*

sinus ['saɪnəs] (pl. sinus 或 sinuses) *n.* ①正弦 ②(海)湾 ③穴,凹地

sinusoid ['saɪnəsɔɪd] *n.* 正弦波(信号,振荡)

sinusoidal [,saɪnə'sɔɪdəl] *a.* 正弦的

siomycin [sɪə'maɪsɪn] *n.* 盐霉素

sip [sɪp] *n.;v.* 小口吸,抿,(一)呷

sipeimol [sɪ'peɪməl] *n.* 西贝母醇

sipeimone [sɪ'peɪməun] *n.* 西贝母酮

siphon ['saɪfən] ❶ *n.* 虹吸,虹吸管,弯管,存水弯 ❷ *v.* 虹吸,用虹吸管抽上来(off,out)

siphonage ['saɪfənɪdʒ] *n.* 虹吸能力〔作用〕

siphonal ['saɪfənəl] *a.* 虹吸管(状的)

siphonaptera ['saɪfənə'neptərə] *n.* 蚤目

siphonate ['saɪfəneɪt] *a.* 有虹吸(管)的,管状的

siphonaxanthin [,saɪfənə'zænθɪn] *n.* 管藻黄质

siphonein ['saɪfənɪɪn] *n.* 管藻素

siphonic [saɪ'fɒnɪk] *a.* 虹吸(作用)的,虹吸管(状)的

siphonophore [saɪ'fɒnəfɔ:] *n.* 管水母类动物

Siphunculata [saɪ'fʌŋkjulətə] *n.* 虱目

siphunculate [saɪ'fʌŋkjuleɪt] *a.* 有连室细胞的

sir [sɜ:] *n.* 先生,阁下

Sir [sə:] *n.* 爵士

siren ['saɪərɪn] *n.* 警笛,警报器,多孔发声器,测音器

sirenia [saɪ'ri:nɪə] *n.* 海牛目

sirenian [saɪ'ri:nɪən] *n.* 海牛(类)

siriasis [sɪ'raɪəsɪs] *n.* ①日射病,中暑 ②日光浴

siriometer [saɪrɪ'ɒmɪtə] *n.* 【天】秒差距

Sirius ['sɪrɪəs] *n.* ①镍铬钴耐热耐蚀合金(钢) ②天狼星 ③意大利实验동步卫星

sirocco [sɪ'rɒkəu] *n.* 热〔焚〕风,西罗科风

sirup ['sɪrʌp] *n.* 糨糊〔膏〕,糖浆

sisal ['sɪsəl] *n.* 剑麻,波罗麻

sister ['sɪstə]❶ *n.* 姐妹,护士(长) ❷ *a.* 姐妹的,同型〔级〕的 ‖ **~ly** *a.* 姐妹(间)的

sit [sɪt] (sat) *v.* ①坐,坐落 ②安装,安放 ③搁置(不用) ☆**sit back** 不采取行动,坐待; **sit down** 坐下,降落; **sit for an examination** 参加考试; **sit in** 坐落;出席(on);代理; **sit loose** 忽视; **sit on (upon)** 开会研究,审理; **sit out** 对…袖手旁观; **sit tight** 坚持自己的主张,耐心等待; **sit up** 奋起;不睡; **sit up and take notice (note of)** 突然发觉,注意〔怀疑〕起来; **sit up for** 通宵等待; **sit well on** 很适合

S

〖用法〗它在下面例句中作了连系动词：At this point the CPU <u>sits idle</u>. 在这时,CPU(中央处理装置)处于空闲状态。

site [saɪt] ❶ *n.* ①(地)点,位置,站,场所,场地,地址 ②工地,现场,地区〔基〕③(晶)格点,(原子)点阵座 ④遗址 ❷ *vt.* 设置,使…坐落在,定线〔点〕
〖用法〗表示"在…场所〔地〕"时,该词前面用介词"at"。如: Otherwise electrons could be trapped <u>at the sites</u> from which they were excited. 要不然电子可能在它们被激励的地方被捕获。

siting [ˈsaɪtɪŋ] *n.* 建设地点的决定,(道路等)定线,位置

sitieirgia [ˌsɪtiˈaɪədʒɪə] *n.* 拒食症

sitology [saɪˈtɒlədʒɪ] *n.* 饮食学,营养学;新建筑选址学

sitomania [ˌsaɪtəˈmeɪnɪə] *n.* 贪食癖

sitostane [ˈsaɪtəsteɪn] *n.* 谷甾烷

sitosterin [saɪˈtɒstərɪn], **sitosterol** [saɪˈtɒstərəʊl] *n.* 谷甾醇,麦芽固醇

sitotoxin [ˌsaɪtəʊˈtɒksɪn] *n.* 谷〔食〕物毒素

sitotoxismus [ˌsaɪtəˈtɒksɪsməs] *n.* 食饵〔食物〕中毒

sitotropism [saɪˈtɒtrəpɪzm] *n.* 向食性

sitting [ˈsɪtɪŋ] ❶ sit 的现在分词 ❷ *n.* 坐,就座,(一次)会议〔开庭〕,会期,连续从事某一工作的时间 ❸ *a.* ①坐着的 ②易击中的 ☆*at a (one) sitting* 一口气,一次

situ [ˈsɪtju] (拉丁语) *n.* 地点,位置,场所 ☆*in situ* 就地,在现场,在原位置

situate [ˈsɪtjueɪt] ❶ *vt.* 设置,使处于 ❷ *a.* =situated

situated [ˈsɪtjueɪtɪd] *a.* 位于…的,坐落在…的 ☆*be situated in (at, on)* 坐落在

situation [ˌsɪtjuˈeɪʃən] *n.* ①位置,地点,场所 ②形势,处境,情况 ③职〔座〕位 ☆*be in (out of) a situation* (失去)职业; *feel out the situation* 摸清底细〔情况〕; *save the situation* 挽回局势 ‖ ~**al** *a.*
〖用法〗❶ 该词后一般可跟有由"where (= in which)"引导的定语从句,但有时可跟由"that"引导的从句。如: The <u>situation</u> often arises <u>where</u> a variable must be multiplied by a constant. 往往会发生这样的情况：一个变量必须乘上一个常数。(注意本句中为了防止"头重脚轻","where"从句与其修饰的词"situation"分割开了。)/Now we have the <u>situation that</u> when the output switches from LOW to HIGH, capacitor C charges exponentially through R. 现在我们有这样的情况：当输出从低电位转换到高电位时,电容器 C 就通过 R 指数地充电。❷ 注意下面例句的含义及汉译法: A power factor of 60% means that 1 kVA of power must be supplied for every 600 watts of power actually consumed, <u>an uneconomical situation</u>. 功率因子为 60%意味着实际每消耗 600 瓦功率就得提供 1 千伏安的功率,这种情况是很不经济的。(逗号后的那一部分是前面句子的同

位语。)

situs [ˈsaɪtəs] (拉丁语) *n.* 位置,部位

sivicon [ˈsɪvɪkɒn] *n.* 硅靶视像管

six [sɪks] *n.;a.* ①六(个)(的),六个一组 ②六汽缸(发动机,汽车) ☆*at sixes and sevens* 乱七八糟,七零八落,杂乱无章; *six of one and half a dozen of the other* 半斤八两,差不多; *six to one* 六对一,相差悬殊

sixfold [ˈsɪksfəʊld] *a.; ad.* 六倍(的),六重(的)

sixmo [ˈsɪksməu] *n.* (纸张的)六开

sixpence [ˈsɪkspəns] *n.* 六便士,微不足道的东西

sixpenny [ˈsɪksˌpənɪ] *a.* 六便士的,不值钱的,(钉子)两英寸长的

sixteen [ˈsɪksˈtiːn] *n.;a.* ①十六(个)的,十六个一组 ②十六汽缸

sixteenmo [ˈsɪksˈtiːnməu] *n.* 十六开本,十六开的纸

sixteenth [ˈsɪksˈtiːnθ] *n.;a.* 第十六(的),(某月)十六日,十六分之一(的)

sixth [sɪksθ] *n.;a.* 第六(的),(某月)六日,六分之一(的),六(音)度

sixthly [ˈsɪksθlɪ] *ad.* (在)第六(号)

sixtieth [ˈsɪkstɪɪθ] *n.;a.* 第六十(的),六十分之一(的)

sixty [ˈsɪkstɪ] *n.;a.* 六十(个)(的)

sizability [ˌsaɪzəˈbɪlɪtɪ] *n.* 施胶性能

sizable [ˈsaɪzəbl] *a.* 广大的,颇大的,大小相当的

size [saɪz] ❶ *n.* ①大小,尺寸〔码〕,体积,型,规模 ②粒度 ③胶(水,料),糊糊 ❷ *vt.* ①量尺寸,测定大小 ②依大小排列〔分类〕,(按尺寸)分类,筛分 ③精压(加工),压平,校准 ④(管材,轧管)定径 ⑤上胶,涂胶水〔糊糊〕,填料 ☆*all sizes of* 各种尺码的; *(be) of a (equal) size* 一样大小,尺码相同; *be of all sizes* 各种各样的大小; *be of some size* 相当大; *be the same size as* 和…一样大小; *cut down to size* 降低…的重要性,还…的原来面目; *hold size* 保持尺寸,不变; *keep ... down to size* 把…限制在一定规模内; *life size* 和实物一样大小的(模型); *much of a size* 差不多大小; *size down* 渐次弄小,由大逐渐到小地排列; *size up* 测量〔估计〕大小,鉴定,筛分; *take the size of* 量…的尺寸; *to size* 到应有〔规定〕的尺寸
〖用法〗注意下面例句中该词的用法: We shall have computers <u>the size of a watch</u>. 我们将会有手表那么大小的计算机。("the size of a watch"是表示大小、尺寸的名词短语作后置定语,它等效于"as large (small) as a watch"的含义。)/This factory produces integrated circuits <u>the size of a finger-nail</u>. 这家工厂生产手指甲那么大小的集成电路。

sized [saɪzd] *a.* 按大小排好了的,分级的,筛过的,上了浆〔胶〕的

sizematic [saɪzˈmætɪk] *n.* 工具定位自动定寸

sizer [ˈsaɪzə] *n.* ①筛子,分粒〔选,级〕机,大小分挡拣理器 ②上胶〔填料〕器

sizing [ˈsaɪzɪŋ] *n.* ①量〔定〕尺寸,定大小 ②(轧管)定径 ③筛分,分级〔粒〕 ④精压(加工),压平,校

S

准 ⑤上胶,填料

sizy [ˈsaɪzɪ] *a.* 胶黏的,胶水(般)的,糨糊(般)的

sizzle [ˈsɪzl] *vi.* ; *n.* (发)嘶嘶声,嘶嘶响

sjambok [ˈʃæmbɒk] *n.* 皮鞭

sjogrenite [ˈʃɒɡrənaɪt] *n.* 水镁铁石,磷铜铁矿

skarn [skɑ:n] *n.* 硅卡岩,夕卡岩

skate [skeɪt] ❶ *n.* ①(溜)冰鞋,滑鞋,滑〔溜〕冰 ②滑座,滑轨,滑动装置 ③鳐鱼,魟鱼 ❷ *vi.* 溜(滑)冰 ☆*skate over (round)* 滑(掠)过,对…一笔〔一语〕带过;善于克服〔处理〕(困难)

skater [ˈskeɪtə] *n.* 滑〔溜〕冰者

skatole [ˈskætəul] *n.* 粪臭类,甲基吲哚

skatology [skəˈtɒlədʒɪ] *n.* 粪便学

skatoxyl [ˈskætɒksɪl] *n.* 羟甲基吲哚

skeg [skeɡ] *n.* 导流尾鳍

skein [skeɪn] ❶ *n.* ①一绞(的线),一束 ②套箍 ③一团糟 ❷ *v.* 把…绞成

skeletal [ˈskelɪtəl] *a.* 骨架的,轮廓的

skeletization [ˌskelɪtaɪˈzeɪʃən] *n.* 骨骼形成

skeleton [ˈskelɪtən] *n.*;*a.* ①骨架(的),构架(的),残骸 ②轮廓,梗概,草图,纲要(的) ③基干的 ④透孔的,格栅的

skeletonise,skeletonize [ˈskelɪtənaɪz] *v.* ①成骨架 ②记梗概,绘草图,节略 ③大量缩减…的编制

skeller [ˈskelə] *v.* 挠曲(变形)

skelp [skelp] *n.* 制管钢板,焊(接)管坯,焊管铁条

skelper [ˈskelpə] *n.* 焊接管拉制机

skeptic(al) [ˈskeptɪk(əl)] *n.*;*a.* 怀疑(的),不相信(的) ☆*be skeptic(al) of* 怀疑,不相信

skepticism [ˈskeptɪsɪzm] *n.* 怀疑(主义,态度)

skerry [ˈskerɪ] *n.* (岩)礁石,低小岛

sketch [sketʃ] ❶ *n.* ①草图,草稿,素描,特写 ②图样设计,设计图 ③梗概,纲领 ❷ *v.* ①画草图,素描,速写 ②草拟,记概要 ☆*make a sketch of* 画出…的草图; *sketch out* 草拟,概略地叙述
〖用法〗该动词的宾语可以跟分词短语。如: Fig. 4-9 sketches <u>a wing moving through the air from left to right</u>. 图 4-9 绘出了机翼从左到右通过空气运动(的情况)。

sketchy [ˈsketʃɪ] *a.* ①草图的,大体的 ②肤浅的

skew [skju:] ❶ *a.* ①斜(交)的,歪的,扭(曲)的,不交轴的 ②不对称的 ③误用的,曲解的 ❷ *n.* ①斜交 ②偏斜,歪扭,扭歪,数据或编码等的偏移 ③斜砌石 ④歪轮 ❸ *v.* ①(使)斜,弯(扭),扭动 ②歪曲,曲解 ☆*on the skew* 歪斜地,偏离中心线地

skewback [ˈskju:bæk] *n.* 拱座(斜块),拱脚〔基〕,后偏度

skewer [ˈskjuə] *n.* 叉状物,肉串杆

skewing [ˈskju:ɪŋ] *n.* ①斜,歪扭 ②偏移〔置〕 ③相位差

skewness [ˈskju:nɪs] *n.* ①歪斜(度),偏斜现象,奇点斜度,非对称性 ②(歪斜)失真,分布不匀

ski [ski:] ❶ (pl. ski 或 skis) *n.* 滑雪(屐,鞋),雪橇 ❷ *vi.* 滑雪,坐雪橇

skiagram [ˈskaɪəɡræm],**skiagraph** [ˈskaɪəɡrɑ:f]

n. X 射线照片,X 射线图

skiagraphy [skaɪˈæɡrəfɪ] *n.* X 射线照相学

skiameter [skaɪˈæmɪtə] *n.* X 射线强度计

skiascope [ˈskaɪəskəup] *n.* X 射线透视镜,眼膜曲率器

skiascopy [skɪˈæskəpɪ] *n.* X 射线透视术,测眼膜术,眼球折射测定术

skiatron [ˈskaɪətrɒn] *n.* 暗迹(示波)管

skid [skɪd] ❶ *n.* 打滑 ❷ (skidded; skidding) *v.* ①滑动(溜),打滑(空转),(刹着车)滑行 ②滑道(轨),滑橇,导轨 ③滑板,滑行架 ④滑动垫木,从于垫木〔平台〕上 ④运物小架〔车〕,拖运机 ⑤刹车,闸瓦,用刹车制动 ⑥(走)下坡路,急剧下降 ☆*skid off* 滑离,从…滑出去

skidder [ˈskɪdə] *n.* 集材工〔机〕,集材道横木

skier [ˈski:ə] *n.* 滑雪者

skiff [skɪf] *n.* 尖船首方船尾平底小快艇

skiing [ˈski:ɪŋ] *n.* 滑雪(术,运动)

skill [skɪl] *n.* ①技巧(能,艺),熟练,本领 ②熟练(工人) ☆*have (no) skill in* 会〔不会〕,有〔没有〕…技能; *skill at (in)* …的技能
〖用法〗英美人喜欢用 " with skill ",它等效于 " skil(l) fully ",意为 "熟练地"。

skilled [skɪld] *a.* (技术)熟练的,有经验的 ☆*(be) skilled at (in)* 精通〔擅长〕…的

skillet [ˈskɪlɪt] *n.* 长柄(矮脚)小锅,熔锅

skil(l)ful [ˈskɪlful] *a.* ①灵巧的,巧妙的,熟练的 ②(制作)精巧的 ☆*be skilful at (in) doing* 善于(做); *be skilful with* 善于使用 ‖ *~ly* *ad.* *~ness* *n.*

skim [skɪm] ❶ (skimmed; skimming) *v.*;*n.* ①(从液体表面)撇(取,去),撇清,撇渣〔油〕,脱脂 ②除沫 ③蒸去轻油,(自石油中)分馏出〔汽油和煤油〕,从…中提取精华 ④铲削,刮削 ⑤(轻轻)擦过(表面) ⑥浏览,略读 ⑦使盖上一层薄膜〔层〕 ❷ *a.* 表面一层被撇去的 ☆*skim off* 撇取〔去〕,提出精华; *skim over* 浏览,翻阅一下; *skim through* 略读,快读; *skim up* 把…磨〔削〕

skimmer [ˈskɪmə] *n.* ①撇渣(撇沫,撇油,分液)器,扒渣耙,撇渣勺〔,(泡沫)分离器 ②铲削器,推土〔刮路〕机 ③掠行艇 ④蜻蜓

skimmianine [skɪˈmaɪənɪ:n] *n.* 茵芋碱

skimming [ˈskɪmɪŋ] *n.* 撇渣,(pl.)浮渣 ②泡沫分离(法) ③铲〔刮〕削

skimobile [ˈski:məubɪl] *n.* 履带式雪上汽车

skimp [skɪmp] ❶ *v.* ①克扣,缩减 ②马马虎虎地做 ❷ *a.* 不足的

skimpy [ˈskɪmpɪ] *a.* ①缺乏的,克扣的 ②马虎的 ‖ **skimpily** *ad.*

skin [skɪn] ❶ *n.* 皮,皮肤〔革〕,表面,薄膜,壳,表皮层,导电外层 ❷ *v.* 剥皮,剥落 ②(用皮)覆盖 ☆*skin off* 去皮的; *skin on* 带皮的; *There are many ways to skin a cat.* 有的是办法

skinned [skɪnd] *a.* 具有…皮(肤)的,有蒙皮的

skinner [ˈskɪnə] *n.* ①刮〔去〕皮工具 ②皮革商,

剥皮工人 ③骗子

skinny ['skɪnɪ] *a.* ①皮(状,质)的,膜状的,皮包骨的 ②(体积)小的,(数量)少的

skin-tight ['skɪntaɪt] *a.* 紧身的

skiodrome ['skɪədrəum] *n.* 波面图

skiophilous ['skɪəfɪləs] *a.* 嗜荫的

skiophyte ['skɪəfaɪt] *n.* 避阳植物,嫌阳植物

skip [skɪp] ❶ (skipped; skipping) *v.* 跳跃;跳绳;遗漏;跳读 ❷ *n.* ①跳 ②遗(看,读)漏,略去(over),漏看〔忽略〕的东西 ③【机】跳火 ④【计】跳跃(进位),空(白)指令 ⑤(急速,偶然地)转移,匆匆离去,作短期旅行 ⑥(很快地)转换(题目)⑦桶,斗,翻斗(车),斗式提升机,吊货篮〔箱〕

skiphoist ['skɪphɔɪst] *n.* 吊式提升机,大吊桶

skipout ['skɪpaut] *n.* 跳过,反跳

skipper ['skɪpə] *n.* ①舰长,机长 ②跳跃者,略读者 ③飞鱼

skippingly ['skɪpɪŋlɪ] *ad.* 跳着,漏〔省〕去地

skirl [skɜ:l] *n.;vi.* 尖锐响声;旋动,回旋(物)

skirmish ['skɜ:mɪʃ] *n.;vi.* ①小(规模)战斗,小争论,小冲突 ②侦察,搜索

skirr [skɜ:] *v.* 嗖嗖地跑,急忙离开,逃

skirt [skɜ:t] ❶ *n.* ①裙,活塞裙,绝缘子外裙,火箭的裙部,罩(裙) ②边缘,环形外围物,套筒,活动烟罩 ③(pl.)郊外〔区〕❷ *v.* ①位于(…的)边缘,和…接界 ②给…装边,给…装防护罩 ③沿着…的边缘而行(around, along) ④回避

skirtboard ['skɜ:tbɔ:d] *n.* 侧护板,侧壁

skirted ['skɜ:tɪd] *a.* 有缘的,带裙的

skirting ['skɜ:tɪŋ] *n.* ①踢脚板,护墙板 ②边缘

skirtron ['skɜ:trɔn] *n.* 宽频带速调管

skit [skɪt] *n.* 若干,一群,(pl.)许多(of)

skitron ['skaɪtrɔn] *n.* 暗迹示波管,黑影管

skitter ['skɪtə] *v.* (使)掠过水面

skittery ['skɪtərɪ] *a.* 打滑的,受惊的,紧张的

skive [skaɪv] *v.* 切(成薄)片,刮,削,磨

sklodowskite [sklə'dɔ:skaɪt] *n.* 硅镁铀矿

skot [skɔt] *n.* 斯科特(发光单位)

skotoplankton [,skəutə'plæŋktən] *n.* 深水〔暗层〕浮游生物

skototaxis [,skəutə'tæksɪs] *n.* 趋暗性

skull [skʌl] *n.* ①头(盖骨),脑壳 ②溶渣硬皮,炉瘤,结渣,渣壳,(焊模)空壳

sky [skaɪ] ❶ (pl. skies) *n.* ①天(空) ②(pl.)天气,气候 ③最高水平,顶点 ❷ *a.* 天(空)的,空中的,空运的 ❸ (skied 或 skyed) *vt.* 挂在高处,猛涨 ☆ *out of a clear sky* 晴天里意外地,突然 ☆ *the sky is the limit* 没有限制; *to the sky* 过分地,无保留地; *under the open sky* 在野外,露天

skyborne ['skaɪbɔ:n] *a.* 空运的,空降的,机载的

skybus ['skaɪbʌs] *n.* 航空班机

skycap ['skaɪkæp] *n.* 机场行李搬运员

skydiving ['skaɪdaɪvɪŋ] *n.* 尽量延展张伞的跳伞运动

skydrol ['skaɪdrəl] *n.* (防护及润滑用)特种液压工

作油

skyhook ['skaɪhuk] *n.* 探空气球,通信气象观测用高达370m的天线

skyjack ['skaɪdʒæk] *vt.* 空中劫持

skyless ['skaɪlɪs] *a.* 看不见天的,为云所遮蔽的,多云的

skylight ['skaɪlaɪt] *n.* 天窗,天棚照明

skyline ['skaɪlaɪn] *n.* 地平线,(以天空为背景的)轮廓(线)

skyman ['skaɪmən] *n.* 飞行员,伞兵

skymaster ['skaɪmɑ:stə] *n.* 巨型客机

SKYNET, skynet ['skaɪnet] 天网(卫星)

skyograph ['skaɪəgrɑ:f] *n.* 空摄地图

skyraider ['skaɪreɪdə] *n.* "空中袭击者"(战斗机)

skyrocket ['skaɪrɔkɪt] ❶ *n.* 烟火,高空探测火箭 ❷ *v.* (使)上升,弹射,使急增,失去自制

skyscrape ['skaɪskreɪp] *vi.* 建造摩天楼

skyscraper ['skaɪskreɪpə] *n.* 摩天楼,非常高的烟囱

skyscreen ['skaɪskri:n] *n.* 空网

skyshine ['skaɪʃaɪn] *n.* 天空(回散)照射,天空辐射,天光

skysweeper ['skaɪswi:pə] *n.* 雷达瞄准的高射炮

skytrooper ['skaɪtru:pə] *n.* 伞兵

skytruck ['skaɪtrʌk] *n.* (大型)运输机

skywalk ['skaɪwɔ:k] *n.* 人行天桥

skyward(s) ['skaɪwəd(z)] *a.;ad.* 向天空(的),向上的

skyway ['skaɪweɪ] *n.* ①航路 ②高架公路

slab [slæb] ❶ *n.* ①(平,石)板,原木腰皮,(厚切)片,(厚)块板钢,板岩 ②板坯,扁(钢)坯,锭 ③板坯,大理石配电板 ④混凝土路面 ⑤【计】长字节 ⑥药柱 ⑦(pl.)胶块,板状橡胶 ❷ (slabbed, slabbing) *vt.* 铺石板,切片,去掉(木材的)背板,涂上一厚层

slabber ['slæbə] *n.* 切块机,扁钢坯轧机

slabby ['slæbɪ] *a.* 黏稠的,板〔片〕状的

slabstone ['slæbstəun] *n.* 石板,片石

slack [slæk] ❶ *a.* ①松(弛,动)的,疏松的,缓慢的,迟滞的,萧条的 ②(石灰)沸化〔熟化〕的,风化的 ③微热的,未干透的 ④漏水的 ❷ *ad.* 松弛地,无力地,不充分地 ❸ *n.* ①松弛(部分),备用部分 ②(空,间)隙 ③垂〔挠〕度 ④轨间距离 ⑤(石灰)沸化 ⑥静止不动 ⑦淡季,萧条期,休息时间 ⑧(pl.)工装(裤) ☆ *slack off* 放松,怠工,敷衍了事; *slack up* 变慢,减速

slacken ['slækn] *v.* (放,变,拧)松,变慢,减速,变弱,停滞,松懈 ☆ *slacken away (off)* (把…)松开,松掉,拧松; *slacken one's effort* 松劲

slacker ['slækə] *n.* 敷衍塞责的人,逃避责任的人

slacking ['slækɪŋ] *n.* 破碎,风化作用

slackline ['slæklaɪn] *n.* 松弛的绳索

slackly ['slæklɪ] *ad.* 松地,宽松地,缓慢地,无力地

slackness ['slæknɪs] *n.* 松弛(性,度),缓慢,无力

slacktip ['slæktɪp] *n.* 崩明

slag [slæg] ❶ *n.* (矿,熔,炉)渣,轧屑,火山灰岩 ❷

（slagged; slagging）v. ①渣化,结渣 ②排渣 ③渣蚀 ☆**slag off** 排渣,结渣

slagceram ['slægsɪræm] n. 矿渣〔炉渣〕陶瓷

slaggability [,slægə'bɪlɪtɪ] n. 造渣能力〔性能〕

slagger ['slægə] n. 放渣工

slaggy ['slægɪ] a.〔矿〕渣的,渣状的

slagmac ['slægmæk] n. 黑色矿渣碎石

slake [sleɪk] v. ①消除,灭火,（火焰）减弱,熄焦,缓和,使缓慢 ②（石灰）沸化,水解,渗水 ③平息怒气

slakeless ['sleɪklɪs] a. 无法消除的,无法熄灭的

slaker ['sleɪkə] n. 消和器,消石灰器

slaking ['sleɪkɪŋ] n. 熟〔消〕化,潮解

slaky ['sleɪkɪ] a. 泥泞的

slam [slæm] ❶（slammed; slamming）v. ①使劲关上（to),砰地放下（down） ②猛击,向…猛烈发射 ❷ n. ①砰（的声音）②满贯 ☆**slam the door** 关门,摒弃,拒绝讨论〔考虑〕

slander ['slɑːndə] n.; v. 诽谤, 诬蔑, 造谣中伤 ‖ ~ous a.

slanderer ['slɑːndərə] n. 诽谤者,造谣中伤者

slang [slæŋ] n. ①俚语 ②行话,（专门）术语 ‖ ~y a.

slant [slɑːnt] ❶ n. ①（使）倾斜,斜切,歪向 ❷ n. ①倾斜(度),斜向,斜切面,斜线(符号) ②倾向(性),观点 ③偏见,歪曲 ❸ a.（倾）斜的,歪斜的 ☆**at a slant** 斜着,成斜的; **be built on a slant** 筑成倾斜的; **on a （the） slant** 倾斜着〔地〕

slantendicular [,slɑːnten'dɪkjulə], **slantindicular** [,slɑːntɪn'dɪkjulə] a. 有点倾斜的

slanting ['slɑːntɪŋ] a. 倾斜的,歪的 ‖ ~ly ad.

slantways ['slɑːntweɪz] ad. 倾〔歪〕斜地

slantwise ['slɑːntwaɪz] a.;ad.（倾,歪）斜地

slap [slæp] ❶（slapped; slapping）vt. 拍(打),(用手掌)拍,猛地关(门),涂(刷),取缔 ❷ n. 一巴掌,一拍 ②活塞敲击(声),(机器中的)异音,(机器)松动(声) ❸ ad. ①猛地,冷不防 ②直接地,立刻,一直地,充分地 ③鲁莽地 ☆**slap down** 啪的一声放下;镇压,压制,拒绝; **slap on**（随便地）涂上一层; **slap together** 拼凑,草率地建造

slapping ['slæpɪŋ] a.; v. 非常快的,极好的,高大的;拍,敲击

slash [slæʃ] v.; n. ①深〔乱〕砍,砍痕,切伤,长缝 ②螺纹滚压 ③（大幅度）削减 ④湿地,多沼泽地,林中空地 ⑤严厉批评(at)

slasher ['slæʃə] n. 断木机,浆纱机,猛砍者,瓦刀

slashing ['slæʃɪŋ] ❶ n. 螺纹滚压(法) ❷ a. 猛砍的,严厉的,巨大的

slat [slæt] ❶ n. ①（平）板条,条板,横木 ②石板,黏板岩 ③（前缘）缝翼(条) ❷（slatted;slatting）vt. 用条板制造,铺条板

slate [sleɪt] ❶ n. ①石板(瓦,片),板石〔岩〕②拟用人员名单 ③镜头号码牌 ❷ a. 石板色的,蓝灰色的 ❸ vt. ①用石板瓦盖 ②提名 ③拟定,推测 ④严厉批评,责骂

slather ['slæðə] ❶ n. 大量 ❷ vt. ①大量用,大肆挥霍 ②厚厚地涂

slating ['sleɪtɪŋ] n. ①（用）石板瓦(盖屋顶),铺石板 ②严厉批评

slaty ['sleɪtɪ] a. 石板的,板石的,板岩的,淡黑色的

slaughter ['slɔːtə] n.;vt. ①屠杀,杀戮 ②屠宰

slaughterous ['slɔːtərəs] a. 好杀的,凶残的

Slav [slɑːv] n.;a. 斯拉夫人(的),斯拉夫民族的

slave [sleɪv] ❶ n. ①奴隶,苦工 ②从动装置,次要设备 ❷ a. 从属的,从动的,次要的,副的 ☆**be a slave to （of）** 做(了)…的奴隶 ❸ vi. ①拼命工作,(牛马似地)做苦工 ②跟踪,从动

slavery ['sleɪvərɪ] n. 奴隶身份〔制度〕,苦役,奴隶般的劳动

slaving ['sleɪvɪŋ] n. 辅助设备,从属(作用),跟踪

slavish ['sleɪvɪʃ] a. 奴隶(般)的,盲从的,缺乏独创性的,辛苦的,费力的

slay [sleɪ] ❶ n. 芯子,钱心,倾斜 ❷（slew, slain）vt. 杀死,谋杀

slayer ['sleɪə] n. 凶手

sleak [sliːk] v. 冲淡,稀释,溶化

sleazy ['sliːzɪ] a. ①质地薄的,质量差的 ②未整修的,邋遢的 ③低级的

sled [sled] ❶ n. ①（小）雪橇,滑板 ②拖运器,拖网 ③空气动力车 ④摘棉机 ❷（sledded; sledding）v. 用雪橇运(送),乘雪橇走 ☆**hard sledding** 费劲

sledge [sledʒ] ❶ n. ①（雪）橇,滑板〔橇,车〕②大铁锤 ❷ ①用雪橇运(送),乘雪橇走 ②（用大铁锤）敲,锤制

sledgehammer ['sledʒhæmə] ❶ n. 大（铁）锤 ❷ v. 用大锤敲打,锤炼 ❸ a. 用大锤打的,猛烈的,重大的,致命的

sledplane ['sledpleɪn] n. 雪上飞机,雪橇起落架飞机

sleek [sliːk] ❶ a. ①光滑的,柔滑的 ②豪华的,时髦的 ❷ v. ①弄滑,修光,滑动 ②使柔软发光 ③掩饰(over) ❸ n. 曲形光镗刀 ‖ ~ly ad.

sleeker ['sliːkə] n. 磨光器,异型镗刀,角光子

sleeky ['sliːkɪ] a. 光〔柔〕滑的

sleep [sliːp] ❶ n. ①睡（眠）,静（止,寂）②一夜,一天的旅程 ❷（slept）v. 睡,可供住宿

sleeper ['sliːpə] n. ①枕木,轨枕,机座垫;地龙 ②卧车〔铺〕,寝车,有卧铺(设备)的飞机;冬眠动物

sleepless ['sliːplɪs] a. 不眠的,警觉的,无休止的

sleepy ['sliːpɪ] a. 困(倦)的,静寂的,不活动的 ‖ sleepily ad. sleepiness n.

sleet [sliːt] ❶ n. 雨夹雪,冻雨,冰雹 ❷ vi.下雨雪,下雹

sleety ['sliːtɪ] a. 雨雪的

sleeve [sliːv] ❶ n. ①袖子 ②套(筒,轴,垫),空心袖 ③体壳,外盒 ④塞孔(套) ⑤管接头 ❷ v. 装套(管,筒)

sleeving ['sliːvɪŋ] n. 套管,编织层

sleigh [sleɪ] ❶ n. 雪橇〔车〕❷ v. 用橇运送,乘雪橇

sleight [slaɪt] n.①技巧,手法,花招 ②熟练,灵巧 ☆**sleight of hand** 戏法,手法,花招,诡计

slender ['slendə] a. ①细(长)的,窄的 ②薄弱的,单薄的 ③稀少的,微小的 ‖ ~ly ad.

slenderness ['slendənɪs] n. 细长(度)

slept [slept] sleep 的过去式和过去分词

slew [slu:] ❶ v. ①旋转,转向(around, round) ②摆动,滑溜 ③slay 的过去式 ❷ n. ①旋转 ②沼地 ③许多,大量 ☆*a slew of* 或 *slews of* 许多,大量的

slewer ['slu:ə] n. 回转装置,回转式起重机

slice [slaɪs] ❶ n. ①片,块 ②(一)份 ③限幅〔制〕④泥刀,(长柄火)铲,炉钎 ⑤堰,板 ☆*slice off* 切去〔下〕; *slice up* 把…切片

slicer ['slaɪsə] n. ①切片机〔刀〕,分割器 ②限幅器,限制器 ③泥〔瓦〕刀

slicing ['slaɪsɪŋ] n. ①限幅〔制〕 ②切断,切片

slick [slɪk] ❶ a. ①(光,平)滑的 ②巧妙的,熟练的 ③完全的,单纯的 ④老一套的,无独创性的 ⑤极好的 ❷ ad. ①滑溜地,熟练地,灵活地 ②直接(地),笔直,恰好 ❸ v. 使光滑〔滑动〕,弄整齐 ❹ n. ①平滑面 ②平滑器,刮刀,修型镘刀,穿眼凿 ③油膜,水面浮油 ‖ ~ly ad. ~ness n.

slickens ['slɪkənz] n. 石泥

slickenside ['slɪkənsaɪd] n. ①(断面)擦痕,擦痕面 ②镜面,由摩擦而成之岩石光滑面 ③镜岩

slicker ['slɪkə] n. ①刮刀,修光工具 ②(铸造用)刮子,磨光器,异型镘刀 ③叠板刮路机 ④(油布)雨衣

slid [slɪd] slide 的过去式和过去分词

slidden ['slɪdən] slide 的过去分词

slide [slaɪd] ❶ (slid, slid 或 slidden) v. ①(使)滑动,(使)溜(进) ②(把…)(轻轻)放进去 ③流(逝) ☆ *let things (it) slide* 听其自然; *slide away* 溜掉; *slide into* 溜进…内,(不知不觉)陷入; *slide off* (从…)滑落(下去); *slide over*(在…上,使…在…上)滑动,略过,回避; *slide over a matter (delicate subject)* 一下子把事情〔棘手问题〕对付过去 ❷ n. ①滑动,溜 ②滑动装置,滑板,导轨,滑道〔坡,梯〕,滑轮 ③闸门,滑板 ④计算尺 ⑤(显微镜)载片,滑动片,(透射)幻灯片 ⑥滑塌,坍方,山崩 〖用法〗注意下面例句中该词的含义:The block will <u>slide</u> on a frictionless inclined plane with an acceleration down the plane of gsinθ. 该木块将在无摩擦的斜面上滑动,其沿斜面下滑的加速度为gsinθ。("of gsinθ 是修饰"an acceleration"的。)

slider ['slaɪdə] n. ①滑动器,滑子,导板 ②滑(动)触点 ③滑尺,游标

slideway ['slaɪdweɪ] n. 滑路,滑斜面

sliding ['slaɪdɪŋ] n.;a. ①滑动(的),可动的 ②可调整的

slight [slaɪt] ❶ a. ①轻微的,微小的 ②细长的,脆〔瘦〕弱的 ❷ n.;vt. 轻〔藐〕视,忽略(不计)(on, upon) ☆*not in the slightest* 一点不,一点没有; *put a slight upon* 藐视; *there is not the slightest ...* 一点…也没有; *without the slightest difficulty* 毫无困难地

slighting ['slaɪtɪŋ] a. 轻蔑的,不尊重的

slightish ['slaɪtɪʃ] a. 有些细长的,相当小的,有点脆弱的

slightly ['slaɪtlɪ] ad. 轻微地,稍微,脆弱地

slim [slɪm] a. ①细(长,小)的 ②微弱的,稀少的 ③低劣的,无价值的

slime [slaɪm] ❶ n. ①(烂,煤)泥,泥渣,黏质物,黏液 ②(地)沥青 ③微粒 ❷ v. ①(用黏泥)涂,变黏滑 ②细粒化

slimer ['slaɪmə] n. 细粒摇床,细粉碎机

slimicide ['slaɪmɪsaɪd] n. 杀黏菌剂,抗石灰化剂,防泥渣剂

sliminess ['slaɪmɪnɪs] n. 稀黏程度

sliming ['slaɪmɪŋ] n. 泥浆化,细粒化

slimline ['slɪmlaɪn] n. 细(长)曲线

slimming ['slɪmɪŋ] a. 使显得苗条的

slimmish ['slɪmɪʃ] a. ①有点细长的 ②相当微小〔稀少〕的,不很充分的

slimness ['slɪmnɪs] n. 细(长)

slim(p)sy ['slɪm(p)sɪ] a. 脆弱的,不结实的,不耐穿的

slimy ['slaɪmɪ] a. 黏性的,糊状的,泥泞的

sling [slɪŋ] ❶ n. ①吊环〔索〕,悬带,链钩 ②抛掷器 ❷ (slung) v. ①吊,悬 ②(抛)投,掷,抛

slingcart ['slɪŋkɑːt] n. 吊搬车,车轴上有吊链的运货车

slinger ['slɪŋə] n. ①吊环〔索〕,管道的吊架 ②投掷器,抛油环 ③抛砂机 ④吊装工,投掷者

slink [slɪŋk] (slunk) v. 潜逃,溜走(away, off, out, by);(动物)早产

slip [slɪp] ❶ v.;n. ①滑,溜,逃逸 ②滑润性,打滑,空转,脱臼 ③滑距,滑率,【物】滑移过程 ④【电子】转速下降,滑差 ⑤(电视)图像的垂直漂移 ⑥错〔跳〕过,遗漏,疏忽,意外事故,不幸事件 ⑦潜入,塞放,插缝光片 ⑧纸片〔条〕,附笺,票签 ⑨泥釉,釉浆,泥浆,【冶】坯料 ⑩套,罩,卡瓦 ❷ a. 滑动的,可拆卸的 ☆*give ... the slip* 设法摆开,逃掉; *make a slip* 失误; *slip away (off)* 溜走,滑掉; *slip from one's memory (mind)* 被…遗忘,记不起来; *slip into* 滑到…方面去; *slip off* (从…)滑出; *slip out* 滑脱; *slip over* 在…上打滑〔滑动〕; *slip through (out of)* 从…中溜脱,滑过; *slip up* 跌倒,犯错误,出差错(in)

slipcase ['slɪpkeɪs] n. 书盒

slipcover ['slɪpkʌvə] n. 书的封套,家具〔沙发〕套

slipform ['slɪpfɔːm] n. 滑模(施工,成型)

slipknot ['slɪpnɒt] n. 活结

slippage ['slɪpɪdʒ] n. ①滑动(量),滑转,滑程,打滑,侧滑 ②动力传递损耗,转差(率)

slipper ['slɪpə] n. ①滑动部分,滑块,滑触头 ②游标 ③制动块,闸瓦 ④(pl.)拖鞋

slippered ['slɪpəd] a. 穿拖鞋的

slipperiness ['slɪpərɪnɪs] n. 滑溜

slippery ['slɪpərɪ] a. ①滑(溜)的 ②需小心对待的 ③狡猾的,不稳(固)的 ‖ **slipperily** ad.

slipping ['slɪpɪŋ] n.;a. ①滑动,空转,打滑 ②图像垂直偏移失真 ③转差率 ④渐渐松弛的

slippy ['slɪpɪ] a. ①滑溜的 ②快速的 ③狡猾的,不可靠的

S

slipshod ['slɪpʃɒd] *a.* 粗枝大叶的,潦草的

slipstream ['slɪpstriːm] *n.* 滑流,艉流

slipup ['slɪpʌp] *n.* 失败,疏忽,不幸事故

slit [slɪt] ❶ *n.* ①狭长切口,(狭,长)缝,槽,下水坡道 ②(窄)剖面 ③切屑 ❷ (slit; slitting) *vt.* 切开,扯裂,剖切,切成长条,开沟

slither ['slɪðə] *v.* (使)不稳地滑动,(使)蜿蜒地滑行

slithery ['slɪðərɪ] *a.* 滑溜的,滑行似的

slitless ['slɪtlɪs] *a.* 无缝的

slitter ['slɪtə] *n.* 纵切机,切条机,切刀

slitting ['slɪtɪŋ] *n.* 切口,纵切,切成长条

sliver ['slɪvə] ❶ *n.* ①裂片,长条,碎料 ②裂缝 ③(轧制缺陷)毛刺 ❷ *v.* 裂(成细片),切成长条,裂开,纵切

sloat [sləʊt] *n.* 舞台布景升降机

slob [slɒb] *n.* ①(烂)泥,泥泞地 ②夹杂(泥)雪的浮冰

slobber ['slɒbə] *v.;n.* 垂涎,用唾沫弄湿

slog [slɒg] ❶ (slogged; slogging) *v.* ①猛击,锤打 ②顽强地行进(on) ③辛勤地工作(away) ❷ *n.* 苦干;跋涉

slogan ['sləʊgən] *n.* 口号,标语

sloganeer [sləʊgənɪə] *n.;vi.* 拟口号(的人)

sloganize ['sləʊgənaɪz] *vt.* 使成口号

slogger ['slɒgə] *n.* 猛击者,顽强工作的人

sloop [sluːp] *n.* 小型护卫舰,单桅纵帆船

slop [slɒp] ❶ (slopped; slopping) *v.* ①(使)溢出,溅(出) (over, out) ②溅污 ③超出界限(over) ❷ *n.* ①(pl.)污水,泥浆,半融雪 ②(pl.)流体食物 ③废油 ④溅(溢)出的液体,倾泼的水 ⑤(污)水坑,弄湿了的地方 ⑥(pl.)现成衣服,罩衣,工作服,寝具

slope [sləʊp] ❶ *n.* ①倾斜(角,面),斜坡,坡道 ②斜度〔率〕,坡度,断层补角 ③经济衰退 ❷ *v.* (使)倾斜,(使)有斜度 ☆*a slope up (down)* 向上〔下〕的倾斜; *build...on a slight slope* 把…铺成缓坡; *rise in (at) a slope* 徐徐上升; *slope off (away) toward...* 向…(方向)倾斜

sloper ['sləʊpə] *n.* 铲〔整〕坡机

slopeway ['sləʊpweɪ] *n.* 坡道

sloping ['sləʊpɪŋ] *n.;a.* 倾斜,倾面

sloppiness ['slɒpɪnɪs] *n.* 潮湿,泥泞

sloppy ['slɒpɪ] *a.* ①淋湿的,湿透的,沾污的 ②泥污的,泥泞的,稀薄的 ④草率的,不整齐的,散漫的 ‖ **sloppily** *ad.*

slosh [slɒʃ] ❶ *n.* ①(液面)晃动 ②烂泥,雪水 ③溅泼声 ❷ *v.* ①击,溅 ②(液面)晃动,激荡,发出溅溅声 ③漏出 ☆*slosh about* 在泥泞中挣扎; *slosh on* 乱涂,瞎干

slot [slɒt] ❶ *n.* ①(裂,狭)缝,槽,(孔,裂)口,槽形地带 ②闩,条板,小片 ③直浇口 ④狭窄的通道〔地位〕 ⑤足迹,轨迹 ❷ (slotted; slotting) *vt.* ①开缝(槽),使…出现裂缝 ②【计】打孔 ③立铣,铣 ④跟踪

sloth [sləʊθ] *n.* 懒惰,偷懒 ‖ **~ful** *a.*

slotted ['slɒtɪd] *a.* 有槽〔裂痕〕的,开缝的

slotter ['slɒtə] *n.* 铡床,立铣(床)

slotting ['slɒtɪŋ] *n.* 立铡,开槽,【计】打孔

slouch [slaʊtʃ] *v.;n.* ①低垂 ②没精打采,懒散

slough[1] [slaʊ] ❶ *n.* ①沼泽;浅滩 ②泥坑〔塘〕 ③绝境 ❷ *v.* 使陷入绝境;在泥浆中艰难行走

slough[2] [slʌf] ❶ *n.* ①蛇蜕 ②丢弃物 ❷ *v.* 使脱落;丢弃(off); 崩塌,坍落 ☆*slough hover* 认为…无关紧要,轻视

sloughy ['slaʊɪ] *a.* 泥泞的,沼泽化的

sloven ['slʌvən] ❶ *n.* (工作)马马虎虎的人,懒鬼 ❷ *a.* 未开垦的

slovenly ['slʌvənlɪ] *a.;ad.* 马虎(的),潦草(的),漫不经心的

slow [sləʊ] ❶ *a.* ①慢的,使减低速度的,迟钝的 ②落后(于时代)的 ③(镜头)孔径小的,曝光慢的 ❷ *ad.* 慢慢地,低速地,懒散地,漫不经心地 ❸ *v.* 放慢,阻化,滞后 ☆*be slow at* 不善于; *be slow in doing* 很慢才能(做某事); *be slow to (do)*不是轻易(做成某事); *slow and steady (sure)* 稳扎稳打; *slow down (up)*(使)慢下来,延迟; *slow on* 慢〔晚〕于…的

〖用法〗注意下面例句中该词的含义: The interrupt would slow every user process by a factor of 100. 该中断使每个用户进程的速度降为原来的1/100。

slowdown ['sləʊdaʊn] *n.* 减速,延迟,衰退,怠工

slowfooted ['sləʊfutɪd] *a.* 走路慢的,进展缓慢的

slowgoing ['sləʊgəʊɪŋ] *a.* 无所作为的,劲头不足的

slowly ['sləʊlɪ] *ad.* 慢(慢),渐渐

slowness ['sləʊnɪs] *n.* 缓慢,迟钝

slubber ['slʌbə] *vt.* 草率地做,使有污点

sludge [slʌdʒ] ❶ *n.* ①(污,淤)泥,泥泞,(油罐底)酸渣,碱渣,泥〔矿〕浆 ②污水,沉积物 ③金属碎屑 ④冰花,雪水 ❷ *v.* ①生成(残)渣,形成油泥,泥浆化

sludgeless ['slʌdʒlɪs] *a.* 无渣的

sludging ['slʌdʒɪŋ] *n.;v.* ①油泥 ②成渣,泥浆化 ③挖沉,(从坩埚底)掏沉积物 ④塞泥,淤沉,沉积

sludgy ['slʌdʒɪ] *a.* 泥泞的,有淤泥的

slue [sluː] *v.;n.* ①旋转,转向,摆动 ②沼地,泥沼沼 ③大量

sluff [slʌf] *n.* 小滑雪

slug [slʌg] ❶ *n.* ①棒,(嵌)条,锭,(金属,铀)块 ②铁芯,弹丸 ③滑轮 ④锻焊,冲下的废料浆,(pl.)未燃烧的燃料 ⑤半焙烧矿石 ⑥缓冲物,缓动铜环 ⑦代硬币的金属圆片 ⑧铅字条,嵌片 ⑨斯(勒)格(英尺磅秒制质量单位) ⑩蛞蝓,缓行动物 ❷ (slugged; slugging) *v.* ①慢动,阻止,使迟滞 ②插嵌片于 ③苦干,顽强地工作(away) ④偷懒

sluggard ['slʌgəd] *n.;a.* 懒汉,懒惰的

sluggish ['slʌgɪʃ] *a.* ①惰性的,懒惰的 ②黏滞的,(反应)缓慢的 ③不活泼的,不易化合的 ④萧条的

sluggishness ['slʌgɪʃnɪs] *n.* 惯〔惰〕性,低灵敏度,缓慢,停滞

sluice [sluːs] ❶ *n.* ①水闸 ②闸沟〔口〕,(调节水位的)溢水道,下水管 ③(流放木材等用)斜槽,洗矿槽 ④堰水,(从闸门流出的)泄水 ⑤根本,源泉

❷ v. ①冲洗,洗涤,放水(于) ②奔流(泻),灌溉(out) ③开水闸放水,用水力法揭土 ④溜槽提金

sluicegate ['slu:sgeɪt] n. 水闸,冲刷闸门

sluicevalve ['slu:svælv] n. (滑动)闸门,水阀(门), 滑板阀

sluiceway ['slu:sweɪ] n. 排水道,冲沙道,洗矿槽, 闸口

sluicy ['slu:sɪ] a. 奔泻的

slum [slʌm] n. ①润滑油渣,淤渣 ②陋巷,贫民区 ③ 页岩煤 ‖ -ly a.

slumber ['slʌmbə] v.;n. 睡眠,微睡,(用睡眠)消磨 (时间)(away)

slumb(e)rous ['slʌmbərəs] a. ①瞌睡的,催眠的 ②寂静的 ‖ ~ly ad.

slump [slʌmp] n.;vi. ①坍落度,(猛然)落下,陷下 ② 滑动沉陷 ③暴跌,萧条 ④失败,挫折 ☆*slump (down) into* 掉(陷)入

slumpability [,slʌmpə'bɪlɪtɪ] n.(油脂的)黏稠性, (油脂的)流动惰性

slung [slʌŋ] ❶ sling 的过去式和过去分词 ❷ a. 悬吊的,挂着的

slunk [slʌŋk] slink 的过去式和过去分词

slur [slɜ:] ❶ (slurred; slurring) vt. ①忽略,略过,轻视, 诬蔑(over) ②(使)印得模糊不清 ③上涂料,(型 芯)黏合 ❷ n. ①污点 ②诬蔑 ③印刷模糊,字迹 重复

slurring ['slɜ:rɪŋ] n. 上涂料,灌浆,型芯黏合法,滑辊 (印刷故障)

slurry ['slɜ:rɪ] ❶ n. ①稀浆,水泥浆,淤浆,煤泥 ②悬 浮体(液) ③残渣 ④膏剂,软膏 ⑤(型芯)黏合 液 ⑥泥釉 ⑦填充材料 ❷ v. ①使变成泥浆 ② 涂,沾污

slush [slʌʃ] ❶ n. ①软泥,(融雪)泥浆,积雪,沉积物 ②油灰 ③抗蚀润滑脂 ④废油,脂膏 ❷ v. ①灌泥 浆于,嵌油灰于 ②涂油(脂,灰) ③抗(腐)蚀,抗湿 ④发溅泼声

slushy ['slʌʃɪ] a. ①泥浆(般的),(冰,雪)半融的 ② 油灰的 ③无价值的

sly [slaɪ] a. ①狡猾的 ②秘密的,暗中的 ☆*on (upon) the sly* 秘密地,偷偷摸摸地 ‖ ~ly ad. ~ness n.

smack [smæk] ❶ n. ①(气,滋)味 ②少许 ③劈啪 声 ❷ v. (带)有…气(味),有点像(of); 拍,使劈啪 作响 ❸ ad. ①正好,不偏不倚地 ②使劲,急剧地, 啪地一声 ☆*get a smack in the eye* 遭受挫折, 感到失望; *go (run) smack into* 直撞在…上(撞 进…里); *have a smack at* 试做,去尝试

smalite ['smælaɪt] n. 高砷钴矿

small [smɔ:l] ❶ a. 小的,窄的 ❷ n. ①细小部分,小 东西 ②腰部,狭小部分 ③(pl.)细料,细小物体,细 末 ❸ ad. ①细细地,微弱地 ②小规模地 ☆*by small and small* 慢慢地,一点一点地; *in a small way* 适度地,小规模地; *in small numbers* 少(量); *in (the) small* 小规模,小型的, 局部的; *it is small wonder that...* 并不足怪; *of*

no small consequence 重大地; *on the small side* 比较小,略小; *the small hours* 半夜一两点 钟,深更半夜

〖用法〗表示数值上"小于"时,往往用"less than" 而不用"smaller than"。如: If x is less than 1, the equation holds. 如果 x 小于 1,则该方程成立。/In this case, pressure A is less than pressure B. 在这种 情况下,压力 A 小于压力 B。

smallish ['smɔ:lɪʃ] a. 略小的

smallness ['smɔ:lnɪs] n. (微)小,微小度,小规模

smallpox ['smɔ:lpɒks] n. 天花

smallware ['smɔ:lweə] n. 小商品

smalt [smɔ:lt] n. 大青(色),蓝玻璃

smaltite ['smɔ:ltaɪt] n. 砷钴矿

smaragdite [smɜ:'ræɡdaɪt] n. 绿闪石

smart [smɑ:t] ❶ a. ①鲜明的,漂亮的,时髦的 ②灵 巧的,聪明的 ③剧烈的 ④可观的 ☆*right smart* 极大(的),许许多多的(的) ❷ vi.;n. (感到)剧痛,痛 心 ☆*smart for...* 因…而吃苦头; *smart under...* 因…而感到痛心; *smart with...* 被…弄得很痛

smarten ['smɑ:tn] v. (使)变漂亮(整洁,轻快),变 强烈

smartie, smarty ['smɑ:tɪ] n. 自作聪明的人

smartly ['smɑ:tlɪ] ad. ①剧烈地 ②灵巧地,能干地 ③漂亮地,时髦地 ④大大地

smash [smæʃ] ❶ v.;n. ①打碎,打败 ②猛撞,重击, 击溃,扑灭 ③使…发生裂变 ④破(撞)碎声 ⑤ 破产,瓦解,垮掉 ☆*go (come) to smash* 垮台, 毁灭,破碎; *smash into* 猛(烈)撞(击)在上,猛撞 进…里; *smash up* 砸坏(碎),毁坏,瓦解,分裂 ❷ ad. 碰撞(破碎)地 ☆*go (run) smash into* (轰 隆一声)撞上…,迎头相撞 ❸ a. 出色的 ☆*a smash hit* 极为成功的事物

smasher ['smæʃə] n. ①猛烈的打击,摔跟头,崩溃 ②特大的东西

smashing ['smæʃɪŋ] a. ①惨重的,粉碎性的 ②猛 烈的,最(极)好的,非常了不起的

smashup ['smæʃʌp] n. ①粉碎,瓦解,崩溃 ②猛撞, 撞车事故

smatter ['smætə] v.;n. 一知半解,肤浅的知识,瞎讲, 寥寥几个,零碎的东西

smattering ['smætərɪŋ] ❶ n. ①一知半解,肤浅的 知识 ②少数,少量 ❷ a. 肤浅的,少许的

smaze [smeɪz] n. 烟霾

smear [smɪə] ❶ v. ①涂(抹,污),敷,搽 ②弄脏,抹掉, 使…轮廓不清 ③诽谤 ☆*be smeared* 弄得模糊 不清; *smear A on (onto) B* 把 A 抹在 B 上; *smear out* 涂抹 ❷ n. ①涂抹,油渍,(电视)拖影, 曳尾 ②诽谤,污蔑

smeared [smɪəd] a. 模糊的,不清的

smearer ['smɪərə] n. 消冲电路

smeary ['smɪərɪ] a. ①弄脏的,涂污的 ②黏的,易产 生污迹的 ‖ **smeariness** n.

smectic ['smektɪk] a. ①使清洁的,纯净的 ②近晶 (型)的,脂状的,(液晶)碟状结构的

smectite ['smektaɪt] *n.* 蒙脱石,(去油垢的)绿土

smeech [smiːtʃ] *n.* 燃烧的气味,浓烟

smegmatite ['smegmətaɪt] *n.* 皂石

smell [smel] ❶ (smelt 或 smelled) *v.* 嗅,探(查)出,发觉,有嗅觉,嗅,发出(…)气味,发出臭气 ☆ *smell a rat* 怀疑起来,怀疑其中有鬼; *smell about (round)* 到处打听消息〔寻找资料〕; *smell at* 闻闻; *smell of* 有…气味; *smell out* 闻〔探查〕出; *smell trouble* 察觉有麻烦; *smell up* 使充满臭气 ❷ *n.* 嗅觉,气味,难闻的气味 ☆*a smell of* 一股…气味; *make smell* 发出气味; *take (have) a smell at (of)* 把…闻闻; *What a smell!* 真难闻

〖用法〗该动词后跟形容词时就成为连系动词了。如: This flower smells sweet. 这个花散发芳香。

smeller ['smelə] *n.* 发出臭气的东西

smell-less ['smellɪs] *a.* 无气味的

smelly ['smelɪ] *a.* 发出臭气的

smelt [smelt] ❶ smell 的过去式和过去分词 ❷ *vt.* 熔炼,熔化

smelter ['smeltə] *n.* ①熔炉,冶金厂 ②熔铸工,冶炼者

smeltery ['smeltərɪ] *n.* 冶炼厂

smelting ['smeltɪŋ] *n.* (反应)熔炼,熔炉

smergal ['smɜːgəl] *n.* 刚玉粉

smidge(o)n, smidgin ['smɪdʒɪn] *n.* 少量,一点点

smilagenin [smaɪˈlædʒənɪn] *n.* 菝葜配基

smilax ['smaɪlæks] *n.* 菝葜属

smile [smaɪl] ❶ *vi.;n.* 微笑,冷笑 ❷ *vt.* 以微笑表示 ☆*smile at* 朝…微笑,讥笑,一笑置之; *smile on (upon)* 向…微笑

smiling ['smaɪlɪŋ] *a.* 微笑的,(风景)明媚的

smilonin ['smaɪlənɪn] *n.* 菝葜宁

smirch [smɜːtʃ] ❶ *vt.* 玷污,弄脏 ❷ *n.* 污点,瑕疵

smirk [smɜːk] *v.;n.* 假笑,傻笑,得意地笑

smist [smɪst] *n.* 烟雾

smite [smaɪt] ❶ (smote, smitten 或 smote) *v.* ①打,重〔袭〕击 ②击败,毁坏,毁灭(with) ③折磨 ❷ *n.* ①重击 ②尝试

smith [smɪθ] ❶ *n.* 锻工,铁匠,金属品工人 ❷ *v.* 锻冶

smithereens [ˌsmɪðəˈriːnz], **smithers** ['smɪðəz] *n.* 碎片〔屑〕

smithery ['smɪðərɪ] *n.* 锻工车间〔工厂〕,工作,铁匠活

smithsonite ['smɪθsənaɪt] *n.* 菱锌矿

smithwelding ['smɪθweldɪŋ] *n.* 锻焊

smithy ['smɪðɪ] *n.* ①锻工车间 ②铁匠,铁匠

smitten ['smɪtn] smite 的过去分词

smock [smɒk] ❶ *n.* 工作服,罩衫 ❷ *vt.* 给…穿上工作服〔罩衫〕

smog [smɒg] *n.* 烟雾,浓雾

〖用法〗注意下面例句的含义: Further inhalation of or even exposure to smog should be avoided. 应该避免吸入更多的烟雾甚至暴露在烟雾里。("of"

和"to"共用了"smog"。)

smokatron ['sməʊkətrɒn] *n.* 烟圈式加速器,电子环加速器

smoke [sməʊk] ❶ *n.* ①(煤)烟,烟尘,(烟)雾,水汽 ②无实体(昙花一现)的东西 ③香〔雪茄〕烟 ④速度 ❷ *v.* ①冒烟〔气〕,弥漫 ②抽烟,(烟)熏 ③飞速行进 ☆*end (up) in smoke* 烟消云散,化为乌有,不成功; *from (the) smoke into (the) smother* 越来越糟; *go up in smoke* 被烧光,无结果,化为乌有; *like smoke* 无阻碍地,轻易地; *smoke out* 熏出〔死〕,查出,使…公之于世; *There is no smoke without fire.* 无风不起浪

smokebomb ['sməʊkbɒmb] *n.* 烟幕弹,发烟炸弹

smokebox ['sməʊkbɒks] *n.* (汽锅的)烟室〔箱〕

smokecloud ['sməʊkklaʊd] *n.* 烟云,烟雾

smokeconsumer ['sməʊkkənˈsjuːmə] *n.* 完全燃烧装置

smokecurtain ['sməʊkkɜːteɪn] *n.* 烟幕

smokehouse ['sməʊkhaʊs] *n.* 烟熏房,鱼肉熏制厂

smokeless ['sməʊklɪs] *a.* 无烟的 ‖ *-ly ad.*

smokemaking ['sməʊkmeɪkɪŋ] *a.* 生烟的

smokemeter ['sməʊkmiːtə] *n.* 烟尘(测量)计,测烟仪

smokeprojector [ˌsməʊkprəˈdʒektə] *n.* 烟幕放射器

smoker ['sməʊkə] *n.* 吸烟者,吸烟室〔车〕,熏蒸〔器〕,冒烟的东西,施放烟幕的船只〔飞机〕

smokescope ['sməʊkskəʊp] *n.* 烟尘密〔浓〕度测定器,检烟镜

smokescreen ['sməʊkskriːn] *n.* 烟幕

smokestack ['sməʊkstæk] *n.* (大)烟囱〔道〕

smokestone ['sməʊkstəʊn] *n.* 烟晶

smokiness ['sməʊkɪnɪs] *n.* 发烟性

smoking ['sməʊkɪŋ] ❶ *n.;a.* 冒烟(汽)(的),烟熏(的),吸烟(用的) ❷ *ad.* 冒着烟

smokometer [sməʊˈkɒmɪtə] *n.* 烟密度计,烟尘密计

smoky ['sməʊkɪ] *a.* 发烟的,烟雾弥漫的,熏黑的,烟色的

smooch [smuːtʃ] *n.;vt.* 污迹,弄脏

smooth [smuːð] ❶ *a.;ad.* ①光滑地(的),平(坦,稳)(的),流畅的,调匀的 ②调匀的 ③顺当的,极好的 ☆*(be) in smooth water* 通过难关,风平浪静; *make smooth* 弄平滑,除去障碍; *reach (get to) smooth water* 冲破难关; *roll ... smooth* 把…压平〔光〕; *run smooth* 进行顺利; *the way is now smooth* 路修平了,困难扫除了 ❷ *v.* ①(使)变平滑,使顺利,(使)变平静,(使)变缓和 ②把…弄平,烫〔垫,整〕平,磨平,修匀〔正〕 ③滤除 ④平整(地面) ☆*smooth away (over)* 使容易,排除(困难); *smooth down* 弄平,使〔变〕平静,消除; *smooth out* 弄平,消除; *smooth the way (for)* (为…)铺平道路〔排除障碍〕,便于 ❸ *n.* ①平滑部分,平地,草坪 ②修光的工具,刨

smoothbore ['smuːðbɔː] ❶ *a.* 滑膛的 ❷ *n.* 滑

膛枪〔炮〕

smoother ['smuːðə] *n.* ①整平工具,异型锼刀 ②校平器 ③平路机 ④平滑器 ⑤(pl.)滑粉 ⑥整平工人 ⑦角光子

smoothing ['smuːðɪŋ] *n.* ①滤除 ②精加工 ③平滑,平流,平稳化,静息 ④校平 ⑤【数】修匀

smoothly ['smuːðlɪ] *ad.* 光滑地,平稳地,流畅地

smoothness ['smuːðnɪs] *n.* 平滑度,光洁(度),流利

smoothriding ['smuːðraɪdɪŋ] *a.* (可以)平稳行车的

smoothrunning ['smuːðrʌnɪŋ] *n.* 平稳动转

smoothwheel ['smuːðwiːl] *n.* 光轮的

smote [sməut] smite 的过去式

smother ['smʌðə] ❶ *v.* ①(使…)窒息,(把…)闷死 ②闷熄,熄火,无焰燃烧 ③覆盖,掩蔽,压住,被包住 ❷ *n.* ①窒息,被抑制状态 ②烟雾,浓烟,水(蒸)气 ☆**smother up** 蒙混过去,掩盖,不了了之

smothery ['smʌðərɪ] *a.* 令人窒息的,闷的

smoulder ['sməuldə] ❶ *vi.* 发烟熄烧,熏烧,冒烟 ❷ *n.* 文火,闷烧,(冒)烟

smouldering ['sməuldərɪŋ] *v.; n.* 闷烧,阴燃,低温炼焦〔干馏〕

smudge [smʌdʒ] ❶ *n.* ①污点〔迹〕②光点,黑点,模糊不清的一堆 ③浓烟 ❷ *v.* ①弄脏,形成污迹 ②涂去,使模糊 ③烟熏

smudgy ['smʌdʒɪ] *a.* ①弄脏〔玷污〕了的 ②模糊不清的 ③烟雾弥漫的

smug [smʌg] *a.* ①沾沾自喜的 ②整洁的 ☆**get smug about** 变得对…沾沾自喜 ‖ **-ly** *ad.*

smuggle ['smʌgl] *v.* 走私,偷运,夹带(into, out of)

smuggler ['smʌglə] *n.* 走私分子,走私船

smut [smʌt] ❶ *n.* ①污物〔点,迹〕②煤尘,积烟 ③劣〔质软〕煤,黑穗病 ❷ (smutted; smutting) *v.* (被烟煤等)弄脏,变黑,污染

smutch [smʌtʃ] ❶ *vt.* 弄脏 ❷ *n.* 污点〔物〕,炭灰,尘垢 ‖ **-y** *a.*

smutty ['smʌtɪ] *a.* 烟污的,多污物的,被煤烟弄黑的

Smyrna ['smɜːnə] *n.* 士麦那(土耳其港口)

snack [snæk] *n.* 小吃,快餐

snackery ['snækərɪ] *n.* 快餐馆

snafu [snæ'fuː] *a.;n.;vt.* 混乱(的),无秩序(的),一团糟(的)

snag [snæg] ❶ *n.* 暗礁,隐患,枝杈,水中隐树,沉木,(隐藏的,潜伏的)意外困难〔障碍〕❷ (snagged; snagging) *vt.* ①清除困难〔障碍〕②清铲(清除铸件的毛刺、浇口等),清除根株 ③粗加工,粗磨 ④绊住,使触礁

snail [sneɪl] *n.* 蜗牛,蜗牛类软体动物,蜗形轮,卡蜗

snake [sneɪk] ❶ *n.* ①蛇 ②钢块瑕疵 ③清除管道污垢用通条 ❷ *a.* 蛇形的 ❸ *vt.* ①曳出(来) ②蛇行,蜿蜒前进 ③(飞机飞行时)横向振荡 ④纵向破裂,板端变动

snakelike ['sneɪklaɪk] *a.* 像蛇的,蛇形的

snak(e)y ['sneɪkɪ] *a.* 蛇形的,恶毒的

snap [snæp] ❶ (snapped; snapping) *v.* ①(猛地)咬住,抓住(at),攫获,争购(up) ②折断,卡断 ③(砰地,迅速)关上(down) ④排出(down, out) ⑤快拍(摄影)(off) ⑥劈啪地响 ⑦急〔乱〕射 ⑧急忙 ❷ *n.* ①猛咬 ②(突然)啪的折断 ③劈啪〔折断〕声 ④紧压,夹子,弹性(凸)膜片 ⑤铆头模 ⑥快拍〔照〕⑦急变,速动 ⑧容易的工作〔问题〕⑨少量 ❸ *a.* ①急速的 ②装扣门的,可咯嗒一声扣住的 ③极容易的 ❹ *ad.* 啪地一下子,突然 ☆**in a snap** 立刻; **snap at the chance** 抓住机会; **snap ... off** 把…突然折断,给…拍快照

snaplock ['snæplɒk] *n.* 弹簧锁

snapout ['snæpaut] *n.* 排出

snapped ['snæpt] *a.* 圆头的

snapper ['snæpə] *n.* ①按钮,按扭,瞬动咬合器 ②抓泥器,抓样器 ③拍快照者 ④咬人的狗〔动物〕⑤偷窃者

snapping ['snæpɪŋ] *ad.* 显著地,强烈地

snappish ['snæpɪʃ] *a.* 急躁的

snappy ['snæpɪ] *a.* ①快的,有力的,干脆的 ②时髦的 ③发劈啪声的 ‖ **snappily** *ad.*

snapring ['snæprɪŋ] *n.* 开口环

snapshoot ['snæpʃuːt] *vt.* 快镜拍摄

snapshot ['snæpʃɒt] ❶ *n.* ①急〔乱〕射 ②快照 ③一晃眼 ④【计】抽点打印 ❷ *v.* 快镜拍摄 ☆**take a snapshot of** 给…拍快照

snare [sneə] ❶ *n.* ①圈套,罗网,陷阱 ❷ *v.* (用圈套)捕捉,诱骗

snarl [snɑːl] ❶ *v.* ①咆哮 ②弄乱,使为难 ③(在金属薄片上)打出浮雕花纹 ❷ *n.* 缠结,混乱

snatch [snætʃ] *v.;n.* ①抢去,攫取(at) ②(趁机)搞到 ③小〔破〕片 ④片刻,片断,一阵子(of) ☆**by (in) snatches** 断断续续地

snatcher ['snætʃə] *n.* 抢夺者,诱拐者

snatchy ['snætʃɪ] *a.* 断断续续的,不连贯的 ‖ **snatchily** *ad.*

sneak [sniːk] ❶ *v.* ①潜行〔入〕②隐藏 ❷ *n.* 潜行 ❸ *a.* 暗中进行的,寄生的 ☆**on the sneak** 偷偷地; **sneak out of** 偷偷地逃避

sneaking ['sniːkɪŋ], **sneaky** ['sniːkɪ] *a.* 偷偷摸摸的,鬼鬼祟祟的

sneap [sniːp] *vt.* 捏,夹;申斥,使受冻

snecked [snekt] *a.* 用乱石砌筑的

sneer [snɪə] *vi.;n.* 嘲笑,鄙视 ‖ **~ing**. **~ingly** *ad.*

sneeze [sniːz] *n.;vi.* (打)喷嚏 ☆**be not to be sneezed at** 不可轻视,相当不错,值得考虑

snell [snel] *a.* 厉害的,精明的,锐利的,刺骨的

snib [snɪb] ❶ *n.* 闩,插销,门〔窗〕钩 ❷ (snibbed; snibbing) *vt.* 闩(门),插上插销

snick[1] [snɪk] ❶ *n.* 刻痕 ❷ *vt.* 刻细痕于

snick[2] [snɪk] *n.;v.* = click

snide [snaɪd] *a.;n.* ①假的,伪造的 ②低劣的 ③不诚实的 ④伪钱币,假珠宝

sniff [snɪf] *v.;n.* ①(用鼻子)吸(up),呼吸 ②嗅(出),觉察(up),闻(at),蔑视(at)

sniffer ['snɪfə] *n.* ①检漏头,(真空)检漏器,吸气〔压

强）探针,取样器 ②自动投弹雷达

sniffish ['snɪfɪʃ] *a.* 轻蔑的,嗤之以鼻的

snift [snɪft] *v.* 吸入(空气),取样

snifter ['snɪftə] *n.* 自动充气器

snip [snɪp] ❶ (snipped; snipping) *v.* 剪去(off) ❷ *n.* ①剪切小片 ②一份,(一)剪 ③(pl.) 剪(刀),铁丝剪

snipe [snaɪp] *v.* 狙击,远〔暗〕射(at),诽谤

sniper ['snaɪpə] *n.* 狙击手

sniperscope ['snɪpəskəup] *n.* 红外线(步枪)瞄准镜

snippers ['snɪpəz] *n.* 手剪,剪切机

snippet ['snɪpɪt] *n.* (切下的)小片,小部分,(pl.) 片断,摘录

snippety ['snɪpɪtɪ] *a.* 由片断组成的,零碎的

snipping ['snɪpɪŋ] *n.* 剪下的小片

snitch [snɪtʃ] *vt.* 偷,告发

snivel ['snɪvl] *vi.* 流鼻涕,哭诉

snob [snɒb] *n.* 势利小人

snobbery ['snɒbərɪ] *n.* 势利,(pl.) 势利言行 ‖ **snobbish** *a.* **snobbishness** *n.*

snooker ['snʊkə] *vt.* 挫败,阻挠,把…置于困境

snoop [snu:p] *vi.;n.* ①窥探,探听(at) ②(飞机起落时监听飞机上识别电台的)机场接收机

snooper ['snu:pə] *n.* ①探听者 ②装有雷达的(侦察)飞机

snooperscope ['snu:pəskəup] *n.* (利用红外线原理的)夜望镜,夜间探测器〔瞄准器〕

snoopy ['snu:pɪ] *a.* 爱打探的

snoot [snu:t] ❶ *n.* ①鼻,脸,鬼脸 ②喷嘴,小孔 ③势利的人 ④限制(光束的)光阑 ❷ *vt.* 瞧不起,讥笑

snooze [snu:z] *vi.;n.* 打盹,小睡,懒散地消磨(时间)

snore [snɔ:] *vt.;n.* 打鼾,鼾声,通气孔

snorkel ['snɔ:kl] ❶ *n.* (潜艇)通气管,(救火车上的)液压起重机 ❷ *vi.* 用通气管潜航

snort [snɔ:t] *v.;n.* ①鼻息 ②放气,(发)喷气声,(潜艇)通气管

snorter ['snɔ:tə] *n.* 不寻常的东西,强风

snot [snɒt] *n.* 鼻涕

snotter ['snɒtə] *n.* 钢铸件中的氧化铈夹杂物,鼻涕状夹杂

snout [snaʊt] *n.* 口鼻部,喷口,进口锥体,船首,(飞机)头部

snow [snəʊ] ❶ *n.* ①雪 ②下雪,积雪 ③雪状物,雪花效应〔干扰〕 ❷ *v.* 下雪,被雪封住,似雪片飞来 ☆**be snowed in (up, over)** 被大雪封住; **be snowed under** 埋在雪里,被压倒

snowball ['snəʊbɔ:l] ❶ *n.* 雪球 ❷ *v.* 滚雪球,(滚雪球似地)迅速增长,蓬勃发展

snowberg ['snəʊbɜ:g] *n.* 雪山,覆雪冰山

snowblind ['snəʊblaɪnd] *a.* 雪盲的 ‖ **~ness** *n.*

snowbound ['snəʊbaʊnd] *a.* 被雪封住的

snowbreaker ['snəʊbreɪkə] *n.* 除雪机

snowbroth ['snəʊbrɒθ] *n.* 融雪,雪水

snowcapped ['snəʊkæpt], **snowclad** ['snəʊklæd], **snowcovered** ['snəʊkʌvəd] *a.* 盖着雪的

snowdrift ['snəʊdrɪft] *n.* 吹雪,(被风吹集的)雪堆

snowfall ['snəʊfɔ:l] *n.* 降雪(量),下雪

snowflake ['snəʊfleɪk] *n.* 雪花〔片〕,(pl.)【冶】白点,投掷反射带的导弹

snowmobile ['snəʊməbi:l] *n.* 摩托雪橇,履带式雪上汽车

snowpack ['snəʊpæk] *n.* 积雪场

snowplough,snowplow ['snəʊplaʊ] *n.* 雪犁,扫雪机

snowscape ['snəʊskeɪp] *n.* 雪景

snowslide ['snəʊslaɪd], **snowslip** ['snəʊslɪp] *n.* 雪崩

snowstorm ['snəʊstɔ:m] *n.* ①雪暴,暴风雪 ②雪花干扰

snowy ['snəʊɪ] *a.* 雪的,雪封的,雪白的

snub [snʌb] ❶ *vt.* ①厉声斥责,厉声制止;冷落,怠慢;刹住;压熄 ❷ *n.* ①斥责,冷落,怠慢 ②突然的停止 ③冲击吸收,缓冲 ❸ *a.* (鼻子)扁的

snubber ['snʌbə] *n.* ①缓冲器,减声器,链锁制止器 ②掏槽眼 ③拒绝〔斥责〕者,冷落他人的人

snubby ['snʌbɪ] *a.* 故意冷落的,狮子鼻的

snuff [snʌf] ❶ *n.* ①烛〔灯〕花 ②鼻烟 ☆**up to snuff** 精明的,不易受骗的;符合标准的,万应的 ❷ *v.* ①剪烛花〔灯花〕②嗅,闻,吸 ☆**snuff out** 熄灭,打断,使消失,镇压

snuffle ['snʌfl] *v.;n.* ①嗅,用鼻呼吸,鼻音 ②放屁

snug [snʌg] ❶ *a.* ①整洁的,舒适的,(小而)安排适当的,少而足够的,紧贴〔合身〕的 ②隐秘的 ③适于航海的,建造〔保养〕良好的 ‖ **~ness** ❷ *ad.* = snugly ❸ (snugged; snugging) *v.* ①使整洁,使(温暖)舒适 ②使作好防风暴袭击的准备(down) ③隐藏 ④承座;(前)凸部 ☆**as snug as a bug in a rug** 非常舒适

snuggery ['snʌgərɪ] *n.* 温暖舒适的地方

snugly ['snʌglɪ] *ad.* ①整洁地,温暖舒适地 ②尚可地 ③适于航海

so [səʊ] *ad.;pron.;conj.* ①如此,这样,那样 ②同样(地),也 ③大约,左右,诸如此类 ④非常,确实 ⑤因此,这样(就),以便 ☆**and so on (forth)** 等等,依此类推; **(and) so with** 对…也是一样; **as …, so …** 正如…一样,…也; **be (it) ever so …** 虽然(它)是如此之…; **ever so** 非常; **except in so far as** 除非,除去; **go so far as to (do)** 甚至; **if so** 如果是这样的话; **in doing so** 或 **in so doing** 这样做时,这样一来,在这种情况下; **in so far as** 来说,至于;在…范围内,到…的程度;因为; **in so far as possible** 尽可能(地); **in so much as** 由于,既然; **in so much that** 到…的程度,以致; **just so** 正是这样; **not so … as all that** 不那么,不很; **not so much as** 甚至于不; **not so much A as B** 与其说是A不如说是B; **or so** 左右,大约; **quite so** 的确是这样; **so and so**

某某,如此这般; **so and so only** 只有这样(才); **so as** 只要是,为的是,使得; **so... as to (do)** 如此…以致; **so as to (do)**以便,以致; **so be it** 就那样吧,听其自然; **so far** 迄今,到这种程度为止; **so far as** 远至,到…为止,就…而论,据; **(so far) as concerns** 就…而论,至于; **so far as ... goes** 就…而论; **so far from** 绝不是,非但不; **so long** 再见; **so long as** 只要; **so much for** (关于…)就到此为止,…就是这些; **so much so that** 到这程度以致; **so much the better** (那就)更好(了); **so much the worse** 更坏; **so soon as** 一…就,刚…便; **so so** 也过得去,不过如此,马马虎虎; **so that** 为了,以致; **so ... that** 那么…以致〔以使〕; **so then** 所以,原来如此; **so to speak (say)**〔插入语〕可以说是,可谓,好比,打个比喻说; **without so much as doing** 甚至于不

〖**用法**〗❶ 它作代词时,有这一句型:"This is so because (of)..."或"it(或名词)does so because (of) ..."。如:This is so because the grid is nearer to the cathode than the anode. 之所以这样是由于栅极比阳极离阴极更近。/The current does so because the electrical potentials at two points are different. 电流之所以能够这样是因为两点的电位是不同的。❷ 注意"so (...) as to (do)"的否定形式和复合结构形式分别是"so (...) as not to (do)"和"so (...) as for +名(代)词+ to (do)"。如:The diodes are now operating in the reverse region so as not to conduct current. 这些二极管现在正工作在反向区域以至于不导电。/We must find how large to make r so as for the series to converge. 我们必须求出使 r 为多大才能使该级数收敛。❸ 在由"so that"引出的状语从句中若有"can, may, could, might"的话,则一般表示目的,否则表示结果。如:It is necessary to accept the validity of these laws so that we may build our later results with them. 我们必须接受这些定律的正确性以便于我们可以用它们来建立后面的结果。由"so that"引出的目的状语从句也可以处于主句前。如:So that you may have in mind the goal towards which you are working, there are shown below the circuit diagrams of the two types of TRF receiver. 为了使你对设计目标做到心中有数,在下面画出了两种射频调谐接收机的电路图。❹ 当表示"所以"时,由于它既可以是副词也可以是并列连接词,所以我们可以用"and so"或"so"来引出一个并列分句。如:The value of this ratio for a given capacitor is C, and so C=Q/V. 一个给定的电容器的这个比值是 C,所以 C=Q/V。/A decrease of negative charge is equivalent to an increase of positive charge, so the motion of both kinds of charge has the same effect. 负电荷的减少等效于正电荷的增加,所以两种电荷运动产生相同的效应。❺ "so as to (do)"既可以表示目的,也可以表示结果,这只能从整句的含义来判断;表示目的时,它也可以处于句首。如:Let us locate the Q point so as to obtain a maximum symmetrical swing. 让我们把 Q 点放置得能够获得最大的对称摆动。/Finally, so as to facilitate better understanding of the program examples, comments are appended to selected instruction lines by preceding them with ':'. 最后,为了有利于能够更好地理解程序例子,把注释附加在指令行上,在其前面加上":"。❻ 当它表示"也如此"而放在句首时,该句谓语部分倒装并且一般用省略句型。如:In this case the input changes, so does the output. 在这种情况下,输入发生变化,输出也如此。/As the number of variables increases, so does the complexity of the truth table. 随着变量数的增加,真值表的复杂度也增加。但如果是表示同意对方的看法时,则句子不倒装。如:So it is. (是这样的。)或句型"so it is with +名词或代词"表示"…(的情况)也是如此",这时句子并不发生部分倒装现象。如:In this case, the resulting formula becomes identical to that in Eq. 6-3, and so it should. 在这种情况下,所得到的公式就变得与式 6-3 中的相同了,而这应该是这样的。/Wood is an insulator and cannot conduct electricity and heat. So it is with plastics. 木头是绝缘体,因而不能导电和导热;塑料也是如此。❼ 注意"so doing"的用法和"so +过去分词"作后置定语的情况。如:The reason for so doing is as follows. 这样做的理由如下。/By so doing, the source coding theorem is violated. 通过这样处理,就违反了源编码定理。/ In the situation so described, the application of Eq. 6-2 yields $p_1 + p_2 = P$. 在如此描述的情况下,应用式 6-2 就得到了 $p_1 + p_2 = P$。/Fig. 1-7 illustrates the structure of the standard array so constructed. 图 1-7 显示了如此构建的标准阵列的结构。❽ 注意"so a〔an〕+形容词+单数名词"的情况(详见不定冠词项)。

soak [səuk] *v.n.* ①浸,泡,弄湿 ②吸收,掺入 ③保温时间,加热,对…进行长时间热处理,热炼 ④设备的环境适应(例如温度、湿度等) ⑤裂化 ⑥狂欢;敲竹杠 ☆**soak in** 吸(渗)入;(电容器)电荷渐增;**soak into** 渗(印)进;**soak oneself in** 埋头研究;**soak out** 浸滑,漏电,剩余放电;**soak through** 浸透;**soak up** (全部)吸收

soakage [ˈsəukɪdʒ] *n.* ①浸渍,浸湿(性),吸入量 ②电容器的静电荷〔充电量〕 ③均热

soakaway [ˈsəukəweɪ] *n.* 渗滤坑

soaker [ˈsəukə] *n.* ①倾盆大雨 ②均热炉 ③浸洗机 ④浸渍剂〔者〕 ⑤(石油)裂化反应室 ⑥婴儿尿垫子

soap [səup] ❶ *n.* 肥皂;脂肪酸盐;肥皂剧 ❷ *vt.* 皂洗,擦上肥皂

soapfilm [ˈsəupfɪlm] *n.* 皂膜

soapflakes [ˈsəupfleɪks] *n.* (肥)皂片

soapless [ˈsəuplɪs] *a.* 无肥皂的;肮脏的,未洗的

soapstone [ˈsəupstəun] *n.* 皂石,滑石

soapsuds [ˈsəupsʌdz] *n.* (起泡肥皂泡的)肥皂水,肥皂水上的泡沫

S

soapy ['səʊpɪ] *a.* 像肥皂样的,肥皂质的,涂有肥皂的,滑腻的 ‖ **soapily** *ad.*

soar [sɔː] *vi.; n.* ①翱翔,滑翔,高飞 ②急增 ③高耸,屹立 ④高飞范围,高涨程度,耸立高度

soarer ['sɔːrə] *n.* (高空)滑翔机

soaring ['sɔːrɪŋ] *a.* 滑翔(的),高耸的;高涨的

sob [sɒb] *v.;n.* 呜咽 ‖ **~bingly** *ad.*

sober ['səʊbə] ❶ *a.* ①适度的,严肃的,冷静的 ②不歪曲的 ③朴素的 ❷ *v.* (使)变严肃,(使)冷静(down),(使)变清醒(up,off) ☆ *be in sober earnest* 非常严肃认真的; *in one's sober senses* 冷静〔沉着〕地; *in sober fact* 事实上 ‖ **~ly** *ad.*

soberize ['səʊbəraɪz] *vt.* 使清醒,使严肃

soberminded ['səʊbəmaɪndɪd] *a.* 头脑清醒的,持重的

sobriety [səʊ'braɪətɪ] *n.* 严肃,认真,冷静,清醒

so-called ['səʊkɔːld] *a.* 所谓的,通常所说的
〖用法〗这个词在生活上一般用于贬义,用以在科技文中不常用。当它用在科技文中时,它与"what is called〔termed, named, known as, described as, referred to as, spoken of as 等〕"同义,不过后者更多见。

soccer ['sɒkə] *n.* 英式足球

sociability [,səʊʃə'bɪlɪtɪ] *n.* 爱〔会〕交际,讨人喜欢,社交性格,交际活动,群集度

sociable ['səʊʃəbl] *a.* 爱交际的,社交性的

social ['səʊʃəl] *a.* ①社会的,群居的 ②好交际的,社交的,有礼貌的

socialism ['səʊʃəlɪzm] *n.* 社会主义

socialist ['səʊʃəlɪst] ❶ *n.* 社会主义者 ❷ *a.* 社会主义的

socialistic [,səʊʃə'lɪstɪk] *a.* 社会主义(者)的

socialite ['səʊʃəlaɪt] *n.* 社会名流

socialize ['səʊʃəlaɪz] *vt.* 使社会(主义)化,使变为公共管理,使适合社会需要 ‖ **socialization** *n.*

sociation [,səʊʃɪ'eɪʃən] *n.* 基群丛,小社会

societal [sə'saɪətəl] *a.* 社会的

society [sə'saɪətɪ] *n.* ①社会(团体) ②交际,社交界 ③协〔学〕会,学术团体,会,社 ④生物群集,群落,畜群
〖用法〗注意下面例句的含义:Faraday joined the City Philosophical Society, of which he became a very keen member. 法拉第加入了伦敦自然科学研究会,他成为了该会一位很热心的会员。("of which"在从句中作从句表语"a very keen member"的定语。)

socioeconomic ['səʊʃɪəɪkə'nɒmɪk] *a.* 社会经济(学)的

sociologic(al) [,səʊʃɪə'lɒdʒɪk(əl)] *a.* 社会学的,社会问题的

sociology [,səʊsɪ'ɒlədʒɪ] *n.* 社会学

sociopolitical [,səʊsɪəʊpə'lɪtɪkəl] *a.* 社会政治的

sock [sɒk] ❶ *n.* ①软的保护套 ②短袜 ③打击,猛撞 ❷ *vt.* 打〔猛〕击,抛掷 ❸ *a.* 有力的,非常成

功的 ❹ *ad.* 沉重地,不偏不倚地 ☆ *sock in* 阻止…飞行

socket ['sɒkɪt] ❶ *n.* ①(插,管,灯)座,插口 ②承窝〔口〕,槽,臼 ③(管)套,套节 ④套筒扳手 ⑤接线片 ❷ *vt.* 插(入),套(接),给…配插座,把…装入插座

socle ['sɒkl] *n.* ①管底 ②座石,柱脚

sod [sɒd] ❶ *n.* ①草地〔皮,泥〕②故乡,本国 ❷ (sodded; sodding) *vt.* 铺草皮于,覆以草泥 ☆ *the old sod* 故乡,本国

soda ['səʊdə] *n.* ①苏打,纯碱,小苏打,氢氧化钠 ②汽水,苏打水

sodalite ['səʊdəlaɪt] *n.* 方钠石

sodalye ['səʊdəlaɪ] *n.* 氢氧化钠,苛性钠

sodamide ['səʊdəmaɪd] *n.* 氨基(化)钠

sodar ['səʊdɑː] *n.* 声雷达

sodation [səʊ'deɪʃən] *n.* 碳酸钠去垢(法)

sodden ['sɒdn] ❶ *a.* 水浸的,浸润的 ❷ *vt.* 浸(透,湿),泡,弄湿 ‖ **~ly** *ad.* **~ness** *n.*

soddish ['sɒdɪʃ] *a.* 极坏的,糟糕的

soddy ['sɒdɪ] *a.* (覆以)草皮的

sodd(y)ite ['sɒd(ɪ)aɪt] *n.* 硅铀矿

sodion ['səʊdɪɒn] *n.* 钠离子

sodium ['səʊdjəm] *n.* 【化】钠

sodomist ['sɒdəmɪst] *n.* 鸡奸者,口交者,兽奸者,尸奸者

soever [səʊ'evə] *ad.* ①无论 ②任何

sofa ['səʊfə] *n.* (长)沙发

soffit ['sɒfɪt] *n.* (拱)腹,下端〔部〕,背面,拱内面

Sofia ['səʊfɪə] *n.* 索非亚(保加利亚首都)

soft [sɒft] ❶ *a.* ①(柔)软的,硬度低的,软性的,不含酒精的 ②柔和的,适度的,(表面)光滑的 ③(轮廓)模糊的 ④纸币的 ⑤(导弹发射场等)无掩蔽易受攻击的 ❷ *n.* 柔软的东西,柔软部分 ❸ *ad.* 柔软〔平静〕地

soften ['sɒfn] *v.* ①软化,使软,缓和,减轻,使婉转 ②真空恶化 ③低温处理,(粗铅除砷等)精炼 ☆ *soften up* 削弱…的抵抗能力

softener ['sɒfnə] *n.* 软化剂〔炉〕,(硬水)软化器,垫衬

softening ['sɒfnɪŋ] *n.* 软化,减弱,增塑

softish ['sɒftɪʃ] *a.* (柔)软的,有点柔和的

softly ['sɒftlɪ] *ad.* 柔软地,轻轻地

softness ['sɒftnɪs] *n.* ①柔软(度,性),软化度 ②柔和,软弱 ③真空恶化程度,漏气度

softtin ['sɒftɪn] *n.* 软锡钎料

software ['sɒftweə] *n.* ①设计计算方法 ②【计】软件,软设备,程序(系统,设备),程序设计方法 ③语言设备

softwood ['sɒftwʊd] *n.* 软(木)材,针叶树

sogasoid ['sɒgəsɒɪd] *n.* 固气溶胶

soggy ['sɒgɪ] *a.* ①潮湿的,浸水的 ②未烘透的

sogicon ['sɒdʒɪkɒn] *n.* 注入式半导体振荡器

soil [sɔɪl] ❶ *n.* ①土壤〔质〕,温床 ②国土,国家 ③脏东西,污物 ④粪水,肥料 ❷ *v.* 弄脏,污染

soilage ['sɔɪlɪdʒ] *n.* 弄脏,肮脏,污秽

sojourn ['sɒdʒ:n] vi.;n. 旅居,逗留(with, in , at)

sol [sɒl] n. 溶胶

solace ['sɒləs] n.;v. 安慰,慰藉

solanain ['səʊləneɪn] n. 茄蛋白酶

solanidin(e) ['səʊlənɪdɪn] n. 茄定

solanine ['səʊləni:n] n. 茄碱

Solanum [səʊ'leɪnəm] n. 茄属

solanum [səʊ'leɪnəm] n. 茄

solaode ['səʊləəʊd] n. 太阳(能)电池

solar ['səʊlə] a. 太阳的,日光的

solarism ['səʊlərɪzəm] n. 太阳中心说

solarimeter [,səʊlə'rɪmɪtə] n. 日射(总量)表,太阳能测量计

solarium [səʊ'leərɪəm] (pl. solaria) n. 日光浴室,太阳台,日光治疗室

solarization [,səʊləraɪ'zeɪʃən] n. ①(日,曝)晒(作用) ②曝光过久,负感现象 ③光致淀粉减少(作用)

solarize ['səʊləraɪz] v. (曝)晒,使经受日晒作用,曝光过久(造成负感,以致损坏)

solation [sɒ'leɪʃən] n. 溶胶形式,溶胶化(作用),胶溶(作用)

sold [səʊld] sell 的过去式和过去分词

solder ['sɒldə] ❶ n. ①(低温)焊料,钎料 ②结合物 ❷ vt. (低温)焊接,软焊,接合(in),焊接封口(up)

solderability [,sɒldərə'bɪlɪtɪ] n. 可焊性

solderer ['sɒldərə] n. 焊工

solderless ['sɒldəlɪs] a. 无焊料的

soldier ['səʊldʒə] ❶ n. ①(士)兵,军人 ②竖桩,装配支柱 ③(pl.)立砌砖 ④柴片,(加固砂型用)木片 ❷ v.①当兵 ②尽职 ③偷懒,磨洋工

soldiery ['səʊldʒərɪ] n. 军人,军队;军事训练〔科学〕

sole [səʊl] ❶ n. 底(部,板),堤(鞋)底,基底,地梁,门槛,窗台板 ❷ a. 单独的,唯一的,独占的,仅有的 ❸ v. 给…配〔换〕底 ☆ *have the sole responsibility of* 单独负…的责任; *have the sole right of selling* 有独家经售…的权利; *on one's own sole responsibility* 全由…个人负责

solecism ['sɒlɪsɪzəm] n. 文理不通,无礼

solely ['səʊlɪ] ad. 独立,只,完全

〖用法〗注意下面例句中该词的位置：The percentage of emitter current depends almost <u>solely</u> on the construction of the transistor. 发射极电流的百分比几乎只〔完全〕取决于晶体管的结构。

solemn ['sɒləm] a. ①庄严的,严肃的 ②隆重的,摆架子的 ③暗黑色的 ‖ **-ly** ad. **~ness** n.

solemnity [sə'lemnɪtɪ] n. 庄严,严肃,隆重

solemnize ['sɒləmnaɪz] vt. 隆重庆祝〔纪念〕,使庄严

solenocyte [sə'li:nəsaɪt] n. 管细胞,火焰细胞

solenoid ['sɒlənɔɪd] n. 螺线管,网络(管),筒形〔电磁,螺线管〕线圈

solenoidal [,səʊlə'nɔɪdəl] a. 螺线(管)的,圆筒形线圈的,无散度的

solenoidality [,səʊlənɔɪ'dælɪtɪ] n. 无源性,无散性

solepiece ['səʊlpi:s] n. 底座〔板〕

soleplate ['səʊlpleɪt] n. (基础)底板,地脚板,钢轨垫板

soleprint ['səʊlprɪnt] n. 足底印

solfatara [,sɒlfə'tɑ:rə] n. 硫黄矿,硫质喷气孔,硫黄温泉

solicit [sə'lɪsɪt] v. 恳〔请,征〕求(for, to do) ☆ *solicit A for B* 向 A 要求 B; *solicit A from (of) B* 向 B 征求 A ‖ **~ation** n.

solicitor [sə'lɪsɪtə] n. ①律师 ②揽客,钻营者,推销员,游说者

solicitous [sə'lɪsɪtəs] a. 渴望的,担心的 ☆ *be solicitous about ...* 挂念…; *be solicitous for ...* 关心…; *be solicitous of (to do)* 渴望,一心想 ‖ **~ly** ad.

solicitude [sə'lɪsɪtju:d] n. 担心,焦虑,渴望

solid ['sɒlɪd] ❶ a. ①固体(态)的 ②实心的,密实的,致密的 ③坚固的,坚定的 ④纯的,同质的 ⑤无间断的 ⑥三维的,立(方)体的 ❷ n. 固体(态),立体,实心(体),(pl.)固体粒子 ❸ ad. 无异议地,全部地 ☆*be on solid ground* 站在稳固的基础上; *be (go) solid for* 全体一致赞成; *wait for a solid hour* 足足等了一个小时

solidarism ['sɒlɪdərɪzəm] n. 团结一致

solidarity [,sɒlɪ'dærɪtɪ] n. 团结(一致),休戚相关

solidarize ['sɒlɪdəraɪz] vi. 团结一致

solidary ['sɒlɪdərɪ] a. 团结一致的,休戚相关的

solidi ['sɒlɪdaɪ] solidus 的复数

solidifiable [sə'lɪdɪfaɪəbl] a. ①能凝固的,能固化的,可变硬的,可充实的 ②可团结一致的

solidification [,sɒlɪdɪfɪ'keɪʃən] n. 凝固(作用),固化(作用),浓缩,结晶

solidified [sə'lɪdɪfaɪd] a. 固化的,固结的,凝固的,结晶的

solidify [sə'lɪdɪfaɪ] v. ①(使)凝固,(使)固化,(使)结晶 ②(使)变坚固 ③充实,巩固 ☆*solidify out* 凝固〔结晶〕(出来); *solidify out into* 凝固(出来)成为

solidity [sə'lɪdɪtɪ] n. ①固态,固体(性),完整性,紧实性,坚硬度 ②固结(性),充实 ③体积

solidness ['sɒlɪdnɪs] n. 硬度〔性〕

solidography [,sɒlɪ'dɒgrəfɪ] n. 实体(放射线)摄影法

solidoid ['sɒlɪdɔɪd] n. 固相

solidus ['sɒlɪdəs] (pl. solidi) n. ①固线,固相线,凝固线,熔解线 ②斜线分隔符号" / "

solifluction [,sɒlɪ'flʌkʃən] n. 泥流〔融冻〕作用

soligenous [səʊ'lɪdʒənəs] a. 泥泞的,地水所造成的

soliloquy [sə'lɪləkwɪ] n. 自言自语,独白

soling ['sɒlɪŋ] n. (道路)石质基础

solion ['sɒlaɪən] n. 溶液离子放大器

solipsism ['sɒlɪpsɪzəm] n. 唯我论

soliquoid [sə'lɪkwɪd] n. 悬浮体

solitaire [sɒlɪ'teə] n. 独粒钻石

solitary ['sɒlɪtərɪ] a. ①单个的,唯一的,个别的,孤立的 ②荒凉的,偏僻的 ‖ **solitarily** ad.

soliton ['sɒlɪtɒn] n. 孤子,凝子,孤波

solitude ['sɒlɪtjuːd] n. ①单独,与外界隔绝 ②荒僻之处,幽静的地方 ☆**in solitude** 单独地

solo ['səʊləʊ] n.;a.;ad.;vi. ①单独(的,地),独奏(唱)(的) ②单飞

solodization [,səʊləʊdaɪ'zeɪʃən] n. (土壤)脱碱(作用)

solodyne ['səʊləʊdaɪn] n. 只用一组电池组工作的接收机(线路),不用 B 电池的接收机

soloist ['səʊləʊɪst] n. 独奏(唱)者;单飞者

Solomon Islands ['sɒləmən'aɪləndz] 所罗门群岛

solonetz ['sɜːlənets] n. 碱土

solphone ['sɒlfəʊn] n. 砜

solstice ['sɒlstɪs] n. (冬,夏)至,(二)至点,至日

solstitial [sɒl'stɪʃəl] a. (夏,冬)至的

solubility [,sɒljʊ'bɪlɪtɪ] n. ①溶度,可溶性 ②可解性

solubilization [,sɒljʊbɪlaɪ'zeɪʃən] n. 溶液化,增溶(化),溶解(作用)

solubilize ['sɒljʊbɪlaɪz] v. 溶液化,增溶(化),增溶溶解

solubilizer ['sɒljʊbɪlaɪzə] n. 增溶剂

soluble ['sɒljʊbl] a. ①可溶(解)的,溶性的,可乳化的 ②可以解决(释)的 ☆**soluble in ...**可溶于…的

solum ['səʊləm] (拉丁语) (pl. sola) n. (土)地,风化层,底

Soluminium [,sɒljʊ'mɪnɪəm] n. 铝焊料

solunar [sə'luːnə] a. 日月共同作用所引起的

solus ['səʊləs] (拉丁语) a. 单独的,独自的

solute ['sɒljuːt] n. (被)溶质,溶解物

solution [sə'luːʃən] **❶** n. ①溶液,溶解,分解 ②【数】解,解法,解决办法 ③乳化液,橡胶浆,胶水 ④瓦解,中断,消散 **❷** vt. 加溶液于,用橡胶胶水黏结 ☆**in solution** 在溶解状态中;动摇不定 〖用法〗**❶** 表示"…的解(答案),解决方案"时,其后面一般跟"to",也可跟"for"或"of"。如:The <u>solution</u> to Eq. (2-9) is simplified by using the exponential form of sinωt. 利用sinωt的指数形式就可以简化式(2-9)的解。/The usual <u>solution to</u> this problem is the addition of a low-pass filter at the input. 这个问题通常的解决办法是在输入端加一个低通滤波器。/The program is a list of instructions for the computer to follow to arrive at a <u>solution for</u> a given problem. 程序就是供计算机遵循以获得某一给定题目的解的一个指令单。/The graphic <u>solution for</u> this problem is shown in Fig. 3-8. 图 3-8 显示了这道题的图解法。/The circuit will operate at the point given by the <u>solution of</u> the equations. 该电路工作在这些方程的解所给出的那点上。**❷** 它表示"解"这一动作时,其后跟介词"of"。如:The <u>solution of</u> these independent equations often results in certain of the currents

being negative. 解这些方程往往会导致其中一些电流为负。/This approach is useful in the <u>solution of</u> problems in analysis and design. 这个方法在解分析和设计题时是有用的。**❸** 注意搭配模式"the solution of A for B",意为"解 A 求 B"。如:The <u>solution of</u> Eqs. (1-42) <u>for</u> any current using determinants is easy. 利用行列式来解方程组(1-42)求任何电流是很容易的。**❹** 表示"解答手册"时,一般用复数形式。如:A detailed <u>solutions</u> <u>manual</u> for all the problems in the book is available from the publisher. 本书中所有习题的详尽解答手册可从出版社购得。

solutize ['sɒljʊtaɪz] vt. 使加速溶解

solutizer ['sɒljʊtaɪzə] n. (硫醇)溶解加速剂

solutrope [sə'luːtrəʊp] n. 相溶混合物

solvability [,sɒlvə'bɪlɪtɪ] n. ①可解性,可解释(决,答) ②溶解能力,溶解度

solvable ['sɒlvəbl] a. 可解(答,释,决)的,能溶解的

solvate ['sɒlveɪt] **❶** n. 溶剂,溶剂合物 **❷** v. (使)成溶剂化物

solvation [sɒl'veɪʃən] n. 溶剂,溶剂化(作用),溶化作用

solvatochromy [,sɒlvətə'krəʊmɪ] n. 溶液化显色

solve [sɒlv] vt. ①解(决,答,释),求解 ②溶解 ③清偿(债务) ☆**solve A for B** 解 A 求 B; **solve for** 解,求出 〖用法〗注意下面例句中该词的用法:Often it is necessary to <u>solve a formula for</u> a particular letter or symbol which appears in it. 往往需要一个方程式把它出现在其中的某个特殊字母或符号求出来。/Equation (2-1) may be solved for x (t + T). 可以解方程(2-1)把 x (t + T) 求出来。/It is unnecessary to <u>solve for</u> the total number of unknown currents.不必把所有的未知电流求出来。/In this case it is a simple matter to <u>solve for</u> the short-circuit output current.在这种情况下,解短路输出电流是很简单的。

solvency ['sɒlvənsɪ] n. ①溶解质 ②溶解能力 ③偿付能力

solvend ['sɒlvənd] n. 可溶物

solvent ['sɒlvənt] **❶** a. ①(有)溶解(力),溶化的,溶剂的 ②有偿付能力的 **❷** n. 溶剂,(色谱)展开剂,(固溶体中)基本组分,(问题的)解决办法 ☆**solvent for (of) ...** 能溶解…的溶剂

solver ['sɒlvə] n. 解算器,求解仪,解决者

solvolysis [sɒl'vɒlɪsɪs] n. 溶剂分解(作用)

solvolyte ['sɒlvəlaɪt] n. 溶剂化物,溶剂分解(作用)产物

solvus ['sɒlvəs] n. 溶线,固溶相线,溶释

soma ['səʊmə] (pl. somata) n. (躯)体,体干,体细胞

somacule ['səʊməkjuːl] n. 原浆小粒,原微粒(一种假想单位)

Somali [səʊ'mɑːlɪ] n.;a. 索马里的,索马里人(的)

Somalia [səʊ'mɑːlɪə] n. 索马里

somascope ['səʊməskəʊp] n. 【医】超声波检查仪

somasthenia [,səumæs'θi:nɪə] n. 体无力,疲惫

somatic [səu'mætɪk] a. (身,躯)体的,体壁的,体细胞的

somatoid ['səumətɔɪd] n.【物】具组粒

somatomedin [,səumə'tɔmədɪn] n. 促生长因子

somatoscopy [,səumə'tɔskəpɪ] n. 体格〔健康〕检查

somatostatin [,səumætəu'stætɪn] n. 生长激素释放(的),抑制因子

somatotrophic [,səumætəu'trɔfɪk] a. 促生长的

somatotropin [,səumætəu'trəupɪn] n. 生长激素

somatotype ['səumətətaɪp] n. 体型〔式〕

somber ['sɔmbə] a. 昏暗的,浅黑的,阴沉的 ‖ **-ly** ad. **~ness** n.

some [sʌm] a.;pron.;ad. ①一些,几个,若干 ②某一(个) ③大约 ④相当,稍微,(一)点儿 ☆ *after some time* 不久之后; *and then some* 而且还远不止此; *at some length* 详尽; *for some time* 暂时,一些时候; *in some degree* 多少,几分; *in some way or other* 设法; *some few (little)* 少许,几个; *some more* 再…一点〔些〕; *some one* 有人,某人; *some ... or other* 某一; *some time* 一些时候,改日,有朝一日; *some time ago* 前些日子,早先; *some time or other* 迟早,早晚
〖用法〗❶ 当它修饰可数名词单数时,其含义为"某个"。如:Measuring anything means comparing it with some standard to see how many times as big it is. 测量任何东西意味着把它与某个标准相比较,看看它是该标准的多少倍(那么大)。/Here C is some positive constant. 这里 C 是某个正数。❷ 当它处于数词前面时意为"大约"。This wire is some seven times longer than that one. 这根导线比那根长大约六倍。❸ 表示"某个"而为了强调时,在它后面可以加"one"。如:The velocity of a particle at some one point of its path is called its instantaneous velocity. 质点在其通道的某一点处的速度就称为它的瞬时速度。

somebody ['sʌmbədɪ] n. ①某人,有人 ②重要人物

someday ['sʌmdeɪ] ad. 总有一天,有朝一日

somehow ['sʌmhau] ad. ①以某种方式,设法 ②由于某种(未弄清的)原因,莫明其妙地

someone ['sʌmwʌn] pron. 有人,某人

somersault ['sʌməsɔ:lt], **somerset** ['sʌməset] n.; vi. (翻)筋斗,一百八十度的转变

something ['sʌmθɪŋ] n.;ad. ①某事,某物,…什么〔之类)的 ②几分,有些,非常 ③重要(事,物,人) ☆ *have something to do with* 与…有些关系; *make something of* 利用,…搞出点什么,使变有用〔完善),把…说得非常重要; *(...) or something (...)* 或者什么,(…)之类; *something else* 另一个东西〔一回事); *something like* 有点像,大约,极好的; *something more* 此外,加上某种意义〔程度〕上; *something of the kind* 诸如此类;

something or other 不知何事
〖用法〗❶ 注意下面例句中含有该词的短语作前面句子的同位语,并注意其汉语译法:In every atom in its normal state, the number of protons equals the number of electrons, something which is directly related to the electrical properties of the proton and the electron. 在处于正常状态下的每个原子中,质子数是等于电子数的,这一点是与质子和电子的电性质直接相关的。(这里"something"等效于"a fact"的含义。)❷ 注意下面例句中该词的含义:There is something in this paper. 在这篇论文中有一些新〔重要〕内容。/This phenomenon has something to do with the man-made statics. 这一现象与人为的天électro干扰有些关系。/The construction of a matched filter is something of a bootstrap operation. 匹配滤波器的作用有点像自举电路的运作。/There is something peculiar that should be noted about the left side of the graph. 应该注意到曲线图的左边有着某种特殊的东西。

somethingth ['sʌmθɪŋθ] a. 多,几

sometime ['sʌmtaɪm] ❶ ad. ①曾经,在某个时候 ②日后,改日,有朝一日,将来 ❷ a. 从前的,前(任)

sometimes ['sʌmtaɪmz] ad. 往往,不时地,有时
〖用法〗该词一般放在动词之前,也可放在助动词、情态动词或"be"动词之后,还可放在句首或句尾。

someway(s) ['sʌmweɪ(z)] ad. ①设法,以某种方法 ②不知什么缘故

somewhat ['sʌmwɔt] pron.;ad. ①稍微,有点 ②某事〔物〕,重要东西(人物) ☆ *if somewhat* 虽然有些; *somewhat more specifically*〔插入语〕更明确一些地说; *somewhat of* 稍微,有点

somewhere ['sʌmweə] ad.; n. 某处,在(到)某处;大概,约 ☆ *somewhere about* 在…附近,大约,在…(时间)前后
〖用法〗注意下面例句中该词的用法:The viscosity is chosen to provide a damping factor somewhere between 60 and 70 percent of the critical one. 我们把黏滞度选得能够产生这样的一个阻尼因子,它处于临界值的60%与70%之间。

somewhile ['sʌmwaɪl] ad. 一段时间,一度

somewhither ['sʌmwɪðə] ad. 到某处,在某地方,不知到什么地方

somniferol [sɔm'nɪfərəl] n. 催眠醇

somniferous [sɔm'nɪfərəs] a. 催眠的,麻醉的

somnific [sɔm'nɪfɪk] a. 催眠的

somnocinematograph [,sɔmnɒsɪnɪ'mætəgrɑ:f] n. 睡眠运动描记器

son [sʌn] n. ①儿子 ②(pl.)子孙,后裔

sonar ['səunɑ:] n. 声呐

sonarman ['səunɑ:mən] n. 声呐兵

sonata [sə'nɑ:tə] n. 奏鸣曲

sonde [sɔnd] n.①探测器,探空仪,探测气球 ②探头

sondol ['sɔndəl] n. 声呐探测仪

sone [səun] n. 宋(响度单位)

song ['sɔŋ] n. 歌(词,曲,声)

songbook ['sɒŋbʊk] n. 歌曲集,歌本
songful ['sɒŋfʊl] a. 调子好听的,旋律优美的
songster ['sɒŋstə] n. ①歌唱家,作曲家,诗人;歌鸟 ②歌曲集
sonic ['sɒnɪk] a. 声的,声速的,有声的
sonication [ˌsɒnɪ'keɪʃən] n. 声处理
sonicator ['sɒnɪkeɪtə] n. 近距离声波定位器
sonics ['sɒnɪks] n. 声能学
soniferous [səʊ'nɪfərəs] a. 发声(音)的
soniga(u)ge ['səʊnɪgeɪdʒ] n. 超声波测厚仪〔探测仪〕
soniscope ['sɒnɪskəʊp] n. 脉冲式超声波探伤仪,声波探测仪,音响仪
sonne ['sɒnɪ] n. 桑尼(相位控制的区域无线电信标)
sonnet ['sɒnɪt] n. 14 行诗
sonobuoy ['sɒnəbɔɪ] n. 声呐浮标
sonochemiluminescence [ˌsɒnəkemɪljumɪ'nesns] n. 声化学发光
sonodivers [ˌsɒnə'daɪvəz] n. 潜水声(记录)仪
sonogram ['sɒnəgræm] n. 声波图
sonolator ['sɒnəleɪtə] n. (可见语言)声谱显示仪
sonoluminescence [ˌsɒnəlu:mɪ'nesns] n. 声致冷光,声发光
sonometer [səʊ'nɒmɪtə] n. 听力计,弦音计,振动式频率计
sonoprobe ['sɒnəprəʊb] n. 探声器,声呐测探器,声波探查
sonoptography [ˌsɒnəp'tɒgrəfɪ] n. 声光摄影术
sonoradiobuoy [ˌsɒnə'reɪdɪəʊbɔɪ] n. 无线电声呐浮标,(无线电)水底噪声传输浮标
sonoradiography [ˌsɒnəreɪdɪ'ɒgrəfɪ] n. 声波辐射摄影术,声射线摄影术
sonorific [ˌsɒnə'rɪfɪk] a. 发出声音的
sonority [sə'nɒrɪtɪ] n. 宏亮度,响度
sonorous [sə'nɔ:rəs] a. 响亮的,能发出响亮声音的 ‖ ~ness n.
soon [su:n] ad. ①不久(以后),立刻 ②早,快 ③宁愿,不如 ☆*as (so) soon as* ……(就),如……一般早〔快〕; *as soon as not* 更愿,再也乐意不过地; *as soon as possible*或*as soon as one can*尽快; *at the soonest* 最早,最快; *no sooner A than B* (刚)一 A 就 B; *soon after* 在…之后不久(就),以后不久; *soon afterward(s)* 不久以后; *sooner or later* 迟早,终究; *The sooner the better.* 越快越好,愈早愈好; *would (just) as soon A (as B)* (与 B)宁愿 A; A 也好,B 也好; *would sooner A than B* 宁可 A 也不愿 B; *no sooner said than done* 说到做到
soot [sʊt] ❶ n. 烟炱,煤烟,炭黑,油(黑)烟 ❷ vt. 熏黑,积炭,弄得都是煤烟
sootblower ['sʊtbləʊə] n. 吹灰器
sootblowing ['sʊtbləʊɪŋ] n. 吹灰
sootfall ['sʊtfɔ:l] n. 烟灰沉降(量)
sootflake ['sʊtfleɪk] n. 积炭薄片
soothe [su:ð] v. 安慰,缓和,减轻(痛苦) ‖

soothingly ad.
sooting ['su:tɪŋ] n. (电子管)熏墨
sooty ['su:tɪ] a. ①多灰的,烟炱的,(生)煤烟的 ②覆烟黑的,积炭的 ③熏黑的,乌黑色的 ‖ **sootiness** n.
sop [sɒp] ❶ n. ①贿赂(to) ②湿透的东西 ❷ (sopped; sopping) v. ①泡浸,渗透 ②吸(水)(up) ③贿赂 ☆*sop up A with B* 用 B 吸 A
sophism ['sɒfɪzəm] n. 诡辩(法),似是而非的论点
sophist ['sɒfɪst] n. 诡辩者〔家〕
sophistic(al) [sə'fɪstɪk(əl)] a. 诡辩(法)的 ‖ ~ally ad.
sophisticate [sə'fɪstɪkeɪt] v. ①改进,采用先进技术,使精致 ②掺杂 ③诡辩,曲解,伪造,篡改
sophisticated [sə'fɪstɪkeɪtɪd] a. ①(很)复杂的,高级的,精致的,尖端的 ②成熟的,采用了先进技术的 ③掺杂(过)的 ④非常有经验的 ‖ ~ly ad.
sophistication [ˌsəfɪstɪ'keɪʃən] n. ①复杂化,精致化,灵巧,采用先进技术 ②掺杂(物),混杂(信号) ③伪造,掺假,篡改,诡辩
〖用法〗注意下面例句中该词的含义: The accuracy of this method depends on the <u>sophistication</u> of the instrument used. 这种方法的精度取决于所用仪器的先进〔精密〕程度。
sophisticator [sə'fɪstɪkeɪtə] n. 掺杂者;诡辩者
sophistry ['sɒfɪstrɪ] n. 诡辩(法)
sophomore ['sɒfəmɔ:] n. ①大〔中〕学二年级生 ②在企业〔机关〕中工作第二年的人 ‖ **sophomoric(al)** a.
sophorine ['sɒfərɪn] n. 金雀花碱,槐碱
sophoroside [sə'fɒrəsaɪd] n. 槐糖苷
soporific [ˌsəʊpə'rɪfɪk] ❶ a. 催眠的 ❷ n. 安眠药
sopping ['sɒpɪŋ] a.;ad. 湿的,浸透的,彻底地,非常
soporose ['sɒpərəʊs] a. 酣睡的
soppy ['sɒpɪ] a. 湿透的,浸湿的,多雨的
soprano [sə'prɑ:nəʊ] n.;a. 女高音(的),最高音(的)
soralium [sə'ræliəm] n. 粉芽堆
sorb [sɔ:b] vt. 吸着〔收〕
sorbate [sɔ:'beɪt] n. 吸附物;山梨酸酯
sorbefacient [ˌsɔ:bɪ'feɪʃənt] a.;n. (促进)吸收的〔剂〕
sorbent ['sɔ:bənt] n. 吸附剂
sorbierite ['sɔ:bɪəraɪt] n. 山梨醇
sorbitan ['sɔ:bɪtən] n. 山梨糖酐
sorbite ['sɔ:baɪt] n. 索氏体,富氮碳钛矿
sorbitic ['sɔ:bɪtɪk] a. 索氏体的
sorbitol ['sɔ:bɪtəl] n. 山梨(糖)醇
sorbose ['sɔ:bəʊs] n. 山梨糖
sordid ['sɔ:dɪd] a. ①肮脏的,污秽的,污色的 ②可怜的,悲惨的 ③卑鄙的,利欲熏心的 ④色彩暗淡的 ‖ ~ly ad. ~ness n.
sore [sɔ:] ❶ a.;ad. ①(疼,悲)痛的,恼火的 ②极端(的),猛烈(的),严重(的) ❷ n. 痛处,患处,溃疡,疮 ☆*be in sore need of* 非常需要; *be sore about*

对…觉得生气 ‖ **~ness** n.

soredia ['sɔːrɪdɪə] vi. 粉芽

Sorelmetal ['sɔrəlmetəl] n. 索瑞尔高纯生铁（加拿大）

sorely ['sɔːlɪ] ad. 严重（剧烈）地,痛苦地,很

soretite ['sɔːrɪtaɪt] n. 异铝闪石

sorghum ['sɔːgəm] n. 高粱,蜀粟

sorigenin [,sɔrɪ'dʒenɪn] n. 鼠李苷配基

sorocarp ['sɔrəkɑːp] n. 孢堆果

sorption ['sɔːpʃən] n. 吸附（作用）

sorptive ['sɔːptɪv] a. 吸附（性）的,吸着性的,吸收的

sorrel ['sɔrəl] n.;a. 红褐色（的）,栗色（的）

sorrow ['sɔrəu] n.;vi. 伤心,悲哀（痛）,遗憾 ☆
cause much sorrow to 使…大为伤心;
convert sorrow into strength 化悲痛为力量;
express one's sorrow for (at) 对…表示遗憾;
share the joys and sorrows of the masses
与群众同甘苦; **sorrow at (for, over)** 因…而感到伤心〔悲哀〕 ‖ **~ful** a. **~fully** ad.

sorry ['sɔrɪ] a. ①难过的,遗憾的,抱歉的,对不起的
②可悲的,拙劣的,无价值的 ☆**be sorry about**
对…后悔〔感到难过〕; **(be) sorry but (that)**
对不起; **be sorry for** 对〔为,替〕…感到难过〔抱
歉〕; **in a sorry plight** 处于可悲的境地 ‖
sorrily ad. **sorriness** n.

sort [sɔːt] ❶ n. 种（类）,类（别）☆**a sort of** 一种,
可以说是〔称之为〕…（的东西）; **after a sort** 在
某种程度上,有几分; **all sorts of** 一切种类的,各
种各样的; **(be) out of sorts** 不齐全的,身体不舒
服; **in a sort (of way)**在某种程度上; **in any sort**
以各种方法,无论如何; **in some sort** 稍微,多少;
of a sort 或 **of all sorts** 一切种类的,各种各样
的; **of every sort and kind** 各种各样的 ❷ v. ①分类,拣,选（矿）,区分 ②调
（车）,（列车）编（组）☆**sort A into B** 把 A 分
〔类〕B; **sort … into sizes** 把…按大小分类; **sort
out** 选〔拣〕出,把…分类〔出〕; **sort out A from
B** 把 A 与 B 分开,拣出 A 而不要 B; **sort out A
into B** 把 A 分类〔编〕B,把 A 组编成 B; **sort
well (ill) with** 配得〔不〕上,与…相符〔不相符〕
〖用法〗它表示"种类"时,与"kind"一样可以放
在被修饰词的前面或后面；表示"一种新的"等
时,形容词要放在其前面。如: This sort of transistor
is very popular. 这种晶体管是很流行的。也可写
成: Transistors of this sort are very popular. /A new
sort of computer is available. 现在有了一种新的计
算机。

sorta ['sɔːtə] ad. 有几分

sortable ['sɔːtəbl] a. 可分类的,可整理的,合适的

sorter ['sɔːtə] n. ①分类器,分粒〔选〕器,分拣器;
选卡机 ②分发机 ③分拣员,分类员

sortie ['sɔːtɪ] n. ①出击（港）,突击 ②(出动)架次
③(作战)飞行（任务）

sortilege ['sɔːtɪlɪdʒ] n. 抽签决定

sortition [sɔː'tɪʃən] n. 抽签

sorus ['sɔːrəs] n. 孢子堆,孢子团

SOS ['esəʊ'es] n. 紧急求救信号

sosoloid ['səʊsəlɔɪd] n. 固溶体

souffle ['suːfl] n. 杂音,吹气音

sough [saʊ] n. (排水)沟,盲沟;飕飕声

sought [sɔːt] seek 的过去式及过去分词

soul [səʊl] n. ①灵魂,精神 ②精髓,精华 ③人

sound [saʊnd] ❶ n. ①声(音,学),音响〔色〕 ②探
针,探测器 ③海峡,(海)湾 ❷ v. ①(使)发声,弄
〔回〕响 ②听起来 ③探测 ④通知,宣告,传播 ❸
a. ①健全的,无瑕疵的 ②坚固〔实〕的,稳妥的,安
全〔可靠〕的 ③彻底的 ④正确〔当〕的,合理的,
有根据的 ☆**out of sound of** 在听不到…的地
方; **sound like** 听起来象; **sound out** 探测,试
探; **within sound of** 在听得见…的地方
〖用法〗❶ 它表示"听起来+形容词"时变成了
连系动词。如: The result sounds reasonable. 这结
果是合理的。❷ 注意下面例句中该词的含
义: The understanding of these properties of linear
systems is essential in the sound practice of
measurements. 懂得线性系统的这些性质对于正
确地〔很好地〕进行测量是必不可少的。

soundboard ['saʊndbɔːd] n. 共鸣〔振〕板

sounder ['saʊndə] n. ①发声器,收报（音）机 ②(声
波,回声)探测器 ③发出声音的人,测深员

soundhead ['saʊndhed] n. 录音头,拾声头

sounding ['saʊndɪŋ] ❶ n. ①音响,发声 ②探测,测
探,水深测量,测高,探空,【医】探通术 ③（测得的）
水的深度 ④(pl.)测深索能达到的地方 ⑤试探,
调查,收集意见 ❷ a.①发声的,响亮的 ②夸大的

soundless ['saʊndlɪs] a. ①无声的,静的 ②深不
可测的,无底的

soundlocater, soundlocator ['saʊndləʊ'keɪtə]
n. 声波定位器,声波测距仪,声呐

soundly ['saʊndlɪ] ad. ①完善地 ②坚固地 ③正
确地,确实地

soundness ['saʊndnɪs] n. ①健康,健全 ②致密
(性),可靠性 ③完整(性),无缺陷 ④完善

soundproof ['saʊndpruːf] ❶ a. 隔音的,防声响的
❷ vt. 给…隔音

soup [suːp] ❶ n. ①汤 ②燃料溶液,(照相)显影液
③电 ④马力,加大了的力量 ⑤浓雾,密云 ⑥基本
化学元素的混合物,残渣 ⑦泡沫 ❷ vt. 加强,加
大马力(up),提高…效率

soup on ['suːpɔːŋ] (法语) n. 少量,一点点(of)

soupery ['suːpərɪ] n. (美)餐厅,食堂

soupy ['suːpɪ] a. 象汤一样的,雾浓的,阴云密布的

sour ['saʊə] ❶ a. ①(发,变)酸的 ②(汽油)含硫的
③枯燥无味的 ❷ n. 酸性物质,酸味,苦恼 ❸ v.
①(使)变酸,变坏 ②用稀酸溶液处理 ‖ **~ly** ad.
~ness n.

source [sɔːs] n. ①源,起始,源头,(喷)泉 ②原因,成
因 ③出处,原始资料 ④辐射体发生器 ☆**from…
source(s)** 从…方面; **take its source at** 发源
于,出自; **trace to its source** 追根寻源

sourcebook ['sɔ:sbʊk] *n.* 参考资料
sourdine [sʊə'di:n] *n.* 消音器,噪声抑制器
souring ['saʊərɪŋ] *n.* 陶瓷土湿治,酸化
souse [saʊs] ❶ *vt.;n.* 浸泡,淹,被浸透,插入水里,泼水于…上 ❷ *ad.* 扑通一声
south [saʊθ] ❶ *n.* 南(方,部) ❷ *a.* 南(方,来)的,向南的 ❸ *ad.* 向南,从(在)南方 ❹ *vi.* 转向南方,向南走,【天】到达子午线 ☆*be in the south of* 在…的南部; *be on the south of* 毗连…的南部; *be (to) the south of* 在…以南; *the South* 南部〔方〕
southbound ['saʊθbaʊnd] *a.* 向南行的
southeast [.saʊθ'i:st] ❶ *n.* 东南(部) ❷ *a.* (在,向)东南的 ❸ *ad.* 向〔在,从〕东南
southeaster [.saʊθ'i:stə] *n.* 东南大风〔风暴〕
southeasterly [saʊθ'i:stəlɪ] *a.;ad.* 向〔在〕东南(的),从东南吹来(的)
southeastern [saʊθ'i:stən] *a.* 在〔向,从〕东南的
southeastward [saʊθ'i:stwəd] ❶ *a.;ad.* 向东南(的) ❷ *n.* 东南方,东南地区 ‖~**s** *ad.*
souther ['saʊðə] *n.* 南风,来自南方的风暴
southerly ['saʊðəlɪ] ❶ *a.;ad.* 南的,在〔向〕南方(的),来自南方的(的) ❷ *n.* 南风
southern ['saʊðən] *a.* (在)南(方,部)的,向〔朝〕南的
southernmost ['saʊðənməʊst] *a.* 最南端的,极南的
southing ['saʊðɪŋ] *n.* ①南向(进),南(行)航(程),南北距 ②【天】子午线通过,南中(天),南向纬度差,南赤纬
southward ['saʊθwəd] ❶ *a.;ad.* 南方的,向南的(的) ❷ *n.* 南方(地区),向南方向
southwards ['saʊθwədz] *ad.* 向南(方)
southwest [saʊθ'west] ❶ *n.* 西南(部) ❷ *a.* (在,向,来自)西南的 ❸ *ad.* 向〔在,从〕西南
southwester ['saʊθ'westə] *n.* ①西南大风〔风暴〕 ②海员用的防水帽,油布长雨衣
southwesterly [.saʊθ'westəlɪ] *a.;ad.* 向〔在〕西南(的),从西南吹来(的)
southwestern [saʊθ'westən] *a.* 在〔向,从〕西南的
southwestward [saʊθ'westwəd] ❶ *a.;ad.* 向西南(的) ❷ *n.* 西南方向〔地区〕 ‖~**s** *ad.*
souvenir ['su:vənɪə] *n.* 纪念品
souzdine ['su:zdi:n] *n.* 消声器
Sovafining ['səʊvəfaɪnɪŋ] *n.* 索伐精制(法)
sovaforming ['səʊvəfɔ:mɪŋ] *n.* 索伐重整(法)
sovereign ['sɒvrɪn] ❶ *a.* ①统治的 ②有主权的 ③至高无上的 ④不折不扣的 ⑤极好的,有效的 ❷ *n.* 统治者,君主 ☆*in sovereign contempt of danger* 完全不顾危险地
sovereignty ['sɒvrɪntɪ] *n.* 主权(国家),统治权
Soviet ['səʊvɪət] *n.;a.* 苏联(人,的),苏维埃(的)
sow ❶ [saʊ] *n.* ①沟(积)铁,(炉底)结块,(高炉)铁水沟,大型浇池,大锭块 ②母猪 ❷ (sowed; sown

或 sowed) *v.* ①播(种),使密布 ②散布,宣传 ☆*reap as (what) one has sown* 自食其果; *reap where one has not sown* 不劳而获
sower ['səʊə] *n.* ①播种者(机) ②发起人 ③散布〔煽动〕者
sowing ['səʊɪŋ] *n.* 播种
sown [səʊn] sow 的过去分词
soy [sɔɪ] *n.* 大豆,(中国)酱油
soya ['sɔɪə], **soybean** ['sɔɪbi:n] *n.* 大豆,黄豆
spa [spɑ:] *n.* 矿泉,温泉;游乐胜地
space [speɪs] ❶ *n.* ①空间,太空,宇宙 ②间隔(隙),缝隙,距离,空(刻度)格 ③场地,地,隙,(地)区,位置,篇幅,座位,舱位 ④腔 ❷ *v.* ①留间隔,隔开,空格 ②距离变动 ③配置 ☆*a space of ...* …的距离〔时间〕; *an open space* 空地; *be well spaced* 彼此相隔很远; *blank space* 空白; *dead space* 死角〔区〕,有害空间; *for a space* 在一段时间; *for the space of ...* …时间; *in space* 在空间; *put as much space as possible between* 尽量拉开…之间的距离; *put ... in (into) space* 把…送进空间; *save space* 节省篇幅; *space ... apart* 留…的空,间隔为; *space A at B* 给 A 留 B 的间隔; *space out* 加大〔宽〕…的间隔;隔开; *space out A B apart* 以 B 的间隔放置〔排列〕A; *take (up) space* 占地方; *vanish into space* 消失在空中
〖用法〗注意下面例句中该词的含义: In the space available, it is impossible to adequately cover even a small portion of the information protection field in great depth. 在现有的篇幅内,不可能深入地恰当提及信息保护领域的甚至一小部分(内容)。/The power spectrum has lines spaced f_c / N Hz apart. 功率谱的谱线间隔为 f_c / N 赫兹。
spaceborne ['speɪsbɔ:n] *a.* 空运的,宇宙飞行器上的,卫星〔飞船〕上的,在(宇宙)空间的
spacecraft ['speɪskræft] *n.* 宇宙〔航天〕飞船,空间飞行器
spacecrew ['speɪskru:] *n.* 宇宙飞船乘务组
spaced [speɪst] *a.* 彼此隔开的,有间距的
spaceflight ['speɪsflaɪt] *n.* 航天,宇宙飞行
spacelab ['speɪslæb] *n.* 宇宙(空间)实验室
spaceman ['speɪsmən] (pl.spacemen) *n.* 宇宙飞〔航〕行员,宇宙科学工作者,宇宙人
spaceport ['speɪspɔ:t] *n.* 航天(空间)站,火箭、导弹和卫星的试验发射中心
spacer ['speɪsə] *n.* ①垫片〔圈,层〕,衬垫〔套〕,隔片〔板,套〕,嵌木 ②定位架〔件〕;管夹,调节垫铁,间隔确定装置,分隔器〔打字机上一按即跳格的)间隔棒 ③横柱,档 ④间隔基〔团〕间隔群 ⑤无级变速盘 ⑥(电影)暗帧
spacescan ['speɪsskæn] *n.* 空间扫描
spaceship ['speɪsʃɪp] *n.* 航天飞船
spacesick ['speɪssɪk] *a.* 宇航病的
spacesuit ['speɪssu:t] *n.* 宇宙服,航天服
spacetalk ['speɪs,tɔ:k] *n.* 宇宙术语

spacewalk ['speɪswɔːk] n.;vi. 空间太空行走,太空漫步

spaceward ['speɪswəd] ad. 向空间〔中〕

spacewise ['speɪswaɪz] a.;n. 空间型的,空间坐标

spaceworthy ['speɪswɜːðɪ] a. 适宜宇航的

spacey ['speɪsɪ] a. 空洞的,脱离实际的

special ['speʃəl] a. 空间的,间隔的,场所的,篇幅的

spacing ['speɪsɪŋ] n. ①〔留〕间隔,间距,定距,空隙〔白,号〕 ②净空,跨距 ③位置,布置 〖用法〗注意下面例句中该词的含义: This diagram consists of an equally spaced set of levels with a spacing of hv₀. 这个图是由一组等间隔的、其间隔距离为 hv₀ 的能级构成的。/ Frequent spacing of amplifiers improves the S/N ratio. 通常放置多个放大器能够提高信噪比。

spacious ['speɪʃəs] a. 宽广〔敞〕的,广阔的,空间多的 ‖ ~ly ad.

spaciousness ['speɪʃəsnɪs] n. 宽敞(度)

spacistor ['speɪsɪstə] n. 空间电荷(晶体)管,宽阔管

spacy ['speɪsɪ] a. 广〔宽〕大的

spaddle ['spædl] n. 长柄小铲

spade [speɪd] ❶ n. ①铲,锹,(驻)锄 ②束射极 ❷ vt. ①铲(土),用锹挖掘(up) ②在混凝土面上抹水泥浆 ☆*call a spade a spade* 直言不讳

spadeful ['speɪdful] n. 一铲,一锹

spader ['speɪdə] n. 铲具

spadiceous [speɪ'dɪʃəs] a. 浅褐色的,栗色的;肉穗花序的

spadish ['speɪdɪʃ] a. 直率的,生硬的

spadix ['speɪdɪks] (pl. spadices) n. 佛焰花序,肉穗花序

spaghetti [spə'getɪ] n. ①漆布绝缘管 ②通心面

Spain [speɪn] n. 西班牙

spalder ['spɔːldə] n. 击碎(矿)石的工人

spall [spɔːl] ❶ v. ①削,割,(粗)研,打碎(矿石) ②脱皮,散裂 ③蜕变,原子溅裂 ❷ n. 裂〔碎,屑〕片,碎(矿)石,横搁搁栅,剥落试验 ☆*spall off* 剥落,散裂

spallation [spɔː'leɪʃən] n. ①剥落,散裂,打碎 ②分裂,蜕变

spallogenic [ˌspɔːlə'dʒenɪk] a. 散裂生成的

spalt [spɔːlt] n. 剥落的,碎裂的,劈开的

span [spæn] ❶ n. ①跨度,间距,杜距,(仪表)量程间距,(相邻)刻度单位的间隔 ②指距 ③满量程,全长,翼展,(直升机旋翼的)半径,(叶片)宽度 ④(桥梁)孔,(桥墩)墩距,支点距 ⑤很小的间距,片刻 ⑥(一段)时间 ⑦范围,波段 ⑧拉线,下线法 ❷ spin 过去式 ❸ (spanned; spanning) vt. ①跨(越),(凌)架,拉线 ②覆盖,罩住 ③跨度为 ④观测,估量,以指距量 ⑤弥补 ⑥缚住,扎牢

Span [spæn] n. 山梨糖醇酯类(商品名)

spandex ['spændeks] n. 氨纶(一种高弹性合成纤维)

spandrel ['spændrəl], **spandril** ['spændrɪl] n. ①拱肩〔墙〕,拱上空间 ②上下层窗空间,窗台下的墙

spang [spæŋ] ad. 恰好,笔直地,猛然

spangle ['spæŋgl] ❶ n. 镶金属小片,亮晶晶的金属〔塑料〕小片,(镀锌件上)锌花 ❷ v. (使)闪烁,用发光的金属片装饰

Spaniard ['spænjəd] n. 西班牙人

spaniel ['spænjəl] n. 无线电控制的导弹

Spanish ['spænɪʃ] a.;n. 西班牙的,西班牙人(的)

spank [spæŋk] vt.;n. ①拍击,鞭策…前进 ②疾驶(along)

spanking ['spæŋkɪŋ] ❶ a. ①疾驰的 ②劲吹的 ③第一流的,极好的 ❷ ad. 显著地

spanless ['spænlɪs] a. 不可测量的

spanner ['spænə] n. ①(螺帽)扳手,扳紧器 ②横拉条 ☆*throw a spanner (into the works)* (从中)捣乱,破坏一项计划

spanning ['spænɪŋ] n. 跨越〔度〕,拉线,【数】生成

spanwise ['spænwaɪz] a.;ad. 翼展方向的,展向的

spar [spɑː] ❶ n. ①晶石 ②(翼,小)梁,桁梁,桅杆 ③圆木材 ④争论 ❷ (sparred; sparring) v. ①装梁于 ②争论

sparable ['spærəbl] n. 无头小鞋钉

sparagmite ['spærəgmaɪt] n. 破片砂岩

spare [speə] ❶ a. ①多余的,备用的 ②节省的,贫乏的 ❷ n. (pl.) 备件,备用品 ❸ v. ①节省,匀出,分让,舍弃,不用 ②不损〔伤〕害 ☆*(enough) and to spare* 有得多,大量,有余; *have … to spare* 有多余的…; *spare A for B* 匀出 A 给 B; *spare no expense* 不惜工本; *spare no pains (efforts)* 不遗余力; *time to spare* 余暇 〖用法〗注意下面例句中该词的用法及含义: In actuality, the reader will be spared a lot of grief if he or she never attempts a short circuit directly across a voltage source in a laboratory or field situation either. 事实上,不论在实验室还是在野外场合,若读者永不直接在电压源两端试图接成短路的话,就会免遭许多麻烦〔苦恼〕。("a lot of grief" 是保留宾语,本句中 "spare" 意为 "给…免去…",它可以带有两个宾语,变成被动句后其中一个宾语就成为保留宾语了。)/The western world might have been spared the dark ages and the tortures of the Inquisition if only the Greeks had had better instrumentation. 只要当时希腊人有比较好的测量仪器的话,西方世界就可能避免在那个愚昧黑暗时代遭受宗教法庭的酷刑了。

spareable ['speərəbl] a. 可节省的,可让出的

sparely ['speəlɪ] ad. 少量〔贫乏〕地,节约地

sparetime ['speətaɪm] a. 业余的

sparge [spɑːdʒ] v.;n. ①喷雾(于),喷射〔洒〕,飞溅 ②鼓泡,产生气泡

sparger ['spɑːdʒə] n. 喷雾器,配气器

sparing ['speərɪŋ] a. ①节约〔省〕的,有节制的 ②不足的,贫乏的,少量的 ③防护的 ☆*be sparing of …* 节约〔缺乏〕… ‖ ~ly ad.

spark [spɑːk] ❶ n. ①火花(星),电火花,瞬态放电

S

②控制放电装置 ③钻石 ④生气,活力 ⑤一丝,一点点 ❷ v. ①打火花,发电花,飞火星,闪光 ②热烈赞同 ③激发,鼓舞,点火,引火 ☆**as the sparks fly upward** 像自然规律那样确实无疑; **have not a spark of** 毫无,一点没有〔于〕; **spark ... off** 导致,为…的直接原因; **spark out** 停止火花,断火;清磨; **spark over** (绝缘)击穿,火花跳越〔放电〕,跳火,打火花

sparker ['spɑ:kə] n. 电火花器,火花发生器,电火花震源

sparkle ['spɑ:kl] ❶ n. ①火光〔星〕,闪光 ②起泡 ❷ vi. 发火花,闪烁,起泡

sparkler ['spɑ:klə] n. 闪光的东西,钻石,烟火

sparkless ['spɑ:klɪs] a. 无电花的

sparklet ['spɑ:klɪt] n. 小火花〔星〕,小闪光,小发光物,微量

sparkling ['spɑ:klɪŋ] a. ①发火花的,闪耀的 ②发泡的 ‖ **-ly** ad.

sparkplug ['spɑ:kplʌg] ❶ n. 火花塞 ❷ vt. 发动,激励

sparks [spɑ:ks] n. (船上)无线电报务员

sparky ['spɑ:kɪ] a. 发出火花的,活泼的

sparrow ['spærəu] n. 麻雀

sparry ['spɑ:rɪ] a. (像,多)晶石的

sparse [spɑ:s] a. 稀(疏,少)的 ‖ **-ly** ad. **~ness** n.

sparsity ['spɑ:sɪtɪ] n. 稀疏,稀少

sparsomycin [,spɑ:sə'maɪsɪn] n. 稀疏霉素

spartalite ['spɑ:təlaɪt] n. 红锌矿

Spartan ['spɑ:tən] a.;n. 斯巴达(式)的,斯巴达人

sparteine ['spɑ:tɪi:n] n. 鹰爪豆碱,金雀花碱

spascore ['speɪskɔ:] n. 人造卫星位置显示屏

spasm ['spæzəm] n. ①痉挛,抽筋 ②(地震等)一震,突然颤动的动作,(突发的)一阵 ‖ **~odic** a. **~odically** ad.

spasmodicity [,spæzmə'dɪsɪtɪ] n. 生长不定性

spastolith ['spæztəlɪθ] n. 变形鲕状岩

spat [spæt] ❶ n. ①(鞋,轮)罩,机轮减阻罩 ②轻拍,(溅落的)噼啪声 ③口角 ❷ spit 的过去式和过去分词 ❸ (spatted; spatting) v. 小争论,轻拍,雨点般溅落(down)

spatchcock ['spætʃkɒk] vt. 补入,插入 (in, into)

spath [spæθ] n. 冰洲石

spate [speɪt] n. ①(河水)猛涨,洪水 ②倾盆大雨 ③突然涌来,大量(来到),许多

spathe [speɪð] n. 大佛苞,佛焰苞

spathic ['spæθɪk], **spathose** ['speɪθəus] a. (像)晶石的,薄层状的

spatial ['speɪʃəl] a. 空间的,立体的,腔的,篇幅的 ‖ **-ly** ad.

spatiality [,speɪʃɪ'ælɪtɪ] n. 空间性

spatic ['speɪtɪk] a. (间)隙的,腔的

spatiography [,speɪʃɪ'ɒgrəfɪ] n. 宇宙物理学

spationautics [,speɪʃɪəu'nɔ:tɪks] n. 宇宙航行学

spatiotemporal [,speɪʃɪəu'tempərəl] a. 时空的

spatter ['spætə] v.;n. ①溅,喷溅,泼 ②喷镀,滴

落,(pl.) 溅出物 ③飞沫 ④飞溅声 ⑤毛刺 ⑥少量,点滴

spatula ['spætjulə] n. 刮刀,刮铲,平勺,焊蜡刀片,铸型修理工具

spatular ['spætjulə] a. (像)抹刀的

spatulate ['spætjulɪt], **spatuliform** ['spætjulɪfɔ:m] a. 抹刀形的,阔扁之薄片的,压舌片的

spatulation [,spætju'leɪʃən] n. 调拌

spawn [spɔ:n] ❶ n. 卵,产物,菌种 ❷ v. 大量生产,产卵,引起

speak [spi:k] (spoke, spoken) v. 说,发言,表达 ☆ **not to speak of** 更不用说,且不说; **nothing to speak of** 不值一说; **so to speak**〔插入语〕说,好比; **speak about** 讲起,说到; **speak against** 作不利于…的陈述; **speak at** 暗讽; **speak by the book** 正确地,说话有根据; **speak for** 为…说话〔辩护〕,表明,要求得到,订购; **speak for itself** 不言而喻,自然; **speak for oneself** 自己辩护,发表个人意见; **speak highly of** 赞赏,表扬; **speak ill (evil) of** 诽谤; **speak like a book** 咬文嚼字,用正式语句讲话; **speak of** 谈到,论及; **speak of A as B** 把 A 称为 B; **speak on** 讲演(某问题),继续讲; **speak out (up)** 照直说,大声讲; **speak to** 说到,(针)对…说;对…演讲(说话);责难〔备〕; **speak to the question (point)** 讲得到题; **speak together** 商量; **speak volumes** 很有意义,含义很深; **speak volumes for** 为…提供有力证据,足以证明; **speak well for** 证明…好(有效); **speak well of** 赞赏,表扬; **to speak of** 值得一提的

〖用法〗注意下面例句的含义：What is spoken of as absolute zero is the temperature 273℃ below zero. 所谓绝对零度就是零下 273℃ 这一温度。

speaker ['spi:kə] n. ①发言者,广播员 ②扬声器,话筒

Speaker (英国下议院,美国众议院)议长

speaking ['spi:kɪŋ] ❶ n. 说(话),(演)讲 ❷ a. ①说话的,发言的 ②能说明问题的,逼真的 ☆ **at the (this) present speaking** 现在,目前; **generally speaking** 一般地说; **roughly speaking** 大体上讲; **strictly speaking** 严格地说; **technologically speaking** 从技术〔工艺〕上来讲

spear [spɪə] ❶ n. ①矛,标枪,矛状体 ②正负电子对撞机 ❷ v. 用矛刺,截洞

spearhead ['spɪəhed] ❶ n. 矛头,尖端,先头部队 ❷ vt. 带头,站在…最前列,当…的先锋

spec [spek] n. ①说明书,加工单 ②投机

special ['speʃəl] ❶ a. ①特别的,专门的 ②格外的,附加的 ❷ n. ①专用部件 ②专车 ③号外,特刊,特约稿,特写通讯 ④特使 ☆ **in special** 特别(的),格外

specialism ['speʃəlɪzəm] n. 专门学科,专门化,(学科等)专长

specialist ['speʃəlɪst] n.;a. 专家,专题〔业〕的

〖用法〗其后面一般跟介词"in"。如: Professor Wang is a specialist in radar. 王教授是一位雷达专家。

specialistic [,speʃə'lɪstɪk] a. 专家的,专门学科的

speciality [,speʃɪ'ælɪtɪ] n. ①特性〔质,色〕②专长,专业(化)③特制品 ④(pl.)特点,细节 ☆**make a speciality of** 以…为专长,专门研究

specialize ['speʃəlaɪz] v. ①专门做,专门研究〔学习〕(in) ②(使)专业化,把…用于专门目的 ③限定…的范围 ④列举,逐条详述 ‖ **specialization** n. 〖用法〗表示"学的某一专业"时,它后跟介词"in",与"major"一词相同。如: He graduated from Stanford University, specializing〔majoring〕in electrical engineering. 他毕业于斯坦福大学电气工程专业。

specially ['speʃəlɪ] ad. ①特别 ②特地,专门地,尤其

speciate ['spiːʃɪeɪt] vi. 物种形成

speciation [,spiːʃɪ'eɪʃən] n. 物种形成

specie ['spiːʃɪ] n. 硬〔铸〕币

specient ['spiːʃənt] n. 物种的个体

species ['spiːʃɪz] (pl. species) n. ①物种,种类,形式 ②核素 ☆**a species of** 一种; **many species of** 或 **of many species** 许多种; **the four species** 四则运算(加减乘除); **the (human) species** 人类; **The Origin of Species** 物种起源

specifiable ['spesɪfaɪəbl] a. 能指定的,能详细说明的,能列举的

specific [spɪ'sɪfɪk] ❶ a. ①特殊〔有,定)的,专门的,由特定病菌(或病毒)引起的 ②具体的,明确的 ③比较的 ④种的 ❷ n. ①(pl.)详细说明书 ②特效药,特殊用途的东西 ③特性 ④细节 ☆**according to specific circumstances** 根据具体情况; **to be specific** 说得更明确些,具体地说 〖用法〗注意下面例句中该词的用法: The platform implementation is system specific. 平台的实现因系统(的不同)而异。(不带冠词的名词"system"作形容词"specific"的状语。)

specifically [spɪ'sɪfɪkəlɪ] ad. ①明确〔具体〕地 ②特别地 ③逐一地,按(种)类 〖用法〗当它处于句首时,其含义等同于"to be specific"。如: Specifically, the current I is the time rate at which charge Q passes a given point so that I = dQ /dt. 具体地说,电流 I 就是电荷 Q 通过该给定点的时间速率,所以 I = dQ / dt。

specification [,spesɪfɪ'keɪʃən] n. ①详细说明,逐一载明,分类,鉴定 ②(pl.)(尺寸)规格,规范,技术要求〔条件,规格〕,说明书 ③明细〔一览〕表,目录,清单 ④用来料加工制成的新产品 ☆**specification(s) for** …的规格〔范〕 〖用法〗该词表示"技术要求"时,其后一般跟"for",但也有用"on"的。如: This time the specification on v_{ce} is needed. 这一次就需要关于 v_{ce} 的技术指标。

specificator ['spesɪfɪkeɪtə] n. 分类〔区分〕符

specificity [,spesɪ'fɪsɪtɪ] n. 特性,特殊性,专(一)性

specificness [spɪ'sɪfɪknɪs] n. 特异〔殊〕性

specifier ['spesɪfaɪə] n. 分类〔区分〕符

specify ['spesɪfaɪ] vt. ①规定,精确测定(尺寸),拟订技术条件 ②详细说明(…的)规格,详举,把…列入清单〔说明书〕☆**as specified** 按照说明; **specify by** 用…说明〔表示〕; **unless otherwise specified** 除非另有规定〔另行说明〕 〖用法〗注意该词可以带有"as 短语"或"to be ..."作补足语,意为"把…规定〔指定〕为…"。如 The simplest way of satisfying Eq. 4-5 is to specify the frequency function P(f) to be in the form of a rectangular function. 满足式 4-5 的最简方法是把频率函数 P(f) 规定为具有直角函数的形式。

specimen ['spesɪmɪn] n. ①样品〔本,机),试样,标本,实例 ②怪事〔人〕;人类,人

speciology [,spiːʃɪ'ɒlədʒɪ] n. 物种学

speciosity [,spiːʃɪ'ɒsɪtɪ] n. ①外表美观,华而不实 ②似是而非 ‖ **specious** a. **speciously** ad.

speck [spek] ❶ n. ①(斑,污)点,瑕疵 ②亮斑 ③微粒,小点,一点点 ❷ vt. 弄上斑点 ☆**a speck in a vast ocean** 沧海一粟; **have not a speck of** 一点…也没有

specked [spekt] a. 有斑(疵)点的

speckle ['spekl] ❶ n. (小)斑 ❷ vt. 弄上斑点,点缀,玷污

speckled ['spekld] a. 有(小)斑点的

speckless ['speklɪs] a. 没有瑕疵〔斑点〕的

specks [speks] n. 眼镜

speckstone ['spekstəun] n. 滑石

specs [speks] n. ①眼镜 ②规格〔范〕,说明〔计划〕书

spectacle ['spektəkl] n. ①展览(物) ②景象,场面,光景,壮观;惨状 ③(pl.)(双孔)眼镜,护目镜 ④(铁路红绿信号机的)玻璃框 ⑤眼镜形,双环 ⑥阅兵典礼 ☆**make a spectacle of oneself** 当场出丑,出洋相

spectacled ['spektəkld] a. 戴眼镜的,双孔的

spectacular [spek'tækjulə] ❶ a. ①展览(物)的,可公开展示的 ②壮观的,惊人的,引人注意的 ❷ n. ①壮观,惊人的事 ②特别电视节目 ‖ ~ly ad.

spectacularity [,spektækju'lærɪtɪ] n. 壮观,惊人

spectate ['spekteɪt] vi. 出席观看

spectator [spek'teɪtə] n. 观众,旁观者

spectinomycin [,spektɪnə'maɪsɪn] n. 壮观霉素,奇放线菌素

spectra ['spektrə] spectrum 的复数

spectracon ['spektrəkɒn] n. 光谱摄像管

spectral ['spektrəl] a. ①(光,频,分)谱的,谱线的,单色的 ②鬼怪〔幻〕的,幽灵的 ‖ ~ly ad.

spectrality [spek'trælɪtɪ] n. 谱性

spectre,specter ['spektə] n. 鬼怪,幽灵

spectrobologram [,spektrəu'bəuləgræm] n. 分光变阻测热图

spectrobolometer [,spektrəubəu'lɒmɪtə] n. 分光变阻测热计

spectrochemical [,spektrəu'kemɪkəl] a. 光谱化学的

spectrochemistry [ˌspektrə'kemɪstrɪ] n. 光谱化学

spectrocolorimetry [ˌspektrəkʌlə'rɪmɪtrɪ] n. 色度学

spectrocomparator [ˌspektrə'kɒmpəreɪtə] n. 光谱比较仪

spectrofluorimeter [ˌspektrəfluə'rɪmɪtə] n. 荧光分光计,光谱荧光计

spectrofluorimetry [ˌspektrəfluə'rɪmɪtrɪ] n. 分光荧光法

spectrofluorometry [ˌspektrəfluə'rɒmɪtrɪ] n. 光谱荧光测量(法)

spectrogram ['spektrəgræm] n. (光,频)谱图,光谱(照)片

spectrograph ['spektrəgrɑːf] n. 摄谱仪,光谱(分析)仪

spectrographic [ˌspektrə'græfɪk] a. 摄谱仪的,光谱的

spectrography [spek'trɒgrəfɪ] n. 摄谱学〔术〕,光谱分析

spectroheliogram [ˌspektrə'hiːlɪəgræm] n. 太阳单色光照片

spectroheliograph [ˌspektrə'hiːlɪəgrɑːf] n. 太阳单色光谱摄影(机)

spectroheliokinematograph [ˌspektrə'hiːlɪəkaɪnɪ'mætəgrɑːf] n. 太阳单色光电影机

spectrohelioscope [ˌspektrə'hiːlɪəskəup] n. 太阳单色光观测镜,日光观测镜

spectrometer [spek'trɒmɪtə] n. 分光仪〔计〕,摄谱仪

spectrometric [ˌspektrə'metrɪk] a. 光〔频〕谱测定的,能谱仪的,分光仪的

spectrometry [spek'trɒmɪtrɪ] n. 光〔频,能〕谱测定法,分光术,光谱学

spectrophotoelectric [ˌspektrəfəutəuɪ'lektrɪk] a. 分光光电作用的

spectrophotometer [ˌspektrəufə'tɒmɪtə] n. 分光〔光谱〕光度计,光谱仪 ‖ **spectrophotometric** a. **spectrophotometry** n.

spectropolarimeter [ˌspektrəpəulə'rɪmɪtə] n. 分光偏振计〔旋光计〕,光谱偏光仪,旋光分光计

spectropolarimetry [ˌspektrəpəulə'rɪmɪtrɪ] n. 旋光分光法〔学〕

spectroprojector [ˌspektrəprə'dʒektə] n. 光谱投射器

spectropyrheliometry [ˌspektrəpaɪəhiːliː'ɒmɪtrɪ] n. 太阳辐射能谱学

spectropyrometer [ˌspektrəpaɪ'rɒmɪtə] n. 高温光谱仪

spectroradar [ˌspektrə'reɪdɑː] n. 光谱雷达

spectroradiometer [ˌspektrəreɪdɪ'ɒmɪtə] n. (分光)辐射仪设备,分光辐射计,光谱辐射(度)计

spectroradiometry [ˌspektrəreɪdɪ'ɒmɪtrɪ] n. 分光〔光谱〕辐射度学,光谱辐射测量(法)

spectroscope ['spetrəskəup] n. 分光镜〔仪,器〕

spectroscopic(al) [ˌspektrə'skɒpɪk(əl)] a. (用)分光镜的,与分光镜联合的,分光镜检查的,光谱(学)的

spectroscopist [ˌspektrəu'skɒpɪst] n. 光谱学工作者

spectroscopy [spek'trɒskəpɪ] n. 光谱学,分光学〔术〕,谱测量,分光镜检查

spectrosensitogram [ˌspektrəu'sensɪtəgræm] n. 光谱感光图

spectrosensitometer [ˌspektrəusensɪ'tɒmɪtə] n. 光谱感光计

spectrosil ['spektrəsɪl] n. 光谱纯石英,最纯的石英

spectrum ['spektrəm] (pl. spectra) n. ①光〔波,能,质〕谱,频谱 ②领域,范围,各种各样

specula ['spekjulə] speculum 的复数

specular ['spekjulə] a. 镜(子,面,状,像)的,反射(镜)的,有金属光泽的,用窥视器的,助视力的

specularite ['spekjuləraɪt] n. 镜铁矿

speculate ['spekjuleɪt] vi. ①思考,推测(about, on, upon) ②(做)投机(买卖)(in)

speculation [ˌspekju'leɪʃ ən] n. ①思考,推测 ②投机(事业,买卖)(in) ☆**engage in speculation** 从事投机; **lead to the speculation** 引起猜测; **much given to speculation** 想入非非 〖用法〗该词后可以跟一个同位语从句。如: Since then, there have been speculations <u>whether life exists on other planets</u>. 自从那时以来,一直存在着在其它行星上是否有生命的各种推测。

speculative ['spekjulətɪv] a. ①思索的,推测的,(纯)理论的,抽象的 ②投机性的 ‖ **~ly** ad. **~ness** n.

speculator ['spekjuleɪtə] n. ①投机者(商) ②思索者

speculum ['spekjuləm] (pl. specula 或 speculums) n. ①(金属,反射,窥视)镜 ②镜齐,镜用合金,镜〔青〕铜 ③窥视器 ④【天】行星相互位置图表

sped [sped] speed 的过去式及过去分词

Spedex ['spedeks] n. 德银

speech [spiːtʃ] n. ①讲话,演说,发言 ②言语,话音 ☆**an opening (a closing) speech** 开幕(闭幕)词; **deliver (make) a speech** 发表演说; **give speech to** 说出; **make an empty speech** 讲了一番空话; **set speech** 经过准备的演说

speechless ['spiːtʃlɪs] a. 不会说话的,说不出话的,无言的,非言语所能表达的 ‖ **~ly** ad.

speechmaker ['spiːtʃmeɪkə] n. 演讲人,发言者

speed [spiːd] ❶ n. ①速率〔度〕,速度 ②转数(率),旋转频率 ③感光速率 ❷ (sped 或 speeded) v. ①加速 ②调整…的速率 ③飞驰,急行 ④促进 ⑤发射 ☆**at a high speed** 以高速; **at a (the) speed of** 以…速度; **at full (top) speed** 全速地,开足马力; **gain speed** 加速; **make speed** 加快,赶紧; **speed along (away)** 飞驰,急行; **speed down** (使)减速,沿…急驰; **speed up** (使)加速(快),高速度化; **with a (the) speed of** 以…

速度; **with all （great） speed** 迅速地 〖用法〗❶ 在其前面一般用"at"，但也有用"with"的。如：The block will slide down the plane at constant speed. 木块将沿平面匀速下滑。/A horizontal force is required to keep the block in motion with constant speed. 需要一个水平力来使木块匀速运动。❷ 与汉语类同，"速度"可以用"fast"或"high"来修饰。❸ 其前面一般不加冠词，但若其前面有形容词时可加"the"，如 (the) average speed, (the) instantaneous speed 等。

speedboat ['spiːdbəut] n. 高速汽艇,快艇

speeder ['spiːdə] n. ①加（调）速器 ②快速(工作的,回转的)工具 ③变速滑车 ④乱开快车的司机

speedily ['spiːdɪlɪ] ad. 迅速地,赶快

speediness ['spiːdɪnɪs] n. 迅速

speeding ['spiːdɪŋ] (= speedflash) n.;a. 超速行驶(的),开足马力的

speedlight ['spiːdlaɪt] n. 闪光管,频闪放电管

speedmuller ['spiːdmʌlə] n. 快速（摆轮式）混砂机

speedomax ['spiːdəmæks] n. 电子自动电势计

speedometer [.spiː'dɒmɪtə] n. 速度计,转速计,里程计,路码表

speedster ['spiːdstə] n. 双座高速敞篷汽车,快船,违法超速驾驶者

speedway ['spiːdweɪ] n. 高速公路〔车道〕,快车道,赛车跑道

speedy ['spiːdɪ] a. 快(速)的,高速的,敏捷的,立即的

speiss [spaɪs] n. 黄渣,硬渣

spel(a)ean [spɪ'liːən] a. 洞穴(状)的,穴居的

spel(a)eobiology [.spiːliəbaɪ'ɒlədʒɪ] n. 洞穴生物学

spel(a)eology [.spiːlɪ'ɒlədʒɪ] n. 洞穴学

spell [spel] ❶ (spelt 或 spelled) v. ①拼音,读做 ②表示,有…的意义 ③招致 ④轮流（班）,替换（式）⑤短时间中断〔间隔〕 ⑥使入迷 ☆**spell backward** 倒拼;误解; **spell out** 详细〔清楚〕地说明,阐明;(把单词)拼写出来,慢慢费力地读懂,琢磨,理解;全部写出; **spell over** 思考,慢慢费力地读懂 ❷ n. ①轮班,服务时间 ②(连续一段)时间,一阵 ③魅力,吸引力 ☆**by spells** 轮流,断断续续地; **for a spell** 暂时,一段时间; **spell** 换班休息; **have（take）spells（at）** 换班,轮流(做); **keep（take, have）one's regular spell** 按时换班; **keep ... under a spell** 使…听得出神

spellbind ['spelbaɪnd] vt. 使入迷,迷住

spellbound ['spelbaund] a. 入迷的,出神的

spelling ['spelɪŋ] n. 拼音（法）,缀字(法)

spelt [spelt] spell 的过去式和过去分词

spelter ['speltə] n. ①锌棒（块）,粗锌,商品锌,锌铜合金 ②锌铜焊料,焊锡

spencer ['spensə] n. （羊毛）短上衣;小斜杆帆

spencerite ['spensəraɪt] n. 斜磷锌矿,硅碳铁锰矿

spend [spend] (spent) v. ①花费,度过(时间) ②耗尽,用完 ☆**spend itself** 耗尽 〖用法〗该词的常规用法是："spend ... on sth."和

"spend ... (in) doing sth.",但也有人用"spend ... to do sth."的。如：We spent 100 yuan on these books. 或 We spent 100 yuan (in) buying these books. 我们花了100元买了这些书。/Waiting time is the sum of the periods spent waiting in the ready queue. 等待时间是在预备好的队伍中等待所花时段的总和。/An old house badly maintained would not be worth spending money on. 一座维护很差的旧房子不值得在上面花钱了。(句尾的介词"on"是不能省去的,这属于"反射式动名词"句型。)

spendable ['spendəbl] a. 可花费的

spending ['spendɪŋ] n. 经费,开销

spendthrift ['spendθrɪft] n.; a. 挥霍者〔的〕,浪费者〔的〕

spent [spent] ❶ spend 的过去式和过去分词 ❷ a. ①耗尽的,燃耗的,用完的,废的,失去效力的 ②精疲力竭的

spergenite ['spɜːdʒənaɪt] n. 微亮岩屑

sperm [spɜːm] n. ①鲸蜡,鲸(脑)油 ②巨头（抹香）鲸 ③精子

spermaceti(wax) [.spɜːmə'setɪ(wæks)] n. 鲸蜡,鲸脑油

spermaduct ['spɜːmədʌkt] n. 输精管

spermagone ['spɜːməgəun] n. 精子器,雄性器,(锈菌类)性孢子器

Spermaphyta ['spɜːməfaɪtə] n. 种子植物门

spermatangium [.spɜːmə'tændʒɪəm] n. 精子囊〔器〕

spermatia [spɜː'meɪʃə] n. 雄子,雄性原,雄精体

spermatid ['spɜːmətɪd] n. 精(子)细胞

spermatium [spɜː'meɪʃɪəm] (pl. spermatia) n. 雄子,雄性原,雄精体

spermatization [.spɜːmətaɪ'zeɪʃən] n. 受精作用

spermatocyte [spə'mætəsaɪt] n. 精母细胞

spermatogenesis [.spɜːmətəu'dʒenɪsɪs] n. 精子发生

spermatogonium [.spɜːmətə'gəunɪəm] n. 精原细胞,原精子

spermatoid ['spɜːmətɔɪd] a.;n. 精子形的,(疟原虫)精子状体

spermatophore ['spɜːmətəfɔː] n. 精原细胞,精荚,孢蒴,精子托

Spermatophyta [.spɜːmə'tæfaɪtə] n. 种子植物门

spermatozoid [.spəmætə'zɔɪd] n. 游动精子

spermatozoon [.spɜːmətəu'zəuən] n. 精子

spermicide ['spɜːmɪsaɪd] n. 杀精子剂

spermidine ['spɜːmɪdiːn] n. 亚精胺,精脒

spermine ['spɜːmiːn] n. 精胺,精子癸四肢

spermogonium [.spɜːmə'gəunɪəm] n. (锈菌)精子器,性孢子器,雄性器

spermol ['spɜːmɒl] n. 鲸蜡醇

spermotoxin [.spɜːmə'tɒksɪn] n. 精子毒素

sperrylite ['sperɪlaɪt] n. 砷铂矿

spessartite ['spesətaɪt], **spessartine** ['spesə-tɪn] n. 斜煌岩,锰铝榴石

spew [spju:] ❶ v. ①呕吐 ②压〔喷,涌,渗〕出,压铸 硫化,割尽毛刺 ❷ n. ①呕吐物,喷出物 ②毛刺,飞 边,溢料

sphaeroid ['sfɪərɔɪd] a. 近球形的

Sphaerotilus [sfi:'rɔtɪləs] n. 球衣细菌属

sphagnicolous [sfæg'nɪkələs] a. 水藓属的,泥炭 藓属的

sphagniherbosa [ˌsfægnɪ'hɜ:bəsə] n. 泥炭藓草 本群落

sphagnum ['sfægnəm] (pl. sphagna) n. 水藓,水苔

sphalerite ['sfeɪlɪraɪt] n. 闪锌矿

sphenisciformes [sfɪ'nɪsɪfɔ:mz] n. 企鹅类动物

sphenodon ['sfi:nədɒn] n. 喙头蜥,鳄蜥

sphenogram ['sfi:nəʊɡræm] n. 楔形文字 ‖ **sphenographic** a.

sphenoid ['sfi:nɔɪd] ❶ a. 楔形〔状〕的 ❷ n. 半 面晶形,楔形晶体 ‖ ~**al** a.

sphenopsida [sfɪ'nɒpsɪdə] n. 楔叶类植物

spherator ['sfɪreɪtə] n. 球状结构热核装置

sphere [sfɪə] ❶ n. ①球(体,形,面),球状体,天体 (球),星(球),地球仪,天体仪 ②天(空) ③范围, 区域,全立体角 ④地位,身份 ❷ v. 使成球形, 把…放在球内,包围〔住〕

spheric(al) ['sferɪk(əl)] a. 球(面,形,状)的,圆的, 天体的 ‖ ~**ly** ad.

sphericity [sfe'rɪsɪtɪ] n. ①球状〔体〕 ②球(形)度

sphericize ['sferɪsaɪz] v. 球形化

spherics ['sferɪks] n. ①球面几何〔三角〕学 ②远 程雷电,天电(学) ③电子气象观测

spheriolite ['sferɪəlaɪt] n. 菱磷铝岩

spherochromatism [ˌsferə'krəʊmətɪzm] n. 色 球差

spheroclast ['sfɪərəʊklɑ:st] n. 圆碎屑

spherocrystal [ˌsfɪərəʊ'krɪstəl] n. 球晶

spheroid ['sfɪərɔɪd] ❶ n. 球体,球状容器,椭圆旋 转体 ❷ a. =spheroidal

spheroidal [sfɪə'rɔɪdəl], **spheroidic** [sfɪə'rɔɪdɪk] a. (扁,椭)球体的,球状的 ‖ ~**ly** ad.

spheroidene [sfɪə'rɔɪdi:n] n. 球形(红极毛杆菌)烯

spheroidicity [ˌsfɪərɔɪ'dɪsɪtɪ] n. (扁,椭)球形

spheroidite ['sfɪərɔɪdaɪt] n. 球(粒)状渗碳体,粒 状化

spheroidization [ˌsfɪərɔɪdaɪ'zeɪʃən] n. 球化(处 理,现象,作用),延期热处理

spheroidize ['sfɪərɔɪdaɪz] v. 球化(处理,退化),延 期热处理

spherojoint ['sfɪərəʊdʒɔɪnt] n. 球接头

spherometer [sfɪə'rɒmɪtə] n. 球径仪,球面曲率 计,球面仪,测球仪

spherometry [sfɪə'rɒmɪtrɪ] n. 球径测量术

spheron ['sfɪərɒn] n. 片状槽法炭黑(商品名)

spheroplast ['sfɪərəplɑ:st] n. (原生质)球状体,原 生质球

spherular ['sfərjʊlə] a. 小球(状)的,球的似的

spherulate ['sferjʊlɪt] a. 布满小球体的

spherule ['sferju:l] n. 小球(体)

spherulite ['sferjʊlaɪt] n. (晶粒)球粒,球晶

spherulitic [ˌsferjʊ'lɪtɪk] a. 球〔粒〕状的,小球的

spherulitize [sfe'rjuːlɪtaɪz] vt. 使成球粒

sphingol ['sfɪŋɡl] n. (神经)鞘氨醇

sphingolipid [ˌsfɪŋɡəʊ'lɪpɪd] n. (神经)鞘脂类

sphingometer [sfɪŋ'ɡɒmɪtə] n. 光测挠度计,曲度 测量仪

sphingomyelin [ˌsfɪŋɡəʊ'maɪəlɪn] n. (神经)鞘 磷脂

sphingophosphatide [ˌsfɪŋɡəʊ'fɒsfətaɪd] n. 神经磷脂

sphingosine ['sfɪŋɡəʊsiːn] n. (神经)鞘氨醇

sphinx [sfɪŋks] n. ①斯芬克斯(狮身人面像) ② 神秘(不可思议)的人

sphygmobologram [ˌsfɪɡmə'bɒləɡræm] n. 脉 压曲线

sphygmobolometer [ˌsfɪɡməbə'lɒmɪtə] n. 脉 压计,脉能描记器

sphygmobolometry [ˌsfɪɡməbə'lɒmɪtrɪ] n. 脉 压测量

sphygmogram ['sfɪɡməɡræm] n. 脉搏曲线〔描 记〕,脉波图

sphygmograph ['sfɪɡməɡrɑ:f] n. 脉波描记法 〔器〕,脉波计

sphygmographic [ˌsfɪɡmə'ɡræfɪk] a. 脉搏描记 器(记录)的

sphygmography [sfɪɡ'mɒɡrəfɪ] n. 脉搏描记法

sphygmomanometer [ˌsfɪɡməʊmə'nɒmɪtə] n. 脉〔血〕压计

sphygmometer [sfɪɡ'mɒmɪtə] n. 脉波〔搏〕计

sphygmophone ['sfɪɡməfəʊn] n. 脉音听诊器

sphygmoscope ['sfɪɡməskəʊp] n. 脉搏检视器

sphygmus ['sfɪɡməs] n. 脉搏

spicate ['spaɪkeɪt] a. 穗状(排列)的

spice [spaɪs] ❶ n. ①香料〔味,气〕,调味品 ②趣味 ❷ vt. 加香料于,为…增加趣味

spicery ['spaɪsərɪ] n. 香料〔气,味〕,调味品

spiciform ['spaɪsɪfɔ:m], **spiculiform** [spaɪ'kju:- lɪfɔ:m] a. 穗状的

spiciness ['spaɪsɪnɪs] n. ①芳香 ②辛辣

spicular ['spaɪkjʊlə] a. 针的,刺的

spicule ['spɪkjul] n. 针,刺,交合刺,针状体,小穗状花

spiculum ['spɪkjuləm] (拉丁语) (pl. spicula) n. 针, 刺,交合刺

spicy ['spaɪsɪ] a. ①芳香的 ②辛辣的

spider ['spaɪdə] n. ①(蜘)蛛(状物) ②星形(轮,接 头) ③十字叉 ④辐式轴,(螺旋桨)辐射架,辐条轮毂 ⑤机(支)架,(三,多)脚架,(喷嘴)多脚撑,扬声器支 承圈 ⑥针(状)盘,行星齿轮架,带齿圈的轮架

spiegel ['spi:ɡəl], **spiegeleisen** ['spi:ɡlaɪzn] n. 镜(铁),低锰铁

spigot ['spɪɡət] n.;v. ①插口 ②插销,塞子〔栓〕, 栓 ③阀门,龙头 ④套管,喇叭口,管凹凸槽接合 ⑤筛下物,下泄物

spike [spaɪk] ❶ *n.* ①(大,长,道)钉,尖端,销针,起模针,(可锻铸铁)皮下缩孔 ②(尖峰)脉冲,峰值,(脉冲的)尖峰,尖峰信号 ③穗 ④进口整流锥 ⑤减震针 ⑥增量 ⑦示踪(物) ⑧刺突,活性种 ⑨路面防滑凸纹 ❷ *vt.* ①用(大)钉钉,打上钉子〔椿子〕②把头弄尖 ③使形成峰值 ④阻止,使(计划)受挫折 ☆***spike one's guns*** 破坏…的计划; ***spike A to B*** 把A钉到B上去; ***spike up*** 耙松
spiked ['spaɪkt] *a.* 有齿的
spikeless ['spaɪklɪs] *a.* 非尖锐的,非峰值的
spikelet ['spaɪklɪt] *n.* 小穗,小穗状花序
spiking ['spaɪkɪŋ] *n.* (平炉)止炭,强化,加同位素指示剂,(反应堆)增添新燃料,尖头信号形成
spiky ['spaɪkɪ] *a.* 尖(头)的,锐利的,大钉似的,打了桩的,难对付的
spile [spaɪl] ❶ *n.* ①小塞子,木塞,插管 ②木桩 ③(桶的)通气孔 ❷ *vt.* ①用塞子塞住,用插管导出 ②用桩支承
spilehole ['spaɪlhəʊl] *n.* 小气孔
spiling ['spaɪlɪŋ] *n.* 木桩
spilite ['spaɪlaɪt] *n.* 细碧岩
spill [spɪl] ❶ (spilt 或 spilled) *v.* ①(使)溢〔溅〕出,泄漏,后向散射损失 ②翻倒 ❷ *n.* ①溢〔溅〕出(的物质,东西),洒落(的物质),跌落 ②溢出量,溢水口 ③疤皮 ④小栓,小塞子,销子 ☆***spill A into B*** 把A倒进B里; ***spill out*** 溢〔倒,落〕出; ***spill over*** 溢〔泻〕出,(信息)漏失,充满
spillage ['spɪlɪdʒ] *n.* 溢出〔溅出〕(的物质),泄漏(量),漏损量,溢出量
spiller ['spɪlə] *n.* 使溢〔溅〕出者
spilliness ['spɪlɪnɪs] *n.* (钢丝表面缺陷)鳞片,毛刺,疤皮
spillover ['spɪl,əʊvə] *n.* ①溢〔泻〕出,溢流管 ②信息漏失,溢出量 ③泄漏放电 ④附带结果 ⑤外流人口
spillwater ['spɪl,wɔːtə] *n.* 溢水,溢流
spillway ['spɪlweɪ] *n.* 溢洪道,溢流管
spilosite ['spaɪləsaɪt] *n.* 绿点板岩
spilt [spɪlt] spill 的过去式和过去分词
spilth [spɪlθ] *n.* 溢出(物),垃圾
spin [spɪn] (spun 或 span, spun; spinning) ❶ *v.* ①自旋,(迅速)旋转,疾驰 ②螺旋 ③旋压(成形) ④卷边铆接 ⑤拔丝 ⑥纺(线) ❷ *n.*①自旋,绕转 ②疾驰,飞跑 ☆***get into a spin*** 进入螺旋; ***get out of a spin*** 由螺旋改出; ***line up the spins*** 自旋定在一个方向上; ***spin A into B*** 把A拔〔纺〕成B; ***spin off*** 抛出,丢开; ***spin on*** 绕…自旋; ***spin out*** 拉长,拖延,度过
spinacin ['spɪnəsɪn] *n.* (角)鲨素,吡啶甲酸
spinal ['spaɪnəl] *a.* 脊(椎)骨的
spinasterol ['spaɪnə'stɪərɒl] *n.* 菠菜甾醇
spindle ['spɪndl]❶ *n.* ①(心,转)轴 ②锭子,纺锤(形,体),纺锤状细胞〔菌〕,细长之物 ③(支)柱,(桥)栏杆柱,(塞,蜗,导)杆 ④测量轴〔杆〕⑤汽车的转向节,羊角 ❷ *v.* 变细长,用纺锤形锉刺 ❸ *a.* 像锭子的
spindly ['spɪndlɪ] *a.* 细长的,纺锤形的
spindrift ['spɪndrɪft] *n.* 浪花,尘土,雪花
spine [spaɪn] *n.* ①脊骨 ②(书)背 ③地面上隆起地带 ④火山栓,熔岩塔 ⑤支持因素,勇气,精神,毅力
spineless ['spaɪnlɪs] *a.* ①无脊骨的 ②没骨气的,优柔寡断的
spinel(le) [spɪ'nel] *n.* 尖晶石
spinescent [spaɪ'nesənt] *a.* 有刺的,尖锐的
spiniform ['spaɪnəfɔːm] *a.* 刺形的
spinnability [,spɪnə'bɪlɪtɪ] *n.* 拉丝性
spinner ['spɪnə] *n.* ①旋转〔涂〕器 ②(机头)整流罩,机头罩,螺旋毂盖 ③快速回转工具 ④电动扳手 ⑤旋床工人,纺纱工〔机〕
spinneret(te) ['spɪnəret] *n.* (人造纤维)喷丝头〔嘴〕,纺线头,(蜘蛛、蚕等的)吐丝器
spinneron ['spɪnərɒn] *n.* 旋转副翼
spinnery ['spɪnərɪ] *n.* 纱厂
spinodal ['spaɪnədəl] *n.*; *a.* 旋节线,旋节的,拐点
spinoff ['spɪnɔːf] *n.* ①伴随的结果,副作用 ②有用的副产品 ③派生
spinor ['spɪnə] *n.* (自)旋量
spinorbit [spɪn'ɔːbɪt] *n.* 自旋轨道
spinosity [spaɪ'nɒsɪtɪ] *n.* 难题,棘手的事;尖刻的话
spinous ['spaɪnəs] *a.* 难弄的
spinster ['spɪnstə] *n.* 纺纱妇女,老处女
spinstry ['spɪnstrɪ] *n.* 纺织工作〔职业〕
spinthariscope [spɪn'θærɪskəʊp] *n.* (计算α射线等粒子数用的)闪烁镜
spinulate ['spɪnjuleɪt] *a.* (动物)遍长小刺的,具有小刺的
spinulose ['spɪnjʊləʊs], **spinulous** ['spɪnjʊləs] *a.* 有小刺的,小刺状的
spinwave ['spɪnweɪv] *n.* 自旋波
spiny ['spaɪnɪ] *a.* 刺状的,困难重重的,棘手的
spiracle ['spaɪərəkl] *n.* (通)气孔,气门,(鲸类的)喷水孔
spiracular [,spaɪə'rækjulə] *a.* (用作)通气孔的
spiral ['spaɪərəl]❶ *a.* 螺旋(形)的,螺(旋)线的,螺纹的,盘旋(上升)的 ❷ *n.* ①螺旋形〔管,线,形物〕,螺线〔簧〕②游〔灯〕丝 ③盘旋 ❸ (spiral(l)ed; spiral(l)ing) *v.* (使)成螺旋形,螺旋运动,盘旋 ☆***spiral down*** 盘旋下降; ***spiral up*** 盘旋上升,(使)螺旋形上升
spirality [spaɪ'rælɪtɪ] *n.* 螺旋形,螺状
spiralization [,spaɪrəlaɪ'zeɪʃən] *n.* 螺旋形成
spirally ['spaɪrəlɪ] *ad.* 成螺旋形地,呈现螺线形地
spiraltron ['spaɪərəltrɒn] *n.* 螺旋线管
spiramycin [,spaɪrə'maɪsɪn] *n.* 螺旋霉素
spiratron ['spaɪrətrɒn] *n.* 径向聚束行波管,螺旋管
spire ['spaɪə]❶ *n.* ①螺旋〔线〕②尖顶,塔尖,锥形体 ③芽 ❷ *v.* ①螺旋形上升 ②耸立,突出,出芽 ③给…装尖,装尖塔
spired ['spaɪəd] *a.* ①螺旋形的 ②有塔尖的,成锥形的

S

spirilla [ˈspaɪrɪlə] *n.* 螺旋状细菌,螺菌
spirillicidal [ˌspaɪrɪlɪˈsaɪdəl] *a.* 杀螺(旋状细)菌的
spirillicide [ˌspaɪəˈrɪlɪsaɪd] *n.* 杀螺(旋状细)菌剂
spirillosis [ˌspaɪərɪˈləʊsɪs] *n.* 螺(旋状细)菌病
spirillotropic [ˌspaɪərɪləˈtrɒpɪk] *a.* 亲螺(旋状细)菌的
spirilloxanthin [ˌspaɪərɪləʊkˈsænθɪn] *n.* 紫菌红醚,螺菌黄毒
spirit [ˈspɪrɪt] *n.* ①精神,灵魂,潮流 ②酒精(溶液),醇,车用汽油
spirited [ˈspɪrɪtɪd] *a.* 有精神的,生气勃勃的,猛烈的
spiritual [ˈspɪrɪtjʊəl] *a.* 精神上的 ‖ **~ly** *ad.*
spirituosity [ˌspɪrɪtjʊˈɒsɪtɪ] *n.* 含酒精(性)
spirituous [ˈspɪrɪtjʊəs] *a.* (含)酒精的,醇的,酒精成分高的
spiritus [ˈspɪrɪtəs] (拉丁语) (pl. spiritus) *n.* 酒精,酯剂
spirivalve [ˈspaɪərɪvælv] *a.* (有)螺(状)壳的,螺状的
spirobacteria [ˌspaɪrəʊbækˈtɪərɪə] *n.* 螺旋菌
Spiroborate [ˌspaɪrəʊˈbɔːrɪt] *n.* 螺硼酸酯
spirochaeta [ˌspaɪərəˈkiːtə] *n.* 螺旋体属,波体属
spiroch(a)ete [ˈspaɪərəkiːt] *n.* 螺旋体〔菌〕
spirochetemia [ˌspaɪərəkiːˈtiːmɪə] *n.* 螺旋体血症
spirochetosis [ˌspaɪərəkiːˈtəʊsɪs] *n.* 螺旋体病
spirogram [ˈspaɪərəgræm] *n.* 肺量图
spirograph [ˈspaɪərəgrɑːf] *n.* 呼吸描记器
spirometer [ˌspaɪəˈrɒmɪtə] *n.* 肺活量计,煤气表校正仪 ‖ **spirometric** *a.*
spirometry [ˌspaɪəˈrɒmɪtrɪ] *n.* 肺活量测定法
spiro(no)lactone [ˌspaɪərəʊ(nə)ˈlæktəʊn] *n.* 螺(甾)内酯,螺旋内酯固醇,安体舒通
spirophore [ˈspaɪərəʊfɔː] *n.* 人工呼吸器
spiroscope [ˈspaɪərəʊskəʊp] *n.* 呼吸量测定器
spirostan [ˈspaɪrəʊstæn] *n.* 螺甾烷
spiry [ˈspaɪərɪ] *a.* ①螺旋状的,盘旋的 ②似尖塔的,梢尖的
spit [spɪt] ❶ (spat或spit; spitting) *v.* ①吐(出),(油)输出,飞溅,爆出火花,发出火舌 ②点燃(导火线) ③(雨,雪)微降 ④刺(穿) ❷ *n.* ①溅,吐,微雨,小雪 ②一铲的深度 ③沙嘴,岬,海角 ☆***spit at*** 向…吐唾沫,藐视,侮辱,溅向; ***spit back*** 回溅,逆火; ***spit on (upon)*** 轻蔑,侮辱,溅到…上; ***be the very (dead) spit of…*** 和…一模一样,极像…; ***spit and polish*** (对装备的) 洗刷及擦亮
spitcher [ˈspɪtʃə] *vt.* 击沉(敌人潜艇)
spite [spaɪt]❶ *n.* 恶意,恨 ❷ *vt.* 刁难,妨碍,恶意对待 ☆***in spite of*** 不管〔顾〕,无视,尽管(…仍),虽然
spiteful [ˈspaɪtful] *a.* 怀恨的,恶意的
spitting [ˈspɪtɪŋ] *n.* ①吐出,油的输出,喷溅(物) ②逆火 ③点燃导火线
spittle [ˈspɪtl] *n.* 唾沫,痰
spittoon [spɪˈtuːn] *n.* 痰盂
spivot [ˈspɪvət] *n.* 尖轴
splash [splæʃ] ❶ *v.* ①溅,溅着水〔油,泥〕前进〔转动〕,泼,喷 ②坠落,击落,自爆 ③炫耀,夸示 ❷ *n.* ①(飞)溅(声),噼呖声 ②溅沫,斑点 ③溅起的水〔油,泥〕 ④炫耀,夸示 ☆***be splash lubricated by*** 用…飞溅润滑; ***make a splash*** 引人注意,夸示; ***splash down*** 溅落; ***splash headline*** (显眼的)大字标题; ***splash into*** 溅入; ***splash A on (over) B*** 把A泼〔溅〕在B上; ***splash A with B*** 把B泼〔溅〕在A上; ***plash (one's way) through…*** 溅着(水等)通过…; ***with a splash*** 噗通一声
splashback [ˈsplæʃbæk] *n.* 防溅挡板
splashboard [ˈsplæʃbɔːd] *n.* 挡泥〔水〕板
splashdown [ˈsplæʃdaun] *n.* 溅落
splasher [ˈsplæʃə] *n.* ①防溅板,挡泥板,轮罩 ②溅洒器,溅起水的人〔物〕
splashings [ˈsplæʃɪŋz] *n.* 喷溅物,(铸造缺陷)铁豆
splashy [ˈsplæʃɪ] *a.* 易溅的,多污水的,溅泼(着通过)的
splat [splæt] *n.* 椅背中部的纵板,薄片激冷金属
splatter [ˈsplætə]❶ *v.* 溅起(水,油),飞溅,溅散〔泼〕,哗啦哗啦地响 ❷ *n.* ①(邻信道,邻路)干扰 ②边带泼刺声 ③溅泼
splay [spleɪ]❶ *v.* (使)倾斜,(使)成斜面,使成八字〔喇叭〕形,展宽 ❷ *n.* 斜面(度),斜削,喇叭形 ❸ *a.* ①倾斜的 ②向外张开的 ③宽扁的 ④笨重的
spleen [spliːn] *n.* 脾(脏),怒气,坏脾气
splendent [ˈsplendənt] *a.* 发亮的,辉煌的,显著的
splendid [ˈsplendɪd] *a.* 辉煌的,壮丽的,有光彩的,显著的,杰出的,极好的 ‖ **~ly** *ad.* **~ness** *n.*
splendo(u)r [ˈsplendə] *n.* 辉煌,壮丽,杰出
splenin [ˈspliːnɪn] *n.* 脾浸剂,脾素
splenocyte [ˈspliːnəsaɪt] *n.* 脾细胞
splenotoxin [ˌspliːnəˈtɒksɪn] *n.* 脾毒素
splice [splaɪs]❶ *vt.* 拼〔镶,叠〕接,粘贴 ❷ *n.* 拼〔镶,铰〕接,铰接处,(铰)接头
splicer [ˈsplaɪsə] *n.* ①接合器,(影片)接片机 ②(电缆)铅工
spline [splaɪn]❶ *vt.* ①把…刻出键槽 ②用花键接合 ❷ *n.* ①花键〔轴〕,齿条,键槽〔条〕,样条,止转楔 ②齿槽 ③活动曲线规 ④【数】仿样,样条,(pl.)仿样函数
splint [splɪnt]❶ *n.* ①薄板,夹板 ②薄木片,薄金属片 ❷ *vt.* 分裂,用夹板夹
splinter [ˈsplɪntə]❶ *n.* ①(破,碎,弹)片,刺 ②微小的东西,微不足道的事情 ❷ *v.* 裂开,分裂,分〔削〕片,(裂)成碎片(off)
splinterable [ˈsplɪntərəbl] *a.* 可碎〔劈〕裂的
splinterless [ˈsplɪntəlɪs] *a.* 不会裂成碎片的
splintery [ˈsplɪntərɪ] *a.* 易(碎)裂的,裂片(似)的,碎裂的,粗糙的
split [splɪt]❶ (split; splitting) *v.* 破〔劈,剥,爆,撕〕裂,分裂,裂开,劈开,蜕变 ❷ *a.* ①裂开的,分裂的,可拆的 ②拼合的,对开的,开口的 ③零碎的,分散的 ❸ *n.* ①分裂,裂开,(裂)缝,直裂口 ②剖分面 ③裂片 ④等信号区 ☆***a split second*** 极短的时

S

刻,一刹那; **split across** 对裂开; **split apart into** 分裂成; **split away** 分离〔裂〕; **split hairs** 细微区分,吹毛求疵,分得太细; **split off** (使)分裂(出来),(使)分离; **split on** (**upon**) **a rock** 搁浅,触礁,遭遇意外灾难; **split open** 裂(缝)开,爆裂; **split out** 分裂,(从核中)打出(粒子); **split the difference** 互相让步,取折中办法; **split up** (使)蜕变,(使)分开,裂开,分出岔道

splithead ['splɪthed] n. 钢管支撑中带有叉形端部的立柱

splitlevel ['splɪtlevl] a. 错层式的

splittable ['splɪtəbl] a. 易(能)分裂的,能裂变的

splitter ['splɪtə] n. ①分裂器,劈裂机 ②分离〔解,相,流〕器,分流机 ③分解剂 ④气流分隔片,劈尖

splitting ['splɪtɪŋ]❶ n. ①分裂,剪〔断〕裂,裂解,谱线劈裂 ②裂缝〔开〕③蜕变 ④劈开 ❷ a. 极快的 ☆**at a splitting pace** 飞也似地

splotch [splɒtʃ], **splodge** [splɒdʒ]❶ n. 污点,斑点 ❷ vt. 使有斑点,使沾上污迹

splotchy ['splɒtʃɪ] a. 有斑点的,沾上污迹的

splurge [splɜ:dʒ] n.; vi. ①炫耀,卖弄 ②挥霍(on)

spodic ['spɒdɪk] a. 灰化的

spodogram ['spɒdəɡræm] n. 灰图

spodumene ['spɒdjumi:n], **spodumenite** ['spɒdjumənaɪt] n. 锂辉石

spoil [spɔɪl]❶ (spoilt 或 spoiled) v. ①损坏〔害〕②分解,变坏 ③弄坏,搞糟 ④抢劫,掠夺,偷窃 ❷ n. ①抢劫,掠夺 ②掠夺品,赃物 ③弃土,废石料 ④废品,次品

spoilage ['spɔɪlɪdʒ] n. 损坏(的物品),坏坏量,酸败,废品,因损坏造成的损失

spoiler ['spɔɪlə] n. ①阻流板 ②汽车偏导器 ③掠夺者

spoiling ['spɔɪlɪŋ] n. 钢的碳化物分解变坏

spoilt [spɔɪlt] spoil的过去式和过去分词

spoke [spəʊk]❶ n. ①辐条 ②(舵轮周围的)手柄,刹车 ③梯级,扶梯棍 ❷ speak 的过去式 ❸ vt. ①装辐条 ②用刹车刹住 ③阻挠 ④荧光屏上黑白扫描线混乱交替的干扰 ☆**put a spoke in one's wheel** 阻碍,破坏…的计划

spoken ['spəʊkən]❶ speak的过去分词 ❷ a. 口头的

spokeshave ['spəʊkʃeɪv] n. 刨子,刮刀,辐刨片,铁弯刨

spokesman ['spəʊksmən] n. 发〔代〕言人

spokesperson ['spəʊkspɜ:sən] n. 发言人,代言人,演绎者,辩护人

spoliate ['spəʊlɪeɪt] vt. 抢劫,掠夺 ‖ **spoliation** n.

spondyl(e) ['spɒndɪl] n. 脊椎

sponge [spʌndʒ]❶ n. ①海绵,(pl.)海绵皂 ②泡沫材料 ③海绵金属,金属绵 ❷ vt. ①用海绵洗涤 (down, out, off, away) ②用海绵吸(去)(up) ☆ **pass the sponge over** 涂掉,抹去; **throw (toss, chuck) up (in) the sponge** 承认失败,认输

spongiform ['spʌndʒɪfɔ:m] a. 海绵状(组织)的

spongin ['spʌndʒɪn] n. 海绵硬蛋白

sponginess ['spʌndʒɪnɪs] n. 海绵性〔状〕,多孔性

spongosine ['spɒŋɡəsi:n] n. 海绵核苷,2-甲氧腺苷

spongy ['spʌndʒɪ] a. 海绵状〔质〕的,多孔的,有吸水性的,松软的,富有弹性的 ‖ **spongily** ad.

sponson ['spɒnsən] n. ①舷台,船旁保护装置 ②(军舰,坦克)突出炮座 ③(水上飞机)翼梢浮筒

sponsor ['spɒnsə]❶ n. ①发起人 ②保证人 ③赞助人 ❷ v. ①发起,主办 ②资助 ‖ **-ial** a.

sponsorship ['spɒnsəʃɪp] n. 发起,主办,倡议,赞助

spontaneity [,spɒntə'ni:ɪtɪ] n. 自然,自发(性)

spontaneous [spɒn'teɪnɪəs] a. 自发的,自(然产)生的,天然的 ‖ **-ly** ad. **~ness** n.

spoof [spu:f] n.; vt. 欺〔诱,哄〕骗

spoofer ['spu:fə] n. 诱骗设备

spoofery ['spu:fərɪ] n. 哄骗,开玩笑

spoofing ['spu:fɪŋ] n. 电子欺骗

spook [spu:k] n. 鬼

spooky ['spu:kɪ] a. 鬼(似)的,怪异的

spool [spu:l]❶ n. ①(线)轴,线筒,卷〔磁带〕盘 ②线圈〔架,管〕,滑阀,阀柱 ③成卷的胶片,绕在卷轴上的材料 ④双端凸缘管 ❷ vt. ①缠绕,绕在卷轴上,将…从线轴上转下(off或out)【计】假脱机,并行联机外部操作 ☆**spool off (cable)** 放(电缆)

spoon [spu:n]❶ n. ①匙(儿,状物),(圆)勺,调羹 ②修平刀,匙形刮刀 ③挖土机,泥铲 ④吊斗 ❷ vt. ①用匙〔勺〕舀〔取出〕(out, up) ②使成匙形

spoonful ['spu:nful] n. 一满匙(的量)

sporadic(al) [spə'rædɪk(əl)] a. ①散的,分散的,不规则的,零星的,突发的 ②不时的,偶尔发生的,时有时无的 ‖ **-ally** ad.

sporadosiderite [,spɒrədə'sɪdəraɪt] n. 偶现铁陨星,偶现陨铁

sporangial [spə'rændʒɪəl] a. 孢子囊的

sporangiferous [,spɔ:ræn'dʒɪfərəs] a. 带孢子囊的

sporangiform [spə'rændʒɪfɔ:m] a. 孢子囊形

sporangiocarp [spə'rændʒɪəukɑ:p] n. 孢囊果

sporangiole [spə'rændʒɪɒl], **sporangiolum** [spə'rændʒɪəuləm] n. 小孢子囊

sporangiophore [spə'rændʒɪəufɔ:] n. 孢囊梗,孢子囊柄

sporangiospore [spə'rændʒɪəspɔ:] n. 孢(子)囊孢子

sporangium [spə'rændʒɪəm] (pl. sporangia) n. 孢子囊,孢萌

sporation [spə'reɪʃən] n. 芽孢形成

spore [spɔ:] n.; vi. 孢子,芽孢,胚种,生殖细胞;形成芽孢

sporicide ['spɔ:rɪsaɪd] n. 杀芽孢剂

sporidiole [spɒ'rɪdɪɒl] n. 小孢子,原基子

sporidium [spɒ'rɪdɪəm] n. 担孢子,子囊孢子

sporidochium [,spɔ:rɪ'dəutʃɪəm] n. 分生孢子座

sporiferous [spɔ:'rɪfərəs] a. 产孢子的,产芽孢的

sporification [,spɔ:rɪfɪ'keɪʃən] n. 孢子生成

S

sporiparity [,spɔ:rɪ'pærɪtɪ] *n.* 孢子生殖法

sporiporous [spɔ:'rɪpərəs] *a.* 产孢子的,产芽孢的

sporocarp ['spɔ:rəka:p] *n.* 孢子果,子实体

sporocyst ['spɔ:rəsɪst] *n.* 孢子被,无性孢囊,胞蚴(吸虫幼体)

sporodochium [,spɔ:rə'dəukɪəm] *n.* 分生孢子座

sporogenesis [,spɔ:rə'dʒenɪsɪs] *n.* 孢子发生〔形成〕

sporogenous [spɔ:'rɒdʒənəs] *a.* 产孢子的

sporogony [spɔ:'rɒgənɪ] *n.* 孢子发生

sporoid ['spɔ:rɔɪd] *n.* 孢子全极,孢子形成

sporophore ['spɔ:rəfɔ:] *n.* 孢囊〔子〕柱,子实体孢梗

sporophyte ['spɔ:rəfaɪt] *n.* 孢子体

sporoplasm ['spɔ:rəplæzəm] *n.* 孢原质

sporotrichosis [,spɔ:rətrɪ'kəusɪs] *n.* 孢子丝菌病

Sporozoa [,spɔ:rə'zəuə] *n.* 孢子虫类〔纲〕

sporozoite [,spɔ:rə'zəuaɪt] *n.* 孢子虫〔小体〕

sport [spɔ:t]❶ *n.* ①〔户外,体育〕运动,游乐,娱乐②(pl.)运动会 ③玩笑 ❷ *a.* (常用sports)运动(用)的,适于户外运动的 ❸ *v.* ①游戏,玩耍,(作工外)运动 ②突变,变态,畸形 ③炫耀 ☆*for (in) sport* 闹着玩的; *make sport of* 开…的玩笑,挖苦,嘲弄

sporting ['spɔ:tɪŋ] *a.* 运动(用)的,像运动员的

sportive ['spɔ:tɪv] *a.* 嬉戏的,闹着玩的,运动的,好色的

sportsdom ['spɔ:tsdəm] *n.* 体育界

sportsman ['spɔ:tsmən] (pl. sportsmen) *n.* 运动员

sportsmanlike ['spɔ:tsmənlaɪk] *a.* 有运动员精神的,有体育道德的

sportsmanship ['spɔ:tsmənʃɪp] *n.* 运动员精神,体育道德

sportswoman ['spɔ:tswumən] (pl. sportswomen) *n.* 女运动员

sporty ['spɔ:tɪ] *a.* ①像运动员的,有体育道德的 ②花哨的,华而不实的 ‖ **sportily** *ad.* **sportiness** *n.*

sporulation [,spɔrju'leɪʃən] *n.* 芽孢形成

spot [spɒt]❶ *n.* ①(斑,亮,焊)点,污(疵)点,亮斑②地点,部位,处境,现场 ③点滴,少许 ④太阳黑子⑤聚光灯,条带形灯 ❷ *v.* ①打点,弄上污斑,沾〔变〕②定点,标出(点的位置),装设,把…放在规定的位置上 ③对准,点焊 ④观测(准确位置,弹着点),发现,认出 ⑤使处于聚光灯下⑥装运,卸载 ⑦点缀 ❸ *a.* ①现场的 ②现货(付)的 ③任选的,抽样的 ☆*a spot of* 一点,少量; *in a spot* 在困难中,在危险状态中; *in spots* 时时,在某点上,到某程度; *in the spot* 准确地,离题; *on (upon) the spot* 当场,就地,当即;在困难中在危险中;处于必须行动的地位; *spot out* 从…除去疵〔污〕点

spotless ['spɒtlɪs] *a.* 无斑点〔瑕疵〕的,极其清洁的

spotlight ['spɒtlaɪt]❶ *n.* ①聚光灯,反光灯,车灯,柱光,点光源 ②公众注意中心 ❷ *vt.* ①把光线集中于,使显著 ②局部〔聚光,点光源〕照明 ☆*hold*

(be in) the spotlight 成为大家注意的中心

spotted ['spɒtɪd] *a.* 有斑〔污〕点的,沾污的 ‖ ~ness *n.*

spotter ['spɒtə] *n.* ①观察者,(交通)指挥人,指定搬运装卸设备位置者 ②测位仪 ③定心钻 ④侦察机,弹着观察机 ⑤搜索雷达,警戒雷达站 ⑥除污机 ⑦把货物放到指定地点的机器

spottiness ['spɒtɪnɪs] *n.* 有〔多〕斑,斑点度,多污点,光斑效应

spotting ['spɒtɪŋ] *n.* ①确定准确位置,确定目标,弹着观测 ②钻中心孔 ③识别 ④点样,斑点

spotty ['spɒtɪ] *a.* ①多斑点的 ②不调和的,不规则的,(质量)不均一的

spotweld ['spɒtweld] *vt.; n.* 点焊(缝)

spout [spaut]❶ *v.* ①喷,涌 ②(滔滔不绝地)讲,夸夸其谈 ❷ *n.* ①喷口,(吐出,喂料)口,出铁口,波导(的)出口,喷水管,输液管 ②斜槽 ③缝(隙)④(喷出的)水柱 ⑤喷出,喷水 ⑥错行

spouter ['spautə] *n.* 喷油井,管理流出槽的工人

spoutless ['spautlɪs] *a.* 无喷嘴的

sprag [spræg] *n.* ①斜撑,拉条,肋板 ②挡圈,制轮木

sprain [spreɪn] *vt.;n.* 扭(转),扭伤

sprang [spræŋ] spring 的过去式

sprawl [sprɔ:l] *vi.;n.* ①(摊开四肢)躺卧,懒散②蔓生,(无计划)延伸,扩展

spray [spreɪ]❶ *n.* ①浪花,水雾,水尘〔帘〕,水屏幕②喷射,射流,弥氛 ③喷雾器,喷水降温器,喷嘴〔头〕④喷射液,(色谱)喷晶剂 ⑤小枝,小枝状饰物 ❷ *v.* ①喷,喷溅 ②雾化 ☆*spray material in windrows* 把粒料摊成长堆

sprayability [spreɪə'bɪlɪtɪ] *n.* 雾化性

sprayboard ['spreɪbɔ:d] *n.* 防溅船舷

sprayer ['spreɪə] *n.* 喷雾器,喷〔头〕,洒水车

sprayey ['spreɪɪ] *a.* 带飞沫的,小枝状的

spraying ['spreɪɪŋ] *n.* 喷射,起(电)晕

spread [spred] (spread) ❶ *n.* ①范围,宽度 ②传播,伸展,散布 ❷ *v.* ①伸开,伸展,展宽,敲平(铆钉头),绵延 ②散布,传播,推广,蔓延,发散,(统计)离散,撒③涂(漆),敷,刮敷,被覆 ④详细记录,详述 ☆*the wide spread between* … 之间的严重脱节; *spread apart* 舒展开; *spread out* 扩大,伸长,发散; *spread out (A) before B* 把A)展现在B的面〔眼〕前; *spread (A) over B* (使A)传遍〔散布,覆盖〕于B上; *spread over wide areas* 大面积铺开; *spread to* 传〔蔓延〕到,波及 〖用法〗注意下面例句中该词的含义:Actual specifications can have a wide spread. 实际的技术要求差异可能是很大的。

spreader ['spredə] *n.* ①撒布器,撒料器,摊铺器,抛煤机,撒播器,喷洒器,涂铺器 ②分离〔流,纱〕器,分流梭 ③扩张器 ④钻头修尖器 ⑤刮胶〔上浆〕机 ⑥十字形绝缘体,天线馈线分离隔板 ⑦撑柱,横托,悬框 ⑧湿润剂 ⑨(路面材料)摊铺工人

spreaderhead ['spredəhed] *n.* (报纸占两栏以上的)大标题

S

spreading ['spredɪŋ] *n.* 散布,喷散,扩展,漫流,膨胀,展宽,铺层,歪像整形

sprig [sprɪg]❶ *n.* 无头小钉,【冶】型钉;嫩枝 ❷ *vt.* 打(偏头)钉,把无头钉钉入;饰以小枝

sprills [sprɪlz] *n.* 【冶】柱状粉末

spring [sprɪŋ]❶ *n.* ①春季,大潮时期 ②(源,喷,水)泉 ③(弹)簧,发条,簧片,钢板弹簧 ④弹力,回弹〔跳〕,上翘,(轧辊)弹起度 ⑤起拱点〔面〕,拱脚 ⑥裂缝〔开〕⑦倒缆 ❷ (sprang, sprung) *v.* ①跳,弹 ②出现,发〔产〕生,突然提出〔宣布〕③使发动,触发,(使)爆炸,(使)破裂 ④折断,扭曲 ⑤高耸,(拱等)升起 ☆ *be sprung from* 或 *spring from* 从…家庭出身; *spring a surprise on* 使…吃一惊; *spring forth (out)* 跳出; *spring from* 突然出现,来自; *spring off* 裂开; *spring on (upon)* 袭击,突然向…提出; *spring over* 跳过; ... *spring to mind* 人们立刻想到…; *spring up* 跳上来,弹起,迸发;发生,生长,兴起,发展起来

springboard ['sprɪŋbɔːd] *n.* 跳板

springe [sprɪndʒ] *n.; v.* (设)圈套,(设)陷阱

springer ['sprɪŋə] *n.* 起拱石,拱脚石,弹跳的东西〔人〕

springhead ['sprɪŋhed] *n.* 弹簧头,源头

springiness ['sprɪŋɪnɪs] *n.* ①有弹力〔性〕②多泉水,湿润

springing ['sprɪŋɪŋ] *n.* ①弹动,弹性,反跳 ②弹性装置 ③起拱点

springless ['sprɪŋlɪs] *a.* 无弹簧〔性〕的

springlet ['sprɪŋlɪt] *n.* 小泉〔河,溪〕

springline ['sprɪŋlaɪn] *n.* 起拱线

springload ['sprɪŋləud] *v.* 弹簧承载〔重〕,弹顶

springmattress [sprɪŋmətrɪs] *n.* 弹簧垫子

springset ['sprɪŋset] *n.* 簧片组

springtide ['sprɪŋtaɪd] *n.* 大潮,高潮,全盛期

springtime ['sprɪŋtaɪm] *n.* ①春天〔季〕②早期,全盛期

springwood ['sprɪŋwud] *n.* 早材,春材,春生木

springy ['sprɪŋɪ] *a.* ①有弹性〔力〕的,似弹簧的 ②泉水多的,湿润的 ‖ **springily** *ad.*

sprinkle ['sprɪŋkl]❶ *v.* 撒,洒(水),喷,下小雨 ❷ *n.* ①小雨 ②少数〔量〕③洒器

sprinkler ['sprɪŋklə] *n.* 喷洒头〔器〕,喷壶,增湿器,喷灌机〔器〕,洒水器(车),人工降雨装置

sprinkling ['sprɪŋklɪŋ] *n.* ①喷洒(雾,淋),洒水,书边喷色(装帧) ②一点点,零星 ☆ *a smart sprinkling* 很多; *a sprinkling of* 一点点

sprint [sprɪnt] *vi.; n.* 短(距离赛)跑,(用)全速快跑,冲刺

sprinter ['sprɪntə] *n.* 短跑运动员

sprite [spraɪt] *n.* 妖精,捣蛋鬼

sprocket ['sprɒkɪt] *n.* ①链轮,(链轮)扣链齿,带齿卷盘 ②链轮铣刀

sprout [spraut]❶ *v.* ①萌〔发〕芽,生长(up) ②(很快地)发展 ❷ *n.* (秧,幼)苗,芽,年轻人

spruce [spruːs]❶ *n.* 云杉(木),针枞,鱼鳞松 ❷ *a.* 整洁的,潇洒的

sprue [spruː]❶ *n.* ①熔渣 ②【冶】(直)浇口,铸口,流〔浇〕道 ③口炎性腹泻 ❷ (sprued; spruing) *v.* 打浇口

sprung [sprʌŋ]❶ spring 的过去分词 ❷ *a.* 支在弹簧上的

spry [spraɪ] *a.* 活泼的,轻快的,敏捷的

spud [spʌd]❶ *n.* ①(草)铲,剥皮刀 ②定位桩,销钉 ③溢水接管,粗而短的东西 ❷ *vt.* 用铲除(草等)

spuddy ['spʌdɪ] *a.* 粗而短的

spume [spjuːm] *n.; vi.* (使)起泡沫,泡〔浮〕沫

spumescence [spjuːmesəns] *n.* 泡沫状〔性〕

spumescent [spjuːmesənt] *a.* 起泡沫的

spumous ['spjuːməs], **spumy** ['spjuːmɪ] *a.* 有泡〔浮〕沫的,尽是泡沫的,被泡沫覆盖的

spun [spʌn]❶ spin的过去式和过去分词 ❷ *a.* 旋制的,拉长的,纺成的,离心铸造的

spunk [spʌŋk] *n.* ①勇气,胆量,毅力,生气 ②引火物,火绒 ③火星 ❷ *vi.* 被点燃

spunky ['spʌŋkɪ] *a.* 有勇气〔胆量〕的,生气勃勃的

spur [spɜː]❶ *n.* ①马刺,刺激(物),刺点,促进(器) ②痕,迹 ③齿(轮),正齿 ④排出口 ⑤凸壁,突出物(处),丁坝,悬岩,山鼻子,陆架山脊,坡尖,支脉 ⑥专用线,(铁路)支线,地方铁路 ❷ *v.* ①刺激,激励,推动,督促 ②疾驰(on, forward) ☆ *on (upon) the spur* 全速地,飞快地; *on the spur of the moment* 不加思索地,即席; *put (set) spurs to* 激励; *spur... into action* 鼓舞…去行动; *spur A on to B* 鼓舞A奔向B

〖用法〗注意下面例句中该词的含义:The invention of the transistor in 1948 underlined spurred the application of electronics to switching and digital communications. 1948年晶体管的发明推动〔促进〕了把电子学应用于开关和数字通信。

spurging ['spɜːdʒɪŋ] *n.* 起泡〔疤〕,产生泡沫

spurion ['spjuərɪɒn] *n.* 虚假粒子

spurious ['spjuərɪəs] *a.* ①(虚)假的,伪(造)的,欺骗性的 ②寄生的 ③误谬的 ‖ **~ly** *ad.*

spurium ['spɜːrɪəm] *n.* 寄生射束

spurn [spɜːn] *vt.; n.* 藐视,摒弃,不理睬(at)

spurnwater ['spɜːnwɔːtə] *n.* 防浪板

spurt [spɜːt] *v.; n.* ①喷出(口),(突然)喷射,溅出(out, up),冲击,溅散,闪发 ②短促突然的爆发 ③脉冲,冲量 ④短时间,一时

sputnik ['sputnɪk] *n.* (苏联)人造地球卫星

sputter ['spʌtə] *v.; n.* ①飞溅 ②阴极真空喷镀,(阴极)雾化 ③溅蚀,爆裂,(发出)噼噼啪啪声 ④(马达等)爆响着熄掉,停息(out)

sputteringly ['spʌtərɪŋlɪ] *ad.* 飞溅地,噼啪作响地

sputum ['spjuːtəm] (pl. sputa) *n.* 唾液,口水,痰

spy [spaɪ]❶ *n.* 间谍,密探,特务 ❷ *v.* ①探出(out),发现,仔细察看,推测,调查(into) ②侦察,窥探,暗中监视(on, upon)

spyhole ['spaɪhəul] *n.* 窥视孔

squabble ['skwɒbl] *v.; n.* 争论,搞乱(排好的铅字)

S

squad [skwɒd] ❶ *n.* 班,小队 ❷ *vt.* 把…编成班〔小组〕

squadron ['skwɒdrən] ❶ *n.* ①(飞行,航空,海军)中队,(分)舰队,(装甲兵,工兵,通信兵)连 ②团体,一组 ③(编联)机组 ❷ *vt.* 把…编成中队

squagging ['skwɒgɪŋ] *n.* 自锁,自动联锁

squalane ['skweɪleɪn] *n.* 角鲨烷,异三十烷,低凝点高级润滑油

squalene ['skweɪli:n] *n.* 鱼肝油烯,(角)鲨烯,三十碳六烯

squalid ['skwɒlɪd] *a.* ①肮脏的 ②悲惨的,贫穷的,可怜的 ‖ **-ity** *n.* **-ly** *ad.*

squall [skwɔ:l] *n.;v.* ①(刮)狂风,疾风,飑 ②麻烦事 ③骚动 ④大声喊叫,嚎哭

squally ['skwɔ:lɪ] *a.* 暴风的,多风波的,强劲〔烈〕的,形势险恶的

squalor ['swɒlə] *n.* ①肮脏 ②悲惨,贫穷

squama ['skweɪmə] *n.* 鳞片,鳞状物

squamata ['skweɪmətə] *n.* 有鳞目

squamate ['skweɪmeɪt] *a.* 鳞片的

squamelliform [skweɪ'melɪfɔ:m] *a.* 鳞片形的

squamule ['skweɪmju:l] *n.* 小鳞片

squamose ['skweɪməus], **squamous** ['skweɪməs] *a.* 有鳞的,鳞状的 ‖ **-ly** *ad.*

squander ['skwɒndə] *v.;n.* ①浪费,挥霍 ②使分散,驱散 ‖ **-ingly** *ad.*

squarability [skweərə'bɪlɪtɪ] *n.* 可平方性

square [skweə] ❶ *n.* ①正方形,方格〔阵〕,方形物,枋材 ②平方,二次幂 ③直角尺,(绘图)三角板,丁字尺,矩尺 ④(方形)广场,街区 ⑤(pl.)方钢 ⑥方(板材面积单位) ❷ *a.* ①(正)方(形)的,正交的 ②平方的 ③笔直的,平行的,水平的 ④适合的,公平的,坚决的,干脆的 ⑤结清的,两讫的 ❸ *ad.* 成方形地,四四方方,笔直,成直角,面对面地 ❹ *v.* ①弄方,弄成直角,检验…的平直度,调正,修正,形成矩形波 ②四股扭合,四扭编组 ③平方,求方,求…的面积 ④(使)符合 ⑤清算,付讫 ☆*all square* 不相上下,一切准备妥当; *(be) out of square* 不成直角,歪斜,不一致,不规则的; *(be) square to (with)* 与…成直角; *by the square* 恰好地,精确地; *fair and square* 公平的,光明正大的; *get … square* 整顿; *on the square* 成直角,公平〔正直〕(的); *square away* 把…弄整齐(准备好); *square off* 把…划分为方形〔格); *square A to (with)B* 使A与B一致; *square the circle* 求方问题,做不可能做到的事; *square up* 使成直角,相交;清算,结账; *square up to* 坚决克服

squarehead ['skweəhed] *n.* 方头,门边梁

squarely ['skweəlɪ] *ad.* 成方形,方方正正地,对准,正面地

squareness ['skweənɪs] *n.* 正方度〔性〕,垂直度,公正

squarer ['skweərə] *n.* ①平方器,【计】平方电路 ②方波脉冲发生器

squariance ['skweərɪəns] *n.* (离差)平方和

squarish ['skweərɪʃ] *a.* 似方形的,有点方的 ‖ **-ly** *ad.*

squash [skwɒʃ] ❶ *v.* ①压碎〔扁,烂〕,碾扁 ②挤(进去)(in, into) ③镇压 ④发溅泼声 ❷ *n.* ①拥挤 ②压碎声 ③(易)压碎之物,挤坏 ④南瓜,笋瓜,西葫芦 ⑤鲜果汁 ❸ *ad.* 啪地

squashing ['skwɒʃɪŋ] *n.* 压〔捣〕碎

squashy ['skwɒʃɪ] *a.* 易压碎〔扁〕的,又湿又软的 ‖ **squashily** *ad.*

squat [skwɒt] ❶ (squatted; squatting) *v.* ①蹲,坐,伏下(down) ②重心下移 ③霸占(upon) ❷ (squatter, squattest) *a.* 矮胖的,压扁的

squatty ['skwɒtɪ] *a.* 矮胖的,粗短的

squawk [skwɔ:k] *n.; vi.* (发)嘎嘎声,尖锐声,(无线电识别)发送信号

squeak [skwi:k] ❶ *n.* (短促的)尖叫声,(叫)啸声,嘎嘎声 ❷ *vi.* 发出尖叫声

squeaky ['skwi:kɪ] *a.* 发尖叫〔碾轧〕声的 ‖ **squeakily** *ad.*

squeal [skwi:l] *v.; n.* ①(发出)啸声 ②告密

squealer ['skwi:lə] *n.* 声响(指示)器,鸣声器

squealing ['skwi:lɪŋ] *n.* 啸声,号叫

squeamish ['skwi:mɪʃ] *a.* 易呕吐的,易受惊的,有洁癖的

squeegee ['skwi:dʒi:] ❶ *n.* 橡皮滚子〔扫帚〕,(橡皮)刮板,路刷 ②隔离胶 ❷ *vt.* 用橡皮滚子碾滚,用(橡皮)刮板擦,补缝

squeezability [skwi:zə'bɪlɪtɪ] *n.* 可压缩〔实〕性

squeezable ['skwi:zəbl] *a.* 易压缩〔实,榨〕的,可压缩的

squeeze [skwi:z] ❶ *v.* 挤压,压榨(印,铆),夹 ❷ *n.* ①压出物 ②弯曲机,压实造型机 ☆*at (upon) a squeeze* 临危,临急; *squeeze … dry* 把…挤〔压〕干; *squeeze in* 挤入〔进〕,压〔塞〕; *squeeze off* 挤〔压〕出; *squeeze (one's way) through …* 从…中挤过去; *squeeze out* 挤〔榨,压〕出,挤取,排斥; *squeeze through* 挤过〔去〕,压过

squeezer ['skwi:zə] *n.* ①(压)榨机 ②压铆机 ③弯板机 ④轧水机 ⑤压榨者,敲诈者

squeg [skweg] (squegged; squegging) *vi.* 作非常不规则的振荡

squegging ['skwegɪŋ] *n.* 间歇振荡器的振荡模式

squelch [skweltʃ] ❶ *vt.* ①压扁(制),镇压 ②使终止〔无声〕③静噪〔音〕 ❷ *v.* 发嘎嘎吱声 ❸ *n.* ①格喳格喳声,静噪〔音〕 ②静噪电路

squib [skwɪb] ❶ *n.* ①爆竹,摔炮 ②引爆管,火花棒,雷管,小型点火器,助爆剂 ③(商品)标签 ④讽刺(短文) ❷ (squibbed; squibbing) *v.* 投掷爆管〔爆竹〕,扩孔底

squid [skwɪd] *n.* ①鱿鱼,乌贼 ②反潜艇多筒迫击炮

squiggly ['skwɪglɪ] *a.* 弯弯曲曲的,波纹形的

squinch [skwɪntʃ] *n.* 内〔突〕角拱

squint [skwɪnt] ❶ *n.* ①斜视(角),斜倾,两波束轴间夹角 ②趋势(to, towards) ③窥视窗 ④异型砖

❷ *a.* 斜视的 **❸** *v.* ①倾斜,偏移,越轨,斜出〔行〕②倾向于(towards) ③斜视,窥视(at) ④有间接关系〔意义〕

squirm [skwɜːm] *v.*; *n.* 蠕动,扭曲,绳索的一扭 **~y** *a.*

squirrel ['skwɪrəl]**❶** *n.* 松鼠 **❷** *vt.* 储藏…以备后用

squirt [skwɜːt]**❶** *v.* 喷,喷出 **❷** *n.* ①喷出的液体,粉末),细的喷流 ②喷射器,水枪 ③喷气式飞机

squish [skwɪʃ] *v.*; *n.* ①压碎〔扁〕②压〔挤〕进去

squishy ['skwɪʃɪ] *a.* 湿软的,黏糊糊的

squitter ['skwɪtə] *n.* (应答机中)间歇振荡器

Sri Lanka [sriː'læŋkə] *n.* 斯里兰卡

stab [stæb] (stabbed; stabbing) *v.*; *n.* ①刺,戳,伤害,损〔中〕伤 ②把(砖墙)凿粗糙 ③尝试,努力 ④(印刷所的)周薪制 ☆**have (make) a stab at** 试一试,在…方面努力一下

stabber ['stæbə] *n.* 锥,穿索针

stabilator ['stæbɪleɪtə] *n.* 安定面

stabile ['steɪbaɪl] *a.* 稳〔安〕定的

stabilidyne ['steɪbɪlɪdaɪn] *n.* 高稳定式接收机,高稳电路

stabilimeter [ˌsteɪbɪ'lɪmɪtə] *n.* 稳定仪

stabilitron ['steɪbɪlɪtrɒn] *n.* 稳频〔压〕管

stability [stə'bɪlɪtɪ] *n.* ①平衡(状态),稳定性,安定(性) ②牢固(度),耐久性,耐〔抗〕…性,强〔刚〕度 ☆**stability with** …时的稳定性 〖用法〗该词中有单复数形式,可以用good或better修饰之。如:These lasers enjoy a wavelength stability. 这些激光器的波长比较稳定。/In some cases present commercial oscillators achieve stabilities better than ±5×10⁻¹¹ per 24 h. 在某些情况下,目前的商品化振荡器的频率稳定度高于±5×10⁻¹¹每24小时。

stabilivolt [steɪ'bɪlɪvəʊlt] *n.* 稳压管

stabilization [ˌsteɪbɪlaɪ'zeɪʃ ən] *n.* 稳定,保持稳定,锁定,定影,坚固

stabilizator ['steɪbɪlaɪzeɪtə] *n.* 稳定器〔剂〕,稳压器

stabilize ['steɪbɪlaɪz] *vt.* ①(使)稳定,稳定化〔处理〕,安定,减摇 ②给…装稳定器 ③消除内应力〔处理〕

stabilizer ['steɪbɪlaɪzə] *n.* 稳定器,固位器,安定翼〔剂〕,减摇装置;稳压器,平衡器,支脚〔柱〕

stabilography [steɪbɪ'lɒgrəfɪ] *n.* 重心描记术

stabilometer [steɪbɪ'lɒmɪtə] *n.* 稳定仪,稳定性量测仪

stabilotron ['stæbɪlətrɒn] *n.* 厘米波功率振荡管,高稳定性波段振荡管,稳频管

stabilovolt [stə'bɪlɒvəʊlt] *n.* 稳压管

stabistor ['steɪbɪstə] *n.* 限压型半导体二极管

stable ['steɪbl]**❶** *a.* 稳定的,恒定的,坚固的,非放射性的 **❷** *n.* (牛,马的)厩,马房 〖用法〗注意下面例句中该词的用法:These capacitors are stable to a very few ppm per year. 这些电容器稳定度达到每年百万分之几。 (ppm=parts per million)

stableness ['steɪblnɪs] *n.* 稳定性

stably ['steɪblɪ] *ad.* 稳定地,坚固地

staccato [stə'kɑːtəʊ] *a.*; *ad.*; *n.* 继续(的),不连贯(的)

stachydrine ['stækɪdriːn] *n.* 水苏碱

stachyose ['stækɪəʊs] *n.* 水苏(四)糖

stack [stæk]**❶** *n.* ①堆(积),垛,叠,砌体,(书,枪)架,书库,包装箱 ②捆,组(套),套 ③叠式存储器,存储栈(数据) ④一堆(木材等计量单位),木材堆 ⑤大量 ⑥烟囱(群),烟突(道),排气(通风)管 ⑦【化】(冷却)塔,冷却塔内的立柱 **❷** *vt.* ①堆积〔垛〕,重叠,归垛 ②指示…作分层盘旋飞行 ☆**a whole stack of** 许多,全部;**stack ... in series** 把…串叠成组;**stack A into B** 把A堆成B;**stack ... together** 把…堆起起来;**stack up** 把…堆(起)层,叠;总起来;比高低,比得过(against,with);**stacks of** 许多,大量

stacker ['stækə] *n.* ①堆积〔码垛〕机,货物升降机,接卡〔堆积,集纸〕箱,受卡盒,卡片柜 ②叠式存储器 ③摄影机升降台 ④堆积〔垛〕工

stacking ['stækɪŋ] *n.* 堆积,层理,积堆干燥法

stackup ['stækʌp] *n.* ①层叠,堆积 ②分层盘旋飞行

stactometer [stæk'tɒmɪtə] *n.* 滴重〔量〕计

staddle ['stædl] *n.* 支柱,拉条,承梁,堆草平台

stadia ['steɪdjə]**❶** *n.* ①视距(尺,仪,测量)②stadium的复数 **❷** *a.* 视距测量(法的)

stadimeter [steɪ'dɪmɪtə] *n.* 小型六分仪,手操测距仪

stadiometer [ˌsteɪdɪ'ɒmɪtə] *n.* 测距仪

stadium ['steɪdɪəm] (pl. stadia 或 stadiums) *n.* 露天大型体育场

staff [stɑːf]**❶** (pl. staffs 或 staves) *n.* ①杆,棍,杖,标杆,(钟表机构的)柄轴,平衡杆,支柱 ②(测量)标尺,测尺 ③(全体)工作人员,(全体)职员,参谋(部,人员)④纤维灰浆 **❷** *vt.* 聘用职员,为…配备职员 〖用法〗注意下面例句中该词的句型:This department is staffed by colleagues who are industrious, competent, and most congenial. 这个系拥有勤奋、能力强、志趣极相合的同事。

staffing ['stɑːfɪŋ] *n.* 配备职工,聘用职员

staffman ['stɑːfmən] *n.* 标尺员

stage [steɪdʒ]**❶** *n.* ①级,(阶)段,(时)期,相,层,步骤 ②(舞,工作)台,(显微镜)载物台 ③行程,(两站间)距离 ④平〔浮〕台,浮码头 ⑤水位(高度)⑥构成接近真实的人为(试验)条件 **❷** *a.* 分期的,多层〔级〕的 **❸** *v.* ①实施〔现〕,举行 ②分级,分阶段 ③搬上舞台,模拟 ☆**at a later stage** 后来;**at some stage** 在某一阶段;**at this stage** 眼下,暂时;**by easy stages** 从容不迫地;**by stages** 分(阶)段地;**carry... a stage further** 把…推进一步;**in stages** 分〔多〕段地,分阶段地;**in the early stage** 初期,最初;**stage by stage** 一步一步地,逐级〔步〕,分阶段地;**take the stage** 出现,登台 〖用法〗**❶** 表示"在…阶段〔时期〕"时一般在其前面加介词at(也有人用in的)。如:Suppose that

S

at any stage of a process the system is thermally insulated. (我们)假设在一个进程的任一阶段,该系统是隔热的。/At this stage, it is very important to gain idea of what can be done using C++. 在这时, 非常重要的是要了解利用C++语言能够做什么。❷ 表示"处于…阶段"时,可用in。如:That new model is in the stage of laboratory testing. 那个新型号(机器)处于实验室试验阶段。❸ 注意下面例句的含义:Even the most complicated circuits can be examined in easy stages by first considering each part separately and subsequently noting how the various subcircuits fit together. 甚至最复杂的电路都可以从容不迫地加以考察,(做法是)首先分别考虑每个部分,然后注意各个分电路是如何配合在一起的。/In this case, the stage is set for a discussion of how this type of decoding is actually performed. 在这种情况下,为讨论如何真正进行这类译码构建了一个平台。/A stage is reached when some of the sideband frequencies of the wanted signal should become negative. 现在到达了这样的一个阶段:所需信号的某些边带频率变成负的了。("when some of…"是修饰主语的定语从句,when是关系副词。)

staged [steɪdʒd] *a.* 成级的,分阶段的

stager ['steɪdʒə] *n.* 老手

stagewise ['steɪdʒwaɪz] *a.;ad.* ①逐步的(地),分阶段的(地) ②有戏剧效果的(地),在舞台上

stagger ['stægə]❶ *v.* ①交错(排列),叉排,参差,间隔 ②摇摆,蹒跚,跳动 ③回路失调 ④使震惊〔吓一跳〕⑤(使)犹豫,(使)动摇 ❷ *n.* ①(交)错,梯形〔梅花形〕排列,交错装置,参差 ②摇摆,摆(动误)差 ③回路失调 ④拐折 ⑤前伸角 ⑥(机翼的)斜罩 ⑦企图,努力 ❸ *a.* 交错的,错开的

staggered ['stægəd] *a.* 交错的,叉排的,分级的,棋盘形的,格子花样的

staggerer ['stægərə] *n.* ①惊人的事件,难事 ②犹豫的人

staggering ['stægərɪŋ]❶ *n.* ①交错(排列,构象),参差调谐 ②(谐振回路)失谐 ❷ *a.* ①交错的,参差的 ②摇摆的 ③惊人的,压倒(多数)的

staging ['steɪdʒɪŋ] *n.* ①脚手架,构架 ②举行,进行,上演,舞台处理 ③分级(法),(火箭各级的)分离,阶变 ④分段运输,中间集结 ⑤驿车业,驿车旅行 ⑥涡轮的级,涡轮叶片,叶片安装

stagnancy ['stægnənsɪ] *n.* 停滞,不(流)动,萧条

stagnant ['stægnənt] *a.* ①停滞的,不动的 ②不活泼的,呆钝的,不变的 ③污浊的 ④萧条 ‖ **~ly** *ad.*

stagnate ['stægneɪt] *v.* (使)停滞,郁积,制动,(使)不活动〔泼〕,萧条

stagnation [stæg'neɪʃən] *n.* ①停滞,滞止,呆钝 ②滞〔驻〕点,临界(点)

stagnicolous [stæg'nɪkələs] *a.* 生于沼泽中的,静水生的

stagnophile ['stægnəfaɪl] *n.* 静水生物

stagnum ['stægnəm] *n.* 滞水体

stagonometer [stægə'nɒmɪtə] *n.* (表面张力)滴重计

stagoscopy [stæ'gɒskəpɪ] *n.* 液滴观测镜法

staid [steɪd] *a.* 固定的,沉着的

stain [steɪn]❶ *v.* ①沾污,弄脏 ②染色 ③生锈,锈蚀 ④失去光泽 ❷ *n.* ①污点,瑕疵,凹坑 ②锈,色斑 ③染(色)剂,涂料

stainable ['steɪnəbl] *a.* 可染色的

stained [steɪnd] *a.* 染〔褪〕色的,有斑点的,涂了漆的

stainer ['steɪnə] *n.* ①染工 ②着色剂,色料

staining ['steɪnɪŋ] *n.* 染色(法),刷染法,污染,锈蚀

stainless ['steɪnlɪs] ❶ *a.* 不锈的,无污点〔瑕疵〕的,不会染污的,纯洁的 ❷ *n.* 不锈钢 ‖ **~ly** *ad.*

stair [steə] ❶ *n.* ①梯级,(一)级 ②(pl.)楼梯 ③(pl.)浮码头,趸船 ❷ *ad.* 在〔向〕楼上 ☆ ***a flight (pair) of stairs*** 一架〔一段〕楼梯; ***go (walk) up (down) stairs*** 上〔下〕楼

staircase ['steəkeɪs] *n.* 楼梯,楼梯间,阶梯现象

stairway ['steəweɪ] *n.* 楼梯,楼梯间

stairwell ['steəwel] *n.* 楼梯井〔间〕

staith(e) [steɪθ] *n.* (煤炭)装卸转运码头

stake [steɪk]❶ *n.* ①(标)桩〔杆〕,(栅)柱,截槽垫木,竖管 ②(桩,圆头)砧,底架 ③赌注,奖品〔金〕④利害关系 ❷ *vt.* ①立桩,用桩撑住〔围住〕,以桩为界 ②拉软,刮软 ☆***(be) at stake*** 成为问题,在危险中,存亡攸关,决定…的得失; ***be at stake in...*** 视…的结果而定; ***consider the immensity of the stake*** 考虑到有重大利害关系; ***have a stake in...***跟…有利害关系,关心…; ***stake a line*** 定(灰)线; ***stake off (out)***放样,立桩(划分地区),标出; ***stake A on B*** 用A来担保B,拿A来对B打赌; ***stake up (in)*** 用桩围住

stalactic(al) [stə'læktɪk(əl)] *a.* 钟乳石(状)的 ‖ **~ally** *ad.*

stalactiform [stə'læktɪfɔːm] *a.* 钟乳石状的

stalactite ['stæləktaɪt] *n.* 钟乳石(状物)

stalagmite ['stæləgmaɪt] *n.* 石笋

stalagmitic(al) [ˌstæləg'mɪtɪk(əl)] *a.* 石笋(状)的,生满石笋的 ‖ **~ally** *ad.*

stalagmometer [ˌstæləg'mɒmɪtə] *n.* (表面张力)滴重计

stalagnate [stə'lægneɪt] *n.* (滴)石柱

Stalanium ['stælənɪəm] *n.* 斯特拉尼姆镁铝合

stale [steɪl] ❶ *a.* ①陈旧〔腐〕的,变坏了的 ②停滞的 ③疲惫不堪的 ④失时效的 ❷ *v.* 用坏,(使)变陈旧,(使)失时效 ❸ *n.* 把手,手柄 ‖ **~ly** *ad.* **~ness** *n.*

stalemate ['steɪl'meɪt] *n.;vt.* ①僵局,对峙 ②僵持,(使…)停顿,使相持不下

staleproof ['steɪlpruːf] *a.* 不腐的

stalk [stɔːk] *n.* 柱杆,轴,(叶)柄,(花)梗,蒂,茎(状物),高烟囱

stall [stɔːl]❶ *v.* ①失速,气流分离 ②(速度不够)停车,发生故障,抛锚 ③妨碍,拖延(时间),敷衍,不作明确答复 ④陈化 ❷ *n.* ①失速,失去作用,(气流)

S

不平稳 ②小屋,小分隔间,汽车停车处,(售货)摊,(陈列)台 ③矿坑,采矿场 ④室,焙烧室 ⑤泥窑 ⑥前排席位 ⑦手指护套 ⑧厩,马房 ☆***stall down landing*** 失速降落; ***stall for time***(不作明确答复以)拖延时间; ***stall off*** 失速起飞,拖过(时间)

stallkeeper ['stɔːlkiːpə] *n.* 摊贩

stallometer [stɔː'lɒmɪtə] *n.* 失速信号器,气流分离指示器

stalloy ['stælɔɪ] *n.* 硅钢(片),薄钢片

stalwart ['stɔːlwət] *a.* 高大结实的,不屈不挠的

stamen ['steɪmen] (pl. stamens 或 stamina) *n.* 雄蕊

stamina ['stæmɪnə] *n.* ①stamen的复数 ②精力,持久力,抵抗力

staminal ['stæmɪnəl] *a.* (有)耐久力的

staminate ['stæmɪnɪt] *a.* 仅有雄蕊的

stammer ['stæmə] *v.*; *n.* 口吃,结巴

stamp [stæmp]❶ *n.* ①图章,印章〔记〕,戳记,商标,邮票,印花 ②标记,特征,痕迹 ③压(制),捣碎 ④冲头,捣锤,砂冲子,捣碎机 ⑤模具,压砂板,打印机 ⑥(类)型,种 ❷ *vt.* ①盖(印),打(印记) ②压(印,碎),捣碎,锤击,冲压成形,模压 ③踏,踩(脚),扑灭,拒绝(on) ④表明,标明 ⑤贴邮票〔印花〕于 ☆***bear the stamp of*** 具有…的特征; ***put to stamp*** 付印; ***stamp A (as) B*** 表〔说〕明A是B; ***stamp down*** 蹂躏; ***stamp ... flat*** 把…踏平〔压扁〕; ***stamp on*** 拒绝,扑灭,(踩)踏; ***stamp out*** 踏灭,毁掉,粉碎;冲压

stampede [stæm'piːd] *n.*;*v.* 惊逃,溃散

stamper ['stæmpə] *n.* ①印,杵 ②压模,模子 ③捣碎机,冲压机 ④模〔冲〕压工

stamping ['stæmpɪŋ] *n.* ①冲压(件,片),冲压成形,模压(片),压花,打印 ②模锻,捣固,锤击(法) ③(pl.)冲击制品,捣碎物,冲压废料 ④加封,盖印

stance [stæns] *n.* (站立)位置〔姿势〕,姿态

stanch [stɑːntʃ]❶ *vt.* 制止(出血),使不漏水,密封 ❷ *a.* ①密封的 ②优质的,坚固的 ③坚定的,忠诚的

stanchion ['stɑːntʃən]❶ *n.* 柱子,支柱,标柱,栏杆 ❷ *vt.* 用柱子支撑,给…装柱子

stand [stænd]❶ (stood) *v.* ①站,竖(放) ②位于,处于(状态) ③保持,维持(原状),继续有效 ④经〔遭,忍〕受,持久 ❷ *n.* ①站立,停止〔顿〕,停车处,车辆之招呼站 ②立场,位置 ③(置物)台,(支,机)架,支柱,三脚架 ④台灯,试验台,看台 ⑤一套〔组,副〕 ⑥250~300磅的重量 ⑦林(木),伐剩的幼树,根生树,植被 ☆***as it stands***(插入语)按现实情况(来说); ***as matters (things) stand*** 或 ***as the case (matter) stands*** 照目前情况来看; ***how matters (things) stand*** 现状; ***it stands to reason that*** 理所当然的是,显然; ***stand against*** 抵〔对〕抗,耐得住,靠…(而)立; ***stand a (good) chance***(很)有希望; ***stand aside*** 站〔避〕开,不参加; ***stand at bay*** 进退两难; ***stand back*** 退后,靠后站,位于靠后一点的地方; ***stand by*** 站在一边,袖手旁观;待机,准备行动;备用;援助,和…站在一起;遵守; ***stand clear (of, from)*** 站〔离〕开,(同…)隔开; ***stand comparison with*** 不亚于; ***stand down*** 暂时辞退,不在阵地值勤; ***stand for*** 代表〔替〕,意味着;容许;拥护,主张; ***stand good*** 继续有效; ***stand in*** 带,加入;代理〔替〕; ***stand in the way of*** 妨碍; ***stand in with*** 同…分担〔勾结〕; ***stand off*** 远离,驶离岸边; ***stand on (upon)*** 站在…上,依赖;坚持;继续向同一方向航行; ***stand on end (edge)*** 立〔侧〕着放; ***stand one's ground*** 坚守阵地,固执己见; ***stand out*** 突出;衬着…特别醒目(against);不赞成;坚持抵抗〔到底〕;(离岸)驶去; ***stand over*** 渡过;延期,留待解决;监督; ***stand to*** 遵〔固〕守,坚〔支〕持; ***stand to it that*** 坚决主张; ***stand to win*** 一定赢; ***stand up*** 站起,(使)竖立;站得住脚,经久耐用; ***stand up for*** 坚〔支〕持,拥护; ***stand up to*** 经受(得住),经得起(磨损等),耐(电压等); ***stand with*** 坚持,和…一致; ***be at a stand*** 停顿,僵持,不知所措; ***come (be brought) to a stand***(陷于)停顿,弄僵; ***make a stand*** 站住(at),抵抗到底(against),断然主张(for); ***take a (one's) stand*** 依据,主张,困守; ***take a stand against (for)*** 表示反对〔赞成〕

〖用法〗❶ 其后面可以跟形容词。如:The water in the middle pipe will <u>stand lower</u> and thus indicates a lower pressure. 中间管内的水位将处于较低位置,因而表明水压较低。(这时stand变成了连系动词。) ❷ 注意下面例句中该词的含义:Originally <u>standing</u> 147m high, the pyramid was made of 23 million large stone blocks. 这金字塔原来高147米,它是由两千三百万块巨型石块构成的。(逗号前是一个分词短语作状语,补充说明主语。)/With the parallel development of electronic digital computers and semiconductor technology, digital logic devices really began to <u>stand out</u>. 随着数字电子计算机和半导体技术并驾齐驱的发展,数字逻辑器件真正开始出现了。 ❸ 注意下面例句中出现的省略现象:Arg <u>stands</u> for argument of and a'(t) <u>stands</u> for the first derivative of a(t). Arg表示a(t)的辐角,而a'(t)表示a(t)的一阶导数。(两个of共用了a(t)。)

standard ['stændəd]❶ *n.* ①标准,基准,规格〔范〕,准则,金银币中的纯金银与合金的法定比例 ②(标准)样品,标准器 ③(直立)支柱,垂直管,灯台,电杆,机架 ❷ *a.* ①标准〔本位〕的,符合规格的 ②第一流的,权威的 ③落地(式)的,装有支柱的 ☆***come up to the standard*** 达到标准,合乎规格; ***fix (set up) a standard*** 定标准; ***of (a) high standard*** 水准高的; ***up to standard*** 合乎〔达到〕标准的,合格的

〖用法〗❶ 表示"…的标准"时,其后面可以用of,也可用for。如:The SI <u>standard of</u> mass is the kilogram.质量的公制标准〔单位〕是千克。/The <u>standard for</u> the kilogram is the only one of the seven standards that still consists of a natural object representing a unit of measure. 千克的标准是七个标准中唯一一个仍然由表示度量单位的一个自然物体构成的。 ❷ "制订标准的机构〔组织〕"

通常表示为a <u>standards</u> body〔organization〕。

standardise, standardize ['stændədaɪz] vt. ① 标准〔规格〕化,(使)合标准 ②用标准校验,校准 ‖ **standardisation** 或 **standardization** n.

standard-sized ['stændədsaɪzd] a. 标准尺寸〔大小〕的

stand-by ['stændbaɪ] n.; a.备用(品),支持者;备用的

standee [stæn'di:] n. 站立的乘客〔观众〕

stander ['stændə] n. 机架

stander-by ['stændə'baɪ] n. 旁观者

standing ['stændɪŋ]❶ a. ①直立的,站着的,停着的,不活〔流〕动的,静止的 ②固定的,常设〔备,置〕的 ③持续的,长期(有效)的,永久的,已确定的 ❷ n. ①站立(处),起立 ②期间,持续 ③放置,位置,状态 ④立场,身份,名望 ⑤规定 ☆**all standing** 一切都现成地; **of long standing** 长年〔久〕的,由来很久的; **Standing room only!** 只有站票!

standish ['stændɪʃ] n. 墨水台

standort ['stændɔ:t] n. 环境综合影响

standout ['stændaut] n.; a. ①杰出的人〔事物〕;出色的 ②不随大流者,坚持己见者 ③突出度

standpat ['stændpæt]❶ a. 保守的 ❷ n. =standpatter

standpatter ['stændpætə] n. 保守分子,顽固地反对变革的人

standpipe ['stændpaɪp] n. 圆筒形水塔,水鹤,储水管,立管,节水收集器

standpoint ['stændpɔɪnt] n. ①立场,立足点 ②观点

standstill ['stændstɪl] n. 静止,停顿,停滞不前,间歇,搁浅

stang [stæŋ] n. ①刺(伤) ②木梁,棍,棒

stank [stæŋk]❶ stink 的过去式 ❷ n. 坝,堰;池塘,(开矿用)密闭墙

stannane ['stæneɪn] n. 锡烷

stannary ['stænərɪ] n. 锡矿(区)

stannate ['stæneɪt] n. 锡酸盐

stannic ['stænɪk] a. (正,四价)锡的

stannide ['stænaɪd] n. 锡化物

stanniferous [stæ'nɪfərəs] a. 含锡的

stannising ['stænaɪzɪŋ] n. 镀锡

Stanniol ['stænɪəl] n. 高锡耐蚀合金

stannite ['stænaɪt] n. 亚锡酸盐,黄〔黝〕锡矿

stannize ['stænaɪz] vt. 渗〔镀〕锡

stannometer [stæ'nɒmɪtə] n. 镀锡层厚度磁感性测量器

stannous ['stænəs] a. (亚,二价,含)锡的

stannum ['stænəm] (拉丁语) n. ①锡(=tin) ②斯坦纳姆高锡轴承合金

staphylococcemia [,stæfɪləukɒk'si:mɪə] n. 葡萄球菌(菌)血(症)

staphylococcin [,stæfɪləu'kɒksɪn] n. 葡萄球菌素

staphylococcus [,stæfɪləu'kɒkəs] n. 葡萄球菌(属)

staphylocosis [,stæfɪləu'kəusɪs] n. 葡萄球菌病

staphylodermatitis [,stæfɪləudemə'taɪtɪs] n. 葡萄球菌性皮炎

staphylokinase [,stæfɪləu'kaɪneɪs] n. 葡萄球菌激酶,链激酶

staphylolysin [,stæfɪləu'laɪsɪn] n. 葡萄球菌溶血素

staphylotoxin [,stæfɪləu'tɒksɪn] n. 葡萄球菌毒素

staple ['steɪpl]❶ n. ①肘〔钉书〕钉,钩环,夹子,卡板 ②主题,要领 ③主要成分〔原料〕④主要产品,销路稳定的商品,常用品 ⑤重要市场,商业中心 ⑥来源(地)⑦纤维,棉〔麻,绒〕丝,纤维(平均)长度 ❷ a. ①主要的 ②大量供应的,常产的 ③经常需要〔用〕的 ④纺织纤维的 ❸ vt. ①(用U形钉,用锁环,用钉书钉)钉住 ②(按纤维长短)分类〔级,拣〕

stapler ['steɪplə] n. ①小订书机 ②批发商 ③纤维切断机

stapp [stæp] n. 斯旦泼(=1个g的超重力)

star [stɑ:]❶ n. ①星,恒星,星(形)体 ②星形物,星形接线 ③名人 ④命运 ❷ a. ①星的 ②名演员的 ③优越〔秀〕的 ❸ (starred; starring) v. ①加星号于,用星装饰 ②星一般地闪烁 ③主演(in)

starblind ['stɑ:blaɪnd] a. 半盲的

starboard ['stɑ:bɔ:d]❶ n.; a. 右(舷,边)(的) ❷ vt. 把(舵)转向右(边舷)

starch [stɑ:tʃ]❶ n. ①淀粉,浆(糊) ②古板,生硬,拘泥 ❷ vt. 给...上浆,使向拘泥 ☆**take the starch out of** 压服,使屈服

starchedly ['stɑ:tʃdlɪ] ad. 生硬〔拘泥〕地 ‖ **starchedness** n.

starchy ['stɑ:tʃɪ] a. ①(似,含)淀粉的,糨糊(似)的 ②拘泥的,生硬的

stare [steə] v.;n. 盯,凝视(at) ☆**make ... stare** 使...惊愕; **stare ... in the face** 瞪眼看着,迫在眉睫,显而易见; **stare out** (颜色)太显眼; **with ... stare** 以...眼光

starfish ['stɑ:fɪʃ] n. 海星

stargaze ['stɑ:geɪz] vi. 凝视,空想,心不在焉

stargazer ['stɑ:geɪzə] n. 占星家,空想家

staring ['steərɪŋ]❶ a. ①凝视的,目不转睛(地看)的 ②太显眼的 ❷ ad. 完全 ‖ **~ly** ad.

stark [stɑ:k]❶ a. ①(僵)硬的,严格的 ②完全的,绝对的,真正的 ③十分明显的 ④荒凉的,贫瘠的 ❷ ad. 完全,简直

starless ['stɑ:lɪs] a. 无星的

starlet ['stɑ:lɪt] n. 小星(星)

starlight ['stɑ:laɪt]❶ n. 星光 ❷ a. 有星光的,星光灿烂的

starlike ['stɑ:laɪk] a. 星形的,像星(那样明亮的)

starling ['stɑ:lɪŋ] n. 桥墩尖端,分水桩,环绕桥墩打的防护桩

starlit ['stɑ:lɪt] a. 星的,有星光的,星光灿烂的,像星星那样明亮的

starquake ['stɑ:kweɪk] n. 星震

starred [stɑ:d] a. ①用星装饰的,用星号标明的 ②担任主角的

starring ['stɑ:rɪŋ] n. (纯锑表面)呈星状花纹

starry ['stɑːrɪ] *a.* 星(质,形)的,多星星的,明亮的
start [stɑːt] *v.*; *n.* ①开动,启动 ②(使)开始,着手,创始(办) ③出发(点),动身,起程 ④引起,发生 ⑤(使)弯〔歪〕,(使)松动,(使)脱落,脱离,(使)翘曲,松动部分,漏隙 ⑥优势地位,有利条件 ⑦涌出,突然出现 ☆*at starting* 最初,开头; *at the (very) start* (一)开始(头),起初; *by (in)fits and starts* 一阵一阵地,间歇地; *from start to finish* 自始至终,彻头彻尾; *get a start in* 着手,开始; *get away to a slow start* 开始(采用,推广)得很慢; *get (have) the start of* 比……居先; *just started* 刚开始; *on first starting* 刚启(开)动时; *start (...) doing* (使…)开始(做),引起; *start after* 尾追,开始追赶; *start aside* 跳往一旁; *start at A and go up to B* 从A开始(增加,上升)到B为止; *start down* 开始向下(运动); *start for* 动身,往…出发; *start from* 从…动身〔出发〕,由…开始,起源于; *start from (at, on) scratch* 从零开始,从头做起,白手起家; *start in* 开始,动手; *start off* 出发,动身,起飞,引起; *start off with* 从…开始〔下手〕; *start on* 开〔创〕始,着手; *start out* 出发,开始进行; *start out to (do)* 着手〔企图,计划〕(做); *start right in with* 直接从…着手; *start (...) to (do)*(使…)开始(做); *start up* 开〔拨〕动,触发,发射,开始工作,突然出现〔开动〕,开始上升〔向上运动〕; *take (make) a fresh start* 重新开始; *take A as the starting point of B* 把A当做B的起点〔出发点〕; *to start with* 开始时,作为开始,〔插入语〕首先,第一(点) 【用法】❶ 表示"在(…的)开始时",其前面一般用介词at。如:You should remember these symbols correctly at <u>the start</u>. 你们应该在开始时就正确地记住这些符号。❷ start with sth.和start by doing…表示"首先做…;以…开始"。如:We shall start with a study of forces. 我们将首先研究一下各种力。/Let us <u>start</u> by <u>making</u> a few experiments. 让我们首先做几个实验。❸ 其后面接动作时一般用动名词;但如果主语是物或它本身是进行时态时其后面多用动词不定式。❹ 注意下面例句的译法:This chapter <u>starts</u> on your way to becoming computer literate and computer competent. 这一章能使你走上了解并精通计算机之路。
startability [ˌstɑːtəˈbɪlɪtɪ] *n.* 启动性
starter ['stɑːtə] *n.* ①(自动)启动机,发动机,启动器,点火极 ②发射架 ③引子,菌母 ④发起〔提出〕者 ⑤调度员 ☆*as (for) a starter* 首先
starting ['stɑːtɪŋ]❶ *v.* ①开始,出发 ②启动,投产 ③加速 ❷ *a.* 起初的,原来的
startle ['stɑːtl] *v.*;*n.* (使)吃惊,(使)吓一跳 ☆*be startled at (by, to do)* 被…吓了一跳
startling ['stɑːtlɪŋ] *a.* 惊人的,令人吃惊的
starvation [stɑːˈveɪʃən] *n.* ①饥饿,饿死 ②缺乏(…的现象)
starve [stɑːv] *v.* ①(使)饥饿〔饿死〕,挨饿 ②(使)缺乏,(使)缺(油)而磨损〔停车〕 ☆*be starved of*

缺乏,缺(油)而磨损〔停止转动〕; *starve for* 渴望,极需
starveling ['stɑːvlɪŋ]❶ *a.* ①饥〔挨〕饿的,营养不良的 ②缺油的,不能满足需要的 ❷ *n.* ①饥饿〔营养不良〕的人 ②缺油的机器
stash [stæʃ]❶ *v.* ①中断,停止 ②隐藏,储存,留下来(以后用)(away) ❷ *n.* ①隐藏处 ②隐藏〔储存〕之物
stasimetry [stæˈsɪmɪtrɪ] *n.* 稠度测量法
stasis ['steɪsɪs] (pl. stases) *n.* (力的)静态平衡,停滞,郁积
stasite ['steɪsaɪt] *n.* 磷铅铀矿
stat [stæt] *n.* 斯达(放射性强度单位)
statampere [stætˈæmpeə] *n.* 静电安培
statcoulomb [stætˈkuːlɒm] *n.* 静电制电量单位,静电库仑
state [steɪt]❶ *n.* ①(状,物)态,状况,形势,情况,水平 ②国家,政府 ③州 ④身份,资格 ⑤尊严,豪华 ❷ *a.* 国家〔有务〕的,州的,仪式的 ❸ *vt.* ①指出,表明 ②确〔指,规〕定 ③叙述,说明,阐明 ☆*(be) in a bad state of repair* 需要大修; *(be) in a good state of repair* 修理得很好; *in a … state* 或 *in a state of* 处于…状态; *in state* 正式地,隆重地; *in such a state of affairs* 在这种情况下; *as stated above* 或 *as previously stated* 如上所述; *at stated times (intervals)* 在预定的时间〔间隔〕,每隔一定的时间; *be stated for* 指的是,是针对…来讲的; *It is stated that …* 据说,一般认为; *state A as B* 用B来表示A; *stated differently* 换句话说; *stated another way* 换个说法; *stated more explicitly* 更明确地说; *unless otherwise stated* 除非另作说明 【用法】❶ 表示"(处)在……状态"时,其前面一般用介词at。如:At <u>steady state</u> the high intensity regions will lose electrons. 在稳态时,高强度区域会失去电子。❷ 它可以带有补足语,as可有可无。如:This relationship may also be <u>stated</u> (as) $a_{av}=\Delta v/\Delta t$. 这一关系也可以表示为 $a_{av}=\Delta v/\Delta t$。❸ 注意下面例句中该词的含义:This <u>state of affairs</u> continues until $R=N_t \cdot \omega_{2i}$. 这种情况一直延续到 $R=N_t \cdot \omega_{2i}$ 为止。/Thevenin's theorem <u>states</u> that any network of resistors and batteries having two output terminals may be replaced by the series combination of a resistor and a battery. 戴文宁定理说,由一些电阻和电池构成的、具有两个输出端的任一网络均可以用一个电阻和一个电池的串联组合来替代。/To design the computer, we must <u>state</u> very precisely what it is (that) we wish to do. 为了设计该计算机,我们必须非常精确地说明我们到底想要做什么。❹ simply stated意为"简言之",一般处于句首。
stated ['steɪtɪd] *a.* ①规定的,定期的 ②被宣称的 ③用符号〔用代数式〕表示的 ‖ *-ly ad.*
stateless ['steɪtlɪs] *a.* ①无国家的 ②无国籍的,无公民权的

stately ['steɪtlɪ] *a.* 庄严的,堂皇的,雄伟的 ‖ **stateliness** *n.*

statement ['steɪtmənt] *n.* ①陈述,声明(书),(账目)清单,财务报表 ②命题,(论)点 ③【计】语句,信息 〖用法〗❶ 它要与make连用。如:Based on the performance curves shown in Fig. 6-4, we can make the following statements. 根据图6-4所示的性能曲线,我们可以陈述如下。❷ 注意其后面跟的同位语句往往只采用"动宾"译法。如:This is equivalent to(=amounts to) a (the) statement that everything is attracted by the earth. 这等于说每样东西都受到地球的吸引。

stateroom ['steɪtrum] *n.* ①特等舱,特别包厢 ②大厅

stateside ['steɪtsaɪd]❶ *a.* 美国国内的,大陆美国的 ❷ *ad.* 在美国国内

statesman ['steɪtsmən] *n.* 政治家,国务活动家

statewide ['steɪtwaɪd]❶ *a.* 全国范围的,全州的 ❷ *ad.* 在全国范围内

static ['stætɪk]❶ *a.* ①静(止,力)的,不活泼的 ②天电的 ❷ *n.* ①静态,静电〔力〕,天电 ②天〔静〕电干扰

statically ['stætɪkəlɪ] *ad.* 静(止,态)地

staticiser,staticizer ['stætɪsaɪzə] *n.* 串并行转换器,静化器〔装置〕

staticon ['stætɪkɒn] *n.* 光导电视摄像机,视像〔静像〕管

statics ['stætɪks] *n.* 静力学,静态,天电〔静电〕干扰

station ['steɪʃən] *n.* ①(车,电,科学考察)站,操作台,(电视)台,(广播)电台 ②位置,工位〔段〕,岗位,驻地,(军)基地 ③测点〔站〕,【测绘】桩间标准距离 ④姿势 ❷ *vt.* 配备,安置,(使)就位,驻扎 ☆ *take up one's station* 就位; *station of life* 职位,地位,身份

stationarity [steɪʃəˈnærɪtɪ] *n.* 固定性,平稳性

stationary ['steɪʃənərɪ]❶ *a.* ①不动的,静止的 ②稳定的,平稳的,(逗,停)留的 ❷ *n.* 固定物, (pl.)驻车 ‖ **stationariness** *n.*

stationer ['steɪʃənə] *n.* 文具(用品)商,出版商

stationery ['steɪʃənərɪ] *n.*; *a.* 文具(的),信纸(常配有信封)

statism ['steɪtɪzm] *n.* 控制误差,中央集权下的经济统制

statist ['steɪtɪst] *n.* 统计员,统计学家

statistic [stəˈtɪstɪk]❶ *a.* (典型的,样本)统计量,样本函数,统计表中的一项 ❷ *a.* =statistical

statistical [stəˈtɪstɪkəl] *a.* 统计(上,学)的 ‖ **-ly** *ad.*

statistician [stætɪsˈtɪʃən] *n.* 统计员,统计学家

statistics [stəˈtɪstɪks] *n.* 统计(学,资料)

statitron ['steɪtɪtrɒn] *n.* 静电型高电压发生装置,静电加速〔振荡,发生〕器

statmho ['stætməʊ] *n.* 静电姆欧

statocone ['stætəkəʊn] *n.* 平衡锥

statocyst ['stætəsɪst] *n.* 平衡器,平衡囊,平衡胞

statohm ['stætəʊm] *n.* 静电欧姆

statokinetic [stætəkaɪˈnetɪk] *a.* 平衡运动的

statolith ['stætəlɪθ] *n.* 耳石〔囊〕,听石,平衡石

statometer [stəˈtɒmɪtə] *n.* 静电荷计

stator ['steɪtə] *n.* 定子,固定片,(电容器)定片,导叶,(汽轮机)汽缸,机体

statoreceptor [ˌstætərɪˈseptə] *n.* 平衡感受器

statoscope ['stætəskəʊp] *n.* 微动气压计,变压计,灵敏高度表

statosphere ['stætəsfɪə] *n.* 中心体〔球〕

statospore ['stætəspɔː] *n.* 内生孢子,休眠孢子

statuary ['stætjʊərɪ]❶ *n.* 雕塑艺术,雕刻家,雕像 ❷ *a.* 雕塑(用)的

statue ['stætjuː]❶ *n.* 雕〔塑,铸〕像 ❷ *vt.* 用雕像装饰

statuesque [ˌstætjʊˈesk] *a.* ①雕像一样的,不动的 ②轮廓清晰〔优美〕的

statuette [ˌstætjʊˈet] *n.* 小雕〔塑〕像

statunits ['stætjuːnɪts] *n.* 厘米-克-秒〔CGS〕静电制单位

statural ['stætjʊrəl] *a.* 身材的,身高的

stature ['stætʃə] *n.* ①身长〔高,材〕②(思想)境界,高度 ③才干,能力

status ['steɪtəs] *n.* 情况,状况〔态〕,本性,地位,资格 ☆ *status nascendi (nascent)* 初生态; *status (in) quo* (维持)现状; *status quo ante* 以前的状态,原状

statutable ['stætjutəbl] *a.* 法定的,规定的,法规的

statutably ['stætjutəblɪ] *ad.* 按章程规定

statute ['stætjuːt] *n.* ①法令〔规〕②章程,规定〔则〕,条例

statutebook ['stætjuːtbʊk] *n.* 法令汇编〔全书〕

statutory ['stætjutərɪ] *a.* 法定的,法规的,(有关,依照)法令的

statvolt ['stætvəʊlt] *n.* 静电伏特

staubosphere ['stɔːbəsfɪə] *n.* 【气】尘圈,尘层

staunch [stɔːntʃ]❶ *vt.* ①制止(出血,…的流动),止血 ②密封 ③止住 ❷ *a.* ①坚固的,密封的 ②坚定〔强〕的,忠诚的 ‖ **~ly** *ad.* **~ness** *n.*

staurolite ['stɔːrəlaɪt] *n.* 十字石

stauroscope ['stɔːrəskəʊp] *n.* 十字镜 ‖ **stauroscopic** *a.*

stave [steɪv]❶ *n.* ①狭〔侧,桶〕板,凹形长板,板条 ②(车)辐,棒 ③梯级(横木)④五线谱,谱表 ❷ (staved 或 stove) *v.* ①装狭板〔梯级〕②凿穿,敲破 ③压〔扁,压车 ☆ *stave in* 凿孔(于),凿穿,打扁; *stave off* 避免,阻止,挡开,延缓

staves [steɪvz] staff 或 stave 的复数

staving ['steɪvɪŋ]❶ *a.* ①伟大的,巨大的 ②强的,牢固的 ❷ *ad.* 很,格外,极端

stay [steɪ] *v.*; *n.* ①停〔逗〕留,保持(某位置,状态),停止 ②持续,坚持(到底),(有)耐力 ③固定,黏着,使刚性结合 ④支撑,撑条,加劲 ⑤拉线〔索,杆〕⑥防〔制〕止,抑制,延缓 ☆ *come (be here) to stay* 留下不走,扎下根来; *stay away* 外出,不平;

stay down 不上来; ***stay in*** 不外出; ***stay on*** 继续停留; ***stay out*** 待在户外,待到…的结束; ***stay put*** 装牢,(留在)原位不动; ***stay up*** 支撑住,不睡觉; ***stay with*** 没有超出…(范围),围绕着…(来谈);与…并驾齐驱 〖用法〗在其后面有形容词时,它成为连系动词了,意为"保持"。如:In this case, the output stays high.在这种情况下,输出保持高电位。

staybelite ['steɪbəlɪt] *n.* 氢化松香(商品名)

Staybrite ['steɪbraɪt] *n.* 镍铬耐蚀可锻钢

stayer ['steɪə] *n.* ①支持者,支撑物 ②逗留者 ③阻止物 ④有耐力的人

stayguy ['steɪgaɪ] *n.* 拉线

staying ['steɪɪŋ] *n.* ①拉(线) ②撑,紧固 ③刚性结合〔连接〕

stead [sted]❶ *n.* ①代(替) ②有用,有帮助 ❷ *vt.* 对…有用〔有帮助〕☆***in one's stead*** 代替…; ***in (the) stead of*** 代替,而不,不…而(=instead of); ***stand... in good stead*** 对…很有用〔很有帮助〕

steadfast ['stedfɑ:st] *a.* 固定的,坚定的,不动摇的 ☆ ***be steadfast to*** 对…坚定不移 ‖ ~**ly** *ad.* ~**ness** *n.*

steadier ['stedɪə] *n.* 支架,底座

steadily ['stedɪlɪ] *ad.* ①稳固地,平稳地 ②不断地,始终(如一地),总是

steadiness ['stedɪnɪs] *n.* ①稳固性,稳定度 ②定常,平衡,始终如一 ③常定度

steading ['stedɪŋ] *n.* 小农场,农庄,农场的建筑物

steadite ['stedaɪt] *n.* 斯氏体,磷化物共晶体

steady ['stedɪ]❶ *a.* ①稳定的,恒定的,坚固的,扎实的 ②稳态的,定常的 ③固定的,不变的 ④持〔连〕续的,始终如一的 ❷ *ad.* ①稳固地 ②照直走 ❸ *v.* (使)稳固,(使)坚固 ❹ *n.* 固定中心架 ☆ ***steady A on B*** 把A固定在B上,使A扶住〔把牢〕B

steal [sti:l]❶ (stole, stolen) *v.* 偷,盗窃,偷偷进行 ❷ *n.* 偷窃,不正常的政治交易 ☆***steal away*** 溜掉; ***steal into*** 潜入

stealer ['sti:lə] *n.* 偷取者,【航海】合并列板

stealing ['sti:lɪŋ] *n.;a.* (有)偷窃行为的(的),赃物

stealth [stelθ] *n.* 偷偷,暗中 ☆***by stealth*** 秘密地,暗中,偷偷地

stealthy ['stelθɪ] *a.* 偷偷的,暗中的,秘密的 ‖ **stealthily** *ad.*

steam [sti:m]❶ *n.* ①(蒸)汽,雾,蒸汽压力 ②精力 ③轮船 ❷ *v.* ①蒸,通入蒸汽,冒蒸汽,转变为汽 ②蒸汽加工 ③用蒸汽动力开动,航行 ☆***at full steam*** 放足蒸汽,开足马力; ***blow (let) off steam*** 放掉多余的蒸汽,花掉多余的精力; ***gather steam*** 积聚蒸汽,高涨; ***get up steam*** 冒水蒸气,加热锅炉,加大(锅炉)的汽压,振作(精神),奋发; ***put on steam*** 使劲,加油; ***steam away*** 冒汽,蒸发,驶出,(工作)做得快; ***steam in*** 驶入; ***steam off*** 驶出; ***steam out*** 吹汽,蒸汽吹出(清除); ***steam up*** 使有蒸汽,促进;航行于; ***under steam*** 借助蒸汽动力推动着,在航行中

steamboat ['sti:mbəut] *n.* 轮船,汽船

steamboiler ['sti:mbɔɪlə] *n.* 蒸汽锅炉,汽锅

steamer ['sti:mə] *n.* ①轮船,汽船 ②锅炉,蒸汽发生器 ③汽蒸器 ④蒸汽车,蒸汽机

steaminess ['sti:mɪnɪs] *n.* 汽状,冒蒸汽

steaming ['sti:mɪŋ] *n.* 汽蒸,蒸烘,蒸汽处理,汽化

steamroll ['sti:mrəul] *v.* ①用压路机碾压 ②用高压压倒,粉碎 ③以不可抗拒之势前进

steamroller ['sti:mrəulə]❶ *n.* ①蒸汽压路机 ②高压力量〔手段〕 ❷ *v.* ①用压路机把…压平 ②以势压倒

steamship ['sti:mʃɪp] *n.* 轮船,汽船

steamtight ['sti:mtaɪt] *a.* 汽密的

steamtightness ['sti:mtaɪtnɪs] *n.* 汽密性

steamy ['sti:mɪ] *a.* 蒸汽(多,似)的,潮湿的,雾重的

steapsin [stɪ'æpsɪn] *n.* 胰脂酶

stearaldehyde [stɪərɔ:ldhaɪd] *n.* 硬脂醛,十全(完)醛

stearate ['stɪəreɪt] *n.* 硬脂酸盐〔酯〕

stearic [stɪ'ærɪk] *a.* (似)硬脂的,似硬脂的

steargillite [stɪə'dʒɪlaɪt] *n.* 蜡蒙脱石

stearin(e) ['sti:ərɪn] *n.* 硬脂(精,酸),三硬脂精,甘油(三)硬脂酸酯

stearinery ['stɪərɪnərɪ] *n.* 硬脂制造业

stearodiolein [,stɪərəudaɪ'əulɪɪn] *n.* 甘油硬脂酸二油酸酯

stearodipalmitin [,stɪərəudaɪ'pɔ:lmɪtɪn] *n.* 甘油二棕榈酸硬脂酸酯

stearol ['stɪərol] *n.* 油脂剂

stearoptene [stɪə'rɒptɪn] *n.* 硬脂萜

steatite ['stɪətaɪt] *n.* 冻石,(块)滑石

steatolysis [stɪə'tɒlɪsɪs] *n.* 脂肪分解

steatoma [stɪə'təumə] *n.* 脂肪瘤

steatorrhea [,stɪətə'ri:ə] *n.* 脂肪痢,脂溢

steatosis [stɪə'təusɪs] *n.* 脂肪变性,皮脂腺病

stechiometric [,stekɪə'metrɪk] *a.* 化学计算的,化学数量〔当量〕的

stechiometry [,stekɪ'ɒmɪtrɪ] *n.* 化学计算法〔计量学〕

stecometer [ste'kɒmɪtə] *n.* 自动记录立体量测仪

steel [sti:l]❶ *n.* ①钢 ②(pl.)钢种〔号〕③炼钢工业 ❷ *a.* ①钢(制)的,钢铁业的 ②坚硬的,钢铁般的 ❸ *vt.* ①使冷锻炼 ②钢化,给…包上钢,用钢焊上 ③使…像钢铁,使坚硬 ☆***(as) true as steel*** 绝对可靠

steeleite ['sti:laɪt] *n.* 反沸石

steelify ['sti:lɪfaɪ] *vt.* 炼(铁)成钢

steeliness ['sti:lɪnɪs] *n.* 钢状,无情,钢铁般

steeling ['sti:lɪŋ] *n.* 镀钢,钢化作用

steelmaking ['sti:lmeɪkɪŋ] *n.* 炼钢

Steelmet ['sti:lmet] *n.* 铁系烧结机械零件合金

steeloscope ['sti:ləskəup] *n.* 钢用光谱仪

steelwork ['sti:lwɜ:k] *n.* 钢制件〔品〕,钢结构,钢铁工程,(pl.)炼钢厂

steelworker ['sti:lwɜ:kə] *n.* 钢铁〔炼钢〕工人

S

steely ['sti:lɪ] a. 钢(制,包)的,含〔似〕钢的,钢铁般的

steelyard ['sti:ljɑ:d] a. (吊,提,杆)秤

steep [sti:p]❶ a. ①陡的,险阻的,急剧(升降)的 ②过分的,不合理的,难以接受（做到）的 ❷ v. ①浸,泡 ②包覆,笼罩,遍及 ③(使)埋头,精通 ❸ n. ①陡坡,悬崖 ②大锥度 ③浸渍(液),泡 ☆ **be steeped in** 或 **steep oneself in** 埋头于,沉浸于,钻研

steepen ['sti:pən] v. (使)变陡峭

steeper ['sti:pə]❶ n. 浸渍器,浸渍者 ❷ a. 较陡的

steeple ['sti:pl] n. 尖塔,尖顶

steepled ['sti:pld] a. 尖塔形的,装有尖顶的

steeplejack ['sti:pldʒæk] n. 烟囱〔尖塔〕修建工人,高空作业工人

steepletop ['sti:pltɒp] n. 尖塔状顶部

steeplifting ['sti:plɪftɪŋ] n. 垂直提升

steeply ['sti:plɪ] ad. 陡峭地

steepness ['sti:pnɪs] n. ①陡度,斜度,斜率 ②互导

steepy ['sti:pɪ] a. 陡峭的

steer [stɪə]❶ v. ①驾驶,操纵,掌舵,向…行驶〔进行〕②指〔引〕导,取向,调整 ❷ n. ①建议,忠告 ②驾驶指令,驾驶设备 ☆**steer a steady course** 稳步前进; **steer by** 躲过; **steer clear of** 机灵地脱离〔逃脱〕,避开; **steer down** (下)沉,下潜; **steer (A) for B** (把A)(驶)向B,(使A)转向B; **steer one's way** 决定路线,驶向; **steer past** 躲开,避开; **steer (A) to (towards) B** (把A)开〔驶〕向B,(使A)转向B; **steer up** (上)浮

steerability [stɪərə'bɪlɪtɪ] n. 可操纵〔驾驶〕性,可控(制)性

steerable ['stɪərəbl] a. 可（易）驾驶的,可（易）操纵的,可控(制)的,可调(整)的

steerage ['stɪərɪdʒ] n. ①驾驶,操纵,掌舵,领导 ②舵(的)效(力) ③驾驶设备 ④三等舱 ☆**go with easy steerage** (船)容易操纵

steerageway ['stɪərɪdʒweɪ] n. 舵〔航〕效速率

steering ['stɪərɪŋ] n. ①驾驶,操纵(方向),控制,掌舵,调整 ②指〔引〕导

steersman ['stɪəzmən] n. 舵手,驾驶员

steersmanship ['stɪəzmənʃɪp] n. 操纵〔驾驶〕术

steeve [sti:v]❶ n. ①吊杆,起重桅 ②斜桅仰角 ❷ v. ①用起重桅装(货),把…装入舱内 ②(使)(船首纵桅)倾斜

stegnosis [steg'nəʊsɪs] n. 收缩,狭窄

stegnotic [steg'nɒtɪk] a. 缩窄的,狭窄的,收敛的

steining ['staɪnɪŋ] n. 井内砌圈

stele [sti:l] n. ①石碑（柱）,中心柱,建筑物或岩石上准备刻字的平面,【植】中柱

stellar ['stelə] a. ①星的,恒星的,天体的 ②主要的,显著的

stellarator ['steləreɪtə] n. 仿星器

stellarite ['stelərɑɪt] n. 土沥青

stellate(d) ['steleɪtɪd] a. 星形的,放射形的 ‖ **-ly** ad.

stellerin ['stelərɪn] n. 狼毒苷

stelliform ['stelɪfɔ:m] a. 星形的

stellify ['stelɪfaɪ] vt. 使成星状

stellite ['stelaɪt] n. 斯太立特硬质合金,钨铬钴(硬质)合金

stelloid ['stelɔɪd] n.【数】星散线

stellular ['steljʊlə], **stellulate** ['steljʊleɪt] a. 小星形的,呈星形放射的,布满星状物的

stem [stem]❶ n. ①杆,棒,柄,柱,(花)梗,树干 ②(千分尺)套筒,(温度计等)枢轴,(表的)转柄 ③(管)茎,排气管,(电子管)芯柱 ④堵塞物,坝,止住 ⑤船头,头部 ⑥血统,家系,支派,母体;词干 ❷ (stemmed;stemming) ①发生于,起源于 ②防止,遏制,堵住 ③逆(风)航行,抵抗 ④装上柄 ☆ **from stem to stern** 从(船)头到(船)尾,到处,完全; **stem first** 船首朝前; **stem from (out of)** 由…发生〔产生,引起〕;出身于

〖用法〗Connecting the brain stem to the rest of the body is the spinal cord. 使大脑茎部与人体其他部分相连的是脊髓。(本句属于"分词短语+助动词 is (are)+主语"型倒装句。)

stemmed [stemd] a. 装有…柄的

stemmer ['stemə] n.【矿】炮棍,塞药棒,导火线留孔针

stemming ['stemɪŋ] n. 填〔堵〕塞(物),炮眼封泥

stemple ['stempl] n.【矿】(用作梯级的)井筒内横木,嵌入梁

stench [stentʃ]❶ n. 臭气,恶臭 ❷ v. 放臭气,(使)发恶臭

stenchful ['stentʃfʊl] a. 充满恶臭的

stenchy ['stentʃɪ] a. 恶臭的

stencil ['stensl]❶ n. ①(镂花)模板,型板,模版,镂印板 ②(用模板、蜡纸印出的)文字,图案,标志 ③(油印)蜡纸 ❷ (stencil(l)ed; stencil(l)ing) vt. 用模板〔蜡纸〕印刷,打印,标志

stencile ['stensaɪl] n. 钢印

stencil(l)er ['stensələ] n. 用模板印刷者,刻蜡纸者

stencilling ['stensəlɪŋ] n. ①型板喷刷,蜡纸印刷 ②型〔模,镂字〕板

stenochromy [ste'nɒkrəmɪ] n. 彩色一次印刷法

stenograph ['stenəgrɑ:f]❶ n. (用)速记文字(写成的东西),速记(打字)机 ❷ vt. 速记,用速记文字报道

stenographer [ste'nɒgrəfɪ] n. 速记员

stenographic(al) [ˌstenə'græfɪk(əl)] a. 速记(法)的 ☆**take stenographic notes of** 把…速记下来

stenographist [ste'nɒgrəfɪst] n. 速记员

stenography [ste'nɒgrəfɪ] n. 速记(法,术)

stenohaline [ˌstenə'heɪlaɪn] a.; n. 狭盐性的,狭盐性生物

stenohalinity [ˌstenəheɪ'lɪnɪtɪ] n. 狭盐性

stenooxybiont [ˌstenəɒksɪ'baɪənt] n. 狭酸性生物

steno(o)xybiotic [ˌstenɒksɪbɑɪ'ɒtɪk] a. 狭酸性的,狭酸生的

stenophagous [ˌstenə'feɪɡəs] a. 狭食性的

stenophagy [stə'nɒfədʒɪ] n. 狭食性

stenoplasticity [,stenəplæs'tɪsɪtɪ] *n.* 狭塑性

stenosation [,stenə'seɪʃən] *n.* 黏液纤维的加强抗张处理

stenose [stɪ'nəus] *vt.* 使狭窄

stenosis [stɪ'nəusɪs] *n.* (器官)狭窄

stenotherm ['stenəθɜ:m] *n.* 狭温动物,狭温种

stenothermal [,stenə'θɜ:məl], **stenothermic** [stenə'θɜ:mɪk] *a.; n.* 狭温性的;狭温动物

stenothermophile [,stenə'θɜ:məfaɪl] *n.* 嗜高温生物

stenothermy ['stenəθɜ:mɪ] *n.* 狭温性

stenotopic [,stenə'tɒpɪk] *a.* (生物)狭分布的

stenotype ['stenətaɪp]❶ *n.* 按音速记的字母(组合),按音速记机 ❷ *vt.* 按音速记

stenotypist ['stenətaɪpɪst] *n.* 按音速记机操纵者,按音速记员

stenotypy ['stenətaɪpɪ] *n.* 按音速记术

stent [stent]❶ *n.* 展伸,展幅 ❷ *a.* 扩张的,伸长的,绷紧的

stenter ['stentə]❶ *n.* 展幅机 ❷ *vt.* 展伸,展幅

Stentor ['stentə] *n.* 喇叭(纤)虫属

stentorian [sten'tɔ:rɪən] *a.* 高声(音)的,声音(极)洪亮的

stentorophonic [,stentərə'fɒnɪk] *a.* 声音响亮的

stentorphone ['stentəfəun] *n.* 强力(大功率)扩声器

step [step]❶ *n.* ①步(幅,长,数位),跨距,间隔,(小)挡,落差,一梯级的高度 ②(梯,等)级,(台,梯)阶,阶梯状,阶跃,踏级(板),(pl.)活梯,一段楼梯,地势起伏的阶地 ③步骤,阶段,手段 ④轴承(瓦) ⑤同步性 ⑥榫接 ❷ *a.* 分段(步,级)的,阶状(跃,梯)的,逐步的,间断的,步进的 ❸ *v.* ①举步,跨(入),踏(上),(用脚)步测(量) ②使成梯级(状) ③逐步(分段)安排,阶跃 ☆ *a (big, long) step toward(s)* 朝…迈进一(大)步; *(a pair of) steps* 折梯; *be a step in the right direction* 朝正确方向迈出(前进)了一步; *be but (only) a step to* 离…近在咫尺; *be in step with* 与…同步(相一致); *be out of step with* 与…不同步(步调不一致); *break (fall, get, pull) out of step with* 与…变得不同步,失步; *bring (pull)... into step* 使…同步(步调一致); *come (pull) into step* 达到同步(步调一致); *fall into step* 进入同步; *follow in one's steps* 步…的后尘,学习…的榜样; *go a step further* 更深入一步; *grade A in steps of B* 把A每隔B分一等级; *in small steps* 一小步一小步地,一点一点地; *in step* 同步,合拍; *in steps* 逐步地; *in steps of* 以…为一级; *keep (in) step with* 与…保持同步(步调一致),与…的(角)速度一致; *keep step* 保持同样的步伐(速度); *make (take) a false step* 走错一步,失策; *make a long step towards* 朝…迈进一大步; *make (take) a step forward* 前进一步; *out of step* 不同步,不合拍; *step and step* 步进式; *step by step* 逐步,步进地(的,式),循序渐进,

切切实实地; *step for step* 一步对一步地,用同样步调; *stay in step with* 与…相一致(保持协调); *take a rash step* 急躁,做错,失策; *take steps to (do)* 设法(做); *tread in the steps of* 或 *tread in one's steps* 仿效,跟…的脚步走; *turn one's steps to (towards)* 转而做; *step across* 横穿; *step along* 走开,动身离开; *step aside* 走到一旁,避开,让位置给别人,离开本题,走错路; *step back* 后退一步,跳返,回顾; *step down* 降低〔电压〕,下降,下台,辞职; *step down to* 降到,减少到; *step forward* 走向前; *step in* 进去,插手; *step into one's shoes* 接替…(位置); *step off* 步测;失策; *step on* 踩,(汽车)加速; *step on the gas* 踩油门,加快马力; *step out* 疾走;步测;失调; *step over* 跨(横穿)过; *step to* (跃)变到; *step up* 升高(电压),促进,加速,(逐步)增加; *step up to* 增加到,趋近; *step upstairs* 上楼梯

〖用法〗❶ 注意科技文章中的一个常见句型:We would like to go one step further and differentiate the unit step function. 我们下面要来微分该单位阶跃函数。❷ 该词可以后跟 in。如:The first important step in solving the synchronization problem is to formulate the log-likelihood function for the carrier phase θ. 解决同步问题的重要的第一步是确立载波相位 θ 的对数似然函数。❸ 注意下面例句中该词的含义:For an N-flip-flop circuit the input frequency is divided by 2^N in steps of 2. 对于N型触发器电路来说,输入频率被2^N进行分频,每一挡为2。/The test will be performed in 1 MHz steps. 测试是每挡按1兆赫来进行的。❹ 注意日常英语中的一个句型:One more step and we'll shoot. 你再向前进一步,我们就要开枪了。("One more step + and"等效于"If you go one more step (forward)"。)

stepbrother ['stepbrʌðə] *n.* 异父(母)兄弟

stepchild ['steptʃaɪld] *n.* 夫(妻)和前妻(夫)所生的子女

stepfather ['stepfɑ:ðə] *n.* 继父

Stephanian ['sti:fænɪən] *n.* (上石纪)斯蒂芬世

stephanine ['stefənaɪn] *n.* 千金藤碱

stephanite ['stefənaɪt] *n.* 脆银矿

stepladder ['steplædə] *n.* 活梯,梯凳

steplength ['steplenθ] *n.* 步长

stepless ['steplɪs] *a.* 无级的,连续的,平滑的

stepmother ['stepmʌðə] *n.* 继母

stepmotor ['stepməutə] *n.* 步进电动机

stepney ['stepnɪ] *n.* (汽车)备用轮(胎),备胎

stepout ['stepaut] *n.* 失调,失步,时差

steppe [step] *n.* (大)草原

stepped [stept] *a.* 有台阶(阶梯)的,分级的,阶梯的,成梯形的,阶梯式的,多级的,步进的

stepper ['stepə] *n.* 分挡器

stepping ['stepɪŋ] *n.* ①步进,分级,分段 ②透镜天线相位前沿的平衡 ③(指令)改变

stepstone ['stepstəun] n. 楼梯石级

stepstress ['stepstres] n. 步进（级增）应力

steptoe ['steptəu] n. 岩流竖趾丘

stepwise ['stepwaiz] a.;ad. 逐步（的）,分段（的）,阶式的

sterad ['steræd], **steradian** [sti'reidiən] n. 立体弧度,球面（角）度（立体角单位）

steradiancy [stə'reidiənsi] n. 球面发射强度

sterance ['sterəns] n. 立方角密度

stercobilin [,stɜːkəu'bailin] n. 粪（后）胆色素

stercobilinogen [,stɜːkəubili'nɒdʒən] n. 粪（后）胆色素原

stercorin ['stɜːkərin] n. 粪甾醇

stercorolith ['stɜːkərəuliθ] n. 粪石

stere [stiə] n. 立方米

stereo ['stiəriəu] ❶ n. ①立〔实〕体 ②立体声（系统,收音机）,立体音响设备〔效果〕③体视 ④立体照片,立体镜照相术 ⑤铅版（制版法）⑥陈规,旧框框 ❷ a. ①立体（声）的 ②体视（镜）的 ③用铅版印的 ④老一套的

stereoacuity [,stiəriə'kjuːiti] n. 体视敏度

stereoautograph [,stiəriə'ɔːtəgrɑːf] n. 体视绘图仪,自动立体测图仪

stereobase ['stiəriəbeis] n. 立体基线

stereobate ['stiəriəbeit] n. 土台,基础,无柱底基 ‖ **stereobatic** a.

stereocamera [,stiəriə'kæmərə] n. 立体摄像〔影〕机

stereocartograph [,stiəriə'kɑːtəgrɑːf] n. 立体测图仪

stereochemical [,stiəriə'kemikəl] a. 立体化学的 ‖ **stereochemically** ad.

stereochemistry [,stiəriə'kemistri] n. 立体化学

stereocomparator [,stiəriəkəm'pærətə] n. 体视〔立体〕比较仪,立体坐标量测仪

stereocompilation [,stiəriəkəmpai'leiʃən] n. 立体测图

stereocopolymer [,stiəriəkəu'pɒlimə] n. 立体共聚物

stereoeffect [,stiəriəi'fekt] n. 立体效应

stereofluoroscopy [,stiəriəfluə'rɒskəpi] n. 立体荧光法

stereogoniometer [,stiəriəgɒni'ɒmitə] n. 立体〔体视〕量角仪

stereogram ['stiəriəgræm] n. ①实体〔立体,体视,视觉〕图,极射（赤面投影）图 ②立体〔体视〕照片

stereograph ['stiəriəgrɑːf] ❶ n. 立体平面图,实体镜画,双眼镜照相,立体〔体视〕照片 ❷ vt. 摄制…的立体照片 ‖ **stereographic(al)** a.

stereography [,stiəri'ɒgrəfi] n. 立体平画法,立体摄影术

stereoisomer [,stiəriəu'aisəmə] n. 立体异构体 ‖ **stereoisomeric** a.

stereoisomeride [,stiəriəu'isɒməraid] n. 立体异构体

stereoisomerism [,stiəriəu'isɒmərizm] n. 立体异构（现象）,几何（化学）异构现象

stereology [,stiəri'ɒlədʒi] n. 体视学

stereomer [,stiəri'əumə] n. 立体异构体 ‖ **stereomeric** a.

stereomeride [,stiəri'əuməraid] n. 立体异构体

stereometer [,stiəri'ɒmitə] n. ①体积计,比重计,立体（体视,视差）测量仪,视差测图镜

stereometric(al) [,stiəriə'metrik(əl)] a. 测体积的,立体的

stereometrograph [,stiəriə'metrəgrɑːf] n. 立体测图仪

stereometry [,stiəri'ɒmitri] n. 测体积术〔学〕,立体测量学,立体几何（学,测量）

stereomicrometer [,stiəriəmai'krɒmitə] n. 立体测微器

stereomicroscope [,stiəriə'maikrəskəup] n. 体视（立体）显微镜

stereomicroscopy [,stiəriəmai'krɒskəupi] n. 立体显微术

stereomodel [,stiəriə'mɒdl] n. 立体模型

stereomotor ['stiəriəməutə] n. 带永磁转子的电动机

stereomutation [,stiəriəmjuː'teiʃən] n. 立体（体积）改变

stereooptics [,stiəriə'ɒptiks] n. 立体光学

stereopair ['stiəriəpeə] n. 立体照片对

stereophenomenon [,stiəriəfi'nɒminən] n. 体视现象

stereophone ['stiəriəfəun] n. 立体声耳机

stereophonic [,stiəriə'fɒnik] a. 立体声的,立体音响的

stereophony [,stiəri'ɒfəni] n. 立体声,立体音响（效果）

stereophotogrammeter [,stiəriəfəutəu'græmitə] n. 立体照相测量仪

stereophotogrammetry [,stiəriəfəutəu'græmitri] n. 立体摄影（照相）测量（学,术）

stereophotograph [,stiəriə'fəutəugrɑːf] n. 立体照片〔相〕

stereophotography [,stiəriəfə'tɒgrəfi] n. 立体摄影术,立体照相学〔术〕,体视照相术

stereophotometer [,stiəriəfə'tɒmitə] n. 立体光度计

stereophotomicrograph [,stiəriəfəutə'maikrəgrɑːf] n. 立体显微照片

stereophotomicrography [,stiəriəfəutə'maikrəgrɑːfi] n. 立体显微照相术

stereophysics [,stiəriə'fiziks] n. 立体物理学

stereoplanigraph [,stiəriə'plænigrɑːf] n. 精密立体测图仪,立体伸缩绘图仪

stereoplotter ['stiəriəplɒtə] n. 立体绘图（测图）仪,立体影像绘制仪

stereoprojection [,stiəriəprə'dʒekʃən] n. 立体〔球面〕投影

stereopsis [,stɪərɪˈɒpsɪs] *n.* 立体观测,体视

stereopticon [,stɪərɪˈɒptɪkən] *n.* 立体幻灯机,投影放大器

stereoptics [,stɪərɪˈɒptɪks] *n.* 立体摄影光学,体视光学

stereoradioscopy [,stɪərɪəreɪdɪˈɒskəpɪ] *n.* 立体射线检查法

stereoregular [,stɪərɪəˈregjulə] *a.* 有规立构的

stereoregularity [,stɪərɪərəgjuˈlærɪtɪ] *n.* 立构规整性

stereorubber [,stɪərɪəˈrʌbə] *n.* 有规立构橡胶

stereoscope [ˈstɪərɪəskəup] *n.* 体视镜,立体显微镜,双眼照相镜,立体照相机 ‖ **stereoscopic(al)** *a.* 〖用法〗注意下面例句的含义:A *stereoscope* is an instrument through which can be seen two pictures of the same scene. 体视镜是通过它能够看到同一景物的两种图像的一种仪器。(以"through which"开头的定语从句是"介词短语+被动语态谓语+主语"型倒装句。)

stereoscopy [,stɪərɪˈɒskəpɪ] *n.* 体视(学,术,法),立体观测

stereoselective [,stɪərɪəsɪˈlektɪv] *a.* 立体有择的

stereoselectivity [,stɪərɪəsɪlekˈtɪvɪtɪ] *n.* 立体选择性

stereosimplex [,stɪərɪəˈsɪmpleks] *n.* 简单立体测图仪

stereoskiagraphy [,stɪərɪəˈskɪəgrɑːfɪ] *n.* 体视〔立体〕X光照相术

stereosonic [,stɪərɪəuˈsɒnɪk] *a.* 立体声的

stereospecific [,stɪərɪəspɪˈsɪfɪk] *a.* 立体有择的,立体定向的

stereospecificity [,stɪərɪəspɪsɪˈfɪsɪtɪ] *n.* (立体)定向性,立体规整性,立体特异〔专一〕性

stereosphere [ˈstɪərɪəusfɪə] *n.* 【地质】坚固界

stereotape [ˈstɪərɪəuteɪp] *n.* 立体声磁带〔录音带〕

stereotaxis [,stɪərɪəuˈtæksɪs] *n.* 趋触性,趋实体性

stereotelemeter [,stɪərɪəutɪˈlemɪtə] *n.* 立体遥测仪

stereotelescope [,stɪərɪəuˈtelɪskəup] *n.* 体视〔立体〕望远镜

stereotelevision [,stɪərɪəuˈtelɪvɪʒən] *n.* 立体电视

stereotemplet [,stɪərɪəuˈtemplɪt] *n.* 立体模片

stereotheodolite [,stɪərɪəˈθiːədəlaɪt] *n.* 体视经纬仪

stereotome [ˈstɪərɪətəum] *n.* 立体图片

stereotomist [,stɪərɪˈɒtəmɪst] *n.* 实体解剖师

stereotomy [,stɪərɪˈɒtəmɪ] *n.* 实体物切割术,切石法

stereotope [ˈstɪərɪətəup] *n.* 立体地形仪

stereotopochemistry [,stɪərɪətopəˈkemɪstrɪ] *n.* 立构局部化学

stereotopograph [,stɪərɪəˈtopəgrɑːf] *n.* 立体地形测图仪

stereotopography [,stɪərɪətɒˈpɒgrəfɪ] *n.* 立体地形测量学

stereotriangulation [,stɪərɪətraɪæŋgjuˈleɪʃən] *n.* 空中三角测量

stereotropism [,stɪərɪˈɒtrəpɪzm] *n.* 向触性,向〔亲〕实体性

stereotype [ˈstɪərɪəutaɪp] ❶ *n.* ①铅版(制造,制版法,印刷) ②定型,陈规,旧框框 ❷ *a.* ①铅版(印刷)的 ②老一套的,定型的 ❸ *vt.* ①浇铅版,刻版,用铅版印刷 ②使定型,把…弄得一成不变 ③对…产生成见

stereotyped [ˈstɪərɪəutaɪpt] *a.* ①用铅版印的 ②老一套的,已成陈规的,固定不变的

stereotyper [ˈstɪərɪəutaɪpə] *n.* 铸版工人,浇铸铅版者

stereovectograph [,stɪərɪəˈvektəgrɑːf] *n.* 偏振立体图

stereovision [ˈstɪərɪəuvɪʒən] *n.* 立体〔实体〕视觉,立体观察

steric [ˈsterɪk] *a.* 立体的,空间(排列)的,位的 ‖ **sterically** *ad.*

stericooling [ˈsterɪkuːlɪŋ] *n.* 空间冷却

steride [ˈsteraɪd] *n.* 甾族化合物,类固醇(化合物)

sterigma [ˈsterɪgmə] (pl. sterigmata) *n.* 小梗,担子柄

sterigmate [ˈsterɪgmeɪt] *a.; n.* 小梗上生的;第二列(小梗)

sterilamp [ˈsterɪlæmp] *n.* 灭菌灯

sterile [ˈsteraɪl] *a.* ①不能繁殖〔结果〕的,不肥沃的,不毛的,贫瘠的 ②无菌的,消过毒的 ③无结果的,无效(果)的 ④枯燥无味的,缺乏独创性的

sterility [steˈrɪlɪtɪ] *n.* ①不能繁殖〔结果〕,不孕〔育〕,不毛 ②无菌,消毒 ③无结果,无效

sterilization [,sterɪlaɪˈzeɪʃ ən] *n.* 消毒,灭〔杀〕菌(作用),绝育

sterilize [ˈsterɪlaɪz] *vt.* ①使不毛,使绝育 ②杀菌,把…消毒 ③消除 ④冻结,使不起作用,使无结果

sterilized [ˈsterɪlaɪzd] *a.* 无菌的,消毒的

sterilizer [ˈsterɪlaɪzə] *n.* 消毒器,消毒者

sterin [ˈsterɪn] *n.* 硬脂酸精,甘油硬脂酸酯

Sterlin [ˈstɜːlɪn] *n.* 斯特林铜镍锌合金

sterling [ˈstɜːlɪŋ] ❶ *a.* ①英币〔镑〕的,用英币支付〔计算〕的 ②纯(粹)的,纯银制的 ③货真价实的,合最高标准的,真正的,有价值的 ❷ *n.* 英国货币,标准纯银;破冰设备

Sterlite [ˈstɜːlaɪt] *n.* 斯特里特锌白铜

stern [stɜːn] ❶ *a.* ①严格〔肃,厉,峻〕的,苛刻的 ②坚决的,不动摇的 ❷ *n.* 船尾,尾部 ☆ *be stern in* 严格进行; *be stern to (with)* 对…严格〔严厉〕; *by the stern* 后部吃水比前部深的; *from stern to stern* 从(船)头到(船)尾,完全; *stern first (foremost)* 船尾朝前(航行) ‖ **-ly** *ad.*

sternalgia [stɜːˈnældʒɪə] *n.* 胸骨痛

sternforemost [,stɜːnˈfɔːməust] *ad.* 船尾向前地,笨拙地

sternmost [ˈstɜːnməust] *a.* 最后方〔面〕的,在船尾最后部的

sternpost [ˈstɜːnpəust] *n.* (船)尾柱

sternway [ˈstɜːnweɪ] *n.* (船)后退,倒驶

S

sterny ['stɜːnɪ] *a.* 粗粒的

steroid ['steroɪd] *n.* 甾族〔类〕化合物,类固醇

steroidal [ste'rɔɪdl] *a.* 甾族的

sterol ['sterɒl] *n.* 甾醇,甾醇

sterone ['stɪərəʊn] *n.* 甾酮,固酮

sterule ['steru:l] *n.* 无菌液瓶

stet [stet] ❶ *n.* (校对符号)表示"不删","保留" ❷ (stetted; stetting) *vt.* 对…加上表示"不删"的符号(英美常在被删的词下注上点线…或stet,相当于我国的△△△号。)

stethograph ['steθəɡrɑːf] *n.* 胸动描记器

stethoscope ['steθəskəʊp] ❶ *n.* 听诊器,金属探伤器 ❷ *vt.* (用听诊器)检查

stethoscopic(al) [ˌsteθə'skɒpɪk(əl)] *a.* (用)听诊器(听到)的 ‖ **~ally** *ad.*

stethoscopy [ste'θɒskəpɪ] *n.* 听诊法

stevedorage [ˌstiːvɪ'dɔːreɪdʒ] *n.* 码头工人搬运费

stevedore ['stiːvɪdɔː] ❶ *n.* 码头工人 ❷ *v.* 装货(上)船,从(船)上卸货,装卸(货物)

stew [stjuː] ❶ *n.* ①(电影)噪声 ②炖 ③热浴(室) ④混杂物 ❷ *v.* 拉拔时效硬化

steward ['stjʊəd] ❶ *n.* 管事者,乘务员,招待员,伙食〔财务〕管理员,(团体,公会等的)会计员 ❷ *v.* 做(…的)乘务员,管理

stewardess ['stjʊədɪs] *n.* 女乘〔服〕务员

sthene [sθiːn] *n.* 斯才恩(米吨秒制力的基本单位)

stiameter [stɪ'æmɪtə] *n.* (水银)电解计量器

stibate ['stɪbeɪt] *n.* 锑酸盐

stibial ['stɪbɪəl] *a.* (正,五价)锑的

stibialism ['stɪbɪəlɪzm] *n.* 锑中毒

stibiate ['stɪbɪeɪt] *n.* 锑酸盐

stibiated ['stɪbɪeɪtɪd] *a.* 含锑的

stibic ['stɪbɪk] *a.* 锑的

stibiconite ['stɪbɪkənaɪt] *n.* 黄锑矿

stibide ['stɪbaɪd] *n.* 锑化物

stibin(e) ['stɪbiːn] *n.* 锑化(三)氢

stibiopalladinite [ˌstɪbɪəʊ'pælədənaɪt] *n.* 锑钯矿

stibious ['stɪbɪəs] *a.* 含三价锑的

stibium ['stɪbɪəm] *n.* 【化】锑

stibnate ['stɪbneɪt] *n.* 锑酸盐

stibnic ['stɪbnɪk] *a.* 锑的

stibnide ['stɪbnaɪd] *n.* 锑化物

stibnite ['stɪbnaɪt] *n.* 辉锑矿

stibnous ['stɪbnəs] *a.* 亚锑的

stibonium ['stɪbənɪəm] *n.* 锑(指有机五价锑化合物)

stick [stɪk] ❶ *n.* ①棍,棒,杖,杆,手柄 ②(砂轮)整修棒 ③火药柱,圆材 ④集束炸弹 ⑤黏附,黏性 ⑥(建筑物)一部分,一件(家具) ❷ (stuck) *v.* ①黏,附住,胶黏,滞附 ②把…固定在,安置,堵塞,使停止,坚持 ③戳,扎,竖,伸(出),突出 ④晒相(片) ☆ *a stick of* 一条〔支,件,串〕; *get hold of the wrong end of the stick* 完全)误解,弄错; *stick back (forward)* 驾驶杆拉后〔推前); *stick of bombs* (向一个目标)连续投弹,集束炸弹; 森林地带,乡

间; *(the) stick and (the) carrot* 大棒与胡萝卜,软硬两手; *stick around* 徘徊,逗留; *stick at* 顾虑,迟疑,坚持,继续做; *stick at nothing* 什么也不顾虑; *stick down* 写上〔下),放下;黏住; *stick in* 添注,陷入,插入; *stick in the mud* 陷入泥中,进退维谷,很保守; *stick A into B* 把A插入B中; *stick on* 停留在,保持在…之上,黏上; *stick out* 伸出,触目,显眼; *stick out a mile* 一目了然; *stick out for* 坚持索取; *stick A over B* 把A黏在B上; *stick to* 黏到…上,附着;坚持,忠于;死抱住,拘泥于; *stick to (with) it* 坚持; *stick together* 黏在一起; *stick up* 突出,直立; *stick up for* 为…辩护,支持; *stick up to* 抗拒; *stick with* 不离开,被…牢记住

stickability [ˌstɪkə'bɪlɪtɪ] *n.* 黏着性

sticker ['stɪkə] *n.* ①尖刀,尖物,【机】凸面修型工具 ②黏结剂,(pl.) 黏结板,黏结印痕 ③背面有黏胶的标签〔封口),(磁)带头〔尾〕标记,反光标记 ④招贴,广告,贴招贴的人 ⑤滞销品 ⑥难题,费解的事物

sticking ['stɪkɪŋ] *n.* ①黏附(作用),黏着,焊合;阻塞,形成炉瘤;吸持,卡住〔死〕②晒相 ③趋稳性 ④刺,戳

stickle ['stɪkl] *vi.* ①坚持己见,强词夺理 ②犹豫

stickler ['stɪklə] *n.* ①坚持己见的人 ②难题,费解的事物

stickum ['stɪkəm] *n.* 黏性物质

sticky ['stɪkɪ] *a.* 黏的,胶黏的 ‖ **stickily** *ad.*

stiction ['stɪkʃən] *n.* 静摩擦,静态阻力

stiff [stɪf] *a.* ①刚(性)的,(坚)硬的 ②不易弯曲的,不易移动的,生硬的,顽固的 ③强烈的,极度的,陡峭的,费劲的 ④(胶)黏的,稠的,密实的

stiffen ['stɪfn] *v.* ①加劲,硬化,使硬 ②增强 ③使稠,使胶黏 ④使不易倾侧 ⑤变得费劲

stiffener ['stɪfnə] *n.* ①加劲杆,肋板 ②刚性元〔构〕件 ③硬化〔增稠〕剂

stiffening ['stɪfnɪŋ] *n.* 加固,补加刚性,刚性连接

stiffly ['stɪflɪ] *ad.* 刚性地,(坚,生)硬地

stiffness ['stɪfnɪs] *n.* ①刚性,韧性,坚硬性,倔强性,挺度 ②稠〔浓〕度 ③稳定〔抗扰〕性 ④陡峭

stifle ['staɪfl] *v.* (使)窒息,闷死〔熄),扑火,抑制,隐瞒

stifling ['staɪflɪŋ] *a.* 令人窒息的,气〔沉〕闷的 ‖ **~ly** *ad.*

stigma ['stɪɡmə] (pl. stigmas 或 stigmata) *n.* ①气孔〔门),眼点 ②耻辱,瑕疵,特征,翅痣 ③柱头

stigmastanol [stɪɡ'mæstənəl] *n.* 豆甾烷醇

stigmastenol [stɪɡ'mæstənəl] *n.* 豆甾烯醇

stigmasterol [stɪɡ'mæsterəʊl] *n.* 豆甾醇

stigmatic [stɪɡ'mætɪk] *a.* 共点的

stigmatiform [stɪɡ'mætɪfɔːm] *n.* 眼点形

stigmatism ['stɪɡmətɪzm] *n.* 消像散聚焦

stigmatize ['stɪɡmətaɪz] *vt.* 诬蔑,污辱,描绘成(as)

stigmator ['stɪɡmətə] *n.* 消像散器

stilb [stɪlb] *n.* 熙提(表面亮度单位)

stilbazo ['stɪlbəzəʊ] *n.* 二苯乙烯-4;芪偶氮

stilbene ['stɪlbiːn] n. 芪,均二苯代乙烯

stilbestrol [stɪl'bestrɒl] n. 乙烯雌酚

stilbmeter ['stɪlbmɪtə] n. 光亮度计

stile [staɪl] n. 窗挺,门挺,竖框;横路栅栏

still [stɪl] ❶ a. ①静止的,无声的,平静的 ②静物摄影的 ③没有活力的,不起泡的,不含气体的 ❷ n. ①(寂)静,静止(图像),无声 ②(电视)静片,剧照,静物摄像,静物画 ③蒸馏(器,室),酿酒场 ④通管丝,结探子 ❸ v. ①(使)静止,(使)平静,平定 ②蒸馏,蒸去 ❹ ad. ①还(有);仍然 ②(+比较级)更 ③可是还 ④(用作连接词)(虽然…)还是,还是要 ☆**still in force** 仍旧生效; **still later** 再晚一点; **still less**(表示否定)更少〔不〕,更不用说; **still more**(表示肯定)更多〔加〕,况且,进一步来说 〖用法〗❶ 当它表示"仍然"与not连用时它要处于其之前,否则要用yet。如:It is still not clear under what conditions it is that this method can be used. 仍然〔尚〕不清楚到底在什么情况下能够使用这一方法。/This chapter gives a more thorough presentation, still not requiring advanced knowledge of quantum theory. 本章作了更为透彻的描述,仍然不需要量子理论的高级知识。❷ "still another" 表示"又〔另〕一个",它一般用在提到一个又一个以后再提另一个时。如:The relationship between matter and energy will become evident in the study of physics in still another way. 物质和能量之间的关系在将来学习物理时以另一种方式会变得很明显。❸ 注意"some…, other…, still other…" 的表示法。如:Some circuits amplify minute voltage signals by factors of many million, while others increase the electric power of a signal in order to operate a mechanical device such as an electric motor; still other circuits amplify currents. 有一些电路把微小的电压信号放大千百万倍,而其它一些电路则提高信号的功率以便推动某个机械设备,例如电动机;还有一些电路是放大电流的。

stillage ['stɪlɪdʒ] n. ①釜馏物,釜馏 ②架,台,滑板输送器架

stillbirth ['stɪlbɜːθ] n. 死产〔胎〕

stillpot ['stɪlpɒt] n. 沉淀槽,蒸馏釜

stilt [stɪlt] n. ①高跷 ②支撑物 ③(装窑用)承坏架,耐火垫片

stimulant ['stɪmjʊlənt] ❶ a. 刺激(性)的 ❷ n. 兴奋剂,刺激物,酒

stimulate ['stɪmjʊleɪt] vt. 刺激,激励,促进,有助于

stimulation [ˌstɪmjʊ'leɪʃən] n. 刺激〔激励〕(作用),兴奋(作用),荧光放射增强

stimulative ['stɪmjʊleɪtɪv] a. 刺激的,激励的,促进的 ❷ n. 刺激(物品),兴奋剂,促进因素

stimulator ['stɪmjʊleɪtə] n. 激励器〔者〕,刺激器,激活剂,刺激物

stimuli ['stɪmjʊlaɪ] stimulus的复数

stimulin ['stɪmjʊlɪn] n. 刺激素,调理素

stimulus ['stɪmjʊləs] n. (pl. stimuli) n. 刺激(物,源),色刺激,激励〔源〕,激发剂,促进因素,(pl.)色质 ☆

a stimulus to... 对…的刺激〔激励〕; **provide (give) a stimulus to** 激励,促进; **under the stimulus of** 在…的刺激〔激励〕下

sting [stɪŋ] ❶ n. ①刺,(架)针 ②架杆,支杆 ③苦〔惨〕痛,刺伤〔痛〕,刺激(物),讽刺 ❷ (stung) v. 刺(伤,痛),激动 ☆**be stung (for)** 被骗〔敲竹杠〕

stinger ['stɪŋə] n. 飞机尾部机枪〔机关炮〕;任何刺人之物

stingy ❶ ['stɪŋɪ] a. 刺(骨)的 ❷ ['stɪndʒɪ] a. ①吝啬的 ②缺乏的 ‖ stingily ad. stinginess n.

stink [stɪŋk] ❶ (stank or stunk, stunk) v. 发恶臭,有臭味,讨厌透,坏透 ❷ n. 恶臭,臭气

stinkdamp ['stɪŋkdæmp] n. 矿井中产生的硫化氢

stinker ['stɪŋkə] n. 任何发恶臭的人或动物,臭角菌,恶臭弹

stinkhorn ['stɪŋkhɔːn] n. 臭角菌,鬼笔

stinking ['stɪŋkɪŋ] ❶ a. (有)恶臭的,臭(极)的,讨厌的 ❷ ad. 极端地,十分 ‖ -ly ad.

stinky ['stɪŋkɪ] n. 全身雷达 ❷ a. 发恶臭的

stint [stɪnt] ❶ v. ①紧缩,节制 ②克扣,吝惜(of) ③分配任务给 ❷ n. ①限制,吝惜 ②指定的工作,定量 ☆**do one's daily stint** 做每日指定的〔定额〕工作; **without stint** 不加限制地,不遗余力地

stintless ['stɪntlɪs] a. 不停的,无限制的

stipe [staɪp] n. (菌)柄,叶柄

stipend ['staɪpend] n. 薪水,定期生活津贴

stipendiary [staɪ'pendjərɪ] a.; n. 领薪金的(人)

stipple ['stɪpl] n.; v. 点刻(法),点画(法)

stipulate ['stɪpjʊleɪt] v. ①规定,记明;作为条件要求,保证 ②坚持 ☆**it is stipulated that** 按照规定; **stipulate for** 规定,约定,坚持以…作为(协议的)条件,把…作为条件来要求

stipulation [ˌstɪpjʊ'leɪʃən] n. ①规定,约定,订明 ②合同,契约 ③(约定)条件,(合同,契约)条款 ☆**on the stipulation that** 以…为条款,合同〔协议〕规定

stipulative ['stɪpjʊleɪtɪv] a. 规〔约〕定的

stipulator ['stɪpjʊleɪtə] n. 规〔约〕定者

stipule ['stɪpjuːl] n. 托叶

stir [stɜː] v.; n. ①(使)搅(拌,摇)动 ②搅,拨动 ③激起,鼓动 ④(用泵)抽送 ⑤传布,轰动 ☆**create (make) a stir in** 在…引起轰动; **not stir a finger** 一根手指头都不肯动,袖手旁观; **stir up** 搅拌,激起

stirabout ['stɜːrəbaut] n. ①骚乱 ②燕麦粥

stirless ['stɜːlɪs] a. 不动的,沉静的

stirps [stɜːps] n. 家系,血统,种族;树桩

stirrer ['stɜːrə] n. ①搅拌器,搅棒 ②搅拌者,煽动者

stirring ['stɜːrɪŋ] ❶ a. 激动人心的,动荡的,活跃的,热闹的 ❷ n. ①搅拌,扰动 ②用泵抽送

stirrup ['stɜːrəp] n. 镫孔(索),箍筋,(轴)环,夹头,U形卡,水泥船的横向张骨,马镫

stitch [stɪtʃ] ❶ n. ①缝(法),一针,针脚 ②距离,一段时间 ③少许 ④刺痛,突然疼痛 ❷ v. ①缝,压合,装订 ②绑结 ③滚压 ☆**A stitch in time saves**

S

nine. 及时处理,事半功倍; **put stitches in** 缝合; **stitch up** 缝拢〔补〕,接合

stitcher ['stɪtʃə] n. 缝针,订书机,压合滚

stichery ['stɪtʃərɪ] n. 针线活,(pl.) 刺绣品

stitching ['stɪtʃɪŋ] n. ①缝,订合法 ②绑结 ③压合, 滚压(器) ④榫头

stithy ['stɪtʃɪ] n. 锻工场,打铁铺,铁砧

stiver ['staɪvə] n. 不值钱的东西,一点点

stivy ['staɪvɪ] a. 气闷的,塞满了的

stoa ['stəuə] (pl. stoas 或 stoae) n. 柱廊

stoadite ['stəuədaɪt] n. 一种含钨钼镍的硬合金钢

stochastic(al) [stəu'kæstɪk(əl)] a. 随机的,有疑 问而可猜得的,概率性的 ‖ ~ally ad.

stock [stɒk] n. ①(树)干,砧木,架,桩,(造)船台 ② 枪托,托盘〔柄〕,舵杆 ③原〔材,备〕料,器材,存货, 成品库 ④股份〔票〕,公债 ⑤估计,信任 ⑥牲口 〔畜〕 ❷ a. ①现有的,库存的 ②普通的,标准的 ❸ vt. 储存,交库,堆积

〖用法〗注意下面例句中该词的含义:At this point, we need to stop and take stock of the physical situation.这时,我们须要停下来评价一下物理状 况。("stop and take…" 等效于 "stop to take…", 请参见 and 一词的用法。)

stockade ['stɒkeɪd] n. 栅栏,防波堤,禁闭室,停虏营

stockage ['stɒkɪdʒ] n. 储藏,存货

stockcar [stɒk'kɑ:] n. (作赛车用的)普通小汽车

stockholder ['stɒkhəuldə] n. 股东

Stockholm ['stɒkhəum] n. 斯德哥尔摩(瑞典首都)

stockline ['stɒklaɪn] n. 料线

stocklist ['stɒklɪst] n. 存货单

stockman ['stɒkmən] n. 仓库管理员,牧场主,牧工

stockpile ['stɒkpaɪl] n.;v. ①储存(物质,武器),堆放, 积累 ②(煤)堆,(储)料堆 ③蕴藏量 ④科研资料 的积累

stockpiling ['stɒkpaɪlɪŋ] n. 装堆,存货

stocksaver ['stɒkseɪvə] n. 排泥器

stocktaking ['stɒkteɪkɪŋ] n. ①盘货 ②估量

stockwork ['stɒkwɜ:k] n. 【矿】网状脉

stocky ['stɒkɪ] a. 短而粗的,矮胖的,结实的

stockyard ['stɒkjɑ:d] n. 堆料场,煤场,燃料库

stodgy ['stɒdʒɪ] a. ①塞满的,乏味的,庸 俗的 ③式样难看的

stoff [stɒf] n. ①材料 ②火箭燃料 ③冷却液,防冰液

stoichiometric(al) [stɔɪki:ə'metrɪk(əl)] a. 化学 计量的,理想配比的

stoichiometry [stɔɪkɪ'ɒmɪtrɪ] n. 化学计量(法学), 理想配比法

stoke [stəuk] ❶ v. ①拨火(翻煤并加煤),加煤于, 给…添燃料(up) ②连续烧结 ❷ n. 泡(1泡=1厘米² /秒,1英尺²/秒=929.0泡),斯托(动力黏度单位)

stokehold ['stəukhəuld], **stokehole** ['stəukhəul] n. 锅炉,汽锅室,火舱

stoker ['stəukə] n. 司炉(工人),自动添加燃料的机 器,(机动)炉排

stole [stəul] steal的过去式

stolen ['stəulən] steal的过去分词

stolid ['stɒlɪd] a. 不易感动的,不动声色的

stolon ['stəulɒn] n. 匍匐枝,生殖根

stolonate ['stəulənɪt] a. 有匍匐枝的,有匍匐菌丝的

stolzite ['stəulzaɪt] n. 钨铅矿

stoma ['stəumə] (pl. stomata 或 stomas) n. 气孔, 口,呼吸孔

stomach ['stʌmək] ❶ n. 胃,食欲 ❷ vt. ①消化 ② 容忍

stomal ['stʌmæl] a. 口的,小孔的,气孔的

stomate ['stəumeɪt] a. 有小孔〔气孔,叶孔〕的

stomatic [stəu'mætɪk] a. 口的,嘴的

stomatitis [,stəumə'taɪtɪs] n. 口炎

stomatology [,stəumə'tɒlədʒɪ] n. 口腔学

stomatoscope [stə'mætəskəup] n. 口腔镜

stomertron ['stəumətrɒn] n. 太阳质子流模拟器

stone [stəun] ❶ n. ①石,宝石,结;石 ②磨石,油石 ③测桩,界〔里程,纪念〕碑 ④冰雹 ❷ a. 石头的 ❸ vt. 向石头投向 ②铺以石头,砌以石块 ③用磨 石磨快(光) ☆**at a stone's throw** 近在咫尺; **cast the first stone** 首先攻击〔谴责〕; **leave no stone unturned** 千方百计; **stone's cast 〔throw〕** 短距离; **throw (cast) stones (a stone) at** 指摘,非难; **within a stone's throw of 〔from〕** 在离…很近的地方

stonebreaker ['stəunbreɪkə] n. 碎石机

stonecutter ['stəunkʌtə] n. 石工,切石机

stonefly ['stəunflaɪ] n. 石蝇

stoneman ['stəunmən] n. 装版工人;石匠;石标

stonemason ['stəunmeɪsən] n. 石匠

stoner ['stəunə] n. 碎石机

stonewall ['stəunwɔ:l] v. 筑石墙;阻碍(议事进行)

stoneware ['stəunweə] n. 石制品,缸器〔瓷〕

stoneway ['stəunweɪ] n. 石子路

stonework ['stəunwɜ:k] n. 砌石工程,石细工,(pl.) 石工厂

stonewort ['stəunwɜ:t] n. 一种淡水藻

stoney ['stəunɪ] ❶ n. 模造大理石 ❷ a. 石质的, 坚硬如石的

stonk [stɒŋk] n. 密集炮火,重炮猛轰

stonker ['stɒŋkə] vt. 重打,智胜,挫败

stony ['stəunɪ] a. 石的,铺石块的,(如石头一样)坚 硬的

stood [stud] stand的过去式和过去分词

Stoodite ['stu:daɪt] n. 斯图迪特(耐磨堆焊)焊条合金

Stoody ['stu:dɪ] n. 铬钨钴焊条合金

stooge [stu:dʒ] ❶ n. ①助手,配角 ②傀儡,奸细 ❷ vi. ①充当助手〔傀儡〕(for) ②无目的飞行 (around)

stool [stu:l] n. ①凳子,小凳 ②内窗台 ③平板,模底 板,坩埚垫 ④托架,锭盘 ⑤厕所,大便

stooling ['stu:lɪŋ] n. 托芯(用托板)

stoolplate ['stu:lpleɪt] n. 垫板,接受台

stoop [stu:p] v.; n. ①弯腰,俯身 ②屈服,堕落,压倒 ③(入口处)门〔户〕门,门前露台 ☆**stoop oneself**

弯腰; **stoop over** 伏(身)在…上

stop [stɒp]❶ (stopped; stopping) v. 停止，制动 ❷ n. ①停止，刹车(住)②中止，截断 ③阻塞，嵌填，(把…)拦住,妨碍 ④停止信号,句点 ⑤制动子(器)、缓冲器,掣子,挡块(板),(门,管)闩,断流阀 ⑥光阑,(快门)光圈 ⑦停车站 ❸ a. 停止的,制动的 ☆ **bring ... to a stop** 使…停下来; **come to a (dead, full) stop**(完全)停下来,结束; **full stop** 句点; **grind to a stop** 嘎一声停下来; **make a stop** 停止(留); **pull out all stops** 全力以赴,千方百计; **put a stop to** 使…停下来; **put in the stops** 加标点符号; **stop talking** 停止说话; **stop sb. (from) doing** 阻止…(做某事); **stop a gap** 填补空白,弥补缺陷; **stop at nothing** 什么也不顾,勇往直前; **stop down** 缩小…光圈; **stop for** 停下来(而做某事); **stop off (over)** 填塞(补),遮断,补妙;中止,中途停留(下车); **stop out** 遮断(风,光),(蚀刻时)覆盖…使不受腐蚀; **stop short (dead)** 突然中止(停住); **stop short of** 未达到,险些; **stop the way** 阻止进行; **stop up**(被)塞住,封闭; **without stop** 不停地 〖用法〗❶ 它后跟动词不定式时表示"(把手头的事)停下来干…";而后跟动名词时表示"停下正在做的事"。如:We should stop to have a rest. 我们应该停下来休息一下。/At this point, the collector current stops increasing. 这时,集电极电流停止增加了。/Magnetism has long stopped being a problem. 磁这一概念早就不成为问题了。❷ 注意下面例句的含义:Without the air to stop some of the sun's heat, every part of the earth would be burning hot when the sun's rays strike it. 要不是空气挡住太阳的一部分热量,在阳光照射时地球的任何一部分都会灼热不堪。("Without the air…"是"with结构"在句首作条件状语。)❸ 注意"stop + 动名词复合结构"的情况:All oscillators tend to drift in frequency unless steps are taken to stop them doing so. 所有的振荡器都趋于要发生频率飘移,除非我们采取措施来阻止它们这样做。❹ 它作名词时其前面可有不定冠词。如:It is the force of friction that brings the car to a stop. 正是摩擦力使汽车停了下来。

stopband ['stɒpbænd] n. 抑止频带,阻(禁)带,不透明带

stopblock ['stɒpblɒk] n. 止轮楔,垫墩

stopcock ['stɒpkɒk] n. 管塞(闩),旋塞,龙头,柱塞

stope [stəup]❶ n. 回采工作面,采场,废坑,(矿山)挖掘后的穴 ❷ v. 回采,用梯段法开采

stoper ['stəupə] n. 回采工作者

stopgap ['stɒpgæp]❶ n. 权宜之计,塞洞口的东西,临时代替物 ❷ a. 暂时的

stoplog ['stɒplɒg] n. 叠梁闸门

stoppage ['stɒpɪdʒ] n. ①停止(器),停机,截断,填塞,阻滞,故障 ②停付,扣除(额) ③停工

stopper ['stɒpə]❶ n. ①制动器,挡块(板),锁挡,阀,节气门挡障碍物 ②塞子,柱塞,泥塞头 ③伸缩

式凿岩机 ④回采(凿岩)工 ⑤停机地址 ❷ vt. 塞,盖 ☆ **put a stopper on** 使停止,制止

stopping ['stɒpɪŋ]❶ n. ①停止,制动 ②填塞(料),阻塞,填充料,腻子,嵌填 ③风幛,隔墙 ④加标点符号 ❷ a. 停止的,塞住的

stopple ['stɒpl]❶ n. 塞,栓 ❷ vt. 用塞塞住

stopwatch ['stɒpwɒtʃ] n. 跑(秒)表

stopway ['stɒpweɪ] n. 停车(机)道

stopwork ['stɒpwɜːk] n. ①防止钟表发条上得过紧的装置 ②停工,罢工

storable ['stɔːrəbl]❶ a. 可储存的,耐储藏的 ❷ n. 耐储藏物品

storage ['stɔːrɪdʒ] n. ①储藏(物,库,费),堆放,保管,库存(量),储备,蓄电 ②【计】存储(器) ③储罐,储藏库,堆栈,容器,水箱 ☆ **in storage** 储藏(的); **put (place) ... in storage** 把…储藏起来

storascope ['stɔːrəskəup] n. 存储式(长余辉)同步示波器

storatron ['stɔːrətrɒn] n. 存储管

store [stɔː]❶ n.; vt. ①储藏,堆积,保管,蓄电 ②【计】存储(器),存入 ③累加(器),积聚 ④ 供给装备,容纳,包含 ⑤(pl.)存储品 ⑥库房,堆栈,(百货)商店 ⑦大量,丰富 ❷ (或stores) a. 贮藏的,现成的 ☆ **a store of** 丰富的,许多; **(be) in store** 备有; **ex store** 仓库交货; **have (keep) ... in store** 储存(着); **in store for** 必将发生,替…准备着,等待着; **lay store by (on)** 重视; **out of store** 耗尽,售完; **set (great) store by** 重(珍)视; **set no (great) store by** 不重视; **store away (up)** 储藏(起来); **store A with B** 以B供应A,以B来充实A; **stores of** 丰富的

storefront ['stɔːfrʌnt] n. 商店(仓库)沿街正面,沿街大楼(铺面)

storehouse ['stɔːhaus] n. 仓库,货栈

storekeeper ['stɔːkiːpə] n. 仓库管理员

storekeeping ['stɔːkiːpɪŋ] n. 仓库管理(维护)

storeroom ['stɔːruːm] n. 储藏室,物料间,商品陈列室

store(s)man ['stɔː(z)mən] n. 仓库管理员

storewide ['stɔːwaɪd] a. (包括商店内)全部(大部分)的

storey ['stɔːrɪ] n. (层)楼层,叠生

storied ['stɔːrɪd] a. ①传说(历史)上有名的 ②有…(层)楼的

storiette [ˌstɔːrɪ'et] n. 小(短篇)故事

stork [stɔːk] n. 鹳

storm [stɔːm]❶ n. ①暴风雨,暴风(雪),风(磁,尘,射电)暴,(十级)狂风 ②扰动,骚动 ③爆发,发作 ❷ v. ①起风暴,刮大风,下暴雨(雪),下雹,咆哮 ②强攻,闯入(into) ☆ **a storm of** 一阵(暴风雨)(般的); **storm and stress** 大动荡,风暴; **storm in a teacup (puddle)** 小风浪,大惊小怪,小题大做; **take... by storm** 攻占(袭取)…,使…大吃一惊(大为感动)

stormer ['stɔːmə] n. 斯托末(宇宙射线单位)

stormglass ['stɔːmglɑːs] n. 气候变化预测管

S

stormily ['stɔːmɪlɪ] *ad.* 猛烈地

storminess ['stɔːmɪnɪs] *n.* 风暴〔磁暴〕度

stormograph ['stɔːməɡrɑːf] *n.* 气压记录器

stormproof ['stɔːmpruːf] *a.* 防暴风雨的,耐风暴的

stormy ['stɔːmɪ] *a.* 暴风雨(般)的,(多)风暴的,猛烈的,暴躁的

story ['stɔːrɪ] ❶ *n.* ①故事,传说〔记〕 ②历史,阅历 ③事情,情况 ④记事,描述 ⑤层〔楼〕 ☆*All tell the same story*. 大家异口同声; *as the story goes* 据(传)说; *But that is another story.* 但那是另外一个问题〔另一回事〕; *feature story* 特写; *get the story across to...* 使…了解事情的经过; *It is another story now.* 现在情况不同了; *tell its〔one's〕own story* 不言自喻,本身就很清楚; *tell the story* 说明(这个)问题,把情况讲清楚; *the story goes〔runs〕that ...* 据说; *the whole story* 详情,一五一十,(事情)始末,根由; *to make a long story short* 总之,简单说来 〖用法〗注意下面例句中该词的含义:These figures gave only part of the story. 这些数字只说明了部分情况。/In a magnetic medium the story is quite different. 在磁性介质中,情况就十分不同了。/Mobility is only half of the story. 机动性仅仅是事情的一半。/This is not the whole story. 这并不是全部情况。/Nor does the story end here. 事情到此也并没有结束。/Just after the first edition of this book was published in the early 1980s, a front page story in Business Week magazine trumpeted the following headline: 'Software — The New Driving Force'. 就在20世纪80年代初本书第一版出版以后,《商务周刊》杂志的头版报道打出了以下的标题:"软件:新的驱动力力"。

stosszahlansatz [ˌstəʊszəˈlænsəts] *n.* 分子混乱性假设

stout [staʊt] ❶ *a.* ①粗大的,壮实的,坚〔稳〕固的 ②坚决的,勇敢的,顽强的 ③猛烈的 ④厚的 ❷ *n.* 烈性黑啤酒,身体结实的人,特大号衣服 ‖ ~**ly** *ad.* ~**ness** *n.*

stouten ['staʊtn] *v.* (使)变坚定,(使)变牢固,(使)变结实

stove [stəʊv] ❶ *n.* 炉,窑,暖房 ❷ *vt.* 焙烧,烘干,用炉加温

stovehouse ['stəʊvhaʊs] *n.* 温室

stovepipe ['stəʊvpaɪp] *n.* ①(火炉)烟囱管,外伸的排气管 ②迫击炮 ③冲压式发动机

stow [stəʊ] *vt.* ①(仔细而紧密地)装,充填 ②堆置,收藏 ③理仓 ☆*stow away* 收藏,堆置; *stow down* 装载〔入〕

stowage ['stəʊɪdʒ] *n.* ①装载(法),堆装(法),(暂时)储存 ②堆装〔装载〕货品,储藏物 ③装载容积,储藏处 ④装载设备 ⑤装货〔堆存〕费

stower ['stəʊə] *n.* 撑船篙

strabismal [strəˈbɪsməl] *a.* 斜视的,斜眼的;曲解的

straddle ['strædl] ❶ *v.;n.* ① 跨 立,骑 着 ② 骑墙,(对…抱)观望(态度) ③夹叉弹,夹叉射击 ④支柱,(炮的)夹叉 ❷ *a.* 跨式的

strafe [strɑːf] *vt.;n.* (低空)扫射,轰炸,轰击,斥责,惩罚

strafer ['strɑːfə] *n.* 扫射机,强击机

straggle ['stræɡl] *vi.* ①离散,蔓延,蜿蜒 ②七零八落(along),断断续续 ③落伍,脱离

straggling ['stræɡlɪŋ] ❶ *n.* ①(统计)离散,散布 ②歧离,误差 ❷ *a.* ①离散的,不集中的 ②混〔零〕乱的,无序的 ③断续的 ④落后的

straggly ['stræɡlɪ] *a.* 蔓延的,七零八落的

straight [streɪt] ❶ *a.* ①直的,笔直的,整齐的,汽缸直排式的 ②纯的,正直的,可靠的 ③光的 ❷ *n.* 直(线),尺,直 ❸ *ad.* ①直接地,一〔笔〕直,坦率地,正确 ②立刻,马上 ☆*bend A out of the straight by B* 使A产生B的挠度; *come straight to the point* 直截了当〔开门见山〕地说; *get straight* 了解,弄〔办〕了; *keep straight on* 继续直进,一直做下去; *make straight* 弄直,整顿; *make straight for* 或 *go straight to* 直接到…去; *on the straight* 笔直,老实地; *out of the straight* 歪〔弯〕着; *put ... straight* 整顿,把…放列直; *see straight* 看得清楚; *shoot〔hit〕straight* 瞄准打,准确地射中; *straight away〔off〕* 立刻; *straight out* 坦白地; *straight up from* 从…(一)直(向)上; *straight up and down* 直上直下 〖用法〗当它表示"连续的"修饰名词时,可以放在名词后。如:two years straight (=two straight years) 连续两年。

straightaway ['streɪtəweɪ] ❶ *a.;ad.* ①笔直的〔地〕 ②通俗易懂的〔地〕 ③马上 ❷ *n.* 直线跑道,直线段

straightedge ['streɪtedʒ] ❶ *n.* 直〔标〕尺,直缘,规板 ❷ *vt.* 把…一边弄直用直尺检验,用直尺刮平

straighten ['streɪtn] *v.* ①弄平,弄直,矫正 ②弄清楚,纠正,整顿 ☆*straighten out* 把…弄直,解决,整顿清理,澄清;(使)改正; *straighten up* 改善,整顿;拉直,竖起来;改正

straightener ['streɪtənə] *n.* 矫直机;初轧坯坏,齐边压力机;整流栅

straightforward [streɪtˈfɔːwəd] ❶ *a.* ①直截了当的,简单(明了)的,易懂〔做〕的 ②直接的,明确的,坦率的,正直的,直爽的 ③顺向的,直进的,流水作业的 ❷ *ad.* 直截了当地 ‖ ~**ly** *ad.* ~**ness** *n.* 〖用法〗注意下面例句中该词常见的含义:The design of this stage is fairly straightforward and will not be discussed here. 这一级的设计是相当简单的,所以在此不讨论了。/The most straightforward way to make the frequency response of an amplifier extend down to 0 Hz is to couple the stages conductively. 使放大器的频率响应延伸到0赫兹的最简捷方法是用电导方式把那些放大级耦合起来。

straightforwards [streɪtˈfɔːwədz] *ad.* 直截了当地,坦率地

straightness ['streɪtnɪs] *n.* 直(线性),正直度(性),

straightway ['streɪtweɪ]**❶** ad. 立刻,直接 **❷** a. 直通的,畅通无阻的

strain [streɪn]**❶** v. ①绷紧,拉长,(使)紧张,(使)变形,扭歪(伤)②尽全力,加力(载)③曲解,歪曲 ④(粗、过)滤 **❷** n. ①应变,变形,形变,张力,延伸率 ②拉紧,紧张,过劳,载荷,严峻的考验 ③(铸件)胀砂,毛刺 ④气质,倾向 ⑤菌株,种(系),系族,血统 ⑥ 语气,笔调,(pl.)乐曲,曲调,旋律 ☆**be on the strain** 处于紧张状态; **put strain on** 对…加负担; **strain after** 努力争取; **strain after originality** 标新立异; **strain at** 用全力(做),(用力)拉,对…过于注意,难以接受; **strain every nerve** 尽力以赴; **strain off A (from B)** 或**strain A out of B** 滤去(B 的)A; **strain through** 滤过,渗出

strainer ['streɪnə] n. ①(粗、过)滤器,滤网 ②筛,筛网 ③应变器 ④拉杆,拉紧装置,松紧螺旋扣

strainga(u)ge ['streɪgeɪdʒ]**❶** n. 应变仪,应变片 **❷** v. 应变测量

strainless ['streɪnlɪs] a. 无应(形)变的,不吃力的

strain(o)meter [streɪn'ɒmɪtə] n. 应变仪,伸长(张力)计

strait [streɪt]**❶** a. 狭(窄)的,密合的,艰难的,窘迫的 **❷** n. ①海峡,地峡 ②窄道,狭口 ③困难,窘迫 ☆**be in great straits** 处境非常困难; **fall into hopeless straits** 陷入绝境; **in straits for** 缺乏

straiten ['streɪtn] vt. ①弄窄 ②限制,收缩 ☆**be in straitened circumstances** 处于贫困之中; **be straitened for** 缺乏,苦于没有

strake [streɪk] n. ①箍紧,轮箍 ②侧板,底板 ③溜槽 ④条纹 ⑤狭长草地

strand [strænd]**❶** n. ①(绳、线的)股,股缕,缕,绞 ②绞合线,多芯绞线,股绞金属索,软钢绳,导线束 ③(一根)纤维,单纱 ④要素,成分 ⑤岸,海滩,滨 **❷** v. ①绞合 ②弄断…的一(多)股 ③触礁,搁浅 ④使处于困境,使掉队 ☆**be stranded** 搁浅,停顿,束手无策,一筹莫展

strander ['strændə] n. 捻股机,绳缆搓绞机

strange [streɪndʒ] a. ①奇异(怪,特)的,不可思议的 ②陌生的,生疏的,没有经验的,外行的 ③不同的,他乡的,外地(国)的,来路不明的 ☆**be strange to...** 不(习)惯于…,没有见过…; **strange as it may sound** 听(说)起来也许奇怪; **strange to say** 说也奇怪 ‖ **~ly** ad.

〖用法〗注意下面例句的含义:Strange as it may sound, the heat of the sun can be used to produce cold.虽然可能听起来奇怪,但是太阳的热量可用用来制冷。(由as引导让步状语从句时要使发生部分倒装现象,一般是从句的表语(形容词)放在as前,本句中的it是指主句的内容,这是代词的代后现象。)

strangeness ['streɪdʒnɪs] n. 奇异性

stranger ['streɪndʒə]**❶** n. ①陌生(异乡,外国)人,新来者 ②门外汉,生手 ③第三者,非当事人 **❷** a. 外国人的 ☆**(be) a stranger to** 不知道,不习惯于

strangle ['stræŋgl] v. ①扼杀,绞死,(使)窒息(而死)

②抑(压)制

stranglehold ['stræŋglhəʊld] n. 束缚,压制

strangler ['stræŋglə] n. ①扼杀(压制)者 ②(汽化器的)阻气门

strangling ['stræŋglɪŋ] n. 抑制,节流

strangulate ['stræŋgjuleɪt] v. ①勒(绞)死,扼杀 ②(使)窒息 ‖ **strangulation** n.

strap [stræp]**❶** n. ①(皮,布,金属,衬圈)带,(狭,嵌,铁皮)条,箍,索 ②(系,盖,窄)板,(垫,小舌)片,紧固夹板 ③母线,蓄电池的同极连接片 ④(磁管的)耦腔,耦合环 **❷** (strapped; strapping) vt. ①(用带子)捆扎(up),搭接(on),捷联(down) ②(用带)围测

strapper ['stræpə] n. 包扎(捆包)机

strapping ['stræpɪŋ] n. ①皮带材料 ②无用振荡模的抑制 ③橡皮膏 ④贴膏法 ⑤(用带)围测

strass [stræs] n. 有光彩的铅质玻璃,假钻石

strata ['streɪtə] stratum的复数

stratagem ['strætɪdʒəm] n. 计谋(策),策略,诡计

stratascope ['streɪtəskəʊp] n. 岩层观察镜

strate [streɪt] n. 地层

strategic(al) [strə'ti:dʒɪk(əl)] a. 战略的,关键的,对全局有重要意义的 ‖ **strategically** ad.

strategics [strə'ti:dʒɪks] n. 兵法,战略学

strategist ['strætɪdʒɪst] n. 战略家

strategy ['strætɪdʒɪ] n. ①战略,策略,计谋 ②兵法,战略学

strati ['streɪtaɪ] status 的复数

staticulate [strə'tɪkjulɪt] a. (成)薄层的,分层的

stratification [,strætɪfɪ'keɪʃən] n. 成层,分层(现象,作用),层叠形成,地区分工

stratified ['strætɪfaɪd] a. 有层次的,分层的,层化(状)的

stratiform ['strætɪfɔ:m] a. 层状的,成层的

stratify ['strætɪfaɪ] v. (使)成层,(使)分层,成层加料

stratigram ['strætɪgræm] n. 断层照片,X射线断层图

stratigrapher [strə'tɪgrəfə] n. 地层学家

stratigraphic(al) [,strætɪ'græfɪk(əl)] a. 地层(学)的 ‖ **~ally** ad.

stratigraphy [strə'tɪgrəfɪ] n. 地层学(图)

stratobios [,strætəʊ'baɪəs] n. 底层生物

stratochamber [,strætəʊ'tʃeɪmbə] n. 同温层实验室,高空舱

stratocracy [strə'tɒkrəsɪ] n. 军人专政

stratocruiser ['strætəʊ,kru:zə] n. 高空客机,高空巡航机

stratocumulus [,strætəʊ'kju:mələs] n. 层积云

stratographic [,strætəʊ'græfɪk] a. 色层分离的,色谱的

stratography [strə'tɒgrəfɪ] n. 色层分离(法),色谱法

stratoliner ['strætəʊ,laɪnə] n. 同温层客机,高空客机

stratomesosphere [,strætəʊ'mesəsfɪə] n. 平流层中间层

stratometer [strə'tɒmɪtə] n. 土壤硬度计

straton ['strætɒn] n. 层子

stratopause ['strætəpɔ:z] n. 同温层上限,平流层顶

stratoplane ['strætəupleɪn] *n.* 同温层飞机

stratosphere ['strætəusfɪə] *n.* ①同温〔平流〕层 ②最上层,最高档,最高部位 ③尖端学科领域 ‖ **stratospheric** *a.*

stratostat ['strætəstæt] *n.* 平流层气球

stratovision ['strætəvɪʒən] *n.* (通过飞行器)在同温层转播的电视,飞机转播电视

stratovolcano [,strætəvɒl'keɪnəu] *n.* 层状火山

stratum ['streɪtəm] (pl. strata) *n.* (地,岩)层,薄片

stratus ['streɪtəs] (pl. strati) *n.* 层云

straw [strɔ:] ❶ *n.* ①禾秆,稻草,麦秸,(塑料)细管 ②没有价值的东西,无意义的事情,一点点 ❷ *a.* ①稻草〔麦秆〕(做)的 ②没价值的,无意义的 ③假想的 ☆*a straw in the wind* 或 *the straws in the winds* 苗头; *catch (clutch, grasp) at a straw* 捞一根稻草,依靠完全靠不住的东西; *man of straw* 稻草人,傀儡,假想敌; *not worth a straw* 一文不值; *the last straw* 使人终于不能承受的最后所增加的负担,导火线; *throw straws against the wind* 螳臂挡车,想做做不到的事情

strawberry ['strɔ:bərɪ] *n.* 草莓

stray [streɪ] ❶ *a.* ①迷路的 ②杂(散)的,散逸的,离群的 ③偶有的 ❷ *n.* ①(pl.)杂散〔寄生〕(电容),天电干扰 ②杂层 ❸ *vi.* 离正道,离题,走离,迷途 ☆*stray far from* 远离

streak [stri:k] ❶ *n.* ①条纹,纹理〔影〕,色泽,拖影,闪光 ②(玻璃表面上的线道)波筋 ③(岩,矿)脉,矿(流)层,矿物特征 ④一阵,一段,短暂时期 ❷ *v.* ①加(以)条纹,疾驰 ☆*go like a streak* 飞跑; *have a streak of* 有一点儿,有…的气味; *like a streak of lightning* 似闪电般地,飞快地,风驰电掣地; *streak of lightning* 闪电; *streak of luck* 幸运

streaked [stri:kt] *a.* 成带的,成条纹的

streaking ['stri:kɪŋ] *n.* ①(出)条纹,斑纹 ②品质不均匀 ③图像拖尾,拖影 ④开沟,画线分离

streaky ['stri:kɪ] *a.* ①有条纹的,条(纹)状的 ②不均匀的,不一样的,不可靠的 ‖ **streakily** *ad.*

stream [stri:m] *n.; v.* ①(河,喷)流,流线〔束〕,小河 ②流出,射出,倾 ③漏失,流量 ④潮流,趋向 ⑤飘扬,招展 ☆*against the stream* 反潮流; *(be) on stream* 在生产中; *down (the) stream* 顺流,向下游; *go (swim) with the stream* 随大流; *in streams* 或 *in a stream* 连续不断; *in the stream* 在河的中流; *stream back* 返〔回〕流; *the stream of times* 时代潮流; *up (the) stream* 向上游; *with the stream* 顺流

streamer ['stri:mə] *n.* ①光柱,光束,射光,闪流,等离子束,光窜,(pl.)北极光 ②飘(烟,烟风)带,烟云,蒸汽雾,烟袅线 ③旗,横幅,通栏标题 ④空投袋,通信筒 ⑤浮筒,(海上)拖缆

streamlet ['stri:mlɪt] *n.* 小溪,细流

streamline ['stri:mlaɪn] ❶ *n.; a.* 流线(型),气流,流水线 ❷ *vt.* ①把…制成流线型,使流线型化 ②把…连成一个整体,(使产生)层流 ③使…现代化,

streamlined ['stri:mlaɪnd] *a.* ①流线(型)的,顺流安装的,连成一个整体的 ②合理化的,精简了的

streamliner ['stri:mlaɪnə] *n.* 流线型物,流线型火车

streamwise ['stri:mwaɪz] *ad.* 沿流动方向,顺流

streamy ['stri:mɪ] *a.* 多溪流的,流水般的

street [stri:t] ❶ *n.* ①街道,马路 ②道,迹 ❷ *a.* 街道〔上)的 ☆*in the street* 在街上〔户外); *the man in the street* 平常人; *not in the same street as …* 难以和…相比; *not the length of a street* 很近的距离,细微的差别

streetcar ['stri:tkɑ:] *n.* (市内有轨)电车;轨道地球物理观察卫星

stremmatograph ['stremætəgrɑ:f] *n.* 道轨受压纵向应力自记仪

strength [streŋθ] *n.* ①强度(极限),抗力,(韧)力 ②力(量,气),实〔兵〕力,人数 ③严格性; ☆*(be) below strength* 定额以下,不足; *(be) in (great) strength* 力量强大; *by main strength* 全靠力气; *effective strength* 实额,实际人数; *exert all one's strength to (do)* 尽自己全力来(做); *fighting strength* 战斗力; *for strength* 以提高强度; *gain in strength* 强度增长; *in full strength* 全体(动员); *on (upon) the strength of* 靠…的力量,依赖,由于; *strength for* 抗…强度; *under strength* 定额以下(的),规定兵额以下(的); *up to strength* 达到定额; *with main strength* 尽全力

strengthen ['streŋθən] *v.* 加强〔固〕,强〔硬〕化,巩固

strenuosity [,strenju'ɒsɪtɪ] *n.* 费力,使劲,艰苦努力

strenuous ['strenjuəs] *a.* ①费力的,艰苦的,须全力以赴的 ②努力的,紧张的,使劲的,用尽全力的,不屈不挠的 ☆*make strenuous efforts* 尽全力 ‖ ~**ly** *ad.* ~**ness** *n.*

strepogenin ['strepə'dʒenɪn] *n.* 促长肽

streptamine ['streptəmi:n] *n.* 链霉胺

streptobiosamine ['streptə,baɪəu'sæmɪn] *n.* 链霉二糖胺

streptocin ['streptəsɪn] *n.* 链球菌素

streptococceae [,streptə'kɒksi:] *n.* 链球菌族

streptococcus [,streptə'kɒkəs] (pl. streptococci) *n.* 链球菌

streptoderma [streptəu'dɜ:mə] *n.* 链球菌皮肤病

streptomycin [strep'tɒmɪsɪn] *n.* 链霉素

streptonivicin [,streptəunɪ'vɪsɪn] *n.* 新生霉素

streptose ['streptəus] *n.* 链霉糖

streptothricin [,streptəu'θraɪsɪn] *n.* 链丝菌素

streptovaricin [,streptəu'væːrɪsɪn] *n.* 曲张链菌素

streptovitacin [,streptəu'vɪtɪsɪn] *n.* 链菌生素

streptozotocin [,streptəu'zɒtəsɪn] *n.* 链脲佐菌素

stress [stres] ❶ *n.* ①压力,应力,受力(状态,作用),紧张状态 ②强调,(着)重点 ③重读,重音 ❷ *vt.* ①强调,着重 ②加〔受〕压力,使紧张 ☆*lay (place, put) stress on (upon)* 强调,着重(在),

把重点放在…上; **times of stress** 非常时期; **under stress** 在受力时 〖用法〗常见的一个句型是: it should be stressed that…意为"应该强调的(一点)是…"。

stresscoat ['streskəut] n. (检验)应力(用)涂料

stresser ['stresə] n. 应激器

stressing ['stresɪŋ] n. 加力(荷,载),应力分布

stressless ['streslɪs] a. 无应力的,没有重音的

stressmeter [st'resmɪtə] n. 应力计

stressometer [stre'sɒmɪtə] n. 应力〔胁强〕计

stressor ['stresə] n. 紧张刺激(物)

stretch [stretʃ]❶ v.; n. ①伸(展,长),拉(直,长,紧) ②展开,展宽 ③铺设,延伸,连绵 ④范围,限度 ⑤直尺(规)⑥(一次)持续的时间,一段路程,河段 ⑦弹性 ❷ a. 弹性的 ☆**a stretch of** 一片〔条〕,…的过度扩大; **at a stretch** 一口气,不停地; **at full stretch** 尽全力,非常紧张地; **bring ... to the stretch** 尽力,紧张; **on (upon) the stretch** (处于)紧张状态; **stretch a point** 破例作出让步;作过度的延伸,作牵强附会的说明; **stretch down** 沿着,连绵在; **stretch A on B** 把A绷在B上; **stretch out** (把…)伸开,拉长

stretchability [ˌstretʃə'bɪlɪti] n. 拉伸性

stretcher ['stretʃə] n. ①伸展器,拉伸机 ②(薄板)矫直机 ③顺砌,露侧石(砖)④规杆 ⑤横木 ⑥担架

stretching ['stretʃɪŋ] n. 拉伸

stretchy ['stretʃɪ] a. 能伸长的,有弹性的

strew [struː] (strewed, strewn或strewed) v. 撒,铺,点缀 ☆**strew A with B** 在A上铺〔撒〕B; **strew A over B** 把A撒在B上

stria ['straɪə] (pl. stri 或 striae) n. ①条纹〔痕〕,擦痕 ②细沟〔槽〕③壳纹 ④(玻璃)表面的线道,波筋,【物】第二类滑移带

striae ['straiiː] stria的复数

striate ❶ ['straɪeɪt] vt. 在…上加线纹 ❷ ['straɪt] a. 有条纹〔细槽〕的,成纹的 ‖ ~**ly** ad.

striated [straɪ'eɪtɪd] a. 有条纹〔沟痕〕的,纹状的,成纹的

striation [straɪ'eɪʃən] n. ①条纹,擦痕,细沟(状),横纹状,层理 ②流束,光条(放电),辉纹,光条线

stricken [struː]❶ strike 的过去分词 ❷ a. 被打中的,受灾的,患病的 ②被刮得与量器边缘齐平的

strickle ['strɪkl]❶ n. ①【机】刮型器,刮板,斗形,铸型棍 ②油石,磨石 ❷ vt. 刮平,磨光〔快〕

strickling ['strɪklɪŋ] n. 刮,刮板造型

strict [strɪkt] a. 严格的,精密的,紧密的,明确的 ☆**in the strict(est) sense (of the word)** 严格说来

striction ['strɪkʃən] n. 收缩,紧缩,颈缩

strictly ['strɪktlɪ] ad. 严格地,精确地,绝对地 ☆**strictly speaking** 严格说来

strictness ['strɪktnɪs] n. 严格,精确

stricture ['strɪktʃə] n. ①严厉批评,责难 ②束缚(物)③狭窄

strictured ['strɪktʃəd] a. 狭窄的

strid(den) ['strɪd(n)] stride 的过去分词

stride [straɪd] (strode, strid 或 stridden) ❶ v. 迈,跨过(across, over),大踏步走 ❷ n. ①(大)步,步测,一大步的距离〔宽度〕,一跨的宽度 ②进展〔步〕☆**at (in) a stride** 一跨(就有多远); **hit (get into, strike) one's stride** 开始上轨道,使出干劲; **make great (rapid) strides** 大有进步,进步迅速; **take ... in one's stride** 一跨就跳过,轻易解决…(困难); **take ... strides** 跨…步; **with great (big, rapid) strides** 大踏步地,迈步地

strident ['straɪdənt] a. 轧轧响的,刺耳的 ‖ ~**ly** ad.

stridulate ['strɪdjuleɪt] vi. 轧轧作响,发出刺耳的声音 ‖ **stridulant** a. **stridulation** n.

strife [straɪf] n. 争吵,冲突,斗争

striga ['straɪgə] n. 柱槽

Strigiformes ['strɪdʒɪfɔːmz] n. 鸮属,猫头鹰属

strike [straɪk]❶ (struck, struck 或 stricken) v. ❷ n. ①打(击),攻击,敲,撞,投,射到…上,碰到 ②透过,戳进,(使)深入 ③放电,起弧,电解沉积法 ④发现,到达 ⑤铸造,压制(出),锻打 ⑥造成印象,吸引…注意 ⑦降落,拆除,刮平 ⑧勾销 ⑨罢工 ⑩【地质】走向 ☆**strike a balance (between)** (在…之间)取得平衡,找到解决矛盾的办法; **strike a happy combination of** 幸而把…结合在一起; **strike a note** 给予一种特殊印象; **strike against** 碰〔撞〕打)在…上; **strike aside** 闪〔躲〕开; **strike at** 打〔袭〕击; **strike down** 打倒; **strike home** 打中要害,有效; **strike in with** 插入(一个…); **strike into** 突然(开始),刺进,深入; **strike off** 砍去,勾销,刮平;印刷; **strike out** 敲出,冲压成,想出,设计出,筹划,(突然)采取某行动,删去,展平; **strike sparks (from)** (从〔在〕…上)打出火星; **strike the (proper) balance of A and B** 在A和B之间得到(适当的)平衡; **strike through** 刺穿,透过,删去; **strike up** 开始,形成;在…上烤花,雕出; **strike upon an idea** 想起一个主意

striker ['straɪkə] n. ①大铁锤,斗刮 ②撞针,冲击仪 ③罢工者

striking ['straɪkɪŋ]❶ n. ①打击 ②拆除支架,刮平 ③触发(电弧)④(共沉淀)捕集(作用) ❷ a. ①显著的,触目的 ②打击的 ③罢工的

strikingly ['straɪkɪŋlɪ] ad. 显著〔突出,惊人〕地,引人注目地 ‖ **strikingness** n.

string [strɪŋ]❶ n. ①(细)绳,带子,(小)索 ②弦(线)③(一)串,串列,信息串,连系,拉紧 ④钻具组 ⑤楼梯斜梁,束晶层 ⑥(pl.)条件 ☆**a second string to one's bow** 别的手段; **a string of** 一串; **harp on one string** 或 **harp on the same string** 老调重弹; **have two strings to one's bow** 准备两手; **pull (the) strings** 在幕后操纵; **the first string** 第一种办法; **(with) no strings attached** 不附带条件; **without strings** 无(附带)条件 ❷ (strung) v. ①装弦于,架线 ②用带〔绳〕捆扎,吊在绳上 ③把…串起来 ④伸展 ☆**be strung up** 被拉紧,很紧张,准备努力; **string out** 排成一列,引申; **string together** 串联在一起; **string up** 吊起

S

stringboard ['strɪŋbɔːd] n. 楼梯斜梁侧板,楼梯盖板

stringcourse ['strɪŋkɔːs] n. 束带层,层拱

stringed [strɪŋd] a. 有弦的,用弦缚住的

stringency ['strɪndʒənsɪ] n. ①紧急,缺少 ②严格(性),严重 ③说服力

stringent ['strɪndʒənt] a. ①严格的,必须遵守的 ②(银根)紧的,迫切的,严厉的,缺少的 ③有说服力的 ‖ **~ly** ad. **~ness** n.

stringer ['strɪŋə] n. ①纵梁桁条,长桁,楼梯基 ②纵向加强肋,枕木 ③吊绳 ④断续高速层,脉道,细脉 ⑤特约记者

stringiness ['strɪndʒɪnɪs] n. 纤维性,黏性

stringing ['strɪŋɪŋ] n. 排成一串,放样

stringless ['strɪŋlɪs] a. 无弦的

stringpiece ['strɪŋpiːs] n. 纵梁,楼梯基

stringy ['strɪŋɪ] a. ①绳(似)的,带子的 ②纤维(质)的 ③黏性的,拉丝的

striogram ['straɪəʊɡræm] n. 辉光图

striolate ['straɪələeɪt] a. 有小细槽的,有细条纹的

strip [strɪp] ❶ (stripped; stripping) v. ①剥去,摘取,掠夺 ②拆卸,分解,脱模 ③(齿)断牙,(螺纹)磨伤 ④解析,萃取,去膜,去色 ⑤拉丝 ⑥露天开采,剥除表土,使露出 ☆**be stripped of** 剥〔去〕掉; **strip A of B** 剥去A的B; **strip off** 剥去,除掉 ❷ n. ①带(状物),(狭,板)条,(狭长)片,狭长地带 ②支板 ③带钢,簧片 ④露天开采 ⑤航摄带 ☆**a strip of** 一条; **a strip of paper (cloth, board)** 纸〔布,板〕条

stripe [straɪp] ❶ n. ①条,条纹布,镶条,色条 ②种,类,性质,派 ❷ vt. 加条纹于

striped [straɪpt] a. 有(成)条纹的,成带的

striplight ['strɪplaɪt] n. 带形(状)照明器,长条状灯

stripline ['strɪplaɪn] n. 电介质条状线,微波带状线

stripling ['strɪplɪŋ] n. 年轻人,小伙子

stripmine ['strɪpmaɪn] n. 露天矿

stripmining ['strɪpmaɪnɪŋ] n. 露天开采〔剥离〕

strippable ['strɪpəbl] a. 可剥去的,可摘取的

strippant ['strɪpənt] n. 洗涤〔解吸〕剂

stripper ['strɪpə] n. ①(冲孔)模板 ②脱模机,拆卸机,分离装置 ③剥皮器,去层器,(电解)剥计器 ④卸料器 ⑤涂层消除剂,剥离剂 ⑥汽提塔 ⑦刨煤机 ⑧低产油井,贫化器 ⑨露天矿石工

stripping ['strɪpɪŋ] n. ①拆开,削裂,贫化,除去 ②脱模,顶盖 ③剥片,去皮 ④冲洗〔掉〕,溶出,解吸(产物) ⑤(pl.)轻油部分 ⑥露天开采

stripy ['straɪpɪ] a. 有条纹的,条纹状的 ‖ **stripiness** n.

strive [straɪv] (strove 或 strived; striven 或 strived) vi. ☆**strive after** 为…而奋斗,力争; **strive to (do)** 争取(做); **strive with** 和…斗争

striven ['strɪvn] strive 的过去分词

strobe [strəʊb] ❶ n. ①闸门,选通脉冲 ②频闪观测仪〔放电管〕 ❷ v. 闸,选通,发出选通脉冲

strobeacon ['strəʊbiːkən] n. 闪光灯标

strobilation [.strəʊbɪ'leɪʃ ən] n. 横裂,节裂

strobilus ['strəʊbɪləs] n. 链体(绿虫),孢叶球;球果〔花〕

strobo ['strəʊbə] n. 闪光放电管,闪光仪

stroboflash ['strəʊbəflæʃ] n. (频闪观测器的,闪光放电管的)闪光,频闪

stroboglow ['strəʊbəɡləʊ] n. 带氖闸流管的频闪观测器

strobolamp ['strəʊbələmp] n. 旋光试验灯

strobolume ['strəʊbəljuːm] n. 高强度闪光仪

strobolux ['strəʊbəlʌks] n. (大型)频闪观测器,闪光仪

strobophonometer [.strəʊbəfəʊ'nɒmɪtə] n. 爆震测声计

stroboresonance [.strəʊbə'rezənəns] n. 频闪共振

stroboscope ['strəʊbəskəʊp] n. ①频闪观测仪,闪光仪,频闪仪 ②万花筒

stroboscopic [.strəʊbə'skɒpɪk] a. 频闪(观测)的

stroboscopy [strəʊ'bɒskəpɪ] n. 频闪观测法,闪光测频法

strobotac ['strəʊbətæk] n. 频闪(观测)转速计,频闪测速器

strobotach ['strəʊbətæk] n. 频闪测速计

strobotron ['strəʊbətrɒn] n. 频闪放电管

strode [strəʊd] stride 的过去式

stroke [strəʊk] ❶ n. ①打击,(一)击,(一)敲,闪击,雷击 ②冲程,行程,提升路线〔高度〕,冲程长度,循环 ③(一)笔,(一)划,笔画 ④(一次)动作,(一次)努力 ❷ vt. ①划短横于 ②画线勾掉(out) ③抚摸,打(孔) ☆**at a (one) stroke** 一举,一口气; **big stroke** 大成功,成绩极好; **with one stroke** 一举,一次(的努力)

stroll [strəʊl] n.; v. 散步,蹓跶;流浪,循环演出

stroller ['strəʊlə] n. 闲逛〔流浪〕的人;婴孩车

stroma ['strəʊmə] n. 子座,基质,基座

stromatin ['strəʊmətɪn] n. (红细胞)基质蛋白

stromatolith [strəʊ'mætəlɪθ] n. 叠层

stromatolysis [.strəʊmə'tɒlɪsɪs] n. 基质溶解

strongac [strɒŋ] a. ①强(烈,大,壮)的,坚固的,(强)有力的 ②浓(厚)的,肥的

stronghold ['strɒŋhəʊld] n. 要塞,据点,堡垒,大本营

strongly ['strɒŋlɪ] ad. 强力〔烈〕地 【用法】注意下面例句中该词的含义:In this case the diode is strongly on. 在这种情况下该二极管强导通。/This component may appear strongly in the output. 这个分量可能很强地出现在输出中。

strontia ['strɒnʃɪə] n. 氧化锶

strontian ['strɒnʃɪən] n. 【化】锶

strontianite ['strɒnʃɪənaɪt] n. 菱锶矿

strontium ['strɒnʃɪəm] n. 【化】锶

strop [strɒp] n. (滑车的)环索,滑车带

strophanthidin [strəʊ'fænθɪdɪn] n. 羊角拗定,毒毛旋花苷元

strophanthin [strəʊ'fænθɪn] n. 毒毛旋花苷,羊角拗质

strophantoside [strəʊ'fæntəsaɪd] n. 羊角拗糖苷,

绿毒羊角拗甘

strophism ['strɒfɪzəm] n. 缠绕性

strophoid ['strəʊfɔɪd] n. 环索线

strophotron [strəʊ'fɒtrɒn] n. 多次反射振荡器

strove [strəʊv] strive 的过去式

struck [strʌk]❶ strike 的过去式和过去分词 ❷ a. ①敲击了的,轰击了的,碰撞的,铸造的,压制的 ②因罢工而关闭的

structite ['strʌktaɪt] n. 混凝土快速修补剂

structon ['strʌktɒn] n. 结构子

structural ['strʌktʃərəl] a. 结构(上)的,构造的,建筑上的 ‖ **structurally** ad.

structure ['strʌktʃə]❶ n. ①结构,【数】格结构,构造,纹理 ②设备 ③建筑物 ④构架 ❷ vt. 建筑,构筑(成),配置

structureless ['strʌktʃəlɪs] a. 无结构的,无定形的,不结晶的

structurer ['strʌktʃərə] n. 雕刻家

structurization [,strʌktʃəraɪ'zeɪʃən] n. 结构化

structurized ['strʌktʃəraɪzd] a. 有结构的,结构化的

struggle ['strʌgl] vi.; n. 斗争,奋斗 ☆ **struggle against** 向…展开斗争; **struggle for** 为…而斗争; **struggle on** 继续努力; **struggle to (do)** 努力(做); **struggle with** 跟…作斗争

strum [strʌm] n. 蜡线;吸入滤网 ❷ v. 乱弹(奏)

struma ['stru:mə] n. 腺病,甲状腺肿

strung [strʌŋ] string 的过去式和过去分词

strut [strʌt]❶ n. (支)柱,支(撑)杆,横拉条,撑条,抗压构件 ❷ v. (用支柱)支撑,给…加撑杆

strutting ['strʌtɪŋ] n. 支撑(物),加固

struverite ['stru:vəraɪt] n. 钛铌钽铁矿,钽金红石

Strux [strʌks] n. 一种高强度钢

strychnine ['strɪkni:n], **strychnia** ['strɪknɪə] n. 马钱子碱,士的宁

stub [stʌb]❶ n. ①树桩,残段,断株,剩余部分,票根 ②(粗)短柱,桩ენ ③短管,导体棒 ④(波导)短截线,匹配短线,波导管短路器 ⑤端谐,接管座,连杆头 ❷ a. 短(而粗)的,短截的 ❸ vt. ①连根挖(拔),清除树桩,根除(up) ②捻熄

stubbed ['stʌbɪd] a. 多(似)树桩的,短而粗的

stubble ['stʌbl] n. 残株,茬,残梗状的东西

stubborn ['stʌbən] a. ①顽固的,固执的 ②棘手的,难对付的 ‖ **-ly** ad. **~ness** n.

stubby ['stʌbɪ] a. 粗而短的,用钝的

stubwing ['stʌbwɪŋ] n. 中翼

stucco ['stʌkəʊ]❶ n. (粉饰)灰泥,灰墁,(拉)毛粉饰 ❷ v. 涂灰泥,粉刷

stuccowork ['stʌkəʊwɜ:k] n. 拉毛粉刷工作

stuck [stʌk] stick 的过去式和过去分词

stud [stʌd]❶ n. ①双头螺栓,螺柱(杆) ②大头钉,(有螺旋的)嵌钉 ③触头,销子,钮销 ④中继轴 ⑤(中)间柱,壁骨,门窗挺 ❷ vt. ①装饰钉子的,(用大头钉)保护 ②散布,点缀 ☆ **(be) studded with** 布满

Studal ['stʌdəl] n. 斯塔锻造铝基合金

studding ['stʌdɪŋ] n. ①灰板墙筋(材料),间柱(材料) ②房间净高度

student ['stju:dənt] n. ①学生 ②(专门学科)研究者,学者

studentization [,stju:dəntaɪ'zeɪʃən] n. "学生"交换

studied ['stʌdɪd]❶ study 的过去式和过去分词 ❷ a. ①有知识的 ②慎重的,有计划的,故意的

studio ['stju:dɪəʊ] n. ①电影制片厂,摄影棚,播音〔演播,照相〕室 ②技术〔作业〕室

studious ['stju:dɪəs] a. ①好学的,用功的 ②谨慎的,有意的 ☆ **be studious of** 专心,努力,非常想; **be studious to (do)** 细心〔一心〕去(做) ‖ **-ly** ad. **~ness** n.

studtite ['stʌdtaɪt] n. 水丝铀矿

study ['stʌdɪ] n.; v. ①学习,研究,调查 ②考虑,努力,细察 ③学科,研究科目 ④书房 ☆ **make a (special) study of** (专门)研究 ;**study into** 调查〔研〕; **study out** 制定,阐明,研究出,计划; **study to (do)** 努力(做); **study up** 调查,专门研究; **under study** 在研究中,所研究的
〖用法〗❶ a study of…意为"研究〔学习〕一下…"。如:A study of Eq. (2-1) shows that the current in the circuit is proportional to the applied voltage. 研究一下式(2-1)表明电路中的电流是与外加电压成正比的。/We shall start with a study of forces. 我们将首先学习一下各种力。❷ 表示"对…进行研究"一般表示成"make a study of…"。如:A study will be made of the percentages of the usable and defective products manufactured by a particular machine. 我们将对某一机器制造的成品和次品的百分数作一研究。(本句并不属于"be made of"词组的句型,而是为防止显得头重脚轻把"A study"与"of the percentages…"分割开来了。)

stuff [stʌf]❶ n. ①(材,填)料,素材,东西 ②本质,要素 ③(毛)织品,呢绒 ④填充料,混合涂料 ⑤枪〔炮〕弹;废物〔话〕 ❷ vt. 装(满),灌注(with),塞进(into),塞满(up),加填料

stuffiness ['stʌfɪnɪs] n. 窒息,闷热,不通气

stuffing ['stʌfɪŋ] n. 填料,盘根,塞入,填充(剂),加脂 ☆ **knock (beat) the stuffing out of** 打掉…的傲气,驳倒

stuffy ['stʌfɪ] a. ①不通气的,闷热的,窒息的 ②故步自封的,自以为是的 ‖ **stuffily** ad.

stull [stʌl] n. 【矿】横梁〔撑〕,支柱

stultify ['stʌltɪfaɪ] vt. 使显得荒谬可笑,使无价值,使无效 ‖ **stultification** n.

stumble ['stʌmbl]❶ vi. ①跌跤,摔倒 ②弄错,犯错误 ③偶然发现〔碰到〕(on, upon, across) ④蹒跚而行(along) ⑤使困惑,为难 ❷ n. ①失败,差错,过失 ②绊倒 ☆ **stumble over** 被…绊倒; **stumble through** (困难地)通过

stumer, stumour ['stju:mə] n. ①假票子,赝品 ②错误,大错

stump [stʌmp]❶ n. ①树桩,短柱,柱墩 ②残余部分,

残干,根部 ☆***up a stump*** 为难,不知怎么办才好 ❷ *vt.* ①砍(伐,去树桩),除根(out,up) ②绊倒,难倒,妨碍
stumpage [ˈstʌmpɪdʒ] *n.* 立木蓄积〔价值,砍伐权〕,未砍倒的树木
stumper [ˈstʌmpə] *n.* ①除根机 ②难题,困难的工作
stumpwood [ˈstʌmpwʊd] *n.* 根株材
stumpy [ˈstʌmpɪ] *a.* 短而粗的,多树桩的
stun [stʌn] (stunned; stunning) *vt.* ①打晕 ②使震聋 ③使震惊,使目瞪口呆〔不知所措〕
stung [stʌŋ] sting 的过去式和过去分词
stunk [stʌŋk] stink 的过去式和过去分词
stunner [ˈstʌnə] *n.* 把人〔动物〕打昏的人〔东西〕;极好的东西,惊人的事,出色的人
stunning [ˈstʌnɪŋ] *a.* ①使人晕倒的,震耳欲聋的 ②极好的 ‖ **~ly** *ad.*
stunt [stʌnt]❶ *n.* ①特技(飞行),惊人表演 ②花招,手腕 ③停滞,矮化 ❷ *vi.* 作特技飞行〔惊人表演〕 ❸ *vt.* 阻碍…生长〔发展〕
stuntedness [ˈstʌntɪdnɪs] *n.* 矮化,萎缩,枯谢
stupefacient [ˌstjuːpɪˈfeɪʃənt]❶ *a.* 麻醉性的,使不省人事的 ❷ *n.* 麻醉剂
stupefaction [ˌstjuːpɪˈfækʃən] *n.* 麻木状态,昏迷 ‖ **stupefactive** *a.*
stupefy [ˈstjuːpɪfaɪ] *vi.* 使麻木〔昏迷〕,使惊呆
stupendous [stjuːˈpendəs] *a.* 巨大的,惊人的,了不起的 ‖ **~ly** *ad.* **~ness** *n.*
stupid [ˈstjuːpɪd]❶ *a.* 愚蠢的,笨的,糊涂的 ❷ *n.* 傻瓜 ‖ **~ly** *ad.*
stupidity [stjuːˈpɪdɪtɪ] *n.* 愚蠢(的行为)
stupor [ˈstjuːpə] *n.* 昏迷,麻木,不省人事 ‖ **~ous** *a.*
sturdily [ˈstɜːdɪlɪ] *ad.* 坚固地,结实地,坚定地
sturdiness [ˈstɜːdɪnɪs] *n.* 坚固〔坚定,耐久〕性,结实,强壮,强度
sturdy [ˈstɜːdɪ] *a.* 坚固〔实,定,强〕的,结实的,强力的
stutter [ˈstʌtə] *v.*; *n.* ①口吃,结结巴巴 ②似动非动,扫描残迹 ‖ **~ingly** *ad.*
stylar [ˈstaɪlə] *a.* 尖的,针状的,花柱的
style [staɪl]❶ *n.* ①风格,形式,式样,结构,种类 ②字〔文〕体 ③时髦,漂亮,豪华 ④通管丝,细探子,锥刺 ⑤花柱 ❷ *vt.* ①称呼,命名 ②设计 ☆***in all sizes and styles*** (按)各种尺寸和种类〔形式〕,大大小小各式各样的; ***in style*** 豪华,时髦; ***in the style of*** 仿…式〔型〕; ***out of style*** 不时髦; ***the (that) style of thing*** 那样的事〔说法,做法〕
stylet [ˈstaɪlɪt] *n.* 匕首,探针
styli [ˈstaɪlaɪ] stylus 的复数
styliform [ˈstaɪlɪfɔːm] *a.* 尖的,针状的
stylish [ˈstaɪlɪʃ] *a.* 时髦的,漂亮的,式样新颖的 ‖ **~ly** *ad.* **~ness** *n.*
stylist [ˈstaɪlɪst] *n.* (新式样)设计师
stylistic(al) [staɪˈlɪstɪk(əl)] *a.* 风格(上)的 ‖ **~ally** *ad.*
stylize [ˈstaɪlaɪz] *vt.* 仿效(…风格),因袭 ‖ **stylization** *n.*
stylized [ˈstaɪlaɪzd] *a.* 程式化的,因袭的,仿效的
stylobate [ˈstaɪləbeɪt] *n.* 柱座
stylobol [ˈstaɪləbɒl] *n.* 僵顶病
stylograph [ˈstaɪləgrɑːf] *n.* 尖头〔铁笔型〕自来水笔
stylographic [ˌstaɪləˈgræfɪk] *a.* 尖头铁笔(似)的,尖头铁笔书写(用)的
stylolith [ˈstaɪləlɪθ] *n.* 石笔杆
stylometer [staɪˈlɒmɪtə] *n.* 量柱斜度器
Stylopids [ˈstaɪləpɪdz] *n.* 拈翎目
stylospore [ˈstaɪləspɔː] *n.* 柄生孢子
stylosporous [ˌstaɪləˈspɔːrəs] *a.* 柄生孢子的
stylotypite [ˌstaɪləˈtaɪpaɪt] *n.* 柱形矿
stylus [ˈstaɪləs] (pl. styli) *n.* ①笔尖,尖端,铁笔,记录针,(唱,钢)针 ②触指 ③触针,测头
stymie,stymy [ˈstaɪmɪ]❶ *n.* 困难境地 ❷ *vt.* 使处于困难境地,阻碍
stypsis [ˈstɪpsɪs] *n.* 止血剂效用
styptic [ˈstɪptɪk]❶ *a.* 止血的,收敛性的 ❷ *n.* 止血剂
stypticity [stɪpˈtɪsɪtɪ] *n.* 止血作用,收敛性
stypticum [ˈstɪptɪkəm] *n.* 止血药
styrax [ˈstaɪræks] *n.* 苏合香脂,安息香
styremic [ˌstaɪəˈremɪk] *n.* 高耐热性苯乙烯树脂
styrene [ˈstaɪəriːn] *n.* 苯乙烯
styrofoam [ˈstaɪrəfəʊm] *n.* 泡沫聚苯乙烯
styrolene [ˈstaɪrəliːn] *n.* 肉桂塑料, 苯代乙撑
styron [ˈstaɪrɒn], **styrone** [ˈstaɪrəʊn] *n.* 苯乙烯树脂,肉桂醇,肉桂塑料
styryl [ˈstaɪrɪl] *n.* 苯乙烯基
suanpan [swɑːnˈpɑːn] *n.* (中国式)算盘
suasion [ˈsweɪʒən] *n.* 劝告,说服 ‖ **suasive** *a.* **suasively** *ad.*
sub [sʌb]❶ *n.* ①潜水艇 ②地道 ③部下 ④代理人,补充人员 ⑤代用品 ⑥订阅(购),订户 ⑦胶层 ❷ *vt.* 涂胶层于 ❸ *a.* 附属的,次级的 ❹ (拉丁语) *prep.* 在…之下,在…的过程中
subacetate [sʌbˈæsɪteɪt] *n.* 碱式醋酸盐
subacid [sʌbˈæsɪd] *a.* 微酸性的,有点酸的 ‖ **~ly** *ad.*
subacidity [ˌsʌbəˈsɪdɪtɪ] *n.* 弱酸性
subacoustic [ˌsʌbəˈkaʊstɪk] *a.* 亚声速的
subacute [ˌsʌbəˈkjuːt] *a.* 稍尖的,亚急性的
subadditive [sʌbˈædɪtɪv]❶ *a.* 次加性(的) ❷ *n.* 副添加剂
subadiabatic [ˌsʌbædɪəˈbætɪk] *a.* 亚绝热的,近于绝热的
subaerial [sʌbˈeərɪəl] *a.* 地面上的,地表的,低空的,接近地面的,陆上的 ‖ **~ly** *ad.*
subagency [sʌbˈeɪdʒənsɪ] *n.* 分代理处,分经销处,分办事处,分社
subagent [sʌbˈeɪdʒənt] *n.* 副代理人,分经销人;次作用力
subaggregate [sʌbˈægrɪgeɪt] *n.* 子集
subalgebra [sʌbˈældʒəbrə] *n.* 子代数
subalimentation [ˌsʌbæləmenˈteɪʃən] *n.* 营养不足

S

subalphabet [sʌb'ælfəbɪt] *n.* 部分字母

subaltern ['sʌbəltən]❶ *a.* 下的,次的,副的 ❷ *n.* 副官,部下

subalternate [sʌb'ɔːltənɪt] *a.* 下的,次的,副的,继续的

subangle [sʌb'æŋgl] *n.* 分角,副角

subangular [sʌb'æŋgjulə] *a.* 略带棱角的,半多角形

subapical [sʌb'æpɪkəl] *a.* 位于顶点下的,接近顶点的

subaquatic [ˌsʌbə'kwætɪk], **subaqueous** ['sʌb-'eɪkwɪəs] *a.* 水下的,适于水下的,水底的,半水生的,潜水的

subarch ['sʌbɑːk] *n.* 副拱,子拱

subarctic [sʌb'ɑːktɪk] *a.* 亚北极的,副极带的,亚寒带的

subarea [sʌb'eərɪə] *n.* 分区

subarrangement [ˌsʌbə'reɪndʒmənt] *n.* 次级排列

subarray [ˌsʌbə'reɪ] *n.* 子台阵,子阵列

subassembler [ˌsʌbə'semblə] *n.* 部件〔局部〕装配工

subassembly [ˌsʌbə'semblɪ] *n.* ①组件,子配件,辅助装置 ②局部装配

subastral [sʌb'æstrəl] *a.* 天下的,星下的,地上的

subatmospheric ['sʌbˌætməs'ferɪk] *a.* 低于大气压〔层〕的,亚大气的

subatom [sʌb'ætəm] *n.* 亚〔次〕原子

subatomic [ˌsʌbə'tɒmɪk] *a.* 亚〔次〕原子的,比原子更小的

subatomics [ˌsʌbə'tɒmɪks] *n.* 亚〔次〕原子学

subaudi [sʌ'bɔːdaɪ] (拉丁语) *v.* 言外之意是

subaudible [sʌb'ɔːdɪbl], **subaudio** [sʌb'ɔːdɪəʊ] *a.* 次〔亚〕声(频)的,可听频率以下的

subaudition [ˌsʌbɔː'dɪʃən] *n.* (领会到的)言外之意

subaverage [sʌb'ævərɪdʒ] *a.* 低于一般水平的,低于平均值的

subband [sʌb'bænd] *n.* 次能带,副带,分波段

subbase [sʌb'beɪs] *n.* ①(底,墙)基层,基底,土基,底(盘)座 ②子基 ③辅助机场〔基地〕

subbasement [sʌb'beɪsmənt] *n.* 副地下层〔室〕,底层〔地下室〕下的地下室,下层地下室

subbasis [sʌb'beɪsɪs] *n.* 子基

subbing ['sʌbɪŋ] *n.* ①做替工 ②地下灌溉 ③胶层

subbottom [sʌb'bɒtəm] *n.* 底基

subbranch [sʌb'brɑːntʃ]❶ *n.* 支行,小分支 ❷ *vi.* 分成小分支

subbundle [sʌb'bʌndl] *n.* 【数】子丛

subcabinet [sʌb'kæbɪnɪt] *n.* 非正式顾问团;分线箱

subcadmium [sʌb'kædmɪəm] *a.* 亚〔次〕镉的

subcaliber, subcalibre [sʌb'kælɪbə]❶ *a.* 口径较小的,小于规定口径的 ❷ *n.* 次口径

subcapillary [sʌb'kæpɪlərɪ] *n.* 次毛细间隙

subcarbonate [sʌb'kɑːbənɪt] *n.* 碱式碳酸盐

subcarrier [sʌb'kærɪə] *n.* 副载波(频率),副载频

subcategory [sʌb'kætɪgərɪ] *n.* 子范畴,副类,主题分类细目

subcell ['sʌbsel] *n.* 亚晶胞,子细胞,子单元

subcellar [sʌb'selə]❶ *n.* 地下室下的地下室,下层地下室,副地下室 ❷ *a.* 地下的

subcellular [sʌb'seljulə] *a.* 亚细胞的

subcentral [sʌb'sentrəl] *a.* 位于中心点下的,接近中心点的

subcentre, subcenter ['sʌb'sentə] *n.* 子中心,亚辐射中心,主分支点

subchannel [sʌb'tʃænəl] *n.* 分流道,支通道

subchaser ['sʌbtʃeɪsə] *n.* 猎潜艇〔舰〕

subchassis ['sʌbʃæsɪs] *n.* 副〔辅助〕底盘

subchloride [sʌb'klɔːraɪd] *n.* 低(价)氯化物

subchord ['sʌbkɔːd] *n.* 副〔子〕弦

subcircuit [sʌb'sɜːkɪt] *n.* 支路,分(支电)路

subcircular [sʌb'sɜːkjulə] *a.* 接近〔近似于〕圆〔环〕形的

subclass ['sʌbklɑːs]❶ *n.* 小类,亚纲,【数】子集(合) ❷ *vt.* 再细分类

subclimax [sʌb'klaɪmæks] *n.* 亚演替顶极,亚顶极群落

subclinical [sʌb'klɪnɪkəl] *a.* 临床症状不显的,亚临床的,无症状的,轻症的

subcode ['sʌbkəʊd] *n.* 子码

subcommission [ˌsʌbkə'mɪʃən] *n.* (委员会所属的)分会

subcommissioner [ˌsʌbkə'mɪʃənə] *n.* (委员会所属的)分会〔小组〕委员

subcommittee [ˌsʌbkə'mɪtɪ] *n.* (委员会下的)小组委员会,分部委员会,(委员会)分会

subcommutation [ˌsʌbkɒmju'teɪʃən] *n.* 副换接

subcompact [sʌb'kɒmpækt]❶ *n.* 超小型汽车 ❷ *a.* 超小型的

subcompany [sʌb'kʌmpənɪ] *n.* 子〔分,辅助〕公司

subcomplex [sʌb'kɒmpleks] *n.* 子复合形

subcomponent [ˌsʌbkəm'pəʊnənt] *n.* 亚成分

subcompound [sʌb'kɒmpaʊnd] *n.* 亚(低价)化合物

subconic(al) [sʌb'kɒnɪk(əl)] *a.* 接近(圆)锥形的

subconscious [sʌb'kɒnʃəs] *n.; a.* 下〔潜〕意识(的) ‖ **-ly** *ad.* **~ness** *n.*

subconsistent [ˌsʌbkən'sɪstənt] *a.* 次相容的

subconsole ['sʌbkən'səʊl] *n.* 辅助控制台

subcontinent [sʌb'kɒntɪnənt] *n.* 次大陆 ‖ **-al** *a.*

subcontract [sʌb'kɒntrækt] *n.; v.* ①转包〔分包〕合同,(承做)转包工作,转包工 ②局部缩小

subcontractor [ˌsʌbkən'træktə] *n.* (第二)二(次)转包(的单位),转包人,小承包商,小包

subconvex [ˌsʌbkən'veks] *a.* (中间)微凸的

subcool [sʌb'kuːl] *v.* 使过(度)冷(却),加热不足,欠火(冷)

subcooler [sʌb'kuːlə] *n.* 过冷却器

subcritical [sʌb'krɪtɪkəl] *a.* ①亚临界的 ②亚相变的

subcriticality [ˌsʌbkrɪtɪ'kælɪtɪ] *n.* 亚临界

subcrop [sʌb'krɒp] *n.* 微露,隐伏露头

subcrust [sʌb'krʌst] *n.* 次表面层,路面底层

S

subcrustal [sʌb'krʌstəl] a. 地壳下的,深处的

subcrystalline [sʌb'krɪstəlaɪn] a. 亚晶态的,部分结晶的

subcubous [sʌb'kjuːbəs] a. 坠落的

subculture [sʌb'kʌltʃə] n. 再次培养,次代培养物

subculturing [sʌb'kʌltʃərɪŋ] n. 移植,接种

subcurve [sʌb'kɜ:v] n. 波浪状痕

subcutaneous [sʌbkjuː'teɪnɪəs] a. 皮下的

subcycle [sʌb'saɪkl] n. 次旋回

subcylindrical [sʌbsɪ'lɪndrɪkəl] a. 接近圆柱形的

subdean [sʌb'diːn] n. (大学)副院长,副系主任,副教务长

subdepartment [sʌbdɪ'pɑːtmənt] n. 支部,分局

subdepot [sʌb'depəu] n. 辅助（附属）仓库

subdeterminant [sʌbdɪ'tɜ:mɪnənt] n. 子行列式

subdiagonal [sʌbdaɪ'æɡənəl] n. 副斜杆

subdialect [sʌb'daɪəlekt] n. 次方言

subdichromatism [sʌbdaɪ'krəumətɪzm] n. 亚二色性

subdifferentiable [sʌbdɪfə'renʃɪəbl] a. 次可微分的

subdirect [sʌbdɪ'rekt] a. 次直的,几乎直(接,射)的

subdiscipline [sʌb'dɪsɪplɪn] n. 学科的分支

subdispatcher [sʌbdɪs'pætʃə] n. 区域（车间）调度员

subdistributivity [sʌbdɪstrɪbjuː'tɪvɪtɪ] n. 从属分配性

subdividable [sʌbdɪ'vaɪdəbl] a. 可再分的

subdivide [sʌbdɪ'vaɪd] ❶ v. 细(区)分,分小类; ❷ n. 副分水界,分水岭

subdivisible [sʌbdɪ'vɪzəbl] a. (可)再(细)分的

subdivision [sʌb'dɪvɪʒən] n. ①再分,细分(度),分水界 ②一部分,细类,细目,亚门,小节

subdomain [sʌbdəu'meɪn] n. 子域,子整环,部分波段

subdominant [sʌb'dɒmɪnənt] ❶ a. 亚优势的 ❷ n. 亚优势种

subdominule [sʌb'dɒmɪnjul] n. 小群落亚优势种

subdouble [sʌb'dʌbl] a. 二分之一的

subdrain [sʌb'dreɪn] n.; v. 暗沟,地下排水管

subdrainage [sʌb'dreɪnɪdʒ] n. 地下排水(系统)

subdrill [sʌb'drɪl] vt. 先钻(把孔钻到一定大小以便用铰刀精加工)

subdual [sʌb'djuəl] n. (被)征服〔抑制,缓和〕

subduce [sʌb'djuːs], **subduct** [sʌb'dʌkt] vt. 除去,取回,扣除;下转

subduction [sʌb'dʌkʃən] n. 除去,消减,取回,扣除;(地块)下降,俯冲;消亡(作用)

subdue [sʌb'djuː] vt. ①放低(声音),弄淡,使(光线)柔和 ②征服,抑制,根除 ③开拓,开垦

subduple [sʌb'djuːpl] a. 二分之一的

subduplicate [sʌb'djuːplɪkɪt] a. 平方根的,解方根得出〔表示〕的

subedit [sʌb'edɪt] vt. 充任(…的)副主编,整理…以便付印

subeditor [sʌb'edɪtə] n. (副,助理)编辑,副主编

subelectron [sʌbɪ'lektrɒn] n. 亚电子

subemployed [sʌbɪm'plɔɪd] a. 就业不足的

subemployment [sʌbɪm'plɔɪmənt] n. 就业不足

subensemble [sʌb'ensɒmbl] n. 子集

subepitaxial [sʌbepɪ'tæksɪəl] a. 亚外延的

subequal [sʌb'iːkwəl] a. 几乎相等的

suber ['sjuːbə] n. 软木(櫟),木栓(组织)

suberate ['sjuːbəreɪt] n. 辛二酸,辛二酸盐〔酯,根〕

suberect [sʌbɪ'rekt] a. 接近垂直的,差不多直立的

suberic [sjuː'berɪk] a. 软木的,木栓的

suberin(e) ['sjuːbərɪn] n. 软木脂

suberisation [sjuːbərɪ'seɪʒən] n. 栓化(作用)

suberose ['sjuːbərəus], **suberous** ['sjuːbərəs] a. 软木质的,木栓状的

subexchange [sʌbɪks'tʃeɪndʒ] n. (电话)支局

subface ['sʌbfeɪs] n. 底面

subfactor [sʌb'fæktə] n. 子因子

subfamily [sʌb'fæmɪlɪ] n. 亚科

subfebrile [sʌb'fiːbrəl] a. 轻热的,微热的

subfeeder [sʌb'fiːdə] n. 副馈(电)线,分支配电线

subfield [sʌb'fiːld] n. 子域(体),子字段,亚场,分区,副学科

subfired ['sʌbfaɪəd] n. 潜艇发射的

subflare ['sʌbfleə] n. (太阳)的次耀斑

subfloor ['sʌbflɔ:] n. 底层〔下层〕地板,板面底层,毛地板,副地板

subflooring [sʌb'flɔ:rɪŋ] n. 下层地板(用的材料)

subfluoride [sʌb'flu:əraɪd] n. 低氟化物,氟化低价物

subfluvial [sʌb'flju:vɪəl] a. 水下(产生,形成)的,河底的

subforeman [sʌb'fɔ:mən] n. 副工长,副领工员

subform ['sʌbfɔ:m] n. 从属（派生）形式

subfoundation [sʌbfaun'deɪʃən] n. 基础底层,下层基础

subfragment [sʌb'frægmənt] n. 亚碎片

subfrequency [sʌb'fri:kwənsɪ] n. 分谐(波)频(率)

subfringe ['sʌbfrɪndʒ] n. 亚边纹

subfunction [sʌb'fʌŋkʃən] n. 子函数

subfusc(ous) ['sʌbfʌsk(əs)] a. 黑黝黝的,暗淡的,单调的

subgenus [sʌb'dʒi:nəs] n. 亚属

subglobular [sʌb'gləubjulə] a. 接近球形的

subgrade [sʌb'greɪd] ❶ n. 路基,地基 ❷ v. 修筑〔平整〕路基

subgrader ['sʌb,greɪdə] n. 路基(面)整平〔修整〕机

subgradient [sʌb'greɪdɪənt] n. 次梯度

subgravity [sʌb'grævɪtɪ] n. 亚重力,低于一个重力加速度的重力效应

subgroup ['sʌbgru:p] n. ①小组 ②亚层〔类〕③(周期表)族,副族,【数】簇,子群

subgrouping ['sʌb,gru:pɪŋ] n. 小组

subhalide [sʌb'hælaɪd] n. 低卤化物

subharmonic [sʌbhɑ:'mɒnɪk] n. 副谐波

subhead(ing) ['sʌb,hed(ɪŋ)] n. 小（副）标题,细目

subhedral [sʌb'hi:drəl] *a.* 半形的,仅有部分成晶面的

subhuman [sʌb'hju:mən] *a.* 非人的,低于〔近于〕人类的

subhumid [sʌb'hju:mɪd] *a.* 半湿的,次湿气候的

subhydrostatic [,sʌbhaɪdrə'stætɪk] *a.* 低流体静压

subhymenium [sʌb'haɪmɪnɪəm] (pl. subhymeia) *n.* 子实下层

subiculum ['sʌbɪkjuləm], **subicle** ['sʌbɪkl] *n.* 菌丝层

subindex [sʌb'ɪndeks] *n.* 子指数

subindividual [,sʌbɪndɪ'vɪdjuəl] *n.* 晶片

subinfection [,sʌbɪn'fekʃən] *n.* 轻感染,次感染

subinspector [,sʌbɪns'pektə] *n.* 副检查员

subinterval [sʌb'ɪntəvəl] *n.* 【数】子区间,小音程

subintrusion [,sʌbɪn'tru:ʒən] *n.* 次侵入

subinverse [,sʌbɪn'vɜ:s] *n.* 【数】下逆

subiodide [sʌb'aɪədaɪd] *n.* 低碘化物,碘化低价物

subirrigate [sʌb'ɪrɪɡeɪt] *vt.* 地下灌溉,地下渗灌 ‖ **subirrigation** *n.*

subjacent [sʌb'dʒeɪsənt] *a.* 直接在下面的,下层的

subject ❶ ['sʌbdʒɪkt] *n.* ①题目,主题,类别 ②学科,科目,(讨论,研究,实验的)对象〔材料〕,主语 ③受验者,受治疗者,解剖的尸体 ❷ ['sʌbdʒɪkt] *a.* ①从属的 ②易遭的 ③以…为条件的 ❸ [səb'dʒekt] *vt.* 使从属,使服从,使遭受〔经历〕,提供 ☆*digress from the subject* 离题,涉及枝节; *on the subject of* 关于,论述,涉及; *subject for (of)* (讨论,研究,实验的)题目〔对象,材料〕,…的原因; *(be) subject to* 服从,以…为条件,受…的支配;须经,易遭; *(be) subject to prior approval* 须经预先核准; *subject to question* 还有讨论的余地,还值得怀疑; *subject to* 在…的条件下,根据,如果,只要; *subject to immediate reply* 立即回答生效; *(be) subjected to* 受到,经受; *subject A to B* 使A承受〔遭受,服从〕B,把A(终受)B(处理),把A加B,使A置于B之下;把A送请B(处理,批准) 〖用法〗注意下面例句中该词的含义:These terms are often *subject* to more than one interpretation. 这些术语往往具有多种解释。/A charge carrier in a crystal passing an atom is first *subject* to an acceleration. 在晶体中通过原子的载流子首先受到加速。/*Subject to* these boundary conditions, the solution of (3-14) is as follows. 在满足这些边界条件的情况下,式(3-14)的解如下。/*Subject to* certain generalizations which will be described later on, Coulumb's law in the form given above is restricted to point charges. 由于上述形式的库仑定律受限于将在以后讲到的一些通则,它只限于点电荷的情况。

subjection [səb'dʒekʃən] *n.* 征服,镇压,从属,遭受

subjective [səb'dʒektɪv] ❶ *a.* 主观(上)的,自觉的 ❷ *n.* 主观事物

subjectively [səb'dʒektɪvlɪ] *ad.* 主观上〔地〕

subjectivism [səb'dʒektɪvɪzm] *n.* 主观主义

subjectivity [,sʌbdʒek'tɪvɪtɪ] *n.* 主观(性,主义)

subjoin [səb'dʒɔɪn] *vt.* (补)添,增补,补遗

subjugable ['sʌbdʒʌɡəbl] *a.* 可征〔制〕服的

subjugate ['sʌbdʒuɡeɪt] *vt.* 征服,使服从,镇压,抑制 ‖ **subjugation** *n.*

subjugator ['sʌbdʒuɡeɪtə] *n.* 征服者

subjunction [səb'dʒʌŋkʃən] *n.* 追加(物),增补,补遗

subjunctive [səb'dʒʌŋktɪv] *a.* 接续的,假设的,虚拟的

sublaminar [səb'læmɪnə] *a.* 次层流的

sublamine [sʌb'læmɪn] *n.* 升胺,乙二胺合硫酸汞

sublate ['sʌbleɪt] *vt.* 否定〔认〕,消除

sublation [sʌb'leɪʃən] *n.* 消除

sublattice [sʌb'lætɪs] *n.* 子(晶)格,亚点阵

sublayer ['sʌbleɪə] *n.* 下〔底,次,内,子〕层

sublet [sʌb'let] *v.; n.* 转包〔租〕,分包〔租〕

sublethal [sʌb'li:θəl] *a.* 尚不致命的,亚〔次〕致死的

sublevel [sʌb'levl] *n.* ①次(能)级,次层,副准位 ②【矿】分段,中间平巷,顺槽 ③水平下的,地面下的

sublimability [,sʌblɪmə'bɪlɪtɪ] *n.* 升华性,升华能力

sublimable [,sʌb'lɪməbl] *a.* 可升华的

sublimate ❶ ['sʌblɪmeɪt] *v.* ①(使)升华,提纯 ②提高,理想化 ❷ ['sʌblɪmɪt] *n.; a.* ①升华(物,的) ②提炼(过的),提纯(的),精华(的) ③升华

sublimated ['sʌblɪmɪtɪd] *a.* 升华的

sublimation [,sʌblɪ'meɪʃən] *n.* 升华(作用),凝华,提纯,分馏

sublimator ['sʌblɪmeɪtə] *n.* 升华器

sublimatory [sʌb'lɪmɪtərɪ] ❶ *a.* 升华用的 ❷ *n.* 升华器

sublime [sʌb'laɪm] ❶ *v.* ①(使)升华,精炼,(使)纯化,从蒸汽中沉淀 ②提高,理想化 ☆*sublime off* *n.* ①令人感到崇高,庄严 ②极点 ❸ *a.* ①崇高的,庄严的,惊人的,异常的 ②升华的 ‖ **~ly** *ad.*

sublimer [sʌb'laɪmə] *n.* 升华器

subliminal [sʌb'lɪmɪnl] *a.* 阈下的,低于阈的

sublimity [sʌb'lɪmɪtɪ] *n.* ①崇高的事物,卓越,庄严 ②绝顶,极点

subline [sʌb'laɪn] *n.* 副〔辅助〕线

sublinear [sʌb'lɪnɪə] *n.; a.* 亚线性(的)

sublist ['sʌblɪst] *n.* 子表,分表

sublittoral [sʌb'lɪtərəl] *a.* 次大陆架的,远岸浅海底的

subloop ['sʌblu:p] *n.* 副〔子〕回路

sublunar(y) [sʌb'lu:nə(rɪ)] *a.* 月下的,(地球)上的,现世的

submachinegun [,sʌbmə'ʃi:ngʌn] *n.* 冲锋枪,轻型(半)自动枪

submain [sʌb'meɪn] *n.* 次干管,辅助干线

submanifold [sʌb'mænɪfəuld] *n.* 子流形,子簇

submarginal [sʌb'mɑ:dʒɪnəl] *a.* 亚缘的,接近边缘的,界限以下的

submarine [sʌbmə'ri:n] ❶ *n.* 潜水艇,海底生物 ❷ *a.* 海底的,水(面)下的,海生的,适于海面下使用的,潜水的 ❸ *vt.* 用潜艇击沉

submariner [,sʌbmə'ri:nə] n. 潜水员
submatrix [sʌb'meɪtrɪks] n. 子(矩)阵
submaximum [sʌb'mæksɪməm] n. 副峰,次极大
submellite [sʌb'melaɪt] n. 钙黄长石
submember [sʌb'membə] n. 副构件
submerge [sʌb'mɜ:dʒ] v. 浸没,浸在水中,潜(入)水(中),消失 ☆**be submerged in** 浸在…中,潜入…中
submerged [sʌb'mɜ:dʒd] a. 浸在水中的,在海中的,海面下的,沉没的,暗的 〖用法〗该形容词可以作方式状语。如:A body whose average density is less than that of a liquid can float partially submerged at the free upper surface of the liquid. 如果物体的平均密度小于液体的平均密度的话,它就能够半浸没地漂浮在该液体的自由上表面。
submergence [sʌb'mɜ:dʒəns] n. 浸没,浸入水中,浸没深度,潜水深度,泛滥
submerse [sʌb'mɜ:s] ❶ v. 浸没,浸在水中,潜水 ❷ a. 浸(淹)没的,潜水的
submersible [sʌb'mɜ:səbl] ❶ a. 可浸入〔潜入〕水中的,沉没的 ❷ n. 潜水艇
submetacentric ['sʌbmetə'sentrɪk] a. 亚中间着丝的
submetallic [,sʌbmi'tælɪk] a. 半金属的,类金属的
submeter(ing) [sʌb'mi:tərɪŋ] n. (供电,供煤气的)分表,辅助计量
submicelle [,sʌbmi'sel] n. 逊胶束
submicroearthquake [,sʌbmaɪkrə'ɜ:θkweɪk] n. 亚微震
submicrogram [sʌb'maɪkrəgræm] n. 亚〔次〕微克
submicromethod [,sʌbmaɪkrə'meθəd] n. 超微量法
submicron [sʌb'maɪkrɒn] n. 亚微型〔米〕,亚微(细)粒
submicrosample [sʌb'maɪkrəsæmpl] n. 超微量试样
submicroscopic [,sʌbmaɪkrə'skɒpɪk] a. 亚微观的,普通显微镜下看不出的
submicrosecond [,sʌbmaɪkrə'sekənd] n. 亚微秒
submicrosomal [,sʌbmaɪkrə'səuməl] n. 亚微粒体的
submicrowave [sʌb'maɪkrəweɪv] n. 亚微波
submillimeter, submillimetre [sʌb'mɪlɪmi:tə] n. 亚〔次〕毫米
submin ['sʌbmɪn] n. 超小型摄影机
subminiature [sʌb'mɪnɪətʃə] n.;a. 超小型(元件)(的),极小零件(的)
subminiaturise, subminiaturize [sʌb'mɪnɪətʃəraɪz] vt. 使超小型化 ‖ **subminiaturisation** 或 **subminiaturization** n.
subminimal [sʌb'mɪnɪməl] a. 亚极小的
submissile [sʌb'mɪsaɪl] n. 子导弹
submission [sʌb'mɪʃən] n. ①屈服〔服从〕

(于)(to),认错 ②谦逊 ③提交〔出〕④看法 ☆ *my submission is that* … 或 *in my submission* 据我的看法,我认为 ‖ **submissive** a.
〖用法〗注意下面例句的含义:Language results must not be older than one year upon submission. 提交的语言成绩必须是近一年内的。("upon submission"意为"在提交时"。)
submit [sʌb'mɪt] v. ①(使)服从,屈服 ②提交〔出〕,委托 ③建议,主张,请求判断 ☆ *be submitted for test* 交付试验〔检验〕; *be submitted to* 送请,已提交,受到(作用); *I submit (that* …)我认为; *submit … for test* 把…交付试验(检验); *submit oneself to* 甘(愿承)受,服从; *submit to* 服从,屈服于,忍受; *submit A to B* 向B提出A
submittal [sʌb'mɪtəl] n. 提交〔供〕
submodel [sʌb'mɒdl] n. 亚模型
submodulation [,sʌbmɒdju'leɪʃən] n. 副调制
submodulator [sʌb'mɒdjuleɪtə] n. 副(辅助)调制器
submodule [sʌb'mɒdju:l] n. 子模,分模数
submolecule [sʌb'mɒlɪkju:l] n. 亚分子,比分子更小的粒子
submonoid [sʌb'mɒnɔɪd] n. 子半群
submontane [sʌb'mɒnteɪn] a. 在山麓(山脚下)的
submultiple [sʌb'mʌltɪpl] n. ①约量,约数,亚倍量,(小)部分,几分之一 ②分谐音
submultiplet ['sʌb'mʌltɪplɪt] n. 亚多重线
subnanosecond [sʌb'nænəsekənd] n. 次〔亚〕毫微秒
subnekton [sʌb'nektən] n. 下层自游生物
subnetwork [sʌb'netwɜ:k] n. 界网状组织,子网
subnitrate [sʌb'naɪtreɪt] n. 碱式硝酸盐
subnitron [sʌb'naɪtrɒn] n. 放电管
subnormal [sʌb'nɔ:məl] ❶ a. ①正常(以)下的,低于正常的,达不到标准的,低质的,异常的 ②用法线切断的 ❷ n. 次法线,亚正常
subnuclear [sʌb'nju:klɪə] a. 亚核的,准原子核的
subnutrition [,sʌbnju'trɪʃən] n. 营养不足
suboceanic [sʌb'əʊʃɪˈænɪk] a. 洋(海)底的
suboctuple [sʌb'ɒktjupl] a. 八分之一的
suboffice ['sʌb,ɒfɪs] n. 分办事处,支局,分局
suboiler [sʌb'ɔɪlə] n. 喷油翻土机
suboiling [sʌb'ɔɪlɪŋ] n. (道路)土壤〔翻土〕喷油处理
suboptimal [sʌb'ɒptɪməl] a. 亚最佳的,最适度以下的
suboptimization [,sʌbɒptɪmaɪ'zeɪʃən] n. 次优化
suborbital [sʌb'ɔ:bɪtəl] a. 不满轨道一整圈的,亚轨道的
suborder ['sʌb,ɔ:də] n. 亚目
subordinate ❶ [sə'bɔ:dɪnɪt] a. ①辅的,附属的,次的 ②下(级)的 ❷ [sə'bɔ:dɪnɪt] n. 部下,下级 ☆*be subordinate to* 从属于 ❸ [sə'bɔ:dɪneɪt] vt. ①把…放在次要地位,轻视 ②使…服从 ☆ *subordinate A to B* 使A服从B ‖ **subordination**

n. **subordinative** *a.*

suboxide [sʌb'ɒksaɪd] *n.* 低(价)氧化物

subpackage [sʌb'pækɪdʒ] *n.* 分装(包)

subpar ['sʌb'pɑ:] *a.* 低于标准的

subparagraph [sʌb'pærəgrɑ:f] *n.* 小段,小节,附属
条款

subparticle [sʌb'pɑ:tɪkl] *n.* 亚微粒子〔颗粒〕

subpermanent [sʌb'pɜ:mənənt] *a.* 适当固定的,
亚永久的

subphosphate [sʌb'fɒsfeɪt] *n.* 碱式磷酸盐

subphotospheric [ˌsʌbfəʊtəʊs'ferɪk] *a.* 亚光球
层的

subpicogram [sʌb'pɪkəgræm] *n.* 微微克以下

subpicosecond [sʌbpɪ'kəʊsi:kənd] *n.* 亚微微秒

subpile ['sʌbpaɪl] *a.* 直接位于反应堆下的

subplan ['sʌbplæn] *n.* 辅助方案

subplate [sʌb'pleɪt] *n.* 底〔副,后,辅助〕板,小板块

subplot ['sʌbplɒt] *n.* 次要情节,副区

subp(o)ena [səb'pi:nə]❶ *n.* 传票 ❷ *vt.* 用传票
传唤

subpoint [sʌb'pɔɪnt] *n.* 下点,投影点,副点

subpolar [sʌb'pəʊlə] *a.* 近(南,北)极的,副〔亚,近〕
极地的

subpost [sʌb'pəʊst] *n.* 副(小)柱

subpower [sʌb'paʊə] *n.* 非总〔部分,亚〕功率

subpress [sʌb'pres] *n.* 小压(力)机,半成品压力机

subpressure [sʌb'preʃə] *n.* 欠压,负压,真空计压力

subproblem [sʌbˌprɒbləm] *n.* 小〔子,部分,次要〕
问题

subprofessional [ˌsʌbprə'feʃənəl] *n.* 专业人员
助手

subprogram(me) [sʌb'prəʊgræm] *n.* 子(部分)
程序,分计划

subprojective [ˌsʌbprə'dʒektɪv] *a.* 次投影的

subpunch ['sʌbpʌntʃ] *v.* 先冲,留置冲孔

subquadrate [sʌb'kwɒdrɪt] *a.* 近正方形的,正方
而带圆角的

subquadruple [sʌb'kwɒdrʊpl] *a.* 四分之一的

subquintuple [sʌb'kwɪntjʊpl] *a.* 五分之一的

subradical [sʌb'rædɪkəl] *a.* 根号下的

subrange [sʌb'reɪndʒ] *n.* 分波段,部分波段

subrecursiveness [ˌsʌbrɪ'kɜ:sɪvnɪs] *n.* 次递归性

subreflector [ˌsʌbrɪ'flektə] *n.* 副〔辅助〕反射器

subrefraction [ˌsʌbrɪ'frækʃən] *n.* 亚标准折射,副
折射

subregion ['sʌbˌri:dʒən] *n.* 分区,【数】小〔子〕
区域,亚区,部分区域

subreption [səb'repʃən] *n.* 隐瞒真相,虚报事
实 ‖ **subreptitious** *a.*

subresonance [səb'rezənəns] *n.* 次〔部分〕共振

subresultant [ˌsəbrɪ'zʌltənt] *n.* 子结式

subring ['sʌbrɪŋ] *n.* 子环,辅助环

subrogate ['sʌbrəgeɪt] *vt.* 代替〔理,位〕,接替,取
代 ‖ **subrogation** *n.*

subrosion [səb'rəʊʒən] *n.* 潜蚀,地下淋溶

subroutine ['sʌbru:ti:n] *n.* 【计】子程序,亚〔次〕
常规

subsalt ['sʌbsɔ:lt] *n.* 低盐,次盐,碱式盐

subsample [sʌb'sɑ:mpl]❶ *n.* 子样品,副样 ❷ *v.*
二次抽样,取分样

subsatellite [sʌb'sætəlaɪt] *n.* 由人造卫星带入轨
道后放出的飞行器,子卫星

subscribe [səb'skraɪb] *v.* ①签署〔名〕(to) ②预
订〔约〕(for),订阅(to) ③赞成,捐助〔献〕(to)

subscriber [səb'skraɪbə] *n.* ①签署者 ②用户 ③
预约〔订阅,订购〕者

subscript ['sʌbskrɪpt]❶ *n.* ①下标,注脚,脚码,标记
②索引,指标 ❷ *a.* 标在字母〔符号〕右下角的
【用法】该词后跟介词on。如:The subscript i on h_{ie}
stands for input. h_{ie} 的下标 i 代表输入。

subscription [səbs'krɪpʃən] *n.* ①(亲笔)签名
〔署〕,有亲笔签名的文件 ②预约〔订〕,订阅(购)
订阅期刊份数 ③预订费

subseal ['sʌbsi:l] *v.* 基层处理,封底

subsection ['sʌb'sekʃən] *n.* ①细目,条款 ②分部
〔段〕,小节〔段〕,分队

subseptuple [sʌb'septjʊpl] *a.* 七分之一的

subsequence ['sʌbsɪkwəns], **subsequency**
['sʌbsɪkwənsɪ] *n.* ①后来,其次,随后发生的事情,
结果 ②顺序,子序列

subsequent ['sʌbsɪkwənt] *a.* 后来的,(其)次的,
作为结果而发生的,接着发生的 ☆ (be)
subsequent on (upon) 作为…的结果而发生,
接着…发生; **be subsequent to** 在…之后(的)

subsequently ['sʌbsɪkwəntlɪ] *ad.* 其后,次后,接着

subsere ['sʌbsɪə] *n.* 次生演替系列

subserve [səb'sɜ:v] *vt.* 帮〔补〕助,促进,对…有用
〔有帮助〕

subservience [səb'sɜ:vjəns], **subserviency**
[səb'sɜ:vjənsɪ] *n.* ①有帮助 ②从属性 ③奉承

subservient [səb'sɜ:vjənt] *a.* ①辅助性的,只作为
一种手段的(to),对…有帮助的(to) ②奉承的

subset ['sʌbset] *n.* ①子集(合),子系统,附属设备
②用户(电话)机

subsextuple [sʌb'sekstjʊpl] *a.* 1:6的,六分之一的

subshell [sʌb'ʃel] *n.* 亚壳层,子(中间)壳层

subsidability [ˌsəbsɪdə'bɪlɪtɪ] *n.* 湿陷性,下陷性

subside [səb'saɪd] *vi.* ①下沉(陷),降落,凹陷 ②
平息〔静〕,减退〔少〕③衰耗 ‖ **subsidence** 或
subsidency *n.*

subsider [səb'saɪdə] *n.* 沉降槽,沉淀池

subsidiary [səb'sɪdjərɪ]❶ *a.* 辅助的,副的,附属的,
补充的(to) ❷ *n.* ①辅助者〔物〕②子公司,附属
机构 ③(pl.)文后栏目

subsidization [ˌsʌbsɪdaɪ'zeɪʃən] *n.* 补助(金),津
贴,奖金

subsidize ['sʌbsɪdaɪz] *vt.* 以津贴补助,给奖金,给
补助金

subsidy ['sʌbsɪdɪ] *n.* 补助(金),津贴,奖金

subsieve ['sʌbsi:v] *n.;a.* ①亚筛 ②微粒,微粉

S

subsilicate [sʌb'sɪlɪkɪt] n. 碱式硅酸盐〔酯〕

subsist [sʌb'sɪst]❶ vi. ①生存,维持生活 ②(继续)存在,可以理解,有效 ❷ vt. 供养 ☆**subsist on (upon)** 靠…维持生活

subsistence [sʌb'sɪstəns], **subsistency** [sʌb'sɪstənsɪ] n. ①生存,存在 ②生计,给养,维持生活(之物),生活费,生活津贴

subsistent [sʌb'sɪstənt] a. 存在的,现有的,固有的

subsoil ['sʌbsɔɪl]❶ n. 亚层土,底土,地基下层土,天然土层 ❷ vt. 掘起…的底土

subsolar [sʌb'səʊlə] a. 在太阳正下面的,热带的,赤道的,南北回归线之间的

subsolid [sʌb'sɒlɪd] a. 半固体的

subsolidus [sʌb'sɒlɪdəs] n. 亚固线,固线下

subsolifluction [ˌsʌbsɒlɪ'flʌkʃən] n. 水下土溜(作用); 海底地滑

subsonic [sʌb'sɒnɪk] a. ①亚音(速)的,亚音频的,以低于声速飞行的 ②次声的

subspace ['sʌbspeɪs] n. 子空间

subspan ['sʌbspæn] n. 子(部分)跨度

subspecies ['sʌbspiːʃiːz] n. 亚种

substage ['sʌbsteɪdʒ]❶ n. 分台,辅台,显微镜台,亚阶,亚期 ❷ a. (显微镜)台下的

substance ['sʌbstəns] n. ①物〔实,本〕质,实体 ②材料,财产 ③内容,大意,要点,梗概 ④(质地)牢固 ⑤(镀锡薄钢板的)单重 ☆**in substance** 本质上,基本上; **of little substance** 内容贫乏的 【用法】注意下面例句的译法:There are difference substances, of which there is indeed an enormous number. (世界上)有着许多不同的物质,事实上有种类甚多。("of which"在从句中是修饰从句主语"an enormous number"的。)

substandard [sʌb'stændəd]❶ a. 低于标准的,低于定额的,次等的 ❷ n. 低标准〔定额〕,低等级标准,副标准(器)

substantial [səb'stænʃəl]❶ a. ①物质的,实质〔体〕的 ②真实的,实际的,具体的 ③基本上 ④质地好的,坚实的 ⑤许多的,相当大的,显著的 ⑥有内容的,有重大价值的 ❷ n. (常用pl.)①实质性东西,重要的东西 ②重要部分,要领

substantialistic [ˌsəbstænʃə'lɪstɪk] a. 实体的

substantiality [ˌsəbstænʃɪ'ælɪtɪ] n. 实体,实质性,坚固

substantially [səb'stænʃəlɪ] ad. ①实质上,事实上,真实地,大体上 ②结实地 ③充分〔显著〕地 【用法】"substantially + 比较级"意为"…得多"。

substantiate [səb'stænʃɪeɪt] vt. ①证明,核实 ②使具体化 ‖ **substantiation** n. 证实

substantiator [səb'stænʃɪeɪtə] n. 证(明)人

substantive ['sʌbstəntɪv]❶ a. ①(真)实(存)在的,永存的,真实的 ②实质的 ③相当(数量)的,大量的 ④坚固的,耐久的 ⑤直接(染色)的 ❷ n. 独立存在的实体

substantivity [ˌsʌbstən'tɪvɪtɪ] n. 直接性,实质性

substate ['sʌbsteɪt] n. 亚(能)级,亚态

substation [sʌb'steɪʃən] n. ①变电所,(变电)分站,分电所,支局 ②分台,附属台 ③用户话机

substep ['sʌbstep] n. 子步

substituent [sʌb'stɪtjuənt] n. 替代者,取代者.【化】取代基

substitute ['sʌbstɪtjuːt]❶ v. (以…)代替(入),取代,置换 ❷ n. 代用品,代替者,候补人员,代替衍生物,【矿】转接器 ❸ a. 替代的,代用(入)的 ☆ **A is substituted for B** A代替了B; **substitute as** 代理 【用法】❶ 科技文章中最常见的一个句型是"substituting A in (into) B, we have 〔get, obtain〕..." ,意为"(如果)把A代入B,我们就得到…"。(在此substituting是分词短语作条件状语。) ❷ 另外一个句型是"substituting A in(into)B gives 〔produces, yields, results in, leads to〕...",意思与上一句型相同,只是substituting …入为动名词短语作句子的主语。❸ 注意下面例句的含义: The equivalent resistance of a set of interconnected resistors is the value of the single resistor that can be substituted for the entire set without affecting the current that flows in the rest of any circuit of which it is a part. 一组相互连接的电阻器的等效阻值,就是这样一个电阻器的阻值:它可以用来替代这整组电阻器而不会影响到这组电阻器所在电路的其余部分中流动的电流。(of which在定语从句中作从句表语a part的定语,而该定语从句中的it是指the entire set。)

substitution [ˌsʌbstɪ'tjuːʃən] n. 代替〔理〕,替换,取代,【数】代换,置换,代入(法),排出 ☆ **substitution of A for B** A代替B; **upon (on) the substitution of A in B** 把A代入B之后 【用法】❶ "substitution of A in (into) B gives (produces, yields, results in, leads to)..."意为"(如果)把A代入B,我们就得到…"。 ❷ 与该词搭配的动词是make。如:Making these substitutions, the proportion becomes the following form. 作了这些替代后,该比例关系就变成了如下形式。

substitutional [ˌsʌbstɪ'tjuːʃənəl], **substitutive** ['sʌbstɪtjuːtɪv] a. 代用的,调换的,取代的,补充的

substitutor ['sʌbstɪtjuːtə] n. 代用品,替手

substoichiometric [ˌsʌbstɔɪkɪəʊ'metrɪk] a. 亚化学计量的

substoichiometry [ˌsʌbstɔɪkɪ'ɒmɪtrɪ] n. 亚化学计量法

substope ['sʌbstəʊp] n. 分段工作面

substoping ['sʌbˌstəʊpɪŋ] n. 【矿】分段回采

substorm ['sʌbstɔːm] n. 准风暴

substory ['sʌbˌstɔːrɪ] n. 较低层,下层

substrain ['sʌbstreɪn] n. 次代(菌)株,次代品系

substrata [sʌb'streɪtə] substratum 的复数

substrate ['sʌbstreɪt] n. ①基片〔体〕,衬底,垫托物,(电镀)底金属,感光胶层 ②基层 ③基质,受媒质,培养基,作用物,黏合对象

substratosphere [sʌb'strætəsfɪə] n. 对流层顶,

副平流层,亚同温层

substratum ['sʌbstreitəm] (pl. substrata) ①下层（地层),底（土)层 ②基础,根据 ③(促使感光乳剂固着于片基的)胶层 ④基层,衬底,基质,培养基

substruction [sʌb'strʌkʃən], **substructure** ['sʌbstrʌktʃə] n. ①下部结构,下层建筑,基础工事,路基 ②基础,根基 ③亚（子）结构

subsulfate [sʌb'sʌlfeit] n. 碱式硫酸盐

subsume [sʌb'sjuːm] vt. 包含,把…归入(某一类),把…归类

subsumption [sʌb'sʌmpʃən] n. ①包括(的内容),包含 ②类别,分类 ③小前提,假定

subsun ['sʌbsʌn] n. 晶光反射斑

subsurface ['sʌb'sɜːfɪs] ❶ a. 地下的,表面下的,皮下的 ❷ n. 地表下岩石〔土壤),地下覆盖层,水面下水层

subswitch ['sʌbswitʃ] n. 分机键

subsynchronous [sʌb'sinkrənəs] a. 次（准）同步的

subsystem ['sʌb'sistəm] n. 子系统,子系,子组

subtabulation [,sʌbtæbju'leiʃən] n. 子表,表的加密

subtangent [sʌb'tændʒənt] n. 【数】次切线,次切距

subtask ['sʌbtɑːsk] n. 程序子基(本单)元,子任务

subtemperate [sʌb'tempərit] a. 次（亚）温带的

subtend [səb'tend] vt. 对着,(弦,边)对(弧,角)

subtense [səb'tens] ❶ n. 【数】弦,(角的)对边 ❷ a. 根据所对角度来测量的

subterfuge ['sʌbtəfjuːdʒ] n. ①托词,口实 ②欺骗,诡计,狡猾手段

subterminal ['sʌb'tɜːminəl] a. 接近端点的,近末端的,终端下的

subternatural [,sʌbtə'nætʃərəl] a. 逊于天然的,不十分自然的

subterrane ['sʌbtərein] n. 下层,地下室,洞穴

subterranean [,sʌbtə'reiniən],**subterraneous** [,sʌbtə'reiniəs] a. 地下的,隐藏的,秘密的

subtext [sʌb'tekst] n. 副本

subthalamogram [sʌb'θæləməgræm] n. 丘脑底部图

subthermal [sʌb'θɜːməl] a. 次〔亚)热的

subthermocline [sʌb'θɜːməklain] n. 副温跃层

subthreshold [sʌb'θreʃhəuld] ❶ a. 阈下的,(剂量)低于最低限度的,不足以起到作用的 ❷ n. 亚阈(值)

subtie ['sʌbtai] n. 副系杆

subtilin ['sʌbtilin] n. 枯草菌素

subtilisin [sʌbti'laisin] n. 枯草溶菌素,枯草杆菌蛋白酶

subtilize ['sʌbtilaiz] v. ①(使)稀薄,(使)趋于精细,使微妙化 ②详尽讨论,精细区分〔分析） ‖ **subtilization** n.

subtilysin [,sʌbti'laisin] n. 枯草溶菌素

subtitle ['sʌbtaitl] ❶ n. 小标题,副标题,书刊副名,分目 ❷ vt. 给…加小标题,给…配制说明字幕

subtle ['sʌtl] a. ①微妙的,(极)细微的,精细的,巧妙的 ②神秘不可思议的 ③稀薄的 ④敏感的 ⑤难捉摸的,难形容的,难解的 ‖ **subtly** ad.

subtleness ['sʌtlnis], **subtlety** ['sʌtlti] n. 微妙,细微区别,敏锐〔感)

subtopia [sʌb'təupjə] n. 市郊

subtract [sʌb'trækt] v. 减(去),作减法计算,扣除 〖用法〗注意下面例句中该词的译法：It is sometimes necessary to subtract one vector from another. 有时候需要把两个矢量相减。

subtraction [sʌb'trækʃən] n. 减去〔法),扣除 〖用法〗注意该词的搭配模式: subtraction of A from B,意为"B减A"。

subtractor,subtracter [səb'træktə] n. 减法器,减数

subtractive [səb'træktiv] a. (应)减去的,(有)负(号)的

subtrahend ['sʌb,trəhend] n. 减数

subtranslucent [,sʌbtræz'ljuːsnt] a. 微透明的

subtransmission [,sʌbtræns'miʃən] n. 辅助变速箱

subtransparent [,sʌbtræns'peərənt] a. 半透明的

subtreasury [sʌb'treʒəri] n. 国库的分库

subtree ['sʌbtriː] n. 子树

subtriangular [,sʌbtrai'æŋgjulə] a. 近似三角形的

subtriple ['sʌbtripl] a. 三分之一的

subtriplicate [sʌb'triplikit] ❶ a. 方根的,用立方根表示的 ❷ v. 开立方

subtropic(al) [sʌb'trɒpik(əl)] a. 亚〔副）热带的

subtropics [sʌb'trɒpiks] n. 亚〔副)热带

subtype ['sʌbtaip] n. 分（子,副,辅助）型

subulate ['sjuːbjulit] a. 锥形的,钻状的

subunit [sʌb'juːnit] n. 副族,亚组,亚基,子群,子单元,亚单位

suburb [sʌbɜːb] n. 市郊,郊区,(pl.)边缘,近处 ‖ **suburban** a.

suburbanite [sə'bɜːbənait] n. 郊区居民

suburbanization [,səbɜːbənai'zeiʃən] n. 近郊化,郊区建造

subvalue [sʌb'væljuː] n. 次值

subvention [sʌb'venʃən] n. (政府的)补助金,保护金

subversal [səb'vɜːsəl], **subversion** [səb'vɜːʃən] n. (暗中)破坏,颠覆,瓦解,扰乱

subversive [səb'vɜːsiv] ❶ a. (有)破坏性的,颠覆(性)的 ❷ n. 搞颠覆阴谋的人

subvert [səb'vɜːt] vt. (暗中)破坏,颠覆,推翻

subvertical [sʌb'vɜːtikəl] ❶ a. 副竖杆 ❷ a. 接近垂直的,陡的 ‖ **~ly** ad.

subvital [səb'vaitəl] a. 生命力低下的

subvitreous [sʌb'vitriəs] a. 光泽不如玻璃的,亚琉态的

subvocal [sʌb'vəukəl] a. 默读的

subvolcanic [,sʌbvɒl'kænik] a. 地下火山的

subwalk ['sʌbwɔːlk] n. 人行隧道

S

subwater ['sʌbwɒtə] *a.* 水下的

subwave ['sʌbweɪv] *n.* 部分波,次波,衰波

subway ['sʌbweɪ] ❶ *n.* 地(下)道,地下铁道,地下(电缆)管道 ❷ *vi.* 乘地下铁道列车

subzero [sʌb'zɪərəʊ] *a.* 零下(的),负的,适于零度下温度使用的,低凝固点的

subzonal [səb'zəʊnəl] *a.* 带下的

subzone ['sʌbzəʊn] *n.* 小(分)区,亚(地)区

succedaneous [,sʌksɪ'deɪnɪəs] *a.* 代用的,替代的,代理的

succedaneum [,sʌksɪ'deɪnɪəm] *n.* 代用品,替代物,代理人

succedent [sək'sɪdənt] *a.* 随后的,接着发生的

succeed [sək'siːd] ❶ *vi.* 成功,顺利进行 ❷ *v.* 继续〔承〕,接续〔替〕,继…之后,接着…发生 ☆*(be) succeeded by* 继之以; *succeed in doing*(某事)(获得)成功; *succeed one another* 一个接一个出现〔发生〕; *succeed (to)*…接着〔接替〕…(发生,来到); *succeed with …* 用…作成功

succeeding [sək'siːdɪŋ] *a.* 接连的,随后的

success [sək'ses] *n.* 成功(就,果),胜利 ☆*be a (great) success* 获得(很大)成功,是一(重大)成就; *for success* 为了获得成功; *have(meet with), turn out a)* success 获得成功; *make a success of* 把…做得很成功; *with some success* 获得一定的成功,取得一些成绩; *with success* 成功地 〖用法〗❶ 该词既可以是不可数名词,也可以是可数名词,要注意观察。表示"取得成就"时一般它与动词make或achieve连用。如:Significant success was achieved during the late 1970s and early 1980s in generating a fully analytic high-level model for the BJT. 在20世纪70年代后期和80年代早期,在建立双结型晶体管的全解析型高级模型方面取得了巨大的成功。/They try to make a success of their business. 他们努力使生意兴隆。/This international conference was a great success. 这次国际会议开得很成功。 ❷ with success=successfully。如: They did the experiment with great success. 他们那个实验做得非常成功。

successful [sək'sesful] *a.* (获得)成功的,结果好的,有成效的,及格的 ☆*be successful in (at)* 在…上获得成功 ‖ -**ly** *ad.* **~ness** *n.*

succession [sək'seʃən] *n.* 继续,连续(性,发生),依次,演替,系列 ☆*a succession of* 一个接一个的,一系列的; *in due succession* 按自然的次序; *in quick succession* 接二连三,陆陆续续地; *in succession* 接连(地) ‖ -**al** *n.* 〖用法〗注意下面例句中该词的含义:The succession of states will be as follows. 状态的系列将为如下的情况。

successive [sək'sesɪv] *a.* 连续(贯)的,接连的,逐次,顺序的,循序渐进的

successively [sək'sesɪvlɪ] *ad.* 接连,陆续,依次

successor [sək'sesə] *n.* ①继承人 ②后续(者,符),

代替(者) ③接班人 ④后接事项,继承型号 〖用法〗该词一般用to,也有用of的。如:He is a good successor to the president. 他是总裁的理想接班人。

succimide ['sʌksɪmaɪd] *n.* 琥珀酰亚胺

succinamide [sʌk'sɪnəmaɪd] *n.* 琥珀酰胺

succinate ['sʌksɪneɪt] *n.* 琥珀酸,丁二酸,琥珀酸盐〔酯〕

succinct [sək'sɪŋkt] *a.* 简明〔洁〕的,扼要的,紧身的 ‖ -**ly** *ad.* **~ness** *n.*

succindialdehyde [sək'sɪndɪəldhaɪd] *n.* 丁二醛

succinic [sək'sɪnɪk] *a.* 琥珀(色,制)的

succinimide [sək'sɪnɪmaɪd] *n.* 琥珀酰胺

succinite ['sʌksɪnaɪt] *n.* 琥珀(色)

succinoxidase [,sʌksɪ'nɒksɪdeɪs] *n.* 琥珀酸氧化酶

succinoylation [,sæksɪnɔɪ'leɪʃən] *n.* 琥珀酰化

succo(u)r ['sʌkə] *n.;vt.* ①救济,援助 ②救急的东西,救助者

succulent ['sʌkjulənt] ❶ *a.* 多汁的,多肉的,新鲜的,引人入胜的 ❷ *n.* 肉质植物 ‖ -**ly** *ad.*

succumb [sə'kʌm] *vi.* 屈服(于),输(给),死(于),毁(于)(to)

succursal [sə'kɜːsəl] *a.* 辅佐的,附属的

succus ['sʌkəs] (拉丁语)(pl. succi) *n.* 汁,液

succuss [sə'kʌs] *vt.* 振荡,猛摇

such [sʌtʃ] *a.;pron.* ①(像)这(那)样的,(像)这(那)种,如此的(的) ②上述(的,的事物),该 ☆*and such* 等等; *as such* 作为这样的(人或物),照此,照此; 本身,因此; *such and such* 如此这般,某某; *such as* 例如,如同,像…之类(的); *such as it is* 不过如此,就是这样,虽然如此; *such as to (do)* 达到…的程度,这样 以…以致〔使〕; *such being the case* 事实〔情况〕既然如此; *such … that* 这样 以…〔使〕 〖用法〗❶ 不定冠词要放在其后面。如:Table 6 is such a table of natural logarithm. 表6就是自然对数的这样一个表。/In such a case, I_2 is negligible. 在这种情况下I_2可以忽略不计。但当其前面有no时就不能有不定冠词了。如:No such value exists. 不存在这样的值。 ❷ such (…) that中such在主句中可以是表语、定语或补足语。如:The resistances X, P, Q and R are such that no current flows through the galvanometer. 电阻X,P,Q和R是这样的,以至于没有电流流过电流表。(such作表语。)/DC signal sources can be at such low levels that amplifier noise and drift in operating points degrade the accuracy of measurement. 直流信号源的电平可能会如此地低以至于放大器的噪声和工作点的漂移会降低测量的精度。(such作定语。)/It is usually best to choose a frequency such that the inductive reactance is approximately equal to the resistances. 通常最好把频率选择成这样以至于使感抗近似等于电阻。(such作宾语补足语。) ❸ 在科技文章中such that 往往用作为so that的含义表示结果,意为"以至于,

使得"。如:I_1 is much greater than I_2 such that I_2 can be neglected. I_1比I_2大得多,所以I_1可以忽略不计。❹ such可以是代词。如:Fig.1-7 clearly shows that such is not the case. 图1-7清楚地表明情况并不是如此。❺ 有人认为,在such as(例如)后最好不用etc.一词。另外,在这个词组后面不能跟副词性短语,若需跟副词短语,用as即可。该词组后也可跟动名词复合结构。如:Devices and I/O transfers can fail in many ways, either for transient reasons, such as a network becoming overloaded, or for 'permanent' reasons, such as a disk controller becoming defective. 设备和I/O传送装置可能在几个方面出故障,或者是由于暂时性原因,例如网络过载了,或者是由于"永久性"原因,例如磁盘控制器坏了。

suchlike ['sʌtʃlaɪk] *a.* (诸如)此类,…之类的,类似的,同样的

suchwise ['sʌtʃwaɪz] *ad.* 同(样),与此相同

suck [sʌk] *v.; n.* ①吸,抽吸 ②缩注,表面浅洼型缩孔 ☆**suck at** 吸,抽; **suck dry** 吸干; **suck in** 吸收〔入〕,抽入; **suck into** 吸进〔入〕; **suck off** 吸取,得到; **suck out** 吸〔抽〕出; **suck up** 吸取; **take a suck at** 吸一吸,吸了

sucker ['sʌkə] *n.* 吸管,吸盘〔板,杯〕,进油管,吸入器,吸头,吸者

suckering ['sʌkərɪŋ] *a.* 吸枝(植物)的

sucking ['sʌkɪŋ] *n.; a.* ①吸(的),抽(的) ②未成熟的,没有经验的

suckle ['sʌkl] *vt.* 哺乳,喂奶,吸取

suckout ['sʌkaut] *n.* 频带空段

sucrase ['suːkreɪs] *n.* 蔗糖酶,转化酶

Sucre ['suːkreɪ] *n.* 苏克雷(玻利维亚首都)

sucrol ['suːkrɒl] *n.* 甜精

sucrose ['sjuːkrəus] *n.* 蔗〔砂〕糖

sucrosic [sjuːˈkrɒsɪk] *a.* 蔗糖的

sucrosuria [ˌsjuːkrəˈsjuərɪə] *n.* 蔗糖尿

suction ['sʌkʃən] *n.* ①吸,空吸,抽 ②吸力,虹吸,抽空度 ③吸(水)管,吸口

suctorial [sʌkˈtɔːrɪəl] *a.* 吸(附)的

Sudan [suːˈdɑːn] *n.; a.* 苏丹(的)

Sudanese [ˌsuːdəˈniːz] *a.; n.* 苏丹的,苏丹人(的)

sudatorium [ˌsjuːdəˈtɔːrɪəm] *n.* 热汽浴(室),多汗症

sudd [sʌd] *n.* 水面植物堆积

sudden ['sʌdn] *a.* 突然的,骤(然)的,跳变〔阶跃〕式的 ❷ *n.* 突然(发生的事) ☆**(all) of a sudden** 或 **on a (the) sudden** 突然(地),出乎意外地 ‖ **suddenly** *ad.* **suddenness** *n.*

suds [sʌdz] *n.* (pl.) 肥皂水,肥皂泡(沫),(顽固)泡沫,黏稠介质中的空气泡

sudsy ['sʌdzɪ] *a.* 肥皂水(似)的,起泡的

sue [sjuː] *v.* ①控告〔诉〕,提出诉讼 ②(提出)请求 ☆**sue for** 请求,起诉要求; **sue out** 请求获得; **sue to** 请求(某人)

suede [sweɪd] *n.* (小山)羊皮,软羔皮

Suez ['sjuːɪz] *n.* 苏伊士(埃及港市)

suffer ['sʌfə] *v.* ①遭受,遭遇 ②容忍(许) ③受损

失〔害〕,受苦〔难〕 ☆**suffer from** 遭受,受(…之害) 【用法】注意下面例句中该词的含义:There are other specifications that may suffer. 还有其他一些技术指标可能会受到影响(可能会下降)。/Suffering through the arithmetic leads to the following expression. 经过繁杂的演算得到了下面的表达式。

sufferable ['sʌfərəbl] *a.* 可忍受的,可容许的 ‖ **~ness** *n.* **sufferably** *ad.*

sufferance ['sʌfərəns] *n.* ①忍耐(力),忍受 ②容忍 ☆**on (by, through) sufferance** 经默许,经勉强同意

sufferer ['sʌfərə] *n.* 受难(害)者

suffering ['sʌfərɪŋ] *n.; a.* 受难(的),痛苦的;苦难

suffice [səˈfaɪs] *v.* 足够,有能力; 满足(…的需要); ☆**suffice as** 足够作为; **suffice for** 足够,足以满足; **suffice it to say that** (只要)说…就够了 【用法】注意下面例句中该词的用法:In this case, a single vector I suffices to represent the current in each circuit element. 在这种情况下,单个矢量 I 就足以表示每个电路元件中的电流了。/It suffices to give one example here. 这里举一个例子就够了。

sufficiency [səˈfɪʃənsɪ] *n.* 充足〔分〕,满足,足够〔量〕,富裕,充分条件,适应(度) ☆**a sufficiency of** 足够的,充足的

sufficient [səˈfɪʃənt] *a.* 充分的,足够的 ☆**be sufficient for** 足以满足; **(be) sufficient to (do)** 足够(以)(做); **more than sufficient** 绰绰有余 【用法】❶ 其后面与它搭配的动词不定式是作结果状语的,译成"足够的…以至于…"。如:The multiplier has sufficient bandwidth to encompass the full spectrum of the nth harmonic. 该倍增器的带宽足以包括第n次谐波的整个频谱。/v_{BE} and v_{BC} both exceed V_T by a sufficient amount for us to neglect the −1 terms in Eq. (2-2). v_{BE}和v_{BC}均超过了V_T一个足够的量,以至于我们可以忽略掉式(2-2)中的−1项。❷ 在"it is sufficient that…"句子中有人使用"(should +)动词原形"虚拟句型。

sufficiently [səˈfɪʃəntlɪ] *ad.* 充足地 【用法】在"sufficiently + 形容词(+…)"后面的动词不定式或由that或so而引导的从句当是表示结果的。如:This is a voltage sufficiently positive to cause D_1 and D_4 to turn off. 这个电压是足够正的,以至于能够使二极管D_1和D_4截止。/The capacitor C is sufficiently large that its voltage change during one cycle is negligible compared with the voltage change at the output. 电容器C是足够大了,以至于它在一周内的电压变化与输出端的电压变化相比是可以忽略不计的。/The simple series and parallel connections of resistors are sufficiently common so that it is worthwhile to develop formulas for these two special cases. 电阻的简单串联和并联连接是极为普遍(通常)的,以至于我们值得来导出这两种特殊情况的公式。

S

suffix ['sʌfɪks]❶ *n.* 下标,后缀 ❷ *vt.* 添标,添词尾,附在后头 ‖ ~**al** *a.*

suffixation [,sʌfɪk'seɪʃən] *n.* 加后缀（词尾）

suffocate ['sʌfəkeɪt] *v.* ①(使)窒息,闷死 ②闷熄,熄灭 ③妨碍…的发展,受阻

suffocation [,sʌfə'keɪʃən] *n.* 窒息(作用),憋死 ‖ **suffocative** *a.*

suffrage ['sʌfrɪdʒ] *n.* 投票,(投票)赞成,选举权

suffrutescent [,sʌfru:'tesnt] *a.* 半灌木状的

suffuse [sʌ'fju:z] *vt.* (液体,光,色)充满,弥漫 ☆**be suffused with** 充满着,弥漫 ‖ **suffusion** *n.*
suffusive *a.*

sugar ['ʃugə]❶ *n.* (蔗)糖,糖类 ❷ *v.* 加糖于,糖化 ☆**sugar the pill** 加上糖衣,缓和; **sugar over (up)** 粉饰,美化

sugarcane ['ʃugəkeɪn] *n.* 甘蔗

sugarcoat ['ʃugəkəut] *vt.* 包糖衣于,使有吸引力

sugariness ['ʃugərɪnɪs] *n.* 甜度,糖含量

sugarlike ['ʃugəlaɪk] *a.* 类糖的,糖似的

sugary ['ʃugərɪ] *a.* 甜的,含（像）糖的

suggest [sə'dʒest] ①*vt.* 建议,提出 ②暗示,提醒启发,使想起〔联想〕③间接表明 ☆**it is suggested that...** 有人提〔建〕议; **suggest itself (themselves) to** 呈现在…眼前; **this suggests that** 这样我们就可以假定…
〖用法〗❶ 在表示"建〔提〕议"后的从句中谓语要用虚拟形式,即"(should +) 动词原形"。如:It is suggested that the water level be raised. 有人建议应提高水位。❷ 在其后面跟动作时只能用名词。如:Benjamin Franklin suggested calling these negative and positive, respectively. 本杰明·弗兰克林建议把这些分别称为负和正。/Galileo's observations on the pendulum suggested replacing these dissipative mechanisms with resonant systems. 伽利略对钟摆的观察,给人们启示了用谐振系统来代替这些耗能机构。❸ 注意下面例句中该词的含义:These examples suggest that this relation holds to a good approximation for a simple band structure. 这些例子表明,这个关系式非常近似地适用于简单能带结构。/The graph may suggest a negative band gap in the semimetal. 该曲线图可能提示〔使人想起〕在半金属中有一个负的能隙。❹ "as the〔its〕name suggests"意为"顾名思义"。如: As the name suggests, a fluid is a substance that flows readily. 顾名思义,流体是一种容易流动的物质。

suggested [sə'dʒestɪd] *a.* (所)提出的,假定的

suggestible [sə'dʒestəbl] *a.* 可暗示的,可提〔建〕议的

suggestion [sə'dʒestʃən] *n.* ①暗示,示意,提醒,启发 ②建〔提〕议,意见 ③微量,细微的迹象 ☆**make (offer) a suggestion (on)** (就…)提出建议
〖用法〗该词表示"建议"时后跟的同位语从句和表语从句中的谓语要使用虚拟语气形式,即"(should +) 动词原形"。如: Their suggestion is

〔They made the suggestion〕that the applied voltage be kept constant. 他们的建议是〔他们提出建议〕:外加电压应保持恒定。

suggestive [sə'dʒestɪv] *a.* 暗示的,示意的,提醒的,(有)启发的

suggestology [,sədʒes'tɒlədʒɪ] *n.* 启发〔联想〕学,暗示学

suicidal [sjuɪ'saɪdl] *a.* 自杀的,自取灭亡的

suicide ['sjuɪsaɪd] *n.;v.; a.* 自杀,自取灭亡;自杀(性)的

suit [sju:t]❶ *n.* ①(一)套,(一)组,(一)副 ②请求;告,起诉 ③(外,飞行)衣,(一套)衣服,(飞行,潜水)服 ☆**a suit of** 一套〔组〕; **follow suit** 照样(做),仿效 ❷ *v.* ①适合 ②使彼此协调(to, with) ☆**be (not) suited for doing (to do)** (不)适于(做); **be suited to (for)** 适于; **suit all tastes** 人人中意; **suit... (down) to the ground** 对…很适合; **suit the action to the word** 使言行一致

suitability [,sju:tə'bɪlɪtɪ] *n.* 适合〔用,应〕(性),适配(性) ☆**suitability of A for B** A适合于B; A对B的适应性

suitable ['sju:təbl] *a.* 适合的,相适应的,相配的 ☆**(be) suitable for (to)** 适于 ‖ **suitably** *ad.*
suitableness *n.* 适合,合宜

suitcase ['sju:tkeɪs] *n.* 手提皮箱

suite [swi:t] *n.* ①(一)套,(一)组,(一)副 ②序列 ③(一套)家具,(一套)房间,(一批)随行人员

sulcate(d) ['sʌlkeɪt(ɪd)] *a.* 有平行深槽的,有(凹)槽的,有裂缝的

sulci ['sʌlsaɪ] sulcus 的复数

sulcus ['sʌlkəs] (pl. sulci) *n.* 槽,沟,凹,裂缝

sulfactin [sʌl'fæktɪn] *n.* 硫放线菌素

sulfadiazine [,sʌlfə'daɪəzi:n] *n.* 磺胺嘧啶

sulfaguanidine [,sʌkfə'gwænɪdi:n] *n.* 磺胺胍

sulfamate ['sʌlfəmeɪt] *n.* 氨基磺酸盐（酯）

sulfamerazin(e) [,sʌlfə'merəzi:n] *n.* 磺胺甲基嘧啶

sulfanes ['sʌlfeɪnz] *n.* 硫烷

sulfanilamide [,sʌlfə'mɪləmaɪd] *n.* 对氨基苯磺酰胺,磺胺

sulfatase ['sʌlfəteɪs] *n.* 硫酸酯酶

sulfathiazole [,sʌlfə'θaɪəzəul] *n.* 磺胺噻唑

sulfatidase [sʌl'fætɪdeɪs] *n.* 硫酸(脑苷)酯酶

sulfatide ['sʌlfə'taɪd] *n.* 硫酸(脑苷)酯,脑硫酯

sulfatocobalamin [,sʌlfətəukəubə'læmɪn] *n.* 硫酸钴胺素

sulfenamide [sʌl'fenəmaɪd] *n.* 亚磺酰胺

sulfhination [,sʌlfɪ'neɪʃən] *n.* 亚磺化(作用)

sulfhydrate [sʌlf'haɪdreɪt] *n.* 氢硫化物

sulfhydrylase [sʌlf'haɪdrəleɪs] *n.* 硫化氢解酶

sulfidation [,sʌlfɪ'deɪʃən] *n.* 硫化作用

sulfide ['sʌlfaɪd] *n.* 硫化物

sulfilimine ['sʌlfɪlɪmi:n] *n.* (烃基)硫亚胺

sulfimide ['sʌlfɪmaɪd] *n.* 磺酸亚胺

sulfitation [,sʌlfɪ'teɪʃən] *n.* 亚硫酸处理,亚硫酸化(作用)

S

sulfite ['sʌlfaɪt] *n.* 亚硫酸盐〔酯〕

sulfofication [,sʌlfəufɪ'keɪʃ ən] *n.* 硫化（作用）

sulfogroup ['sʌlfəugru:p] *n.* 磺基

sulfolane [,sʌlfə'leɪn] *n.* 噻吩烷,四氢噻吩,丁抱砜,砜茂烷

sulfolipid(e) [,sʌlfə'laɪpɪd] *n.* 硫酸（脑苷）酯,脑硫酯

sulfomethylation [,sʌlfəmeθɪ'leɪʃ ən] *n.* 磺甲基化

sulfomucin [,sʌlfə'mju:sɪn] *n.* 硫黏蛋白

sulfonamide [,sʌlfəu'næmɪd] *n.* （氨苯）磺胺

sulfonate ['sʌlfəneɪt] *n.; v.* 磺酸盐,磺化

sulfonation [,sʌlfə'neɪʃ ən] *n.* 磺化（作用）

sulfonator ['sʌlfəneɪtə] *n.* 磺化器

sulfone(s) ['sʌlfəun(z)] *n.* 砜类

sulfonyl ['sʌlfənɪl] *n.* 磺〔硫〕酰

sulfoxide [sʌl'fɒksaɪd] *n.* 亚砜

sulfoxonium [sʌl'fɒksənɪəm] *n.* 氧化硫

sulfurization [,sʌlfəraɪ'zeɪʃ ən] *n.* 硫化作用

sulfurylase ['sʌlfjʊərɪleɪs] *n.* 硫酸化酶

sulk [sʌlk] *vi.; n.* 生气,发脾气 ☆*be in the sulks* 在生气; *have (a fit of) the sulks* 发脾气

sulky ['sʌlkɪ] *a.* 生气的,阴沉的 ‖ **sulkily** *ad.* **sulkiness** *n.*

sull [sʌl] *n.; v.* （钢丝表面的）氧化铁薄膜;（钢丝）黄化

sullage ['sʌlɪdʒ] *n.* ①污水,淤泥,垃圾 ②渣滓

sullen ['sʌlən] *a.* ①闷闷不乐的,阴沉的 ②（声音）沉闷的,（色彩）不鲜明的 ③缓慢的 ‖ **~ly** *ad.* **~ness** *n.*

sulmycin [sʌl'maɪsɪn] *n.* 庆大霉素硫酸盐

sulpha ['sʌlfə] *n.* 磺胺,(pl.) 磺胺类药物

sulphamate ['sʌlfəmeɪt] *n.* 氨基磺酸盐〔酯〕

sulphate ['sʌlfeɪt] ❶ *n.* 硫酸盐〔酯〕❷ *v.* 用硫酸（盐）处理,使成硫酸盐;硫酸盐化

sulphating ['sʌlfeɪtɪŋ] *n.* 硫酸垢

sulphation [sʌl'feɪʃ ən] *n.* 硫（酸盐）化(作用),硫酸盐化

sulphatize ['sʌlfətaɪz] *vt.* 使成硫酸盐,硫酸（盐）化

sulphator ['sʌlfeɪtə] *n.* 浓硫酸分解炉

sulphidal ['sʌlfɪdəl] *n.* 胶状硫

sulphidation [,sʌlfɪ'deɪʃ ən] *n.* 硫化作用

sulphide ['sʌlfaɪd] ❶ *n.* 硫化（物,…）,硫醚 ❷ *v.* 变成硫化物,用硫化物处理

sulphidization, sulphidisation [,sʌlfɪdaɪ'zeɪʃ ən] *n.* 硫化(作用),生硫化物(作用)

sulphidize ['sʌlfɪdaɪz] *vt.* （使用变成）硫化（物）

sulphion [sʌl'faɪən] *n.* 硫离子

sulphitation [,sʌlfaɪ'teɪʃ ən] *n.* 亚硫酸化(作用),亚硫酸处理

sulphite ['sʌlfaɪt] ❶ *n.* 亚硫酸盐〔酯〕❷ *v.* 亚硫酸（盐）化,用亚硫酸（盐）处理

sulphoacid [sʌlfə'æsɪd] *n.* 磺酸

sulphoaluminate [,sʌlfəuə'lju:mɪneɪt] *n.* 硫（代）铝酸盐

sulphocompound [,sʌlfə'kɒmpaund] *n.* 含硫化合物

sulphofication [sʌlfəfɪ'keɪʃ ən] *n.* 磺（酸）化作用

sulphonamide [sʌl'fɒnəmaɪd] *n.* 磺（酰）胺

sulphonate ['sʌlfəneɪt] ❶ *n.* 磺化（去垢剂）,磺酸盐（去垢剂）❷ *vt.* 使磺化

sulphonated ['sʌlfəneɪtɪd] *a.* 磺化的

sulphonation [sʌlfə'neɪʃ ən] *n.* 磺化（作用）

sulphone ['sʌlfəun] *n.* 砜

sulphooxidant [,sʌlfə'ɒksɪdənt] *n.* 硫氧化剂

sulphosalts ['sʌlfəsɔ:lts] *n.* 磺酸盐类

sulphosol ['sʌlfəsɒl] *n.* 硫酸溶胶

sulphoxylate [sʌl'fɒksɪleɪt] *n.* 次硫酸盐

sulphur ['sʌlfə] ❶ *n.* 【化】硫,硫黄 ❷ *a.* 硫（黄,化）的 ❸ *vt.* 用硫（黄）处理,用亚硫酸盐处理,硫化

sulphurate ['sʌlfju:reɪt] ❶ *vt.* 加硫,使硫化,用硫处理 ❷ *a.* 加硫的

sulphuration [,sʌlfju:'reɪʃ ən] *n.* 硫化（作用）

sulphurcake ['sʌlfə'keɪk] *n.* 硫块

sulphureous [sʌl'fju:rɪəs] *a.* 硫（黄）(色)的,含硫的

sulphuret ❶ ['sʌlfjuret] *vt.* 使硫化,用硫黄处理 ❷ ['sʌlfjurɪt] *n.* 硫化物,硫醚

sulphuretted ['sʌlfjuretɪd] *a.* 硫化的,含硫黄的

sulphuric [sʌl'fju:rɪk] *a.* 硫的,(含)硫黄的

sulphurise, sulphurize ['sʌlfju:raɪz] *vt.* 使硫化,加硫,渗硫,用硫（化物）处理 ‖ **sulphurization** *n.*

sulphurite ['sʌlfəraɪt] *n.* 自然硫

sulphurous ['sʌlfərəs] *a.* 亚硫酸的,硫的,有燃烧硫黄的气味〔颜色〕的

sulphury ['sʌlfərɪ] *a.* （似）硫（黄）的

sultones ['sʌltəunz] *n.* 磺酸内酯

sultriness ['sʌltrɪnɪs] *n.* 闷热

sultry ['sʌltrɪ] *a.* 闷热的,狂暴的 ‖ **sultrily** *ad.*

sum [sʌm] ❶ *n.* ①和(数),总数 ②计算 ③概要 ④金额 ⑤顶点,极点 ❷ *v.* ①合计 ②概括,总结,摘要 ☆*a large (small) sum of* 巨（小）额的; *do (make,work) sums (a sum)* 计算,做算术题; *find the sum* 求和; *in sum* 大体上,总之; *sum total* 总数,合计; *the sum (and substance)* 概要; *sum to (into)* 共计; *sum up* 总计,概述,把…归结(为); *sum A up as B* 把 A总括〔结〕为B; *to sum up* (插入语)总之,结束语 〖用法〗注意下面例句中该词的含义:It is evident that the rms voltage drops around the circuit do not sum to zero. 显然,绕电路一圈的均方根电压降总和并不等于零。/In sum, i_D(t) determines discharge time. 总之, i_D(t) 是决定放电时间的。

sumac(h) ['su:mæk] *n.* 苏模鞣料,漆树属

Sumatra [su'mɑ:trə] *n.* 苏门答腊

sumless ['sʌmlɪs] *a.* 无数的

summa ['su:mə] *n.* (pl. summae) *n.* 总结(性论文)

summability [,sʌmə'bɪlɪtɪ] *n.* 可(求)和性

summable ['sʌməbl] *a.* 可(求)和的

summand ['sʌmænd] *n.* 被加数

summarily ['sʌmərɪlɪ] *ad.* ①概括地,扼要地 ②立刻

summarise, summarize ['sʌməraɪz] *v.* ①相加,总计 ②概括（述）,总结,摘要 ‖ **summarisation** 或 **summarization** *n.*

〖用法〗❶ To summarize, we see that the work of a

conservative force has the following properties. 总的来说,我们看到守恒力所做的功具有如下的性质〔特点〕。❷ 注意下面例句的含义:These graphs summarize the variations with frequency of the resistance of a resistor, and of the reactances of an inductor and of a capacitor. 这些曲线图概述了电阻器的电阻和电感器及电容器的电抗随频率的变化情况。(句中"the variation of A with B"意为"A 随B的变化",这里由于"of A"比"with B"长而位置对调了,也就是"with frequency"放在了"of the resistance …"和"of the reactances …"的前面了。)

summary ['sʌmərɪ]❶ a. ①简短的,扼要的,概括的 ②总计的,累加的 ③当场的,速决的 ❷ n. 摘要,文摘,一览,大概,归纳,结束语 ☆*in summary* 总之,小结,结束语

summating ['sʌmeɪtɪŋ] a. 累计的,总和的

summation [sʌ'meɪʃən] n. ①(相加)求和(法),累加,加法 ②总和,合计 〖用法〗❶ 该词可以是不可数名词,也可以是可数的:Summation of the tangential forces gives Σ F_t=0. 把这些切向力加起来就得到Σ F_t=0。/This periodic signal may be expressed in terms of the function g(t) as an infinite summation. 这个周期信号可以根据函数g(t)表示为无限的求和。❷ 表示对某一东西求和时,一般用 over, 动词可用 perform。如 : Summations are performed over selected subsets of states as required. 按需要对所选状态子集求和。

summational [sʌ'meɪʃənəl] a. 总和的,总合的

summator ['sʌmeɪtə] n. 加法器,求和元件

summer ['sʌmə]❶ n. ①夏(天,季) ②加法器 ③大梁,楣,基石 ❷ a. 夏季的 ❸ vi. 过夏天,避暑

summerday ['sʌmədeɪ] n. 夏日,热日

summertide ['sʌmətaɪd], **summertime** ['sʌmə-taɪm] n. 夏天,夏季

summery ['sʌmərɪ] a. (适合)夏季的

summing ['sʌmɪŋ]❶ n. ①总计 ②计算,算术 ③摘要 ❷ a. 加法的,总的,求和的

summit ['sʌmɪt]❶ n. ①顶(点,峰),绝顶,极点 ②最高峰 ③峰值,最大值 ❷ a. 最高(级)的

summitor ['sʌmɪtə] n. 相加器

summitry ['sʌmɪtrɪ] n. 最高级会议的举行

summon ['sʌmən]❶ vt. ①召集,号召 ②鼓起,振作 (up) ❷ n. (pl.)召唤,传票

sump [sʌmp] n. 储槽,(润滑)油集槽,污物储存槽,灰渣浆,化粪池,油箱,曲柄箱,坑,排水沟,(水,油)储存器,水仓,盐田

sumping ['sʌmpɪŋ] n. 明排水,集水坑排水

sun [sʌn]❶ n. ①太阳 ②阳光 ③恒星 ④太阳灯 ❷ (sunned; sunning) v. 晒,晾 ☆*a place in the sun* 好的境遇,显要的地位; *against the sun* 和太阳的视运行方向相反,由右向左转; *from sun to sun* 从日出到日落; *in the sun* 在阳光下; *keep out of the sun* 放在阴处; *one's sun is set* … 的全盛时期已经过去; *shoot (take) the sun* 测量太阳高度; *under the sun* 天下;到底; *with*

the sun和太阳的视运行方向相同,由左向右转

sunbaked ['sʌnbeɪkt] a. (太阳)晒干的

sunbath ['sʌnbɑːθ] n. 日光浴

sunbathe ['sʌnbeɪð] vi. 晒日光浴

sunburst ['sʌnbɜːst] n. 入射的阳光

sunbeam ['sʌnbiːm] n. (一道)日光(阳光),日光束

sunblind ['sʌnblaɪnd] n. 窗帘,百叶窗,遮阳

sunburn ['sʌnbɜːn]❶ (sunburnt 或 sunburned) vi. 晒黑(伤) ❷ n. 晒斑

suncompass ['sʌnkʌmpəs] n. 太阳罗盘

suncrack ['sʌnkræk] n. 晒裂

Sunday ['sʌndɪ] n. 星期日

sunder ['sʌndə] v.; n. 分离(裂),切断

sundew ['sʌndjuː] n. 毛毡苔,茅膏菜(属)

sundial ['sʌndaɪəl] n. 日晷(仪),日规

sundown ['sʌndaʊn] n. 日落

sundried ['sʌndraɪd] a. (太阳)晒干的

sundries ['sʌndrɪz] n. 杂件〔物,事,费〕

sundry ['sʌndrɪ] a. 各式各样的,杂的,种种的 ☆*all and sundry* 所有的人,每人

sunflower ['sʌnflaʊə] n. 向日葵

sung [sʌŋ] sing的过去式和过去分词

sunglasses ['sʌnglɑːsɪz] n. 墨镜,太阳〔墨〕镜,有色眼镜

sunk [sʌŋk]❶ sink 的过去式和过去分词 ❷ a. ①沉没的,击沉的 ②水底(中)的 ③凹下去的,埋头的

sunken ['sʌŋkən] a. ①沉没(下)的 ②水底(中)的 ③凹下去的,埋(沉)头的

sunless ['sʌnlɪs] a. 没有(晒不到)太阳的,不见天日的,阴暗的

sunlight ['sʌnlaɪt] n. 日光,日照

sunlit ['sʌnlɪt] a. 给太阳照射(着)的,日耀

sunny ['sʌnɪ] a. 向阳的,阳光充足的

sunproof ['sʌnpruːf] n. 不透日光的,耐晒的

sunray ['sʌnreɪ] n. 太阳光线

sunrise ['sʌnraɪz] n. 日出(时),拂晓,曙光 ☆*at sunrise* 日出时

sunroof ['sʌnruːf] n. 可开式车顶

sunroom ['sʌnruːm] n. 日光浴室

sunseeker ['sʌnsiːkə] n. 向日仪,太阳传感器〔定向仪〕

sunset ['sʌnset] n. 日落(时),傍晚,夕阳 ☆*at sunset* 日落时

sunshade ['sʌnʃeɪd] n. 遮阳,天棚,物镜,〔太阳〕遮光罩

sunshine ['sʌnʃaɪn] n. 晒,日照,阳光

sunshiny ['sʌnʃaɪnɪ] a. 日光的,太阳照射的,向阳的,晴朗的

sunspace ['sʌnspeɪs] n. 太(阳)空(间)

sunspot ['sʌnspɒt] n. (太阳)黑子〔黑斑〕,日斑

sunstroke ['sʌnstrəʊk] n. 中暑

sunstruck ['sʌnstrʌk] a. 中暑的

suntan ['sʌntæn] n. 晒黑

sunup ['sʌnʌp] n. 日出(时),黎明

sunward(s) ['sʌnwəd(z)] *a.; ad.* 向太阳方向(的)
sunwise ['sʌnwaɪz] *ad.* 沿太阳的视运行方向,由左向右转
sup [sʌp]❶ *v.* 吃晚饭(on, upon, off),啜饮 ❷ *n.* 少量(液体),(一)啜
super ['sju:pə]❶ *a.* ①特级(大)的,最高(级)的 ②超级的,过度的 ❷ *ad.* 非常,过分地 ❸ *n.* 特等(特制)品,超外差(收音机)
superable ['sju:pərəbl] *a.* 能克服的,可超越的 ‖ ~ness *n.* **superably** *ad.*
superabound [,sju:pərə'baund] *vi.* 过多(剩),太多(in, with) ‖ **superabundance** *n.* **superabundant** *a.*
superacceptor [,sju:pərək'septə] *n.* 超受主,超接受器
superacid ['sju:pəræsɪd] *a.* 酸过多的,过量酸的
superacidity [,sju:pəræ'sɪdɪti] *n.* 过度酸性
superacidulated [,sju:pəræ'sɪdjuleɪtɪd] *a.* 过酸化的 ‖ **superacidulation** *n.*
superactinides [,sju:pə'ræktɪnaɪdz] *n.* 超锕系元素,第二锕系元素
superactivity [,sju:pəræk'tɪvɪti] *n.* 超活性
superadd [,sju:pə'ræd] *vt.* 再加上,外加,附加地说
superaddition [,sju:pərə'dɪʃən] *n.* 再添,添加物
superadditive [,sju:pə'rædɪtɪv] *a.; n.* 超加性(的)
superadditivity [,sju:pərə'tɪvɪti] *n.* 超加性
superadiabatic [,sju:pərædɪə'bætɪk] *a.* 超绝热的
superaerodynamics [,sju:pəreərəudaɪ'næmɪks] *n.* 稀薄气体(超高空,超高速)空气动力学,(自由)分子(流)空气动力学
superageing ['sju:pəreɪdʒɪŋ] *n.; a.* 超老化(的)
superalkali [,sju:pə'rælkəlaɪ] *n.* 苛性钠,氢氧化钠
superallowed [,sju:pə'əlaud] *a.* 超允许的
superalloy ['sju:pəræloɪ] *n.* 超耐热不锈钢,超耐热高应力耐蚀高镍钴合金,超耐热合金,高合金钢
superaltitude [,sju:pə'ræltɪtjud] *n.* 超高空
superannuate [,sju:pə'rænjueɪt] *vt.* 变得过时;年老退休
superannuated [,sju:pə'rænjueɪtɪd] *a.* ①年老退休的,领养老金的 ②过时的,太旧的,废弃的
superannuation [,sju:pərænju'eɪʃən] *n.* ①(年老)退休(金) ②废弃,淘汰
superantiferromagnetism [,sju:pəræntɪferəu'mægnɪtɪzm] *n.* 超反铁磁性
superaperiodic [,sju:pərəpɪərɪ'ɒdɪk] *a.* 超周期的,超非周期性的
superaqueous [,sju:pə'reɪkwɪəs] *a.* 水上的
superaudible [,sju:pə'rɔ:dɪbl] *a.* 超声频的,在可听频以上的
superaudio [,sju:pə'rɔ:dɪəu] *n.* 超声频
superb [sju:'pɜ:b] *a.* ①壮丽的,华美的 ②上等的,无比的 ‖ **-ly** *ad.* **~ness** *n.*
superballon [,sju:pəbə'lɒn] *n.* 超压轮胎
superbang ['sju:pəbæŋ] *n.* 超重击声
superbity [sju:'pɜ:bɪti] *n.* 目中无人,高傲
superblock ['sju:pəblɒk] *n.* 超级街区

superbolide [,sju:pə'bɒlaɪd] *n.* 巨火(超火)流星
superbomb ['sju:pəbɒm] *n.* 氢弹,超级炸弹
superbomber ['sju:pəbɒmə] *n.* 超级轰炸机
superbooster ['sju:pəbu:stə] *n.* 超功率运载火箭
superbright ['sju:pəbraɪt] *a.* 超亮的
superbusiness ['sju:pəbɪznɪs] *n.* 超级公司
supercalender [,sju:pə'kælɪndə]❶ *n.* 高度压光机 ❷ *vt.* 用高度压光机加工
supercalendered [,sju:pə'kælɪndəd] *a.* 特别光洁的
supercapillary [,sju:pəkə'pɪləri] *n.* 超毛细现象
supercapister [,sju:pə'kæpɪstə] *n.* 超阶跃变容二极管
supercar ['sju:pəkɑ:] *n.* 超级汽车
supercarbonate [,sju:pə'kɑ:bəneɪt] *n.* 碳酸氢盐
supercarburize [,sju:pə'kɑ:bjuraɪz] *vt.* 过度渗碳
supercargo ['sju:pəkɑ:gəu] *n.* (商船)押(监)运员
supercarrier ['sju:pəkærɪə] *n.* 超级航空母舰
supercavitation [,sju:pəkævɪ'teɪʃən] *n.* 超空化,超成穴
supercement [,sju:pəsɪ'ment] *n.* 超级水泥
supercentrifuge [,sju:pə'sentrɪfjudʒ] *n.* 超速离心机
supercharge ['sju:pətʃɑ:dʒ] *vt.; n.* 增压(进气,充电,运行),超压输送,过重装载
supercharger ['sju:pətʃɑ:dʒə] *n.* 增压器(机),增压,(预压用)压气
supercharging ['sju:pətʃɑ:dʒɪŋ] *n.* 增压(作用,充电),预压缩
superchlorination [,sju:pəklɔ:raɪ'neɪʃən] *n.* 过氯化作用,过剩氯处理
superchopper ['sju:pətʃɒpə] *n.* 特快(超速)断路器
supercilious [,sju:pə'sɪlɪəs] *a.* 目空一切的,傲慢的 ‖ **~ly** *ad.*
supercirculation [,sju:pəsɜ:kju'leɪʃən] *n.* 超(补充)循环,超环流
supercity [,sju:pə'sɪti] *n.* 特大的城市,超级城市
superclass [,sju:pə'klɑ:s] *n.* 总纲,亚门
supercode ['sju:pəkəud] *n.* 超码
supercoil ['sju:pəkɔɪl] *n.* 超外差线圈,超卷曲
supercold ['sju:pəkəuld] *a.* 过冷的
supercolossal [,sju:pəkə'lɒsəl] *a.* 极巨大的
supercolumnar [,sju:pəkə'lʌmnə] *a.* 重列柱的
supercolumniation [,sju:pəkələmnɪ'eɪʃən] *n.* 重列柱(建筑)
supercommutation [,sju:pəkɒmju'teɪʃən] *n.* 超换接,超转换
supercomplex [,sju:pə'kɒmpleks] *n.* 超复数
supercompressibility [,sju:pəkəmpresə'bɪlɪti] *n.* 超压缩性
supercompression [,sju:pəkəm'preʃən] *n.* 过度压缩
supercompressor [,sju:pəkəm'presə] *n.* 超(过

S

度）压缩器

supercomputer [ˌsjuːpəkəmˈpjuːtə] n. 巨型(电子)计算机

superconducting [ˌsjuːpəkənˈdʌktɪŋ] a. 超导(电,体)的

superconduction [ˌsjuːpəkənˈdʌkʃən] n. 超导(性)

superconductive [ˌsjuːpəkənˈdʌktɪv] a. 超导(电)的

superconductivity [ˌsjuːpəkəndʌkˈtɪvɪtɪ] n. 超导(电)性,超导(电)率

superconductor [ˌsjuːpəkənˈdʌktə] n. 超导(电)体

superconsistent [ˌsjuːpəkənˈsɪstənt] a. 超相容的

supercontraction [ˌsjuːpəkənˈtrækʃən] n. 过收缩

superconvergence [ˌsjuːpəkənˈvɜːdʒəns] n. 超收敛

superconverter [ˌsjuːpəkənˈvɜːtə] n. 超外差变频器

supercool [ˌsjuːpəˈkuːl] v. 过冷 ‖ **supercooled** a. **supercooling** n.

supercosmotron [ˌsjuːpəˈkɒsmətrɒn] n. 超高能粒子加速器

supercountry [ˌsjuːpəˈkʌntrɪ] n. 超级大国

supercrevice [ˌsjuːpəˈkrevɪs] n. 超裂缝

supercritical [ˌsjuːpəˈkrɪtɪkəl] a. 超临界的

supercriticality [ˌsjuːpəkrɪtɪˈkælɪtɪ] n. 超临界状态,超临界性

supercrust [ˈsjuːpəkrʌst] n. 表〔顶〕层

supercurrent [ˌsjuːpəˈkʌrənt] n. 超(导)电流

superdense [ˈsjuːpədəns] a. 极密集的,极紧密的

superdiamagnetic [ˌsjuːpədaɪəmægˈnetɪk] a. 超抗磁的

superdimensioned [ˌsjuːpədɪˈmenʃnd] a. 超尺寸的

superdip [ˈsjuːpədɪp] n. 超倾磁力仪,超灵敏磁倾仪

superdonor [ˌsjuːpəˈdəʊnə] n. 超施主

superduper [ˌsjuːpəˈdjuːpə] a. 非常大的,了不起的,特超的

superduralumin [ˌsjuːpədjʊrəˈljuːmɪn] n. 超笃〔超硬〕铝

superduty [ˈsjuːpədjuːtɪ] a. 超级的,超重型的,(耐)超高温的

superefficient [ˌsjuːpərɪˈfɪʃənt] a. 超高效的

superelectron [ˌsjuːpərɪˈlektrɒn] n. 超导电子

superelevate [ˌsjuːpəˈrelɪveɪt] vt. (做成)超高 ‖ **superelevated** a. **superelevation** n.

superelitist [ˌsjuːpəreɪˈliːtɪst] n. 超级杰出人才

supereminent [ˌsjuːpəˈremɪnənt] a. 非常卓越的,空前未有的,耸立的 ‖ **~ly** ad.

superenergy [ˌsjuːpəˈrenədʒɪ] n. 超高能量

supererogation [ˌsjuːpərerəˈgeɪʃən] n. 职责以外的工作

supererogatory [ˌsjuːpəˈrerəgeɪtərɪ] a. ①职责以外的 ②多余的,不必要的

superette [ˌsjuːpəˈret] n. 小型自动售货商店,小型超级市场

superexcellent [ˌsjuːpəˈreksɪlənt] a. 卓越的,最好的,绝妙的

superexchange [ˌsjuːpərɪksˈtʃeɪndʒ] vt.;n.;a. 超交换(的)

superface [ˈsjuːpəfeɪs] n. 顶面

superferromagnetism [ˌsjuːpəferəˈmægnɪtɪzm] n. 超铁磁性

superfiche [ˈsjuːpəfiːʃ] n. 超微胶片

superficial [ˌsjuːpəˈfɪʃəl] a. ①表面的,地面的,外部的 ②面积的,平方的 ③肤浅的,浅薄的

superficiality [ˌsjuːpəfɪʃəˈælɪtɪ] n. 表面(性),肤浅,皮毛

superficially [ˌsjuːpəˈfɪʃəlɪ] ad. 表面地〔上〕,外部地

superficies [ˌsjuːpəˈfɪʃiːɪz] (单复数相同) n. ①表面,(表)面积 ②外表〔观〕③【法】地上权

superfilm [ˈsjuːpəfɪlm] n. 特制影片

superfine [ˈsjuːpəfaɪn] a. ①极(精)细的,过分精细的 ②特级的,最上等的

superfines [ˈsjuːpəfaɪnz] n. 超细粉末

superfinish [ˌsjuːpəˈfɪnɪʃ] vt. 超(级)精加工,超级研磨

superfinisher [sjuːpəˈfɪnɪʃə] n. 超精加工机床

superflood [ˈsjuːpəflʌd] n. 特大洪水

superfluent [ˌsjuːpəˈfluːənt] a. 顶流熔岩;(动物)亚优势种

superfluid [ˌsjuːpəˈfluːɪd] n.; a. 超流体(的),超流动的

superfluidity [ˌsjuːpəfluːˈɪdɪtɪ] n. 超流(动)性,超流态

superfluity [ˌsjuːpəˈfluːɪtɪ] n. ①多余,太多 ②剩余物,不必要的东西

superfluorescence [ˌsjuːpəfluəˈresns] n. 超荧光

superfluous [sjuːˈpɜːfluəs] a. 过剩的,冗余的,不必要的 ‖ **~ly** ad. **~ness** n.

superfraction(ation) [ˌsjuːpəˈfrækʃən (ˈeɪʃən)] n. 超精馏(作用)

superfrequency [ˌsjuːpəˈfriːkwənsɪ] n. 超〔特〕高频

superfuse [ˈsjuːpəfjuːz] v. ①(使)过冷 ②溢出 ‖ **superfusion** n.

supergain [ˈsjuːpəɡeɪn] n. 超增益,(天线的)超方向性

supergalaxy [ˌsjuːpəˈɡæləksɪ] n. 总星系,超银河系

supergene [ˌsjuːpəˈdʒiːn] ❶ a. 浅生〔成〕的,下降的,表生的 ❷ n. 超基因

supergiant [ˌsjuːpəˈdʒaɪənt] a. 特大的,超巨型的

superglacial [ˌsjuːpəˈɡleɪʃəl] a. 冰面的

supergradient [ˌsjuːpəˈɡreɪdjənt] n. 超陡〔梯〕度

supergranulation [ˌsjuːpəɡrænjuˈleɪʃən] n. 超粒化,超细粒的形成

supergrid [ˈsjuːpəɡrɪd] n. 特大功率电网,超高压电网

supergroundwood [ˌsjuːpəˈɡraʊndwʊd] n. 超级磨木浆

supergroup [ˈsjuːpəɡruːp] n. 超〔大〕群,大组

supergrown [ˈsjuːpəɡrəʊn] a. 超生长(型)

superhard ['sju:pəha:d] *a.* 超硬(度,性)的,过硬的

superhardboard [,sju:pə'ha:dbɔ:d] *n.* 经过特殊处理的大密度硬板

superhardness [,sju:pə'ha:dnɪs] *n.* 超(级)硬度

superharmonic [,sju:pəha:'mɒnɪk] *a.* 上调和的

superheat ❶ [,sju:pə'hi:t] *vt.* 过(度加)热 ❷ ['sju:pəhi:t] *n.* ①过热(状态),过热热量 ②钼基粉末电阻合金,钼合金电阻丝

superheater [,sju:pə'hi:tə] *n.* 过热器(炉)

superheavy [,sju:pə'hevɪ] *a.*; *n.* 超重的,超重元素的;超重元素

superhelix [,sju:pə'helɪks] *n.* 超螺旋

superhet [,sju:pə'het], **superheterodyne** [,sju:pə-'hetərəʊdaɪn] *n.*;*a.* 超外差(的),超外差式(收音机,接收机)

superhigh ['sju:pəhaɪ] *a.* 超高的,极高的

superhighspeed ['sju:pəhaɪspi:d] *a.* 超高速的

superhighway [,sju:pə'haɪweɪ] *n.* 超级〔超高速〕公路

superhuman [,sju:pə'hju:mən] *a.* 超(乎常)人的

superimpose [,sju:pərɪm'pəuz] *vt.* ①重叠,叠合〔置,上,加,印〕②安装,铺放 ③添加,把…放在…上面
〖用法〗注意下面例句属于被动语态句全倒装句型:Superimposed upon these considerations is the need to conserve energy and material resources. 除了这些考虑因素外还需要保存能源和资源。

superimposition [,sju:pərɪmpə'zɪʃən], **superimposure** [,sju:pərɪm'pəuʃə] *n.* ①重叠,叠加,被覆,符〔重〕合,叠层 ②添上,附加(物),放在上面

superincumbent [,sju:pərɪn'kʌmbənt] *a.* ①覆的,叠的,盖在上面的 ②(压力)自上而下的

superindividual [,sju:pərɪndɪ'vɪdjuəl] *n.* 超单晶

superinduce [,sju:pərɪn'dju:s] *vt.* 再加,再发生〔引起〕

superinduction [,sju:pərɪn'dʌkʃən] *n.* 添加,超感应,超诱导

superinfection [,sju:pərɪn'fekʃən] *n.* 超感染,重复〔过度〕感染

superinfragenerator [,sju:pərɪnfrə'dʒenəreɪtə] *n.* 远在标准下〔标准外〕的振荡器

superinsulant [,sju:pə'rɪnsjulənt] *n.* 超绝缘〔热〕体

superinsulation [,sju:pərɪnsju'leɪʃən] *n.* 超绝缘〔热〕

superintegrated [,sju:pə'rɪntɪgreɪtɪd] *a.* 高密度集成的

superintend [,sju:pərɪn'tend] *v.* 监督,指挥,支配,主管 ‖ **superintendence** *n.* ☆ *under the superintendence of* 在…的管理〔监督,指挥〕之下

superintendent [,sju:pərɪn'tendənt] ❶ *n.* ①管理〔监督,指挥〕人(员),首长 ②总段长,(车间)主任,所长,总工程师,监造师 ③(部门,机关,企业)负责人,主管人 ❷ *a.* 管理〔监督,指挥〕的

superinvar [,sju:pərɪn'va:] *n.* 超级镍钴钢,超级殷钢

superinverse [,sju:pərɪn'vɜ:s] *n.* 上逆

superior [sju:'pɪərɪə] ❶ *a.* ①高级的,上等的,优的 ②上级的 ③较多的,占优势的 ④比地球离太阳更远的,在地球轨道以外的 ❷ *n.* 上级,占优势者,优胜者,长辈 ☆ *(be) superior in* 在…方面优越; *(be) superior to* 胜过,优于,不为…所影响; *rise superior to* 战胜,超越,不受…的影响

superiority [sju:pɪərɪ'ɒrɪtɪ] *n.* 优势(等),优越(性) ☆ *have superiority over* 优于; *superiority of A over (to) B* A优于〔胜过〕B; *superiority to* 胜过〔优于〕之处
〖用法〗注意其搭配模式"the superiority of A to B": The superiority of radar to ordinary vision lies in the greater distances at which seeing is possible with radar. 雷达优于普通视力,主要在于利用雷达所能看清的距离比较远。

superisocon [,sju:pə'raɪsəkɒn] *n.* 分流正〔移像式〕摄像管

superjacent [,sju:pə'dʒeɪsənt] *a.* (盖,压)在上面的

superjet ['sju:pədʒet] *n.* 超声速喷气机

superlaminar [,sju:pə'læmɪnə] *a.* 超层流的

superlaser [,sju:pə'leɪzə] *n.* 高能激光(器)

superlative [sju:'pɜ:lətɪv] ❶ *a.* ①最高〔好〕的,无上〔比〕的 ②过度的,被夸大了的 ❷ *n.* 最高级,最高的程度,极度,顶峰 ☆ *full of superlatives* 夸张的; *speak in superlatives* 讲得过分夸张,把话讲绝

superlattice [,sju:pə'lætɪs] *n.* 超(结晶)格子,超点阵,有序化结构

superleak ['sju:pəli:k] *v.*; *n.* 超(渗)漏

superlinear [,sju:pə'lɪnɪə] *a.* 超线性的,线以上的

superlinearity [,sju:pəlɪnɪ'ærɪtɪ] *n.* 超线性

superliner ['sju:pəlaɪnə] *n.* 超级客轮〔机〕,大邮船

superload ['sju:pələud] *n.* (临时)超载,附加荷载

Superloy ['sju:pəlɔɪ] *n.* 超合金,超硬熔敷面用管型焊条

superluminescence [,sju:pəlju:mɪ'nesns] *n.* 超发光 ‖ **superluminescent** *a.*

superlunar(y) [,sju:pə'lju:nə(rɪ)] *a.* 位于月亮之上的,月亮外的,超月球的,天上的

supermalloy [,sju:pə'mælɔɪ] *n.* 超透磁合金,镍铁钼超导磁合金

supermarket ['sju:pəma:kɪt] *n.* 超级商场,(大型)自动售货商店

supermart ['sju:pəma:t] *n.* 超级市场

supermatic [,sju:pə'mætɪk] *a.* 完全〔高度〕自动化的

supermendur [,sju:pə'mendə] *n.* 铁钴钒(矩形磁滞回线用磁性)合金材料

supermethylation [,sju:pəmæθɪ'leɪʃən] *n.* 超甲基化(作用)

supermicroscope [,sju:pə'maɪkrəskəup] *n.* 超级(电子)显微镜

superminiature [,sju:pə'mɪnɪətʃə] *a.* 超小型的 ‖ **superminiaturization** *n.*

S

supermolecule [,sju:pə'mɒlɪkjul] *n.* 胶束,微胞

supermultiplet [,sju:pə'mʌltɪplet]❶ *a.* 超多重的 ❷ *n.* 超多重谱线,超多重态

supermutagen [,sju:pə'mju:tədʒɪn] *n.* 高效诱变剂

supernatant [,sju:pə'neɪtənt]❶ *a.* (浮在)上层(表面)的,漂浮的 ❷ *n.* 上(层)清液,浮在表层的东西

supernate ['sju:pəneɪt] *n.* 浮在表面的液体层

supernational [,sju:pə'næʃənəl] *a.* 由几个国家组成的

supernatural [,sju:pə'nætʃərəl]❶ *a.* 神秘的,奇异的,超自然的 ❷ *n.* 超自然作用〔现象〕‖ ~ly *ad.*

supernaturalize [,sju:pə'nætʃərəlaɪz] *vt.* 使超自然化

supernegadine [,sju:pə'negədaɪn] *n.* 一种超外差式接收机

supernetwork [,sju:pə'netwɜ:k] *n.* 超级线路网

Supernilvar [,sju:pə'nɪlvə] *n.* 超尼尔瓦铁镍钴合金

supernormal [,sju:pə'nɔ:məl] *a.* ①超过正常的,超常(态)的,超当量的 ②异常的,在一般以上的

supernova [,sju:pə'nəuvə] (pl. supernovae) *n.* 超新星

supernucleus [,sju:pə'nju:klɪəs] *n.* 超(重)核

supernumerary [,sju:pə'nju:mərərɪ]❶ *a.* (定)额(以)外的,多余的 ❷ *n.* 多余的人〔物〕,临时工

supernutrition [,sju:pənju'trɪʃən] *n.* 过量营养

superoctane [,sju:pə'rɒkteɪn] *a.* 超辛烷值的

superometer [,sju:pə'rɒmɪtə] *n.* (装在车上的)超高测量仪

superorbital [,sju:pə'rɔ:bɪtəl] *a.* 超轨道的

superorder ['sju:pərɔ:də] *n.* 总目

superordinary [,sju:pə'ɔ:dɪnərɪ] *a.* 优良的,高级的,超正常的

superorganism [,sju:pə'rɔ:gənɪzm] *n.* 超机体

superorthicon [,sju:pə'rɔ:θɪkɒn] *n.* 超〔移像〕正析像管

superoxide [,sju:pə'rɒksaɪd] *n.* 过氧化物 ‖ **superoxidized** *a.*

superoxol [,sju:pə'rɒksɒl] *n.* 过氧化氢溶液

superpair ['sju:pəpeə] *n.* 超对

superparamagnetism [,sju:pəpærə'mægnɪtɪzm] *n.* 超顺磁性

superparasite [,sju:pə'pærəsaɪt] *n.* 重寄生物

superperformance [,sju:pəpə'fɔ:məns] *n.* 良好(超级)性能

superperiod ['sju:pə,pɪərɪəd] *n.* 超周期

superphosphate [,sju:pə'fɒsfeɪt] *n.* 过磷酸钙,酸性磷酸盐

superphysical [,sju:pə'fɪzɪkəl] *a.* 超物质的,已知的物理学定律所不能解释的

superplasticity [,sju:pəplæs'tɪsɪtɪ] *n.* 高度塑性,超塑性(高温时可展延成形而保留常温时的各种性能)

superpneumatic [,sju:pənju:'mætɪk] *a.* 超压的

superpoliamide [,sju:pəpɒlɪ'æmaɪd] *n.* 高分子量多氨基化物

superpolyester [,sju:pəpɒlɪ'estə] *n.* 超聚酯

superpolymer [,sju:pə'pɒlɪmə] *n.* 高聚物

superposability [,sju:pəpɒsə'bɪlɪtɪ] *n.* 可叠加性

superposable [,sju:pə'pəuzəbl] *a.* 可叠加(重合)的

superpose [,sju:pə'pəuz] *vt.* 把…放在上面,叠加,重合(on, upon),被覆,同时通报和通话

superposition [,sju:pəpə'zɪʃən] *n.* 叠加,重叠(合),被覆,放在上面

superpotency [,sju:pə'pəutənsɪ] *n.* 特效 ‖ **superpotent** *a.*

superpotential [,sju:pəpə'tenʃəl] *a.* 过电压的,超电势的,超势的

superpower [,sju:pə'pauə]❶ *n.* ①超功率,电力系统总功率 ②超级大国 ③上次幂 ❷ *a.* 超功率的,极强大的,强力的

superprecipitation [,sju:pəprɪsɪpɪ'teɪʃən] *n.* 超沉淀(作用)

superprecision [,sju:pəprɪ'sɪʒən] *n.* 极精密,高精确度

superpressure ['sju:pəpreʃə] *n.* 超压(力),超过大气压的气压,过(大气)压,剩余压力

superprofit [,sju:pə'prɒfɪt] *n.* 超额利润

superproton [,sju:pə'prəutɒn] *n.* 超(高能)质子,超高能宇宙线粒子

superquench ['sju:pəkwentʃ] *v.;n.* 超淬火

superradiance [,sju:pə'reɪdɪəns] *n.* 超发光,超辐射 ‖ **superradiant** *a.* **superradiation** *n.*

superrefraction [,sju:pərɪ'frækʃən] *n.* 超折射,无线电波的波导传播

superregenerate [,sju:pərɪ'dʒenəreɪt] *vt.;a.* 超再生(的) ‖ **superregeneration** *n.* **superregenerative** *a.*

superregenerator [,sju:pərɪ'dʒenəreɪtə] *n.* 超再生振荡器

superregulated [,sju:pə'regjuleɪtɪd] *a.* 极高稳定的,高精度调节的

superregulator [,sju:pə'regjuleɪtə] *n.* 高灵敏度调节器,超级调节器

superrich ['sju:pərɪtʃ] *a.* 过富的

superrocket ['sju:pərɒkɪt] *n.* 超级火箭

supersaturate [,sju:pə'sætjureɪt] *vt.* 使过饱和 ‖ **supersaturation** *n.*

superscope ['sju:pəskəup] *n.* 超宽银幕

superscribe ['sju:pəskraɪb] *vt.* 在外面〔上面〕写上(姓名),把姓名地址写在(信封,包裹)上

superscript ['sju:pəskrɪpt] *n.;a.* 指数〔标〕,【数】上标

superscription [,sju:pə'skrɪpʃən] *n.* 题字,标题,(信封上的)姓名地址,处方标记

supersecret [,sju:pə'si:krɪt] *a.* 绝密的

supersede [,sju:pə'si:d] *vt.* 代替,取代,更换〔选〕,置换,废除 ☆**be superseded by (in favour of)** 为…所取代 ‖ **supersedure** *n.*

supersensitivity [,sju:pəsensɪ'tɪvɪtɪ] *n.* 过敏

(性),超灵敏度

supersensitizer [ˌsju:pə'sensɪtaɪzə] n. 超增感剂

supersession [ˌsju:pə'seʃən] n. ①取代,接替 ② 废弃

supershielded [ˌsju:pə'ʃi:ldɪd] a. 优质屏蔽的

supersign ['sju:pəsaɪn] n. 【通信】超码

superskill ['sju:pəskɪl] n. 高超的技能

supersociation [ˌsju:pəsəʊsɪ'eɪʃən] n. 超缔合

supersolar [ˌsju:pə'səʊlə] a. 太阳上的

supersolid [ˌsju:pə'sɒlɪd] n. 超立体,多次体

supersolidification [ˌsju:pəsɒlɪdɪfɪ'keɪʃən] n. 过凝固(现象)

supersolubility [ˌsju:pəsɒlju'bɪlɪtɪ] n. 超〔过〕溶度

supersonic [ˌsju:pə'sɒnɪk]❶ a. 超声的,超音的 ❷ n. 超声波

supersonics [ˌsju:pə'sɒnɪks] n. 超声速(空气动力学),超声波〔学〕,超高频声学

supersound ['sju:pəsaʊnd] n. 超声〔音〕

superspeed ['sju:pəspi:d] n.; a. 超高速(的)

superspiral [ˌsju:pə'spɪrəl] n. 超螺旋

superstabilizer [ˌsju:pə'stæbɪlaɪzə] n. 超稳定器〔剂〕

superstainless [ˌsju:pə'steɪnlɪs] a. 超级不锈的

superstandard [ˌsju:pə'stændəd] a. 超标准的

superstar ['sju:pəsta:] n. 超级明星

superstate ['sju:pəsteɪt] n. 超级大国

superstation [ˌsju:pə'steɪʃən] n. 超功率电台,特大型发电厂

supersteel ['sju:pəsti:l] n. 超钢(一种高速钢)

superstition [ˌsju:pə'stɪʃən] n. 迷信(行为) ‖ **superstitious** a.

superstoichiometric [ˌsju:pəstɔɪkɪə'metrɪk] a. 过当量的,超化学计量的

superston ['sju:pəstɒn] n. 耐蚀高强度铜合金

superstore ['sju:pəstɔ:] n. 超级商场

superstrain ['sju:pəstreɪn] n. 超应变

superstrata [ˌsju:pə'streɪtə] superstratum 的复数

superstratum [ˌsju:pə'streɪtəm] (pl. superstrata) n. 上(覆)层,覆盖层

superstruction [ˌsju:pə'strʌkʃən] n. 上部结构,上层建筑

superstructure ['sju:pəstrʌktʃə] n. ①上层〔加强〕结构 ②上层建筑 ③超等结构 ‖ **superstructural** a.

supersubmarine [ˌsju:pə'sʌbməri:n] n. 超级潜艇

supersubstantial [ˌsju:pəsʌbs'tænʃəl] a. 超物质的

supersubtle [ˌsju:pə'sʌtl] a. 过分精细的

supersulphated [ˌsju:pə'sʌlfeɪtɪd] a. 富硫酸盐的,过硫化的

supersynchronous [ˌsju:pə'sɪnkrənəs] a. 超同步的

supertank ['sju:pətænk] n. 巨型坦克

supertanker ['sju:pətænkə] n. 超级油船,超级油

槽车

supertax ['sju:pətæks] n. 附加〔累进所得〕税

supertension [ˌsju:pə'tenʃən] n. ①过压,超高压,超(额)电压 ②过应力,张力过度 ③过度紧张

superterranean [ˌsju:pətə'reɪnɪən], **superterraneous** [ˌsju:pətə'reɪnɪəs], **superterrene** [ˌsju:pətə'ri:n], **superterrestrial** [ˌsju:pətə'restrɪəl] a. ①地(球表面)上的,地表的 ②架空的,天上的

superthermal [ˌsju:pə'θɜ:məl] n. 超热的

superthreshold [ˌsju:pə'θreʃhəʊld] n. 超阈值

supertonic [ˌsju:pə'tɒnɪk] a. (音阶上的)第二音,上主音

supertrain ['sju:pətreɪn] n. 超高速火车

superuniverse [ˌsju:pə'ju:nɪvɜ:s] n. 超宇宙

supervacaneous [ˌsju:pəvə'keɪnɪəs] a. 多余的,不需要的

supervarnish ['sju:pəva:nɪʃ] n. 超级〔桐油〕清漆

supervelocity [ˌsju:pəvɪ'lɒsɪtɪ] n. 超速度,超高速

supervene [ˌsju:pə'vi:n] vi. 意外发生,伴随产生,并发 ‖ **supervention** n.

supervise ['sju:pəvaɪz] v. ①监督〔视,控〕,检查 ②管理,指导,操纵 ‖ **supervision** n.

supervisor ['sju:pəvaɪzə] n. ①管理人,督察人员,检查员,工长,操纵工人,监时话务员 ②管理机,监控装置 ③【计】管理〔监督〕程序

supervisory ['sju:pəvaɪzərɪ] a. 监督的,管理的

supervital [ˌsju:pə'vaɪtəl] a. 生命力增高的

supervoltage [ˌsju:pə'vəʊltɪdʒ] n. 超高(电)压

supinate ['sju:pɪneɪt] v. 仰卧,旋后(上下肢)

supine ['sju:paɪn] a. ①仰卧的 ②掌心朝上〔外〕的 ③因循的 ‖ **~ly** ad. **~ness** n.

Supiron ['sju:pɪrɒn] n. 高硅耐酸铁

supper ['sʌpə] n. 晚饭

supplant [sə'pla:nt] vt. 代替,取代,排挤 ‖ **~ation** n.

supplanted [sə'pla:ntɪd] a. 被排掉的;被排挤的

supplanter [sə'pla:ntə] n. 代替〔取代〕者

supple ['sʌpl]❶ a. 柔软的,易弯曲的,灵活的 ❷ v. (使)变柔软,使柔顺 ‖ **~ly** ad. **~ness** n.

supplement ❶ ['sʌplɪment] vt. 补充〔遗〕,增补,添〔追〕加 ❷ ['sʌplɪmənt] n. ①补充〔遗,编〕,增补〔刊〕,副刊,附录,添加物,补充饲料 ②【数】补角 ☆ **be supplemented with** 补充以; **supplement to...** …的附录〔补遗〕

supplemental ['sʌplɪmentl], **supplementary** [ˌsʌplɪ'mentərɪ] a. ①补充〔遗〕的,增补的,追加的 ②辅助的,副的 ③【数】补角的

suppliant ['sʌplɪənt], **supplicant** ['sʌplɪkənt] n.; a. 恳求者;恳〔乞〕求的

supplicate ['sʌplɪkeɪt] v. 恳〔乞,祈〕求(for) ‖ **supplication** n.

supplier [sə'plaɪə] n. ①供给〔补充〕者 ②承订者,承制厂,供应厂商,(原料,商品)供应国

supply [sə'plaɪ] vt.; n. ①供给〔应〕,给水〔料〕,传送,馈电 ②电〔水,热,能〕供〕源,输电线 ③补

充,弥补(不足) ④供(给)量 ⑤(pl.)供应〔补给〕品,给养,(储备)物资,消耗品,存货 ☆ *a (large,good) supply of* 或 *large supplies of* 一(大)批的,…的大量供应; *a supply of* 一定量的; *be supplied in* 备有; *be supplied in sets* 成套供应; *be supplied with* 由…装备成,(装)有; *in short supply* 缺乏的,稀少的,供应不足; *supply A for B* 把A供给B; *supply the place of* 代替,补…的缺; *supply A to B* 把A供给B; *supply A with B* 把B供应给A; *(the) supply of A with B* 给A供应B
【用法】该动词不能跟双宾语,一定要用supply B with A、supply A to B或supply A for B表示"把A供给B"。

support [sə'pɔ:t] *vt.;n.* ①支持,支撑,承重,支住 ②支〔三脚〕架,支(机)座,立柱,支撑物,夹,固定件,脚凳 ③保证(降),支援(部队),配套 ④维持,援〔赞〕助,拥护 ⑤承载子,载体 ☆*give support to* 支持〔援〕; *in support* 预〔后〕备的; *in support of* (为了)支持〔拥护〕; *lend support to* 帮助; *provide full support to* 完全支持; *stand without support* 孤立无援
【用法】注意下面例句中该词类同于provide的用法:We support our computers with what is unquestionably some of the finest software available. 我们给计算机配有无疑是一些目前最好的软件。

supportability [sə,pɔ:tə'bɪlɪtɪ] *n.* 承载〔支承〕能力

supportable [sə'pɔ:təbl] *a.* 能支承的,能支持住的,可忍受的,可援助的,可拥护的

supporter [sə'pɔ:tə] *n.* ①支持〔拥护〕者,支援人员,供养者 ②支撑物,托,支架 ③【化】载体 ④细带

supportive [sə'pɔ:tɪv] *a.* 支持的

supportless [sə'pɔ:tlɪs] *a.* 没有支援〔持〕的

supposable [sə'pəʊzəbl] *a.* 想象得到的,可假定的 ‖ **supposably** *ad.*

supposal [sə'pəʊzəl] *n.* 假定,推测

suppose [sə'pəʊz] *v.* ①假定,推测,认为,想象,猜想 ②须以…为条件,意味着 ☆*be supposed to* 被认为,应该〔必须〕(做);(否定式)不许,不应该; *be supposed to be* … 被认为是,应该是; *Let it be supposed that* … 假定…; *suppose … to (do)* 假设…(做)
【用法】The reader is supposed to understand the following points. 读者应该懂得下面几点。/Let it be supposed to evaluate this integration. 假定要(我们)求这个积分的值。(句中it为形式宾语,它代替后面的"to evaluate this integration"。)

supposed [sə'pəʊzd] *a.* 假定的,推测的

supposedly [sə'pəʊzdlɪ] *ad.* 想来,大概,按照推测

supposition [,sʌpə'zɪʃən] *n.* 推测,假定,前提,(先决)条件 ☆*on this supposition* 或 *on the supposition that* … 假定…

supposi(ti)tious [sʌpɒ'zɪ(tɪ)ʃəs] *a.* ①假的,冒充的 ②假定的 ‖ **-ly** *ad.* **~ness** *n.*

suppositive [sə'pɒzətɪv] *a.* 假定的,推测的 ‖ **~ly** *ad.*

suppress [sə'pres] *vt.* ①镇压,压制(缩),扑灭 ②抑制,遏止,勒令停刊,禁止(发行) ③排除 ④删掉,隐藏,封锁

suppressant [sə'presənt] *n.* 抑制剂

suppressible [sə'presəbl] *a.* 可抑制〔消除,禁止〕的

suppression [sə'preʃən] *n.* ①抑(压)制,制止,遏制,扑灭,镇压 ②排(删)除 ③隐藏,封锁,禁止(打印,发行) ‖ **suppressive** *a.*

suppressor [sə'presə] *n.* 抑制器,消声器,抑制栅极,校正因子,抑制基因,遏抑物,抑制者

suppuration [,sʌpjʊ'reɪʃən] *n.* 化脓

supra ['sjuːprə] (拉丁语) *ad.* 上述(文),在上(前)

suppurant ['sʌpjʊərənt] *a.;n.* 化脓的;化脓药〔剂〕

supracellular [,sjuːprə'seljʊlə] *a.* 超细胞的

supracolloidal [,sjuːprəkɒ'lɔɪdəl] *a.* 超胶体的

supraconduction [,sjuːprəkən'dʌkʃən] *n.* 超导 ‖ **supraconductive** *a.*

supraconductivity [,sjuːprəkɒndʌk'tɪvɪtɪ] *n.* 超导(电)性

supraconductor [,sjuːprəkən'dʌktə] *n.* 超导体

suprafacial [,sjuːprə'feɪʃəl] *a.* 同侧

suprafluid ['sjuːprəfluːɪd] *a.* 超流体的

supraliminal [,sjuːprə'lɪmɪnəl] *a.* 阈上的;意识之上的,有意识的

supralittoral [,sjuːprə'lɪtərəl] *a.* 海岸上的

supramolecular [,sjuːprəmə'lekjʊlə] *a.* 超分子的,由许多分子组成的

supramoly [,sjuːprə'mɒlɪ] *n.* 二硫化钼(干润滑剂)

Supramor [,sjuːprə'mɔː] *n.* 锈普瑞莫电磁探伤液

supraorganism [,sjuːprə'ɔːgənɪzm] *n.* 超机体

suprapermafrost [,sjuːprə'pɜːməfrɒst] *n.* 永冻线之上的土层

suprarenin [,sjuːprə'renɪn] *n.* 肾上腺素

suprasphere ['sjuːprəsfɪə] *n.* 超球体

suprasterol [,sjuːprə'sterɒl] *n.* 过照甾醇,超甾醇

suprathreshold [,sjuːprə'θreʃhəʊld] *n.;a.* 阈上(的)

supravital [,sjuːprə'vaɪtəl] *a.* 超活体的

supremacy [sjuː'preməsɪ] *n.* ①至高无上 ②最高(权力) ③霸权,优势

supreme [sjuː'priːm] *a.* ①最高的 ②极度(大)的,非常的,无上的

supremum [sjuː'priːməm] *n.* 上确界,上限

surbase [sɜː'beɪs] *n.* 柱基饰,柱脚花线,柱基座脚装饰,腰板

surbased [sɜː'beɪst] *a.* 扁的,扁拱形的

surcharge ❶ ['sɜːtʃɑːdʒ] *n.* ①超载;额外负担 ②附加税;额外费 ③加盖过的邮票(或印花税票) **❷** [sɜː'tʃɑːdʒ] *vt.* ①超载,附加荷载,装载过多,(负担)过重,过(度)充电 ②向…收取附加费用〔附加税,附加罚款〕③要价过高,敲竹杠

surd [sɜːd]**❶** *a.* ①【数】不尽根的,无理数的 ②无声的 **❷** *n.* ①【数】不尽根,无理数 ②无声音

sure [ʃuə]❶ a. ①确实〔信〕的,有把握的 ②必定的,无疑的 ❷ ad. 的确,当然 ☆**as sure as death** 的确,必定,千真万确; **be sure and** 必定,务必; **be (feel) sure of** 肯定,确信; **be sure of oneself** (有)自信(心); **be sure (that …)** 确信,肯定;务必(使),保证; **be sure to (do)**必定〔务必〕(做); **for sure** 确实,毫无疑问地; **make sure of** 查明,确信,把…弄清楚; **make sure (that …)**弄〔查〕明白,注意,确保,保证; **sure enough** 确实,果然,无疑; **to be sure**(插入语)固然,的确,为了确定起见 〖用法〗❶ 在 "be sure (that) …" 中that引导的从句从含义上考虑被称为"形容词宾语从句"(当然也可以看成是修饰形容词sure的状语从句)。❷ 在 "make sure that"中that引导的是make的宾语从句。如:We must make sure that there is no output with no input. 我们必须确保在没有输入时就没有输出。❸ 注意下面例句中的倒装现象:Of one thing we can be sure: If the charges are at rest, there is no electric field within the metal ball. 有一点我们是可以肯定的:如果电荷是静止的话,那么这金属球内部不存在电场。(Of one thing本应该处于sure之后,为了加强语气而倒置在句首了。)

surefire [ˈʃuəfaiə] a. 可靠的,一定会成功的,不错的

surefooted [ˈʃuəˈfutid] a. 稳当的,不会出差错的

surely [ˈʃuəli] ad. ①的确,无疑,必定 ②当然 ③踏踏实实地 ☆**steadily and surely** 踏踏实实地

surety [ˈʃuəti] n. ①确实 ②保证(人,金,物),担保 ☆**of a surety** 必然地,肯定,的的确确; **stand surety for** 替…做保证人

surf [sɜːf]❶ n. 破浪,击岸波,激浪 ❷ vi. 作冲浪运动

surface [ˈsɜːfis]❶ n. ①面,表面,自由表面,面层 ②(表)面积 ③外表〔观〕 ❷ a. 表面(上)的,外表上的,路面的,(航行)水面的 ❸ v. ①使成平面 ②削面 ③磨平面 ④表面加工 ⑤使升到〔浮上〕水面 ⑥堆焊 ⑦使升到(浮上)水面 ⑧表面化,暴露出来 ☆**come to the surface** 显露出来,为人所知; **look at the surface only** 只看外表; **look below (beneath) the surface of things** 看到事物的里面〔本质〕; **on the surface** 表面〔外观〕上

surfacer [ˈsɜːfisə] n. ①平面刨床,表〔路〕面修整机 ②表面涂料,腻子

surfacing [ˈsɜːfisiŋ] n. ①平面切削 ②磨平面 ③表面加工,路面〔表面〕修整,镀面 ④装配面 ⑤堆焊 ⑥铺面(材料),路面

surfactant [sɜːˈfæktənt] n. 表面活化剂

surfboard [ˈsɜːfbɔːd] n. 冲浪板

surfeit [ˈsɜːfit]❶ n. ①过量,过度(of),过食〔饮〕 ❷ v. 过度(with)

surficial [sɜːˈfiʃəl] a. 表面的,地表〔表〕面的

surfing [ˈsɜːfiŋ] n. 冲浪滑板〔运动〕

surfon [ˈsɜːfɒn] n. 表面振荡能量量子

surfuse [sɜːˈfjuːz] vt. 过冷 ‖ **surfusion** n.

surfy [ˈsɜːfi] a. 浪花(似)的,有浪花的

surge [sɜːdʒ] v.;n. ①波〔脉,颤〕动,喘振,起起,起大浪 ②浪〔电〕涌,前沿陡峭波,(电)冲击,急变 ③压力波动 ④巨浪,波涛,风暴潮 ⑤(绳,缆)滑脱,放松 ⑥(车轮)空转打滑 ⑦急放,放(绳,链) ☆**surge down** 向下波动; **surge up** 向上波动

surgeless [ˈsɜːdʒlis] a. 平静的,无浪涌的

surgeon [ˈsɜːdʒən] n. 外科医生,军医

surgery [ˈsɜːdʒəri] n. ①外科(学,手术) ②手术室,诊(疗)所,外科医院

surgical [ˈsɜːdʒikəl] a. 外科(用,手术)的 ‖ **surgically** ad.

surgy [ˈsɜːdʒi] a. 巨浪的,浪涌的,波涛汹涌的

Surinam [ˌsuəriˈnæm] n. 苏里南(在南美洲东北部)

surly [ˈsɜːli] a. 粗暴的,(天气)阴沉的

surmisable [sɜːˈmaizəbl] a. 推测得出的,可推断的

surmise ❶ [səˈmaiz] vt. 推测;猜测;臆测 ❷ [ˈsɜːmaiz] n. 推测,估计,猜测

surmount [sɜːˈmaunt] vt. ①克服(困难),越过(障碍),登上 ②罩面,饰顶,顶上(覆盖)有(by,with),安装有

surmountable [sɜːˈmauntəbl] a. 可以克服〔超越,打破〕的

surname [ˈsɜːneim]❶ n. 姓,绰号 ❷ vt. 给…起绰号

surpass [sɜːˈpɑːs] vt. 优于,胜过,超越

surpassing [sɜːˈpɑːsiŋ] a.;ad. 卓越的〔地〕,优秀的〔地〕,无比的〔地〕,出人头地的〔地〕 ‖ **~ly** ad.

surplus [ˈsɜːpləs]❶ n. ①过剩,剩余(物),盈余,超过额 ②公积金 ③顺差 ❷ a. 剩余的

surplusage [ˈsɜːpləsidʒ] n. 过剩(物),剩余额,冗词,多余的东西

surprisal [səˈpraizəl] n. 惊奇,诧异

surprise [səˈpraiz]❶ vt. ①使吃惊 ②(意外)撞见,当场捉住,奇袭 ❷ n. 吃惊,突然性,意外事 ☆**be a surprise to** 出乎…意料之外; **be surprised at (by, that, to do)**对…感到吃惊; **by surprise** 冷不防,突然,出其不意; **in surprise** 惊奇地; **to one's (great) surprise** (插入语)使…十分惊奇,出乎…意料之外; **to the surprise of** (插入语)令…(非常)吃惊的是

surprisedly [səˈpraizidli] ad. 惊奇地,诧异地

surprising [səˈpraiziŋ] a. 惊人的,意外的,意想不到的

surprisingly [səˈpraiziŋli] ad. 惊讶地 〖用法〗注意下面例句中该词的用法:Not surprisingly, the degree of photon interference with carrier motion increases with temperature. 并不奇怪,光子对载流子运动的干扰程度是随温度的上升而增加的。

surrender [səˈrendə] v.;n. ①交出,放弃 ②投降

surreptitious [ˌsʌrəpˈtiʃəs] a. 偷偷摸摸的,秘密的 ‖ **~ly** ad.

surrogate ❶ [ˈsʌrəgit] n. ①代用品 ②代理人 ❷ [ˈsʌrəgeit] vt. 使代理〔替〕,指定…代理

surrosion [səˈrəuʒən] n. 腐蚀增重(作用)

surround [səˈraund]❶ vt. ①围〔环〕绕,包围 ❷ n. 包裹〔外包〕层,围绕物,周围场 ☆**be surrounded with (by)** 被…围着,四周环绕着 〖用法〗注意下面例句属于全倒装句型:Surrounding the earth is a layer of air of unknown thickness. 环绕地球的是一层厚度莫测的空气。(本句属于"分词+助动词 'is/are' +主语"型全倒装句。)

surrounding [sə'raundɪŋ]❶ a. 周〔四〕围的,环绕的 ❷ n. (pl.)〔周围〕环境,外界,周围的事物〔情况〕

surtax ['sɜ:tæks] ❶ n. 附加税 ❷ vt. 对…征收附加税

surveillance [sɜ:'veɪləns] n. 监视〔督〕,(对空)观察,管制 ☆**be** under surveillance 在监视下

surveillant [sɜ:'veɪlənt] a.; n. 监视的;监视者

survey ❶ [sɜ:'veɪ] vt.; ①俯瞰;环视;眺望 ②检查;检验;审视 ③测量;勘定 ❷ ['sɜ:veɪ] n. ①调查,观察 ②测量〔绘〕,勘查〔测〕③测量图 ④综述,评价,述评 ⑤概括的研究,全面的观察〔调查〕☆ **make a survey of** 测量,勘测,对…作全面的调查〔观察〕

surveyability [,sɜveɪə'bɪlɪtɪ] n. 一目了然

surveyable [sə'veɪəbl] a. 可观测的,一目了然的

surveyal [sə'veɪəl] n. 纵览,观察

surveying [sə'veɪɪŋ] n. ①丈量〔工作〕,测量〔学,术〕②调查 ③观测,概观

surveyor [sə'veɪə] n. ①测量〔勘测〕员 ②调查员,鉴定人 ③测量器

survivability [,səvaɪvə'bɪlɪtɪ] n. 残存性,可救活性,生命力,耐久性

survival [sə'vaɪvəl]❶ n. ①幸〔生,残〕存,存活(率),继续存在 ②幸存者,残余(物),遗物 ❷ a. 活命的,保命的,安全的

survive [sə'vaɪv] v. ①继续存在,残存,还活着〔存在〕,幸存下来,…(还)得救 ②经受(得)住(…试验)③(中子)不被吸收 ④幸免于 〖用法〗注意下面例句中该词的含义:In this case 'slow' variations survive. 在这种情况下存在有"慢"变化。

survivor [sə'vaɪvə] n. 幸存者,生还者,遗物

survivorship [sə'vaɪvəʃɪp] n. 幸〔残〕存,未死

susceptance [sə'septəns] n. 电纳

susceptibility [sə,septɪ'bɪlɪtɪ] n. ①敏感性,灵敏度,易感性 ②磁化系数,(电,介电)极化率 ☆ **susceptibility to...** 对…的敏感性 〖用法〗注意搭配模式"susceptibility of A to B",意为"A对B的敏感度"。如:One disadvantage is the susceptibility of the meter to errors caused by harmonic distortion in the input waveform. 一个缺点是该仪表对由输入波形中的谐波失真引起的误差很敏感。

susceptible [sə'septəbl] a. 灵敏的,敏感的,易受影响的,(可)容许的 ☆**(be)** susceptible of 容许有,能…的; **(be)** susceptible to 对…敏感,易受

susceptive [sə'septɪv] a. (对…)敏感的,灵敏的,易于受到…的(of)

susceptiveness [sə'septɪvnɪs] n. ①灵敏性,敏感度 ②磁化率 ③电极化率

susceptivity [,səsep'tɪvɪtɪ] n. 敏感性,灵敏度

susceptor [sə'septə] n. 感受器,基座

Susini ['sʌsɪnɪ] n. 萨西尼铝合金

suspect ❶ [səs'pekt] vt. ①怀疑(有),猜疑,推测,猜想 ②觉得,认为 ☆**suspect ... of doing** 怀疑…(做) ❷ ['sʌspekt] a.; n. 可疑的;可疑分子,嫌疑犯

suspectable [səs'pektəbl] a. 可疑的

suspected [səs'pektɪd] a. 可疑的,拟似的

suspend [səs'pend] v. ①悬(挂,垂),(使)悬浮 ②暂停(执行),中止 ③延缓,保留 ④停职,宣布破产 ☆**(be)** suspended from 自…悬挂下来,(被)停职; **(be)** suspended in 悬浮在…中; suspend A from B 把A挂在B上〔下面〕 〖用法〗该词一般与from连用,有时也可用on。如:An object is suspended from the roof. 一个物体被吊在屋顶上。/The equation of motion of a body suspended from a spring and oscillating vertically is y=A sinωt. 悬挂在弹簧上垂直振动的物体的运动方程为y=A sinωt。/A 2 lb wood block is suspended on a spring 5 ft long. 一个两磅重的木块被悬挂在五英尺长的弹簧上。

suspender [səs'pendə] n. 吊着的东西,吊材〔杆,索〕,悬杆,挂钩

suspensate [səs'penseɪt] n. 悬浮质,悬移质

suspense [səs'pens] n. ①悬挂〔吊,浮〕②焦虑 ③悬而未决 ④暂时停止 ☆**keep ... in suspense** 使…担心,不知结果如何

suspenseful [səs'pensful] a. 焦急不安的,犹豫不决的

suspensible [səs'pensəbl] a. 可悬挂〔浮,吊〕的 ‖ **suspensibility** n.

suspension [səs'penʃən] n. ①悬(吊,挂,浮),一面固定 ②停(止,顿),暂停,悬而不决,延缓 ③悬〔吊〕架,悬挂装置,支承 ④悬浮物,(磁粉探伤的)浮选液,悬浊液,游浆,悬浮状态 ⑤【数】同纬映像,双角锥

suspensive [səs'pensɪv] a. ①未决(定)的,悬而未决的 ②暂停的 ③可疑的,(使)不安的 ‖ **-ly** ad.

suspensoid [səs'pensɔɪd] n. 悬(浮)胶体

suspensor [səs'pensə] n. 悬带,吊绷带;胚柄

suspensory [səs'pensərɪ]❶ a. ①悬挂的 ②搁置的,悬而不决的,暂停的 ❷ n. 悬吊物,悬带

suspicion [səs'pɪʃən]❶ n. ①怀〔嫌〕疑,疑心 ②一点儿 ❷ vt. 怀疑 ☆**a suspicion of** 一点儿; **be above suspicion** 不被〔无可〕怀疑; **be looked upon with suspicion** 被人怀疑; **be under suspicion** 被怀疑,有嫌疑; **with suspicion** 怀疑地; **without a suspicion of** 毫无…的

suspicious [səs'pɪʃəs] a. ①(表示,引起)怀疑的,可疑的 ☆**be (feel) suspicious of (about)** 对…感到可疑 ‖ **-ly** ad. **~ness** n.

suspire [səs'paɪə] vi. 呼吸

suspirious [səs'pɪrɪəs] a. 令人怀疑的,长叹息的

sustain [səs'teɪn]❶ vt. ①支撑,承受得住 ②持续,持久,维持,使…生存下去 ③遭〔蒙〕受 ④证实,确认,准许 ❷ n. 支〔保〕持

sustained [sǝs'teɪnd] *a.* (被)支持的,持续的,不衰减的,一样〔律〕的

sustainer [sǝs'teɪnǝ] *n.* ①主发动机 ②支点〔座〕 ③(电视,广播)非营业性节目

sustenance ['sʌstɪnǝns] *n.* ①糖食,营养 ②支持,持久 ③支撑物

sustentation [,sʌsten'teɪʃ ǝn], **sustention** [sǝs-'tenʃ ǝn] *n.* ①粮食,食物 ②维持(生活),支持(物)

sustentative [,sʌsten'teɪtɪv] *a.* (受到)支持的,支撑的

susurrate ['sjʊsɜ:reɪt] *vi.* 发出沙沙的声音,耳语

susurration [,sjʊsɜ:'reɪʃ ǝn], **susurrus** ['sjʊsɜ:-rǝs] *n.* 沙沙声,窃窃私语声

sutruck ['sju:trʌk] *n.* 单辆货车,无拖车的载重车

suttle ['sʌtl] *n.; a.* 净重(的)

sutural ['sju:tʃ ǝrǝl] *a.* 缝合的,位于接缝(处)的 ‖ **~ly** *ad.*

suture ['sju:tʃ ǝ] *n.;vt.* 缝合(线),接缝

Suva ['su:vǝ] *n.* 苏瓦(斐济的首都)

suveneer [su:vǝ'nɪǝ] *n.* 一种(单面,双面)覆铜钢板

svedberg ['svedbɜ:g] *n.* 斯旺伯格(单位)

swab [swɒb] ❶ *v.* 擦净〔洗〕,抹(水) ❷ *n.* ①拖把,墩布,棉花球 ②(铸工用)刷水笔,(起模用)毛笔,造型用刷子 ☆**swab down** 擦洗甲板,洗澡; **swab up** 擦去,擦干

swabber ['swɒbǝ] *n.* ①清扫工人,水手 ②装管工 ③拖把

swabbing ['swɒbɪŋ] *n.* 擦,(起模前)刷水,刷涂料

swag [swæg] *n.;vi.* ①摇动,倾侧 ②松垂 ③挠〔垂〕度 ④洼地,水潭 ⑤垂花饰

swage [sweɪdʒ] ❶ *n.* 【机】①型钢〔铁〕②型砧,铁模,(冲模)锻模,铸模 ❷ *vt.* ①(用型铁)锻造,用型铁做,(锻细)型锻 ②顶〔锤,环〕锻,旋锻,陷型模锻,冷镦,(局部)镦粗

swagelok ['sweɪdʒlɒk] *n.* 【机】(管子的)接套

swager ['sweɪdʒǝ] *n.* 【机】锤锻锻机,锻细型锻机,陷型模锻机

swagger ['swægǝ] *vi.; n.* 昂首阔步;狂妄自大,吹嘘(about),恫吓,讹诈(out of)

Swahili [swa:'hi:lɪ] *n.* 【语】斯瓦希里人〔语〕

swale [sweɪl] ❶ *v.* 放火烧,熔化,烧化 ❷ *n.*【地质】低〔沼〕地,滩槽;牧场

swalelike ['sweɪlaɪk] *a.* 类似沼地的

swallet ['swɒlɪt] *n.*【地质】地下水

swallow ['swɒlǝʊ] ❶ *v.* ①吞下(没)②耗尽,吸收,使消失 ③抹煞 ④轻信 ⑤忍耐 ❷ *n.* ①燕子 ②吞(咽),(一)吞 ③咽喉 ④吸孔 ☆**swallow one's teeth (words)** 食言; **swallow the bait** 上当,自投罗网; **swallow up** 吞没(掉),耗尽,吸收,消失

swallowling ['swɒlǝʊlɪŋ] *n.* 雏燕

swallowtail ['swɒlǝʊteɪl] *n.* 燕尾,【建】燕尾榫

swam [swæm] swim的过去式

swamp [swɒmp] ❶ *n.*【地质】泽沼〔地〕,煤层聚水洼 ❷ *v.* ①淹没,陷入沼泽 ②堵塞 ③干扰,使陷入困窘 ☆**be swamped with** 被…忙得一塌糊涂; **swamp A with B** 用B干扰A,用B使A困惑

swamped [swɒmpt] *a.* 泥沼状的,成为沼泽的,泥泞的

swampland ['swɒmplænd] *n.*【地质】沼泽地,低湿地

swampy ['swɒmpɪ] *a.* 沼泽的,低湿的

swan [swɒn] ❶ *n.* 天鹅;杰出的歌手,美人,才子 ❷ *vi.* 飞翔,蜿蜒行驶

swansdown ['swɒnzdaʊn] *n.* 天鹅绒

swap [swɒp] *v.; n.* 交换,(做)交易,【计】换进(in),换出(out),调动(程序) ☆**swap A for B** 以A换B

sward [swɔ:d] ❶ *n.*【植】草皮〔丛〕❷ *v.* (给…)铺上草皮,植草

swarf [swɔ:f] *n.*【冶】(木,细铁)屑,钢quote切边,刻纹丝

swarm [swɔ:m] ❶ *n.* 群,蜂群 ❷ *v.* ①群〔云〕集,成群 ②充满 ☆**a swarm of** 一群; **swarm into** 涌进; **swarm with** 充满着; **swarms of** 一大堆

swarmer ['swɔ:mǝ] *n.* 游动细胞,蜂群

swarming ['swɔ:mɪŋ] *n.; a.* 丛集的(菌);迁徙现象;划痕

swart [swɔ:t] *a.* 有害的,恶毒的

swarthy ['swɔ:ðɪ] *n.* 黝黑的,黑皮肤的

swartzite ['swɔ:tsaɪt] *n.*【矿】水菱钙镁铀矿

swash [swɒʃ] *n.;v.* ①冲溅,泼散 ②晃动 ③奔流(声),冲激(泼水) ☆

swashplate ['swɒʃpleɪt] *n.*【航】旋转斜盘,隔板

swat [swɒt] *vt.;n.* 重拍,猛击

swath [swɔ:θ] *n.* ①一行(割下来的禾,草),一刈的面积 ②(足)迹

swathe [sweɪð] ❶ *vt.* ①绑,裹,缠 ②包围,封住 ❷ *n.* 带子,包装用品

swatter ['swɒtǝ] *n.* 蝇拍,拍打者

sway [sweɪ] *v.;n.* ①摇摆〔晃〕,横摆 ②倾斜,(使)偏向一边 ③控制,操纵,权势 ☆**bear(hold)sway** 占统治地位; **under the sway of** 在…的支配下,受(着)…的支配〔控制〕

Swaziland ['swɑ:zɪlænd] *n.* 斯威士兰

swear [sweǝ] ❶ (swore 或 sware, sworn) *v.* ①宣誓,强调 ②咒骂 ❷ *n.* 誓言;咒骂 ☆**be sworn in (to office)** 宣誓就职; **be sworn to secrecy** 誓守秘密; **swear an oath** 发(一个)誓;大骂; **swear at** 诅咒;与…不协调; **swear black is white** 强辩,颠倒黑白; **swear by (before)** 对…发誓;信赖; **swear for** 保证,担保; **swear (not) to (do)** 发誓(做)〔不做〕; **swear (to)** 保证,断言,强调地说

sweat [swet] ❶ *n.* ①(出)汗 ②潮气,水气 ③(pl.)汗油 ④焊接 ⑤熔(化),热析 ⑥苦工,努力 ❷ (sweat或sweated) *v.* ①(使)出汗,渗出湿气,蒸散,结露水,凝水滴 ②渗漏,把潮气弄干 ③熔焊,焊接,表面薄层堆敷(on, in) ④熔化,热析,烧析 ⑤(使)努力工作,费力地操作,(使)在恶劣条件下干 ☆**be all of a sweat** 浑身是汗; **(be) in a sweat** 出一身汗,捏一把汗,着急地; **sweat away at** 努力从事,努力

S

做; **sweat out** 发出汗来,热析; **sweat over** 开始发汗

sweatback ['swetbæk] v. 热析,出汗

sweatband ['swetbænd] n. 海绵挡汗带

sweater ['swetə] n. ①发汗器,石蜡发汗室,热析炉 ②(厚)运动衫,毛衣,卫生衫

sweaty ['swetɪ] a. 多汗的,汗湿透的;吃力的 ‖ **sweatily** ad.

Swede [swi:d] n. 瑞典人

Sweden ['swi:dn] n. 瑞典

swedge ['swedʒ]❶ n.【机】①型铁,铁模 ②抽细管子直径所用的工具 ❷ vt. ①锻打,型锻 ②使减小直径

Swedish ['swi:dɪʃ] a. 瑞典的,瑞典人的(的)

sweep [swi:p]❶ (swept) v. ①扫;描;掸;清扫;拂去 ②猛拉;挥动 ③彻底消除;消灭 ④席卷;在…迅速传播(蔓延) ⑤扫除,向…扫射 ⑥全盘赢得 ❷ n. ①扫,扫描(频),扫雷(海,射),巡弋,搜索 ②扫除,吹去,冲走(刷),净化,吹刮,刮砂,(靠模)刮板,疏浚,席卷 ③掠过,波及,连绵 ④(使…有)后掠 ⑤弯曲,转弯处,曲线,摇杆,镰刀弯 ⑥撞击,晃推(拉) ⑦范围,视野,眺望 ☆**beyond the sweep of** 在…范围外; **make a clean sweep of** 扫清,彻底清除; **sweep across** 冲过; **sweep all before one** 所向无敌,得到彻底的成功; **sweep along** 冲走,掠过; **sweep away** 扫除,肃清; **sweep forward (back)** 前(后)掠; **sweep A from B** 把A从B中扫掉; **sweep in (off)** 刮入(去); **sweep out** 扫掉,刮去; **sweep over** 向…扩展,将…一扫而去; **sweep the board** 获得一切可能的成功; **sweep the sea(s)** 扫雷,横海洋; **sweep up** 扫除 【用法】注意下面例句中该词的含义:This book addresses a full sweep of subject matter, from mathematical foundations through the nuclear physics of that day. 本书全面地论述了主题,从数学基础到那个时代的核物理学。

sweepback ['swi:pbæk] v.; n. 使…成后掠,后掠,后弯,箭形

sweeper ['swi:pə] n. ①扫除(扫路)机,清管器,扫雷舰 ②扫描振荡器,扫频仪

sweepforward ['swi:pfɔ:wəd] v.; n. (使)前掠

sweeping ['swi:pɪŋ]❶ a. ①扫除的 ②总括的,全盘的,势不可挡的 ③连绵的,呈弯曲状的 ❷ n. ①扫除(描)②(pl.)(成堆)垃圾,金属屑 ③车板造型(芯) ‖ **-ly** ad. **~ness** n. 【用法】该名词表示"掠过"时其前面可以有不定冠词。如:The change of potential between the p and n regions is due to a sweeping of the mobile charge carriers from the region – l_p < x < l_n。p 区和 n 区之间电位的变化是由于来自 –l_p < x < l_n 区域的迁移载流子的掠过引起的。

sweepmo(u)lding ['swi:p,məuldɪŋ] n.【机】刮模

sweet [swi:t]❶ a. ①甜的,(芳)香的 ②温和的,悦耳(目)的 ③低(低)硫的,(石油)香化的,未发酵的,无过量酸性物质的,无有害气体(味)的 ④轻

快的,易驾驶的 ❷ n. 甜食,乐趣,(pl.)糖果,芳香 ‖ **~ly** ad.

sweeten ['swi:tən] v. ①加糖,变甜(香)②(使)悦耳,缓和 ③使清洁,消毒,去臭 ④脱硫 ☆**sweeten off** 沥滤出来

sweetener ['swi:tənə] n.【机】脱硫(香化)设备

sweetness ['swi:tnɪs] n. 甜(味,度),新鲜,温和

swell [swel]❶ (swelled, swollen 或 swelled) v. ①膨(冻,鼓)胀,肿大 ②鼓起,表面外凸,凸缘,凸弯 ③增长(大,强),起波,浪涛(涌),长浪,余涌 ❸ a. 时髦的 ☆**have (suffer from) swelled head** 自负,自夸; **swell out** 膨胀,鼓起; **swell the ranks of** 加入; **swell up** 膨胀,鼓起,增大

swellability [,swelə'bɪlɪtɪ] n. 可膨胀(隆起)性

swellable ['sweləbl] a. 可膨胀的,可隆起的

sweller ['swelə] n.【化】膨胀剂,溶胀剂

swelling ['swelɪŋ]❶ n. 膨(泡,肿,冻)胀,水涌,胀砂(箱),凸起,增大,变粗,变厚 ❷ a. 膨胀的,增大的,突起的

swellmeter ['swelmɪtə] n.【生】膨胀计

swelter ['sweltə] v.; n. (使)闷热,(使)中暑,热得昏 ‖ **~ing** a. **~ingly** ad.

swep [swep] n.【化】灭草灵

swept [swept]❶ sweep 的过去式和过去分词 ❷ a. ①摆动的 ②偏移的 ③扫(掠)过的,后掠的

sweptback ['sweptbæk]❶ n. 后掠(翼) ❷ a. 后掠的,后弯的

sweptforward ['sweptfɔ:wəd]❶ n. 前掠(翼) ❷ a. 前掠的

sweptwing ['sweptwɪŋ] n. 后掠翼

swerve [swɜ:v] v.; n. ①(使)弯(歪),(使)转弯,背离(from) ②偏向,偏差 ③折射 ☆**swerve around** 突然转向;折射; **swerve away from** 离开,偏离; **swerve (A) from B** (使A)背离(逸出)B

swerveless ['swɜ:vlɪs] a. 不转向的,坚定不移的

swift [swɪft]❶ a.; ad. (飞)快的,地,急(速)的,敏捷(的,地),立即(的),突然发生的 ❷ n. ①急流,湍流,线架 ②(褐)雨燕 ☆**as swift as thought** 立刻; **be swift of (with)…** …(方面)很快; **be swift to (do)** 易于(做),动不动就(做) ‖ **~ly** ad. **~ness** n.

swifter ['swɪftə] n.【航】绞盘加紧索,下枪梡前支索

swig [swɪg] v. 痛饮

swill [swɪl] vt.; n. (冲)洗,洗涤(out);泔脚饲料,剩饭残羹

swim [swɪm]❶ (swam, swum; swimming) v. ①游,横渡(across)②漂浮(流),滑,晕眩 ③(使)浸在水中(in, on)④充满,覆盖,充溢(with) ❷ n. ①游泳 ②浮动 ③潮流 ☆**be in the swim** 合潮流; **be out of the swim** 不合潮流; **sink or swim** 不论好歹,无论如何; **swim with the tide (stream)** 顺着潮流,随大流

swimmer ['swɪmə] n. 游泳者,浮筒

swimming ['swɪmɪŋ] n.; a. 游泳(的);眩晕(昏)的;

溢的
swimmingly ['swɪmɪŋlɪ] *ad.* 容易地,顺利地
swimmy ['swɪmɪ] *a.* 引起眩晕的,模糊的 ‖
　swimmily *ad.* **swimminess** *n.*
swimsuit ['swɪmsjuːt] *n.* 游泳衣
swindle ['swɪndl] *v.; n.* 诈取,骗局,骗人的东西
swindler ['swɪndlə] *n.* 骗子
swindlingly ['swɪndlɪŋlɪ] *ad.* 用诈骗手段
swine [swaɪn] *n.* 猪(猡)
swing [swɪŋ] ❶ (swung) *v.* ①摆动;摇荡 ②轻松地
走(或跑);大摇大摆地行走 ③悬挂 ④回转;旋转
⑤转变;剧变;改变立场(或态度、习惯等) ❷ *n.* ①
摇摆,摆(挥)动 ②(绕轴心,铰链等)旋转,转向 ③
漂移,偏向,动荡,(频率)不稳定,(信号强度)变动
④摆(振)幅,摆角,指针最大摆动,最大运动范围 ⑤
吊着,悬挂 (from),吊运 ⑥(成功地)处理,获取,开
展 ❸ *a.* (绕轴心)旋转的,悬挂的 ☆*(be) in full
swing* 在全力进行,在轰轰烈烈开展,处于高潮; *
get into the swing of one's work* 或 *get into
one's swing* 积极投入工作; *go with a swing*
顺利进行; *let it have its swing* 听其自然; *no
room to swing a cat in* (范围)很小,很少活动
余地; *swing A against B* 挥动A对准B撞
击;*swing around* 绕…转动; *swing back and
forth* 来回摆动; *swing beyond* 摆过(某一点); *
swing from* 从…吊下来,吊在…下面; *swing
into line* 转成一行; *swing in with* 加入; *swing
open* (门)打开; *swing round* 旋转,掉头; *swing
through equal angles on each side* 两边摆动
夹角相等; *swing shut* (门)关上了; *swing to*
(门)关上了,摆向; *swing A to B* 把A吊〔挂,转,
摆动〕到B位置; *swing up* 吊运
　〖用法〗当该词后跟形容词时成为连系动词了。
如:The output *swings* negative. 输出变成负的了。
swingby ['swɪŋbaɪ] *n.* (利用中间行星或目的行星
的重力场来改变轨道的)借力式飞行路线
swing(e)ing ['swɪndʒɪŋ] ❶ *a.* 极大(好)的,大量
的 ❷ *ad.* 极大地,非常
swinger ['swɪŋə] *n.* ①庞然大物 ②弥天大谎 ③时
髦人物 ④唱片失真
swingingly ['swɪŋdʒɪŋlɪ] *ad.* ①旋摆地,摇摆地 ②
极大地,非常
swipe [swaɪp] *n.* (泵等的)柄;猛击
swirl [swɜːl] *v.;n.* ①漩涡,涡流 ②涡旋(体),涡动 ③
弯曲,盘绕 ④飞雪 ⑤混乱 ☆*swirl away (off)*
(使)涡旋而去
swirler ['swɜːlə] *n.* 旋流器,离心式喷嘴
swirling ['swɜːlɪŋ] *n.* 旋涡,涡流
swirlmeter ['swɜːlˌmiːtə] *n.* 【机】旋涡计
swirly ['swɜːlɪ] *a.* 涡旋形的,缠绕的
swish [swɪʃ] *v.; n.; a.; ad.* ①挥舞 ②(发出)嗖嗖声,
噪声 ③漂亮(的,地),时髦(的,地)
swishy ['swɪʃɪ] *a.* 发嗖嗖(沙沙)声的
Swiss [swɪs] *n.; a.* 瑞士的,瑞士人(的)
switch [swɪtʃ] ❶ *n.* ①(转换,闭合)开关,电路闭合

器,电闸 ②转换器,配电板,接线器〔台〕③换向器,
道岔,铁道侧线 ④ 转移点 ❷ *v.* ①换向,切换 ②
转换,接通或关断,配电 ③(突然)摆动 ☆*asleep
at the switch* 玩忽职守; *switch in* 合闸,接入; *
switch into (circuit)* 接入(电路); *switch into
conduction* 导通; *switch off (out)* 关掉,断开; *
switch-off shock* 关闸(激)震; *switch on* 合上
电门; *switch-on shock* 开闸(激)震; *switch
over (from one to another)* (从某方面)转变(到
另一方面),换路,拨动; *switch through* 接转; *
switch to* 转换到
　〖用法〗注意下面例句的含义:A circuit can be
broken by a switch being opened. 电路可以通过打
开开关来断开。(a switch being opened是动名词复
合结构作介词宾语,而不是being opened作后置
定语。)
switchable ['swɪtʃəbl] *a.* 可变换的,可换向的
switchback ['swɪtʃbæk] *n.* (山区的)之字形路线
switchboard ['swɪtʃbɔːd] *n.* 【计】①配电盘,电键
板,控制盘 ②(电话)交换机〔台〕
switcher ['swɪtʃə] *n.* 【电气】①转换开关,转辙器
②调车机车 ③换景员
switchette ['swɪtʃɪt] *n.* 【电子】小型开关
switchgear ['swɪtʃgɪə] *n.* 【机】开关装置〔齿轮〕,
控制和保护器,配电装置,转辙联动装置
switchgroup ['swɪtʃgruːp] *n.* 【机】组合开关
switching ['swɪtʃɪŋ] *n.* ①转(切)换,转接,接通
②开关(操作),合上,关掉,配电(系统) ③整流,换向
switchman ['swɪtʃmən] *n.* 扳道工人,转辙员
switchover ['swɪtʃˌəuvə] *n.* ①大转变 ②换路(向),
切换,拨动
switchroom ['swɪtʃrum] *n.* 机键室,配电室
switchsignal ['swɪtʃˌsɪgnəl] *n.* 电子转换信号
switchyard ['swɪtʃjɑːd] *n.* 【电气】(铁路)调车场,
编组站,配电间〔场〕,(电厂)室外配电装置
swither ['swɪðə] *vi.* 怀疑,犹豫,惊慌
Switzer ['swɪtsə] *n.* 瑞士人
Swizerland ['swɪtsələnd] *n.* 瑞士
swivel ['swɪvl] ❶ *n.* ①旋转(节,开关),旋臂,(链的)
转节,(自由)转环,活节,铰接冒 ②旋开(平旋)桥
③回旋炮〔枪〕 ❷ *v.* (swivel(l)ed; swivel(l)ing) *v.*
旋转,在旋轴上转动,用活节连接,用铰链连接
swollen ['swəulən] ❶ swell的过去分词 ❷ *a.* 膨
胀的,鼓起的,夸张的
swoon [swuːn] *vi.;n.* ①晕厥 ②渐渐消失 ‖
　~**ingly** *ad.*
swoop [swuːp] *vi.; n.* 攫取,飞扑,扑下,猛然下〔袭
击〕(down on〔upon〕) ☆*at one (fell) swoop* 一
下子,一举
swoosh [swuːʃ] *v.;n.* ①嗖的一声(发射) ②漩涌
sword [sɔːd] *n.* ①剑,(刺)刀,泥刀 ②武力,军权,屠
杀 ③(石砌体)勾缝用工具
swordfish ['sɔːdfɪʃ] *n.* 箭鱼,金枪鱼
swore [swɔː] swear的过去式
sworn [swɔːn] swear的过去分词

swot [swɒt] *v.*; *n.* ①死用功,努力攻读(at, up) ②吃力的工作 ③重拍,猛击

swum [swʌm] swim的过去分词

swung [swʌŋ] swing的过去式及过去分词

swuzzy ['swʌzɪ] *a.* 可爱的,吸引人的

sybaritic [ˌsɪbə'rɪtɪk] *a.* 奢侈享乐的

sycamore ['sɪkəmɔː] *n.* 【植】(美国)梧桐,(埃及)榕,小无花果树

Sychlophone ['sɪkləfəun] *n.* 【电子】旋调管(多信道调制用电子射线管)(商品名)

Sydney ['sɪdnɪ] *n.* 悉尼(澳大利亚港口)

syenite ['saɪənaɪt] *n.* 【地质】正长岩,黑花岗石 ‖ **syenitic** *a.*

Sylcum ['saɪlkəm] *n.* 【冶】赛尔卡铝合金

syllabarium [ˌsɪlə'bærɪəm], **syllabary** ['sɪləbərɪ] *n.* ①音节表,字音表 ②(日语)假名表

syllabi ['sɪləbaɪ] syllabus 的复数

syllabic [sɪ'læbɪk] *a.* 音〔字〕节的

syllabicate [sɪ'læbɪkeɪt], **syllabify** [sɪ'læbɪfaɪ], **syllabize** ['sɪləbaɪz] *vt.* 使分成音节

syllabicity [ˌsɪlə'bɪsɪtɪ], **syllabi(fi)cation** [ˌsɪləbɪ(fɪ)'keɪʃ(ə)n] *n.* (构,分)成音节

syllable ['sɪləbl] ❶ *n.* 字音,音节 ❷ *vt.* 给…分音节,按音节发…的音

syllabled ['sɪləbld] *a.* 有…音节的

syllabus ['sɪləbəs] (pl. syllabi或syllabuses) *n.* (教学)大纲,摘要,(课程)提纲

syllogism ['sɪlədʒɪzəm] *n.* 【哲】三段论(法)演绎推理,诡辩 ‖ **syllogistic(al)** *a.* **syllogistically** *ad.*

syllogize ['sɪlədʒaɪz] *v.* 用三段法推论

sylphon ['sɪlfɒn] *n.* 【核】膜盒,波纹筒,波纹管

sylvanite ['sɪlvənaɪt] *n.* 【冶】针碲金(银)矿

sylvaros ['sɪlvərɒs] *n.* 高纯度浮油松香(商品名)

sylvate ['sɪlveɪt] *n.* 【化】松香酸盐

sylvatron ['sɪlvətrɒn] *n.* 【电子】电光管

sylvestrene [sɪl'vestriːn] *n.* 【医】枞萜

sylvin(e) ['sɪlvɪn], **sylvite** ['sɪlvaɪt] *n.* 【化】钾盐

symbion(t) ['sɪmbaɪɒn(t)] *n.* ①【生】共生者,共生生物 ②【计】(与主程序同时存在的)共存程序 ‖ **-ic** *a.*

symbiosis [ˌsɪmbaɪ'əusɪs] *n.* 【生】(互利)共生(现象),协作,共栖 ‖ **symbiotic(al)** *a.* **symbiotically** *ad.*

symbol ['sɪmbəl] *n.* 符〔代〕号,标记,码位,象征 【用法】该词后一般用介词for。如:The names and symbols for physical quantities and units have been standardized. 物理量和单位的名称及符号都已经标准化了。

symbolic(al) [sɪm'bɒlɪk(əl)] *a.* (用)符号的,象征(性)的 ☆**be symbolic of** 是象征… ‖ **~ally** *ad.* 【用法】symbolically处于句首时意为"如果用符号表示的话"。如:Symbolically Σ I=0. 如果用符号表示的话,ΣI=0。

symbolise, symbolize ['sɪmbəlaɪz] *v.* ①用符号表示,是…的符号,使用符号 ②(作为…的)象征,代表 ☆**symbolize A as B** 用B表示〔代表〕A ‖

symbolisation或**symbolization** *n.*

symbolism ['sɪmbəlɪzəm] *n.* 符号(化,体系,的意义),记号〔法〕,符号系统,象征主义

symbology [sɪm'bɒlədʒɪ] *n.* 象征学,符号代表〔表示〕

symcenter ['sɪmsentə] *n.* 对称中心

symetron ['sɪmɪtron] *n.* 【电子】多管环形放大器

symmag ['sɪmæg] *n.* 【计】对称磁元件

symmedian [sɪm'miːdɪən] *n.* 【数】似中线,逆平行中线

symmetallism [sɪm'metəlɪzəm] *n.* 【经】(金银或金铸币的)金银混合本位

symmetric(al) [sɪ'metrɪk(əl)] ❶ *a.* 对〔匀〕称的,平衡的,调和的 ❷ *n.* 对称 【用法】该词一般后跟about,表示"对称于…",有时也用"with respect to"。如:The waveguide is symmetric(al) about the plane x=0. 该波导对称于x=0的平面。/The signal space of Figure 6-3 is symmetric with respect to the origin. 图6-3的信号空间对称于原点的。

symmetrically [sɪ'metrɪkəlɪ] *ad.* 对称地 【用法】该词一般后跟about表示"相对于…对称"。如:The plot shows two modes situated symmetrically about ω₀. 该曲线显示了处于相对ω₀对称的两个模式。

symmetrizable ['sɪmɪtraɪzəbl] *a.* (可)对称(化)的

symmetrization [ˌsɪmɪtraɪ'zeɪʃən] *n.* 对称化〔性〕

symmetrize ['sɪmɪtraɪz] *vt.* 使对〔匀〕称,使平衡,对称化

symmetrizer ['sɪmɪtraɪzə] *n.* 【数】对称化子

symmetroid ['sɪmɪtrɔɪd] *n.* 【数】对称曲面

symmetry ['sɪmɪtrɪ] *n.* 对称(性,现象),匀称,调和 【用法】该词后跟about表示"…对称于…的对称"。如:This plot shows odd symmetry about ω/ω₀=1. 这曲线显示了相对于ω/ω₀=1的奇对称。

sympathetic(al) [ˌsɪmpə'θetɪk(əl)] *a.* ①(表示)同情的 ②共鸣的,和谐的 ☆**be (feel) sympathetic to (towards)** 对…表示同情〔怀赞同态度,抱好感〕 ‖ **~ally** *ad.*

sympathin ['sɪmpəθɪn] *n.* 【生化】交感神经素

sympathize ['sɪmpəθaɪz] *v.* ①(表示)同情,同感(with) ②共鸣,赞成〔同〕(with) ③吊唁(with)

sympathizer ['sɪmpəθaɪzə] *n.* 同情〔赞同,支持〕者

sympathoinhibitor [ˌsɪmpəθɔɪn'hɪbɪtə] *n.* 交感抑制剂

sympathomimetic [ˌsɪmpəθəumɪ'metɪk] *a.* 【医】类交感神经的

sympathy ['sɪmpəθɪ] *n.* ①同情(心),慰问 ②共鸣 ③赞同,同感 ☆**(be) in sympathy with** 赞同,和…一致〔产生共鸣〕; **(be) out of sympathy with** 不赞同,和…不一致; **express sympathy for (with)** 向(对…表示)慰问; **feel sympathy for** (对…抱)同情; **have no sympathy for** 毫不同情; **have no sympathy with** 不赞同; **have sympathy with** 抱同情; **out of sympathy**

with 因同情…(而);不同情;对…没有同感; **with the sympathy of** 得到…赞同〔同情〕

sympatric [sɪm'pætrɪk] a.【生】分布区重叠的,交叉分布的,同地的

sympeda ['sɪmpedə] n.【生】交叉对称

symphily ['sɪmfɪlɪ] n. 异种共荣,客栖

symphonic [sɪm'fɒnɪk] a.【音】交响乐(式)的,调和的 ‖ ~ally ad.

symphonious [sɪm'fəunɪəs] a.【音】谐音的,调和的 ‖ ~ly ad.

symphony ['sɪmfənɪ] n.【音】①交响乐(团,队),交响音乐会 ②谐音,调和

symphysial [sɪm'fɪzɪəl] a. 联合的

symphysic [sɪm'fɪzɪk] a. 联〔融〕合的

symphysis ['sɪmfɪsɪs] (pl. symphyses) n.【医】联合,合生

symphyta ['sɪmfɪtə] n.【动】广腰亚目(属膜翅目)

sympiesometer [,sɪmpaɪə'sɒmɪtə], **sympiezometer** [,sɪmpaɪə'zɒmɪtə] n.【机】甘油气压表,弯管流体压力计

symplasm ['sɪmplæzm] n.【医】共质体,合胞体

symplectic [sɪm'plektɪk] a.【计】辛的,耦对的

symplex ['sɪmpleks] a. 对称的

sympodium [sɪm'pəudɪəm] n.【生】合轴,聚伞状,假单轴

symport ['sɪmpɔ:t] n.【医】同向转移

symposia [sɪm'pəuzɪə] symposium 的复数

symposiarch [sɪm'pəuzɪɑ:k] n. 专题讨论会主席

symposiast [sɪm'pəuzɪ,æst] n. 专题讨论会发言者,专题论丛〔论文集〕撰稿人

symposium [sɪm'pəuzɪəm] (pl. symposia 或 symposiums) n. ①(专题,学术)讨论会 ②(专题)论文集 ③(正式宴会后的)酒会

symptom ['sɪmptəm] n. ①征兆 ②症状

symptomatic [,sɪmptə'mætɪk] a. ①(有)症状的,征兆的(of),有代表性的,表明的 ‖ ~ally ad.
【用法】be symptomatic of = symptomize.

symptomatize ['sɪmptəmətaɪz], **symptomize** ['sɪmptəmaɪz] vt. 是…的症状,表明

symptomless ['sɪmptəmlɪs] a. 无症状的,无征兆的

synachrom [sɪ'nækrɒm] n.【化】苯乙烯

synalbumin [sɪ'nælbjumɪn] n. 抗胰岛素

synaldoxime [sɪnæl'dɒksi:m] n.【化】顺式醛肟

synapse ['saɪnæps] n.【医】突触,联会,神经键

synapsis [sɪ'næpsɪs] n.【医】联合,联会,突触,神经键

synaptene [sɪ'næpti:n] n.【医】偶线期

synaptolemma [sɪ'næptələmə] n. 突触膜

synaptology [sɪnæp'tɒlədʒɪ] n. 突触学

synaptosome [sɪ'næptəsəum] n.【医】突触体(粒)

synasol ['sɪnəsɒl] n.【化】甲醇、乙醇、汽油等混合而成的溶剂

sync [sɪŋk] n.; v. (使)同步

syncarcinogenesis [,sɪnkɑ:sɪnəu'dʒenɪsɪs] n.【医】综合致癌作用

syncarp ['sɪnkɑ:p] n.【植】合心皮果,聚药果

syncatalytic [,sɪŋkætə'lɪtɪk] a. 共催化的

synchisite ['sɪŋkəsaɪt] n.【矿】氟菱铈钙矿

synchorology [,sɪŋkə'rɒlədʒɪ] n.【植】群落分布学,植物时间分布史

synchro ['sɪŋkrəu]❶ n. ①(自动)同步,同步传动 ②(自动)同步机 ❷ a. 同步的

synchroclock ['sɪŋkrəuklɒk] n.【电子】同步电〔时〕钟

synchrocyclotron [,sɪŋkrəu'saɪklətrɒn] n.【核】同步(电子)回旋加速器,稳相加速器

synchrodrive ['sɪŋkrəudraɪv] n.【机】同步传动,自动同步机

synchrodyne ['sɪŋkrəudaɪn] n.【机】同步机

synchroflash ['sɪŋkrəuflæʃ] a.; n. 采用闪光与快门同步装置的;同步闪光灯

synchroguide ['sɪŋkrəugaɪd] n.【电子】水平扫描同步控制电路

synchrolift ['sɪŋkrəulɪft] n.【机】同步升船装置

synchrolock ['sɪŋkrəulɒk] n.【电子】同步锁,水平偏转电路的自动频率控制电路,同步保存电路

synchromagslip [,sɪŋkrəu'mægslɪp] n.【机】自动同步机,无触点自动同步装置

synchromesh ['sɪŋkrəumeʃ] n.; a.【机】(齿轮)同步啮合(的),同步齿轮系

synchrometer [sɪŋ'krɒmɪtə] n.【计】同步计,同步指示器,自旋共振质谱计,射频质谱计

synchromicrotron [,sɪŋkrəu'maɪkrətrɒn] n.【电子】同步电子回旋加速器

synchromotor [,sɪŋkrəu'məutə] n.【机】同步电动机,自动同步机

synchron ['sɪŋkrɒn] n. 同步

synchrone ['sɪŋkrəun] n.【天】(彗尾)等时线

synchronia [sɪŋ'krəunɪə] n. 同时性,同步现象

synchronism ['sɪŋkrənɪzəm] n. 同时(性,化,现象),同时(性),并发 ②(电影与电视)画面(口型)吻合 ☆ **in synchronism (with…)** (与…)同步〔协调〕; **run in synchronism** 同步动转

synchronistic(al) [,sɪŋkrə'nɪstɪk(əl)] a. 同步的 ‖ ~ally ad.

synchronization [,sɪŋkrənaɪ'zeɪʃən] n.【物】同步(化,作用),同步录音,同时(性,作用),声画合成

synchronize ['sɪŋkrənaɪz] v. ①(使)同步〔整步〕,(使)同时(发生)(with),(使)同速(进行) ②(使)同期录音,(电影,电视)使发声与画面动作完全吻合 ③使在时间上一致,把…并列对照 ④校准,对准(钟表),协调
【用法】注意下面例句中该词的用法:In this case the integration period is synchronized to the power-line period. 在这种情况下,积分周期与电力线周期同步。

synchronizer ['sɪŋkrənaɪzə] n.【电子】同步机,同步装置,同步因素,整步器,(自动)协调器,同步指示仪

synchronograph [,sɪŋkrə'nɒgrɑ:f] n.【通信】同

步自动电报机

synchronome [ˈsɪŋkrənəum] *n.* 雪特钟

synchronometer [ˌsɪŋkrəˈnɒmɪtə] *n.* 【电子】同步计,同步指示器

synchronous [ˈsɪŋkrənəs] *a.* (完全)同步的,同时(性,发生)的,同期的。‖ ~ly *ad.*

synchrophasotron [ˌsɪŋkrəuˈfæsətrɒn] *n.* 【核】同步稳相加速器

synchroprinter [ˌsɪŋkrəuˈprɪntə] *n.* 同步印刷器

synchroscope [ˈsɪŋkrəskəup] *n.* 【电子】同步指示仪,带等待扫描的示波仪

synchrotie [ˈsɪŋkrəutaɪ] *n.* 【电子】同步耦合〔连接〕,电轴

synchrotimer [ˈsɪŋkrətaɪmə] *n.* 【医】同步记〔计〕时器

synchrotrans [ˈsɪŋkrətræns] *n.* 【机】同步(控制)变压器,同步转换

synchrotransmitter [ˌsɪŋkrətrænzˈmɪtə] *n.* 【电子】同步发送〔传感〕器

synchrotron [ˈsɪŋkrətrɒn] *n.* 【核】同步(回旋)加速器

synclastic [sɪnˈklæstɪk] ❶ *a.* (曲面)同方向的,各个方向都朝同一方向弯曲的 ❷ *n.* 顺裂碎面

synclator [ˈsɪŋkleɪtə] *n.* 【电子】同步振荡器

synclinal [sɪŋˈklaɪnl] *n.; a.* 向斜(的),互倾的

syncline [sɪŋˈklaɪn] *n.* 【地质】向斜(层),向斜褶皱

synclinorium [ˌsɪŋkləˈnɔːrɪəm] (pl. synclinoria) *n.* 复向斜

syncom [ˈsɪnkɒm] *n.* 同步卫星

syncopate [ˈsɪŋkəpeɪt] *vt.* 【语】中略,省略中间的字母〔音节〕‖ **syncopation** *n.*

syncope [ˈsɪŋkəpɪ] *n.* 【语】中略,省略中间的字母〔音节〕

syncretize [ˈsɪŋkrətaɪz] *v.* 结合,调和

syncrystallization [ˌsɪŋkrɪstəlaɪˈzeɪʃən] *n.* 【地质】同时结晶

syncytium [sɪnˈsɪtɪəm] (pl. syncytia) *n.* 【动】合体细胞,合胞体

syndesine [sɪnˈdesiːn] *n.* 【生】联赖氨酸,羟赖氨醛醇

syndic [ˈsɪndɪk] *n.* 公司经理,代理商,理事

syndicate ❶ *n.* [ˈsɪndɪkɪt] ①辛迪加,企业联合组织,银行团 ②报业辛迪加 ③理事会,董事会 ❷ *v.* [ˈsɪndɪkeɪt] ①组织辛迪加,联合成为企业组合,使处于联合管理下 ②由报业辛迪加同时供给,由多种刊物发表

syndication [ˌsɪndɪˈkeɪʃən] *n.* 辛迪加组织,组织辛迪加

syndicator [ˈsɪndɪkeɪtə] *n.* 组织〔经营,参加〕辛迪加者

syndiotactic [ˌsɪndɪəuˈtæktɪk] *a.* 间规的,间同的

syndiotacticity [ˌsɪndɪəutækˈtɪsɪtɪ] *n.* 【化】间同(立构)规正度

syndrome [ˈsɪndrəum] *n.* ①综合征 ②同时存在的事物 ③出故障 ④杰出的榜样 ‖ **syndromic** *a.*

syndynamics [ˌsɪndɪˈnæmɪks] *n.* 【生】植物群落演替

syne [saɪn] ❶ *ad.* (那时)以后,以前 ❷ *conj.; prep.* 自从

synecdoche [sɪˈnekdəkɪ] *n.* 【语】提喻法,换喻法

synecology [ˌsɪnɪˈkɒlədʒɪ] *n.* 【生】群体〔群落〕生态学

synectics [sɪˈnektɪks] *n.* 集思广益

synephrine [sɪˈnefriːn] *n.* 【生化】脱氧肾上腺素,辛内弗林

syneresis [sɪˈnɪərəsɪs] *n.* 【化】(胶体)脱水收缩(作用),凝固

synergetic [ˌsɪnəˈdʒetɪk], **synergic** [sɪˈnɜːdʒɪk] *a.* 协作的,叠加的,协同的,最优脱离的

synergism [ˈsɪnədʒɪzm] *n.* ①(最佳)协同作用,合作,超益互助,相生现象 ②最优逃逸

synergist [ˈsɪnədʒɪst] *n.* 【化】协作〔增效〕剂,协作器,协同器官

synergistic [ˌsɪnəˈdʒɪstɪk] *a.* 叠加的,合作的,协同的

synergitic [ˌsɪnəˈdʒɪtɪk] *a.* 协同性的

synergy [ˈsɪnədʒɪ] *n.* 最佳协同作用,最优逃逸〔脱离〕

synesis [ˈsɪnɪsɪs] *n.* 【语】意义正确但不合乎语法规则的句子

syneuristor [sɪˈnjuərɪstə] *n.* 【医】人造突触神经元

syngameon [sɪnˈgeɪmɪən] *n.* 【生】配子配合种,杂婚

syngamy [ˈsɪŋgəmɪ] *n.* 【生】有性生殖,配子同型,融合

syngenesis [sɪnˈdʒenɪsɪs] *n.* 【生】同生,有性生殖,群落发生

syngenetic [ˌsɪndʒɪˈnetɪk] *a.* 【生】同生的,共成的,有性生殖的

syngenic [sɪnˈdʒenɪk] *a.* 【生】同基因的,同质的,先天的

syngenote [ˈsɪndʒənəut] *n.* 【生】合基因子

syngeothermal [ˌsɪndʒɪəuˈθɜːməl] *a.* 【地质】等地温的

syngony [ˈsɪŋgənɪ] *n.* 【矿】晶系

syngraft [ˈsɪŋgrɑːft] *n.* 【生】同种同基因移植

syniphase [ˈsɪnɪfeɪz] *n.; a.* 同相(的)

synkaryon [sɪnˈkærɪɒn] *n.* 【生】合子核,结合核

synkaryophyte [sɪnˈkærɪəfaɪt] *n.* 【植】配核植物

synkinematic [ˌsɪnkaɪnɪˈmætɪk] *a.* 【地质】同造山运动的,同生构造的

synmorphology [ˌsɪnmɔːˈfɒlədʒɪ] *n.* 【植】植物群落形态学

synnecrosis [ˌsɪneˈkrəusɪs] *n.* 【植】相互致死

synnema [sɪˈniːmə] *n.* 【植】束丝

synod [ˈsɪnəd] *n.* ①【天】会合 ②会议,讨论会

synodic(al) [sɪˈnɒdɪk(əl)] *a.* ①(相,会)合的,交会作用的 ②会议的,讨论会的 ‖ ~ally *ad.*

synoecious [sɪˈniːʃəs] *a.* 【植】两性混生同株的

synonym [ˈsɪnənɪm] *n.* 同义词〔语〕,(同物)异名,类似物 ‖ ~ic *a.*

synonymous [sɪ'nɒnɪməs] a. 同（意）义的,同义语的(with) ☆**be synonymous with...** 和…同义

synonymy [sɪ'nɒnɪmɪ] n.【语】同义(词汇编)

synopses [sɪ'nɒpsiːz] synopsis 的复数

synopsis [sɪ'nɒpsɪs] (pl. synopses) n. ①提要,概略,梗概 ②对照表,一览,天气(图)表格

synopsize [sɪ'nɒpsaɪz] vt. 给…写提要

synoptic(al) [sɪ'nɒptɪk(əl)] a. ①摘要的,大意的 ②天气(图)的,天气分析的 ‖ ~cally ad.

synoptics [sɪ'nɒptɪks] n.【气】天气学

synorogenesis [,sɪnərə'dʒenəsɪs] n.【地质】同造山运动

synorogenic [,sɪnərə'dʒenɪk] a.【地质】同造山期的

synosteology [,sɪnɒstɪ'ɒlədʒɪ] n.【生】关节学

synpathin [sɪn'peɪθɪn] n.【医】抑制交感素

synperiodic [,sɪnpɪərɪ'ɒdɪk] a. 同周期的

synphylogeny [,sɪnfɪ'lɒdʒənɪ] n.【生】植物群落系统发生学

synphysiology [,sɪnfɪzɪ'ɒlədʒɪ] n.【生】群落生理学

synpiontology [,sɪnpaɪən'tɒlədʒɪ] n.【生】古植物群落学

synplasm ['sɪnplæzm] n.【生】合胞体,共质体

synprolan ['sɪnprəlæn] n.【医】促性腺激素,增强因子

synproportionation [,sɪnprəpɔː'ʃə'neɪʃən] n.【化】逆式歧化反应

synsporous [sɪn'spɒrəs] a. 孢子交配的

syntactic(al) [sɪn'tæktɪk(əl)]❶ a. ①合成的,综晶的 ②句(语)法(上)的 ❷ n.【数】错列组合论

syntactically [sɪn'tæktɪkəlɪ] ad. 造句上,句法上

syntactics [sɪn'tæktɪks] n.【语】符号关系学

syntagma [sɪn'tægmə] n.【语】句段

syntax ['sɪntæks] n.【语】①句法 ②顺列论 ③体系

syntaxis [sɪn'tæksɪs] n.【地质】(地层)衔接,并合

syntaxonomy [,sɪntæk'sɒnəmɪ] n.【生】植物群落分类学

syntectic [sɪn'tektɪk] a.; n. 综晶的(体),消瘦的

syntectonic [,sɪntek'tɒnɪk] a.【地质】同生的

synteresis [,sɪntə'riːsɪs] n. 预防 ‖ **synteretic** a.

syntexis [sɪn'teksɪs] n.【医】同熔作用,消瘦

synthal ['sɪnθəl] n.【化】合成橡胶

synthalin ['sɪnθəlɪn] n.【医】十烷双胍

synthase ['sɪnθeɪs] n.【生】合酶

synthermal [sɪn'θɜːməl] a. 同温(度)的,等温的

synthescope ['sɪnθɪskəup] n.【医】合成观测计

syntheses ['sɪnθɪsiːz] synthesis 的复数

synthesis ['sɪnθɪsɪs] (pl. syntheses) n. 合成,综合(物,法,性),拼合

synthesise, synthesize ['sɪnθɪsaɪz] vt. ①(人工)合成,用合成法合成 ②拼接 ☆**synthesize into** 合并成〔入〕

synthesist ['sɪnθɪsɪst] n. 综合者,合成法使用者

synthesizer ['sɪnθɪsaɪzə] n. 合成装置

synthetase ['sɪnθɪteɪs] n. 合成酶

synthetic [sɪn'θetɪk]❶ a. ①合成的,人造的 ②综合(性)的 ③虚假的 ❷ n.（化学）合成物,合成剂,合成纤维织物

synthetics [sɪn'θetɪks] n. 合成品,综合品种,综合系

synthin ['sɪnθɪn] n. 合成元件,合成烃类

synthol ['sɪnθɒl] n.【化】合成燃料,合成醇

syntholube ['sɪnθəluːb] n.【化】合成润滑油

synthon ['sɪnθɒn] n. 合成纤维

syntomycin [,sɪntə'maɪsɪn] n. 合霉素

syntonic(al) [sɪn'tɒnɪk(əl)] a. 谐振的,调谐的 ‖ ~ally ad.

syntonization [,sɪntənaɪ'zeɪʃən] n.【电子】①谐振法 ②同步〔期〕

syntonize ['sɪntənaɪz] vt. 使谐振,对…进行调谐

syntonizer ['sɪntənaɪzə] n. 谐振器

syntonous ['sɪntənəs] a. 谐振〔谐〕的

syntony ['sɪntənɪ] n. 谐振,调谐

syntractrix [sɪn'træktrɪks] n.【数】广曳物线

syntrophism ['sɪntrəfɪzəm] n.【生】互养,共同生长

syntrophus ['sɪntrəfəs] n.【医】先天病,遗传病

synusia [sɪ'njuːʃɪə] n.【生】层片,同型环境群落,层群

synusium [sɪ'njuːsɪəm] n.【生】生态群

Synvaren ['sɪnvərɪn] n.【化】酚醛树脂胶黏剂

synzoospore [sɪn'zəuəspɔː] n.【医】合生游动孢子

synzyme ['sɪnzaɪm] n.【医】合成酶,人工促酶

syphilis ['sɪfɪlɪs] n.【医】梅毒

Syria ['sɪrɪə] n. 叙利亚

Syrian ['sɪrɪən] a.; n. 叙利亚的,叙利亚人(的)

syringa [sɪ'rɪŋgə] n.【植】丁香花(属)

syringacin [sɪ'rɪŋgəsɪn] n. 丁香极毛杆菌素

syringe ['sɪrɪndʒ]❶ n.【医】注射器,灌注器,喷射器,带喷嘴消防龙头,唧筒 ❷ vt. 注射,灌(洗),冲水,洗(涤)

syrup ['sɪrəp] n. 糖浆,蜜糖

syrupy ['sɪrəpɪ] a. 糖浆(状)的

system ['sɪstəm] n. ①系统,(体)系,电力网,管线 ②(整套)装置 ③(方,制)式 ④制(度),体制 ⑤次序,规律 ⑥分类(法) ⑦学派 ☆**with system** 有秩序地
〖用法〗注意在下面例句中该词的含义:We may use this pair of equations to set up the following system of simultaneous equations. 我们可以用这一对方程来建立下面的联立方程组。

systematic(al) [,sɪstɪ'mætɪk(əl)] a. ①(有)系统的,(有,成)体系的,有次序的,有计的 ③分类(上,学)的 ‖ ~ally ad.

systematics [,sɪstɪ'mætɪks] n. 分类学

systematize ['sɪstɪmətaɪz] vt. ①(使)系统〔列〕化,体系化,定次序 ②把…分类 ‖ **systematization** n.

systematology [,sɪstɪmə'tɒlədʒɪ] n. 系统〔体系〕论

systemic [sɪs'temɪk] a. 系统的,(影响)全身的,内吸的

systemics [sɪs'temɪks] n. 系统化,分类学,内吸剂

systemtheoretical [,sɪstɪmθɪə'retɪkəl] a. 系统理论的

systrophe ['sɪstrəfɪ] n.【植】使叶绿素纹理集结成片的强光

systyle ['sɪstaɪl] a.【建】两径间排柱式的,柱间较狭的

syzygetic [,sɪzɪ'dʒetɪk], **syzygial** [sɪ'zɪdʒɪəl] a. 合冲的,对点的

syzygy ['sɪzɪdʒɪ] (pl. syzygies) n.【天】对点(合点及望点),合冲(线),朔望

szaboite ['szəbɔɪt] n.【地质】紫苏辉石

szaskaite ['szɑːs'keɪt] n.【矿】菱锌矿

szmikite ['szmɪ'kaɪt] n.【地质】锰矾

S

T t

t [tiː] (pl. t's, ts) *n.* ☆***to a T*** 丝毫不差地,恰恰好地,不折不扣地; ***cross one's t's*** 划t字上的横线,一丝不苟,详述

taaffeite ['tɑːfaɪt] *n.* 【地质】铍镁晶石

tab [tæb] ❶ *n.* ①接头(片),链形物 ②(卡片)索查突舌 ③(飞机)调整片,阻力板 ④附录,账目,号志 ❷ (tabbed; tabbing) *vt.* ①给…加上小突出部,装以薄片 ②选出 ③把…列表 ☆***keep tabs (a tab) on*** 记录,记…的账,监视

tabacosis [ˌtæbə'kəʊsɪs] *n.* 【医】烟尘肺

tabacin ['tæbəsɪn] *n.* 【医】烟草素

taballa ['tæbələ] *n.* 【医】片剂

tabasco [tə'bæskəʊ] *n.* 辣椒油

Tabatrex ['tæbətreks] *n.* 驱虫特

tabby ['tæbɪ] ❶ *n.* ①黏土,土质混凝土,波纹绢 ②平纹 ❷ *vt.* 使…起波纹 ❸ *a.* 平纹的

tabbyite ['tæbɪɪt] *n.* 【建】韧沥青

Tabellaria [ˌtæbə'lærɪə] *n.* 【植】平板藻属

tabersonine ['tæbəsəˌniːn] *n.* 【化】它波宁,水甘草碱

tabetisol [tə'betəˌsɔːl] *n.* 【地理】不冻地

table ['teɪbl] ❶ *n.* ①桌子,工作台 ②平〔石〕板,平盘 ③表(格),图〔项目〕表,目录 ④高原,陆台,台地 ⑤辊道,(选矿)摇床 ⑥(地下水)面,自由水位 ⑦伙食 ❷ *v.* ①(把…)放在桌上 ②榫接 ③把…制成表格,列表,造册 ④把…列入议事日程 ⑤搁置(议案) ☆***lay … on the table*** 把…搁置下来(调查等); ***lie on the table*** 被搁置; ***on (upon) the table*** (摆)在桌(面)上,公开地; ***turn the table(s)*** 扭转形势,转败为胜; ***turn the tables on (upon)*** 对…转败为胜; ***under the table*** 秘密地,私下

〖用法〗❶ 当它意为"表格"时,其后一般跟for。如:It is possible to set down the truth table for the AND function. 我们能够制定"与"功能的真值表。❷ 注意下面例句的含义:In the table, a notation of infinite impedance indicates that the terminating impedance should be a minimum of 10 to 100 times the nominal impedance at the specific port, and zero that it should be well less than a tenth the nominal impedance at the port and less than a hundredth if possible. 在该表中,阻抗为无穷大这一标记表明:终端阻抗至少应该为特定端口标称阻抗的10到100倍;而阻抗为零这一标记则表明:终端阻抗应该远低于特定端口标称阻抗的十分之一,如果可能的话,应该低于其百分之一。("a minimum of"中的"of"表示同位关系,该短语译成"至少为…";"zero that…"是一个省略句,本来应该为"a notation of zero impedance indicates that"。)

tableau ['tæbləʊ] (pl. tableaus 或 tableaux) ①【戏】(生动的)场面,局面 ②舞台造型 ③表

tablecloth ['teɪblklɒθ] *n.* 台〔桌〕布

tableland ['teɪbllænd] *n.* 【地理】高原〔地〕,台地,海台

tablemount ['teɪblmaʊnt] *n.* 【地理】桌状山

tablespoon ['teɪblspuːn] *n.* 汤匙,一汤匙容量

tablespoonful ['teɪblˌspuːnfʊl] *n.* 一汤匙容量

tablet ['tæblɪt] ❶ *n.* ①小片,片剂,小块 ②小平板,(标)牌 ③匾,碑 ④【建】笠石,顶层 ⑤便笺〔拍纸〕簿 ❷ (tabletted; tabletting) *v.* 把…压成片〔块〕

tabletop ['teɪbltɒp] *n.* 桌面

tabling ['teɪblɪŋ] *n.* ①(木工)嵌合 ②摇床选矿 ③制表,造册

tablite ['tæblaɪt] *n.* (钠)板石

tabloid ['tæblɔɪd] ❶ *n.* ①(小)药片,片剂 ②文摘 ③小报 ❷ *a.* ①摘要的 ②庸俗的,小报式的

taboo [tə'buː] *a.*; *v.* 禁止〔忌〕的;禁忌

tabo(u)ret ['tæbərɪt] *n.* 小凳子

tabula ['tæbjʊlə] (拉丁语) (pl. tabulae) *n.* 牌,(书)板

tabular ['tæbjʊlə] ❶ *a.* ①平板(状)的,(扁)平的,薄层的,平坦的 ②台(状)的 ③(图)表的,列(成)表的,按表格计算的 ❷ *n.* 表(格),表值 ‖ **~ly** *ad.*

tabulate ['tæbjʊleɪt] ❶ *v.* ①(把…)制成表,列(入)表(内),作表 ②使成平面〔平板状〕③概括,结算 ❷ *a.* 平面的,(平)板状的

tabulation [ˌtæbjʊ'leɪʃən] *n.* 制表,造册,结算

tabulator ['tæbjʊleɪtə] *n.* ①制表机,图表打字机,(打字机的)列表键 ②制表人

tacamahac ['tækəməhæk] *n.* 【化】塔柯胶

tache [tɑːʃ] *n.* ①斑(点),瑕疵 ②扣,钩,环

tacheometer [ˌtækɪ'ɒmɪtə] *n.* 视距仪,速度计

tacheometry [ˌtækɪ'ɒmɪtrɪ] *n.* 【建】视距法,转速测量法

tachistoscope [tə'kɪstəˌskəʊp] *n.* 【心】视速仪

tachogenerator [ˌtækə'dʒenəreɪtə] *n.* 【电气】测速发电机,转速表传感器

tachogram ['tækəʊgræm] *n.* 转速(记录)图

tachograph ['tækəʊgrɑːf] *n.* 【机】转速表,转速(记录)图

tachometer [tæ'kɒmɪtə] *n.* 【机】转速计,测速仪,

视距仪

tachometric(al) [,tækə'metrɪk(əl)] *a.* 转速的

tachometry [tæ'kɒmɪtrɪ] *n.* 转速〔视距〕测量〔定〕（法）

tachomotor ['tækə,məutə] *n.* 测速电动机

tachoscope ['tækəskəup] *n.* 【航】(手提)转速计〔表〕,有钟表机构的加法计算器

tachycardia [,tækɪ'kɑːdɪə] *n.* 【医】心搏过速

tachygenesis [,tækɪ'dʒenɪsɪs] *n.* 【医】加速发生,简捷发生

tachylite, tachylyte ['tækɪlaɪt] *n.* 【地质】玄武玻璃

tachymeter [tæ'kɪmɪtə] *n.* 【医】(快速测定距离、方位等用的)视距仪,速度计,经纬仪

tachymetry [tæ'kɪmɪtrɪ] *n.* 【测绘】视距法,准距快速测定术

tachyon ['tæki:ɒn] *n.* 【物】(理论上的)超光速粒子

tachyseismic [,tækɪ'saɪzmɪk] *a.* 速测地震的

tachysterol [tæ'kɪstərəul] *n.* 【医】速甾醇

tacinvariant [,tæsɪn'værɪənt] *n.* 互〔相〕切不变式

tacit ['tæsɪt] *a.* ①缄默的 ②暗中的,不言而喻的

tacitron ['tæsɪtrɒn] *n.* 【电子】噪声闸流管

tack [tæk] ❶ *n.* ①图钉,平头钉 ②黏性 ③航向,方针,策略 ④附加条款 ⑤点焊焊缝 ❷ *v.* ①(用平头钉等)钉住,系住,临时点焊,缝合(on) ②添加 ③(突然)改变方针 ④Z字形地移动 ☆**be on the right (wrong) tack** 方针正确〔错误〕; **come (get) down to brass tacks** 讨论实质〔重要〕问题,谈要点,转入本题; **tack about** 抢风转变航向; **try another tack** 改变方针

tackbolt ['tækbəult] *n.* 【机】装配螺栓

tacker ['tækə] *n.* 【机】定位搭焊工

tackifier ['tækɪfaɪə] *n.* 【化】增黏〔黏着;胶合〕剂

tackiness ['tækɪnɪs] *n.* 【化】黏性,胶黏性

tacking ['tækɪŋ] *n.* 【机】定位焊〔铆〕,变换航向

tackle ['tækl] ❶ *n.* 【建】①(pl.)滑车(组),滑轮组,辘轳,神仙葫芦 ②绳索,器械 ❷ *v.* ①用滑车固定,用滑车上拉上来,绞辘 ②抓住 ③(着手)处理,解决,认真去做(to) ④向…交涉 ☆**tackle A (about B)** (为B)与A打交道

tackmeter ['tækmiːtə] *n.* 【天】黏性计

tacky ['tækɪ] *a.* 发黏的,胶黏的,(胶,漆)未干的

tacnode ['tæknəud] *n.* 【数】互切点

Tacoma [tə'kəumə] *n.* (美国)塔科马港

taconite ['tækənaɪt] *n.* 【地质】铁燧岩,铁英岩

tact [tækt] *n.* ①触觉 ②机智,老练,圆滑 ③间歇(式)自动加工线,节拍 ‖ ~**ful** *a.* ~**fully** *ad.*

tactic ['tæktɪk] ❶ *a.* ①战术的 ②触觉的 ③顺序的,规则的 ④有规则结构的 ❷ *n.* 战术

tactical ['tæktɪkəl] *a.* ①战术(上)的 ②策略(上)的 ③权宜的 ‖ ~**ly** *ad.*

tactician [tæk'tɪʃən] *n.* 战术家,兵法家,策略家

tacticity [tæk'tɪsətɪ] *n.* 【化】构形规正度,有规度

tactics ['tæktɪks] *n.* ①(用作单数)战术,兵法 ②策略,手法

tactile ['tæktaɪl] *a.* (有)触觉的,能触知的 ‖ **tactility** *n.*

tactocatalytic ['tæktə,kætə'lɪtɪk] *a.* 【化】胶聚催化的

tactoid ['tæktɔɪd] *n.* 【化】触液〔平行,局部〕取向胶,类晶团聚体

tactometer [tæk'tɒmɪtə] *n.* 【医】触觉测验器,触觉计

tactophase ['tæktəfeɪz] *n.* 【生化】胶体聚结相

tactosol ['tæktəsɒl] *n.* 【医】凝聚溶胶

tactron ['tæktrɒn] *n.* 【医】冷阴极充气管

tactual ['tæktjuəl] *a.* 触觉的 ‖ ~**ly** *ad.*

tael [teɪl] *n.* 两(衡量单位)

taenia ['tiːnɪə] *n.* 【动】绦虫属

taeniasis [tiː'naɪəsɪs] *n.* 【医】绦虫病

taeniform ['tiːnɪfɔːm] *a.* 绦虫状的,带状的

taeniolite ['tiːnɪəlaɪt] *n.* 【地质】带云母

taenite ['tiːnaɪt] *n.* 【矿】镍纹石,天然铁镍合金

taffarel, tafferel ['tæfərəl], **taffrail** ['tæfreɪl] *n.* 船尾上部,舰栏杆

tafrogeny [tə'frɒdʒənɪ], **tafrogenesis** [təfrɒ'dʒenəsɪs] *n.* 【地】地裂运动

tag [tæg] ❶ *n.* ①标签,签条,垂条 ②【计】标记,标识符 ③(金属)箍,垂下物,销钉,舌簧 ④电缆终端 ⑤辅助信息 ❷ *v.* ①加标签于装金属箍,添加(用同位素)标记 ③尾随 ④连接,使合并(together),把…并入(to, onto)

tagatose ['tægətəus] *n.* 塔格糖

tagetone ['tædʒɪtəun] *n.* 【化】万寿菊酮

tagger ['tægə] *n.* ①追随者,附加物 ②装箍的人,加标签的人 ③(pl.)极薄的铁皮

tagging ['tægɪŋ] *n.* 锻尖,轧尖,标记,特征

tagulaway [,tɑ:gwɑ:'lɑ:weɪ] *n.* 萨布香脂

tahitite [tə'hiːtaɪt] *n.* 【地质】斑蓝方岩

taiga ['teɪgə] *n.* 【生】泰加群落,寒温带针叶林

tail [teɪl] ❶ *n.* ①尾(状物),尾部,拖尾,较弱的部分 ②末端 ③尾翼,彗尾 ④(电子管)引线 ⑤尾随脉冲,脉冲后的尖头信号 ⑥(pl.)尾矿〔渣,砂,水〕,瓦当 ⑦尾队,随从 ⑧钱币背面 ❷ *v.* ①位于…后部 ②给…装尾,添上,上标签,(把…)嵌进,使尾连接(in, on, onto) ③尾随,紧跟,跟踪,监视(after, behind) ④排成队列 ❸ *a.* 尾部的,后面来的 ☆**tail away (off)** 曳尾,渐变少

tailcone ['teɪlkəun] *n.* 【航】尾(部整流)锥,尾锥体

tailfiber ['teɪl,faɪbə] *n.* 【医】尾丝

tailgate ['teɪlgeɪt] *n.* (船)的尾板,后挡板,尾门,船闸下游闸门

tailheaviness ['teɪl,hevɪnɪs] *n.* 【航】后重心

tailing ['teɪlɪŋ] *n.* ①波形拉长,延长失真的符号,拖尾 ②尾部操纵 ③(砖在墙内)嵌入部分 ④(pl.)尾材〔渣,砂,矿,煤〕,筛余物,渣滓,蒸馏残余物

tailless ['teɪlɪs] *a.* 无尾(翼)的,没有机尾的

tailoff ['teɪlɒf] *n.* 【机】尾推力中止,关机

tailor ['teɪlə] ❶ *n.* 裁缝,缝纫工 ❷ *v.* ①缝制,裁剪

②改编,修整,设计,加工,制造〔作〕☆***tailor A to B*** 使A适合〔满足〕B的要求、需要、条件等); ***tailor A to fit B*** 使A适合〔满足〕B

tailored ['teɪləd] *a.* 简明的,特制的

tailover ['teɪlˌəuvə] *n.* 筛渣,筛除物

tailpiece ['teɪlpiːs] *n.* 【建】尾翼,尾端件,接线头,半端梁,章尾装饰

tailpipe ['teɪlpaɪp] *n.* 【航】尾喷管,(泵)吸管

tailplane ['teɪlpleɪn] *n.* 【航】水平安定面,(水平)尾翼

tailpond ['teɪlpɒnd] *n.* 【建】尾水池

tailrace ['teɪlreɪs] *n.* 【机】①水电站尾水渠,退水渠 ②尾矿管(沟),排(矿)渣渠

tailspin ['teɪlspɪn] *n.* ①尾(螺)旋,失去控制 ②混乱,困境 ☆***plunge (send) ... into a tailspin*** 把…搞得一团糟

tailwater ['teɪlˌwɔːtə] *n.* 下游水,尾水(位),顺水,废水

taint [teɪnt] ❶ *v.* 弄脏,污染,感染,(使)腐败 ❷ *n.* ①污点,污染,腐败,气味 ②污点点

taintless ['teɪntlɪs] *a.* 无污染的

Taiwan ['taɪ'wɑːn] *n.* 台湾(省)

take [teɪk] ❶ (took, taken) *v.* ①拿,取,带(领),量〔读〕出,记〔摘〕录(下),拍摄 ②采〔利,使,占,引,服〕用,采取,需(用),(花)费 ③承担,接受,容纳,获得,(预)定 ④假定,推断,理解 ⑤引起 ⑥(齿轮)啮合 ⑦处理,负责…责任,研究 ⑧奏效,起作用 ⑨凝固,结冰,乘,坐,以…为例 ❷ *n.* ①取,拿 ②所获之量,捕获量,收入 ③已〔待〕拍摄之景,(一次拍摄的)电影〔电视〕镜头 ④录音,一次录的音 ⑤反应 ☆***can (be able to) take it*** 能经受得住; ***take a critical view of*** 批判地看待; ***take a step*** 采取措施,着手进行; ***take a turn*** (有)转变; ***take account of*** 考虑(到),计及; ***take advantage of*** 利用,趁; ***take after*** 仿效; ***take against*** 反对,不喜欢; ***take amiss*** 见怪; ***take apart*** 拆卸,剖析; ***take away*** 拿开,减去,消除,剥夺; ***take back*** 撤回; ***take care*** 当心; ***take care of*** 注意,看管,维护,对付; ***take care to (do)*** 一定,务必,注意; ***take charge*** 掌管,不受控制; ***take charge of*** 担任,负责; ***take cold*** 感冒; ***take down*** 记下,拆毁,压下; ***take effect*** 奏效,起作用,(被)实施; ***take for (to be) ...*** 以为…是…; ***take... for example*** 以…为例; ***take... for granted*** 认为…是理所当然; ***take from*** 取自,减(少,损); ***take harbour*** 避入港湾; ***take hold of*** 抓住,制服,利用; ***take in*** 收进,接〔装〕入,接〔吸〕收,包括,一眼(全)看到,注意到,观看,了解,考虑,卷起,缩小,订(购),欺骗; ***take into account (consideration)*** 考虑(到),计及; ***take it (that)*** 以为,认为,相信; ***take measure of*** 测定; ***take measures*** 采取措施,设法; ***take note of*** 注意,留心; ***take notes*** 记笔记; ***take notice of*** 注意,留心; ***take occasion to (do)*** 抓住机会,乘机; ***take off*** 拿开〔去〕,带走,移送,去掉,减去〔弱〕,复制,起飞,(经济)飞跃,弹起,岔开,(从…)产

生,(以…)作为出发点(from); ***take office*** 就职; ***take on*** 采取,承担,担任,雇(用),呈现,具有(特征),流行; ***take on trust*** 因别人提供证明而相信; ***take one's leave*** 告辞; ***take out*** 取出,断开,扣除,领出,出发,起始; ***take A out of B*** 从B中取出〔除去〕; ***take over*** 把…接过来,接管,取代,占优势,盛行起来; ***take pains*** 尽力; ***take part in*** 参与,参加; ***take part with*** 与…合作,协助; ***take place*** 发生,举行; ***take shape*** 成〔现〕形,形成,表现; ***take steps to (do)*** 采取措施,设法,着手进行; ***take a bearing*** 取〔定〕向,测角; ***take the altitude*** 确定标高; ***take the initiative*** 发起,首创; ***take the place of*** 代替,取代; ***take the shape of*** 取(呈)…的形状; ***take the size of*** 量…的尺寸; ***take things light (lightly)*** 不在乎; ***take things seriously*** 认真对待; ***take time*** 需〔费〕时; ***take to*** 接〔引〕到,开始(从事),养成…的习惯,喜欢,走向; ***take to pieces*** 分解,拆开; ***take turns*** 轮流; ***take up*** 拿起,采取〔纳〕,吸收,溶解,费(时间),提出,吸收,承接,消除,着手,从事,照顾,处理,学习,研究,付清,使牢固,拉紧,清除间隙,(天气)好转; ***take up with*** 采用,信奉,忍受,和…相交,对…发生兴趣,致力于; ***take upon (on) oneself*** 承担 【用法】❶ "it takes A…to do…" 和 "it takes…for A to do…" 这两个句型非常有用,意为 "做…需要花费…"。如:It takes sunlight about eight minutes to reach the earth. 或:It takes about eight minutes for sunlight to reach the earth. 阳光到达地球需要大约8分钟的时间。❷ 表示 "把A取作为B" 时,其补足语可以用as…、to be…或形容词。如:We take the horizontal line as the x-axis. 我们把水平线作为x轴。/The cutoff is usually taken to be zero. 通常把截止取作为零。/We now take the x-axis horizontal and the y-axis vertical. 我们现在把x轴取为水平的,而把y轴取为垂直的。❸ 科技文中常见以take表示 "呈现,具有" 之意。如:In this case, we find that C_K takes on one of three values: +2, 0, and –2. 在这种情况下,我们发现C_K呈现+2,0,–2三个值中的一个。

takeaway ['teɪkəweɪ] *a.* 外卖的,拿走的

taken ['teɪkən] take 的过去分词 ☆***taken all in all*** 总的来说,从全体上看来; ***taken altogether*** 从全体上看来,总之; ***taken broadly*** 广义地说; ***taken one with another*** 总的看来; ***taken together*** 总计

taker ['teɪkə] *n.* 取者,接受者,捕获者,收票员,提取〔取样〕器

taking ['teɪkɪŋ] ❶ *n.* ①取得,取样 ②摄影 ③(pl.)所得,捕获(物) ❷ *a.* ①吸引人的 ②传染性的 ☆***taking all things together*** 整个说来,总而言之; ***taking one (thing) with another*** 总的看来,大概,平均计算 ‖ ~**ly** *ad.*

takktron ['tæktron] *n.* 【电子】辉光放电高压整流器

taktron ['tæktrɒn] *n.* 【电子】冷阴极充气二极管

talaron ['tælərən] *n.* 【生化】篮毒菌素

Talbot ['tɔːlbət] *n.* 【物】塔(耳波特)(MKS制光能

单位）

talbotype ['tɔːlbətaɪp] n. 塔耳波特型

talc [tælk] ❶ n. 【矿】滑石(粉)，爽身粉，(研光用)云母 ❷ (talc(k)ed,talc(k)ing) vt. 用滑石处理

talcite ['tælsaɪt] n. 【矿】滑块石，变白云母

talcky ['tælkɪ], **talcose** ['tælkəʊs], **talcous** ['tælkəs] a. (含)滑石的

talcosis [tæl'kəʊsɪs] n.【医】滑石沉着病,滑石肺

talcum ['tælkəm] n. 【矿】滑石

tale [teɪl] n. ①故事,传说 ②报告,记述 ③流言蜚语,谎言 ④数(量),总数,合计 ☆**a twice told tale** 尽人皆知的事; **tell its own tale** 不言而喻,显而易见; **that tells a tale**这很说明问题;**thereby hangs a tale**其中大有文章

talent ['tælənt] n. ①才能,才干 ②人才

talented ['tæləntɪd] a. 有才能的,多才的

talentless ['tæləntlɪs] a. 无能的

talentology [,tælən'tɒlədʒɪ] n. 人才学

tali ['teɪlaɪ] n. 【地质】碎石堆;斜面(talus的复数)

Taliacotian [,tælɪə'kəʊʃən] n.【医】隆〔美〕鼻术

Talide ['tælaɪd] n.【冶】碳化钨硬质合金

talik ['tælɪk] n. 【地质】(多年冻土上的)融区

talisman ['tælɪzmən] n. 护符,法宝 ‖ ~ic(al) a.

talk [tɔːk] v.;n. ①谈话,谈论,商量,交谈,(pl.) 会谈 ②(用信号等)通讯〔话〕③演讲,讲课 ④谣传,传播小道消息 ☆**have a talk with** 和…谈话〔商量〕; **talk a matter over with...** 同…商谈事情; **talk about (of, on)** 谈论; **talk... all over** 彻底地〔全面地〕谈; **talk at** 影射; **talk away** 说着话消磨(时间),不断地谈; **talk back** 反驳,回嘴; **talk business (shop)**谈正经事〔讲本行的话〕; **talk (cold) turkey** 讨论基本问题,正正经经讨论; **talk... down** 把…说服,驳倒…,通过无线电通讯指挥…降落; **talk from the point** 离题,话越轨; **talk... into doing** 说服…去(干…); **talk out** 尽量谈完,通过商谈消除(分歧); **talk... out of...** 说得…放弃〔停止〕…; **talk over** 商量,说服; **talk... over with...** 和…商谈; **talk round** 转弯抹角地讲,兜圈子谈; **talk to** 跟…谈话,说服,申斥; **talk to oneself** 自言自语; **talk together** 商量,谈判; **talk up** 大声〔胆〕讲,明白地讲; **talk with** 和…交谈〔讨论〕

talkative ['tɔːkətɪv] a. 爱讲话的,健谈的 ‖ ~ly ad. ~ness n.

talker ['tɔːkə] n. ①谈话者,电话〔扩音器〕传令人员 ②有声电影,扬声器

talkie ['tɔːkɪ] n. 有声电影〔影片〕

talking ['tɔːkɪŋ] a.;n. 讲话(的),谈话(的),通话,讨论

tall [tɔːl] a. ①高的,多高的,难以相信的,难办的 ③非常的,格外的 ④巨大的

tallish ['tɔːlɪʃ] a. 稍高的

tallness ['tɔːlnɪs] n. 高(度)

tallol ['tɔːlɒl] n.【医】妥尔油

tallow ['tæləʊ] ❶ n. 牛〔油,动物〕脂 ❷ v. 涂动物脂;使肥

tallowy ['tæləʊɪ] a. 脂肪(质)的,油腻的,油脂色的

tally ['tælɪ] ❶ v. ①签,标签,筹(码),铭牌,标记牌 ②手执计数器,计数反 ③(两相验合用的)对应物,对劈木条之一,验合用的凭证,副本 ④符合 ⑤运算,总计,对账,理货 ⑥记数符,计算单位(打,二十,一打等) ⑦合箱泥号,骑缝号 ❷ v. ①计〔运,结〕算,点清 ②记录,记(分) ③加标签〔记〕于,打号识别 ④(使)符合 ☆**buy on (upon) tally** 赊购; **tally down** 减一; **tally up** 总结,加一;刻于签牌上,(使)符合; **tally with** 符合

tallyman ['tælɪmən] n. 推销〔点筹〕员,记账〔理货〕员

Tallyrondo [,tælɪ'rɒndəʊ] n. 【机】棱圆度检查仪

talomethylose [,tæləʊ'meθɪləʊs] n. 【化】塔罗甲基糖

talon ['tælən] n. ①(魔)爪,爪状物,爪饰,爪形条纹 ②(用钥匙顶住以推动锁栓的)螺栓肩

Talos ['tælɒs] n. 【军】(美国)黄铜骑士舰对空导弹

talose ['tæləʊs] n. 【化】塔罗糖

talpid ['tælpɪd] n. 【动】鼹鼠

talus ['teɪləs] n. (pl. tali) ①废料,山麓碎岩,悬崖下的崩坍岩堆,坝脚抛石,岩(屑)堆 ②【建】(竖)斜面

talweg ['tælweg] n. 【航】河流深水线,溪线,最深谷底线

talysurf ['tælɪsɜːf] n. 【机】粗糙度检查仪,轮廓仪,表面光度仪

tamarack ['tæməræk] n.【植】(美洲)落叶松(木材)

tamarisk ['tæmərɪsk] n.【植】柽柳(一种耐旱植物或固沙植物)

Tamatave [,tæmə'tɑːv] n. 塔马塔夫(马尔加什港口)

tambac ['tæmbæk] n.【植】沉香木

tambourine [,tæmbə'riːn] n. 【音】铃〔手〕鼓

tame [teɪm] a.; vt. 驯服的

tammy ['tæmɪ] n. (纱,布)筛,滤汁布

tamp [tæmp] ❶ vt. ①夯实,捣固(实),填实(down),敲固 ②(用黏土等)填〔捣〕塞 ❷ n. 捣棒,夯(具) ☆**tamp in** 捣〔堵〕塞; **tamp... into...** 把…填〔捣〕塞进…

tamper ['tæmpə] ❶ n. ①夯,打夯机,捣棒,砂春,填塞工具 ②(中子)反射器 ③屏 ④填实者,装配工 ❷ v. ①夯实,捣固 ②干预(扰),窜改,瞎搞(with) ③损害,削弱

tampicin ['tæmpɪsɪn] n. 【医】牵牛树脂

Tampico [tæm'piːkəʊ] n. 坦皮科(墨西哥港口)

tamping ['tæmpɪŋ] n. 夯实,捣固,填塞(物料),(填塞)炮泥,填压法

tampion ['tæmpɪən] n. 【军】塞子,炮口塞

tampon ['tæmpən] n. 塞(子)

Tamtam [tæm'tæm] n.【冶】塔姆锡青铜

tan [tæn] ❶ n.; a. ①鞣料(渣,树皮),鞣酸皮(渣) ②晒黑的皮肤 ③棕黄〔褐〕色(的) ❷ (tanned) tanning) v.①鞣革,硝(皮) ②晒红〔黑〕③变柔软

tan [tæn] (汉语) n. 担(重量单位)

Tanalith ['tænəlɪθ] n.【化】一种木材防腐剂

Tananarive [,tɑːnɑːnɑː'riːv] n. 塔那那利佛(马尔

加什首都)

tanball ['tænbɔːl] n.【化】球状鞣料渣

tandem ['tændəm] ❶ a.; ad. 级联(的),串联(的),一前一后排列的,单轴的,纵列式 ❷ n.①两个(两个以上)前后排列同时使用(协调动作)的一组事物 ②双轴 ③串联压路机,双座自行车,车列马车,串翼型飞机 ☆*in tandem* 一前一后地,协力地; *in tandem with* 同…串联,与…合作

tang [tæŋ] ❶ n.①(刀、锉等插入柄中的部分)柄脚,柄舌,锥根 ②排,组 ③低尖岬,狭地带 ④强(浓)烈的气味,气息 ⑤特性,意味 ⑥当的一声 ❷ v.①在刀(锉)上做柄脚 ②使具有气味 ③(使)发出当的一声

Tanga ['tæŋgə] n. 坦噶(坦桑尼亚港口)

tangency ['tændʒənsɪ] n. 相切,(在一点上)接触,毗连,邻接

tangensoid ['tændʒənsɔɪd] n.【数】正切曲线

tangent ['tændʒənt] ❶ n.【数】①切线,正切 ②正切尺 ③直路,直线区间 ❷ a.①切线的,(相、正)切的 ②离题的,脱离原来途径的

〖用法〗❶ 该词当名词和形容词均后跟to。如:To do this, we draw a tangent to the line at C. 为此,我们在C点画一根与该线相切的切线。/This line is tangent to the circle. 这根线是与圆相切的。❷ 形容词短语tangent to...也可作方式状语。如:In this case, the ball will fly off tangent to its original circular path. 在这种情况下,球朝其原来的圆形道路的切线方向飞出去。

tangential [tæn'dʒenʃəl] a.①切线(面)的,子午的,切(弦)向的,相切的,沿切线的 ②离题的,扯得很远的 ③肤浅的,略为触及的 ☆*tangential to* 与…相切

〖用法〗tangential to...可作方式状语,类同于tangent to...。如:In this case the ball simply proceeds tangential to its former path. 在这种情况下,该球只是朝正切于其以前路径的方向向前运动。

tangentially [tæn'dʒenʃəlɪ] ad. 成切线

tangeretin [,tændʒə'riːtɪn] n.【化】橘皮晶

tangerine [,tændʒə'riːn] n.(红,橘)橘,橘红色

tangeritin [,tændʒə'raɪtɪn] n.【药】柑橘黄酮

tangibility [,tændʒə'bɪlətɪ] n. 可触知性,确实,明白

tangible ['tændʒəbl] a.①可触知的,有形的,现实的,(有)实质的 ②确实的,明确的 ‖ tangibly ad.

Tangier [tæn'dʒɪə] n. 丹吉尔(摩洛哥港口)

tangle ['tæŋgl] v.; n.①(使)缠结,(使)纠缠,弄乱 ②使复杂,使混乱 ③卷入争论,纷乱,纠纷 ☆*be in a tangle* 纠缠不清,陷入混乱之中; *tangle over* 对…发生争论; *tangle up* 缠在一起,包含

tangled ['tæŋgld] a. 纠缠的,紊乱的

tanglesome ['tæŋglsəm] a. 紊乱的,复杂的

tangly ['tæŋglɪ] a. 缠结的,紊乱的,纠缠在一起的

Tango ['tæŋgəu] n.①变压器(商品名)②通信中用以代表字母t的词

tangoist ['tæŋgəuɪst] n. 跳探戈舞者

tangor ['tæŋdʒə] n.【植】柑橘(树)

tango(re)ceptor [,tæŋgəu(rɪ)'septə] n.【医】触觉感受器

tangram ['tæŋgrəm] n. 七巧板

tangue ['tæŋgə] n.【地质】极细贝壳沉淀(积),浅湾贝壳沉积,浅弯钙质泥

tank [tæŋk] ❶ n.①容器,(油,水)箱,油罐,(电解,化成)槽,(煤气)柜,储气瓶 ②池,库 ③坦克 ④振荡回路,槽路 ⑤(船)的液体舱 ❷ vt. 把…储在槽内 ☆*tank up* (给…)灌满一油箱的油

tankage ['tæŋkɪdʒ] n.①容积,(一箱,一柜的,储罐,油箱)容量 ②容器设备,燃料箱 ③容器的沉积 ④装槽,用槽储藏(法)⑤装槽储藏费

tankard ['tæŋkəd] n. 大(酒)杯,一大杯的容量

tanked [tæŋkt] a. 放在槽(箱,柜)内的,有油箱的

tanker ['tæŋkə] n.①油船(轮)②空中加油飞机 ③加油车,水车 ④油罐 ⑤沥青喷洒机 ⑥坦克手

tankerman ['tæŋkəmən] n. 油轮船员

tankette ['tæŋket] n. 小坦克

tankies ['tæŋkɪz] n. 油罐建造工人

tankite ['tæŋkaɪt] n.【矿】变钙长石,磷钇矿

tankman ['tæŋkmən] n.①坦克手 ②工业用罐槽管理工

tankometer [tæŋ'kɒmɪtə] n. 油罐计

tankoscope ['tæŋkskəup] n.(油罐)透视灯

tankship ['tæŋkʃɪp] n. 油船

tannable ['tænəbl] a. 可鞣制的

tannage ['tænɪdʒ] n. 坚膜,鞣革

tannase ['tæneɪs] n.【生化】单宁(酸)酶,鞣酸酶

tannate ['tænɪt] n.【化】鞣酸盐

tanner ['tænə] n. 制革工人

tannery ['tænərɪ] n. 制革厂

tannin ['tænɪn] n.【化】鞣酸(类物),丹宁(酸)

tanning ['tænɪŋ] n. 制革(法),鞣革

tannometer [tə'nɒmɪtə] n. 鞣液比重计

tannoy ['tænɔɪ] n. 本地(船上)广播网,声重放和扩大系统

tanoak ['tænəuk] n.【植】美洲密花石栎

tanshinol ['tænʃɪnɒl] n.【药】丹参醇

tanshinone ['tænʃɪnəun] n.【药】丹参酮

Tantal ['tæntəl] n.(德语)【化】钽

tantalate ['tæntəleɪt] n.【化】钽酸盐

tantalic [tæn'tælɪk] a.(含,正,五价)钽的

tantalifluoride [,tæntəlɪ'fluːəraɪd] n.【化】氟钽酸盐

tantaline ['tæntəlaɪn], **tantalite** ['tæntəlaɪt] n.【矿】钽铁矿

tantalous ['tæntələs] a.【化】亚(三价)钽的

tantalum ['tæntələm] n. 钽

tantamount ['tæntəmaunt] a.①相等(于…)的,相当(于…)的 ②等值(价,效)的 ③同义的 ☆*(be) tantamount to* (相)等于,相当于

tantara [tæn'tɑːrə] n. 喇叭响声

tantile ['tæntaɪl] n.【数】分位值

tantiron ['tæntɪrən] n.【冶】高硅耐热耐酸铸铁

tantivy [tæn'tɪvɪ] ❶ a.; ad. 快(的),急速(的)❷ n.;

vi. 快跑,匆忙奔跑

Tanzania [,tænzə'ni:ə] *n.* 坦桑尼亚

tap [tæp]❶ *n.* ①塞子 ②开关,龙头,排出孔,溜子,(桶)嘴 ③分接头,抽头,分支〔流〕④丝锥,(螺)丝攻,刻纹器,车内螺纹 ⑤(加工)规准 ⑥(锻工用)陷型模,夯 ⑦引取电流 ⑧(在电话线路上搭线)窃听 ⑨轻敲〔打,拍〕(声) ⑩酒吧间 ❷ (tapped; tapping) *v.* ①在…上开一个孔,放〔引〕出,割浆(胶)②分接(电流,自来水),塞住,搭上(线路)进行窃听 ③在…里攻出螺纹 ④旋削 ⑤轻敲(打,拍)(at, on),敲打出(out) ⑥选择,挑选,选拔 ☆*in (on) tap* 装有嘴子〔龙头〕的,能倒出的,就在手边的; *tap down* 抽头降压; *tap into* 接进; *tap off* 分接,抽出,开采

tapazol(e) ['tæpəzɒl] *n.* 【化】他巴唑,甲巯咪唑

tape [teɪp] ❶ *n.* ①皮〔钢,卷,带,软〕尺 ②(狭,布)带,胶带,绝缘线,绝缘胶布(条)③纸带,磁带,录音〔像〕带,彩带 ④电报收报纸(条),记录纸 ❷ *v.* ①装ъ带,用带系,用胶带粘贴 ②用卷尺量 ③用磁带为…录音 ☆*breast the tape* 冲过〔抵达〕终点,冲线; *have (get) … taped* 把…录下音来,把…量好,彻底了解…; *on tape* 用磁带(录音); *red tape* 官样文章,繁杂拖拉的公事程序

tapedrum ['teɪpdrʌm] *n.* 卷带鼓轮,带鼓

tapeman ['teɪpmən] *n.* 测量员

taper ['teɪpə] ❶ *n.* ①圆锥(形),斜〔锥〕度,机翼梢比,拔斜率 ②拔拔,拔梢,扩口管 ③逐渐缩减(减弱),渐尖 ④小蜡烛,微光 ❷ *a.* ①锥形的,渐尖的,斜削的,一头逐渐变细的 ②分等级的 ❸ *v.* ①弄尖,(使)逐渐变细 ②递减 ③斜〔尖〕削 ☆*taper away (down)* 渐细〔尖,小,少); *taper off* 使一头逐渐变细,(使)逐渐减少,衰减; *taper out* 尖灭

tapered ['teɪpəd] *a.* 锥形的,尖削的,渐缩的,斜(削)的

taperingly ['teɪpərɪŋlɪ] *ad.* 逐渐缩减地,一头逐渐变细地

tapestry ['tæpɪstrɪ] ❶ *n.* 花〔挂〕毯,织锦 ❷ *vt.* 用挂毯〔花毯〕装饰

tapeworm ['teɪpwɜ:m] *n.* 绦虫

taphole ['tæphəʊl] *n.* 放出口,出渣孔

taphonomy [tə'fɒnəmɪ] *n.* 埋葬学

taphrogeny [tə'frɒdʒənɪ] *n.* 【地理】地震〔断裂〕运动,地裂

taphrogeosyncline [,tæfrɒdʒɪəʊ'sɪnklaɪn] *n.*【地理】断裂地槽

tapioca [,tæpɪ'əʊkə] *n.* 木薯淀粉

tapiolite ['tæpɪəlaɪt] *n.* 【矿】重钽铁矿

tapis ['tæpi:] (法语) *n.* 桌〔地,挂〕毯 ☆*on the tapis* 在审议〔讨论〕中

tapped [tæpɪd] *a.* (中间)抽头的,分接的,攻了丝的

tapper ['tæpə] *n.* ①轻击锤,(电报机的)电键,敲具,音响器 ②轻敲者 ③攻丝机

tappet ['tæpɪt] *n.*【机】挺〔推,阀〕杆,平板机套,(凸轮)随行件

tapping ['tæpɪŋ] *n.* ①开孔,泄放,出铁〔钢,渣〕②攻丝,车(螺)丝 ③【电气】抽头 ④缠绝缘带 ⑤

(pl.)(从熔炉内)放出物 ⑥【化】割浆,采(割松)脂 ⑦轻敲(声)

tar [tɑ:]❶ *n.* 焦油,煤沥青 ❷ (tarred; tarring) *vt.* ①浇焦油(于) ②怂恿,煽动(on) ❸ *a.* (涂有)焦油的 ☆*be tarred with the same brush (stick)* 都有同样的缺点,是一丘之貉

taraxerene [tə'ræk,səri:n] *n.*【医】蒲公英(赛)烯

taraxin [tə'ræksɪn] *n.*【医】过敏素

taraxis [tə'ræksɪs] *n.*【医】结膜炎

tardigrade ['tɑ:dɪɡreɪd] *a.* 行动缓慢的

tardily ['tɑ:dɪlɪ] *ad.* 缓慢地,磨蹭地,迟到地

tardiness ['tɑ:dɪnɪs] *n.* 缓慢,迟

tardive ['tɑ:dɪv] *a.* 延迟的,晚发性的

tardy ['tɑ:dɪ] *a.* ①(缓)慢的,迟(到)的 ②延迟的,过时的 ③勉强的

tare [teə]❶ *n.* ①皮重,空重 ②皮重的扣除 ③(pl.) 不良成分,起阻碍作用的东西 ❷ *v.* ①称〔标出〕…的皮重,除皮(重) ②配衡 ③修正,校准

target ['tɑ:ɡɪt] ❶ *n.* ①靶 ②目标 ③指标 ④标板,冲击板 ⑤(铁器)圆板信号机 ⑥屏极 ❷ *v.* ①瞄准 ②采取攻毁目标的措施 ☆*be dead on the target* 正中〔正对着〕目标; *hit the target* 射中靶子,完成指标; *miss the target* 未射中靶子,未完成指标; *on target* 正确,对头

targetable ['tɑ:ɡɪtəbl] *a.* 可命中目标的

targionite [tɑ:dʒɪənaɪt] *n.*【矿】锑方铅矿

tariff ['tærɪf] ❶ *n.* ①关税,税率 ②资费(表),运价率,价目表 ❷ *vt.* 对…征收关税,为…定收费标准

taring ['teərɪŋ] *n.* 定皮重,配衡

tarn [tɑ:n] *n.* 冰斗湖

tarnish ['tɑ:nɪʃ] ❶ *v.* ①(使)失去光泽,(使)黯然失色 ②使生锈,玷污,使败坏 ❷ *n.* ①晦暗 ②锈蚀,氧化膜,表面变色 ③污点

tarp [tɑ:p], **tarpaulin** [tɑ:'pɔ:lɪn] *n.* ①(焦油)帆布,(防水)油布 ②(油布)防水衣,(油布)雨帽 ③水手

tarry ❶ ['tɑ:rɪ] *a.* 柏油(质,状)的,涂柏〔焦〕油的,似焦油的 ❷ ['tɑ:rɪ] *n.* 煤胶物质 ❸ ['tærɪ] *v.; n.* ①逗留,(长)住(at,in) ②等候(for) ③耽搁,迟延

tarsia ['tɑ:sɪə] *n.* 镶木(制品)

tart [tɑ:t] *a.* 酸(涩)的,辛辣的,尖刻的 ‖ **~ly** *ad.*

tartar ['tɑ:tə] *n.*【药】酒石(酸氢钾)

tartaric [tɑ:'tærɪk] *a.* (含)酒石(酸)的

tartarize ['tɑ:təraɪz] *vt.* 使酒石化,用酒石处理 ‖ **tartarization** *n.*

tartarous ['tɑ:tərəs] *a.* 酒石(性)的,含〔像〕酒石的

tartrate ['tɑ:treɪt] *n.*【化】酒石酸盐(酯或根)

tartronate ['tɑ:trəneɪt] *n.*【化】丙醇二酸(盐或酯)

tarvia ['tɑ:vɪə] *n.* 沥青焦油

Tarvialithic [,tɑ:vɪə'lɪθɪk] *n.*【建】一种冷铺焦油沥青混凝土混合料

taseometer [,tæsɪ'ɒmɪtə] *n.*【电子】应力计

tasimeter [tə'sɪmɪtə] *n.*【电子】测温湿度变化的电微压计

task [tɑ:sk] ❶ *n.* ①任务,工作,功课 ②艰苦的工作

❷ *vt.* ①派给…工作 ②使辛劳
〖用法〗注意下面例句的汉译法:Faraday was unable to calculate the velocity of propagation of electromagnetic waves, a task which required the mathematical precision of Maxwell, which Faraday entirely lacked. 法拉第当时未能计算出电磁波的传播速度,因为要进行这一任务需要有麦克斯韦的数学精度,而法拉第是根本不具备的。("a task … Maxwell"是名词短语作前面不定式短语的同位语。)/Even an individual user may have many tasks on which to work at one time. 甚至一个用户一次可能有多个任务要执行。("on which to work at one time"是动词不定式短语作后置定语。)

taskmaster ['tɑːsk,mɑːstə] *n.* 工头

taskmix ['tɑːskmɪks] *n.* 作业混合

taskwork ['tɑːskwɜːk] *n.* 计件工作

tasmanite ['tæzmənaɪt] *n.* 【地质】含硫树脂;沸黄霞辉岩;塔斯曼油页岩

tassel ['tæsl] *n.* ①缨,流苏饰 ②承梁木 ③丝带书签 ④垂花

taste [teɪst] ❶ *n.* ①味(道,觉),风味 ②嗜好,鉴别力 ③感受 ❷ *v.* 品尝,感到,体验(of) ☆*a taste of* 一点点,少量; *have a taste for* 喜欢,爱好
〖用法〗注意下面例句的含义:The purpose of this chapter is to give you a taste of what is to come. 本章的目的是给你简要地介绍一下后面要讲的内容。

tasteful ['teɪstful] *a.* 有鉴赏力的,雅致的 ‖ **~ly** *ad.*

tasteless ['teɪstlɪs] *a.* 没有味道〔趣味〕的,无鉴别力的 ‖ **~ly** *ad.*

tasty ['teɪstɪ] *a.* 美味的,雅致的

tat [tɑːt] *n.* 轻击 ☆*tit for tat* 针锋相对

tattelite ['tætəlaɪt] *n.* 【电子】氖分流器

tattoo [tə'tuː] *n.*; *v.* 咚咚地连续敲击

tau [tɔː, taʊ] *n.* ①(希腊字母)T,τ ②T字形(物)

taught [tɔːt] teach 的过去式及过去分词

taunt [tɔːnt] ❶ *n.*; *v.* 辱骂,嘲弄 ❷ *a.* (桅杆)很高的

taupe [təʊp] *n.* 灰褐色

taurine ['tɔːrɪn] *n.* 【医】牛磺酸,牛胆碱

taurocholate [,tɔːrə'kəʊleɪt] *n.* 【医】牛磺胆酸(盐,酯或根)

taut [tɔːt] *a.* ①绷紧的,紧张的 ②整齐的,严格的 ‖ **~ly** *ad.*

tauten ['tɔːtn] *v.* 拉紧

tautness ['tɔːtnɪs] *n.* 拉紧,紧固度

tautochrone ['tɔːtəkrəʊn] *n.* 【物】等时曲线,等时降落轨迹

tautochronism [tɔː'tɒkrənɪzəm] *n.* 等时性 ‖ **tautochronous** *a.*

tautological [,tɔːtə'lɒdʒɪkəl] *a.* 重复的,赘述的 ‖ **~ly** *ad.*

tautology [tɔː'tɒlədʒɪ] *n.* 反复,赘述

tautomer(ide) ['tɔːtəmə(raɪd)] *n.* 【生】互变(异构)体

tautomeric [,tɔːtə'merɪk] *a.* 互变(异构)的

tautomerism [tɔː'tɒmərɪzəm] *n.* 【化】同质异构,互变(异构)现象〔性〕

tautomerization [tɔː,tɒməraɪ'zeɪʃən] *n.* (结构)互变(作用)

tautophony [tɔː'tɒfənɪ] *n.* 【语】同音反复

tautozonal [,tɔːtə'zəʊnəl] *a.* 同晶带的

taw [tɔː] *v.* 硝(生皮)

tawer ['tɔːə] *n.* 生鞣皮工人

tawny ['tɔːnɪ] *a.* 茶色的

tax [tæks] ❶ (*pl.* taxes) *n.* ①税(款) ②负担,重负(on, upon) ❷ *vt.* ①对…征税 ②使负重担 ③责备,谴责(with) ④讨〔开〕价
〖用法〗注意下面例句中该词的含义:Probably never before in history has an industry been taxed with such rapid evolution in concepts and processes. 也许在历史上以前从来没有过某一产业深深地经历概念和生产过程这样迅速的演变。

taxable ['tæksəbl] *a.* 可征税的,应纳税的

taxales ['tækseɪlz] *n.* 【植】紫杉

taxation [tæk'seɪʃən] *n.* ①征〔抽,租〕税 ②税收(款) ③估价征税

taxi ['tæksɪ] ❶ *n.* 出租(小)汽车 ❷ (taxid 或 taxied; taxiing 或 taxying) *v.* ①乘出租汽车 ②使…滑行

taxicab ['tæksɪkæb] *n.* 出租汽车

taxicatin [tæksɪ'keɪtɪn] *n.* 【生】红豆杉苷

taxifolin [,tæksə'fɒlɪn] *n.* 【化】紫杉叶素

taximeter ['tæksɪ,miːtə] *n.* 车费计,计程器

taxine ['tæksiːn] *n.* 【医】紫杉碱

taxing ['tæksɪŋ] *a.* 繁重的,费力的

taxirank ['tæksɪræŋk] *n.* 出租汽车停车处

taxis ['tæksɪs] *n.* ①构型规正性,趋性 ②分类 ③排列,次序

taxiway ['tæksɪweɪ] *n.* 滑行道

taxogen ['tæksədʒɪn] *n.* 【化】主链物

taxology [tæk'sɒlədʒɪ] *n.* 分类学

taxometrics [,tæksə'metrɪks] *n.* 【数】数学分类学

taxon ['tæksɒn] (*pl.* taxa) *n.* 分类单位,分类群

taxonomic [,tæksə'nɒmɪk] *a.* 分类(学)的 ‖ **~ally** *ad.*

taxonomy [tæk'sɒnəmɪ] *n.* 分类学

taxpayer ['tæks,peɪə] *n.* 纳税人

taxying ['tæksɪŋ] taxi 的现在分词

Taylor ['teɪlə] *n.* 泰勒(人名)

tazettine ['tæzəti:n] *n.* 【医】多花水仙碱

tea [tiː] ❶ *n.* 茶,浸剂 ❷ *v.* 以茶招待,喝茶,吃茶点

teach [tiːtʃ] (taught) *v.* 教,讲授,使认识到

teachability [,tiːtʃə'bɪlɪtɪ] *n.* 可教性

teachable ['tiːtʃəbl] *a.* 可教的,适于教学的 ‖ **teachably** *ad.*

teacher ['tiːtʃə] *n.* ①教师,老〔导〕师 ②教练机

teaching ['tiːtʃɪŋ] *n.* ①教学(工作),讲授,训练 ②(*pl.*)教导,学说,主义 ❷ *a.* 教学的

teacup ['tiːkʌp] *n.* 茶杯

teagle ['tiːgl] *n.* 绞盘机

teak [tiːk] *n.* 柚木(树)

teakettle ['tiː,ketl] *n.* 茶水壶

teal [tiːl] *n.* 短颈野鸭,水鸭

team [tiːm] ❶ *n.* ①组,(小,工作)队,群 ②全体作业人员 ③机组,联动机 ❷ *a.* 队的,组的 ❸ *v.* 组成一队,配成机组,协作 ☆***team up with*** 与…协作
〖用法〗 ❶ 注意下面例句中该词的用法:Engineering design has become a team activity. 工程设计已成为一种团队活动。❷ 表示"…队里的"用on the team, 如:The doctors on the team used to wait for the patients to come to them. 过去(医疗)队里的医生是等着病人来找他们的。

teamster ['tiːmstə] *n.* 货车司机

teamwork ['tiːmwɜːk] *n.* 协作,协同动作,集体工作,配合

teamworker ['tiːmˌwɜːkə] *n.* 协作者

teapot ['tiːpɒt] *n.* 茶壶

tear [teə] ❶ (tore, torn) *v.* 撕,扯,刺破; 流泪,含泪 ❷ *n.* ①眼泪,泪状物 ②撕裂处,扯破的洞 ③飞跑,狂奔,跳变 ☆***pass by at a tear*** 疾驰而过; ***tear about*** 东奔西窜; ***tear at*** 撕,强拉; ***tear away*** 撕裂,磨损; ***tear down*** 撕〔扯〕下,拆除;逐条驳斥;疾驰而下; ***tear in(to)pieces*** 把…撕成碎片; ***tear in two*** 把…撕成两半; ***tear it*** 使希望成泡影; ***tear A away from B*** 从B夺走A,使A同B分离; ***tear loose*** 扯开,释放出; ***tear off*** 扯下,撕去,跑掉,匆匆做成; ***tear one's way*** 猛进; ***tear out*** 撕〔扯〕下,拉〔拔〕出; ***tear up*** 撕〔扯〕碎,(连根)拔(起),扰乱

teardown ['teədaun] *n.* 拆卸

tearful ['tɪəful] *a.* (使人)流泪的,含泪的 ‖ **~ly** *ad.*

tearing ['teərɪŋ] ❶ *a.* ①撕〔扯〕裂的 ②激烈的,狂奔的 ③了不起的 ❷ *n.* 裂开,断裂,图像撕裂

tearout ['teəraut] ❶ *n.* 撕断〔摘取〕力 ❷ *v.* 撕〔扯〕下

tease [tiːz] *vt.* ①梳理,使表面起毛 ②戏弄

Teaser *n.* 受激辐射可调电子放大器

teaser ['tiːzə] *n.* ①起绒机 ②难题,难处理的事情 ③(爱)惹恼人的人;勒索者

teaspoon ['tiːspuːn] *n.* 茶匙

teaspoonful ['tiːspuːnˌful] *n.* 一茶匙(容量)

teat [tiːt] *n.* (机械部件上的)小突起,凸缘,枢轴

teazer ['tiːzə] *n.* 出渣工

tebelon ['tebələn] *n.* 【化】油酸异丁酯

technetides [ˌteknɪ'taɪdɪs] *n.* 【化】锝系元素

technetium [tek'nɪʃɪəm] *n.* 【化】锝

technetron ['teknɪtrɒn] *n.* 【电子】场调管

technetronic [ˌteknɪ'trɒnɪk] *a.* 电子技术化的,以使用电子技术来解决各种问题为特征的

technic ['teknɪk] ❶ *n.* 技巧〔术〕,工〔技〕艺,操作(法) ❷ *a.* 工艺的,专门的

technical ['teknɪkəl] ❶ *a.* ①技术的,工艺的 ②专门〔业〕的 ③用工业方式生产的(化工产品) ④根据法律的 ⑤由于投机、操纵市场引起的 ❷ *n.* (pl.)技术术语〔细则,细节,零件〕

technicality [ˌteknɪ'kælətɪ] *n.* ①技术性,专业性质 ②技术细节,专门事项 ③术语,专门名词

technicalization [ˌteknɪkəlaɪ'zeɪʃən] *n.* 技术〔专门〕化

technically ['teknɪkəlɪ] *ad.* 学术〔技术〕上,专门地,用术语

technician [tek'nɪʃən], **technicist** ['teknɪsɪst] *n.* 技术(人)员,技师〔工〕,(技术)专家,专门人员

technicolor ['teknɪˌkʌlə] ❶ *a.* 天然色的,五彩的 ❷ *n.* ①彩色 ②彩色印片法,彩色电影〔电视〕

technicolored ['teknɪˌkʌləd] *a.* 彩色的,色彩鲜艳的

technics ['teknɪks] *n.* ①术语,专有〔技术〕名词 ②工艺(学),技术学,专门技术,工程

technique [tek'niːk] *n.* ①技术,工艺,(工艺)方法,操作(法) ②技术设备
〖用法〗 ❶ 其后面可以跟动词不定式或"for"短语或"of"短语。如:Another technique to minimize the effective value of C_i is the use of multiple amplifiers. 把C_i的有效值降到最小的另一种方法是采用多个放大器。/Several techniques for improving power-supply performance are discussed in the following section. 在下一节讨论提高电源性能的几种方法。/The technique of separating the signals in frequency is referred to as frequency-division multiplexing (FDM). 在频率方面分开信号的方法被称为分频多路传输。❷ 其前面一般用介词by (也有人用with)。如:This filter may be analyzed by the technique used in the previous section. 这个滤波器可以用前面一节中所用的方法来分析。❸ 它可以与动词devise或develop搭配使用。如:Several other techniques have been devised in more recent years for measuring distributions of molecular speeds with greater precision. 最近几年已经想出了更为精确的测量分子速度分布情况的其他几种方法。

technocracy [tek'nɒkrəsɪ] *n.* 专家管理,技术统治

technocrat ['teknəkræt] *n.* 专家管理论者

technolatry [tek'nɒlətrɪ] *n.* 技术崇拜

technologic(al) [ˌteknə'lɒdʒɪk(əl)] *a.* ①工艺的 ②(科学)技术的,因工业技术发展而引起的

technologically [ˌteknə'lɒdʒɪkəlɪ] *ad.* 工艺〔技术〕上,从工艺〔技术〕上说,就科学技术观点而论

technologist [tek'nɒlədʒɪst] *n.* 工艺学家〔者〕,工艺师,技术人员〔专家〕

technologize [tek'nɒlədʒaɪz] *vt.* 使技术化

technology [tek'nɒlədʒɪ] *n.* ①工艺,技术,制造学 ②专门用语
〖用法〗 ❶ 该词可以是可数名词。如:DTM is a core technology in implementing the asymmetric very-high-rate subscriber lines. 分立多音频技术是实现非对称甚高速用户专用线的一项核心技术。❷ 注意下面例句的汉译法:A new technology introduced in the 1960's, laser can pierce the hardest substance such as diamond. 激光是20世纪60年代发展起来的一项新技术,它能穿透像金刚石这样最坚硬的物质。(逗号前是个名词短语,而不是"分词独立结构",它是句子主语laser的同位语,"introduced in…"是分词短语作后置定语修饰

T

technology。）

technomania [,teknəʊ'mænɪə] n. 技术热

technometrics [,teknə'metrɪks] n.【计】技术计量学

technopolis [tek'nɒpəlɪs] n. 技术化社会

technopolitan [,teknəʊ'pɒlɪtən] a. 技术化社会的

technopolitics [,teknəʊ'pɒlɪtɪks] n. 技术政治

technosphere [tek'nəʊsfɪə] n. 技术圈

technostructure [,teknə'strʌktʃə] n. 技术专家控制体制,技术〔专家〕阶层

tecnetron ['teknətrɒn] n.【电子】电控管

tecnology [tek'nɒlədʒɪ] n. 儿童学

tectofacies [,tektə'feɪʃ,iːz] n.【地质】构造相

tectogen(e) ['tektədʒiːn] n.【地质】挠升区,深坳槽,深地槽,海渊,海沟

tectogenesis [,tektə'dʒenəsɪs] n.【地质】构造〔造山〕运动

tectology [tek'tɒlədʒɪ] n.【生】组织构造学

Tectona [tek'təʊnə] n.【植】柚木属

tectonic [tek'tɒnɪk] a. (地壳)构造(上)的,建筑的,工艺的

tectonics [tek'tɒnɪks] n. ①筑造学,构造学,工艺学 ②大地构造学,构造地质学

tectonism ['tektənɪzəm] n.【地质】构造作用

tectonite, tektonite ['tektənaɪt] n.【地质】构造岩;轧成杆状材料

tectonoclastic [,tektənəʊ'klæstɪk] a. 构造碎裂的

tectonophysics [,tektənəʊ'fɪzɪks] n.【地质】地壳构造物理学

tectonosphere [tek'tɒnəsfɪə] n.【地质】构造圈

tectorial [tek'tɔːrɪəl] a.【医】构成覆盖物的

tectorium [tek'tɔːrɪəm] n.【生】疏松层

tectosequent [,tektə'siːkwənt] a. 反映构造的

tectosphere ['tektəʊ,sfɪə] n.【地质】构造圈,构造层

tectum ['tektəm] n.【医】顶盖

tedious ['tiːdjəs] a. ①冗长的,乏味的,令人生厌的 ②慢的 ‖ ~ly ad. ~ness n.

tedium ['tiːdjəm] n. 冗长,单调,乏味

tee [tiː] ❶ n. ①(英语字母) T,t ②T(字),T形(物,条,管),丁字接头,丁字铁〔梁〕,丁字形(物),三通(管) ③三线开关 ❷ v. 准备,安排(up) ☆*tee off* 分叉,开始,怒斥(on);*to a tee* 恰好地,毫无差池

teem [tiːm] v. ①浇铸,顶浇,倾注 ②倒出,把…倒空 ③涌现 ④充满,富于 ☆*teem with* 充满,富于

teeming ['tiːmɪŋ] ❶ n. 铸造〔件〕,浇铸,顶注,点冒口 ❷ a. 充满的,丰富的,多产的

teens [tiːnz] n. (总称)青少年,十多岁

teeny ['tiːnɪ] ❶ a. 极小的 ❷ n. 青少年

Teepol ['tiːpɒl] n.【化】阴离子去垢剂〔界面活性剂〕

tees [tiːz] n. (pl.)丁字(T形)钢

teeter ['tiːtə] n.; v. 摇摇欲坠,(玩)跷跷板

teeth [tiːθ] tooth 的复数

teethe [tiːð] vi. 出牙

teetotal [tiː'təʊtəl] a. 主张(绝对)戒酒的,完全的,绝对的

teetotum [tiː'təʊtəm] n. 手转陀螺 ☆*like a teetotum* 旋转着

teevee ['tiː'viː] n.【电子】无线电传真,电视(机)

teflon ['teflɒn] n.【化】聚四氟乙烯(塑料,绝缘材料),特氟隆

Tego ['teɡəʊ] n. ①铅基轴承合金 ②酚醛树脂

Tegucigalpa [,təɡuːsɪ'ɡælpə] n. 特古西加尔巴(洪都拉斯首都)

tegular ['teɡjʊlə] a. (似)瓦(一样排列)的 ‖ -ly ad.

Teh(e)ran [tehə'rɑːn,tɪə'rɑːn] n. 德黑兰(伊朗首都)

teil [tiːl] n.【植】菩提树

Teken ['tekən] n. (荷兰语) 雕刻,作记号

tektite ['tek,taɪt] n.【地质】熔融石,似曜岩,雷公墨

telangiectasis [tɪ,lændʒɪ'ektəsɪs] n.【医】毛细血管扩张

telautogram [tel'ɔː,təɡræm] n. 传真电报

telautograph [tel'ɔː,təɡrɑːf] n. 传真电报(机)

telautography [,telɔː'tɒɡrəfɪ] n. 传真电报学

telautomatics [,telɔː'tə'mætɪks] n.【机】遥控力学〔机械学,自动技术〕,远距离控制

Tel Aviv [,telə'viːv] n. 特拉维夫(以色列港口)

Telcoseal ['telkəʊsiːl] n. 泰尔科铁镍钴合金

Telcuman ['telkʌmən] n. 泰尔铜镍锰合金

tele ['telɪ] n. 电视

teleammeter [,telɪ'æmɪtə] n. 遥测电流计〔安培表〕

telearchics [,telɪ'ɑːkɪks] n. 无线电操纵飞行术

telearchie [,telɪ'ɑːtʃɪ] n. 遥控高射炮

telebar ['telɪbɑː] n.【机】棒料自动送进装置

telebit ['telɪbɪt] n.【计】二进制遥测系统

telecamera ['telɪ,kæmərə] n.【电子】电视摄像〔影〕机

telecar ['telɪkɑː] n. 收发报汽车,遥控车

telecast ['telɪ,kɑːst] ❶ (telecast 或 telecasted) v. 用户电视广播 ❷ n. 电视广播〔传输〕,电视节目

telecaster ['telɪ,kɑːstə] n. 电视公司,电视台,电视播音员

telecentric ['telɪ,sentrɪk] a.【物】焦阑的,远心的

telechirics ['telɪ,tʃɪrɪks] n. 遥控系统

telechron ['telɪkrɒn] n.【电子】电视钟

telecine ['telɪ,sɪniː] n.【电子】电视电影(机),电视电影演播室,电视电影传送装置

telecinematography ['telɪ,sɪnɪmə'tɒɡrəfɪ] n.【电子】电视(传送)电影(术)

teleclinometer [,telɪklɪ'nɒmɪtə] n.【地质】(遥测)井斜仪

telecobalttherapy ['telɪ,kəʊbɔː'lt'θerəpɪ] n.【医】放射性钴深部治疗

telecom ['telɪkɒm] n. 电信

telecommunication ['telɪkə,mjuːnɪ'keɪʃən] n. (常用pl.)电信,无线电通信,远程运输
〖用法〗"电信工程"一般表示为telecommunications engineering。

telecompass ['telɪ,kʌmpəs] n. 远距离〔无线电〕

罗盘
telecon ['telɪkɒn] *n.* 电话会议,电报会议
teleconference ['telɪˌkɒnfərəns] *n.* 电话〔电报,远距离通信〕会议
teleconnexion [ˌtelɪkə'nekʃən] *n.* 远距离联系
Teleconst ['telɪkɒnst] *n.* 铜镍合金
telecontrol [ˌtelɪkən'trəʊl] *n.; v.* 遥控,远距离控制〔操纵〕
telecopier ['telɪˌkɒpɪə] *n.* 电传复写机
telecopter ['telɪˌkɒptə] *n.* 空中电视台
telecord ['telɪkɔ:d] *n.* 电话机上附加的记录器
telecoupler ['telɪˌkʌplə] *n.*【电子】共用天线耦合器
telecourse ['telɪkɔ:s] *n.* 电视课程
telecruiser ['telɪˌkru:zə] *n.* 流动电视台
telectrograph [tɪ'lektrəgrɑ:f] *n.* 传真电报机
telectroscope [tɪ'lektrəskəʊp] *n.* 电传照相机
telecurietherapy [telɪˌkjʊərɪ'θerəpɪ] *n.*【医】远距离射线疗法
telediagnosis ['telɪˌdaɪəg'nəʊsɪs] *n.*【医】电视诊断,远距离诊断
telediffusion [ˌtelɪdɪ'fju:ʒən] *n.*【无】无线电广播
telefacsimile [ˌtelɪfæk'sɪmɪlɪ] *n.* 电话传真
telefault ['telɪfɔ:lt] *n.*【电子】故障检测电感线圈,电缆故障位置检测线圈
telefax ['telɪfæks] *n.*【电子】光传真
telefilm ['telɪfɪlm] *n.* 电视影片
teleflex ['telɪfleks] *n.* 转套,软套管
telefocus ['telɪˌfəʊkəs] *n.*【摄】远距聚焦
telefork ['telɪfɔ:k] *n.*【机】叉式起重拖车
telegauge ['telɪgeɪdʒ] *n.* ①遥测仪 ②可伸缩的内卡钳
telegenic [ˌtelɪ'dʒenɪk] *a.* 适于拍电视的,适于上电视镜头的 ‖ **~ally** *ad.*
telegon ['teləgɒn] *n.*【电】无接点交流自整角机,一种自动同步机
telegoniometer [ˌtelɪˌgəʊnɪ'ɒmɪtə] *n.*【无】方向计,无线电测向仪
telegram ['telɪgræm] ❶ *n.*【通信】电报〔信〕 ❷ (telegrammed; telegramming) *v.* 用电报发送,打电报(给) ☆ **by telegram** 用电报;**send a telegram** 打电报
telegraph ['telɪgrɑ:f] ❶ *n.*【通信】①电报(学,术) ②电报机,传令钟 ❷ *v.* ①电报发送,打电报(给) ②电汇 ③流〔泄〕露 ☆**by telegraph** 用电报
telegrapher [tɪ'legrəfə] *n.* 报务员
telegraphese [ˌtelɪgrɑ:'fi:z] *n.; a.* 电(报)文体(的)
telegraphic [ˌtelɪ'græfɪk] *a.* ①电报(信)的,电报机的 ②电(报)文体的
telegraphist [tɪ'legrəfɪst] *n.* 报务员,电信兵
telegraphone [tɪ'legrəfəʊn] *n.*【通信】录音〔留声〕电话机
telegraphoscope [ˌtelɪ'græfəskəʊp] *n.*【摄】电传照相机
telegraphy [tɪ'legrəfɪ] *n.* ①电报(学,术,法),发电报 ②电报机装置(术)

teleguide ['telɪgaɪd] *vt.*【军】遥导
teleindicator [ˌtelɪ'ɪndɪkeɪtə] *n.*【医】远距离指示器
telelectroscope [telɪ'lektrəskəʊp] *n.*【摄】电传照相(机)
telelecture ['telɪˌlektʃə] *n.* 电话扬声器;电话教学
telemanometer [ˌtelɪmə'nɒmɪtə] *n.*【医】遥测压力表
telemechanics [ˌtelɪmɪ'kænɪks], **telemechanism** [ˌtelɪ'mekənɪzm] *n.*【机】遥控力学,遥控机械学,远动学
telemechanization ['telɪˌmekənaɪˈzeɪʃən] *n.*【机】远距离机械化
telemedography [ˌtelɪme'dəʊgrəfɪ] *n.*【医】遥控诊疗术
telemeteorograph [ˌtelɪ'mi:tjəgrɑ:f] *n.*【气】遥测气象计
telemeteorography ['telɪˌmi:tjə'rɒgrəfɪ] *n.*【气】遥测气象仪器学
telemeteorometry ['telɪˌmi:tɪə'rɒmɪtrɪ] *n.*【气】远距气象测定学,遥测气象仪制造学
telemeter ['telɪmi:tə] ❶ *n.*【计】①遥测计 ②测距仪 ❷ *v.* 遥测,用遥测发射器传送
telemetering ['telɪmi:tərɪŋ] *n.*【电子】遥测(技术),沿无线电遥测线路传送信息
telemetric [ˌtelɪ'metrɪk] *a.* 遥测的
telemetry [tɪ'lemɪtrɪ] *n.*【电子】遥测技术〔装置,数据〕,生物遥测术,测距术〔法〕
telemicroscope [ˌtelɪ'maɪkrəskəʊp] *n.* 望远显微镜,遥测显微镜
telemometer [telə'mɒmɪtə] *n.*【医】遥测(式直读秤重)计
telemonitor [ˌtelə'mɒnɪtə] *v.* 遥控
telemotion [ˌtelɪ'məʊʃən] *n.*【无】无线电操纵
telemotor ['telɪˌməʊtə] *n.*【机】①遥控发〔电〕动机 ②遥控传动装置 ③油压操舵机
telenewspaper [ˌtelɪ'nju:speɪpə] *n.*【电子】传真报纸
teleobjective [ˌtelɪəb'dʒektɪv] *n.*【物】望远物镜,遥测对象
teleology [ˌtelɪ'ɒlədʒɪ] *n.*【哲】目的论
teleonomy [ˌtelɪ'ɒnəmɪ] *n.*【生】目的性
teleoperator [ˌtelɪ'ɒpəreɪtə] *n.* 遥控操作器,遥控机器人
teleoptile [ˌtelɪ'ɒptaɪl] *n.* 鸟羽
teleorganic [ˌtelɪɔ:'gænɪk] *a.* 生命必需的
tele(o)roentgenogram [ˌtelɪərɒnt'genəgræm] *n.*【医】远距X射线摄影
tele(o)roentgenograph [ˌtelɪərɒnt'genəgrɑ:f] *n.*【医】远距X射线摄影机
teleoroentgentherapy [ˌtelɪərɒntgen'θerəpɪ] *n.*【医】远距离X射线疗法
Teleostei [ˌtelɪ'ɒsteɪ] *n.*【生】真骨鱼总目
Teleostomi [ˌtelɪ'ɒstəmɪ] *n.*【生】(鱼)真口类〔纲,亚纲〕

telepaper ['telɪˌpeɪpə] n. 电视传真报纸〔文件〕

teleparallelism [ˌteləˈpærəlelɪzm] n. 【数】绝对平行度

telephase ['telɪfeɪz] n. 末期

telephic [tɪˈlefɪk] a. 恶性的

telephone ['telɪfəun] ❶ n. 电话(机),受话器 ❷ v. 打电话(给)(to) ☆*(be) on the telephone* 正在打电话; *by telephone* 用电话; *call … on the telephone* 给…打电话; *talk on (over) the telephone* 通电话

telephonic [ˌtelɪˈfɒnɪk] a. 电话(机)的,用电话传送的 ‖ ~ally ad.

telephonist [tɪˈlefənɪst] n. 话务员

telephonograph [ˌtelɪˈfəunəɡrɑːf] n. 电话录音机

telephonometer [ˌtelɪfəˈnɒmɪtə] n. 通话计时器

telephonometry [ˌtelɪfəˈnɒmɪtrɪ] n. 电话测量术,通话计时

telephony [tɪˈlefənɪ] n. 电话(学,术),通话

telephote ['telɪfəut] n. 传真电报机

telephoto ['telɪˌfəutəu] n.;a. ①传真电报(机,的)②远距照相(的),传真照片 ③摄远镜头

telephotograph [ˌtelɪˈfəutəɡrɑːf] ❶ n. 传真照片〔照相,电报〕❷ v. 用传真电报发送,用远距照相镜头拍摄 ‖ -ic a.

telephotography [ˌtelɪfəˈtɒɡrəfɪ] n. 传真电报(学,术),电传照相术

telephotolens [ˌteləˈfəutəlenz] n. 远摄物镜,望远镜头

telephotometer [ˌtelɪfəˈtɒmɪtə] n. 远距光度计

telephotometry [ˌteləfəˈtɒmɪtrɪ] n. 【物】光度遥测法

teleplay ['telɪpleɪ] n. 电视广播剧

teleplotter ['telɪˌplɒtə] n. 【计】电传绘迹器

teleportation [ˌtelɪpɔːˈteɪʃ ən] n. 远距传物

teleprinter ['telɪˌprɪntə] n. 【电子】电传打印机,电传打字电报机

teleprocessing [ˌtelɪˈprəusesɪŋ] n. 【电子】(遥)远处理,远程信息处理,远距程序控制,遥控加工

teleprompter ['telɪˌprɒmptə] n. (在电视演说者前逐行映出讲稿的)讲词提示器

telepsychrometer [ˌtelɪsaɪˈkrɒmɪtə] n. 【机】遥测干湿表

telepunch ['telɪpʌntʃ] n.; v. 遥控穿孔(机)

telequipment [ˌtelɪˈkwɪpmənt] n. 遥控装置

telerecord [ˌtelɪrɪˈkɔːd] vt. 为…摄制电视片,电视录像〔放映〕,遥测记录

telerecorder [ˌtelɪrɪˈkɔːdə] n. 遥测自动记录仪

telergone ['teləɡəun] n. 信息激素

telergy ['telədʒɪ] n. 透视力,视觉特异功能

teleroentgenotherapy [ˌtelɪrɒntˈɡenəθerəpɪ] n. 【医】深部伦琴射线疗法

telerun ['telɪrʌn] n.; v. 遥控

telescope ['telɪskəup] ❶ n. 望远镜,光学仪器,套筒(式) ❷ v. (使)套进,(使)直插进,伸缩

telescopic(al) [ˌtelɪˈskɒpɪk(əl)] a. ①望远镜(式)的 ②远视的 ③套筒(式)的,(可,能)伸缩的

telescopically [ˌtelɪˈskɒpɪkəlɪ] ad. 套叠地,可伸缩地

telescopicity [ˌtelɪskɒˈpɪsətɪ] n. (望远镜形)锥形度

telescopiform [ˌtelɪˈskɒpɪfɔːm] a. 望远镜形的,可伸缩的

telescreen ['telɪskriːn] n. 电视屏幕,荧光屏

telescribe ['telɪskraɪb] n. 电话录音机

telescript ['telɪskrɪpt] n. 电视广播稿,电视剧本

teleseism ['telɪˌsaɪzəm] n. 【地质】远(地)震

teleseismology [ˌtelɪsaɪzˈmɒlədʒɪ] n. 【地质】遥测地震学

teleseme ['telɪsiːm] n. 信号机

teleset ['telɪset] n. 电视接收机,电话机

telesignalisation , telesignalization [ˌtelɪsɪɡnəlaɪˈzeɪʃ ən] n. 【电子】遥测信号(化,设备)

telesong ['telɪsɒŋ] n. 电话音乐

telespectroscope [ˌtelɪˈspektrəskəup] n. 【物】远程分光镜

Telestar ['telɪstɑː] n. 电视卫星

telestereoscope [ˌtelɪˈstɪərɪəskəup] n. 双眼〔体视〕望远镜

telestimulator [ˌtelɪˈstɪmjuleɪtə] n. 【医】遥控刺激器

telestudio [ˌtelɪˈstjuːdɪəu] n. (电视)演播室

teleswitch ['telɪswɪtʃ] n. 遥控开头,遥控键

telesyn ['telɪsɪn] n. 遥控同步机

telesynd ['telɪsɪnd] n. 远程同步遥控装置,遥测设备

teletachometer [ˌtelɪtæˈkɒmɪtə] n. 【航】遥测转速计

teletalking [ˌtelɪˈtɔːkɪŋ] n. 有声电影

telethermograph [ˌtelɪˈθɜːməɡrɑːf] n. 遥测温度计

telethermometer [ˌtelɪθɜːˈmɒmɪtə] n. 遥测〔远距〕温度计

telethermoscope [ˌtelɪˈθɜːməskəup] n. 遥测温度计

telethon ['telɪθɒn] n. 长时间〔马拉松式〕电视广播节目

teletorque ['telɪtɔːk] n. 【电子】交流自整角机

teletranscription [ˌtelɪtrænˈskrɪpʃ ən] n. 显像管录像,电视屏幕纪录片

teletransmission [ˌtelɪtrænsˈmɪʃ ən] n. 【计】远程〔遥测〕传送

teletrician [ˌteləˈtrɪʃ ən] n. 电视工作者

teletron ['telɪtrɒn] n. 【电子】显像管,电视接收管

teletube ['telɪtjuːb] n. 【电子】电视显像管

teletype ['telɪtaɪp] ❶ n. ①电传打字(电报)机 ②电传打字电报(术) ❷ v. 用电传打字电报机发送

teletyper ['telɪˌtaɪpə] n. 电传打字电报员

teletypesetter [ˌtelɪˈtaɪpˌsetə] n. 电传排〔铸〕字机,电传排版

teletypewriter [ˌtelɪˈtaɪpˌraɪtə] n. 电传打字(电报)机

teletypist ['telɪˌtaɪpɪst] *n.* 电传打字电报员

teleutosourus [təˈljuːtəsɔːrəs] *n.*【生】冬孢子堆

teleutospore [təˈljuːtəspɔː] *n.*【生】冬孢子

teleutosporiferous [təˈljuːtəspɔːˈrɪfərəs] *a.* 带冬孢子的

televariety [ˌtelɪvəˈraɪətɪ] *n.* 电视综合表演

teleview ['telɪvjuː] ❶ *v.* (用电视机)收看,看电视 ❷ *n.* 电视节目〔传真〕

televiewer ['telɪˌvjuə] *n.* 电视观众

televise ['telɪvaɪz] *vt.* 电视播送,电视拍摄,看电视

television ['telɪˌvɪʒən] *n.* ①电视(学,术) ②电视(接收)机 ③电视广播事业 ‖ **~ary** *a.*

televisionally [ˈtelɪˈvɪʒənəlɪ] *ad.* 通过电视

televisionese [ˌtelɪˈvɪʒəniːz] *n.* 电视术语

televisor ['telɪˌvaɪzə] *n.* ①电视(接收,发射)机 ②电视播音员 ③使用电视接收〔发射〕机的人

televisual [ˌtelɪˈvɪzjuəl] *a.* ①电视的 ②适于上电视镜头的

televoltmeter [ˌtelɪˈvəʊtmiːtə] *n.*【电子】遥测电压表

televox ['telɪvɒks] *n.* 机械人,声控机器人

telewattmeter [ˌtelɪˈwɒtmiːtə] *n.*【物】遥测瓦特计

telewriter ['telɪˌraɪtə] *n.* 传真电报机,电传打字机

telex ['teleks] *n.* ①用户电报 ②电报用户直通电路 ③专线电报机

telharmonium [ˌtelhɑːˈməʊnjəm] *n.*【音】电传乐器

teliospore ['tiːlɪəspɔː] *n.*【生】冬孢子

teliostage ['telɪəsteɪdʒ] *n.*【生】(锈菌)冬孢子期

telium ['tiːlɪəm] *n.*【生】冬孢子堆

tell [tel] (told) *v.* ①说(述),说,告诉,泄露 ②嘱咐,命令,教 ③(常和can, could, be able to 连用)区别,分辨,担保 ④命中,奏效 ☆**all told** 合计; **every shot told** 百发百中; **tell about** 讲述; **tell apart** 识别,看出; **tell A from B** 把A同B区别开来; **tell of** 讲述; **tell off** 报数,分列,分派(工作),申斥; **tell on (upon)** 影响到,告发; **there is no telling** 难以预料,不可能知道

tellable ['teləbl] *a.* 可讲的,可告诉的,值得讲的

teller ['telə] *n.* 讲话人,播音(检票,出纳)员,防空情报员

telling ['telɪŋ] ❶ *a.* ①有效的 ②显著的,生动的,说明问题的 ❷ *n.* 讲述,知道,辨别 ‖ **~ly** *ad.*

tellite ['telaɪt] *n.*【电子】指示灯,印刷电路基板

Telloy ['telɔɪ] *n.*【冶】细碲粉(末)(商品名)

telltruth ['teltruːθ] *n.* 说实话者

tellural [teˈljuərəl] *a.* 地球(上)的

tellurate [te'ljuərɪt] *n.*【化】碲酸盐〔酯〕

telluret [te'ljurɪt] *n.*【化】碲化物

tellurian [teˈljuərɪən] ❶ *a.* 地球(上)的 ❷ *n.* 地球上的居住者

telluric [te'ljuərɪk] *a.* ①地球的,大地的 ②(正)碲的

telluride [te'ljuraɪd] *n.*【化】碲化物

tellurion [te'ljuərɪən] *n.* 地球仪

tellurism [te'ljuərɪzəm] *n.*【医】水土〔地气〕致病

tellurite [te'ljuraɪt] *n.*【矿】【化】黄碲矿,亚碲酸盐

tellurium [te'ljuərɪəm] *n.*【化】碲

tellurometer [ˌtelju'rɒmɪtə] *n.*【电子】测距仪,精密测地仪

tellurous [te'ljuərəs] *a.* 亚碲的

tellus ['teləs] *n.* ①地球 ②(Tellus)大地女神

telly ['telɪ] *n.* 电视(机)

telocentric [ˌtiːləˈsentrɪk] *a.* 具端着丝点的

telocopolymerization ['tiːləˌkəʊpɒlɪməraɪˈzeɪ-ʃən] *n.*【化】共调聚反应

telogen ['tiːlədʒən] *n.*【化】调聚体,远控聚合反应的连锁反应链载体

teloidine [teˈlɔɪdiːn] *n.*【化】特洛碱,三羟莨菪烷

telojector [ˌtiːləˈdʒektə] *n.* 一种自动换片幻灯机

telokinesis [ˌtiːləkaɪˈniːsɪs] *n.*【生】末期动态

telolecithal [ˌteləʊˈlesɪθəl] *a.*【生】端卵黄的

telolemma [teləʊˈlemə] *n.*【医】终膜

telomer ['teləmə] *n.*【化】调聚物,终端调节剂

telomere ['teləmɪə] *n.*【生】端粒

telomeric [teləˈmerɪk] *a.* 调聚的

telomerization [ˌteləməraɪˈzeɪʃən] *n.*【化】调(节)聚(合)反应

Telop ['telɒp] *n.* 一种自动反射式幻灯机

telophase ['teləfeɪz] *n.*【生】(细胞分裂)末期,终期

telophragma [ˌteləˈfrægmə] *n.*【机】中间盘

teloreduplication [ˌtelɒriːdjuːplɪˈkeɪʃən] *n.*【生】末期复制

telorism ['telərɪzəm] *n.*【医】(器官)距离

telotaxis [ˌteləʊˈtæksɪs] *n.*【生】趋激性

telotype ['teliˌtaɪp] *n.* ①电传打字电报机 ②(一份)电传打字电报

telpher ['telfə] ❶ *n.*; *a.* 高架索道(的),电动(架空单轨)缆车(的) ❷ *vt.* 用电动缆车运输

telpherage ['telfərɪdʒ] *n.* 高架索道运输(法)

Telstar, telstar ['telstɑː] *n.*【电子】(美国政府发展的)通信卫星(系统)

temblor [temˈblɔː] *n.* (pl. temblor(e)s) 地震

temoin ['temɔɪn] *n.*【建】挖方土柱(标记挖方深度用)

Tempaloy ['tempəlɔɪ] *n.*【冶】耐蚀铜镍合金

temper ['tempə] *v.*; *n.* ①回火,锻炼 ②回火度〔色〕,(钢)的硬度、强度、韧性的程度,(钢)的含碳量 ③调和(节,剂),掺和,捏(黏土),使软化 ④(使)缓和,减轻 ⑤调和物 ⑥【机】平整 ⑦特征,倾向 ⑧性情,脾气

temperable ['tempərəbl] *a.* ①可回火的,可锻炼的 ②可调(揉)的

temperament ['tempərəmənt] *n.* ①调和,适中 ②性情,气质 ③变幻无常 ‖ **~al** *a.*

temperate ['tempərɪt] *a.* ①有节制的 ②适中的,适可而止的 ③温和的 ‖ **~ly** *ad.* **~ness** *n.*

temperature ['tempərɪtʃə] *n.* 温度,体温 ☆**have (run) a temperature** 有热度,发烧; **take one's temperature** 量体温
〖用法〗该词前面用介词at。如:Water is a liquid

at room temperature. 在室温下,水是液体。/Most common substances exist in the solid phase at low temperatures. 在低温下大多数常见的物质是以固相存在的。

tempering ['tempərɪŋ] *n.* ①回火,回韧 ②人工老化 ③混料,调和,(煤中)(略)加水(分)

Temperite ['tempəraɪt] *n.* 【建】(混凝土)氯化钙防冻剂

tempest ['tempɪst]❶ *n.* 风暴天气,暴风雨(雪) ❷ *vt.* 使骚动,使激动

tempestuous [tem'pestjʊəs] *a.* ①大风暴的,暴风雨的 ②剧烈的 ‖ **-ly** *ad.*

tempi ['tempiː] (意大利语) tempo 的复数

tempil ['tempɪl] *n.* 测温剂

tempilac ['tempɪlæk] *n.* 坦皮赖克示温漆

tempilstik ['tempɪlstɪk] *n.* 【机】示温笔

template ['templɪt]❶ *n.* ①样(模,型)板,样(卡,量)规,刮尺 ②(切向推进磨的)导板 ③垫石(木),(墙中的)承梁短板 ④透明绘图纸 ❷ *v.* 放样

temple ['templ] *n.* ①【纺】伸幅器,连撑 ②教堂,寺庙 ③太阳穴

templug ['templʌg] *n.* 测温塞

tempo ['tempəʊ] (意大利语) (pl. tempos 或 tempi) *n.* ①速度(率),节拍 ②进度,发展速度

tempolabile [,tempəʊ'leɪbaɪl] *a.* 随(时间)变的

temporal ['tempərəl]❶ *a.* ①暂(瞬)时的,短暂的 ②现世的,时间(上)的 ❷ *n.* (pl.)暂存的事物

temporality [,tempə'ræləti] *n.* 暂时(短暂)性

temporalize ['tempərəlaɪz] *vt.* 把…放在时间关系中(来确定)

temporarily ['tempərərɪlɪ] *ad.* 暂时

temporariness ['tempərərɪnɪs] *n.* 暂(临)时性

temporary ['tempərərɪ]❶ *a.* 暂时的,临时的,顷刻的 ❷ *n.* 临时工

temporise, temporize ['tempəraɪz] *vi.* ①因循,见风使舵,投机 ②拖延,应付 ③(与…)妥协(with) ‖ **temporisation** 或 **temporization** *n.*

temporizingly ['tempəraɪzɪŋlɪ] *ad.* 因循地,拖延应付地

tempocopy [tem'pɒskɒpɪ] *n.* 极快和极慢过程显示术

tempt [tempt] *vt.* ①引诱,诱惑 ②吸引,使发生兴趣,鼓动 ③考验,试探 ☆**be tempted off the straight path** 被引入歧途; **be tempted to (do)** 被诱惑去(做),总想(做); **tempt ... into doing** 引诱(导致,引起)…(做); **tempt ... to (do)** 使…想(做),诱使…(做)

temptability [,temptə'bɪlətɪ] *n.* 可诱惑性

temptable ['temptəbl] *a.* 易被诱引的,可诱惑的

temptation [temp'teɪʃən] *n.* 诱惑(物),引诱,试验,考验 ☆**fall into temptation** 或 **yield (give way) to temptation** 受诱惑; **lead (one) into temptation** 使(人)受诱惑

tempter ['temptə] *n.* ①诱惑者(物)②魔鬼

tempting ['temptɪŋ] *a.* 诱惑人的,吸引人的 ☆**it**

is tempting to (do) 人们可能很想(做) ‖ **-ly** *ad.*

ten [ten] *n.; a.* 十(的),十个(的),(pl.)十位(数) ☆ **ten times as (easy)** (容易)得多; **tens of thousands** 数万; **ten to one** 十之八九,非常可能

tenable ['tenəbl] *a.* ①守得住的,站得住(脚)的 ②可保持(若干时间)的,可延续(若干时间)的,为期(若干时间)的(for) ‖ **-ness** 或 **tenability** *n.*

tenacious [tɪ'neɪʃəs] *a.* ①坚韧的 ②黏(韧性,滞)的,有附着力的 ③坚持的,固执的 ④抓紧的,紧握的,不放松的 ☆**be tenacious in doing** 坚持,在…方面表现得不屈不挠; **be tenacious of...** 很强,不轻易改变

tenacity [tɪ'næsətɪ] *n.* 【建】①坚韧,韧性(度),黏(韧)性 ②抗断强度 ③紧握,固执,坚持,顽强

tenancy ['tenənsɪ] *n.* ①租用,租期 ②占有

tenant ['tenənt] ❶ *n.* 承租人,租户,占用者,居住者 ❷ *vt.* 租借

tenantry ['tenəntrɪ] *n.* 承租人,租赁

tenaplate ['tenəpleɪt] *n.* 【机】涂крен铝箔

tend [tend] *v.* ①趋向,有…的倾向,(势必)会 ②力图 ③有助于(to) ④照管,招待,看护,管理,饲养 ⑤留心,注意,守望 ☆**tend on (upon)** 招待,照料; **tend to** 趋于,留心; **tend to (do)** (往往)会,势必,趋向于(做);力图(做);有助于(做); **tend towards** 趋向于,有…的倾向 ☆在科技文中,该词一般用于表示如:This current tends to decrease the total current in diodes D_1 and D_2. 这个电流趋于减少二极管D_1和D_2的总电流。

tendance ['tendəns] *n.* 照顾,关心,注意

tendency ['tendənsɪ] *n.* 倾向,趋势 ☆ **tendency to (do)** 做…的倾向; **the tendency is for ... to be ...** 趋势是使…成为…
【用法】❶该词后可跟"to;toward"或动词不定式。如:There is no tendency to (toward) inflation. 不存在通货膨胀的趋势。/ A magnet has a tendency to attract iron materials. 磁铁具有吸引铁质物质的倾向。❷注意该词的一种常见搭配模式"tendency of A to do B"。如:Gravity is the tendency of all objects to attract, and be attracted by, each other. (万有)引力就是一切物体相互吸引的趋势。/ Elasticity may be defined as the tendency of a body to return to its original state after being deformed. 弹性可以被定义为物体在形变后恢复其原状的趋势。有地极少数人也用"for A to do B"的。如:The tendency for a satellite to keep moving round the earth is an example of inertia. 卫星连续不断地绕地球运行就是惯性的一个例子。

tendentious [ten'denʃəs] *a.* (讲话,文章等)有倾向性的 ‖ **-ly** *ad.* **-ness** *n.*

tender ['tendə]❶ *n.* ①照料者,看护人 ②招(投)标,承包,标件 ③服务车,补给船 ④提出,提供 ⑤货币,偿付的手段 ⑥偿付 ❷ *v.* ①(正式)提出,提供 ②报价,偿还,照付,支付货币 ③投标(for) ④使变柔软(脆弱)❸ *a.* ① 柔软的,温和的,脆弱的,

易损坏的 ②棘手的,微妙的 ③易倾斜的,稳定性
小的 ④担心的,不轻易给予的 ☆ **touch ... on a
tender spot** 触及…的弱点,打中…的痛处

tenderer ['tendərə] *n.* 提供〔出〕者,投标人

tenderly ['tendəlɪ] *ad.* 柔软地,温和地 ‖ **tender-
ness** *n.*

tender-minded ['tendə'maɪndɪd] *a.* 空想的,不切
实际的

tendogram ['tendə,græm] *n.* 【医】腱震图

tendomucoid [,tendə'mjuːkɔɪd] *n.*【生】腱黏蛋白

tendon ['tendən] *n.* ①【生】腱 ②【建】预应力
钢筋束

tendril ['tendrɪl] *n.*【植】卷须,蔓,卷须植物,似卷须
状之物

tenebrescence [,tenə'bresəns] *n.*【物】曙光,
磷光熄灭,变色荧光,光吸收

tenebrific [,tenɪ'brɪfɪk] *a.* 阴沉的,造成黑暗的

tenebrous ['tenɪbrəs] *a.* ①黑暗的,阴沉的 ②难
懂的 ‖ **~ness** *n.*

Tenelon ['tenɪlɒn] *n.*【冶】高锰高氮不锈钢

tenement ['tenɪmənt] *n.* ①公寓,(公寓的)一套房
间 ②租用房屋 ③租地,地产

tenemental [,tenɪ'mentəl], **tenementary** [tenɪ-
'mentərɪ] *a.* (供)出租的,地产的

tenet ['tenɪt] *n.* 宗旨,原则,主义,教理〔条〕

tenfold ['ten,fəʊld] *a.* ; *ad.* 十倍〔重〕(的)

tengerite ['tendʒəraɪt] *n.*【地质】水菱钇矿

teniacide ['tiːnjə,saɪd] *n.*【医】杀绦虫剂

teniasis [tɪ'naɪəsɪs] *n.*【医】绦虫病

Tenite [tə'naɪt] *n.*【化】吞奈特(醋酸丁酸纤维素
塑料)

tennantite ['tenən,taɪt] *n.*【矿】砷黝铜矿

tenner ['tenə] *n.* 十美元(十英镑)纸币

Tennessee [,tenə'siː] *n.* (美国)田纳西(州)

tennis ['tenɪs] *n.* 网球

tenon ['tenən] **❶** *n.* (雄)榫(头),凸榫〔钉〕,榫舌 **❷**
v. 在…上开,造榫,配榫,(用)榫接(合)

tenonometer [,tenə'nɒmɪtə] *n.*【医】眼压计

tenor ['tenə] *n.* ①动(趋)向 ②要旨,意理 ③金属
含量 ④【经】誊本,提单,汇票等的各联副本(支票
的)期限 ⑥【音】男高音,次中音部 ☆ **even
tenor** 单调,千篇一律

tenorite ['tenəraɪt] *n.*【矿】黑铜矿

tense [tens] **❶** *a.* 拉紧的,紧张的 **❷** *v.* (使)拉紧,
使紧张 **❸** *n.* (动词)时态 ☆ **at prime tense** 最
初,立即 ‖ **~ly** *ad.* **~ness** *n.*

tensibility [,tensə'bɪlətɪ] *n.* 可伸长性

tensible ['tensəbl] *a.* 可伸展的 ‖ **tensibly** *ad.*

tensile ['tensaɪl] *a.*【物】①可伸展的,紧张的 ②受
拉的,抗张的

Tensilite ['tensɪlaɪt] *n.*【冶】登赛赖特耐蚀高强度
铸造黄铜

tensility [ten'sɪlətɪ] *n.* 延性

tensimeter [ten'sɪmɪtə] *n.*【物】压力计,压强计,
饱和气压计

tensiometer [,tensɪ'ɒmɪtə] *n.*【地质】张力计,(表
面张力)滴重计,伸长计,土(壤)湿度计

tensiometric [,tensɪəʊ'metrɪk] *a.*【物】张力计
的张力测量术的;张力测量学的,张力学的

tensiometry [,tensɪ'ɒmɪtrɪ] *n.*【物】张力测量术

tension ['tenʃən] **❶** *n.*【物】①电〔气〕压,压强
②张力,应力状态 ③紧张(状态),绷紧情况 ④伸
展,张开 **❷** *v.* (使)紧张,拉伸,拉紧 ☆ **(be) in
tension** 受拉(伸),承受拉力 ‖ **~al** *a.*

tensioner ['tenʃənə] *n.*【机】张紧轮,张紧装置

tension-free ['tenʃənfriː] *a.* 无拉(张)力的,无安
压的

tensity ['tensɪtɪ] *n.* 紧张(度)

tensive ['tensɪv] *a.* 紧张的

tensodiffusion [,tensəʊdɪ'fjuːʒən] *n.*【物】张力
扩散

tensometer [ten'sɒmɪtə] *n.* (= tensiometer)【物】
张力计

tensometric [,tensəʊ'metrɪk] *a.* 测张力的,测伸
长的

tensometry [ten'sɒmɪtrɪ] *n.*【物】张力测量术

tensor ['tensə] *n.* 张量,伸张器;张肌 ‖ **~ial** *a.*

tensor-density ['tensə'densɪtɪ] *n.*【物】张量密度

tensor-shear ['tensə'ʃɪə] *n.*【数】张量切变

ten-strike ['ten'straɪk] *n.* 大胜利,大成功

ten-symbol ['ten'sɪmbəl] *n.* 十进位的

tent [tent] **❶** *n.* ①帐篷(状物),天幕 ②(户外用)活
动暗室 ③寓所 ④塞条 **❷** *v.* ①搭〔住〕帐篷,
宿营,以天幕覆盖 ②将消毒棉花或纱布塞入(伤
口) ③照料,观察

tentacle ['tentəkl] *n.* 触手(角),魔爪

tentacled ['tentəkəld] *a.* 有触手的;具触角的

tentacular [ten'tækjulə] *a.* 触手(状)的

tentaculiform [ten'tækjulɪfɔːm] *a.* 触手状的

tentage ['tentɪdʒ] *n.* 帐篷,宿营装备

tentation [ten'teɪʃən] *n.* 试验,尝试

tentative ['tentətɪv] **❶** *a.* ①临时的,暂行的,试(验)
用的,初步的 ②试探(性)的,推测的 **❷** *n.* ①试验,
推测 ②(pl.)试用标准,临时规定 ‖ **~ly** *ad.* **~ness** *n.*

tenter ['tentə] **❶** *n.*【纺】①张布架〔钩〕,拉幅机
〔钩〕 ②(机器)看管人 **❷** *vt.* 把…绷在拉幅机上

tenterhook ['tentəhʊk] *n.* 拉幅钩 ☆ **be on
tenterhooks** 提心吊胆,焦虑不安

tenth [tenθ] *n.* ; *a.* ①第十(的) ②(…月)10 日 ③十
分之一(的),十等分(的) ☆ **nine tenths** 十之八
九; **the submerged tenth** 社会最底层,最穷
困的阶层

〖用法〗表示"零点几"用"a few (several) tenths"。
如:The voltage across the capacitor is a few tenths
of a volt. 该电容器上的电压是零点几伏特。

tenthly ['tenθlɪ] *ad.* (在)第十

tenthmeter [tenθ'miːtə] *n.* 埃 (指 angstrom 波长
单位)

tenth-normal [tenθ'nɔːməl] *a.* 分规的,十分之一
当量浓度的

tenth-rate ['tenθreɪt] a. 最劣等的

tentum ['tentəm] n.【医】阴茎

Tenual ['tenjuəl] n.【冶】特纽阿尔高强度铜铝合金

tenuity [tə'njuːɪtɪ] n. ①(纤)细,(稀)薄,(光,声)微弱 ②贫乏,空洞

tenuous ['tenjuəs] a. ①(纤)细的,(稀)薄的,薄弱的 ②精细的 ‖ **-ly** ad. **-ness** n.

tenure ['tenjuə] n.【经】保有〔租借〕地,不动产占有(权,期),(土地等的)保有条件,任期

tenurial [te'njuːrɪəl] a. 土地保有的;依赖于保有权的;任职期的

Tenzaloy ['tenzælɔɪ] n.【冶】坦查洛依铝锌铸造合金

teosinte [,tɪə'sɪntɪ] n.【植】野生玉蜀黍

tepefaction [,tepə'fækʃən] n. 微温

tepefy ['tepɪfaɪ] v. (使)微热

tepetate ['tepətɑːtɪ] n.【地质】灰盖

tephigram ['tiːfɪgræm] n.【医】温熵图,T 图

tephra ['tefrə] n.【地质】火山灰

tephrite ['tefraɪt] n.【地质】碱玄岩

tephroite ['tefrɔɪt] n.【矿】锰橄榄石

tephros ['tefrɒs] n.【矿】火山灰沉积物

tepid ['tepɪd] a. 微温的,平常的 ☆ **have only a tepid interest in** 对…兴趣不大 ‖ **~ity** n. **~ly** ad. **~ness** n.

tepor ['tepə] (拉丁语) 微温

ter [tɜː] (意大利语) ad. 三次〔度〕

tera ['terə] n.【数】(=10¹²) 太(拉)

teracidic [,terə'sɪdɪk] a. 三价的

teramorphous [,terə'mɔːfəs] a. 畸形的

teratic [tɪ'rætɪk] a. 畸形的

teratogen ['terətədʒən] n.【生】致畸原;(pl.) 畸胎

teratogenesis [te,rətəu'dʒenɪsɪs] n.【生】畸胎〔形〕生成

teratogenic ['terə,təud'dʒenɪk] a. 引起畸形的

teratogenicity ['terə,təudʒɪ'nɪsətɪ] n.【生】致畸态性

teratoma [,terə'təumə] n.【医】畸胎〔态〕瘤

Teratron ['terə,trɒn] n.【电子】亚毫米波振荡器

terawatt ['terə,wɒt] n.【电子】太瓦

terbia ['tɜːbɪə] n.【化】氧化铽

terbium ['tɜːbɪəm] n.【化】铽

terbromide [tɜː'brəumaɪd] n.【化】三溴化合物

tercel ['tɜːsl] n.【动】雄鹰

tercentenary [,tɜːsen'tiːnərɪ] , **tercentennial** [,tɜːsen'tenjəl] a.; n. 三百年(纪念日) (的)

terchebin [tə'tʃebɪn] n.【生】诃子素

terchloride [tɜː'klɔːraɪd] n.【化】三氯化合物

tercile ['tɜːsaɪl] n.【统】百分位点

Tercod ['tɜːkɒd] n.【建】碳化硅耐火材料

terdenary [tɜː'diːnərɪ] a.【数】十三进制的

terebene ['terə,biːn] n.【化】松节油精

terebinth ['terəbɪnθ] n. 松脂木 ☆ **oil of terebinth** 松节油

teredo [tə'riːdəu] (pl. teredos 或 teredines). 【动】蛀船虫

terephthalaldehyde [,teref'θælældəhaɪd] n.【化】对酞醛,苯对二甲醛

terephthalate [,teref'θæleɪt] n.【化】对酞酸盐,对苯二(甲)酸盐〔酯〕

terfluoride [tɜː'flɔːəraɪd] n.【化】三氟化合物

tergal ['tɜːgəl] a. 背的,背面的

tergiversate ['tɜːdʒɪvɜːseɪt] vi. ①变节,背叛 ②完全改变意见 ③自相矛盾,搪塞 ‖ **tergiversation** n.

terhalide [,tɜː'hælaɪd] n.【化】三卤化合物

teriodide [,tɜː'aɪədaɪd] n.【化】三碘化合物

term [tɜːm] ❶ n. ①期限,学期,任期 ②(谈判,合同)条件,条款 ③【数】项,【物】能态〔能量,光谱〕项,范围,界限,界石 ④术语,(专门)名词 ⑤(pl.) 关系 ⑥足月〔孕〕 ❷ vt. 把…称为 ☆ **be officially termed** 被正式称做; **bring...to terms** 迫使…同意〔屈服〕; **come to terms** 达成协议; **in any terms** 无论如何都; **in general terms** 概括地说,一般地(说); **in plain (simple) terms** 简言之; **in practical terms** 实际上; **in set terms** 明确地; **in terms of** 依据,按照,就…而论,在…方面〔意义〕(上),从…观点来看;以…为;折合; **in the long term** 从长远观点来看; **make terms with** 与…达成协议; **not on (upon) terms** 决不; **on easy terms** 以宽厚的条件,以分期付款方式; **on even terms with** 和 …不相上下; **on one's own terms** 根据自己的主张〔条件〕,按照自己的定价; **set a term to** 对…加以限制,给…定期限; **set terms** 定条件,固定词语; **term by term** 逐项地; **terms of reference** 受权调查范围; **upon no terms** 决不

〖用法〗❶ 该词需要补足语前时,在补足语前不得加介词"as"。如:This device is termed an oscilloscope. 这个设备就称为示波器。❷注意下面例句中该词的用法:There are no simpler quantities in terms of which length and time may be expressed. 没有比较简单的量可用来表示长度和时间。/Fluids also differ from one another in viscosity, a term which refers qualitatively to the readiness with which they flow. 各种流体的黏度也是各不相同的,而黏度这一术语定性地指流体流动的容易程度。/ In computational terms, Eq 1-5 is usually easy to handle. 就计算来说,Eq 1-5 通常是容易处理的。

term-by-term ['tɜːmbaɪtɜːm] a. 逐项的

terminability [,tɜːmɪnə'bɪlətɪ] n. 可终止性,有限期性

terminable ['tɜːmɪnəbl] a. 可终〔截〕止的,有限期的 ‖ **terminably** ad.

terminad ['tɜːmɪnəd] ad. 向末端

terminal ['tɜːmɪnl] ❶ a. ①末端的,终点(站)的,最终的,【数】末项的 ②每(学期)的 ③末〔终〕晚期的 ❷ n. ①(终,末,输出)端,终〔端〕点,端饰 ②端子,接线柱,接头,(接)线端,线夹〔柱〕,终端设备 ③终点站,航空集散地,卸货码头,转运基地,中转油库 ‖ **-ly** ad.

〖用法〗表示"在…终端〔端点〕"时,其前面用介词"at"。如:At the receiving terminal, a bank of band-pass filters are used to separate the message signals on a frequency-occupancy basis. 在接收端,使用一排带通滤波器来按频率占有率把信息信号分开。

terminate ['təːmɪneɪt] ❶ v. ①终止,结束 ②限定,满期 ③端接 ❷ a. 有(界)限的,终止的 ☆ **be terminated with** 末端是; **terminate in** 结尾于,造成

〖用法〗注意下面例句的含义:An interesting question is where to return control when the loaded program terminates. 一个有趣的问题是当加载的程序结束时要把控制返回到何处。/Lines of force emanating from the fixed charge are terminated in the surrounding cloud. 从该固定电荷发出的力线终止于周围的电子云。

terminating ['təːmɪˌneɪtɪŋ] ❶ n. 端接,终端(负载),收信 ❷ a. 有尽的

termination [ˌtəːməˈneɪʃən] n. ①终止(局,作用),结束,归结 ②终端(装置,负载),末端,端接(法) ③终点(站) ④界限,词尾 ☆ **bring ... to a termination** 使…结束; **put a termination to ...** 结束… ‖ **~al** a.

terminative ['təːmɪnətɪv] ❶ a. 结尾的,终止的,限定的 ❷ n. 词尾

terminator ['təːmɪneɪtə] n.【计】①终端负载(连接器) ②限定者(物) ③终止者(物,剂),结terminator,【天】(月面)明暗界线,晨昏线

termine ['təːmɪn] vt. ①限(制,定),立界限,终止,满期 ②决(限,规)定,决心

termini ['təːmɪnaɪ] terminus 的复数

terminological [ˌtəːmɪnəˈlɒdʒɪkəl] a. 术语的,专门名词的 ‖ **~ly** ad.

terminology [ˌtəːmɪˈnɒlədʒiː] n. 专门名词,术语,词汇,术语(名词)学

terminus ['təːmɪnəs] (pl. termini) n. ①终点(站),末端,界限〔标〕,目标,极限 ②胸像台 ☆ **terminus a quo** (拉丁语)起点,开始期; **terminus ad quem** (拉丁语)目标,结论,终止期

termite ['təːmaɪt] n.【动】白蚁

Termite ['təːmaɪt] n.【冶】铝基锰合金

termiticole ['təːmɪtɪkəʊl] n.【生】栖白蚁冡动物

termitiphile [təˈmaɪtəfaɪl] n.【动】喜白蚁动物

termless ['təːmlɪs] a. 无限的,无条件的,难于形容的

termly ['təːmliː] a.; ad. 定期(的)

termolecular [ˌtəːməˈlekjʊlə] a. 三分子的

termone ['təːməʊn] n.【生】定性(别)素,藻类定性素(决定配子雌雄性的物质)

termwise ['təːmwaɪz] a.; ad. 逐项(地)

tern [təːn] n.; a. 三个一套〔一组〕(的),三重(的),燕鸥

ternary ['təːnəriː] a.; n. 三个(一套,构成)的,三重(元,变量)制(的),第三的

ternate ['təːneɪt] a. 三个(一组)的,由三个(小叶)

组成的,含有三个的,轮生的 ‖ **~ly** ad.

terne [təːn] ❶ vt. 镀锡〔铅〕 ❷ n.【冶】铅锡合金,镀铅锡钢〔铁〕板

terneplate ['təːnpleɪt] n. 镀铅锡钢〔铁〕板

terpadiene ['təːpədiːn] n.【化】萜二烯

terpane ['təːpeɪn] n.【化】萜烷

terpene ['təːpiːn] n.【化】萜烯,松节油

terpenoid ['təːpəˌnɔɪd] n.【化】类萜(烯),萜类化合物

terpenyl ['təːpənɪl] n.【化】萜烯基

terphenyl [təːˈfɪnɪl] n.【化】三联苯

terpilenol [təˈpɪlenɪn] n.【医】萜品醇

terpine ['təːpɪn] n.【医】萜品,萜二醇

terpineol [təˈpɪnɪəʊl] n.【化】萜品醇,松油醇

terpinolene [təˈpɪnəliːn] n.【化】异松油烯

terpolymer [təːˈpɒlɪmə] n.【化】三(元共)聚物

terpolymerization ['təːˌpɒlɪˌməraɪˈzeɪʃən] n.【化】三聚作用

terra ['terə] (拉丁语) n. 土,(土)地;地球

terrace ['terəs] ❶ n. ①露〔晒,平,阳〕台,地坛,台阶 ②阶〔台〕地,梯田〔地〕 ③一排房屋,里弄 ❷ vt. 筑成台〔阶〕地,做成台阶,修成梯田

terra-cotta ['terəˈkɒtə] (意大利语) n. ①琉璃砖〔瓦〕②空心砖,陶砖〔瓦〕③赤土陶器,赤陶

terrain [teˈreɪn] n. ①地带〔域〕②地形〔势〕③场所,领域,范围

terramycin [ˌterəˈmaɪsɪn] n.【药】土霉素,土链丝菌素

terraneous [teˈreɪnɪəs] a. 陆生的

terrapin [terəpɪn] n.【动】海龟类

terraqueous [teˈreɪkwɪəs] a. (由)水陆(形成)的

terratolite [terəˈtɒlaɪt] n.【地质】密高岭土

terrella [təˈrelə] n.【航】(伯克莱)地球模型(研究极光用)

terrene ['teriːn] ❶ a. 土(质)的,陆地的,地球的 ❷ n. 地球(表),陆地

terrestrial [təˈrestrɪəl] ❶ a. ①地球(上,范围内)的,世界的 ②陆的,大地的 ③现世的 ❷ n. 地球,地球人;(pl.)地上的动物,陆生植物 ‖ **~ly** ad.

terrible ['terəbl] ❶ a. ①可怕的,剧烈的,过度的,了不起的 ②极坏的,很糟的 ❷ ad. 非常

terribly ['terəbliː] ad. 可怕地,非常地,极(端地)

Terrier ['terɪə] n.【军】小猎犬(美地对空导弹)

terrific [təˈrɪfɪk] a. ①惊人的,了不起的 ②过度的,极大的,非常的 ③可怕的 ☆ **at a terrific speed** 以极高的速度

terrifically [təˈrɪfɪkliː] ad. 非常地,极端地

terrify ['terɪfaɪ] vt. 恐吓,威胁 ☆ **be terrified at (with) ...** 被…吓了一跳; **be terrified of** 对…感到惊恐

terrifying ['terɪfaɪɪŋ] ❶ a. 极大(度)的,可怕的 ❷ n. 拟势(微弱动物威吓对方的姿势)

terrigenous [teˈrɪdʒɪnəs] a. 陆源(地,生)的

terriherbosa [ˌterɪhəˈbəʊsə] n.【植】陆生草丛

territorial [ˌterɪˈtɔːrɪəl] a. 领土的,土地的,区域(性)

的 ‖ ~ly *ad.*

territoriality [ˌterɪˌtɔːrɪˈælɪtɪ] *n.* 【地质】大陆性

territorialize, territorialise [ˌterɪˈtɔːrɪəlaɪz] *vt.*
①(通过侵略,扩张)使成为领土〔地〕②按地区分配〔组成〕‖ **territorialization** 或 **territorialisation** *n.*

territory [ˈterɪtərɪ] *n.* ①领土〔地〕,地区〔盘〕,乡土 ②领域,范围 ☆ *take in too much territory* 走极端,说得过分,牵涉过多

terror [ˈterə] *n.* 恐怖(的原因的事物),惊骇 ☆ *be a terror to* 使…恐惧; *have a terror of* 对…感到恐怖

terrorism [ˈterəˌrɪzəm] *n.* 恐怖主义〔行为〕

terrorize [ˈterəˌraɪz] *v.* 恐吓,实行恐怖统治 ‖ **terrorization** *n.*

terror-stricken [ˈterəstrɪkən], **terror-struck** [ˈterəstrʌk] *a.* 受了惊吓的,吓坏了的

terry [ˈterɪ] *n.* ①厚绒布 ②无线电〔雷达自动〕测高计

terse [tɜːs] *a.* 简洁〔练,明〕的,扼要的 ‖ ~ly *ad.*

tert-amyl [ˈtɜːtˈæmɪl] *n.* 【化】特戊基

tert-butyl [ˈtɜːtˈbjuːtɪl] *n.* 【化】特丁基

tertian [ˈtɜːʃən] *a.* 隔日(发作)的

Tertiarium [ˈtɜːtɪərɪəm] *n.* 【冶】特蒂锡铅焊料

tertiary [ˈtɜːʃərɪ] ❶ *a.* 第三(性,级,期,位,阶段)的,【地质】第三纪〔系〕的,三重的,【化】叔的,特的,三代的,连上三个碳原子的 ❷ *n.* 第三纪〔系〕,三级粒子,三次式

tertio [ˈtɜːʃɪəu] (拉丁语) *ad.* 第三

tervalence [təˈveɪləns], **tervalency** [təˈveɪlənsɪ] *n.* 【化】三价 ‖ **tervalent** *a.*

terylen(e) [ˈterɪliːn] *n.* 【纺】涤纶,的确良

teschenite [ˈteʃənaɪt] *n.* 【地质】沸绿岩

tesla [ˈteslə] *n.* 【电子】特斯拉(MKS 制的磁通密度单位)
〖用法〗注意下面例句的译法:In the magnetic field of the earth the induction is only a few hundred thousandths of a tesla, or only a few tenths of a gauss. 在地球的磁场中,感应强度仅为十万分之几特斯拉,即零点几高斯。

tessellar [ˈtesələ] *a.* (用)小(长)方形镶物(嵌成)的

tessellate [ˈtesəleɪt] ❶ *vt.* (把路面等)镶嵌成(棋盘)花纹状 ❷ *a.* 镶嵌成花纹的,镶嵌细工的

tessellation [ˌtesəˈleɪʃən] *n.* 棋盘形布置,镶嵌式铺装

tessera [ˈtesərə] (pl. tesserae) *n.* (小块大理石、玻璃、砖瓦等做成的)镶嵌物,镶嵌地块

tesseral [ˈtesərəl] *a.* 镶嵌物(似)的,等轴(晶系)的

test [test] *n.;v.* ①识别,研究 ② 试(实)验,化验,检查,测定 ③检验标准 ④试验品,试验方法,试药,试金石 ⑤烤钵,灰皿 ⑥(在烤钵中)精炼,测验结果(为),测验证明(是) ⑦受试验 ⑧介〔甲〕壳,种皮 ☆ *acceptance test* 验收试验; *a test for...* …的试验; *be tested against reality* 受客观实际检查; *give a test* 举(进)行测验; *put to the (a)test* 试验一下; *stand (bear, pass) the*

test 试验合格,经受住考〔检〕验; *under test* 在试验中
〖用法〗表示"对…进行测试"一般用 "make a test〔tests〕on"。如:This circuit is often used to make rapid production tests on large batches of resistors of the same nominal value. 这个电路常常用来对具有同一称标值的多批电阻器进行迅速的生产测试。

testa [ˈtestə] (pl. testae) *n.* (种)皮,(介)壳

testable [testəbl] *a.* 可试验的

testaceous [tesˈteɪʃəs] *a.* (有)介壳的;红〔黄〕褐色的;陶器的

testament [ˈtestəmənt] *n.* ①遗嘱 ②(基督教)圣约书 ‖ ~ary *a.*

test-ban [ˈtestbæn] *a.* 禁止核试验的

test-bed [ˈtestbed] *n.* 试验(测试)台,试验床(地)

test-boring [ˈtestbɔːrɪŋ] *n.;a.* 试钻(的)

test-card [ˈtestkɑːd] *n.* 视力卡

test-drill [ˈtestdrɪl] *vi.* 试掘

testee [teˈstiː] *n.* 测验对象

tester [ˈtestə] *n.* ①试验器,检验器 ②(电路) 检验器,万用表 ③探针,探土钻 ④试验者,实验员

test-fire [ˈtestfaɪə] *vi.* 试(发)射

test-flown [ˈtestfləun] *a.* 经过飞行试验的

testify [ˈtestɪfaɪ] *vt.* 证明〔实〕,作证 ☆ *testify about* 就…作证; *testify against...* 作不利于…的证明; *testify on behalf of* …替…作证; *testify to* 证实

testimonial [ˌtestɪˈməunɪəl] ❶ *n.* ①证明〔鉴定〕书 ②奖状,纪念品 ❷ *a.* 证明〔鉴定〕书的,表扬的

testimonialise,testimonialize [ˌtestɪˈməunjəlaɪz] *vt.* 给…证明〔鉴定〕书

testimony [ˈtestɪmənɪ] *n.* ①证据〔明〕②声明,陈〔申〕述 ③表示〔明〕 ☆ *testimony of witness* 人证; *bear testimony to* 证明…为证; *produce testimony to (of)* 提出…的证据

testing [ˈtestɪŋ] ❶ *n.* 试〔检,化,测〕验,检定〔查〕,试车 ❷ *a.* 试验的

testis [ˈtestɪs] (pl. testes) *n.* 【医】睾丸

test-launch [ˈtestlɔːntʃ] *vt.* 试射

test-market [ˈtestmɑːkɪt] *vt.* 试推(一种新产品)上市

testosterone [tesˈtɒstərəun] *n.* 【医】睾丸素

testudinal [tesˈtjuːdɪnəl] *a.* (如)龟的,龟甲形的

testudinarious [tesˌtjuːdɪˈneərɪəs] *a.* 玳瑁色的

testudinata [tesˈtjuːdɪneɪtə] *n.* 【生】龟鳖目

testudinate [tesˈtjuːdɪneɪt] ❶ *a.* 龟的,龟甲状的,拱状的,龟甲形拱顶的 ❷ *n.* 龟

testudineous [ˌtestjuːˈdɪnɪəs] *a.* 如龟甲状的,龟形的

testy [ˈtestɪ] *a.* 易怒的,性急的

tetanic [tɪˈtænɪk] *a.* 破伤风性的,强直性痉挛的

tetanine [ˈtetənɪn] *n.* 【医】破伤风菌毒

tetanolysin [ˌtetəˈnɒlɪsɪn] *n.* 【医】破伤风菌溶血素

tetanospasmin [ˌtetənəuˈspæzmɪn] *n.* 【医】破

伤风痉挛毒素

tetanus ['tetənəs] n.【医】破伤风,强直性痉挛

tetany ['tetənɪ] n.【医】痉挛

tetartanopia [,tetɑ:tə'nəupɪə] n.【医】蓝黄色盲

tetartine ['tetɑ:ti:n] n.【地质】钠长石

tetartohedral [tɪ,tɑ:təu'hi:drəl] a. 四分面的

tetartohedrism [tɪ,tɑ:təu'hi:drɪzəm] n.【物】四分面像性

tetartohedry [tɪ,tɑ:təu'hi:drɪ] n.【物】四分面像

tetartoid [tɪ'tɑ:tɔɪd] n.【矿】四面体,五角十二面体

tetartopyramid [tɪ,tɑ:təu'pɪrəmɪd] n.【数】四分锥

tetartosymmetry [tɪ,tɑ:təu'sɪmɪtrɪ] n.【地质】四分对称

tetchy ['tetʃɪ] a. 过度敏感的

tethelin ['teθɪlɪn] n.【医】生长激素,垂体前叶激素

tether ['teðə] ❶ n. ①绳〔链〕②界限,限度,范围 ❷ vt. (用绳、链…)系,栓,束缚,限定 ☆ *at the end of one's tether* 用尽方法〔力量,资源〕,智穷力竭; *beyond one's tether* 力所不及,在…权限之外

tetherball ['teðə,bɔ:l] n. 绳球

Tethys ['ti:θɪs] n. 古地中海,特提斯

Tetmajer ['tɪtmædʒə] n.【冶】蒂特迈杰硅青铜

tetmil ['tetmɪl] n. 十毫米

tetraatomic [,tetrə'tɒmɪk] a. 四原子的

tetrabasic [,tetrə'beɪsɪk] a. 四碱价的

tetraborane [,tetrə'bɔ:reɪn] n.【化】四硼烷

tetraborate [,tetrə'bɔ:reɪt] n.【化】四硼酸盐

tetrabromide [,tetrə'brəumaɪd] n.【化】四溴化物

tetrabrom(in)ated [,tetrə'brəum(ɪn)eɪtɪd], **tetra-bromizated** [,tetrə'brəuməzeɪtɪd] a. 四溴化的

tetrabutyl [,tetrə'butɪl] n.【化】四丁基

tetracalcium [,tetrə'kælsɪəm] n.【化】四钙

tetracarbonyl [,tetrə'kɑ:bənɪl] n.【化】四羰基化物

tetracene ['tetrə,si:n] n.【化】丁省,并四苯

tetrachloride [,tetrə'klɔ:raɪd] n.【化】四氯化物

tetrachlor(in)ated [,tetrə'klɔ:r(ɪn)eɪtɪd], **tetra-chlorizated** [,tetrə'klɔ:rɪzeɪtɪd] a. 四氯化的

tetrachlorobisphenol ['tetrə,klɔ:rə,baɪs'fenɒl] n.【化】四氯双酚

tetrachloroethylene ['tetrə,klɔ:rə'eθɪli:n] n.【化】四氯乙烯

tetrachloromethane ['tetrə,klɔ:rə'meθen] n.【化】四氯甲烷

tetrachlorophenol ['tetrə,klɔ:rə'fi:nɒl] n.【化】四氯酚

tetrachlorothiophene ['tetrə,klɔ:rə'θaɪəfi:n] n.【化】四氯噻吩

tetrachoric [,tetrə'kɔ:rɪk] a. 四项的

tetrachromate [,tetrə'krəumeɪt] n.【化】四铬酸盐

tetracid [te'træsɪd] n.【化】四酸

tetracontane [,tetrə'kɒnteɪn] n.【化】四十(岩)烷

tetracyanoethylene ['tetrə,saɪənə'eθɪli:n] n.【化】四氰乙烯

tetracyclic [,tetrə'saɪklɪk] a. 四环(圆)的

tetracyclin(e) [,tetrə'saɪklɪn] n.【药】四环素

tetracyclone [,tetrə'saɪkləun] n.【药】四环酮

tetrad ['tet,ræd] n.【医】四个(一组,一套),四位一体,四分体,【数】四元组,四重轴,四位二进制,四价(元素),四次对称晶,四个脉冲组,(pl.)四联球菌,四分孢子 ‖ **-ic** a.

tetradecane [,tetrə'dekeɪn] n.【化】(正)十四(碳)烷

tetradecapeptide [,tetrə,dekə'peptaɪd] n.【化】十四肽

tetradecene [,tetrə'desi:n] n.【化】十四(碳)烯

tetradecyl [,tetrə'desɪl] n.【化】十四(烷)基

tetradymite [te'trædɪ,maɪt] n.【矿】辉碲铋矿

tetraether [,tetrə'i:θə] n.【化】四醚

tetraethide [,tetrə'eθaɪd] n.【冶】四乙基金属

tetraethyl [,tetrə'eθəl] n.【化】四乙基

tetraethylated [,tetrə'eθələɪtɪd] a. 四乙基化的

tetraethyllead [,tetrə'eθəled] n.【化】四乙铅

tetrafluoride [,tetrə'fluəraɪd] n.【化】四氟化物

tetrafluoroethylene [,tetrə'fluərə'eθɪli:n] n.【化】四氟乙烯

tetrafluoromethane [,tetrə'fluərə'mi:θeɪn] n.【化】四氟甲烷,四氟化碳

tetragamma [,tetrə'gæmə] n.【医】四γ

tetragenous [te'trædʒənəs] a. 四联的,分裂为四的

tetragon ['tetrəgən] a. 四角〔边〕形,四重轴,正方晶系

tetragonal [te'trægənl] ❶ a. 正方的,四角(形)的,四边形的,四方(形,晶)的 ❷ n. 正方晶系

tetragonometry [,tetrəgə'nɒmɪtrɪ] n. 四角学

tetragram ['tetrəgræm] n.【语】四个字母组成的词,四文字符号

tetrahalide [,tetrə'hælaɪd] n.【化】四卤化物

tetrahedral [,tetrə'hi:drəl] a. 有四面的,四面体的 ‖ **-ly** ad.

tetrahedrite [,tetrə'hi:draɪt] n.【矿】黝铜矿

tetrahedroid [,tetrə'hi:drɔɪd], **tetrahedron** [,te-trə'hi:drɒn] (pl. tetrahedrons 或 tetrahedra) n. 四面体〔形〕

tetrahedry [tə'træhədrɪ] n. 四分对称

tetrahexahedron ['tetrə,heksə'hedrən] n. 二十四面体

tetrahydrate [,tetrə'haɪdreɪt] n.【化】四水合物

tetrahydric [,tetrə'haɪdrɪk] a. 四氢化的

tetrahydrobiopterin ['tetrə,haɪdrə'baɪəupterɪn] n.【生化】四氢生物喋呤

tetrahydrocorticosterone ['tetrə,haɪdrəukɔ:tɪkə-'stɪərəun] n.【药】四氢皮质(甾)酮

tetrahydrocortisol ['tetrə,haɪdrəu'kɔ:tɪsɒl] n.【医】四氢皮质(甾)醇

tetrahydrocortisone ['tetrə,haɪdrə'kɔ:tɪsəun] n.【药】四氢可的松

tetrahydronaphthalene ['tetrə,haɪdrəu'næfθəli:n]

n. 【化】四氢化萘
tetrahydrothiophene ['tetrə,haɪdrə'θaɪəfi:n] *n.*
【化】四氢噻吩
tetrahydrotoluene ['tetrə,haɪdrə'tɒljuɪ:n] *n.*
【化】四氢化甲苯
tetrahydroxide [,tetrəhaɪ'drɒksaɪd] *n.* 【化】四
羟〔四氧〕化物
tetrahymena [,tetrə'haɪmənə] *n.* 【生】四膜虫
tetraiodide [,tetrə'aɪəudaɪd] *n.* 【化】四碘化物
tetraiodoethylene ['tetrə,aɪədɒ'eθi:n] *n.* 【化】
四碘乙烯
tetraisoamyl ['tetrə,aɪsəu'æmɪl] *n.*【化】四异戊基
tetralin ['tetrəlɪn] *n.* 【化】萘满,四氢化萘
tetralogy [te'trælədʒɪ] *n.* 四部曲
tetramer ['tetrəmə] *n.* 【生】四聚物
tetramerous [te'træmərəs] *a.* 四个一组的,四重的
tetramethrin [,tetrə'meθrɪn] *n.* 【药】似虫菊,胺
菊酯
tetramethyl [,tetrə'mi:θaɪl] *n.* 【化】四甲基
tetramine ['tetrəmaɪn] *n.* 【化】四胺
tetrammine [te'træmɪn] *n.* 【化】四氨络合物
tetramorphism [,tetrə'mɔ:fɪzəm] *n.* 【矿】四晶
(现象)
tetramorphous [,tetrə'mɔ:fəs] *a.* 四(种不同结)
晶形的
tetranitrate [,tetrə'naɪtreɪt] *n.* 【化】四硝酸酯
tetranitromethane ['tetrə,naɪtrəu'meθeɪn] *n.*
【化】四硝基甲烷
tetranuclear [,tetrə'nju:klɪə] *a.* 四环〔核〕的
tetraphene ['tetrəfi:n] *n.* 【化】丁苯
tetraphenyl [,tetrə'fi:nɪl] *n.* 【化】四苯基
tetraploid ['tetrəplɔɪd] *a.* ; *n.* 四倍的,四倍体
tetrapod ['tetrəpəd] *n.* 【建】 四脚混凝土块,四脚
护堤块,四脚(锥)体
tetrapolar [te'træpələ] *a.* 四端(网络)的,四极的
tetrapolythionate ['tetrə,pɒlɪ'θaɪə,neɪt] *n.* 【化】
连四多硫酸盐
tetrasilane [,tetrə'sɪleɪn] *n.* 【化】丁硅烷
tetrasporangium [,tetrəspɔ:'rændʒɪəm] *n.*【生】
四分孢子囊
tetraspore ['tetrəspɔ:] *n.* 【生】四分孢子
tetrasporous [,tetrə'spɔ:rəs] *a.* 四分孢子的
tetrastichous [te'træstɪkəs] *a.* 四列的
tetrasulfide [,tetrə'sʌlfaɪd] *n.* 【化】四硫化物
tetrasyllabic [,tetrəsɪ'læbɪk] *a.* 四音节的
tetrasyllable [,tetrə'sɪləbl] *n.* 【语】四音节
tetrathionate [,tetrə'θaɪə,neɪt] *n.* 【化】连四硫
酸盐
tetratomic [,tetrə'tɒmɪk] *a.* 四原子的
tetravalence [,tetrə'veɪləns] , **tetravalency**
[,tetrə'veɪlənsɪ] *n.* 【化】四价
tetravalent [,tetrə'veɪlənt] *a.* 【化】四价的
tetrazane ['tetrəzeɪn] *n.* 【化】 四氮烷
tetrazene ['tetrəzi:n] *n.* 【化】四氮烯
tetrazine [,tetrə'zi:n] *n.* 【化】四嗪,四氮杂苯

tetrazoic ['tetrəzɔɪk] *a.* 四孢子虫的
tetrazole [,tetrə'zəul] *n.* 【化】四唑,四氮杂茂
tetrode ['tetrəud] *n.* 【电子】四极管
tetronate ['tetrəneɪt] *n.* 【化】4-羟(基)乙酰乙酸
内脂
tetroon ['tetru:n] *n.* 等容气球
tetrose ['tetrəus] *n.* 【化】四糖
tetroxide [te'trɒksaɪd] *n.* 【化】四氧化物
tetryl ['tetrɪl] *n.* 【化】 2,4,6-三硝基苯(替)甲硝胺
tewel ['tu:əl] *n.* 烟道;(风)洞
tex [teks] *n.* 【纺】特,号(数)(细度单位)
texalite ['teksəlaɪt] *n.* 【地质】水镁石
Texas ['teksəs] *n.* (美国)得克萨斯(州)
Tex(i)an ['teks(j)ən] *a.;n.* (美国)得克萨斯州的,得
克萨斯州人(的)
texibond ['teksɪbɒnd] *n.* 【化】聚乙酸乙烯酯类黏
合剂
texrope ['teksrəup] *n.* 三角皮带
text ['tekst] *n.* ①原〔正〕文,文本 ②电(报)文 ③
课本〔文〕,教科书,讲义 ④(讨论)题目,主题
textbook ['tekstbʊk] *n.* 教科书,课〔教〕本
textbookish ['tekstbʊkɪʃ] *a.* 教科书式的,呆板乏
味的
textile ['tekstaɪl]❶ *a.* (适于)纺织的,织成的 ❷ *n.*
(纺)织品〔物〕,织物原料
textolite ['tekstə,laɪt] *n.* 层压胶布板,夹布胶木
textual ['tekstʃuəl] *a.* ①原〔正〕文的 ②按原文的,
按照文字的,教科书的
textural ['tekstʃuərəl] *a.* 结构〔组织〕上的,构造的
texture ['tekstʃə]❶ *n.* ①结构,构造,质地 ②晶体
结构 ③纹理 ④织物,网纹 ⑤本质,特征 ❷ *vt.*
使具有某种结构
textured ['tekstʃəd] *a.* 构造成的,有织构的,有优
先取向的,起纹理的
textureless ['tekstʃəlɪs] *a.* 无明显结构的,无定
形的
Thai ['tɑ:ɪ] *n.* ; *a.* 泰国(人)的,泰(国)国人
Thailand ['taɪlænd] *n.* 泰国
Thailander ['taɪləndə] *n.* 泰国人
thalamocortical [θæ,læmə'kɔ:tɪkəl] *a.* 丘脑皮
层的
thalamogram ['θæləməgræm] *n.* 【医】丘脑图
thalamotomy [,θælə'mɒtəmɪ] *n.* 【医】丘脑切
开术
Thalassal ['θæləsəl] *n.* 【冶】一种铝合金
thalassemia [,θælə'si:mɪə] *n.*【医】地中海贫血(症)
thalassic [θə'læsɪk] *a.* (关于)海洋的,海底的,深海
的,海洋化的
thalassium [θə'læsɪəm] *n.* 海水群落
thalassocracy [,θælə'sɒkrəsɪ] *n.* 制海权
thalassogenesis [θæ,læsə'dʒenɪsɪs] *n.* 造海作用
thalassogenetic [θə,læsədʒɪ'netɪk] *a.* 海洋化的,
海底的,深海的
thalassogenic [θə,læsə'dʒenɪk] *a.* 造海运动〔作
用〕的

thalassography [,θælə'sɒgrəfɪ] *n.* 【海洋】海洋学
thalassometer [,θælə'sɒmɪtə] *n.* 【海洋】验潮器
thalassophilous [,θælə'sɒfɪləs] *a.* 喜海的
thalassophyte [θə'læsəfaɪt] *n.* 【生】海生植物，海藻
thalassoplankton [θə,læsə'plʌŋktən] *n.* 【生】海洋浮游生物
thalassogenic [θə,læsə'dʒenɪk] *a.* 造海运动〔作用〕的
thallic ['θælɪk] *a.* (正,三价)铊的
thallide ['θælaɪd] *n.* 铊化物
thallium ['θælɪəm] *n.* 【化】铊
thalloid ['θælɔɪd] *a.* 似叶状体的
Thallophyte ['θæləfaɪt] *n.* 【植】藻菌〔叶状,原植体〕植物
thallosic [θə'lɒsɪk] *a.* 含一价和三价铊的
thallospore ['θæləspɔ:] *n.* 【植】原植体孢子,无梗孢子,菌丝孢子
thallous ['θæləs] *a.* 亚〔一价〕铊的
thallus ['θæləs] *n.* 【生】原植体,菌体
thalweg ['tɑ:lveg] *n.* 【地质】海谷底线,谷线
Thames [temz] *n.* 泰晤士河
than [ðæn] *conj.;prep.* 比 ☆*else than...* 除…之外(的); *elsewhere than...* 除…以外的别处; *hardly... than...* 刚…就…; *little less than* 不下于,大致与…相等; *little more than* 只是,比…只多一点; *more than* 多于; *no less than...* (有)那么多,和…一样,(在…方面)不亚于; *no more than* 才,仅仅; *no (none) other than* 除…之外没有别的,正是,只是; *no sooner (...) than...* 刚一(…)就…; *not less than* 不少于,至少; *nothing else than* 仅仅,完全的〔地〕,简直是; *other than...* 与…不同的,除…之外; *otherwise than...* 与…不同,除…之外; *rather than* 而不是,宁不; *rather A than B* 或 *would rather A than B* 或 *would sooner A than B* 宁可A而不愿B,与其B倒不如A; *scarcely ... than* 刚(一)…就… 〖用法〗❶ 该词可以用作关系代词引导定语从句,它在句中一般作主语或宾语,但它仍具有"比"的含义。如:The book doesn't go into more detail <u>than a student wants</u>. 本书讲述的深度不超过学生所需的程度。(than 在从句中作宾语。)/A somewhat larger force is required to start the block in motion <u>than is needed</u> to maintain the motion at constant speed once it has been started. 使木块开始运动所需的力比一旦已使它运动而要保持其匀速运动所需的力稍大一些。(than在从句中作主语。) ❷注意句型"more + 名词 A + than + 名词 B"意为"与其说是 B 不如说是 A"。如: The design and implementation of programming languages has been <u>more art than science</u>. 编程语言的设计和实现与其说是科学不如说是艺术。❸ 注意下面例句中该词的含义:This peak swing <u>more than</u> meets the specifications. 这个峰值摆幅足以满足指标的要

求。/Computer instruction sets are often <u>more than</u> sufficient. 计算机指令组往往是绰绰有余的。/ <u>More than that</u>, the law implies that zero resultant force is equivalent to no force at all. 除此之外,该定律表明合力为零等效于根本没有力。/In this case <u>two more CL$_i$ pulses than CL$_o$ pulses</u> arrive./在这种情况下，到达的 CL$_i$ 脉冲比 CL$_o$ 脉冲多两个。/This equation contains <u>much more than a more description of how the gain saturates</u>. 这个式子远非仅仅描述了增益饱和的方式。❹ 比较对象要一致。如:The conductivity of copper is greater <u>than that of</u> iron. 铜的导电率比铁的高。(句中的 that of 是不能省去的。)

thanatocoenosis [,θænətəʊsɪ'nəʊsɪs] *n.* 【生】生物尸积群
thanatoid ['θænətɔɪd] *a.* 致命的,死一般的
thanatology [,θænə'tɒlədʒɪ] *n.* 【医】死因〔亡〕学
thanatophidia [,θænətə'fɪdɪə] *n.* 【动】(pl.) 毒蛇
thank [θæŋk] *vt.;n.* (谢,感)谢,谢意〔忱〕☆ *I will thank you to do ...* 请你(做)…; *thank you* 谢谢(你); *thanks to* 由于,多亏; *Thank you for `...* 感谢你的… 〖用法〗该词作名词时一定要用复数形式,其含义可以是复数,也可以是单数 如:<u>Many thanks</u>!或 Thanks very much!又对了! /<u>Thanks</u> to the students at North Seattle Community College. 感谢北西雅图社区学院的学生们!/Finally, <u>a special thank</u> to the personnel at SRA. 最后,特别感谢 SRA 的人员。
thankful ['θæŋkfəl] *a.* 感谢〔激〕的 ☆ *be thankful that...* 非常高兴...,为...感到高兴; *be thankful to ... for (help)* 感谢…的(帮助) ‖ ~ly *ad.* ~ness *n.*
thankless ['θæŋklɪs] *a.* 不(使人)感激的,徒劳的 ☆ *thankless job* 吃力不讨好的工作 ‖ ~ly *ad.*
that [ðæt] ❶ (pl. those) *a.* ; *pron.* ①那(个) ②代替前面提到的名词,以免重复;代替前句内容; 作先行词,同其后的关系代词如 which 等相呼应,其后的关系代词有时被省略 ❷ *ad.* 那样 ❸ *rel. pron.* (作关系代词时,单数、复数无别,都用 that) ①引出限定性定语从句,that 相当于 which、whom 或 who,有时被省略 ②用于 it is〔was〕... that(正是,是;究竟,到底),强调 how、why、what、which 等词时 ❹ *conj.* ①引导各种名词性从句和同位语从句,在从句中不作语法成分;引导状语从句,表示目的、原因、结果、程度等 ☆*... and all that* 以及诸如此类等,等等,之类; *and that ...* 而且,何况,但是,然而,虽然如此可还是; *at that* 而且,何况,但是,然而,虽然如此可还是;就那〔这〕样; *but that* 要不是; *for all that* 或 *in spite of that* 尽管如此(然而仍旧); *(in order) that* 以便,为了; *in that* 在于,因为; *it is that ...* 这是因为; *it was not until (till) ... that ...* (只是)直到…才…; *like that* 那样地; *not so ... as all that* 不像设想的那么…; *not that* 并不是(因为); *not that ... but that ...* 不是…而是…; *now that* 既然(已),因为(已); *only that* 只是,要不是;

seeing that 鉴于,因为,考虑到; *see to it that ...* 务必注意; *so that ...* 以致于,因此; *so... that ...* 如此(之)…以至于〔以使〕; *so that ... may (can, might, could, will)* 为了,以便; *such (...) that ...* 这样的(…)以至于; *that being so* 因此,既然这样,由此看来; *That's it!* 对啦,正是如此; *that is (to say)*〔插入语〕也就是说,(亦)即; *that is the point* (问题)实质就在于此; *that is (the reason) why* 这就是为什么的原因; *that will do* 正好,正合适,行了; *upon that* 于是,于是马上; *with that* 于是就着; *what A is to B that is C to D=as A is to B, so is C to D* C 对于 D 就好比 A 对于 B

〖用法〗❶ 该词可以起关系副词的作用(一般处于 time, moment, instant, reason, way, distance, direction, amount, number of times 等词之后),等效于 when, why 或"介词+ which"(that 也可以省去)。如:The way (that) we represent numbers today has been evolved for thousands of years. 我们今天表示数的方法已经历了数千年的演变。/The distance (that) the object is from the lens is given by the following formula. 物体离透镜的距离由下式给出。/Frequency f is the number of times (that) the motion repeats itself per unit time. 频率 f 是单位时间内运动重复的次数。❷ 当它引导多个宾语从句时,第一个 that 可以省去,后面的则不能省。如:This does not mean there is no current in L or C at resonance, but only that the two currents cancel. 并不表明谐振时在L或C中不存在电流,而仅仅表明这两个电流抵消掉了。❸ 当它代替前面讲的内容时,应该译成"这,此"。如 Electric energy can be easily produced and controlled. In addition to that, it can be converted into other forms of energy. 人们能够容易地产生和控制电能。除此之外,还可以把它变换成其它形式的能量。❹ 注意下面例句中该词的用法:This rule cannot be that simple. 这个规则不可能那么简单。(that 作了副词。)/Such an instrument is quite versatile in that it can measure resistance, capacitance, and inductance. 这种仪表是多功能的,因为它能测量电阻、电容和电感。("in that"是固定词组,引导状语从句。)/The direction of a line of force at any point is that in which a positive charge would move if placed at that point. 任何一点的力线方向就是把一个正电荷放在该点时此正电核的运动方向。(that 在此是一个代词,表示"the direction"。)/Each of these pairs of numbers is a solution to the equation, although we did not call it that in Chapter 2. 这每一对数就是该方程的解,虽然在第二章我们并没有如此称呼它。(that 在此为代词,作表语补足语。)/Fig 3-1 shows how it is that electricity is produced. 图 1-3 显示了电到底是如何产生的。(that 与前面的"it is"构成强调句型,强调 how。由于 how 引导宾语从句,所以它从 that 前被提到 it 之前了。)❺ 在科技文中 that 一般不用来引导非限制性定语从句;如果先行词是不定

代词或先行词被形容词最高级、序数词或 vey,only,no,any 修饰时一般要用 that 引导定语从句,而不用 which 来引导(根据观察,something 一词例外)。❻ 当 that 在定语从句中作宾语、作介词宾语(介词要处于从句末尾)、作表语、作"there be"句型的主语时可以省去。如: The instrument (that) we use most often is the multimeter. 我们最常用的仪表是万用表。/Copper is one of the metals (that 或 which) we are most familiar with. 铜是我们最熟悉的金属之一。/Communicating via satellite is no longer the novelty that (which) it once was. 卫星通讯已不再是曾经的那种新奇事了。/An antenna picks up any signals (that) there may be about. 天线能够接收周围可能存在的任何信号。❼ 注意下面例句中出现的省略现象:The world of the atom and the photon cannot be described in the same terms we use to describe the behavior of the macroscopic world of matter in bulk. That we cannot is attested to by the wave-particle dilemma and the contradictions of a similar nature we run into when we try. 原子和光子世界不能用与描述整体物质宏观世界性能的相同术语来描述。之所以不能这样,是因为波动-微粒困境,以及当我们试图这样做时所遇到的与此类似的一些矛盾。(省去了"describe it in the same terms we use to describe the behavior of the macroscopic world of matter in bulk"。)

thatch [θætʃ]❶ *n.* 茅草(屋顶),盖屋顶的材料 ❷ *v.* 用(茅草、稻草等)盖屋顶

thaw [θɔ:]❶ *v.* ①(使)融化〔解〕,(使)解冻 ②(使)缓和 ❷ *n.* 融化,温暖气候 ☆ *thaw out* (使)融化

thawless ['θɔ:lɪs] *a.* (永)不融化的

thawy ['θɔ:ɪ] *a.* 融化(雪,霜)的

the [ði: , ðə](定冠词,通常不用译出,在某些场合可译成"这,那,该")①表示某特定的或不言而喻的人或事物 ☆ *the other* (二者中)另外的那个 ②泛指一类,或概括地指 ❷ *ad.* ①(加在形容词或副词的比较级前)更,越发 ②(在"the ..., the..."句型中)愈(越)…,(就)愈(越)… ☆ *all the more* (反而)更加; *so much the better (worse)* (那就)更好(坏)

〖用法〗❶ 它要处于"all, both, half"之后。如:Of all the instruments here, this one works best. 在这里所有仪器中,这一台性能最好。❷ 在"all(both, either, neither, one, each, most, the rest, ...)of"后面的名词前如果没有代词的话一定要有 the。如:Neither of the conditions is satisfied. 这两个条件均没有得到满足。❸ 在所有表示单位的名词前要用定冠词。如:The unit of voltage is the volt. 电压的单位是伏特。❹ 几个并列的名词共用一个冠词。如:The meter, kilogram, and second are basic to the study of mechanics. 米、千克和秒对学习力学来说是最根本的单位。

Thea ['θi:ə] *n.* 【植】山茶属

theaceous [θɪ'eɪʃəs] *a.* 茶科的

T

theaflavin [θɪəˈfleɪvɪn] *n.* 【化】茶黄素

theanine [ˈθiːənɪn] *n.* 【化】茶氨酸

theatre,theater [ˈθɪətə] *n.* ①戏院,剧场,电影院 ②舞台,活动场所 ③阶梯〔手术〕教室,会场 ④战区〔场〕⑤戏剧,剧团

theatrical [θɪˈætrɪkl] ❶ *a.* 戏院的,戏剧(性)的 ❷ *n.* (pl.)戏剧演出,舞台表演艺术 ‖ **~ly** *ad.*

theatricality [θɪˌætrɪˈkælətɪ] *n.* 戏剧性

theatricalize [θɪˈætrɪkəˌlaɪz] *vt.* 使…适合于演出,把…戏剧化

theatrics [θɪˈætrɪks] *n.* 戏剧演出,舞台表演艺术,舞台效果

theatrophone [θɪˈætrəfəʊn] *n.* 电话戏剧

thebaine [ˈθiːbəˌiːn] *n.* 【化】鸦片碱

thecal [ˈθiːkəl] *a.* (似)子囊的

thecaspore [ˈθiːkəspɔː] *n.* 【医】子囊孢子

theft [θeft] *n.* 偷〔盗〕窃(行为)

thein(e) [ˈθiːɪn] *n.* 【医】茶碱,咖啡因

their [ðeə] (they 的所有格) *pron.* 他〔她,它〕们的 〖用法〗❶ 它可以作动名词复合结构中动名词的逻辑主语。如:The first step in a nuclear reaction between two colliding nuclear particles is their joining together to form a compound nucleus. 两个相互碰撞的核粒子之间核反应的第一步是它们结合在一起形成一个复合原子核。❷ 在科技文中它修饰名词时还常常作该名词的逻辑宾语和逻辑主语。如:It is useful to recall some of the properties of complex numbers in order to facilitate their use in circuit analysis. 回忆复数的一些性质是有用的,以便于把它们用在电路分析中。(their is use 的逻辑宾语。) /There are a great many problems which arise in the various fields of technology which require for their solution methods beyond those available for algebra and trigonometry. 在技术的各个领域出现了许许多多的问题,而要解这些问题需要用到超出代数和三角所能提供的方法。(their is solution 的逻辑宾语;require 的宾语是 methods,因为该宾语带有一个很长的后置定语。) /Decision tables are very compact in their representation of information. 判决表在(它们)表示信息方面是非常简洁的。(their is representation 的逻辑主语,属 "主谓关系"。) /Water and carbon dioxide are among substances that absorb in the infrared. Their presence in the atmosphere has an insulating effect. 水和二氧化碳属于能够吸收红外线的物质,它们存在于大气中产生了隔离效应。(their is presence 的逻辑主语,属于 "主表关系"。) ❸ 它可以代替后面出现的主语。如:In their study of electricity, physicists defined the electric field intensity at a point in space as E=F/q. 在物理学家们研究电学时,他们把空间某一点处的电场强度定义为 E=F/q。

theirs [ðeəz] (they 的名词性物主代词) *pron.* 他〔她,它〕们的(东西)

theism [ˈθiːˌɪzəm] *n.* 有神论; (碱)中毒

them [ðəm; ðem] (they 的宾格) *pron.* 他〔她,它〕们

〖用法〗它有时在及物动词或介词后可以作动名词的逻辑主语来构成动名词复合结构。如: The probability of them coming to rest on contact 7 would be 1/50. 它们停留在触点 7 上的概率为 1/50。

themalon [ˈθiːmələn] *n.* 【化】二乙替丁噻吩胺

thematic [θɪˈmætɪk] *a.* 题目的,主题的 ‖ **~ally** *ad.*

theme [θiːm] *n.* 论文,题目,主题

themselves [ðəmˈselvz] *pron.* ① (反身代词) (他们)自己 ② (加强语气) (他们)亲自,自己 ☆ **by themselves** 单独,独立地; **of themselves** 自动地,自己

then [ðen] ❶ *ad.;conj.* ①那时,到那时候 ②然后,于是 ③而且,此外 ④(用于句首或句尾)那么, 因此, 既然这样 ☆ **and then some** 而且还远不止此,至少; **but then** 但是(另一方面); **even then** 甚至到那时(都),甚至在这种情况下(都); **(every) now and then** 时而; **now ... then ...** 有时…有时…; **now then** (引起注意)喂,留神; **then and not till then** 到那时才开始; **then and there** 或 **there and then** 当时(当地),当场; **well then** 那么; **will then** 后来怎样; **what then** 或 **then what** (下一步)怎么办 ❷ *n.* (在前置词之后)那时 ☆ **before then** 那时以前; **by then** 到那时; **from then on** 从那时起; **since then** 从那时来; **till (until) then** 到那时为止 ❸ *a.* 当时的 〖用法〗注意下面例句中该词的含义: The ball is placed first at A and then at B. 把球先放在 A 点,然后放在 B 点。/If L were small, the error would then be very significant. 如果 L 比较小,那么误差会是很大的。/The inclusion of a suitable galvanometer protection circuit is then necessary. 于是就需要加一个合适的电流计来保护电路。/It cannot be used to measure very low resistances because the unknown resistances of the wires are then significant. 由于那时导线的未知电阻比较大,所以不能用它来测量很低的电阻。

thence [ðens] *ad.* ①从那里(起) ②从那以后起 ③因此 ☆ **It thence appears that ...** 由此看来(显然是); **Thence it follows that...** 所以就…了

thenceforth [ˌðensˈfɔːθ], **thenceforward(s)** [ˌðensˈfɔːwəd(z)] *ad.* ; *n.* 从那时(起),其后

thenoyl [ˈθenəˌɪl] *n.* 【化】噻吩甲酰

thenyl [ˈθeθɪl] *n.* 【化】噻吩甲基

thenylidene [ˌθenɪˈlɪdiːn] *n.* 【化】噻吩甲叉

theobromine [ˌθiːəˈbrəʊmɪn] *n.* 【化】可可碱

theocin [ˈθiːəsɪn] *n.* 【药】茶叶碱

theodolite [θɪˈɒdəlaɪt] *n.* 【测绘】(精密,光学)经纬仪 ‖ **theodolitic** *a.*

theology [θɪˈɒlədʒɪ] *n.*【心】神学 ‖ **theological** *a.*

theophylline [ˌθiːəˈfɪliːn] *n.* 【药】茶碱

theorem [ˈθɪərəm] *n.* 定理,命题,法则 ‖ **~atic** *a.*

theoretic(al) [θɪəˈretɪk(əl)] *a.* 理论(上)的,假设(性)的,计算的 ‖ **~ally** *ad.*

theoretician [ˌθɪərəˈtɪʃən] *n.* 理论家

theoretics [θɪəˈretɪks] *n.* 理论

theorist ['θɪərɪst] *n.* 理论家,空想者

theorize ['θɪəraɪz] *vi.* 建立理论,推理 ☆ ***theorize about*** 推理 ‖ **theorization** *n.*

theorizer ['θɪəraɪzə] *n.* 理论家

theory ['θɪərɪ] *n.* ①学说,理论,原理 ②推测 ③意见,观念 ☆***in theory*** 在〔从〕理论上; ***My theory is that ...*** 我的意见是

theralite ['θɪərə,laɪt] *n.* 【地质】霞斜岩

therapeutic(al) [,θerə'pju:tɪk(əl)] *a.* 治疗(学)的,关于治病的

therapeutics [,θerə'pju:tɪks] *n.* 【医】治疗学,疗法

therapy ['θerəpɪ] *n.* 治疗,疗法

therblig(s) ['θɜ:blɪg(z)] *n.* (动作研究中的)基本元素,(工艺操作中的)基本〔分解〕动作

there [ðeə]❶ *ad.* ①在〔到,上,往〕那里,在那一点上 ②与动词 to be 连用,表示"有"的意思 ☆ ***be all there*** 很正常,头脑清醒的,机智的; ***get there*** 达到目的,成功; ***here and there*** 到处; ***then and there*** 当时当地,当场立即; ***there and back*** 来回; ***there and then*** 当地就,当场立即; ***there or thereabouts*** (时间,数量)大约 ❷ *n.* 那里,那地方 ☆***in there*** 在那里; ***near there*** 在那附近; ***over there*** 在那里〔边〕; ***under there*** 在那下面; ***up to there*** 到那里

【用法】❶ 注意"there be"的动词不定式复合结构的形式:Perhaps modern transportation and the means of communication have really made it possible for there to be an end to the big cities. 也许现代运输和通讯手段事实上已使得取消大城市成为可能了。(这是其不定式复合结构在句中作真正的宾语。) ❷ 注意其动词不定式的形式:Now we assume there be two variables in the function. 现在我们假设在该函数中有两个变量。/In this case, there is said to be a potential difference between the two charged bodies. 在这种情况下,我们说在这两个带电体之间存在有一个电位差。❸ 注意"there be"的分词独立结构形式:There being a change in current, the magnetic field will change, too. 如果电流发生变化,则磁场也将变化。❹ 注意"there be"的动名词复合结构形式:A current flows through the resistor as a result of there being a potential difference across it. 由于在该电阻两端存在有电位差,所以有电流流过它。❺ 该副词可以作后置定语。如:The potential there must be the same as when the charge left that point. 那里的电位必定与该电荷离开那点时的相同。❻ 关系代词在从句中作"there be"句型的主语时可以省去,或定语从句修饰"there be"句型的主语时作主语的关系代词可以省去。如:The maximum potential difference there can be across the coil of the meter is 0.05 V. 在仪表线圈两端可能存在的最大电位差为 0.05 伏。/There is something worries digital designers. 有件事使数字电路设计人员们感到烦恼。❼ 注意"there be"句型的通常汉译法:There are two types of computer. 计算机有两类。/There are three ways

to find 'bugs' in a computer. 找出计算机里的故障的方法有三种。❽ 注意下面例句中该词的含义:There in the denominator, ε is for the conduction band. 在分母那儿,ε 是用于导带的。/Even if no current is flowing, the voltage is always there while the generator is operating. 当发电机工作时,即使没有电流流动,电压总是存在的。/In this case, application of a clock pulse will shift the flip-flop to the set state if it is not already there. 在这种情况下,加一个时钟脉冲就会使触发器转向置位状态,如果它原来不是那个状态的话。/As competitive in price as these products already tend to be, there is still room for improvement—not because it is needed, but because it is there. 虽然这些产品的价格已经具有竞争性,但仍有改进的余地——不是因为需要,而是因为可能。(句首的那个 As 一般是省去的。)/More useful would be a relationship between electric field and position, but computer intervention is necessary to get there. 更为有用的可能是电场与位置之间的关系,不过为了达到目的的〔做到这一点〕,必须有计算机的介入〔干预〕。(第一个分句是全倒装句型。) ❾ 注意句型"there + 谓语(不及物动词或及物动词被动式,甚至'连系动词+表语(available; present...)')'+ 主语"。如:In this equation there appears the function v(t) we wish to determine. 这个方程中出现了我们需要确定的函数 v(t)。/Now there are left only the lowest group of frequencies and the highest group. 现在留下的只是最低频率段和最高频率段。/There is present a magnetic field which varies with time. 现在存在有一个随时间变化的磁场。

thereabout(s) ['ðeərəbaut(s)] *ad.* ①在那附近〔左右〕②大约(如此),上下,左右,前后 ☆***or thereabout*** 大约

thereafter [ðeər'ɑ:ftə] *ad.* 此后,其后,据此

thereat [ðeər'æt] *ad.* 在那里,当地,当时,因此,此后

thereby [ðeə'baɪ] *ad.* ①因此,在那附近,在那一点上 ②大约 ☆***thereby hangs a tale*** 其中大有文章

【用法】这个词往往处于作结果状语的分词短语前。如:Now let the clock pulse return to 0, thereby disabling gates G₁ and G₂. 现在让时钟脉冲返回到零,从而阻塞门电路 G₁ 和 G₂。

therefor [ðeə'fɔ:] *ad.* 因此

therefore ['ðeəfɔ:] *ad.; conj.* 因此,所以

【用法】❶ 该词可以处于句首或句中,往往由逗号将其与句子其它部分分开 如:Therefore, it is possible to achieve balance by adjusting the frequency and only one component. 因此,通过调整频率及仅仅一个元件就能够获得平衡。/We see, therefore, that the choice of the constant does not affect the final result. 因此我们看到该常数的选择并不会影响最终结果。❷ 当处于第二个并列分句前时,一般前面要有连接词。如:Charge is conserved, and therefore I = I₁ + I₂. 电荷是守恒的,

所以 I = I₁ + I₂。

therefrom [ðeə'frɒm] *ad.* 从那里,从那一点,从此

therein [,ðeər'ɪn] *ad.* 在那里〔时〕,在那一点上 〖用法〗它可以作后置定语。如:Dr David Conn made suggestions on how to improve the presentation of the material therein. 戴维·康恩博士提出了如何改进其中内容陈述的建议。

thereinafter [,ðeərɪn'ɑ:ftə] *ad.* 以下,在下文(中)

thereinbefore [,ðeərɪnbɪ'fɔ:] *ad.* 在上文中

thereinto [ðeər'ɪntu] *ad.* 在那里面,往其中

Theremin ['θerəmɪn] *n.* 【音】铁耳明式电子乐器

thereof [,ðeər'ɒv]*ad.* ①(把,将)它,其 ②由此,从那里 〖用法〗这个副词常作后置定语 如:This book, or parts thereof, may not be reproduced in any form without written permission of the publisher. 本书或其部分内容,未经出版社的书面许可,不得以任何形式加以翻印。/In this case, data may represent text, graphics, pictures, or combinations thereof. 在这种情况下,数据可以表示文本、图形、画面或它们的组合。

thereon [ðeər'ɒn] *ad.* ①在其中,在其上 ②紧接着

thereout [ðeər'aut] *ad.* 从那里面

thereto [ðeə'tu:] *ad.* ①到那里 ②此外

thereunder [ðeər'ʌndə] *ad.* 在下面

thereunto [,ðeər'ʌntu:] *ad.* 到那里

thereupon [,ðeərə'pɒn] *ad.* ①于是,立即,因此 ②在其上,关于那

therewith [,ðeə'wɪð] *ad.* ①以此,与此 ②于是,立刻 ③同时,此外

therewithal [,ðeəwɪ'ðɔ:l] *ad.* ①于是,因此 ②此外,(与此)同时

theriac ['θɪərɪæk] *n.* 【药】①(毒蛇咬伤后的)解毒药 ②万灵药

therm [θɜ:m] *n.* 【物】①色姆(煤气计算热量单位) ②(过去指)大卡; 小卡; 1000 大卡

thermae ['θɜ:mi:] (拉丁语) *n.* 温泉(疗养院,浴场)

thermal ['θɜ:məl]❶ *a.* 热的 ❷ *n.* 上升(暖)气,热(气)泡

thermalization [,θɜ:məlaɪ'zeɪʃən] *n.* 【物】热(能)化,热能谱的建立

thermalize ['θɜ:məlaɪz] *vt.* 使热(能)化

thermalloy ['θɜ:məlɔɪ] *n.* 【冶】铁镍耐热耐蚀合金,铜镍合金(一种热磁合金)

thermally ['θɜ:məlɪ] *ad.* 热(地,致),用热的方法

thermate ['θɜ:meɪt] *n.* 混合燃烧剂

thermautostat [θɜ:'mɔ:tə,stæt] *n.* 自动恒温箱

thermel ['θɜ:mel] *n.* 热电温度计

thermelometer [,θɜmə'lɒmɪtə] *n.* 电热温度计

thermic ['θɜ:mɪk] *a.* 热的,由于热而造成的

thermicon ['θɜ:mɪkɒn] *n.* 【摄】热敏摄像管

thermie ['θɜ:mɪ] *n.* 【物】兆卡

thermification [θɜ:,mɪfɪ'keɪʃən] *n.* 热化

thermindex ['θɜ:mɪndeks] *n.* 示温漆,示温涂料

thermion ['θɜ:maɪən] *n.* 【物】热离子,热电子

thermionic [,θɜmɪ'ɒnɪk] *a.* 热离子的,热电子的,热

发射的

thermionics [,θɜ:mɪ'ɒnɪks] *n.* 【物】热离子〔热阴极电子〕学

thermisopleth [θɜ:'mɪsuəpleθ] *n.* 【气】等变温线

thermistor [θɜ:'mɪstə] *n.* 【电子】热敏电阻,热变(电)阻器,负温度系数电阻器,热控管,半导体温度计

thermit ['θɜ:mɪt], **thermite** ['θɜ:maɪt] *n.* 【化】铝热剂,铝粉焊接剂,铝热剂焊接法

Thermit ['θɜ:mɪt] *n.* 【冶】西密铅基轴承合金

thermium ['θɜ:mjəm] *n.* 受热器,受热主

thermoacoustics [,θɜ:məuə'kaustɪks] *n.* 【物】热声学

thermoammeter [,θɜ:məu'æmɪtə] *n.* 【电子】热〔温差〕电偶安培计,热电流表

thermoanalysis [,θɜ:məuə'næləsɪs] *n.* 【物】热(学)分析 ‖ **thermoanalytic(al)** *a.*

thermoanemometer [θɜ:məu,ænə'mɒmɪtə] *n.* 温差式风速仪

thermobarometer ['θɜ:,məubə'rɒmɪtə] *n.* ①温压表,温度气压计 ②虹吸气压表

thermobattery [,θɜ:məu'bætərɪ] *n.* 【电子】热电池组

thermocapillarity ['θɜ:mə,kæpɪ'lærətɪ] *n.* 【物】热毛细现象

thermocatalytic ['θɜ:mə,kætə'lɪtɪk] *a.* 热催化的

thermochemical [,θɜ:mə'kemɪkl] *a.* 热化学的

thermochemistry [,θɜ:məu'kemɪstrɪ] *n.* 热化学,化学热力学

thermochromism [,θɜ:mə'krəumɪzəm] *n.* 热色现象

thermochrose [,θɜ:mə'krəus] *n.* 选吸热线(作用)

thermocline ['θɜ:mə,klaɪn] *n.* 【机】温跃层,斜温层

thermoclinic [,θɜ:mə'klɪnɪk] *a.* 温跃(层)的,斜温(层)的

thermocoax ['θɜ:məukəuks] *n.* 【电子】超细管式热电偶

thermocolorimeter ['θɜ:məu,kʌlə'rɪmɪtə] *n.* 热比色计

thermocolo(u)r ['θɜ:məukʌlə] *n.* 热(变)色,热敏油漆,示(测)温涂料,彩色温度标示

thermocompression [,θɜ:məu,kəm'preʃən] *n.* 【机】热压,热压法连接

thermocompressor ['θɜ:məu,kəm'presə] *n.* 【机】热压机

thermoconductivity ['θɜməu,kɒndʌk'tɪvətɪ] *n.* 【物】热传导率,导热性

thermocontact [,θɜ:məu'kɒntækt] *n.* 热接触

thermoconvective [,θɜ:məkən'vektɪv] *a.* 热对流的

thermo(-)converter [,θɜ:məkən'vɜ:tə] *n.* 热(电)转换器

thermocooling ['θɜ:məuku:lɪŋ] *n.* 【机】温差环流冷却

T

thermocouple ['θɜːməʊkʌpl] *n.* 【物】热〔温差〕电偶

thermocrete ['θɜːməkriːt] *n.* 高炉熔渣

thermocross ['θɜːməkrɒs] *n.* 热叉线

thermocurrent [,θɜːməʊ'kʌrənt] *n.* 【物】热〔温差〕电流

thermocushion [,θɜːmə'kʊʃən] *n.* 【建】热垫层

thermocutout [,θɜːməʊ'kʌtaʊt] *n.* 热保险装置,热断流器

thermocyclogenesis ['θɜːməʊ,saɪklə'dʒenɪsɪs] *n.*【气】热气旋生成

thermode ['θɜːməʊd] *n.*【电子】热(电)极,点热源

thermodetector [,θɜːməʊdɪ'tektə] *n.*【医】热(温差电)检波器,测温计

thermodiffusion [,θɜːməʊdɪ'fjuːʒən] *n.* 【物】热扩散

thermoduct ['θɜːmə,dʌkt] *n.*【气】温度逆增形成的大气层波导

thermoduric [,θɜːməʊ'djʊərɪk] *a.* 耐热的

thermodynamic(al) [,θɜːməʊdaɪ'næmɪk(əl)] *a.* 热力(学)的,热动的 ‖ ~ally *ad.*

thermodynamics [,θɜːməʊdaɪ'næmɪks] *n.* 【物】热力学

thermoelasticity ['θɜːməʊ,ɪlæs'tɪsɪtɪ] *n.* 【物】热弹性(力学)

thermoelectret ['θɜːməʊɪ'lektrɪt] *n.* 【电子】热驻极(电介)体

thermoelectric(al) [,θɜːməʊɪ'lektrɪk(əl)] *a.* 由温差产生电流的,热〔温差〕电的 ‖ ~ally *ad.*

thermoelectricity ['θɜːməʊ,ɪlek'trɪsətɪ] *n.* 【物】热电(学,现象),温差电(学)

thermoelectrode [,θɜːməʊɪ'lektrəʊd] *n.*【电子】热电电极

thermoelectromagnetic ['θɜːməʊɪlek,trəʊmæg'netɪk] *a.* 热电磁的

thermo(-)electrometer ['θɜːməʊɪlek'trɒmɪtə] *n.*【电子】热电计

thermoelectron [,θɜːməʊɪ'lektrɒn] *n.* 【物】热电子 ‖ ~ic *a.*

thermoelectrostatics ['θɜːməʊɪ,lektrəʊ'stætɪks] *n.*【物】热静电学

thermoelement [,θɜːməʊ'elɪmənt] *n.*【物】热〔温差〕电偶,热敏元件

thermofin ['θɜːməʊfɪn] *n.* 【建】热隔层

thermofission ['θɜːməʊ'fɪʃən] *n.* 热分裂

thermofixation ['θɜːməfɪk'seɪʃən] *n.* 热固化

thermofor ['θɜːməʊfɔː] *n.*【机】蓄热器,载热固体,流动床

thermoform ['θɜːməʊ,fɔːm] *v.* 热成形〔型〕

thermogalvanometer ['θɜːməʊ,gælvə'nɒmɪtə] *n.* 【电子】热〔温差〕电偶电流计

thermogauge ['θɜːməʊgeɪdʒ] *n.*【机】热压力计

thermo(-)generator ['θɜːməʊ'dʒenəreɪtə] *n.*【物】热偶〔温差〕发电器,热偶〔温差〕电池

thermogenesis ['θɜːməʊ'dʒenɪsɪs] *n.* 热产生,生

热(作用)

thermogenetic [,θɜːməʊdʒɪ'netɪk] *a.* 生热(作用)的

thermogenic [,θɜːməʊ'dʒenɪk] *a.* 生热的

thermogram ['θɜːməʊgræm] *n.*【医】温度自记曲线,温谱〔差热〕图

thermograph ['θɜːməʊgrɑːf] *n.*【医】温度自记〔记录〕器,温度过程线

thermography [θə'mɒgrəfɪ] *n.* 发热〔温度〕记录,热(学)分析,温场〔红外线〕照相术

thermogravimetric ['θɜːmə,grævɪ'metrɪk] *a.* 热解重量的

thermogravimetry [,θɜːməʊgrə'vɪmɪtrɪ] *n.* 【机】热(解)重(量)分析法

thermohardening [,θɜːməʊ'hɑːdnɪŋ] *n.;a.* 热硬性,热硬化(的)

thermo-hydrometer ['θɜːməʊhaɪ'drɒmɪtə] *n.*【机】热〔温差〕比重计

thermohygrogram [,θɜːmə'haɪgrəgræm] *n.* 【医】温湿自记曲线

thermohygrograph [,θɜːməʊ'haɪgrəgrɑːf] *n.* (自记)温湿计

thermohygrometer [,θɜːməʊhaɪ'grɒmɪtə] *n.* 温湿表

thermoinduction [,θɜːmɔɪn'dʌkʃən] *n.* 热感应

thermo-integrator [,θɜːməʊ'ɪntɪgreɪtə] *n.* 土壤积执仪

thermoion ['θɜːməʊaɪən] *n.* 【物】热离子

thermo-isodrome [,θɜːməʊ'aɪsədrəʊm] *n.* 等温差商数线

thermoisogradient [,θɜːməʊ,aɪsəʊ'greɪdɪənt] *n.* 热等梯度

thermo-isohyp [,θɜːməʊ'aɪsəʊhɪp] *n.*【气】实际温度等值线

thermoisopleth [,θɜːməʊ'aɪsəʊpleθ] *n.* 【气】等温线,变温等值线

thermojet ['θɜːməʊdʒet] *n.*【航】热喷射,炽热喷流,空气喷气发动机

thermojunction [,θɜːməʊ'dʒʌŋkʃən] *n.*【电子】(热电偶)热接点,热结(点)

thermokinetics [,θɜːməkaɪ'netɪks] *n.*【物】热动力学

thermolabile [,θɜːməʊ'leɪbaɪl] *a.* 不耐热的,感热的

thermolability [,θɜːməʊleɪ'bɪlətɪ] *n.*【生】不耐热性,热不稳定性

thermo-lag ['θɜːməʊlæg] *n.*【电子】热滞后

thermolite ['θɜːməlaɪt] *n.* 红外辐射用大功率碳丝灯

thermolith ['θɜːmə,lɪθ] *n.*【建】耐火水泥

thermolize ['θɜːməlaɪz] *v.* 表面热处理

thermologging ['θɜːmələɡɪŋ] *n.* 温度测井

thermology [θɜː'mɒlədʒɪ] *n.* 热学

thermoluminescence [,θɜːməʊ,luːmɪ'nesəns] *n.*【化】热(致激)发光,热释光 ‖ **thermoluminescent** *a.*

thermolysin [,θɜːmə'laɪsɪn] *n.*【生化】嗜热菌蛋

白酶

thermolysis [θɜ:ˈmɒlɪsɪs] *n.* 【化】热(分)解(作用),散热(作用)

thermolytic [ˌθɜ:məʊˈlɪtɪk] *a.* 热放散的,散热的,热(分)解的

thermomagnetic [ˌθəməʊmægˈnetɪk] *a.* 热磁(性,效应)的

thermomagnetism [ˌθɜ:məˈmægnɪtɪzəm] *n.* 【物】热磁现象,热磁性,热磁学

thermomagnetization [ˈθɜ:məməmˌnɪtaɪˈzeɪʃən] *n.* 【物】热磁化

thermomechanics [ˌθɜ:məʊmɪˈkænɪks] *n.* 【物】热力学,热变形学,热机械学

thermometal [ˌθɜ:məʊˈmetəl] *n.* 【冶】双〔热〕金属

thermometallurgy [ˌθɜ:məʊmeˈtælədʒɪ] *n.* 【冶】火法(高温)冶金

thermometamorphism [ˈθɜ:məʊˌmetəˈmɔ:fɪzəm] *n.* 【地质】热同素异形(现象),热力变质

thermometer [θəˈmɒmɪtə] *n.* 温度计

thermometer-screen [θəˈmɒmɪtəskri:n] *n.* (温度表)百叶箱

thermometric(al) [ˌθɜ:məʊˈmetrɪk(ə)l] *a.* 温度计的,测温的

thermometrograph [ˌθɜ:məʊˈmetrəɡrɑ:f] *n.* 温度记录器

thermometry [θəˈmɒmɪtrɪ] *n.* 【测绘】测温学〔法,技术〕,温度测量(法)

thermomicroscopy [ˌθɜ:məʊmaɪˈkrɒskəpɪ] *n.* 【机】热显微术

thermomodule [ˌθɜ:məʊˈmɒdjul] *n.* 热电微型组件

thermomultiplicator [ˌθɜ:məʊˈmʌltɪplɪkeɪtə] *n.* 【电子】热〔温度〕倍加器,电流计的温度电堆

thermonastic [ˌθɜ:məʊˈnɑ:stɪk] *a.* 感热性的

thermonasty [ˌθɜ:məʊˈnɑ:stɪ] *n.* 【植】感热〔温〕性

thermonatrite [ˈθɜ:məʊˌneɪtraɪt] *n.* 【地质】水碱

thermonegative [ˌθɜ:məʊˈneɡətɪv] *a.* 吸热的

thermoneutrality [ˌθɜ:məʊnjuːˈtrælətɪ] *n.* 【气】热中和性,温度适中,温度平衡(状态)

thermonuclear [ˌθɜ:məʊˈnjuːklɪə] *a.* 热核的,聚变的

thermonucleonics [ˈθɜ:məʊˌnjuːklɪˈɒnɪks] *n.* 【核】热核技术,热核子学

thermopaint [ˈθɜ:məʊpeɪnt] *n.* 【航】示(测)温涂料,测温漆

thermopair [ˈθɜ:məʊpeə] *n.* 【医】热电偶

thermopause [ˈθɜ:məʊpɔ:z] *n.* 【气】热大气层顶部,热成层顶

thermopenetration [ˈθɜ:məʊˌpenɪˈtreɪʃən] *n.* 【医】(内科)透热法

thermoperiodism [ˌθɜ:məʊˈpɪərɪədɪzəm] *n.* 【气】温变周期性,温周期现象

thermopermalloy [ˈθɜ:məʊpɜ:ˈmælɔɪ] *n.* 【冶】

铁镍合金

thermophile [ˈθɜ:məʊfaɪl] *n.* 【生】嗜热生物

thermophilic [ˌθɜ:məʊˈfɪlɪk] *a.* 耐热(性)的,适温的

thermophilous [ˌθɜ:məˈfɪləs] *a.* 嗜热的,抗热的

thermophily [θɜ:ˈmɒfɪlɪ] *n.* 【生】嗜热性,适温性

thermophone [ˈθɜ:məʊfəʊn] *n.* 【电子】①热致发声器,热线式受话器 ②传声温度计

thermophore [ˈθɜ:məfɔ:] *n.* 【医】载热(固)体,蓄热器,流动床

thermophoresis [ˌθɜ:məfəˈri:sɪs] *n.* 【计】热迁移

thermophosphorescence [ˈθɜ:məʊˌfɒsfəˈresəns] *n.* 【化】热发磷光

thermophotovoltaic [ˈθɜ:məʊfəʊˌtəʊvɒlˈteɪɪk] *a.* 热光电的,热光伏的

thermophylactic [ˌθɜ:məʊfɪˈlæktɪk] *a.* 抗热的

thermophysical [ˌθɜ:məʊˈfɪzɪkəl] *a.* 热物理(学)的

thermophysics [ˌθɜ:məʊˈfɪzɪks] *n.* 【物】热物理学

thermophyte [ˈθɜ:məˌfaɪt] *n.* 【植】耐热植物

thermopile [ˈθɜ:məʊpaɪl] *n.* 【物】热〔温差〕电堆,热电元件,热〔温差〕电偶

thermoplast [ˈθɜ:məʊplɑ:st] *n.* 【化】热塑(性)塑料,热塑性

thermoplastic [ˌθɜ:məʊˈplæstɪk] *n.;a.* ①热塑(性)塑料〔物质〕,热熔塑胶 ②热塑的,加热软化的

thermoplasticity [ˌθɜ:məʊplæsˈtɪsətɪ] *n.* 热塑性(理论,力学)

thermoplastics [ˌθɜ:məʊˈplæstɪks] *n.* 热塑(性)塑料

thermopolymer [ˌθɜ:məʊˈpɒlɪmə] *n.* 【化】热聚(合)物

thermopositive [ˌθɜ:məʊˈpɒzɪtɪv] *a.* 放热的

thermoprecipitin [ˌθɜ:məʊprɪˈsɪpɪtɪn] *n.* 【医】热沉淀素

thermoprobe [ˈθɜ:məʊˌprəʊb] *n.* 【气】测温探针

thermoquenching [ˌθɜ:məʊˈkwentʃɪŋ] *n.* 【机】热淬火

thermoreceptor [ˌθɜ:məʊrɪˈseptə] *n.* 【医】受热器

thermoregulator [ˌθɜ:məʊˈreɡjʊleɪtə] *n.* 【医】调温器

thermorelay [ˌθɜ:məʊˈri:ˌleɪ] *n.* 【物】热〔温差电偶〕继电器

thermoremanence [ˌθɜ:məʊˈremənəns] *n.* 【物】热顽磁

thermoresilience [θɜ:məʊrɪˈzɪljəns] *n.* 热回弹

thermoresistance [θɜ:məʊrɪˈzɪstəns] *n.* 【医】抗热性 ‖ **thermoresistant** *a.*

thermoresonance [ˌθɜ:məʊˈrezənəns] *n.* 【物】热共振

thermorhythm [ˈθɜ:məʊˌrɪðəm] *n.* 【生】温度节律

thermorunaway [ˌθɜ:məʊˈrʌnəweɪ] *n.* 【航】(晶体管)热致击穿〔破坏〕,热失控

thermos [ˈθɜ:mɒs] *n.* 热水瓶

thermoscope [ˈθɜ:məskəʊp] *n.* 【医】验温器,测温锥 ‖ **thermoscopic(al)** *a.*

thermoscreen ['θɜ:məskri:n] *n.* 隔热屏

thermosensitive [,θɜ:məu'sensɪtɪv] *a.* 热敏的

thermoset ['θɜ:məuset] ❶ *a.* 热固(性)的,热凝的,热变定的 ❷ *n.* 【化】固(性),热凝,热变定法

thermosetting [,θɜ:məu'setɪŋ] *a.* (可)热固的,加热成型后即硬化的

thermo-shield ['θɜ:məuʃi:ld] *n.* 【建】 热屏蔽

thermosiphon [,θɜ:məu'saɪfən] *n.*【物】热虹吸管

thermosistor ['θɜ:məsɪstə] *n.* 【医】调温器

thermosizing ['θɜ:məsaɪzɪŋ] *n.* 【机】热锤击尺寸整形

thermosnap ['θɜ:mə,snæp] *n.* 【机】热保护自动开关

thermosol ['θɜ:məsɒl] *n.* 【纺】热溶胶

thermosonde ['θɜ:məsɒnd] *n.* 【医】热感探测仪

thermosphere ['θɜ:məusfɪə] *n.* 【气】热大气层,热电离层,热成层

thermostability [,θɜ:məustə'bɪlətɪ] *n.* 【生】耐热(性),热稳定性

thermostable [,θɜ:məu'steɪbl] *a.* 耐热的,热稳定的

thermostasis [,θɜ:məu'stæsɪs] *n.* 【生】体温恒定

thermostat ['θɜ:məustæt] *n.* 【机】①恒温器(箱)②根据温度自动启动的装置,热动开关

thermostatic(al) [,θɜ:məu'stætɪk(əl)] *a.* 恒温(器)的,热静力学的 ‖ ~ally *ad.*

thermostatics [,θɜ:məu'stætɪks] *n.*【物】热静力学

thermosteresis [,θɜ:məustɪə'ri:sɪs] *n.* 【医】热耗损

thermostriction [,θɜ:mə'strɪkʃ ən] *n.* 热致紧缩

thermoswitch ['θɜ:məuswɪtʃ] *n.* 【电子】热(敏)开关,温度调节器

thermotactic [,θɜ:məu'tæktɪk] *a.* 趋温的,体温调节的

thermotank ['θɜ:mə,tæŋk] *n.* 恒温箱,调温柜

thermotape ['θɜ:mə,teɪp] *n.* 【计】热塑(记录)带

thermotaxis [,θɜ:məu'tæksɪs] *n.* 【生】趋热性,体温调节 ‖ **thermotactic** 或 **thermotaxic** *a.*

thermotaxy [,θɜ:mə'tæksɪ] *n.* 热排性,热排菜形

thermotechnical [,θɜ:məu'teknɪkəl] *a.* 热工的

thermotherapy [,θɜ:məu'θerəpɪ] *n.* 【医】温热疗法

thermotics [θə'mɒtɪks] *n.* 【物】热学

thermotolerant [,θɜ:məu'tɒlərənt] *a.* 耐热的,热稳(定)的

thermotonus [θɜ:'mɒtənəs] *n.* 温度反应

thermotopography [,θɜ:mətə'pɒɡrəfɪ] *n.* 【医】躯体温度分布描记术

thermotransport [,θɜ:məutræns'pɔ:t] *n.* (动物)热输运,热(致)迁移

thermotropic [,θɜ:məu'trɒpɪk] *a.* 向温性的,热致的

thermotropism [θə'mɒtrəpɪzəm] *n.*【生】向热性

thermotube ['θɜ:mətju:b] *n.* 热管

thermovacuum [,θɜ:mə'vækjuəm] *n.* 热真空

thermovent ['θɜ:məuvent] *n.* 散热口

thermoviscoelasticity [θɜ:mə'vɪskəuɪlæs'tɪsətɪ] *n.*【地质】热黏弹性

thermoviscometer [,θɜ:məuvɪs'kɒmɪtə] *n.* 热黏度计

thermoviscosity [,θɜ:məuvɪs'kɒsətɪ] *n.* 热黏度

thermovoltmeter [,θɜ:məu'vɒltmi:tə] *n.*【电气】热电压计

thermowattmeter [,θɜ:məu'wɒt,mi:tə] *n.* 【电气】热瓦特计

thermoweld ['θɜ:məuweld] *n.*【机】熔〔热焊〕接

thermowell ['θɜ:mə,wel] *n.* 【机】热电偶套管,测温插套

therophyte ['θiːrə,faɪt] *n.* 【植】一年生植物

thesaurus [θɪ(:)'sɔ:rəs] (拉丁语) (pl. thesauri 或 thesauruses) *n.* ①辞〔字〕典,百科全书,同〔近〕词汇,汇编 ②(知识的)宝库,存储库

these [ði:z] *a.;pron.* (this 的复数) 这些 ☆*in these (latter) days* 近来; *in these times* 现今; *one of these days* 两三天内,总有一天

thesis ['θi:sɪs] (pl. theses) *n.* ①命〔主,论,课〕题 ②论文,作文

theta ['θi:tə] *n.* 【语】(希腊字母) θ

thetagram ['θi:təɡræm] *n.* 【物】 θ 图

theta-meson ['θi:təmezɒn] *n.* 【物】 θ 介子

theta-pinch ['θi:təpɪntʃ] *n.* 【物】 θ 箍缩效应,方位角箍缩

thetatron ['θi:tətrɒn] *n.* θ 箍缩装置

thetic(al) ['θetɪk(əl)] *a.* 独〔武〕断的

thetin(e) ['θi:tɪn] *n.* 【医】噻亭

thevetin(e) [θi:'vetɪn] *n.* 【药】黄夹竹桃苷

thevetose ['θi:vətəus] *n.* 【药】黄夹竹桃糖

thews [θju:z] *n.* (pl.)肌肉,体力

thewy ['θju:ɪ] *a.* 肌肉发达的,强壮有力的

they [ðeɪ] *pron.* (he, she, it 的复数) ①他〔她,它〕们 ② 人们

〖用法〗❶ 有时用它来表示"人们,有人"。如:This is what they call scanning. 这就是人们所说的扫描。/They say that the price of computers will continue to fall. 据说计算机的价格将会继续下降。❷ they 可以代替后面的主语。如:When they get hot, all metals melt. 当金属受热时会熔化。

thiadiazine [θaɪə'daɪəzi:n] *n.* 【药】噻二嗪

thiamidine [θaɪ'æmɪdi:n] *n.* 【药】硫杂嘧啶

thiaminase [θaɪ'æmɪneɪs] *n.* 【药】硫胺素酶

thiamin(e) ['θaɪəmɪn] *n.*【药】硫胺(素),维生素 B₁

thianaphthene [,θaɪə'næfθi:n] *n.* 【化】硫茚

thiation [θaɪ'eɪʃ ən] *n.* 【化】硫杂化

thiazine ['θaɪəzi:n] *n.* 【医】噻嗪

thiazone ['θaɪəzəun] *n.* 【化】噻唑

thick [θɪk] ❶ *a.* ①(浓,稠)密的,茂盛的,丰富的 ②深的,浓(厚)的,(黏)稠的 ③厚的,粗(体)的 ④阴沉的,多雾的 ⑤理解力差的 ❷ *n.* 厚度 ❸ *ad.* ①最厚〔浓,密,深〕②强烈地 ③时常 ☆*be thick with* 充满〔塞〕; *in the thick of* 处在…的中心,在…正起劲〔最激烈〕的时候; *thick and fast* 大

量而急速地,频频,密集地; *through thick and thin* 不顾任何困难

〖用法〗"数量状语 + thick"可以作后置定语。如:We shall have giant televisions <u>one inch thick</u>. 我们将会有厚为 1 英寸的巨型电视机。

thicken ['θɪkən] *v.* ①(使)变厚〔粗,浓,稠,模糊〕,加厚,繁茂 ②复杂化

thickener ['θɪkənə] *n.*【化】浓缩器;增稠剂;沉降槽

thickening ['θɪkənɪŋ] *n.* ①稠化(过程),增厚,浓化,加厚 ②增稠剂 ③被加厚〔粗〕的东西〔部分〕

thicket ['θɪkɪt] *n.* 灌木丛(林),密集的东西

thickly ['θɪklɪ] *ad.* 厚,浓,密,深

thickness ['θɪknɪs] *n.* ①厚(度,薄),粗 ②浓(度),稠密(度),多雾(烟) ④最粗〔厚,浓〕部分 ⑤ 一层〔张〕☆*thickness of root face* 钝边高度

thick-set ['θɪk'set] ❶ *a.* 稠密的,密植的,粗矮〔壮〕的 ❷ *n.* 丛林,结实的粗斜纹布

thief [θiːf] (pl. thieves) *n.* ①泥泵取样,取样器 ②(容易使蜡烛外流的蜡烛芯的)结疤 ③小偷,窃贼

thief-sampler ['θiː'sɑːmplə] *n.* 测水器

thienone ['θaɪənəʊn] *n.*【化】噻嗯酮

thienyl ['θaɪə,nɪl] *n.*【化】噻嗯基

thienylalanine [,θaɪənɪ'læləniːn] *n.*【化】噻吩丙氨酸

thieve [θiːv] *v.* 偷窃 ‖ **thievery** *n.* **thievish** *a.*

thigh [θaɪ] *n.* 大腿,股

thigmonastic [,θɪgmə'næstɪk] *a.* 感触性的

thigmonasty [,θɪgmə'næstɪ] *n.*【生】感触性

thigmotactic [,θɪgmə'tæktɪk] *a.* 趋触性的

thigmotaxis [,θɪgmə'tæksɪs] *n.*【生】趋触性

thigmotropic [,θɪgmə'trɒpɪk] *a.* 向触性的

thigmotropism [θɪg'mɒtrəpɪzm] *n.*【生】向触性

thill [θɪl] *n.* (车)杠,辕(杆)

thimble ['θɪmbl] *n.*【建】①(活动)套筒〔管,圈〕,衬套,壳筒,嵌环,梨形圈,钢丝绳套环 ②测缆套筒 ③联轴 ④头,(戴于指尖上的)顶针,顶针式电离室

thimbleful ['θɪmblful] *a.* 极少量 ☆ *a thimbleful of* 极少量,一点儿

Thimbu ['θɪmbuː] *n.* 廷布(不丹首都)

thin [θɪn] ❶ (thinner, thinnest) *a.;ad.* ①薄(的),细的,瘦的,贫瘠的 ②稀(薄,少疏)(的),微弱的 ③ 空洞的,没有内容的 ④(照片,底片)衬度弱的 ☆*as thin as a wafer* 极薄 ❷ (thinned; thinning) *v.* ①(使)变薄〔稀,淡,细,疏〕②削〔磨〕去 ☆*thin down* 弄〔变〕细; *thin out (off, away)* 变薄〔细,稀少〕,冲淡,稀释; *thin ... with ..* 用…冲淡,用…使…稀化 ❸ *n.* (稀)薄处,细小部分,(金相之中)轻系列

thing [θɪŋ] *n.* ①东西,事物,家伙 ②情况,局面,消息 ③主题 ④细节,要点 ⑤(the thing)大〔要紧的〕事,最合适的东西〔样式〕,最风行的 ⑥(pl.)所有物,财产,用品(具) ☆*check every little thing* 检查每一个细节; *important things to watch* 遵循的要点; *living things* 生物; *take things too seriously* 把情况(事情)看得太严重、太认真了;

a general (usual) thing 惯例; *a near (close) thing* 险些发生的事,千钧一发; *above all things* 尤其〔首先〕是; *(all) other things being equal* 在所有其他条件都相同的情况下; *all things considered* 考虑到所有情况; *among other things* 除了别的以外(还),其中包括; *and things* 等等,之类; *as things are (stand)* 按照目前情况; *by (in) the nature of things* 在道理上,必然; *come (amount) to the same thing* 仍旧一样,结果相同; *for another thing* 二则,其次; *(for) one thing* 首先,一则,举个例子来说,理由之一是; *for one thing ..., for another ...* 首先…,再者〔其次〕…; *know (be up to) a thing or two* 很有经验,明白事理; *learn a thing or two* 学到一点东西; *let things slide (rip)* 让它去,听其自然; *make a good thing of* 从…中获得很大好处; *no such thing* 哪里会,没有这样的事; *of all things* 首要,第一; *one of those things* 不可避免〔无法挽回〕的事; *pretty much the same thing* 差不多,一样; *put things straight* 整顿局面,安顿; *sure thing* 确实(性),当然; *take one thing with another* 考虑各种情况; *(the) first thing* (作为)第一件(要做的)事,最先,立刻; *the latest thing in* … 的最新式样; *the thing is* (目前的)问题是,目前最要紧的是,(现在)要做的是; *the very thing* 正是那个; *thing of naught (nothing)* 无价值的东西

〖用法〗 things 可以表示"情况"。如:With the alternating current, <u>things</u> are different. 对于交流电来说,情况就不同了。

thingamy,thingummy ['θɪŋəmɪ]; **thingamajig, thingumajig** ['θɪŋəmɪdʒɪg]; **thingumbob** ['θɪŋəmbɒb] *n.* ①装置,(小)机件 ②某某东西;某人

thing-in-itself [θɪŋɪnɪt'self] (pl. things-in-themselves) *n.*【哲】自在之物

thingness ['θɪŋnɪs] *n.*【哲】物体属性〔状态〕,客观现实

thingy ['θɪŋɪ] *a.* 物(体,质)的,实际的

think [θɪŋk] ❶ (thought) *v.* ①思索,考虑,想(出,起) ②认为 ③判断,注意 ❷ *n.* 想(法) ❸ *a.* 思想(方面)的,供思考的 ☆*think columnist* 内幕新闻专栏作家;*think piece* 内幕新闻报道(评述); *think tank* 智囊团; *think about* 考虑;回顾; *think better of* 重新考虑(后决定不做);认为…不致于,对有更高的评价; *think fit (good, proper) to (do)* 认为(做)是适宜的,甘愿(做); *think hard* 仔细想; *think highly of* 高度评价,看中; *think light (little) of* 认为…不很重要〔价值不大〕,轻视; *think much of* 重视,夸奖; *think nothing of doing* 不把…放在心里,轻视; *think of* 想到〔念,起,出〕考虑,关心; *think of ... for ...* 考虑…是否适合(担任)…; *think of doing* 想做; *think on (upon)* 考虑,思量; *think out* 想出,考虑周到,设计出,解决; *think over* 仔细,考虑; *think*

through 周密思考,思考…直到得出解决办〔法〕;
think to oneself 心里想; ***think twice*** 踌躇,重
新考虑; ***think up*** 想通〔出,起〕,设计出; ***think
well of*** 高度评价; ***think with*** 和…意见相同
〖用法〗❶ 科技文中常见"think of A as B",意为
"把 A 看做〔认为是〕B"(有时 as 也可用 to be
来代替)。如:In this approach, the system is thought
of as a filter. 在这种处理方法中,该系统被看做是
一个滤波器。❷ 它也可以有带形容词作补足语的
情况,特别是常见句型"think it + 形容词 + 不定
式"。如:We think it possible to find out an aircraft at
night. 我们认为能够在夜晚发现飞机。/It has been
thought desirable to leave these chapters
substantially unchanged. 最好使这些章节基本上
保持不变。❸ 注意在下面例句中该词构成插入
句:The author concentrated on what he thought he
could do best. 编者主要集中在他认为他能写得最
好的那些内容上。

thinkable ['θɪŋkəbl] *a.* 可想象的,想象中可能的 ‖
  thinkably *ad.*
thinker ['θɪŋkə] *n.* 思考者,思想家
thinking ['θɪŋkɪŋ]❶ *n.* 思想〔考,索〕,想法 ❷ *a.* 有
  思想力的,有理性的 ☆**put one's thinking cap
  on** 好好地思索; **be of my way of thinking** 和
  我的想法一样; **to my thinking** 我以为,据我看来
thinkso ['θɪŋksəʊ] *n.* 单纯的意见,未经证实的想法
think-tanker ['θɪŋktæŋkə] *n.* 智囊团成员
thinly ['θɪnlɪ] *ad.* 薄,细,稀
thinner ['θɪnə]❶ thin 的比较级 ❷ *n.* ①稀释剂,
  溶剂 ②冲淡
thinness ['θɪnɪs] *n.* 薄,细,疏,稀少
thinning ['θɪnɪŋ] *n.* 冲淡,稀释,修磨
thinning-down ['θɪnɪŋdaʊn] *n.* 变细〔稀,弱〕
thinning-out ['θɪnɪŋaʊt] *n.* 变细〔稀〕尖灭
thinnish ['θɪnɪʃ] *a.* 有点薄〔细,稀,疏〕的
thin-section ['θɪnsekʃən] *a.* 薄壁的
thio ['θaɪəʊ]*a.* (含)硫的
thioacetate [,θaɪəʊ'æsɪteɪt] *n.*【化】硫代乙酸盐
thioacetone [,θaɪəʊ'æsɪtəʊn] *n.*【化】丙硫酮
thioacetyl [,θaɪəʊ'æsɪtɪl] *n.*【化】硫代乙酰
thioacylation ['θaɪəʊ,æsɪ'leɪʃən] *n.*【化】硫代酰
  化作用
thio-alcohol [,θaɪəʊ'ælkəhɒl] *n.*【化】硫醇
thio-aldehyde [,θaɪəʊ'ældɪhaɪd] *n.*【化】(乙)硫醛
thioallophanate ['θaɪəʊ,æləʊ'fæneɪt] *n.*【化】硫代
  脲基甲酸酯或盐
thioantimonate [,θaɪəʊ'æntɪməneɪt] *n.*【化】硫
  代(全硫)锑酸盐
thioarsenate [,θaɪə'ɑːsənɪt] *n.*【化】硫代砷酸盐
thioaurite [,θaɪə'ɔːraɪt] *n.*【化】硫金酸盐
thiobacilleae [,θaɪə'bæsɪliː] *n.*【生】硫杆菌族
thiobacillus [,θaɪəbə'sɪləs] (pl. thiobacilli) *n.*
  【生】唑硫杆菌,硫杆菌属
thiobacteria [,θaɪəʊbæk'tɪərɪə] *n.*【生】噬硫细菌
thiobenzaldehyde [,θaɪəʊben'zældə,haɪd] *n.*

【化】苯甲硫醛
thiobenzamide [,θaɪəʊben'zæmaɪd] *n.*【化】硫
  代苯酰胺
thiocal ['θaɪəkæl] *n.*【化】聚硫橡胶
thiocapsa [,θaɪə'kæpsə] *n.*【生】荚硫菌属
thiocarbamide [,θaɪəʊ'kɑːbəmaɪd] *n.*【化】硫脲
thiocarbonate [,θaɪəʊ'kɑːbəneɪt] *n.*【化】硫代碳
  酸盐
thiocarbonyl [,θaɪəʊ'kɑːbə,nɪl] *n.*【化】硫(代)羰基
thiochrome ['θaɪəkrəʊm] *n.*【生化】硫色素,脱氢
  硫胺素
thiochromene [,θaɪə'krəʊmiːn] *n.*【化】硫色烯
thiochromone [,θaɪə'krəʊməʊn] *n.*【化】硫色酮
thiocresol [,θaɪəʊ'kriːsɒl] *n.*【药】甲苯硫酚
thiocyanate [,θaɪəʊ'saɪəneɪt] *n.*【化】硫氰酸,硫
  代氰酸盐
thiocyanation [,θaɪəʊ,saɪə'neɪʃən] *n.*【化】硫氰
  化作用
thiocyano [,θaɪəʊ'saɪə,nəʊ] *n.*【化】氰硫基,硫(代)
  氰酸盐
thiocyanocarbons [,θaɪəʊ'saɪənəʊ,kɑːbənz] *n.*
  【化】硫氰(基)碳化合物
thioester [,θaɪəʊ'estə] *n.*【化】硫酯
thio-ether [,θaɪəʊ'iːθə] *n.*【化】硫醚
thiofide [,θaɪəfaɪd] *n.*【化】橡胶硫化促进剂
thioformyl [,θaɪəʊ'fɔːmɪl] *n.*【化】硫醛基
thiogenic [,θaɪəʊ'dʒenɪk] *a.* 产硫的
thioglucosidase [,θaɪəʊ'gluːkə,saɪdeɪs] *n.*【生
  化】葡糖硫苷酶
thioglycol [,θaɪəʊ'glaɪkɒl] *n.*【化】硫甘醇
thioketone [,θaɪəʊ'kiːtəʊn] *n.*【化】(丙)硫酮
thiokinase [,θaɪəʊ'kɪneɪs] *n.*【生】硫激酶,脂肪酸
  活化酶
thiokol, thiocol [,θaɪəkɒl] *n.* 聚〔乙〕硫橡胶
thiol ['θaɪɒl] *n.*【化】硫醇(类)
thiolase ['θaɪəleɪs] *n.*【生化】硫解酶
thiolate ['θaɪəʊleɪt] *n.*【化】硫醇盐;烃硫基金属
thiolcarbamates [,θaɪəl'kɑːbəmeɪts] *n.*【化】硫
  赶氨基甲酸酯类
thiolhistidine [,θaɪəʊl'hɪstɪ,diːn] *n.*【医】巯(基)
  组氨酸
thiolignin [,θaɪəʊ'lɪgnɪn] *n.*【化】硫代木素
thiolutine [,θaɪəʊ'luːtɪn] *n.*【医】硫藤黄菌素
thiolysis [θaɪ'ɒlɪsɪs] *n.*【生化】硫解(作用)
thiometon [,θaɪəʊ'metən] *n.*【化】甲基乙拌磷,二
  甲硫吸磷
thionaphthene [,θaɪə'næfθiːn] *n.*【化】硫茚
thionation ['θaɪəneɪʃən] *n.*【化】硫化作用
thioneine [,θaɪ'əʊniːn] *n.*【医】巯基组氨酸三甲
  (基)内盐
thionine ['θaɪəniːn] *n.*【化】硫堇
thionizer ['θaɪəʊnaɪzə] *n.* 脱硫塔
thionol ['θaɪənɒl] *n.*【药】噻醇
thionyl ['θaɪənɪl] *n.*【化】亚硫酰
thiooxidant [,θaɪəʊ'ɒksɪdənt] *n.*【化】硫氧化剂

T

thio-ozonides [ˌθaɪəˈəʊzənaɪdz] n.【化】硫代臭氧化物

thioperoxide [ˌθaɪəpəˈrɒksaɪd] n.【化】硫代过氧化物

thiophane [ˈθaɪəfeɪn] n.【化】四氢噻吩

thiophen(e) [ˈθaɪəfiːn] n.【化】噻吩,硫(杂)茂

thiophenol [ˌθaɪəˈfiːnɒl] n.【生】苯硫酚

thiophenyl [ˌθaɪəʊˈfenɪl] n.【化】苯硫基

thiophil [ˈθaɪəfɪl] a.;n. 嗜硫的,适硫菌

thiophilic [ˌθaɪəʊˈfɪlɪk] a. 亲硫的

thiophorase [ˌθaɪəʊˈfɔreɪs] n.【生化】辅酶 A 转移酶

thiophos [θaɪˈɒfəʊs] n.【化】硫福斯,对硫磷,1605(农药)

thiophosphate [ˌθaɪəʊˈfɒsfeɪt] n.【化】硫代磷酸盐

thiophosphoryl [ˌθaɪəʊˈfɒsfəˌrɪl] n.【化】硫代磷酰

thiophosphorylation [ˈθaɪəfɒsˌfɔːrɪˈleɪʃən] n.【化】硫代磷酰化作用

thiophthalide [ˌθaɪəˈfθælaɪd] n.【化】硫代苯酞

thiophysa [ˌθaɪəˈfɪsə] n.【生】泡硫细菌属

thioplast [ˈθaɪəˈplæst] n.【化】硫塑料

thioploca [ˌθaɪəʊˈpləʊkə] n.【生】辫硫细菌属

thiopropionate [ˌθaɪəprəˈpaɪəneɪt] n.【化】硫代丙酸酯

thioredoxin [ˌθaɪəʊriːˈdɒksɪn] n.【生】硫氧还蛋白

thiorsauite [ˌθaɪəˈsɔːˌaɪt] n.【地质】钙长石

thiospirillum [ˌθaɪəʊˈspaɪˈrɪləm] n.【生】紫硫螺菌属

thiostannate [ˌθaɪəʊˈstæneɪt] n.【化】硫代锡酸,全硫锡酸,三硫赶锡酸

thiostrepton [ˌθaɪəˈstreptɒn] n.【生】硫链丝菌肽

thiosuccimide [ˌθaɪəˈsʌksɪˌmaɪd] n.【化】硫代琥珀酰亚胺

thiosulfate,thiosulphate [ˌθaɪəʊˈsʌlfeɪt] n.【化】硫代硫酸盐

thiosulfinate [ˌθaɪəʊˈsʌlfɪneɪt] n.【化】硫代亚磺酸酯

thiotaurine [ˌθaɪəˈtɔːriːn] n.【药】硫代牛磺酸

thiouracil [ˌθaɪəʊˈjʊərəsɪl] n.【药】硫脲嘧啶

thiourea [ˌθaɪəʊˈjʊərɪə] n.【化】硫脲

thioureido [ˌθaɪəʊjuˈriːˌdəʊ] n.【化】硫脲基

thioureylene [ˌθaɪəʊjuˈriːəˌliːn] n.【化】硫脲撑

thiovanadate [ˌθaɪəʊˈvænəˌdeɪt] n.【化】硫代钒酸盐

third [θɜːd] a.;n. ①第三(的,个),三分之一(的) ②(…月)三日 ③1/70 秒 ④第三挡 ⑤第三音,三度音程
〖用法〗"a third" 表示"另一个"的意思,不强调次序,但仍可译成"第三个"。如:A third disadvantage of the above circuit is that even the small ripple voltage is often more than can be tolerated. 上面那个电路的另一个〔第三个〕缺点是,即使很小的波纹电压往往也是不能允许的。

third-class [ˈθɜːdkˈlɑːs]❶ a. 三等〔级〕的,下等的 ❷ ad. 按照三等

thirdly [ˈθɜːdlɪ] ad. 第三

third-order [ˈθɜːdˈɔːdə] a. 第三级的,三阶的

third-rate [ˈθɜːdˈreɪt] a. 三等的,第三流的,低劣的

thirst [θɜːst] n.;v. 渴(望),热望(for, after) ‖ ~ily ad. ~iness n.

thirsty [ˈθɜːstɪ] a. ①渴(望)的(for) ②干(燥,旱)的,高度吸水性的

thirteen [ˈθɜːˈtiːn] a.;n. ①十三(的,个) ②十三点(钟),下午一点

thirteenth [ˈθɜːˈtiːnθ] a.;n. ①第十三(的,个),十三分之一的(的) ②(…月)13 日

thirtieth [ˈθɜːtɪθ] a.;n. ①第三十(的,个),三十分之一(的) ②(…月)30 日

thirty [ˈθɜːtɪ] a.;n. ①三十(的,个) ②(pl.)三十年代 ③(新闻通信使用符号)结束 ☆ **by the mid-thirties** 到三十年代中期

thirtyfold [ˈθɜːtɪfəʊld] a.;ad. 三十倍的,成三十倍

thirty-twomo [ˈθɜːtɪˈtuːməʊ] n. 三十二开(本)

this [ðɪs]❶ (pl. these) a.;pron. ①这(个,样) ②以下〔上〕所述 ③今…,本…,这时 ④(和 that 相呼应)后者(见 that) ❷ ad. 达到这样的程度,如此 ☆**at this** 一看〔听〕到这个; **before this** 在这以前; **by this** 到这时,在这以前; **for all this** 尽管这样; **for this once** 就这一次; **it is this** 这就是,即,是这样的; **like this** 像这样的; **on (upon) this** 于是,这时候; **put this and that together** 把现有事实〔材料〕综合起来看; **this and that** 各种各样的,又是这个…又是那个; **this being so** 既然如此; **this, that and (or) the other** 一切东西,形形色色,诸如此类; **to this day** 到今天(还); **with this** 说完这个(就),这样说着(就)
〖用法〗❶ 一般来说,this 指下面的东西。如: The problem is this: … 问题是这样的…。 但美国人也有把它与 that 一样使用,表示上面提到的事,如:This is why the sun looks the largest of all the stars. 这就是为什么太阳在所有星星中看起来最大的原因。 ❷ 注意它作为副词的用法,类同于 so 的含义。 如:The instruments obviously cannot respond this fast. 显然,这些仪器不可能响应得这么快。

thisness [ˈðɪsnɪs] n.【哲】现实性,"这一个"

thistle [ˈθɪsl] n.【植】蓟(一种杂草)

thither [ˈðɪðə]❶ ad. (向)那里 ❷ a. 那边的,在远处的,更遥远的 ☆**hither and thither** 到处,忽此忽彼

thitherward(s) ad. = thither (ad.)

thixolabile [ˌθɪksəˈleɪbaɪl] a. 易触变的,不耐触的

thixotrometer [ˈθɪksətˌrɒmɪtə] n.【化】触变计,摇溶计

thixotrope [ˈθɪksətrəʊp] n. 触变胶

thixotropic [ˌθɪksəˈtrɒpɪk] a. 触变(性)的,摇溶的

thixotropy [θɪkˈsɒtrəpɪ] n.【化】触变(性),振动

液化

thiylation [,θaɪə'leɪʃən] *n.* 【化】引入含硫基

tho [ðəʊ] *ad.* ; *conj.* = though

tholeiite ['θəʊliːaɪt] *n.* 【地质】拉班玄武岩 ‖ **tholeiitic** *a.*

tholobate ['θɒləbeɪt] *n.* 【建】圆屋顶座

thong [θɒŋ] ❶ *n.* 皮带,皮条 ❷ *v.* 装皮带

thoria ['θɔːrɪə] *n.* 【化】(二)氧化钍

thorianite ['θɔːrɪənaɪt] *n.* 【地质】方钍石

thoriate ['θɔːrɪeɪt] *n.* 【冶】镀钍,加氧化钍

thoride ['θɒraɪd] *n.* 【核】钍化物

thorite ['θɔːraɪt] *n.* 【矿】钍石

thorium ['θɔːrɪəm] *n.* 【化】钍

thorn [θɔːn] *n.* 刺,(荆)棘

thorny ['θɔːnɪ] *a.* ①多刺的,刺一般的 ②棘手的;多障碍的;引起争论的

thorogummite [,θɔːrə'gʌmaɪt] *n.* 【矿】钍脂铅铀矿

thoron ['θɔːrɒn] *n.* 【地质】钍射气

thorotungstite [,θɔːrə'tʌŋstaɪt] *n.* 【矿】钍钨矿

thorough ['θʌrə] *a.;n.* ①彻底的,详尽的,透彻的,充〔十〕分的 ②非常精确的,严密的 ☆**be thorough (in ...)** (在…方面)做得认真〔毫不马虎〕

thoroughfare ['θʌrə,feə] *n.* 大道〔街〕,通行 ☆**no thoroughfare** 禁止通行

thoroughgoing ['θʌrəgəʊɪŋ] *a.* 彻底的,彻头彻尾的,完全的 ☆**in a thoroughgoing way** 彻底地

thoroughly ['θʌrəlɪ] *ad.* 充分地,彻底地

thoroughness ['θʌrənɪs] *n.* 彻底性

thorough-paced ['θʌrəpeɪst] *a.* 彻底的,完全的

thortveitite [tɔːt'vaɪtaɪt] *n.* 【地质】钪钇石

thoruraninite [,θɔːrjʊə'rænɪ,naɪt] *n.* 【矿】钍铀矿

those [ðəʊz] *a.;pron.* (that 的复数)那些

thou [ðaʊ] (pl. thou(s)) *n.* ①英毫 ②一千(镑,美元)

though [ðəʊ] ❶ *conj.* ①虽然,尽管 ②可是,仍然 ❷ *ad.* 可是,但是,然而 ☆**as though** 好像;**even though** 即使,虽然,尽管;**what though** 即使…有什么关系(呢)〖用法〗当它引导的让步状语从句处于主句之前时,可能会发生部分倒装现象,常见的是其表语放在它前面。如:Simple though these crystal sets were, a fair degree of skill was needed in the adjustment of the 'cat's whisker'. 虽然这些矿石收音机很简单,但在调整"猫须"时却需要相当的技巧。

thought [θɔːt] ❶ think 的过去式和过去分词 ❷ *n.* ①思想〔维,潮〕,思想力 ②考虑,思考 ③意思〔见,图,向〕,主意 ④关怀〔心〕,挂念 ⑤(a thought) 稍 ☆**after much (serious) thought** 经仔细考虑后;**(as) quick as thought** 立刻;**at first thought** 乍一看〔想〕;**at the (bare) thought of** 一想起就;**(be deep) in thought** 左思右想;**bestow a thought on** 或 **give a thought to** 对…想〔考虑〕一下;**beyond thought** 想象不到;**have no thought of doing** 无…的意图;**have (some) thoughts of doing** 有…的意图;**on**

second thought(s) 进一步考虑后,经再三考虑;**take thought for** 对…担心;**think ... thoughts** 具有…的想法;**two schools of thought** 两个意见,两种可能;**without a moment's thought** 不加考虑地,立刻,当场 〖用法〗注意下面例句中该词在科技文中的一种常见用法:A little thought will show that the circuit obeys the definition above. 稍为考虑一下就会看出该电路是遵循上述定义的。

thoughtful ['θɔːtfʊl] *a.* ①深思的,思索〔考〕的 ②富于思想的,有创见的 ③关心的,体贴的,考虑周到的 ‖ ~**ly** *ad.* ~**ness** *n.*

thoughtless ['θɔːtlɪs] *a.* ①无思想的 ②缺少考虑的,轻率的,粗心大意的 ‖ ~**ly** *ad.* ~**ness** *n.*

thousand ['θaʊzənd] *n.;a.* ①(一)千 ②无数的,成千的 ③(pl.)许许多多 ④一千个一组 ☆**a thousand and one** 一千零一,无数个,各种各样的;**in a thousand and one ways** 千方百计地;**a thousand to one** 千对一,几乎绝对的;**by the thousand(s)** 或 **by thousands** 大量地,大批地,数以千计地;**count by thousands** 以千计算;**one in a thousand** 千中之一,难得的东西;**thousands upon thousands** 成千上万

thousandfold ['θaʊzəndfəʊld] *a.;ad.* (成)千倍(的),千重

thousandth ['θaʊzəntθ] *n.;a.* 第一千(的,个),千分之一(的),微小的 〖用法〗表示"零点零零几"要用"a few〔several〕thousandths"。如:This operation only takes a few thousandths of a second. 这一操作仅需零点零零几秒。

thrall ['θrɔːl] *n.* 奴隶(状态),农奴,奴役,束缚 ☆**in thrall** 受奴役;**in thrall to** 被束缚住

thral(l)dom ['θrɔːldəm] *n.* 奴隶身份,奴役,束缚 ☆**hold in thraldom** 使受奴役

thrash [θræʃ] *v.* ①猛烈摆动,颠簸,迎风前进,翻来覆去 ②多次〔反复〕地做,推敲(over) ③打败 ④捶击,脱粒 ☆**thrash out** 经过仔细研究讨论解决,通过讨论获得〔搞清〕

thrasher ['θræʃə] *n.* 脱粒〔打谷〕机,打谷者

thraustics ['θrɔːstɪks] *n.* 脆性材料工艺学

thread [θred] ❶ *n.* ①线(状),细丝 ②线索,条理,情节 ③螺纹〔线,距〕 ④细(矿)脉 ☆**gather up the threads** 综合分别处理的问题〔部分〕;**hang by a thread** 危险,千钧一发,摇摇欲坠;**take (pick) up the threads** 接下去讲;**thread and thrum** 绳头线尾,好坏不分的东西 ❷ *vt.* ①穿线于,穿过,通〔过〕(线孔),装胶片于 ②车螺纹,攻丝雕刻 ③拧螺丝,上螺母

threadbare ['θredbeə] *a.* (衣服)磨薄的,破旧的

threader ['θredə] *n.* 【机】螺纹铣〔磨〕床,螺纹车〔磨〕床

thread-grinder ['θredɡraɪndə] *n.* 【机】螺纹磨床

threadiness ['θredɪnɪs] *n.* 像线,线〔丝〕状

threading ['θredɪŋ] *n.* ①穿过〔线,孔〕,插入,穿料

②车螺纹,攻丝,扣纹

threadlike ['θredlaɪk] *a.* 丝〔线〕状的,螺纹状的

threadworm ['θredwɜ:m] *n.*【医】线虫,蛲虫

thready ['θredɪ] *a.* 线(做)的,像线的,细的,无力的

threat [θret] *n.; v.* ①威胁,恐吓 ②迹象,(坏)兆头

threaten ['θretən] *v.* ①威胁,恐吓 ②有…的危险〔迹象〕,似将发生,可能来临(to +do)

threatening ['θretənɪŋ] *a.* 恐吓的,威胁的,险恶的

three [θri:] *a.;n.* ①三(的,个) ②三个一组,一组〔一系列〕中的第三个 ③三点钟

threequarter(s) ['θri:kwɔ:tə(z)] *a.;n.* 四分之三(的)

threo-di-isotactic ['θri:ədaɪaɪsə'tæktɪk] *n.*【化】对双全同立构

threo-di-syndiotactic ['θri:ədaɪsɪndɪəʊ'tæktɪk] *n.*【化】对双间同立构

threonine ['θri:əni:n] *n.*【生化】苏氨酸

threo-polymer ['θri:ə'pɒlɪmə] *n.*【化】对映聚合物

threose ['θri:əʊs] *n.*【生】苏(丁)糖

thresh [θreʃ]= thrash

threshold ['θreʃhəʊld] *n.* ①门槛〔口〕②阈(值),门限〔界限〕值 ③(最低)限度,界限,范围,边界 ④临界(值,点),分界(点) ⑤入口,起始,初期 ☆*at the threshold of* 在…的开始〔初期〕,…就要开始的时候; *(be) on the threshold of* 刚开始…,就要,处于初级阶段

threw [θru:] throw 的过去式

thribble ['θrɪbl] *n.*【物】三联管

thrice [θraɪs] *ad.* ①三次,三倍(度)地,屡次,再三 ②十(二)分

thrift [θrɪft] *n.* ①节俭 ②繁茂 ③【植】滨簪花,海石竹 ‖ ~ily *ad.* ~iness *n.*

thriftless ['θrɪftlɪs] *a.* ①不节俭的,挥霍的 ②无价值的 ‖ ~ly *ad.* ~ness *n.*

thrifty ['θrɪftɪ] *a.* ①节俭的 ②兴旺的

thrill [θrɪl] *v.;n.* 使(人)兴奋,发抖,(使)毛骨悚然;刺激性

thriller(s) ['θrɪlə] *n.* 惊险小说(或电影)等,引起激动〔使人毛骨悚然〕的人或物

thrilling ['θrɪlɪŋ] *a.* 颤(抖)动的,震颤的,惊心动魄的 ‖ ~ly *ad.*

thrive [θraɪv](throve, thriven) *vi.* 兴旺,繁荣,茁壮成长

throat [θrəʊt] ❶ *n.* ①【机】弯喉,束流喉部,焊(缝)喉(部),入口,狭窄部位,滴水槽 ②(点焊机)进深,探距 ③【医】(咽)喉(部),咽喉状部分,气管 ④(风洞)工作手段,工作槽 ⑤(光学)计算尺寸 ❷ *v.* 掘(沟),开槽于 ☆*thrust (cram, force, push, ram) down one's throat* 把…强硬接受

throatable ['θrəʊtæbl] *a.* 可调喉的,可有喉部的

throating ['θrəʊtɪŋ] *n.*【建】滴水槽(线)

throaty ['θrəʊtɪ] *a.* ①喉音的 ②嗓子哑的

throb [θrɒb] ❶ *n.*【医】悸动,脉搏 ❷ *vi.* 悸动,抽动,颤动,充满活力

thrombase ['θrɒmbeɪs] *n.*【生化】凝血酶

thrombelastogram [,θrɒmbɪ'læstə,græm] *n.*【医】血栓弹力图

thrombelastography ['θrɒm,bɪlæs'tɒgræfɪ] *n.*【医】血栓弹力描记术

thrombin ['θrɒmbɪn] *n.*【生化】凝血酶

thrombocyte ['θrɒmbəsaɪt] *n.*【医】血小板

thrombocytopenia ['θrɒmbəʊ,saɪtə'pi:nɪə] *n.*【医】血小板减少(症)

thrombocytosis [,θrɒmbəʊsaɪ'təʊsɪs] *n.*【医】血小板增多(症)

thrombogen ['θrɒmbədʒən] *n.*【生化】凝血酶原

thrombokinase [,θrɒmbəʊ'kaɪneɪz] *n.*【生化】凝血酶原激酶

thromboplastin [,θrɒmbəʊ'plæstɪn] *n.*【生化】促凝血酶,原激酶

thrombosis [θrɒm'bəʊsɪs] *n.*【医】血栓形成 ‖ thrombotic *a.*

thrombosthenin [,θrɒmbɒs'θi:nɪn] *n.*【生化】血栓收缩蛋白

thrombotonin [,θrɒm'bɒtənɪn] *n.*【医】5-羟色胺

thrombozyme ['θrɒmbə,zaɪm] *n.*【生化】凝血酶原激酶

thrombus ['θrɒmbəs] (pl. thrombi) *n.*【医】血栓

throne [θrəʊn] *n.* 宝座,王位

throng [θrɒŋ] ❶ *n.* ①(人)群 ②事务紧迫 ③众多,群集 ❷ *v.* 挤满,群集,壅塞

throttle ['θrɒtl] ❶ *n.*【机】①节流阀,风〔油〕门,调速气门,气管 ②节流〔扼流〕圈 ❷ *vt.* ①节流,调节,用(节流阀)调节,减压 ②使窒息,压制,阻塞,扼杀 ☆*at full throttle* 或 *with the throttle full open* 或 *with the throttle against the stop* 开足马力,全速地; *throttle down* 减慢,把(风门,油门)关小

throttleable ['θrɒtləbl] *a.* 油门可调的

throttlehold ['θrɒtlhəʊld] *n.* 扼杀,压制

throttling [θrɒtlɪŋ] *n.*【物】节气(流),扼流,焦耳-汤姆逊(气体)膨胀

through [θru:] ❶ *prep.;ad.* ①通过,贯穿,直通 ②从头到尾,自始至终,充分,彻底,全部 ③由于 ④经由,借赖,以 ❷ *n.* (pl.) 筛余物 ❸ *a.* ①直达的,过境的,可通行的 ②通过的,贯穿的 ③(电话)接通,通话完毕 ☆*all through* 自动至终,一直; *all through the day* 整天; *be through (with)* 不再和有关系,结束,完蛋; *get through* 结束,做完,通过,到达; *get through with* 完成; *go through with* 做完,持续到结束,贯彻; *through all (the) ages* 历来,长久以来,永远; *through and through* 完全,彻头彻尾,反复,穿透; *through the agency of* 借助于; *through the medium of* 借助于,以…为媒介; *through to* 直到

〖用法〗❶ 注意下面句子中该介词的含义: Problems 2 <u>through</u> 6 should be solved graphically. 第二题到第六题应该用图解法来解。(through 类同于 to,但它明确表示其后面的东西包括在内)。

/The total current is simply that <u>through</u> R. 总电流就是流过 R 的电流。/R_b should be as large as possible so that current gain is not lost <u>through</u> attenuation in the input circuit. R_b应该尽可能地大以使得电流增益不因为输入电路中的衰减而损失掉。(through 类同于 because of。) /A circuit can do this <u>through</u> a technique called digital transmission. 利用称为数字式传输的方法,电路就能做到这一点。(through 类同于 by。) /User's manuals serve to guide the non-programmer <u>through</u> the external program details. 用户手册用来指导非程序员了解程序的外部细节。/A number output from the computer might be used to rotate a shaft <u>through the number of revolutions</u> indicated by the output number. 计算机的"数字"输出可用来使轴转动由输出数所表示的周数。(这个 through 表示数量,它等效于 by,特别是表示角度、温度时可与 by 交换使用;表示距离时也常用 through。) /The coil will be rotated <u>through</u> the angle θ. 该线圈将被转动一个 θ 角。/The range of β values extends <u>through about three orders of magnitude</u>. β 值的范围达到大约三个数量级。/BJT transconductance vastly exceeds MOSFET transconductance through wide operating ranges. 双结型晶体管的跨导在很广的工作范围内大大地超过金属氧化物半导体场效应管的跨导。(这个 through 相当于 within 或 over。) ❷ 有时在它后面可跟动名词,相当于"by"的作用,意为"通过"。如: These effects are mitigated <u>through twisting the wires</u>. 通过把导线绞合一下就可以降低这些效应。❸ 它作副词的一个常见用法: Multiplying Eq 3-3 <u>through</u> by n gives an identical result. 用 n 乘方程 3-3 的两边就得到了相同的结果。

throughout [θru:'aʊt] ❶ prep. 遍(及),贯穿 ❷ ad. ①到处 ②全部,完全,始终

〖用法〗❶ 注意下面例句中该词作副词时作状语的含义: For small signal applications the transconductance model is used <u>throughout</u>. 对于小信号应用来说,都是使用这跨导模型。/In any process in which charge is transferred from one body to another, the total charge is constant <u>throughout</u>. 在把电荷从一物体转移到另一物体的任一过程中,总电荷始终是恒定的。/Although n-channel devices are used <u>throughout</u>, the same techniques can be used to bias p-channel FETs. 尽管本书全是使用 n 型沟道器件,但这些同样的方法也可以用来偏置 p 型沟道场效应管。❷ 它作副词时可以作后置定语。如: The emphasis <u>throughout</u> is on developing the practical approaches to the development of filters which lead to satisfactory system performance. 全书的重点在于导出一些实用方法,以研制出使系统性能令人满意的滤波器。

throughput [θru:pʊt] n. ①(物料)通过量,流量,生产量 ②【计】(输入输出信息)通过(吞吐)量,解题能力 ③容许量

through-transport ['θru:trænspɔ:t] n. 联运
through-type ['θru:taɪp] a. 直通型
throughway ['θru:weɪ] ❶ a. 直通的 ❷ n. 快速〔过境,直达〕道路,高速公路
throve [θrəʊv] thrive 的过去式
throw [θrəʊ] ❶ (threw, thrown) v. ①扔,抛(射)发射〔出〕,投(射,掷) ②推动(手柄,杠杆),开关(离合器) ③拉坯 ④搓…成线 ❷ n. ①投,抛,掷 ②行程,偏移度,落差,投(掷)的距(离),摆幅 ③断层(高度) ④ (pl.) 曲轴曲柄,曲拐(半径) ☆**at a stone's throw** 在一投之遥,在近处; **throw a monkey wrench into the transmission** 干涉,妨碍; **throw a scare into** 威胁; **throw about** 撒(布),挥,乱抛,转向航行; **throw ... at ...** 把…投向…; **throw away** 抛弃(掉),浪费,失去,拒绝; **throw back** (后)退,反射,折回,拒绝; **throw by** 抛弃; **throw doubt on** (**upon**) (使人对…)怀疑; **throw down** (使)沉淀,拆毁,推翻,打倒,扔下; **throw down one's arms** 放下武器,投降,屈服; **throw down one's tools** 罢工; **throw ... down upon ...** 把…扔到…上; **throw dust in one's eyes** 蒙蔽,欺骗; **throw in** 接入(通),使(离合器)接合,使(齿轮)啮合,插入,扔进,奉送; **throw in one's hand** 放弃尝试,承认无能力做; **throw ... into ...** 把(使)…投(陷)入…,把…捏成…; **throw into shape** 整理; **throw light on** (**upon**) 阐明,有助于说明,使…明白,帮助…了解,把光射在…上; **throw off** 切断,抛〔丢〕弃,甩掉,设法除去,(放)射出,飞溅,切出,使形成偏差,使犯错误; **throw oneself down** (**on**) (横)躺(在…上面); **throw oneself into** 投身于; **throw oneself on** (**upon**) 求助于,依赖〔靠〕; **throw open** 推开,取消限制; **throw open the door to** 使…可能,打开…的门路; **throw open to** 开放; **throw open to** 投,发(出),切断,断开,使(离合器)分离,使…弄错,打乱,否决,暗示,显示,说出; **throw out A from B** 从 B 放射出 A; **throw out in** (**into**) 扔进; **throw ... out of ...** 使…失去〔离开〕…; **throw ... out of gear** 把…的齿轮脱开,使…陷于停顿; **throw ... out of order** 使…失调,使…出毛病; **throw over** 放弃,转换,换; **throw together** 仓促集成,集合; **throw up** 抛〔推〕上,举起,吐出,丢弃,辞去,匆匆建造; **throw up one's arms** 举起双手,投降; **within a stone's throw** 近在咫尺,在…的附近(of)

throwaway ['θrəʊ.əweɪ] ❶ n. ①废品(弃) ②用一次就扔的物品 ③广告传单 ❷ a. 用完丢的,可随意处理的;偶然的,随便的
throwback ['θrəʊbæk] n. 大倒退,转换;倒叙
thrower ['θrəʊə] n. 【航】投掷器,抛油环
throw-in ['θrəʊɪn] n. 接通(入),包含
throwing-away ['θrəʊɪŋəweɪ] n. 丢弃
thrown [θrəʊn] ❶ throw 的过去分词 ❷ a. 捻(成线)的
throw-off ['θrəʊɔ:f] n. ①开始 ②切断,关闭

throw-out ['θrəʊaʊt] *n.* ①劣品 ②【电气】抛出(器),断开,顶杆,排出装置

throw-over ['θrəʊəʊvə] *n.* ①转换,切换 ②换向,变速

throwster ['θrəʊstə] *n.* 【纺】拈丝工

thrum [θrʌm]❶ *n.* ①(线)头,碎屑 ②指弹,砰砰的敲声 ③(pl.)接头纱,粗乱纱头 ❷ *v.* ①把绳屑嵌入 ②乱弹,(用手指)轻敲(on) ☆ ***thread and thrum*** 好坏不分地

thrush [θrʌʃ] *n.* 【医】鹅口疮,真菌性口炎

thrust [θrʌst]❶ (thrust) *v.* ①冲(入),刺,插(入),戳 ②延(挺)伸 ③把…强加于 ☆***thrust aside*** (冲)开; ***thrust in*** 推(冲)入; ***thrust out*** 推(伸)出 ❷ *n.* ①推进力,侧向拉力,推(拉、引)力,轴向负荷(推力) ②(猛)推,冲,插 ③煤柱压裂 ④【地质】冲(逆)断层 ⑤(言论)攻击,讽刺 〖用法〗注意下面例句中"介词短语+被动态谓语+主语"型的倒装现象:Into the ends of the hose are thrust glass tubes 10 to 12 inches long. 在该软管的两端插入了长 10 至 12 英寸的玻璃管。

thruster,thrustor ['θrʌstə] *n.* 【航】推进器,顶推装置,推杆,起飞加速器,第一级火箭

thucholite ['θʌkəlaɪt] *n.* 【矿】碳〔沥青〕铀钍矿

thud [θʌd] *n.;vi.* (发出)重击声,砰的一声〔落下〕,砰然地打击

thujone ['θju:dʒəʊn] *n.* 【化】崖柏酮

Thule ['θju:li:] *n.* 遥远的地方〔目标〕

thulia ['θu:lɪə] *n.* 【化】氧化铥

thulium ['θju:lɪəm] *n.* 【化】铥

thumb [θʌm]❶ *n.* (大)拇指 ❷ *vt.* ①(用拇指)弄脏 ②翻阅 ③(用拇指)摸,揿,压 ④翘起拇指要求搭车 ☆***as a rule of thumb*** 根据经验; ***be all thumbs*** 笨手笨脚; ***by rule of thumb*** 凭经验; ***thumb through*** 翻阅; ***turn up (down)*** *the* ***thumbs*** 伸大拇指,表示同意(反对); ***under one's thumb*** 受…支配〔影响〕 〖用法〗注意下面例句中含有该词的常用词组:As a rule of thumb, it has been considered impractical to filter out spurious components that fall within 10 percent of the desired output frequency. 根据经验,我们认为要滤掉处于所要输出频率的 10%以内的寄生分量是不实际的。/To merely thumb through the book until you find a formula that seems to fit, or a worked-out example that resembles the problem, is a waste of time and effort. 仅仅翻阅本书直到你找到一个似乎合适的公式或找到类似该题的例题只是浪费时间和精力。

thumber ['θʌmə] *n.* 【医】制动器

thumbhole ['θʌmhəʊl] *n.* 供塞入拇指的孔

thumbindex ['θʌmɪndeks] *vt.* 给…挖制书边标目

thumbmark ['θʌmmɑ:k] *n.* (书页上的)拇指痕,手垢

thumbnail ['θʌmneɪl] ❶ *n.* ①拇指甲 ②草图,短文 ❷ *a.* 拇指甲大小的,简略的

thumbscrew ['θʌmskru:] *n.* 【机】指旋螺丝,元宝螺母,螺旋压力机

thumbs-down ['θʌmzdaʊn] *vt.* ; *n.* 责备,不赞成,禁止

thumbtack ['θʌm,tæk] *n.* 图钉

thumb-up ['θʌmʌp] *n.* 翘拇指

thump [θʌmp]❶ *n.* ①重击(声),砰然声 ②键击(噪声),低频噪音 ③(汽车)震动 ❷ *v.* 重击,捶(击),砰然地击(on, at)

thumper ['θʌmpə] *n.* 重击,捶击者〔物〕,庞然大物

thumping ['θʌmpɪŋ]❶ *a.* 极大的,尺码大的,极好的 ❷ *ad.* 极端,非常

thunder ['θʌndə]❶ *n.* ①雷(声),轰响 ❷ *v.* 打雷,轰隆 ☆***thunder blows upon*** 袭击; ***steal a person's thunder*** 窃取某人的发明而抢先采用

thunderbolt ['θʌndəbəʊlt] *n.* ①(晴天)霹雳,意外事件(打击),雷电(击) ②雷石

thunder(-)clap ['θʌndəklæp] *n.* 雷声,(晴天)霹雳

thundercloud ['θʌndə,klaʊd] *n.* 【气】雷雨云

thunderflies ['θʌndəflaɪz] *n.* 【军】雷蝇

thunder-gust ['θʌndəgʌst] *n.* 【气】伴有大风的雷暴雨

thunderhead ['θʌndəhed] *n.* 【气】雷暴云砧

thundering ['θʌndərɪŋ]❶ *a.* ①雷鸣(似)的 ②极大的(错误),异乎寻常的 ❷ *n.* 雷(声) ‖ **~ly** *ad.*

thunderous ['θʌndərəs] *a.* 雷(鸣)似的,多雷的 ‖ **~ly** *ad.*

thundershower ['θʌndə,ʃaʊə] *n.* 【气】雷阵雨

thundersquall ['θʌndəskwɔ:l] *n.* 【航】雷飑

thunderstorm ['θʌndə,stɔ:m] *n.* 【气】雷暴(雨)

thunderstroke ['θʌndəstrəʊk] *n.* 【气】雷击

thunderstruck ['θʌndəstrʌk] *n.* 被雷击的,大吃一惊的

thundery ['θʌndərɪ] *a.* 将要打雷似的,险恶的(天气)

thunk [θʌŋk] *n.* 【计】形(式)实(在)转换程序

thuricin ['θjʊərɪsɪn] *n.* 【生化】苏芸金菌素

thurm [θɜ:m] *n.* 【地质】岩岬〔角〕

Thursday ['θɜ:zdɪ] *n.* 星期四,(pl.)每星期四

thus [ðʌs] *ad.* ①因而 ②这(那)么 ③如此,于是 ④例如 ☆***thus and thus (so)*** 如此这般; ***thus far*** 至此,迄今; ***thus much*** 只此,就这么多,到这里为止 〖用法〗❶ 该词经常处于作结果状语的分词短语前。如:These points are plotted and joined, thus forming the curve which represents the function. 把这些点描出来并联在一起,这样(从而)就构成了代表该函数的曲线。❷ 该词在第二个并列分句前面时,其前面一般要加"and"一词。如: A single flip-flop can store 1 bit of data, and thus an n-bit register will require n flip-flops. 一个触发器能够存储 1 比特的数据,所以一个 n 比特的寄存器就需要 n 个触发器。❸ "thus +过去分词"常常作后置定语。如: The precoded sequence thus produced is applied to a pulse-amplitude modulator. 这样产生的预编码序列被加到脉冲振幅调制器上。❹ 它可以引出一个省略句,看成省去了动词"results"

或"comes"。如: In most computers, the program is stored in the memory unit, thus the term 'stored program computer'. 在大多数计算机中,程序是存储在存储器中的,因而得到了"存储程序计算机"这一术语。

thusly ['ðʌslɪ] = thus

thwack [θwæk] = whack

thwart [θwɔ:t]❶ vt. ①使受挫折,反对,妨碍 ②横过 ❷ a. 横的 ❸ ad.;prep. 横过 ☆be thwarted in... …受到挫折〔阻碍〕 ‖ ~ly ad.

thwartwise ['θwɔ:twaɪz] a.; ad. 横着(的)

thylakoid ['θaɪlə,kɔɪd] n. 【植】类囊体

thymidine ['θaɪmɪ,di:n] n. 【生化】胸腺嘧啶脱氧核苷

thymin(e) ['θaɪmɪn] n. 【药】胸腺碱,胸腺嘧啶

thymocrescin [,θaɪmə'kresɪn] n. 【医】胸腺促生长素

thymocyte ['θaɪmə,saɪt] n. 【生】胸腺细胞

thymol ['θaɪmɒl] n. 【化】百里(麝香草)酚

thymoquinone [,θaɪmə'kwɪnəʊn] n. 【化】百里香醌

thymosin ['θaɪməʊsɪn] n. 【药】胸腺素

thymotor [θaɪ'məʊtə] n. 【机】闸流管电动机

thymus ['θaɪməs] n. 【医】胸腺,【植】麝香草

thynnin ['θɪnɪn] n. 【生】鲔精蛋白

thyratron ['θaɪrətrɒn] n. 【计】闸流管

thyrector [θaɪ'rektə] n. 【电子】可变电阻,非线性电阻

thyreoidin [,θaɪrɪ'ɔɪdɪn] n. 【医】无碘甲状腺结晶

thyristor [θaɪ'rɪstə] n. 【电子】可控硅,闸流(晶体)管,硅可控整流器

thyrite ['θaɪraɪt] n. 【电子】压敏非线性电阻

thyrocalcitonin ['θaɪrəʊ,kælsɪ'təʊnɪn] n. 【生化】降血钙素

thyrode ['θaɪrəʊd] n. 【电子】硅可控整流器,泰罗(计数器)

thyroglobulin [,θaɪrəʊ'glɒbjʊlɪn] n. 【生化】甲状腺球蛋白

thyroid ['θaɪ,rɔɪd] n.; a. 【医】甲状腺(的)

thyroidectomy [,θaɪrɔɪ'dektəmɪ] n. 【医】甲状腺切除

thyroid ['θaɪrɔɪd] n. 【医】甲状腺,甲状腺剂

thyronine [θaɪ'rəʊnɪn] n. 【医】甲状腺原氨酸

thyrostatics [,θaɪrə'stætɪks] n. 【医】甲状腺拮抗剂

thyrotoxicosis ['θaɪrəʊ,tɒksɪ'kəʊsɪs] n. 【医】甲状腺毒症

thyrotropin [θaɪ'rɒtrəpɪn],**thyrotrophin** [θaɪ'rɒtrəfɪn] n. 【医】促甲状腺激素

thyroxin(e) [θaɪ'rɒksɪn] n. 【生化】甲状腺素

Tiara [tɪ'ɑ:rə] n. 五叶漆树

tiburtine [taɪ'bɜ:ti:n] n. 【地质】石灰华

tick¹ [tɪk]❶ n. ①滴答声 ②滴答的一瞬间 ③(无线电)信号,钩号 ☆to (on) the tick 极为准时地 ❷ v. ①(钟表)滴答滴答(响),(钟表般)持续活动 ②记小点,标以(小)记号 ☆tick away

(off) the time (钟表)滴答滴答地表示时间的度过; tick off 打上小记号,用记号标出(勾出),简单描述,证明是同一样东西;使愤怒; tick out 发出; tick over (发动机)慢转,空转(并发出哒哒声)

tick² [tɪk]❶ n.【纺】①被套,结实的条纹棉(亚麻)布 ②【经】信用,赊欠 ❷ a. 赊销(购) ☆buy on tick 或 get tick 赊购; give tick 赊销

tick³ [tɪk] n.【动】壁〔扁〕虱

ticker ['tɪkə] n.【电子】①自动收报机,股票行情自动收录器 ②(钟)摆,钟,表,滴答滴答响的东西 ③载波传声器 ④断续装置 ⑤蜂鸣器 ⑥振(动)子 ⑦纸带打印机

ticket ['tɪkɪt] ❶ n. ①(车)票,(入场)券 ②电话交换记录单 ③标签 ④执照 ⑤适当(正好)的东西 ⑥计(规)划 ❷ vt. 加以标签,为…购票

ticking ['tɪkɪŋ] n. 结实的条纹棉(亚麻)布;打材标

tickle ['tɪkl] v. ①使觉得痒 ② 使愉快(高兴)

tickler ['tɪklə] n. ①反馈线圈 ②棘手的问题 ③(汽化器的)打油泵 ④记事本

tickler-file ['tɪklə'faɪl] n.;vt. (把…列入)事项日程备忘录

tickling ['tɪklɪŋ] n.【医】正旋挠痒法

ticklish ['tɪklɪʃ] a. ①不稳定的,易变的 ②棘手的 ‖ ~ly ad.

tick-over ['tɪkəʊvə] n.【机】无负载运转,空转(并发出哒哒声)

ticktack,ticktak ['tɪk'tæk]; **ticktick** ['tɪktɪk]; **ticktock,tictoc** ['tɪktɒk] n. 滴答滴答(声)

tidal ['taɪdl] a. 定时涨落的,潮(汐)的,潮水(般)的 ‖ ~ly ad.

tidalmeter ['taɪdəlmi:tə] n. 测潮表

tiddl(e)y ['tɪdlɪ] a. 很小的,微不足道的

tide [taɪd]❶ n. ①趋势,时势 ②涨潮 ③ 潮汐,(pl.) 涨落潮 ④时机 ⑤变异 ❷ v. 顺潮水行驶,潮水般涌流 ☆at high tide 满潮; catch the tide 趁机; ebb (low) tide 退〔落〕潮; flood (high) tide 涨〔高〕潮; go against the tide 反潮流; go with the tide 随大流; on the tide 涨潮时; save the tide 趁涨潮进出港口; swim with the tide 随波逐流; take fortune at the tide 或 take tide at the flood 趁机; the tide turned to (against) …形势对…有利〔不利〕; tide over 克服,(努力)渡过; work double tides 昼夜工作

tidewater ['taɪd,wɔ:tə] n. 潮水

tideway ['taɪdweɪ] n. 潮路〔流〕

tidily ['taɪdɪlɪ] ad. 整齐〔洁〕地

tidiness ['taɪdɪnɪs] n. 整齐〔洁〕

tidings ['taɪdɪŋz] n. (pl.) 消息,音信

tidy ['taɪdɪ]❶ a. ①相当的,可观的 ②整齐〔洁〕❷ vt. 使整齐〔洁〕,整理,收拾(up) ❸ n. 小垫布,罩布,杂物箱,收拾

tie [taɪ]❶ n. ①带,结,扣,领带 ②联系,联络,束缚 ③枕木 ④系材,拉杆,柱箍,颈袖 ⑤系绳〔打结〕法 ❷ v. (tied; tying) ①系,扎捆,绑,扣 ②把(轨)固定在枕木上,给(铁路线)铺枕木 ③束缚,限制 ④拉

紧,结住,(能)打结 ☆**be tied to time** 被时间限制着; **be tied up with...** 和…有关系〔协作〕; **tie around** 绕在周围; **tie back to** 回过来联系到; **tie down** 束缚,钳制; **tie in** 捆成束,打结,(使)结合成一整体,(使)相配; **tie in with...** 和…有关系; **tie in ... with ...** 或 **tie ... in with ...** 把…和…连接到一起; **tie off** 避免; **tie to** 依靠〔赖〕

tie-bar ['taɪbɑ:] n. 【建】系杆,转向拉杆

tie-beam ['taɪbi:m] n. 【建】系梁,水平拉杆

tie-down ['taɪdaun] n. 系紧

tiehole ['taɪhəul] n. 系孔

tie-in ['taɪɪn] n.;a. 相配,连接,打结,捆成束,必须有搭卖品才出售的,相配物

tieline ['taɪlaɪn] n. 【电子】直达连接线,(直达)通信〔耦合〕线路,扎线,转接线

tiepiece ['taɪpi:s] n. 【建】系紧梁,条状模型加固片

tie(-)plate ['taɪ'pleɪt] n. 【建】系〔固定〕板,(钢轨)垫板

tier [tɪə] ❶ n. ①(一)层,(一)排,(一)行,(一)列,(一)盘〔钢丝绳〕 ②定向天线元件,辐射体平面 ③捆扎〔捆束〕装置,包扎工 ④等级 ❷ vt. 堆积成层,分层而置,堆叠(up)

tie-station [taɪ'steɪʃən] n. 【电子】汇接〔通信〕站

tie-up ['taɪʌp] n. ①用来捆扎的东西,被捆扎的东西 ②联系 ③停顿〔业,运〕 ④停泊处

tiger ['taɪgə] n. 【动】虎

tight [taɪt] ❶ a. ①…密的,不透〔漏〕的,防…的,透不过的 ②紧(张,密,迫,固)的,绷紧的,密集的,死的 ③严格的 ④棘手的 ⑤整洁〔齐〕的,安排得当的 ⑥供不应求的,银根紧的 ❷ ad. 紧紧地 ❸ vt. 紧固〔密〕 ☆**be in a tight place (corner, spot)** 处于困境; **tight up** 整理,收拾

tight-clamped ['taɪt'klæmpt] a. 紧〔上下〕钳位的

tighten ['taɪtn] v. (使)变紧,使紧密些,上紧,密闭,隔离 ☆ **tighten up** 拉〔扣,绷,拧〕紧

tightener ['taɪtənə] n. 【医】紧固物,紧线〔收紧,张紧〕器

tightly ['taɪtlɪ] ad. 紧(紧地,密地) ☆**tightly keyed** 紧密锁结的

tightness ['taɪtnɪs] n. 不透气〔水〕性,致密〔松紧〕度,不穿〔渗〕透性,密封度,紧固(性)

tightrope ['taɪt.rəup], **tightwire** ['taɪtwaɪə] n. 绷索

tigroid ['taɪgrɔɪd] n. 【医】虎斑物质

tilde ['tɪldə] (西班牙语) n. 代字号,否定号 "~"

tile [taɪl] ❶ n. 【建】①(排水)瓦管 ②贴砖,瓦面 ③瓦(片),瓷(饰面,耐火,空心)砖,弹性砖片 ❷ vt. 给盖瓦或,给…贴(瓷)砖

tiler ['taɪlə] n. 【建】砖瓦工,制砖瓦者,贴砖工

tilery ['taɪlərɪ] n. 【建】①(制)瓦厂 ②装饰性砖瓦铺贴术

tilestone ['taɪlstəun] n. 【建】石瓦〔板〕

tilia ['tɪlɪə] n. 【植】椴树

tiling ['taɪlɪŋ] n. 【建】①瓦(面,屋顶),瓷砖,砖瓦结构 ②盖瓦,铺瓷砖,贴瓷砖

till [tɪl] ❶ prep.;conj. ①直到…为止 ②(用在否定式后)直到…才,在…以前 ❷ n. ①抽屉 ②泥砾土,漂砾,黏土 ❸ v. 耕(作,种) ☆**it was not till ... that** (只是)到…才; **plow and till the soil** 耕地,创造条件; **till further notice** 在另行通知以前; **till then** (直到)那时; **(up) till now** 到现时为止 〖用法〗注意下面例句的译法:A body at rest will never move till〔until〕force compels it. 静止的物体直到有力迫使它运动时才会运动。

tillable ['tɪləbl] a. 可〔适于〕耕作的

tillage ['tɪlɪdʒ] n. 耕种〔作〕,整地

tiller ['tɪlə] ❶ n. 【机】耕作机具,翻土机,耕作者(冲击钻)钻杆组转动手把,发芽的树桩 ❷ vi. 生芽

tillite ['tɪlaɪt] n. 【地质】冰碛岩

tilorone ['tɪlərəun] n. 【药】双二乙氨乙基芴酮

tilt [tɪlt] ❶ v. ①摇动,上下晃动,(摄影机)俯仰运动 ②(使)倾斜,斜置,(使)翘起,翻转 ③盖以篷 ④攻击 ☆**tilt down** (使…)向下倾斜,摄影机俯摄; **tilt over** (使)倾斜,推翻; **tilt up** (使…)向上倾斜,摄影机仰摄 ❷ n. ①倾斜(面,位置),倾斜,脉冲顶部斜度,仰角 ②竞争,争论 ③车〔帐〕篷,遮阳棚 ④跳动锤,落锤 ☆**(at) full tilt** 全速地; **give a tilt** 倾斜; **on the tilt** 倾斜着

tiltable ['tɪltəbl] a. 可倾斜的,倾动式的

tiltdozer ['tɪltdəuzə] n. 【机】拖挂式筑路机械

tilted ['tɪltɪd] a. 倾斜的,与…成角度的

tilter ['tɪltə] n. 翻转〔摆动〕装置,翻机机构,摇摆台,翻斗车厢,翻钢机,倾架

tilth [tɪlθ] n. 耕作〔地,耘层〕,耕作深度

tilt(o)meter [tɪltmi:tə, tɪl'tɔmɪtə] n. 【测绘】测斜器,斜度计,倾斜(度测量)仪

tiltwing ['tɪltwɪŋ] n. 【航】倾斜翼,全动机翼

Timang ['tɪmæŋ] n. 【冶】一种高锰钢(含锰15%)

timber ['tɪmbə] ❶ n. 原木,木(材料),(可作木材的)树木 ❷ vt. 用木材建造〔支撑〕

timbered ['tɪmbəd] a. 装有木料的,建筑用材的,木造的

timberer ['tɪmbərə], **timberman** ['tɪmbəmən] n. 木材工人〔商人〕

timbering ['tɪmbərɪŋ] n. ①木材,结构材,木结构 ②木模〔撑,结构〕,加固

timberjack ['tɪmbədʒæk] n. 伐木工

timberland ['tɪmbəlænd] n. 林地

timberline ['tɪmbəlaɪn] n. 【地质】树木线

timberwork ['tɪmbəwɜ:k] n. 木工(作业),木结构

timberyard ['tɪmbəjɑ:d] n. 贮木场,木材堆置场

time [taɪm] ❶ n. ①时间(刻,候,期) ②时代,现代 ③时机〔势〕 ④(Times)(用于报刊名称)时报 ⑤次,回,节拍 ⑥(pl.)倍 ❷ a. 定时〔计〕的 ❸ v. ①选择…的时机,安排…的时间,使合时宜 ②调节〔校准〕(时间) ③确〔测〕定时间 ④使同步 ⑤拨准(钟,表)的快慢,调整好…的速度 ⑥合拍,一致 ☆**abreast of the times** 符合时代的,新式的; **after a time** 过了一段时间; **against time** 赶快,分秒必争地;拖延时间地;

ahead of one's time(s) 站在时代的前头; *ahead of time* 提前地; *all in good time* 时机一到; *all the time* 全部时间,一直,自始至终; *all time* 有史以来; *as time goes on* 随着时间的推移; *at a given time* 在某一时刻; *at a set time* 在预定的时刻; *at a time* (每)一次(多少);在某个时刻,一度; *at all times* 不论什么时候;总是; *at any one time* 在任何一个时刻; *at any time* 无论何时,随时; *at no time* 从来没有,决不; *at odd times* 偶尔,有空的时候; *at one time* (过去)有一个时期,曾经,一度; *at one time or another* 总有一个时候; *at other times* 平时,在另一些场合中; *at some time or other* 有时; *at the best of times* 在情况最好的时候; *at the same time* 同时,然而,但还是; *at the time* 当时; *at the time (that, of)* 当(在)…的时候; *at this time* 当(其,那)时; *at this time of day* 直到这时候(才),这么迟(才); *at times* 时时,间或,不时; *before one's time* 提前,出世前; *before the times* 在时代前头; *behind the times* 落在时代后头; *behind time* 迟,拖延,在原定时间以后; *between times* 时时,偶尔; *by the time (that, of)* 到…的时候已经; *by this time* (在)这个时候(以前,已经),到此刻,到现在; *come to time* 履行义务; *do not have time to (do)* 来不及(做); *each (every) time (that, when)* 每次,每当; *find time to (do)* 有工夫(有空,找时间)(做); *for a long time* 早,好久; *for a time* 暂且,一度,一些时候; *for some time* (做了)一些时候,暂时; *for some time past* 过去一段时间; *for the first (second, last) time* 第一(第二,最后一)次,首先(第二次,最后); *for the time being* 目前,暂时; *for the time to come* 在将来; *from that time on* 从那(个)时(候)起; *from this time forward (on)* 从今以后; *from time to time* 时时,不现地; *gain time* (钟表)走得快(些),取得(拖延)时间; *go with the times* 随大流,赶时髦; *half the time* 一半时间;长时间地,常常,几乎总是; *have a bit better time of it* 情况稍微好一些; *have a good time of it* 高兴,愉快; *high time* 时机成熟的时候,(应)该…的时候; *in a short time* 不久; *in bad time* 误时; *in (the) course of time* (随着时间的推移)最后,经过一定时间; *in double-quick time* 非常快; *in due course of time* 经过相当时候,及时; *in due time* 在适当的时候; *in good time* 按(及)时,迅速地; *in (less than) no time* 立刻很快地; *in one's time* 在…的时代,在…的一生中; *in the mean time* 当其时,在那(过程)当中; *in the same time (that)* 在(…)同一(相同)时间内; *in the times of* 在…的时代,在…时期; *in these times* 当今; *in three days' time* 三天后,在三天内; *in time* 及(按,准)时,正合时,迟早,将来;合拍;随着时间的推移; *in time of need* 在紧急的时候,万一有事时; *in time with* 和…合拍(同

期); *in times to come* 在将来; *in ... years' time* 在…年后(内); *it is (high) time to (do)* 正该(做某事)的时候; *keep good (bad) time* (钟表)走得准(不准); *keep time with* 同…合拍; *keep up with the times* 跟上时代; *lose no time* 及时,不失时机,抓紧时间; *lose no time in doing* 赶紧(做); *lose time* (钟表)慢,拖延,失去时机; *many (and many) a time* 或 *many times* 屡次,几度,往往; *most of the time* 多半时间; *ninety-nine times out of a hundred* 或 *nine times out of ten* 几乎每次,十之八九; *of the time* 当时的,当今(代)的,现在的; *on one's own time* 在业余时间; *on short time* 以部分时间开工; *on time* 准时,按分期付款方式; *once upon a time* 从前; *one (two) at a time* 一次一个(两个); *one time* 一度,某时; *one time with another* 前后合起来,前后一共; *out of time* 太迟,不合时宜,不合拍的; *some time* 某时,一会儿; *some time or other* 早晚; *stand the test of time* 经历时间的考验; *straight time* 正规的工作时间; *take a long time* 费时间; *take time* 需要时日,费时间; *the time of day* (钟表上)时刻; *the time will come when* 将来总有…的时候; *there are times when* 有时(候),常会; *time about* 轮流,换班; *time after time* 或 *time and again* 好几次,一次又一次; *time enough* 还早,有充分时间,来得及; *time immemorial* 远古时代; *Time is up.* 时间已到; *time of day* 时刻,情况,事态; *time off* 话终时间; *time on* 开始通话时间; *time out of mind* 古远的时代,很久以前; *time space* 或 *space time* 时空,空时; *time ... to ...* 使…与…合拍,使…与…的时间相配合; *time to spare* 空余的时间; *times without (out of) number* 屡次,重复地,无数次地; *to the end of time* 永远; *up to the time of* 截至…之时为止; *up to time* 准时

〖用法〗❶ 表示不同时间时它可以有复数形式。如:It is necessary to determine its rise and fall <u>times</u>. 必须确定它的上升和下降的时间。❷ 它表示一段时间时其前面要用不定冠词。如:We must calculate how long <u>a time</u> it takes to discharge the capacitor. 我们必须计算出使这电容器放电需要多长的时间。(这里也可用"how much time",不过不多见。) ❸ 在其后面的定语从句可以省去引导词(也可用"that"引导)。如:The heat produced in a conductor by an electric current is proportional to the <u>time (that) the current is flowing</u>. 电流在导体中产生的热正比于电流流动的时间。/There are <u>times (when) light acts as though it has granular properties</u>. 有时光的性能好像光具有粒子性质似的。❹ each time, any time, every time, the next time 等可以起引导状语从句的连词的作用,它等效于 whenever 的含义。如: <u>Any time an observation involves a linear summation of phasors of arbitrary amplitude</u>, the Fourier transform is included. 只要

观察的数据涉及具有任意数值的相矢量的线性相加,就要牵涉傅氏变换。/The next time the instruction is executed, the next element of the array K is added to ISUM. 下次执行该指令时,就要把阵列 K 的下一个元素加到 ISUM 上去。❺ 注意下面例句中该词的含义:Mathematics has played a most important role in the endless chain of technological and scientific advances of our time. 数学在当代科学技术无止境的进展中起了极为重要的作用。/Albert Einstein was one of the greatest theoretical scientists of all time. 阿尔伯特・爱因斯坦是有史以来最伟大的理论科学家之一。❻ 它构成的名词短语可以作状语。如:In this case, most of the channels will be idle most of the time. 在这种情况下,大多数信道在大部分时间将是空闲着的。❼ 在 "It's time" 句型后面的定语从句中谓语用过去时。如:It's time we began our class. 我们该上课了〔该是上课的时间了〕。❽ 注意下面例句中该词的用法:Fig 7-1 depicts the time variation of the frequency of the signal. 图 7-1 显示了信号频率随时间的变化(情况)。(这里 "the time variation of A" 等于 "the variation of A with time"。) ❾ 在句型 "This is 〔was〕the first time +定语从句" 的定语从句中谓语应该用现在〔过去〕完成时。如:This is the first time in our study of physics that we have met a property of matter so directly related to its molecular structure. 这是在我们学习物理学时第一次遇到的与其分子结构如此直接相关的一种物质性质。❿ the first time, the next time, the last time 也可后跟一个句子,它们起了状语从句引导词的作用。如:The first time they designed an electronic computer, scientists encountered many difficulties. 科学家们初次设计电子计算机时,碰到了许多困难。

time-base [taɪmˈbeɪs] n. 时基, 时间坐标, 时轴
timed [taɪmd] a. 同步的,定时的,时控的
time-domain [ˈtaɪmdəʊˈmeɪn] n. 时域
time-fall [ˈtaɪmfɔːl] n. 【电子】电动势随放电而降低
time-hono(u)red [ˈtaɪmɒnəd] a. 历史悠久的
timekeeper [ˈtaɪmˌkiːpə] n. 计时员
timepiece [ˈtaɪmpiːs] n. 时钟, 表
time-preserving [ˈtaɪmprɪˈzɜːvɪŋ] n.;a. 保持时间正确, 时间上不延迟的
time-proof [ˈtaɪmpruːf] a. 耐久的
timer [ˈtaɪmə] n. ①计时器,跑表,时速表 ②延(迟)时(间)调节器,断电器,程序装置 ③(发火)定时器,限时器,定时(延迟)继电器,自动定时仪,同步器 ④记时员 ⑤时间标记,延时单元
time-resolved [ˈtaɪmrɪˈzɒlvd] a. 时间分辨的
time-rise [ˈtaɪmraɪz] n. 【电子】电动势随充电而增长
times [taɪmz] ❶ n. (pl.) 倍,次,回 ❷ prep. 乘 〖用法〗❶ 一定要记住:当表示倍数的增减时,英译汉要减一倍,汉译英要加一倍。如:A proton is 1840 times heavier than an electron. 质子的重量为

电子的 1840 倍。(不是"比电子重 1840 倍"。)"这本书比那本厚三倍"应该译成 This book is four times thicker than that one. ❷ 修饰 "the number of times(倍数;次数)" 的定语从句可以省去引导词(或用 that 来引导)。如:In this case we may use the notation a^n, where n is the number of times (that) a appears in the product. 在这种情况下,我们可以使用 a^n 这一标记,这里 n 是 a 在该乘积中出现的次数。❸ 它表示"乘"时是介词。如:In this case the power is equal to the current times (multiplied by) the voltage. 在这种情况下,功率等于电流乘以电压。❹ 注意下面例句中该词的含义:The tension in the cord at the lowest point exceeds that at the highest point by six times the weight of the ball. 该细绳在最低处的张力比最高点处的大了六倍于球的重量。

timetable [ˈtaɪmˌteɪbl] ❶ n. 时间表, 时间曲线, 会议日程表 ❷ v. 安排(活动)程序
time-yield [ˈtaɪmjiːld] n. 【物】蠕变
timing [ˈtaɪmɪŋ] n. ①定(计;校)时,时间控制,时机的选择,安排时间,同步计时 ②同步 ③看(配)光
tin [tɪn] ❶ n. ①罐(头),白铁罐 ②白铁皮,镀锡钢皮 ③ 锡 ❷ a. (镀,含,像)锡的,马口铁制的 ❸ (tinned; tinning) vt. ①镀锡(于),包锡 ②包以白铁皮 ③罐装 ☆*in tins* 听装
tincal [ˈtɪŋkəl] n. 【冶】硼砂
tinclad [ˈtɪŋklæd] n. 【军】装甲舰
tin-coat [ˈtɪnkəʊt] v. 包锡,镀锡
tinct [tɪŋkt] ❶ n. 色泽,染料 ❷ a. 着色的
tinctable [ˈtɪŋktəbl] a. 可染的
tinction [ˈtɪŋkʃən] n. 【医】着色
tinctorial [tɪŋkˈtɔːrɪəl] a. 着色的
tincture [ˈtɪŋktʃə] ❶ n. ①色(彩,泽),气味 ②【药】酊(剂),药酒 ③染料 ❷ vt. ①给…着色 ②使带气味,使充满(with) ☆*tincture of iodine* 碘酒;*a tincture of* 或 *some tincture of* (带一点儿)…色,微量;*with a tincture of red* 带点儿红色
tinder [ˈtɪndə] n. 火绒(种) ☆*burn like tinder* 猛烈燃烧
tinderbox [ˈtɪndəbɒks] n. ①(金属)火绒盒 ②高度燃烧物,易燃建筑物
tindery [ˈtɪndərɪ] a. 火绒似的,易燃(烧)的
tine [taɪn] n. 叉,尖端,柄
tinea [ˈtɪnɪə] n. 【医】癣
tinfoil [ˈtɪnfɔɪl] n. 锡箔
ting [tɪŋ] n. ; v. (发)叮叮(铃声)
tinge [tɪndʒ] ❶ n. 色彩(调,度),轻微的色度,气息;意味,少许 ❷ a. 带(浅)色的 ❸ vt. 着色, 染以轻淡之色,使带气味,沾染 ☆ *a tinge of* 略带…(色,气味);*be tinged with* 略带…色,沾染了
tingibility [ˌtɪndʒɪˈbɪlətɪ] n. 【医】可染性
tingitamine [ˌtɪndʒɪˈtæmɪn] n. 【医】氨基嘧啶丙氨酸
tingible [ˈtɪndʒɪbl] a. 可染的,着色的
tingle [ˈtɪŋgl] v.;n. ①刺痛 ②激动,震颤 ③(砌砖用)

线垫,堵漏垫

tinker ['tɪŋkə] ❶ *n.* 修补(工),白铁工 ❷ *v.* ①修补,熔补,调整(up) ②做白铁工 ☆ *tinker with (away at)* 给…拼凑一下

tinkerly ['tɪŋkəlɪ] *a.* 粗笨的,拙劣的

tin-lined ['tɪnlaɪnd] *a.* 衬锡的

tinman ['tɪnmən] *n.* 白铁工

tinned [tɪnd] *a.* ①镀(包)锡的,包马口铁的 ②罐装的

tinner ['tɪnə] *n.* ①白铁工 ②锡矿矿工 ③罐头品工人,罐头品商

tinnitus [tɪ'naɪtəs] *n.* 【医】耳鸣(症)

tinny ['tɪnɪ] *a.* ①(含,像,产)锡的 ②空洞无内容的 ③不耐久的 ‖ **tinnily** *ad.*

tinol ['tɪnɒl] *n.* 【医】锡焊膏

tinplague ['tɪnpleɪg] *n.* 【化】锡瘟

tinplate ['tɪnpleɪt] ❶ *n.* 马口铁,锡钢皮 ❷ *vt.* 在…上镀锡(包马口铁)

tinpot ['tɪnpɒt] *a.* 低劣的,微不足道的

tin-rich ['tɪnrɪtʃ] *a.* 富锡的

tinsel ['tɪnsəl] ❶ *n.* 【冶】①(金属)箔,金属丝〔片〕②锡铅合金 ③(机上的)干扰发射机 ④华而不实(的东西) ❷ *a.* 金银丝〔箔〕制的,华而不实的 ❸ (tinse(l)ed; tinse(l)ing) *vt.* 用金箔装饰,散布金箔

tinsmith ['tɪn,smɪθ] *n.* 白铁工,锡工

tinstone ['tɪnstəʊn] *n.* 【矿】锡石

tint [tɪnt] ❶ *n.* ①色调〔度〕,着色 ②浅色 ③不很明显的性质,荫蔽 ☆ *in all tints of red* 用深浅不一的红色 ❷ *vt.* 给…染色,微染,涂漆 ☆ *tint ... with ...* 给…染上(一点)…色

tintage ['tɪntɪdʒ] *n.* 染色

tintantalite [tɪn'tæntəlaɪt] *n.* 单斜锡钽锰矿

tinter ['tɪntə] *n.* 【计】着色器〔者〕,(作衬底的)素色幻灯片

tintmeter ['tɪntmi:tə], **tintometer**[tɪn'tɒmɪtə] *n.* 色辉〔调〕计

tinty ['tɪntɪ] *a.* 色彩不调和的

tinware ['tɪnweə] *n.* 锡器,马口铁器皿

tinwork ['tɪnwɜ:k] *n.* 锡工,锡制品, (pl.)炼锡厂

tiny ['taɪnɪ] *a.* 微小的,微型的,微量的

tip [tɪp] ❶ *n.* ①尖端(头,物),末梢 ②铁(铜)环,刀片 ③焊嘴 ④触点,继电器接点,电极头,磁头尖,管头 ⑤倾斜(卸),翻车机,翻桌 ⑥暗示,警告,预测 ☆ *from tip to tip* 从这一头到那一头; *from tip to toe* 彻头彻尾; *have at the tips of one's fingers* 手头就有…,精通; *to the tips of one's fingers* 彻底地 ❷ (tipped; tipping) *v.* ①(使)倾卸(斜),翻倒,倒出 ②装车头,覆盖…的末端(with),作为…的尖端,装上龙头 ③卷刃 ④轻轻拍击 ⑤忠告,向…泄露消息 ☆ *be tipped with* 用…点(焊到)尖(上); *not to be tipped* 勿倾卸; *tip ... into a bank* 使…发生倾卸; *tip off* 倒出,预先通知消息,暗示; *tip ... on edge* 把…(的底部一侧垫高使其)倾斜; *tip out* 倒光; *tip over* 翻倒,倾覆; *tip the scale at* 称量; *tip the scale(s)*

刚好使天平倾斜,为决定因素; *tip up* 歪,翻倒; *tip A with B* 用B给A点尖,用B装在A的尖上

tip-back ['tɪpbæk] *v.* 后倾(翻)

tipcart ['tɪpkɑ:t] *n.* 翻斗车

tip-yet ['tɪpjet] *n.* 【航】叶端喷口

tip-off ['tɪpɔːf] *n.;v.* ①焊开,烫下(焊头),轻轻敲掉 ②分接头,拆离,翻倒 ③暗示,警告

tip-over ['tɪpəʊvə] *v.* 倾翻

tipper ['tɪpə] *n.* 倾卸装置,翻笼,翻斗车;翻车工,镶尖装置

tipper-hopper ['tɪpəhɒpə] *n.* 翻斗

tipple ['tɪpl] ❶ *n.* ①自动倾卸装置, (烈)酒 ②翻车(锭)机 ③倒(筛)煤场 ❷ *vt.* 饮(烈)酒

tippler ['tɪplə] *n.* 翻车机,翻笼,自卸卡车,翻车工

tippy ['tɪpɪ] *a.* (易)倾斜的

tip-stall ['tɪpstɔːl] *v.* 梢部失速

tiptoe ['tɪp,təʊ] ❶ *n.* 脚尖 ❷ *v.* 踮着脚 ❸ *a.* 小心翼翼的 ☆ *on tiptoe* 踮着脚

tiptop ['tɪp'tɒp] ❶ *n.* 绝顶,最高点 ❷ *a.;ad.* 第一流(的),最上(的)

tiradaet [tɪ'rɑ:di:t] *n.* 【化】黏合剂

Tirana,Tirane [tɪ'rɑ:nə] *n.* 地拉那(阿尔巴尼亚首都)

tire ['taɪə] ❶ = tyre ❷ *v.* ①(使,觉得)疲倦 ②厌倦(of doing) ☆ *tire out* 或 *tire to death* 使…十分疲劳,使累得要死

tirecut ['taɪəkʌt] *n.* 轮胎割痕

tired [taɪəd] *a.* ①疲劳的,累的,厌倦的(of) ②做…累了; *be tired of doing* 对(做)感到厌烦(倦); *be tired out* 累得很; *be tired with doing* (做某事)做累了 ‖ **-ly** *ad.*

tireless ['taɪəlɪs] *a.* ①不(厌)倦的,不疲劳的 ②不停的,坚韧的 ‖ **~ly** *ad.*

tiresome ['taɪəsəm] *a.* 令人厌倦的,费力的,累人的

tiring ['taɪərɪŋ] *a.* 引起疲劳的,使人厌倦的,麻烦的

tirocinium [,taɪərəʊ'sɪnɪəm] (pl. tirocinia) *n.* 技艺入门,学徒期限〔身份〕

tiron ['taɪrən] *n.* 【化】试钛灵

tirucallol [,tɪru'kɔ:lɒl] *n.* 【药】甘遂醇

tissue ['tɪsju:] *n.* ①织物,薄(棉,纱)纸,薄绢,碳素印相纸 ②【细胞】组织 ③一连串,连篇 ☆ *a tissue of* 一连串,一套,连篇

tissular ['tɪʃju:lə] *a.* 【生】组织的

tit [tɪt] *n.* 轻打 ☆ *(give, pay) tit for tat* 针锋相对

Titan ['taɪtən] (德语) *n.* 【化】钛

Titan ['taɪtən] *n.* ①巨人(物),大力士 ②【军】大力神式导弹

Titanal ['tɪtənəl] *n.* 【冶】蒂坦铝合金

Titanaloy [,tɪtən'æloɪ] *n.* 【冶】蒂坦钛铜锌耐蚀合金

titanate ['taɪtəneɪt] *n.* 【化】钛酸盐(酯)

titania [taɪ'teɪnɪə] *n.* 【化】二氧化钛

Titania [taɪ'teɪnɪə] *n.* 【天】天王卫三

titanic [taɪ'tænɪk] *a.* ①巨〔伟〕大的,力大无比的 ②(四价)钛的

titaniferous [,taɪtə'nɪfərəs] *a.* 含钛的

Titanit ['taɪtənɪt] n. 【冶】蒂坦钛钨硬质合金

titanite ['taɪtə,naɪt] n. 【矿】榍石

titanium [taɪ'teɪnɪəm] n. 【化】钛

titanize ['taɪtənaɪz] v. 镀钛,钛化

titanous ['taɪ'tænəs] a. 亚钛

titanox ['taɪtənɒks] n. 【化】钛钡白

titbit ['tɪt,bɪt] n. (少量)吸引人的东西〔新闻〕,珍品

titer ['taɪtə] n. 【化】①滴定度〔量,率〕,效价 ②脂酸冻点(测定法) ③纤度

title ['taɪtl]❶ n. ①名称,职别,学位 ②标题,书名,图标 ③权(利),资格 ④(金的)成色 ❷ vt. 加标(于),授予称号,配以字幕

titleholder ['taɪtlhəuldə] n. 拥有称号者

titler ['taɪtlə] n. 字幕编写员,字幕拍录装置

titling ['tɪtlɪŋ] n. 标题的烫印,烫印的标题

titlist ['taɪtlɪst] n. 冠军保持者

titone ['tɪtəun] n. 【化】钛铅钡白

titrand ['taɪtrənd] n. 【化】被滴物

titrant ['taɪtrənt] n. 【化】滴定剂

titratable ['taɪtreɪtəbl] a. 可滴定的

titrate ['taɪtreɪt]❶ v. 滴定 ❷ n. 被滴定液

titration [taɪ'treɪʃən] n. 【化】滴定(法)

titrator ['taɪtreɪtə] n. 【化】滴定器

titrimeter [taɪ'trɪmɪtə] n. 【化】滴定计

titrimetric [,taɪtrɪ'metrɪk] a. 滴定(分析)的

titrimetry [taɪ'trɪmɪtrɪ] n. 滴定(分析)法

tittle ['tɪtl] n. ①微量 ②小点,符号 ☆**not one jot or tittle** 滑一点,根本没有; **to a tittle** 准确地,丝毫不差地

titular ['tɪtʃələ] a. ①名义上的 ②标题的 ③享有所有权的,有称号的

Tizit ['tɪzɪt] n. 【冶】高速切削工具合金

tjaele ['tʃeɪlɪ] n. 【地质】多年冻土,冻土层

tjuiamunite [,tʃuɪ'æmjunaɪt] n. 【矿】水矾钙铀矿

to [tu:;tu;tə]❶ prep. ①(表示方向,方位)向,朝,对 ②〔表示到达的范围,程度,限度,状态〕到 ③〔表示对象〕对,给 ④〔表示对比,对应,比较〕和…比较起来,比 ❷ 动词不定式的前置词符号 ❸ ad. ①向前 ②关上 ③着手干 ④在近旁 ☆**to and fro** 往复地
〖用法〗该词可以后跟一个介词短语作它的介词宾语。如:The potentiometer described above can be read to within 10^{-10} volt. 上面所述的电位计可读得的值能精确到 10^{-10} 伏特。/In this case, the ratio drops to between 2 and 1. 在这种情况下,该比值下降到 2 和 1 之间。

toad [təud] n. 【动】蟾蜍

toadstone ['təudstəun] n. 【地质】蟾蜍岩

toadstool ['təud,stu:l] n. 【植】毒蘑菇

toast [təust]❶ n. ①烤面包(片) ②祝酒(词),干杯 ❷ v. ①烘(热),烤 ②为…干杯

toaster ['təustə] n. ①烘炉,烤面包器 ②祝酒人

tobacco [tə'bækəu] n. 烟草(制品)

to-be [tə'bi:] a. (常附在名词后构成复合词)未来的

tobermorite [,təubə'mɔ:raɪt] n. 【地质】雪硅钙石

toboggan [tə'bɒgən]❶ n. 手撬 ❷ vi. 乘橇滑下,急剧下降

tobramycin [,təubrə'maɪsɪn] n. 【药】托普霉素

tocol ['təukɒl] n. 【生】母育酚

tocopheramine [,təukə'ferəmi:n] n. 【生】生育胺

tocopherol [təu'kɒfərəul] n. 【生化】生育酚,维生素 E

tocsin ['tɒksɪn] n. 警钟(报),警戒信号

today [tə'deɪ] n.; ad. 今天,现今,现〔当〕代
〖用法〗该词作副词时可以作后置定语。如:The device to be designed will be quite different from those today. 要设计的这个设备将与现今的很不相同。/The Miller integrator is in common use in laboratory oscilloscopes today. 米勒积分器普遍用在今天的实验室示波器中。

toddite ['tɒdaɪt] n. 【矿】铌钽铁铀矿

toddle ['tɒdl] vi. (婴孩等)蹒跚,散步

to-do [tə'du:] n. 骚乱,喧闹,混杂

todorokite [tə'dɔ:rəkaɪt] n. 【矿】钡镁锰矿

toe [təu]❶ n. ①脚趾(状物),足尖,(脚,坡)趾 ②(炮眼,钻孔)底 ③焊边,焊金趾 ④(柄)尖,尖头 ⑤车轮的前端,轮胎线距 ⑥窄的齿端,齿顶 ❷ v. ① 装〔修补〕…的尖 ②用足尖立,(轮子)斜向 ☆**from top to toe** 从头到脚,完完全全; **on one's toes** 准备行动的; **toe in** 足尖朝内走路; **toe on** 踏下; **toe out** 足尖朝外走路,(轮胎)外倾; **toe the line (mark, scratch)** 准备起跑,服从命令

toehold ['təu,həuld] n. 不稳的立足点,克服困难的办法,微小的优势

toe-in ['təuɪn] n. (胎)前束

toeing ['təuɪŋ] n. (轮子)斜向

toenail ['təu,neɪl] n.;vt. (打,钉)斜钉,脚趾甲

toenailed ['təu,neɪld] a. 斜叉钉法的(的)

toe-out ['təuaut] n. (汽车的)前轮负前束,(轮胎)前倾

toffee, toffy ['tɒfɪ] n. 乳脂糖

toft [tɒft] n. 宅(屋)基,小丘

tog [tɒg] n. 托 (热阻单位)

together [tə'geðə] ad. ①一同 ②同时 ③相互 ④连续 ☆**all together** 一起,总共; **belong together** 合为整体; **for hours (weeks) together** 一连几小时(星期) 聚集,集合,编纂,汇齐,取得一致意见; **put two and two together** 根据事实推断; **taken (taking) together** 合起来看,一并考虑; **together with** 和…一起,连同,以及,同时,(同时)伴随着
〖用法〗注意下面例句中该词的译法:The current-voltage relationships of various non-ohmic conductors are shown in Fig 3-1 together with that of an ohmic conductor. 各种非欧姆导体的电流-电压关系连同欧姆导体的电流-电压关系示于图 3-1 中。/Eq (2-1) consists of a transient part together with a steady-state term. 式(2-1)是由暂态部分和稳态项组成的。

toggery ['tɒgərɪ] n. 衣服,服装(用品)商店

toggle ['tɒgl] ❶ n. ①肘(节,铁,板),肘环套接 ②套索钉(塞,栓)③扭力臂,曲柄框杆机构 ④拉钳 ⑤ 反复电路 ⑥触发器 ❷ vt. ①(用绳钉)系紧 ② 供以套环,备有肘节

Togo ['təugəu] n. 多哥

Togolese ['təugəu'li:z] n.;a. 多哥的,多哥人(的)

toil [tɔil] ❶ n. ①辛苦,劳累 ② 苦工,难事 ③ (pl.) 罗网,陷阱 ❷ v. ①苦干,辛劳地从事(at,on,through) ②使过分操劳 ③吃力地完成 ☆**toil and moil** 辛辛苦苦地工作

toile [twɑːl] (法语) n. 帆〔麻〕布

toiler ['tɔilə] n. 勤劳者,劳工

toilet ['tɔilit] ❶ n. ①盥洗室,浴室,便池,抽水马桶 ②梳妆 ❷ vt. 梳妆,上盥洗室

toilful ['tɔilful] n. 辛劳的

toilless ['tɔilis] a. 不费力的

toilsome ['tɔilsəm] a. 辛苦的,费力的 ‖ ~ly ad.

toilworn ['tɔilwɔːn] a. 疲劳的,做累了的

tokamak ['təukəmæk] n.【核】托卡马克(一种环状大电流的钳缩等离子体实验装置)

token ['təukən] ❶ n. ①特征,纪念品 ②标记,象征 ③代金券 ❷ a. 象征性的 ☆ **token-size** 小规模的; **as a token of** 或 **in token of** 作为…的记号〔象征,纪念〕,为了表示; **by (the same) token** 或 **by this token** 同样〔理〕,由于同样原因;另外;其证据为; **by that token** 照那样看来; **more by token = by the same token** 更加

Tokyo ['təukjəu] n. 东京

told [təuld] tell 的过去式和过去分词

tolerable ['tɒlərəbl] a. ①(可)容许的,可容忍的 ②相当(好)的,过得去的

tolerably ['tɒlərəbli] ad. 过得去地

tolerance ['tɒlərəns] n. ①(配合)公差,容(许极)限,余裕度 ②允许剂量〔水平〕,耐药量 ③容许〔忍〕,耐受度〔性〕☆**hold a tolerance of A on B** 把 B 的公差限制在 A; **open tolerance by ...** 把(原定的)公差放宽…; **produce to close tolerance** 按照高精度公差来生产; **within close tolerance** 在高精度范围内,按高精度公差〖用法〗该词后跟介词 on,表示"对…的容限"。如:It is necessary to find ΔI_CQ for the indicated tolerances on V_CC, R_e, and β. 我们必须求出对于 V_CC、R_e 和 β 的所示容限下的 ΔI_CQ。

tolerant ['tɒlərənt] a. 容许的,容忍的,能(忍)耐的,有耐药力的 ☆**be tolerant of** 能耐…,能忍受〔容忍〕… ‖ ~ly ad.

tolerate ['tɒləreit] vt. 允〔容〕许,容忍,有耐药力 ‖ **toleration** n.
〖用法〗注意下面例句的含义:This small ripple voltage is often more than can be tolerated for proper operation of sophisticated electronic circuits. 为了很精密的电子线路的正常工作,这样的小波纹电压往往是不能容许的。

tolerator ['tɒləreitə] n.【机】杠杆式比长仪

Tolimetron [tɒli'metrɒn] n.【机】电触式指示测

微表

toll [təul] ❶ n. ①付出,代价,牺牲 ②长途(电话) ③(通行,过境)税,(运,通行,渡河,服务,长途电话)费 ④钟声 ❷ v. ①(向…)征收捐税 ②鸣钟 ☆ **take toll of** 抽去…的一部分,使遭受损失〔牺牲〕

toll-cable ['təulkeibl] n.【电子】长途(通信)电缆

toll-free ['təulfri:] a. 免税的

tollgate ['təulgeit] n. 收费门,收(通行)税卡

tollhouse ['təul,haus] n. 征税所,收费处

tollman ['təulmən] n. 收税人

tollol [tɒ'lɒl] a. 还算好的

toluene [tɒl'ju:i:n], **toluol** ['tɒljuɒl] n.【化】甲苯

toluidide [tə'lju:i,daid] n.【化】酰替甲苯胺

toluidine [tɒ'lju:idin] n.【化】甲苯胺

tom [tɒm] n.①【矿】倾斜粗洗淘金槽

tomahawk ['tɒməhɔ:k] n.; v. 捻缝(锤)

tomatine ['tɒməti:n] n.【生】番茄(碱糖)苷

tomato [tə'mɑ:təu] n.【植】番茄,西红柿

tomb [tu:m] ❶ n. 墓(碑),死亡 ❷ vt. 埋葬

tombac, tombak ['tɒmbæk] n.【冶】顿巴黄铜,铜锌合金

tombolo ['tɒmbə,ləu] n.【地理】陆连岛,连岛沙洲

tome [təum] n. 册,卷,大本书

tomentose [təu'mentəus] a. 羊毛状的,绵毛的,密生柔毛的

tomfool ['tɒm'ful] ❶ n. 傻瓜,大笨蛋 ❷ a. 极傻的 ❸ vi. 做蠢事

tommy ['tɒmi] n.【机】①螺丝旋杆,定位销钉,圆螺帽扳手 ②实物工资制

tommy-gun ['tɒmigʌn] vt. 用冲锋枪打

tomogram ['təuməgræm] n.【摄】层析 X 射线照片

tomograph ['təuməgrɑ:f] n.【摄】层析 X 射线摄影机

tomography [təu'mɒgrəfi] n.【摄】层析 X 射线摄影〔照相〕法

tomorrow [tə'mɒrəu] n.;ad. 明天〔日〕,未来〖用法〗该副词可以作后置定语。如:The company is designing computers tomorrow. 该公司在设计未来的计算机。

tomosynthesis [,təməu'sinθisis] n.【摄】层析 X 射线照相组合

tompion ['tɒmpiən] n. 炮栓;木塞

ton [tʌn] n.①吨 ②商船登记的容积单位 ③船只装载单位,船只的排水吨 ④粉末状材料的容积单位 ⑤冷吨(美国制冷能力的单位) ⑥(pl.) 许多 ⑦每小时一百英里的速度 ☆**a ton of** 许多; **tons of** 许多,无数的

ton [tɔ:ŋ] (法语) n. 时式,流行 ☆**in the ton** 在风行

tonal ['təunəl] a. 音调〔色〕的,色调的 ‖ ~ly ad.

tonalite ['təunəlait] n.【地质】英云闪长岩

tonality [təu'næliti] n.【音】音〔色〕调,音律

tondal ['tɒndəl] n.【物】吨达(力的单位)

tone [təun] ❶ n. ①语气(气)②音(调,色),调子 ③色(影)调,光度 ④全音(程)⑤(市场)供销情况 ❷ v. ①调音,给…定调子 ②调色,给…上色 ☆**in**

a tone 一致; **in tones of ...** 有深浅不同的…色的; **tone down** (使)缓和,(使)变柔和; **tone in with** 与…相和谐; **tone off** 色泽渐浅直至消失; **tone up** 提高,加强

tonebrescence [,təun'bresəns] n.【化】磷光熄灭

toned [təund] a. 具有…音质的,有声调的,(纸张)年久变色的

toneless ['təunlɪs] a. 无声无色的,单调的,缺乏声调的 ‖ **~ly** ad.

tonemeter [tə'nemɪtə] n.【电子】音调计

toner ['təunə] n. 调色剂,反光负载

tonetic [təu'netɪk] a. (表示)语调变化的 ‖ **-ally** ad.

Tonga ['tɒŋgə] n. (西太平洋)汤加

tongs [tɒŋz] n. (pl.) 夹(大,管)钳,夹具,(机械手的)抓手 ☆ **hammer and tongs** 全力以赴地,大刀阔斧地

tongue [tʌŋ] ❶ n. ①舌,火舌 ②(游标尺的)挡块,(天平,秤的)指针,高度尺 ③(铁路)尖轨 ④舌簧,镶条,(木模)楔片 ⑤雄榫,笋梢,(舌形)结舌,翅皮 ⑥牵引架 ⑦(冰)舌,岬,沙嘴 ⑧语言 ❷ v. ①舌榫接合 ②呈现舌形突出 ③振动拍摄

tonguing ['tʌŋɪŋ] n. 舌动作,舌榫接合

tonic ['tɒnɪk] ❶ a. ①音调的,抑扬的 ②紧张的,强壮的,补的 ❷ n. ①基音 ②强壮剂,补剂

tonicity [tə'nɪsətɪ] n. 音调,紧张(性)

tonicize ['tɒnɪsaɪz] v. 促进紧张

tonight [tə'naɪt] n.; ad. 今夜

tonite ['təunaɪt] n. 徒那特(烈性炸药)

tonnage ['tʌnɪdʒ] n.【航】①登记吨(位),(总)吨数〔位〕②军舰排水量 ③每吨货的运费,船舶吨税 ④吨产量 ☆ **tonnages of** 很多吨,成吨的

tonne [tʌn] n. 米制吨,(公)吨

tonner ['tʌnə] n. (载重)…吨的船,具有…吨容积的东西

tonogram ['tɒnə,græm] a. 张力(描记)图,音调图

tonograph ['tɒnə,grɑ:f] n. 张力〔音调〕描记器,张力记录器

tonometer [təu'nɒmɪtə] n. ①音调计,音叉 ②张力计 ③血压计,眼压计

tonometric [,tɒnə'metrɪk] a. 测音调的,测量张力的

tonometry [təu'nɒmɪtrɪ] n.【医】①音调测量学,张力测定法,眼压测量(法)

tonoplast ['tɒnə,plɑ:st] n.【植】液泡膜

tonoscillograph [,tɒnəu'sɪləgrɑ:f] n.【医】动脉及毛细血管压力计

tonoscope ['tɒnəskəup] n.【物】音波振动描记器,音高镜,张力计

tonotaxis [,tɒnəu'tæksɪs] n. 趋验力性

tonotron ['tɒnətrɒn] n.【电子】雷达显示管

tonotropism [təu'nɒtrə,pɪzəm] n.【医】向声性

tonpliz ['tɒnplɪz] n.【电气】串并联电路的机械模拟

tonraum ['tɒnrɔ:m] n.【音】音域,音调的复合体共振器

tonsillitis [,tɒnsə'laɪtɪs] n.【医】扁桃体炎

tonus ['təunəs] n.【医】紧张(肌肉收缩程度)

tony ['təunɪ] a. 豪华的,奢侈的

too [tu:] ad. ①也,而且 ②(+形容词或副词)太 ③(=very) 真是,非常 ☆ **all too + a.(ad.)** 太…; **be one too many for** 胜过; **can not　(never) ...** 或 **too + a. (ad.)** 无论怎样(做)都不算太…; **can not too or ...** 如果太…就会; **go　(carry ...)　too far** 过分,超出限度; **only　too + ad. (a.)** 一点也不; **only　(but)　too** 非常,真是太…; **quite too** 简直太; **rather too + a.** 稍…了些; **too + a. for doing** 太…不便于(做); **too little** 不够; **too + a. (ad.) to (do)** 太…以至于不能〔无法〕(做); **too many by one　(two)** 多一个〔两个〕; **too much (hard) for** 强过,对…来说太困难; **too too** 简直太
【用法】❶ 注意下面例句中该词的含义和用法:Note, too, that v_{CE} is limited by the saturation of the transistor to a minimum voltage of $V_{CE,sat}$. 还要注意:v_{CE} 被晶体管的饱和而限于最小值 $V_{CE,sat}$。/Both approaches are too extreme for general use. 这两种方法都太极端了,以至于一般不用。/We cannot emphasize too strongly that the principles of chemistry derive from experiment, chemistry is an experimental science. 我们怎么强调也不会过分的:化学的原理是来自于实验的,(所以)化学是一门实验性科学。/The thermometer reads 1° too high. 该温度计的读数高了 1 度。❷ 注意 "too + 形容词 + a (an) + 名词"句型。如:This is too complicated a problem for us to go into. 这个问题太复杂了,我们不进行讨论。❸ 注意下面的句型:Living things must have just right amount of oxygen, too much, and they would burn, too little, and they would die. 生物必须获得适量的氧气,但太多了的话,它们就会烧死,太少了的话,它们就会窒息而死。❹ 它表示"也"时不能与"not"连用,这时应该用"either"。

took [tuk] take 的过去式

tool [tu:l] ❶ n. ①器械,仪器,设备 ②工具,(车)刀 ③机床,工作母机 ④方法,手段 ⑤爪牙,傀儡 ❷ v. ①用工具加工〔制造〕,切削加工,用凿刀修整 ②给…装备工具、机床和仪器;装备加工机械(up)

toolability [tu:lə'bɪlətɪ] n. (型砂的)修补性

toolable ['tu:ləbl] a. 可修型的

toolbar ['tu:lbɑ:] n.【机】通用机架,工作部件悬架

tooler ['tu:lə] n. 石工用阔斧

toolframe ['tu:lfreɪm] n.【机】通用机架

toolholder ['tu:l,həuldə] n. 刀夹〔把〕,工具柄

toolholding ['tu:l,həuldɪŋ] n. 装刀具,刀具夹紧

tooling ['tu:lɪŋ] n. ①工〔刀〕具,仪器 ②用刀具(切削)加工 ③机床安装 ④凿石工艺

toolmaker ['tu:l,meɪkə] n. ①工〔刀〕具制造〔修理〕工,机工 ②工〔刀〕具制造厂

tool-point ['tu:lpɔɪnt] n. 刀锋

toolpost ['tu:lpəust] n. 刀架

tool-rest ['tu:lrest] n. 刀架

toolsetter ['tu:lsetə] n. 刀具调整工

toolsetting ['tu:lsetɪŋ] n. 刀具调整〔安装〕

tool-up ['tu:lʌp] *n.* 【机】装备加工机械

toot [tu:t]❶ *n.* 喇叭声,号角声 ❷ *vi.* 按汽车喇叭,吹喇叭等

tooth [tu:θ]❶ (pl. teeth) *n.* ①牙(齿),齿状物,刃瓣 ②粗糙面 ③凸轮 ④凸头信号 ❷ *v.* ①(给…)加齿,使成锯齿状,使长齿 ②(使)啮合 ☆*be armed to the teeth* 武装到牙齿; *cut one's teeth on* 见习,开始(一件新工作); *in the teeth* 公然,直接反对; *in the teeth of* 不管,面对,冒着,对抗; *mesh tooth to tooth* 齿对齿咬合; *to the teeth* 当面; *tooth and nail* 竭尽全力地

tooth-brush ['tu:θbrʌʃ] *n.* 牙刷

toothed [tu:θt] *a.* (装,带,有)齿的,(锯)齿形的

toother ['tu:ðə] *n.* 【建】齿接砖

toothholder ['tu:θ,həuldə] *n.* 齿座(夹)

toothing ['tu:θɪŋ] *n.* 装(锉)齿,锯齿状,啮合,【建】待齿接

toothless ['tu:θlɪs] *a.* 没有齿的

toothpaste ['tu:θ,peɪst] *n.* 牙膏

toothpick ['tu:θ,pɪk] *n.* 牙签

toothpowder ['tu:θ,paudə] *n.* 牙粉

too-too ['tu:tu:] *a.;ad.* 过分(的)

top [tɒp]❶ *n.* ①极度,顶点,最高(度,点,级),首位 ②顶部(端,面,层),上部(端,面,层),(顶)盖,脉冲顶部 ③陀螺(仪) ④(pl.)顶端分,轻油 ⑤(一)束,毛条 ⑥纸的正面 ⑦(pl.)茎叶,菜叶 ❷ *a.* 最高的,主要的,顶端的 ☆*at the top of* 在…的最高(速度等),在…的顶端; *at top speed* 用全速; *come out (at the) top* 名列前茅; *come to the top* 出现,杰出,得到成功; *from top to bottom* 从头至尾,从上到下,全部; *from top to tail* 从头到尾,完全,绝对; *from top to toe* 从头到尾,完全; *go over the top* 采取最后手段,超过限额; *in top (gear)* 以高速挡,全速地; *on (the) top of* 加在…之上,在…的上面;还有;紧接着; *on top* 在上边,居首位,开足马力; *one on top of another* 一个叠一个; *the top of the tide* 情况最好的时候,正当高潮时候; *(the) tops* 最好的,最受欢迎的 ❸ *vt.* ①盖上(顶),装顶部 ②到(达)…的顶上,居于…的最高位,(火箭)补充加注(燃料) ③高过 ④高(达,多少)⑤使平坦 ⑥截去顶端 ⑦脱顶,脱顶,撇去浮质,初馏,蒸去轻油 ❹ *vi.* 高耸,卓越,胜过 ☆*to top it all* 更有甚者,更奇怪(糟糕)的是; *top off* 竣工,结束; *top out* 最高达,以…为顶点,结束; *top the list* 名列第一; *top up* 完成,结束,加足,充气(液),加燃料; *top up a casting* 补铸

topagnosis [,tɒpæg'nəusɪs] *n.* 【医】位置感觉缺失

topalgia [təu'pældʒɪə] *n.* 局部疼

topaz ['təupæz] *n.* 【矿】黄玉(矿)

topazolite [təu'pæzəlaɪt] *n.* 【地质】黄榴石

top-blown ['tɒpbləun] *a.* 顶吹的

topcoat ['tɒpkəut] *n.* 外涂(保护)层,大衣

topdog ['tɒpdɔg] *n.* 居支配地位的人

top-down ['tɒpdaun] *a.* 自顶向下的,管理严密的

top-drawer ['tɒpdrɔ:ə] *a.* 最高级别的,头等重要的

Tope [təup] *n.* (圆顶,印度)塔,林园

topflight ['tɒpflaɪt] *a.* 第一流的,最高的

topful(l) ['tɒpful] *a.* 满(到顶)的

top-gaining ['tɒpgeɪnɪŋ] *a.* 最大增重的

top-hamper ['tɒphæmpə] *n.* 多余碍事的东西,高处的笨重物件

top-hat ['tɒphæt] *n.* 顶环,(天线的)顶帽

tophet ['təufet] *n.* 【冶】托非特镍铬电阻合金,镍铬铁耐热合金

top-hole [tɒp'həul]❶ = topflight ❷ *n.* 出钢口

topiary ['təupɪərɪ] *a.;n.* 修剪花草(灌木)的;灌木修剪法

topic ['tɒpɪk]❶ *n.* 题目,课〔论,话〕题,概论 ❷ *a.* 【医】局部的

topical ['tɒpɪkəl]❶ *a.* ①论〔主〕题的,总论的 ②当前有关的 ③【医】局部的 ❷ *n.* 时事新闻片 ‖ ~**ly** *ad.*

topless ['tɒplɪs] *a.* 无顶(盖,篷)的

top-level ['tɒplevəl] *a.* 最高级的

toplighting ['tɒplaɪtɪŋ] *n.* 顶部照明

toplimit ['tɒplɪmɪt] *n.* 上限

topline ['tɒplaɪn] *a.* 头条新闻的

topliner ['tɒplaɪnə] *n.* 头条新闻中的事件(人物)

topman ['tɒpmən] *n.* 地面上工作的矿工(建筑工人),操作拔顶蒸馏器的工人

topmost ['tɒp,məust] *a.* 最高的,绝顶的

top-mounted ['tɒpmauntɪd] *a.* 上插的,装在顶部的

top(-)notch [tɒp'nɒtʃ]❶ *a.* 第一流的 ❷ *n.* 顶点

topo ['təupəu] *n.* 地形

topoangulator [,tɒpə'æŋgjuleɪtə] *n.* 【测绘】(地形)量角器

topocentre [,tɒpə'sentə] *n.* 上心

topocentric [,tɒpə'sentrɪk] *a.* 以局部〔观察者〕为中心的

topochemical [,tɒpə'kemɪkəl] *a.* 局部化学的

topochemistry [,tɒpə'kemɪstrɪ] *n.* 【化】局部〔拓扑〕化学

topochronotherm [,tɒpə'krɒnəθɜ:m] *n.* 局部时间热感

topoclimate [,tɒpə'klaɪmɪt] *n.* 【气】地形气候

topogram ['tɒpə,græm] *n.* 【医】内存储信息位置图示

topographer [tə'pɒgrəfə] *n.* 地志学者,地形测量员

topographic(al) [,tɒpə'græfɪk(əl)] *a.* 地形(学,测量)的,地志的 ‖ ~**ally** *ad.*

topography [tə'pɒgrəfɪ] *n.* ① 分布状况 ②地形(学,描述,测量) ③(构)形 ③局部解剖(学),局部记载 ④(受体)图像

topoinhibition ['tɒpə,ɪnhɪ'bɪʃən] *n.* 【心】局部抑制

topologic(al) [,tɒpə'lɒdʒɪk(əl)] *a.* 拓扑(学)的,地志学的 ‖ ~**ally** *ad.*

topologize [tə'pɒlədʒaɪz] *v.* 把…拓扑化

topology [tə'pɒlədʒɪ] *n.* 【数】拓扑(学,结构),地志学

T

toponym ['tɒpənɪm] *n.* 地名

topophototaxis ['tɒpə,fəʊtə'tæksɪs] *n.* 趋光源性

toposcopy [tə'pɒskəpɪ] *n.* 【医】局部检查

topotaxis [,tɒpə'tæksɪs] *n.* 【生】趋激性

topothermogram [,tɒpə'θɜ:məˌgræm] *n.* 【医】局部温度自记曲线

topotype ['tɒpə,taɪp] *n.* 地区型

topper ['tɒpə] *n.* ①高档的东西 ②装〔去掉〕顶盖者 ③拔顶〔蒸去轻馏分〕装置

topping ['tɒpɪŋ] ❶ *n.* ①上部,顶端 ②注满,补充加注 ③去梢,拔顶,蒸去轻油 ❷ *a.* 最高的,第一流的,高耸的

topping-up ['tɒpɪŋʌp] *n.;v.* 注满蒸馏水,上油,加燃料,充气〔液,水〕,补充加注

topple ['tɒpl] *v.* (使)倾覆,(使)摇摇欲坠,颠覆(down,over)

top-quality [tɒp'kwɒlɪtɪ] *a.* 最优质的

top-ranking [tɒp'ræŋkɪŋ] *a.* 最高(等)级的

top-secret ['tɒpsi:krɪt] *a.* 绝密的

topset ['tɒpset] *n.* 【地质】顶积层

topside ['tɒpsaɪd] ❶ *n.* ①最高级人员 ②顶边,水上舷侧 ❷ *ad.* ①在甲板上 ②到顶,处于权威地位

Topsin ['tɒpsɪn] *n.* 托布津(杀菌剂)

topsoil ['tɒp'sɔɪl] ❶ *n.* 【地质】表土(层),天然砂土,植物生长层 ❷ *v.* ①用天然砂土筑路 ②去掉表土

topstone ['tɒpstəʊn] *n.* 【地质】顶(层)石

topsy(-)turvy ['tɒpsɪ'tɜ:vɪ] ❶ *a.;ad.* 颠倒(的),乱七八糟(的) ❷ *n.;vt.* (使)颠倒,(使)乱七八糟

toptrench ['tɒptrentʃ] *n.* 【机】横浇口

tor [tɔ:] *n.* 【地质】突岩

torbanite ['tɔ:bəˌnaɪt] *n.* 【地质】块煤,藻烛煤,苞芽油页岩

torbernite ['tɔ:bəˌnaɪt] *n.* 【矿】铜铀云母

torch [tɔ:tʃ] ❶ *n.* 【机】①焊炬,喷灯,吹管,吹焰器,切割器 ②火炬〔舌,焰〕③手电筒 ❷ *v.* ①喷(出)火(焰),用焊枪烧焊 ②喷灯烧去旧漆 ③屋板嵌灰泥

torchlight ['tɔ:tʃlaɪt] *n.* 火炬(光)

tore [tɔ:] ❶ tear 的过去式 ❷ *n.* 管环,环面

toreutic [tə'ru:tɪk] *a.* 金属浮雕的

toreutics [tə'ru:tɪks] *n.* 金属浮雕工艺

tori ['tɔ:raɪ] torus 的复数

toric ['tɔ:rɪk] *a.* 复曲面的

torispherical [,tɔ:rɪ'sferɪkl] *a.* 准球形的

torment ❶ ['tɔ:ment] *n.* 痛苦,苦恼 ❷ [tɔ:'ment] *vt.* ①使…痛苦,折磨 ②搅动 ③曲解,歪曲

tormenter,tormentor [tɔ:'mentə] *n.* 使人痛苦的事物;回声防止幕

torn [tɔ:n] ❶ tear 的过去分词 ❷ *a.* 不平的(表面),有划痕的

tornado [tɔ:'neɪdəʊ] *n.* 【气】飓〔旋〕风,龙卷风 ‖ **tornadic** *a.*

tornadotron [tɔ:'neɪdətrɒn] *n.* 【电子】旋风管,微波-亚毫米波转换电子谐振器

tornaria [tɔ:'neərɪə] *n.* 【生】柱头幼虫

torn-up ['tɔ:nʌp] *a.* 磨损的,开裂的

toroid ['tɔʊrɔɪd] *n.* 【机】环形铁芯,复曲面,螺旋管,环形室,电子回旋加速器室

toroidal [təʊ'rɔɪdəl] ❶ *a.* 圆环面的,喇叭口形的,螺旋管形的,超环面的 ❷ *n.* 圆环,(复)曲面

Toronto [tə'rɒntəʊ] *n.* 多伦多(加拿大港市)

torpedo [tɔ:'pi:dəʊ] ❶ (pl. torpedoes) *n.* 【军】①鱼雷形装置〔部件,汽车〕②鱼雷 ③油井爆破药筒 ④(铁路用)信号雷管 ❷ *vt.* ①发射鱼雷,敷设水雷 ②破坏,废弃

torpedoman [tɔ:'pi:dəʊmæn] *n.* 【军】鱼雷兵

torpedoplane [tɔ:'pi:dəʊpleɪn] *n.* 【军】发射鱼雷的飞机

torpex ['tɔ:peks] *n.* 【军】铝末混合炸药

torpid ['tɔ:pɪd] *a.* 麻痹〔木〕的,迟钝的 ‖ ~ity *n.* ~ly *ad.*

torpify ['tɔ:pɪfaɪ] *vt.* 使麻木 ‖ **torporific** *a.*

torpor ['tɔ:pə] *n.* 麻痹〔木〕,迟钝

torque [tɔ:k] ❶ *n.* ①转矩,力矩,扭矩 ②偏振光面上的旋转效应 ❷ *v.* 扭矩

〖用法〗注意下面例句的含义:Let us consider the case when the torque is zero. 让我们来考虑一下当转矩为零的情况。(由 when 引导的状语从句起到了修饰其前面名词的作用。)

torquemeter ['tɔ:kmi:tə] *n.* 【航海】扭力计

torquer [tɔ:'kə] *n.* 【机】扭矩计,扭力仪,转矩发生器,力矩马达

torr [tɔ:] *n.* 【物】托(真空〔压强〕单位)

torrefy ['tɒrɪfaɪ] *vt.* 焙烧,烤,烘 ‖ **torrefaction** *n.*

torrent ['tɒrənt] ❶ *n.* ①山洪,奔(射)流,山溪,(pl.)倾注 ②爆发,狂潮 ❷ *a.* = torrential

torrential [tɒ'renʃəl] *a.* 奔〔急,洪〕流的,猛烈的 ‖ ~ly *ad.*

torreyol ['tɒrɪˌəʊl] *n.* 【药】香榧醇

torrid ['tɒrɪd] *a.* ①烘(灼)热的,晒焦的 ②热烈的

torsal ['tɔ:səl] *a.* 挠点的

torse [tɔ:s] *n.* 【数】可展曲面,扭曲面

torsel ['tɔ:səl] *n.* 【建】①承梁木 ②漩涡花样

torsibility [,tɔ:sɪ'bɪlətɪ] *n.* 【机】抗扭力

torsimeter [tɔ:'sɪmɪtə] *n.* 【机】扭力计,转矩计

torsiogram ['tɔ:sɪəgræm] *n.* 【机】扭转记录图,扭矩图

torsiograph ['tɔ:sɪəgrɑ:f] *n.* 【航海】扭振〔力〕记录仪

torsion ['tɔ:ʃən] *n.* 【数】①扭转(动,曲,力),转矩 ②挠曲,挠率 ③盘旋,【生】蜷旋

torsional ['tɔ:ʃənəl] *a.* 扭(转)的,扭力的

torsion-free [tɔ:ʃən'fri:] *a.* 无扭转的

torsionless ['tɔ:ʃənlɪs] *a.* 无挠曲的,无扭转的

torsionmeter ['tɔ:ʃən,mi:tə] *n.* 【机】扭力计,扭矩计〔仪〕

torsionproof ['tɔ:ʃənpru:f] *a.* 防扭的

torsion-resistant ['tɔ:ʃənrɪ'zɪstənt] *a.* 抗扭的

torso ['tɔ:səʊ] *n.* 躯干,残缺的东西

torsor ['tɔ:sə] *n.* 【数】非共面直线对

tort [tɔːt] *n.* 【法】民事的侵权行为

tortile ['tɔːtaɪl] *a.* 扭转〔弯〕的,盘绕的

tortoise ['tɔːtəs] *n.* (乌,海)龟,缓慢的东西

tortoiseshell ['tɔːtəsʃel] *n.; a.* (像)龟甲的(的)

tortuosity [ˌtɔːtjuˈɒsəti] *n.* 【物】弯曲(度),迂回度,(沟路)曲折

tortuous ['tɔːtʃuəs] *a.* ①曲折的,迂回的,盘旋的 ②转弯抹角的,居心叵测的 ‖ **~ly** *ad.*

torture ['tɔːtʃə] *n.; vt.* ①使翘曲 ②歪曲 ③折磨

torula ['tɔrjulə] (pl. torulae) *n.* 【生】串菌属

torulosis [ˌtɔːjuˈləusɪs] *n.* 【医】隐球菌病

torus ['tɔːrəs] (pl. tori) *n.* 环形(室,线圈,圆纹曲面),隆起,环面,纹孔塞,纹孔托

tosecan [təˈsekən] *n.* 【机】划线盘

tosimeter [təˈsɪmɪtə] *n.* 【医】微压计

toss [tɒs] *v.; n.* ①(使)猛然倾侧,猛举 ②(使)动荡,(使)颠簸 ③(向上)扔 ☆ **toss about** (使)颠簸; **toss aside** 扔弃; **toss off** 迅速处理,轻而易举完成; **toss ... to ...** 把…扔给…; **toss up** 匆忙做好

tot [tɒt]❶ (totted; totting) *v.* 总计 ❷ *n.*【数】合计,加法运算 ☆ **tot up** 把…加起来,合计; **tot up to** 总共

total ['təutəl]❶ *a.* 总的,全(体,部)的,彻底的 ❷ *n.* 总计,全体 ❸ *ad.* 统统,完全 ❹ (total(l)ed; total(l)ing) *v.* 计算…的总数,总数达,求积 ☆ **a total of** 总数为; **in total** 总计 〖用法〗注意下面例句中该词的词性和含义:The counter will total these pulses. 该计数器将把这些脉冲加起来。/Each of the four NAND gates requires three external connections, using a total of 12 pins. 四个或非门中每一个需要三个外部连接,总共使用 12 个管脚。

totalisator, totalizator ['təutəlaɪzeɪtə]= totaliser 或 totalizer

totalize, totalize ['təutəlaɪz] *vt.* 合计

totaliser, totalizer ['təutəlaɪzə] *n.* 加法计算器,累加器

totality [təuˈtælɪti] *n.* ①全体,总数,完全 ②【天】全食(的时间)

totalling ['təutəlɪŋ] *n.* 总和

totally ['təutəlɪ] *ad.* 完全,全(部),统统

totarol [təuˈteərəl] *n.* 【生】陶塔醇

tote [təut]❶ *v.* ①运(输),举起,牵引 ②(手)提,携带 ③合计 ❷ *n.* ①装载,装运物 ②总数 ③=totaliser

totem ['təutəm] *n.* 【宗】图腾,物像,标志 ‖ **~ic** *a.*

toter ['təutə] *n.* 【机】装载起重机,运载装置

tother ['tʌðə] *pron.; a.* 另一个,别的

totient ['təuʃənt] *n.* 【数】欧拉函数

toties quoties ['təutiːz'kwɒtiːz] (拉丁语) 每次〔回〕

totipotency [təuˈtɪpətənsɪ] *n.* 【生化】全能性

totipotent [təuˈtɪpətənt] *a.* 全能(性)的

totipotential [ˌtəutɪpəˈtenʃəl] *a.* 全能的

totter ['tɒtə] *vi.; n.* 摇摆,摇摇欲坠 ‖ **~ing** *a.* **~ingly** *ad.* **~y** *a.*

touch [tʌtʃ]❶ *v.* ①(使)接触,触摸 ②【数】与…相切,邻接 ③(触摸时)有…的感觉 ④对付,起作用于 ⑤(简略)涉及,提到 ⑥接近,达到,及上 ⑦影响到 ❷ *n.* ①接触,摸,【数】相切 ②触感 ③试金(石),(金银)验定纯度 ④接触磁化 ⑤痕迹,微量 ⑥缺点 ⑦联系 ⑧特征,格调 ☆ **a near touch** 侥幸脱险; **a touch of** 一点点; **as touching** 关于; **at a touch** 或 **at the touch of** (稍微)一接触(立即); **be in touch with ...** 同…接触〔有联系〕; **be out of touch with ...** 不了解…情况,和…失去联系; **(be) touched with** 带有…色彩; **bring ... into touch with ...** 使…和…接触; **bring ... to the touch** 检验…; **get in(to) touch with ...** 和…接触〔联系〕; **in touch of ...** 在…能达到的地方,在…附近; **in touch with ...** 和…接触; **keep ... in touch with ...** 使…同…保持联系〔接触〕; **keep (in) touch with ...** 和…保持联系〔接触〕,关心…; **lose touch with ...** 和…失去联系; **put the finishing touches on (to) ...** 对…完成最后的一部分工作,对进行精饰; **put ... to the touch** 试验…; **touch and go** 一触即离;一触即发的形势,动荡,危险状态; **touch at** (暂时)停靠,接近; **touch bottom** 达到水底,摸到了底,坏到极点; **touch down** 降落; **touch elbows** 紧接; **touch up** 增改,修补; **touch off** 添画,勾画出(发射,触发,引起,拨断(电话); **touch on (upon)** (简单)论及,说到,接近; **touch success** 终归成功; **touch to spot** 奏效,得要领; **touch ... to ...** 使…碰到…; **touch up** 修整,完成; **true as touch** 的的确确; **within touch of** 在…的附近

touchable ['tʌtʃəbl] *a.* 可触(知)的,可被感动的

touch-and-go ['tʌtʃ'ænd'gəu] *a.* ①危险的,一触即发的 ②一触即离的,触地后又起飞的 ③草率的,没有把握的 ❷ *n.* 触礁

toucher ['tʌtʃə] *n.* 触摸者,一触即发 ☆ **as near as a toucher** 几乎不差

touching ['tʌtʃɪŋ]❶ *prep.* 关于,提到 ❷ *a.* 使人感动的,相切的 ❸ *n.* 触摸〔觉〕 ‖ **~ly** *ad.*

touchstone ['tʌtʃstəun] *n.* 试金石,检验(标准)

touch-tone ['tʌtʃtəun] *a.* 按钮式的,琴键式的

touch-type ['tʌtʃtaɪp] *v.* (打字)按指法打

touchy ['tʌtʃɪ] *a.* ①易燃的 ②棘手的 ③敏感的 ‖ **touchily** *ad.* **touchiness** *n.*

tough [tʌf] *a.* ①刚性的,耐久的,坚固的,固执的 ②坚韧的,可延的,有抵抗能力的 ③困难的 ④激烈的

toughen ['tʌfən] *v.* (使)变黏稠,(使)变坚韧,(使)变困难

toughening ['tʌfnɪŋ] *n.* 【冶】韧化(处理)

toughie, toughy ['tʌfɪ] *n.* 恶棍;难题,劲敌

toughness ['tʌfnɪs] *n.* 【建】刚度〔性〕,(强)韧性,黏稠性

tour [tuə] *n.; v.* ①游览,巡视,巡回演出〔医疗〕,旅行

T

②交〔值〕班 ③倒转,转变(期)

〖用法〗注意下面例句的含义:Continuing Chapter 2, this chapter gives a quick tour of key library facilities to give you an idea what can be done using C++ and its standard library. 本章是第二章的继续,它迅速地浏览主要的库设施来让你了解一下利用C++语言及其标准库能做什么。

tourer ['tʊərə] n. 游览车〔者〕,旅行(飞)机

tourism ['tʊərɪzəm] n. 游览, 旅游, 旅游〔观光〕事业

tourist ['tʊərɪst] ❶ n. 游客 ❷ a. 旅游的

touristry ['tʊərɪstrɪ] n. 旅游,旅行者

touristy ['tʊərɪstɪ] a. 游览者(喜欢)的

tourmalin(e) ['tʊəməlɪ(:)n] n. 电(气)石

tournament ['tʊənəmənt] n. 【体】锦标赛,比〔联〕赛

tourney ['tʊənɪ] n.;vi. 锦标赛,比〔联〕赛,参加比赛

tout [taʊt] ❶ v. ①推销,兜售 ②侦查,探听有关…的消息 ❷ n. 兜售者

tout court [tu:'ku:r] (法语) 极简单的

tout ensemble [,tu:tɑ:n'sɑ:mbl] (法语) 总效果,整体

tout le monde [,tu: lə'mɒnd] (法语) 全世界,所有的人

tow [təʊ] vt.;n. ①被拖拉的东西,拖车〔船〕,拖索 ②拖,曳(引),用绳拖曳 ③(丝,纤维)束,麻絮,落纤,亚麻短纤维 ☆*in tow* 拖着; *take (have) in tow* 拖航;指导

towable ['təʊəbl] a. 可牵引的

towage ['təʊɪdʒ] n. ①牵引 ②牵引费

towardly ['təʊədlɪ] a.;ad. 有指望(的),顺利发展的

toward(s) [tə'wɔ:d(z)] ❶ prep. ①对(于),关于 ②朝着 ③将近,约 ④有助于,可用于 ❷ a. ①即将来到的,进行中的 ②有利的 ☆*go far toward* 大(大)有助于; *toward each other* 互相面对面地

towboat ['təʊbəʊt] n. 拖船

towel ['taʊəl] n.;vt. 毛巾,擦手〔脸〕纸;用毛巾擦

towel(l)ing ['taʊəlɪŋ] n. 毛巾料,用毛巾擦

tower ['taʊə] ❶ n. 塔式建筑,塔(架,台),发射塔 ❷ vi. 高耸,高于(above, over)

towered ['taʊəd] a. 有塔的,高耸的

towering ['taʊərɪŋ] a. ①高耸的,屹立的 ②突出的 ③强烈的

towery ['taʊərɪ] a. 有塔的,高(耸)的

towline ['taʊlaɪn] n. 【航海】拖索

town [taʊn] n. (市,城)镇,市区,商业中心

township ['taʊnʃɪp] n. 镇(区)

townsman ['taʊnzmən] n. 市〔镇〕民

towny ['taʊnɪ] n. 城里的

towveyor [taʊ'veɪə] n. 【机】输送器

toxalbumin [,tɒksæl'bju:mɪn] n. 【生化】毒白蛋白

toxemia [tɒk'si:mɪə] n. 【医】毒血(症)

toxic ['tɒksɪk] ❶ a. (有,中)毒的,毒物的 ❷ n. 毒药〔物〕,毒性 ‖ *-al* a.

toxicant ['tɒksɪkənt] ❶ n. 毒药〔剂,物〕 ❷ a. 有

毒(性)的

toxication [,tɒksɪ'keɪʃən] n. 【医】中毒

toxicide ['tɒksɪkaɪd] n. 【医】解毒剂

toxicity [tɒk'sɪsətɪ] n. 【生】毒性

toxicogenic [,tɒksɪkəʊ'dʒenɪk] a. 产毒的

toxicologist [,tɒksɪ'kɒlədʒɪst] n. 【医】毒理学家

toxicology [,tɒksɪ'kɒlədʒɪ] n. 【医】毒物〔理〕学

toxicosis [,tɒksɪ'kəʊsɪs] n. 【医】中毒

toxigenicity [,tɒksɪdʒə'nɪsətɪ] n. 【医】产毒性

toxin ['tɒksɪn] n. 【生】毒素〔质〕

toxinemia [,tɒksɪ'ni:mɪə] n. 【医】毒血症

toxinfection [,tɒksɪn'fekʃən] n. 【医】毒性感染

toxinferous [tɒk'sɪnfərəs] a. 分泌毒素的

toxinicide [tɒk'sɪnɪsɪd] n. 【医】解毒剂,抗毒素

toxinogeny [,tɒksɪ'nɒdʒɪnɪ] n. 【生】产毒性

toxisterol [tɒk'sɪstərəʊl] n. 【医】毒甾醇

toxoflavin [,tɒksə'fleɪvɪn] n. 【医】毒(性)黄素

toxogen ['tɒksədʒən] n. 【生】毒原

toxogenin [tɒk'sɒdʒɪnɪn] n. 【医】毒原素,过敏素反应原

toxohormone [,tɒksə'hɔ:məʊn] n. 【生】(癌)毒激素

toxoid ['tɒksɔɪd] n. 【医】类毒素

toxoinfection [,tɒksɔɪn'fekʃən] n. 【医】毒性传染

toxolysin [,tɒksə'laɪsɪn] n. 【医】抗毒素,解毒剂

toxone ['tɒksəʊn] n. 【医】减弱毒素

toxonoid ['tɒksənɔɪd] n. 【医】缓解毒素

toxonosis [,tɒksə'nəʊsɪs] n. 【医】中毒病

toxophore ['tɒksəfɔ:] n. 【生】毒性基团,毒簇

toxophylaxin [,tɒksəfɪ'læksɪn] n. 【医】毒素抵抗素

toxoplasm ['tɒksə,plæzm] n. 【医】弓形体

toxosozin [,tɒksə'səʊzɪn] n. 【医】毒素破坏素

toy [tɔɪ] ❶ n.; a. 玩具(似的) ☆*toy box* 机舱 ❷ vi. 玩弄,戏弄 ☆*toy with* 玩弄,不太认真地对待

toyocamycin [tɔ,jɒkə'maɪsɪn] n. 【生化】丰加霉素

trabeate(d) ['treɪbɪeɪt(ɪd)] a. 横梁式结构的

trabeation [,treɪbɪ'eɪʃən] n. 【建】横梁式结构

trabecula [trə'bekjʊlə] (pl. trabeculae) n. 【医】分隔带,小梁,(脾,肺)小叶

trace [treɪs] ❶ n. ①描绘图,扫迹 ②踪(迹,轨,遗)迹,矿物痕色(粉色),对角和,记录道 ③交点〔线〕 ④微量 ⑤线索 ⑥连动杆 ❷ v. ①探测(故障),追查,寻找 ②追踪〔迹〕 ③描绘(图,迹),透(映,摹,复)写,绘制,画曲线 ④追寻,沿着(路线)走 ☆*be traced to* 追踪到,归因于; *trace back* 回忆; *trace back (...)* 到 (把…)追溯到…; *trace out* 探寻踪迹,描画,描绘出(…轨迹),透〔映〕写,穿过物质; *trace over* 映绘; *trace to* 上溯到

traceability [,treɪsə'bɪlətɪ] n. 追溯能力,追踪,跟踪溯源

traceable ['treɪsəbl] a. ①可探索的,(被)研究的,可寻的 ②可追溯的,可归因的 ③可描画〔摹写〕的 ‖ *traceably* ad.

traceless ['treɪslɪs] a. 无痕迹的 ‖ ~ly ad.

tracer ['treɪsə] n. 【化】①示踪物〔器,原子〕,同位素指示剂,指示器 ②追踪者,追踪装置〔程序〕③描绘器,故障检寻器 ④描图装置,画线笔 ⑤描图员,摹写者 ⑥【体】曳光剂〔弹〕⑦仿形板〔器〕⑧失物追查人

tracer-free ['treɪsəfriː] a. 无示踪剂〔物〕的

tracerlab ['treɪsəlæb] n. 示踪物实验室

tracer-labelling [,treɪsə'leɪblɪŋ] n.【化】同位素指示剂示踪

tracery ['treɪsəri] n. 窗〔花〕格

trachea [trə'kiːə] n. (pl. tracheae) n.【医】气管,导管

tracheary ['treɪkɪəri] a. 器官的

tracheid ['treɪkɪɪd] n.【植】(木材的)管胞

trach(e)itis [,treɪkɪ'aɪtɪs] n.【医】气管炎

trachelitis [,treɪkɪ'laɪtɪs] n.【医】子宫颈炎

trachelogenin [,trækələu'dʒenɪn] n. 络石配质

trachelology [,trækə'lɒlədʒɪ] n.【医】颈病学

tracheloside ['treɪkɪləsaɪd] n.【化】络石糖苷

tracheophyte ['treɪkɪəvfaɪt] n.【植】导管植物

trachoma [trə'kəumə] n.【医】沙眼,颗粒性结膜炎

trachybasalt [,treɪkɪbə'sɔːlt] n.【地质】粗玄岩

trachyte ['treɪkaɪt] n.【地质】粗面岩

trachytic [trə'kɪtɪk] a. 粗面的

tracing ['treɪsɪŋ] n.;a. ①故障探测,信号跟踪,示踪,追溯 ②描图,画曲线图,透〔映,复,摹〕写

track [træk] ❶ n. ①轨道(装置),导轨,(录音磁带的)音轨,磁道,铁路线,航线 ②记录槽 ③轨(痕,踪,磁)迹,小道 ④跨距,(车轮)轮距,履带 ⑤跑道,径赛运动跟踪目标 ⑥历程 ⑦跑道,田径运动 ❷ v. ①跟踪,沿轨道行驶 ②随纹 ③为…铺轨 ④保持跨距,(后轮)与前轮在同一轮迹上转动 ⑤在…上留下印迹 ☆ *beaten track* 踏出来的路,惯例; *clear the track* 开道; *cover (up) one's tracks* 隐匿无踪,隐藏自己的企图; *follow the track of ...* 沿着…的足迹前进,追踪; *have a one-track mind* 总是遵循着同一思路; *in one's tracks* 就那样,当场,立即; *in the track of* 仿照,在…的中途; *jump (leave) the track* 出轨; *keep track of* 留意,始终监视,掌握…的线索,与…保持接触,跟上…的进程〔发展〕; *lose track of* 忘记,不留意,失去…的线索,未能跟上…的进程〔发展〕; *make tracks for* 追赶; *off the track* 出轨,离题,搞错的; *on the track* 在轨道上,未离题,对头的; *on the track of* 追踪,得到…线索; *track out* (用雷达)导出

trackable ['trækəbl] a. 可以〔适于〕(被)跟踪的

trackage ['trækɪdʒ] n. 轨道(系统),铁路线(全长)

tracker ['trækə] n. 跟踪系统,跟踪仪

tracking ['trækɪŋ] n. ①探测 ②跟踪,踏成道路 ③统调 ④(按智力)分科教育

tracklayer ['trækleɪə] n.【机】履带式拖拉机〔车辆〕,铺轨机,铺轨工人

trackless ['træklɪs] a. 无轨的,非履带的

trackman ['trækmən] n. 铁道护路员

track-mounted ['trækmauntɪd] a. 履带(式)的

trackslip ['trækslɪp] n. (履带的)打滑

trackwalker ['træk,wɔ:kə] n. 铁道护路员

trackway ['trækweɪ] n. 轨道

tract [trækt] n. ①束,管 ②专论,论文,小册子 ③一片(土地),广阔地质面,地区域 ④长时间 ☆ *tract of sand* 一片沙地

tractability [,træktə'bɪlətɪ] n. 易处理〔加工,控制〕

tractable ['træktəbl] a. 易处理〔加工,控制〕的

tractate ['trækteɪt] n. (专题)论文,短文,小册子

traction ['trækʃən] n.【物】①拉力,拉应力,附着〔摩擦〕力,吸引力,魅力 ②公共运输事业 ‖ ~al a.

tractive ['træktɪv] a. 牵引的

tractometer [træk'tɒmɪtə] n. 测力计,工作测定表

tractor ['træktə] n. 拖拉机,牵引器,导出矢量

tractorization [træk,tərai'zeɪʃən] n. 拖拉机化

tractor-truck ['træktətrʌk] n. 牵引车

tractory ['træktərɪ] n.【数】曳物线

tractrix ['træktrɪks] n.【数】曳物线,等切面曲线

trade [treɪd] ❶ n. ①贸易,生意,买卖 ②职〔行〕业 ③商〔贸〕信风,贸易风 ④主顾 ❷ v. ①从事贸易,经商 ②做交易 ③购物 ❸ a. 商业的,某一行业的,工会的 ☆ *be in the trade* 是专行家; *be in trade* 做买卖,开铺子; *by trade* 职业是; *trade away* 卖掉; *trade in ...* 经营(…业),用(旧东西)折价(换新的); *trade in A for (on) B* 用A作价购买B; *trade in A with B* 与B进行A方面的贸易; *trade off* 交替使用,折中选择; *trade on (upon)* (为自私的目的)利用; *trade out* 出卖; *trade to* 到…进行贸易; *trade up* (劝…)买更高价的东西; *trade up ... in ...* 使…得到…的训练,使…熟悉…

〖用法〗在科技文中,常常见到"trade (off) A for B",意为"用A来换取B"。如:We may wish to trade increased system complexity for a reduced channel bandwidth. 我们可能希望以增加系统的复杂程度来换取降低信道的带宽。/Only frequency modulation offers the capability to trade off transmission bandwith for improved noise performance. 只有频率调制才能以(缩小)发射带宽来换取提高噪声性能。

trade-in ['treɪdɪn] ❶ n. 折价(物) ❷ a. 折价的

trade(-)mark ['treɪdmɑːk] ❶ n. 商标,标志,品种 ❷ v. 作为商标,给…标上商标

trade-name ['treɪdneɪm] n. 商品名称,商号,店名

trade-off ['treɪdɒf] n. ①调整,协调,适应 ②换位 ③折中(办法,方案),权衡 ④牺牲 ⑤(物物)交换,交易

trader ['treɪdə] n. 商人〔船〕,贸易者

tradescantia [,trædɪs'kænʃɪə] n.【植】鸭跖草的一种

tradesman ['treɪdzmən] n. ①商人 ②手工工人

tradespeople ['treɪdzpiːpl] n. 商人,商界

tradition [trə'dɪʃən] n. ①传统,惯例 ②传说,口碑

traditional [trə'dɪʃənəl] a. 传统的,惯例的,传说的 ‖ ~ly ad.

traditionalistic [trə,dɪʃənə'lɪstɪk] *a.* 因循守旧的

traduce [trə'dju:s] *vt.* 诽谤,违反 ‖ ~ment *n.*

traducer [trə'dju:sə] *n.* 诽谤者

traffic ['træfɪk]❶ *n.* ①交通,通行,交往 ②运输,运务 ③通信(量),电信,业〔话,报〕务 ④交通〔运输〕量 ⑤(trafficked; trafficking) *v.* ①开放交通 ②(用…作)交易,买卖,用…进行交换,做非法买卖 ☆*be open to (for) traffic* 通车,开放; *direct (through) traffic* 联运,直达交通

trafficable ['træfɪkəbl] *a.* 可通过的

traffic-actuated ['træfɪk'æktʃʊ,eɪtɪd] *a.* 车动的

trafficator ['træfɪkeɪtə] *n.* (汽车的)转向指示器

trafficker ['træfɪkə] *n.* 捐客,奸商

traffic-free ['træfɪkfri:] *a.* 没有汽车(来往,干扰)的,无通信的

traffick ['træfɪk] *v.* 开放交通

trafficked ['træfɪkt] *a.* 行车的

trafficless ['træfɪklɪs] = traffic-free

trafficway ['træfɪkweɪ] *n.* 道路,公路

tragacanth ['trægəkænθ] *n.* 【化】黄蓍胶

Tragantine ['trægənti:n] *n.* 可溶性淀粉

tragedy ['trædʒɪdɪ] *n.* 悲剧,灾难,不幸 ‖ **tragic(al)** *a.*

trail [treɪl]❶ *n.* ①尾(部),后缘,拖曳物 ②痕(尾,余,足)迹,线索 ③连〔牵引〕杆 ④小径 ⑤一系列 ⑥(暴风雨)余波 ⑦遍遍人 ❷ *v.* ①拖,曳 ②追踪,踏成路 ③落后(于),蔓延 ④减弱(off, away) ☆ *(be) on the trail of* 跟踪追赶; *in trail* 成一列纵队; *off the trail* 失去踪迹,出轨,离题 〖用法〗注意下面例句中该词的含义:In this case, the time-domain description of the signal will trail on indefinitely. 在这种情况下,对信号的时域描述将会无限地进行下去。

trail-behind ['treɪlbɪ'haɪnd] *a.* 牵引式的

trailblazer ['treɪl,bleɪzə], **trailbreaker** ['treɪl,breɪkə] *n.* 领路人,开拓者,路径导向机

trailblazing ['treɪl,bleɪzɪŋ] ❶ *n.* 开拓,创办 ❷ *a.* 开路的,指导的

trailbuilder ['treɪl,bɪldə] *n.* 【机】拖挂式筑路机械

trailer ['treɪlə]❶ *n.* ①拖车,拖曳者〔物〕②尾部,影片的末尾,电影预告片,(pl.)篇身片 ③爬地野草 ❷ *v.* 用拖车运

trailing ['treɪlɪŋ]❶ *n.* 拖尾,(舵,螺旋桨的)自由转动 ❷ *a.* 牵引(式)的,曳尾的,尾随的,从动的

train [treɪn]❶ *n.* ①火车 ②连续(性),导火线 ③(齿,传动)轮系 ④系(序,队,波)列 ⑤后拖物,拖裙 ⑥挂有拖车的牵引车,车队 ⑦随行人员 ⑧后果 ❷ *v.* ①训〔锻,教〕练,驯养,培养 ②把…对准 ③拖,排成序列,导流 ④引诱,吸引(away) ⑤乘火车旅行 ☆ *a train of* 一(系)列,一(连)串; *by train* 坐火车; *follow in the train of …* 随着…而发生; *in (good) train* 准备妥当(就绪); *in the train of* 接着; *it brings many evils in its train* 这带来了许多祸患; *take a train to* 乘火车去; *train it* 坐火车去; *train off* 没打中; *train … on (upon)* 把…瞄准; *train up* 训练,培养

trainable ['treɪnəbl] *a.* 可训练〔锻炼〕的,可按序排列的

trainee [treɪ'ni:] *n.* 学员,受训练人

trainer ['treɪnə] *n.* ①教练员,训练人 ②教练机,教练设备,数字逻辑演算装置 ③瞄准手

train-ferry ['treɪnˌferɪ] *n.* 列车轮渡,列车渡轮

training ['treɪnɪŋ] *n.* 培养,锻炼,训练,整枝法 ☆*go into training* 从事锻炼,开始练习

trainshed ['treɪnʃed] *n.* 列车棚

trait [treɪt] *n.* ①特性,品质 ②一笔〔画,触〕 ☆*a trait of* 一点点

traitor ['treɪtə] *n.* 叛徒,卖国贼

traitorism ['treɪtərɪzəm] *n.* 卖国主义,叛变行为

traitorous ['treɪtərəs] *a.* 叛徒(变)的,卖国(贼)的 ‖ ~ly *ad.*

trajectile [trə'dʒektaɪl] *n.* 被抛射物

trajection [trə'dʒekʃən] *n.* 穿行

trajectory ['trædʒɪktərɪ] *n.* 弹道,轨(径)迹,【数】轨线线,抛射线,路径,航线

tram [træm] *n.* ①有轨电车(道),煤〔吊〕车 ②椭圆规 ❷ (trammed; tramming) *v.* ①用电〔煤,吊〕车运输,乘〔开,调度〕电车 ②用量规量

trama ['træmə] *n.* 【生】菌髓

tramcar ['træmkɑ:] *n.* (有轨)电车,煤〔矿〕车

tramegger ['træmegə] *n.* 【电子】高阻表

tramline ['træmlaɪn] *n.* 有轨电车路线

trammel ['træməl]❶ *n.* ①椭圆规规,(椭圆)量规,地质规 ②马桔;(pl.)拘束,束缚,阻碍物 ❷ (trammel(l) ed; trammel(l) ing) *v.* 用量规量〔调整〕,束缚,妨害

tramp [træmp]❶ *n.* ①错配物,【数】偶入物 ②假异常 ③颠簸,漂移 ④不定期货船 ⑤步行(者),徒步 ❷ *v.* 步行,徒步旅行,践踏,不定期运输

tramper ['træmpə] *n.* 【建】夯实器,不定期船

trample ['træmpl] *v.* ,。践踏,蹂躏(on, upon, over)

trampolin(e) ['træmpəlɪn] *n.* 蹦床

tramrail ['træmreɪl] *n.* (矿车)轨道,索道

tramway ['træmweɪ] *n.* ①有轨电车(路线) ②吊车索道,矿车轨道

tranquil ['træŋkwɪl] *a.* 平静的,平稳的 ‖ **tranquil(l)ity** *n.* **~ly** *ad.*

tranquillization [,træŋkwɪlaɪ'zeɪʃən] *n.* 静息,平稳化

tranquil(l)ize ['træŋkwɪlaɪz] *v.* (使)平静,(使)镇定

tranquil(l)izer ['træŋkwɪlaɪzə] *n.* 【医】镇静剂,【机】增稳装置

transacetalation [,trænzə,setə'leɪʃən] *n.* 【化】缩醛(链)转移作用

transacetylase [,trænzə'setɪleɪs] *n.* 【生化】转乙酰酶

transacetylation ['trænzə,setɪ'leɪʃən] *n.* 【生】转乙酰作用

transact [træn'zækt] *v.* ①办理 ②谈判 ③在原则上让步,进行调和折中

transaction [træn'zækʃən] *n.* ①处理,交易 ②,业

务（往来），（一笔）交易 ③(pl.)会报〔刊〕,论文集,学术会议录,议事录

transactor [træn'zæktə] n. 询答装置,输入站

transacylation [træn,səsɪ'leɪʃən] n.【生化】转酰基作用

transad ['trænzəd] n.【生】隔离种

trans-addition [,trænsə'dɪʃən] n.【化】反式加成（作用）

transadmittance [,trænsəd'mɪtəns] n.【电子】跨(互)导纳

transaldimination ['trænzæl,dɪmɪ'neɪʃən] n.【化】转醛亚胺作用

transaldolase [trænz'ældəleɪs] n.【医】转醛醇酶

transalkylation [trænz,ælkɪ'leɪʃən] n.【化】烷基交换作用

transamidase [træn'zæmɪ,deɪs] n.【生】转酰胺基酶

transamidation [træn,zæmɪ'deɪʃən] n.【生】转酰胺基作用

transamidinase [træn'zæmɪdɪ,neɪs] n.【医】转脒基酶

transaminase [træns'æmɪneɪs] n.【生化】转胺(基)酶

transamination [træns,æmɪ'neɪʃən] n.【化】转胺(基)作用

transannular [træn'sænjulə] a. 跨环的

transastronomical [træns,æstrə'nɒmɪkəl] a. 大于天文数字的

transatlantic [,trænzət'læntɪk]❶ a. ①大西洋彼岸的,横渡大西洋的 ②美国〔洲〕的 ❷ n. 美国〔洲〕人,大西洋那边的人(或物),横渡大西洋的轮船

transaudient [træn'sɔ:dɪənt] a. 传声的

transbeam [træns'bi:m] n.【建】横梁

transborder [træns'bɔ:də] a. 位于国境外的,（位于国境）交界处的

transcarbamylase [,trænskɑ:'bæmɪleɪs] n.【生化】转氨甲酰酶

transceiver [træn'si:və] n.【无】收发报机

transceiving [træn'si:vɪŋ] n.【无】无线电通信

transcellular [træn'seljulə] a.【医】跨细胞的

transcend [træn'send] v. 超越,胜过,凌驾,贯通

transcendence [træn'sendəns], **transcendency** [træn'sendənsɪ] n. 超越(性),卓越

transcendent [træn'sendənt] ❶ a. 卓越的,出类拔萃的 ❷ n. 卓越的人〔物〕

transcendental [,trænsen'dentəl] a. ①先验(论)的,超自然的 ②超越(函数)的 ③超常的 ④抽象的,含糊的,难解的 ‖ **-ly** ad.

transcendentalism [,trænsen'dentəlɪzəm] n.【哲】先验论

transcode ['trænskəud] n. (自动)译码(系统)

transcoder [træns'kəudə] n.【通信】代码转换机,译码器

transcompound [træns'kɒmpaund] n.【化】反式化合物

transcomputational [træns,kəmpju'teɪʃnəl] a. 超越计算的

transconductance [,trænzkən'dʌktəns] n.【电子】(静)互导,跨导,电导斜度,跨导特性曲线

transconfiguration [træns,kənfɪgjuə'reɪʃən] n.【化】反式结构

transcontinental ['trænz,kɒntɪ'nentəl] a. 横贯大陆的,在大陆另一头的

trans-corporation [træns,kɔ:pə'reɪʃən] n. 跨国公司

transcortin [træns'kɔ:tɪn] n.【生化】皮质激素传递蛋白

transcribe [træns'kraɪb] vt. ①抄〔誊,转〕写 ②记录,把…改录成另一种形式 ③(意)译,把…译成文字 ④用打字机打出 ⑤预(先)录制 ⑥转换,改编

transcriber [træns'kraɪbə] n. ①抄录器,复制装置 ②抄写者

transcript ['trænskrɪpt] n. ①抄本,转录本 ②(逐年或逐学期)各科成绩及考试成绩;成绩单

transcriptase [træns'krɪpteɪs] n.【生化】转录酶

transcription [træns'krɪpʃən] n. ①抄录,誊写,转录(作用),灌片 ②抄本,摹本,用某种符号写成的东西 ③(速记,记录等的)翻译,按速记稿在打字机上打出文字 ④改编,乐曲的改作 ⑤(广播用)唱片,磁带 ‖ **-al** 或 **transcriptive** a.

transcripton [træns'krɪptɒn] n.【医】转录子

transcrystalline [træns'krɪstəlaɪn] n.；a. 跨晶粒(的),横晶的

transcrystallization [træns,krɪstəlaɪ'zeɪʃən] n.【化】横穿结晶(作用),穿晶现象

transcurium [træns'kjuːrɪəm] a. 超锔(元素)的

transcurrent [træns'kʌrənt] a. 横过的,横向电流〔流动〕的

trans-donor [træns'dəunə] n. 反施主

transduce [trænz'dju:s] v. 转换,传感

transducer [trænz'dju:sə] n.【电子】①传感器,传送器,发射器 ②变换器,换能〔流〕器,变流〔频〕器 ③传送系统 ④(超声波的)振子,转导物 ⑤【计】转换程序

〖用法〗 注意下面例句中含有该词的名词短语处于句首作主语的同位语及其汉译法：An electroacoustic transducer, the loudspeaker converts audio-frequency power into acoustic power. 扬声器是一种电声传感器,它把音频能量转换成声能。

transductant [trænz'dʌktənt] n.【生】转导子(体)

transduction [træns'dʌkʃən] n.【生】转导(作用)

transductor [trænz'dʌktə] n.【电子】饱和电抗器,磁放大器

transect [træn'sekt] vt. 横切〔断〕

transection [træn'sekʃən] n.【医】横切,横断面

trans-effect [trænsɪ'fekt] n.【化】(络合物化学)反位效应

transelectron [,trænsɪ'lektrɒn] n.【电子】飞越电子

trans-elimination [trænsɪ,lɪmɪ'neɪʃən] n.【医】

T

反式消法

trans-empirical [ˌtrænsem'pɪrɪkəl] *a.* 超经验的

transesterification ['trænsəsˌterəfɪ'keɪʃən] *n.* 【化】转酯(基)作用

transet ['trænset] *n.* 【电子】动圈式电子控制仪

transfectant [træns'fektənt] *n.* 【生】转染子

transfection [træns'fekʃən] *n.* 【生】转染,通过病毒核酸的感染

transfer ❶ ['trænsfɜ:] *n.* 转让,转移;传递;过户 ❷ [træns'fɜ:] (transferred; transferring) *v.* ①传递,输送;换车〔船〕 ②转移,变换,位移,转让,搬〔转〕运,调任 ③进位 ④翻译,(数据的)记录与读出 ⑤汇兑〔划〕,电汇,过户〔凭单〕 ☆ *be transferred to* 被调到; *transfer ... from A to B* (把…)从 A 调到〔传递到,转换成〕B; *transfer A into B* 把 A 转化成 B; *transfer A onto B* 把 A 复制到〔转录到〕B 上; *transfer A to B* 把 A 转换为〔转移到〕B 〖用法〗"the transfer of A to B"意为"把 A 转移到〔传递到〕B"。如:The transfer of information to engineering is accompanied by a transfer of approaches and tools. 把信息传递给工程伴随了方法和工具的传递。

transferable [træns'fɜ:rəbəl] *a.* ①可转移的,可传递的,可搬运的 ②可转让的,可变换的 ‖ **transferability** *n.*

transferase ['trænsfəreɪs] *n.* 【生】转移酶

transferee [ˌtrænsfɜ:'ri:] *n.* 【经】受让人

transference ['trænsfərəns] *n.* ①转移,转让,调动 ②传递,输电,搬运,交付

transfer-matic [ˌtrænsfɜ:'mætɪk] *n.* 【电子】自动传输(线)

transferometer [ˌtrænsfə'rɒmɪtə] *n.* 【电子】传递函数计

transferor [træns'fɜ:rə] *n.* 【经】转让人

transferpump [ˌtrænsfɜ:'pʌmp] *n.* 【机】输送泵

transferrer [træns'fɜ:rə] *n.* 转移者

transferrin [træns'ferɪn] *n.* 【医】铁传递蛋白

transfigure [træns'fɪɡə] *vt.* (使)变形,(使)改观,美化,理想化 ‖ **transfiguration** *n.*

transfinite [træns'faɪnaɪt] *a.* 无限的,超穷的

transfix [træns'fɪks] *vt.* 刺〔贯〕穿,钉住 ‖ ~ion *n.*

transfluence ['træns,flu:əns] *n.* 【地质】溢出

transfluxor, transfluxer [træns'flʌksə] *n.* 【电子】多孔磁心,多孔磁心存储〔转换〕器

transfocator [træns'fəʊkətə] *n.* 【摄】变焦距附加镜头

transform [træns'fɔ:m] *v.;n.* ①变换,改变,换算,改造 ②象函数,变换式,反式,反式(立体)异构体 ☆ *transform ... from A into B* (把)从 A 变成 B 〖用法〗❶该名词后跟"of"或"for"均可。如:The Laplace transform of (for) an exponentially decaying sine wave is given by Eq (2). 式(2)给出了按指数衰减的正弦波的拉氏变换。❷ "transform A into (to) B"意为"把 A 转变为 B"。

如:AC can be transformed into DC. 交流电可以被转变成直流电。

transformability [træns,fɔ:mə'bɪlətɪ] *n.* 【机】可变换性

transformant [træns'fɔ:mənt] *n.* 【生】转化体

transformation [ˌtrænsfə'meɪʃən] *n.* 变(转)换,改变(造),重排(作用),句型转换,改写,换算,蜕〔衰〕变 ‖ **-al** *a.* 〖用法〗❶该词与动词"make"搭配使用。如:To see how this transformation is made, refer to the original equation and rewrite it as $x = e^y$. 为了明白如何进行这一变换,(我们)参考上原方程并把它重新写成 $x = e^y$。/The Fourier transformations will be made in what follows. 下面我们将进行傅氏变换。❷ 注意搭配模式"the transformation of A to (into) B",意为"把 A 变换成 B"。如:The energy radiated by the sun is due to the continuous transformations of hydrogen into helium in its interior. 太阳辐射的能量是由于在其内部连续地把氢转变成氦所引起的。

transformative [træns'fɔ:mətɪv] *a.* 有改革能力的,起改造作用的

transformator [træns'fɔ:meɪtə] *n.* 【电子】变换器,变压器

transformer [træns'fɔ:mə] *n.* 变压器,变换器,转换基因 〖用法〗注意下面例句的含义:A transformer is a device based upon this effect which is used to change the voltage in an ac circuit from one value to another. 变压器是基于这一效应的一种设备,它用来把交流电路中的电压从一个值转变成另一个值。("which is used to"这一定语从句是修饰"a device"的)

transformerless [træns'fɔ:məlɪs] *a.* 无变压器的

transformiminase [ˌtrænsfɔ:'mɪmɪneɪs] *n.* 【化】亚氨甲基转移酶

transformism [træns'fɔ:mɪzəm] *n.* 【生】种族变化论

transformylase [træns'fɔ:mɪleɪs] *n.* 【生】转甲酰酶

trans-frontal [træns'frʌntəl] *a.* 穿锋的

transfrontier [træns'frʌntjə] *a.* 在国境外的

transfuse [træns'fju:z] *vt.* 倾注,灌输,渗透,输血(液) ‖ **transfusion** *n.* **transfusive** *a.*

transgenation [ˌtrænsdʒɪ'neɪʃən] *n.* 【生】基因突变

transgenome [træns'dʒi:nəʊm] *n.* 【生】转移基因组

transglucosidase [ˌtrænsglu:'kəʊsɪdeɪs] *n.* 【生】转葡糖苷酶

transglucosylase [ˌtrænsglu:'kəʊsɪleɪs] *n.* 【医】转葡糖基酶

transglycosidase [træns'glaɪkəʊsɪdeɪs] *n.* 【生】转糖苷酶

transglycosidation [ˌtræns,glaɪkəsɪ'deɪʃən] *n.*

T

【医】转糖苷作用

transglycosylation [træns,glaɪkəsɪ'leɪʃən] *n.*
【医】转糖苷〔基〕作用

transgranular [træns'grænjulə] *n.* 穿〔横〕晶的

transgress [træns'gres] *v.* 越过〔界〕,违背,违法

transgression [træns'greʃən] *n.* 超度,【地质】
海侵,海进,违犯 ‖ **transgressive** *a.*

transhydrogenase [træns'haɪdrəudʒəneɪs] *n.*
【生化】转氢酶

transhydroxymethylase ['trænshaɪ,drəuksɪ-
'meθɪleɪs] *n.* 【化】转羟甲基酶

transience ['trænzɪəns] ,**transiency** ['trænzɪənsɪ]
n. 暂时性,暂〔瞬〕态,瞬变现象

transient ['trænzɪənt]❶ *a.* 短暂的,不稳定的,瞬态
的,过渡的,【音】经过的 ❷ *n.* 瞬态,暂态,瞬变,过
渡,瞬变〔暂态〕值,暂时性的东西,候鸟

transient-free ['trænzɪəntfri:] *a.* 稳定的,无瞬变
过程的

transillumination ['trænzɪ,lju:mɪ'neɪʃən] *n.* 【生】
透射(法),穿透照明,燃烛法,透明法

transilog ['trænsɪlɒg] *n.* 【电子】晶体管逻辑电路

transim ['trænsɪm] *n.* 【电子】船用卫星导航装置

transimpedance [,trænsɪm'pi:dəns] *n.* 【电子】
互〔跨〕阻抗

transinformation [træns,ɪnfə'meɪʃən] *n.* 【计】
互传〔传递,转移〕信息

trans-interchange [træns,ɪntə'tʃeɪndʒ] *n.* 反位
转移基团

transire [træn'zaɪər] (拉丁语) *n.* (海关发出的)货
物准行单

trans-isomer(ide) [træns'aɪsəumə(raɪd)] *n.*
【化】反式(立体)异构体

trans-isomerism [trænsɪ'sɒmərɪzəm] *n.* 【化】
反式异构(现象)

transistance [træn'sɪstəns] *n.* 【电子】晶体管作
用〔效应〕,跨阻抗作用

transistor [træn'sɪstə] *n.* 【电子】晶体(三极)管,
半导体(三极)管

transistored [træn'sɪstəd] *a.* 晶体管(化,装配成)的

transistorize,transistorise [træn'sɪstəraɪz] *v.*
(使)晶体管化,装晶体管于 ‖ **transistorization**
或 **transistorisation** *n.*

transistorized [træn'sɪstəraɪzd] *a.* 晶体管化的

transistor-like [træn'sɪstəlaɪk] *a.* 类晶体管的

transit ['trænsɪt] *n.;v.* ①运输,转口,过境,公共交通
系统 ②通过,通行,飞越 ③转发,跃迁 ④【天】中
天,凌日 ⑤中星仪,经纬仪 ⑥中转候机室等 ☆ *in
transit* 在运输中

transit-circle ['trænsɪtsə:kl] *n.* 【天】子午环

transite ['trænsaɪt] *n.* 【建】石棉水泥板

transiter ['trænsɪtə] *n.* 中天记录器

transition [træn'sɪʃən] *n.* ①转变〔换,移〕,相变,
过渡(时期),跃迁 ②(发动机推力)渐增(至额定
值) ③渐变段 ④临界点,转折(点) ⑤平移 ⑥
(两异径管间的)转换导管

〖用法〗❶ 该词与介词 to 搭配使用。如:If you are
already familiar with C or C++, the transition to
Java will be smooth. 如果你已经熟悉了 C 语言或
C++语言,则转换到 Java 语言就会很顺利。❷ 该
词可与动词 make 连用。如:These worked-out
problems show how the transition between abstract
principles and numerical results is made in a variety
of situations. 这些例题显示了在各种情况下如何
进行抽象的原理与数字结果之间的转换。

transitional [træn'sɪʃənəl] *a.* 跃进〔迁〕的,变迁
的,过渡的,瞬息的,平移的 ‖ *~ly ad.*

transition-metal [træn'sɪʃənmetəl] *n.* 过渡金属

transitive ['trænsɪtɪv]❶ *a.* 传递的,可迁的,过渡的
❷ *n.* 传递 ‖ *~ly ad.*

transitivity [,trænsɪ'tɪvɪtɪ] *n.* 【语】传递〔转换〕性

transitman ['trænsɪtmən] *n.* 【测绘】 经纬仪测
量员

transit-mix(ed) ['trænsɪtmɪks(t)] *a.* 运送拌和
(的)

transitory ['trænsɪtərɪ] *a.* 暂时的,瞬息的,过渡
的 ‖ **transitorily** *ad.*

transitrol ['trænsɪtrol] *n.* 【电子】自动校频管

transitron ['trænsɪtron] *n.* 【电子】负互〔跨〕导管

transketolase [træns'ki:təuleɪs] *n.* ❶【生】转羟
乙醛酶,转酮醇酶

translatable [træns'leɪtəbl] *a.* 能译的

translate [træns'leɪt] *v.* ①(翻)译,解释 ②(使)平
移 ③转移〔播,发〕,中继 ④转化,变换 ☆ *be
translated from* 译自…; *kindly translate* 请简
单明了地说明你的意思; *translate ... into ...*
把…译为〔转换成〕…

〖用法〗该词可以用作名词。如:In this way, we readily
find that the minimizing translate is a min = E[s]. 这
样,我们容易地发现使达到最小的转换是 a min = E [s]。

translation [træns'leɪʃən] *n.* ①(翻)译,译文〔码〕,
解释,变换,换算 ②平移 ③调动〔换,任〕 ④转播
〔发〕,(电报)自动转拍 ☆ *translation of ...
(from A) into B* (从 A)译成〔转化为〕B

translational [træns'leɪʃənəl] *a.* 平移的

translationese [træns,leɪʃə'ni:z] *n.* 翻译术语

translation-free [træns'leɪʃənfri:] *a.* 无平移的

translation-invariant [træns'leɪʃənɪn'veərɪənt]
a. 平移不变的

translative [træns'leɪtɪv] *a.* 转移的,翻译的

translator [træns'leɪtə] *n.* ①(翻)译者 ②译码器
(机),翻译机,译码〔翻译〕程序 ③转发〔转换,
传送〕器,换算码

translatory ['trænslətərɪ] *a.* 平移的

translauncher [træns'lɔ:ntʃə] *n.* 【电子】转移发
射装置

transless ['trænslɪs] *n.;a.* 无变压器(的),无变量器
(的)

transliterate [trænz'lɪtəreɪt] *vt.* (按字母)直译,
译音 ‖ **transliteration** *n.*

translocate [træns'ləukeɪt] *v.* 移位,改变位置

translocation [ˌtrænsləʊˈkeɪʃ ən] *n.* 改变位置,易位,运输

translocator [ˌtrænsləʊˈkeɪtə] *n.* 【生】转位分子

translucence [trænzˈljuːsəns], **translucency** [trænzˈljuːsənsɪ] *n.* 【医】半透明(性,度),半透彻(性,度)

translucent [trænzˈljuːsənt], **translucid** [trænz-ˈljuːsɪd] *a.* (半)透明的,半透彻的

translucidus [trænzˈljuːsɪdəs] *n.* 透光(云)

translunar [trænzˈljuːnə] *a.* 超越月球(轨道)的,月球轨道外的

transmarine [ˌtrænsməˈriːn] *a.* ①(来自,生在)海外的,在海外发现的 ②横穿过海的

transmenbrane [trænsˈmenbreɪn] *a.* 横跨膜的

transmercuration [trænsˌmɜːkjuˈreɪʃ ən] *n.* 【化】汞化转移作用

trans-metallation [trænsˌmetəˈleɪʃ ən] *n.* 【生】金属转移作用

transmethylase [trænsˈmeθɪleɪs] *n.* 【医】转甲基酶

transmethylation [trænsˌmeθɪˈleɪʃ ən] *n.* 【化】转甲基作用

transmigrant [ˈtrænzmaɪgrənt] *a.;n.* 移居的,移民

transmigrate [ˈtrænzmaɪgreɪt] *vi.* 移居

transmigration [ˌtrænsmaɪˈgreɪʃ ən] *n.* 移居,反式迁移(作用)

transmigrator [ˌtrænzmaɪˈgreɪtə] *n.* 移居者,移民

transmissibility [trænzˌmɪsəˈbɪlətɪ] *n.* 可传(透)性,传播(染)性,透过率,传输率

transmissible [trænzˈmɪsəbl] *a.* 能传送(导)的,可传动(递)的,能透射的,可播送的,可传染的

transmission [trænzˈmɪʃ ən] *n.* ①传送(播,输,导),发射,播送,透射,输电,透明度 ②传动(装置,系),变速(器,箱),联动机件 ③遗传,传染 〖用法〗该词可以与动词 make 或 do 搭配使用。如:In a half-duplex link, data transmission over the link can be made in either direction but not simultaneously. 在半双工线路中,可以在两个方向的任意一个方向上但不能同时在两个方向上在该线路中进行数据传输。/Suppose that coherent binary phase-shift keying is used to do the data transmission. 假设利用相干二进制相移键控来进行数据传输。

transmissive [trænzˈmɪsɪv] *a.* (能)传送(导)的,(能)透射的,(可)发射的

transmissivity [ˌtrænzmɪˈsɪvɪtɪ] *n.* 【物】透射率,过渡(传输)系数,透射性,透光度,通过能力

transmissometer [ˌtrænzmɪˈsɒmɪtə] *n.* 【测绘】大气透射计,混浊度仪

transmit [trænzˈmɪt] (transmitted; transmitting) *v.* 传送(达,播,输,导),送(货等),发射,播送信号,透射,透光,使透过;传输 〖用法〗该词现在往往可用作名词,它还可以作前置定语。如:A single antenna is used for both transmit and receive. 一根天线可同时用于发射和

接收。/In this case transceiver A is operated in the transmit condition. 在这种情况下,收发报机 A 工作在发射状态。

transmit-receive [trænzˈmɪtrɪˈsiːv] *a.* 收发(两用)的

transmittal [trænzˈmɪtəl] = transmission

transmittance [trænzˈmɪtəns], **transmittancy** [trænzˈmɪtənsɪ] = transmissivity

transmitter [trænzˈmɪtə] *n.* 【电子】①发射机,传送机 ②传感器 ③送话器 ④传送(播)者,传导物(质)

transmittivity [ˌtrænzmɪˈtɪvətɪ] *n.* 【电子】透射率

transmityper [ˌtrænzmɪˈtaɪpə] *n.* 【电子】导航(光电)信号发送机

transmodulation [ˌtrænzˌmɒdjuˈleɪʃ ən] *n.* 【电子】交叉(交扰)调制

transmodulator [ˌtrænzˈmɒdjuleɪtə] *n.* 【电子】横贯调节器,交叉调制器

transmogrify [trænzˈmɒɡrɪfaɪ] *vt.* 使完全变形 ‖ **transmogrification** *n.*

transmutable [trænzˈmjuːtəbl] *a.* 能变形(质)的,可改变的,可蜕化的

transmutation [ˌtrænzmjuːˈteɪʃ ən] *n.* 【生】转变(换),蜕变,交换,所有权的让与(转移)

transmutative [trænzˈmjuːtətɪv] *a.* 变形(质)的

transmute [trænzˈmjuːt] *v.* 蜕变,变成,(使)变形(质)

transnational [trænzˈnæʃnl] *a.* 跨国的,超越国界的

transnatural [trænzˈnætʃ ərəl] *a.* 超自然的

transnormal [trænzˈnɔːməl] *a.* 超常(规)的,异常的

transnucleosidation [ˈtrænsˌnjuːklɪəsaɪˈdeɪʃ ən] *n.* 【生】转核苷作用

transoceanic [ˈtrænzˌəʊʃ ɪˈænɪk] *a.* 越洋的,(横)渡大洋的,远洋的,大洋那边的

transoid [ˈtrænsɔɪd] *a.* 反向的

transom [ˈtrænsəm] *n.* 【建】横(楣,气)窗,横档(梁,材),固定座椅(柜床)

transonic [trænˈsɒnɪk] *a.* 超声(速)的

transonics [trænˈsɒnɪks] *n.* 【航】跨音速学,跨音(声)速流

transonogram [trænˈsɒnəɡræm] *n.* 【医】超声透射图

transosonde [ˌtrænsəˈsɒnd] *n.* 【气】平移探空仪

transpacific [ˌtrænspəˈsɪfɪk] *a.* 在太平洋那边的,横渡太平洋的

transparence [trænsˈpeərəns] *n.* 透明(性,度)透光度

transparency [trænsˈpeərənsɪ] *n.* ①透明物体,透明的软片,幻灯片 ②透明(性,度),浊度,明晰度 ③简明,明了

transparent [trænsˈpeərənt] *a.* ①透明的,清澈的,半透明的 ②可穿透的 ③明显(白,了)的,显而易见的 ‖ **~ly** *ad.* **~ness** *n.*

〖用法〗" It is transparent that = Transparently ",意

为"显然,很明显"(它要比"It is clear (obvious; evident; apparent) that"少见得多)。

transpassivation [træns,pæsɪ'veɪʃən] n. 【冶】过钝化

transpassivity [,trænspæ'sɪvɪtɪ] n. 【物】过钝态,超钝性

transpeptidation [træns,peptɪ'deɪʃən] n. 【生化】转肽作用

transpersonal [træs'pɜːsənəl] a. 非(超越)个人的

transphosphorylase [,trænsfɒs'fɔːrɪleɪs] n. 【化】转磷酸酶

transphorylation [træns,fɒrɪ'leɪʃən] n. 【化】转磷酸作用

transpierce [træns'pɪəs] vt. 刺穿

transpire [træns'paɪə] v. ①蒸发(腾),汽化 ②泄露,发生 ③排出,流逸 ☆*it transpired that ...* 结果(弄清楚)是 ‖ **transpiration** n.

transpirometer [,trænspɪ'rɒmɪtə] n. 【植】蒸腾计

transplanetary [træns'plænɪtərɪ] a. 超行星的

transplant [træns'plɑːnt] v.;n. ①移栽(植,种),插秧 ②迁移,移居 ③被移植物,移居者 ‖ **transplantation** n.

transplanter [træns'plɑːntə] n. 移栽(栽植,插秧)机

transplutonium [træns'pluːtəʊnɪəm] a. ; n. 【化】超钚(的,元素)

transpolar [træns'pəʊlə] a. 跨(北)极的

transpolyisoprene ['træns,pɒlɪ'aɪsəʊpriːn] n. 【化】反式聚甲基丁二烯

transpond [træns'pɒnd] v. 转发

transponder [træns'pɒndə] n. 【电子】发送(机)-应答器,应答器,询问机,脉冲收发(两用)机,(脉冲式)转发器

transpontine [trænz'pɒntaɪn] a. 在桥那边的

transport ❶ [træns'pɔːt] vt. 运输;流放;使狂喜 ❷ ['trænspɔːt]n. ①运输,输送,迁移,转(搬)运 ②运输船(机,工具,装置),走带(拖带)机构

transportability ['træns,pɔːtə'bɪlətɪ] n. 可运输性,输送能力,(程序的)转用能力,可移植性

transportable [træns'pɔːtəbl] a. 可运输的,可传送的,可迁移的

transportation [,trænspɔː'teɪʃən] n. ①运输,输送,转运,转移 ②运费,运输工具 ☆ *transportation in assembled state* 配套运输

transporter [træns'pɔːtə] n. 【机】①传送带,输送器,运输机 ②桥式起重机 ③运输工

transporton [træns'pɔːtɒn] n. 【医】运送子

transpose [træns'pəʊz] vt. ①使调换(位置,次序),移位,换位符号 ②【数】移项 ③(进行)更换,代用,置换 ④(线路,导线)交叉,跨接 ⑤变调

transposer [træns'pəʊsə] n. 换位器

transposing [træns'pəʊsɪŋ] n. 置换,代用(品)

transposition [,trænspə'zɪʃən] n. ①互换位置(次序),调换,移位(术),移项,重新配置 ②代用

③ 相交,扭绞,绞合 ④换调

transpositive [træns'pɒzɪtɪv] a. 互换位置的,移项的,置换的

transposon [træns'pəʊsɒn] n. 【生】易位子

transreactance [,trænsrɪ'æktəns] n. 【电子】互阻抗的虚数部分

transrectification ['trænsrek,tɪfɪ'keɪʃən] n. 【电子】交换整流(检波)

transrectifier [trænz'rektɪfaɪə] n. 【电子】电子管检波器

transrector [træns'rektə] n. 【电子】理想整流器

transresistance [,trænsrɪ'zɪstəns] n. 【电子】互阻抗的实数部分

transship [træns'ʃɪp] vt. 驳(转)运,换船,换运输工具 ‖ **transshipment** n.

transsonic [træns'sɒnɪk] a. 【物】超音速的

trans-stereoisomer ['trænsstɪə,rɪəʊ'aɪsəʊmə] n. 【化】反式立体异构体

trans-substitution ['træns,sʌbstɪ'tjuːʃən] n. 互替代

transsuperaerodynamics [trænsjupərəerəʊdaɪ'næmɪks] n. 【航】跨音速和超音速空气动力学

transsusceptance [,trænsʌ'septəns] n. 【电子】互(导)纳的虚数部分

transsynaptic [,trænsɪ'næptɪk] a. 跨突触的

trans-tactic [træns'tæktɪk] n. 【化】有规反式构形

transtage [træn'steɪdʒ] n. 【航】中间级

transtat ['trænstæt] n. 【电子】可调(自耦)变压器

transthorium [træns'θɔːrɪəm] n. 【冶】超钍

Transtrojans [træns'trəʊdʒəns] n. 【天】特洛伊群外小行星

transubstantial [,trænsəb'stænʃəl] a. 组织替换的

transubstantiate [,trænsəb'stænʃɪeɪt] vt. 使变质 ‖ **transubstantiation** n.

transudate ['trænsjudeɪt] n. 【医】渗出液

transudation [,trænsju'deɪʃən] n. 【生】渗漏(物)

transudatory [træn'sjuːdətərɪ] a. 渗出的

transude [træn'sjuːd] v. (使)渗出

transuranic [,trænsju'rænɪk] a. 铀后的,超铀的

transuranide [træns'juərənaɪd] n. 【核】超铀元素

transuranium [,trænsjuə'reɪnjəm] ❶ n. 【核】铀后(超铀)元素 ❷ a. 铀后的,超铀的

transvalue [trænz'væljuː] vt. 重新估计

transvection [trænz'vekʃən] n. 【数】内积,(张量)缩并

transversal [trænz'vɜːsəl] ❶ a. 横的,贯线的 ❷ n. 【数】截线,横断线,正割,贯线,横肌 ‖ *~ly* ad.

transversality [trænzvɜː'sælɪtɪ] n. 【数】横向性,横截性

transverse ['trænzvɜːs] ❶ a. 横的 ❷ n. 横向物,横向构件,横木,横肌,(椭圆)长轴,格坝

transversion [trænz'vɜːʒən] n. 【生】换异(型碱),

颠换

transverter [trænz'vɜːtə] n.【电子】换能〔流〕器,转换器

transveyer ['trænsveɪə] n. 运送机

transwitch [tran'swɪtʃ] n.【机】传送开关,转换开关

trap [træp] ❶ n. ①格栅,闸门,挡板,护罩 ②油〔气〕 ③陷阱,圈套,罗网,夹子,收集器 ④天线阵,陷波器,带阻滤波器 ⑤油桶,捕汞〔水〕器,(汽水)分离器 ⑥凝汽〔防臭〕瓣,曲颈管,虹吸管,弯管液封 ⑦活门 ⑧(pl.)行李,家具,什物 ❷ vt. ①捕获,拦住,收集,吸收,抑制,陷波 ②截集,把…夹在里面 ③使(水与气体)分离 ④安装防汽阀〔凝汽瓣〕于,装活板门于,装存水弯于 ⑤设陷阱,捕捉,使堕入圈套,使陷于困境,使受限制 ☆ **trap … between …** 把…挤〔夹〕在…之内; **trap … in (within)…** 把…关〔密封〕在…里

trapdoor ['træpdɔː] n. 活板门,调节风门,天窗

trapeze [trə'piːz] n.【数】①梯形, 不规则四边形 ②吊架,高秋千

trapezia [trə'piːzjə] trapezium 的复数

trapeziform [trə'piːzɪfɔːm] a. 四边形的

trapezium [trə'piːzjəm] (pl. trapeziums 或 trapezia) n.【数】(英国)梯形,(美国)不规则〔不等边, 不平行〕四边形

trapezohedron [,træpɪzəʊ'hiːdrən] n. 偏方三八面体

trapezoid ['træpɪzɔɪd] n.;a.【数】(英国)不规则四边形(的),(美国)梯形(的) ‖ -al a.

trapper ['træpə] n. 捕捉〔收集陷波〕器

trappings ['træpɪŋz] n. 服饰,外部标志

traprock ['træprɒk] n.【地质】暗色岩

traser [treɪsə] n.【生】颠换

trash [træʃ] ❶ n. 垃圾,残屑,渣滓,无价值的东西,劣货,胡乱行为 ❷ vt. ①除去废料〔物〕,除杂 ②把…视为废物,废弃

trashery ['træʃərɪ] n. 废物,垃圾

trashway ['træʃweɪ] n. 泄污道

trashy ['træʃɪ] a. 垃圾(似)的,没用的,(毫)无价值的 ‖ trashiness n.

trass [træs] n.【矿】火山灰,粗面〔浮石〕凝灰岩

trauma ['trɔːmə] (pl. traumas 或 traumata) n. 外〔创〕伤,伤害

traumatic [trɔː'mætɪk] ❶ a.【医】外〔创〕伤(用,性)的 ❷ n. 外伤药

traumatize ['trɔːmətaɪz] vt. 使受外伤

traumatonasty ['trɔːmətənæstɪ] n.【植】伤感性

trauma(to)taxis ['trɔːmə(tə)tæksɪs] n.【心】趋伤性

trauma(to)tropism ['trɔːmə(tə)trəʊpɪzəm] n.【心】向伤性

travail ['træveɪl] n.;v. ①艰苦(的)努力,辛勤劳动,苦功 ②剧痛,痛苦

travel ['trævl] ❶ (travel(l)ed; travel(l)ing) v. 旅行;行进;步行;交往 ❷ vt. ①旅行,行进,行走〔驶〕 ②行〔冲〕程,路经 ③(光,声)传播 ④移动,输送,迁移 ⑤(pl.)游记 ☆ **travel about** 游动; **travel out of the record** 离开议题; **travel out (to)** 向外传播(到); **travel over** 越过; **travel through** 穿〔透〕过

〖用法〗注意下面例句的含义:Since sound waves are carried by motion of matter, there must be matter around for the waves to travel through. 由于声波是靠物质的运动来传播的,所以在其周围必须存在供声波传播所要通过的物质。("for the waves to travel through"是不定式复合结构作定语,末尾的"through"是不能缺少的,其逻辑宾语是"matter",因为不定式作定语时与被修饰的名词之间一定要存在某种逻辑关系。"around"在此是副词。)

travelable ['trævələbl] a. 可移动的

travel(l)ator ['trævəleɪtə] n. 活动人行道

travel(l)er ['trævələ] n. ①旅行者 ②桥式起重机,行车,移动式脚手架,活动运架机,起重小车 ③导丝钩 ④铁杆上的活动铁环 ☆ **traveller's check** 旅行支票

travel(l)ing ['trævəlɪŋ] ❶ n. 旅行,游历 ❷ a. ①旅行(用)的 ②移〔活〕动的,行进的,传播的

travelog(ue) ['trævəlɒg] n.【商】旅行纪录片

travel-time ['trævəltaɪm] n. 走时

traversable ['trævɜːsəbl] a. 能横过的,可拒绝的,可否认的,可反驳的

traverse ['trævɜːs] ❶ v. ①横过,通过 ②(横向)往返移动,在…上来回移动 ③切割,相交 ④横进给 ⑤详细讨论 ⑥反对,否认 ❷ n. ①横断(物),横梁 ②(测地)导线 ③横动,枪炮水平转动 ④否认,反驳 ❸ a. 横的,曲线的 ❹ ad. 横越地,交叉地

traverser ['trævɜːsə] n. ①横梁,横拉物 ②活动平台 ③(铁路)转盘,转车台 ④转动发射装置 ⑤横过〔通行〕者

traverse-table ['trævɜːsteɪbl] n. ①(铁路)转盘,转车台 ②(测量用)小平台

traversite ['trævəsaɪt] n.【地质】伊丁石

travertin(e) ['trævɜːtɪn] n.【建】石灰华,钙华

trawl [trɔːl] n.;v.【航海】拖网,用拖网捕(鱼)

trawlnet ['trɔːlnet] n.【海洋】拖网

tray [treɪ] n. ①(浅,托)盘,盆,低浅容器 ②垫,托架,底板,浅抽屉 ③发射架〔箱〕 ④退火箱 ⑤ 分馏塔盘 ⑥公文格

trayful ['treɪful] n. 满盘,一盘子

treacherous ['tretʃərəs] a. ①背信弃义的 ②靠不住的,有暗藏危险的 ‖ -ly ad.

treachery ['tretʃərɪ] n. 背叛(行为),背信弃义

treacle ['triːkl] n. 糖浆

treacliness ['triːklɪnɪs] n. 黏(滞)性〔度〕

tread [tred] ❶ (trod, trod(den)) v. 踩,踏,践踏,踩蹦,(鸟)交尾 ❷ n. ①踩踏,踏板,梯面 ②轮距,轮底,车轮踏面,(外,胎)花纹,履带行走部分 ☆ **tread away** 弄错,失败; **tread down** 踏碎,踏灭〔实〕,抑制; **tread in one's (foot) steps** 仿效,步…后尘; **tread lightly (warily)** 小心处理,轻轻地走; **tread on** 践踏; **tread on one's heels**

紧随…之后; **tread on the gas** 踩油门,赶紧;
tread out 踏灭

treadle ['tredl] ❶ n. (脚)踏板,轨道接触器 ❷ v. 踩
踏板

treadlemill ['tredlmɪl] n. 【机】脚踏传动式试验台,
脚踏传动式磨

treadway ['tredweɪ] n. 【体】跳板道

treason ['tri:zən] n. 通敌,叛国罪 ‖ ~able 或 ~ous a.

treasure ['treʒə] ❶ n. 财产,宝贝(藏),贵重物品 ❷
v. 珍藏,珍惜 ☆**treasure up** 珍藏,铭记

treasure-house ['treʒəhaʊs] n. 宝库

treasurer ['treʒərə] n. 【经】会计,司库,出纳员

treasury ['treʒərɪ] n. 【经】宝库,财富,库存,基金

treat [tri:t] ❶ v. ①处理,对待,活(净)化,治疗 ②款
待,请客 ③视为 ④讨论,论述,交涉 ❷ n. 款待,高
兴的事 ☆ **treat about** 谈判; **treat … as …**
把…作为…来处理,把…看做是…; **treat … as
though** 把…看做好像是…; **treat of (upon)**
讨论,论述; **treat A with B** 用 B 处理(对待)A;
treat with … for … 同…商议
〔用法〕注意下面例句中该词的含义:The physician,
treating a joint, must know the mechanical
engineering principles of levers. 医生在治疗关节
时必须懂得杠杆的机械工程原理。/Chapters 2
through 5 treat arithmetic operations, memories, and
input-output devices. 第 2 章到第 5 章讲述算术运
算、寄存器及输入输出设备。

treatability [,tri:tə'bɪlətɪ] n. 可处理度,能治疗性

treatable ['tri:təbl] a. 能处理〔治疗〕的,好对付的

treater ['tri:tə] n. 处理器,处理设备;谈判者

treatise ['tri:tɪz] n. (专题)论文,论说,论文丛集

treatment ['tri:tmənt] n. ①处理,对待 ②选矿,(木
材)浸渍 ③论述,(处理)方法 ④治疗,疗程 ⑤待遇
〔用法〕它表示"论述,处理"时,其前往往加不定
冠词。如:Information theory is a treatment of what
is sent through a communications system rather
than the system itself. 信息论是论述通过通讯系
统发送的信息而不是讲述系统本身的。/A much
more detailed treatment of subject matter in all of
Section 3-7 is available. 整个 3-7 节对主题的论述
详细得多。

treaty ['tri:tɪ] n. ①条约,合同 ②协商,谈判 ☆
conclude a treaty 订立条约; **be in treaty with
A for B** 与 A 谈判 B; **enter into a treaty of A
with B** 和 B 缔结 A 条约

treble ['trebl] ❶ a. ①三倍(重)的 ②高音的 ❷ n.
①【数】三倍;三倍频率 ②【音】高音(部),尖锐
刺耳声 ❸ v. 三倍于,增加二倍

trebler ['treblə] n. 【电子】三倍倍频器

treble-slot ['treblslɒt] a. 三隙缝的

trebly ['treblɪ] a. 三倍(重)

tree [tri:] n. ①树(木),木材 ②树状物,语法树
【数】树(形),【化】树状晶体 ③(pl.)树痕 ☆**at
the top of the tree** 居最高地位; **up a (gum)
tree** 进退两难,处于困境

treedozer ['tri:dəʊzə] n. 伐木机,除根机

treeing ['tri:ɪŋ] n. 【电子】海绵状金属淀积(丛生),
树枝状组织〔晶体〕

treeless ['tri:lɪs] a. 无树木的

treenail ['tri:neɪl] n. 木塞〔钉〕

treetop ['tri:tɒp] n. 【植】树顶(冠),(pl.)树顶高
度(线)

tree-walk ['tri:wɔ:k] v.;n. 【计】攀树,树径

tref [tref] a. 【宗】(犹太教)禁止食用的,不干净的

trefoil ['trefɔɪl] n. 【植】三叶形(饰),三叶植物,车
轴草

trehalase ['tri:həleɪs] n. 【化】海藻〔茧蜜〕糖酶

trehalose ['tri:hələʊs] n. 【化】海藻〔茧蜜〕糖

treillage ['treɪlɪdʒ] n. 格栅,格子墙〔篱〕

trek [trek] ❶ (trekked; trekking) v. 艰苦跋涉;(牛)拉
(货车);搬运 ❷ n. 艰苦跋涉,行军

trellis ['trelɪs] ❶ n. 格子结构,格子(架)墙,格子凉
亭,棚架式拱道 ❷ vt. ①装格子(架),为…建棚架
②使交织成格状

trelliswork ['trelɪswɜ:k] n. 【建】格构(工作,细工,
工程)

Trematoda ['tremətəudə] n. 【动】吸虫纲(扁形)

tremble ['trembl] vi.;n. ①震动(颤),发(颤)抖 ②
忧虑,担心 ☆**in fear and trembling** 提心吊胆,
战战兢兢; **tremble in the balance** 到达紧要关
头;处于极度危险中,摇摇欲坠

trembler ['tremblə] n. 【电子】振动片,电振极,断
续器

trembling ['tremblɪŋ] n.;a. 震颤(的),发抖(的)
‖ ~ly ad.

trembly ['tremblɪ] a. 震颤的,发抖的

tremellose ['treməlaus] a. 胶状的

tremendous [trɪ'mendəs] a. 极大的,惊人的

tremendously [trɪ'mendəslɪ] ad. ①惊人(可怕)
地 ②极,非常,十二分

tremie ['tremɪ] n. 【建】混凝土导管,漏斗管,导管法

tremogram ['treməgræm] n. 【医】震颤描记图

tremolite ['treməlaɪt] n. 【矿】透闪石

tremolo ['treməlaʊ] n. 【音】颤音,震音(装置)

tremor ['tremə] n. 振动,颤抖,地震

tremulous ['tremjuləs] a. ①震颤的,发抖的 ②歪
斜的,不稳定的 ③过分敏感的 ‖ ~ly ad. ~ness n.

trenail ['tri:neɪl] n.(= treenail) 【机】木栓(键,钉),
定缝销钉

trench [trentʃ] ❶ n. 【建】沟(槽,渠,道),深海槽,(堑)
壕,(深)沟,畦,防火道,地堑 ❷ v. 挖沟(于),开槽
(于),掘壕,堀垄 ☆**trench on (upon)** 侵
占(犯),接近,近似

trenchant ['trentʃənt] a. ①锋利的,尖锐的 ②鲜
明的(轮廓),果断的,有力的(论据) ‖ **trenchancy**
n. ~ly ad.

trencher ['trentʃə] n. 【机】挖沟机,挖壕的人;垫板

trend [trend] ❶ n. 方(趋,倾)向,发展方向 ☆**the
trend of A is away from B** 有摆脱 B 的趋向;
trend to … …的趋势 ❷ vi. 倾(伸)向 ☆**trend**

away from ... 有摆脱…的倾向; *trend toward(s)* 趋向于

trendily ['trendɪlɪ] *ad.* 时髦地

trendiness ['trendɪnɪs] *n.* 时髦

trendy ['trendɪ] ❶ *a.* 新潮的,新颖的 ❷ *n.* 新潮人物,穿着时髦的人

trepan [trɪ'pæn] ❶ *n.* 【矿】①凿井〔岩〕机,打眼机,环钻 ②圈套,陷阱 ❷ (trepanned; trepanning) *vt.* ①开孔,打眼,从…中取出岩心,挖深切削 ②把…诱入圈套 ‖ ~ation *n.*

trepanner [trɪ'pænə] *n.* 穿孔〔打眼〕机

trepanning [trɪ'pænɪŋ] *n.* 【机】开孔,打眼

trephine [trɪ'fiːn] ❶ *n.* 【医】圆〔线〕锯,环钻 ❷ *vt.* 用圆锯锯

trephocyte ['trefəsaɪt] *n.* 【生】滋养细胞

trephone ['trefəun] *n.* 【生】细胞营养质

treppe ['trepə] *n.* 阶段现象

treppeniteration ['trepə,nɪtə'reɪʃ ən] *n.* 【数】梯子〔楼梯〕迭代

trespass ['trespəs] *vi.;n.* 【法】侵入〔犯,害,占〕,犯罪,罪过,侵害诉讼

trestle, tressel ['tresl] *n.* 【建】(支,栈)架,架柱(台),(栈,高架)桥

trestle-board ['treslbɔ:d] *n.* 【建】大绘图板

trestlework ['treslwɜ:k] *n.* 【建】栈架结构,鹰架,栈桥,搭排架工程

triable ['traɪəbl] *a.* 可试(验)的

TRIAC, triac ['traɪæk] *n.* 【电子】三端双向可控硅开关,三极管交流半导体,双向三端闸流品体管

triacanthine [,traɪə'kænθiːn] *n.* 【生】三刺(皂荚)碱

triacetin [traɪ'æsɪtən] *n.* 【化】三醋精(脂)

triacid [traɪ'æsɪd] ❶ *a.* 【化】三(酸)价的 ❷ *n.* 三元酸

triacontahedron ['traɪə,kɒntə'hedrɒn] *n.* 【数】三十面体

triacontane [,traɪə'kɒnteɪn] *n.* 【化】卅烷

triactic [traɪ'æktɪk] *a.* 【化】三同立构

triad ['traɪəd] ❶ *n.* 三个一组,三价元素,三位二进制,三重轴,三合体,三连音 ❷ *a.* 三合一的 ‖ ~ic *a.* ~ically *ad.*

triadaxis [,traɪə'dæksɪs] *n.* 【地质】三次对称轴

triage [trɪ'ɑ:ʒ] *n.* 筛余(料)

triagonal [traɪ'ægənəl] *a.* 三角的

triakisoctahedron ['traɪəkɪ,sɒktə'hedrɒn] *n.*【地质】三角八面体

triakistetrahedron ['traɪəkɪs,tetrə'hedrən] *n.* 【地质】棱锥四面体

trial ['traɪəl] ❶ *n.* ①试(验,运转) ②近似解 ③审讯 ④磨炼 ❷ *a.* 试(验性)的,尝试(性)的 ☆*by way of trial* 试试; *give a trial* 试用; *make a trial* 进行试验; *make the trial* 试一试,努力; *make trial of* 试验; *on trial* 在试验中,经试验后,带试验性质; *put ... to trial* 试验〔车〕; *stand the trial* 经得起考验 〖用法〗注意下面例句中该词的用法: It is possible

to find the solution to the equation by trial. 我们能够用试探法来求得该方程的解。

trialkyl [traɪ'ælkɪl] *n.* 【化】三烷〔烃〕基

trialkylaluminium ['traɪælkɪ,lælju:'mɪnɪəm] *n.* 【化】三烷基铝

trial-sale ['traɪəlseɪl] *n.* 试销

triamcinolone [,traɪæm'sɪnələun] *n.* 【药】氟羟脱皮质(甾)醇

tri-amine [traɪ'æmiːn] *n.* 【化】三(元)胺

triangle ['traɪæŋgl] *n.* 三角(形,板,铁) 〖用法〗注意下面句的含义:This is a triangle with the apex up. 这是一个顶点朝上的三角形。("with the apex up" 属于 "with +名词+副词" 型 "with 结构",作后置定语。)

triangulable [traɪ'æŋgjuləbl] *a.* 【数】可三角(可单纯)剖分的

triangular [traɪ'æŋgjulə] *a.* 三角(形)的,三棱〔脚〕的,三者(国)间的

triangularity [traɪ,æŋgju'lærətɪ] *n.* 成三角形

triangularization ['traɪæŋgju,lərai'zeɪʃ ən] *n.* 【数】三角化

triangulate ❶ [traɪ'æŋgjuleɪt] *vt.* 使〔组〕成三角形,(把…)分成三角形,对…进行三角测量(剖分),三角形化 ❷ [traɪ'æŋgjulɪt] *a.* (由)三角形(组成)的,有三角形花样的

triangulation [traɪ,æŋgju'leɪʃ ən] *n.* 【测绘】三角测量(剖分),三角网

triangulator [traɪ'æŋgjuleɪtə] *n.* 【测绘】三角仪,三角测量员

triangulum [traɪ'æŋgjuləm] *n.* 三角(形)

Triangulum [traɪ'æŋgjuləm] *n.* 【天】三角星座

trianion [traɪ'ænaɪən] *n.* 【医】三阴离子

trianopia [traɪə'nəupɪə] *n.* 【医】 第三原色盲,蓝色盲

Trias ['traɪəs], **Triassic** [traɪ'æsɪk] *n.;a.*【地质】三叠纪〔系〕(的)

triatic [traɪ'ætɪk] *a.* 由三部形成的

triatomic [,traɪə'tɒmɪk] *a.* 【化】(含有)三原子的,三代〔元〕的,三经(基)的

triax [traɪ'æks] *n.* 【电子】同轴三柱器,双重屏蔽导线

triaxial [traɪ'æksɪəl] *a.* 三度〔维,轴〕的,空间的

triaxiality [traɪ,æksɪ'æləti] *n.* 【物】三维〔元〕,三轴(向,性),三向应力

triazole ['traɪəzəul] *n.* 【化】三唑,三氮杂茂

triazomethane [traɪ'æzəuməθeɪn] *n.*【化】叠氮甲烷

triazone ['traɪəzəun] *n.* 【化】二嗪酮

tribar ['traɪbɑ:] *n.* 【建】平行三脚混凝土预制块

tribasic [traɪ'beɪsɪk] *a.* 三价的,三碱(三价)的,三元(代)的

tribe [traɪb] *n.* ①(种,宗)族 ②部落 ③(一)群,(一)批,(pl.)许多

triblet ['trɪblɪt] *n.* 【机】心轴

triboabsorption [traɪbəuæb'sɔ:pʃ ən] *n.* 摩擦吸收

tribochemisry [,traɪbəu'kemɪstrɪ] *n.* 【化】摩擦

化学

tribocouple [,traɪbəʊ'kʌpl] n.【电子】摩擦电偶

tribodesorption [traɪ,bəʊdɪ'sɔːpʃən] n.　【物】摩擦解吸(作用)

triboelectric [traɪ,bəʊɪ'lektrɪk] a. 摩擦电的

triboelectricity ['traɪbəʊ,ɪlek'trɪsətɪ] n.【电子】摩擦电

triboelectrification [traɪbəʊɪ,lektrɪfɪ'keɪʃən] n.【物】摩擦起电

triboemission [traɪ,bəʊɪ'mɪʃən] n.【物】摩擦发光发射

tribolet ['trɪbəlɪt] n.【机】心轴〔棒〕

tribology [traɪ'bɒlədʒɪ] n.【医】摩擦学〔说〕,关节摩擦(耗损)论

triboluminescence ['traɪbəʊ,luːmɪ'nesns] n.【物】摩擦发光

tribometer [traɪ'bɒmɪtə] n. 摩擦(力)计

tribometry [traɪ'bɒmɪtrɪ] n.【测绘】摩擦力测量术

tribophysics [,traɪbəʊ'fɪzɪks] n.【物】摩擦物理学

triboplasma [,traɪbəʊ'plæzmə] n.【化】摩擦等离子体

tribosublimation ['traɪbəʊ,sʌblə'meɪʃən] n.【物】摩擦升华现象

tribrach ['trɪbræk] n. 三脚台,三叉形用具

tribromide [traɪ'brəʊmaɪd] n.【化】三溴化物

tribulation [,trɪbjʊ'leɪʃən] n. 苦〔患〕难,困苦

tribunal [traɪ'bjuːnl] n.【法】法庭,审判员席

tribune ['trɪbjuːn] n. 讲台,论坛

tributary ['trɪbjʊtərɪ]❶ n. 支流,附庸,附设局 ❷ a. 支流的,从属的,辅助的

tribute ['trɪbjuːt] n. 礼物,赠品,贡(物),献词 ☆ *one's tribute of praise* 颂词; *pay (a) tribute to …* 向…致敬,歌颂…

tributyrinase [,trɪbjʊ'tɪrɪneɪs] n.【医】三丁精酶,甘油三丁酸酯酶

tributylphosphate [trɪ,bjʊtɪl'fɒsfeɪt] n.【化】磷酸三丁酯

tributyrin [traɪ'bʊtɪrɪn] n.【化】三丁精,甘油三丁酸酯,(三)丁酸甘油酯

tributyrinase [,traɪbʊ'tɪrɪneɪs] n.【医】(三)丁酸甘油酯酶

tricalcium [traɪ'kælsɪəm] n.【化】三钙

tricaprin [traɪ'kæprɪn] n.【生】(三)癸酸甘油酯

tricar ['traɪkɑː] n. 三轮汽车,三轮机器脚踏车

tricarbonate [traɪ'kɑːbəneɪt] n.【化】三碳酸盐

trice [traɪs]❶ n. 顷刻;吊索 ☆*in a trice* 转瞬间 ❷ vt. (用绳索,绞链)吊起 ☆*trice up* 绑起

tricel ['trɪsl] n.【纺】一种三醋酯纤维织物

tricharged ['trɪtʃɑːdʒd] a. 三电荷的

trichinosis [,trɪkɪ'nəʊsɪs] n.【医】毛线虫病

trichlene ['trɪkliːn] n.【化】三氯乙烯

trichlorethylene [,trɪklɔː'reθɪliːn] n.【化】三氯乙烯

trichloride [traɪ'klɔːraɪd] n.【化】三氯化物

trichloroacetonitrile ['traɪklɔːrə,æsɪ'tɒnɪtrɪl] n.

【化】三氯乙氰

trichlorobenzene [traɪ,klɔːrə'bezɪːn] n.【化】三氯代苯

trichloroethylene [traɪ,klɔːrəʊ'eθɪliːn] n.【化】三氯乙烯

trichloromethane [traɪ,klɔːrə'meθeɪn] n.【化】三氯甲烷,氯仿

trichloromethyl [traɪ,klɔːrə'meθɪl] n.【化】三氯甲基

trichocereine [,traɪkə'serɪːn] n.【医】仙影掌碱

trichocyst ['trɪkəsɪst] n.【生】刺细胞,丝泡

trichodermin [,trɪkə'dɜːmɪn] n.【生】木霉菌素

trichogramma [,trɪkə'græmə] n.【动】赤眼(蜂)

trichogyne ['trɪkədʒaɪn] n.【植】受精丝

trichome ['trɪkəʊm] n.【植】藻丝

trichomycin [,trɪkə'maɪsɪn] n.【药】抗滴虫霉素

trichophyta ['trɪkəfɪtə] n.【医】发癣菌

trichotomous [,traɪkə'təʊməs] a. 三分的,分三部的

trichotomy [traɪ'kɒtəmɪ] n.【宗】三分法,三切法

trichroism ['traɪkrəʊɪzm] n.【矿】三色(现象),三晶轴异色性

trichromatic [,traɪkrə'mætɪk] a.(用)三(原)色的

trichromatism [traɪ'krəʊmətɪzm] n. 三(原)色性,三(原)色像差

trichromoscope [traɪ'krəʊməskəʊp] n.【电子】彩色电视显像管

trichuriasis [,trɪkjʊ'raɪəsɪs] n.【医】鞭虫病

tricin ['trɪsɪn] n.【生】麦黄酮

trick [trɪk]❶ n. ①秘诀,诀窍 ②诡计,花招,策略 ③(镜面)刻度线 ④班次,值班期间 ❷ a. ①有诀窍的 ②欺诈的,弄虚作假的 ❸ vt. 欺骗,换班 ☆ *do (turn) the trick* 达到(预期)目的,获得成功; *know a trick worth two of that* 知道比那更好的方法,有更妙的办法; *the whole bag of tricks* 全部; *trick of senses* 或 *trick of the imagination* 错觉; *trick out (off,up)* 修〔装〕饰,装潢

〖用法〗注意下面例句中该词的含义:We now use a whole sequence of tricks to derive formulas for the spectral width. 我们现在使用一整套技巧来导出频谱宽度的一些公式。

trickery ['trɪkərɪ] n. 欺骗,诡计,圈套

〖用法〗注意下面例句中该词的含义: Now use the one final bit of trickery: we set the saturated gain coefficient σ equal to the loss. 现在,我们使用最后一招:我们把饱和增益系数 σ 设成等于损耗。

trick-flying ['trɪkflaɪɪŋ] n. 特技飞行

trickily ['trɪkɪlɪ] ad. 欺骗地,耍花招地,狡猾地

trickiness ['trɪkɪnɪs] n. 诡计多端,棘手

trickish ['trɪkɪʃ] a. 诡计多端的,耍花招的,狡猾的 ‖ ~**ly** ad.

trickle ['trɪkl]❶ v. ①(使)滴(下),(使)淌 ②慢慢地移动 ❷ n. 滴(流),涓涓 ☆*trickle from* 从…一滴滴流出来; *trickle into* 徐徐注入; *trickle out*

慢慢泄漏

trickle-down ['trɪkldaʊn] *a.* 积极投资的

tricklet ['trɪklɪt] *n.* 细流

trickly ['trɪklɪ] *a.* 一滴一滴流的

trickster ['trɪkstə] *n.* 骗子,魔术师

tricksy ['trɪksɪ] *a.* ①诡计多端的,欺骗的,狡猾的 ②(错综)复杂的,微妙的,棘手的

tricky ['trɪkɪ] *a.* ①诡计多端的,狡猾的 ②错综复杂的,微妙的,棘手的 ③靠不住的

triclene ['traɪkli:n] *n.*【化】三氯乙烯

triclinic [traɪ'klɪnɪk]❶ *a.* 三斜(晶)的,三斜(晶)系的 ❷ *n.*【矿】三斜(晶系)

tricoid ['trɪkɔɪd] *a.* 卷发状的

tricolo(u)r ['trɪkələ] *a.;n.* 三(原)色的,有三色的,三色旗

tricoloured ['trɪkʌləd] *a.* (有)三色的

tricone ['trɪkəʊn] *n.*【物】三锥

tricorn(e) ['traɪkɒn] *a.* (有)三(只)角的

tricornute [,traɪkɔ:'nju:t] *a.* 有三个角的,三突的

tricro ['trɪkrɒ] *n.*【数】太(拉),10¹²

tricrotic [traɪ'krɒtɪk] *a.* 三波(脉)的

tricrotism ['traɪkrətɪzəm] *n.*【生】三波脉(现象)

tricuspid [traɪ'kʌspɪd] *a.* (有)三(个)尖头的 ‖ **-ic** *a.*

tricyanomethide [traɪ,saɪə'nɒmɪθaɪd] *n.*【化】三氰甲基化合物

tricyanovinylation [traɪsaɪənə,vɪnɪ'leɪʃən] *n.*【化】三氰基乙烯化(作用)

tricycle ['traɪsɪkl] *n.;v.* 三轮(脚踏,摩托)车,骑三轮车

tricyclic [traɪ'saɪklɪk] *a.* 三环的

tridecane ['traɪdɪkeɪn] *n.*【化】十三烷

trident ['traɪdənt]❶ *n.*【航】三叉戟(式飞机),三叉曲线 ❷ *a.* 三叉的

tridentate [traɪ'denteɪt] *a.* 三齿(叉)的

tridepside [traɪ'depsaɪd] *n.*【化】三缩酚酸

tridimensional [,traɪdɪ'menʃənl] *a.* 三维的,立体的

tridop ['traɪdɒp] *n.*【物】导弹弹道测定系统

triductor [traɪ'dʌktə] *n.*【电子】三次倍频器,磁芯极化频率三倍器

tridymite ['traɪdəmaɪt] *n.*【地质】 鳞石英

tried [traɪd]❶ *v.* try 的过去式和过去分词 ❷ *a.* 经过试验(考验)的,证明了的

triennial [traɪ'enjəl] *a.;n.* 持续三年的(事物),每三年的,三周年纪念 ‖ **-ly** *ad.*

trier ['traɪə] *n.* ①试验者 ②试验仪表 ③试件(料) ④采样器

triethanolamine [traɪ,eθə'nɒləmi:n] *n.*【化】三乙醇胺(一种混凝土early强剂)

triethyl [traɪ'eθəl] *n.*【化】 三乙基

trifle ['traɪfl]❶ *n.* ①小(琐)事,无价值的东西 ②少许 ③(pl.)琐事 ❷ *v.* 疏忽,不重视(with),浪费(away) ☆**a trifle** 稍微,一点点(of)

trifling ['traɪflɪŋ] *a.* 无关重要的,少许的 ‖ **-ly** *ad.*

trifluoride [traɪ'flʊəraɪd] *n.*【化】三氟化物

trifluorothymidine [traɪ,flʊərə'θaɪmɪdi:n] *n.*【化】三氟胸苷

triflux ['traɪflʌks] *n.*【机】气-汽-汽热交换器

trifocal [traɪ'fəʊkəl] *a.;n.* 三焦点〔距〕的,三焦点透镜,(pl.)有三焦距透镜的眼镜

trifolium [traɪ'fəʊlɪəm] (pl. trifolia) *n.*【植】三叶草

triform(ed) ['traɪfɔ:m(d)] *a.* 有三部分的,有三种形式的,有三种本质的

trifuel ['traɪfjʊəl] *a.* (用)三(种)燃料的

trifurcate [traɪ'fɜ:kɪt] *a.* 有三叉的,分成三枝的

trig [trɪg]❶ *n.* 刹车,制轮栓〔器〕,楔子 ❷ (trigged; trigging) *vt.* ①刹住(车轮滚动) ②支撑 ③修饰,把…收拾整齐(out,up) ❸ *a.* 整洁的,一本正经的,一丝不苟的

trigamma ['traɪgæmə] *n.* 三 γ

trigatron ['trɪgətrɒn] *n.*【机】含气三极管,引燃管

trigger ['trɪgə]❶ *n.* ①启动器,触发器 ②雷管 ③扳机 ④掣子〔板〕,制轮器,锁定装置 ❷ *v.* ①触发 ②扣扳机开枪,发射 ③激发起 ☆**trigger A from B** 使(从)B 激发出 A; **trigger off** 触发,使启动; **trigger ... to (do)** 促(使…)做

triggered ['trɪgəd] *a.* 触发的

trigistor ['trɪgɪstə] *n.*【电子】三端开关器件

triglot ['traɪglɒt] *a.* 用三国文字写的

triglyceride [traɪ'glɪsəraɪd] *n.*【医】甘油三(酸)酯

triglycerin [traɪ'glɪsərɪn] *n.*【医】三甘油

triglycol [trɪ'glaɪkəʊl] *n.*【化】三甘醇

trigon ['traɪgɒn] *n.* 三角形〔板〕,三角日晷

trigonal ['trɪgənl] *a.* 三角(形,系)的,三方的

trigone ['traɪgəʊn] *n.*【医】三角(区)

trigonometer [,trɪgə'nɒmɪtə] *n.*【测】平面直角三角形计算工具,三角测量者

trigonometric(al) [trɪ,gənə'metrɪk(əl)] *a.* 三角(法,学)的 ‖ **trigonometrically** *ad.*

trigonometry [,trɪgə'nɒmɪtrɪ] *n.*【数】三角(学,法,术)

trigram ['traɪgræm] *n.* 三字母组

trihalide [traɪ'hælaɪd] *n.*【化】三卤化合物

trihedra [traɪ'hedrə] trihedron 的复数

trihedral [traɪ'hedrəl] *a.;n.*【数】(有)三面的,(有)三边的,三面体〔形〕(的),坐标三面形, 三面角 *n.;a.* 三面体〔形〕,三面的

trihedron [traɪ'hedrən] (pl. trihedrons 或 trihedra) *n.* 三面体〔形〕,三面的

tri-hinges ['traɪhɪndʒz] *n.* 三联铰

trihydrate [traɪ'haɪdreɪt] *n.*【化】三水合物

trihydric [traɪ'haɪdrɪk] *a.* 三价(元,酸式)的

trihydrol [traɪ'haɪdrɔ:l] *n.*【化】三(聚)水分子

triiodide [traɪ'aɪəʊdaɪd] *n.*【化】三碘化物

triiodothyronine ['traɪaɪ,ədəʊ'θaɪrənɪn] *n.*【药】三碘甲腺氨(酸)

triisobutene [traɪ,aɪsəʊ'bju:ti:n] *n.*【化】三聚异丁烯

trijet ['traɪdʒet]❶ *a.* 由三个喷气发动机发动的 ❷ *n.*【航】三喷气发动机飞机

trike [traɪk] = tricycle

trilaminar [traɪ'læmɪnə], **trilaminate(d)** [traɪ'læmɪneɪtɪd] *a.* 三层的

trilateral [traɪ'lætərəl] *a.*;*n.* (有)三边的,三角〔边〕形 ‖ **~ity** *n.* **~ly** *ad.*
trilateration [traɪˌlætə'reɪʃ ən] *n.*【测绘】三边测量,长距离三角测量
trilaurylamine [traɪˌlɜːrɪ'læmiːn] *n.*【化】三月桂胺
tri-level ['traɪlevl] *a.* 三层的
trilinear [traɪ'lɪnɪə] *a.* 三线性的
trilingual ['traɪ'lɪŋgwəl] *a.* (用)三国文字的,熟悉(或能使用)三种语言的
trilit(e) ['traɪlɪt] *n.*【化】三硝基甲苯
triliteral ['traɪ'lɪtərəl] *a.*; *n.*【语】三字母的〔词〕
trill [trɪl] *n.*; *v.* (发)颤音,颤动
trilling ['trɪlɪŋ] *n.*【矿】三连晶
trillion ['trɪljən] *n.*;*a.*【数】①(美,法)千吉,太(拉),10^{12};(英,德)艾(可萨),10^{18} ②大量,无数
trillionth ['trɪljənθ] *n.*【数】(美,法)皮(可),10^{-12},(英,德)阿(托),10^{-18}
trilobite ['traɪləbaɪt] *n.*【生】三叶虫
trilogy ['trɪlədʒɪ] *n.*【戏】三部曲
trim [trɪm]❶ (trimmer, trimmest) *a.*;*ad.* 整洁〔齐〕(的) ❷ (trimmed;trimming) *v.*;*n.* ①修整,修理,整平,切毛边,去除焊疤 ②使整齐,装〔修〕饰,点缀 ③调整(平衡)位置,装稳(船只) ④微调 ⑤(船等的)平衡(度),倾差,潜艇的浮力 ⑥装饰(物),贴脸 ⑦修整下来的东西;(pl.)(影片或磁带)被剪去的部分;边角料 ⑧两面讨好,见风使舵,走中间路线 ☆***be in good (proper) trim*** 或 ***get into good trim*** 准备就绪,整齐(匀称),情形好; ***be out of trim*** 有毛病,不整齐,未准备好,情形不好; ***into trim*** 成适宜状态; ***trim by the bow (stern)*** 头〔尾〕重,前〔后〕倾; ***trim in*** 嵌入; ***trim A to B (shape)***把 A 修整成 B(形状)
trimask [traɪ'mɑːsk] *a.* (采用)三次掩蔽的
trimenon [traɪ'miːnɒn] *n.*【医】三月期
trimer ['traɪmə] *n.*【化】三聚物,三(聚)体,三联体 ‖ **~ic** *a.*
trimerite ['traɪməraɪt] *n.*【地质】三斜石
trimester [traɪ'mestə] *n.* 三个月(左右)时间,三个月出版周期 ‖ **trimestr(i)al** *a.*
tri-met ['traɪmet] *a.*【摄】三镜头航空摄影的
trimetal ['traɪ'metl] *n.*【冶】三层金属轴承合金
trimethoprim [traɪ'meθəprɪm] *n.*【药】三甲氧苄二氨嘧啶
trimethyl [traɪ'meθɪl] *n.*【化】三甲基
trimethylamine ['traɪmiːθaɪləmiːn] *n.*【化】三甲胺
trimetric [traɪ'metrɪk] *a.* 斜方(晶)的
trimetrogon [traɪ'metrəgɒn] *n.*【测】三镜头航摄机
trimly ['trɪmlɪ] *ad.* 整齐〔洁〕地质
trimmability [ˌtraɪmə'bɪlɪtɪ] *n.* 可微调性,可配平性
trimmer ['trɪmə]❶ *n.* ①调整〔配平〕器 ②修整器,修边机,剪切具,凿子 ③调整片,微调电容器 ④堆煤器,物料堆装机 ⑤修理〔装货〕工,司炉 ⑥托梁 ⑦见风使舵的人 ❷ trim 的比较级
trimming ['trɪmɪŋ] *n.* ①整顿,修整,书边切齐,冲边,去毛刺 ②装饰(品,物) ③边角料,切屑,(pl.) 配料,附件 ④调整,微调,使平衡 ⑤(齿轮的)干涉
trimness ['trɪmnɪs] *n.* 整齐〔洁〕,整顿
trimorphic [traɪ'mɔːfɪk], **trimorphous** [traɪ'mɔːfəs] *a.* 三形(现象)的
trimorphism [traɪ'mɔːfɪzm] *n.*【植】三形(现象,性),【地质】三晶(现象)
trimotor ['traɪməutə] *n.*【航】三发动机,由三个发动机发动的飞机
trimscript ['traɪmskrɪpt] *n.*【计】切标
trimstone ['trɪmstəun] *n.*【建】镶边石
trinacriform [traɪ'nækrɪfɔːm] *n.*【医】三尖形,三叉形
trinactin [traɪ'næktɪn] *n.*【生】三活菌素
trinal ['traɪnl],**trinary** ['traɪnərɪ] *a.* 三(倍,元)的,三部分组成的
Trincomalee,Trincomali ['trɪŋkəuməlɪ] *n.* 亭可马里(斯里兰卡港口)
trine [traɪn] *a.*; *n.* 三倍〔重,层〕的,三部分组成的
tringle ['trɪŋgl] *n.* 挂帘子的横杆,帐杆
trinicon ['trɪnɪkɒn] *n.*【摄】托利尼康摄像管(一种单管三色摄像管)
Trinidad and Tobago ['trɪnɪdæd ənd tə'beɪgəu] *n.* 特立尼达和多巴哥
triniscope ['traɪnɪskəup] *n.*【电子】(彩色电视)三枪显像管
trinistor ['trɪnɪstə] *n.*【电子】三级晶体(一种可控硅整流器)
trinitarian [ˌtrɪnɪ'teərɪən] *a.* 三倍的,具有三个部分的
trinitrate [traɪ'naɪtreɪt] *n.*【化】三硝酸酯
trinitride [traɪ'naɪtraɪd] *n.*【化】叠氮化合物
trinitrocresol [traɪˌnaɪtrəu'krɪsəul] *n.*【化】三硝基甲酚
trinitrol [traɪ'naɪtrəul] *n.*【化】三硝油,季戊醇四硝酸酯
trinitron ['trɪnɪtrɒn] *n.*【电子】单枪三(射)束彩色显像管
trinitrophenol [traɪˌnaɪtrəu'fiːnɒl] *n.*【化】三硝基苯酚
trinitrotoluene [traɪˌnaɪtrəu'tɒljuiːn], **trinitrotoluol** [traɪˌnaɪtrəu'təuljuɒl], **trinol** ['traɪnɒl] *n.*【化】三硝基甲苯(炸药),TNT 炸药
trinity ['trɪnɪtɪ] *n.* 三个一组〔套〕
trinket ['trɪŋkɪt] *n.* 小玩意儿,无价值的琐碎东西
trinomial [traɪ'nəumjəl] *a.*; *n.*【数】三项的,三项式
trinoscope ['traɪnəuskəup] *n.*【电子】彩色电视接收装置,投影式彩色电视接收机的光学部分
trinuclear [traɪ'njuːklɪə], **trinucleate(d)** [traɪ'njuːklɪeɪtɪd] *a.* 三环〔核〕的
trinucleotide [traɪ'njuːklɪətaɪd] *n.*【生】三核苷酸
trio ['trɪ(ː)əu] *n.* 三个一组〔套〕,三位一体,三重奏〔唱〕
trioctahedron [traɪˌɒktə'hiːdrɒn] *n.*【地质】三八面体

trioctylamine [traɪˌɒktɪ'leɪmiːn] *n.*【医】三辛胺
triode ['traɪəʊd] *n.*【电子】三极管
triolein [traɪ'əʊliːɪn] *n.*【化】(三)油酸甘油酯
Triolith ['trɪəʊlɪθ] *n.* 一种木材防腐剂
Triones [traɪ'əʊniːz] *n.*【天】北斗七星
Trioptic [traɪ'ɒptɪk] *n.*【测绘】三元万能测长机
triose ['traɪəʊs] *n.*【生化】丙糖
trioxan(e) [traɪ'ɒkseɪn] *n.*【化】三氧杂环己烷
trioxide [traɪ'ɒksaɪd] *n.*【化】三氧化物
trioxymethylene [traɪˌɒksɪ'meθəliːn] *n.*【化】三聚甲醛
trip [trɪp] ❶ *n.* ①(短距离)行驶,往返,旅〔飞〕行,行〔旅〕程 ②释放,断路〔开〕,解扣,(自动)跳闸 ③卡榫,固定器 ④断开装置,(自动)跳闸机构,接合机构 ⑤倾翻器 ⑥(矿车)列车 ❷ *v.* ①释放,松开棘爪而开动 ②(使)断开,(使)跳闸,(使)脱扣,切〔遮〕断 ③倾翻 ④绊(倒),(使)失败,(使)犯错误 ⑤把一长串杆子或管子下入井中(或从井中抽出) ☆***go tripping*** 顺利进行; ***trip off*** 跳开,断路; ***trip on*** 〔***over***〕... 被…绊倒; ***trip ... over*** 使…跳闸〔解扣〕; ***trip out*** 断路〔开〕,关闭; ***trip up*** (使)摔倒,(使)犯错误
tripalmitin [traɪ'pælmɪtɪn] *n.*【化】(三)棕榈酸甘油酯,棕榈精
tripartite [traɪ'pɑːtaɪt] *a.* ①分成三部分的,三重的 ②一式三份的,三者之间的,三个一组的
tripartition [ˌtraɪpɑː'tɪʃən] *n.* ①三分(裂) ②三部分的划分,三者之间的分摊 ③三个一组,一式三份
tripdial ['trɪpdaɪəl] *n.* 里程计
trip-hammer ['trɪphæmə] *n.* 杵锤,夹板落锤
triphase ['traɪfeɪz] *n.;a.*【电子】三相(的)
triphasic ['traɪfeɪzɪk] *a.* 三相的
triphenyl [traɪ'fiːnɪl] *n.*【化】三苯基
triphenylamine ['traɪfiːˌnɪlə'miːn] *n.*【化】三苯胺
triphenylmethane [traɪˌfiːnɪl'meθeɪn] *n.*【化】三苯甲烷
triphibian [traɪ'fɪbɪən] *n.;a.*【军】(海陆空)三栖的,陆海空联合作战的,水陆雪三栖飞机 ‖ **triphibious** *a.*
triphylite ['trɪfɪlaɪt], **triphyline** ['trɪfɪlaɪn] *n.*【矿】磷铁锂矿
triplane ['traɪpleɪn] *n.*【航】三翼机
triplasmatron [ˌtraɪplɑːs'mætrɒn] *n.*【电子】三等离子体离子源
triplasty ['traɪplɑːstɪ] *n.*【数】三分式
triple ['trɪpl]❶ *a.*【数】三倍〔重,系,联,部分〕的,由三个组成的 ❷ *n.* 三倍数,三元组,三个一组 ❸ *v.* 三倍于,(使)增至三倍 ☆***triple A over B*** 使 A 增至 B 的三倍
triple-deck ['trɪpldek] *a.* 三层的
triple-decker ['trɪpldekə] *n.* 三层立体交叉,三层道路
triplen ['trɪplɪn] *n.*【电子】三重结构,三次谐波序列
triplener ['trɪplɪnə] *n.*【电子】三工滤波器
tripler ['trɪplə] *n.*【计】三倍器
triple-space ['trɪplspeɪs] *v.* (打字时)每空两行打(字)
triple-substituted ['trɪpl'sʌbstɪtjʊtɪd] *a.* 三取代的
triplet ['trɪplɪt] *n.* ①三个一组〔套〕,三体联合 ②三重线〔态,峰〕,三线态,三重透镜,三电台组,三通(管),三弹头,T 形接头,三点校正法,三人脚踏车
triplex ['trɪpleks] *a.;n.* 三倍〔部,联,重,芯〕的,三元件物体,三层不碎玻璃,发生三种效果的
triplexer ['trɪpleksə] *n.*【电子】(三发射机共用天线时)互扰消除装置,三工(滤波)器
triplexing ['trɪpleksɪŋ] *n.*【冶】三联法,酸性转炉,平炉,电炉三联炼钢法
triplicate ❶ ['trɪplɪkɪt] *a.* 三倍的,(一式)三份的,重复三次的,(一式几份中的)第三份的 ❷ ['trɪplɪkɪt] *n.* 三个一副〔套〕,三个相同物中的第三个 ❸ ['trɪplɪkeɪt] *vt.* 使增至三倍,把…作成一式三份 ☆ ***in triplicate*** 一式三份
triplication [ˌtrɪplɪ'keɪʃən] *n.* 增至三倍,作一式三份
triplicity [trɪp'lɪsətɪ] *n.* 三倍〔重〕,三个一组〔套〕
triploblastica [ˌtrɪpləʊ'blæstɪkə] *n.*【动】三胚层动物
triploid ['trɪplɔɪd] *a.;n.*【医】(染色体)三倍(数)的;三倍体〔态〕
triploidy ['trɪplɔɪdɪ] *n.*【生】三倍性
triply ['trɪplɪ] *ad.* 三重
tripod ['traɪpɒd] *n.* 三脚架〔台,桌〕,三角架,三面角
tripodal ['trɪpədəl] *a.* 有三脚的
tripolar [traɪ'pəʊlə] *a.* 三极的
tripole-slide ['trɪpəʊlslaɪd] *n.* 三分画面
Tripoli ['trɪpəlɪ] *n.* ①的黎波里(利比亚首都) ②特里波利(黎巴嫩港口)
tripoli ['trɪpəlɪ],**tripolite** ['trɪpəlaɪt] *n.*【矿】硅藻土〔石〕,风化硅石
tripolymer [traɪ'pɒlɪmə] *n.*【化】三聚体
triporate ['trɪpərɪt] *a.* 三孔的
tripos ['traɪpɒs] *n.* (英国剑桥大学)荣誉学位考试
tripositive [traɪ'pɒzətɪv] *a.* 带三个正电荷的(离子)
tripotential [ˌtraɪpə'tenʃəl] *a.* 三电位的
trip-out ['trɪpaʊt] *n.*【电子】①(负载)减弱 ②断路,关闭,跳闸,脱扣
tripper ['trɪpə] *n.* ①倾卸〔开底〕装置,自动倾卸车,自动翻底机,钩杆〔子〕 ②断路装置,分离机构 ③保险装置 ④(铁路)发信号装置 ⑤旅行者,远足者
trippet ['trɪpɪt] *n.* 凸轮
tripping-bar ['trɪpɪŋbɑː] *n.* 脱钩〔跳闸〕杆
tripropylene [traɪ'prəʊpəliːn] *n.*【化】三聚丙烯
triptane ['trɪpteɪn] *n.*【化】三甲基丁烷(飞机用高抗爆燃料)
tripton ['trɪptən] *n.*【生】非生物性悬浮物
tripsis ['trɪpsɪs] *n.* 研磨; 按摩
triquetrous [traɪ'kwiːtrəs] *a.* 三角〔面〕形的,三棱的
trirectangular [ˌtraɪrek'tæŋgjʊlə] *a.*【数】三直角的
trisaccharidase [traɪ'sækəraɪdeɪs] *n.*【生化】

T

三糖酶

trisaccharide [traɪ'sækəraɪd], **trisaccharose** [traɪ'sækərəʊz] *n.* 【化】三糖

trisaturated [traɪ'sætjʊreɪtɪd] *a.* 三相饱和的

trisecant [traɪ'siːkənt] *n.*【数】三度〔三重〕割线

trisect [traɪ'sekt] *vt.* 把…三等分,把…截成三段 ‖ ~ion *n.*

trisectrix [traɪ'sektrɪks] *n.*【数】三等分角线,三分角

tri-service ['traɪsɜː'vɪs] *a.* 三军通用的

trisilalkane [,traɪsɪl'ælkeɪn] *n.* 【化】丙硅烷

trisilicate [traɪ'sɪləkeɪt] *n.* 【化】三硅酸盐

trisistor [traɪ'sɪstə] *n.*【电子】三端快速半导体开关

trislot ['traɪslɒt] *a.* (带)三槽的

trisome ['traɪsəʊm] *n.*【医】三倍体染色体

trisomic [traɪ'səʊmɪk] *a.*; *n.*【生】三体生物,三染色体的

trisonic [traɪ'sɒnɪk] *a.* 三声速(亚声速,跨声速和超声速)的

trisonics [traɪ'sɒnɪks] *n.*【航】三声速,三声速(气动力)学

trisporous [traɪ'spɔːrəs] *a.* 三孢子的

trisquare ['traɪskweə] *n.* 【建】曲尺,矩

tristable [traɪ'steɪbl] *a.* 三稳态的,三(重)稳定的

tristearin [traɪ'stiːərɪn] *n.*【化】(三)硬脂酸甘油酯

tristimulus [traɪ'stɪmjʊləs] *a.* 三色的,三色激励的

trisubstituted [traɪ'sʌbstɪtjuːtɪd] *a.* 【化】三取代的

trisulfide [traɪ'sʌlfaɪd] *n.*【化】三硫化物

trisulfonate [traɪ'sʌlfəʊneɪt] *n.* 【化】三磺酸盐(酯)

trisyllabic [,traɪsɪ'læbɪk] *a.* 三音节的

trisyllable ['traɪsɪləbl] *n.*【语】三音节词

trit [trɪt] *n.* 【数】三进制数(位)

tritanope [,traɪtə'nəʊp] *n.* 【医】色弱(患)者,黄蓝色盲(患)者,第三色盲者

tritanopia [,traɪtə'nəʊpjə], **tritanopsia** [,traɪtə'nəʊpsjə] *n.*【医】第三型色盲,黄蓝色盲

trite [traɪt] *a.* 用坏了的,老一套的,平凡的 ‖ ~ly *ad.*

triterpene [traɪ'tɜːpiːn] *n.*【化】三萜(烯)

triterpenoid [traɪ'tɜːpɪnɔɪd] *n.*【化】三萜系化合物

tri(-)tet ['traɪtɪt] *n.*【电子】三极-四极管

trithionate [traɪ'θaɪəʊneɪt] *n.*【化】连三硫酸盐

trithioozone [traɪ,θaɪəʊ'əʊzəʊn] *n.*【化】臭硫

trithiophosphite [traɪ,θaɪəʊ'fɒsfaɪt] *n.*【化】三代亚磷酸盐(或酯)

tritiate ['trɪtɪeɪt] *v.*【化】氚化,用氚(使…)饱和 ‖ **tritiation** *n.*

tritiated ['trɪtɪeɪtɪd] *a.* 氚标记的

tritide ['trɪtaɪd] *n.*【化】氚化合物

tritium ['trɪtɪəm] *n.*【化】氚

tritol ['traɪtɔːl] *n.*【化】三硝基甲苯,TNT

triton ['traɪtn] *n.*【核】①氚核(同位素 H_3 的核) ②三硝基甲苯,TNT

tritoxide [trɪ'tɒksaɪd] *n.*【化】三氧化物

triturable ['trɪtjʊərəbl] *a.*可研成粉的, 可研磨的

triturate ['trɪtjʊreɪt] ❶ *vt.* 捣〔磨,粉〕碎,把…研成粉(末),研制 ❷ *n.* 磨碎物

trituration [,trɪtjʊ'reɪʃən] *n.* ①捣碎,研成粉,研磨法 ②研碎的粉末,药粉

triturator ['trɪtjʊreɪtə] *n.* ①捣碎器,研钵 ②磨粉〔研制〕者

triturium [traɪ'tjʊərɪəm] *n.* 【医】分液器

tritylation [,trɪtɪ'leɪʃən] *n.*【化】三苯甲基化作用

triumph ['traɪəmf] ❶ *n.* (大)胜利,凯旋 ❷ *vi.* ①获得胜利 ②热烈庆祝胜利,狂欢 ☆**triumph over** 战胜,克服

triumphal [traɪ'ʌmfəl] *a.* 凯旋(式)的,(庆祝)胜利的,祝捷的

triumphant [traɪ'ʌmfənt] *a.* ①胜利的 ②(因胜利而)狂欢的 ‖ ~ly *ad.*

triumvirate [traɪ'ʌmvɪrɪt] *n.* ①三头政治 ②三人一组

triune ['traɪjuːn] *n.* 三人一组〔套〕

trivacancy [traɪ'veɪkənsɪ] *n.* 【冶】三空位

trivalence [traɪ'veɪləns], **trivalency** [traɪ'veɪlənsɪ] *n.*【化】三价

trivalent [traɪ'veɪlənt] *a.* 三价的

trivector [traɪ'vektə] *n.* 【数】三维矢量

trivet ['trɪvɪt] *n.* 三脚架(台),矮脚金属架,短脚金属盘 ☆*(as) right as a trivet* 丝毫不错,十分正确

trivia ['trɪvɪə] *n.* 琐事

trivial ['trɪvɪəl] *a.* 琐碎〔平凡〕的,不重要的,浅薄的 ‖ ~ly *ad.*

triviality [,trɪvɪ'ælɪtɪ], **trivializm** ['trɪvɪəlɪzm] *n.* 琐碎,不足道的东西

triweekly ['traɪ'wiːklɪ] ❶ *a.*; *ad.* ①每三星期一次(的) ②一星期三次(的) ❷ *n.* ①每星期出版三次的出版物 ②三周刊

trizoic [traɪ'zɔɪk] *a.* 三孢虫的

troche [trəʊʃ] *n.* 【药】锭〔片〕剂

trochlear ['trɒklɪə] *a.* 滑车(状)的,滑车神经的,软轮的

trochoid ['trəʊkɔɪd] ❶ *n.* ①(长短轮,辐点)旋轮线,(余,次)摆线 ②摆线管,枢轴关节,【医】滑车关节 ❷ *a.* 滑车形的,枢轴状的,圆锥形的

trochoidal [trəʊ'kɔɪdəl] *a.* 摆动的,摆线的,(余,次)摆线的,陀螺形的

trochometer [trəʊ'kɒmɪtə] *n.* 里程〔速度〕表

trochotron ['trəʊkətrɒn] *n.* 【电子】磁旋管,摆线(磁控)管,电子转换器,(分光计型)摆动计

troctolite ['trɒktə,laɪt] *n.*【地质】橄长岩

trod [trɒd] tread 的过去式

Trodaloy ['trɒdəlɔɪ] *n.*【冶】铜铍合金

trodden ['trɒdn] tread 的过去分词

troegerite ['trɜːgəraɪt] *n.*【矿】砷铀矿

troglobite ['trɒgləbaɪt] *n.*【动】穴居动物

troika ['trɔɪkə] *n.* 三驾马车

troikatron ['trɔɪkətrɒn] *n.* 特罗伊卡特隆(计划达到三千亿电子伏的一种加速器)

troilite ['trəʊɪlaɪt] *n.*【矿】硫铁矿,损硫铁

troland ['trəʊlənd] *n.* 托兰,特罗兰得(视网膜所受光刺激单位),光子

trolite ['trəʊlaɪt] *n.* 特罗里特(一种塑胶绝缘材料)

trolitul ['trɒlɪtul] *n.* 【化】一种聚苯乙烯塑料

troll [trəʊl] *v.* ; *n.* 旋转,回旋

trol(l)ey,trolly ['trɒlɪ]❶ *n.* ①手推车,台车 ②运输车,矿车,轨道小车 ③(美国)有轨电车,缆车,(英国)无轨电车 ④载重滑车,桥式吊车 ⑤(电车上和架空电线接触的)触轮,接触导线,杆形受电器 ❷ *v.* 用手推车〔电车,吊运车等〕载运,乘坐电车〔手摇车,查道车〕

trollixanthin [,trɒlɪ'zænθɪn] *n.* 【药】金莲花黄质

trombone [trɒm'bəʊm] *n.* 【音】长号,(长度)可调(节的)U 形波导节〔同轴线〕

trommel ['trɒməl]❶ *n.* 鼓,转筒(筛),吊车卷筒 ❷ *v.* 转筒筛选〔筛分〕

Tromolite ['trɒməlaɪt] *n.* 特罗莫赖特烧结磁铁

tromometer [trɒ'mɒmɪtə] *n.* 【地质】微地震测量仪

trona ['trəʊnə] *n.* 【矿】天然碱,天然苏打,碳酸钠石

Trondheim ['trɒnheɪm] *n.* 特隆赫姆(挪威港口)

troop [tru:p]❶ *n.* (常用 pl.)军队,部队 ❷ *v.* 聚集,成群结队地走 ☆*a troop of* 一队,大量

trooper ['tru:pə] *n.* ①骑兵,伞兵 ②部队运输船

troostite ['tru:staɪt] *n.*【冶】①屈氏体 ②锰硅锌矿

trop [trəʊ](法语) *ad.* 太;过于 ☆*de trop* 多余的,无用的,不受欢迎的,碍事的

tropadyne ['trɒpədaɪn] *n.*【电子】超外差电路

tropane ['trɒpeɪn] *n.*【化】托品烷

trope [trəʊp] *n.* ①【数】奇异切面 ②转义,比喻

trophallaxis [,trɒfə'læksɪs] *n.*【动】动物换食行为

trophic ['trɒfɪk] *a.* 有营养的,有关营养的

trophobiont [,trɒfəʊ'baɪənt] *n.*【生】营养共生者

trophobiosis [,trɒfəʊbaɪ'əʊsɪs] *n.*【生】营养共生

trophoblast ['trɒfəblɑ:st] *n.*【生】滋养层

trophoblastohormone [,trɒfə,blɑ:stə'hɔ:məʊn] *n.*【生】营养膜激素

trophocyst ['trɒfəʊsɪst] *n.*【生】营养孢囊

trophocyte ['trɒfəsaɪt] *n.*【生】营养细胞,滋养细胞

trophology [trɒ'fɒlədʒɪ] *n.*【医】营养学

trophonucleus [,trɒfəʊ'nju:klɪəs] *n.*【生】滋养核,大核

trophophase ['trɒfəfeɪz] *n.*【生】生长期

trophophyll ['trɒfəfɪl] *n.*【植】营养叶

trophoplasm ['trɒfəplæzəm] *n.*【生】滋养质,体质

trophotaxis [,trɒfə'tæksɪs] *n.*【生】趋营养性

trophotherapy [,trɒfə'θerəpɪ] *n.*【生】营养疗法,饮食疗法

trophotropism [trəʊ'fɒtrəpɪzəm] *n.*【生】向营养性

trophozoite [,trɒfə'zəʊɪt] *n.*【生】滋养体(原虫)

tropic ['trɒpɪk]❶ *n.*【地质】回归线,(pl.)热带 ❷ *a.* 热带的

tropical ['trɒpɪkəl] *a.* ①热带的,回归线下的 ②酷热的,热烈的 ③转义的,比喻的 ‖ **-ly** *ad.*

tropicalise,tropicalize ['trɒpɪkəlaɪz] *vt.* 使(设备)适应气候条件,使抗湿热,使热带化 ‖

tropicalisation 或 **tropicalization** *n.*

tropicalized ['trɒpɪkəlaɪzd] *a.* 耐热的,适于在热带工作的,适应热带气候的

tropide ['trəʊpaɪd] *n.*【化】托品(酸)交酯

tropin ['trəʊpɪn] *n.*【生】亲(菌)素,调理素

tropina ['trɒpɪnə] *n.*【生】菌体蛋白

tropine [trəʊ'pi:n] *n.*【化】托品,莨菪碱

tropinone ['trəʊpɪnəʊn] *n.*【医】托品酮,莨菪酮

tropism ['trəʊpɪzəm] *n.* 趋性,向性

tropocollagen [,trəʊpəʊ'kɒlədʒən] *n.*【生化】原胶原(蛋白)

tropoelastin [trəʊ,pəʊɪ'læstɪn] *n.*【生化】弹性白蛋白

tropogram ['trəʊpəʊgræm] *n.*【气】特洛坡图(对流层内的高空气象图)

tropolone ['trəʊpələʊn] *n.*【化】托酚酮

tropomyosin [,trɒpəʊ'maɪəsɪn] *n.*【生化】原肌球蛋白

troponin ['trɒpənɪn] *n.*【生化】肌钙蛋白

tropoparasite [,trɒpə'pærəsaɪt] *n.*【生】转主寄生

tropopause ['trɒpəpɔ:z] *n.*【气】对流层顶,休止层

troposcatter ['trɒpəʊskætə] *n.*【气】对流层散射

troposphere ['trɒpəsfɪə] *n.*【气】对流层

tropospheric [,trɒpə'sferɪk] *a.* 对流层的

troposystem [trɒp'sɪstɪm] *n.*【电子】对流层散射通信系统

tropotactic [,trɒpə'tæktɪk] *a.* (动物)刺激趋应的

tropotaxis [,trɒpə'tæksɪs] *n.*【生】刺激趋应性

tropotron ['trɒpətrɒn] *n.* 一种磁控管

tropto(-)meter [trɒp'tɒmɪtə] *n.*【机】测扭计,扭转仪,扭力计,扭角仪

trot [trɒt]❶ *n.* 逐字译本 ❷ *v.* 小跑,疾走 ☆*trot out* 炫耀,提出…供考虑〔批准〕

trottoir ['trɒtwɑ:](法语) *n.* 人行道,步道

trotyl ['trəʊtɪl] *n.*【化】三硝基甲苯,TNT

trouble ['trʌbl]❶ *n.* ①故障,毛病,失调〔效,灵〕,超负荷 ②忧虑,苦恼,麻烦(的事) ③断层 ❷ *v.* (使)苦恼,(使)为难,费心,麻烦 ☆*be a trouble to* 对…是一件麻烦〔困难〕的事; *be at the trouble of doing* 专门(费劲地)去(做); *be beset with troubles both at home and abroad* 内外交困; *be troubled with (by)* 因…而苦恼; *get into trouble* 引起指责,陷入困境; *get into trouble with* 弄得同…闹纠纷; *go to the trouble of doing* 专门(费劲地)去(做),不辞辛劳地(做); *have trouble to (do)* (做)很费事; *shoot trouble* 寻找〔消除〕故障; *the trouble is that …* 麻烦的是,困难在于; *the trouble is with…* 麻烦〔问题〕在于; *(to) fish in troubled waters* 浑水摸鱼; *trouble oneself to (do)* 不辞辛劳地(做),特意; *what's the trouble with …* 出了什么毛病

〖用法〗该名词与"with"连用,表示"的困难〔麻烦〕"。如:The <u>trouble with</u> this scheme is that the actual load is connected to the sweeper by means of a transmission line. 这种方法的困难〔麻烦〕在于实际的负载要求传输线被连接到扫描仪上。

trouble-free ['trʌblfriː] *a.* 无故障的,无毛病的,不停顿的,安全的,可靠的

trouble-locating ['trʌblləʊkeɪtɪŋ] *n.* 故障检寻〔寻求,追查,探测〕

trouble-proof ['trʌblpruːf] *a.* 防〔无〕故障的,不停顿的

trouble-saving ['trʌblseɪvɪŋ] *a.* 预防故障〔事故〕的

troubleshoot ['trʌblʃuːt] *v.* 寻找〔检查及排除〕故障,消除缺陷,调试

troubleshooter ['trʌblʃuːtə] *n.* (故障)检修员

troublesome ['trʌblsəm] *a.* 困难的,麻烦的,易出故障的,讨厌的 ‖ **-ly** *ad.* **~ness** *n.*

troubling ['trʌblɪŋ] *n.* 浊度

troublous ['trʌbləs] *a.* 扰乱九,动乱不安的,多事故的

trough [trɒf] ❶ *n.* ①凹点,曲线上的极小值 ②槽,盆,长而浅的容器,(地,海)沟,洼,阱,喇叭口,中间流槽 ③导板,电缆架 ④槽钢 ⑤【气】槽形低气压,低压槽 ❷ *a.* 槽形的 ❸ *v.* 开槽〔沟〕

troupe [truːp] *n.* 剧团,杂技团,马戏团

trousers ['traʊzəz] *n.* (pl.)裤子;整流罩

〖用法〗表示"一条裤子"应该是"a pair of trousers"。

trout [traʊt] (pl. trouts 或 trout) *n.* ;*vi.* 【动】鳟鱼,捕鳟鱼

trowel ['traʊəl] ❶ *n.* 【建】泥〔瓦〕刀,路面清缝铲,灰匙 ❷ (trowel(l) ed; trowel(l) ing) *vt.* 用泥刀涂抹〔修平〕,勾缝 ☆ **lay it on with a trowel** 用镘刀涂抹,过分渲染

troy [trɔɪ] ❶ *n.* 金衡(制) ❷ *a.* (用)金衡制(表示)的

truck [trʌk] ❶ *n.* ①卡车,运货车 ②手推车,矿车,(摄像机)移动车 ③(铁路)敞车 ④交易〔换〕,以物易物,买卖 ⑤滚轮 ⑥实物工资(制) ❷ *vt.* ①装上卡车,用卡车载运 ②驾驶卡车 ③交换,以物易物 ☆ **have no truck with** 不跟…打交道,同…毫无关系

truckle ['trʌkl] ❶ *n.* 小〔滑〕轮 ❷ *v.* 靠小脚轮移动

truculence ['trʌkjuləns], **truculency** ['trʌkjulənsɪ] *n.* ①好斗 ②毁灭性 ‖ **truculent** *a.*

trudge [trʌdʒ] *v.* ;*n.* 长途跋涉

true [truː] ❶ *a.* ①真实的,确实的,忠诚〔实〕的 ②确切的 ③确切的 ④安装正确的 ❷ *n.* ①正确的位置〔调节〕 ②真实【数】成立 ❸ *ad.* 真实〔正确〕地 ❹ *vt.* 调整,摆正,校正,精修,矫直,打砂轮 ☆ **as true as a die** 绝对真实〔可靠〕; **(as) true as steel (flint, touch)** 极其真实,绝对可靠; **(be) in true** (装得)部位正正; **(be) out of (the) true** 不准确,部位不正; **(be) true for (of)** 对…成立〔适用〕,符合于,对…来说是正确的; **(be) true to nature (life)** 逼真(的); **(be) true to one's name** 名副其实; **(be) true to one's trust** 忠于其任务,没有辜负…的信任; **(be) true to one's word** 不背其言,守约; **(be) true to the original** 忠实于原文; **(be) true to type** 典型的,

标准型的; **come true** 成为事实,实现; **hold true** 有效,适用,是正确〔成立〕的; **make true** 调节,校准; **say it were true** 倘若是真; **the opposite is true of …** 与… 的情况(则,却)相反; **the reverse is true** (情况)则〔正好〕相反; **the same is true of** 对…也是 同样正确的, … 的情况也是一样的; **true (enough) …, but …** 当然…但是

〖用法〗❶注意下面例句中该词的含义:This result is true when averages are taken over very long times. 当在很长时间内取平均值时这个结果才是正确的。/This equation is 〔holds〕 <u>true</u> only when x＜1. 只有当 x＜1 时这个方程才成立。/This is particularly <u>true</u> of third-harmonic distortion. 这对于三次谐波失真尤其如此。/It is obvious that the severity of such errors is more or less proportional to the amount of noise present. <u>The same is true</u> of the linear- and digital-ramp techniques. 显然,这种误差的严重程度或多或少是与存在的噪声成正比的。这对于线性和数字斜波方法来说同样正确。/<u>It is true that</u> if a network contains m nodes and n unknown currents there are m-1 independent equations. 确实,如果一个网络含有 m 个节点和 n 个未知电流的话,则存在有 m-1 个独立的方程式。/<u>True</u>, underground water could not be seen or felt, but surely there must be signs on the surface which could be of help to us in finding it. 诚然,看到或感觉到地下水,但地面上必定有一些迹象可以帮助我们找到它。/Potential energy, <u>it is true</u>, might not affect the sense of touch in the same way as kinetic energy would. 诚然,势能不会像动能那样影响触觉。("it is true"是插入语。) ❷ 注意下面例句中画线部分的译法:The <u>true current</u> direction is opposite to what has been assumed. 电流的实际方向与我们假设的(方向)相反。

true-bred ['truːbred] *a.* 有教养的,血统纯正的

truehearted ['truːhɑːtɪd] *a.* 忠实〔诚〕的

trueness ['truːnɪs] *n.* 精度,真实(性),正确,忠实

truer ['truːə] *n.* 整形〔校准〕器

true-up ['truːʌp] *v.* 校准,整形,安装得正确

truff [trʌf] *n.* 【动】鳟鱼,鲑鱼

truffle ['trʌfl] *n.* 【植】松露(块菌)

truism ['truː(ː)ɪzəm] *n.* 自明之理,明明白白的事情,陈词滥调

truly ['truːlɪ] *ad.* ①完全地,正确地,确实地 ②老实说,事实上

trump [trʌmp] ❶ *n.* ①王牌,最后的手段 ②喇叭(声),号声 ❷ *v.* ①出王牌,用王牌赢 ②超过 ☆ **hold some trumps** 手里还有王牌,有必胜把握; **play a trump** 拿出王牌; **play one's trump card** 拿出王牌,用最后的手段; **put one to his trumps** 使人打出王牌,逼得人束手无策; **trump up** 捏造(出); **turn up trumps** 结果意外的好,(出乎意料地)令人满意

trumped-up ['trʌmptʌp] *a.* 捏造的

trumpery ['trʌmpərɪ] ❶ n. 废物〔话〕,中看不中用的东西 ❷ a. 华而不实的,无用的,肤浅的

trumpet ['trʌmpɪt] ❶ n. 喇叭(声),小号,喇叭形的东西,中心进口,底注管 ❷ v. 吹嘘,吹喇叭 ☆ **blow one's own trumpet** 自吹自擂,自负

trumpeter ['trʌmpɪtə] n. 号兵,吹鼓手

truncate ['trʌŋkeɪt] ❶ vt. ①切掉…的头〔末端〕,截短,截去(晶体的棱角)使成平面 ②【数】舍位〔项〕 ❷ a. 方头的,平截的,【数】斜截头的,不完全的

truncated ['trʌŋkeɪtɪd] a. (斜)被(截的,平切的

truncation [trʌŋ'keɪʃən] n. ①截断(尾),平切,使尖端钝化 ②【数】舍位〔项〕

trundle ['trʌndl] ❶ v. (使)滚〔转〕动,使旋转 ❷ n. ①小脚轮,灯笼(式小)齿轮 ②手车,矮轮手推车,无盖货车

trunk [trʌŋk] ❶ n. ①(树,躯)干,主体,筒形活塞,筒形结构,围壁通道 ②【计】母线,总线导电条,汇流条,局内线,(pl.)长途电话 ③干线,总〔象鼻〕管 ④信息通路 ⑤(线,洗矿)槽,槽杆,通风道 ⑥皮袋〔衣〕箱,(车尾)行李箱 ⑦【气】龙卷漏斗柱 ❷ a. ①树〔躯〕干的,干线的 ②箱形的 ③有筒〔管〕的 ❸ v. ①封闭在管〔筒〕里 ②在槽中洗选(矿石)

trunk-call ['trʌŋkɔ:l] n. 长途电话

trunk-engine ['trʌŋkendʒɪn] n. 【机】筒(状活)塞发动机

trunkful ['trʌŋkful] n. 一满箱,许多

trunking ['trʌŋkɪŋ] n. 【计】线槽,(通风)管道,中断

trunk-piston ['trʌŋkpɪstən] n. 【机】筒状活塞,柱塞

trunnion ['trʌnjən] n. 耳〔枢〕轴,炮耳,凸耳,枢销,箱轴,(万向节)十字头

trunnioned ['trʌnjənd] n. 【军】有耳轴的,有炮耳的

truss [trʌs] ❶ n. ①(一)捆,束,串 ②桁架,构架工程 ❷ vt. ①捆,系 ②用桁架支持,加固 ☆ **truss up** 捆,扎紧

trussed [trʌst] a. 桁架的

trussframed ['trʌsfreɪmd] a. 桁〔构〕架做的

trussing ['trʌsɪŋ] n. 桁架系统,捆扎

trust [trʌst] n.;v. ①信任,相信 ②信心,希望 ③责任,义务 ④信托,托管,依靠 ⑤赊售(给) ⑥信托物 ⑦联合企业,托拉斯 ☆ **buy on trust** 赊购;**enjoy the trust of …** 得到…的信任;**fulfil one's trust** 尽责;**have (put, repose) trust in …** 信任…;**hold (be in) a position of trust** 担任负责的工作;**leave in trust** 委托;**on trust** 不加考察地,不作深究地;**sell on trust** 赊售;**take a trust on oneself** 负责任;**on trust** 对…不加考察信以为真;**trust A for B** 把 B 赊卖给 A;**trust in (on)** 信任〔仰〕;**trust to** 依赖,只凭;**trust A to B** 或 **trust B with A** 把 A 委托给 B;**trust to A for B** 信任 A 而托之以 B,就 B 而信任 A

trustful ['trʌstful] a. 信任(他人)的,深信不疑的 ‖ ~ly ad.

trustify ['trʌstɪfaɪ] v. (把…)组成托拉斯

trustily ['trʌstɪlɪ] ad. 忠实的,可信赖的

trusting ['trʌstɪŋ] a. 信任(他人)的,深信不疑的 ‖ ~ly ad.

trustworthy ['trʌst,wɜ:ðɪ] a. 可信赖〔任〕的,可靠的 ‖ **trustworthily** ad. **trustworthiness** n.

trusty ['trʌstɪ] a. 可信赖的,可靠的

truth [tru:θ] n. ①真实(理,值),实际情况 ②事实〔正确〕性,精确度 ☆ **in (all) truth** 或 **of a truth** 说实在话,实际上,的确如此;**out of truth** (安装得,调整得)不准确,有毛病;**speak (tell) the truth** 说老实话;**the truth is (that) …** 真相是;**to tell the truth** 或 **truth to tell** 老实说,实际上;**truth to life** 逼真

truthful ['tru:θful] a. 真实的,诚实的 ‖ ~ly ad. ~ness n.

truthless ['tru:θlɪs] a. 不忠实的,不可靠的,虚伪的

try [traɪ] ❶ (tried; trying) v. 试图,努力;试验;审判;考验;尝试 ❷ n. ①试图,力求,努力 ②(尝)试 ③为…最后加工,刨光(up) ④审讯 ☆ **have a try at (for)** 试 **try and (do)** 或 **try to do** 尝试,打算,努力做;**try back** (回来)再试一试,重新回到(原来的话题);**try every means** 用尽方法;**try for** 企图达到,(谋)求;**try … for doing** 试验…以便(做);**try doing** 试着(做);**try using** 试用;**try on** 试穿;**try one's best (hardest) to (do)** 竭尽所能(做);**try one's hand at doing** 着手试(做);**try out** (彻底)试验,试验出,量出纯度;提炼,筛矿;**try the effect out** 完全试出结果〔效果〕;**try to (do)** 设法(做)

〖用法〗注意下面例句中该词的词性和词义:It is not practical to try to communicate with a computer using a conventional spoken language. 试图用惯常的口语来与计算机交流是不实际的。/Usually two or three trys are sufficient to attain satisfactory agreement. 通常试两三次就足以获得令人满意的一致了。

trying ['traɪɪŋ] a. ①难受的,费劲的 ②考验的,困难的

tryoff ['traɪɒf] n. 验箱

try-on ['traɪɒn] n. 试用〔验〕;耍花招

tryout ['traɪaut] n. ①(示范性)试验,试用,尝试 ②预演,选拔赛

tryptophol ['trɪptəfɔ:l] n. 【化】色醇

tryptose ['trɪptəus] n. 胰蛋白胨

tsar [zɑ:] n. 沙皇,大权独揽的人物

tsarism ['zɑ:rɪzəm] n. 沙皇制,专制统治

tsarist ['zɑ:rɪst] a. 沙皇(式,时代)的,专制的

T-square ['ti:skweə] n. 丁字尺

tub [tʌb] ❶ n. ①(木,浴)盆,浴桶,一桶〔盆〕的容量 ②矿车,吊桶 ③导弹外壳 ④洗澡,沐浴 ❷ (tubbed; tubbing) v. 在盆中洗浴或洗物,装进桶里

Tuba ['tju:bə] n. "杜巴"(地面强力干扰台)

tuba ['tju:bə] n. 【音】大号

tubal ['tju:bəl] a. 管的

tubby ['tʌbɪ] a. 桶状的,矮胖的,钝音的

tube [tju:b]❶ *n.* ①管子(道),软管,壳体 ②地下铁道,隧道,风洞 ③(pl.)管材 ④电子管,(电视)显像管 ⑤(轮)内胎 ❷ *vt.* ①装上管子,敷设管道,把…做成管形,用管道输出 ②乘地下铁道

tubeless ['tju:blɪs] *a.* 无(电子)管的,无内胎的

tubenose ['tju:b,nəʊz] *n.* 【医】管状鼻

tubeplate ['tju:bpleɪt] *n.* 【机】管板

tuber ['tju:bə] *n.*【机】制管机,制内胎机,【植】块茎

tubercidin [tju'bɜ:sɪdɪn] *n.*【生】杀结核菌素

tubercle ['tju:bəkl] *n.*【医】结节,结核节,小瘤

tubercular [tju(:)'bɜ:kjulə]*a.* ①(小)瘤状的,结核状的 ②结核病的

tuberculate(d) [tju:'bɜ:kjuleɪtɪd] *a.* ①瘤状的,结节(状)的 ②结核病的

tuberculation [tju:,bɜ:kju'leɪʃ ən] *n.*【医】腐蚀瘤,结核形成

tuberculin [tju:'bɜ:kjulɪn] *n.*【医】结核菌素

tuberculose [tju:'bɜ:kjuləus] *a.* 多瘤的,结核性的

tuberculosilicosis [tjubɜ:kjulə,sɪlɪ'kəusɪs] *n.*【医】矽肺结核

tuberculosin [tju,bɜ:kju'ləusɪn] *n.*【医】结核杆菌素

tuberculosis [tju(:),bɜ:kju'ləusɪs] *n.* 【医】结核(病),肺结核

tuberculous [tju(:)'bɜ:kjuləs] *a.* ①结核(病)的 ②结节(状)的

tuberiferous [,tjube'rɪfərəs]*a.* 生瘤的,有结节的

tuberiform [tju'berɪfɔ:m] *a.* 瘤形,核形

tuberin ['tju:bərɪn] *n.*【医】马铃薯球蛋白,抗结核菌素

tuberose ['tju:bərəus] *n.*【植】夜来香,晚香玉

tuberous ['tju:bərəs] *a.* 有结节的,隆凸的

tube-train ['tju:btreɪn]*n.* 地下铁道列车

tubiform ['tju:bɪfɔ:m] *a.* 管状的

tubing ['tju:bɪŋ] *n.* ①管(子,材,工),管道(系统),导管(装置)②装管,造管(法),敷设管道〔路〕

tubingless ['tju:bɪŋlɪs] *a.* 无管道的,无油管的

tubular ['tju:bjulə] *a.* 有管的,用管造成的,管状的,筒式的,空心的

tubulate ['tju:bjuleɪt]❶ *v.* 装管,焊(真空)管脚 ❷ *a.* 有管的,管状的

tubulation [,tju:bju'leɪʃ ən] *n.* 装管,焊(真空)管脚

tubulature ['tju:bjulətʃ ə] *n.* 【机】装管,管系

tubule ['tju:bju:l] *n.*【生】细管

tubulin ['tju:bjulɪn] *n.*【生化】微管蛋白

tubulose ['tju:bjuləus], **tubulous** ['tju:bjuləs] *a.* 管状的,有(小)管的

tubulure ['tju:bjulʊə] *n.* 短管状开口

tuck [tʌk]❶ *n.* ①(横,缝)褶,褶缝 ②船尾突出部下方 ③鼓声,号声 ④活力 ❷ *v.* ①褶起,打褶 ②包,卷 ③塞进,掖实 ☆*tuck away* 藏起; *tuck in* 把一端折起,包入; *tuck into* 包〔藏〕进; *tuck up* 折起一头,包

tucker ['tʌkə] *v.* ①装填 ②使筋疲力尽(up)

Tudor ['tju:də] *n.*; *a.* 都铎式

Tuesday ['tju:zdɪ] *n.* 星期二

tufa ['tju:fə] *n.* 【地质】石灰华,凝灰岩,上水石

tufaceous [tju:'feɪʃ əs] *a.* (似)凝灰岩的

tuff [tʌf]*n.*【地质】①(火山质)凝灰岩,上水石,石灰华 ②第一流的

tuffaceous [tʌ'feɪʃ əs] *a.* 凝灰质的

tuffcret ['tʌfkri:t] *n.*【建】凝灰岩水泥混凝土

tufftride ['tʌftraɪd] *n.*【化】(氰化钾盐浴)扩散渗氮,软氮化

Tufftriding ['tʌftraɪdɪŋ] *n.*【冶】塔夫盐浴碳氮共渗法

Tuf-Stuf ['tʌfstʌf] *n.* 【冶】塔夫-斯塔夫铝青铜

tuft [tʌft]❶ *n.* 一簇,一团,一卷,一丛,线束 ❷ *v.* ①簇(丛)生 ②用束钉住

tufted ['tʌftɪd] *a.* 簇状的,丛生的

tufty ['tʌftɪ] *a.* 成簇的,丛生的

tug [tʌg]❶ (tugged; tugging) *v.* ❷ *n.* ①(用力)拖,牵引(at),吃力地搬运 ②用拖船拖拽,拖轮,拖拽飞机 ③(拖,拉,牵引用的)绳索,装有滑车的铁钩 ④苦干,挣扎

tugboat ['tʌgbəut] *n.* 拖船

tugee [tʌ'gi:] *n.* 被拖的船

tug-of-war ['tʌgəvwɔ:] *n.* 拔河,激烈的竞争

tuinga [tu:'ɪŋgə] *n.* 发冠

tuition [tju(:)'ɪʃ ən] *n.* 教(诲),讲授,学费 ‖ ~al 或 ~ary *a.*

tularemia [tju:lə'ri:mɪə] *n.*【医】土拉菌病,免热病

tulip ['tju:lɪp] *n.*【植】郁金香

tulipine ['tju:lɪpi:n] *n.*【化】郁金香碱

tulle [tju:l] *n.* 薄纱

tumblast ['tʌmblɑ:st] *n.*【机】转筒喷砂

Tumblast ['tʌmblɑ:st] *n.* 图姆布来斯脱连续抛丸清理滚筒(商品名)

tumble ['tʌmbl] *v.*;*n.* ①(使)跌倒,(使)跌落,倒塌 ② 用滚筒清理 ③磨〔抛〕光 ④滚动,翻滚〔筋斗〕,倒扳 ⑤恍然大悟,领悟,同意(to) ⑥偶然遇见〔发现〕(into, upon) ⑦混〔弄〕乱,杂乱的一堆 ⑧仓促的行动,匆忙倾倒出来 ☆*all in a tumble* 混乱到极点; *tumble about* 打滚; *tumble down* 倒塌,跌倒, *tumble in* 把…镶(嵌)进去

〖用法〗注意下面例句中该词的含义:The modifications for improvement or variations to give better insight will <u>tumble head over heels</u> to suggest. 建议试图为了改进(那一部分内容)而作些修改或为了使读者能够更好理解而做些变动者将会适得其反。(本句是一个"反射式不定式"句型,主语"The modifications for improvement or variations to give better insight"是句尾"to suggest"的逻辑宾语。)

tumble-down ['tʌmbldaun] *a.* 摇摇欲坠的,倒塌中

tumbler ['tʌmblə] *n.* ①大玻璃杯 ②转鼓〔筒,鼓〕,摆座 ③转向(齿)轮,齿轮换向器,顺逆齿轮 ④(转换,倒扳,拨动式)开关,逆转机构

tumbril ['tʌmbrɪl] *n.* 二轮手车,粪车

tumefy ['tju:mɪfaɪ] v. (使)肿起 ‖ **tumefaction** n. **tumefacient** a.

tumescence [tju(:)'mesns] n. 【医】肿胀,肿大 (部分)

tumescent [tju:'mesnt] n. 略为肿大的

tumid ['tju:mɪd] a. ①肿胀的 ②凸出的,涨满的 ③浮夸的 ‖ ~**ity** n. ~**ly** ad.

tumo(u)r ['tju:mə] n. 【医】肿(块),(肿)瘤 ‖ **tumorous** a.

tumulose ['tju:mjuləus] n. 【地质】丘陵地

tumult ['tju:mʌlt] n. 喧哗,骚动 ‖ ~**uary** 或 ~**uous** a.

tumulus ['tju:mjuləs] n. 【地质】钟状火山;熔岩肿瘤;冢,古坟

tun [tʌn] ❶ n. 大桶 ❷ (tunned; tunning) v. 置于桶中

tuna ['tju:nə] n. 【动】金枪鱼

tunability [,tju:nə'bɪlətɪ] n.【化】可调能力,可调谐度

tunable ['tju:nəbl] a. 可调(谐,音)的,和谐的 ‖ ~**ness** n. **tunably** ad.

tunami [tu:'nɑ:mɪ] n. 【海洋】海啸

tundish ['tʌndɪʃ] n. 浇口盘,中间包,漏斗

tundra ['tʌndrə] n.【地质】冻〔苔〕原,冰沼土

tune [tju:n] ❶ n. ①调子,主题 ②和谐,协调 ③语调,态度 ❷ v. ①为…音,(音律)调弦,调谐,调整…的频率,收听 ②协调,使和谐 ☆ **be in tune with...** 适合 …,与 … 协调; **be out of tune with...** 不适合,与…不协调; **change one's tune** 或 **sing another (a different) tune** 改变调子,转变态度; **change... to such a tune as to make it look entirely different** 使…彻底改变面目; **in tune** 合调,和谐; **keep ... in tune** 使…处于良好的状态; **out of tune** 不合调,不和谐,失调; **to the tune of** 总数达(到),价格达…; **tune about for ...** 转动收音机旋钮找 …; **tune downward (upward)** 往低〔高〕频调谐; **tune in** 调谐(到),收听; **tune in a directional beacon** 用无线电同定向信标台联络; **tune in on (to) ...** 拨…,收听…; **tune off** 中途断绝; **tune out** 关掉,(使)失谐,清除; **tune to** 把…调到(某一频率); **tune up** 调整(谐,音),定弦,发挥效力;用化学溶剂清除发动机中的沉积物 〖用法〗该动词与 to 搭配使用。如:The reference oscillator is <u>tuned</u> to a low frequency. 把参照振荡器调谐于低频。

tuneful ['tju:nful] a. 和谐的,入调的,悦耳的 ‖ ~**ly** ad. ~**ness** n.

tune-in ['tju:nɪn] n. 调入〔准,谐〕

tuneless ['tju:nlɪs] a. ①不合调的,不和谐的 ②无音调的,无声的

tune-out ['tju:naut] n. 【电子】解调〔谐〕

tuner ['tju:nə] n. 【电子】调谐〔音〕器,频道选择器,高频头,调音者

tune-up ['tju:nʌp] n. 调准〔节,谐,整〕

tungalloy ['tʌŋgəlɔɪ] n. 【冶】钨(系硬质)合金

tungalox ['tʌŋgələks] n. 坦喝洛陶瓷(刀具)

tungar ['tʌŋgə] n.【电子】(二极)钨氩(整流)管,吞加〔充电,整流〕管

tungate ['tʌŋgeɪt] n. 【化】桐油制成的催干剂

Tungelinvar [,tʌŋgə'lɪnvə] n. 【冶】腾格林瓦合金

tungstate ['tʌŋsteɪt] n. 【化】钨酸盐

tungsten ['tʌŋstən] n.【化】钨

tungstenic [tʌŋs'tenɪk] a. 含,像)钨的

tungstenite ['tʌŋstənaɪt] n. 【矿】硫钨矿

tungstic ['tʌŋstɪk] a. (正,六价,五价)钨的

tungstite ['tʌŋstaɪt] n. 【地质】钨华

Tungum ['tʊŋʌm] n.【冶】(英国制)吞喀姆硅黄铜

tunicata ['tju:nɪkətə] n. 【动】被囊动物

Tunicflower ['tju:nɪkflauə] n. 【植】洋石竹属

tuning ['tju:n] n.【无】调音,调谐

Tunis ['tju:nɪs] n. 突尼斯(突尼斯首都)

Tunisia [tju(:)'nɪzɪə] n. 突尼斯

Tunisian [tju(:)'nɪzɪən] a;n. 突尼斯的,突尼斯人(的)

tunnage = tonnage

tunnel ['tʌnl] ❶ n. ①隧〔地,坑〕道,隧洞 ②烟道〔囱〕,孔道,管沟,电缆沟,风洞 ③旋度 ❷ (tunnel(1)ed; tunnel(1)ing) v. ①(在…)开隧道,掘地道,建筑沟道 ②通过地道(through),进地道(into) ③ 穿过势垒 ☆ **tunnel one's way (through, into)** 挖隧道(通过,进入)

tunnelite ['tʌnəlaɪt] n. 【建】一种快凝水泥

tunnel(l)er ['tʌnələ] n. 【建】隧道〔水平巷道〕掘进机,挖掘隧道的人

tunnellike ['tʌnəlaɪk] a. 像隧〔地〕道的

tunnel(l)ing ['tʌnəlɪŋ] n.【建】①开挖隧道,水平巷道掘进 ②隧道效应,隧道贯穿

tunneltron ['tʌnəltrɒn] n. 【建】隧道管

tunny ['tʌnɪ] n.【动】金枪鱼

tunoscope ['tu:nəuskəup] n. 【电子】电眼,调谐指示器

tup [tʌp] ❶ n.【机】撞锤,动力锤的头部,破碎机的落锤,冲舌 ❷ (tupped; tupping) v. 撞击

tupelo ['tu:pələu] n. 【植】美国紫树

turacin ['tju:rəsɪn] n. 【医】羽红素

turanose ['tju:rənəus] n. 【化】松二糖

Turbadium ['tɜ:bədɪəm] n. 【冶】船用锰黄铜

turban ['tɜ:bən] n. (穆斯林的)缠头巾

turbary ['tɜ:bərɪ] n. 【地质】泥煤田

turbator ['tɜ:bətə] n. 【电子】带环形谐振腔的磁控管

Turbellaria [tɜ:bə'leərɪə] n. 【动】涡虫纲(扁形)

turbid ['tɜ:bɪd] a. ①(混,污)浊的 ②烟雾腾腾的 ③不明了的

Turbide ['tɜ:baɪd] n. 【冶】特比德烧结耐热合金

turbidimeter [,tɜ:bɪ'dɪmɪtə], **turbidometer** [,tɜ:bɪ'dɒmɪtə] n. 【测绘】浊度计〔表〕,涡流测量计

turbidimetric [,tɜ:bɪdɪ'metrɪk] a. (混)浊度的,浊度计的

turbidimetry [,tɜ:bɪdɪ'metrɪ] n. 【物】比浊法,浊度测量

turbidite ['tɜ:bɪdaɪt] n. 【地质】浊流层,浊流岩

turbidity [tɜːˈbɪdɪtɪ], **turbidness** [ˈtɜːbɪdnɪs] *n.* (混)浊度,相片轮廓不清晰度,含沙量;不明了

turbidostat [ˈtɜːbɪdəstæt] *n.* 【生】恒浊器

turbinate [ˈtɜːbɪnɪt] *a.* 陀螺似的,鼻甲(骨)的

turbine [ˈtɜːbɪn] *n.* 【机】涡轮

Turbiston [ˈtɜːbɪstɒn] *n.* 【冶】特比斯通高强度黄铜

turbobit [ˈtɜːbəʊbɪt] *n.* 【机】涡轮钻头

turbo-blower [ˈtɜːbəʊbləʊə] *n.* 【机】涡轮式鼓风机〔增压器〕,离心鼓风机

turbocar [ˈtɜːbəʊkɑː] *n.* 【机】涡轮汽车

turbocharge [ˈtɜːbəʊtʃɑːdʒ] *v.* 涡轮增压

turbocharger [ˈtɜːbəʊˌtʃɑːdʒə] *n.* 【航海】涡轮增压器

turbocompressor [tɜːbəʊkəmˈpresə] *n.* 【机】涡轮压缩机,离心压缩机

turbocopter [ˈtɜːbəʊˌkɒptə] *n.* 【航】涡轮直升机

turbodrier [ˈtɜːbəʊdraɪə] *n.* 【机】涡轮干燥机

turbodrill [ˈtɜːbəʊdrɪl] ❶ *n.* 【机】涡轮钻具 ❷ *v.* 涡轮钻进

turbo-exhauster [ˈtɜːbəʊɪgˈzɔːstə] *n.* 【机】涡轮排气机

turboexpander [ˈtɜːbəʊɪksˈpændə] *n.* 【机】涡轮冷气发动机,涡轮膨胀机

turbofan [ˈtɜːbəʊfæn] *n.* 【机】涡轮风扇发动机,涡轮风扇

turbofed [ˈtɜːbəʊfed] *a.* 涡轮泵供油的

turbo-feeder [ˈtɜːbəʊfiːdə] *n.* 【机】透平给水泵

turbofurnace [ˈtɜːbəʊfɜːnɪs] *n.* 【机】旋风炉膛

turbogenerator [ˌtɜːbəʊˈdʒenəreɪtə] *n.* 【机】涡轮〔汽轮〕发电机(组)

turbo-interrupter [ˈtɜːbəʊɪntəˈrʌptə] *n.* 【机】涡轮断续器

turbo-inverter [ˈtɜːbəʊɪnˈvɜːtə] *n.* 【机】涡轮反用换流器(直流变交流)

turbojet [ˈtɜːbəʊˈdʒet] *n.* 【航空】涡轮喷气(发动)机,涡轮喷气飞机

turbolator [ˈtɜːbəʊleɪtə] *n.* 【机】扰流子

turbo-liner [ˈtɜːbəʊlaɪnə] *n.* 【航】涡轮螺桨式客机

turbomachine [ˈtɜːbəʊməˈʃiːn], **turbomachinery** [ˈtɜːbəʊməˈʃiːnərɪ] *n.* 【机】涡轮机(组)

turbo-mill [ˈtɜːbəʊmɪl] *n.* 【机】涡轮研磨机

turbo-mixer [ˈtɜːbəʊmɪksə] *n.* 【机】叶轮式混合器

turbonit [ˈtɜːbəʊnɪt] *n.* 胶纸板

turbopause [ˈtɜːbəʊpɔːz] *n.* 【气】湍流层顶

turbo-power [ˈtɜːbəʊpaʊə] *n.* 【机】涡轮动力

turboprop [ˈtɜːbəʊprɒp] *n.* 【航】涡轮螺(旋)桨发动机,涡轮螺桨飞机

turbopump [ˈtɜːbəʊpʌmp] *n.* 【涡(叶)轮泵

turboramjet [ˌtɜːbəʊˈræmdʒet] *n.* 【机】涡轮冲压式喷气发动机

turboseparator [ˌtɜːbəʊˈsepəreɪtə] *n.* 【机】(汽鼓内的)旋风分离器,涡流子

turboset [ˈtɜːbəʊset] *n.* 【机】涡〔汽〕轮机组,涡轮发电机

turboshaft [ˈtɜːbəʊʃɑːft] *n.* 【机】(发动机)涡轮轴

turbosphere [ˈtɜːbəʊsfɪə] *n.* 【气】湍流层

turbosupercharger [ˌtɜːbəʊˈsjuːpəˌtʃɑːdʒə] *n.* 【航】涡轮增压器

turbo-type [ˈtɜːbəʊtaɪp] *n.* 【机】涡轮式

turbo-unit [ˈtɜːbəʊjuːnɪt] *n.* 【电气】汽轮发电机组

turboventilator [ˌtɜːbəʊˈventɪleɪtə] *n.* 【机】涡轮风机

turbulator [ˈtɜːbjʊleɪtə] *n.* 【机】湍流(发生)器,扰流(发生)器

turbulence [ˈtɜːbjʊləns], **turbulency** [ˈtɜːbjʊlənsɪ] *n.* ①骚动,扰动,颠簸 ②湍流(度),涡流,旋涡,汹涌

turbulent [ˈtɜːbjʊlənt] *a.* 骚〔扰〕动的,湍性的,涡旋的,汹涌的 ‖ **-ly** *ad.*

turbulivity [ˌtɜːbjʊˈlɪvɪtɪ] *n.* 【物】湍流度

turbulization [ˌtɜːbjʊlɪˈzeɪʃən] *n.* 【机】(产生)湍流,紊流化

turf [tɜːf] ❶ *n.* 泥煤,泥炭;草地〔皮〕,跑马场 ❷ *vt.* 铺草皮

turfary [ˈtɜːfərɪ] *n.* 【地质】沼泽,泥沼地

turfy [ˈtɜːfɪ] *a.* 草皮的,多草的,含泥炭的

turgescence [tɜːˈdʒesəns], **turgescency** [tɜːˈdʒesənsɪ] *n.* ①肿(胀)②浮夸,夸张 ‖ **turgescent** *a.*

turgid [ˈtɜːdʒɪd] *a.* 肿胀的,胀满的,浮夸的 ‖ **~ity** *n.*

turgograph [ˈtɜːgəʊgrɑːf], **turgoscope** [ˈtɜːgəʊskəʊp] *n.* 【医】血压计

turgometer [tɜːˈgɒmɪtə] *n.* 【医】肿度测定器

turgor [ˈtɜːgə] *n.* 【医】肿胀,充实,充盈

turion [ˈtjʊərɪən] *n.* 【植】(具)鳞根出条

turite [ˈtjuːraɪt] *n.* 【矿】图尔石,水赤铁矿

Turkey [ˈtɜːkɪ] *n.* 土耳其

Turkish [ˈtɜːkɪʃ] *a.;n.* 土耳其的,土耳其人(的),土耳其语

Turku [ˈtʊəkuː] *n.* 土尔库(芬兰港口)

turmoil [ˈtɜːmɔɪl] *n.* 骚动〔乱〕,混乱

turn [tɜːn] ❶ *v.* ①转(动),盘旋,拧,绕线 ②(把…)翻转(过来),颠倒,倾倒,扭(曲),倾斜,弄卷〔钝〕③转(改)变,变成,(使)成为,出现 ④(使)转弯,变向,使偏斜,绕过 ⑤车成,旋,使成圆形 ⑥(使)朝向,把…指向 ⑦翻译 ⑧使流通,周转,兑换,转手 ☆ **be turned (of)** 年逾; *it turns out not to be the case* 原来并非如此; *it turns out (to be the case) that ...* 结果弄清楚是,原来(是); *scarcely know where (which way) to turn* 不知往哪里走〔求援〕,不知所措; *turn (...) + a.* (使…)变成; *turn about* 转来转去,调向,回头,绕…转动;反复思考; *turn against ...* 转而反对…,背叛〔反对〕…,以…为敌,反对; *turn a (the) matter over (and over) in one's mind* 再三考虑; *turn around* 旋转,转向; *turn aside* 转向一边,闪〔避〕开,转〔背〕过脸去,把…搁置一边; *turn aside from ...* 偏离…,撇开〔不谈〕; *turn away* (使)转变方向,避开〔免〕,拒在门外; *turn A away from B* 使 A 离开 B; *turn back*(使)折回,拨慢(钟表);翻回到,重新提到(to); *turn*

back the clock 把钟拨慢,开倒车; ***turn colour*** 改变颜色; ***turn down*** 翻下,折起,使面朝下;往下调〔转〕,调低,扭小;拒绝,驳回; ***turn down into*** (把…)拧入; ***turn in*** 向里弯曲,(把…向里)折进,归还,递; ***turn inside out*** (把里向外)翻过来; ***turn (…) into…*** (把…)变成〔转化为,译成〕; ***turn loose*** 释放,发射,放纵,让…放任自流; ***turn loose A on B*** 放手让 A 做 B; ***turn off*** 关闭,断开,转开(弯),撇〔避〕开,分歧,叉开;制造〔出〕,处理,出售;车削〔成,掉,出〕;(使)失去(兴趣、热情); ***turn on*** 拧开,接通,朝向,把…对准;依靠,视…而定,取决于,关键在于;(使)感兴趣,使激动,反对; ***turn A onto B*** 使 A 转向 B; ***turn one's attention to*** 把…注意力转向; ***turn a person's battery against himself*** 以子之矛攻子之盾; ***turn one's hand to*** 试(试看); ***turn out*** 向外(弯曲),出现,结果是,证明是;倒出,制造,培养;车出,关闭,断路,驱逐; ***turn out (to be) + a. (n.)*** 结果弄清楚是,原来〔结果,证明〕是; ***turn over*** 翻阅,把…逐件翻过,打滚,反复考虑;营业额达; ***turn … over to*** 把…(转)交(给); ***turn right round*** 转一整圈; ***turn (…) round*** (使)旋转,改变意见,采取新政策; ***turn round …*** 绕…旋转; ***turn the balance*** 改变形势,改变力量对比,扭转局面; ***turn the balance (scale(s)) in one's favo(u)r*** 使…占上风,改变情势使有利于; ***turn the corner*** 转弯,渡过危机(难关),情形好起来; ***turn the scale(s)*** 起决定作用,扭转局面; ***turn the table(s)*** 转变形势,扭转局面,转败为胜; ***turn … through an angle*** 倾斜,使…转过一定角度; ***turn to*** (把…)变成(译为),转向,翻到(…页);着手(工作),求助于; ***turn … to full (good) account*** 充分〔好好〕利用…; ***turn … to advantage*** 有效地利用…,把…转为有利条件; ***turn … for help*** 求助于…; ***turn … to profit*** 利用…; ***turn up*** (使)向上弯,朝天,仰起,卷起,翻,扭大;(突然)发生,出现,参考,查阅;被发现,发掘出,证明是; ***turn upon*** 以…为转移,依靠,关键在于;反对; ***turn upside down*** (上下)颠倒,把…完全颠倒,扰乱; ***turn up to*** 往上转(调)到 ❷ *n.* ①旋转(运动),盘旋,变〔调〕向 ②弯曲,转弯处,转折点 ③轮流(班),顺序 ④(一)圈,(一)回,转数,(线圈的)匝(数) ⑤形状,性情 ⑥行为,举动 ☆ *at every turn* 到处,每次,事事,总是; *at the turn of the century* 在一个新世纪开始的时候,在进入一个新世纪的时候; *by turns* 轮流地,时而…时而…; *call the turn* 操纵,定调子,发号施令; *come in its turn* 轮流; *do … a bad turn* 帮倒忙,拆…的台; *do … a good turn* 帮…的忙; *give … another turn of the screw* 对…施加压力; *in one's turn* 替代,值班;依次,轮到; *in the turn of a hand* 反掌之间,转瞬间; *in turn* 依次,(本身)又,再; *it is one's turn (to(do))* 这回轮到…(做); *on the turn* 正在变化; *out of turn* 不按次序地,不合时宜地,轻率地; *serve one's turn* 合…之用,

有助于达到…目的; ***serve the turn*** 管用; ***take … turn(s)*** 拧转; ***take turns at*** 或 ***take one's turn to (do)*** 轮流(做); ***to a turn*** 正好,恰到好处; ***to the turn of a hair*** 丝毫不差地; ***turn (and turn) about*** 依次

〖用法〗❶注意下面例句中该词的含义:It turns out that insulating material between the parallel plates increases the capacitance of a capacitor. 人们发现〔结果证明〕,平板间的绝缘物质增加了电容器的电容量。/The digital-to-analog converter is driven by the digital output of an electronic counter, which in turn is driven by an oscillator. 数模转换器是由电子计数器的数字输出推动的,而电子计数器又〔反过来〕是由振荡器推动的。❷ 表示"匝数比"时它一般用复数形式 "turns ratio"。

turnable ['tɜːnəbl] *a.* 可转动〔弯〕的

turnabout ['tɜːnəbaut] *n.* ①转向,180° 转弯,转向另一边 ②变节,叛徒

turnaround ['tɜːnəraund] *n.* ①回车道(场),转盘 ②小修,(预防)检修,飞机卸货、加油、检修再装货所需的时间,来回飞行时间,船只进港、卸货、装货、离港的全部过程 ③工作(检修)周期 ④转变,交接 ⑤活动半径,180° 转弯 ⑥来回程,往返周转

turn-back ['tɜːnbæk] *n.* 回转,反(向)转(动),转身,交还

turnbench ['tɜːnbentʃ] *n.* 【机】(可携带的)钟表工人用车床

turnbuckle ['tɜːnˌbʌkl] *n.* 【机】(松紧)螺套〔螺丝扣〕,螺纹接头,拉杆螺杆〔螺纹套〕

turnbutton ['tɜːnbʌtən] *n.* 旋(转式)按钮

turncap ['tɜːnkæp] *n.* (烟囱顶)旋转帽,风帽

turncoat ['tɜːnkəut] *n.* 变节者,叛徒

turncock ['tɜːnkɒk] *n.* 【机】(有柄)旋塞

turndown ['tɜːndaun] ❶ *a.* 可翻折的 ❷ *n.* ①关闭,拒绝,萧条 ②调节 ③翻折物

turner ['tɜːnə] *n.* 【机】①车工 ②(车床)刀夹 ③旋转器,搅动器 ④旋转〔翻拌〕者

turnerite ['tɜːnəraɪt] *n.* 【矿】独居石

turnery ['tɜːnərɪ] *n.* 【机】①车床工厂,车削车间 ②旋工制品〔工作〕,车削工作〔产品〕

turn-in ['tɜːnɪn] *n.* 折进物

turning ['tɜːnɪŋ] ❶ *n.* ①(旋,翻)转,变向 ②转弯(处),分歧处 ③车削(工作),旋(工),切削外圆,车工工艺,(粗)加工 ④(pl.)(车床)切屑 ❷ *a.* 旋转的

turn-insulating ['tɜːnɪnsjuleɪtɪŋ] *n.* 【电子】匝间绝缘

turnip ['tɜːnɪp] *n.* 【植】萝卜

turnkey ['tɜːnkiː] *n.* 监狱看守;总承包;总控钥匙

turnmeter ['tɜːnmiːtə] *n.* 【医】转速计,(回)转速(度)指示器

turnoff ['tɜːnɒf] *n.* ①断开,关(闭,断) ②岔开,岔道 ③转向 ④成品

turnon ['tɜːnɒn] *n.* 【电子】接通,(扭)开,使导通

turnout ['tɜːnaut] *n.* ①生产量,产品,输出 ②岔道,分水闸,渠道分叉口 ③出清 ④到会者,观众 ⑤切

断 ⑥罢工

turnover ['tɜ:nəuvə]❶ n. ①回转,循环,转 360° ②翻倒(物),倒置〔转〕,倾〔颠〕复,折腾,移交 ③【经】周转,营业额,临时投资额,换新率 ④工程维持费 ⑤(录音)交叉频率 ⑥更新 ⑦道岔 ❷ a. 卷起的

turnpike ['tɜ:npaɪk] n. 收税高速公路,收税栅,(铁路)跨线桥,高架桥

turnplate ['tɜ:npleɪt] n. 转(车)台,(旋)转盘,回转板

turn-screw ['tɜ:nskru:] n.【机】螺丝起子,传动丝杠

turnstile ['tɜ:nstaɪl] n. 绕杆,(旋)转(式)栅(门),回转栏

turntable ['tɜ:nteɪbl] n. ①转(车)台 ②(唱机)转盘 ③回转台 ④(广播用)录音转播机 ⑤转桌

turnup ['tɜ:nʌp] ❶ a. (可)翻起的 ❷ n. 翻起物,卷起部分;达到一定转速

turpentine ['tɜ:pəntaɪn]❶ n.【化】松(节,木)油,松香水 ❷ v. 涂松节油于,(从…中)采集松脂

turpentole ['tɜ:pəntəul] n.【化】精制石油

turpidometer [,tɜ:pɪ'dɒmɪtə] n.【物】浮沉测粒计

turquois(e) ['tɜ:kwɑ:z] n.;a.【地质】绿松石(色),青绿色(的),绿蓝色(的)

turret ['tʌrɪt] n. ①塔〔角〕楼,(回转,活动)炮塔 ②转台,六角转头,六角〔塔〕刀架 ③六角车床 ④镜头盘 ⑤消防用水龙

turreted ['tʌrɪtɪd] a. 有角塔的,有六角转台的

turriculate(d) [tə'rɪkjuleɪtɪd] a. 有小角塔的

turtle ['tɜ:tl] n.【动】鼋龟,甲鱼,海龟,玳瑁 ☆**(to) turn turtle** 大翻个儿,沉没

tusk [tʌsk] n. 榫眼,尖头,齿状物,长牙

tussocky ['tʌsəkɪ] a. 多丛草的

tut [tʌt] n. 件

tutamen ['tju:təmən] (pl. tutamina) n. 保护器,防御物

tutee [tju:'ti:] n. 被(导师)指导者,学生

tutelage ['tju:tɪlɪdʒ] n. (个别)指导,保护

tutor ['tju:tə]❶ n. (私人,家庭,指导)教师,导师,教员,助教 ❷ v. ①个别指导,当指导教师 ②受个别指导 ③抑制 ④监护人

tutorial [tju(:)'tɔ:rɪəl] ❶ a. (指)导(教)师的,个别指导的 ❷ n. 个别指导时间 ‖ **~ly** ad.

tutty ['tʌtɪ] n.【化】未经加工的氧化锌

tutwork ['tʌtwɜ:k] n. 计件工作

tuyere [twi:'jeə] (法语) n. (冶金炉)风口,喷口,(炉排的)孔隙,吹风管嘴,测量喷管

twain [tweɪn] n. 二,一对

tweeks [twi:ks] n.【气】大气干扰

tween [twi:n]❶ n.【生】非离子活性剂,吐温(一种用于细菌浸出的中性表活性剂) ❷ prep.;ad. (在…)中间,当中

tweet [twi:t] n.;vi. (发)啾啾声,吱吱地叫

tweeter ['twi:tə] n.【无】高频扬声器,高音头

tweezer ['twi:zə]❶ vt. 用镊子钳 ❷ n. (pl.) 镊子,(小)钳子,夹子

twelfth [twelfθ] n.;a. 第十二(的),(某月)12 日,十二

分之一(的) ‖ **~ly** ad.

twelve [twelv] n.;a. ①十二(的),十二个 ②十二气缸,十二点钟 ☆**strike twelve** 达到最高目标,获得大成功

twelvemo, 12 mo ['twelvməu] n.;a. 十二开(本,的)

twelvemonth ['twelvmʌnθ] n. 一年,十二个月

twentieth ['twentɪɪθ] n.;a. 第二十(的,个),(某月)20 日,二十分之一(的)

twenty ['twentɪ] n.;a. ①二十(的,个) ②(pl.)二十年代 ③二十点钟,下午八点 ④二十英镑〔美元〕的纸币 ⑤许多的

twere [twɜ:] n.【机】风口

twice [twaɪs] n.;ad. ①两次 ②两倍于 ☆**at twice** 分两次(做),在第二次时; **do not think twice about doing** 对(做某事)不再考虑,断然予以…,忘掉,忽视; **in twice** 分两次(做); **think twice** 重新〔仔细〕考虑; **think twice about doing** 仔细考虑,三思而行; **twice or thrice** 两三次 【用法】❶它可以处于被修饰的名词前。如:The maximum collector dissipation is twice the maximum power that can be delivered to the load. 最大的集电极功耗为能够提供给负载的最大功率的两倍。❷注意下面例句的汉译法:A force which causes a body to have twice the acceleration another force produces must be twice as great. 如果一个力使物体产生的加速度是另一个力产生的两倍,则该力必定是那个力的两倍(那么大)。

twicer ['twaɪsə] n. 某事做两次的人,兼做两事的人

twice-told ['twaɪstəuld] a. 讲过两〔多〕次的,陈旧的,众人皆知的

twiddle ['twɪdl] v.;n. 捻,旋转着移动

twifold ['twaɪfəuld] a.;ad. 两倍,双重

twi-formed ['twaɪfɔ:md] a. 有两形的

twig [twɪg] (twigged; twigging)❶ v. 观察,看出,懂得 ❷ n. 细〔嫩〕枝,探矿条;(神经等)末梢;款式

twiggy ['twɪgɪ] a. 细枝的,多小枝的,纤细的

twilight ['twaɪlaɪt]❶ n. 微明,黎明,黄昏,晨昏蒙影,昏暗 ②没落〔洪荒〕时代 ③一知半解 ❷ a. 微明的,昏暗的,朦胧的 ❸ vt. 使微明

twill [twɪl] n.【纺】斜纹图案〔组织,织物〕

twin [twɪn] ❶ n. ①双生子,双生子之一,(pl.)一对 ②孪晶 ③双发动机飞机 ❷ a. ①双(双)的,孪生的,(成)对的,一双二一的,复式的,酷似的,关系密切的 ❸ (twinned; twinning) v. ①孪生,(与…)成对(with) ②形成孪晶 ③给…提供配对物,使成对

twinax ['twɪnæks] n.【电子】屏蔽双导线馈电线

twin-bucket ['twɪnbʌkɪt] a. 双斗(的)

twine [twaɪn] n.;v. ①捻〔麻〕绳,双股线,网丝 ②盘绕,蜿蜒 ③搓,捻,编结,交织,纠缠

twined [twaɪnd] a. ①成对的 ②捻成的

twinkle ['twɪŋkl]❶ v. ①闪烁,迅速移动 ❷ n. ①闪烁〔光〕 ②一刹那 ③快速移动 ☆**in a twinkle** 或 **in the twinkle of an eye** 一刹那

twinkler ['twɪŋklə] n. 发光体

twinkling ['twɪŋklɪŋ] ❶ n. ①闪烁 ②顷刻 ③并行 ❷ a. 闪烁〔亮〕的 ☆*in a twinkling* 或 *in the twinkling of an eye* 一刹那

twinning ['twɪnɪŋ] ❶ n. ①孪晶现象〔作用〕,形成孪晶,孪生(作用),成对 ②扭成对,双股绞合 ❷ a. 孪生的

twinplex ['twɪnpleks] n. 【电子】四信路制,双路移频制

twinroll ['twɪnrəul] a. 双滚筒的

twirl [twɜ:l] v.;n. ①(使)快速转动,捻弄 ②扭转,卷曲 ③旋转的东西,花体(字) ④复制的〔万能〕钥匙

twist [twɪst] ❶ v. ①搓(合),拧,绞(合),编 ②缠绕,曲折,迂回 ③(使)转动,(使)扭转 ④(使)成螺旋形〔涡旋形〕,旋转着作曲线前进 ⑤曲解,歪曲 ☆ *be twisted through ...* 穿过…(旋转)前进,拧进; *twist ... into place* 把…拧进去; *twist off* 拧断,拧开; *twist one's way through ...* 穿过…前进; *twist round* 扭转; *twist ... round as ...* 把…弯曲成〔改写为〕…; *twist the tail* 使汽车开动; *twist ... to ...* 使…折向…; *twist up* 捻,卷(成螺旋形),盘旋而上 ❷ n. ①(一)搓,(钢丝绳的)股,扭,缠绕,弯〔卷〕曲 ②捻〔扭,卷曲〕度,扭矩,角动量,动量矩,螺旋状 ③螺旋运动 ④捻线 ⑤歪曲,曲解 ⑥意想不到的转折,(新的)方法〔观点〕 ☆ *a new twist* 一个新的情况〔因素,观点〕; *a twist of the wrist* 熟练的技巧〔手法〕; *twists and turns* (迂回)曲折; *develop by twists and turns in struggle* 在斗争中曲折发展

twistable ['twɪstəbl] a. 可搓捻〔缠绕,旋扭,扭卷〕的

twist-drill ['twɪstdrɪl] n. 【机】麻花〔螺纹〕钻(头)

twister,twistor ['twɪstə] n. ①绞扭器 ②受扭晶体 ③磁扭线(存储器) ④缠(盘)绕物 ⑤扭转车 ⑥陆〔水〕龙卷 ⑦难题〔事〕

twisty ['twɪstɪ] a. ①扭曲的,迂回的,盘旋的 ②转弯抹角的,狡猾的

twit [twɪt] v.;n. 责备,挖苦

twitch [twɪtʃ] v.;n. ①急拉〔扯〕,抽动,(肌肉的)单肌颤搐,骤然一抽 ②抽〔阵〕痛

twixt [twɪkst] prep. 在(两者)之间

two [tu:] n.;a. ①二、两 ②一付、二者 ③两点钟 ☆*by (in) twos and threes* 三三两两,零零星星; *(come, break, cut ...) in two* (变,分裂,切)为二; *in two twos* 立刻,一转眼; *one or two* 一或两;少许; *put two and two together* 根据事实推断; *two and (by) two* 两个两个; *two by four* 小的,不足道的; *two whoops and a holler* 不远的地方,很短的距离

two-bit ['tu:bɪt] a. 便宜,无价值的

two-course ['tu:kɔ:s] a. 双层的

two-edged ['tu:edʒd] a. 双锋的,两刃的,有两种相反作用的,有双重意义的

twofold ['tu:fəuld] a.;ad. 两倍(的),双重的,两层的,有个(方面)的

two-gang ['tu:gæŋ] a. 双联的(指电容器)

two-piece ['tu:pi:s] a. 二片的,两部分组成的,拼合

式的

twyer(e) ['twaɪə] n. 风口

twystron ['twaɪstrɒn] n. 【电子】行波速调管

Tygon ['taɪgən] n. 【化】聚乙烯(商品名)

tygoweld ['tɪgəweld] n. 【化】环氧树脂复合黏合剂

tying ['taɪɪŋ] ❶ tie 的现在分词 ❷ n. 结,系

tymp [tɪmp] n. 【机】水冷铁铸件

tympan ['tɪmpən] n. ①【生】鼓膜,薄膜状物 ② 【印】(印刷机的)压纸格 ③门楣中心

tympana ['tɪmpənə] tympanum 的复数

tympanum ['tɪmpənəm] (pl. tympana) n. ①【医】鼓膜,耳膜,中耳,鼓室 ②鼓形水车 ③【电子】(电话机)振动膜 ④【建】门楣中心,拱与楣间的部分

tyndallimeter [,tɪndə'lɪmɪtə] n. 【物】廷德尔计,悬体测定计

tyndallimetry [,tɪndə'lɪmɪtrɪ] n. 【物】廷德尔法,悬体测定法

tyndallization [,tɪndəlɪ'zeɪʃən] n. 【医】廷德尔作用,廷德尔化,分段灭菌

typal ['taɪpəl] a. 类型的,典型的

type [taɪp] ❶ n. ①典型,样本〔板〕 ②型(式,号),类型,种类,式样,模式,风格 ③记〔符〕号,象征,标志 ④打字(机) ⑤铅字 ❷ v. ①用打字机打(出),拍发(电报) ②代表,成为…的典型 ③用阴模〔模槽〕压制 ☆*all types of* 形形色色的; *each type of* 每种(类型)的; *in type* 用活字排成的; *one type of* 一种〔类〕; *set ... in type* 将…排版; *set (up) type* 排字; *true to type* 典型的; *type in* (用打字机)写入(指令),输入; *type out* 用打字机打出,输出

〖用法〗❶在 "type of" 之后一般应跟不带冠词的单数名词(但也有用复数名词的)。如:This type of source is always present in models of active elements. 这类电源总是出现在有源元件的模型之中。/Below, we provide a brief description of these types of network. 下面,我们简要地介绍一下这些类型的网络。❷ 表示"一种新型的"时,"新"这样的形容词只能处于其前面(与"kind"和"sort"用法类同)。如:This is a special type of electronic device. 这是一类〔种〕特殊的电子设备。/Cable television started as an aid for improving reception in two opposite types of locations. 电缆电视开始时是用作为改善两类极端位置接收情况的一种辅助设备。❸ 像"kind,sort"一样,该词也可用在"of"之后。如:There are computers of many different types. 计算机有许多不同的类型。❹ 注意下面例句中该词的含义:The program can read what the user types. 程序能够读懂用户键入的内容。

typebar ['taɪpbɑ:] n. 【电】(打字机上)装有铅字的连动杆,(铅字)打印杆

type-bar printer 杆式打印机

type-basket ['taɪpbɑ:skɪt] n. 【印】打印字球

typecase ['taɪpkeɪs] n. 【印】铅字盘

typecast ['taɪpkɑ:st] vt. 浇铸(铅字)

typecasting ['taɪp,kɑ:stɪŋ] n. 【印】铸字,浇铸〔字〕

typeface ['taɪpfeɪs] n. 【印】铅字面,铅字印出的字样,(某种字体的)全部铅字,打印页

typefounder ['taɪpˌfaʊndə] n. 【印】铸字工人

typefounding ['taɪpˌfaʊndɪŋ] n. 【印】铸字(业)

typefoundry ['taɪpfaʊndrɪ] n. 【印】铸字工厂〔车间〕

typehead ['taɪphed] n. 【印】字模

type-high ['taɪphaɪ] ❶【印】a. 与铅字标准高度一样高的 ❷ n. 适印高度

typemetal ['taɪpmetəl] n. 【印】印刷合金,活字金,铸字铅

type-palette ['taɪp'pælɪt] n. 【印】打字印盘

typeprinter ['taɪp'prɪntə] n. 【印】印字电报机

typer ['taɪpə] n. ①打字〔印〕机,印刷装置 ②打字员

type-script ['taɪpskrɪpt] n. 打字〔打印〕体,打字原稿〔文件〕

typeset ['taɪpset] vt. 把…排版

typesetter ['taɪpˌsetə] n. 【印】①字母打印〔印刷〕机,排字机 ②排字工人

typesetting ['taɪpˌsetɪŋ] n.;a. 排字(用的)

type-test ['taɪptest] n. 典〔定〕型试验,例行试验

typetron ['taɪptrən] n. 【电子】(高速)字标管

type-wheel ['taɪpwiːl] n. 【印】打印字轮

typewrite ['taɪpraɪt] (typewrote, typewritten) v. (用打字机)打字

typewriter ['taɪpraɪtə] n. 打字机,打字员

typewriting ['taɪpraɪtɪŋ] n. 打字(术,工作,稿,文件)

typewritten ['taɪprɪtən] a. 打字的

typhlitis [tɪf'laɪtɪs] n. 【医】盲肠炎 ‖ **typhlitic** a.

typhoid ['taɪfɔɪd] n.; a. 【医】伤寒(的),似斑疹伤寒的 ‖ ~al a.

typhonic [taɪ'fɒnɪk] n. 【气】台风(性)的

typhoon [taɪ'fuːn] n. 【气】台风

typhus ['taɪfəs] n. 【医】斑疹伤寒,集中营热 ‖ **typhous** a.

typic(al) ['tɪpɪk(l)] a. 典型的,标准的,(具有)代表(性)的,特有的,象征(性)的 ☆ **be typical of** 象征着,是…的特征〔典型〕,是代表…的
〖用法〗注意下面例句中该词的含义:These voltage are typical of the output of a dc power supply. 这些电压是直流电源输出的典型值。

typicality [ˌtɪpɪ'kælətɪ] n. 典型性,特征

typically ['tɪpɪkəlɪ] ad. ①特有地 ②独特地,典型地,具有代表性地,一般
〖用法〗❶ 当它处于句首时,一般可译成"典型的情况是",有时也可译成"的典型值"。如 Typically, they are designed so that $α_F ≈ 1$. 典型的情况是把它们设计得使 $α_F ≈ 1$。/Typically, the average distance travelled between collisions is a hundred

atomic diameters. 每两次碰撞之间所通过的平均距离的典型值为一百个原子直径。❷ 当它处于句中时一般译成"的典型值"。如:The resistance of the voltmeter is typically 50 000 Ω. 伏特计的电阻的典型值为 50 000 欧姆。/In this case, the recombination time is very small, typically being of the order of 10 ps. 在这种情况下,复合时间是很短的,其典型值大约为 10 皮秒。

typification [ˌtɪpɪfɪ'keɪʃən] n. 典型化

typifier ['tɪpɪfaɪə] n. 典型代表者,代表性事物

typify ['tɪpɪfaɪ] vt. ①代表,作〔成〕为…的典型,具有…的特征 ②象征,预示

typing ['taɪpɪŋ] n. ①打字(术,工作,稿,文件),印字 ②分〔定〕型 ③压制阴模(模槽)法

typist ['taɪpɪst] n. 打字员〔者〕

typo ['taɪpəʊ] n. 【印】①排版工人 ②排印(打字)错误

typographer [taɪ'pɒɡrəfə] n. 【印】印刷(排印)工人,印刷商

typographic(al) [ˌtaɪpə'ɡræfɪk(əl)] a. 印刷(上)的,排印上的 ‖ ~ally ad.

typography [taɪ'pɒɡrəfɪ] n. 【印】(活版)印刷术,排印,印刷格式〔工艺,品〕

typology [taɪ'pɒlədʒɪ] n. 类型学,血(液)型学,体型学,病型学

typoscript ['taɪpəskrɪpt] n. 打字原稿,打字文件,打字体

typotron ['taɪpətron] n. 【计】显字管,高速字标管

tyramine ['taɪrəmiːn] n. 【生】酪胺

tyranny ['tɪrənɪ] n. 暴政

tyrant ['taɪərənt] n. 【法】暴君

tyre ['taɪə] ❶ n. 轮胎,轮箍 ❷ vt. 装轮胎在…上

tyre-curing ['taɪəkjʊərɪŋ] a. 硫化轮胎的

tyrecut ['taɪəkʌt] n. 轮胎割裂

tyro ['taɪərəʊ] n. 初学者,经验少的人

tyrocidine [ˌtaɪrə'saɪdɪn] n. 【化】短杆菌酪肽

tyrolite ['tɪrəlaɪt] n. 【矿】铜泡〔天蓝〕石

tyrosinase ['taɪrəsɪneɪs] n. 【生化】酪氨酸酶

tyrosine ['taɪrəsiːn] n. 【化】酪氨酸

tyrosinosis [ˌtɪrəʊsɪ'nəʊsɪs] n. 【医】酪氨酸代谢病

tyrosinuria [ˌtɪrəʊsɪ'njʊərɪə] n. 【医】酪氨酸尿

tyrothricin [ˌtaɪrə'θraɪsɪn] n. 【药】短杆菌素,混合短杆菌肽

tyuyamunite [ˌtjujə'muːnaɪt] n. 【矿】钒钙铀矿

tyvelose ['taɪvɪləʊs] n. 【生化】伤寒菌糖,泰威糖

tzar [tsɑː] = tsar

T-zero ['tiː'zɪərəʊ] n. 发射时刻

U u

uber ['ju:bə] *n.*【医】乳房

ubicon ['ju:bɪkən] *n.*【医】紫外线摄像管

ubiety [ju:'baɪətɪ] *n.* 所在,位置(关系)

ubi infra ['ju:bɪ'ɪnfrə] (拉丁语)(书刊中参照用语)在下面提及之处,参见下文

ubiquinone [ju:'bɪkwɪ,nəʊn] *n.*【生】泛醌,辅酶 Q

ubiquitous [ju(:)'bɪkwɪtəs] *a.* (同时)普遍存在的,在数处同时出现的,随遇的 ‖ ~ly *ad.* ~ness *n.*

ubiquity [ju(:)'bɪkwɪtɪ] *n.* (同时)普遍存在,无处不在

ubi supra ['ju:bɪ'sju:prə] (拉丁语)(书刊参照用语)在上面提及之处,参见上文

U-boat ['ju:bəʊt] *n.*【军】潜水艇

U-bomb ['ju:'bɒm] *n.*【军】铀弹

U-bond ['ju:'bɒnd] *n.* U 形轨条接线

U-clamp ['ju:klæmp] *n.*【机】 U(形)夹,U 形压板

U-core ['ju:kɔ:] *n.*【医】U 形(磁)铁芯

udder ['ʌdə] *n.*【动】(牛、羊等的)乳房,乳腺

udell ['ʊdəl] *n.*【医】(冷凝水汽)接收器

udometer [ju'dɒmɪtə] *n.*【气】雨量计

udomograph [ju:'dɒməgrɑ:f] *n.* 自记雨量计

ufertite ['ju:fətaɪt] *n.*【矿】钚铀铁钛矿

UFO ['ju:fəʊ,'ju:efəʊ] *n.* 飞碟

ufologist [ju(:)'fɒlədʒɪst] *n.* 爱好研究未查明真相的空中飞行物的人

ufology [ju:'fɒlədʒɪ] *n.* "飞碟" 学

Uganda [ju:'gændə] *n.* 乌干达

Ugandan [ju:'gændən] *a.;n.* 乌干达的,乌干达人(的)

U-gauge ['ju(:)geɪdʒ] *n.* U 型压力计

uglify ['ʌglɪfaɪ] *vt.* 丑化,弄得难看 ‖ **uglification** *n.*

ugliness ['ʌglɪnɪs] *n.* 丑陋(恶)

ugly ['ʌglɪ] ❶ *a.* ①丑陋〔恶〕的,难看的 ②险恶的 ❷ *n.* 丑陋的东西

U-hanger ['ju:hæŋə] *n.* U 形吊钩

uhligite ['u:lɪgaɪt] *n.*【矿】锆钙钛矿,胶磷铝石

Uig(h)ur ['wi:gʊə] *n.;a.* 维吾尔人(的),维吾尔语的 ‖ ~ian 或 ~ic *a.*

Ukraine [ju:'kreɪn] *n.* 乌克兰

Ukrainian [ju:'kreɪnjə] *a.;n.* 乌克兰的,乌克兰人(的)

ukulele [,ju:kə'leɪlɪ] *n.*【音】尤克里里(琴),四弦琴

Ulan Bator ['u:lɑ:n'bɑ:tɔ:] *n.* 乌兰巴托(蒙古人民共和国首都)

ulcer ['ʌlsə] ❶ *n.* 溃疡,腐烂的东西,腐败的根源

❷ *v.* = ulcerate

ulcerate ['ʌlsəreɪt] *v.* (使)形成溃疡,(使)溃烂 ‖ **ulceration** *n.* **ulcerative** 或 **ulcerous** *a.*

ullage ['ʌlɪdʒ] *n.* ①油罐油面上部的空间,气隙,(容器的)缺量 ②漏损(量) ③(用测量蒸汽-空气空间高度的方法)确定储罐中液体体积 ☆**on ullage** (桶)不满

ullaged ['ʌlɪdʒd] *a.* (容器内液体)不满的

ullmannite ['ʌlmənaɪt] *n.*【矿】锑硫镍矿

Ulmal ['ju:lməl] *n.*【冶】尤尔马铝合金

ulmic ['ʌlmɪk], **ulmous** ['ʌlməs] *a.* 赤榆树脂的,棕腐质的

ulmin ['ʌlmɪn] *n.*【化】赤榆树脂,棕腐质

ulrichite ['ʌlrɪtʃaɪt] *n.*【矿】方铀矿

ulterior [ʌl'tɪərɪə] *a.* ①在那一边的,较远的 ②以后的,将来的 ③隐蔽的,不明说的

ultex ['ʌlteks] *n.* 整块双焦点镜

ultima ['ʌltɪmə] (拉丁语) *a.* 最终(后,远)的,末尾的 ☆**ultima ratio** 最后的争论〔斗争,手段,谈判〕,诉诸武力; **ultima Thule** 最远点,最终目的,最大限度,最高程度,天涯海角

ultimate ['ʌltɪmɪt] ❶ *a.* ①基本的,首要的,不能再分解〔析〕的 ②最后〔终〕的,终端的 ③极限的,临界的 ❷ *n.* ①极限,终极 ②基本原理 ‖ ~ness *n.*

ultimately ['ʌltɪmətlɪ] *ad.* 毕竟,终究,归根结底,极限地,最后地;基本地

ultimatum [,ʌltɪ'meɪtəm] (pl. ultimatums 或 ultimata) *n.* ①最后通牒 ②最后的结论 ③基本原理

ultimo ['ʌltɪməʊ] (拉丁语) *a.* 上月(份)的,前月的

ultisols ['ʌltɪsɒlz] *n.*【地质】老成土

ultor ['ʌltɔ:] *a.* 最高压级的

ultra ['ʌltrə] ❶ *a.* 极端的,过度(激)的,超的 ❷ *n.* 过激派,走极端的人

ultrachondriome [,ʌltrə'kɒndrɪəʊm] *n.*【医】超线粒体

ultrabandwidth [,ʌltrə'bændwɪdθ] *a.* 频带特别宽的

ultrabasic [,ʌltrə'beɪsɪk] *a.* 超碱的

ultrabasite [,ʌltrə'bæsaɪt] *n.*【矿】辉银铅锑锗矿

ultracentrifugation [,ʌltrəsen,trɪfju'geɪʃən] *n.*【医】超(高)速离心(分离)

ultra(-)centrifuge [,ʌltrə'sentrɪfju:dʒ] ❶ *vt.* 超速分离 ❷ *n.* 超速离心机

ultrachromatography [,ʌltrə,krəmə'tɒgrəfɪ] *n.*【生】超色谱法,超层析法

ultra-clay [ˈʌltrəkleɪ] n.【地质】超黏土粒

ultra-clean [ˈʌltrəkliːn] a. 特净的,超净的

ultraconservative [ˌʌltrəkənˈsɜːvətɪv] a. 极端保守(主义)的

ultracracking [ˌʌltrəˈkrækɪŋ] n.【化】超加氢裂化

ultracryotomy [ˌʌltrəkraɪˈɒtəmɪ] n.【生】冰冻超薄切片术

ultracrystallite [ˌʌltrəˈkrɪstəlaɪt] n.【计】超微晶

ultra-democracy [ˌʌltrədɪˈmɒkrəsɪ] n. 极端民主化

ultradyne [ˈʌltrədaɪn] n.【无】超外差(接收机)

ultra-elliptic [ˈʌltrəɪˈlɪptɪk] a. 超椭圆的

ultrafashionable [ˌʌltrəˈfæʃənəbl] a. 极其流行的

ultrafax [ˈʌltrəfæks] n.【电子】电视传真电报

ultrafiche [ˈʌltrəfiːʃ] n.【摄】超微卡片,超缩微胶片

ultrafilter [ˌʌltrəˈfɪltə] ❶ n.【医】 ①超滤器,超级滤网 ②超滤集 ❷ v. 超滤

ultrafiltrate [ˌʌltrəˈfɪltreɪt] n.【化】超滤液

ultrafiltration [ˌʌltrəfɪlˈtreɪʃən] n.【医】超过滤(法)

ultrafine [ˌʌltrəˈfaɪn] a. 特细的

ultrafines [ˌʌltrəˈfaɪnz] n. 超细粉末

ultrafining [ˌʌltrəˈfaɪnɪŋ] n.【化】超加氢精制(法)

ultra-form [ˈʌltrəˈfɔːm] v. 超重整

ultragaseous [ˌʌltrəˈɡeɪsɪəs] a. 超气体的

ultrahard [ˈʌltrəhɑːd] a. 超硬的

ultraharmonic [ˌʌltrəhɑːˈmɒnɪk] a.;n. 超调(和)(的)

ultraharmonics [ˌʌltrəhɑːˈmɒnɪks] n.【电子】超(高频)谐波,(超)高次谐波

ultrahigh [ˌʌltrəˈhaɪ] a. 超高的

ultra-left [ˈʌltrəˈleft] ❶ a. 极"左"的,极激进的 ❷ n. 极左派,极激进派

ultralimit [ˌʌltrəˈlɪmɪt] n. 超极限

ultralinear [ˌʌltrəˈlɪnɪə] a. 超(直)线性的

ultralumin [ʌlˈtrælumɪn] n.【冶】硬铝

ultraluminescence [ˈʌltrəˌluːmɪˈnesəns] n.【医】紫外(荧)光

ultramafic [ˌʌltrəˈmæfɪk] a. 超镁铁质的

ultra-magnifier [ˈʌltrəˈmæɡnɪfaɪə] n.【物】超放大器

ultramarine [ˌʌltrəməˈriːn] ❶ a. ①在海那边的,(在)海外的 ②佛〔群〕青的,深蓝色的 ❷ n. 佛〔群〕青,深蓝色

ultramicro [ˌʌltrəˈmaɪkrəʊ] a. 超微的

ultramicroanalysis [ˈʌltrəmaɪˌkrəʊəˈnælɪsɪs] n.【医】超微(量)分析

ultramicrobalance [ˈʌltrəˌmaɪkrəʊˈbæləns] n.【物】超微量天平

ultramicrochemistry [ˈʌltrəˌmaɪkrəʊˈkemɪstrɪ] n.【化】超微(量)化学

ultramicroelectrode [ˈʌltrəˌmaɪkrəʊɪˈlektrəʊd] n.【电子】超微电极

ultramicrofiche [ˌʌltrəˈmaɪkrəfɪtʃ] n.【摄】超缩

ultramicrometer [ˌʌltrəmaɪˈkrɒmɪtə] n.【物】超微计

ultramicron [ˌʌltrəˈmaɪkrɒn] n.【医】超微(细)粒

ultramicroorganism [ˌʌltrəˌmaɪkrəʊˈɔːɡənɪzəm] n.【生】超微生物

ultramicropore [ˌʌltrəˌmaɪkrəʊˈpɔː] n. 超微孔

ultramicrorespirometer [ˈʌltrəˌmaɪkrəʊrɪspɪˈrɒmɪtə] n.【医】超微量呼吸器

ultramicrosampling [ˈʌltrəˌmaɪkrəʊˈsɑːmplɪŋ] n. 超微量采样

ultramicroscope [ˌʌltrəˈmaɪkrəskəʊp] n.【医】超(高倍)显微镜

ultramicroscopic [ˌʌltrəˌmaɪkrəˈskɒpɪk] a. 超显微(镜)的,超微型的

ultramicroscopy [ˌʌltrəmaɪˈkrɒskəʊpɪ] n.【医】超倍显微术

ultramicrosome [ˌʌltrəˈmaɪkrəˌsəʊm] n. 超微粒体

ultramicrotechnique [ˈʌltrəmaɪˌkrətekˈniːk] n. 超微技术〔工艺〕

ultra-microtome [ˈʌltrəˈmaɪkrətəʊm] n.【医】超薄切片机

ultramicrotomy [ˌʌltrəˈmaɪkrətəmɪ] n.【生】超薄切片术

ultramicrowave [ˌʌltrəˈmaɪkrəʊweɪv] n.【医】超微波

ultraminiature [ˌʌltrəˈmɪnjətʃə] a. 微型的

ultraminiaturized [ˌʌltrəˈmɪnjətʃəraɪzd] a. 超缩微的

ultramodern [ˌʌltrəˈmɒdən] a. 超现代化的,尖端的

ultramundane [ˌʌltrəˈmʌndeɪn] a. 世界之外的,太阳系外的

ultraoptimeter [ˌʌltrəɒpˈtɪmɪtə] n. 超精度光学比较仪,超级光学计

ultraoscilloscope [ˌʌltrəˈsɪləskəʊp] n.【电子】超短波示波器

ultrapas [ˈʌltrəpəs] n.【化】三聚氰胺(甲醛)树脂

Ultraperm [ˈʌltrəpɜːm] n.【冶】超坡莫高透磁合金

ultraphagocytosis [ˌʌltrəfæˌɡəsaɪˈtəʊsɪs] n.【医】超微吞噬作用

ultraphonic [ˌʌltrəˈfəʊnɪk] a. 超听的

ultraphotic [ˌʌltrəˈfɒtɪk] a. 超视的,超光的

ultraphotometer [ˌʌltrəfəˈtɒmɪtə] n. 超光度计

ultra-plankton [ˈʌltrəˈplæŋktən] n.【生】超微浮游生物

ultraporcelain [ˌʌltrəˈpɔːslɪn] n.【电子】超高频瓷

ultraportable [ˌʌltrəˈpɔːtəbl] a. 极轻便的,超小型的

ultrapower [ˈʌltrəpaʊə] n.【数】超幂

ultraprecise [ˌʌltrəprɪˈsaɪs] a. 超精密的

ultraprecision [ˌʌltrəprɪˈsɪʒən] n.【计】超精度

ultraproduct [ˌʌltrəˈprɒdəkt] n.【数】超积

ultrapurification [ˈʌltrəpjuˌrɪfɪˈkeɪʃən] n. 超提纯

ultrapurity [ˌʌltrəˈpjuːrɪtɪ] n. 超纯度

ultrarapid [ˌʌltrəˈræpɪd] a. 超(高)速的

ultrarays [ˈʌltrəreɪz] n.【天】宇宙(射)线,宇宙辐射

U

ultra-reactionary [ˈʌltrərɪˈækʃənərɪ] *a.* 极端反动的

ultrared [ˌʌltrəˈred] *a.* 红外(线)的

ultrarelativistic [ˌʌltrəreˌlətɪˈvɪstɪk] *a.* 极端相对论(的)

ultra-rightist [ˌʌltrəˈraɪtɪst] *n.* 极右分子,极右派

ultrasensitive [ˌʌltrəˈsensɪtɪv] *a.* 超灵敏的

ultra-sensitivity [ˈʌltrəˌsensɪˈtɪvɪtɪ] *n.* 超灵敏度

ultrashort [ˌʌltrəˈʃɔ:t] *a.* 超短(波)的

ultrasonator [ˌʌltrəˈsɒneɪtə] *n.* 【医】超声振荡器,超声波发生器

ultrasonic [ˌʌltrəˈsɒnɪk] ❶ *a.* 超声(波)的,超音的 ❷ *n.* 超声(波) ‖ **ultrasonically** *ad.*

ultrasonics [ˌʌltrəˈsɒnɪks] *n.* 【物】超声(波)学

ultrasonograph [ˌʌltrəˈsɒnəgrɑ:f] *n.* 【医】超声图记录仪

ultrasonography [ˌʌltrəsəˈnɒgrəfɪ] *n.* 【医】超声波检查法,超声波造影术

ultrasonoscope [ˌʌltrəˈsɒnəskəup] *n.* 【医】超声波(探测,探伤)仪,超声图示仪

ultrasonoscopy [ˌʌltrəˈsɒnəskəupɪ] *n.* 【医】超声显示技术

ultrasonovision [ˌʌltrəˈsɒnəvɪʒən] *n.* 【电子】超声电视

ultrasound [ˈʌltrəsaund] *n.* 【物】超声(波)

ultrasound cardiogram [ˌʌltrəsaundˈkɑ:dɪəugræm] *n.* 【医】超声心动图

ultrasounding [ˈʌltrəsaundɪŋ] *n.* 超声处理

ultraspatial [ˌʌltrəˈspeɪʃəl] *a.* 超空的

ultraspeed [ˌʌltrəˈspi:d] *a.;n.* 超(高)速(的)

ultrastability [ˌʌltrəstəˈbɪlɪtɪ] *n.* 【计】超(高)稳定性〔度〕

ultrastructure [ˌʌltrəˈstrʌktʃə] *n.* 【医】超微〔亚显微〕结构

ultrasweetening [ˌʌltrəˈswi:tnɪŋ] *n.* 【化】超级脱硫

ultrathermometer [ˌʌltrəθə'mɒmɪtə] *n.* 【医】限外温度计

ultrathin [ˌʌltrəˈθɪn] *a.* 超薄的

ultra-trace *n.* 【化】超痕量

ultraudion [ʌlˈtrɔ:dɪɒn] *n.* 【电子】(三极管)反馈线路

ultravacuum [ˌʌltrəˈvækjuəm] *n.* 超真空

ultraviolet [ˌʌltrəˈvaɪələt] ❶ *a.* 紫外(线)的 ❷ *n.* 紫外线(辐射)

ultravirus [ˌʌltrəˈvaɪərəs] *n.* 【医】超病毒

ultraviscoson [ˌʌltrəˈvɪskəˌsɒn] *n.* 超声(振动式)黏度计

ultron [ˈʌltrɒn] *n.* 【电子】波导耦合正交放大管

ultrophication [ˌʌltrəfɪˈkeɪʃən] *n.* 富营养化

ululate [ˈjuːljuleɪt] *v.* 吼,哀鸣,大声叫喊

umber [ˈʌmbə] ❶ *n.;a.* ①棕土(颜料),赭色(颜料) ②红棕色(的),赭色的,焦茶色的(的) ❷ *vt.* 用棕土给⋯染色,把⋯染赭棕色

umbilic(al) [ˌʌmbɪˈlaɪk(əl)] ❶ *a.* ①脐(状)的

②控制用的 ❷ *n.* 地面缆线及管道,供应联系缆;脱落插装

umbilicate [ʌmˈbɪlɪkɪt], **umbilicated** [ʌmˈbɪlɪkeɪtɪd] *a.* 脐状〔形〕,中(间)凹的 ‖ **umbilication** *n.*

umbilicus [ʌmˈbɪlɪkəs] (pl. umbilici 或 umbilicuses) *n.* ①脐,【数】脐点 ②中〔核〕心

umbra [ˈʌmbrə] (pl. umbrae 或 umbras) *n.* ①本影,阴影区 ②【天】太阳黑子的中心 ③鬼,幽灵

umbrage [ˈʌmbrɪdʒ] *n.* ①树荫 ②埋怨,遗憾 ‖ ~**ous** *a.*

umbral [ˈʌmbrəl] *a.* 本影的

umbrascope [ˈʌmbrəskəup] *n.* 烟尘浊度计

umbrella [ʌmˈbrelə] ❶ *n.* ①伞,伞形物 ②(战斗机形成的)掩护幕,火力网 ③烟囱顶罩,通风罩 ❷ *a.* ①无所不包的,综合的 ②伞状的 ❸ *vt.* 用伞遮盖,掩护 ☆*under the umbrella of* 在⋯的保护下〔庇护下〕

umbriferous [ʌmˈbrɪfərəs] *a.* 投影的,有阴影的 ‖ ~**ly** *a.*

umformer [ʌmˈfɔːmə] *n.* 【机】变换器,变流机

umohoite [ˈjuːməhəuaɪt] *n.* 【矿】菱钼铀矿

ump [ʌmp] ❶ *n.* 【体】裁判员 ❷ *vi.* 当裁判

umpirage [ˈʌmpaɪərɪdʒ] *n.* 裁判,仲裁

umpire [ˈʌmpaɪə] ❶ *n.* 公断〔仲裁〕人,裁判员 ❷ *v.* 公断,仲裁,裁判

um(p)teen [ˈʌm(p)tiːn] *a.* 无数的

um(p)teenth [ˈʌm(p)tiːnθ] *a.* (经过无数次后)又一次的

um(p)ty [ˈʌm(p)tɪ] *n.;a.* 几十的,很多(的) ☆*um(p)ty percent of* 百分之几十的

umpty-umpth [ˈʌmptɪʌmpθ] *a.* 又一个的,又一次的

un [ʌn] *pron.* 家伙,东西 ☆*a good un* 极好的〔非伪造的〕东西,好人

u'na [ˈjuːnə] *n.* 加急〔紧急〕电报

unabated [ˌʌnəˈbeɪtɪd] *a.* 未减(轻,弱)的,不减少的 【用法】注意在下面例句中该词作方式状语:The trend to narrower pulses and higher rates continues unabated. 采用较窄的脉冲和较高的速率的趋势仍然不减。

unabbreviated [ˌʌnəˈbriːvɪeɪtɪd] *a.* 未经省略〔缩写,删节〕的

unabiding [ˌʌnəˈbaɪdɪŋ] *a.* 不持久的,瞬息的

unable [ʌnˈeɪbl] *a.* 不能〔会〕的,无能(为)力的,不能胜任的 ☆*(be) unable to (do)* 没有能力(做) 【用法】注意下面例句中否定的转移现象:The transmission mode is unable to distinguish time separations unable from discontinuities, as can reflectometry. 该传输模式并不像反射测量术那样能够区分断点之间的时间间隔。

unabridged [ˌʌnəˈbrɪdʒd] *a.* 未删节的,完整的

unabsorbed [ˌʌnəbˈsɔːbd] *a.* 未(被)吸收的

unaccelerated [ˌʌnækˈseləreɪtɪd] *a.* 未加速的

unaccented [ˌʌnækˈsentɪd] *a.* 无〔不发〕重音的

unacceptable [ˌʌnəkˈseptəbl] *a.* 不能接受的,不

合格的,不令人满意的

unaccommodated [ˌʌnəˈkɒmədeɪtɪd] *a.* 不适应的,缺乏必需品的,无(膳宿等)设备的

unaccompanied [ˌʌnəˈkʌmpənɪd] *a.* 无伴的,无随从的

unaccomplished [ˌʌnəˈkɒmplɪʃt] *a.* 未完成的,无成就的,无才能的

unaccountable [ˌʌnəˈkaʊntəbl] *a.* ①无法解释的,不能理解的 ②没有责任的,不负责任的 ☆ *be unaccountable to A for B* 在 B 上对 A 不负责 ‖ **unaccountability** *n.* **unaccountably** *ad.*

unaccounted [ˌʌnəˈkaʊntɪd] *a.* 未说明的,未解释的(for),未计入的

unaccounted-for [ˌʌnəˈkaʊntɪdfɔ:] *a.* 未说明的,未计入的,其它的

unaccustomed [ˌʌnəˈkʌstəmd] *a.* 不习惯的,非惯例的,不寻常的 ☆ *(be) unaccustomed to doing* 不习惯于(做)

unacknowledged [ˌʌnəkˈnɒlɪdʒd] *a.* 不被人承认的,未确认的

unacquainted [ˌʌnəˈkweɪntɪd] *a.* 不熟悉的,不认识的,陌生的

unacted [ʌnˈæktɪd] *a.* 未付诸行动的,未实行的,未受影响的(on)

unactivated [ʌnˈæktɪveɪtɪd] *a.* 未激活的,不产生放射性的

unactuated [ʌnˈæktjʊeɪtɪd] *a.* 未经激励的

unadaptable [ˌʌnəˈdæptəbl] *a.* 不能适应的,不能改编的

unadapted [ˌʌnəˈdæptɪd] *a.* 不适应〔合〕的,未经改编的

unadjusted [ˌʌnəˈdʒʌstɪd] *a.* 未调整的

unadmitted [ˌʌnədˈmɪtɪd] *a.* 不让进入的,未被承认的

unadopted [ˌʌnəˈdɒptɪd] *a.* 未被采纳的

unadorned [ˌʌnəˈdɔ:nd] *a.* 没有〔未被〕装饰的,不加渲染的

unadulterated [ˌʌnəˈdʌltəreɪtɪd] *a.* 没有掺杂的,纯粹的,道地的 ‖ **~ly** *ad.*

unadvisable [ˌʌnədˈvaɪzəbl] *a.* 不妥当的,没有好处的 ‖ **unadvisability** *n.*

unadvised [ˌʌnədˈvaɪzd] *a.* 未经商量的,轻率的 ‖ **~ly** *ad.*

unaffected [ˌʌnəˈfektɪd] *a.* ①未受影响的,未感光的 ②真实的 〖用法〗注意下面例句中该词的用法:Under these conditions, the measurement is unaffected by the presence of the background noise. 在这些条件下,测量不会受到背景噪声存在的影响。(它起到了构成被动语态含义的作用。)

unaflow [ˈʌnəfləʊ] *n.* 单流,直流

unafraid [ˌʌnəˈfreɪd] *a.* 不怕的,不畏惧的

unaided [ʌnˈeɪdɪd] *a.* 无助的,独力的 〖用法〗注意下面例句中该词作了方式状语:In this case the student still may not be able to solve

problems unaided. 在这种情况下,学生仍然可能不会独立解题。(它在句中作状语。)

unaka [ˈʌnəkə] *n.* 【地质】残丘

unaligned [ˌʌnəˈlaɪnd] *a.* 不结盟的

unallowable [ˌʌnəˈlaʊəbl] *a.* 不能允许的,不能承认的

unallowed [ˌʌnəˈlaʊəd] *a.* 不允许的

unalloyed [ˌʌnəˈlɔɪd] *a.* 非合金的,没有掺杂的

unalterable [ʌnˈɔ:ltərəbl] *a.* 不(可)改)变的,坚定不移的 ‖ **unalterably** *ad.*

unaltered [ʌnˈɔ:ltəd] *a.* 未改变的,照旧的 〖用法〗This equivalent resistance could leave unaltered the potential difference between the terminals of the combination and the current in the rest of the circuit. 这个等效电阻能使该电阻组合两端的电位差以及电路其余部分的电流保持不变。(由于宾语很长,因而把宾语补足语"unaltered"提到宾语前了。)

unambiguity [ˌʌnæmbɪˈgju:ɪtɪ] *n.* 【计】无歧义性

unambiguous [ˌʌnæmˈbɪgjʊəs] *a.* ①单值的,无歧义的 ②明显的,清楚的,不含糊的 ‖ **~ly** *ad.* **~ness** *n.*

un-American [ˌʌnəˈmerɪkən] *a.* 非美(国)的,反美的

unamiable [ʌnˈeɪmjəbl] *a.* 不和蔼的,难亲近的

unamycin [ˌʊnəˈmaɪsɪn] *n.* 【化】乌那霉素

unanalyzable [ʌnˈænələaɪzəbl] *a.* 不能分析〔解〕的

unanchored [ʌnˈæŋkəd] *a.* 非锚定的

unanimity [ˌju:nəˈnɪmɪtɪ] *n.* (全体)一致,一致同意

unanimous [jʊˈnænɪməs] *a.* (一致)同意的,无异议的,一个声调的 ‖ **~ly** *ad.*

unannealed [ˌʌnəˈni:ld] *a.* 未〔不〕退火的,未经锻炼的

unannounced [ˌʌnəˈnaʊnst] *a.* 未经宣布的,未通知的

unanswerable [ʌnˈɑ:nsərəbl] *a.* 无法回答的,无可辩驳的,没有责任的(for)

unanswered [ʌnˈɑ:nsəd] *a.* ①未答复的,未驳斥的 ②无反响的

unappealing [ˌʌnəˈpi:lɪŋ] *a.* 无吸引力的

unappeasable [ˌʌnəˈpi:zəbl] *a.* 制止不住的,不能满足的

unapplicable [ˌʌnəˈplɪkəbl] *a.* 不适用的

unappreciated [ˌʌnəˈpri:ʃɪeɪtɪd] *a.* 未得到欣赏的

unapprehended [ˌʌnæprɪˈhendɪd] *a.* 未被理解的

unapprehensive [ˌʌnæprɪˈhensɪv] *a.* ①理解力差的 ②不怀疑的

unapproachable [ˌʌnəˈprəʊtʃəbl] *a.* 不能接近的,无可匹敌的

unapproved [ˌʌnəˈpru:vd] *a.* 未经同意〔承认〕的,未核准的

unapt [ʌnˈæpt] *a.* ①迟钝的,不善于的 ②不至于的 ③不合适的 ☆ *be unapt at* 不善于〔不适于〕(做); *be unapt to (do)* 不善于〔不想,不至于〕做

unarguable [ˌʌnˈɑːgjuəbl] *a.* 不可论证的,无可争辩的

unarm [ˌʌnˈɑːm] *v.* 缴械,放下武器,未解脱保险

unarmed [ˌʌnˈɑːmd] *a.* 非武装的,徒手的

unarmo(u)red [ʌnˈɑːməd] *a.* 非〔无〕装甲的

unartful [ʌnˈɑːtful] *a.* 不狡猾的,不熟练的

unartificial [ˌʌnɑːtɪˈfɪʃəl] *a.* 非人工〔为〕的

unartistic [ˌʌnɑːˈtɪstɪk] *a.* 非艺〔美〕术的

unary [ˈjuːnərɪ] *a.*【数】一元的,一项的,单体分子的

unasked [ʌnˈɑːskt] *a.* 未经要求的,未受邀请的,主动提出的

unassailable [ˌʌnəˈseɪləbl] *a.* 不可辩驳的,不容置疑的,无懈可击的 ‖ **unassailably** *ad.*

unassembled [ˌʌnəˈsembld] *a.* 未装配的,未组装的,未集合的

unassigned [ˌʌnəˈsaɪnd] *a.* 未分配的,未给〔指〕定的

unassimilated [ˌʌnəˈsɪmɪleɪtɪd] *a.* 未同化的

unassisted [ˌʌnəˈsɪstɪd] *a.* 无助的,独立的

unassociated [ˌʌnəˈsəuʃɪeɪtɪd] *a.* 无联系的,未缔合的

unassorted [ˌʌnəˈsɔːtɪd] *a.* 未分选〔级〕的

unassured [ˌʌnəˈʃuəd] *a.* ①未得保证的,无把握的 ②不安全的,不保险的

unattached [ˌʌnəˈtætʃt] *a.* 自由的,独立的,无关系的,不连接的,不附属于任何事物的

unattackable [ˌʌnəˈtækəbl] *a.* 耐腐蚀的

unattacked [ˌʌnəˈtækt] *a.* 未受侵袭〔攻击,侵蚀〕的,抗腐蚀的

unattainability [ˈʌnəˌteɪnəˈbɪlɪtɪ] *n.* 不可到达性

unattainable [ˌʌnəˈteɪnəbl] *a.* 做不到的,难达到的,不能完成的

unattended [ˌʌnəˈtendɪd] *a.* 无人看管的,自动(化)的,没有随员的

〖用法〗该词可以作方式状语。如:This machine can work unattended. 这台机器能够自动地工作。

unattenuated [ˌʌnəˈtenjueɪtɪd] *a.* 非〔无〕衰减的,未变稀薄的,未变细〔弱〕的

〖用法〗该词可以单独作方式状语。如:With the field on, the optical beam passes through unattenuated. 如果加上电场,光束就会通过电场而不衰减。

unattractive [ˌʌnəˈtʃæktɪv] *a.* 不引人注意的,无吸引力的,讨厌的 ‖ **-ly** *ad.*

unauthentic [ˌʌnɔːˈθentɪk] *a.* 不确实的,没有根据的,难信的

unauthorized [ʌnˈɔːθəraɪzd] *a.* 未经批准的,未被授权的,越权的,没有根据的

unavailability [ˈʌnəveɪləˈbɪlɪtɪ] *n.* 不能利用(性),无效

unavailable [ˌʌnəˈveɪləbl] *a.* ①没有的,无现货的,不可得到的,得不到的 ②无效的,废的

unavailing [ˌʌnəˈveɪlɪŋ] *a.* 无益〔效,用〕的,徒劳的

unavoidable [ˌʌnəˈvɔɪdəbl] *a.* ①不可避免的,不得已的 ②不能废除的 ‖ **unavoidably** *ad.*

unawakened [ˌʌnəˈweɪkənd] *a.* 未醒的,未被激发的,潜伏的

unaware [ˌʌnəˈveə] *a.* 不知道的,无意的;未察觉到的 ☆**(be) unaware of (that)** 不知道,没有意识到,没注意 ‖ **~ly** *ad.* **~ness** *n.*

unawares [ˌʌnəˈweəz] *ad.;n.* ①不料,没想到,出其不意地,突然 ②不知不觉 ☆**at unawares** 忽然,突然,出其不意; **unawares to …** 没有被…发觉

unbacked [ˌʌnˈbækt] *a.* 无靠背的,无支持(者的),无衬的,无助的

unbaffled [ʌnˈbæfld] *a.* 无挡板的,未受阻的,未失败的

unbalance [ʌnˈbæləns] ❶ *n.* 不平衡(性,度),失衡〔配,调〕,不对称(性) ❷ *vt.* 使不平衡

unbalanced [ʌnˈbælənst] *a.* 不平衡的,失衡的,不稳定的,不匹配的,未决算的

unbalancedness [ʌnˈbælənstnɪs] *n.* 不平衡性〔度〕

unbanked [ʌnˈbæŋkt] *a.* 未封火的,未筑堤的,未堆起来的

unbar [ˌʌnˈbɑː]〔unbarred; unbarring〕*vt.* 打开,扫除…的障碍,使畅通

unbeaconed [ʌnˈbiːkənd] *a.* 无标志的

unbearable [ʌnˈbeərəbl] *a.* 不能忍受〔容忍〕的,受不了的,难堪的 ‖ **unbearably** *ad.*

unbeatable [ʌnˈbiːtəbl] *a.* ①打不垮的 ②不能锤成箔片的 ③无与伦比的

unbeaten [ʌnˈbiːtn] *a.* ①未被击败的,未被超越的,无敌的 ②未捣碎的,未走过的

unbecoming [ˌʌnbɪˈkʌmɪŋ] *a.* 不相称〔合适〕的,不匹配的 ☆**be unbecoming to (for)** 对…是不相称〔适宜〕的 ‖ **-ly** *ad.*

unbefitting [ˌʌnbɪˈfɪtɪŋ] *a.* 不适当〔相称〕的

unbeknown(st) [ˌʌnbɪˈnəun(st)] *a.* 未知的,不为…所知的(to)

unbelief [ˌʌnbɪˈliːf] *n.* 不信,怀疑

unbelievable [ˌʌnbɪˈliːvəbl] *a.* 难以相信的 ‖ **unbelievably** *ad.*

unbelieving [ˌʌnbɪˈliːvɪŋ] *a.* 不相信的,怀疑的,没有信心的

unbelt [ˈʌnbelt] *vt.* 解下带子

unbend [ʌnˈbend]〔unbent〕*v.* ①展平,伸直 ②松弛,解开,卸下

unbender [ʌnˈbendə] *n.*【机】矫直机

unbending [ʌnˈbendɪŋ] *a.* ①不(易)弯曲的,坚硬的 ②不屈不挠的 ③松弛的,不拘束的

unbent [ʌnˈbent] ❶ unbend 的过去式和过去分词 ❷ *a.* ①不弯的 ②松弛的 ③不屈服的

unbeseeming [ˌʌnbɪˈsiːmɪŋ] *a.* = unbecoming

unbias(s)ed [ʌnˈbaɪəst] *a.* 无偏见的,没有偏见的,公平的,无偏压的,未偏置的 ‖ **unbias(s)edness** *n.*

unbidden [ʌnˈbɪdn] *a.* 未受命令〔邀请,指使〕的,自愿的

unbind [ʌnˈbaɪnd]〔unbound〕*vt.* 解开,释放,拆散

unbitted [ʌnˈbɪtɪd] *a.* 不受控制〔约束〕的

unblanking [ʌnˈblæŋkɪŋ] *n.*【计】①(信号)开启,

不消稳 ②增辉

unbleached [ˌʌnˈbliːtʃt] *a.* 未漂白的,原色的

unblemished [ˌʌnˈblemɪʃt] *a.* 无(瑕)疵的

unblended [ˌʌnˈblendɪd] *a.* 未掺和的

unblock [ˌʌnˈblɒk] *v.* 开启(放),不堵塞,解除封锁

unblocking [ˌʌnˈblɒkɪŋ] *n.;a.* 块的分解,分块,接通;非封锁的

unbodied [ˌʌnˈbɒdɪd] *a.* 无实〔形〕体的,脱离现实的

unbolt [ˌʌnˈbəʊlt] *vt.* 打开,取下螺栓,拉开…的栓

unbolted [ˌʌnˈbəʊltɪd] *a.* ①未上栓的,卸掉螺栓的 ②未筛过的

unbonded [ˌʌnˈbɒndɪd] *a.* ①未黏着的,未砌合的 ②无束缚的,游离的

unborn [ˌʌnˈbɔːn] *a.* 未诞生的,有待出现的

unbound [ˌʌnˈbaʊnd] ❶ unbind 的过去式和过去分词 ❷ *a.* ①无束缚的,被释放的,自由的 ②非结合的,未装订的

unbounded [ˌʌnˈbaʊndɪd] *a.* ①无界的 ②无止境的,不受限制的 ③游离的,无束缚的 ‖ **-ly** *ad.*

unboundedness [ˌʌnˈbaʊndɪdnɪs] *n.* 无界性

unbowed [ˌʌnˈbaʊd] *a.* 不弯的,不屈服的,未被征服〔打败〕的

unbrace [ˌʌnˈbreɪs] *vt.* 放松,解开,松弛

unbreakable [ˌʌnˈbreɪkəbl] *a.* 不会破损的,不易破碎的,牢不可破的

unbridgeable [ˌʌnˈbrɪdʒəbl] *a.* 不能架桥的,不可逾越的

unbridle [ˌʌnˈbraɪdl] *vt.* 对…不加拘束的,放纵

unbroke(n) [ˌʌnˈbrəʊk(ən)] *a.* ①未被打破的,未违反的 ②连续(不断)的 ③完整的,未破坏的 ④未开垦的

unbuckle [ˌʌnˈbʌkl] *v.* 解开扣子(带扣)

unbuffered [ˌʌnˈbʌfəd] *a.* 无缓冲(装置)的,未缓冲的(溶液)

unbuild [ˌʌnˈbɪld] (unbuilt) *vt.* 破坏,拆毁;消磁

unbuilt [ˌʌnˈbɪlt] ❶ unbuild 的过去式和过去分词 ❷ *a.* 未建造〔建成〕的,无建筑物的

unbundle [ˌʌnˈbʌndl] *v.* 分门别类

unburden [ˌʌnˈbɜːdn] *vt.* 卸货,放下担子;吐露

unburn [ˈʌnbɜːn] (unburnt) *vt.* 不燃,未燃烧

unburnable [ˈʌnbɜːnəbl] *a.* 烧不掉的

unburnedness [ˈʌnbɜːndnɪs] *n.* 未燃尽(程)度

unburnt [ˌʌnˈbɜːnt] ❶ unburn 的过去式和过去分词 ❷ *a.* 未燃(过)的,未燃烧〔尽〕的,欠火的

unbusinesslike [ˌʌnˈbɪznɪslaɪk] *a.* 无条理的,工作效率不高的

unbutton [ˌʌnˈbʌtn] *v.* 打开孔〔顶盖〕,解开纽扣

unbuttoned [ˌʌnˈbʌtənd] *a.* 纽扣解开的,放松的,无约束的

unbypassed [ˌʌnˈbaɪpɑːst] *a.* 无弯路的,非旁路的

uncage [ˌʌnˈkeɪdʒ] *vt.* 放出笼来,卸笼〔罐〕,释放,解除,放出

uncalculated [ˌʌnˈkælkjʊleɪtɪd] *a.* 未经事先考虑的

uncalled [ˌʌnˈkɔːld] *a.* ①无缘无故的 ②未被要求的,不适宜的,不需要的 (for),多此一举的 ③未叫

到的

uncalled-for [ˌʌnˈkɔːldfɔː] *a.* 不必要的,不适宜的,无缘无故的

uncambered [ˌʌnˈkæmbəd] *a.* 不向上弯的,不成弧形的,平的

uncanned [ˌʌnˈkænd] *a.* 无〔剥去〕外壳的

uncanny [ˌʌnˈkænɪ] *a.* ①怪样的,可怕的,危险的 ②(打击)猛烈的,(创伤)严重的 ③离奇的,不可思议的

uncap [ˌʌnˈkæp] (uncapped; uncapping) *vt.* 移去…的覆盖物,打开…的盖子,取出底火;揭箱,透露

uncapped [ˌʌnˈkæpt] *a.* 开盖的,无管帽的

uncared-for [ˌʌnˈkeədfɔː] *a.* 没人照顾〔注意〕的,被遗忘的

uncart [ˌʌnˈkɑːt] *vt.* 从车上卸下

uncase [ˌʌnˈkeɪs] *vt.* 从盒〔套,箱〕中拿出,展示

uncased [ˌʌnˈkeɪst] *a.* 露出的,未装箱的,无外壳的

uncatalog(u)ed [ˌʌnˈkætəlɒgd] *a.* 未列入目录的

uncatalyzed [ˌʌnˈkætəlaɪzd] *a.* 未〔非〕催化的

uncaused [ˌʌnˈkɔːzd] *a.* 无前因的,非创造的,自存的

unceasing [ˌʌnˈsiːzɪŋ] *a.* 不停的,不绝的 ‖ **-ly** *ad.*

uncemented [ˌʌnsɪˈmentɪd] *a.* 未胶结的

uncensored [ˌʌnˈsensəd] *a.* 未经审查的,无保留的,不拘束的

uncentering [ˌʌnˈsentərɪŋ] *n.* 拆卸拱架;未聚于一点,不在中心

uncertain [ˌʌnˈsɜːtn] *a.* ①难于辨别的,不(确)定的,不明的,刊名不详的 ②易变的,不可靠的,不可辨的 ☆ **be uncertain about** (**of, as to**) 不确知,不能断定

uncertainty [ˌʌnˈsɜːtntɪ] *n.* ①易变,不可靠(性),测不准(原理),不确定性〔度〕②不清楚,不明确,不确定(的事情)

〖用法〗该词可以后跟 "of" 或 "about",它可以与 "large" 和 "small" 连用。如:For perfect security, the uncertainty of a secret key must be at least as large as the uncertainty of the plaintext that is concealed by the key. 为了获得理想的安全,密钥的不确定性必须至少等于由这个密钥隐藏的普通文本的不确定性一样大。/The uncertainty about X is expressed by the entropy H(X). X 的不确定性是用熵 H(X) 来表示的。

unchain [ˌʌnˈtʃeɪn] *vt.* 解开锁链〔束缚〕,释放

unchallenged [ˌʌnˈtʃælɪndʒd] *a.* 不成为问题的,无异议的,没有受到挑战的

unchamfered [ˌʌnˈtʃæmfəd] *a.* 未斜切的

unchancy [ˌʌnˈtʃɑːnsɪ] *a.* 不幸的,危险的

unchangeable [ˌʌnˈtʃeɪndʒəbl] *a.* 不(能改)变的 ‖ **~ness** *n.* **unchangeably** *ad.*

unchanged [ˌʌnˈtʃeɪndʒd] *a.* 不变(化)的,未改变的 〖用法〗该词也可作方式状语。如:A rope transmits tension from one point to another unchanged. 绳子把张力从一点传递到另一点而其强度保持不变。

unchanging [ˌʌnˈtʃeɪndʒɪŋ] *a.* 不变的

uncharacterized [ˌʌnˈkærɪktəraɪzd] *a.* 不特殊的,

U

不表示特性的,不典型的

uncharge [ˌʌnˈtʃɑːdʒ] v. 卸载,解除负担;放电

uncharged [ˌʌnˈtʃɑːdʒd] a. ①无载荷的 ②不带电(荷)的,未充电的 ③未装弹药的 ④不付费用的

uncharitable [ˌʌnˈtʃærɪtəbl] a. 严厉的,挑剔的 ‖ ~ness n. **uncharitably** ad.

uncharted [ˌʌnˈtʃɑːtɪd] a. ①(海)图上没有标明的 ②未知的,不详的

unchaste [ˌʌnˈtʃeɪst] a. 不简洁的 ‖ **unchastity** n.

unchecked [ˌʌnˈtʃekt] a. ①未受抑制〔制止〕的 ②未经检查〔核对〕的

unchock [ˌʌnˈtʃɒk] v. 除去楔子〔塞块〕,除去堵塞

uncia [ˈʌnʃɪə] (拉丁语) (pl. unciae) n. 英两,英寸,(处方)盎司

uncial [ˈʌnsɪəl] n.;a. 安色尔字(字体)(古代拉丁和希腊文稿上用的大形字体),安色尔体字母;安色尔字体的

unciferous [ʌnˈsɪfərəs] a. 有钩的

unciform [ˈʌnsɪfɔːm] a.;n. 钩形的,钩骨(的)

uncinate [ˈʌnsɪnɪt], **uncinal** [ˈʌnsɪnəl] a. 钩形的,有钩的

uncinus [ʌnˈsaɪnəs] n. 【气】钩状(云)

uncipher = decipher

uncircumstantial [ˌʌnsɜːkəmˈstænʃəl] a. 不详尽的,非细节的

uncivil [ʌnˈsɪvl] a. 不文明的,野蛮的

uncivilized [ʌnˈsɪvɪlaɪzd] a. ①未开化的,无文化的 ②野蛮的,荒野的

unclaimed [ʌnˈkleɪmd] a. 无人领取的,无人主张的

unclamp [ʌnˈklæmp] vt. 松开(夹子等)

unclasp [ʌnˈklɑːsp] vt. 放松,解开,解扣

unclassed [ʌnˈklɑːst] a. 未归类的

unclassified [ʌnˈklæsɪfaɪd] a. ①不分类的,无类别的 ②不保密的,公开的,一般性的

uncle [ˈʌŋkl] n. 伯〔叔,舅,姨〕父

unclean [ʌnˈkliːn] a. 肮脏的,含糊不清的 ‖ ~iy a.;ad.

unclear [ʌnˈklɪə] a. 不清楚的,不明白的,难懂的

unclench [ʌnˈklentʃ], **unclinch** [ʌnˈklɪntʃ] v. 〔撬〕开,(使)松开

uncloak [ʌnˈkləʊk] vt. ①揭去…的覆盖物,脱去…的外套 ②揭示

unclog [ʌnˈklɒg] v. 清除油污〔堵塞物〕

unclose [ʌnˈkləʊz] v. 打开,泄露

unclosed [ʌnˈkləʊzd] a. ①开着的,未关的,未结束的 ②开阔的

unclothe [ʌnˈkləʊð] (unclothed 或 unclad) vt. 脱去衣服,暴露

unclouded [ʌnˈklaʊdɪd] a. 没有云的,明晰的

unco [ˈʌŋkəʊ] ❶ a. ①值得注意的,显著的 ②不知名的,奇怪的 ❷ ad. 非常 ❸ n. 奇怪的东西,(pl.) 新闻

uncoated [ʌnˈkəʊtɪd] a. 无覆盖的,无涂层的

uncoaxiality [ˌʌnkəʊæksɪˈælɪtɪ] n. 【机】不同轴性

uncoil [ʌnˈkɔɪl] v. 解开〔卷〕,展开〔卷〕,(弹簧,发条)松开,解捆,伸展,拉直

uncoiler [ʌnˈkɔɪlə] n. 【机】开卷〔拆卷,展卷〕机

uncoined [ʌnˈkɔɪnd] a. 非铸〔捏〕造的,天然的

uncollided [ˌʌnkəˈlaɪdɪd] a. 未经碰撞的,不抵触的

uncollimated [ˌʌnˈkɒlɪmeɪtɪd] a. 非〔经〕准直的,未瞄准的

uncolo(u)red [ʌnˈkʌləd] a. ①无色的,未着色的 ②未加渲染的,不夸张的,原样的

uncombined [ˌʌnkəmˈbaɪnd] a. 未化合〔组合,结合,连接,耦合〕的,游离的,自由的

uncome-at-able [ˌʌnkʌmˈætəbl] a. 难达到的,难接近的

uncomely [ʌnˈkʌmlɪ] a. 丑陋的,不合宜的

uncomfortable [ʌnˈkʌmfətəbl] a. 不愉快的,不舒适的,不自由的

uncommercial [ˌʌnkəˈmɜːʃəl] a. 非商业(性)的,非营利的,违反商业信誉的

uncommitted [ˌʌnkəˈmɪtɪd] a. ①不负义务的,不受约束的(to),未遂的 ②独〔中〕立的

uncommon [ʌnˈkɒmən] a. 不普通的,罕见的,难得的,稀有的

uncommonly [ʌnˈkɒmənlɪ] ad. ①稀罕,难得 ②极,显著地 ☆**not uncommonly** 常常,不稀罕

uncompacted [ˌʌnkəmˈpæktɪd] a. 未压实的,不密实的

uncompensated [ʌnˈkɒmpenseɪtɪd] a. 无(补)偿的,无报酬的

uncomplicated [ˌʌnˈkɒmplɪkeɪtɪd] a. 不复杂的

uncompromising [ʌnˈkɒmprəmaɪzɪŋ] a. 不妥协的,不调和的,坚决的 ‖ ~**ly** ad.

unconcern [ˌʌnkənˈsɜːn] n. 不关心,冷淡,无关系 ☆ **with unconcern for** 报着对…漠不关心的态度

unconcerned [ˌʌnkənˈsɜːnd] a. ①不关心的,冷淡的 ②没有关系的,不相关的(in, with) ☆**be unconcerned in** 与…不相干 ‖ ~**ly** ad. ~**ness** n.

uncondensable [ˌʌnkənˈdensəbl] a. 不可冷凝的,不可凝结的

uncondensed [ˌʌnkənˈdenst] a. 不凝结的

unconditional [ˌʌnkənˈdɪʃənl], **unconditioned** [ˌʌnkənˈdɪʃənd] a. 无条件的,无限制的,无保留的

unconfined [ˌʌnkənˈfaɪnd] a. 不封闭的,敞口的,无约束的,没有容器装着的,松散的

unconfirmed [ˌʌnkənˈfɜːmd] a. 未最后认可〔确定〕的,未证实的

unconformability [ˌʌnkənfɔːməˈbɪlɪtɪ] n. 【地质】不整合

unconformable [ˌʌnkənˈfɔːməbl] a. 不一致的,不相称的,不服从的 ‖ **unconformably** ad.

unconformity [ˌʌnkənˈfɔːmɪtɪ] n. 不相合,不一致,不相称,偏离,不整合

uncongealable [ˌʌnkənˈdʒiːləbl] a. 不可冻结的

uncongenial [ˌʌnkənˈdʒiːnɪəl] a. 不协调的,讨厌的

unconnected [ˌʌnkəˈnektɪd] a. 不连接的,不连贯的,支离破碎的,无亲缘关系的

unconquerable [ʌnˈkɒŋkərəbl] a. 不可征服〔战胜〕的,压抑不住的

unconscionable [ˌʌnˈkɒnʃənəbl] a. 不合理的, 过度的,极端的,不公正的

unconscious [ˌʌnˈkɒnʃəs] a. ①无意识的,不知不 觉的 ②不知道的,未发觉的 ③失知觉的 ☆**be unconscious of** 没有发觉,不知道 ‖ ~**ly** ad. ~**ness** n.

unconservative [ˌʌnkənˈsɜːvətɪv] a. 不稳健的, 不防腐的

unconsidered [ˌʌnkənˈsɪdəd] a. 未经思考的,不 值得考虑的,可忽略的

unconsolidated [ˌʌnkənˈsɒlɪdeɪtɪd] a. 松散的, 未凝固的

unconstant [ʌnˈkɒnstənt] a. 无规则的,不恒定的, 不坚定的

unconstrained [ˌʌnkənˈstreɪnd] a. 无约束的,自 由的,非强迫的,出乎自然的

unconstraint [ˌʌnkənˈstreɪnt] n. 无约束,不受约束

uncontaminated [ˌʌnkənˈtæmɪneɪtɪd] a. 未污 〔沾〕染的,无有害物的,无杂质的,洁净的 ‖ **uncontamination** n.

uncontemplated [ˌʌnˈkɒntempleɪtɪd] a. 未经思 考的,意外的

uncontested [ˌʌnkənˈtestɪd] a. 无(人)竞争的,无 异议的

uncontinuity [ˌʌnkɒntɪˈnjuːɪtɪ] n. 不连续性 ‖ **uncontinuous** a.

uncontrollable [ˌʌnkənˈtrəʊləbl] a. 难〔无法〕控 制的,不可调节的

uncontrolled [ˌʌnkənˈtrəʊld] a. 不受控制的,自由 的,未经检查的

unconventional [ˌʌnkənˈvenʃənl] a. 非常规的, 破例的,异乎寻常的

unconverted [ˌʌnkənˈvɜːtɪd] a. 不变的,无变化的, 未改变的

unconvertible [ˌʌnkənˈvɜːtəbl] a. 不能变〔兑〕 换的,难变换的

uncool [ˈʌnkuːl] a. 没有把握〔自信心〕的

uncooled [ˌʌnˈkuːld] a. 未冷却的

uncooperative [ˌʌnkəʊˈɒpərətɪv] a. 不合作的, 不配合的

unco-ordinated [ˌʌnkəʊˈɔːdɪneɪtɪd] a. 未测坐标 的,不同等的,不并列的,不协调的,未调整的

uncord [ʌnˈkɔːd] vt. 解开(绳子)

uncork [ʌnˈkɔːk] vt. ①拔去…塞子 ②透露

uncorrectable [ˌʌnkəˈrektəbl] a. 不可挽回〔弥 补〕的

uncorrectably [ˌʌnkəˈrektəblɪ] ad. 不可挽回地, 无希望地

uncorrected [ˌʌnkəˈrektɪd] a. 未改正的,未调整的

uncorrelated [ˌʌnˈkɒrɪleɪtɪd] a. 非束缚的,无关联的

uncorroded [ˌʌnkəˈrəʊdɪd] a. 未腐蚀的

uncorruptible [ˌʌnkəˈrʌptəbl] a. 不易腐蚀的

uncountable [ˌʌnˈkaʊntəbl] ❶ a. 不可(计)数的, 无数的,无法估量的 ❷ n. 不可数名词

uncounted [ʌnˈkaʊntɪd] a. ①无数的 ②没数过的

uncouple [ˌʌnˈkʌpl] vt. 分离,拆开,松脱,解除(…间 的)连接,去耦(合)

uncoupler [ˌʌnˈkʌplə] n.【生】解偶联剂

uncoupling [ˌʌnˈkʌplɪŋ] n. 拆离,脱开轴节,去耦, 非耦合,解偶联 ☆**uncoupling level** 互钩〔离合 器〕开关杆

uncoursed [ʌnˈkɔːst] a. 不分层的,乱砌的

uncourteous [ʌnˈkɔːtɪəs] a. 没礼貌的,粗野的

uncouth [ʌnˈkuːθ] a. ①人迹稀少的,荒凉的 ②笨 拙的 ③不舒适的

uncover [ʌnˈkʌvə] v. ①揭开(…的)盖子,除去… 的掩护 ②揭露,剥离,开拓

uncovered [ʌnˈkʌvəd] a. ①无覆盖物的,无掩护 的 ②未经保险的,不在服务范围之内的 ③不予 采访报道的

uncovering [ʌnˈkʌvərɪŋ] a. 裸露的,未覆盖的

uncowled [ʌnˈkaʊld] a. 无罩的,无盖的

uncracked [ʌnˈkrækt] a. 未裂开的,无裂缝的

uncrate [ʌnˈkreɪt] vt. 拆箱(取出货物)

uncreated [ˌʌnkriˈːˈeɪtɪd] a. 非〔尚未被〕创造的, 永存的

uncritical [ˌʌnˈkrɪtɪkl] a. 不加批评的,不加鉴别的, 无批判力的 ‖ ~**ly** ad.

uncross [ʌnˈkrɒs] vt. 使不交叉

uncrossed [ʌnˈkrɒst] a. 不交叉的,未画线的,不受 阻挠的

uncrushable [ʌnˈkrʌʃəbl] a. 压不碎的,揉不皱的

uncrystallizable [ʌnˈkrɪstəlaɪzəbl] a. 不能结晶的

uncrystallized [ʌnˈkrɪstəlaɪzd] a. 非晶的,未结 晶的,未定形的

unction [ˈʌŋkʃən] n. ①涂药膏,油膏,油脂(性) ② 浓厚的兴趣

unctuosity [ˌʌŋktjuˈɒsɪtɪ] n.【化】油(腻)性,润滑性

unctuous [ˈʌŋktjuəs] a. ①油性的,腻滑的 ②哗众 取宠的

uncture [ˈʌŋktʃə] n. 油〔软〕膏

uncultivated [ʌnˈkʌltɪveɪtɪd] a. 未开垦的,未开 化的

uncultured [ʌnˈkʌltʃəd] a. 未受教育的,未耕作的

uncured [ʌnˈkjʊəd] a. 未处治的,未硫化的

uncurl [ʌnˈkɜːl] v. 弄直,(使)伸直,展开

uncurtained [ʌnˈkɜːtənd] a. 没有帘的,帘〔幕〕 被拉起的,未遮蔽的

uncus [ˈʌŋkəs] (pl. unci) n.【动】钩,(生物的)钩状 部分

uncustomed [ʌnˈkʌstəmd] a. 未经海关通过的, 未报关的

uncut [ʌnˈkʌt] a. ①未切的 ②不可切的 ③未琢磨 的,未雕刻的 ④毛边的 ⑤未删节的,未削减的

uncuttable [ʌnˈkʌtəbl] a. 不可切〔分〕的

uncybernated [ʌnˈsaɪbəneɪtɪd] a. 非电子化的

unda [ˈʌndə] n.【地质】浪蚀底

undaform [ˈʌndəfɔːm] n.【地质】浪蚀底地形

undam [ˈʌndæm] vt. 撤去堤坝

undamaged [ˌʌnˈdæmɪdʒd] a. 未受损伤的,没有

破损的

undamped [ʌnˈdæmpt] a. ①无阻尼的,非减震的 ②无衰减的 ③不受抑制的 ④未受潮的

undark [ʌnˈdɑːk] n. 夜明涂料

undate(d) [ˈʌndeɪt(ɪd)] a. 波状的,波浪似的

undated [ʌnˈdeɪtɪd] a. 未注明日期的,无定期的

undathem [ˈʌndəθəm] n.【地质】浪蚀底岩层

undation [ʌnˈdeɪʃən] n.【地质】陆地或海底大面积上的上升或下降运动

undaunted [ʌnˈdɔːntɪd] a. 无畏的,勇敢的,大胆的

undecagon [ʌnˈdekəgɒn] n.【数】十一边〔角〕形

undecane [ʌnˈdekeɪn] n.【化】十一烷

undeceive [ˌʌndɪˈsiːv] vt. 使不再受欺骗,使免犯错误,使醒悟 ☆**undeceive... of one's error** 使…认识(自己)错误

undecidability [ˌʌndɪsaɪdəˈbɪlɪti] n. 不可判定性

undecidable [ˌʌndɪˈsaɪdəbl] a. 不可判定的

undecided [ˌʌndɪˈsaɪdɪd] a. ①模糊的,(轮廓)不明确〔显〕的 ② 未决定的,不确定的 ③未下决心的

undecimal [ʌnˈdesɪməl] a. 十一进制的

undecipherable [ˌʌndɪˈsaɪfərəbl] a. 不可译的(密码),不可识别的

undecked [ʌnˈdekt] a. 无甲板的,无装饰的

undeclared [ˌʌndɪˈkleəd] a. 未经宣布的,不公开的,(货物)未向海关申报的

undecomposable [ˌʌndiːkəmˈpəuzəbl] a. 不可分解的

undecomposed [ˌʌndɪkəmˈpəuzd] a. 未分解〔还原,腐烂〕的,未析出的

undecorated [ʌnˈdekəreɪtɪd] a. 未装饰的,简朴的

undefended [ˌʌndɪˈfendɪd] a. ①没有防备的,无保护的 ②没有论据证实的

undefiled [ˌʌndɪˈfaɪld] a. 没弄脏的,纯粹〔洁〕的

undefined [ˌʌndɪˈfaɪnd] a. 未(下)定义的,未规定的,不明确(规定)的,未定界的

undefinition [ˌʌndefɪˈnɪʃən] n. 无〔未〕定义

undeflected [ˌʌndɪˈflektɪd] a. 未〔不〕偏转的

undeformed [ˌʌndɪˈfɔːmd] a. 未变形的,无应变〔形变〕的

undegraded [ˌʌndɪˈgreɪdɪd] a. 未退化的

undelayed [ˌʌndɪˈleɪd] a. 瞬发的,未延迟的

undeliverable [ˌʌndɪˈlɪvərəbl] a. 无法投递的,无法送达的

undelivered [ˌʌndɪˈlɪvəd] a. 未交付的,未送出的,未发表的

undemocratic [ˌʌndeməˈkrætɪk] a. 不民主的

undemonstrable [ʌnˈdemənstrəbl] a. 无法表明的,不可论证的

undeniable [ˌʌndɪˈnaɪəbl] a. ①不能否认的,无可辩驳的 ②确实的,优良的

undepleted [ˌʌndɪˈpliːtɪd] a. 未贫化的,未放空的,未用尽的

undepreciated [ˌʌndɪˈpriːʃieɪtɪd] a. 未贬值〔低〕的

under [ˈʌndə] ❶ prep. ①在…下面,在…之内 ②低

于,未满,欠 ③在…指引〔导〕下,在…项〔标题〕下 ④在…(过程)中 ⑤借助 ❷ ad. 在下,以下,从属地 ❸ a. ①下部(面)的 ②次的,从属的 ③劣的,标准以下的 ☆**be classed under A** 归入 A之中; **be got under** 被扑灭; **be grouped under... headings** 分成…项目〔题目〕; **be under the impression that** 有着…的印象; **come under this head** 包括在本项目下; **dispatch (send) A under separate cover** 将A 另封寄发; **from under** 从…下; **get A under** 抑制 A; **go under** 沉下,失败; **under any circumstances** 无论如何; **under one's eye** 显而易见

〖用法〗❶ "under+表示动作的名词"意为"正在…之中"。如:A new system was under development at the time. 当时正在研发一种新的系统。/The instrument under discussion is a three-digit voltmeter. 正在讨论的仪表是一种三位伏特表。❷注意下面例句中该词的含义:The second factor under the integral is expanded using a standard trigonometric identity. 处于积分内的第二个因子用标准的三角恒等式来展开。/The term under the radical is positive. 根号里的那一项是正的。/Under this method, messages of up to 256 bytes can be sent. 用这种方法可以发送多达 256 字节的信息。/That gas is under low pressure. 该气体处于低压之下。

underachieve [ˌʌndərəˈtʃiːv] vi. 未能充分发挥学习潜力,表现低于预期水准

underact [ˌʌndəˈækt] vi. 表演不充分,表演拘束

under-active [ˌʌndəˈæktɪv] a. 活化不足的

underactivity [ˌʌndəækˈtɪvɪti] n. 机能低下,不够活跃

underadvertising [ˌʌndəˈrædvətaɪzɪŋ] n. 广告〔宣传〕不足

underafter [ˌʌndəˈrɑːftə] n. 下列的

underage ❶ [ˈʌndərɪdʒ] n. 缺乏,不足 ❷ [ˌʌndərˈeɪdʒ] a. 未成年的

under-ageing [ˌʌndərˈeɪdʒɪŋ] n.【医】硬化〔凝固〕不足

underarm [ˈʌndərɑːm] ❶ a. 腋下的 ❷ n.【医】腋下部

under-assigned [ˌʌndərəˈsaɪnd] a. 派工不足的

underbaked [ˌʌndəˈbeɪkt] a. 未烘透的

underbalance [ˌʌndəˈbæləns] n. 欠平衡

underbeam [ˈʌndəbiːm] n.【建】下梁

underbed [ˈʌndəbed] n.【建】底架〔座〕,基础板

underbelly [ˈʌndəbeli] n. 下腹部,物体的下方,薄弱的部分,易受攻击的区域

underbid [ˌʌndəˈbɪd] (underbid, underbid(den)) v. 投标〔喊价〕低于,投标〔喊价〕过低

underblower [ˌʌndəˈbləuə] n.【机】筐下送风机

underboarding [ˌʌndəˈbɔːdɪŋ] n.【建】垫〔衬〕板

underbody [ˈʌndəbɒdi] n. 物体下部,底架

underbought [ˌʌndəˈbɔːt] underbuy 的过去式和

过去分词

under-bracing [ˌʌndə'breɪsɪŋ] n. 【建】帮桩,(电杆)杆根横木,下支撑

underbred [ˌʌndə'bred] a. 缺乏教养的

underbridge [ˌʌndə'brɪdʒ] n. 桥下,(立体交叉的)下穿桥,跨线桥

underbrush [ˌʌndə'brʌʃ] n. 【植】小丛树,丛林

underbunching [ˌʌndə'bʌntʃɪŋ] n. 【电子】聚束不足,非理想群聚

underburnt [ˌʌndə'bɜːnt] a. 欠火的

underbuy [ˌʌndə'baɪ] (underbought) vt. 以比实价〔标价,别人〕便宜的价钱买

undercalcined [ˌʌndə'kælsɪnd] a. 欠烧的

undercapacity [ˌʌndəkə'pæsɪtɪ] n. 【经】强度〔容量〕不足,出力〔产量〕不足,非满载,生产率不足

undercapitalize [ˌʌndə'kæpɪtəlaɪz] v. (对…)投资不足

undercarriage [ˈʌndəˌkærɪdʒ] n. 【航】机脚,底架〔盘〕,起落架,下支架,支重台车

undercart [ˈʌndəˌkɑːt] n. 【航】起落架

under-casing [ˈʌndəkeɪsɪŋ] n. 底箱

undercharge [ˌʌndə'tʃɑːdʒ] vt.;n. ①充电不足,制冷剂不足 ②装药不足 ③索价较低

under-chassis [ˌʌndə'ʃæsɪs] n. 底盘,底部框架

under-choking [ˌʌndə'tʃəʊkɪŋ] n. 未完全堵塞

underclay [ˈʌndəkleɪ] n. 【地质】底黏土

under-cleaning [ˌʌndə'kliːnɪŋ] n. 没有完全清洗干净

underclearance [ˌʌndə'klɪərəns] n. 【建】桥下净空,下部间隙

undercliff [ˈʌndəklɪf] n. 【地质】(滑坡,坍塌形成的)阶地,副崖,滑动崖脚坡

underclothed [ˈʌndəkləʊðd] a. 穿得单薄的

underclothes [ˈʌndəkləʊðz], **underclothing** [ˈʌndəkləʊðɪŋ] n. 内〔衬〕衣(裤)

undercoat [ˈʌndəˌkəʊt] ❶ n. 【纺】内〔底〕涂层,里衬 ❷ vt. 给…加内涂层

undercolour [ˌʌndə'kʌlə] n. 【纺】颜色不足,欠染

undercommutation [ˈʌndəˌkɒmjuː'teɪʃn] n. 【电子】欠转向,欠转换,延迟换向

undercompensation [ˈʌndəˌkɒmpen'seɪʃ ən] n. 【计】补偿不足

undercompound [ˌʌndə'kɒmpaʊnd] a. 欠复合〔励〕的

undercompounding [ˌʌndəkɒm'paʊndɪŋ] n. 未完全复合,混合不充分

underconstrained [ˌʌndəkən'streɪnd] a. 约束过少的,无定解的,未限定的

underconsumption [ˌʌndəkən'sʌmpʃən] n. 消耗不足,低消耗

undercool [ˌʌndə'kuːl] v. (= supercool) (使)过冷

undercorrect [ˌʌndəkə'rekt] vt. 对…校正〔改正〕不足 ‖ **undercorrection** n.

undercoupling [ˌʌndə'kʌplɪŋ] n. 【计】欠〔不完全〕耦合

undercover [ˌʌndə'kʌvə] a. 秘密地干的

undercritical [ˌʌndə'krɪtɪkəl] a. 次〔亚〕临界的

undercroft [ˈʌndəkrɒft] n. 地下室,地窖

undercrossing [ˌʌndə'krɒsɪŋ] n. 【建】下穿(式立体)交叉

undercure [ˈʌndəkjʊə] n. 【化】欠处理,欠熟,欠硫化

undercurrent [ˈʌndəˌkʌrənt] n. ①【地质】暗流,下层流 ②【电子】电流不足,低于额定值的电流 ③【矿】沉矿支槽 ④掩盖着的倾向,潜在势力

undercut ❶ [ˌʌndə'kʌt] (undercut; undercutting) v. ①底〔根,下〕切,切去下部 ②潜挖,暗掘,掘下部,沉割,基蚀,下〔冲〕洗,切槽 ③【机】咬边,(工具)咬齿 ④下陷,凹进 ⑤截割不足,空刀 ⑥浮雕 ⑦削低〔价格〕,削价与…抢生意 ❷ [ˈʌndəkʌt] n. ①浮雕 ②伐树砍口 ③下旋球

undercutter [ˌʌndə'kʌtə] n. 【机】凹形挖掘铲,截煤机

underdamp [ˌʌndə'dæmp] v. 弱阻尼,不充分减震

underdamping [ˌʌndə'dæmpɪŋ] n.;a. 【电子】欠阻尼,欠密的

underdeck [ˈʌndədek] a. 甲板下的,仓内的

underdesign [ˌʌndədɪ'zaɪn] n. 欠安全的设计

underdeterminant [ˌʌndədɪ'tɜːmɪnənt] n. 【数】子行列式

underdevelop [ˌʌndədɪ'veləp] v. (使)不发达,未发展,(使)显影不足

underdeveloped [ˌʌndədɪ'veləpt] a. ①不发达的,未充分发开发的,不发育的 ②显影不足的

underdevelopment [ˌʌndədɪ'veləpmənt] n. 发展不充分,【摄】显影不足

underdo [ˌʌndə'duː] (underdid,underdone) v. 不尽全力做,使做得不够,使不煮透

underdraft [ˈʌndədrɑːft] n. 【冶】轧机下弯,上压力

underdrain [ˈʌndədreɪn] n. 【建】阴沟,暗渠,地下排水管,聚水系统 ❷ [ˌʌndə'dreɪn] vt. 用地沟排放,用暗沟排水,底部排水

underdrainage [ˈʌndəˌdreɪnɪdʒ] n. 【建】地下〔暗沟〕排水

underdraw [ˌʌndə'drɔː] (underdrew,underdrawn) vt. 在…下面画线,描写不够

underdrawing [ˌʌndə'drɔːɪŋ] n. 底稿

underdrive [ˈʌndədraɪv] n.;v. 下传动,减速传动

underdriven [ˌʌndə'drɪvn] a. 下(面)传动的

undereducated [ˌʌndər'edjuːkeɪtɪd] a. 未受正常(或足够)教育的

underemployed [ˌʌndərɪm'plɔɪd] a. 就业不充分的,被雇用的做低于本人技术水平的工作的

underemployment [ˌʌndərɪm'plɔɪmənt] n. ①不充分就业 ②部分时间被雇用,技术未充分发挥

underestimate ❶ [ˌʌndər'estɪmeɪt] v. 低估 ❷ [ˌʌndər'estɪmɪt] n. 低估,看轻 ‖ **underestimation** n.

underexcite [ˌʌndərɪk'saɪt] vt. 欠励磁,欠激励 ‖ **underexcitation** n.

underexpansion [ˌʌndərɪks'pænʃən] n. 【航】膨胀不足

underexpose [ˌʌndərɪks'pəʊz] vt. 不充分照射,

U

曝光不足

underexposure [,ʌndərɪks'pəʊʒə] n. 【摄】曝光不足(的底片)

underfeed [,ʌndə'fi:d] (underfed) vt. 供料不足,下〔底〕部进料,从底部给…加燃料

underfill ['ʌndəfɪl] n. 不〔未充〕满

underfilling [,ʌndə'fɪlɪŋ] n. 【冶】不〔未充〕满,底层填料

underfired [,ʌndə'faɪəd] a. 下部〔自下〕燃烧的,下加热式,欠火的

underfloor ['ʌndəflɔ:] a. 地板(面)下的

underflow ['ʌndəfləʊ] n. 【地质】①地下水流,潜流,下溢 ②浓泥,浓浆,沉沙

underfocus [,ʌndə'fəʊkəs] n. 弱焦(点),欠焦点

underfold [,ʌndə'fəʊld] n. 下褶

underfoot [,ʌndə'fʊt] ad. ①在脚下,在地上 ②碍事,挡路

underframe [,ʌndə'freɪm] n. 【化】底架〔座,框〕

underfrequency [,ʌndə'fri:kwənsɪ] n. 【电子】低于额定频率,频率过低

undergarment ['ʌndəˌɡɑ:mənt] n. 【纺】内衣,衬衣

undergauge ['ʌndəɡeɪdʒ] n. 尺寸不足

undergird [,ʌndə'ɡɜ:d] vt. 从底层加固

underglaze ['ʌndəɡleɪz] a. 釉底的,用于涂釉前的

undergo [,ʌndə'ɡəʊ] (underwent,undergone) vt. 经历,经受,承受,遭遇,进行 〖用法〗注意下面例句的含义:During that time the British economy was undergoing what came to be called the Industrial Revolution. 在那个时期,英国经济正在经历后来人们所说的"工业革命"。

undergone [,ʌndə'ɡɒn] undergo 的过去分词

undergrad(uate) [,ʌndə'ɡræd(jʊɪt)] n.;a. 大学生(的)

underground ❶ [,ʌndə'ɡraʊnd] ad. 在地下,秘密地 ❷ ['ʌndəɡraʊnd] a.;n. ①秘密(的),隐蔽的,不公开的 ②地(面)下,地面下层 ③地(下铁)道,地下(组织,空间)

undergrown [,ʌndə'ɡrəʊn] a. 发育不全的;有灌木的

undergrowth ['ʌndəɡrəʊθ] n. 【生】下层林丛;发育不全

underguard ['ʌndəɡɑ:d] n. 【机】下部护板〔保护物〕

underhand ['ʌndəˌhænd] ad.;a. 秘密(的),欺诈(的),手不过肩的

underhanded ['ʌndə'hændɪd] ❶ ad.=underhand ❷ a. ①=underhand ②人手不足的 ‖ ~ly ad. ~ness n.

underheating [,ʌndə'hi:tɪŋ] n. 加热不足,过冷

underhung [,ʌndə'hʌŋ] a. 在轨上滑动的,自下支承的,下颌突出的

under-inflation [,ʌndəɪn'fleɪʃən] n. 打气不足

underived [,ʌndɪ'raɪvd] a. 原始的,固有的,本来的,独创的

underlagged [,ʌndə'læɡd] a. 相位滞后欠调的

underlaid [,ʌndə'leɪd] underlay 的过去式和过去分词

underlain [,ʌndə'leɪn] underlie 的过去分词

underlap [,ʌndə'læp] v. 【计】图像变窄,欠连接

underlay ❶ [,ʌndə'leɪ] (underlaid) v. 垫,衬,铺在…下面,铺(路面)底层,打底,从下面支撑,(矿脉)倾斜,向下延伸 ❷ [,ʌndə'leɪ] underlie 的过去式 ❸ ['ʌndəleɪ] n. ①放(垫)在下面的东西,衬底,垫物,下衬 ②倾斜(余角)

underlayer ['ʌndəleɪə] n. 【地质】底基层,垫层,下伏岩层〔地层〕

underlease ['ʌndəli:s] n.;v. 【经】转租,分租

underlet ['ʌndəlet] (underlet; underletting) vt. 廉价出租,转租,分租

underlie [,ʌndə'laɪ] (underlay,underlain;underlying) v. ①(横,放,埋)在…的下面,构成…的基础,为…打下基础 ②支承 ③(权利,索赔等)优先于 ④屈服于 ⑤倾斜 〖用法〗注意下面例句中该词的含义:Underlying all these reasons is lack of knowledge. 所有这些原因的根本在于缺乏知识。(这是一个全倒装句。)/Underlying the basic medical sciences are the still more fundamental disciplines of physics and chemistry. 作为各类基础医疗科学的基础,是更为基本的物理和化学学科。(这也是一个全倒装句,句中用的"of"引出的是其前面名词的同位语。)

underlight ['ʌndəlaɪt] n. 水下(照明)灯

underline ❶ [,ʌndə'laɪn] vt. ①在(…)下画线 ②加重,强调,突出 ③作…的衬里 ❷ ['ʌndəlaɪn] n. 欠载,负载过轻,未装足

underloaded ['ʌndələʊdɪd] a. 未装足的,轻(负)载的

underlustred ['ʌndəlʌstrɪd] a. 光泽不够的

underlying [,ʌndə'laɪɪŋ] ❶ underlie 的现在分词 ❷ a. ①(做)基础的,根本的,潜在的 ③打底的 ③优先的 〖用法〗注意下面这个词的含义:The underlying communication process is statistical in nature. 基础的通信过程本质上是统计性的。

underman [,ʌndə'mæn] (undermanned; undermanning) vt. 使人员配备不足

undermanned [,ʌndə'mænd] a. 人手不足的

undermatching ['ʌndəmætʃɪŋ] n. 欠匹配

undermentioned [,ʌndə'menʃənd] a. 下述的

undermethylation ['ʌndəˌmeθɪ'leɪʃən] n. 【医】甲基化不足

undermine [,ʌndə'maɪn] vt.;n. 潜挖,基蚀,(在…下)挖坑道,削弱…的基础,淘刷,暗中破坏

underminer [,ʌndə'maɪnə] n. 挖坑道者,暗中破坏者

undermixing [,ʌndə'mɪksɪŋ] n. 拌和不足

undermoderated [,ʌndə'mɒdəreɪtɪd] a. 弱慢化的

undermodulate [,ʌndə'mɒdjʊleɪt] v. 欠调制 ‖ **undermodulation** n.

under-moon ['ʌndəmu:n] n. 下幻月

undermost ['ʌndəməʊst] a. 最低的

undermounted [,ʌndə'mauntɪd] *a.* (拖拉机) 车架下悬挂的

under-mulling [,ʌndə'mʌlɪŋ] *n.* 欠混

underneath [,ʌndə'ni:θ] ❶ *prep.* ①在 (向) …的下面 ②在…的形式下 ③隶属于,在…的支配下 ❷ *a.* 底下的 ❸ *ad.* 在 (向) 下面 ❹ *n.* 下部

under-nourishment [,ʌndə'nʌrɪʃmənt] *n.* 营养不足

undernutrition [,ʌndənju:'trɪʃən] *n.* 营养不足

underoxidize [,ʌndə'rɒksɪdaɪz] *vt.* 欠氧化

underpaid [,ʌndə'peɪd] underpay 的过去式和过去分词

underpan ['ʌndəpæn] *n.* 【机】炉底,底板,托盘

underpants ['ʌndəpænts] *n.* 衬裤

underpart ['ʌndəpɑ:t] *n.* ①非重要构件,次要角色 ②(结构) 下面部分

underpass ['ʌndəpɑ:s] *n.* 【建】地下过道,高架桥下通道,下穿线,地槽

underpavement [,ʌndə'peɪvmənt] *n.* 下层路面

underpay [,ʌndə'peɪ] (underpaid) *vt.* 少付…工资

underpickling [,ʌndə'pɪklɪŋ] *n.* 【化】酸洗不足

underpin [,ʌndə'pɪn] *vt.* ①在…下面加基础,修建基础 ②加强…的基础,(从下面) 支撑 ③支持,巩固

underpinning [,ʌndə'pɪnɪŋ] *n.* 基础 (材料,结构),【建】托换座墩

〖用法〗注意下面例句中该词的含义:Much of this book is devoted to the <u>underpinnings</u> of communication systems. 本书的不少篇幅用于讲解通信系统的统计基础知识。

underplanting [,ʌndə'plɑ:ntɪŋ] *n.*【植】植于…之下,种下

underplate ['ʌndəpleɪt] *n.* 基础,底座 (盘),垫板

underplay ❶ [,ʌndə'pleɪ] *vt.* 对…轻描淡写,掩饰 ❷ ['ʌndəpleɪ] *n.* 暗中的活动

underplot ['ʌndəplɒt] *n.* 插曲,次要情节

underpopulated [,ʌndə'pɒpjuleɪtɪd] *a.* 人口稀少 (不足) 的

underpopulation [ʌndə,pɒpju'leɪʃən] *n.* 人口稀少 (不足)

underport ['ʌndəpɔ:t] *n.* 底孔

underpower ['ʌndəpauə] *n.*【电子】低 (欠) 功率

underpowered [,ʌndə'pauəd] *a.* 动力不足的,由功率不足的发动机驱动的

underpressing ['ʌndəpresɪŋ] *n.* 欠压 (榨)

underpressure [,ʌndə'preʃə] ❶ *n.* ①真空 (度),降 (欠,负) 压 ②(空气) 稀薄,负压力,压力不足,低 (于大气) 压力 ❷ *v.* 使稀薄

underprivileged [,ʌndə'prɪvɪlɪdʒd] *a.* 被剥夺基本社会权利的,贫困的,下层社会的

underproduction [,ʌndəprə'dʌkʃən] *n.*【经】生产不足,生产供不应求,减产

underproof [,ʌndə'pru:f] *a.* ①不合格的,标准强度以下的 ②被试验的

underprop [,ʌndə'prɒp] *v.*【建】顶撑,用立柱加固

underpunch ['ʌndəpʌntʃ] *n.;v.*【计】下部穿孔

underquenching [,ʌndə'kwentʃɪŋ] *n.* 淬火不足

underquote [,ʌndə'kwəut] *vt.* 对…开价低于别人 〔低于市场价格〕

underramming ['ʌndəræmɪŋ] *n.*【机】舂实不足

underran [,ʌndə'ræn] underrun 的过去式

underrate [,ʌndə'reɪt] *vt.* 对…评价过低,低估,轻视

underream [,ʌndəri:m] ❶ *n.*【机】钻孔扩大不足 ❷ *v.* 扩孔不足

underreamer ['ʌndəri:mə] *n.*【机】扩孔器

underrefining [,ʌndərɪ'faɪnɪŋ] *n.* 欠精炼

underreinforced [,ʌndəri:ɪn'fɔ:st] *a.* 低配筋的

under-relaxation ['ʌndə,rɪlæk'seɪʃən] *n.* 低松弛

underreport [,ʌndərɪ'pɔ:t] *vt.* 少报,低估

underrepresented ['ʌndə,reprɪ'zentɪd] *a.* 未被充分代表的

underroasting [,ʌndə'rəustɪŋ] *n.*【机】焙烧不足

underrun [,ʌndə'rʌn] (underran,underrun) ❶ *vt.* ①在…下面通过 ②欠载运行 ③削减播出时间 ❷ *n.* ①潜流,在底下通过的东西 ②低于估计的产量 ③欠载运动

undersampled ['ʌndəsɑ:mpld] *a.* 采样过疏的

undersanded ['ʌndəsændɪd] *a.* 含沙过少的

undersanding ['ʌndəsændɪŋ] *n.*【建】(混凝土) 含沙不足

undersaturated [,ʌndə'sætʃəreɪtɪd] *a.* 欠饱和的

undersaturation ['ʌndə,sætʃə'reɪʃən] *n.* 欠 (未) 饱和,未饱和度

underscanning [,ʌndə'skænɪŋ] *n.*【计】欠扫描

underscore ❶ [,ʌndə'skɔ:] *vt.* 在…下面划线,强调 ❷ ['ʌndəskɔ:] *n.* 字下划线 (表示强调)

undersea ['ʌndəsi:] ❶ *a.* 海 (水,面) 下的,海底的 ❷ *ad.* 在海面下,在海底

underseal ['ʌndəsi:l] *v.;n.* 底封

underseam [,ʌndəsi:m] *n.*【地质】下 (伏,岩) 层,底部煤层

underseas [,ʌndə'si:z] *ad.* 在海底,在海面下

undersecretary [,ʌndə'sekrətərɪ] *n.* (美国的) 副部长,次长,副国务卿

underseepage ['ʌndəsi:peɪdʒ] *n.*【建】下方渗流

undersell [,ʌndə'sel] (undersold) *vt.* 低价出售,抛售

underserrated [,ʌndəsə'reɪtɪd] *a.* (动刀片) 底面刻齿的

under-serviced ['ʌndəsɜ:vɪst] *a.* 公共设施不足的

underset ❶ [,ʌndə'set] (underset; undersetting) *vt.* 支撑,放在…下面 ❷ ['ʌndəset] *n.* ①(和海面风向 (流向) 相反的) 底流 ②【矿】下层矿脉

undershield ['ʌndəʃi:ld] *n.* 下部挡板,挡泥板

undershoot ['ʌndəʃu:t] ❶ undershoot 的过去式和过去分词 ❷ *a.* 下冲的,由下面水流冲击而转动的

undershot ['ʌndəʃɒt] ❶ undershoot 的过去式和过去分词 ❷ *a.* 下冲的,由下面水流冲击而转动的

undersized underset ❶ *vt.* ①未达预定点,射击低于 (目标),失调度 ②行程不足,着陆未达 (跑道),低于额定值 ③低插,下冲 ❷ *n.*【计】负脉冲信号,负尖峰 (信号)

undershooting [,ʌndə'ʃu:tɪŋ] *n.* 欠调制;下方勘探,下方爆炸法

underside ['ʌndəsaɪd] *n.* 下〔内,底〕面,下侧

undersign [ˌʌndə'saɪn] *vt.* 签名于下

undersigned ['ʌndəsaɪnd] *a.* 在下面〔末尾〕签名的

undersize [ˌʌndə'saɪz] ❶ *n.* ①尺度不够 ②【冶】筛底料,筛出物,细粒 ❷ *a.* 尺寸不足的,小型的

undersized [ˌʌndə'saɪzd] *a.* ①尺寸不足的,小型的 ②降低的,不足的 ③筛下的,欠胶的

underslung [ˌʌndə'slʌŋ] *a.* 下悬式的,吊着的,车架下的,置于…下的

undersoil ['ʌndəsɔɪl] *n.* 【地质】下〔亚〕层土,底土

undersold [ˌʌndə'səʊld] undersell 的过去式和过去分词

undersonic [ˌʌndə'sɒnɪk] *a.* 次声的

undersow ['ʌndəsəʊ] *n.* 套种

underspeed [ˌʌndə'spiːd] *n.* 速度不足,低速

understable [ˌʌndə'steɪbl] *a.* 欠稳定的

understaffed [ˌʌndə'stɑːft] *a.* 人员太少〔不足〕的

understand [ˌʌndə'stænd] (understood) *v.* ①懂,明白,理解,通晓 ②推测,以为 ③听说,获悉 ④省略 ☆**give A to understand that...** 通知〔告诉〕A...; **A is to be understood (after B)** (在 B 的后面)省去〔省略了〕A; **It is understood that...** 据说,当然; **make oneself understood** 说明〔表达〕自己的意思; **understand A by B** 所谓 B 指的是 A,把 B 理解为 A 【用法】该动词可以带动词不定式构成的补足语。如:A loop of a network is understood to be any closed path. 一个网络的回路被理解为任一闭合通路。/We shall understand the term 'acceleration' to mean instantaneous acceleration. 我们将把"加速度"这一术语理解为瞬时加速度。

understandable [ˌʌndə'stændəbəl] *a.* 可以理解的,能领会的

understanding [ˌʌndə'stændɪŋ] *n.;a.* ①理解(的),能谅解的 ②领会 ③理解〔判断〕力 ④谅解,条件 ☆**an understanding of A (by B)** (B) 对 A 的理解; **come to (arrive at) an understanding with** 和…达成协议; **give A a good (better) understanding of B** 使 A 能很好〔更好〕地理解 B; **have a secret understanding with** 同…有默契; **have the understanding to +inf.** 懂得怎样(做某事); **on (with) the understanding that...** 以…为条件,如果; **on (with) this understanding** 根据这个条件,在这个条件下 【用法】❶该词作名词表示"理解"时其前面往往使用不定冠词。如:Understanding how a modern semiconductor laser works requires an understanding of dielectric wave-guiding. 理解现代半导体激光器的工作原理需要懂得介质波导作用。/Many of the chapters are pertinent for the engineer who would acquire a full understanding of the present art of sine-wave testing. 这些章节中有许多对于想要充分理解正弦波测试的目前技术状

态的工程师来说是合适的。❷ 表示"(获得)理解"时一般可用动词 develop、obtain 或 acquire 等。如:To develop an understanding of the phase-locked loop, it is desirable to have a model of the loop. 为了理解锁相环,最好要有该环的一个模型。

understandingly [ˌʌndə'stændɪŋlɪ] *ad.* 谅解地,聪明地

understate [ˌʌndə'steɪt] *vt.* 少说〔报〕,不尽言 ‖ **understatement** *n.*

understeer [ˌʌndə'stɪə] *n.;v.* 转向不足,对驾驶盘反应迟钝

understock ❶ [ˌʌndə'stɒk] *vt.* 未充分供应…存货,使存货不足 ❷ ['ʌndəstɒk] *n.* 存货不足

understoke ['ʌndəstəʊk] *vt.* 底部给煤

understoker ['ʌndəstəʊkə] *n.* 【机】下底部给煤装置

understood [ˌʌndə'stʊd] ❶ understand 的过去式或过去分词 ❷ *a.* ①被充分理解的,取得同意的 ②不讲自明的

understorey ['ʌndəstɔːrɪ] *n.* 【植】下层林木

understratum [ˌʌndə'streɪtəm] (pl. understrata 或 understratums) *n.* 【地质】下层

understrength [ˌʌndə'streŋθ] *a.* 力量〔兵员〕不足的

understress [ˌʌndəstres] *v.* 应力不足,加压不足

understructure [ˌʌndə,strʌktʃə] *n.* 【地质】基础,下层结构

understudy ['ʌndə,stʌdɪ] ❶ *n.* 熟悉某工作以便接替的人 ❷ *vt.* 通过观察〔实习〕来掌握

undersupply ['ʌndəsə'plaɪ] *v.* 供给不足

undersurface [ˌʌndə'sɜːfɪs] ❶ *n.* 下〔底,内〕面 ❷ *a.* 液面下的,从下面的

underswept [ˌʌndə'swept] *a.* 扫描不足的

underswing [ˌʌndə'swɪŋ] *n.* 【电子】负脉冲(信号),下冲(信号),下击,下摆,(摆动)幅度不足

undersynchronous [ˌʌndə'sɪŋkrənəs] *a.* 次(低于)同步的

undertake [ˌʌndə'teɪk] (undertook,undertaken) *vt.* ①承担〔办,包〕,担任 ②约定,答应,接受,担保,断言,负责(for) ③着手,从事 ☆**undertake that...** 保证,断言; **undertake to (do)** 同意〔约好,试图〕(做)

undertaken [ˌʌndə'teɪkən] undertake 的过去分词

undertaker [ˌʌndə'teɪkə] *n.* 承办人,计划者,营业者,企业家

undertaking [ˌʌndə'teɪkɪŋ] *n.* ①任务,事〔企〕业,计划 ②保证,许诺,承担 【用法】当它表示"任务"等含义时为可数名词。如:Determination of the output signal-to-noise ratio is more difficult undertaking. 确定输出的信噪比是一项更为困难的任务。

undertamping ['ʌndəstæmpɪŋ] *n.* 夯实不足

undertenant [ˌʌndə'tenənt] *n.* 【经】转租的承租人

under-the-counter [ˌʌndəðə'kaʊntə] *a.* ①私下〔内部〕出售的,暗中成交的,走后门的 ②违法的

under-the-table [ˈʌndəðəˈteɪbl] a. 秘密(交易)的,不法的

underthrust [ˈʌndəθrʌst] n. 【地质】俯冲断层,下逆掩断层

undertighten [ˈʌndətaɪtn] v. 拧紧(扎紧)不够

undertint [ˌʌndəˈtɪnt] n. 淡(褪)色

undertone [ˈʌndətəun] n. 低调,小声,淡色,底色,潜在倾向

undertook [ˌʌndəˈtuk] undertake 的过去式

undertow [ˈʌndətəu] n. 【海洋】底流,退浪,下层逆流

undertreatment [ˌʌndəˈtriːtmənt] n. 处理不足

underutilize [ˌʌndəˈjuːtɪlaɪz] v. 利 用 不 足 ‖ **underutilization** n.

undervaluation [ˈʌndəˌvæljuˈeɪʃən] n. 估计不足,评价过低,轻视

undervalue [ˌʌndəˈvæljuː] vt. 低估,评价过低,降低…的价值,轻视

undervibration [ˌʌndəvaɪˈbreɪʃən] n. 【建】(混凝土等)振动不足

under-voltage [ˌʌndəˈvəultɪdʒ] a. 电压不足的

underwashing [ˈʌndəwɒʃɪŋ] n. 【地理】(河床)冲刷

underwater [ˌʌndəˈwɔːtə] ❶ a. ①水下的,潜水的 ②水线以下的 ❷ ad. 在水下,在水线以下 ❸ n. (海洋)水面下的水

underwateracoustic [ˈʌndəˌwɔːtərəˈkaustɪk] a. 水下声的

underwater-fired [ˌʌndəˈwɔːtəfaɪəd] a. 水下发射(爆炸)的

underway [ˌʌndəˈweɪ] n.;a. ①下穿道,水底通道 ②未完成的阶段 ③开始进行 ④行进中(的),途中的 ☆**(be) underway** 正在进行着,正在航行途中

underweight [ˌʌndəˈweɪt] ❶ n. 重量不足 ❷ a. 重量不足的

underwent [ˌʌndəˈwent] undergo 的过去式

underwind [ˌʌndəˈwaɪnd] a. 下卷式

underwood [ˈʌndəwud] n. 【植】矮树丛,下层林丛,下木

underwork [ˌʌndəˈwɜːk] ❶ n. ①省(偷)工,草率的工作 ②根基,支持物 ③附属性杂务 ❷ v. ①省(偷)工,工作马虎,对…草率从事 ②(使机器)不开足马力,没有充分发挥…的作用

underworkings [ˈʌndəwɜːkɪŋz] n. 地(井)下巷道

underworld [ˈʌndəwɜːld] n. ①地狱 ②黑社会,靠盗窃等过日子的人们

underwrite [ˌʌndəˈraɪt] (underwrote,underwritten) vt. ①写在…下面(末尾),签名于 ②保证,给…保险,同意负担…费用,包销 ③赞同

underwriter [ˈʌndəraɪtə] n. 【经】担保人,承诺支付者,保险业者

underwriting [ˈʌndəraɪtɪŋ] n. 【经】(海上)保险业

undescribable [ˌʌndɪsˈkraɪbəbl] a. 难以形容的,模糊的

undeserved [ˌʌndɪˈzɜːvd] a. 不应该(得)的,分外的,不当的 ‖ **~ly** ad.

undeserving [ˌʌndɪˈzɜːvɪŋ] a. 不配受到…的,不值得…的(of)

undesigned [ˌʌndɪˈzaɪnd] a. 不是故意的,非预谋的 ‖ **~ly** ad.

undesirable [ˌʌndɪˈzaɪərəbl] ❶ a. 不合乎需要的,不希望有的,讨厌的,不良的 ❷ n. 不受欢迎的人 ‖ **undesirably** ad.

undesired [ˌʌndɪˈzaɪəd] a. 不希望有的,不需要的

undetectable [ˌʌndɪˈtektəbl] a. 未暴露的,不可发现的 ‖ **undetectably** ad.

undetected [ˌʌndɪˈtektɪd] a. 没有被发现(识破,察觉),未探测到的

undeterminable [ˌʌndɪˈtɜːmɪnəbl] a. 不可测定的

undeterminate [ˌʌndɪˈtɜːmɪnɪt] a.;n. 未测定的(量)

undetermined [ˌʌndɪˈtɜːmɪnd] a. 未定的,待定的,性质未明的,缺乏决断力的

undeterminedness [ˌʌndɪˈtɜːmɪndnɪs] n. (静)不定性

undeterred [ˌʌndɪˈtɜːd] a. 未受阻的,未受挫折的

undeveloped [ˌʌndɪˈveləpt] a. ①未开发的 ②不发达的 ③未显影的

undeviating [ʌnˈdiːvɪeɪtɪŋ] a. ①不偏离(正轨)的 ②坚定不移的 ‖ **~ly** ad.

undifferentiated [ˌʌndɪfəˈrenʃɪeɪtɪd] a. 无差别的,不分异的,一致的

undiffracted [ˌʌndɪˈfræktɪd] a. 非绕(衍)射的

undigested [ˌʌndɪˈdʒestɪd] a. ①未(不)消化的,未充分理解的,未经整理(分析)的 ②未售出的,未被市场吸收的

undiluted [ˌʌndaɪˈljuːtɪd] a. 未稀释的,纯粹的

undiminished [ˌʌndɪˈmɪnɪʃt] a. 没有减少(衰减)的 〖用法〗该词可以作方式状语。如:In this case the pulse would continue down the rope undiminished. 在这种情况下,脉冲会沿着绳子传下去而不会减弱。

undirectional [ˌʌndɪˈrekʃənl] a. 不定向的

undiscerning [ˌʌndɪˈsɜːnɪŋ] a. 没有辨别力的,感觉迟钝的

undischarged [ˌʌndɪsˈtʃɑːdʒd] a. ①未履行的,未偿清的 ②未卸下的 ③未排出的,未发射的

undisciplined [ʌnˈdɪsɪplɪnd] a. 未受训练的,无纪律的

undisclosed [ˌʌndɪsˈkləuzd] a. 未泄露的,未知的,身份不明的

undiscovered [ˌʌndɪsˈkʌvəd] a. 未被发现的,隐藏的,未知的

undiscriminating [ˌʌndɪsˈkrɪmɪneɪtɪŋ] a. 无鉴别力的,不加区别的 ‖ **~ly** ad.

undisguised [ˌʌndɪsˈgaɪzd] a. 毫不掩饰的,坦率的

undismayed [ˌʌndɪsˈmeɪd] a. 不气馁的

undispersed [ˌʌndɪsˈpɜːst] a. 不分散的,集中的

undisputed [ˌʌndɪsˈpjuːtɪd] a. 无异议的,毫无疑问的

U

undissociated [ˌʌndɪˈsəuʃɪeɪtɪd] *a.* 未离解的,不游离的

undissolved [ˌʌndɪˈzɒlvd], **undissolving** [ˌʌndɪˈzɒlvɪŋ] *a.* 不(未)溶解的

undistilled [ˌʌndɪsˈtɪld] *a.* 【化】未蒸馏的

undistinguishable [ˌʌndɪsˈtɪŋgwɪʃəbl] *a.* 不能区别的,分辨不清的

undistinguished [ˌʌndɪsˈtɪŋgwɪʃt] *a.* ①未经区别的,混杂的 ②不能区别的,听〔看〕不清的 ③不显著的,平凡的

undistorted [ˌʌndɪsˈtɔːtɪd] *a.* 无〔不〕失真的,无〔不〕畸变的,未曲解的
〖用法〗注意在下面例句中该词用作方式状语:The signal waveform is transmitted undistorted as long as the instantaneous amplitude remains smaller than the bias voltages. 只要瞬时振幅保持小于偏压,就能无失真地传输信号波形。

undisturbed [ˌʌndɪsˈtɜːbd] *a.* 原状的,未受到干扰的,静的,安稳的
〖用法〗注意在下面例句中该词用作方式状语:A very small part of the rays from the sun travel through interplanetary space undisturbed and hit the earth. 很少一部分阳光未受干扰地通过行星间的空间而到达地球。/Superconductors let electrons race through them undisturbed by normal resistance. 超导体能够允许电子迅速地通过它们而不受通常电阻的干扰。

undiversified [ˌʌndaɪˈvɜːsɪfaɪd] *a.* 没有变化的,千篇一律的

undivided [ˌʌndɪˈvaɪdɪd] *a.* ①完全〔整〕的,不可分割的 ②专心〔一〕的 ☆ *give undivided attention to* 专心致力于

undo [ʌnˈduː] (undid, undone) *vt.* ①取消,废除 ②拆〔解〕开,脱去,放松,使恢复原状 ③毁灭 ④扰乱

undock [ʌnˈdɒk] *v.* 【航海】使(船)出船坞,起航

undodged [ʌnˈdɒdʒd] *a.* 未经光调的

undoer [ʌnˈduːə] *n.* 破坏者

undog [ʌnˈdɒg] *v.* 松开夹扣〔压马〕

undone [ʌnˈdʌn] ❶ undo 的过去分词 ❷ *a.* ①没有做的,未完成的 ②解开的 ③毁掉的

undoped [ʌnˈdəupt] *a.* 无掺杂的

undor [ʌnˈdɔː] *n.* 【物】广义旋量

undosed [ʌnˈdəust] *a.* 未给剂量的

undoubted [ʌnˈdautɪd] *a.* (毫)无疑(问)的,肯定的 ‖ **~ly** *ad.*

undouble [ʌnˈdʌbl] *vt.* 使之不再成倍,使挺直

undoubting [ʌnˈdautɪŋ] *a.* 信任的,不怀疑的 ‖ **~ly** *ad.*

undrained [ʌnˈdreɪnd] *a.* 没有排泄的,无排水管路〔设施〕的

undramatic [ˌʌndrəˈmætɪk] *a.* 缺乏戏剧性的,平淡无奇的

undrape [ʌnˈdreɪp] *vt.* 揭开,揭去…的覆盖

undraw [ʌnˈdrɔː] (undrew,undrawn) *v.* 拉开,拉回来

undreamed [ʌnˈdriːmd], **undreamt** [ʌnˈdremt] *a.* 梦想不到的,意外的(of)

undreamed-of [ʌnˈdriːmdɒf], **undreamt-of** [ʌnˈdremtɒv] *a.* 梦想〔意想〕不到的

undress [ʌnˈdres] *v.* (使)脱去衣服,剥除伪装

undressed [ʌnˈdrest] *a.* 未修整的,生的,未加工的,未经处理的

undrew [ʌnˈdruː] undraw 的过去式

undried [ʌnˈdraɪd] *a.* 未干燥的

undrilled [ʌnˈdrɪld] *a.* 未钻的

undrinkable [ʌnˈdrɪŋkəbl] *a.* 不能喝〔饮用〕的

undue [ʌnˈdjuː] *a.* ①未到(支付)期的 ②过度的,不相称的,不适当的 ③不正当的 ☆ *lay undue emphasis on* 过分强调; *with undue haste* 过急的

undulant [ˈʌndjulənt] *a.* 波浪形的,波状的,起伏的

undular [ˈʌndjulə] *a.* 波态〔形,纹〕的

undulate [ˈʌndjuleɪt] ❶ *v.* ①(使)成波浪形,成波浪形前进 ②波荡 ③(使)波动 ❷ *a.* 波(浪)形的,起伏的

undulation [ˌʌndjuˈleɪʃən] *n.* 波动,起伏,波荡(纹),不平度

undulator [ʌnˈdjuleɪtə] *n.* 波纹(收报,印码)机,波动器

undulatory [ˈʌndjulətərɪ] *a.* 波动的,起伏的,成波浪形前进的,因波动引起的 ☆ *undulatory theory* 波动学

undulatus [ˌʌndjuˈleɪtəs] ❶ *a.* 波形的 ❷ *n.* 【气】波状云

undulipodium [ˌʌndjuˈliˈpəudɪəm] (pl. undulipodia) *n.* 【生】波动足

unduloid [ˈʌndʒu̇ˌlɔɪd] *n.* 【数】波状体

unduly [ʌnˈdjuːlɪ] *ad.* 过度地,不相称地,不适〔正〕当地

undutiful [ʌnˈdjuːtɪful] *a.* 未尽职的,不顺从的

undyed [ʌnˈdaɪd] *a.* 未染色的

undying [ʌnˈdaɪɪŋ] *a.* 不朽〔灭〕的,永恒的

unearned [ʌnˈɜːnd] *a.* 不劳而获的,分外的,不应得的

unearth [ʌnˈɜːθ] *vt.* ①发掘,使…出土 ②暴露,揭露 ③不〔未〕接地

unearthly [ʌnˈɜːθlɪ] *a.* ①不合理的,荒谬的,不可思议的 ②神秘的 ③超自然的,非现世的 ‖ **unearthliness** *n.*

unease [ʌnˈiːz] *n.* 不舒适,不安定

uneasy [ʌnˈiːzɪ] *a.;ad.* ①不舒服(的),(引起)不安(的) ②不稳定(的),不宁静的,汹涌的 ‖ **uneasily** *ad.*

uneconomic(al) [ˌʌniːkəˈnɒmɪk(əl)] *a.* 不节省的,不经济的 ‖ **~ally** *ad.* **-alness** *n.*

unedible [ʌnˈedɪbl] *a.* 不可食的

unedited [ʌnˈedɪtɪd] *a.* ①未编辑的,未出版的 ②未经检查〔剪辑〕的

uneducated [ʌnˈedjukeɪtɪd] *a.* 未受教育的,文盲的,无知的

unefficient [ˌʌnɪˈfɪʃənt] *a.* 无效的,效率低的

unelastic [ˌʌnɪˈlæstɪk] a. 非弹性的,刚性的
unelasticity [ˌʌnɪlæsˈtɪsɪtɪ] n. 非弹性
unemployed [ˌʌnɪmˈplɔɪd] ❶ a. ①未被雇用的,失业的 ②不用的,闲着的 ❷ n. 失业者
unemployment [ˌʌnɪmˈplɔɪmənt] n. 失业(现象,状态,人数)
unencapsulated [ˌʌnɪnˈkæpsjuleɪtɪd] a. 未密封的,未用塑料封装的
unenclosed [ˌʌnɪnˈkləuzd] a. 没有用墙围起的,公共的
unencumbered [ˌʌnɪnˈkʌmbəd] a. 没有阻碍的,不受妨碍的,没有(债务)负担的
unending [ʌnˈendɪŋ] a. ①不停的,永远(恒)的 ②无尽的 ‖ ~ly ad.
unendurable [ˌʌnɪnˈdjuərəbl] a. 难忍受的,不能容忍的,不能持久的
unengaged [ˌʌnɪnˈgeɪdʒd] a. ①没有约定的 ②未占用的,有空的
un-English [ʌnˈɪŋglɪʃ] a. 非英国式的,不合英语习惯用法的
unenlightened [ˌʌnɪnˈlaɪtnd] a. ①未照亮的 ②落后的,无知的
unentangle [ˌʌnɪnˈtæŋgl] vt. 解开,排解
unenterprising [ʌnˈentəpraɪzɪŋ] a. 没有进取〔事业〕心的,疲沓的
unequable [ʌnˈekwəbl] a. ①不调匀的 ②不稳定的,无规律的,易变化的
unequal [ʌnˈiːkwəl] ❶ a. ①(品质)不均匀的,(参差)不齐的,不对称的 ②不等的 ③不胜任的 ❷ n. 不等同的事物 ‖ ~ly ad.
unequal(l)ed [ʌnˈiːkwəld] a. 不等同的,不能比拟的,无比的,极好的
unequivocal [ˌʌnɪˈkwɪvəkəl] a. 不含糊的 ‖ ~ly ad.
unerring [ʌnˈɜːrɪŋ] a. 没有错的,(正确)无误的,确实的 ☆ be unerring in A A(做得)正确(无误) ‖ ~ly ad.
unescorted [ˌʌnɪsˈkɔːtɪd] a. 没有护卫〔航〕的,没有陪伴的
unessential [ˌʌnɪˈsenʃəl] ❶ a. 非本质的,非必需的,不重要的 ❷ n. 非本质〔必要〕的事物
unetching [ʌnˈetʃɪŋ] n. 未侵蚀
unevaporated [ˌʌnɪˈvæpəreɪtɪd] a. 未蒸发的
uneven [ʌnˈiːvn] a. ①不稳定的 ②不规则的 ③不平的,不(均)匀的 ④不直的,不平行的 ⑤力量悬殊的 ⑥【数】奇数的,不能用二除尽的
unevenness [ʌnˈiːvənɪs] n. 不平坦(性),不均匀度,不齐,地形崎岖度,【数】非偶性
uneventful [ˌʌnɪˈventful] a. 无重大事件的,没有事故的,平静的
unexampled [ˌʌnɪgˈzɑːmpld] a. ①(史)无前例的,空前的 ②无(可)比(拟)的,绝无仅有的
unexceptionable [ˌʌnɪkˈsepʃnəbl] a. 无可指摘的,无懈可击的,极好的 ‖ ~ness n. **unexceptionably** ad.
unexceptional [ˌʌnɪkˈsepʃənl] a. ①不容许有例

外的 ②非例外的,平常的 ③ = unexceptionable
unexcited [ˌʌnɪkˈsaɪtɪd] a. 未励磁的,未(加)激励的,欠激(励)的,不兴奋的
unexecuted [ʌnˈeksɪkjuːtɪd] a. 未实〔执〕行的,未根据条款履行的
unexhausted [ˌʌnɪgˈzɔːstɪd] a. 未(用)尽的
unexpected [ˌʌnɪkˈspektɪd] a. (意,料)想不到的,(出乎)意外的 ‖ ~ly ad. ~ness n.
unexpired [ˌʌnɪkˈspaɪəd] a. 未尽的,期限未满的
unexplained [ˌʌnɪkˈspleɪnd] a. 未解释的
unexplored [ˌʌnɪkˈsplɔːd] a. 未勘查〔调查〕过的
unexplosive [ˌʌnɪkˈspləusɪv] a. 防爆的,不(易)爆炸的
unexposed [ˌʌnɪkˈspəuzd] a. ①未暴〔揭〕露的,未公开的 ②未曝光的,未受辐照的
unexpressed [ˌʌnɪkˈsprest] a. 不明说的,未表达的
unexpressive [ˌʌnɪkˈspresɪv] a. 未能表达原意的
unexpurgated [ʌnˈekspɜːgeɪtɪd] a. 未(加)删改过的
unfadable [ʌnˈfeɪdəbl] a. 不褪色的,难忘的,不朽的
unfading [ʌnˈfeɪdɪŋ] a. 不褪色的,不凋萎的,不朽的
unfailing [ʌnˈfeɪlɪŋ] a. ①(经久)不变的,无穷无尽的,永远〔恒〕的 ②可靠的 ‖ ~ly ad.
unfair [ʌnˈfeə] a. 不公平〔正〕的 ☆ by unfair means 用不正当手段 ‖ ~ly ad. ~ness n.
unfaithful [ʌnˈfeɪθful] a. ①不忠于…的(to),不诚实的 ②不准确的,不可靠的 ‖ ~ly ad. ~ness n.
unfaltering [ʌnˈfɔːltərɪŋ] a. 不犹豫的,稳定有信心的
unfamiliar [ʌnfəˈmɪljə] a. ①不熟悉的 ②外行的,没有经验的 ☆ A is unfamiliar to B B 对 A 不懂〔不熟悉〕；A is unfamiliar with B A 不懂〔不熟悉〕B ‖ ~ity n. ~ly ad.
unfashionable [ʌnˈfæʃnəbl] a. 不流行的,过时的
unfashioned [ʌnˈfæʃənd] a. 未成形的,未加工的
unfasten [ʌnˈfɑːsn] v. 放松,松〔解,脱〕开,解开
unfathered [ʌnˈfɑːðəd] a. 不像父亲的,残酷的
unfathomable [ʌnˈfæðəməbl] a. ①深奥的 ②深不可测的,深不见底的 ‖ **unfathomably** ad.
unfathomed [ʌnˈfæðəmd] a. 深度没有探测过的,未解决的,难理解的
unfavo(u)rable [ʌnˈfeɪvərəbl] a. ①不(顺)利的,不适宜的 ②不同意的,令人不快的 ③(贸易)入超的 ☆ be unfavorable for doing 不宜于(做)；be unfavorable to A 对 A 不利,反对 A ‖ **unfavo(u)rably** ad.
unfavo(u)red [ʌnˈfeɪvəd] a. 不利的,不适宜的
unfeasible [ʌnˈfiːzəbl] a. 不能实行的,难以行得通的
unfeather [ʌnˈfeðə] vt. 逆〔未顺〕桨
unfeathering [ʌnˈfeðərɪŋ] n. 未顺桨的
unfeeling [ʌnˈfiːlɪŋ] a. 无感觉〔知觉〕的,无情的 ‖ ~ly ad.
unfeigned [ʌnˈfeɪnd] a. 不是假装的,诚心的 ‖ ~ly ad.
unfelt [ʌnˈfelt] a. 没有被感觉到的

U

unfenced [ˌʌnˈfenst] *a.* 没有篱笆的,没有防御的

unfetter [ˌʌnˈfetə] *vt.* 去掉…的脚镣,解放

unfilled [ˌʌnˈfɪld] *a.* 空(缺)的,未占的,未填充的

unfilmed [ˈʌnfɪlmd] *a.* 尚未拍成电影的,未敷膜的

unfilterable [ˌʌnˈfɪltərəbl] *a.* 非滤过性的

unfiltered [ˌʌnˈfɪltəd] *a.* 未滤过的

unfinished [ˌʌnˈfɪnɪʃt] *a.* 粗(未精)加工的,毛(面)的,未完成的,未染色的,未漂白的

unfired [ˌʌnˈfaɪəd] *a.* 未(不)燃烧的,未点着的,未经(不用)焙烧的,欠烧的,未爆炸的,未发射(出去)的

unfished [ˌʌnˈfɪʃt] *a.* 未捕捞的

unfit [ˌʌnˈfɪt] ❶ *a.* 不适当的,不合适的,不胜任的 ❷ (unfitted; unfitting) *vt.* 使不适当〔不相宜〕☆ ***be unfit for use*** 不适用; ***be unfit to (do)*** 不能胜任(做),不适于(做) ‖ ~**ly** *ad.* ~**ness** *n.*
〖用法〗注意下面例句中的介词 "on" 是不能省去的,这属于 "反射式不定式复合结构" 的一种形式: That table is unfit for a child to write on. 那张桌子不适宜孩子在上面写字。(主语是句尾介词 "on" 的逻辑宾语。)

unfitted [ˌʌnˈfɪtɪd] *a.* ①不合格的 ②未装备的(with) ☆***be unfitted for*** 不宜于〔不能胜任〕(做…); ***unfitted with*** 无…设备的

unfitting [ˌʌnˈfɪtɪŋ] *a.* 不相宜的,不合适的

unfix [ˌʌnˈfɪks] *vt.* ①解(拆)下,解开 ②使不稳定

unfixed [ˌʌnˈfɪkst] *a.* ①不固定的 ② 被解(拆,拔)下的 ③没确定(下来)的

unflagging [ˌʌnˈflægɪŋ] *a.* 不松懈的,持续的,不减弱的 ‖ ~**ly** *ad.*

unflanged [ˌʌnˈflændʒd] *a.* 无突缘的

unflattering [ˌʌnˈflætərɪŋ] *a.* ①坦率的 ②逼真的,准确(无误)的 ‖ ~**ly** *ad.*

unfledged [ˌʌnˈfledʒd] *a.* 年轻而无经验的,未成熟的

unflinching [ˌʌnˈflɪntʃɪŋ] *a.* 不畏〔退〕缩的,坚定的 ‖ ~**ly** *ad.*

unfluted [ˌʌnˈfluːtɪd] *a.* 无(凹)槽的

unfluxed [ˌʌnˈflʌkst] *a.* 未熔化的,未流动的

unflyable [ˌʌnˈflaɪəbl] *a.* 不能(宜)飞行的

unfocused [ˌʌnˈfəʊkəst] *a.* 未聚焦的

unfold [ˌʌnˈfəʊld] *v.* ①表〔阐〕明 ②打〔展〕开,显露 ③开展,伸展

unforced [ˌʌnˈfɔːst] *a.* 非强制〔迫〕的,自愿的,不勉强的

unforeseen [ˌʌnfɔːˈsiːn] *a.* (料)想不到的,未预见到的,难预知的,意(料之)外的

unforgettable [ˌʌnfəˈgetəbl] *a.* 不会被遗忘的,难忘的 ‖ **unforgettably** *ad.*

unforgivable [ˌʌnfəˈgɪvəbl] *a.* 不可原谅〔饶恕〕的 ‖ **unforgivably** *ad.*

unformatted [ˌʌnˈfɔːmætɪd] *a.* 无格式的

unformed [ˌʌnˈfɔːmd] *a.* 未〔不〕成形的,不成熟的

unfortified [ˌʌnˈfɔːtɪfaɪd] *a.* 未〔不〕设防的,未加强的,不牢靠的,(饮料)不浓的,体力不支的

unfortunate [ˌʌnˈfɔːtʃənɪt] *a.* 不幸的,令人遗憾的

unfortunately [ˌʌnˈfɔːtʃənɪtlɪ] *ad.* 不幸,遗憾地,可惜

unfounded [ˌʌnˈfaʊndɪd] *a.* ①无理由的,没有(事实)根据的 ②未建立的

unfractured [ˌʌnˈfræktʃəd] *a.* 不(破)碎的

unfree [ˌʌnˈfriː] *a.* 不〔非〕自由的

unfreeze [ˌʌnˈfriːz] (unfroze, unfrozen) *vt.* 使解冻,取消对使用〔制造,出售〕…的管制

unfrequent [ˌʌnˈfriːkwənt] *a.* 很少发生的,难得的,罕有的

unfrequented [ˌʌnfrɪˈkwentɪd] *a.* 人迹罕至的

unfriendly [ˌʌnˈfrendlɪ] *a.; ad.* 不友好的,不相宜的,不顺利的(to, for),(火势)控制不住的

unfroze [ˌʌnˈfrəʊz] unfreeze 的过去式

unfrozen [ˌʌnˈfrəʊzn] ❶ unfreeze 的过去分词 ❷ *a.* 不〔解〕冻的,不冷的

unfruitful [ˌʌnˈfruːtful] *a.* ①不结果实的,不毛的 ②没有结果的,无效〔益〕的 ‖ ~**ly** *ad.* ~**ness** *n.*

unfunded [ˌʌnˈfʌndɪd] *a.* 短期(借款)的,无备基金的

unfurl [ˌʌnˈfɜːl] *v.* 揭开,展示,公开

unfurnished [ˌʌnˈfɜːnɪʃt] *a.* ①无供给的,无装备的(with) ②无家具设备的

unfuzed [ˌʌnˈfjuːzd] *a.* 未熔化的

ungainly [ˌʌnˈgeɪnlɪ] *a.; ad.* 笨拙的(地),笨重(的),丑陋的 ‖ **ungainliness** *n.*

ungalvanized [ˌʌnˈgælvənaɪzd] *a.* 未〔不〕镀锌的,未电镀的

ungarbled [ˌʌnˈgɑːbld] *a.* ①正确的,率直的 ②不歪曲的,未断章取义的 ③未经选择的

ungarnished [ˌʌnˈgɑːnɪʃt] *a.* 无装饰的

ungated [ˌʌnˈgeɪtɪd] *a.* 无(大)门的,闭塞的

ungear [ˌʌnˈgɪə] *vt.* 【机】把(齿轮,传动装置)脱开,脱离啮合,分离,使脱节,卸下(马具等)

ungetatable [ˌʌngetˈætəbl] *a.* 难到达的,交通不便的

ungird [ˌʌnˈgɜːd] (ungirded 或 ungirt) *vt.* 解开…的带

ungirt [ˌʌnˈgɜːt] ❶ ungird 的过去式和过去分词 ❷ *a.* 不缚带的,带子松开的,松弛的

unglamorous [ˌʌnˈglæmərəs] *a.* 没有魅力的,乏味的

unglazed [ˌʌnˈgleɪzd] *a.* ①未上釉的,素烧的 ②没有装玻璃的 ③(纸)无光的

ungovernable [ˌʌnˈgʌvənəbl] *a.* 难以〔无法〕控制的

ungracious [ˌʌnˈgreɪʃəs] *a.* 无礼的,讨厌的

ungraded [ˌʌnˈgreɪdɪd] ❶ *a.* 劣质的,不合格的,次级的 ❷ *n.* 次(级)品

ungraduated [ˌʌnˈgrædjueɪtɪd] *a.* 不分等级的,没有刻度的;没毕业的

ungrained [ˌʌnˈgreɪnd] *a.* 未研磨的,未颗粒化的

ungrammatical [ˌʌngrəˈmætɪkl] *a.* 不合语法的,文理不通的

ungrateful [ˌʌnˈgreɪtful] *a.* 徒劳的,忘恩负义的 ‖ ~**ly** *ad.* ~**ness** *n.*

ungrease [ˌʌnˈgriːz] *v.; a.* 脱脂(的)

unground [,ʌn'graʊnd] a. 不磨的,未磨过的

ungrounded [,ʌn'graʊndɪd] a. ①没有理由的 ②没有扎实基础的,没有(事实)根据的 ③虚假的 ④不接地的

ungual ['ʌngwəl] a. (有)爪(蹄)的

unguard [,ʌn'gɑ:d] vt. 使无防备,使易受攻击

unguarded [,ʌn'gɑ:dɪd] a. ①没有警卫(防备)的,无人看管的 ②不小心的,不谨慎的,有隙可乘的

unguent(um) ['ʌngwənt(əm)] n.【药】软膏,润滑油

unguided [,ʌn'gaɪdɪd] a. 不能控制的,无(非)制导的

ungulate ['ʌŋgjʊleɪt] a.;n.【动】蹄状的,有蹄动物(的)

unguligrade ['ʌŋgjʊləgreɪd] a.;n. 蹄行性(的),用足尖走路(的)

unhackneyed [,ʌn'hæknɪd] a. 还没陈旧的,不平凡的,新鲜的,有创造性的

unhair [,ʌn'heə] vt. 去毛

unhampered [,ʌn'hæmpəd] a. 无阻碍的

unhand [,ʌn'hænd] vt. 把手从…移开,放掉

unhandled [,ʌn'hændld] a. 未经手触过的,未经处理的,未讨论过的

unhandsome [,ʌn'hænsəm] a. 不美观的,不好看的 ‖ **~ly** ad.

unhandy [,ʌn'hændɪ] a. ①不方便的,操作不便的,不灵巧的,难使用的,笨拙的 ②不在手边的

unhang [,ʌn'hæŋ] (unhung) vt. (从…)取下(悬挂物)(from)

unhappily [,ʌn'hæpɪlɪ] ad. 不快乐地,不幸,可惜,不适当地,拙劣地

unhappy [,ʌn'hæpɪ] a. 不幸(福)的,不快乐的,不适当的,拙劣的

unhardened [,ʌn'hɑ:dnd] a. 未硬化的

unhardening [,ʌn'hɑ:dənɪŋ] n. 未硬化

unharmed [,ʌn'hɑ:md] a. 没有受伤(害)的,无恙的

unharmful [,ʌn'hɑ:mfʊl] a., **unharming** [,ʌn'hɑ:mɪŋ] a. 无害的

unharness [,ʌn'hɑ:nɪs] vt. 解下

unhasp [,ʌn'hɑ:sp] vt. 解开…的搭扣

unhatched [,ʌn'hætʃt] a. 未准备就绪的,没实现的,未孵化的

unhealthful [,ʌn'helθfʊl] a. 有害健康的,不卫生的

unhealthy [,ʌn'helθɪ] a. ①不健康的,不卫生的 ②有害健康的,不良的 ③处境危险的

unheard [,ʌn'hɜ:d] a. 没听到的,前所未闻的

unheard(-)of [,ʌn'hɜ:dɒv] a. 前所未闻的,未曾有过的

unheated [,ʌn'hi:tɪd] a. 不(受,发)热的,没烧旺的,未励磁的

unheeded [,ʌn'hi:dɪd] a. 没有受到注意的,被忽视的

unheeding [,ʌn'hi:dɪŋ] a. 不注意的,疏忽的

unhelpful [,ʌn'helpfʊl] a. 不起帮助作用的,无益的,不予帮助的 ‖ **~ly** ad.

unhesitating [,ʌn'hezɪteɪtɪŋ] a. 不犹豫的,断然的,迅速的

unhewn [,ʌn'hju:n] a. 未经砍削成形的,未琢磨的,粗糙的

unhindered [,ʌn'hɪndəd] a. 无阻的

unhinge [,ʌn'hɪndʒ] vt. ①使移走,使分开 ②把…从铰链上取下 ③使动摇,使失常

unhip [,ʌn'hɪp] a. 无时代感的,不流行的

unhistorical [,ʌnhɪs'tɔ:rɪkəl] a. 非历史的,不符合历史事实的 ‖ **~ly** ad.

unhitch [,ʌn'hɪtʃ] vt. 分离,脱开,释放

unhook [,ʌn'hʊk] vt. 使脱钩(解扣),把…从钩上取下

unhoped(-for) [,ʌn'həʊpt(fɔ:)] a. (出乎)意外的

unhuman [,ʌn'hju:mən] a. 非人的,野蛮的,残酷的

unhung [,ʌn'hʌŋ] unhang 的过去式和过去分词

unhurried [,ʌn'hʌrɪd] a. 从容不迫的

unhurt [,ʌn'hɜ:t] a. 没有受伤(害)的

unhusk [,ʌn'hʌsk] vt. 剥去…的外壳,暴露

unhydrated [,ʌn'haɪdreɪtɪd] a.【化】未水合的

unhydrous [,ʌn'haɪdrəs] a. 不含水(氢)的,干的

unialgal [,ju:nɪ'ælgəl] a.【生】单一藻的

unialignment [,ju:nɪə'laɪnmənt] n. 单一调整

uniaxial [,ju:nɪ'æksɪəl] a. 单轴(向)的,同轴的 ‖ **uniaxiality** n.

unibus [,ju:nɪ'bʌs] n.【计】单一总线

unicell ['ju:nɪsel] a. 单细胞(元件)的,单孔(槽)的

unicellular [,ju:nɪ'seljʊlə] a.【生】单细胞的

uniceptor [,ju:nɪ'septə] n.【医】单受体

unicharged [,ju:nɪtʃɑ:dʒd] a. 单电荷的

unichassis ['ju:nɪtʃæsɪs] n.【计】单层底板

unichoke [,ju:nɪtʃ'əʊk] n.【电子】互感抑流圈

uniciliate [,ju:nɪ'sɪlɪɪt] a.【生】单纤毛的

unicircuit [,ju:nɪ'sɜ:kɪt] n.【电子】集成电路

unicity [ju:'nɪsɪtɪ] n.【心】单一性 ☆ **unicity theorem** 唯一性定律

uniclinal ['ju:nɪklaɪnəl] a. 单斜的

unicline ['ju:nɪklaɪn] n.【地质】单斜(层)

unicoil ['ju:nɪkɔɪl] n. 单线圈

unicolo(u)r(ed) [,ju:nɪ'kʌlə(d)] a. 单色的

unicomputer [,ju:nɪkəm'pju:tə] n.【计】单计算机

uniconductor [,ju:nɪkən'dʌktə] n.【电子】单导体

unicontrol [,ju:nɪkən'trəʊl] n. 单向控制,单一控制,单钮操作(调谐),统调

unicorn ['ju:nɪkɔ:n] n. 独角兽,麒麟

unicursal ['ju:nɪkɜ:səl] a. 单行的,有理的

unicycle ['ju:nɪsaɪkl] n. 单轮脚踏车

unidentifiable [,ʌnaɪ'dentɪfaɪəbl] a. 不能判明的,无法鉴别的

unidentified [,ʌnaɪ'dentɪfaɪd] a. 没有辨别出的,未鉴别的,身份(国籍)不明的

unidiameter [,ju:nɪdaɪ'æmɪtə] a.【数】等(直)径的

unidimensional [,ju:nɪdɪ'menʃənl] a. 线性的,一维的,一次元的 ‖ **~ity** n.

unidirectional [,ju:nɪdɪ'rekʃənl] a. 单向的,单自由度的,单方面的

unidirectivity ['ju:nɪˌdɪrek'tɪvɪtɪ] n. 单向性

unifiable ['ju:nɪfaɪəbl] *a.* 可统一的,能一致的

unification [,ju:nɪfɪ'keɪʃ ən] *n.* 统一(化),合一,一致 ☆ *achieve unity and unification* 达到团结和统一

unified ['ju:nɪfaɪd] ❶ unify 的过去式和过去分词 ❷ *a.* 统一的,联合的,一元化的

unifier ['ju:nɪfaɪə] *n.* 统一者,使一致者

unifilar [,ju:nɪ'faɪlə] ❶ *a.* 单线(丝,纤维)的 ❷ *n.* 【电子】单丝可变电感计,单丝(地)磁变计

uniflagellate [,ju:nɪ'flædʒəleɪt] *a.*【植】单鞭毛的

uniflow [,ju:nɪ'fləu] *n.;a.*【电子】单向流动(的)(的),直流(式,的),顺流

unifluxor [,ju:nɪ'flʌksə] *n.*【计】勺磁线

uniform ['ju:nɪfɔ:m] ❶ *a.* ①均匀的,匀(质,速)的,齐的,始终如一的 ② 一致(样)的,相同的 ③统一的,同一标准的 ❷ *n.* 制〔军〕服 ❸ *vt.* ①弄成一样,使一致 ②使穿制〔军〕服

unifomitarianism ['ju:nɪ,fɔ:mə'teərɪənɪzm] *n.*【地质】均变说

uniformity [,ju:nɪ'fɔ:mətɪ] *n.* ①匀称,均匀(性)(度) ②一致(性),统一,单调 ③同类(样)

uniformization ['ju:nɪ,fɔ:mɪ'zeɪʃ ən] *n.* 单值化,均匀化

uniformize ['ju:nɪfəmaɪz] *vt.* 使均匀,使一致

uniformly ['ju:nɪfɔ:mlɪ] *ad.* 均匀〔一致〕地,无变化地 〖用法〗注意下面例句中该词的含义:It is for this reason that this hypothesis test is said to be uniformly most powerful with respect to the symbol energy E. 正是由于这个原因,我们说这种假设测试相对于符号能量 E 是极为有效的。(本句属于"It is that"强调句型。)

unifrequent [,ju:nɪ'fri:kwənt] *a.*【电子】单频(率)的

unify ['ju:nɪfaɪ] *vt.* 统一,使一致,使一元化

unignited [,ju:nɪg'naɪtɪd] *a.* 未点燃的

uniguide [,ju:nɪ'gaɪd] *n.*【电子】单向(波导)管

unijunction ['ju:nɪ'dʒʌŋkʃ ən] *n.*【电子】单结

unilateral [,ju:nɪ'lætərəl] ❶ *a.* ①单向的 ②一方〔边〕的,片面的 ❷ *n.* 单向作用

unilateralization ['ju:nɪlætə,rəlaɪ'zeɪʃ ən] *n.*【电子】单向化

unilayer [,ju:nɪ'leɪə] *n.*【核】单(分子)层

uniline ['ju:nɪlaɪn] *n.* 单(一,相)线(路),单行(列)

unilinear [,ju:nɪ'lɪnɪə] *a.* 直线〔分阶段〕发展的

Uniloy ['ju:nɪlɔɪ] *n.*【冶】尤尼洛伊镍铬镍钢,镍铬耐蚀不锈合金

Unimag ['ju:nɪmæg] *n.* 优尼玛格微型磁力仪(商标名)

unimaginable [,ʌnɪ'mædʒɪnəbl] *a.* 不能想象的,难以理解的 ‖ **unimaginably** *ad.*

Unimate ['ju:nɪmeɪt] *n.* 通用机械手(一种机器人的商品名)

unimeter [ju:'nɪmɪtə] *n.*【电子】多刻度电表,伏安表

unimicroprocessor ['ju:nɪ,maɪkrəʊ'prəusesə]

n.【计】单微处理机

unimodal [,ju:nɪ'məudl] *a.*【数】(曲线)单峰的,单模的

unimodality [,ju:nɪmɒ'dælɪtɪ] *n.*【数】单一形式,单一类单峰性,单峰函数

unimodular [,ju:nɪ'mɒdjulə] *a.*【数】幺模的,单(位)模的,单组件的

unimolecular [,ju:nɪməʊ'lekjulə] *a.* 单分子的

unimpaired [,ʌnɪm'peəd] *a.* 未受损伤的,没有减少的,不弱的

unimpeachable [,ʌnɪm'pi:tʃ əbl] *a.* 无可指摘〔怀疑〕的,无懈可击的,无过失的 ‖ **unimpeachably** *ad.*

unimpeded [,ʌnɪm'pi:dɪd] *a.* 不妨碍的,不(受)阻碍的 〖用法〗该词在下面例句中作方式状语:Electrons move relatively unimpeded through metal. 电子通过金属时受到的阻力比较小。

unimportance [,ʌnɪm'pɔ:təns] *n.* 不重要,无价值 ☆*a matter of unimportance* 无关紧要的事

unimportant [,ʌnɪm'pɔ:tənt] *a.* 不重要的,无价值的,平凡的,琐碎的 ‖ **~ly** *ad.*

unimpressed [,ʌnɪm'prest] *a.* 无印记的,没有印象的,未受感动的

unimpressive [,ʌnɪm'presɪv] *a.* 给人印象不深的,不令人信服的,平淡的

unimproved [,ʌnɪm'pru:vd] *a.* 没有改善的,没有结实路面的,没有耕作的

uninflammable [,ʌnɪn'flæməbl] *a.* 不易燃烧〔着火〕的

uninflated [,ʌnɪn'fleɪtɪd] *a.* 未膨胀的,未打气的,未升高的

uninfluenced [,ʌn'ɪnfluənst] *a.* 不受影响的,没有偏见的

uninfluential [,ʌnɪnflu'enʃ əl] *a.* 不产生影响的

uninformed [,ʌnɪn'fɔ:md] *a.* ①不学无术的 ②没有得到通知的,未被告知的

uninhabitable [,ʌnɪn'hæbɪtəbl] *a.* 不适于居住的

uninhabited [,ʌnɪn'hæbɪtɪd] *a.* 无人居住的,杳无人迹的

uninhibited [,ʌnɪn'hɪbɪtɪd] *a.* 不受禁止的 ‖ **~ly** *ad.*

uninitiated [,ʌnɪ'nɪʃ ɪeɪtɪd] *a.* 未入门的,缺乏经验的

uninjured [,ʌn'ɪndʒəd] *a.* 未受损伤的

uninspected [,ʌnɪns'pektɪd] *a.* 未经检查〔检验〕的

uninspired [,ʌnɪn'spaɪəd] *a.* 缺乏创见的,平凡的,未受鼓舞的

uninsulated [,ʌn'ɪnsjuleɪtɪd] *a.* 无〔不,未〕绝缘的

uninsured [,ʌnɪn'ʃ uəd] *a.* 未保过险的

unintegrable [,ʌn'ɪntɪgrəbl] *a.* 不能积分的

unintegrated [,ʌn'ɪntɪgreɪtɪd] *a.* 未积分的

unintelligibility ['ʌnɪnte,lɪdʒɪ'bɪlɪtɪ] *n.* 不清晰度,不可懂〔理解〕度

unintelligible [,ʌnɪn'telɪdʒəbl] *a.* 难〔不可〕懂的,不清晰的,莫明其妙的

unintended [,ʌnɪn'tendɪd], **unintentional** [,ʌnɪn'tenʃ ənəl] *a.* 不是故意的,无意识的

uninterested [ˌʌnˈɪntrɪstɪd] a. 不感兴趣的,漠不关心的,无动于衷的

uninteresting [ˌʌnˈɪntrɪstɪŋ] a. 不令人感到有兴趣的,无趣味的,令人厌倦的

unintermittent [ˌʌnɪntəˈmɪtənt] a. 不间断的,连续的

uninterrupted [ˌʌnɪntəˈrʌptɪd] a. 不停的,不(间)断的 ‖ ~ly ad. ~ness n.

uninuclear [ˌjuːnɪˈnjuːklɪə] a. 【生】单核的

uninucleate [ˌjuːnɪˈnjuːklɪɪt] a. 单核的

uninvited [ˌʌnɪnˈvaɪtɪd] a. 未被邀请的,未经请求的,多余的,冒昧的

uninviting [ˌʌnɪnˈvaɪtɪŋ] a. 不能吸引人的,讨厌的

uniocular [ˌjuːnɪˈɒkjʊlə] a. 【生】单眼的

union [ˈjuːnjən] n. ①团结,同(联)盟,联邦 ②结(联,愈)合 ③协会,联合会,工会 ④连接(器);接头,联轴器,活(内,螺纹)接头 ⑤【计】"或",逻辑相加 ⑥并(集),联合目录 ⑦混合织物 ⑧联合群落

Unionfining [ˈjuːnjənfaɪnɪŋ] n. 【化】联合(石油公司)加氢精制(法)

unionization [ˈjʌnjənɪˈzeɪʃən] n. ①【化】不电离(作用),未离子化 ②成立联合组织,成立(加入)工会

unionize [ˈjuːnjənaɪz] v. 使不电离;(使)成立联合组织,(使)成立(加入)工会

unionized [ˈjuːnjənaɪzd] a. 未(非)电离的,未(非)离子化的

uniparental [ˌjuːnɪpəˈrentəl] a. 单亲的

uniparous [juːˈnɪpərəs] a. 【动】初产的,每胎生一子的;【植】单梗的

uniparted [ˈjuːnɪpɑːtɪd] a. 【植】单个(叶)的

unipartite [ˌjuːnɪˈpɑːtaɪt] a. 未分裂的,不能分割的

unipath [ˈjuːnɪpɑːθ] n.;a. 单通路(的)

uniped [ˈjuːnɪped] a. 独脚(腿)的

uniphase [ˈjuːnɪfeɪz] n.;a. 单相(的)

uniphaser [ˈjuːnɪfeɪzə] n. 【电子】单相交流发电机

unipivot [ˈjuːnɪpɪvət] n. 单支轴

uniplanar [ˌjuːnɪˈpleɪnə] a. 单平(切)面的,共平面的

unipod [ˈjuːnɪpɒd] n.;a. 独脚架,独脚的

unipolar [ˌjuːnɪˈpəʊlə] a. 【电子】单极(性)的,含同性离子的

unipolarity [ˌjuːnɪpəʊˈlærɪtɪ] n. 【电子】单极性

unipolyaddition [ˈjuːnɪˌpɒlɪəˈdɪʃən] n. 【化】单一加聚作用

unipolycondensation [ˈjuːnɪˌpɒlɪˌkɒndenˈseɪʃən] n. 【化】单一缩聚作用

unipotent [juː(ː)nɪˈpətənt] a. 只能一个方向发展的,只能一个结果的,幂单的

unipotential [ˌjuːnɪpəˈtenʃəl] a. 单势的,等电位的

uniprocessing [ˌjuːnɪˈprəʊsesɪŋ] n. 单处理

uni(-)processor [ˌjuːnɪˈprəʊsesə] n.【计】单(一)处理机,单机

unipump [ˈjuːnɪpʌmp] n.【机】组合泵,内燃机泵

unipunch [ˈjuːnɪpʌntʃ] n.;v. 点(单元,单)穿孔,单穿孔机

unique [juːˈniːk] ❶ a. ①单值的 ②唯一的,独特(有)的,无双的 ③珍奇的,极好的 ❷ n. 无双的东西 ‖ ~ly ad.

【用法】该词后跟介词"to",意为"所特有的"。如:Another approach, somewhat <u>unique to</u> this type of measurement, is the phase-locked synchronous detector. 另一种方法是锁相同步检测器,这是这类测量所特有的。

uniqueness [juːˈniːknɪs] n. 唯(一)一(性),单值(性),独特性

uniquity [juːˈnɪkwɪtɪ] n. 唯一项

uniradiate [ˌjuːnɪˈreɪdɪɪt] a. 单一放射线(形)的

Uniray [ˈjuːnɪneɪ] n.【电子】单枪彩色显像管

unirecord [ˌjuːnɪˈrekɔːd] n. 单记录

unirefringence [ˌjuːnɪrɪˈfrɪndʒəns] n. 单折射,一次折射

unirradiated [ˌʌnɪˈreɪdɪeɪtɪd] a. 未经照射的,未受辐照的

Unisar [ˈjuːnɪsɑː] n. 联合(石油公司)芳烃饱和(法)

uniselector [ˌjuːnɪsɪˈlektə] n. 旋转式选择器,多位置的换向开关,单分离器

uniseptate [ˌjuːnɪˈsepteɪt] a. 单隔(膜)的

uniserial [ˌjuːnɪˈsɪərɪəl] a. 单系列的

uniset [ˌjuːnɪˈset] n. 单体机

unisexual [ˌjuːnɪˈseksjʊəl] a. 单性的,雌雄异体的;非男女同校的

unishear [ˌjuːnɪˈʃɪə] n.【机】单剪机,手提单剪刀

unison [ˈjuːnɪzən] n.【音】①同调,谐音,同声部,齐唱(奏) ②和谐,一致 ‖ ~ant 或 ~ous a.

unisource [ˈjuːnɪsɔːs] a. 单源的

uni(-)sparker [ˈjuːnɪspɑːkə] n.【机】单(一)火花发生器

unispiral [ˌjuːnɪˈspaɪrəl] a. 单螺旋的

unistrand [ˈjuːnɪstrænd] a. 单列(股,线)的

unistrate [ˈjuːnɪstreɪt] a. 单层的

unit [ˈjuːnɪt] ❶ n. ①设备,器械,机构 ②元(部,构)件,(装配)组(件) ③单位(部)分 ④单元,基数,组合,组合体,组件,全套装备,集,群 ⑤滑车(轮)⑥枢纽 ⑦部队,分队 ⑧(pl.)块体 ⑨遗传单位 ❷ a. ①单位(个,元)的,一元的,组合的 ②比(率)的 ☆ **be a unit** (是)一致(的)

【用法】❶ 表示"用…单位"时,它要用复数形式,其前面一般用介词"in",也有用"with units"的。如:Masses of atoms are often expressed <u>in atomic mass units</u>. 原子的质量往往是用原子质量单位表示的。/Physical quantities are measured <u>in (with)</u> <u>units</u>. 物理量是用单位来度量的。❷ 表示"…的单位"时,其后面可以跟"of"或"for"。如:The SI unit <u>of force</u> is the Newton (N). 力的标准国际单位是牛顿(N)。/How are the units <u>of length and mass</u> related? 长度和质量的单位是如何关联起来的?/The metric unit of measure <u>for length</u> is the meter. 长度的米制度量单位是米。

unitage ['ju:nɪtɪdʒ] *n.* 单位量

unitarian [ˌju:nɪ'teərɪən] *a.* 单一的,一元的

unitarity [ˌju:nɪ'tærətɪ] *n.* 统一〔单一〕性

unitary ['ju:nɪtərɪ] *a.* ①一个〔元〕的,单一〔元〕的 ②【数】单式的 ③一致的,整体的,不分的

unit-cast ['ju:nɪtka:st] *a.* 整铸的

unite [ju:'naɪt] *v.* ①(使)联〔结〕合,统一,合成一体 ②兼有 ③团结 ☆*unite into* 合并〔统一〕成

unitedly [ju:'naɪtɪdlɪ] *ad.* 联合地,一致地,统一地

uniterm ['ju:nɪtɜ:m] *n.;a.* 单元名词,单名(的),单项

uniterminal [ˌju:nɪ'tɜ:mɪnəl] *a.* 单极的

uniterming [ˌju:nɪ'tɜ:mɪŋ] *n.* 单项选择

unitgraph ['ju:nɪtgra:f] *n.*【经】单位过程线

unithiol [ˌju:nə'θaɪɒl] *n.*【药】二巯基丙磺酸钠

unitive ['ju:nɪtɪv] *a.* 统一的,团结的,联合的

unitize ['ju:nɪtaɪz] *vt.* ①统一(化),规格化,合成,使…成套,装=于同一体上 ②单一化,使成一个单位 ‖ **unitization** *n.*

unitized ['ju:nɪtaɪzd] *a.* 成套的,统一的,通用〔规格〕化的

uniton ['ju:nɪtən] *n.* 单子

unitor ['ju:nɪtə] *n.*【机】连接器,插座连接装置

unitune ['ju:nɪtju:n] *n.*【电子】单钮(同轴)调谐

unity ['ju:nɪtɪ] *n.* ①整数 ②一致(性),统一(性),协调(性) ③(=one) ④单位,元素 ⑤唯一,个体,整体 ⑥一贯性 ⑦联合,团结 ⑧同质,均一 〖用法〗在科技文中,该词常常译为"一"。如:When the current and voltage are in phase, the power factor is <u>unity</u>. 当电流和电压同相时,功率因子为1。/The sine of an angle can never be greater than <u>unity</u>. 一个角的正弦(值)永远不可能大于1。

univalence [ˌju:nɪ'veɪləns], **univalency** [ˌju:nɪ'veɪlənsɪ] *n.* 一价,单价,【生】(染色体的)单一性

univalent [ˌju:nɪ'veɪlənt] *a.* 单(一)价的,【生】单一的(特指染色体),单价(染色)体的,单叶的

univalve ['ju:nɪvælv] *a.;n.*【动】单壳的;单壳(类)软体动物

univariant [ˌju:nɪ'veərɪənt] *a.*【心】单变(度)的

univariate [ˌju:nɪ'veərɪeɪt] *a.*【心】单变量

universal [ˌju:nɪ'vɜ:səl] ❶ *a.* ①宇宙的,全世界的 ②普遍的,一般的,泛的 ③万能〔向,有,用〕的,通用的,用途广的,全能的,多方面的 ④遍生的,世界性分布的 ❷ *n.* ①全称命题 ②一般概念

universalism [ˌju:nɪ'vɜ:səlɪzəm] *n.* 普遍性,一般性

universality [ˌju:nɪvə'sæləti] *n.* 通用性,普遍性,一般性,广泛性,多方面性

universalize [ˌju:nɪ'vɜ:səlaɪz] *vt.* 使普遍〔一般〕化,普及 ‖ **universalization** *n.*

universally [ˌju:nɪ'vɜ:səlɪ] *ad.* 普遍〔一般〕地,全世界,全体

universalness [ˌju:nɪ'vɜ:səlnɪs] *n.* 宇宙性,普遍性,通用

universe ['ju:nɪvɜ:s] *n.*【天】①宇宙,世界,天地万物 ②银河系,恒星与星辰系 〖用法〗注意下面例句的含义:The early <u>universe</u> is

believed to have contained mainly hydrogen, with perhaps a little helium, and the more complicated elements are believed to have been manufactured by nuclear reactions in the interiors of certain short-lived stars during the later phases of their evolution. 人们认为早期的宇宙主要含有氢,也许带有少量的氦,而更为复杂的一些元素,人们认为是由一些生存期短暂的恒星,在其发展演变的后期其内部发生的核反应所形成的。

universiade [ˌju:nɪ'vɜ:sɪæd] *n.*【体】(=the World University Games) 世界大学生运动会

university [ˌju:nɪ'vɜ:sɪtɪ] *n.* (综合性)大学 〖用法〗表示"在…大学(学习、工作等)",英美人喜欢在其前面用"at"。如:Since 1982, he has been <u>at the University of Toronto.</u> 自从1982年以来,他一直在多伦多大学(工作)。/Chien Shiung Wu is (a) professor of physics <u>at Columbia University.</u> 吴建雄是哥伦比亚大学的一位物理学教授。(这里"吴健雄"的名字是按英美人的习惯拼写的。根据我国相关规定,中国人的名字要按汉语拼音及顺序写,如:"邓小平"应该写成"Deng Xiaoping"。另外,英文的大学名称中如果有两个及以上普通词汇的话,则一般其前面要加定冠词,如前面两个例句中显示的那样。

universology [ˌju:nɪvɜ:'sɒlədʒɪ] *n.*【天】宇宙学

univertor [ˌju:nɪ'vɜ:tə] *n.*【商】变频器(频段为100Kc~25Mc)

univibrator [ˌju:nɪvaɪ'breɪtə] *n.*【电子】单稳态多谐振荡器

univiscosity [ˌju:nɪvɪs'kɒsətɪ] *n.*【医】单黏度

univocal [ˌju:nɪ'vəukəl] *a.* 只有一个意义的,单义〔一〕的 ‖ ~ly *ad.*

univoltine [ˌju:nɪ'vəultɪn] *a.*【电子】单电压的

univoltine [ˌju:nɪ'vəultɪn] *a.*【生】一化的,一抱的(一年生一代的)

uniwafer ['ju:nɪweɪfə] *n.*【计】单(圆)片

uniwave ['ju:nɪweɪv] *a.*【计】单频的,单波的

unjammable [ʌn'dʒæməbl] *a.*【经】抗干扰的

unjust [ʌn'dʒʌst] *a.* 非正义的,不公正的,不正当的 ‖ ~ly *ad.* ~ness *n.*

unjustifiable [ʌn'dʒʌstɪfaɪəbl] *a.* 不合理的,无理的,不能认为正当的 ‖ **unjustifiably** *ad.*

unkempt [ʌn'kempt] *a.* 乱蓬蓬的,未加雕琢的,不整洁的

unkilled ['ʌnkɪld] *a.* 沸腾的

unkind [ʌn'kaɪnd] *a.* 不和善的

unknit [ʌn'nɪt] *vt.* 拆(织物),解结

unknot [ʌn'nɒt] *vt.* 解结,解决(困难,难题)

unknowable [ʌn'nəuəbl] *a.* 不可知的,不能认识的

unknowing [ʌn'nəuɪŋ] *a.* 无知的,不知道的,没有察觉的(of)

unknowingly [ʌn'nəuɪŋlɪ] *ad.* 无意中,不知不觉地

unknown [ʌn'nəun] ❶ *a.* ①未知的,待求的,没有被发现的,无名的 ②无数的 ❷ *n.* 未知数,未知的因素〔东西〕 ☆*unknown to A* 是 A 所不知道的

unlabel(l)ed [ˌʌnˈleɪbld] *a.* 无〔非〕标号的,未作标记的,未分类的

unlabo(u)red [ˌʌnˈleɪbəd] *a.* 不费力的,容易的,自然的,流利的

unlace [ˌʌnˈleɪs] *vt.* 解开(带子)

unlade [ˌʌnˈleɪd] (unladed,unladen 或 unladen) *v.* 卸(料,载)

unladen [ˌʌnˈleɪdən] *a.* 未载货的

unlaid [ˌʌnˈleɪd] unlay 的过去式和过去分词

unlaminarized [ˌʌnˈlæmɪnəraɪzd] *a.*【医】非层流化的

unlapped [ʌnˈlæpt] *a.* 未覆盖(包住)的,非重叠的

unlash [ʌnˈlæʃ] *vt.* 解(松)开

unlatch [ʌnˈlætʃ] *v.* 拉开…的插栓,未拴上

unlawful [ʌnˈlɔːful] *a.* 不(违)法的,不正当的 ‖ ~ly *ad.*

unlax [ˌʌnˈlæks] *v.* (使)放松

unlay [ˌʌnˈleɪ] (unlaid) *v.* 解(索),解开(绳股),松开(绳子)

unleachable [ˌʌnˈliːtʃəbl] *a.* 不可浸出的

unleaded [ˌʌnˈledɪd] *a.* 除〔无,未加〕铅的

unlearn [ˌʌnˈlɜːn] (unlearnt 或 unlearned) *vt.* 忘掉,(清)除掉

unlearned [ˌʌnˈlɜːnɪd] ❶ *a.* ①未受教育的,没有文化的 ②不熟练的,不精通的 ③没有学习过的,没学好的 ❷ *n.* 未受教育〔没有文化〕的人们

unlearnt [ˌʌnˈlɜːnt] ❶ unlearn 的过去式和过去分词 ❷ *a.* 没有学习过的,没学好的,不熟练(精通)的

unleash [ˌʌnˈliːʃ] *vt.* 松〔解〕开,解放

unless [ənˈles] ❶ *conj.* 如果不,除非 ❷ *prep.* 除…之外 ☆ ***unless and until*** 直到…才; ***unless otherwise mentioned (noted, stated)*** 或 ***unless otherwise stated*** 除另有说明; ***unless otherwise specified*** 除非另有规定〔说明〕【用法】它可以引出虚拟语气句。如:Mass production of goods that has produced our present affluent society would be impossible unless their parts could be made so nearly alike as to be completely interchangeable. 除非商品的部件造得非常一致而使得它们完全可以互换,否则使我们这个社会变得很富裕的商品的批量生产是不可能做到的。

unlettered [ʌnˈletəd] *a.* ①不识字的,无文化的,未受教育的,文盲的 ②无字的

unlevelled [ˌʌnˈlevld] *a.* 未置平的,未整平的

unlevelling [ˌʌnˈlevlɪŋ] *a.* 不匀〔平〕的

unlicensed [ʌnˈlaɪsənst] *a.* 没有执照的,没有得到许可证的,未经核准印刷的

unlike [ˈʌnlaɪk] ❶ *a.* 不同的,不像的 ❷ *prep.* 不像…,不同于… ☆ ***be unlike in A*** 在 A 上不相像 【用法】注意下面例句中该词的词类:All we really know is that men, unlike animals, somehow invented certain sounds to express thoughts and feelings, actions and things, so that they could communicate with each other. 我们真的只知道:不

像动物,人类不知怎么地发明了一些声音来表达思维和感情、行为和事物,以便于他们能够相互交际。

unlikely [ʌnˈlaɪklɪ] ❶ *a.* 不大可能的,靠不住的 ❷ *ad.* 未必,不大可能 ☆ ***be not unlikely*** 并非不可能; ***be unlikely but not impossible*** 可能性虽然很小,但又不是不可能 ‖ **unlikelihood** 或 **unlikeliness** *n.* 【用法】这个词的特点是可以用于带有主语从句的句型(即"it is unlikely that …",意为"未必会,不见得会"),也可后跟动词不定式(即"be unlikely to do …",意为"未必,不太可能")。如:In this case, it is unlikely that the cell will continue to furnish the standard EMF. 在这种情况下,该电池不见得能继续提供标准的电动势。/The amplifier will be unlikely to have zero phase shift at high frequencies. 在高频时该放大器不见得其相位移为零。/Professor Li is unlikely to be available now. 现在李教授不大可能有空。

unlimber [ʌnˈlɪmbə] *v.*【军】把(炮)从牵引车上拆下,(使)作好行动前的准备工作

unlimited [ʌnˈlɪmɪtɪd] *a.* 无限〔穷,尽〕的,不定的,极大的,没有限制的 ‖ ~ly *ad.*

unlined [ʌnˈlaɪnd] *a.* 无衬里〔炉衬,镶衬〕的

unlink [ʌnˈlɪŋk] *v.* 解开(…的链节)分〔拆〕开,解环,摘钩,使脱出

unliquidated [ʌnˈlɪkwɪdeɪtɪd] *a.*【经】未结算的,未清偿的

unlisted [ʌnˈlɪstɪd] *a.* 未列入表格的,未入册的

unlit [ʌnˈlɪt] *a.* 不发光的,未点燃〔亮〕的

unlivable [ʌnˈlɪvəbl] *a.* 不宜居住的,不舒适的

unlive [ʌnˈlɪv] *v.* 使丧失生命,消除…的痕迹

unload [ˈʌnləud] *v.* ①除去,抽出,退出,(从发射架)取下 ② 卸下,卸〔负〕载,释荷 ③转储,转存(信息) ④抛售,倾销

unloader [ʌnˈləudə] *n.* ①卸载〔料〕机,减负荷器,减压器 ②卸货(工)人

unloading [ˈʌnləudɪŋ] *n.* 卸料〔货〕,去荷,从发射架上取下导弹

unlock [ʌnˈlɒk] *v.* ①开(启),开(…的)锁,打〔解,断〕开,去连锁 ②分离,释放 ③揭示,泄漏

unlooked-for [ʌnˈlukfɔː] *a.* 意外的,意想不到的

unloose [ʌnˈluːs], **unloosen** [ʌnˈluːsn] *vt.* 解开,放松(开)释放

unlovely [ʌnˈlʌvlɪ] *ad.* 不美的,丑的

unlubricated [ʌnˈljuːbrɪkeɪtɪd] *a.*【机】无润滑的

unlucky [ʌnˈlʌkɪ] *a.* 不幸的,不凑巧的,不顺利的,令人感到遗憾的 ‖ **unluckily** *ad.* **unluckiness** *n.*

unmachinable [ʌnməˈʃiːnəbl] *a.* 不能机械加工的

unmachined [ʌnməˈʃiːnd] *a.* 未(用机械)加工的

unmade [ʌnˈmeɪd] unmake 的过去式和过去分词

unmagnetized [ʌnˈmæɡnɪtaɪzd] *a.*【物】未〔非〕磁化的

unmake [ʌnˈmeɪk] (unmade) *vt.* ①使消失,破坏,毁灭 ②废除 ③使恢复原来面目,使…还原

unman [ʌnˈmæn] (unmanned; unmanning) *vt.* 撤

去…的人员;使泄气

unmanageable [ˌʌnˈmænɪdʒəbl] a. 难以处理(控制,应付,管理)的,难办的

unmanned [ˌʌnˈmænd] a. ①无人(驾驶)的,不载人的,无人管理的 ②无人居住的

unmarked [ˌʌnˈmɑːkt] a. ①没有标记的,未做记号的,没有标牌的 ②没有受到注意的,没有留心到的

unmarketable [ˌʌnˈmɑːkɪtəbl] a. 不能上市的,卖不出去的

unmarred [ˌʌnˈmɑːd] a. 未损坏的,未玷污的

unmask [ˌʌnˈmɑːsk] ❶ v. ①撕下…的假面具,揭露 ②露出本来面目 ③使无屏蔽 ❷ n. 无屏蔽(掩蔽)

unmatch [ˌʌnˈmætʃ] v.;n. 未匹配,失配

unmatchable [ˌʌnˈmætʃəbl] a. ①无(法)匹(敌)的,无(法相)比的 ②不可匹配的

unmatched [ˌʌnˈmætʃt] a. ①无敌的 ②不相配的,失配的

unmeaning [ˌʌnˈmiːnɪŋ] a. 无意义的,无目的的

unmeant [ˌʌnˈment] a. 不是故意的

unmeasurable [ˌʌnˈmeʒərəbl] a. 不可测量的

unmeasured [ˌʌnˈmeʒəd] a. ①未测定的,不可测量的 ②无节制的,过度的,无边无际的

unmechanized [ˌʌnˈmekənaɪzd] a. 非机械化的

unmeet [ˌʌnˈmiːt] a. (=unfit) 不合适的

unmelted [ˌʌnˈmeltɪd] a. 不〔未〕熔化的

unmendable [ˌʌnˈmendəbl] a. 不可修理〔改正〕的

unmerited [ˌʌnˈmerɪtɪd] a. 不应得的,不配的,不当的 || ~ly ad.

unmetamorphic [ˈʌnmetəˈmɔːfɪk] a. 【地质】不变化〔态,形〕的

unmethodical [ˌʌnmɪˈθɒdɪkəl] a. 不讲方法的,不按程序的,不规则的 || ~ly ad.

unmilitary [ˌʌnˈmɪlɪtərɪ] a. 非军事的

unminded [ˌʌnˈmaɪndɪd] a. 无人照管的,被忽视的

unmindful [ˌʌnˈmaɪndful] a. 不留心的,不注意的,忘记的(of, that)

unmistakable [ˌʌnmɪsˈteɪkəbl] a. (清楚)明白的,无误的,不会被误解的

unmitigated [ˌʌnˈmɪtɪɡeɪtɪd] a. ①没有缓和的 ②绝对的,十足的 || ~ly ad.

unmixed [ˌʌnˈmɪkst] a. 没有掺杂〔混合〕的,不混合的

unmixedness [ˌʌnˈmɪkstnɪs] n. 不混合度〔性〕

unmixing [ˌʌnˈmɪksɪŋ] n.;a. (混合物的)离析,分离;不混的

unmoderated [ˌʌnˈmɒdəreɪtɪd] a. 未减速〔慢化〕的

unmodifiable [ˌʌnˈmɒdɪfaɪəbl] a. 不可改变的,无法修改的

unmodified [ˌʌnˈmɒdɪfaɪd] a. 不(改)变的,无修饰词语的

unmodulated [ˌʌnˈmɒdjuleɪtɪd] a. 未调整〔制〕的

unmoor [ˌʌnˈmʊə] v. 【航海】拔锚,解缆

unmounted [ˌʌnˈmaʊntɪd] a. 未安装〔镶嵌〕的,未上炮架的

unmoved [ˌʌnˈmuːvd] a. ①毫不动摇的 ②无动于衷的,镇静的

unnail [ˌʌnˈneɪl] vt. 拆除…上的钉子

unnam(e)able [ˌʌnˈneɪməbl] a. ①说不出名字的,不能命名的 ②难以说明〔形容〕的

unnamed [ˌʌnˈneɪmd] a. 未命名的,不知名的,无名的,没有提及的

unnatural [ˌʌnˈnætʃərəl] a. ①不自然的,勉强的,反常的 ②奇异的 || ~ly ad.

unnavigable [ˌʌnˈnævɪɡəbl] a. 不能通航的

unnecessarily [ˌʌnˈnesɪsərɪlɪ] ad. 不必要地,徒然

unnecessary [ˌʌnˈnesɪsərɪ] ❶ a. 不必要的,多余的,无用的 ❷ n. (pl.)多余〔不必要〕的东西

un-negated [ˌʌnnɪˈɡeɪt] a. 非否定的

unneutral [ˌʌnˈnjuːtrəl] a. 不中立的

unneutralized [ˌʌnˈnjuːtrəlaɪzd] a. 未中和的

unnotched [ˌʌnˈnɒtʃt] a. 无凹〔槽〕口的

unnoticeable [ˌʌnˈnəʊtɪsəbl] a. 不引人注意的,不显著的,不足道的

unnoticed [ˌʌnˈnəʊtɪst] a. 不引人注意的,被忽视的,未顾及的 ☆**pass unnoticed** 被忽略过去,被遗漏

unnumbered [ˌʌnˈnʌmbəd] a. ①不可胜数的,无数的 ②未计数的,未编号的

unobjectionable [ˌʌnəbˈdʒekʃənəbl] a. 不会招致反对的,无可非议的 || **unobjectionably** ad.

unobservable [ˌʌnəbˈzɜːvəbl] a. 不可见的,未观察到的,不可观测的

unobservant [ˌʌnəbˈzɜːvənt] a. ①不注意的,不善于观察的 ②不遵守的(of) || ~ly ad.

unobserved [ˌʌnəbˈzɜːvd] a. ①没有观察到的,没有受到注意的 ②未被遵守的

unobstructed [ˌʌnəbˈstrʌktɪd] a. 无阻〔障〕碍的,没有阻挡的 || ~ly ad.

unobtainable [ˌʌnəbˈteɪnəbl] a. 不能得到的,不能及的

unobtrusive [ˌʌnəbˈtruːsɪv] a. 不引人注目的,谦虚的 || ~ly ad.

unoccupied [ˌʌnˈɒkjupaɪd] a. ①空着的,未(被)占(用)的 ②(能级)未满的

unofficial [ˌʌnəˈfɪʃəl] a. 非正式的,非官方的 || ~ly ad.

unoil [ˌʌnˈɔɪl] v. 除油,脱脂

unoiled [ˌʌnˈɔɪld] a. 未涂油的

unopened [ˌʌnˈəʊpənd] a. 没有(拆)开的,未〔不〕开放的

unoperated [ˌʌnˈɒpəreɪtɪd] a. 没有运转的,停车的

unopposed [ˌʌnəˈpəʊzd] a. 没有反对的,没有对立的

unoptimizable [ˌʌnˈɒptɪmaɪzəbl] a. 非优化的

unordered [ˌʌnˈɔːdəd] a. 无序的

unorganic [ˌʌnɔːˈɡænɪk] a. 无机的

unorganized [ˌʌnˈɔːɡənaɪzd] a. ①未组织(起来)的 ②无机的

unoriented [ˌʌnˈɔːrɪentɪd] a. 无一定位置〔方向,目的〕的,非取向的

unoriginal [ˌʌnəˈrɪdʒənəl] a. 非原先的,无独创精

神的,模仿的,抄袭的

unorthodox [ˌʌnˈɔːθədɒks] *a.* 非正式的,不正统的,非惯例的

unostentatious [ˌʌnɒstenˈteɪʃəs] *a.* 不傲慢的,朴素大方的

unowned [ˌʌnˈəʊnd] *a.* 无主的,没有得到承认的

unox [ˌʌnˈɒks] *n.* 【化】过氧化聚烯烃类黏合剂

unoxidizable [ˌʌnˈɒksɪdaɪzəbl] *a.* 【化】不可氧化的,不锈的

unoxidized [ˌʌnˈɒksɪdaɪzd] *a.* 【化】没有氧化的

unpack [ˌʌnˈpæk] ❶ *v.* ①打开(包裹、箱子等),拆开,割离 ②取出,析取 ③启封,拆包 ④揭示…的意义 ❷ *n.* ①间距 ②除法

unpackaged [ˌʌnˈpækɪdʒd] *a.* 未包装的,散装的

unpacked [ˌʌnˈpækt] *a.* 未包装的,从包裹中拿出来的,内空的

unpaged [ˌʌnˈpeɪdʒd] *a.* 未标页数的,无页码的

unpaid [ˌʌnˈpeɪd] *a.* 未付〔还,缴纳〕的,无报酬的

unpaired [ˌʌnˈpeəd] *a.* 不成对的,不平行的

unparalleled [ˌʌnˈpærəleld] *a.* 无比的,空前(未有)的,不平行的

unpardonable [ʌnˈpɑːdnəbl] *a.* 不可宽恕〔原谅〕的

unpatented [ˌʌnˈpeɪtəntɪd] *a.* 没有得到专利权的

unpatriotic [ˌʌnpætrɪˈɒtɪk] *a.* 不爱国的

unpaved [ˌʌnˈpeɪvd] *a.* 未铺路面的,未铺砌〔装〕的

unpeg [ˌʌnˈpeg] (unpegged; unpegging) *vt.* ①拔去…的钉子 ②使解放

unpenetrable [ˌʌnˈpenɪtrəbl] *a.* 不可入的,不能穿透的

unpeople [ˌʌnˈpiːpl] *vt.* 使减少人口,使成无人地区

unpeopled [ˌʌnˈpiːpld] *a.* 人口减少的,无人(居住)的

unperceived [ˌʌnpəˈsiːvd] *a.* 未被发觉〔觉察〕的,没有得到注意的

unperfect [ˌʌnˈpɜːfɪkt] *a.* 不完整〔全,美〕的,缩小的

unpermeability [ˌʌnpɜːmɪəˈbɪlɪtɪ] *n.* 【生】不透水性

unpersuadable [ˌʌnpəˈsweɪdəbl] *a.* 说服不了的,坚定不移的

unperturbed [ˌʌnpəˈtɜːbd] *a.* 未扰动的,无扰的,平静的

unpicked [ˌʌnˈpɪkt] *a.* ①未拣过的,未经挑选的 ②拆缝的

unpickled [ˌʌnˈpɪkld] *a.* 未酸洗的

unpiler [ˌʌnˈpaɪlə] *n.* 【机】卸垛机

unpiloted [ˌʌnˈpaɪlətɪd] *a.* 无人驾驶的

unpin [ˌʌnˈpɪn] (unpinned; unpinning) *vt.* 拔去销钉,拔掉…的插拴,脱开

unplaced [ˌʌnˈpleɪst] *a.* 没有固定位置的,未被安置的

unplanned [ˌʌnˈplænd] *a.* 无计划的,意外的,在计划外的

unplasticized [ˌʌnˈplæstɪsaɪzd] *a.* 未增塑的

unplated [ˌʌnˈpleɪtɪd] *a.* 未镀的,无涂层的

unpleasant [ˌʌnˈpleznt] *a.* 使人不愉快的,不舒服的,不合意的,(使人)讨厌的 ‖ **~ly** *ad.*

unpleasantness [ˌʌnˈplezntnɪs] *n.* 不愉快(事),

争执,冲突

unpleasing [ˈʌnpliːzɪŋ] *a.* 使人不愉快的

unplug [ˌʌnˈplʌg] (unplugged; unplugging) *vt.* ①拔去…的塞子〔插头〕 ②疏通

unplugged [ˌʌnˈplʌgd] *a.* 未堵塞的

unplumbed [ˌʌnˈplʌmd] *a.* 【地质】深度〔垂直度〕未用铅锤测量过的,未经探测的

unpolarizable [ˌʌnˈpəʊləraɪzəbl] *a.* 【计】不(可)极化的

unpolarized [ˌʌnˈpəʊləraɪzd] *a.* 未〔非〕极化的,非偏振的

unpolarizing [ˌʌnˈpəʊləraɪsɪŋ] *n.* 【计】去极化〔去偏振〕(作用)

unpolished [ʌnˈpɒlɪʃt] *a.* ①未磨光的,未抛光的 ②没有擦亮的

unpolitical [ˌʌnpəˈlɪtɪkəl] *a.* ①非政治的 ②不关心政治的,不参加政治活动的

unpolluted [ˌʌnpəˈluːtɪd] *a.* 未污染的

unpopular [ˌʌnˈpɒpjʊlə] *a.* 不得人心的,不受欢迎的,不流行的 ‖ **~ity** *n.*

unpowered [ˌʌnˈpaʊəd] *a.* 【机】无发动机的,非机动的,手动的

unpractical [ˌʌnˈpræktɪkəl] *a.* 不切实际的,不现实的,不实用的

unpractised, unpracticed [ˌʌnˈpræktɪst] *a.* ①未实行过的,未实际应用的 ②不熟练的,无实际经验的

unprecedented [ʌnˈpresɪdəntɪd] *a.* ①无先例的,史无前例的,空前的,从未有过的 ②崭新的 ‖ **-ly** *ad.*

unprecise [ˌʌnprɪˈsaɪs] *a.* 不明确的,不精确的

unpredictable [ˌʌnprɪˈdɪktəbl] *a.* 不可预见的,不可断定的 ‖ **unpredictability** *n.* **unpredictably** *ad.*

unprejudiced [ˌʌnˈpredʒʊdɪst] *a.* 没有偏见〔成〕见的,公正的

unpremeditated [ˌʌnprɪˈmedɪteɪtɪd] *a.* 非预谋的,不是故意的,没有准备的

unprepared [ˌʌnprɪˈpeəd] *a.* ①没有准备的,即席的 ②没有想到的,尚未准备好的 ‖ **~ness** *n.*

unprepossessing [ˌʌnpriːpəˈzesɪŋ] *a.* 不吸引人的

unpressurized [ˌʌnˈpreʃəraɪzd] *a.* 【机】不加压的,非承压的

unpriced [ˌʌnˈpraɪst] *a.* 无一定价格的,未标价的

unprimed [ˌʌnˈpraɪmd] *a.* 无撇(号)的

unprincipled [ˌʌnˈprɪnsəpld] *a.* 无原则的

unprintable [ˌʌnˈprɪntəbl] *a.* 不能〔宜〕付印的

unprivileged [ˈʌnˈprɪvɪlɪdʒd] *a.* ①没有〔享受〕特权的 ②贫穷的,社会最底层的

unprized [ˌʌnˈpraɪzd] *a.* 不被珍重的

unprocessed [ˌʌnˈprəʊsest] *a.* 未加工〔处理〕的

unproductive [ˌʌnprəˈdʌktɪv] *a.* ①非生产性的,不生产的 ②没有结果的,徒然的 ③不毛的

unprofessed [ˌʌnprəˈfest] *a.* 不公开宣称的

unprofessional [ˌʌnprəˈfeʃənl] *a.* 非职业性的,外行的,违反行业惯例的 ‖ **~ly** *ad.*

unprofitable [ˌʌnˈprɒfɪtəbl] *a.* 无利益的,赚不到

U

钱的,无效〔益〕的 ‖ ~ness n. **unprofitably** ad.

unpromising [ˌʌnˈprɒmɪsɪŋ] a. 没有希望的,结果未必良好的 ‖ ~ly ad.

unpromoted [ˌʌnprəˈməʊtɪd] a. 自发的

unprompted [ˌʌnˈprɒmptɪd] a. 未经提示的,自发的

unprotected [ˌʌnprəˈtektɪd] a. ①未加保护〔保险〕的,无防护设备的 ②没有防卫的,未〔不〕设防的,无掩护的 ③不受关税保护的 ‖ ~ly ad.

unprovability [ˌʌnpruːvəˈbɪlɪtɪ] n. 不可证明性

unprovable [ˌʌnˈpruːvəbl] a. 不可证明的

unproved [ʌnˈpruːvd] a. 未被证明〔实〕的

unprovided [ˌʌnprəˈvaɪdɪd] a. ①未做准备的,意料之外的 ②无供给的

unprovoked [ˌʌnprəˈvəʊkt] a. 无缘无故的

unpruned [ʌnˈpruːnd] a. 未修剪的,未删去的

unpunched [ʌnˈpʌntʃt] a. 不打孔的,无孔的

unpunished [ʌnˈpʌnɪʃt] a. 未受惩罚的

unpurified [ʌnˈpjʊərɪfaɪd] a. 未纯化〔精制〕的

unqualified [ʌnˈkwɒlɪfaɪd] a. ①不合格的,不适于…的,无资格的 ②全然的,绝对的 ☆ **be unqualified to (do)** 不能胜任,无资格…

unquantifiable [ʌnˈkwɒntɪfaɪəbl] a. 不可估量的,难以计算的

unquantized [ʌnˈkwɒntaɪzd] a. 非量子(化)的,未量化的

unquarried [ʌnˈkwɒrɪd] a. 未开采的

unquenchable [ʌnˈkwentʃəbl] a. 不能消〔熄〕灭的,不能遏制的

unquestionable [ʌnˈkwestʃənəbl] a. 毫无疑问的,不成问题的,确实的 ‖ **unquestionably** ad.

unquestioned [ʌnˈkwestʃənd] a. ①未经调查的 ②不成为问题的,无异议的 ③不被怀疑的

unquestioning [ʌnˈkwestʃənɪŋ] a. 无异议的,不犹豫的 ‖ ~ly ad.

unquiet [ʌnˈkwaɪət] a.;n. 不平静(的),焦急(的)

unquotable [ʌnˈkwəʊtəbl] a. 不能引用的

unquote [ʌnˈkwəʊt] vi.;n. (电报,电话等中的)结束引语,引用结束

unraised [ʌnˈreɪzd] a. 未提高的,未解围的

unramified [ʌnˈræmɪfaɪd] a. 非分歧的,无分支的

unrammed [ʌnˈræmd] a. 未夯〔捣〕实的

unrated [ʌnˈreɪtɪd] a. 未征税的

unravel [ʌnˈrævəl] v. ①解开,拆散,松散 ②解决,阐明,探索

unreachable [ʌnˈriːtʃəbl] a. 不能到达的,不能得到的

unreactable [ˌʌnrɪˈæktəbl] a. 不(起)反应的,(化学)惰性的,不灵敏的

unreacted [ˌʌnrɪˈæktɪd] a. 未反应的

unreactiveness [ˌʌnrɪˈæktɪvnɪs] n.【化】惰性,非活性

unread [ʌnˈred] a. ①未经阅读〔审阅〕的 ②不学无术的,无知的

unreadable [ʌnˈriːdəbl] a. 不能读的,难辨认的,不值一读的

unready [ʌnˈredɪ] a. 没有预〔准〕备的,迟钝的 ‖ **unreadiness** n.

unreal [ʌnˈrɪəl] a. 不真〔现〕实的,不实在的,虚构的

unrealistic [ˌʌnrɪəˈlɪstɪk] a. 不现实的,不实际的,与事实不符的 ‖ ~ally ad.

unreality [ˌʌnrɪˈælɪtɪ] n. 不真实,空想,虚构的事物

unreason [ʌnˈriːzn] n. 缺乏理性,愚蠢,不合理

unreasonable [ʌnˈriːznəbl] a. 不合理的,过度的 ‖ **unreasonably** ad.

unreasoning [ʌnˈriːznɪŋ] a. 不合理的,不运用推理的,未加思量的

unreceipted [ˌʌnrɪˈsiːtɪd] a. 未签收的,未注明已付讫的

unreclaimed [ˌʌnrɪˈkleɪmd] a. 未收回的,未开垦的

unrecognized [ʌnˈrekəgnaɪzd] a. 未被认出〔承认〕的

unreconciled [ʌnˈrekənsaɪld] a. 未取得一致的,不甘心的

unreconstructed [ˌʌnriːkənˈstrʌktɪd] a. 坚持旧观点的,保守的,未重建的,未改造的

unrecorded [ˌʌnrɪˈkɔːdɪd] a. 无记录的,未登记的,未注册的

unrecovered [ˌʌnrɪˈkʌvəd] a. 未恢复的,不可恢复的

unrectified [ʌnˈrektɪfaɪd] a. 未改〔修〕正的,未整流的

unredeemed [ˌʌnrɪˈdiːmd] a. ①未履行的 ②未偿还〔清〕的,未补偿的,未挽救的,未收复的

unreduced [ˌʌnrɪˈdjuːst] a. 未还原的,未约简的,未减少的

unreducible [ˌʌnrɪˈdjuːsəbl] a. 不可逆的,不可还原的,不可简化的

unreel [ʌnˈriːl] v. 开卷,退绕,(原卷着的)松开,缠开,放线

unreeve [ʌnˈriːv] (unrove 或 unreeved) v. (从滑车,心环等)拉回(绳子)

unrefined [ˌʌnrɪˈfaɪnd] a. 未精炼〔制〕的

unreflected [ˌʌnrɪˈflektɪd] a. 未经反射的,不反射的

unreflecting [ˌʌnrɪˈflektɪŋ] a. 不反射的,缺乏考虑的,不顾前后的 ‖ ~ly ad.

unregarded [ˌʌnrɪˈɡɑːdɪd] a. 不受注意的,被忽视的

unregenerate [ˌʌnrɪˈdʒenəreɪt] a. ①不能再生的 ②顽固不化的,不悔改的

unregulated [ʌnˈreɡjuleɪtɪd] a. 未校准的,未调整〔准,节〕的,不加稳定的

unreinforced [ˌʌnriːɪnˈfɔːst] a. 无(钢)筋的,未加固的,未加强的

unrelated [ˌʌnrɪˈleɪtɪd] a. 没有联系的,分开〔解〕的,独立的

unrelenting [ˌʌnrɪˈlentɪŋ] a. 不屈不挠的,不(松)懈的 ‖ ~ly ad.

unreliability [ˌʌnrɪlaɪəˈbɪlətɪ] n. 不可靠(性)

unreliable [ˌʌnrɪˈlaɪəbl] a. 不可靠的,不能相信的,靠不住的

〖用法〗注意下面例句的含义:A connectionless message can be <u>unreliable</u>, in which case the sender has no guarantee that, and cannot tell whether, the packet reached its destination. 一条不相连的信息可能是不可靠的,在这种情况下,发送人不能保证信息包到达了其目的地,也不能告知信息包是否到达了其目的地。(which 引导的是修饰前面整句的非限制性定语从句,它在从句中作介词宾语 case 的定语,它的含义等效于 this。另外,一个由 that 引导 guarantee 的同位语从句的内容与由 whether 引导 tell 的宾语从句的内容均是 the packet reached its destination。)

unrelieved [ˌʌnrɪ'li:vd] a. ①未被减轻〔缓和,解除〕的 ②无变化的,单调的

unremarkable [ˌʌnrɪ'mɑ:kəbl] a. 不显著的,不值得注意的

unremarked [ˌʌnrɪ'mɑ:kt] a. 未被〔不受〕注意的

unremittance [ˌʌnrɪ'mɪtəns] n. 不间断性,非衰减性,持续性

unremitting [ˌʌnrɪ'mɪtɪŋ] a. 不断的,无间断的,不懈的

unremunerative [ˌʌnrɪ'mju:nərətɪv] a. 无报酬的,无利的,不合算的

unrenewable [ˌʌnrɪ'nju:əbl] a. 不能回收〔再生〕的,无法再用的

unrepresentative [ˌʌnreprɪ'zentətɪv] a. 无代表性的,非典型的

unrequited [ˌʌnrɪ'kwaɪtɪd] a. 无报答〔酬〕的,无偿的

unreserved [ˌʌnrɪ'zɜ:vd] a. ①无限制的,无保留的,无条件的 ②没有预定的 ③坦率的,完全的 ‖ ~ly ad.

unresisted [ˌʌnrɪ'zɪstɪd] a. 不(受)抵抗的,无阻力的

unresolved [ˌʌnrɪ'zɒlvd] a. ①不坚决的,无决心的 ②未解决的 ③未分解的,未分辨的

unresonance [ˌʌn'rezənəns] n.【医】非谐振

unresponsive [ˌʌnrɪs'pɒnsɪv] a. 无答复的,无反应的,反应迟慢的 ‖ ~ly ad.

unrest [ˌʌn'rest] n. 不安,纷乱 ‖ ~ful a.

unrestrained [ˌʌnrɪs'treɪnd] a. 无〔不受〕限制的,不受约束的,自由的

unrestricted [ˌʌnrɪs'trɪktɪd] a. 无〔不受〕限制的,无约束的,自由的

unriddle [ʌn'rɪdl] vt. 解(谜),阐明

unrig [ʌn'rɪg] (unrigged; unrigging) vt. 拆卸…的装备,解去…的索具

unrighteous [ʌn'raɪtʃəs] a. 不公正〔平〕的,不正当的,罪恶的

unrip [ʌn'rɪp] (unripped; unripping) vt. 撕〔扯〕开,透露,揭示

unripe [ʌn'raɪp] a. ①未(成)熟的 ②不适时的 ‖ ~ly ad.

unrisen [ʌn'rɪzən] a. 未升起的

unrival(l)ed [ʌn'raɪvəld] a. 无比〔敌〕的

unrivet [ʌn'rɪvɪt] v. 拆除铆钉

unroasted [ˌʌn'rəustɪd] a. 未经焙烧(处理)的

unroll [ʌn'rəul] v. ①铺〔展〕开,展卷,回绕 ②显示,展现

unroof [ʌn'ru:f] vt. 拆去…的屋顶,去掉…的覆盖(物)

unroofed [ʌn'ru:ft] a. 无屋顶的,露天的

unroot [ʌn'ru:t] v. 根除,灭绝,赶走,迁离,改变生活方式

unrounded [ˌʌn'raundɪd] a. 不(四)舍(五)入的

unrove [ʌn'rəuv] unreeve 的过去式和过去分词

unruffled [ʌn'rʌfld] a. 不混乱的,不起皱的,平静的

unruly [ʌn'ru:lɪ] a. 难驾驭的,不守秩序的

unsafe [ʌn'seɪf] a. 不安全的,危险的,靠不住的 ‖ ~ty n.

unsaid [ʌn'sed] ❶ unsay 的过去式和过去分词 ❷ a. 不说的,未说明〔出〕的

unsalaried [ʌn'sælərɪd] a. 不拿薪金的,不取报酬的

unsal(e)able [ʌn'seɪləbl] a. 卖不掉的,没有销路,非卖品的 ‖ ~ness n.

unsanctioned [ʌn'sæŋkʃənd] a. 不可接受的,未经认可的

unsanitary [ʌn'sænɪtərɪ] a. 不卫生的,有碍健康的

unsaponifiable [ʌnsə'pɒnɪfaɪəbl] ❶ a. 不(能)皂化的 ❷ n.【化】(pl.)不皂化物

unsatisfactory [ʌnsætɪs'fæktərɪ] a. 不(能令人)满意的

unsatisfied [ʌn'sætɪsfaɪd] a. 不〔未〕满足的,不满意的 ‖ ~ly ad.

unsaturated [ʌn'sætʃəreɪtɪd] a. 不〔未,非〕饱和的

unsaturation [ʌnsætʃə'reɪʃən] n. 不〔未〕饱和(现象)

unsavo(u)ry [ʌn'seɪvərɪ] a. 不好的,难闻的,令人厌恶的

unsay [ʌn'seɪ] (unsaid) vt. 取消,撤回

unscared [ʌn'skeəd] a. 不害怕的,吓不倒的

unscathed [ʌn'skeɪðd] a. 未受损失的,没有受伤的

unscattered [ʌn'skætəd] a. 不扩散〔散射〕的

unscheduled [ʌn'ʃedju:ld] a. 不定期的,没有预定时间的

unschooled [ʌn'sku:ld] a. ①没有进过学校的 ②没有受过训练的

unscientific [ʌnsaɪən'tɪfɪk] a. 非〔不〕科学的,没有科学知识的

unscramble [ʌn'skræmbl] vt. ①整〔清〕理 ②分解(集成物)使恢复原状 ③译出(密电),使(电视,模糊电码)变得清楚

unscrambler [ʌn'skræmblə] n.【机】倒频器,矫正器

unscrambling [ʌn'skræmblɪŋ] n. 非杂乱性

unscreened [ʌn'skri:nd] a. ①未(过)筛的,未过滤的,未分类的 ②无屏蔽的 ③未经检查的

unscrew [ʌn'skru:] v. 拧松(螺丝),旋下,拆卸

unscripted [ʌn'skrɪptɪd] a. 不用稿子的

unseal [ʌn'si:l] v. 开封,未密封,使解除束缚

unsealed [ʌn'si:ld] a. 非密封〔封〕的

unsealing [ˌʌnˈsiːlɪŋ] n. 启封,拆开,未密封

unseam [ˌʌnˈsiːm] vt. 拆开,拆…的线缝

unsearchable [ˌʌnˈsɜːtʃəbl] a. 无从探索的,探索不出的,不可思议的 ‖ **unsearchably** ad.

unseasonable [ˌʌnˈsiːznəbl] a. 不合时令〔季节〕的,不合时宜的 ‖ **unseasonably** ad.

unseasoned [ˌʌnˈsiːznd] a. 未干透〔燥〕的,未成熟的,无经验的

unseat [ˌʌnˈsiːt] vt. 去职,使退职,使失去资格

unseaworthy [ˌʌnˈsiːˌwɜːði] a. 经不起〔不适于〕航海的

unsecured [ˌʌnsɪˈkjʊəd] a. 无担保的,无保证的,不牢固的

unseeded [ˌʌnˈsiːdɪd] a. 未加品种〔籽晶〕的

unseeing [ˌʌnˈsiːɪŋ] a. 不注意的,视而不见的

unseemly [ˌʌnˈsiːmlɪ] a.;ad. 不适宜(的) ‖ **unseemliness** n.

unseen [ˌʌnˈsiːn] ❶ a. ①不看见的,未被注意〔觉察,发现〕的 ②看不见的,观察不到的 ③不用参考书,即席的 ❷ n. ①即席翻译(的章节)②看不见的东西

unsegregated [ˌʌnˈsegrɪgeɪtɪd] a. 未分离的

unseldom [ˌʌnˈseldəm] ad. 屡见不鲜地,常常地

unselected [ˌʌnsɪˈlektɪd] a. 未经过选择的

unselfish [ˌʌnˈselfɪʃ] a. 无私的

unsell [ˌʌnˈsel] vt. 打消对…的信念,使不购买 ☆ **unsell A on B** 劝 A 别信 B

unserviceability [ˌʌnsɜːˌvɪsəˈbɪlɪtɪ] n. 不实用性,使用不可靠性

unserviceable [ˌʌnˈsɜːvɪsəbl] a. ①不能使用的②不耐用的,使用〔运行〕不可靠的

unserviced [ˌʌnˈsɜːvɪst] a. 无人保养〔看管〕的

unset [ˌʌnˈset] ❶ a. 未安装的,不固定的,未凝固的 ❷ (unset;unsetting) vt. ①使移〔松〕动 ②【计】复位,置零

unsettle [ˌʌnˈsetl] vt. ①使不稳固,使移〔松〕动 ②搅乱,使不安定,使不确定

unsettled [ˌʌnˈsetld] a. ①不(稳,安)定的,未固定的,未解决的 ②未付清的

unsewered [ˌʌnˈsuːəd] a. 无沟渠的,无下水道的

unshackle [ˌʌnˈʃækl] vt. 解除…的桎梏〔枷锁〕,解放〔开〕,使自由

unshackled [ˌʌnˈʃækld] a. 不受束缚的

unshaded [ˌʌnˈʃeɪdɪd] a. ①无阴影〔线〕的 ②无遮蔽的 ③(声调)没有变化的

unshadowed [ˌʌnˈʃædəʊd] a. 无暗影的

unshak(e)able [ˌʌnˈʃeɪkəbl] a. 不能〔不可〕动摇的,坚定不移的 ‖ **unshak(e)ably** ad. **~ness** n.

unshaken [ˌʌnˈʃeɪkən] a. 不动摇的 ‖ **~ly** ad. **~ness** n.

unshaped [ˌʌnˈʃeɪpt] a. 未成形的

unshapely [ˌʌnˈʃeɪplɪ] a. 样子不好的,畸形的

unshared [ˌʌnˈʃeəd] a. 未平分的,未共享的,非共用的,不共同担负的

unsharp [ˌʌnˈʃɑːp] a. 不清楚的,模糊的,钝的

unsharpness [ˌʌnˈʃɑːpnɪs] n. 不清晰性,非锐聚焦

unshaven [ˌʌnˈʃeɪvn] a. 未修面的

unsheathe [ˌʌnˈʃiːð] vt. 拔出鞘,脱掉

unsheltered [ˌʌnˈʃeltəd] a. 无保护的,无遮蔽的

unshielded [ˌʌnˈʃiːldɪd] a. 无防护的,无掩蔽的

unship [ˌʌnˈʃɪp] (unshipped; unshipping) v. ①从船上卸(货),使下船 ②被解下 ③解除…的负荷,摆脱

unshock [ˌʌnˈʃɒk] v. 无激波,使不受冲击

unshod [ˌʌnˈʃɒd] a. 赤脚的,无外胎的,无铁包头的

unshored [ˌʌnˈʃɔːd] a. 无支撑的

unshorting [ˌʌnˈʃɔːtɪŋ] n. 排除短路(现象)

unshrinkable [ˌʌnˈʃrɪŋkəbl] a. 不会收缩〔缩小〕的,防缩的

unshrouded [ˌʌnˈʃraʊdɪd] a. (敞)开的,开式的

unshuffle [ˈʌnʃʌfl] v. 反移(从右向左移)

unshunted [ˌʌnˈʃʌntɪd] a. 无〔未〕分路的

unsifted [ˌʌnˈsɪftɪd] a. 未筛过的,未经细查的

unsight [ˌʌnˈsaɪt] a. 未见过的,未检查过的

unsighted [ˌʌnˈsaɪtɪd] a. ①未看见的,不在视野之内的 ②无〔不用〕瞄准器的

unsightly [ˌʌnˈsaɪtlɪ] a. 难看的,丑的

unsigned [ˌʌnˈsaɪnd] a. 未署名的,未签字的,无符号的

unsintered [ˌʌnˈsɪntəd] a. 未烧结的,无熔渣的

unsized [ˌʌnˈsaɪzd] a. 未分大小的,未筛分的,无浆〔胶〕的

unskilled [ˌʌnˈskɪld] a. ①不熟练的,没有经验的 ②不需要(特殊)技能的

unskil(l)ful [ˌʌnˈskɪlful] a. 不熟练的,笨拙的,不专门的 ‖ **~ly** ad.

unsling [ˌʌnˈslɪŋ] (unslung) vt. 从悬挂处取下,解开…的吊索

unsluggish [ˌʌnˈslʌgɪʃ] a. 无磁滞的

unsmoothed [ˌʌnˈsmuːðd] a. 不光滑的

unsociable [ˌʌnˈsəʊʃəbl] a. 不善交际的,不和善的

unsocial [ˌʌnˈsəʊʃəl] a. 非社会的,不合群的,反社会的

unsoil [ˌʌnˈsɔɪl] v. 除去表土

unsoiled [ˌʌnˈsɔɪld] a. 未弄脏的,洁净的

unsold [ˌʌnˈsəʊld] a. 未售出的

unsolder [ˌʌnˈsɒldə] vt. 【计】脱焊,焊开

unsolicited [ˌʌnsəˈlɪsɪtɪd] a. 未经请求的,主动提供的

unsolidified [ˌʌnsəˈlɪdɪfaɪd] a. 不牢固的

unsolvability [ˌʌnsɒlvəˈbɪlɪtɪ] n. 不可解性

unsolvable [ˌʌnˈsɒlvəbl] a. ①【数】不可解的 ②无法解答的 ③不能溶解的

unsolved [ˌʌnˈsɒlvd] a. 未解决的

unsophisticated [ˌʌnsəˈfɪstɪkeɪtɪd] a. ①不复杂的,清楚易懂的 ②不掺杂的,朴素的,质朴的

unsorted [ˌʌnˈsɔːtɪd] a. 未分类的,未加整理的,未(经挑)选的

unsought [ˌʌnˈsɔːt] ad. 未经寻求而得到的,没有要求的

unsound [ˌʌnˈsaʊnd] a. ①不坚固的,不可靠的 ②

unsounded [ˌʌnˈsaʊndɪd] *a.* ①未经探测的 ②不发音的,未说出来的
不健全的,不健康的 ③有缺点的 ④无根据,谬误 ‖ ~**ly** *ad.* ~**ness** *n.*

unsparing [ˌʌnˈspeərɪŋ] *a.* 严厉的, 不吝惜的 ‖ ~**ly** *ad.*

unspeak [ʌnˈspiːk] (unspoken, unspoken) *vt.* 取消(前言),撤回

unspeakable [ʌnˈspiːkəbl] *a.* 说不出的,难以形容的 ‖ **unspeakably** *ad.*

unspecialised, unspecialized [ˌʌnˈspeʃəlaɪzd] *a.* 非专门化的,无特定功能的

unspecifiable [ˌʌnˈspesɪfaɪəbl] *a.* 无法一一列举的

unspecified [ˌʌnˈspesɪfaɪd] *a.* 未指定的,未加规定的,未详细说明的

unspent [ʌnˈspent] *a.* 未用完的

unsplinterable [ʌnˈsplɪntərəbl] *a.* 不(会)(破)碎的

unsplit [ʌnˈsplɪt] *a.* 不可分割的,整块的,不可拆卸的,无裂口的

unspoilt [ʌnˈspɔɪlt] *a.* 未受损害〔破坏〕的

unspoke [ʌnˈspəʊk] unspeak 的过去式

unspoken [ʌnˈspəʊkən] ❶ unspeak 的过去分词 ❷ *a.* 未说(出口)的,不表达出来的,缄默的

unspotted [ʌnˈspɒtɪd] *a.* 没有斑点〔瑕疵〕的

unsprung [ʌnˈsprʌŋ] *a.* 没有安装弹簧的,非加在弹簧上的

unsquared [ˌʌnˈskweəd] *a.* 非方形的

unsqueezing [ʌnˈskwiːzɪŋ] *n.* 歪像整形

unstability [ˌʌnstəˈbɪlɪtɪ] *n.* 不稳〔安〕定性

unstabilized [ʌnˈsteɪbɪlaɪzd] *a.* 不稳定的,未加稳定(措施)的

unstable [ʌnˈsteɪbl] *a.* ①不稳定〔固〕的 ②反复无常的

unstainable [ʌnˈsteɪnəbl] *a.* 不腐蚀的,不锈的

unstained [ʌnˈsteɪnd] *a.* ①未染色的 ②纯净的,无瑕疵的,未污染的

unstall [ʌnˈstɔːl] *v.* 消除气流分离,不失速 ‖ -**ed** *a.*

unstamped [ˌʌnˈstæmpt] *a.* 未盖戳〔章〕的

unstated [ʌnˈsteɪtɪd] *a.* 未声明的,未明确说明的

unstayed [ʌnˈsteɪd] *a.* 未固定的,未加固的,无支撑的

unsteadiness [ʌnˈstedɪnɪs] *n.* 不(稳)定(性),易变(性)

unsteady [ʌnˈstedɪ] ❶ *a.* ①易变的,阶跃式的,不连续的 ②不稳的,不坚定的,不稳恒的 ❷ *vt.* 使不稳定

unsteel [ʌnˈstiːl] *vt.* 使失去钢性,解除…的武装,使软化,使心软

unstick [ʌnˈstɪk] (unstuck) *vt.* ①扯开,使不再黏着 ②起飞,离地 ☆**come unstick** 弄糟,失败

unstiffened [ʌnˈstɪfənd] *a.* 未加强的,未变硬的

unstinting [ʌnˈstɪntɪŋ] *a.* 无限制的,慷慨的 ‖ ~**ly** *ad.*

unstitched [ʌnˈstɪtʃt] *a.* 未装订的,拆开缝线的,散页的

unstop [ʌnˈstɒp] (unstopped; unstopping) *v.* 拔去…的塞子,打开…的口,除去…的障碍

unstoried [ˌʌnˈstɔːrɪd] *a.* 未载入历史的

unstrained [ˌʌnˈstreɪnd] *a.* ①未(产生)变形〔应变〕的,未拉紧的 ②不紧张的 ③未滤过的

unstrap [ʌnˈstræp] (unstrapped; unstrapping) *vt.* 解开…的带子

unstratified [ʌnˈstrætɪfaɪd] *a.* 不〔非〕成层的,无层理的,非层状的

unstrengthen [ˌʌnˈstreŋθən] *v.* 削弱

unstressed [ʌnˈstrest] *a.* ①没有(产生)内应力的,未受应力的,无张力的,不受力的,放松了的 ②不强调的,不着重的

unstressing [ʌnˈstresɪŋ] *n.* 放松,无应〔张〕力

unstriated [ˌʌnˈstraɪeɪtɪd] *a.* 无横纹〔条纹〕的

unstring [ʌnˈstrɪŋ] (unstrung) *vt.* ①解开,从线上取下 ②使混乱〔不安〕

unstriped [ʌnˈstraɪpt] *a.* 无横纹的,不成条状的

unstripped [ʌnˈstrɪpt] *a.* 没有拆卸的

unstuck [ʌnˈstʌk] ❶ unstick 的过去式和过去分词 ❷ *a.* ①未黏牢的,未系住的,松开的 ②紊乱的

unstudied [ʌnˈstʌdɪd] *a.* ①非故意的,非人为的,非由自觉努力而获得的 ②即席的 ③未学习过的

unsubdued [ˌʌnsəbˈdjuːd] *a.* 未被抑制的,未缓和的,没有被征服的

unsubsidized [ˌʌnˈsʌbsɪdaɪzd] *a.* 没有补〔资〕助的

unsubstantial [ˌʌnsəbˈstænʃəl] *a.* ①不坚固的,不结实的 ②没有实质的,空想的 ‖ -**ity** *n.* ~**ly** *ad.*

unsubstituted [ʌnˈsʌbstɪtjuːtɪd] *a.* 未被取代的

unsuccessful [ˌʌnsəkˈsesful] *a.* 不成功的 ‖ ~**ly** *ad.* ~**ness** *n.*

unsufficient [ˌʌnsəˈfɪʃənt] *a.* 不充分的,不足够的

unsuitable [ʌnˈsjuːtəbl] *a.* 不适合的,不配合的 ‖ **unsuitably** *ad.*

unsuited [ʌnˈsjuːtɪd] *a.* 不适当〔宜,合〕的(for, to),不相称的

unsunned [ʌnˈsʌnd] *a.* 不见阳光的,不受日光影响的,没有公开的

unsupercharged [ˌʌnsjuːpəˈtʃɑːdʒd] *a.* 不增压的

unsupported [ˌʌnsəˈpɔːtɪd] *a.* ①没有支柱的,无支撑的,自由的 ②未经证实的 ③未得到支持〔援〕的

unsure [ˌʌnˈʃʊə] *a.* ①没有把握的,不确知的(of) ②不可靠的,危险的

unsurmountable [ˌʌnsɜːˈmaʊntəbl] *a.* 不可克服〔战胜〕的

unsurpassed [ˌʌnsɜːˈpɑːst] *a.* 无比的,最好的,未被超过的

unsurveyed [ˌʌnsəˈveɪd] *a.* 未测量的

unsuspected [ˌʌnsəsˈpektɪd] *a.* ①不(受)怀疑的 ②想不到的,未被发觉的

unsuspecting [ˌʌnsəsˈpektɪŋ] *a.* 不怀疑的,未料想到的 ‖ ~**ly** *ad.*

U

unswayed [ˌʌnˈsweɪd] *a.* 不受影响的,不为所动的

unswept [ˌʌnˈswept] *a.* 未扫过的,非后掠的

unswerving [ˌʌnˈswɜːvɪŋ] *a.* ①不歪的,不偏离的 ②坚定的,不懈的 ‖ **~ly** *ad.*

unsymmetric(al) [ˌʌnsɪˈmetrɪkəl] *a.* 非〔不〕对称的,不平衡的 ‖ **~ly** *ad.*

unsymmetry [ˌʌnˈsɪmɪtrɪ] *n.* 不对称(性,现象)

unsympathetic [ˈʌnˌsɪmpəˈθetɪk] *a.* 不表示同情的,无反应的,引起反感的 ‖ **~ally** *ad.*

unsystematic [ˈʌnˌsɪstɪˈmætɪk] *a.* 无系统的,不规则的,紊乱的

untamped [ʌnˈtæmpt] *a.* 未夯实的,无反射层的

untangle [ʌnˈtæŋgl] *vt.* ①解开 ②整〔清〕理,解决

untaught [ʌnˈtɔːt] *a.* 未受教育的,无知的

untaxed [ʌnˈtækst] *a.* 未完税的,免税的,不负担过重的

unteachable [ʌnˈtiːtʃəbl] *a.* 不可教的,固执的,不适合教学的,无法传授的 ‖ **~ness** *n.*

untempered [ʌnˈtempəd] *a.* ①未回火的,未经锻炼的 ②没有调和好的 ③不加控制的

untenable [ʌnˈtenəbl] *a.* ①维持〔防守〕不住的 ②站不住脚的 ③不能占据的

unterminated [ʌnˈtɜːmɪneɪtɪd] *a.* 无(终)端接(头)的

untested [ʌnˈtestɪd] *a.* 未试验的,未测试的

untextured [ʌnˈtekstʃəd] *a.* 无织构的

unthink [ʌnˈθɪŋk] (unthought) *v.* ①不想,不再思考 ②(对…)改变想法

unthinkable [ʌnˈθɪŋkəbl] *a.* ①难以想象〔置信〕的,不可思议的,无法设想的 ②毫无可能的,不必加以考虑的

unthinking [ʌnˈθɪŋkɪŋ] *a.* ①未加思考的,不注意的,疏忽的,不动脑筋的 ②无思考能力的 ‖ **~ly** *ad.*

unthought [ʌnˈθɔːt] unthink 的过去式过去分词

unthought-of [ʌnˈθɔːtɒv] *a.* 没有想到的,意外的

unthread [ʌnˈθred] *vt.* 从…把线抽出,使松脱,弯弯曲曲地走过,解谜

unthreaded [ʌnˈθredɪd] *a.* 【机】无螺纹的

unthrifty [ʌnˈθrɪftɪ] *a.* ①不节省的,奢侈的 ②无利可图的,不繁茂的,不壮实的,生长发育不良的

untidy [ʌnˈtaɪdɪ] *a.* ①不整齐〔洁〕的,不简练的 ②不适宜的

untie [ʌnˈtaɪ] *v.* 解开〔除〕,松开

untight [ʌnˈtaɪt] *a.* 未密封的,不紧密的

untightness [ʌnˈtaɪtnɪs] *n.* 不致密性,漏泄

until [ənˈtɪl] *prep.;conj.* ①到,直到…为止 ②〔用于否定句中〕直到…才,在…以前不 ☆**unless and until** 直到…才; **until now** 或 **until the present time** 直到现在,至今; **until then** (直)到那时,在那以前; **up until** 直到

〖用法〗❶ 这个词介词作时,其后面可以跟副词。如:Until recently, the cost of read-only memory was very high. 不久前,只读存储器的成本还是非常高的。/There was little further development until about 30 years ago. 直到大约 30 年前几乎没有进一步的发展。/This solid-state device did not appear commercially until nearly 40 years later. 这种固态器件直到将近 40 年之后才出现在市场上。❷ 该词还可以与 from 连用。如:The current is constant from the time the charge enters until it leaves the drift space. 从电荷进入直到它离开漂移空间电流是恒定的。❸ 注意它与否定的主句连用时一般译成"直到…后才…"。如:The problem was not to be solved until a radically new and different concept was introduced. 直到引入了一种崭新的不同概念后该问题才得到了解决。/No major breakthrough in optical communications was made until 1966. 直到 1966 年以后光通讯才有了重大的突破。

untilted [ʌnˈtɪltɪd] *a.* 无倾斜的

untimed [ʌnˈtaɪmd] *a.* (广播)不定时的

untimely [ʌnˈtaɪmlɪ] *a.;ad.* ①不合时(宜)(的) ②过早(的),未成熟的,不凑巧的

untiring [ʌnˈtaɪərɪŋ] *a.* 不倦的,坚持不懈的,不屈不挠的 ‖ **~ly** *ad.*

untitled [ʌnˈtaɪtld] *a.* 无标题的,无书名的,无头衔的

unto [ˈʌntu] *prep.* ①(= to, 但不能代替表示不定式的 to)到,对 ②直到,到…为止

untold [ʌnˈtəʊld] *a.* ①数不清的,不可计量的,极大的 ②没有说到〔揭露,泄漏〕的

untomb [ʌnˈtuːm] *vt.* 发掘,从墓葬中取出

untouchable [ʌnˈtʌtʃəbl] *a.* ①不可接触的 ②达〔管〕不到的,碰不着的 ③禁止触动〔摸〕的,碰不得的 ④不可捉摸的,无形的

untouched [ʌnˈtʌtʃt] *a.* ①没有触动(过)的,未受损伤的,原样的 ②没有提到的 ③无与伦比的

untoward [ʌnˈtəʊəd] *a.* 不幸的,不凑巧的,不适当的,难对付的

untraceable [ʌnˈtreɪsəbl] *a.* 难追踪的,找不到的,难以查明的

untrained [ʌnˈtreɪnd] *a.* 没有经过训练的

untrammel(l)ed [ʌnˈtræməld] *a.* 没有受到阻碍的,自由的

untransferable [ˌʌntrænsˈfɜːrəbl] *a.* 不可转移的,不可让与的

untranslatable [ˌʌntrænsˈleɪtəbl] *a.;n.* 不可译的(词)

untravel(l)ed [ʌnˈtrævld] *a.* 人迹不到的,无人迹的

untread [ʌnˈtred] (untrod; untrod(den)) *vt.* 返回,折回

untreated [ʌnˈtriːtɪd] *a.* 未(经)处理的,不处理的,未浸渍过的

untried [ʌnˈtraɪd] *a.* 未经试验(用)的,未经考(检)验的

untrimmed [ʌnˈtrɪmd] *a.* 未经整理〔调整〕的,杂乱的

untrivial [ʌnˈtrɪvɪəl] *a.* 非平凡的

untrod [ʌnˈtrɒd] ❶ untread 的过去式和过去分词 ❷ *a.* 没有践踏过的,人迹罕至的

untrodden [ʌnˈtrɒdən] ❶ untread 的过去分词 ❷ *a.* =untrod

untroubled [ˌʌnˈtrʌbld] a. 未被扰乱的,无忧虑的

untrue [ˌʌnˈtruː] a. ①不真实的 ②不正〔精〕确的 ③不正当的 ☆**be untrue to type** 不合规格

untrustworthy [ˌʌnˈtrʌstwɜːθɪ] a. 不能信任的,不可靠的

untruth [ˌʌnˈtruːθ] n. ①不真实,虚假〔伪〕,谎言 ②不正确性,不精确度 ‖ ~**ful** a. ~**fully** ad.

untuck [ˌʌnˈtʌk] vt. 拆散,解开(褶子)

untunable [ˌʌnˈtjuːnəbl] a. 不可调(谐)的

untuned [ˌʌnˈtjuːnd] a. 非〔未,不〕调谐的

unturned [ˌʌnˈtɜːnd] a. 不转动的,未翻转的,未颠倒的,没有(用车床)车过的 ☆**leave no stone unturned** 用一切手段,千方百计

untwine [ˌʌnˈtwaɪn] v. 解开(缠绕物),散开

untwist [ˌʌnˈtwɪst] vt. 解开,朝相反方向扭开

unusable [ˌʌnˈjuːzəbl] a. 无用的,不合(可)用的

unused ❶ [ˌʌnˈjuːzd] a. 不用的,空着的,新的,未消耗的 **❷** [ˌʌnˈjuːst] 不习惯的 ☆**unused to ...** 不惯于⋯

unusual [ˌʌnˈjuːʒʊəl] a. ①不平〔寻〕常的,罕见的 ②独特的,奇怪〔异〕的

unusually [ˌʌnˈjuːʒəlɪ] ad. 异乎寻常地,显著地

unutterable [ˌʌnˈʌtərəbl] a. ①说不出的,难以形容的 ②坏透的,彻底的,极端的 ‖ **unutterably** ad.

unvalued [ˌʌnˈvæljuːd] a. ①不受重视的,没有价值的 ②未曾估价的,难估价的,极贵重的

unvaporized [ˌʌnˈveɪpəraɪzd] a. 不蒸发的,不汽化的

unvaried [ˌʌnˈveərɪd] a. ①不变的,一贯的 ②千篇一律的,单调的

unvarnished [ˌʌnˈvɑːnɪʃt] a. ①未油漆的,未修饰的 ②不加掩饰的,坦率的

unvarying [ˌʌnˈveərɪŋ] a. 不变的,恒定的

unveil [ˌʌnˈveɪl] v. 揭开⋯的幕,揭露

unverifiable [ˌʌnˈverɪfaɪəbl] a. 不能证实的,无法检验〔核实,考证〕的 ‖ **unverifiably** ad.

unversed [ˌʌnˈvɜːst] a. 无知的,不精通的,无经验的

unvoiced [ˌʌnˈvɔɪst] a. 未说出的

unvouched [ˌʌnˈvaʊtʃt] a. 未加证明的

unvulcanized [ˌʌnˈvʌlkənaɪzd] a.【化】未硫化的

unwanted [ˌʌnˈwɒntɪd] a. ①不需〔想〕要的,不希望有的 ②有害的,有缺点的

unwarned [ˌʌnˈwɔːnd] a. 未受警告的,没有预先通知的,出其不意的

unwarrantable [ˌʌnˈwɒrəntəbl] a. 难保证的,不可原谅的 ‖ **unwarrantably** ad.

unwarranted [ˌʌnˈwɒrəntɪd] a. 没有保证的,没有根据的,不应有的,没有(得到)保证的

unwary [ˌʌnˈweərɪ] a. 粗心(大意)的,疏忽的,不小心的,轻率的

unwashed [ˌʌnˈwɒʃt] a. ①未曾冲刷的,未洗(过,涤)的 ②无知的,卑贱的

unwatched [ˌʌnˈwɒtʃt] a. 不用监视〔值守〕的,无人值班的,自动的

unwater [ˌʌnˈwɔːtə] vt. 排水〔干,泄〕,去湿,使干燥

unwatered [ˌʌnˈwɔːtəd] a. ①缺水的,干燥的,去湿的 ②未用水冲淡的

unwavering [ˌʌnˈweɪvərɪŋ] a. 不动摇的 ‖ ~**ly** ad.

unwaxed [ˌʌnˈwækst] a. 不上蜡的

unwearied [ˌʌnˈwɪərɪd] a. 不倦的,不屈不挠的

unwearying [ˌʌnˈwɪərɪɪŋ] a. 不会〔不使人〕疲倦的,坚持不懈的

unweathered [ˌʌnˈweðəd] a. 未风化的

unweighable [ˌʌnˈweɪəbl] a. 不可称量的

unweighed [ˌʌnˈweɪd] a. 未称量过的,未加权的

unwelcome [ˌʌnˈwelkəm] ❶ a. 不受欢迎的,讨厌的 ❷ n. 冷淡 ❸ vt. 冷淡地对待(接受) ‖ ~**ly** ad.

unwell [ˌʌnˈwel] a. 不舒服的,有病的

unwholesome [ˌʌnˈhəʊlsəm] a. 不卫生的,有害的,令人不快的

unwidely [ˌʌnˈwaɪdlɪ] ad. 不广(泛),不远

unwieldy [ˌʌnˈwiːldɪ] a. ①笨重的,不灵巧的 ②难操纵的,难〔不便于〕使用的,不便利的

unwilling [ˌʌnˈwɪlɪŋ] a. 不愿意的 ☆**be unwilling to do** 不愿(意)(做),勉强(做) ‖ ~**ly** ad.

unwind [ˌʌnˈwaɪnd] (unwound) v. (原来卷住的,缠住的)解〔转,摊〕开(from),(发条)走松,伸直

unwindase [ˌʌnˈwaɪndeɪs] n.【生化】解旋酶

unwinder [ˌʌnˈwaɪndə] n. 退绕〔拆卷,解开〕机

unwise [ˌʌnˈwaɪz] a. ①不聪明的 ②欠考虑的,不明智的

unwished(-for) [ˌʌnˈwɪʃt(fɔː)] a. 不希望的,不想要的

unwitnessed [ˌʌnˈwɪtnɪst] a. 未被观察到的,未被注意的

unwitting [ˌʌnˈwɪtɪŋ] a. 无意的,不知不觉的 ‖ ~**ly** ad.

unwonted [ˌʌnˈwəʊntɪd] a. 少有的,罕见的,不常有〔用〕的,不习惯的 ‖ ~**ly** ad.

unworkable [ˌʌnˈwɜːkəbl] a. ①不能工作〔实行〕的,难以使用(工作,实行) ②不切实际的

unworked [ˌʌnˈwɜːkt] a. ①未(使)用(过)的 ②未制成形的

unworn [ˌʌnˈwɔːn] a. 没有受损〔用旧〕的,没有受伤的,原样的

unworthy [ˌʌnˈwɜːðɪ] a. ①不足道〔取〕的,不值得⋯的,与⋯不相称的(of) ②无价值的 ‖ **unworthily** ad. **unworthiness** n.

unwound [ˌʌnˈwaʊnd] ❶ unwind 的过去式和过去分词 ❷ a. 未卷绕的,未上发条的,松散的

unwounded [ˌʌnˈwuːndɪd] a. 完好无损的,未受伤的

unwrap [ˌʌnˈræp] (unwrapped;unwrapping) v. 打〔展〕开

unwritten [ˌʌnˈrɪtn] a. ① 空白的 ②非书面的,未写下的,未成文的

unwrought [ˌʌnˈrɔːt] a. 没有制造〔加工,开采〕的,未最后成形的,原始的

unyawed [ˌʌnˈjɔːd] a. 无偏航的

unyielding [ˌʌnˈjiːldɪŋ] a. ①不能弯曲的,不可压缩的 ②稳定的,牢固的 ③坚〔顽〕强的,不屈服的

U

unyoke [ˌʌnˈjəuk] v. 拆开,分散,停止工作

unzip [ʌnˈzɪp] (unzipped; unzipping) v. 拉开(拉链)

unzoned [ˌʌnˈzəund] a. 未(划)分区(域)的,无约束的

up [ʌp] ❶ ad. 向〔朝〕上,在上(面,部);完,光;起;赶上,达到,在…以上 ☆**all up (with)**结束,终了,完蛋;**(be) up against** 面临〔遭遇〕(困难,障碍等);**be up on end** 一端朝上,竖着;**be up to** 从事于;达到(标准,指标等);归…负责,由…决定;**effective up to** 有效(距离等)达…;**right side up** 正面朝上,**right up until** 一直到…为止;**up and down** 上(上)下(下),起伏,前(前)后(后),往返;四面八方;**up in (on)** 精通,熟悉;在那里;**up to** (一)直到,多达;同…不相上下,和…并排〔相近〕(或 up with);适合(于),忙于;从事于;**up with** 拥护,把…抬〔竖〕起来;**well up in** 精通 ❷ prep. 向〔在〕上,顺…而上,逆着…的方向 ❸ (upper, upmost 或 uppermost) a. 向上(面)的,朝上的 ❹ n. 上坡,上升,全盛 ☆**ups and downs** 上物下坡,起伏,沉浮,盛衰 ❺ (upped; upping) v. ①(站)起来,跳起 ②举起(with) ③提(抬)高,上升(行),增加

〖用法〗注意下面例句中该词的用法:The volume of transport in this period is up 219 percent over the same period in 2000. 这个时期的运输量比2000年同期增加了219%。/They are 10 percent to 30 percent up from the same period last year. 它们与去年同期相比增加了 10%到 30%。/When the temperature rises, the mercury in the thermometer expands up a narrow tube. 当温度上升时,温度计中的水银就会膨胀而沿窄管上升。/This technique is used with a data rate of 64 kb/s and up. 使用这个方法所需的数据速率为 64 千比特每秒及以上。

upbeat [ˈʌpbiːt] ❶ n. 向上发展,兴旺 ❷ a. 乐观的

upblaze [ʌpˈbleɪz] vi. 燃烧起来

upborne [ʌpˈbɔːn] a. 升高了的,被支持着的

upbraid [ʌpˈbreɪd] vt. 谴责,责备

upbuild [ʌpˈbɪld] (upbuilt) vt. 建立

upcast [ˈʌpkɑːst] ❶ a. (向)上抛的,朝(向)上的 ❷ n. ①上抛(物) ②上风井,通风坑;(锅炉)蒸发管

upchuck [ˈʌptʃʌk] v. 呕吐

upcoast [ʌpˈkəust] n. 上行海岸

upcoiler [ˈʌpkɔɪlə] n. 【经】(地上)卷取机,上卷机

upcoming [ˈʌpkʌmɪŋ] a. 即将到来的

upconversion [ˌʌpkənˈvɜːʃən] n.【电子】上变频,向上〔升频〕转换

up-converter [ˌʌpkənˈvɜːtə] n.【电子】增频变频器,上转换器

up-country [ˈʌpkʌntrɪ] ❶ n.;a. 内地(的) ❷ ad. 往(在)内地

upcurrent [ˈʌpkʌrənt] n. 上升流

upcurve [ˈʌpkɜːv] n. 上升曲线

up-cut [ʌpˈkʌt] n.;vt. 上切式,逆铣

update [ʌpˈdeɪt] ❶ v. ①(使…)现代化,更新,校正 ②【计】修改 ❷ n. 现代化,更新材料

updated [ʌpˈdeɪtɪd] a. 修改的,更新的,校正的

updater [ʌpˈdeɪtə] n.【计】更新器

updip [ʌpdɪp] n.;v. 上倾

updraft [ˈʌpdrɑːft], **updraught** [ˈʌpdrɔːt] n.;a. 向上排气(的),上升(气)流,(向)上抽(风)的,上风〔流〕式的,直焰(的)

updrift [ˈʌpdrɪft] n. 逆向推移

upend [ʌpˈend] v. ①竖〔倒〕立,倒放 ②顶〔顿〕锻,镦粗

upender [ˈʌpendə] n.【机】调头〔竖立,翻转〕装置,翻料机

uperization [juːpərɪˈzeɪʃən] n. 超速消毒,瞬间消毒

upfield [ʌpˈfiːld] n.【物】高磁场

upfloat [ʌpˈfləut] v. 浮起,显露

upflow [ˈʌpfləu] n. (向)上流(动),上升气流

upfold [ʌpˈfəuld] n.;v. 使收敛,关起,【地质】隆皱

upgliding [ˈʌpglaɪdɪŋ] n. 上升滑测,侧滑上升

upgrade [ˈʌpgreɪd] v.;n. ①浓缩 ②上升〔坡〕,增加 ③提高(等级,质量,品位,标准) ④加强,加固 ☆**on the upgrade** 上升的,欣欣向荣的

up-grinding [ˈʌpgraɪndɪŋ] n.【机】(砂轮与工件)逆转向磨削,逆磨

upgrowth [ˈʌpgrəuθ] n. 生长(物),发展(的结果),发达

upheaval [ʌpˈhiːvəl] n. ①隆(胀)起,上升 ②变革,剧变,动荡〔乱〕 ③(岩层)移动

upheave [ʌpˈhiːv] vt. 隆(胀,举)起,使上升,岩层隆起,(岩层)移动

upheld [ʌpˈheld] uphold 的过去式和过去分词

uphill [ˈʌpˈhɪl] n.;a.;ad. ①上坡(山)(的),向上(的),上升(的),上行(的) ②艰难的,费力的(的)

uphold [ʌpˈhəuld] (upheld) vt. ①证实,确认 ②举起,抬高,支撑 ③支〔坚〕持,拥护,主张

upholder [ʌpˈhəuldə] n. 支持者,支撑物

uphole [ʌpˈhəul] a.;ad. (向)井上

upholster [ʌpˈhəulstə] vt. ①装潢,摆设 ②为…装垫子〔弹簧〕

upholsterer [ʌpˈhəulstərə] n. 家具〔室内装潢〕商

upholstery [ʌpˈhəulstərɪ] n. 室〔内〕内装饰(品,业)

upkeep [ˈʌpkiːp] n. 维护(费),检修(费),管理,操纵

upland [ˈʌplənd] n.;a. 高地(的),高原的

up-leg [ˈʌpleg] n. (弹道)上升段

uplift [ʌpˈlɪft] vt.;n. ①提高,促进,振奋,升起 ②举起,(使)隆起 ③浮升力,向上的水压力,静升力

upline [ˈʌplaɪn] n. ①入站线 ②上行线路

up-link [ˈʌplɪŋk] n. 上行线路〔系统〕,对空通信

upload [ʌpˈləud] ❶ n. 向上作用的负载 ❷ v. 加负荷

uplooper [ˈʌpluːpə] n.【机】立式活套成形器

up-market [ˈʌpmɑːkɪt] a. (适于,进入)高档商品市场(的),高档的,高收入消费者的

up-mill [ˈʌpmɪl] n.;v. 逆铣

upmost [ˈʌpməust] a. =最上的,最高的,最主要的

upon [əˈpɒn] prep. ①=前置词 on ②依据,遵照,因

③(doing 或动作性名词)在…时候,当…时,(刚)一…就〖用法〗注意下面例句中该词的含义:Upon receiving the dial tone, the subscriber is alerted to dial a number. 用户接收到拨号音后,被提醒要拨号。/These circuits provide output signals upon application of the input signals. 在加了输入信号后,这些电路就会有输出信号。/Upon being pulled, the rubber band will become longer. 橡皮筋一拉就长。

upper ['ʌpə] *a.* ①上面(层,级,限,游)的,较高的 ②地表层的,后期的 ③较早的 ④北部的 ☆**get (have) the upper hand of** 胜过,比…有利(占优势)

upper-bracket [,ʌpə'brækɪt] *a.* 高级的,到顶的

upper-case ['ʌpəkeɪs] ❶ *n.;a.* 大写字母,大写体,大写的 ❷ *vt.* 用大写字母排印

upper-decking ['ʌpədekɪŋ] *n.* 铺上层桥面

upper-frame [,ʌpə'freɪm] *n.* 顶架(框)

uppermost ['ʌpəməust] (up 的最高级) *a.;ad.* 最上(的),最高的,最主要的(),在上面,最初,首先

upraise [ʌp'reɪz] ❶ *vt.* 举起,升高 ❷ *n.* (采矿)天井,暗井

uprange ['ʌpreɪndʒ] *n.;a.* ①靶区前段,(弹道)上(段)射程 ②至发射点的方向 ③在上(段)射程内

uprate [ʌp'reɪt] *vt.* 增长,升级,改善

uprated [ʌp'reɪtɪd] *a.* 大功率的

uprear [ʌp'rɪə] *v.* 举起,树(建)立,赞扬,抚养

upright ['ʌp'raɪt] ❶ *a.;ad.* ①正直(的),诚实(的) ②直立(的),铅直的,侧砌的 ❷ *n.* ①(立)柱,笔直(的支撑物)的东西 ②(pl.)(压力机)导架 ❸ *vt.* 立起,竖立 ☆**be out of upright** 偏斜; **keep upright** 勿倒置; **set ... upright** 把…竖直 ‖ **-ly** *ad.*

uprise [ʌp'raɪz] ❶ (uprose, uprisen) *vi.* ①起立;上升;②涌现,出现 ③起义,暴动 ❷ *n.* ①起立(身,床),升(高)起 ②伸直,直立管 ③出现 ④起浪,涌高 ⑤高起处,上升坡 ⑥起义,暴动

uprising [ʌp'raɪzɪŋ] *n.* ①起立,上升 ②上升的斜坡 ③起义,暴起

upriver ['ʌp'rɪvə] *a.;ad.* 在(从,向)上游(的)

U-process ['ju:'prəuses] *n.* 自旋反转过程,重新取向过程

uproot [ʌp'ru:t] *v.* 连根拔除,根除,灭绝,推翻,挖出

uprose [ʌp'rəuz] uprise 的过去式

uprouse [ʌp'rauz] *vt.* 唤醒,激起

uprush ['ʌprʌʃ] *n.* (气体,液体)上冲,猛增,涌起,突发

upscale ['ʌpskeɪl] *a.;ad.* 偏向高刻度,高标度端的

upscattering [ʌp'skætərɪŋ] *n.* 【核】增能散射

upset [ʌp'set] ❶ (upset, upsetting) *v.* ①镦锻(粗) ②翻(倒)转,倾覆,翻倒 ③扰乱,干扰,弄糟,破坏,使失常,不适 ❷ *n.* 缩锻用陷型模具 ❸ *a.* 固定的 ☆**get upset** 弄得手忙脚乱

upsetter [ʌp'setə] *n.* 镦锻(锻造)机,镦粗机

upshaft [ʌp'ʃɑ:ft] *n.* 往上通风的竖井

upshift ['ʌpʃɪft] *vi.;n.* 换高速挡,加速

upshoot ['ʌp'ʃu:t] ❶ *v.* 向上(喷,发)射,上升 ❷ *n.* 结果(局)

upshot ['ʌpʃɒt] *n.* ①结果(局) ②结论,要点 ☆**in the upshot** 最后,终于

upside ['ʌpsaɪd] *n.* 上面(部,边),上行线月台

upside-down [,ʌpsaɪd'daun] *a.;ad.* 颠倒(的),翻过来(的),头朝下(的),倒置的,乱七八糟(的)

upsides [ʌp'saɪdz] *ad.* 不分高低 ☆**be upsides with** 与…处在同等地位

upsiloid ['ʌpsɪlɔɪd] *a.* 形人字形的,V 字形的

upsilon [ju:p'saɪlən] *n.* (希腊字母)Υ, υ

up-slope ['ʌpsləup] *n.* 上坡

upstage ['ʌpsteɪdʒ] ❶ *n.* 末级,顶级 ❷ *a.* 傲慢的,骄傲的

upstairs [ʌp'steəz] ❶ *a.* (在)楼上的,上层的 ❷ *ad.* ①向(往,在)楼上 ②在高空,往高处,飞行中 ❸ *n.* 楼上,上层 ☆**go upstairs** 上楼,提交上级(解决)

upstand [ʌp'stænd] *n.* 【建】竖柱,竖立构件

upstanding [ʌp'stændɪŋ] *n.;a.* ①直立(的) ②固定的 ③强健的 ④诚实的 ‖ **~ness** *n.*

upstart ['ʌpstɑ:t] ❶ *n.* 暴发户,傲慢的人 ❷ *a.* 暴发的 ❸ *v.* (使)突然跳起

upstate [ʌp'steɪt] *a.;ad.;n.* (在)远离大城市的(地区),北部的,远离海岸线的,偏僻的

up-station ['ʌp'steɪʃən] *n.* 上端局

upstream ['ʌp'stri:m] ❶ *a.;ad.* (向,在)上游(的),上流的,逆流(的,而上的) ❷ *n.* 上游,上升气流,逆向位移

up-stripping ['ʌp'strɪpɪŋ] *n.* 辅助(附加)剥离

upstroke ['ʌpstrəuk] *n.* 上行(往上)运动,上冲冲程

upsurge [ʌp's3:dʒ] ❶ *n.* 高潮(涨),汹涌 ❷ *vi.* 高涨,增长 ☆**be on the upsurge** 在高涨中

upsweep ['ʌpswi:p] (upswept) *vi.* 向上曲(斜)

upswell [ʌp'swel] *v.* 隆起,膨胀

upswept [ʌp'swept] ❶ upsweep 的过去式和过去分词 ❷ *a.* 向上曲(斜)的

upswing ['ʌpswɪŋ] ❶ (upswung) *v.* 提高;回升;向上摆动 ❷ *n.* 提高,改进(善),向上(摆动),高涨

uptake ['ʌpteɪk] *n.* ①垂直孔道,上气道,上风道(口),吸风(通风)管 ②吸入,摄取(量) ③了解 ④举(拿)起 ☆**be quick in (on) the uptake** 理解很快

upthrow ['ʌpθrəu] *n.* 向上投,【地质】上投(地),隆起

upthrust ['ʌpθrʌst] *n.* ①【地质】上冲断层 ②隆起,向上推

uptick ['ʌptɪk] *n.* 上升,兴旺

uptilt [ʌp'tɪlt] *v.* 翻成侧立状态

uptime ['ʌptaɪm] *n.* 正常运行时间

up-to-date ['ʌptudeɪt] ❶ *a.* 现代(化)的,最新(式)的,直到现在的 ❷ *ad.* 到现在为止

up-to-dateness ['ʌptudeɪtnɪs] *n.* 现代化程度

up-to-size ['ʌptusaɪz] *a.* 到(具有)标称尺寸的

up-to-the-minute ['ʌptuðəmɪnɪt] *a.* 最近的,最新式的,很现代化的

U

uptown ['ʌp'taʊn] ❶ n.;a. 近郊(的),住宅区(的),市中较高处的 ❷ ad. 在〔往〕近郊,在〔往〕住宅区

uptrain ['ʌptreɪn] n. 上行列车

uptrend ['ʌptrend] n. 向上的趋势

upturn [ʌp'tɜ:n] ❶ v. ①(使)向上 ②(向上)翻转,倒翻 ❷ n. ①(情况)好转,上升,上涨,提高 ②向上的曲线〔趋势〕

upturned ['ʌp'tɜ:nd] a. 朝上(翘,翻)的,翻转的,雕刻的

upvaluation [ʌp,vælju'eɪʃən] n.【经】(货币)升值

upvalue ['ʌp'vælju:] vt. 将(货币)升值

upward ['ʌpwəd] ❶ a. 向上的,上升〔涨〕的,升高的 ❷ ad. =upwards ‖ ~ly ad. ~ness n.

upwards ['ʌpwədz] ad. ①向上(方),上升(地),向上游 ②在上(面部),在更高处 ③…以上 〖用法〗注意下面例句中该词的含义:From a practical standpoint the multiple-period system gives good results over a range of τ from about 10^{-2} sec upwards. 从实用观点来说,多重周期系统能够在 τ 从大约 10^{-2} 秒以上的一个范围内给出良好的结果。/A radio system must operate with frequencies of 30 kHz and upward(s). 无线电系统工作的频率必须为 30 千赫及以上。

upwarp [ʌp'wɔ:p] n.;v. 向上翘曲线,翘〔隆〕起

upwash ['ʌpwɒʃ] n.【航】(上)升流,上倾流,气流上洗

upwelling [ʌp'welɪŋ] n. 喷出,上涌,上升流

upwind ['ʌp'wɪnd] n.;a.;ad. 迎风(的),顶风(的),迎流向(的)

urac ['ju:ræk] n.【化】脲-醛类树脂黏合剂

uracil ['juərəsɪl] n.【生化】尿嘧啶

uraconite [ju'reɪkənaɪt] n.【冶】土硫铀矿

Ural ['juərəl] n. 乌拉尔

uralite ['juərəlaɪt] n.【地质】水泥石棉板,纤(维)闪石

uralitization ['juræ,lətɪ'zeɪʃən] n.【地质】纤闪石化

uramil ['juərəmɪl] n.【药】5-氨基巴比妥

uramphite ['juərəmfaɪt] n.【地质】磷铵铀矿,铀铵磷石

uranate ['juərəneɪt] n.【化】(重)铀酸盐

urane ['juəreɪn] n.【化】尿甾(烷)

uranediol [,juərə'nedɪɒl] n.【药】马(尿)甾二醇

urania [juə'reɪnɪə] n.【化】氧化铀

uranic [juə'rænɪk] a. ①(含,正,六价)铀的 ②天(文)的

uranides ['juərənaɪdz] n.【核】铀系

uraniferous [,juərə'nɪfərəs] a. 含铀的

uranin ['juərənɪn] n.【医】荧光素钠

uraninite [juə'rænɪnaɪt] a.【矿】沥青〔晶质〕铀矿,天然氧化铀

uranism ['juərənɪzm] n. 同性恋爱

uranite ['juərənaɪt] n.【矿】云母铀矿,铀云母

uranium [juə'reɪnɪəm] n.【化】铀

uranniobite [,juərən'naɪəbaɪt] n.【矿】晶铀矿

uranochalcite [,juərənə'kælsaɪt] n.【矿】铀钙铜矿

uranocircite [,juərənəu'sɜ:saɪt] n.【核】钡铀云母

uranography [,juərə'nɒɡrəfɪ] n.【天】星图学

uranoide ['juərənɔɪd] n.【核】铀系元素

uranol ['juərənɒl] n.【核】铀试剂

uranolepidite [,juərənəu'lepɪdaɪt] n.【矿】绿铀矿

uranolite ['juərənəulaɪt] n.【天】陨石

uranolith ['juərənəulɪθ] n.【天】陨星

uranology [,juərə'nɒlədʒɪ] n. 天文学,关于天(体)的论文

uranometry [,juərə'nɒmɪtrɪ] n.【天】天体测量,恒星编目

uranophane [ju'rænəfeɪn] n.【矿】硅钙铀矿

uranopilite [,juərənəu'paɪlaɪt] n.【冶】铀钙矾,水硫铀矿

uranoscopy [,juərə'nɒskəpɪ] n.【物】天体观察

uranospathite [,juərənəu'spæθaɪt] n.【核】水磷铀矿

uranosph(a)erite [,juərənəu'sfɪraɪt] n.【矿】纤铀铋矿

uranospinite [,juərə'nɒspənaɪt] n.【矿】砷钙铀矿

uranostat ['juərənəustæt] n. 普用定星镜

uranotemnite [,juərənəu'temnaɪt] n.【核】黑铀矿

uranothallite [,juərənəu'θælaɪt] n.【矿】铀(碳)钙石

uranothorianite [,juərənəu'θɔ:rɪənaɪt] n.【核】方铀钍石

uranothorite [,juərənəu'θɔ:raɪt] n.【地质】铀钍矿石

uranotile [ju'rænətaɪl] n.【冶】硅钙铀矿

uranous ['juərənəs] a.【化】(亚)铀的

Uranus ['ju:ərənəs] n.【天】天王星,乌拉纽斯镍铬合金钢

uranyl ['juərənɪl] n.【化】双氧铀(根),铀酰

urao ['juərəu] n.【矿】天然碱,天然重碳酸钠

urate ['juəreɪt] n.【化】尿酸盐或酯

urathritis [,juərə'θraɪtɪs] n.【医】尿酸性关节炎

uraturia [,juərə'tjuərɪə] n.【医】尿酸(盐)尿,结石尿

urb [ɜ:b] n. 城市区域

urban ['ɜ:bən] a. 城市的,都市的,市区〔内〕的

urbanism ['ɜ:bənɪzəm] n. 城市规划,都市化

urbanist ['ɜ:bənɪst] n. 城市规划专家

urbanization [,ɜ:bənaɪ'zeɪʃən] n. 城市〔都市〕化

urbanize ['ɜ:bənaɪz] vt. (使)城〔都〕市化

urbanoid ['ɜ:bənɔɪd] a. 具有大城市特点的

urbanologist [,ɜ:bə'nɒlədʒɪst] n. 都市学专家

urbanology [,ɜ:bə'nɒlədʒɪ] n. 城〔都〕市学

urbaryon [ɜ:'bærɪɒn] n. 元重子

urbicidal [,ɜ:bɪ'saɪdəl] a. 对城市起毁灭作用的

urceiform ['ɜ:sɪəfɔ:m] a. 壶形的

urceolate ['ɜ:sɪəulɪt] a.【植】瓮(缸,壶)状的

ur-defense ['ɜ:dɪfens] n. 基本〔原始〕信念

urdite ['uədaɪt] n. 独居石

Urdu ['uədu:] n.【语】乌尔都语

urea ['juərɪə] n.【化】①尿素,脲 ②(pl.)尿素塑料(类)

urease ['juərɪeɪs] *n.* 【生化】脲酶,尿素酶
urediospore [juə'ri:dɪəspɔ:] *n.* 【植】夏孢子
uredostage [juə'ri:dəusteɪdʒ] *n.* 【植】夏孢子期
uremia [juə'ri:mɪə] *n.* 【医】尿毒症
ureogenesis [.juərɪəu'dʒenɪsɪs] *n.* 【化】脲生成(作用)
ureometer [juə'rɒmɪtə] *n.* 尿素计
ureotelic [.juərɪəu'telɪk] *a.* 【生】排尿素的
ureotelism [.juərɪəu'telɪzəm] *n.* 【化】排尿素(氮)代谢
ureter [juə'ri:tə] *n.* 【医】输尿管
urethane ['juərɪθeɪn] *n.* 【化】尿烷,氨基甲酸乙酯
urethra [juə'ri:θrə] *n.* 【医】尿道
urge [ɜ:dʒ] *v.;n.* ①推动(进),驱策,激励(on, onward, forward) ②加(负)荷,(发动机)加力,推动力 ③促使,催促,怂恿 ④(极力,坚决)主张,强烈要求 ☆ ***urge against*** 极力反对; ***urge ... into doing (to do)*** 催促(怂恿)(做)
〖用法〗当它表示"强烈要求,坚决主张"时,其宾语从句或主语从句中应该使用"(should +) 动词原形"虚拟句型。如:The scientist <u>urges</u> that the co-operation between meteorologists and oceanologists <u>be strengthened</u> to study El Nino and La Nina phenomena. 该科学家要求加强气象学家与海洋学家之间的合作来研究厄尔尼诺现象和拉尼娜现象。
urgency ['ɜ:dʒənsɪ] *n.* ①紧急,紧迫,迫切 ②强求,催促 ③紧急的事
〖用法〗注意下面例句的含义:What lies behind this meeting is an increasing awareness around the world of the <u>urgency</u> of reducing global warming. 这次会议的背景是全世界越来越认识到降低全球性变暖的迫切性。("of the urgency of"是修饰"awareness"的,这属于句子成分分割的一种类型。)
urgent ['ɜ:dʒənt] *a.* 紧急的,急迫的,迫切的,强求的,催促的 ☆***be in urgent need*** 急需; ***be urgent for ... to(do)*** 急切地催促…（做）; ***be urgent with ... for (to do)*** 坚持要求…（做）‖ **~ly** *ad.*
〖用法〗当它表示"紧要的,必需的"时,在"it is urgent that ..."的"that"从句中应该使用"(should +) 动词原形"虚拟句型。
uric ['juərɪk] *a.* 尿的
uricase ['uərɪkeɪs] *n.* 【医】尿酸酶
uricogenesis [.juərɪkəu'dʒenɪsɪs] *n.* 【化】尿酸生成(作用)
uricolysis [.juərɪ'kɒlɪsɪs] *n.* 【化】尿酸分解(作用)
uricolytic [.juərɪkəu'lɪtɪk] *a.* 【化】分解尿酸的
uricotelic [.juərɪkəu'telɪk] *a.* 【生】排尿酸的
uricotelism [.juərɪkəu'telɪzəm] *n.* 【生】排尿酸代谢
uridine ['juərɪdi:n] *n.* 【生化】尿(嘧啶核)苷
uridylate ['juərɪdɪleɪt] *n.* 【医】尿(嘌呤核)苷酸
uridyltransferase [.juərɪdɪl'trænsfəreɪs] *n.* 【药】尿苷酰转移酶
urinacidometer ['juərɪ.næsɪ'dɒmɪtə] *n.* 尿 pH 计

urinal ['juərɪnəl] *n.* ①小便池〔器,槽,处〕 ②尿壶
urinary ['juərɪnərɪ] ❶ *a.* (泌)尿的 ❷ *n.* 小便池
urinaserum [.juərɪ'næsərəm] *n.* 【医】尿(蛋白)免疫血清
urine ['juərɪn] *n.* 尿 ‖ **urinous** *a.*
urn [ɜ:n] *n.* 缸,瓮,(茶水)壶;骨灰盒
urobilin [.juərə'baɪlɪn] *n.* 【医】尿胆素
urobilinogen [.juərəbaɪ'lɪnədʒɪn] *n.* 【医】尿胆素原
urocanase [.juərə'keɪneɪs] *n.* 【医】尿刊酸酶
Urochordata [.jurəkɔ:'deɪtə] *n.* 【生】尾索动物
urochrome [.juərəukrəum] *n.* 【生化】尿色素
urochromogen [.juərə'krəumədʒɪn] *n.* 【医】尿色素原
urocon ['juərəkɒn] *n.* 【化】醋碘苯酸钠
urocortisol [.juərə'kɔ:tɪ.sɔ:l] *n.* 【医】尿皮质(甾)醇
urocortisone [.juərə'kɔ:tɪsəun] *n.* 【医】尿可的松
urodela [.juərədelə] *n.* 【动】有尾(两栖)类
uroflavin [.juərə'fleɪvɪn] *n.* 【生化】尿黄素
urokinase [.juərəu'kaɪneɪs] *n.* 【药】尿激酶
urology [juə'rɒlədʒɪ] *n.* 【医】泌尿学
uropod ['juərəupɒd] *n.* 【动】尾足,腹足
uroporphyrin [.juərəu'pɔ:fərɪn] *n.* 【医】尿卟啉
urotoxin [.juərə'tɒksɪn] *n.* 【医】尿毒素
uroxanthin [.juərəu'zænθɪn] *n.* 【医】尿黄质
uroxisome [juə'rɒksɪsəum] *n.* 【医】尿酶酶体
urprotein [uə'prəuti:n] *n.* 【医】原始蛋白质
ursigram ['ɜ:sə.græm] *n.* 国际科学无线电话协会关于地磁、无线电传送、太阳黑子等有关科学资料的无线电广播
ursilite ['ɜ:sɪlaɪt] *n.* 【核】水钙镁铀石,水硅铀矿
ursine ['ɜ:saɪn] *a.* (像)熊的
urtext ['ɜ:tekst] *n.* 原始资料
urticaria [.ɜ:tɪ'keərɪə] *n.* 【医】荨麻疹
Uruguay ['uruɡwaɪ] *n.* 乌拉圭
Uruguayan [.juərə'ɡwaɪən] *a.;n.* 乌拉圭的,乌拉圭人(的)
urushiol ['u:ruʃɪɒl] *n.* 【化】漆酚〔醇〕
us [ʌs] *pron.* (we 的宾格,用作宾语或表语)我们
usability [.ju:zə'bɪlətɪ] *n.* 合(可)用性,使用性能,作用,能力
usable ['ju:zəbl] *a.* 可用的,有效的 ‖ **~ness** *n.* **usably** *ad.*
〖用法〗当强调时,它可以作后置定语。如:The quantity of information we can send down the channel is approximately proportional to its range of frequencies <u>usable</u>. 我们通过信道所能发送的信息量近似地正比于其可用的频率范围。
usage ['ju:zɪdʒ] *n.* ①使(运)用,处理 ②习惯,惯例 ③用法,用途,对待 ④使用率 ☆***by usage*** 习惯上,老是
usalite ['ju:zəlaɪt] *n.* 耐火材料
usance ['ju:zəns] *n.* 【经】①惯例 ②使用 ③(高利贷的)利息 ④支付外国汇票的习惯期限

use ❶ [juːz] v. ①使(利,运)用 ②行使,发挥 ③耗费 ☆*use all one's efforts* 作出一切努力; *use all one's skill* 发挥一切技能; *use A as B* 把 A 用作 B; *use A for B* (利)用 A 表示 B;把 A 用于 B; *use one's brains* 用脑筋,想; *use up* 用完,耗费 **❷** [juːs] n. ①使(利,应)用,运用(能力) ②用途,使用法(权),效用 ③习惯,惯例 ☆*use factor* 利用率; *(be) available for use* 可以加以应用; *(be) in A's use* 被 A 使用着; *be in common (general) use* 被普遍使用,通用; *(be) in use* 在使用(采用)着; *be no use* 没有用处; *be of use for (to) A* 对 A 有…用处,…适用于 A; *be of great use for A* 对 A 非常有用; *(be) of no use* 无用; *be of practical use* 有实用价值; *be out of use* 没有人用,不再使用; *by (the) use of* (通过)利用; *come into use* 获得应用,开始(被)使用; *fall out of use* 开始不(再被采)用,逐渐作废; *find wide use* 获得广泛应用; *for use as* (供)作用; *for use with* 供…使用,为了用在…上; *go (get) out of use* 开始不(被采)用,逐渐作废; *have no use for* 不需要,用不着,不喜欢; *have no further use for* 不再需要,不再喜欢; *in the use of* 在使用…时; *in use for* 用在…上(方面),用来; *make use of* 利用(使用)(利用)A; *make no use of* 不用; *put A (in) to use* 使用(利用)A; *put A to (a) good use* 好好利用 A; *there isn't much use for A* 没有多大价值(用途); *through the use of* 由于利用,通过使用; *with use* (随着不断的)使用,(由于)经常用着

〖用法〗❶它作及物动词时,可用 "use …in … (to do … , for …)" , 如:Any two of these three loop equations may be used to solve (in solving,for solving) the network. 这三个回路方程中任何两个均可用来解这网络。❷ 它作动词时经常与 "as" 连用。如:An osciloscope is used as the display device. 示波器被用作显示设备。/An alternative determination for the subscript uses the subscript of the minterm that when complemented via De Morgan's theorem yields the particular maxterm as the maxterm subscript. 另一种下标确定法,是把通过狄·摩根定理取补时产生的特殊的最大项的最小项下标,取作为最大项的下标。❸ 注意搭配关系 "the use of A as B" 和 "the use of A to do B (in doing B,for doing B)"。如:Here the use of a milliammeter as an ammeter is required. 在这里需要把一只毫安表用作为一只安培表。/The use of trigonometry to describe the electrical signal has proved very valuable for engineers. 利用三角学来描述电信号已证明对工程师们来说是很有价值的。❹ 在使用词组 "make use of" 时要注意两点:①汉语中修饰它的 "程度状语" 应该使用形容词放在 "use" 前作定语。如:We must make full use of computers available. 我们必须充分利用现有的计算机。/These computers began making heavy use of

integrated circuits. 这些计算机开始大量使用集成电路。②要能熟练地看出该词组的被动形式。如:No use will be made of this given quantity here. (This given quantity will be made no use of here.) 在这里将不使用这个已知量。❺ 注意下面例句中该词作名词的用法。:The synthesizer's excellent spurious-frequency performance makes it well suited to use as the master oscillator in a transmitter. 该频率合成器极好的寄生频率性能使得它很好地适于用作发射机中的主振器。❻ 注意句型 "there is no use (in) doing…" 或 "it is (of) no use doing…",意为 "…是没有用的"。如:There is no use grounding this point. 把这一点接地是没有用的。❼ 注意英美科技人员喜欢采用下述句型:You should use as simple a structure as possible. (= The structure you use should be as simple as possible.) 你使用的结构应尽可能地简单。

used [juːzd] **❶** use 的过去式和过去分词 **❷** a. ①用过的,用旧(了)的 ②废的 ☆*be used to A* 习惯于 A,熟悉(熟知)A; *be used to (do)* 用来(做); *get (become) used to* (变得)习惯于; *it used to be said that* 过去人们常说(常常认为); *there used to be* 过去常常有,原来这里有; *used to(do)* 过去常常; *used up* 用尽,筋疲力尽(的)

〖用法〗❶当它单独表示 "所使用的" 时一般应该放在被修饰的名词后,若放在被修饰的名词前则一般表示 "用旧了的"。如:The size of capacitor used is of no concern. 所用的电容器的尺寸是无关紧要的。/These are used instruments. 这些是旧的仪器。不过 "副词+used" 可以作前置定语。如:These are commonly used instruments. 这些是常用的仪器。❷ 注意下面例句中该词的含义:MOSFET design used to be simpler. 金属氧化物半导体场效应晶体管的设计以前较为简单。

useful ['juːsful] a. ①有用(效,益)的 ②有效率的,对…很熟练的(at)

〖用法〗❶ 该词可以与介词 "as" 连用,表示 "用作"。如:Mercury battery is useful as a voltage standard in electrical measurement circuits. 水银电池可用作在电气测量电路中的电压标准。❷ "useful in …"、"useful for …" 和 "useful to…" 分别意为 "可用在…方面"、"可用于…" 和 "对…是有用的"。如: Kirchhoff's equations are useful in solving circuit problems. 基尔霍夫定律可用于解电路题。/These equations are useful for determining circuit conditions. 这些方程可用于确定电路条件。

usefulness ['juːsfulnis] n. 有用(性)

〖用法〗注意词汇搭配关系 "the usefulness of A as B",意为 "把 A 用作 B"。如: Gradually, the usefulness of microprocessors as central processing units was realized. 逐渐地,把微处理器用作中央处理装置得到了实现。

useless ['juːslis] a. 无用(效,益)的 ‖ **~ly** ad. **~ness** n.

user ['ju:zə] *n.* ①使用者,用户,买主 ②使用物

usher ['ʌʃə] ❶ *n.* 引座员, 传达员 ❷ *vt.* 引导,领 ☆*usher in* 引进, 迎接

Ussuri [u:'su:rɪ] *n.* 乌苏里江

usual ['ju:ʒʊəl] *a.* 通常的,常见的,惯例的 ☆*as usual* 照例,像往常一样,仍然

usually ['ju:ʒʊəlɪ] *ad.* 通常,平常,一般
【用法】注意下面例句的译法: This is usually the case. 通常就是这种情况。

usurious [ju:'ʒʊərɪəs] *a.*【经】高利(贷)的

usurp [ju:'zɜ:p] *v.* 篡夺,侵占(up,upon) ‖ ~ation *n.* ~atory *a.*

usurper [ju:'zɜ:pə] *n.* 篡夺者

usury ['ju:ʒʊrɪ] *n.*【经】高利(贷,剥削),利益

ut [ʌt] (拉丁语) 如

Utah ['ju:tɑ:] *n.* (美国)犹他(州)

Utaloy ['ju:tələɪ] *n.*【冶】尤塔洛伊镍铬耐热合金

utensil [ju:'tensəl] *n.* 器皿〔具〕,用具

uteritis [,ju:tə'raɪtɪs] *n.*【医】子宫炎

uterus ['ju:tərəs] (拉丁语) (pl. uteri) *n.*【医】子宫

utiliscope ['ju:tɪlɪ,skəʊp] *n.*【电子】工业电视装置

utilitarian [,ju:tɪlɪ'teərɪən] *a.;n.* 实利的,功利主义的〔者〕

utility [ju:'tɪlətɪ] ❶ *n.* ①有用〔效〕,实用(性),效用 ②有用的东西(物质) ③公用事业(公司),公用事业设备(如水、电、煤气),公用保障设施 ❷ *a.* ①有多种用途的 ②经济(实惠)的 ③公用事业的 ☆*of no utility* 没用的
【用法】注意下面例句中该词的含义:The s-parameter model finds greatest utility in the practical extreme of high-frequency analysis. 这种s参数模型最大的效用在实际极端的高频分析。/A diamond crystal can display a pulse of conductivity created by an incident energetic particle, giving it utility as a particle detector. 菱形晶体能够显示由入射的高能粒子产生的电导率脉冲,因而使它用作粒子检波器。

utilizable ['ju:tɪlaɪzəbl] *a.* 可(利)用的

utilization [,ju:tɪlaɪ'zeɪʃən] *n.* 利用,使有用

utilize ['ju:tɪlaɪz] *vt.* 利用,使用

Utiloy ['ju:tɪlɔɪ] *n.*【冶】镍铬耐酸钢,镍铬耐蚀合金

utmost ['ʌtməʊst] *a.;n.* ①极度(的),非常的 ②最大(限度)(的) ☆*at the utmost* 至多; *do one's utmost* 尽全力; *of the utmost importance* 极重要的; *the utmost ends of the earth* 天涯海角; *to the utmost* 竭力(地); *to the utmost of one's ability (power)* 尽力(地),竭尽全力

Utopia [ju:'təʊpɪə] *n.* 乌托邦,理想的完美境界

Utopian [ju:'təʊpjən] ❶ *a.* 乌托邦的,空想的 ❷ *n.* 空想家

utopianism [ju'təʊpɪənɪzəm] *n.* 乌托邦主义

utricle ['ju:trɪkl] *n.*【植】小囊〔胞〕,囊体,胞果,(内耳的)耳壶

utriform ['ju:trɪfɔ:m] *a.* 囊状的,瓶状的

utter ['ʌtə] ❶ *a.* ①完全的,十足的 ②无条件的,绝对的 ❷ *vt.* ①说出,发出(声音) ②使用,流通 ③喷射

utterance ['ʌtərəns] *n.* ①发言〔声〕,表达 ②说法 ③最后 ☆*give utterance to* 说出,表明(达); *fight to the utterance* 战斗到底

utterly ['ʌtəlɪ] *ad.* 全然,十足

uvanite ['ju:vənaɪt] *n.*【地质】钒铀矿

uvarovite [ju:'vɑ:rəvaɪt] *n.*【地质】钙铬榴石,绿榴石

Uvicon ['ju:vɪkɒn] *n.*【电子】紫外二次电子导电管

uviofast ['ju:vɪəʊfɑ:st] *a.* 抗紫外线的

uviolize ['ju:vɪəʊlaɪz] *v.* 紫外线照射

uviometer [,ju:vɪ'ɒmɪtə] *n.* 紫外线测量计

uvioresistant [,ju:vɪəʊrɪ'zɪstənt] *a.* 抗紫(外线)的,不透紫外线的,不受紫外线作用的

uviosensitive [,ju:vɪəʊ'sensɪtɪv] *a.*【医】紫外线敏感的

U

V v

Vac [væk] *n.* 【物】瓦克(压强单位,=10⁻³巴)

vacamatic [væ·kə'mætɪk] *a.* 真空自动式

vacancy ['veɪkənsɪ] *n.* 空位〔白〕,虚位,空虚〔缺,额,职,房间〕,空格点

vacant ['veɪkənt] *a.* 闲的,空虚〔着,位,白,职〕的,未占的,无人的 ‖ ~y *ad.*

vacate [və'keɪt] *v.* ①作废 ②休假 ③ 使空出,腾出 ④解除(职位),辞(职)

vacation [və'keɪʃən] ❶ *n.* ①假期,休假,辞去(职位) ②空(迁)出 ❷ *vi.* 度假,休假(in, at)

vaccinable ['væksɪnəbl] *a.* 可接种的

vaccinal ['væksɪnl] *a.* 【医】牛痘的,疫〔菌〕苗的,接种的,有预防力的

vaccinate ['væksɪneɪt] *v.* 接种(疫苗)以预防(against),种牛痘

vaccination [,væksɪ'neɪʃən] *n.* 接种(疫苗),预防注射,种(牛)痘

vaccine ['væksiːn] *n.;a.* 菌苗,疫苗(的),牛痘(苗的)

vaccinetherapy[,væksɪnə'θerəpɪ], **vaccino-therapy** [,væksɪnəu'θerəpɪ] *n.* 【医】菌苗疗法

vaccin(i)a [væk'sɪnɪə] *n.* 【医】牛痘

vaccinin ['væksɪnɪn] *n.* 越橘酯

vacillate ['væsɪleɪt] *vi.* ①摇摆,振荡 ②犹豫于…之间,对…摇摆不定(between),拿不定(主意)(in) ‖ **vacillation**[,væsɪ'leɪʃən] *n.*

vacion ['væsɪən] *n.* 【机】钛泵电磁放电型高真空泵

vacreator ['vækrɪ'eɪtə] *n.* 真空杀菌器

vac-sorb ['væk'sɔːb] *n.* 真空吸附

vacua ['vækjuə] vacuum 的复数

vacuate ['vækjueɪt] *v.* 抽(成真)空,抽稀 ‖ **vacuation** [,vækju'eɪʃən] *n.*

vacu-forming ['vækjuːfɔːmɪŋ] *n.* 真空造型

vacuity [væ'kjuːətɪ] *n.* ①真空(度) ②空(虚),空隙〔白,处〕③内容贫乏,(pl.)愚蠢的行为

vacuo ['vækjuəʊ] (拉丁语) *n.* 真空 ☆*in vacuo* 在真空中,真空地,用真空的方法

vacuo-junction ['vækjuəʊ'dʒʌŋkʃən] *n.* 真空热电偶,真空热转换元件

vacuolate ['vækjuəleɪt] ❶ *vi.*【生】析稀,形成空泡 ❷ *a.* 有空(液)泡的

vacuolation [,vækjuə'leɪʃən] *n.* 析稀(作用)

vacuole ['vækjuəl] *n.*【生】析稀胶料,空〔液〕泡,空隙 ‖ **vacuolar** [,vækju'əulə] *a.*

vacuolization [væ,kjuəulaɪ'zeɪʃən] *n.* 空泡形成,空泡化

vacuometer [,vækju'ɒmɪtə] *n.* 真空计,低压计

vacuon ['vækjuɒn] *n.* 坡密兰丘克料子,坡密子

vacuous ['vækjuəs] *a.* ①空(洞,虚)的,真空的 ②愚蠢的,无聊的 ‖ -ly *ad.* ~ness *n.*

vacuscope ['vækju,skəup] *n.* 真空仪,真空计

vacuseal ['vækjusiːl] *n.;v.* 真空密封

vacustat ['vækju,stæt] *n.* (旋转式压缩)真空计

vacuum ['vækjuəm] ❶ (pl. vacuums 或 vacua) *n.* ①真空(度,状态) ②真空装置,真空吸尘器 ③空处〔白,虚〕 ❷ *a.*【物】真空的,负压的,稀薄的

vacuumbrake ['vækjum'breɪk] *n.* 真空增力制动闸,真空(加力)制动

vacuumcleaner ['vækjum'kliːnə] *n.* 真空吸尘器

vacuum-desicator ['vækjum'desɪkeɪtə] *n.* 真空干燥器

vacuumization [,vækjumaɪ'zeɪʃən] *n.* 真空处理

vacuumize ['vækjuəmaɪz] *vt.* ①在…内造成真空 ②真空包装 ③用真空装置弄干(净)

vacuum-junction ['vækjum'dʒʌŋkʃən] *n.* 真空热电偶

vacuum-meter ['vækjum'miːtə], **vacuumometer** [vækju'mɒmɪtə] *n.* 真空计,低压计

vade(-)mecum ['veɪdɪ'miːkəm] *n.* 随身携带备用之物,手册,须知,袖珍指南

vadose ['veɪdəus] *a.* 渗流

Vaduz [vɑː'duːts] *n.* 瓦杜兹(列支敦士登首都)

vagabond ['vægəbɒnd] *a.;n.;vi.* 流浪(的,者),流氓,无赖,浪荡子

vagarious [və'geərɪəs] *a.* 异想天开的,难以预测的 ‖ ~ly *ad.*

vagary ['veɪgərɪ] *n.* 奇想,异想天开,难以预测的变化

vagile ['vædʒaɪl] *a.* 漫游的

vagina [və'dʒaɪnə] *n.*【医】阴道,叶鞘

vagotomy [veɪ'gɒtəmɪ] *n.*【医】迷走神经切断术

vagotonia [,veɪgəu'təunɪə] *n.*【医】迷走神经过敏(症)

vagrancy ['veɪgrənsɪ] *n.* ①流浪,漂泊,变化无常 ②离题

vagrant ['veɪgrənt] *a.;n.* 流浪的〔者〕,无定向的,变化无常的 ‖ ~ly *ad.*

vague [veɪg] *a.* ①不清楚的,含糊的 ②未定的 ‖ -ly *ad.* ~ness *n.*

vagus ['veɪgəs] (拉丁语) (pl. vagi) *n.* 迷走神经

vagusstoff ['veɪgəstɔf] *n.* 迷走神经物质〔(激)素〕

vail [veɪl] *v.;n.* 脱下,使下降,使低落,遮掩现象,遮掩物

vain [veɪn] *a.* ①自以为了不起的 ②没用的,没结果的,无价值的,空〔虚〕的 ☆**be vain of** 炫耀,对…很自负; *in vain* 白费(的),徒劳,无结果地

vainglorious [,veɪn'glɔ:rɪəs] *a.* 自负的,自以为了不起的 ‖~**ly** *ad.*

vainglory [,veɪn'glɔ:rɪ] *n.* 自负

vainly ['veɪnlɪ] *ad.* 白白地,徒劳地,无结果地,自负地

val [væl] *n.*【物】十万牛顿每平方米(英国压力单位)

valance ['væləns] *n.* 帷帽,布帘,窗帘上部的框架

valanced ['vælənst] *a.* 装有帷帽〔布帘〕的,装有窗帘框架的

vale ['veɪli:] (拉丁语) *int.;n.* 再会〔见〕

vale [veɪl] *n.* ①(溪)谷,山谷 ②小槽

valediction [,vælɪ'dɪkʃən] *n.* 告别(词)

valedictory [,vælɪ'dɪktərɪ] ❶ *a.* 告别的 ❷ *n.* 告别词

valence ['veɪləns] *n.* ①【化】(化合)价,原子价 ②帷幔,布帘

Valencia [və'lenʃɪə] *n.* ①巴伦西亚(西班牙港市) ②(委内瑞拉)巴伦西亚(市)

valency ['veɪlənsɪ] *n.*【化】(化合)价,原子价,效价

valent ['veɪlənt] *a.*(化合)价的

valentinite ['væləntɪnaɪt] *n.*【矿】锑华

valeramide [,vælə'ræmɪd] *n.*【化】戊酰胺

valeranone [vælə'rænəʊn] *n.* 缬草烷酮

valerin ['vælərɪn] *n.*【化】(三)戊酸甘油酯

valerolactam [,vælərəʊ'læktəm] *n.* 戊内酰胺

valeryl ['vælə,rɪl] *n.*【化】戊酰

valet ['vælɪt] *n.* 仆从,随从

valiant ['vælɪənt] *a.;n.* 勇敢的(人),英勇的 ‖~**ly** *ad.* ~**ness** *n.*

valid ['vælɪd] *a.* ①有效的,经过正当手续的 ②符合的,强有力的 ③正确的,真实的,有根据的,能成立的 ☆**(be) valid for A** 对 A 适用〔有效,能成立〕有效期为 A
【用法】在科技文章中“be valid (for ...)”(等效于 hold true (for ...), hold (for), be true (for))表示“(对…)成立的〔适合的〕”。如: Here Eq.2-4 is not valid. 这式子 2-4 是不成立的。/Ohm's law holds only for metallic conductors. 欧姆定律只适用于金属导体。

validamycin [,vælɪdə'maɪsɪn] *n.* 有效霉素

validate ['vælɪdeɪt] *vt.* ①使生效〔有效〕,使合法化 ②确认,证实
【用法】该词在科技文中常用来表示“证实,使有效”。如: This result may be readily validated. 这个结果可以容易地得到证实。

validation [,vælɪ'deɪʃən] *n.* 证实,有效
【用法】注意下面例句中该词的含义:Authenticity

refers to the validation of the source of a message. 真实性是指信息源的有效。

validity [və'lɪdətɪ] *n.*【计】①正确(性),真实性,有效(性,度,位) ②确实(性)

validol ['vælɪdɒl] *n.*【生化】戊酸酯

valine ['væli:n] *n.*【生化】缬氨酸

valinomycin [,vælɪnəʊ'maɪsɪn] *n.* 缬氨霉素

valise [və'li:z] *n.* 旅行袋,旅行手提包,(军用)背包

vallecula [və'lekjʊlə] (pl. valleculae) *n.*【医】谷,【植】沟

Valletta [və'letə] *n.* 瓦莱塔(马耳他首都)

valley ['vælɪ] *n.* ①(山,河,溪,海底)谷,沟,凹地,谷槽 ②流域,盆地 ③(曲线上的)凹部,谷〔凹〕值 ④能谷 ⑤屋谷,屋顶排水沟

valonex ['væləneks] *n.* 橡碗栲胶(商品名)

valonia [və'ləʊnɪə] *n.* 一种槲树的壳子

valorous ['vælərəs] *a.* 英勇的,无畏的 ‖~**ly** *ad.*

valo(u)r ['vælə] *n.* 英勇,勇猛

Valparaiso [,vælpə'raɪzəʊ] *n.* 瓦尔帕莱索(智利港市)

valuable ['væljʊəbl] ❶ *a.* ①有价值的,贵重的,宝贵的 ②可评价的 ❷ *n.* (pl.)贵重物的,珍宝 ☆**(be) valuable to (for)** 对…很重要〔有价值〕 ‖~**ness** *n.* **valuably** *ad.*

valuation [,væljʊ'eɪʃən] *n.* ①评〔估,定〕价,鉴定 ②计算,赋值 ③尊重,看法 ☆**put (set) too high a valuation on** 把…估计得太高

valuator ['væljʊeɪtə] *n.* 估〔评〕价者

value ['vælju:] ❶ *n.* ①价值 ② (生物)分类学上的等级,色调变化,(音乐)音长,(pl.)标准 ③评〔估〕价,重要性 ④交换〔购买〕力 ⑤(数)值,大小 ❷ *v.* ①估〔评,定〕价 ②尊重,重视 ☆**be of great (little) value to ...** 对…有很大〔小〕价值; **(be) of particular value** 特别有用; **of value** 贵重的,重要的,有意义的,有价值的; **put (set) a high value on (upon)** 或 **put (set) much value on (upon)** 重视,给予…很高的评价; **throw away a vlaue** 忽略某量
【用法】❶ 该词表示“数值”时一般与“high”或“low”连用。如: In some cases this resistance may have an extremely high value. 在某些情况下,这个电阻可有极高的数值。❷ 表示“在某一数值上”时,其前面要用介词“at”。如: V_L remains at an essentially constant value. V_L 保持在一个基本恒定的数值。/This is necessary particularly at high values of capacitance. 这特别在电容比较大的时候是必要的。❸ 注意下面例句逗号后面部分的译法: In this case, v_CE = 0.12 V, a value which is closer to our assumption of 0.1 V. 在这种情况下,v_CE = 0.12 伏,这一数值比较接近于我们假设的 0.1 伏。❹ 该词可以后跟“for”或“of”。如: In this way, we may obtain a value for the transmission bandwidth of the FM signals. 这样,我们就可以获得调频信号发射带宽的数值。

valued ['vælju:d] *a.* ①贵重的,宝贵的,有价值的,受

到重视的 ②估了价的,有定价的

valueless ['væljulɪs] *a.* 没有价值〔用处〕的,不足道的

valuer ['væljuə] *n.* 估〔评〕价者,鉴定人

valuta [və'luːtə] *n.* ①币值,货币兑换值 ②可使用的外汇总值

valve [vælv] ❶ *n.* ①【机】阀(门),气门,开关 ②闸门〔板〕 ③【无】电子管 ④【动】(壳,裂)瓣,瓣膜 ❷ *vt.* 给…装阀门,用阀〔挡板等〕调节(液体)流量

valved ['vælvd] *a.* (装)有阀〔瓣,气门〕的

valveless ['vælvlɪs] *a.* ①无阀(式)的,无活门的 ②无电子管的

valvelet ['vælvlɪt] *n.* 小瓣,小裂片

valving ['vælvɪŋ] *n.*【机】活门的配置,阀系

valvular ['vælvjulə] *a.* ①(有)阀的,活门的 ②瓣(膜,状)的

vamp [væmp] ❶ *n.* 补片 ❷ *vt.* 修补,拼凑,捏造(up)

vampire ['væmpaɪə] *n.* 吸血鬼,敲诈勒索者

van [væn] ❶ *n.* ①篷车,铁路棚车,搬运车,行李车 ②簸分机,风扇,选矿铲 ③前卫,前头部队 ❷ (vanned; vanning) *vt.* ①选矿 ②用货车运输 ☆ *in the van of* 站在…的前列; *lead the van of* 担任…的领导人〔先驱〕

vanadate ['vænədeɪt] *n.*【化】钒酸盐

vanadinite [və'nædɪnaɪt] *n.*【矿】钒铅矿

vanadium [və'neɪdɪəm] *n.*【化】钒

Vanalium ['vænəlɪəm] *n.* 钒铝铸造合金

vancomycin [,vænkə'maɪsɪn] *n.* 万石霉素

Vancouver [væn'kuːvə] *n.*(加拿大)温哥华(市)

vandal ['vændəl] *n.*(文化艺术的)破坏者

vandalic [væn'dælɪk] *a.* 破坏性的,野蛮的

vandalism ['vændəlɪzəm] *n.* 破坏(文化艺术的)行为

vandalize ['vændəlaɪz] *vt.* 摧残(文化艺术) ‖ **vandalization** [,vændəlaɪ'zeɪʃ ən] *n.*

Vandenberg ['vændənbɜːg] *n.* 范登堡(美国空军基地)

vandenbrandeite [,vændən'brændɪ,aɪt] *n.* 绿铀矿,水铀铜矿

vandendriesschreite [,vændən'driːʃrɪ,aɪt] *n.* 橙水铀铅矿

vandex ['vændeks] *n.* 一种混凝土防水剂

vane [veɪn] ❶ *n.* ①风标,风杯〔轮〕②(导向)叶片,叶轮,刀片,瓣,(风车,轮机的)翼 ③节气阀 ④ 瞄准板,(罗盘)的照准器,视准器 ❷ *vt.* 装叶片

vaned [veɪnd] *a.* (装)有叶〔片〕的,有〔带〕翼的

vaneless ['veɪnlɪs] *a.* 无叶的

vang [væŋ] *n.*【航海】支索,张索

vanguard ['vænɡɑːd] *n.* ①【军】前卫,先头部队,尖兵 ②先锋(队),先驱

vanilate ['vænɪleɪt] *n.* 香兰酸盐或酯

vanilione [,væ'nɪlɪəun] *n.* 香兰酮

vanilla [və'nɪlə] *n.*【植】香草,香子兰(植物),香(草香)精

vanillic [və'nɪlɪk] *a.* 香子兰的,香草醛的

vanillin(e) [və'nɪlɪn] *n.*【化】香草醛,香兰素

vanish ['vænɪʃ] *vi.* ①消失,(逐渐)消散,化为乌有 ②【数】变为零,趋于零
〖用法〗注意下面例句中该词的含义:The boundary condition is that the position probability density of the particle vanishes at infinity. 边界条件是:在无穷远处粒子的位置概率密度为零。

vanishingly ['vænɪʃɪŋlɪ] *ad.* 趋(近)于零地
〖用法〗注意下面例句中该词的含义:Such an integral will be vanishingly small. 这个积分将是极其小〔几乎为零〕的。/The resistance R_L cannot be made vanishingly small. 我们不可能使得 R_L 几乎为零。

vanity ['vænɪtɪ] *n.* ①空(虚),无益,无价值(的东西)②虚荣,自负 ③手提包,小玩意儿

vanner ['vænə] *n.*【矿】淘矿机

vanquish ['væŋkwɪʃ] *v.* 制(征)服,战胜

vanquishable ['væŋkwɪʃəbl] *a.* 能战胜的,可征服的

vanquisher ['væŋkwɪʃə] *n.* 征服者,战胜者

vantage ['vɑːntɪdʒ] *n.* 优越(势),有利(的)地位 ☆ *for (to) the vantage* 何况,加之; *stand on a vantage point and have a far-sighted view* 站得高,看得远; *have(take, catch, hold)(sb.) at vantage* 占(某人)上风,趁(某人)不注意

vanward ['vænwəd] ❶ *a.* 先锋的,领先的 ❷ *ad.* 向前

Vanylon ['vænɪlɒn] *n.* 万尼龙

vapid ['væpɪd] *a.* (枯燥)无味的,平淡的 ‖ ~**ity** 或 ~**ness** ~**ly** *ad.*

vapometallurgy [,væpəu,me'tælədʒɪ] *n.* 挥发(汽化)冶金

Vaporchoc ['væpəkɒk] *n.* 高压蒸汽枪(商标名)

vaporific [veɪpə'rɪfɪk] *a.* 发生〔多〕蒸汽的,雾状的

vaporimeter [,veɪpə'rɪmɪtə] *n.* 蒸汽压(力)计,挥发度计

vapores ['veɪpərəs] *n.* (sing. vapor) 蒸汽,吸入剂

vaporus ['veɪpərəs] *n.* 凝结曲线

vapotron ['veɪpətrɒn] *n.* 蒸发冷却器

vapo(u)r ['veɪpə] ❶ *n.* ①蒸汽,(烟)雾,吸(入)剂 ②汽化物 ③(pl.)(矿坑内的)污气 ④幻想(物)❷ *v.* ①(使)蒸发,变成〔散发〕蒸汽 ②自夸,吹牛

vapo(u)rability [veɪpərə'bɪlətɪ] *n.* 汽化性,挥发性

vapo(u)rable ['veɪpərəbl] *a.* 可汽化的,可蒸〔挥〕发的

vapo(u)r-bath ['veɪpə'bɑːθ] *n.* 蒸汽浴(浴室,设备)

vapo(u)rblast ['veɪpə'blɑːst] *n.* 蒸汽喷砂

vapo(u)r-bound ['veɪpə'baund] *a.*;*n.* (泵的)汽化的,汽化极限

vapo(u)r-cooled ['veɪpə'kuːld] *a.* 蒸发冷却的

vapo(u)rimeter [,veɪpə'rɪmɪtə] *n.* 挥发度计

vapo(u)ring ['veɪpərɪŋ] ❶ n. (pl.) 大话,自夸 ❷ a. 蒸发的,自夸的

vapo(u)rish ['veɪpərɪʃ] a. 多〔似〕蒸汽的,蒸汽状的

vapo(u)rization, vaporisation [ˌveɪpəraɪˈzeɪʃən] n. 汽化(作用),蒸发(作用),蒸汽疗法,蒸馏

vapo(u)rize, vaporise ['veɪpəraɪz] v. (使)汽化,(使)蒸发

vapo(u)rizer, vaporiser ['veɪpəraɪzə] n. 汽化〔蒸发,蒸馏,喷雾〕器

vapo(u)r-laden ['veɪpə'leɪdn] a. 蒸汽饱和的,蒸汽充满的

vapo(u)rometer [veɪpə'rɒmɪtə] n.【物】蒸汽压力计

vapo(u)rous ['veɪpərəs] a. ① 汽化的,(多,似,形成)蒸汽的 ②雾(状)的,汽状的 ③空(幻)想的,浮夸的 ‖ ~ly ad. ~ness n.

vapourus ['veɪpərəs] n. 凝结曲线

vapo(u)ry ['veɪpərɪ] a. 蒸汽腾腾的,烟雾弥漫的,朦胧的

var [vɑː] n. (=reactive volt-amperes 或 volt-amperes reactive) 乏,无功伏安

varactor [və'ræktə] n.【电子】可变电抗器,变容二极管

varec(h) ['værek] n. 海草,海藻

var-hour ['vɑː'auə] n. 无功伏安小时

variability [ˌveərɪə'bɪlətɪ] n. ①易〔可〕变性,变异度 ②变率 ③改变,改进

variable ['veərɪəbl] ❶ a. ①易变的,变化(无常)的,(反复,方向)不定的 ②【电子】可调的 ③【数】变量的,【天】亮度变化的 ❷ n. ①【数】变量,变项〔词〕,参数 ②易变的东西 ③【天】变(光)星,不定风

variably ['veərɪəblɪ] a. 易〔可〕变地,反复变化地

variac ['veərɪæk] n. (连续可调)自耦变压器

varian ['veərɪən] n. 瓦里安核子旋进磁力仪(商标名)

variance ['veərɪəns] n. ①差异,不同,分歧,争论 ②变化〔异,迁,数,度〕 ③方〔偏,磁〕差,数据的偏离值,离散,色散 ④自由度 ☆**at variance (with A)** (与 A)不同(不一致,相矛盾); **variance in A** A 的变化

variant ['veərɪənt] ❶ a. ①不同的,相异的,二中择一的 ②各种各样的 ③变化〔异〕的,不定的 ❷ n. ①变形〔种,型〕,派生,(变)异体 ②【数】变式〔量〕 ③异体(字) ④附加条件

variate ['veərɪət] ❶ v. (改)变,使不同 ❷ n. 【数】变量

variation [ˌveərɪ'eɪʃən] n. ①变化〔动,异,种〕,变更方法,调整 ②【数】变分〔差〕,偏〔误,磁〕差,偏转〔向〕,(月球运动的)二均差 ☆**be capable of variation** 可能变化; **be liable to variation** 容易变化; **be subject to variation** 常有变化〔改变〕,可能变更; **variation from** 偏离; **variation with A** 随 A 的变化

【用法】❶ 科技文中经常遇到它的一种搭配模式 "the variation of A with B",意为 "A 随 B 的变化(情况)" (有时其中的 of 可以改为 in,with 可以改为 against、versus、as a function of、as 时间状语从句等)。如: The <u>variation of</u> the gain coefficient <u>with</u> time 〔The time variation of the gain coefficient〕is plotted here. 这里画出了增益系数随时间的变化情况。/Fig. 1-5 shows the <u>variation of</u> output <u>with</u> input. 图 1-5 画出了输出随输入的变化情况。/The <u>variation of</u> this parameter <u>vs.</u> frequency is plotted in Fig. 4-1. 图 4-1 画出了这个参数随频率的变化情况。/In this case, a direct method is needed for measuring the <u>variation in</u> delay <u>with</u> frequency. 在这种情况下,需要一种直接的方法来测出时延随频率的变化。/Figure 3.11 illustrates a typical <u>variation of</u> the quantization noise <u>as a function of</u> time. 图 3.11 显示了量化噪声随时间的典型变化(情况)。/The <u>variation of</u> C_{GS} as V_{GS} increases is as follows. C_{GS} 随 V_{GS} 增加而变化的情况如下。❷ 表示"…的变化"时,其后面一般跟"in",也可用"of"。如: The emitter current I_{CQ} is relatively independent of <u>variation in</u> β. 发射极电流 I_{CQ} 相对来说与 β 的变化无关。/It is necessary to find the <u>variation in</u>〔of〕 V_{DSQ}. 需求出 V_{DSQ} 的变化量。

variational [ˌveərɪ'eɪʃənəl] a. ①变化的,因变化而产生的 ②【数】变分的,变量的

variator ['veərɪeɪtə] n. ①【机】(无级)变速器,变换〔化〕器,温度变化的补偿器 ②【化】聚束栅 ③【机】伸缩(接)缝

varicap [ˌværɪ'kæp] n.【电子】变容二极管

varicella [ˌværɪ'selə] (拉丁语) n. 水痘,禽痘

varicolo(u)red ['veərɪkʌləd] a. 杂色的,五颜六色的

varicond ['veərɪkɒnd] n. (铁电介质的)可变电容

varied ['veərɪd] a. ①各种各样的,不(相)同的,(多)变化的 ②改变了的 ③杂色的,斑驳的 ‖ ~ly ad.

variegate ['veərɪgeɪt] vt. ①弄成杂色,加彩色,使斑驳 ②使多样化

variegated ['veərɪˌgeɪtɪd] a. ①杂色的,斑驳〔点〕的 ②多样化的

variegation [ˌveərɪə'geɪʃən] n. (彩)斑

variety [və'raɪətɪ] n. ①变化,多样(性),多种(多样) ②变形〔种,体〕,种类,【数】簇,流形 ☆**a (considerable, great, large, broad, wide) variety of** 各种各样的,种类繁多的; **every variety of form** 各种形式的; **for a variety of reasons** 由于种种原因; **varieties of** 各种(各样)的

【用法】❶ 当使用 "a ... variety of + 复数名词" 作主语时,谓语应该用单数形式。如: Since then a wide variety of semiconductor devices has to a large extent supplanted vacuum tubes in most applications. 自那以后,在大多数应用中,各种各样的半导体器件在很大程度上替代了真空管。❷ 注意下面例句的汉译法: These basic rules are all we need to solve

V

a wide variety of network problems. 为了解各种各样的网络问题,我们只需要这些基本的规则(就行了)。/The two devices, P⁺N this time for variety, are identical in every respect except junction area. 这两种器件(这次变一下用 P⁺N 型)除了结区外在各个方面都是相同的。

variform ['veərɪfɔːm] a. 形形色色的

varigroove ['veərɪ,gruːv] n. 变距槽

varindor ['veərɪndə] n.【电子】(可)变(电)感器,交流电感器

variocoupler [,veərɪəʊ'kʌplə] n.【电子】可变耦合器〔腔〕

variode ['veərɪəʊd] n.【电子】变容二极管

variodenser, variodencer [,veərɪəʊ'densə] n.【电子】(可)变(电)容器

variogram ['veərɪə,græm] n. 变量(变化记录)图

variograph ['veərɪəgrɑːf] n. 变压〔量〕计

variohm ['veərɪəʊm] n.【电子】(可)变(电)阻器

variolation [,veərɪə'leɪʃən] n.【医】人痘接种,天花接种

variolite ['veərɪəlaɪt] n.【地质】球颗玄武岩

variolitization [,veərɪə,lɪtɪ'zeɪʃən] n. 球颗化(作用)

varioloid ['veərɪəlɔɪd] n. 拟天花

variolosser ['veərɪə,lɒsə] n.【电子】可变〔控〕损耗器

variometer [,veərɪ'ɒmɪtə] n.①【电子】(可)变(电)感器 ②【航】变压表,磁变计,(飞机)爬升率测定仪

varioplex ['veərɪə,pleks] n. 变路转换器,变工(制)

variopter [,veərɪ'ɒptə] n. (滑动)光学计算尺

variorum [,veərɪ'ɔːrəm] a.;n.①集注版(本)的,集注本 ②附有异文的版本 ③引自不同来源的

varioscope ['veərɪəskəʊp] n. 镜式(地)磁变仪

various ['veərɪəs] a. ①多样的,多方面的 ② 不同的,各种〔式〕样的 ③各个的 ④杂色的

varipico [,veərɪ'pɪkəʊ] n. 变容二极管

variplotter [,veərɪ'plɒtə] n. 自动曲线绘制器,自动作图仪

varisized ['veərɪsaɪzd] a. 各种大小的

varistor, varister [vəˈrɪstə] n.【电子】压敏电阻,变阻器,变阻二极管

varisymbol [,veərɪ'sɪmbəl] n. 变符板,直流等离子体板

varitran ['veərɪ,træn] n.【电子】自耦变压器

varitrol ['værɪtrɒl] n. 自动调节系统

varitron ['veərɪtrɒn] n. 变(换)子,变光管

varityper ['veərɪ,taɪpə] n. 有多种可变字体的打字机

varmeter ['vɑːmɪtə] n. 乏(尔)计,无功伏安计

Varna ['vɑːnə] n. 瓦尔纳(保加利亚港市)

varnish ['vɑːnɪʃ] ❶ n.①光泽面,(表面)光泽 ②(清,油)漆,凡立水,釉子,印刷调墨油 ③(pl.)(火车的)客车 ④掩光面 ⑤积炭 ❷ vt. 给…上(清)漆,涂(清)漆,给…上釉,装饰 ☆put a varnish on 粉〔掩〕饰

varnished ['vɑːnɪʃt] a. 浸渍过的,涂漆的

varnisher ['vɑːnɪʃə] n. 清漆工人

varsity ['vɑːsɪtɪ] n.;a. 大学,(大学)体育代表队(的)

varve [vɑːv] n.【地质】纹泥,季候泥

vary ['veərɪ] v. ①改变,修改 ② (使)变化,使多样化 ③违反,偏离,逸出 ☆vary about A 围绕 A(而)变化; vary (directly) as A 和 A 成正比(例)地变化,随 A 的变化而变化; vary from A 与 A 不同; vary from A to B 从 A 到 B 不等; vary in A (在)A 方面不同(改变); vary inversely as A 和 A 成反比(地变化); vary with A 随 A 而变(化) 〖用法〗 ❶ 注意下面例句的含义: The pressure of a gas varies inversely as its volume, with temperature constant. 如果温度不变,气体的压力是与其体积成反比的。(" with temperature constant " 属于 "with +名词+形容词" 结构处于句尾作条件状语。) ❷ 下面例句中为了强调该词而把它放在句首了: These particles make up all the atoms in the universe. Varies only their number and arrangement, and it is the number and arrangement which gives each atom its own characteristics. 这些微粒构成了宇宙中所有的原子。不同的只是它们的数目和排列,而正是这数目和排列使每种原子具有自己的特性。

varying ['veərɪɪŋ] a. 变化的,改变的,各不相同的

vas [væs] (拉丁语) (pl. vasa) n. (导)管,脉管

vasal ['veɪsəl] a. (脉,血)管的

vascular ['væskjʊlə] a. 脉〔血,维〕管的

vascularity [væskjʊ'lærətɪ] n. 血管分布

vasculum ['væskjʊləm] (pl. vascula) n.【医】小管,阴茎,【植】植物标本采集箱

vase [vɑːz] n. (花)瓶,瓶饰

vasectomy [væ'sektəmɪ] n.【医】输精管切除术

vaseline ['væzɪliːn] n.【化】矿脂,软石脂,凡士林

vasicine ['væsɪsɪn] n.【化】鸭嘴花碱

vasicinone ['væsɪsɪnəʊn] n.【化】鸭嘴花碱酮

vasiform ['veɪzɪfɔːm] a. 管形的,管状的

vasoconstriction [,væsəʊkən'strɪkʃən] n.【医】血管收缩

vasoconstrictor [,væsəʊkən'strɪktə] n.;a. 血管收缩剂,血管收缩神经;血管收缩的

vasodepression [væsəʊdɪ'preʃən] n.【医】血管减压

vasodilatation [,væsəʊdɪlə'teɪʃən] n.【医】血管舒张

vasodilator [,væsəʊdaɪ'leɪtə] n.;a. 血管扩张剂,血管扩张神经;血管扩张的

vasomotor [,væsəʊ'məʊtə] a.;n. 血管扩张〔舒缩〕的,血管舒张药

vasotocin [,veɪzəʊ'tɒsɪn] n.【医】管催产素

vast [vɑːst] ❶ a.①巨大的,广阔的 ②大量的,巨额的,非常的 ❷ n. 无边无际的空间 ☆ of vast importance 非常重大的; the vast majority (绝

大多数; **vast difference** 天渊之别

vastly ['vɑ:stlɪ] *ad.* 大大地,非常 ☆ **be vastly superior to A** 比 A 优越得多
〖用法〗"vastly + 比较级" 意为 "…得多"。

vastness ['vɑ:stnɪs] *n.* 广〔巨〕大,茫茫无际

vasty ['vɑ:stɪ] *a.* 巨〔广〕大的,无边无际的

vat [væt] ❶ *n.* ①(大)桶,(大)槽,(大,染)缸,瓷盘 ②瓮染料 ③比利时和荷兰的液量名 ❷ (vatted; vatting) *v.* 把…装入大桶,在大桶里处理

Vatican ['vætɪkən] *n.* 梵蒂冈,罗马教廷

vaticinate [væ'tɪsɪneɪt] *v.* 预言(告) ‖ **vaticination** [,vætɪsɪ'neɪʃən] *n.*

vault [vɔ:lt] ❶ *n.* ①拱顶,穹窿,拱形圆屋顶(房屋),天穹 ②圆顶室,拱顶窖,(加速器的)主厅 ③跳(跃),撑竿跳 ❷ *v.* ①做成拱形 ②跳(跃),撑竿跳

vaulted ['vɔ:ltɪd] *a.* 拱状的,穹隆状的

vaulting ['vɔ:ltɪŋ] *n.* ①拱顶,圆顶(建筑物) ②(用于)跳跃的,向上跳的

vaunt [vɔ:nt] *v.;n.* 吹嘘,自夸(of, over)

vaunting ['vɔ:ntɪŋ] *n.;a.* 自吹自擂(的),夸张(的) ‖ **~ly** *ad.*

veal [vi:l] *n.* 小牛(肉)

vectodyne [,vektə'daɪn] *n.* 推力方向可变垂直起飞飞机

vectogram ['vektəgræm] *n.* 【数】矢(向)量图

vectograph ['vektəgrɑ:f] *n.* 【数】①矢量图 ②(用偏光镜看的)立体电影(照相),偏振相片,偏振光体视镜 ‖ **~ic** *a.*

vectolite ['vektəlaɪt] *n.* 钴铁氧体

vecton ['vektɒn] *n.* 矢量粒子

vectopluviometer [,vektəplʌvɪ'ɒmɪtə] *n.* 定向测雨器

vector ['vektə] ❶ *n.* ①飞机航向(指标) ②【数】矢(量),向量 ③【天】幅,矢径 ④【生】媒介(物),病媒,运载体 ⑤动力,魄力 ❷ *vt.* 导航,确定航向,引向目标

vectorcardiogram [,vektə'kɑ:dɪəugræm] *n.* 矢量心电图

vectorcardiograph [,vektə'kɑ:dɪəugrɑ:f] *n.* 矢量心电图示仪

vectorgram ['vektəgræm] *n.* 向量图,心电向量图

vectorial [vek'tɔ:rɪəl] *a.* 矢(量)的,向量的,媒介物的 ‖ **-ly** *ad.*
〖用法〗注意下面例句中其副词的含义: These components can be added vectorially to find the resultant velocity.(我们)可以用矢量方法把这些分量加起来求得合成〔总〕速度。

vectorlyser ['vektəlaɪzə] *n.* 矢量分析器

vectormeter ['vektəmi:tə] *n.* 矢量计

vector-oriented ['vektə:'ɔ:rɪəntɪd] *a.* 向量性的

vectorscope ['vektəskəup] *n.* 【电子】(色度)矢量显示器,矢量示波器,(电视)偏振光立体镜

vectron ['vektrɒn] *n.* 【电子】超高频频谱分析仪

vee [vi:] *n.;a.* V 字形(物,的),V 型(的,坡口),V 粒子

vee-grooved ['vi:'gru:vd] *a.* (带) V 形槽的

veer [vɪə] ❶ *v.* ①顺(时针)转,风向,顺着风转(舵) ②(使)改变方(航)向 ③改变(from) ❷ *n.* 方向的改变 ☆ **veer and haul** 一放一收,交互改变 ‖ **~ingly** *ad.*

veery ['vɪərɪ] *n.* 【动】画眉鸟

veetol ['vi:tɒl] *n.* 垂直升降

Vega ['vi:gə] *n.* 【天】织女(星),织女

vegetable ['vedʒɪtəbl] *n.;a.* ①植物(的,性的) ②蔬菜(的)

vegetal ['vedʒɪtl] ❶ *a.* 植物(性)的,蔬菜性的,营养的 ❷ *n.* 植物,蔬菜

vegetalization [,vedʒɪtəlaɪ'zeɪʃən] *n.* 植物化

vegetate ['vedʒɪteɪt] *vi.* (植物)生长,无所事事

vegetation [,vedʒɪ'teɪʃən] *n.* ①【植】(植物)生长 ②【植】植物〔被〕,草木 ③【医】营养体,增殖体

vegetative ['vedʒɪtətɪv] *a.* ①植物(性)的,营养体,蔬菜的 ②(有)生长(力)的,营养的,无性繁殖的 ③无所作为的

vehemence ['vi:ɪməns], **vehemency** ['vi:ɪmənsɪ] *n.* 热烈〔心〕,强烈 ‖ **vehement** ['vɪəmənt]*a.* **vehemently** ['vɪəməntlɪ] *ad.*

vehicle ['vi:ɪkl] *n.* ①(机动)车(辆),交通〔运输〕工具 ②运载工具,飞船,火箭,分导式多弹头 ③载体,展色料 ④媒介物,媒液,溶剂,液料,传达思想感情的工具
〖用法〗注意下面例句中该词的含义: We choose the common-base configuration as a vehicle for derivation. 我们把共基极电路选作为用于推导的媒介。

vehicleborne ['vi:ɪklbɔ:n] *a.* 飞行器上的

vehicular(y) [vɪ'hɪkjulə] *a.* ①车(辆)的,用车(辆运载)的 ②(作为)媒介的

veil [veɪl] ❶ *n.* ①面罩〔纱〕,帐,幕,幔,遮蔽(用)物 ②菌幕 ③借口,假托 ❷ *vt.* 遮盖〔蔽〕,掩饰 ☆ **draw a veil over** 把…掩盖起来,避而不谈 **under the veil of** 在…的外衣下,假托…

veiled [veɪld] *a.* ①用幕(帐等)遮盖的 ②隐藏的,不清楚的

vein [veɪn] ❶ *n.* ①脉(纹),叶脉,矿(岩)脉 ②纹理,缝隙,毛刺 ③静脉,血管 ④性情,意向 ❷ *vt.* ①使成脉络(纹理) ②像脉络般分布于 ☆ **in the vein for** 想…,有心…
〖用法〗注意下面例句中该词的含义: In a similar vein, our policy on references has been to supply a substantial number. 以类似的方式〔同样〕,我们对于参考资料的方针一直是提供大量的资料。

veined [veɪnd] *a.* 【矿】(有)纹理的,(有)矿脉的,脉状的

veiner ['veɪnə] *n.* 小 V 形凿

veining ['veɪnɪŋ] *n.* ①(结晶界的)网状组织,纹理〔脉纹〕化 ②结疤,毛刺,飞边,鼠尾

veiny ['veɪnɪ] *a.* 有(多)纹理的

Vela ['vi:lə] *n.* 【天】船帆(星)座

velar ['vi:lə] *a.* 帆的,膜的

velardenite [vi:'lɑ:də,naɪt] *n.* 钙黄长石

veliger ['vi:lɪdʒə] *n.*【动】面盘幼体,缘膜幼体

velinvar ['velɪnvə] *n.* 镍铁钴钒合金

velleity [ve'li:ɪtɪ] *n.* 微弱的愿望,不完全意欲

vellum ['veləm] *n.;a.*（精制）犊皮纸(的),上等皮纸(的),仿羊皮纸(的)

velocimeter [,velə'sɪmɪtə] *n.* 测速仪

velocipede [vɪ'lɒsɪpi:d] *n.* ①早期脚踏车,孩童用三轮车 ②(铁路维修等用)轻便轨道三轮车

velocitron [vɪ'lɒsɪtrɒn] *n.* 质谱仪

velocity [vɪ'lɒsɪtɪ] *n.* ①速度〔率〕②快速 ③周转率
〖用法〗表示"以…速度"时一般其前面用"at",但有时用"with"。如: Optical pulses propagate at the group velocity v_g. 光脉冲以群速 v_g 传播。/A sinusoidal waveform is generated by the variation of the vertical component of a vector rotating counterclockwise with a uniform angular velocity. 正弦波形产生的方法是改变以匀角速度逆时针转动的矢量的垂直分量。

velodrome ['vi:ləudrəum] *n.* 摩托车竞赛场,(自行车等)室内赛车场

velodyne ['vi:ləudaɪn] *n.* 速连因(一种转数表传感器),伺服积分器,测速发动机

velograph ['vi:lə,grɑ:f] *n.* 速度计

velometer [vɪ'lɒmɪtə] *n.* 速度计

velour(s) [və'luə] (pl. velours) *n.*【纺】丝绒,天鹅绒,棉绒

velure [və'ljuə] *n.*【纺】天鹅绒,似天鹅绒的织物

velutinous [və'lju:tɪnəs] *a.* 天鹅绒状的,有短绒毛的

velvet ['velvɪt] *n.;a.*【纺】①天鹅绒(似的,制的),丝绒(制的) ②柔软(的)

velveteen ['velvɪ'ti:n] *n.*【纺】绒布,棉绒,(pl.) 棉绒衣服

velvety ['velvɪtɪ] *a.* 天鹅绒似的,柔软的

vena ['vi:nə] *n.*【医】脉

venac ['vi:næk] *n.* 聚乙酸乙烯酯树脂

venal ['vi:nl] *n.* 贿赂的,贪污的 ‖ ~ity *n.* ~ly *ad.*

venamul [vɪ'næməl] *n.* 共聚体黏结剂

venation [vɪ'neɪʃən] *n.* 脉络,纹理

vend [vend] *v.* ①出售 ②公开发表

vendee [ven'di:] *n.* 买主

vendible ['vendəbl] *a.;n.* 可销售的〔物〕,可被普遍接受的 ‖ **vendibility** [,vendə'bɪlətɪ] *n.* **vendibly** ['vendəblɪ] *ad.*

vendor [ven'də] *n.* ①卖主,小贩 ②自动售货机

veneer [və'nɪə] ❶ *n.* ①薄木片〔板〕,镶片 ②胶合板 ③饰面,薄外层,皮毛 ❷ *vt.* 镶盖〔面,饰〕,砌面,胶合

veneering [və'nɪərɪŋ] *n.* 镶木术,镶面,镶饰材料

venenate ['venɪneɪt] *v.* 使中毒,放出毒液 ‖ **venenation** [,venɪ'neɪʃən] *n.*

venenosity [venɪ'nɒsətɪ] *n.* 毒性

venenous ['venɪnəs] *a.* 有毒的

venerable ['venərəbl] *a.* ①可尊敬的,尊严的 ②历史悠久的 ‖ **venerability** [,venərə'bɪlətɪ] *n.* **venerably** ['venərəblɪ] *ad.*

venerate ['venəreɪt] *vt.* 尊敬,崇拜 ☆ **be filled with veneration for** 对…充满崇敬的心情 ‖ **veneration** [,venə'reɪʃən] *n.*

venereal [vɪ'nɪərɪəl] *a.* 性交的,性病的,引起性病的

venereology [vɪ,nɪərɪ'ɒlədʒɪ] *n.*【医】性病学

Venetian [vɪ'ni:ʃən] ❶ *a.* (意大利)威尼斯(式,人)的 ❷ *n.* ①威尼斯人 ②软百叶帘,威尼斯缩绒呢

Venezuela [,venə'zweɪlə] *n.* 委内瑞拉

Venezuelan [,venə'zweɪlən] *a.;n.* 委内瑞拉的,委内瑞拉人(的)

vengeance ['vendʒəns] *n.* 报仇,惩罚 ☆ **with a vengeance** 彻底〔极端,过分,激烈〕地,很厉害

vengicide ['vendʒɪ,saɪd] *n.* 旺地杀菌素

venial ['vi:nɪəl] *a.* 情有可原的,轻微的 ‖ ~ity *n.* ~ly *ad.*

Venice ['venɪs] *n.* (意大利)威尼斯(港市)

venogram ['venə,græm] *n.* 静脉波图,静脉造影照片

venom ['venəm] ❶ *n.* 毒液〔物〕,恶意,诽谤 ❷ *vt.* 放毒

venomed ['venəmd] *a.* 充满恶意的

venomous ['venəməs] *a.* ①有毒的,致死的 ②恶毒的,充满恶意的 ‖ ~ly *ad.*

venous ['vi:nəs] *a.* 静脉的,有脉的

vent [vent] ❶ *n.* ①孔(口),出口〔路〕 ②通风(孔,管),呼吸阀,烟囱(管),喷(发)口 ③漏洞〔孔〕 ④火山口 ⑤泄漏,肛门 ❷ *vt.* ①排出〔泄〕,通风,排气,消除 ②给…开孔,打眼,扎通气孔 ③发泄,吐露 ☆ **take vent** 泄漏,被大家知道

ventage ['ventɪdʒ] *n.* 小孔,出口,气孔

venthole ['venthəul] *n.* 通气孔

ventiduct ['ventɪdʌkt] *n.*【建】通风道

ventifact ['ventɪfækt] *n.*【地质】风棱〔磨〕石

ventilate ['ventɪleɪt] *vt.* ①(使)通风〔气〕,排气 ②装以通风设备,开气孔 ③充分讨论,公开,宣布

ventilated ['ventɪleɪtɪd] *a.* 风冷的,通风的

ventilation [,ventɪ'leɪʃən] *n.* ①通风(量,设备),排气 ②自由(公开)讨论 ‖ **ventilative** [ven'tɪlətɪv] *a.*

ventilator ['ventɪleɪtə] *n.* ①通风口,气窗 ②通风机〔装置〕,(排气)风扇,空气调节器

ventless ['ventlɪs] *a.* 无孔的,无出口的

vent-peg ['vent'peg] *n.* 通气孔塞

vent-pipe ['vent'paɪp] *n.* 通风〔排气〕管

vent-plug ['vent'plʌg] *n.* 通气孔塞,火门塞

ventral ['ventrəl] *a.* 腹部的,前侧的,机腹的,机身(下部)的

venture ['ventʃə] *n.;v.* ①冒险(行动,事业),投机 ②冒…的危险 ③大胆进行(on, upon),敢于(做),冒昧而作 ☆ **at a venture** 冒险地,随便地;

nothing venture, nothing have 不入虎穴,焉得虎子

venturesome [ˈventʃəsəm] *n.* 冒险的,投机的,大胆的 ‖ **~ly** *ad.* **~ness** *n.*

venturi [venˈtuərɪ] *n.*【物】【机】文丘管,喷(射)管,缩喉管,细腰管

venturimeter [ventjuˈrɪmɪtə] *n.* 文丘里流量计

venturous [ˈventʃərəs] *a.* 冒险的,大胆的

venue [ˈvenju:] *n.* ①集合〔聚会,会议〕地点,会场 ②案件发生地点

venula [ˈvenjulə] *n.*【医】小静脉,支脉

Venus [ˈvi:nəs] *n.* 维纳斯(女神,雕像),【天】金星

Venus's-ear [ˈvi:nəsɪsˈɪə] *n.*【医】鲍

veracious [vəˈreɪʃəs] *a.* 诚实的,确凿的,可靠的 ‖ **~ly** *ad.* **~ness** *n.*

veracity [vəˈræsɪtɪ] *n.* ①诚实 ②真实(性),精确(性)

Veracruz [ˈverəˈkru:z] *n.* (墨西哥)维拉克鲁斯(港市,州)

veranda(h) [vəˈrændə] *n.* 游廊,走廊,阳台

veratramin(e) [verəˈtræmi:n] *n.*【化】藜芦胺

veratrine [ˈverəˌtri:n] *n.*【化】藜芦碱

veratrol(e) [ˈverətrəul] *n.*【化】藜芦醚

verb [vɜ:b] *n.;a.*【语】动词(的)

verbal [ˈvɜ:bəl] *a.* ①口头的 ②言〔词〕语的 ③照字面的 ④动词的 ‖ **~ly** *ad.*

verbalize [ˈvɜ:bəlaɪz] *v.* 使变成动词,用词语描述;累赘,唠叨 ‖ **verbalization** [ˌvɜ:bəlaɪˈzeɪʃən] *n.*

verbatim [vɜ:ˈbeɪtɪm] *a.;ad.* 逐字(的),完全照字面(的)

verbena [vɜ:ˈbi:nə] *n.*【植】马鞭草

verbenene [ˈvɜ:bi:ni:n] *n.* 马鞭草烯

verbenone [ˈvɜ:bɪnəun] *n.*【医】马鞭烯酮

Verber [ˈvɜ:bə] *n.* 韦伯(电荷单位)

verbiage [ˈvɜ:bɪɪdʒ] *n.* ①累赘,冗长 ②措辞

verbid [ˈvɜ:bɪd] *n.* 非限定动词

verbify [ˈvɜ:bɪfaɪ] *vt.*【语】使动词化

verbose [vɜ:ˈbəus] *a.* 啰嗦的,唠叨的,冗长的 ‖ **~ly** *ad.* **~ness** 或 **verbosity** *n.*

verboten [vɜ:ˈbəutən] (德语) *a.;n.* 被(无理)禁止(的事物)

verbum [ˈvɜ:bəm] (拉丁语) ☆**ad verbum** 逐字; **verbum (sat) sap** 可以〔应该〕举一反三

verdancy [ˈvɜ:dənsɪ] *n.* ①青葱,翠绿 ②生疏,没有经验 ‖ **verdant** [ˈvɜ:dənt] *a.*

verdict [ˈvɜ:dɪkt] *n.* ①判定,论定 ②判〔裁〕决 ☆ **pass one's verdict upon** 对···下判断

verdigris [ˈvɜ:dɪgrɪs] *n.* 铜绿(锈)

verditer [ˈvɜ:dɪtə] *n.* 铜盐颜料,碳酸铜

verdoflavin [ˌvɜ:dəuˈflævɪn] *n.*【医】核黄素,维生素 B2

verdohematin [ˌvɜ:dəˈhemətɪn] *n.*【医】高铁胆绿素

verdohemin [ˌvɜ:dəˈhi:mɪn] *n.*【医】氯铁胆绿素

verdohemochrome [vɜ:dəˈhi:məˌkrəum] *n.*【医】胆绿素原

verdohemoglobin [ˌvɜ:dəˈhi:məˈgləubɪn] *n.*【医】胆绿蛋白

verdoperoxidase [ˌvɜ:dəpəˈrɒksɪdeɪs] *n.*【生化】绿过氧化物酶;髓过氧化氢酶

Verdun¹ [ˈveədʌn] *n.* (法国)凡尔登(市)

Verdun² [vɜ:ˈdʌn] *n.* (加拿大)凡尔登(市)

verdure [ˈvɜ:dʒə] *n.* 青葱,翠绿;新鲜,有生气 ‖ **verdurous** [ˈvɜ:dʒərəs] *a.*

verfluent [ˈvɜ:flʊənt] *n.*【生】生物群落中的微小动物

verge [vɜ:dʒ] ❶ *n.* ①边(界,缘,际) ②毗连 ③(钟表)摆轮的心轴 ④檐口瓦 ⑤环,路边花坛,草地的围边草 ❷ *vi.* ①接近,濒于(on, upon) ②斜〔倾,延〕向,延伸(to, toward),下沉 ☆**(be, stand) on the verge of** 将近,濒于,差一点就要; **bring A to the verge of** 使 A 濒于

vergence [ˈvɜ:dʒəns] *n.*, **vergency** [ˈvɜ:dʒənsɪ] *n.* 聚散度,趋异

verglas [veəˈglɑ:] *n.* 地上薄冰,(薄)冰面

vericon [ˈverɪkɒn] *n.* 直像管

veridical [vəˈrɪdɪkəl] *a.* 诚〔真〕实的,非幻觉的 ‖ **~ly** *ad.*

veriest [ˈverɪɪst] (very 的最高级) *a.* 十足的,绝对的,彻底的

verifiability [ˌverɪfaɪəˈbɪlətɪ] *n.* 能证实,可核实

verifiable [ˈverɪfaɪəbl] *a.* 能证明〔实〕的,可核实的 ‖ **~ness** *n.*

verification [ˌverɪfɪˈkeɪʃən] *n.* ①检验,验证,核实,考证 ②证实,实验证明 ☆**give the verification of** (对···加以)证实

〖用法〗在该词前可以有不定冠词。如: An experimental verification of the 3 dB limit is shown in Figure 1-32. 图 1-32 画出了对于 3 分贝极限的实验证明。

verifier [ˈverɪfaɪə] *n.* ①穿孔校对机,检验器,(数据)核对器,检孔机 ②检验〔校对〕者,核对员

verify [ˈverɪfaɪ] *vt.* ①检〔校〕验,验证,核实 ②证实,确定 ③实现(诺言)

〖用法〗注意下面例句的含义: The resistance of a wire is indirectly proportional to the cross section, a fact that was verified experimentally by Ohm. 导线的电阻与横截面成反比,这一点是由欧姆通过实验证实的。("a fact that was …" 是名词短语作前面句子的同位语,注意其译法。)

verily [ˈverɪlɪ] *ad.* 真正〔实〕地,毫无疑问地

verisimilar [ˌverɪˈsɪmɪlə] *a.* 似真的,逼真的

verisimilitude [ˌverɪsɪˈmɪlɪtjuːd] *n.* 逼真(性,的事物),貌似真实(的事物)

veristron [ˈverɪstrɒn] *n.*【医】自旋量子放大器

veritable [ˈverɪtəbl] *a.* 真的,实在的,确实的,名副其实的 ‖ **~ness** *n.* **veritably** *ad.*

verity [ˈverɪtɪ] *n.* ①真实(性) ②确实,真理,确实存在的事物 ☆**in all verity** 确实; **in verity** 真的,的确; **of a verity** 真正,的确; **the eternal**

verities 永恒〔绝对〕的真理

vermeil ['vɜ:meɪl] n.;a. ①朱红色(的),鲜红的 ② 镀金的银,朱砂

vermes ['vɜ:mi:z] n.【动】蠕形动物,蠕虫类

vermian ['vɜ:mɪən] a. (像)蠕虫的

vermicide ['vɜ:mɪsaɪd] n. 驱虫剂

vermicular [vɜ:'mɪkjulə] a. 蠕虫状的,蠕动的,(有) 弯曲(线条)的

vermiculite [vɜ:'mɪkjulaɪt] n.【矿】蛭石(绝热材料)

vermiform ['vɜ:mɪfɔ:m] a. 蠕虫状的,蠕形的

vermil(l)ion [və'mɪljən] ❶ n.;a. ①朱红色(的),银朱,硫化汞 ②朱红色的 ❷ vt. 涂(染)成朱红色

vermin ['vɜ:mɪn] n. ①害虫〔鸟,兽〕②寄生虫,害人虫,歹徒

verminous ['vɜ:mɪnəs] a. 害虫的,有害的,污秽的

vermin-proof ['vɜ:mɪn'pru:f] a. 防虫的

Vermont [vɜ:'mɒnt] n. (美国)佛蒙特(州)

vernacular [və'nækjulə] ❶ a. 方言的,乡土的,本国(语)的,地方(特有)的 ❷ n. 本国语,本族语,方言,行话

vernal ['vɜ:nl] a. 春(天,季)的,春天生〔开〕的,青春〔年〕的,清新的 ‖ ~ly ad.

vernalization, vernalisation [vɜ:nəlaɪ'zeɪʃən] n. 春化(作用,处理)

vernier ['vɜ:nɪə] ❶ n. 游标(尺),游尺,微调发动机 ❷ a. 微调的

vernin ['vɜ:nɪn] n.【化】维尔宁

vernin(e) ['vɜ:nɪn] n.【化】鸟(嘌呤核)苷

vernitel ['vɜ:nɪtel] n.【电气】精确数据传送装置

vernix ['vɜ:nɪks] n. 护漆,清漆,涂剂

Verona [vɪ'rəunə] n. (意大利)维罗纳市

verruciform [ve'ru:sɪfɔ:m] a. 疣状的

verrucose [ve'ru:kəus] a. 多疣的 ‖ ~ness 或 ~sity n.

versa (拉丁语) ☆ **vice versa** 反之亦然,反过来也是一样

Versailles [vɜ:'seɪlz] n. (法国)凡尔赛(市)

versalide ['vɜ:sə,laɪd] n. 万山麝香

versamid(e) ['vɜ:səmɪd] n.【医】维尔酰胺,聚酰胺树脂

versant ['vɜ:sənt] ❶ a. ①有经验的,通晓的 ②专心从事的,关心的 ❷ n. 山侧(坡),坡度 ☆**be versant about** 关心; **be versant in** 专心从事于; **be versant with** 专心从事于,熟悉

versatile ['vɜ:sətaɪl] a. ①通用的,万能的,多用途的 ②万向的 ③反复无常的 ‖ ~ly ad.

versatility [,vɜ:sə'tɪlətɪ] n. ①多才多艺,多功能性 ②易变,反复无常

verse [vɜ:s] ❶ n. 诗(句,节,体),韵文 ❷ v. 作诗 ☆**give chapter and verse for** 注明…所引的章节

versed [vɜ:st] a. 熟练的,精通的(in) ☆**be (well) versed in A** 精通 A

versicolo(u)r(ed) ['vɜ:sɪkʌləd] a. 杂色的,(受光

照射)颜色多变化的

versiera [veə'sjeərə] n.【数】箕舌线

versiform ['vɜ:sɪfɔ:m] n. 变形的

versify ['vɜ:sɪfaɪ] v. 作诗,改写成诗 ‖ **versification** [,vɜ:sɪfɪ'keɪʃən] n.

versine ['vɜ:saɪn] n.【数】正矢

version ['vɜ:ʃən] n. ①翻译(程序),译文,改写本,版本 ②方案,意见,解释,描述 ③型(式),形态 ④侧转,转位术

〖用法〗注意下面例句的含义: A great many kinds of transistors exist, and many versions of each kind. 晶体管有许多种,而每一种又有许多型号。(在 "each kind" 后面省去了动词 "exist"。)

verso ['vɜ:səu] n. ①(书的)左(反)页,偶数页,封底 ②(硬币,徽章等的)背面

versus ['vɜ:səs] (拉丁语) prep. (=against) ①…对…,对抗,反对 ②与…比较,…与…的关系曲线 ③作为…的函数

〖用法〗该词在科技文中常用于曲线图之中。如: Fig. 1-6 shows a graph of propagation delay versus (或 vs.)power dissipation for TTL. 图1-6 画出了 TTL 电路的传播时延相对于功耗的曲线图。

vertaplane ['vɜ:tə,pleɪn] n. 垂直起落飞机

vertebra ['vɜ:tɪbrə] (pl. vertebrae 或 vertebras) n. ①【医】脊椎(骨) ②装甲波导管 ‖ ~l a.

vertebrate ['vɜ:tɪbrɪt] a.;n. 有脊椎的,脊椎动物(的),结构严密的 ‖ ~d a.

vertebration [,vɜ:tɪ'breɪʃən] n. ①脊椎形成 ②结构的严密性

vertex ['vɜ:teks] (pl. vertexes 或 vertices) n. ①【数】顶点〔角〕,极点,峰,绝顶 ②角顶,【天】天顶 ③台风转向点

vertical ['vɜ:tɪkəl] ❶ a. ①垂直的,立(式)的,纵(向)的 ②顶点的,制高点的 ③统管生产和销售全部过程的 ❷ n. ①垂(直)线,垂(直平)面,竖向 ②竖杆 ③垂直仪 ☆**out of the vertical** 不垂直的

verticality [,vɜ:tɪ'kælətɪ] n. 直立,垂直(度)

vertically ['vɜ:tɪkəlɪ] ad. 直立地

vertical-stud ['vɜ:tɪkəl'stʌd] n. 上插棒的

vertices ['vɜ:tɪsi:z] vertex 的复数

verticil ['vɜ:tɪsɪl] n. 菌丝轮,一轮孢子

verticillate [və'tɪsɪlɪt] a. 轮生的,环生的

verticity [vɜ:'tɪsətɪ] n. 向磁极性

verticraft ['vɜ:tɪkrɑ:ft] n. 直升机

vertiginous [vɜ:'tɪdʒɪnəs] a. ①旋转的 ②(令人)眩晕的 ③迅速变化的,不稳定的 ‖ ~ly ad.

vertigo ['vɜ:tɪgəu] n. 眩晕

vertijet ['vɜ:tɪdʒet] n. 垂直起落喷气式飞机

vertimeter [vɜ:'tɪmɪtə] n.【航】升降速度表

vertin ['vɜ:tɪn] n. 黄雀

vertiplane ['vɜ:tɪ,pleɪn] n.【航】直升机

vertiport ['vɜ:tɪpɔ:t] n.【航】垂直升降机场

vertisol ['vɜ:tɪsɒl] n. 变性土

vertistat ['vɜ:tɪ,stæt] n. 空间定向装置

vertometer [vɜ:'tɒmɪtə] n. 屈度计,焦度计,焦距计

vertoro ['vɜːtərəʊ] *n.*【物】变压整流器
vervain ['vɜːveɪn] *n.*【植】马鞭草
very ['verɪ] ❶ *ad.* ①非常 ②(与最高级连用)极,最,实在 ❷ *a.*(加强语气)①正(恰,就)是那(个) ②最,一 ☆*the very idea of* 一想起…就
【用法】注意它作形容词强调名词的译法: The current starts to flow at the very moment when the switch is closed. 就在闭合开关的那一瞬间电流开始流动。/The very beginning of the charging curve approximates a straight line. 充电曲线一(最)开头那一部分近似于一根直线。/Some of these forms of energy can take the problem to the very frontiers of modern physics. 这些能量形式中有一些能够使问题涉及近代物理学的最前沿。/The very randomness of noise causes the results of measurements to exhibit statistical errors. 正是噪声的这种随机性使得测量结果显示出了统计误差。/Doing so does not affect the very thing we wish to measure. 这样做并不会影响我们想要测量的那个参数。
vescalin ['veskəlɪn] *n.* 栎木素
vesicant ['vesɪkənt] *n.;a.* 起疱的〔剂〕,糜烂性的(毒剂)
vesicate ['vesɪkeɪt] *v.* (使)起疱
vesicle ['vesɪkl] *n.*【医】泡,囊,小穴,水疱疹
vesicular [vɪ'sɪkjʊlə] *a.* 多孔〔泡〕(状)的,蜂窝状的
vesiculate [vɪ'sɪkjʊlɪt] ❶ *a.* 有小泡的 ❷ *v.* 使成小囊〔小泡〕状,使形成气泡 ‖ **vesiculation** [vɪˌsɪkjʊ'leɪʃ ən] *n.*
vesper ['vespə] *n.;a.* 薄暮(的),夜晚(的),晚祷钟〔曲〕 ☆*Vesper* 金星,长庚星
vesperal ['vespərəl] *a.* 夜晚的,薄暮的
vespertine ['vespətaɪn], **vespertinal** ['vespətaɪnəl] *a.* 薄暮(似)的,傍晚的,(星等)日落时下降的
vessel ['vesl] *n.* ①容器,器(皿),罐 ②船(舰)(只)、飞船,运输机 ③转炉炉身 ④【医】脉〔血〕管 ⑤壳体
vest [vest] ❶ *n.* (西装)背心,汗衫,内衣 ❷ *v.* (使)穿衣服,授,(赋)予(with),(归)属(in) ☆*play (it) close to the vest* 把…保守秘密
vested ['vestɪd] *a.* 既得的,法律规定的
vestibular [ve'stɪbjʊlə] *a.* 前厅的,前庭的
vestibule ['vestɪbjuːl] ❶ *n.* 前厅,前庭,(火车车厢末端的)连廊,客轮大厅进出口过道 ❷ *vt.* 为…设置门廊,用通廊连接
vestibuled ['vestɪbjuːld] *a.* 有门厅的
vestige ['vestɪdʒ] *n.* ①形迹,残留,证据 ②(常用于否定形式)丝毫 ③退化器官
vestigial [ve'stɪdʒɪəl] *a.* 残留的,遗迹的,退化的
vestment ['vestmənt] *n.* 外衣,制服,(pl.)衣服
vestolit ['vestəlɪt] *n.* 氯乙烯树脂
vestopal ['vestəpæl] *n.* 聚酯树胶
vest-pocket ['vest'pɒkɪt] *a.* 袖珍的
vesture ['vestʃ ə] *n.;vt.* 覆盖(物),(使穿)衣服

vesuvian [vɪ'suːvɪən] ❶ *a.* 火山(性,般)的,突然爆发的 ❷ *n.* ①耐风火柴 ②【矿】符山石
Vesuvius [vɪ'suːvjəs] *n.* (意大利)维苏威(火山)
vet [vet] ❶ *n.* 兽医(veterinarian 的俗称) ❷ *vt.* 诊治(兽类),检查
veteran ['vetərən] *n.;a.* 老手,老工人,老战士,经验丰富的(人),退伍军人
veterinarian [ˌvetərɪ'neərɪən] *n.* 兽医
veterinary ['vetərɪnərɪ] *a.* 兽医的
veto ['viːtəʊ] (pl. vetoes) *n.;vt.* 否决(权),禁止 ☆ *exercise the veto* 行使否决权; *put a veto on (upon)* 否决,禁止
vex [veks] *vt.* 使苦恼,使伤脑筋(about, at) ‖ **vexation** [vek'seɪʃ ən] *n.*
vexatious [vek'seɪʃ əs] *a.* 使人烦恼的,伤脑筋的,麻烦的
vexed [vekst] *a.* 苦恼的,争论不休的,汹涌的 ‖ **~ly** *ad.*
v-feel ['viː'fiːl] *n.* 速度感觉
via ['vaɪə] (拉丁语) *prep.*(=by way of, through) 通过,由,经,借助于
【用法】注意下面例句中该词的用法: Communicating via satellite is no longer a novelty. 卫星通信不再是新奇事了。/Communication via radio began in 1895. 通过无线电进行通信始于 1895 年。/In the analysis of a system via the state-space approach, the system is characterized by a set of first-order differential or difference equations that describe its 'state' variables. 在用状态-空间方法分析系统时,该系统的特点可以用描述其"状态"变量的一些一阶微分或差分方程来表示。
viability [ˌvaɪə'bɪlətɪ] *n.* 生育力,生机,生活能力,生命(成活)力,服务期限,耐久性,寿命
viable ['vaɪəbl] *a.* ①有生存力的,富有生命的,有生机的,有活力的,有前途的 ②能生存的,能活〔能维持〕下去的 ③可行的 ‖ **viably** ['vaɪəblɪ] *ad.*
viaduct ['vaɪədʌkt] *n.* 高架(跨线,栈)桥,高架铁路,栈道
vial ['vaɪəl] ❶ *n.* (小)药水瓶,管形瓶,长颈小瓶,指管 ❷ (vial(l)ed; vial(l)ing) *vt.* 把…放入小瓶
Vialbra ['vaɪəlbrə] *n.* 一种铝黄铜
vialog ['vaɪəˌlɒg] *n.* ①路程计 ②测震仪,路面平整度测量仪
viameter [vaɪ'æmɪtə] *n.* 路程计,测震仪,路面平整度测量仪
viand ['vaɪənd] *n.* (pl.)食品〔物〕,粮食
viatic [vaɪ'ætɪk] *a.* 旅行的,道路的
viatical [vaɪ'ætɪkəl] ❶ *a.* 道路的,旅行的 ❷ (pl.)旅行必需品
vibes [vaɪbz] *n.* (pl.)①电颤振打击乐器 ②颤〔振,摆〕动
vibra ['vaɪbrə] *n.* 振动
vibrac ['vaɪbræk] *n.* 维布拉克镍铬钼钢
vibrafeeder ['vaɪbrə'fiːdə] *n.* 振动式供料器

V

vibralloy ['vaɪbrə'æləɪ] n. ①镍钼铁弹簧合金 ②维布合金

vibramat ['vaɪbrə'mæt] n. 弹性玻璃丝垫

vibrameter [vaɪ'bræmɪtə] n. 振动计

vibrance ['vaɪbrəns], **vibrancy** ['vaɪbrənsɪ] n. 振〔颤〕动,响亮

vibrant ['vaɪbrənt] a. ①振〔颤〕动的 ②有声的,响亮的,有活力的

vibrapack ['vaɪbrəpæk] n. 振动子换流器

vibraphone ['vaɪbrəfəun] n. 【音】电颤振打击乐器

vibrate [vaɪ'breɪt] v. ①(使)振〔颤,抖〕动 ②摆〔摇〕动 ③犹豫 ☆**vibrate over** 在…上来回摆动

vibratile ['vaɪbrətaɪl] a. 能振动的,颤动性的

vibratility [,vaɪbrə'tɪlɪtɪ] n. 振〔颤〕动(性)

vibration [vaɪ'breɪʃən] n.【物】振〔颤,摆〕动,犹豫 ‖ **vibrational** [vaɪ'breɪʃənəl] a.

vibrationless [vaɪ'breɪʃənlɪs] a. 无振〔震〕动的

vibrative [vaɪ'breɪtɪv] a. 振动性的,摆动的

vibrato [vɪ'brɑ:təu] (意大利语) n. 颤音,颤动效果

vibratom ['vaɪbrətəm] n. 振动(球)磨机

vibrator [vaɪ'breɪtə] n. ①振〔摆,抖〕动器,振捣器,振动筛 ②振(动)子 ③断续器 ④振动式铆钉枪 ⑤活套成形器

vibratormeter [vaɪ'breɪtəmi:tə] n. 振动计

vibratory ['vaɪbrətərɪ] a. (产生,引起)振动的,摆动的

vibratron ['vaɪbrətrɒn] n. 振敏管

vibrin ['vaɪbrɪn] n. 聚酯树脂

vibrio ['vaɪbrɪəu] n.【生】弧菌

vibriocin ['vaɪbraɪəusɪn] n.【医】弧菌素

vibro-bench ['vaɪbrəu'bentʃ] n. 振动台

vibrocast ['vaɪbrəukɑ:st] n. 振动压(力)铸(造)

vibrocs ['vaɪbrɒks] n. 铁氧体磁致伸缩振动子

vibrofinisher ['vaɪbrəu'fɪnɪʃə] n. 振动轧平〔平整〕机

vibroflot [vaɪbrə'flɒt] n. 振浮压实器

vibroflotation [,vaɪbrəfləu'teɪʃən] n. (基础)振浮压实(法)

vibrogel ['vaɪbrəudʒel] n. 振动凝胶

vibrogram ['vaɪbrəgræm] n. 振动记录图

vibrograph ['vaɪbrəgrɑ:f] n. 示振器,自记示振仪

vibroll ['vaɪbrəul] n. 振动压路机

vibromasseur [,vaɪbrəmæ'sɜ:] n. 震颤按摩器

vibrometer [vaɪ'brɒmɪtə] n. 振动计,测振计,振动治声器

vibronic [vaɪ'brɒnɪk] a. 电子振动的

vibropack ['vaɪbrəpæk] n. 振动子整流器,振动变流器

vibrophone ['vaɪbrəfəun] n. 鼓膜振动器

vibrorammer [,vaɪbrə'ræmə] n. 振捣板

vibrorecord ['vaɪbrə'rekɔ:d] n. 振动(记录)图

vibroroller ['vaɪbrə'rəulə] n. 振动压路机

vibros ['vaɪbrəs] n. 铁氧体磁致伸缩振动子

vibroscope ['vaɪbrəskəup] n. 示振仪,振动计

vibroshear ['vaɪbrəʃɪə] n. 高速振动剪床

vibroshock ['vaɪbrəʃɒk] n. 减振器,缓冲器,阻尼器

vibrosieve ['vaɪbrəsi:v] n. 振动筛

vibrospade ['vaɪbrəspeɪd] n. 振动铲

vibrostand ['vaɪbrəstænd] n. 振动(试验)台

vibrotron ['vaɪbrətrɒn] n. 振敏管,压敏换能器,电磁共振器

viburnitol [vaɪ'bɜ:nɪtɒl] n. 荚醇

Vicalloy [,vɪk'æləɪ] n. 维卡洛钒钴铁磁性合金

vicariad [vaɪ'keərɪəd] n. (=vicarious species)代替种

vicarious [vaɪ'keərɪəs] a. 代替〔理〕的,错位的 ‖ ~**ly** ad. ~**ness** n.

vice [vaɪs] ❶ n. ①缺点〔陷〕,瑕疵,错误 ②恶习 ③(老)虎钳,台钳 ❷ vt. (用虎钳,台钳)钳住 ☆**as firm as a vice** 像虎钳一样的紧的,无法移动的

vice [vaɪs] (拉丁语) prep. 代替〔表〕,取代

vicegerent ['vaɪs'dʒerənt] a.;n. 代理的〔人〕

vicenary ['vɪsɪnərɪ] a. 二十进制的

vicennial [vaɪ'senɪəl] a. 二十年(一次)的,持续二十年的

viceroy ['vaɪsrɔɪ] n. 总督

vice versa, vice-versa ['vaɪsɪ'vɜ:sə] (拉丁语) ad. 反过来也是一样,反之亦然
【用法】该词在句中一般用"and vice versa",也有用"or vice versa"的。如: Use a transformer and we can transform power at low voltage into power at high voltage and vice versa. 利用变压器我们就能把低压功率转变成高压功率,反之亦然。

vicianose ['vɪsɪənəus] n.【化】荚豆二糖

vicilin ['vɪsɪlɪn] n.【化】豌豆球蛋白

vicinage ['vɪsɪnɪdʒ] n. 附近(地区),近邻,邻居

vicinal ['vɪsɪnəl] a. ①附近的,邻接的 ②地方的 ③邻晶的,邻位的

vicine ['vɪsɪn] n. 蚕豆嘧啶葡萄糖苷

vicinity [vɪ'sɪnətɪ] n. ①附近(地区),邻近 ②接近,密切的关系(to) ☆**in close vicinity to** 紧挨着,与…有密切的关系; **in the vicinity of ...** 在…附近,靠近…,大约…

vicious ['vɪʃəs] a. ①恶(性,意,毒)的,凶〔邪〕恶的 ②有缺点〔陷〕的,不正确的 ‖ ~**ly** ad. ~**ness** n.

vicissitude [vɪ'sɪsɪtju:d] n. 变迁〔化〕,盛衰,沉浮,交替

vicissitudinous [vɪ,sɪsɪ'tju:dɪnəs] a. 多变化的,饱经沧桑的

Vickers ['vɪkəs] n. 维氏硬度计

victim ['vɪktɪm] n. 牺牲(者),受害〔遭难,受骗〕者 ☆**fall (become) a victim to ...** 变成…的牺牲品

victimize ['vɪktɪmaɪz] vt. 使牺牲〔受害〕,欺骗 ‖ **victimization** [,vɪktɪmaɪ'zeɪʃən] n.

victor ['vɪktə] n.;a. 胜利者(的),战胜者(的)

Victor ['vɪktə] n. 通信中代替字母 V 的词

Victoria [vɪk'tɔːrɪə] *n.* ①维多利亚(塞舌尔群岛首府) ②(澳大利亚)维多利亚(州) ③维多利亚(加拿大港市)

victorious [vɪk'tɔːrɪəs] *a.* (获得)胜利的,战胜的 ‖ ~ly *ad.*

victory ['vɪktərɪ] *n.* 胜(利),战胜 ☆ **win a (the) victory over ...** 战胜…,击败…

victual ['vɪtl] ❶ *n.* (pl.)食物(品),粮食,饮料;剩饭 ❷ (victual (l) ed; victual (l) ling) *v.* 给…供应(储备)食物,(船只等)装载(储备)食物

victual(l)er ['vɪtlə] *n.* 食物供应商(者),旅馆老板,补给船

vid, vide ['vaɪdiː] (拉丁语) *v.* 见,参看

videlicet [vɪ'diːlɪset] (拉丁语) *ad.* 即,换言之

video ['vɪdɪəu] *n.;a.* 电视(的,信号),视频(的,信号),影像(的)

videocast ['vɪdɪəukɑːst] *n.* 电视广播

videocorder ['vɪdɪəukɔːdə] *n.* 录像机

videodensitometer ['vɪdɪəudensɪ'tɒmɪtə] *n.* 图像测密计

videodisplay ['vɪdɪəudɪs'pleɪ] *n.* 视频〔视觉,电视〕显示,图像显示器

videogenic [vɪdɪəu'dʒenɪk] *a.* 适于拍摄电视的

videognosis ['vɪdɪəug'nɒsɪs] *n.* 电视 X 射线诊断术〔照相术〕

videograph ['vɪdɪəugrɑːf] *n.* 视频信号印刷器

videometer ['vɪdɪəumiːtə] *n.* 视频表

videoplayer ['vɪdɪəupleɪə] *n.* 电视录放机

videoscanning ['vɪdɪəu'skænɪŋ] *n.* 视频扫描

videoscope ['vɪdɪəuskəup] *n.* 视频示波器

videosignal ['vɪdɪəusɪgnəl] *n.* 视频信号

videotape ['vɪdɪəuteɪp] ❶ *n.* 录像磁带 ❷ *vt.* 把…录在录像磁带上

videotelephone [,vɪdɪəu'telɪfəun] *n.* 可视电话

videotheque ['vɪdɪəu,teɪk] *n.* 录影带资料室

videotransmitter ['vɪdɪəutrænz'mɪtə] *n.* 视频发射机

videotron ['vɪdɪəutrɒn] *n.* 单像管

video-unit ['vɪdɪəu'juːnɪt] *n.* 视频装置〔单元〕,电视摄像器

vidfilm ['vɪdfɪlm] *n.* 屏幕录像用胶片

Vidiac ['vɪdɪæk] *n.* 视频信息显示和控制

vidicon ['vɪdɪkɒn] *n.*【无】光导摄像管

vidimus ['vaɪdɪməs] (拉丁语) *n.* ①检查 ②梗概,摘要

vidpic ['vɪdpɪk] *n.* 电视图像

vie [vaɪ] (vied; vying) *v.* (使)竞争,使针锋相对 ☆ **vie with each other** 互相竞争; **vie with A for B** 为 B 与 A 竞争; **vie with A in doing** 与 A 争(做)

Vienna [vɪ'enə] *n.* 维也纳(奥地利首都)

Vientiane [vjen'tjæn] *n.* 万象(老挝首都)

vier ['vaɪə] *n.* 竞争者

Viet Nam, Viet (-) nam [,vjet'næm] *n.* 越南

Viet(-)namese [,vjetnə'miːz] *a.;n.* 越南的,越南人

(的)

view [vjuː] *n.;v.* ①考虑,看做,认为 ②观〔视,考〕察 ③看,眺〔展〕望 ④视野 ⑤(视)图,景(色) ⑥观点,见解 ⑦意图〔向〕 ⑧梗概,概观 ☆ *as viewed from* 从…角度来观察; *at first view* 初看,一见(就); *beyond one's view* 在…视界外,为…所看不见; *come in (into) view* 进入视界内,看得见; *exposed to view* 看得见,暴露; *fall in with one's views* 和某人意见一致; *from the point of view of* 从…观点看; *have in view* 考虑,注意,记住,怀有; *in one's view* 或 *in the view of* 在…看来,按照…的观点; *in view* 看见,在考虑中,作为目的; *in view of* 鉴于,考虑到; *in view of what follows* 鉴于下述情况; *leave out of view* 不加以考虑; *lost to view* 再也看不见了; *on view* 陈列着,展示,上映中; *point of view(= view point)* 观点,见解; *take a critical view of* 批判地看待; *take a dim view of* 对…抱悲观看法; *take a general view of* 综观; *take a grave view of* 认为…很严重,很重视; *take a poor view of* 不赞成; *take a view* 拍摄,观察; *take long (short) views* 从长远〔眼前〕看,目光远大〔短浅〕; *to the view* 公开; *view(s) on* 对…的观点〔看法,见解〕; *with a view to doing* 或 *with the view of doing* 为了,希望,意在; *with no view of* 不考虑…(与否); *with this end in view* 以此为目的,为此,所以; *with this (that) view* 因为这个〔那个〕(目的); *within one's view* 在…视界内,为…看得见

〖用法〗❶ 注意它作及物动词时一般可带 "as 短语" 作补足语。如: This chapter may be viewed as the transition from analog to digital communications. 这一章可以被看成是从模拟通信到数字通信的过渡。❷ 注意下面例句的含义,注意其中 "with + 名词+介词短语" 型 "with 结构" 作状语的情况: With this in view, we have attempted to write this book. 由于考虑到这一点,我们才尝试编写了本书。/Such ICs are designed with only one or two uses in view. 在设计这种集成块时只考虑到了一两种用途。

view-cell ['vjuːsel] *n.* 观察室

viewdata ['vjuː'deɪtə] *n.* 图像数据

viewer ['vjuːə] *n.* ①观察〔取景〕器,观测仪器,潜望镜,窥视窗 ②观察者,观众,看电视者

view-factor ['vjuː'fæktə] *n.* 视角因数

view(-)finder ['vjuː'faɪndə] *n.* 探视〔取景〕器,(相机)反光镜

viewfoil ['vjuːfɔɪl] *n.* 字幕片

viewless ['vjuːlɪs] *a.* ①看不见的 ②无意见〔见解〕的

viewphone ['vjuːfəun] *n.* 电视电话

viewpoint ['vjuːpɔɪnt] *n.* ①视点,观察点,着眼点 ②观点,见解,看法

viewport ['vjuːpɔːt] *n.* 视见区

viewy ['vjuːɪ] *a.* 空想的,反复无常的

vigia [vɪˈdʒiːə] *n.* 危险礁,危险浅滩

vigil [ˈvɪdʒɪl] *n.* 值夜,警戒,监视

vigilance [ˈvɪdʒɪləns] *n.* 警戒,警惕(性),留心
〖用法〗表示"提高警惕"为"enhance〔sharpen〕
vigilance","放松警惕"为"relax vigilance"。

vigilant [ˈvɪdʒɪlənt] *a.* 警惕着的,警戒的 ☆**keep
vigilant guard (over …)** (对…)保持警惕 ‖ ~**ly**
ad.

Vigilant [ˈvɪdʒɪlənt] *n.* (野外地震队用的)个人处理
机

vignette [vɪˈnjet] ❶ *n.* ①葡萄〔蔓叶花〕饰,章头
章尾小花饰,小插图 ②短文,小品文,简介,晕映图
像〔照片〕❷ *v.* 晕映〔逝〕,(图像)模糊,简述

vignin [ˈvɪɡnɪn] *n.* 豇豆球蛋白

vigorish [ˈvɪɡərɪʃ] *n.* (高利贷者等索取的)高额利
息

vigorous [ˈvɪɡərəs] *a.* (强)有力的,强健的,使劲的,
朝气蓬勃的,精力充沛的,活泼的 ‖ ~**ly** *ad.*

vigour [ˈvɪɡə] *n.* 精力,活力,力量 ☆**be full of
vigour** 精力充沛; **be in vigour** 有效; **with
vigour** 有力地,精神饱满地

vigourless [ˈvɪɡəlɪs] *a.* 没有精神〔力〕的,软弱的

Vikro [ˈvɪkrəʊ] *n.* 维克劳镍铬耐热合金

vile [vaɪl] *a.* ①可耻的,卑鄙的 ②讨厌的,恶劣的 ③
不足道的 ‖ ~**ly** *ad.* ~**ness** *n.*

vilify [ˈvɪlɪfaɪ] *vt.* 诬蔑,诽谤,贬低 ‖ **vilification**
[ˌvɪlɪfɪˈkeɪʃən] *n.*

vilipend [ˈvɪlɪpənd] *v.* 诬蔑,诋毁

villa [ˈvɪlə] *n.* 别墅,城郊小屋

villadom [ˈvɪlədəm] *n.* 别墅和居住别墅的人们

village [ˈvɪlɪdʒ] *n.;a.* (乡)村(的),村庄(的)

villain [ˈvɪlən] *n.* ①坏人〔蛋〕,恶棍 ②反面人物〔角
色〕

villainous [ˈvɪlənəs] *a.* 坏(人)的,罪恶的,卑鄙可
耻的 ‖ ~**ly** *ad.* ~**ness** *n.*

villainy [ˈvɪlənɪ] *n.* 邪恶,(pl.)坏事,恶劣〔犯罪〕行
为

villatic [vɪˈlætɪk] *a.* 别墅的,乡村的

villiform [ˈvɪlɪfɔːm] *n.* 绒毛状

villikinin [ˌvɪlɪˈkɪnɪn] *n.*【医】肠绒毛促动素

villoma [ˌviˈləʊmə] *n.*【医】绒毛瘤

villosity [viˈbɒsətɪ] *n.* 长柔〔绒〕毛

villus [ˈvɪləs] *n.*【动】绒毛

vilnite [ˈvɪlnaɪt] *n.* 硅灰石

vim [vɪm] *n.* 活力,精力

vinaceous [vaɪˈneɪʃəs] *a.* 葡萄(酒)(似,色)的,红
色的

vinal [ˈvaɪnl] *n.*【纺】聚乙烯醇纤维

Vinayil [ˈvɪnəɪl] *n.* 聚乙酸乙烯酯乳液共聚体黏合
剂

vinblastine [vɪnˈblɑːstiːn] *n.*【医】长春花碱

vincaleucoblastine [ˌvɪnkəljuːkəˈblɑːstiːn] *n.*
【医】长春花碱

vincamedine [vɪŋkəˈmediːn] *n.*【医】长春花定

vincamine [ˈvɪŋkəmiːn] *n.*【医】长春蔓胺

Vincent [ˈvɪnsənt] *n.* 模锻摩擦压力机

vincible [ˈvɪnsɪbl] *a.* 可克〔征〕服的

vincristine [vɪnˈkrɪstiːn] *n.*【医】长春新碱

vinculum [ˈvɪŋkjʊləm] (pl. vinculums 或 vincula)
n. ①联系,纽带,结合(物) ②【数】线括号,大括号
{ }

vindicability [ˌvɪndɪkəˈbɪlətɪ] *n.* 证明性,可辩
护性

vindicable [ˈvɪndɪkəbl] *a.* 可证明的,可辩护的

vindicate [ˈvɪndɪkeɪt] *vt.* 证明(实)(…正确),辩
护,维护 ‖ **vindication** [ˈvɪndɪˈkeɪʃən] *n.*

vindicative [vɪnˈdɪkətɪv] *a.* 起辩〔维〕护作用的,惩
罚的,报复的 ‖ ~**ly** *ad.* ~**ness** *n.*

vindicator [ˈvɪndɪkeɪtə] *n.* 维〔辩〕护者,证明者

vindicatory [ˈvɪndɪkətərɪ] *a.* ①维〔辩〕护的,证
明的 ②报复〔惩罚〕性的

vindictive [vɪnˈdɪktɪv] *a.* 报复〔惩罚〕性的

vine [vaɪn] ❶ *n.* 藤,蔓,葡萄(树)藤,葛藤,蔓茎状 ❷
vi. 长成蔓藤

vinegar [ˈvɪnɪɡə] ❶ *n.* 醋 ❷ *vt.* 加醋于

vinegary [ˈvɪnɪɡərɪ] *a.* 醋(似)的,有酸味的,别扭的

vinery [ˈvaɪnərɪ] *n.* 葡萄园,葡萄温室

vineyard [ˈvɪnjɑːd] *n.* 葡萄园

viniferous [vaɪˈnɪfərəs] *a.* 产酒的

vinificator [ˈvɪnɪfɪkeɪtə] *n.* 酒精凝结装置

vino [ˈviːnəʊ] *n.* 酒

Vinoflex [ˈviːnəʊfleks] *n.* 乙烯异丁基醚与氯乙烯
共聚物

vinol [ˈviːnɒl] *n.*【化】聚乙烯醇

vinometer [vaɪˈnɒmɪtə] *n.* 酒精比重计

vinosity [vaɪˈnɒsətɪ] *n.* 酒质(色,味)

vinous [ˈvaɪnəs] *a.* 酒(的颜色)的,饮酒所引起
的 ‖ ~**ly** *ad.*

Vinrez [ˈvɪnrez] *n.* 乙酸乙烯酯共聚体乳液黏合剂

Vinsol [ˈvɪnsɒl] *n.* 纯木质素,松香衍生物,氧化松香

vintage [ˈvɪntɪdʒ] ❶ *n.* ①同年代的一批产品 ②
葡萄收获(期,量) ③酿酒,美酒 ④寿命,制造的时
期 ❷ *a.* ①古典〔老〕的,老牌的 ②过时的 ③最
好的,最典型的

viny [ˈvaɪnɪ] *a.* 葡萄树的,葡萄藤(似)的

vinyl [ˈvaɪnɪl] *n.*【化】乙烯基,乙烯树脂

vinyl-amine [ˈvɪnɪˈæmiːn] *n.*【化】乙烯胺

vinylation [vɪnɪˈleɪʃən] *n.* 乙烯化作用

vinylcyanide [ˌvɪnɪlˈsaɪənaɪd] *n.* 丙烯腈

vinylene [ˈvaɪnɪliːn] *n.* 乙烯撑

vinylidene [vaɪˈnɪlɪdiːn] *n.*【化】乙烯叉,亚乙烯
基

vinylite [ˈvaɪnɪlaɪt] *n.* 乙烯基树脂

vinylogue [ˈvɪnɪlɒg] *n.* 插烯物,联乙烯物

vinylogy [vaɪˈnɪlədʒɪ] *n.* 插烯(作用,原理)

vinylon [ˈvaɪnɪlɒn] *n.*【纺】维尼纶

vinylpyrene [ˌvɪnɪlˈpɪriːn] *n.* 乙烯基芘

Vinylseal [ˈvaɪnɪlsiːl] *n.* 维尼西耳(聚乙酸乙烯酯树
脂的商品名)

vinyon [ˈvɪnjɒn] *n.* 维尼昂(商品名),聚乙烯塑料

viola [vɪ'əʊlə] *n.*【音】中提琴

violable ['vaɪələbl] *a.* 可〔易受〕侵犯的,可〔易〕违反的 ‖ **violability**[vaɪələ'bɪlətɪ] *n.* **violably** ['vaɪələblɪ] *ad.*

violaceous [,vaɪə'leɪʃəs] *a.* 紫罗兰色的 ‖ ~**ly** *ad.*

violan ['vaɪələn] *n.* 青辉石

violanin [vaɪə'lænɪn] *n.*【生化】堇菜苷,花翠素鼠李葡萄糖苷

violanthrene [,vaɪə'lænθri:n] *n.* 紫蒽

violanthrone [,vaɪə'lænθrəʊn] *n.* 紫蒽酮染料

violate ['vaɪəleɪt] *vt.* ①违犯 ②妨碍,破坏,扰乱 ‖ **violation**[vaɪə'leɪʃən] *n.*

violator ['vaɪəleɪtə] *n.* 违反〔章,章〕者,扰乱者

violaxanthin [vaɪə'læksænθɪn] *n.* 堇菜黄质,紫黄质

violence ['vaɪələns] *n.* ①猛烈(性),强(烈)度 ②暴力(行为) ③篡改,侵犯 ☆**do violence to** 伤害,以暴力对待,违背,违反; **with violence** 猛烈地

violent ['vaɪələnt] *a.* ①猛〔激,强〕烈的,极度的 ②用暴力的,强暴的 ③歪曲的,曲解的 ‖ ~**ly** *ad.*

violescent [,vaɪə'lesnt] *a.* 带紫罗兰色的

violet ['vaɪəlɪt] *n.;a.* 紫罗兰(色,色的),紫色(的)

violet-shaded ['vaɪəlɪt'ʃeɪdɪd] *a.* 向紫端递降的,紫递降的

violin [vaɪə'lɪn] *n.*【音】小提琴 ☆**play first violin** 担任第一小提琴手,当第一把手

violinist ['vaɪəlɪnɪst] *n.*【音】小提琴手

violoncello [,vaɪələn'tʃeləʊ] *n.*【音】大提琴

violone ['vaɪələʊn] *n.*【音】低音提琴

viomycidine [,vaɪə'maɪsɪdɪn] *n.*【医】胍基二氢吡咯甲酸

viomycin [,vaɪə'maɪsɪn] *n.*【医】紫霉素

viosterol [vaɪ'ɒstərɔ:l] *n.*【医】钙化(甾)醇,维生素 D2

viper ['vaɪpə] *n.* 毒蛇,奸诈者

viperine ['vaɪpərɪn] *a.* 毒蛇(似)的,恶毒的

viperish ['vaɪpərɪʃ], **viperous** ['vaɪpərəs] *a.* 毒蛇似的,阴险的,恶毒的

virement ['vɪrɪmənt] *n.* (剩余)基金挪用

viremia [vaɪ'ri:mɪə] *n.*【医】病毒血症

vires ['vaɪəri:z] (拉丁语) vis 的复数

virescence [vaɪə'resəns] *n.* 开始呈现绿色

virescent [vaɪ'resnt] *a.* 开始出现绿色的,带〔淡〕绿色的

virga ['vɜ:gə] *n.*【气】幡状云,雨幡,雪幡

virgation [vɜ:'geɪʃən] *n.* 分(成多)支

virgin ['vɜ:dʒɪn] *n.;a.* ①处女(的) ②纯洁的 ③原(始)的,初始的,首次的,未掺杂的,未开发的 ④直馏的,初榨的,由矿石直接提炼的

Virginia [vɜ:'dʒɪnɪə] *n.* (美国)弗吉尼亚(州)

Virgo ['vɜ:gəʊ] *n.* ①【天】处女座 ②维尔格铬镍钨(钼)系合金钢

virgule ['vɜ:gju:l] *n.* 斜(线)号 " / "

viricide ['vaɪərɪsaɪd] *n.* 杀病毒剂

virid ['vɪrɪd] *a.* 青〔翠〕绿色的

viridescent [vɪrɪ'desnt] *a.* 带〔淡〕绿色的

viridian [vɪ'rɪdɪən] *n.* (翠)绿色的

viridin ['vɪrɪdɪn] *n.* 绿胶霉素,绿毛菌素

viridity [vɪ'rɪdɪtɪ] *n.* ①碧绿,翠绿 ②新鲜,活力

virilism ['vɪrɪlɪzəm] *n.* 男性化现象

virion ['vaɪərɪɒn] *n.*【医】病毒粒子

virogene ['vɪrədʒi:n] *n.* 病毒基因

viroid ['vaɪərɔɪd] *n.* 类病毒

virology [,vaɪə'rɒlədʒɪ] *n.* 病毒学

viropexis [,vaɪərə'peksɪs] *n.* 吞饮病毒,病毒固定

virose ['vaɪərəʊs] *a.* 有病毒的,有毒性的

virosis [vaɪə'rəʊsɪs] *n.*【医】病毒病

virosome ['vaɪərəsəm] *n.* 病毒颗粒

virostatic [,vaɪərə'stætɪk] *a.* 抑制病毒生长的

virtu ['vɜ:tu] *n.* 艺术品,古董

virtual ['vɜ:tʃʊəl] *a.* ① 实际〔实质,事实〕上的,现实的 ② 虚(的),假(拟)的 ③潜伏的,可能的 ④有效的

virtualization [,vɜ:tʃʊəlaɪ'zeɪʃən] *n.* 虚拟化

virtualized ['vɜ:tʃʊəlaɪzd] *a.* 虚拟化的

virtually ['vɜ:tʃʊəlɪ] *ad.* 实际〔实质,事实〕上

virtue ['vɜ:tju:] *n.* ①优点,美德,德性 ②效力〔能〕,性能,功效 ☆**by (in) virtue of** 依靠(…的力量),由于,根据

〖用法〗当表示"突出的优点"时,一般使用"great"与它搭配。如: One of the great virtues of the sine-wave testing is as follows. 正弦波测试的突出优点之一如下。

virtueless ['vɜ:tʃu:lɪs] *a.* 没有长处的,没有道德的,无效的

virtuosi [,vɜ:tʃʊ'əʊsi:] virtuoso 的复数

virtuosic [vɜ:tʃʊ'ɒsɪk] *a.* 艺术家的

virtuosity [,vɜ:tʃʊ'ɒsətɪ] *n.* (艺术方面的)精湛技巧,对艺术品的鉴赏力(或爱好)

virtuoso [,vɜ:tʃʊ'əʊzəʊ] (pl. virtuosos 或 virtuosi) *n.* 艺术能手,艺术品鉴赏家〔爱好者〕

virtuous ['vɜ:tʃʊəs] *a.* 正直的,公正的,有效力的 ‖ ~**ly** *ad.* ~**ness** *n.*

virucide ['vaɪərəsaɪd] *n.* 杀病毒剂

virulence ['vɪrʊləns], **virulency** ['vɪrʊlənsɪ] *n.* 有毒,毒性,致命性,恶毒,侵入性

virulent ['vɪrʊlənt] *a.* 剧毒的,致命的,易传染的,强烈的,恶性〔毒〕的 ‖ ~**ly** *ad.*

viruria [vɪ'rʊərɪə] *n.* 病毒尿症

virus ['vaɪərəs] *n.* (滤过性)病毒,毒害,恶意〔毒〕

virusin ['vɪrʊsɪn] *n.* 病毒菌素

vis [vɪs] (拉丁语) *n.* (pl. vires ['vaɪəri:z]) *n.* 力

visa ['vi:zə] *n.;vt.* 签证,在(…上)背签,签准 ☆**get (have) one's passport visaed** 取得护照签准; **put a visa on** 签证

visage ['vɪzɪdʒ] *n.* 面容,外表,脸

vis-à-vis ['vi:zɑ:vi:] (法语) ❶ *ad.;prep.* ①面对面,在…对面,面对面,对着 (to,with) ②对于,和…相对,与…相比较 ❷ *a.* 相对的,面对面的 ❸ *n.* ①相

对的〔对等的,面对面的〕人〔物〕,对手 ②面对面的谈话,密谈

visbreaker ['vɪs,breɪkə] n. 减黏裂化炉

visbreaking ['vɪs,breɪkɪŋ] n. 减黏裂化,减低黏度

viscera ['vɪsərə] n. ①内脏,脏腑(尤指肠) ②内容,内部的东西 ‖ ~ly a.

visceral ['vɪsərəl] a. 内脏的,肺腑的,出自内心的

viscerate ['vɪsəreɪt] vt. 取出…的内脏

visceroceptor [vɪsərə'septə] n. 内脏感受器

viscerotropic [,vɪsərə'trɒpɪk] a. 亲内脏的

viscid ['vɪsɪd] a. 黏(性,滞,质)的,半流体的,稠液的 ‖ ~ly ad.

viscidity [vi'sɪdətɪ] n. 黏性,黏(稠)度,黏质

viscoelastic [,vɪskəʊɪ'læstɪk] ❶ a. 黏弹性的 ❷ n. 黏滞弹性体

viscoelasticity ['vɪskəʊ,ɪlæs'tɪsətɪ] n. 黏弹性(力学)

viscogel ['vɪskədʒel] n. 黏性凝胶

viscogram ['vɪskəgræm] n. 黏度图

viscograph ['vɪskəgrɑːf] n. 黏度曲线仪

viscoid ['vɪskɔɪd] n. 黏丝体

viscoloid ['vɪskəlɔɪd] n. 黏性胶体

viscometer [vɪs'kɒmɪtə] n. 黏度计,流度计

viscometric [vɪskə'metrɪk] a. 测定黏度的,黏滞的

viscometry [vɪs'kɒmɪtrɪ] n. 黏度测定法〔学〕,测黏术

viscoplastoelastic [vɪskə'plæstəɪ'læstɪk] a.;n. 黏塑弹性(的)

viscorator ['vɪskəreɪtə] n. 连续记录黏度计

viscoscope ['vɪskəskəʊp] n. 黏度指标器

viscose ['vɪskəus] ❶ n. 黏胶(丝,液,纤维),纤维胶 ❷ a. 黏滞的, 黏胶制的

viscosimeter [vɪskə'sɪmɪtə] n. 黏度计(表)

viscosimetric [vɪskəsɪ'metrɪk] a. 测黏度的

viscosimetry [vɪskə'sɪmɪtrɪ] n. 测黏法(术)

viscosity [vɪs'kɒsətɪ] n. ①黏(滞)性,滞度 ②韧度〔性〕

Viscotron ['vɪskətrɒn] n. 通用黏度计(商品名)

viscount ['vaɪkaunt] n. 子爵(式飞机)

viscous ['vɪskəs] a. 黏(性,滞,稠)的 ‖ ~ness n.

viscousbody ['vɪskəs,bɒdɪ] n. 黏带体

viscous-damping ['vɪskəs'dæmpɪŋ] n. 黏性阻尼

vise [vaɪs] ❶ n. (老)虎钳,夹具 ❷ vt. (用虎钳,台钳)钳住,夹紧

visibility [,vɪzɪ'bɪlətɪ] n. ①能见度,清晰度 ②视野 ③(最远)视程 ④明显(度) ⑤看得见的东西

visible ['vɪzəbl] ❶ a. ①可见的,有形的 ②明显的 ③显露式的 ❷ n. 可见物,直观教具

visibly ['vɪzɪbəlɪ] ad. 看得见地,显而易见

visicode ['vɪzɪkəʊd] n. (遥控用)可见符号

visilog ['vɪzɪlɒg] n. 仿视机,人造眼

visiogenic [,vɪzɪə'dʒenɪk] a. 适于拍摄电视的

vision ['vɪʒən] ❶ n. ①视线 ②视力,目击〔睹〕 ③影〔景〕像,幻影 ④想像力,洞察力 ❷ vt. ①看见,观察,想像 ②显示 ☆beyond ... vision 在…视力所不及的地方; have the wide vision of 具有…的高瞻远瞩; have visions of 想像到

visional ['vɪʒənəl] a. 梦幻的,非实有的 ‖ ~ly ad.

visionary ['vɪʒənərɪ] ❶ a. 幻想〔觉,影〕的,非实有的,空想的 ❷ n. 幻〔空〕想家

visit ['vɪzɪt] n.;v. ①访问,拜访,看望 ②参观,游览 ③视察,巡视,出诊 ④侵袭,降临 ⑤叙谈(with) ☆be visited by 遭到; (go) on a visit to 去看…,去…(游)玩; make (pay, give) a visit to 访问; return a visit 回访

visitant ['vɪzɪtənt] n. ①访问者,来宾 ②候鸟

visitation [,vɪzɪ'teɪʃən] n. ①访问 ②巡视,视察,检查 ③灾祸 ‖ ~al a.

visitatorial [,vɪzɪtə'tɔːrɪəl] a. 访问的,探望的,巡视的,视察的

visiting ['vɪzɪtɪŋ] n.;a. 访问(的),探望(的),视察(的)

visitor ['vɪzɪtə] n. ①访问者,参观者,来宾,游客 ②检查员,视察员

visnagin [vɪz'nædʒɪn] n. 【化】威士拿精,阿密茴素

visor ['vaɪzə] ❶ n. ①护目镜,遮光〔阳〕板,风挡,帽舌 ②保护盖,面罩,假面具 ③观察孔〔窗〕,瞭望缝 ❷ vt. (用护目镜等)遮护

vista ['vɪstə] n. ①远〔街〕景,透视图 ②展望,回忆 ③一连串的事件〔追忆,展望〕

vistac ['vɪstæk] n. 聚异丁烷

Vistacon ['vɪstəkɒn] n. 铅靶管,聚烯烃树脂(商品名)

vistanex ['vɪstəneks] n. 聚异丁烯,聚丁烯合成橡胶〔纤维〕

vistascope ['vɪstəskəʊp] n. 合成图像(电视)摄像装置

vistavision ['vɪstəvɪʒən] n. 一种全景宽银幕电影,深景电影

visual ['vɪʒuəl] a. ①视(觉,力)的 ②(肉眼)可见的,直观的,形象化的

visualization [,vɪʒuəlaɪ'zeɪʃən] n. ①目测(方法),(用肉眼)检验 ②显影,显形(法) ③形象〔具体〕化

visualize ['vɪʒuəlaɪz] v. ①目测〔视〕,(目视)观察 ②设想(出) ③(使)可见,(使)具体〔形象,直观〕化 ④显像〔影,形〕 ☆visualize (A) as B (把A)想像为B〔把 A)看做是 B 〖用法〗注意下面例句中该词的含义: Visualize a sample containing three times as many as acceptor atoms. (我们来)看一下含有三倍于受主原子的一个试样。/The effect can be visualized readily with the help of the lines-of-force picture introduced in Section 1-4. 借助于 1-4 节所介绍的力线图就能容易地看出这一效应。

visualized ['vɪʒuəlaɪzd] a. 直观的,具体的,形象化的

visualizer ['vɪʒʊəlaɪzə] *n.* 观测〔察〕仪,显影仪,想像者

visually ['vɪʒʊəlɪ] *ad.* 在视觉上,看得见地,用肉眼看

visuometer [vɪʒjʊ'ɒmɪtə] *n.* 视力计

visus ['vɪsəs] *n.* 视觉(力),幻视

vita ['vaɪtə] (pl. vitae) *n.* 个人简历,生活〔存,命〕

vitagen ['vaɪtədʒən] *n.* 维生食物

vita glass, vitaglass ['vaɪtəglɑːs] *n.* (透)紫外线玻璃,维他玻璃

vitagonist [vaɪ'tægɒnɪst] *n.* 维生素拮抗物

vital[1] ['vaɪtl] ❶ *a.* ①(有)生命(力)的,生机的,朝气蓬勃的 ②(维持生命所)必需的,不可缺少的,(极其)重要的 ③极度的,非常的,致命的 ❷ *n.* (pl.) ①要害,命脉,命根子 ②(身体的)重要器官,(机器的)主要部件 ☆**(be) of vital importance** (是)极其重要的; **be vital to** 是…不可缺少的,对…极端重要的; **hit... in one's vitals** 击中…的要害; **tear the vitals out of a subject** 抓住问题的核心 ‖ ~**ly** *ad.*
〖用法〗在 "it is vital that ..." 的 "that" 从句中往往使用 "(should +)动词原形" 虚拟句型。

vital[2] ['vaɪtl] *n.* 维特精炼铝系合金

vitalight ['vaɪtəlaɪt] *n.* 紫外光(0.32μm~0.29 μm)

vitalism ['vaɪtəlɪzəm] *n.* 活力〔生机〕论

vitality [vaɪ'tælətɪ] *n.* ①生命(力),活力,生机,生动性 ②持续力,持久性,寿命

vitalize ['vaɪtəlaɪz] *vt.* ①赋予生命(力),使有生气 ②鼓舞,激发 ‖ **vitalization** [,vaɪtəlaɪ'zeɪʃən] *n.*

vitallium [vaɪ'tælɪəm] *n.* 【冶】维塔利姆高钴铬钼耐蚀耐热合金

vitamer ['vaɪtəmə] *n.* 同效维生素

vitameter [vaɪ'tæmɪtə] *n.* 维生素分析器

vitamin(e) ['vɪtəmɪn] *n.* 【医】维生素

vitaminology [,vɪtəmɪ'nɒlədʒɪ] *n.* 维生素学

vitaminosis [,vaɪtəmɪ'nəʊsɪs] *n.* 【医】维生素过多症

vitaminstoss [vɪtə'mɪnstɒs] *n.* 维生素大剂量治疗

vitaphone ['vaɪtəfəʊn] *n.* 维他风,利用唱片录放音的有声电影系统

vitascan ['vaɪtəskæn] *n.* 简易飞点式彩色电视系统

vitascope ['vaɪtəskəʊp] *n.* (早期的)电影放映机

vitasphere ['vɪtəsfɪə] *n.* 【气】生命层(圈)

vitellin [vɪ'telɪn] *n.* 【医】卵黄(类)黏蛋白

vitexin [vɪ'teksɪn] *n.* 【化】牡荆碱

vitiate ['vɪʃɪeɪt] *vt.* ①使腐败,污染 ② 损坏(害),弄脏 ③使失效,作废 ‖ **vitiation** [,vɪʃɪ'eɪʃ ən] *n.*

vitiligo [,vɪtɪ'laɪgəʊ] *n.* 【医】白斑病,白癜风

Vitis ['vɪtɪs] *n.* 【植】葡萄属(植物)

vitochemical [,vaɪtəʊ'kemɪkəl] *a.* 生命(有机)化学的

vitrain ['vɪtreɪn] *n.* 【矿】镜煤,闪炭

Vitreosil ['vɪtrɪəsɪl] *n.* 【建】熔凝(真空,透明)石英

vitreosol ['vɪtrɪəsɒl] *n.* 透明溶胶

vitreous ['vɪtrɪəs] *a.* 玻璃(质,体)的,透明的,上釉的,陶化的 ‖ ~**ly** *ad.*

vitreousness ['vɪtrɪəsnɪs] *n.* 玻璃状态,透明性

vitrescence [vɪ'tresns] *n.* 玻璃态〔状〕,玻璃质化

vitrescent [vɪ'tresnt] *a.* 玻态的,玻状的,成玻璃质的

vitreum ['vɪtrɪəm] *n.* 玻璃体

vitric ['vɪtrɪk] ❶ *a.* 玻璃(状)的 ❷ *n.* ① (pl.)玻璃制品,玻璃状物质 ②玻璃(品)制造法

vitrics ['vɪtrɪks] *n.* 玻璃器类,玻璃状物质,玻璃制造法

vitrifiable ['vɪtrɪfaɪəbl] *a.* 能玻璃化的

vitrification [,vɪtrɪfɪ'keɪʃ ən] *n.* 变成玻璃,透明化(作用),上釉

vitrified ['vɪtrɪfaɪd] *a.* 玻璃化的,成玻璃质的,上釉的,陶化的

vitriform ['vɪtrɪfɔːm] *a.* 玻璃状的

vitrify ['vɪtrɪfaɪ] *v.* (使)玻璃化,透明化

vitrina ['vɪtrɪnə] *n.* 半透明(玻璃样)物质

vitrine [vɪ'triːn] *n.* 玻璃陈列橱窗

vitriol ['vɪtrɪəl] ❶ *n.* ①【化】硫酸(盐),矾(类) ②讽刺,尖刻的批评 ❷ *vt.* 把…浸于稀硫酸中

vitriolic [,vɪtrɪ'ɒlɪk] *a.* ①硫酸的,由硫酸得来的 ②讽刺的,尖刻的

vitriolize ['vɪtrɪəlaɪz] *vt.* 用硫酸处理,使溶于硫酸 ‖ **vitriolization** [,vɪtrɪəlaɪ'zeɪʃən] *n.*

vitrite ['vɪtraɪt] *n.* 镜煤,氯化氰和三氯化砷的混合物

vitrobasalt ['vɪtrəʊbəsɔːlt] *n.* 【矿】玻璃玄武岩

vitroclastic ['vɪtrə'klæstɪk] *a.* 玻璃状(构造)的

vitrolite ['vɪtrəlaɪt] *n.* 【印】瓷板,瓷砖

vitrophyre ['vɪtrəfaɪə] *n.* 【地质】玻(基)斑岩

vituperate [vaɪ'tjuː pəret] *vt.* (谩,痛,咒)骂 ‖ **vituperation** [vaɪ,tjuː pə'reɪʃ ən] *n.* **vituperative** [vɪ'tjuːpərətɪv] *a.*

viva ['viːvə] *n.* 口试,口头测验

vivacious [vɪ'veɪ əs] *a.* ①活泼的,兴高采烈的 ② 多年生的 ‖ ~**ly** *ad.* **vivacity** [vɪ'væsətɪ] *n.*

Vival ['vɪvəl] *n.* 维瓦尔形变铝合金

vivarium [vaɪ'veərɪəm] (pl. vivaria) *n.* 动(植)物园

vive [viːv] (法语) *int.* 万岁

vivianite ['vɪvɪənaɪt] *n.* 【矿】蓝铁矿

vivid ['vɪvɪd] *a.* ①(色,光等)强烈的,鲜明(艳)的,光亮的 ②活泼的,生动的 ‖ ~**ly** *ad.* ~**ness** *n.*

vivify ['vɪvɪfaɪ] *vt.* 使具有生气,使生动 ‖ **vivification** [,vɪvɪfɪ'keɪʃ ən] *n.*

viviparity [,vɪvɪ'pærətɪ] *n.* 胎生

viviparous [vɪ'vɪpərəs] *n.* ①胎生的(动物),(在母)株上萌发的(植物)

vivisection [,vɪvɪ'sekʃ ən] *n.* 活体解剖

vivistain ['vɪvɪsteɪn] *n.* 活染法

vivo ['viː vəʊ] (拉丁语) ☆*in vivo* 在体内,自然条件

下的(实验,化验)

Vladivostok [vlædɪ'vɒstɒk] n. 符拉迪沃斯托克 (即海参崴)

vocable ['vəukəbl] n.【语】(作为音、形单位的) 词,语

vocabulary [və'kæbjulərɪ] n. ①词汇(表),符号集, 词典,汇编 ②用语(范围),词汇量

vocal ['vəukl] ❶ a. 声(音)的,有声的,发音的,口头 (述)的 ❷ n.【语】元音

vocalic [vəu'kælɪk] ❶ a.【语】(含,多)元音的 ❷ n. (复合)元音

vocalist ['vəukəlɪst] n. 歌唱者(家),声乐家

vocalize ['vəukəlaɪz] v. 发音(音,法),有声化,(使) 发成元音 ‖ **vocalization** [,vəukəlaɪ'zeɪʃən] n.

vocally ['vəukəlɪ] ad. 用声音,口头

vocation [vəu'keɪʃən] n. ①才能,禀性,倾向 ②使 命,天职 ③职(行)业 ☆have little vocation for doing 不大适于(做); have no vocation for doing 不适于(做)

vocational [vəu'keɪʃənəl] a. 职业(上)的,业务的

voces ['vəusiːz] (拉丁语) vox 的复数

vociferate [vəu'sɪfəreɪt] v. 呼喊,叫嚣,嘈杂 ‖ **vociferation** [vəusɪfə'reɪʃən] n. **vociferous** [vəu'sɪfərəs] a.

vocoder ['vəu,kəudə] n. (=voice coder)声(音)码 器,自动语音(言)合成仪

vodka ['vɒdkə] n. 伏特加酒

voe [vəu] n. 小(海)湾

vogad ['vəugəd] n.【通信】语音增益调整器

voglianite ['vɒglɪənaɪt] n.【矿】绿铀矾

voglite ['vɒglaɪt] n.【矿】铜菱铀矿,菱钙铜铀矿

vogue [vəug] n.;a. 流行(物,的),风行(气),时髦(的 事物),普遍流(接受) ☆all the vogue 到处受 欢迎,最新流行品; (be) in vogue 正在流行; be (go) out of vogue 不流行; come into vogue 开始流行; have a short vogue 不大流行; the vogue of the day 风行一时的事物

voguish ['vəugɪʃ] a. (一度)流行的,时髦的,漂亮的

voice [vɔɪs] ❶ n. ①声(音),话〔语〕音 ②意见,愿 望,喉舌,代言人 ③语态 ❷ vt. 话频的,音频的 ❸ vt. 发声(音),表达,讲出来 ☆give voice to 说出, 吐露; give voice to one's opinion 表示意见; have a (no) voice in A 对 A 有〔没有〕发言 权; with one voice 异口同声地,一致地

voiceful ['vɔɪsful] a. 有(高声)的,声音嘈杂的

voicegram ['vɔɪsgræm] n. 录音电话

voiceless ['vɔɪslɪs] a. 无声的,沉寂的,无发言权的

voice-operated ['vɔɪs'ɒpəreɪtɪd] a. 音频控制的, 语控的

voice-over ['vɔɪs'əuvə] n. (电视等的)画外音

voiceprint ['vɔɪsprɪnt] n. (仪器记录下来的)声波 纹,语言声谱仪

void [vɔɪd] ❶ a. ①没有的,缺乏的 ② 空(虚,闲,白) 的 ③无效(用)的,(可)作废的 ❷ n. ①空隙(率) ②空洞(穴,腔,位,白),气泡 ③真空,太空 ④内腔

⑤(符号识别用)脱墨 ❸ vt. ①排泄 ②使无效,取 消 ③使交出,退出 ☆(be) null and void 无效 (的); be void of 缺乏; emerge out of the void 凭空出现; vanish into the void 消失得无影无 踪 ‖ ~ness n.

voidable ['vɔɪdəbl] a. 可以作废(取消)的,可以使 无效的 ‖ ~ness n.

voidage ['vɔɪdɪdʒ] n.【冶】空隙(度,量,容积),空 穴(现象),空位(现象)

voidance ['vɔɪdəns] n. ①排泄,撤出,摒弃 ②宣告 无效,取消,废除 ③空位

voiding ['vɔɪdɪŋ] n. 空白,无值

voiture [vwɑ'tjuːr] (法语) n. 轻便敞篷汽车,轻便 马车

voiturette [vwɑ:tjuə'ret] (法语) n. (双座)小型汽 车

volador [vəulə'dɔː] n. 飞鱼

volant ['vəulənt] a. ①飞行的,能飞的 ②快速的,敏 捷的

volar ['vəulə] a. 手掌(一边)的,足底(一边)的

volatile ['vɒlətaɪl] ❶ a.【化】①挥发(性)的 ②轻 快的,易变的,短暂的 ③飞行的 ④【计】无电源消 灭型的 ❷ n. 挥发(性)物(质),造气的药皮 ‖ ~ness n.

volatility [,vɒlə'tɪlətɪ] n.【化】①挥发性〔度〕 ② 轻快,易变,短暂,反复无常

volatilizable [vɒ'lætɪlaɪzəbl] a. 可〔易〕挥发的

volatilization [vɒ,lætɪlaɪ'zeɪʃən] n. 挥发(作用), 蒸馏,汽化

volatilize [və'lætɪlaɪz] v. (使)挥发

volatilizer [və'lætɪlaɪzə] n. 挥发器

volatimatter [və'lætɪmætə] n. 挥发(性)物(质)

volcanic [vɒl'kænɪk] ❶ a. ①火山(性)的,多火山 的 ②猛烈的 ❷ n. 火山岩

volcanically [vɒl'kænɪkəlɪ] ad. 火山似地,暴(猛) 烈地

volcanicity [vɒlkə'nɪsətɪ] n. 火山性,火山活动 (性)

volcanism ['vɒlkənɪzəm] n.【地理】火山活动(作 用,现象)

volcano [vɒl'keɪnəu] (pl. volcano(e)s) n. 火山 ☆ sit on a volcano 坐在火山顶上,处境危险

volcanogenic [vɒl,keɪnəu'dʒenɪk] a. 火山所生 成的

volcanology [,vɒlkə'nɒlədʒɪ] n.【地理】火山学

vole [vəul] n.;vi. (获)全胜 ☆go the vole 孤注一 掷

Volga ['vɒlgə] n. 伏尔加河

volition [vəu'lɪʃən] n. 意志(力),决心〔断〕,取舍 ☆of one's own volition 出于自愿

volitional [vəu'lɪʃənəl] a. 意志的 ‖ ~ly ad.

volitive ['vɒlɪtɪv] a. 意志的

volley ['vɒlɪ] n.;v. 排枪射击,齐发,齐(群)射,一列 冲动 ☆a volley of 一阵,一连串的; at (on) the volley 不经意地,顺便地,在运行〔动〕中

volleyball ['vɒlɪbɔ:l] *n.* 排球

volometer [vəʊ'lɒmɪtə] *n.*【电子】①伏安表,视在功率表 ②万能电表

Volomit ['vəʊləmɪt] *n.* 佛罗密特超硬质碳化钨合金

volplane ['vɒlpleɪn] *vi.;n.* 滑翔,空中滑行

volt [vəʊlt] *n.*【电子】伏(特)(电压单位)

Volta ['vɔ:ltɑ:] *n.* 沃尔特(河)

voltage ['vəʊltɪdʒ] *n.*【电子】电压〔量〕,伏(特)数

〖用法〗❶ 其后一般跟"across"表示"在…上〔两端〕的电压"。如: It is necessary to find out the voltage across R$_X$. 必须求出在 R$_X$ 上的电压。❷ 注意下面例句中逗号后的译法: When i$_C$ = 0, v$_{CE}$ = V$_T$ ln (1/ α $_R$), a positive voltage. 当 i$_C$ = 0 时,v$_{CE}$ = V$_T$ ln (1/ α $_R$),这个电压是正的。("a positive voltage" 是前面那个式子的同位语。)

voltaic [vɒl'teɪɪk] *a.* 动(流)电的,伏打(式)的

voltaism ['vɒlteɪzəm] *n.* 伏打电(学),(直)流电

voltameter [vɒl'tæmɪtə] *n.* (电解式)电量计,电压计

voltametric [,vɒltæ'metrɪk] *a.* 电量测量的

voltammeter ['vəʊlt'æmi:tə] *n.* 电压电流(两用)表,电压电量计,伏安表

voltammetric [,vəʊltæ'metrɪk] *a.* 伏安测量的

voltammetry [vəʊl'tæmɪtrɪ] *n.* 伏安(测量)法,电量法

voltamoscope ['vəʊltæməskəʊp] *n.*【电子】伏安器

voltampere ['vəʊlt'æmpɪə] *n.*【电子】伏(特)安(培)(电量单位,视在功率单位)

voltascope ['vəʊltəskəʊp] *n.* (综合)伏特示波器,千分伏特计

volticap ['vɒltɪkæp] *n.*【电子】变容二极管

voltite ['vɒltaɪt] *n.* 电线被覆绝缘物

voltmeter ['vəʊlt,mi:tə] *n.*【电子】电压表,伏特计

voltohmyst ['vəʊlt'əʊmɪst] *n.*【电子】伏欧计

voltolization [,vɒltəlaɪ'zeɪʃ ən] *n.* 电聚,无声放电处理(法),高电压处理(法)

voltolize ['vɒltəlaɪz] *vt.* 对…作无声放电处理,对…作高电压处理

volubility [,vɒlju'bɪlətɪ] *n.* 流畅〔利〕 ☆ **with volubility** 流畅地,滔滔不绝地

voluble ['vɒljubl] *a.* ①流畅〔利〕的,滔滔不绝的,善辩的 ②旋转性的 ③(蔓)缠绕的 ‖ **volubly** ['vɒljublɪ] *ad.*

volume ['vɒlju:m] ❶ *n.* ①体〔积〕积,(容,音,声)量 ②(一)卷,册,合订本,盘 ③大量,(pl.)大量 ❷ *a.* 大量的 ❸ *v.* ①把…收集成卷,把…装订成册 ②成团升〔卷〕起 ☆**express volumes** 意味深长; **gather volume** 增大; **speak volumes** 含义很深; **speak volumes for** 充分地表明; **volumes of** 大量的

〖用法〗注意下面例句中该词的含义: In this way, the reader is bound to be overwhelmed by the sheer volume of symbols and letters. 这样,读者肯定会被纯粹大量的符号和字母搞得不知所措。

volumed ['vɒljumd] *a.* ①成卷〔团〕的 ②大(量)的

volumenometer [,vɒljumɪ'nɒmɪtə] *n.* 排水容积计,比重计

volume-produce ['vɒlju:mprə'dju:s] *vt.* 大量(批量,成批)生产

volumescope ['vɒljumɪ,skəʊp] *n.* (气体)体积计

volumeter [vɒ'lju:mɪtə] *n.* 容(体)积计

volumetric(al) [,vɒlju'metrɪk(əl)] *a.* 容量(积)的,体积的,测量容(体)积的,容量(滴定)分析的 ‖ **~ally** *ad.*

volumetry [vɒ'lju:mɪtrɪ] *n.* 容量测定,容量分析(法)

voluminal [və'lju:mɪnəl] *a.* 体(容)积的

volumination [və,lju:mɪ'neɪʃ ən] *n.*【医】菌体膨大(肿胀)

voluminosity [və,lju:mɪ'nɒsətɪ] *n.* ①庞大,繁多,冗长 ②容积度 ③著作量多 ④盘绕

voluminous [və'lju:mɪnəs] *a.* ①容(体)积的 ②庞大的,大量的 ③长篇的,多卷的 ④盘绕的 ‖ **~ly** *ad.* **~ness** *n.*

volumometer [vɒlju'mɒmɪtə] *n.* 容量计

voluntarily ['vɒləntərɪlɪ] *ad.* 自(志)愿地,自动(发)地

voluntary ['vɒləntərɪ] ❶ *a.* ①自(志)愿的,自动(发)的 ②有(故)意的,任(随)意的 ❷ *n.* 自愿的行动,志愿者 ‖ **voluntariness** ['vɒləntərɪnɪs] *n.*

volunteer [,vɒlən'tɪə] ❶ *n.* 自愿(参加)者,志愿兵,义勇军 ❷ *a.* 自愿参加的,志愿的 ❸ *v.* 自愿(做、提供、参加等),当志愿军 ☆**volunteer for service** 志愿参军; **volunteer one's services** 自愿服务; **volunteer to do** 自愿(做)

volute [və'lju:t] ❶ *n.* ①蜗壳,涡囊 ②螺旋形(小室),涡卷饰物,盘蜗形,螺旋线 ③集气环 ❷ *a.* 螺(涡)旋形的,盘旋的

voluted [və'lju:tɪd] *a.* 螺(涡)旋形的,涡形(卷)的

volutin ['vɒljutɪn] *n.*【生】迂回体,迂回螺菌素

volution [və'lju:ʃ ən] *n.* 螺旋形,涡旋(形),旋圈,螺环

volva ['vɒlvə] *n.* 菌托

volvate ['vɒlveɪt] *a.* 有菌托的

Volvit ['vɒlvɪt] *n.* 青铜轴承合金

vomax ['vɒmæks] *n.*【电子】电子管电压表

vomit ['vɒmɪt] *n.;v.* ①喷(吐)出,大量倾出(forth, up, out) ②呕吐(物),催吐剂

vomitive ['vɒmɪtɪv], **vomitory** ['vɒmɪtərɪ] ❶ *a.* (使)呕吐的,令人作呕的 ❷ *n.* 催吐剂

von [vɒn] (德语) *prep.* (= of 或 from) …的,来自…的

voracious [və'reɪʃ əs] *a.* 贪婪的 ‖ **~ly** *ad.* **~ness** 或 **voracity** [və'ræsətɪ] *n.*

voratile ['vɒrətaɪl] *n.* 无电源消失型

vortex ['vɔ:teks] (pl. vortexes 或 vortices) n.【航】
①涡流(面),涡旋(体),涡动,旋涡(风) ②(动乱、
争论等的)中心

vortical ['vɔ:tɪkəl] a. 旋涡(似)的,旋风的,旋转
的   ‖ ~**ly** ad.

vorticella [ˌvɔ:tɪˈselə] n. 钟形虫

vortices ['vɔ:tɪsi:z] vortex 的复数

vorticity [vɔ:ˈtɪsətɪ] n. 涡旋(状态),(涡)旋(强)度,
涡(环)量

vortrap ['vɔ:træp] n. 旋流分级器

votable ['vəutəbl] a. 有选举〔投票〕权的,可付诸
表决的

votary ['vəutərɪ] n. 支持某一事业的人,提倡者,献
身于…的人(of)

votator [vəuˈteɪtə] n. 螺旋式热交换器

vote [vəut] n.;v. ①投票,表决(权),选举(权),(选)票
②(卫星定位的)优选系统 ③决议事项,决议的金
额(拨款) ④建议,发表意见 ☆**give one's vote
to (for)** 投赞成…的票; **pass by a majority of
votes** 以过半数通过; **put ... to the vote** 把…
付诸表决; **take a vote on ...** 表决…; **vote
against** 投票反对; **vote down** 否决; **vote for**
投票赞成; **vote in** 选举(出); **vote (...) through**
(使…)表决通过,投票同意(…)

voteless ['vəutlɪs] a. 无投票(选举)权的

voter ['vəutə] n. 选举(投票)人,表决器(电路)

voting ['vəutɪŋ] n.;a. 投票(的),选举(的),表决(的)

voting-paper ['vəutɪŋˌpeɪpə] n. 选票

vouch [vautʃ] v. ①担保,作证(for) ②确定,断定

voucher ['vautʃə] ❶ n. ①(保)证人,证明者 ②证
明〔件,书〕,凭单〔证〕,收据〔条〕 ❷ vt. 证实…
的可靠性,为…准备凭据

vouchsafe [ˌvautʃˈseɪf] vt. ①给予,赐(惠)予 ②
允诺 ☆**vouchsafe to do** 答应(做)

voussoir [vuːˈswɑː] n.【建】(楔形)拱石,(砌拱用
的)楔形砖

vow [vau] n.;v. ①誓(言),起〔发〕誓,许愿 ②承认,
公开宣布 ☆**make (take) a vow** 起(发)誓

vowel ['vauəl] ❶ n. 元音(字母) ❷ a. 元音的 ❸
(vowel(l)ed; vowel(l)ing) vt. 加元音符号于

vowelize, vowelise ['vauəlaɪz] vt.【语】加元音
符号于   ‖ **vowelization** [ˌvauəlaɪˈzeɪʃ ən] n.

vox [vɒks] (拉丁语) (pl. voces) n. 声(音)

voyage ['vɔɪdʒ] n.;v. ①航海〔空,行,程〕 ②旅行
③渡(飞)过 ☆**make (take) a voyage to ...** 航
行到…去; **on the voyage home (homeward)**
在归航途中; **on the voyage out (outward)** 在
出航途中

voyageable ['vɔɪɪdʒəbl] a. 能航行〔海〕的

vraisemblance [vresɒ̃ˈblɒ̃s] (法语) n. 逼真
(的事物)

vrille [vrɪl] n. 螺旋飞行(下降),旋转

vroom [vruːm] n.;vi. (机动车)加速时发出的声音,
呜地开走

vug(g) [vʌg] n. 晶洞(球),空心石核

vug(h) [vʌg] n. 晶簇

vulcabond ['vʌlkəbɒnd] n. 二异氰酸酯

vulcalose ['vʌlkələus] n. 同硬橡皮一样的绝缘材
料

Vulcan ['vʌlkən] n. ①【天】祝融星 ②(vulcan)锻
冶者,铁匠

vulcanic [vʌlˈkænɪk] a. ①火山(作用)的 ②铁匠
的

vulcanicity [ˌvʌlkəˈnɪsətɪ] n. 火山性

vulcanite ['vʌlkənaɪt] n. 硫化橡胶,胶木

vulcanizate ['vʌlkənɪzeɪt] n. 硫化产品,硫化(橡)
胶,橡皮

vulcanization [ˌvʌlkənaɪˈzeɪʃ ən] n. (橡胶)硫(硬)
化作用,热补(轮胎)

vulcanizator ['vʌlkənaɪzeɪtə] n. 硫化剂

vulcanize ['vʌlkənaɪz] v. ①(高温加碳使橡胶)硫
(硬)化 ②热补(轮胎)

vulcanizer ['vʌlkənaɪzə] n. (橡胶)硫化器(机,剂),
硬化剂(器),热补机

vulgar ['vʌlgə] a. ①大众的,通用(俗)的 ②庸俗的,
粗陋的   ‖ ~**ly** ad.

vulgarism ['vʌlgərɪzəm] n. 俗语

vulgarize ['vʌlgəraɪz] vt. ①使通俗〔大众〕化 ②
使庸俗化   ‖ **vulgarization** [vʌlgəraɪˈzeɪʃ ən] n.

vulnerability [ˌvʌlnərəˈbɪlətɪ] n. ①易损(坏)性,
易受伤,脆(薄)弱性 ②(薄)弱点,要害 ③致命的
〖用法〗该词后跟介词 "to"。如: This bridge has the
disadvantage of <u>vulnerability to</u> interference. 这个
电桥的缺点是易受干扰的影响。

vulnerable ['vʌlnərəbl] a. ①薄〔脆〕弱的,易受攻
击的,易受伤的 ②有缺〔弱〕点的   ‖ ~**ness** n.
vulnerably ['vʌlnərəblɪ] ad.
〖用法〗该词后跟介词 "to"。如: This device is
<u>vulnerable to</u> electromagnetic radiation. 这个设备
易受电磁辐射的影响。

vulnerary ['vʌlnərərɪ] a.;n. 治伤的,创伤药

vulnerate ['vʌlnəreɪt] vt. 使受外伤

vulpine ['vʌlpaɪn] a. (像)狐狸的,狡猾的

vulsinite ['vʌlsɪnaɪt] n. 斜斑粗安岩

vultex ['vʌlteks] n.【化】硫化橡浆(胶乳)

vultite ['vʌltaɪt] n. 一种由沥青乳液、水泥、砂和水
组成的混合防滑罩面材料

vulture ['vʌltʃə] n. 座山雕,秃鹫,贪得无厌的
人   ‖ **vulturine** ['vʌltʃuraɪn] a.

vulturish ['vʌltʃurɪʃ], **vulturous** ['vʌltʃurəs] a.
像秃鹫的,贪婪的

vulva ['vʌlvə] n. 女阴

vulvitis [vʌlˈvaɪtɪs] n.【医】外阴炎

vycor ['vaɪkɔ:] n. (高硼硅酸)耐热〔火〕玻璃,石英
(高硅氧)玻璃

vying ['vaɪɪŋ] ❶ vie 的现在分词 ❷ a. 竞争的

Vynitop ['vaɪnɪtɒp] n. 涂聚氯乙烯钢板

vysotskite [viːˈsɒtskaɪt] n. 硫钯矿

V

W w

wabble ['wɒbl] *vi.* 摇摆〔动〕

wacke ['wækə] *n.* 【地质】玄(武)土

wad [wɒd] ❶ *n.* ①(软)填块〔料〕,填装器,心棒 ②锰土 ③(一)叠,(一)束,(一)卷 ④(pl.)大量 ❷ (wadded; wadding) *vt.* ①填塞〔住〕②把…弄成小块,把…卷成一卷,把…压成一叠

wadable ['weɪdəbl] *a.* 可涉水而过的

wadding ['wɒdɪŋ] *n.* 填塞(物),衬料

wade [weɪd] *v.;n.* ①跋涉,涉水,浅水(滩) ②费力地前进(看完,读完,做完),困难地通过(through) ③插手 ④猛烈攻击(in, into)

wadeite ['weɪdaɪt] *n.* 【矿】钾钙板锆石

wader ['weɪdə] *n.* ①涉水鸟 ②(pl.)(涉水)高筒靴,涉水裤〔衣〕

wadi, wady ['wɒdɪ] (pl. wadi(e)s) *n.* 【地理】①旱谷,(干)河床,沙漠中的绿地 ②涌向干涸河道的水流

wafer ['weɪfə] ❶ *n.* ①(薄,圆)膜片,晶片 ②薄膜 ③干胶片,封缄纸 ④压块 ⑤饼干试样 ❷ *vt.* 压片,切成薄片 ☆*as thin as a wafer* 极薄

waferer ['weɪfərə] *n.* 压片〔块〕机,切片机

waffle ['wɒfl] ❶ *n.* ①华夫饼干 ②格栅结构(的) ③空话 ❷ *v.* 支吾,不稳定状态飞行

waft [wɑːft] *v.;n.* ①吹〔飘〕送,(使)飘浮〔荡〕,波动 ②(海上)遇险信号 ③一阵风

waftage ['wɑːftɪdʒ] *n.* 吹〔运〕送,飘浮〔荡〕,传达〔播〕

wafter ['wɑːftə] *n.* 转盘风扇

wag [wæg] ❶ (wagged; wagging) *v.* 摇摆,摆动 ❷ *n.* ①摇(摆,动) ②变迁,推移

wage [weɪdʒ] ❶ *n.* (常用 pl.)工资,薪金,报酬,代价 ❷ *v.* ①进〔实〕行,从事 ②黏土(黏土) ☆*wage a struggle against* 对…进行斗争;*wage war against (with)* 同…作战

wager ['weɪdʒə] *v.;n.* ①打赌,赌注 ②保证,担保

waggery ['wægərɪ] *n.* 滑稽,诙谐,恶作剧,开玩笑

wagging ['wægɪŋ] *n.* (左右)摆〔振〕动

waggish ['wægɪʃ] *a.* 滑稽的,恶作剧的 ‖ ~ly *ad.* ~ness *n.*

waggle ['wægl] *v.* (来回)摇摆(动) ‖ **waggling** ['wæglɪŋ] *n.* **waggly** ['wæglɪ] *a.*

Wagner ['wægnə] *n.* 华格纳(人名)

wagon ['wægən] ❶ *n.* ①(四轮,运,铁路)货车,(四轮)拖车(马车),小型手推〔送货〕车,矿车,小斗车 ②旅行(汽)车,小型客车 ③Wagon 北斗七星 ④衡量名(为24英担) ❷ *vt.* 用货车运输

wagonage ['wægənɪdʒ] *n.* 货车运输(费),运货列车,篷车队

waif [weɪf] *n.* ①漂流物 ②【航海】信号(旗) ③流浪者;无主动物

wail [weɪl] *v.;n.* 呼啸,尖啸

wain [weɪn] *n.* 货车,(运货)马车

wainscot ['weɪnskət] ❶ *n.* 【建】壁板,腰〔镶,护墙〕板,装饰墙壁用材料(如瓷砖等) ❷ (wainscot(t)ed; wainscot(t)ing) *vt.* 装(上)壁板〔腰板〕

wainscot(t)ing ['weɪnskətɪŋ] *n.* 【建】护墙板(材料),装璜板

waist [weɪst] ❶ *n.* 腰(部),中间细部,收敛部分 ❷ *v.* 收敛,减小直径

waist-deep ['weɪst'diːp], **waist-high** ['weɪst'haɪ] *a.;ad.* 齐腰深〔高〕

waisted ['weɪstɪd] *a.* 缩腰的,腰形的

waisting ['weɪstɪŋ] *n.* 缩腰,收敛,腰裂(初轧坏缺陷)

waist-level ['weɪst'levl] *a.* 齐胸高的

waistline ['weɪstlaɪn] *n.* 腰围〔线〕

wait [weɪt] *v.;n.* ①等候 ②期待,窥伺,暂缓 ③服侍 ☆*keep...waiting* 使…等着; *lay (lie in) wait for* 埋伏以待;*wait for* 等待〔候〕;*wait out* 等到…的末了;*wait until (till)* 等到(之时);*wait upon* 招待,追随,拜访,随着…而产生 【用法】注意句型"wait for + 宾语 + 补足语(动词不定式)"。如: This process waits for some event to happen. 这一过程等待某个事件发生。

wait-and-see ['weɪt'ænd'siː] *a.* 等着瞧的,观望的

waiter ['weɪtə] *n.* ①侍者 ②服务员 ③等候的人 ④托盘

waiting ['weɪtɪŋ] *n.;a.* ①等候〔待〕(的) ②服侍(的) ③短时停车

waitlist ['weɪtlɪst] *vt.* 把…登入申请人名单

waitress ['weɪtrɪs] *n.* ①女侍者 ②女服务员

waive [weɪv] *vt.* ①放弃 ②推迟考虑,延期举行 ③弃权,停止,撇开

waiver ['weɪvə] *n.* 自动放弃,弃权(声明书)

wake [weɪk] ❶ *n.* ①尾,辙,船迹,尾波,尾流,(气流中的)涡区 ☆*in the wake of ...* 跟在…后面,仿效 ❷ (waked 或 woke; waked 或 woke(n)) *v.* ①醒(来),觉〔唤〕醒(up) ②(使)觉悟,激发 ☆*wake (up) to* 发〔警〕觉,注意到,认识(到)

Wake [weɪk] *n.* 威克岛

wakeful ['weɪkful] *a.* 警醒的,警觉的,不眠的

wakelight ['weɪklaɪt] *n.* 航迹灯

waken ['weɪkən] v. (弄,唤)醒,(使)觉醒,(使)振奋

waking ['weɪkɪŋ] a. 醒着的

wale [weɪl] ❶ n. ①横撑〔挡〕,条状隆起部 ②船舷的上缘 ③选择 ④精化 ❷ v. ①撑〔箍〕住 ②挑选

waler ['weɪlə] n. 横撑〔挡〕

Wales [weɪlz] n. (英国)威尔士

waling ['weɪlɪŋ] n. 横撑,支腰梁,围圈

walk [wɔ:k] n.;v. ①步行,散步 ②(行步似地)移动 ③步行距离 ④步行小径 ⑤极慢的速度 ☆*at a walk* 用普通步子; *in a walk* 轻而易举地; *take a walk* 散(一会)步; *walk away (off) with* 顺手牵羊地拿走; *walk off* 离开,带走; *walk off the job* 罢工; *walk out* 退席,罢工; *walk up*…走,登上; *walk up to* 走向; *walk up stairs* 走上楼

walkable ['wɔ:kəbl] a. 适于〔可以〕步行的

walkaway ['wɔ:kəweɪ] n. 简单(轻而易举)的工作,轻易取得的胜利;噪声检测

walker ['wɔ:kə] n. 行人,步行者〔鸟,机〕,散步者

walkie-hearie ['wɔ:kɪ'hɪəri] n. 步听机

walkie-lookie ['wɔ:kɪ'lukɪ] n. 手提式电视摄影机,便携式电视(接收)机

walkie-talkie ['wɔ:kɪ'tɔ:kɪ] n. 步谈机,便携式电视发射机

walk-in ['wɔ:k'ɪn] a.;n. 大得能走进去的,人进得去的冰箱(等)

walking ['wɔ:kɪŋ] n.;a. ①步行〔式的〕,移动式的 ②解雇的

walking-dictionary ['wɔ:kɪŋ'dɪkʃənəri] n. 活字典

walk-on ['wɔ:k'ɒn] n. 龙套角色

walkout ['wɔ:kaut] n. 罢工,(表示抗议的)退席

walkover ['wɔ:k'əuvə] n. 轻易取得的胜利

walk-through ['wɔ:k'θru:] n. ①预(排)演 ②地下步行道

walk-up ['wɔ:k'ʌp] a.;n. 无电梯的,临街的(不入内便能得到服务的)

walkway ['wɔ:kweɪ] n. 通〔人行〕道

wall [wɔ:l] ❶ n. ①墙,壁 ②内侧,屏障 ③盘 ❷ a. 墙(上)的,靠墙的 ❸ vt. 用墙围住,筑墙,杜绝 (up) ☆*create a wall of insulation between…* 使…彼此隔绝〔互不通气〕; *go to the wall* 碰壁,失败; *run into a blank wall* 碰壁; *run one's head against a wall* 以卵击石,碰壁; *see through a brick wall* 有敏锐的眼光,有眼力; *up against the wall* 在非常困难的境地,碰壁; *with one's back against (to) the wall* 陷入困境,负隅顽抗; *within four walls* 在室内

wallaby ['wɒləbi] n. 小袋鼠;(pl.)澳大利亚人

wall-bearing ['wɔ:l'beərɪŋ] a. 承重墙的,用墙承重的

wallboard ['wɔ:l,bɔ:d] n. 壁〔墙〕板

wallet ['wɒlɪt] n. (皮制)零星工具袋,皮夹(子),行囊,旅行袋

wall-eyed ['wɔ:l'aɪd] a. 外斜的,翻白眼的,眼球凸出的,目光炯炯的

wall-hood ['wɔ:l'hud] n. 水冷壁悬挂装置,壁钩

walling ['wɔ:lɪŋ] n.;a. 筑墙(的),墙(砌体),砌墙

walling-up ['wɔ:lɪŋ'ʌp] n. 砌(封)墙,炉衬

wallnewspaper(s) ['wɔ:l'nju:speɪpə] n. 墙报

wallop ['wɒləp] v.;n. ①猛冲,重击 ②打败

walloper ['wɒləpə] n. 猛击者,巨大的东西

walloping ['wɒləpɪŋ] ❶ a. (极)大的,极好的 ❷ ad. 极其

wallow ['wɒləu] vi.;n. ①颠簸 ②(烟)冒起 ③打〔翻〕滚

wallpaper ['wɔ:l,peɪpə] n.;v. 糊墙纸(于)

wallplate ['wɔ:lpleɪt] n. 承梁板

wallrock ['wɔ:l'rɒk] n.【建】围岩

walnut ['wɔ:lnət] n.【植】胡桃(木,树)

walpurgite [wɔ:l'pɜ:gaɪt] n.【矿】砷铀铋矿

walrus ['wɔ:lrəs] n.【动】海象

walt [wɔ:lt] a. 空心的;不坚固的;无足够压舱物的

walter ['wɔ:ltə] n. 飞机应急雷达发射机

waltz [wɔ:ls] n.;a. 华尔兹舞(的),圆舞曲(的);轻而易举的事

wamp [wɒmp] n. 浪涌,急变

wan [wɒn] a. ①苍白的,有病的,无精打采的 ②(光)淡〔微〕弱的,青的

wand [wɒnd] n. ①棍,杆 ②【音】(指挥)棒

wander ['wɒndə] v.;n. ①徘徊(about) ②游荡〔离〕,流浪 ③迷路,心不在焉 ④漫游(about, over, through) ⑤蜿蜒

wandering ['wɒndərɪŋ] n.;a. 漫游(的),游荡(的),漂〔迁〕移(的),蜿蜒的,离题

wane [weɪn] vi.;n. ①变小,(月亮)亏 ②减少〔弱〕,衰退(期) ③翘板,(木)梢,(木材)缺损 ☆*(be) on the wane* 渐渐变小(衰弱),日益衰落; *wane to the close* 接近尾声; *wax and wane* 盈亏,盛衰

wan(e)y ['weɪni] a. ①不等径的 ②缺棱的 ③宽窄不齐的,高低不平的

wangle ['wæŋgl] vt.;n. (用)不正当手段(取得,处理),哄骗,造假

wanigan ['wænɪgən] n. 储物箱(柜),小寝室,小厨房

wanly ['wɒnli] ad. 苍白地,阴暗地,(光)淡弱地 ‖ **wanness** n.

want [wɒnt] v.;n. ①想要 ②缺乏,不足,缺点,没有 ③(pl.)需求,必需品 ☆*want … done* 要别人把…做好 〖用法〗❶ 注意句型"want + 宾语 + 补足语(动词不定式)"。如: We do not <u>want</u> diode D <u>to be</u> <u>reverse-biased</u>. 我们不想让二极管 D 反向偏置。 ❷ 当该词后的动词的对象是句子的主语时,该动词应该用动名词主动形式或不定式被动形式。如: This device wants <u>repairing</u> 〔= to be repaired〕. 这设备需要修理。

wantable ['wɒntəbl] a. 称心的,有吸引力的

want-ad ['wɒnt'æd] n. 征求广告

wantage ['wɒntɪdʒ] n. ①所缺之物,必要物 ②缺

少(量),缺乏

wanting ['wɒntɪŋ] ❶ *a.* ①缺少的,没有的 ②缺乏的 ③不够标准的 ❷ *prep.* ①短少,差 ②无 〖用法〗注意下面例句中该词的含义: The physicist's classically favored terms are obviously <u>wanting</u> with respect to this requirement. 相对于这一要求,明显缺少了这位物理学家传统喜爱的那些术语。

wanton ['wɒntən] *a.;v.* ①恣意的,不负责任(的),变化无常(的),淘气的 ②乱花,挥霍

wap [wɒp] *n.* (线卷的)圈

war [wɔː] ❶ *n.* 战争(状态),战役,军事(学) ❷ *v.* 作战,打仗(with, against) ☆*be at war (with)* (同…)处于交战状态,(同…)进行竞争; *be prepared against war* 备战; *declare war on (upon)* 向…宣战; *go to war against (with)* 同…交战; *make (wage) war on (upon)* 对…进行战争; *start war on(upon)*向…开战; *war to the knife* 拼死的斗争

warbird ['wɔːbɜːd] *n.* 军用飞机(火箭)

warble ['wɔːbl] *v.;n.* 鸟鸣,(发)颤音,发出音乐般的声音,颂歌

warbled ['wɔːbld] *a.* 频率调制的

warbler ['wɔːblə] *n.* ①【物】颤音器 ②【电子】电抗管调制器

warcraft ['wɔːkrɑːft] *n.* ①军用飞机,战斗机,军舰 ②兵法

ward [wɔːd] *n.;v.* ①监视(督),守卫 ②挡住,防止 ③防卫设施 ④病房 ⑤(pl.)钥匙的榫槽(凹缺部),锁孔 ☆*be under ward* 被监禁着; *keep watch and ward* 日夜监视,日夜警卫; *ward off* 避开,挡开

warden ['wɔːdn] *n.* ①看守人,保管员 ②总督

wardrobe ['wɔːdrəub] *n.* 衣柜

wardroom ['wɔːdruːm] *n.* 军官室,服装室

ware [weə] ❶ *n.* ①制(造)品,器具〔皿〕,仪器 ②(pl.)商品 ❷ *vt.* 当心,注意 ❸ *a.* ①留心的,注意的 ②意识到的(of)

warehouse ['weəhaus] ❶ *n.* 仓库,货栈,储存室 ❷ *vt.* 送(收)入(仓)库

wareroom ['weəruːm] *n.* 商品储藏室〔陈列室〕

warfare ['wɔːfeə] *n.* ①战争(状态) ②冲突,竞争 ☆*wage warfare with* 同…作斗争

wargame ['wɔːgeɪm] *n.* 军事〔实地〕演习,模拟实际战争的教练演习

warhead ['wɔːhed] *n.* (实弹)弹头

warily ['weərɪlɪ] *ad.* 警惕地,谨慎地

wariness ['weərɪnɪs] *n.* 警惕,小心

warlike ['wɔːlaɪk] *a.* ①战争的,军事的 ②有战争危险的 ③好战的

warlord ['wɔːlɔːd] *n.* 军阀

warm [wɔːm] ❶ *a.* ①温暖的 ②热烈〔情〕的 ③低放射水平的 ❷ *v.* ①使热,使(变)暖(up) ②(运转前)暖机,预热(through, up) ③变得对…感兴趣,热心于(to) ❸ *n.* 变暖,烤火,保暖的东西

warmed-over ['wɔːmd'əuvə] *a.* 重新提出来的,陈腐的,炒冷饭的

warmer ['wɔːmə] *n.* 加温器,取〔保〕暖器,(橡胶)热炼机

warmhouse ['wɔːmhaus] *n.* 暖室(房),温室

warming-up ['wɔːmɪŋʌp] *n.* 加温,暖机,预热,烘炉

warmly ['wɔːmlɪ] *ad.* 热烈地,温暖地

warmness ['wɔːmnɪs] *n.* 温暖

warmonger ['wɔːmʌŋgə] *n.* 战争贩子

warmth [wɔːmθ] *n.* 温暖,暖和,热情,兴奋

warm-up ['wɔːm'ʌp] *n.;a.* 加〔预〕热(的),热炼(的)

warn [wɔːn] *vt.* ①警告 ②(预先)通知 ☆*warn A against B* 警告A提防〔不要〕B; *warn … not to do* 警告…不要(做); *warn A of B* 警〔预〕告A有B 〖用法〗❶该动词可以有双宾语。如: The reader <u>must be warned</u> that merely reading a book will not make him a service man. 必须告诉读者: 只读上一本书,是不可能使他成为一名修理人员的。("that merely …" 是被动句中的保留宾语从句。) ❷ 注意下面例句的含义: Radar <u>warns</u> ships <u>of</u> floating ice. 雷达能够给船舶发出有浮冰的警告

warner ['wɔːnə] *n.* 报警器,警告者

warning ['wɔːnɪŋ] *n.;a.* 警告(的),报警 ☆*at a minute's warning* 立刻; *give warning (to)* (对…)发出警告; *take warning by (from)* 拿…作前车之鉴 ‖*-ly ad.*

warp [wɔːp] *v.;n.* ①(使)翘(挠,扭)曲,弯曲,卷绕,歪曲(斜),凹凸 ②经(纱),拖(绞)船索,纤,拖曳 ③淤填(灌),冲积土 ④偏差,偏见

warpage ['wɔːpeɪdʒ], **warping** ['wɔːpɪŋ] *n.* ①翘(挠,扭)曲,弯翘 ②淤填(灌),放淤

warplane ['wɔːpleɪn] *n.* 战斗机

warrant ['wɒrənt] ❶ *n.* ①(正当)理由 ②保证,保险(期) ③执照,许可证,付(收)款凭单,委托书 ④授权,批准 ⑤耐火黏土 ❷ *vt.* ①担保,保险 ②证明〔认为〕…是正确〔当〕的,成为…的根据 ③批准,承认 ☆*without a warrant* 毫无理由地

warrantable ['wɒrəntəbl] *a.* 可保证的,可认为是正当的,可批准的

warrantee [,wɒrən'tiː] *n.* 被保证人

warranter, warrantor ['wɒrəntə] *n.* 保证人

warranty ['wɒrəntɪ] *n.* ①保证(书),保单,证书 ②根据 ③授权,批准

warren ['wɒrən] *n.* 拥挤的地区〔房屋〕

warring ['wɔːrɪŋ] *a.* 交战的,敌对的

warrior ['wɒrɪə] *n.* 勇士,武士

Warsaw ['wɔːsɔː], **Warszawa** [vɑː'ʃɑːvə] *n.* 华沙(波兰首都)

warship ['wɔːʃɪp] *n.* 【军】军舰

wart [wɔːt] *n.* 瑕疵,疣

wartime ['wɔːtaɪm] *n.* 战(争)时(期)

war-weary ['wɔː'weərɪ] *a.* 厌战的,破损不堪的

war-worn ['wɔː'wɔːn] a. 饱受战争创伤的,被战火破坏的

wary ['weərɪ] a. 警惕的,谨慎的,考虑周密的

was [wɒz] be 的过去式,第一及第三人称单数

wash [wɒʃ] v.;n. ①洗,冲,侵蚀 ②(气流)扰动,船尾流,冲击声,泼溅,淡绘 ③漂浮(流),拍打,激荡 ④耐(经)洗,经得住考验 ⑤洗浆 ⑥冲积物(土),浅水湾 ⑦(pl.)洗涤废水 ☆**wash against** 洗刷,拍打; **wash away** 洗去,冲走; **wash down** 冲洗,洗清; **wash in** (机翼)内洗; **wash A off B** 把 B 上的 A 洗掉; **wash out** 洗掉,冲洗,淘汰,排斥; **wash up** 刷洗

washability [,wɒʃə'bɪlətɪ] n. 可〔耐〕洗性,洗涤能力

washable ['wɒʃəbəl] a. 可〔耐〕洗的,洗得掉的

washbasin ['wɒʃbeɪsən], **washbowl** ['wɒʃbəʊl] n. 脸盆

washboard ['wɒʃbɔːd] n. 洗衣板,(道路)搓板(现象),防浪板

washed-out ['wɒʃt'aʊt] a. 洗旧了的,褪了色的,被…冲蚀的

washed-up ['wɒʃt'ʌp] a. 洗净的

washer ['wɒʃə] n. ①洗净器,洗涤塔〔设备〕,洗槽 ②洗涤者 ③【机】衬垫,垫圈

washer-drier ['wɒʃə'draɪə] n. 清洗干燥机

washer-grader ['wɒʃə'greɪdə] n. 清洗分级机

washery ['wɒʃərɪ] n. 洗选(煤)厂,洗净机(厂)

wash-fast ['wɒʃ'fɑːst] a. 耐洗的,洗不褪色的

wash-fastness ['wɒʃ'fɑːstnɪs] n. 耐洗性〔度〕

washiness ['wɒʃɪnɪs] n. ①水分多,稀薄 ②贫乏,空洞

washing ['wɒʃɪŋ] n.;a. ①洗涤,冲刷〔蚀〕,洗选 ②经洗的 ③ (pl.)洗(涤)液,涂料,薄涂层

washing-away ['wɒʃɪŋə'weɪ] n. 冲刷〔蚀〕作用

washing-round ['wɒʃɪŋ'raʊnd] n. 环洗

Washington ['wɒʃɪŋtən] n. ①华盛顿(美国首都) ②(美国)华盛顿(州)

washingtonite ['wɒʃɪŋtənaɪt] n. 【矿】钛铁矿

wash-leather ['wɒʃ'leðə] n. 洗革,(搽拭用)鹿革,软皮

washout ['wɒʃaʊt] n. ①破产,(被)淘汰,失败者 ②冲溃,冲刷处 ③冲洗,清除 ④(飞机)减梢角,机翼负扭转,外洗 ⑤(录音磁带)消音(磁)

washover ['wɒʃəʊvə] n. 冲刷(坏),小(波成)三角洲,【地质】越版堆积

washroom ['wɒʃrʊm] n. 盥洗室,厕所,洗涤间

washtrough ['wɒʃ,trɒf] n. 洗槽

washwater ['wɒʃwɔːtə] n. 洗涤水

wash-wear ['wɒʃweə] a. 耐洗的

washy ['wɒʃɪ] a. ①水分多的,稀薄的,(色)浅的 ②贫乏的,空洞的

wasp [wɒsp] n. 黄蜂

waspaloy ['wɒspæləɪ] n. 【冶】一种耐高热镍基合金

wastage ['weɪstɪdʒ] n. ①损耗(量),消耗(量),磨损(量),漏失(量),死亡率 ②锈蚀 ③废物(料,水),边料,污水 ④副产品 ⑤(木材)干缩 ⑥(冰,雪)消融

waste [weɪst] ❶ a. ①无用的,排泄的 ②废弃的,未开垦的 ❷ n.;v. ①消耗(量),耗损,浪费 ②废物,残渣〔料〕,尾矿,垃圾,污水,排泄物,回丝 ③(常用复数)荒地,沙漠,海洋 ☆**a waste of** 一大片,浪费; **go (run) to waste** 被浪费掉,未被利用; **waste A on B** 把 A 消耗〔耗费〕到 B 上,在 B 上浪费 A
〖用法〗❶ 它作及物动词时的用法与"spend"类似,即"waste A on B"和"waste A (in) doing B"。如: Readers should not waste money on those books. 读者不该把钱花在那些书籍上。/In that case, people are forced to waste time finding and fixing obscure bugs. 在那种情况下,人们被迫浪费时间来查找和改正那些不明显的"虫子〔错误〕"。❷ 注意下面例句的含义: In this case, part of its energy goes to waste. 在这种情况下,其一部分能量就会浪费掉。

wastebin ['weɪstbɪn] n. 废物箱,垃圾箱

waste-disposer ['weɪstdɪs'pəʊzə] n. 废物清除器

wasteful ['weɪstful] a. 浪〔耗〕费的,挥霍的,不经济的 ‖ **~ly** ad. **~ness** n.
〖用法〗该词后跟"of"。如: Amplitude modulation is wasteful of power and bandwidth. 振幅调制既浪费功率又浪费带宽。

waste-heating ['weɪst'hiːtɪŋ] n. 废气加热

wasteland ['weɪstlænd] n. 荒地〔原〕,废墟

wasteman ['weɪstmən] n. 废物清洁工

wastepipe ['weɪst,paɪp] n. 污水管,排泄管

waster ['weɪstə] n. ①废物〔品,件〕,次品,二级品,等外品 ②浪费者

wastewater ['weɪstwɔːtə] n. 废水,污水

wasteway ['weɪstweɪ] n. 废(弃)道,废水路

wasting ['weɪstɪŋ] ❶ a. 消耗性的,造成浪费的 ❷ n. 浪费,滥用,损〔消〕耗

wastrel ['weɪstrəl] n. ①浪费者,挥霍者 ②废品

watch [wɒtʃ] n.;v. ①观看,注视 ②(手)表,船上天文钟 ③看守,照管,观测,侦察,警戒,值班(夜) ④等(期)待 ⑤看守人,值班时间(人员),一班,一岗 ☆**be on (off) watch** 在〔不在〕值班(勤); **be on the watch for** 看守〔监视,提防〕着,等待(着); **keep watch** 看守,值班,留心,注意(for); **watch for** 等待,注视,提防; **watch one's time** 或 **watch one's opportunity** 等待时机,伺机; **watch out (for)** 留视,(密切)注意,监视,戒备,提防; **watch over** 守卫,照管,监(注)视
〖用法〗注意它作及物动词时的句型"watch + 宾语 + 补足语(不带'to'的动词不定式)"。如: As a youngster, James Watt became interested in steam power by watching water boil in a teakettle over a fire. 詹姆斯·瓦特年幼时通过观察炉子上茶壶里

的水沸腾而对蒸汽功率感兴趣。

watchable ['wɒtʃəbl] a. 值得注意〔视〕的

watchband ['wɒtʃbænd] n. 手表带

watchcase ['wɒtʃkeɪs] n. 表壳〔盘〕

watch-dog ['wɒtʃdɒg] ❶ n. ①看门狗 ②监察人 ③监视器,监控设备 ❷ vt. 为…看门,监督

watcher ['wɒtʃə] n. ①看守人;值班员,哨兵 ②监视器,观察器 ③观察者

watch-fire ['wɒtʃˌfaɪə] n. 营火

watchful ['wɒtʃful] a. ①注意的,留心的(of) ②提防的,戒备的(against) ‖ ~ly ad. ~ness n.

watch-glass ['wɒtʃglɑːs] n. 表(面)玻璃,表(面)皿

watch-guard ['wɒtʃgɑːd] n. 表链〔带〕

watchmaker ['wɒtʃˌmeɪkə] n. 钟表工人,钟表制造〔修理〕人

watchman ['wɒtʃmən] (pl. watchmen) n. 看守人,值夜人,警卫员

watch-tower ['wɒtʃˌtauə] n. 望楼,岗楼

watchword ['wɒtʃˌwɜːd] n. ①暗语〔号〕,口令 ②标语,口号

water ['wɔːtə] ❶ n. ①水 ②(常用 pl.)水〔海〕域,近海 ③水深〔位〕,潮(位) ④汗,尿,泪 ⑤(宝石)光泽(度),透明度 ⑥(织品的)波纹 ❷ v. ①(用水)浇,洒,灌(溉) ②加水,给水(喝) ③掺水,冲淡 ④流泪,垂涎,渴望 ❸ a. 水的,用水的,含水的 ☆**above water** 脱离困境〔麻烦〕; **back water** 退避; **by water** 由水路,乘船; **get into (be in) hot water** 陷入困境; **go through fire and water** 赴汤蹈火; **hold water** 盛得住水,(理论等)无懈可击,站得住脚; **in deep water(s)** 在水深火热之中,陷入困境(的); **in rough (troubled) water** 很困难; **in smooth water** 顺利地; **like water off a duck's back** 不发生作用的,毫无影响的; **make water** 小便,(船)漏水; **of the first water** 品质最好的; **on the water** 在水(船)上; **take (the) water** (船)下水(典礼),上船,退却; **throw cold water on** 泼冷水; **water...down** (在…中)掺水,冲淡,把…打折扣; **water over the dam** (流过)坝上的水,(喻)难以挽回; **written in water** 昙花一现的

waterage ['wɔːtərɪdʒ] n. 水运〔费〕

water-bailiff ['wɔːtəˈbeɪlɪf] n. 船舶检查官,海关官员

water-ballast ['wɔːtəˈbæləst] n.(镇船)水载,压舱水

water-based ['wɔːtəˈbeɪst] a. 水基的

water-bath ['wɔːtəˈbɑːθ] n. 水浴(锅,器),热水锅,恒温槽

water-bearing ['wɔːtəˈbeərɪŋ] a. 含〔蓄〕水的

water-blast ['wɔːtəˈblɑːst] ❶ n. 水力鼓风器 ❷ vt. 水冲

water-blasting ['wɔːtəˈblɑːstɪŋ] n. 水力清砂

waterborne ['wɔːtəbɔːn] a. ①水生〔运〕的,带水的 ②位于水中的,浮于水上的 ③水传播〔染〕的,

水力输送的

water-bound ['wɔːtəˈbaund] a. 水结的

waterbowl ['wɔːtəbəul] n. 饮水器

water-break ['wɔːtəˈbreɪk] n. 防波堤;退水,断水

water-brush ['wɔːtəˈbrʌʃ] n. 造型用刷子

water-can ['wɔːtəˈkæn] n. 浇水壶

water-carriage ['wɔːtəˈkærɪdʒ] n. 水运(工具),(导管)送水

water-carrier ['wɔːtəˈkærɪə] n. 含〔蓄〕水层

watercart ['wɔːtəkɑːt] n. 运〔洒〕水车

water-clock ['wɔːtəˈklɒk] n. 水钟,滴漏

water-clogged ['wɔːtəˈklɒgd] a. 水黏的,水阻塞的

water-cock ['wɔːtəˈkɒk] n. 水龙头,水旋塞

water-colo(u)r ['wɔːtəˈkʌlə] n. 水彩颜料,水彩画

water-column ['wɔːtəˈkɒləm] n. 水柱(高度)

water-control ['wɔːtəkənˈtrəul] n. 治水

watercooler ['wɔːtəkuːlə] n.(水)冷却器

watercourse ['wɔːtəkɔːs] n. ①水流〔道,系〕,河〔渠〕道 ②河床,底线

watercraft ['wɔːtəkrɑːft] n. 水运工具,船(舶),筏,轮,舰

water-curtain ['wɔːtəˈkɜːtən] n. 水幕

water-cushion ['wɔːtəˈkuʃən] n. 水垫

water-drop ['wɔːtəˈdrɒp] n. 水滴,跌水

water-dropper ['wɔːtəˈdrɒpə] n. 水滴集电器,滴水器

water-drying ['wɔːtəˈdraɪɪŋ] n.(炸药)水干,用水排代有机溶剂

watered ['wɔːtəd] a. ①有水的 ②洒〔掺〕了水的,用〔浇,灌〕水的 ③有波纹的,有光泽的

watereddown ['wɔːtəd'daun] a. 冲淡了的,打了折扣的

waterer ['wɔːtərə] n. 饮水器

water-extracted ['wɔːtəːksˈtræktɪd] a. 水萃取的

waterfall ['wɔːtəfɔːl] n.(小)瀑布,悬泉

water-fast ['wɔːtəˈfɑːst] a. 耐水的,不溶于水的

waterflood ['wɔːtəflʌd] ❶ n. 洪水 ❷ vi. 注水

water-gas ['wɔːtəˈgæs] n. 水煤气

water-gate ['wɔːtəˈgeɪt] n. 水门,水闸,闸口

water-ga(u)ge ['wɔːtəˈgeɪdʒ] n. ①水(位)标(尺),水位表,水位指示器 ②(量)水表

water-glass ['wɔːtəˈglɑːs] n. ①硅酸钠,水玻璃 ②盛水的玻璃容器,玻璃水标尺,(观察水底用)玻璃筒镜 ③(古代计时用的)滴漏

water-hammer ['wɔːtəˈhæmə] n. 水锤(现象),水击作用

water-hardening ['wɔːtəˈhɑːdnɪŋ] n.【冶】水淬硬化

water-hating ['wɔːtəˈheɪtɪŋ] a. 疏水的

water-head ['wɔːtəˈhed] n. ①水头,水位差 ②水源

water-holding ['wɔːtəˈhəuldɪŋ] a. 蓄(含)水的

water-ice ['wɔːtəˈaɪs] n. 水冰,人造冰,冰糕

W

water-immiscible ['wɔ:tər'mɪsəbl] *a.* 与水不混溶的

water-inch ['wɔ:tə'ɪntʃ] *n.* 在最小压力下直径一英寸的管子 24 小时所放出的水量

wateriness ['wɔ:tərɪnɪs] *n.;a.* ①浇（洒,喷）水(用的),供（灌）水(的) ②掺水,冲淡 ③灌溉,浸湿,排水渠 ④光泽,(轧)波纹 ⑤(焦炭的)水熄,(对照相乳胶层)冲洗

watering-can ['wɔ:tərɪŋ'kæn] *n.* 洒水罐;喷壶

watering-place ['wɔ:tərɪŋ'pleɪs] *n.* 饮水池,温泉疗养地,海滨浴场

water-insoluble ['wɔ:təɪn'sɒljubl] *a.* 溶于水的

water-jacket ['wɔ:tə'dʒækɪt] *n.* 水(冷)套,水衣

water-jet ['wɔ:tə'dʒet] ❶ *n.* 水注（冲,射）,水力喷射,喷水器 ❷ *a.* 喷水的

water-joint ['wɔ:tə'dʒɔɪnt] *n.* 水密（防水）接头

waterlaid ['wɔ:tə'leɪd] *a.* (左捻)三股绞成的

water-leach ['wɔ:tə'li:tʃ] *v.;n.* 水浸出

waterless ['wɔ:təlɪs] *a.* 无水的,不用水的

water-level ['wɔ:tə'levl] *n.* ①水位,水平（准）面 ②水准器 ③吃水线

water-lime ['wɔ:tə'laɪm] *n.* 水硬石灰

water-line ['wɔ:tə'laɪn] *n.* ①(吃)水线 ②(压印在纸里的)水印线 ③给水管,(船舶的)上水道 ④海陆边界

waterlock ['wɔ:təlɒk] *n.* 存水弯,水封,(pl.) 水闸

waterlocked ['wɔ:təlɒkt] *a.* 环水的

waterlogged ['wɔ:təlɒgd] *a.* ①浸透（水）的 ②水涝的,半淹的 ③(船)进水的,因漏水而难以航行的

water-logging ['wɔ:tə'lɒgɪŋ] *n.* 浸透（满）水的

water-loving ['wɔ:tə'lʌvɪŋ] *a.* 亲（喜）水的

water-main ['wɔ:tə'meɪn] *n.* 总水管

water-man ['wɔ:tə'mən] *n.* 船员,水手,运水人

watermark ['wɔ:təmɑ:k] *n.* ①水位标 ②水印,纸商标

watermass ['wɔ:təmæs] *n.* 水团

watermelon ['wɔ:təmelən] *n.* 【植】西瓜

water-meter ['wɔ:tə'mi:tə] *n.* 【机】水表,水量计,量水器

watermill ['wɔ:təmɪl] *n.* 水车,水磨

water-motor ['wɔ:tə'məutə] *n.* 水(力发)动机

water-oven ['wɔ:tə'ʌvn] *n.* 热水式(谷粒)干燥炉

water-plane ['wɔ:tə'pleɪn] *n.* ①水上飞机 ②(地下)水面（位）,潜水面,水线（平）面

water-polo ['wɔ:tə'pəuləu] *n.* 水球

water-pot ['wɔ:tə'pɒt] *n.* 水桶,水池

water-power ['wɔ:tə'pauə] *n.* 【机】水力 ②水力发电

water-press ['wɔ:tə'pres] *n.* 水压机

waterproof ['wɔ:təpru:f] ❶ *a.* 防（耐,不透）水的,水密的 ❷ *n.* 防水布（衣,物料,性),雨衣 ❸ *v.* 使不透水,把…上胶

waterproofer ['wɔ:tə,pru:fə] *n.* 防（隔）水层,防水布,防水材料

water-quenching ['wɔ:tə'kwentʃɪŋ] *n.* 【冶】水淬火

water-race ['wɔ:tə'reɪs] *n.* 水道

water-ram ['wɒtə'ræm] *n.* ①水力夯锤 ②水锤扬水机

water-rate ['wɔ:tə'reɪt] *n.* (自来)水费,耗水（汽）率

water-repellent ['wɔ:tərɪ'pelənt] ❶ *a.* 抗（防,拒,憎）水的 ❷ *n.* 防水剂

water-resistant ['wɔ:tərɪ'zɪstənt] *a.* 抗（防）水的

water-retaining ['wɔ:tərɪ'teɪnɪŋ] *a.* 吸（保）水的

water-seal ['wɔ:tə'si:l] *n.* 水封,止水 ‖ ~ed *a.*

water-separator ['wɔ:tə'sepəreɪtə] *n.* ①水分离器 ②干燥剂

watershed ['wɔ:təʃed] *n.* ①流域,集（汇）水区 ②分水岭

water-shoot ['wɔ:tə'ʃu:t] *n.* 屋檐排水槽,滴水石

waterside ['wɔ:təsaɪd] *n.;a.* 水边(的)

water-soak ['wɔ:tə'səuk] *vt.* 用水浸湿 ‖ ~ed *a.*

water-softener ['wɔ:tə'sɒftnə] *n.* 软水剂（器）

water-solubility ['wɔ:təsɒlju'bɪlɪtɪ] *n.* 水溶性 ‖ **water-soluble** ['wɔ:tə'sɒljubl] *a.*

waterspout ['wɔ:təspaut] *n.* ①海龙卷,水龙卷 ②水落管,水（槽）口

water-strainer ['wɔ:tə'streɪnə] *n.* 滤水器

water-supply ['wɔ:təsə'plaɪ] *n.* ①水源,给水(量) ②蓄水池,水库

water-system ['wɔ:tə'sɪstəm] *n.* ①水系 ② (= water supply) 供水系统

water-table ['wɔ:tə'teɪbl] *n.* ①(地下)水面（位）,水平面 ②(门窗)披水,泄水口,飞檐

watertight ['wɔ:tə'taɪt] *a.* ①不漏（透）水的,密封的 ②无懈可击的,无隙可乘的

watertightness ['wɔ:tətaɪtnɪs] *n.* 不透水性,水密（封）性

water-tunnel ['wɔ:tə'tʌnl] *n.* 输水隧洞,水洞

water-use ['wɔ:tə'ju:s] *a.* 用水(方面)的

water-wag(g)on ['wɔ:tə'wægən] *n.* ①水路（道,系),航道 ②出水道（口）,排水渠（沟） ③(木船的)梁压材

water-wet ['wɔ:tə'wet] *a.* 水润湿的

water-wheel ['wɔ:tə'wi:l] *n.* 水轮,水车

water-white ['wɔ:tə'waɪt] *a.* 水白（色)的,无色透明的

waterworks ['wɔ:təwɜ:ks] *n.* ①给水设备,供水系统,(自来)水厂,水事工程 ②喷水装置

waterworn ['wɔ:təwɔ:n] *a.* 水蚀的

watery ['wɔ:tərɪ] *a.* ①水的,多水分的,水一般的 ②淡（稀）薄的,浅色的 ③潮湿的,像要下雨的

watt [wɒt] *n.* 【电子】瓦(特) (电功率单位)

wattage ['wɒtɪdʒ] *n.* 瓦(特)数

watt-component ['wɒtkəm'pəunənt] *n.* 有功分量

wattful ['wɒtful] a. 有功的

wattle ['wɒtl] ❶ n. 枝(条),篱笆(条) ❷ vt. 编织(成篱笆),扎(柴)排

wattled ['wɒtld] a. 用枝条编织的,篱笆的

wattless ['wɒtlɪs] a. 无功的

wattling ['wɒtlɪŋ] n. 柴排〔捆,笼〕

wattmeter ['wɒtmiːtə] n. 瓦特计,电(力)表

wave [weɪv] n.;v. ①(电,光,声)波,(波)浪 ②(成)波浪形,波纹 ③波(振,挥,飘)动,起伏,摇摆 ④(起伏)信号,挥动信号,波形曲线 ⑤气(射)流 ☆*in waves* 波状地,成波浪形; *make waves* 兴风作浪; *wave aside* 对⋯置之不理,丢弃,排斥

waveband ['weɪvbænd] n. 波段,频带

wave-built ['weɪv'bɪlt] a. 波成(浪积)的

wavecrest ['weɪvkrest] n.【物】波峰

waved [weɪvd] a. 波浪形的,起伏的,飘动的

wave-drag ['weɪv'dræg] n.【物】波阻

wave-echo ['weɪv'ekəu] n. 回波

waveform ['weɪvfɔːm] n.【物】波形

wavefront ['weɪvfrʌnt] n. 波前,波阵面

waveguide ['weɪvgaɪd] n. ①【物】波导 ②【无】波导(管)

wave-hopping ['weɪv'hɒpɪŋ] n.;a. 贴近地(水)面飞行(的)

wavelength ['weɪvleŋθ] n. 波长
〖用法〗表示"在⋯波长上"时其前面要用"at"。如: Oscillations can be obtained at a number of visible (or near visible) wavelengths. 在一些可见(或接近可见)波长上能够获得振荡。

waveless ['weɪvlɪs] a. 无波浪的,平静的

wavelet ['weɪvlɪt] n. 小波,涟漪,弱激波,扰动线

wavelike ['weɪvlaɪk] a.;ad. 波状(的),波浪般(的)

wave-mechanics ['weɪvmɪ'kænɪks] n.【机】波动力学

wavemeter ['weɪv,miːtə] n.【物】波长计,波频计

wavenumber ['weɪvnʌmbə] n.【物】波数

wave-packet ['weɪv'pækɪt] n. 波包〔束,群〕

wave-path ['weɪv'pɑːθ] n. 电波传播路径

waver ['weɪvə] vi.;n. ①摇摆(晃,曳),颤动 ②犹豫,踌躇,动摇 ③波段开关

wave-range ['weɪv'reɪndʒ] n.【物】波段

waverer ['weɪvərə] n. 动摇不定(犹豫不决)的人

waveshape ['weɪvʃeɪp] n.【物】波形

waveshaping ['weɪvʃeɪpɪŋ] n.【物】波形形成

wavestrip ['weɪvstrɪp] n.【物】波带

wavetrap ['weɪvtræp] n.【物】陷波器,陷波电路

wavevector ['weɪvvektə] n. 波矢

wavicle ['weɪvɪkl] n.【物】波粒子

waviness ['weɪvɪnɪs] n. 波动(性,状,度),波纹(度),起浪,成波浪形

wavy ['weɪvɪ] a. ①波状的,起伏的,波涛滚滚的 ②波动的,成波浪形前进的,摇摆的,不稳定的

wax [wæks] ❶ a.;n. ①(黄,蜜,石)蜡,蜡状物,蜡制的 ②唱片 ❷ vt. ①涂(打,上)蜡 ②把⋯录成唱片 ❸ vi. ①(月亮)变大,渐圆 ②渐渐变成 ☆*be in*

(get into) a wax 发怒; *like wax* 操纵自如,似蜡的

waxdip ['wæksdɪp] v;n. 浸蜡

waxen ['wæksn] a. 蜡(制,似,质)的,上〔涂〕蜡的,(柔)软的

wax-free ['wæks'friː] a. 无蜡的

waxiness ['wæksɪnɪs] n. 蜡质,柔软

wax-like ['wæks'laɪk] a. 似蜡的

wax-lined ['wæks'laɪnd] a. 衬蜡的,蜡衬里的

wax-sealed ['wæks'siːld] a. (用)蜡(密)封的

waxwing ['wækswɪŋ] n.【动】连雀

waxwork ['wækswɜːk] n. 蜡制品,蜡像

waxy ['wæksɪ] a. 蜡(制,质,状,似)的,(柔)软的

waxy-looking ['wæksɪ'lukɪŋ] a. 似蜡的

way [weɪ] ❶ n. ①方式(面),途径,手段,办法 ② 路线〔径,途〕,通(航)路,(导)轨 ③式样,样子,状态,作风 ④范围,规模,行业 ⑤(pl.) 船台,滑道,(新船)下水台,(导)轨,road ❷ ad. 远远,非常,⋯得多 ☆*a little way (off)* 不远; *a lion in the way* 拦路虎; *a long way (off)* 离得很远; *all the way* 一路上,从头到尾,全部,远远地; *any way* 无论如何,不管怎样; *be in the way of* 妨(阻)碍者; *be on the way out* 将要过时〔陈旧,淘汰〕; *be under way* 正在航行(进行,运转); *be well on the way to* 在往⋯的道路上前进了很长一段距离; *both ways* 在两方面; *by a long way* 远远地,大大地; *by the way* 在路途(过程)中,在路旁,同时,顺便说说,另外; *by way of* 当作,以便用⋯方法,取道,处于⋯状态,做出⋯样子;(doing) 快着; *carve out a way* 开辟道路; *clear the way for* 为⋯扫清道路,为⋯让路; *cut both ways* 模棱两可,互有利弊,对双方都起作用,两面都说得通; *either way* 总之,两种情况都; *every once in a way* 偶尔,一会儿(every once in a while); *every which way* 四面八方,非常混乱地; *fall (come,lie) in one's way* 为⋯所碰到〔利用,经历,擅长〕; *find one's way (into, to)* 设法到达; *force one's way ahead* 硬往前(挤,钻,冲); *from way back* 从远处;由来已久;彻底; *gather way* 增加速度; *get in the way* 阻碍; *get out of the way* 避〔让〕开,除去; *get under way* (使)开始,开动,开始进行; *give way* 让路〔步,位〕;消失;受损,溃决,坍塌;软化; *go a good (great, long) way to (towards, in)* 向⋯走了很长一段距离,大大有助〔利〕于,非常有效; *go a little way* 走一点点路,不大有作用; *go (take) one's own way* 自行其是,一意孤行; *go one's way(s)* 动身,走掉; *go out of the (one's)way to do* 故意,不怕麻烦(去做); *go some way* 走了一小段距离,有点用处〔效果〕; *have a way of doing* 有(做⋯)的毛病〔习惯〕; *have it both ways* (参加双方争论时)忽左忽右,见风使舵; *have no way of doing* 没办法(做); *have (get) one's own way* 自主行事;为所欲为; *have way on* 在航行中; *in a big way* 强调地,彻底地,大规模地; *in a general way*

W

总之,一般来说;*in a planned way* 有计划地; *in a rough way* 大约; *in a small way* 小规模地,节俭地; *in a (one) way* 在某点上,在某种意义〔程度〕上;稍微; *in all manner of ways* 用各种方法; *in an ordinary way* 通常; *(in) every way* 在各方面,完全,坚决; *as (that)* 以和…大致相同〔类似〕的方式〔方法〕; *in much the same way as* (as); *in no way* 决不,无论如何也不; *(in) one way or another* 或 *in some way or other* 用种种方法,无论如何;朝各个方向; *in such a way that (as do)* 以这样的方式,通过下述方式; *in the right way* 正确地; *(in) the way (in which)* 以…方式,按…方法; *in the way of* 在…方面,关于; *in this way* 这样,由此可见; *keep out of the way* (使)避开; *know one's way around* 熟悉业务; *lead the way* 带路,示范; *lose the way* 迷路; *lose way* 减低速度; *make one's way* 前进,获得成就; *make the best of one's way* 尽快进行,努力前进; *make way* 前进,进展; *make way for* 为…让路; *no way (inferior)* 一点也(不坏); *offer no way out* 没有提供摆脱…的办法; *on the way out* 将变为过时〔陈旧〕; *once in a way* 有时〔偶尔〕; *one's way around (about)* 必须熟悉的业务知识; *out of harm's way* 在安全的地方; *out of the way* 向旁边,避〔离〕开,使不妨碍,离开正道,不便的,不恰当的,异常的; *pave the way for (to)* 为…铺平道路〔作好准备〕; *put...in the way of (doing)* 给某人以(做)的机会; *put it another way* 换句话说; *put oneself out of the way to do* 不辞辛苦帮助别人(做);*(put) the other way round* 相反,反过来; *see one's way (clear) to do(ing)* 有可能〔能设法〕(做); *shoot one's way* 用战争〔威胁〕来达到目的; *show ... the way* 给…指路〔作示范〕; *stand in the way* 碍事,挡道; *take one's way to (towards)* 向…走去〔出发〕; *the other way round* 相反地,用相反方式; *the parting of the ways* 岔路,抉择关头; *the permanent way* 铁轨,铁道全长; *the right way* 最正确〔恰当,有效〕的方法;真相;方向正确地,恰当地,有效地; *the way* 用这样的方式;从…样子来看; *the whole way* 或 *all the way* 一直,一路; *to my way of thinking* 据我的想法,我认为; *under way* 进〔航〕行中; *work one's way* 排除困难前进

〖用法〗❶ 在其后面一般跟动词不定式,也可用"of doing"。如: One way to accomplish this is to add a resistor R to the TTL output. 做到这一点的一种方法是把电阻 R 加到 TTL 电路的输出端。/A second way of finding OR is to use trigonometry. 求 OR 的另一种〔第二种〕方法是使用三角法。❷ 在其后跟定语从句时,一般用"in which",但往往省去引导词或用关系副词"that"。如: The way the meter scale is calibrated directly in ohms can be understood from the following analysis. 通过下面

的分析可以懂得直接用欧姆来标刻仪表刻度的方法。/There are two distinct ways that the meters can be connected in this voltmeter-ammeter method. 有两种截然不同的方法来用这种伏特表-安培表法连接这些仪表。/Lithium atoms do not form molecules with each other in the way that fluorine atoms do. 锂原子并不像氟原子那样彼此能够形成分子。注意本句中否定的转移现象。❸ 有时"in a +形容词+ way"等效于该形容词对应的副词。如: in a similar way = similarly, in a good way = well, in a systematic way = systematically, in a much simpler way = much more simply, 等等。❹ "the way"可以用以引导状语从句的作用。如: No simple electric component acts as a current source the way a battery acts as a voltage source. 没有哪个电气元件能够像电池用作电压源那样用作电流源。/ Current flows in a circuit the way water flows in a pipe. 电流在电路中流动,就像水在水管中流动一样。❺ 注意下面例句中该词的译法: Doing it this way means that the summation will be in a positive direction. 这样做意味着加法将朝正的方向进行。/The beam of electrons passes between a pair of horizontal deflecting plates and a pair of vertical deflecting plates on its way to the screen. 电子射束在其到达荧光屏的过程中要通过一对水平偏转板和一对垂直偏转板。/Let us first talk our way through a specific example of laser oscillation. 让我们首先通过激光振荡的一个具体例子来谈谈我们的主题。/We can put the matter a different way. 我们可以换种方式来讲解这一点。/Other sharp-transition crystal-growth methods were proposed along the way. 其它急速转换的晶体生长方法不断地被提了出来。

waybeam ['weɪbiːm] n. (桥的)纵梁

waybill ['weɪbɪl] n. 乘客单;(铁路等的)运货单

way-board ['weɪˈbɔːd] n. (两厚层当中的)薄隔板

wayfarer ['weɪfeərə] n. 走路人,旅客(徒步)旅行者

wayfaring ['weɪfeərɪŋ] a. (徒步)旅行的,旅行中的

waygoing ['weɪgəʊɪŋ] a. 出发的,离开的

waylay ['weɪleɪ] (waylaid) vt. 伏击;拦路抢劫

wayleave ['weɪliːv] n. 道路通行权,经过他人土地、产业之路权

wayout ['weɪaʊt] a. 遥远的,非寻常的,试验性的

wayshaft ['weɪʃɑːft] n. 摇臂轴

wayside ['weɪsaɪd] n.;a. 路旁(边)(的)

way-station ['weɪˌsteɪʃən] n. (快车等不停车的)小站

way-train ['weɪtreɪn] n. 普通客车,慢车

wayward ['weɪwɜːd] a. ①任性的 ②反复无常的,不定的 ‖ **-ly** ad.

weak [wiːk] a. ①弱的,易破〔弯〕的 ②稀〔淡〕薄的,软的 ③不充分的 ☆(be) weak in...(方面)的能力差

weaken ['wiːkən] v. ①削〔变〕弱,变〔弄〕稀,降

低,减轻 ②衰耗〔减〕,阻尼,消震

weak-eyed ['wi:k'aɪd] a. 视力差的

weakly ['wi:klɪ] a.;ad. 弱(的)

weakly-cemented ['wi:klɪsɪ'mentɪd] a. 弱黏〔胶〕合的

weak-minded ['wi:k'maɪndɪd] a. 意志〔精神〕薄弱的

weakness ['wi:knɪs] n. 弱,弱〔缺〕点,无力,低强度

〖用法〗 注意该词在下面例句中的含义: It may well be the <u>weakness</u> of this block in children, the 'uneducated', and science fiction writers that explains the ability of these individuals occasionally to spark an idea in the mind of a professional engineer charged with a problem-solving task. 很可能正是由于儿童、"没有受过教育的人"以及科学幻想作家们的这种障碍比较小,使得他们能够偶然地在负有解题使命的职业工程师的脑海中激发出一种主意来。"it may be ... that ..."为强调句型。

weal [wi:l] n. 福利,幸福

weald [wi:ld] n. 森林地带,荒漠的旷野

weald-clay ['wi:ld'kleɪ] n. 构成砂岩、黏土、石灰岩和铁矿石的矿床的上部地层

wealth [welθ] n. ①财产〔富〕 ②丰富,大量 ☆a **wealth of** 大量的,丰富的

〖用法〗 使用 "a wealth of ..." 表示 "许多,大量的…",其后可接不可数名词或可数名词。当其后接可数名词作主语时,谓语往往用复数形式。如: These equations provide <u>a wealth of detail</u> concerning current-voltage relationships in the BJT. 这些方程提供了有关双结型晶体管中电流-电压关系的大量详细信息。/A wealth of tools are available. 现在有许许多多的工具可用。

wealthy ['welθɪ] a. ①丰富的,充分的 ②富裕的 ‖ **wealthily** ['welθɪlɪ] ad.

weapon ['wepən] ❶ n. ①武器,军械 ②斗争工具(手段) ❷ vt. 武装

weaponeer [ˌwepə'nɪə] n. (核)武器专家,投原子弹人员

weapon-grade ['wepən'greɪd] a. 武器级的,军用的

weaponless ['wepəlɪs] a. 无武器的,没有武装的

weaponry ['wepənrɪ] n. 武器(系统),武器设计制造学

wear [weə] ❶ (wore, worn) v. ①穿(着)、戴(着) ②显出 ③逐渐变得 ❷ n. ①衣服 ②经〔耐〕用 ③ 磨损,损耗(量)(用〔变旧〕 ☆**be the worse for wear** 被用坏,被穿破; **take the wear** 经受磨损; **wear away** 磨损,耗尽,消逝(磨); **wear badly** 不耐(经)用; **wear down** 磨低(薄,平),销蚀,磨到(to); **wear in** 磨合; **wear into (to)** 磨〔擦〕成; **wear loose** 磨松; **wear off** 磨损(掉),耗损,消逝,(渐渐)变小; **wear on** (时间)消逝; **wear out** 磨损(耗,掉),耗尽,穿破(旧)(用坏(旧,光); **wear thin** 逐渐消失(无效); **wear through**

逐渐消耗; **wear well** 耐〔经〕用

wearability [ˌweərə'bɪlətɪ] n. 耐〔抗,可〕磨性,磨损性〔度〕

wearable ['weərəbl] a. 耐〔经〕磨的,可〔适于〕穿的

wear-and-tear ['weə'ænd'teə] n. 消耗〔磨〕,损

wearer ['weərə] n. 磨损物,穿戴者

weariful ['wɪərɪful] a. 使人疲倦〔厌烦〕的

weariless ['wɪərɪlɪs] a. 不倦的,不厌烦的

wearily ['wɪərɪlɪ] ad. 疲〔厌〕倦地

wear-in ['weə'ɪn] n. 磨合

weariness ['wɪərɪnɪs] n. 疲〔厌〕倦

wearisome ['wɪərɪsəm] a. 使人疲劳的,使人厌倦的

wearlessness ['weəlɪsnɪs] n. 耐〔抗〕磨性

wear-life ['weə'laɪf] n. 磨损期限,抗磨寿命

wearometer [weə'rɒmɪtə] n. 磨耗计

wear-out ['weə'aut] n. 磨损,消耗,用坏〔完〕

wearproof ['weəpru:f] a. 耐〔抗〕磨的

wear-resistance ['weərɪ'zɪstəns] n. 抗磨力,耐磨性

wear-resistant ['weərɪ'zɪstənt], **wear-resisting** ['weərɪ'zɪstɪŋ] a. 耐(抗)磨的

weary ['wɪərɪ] ❶ a. (令人)疲〔厌〕倦的 ❷ v. (使)疲〔厌〕倦 ☆**weary out** 使精疲力竭

weasel ['wi:zl] n. 水陆两用自动车,小型登陆车辆

weather ['weðə] ❶ n. ①天气〔候〕,气象 ②日晒风吹雨打,风化(作用) ③恶劣天气 ④境遇 ❷ v. ①(使)经受风吹雨打〔日晒夜露〕,(使)风化 ②通风,晾〔吹〕干 ③逆行 ④经受住,平安度过 ⑤泄水 ☆**for all weathers** 各种天气都适用的; **in all weathers** 或 **in any kind of weather** 在各种气候条件下,全天候; **keep one's weather eye open** 警戒,注意; **leave ... to weather** 把…置之露天,听任…经受风雨; **make good (bad) weather** 遇到好(坏)天气; **make heavy weather of** 对…考虑过多,发现…麻烦〔困难,棘手〕; **under stress of weather** 碰到〔迫于〕恶劣天气; **weather out (through)** 耐天气变化,耐风雨; **weather permitting** 如果天气好的话; **weather the storm** 战胜暴风雨,克服困难

weatherability [ˌweðərə'bɪlətɪ] n. 耐气候性,经得住风吹雨打

weather-beaten ['weðə'bi:tn] a. 风雨剥蚀〔损耗〕的

weatherboard ['weðəbɔ:d] ❶ n. 檐板,挡风板,上风弦 ❷ vt. 给…装檐板

weatherboarding ['weðəbɔ:dɪŋ] n. 檐〔屋面〕板,装檐板,装屋面板

weather-bound ['weðə'baund] a. 被风雨所阻的,因天气不能起飞〔航〕的

weather-chart ['weðə'tʃɑ:t] n. 【气】气象图,天气图

weathercock ['weðəkɒk] n. 【气】风(向)标

W

weatherdeck ['weðədek] *n.* 露天(风雨)甲板

weathered ['weðəd] *a.* 风化的,晾干的,倾斜的,作坡泄水的

weather-fast ['weðə'fɑ:st] *a.* 被风雨所阻的

weathergauge ['weðə,geɪdʒ] *n.* 气压计〔表〕,有利的地位

weatherglass ['weðəglɑ:s] *n.* 抗天气保护(装置)

weathering ['weðərɪŋ] *n.* ①风化(作用,层),大气侵蚀,自然〔天然〕时效,风〔侵〕蚀 ②泄水(斜度),泡水用的倾斜装置

weatherize ['weðəraɪz] *vt.* 使(机器,设备)适应气候条件

weatherman ['weðəmən] *n.* 气象工作者

weathermometer [weðə'mɒmɪtə] *n.* 【气】风蚀计,老化试验机

weatherometer [,weðə'rɒmɪtə] *n.* 【气】风蚀计,气象人,人工老化机

weatherproof ['weðəpru:f] ❶ *a.* 全天候的,不受气候影响的,耐风蚀的 ❷ *vt.* 使防风雨〔日晒〕

weatherprophet [,weðə'prɒfɪt] *n.* 天气预报器

weather-protected ['weðəprə'tektɪd] *a.* 不受天气(气候)影响的

weather-side ['weðə'saɪd] *n.* 上风的,迎风的

weather-stained ['weðə'steɪnd] *a.* 被风雨弄褪了色的

weatherstrip ['weðəstrɪp] *n.* 挡风〔雨〕条,阻风雨带

weathertight ['weðətaɪt] *a.* 防〔不透〕风雨的

weathervane ['weðəveɪn] *n.* 【气】风向标

weather-wise ['weðə'waɪz] *a.* 善于预测天气的

weatherworn ['weðəwɔ:n] *a.* 风雨损耗〔剥蚀〕的

weave [wi:v] ❶ (wove, woven) *v.* 编织;摆动,摇曳;盘旋 ❷ *n.* ①编织 ②编〔织〕法 ③摇晃,运条 ④迂回,盘旋 ⑤(光栅的)波状失真,波形畸变,行间闪烁 ☆*weave A into B* 用 A 织成 B; *weave A out of B* 用 B 织 A

weaver ['wi:və] *n.* 纺织工人

weaving ['wi:vɪŋ] *n.* ①编〔纺〕织 ②运条,横摆运动,(光栅的)波状失真

web [web] ❶ *n.* ①【机】金属薄条〔片〕,薄板条,散热片 ②曲柄臂 ③【建】腹板〔部〕,壁板,轨腰 ④ 辐板,轮辐 ⑤输送带 ⑥钻心 ⑦棱角〔线〕 ⑧ 丝〔织,蛛〕网,网膜,万维网 ⑨【纺】织品,一匹(织物) ⑩卷筒纸,卷材,一卷,一筒;圈套 ❷ (webbed; webbing) *v.* 丝网般密布在…上,成丝网状,使落入圈套

webbing ['webɪŋ] *n.* ①带子,带状织物 ②膜,起黏丝 ③桁架腹杆构件

webbite ['webaɪt] *n.* 炼钢合金剂

weber ['weɪbə] *n.* 【物】韦伯(磁通量单位)

web-member ['web'membə] *n.* 腹杆

websterite ['webstə,raɪt] *n.* 【矿】矾石,二辉岩

web-wheel ['web'wi:l] *n.* (钟表)板轮,盘式轮

wed [wed] *vt.* ①使结合 ②结婚 ☆ *wed... to (with)* ... 使…与…相结合

wedded ['wedɪd] *a.* ①坚持的,拘泥于…的 ②专心致志的 ③结合在一起的,(已)结婚的 ☆ *be wedded by common interest* 被共同利益结合在一起; *be wedded to* 坚持,专心做; *be wedded to conventions* 墨守成规

wedge [wedʒ] ❶ *n.* ①楔形浇口,楔状地形 ② 楔形物,(尖)劈,光楔,垫箱楔铁 ③起因 ④高压楔 ❷ *v.* 楔入(into, in),楔牢(up),加楔,劈开,挤进 ☆ *be wedged in between* 夹在…之间; *drive a wedge into* 中打进楔子,破坏; *the thin end of the wedge* 得寸进尺的开端,可能有重大后果的小事; *wedge ... in (into)* 挤〔轧,塞〕进; *wedge out* 变薄

wedged [wedʒd] *a.* 楔形的

wedge-like ['wedʒ'laɪk] *a.* 楔形的

wedge-shaped ['wedʒ'ʃeɪpt] *a.* 楔形的,劈形的,半面晶形的

wedgewise ['wedʒwaɪz] *ad.* 成楔形

wedgy ['wedʒɪ] *a.* 楔形的

Wednesday ['wenzdɪ] *n.* 星期三

wee [wi:] ❶ *a.* ①小小的 ②很早的 ❷ *n.* 一点点,一会儿 ☆ *a wee bit* 真一点点,少许

weed [wi:d] ❶ *n.* 杂草,废物 ❷ *vt.* 除去〔草,害〕,淘汰,铲除,扫〔肃〕清,清除(out)

weeder ['wi:də] *n.* 除草器〔机,工具〕,除草人

weed-filled ['wi:d'fɪld] *a.* 海藻丛生的(水域)

weed-free ['wi:d'fri:] *a.* 无水藻的

weedicide ['wi:dɪ,saɪd] *n.* 除莠剂

weed-killer ['wi:d'kɪlə] *n.* 除莠剂,除草剂

weedy ['wi:dɪ] *a.* ①多杂草的,水草丛生的,杂草似的 ②没价值的

week [wi:k] *n.* ①(一)星期 ②工作周(星期日以外的六天) ③比某日早〔晚〕一星期的一天 ☆ *week and week about* 每隔一星期; *week in, week out* 一星期一星期地

weekday ['wi:kdeɪ] *n.* 平日,周日,工作日(除星期日、星期六以外的日子)

weekdays ['wi:kdeɪz] *ad.* 在平日

weekend [,wi:k'end] *a.;n.;v.* 周末(的),过周末

weekends ['wi:kendz] *ad.* 在每周末

weekly ['wi:klɪ] *a.;ad.;n.* ①一星期的,一周一次(的) ②周刊〔报〕

week-night ['wi:k'naɪt] *n.* 周日的晚上(指星期一至五各晚)

weeksite ['wi:ksaɪt] *n.* 【矿】(水)硅钾铀矿

weeny ['wi:nɪ] *a.* 极小的

weep [wi:p] (wept) *v.;n.* ①(缓慢地)流,滴下,分泌,渗漏,泛油 ②低垂,流泪,哭

weepage ['wi:pɪdʒ] *n.* 水分的分泌〔渗漏〕,滴下

weeper ['wi:pə] *n.* 滴水〔渗水〕孔

weeping ['wi:pɪŋ] ❶ *n.* (水分的)分泌,渗漏,滴落,泛油 ❷ *a.* ①泌〔渗〕出的,滴水〔下〕的 ②垂下的 ③下〔多〕雨的

weepy ['wiːpɪ] *a.* 哭泣的,泪汪汪的

weevil ['wiːvɪl] *n.*【动】象鼻虫

weft [weft] *n.* ①纬(线,纱),织物 ②【航海】信号旗,(求救)信号

weftwise ['weftwaɪz] *ad.*【纺】水平地,横纬地

wehnelt ['weɪnelt] *n.*【医】韦内(X 线硬度单位,X 线穿透力单位)

weigh [weɪ] *v.;n.* ①称(…的重量) ②悬浮,起(锚) ③重(若干) ④衡量,加权,权衡 ⑤重压 ⑥有重要意义,有分量,发生影响 ☆*under weigh* 在进行中; *weigh against* 与…比较,考虑,权衡,对…不利; *weigh down* 把…压低,使为难; *weigh heavy* (称起来)分量重; *weigh in* 介入,称分量; *weigh in with* 成功地提出(议论,事实等),把…运用于讨论; *weigh light* (称起来)分量轻,不重要; *weigh nothing* 没什么; *weigh on (upon)* 压在…之上; *weigh out* 称(得)出; *weigh up* 称出,权衡,重得使…翘起来; *weigh with* 对…关系重大,对…有影响,被…重视

weighable ['weɪəbl] *a.* 可称的,有重量的

weigh-beam ['weɪˈbiːm] *n.* 秤(杆),平衡梁,天平杆,大杆秤

weigh-bridge ['weɪˈbrɪdʒ] *n.* 桥(台,地)秤,地磅,计量台

weigher ['weɪə] *n.* ①过磅员,验秤员 ②衡器,秤 ③自动(记录)秤

weighhouse ['weɪhaus] *n.* 过磅处,计量所

weighing ['weɪɪŋ] *n.* ①称(量,重),权衡,重压 ②加权,权衡 ③悬浮,起(锚)

weighlock ['weɪlɒk] *n.* 船舶称重计量,衡闸

weigh-machine ['weɪməˈʃiːn] *n.* 秤桥,地秤

weighshaft ['weɪʃɑːft] *n.* 摇臂轴,秤轴

weight [weɪt] ❶ *n.* ①重(量,力,块,锤),载荷重 ②秤砣(锤),平衡块,镇重 ③心引力 ④【统】权(重),加权函数,重要(性,程度),斤两,势力 ⑤重担(压),责任 ❷ *vt.* ①加砝码(重量,重锤)于,加载,【数】加(计)权 ②重压,使负重担,装载过重 ☆*by weight* 按重量(计算),论斤两; *carry no weight* 不重要,不受重视; *carry weight* 重要,有影响; *gain (lose) weight* 体重增加(减少); *give weight to* 给予重视; *have weight with* 对…重要,对…有影响; *lumping weight* 足重; *over weight* 过重; *pull one's weight* 努力做好自己分内的工作; *put on weight* 体重增加; *throw one's weight about* 仗势欺人,作威作福; *under the weight of* 因…的重量; *under weight* 重量不足

weight-drop ['weɪtˈdrɒp] *n.* 落体法

weighted ['weɪtɪd] *a.* ①受力的,负荷(载)的,载重的 ②【数】加权的,权重的 ③已称重的

weight-formality ['weɪtfɔːˈmælətɪ] *n.* 重量克式浓度

weightily ['weɪtɪlɪ] *ad.* 重(要,大),强

weightiness ['weɪtɪnɪs] *n.* 重(量),重要(大),严重性

weighting ['weɪtɪŋ] *n.* 加权(重),权重,称(量),加压铁,衡量,评价
〖用法〗该词可以与动词"perform"搭配使用。
如: The amplitude underline weighting is underline performed in proportion to the pertinent signal strength. 振幅加权是正比于相应的信号强度来进行的。

weightless ['weɪtlɪs] *a.* ①失重的 ②没有重量的,无足轻重的 ‖ **~ly** *ad.*

weightlessness ['weɪtlɪsnɪs] *n.* 失重(性,状态,现象),不可称量性
〖用法〗注意下面例句的含义: Weightlessness is one of the conditions nobody except astronauts can put up with. 失重是除了宇航员外,任何人都不能忍受的条件之一。

weight-lifting ['weɪtˈlɪftɪŋ] *n.* 举重

weight-molality ['weɪtməuˈlælətɪ] *n.* 重量克分子浓度

weight-normality ['weɪtnɔːˈmælətɪ] *n.* 重量当量浓度

weightograph ['weɪtəɡrɑːf] *n.* 自动(记录)衡量器

weightometer ['weɪtɒmɪtə] *n.* 重量计,自动称重仪

weighty ['weɪtɪ] *a.* ①重的,累人的 ②重要的,有分量的,有影响的

weir [wɪə] ❶ *n.* 堰低(拦河)坝,拦河堰,溢洪道,水口 ❷ *v.* 用坝挡住

weird [wɪəd] *a.* 离奇的,神秘的

wekon ['wekən] *n.* 弱子,中间玻色子

welcome ['welkəm] ❶ *a.* 受欢迎的 ❷ *vt.;n.* 欢迎 ☆*give... a warm welcome* 给予…以热烈的欢迎; *welcome home* 欢迎你(们)回来; *welcome to ...* 欢迎你(们)到…来; *you are welcome* 别客气

weld [weld] ❶ *n.;v.* ①焊牢,能熔接 ②焊(接),熔焊(接合)(on, up) ③焊缝,焊接点,胶(熔)接处 ④结合,使连成整体(into) ❷ *a.* 焊接的

weldability [weldəˈbɪlɪtɪ] *n.* 可焊性,焊接性

weldable ['weldəbl] *a.* 可焊(接)的 ‖ **~ness** *n.*

welded ['weldɪd] *a.* 焊(接)的

welder ['weldə] *n.* (电)焊工(人),焊机

welding ['weldɪŋ] *n.;a.* 焊接(的),熔接(的),焊缝,黏结

weldless ['weldlɪs] *a.* 无(焊)缝的

weldment ['weldmənt] *n.* 焊件,焊接装配

welfare ['welfeə] *n.* 幸福,安宁,福利

welkin ['welkɪn] *n.* 天空,苍穹

well¹ ❶ *n.* ①凹处,(深)坑,(陷,势)位)阱 ② 井,楼梯井,升降机井道,竖坑 ③套(探)管 ④放出口 ⑤(插)孔,穴,槽,沟,容器 ⑥【计】(信息)源 ❷ *v.* 涌(喷,流)出(up, out, forth, from)

well² [wel] ❶ (better, best) *ad.;a.* ①好,合适 ②很,充分,远远,大大 ③有理由,很可能 ❷ *int.* 好吧,好啦,唔,哎呀 ☆*as well* 同样,也,又; *as well as...* 除…之外(还),不仅…而且,以及; *be well on*

进行顺利；*be well out of* 安然摆脱；*can (could) well...* (完全)可以,很可以；*do well* 进展情况良好；*It is all very well (but...)* 好倒是好(可是…)；*may (just) as well...* 不妨,也行,还是以…为好；*may (might) well...* (完全)有可能；*might (just) as well* 等于,不如；*pretty well* 几乎；*stand well with* 中…的意；*well above...* 高〔超〕出…很多；*well and truly* 周密而准确地,确实地；*well before* 在…之前很久；*well enough* 很好,还好；*well off* 或 *well to do* 富裕；*well over* 比…多得多,大大超过

〖用法〗 ❶ 注意句型"it is〔will be〕well to do..." ,意为"做…是合适的"。如：Before we begin a detailed discussion of counters, it will be well to define some terminology. 在我们开始详细讨论计数器之前,先定义一些术语将是合适的。/In making this measurement, it is well also to perform a total-harmonic distortion measurement. 在进行这一测量过程中,测量一下整个谐波失真也是合适的。❷ "A as well as B" 处于主语位置时,谓语动词的数只取决于 A。如：A capacitor as well as several resistors is shown in Fig. 2. 图 2 显示了一个电容器以及几个电阻器。/ The output of the gate as well as all its inputs is stable. 该门电路的输出以及其所有的输入都是稳定的。❸ "as well as" 可以作介词用,等同于"in addition to"的含义"除…外(还)"。如：This type of circle is symmetrical to the origin as well as being symmetrical to both axes. 这类圆不仅关于两轴对称,而且也关于原点对称。/As well as attempting to meet these goals, this book has been planned for self-instruction. 本书除了想要达到这些目的外,同时也计划用于自学。

well-advised ['welǝd'vaɪzd] *a.* 经周密考虑的,深思熟虑的,谨慎的,明智的

well-appointed ['welǝ'pɔɪntɪd] *a.* 设备完善的,装备好了的

well-atomized ['wel'ætǝmaɪzd] *a.* 雾化良好的

well-balanced ['wel'bælǝnst] *a.* 各方面协调的,匀称的,平衡的

well-behaved ['welbɪ'heɪvd] *a.* 性能良好的

well-being ['wel'biːɪŋ] *n.* ①(机器)保持良好状态 ②幸福,平安,安宁,福利

well-bonded ['wel'bɒndɪd] *a.* 充分黏结的

well-boring ['wel'bɔːrɪŋ] *n.* 钻〔凿〕井

well-chosen ['wel'tʃǝuzn] *a.* 精选的,恰当的

well-conditioned ['welkǝn'dɪʃǝnd] *a.* 【计】良态的

well-content(ed) ['welkǝn'tent(ɪd)] *a.* 十分满意的

well-defined ['weldɪ'faɪnd] *a.* 轮廓〔界限〕分明的,清晰的,意义明确的,严格定义的

well-drilling ['wel'drɪlɪŋ] *n.* 钻〔凿〕井

well-earned ['wel'ɜːnd] *a.* 劳动所得的,正当的,应得的

well-established ['welɪs'tæblɪʃt] *a.* 非常确实的,根基稳固的

well-favo(u)red ['wel'feɪvǝd] *a.* 漂亮的,标致的

well-fitting ['wel'fɪtɪŋ] *a.* 正合适的

well-formed ['wel'fɔːmd] *a.* 合式的,【冶】良好成形的,构造良好的

well-found ['wel'faund] *a.* 设备完全的

well-founded ['wel'faundɪd] *a.* ①有充分根据的 ②基础牢固的

well-graded ['wel'greɪdɪd] *a.* 良好选的,良好级的

well-grate ['wel'greɪt] *n.* 炉格

well-informed ['welɪn'fɔːmd] *a.* 见识广的,消息灵通的

Wellington ['welɪŋtǝn] *n.* 惠灵顿(新西兰首都)

well-judged ['wel'dʒʌdʒd] *a.* 判断正确的,适宜的

well-knit ['wel'nɪt] *a.* 密实的,组织〔构思〕严密的

well-known ['wel'nǝun] *a.* 著名的,众所周知的,公认的

well-looking ['wel'lukɪŋ] *a.* 漂亮的

well-made ['wel'meɪd] *a.* 做得〔样子〕好的,匀称的

well-marked ['wel'mɑːkt] *a.* 明确〔显〕的

well-meaning ['wel'miːnɪŋ] *a.* 善意的,好心的

well-nigh ['wel'naɪ] *ad.* 几乎

well-off ['wel'ɒf] *a.* 富裕的,处于有利地位的,供应充裕的

well-ordered ['wel'ɔːdǝd] *a.* 安排得很好的,【数】良序的

well-paid ['wel'peɪd] *a.* 高工资的,高报酬的

well-point ['wel'pɔɪnt] *n.* (降低地下水位的)井点

well-posed ['wel'pǝuzd] *a.* 适定的,提法恰当的

well-preserved ['welprɪ'zɜːvd] *a.* 保存〔养〕得很好的

well-proportioned ['welprǝ'pɔːʃǝnd] *a.* 很均匀的,很匀称的

well-read ['wel'red] *a.* 博学的

well-refined ['welrɪ'faɪnd] *a.* 精炼良好的

well-regulated ['wel'regjuleɪtɪd] *a.* 管理良好的

well-rig ['wel'rɪg] *n.* 【机】打井机具,钻〔凿〕井机

well-rounded ['wel'raundɪd] *a.* ①经过周密考虑的,各方面安排得很好的 ②流线型的,圆角的

well-sampling ['wel'sɑːmplɪŋ] *n.* 钻井取(土)样

wellseeming ['welsiːmɪŋ] *a.* 看上去令人满意的

well-seen ['wel'siːn] *a.* 明显的,熟练的,精通的

well-set ['wel'set] *a.* 安放恰当的,安装牢固的

well-shaped ['wel'ʃeɪpt] *a.* 正确整形的,外形精美的

well-sinking ['wel'sɪŋkɪŋ] *n.* 沉井,井筒下沉

well-spent ['wel'spent] *a.* 充分利用了的,使用得当的

well-spring ['wel'sprɪŋ] *n.* 泉(水)源

well-stocked ['wel'stɒkt] *a.* 存货〔收藏〕丰富的

well-timbered ['wel'tɪmbǝd] *a.* 用木材撑牢〔加固〕的

well-timed ['wel'taɪmd] *a.* 适时的,时机选得好的,合拍的

well-to-do ['wel'tu:'du] *a.* 富裕的
well-traveled ['wel'trævld] *a.* 交通量大的
well-tried ['wel'traɪd] *a.* 经过多次试验证明的
well-trod(den) ['wel'trɒd(ən)] *a.* 用旧了的,陈旧的
well-turned ['wel'tɜ:nd] *a.* (姿态)优美的,车削得好的,措词巧妙的
well-type ['wel'taɪp] *a.* (竖)井式的
well-weighed ['wel'weɪd] *a.* 经慎重考虑的
well-wishing ['wel'wɪʃɪŋ] *n.* 良好的祝愿
well-wooded ['wel'wʊdɪd] *a.* 森林(资源)丰富的
well-worn ['wel'wɔ:n] *a.* 用旧了的,陈腐的
Welsh [welʃ] *n.;a.* 威尔士的,威尔士人(的)
Welshman ['welʃmən] *n.* 威尔士人
Welt [welt] (德语) *n.* 世界
welt [welt] ❶ *n.* 贴边(缝),平铁皮的折边,盖缝条,衬板 ❷ *vt.* 装上贴边
welter ['weltə] *vi.;n.* ①翻滚(腾),起伏 ②混乱,杂乱无章 ③浸湿,染污,沉迷
wemco ['wemkəu] *n.* 威姆可(一种变压器油)
wen [wen] *n.* 粉瘤
wend [wend] *v.* 行,走,向,前进 ☆ **wend one's way** 走,往
Wenlockian [wen'lɒkɪən] *a.* (中志留世)温洛克组的
went [went] go 的过去式
wept [wept] weep 的过去式和过去分词
were [wɜ:] be 的过去式 ☆ **as it were** 好像,可以说,好比是; **if (it) were not for** 或 **were it not for (that)** 要不是
west [west] ❶ *n.* 西(方,部) ❷ *a.;ad.* 西(方)的,在西方(的),向西(的),(风)从西方 ☆ **be in the west of** 在…西部; **be on the west of** 在…西面; **(to the) west of** 在…以西
westbound ['westbaund] *a.* 向西行的
wester ['westə] ❶ *vi.* 转向西面 ❷ *n.* 【气】西风,从西面来的暴风雨
westering ['westərɪŋ] *a.* 向西的,西下的
westerlies ['westəlɪz] *n.* 【气】西风(带)
westerly ['westəlɪ] ❶ *a.;ad.* 西方的,向西的,在西方,从西方(吹来的) ❷ *n.* 西风
western ['westən] ❶ *a.* 西方(部)的,在(向,从)西方的,从西方来的,欧美的 ❷ *n.* 西部人
westerner ['westənə] *n.* 西方人,美国西部人,欧美人
westernize ['westənaɪz] *vt.* (使)西(洋)化,(使)欧化 ‖ **westernization** [ˌwestənaɪ'zeɪʃən] *n.*
westernmost ['westənməust] *a.* 最(极)西的
westing ['westɪŋ] *n.* ①西行航程,向西行进 ②(偏)西距(离)
Westminster ['westmɪnstə] *n.* 威斯敏斯特;议会,议会政治;威斯敏斯特教堂
westrumite ['westrəˌmaɪt] *n.* 可溶油
West Virginia ['westvɜ:'dʒɪnɪə] *n.* 西弗吉尼亚(美国州名)

westward ['westwəd] ❶ *a.;ad.* 西方的,向西(的) ❷ *n.* 西方(部) ‖ ~**ly** 或 ~**s** *ad.*
wet [wet] ❶ (wetter, wettest) *a.* ①(潮)湿的 ②湿式的 ③(下,多)雨的 ④弄错了的,无价值的,无经验的,伤感的 ❷ *n.* ①潮湿,湿气(度,式,法) ②水(分),雨天 ❸ *v.* 弄湿(down),打湿(out),湿透(through) ☆ **wet behind the ears** 未成熟的,无经验的
wet-crushed ['wet'krʌʃt] *a.* 湿法破碎的
wet-filling ['wet'fɪlɪŋ] *n.* 湿法填装
wether ['weðə] *n.* 阉羊
wetland ['wetlænd] *n.* 【地理】湿地
wetness ['wetnɪs] *n.* 潮湿,湿度
wet-proof ['wet'pru:f] *a.* 防潮的
wet-screened ['wet'skri:nd] *a.* 湿(法过)筛的
wet-season ['wet'si:zən] *n.* 雨(湿)季
wet-stable ['wet'steɪbl] *a.* 湿稳定的
wet-strength ['wet'streŋθ] *n.* 湿强度
wettability [ˌwetə'bɪlətɪ] *n.* 可湿性,湿润度,吸湿度
wettable ['wetəbl] *a.* 可(润)湿的
wetter ['wetə] *n.* 润湿剂(〔剂),增湿剂
wetting ['wetɪŋ] ❶ *n.* (变,润,浸)湿 ❷ *a.* 润湿的
wetting-off ['wetɪŋ'ɒf] *n.* 打(取)下(玻璃吹制件的
wettish ['wetɪʃ] *a.* 有点潮的,湿润的,带潮气的
whack [wæk] *v.;n.* ①重击(声),重打 ②吹,劈,削减 ③匆忙做好,赶紧凑成(up, out) ④尝试,机会 ⑤一份,一次,份儿 ☆ **be out of whack** 运转失常; **have a whack at** 试作
whacker ['wækə] *n.* 异常巨大的东西
whacking ['wækɪŋ] ❶ *n.* 重击 ❷ *a.* 巨大的 ❸ *ad.* 非常
whale [weɪl] ❶ *n.* 鲸(鱼),巨大的东西 ❷ *v.* 捕鲸 ☆ **a whale at (for, on)** 善于(热心于)…的人; **a whale of** 大量的,极大(好)的,了不起的; **a whale of difference** 天壤之别
whaler ['weɪlə] *n.* 捕鲸船(者)
whaleman ['weɪlmən] *n.* 捕鲸者(船)
wham [wæm] ❶ (whammed; whamming) *v.* 重击 ❷ *n.* 重击声,碰撞声
whang [(h)wæŋ] *vt.;n.* ①(砰然)重击(声),用力撞 ②使劲工作 ③一大片,大块
whap [(h)wɒp](whapped; whapping) *v.* =whop
wharf [wɔ:f] ❶ (pl. wharfs 或 wharves) *n.* 码头,停泊处 ❷ *vt.* ①(把船)靠在码头上,(把货)卸在码头上 ②为…设立码头 ③入坞
wharfage ['wɔ:fɪdʒ] *n.* 码头费,码头(设备),码头上货物的运输和储藏
wharfie ['wɔ:fɪ] *n.* 码头工人
wharfinger ['wɔ:fɪndʒə], **wharfmaster** ['wɔ:f-ˌmɑ:stə] *n.* 码头管理人,码头老板
what [wɒt] *pron.;a.* ①什么,多大 ②=the thing(s) that (which) ③(感叹)多么 ☆ **and (or) what not** 等等,诸如此类; **but what** 没有…的; **not but what** 并非不; **what about** 或 **what of** 关于…

W

有何消息,(你认为)如何,怎么样;怎么回事; **what about it** 那是怎么啦; **what … for** 为了什么(而)…; **what for** 那一种; **what if (= what would happen if…)** 如果…那怎么办〔怎么样〕,即使…又有什么要紧; **what is more** (插入语)更有甚者,而且; **what is the same thing** 或 **what is equivalent** 或 **what amounts to the same thing** (插入语)同样的是,换个说法(也一样),或者说; **what next** 还要什么; **what of it** 这便怎么样呢,这有什么关系; **what then** 那怎么办呢; **what though** 即使…又有什么关系; **what with … and (what with) …** 一方面由于…,另一方面由于…; **what's done cannot be undone** 事已定局,无可挽回; **what's what** 事情的真相; **A is to B what C is to D** A 对于 B 犹如 C 对于 D; **in what follows** 在下面

【用法】❶ 最常见的情况是:①把 "what" 译成 "什么(样)的"(当表示数值时译成 "多大(的)";②译成 "的话(内容,方向,东西,原因,…)"。如: It is necessary to understand <u>what</u> inertia is. 必须懂得惯性是什么。/<u>What</u> two properties of a force are represented by a force vector? 一个力矢量表示力的什么样的两个性质? /It is necessary to find <u>what</u> that angle is. 必须求出那个角为多大。/In this case, <u>what</u> change will the variable undergo? 在这种情况下,该变量将经受多大的变化? /We must determine <u>what</u> initial velocity the object was given. 我们必须确定原来给该物体多大的初速度。/<u>What</u> this book deals with is very useful. 这本书所论述的内容很有用。/Energy is <u>what</u> brings changes to materials. 能量是使物质发生变化的东西。/Gas takes the shape of <u>what</u> is holding it. 气体呈现存放它的容器的形状。/<u>What</u> I have said above is not necessarily correct. 我上面所说的不一定正确。注意:上面的两种译法只能根据 "试探" 来确定。❷ 句型 "what is called〔termed, named, described as, known as, referred to as, spoken of as〕…" (从句也可以是主动形式)译成 "(人们)所说的〔所谓的,所称的〕…"。如: In 1895, a German physicist discovered <u>what are known as X rays</u>. 在 1895 年,一位德国物理学家发现了人们所说的 X 射线。/<u>What we call a robot</u> is no more than a special kind of electronic device. 我们所说的机器人只不过是一种特殊的电子设备。❸ 对于句型 "what + 系动词 + 表语(特别是名词)",只要译其中的 "表语",它主要用来加强那个 "表语" 的语气。如: This concept can be introduced in <u>what is a clear and concise manner</u>. 这一概念能够用清晰而简明的方法来介绍。❹ 句型 "what it〔they〕is〔was〕" 可以译成 "现在〔原来〕那个样子" 或由 "it〔they〕" 所代的名词。如: After a chemical change, a substance is changed to something different from <u>what it was</u>. 经过化学变化后,物质就变成与原来不同的某种东西了。/On the surface of the moon, the gravitational force on a body is only 1/6 <u>what it</u>

is here on the earth. 在月球表面,对物体的重力仅为地球这儿(重力)的 1/6。/It was genius that made Faraday <u>what he was</u>. 是天才造就了法拉第其人。注意: "what" 在此引导了一个 "宾语补足语从句"。❺ 注意下面例句的译法: <u>What with poor equipment and total absence of safety measures</u>, accidents were common. 部分由于设备差,部分由于全缺乏安全措施,所以那时事故频发。/Personal communicators will be to telecommunications <u>what</u> the personal computer is to computing. 将来个人通信设备与通信的关系犹如现今个人计算机与计算的关系。❻ 它引出感叹句的句型为 "what a〔an〕+ 形容词 + 单数名词"。如: <u>What a good computer</u> (it is)! 这是一台多好的计算机啊! /<u>What an important instrument</u> is one that adequately display the Fourier transform of a function of time, even when the interval of integration is not infinity! 甚至当积分区间并不是无穷的时候能够适当地显示出时函数的傅氏变换的仪器是多么重要的(仪器)啊! ❼ 当它引导的主语从句中有实意动词 "do" 的任何形式时,作表语的动词不定式可以省去其标志 "to"。如: What we can do is <u>consider</u> the input to be a sum of functions. 我们所能做的是把输入看做一些函数之和。❽ 注意下面例句中该词的含义: <u>What</u> Greek could have believed in the quintessence of matter having seen the mountains of the moon and spectral lines of earthly elements in sunlight? 如果当时看到了月球的山脉和阳光中(存在)的地球元素的谱线的话,哪一位希腊人会相信物质的第五要素呢? (这是一个条件式虚拟语气句型,完成式现在分词短语 "having seen…" 作条件状语。) ❾ 它可以构成插入句。如: The atomic number is equal to the number of electrons per atom or, <u>what is equivalent</u>, the number of protons per nucleus.原子序数等于每个原子的电子数,或者说等于每个原子核的质子数。/The rules must be few, and <u>what is more important</u>, simple.规则必须少,而且更为重要的是,要简单。此外,还有 what is the same (thing) "或者可以说",what amounts to the same thing "或者说",what is equivalent and opposite "或者等效地反过来说"。

whatever [wɒt'evə] *pron.;a.* ①无论什么,无论怎样的; 任何一种的 ②(用于否定句或疑问句)什么都(不),一点也(没) ③诸如此类 ☆ **or whatever** 或诸如此类

【用法】❶ 当它引导名词从句时,按下面方式来等效:它在从句中用作名词时,whatever = anything that; 当它在从句中用作形容词时,whatever + 名词 = any + 名词 +that。如:The term 'force' may be interpreted as <u>whatever</u> (= anything that) may be producing the distortion. "力" 这个术语可以被解释为能产生形变的任何东西。/Pressure is always perpendicular to <u>whatever surface</u> (= any surface that) is being acted upon. 压力总是垂直于受到作

用的任何表面。❷ 当它引导让步状语从句时 whatever = no matter what,且从句中的连系动词"is, are"经常省去(也有人使用 "be" 的形式)。如:In this case, standing waves will be set up in the string, whatever (= no matter what) the value of the frequency. 在这种情况下,无论频率值为多大,将会在该细绳中产生驻波。/This equation holds, whatever the independent variable be. 无论自变量是什么,该式总是成立的。❸ 注意下面例句中该词的用法:In this case no rotation whatever will occur. 在这种情况下,不会发生任何的转动。(它作为形容词与"no"连用时只能作后置定语。)/Not as familiar is the fact that any substance whatever will be influenced by the magnetic field, although to an extent which is extremely small compared with a substance like iron. 大家不怎么熟悉的是,任何物质都会受磁场的影响,尽管其影响的程度与像铁这样的物质相比是极小的。(它作为形容词与"any"连用时只能作后置定语。)/In everyday conversation the word 'resistance' is, generally, used to mean anything whatever that tends to oppose the motion of anything else. 在日常会话中,"阻力"这个词一般用来指趋于阻止其它任何东西运动的任何一种东西。(作形容词的"whatever"只能处于"anything"之后作后置定语。)/All gases, of whatever kind, exhibit virtually identical behavior. 所有的气体,不论是什么种类,都呈现实际上相同的性能。/In this chapter we study the transmission of digital data (of whatever origin) over a baseband channel. 在这一章,我们学习数字数据(不论其是什么起源的)在基带信道上的传输。/The energy is converted from chemical energy in a battery, from mechanical energy in a generator, or whatever. 该能量是从电池的化学能中,从发电机中的机械能,或诸如此类转换来的。❹ 注意下面例句的含义:By convention, we call whatever it is that the rubber rod possesses by virtue of having been stroked with the fur negative electrical charge. 习惯上,我们把那种由于毛皮的摩擦而在橡胶棒上所带的电荷称为负电荷。本句的宾语从句是一个强调句型,它强调的是引导宾语从句且在从句中作宾语的连接代词"whatever",由于它要引导从句,所以把它放在从句之首了。

whatman ['wɒtmən] *n.* 一种高级绘画纸(板)

whatsoever [ˌwɒtsəʊˈevə] *pron.;adj.* 同 whatever, 但语气更强
〖用法〗本词为形容词作定语且与 "no" 或 "any" 连用时要后置。如:Up to this point we have not made any approximations whatsoever. 至此我们没有作任何的近似。

wheal [(h)wi:l] *n.* 【医】风团(块)

wheat [wi:t] *n.* 小麦 ☆**good as wheat** 非常之好

wheaten ['wi:tn] *a.* 小麦(色,粉制成)的,淡黄色的

wheel [wi:l] ❶ *n.* ①轮,驾驶盘,轮形物,滑车 ②旋

转(运动) ③(pl.)自行车,汽车 ④机构,机关 ⑤重要人物,领袖 ❷ *v.* ①滚〔转,推〕动,(使)旋转 ②装轮子,使轮(变方)向 ③高速驾驶 ☆**go (run) on wheels** 顺利进行; **the fifth wheel of a coach** 多余的东西; **the man at the wheel** 开车人,舵手,负责人; **wheels within wheels** 复杂的机构〔情况〕,形势错综复杂

wheelabrator ['wi:ləbreitə] *n.* 抛丸(清理)机,打毛刺机

wheelbarrow ['wi:lbærəʊ] ❶ *n.* 小推车,独轮小车 ❷ *vt.* 用手推车运送

wheelbase ['wi:lbeis] *n.* 车〔轮〕距,(机车)轮距定距

wheelboss ['wi:lbɒs] *n.* 轮心〔毂〕

wheelbox ['wi:lbɒks] *n.* 齿轮〔变速〕箱

wheelbrake ['wi:lbreik] *n.* 轮闸

wheelcover ['wi:lkʌvə] *n.* 轮罩〔箱〕

wheeled [wi:ld] *a.* 有〔装〕轮的,轮式的

wheeler ['wi:lə] *n.* (推)手车工(人),(有)轮车,车轮制造人,精明老练的经营者

wheeler-dealer ['wi:lə'di:lə] ❶ *vi.* 推动及经营;精明地交易或策划 ❷ *n.* 耍手腕的商人〔政客等〕

wheelerite ['wi:lərait] *n.* 淡黄树脂

wheelhead ['wi:lhed] *n.* 【机】砂轮头,磨头

wheelhouse ['wi:lhaʊs] *n.* 驾驶室,外轮罩,轮箱

wheeling ['wi:liŋ] *n.* ①旋转 ②车运 ③道路的好坏

wheelless ['wi:llis] *a.* 无轮的,无车辆的

wheelman ['wi:lmən] *n.* 舵手〔工〕,汽车驾驶员,骑自行车的人

wheelmark ['wi:lmɑ:k] *n.* 轮迹

wheelpath ['wi:lpɑ:θ] *n.* 行车轨迹,轮迹带

wheelseat ['wi:lsi:t] *n.* 轮座

wheelsman ['wi:lzmən] *n.* 【航海】舵手

wheelspan ['wi:lspæn] *n.* 【机】轮距

wheelspin ['wi:lspin] *n.* 【机】滑转

wheelwork ['wi:lwɜ:k] *n.* 【机】齿轮装置

wheelwright ['wi:lrait] *n.* 修造轮子〔车辆〕的人

wheeze [wi:z] *vi.* 喘息

whelm [welm] *v.* 用…覆盖,淹没,压〔驳〕倒

whelp [welp] *n.* 扣链齿,小狗

when [wen] ❶ *ad.;conj.* ①什么时候 ②当…的时候 ③(正)时,到时候 ④尽管,可是 ⑤如果 ⑥既然,考虑到 ❷ *pron.* 什么时候,那时 ❸ *n.* (事件发生的)时间
〖用法〗❶ 当它作连接副词引导名词从句时,可译成"何时"或"…的时间"。如:It remains to be seen when Hamiltonian satisfies (2). 有待于查明哈密尔顿函数何时能满足(2)。❷ 它作关系副词引导定语从句时可以省去或用"that"来替代。如:The damped oscillation depends on the time the switch is closed. 阻尼振荡取决于开关闭合的时间。/The heat produced in a conductor by an electric current is proportional to the time that the current is flowing. 电流在导体中产生的热量正比于电流流动的时

间。**❸** 它引导的时间状语从句可以修饰其前面的名词,但仍含有其原来作状语从句连接词的词义。如: Let us consider the case <u>when the torque is zero</u>. 让我们考虑一下当转矩为零的情况。/This chapter deals with the characteristics of such a device <u>when alternating and direct current are applied</u>. 本章论述这种器件加有交流电和直流电时的特征。(该从句是修饰 "characteristics" 的。) **❹** 它引导的时间状语从句表示将来的动作时只能用一般现在时来表示。 **❺** 注意下面例句中该词的含义: Why should this design be called 'new' <u>when</u> we have known for a long time that active persons have been designing, as we understand it today? 既然我们早就知道活跃的人们像我们今天所了解的那样一直在进行设计,为什么这种设计被称为是 "新的" 呢? **❻** 注意下面例句中该词的用法: <u>It was</u> just 50 years ago <u>when</u> Tom Watson, the founder of IBM, proclaimed that the world couldn't possibly need more than five computers. 就在 50 年前,IBM 公司的缔造者汤姆·沃森曾声称: 全世界可能充其量只要 5 台计算机就足矣。(这是一个强调句型,从纯语法上讲应该把 "when" 应该换成 "that" 才对。)

whence [wens] **❶** *ad.* ①从哪里,为什么 ②从那里,由此 ③(到)⋯的地方 **❷** *pron.* 何处,那里 **❸** *n.* 来处,根源
〖用法〗该词在科技文中常用作关系副词,用于引导非限制性定语从句,等效于 "from which",而从句中的谓语动词 comes、results 往往不出现。The phenomenon is analogous to striking a bell a sharp mechanical blow with a hammer, <u>whence the origin of the term 'ring'</u>. 这一现象类似于用锤子把铃猛击一下,由此得到了 "振铃" 这一术语。/A waste product of the cells, carbon dioxide, is taken by the blood to the lungs, <u>whence it is expelled to the outside air</u>. 细胞的一种废物二氧化碳,由血液带到肺里,再从肺里把它排泄到外界的空气中。

whencesoever [ˌwenssəʊˈevə] *ad.* 无论来自什么地方,无论由于什么原因

whenever [wenˈevə] *ad.;conj.* ①无论什么时候(= no matter when),每当〔次〕⋯总是⋯ ②究竟什么时候

where [weə] **❶** *ad.* ①(在,往,从)哪里,在哪点上 ②(这)里,⋯之处,⋯的所在 **❷** *pron.* 哪里 **❸** *n.* 地点,场所
〖用法〗**❶** 该词作连接副词引导名词从句时意为 "何处,⋯的地点〔所在〕"。This is <u>where the choice of programming languages matters</u>. 这就是选择编程语言的重要性所在。/The potential energy of a body depends upon <u>where we choose the base height h = 0 to be</u>. 物体的势能〔位能〕取决于我们把基准高 h = 0 选在什么地方。**❷** 当它作为关系副词引导非限制性定语从句修饰一个公式、方程式、表达式、关系式时,一般译成 "式中; 其中; 这里"。如: Z = R + jX, <u>where Z is called the impedance of the device</u>. Z = R + jX,其中 Z 被称为

该器件的阻抗。 **❸** 它引导的非限制性定语从句有时可以表示原因。如: Man cannot live on the moon, <u>where there is no air and water</u>. 人类无法在月球上生存,因为那儿没有空气和水。**❹** 它引导的状语从句有时可以表示条件。如: <u>Where only green and blue add</u>, the resultant color is a mixture called cyan. 如果只是绿色和蓝色相加的话,得到的颜色是称为青绿色的一种混合颜色。**❺** 注意下面例句中所示的特殊情况: An anchor point refers to a place <u>where (= at which) to secure a ship with an anchor</u>. 抛锚点就是用锚栓住船舶的地点。/It was in that laboratory <u>where</u> they found a strange phenomenon. 正是在那个实验室里,他们发现了一个奇怪的现象。(这是一个强调句型,从纯语法角度讲应该把 "where" 换成 "that" 才对。)

whereabout(s) [ˈweərəˌbaʊts] **❶** *ad.* ①在何处,⋯之处 ②关于什么〔那个〕 **❷** *n.* 下落,踪迹所在

whereafter [weərˈɑːftə] *conj.* 在⋯之后,此后
〖用法〗当它用作关系副词时,等效于 "after which"。它在科技文中很少见。

whereas [weərˈæz] *conj.* ①而,(同时,在另一方面)却,反之,尽管⋯(但) ②鉴于,就⋯而论
〖用法〗它与表示对比含义时的 "while" 用法一样,一般其引导的从句处于主句后,但为了加强语气,也可以把从句放于主句前,这时 "而" 字一般要译在主句前。如: X is a discrete variable, <u>whereas Y is a continuous variable</u>. X 是一个分离变量,而 Y 则是一个连续变量。/<u>Whereas a worm is structured as a complete standalone program, a virus is a fragment of code embedded in a legitimate program</u>. "蠕虫" 的结构是一个完整的孤立程序,而病毒则是埋在合法程序里的编码片断。

whereat [weərˈæt] *ad.* ①为何 ②对此,对那个,在那里,于
〖用法〗当它作关系副词引导定语从句时等效于 "at which"。它在科技文中很少见。

whereby [weəˈbaɪ] *ad.* ①借此,根据这一点 ②在⋯旁 ③凭什么
〖用法〗**❶** 它作为关系副词引导定语从句时等效于 "by which"。如: Electromagnetic induction is the means <u>whereby nearly all the world's electric power is produced</u>. 电磁感应是产生几乎世界所有电力的方法。**❷** 注意下面例句中表示的特殊情况: This is a device <u>whereby to get warmth</u>. 这是一种取暖设备。

wherefore [ˈweəfɔː] **❶** *ad.;conj.* ①为什么 ②因此 **❷** *n.* 理由
〖用法〗当它作为关系副词引导定语从句时等效于 "for which = why"。它在科技文中很少见。

wherefrom [weəˈfrɒm] *ad.* 从哪〔那〕里
〖用法〗当它用作关系副词引导定语从句时等效于 "from which"。它在科技文中很少见。

wherein [weərˈɪn] *ad.* ①在哪一点〔方面〕,在什么地方 ②在那里,在那点上

【用法】当它作关系副词引导定语从句时等效于"in which"。如：A second area <u>wherein the weighted property is useful</u> is in numerical display. 使用加权特性的另一个领域是在数字显示方面。

whereof [weər'ɒv] *ad.* ①什么的,哪个的,谁的 ②(关于)那个的,关于该人的
【用法】当它作关系副词引导定语从句时等效于"of which"。如：This is the material <u>whereof the conductor is made</u>. 这就是制造该导体的材料。它在科技文中很少见。

whereon [weər'ɒn] *ad.* ①在什么(上面),在谁(身上) ②于其上面 ③因此
【用法】当它用作关系副词引导定语从句时等效于"on which"。它在科技文中很少见。

whereto [weə'tu:], **whereunto** [weərʌn'tu:] *ad.* ①向哪里,为何目的 ②向那里,向该处,对此
【用法】当它用作关系副词引导定语从句时等效于"to which"。它在科技文中很少见。

whereupon [weərə'pɒn] *ad.* ①在哪(那)上面 ②因此,于是,随后
【用法】当它用作关系副词时等效于"upon which"或"after which"。如：Each test signal need only be applied long enough for initial device and system transients to die out, <u>whereupon</u> the readings are taken. 每个测试信号只需施加足够长的时间以使得器件和系统的初始暂态消失掉,随后读取读数。/The block remains stationary as the plane is raised until the plane reaches the angle θ with the horizontal, <u>whereupon</u> the block begins to slide down. 当把平面抬起,直到该平面到达与水平线成θ角前,该木块一直保持静止状态,而到达那个角时,木块就开始向下滑动了。它在科技文中很少见。

wherever [weər'evə] *ad.* ①究竟在〔到〕哪里 ②在〔到〕任何地方,无论(在,到)哪里(=no matter where)

wherewith [weə'wɪð] ❶ *ad.* ①用以,用什么 ②用那个,以此 ❷ *pron.* 用以…的东西
【用法】当它用作关系副词引导定语从句时等效于"with which"。它在科技文中很少见。

wherewithal ['weəwɪðɔ:l] ❶ *ad.* =wherewith ❷ *n.* (所需的)财力,手段

wherry ['werɪ] *n.* 浅水客货船,舢板

whet [wet] *vt.;n.* ①磨(快),研磨 ②刺激,促进,激励 ③一会儿

whether ['weðə] *conj.* ①是否 ②不管,无论
【用法】❶ 当它引导名词从句时意为"是否"。如：<u>Whether a transformer</u> is step-up or step-down always refers to voltage level. 变压器是升压的还是降压的,总是与电压电平有关。❷ 当它引导状语从句时意为"无论",其特点是该从句中动词为连系动词"be"时,往往省去"whether"而把动词原形"be"放在从句句首,从而出现句型"be it (they) …"。如：Everything around us, <u>be it</u> air, water or <u>wood</u>, is matter. 我们周围的一切东西,不

论是空气,水还是木头,均是物质。

whetstone ['wetstəun] *n.* ①磨刀石,砂轮 ②激励者〔物〕

whey [weɪ] *n.* 浮清,(去乳酪后之)乳浆

which [wɪtʃ] *pron.;a.* ❶ (疑问)哪个,哪些 ❷ (关系代词)这(些),那(些),它(们),该(which 从句间主句之间无逗号分隔,关系比较密切,是限定性的。若有逗号分隔,则关系比较疏松,起附带或补充说明的作用。which 代替的可以不是某个名词,而是前面的整个或部分内容。)
【用法】❶ 它当连接代词时,特别要注意由它引导的以介词开头的名词从句。如：If two numbers are to be added, it does not matter in which order they are added. 如果要把两个数相加,那么按哪个次序把它们加起来是没有关系的。❷ 该词的难点在于引导定语从句时的各种情况。①修饰某个名词：Those forces acting on a given body which are exerted by other bodies are referred to as external forces. 由其它物体施加的、作用在一给定物体上的那些力被称为外力。/How to live longer is a question to which man has tried to find a good answer for hundreds of years. 如何活得长一些是人类几百年来在努力寻求良好答案的一个问题。(注意：以"介词+ which"开头的定语从句中,该"介词"的选择主要是由：i) 从句中的动词、形容词或名词所要求的,本句中的"to"是名词"answer"要求的；ii) 主句中被从句修饰的名词要求的,如：the ease with which …,the purpose for which …；iii) 所要表达的概念决定的。如：The author is particularly grateful to the editors of the series of which this book is a part. 本作者特别感谢本书所属的丛书的编辑们。/The curve the y-coordinate of every point on which is zero is just the x-axis. 其上面每一点的 y 坐标均为零的曲线就是 x 轴。("on which"在从句中是修饰"every point"的,而整个从句也是修饰"the curve"的。)/Any mechanical device by means of which heat is converted into work is called a heat engine. 用来把热转变成功的任何机械设备被称为热机。② 修饰前面整个主句、主句的一部分或一个形容词。这时"which"一般译成"这",在过去时或将来时时,可以译成"那"。如：The image distance is positive, which means the image is a real one. 其像距为正,这意味着该像是一个实像。("which"在从句中作主语。)/Points A and B are an infinitesimal distance apart, in which case the cord and arc are equal. A、B 这两点间隔距离无限小,在这种情况下弦与弧就相等了。("which"在从句中修饰介词宾语"case"。)/A beam of white light is separated into beams of various colors, from which we conclude that white light is actually a mixture of light of these different colors. 一束白光可以被分解成各种颜色的光束,由此我们得出结论：白光实际上是这些不同颜色的光的一种混合物。("which"在从句中作介词宾语。)/Here we neglect

the constant of integration, which, in future, we should do always. 这里我们忽略了积分常数,后面我们都将这样处理。("which"在从句中作宾语。) /Metals can conduct electricity, which non-metals cannot. 金属能够导电,而非金属则不能。("which"代替"conduct electricity"。) /Doing so, which requires a much greater analysis effort, yields the following expression. 这样做就能得到下面的表达式,不过分析起来麻烦得多。("which"代替作主句主语的动名词短语"doing so"。) /If a is small, which it is in this case, then tan a = a. 如果 a 比较小(在现在这种情况下就是如此),那么 tan a = a。("which"代替形容词"small"。) /Frequency stability is directly related to the slope of the phase angle, which slope is a direct function of the circuit Q. 频率稳定度是与相角的斜率直接相关的,这个斜率是与电路的 Q 值成正比的。("which"在从句中作定语,等效于"this"。) ③有时定语从句(特别是非限制性的)可以译成状语从句(一般表示结果、原因、条件、目的等)。如: In this case, T3 will be turned OFF, which will cause T1 to turn OFF. 在这种情况下,T3 将被变成截止,从而使得 T1 截止。/The reverse current, which is small, can often be neglected. 由于反向电流很小,所以常常可以忽略不计。/A pipe will be used through which the laser beam will be sent. 人们将使用管道来传送激光射束。/The melting point of steel the carbon content of which is lower is higher. 若钢的含碳量较低,则其熔点就较高。❸ 由它引导定语从句,在从句中作宾语、表语、介词宾语(介词处于从句末尾)以及"there be"句型的主语时可以省去(见"that"词条的相关部分)。❹ 注意"介词+which +动词不定式"作后置定语的情况: Each member has a switch with which to indicate a YES or NO vote. 每个成员都有一个用来投赞成票或投反对票的开关。/We shall use such a field on which to base our discussion of magnetic properties. 我们将使用这种场来作为讨论磁性质的基础。

whichever [wɪtʃ'evər] *a.;pron.* 无论〔随便〕哪个,无论哪些 (= no matter which)

〖用法〗注意下面例句的汉译法: Whichever coil is supplied with power from the outside is called the primary. 从外界获得能量的任一(那个)线圈,就被称为初级。(在此"whichever coil"等效于"any coil that"。)

whiff [wɪf] *n.;v.* ①(一)吹〔喷〕,吹送,喷出〔烟,气〕②一点点

whiffet ['wɪfɪt] *n.* 轻吹〔喷〕

whiffle ['wɪfl] *v.;n.* ①一阵阵地吹,轻吹,微风 ②〔闪晃,摆,颤〕动,动摇不定

whiffletree ['wɪfltriː] *n.* 横杠

whigmaleerie [ˌwɪgmə'lɪərɪ] *n.* 幻想,稀奇古怪的东西

while [waɪl] ❶ *conj.* ①当…的时候,在…的同时 ②(然)而,可是 ③虽然 ④只要 ❷ *n.* (一段)时间,一会儿 ❸ *vt.* 消磨(away) ☆**a (little) while ago** 前不久,刚才; **after a while** 过了一会儿; **all the while** 始终; **all this while** 这一阵子; **at whiles** 有时; **between whiles** 时常; **for a while** 暂时,一(段)时(间); **for a little while** 一会儿; **in a little while** 不久; **once in a while** 偶尔; **the while** 其时,当时,(与此)同时; **while away** 消磨(闲混)时间; **while you are about it** 顺便,在你做这个的同时; **worth (one's) while** 值得(某人)(花时间、精力的)

〖用法〗❶ 注意该词主要是前三种含义,其最一般的判别用法是: ① 若从句中为进行时,则表示"当…时"。如: Even if there is no current flow, voltage is always there while the generator is operating. 当发电机工作时,即使没有电流流动,电压总是存在的。②表示"虽然"时,从句只能处于主句前或有时插在主句的主谓之间。如: While this logic seems correct, it will not work. 虽然这个逻辑电路似乎是正确的,但(它)是行不通的。③表示对照该含义"而"时,主、从句的句型一般是相同的。如: Water is a liquid while ice is a solid. 水是液体,而冰是固体。如果为了加强语气,从句可以处于主句前,"而"字放在主句中。如: While energy is the capacity to do work, power is the quantity of work in unit time. 能量是做功的能力,而功率则是单位时间内做功的数量。❷ 它引导的状语从句可以修饰其前面的名词。如: The average acceleration during the interval while the body moves from a to b is defined as the ratio of the change in velocity to the elapsed time. 在物体从 a 运动到 b 的时间间隔内的平均加速度,被定义为速度的变化量与所花的时间之比。

whilst [waɪlst] *conj.* =while

〖用法〗注意下面例句中该词的含义: Whilst there are various types of pressure transducers, they all have several things in common. 虽然有各种各样的压力传感器,但它们有几点是相同的。

whim [wɪm] *n.* ①绞车〔盘〕,绕绳滚筒,辘轳 ②一闪念,灵机一动,幻想 ☆**full of whims** 想入非非; **have〔take〕a whim for doing** 突然想起(做)

whimper ['wɪmpə] *v.* 抽噎

whimsical ['wɪmzɪkəl] *a.* ①异想天开的 ②毫无规律的 ‖ **~ity** *n.* **~ly** *ad.*

whimsied ['wɪmzɪd] *a.* 想入非非的

whimsy ['wɪmzɪ] *n.* 异想,怪念头

whin [wɪn] *n.* 【植】金雀花,荆豆

whine [waɪn] *n.* (录音机或放音机转速抖动引起的)变调〔滑音〕;(狗等)悲嗥

whin(stone) ['wɪn(stəun)] *n.* 【地质】暗色岩,粗玄岩

whip [wɪp] ❶ (whipped; whipping) *vt.* ①拍〔鞭〕打,鞭策,激励 ②搅起泡沫,起泡沫 ③抖动,突然移动 ❷ *n.* ① 作急速动作的机件,风车翼 ②缠绕,绞 ③滑轮吊车,滑车(索) ④鞭(子) ⑤鞭状天线 ⑤垂曲,柔韧性 ☆**have the whip hand** 占优势,处

于支配地位; **whip and spur** 以最快速度,快马加鞭地; **whip off** 突然脱下〔拿去〕; **whip out** 猛然抽出; **whip round** 猛然回头; **whip stall** 机头急坠失速; **whip up** 激起

whip-and-derry ['wɪp'ænd'derɪ] n. (滑轮)简易起重机

whipcord ['wɪpkɔ:d] a. 细紧的,坚强的,肌肉发达的

whip-crane ['wɪp'kreɪn] n. 动臂起重机

whipper ['wɪpə] n. 鞭打的人;上货的人;搅打机,净毛机

whipping ['wɪpɪŋ] n. ①抖动,撞击,甩动,鞭打 ②包〔锁〕缝,捆扎

whippletree ['wɪpl'tri:] n. 横杠

whippy [wɪpɪ] a. 易弯曲的,(像)鞭子的

whipsaw ['wɪpsɔ:] n. 狭边(钩齿)粗木锯,双人横切锯

whipstall ['wɪpstɔ:l] n. 机头急坠失速

whipstock ['wɪpstɒk] n. 造斜〔斜向〕器,楔尖式钻孔定向器

whipstocking ['wɪpstɒkɪŋ] n.【矿】用楔尖式钻孔定向器钻

whir [wɜ:] ❶ (whirred; whirring) v. 作呼呼声,使呼呼地飞 ❷ n. 飞快旋转的呼呼声,沙沙声,嘤声

whirl [wɜ:l] v.;n. ①(使)旋转,回旋〔转〕②旋转物 ③飞驰 (away, off) ④旋涡〔流,风〕⑤混乱,眩晕 ⑥尝试 ☆**in a whirl** 旋转着,混乱,繁忙

whirlabout ['wɜ:lə·baut] n. 旋转,盘旋

whirler ['wɜ:lə] n. 旋转(起重)机,离心式滤气器

whirley ['wɜ:lɪ] n. 旋臂吊车

whirlies ['wɜ:lɪz] n. 小风暴

whirligig ['wɜ:lɪgɪg] n. ①陀螺,旋转(运动,木马)②变迁,循环

whirlpool ['wɜ:lpu:l] n. 旋涡,涡流,混乱

whirlwind ['wɜ:lwɪnd] n. ①旋风,涡流 ②猛烈的势力,匆忙

whirly ['wɜ:lɪ] ❶ a. 回旋的,旋转的 ❷ n.【气】小旋风

whirlybird ['wɜ:lɪbɜ:d] n. 直升机

whish [wɪʃ] v.;n. (发)飕飕声,飕飕地迅速移动

whisk [wɪsk] n.;v. ①小笤帚,掸子 ②掸,扫(off, away) ③搅拌(器) ④飞跑,突然移动,突然带走 (off) ☆**be whisked out the window** 一下子白白浪费掉了

whisker ['wɪskə] n. ①(胡,触)须,金属须(晶)②触(须,弹)簧,髭状触簧

whiskered ['wɪskəd] a. 有须的,针须的

whisk(e)y [wɪskɪ] n. 威士忌(酒)

whisper ['wɪspə] v.;n. ①耳语(声),(发)沙沙声 ②密谈,谣传,暗示,悄悄话

whistle ['wɪsl] v.;n. ①汽〔警〕笛,哨子,口哨 ②(发)啸〔汽笛〕声,吹口哨,尖叫,呼啸而过

whistler ['wɪslə] n. 啸声信号〔干扰〕,通气孔,冒口

whit [wɪt] n. 一点点,丝毫

white [waɪt] ❶ a.;n. ①白(的),白颜料,无色(透明)的 ②白种人(的)③空白的〔处〕,白噪声 ④蛋白 ❷ v. 使〔加〕白 ☆**call white black** 或 **call black white** 颠倒黑白

white-collar ['waɪt'kɒlə] a. 白领阶层的

white-halo ['waɪt'heɪləu] n. 白晕

Whitehall ['waɪthɔ:l] n. 白厅,英国政府

whitehanded ['waɪt,hændɪd] a. 两手雪白的,不从事劳动的,清白的

whitehot ['waɪthɒt] a. 白(炽)热的

whiten ['waɪtən] v. 弄〔变,使,涂,刷,漂〕白,加白,镀锡,白噪声化

whiteness ['waɪtnɪs] n. (洁)白,白(色)度

whitening ['waɪtənɪŋ] n. 白涂料,加白,(加白)镀锡

whiteware ['waɪtweə] n. 白色〔卫生〕陶瓷

whitewash ['waɪtwɒʃ] ❶ v. ①刷白灰水,粉刷 ②粉饰,美化 ❷ n. 石灰水,白水

whitewood ['waɪtwud] n. 白木

whither ['wɪðə] ❶ ad. ①往何处,无论到哪里 ②所…的(任何)地方 ❷ n. 去处

whithersoever [,wɪðəsəʊ'evə] ad. 到任何地方,无论到何处

whiting ['waɪtɪŋ] n. 白(垩)粉,白涂料,铅粉

whitish ['waɪtɪʃ] a. 稍〔略〕白的

whittle ['wɪtl] ❶ v. ①削,斩(at) ②逐渐减少,削减,耗费(down, away) ❷ n. 屠刀

whittler ['wɪtlə] n. 削(木)者

whiz [wɪz], **whizz** ❶ (whizzed; whizzing) v. ①飕飕作响 ②(使)发飕飕声 ❷ n. ①极出色的东西,优秀的学生,能手 ②合同,契约

whizbang ['wɪzbæŋ] ❶ n. ①小口径高速度炮弹 ②出色的东西〔人〕❷ a. 杰出的

whizzer ['wɪzə] n. 离心(干燥)机; 能手; 恶作剧

whizz-pan ['wɪz'pæn] n. (电影)快速遥摄

who [hu:] (主格,其宾格用 whom) pron. ①(疑问)谁,哪个〔些〕人 ②(关系代词)他(们),她(们),…的那个〔些〕人 ☆**Who's Who** 名人录

〖用法〗注意下面例句的句型: This system determines who can access which file. 这个系统够确定谁能访问什么文件。(本句中出现了两个引导名词从句的连接代词。)

whoever [hu:'evə] pron. ①任何人(=any person(s) who) ②无论谁(=though anyone)

〖用法〗注意下面例句中该词的用法: Whoever performs manufacturing modeling is usually the same person that performs NC programming. 搞制造模型的人通常就是进行数控编程的人。

whole [həul] ❶ a. ①全(部,体)的,整(个,数,整)的,完整的 ②无损的 ③纯粹的 ❷ n. 全部〔体〕,整体,总数,整个(of) ☆**a whole lot(number)of** 很多的; **on (upon) the whole** 总的说来,大体上,大致; **(taken) as a whole** 总的来说,整个地,大体上,大致; **the whole lot** 全部; **with one's whole heart** 专心地,全心全意地

〖用法〗注意下面例句中该词的用法: The chain must contain <u>a whole number of</u> links. 链条必定含有许多链节。/F_e/F_G is directly related to certain properties of the universe <u>as a whole</u>. F_e/F_G 是与整个宇宙的某些性质有关的。/The term 'computer system' describes the <u>whole</u> of which an individual computer is only a part. "计算机系统"这一术语,指的是每个计算机仅是其一个组成部分的那个整体。("of which"是定语从句中表语"a part"的定语。)

whole-bred ['həul'bred] *a.* 纯种的

whole-colo(u)red ['həul'kʌləd] *a.* 纯(单,原)色的

whole-hearted ['həul'hɑːtɪd] *a.* 专心的,全心全意的 ‖ **~ly** *ad.* **~ness** *n.*

whole-hog ['həul'hɒg] *a.;ad.* 彻底(的),全部(的)

whole-length ['həul'leŋθ] *a.* 全长的,全身的

whole-meal ['həul'miːl] *a.* 粗面粉制的

wholeness ['həulnɪs] *n.* 全体,一切,完全,完整性

wholesale ['həulseɪl] *n.;a.;ad.; v.* ①批发(的) ②大批(的),大规模(的),全部的 ☆ **by (at) wholesale** 按批发,整批(地),全部地

wholesaler ['həulseɪlə] *n.* 批发商

wholesome ['həulsəm] *a.* 卫生的,有益(于健康)的,安全的 ‖ **~ly** *ad.*

wholesomeness ['həulsəmnɪs] *n.* (药的)特效性

wholly ['həullɪ] *ad.* 完全,一概,整个地

whom [huːm] *pron.* (who 的宾格) ①谁 ②…的那个(些)人

whomever [huː'mevə] *pron.* whoever 的宾格

whomp [wɒmp] *n.;vt.* (发)撞击(声),碾压声,(发)轰隆声 ☆ **whomp up** 激起,匆匆做成

whomsoever [huː'msəu'evə] *pron.* whosoever 的宾格

whooping-cough ['huːpɪŋ'kɒf] *n.* 【医】百日咳

whoosh [wuʃ] *v.;n.* (使)飞快的移动,猛冲

whop [wɒp] ❶ (whopped; whopping) *v.* 打;抽出;征服;使突然倒地 ❷ *n.* ①重击,撞击(声) ②打倒,征服

whopper ['wɒpə] *n.* ①庞然大物 ②弥天大谎

whopping ['wɒpɪŋ] *a.;ad.* ①异常大的 ②异常地

whore [hɔː] ❶ *n.* 妓女 ❷ *vi.* 卖淫,嫖

whorl [wɜːl] *n.* 【动】螺环,轮(生体),涡

whorled [wɜːld] *a.* 轮生的

whort [wɜːt] *n.* 越橘

who's who ['huːzhuː] *n.* 名人(录),人名词典

whose [huːz] *pron.* ①谁的 ②他(们)的,她(们)的,它(们)的,其
〖用法〗❶ 当它在科技文中作关系代词时,一般等效于"... of which"。如: Here is a coil whose resistance [= the resistance of which] is 10 Ω. 这里有一个线圈,其电阻是 10 欧姆。❷ 它可以用于强调句型中。如: Just what is it <u>whose</u> vibrations are aligned in a beam of polarized light? 到底是什么东西使其振动聚成了一束极化光? /It is the electric fields of light waves <u>whose</u> interactions with matter

produce nearly all common optical effects. 正是光波的电场与物质相互作用产生了几乎一切普通的光效应。

whose(e)ver [huː'zevə] *pron.* whoever 的所有格

whosesoever [,huː'zsəu'evə] *pron.* whosoever 的所有格

whosit ['huːzɪt] *n.* 某某(即 who's it)

whosoever [,huːsəu'evə] *pron.* 任何人,无论谁

why [waɪ] ❶ *ad.* 为什么 ❷ *n.* 理由,原因 ❸ *int.* 什么,那么,嗯,咳,唷
〖用法〗❶ 本疑问副词可以采用句型"Why (not) + 动词原形"。如: <u>Why</u> use a pulse spectrum response? 为什么使用脉冲谱响应呢? /<u>Why not</u> use a multimeter? 为什么不用万用表呢? ❷ 当作为关系副词引导定语从句修饰"reason"时它等效于"for which", 也可以省去或用"that"来替代。如: The reason (why, for which, that) <u>frequency multiplier circuits are useful</u> is because oscillators operate more satisfactorily at low frequencies. 倍频电路有用的理由是振荡器在低频时工作得更令人满意。❸ 一般来说它不能构成名词性不定式,但据观察,它可以与 when、how 等一起构成这种结构。如: This book attempts to present not only the major technical solutions for controlling Internet security, but also the necessary business managerial perspectives on <u>why, when and how to implement</u> these controls. 本书试图不仅介绍控制因特网安全的主要技术方案,还介绍关于为何、何时以及如何实现这些控制的必要的商务管理前景。/The difference between skilled and less skilled readers rests in knowledge of strategies: how to use them, when to use them, and <u>why to use them</u>. 熟练的读者与不怎么熟练的读者之间的区别主要在对阅读策略的了解方面: 如何使用它们,何时使用它们,以及为什么使用它们。

wick [wɪk] *n.* ①灯(烛)心,(吸)油绳 ②导火线 ③"灯芯"效应

wicked ['wɪkɪd] *a.* ①坏的,邪恶的 ②显示高超技艺的 ‖ **~ly** *ad.* **~ness** *n.*

wicker ['wɪkə] *n.;a.* 柳条(制品,编制的),枝条(编的)

wicket ['wɪkɪt] *n.* ①(大门上的)小门,角(便,边)门,旋转栅门 ②小窗口,售票窗 ☆ **be on a good (sticky) wicket** 处于有利〔不利〕地位

widdershins ['wɪdəʃɪnz] *ad.* 与太阳运行方向相反地,逆时针地

wide [waɪd] *a.;ad.* ①宽广(的) ②开得很大的 ③非专门化的,差得很远的 ④全部地,充分地 ☆ **give a wide berth to** 离〔避〕开; **far and wide** 普遍

widely ['waɪdlɪ] *ad.* 广(泛),大大

widen ['waɪdən] *n.* 加〔展,拓〕宽,膨胀
〖用法〗注意下面例句中该词与"with"搭配的含义: The collector junction <u>widens with</u> collector voltage. 集电结随着集电极电压的加大而变宽。

widescope ['waɪdskəup] *n.* 【电子】宽频带示波

器

widespread ['waɪdspred] a. 普遍〔及〕的,广泛的, 广布的,蔓延的

widget ['wɪdʒɪt] n. ①小机械,小器具(尤指设想中的新装置) ②装饰物

widish ['waɪdɪʃ] a. 稍宽的

width [wɪdθ] n. ①宽(度),广〔度〕〔阔〕,(脉冲)持续时间 ②一块材料〔料子〕
〖用法〗注意下面例句中含有该词的名词短语的语法作用: They used steel boxes the width of the bridge. 他们使用了与桥同宽的一些钢箱。("the width of the bridge"作后置定语,"the width of"等同于"as wide as"的含义。)/Suppose that the carriers drift the full width of the depletion layer at a constant velocity v. 假设这些载流子以恒速 v 漂移横穿过整个耗尽层。("the full width of the depletion layer"作距离状语,相当于在其前面省去了介词"through"。)

widthwise ['wɪdθwaɪz] ad. 横着,纬向地

wield [wi:ld] vt. 使用,行使,管理,运用,支配,指挥

wieldy ['wi:ldɪ] a. 易使用〔掌握〕的,有使用能力的

Wien [vi:n] (德语) n. 维也纳(奥地利首都)

wife [waɪf] (pl. wives) n. 妻(子),爱〔夫〕人

wigan ['wɪgən] n. 帆布似的平纹棉布

wiggle ['wɪgl] v.;n. 摆〔扭〕动

wigwag ['wɪgwæg] (wigwagged; wigwagging) ❶ v. 摇动〔摆〕,发灯光信号,打旗语信号 ❷ n. 信号(旗,器,通信)

wigwam ['wɪgwæm] n. 棚屋

wiikite ['vi:kaɪt] n.【矿】杂铌矿

wilco ['wɪlkəʊ] int. (来电收到即将)照办

wild [waɪld] ❶ a. ①野(生,蛮)的,荒(芜)的 ②无秩序的,未击中目标的 ③猛烈的,狂暴(妄)的,暴风雨的 ④不切实际的,轻率的 ⑤(地震记录道)乱跳 ❷ ad. 猛烈地,粗暴地,野蛮地,乱 ❸ n. 荒野,未开发的地方 ☆ **be wild about** 热衷于; **be wild to(do)** 渴望(做); **in wild confusion** 混乱, **in wild disorder** 杂乱无章; **run wild** 出故障,控制失灵

wildcat ['waɪldkæt] ❶ a. ①投机性的,空头的 ②靠不住的,非法经营的 ③不按规定时间行驶的 ❷ (wildcatted; wildcatting) v. ①投机 ②乱钻(油井),无计划勘探,盲目开掘 ❸ n. ①乱钻的〔盲目开掘的〕油井〔天然气井〕,野猫井 ②锚链轮 ③(铁路)急救〔特勤〕机车 ④靠不住的冒险计划

wildcatter ['waɪldˌkætə] n. 盲目开采油井者

wildcatting ['waɪldˌkætɪŋ] n. 钻野猫井

wilderness ['wɪldənɪs] n. ①荒〔旷〕野 ②无数,许多(of)

wildfire ['waɪldfaɪə] n. (燎原)大火,磷火,极易燃物 ☆ **spread like wildfire** 迅速传播〔蔓延〕,势如燎原

wildlife ['waɪldlaɪf] n. 野生生物

wildlifer ['waɪldˌlaɪfə] n. 自然环境保卫者,野生生物保护者

wildly ['waɪldlɪ] ad. 野,胡乱地,轻率地,荒芜地

wildness ['waɪldnɪs] n. 野生〔蛮〕,荒芜,胡乱

wild-track ['waɪld'træk] a. 配音的; 画外配声的

wile [waɪl] n. 诡计,奸诈

wilful ['wɪlfʊl] a. ①任性的,固执的 ②故意的,存心的,蓄意的 ‖ **~ly** ad. **~ness** n.

wilily ['waɪlɪlɪ] ad. 狡猾地,诡计多端地

wiliness ['waɪlɪnɪs] n. 狡猾,诡计多端

wilkinite ['wɪlkɪnaɪt] n. 胶膨润土

will [wɪl] (would) v. aux. (否定式为 will not, 缩写为 won't) ①将,要,会 ②愿意,打算 ☆ **at will** 随意地; **of one's (own) free will** 自愿地

willardin ['wɪlədɪn] n.【医】尿嘧啶内氨酸

will-call ['wɪl'kɔ:l] n.;a. 预订零售部(的)

willemite ['wɪləmaɪt] n.【矿】硅锌矿,(天然)硅酸锌(矿)

willing ['wɪlɪŋ] a. 自愿的,乐意的 ☆ **be willing to(do)** 乐于 ‖ **~ly** ad.

willingness ['wɪlɪŋnɪs] n. 志愿,意愿

willow ['wɪləʊ] n. 柳(树),柳木(制品),梳棉

willpower ['wɪlpaʊə] n. 意志力,毅力

willy-nilly ['wɪlɪ'nɪlɪ] a.;ad. ①不管愿不愿意(的),不管怎样 ②强迫的,犹豫的,拖延的

wilmil ['wɪlmɪl] n. 硅铝明

wilnite ['wɪlnaɪt] n. 灰绿榴石

wilt [wɪlt] n.;v. 凋残,枯萎

wily ['waɪlɪ] a. ①诡计多端的,狡猾的 ②灵巧的,办法多的

wimble ['wɪmbl] n. ①锥,(手摇,螺旋)钻 ②【矿】钻孔清除器

Wimet ['wɪmɪt] n.【冶】硬质合金

wimple ['wɪmpl] n.;v. 弯曲,折叠,(使)起微波

wimpy ['wɪmpɪ] a. 衰弱的,无能的

win [wɪn] (won; winning) ❶ v. ①获胜,赢得 ②(经过努力)到达 ③采(矿),采掘,提炼〔取〕 ④争取,说服(over, to) ❷ n. 胜利,成功,获胜 ☆ **win against** 战胜; **win free (clear)** 摆脱困难,(努力)完成; **win hands down** 轻易获得成功; **win honour for** 为…争光; **win one's way** 排除困难〔障碍〕前进; **win out (through)** 成功,克服; **win up** 攀登

winch [wɪntʃ] ❶ n. ①绞盘〔车〕,卷扬机 ②曲柄 ❷ vt. 用绞车拉动(提升),用绞货机吊起

winchman ['wɪntʃmən] n. 绞车手

wind¹ [waɪnd] ❶ v. (wound 或 winded) ①缠绕,卷,裹,包紧 ②(用绞车)绞起,拖动 ③摇手柄,上发条 ④迂回,使弯曲,蜿蜒 ⑤使转向 ❷ n. ①卷,缠绕,绕组〔线,法〕 ②缠绕机构,绞车 ③一圈,一盘 ④蜿蜒,弯曲 ☆ **wind down** 逐步收缩〔结束〕; 降级; **wind into** 绕成(的); **wind off** 绕开; **wind on** 卷上; **wind round** 绕在…上; **wind up** 卷紧,绞起; (钟表)上弦; 使振作; 结束〔业〕,清理,解散

wind² [waɪnd] vt. (winded 或 wound) 吹(响,起) (号角)

wind³ [wɪnd] **❶** *n.* ①风,【气】上风,(空)气流 ②(pl.)方向 ③气〔喘〕息,呼吸,气味 ④管乐器〔声〕⑤风声,传闻,空谈 **❷** (winded) *v.* 透〔鼓,吹〕风,吹干,嗅出 ☆*a gust (capful) of wind* 一阵风; *against the wind* 顶着风; *before the wind* 顺风; *between wind and water* 在水线处,在弱点〔要害〕处; *burn the wind* 飞速前进; *by the wind* 顺风; *cast (fling, throw) to the winds* 不再考虑,完全不顾; *down the wind* 顺风航行; *find out how the wind blows (lies)* 看风向,观望形势; *from the four winds* 从四面八方; *get (catch) wind of* 听到…的风声,获得…的线索,风闻; *go like the wind* 飞跑〔驰〕,疾驰; *have (gain, get) the wind of* 比…占上风,对…占优势地位; *in the teeth (eye) of the wind* 或 *in the wind's eye* 逆着风; *in the wind* 将要发生,在(秘密)进行,将要成问题,未决定; *into the wind* 迎风; *know (see) how (where) the wind blows (lies, sits)* 知道风向; *lose one's wind* 喘气; *off the wind* 顺风行驶; *on a wind* 靠着风; *on the wind* 几乎顶风,抢风; *put the wind up* 使吓一跳; *sail against the wind* 接近于顶风航行,在困难情况下工作; *sail near (close to) the wind* 迎风〔接近于顶风〕航行; *take the wind of* 占…的上风; *take the wind out of one's sails* 先发制人而占某人的上风; *take wind* 被人知道〔谈论〕,泄露; *under the wind* 在背风处; *up the wind* 顶着风; *wind abaft* 正后风; *wind ahead* 正前风; *with the wind* 顺着风,随风

windage [ˈwɪndɪdʒ] *n.* ①风阻 ②间隙 ③风致偏差,风力影响,风力修正量 ④(子弹等飞过引起的)气流

windbag [ˈwɪndbæg] *n.* 空谈家

windblast [ˈwɪndblɑːst] *n*【气】气流吹袭

wind-blown [ˈwɪndˈbləʊn] *a.* ①终年被(一面来的)风吹的 ②风化的

wind-borne [ˈwɪndˈbɔːn] *a.* 风送〔积,成〕的,腾升状态的

wind-bound [ˈwɪndˈbaʊnd] *a.* 因逆风不能航行的

wind-box [ˈwɪndˈbɒks] *n.* 风箱

wind-break [ˈwɪndˈbreɪk] *n.* 防风墙〔篱,林,设备〕,风障

wind-breaker [ˈwɪndˈbreɪkə] *n.* 防风外衣

wind-cheater [ˈwɪndˈtʃiːtə] *n.* 防风(的紧身)上衣,皮猴

wind-chest [ˈwɪndˈtʃest] *n.*【音】(乐器)风腔

wind-chill [ˈwɪndˈtʃɪl] *v.* 用风冷却

wind-cock [ˈwɪndˈkɒk] *n.*【气】风向标

wind-cone [ˈwɪndˈkəʊn] *n.*【气】风向袋,圆锥风标

wind-cracked [ˈwɪndˈkrækt] *a.* 风吹裂的

wind-down [ˈwɪndˈdaʊn] *n.* 逐步收缩〔结束〕; 降级

wind-driven [ˈwɪndˈdrɪvn] *a.* 风(吹,驱)动的

wind-electric [ˈwɪndɪˈlektrɪk] *n.* 风生电的

winder [ˈwaɪndə] *n.* ①缠绕者〔器,植物〕,卷绕机,绕线器,线板儿 ②卷扬机,绞车 ③(楼梯的)斜踏步,盘梯 ④开发条的钥匙 ⑤拨禾轮

wind-fall [ˈwɪndˈfɔːl] *n.* ①风吹落的果实 ②意外的收入,横财

wind-gauge [ˈwɪndˈgeɪdʒ] *n.*【气】风速表,风力〔速,压〕计

windhead [ˈwɪndhed] *n.* 风力发动机顶部

Windhoek [ˈvɪnthʊk] *n.* 温得和克(纳米比亚首府)

windiness [ˈwɪndɪnɪs] *n.* ①有〔多〕风 ②夸口,空谈

winding [ˈwaɪndɪŋ] **❶** *a.* 缠绕的,曲折的,蜿蜒的,迂回的 **❷** *n.* ①绕组〔线,法〕,线圈 ②卷,缠绕,绞,弯曲,上发条 ③一圈,一转,匝 ☆*at a single winding* 绕一次,上一次发条; *in winding* (板等)弯曲着

winding-up [ˈwaɪndɪŋˈʌp] *n.* ①(营业的)关闭,结业,了结,解散 ②卷裹,绕紧

wind-instrument [ˈwɪndˈɪnstrəmənt] *n.*【音】管乐器

windjammer [ˈwɪndˌdʒæmə] *n.* 帆船(船员),吹牛的人

wind-laid [ˈwɪndˈleɪd] *a.* 风(吹)积的

windlass [ˈwɪndləs] **❶** *n.* ①小绞车,绞盘,辘轳,卷扬机 ②起锚机 **❷** *vt.* 绞起,(用起锚机)吊起

windless [ˈwɪndlɪs] *a.* 无风的

windmill [ˈwɪndmɪl] *n.;v.* ①风车(般旋转) ②风力发动机 ③旋翼机,直升机

windmilling [ˈwɪndmɪlɪŋ] *n.* 风车旋转〔自转〕,(螺旋桨)自转

window [ˈwɪndəʊ] **❶** *n.* ①窗(户,口),橱(车,陈列)窗,风挡 ②玻璃窗,观察窗〔孔〕③窗状开口,(信封上的)透明纸窗 ④雷达干扰带,偶极子干扰 ⑤上下限幅 ⑥(火箭、宇宙飞船的)发射时限 ⑦(重返大气层的)大气层边缘通过区 **❷** *vt.* 给…开〔装〕窗 ☆*have all one's goods in the (front) window* 做表面文章,华而不实

window-blind [ˈwɪndəʊˈblaɪnd] *n.* 遮光帘

window-curtain [ˈwɪndəʊˈkɜːtən] *n.* 窗帘

window-dressing [ˈwɪndəʊˈdresɪŋ] *n.* 橱窗装饰

window-envelope [ˈwɪndəʊˈenvələʊp] *n.* (露出信里收信人姓名、地址的)开窗信封

windowing [ˈwɪndəʊɪŋ] *n.*【计】开窗口

windowless [ˈwɪndəʊlɪs] *a.* 无窗的

window-pane [ˈwɪndəʊˈpeɪn] *n.* 窗玻璃

window-range [ˈwɪndəʊˈreɪndʒ] *n.* 窗频范围

window-shade [ˈwɪndəʊˈʃeɪd] *n.* 遮光帘,窗口遮阳篷

window-shop [ˈwɪndəʊˈʃɒp] *v.* 浏览橱窗,逛商店

windowsill [ˈwɪndəʊsɪl] *n.*【建】窗槛,窗盘

windowtron [ˈwɪndəʊtrɒn] *n.* 高功率微波窗测试装置

windpipe [ˈwɪndpaɪp] *n.* ①(由喉至肺的)气管 ②风管

wind-powered ['wɪnd'pauəd] *a.* 风力〔动〕的

wind-proof ['wɪnd'pru:f] *a.* 防风的

wind-rode ['wɪnd'rəud] *n.* 顶风锚泊

windrow ['wɪndrəu] ❶ *n.* (长形)料堆,砂堆,风集土堆 ❷ *v.* 按长堆堆料,铺成条〔行〕

windrower ['wɪndrəuə] *n.*【机】堆行〔铺条〕机

windrow-type ['wɪndrəu'taɪp] *a.* 堆料式(的),长堆铺筑法(的)

windsail ['wɪndseɪl] *n.*【航海】帆布通风筒,风车的翼板

wind-scale ['wɪnd'skeɪl] *n.* 风级

wind-screen ['wɪnd'skri:n] *n.*, **windshield** ['wɪndʃi:ld] *n.* 挡风板,(汽车)挡风玻璃

wind-shaken ['wɪnd'ʃeɪkn] *a.* 风裂的

windshield ['wɪndʃi:ld] *n.* 防风罩

wind-slash ['wɪnd'slæʃ] *n.* 风害迹地

wind-sleeve ['wɪnd'sli:v] *n.* 风向袋〔锥〕,套筒〔袋形〕风标

windsock ['wɪndsɒk] *n.*【气】袋形风标,风袋,风向锥

Windsor ['wɪnzə] *n.* (英国)温莎(市);(加拿大)温索尔(市)

windspout ['wɪndspaut] *n.* 龙卷风,(陆地)旋风

wind-storm ['wɪnd'stɔ:m] *n.*【气】风暴,(不夹雨的或少雨的)暴风

wind-stream ['wɪnd'stri:m] *n.*【气】(迎面,风洞,定向)气流

wind-swept ['wɪnd'swept] *a.* 挡风的,被风乱吹的

windthroat ['wɪndθrəut] *n.* 风扇〔鼓风机〕排气口

windthrow ['wɪndθrəu] *n.* 风倒

wind-tight ['wɪnd'taɪt] *a.* 不透〔通〕风的

wind-tunnel ['wɪnd'tʌnl] *n.* 风洞〔道〕

wind-up ['waɪnd'ʌp] ❶ *n.* 终结,结局〔束〕 ❷ *a.* 靠发条发动的

wind-vane ['wɪnd'veɪn] *n.* 风向标

windward ['wɪndwəd] ❶ *a.* 向风的 ❷ *n.* 迎风面,迎风侧 ❸ *ad.* 迎风 ☆**to windward** 占上风,处于有利地位

windy ['wɪndɪ] *a.* ①多〔当〕风的,狂风似的,猛烈的 ②由风产生的 ③吹牛的 ④无形的

wine [waɪn] ❶ *n.* ①(葡萄,果汁)酒,酒剂 ②深〔紫〕红色 ❷ *v.* (请)喝酒

wineglass ['waɪnglɑ:s] *n.* 酒杯

wing [wɪŋ] ❶ *n.* ①翅(膀),侧,(机,弹)翼形物,叶片 ②风向标 ③挡泥板 ④飞行 ⑤侧面(布置),舷窗,上甲板外侧,侧厅,耳房,边房 ⑥(角钢的)股 ⑦【军】(空军)联队 ⑧(铁路)翼轨 ❷ *v.* ①飞(行,过) ②装翼,使飞 ③(使)加速 ☆**in the wings** 在后方;在观众视线之外的舞台两侧; **lend (add wings to** 加速,促进; **on the wing** 飞行中,旅行中; **on the wings of the wind** 飞快地; **on wings** 飞一般地,飘然; **take to itself wings** 或 **take wings to itself** 消失,不翼而飞; **take under one's wing** 庇护; **take wing** 起飞,逃走;

under the wing of 在…的庇护下; **wing it** 临时准备〔凑成〕; **wing one's way over** 飞过

winged [wɪŋd] *a.* 有翼的,飞行的,飞速的 ‖ **~ly** *ad.* **~ness** *n.*

wing-fold ['wɪŋ'fəuld] *n.*;*v.* 翼折叠

winging-out ['wɪŋɪŋ'aut] *n.* (隧道的)两翼开出

wingless ['wɪŋlɪs] *a.* 无翼的,没有翅膀的

winglet ['wɪŋlɪt] *n.* 小翼

wingman ['wɪŋmən] *n.* 僚机(飞行员)

wingmanship ['wɪŋmənʃɪp] *n.* 飞行技术

wing-mounted ['wɪŋ'mauntɪd] *a.* 装于翼上的

wingrail [wɪŋreɪl] *n.* 翼轨

wingspan ['wɪŋspæn] *n.*, **wingspread** ['wɪŋspred] *n.* 翼展

wingtip ['wɪŋtɪp] *n.* 机翼端,翼尖〔梢〕

wingwall ['wɪŋwɔ:l] *n.* 翼墙

wink [wɪŋk] *v.;n.* ①闪烁,霎眼 ②装作没看见(at) ③瞬间 ④完结,熄灭(out) ☆**in a wink** 转瞬间,一刹那; **like winking** 转瞬间,很快地

winker ['wɪŋkə] *n.* 信号灯,汽车用闪光灯,(汽车)方向指示灯

winkle ['wɪŋkl] *v.* ①抽出,吹掉(out) ②闪烁〔耀〕

winnable ['wɪnəbl] *a.* 能赢得的

winner ['wɪnə] *n.* 优胜〔获奖〕者

〖用法〗注意在写自传时的一个句型: He is the winner of the National Science and Technology Progress Award. 他获得了国家科技进步奖。

winning ['wɪnɪŋ] ❶ *a.* 获胜的,胜利的 ❷ *n.* ①获胜,胜利 ②提炼,开采,备采煤区 ③(pl.)奖金

winning-post ['wɪnɪŋ'pəust] *n.* 终点

Winnipeg ['wɪnɪpeg] *n.* (加拿大)温尼伯(市)

winnow ['wɪnəu] *vt.* ①簸,扬,气流分送,风〔簸,漂,流〕选,使分离 ②辨〔鉴〕别

winnower ['wɪnəuə] *n.* 风选机,扬谷机

winsome ['wɪnsəm] *a.* 有吸引力的

winter ['wɪntə] ❶ *n.* ①冬季 ②萧条期 ❷ *v.* 过冬

winter-beaten ['wɪntə'bi:tn] *a.* 遭受严冬之苦的

winterization [wɪntəraɪ'zeɪʃən] *n.* ①准备过冬,耐寒〔防冻〕处理 ②安装防寒装置 ③冬季运行的准备,冬季运行条件试验

winterize ['wɪntəraɪz] *vt.* 使准备过冬,使防冻,使适合冬季使用,给…安装防寒装置〔设备〕

winterkill ['wɪntəkɪl] *vt.* 使冻死

winter-killing ['wɪntə'kɪlɪŋ] *n.* 寒害,冻害

winterless ['wɪntəlɪs] *a.* 没有〔不像〕冬天的

winterly ['wɪntəlɪ] *a.* (像)冬(天)的,冷冰冰的

winter-proofing ['wɪntə'pru:fɪŋ] *n.* 防寒〔冻〕

wintertime ['wɪntətaɪm] *n.* 冬天

wint(e)ry ['wɪnt(ə)rɪ] *a.* 冬(天)(似)的,荒凉的,冷淡的

winy ['waɪnɪ] *a.* 有(葡萄)酒味的,(空气)清新的,令人振奋的

wipe [waɪp] *v.;n.* ①擦去(干),抹去,渐隐 ②消除,消灭 ③摩擦闭合〔接触〕 ④辊式挤锌装置 ☆**wipe away (up)** 擦掉〔干净〕; **wipe ... clean** 把…

擦干净; ***wipe ... dry*** 擦干…; ***wipe in*** (电视,电影)切入; ***wipe A off (B)*** 把 A (从 B)擦掉; ***wipe out*** 把(…的内部)擦净,除去,消灭,毁掉,封闭,(电视,电影)划出; ***wipe up*** 擦干净,歼灭

wiper ['waɪpə] *n.* ①擦拭之物,毛巾,抹布 ②滑动片,滑臂〔针〕,(自动电话交换机上)回转接触子 ③(接触)电刷,滑线电阻触头 ④(汽车风挡的)刮水器,擦净器,刮油器 ⑤电位计游标 ⑥擦拭者

wiping ['waɪpɪŋ] *n.* ①擦(净),抹 ②(接触器的)摩擦接触,接触〔滑触〕作用 ③消除 ④磨耗

wipla ['wɪplə] *n.* 铬镍钢,拟白金

wirable ['waɪərəbl] *a.* ①可装电线的 ②可用金属丝系的

wire ['waɪə] **❶** *n.* ①金属丝〔线〕,钢丝索 ②电线,导线 ③【物】细圆棒 ④金属线制品 ⑤电信,电报〔话〕(系统) **❷** *vt.* ①布〔架〕线给…装电线,用电线连接 ②用金属丝系 ③打电报,电告 ☆ ***wire in (away)*** 在…周围安设铁丝网; 拼命干; ***lay wires for*** 为…作好准备; ***pull (the) wires*** 拉线, 幕后操纵; ***wire back*** 回电; ***wire for ...*** 打电报要…来〔去〕; ***wire for instruction*** 拍电请示; ***inform by wire*** 电告; ***wire to*** 打电报给; ***wire A to B*** 用导线把 A 连到 B 上; ***under wire*** 用有刺铁丝网拦住的

wire-ADDing ['waɪə'ædɪŋ] *n.* 线“与”(连接)

wirebar(s) ['waɪə'bɑ:(z)] *n.* 线锭,线材坯,盘条

wire-brush ['waɪə'brʌʃ] *n.* 钢丝刷

wire-cutter ['waɪə'kʌtə] *n.* 钢丝钳,铁丝剪

wired ['waɪəd] *a.* ①有〔布〕线的,装有电线的,有铁丝网的 ②用金属丝缚〔系,连接,加固〕的

wire-dancing ['waɪə'dɑ:nsɪŋ] *n.* 走钢丝

wired-in ['waɪəd'ɪn] *a.* 编排好的,固定的

wire-draw ['waɪə'drɔ:] (wire-drew, wire-drawn) *vt.* ①拉丝 ②使延长,猛力拉 ③使过分细致

wire-drawer ['waɪə'drɔ:ə] *n.* 拉丝工

wireless ['waɪəlɪs] **❶** *a.;n.* 无线的,无线电(的),无线电报〔话〕的,无线电收音机 **❷** *v.* 用无线电发送

wireman ['waɪəmən] *n.* 电气装配工,架线工,线务员,(电路)检修工

wire-mesh ['waɪə'meʃ] *n.* 铁〔钢〕丝网

wire-penetrameter ['waɪəpeni'træmɪtə] *n.* 线形透度计

wirephoto ['waɪəfəʊtəʊ] **❶** *n.* 有线传真 **❷** *vt.* 【通信】用有线传真发送(图片)

wire-pull ['waɪə'pʊl] *vi.* 在幕后操纵,牵线

wire-puller ['waɪə'pʊlə] *n.* 幕后操纵者

wirerope ['waɪərəʊp] *n.* 钢丝绳,钢缆

wire-supported ['waɪəsə'pɔ:tɪd] *a.* 张线式〔金属线〕悬挂的

wiretap ['waɪətæp] *n.;v.* (装)窃听器,(装)窃听装置; (窃听)监视

wiretapper ['waɪə,tæpə] *n.* 从电话〔报〕上窃取情报者

wire-tie ['waɪə'taɪ] *n.* 【冶】扎钢筋,扎铁丝

wiretron ['waɪətrɒn] *n.* 线形变感元件

wireway ['waɪəweɪ] *n.* 钢丝〔提升〕绳道,电缆槽,金属线导管

wirework ['waɪəwɜ:k] *n.* ①金属丝制品,金属丝网 ②走钢丝 ③(pl.)金属丝(制品)厂

wirewound ['waɪəwaʊnd] *a.* 线绕的,绕有电阻丝的

wiring ['waɪərɪŋ] *n.* ①【电子】线路,电路,导线 ②配线,装设金属线 ③钢丝连接〔捆绑〕,加网状钢筋 ④【医】(金属线缝合术)

wiry ['waɪərɪ] *a.* ①铁丝似的,坚硬的 ②金属线〔丝〕制的

Wisconsin [wɪs'kɒnsɪn] *n.* (美国)威斯康星(州)

wisdom ['wɪzdəm] *n.* ①聪明,智慧,英明 ②知识,学问

wise [waɪz] **❶** *a.* ①高〔英〕明的 ②合理的 ③明智的,考虑周到的 ④领会了的,觉悟了的 **❷** *n.* ①方式,样子 ②【数】法则 **❸** *v.* ①知道,了解(up) ②告诉,教会,学习(up) ☆ ***be wise after the event*** 做事后的诸葛亮; ***be (get) wise to*** 懂得,了解; ***in any wise*** 无论如何; ***in like wise*** 同样地; ***in no wise*** 绝不,一点儿也不; ***in some wise*** 有点; ***in (on) this wise*** 这样; ***none the wiser*** 或 ***as wise as before*** 依旧不懂; ***put one wise to...*** 把…完全告诉某人,使某人对…事先心中有数 ‖ ***-ly*** *ad.*

wiseacre ['waɪzeɪkə] *n.* 自作聪明的人

wish [wɪʃ] *v.;n.* ①祝(愿) ②想要,希望 ③但愿 ☆ ***at one's wish*** 按照…的愿望; ***get one's wish*** 如愿以偿; ***give (send) one's best wishes to*** 向…致意; ***grant one's wish*** 满足…的愿望; ***go against one's wish*** 违背…的愿望; ***have a wish to (do)*** 想(做); ***at one's wish*** 按照自己的希望,最大程度地满足愿望

〖**用法**〗当该词译为“但愿; 要是…就好了”时,其宾语从句中谓语应该使用“过去时”(对现在的情况)或“过去完成时”(对过去的情况)。如: I wish I <u>had studied</u> electronics at university. 我当时在大学里要是学电子学就好了。

wishful ['wɪʃfʊl] *a.* 希(渴)望的,想要的 ☆***be wishful for*** 想得到; ***be wishful to (do)*** 想(做) ‖ ***-ly*** *ad.* ***~ness*** *n.*

wish-think ['wɪʃ'θɪŋk] *vt.* 一厢情愿地想

wishy-washy ['wɪʃɪ'wɒʃɪ] *a.* 淡薄的,淡而无味的,空洞无物的

wisp [wɪsp] **❶** *n.* 小捆〔束〕,一条〔片〕 **❷** *vt.* 把…卷成一捆〔束〕,把…捻成一条

wispy ['wɪspɪ] *a.* 似小束的,稀疏的,纤细的,模糊的

wistful ['wɪstfʊl] *a.* 希(渴)望的,沉思的 ‖ ***-ly*** *ad.*

wit [wɪt] **❶** *n.* ①智力,智慧,理智 ②智者 **❷** *v.* 知道 ☆***(be) at one's wit's end*** 智穷计尽,不知所措; ***(be full) of wit*** 富于机智; ***be out of one's wits*** 不知所措,神经错乱; ***have not the wit(s) to (do)*** 没有(做)的能力; ***lose one's wits*** 丧失理智; ***set one's wits to*** 设法解决; ***to wit*** 即,

就是

witch [wɪtʃ] ❶ *n.* ① 箕舌线 ②巫婆 ❷ *vt.* 迷〔蛊〕惑

witchcraft ['wɪtʃkrɑ:ft] *n.* 巫术,魔法,魅力

witchery ['wɪtʃərɪ] *n.* 巫术,魔法,魅力

witch-hunt(ing) ['wɪtʃ'hʌnt(ɪŋ)] *n.* 政治迫害

witching ['wɪtʃɪŋ] *a.* 有魅力的

with [wɪð] *prep.* ①同,与,和,跟… ②随着 ③用,以,借助,…地 ④具有…的 ⑤对于,就…来说,在…方面,在…情况下,如果,虽然 ☆***be with*** 和…意见相同,具有

〖用法〗 ❶ 一般情况: ①"with + 某些抽象名词"等效于该名词对应的副词。如: It is now possible to change ac into dc with great ease. 现在能够非常容易地把交流电转变成直流电。②与表示变化的动词连用时一般译成"随着"。如: This parameter varies with temperature. 这个参数是随温度而变化的。③表示"用"时,它一般后跟有形的东西。如: We can see distant stars with this telescope. 我们利用这个望远镜能够看到遥远的星星。④它处于句首时往往表示"对于,在…情况下,有了,因为,如果"之意。如: With alternating current, things are different. 对于交流电,情况就不同了。/With this simplification, the analysis of the circuit is very simple. 做〔有〕了这样的简化后,对该电路的分析就非常简单了。/With standard resistors, R1= 3.3 kΩ, R2= 10 kΩ. 在用标准电阻器的情况下, R1 取 3.3 千欧, R2 取 10 千欧。/With influences from library science, graphic design, programming, and a variety of others, Web design is truly a multidisciplinary field. 由于受到图书馆学、平面造型设计、编程及其它学科的影响,万维网设计真正是一种多学科领域。⑤ 当其短语作后置定语时,它一般意为"具有",有时意为"对于"。如: Consider a milliammeter with a full-scale deflection of 0.005 A. 让我们考虑一只满刻度偏转为0.005安培的毫安表。/The basic operation with exponents will now be stated symbolically. 现在我们将用符号来陈述对于指数的基本操作。⑥ 注意以下例句中该词的含义: In this case the current in the capacitance leads the voltage with a phase angle of π/2. 在这种情况下,电容中的电流超前电压一个相角 π/2。/The solutions are with constants A, B, C and D. 这些解带有常数 A,B,C,D。/ Superconductivity has also been observed with some heavily doped semiconductors. 对于某些重掺杂的半导体,人们也已观察到了超导性。/Such is not the case with a local replacement algorithm. 对于局部置换算法来说,情况并不是这样的。 ❷ 一种特殊的"with 结构":"with + 名词〔或代词〕 + 分词〔或介词短语,形容词,副词,动词不定式,名词〕。它在句中大多数情况作状语,有时作后置定语。①处于主语前作状语时主要表示条件、时间,也可表示原因、让步。如: With the battery terminals reversed, the result will be quite different. 如果电池端点反过来的话,结果就会大不相同了。/With friction present, a part of power has been lost as heat. 由于存在摩擦,所以一部分功率作为热而损耗掉了。② 处于句中表示条件、原因、方式等(不多见)。如: The impedance at a-a' with b-b' open is PL. 当 b-b'开路时在 a-a'的阻抗为 PL。/Let us construct, with the origin as center, a semicircle of radius R. 让我们以原点为圆心,作一个半径为 R 的半圆。③处于句尾时一般表示附加说明,也可表示条件、时间、结果、方式等。如: Each planet revolves around the sun in an elliptical orbit, with the sun at one focus of the ellipse.每个行星在椭圆轨道上绕太阳运行,而太阳处于椭圆的一个焦点上。/Silver has the smallest resistivity of any metal, with that of copper not much greater. 在所有金属中银的电阻率最低,而铜的电阻率也高不了多少。/In this case, a violent explosion occurs with water as the product. 在这种情况下会发生剧烈的爆炸而形成水。/This current gain shall be measured with E_p grounded. 这个电流增益应该在 E_p 接地的情况下进行测量。/The Internet Protocol was not designed with security in mind. 在设计因特网协议的时候没有考虑安全问题。④处于名词后作定语的情况。如: The earth is perhaps the only planet with life on it. 地球也许是在上面具有生命的唯一行星。/The equation to the circle with its center at the origin and of radius a is $x^2 + y^2 = a^2$. 圆心在原点、半径为 a 的圆的方程是 $x^2+ y^2 = a^2$。 ❸ 注意在科技论文中介绍作者工作单位的一个常见句型: The authors are with the IBM laboratories. 这些作者是在 IBM 实验室工作的。(实际上在"with"前省去了"associated"一词。) ❹ 注意下面例句中该词的含义: With the same number of protons, all nuclei of a given element may have different numbers of neutrons. 虽然某元素的所有原子核含有相同数目的质子,但它们可以具有不同的中子数。

withal [wɪ'ðɔ:l] ❶ *ad.* ①同时〔样〕,此外,加之 ②然而,尽管如此 ❷ *prep.* (置于宾语之后)用,以

withdraw [wɪð'drɔ:] (withdrew, withdrawn) *v.* ①取〔退〕出,提取,抽水,回收 ②取〔收,撤〕回,拉动〔开,下〕 ③去除,取消,拆卸 ④拉晶 ‖ **withdrawal** *n.*

withdrawn [wɪð'drɔ:n] ❶ withdraw 的过去分词 ❷ *a.* 偏僻的,孤独的

withdrew [wɪð'dru:] withdraw 的过去式

wither ['wɪðə] *v.* 枯萎,凋谢(up),(使)衰弱,减少(away)

withering ['wɪðərɪŋ] *a.* ①摧毁的,毁灭性的 ②用于进行干燥处理的 ‖ **~ly** *ad.*

witherite ['wɪðəraɪt] *n.*【矿】 毒重石

withheld [wið'held] withhold 的过去式和过去分词

withhold [wɪð'həʊld] (withheld) *vt.* ①抑制,制止 ②扣留,拒绝给予 ☆***withhold A from B*** 隐瞒 A 不让 B 知道,不让 B 得到 A

W

within [wɪ'ðɪn] ❶ *prep.* ①在…之内,在…里面 ② 在…范围以内 ❷ *ad.* ①在内部 ②在内心 ❸ *n.* 内部,里面 ☆**within an ace of** 离…只差一点 儿; **within and without** 里里外外; **within call (hearing, sight)** 在叫得应〔听得到,看得见〕 的地方; **within one's reach** (力)所能及; **within reach** 可以达到; **within the bounds of possibility** 在可能范围内,有可能; **within the limits (range) of** 在…范围内 〖用法〗注意下面例句中该词的译法: The approximations are valid within 1%. 这些近似值误 差在 1% 以内。/The behavior of most real gases under ordinary conditions approximates the ideal within a few percent. 大多数实际气体的性能近似 于理想状况,相差不到百分之几。

without [wɪ'ðaut] ❶ *prep.* ①没有,如果没有 ② 在…(范围)以外,在…外面〔部〕 ③未经 ④(而) 不致 ⑤户外 ❷ *ad.;n.* ①(在)外面 ②在没有… 的情况下 ❸ *conj.* 除非,如果不 ☆**all without exception** 毫无例外都…; **go (do) without** 无 需,没有也行; **without (a) parallel** 无比,无双; **without bias** 无偏性; **without compare** 无比 的; **without consideration (of)** 不予考虑; **without contrast** 平淡; **without day** 没有日期, 无限期; **without delay** 立刻; **without dispute** 无可争论,无疑; **without distinction** 毫无差别; **without doubt** 无疑(地); **with out measure** 非常,过度; **without number** 无数; **without one's reach** 在…所及的范围之外; **without question** 毫无问题; **without reference to** 不 管; **without regard for** 不顾 〖用法〗❶ 当它作介词时常常引出虚拟语气句 的条件。如: Our space program would have been impossible without real-time, continuous computer monitoring. 如果没有实时的、连续的计算机监控 就不可能有我们的空间计划。/Some things, like satellite communications, would be impossible without semiconductors. 要是没有半导体,就不可 能有卫星通信这类事。❷ 它构成的介词短语偶尔 可以作表语。如: This is without physical meaning. 这是没有物理意义的。

withstand [wɪð'stænd] (withstood) *v.* ①抵抗,抗 拒 ②经得起,经受

witless ['wɪtlɪs] *a.* 没有才智的,愚笨的,糊涂的 ‖ ~ly *ad.*

witness ['wɪtnɪs] *n.;v.* ①证明(据),作证,目击 ② 【法】证人,目击者 ③表明 ☆**be a witness to ...** 是…的目击者,证明了…; **bear (stand) witness to (of) ...** 证明…;作为…的证明; **give evidence on behalf of ...** 替…作证; **(stand) in witness of ...** 作为…的证据; **with a witness** 确实,无疑地,正是 〖用法〗在科技文中常见句型为 "表示时间、地点 等的名词 + witness + …"。如: Recent years have witnessed the rapid growth of wireless communication

services. 近几年无线通信服务有了迅速的增长。 /The coming years will witness the arrival of microprocessors with performance and complexity levels so high that such devices would have been inconceivable only a decade ago. 未来几年将会出 现一种微处理器,其性能和复杂程度是如此之高 以至于这样的设备仅仅在 10 年前是不可想象的。 /The research on optical packet switching witnessed considerable progress in the 1990s. 对光包转换的 研究在 20 世纪 90 年代有了很大的进展。

wittichenite ['wɪtɪkənaɪt] *n.* 【矿】脆硫铜铋矿

witticism ['wɪtɪsɪzəm] *n.* 俏皮话

wittily ['wɪtɪlɪ] *ad.* 机智地,幽默地

witting ['wɪtɪŋ] ❶ *a.* 故意的 ❷ *n.* ①知道,察觉 ②消息,新闻

wittingite ['wɪtɪŋaɪt] *n.* 【矿】多水硅锰矿

wittingly ['wɪtɪŋlɪ] *ad.* 故意地

witty ['wɪtɪ] *a.* 机智的,幽默的

wizard ['wɪzəd] ❶ *n.* ①术士,男巫 ②奇才 ❷ *a.* 有魔力的,极好的

wizardry ['wɪzədrɪ] *n.* 巫术,魔力

wizen(ed) ['wɪzən(d)] *a.* 凋谢的,枯萎的

wobble ['wɒbl] *v.;n.* ①(使)摆动,摇摆〔晃〕,震颤 ②不稳定运动〔转〕,不等速运动,摆动角 ③变度 ④犹疑不定,波动 ⑤摆频信号发生器

wobbler ['wɒblə] *n.* 【机】摇动器,偏心轮,凸轮,摇摆 板〔机〕,(轧制)梅花头

wobbling ['wɒblɪŋ] *n.* 摆动,摇摆,不稳定运转,不等 速运动

wobbly ['wɒblɪ] *a.* 摇摆的,颤动的,不稳定的

wobbulate ['wɒbjuleɪt] *v.* 频率摆动,射线偏斜,射 束微摆 ‖ **wobbulation** [wɒbju'leɪʃən] *n.*

wobbulator ['wɒbjuleɪtə] *n.* 【电子】摆频振荡器, 摆频信号发生器,扫频仪

wobbuloscope ['wɒbjulə‚skəup] *n.* 摆动示波器

woke [wəuk] wake 的过去式及过去分词

woken ['wəukn] wake 的过去分词

wold [wəuld] *n.* 【地理】荒原,山地,不毛的高原

wolf [wulf] ❶ (pl. wolves) *n.* 狼,贪婪〔残暴成性〕 的人 ❷ *vt.* 狼吞虎咽(down) ☆**a wolf in sheep's clothing** 披着羊皮的狼

wolfish ['wulfɪʃ] *a.* 狼似的,贪婪的,残暴的 ‖ **~ly** *ad.*

wolfram ['wulfrəm] *n.* ①【化】钨 ②【矿】钨锰 铁矿,黑钨矿

wolframate ['wulfrəmeɪt] *n.* 【化】钨酸盐

wolframite ['wulfrəmaɪt] *n.* 【矿】黑钨矿,锰铁钨 矿

wolframium [wul'freɪmɪəm] *n.* 【化】①钨 ②锑钨 耐蚀铝合金

wollastonite ['wuləstənaɪt] *n.* 【矿】硅灰石

wolsendorfite [wɔ:l'səndɔ:faɪt] *n.* 【矿】硅铅铀 矿,亮红铀铅矿

woman ['wumən] ❶ (pl. women) *n.* 妇女,女子 ❷ *a.* 妇女的

〖用法〗当它修饰复数名词时应该用复数形式。如: They are <u>women engineers</u>. 她们是女工程师。

womanaut ['wumənɔ:t] *n.* 女宇航员

womanhood ['wumənhud], **womankind** ['wumənkaɪnd] *n.* 妇女(总称),女性

womb [wu:m] *n.* 子宫,孕育处

women ['wɪmɪn]woman 的复数 ☆**women's lib** 妇女解放运动

womp [wɒmp] *n.* 由光学系统内部反射产生的图像亮区寄生光斑,(电视)白闪

won [wʌn] win 的过去式和过去分词

wonder ['wʌndə] ❶ *n.* 惊奇,奇迹 ❷ *v.* ①对…感到惊奇,(对…)感到奇怪(at, that) ②迫切想知道,不知道,感到纳闷(about,whether, what,why 等) ☆**a nine day's wonder** 轰动一时的事; **and no (small) wonder** 不足为奇; **be filled with wonder** 非常惊奇; **for a wonder** 说来奇怪,意料不到地; **in wonder** 惊奇地; **(it is) no wonder (that)** 怪不得,难怪; **No (Little, Small) wonder (that)** 难怪…,…不足为奇; **signs and wonders** 奇迹; **wonder drug** 特效药
〖用法〗注意下面例句的汉译法: The <u>wonder</u> of the computer lies in its being very quick and accurate in doing complicated computations. 计算机的神奇之处在于它能够非常迅速而精确地进行复杂的计算。/We are so accustomed to the blue color of clear sky that it seldom occurs to us to <u>wonder</u> why this should be so. 我们已非常习惯于晴朗天空的蓝色,以至于我们很少会问为什么会是这样的。("to wonder why ..."是"that 从句"的真正主语,而"it"是形式主语。) /What, you may <u>wonder</u>, does 54/74 stand for? 你也许会问,54/74 究竟表示什么意思?("you may wonder"是插入句。)

wonderful ['wʌndəful] *a.* 奇怪的,精彩的,极好的 ‖ **~ly** *ad.*

wondering ['wʌndərɪŋ] *a.* 觉得奇怪的,感到惊异的 ‖ **~ly** *ad.*

wonderland ['wʌndəlænd] *n.* 仙境,奇境

wonderment ['wʌndəmənt] *n.* 惊奇,奇怪(事)

wonderstone ['wʌndə,stəun] *n.* 奇异石,一种水合硅酸铝

wonder-struck ['wʌndə'strʌk], **wonder-stricken** ['wʌndə'strɪkn] *a.* 惊讶不已的,大吃一惊的

wonderwork ['wʌndə,wɜ:k] *n.* 奇迹,惊人的东西(行为)

wonderworker ['wʌndəwɜ:kə] *n.* 创造奇迹的人

wonderworking ['wʌndəwɜ:kɪŋ] *a.* 创造奇迹的

wondrous ['wʌndrəs] ❶ *a.* 奇异的,令人惊奇的 ❷ *ad.* ①极,非常 ②惊人地,异常地 ‖ **~ly** *ad.*

wonky ['wɒŋkɪ] *a.* ①不稳的,摇晃的,不可靠的 ②出错的

wont [wəunt] ❶ *n.* 习惯,惯常做法 ❷ *a.* ①有习惯的 ②惯(常)于 ③倾向于,易于 ❸ (wont, wont(ed)) *v.* (使)习惯(于),惯常 ☆ **(be) wont to**

(do) 惯于(做),经常(做); **use and wont** (一般的)习惯,惯例

wonted ['wəuntɪd] *a.* 习惯的,惯常的

woo [wu:] *v.* 追(恳)求,想得到,招致

wood [wud] ❶ *n.* ①木(材,柴) ②(常为复数)树林,林地 ③木制品 ❷ *a.* 木制的 ❸ *vt.* 供木材给… ☆**cannot (be unable to) see the wood for the trees** 见树不见林,顾小不顾大; **out of the wood(s)** 脱险,克服困难

woodblock ['wudblɒk] *n.* 【印】木版,铺木,木砖

woodcoal ['wudkəul] *n.* 木炭,褐煤

woodcraft ['wudkrɑ:ft] *n.* ①木工技术 ②森林知识,林中识路知识

woodcut ['wudkʌt] *n.* 木刻,版画

woodcutter ['wudkʌtə] *n.* 伐木工人,木刻(版画)家

wooded ['wudɪd] *a.* 多树木的,树木繁茂的

wooden ['wudn] *a.* 木(质,制)的,笨拙的

woodengraving ['wudn,greɪvɪŋ] *n.* 木刻(术),版画

woodenware ['wudnweə] *n.* 木器

woodflour ['wudflauə] *n.* 木屑,木粉

wood-free ['wud'fri:] *n.* 无纤维纸

woodiness ['wudɪnɪs] *n.* 多树(木),木质

woodjack ['wuddʒæk] *n.* 木夹子

woodland ['wudlənd] *n.;a.* (森)林地(的),森林(的)

woodless ['wudlɪs] *a.* 没有树林的

woodman ['wudmən] *n.* 护林(伐木)工人

woodpecker ['wudpekə] *n.* 啄木鸟

woodpile ['wudpaɪl] *n.* 木桩

wood-preserving ['wudprɪ'zɜ:vɪŋ] *n.* 木材保存(防腐)

woodprint ['wudprɪnt] *n.* 木版(画)

woodruff ['wudrʌf], **woodroof** ['wudru:f], **woodrow** ['wudrəu] *n.*【植】(香)车叶草

wood-run ['wud'rʌn] *n.* 林场

woodstone ['wudstəun] *n.* 石化木

wood-wasp ['wud'wɒsp] *n.* 木蜂,树蜂

woodwool ['wudwu:l] *n.* 木丝(毛,纤维),刨花

woodwork ['wudwɜ:k] *n.* 木制品,木工活

woodworking ['wudwɜ:kɪŋ] ❶ *n.* 木(材加)工 ❷ *a.* 木工的,制造木制品的

woody ['wudɪ] *a.* 木(质,制)的,树木茂盛的

woodyard ['wudjɑ:d] *n.* 堆(储)木场

woof [wuf] *n.* ①【纺】纬(线) ②布,织物 ③基本元素(材料) ③低鸣声

woofer ['wufə] *n.* 低音扬声器

woofer-and-tweeter ['wufə'ænd'twi:tə] *n.* ①高低音两用喇叭 ②忠实的发言人

wool [wul] *n.* ①羊毛(状物),兽毛 ②绒线,(呢)绒,毛织品 ③纤维,渣棉 ☆**all wool and a yard wide** 优质的,货真价实的; **dyed in the wool** 生染的,彻底的; **go for wool and come home shorn** 弄巧成拙,偷鸡不成蚀把米

woolgathering ['wʊlgæðərɪŋ] n.;a. 心不在焉（的）

wooliness ['wʊlɪnɪs] n. 混响过度,鸣声

wool(l)en ['wʊlən] ❶ n. (pl.)毛织品,毛衣,呢绒 ❷ a. 羊毛的,毛织的

wool(l)y ['wʊlɪ] ❶ a. ①羊毛(状,制)的,绵状的 ②蓬乱的,不清楚的 ❷ n. (pl.)毛衣

woorara [wʊ'rɑːrə] n. 箭毒

Worcestershire ['wʊstəʃɪə] n. (英国)乌司特郡

word [wɜːd] ❶ n. ①单词,言词,(字)码,电报用语 ②(pl.)话,(言)语 ③音信,谣言,传说 ④诺言,保证 ⑤标语,口号,口令 ❷ vt. 措辞,用言词表达 ☆*at a (one) word* 马上; *(be) as good as one's word* 守信,履约,言行一致; *be not the word for it* 不是恰当的描述〔字眼〕; *(be) true to one's word* 守约; *break one's word* 失信,食言; *bring word* 通〔告〕知; *by word of mouth* 口头地; *eat one's words* 收回前言,认错道歉; *from the word go* 从一开始; *give (on) one's word of honor* 用名誉担保; *give the word for (to(do))* 下令; *hang on one's words* 专心听某人的话,倾听; *have no words for* 无法用言语来形容,没有恰当的话表达; *have words with* 和…争论; *hot (high, warm) words* 争论; *I give you my word for it* 或 *my word upon it* 或 *upon my word* 我向你保证确是这样; *in a few words* 简言之; *in a (one) word* 简言之; *in other words* 换言之; *in so many words* 一字不差地,直截了当地; *in word* 口头上,表面上; *word and (in) deed* 真正,不只是口头上; *keep one's word* 遵守诺言; *leave word* 留言; *multiply words* 废话连篇; *put one's thoughts into words* 把自己的思想用词句表达; *say the word* 发命令; *send word* 捎信,转告,通知; *suit the action to the word* 怎么说就怎么做; *the last word* 最后一句话,决定性的说明; *the last word on* 关于…(问题)的定论,有关…的最新消息〔观点〕; *weigh one's words* 斟酌字句; *word for word* 逐字逐句地,一字不改〔错〕地 【用法】注意下面例句中该词的译法: A word now about the treament of the material. 现在来谈谈内容的论述问题。/Now a final word of caution. 现在最后说一下要注意的事项。/A word of explanation is needed at this point in regard to response time. 在这个时候需要解释一下关于响应时间的问题。/The matter of spatial-origin selection deserves a further word. 空间原点选择这一问题值得进一步讲一下。/In words, the expression is read as the 'nth power of a'. 用言语来表述的话,这个表达式读成"a的n次幂"。/Science will have the last word.最终科学将说了算。

wordage ['wɜːdɪdʒ] n. ①字(数) ②文字 ③措词 ④啰嗦,冗长(文献用语,与terse反义),费唇舌

wordbook ['wɜːdbʊk] n. 【语】词汇(表),词典

wordbuilding ['wɜːdbɪldɪŋ], **word-formation** ['wɜːdfɔːˈmeɪʃən] n. 【语】构词法

Worden ['wɜːdən] n. 渥尔登重力仪

word-for-word ['wɜːdfəˈwɜːd] a. 逐字的

word-hoard ['wɜːdhɔːd] n. 【语】词汇表

wording ['wɜːdɪŋ] n. 【语】措词,字句

wordless ['wɜːdlɪs] a. 无言的,沉默的

word-of-mouth ['wɜːdəfˈmaʊθ] a. 口头表达的

word-order ['wɜːdˈɔːdə] n. 【语】词序

word-painter ['wɜːdˈpeɪntə] n. 能用文字生动描述者

word-perfect ['wɜːdˈpɜːfɪkt] a. 一字不错地熟记的

wordplay ['wɜːdpleɪ] n. 【语】双关语,俏皮话

word-serial ['wɜːdˈsɪərɪəl] n. 字串行

wordsmith ['wɜːdsmɪθ] n. 能言善道者

word-splitting ['wɜːdˈsplɪtɪŋ] n. 咬文嚼字,诡辩

word-time ['wɜːdtaɪm] n. (取,出)字时间,字时

wordy ['wɜːdɪ] a. ①言词的,文字的,口头的 ②啰嗦的,冗长的

wore [wɔː] wear的过去式

work [wɜːk] ❶ n. ①工作,劳动,事业,职业,业务 ②功 ③制品,著作 ④工作物,机件 ⑤工作质量,工艺 ⑥(pl.)工厂,工事,车间,机构 ❷ (worked 或 wrought) v. ①(使)工作,劳动,运行〔算〕,操作,开动,经营,耕作 ②加工,处理,切削,铸造,锤炼,揉(面),捏(塑) ③研究,计算,勘查,施工 ④起作用,见〔奏〕效,行得通 ⑤(使)逐渐变得,造成,引起 ☆*all in the day's work* 平凡的事,正常的; *at work* 在工作(处),在使用〔运转,起作用〕; 从事于,忙于(on, upon); *be hard at work* 正在努力工作; *be in regular work* 有固定工作; *do its work* 有效,起作用; *fall to work* 动手工作; *go to work* 上班; *in work* 在工作; 正在完成之中; *make light work with (of)* 轻易地做; *make sad work of* 做坏,搞糟; *make short (quick) work of* 很快完成〔处理〕; *out of work* 失业,(机器)有毛病; *rough work* 粗活,制作粗糙的东西; *set (get) to work* 动工; *the work of a moment* 易如反掌的事; *work against* 反对; *work against time* 抢时间完成工作; *work at* 从事,钻研,研究,做(题); *work away* 继续〔不断〕工作,(使)逐渐离开; *work away at* 不断地从事; *work for* 为…尽力,争取; *work in* (缓慢地)进入,(制造时)混入,插入;混合,调和(with); 抽出时间(做),从事…方面的工作; *work into* 插入; *work it* 做〔弄〕好,完成,使发生; *work off* 清除,撤销〔处理,发泄〕掉,处置;印刷;改进,补做,(以工作)清偿; *work on (upon)* 继续(做),处理,研制; 分析研究; 从事; 继续工作〔努力〕; *work one's way* 排除困难前进,开路; *work out* 通过努力而达到,(以工作)还债,制订(出),(测求,研究,检查,设计,估计)出; 用尽,证明是有效〔适用〕的; *work over* 彻底检查〔改变〕,复制,重做,加工; *work through* 看一遍,逐渐地进行; *work up* 逐渐达到,完成; (逐渐)引起; 搜集,综合加工,

整理,建立,升给,逐步发展; **work with** 同…一道工作,以…为工作对象,同…打交道,对付,使〔利〕用,对…行得通〔起作用〕,处理,研究,操作,加工 〖**用法**〗 ❶ 注意下面例句中该词的含义: Frequently, you will need to carry out more than one conversion to work (out) a problem. 时常你需要进行多次转换来解题。/The method works best when the phase shift is very small. 当相位移很小时,该方法最有效。/This computer works much better than that one does. 这台计算机的性能比那台好得多。/Many worked examples are provided in the text to illustrate the principles that have been discussed. 本教科书中提供了许多例题来阐明已经讨论过的原则。/It is necessary to find out which of these screws has worked loose. 需要找出这些螺丝中哪一个变松了。/Work on storage targets has been conducted since the start of the century. 从本世纪初就已经对存储目标进行了研究。/In 1953, a former electronics engineer in his fifties, Christopher Cockerell suggested an idea on which he had been working for many years to the British Government and industrial circles. 在 1953 年,一位50 多岁的原电子工程师克里斯托弗·科克雷尔向英国政府和工业界提出了一项他研究了多年的计划。(在第二个逗号前的那个名词短语是句子主语的同位语,为了强调而放在主语之前了; "to …" 是修饰 " suggested " 的状语。) /Mathematical analysis shows that these methods do work, but it is not clear yet under what conditions it is that they may be used. 数学分析表明这些方法确实可行,但尚不清楚到底在什么条件下可以使用它们。/It is clear from (3-6) that other choices of x and y will work as well. 由式(3-6)明显看出,对于 x 和 y 的其它选择也行。/In a typical semiconductor laser the gain works out to $20 < \gamma < 80$ cm^{-1}. 在一个典型的半导体激光器中,增益达到 20 厘米$^{-1}$$< \gamma < 80$ 厘米$^{-1}$。❷ 注意下面例句的含义: The author wishes to thank the publishers for their assistance throughout and for being so easy to work with. 本作者感谢各出版社在整个出版过程中所给予的帮助以及非常容易地和处。(这句属于 " 反射式不定式 " 句型,句尾的介词 " with " 是不能省去的,其逻辑宾语是 " the publishers ", " throughout " 在此是副词。) ❸ 它作名词表示 " 功 " 的时候一般属于不可数名词,但有时也可以有复数形式。如: The total work is the algebraic sum of individual works. 总的功等于各个功的代数和。/When several external forces act on a body, we may wish to consider the works of the separate forces. 当几个力作用在一个物体上时,我们也许想要考虑各个力所做的功。❹ 注意下面例句中该词过去分词的特殊用法: The computer can determine the total number of hours worked by all employees during any given week. 计算机能算出某一周所有雇员工作的总时数。

workability [wɜːkəˈbɪlətɪ] n. 可加工〔工作,操作〕

性,可塑性,工作度,工作能力,实用性

workable [ˈwɜːkəbl] a. ①易〔可〕加工的,可塑的 ②可使用〔工作,操作〕的,可经营的 ③(切实)可行的 ‖ **~ness** n. **workably** [ˈwɜːkəblɪ] ad.

workaday [ˈwɜːkədeɪ] a. ①工作日的,日常的 ②普通的 ③乏味的

workbag [ˈwɜːkbæg] n. 工具袋

work-bench [ˈwɜːkbentʃ] n. 工作台〔架〕

workbin [ˈwɜːkbɪn] n. 零件盒,料箱〔斗〕

workblank [ˈwɜːkblænk] n.【机】毛坯

workboat [ˈwɜːkbəut] n. 工作船

workbook [ˈwɜːkbuk] n. ①练习〔笔记〕本 ②工作记事簿,工作手册,(工作)规程,工程账本

workbox [ˈwɜːkbɒks] n. 工具箱

workday [ˈwɜːkdeɪ] n. 工作日

worker [ˈwɜːkə] n. ①工人,劳动者,无产者 ②工作人员,职工〔员〕,工作者 ③电铸版

workfare [ˈwɜːkfeə] n. 劳动福利

work-force [ˈwɜːkˈfɔːs] n. 劳动力,劳动大军

workhand [ˈwɜːkhænd] n. 人手

work-hardening [ˈwɜːkˈhɑːdnɪŋ] n.【机】加工硬化,冷作加工

work-hardness [ˈwɜːkˈhɑːdnɪs] n.【机】加工硬度

workholder [ˈwɜːkhəuldə] n. 工件夹具

work-in [ˈwɜːkˈɪn] n. 不按章工作

working [ˈwɜːkɪŋ] ❶ n. ①工作,劳动,作业 ②加工,耕作 ③开采,(pl.)矿内巷道,矿内工作区 ❷ a. ①(从事)劳动的,工人的,运转的,营业的 ③施工用的,实行的,实用的 〖**用法**〗注意下面例句中该词的含义: Engineering students should have a working familiarity with computers. 工科学生应该具有工作所需的计算机实用知识。/It is necessary for college students to cultivate a working acquaintance with a foreign language.大学生必须培养一门外语进行工作的能力。/Like any real scientist, the physicist is in search of basic ideas to unify his vast subject, ideas that permit him to understand the workings of atoms and molecules, stars and nebulae, and everything in between.像其他任何科学家一样,物理学家在寻求使其范围广泛的课题统一起来的一些观念,即寻求使他能够理解原子和分子、星星和星云以及处于它们之间的任何东西的运行机理的那些概念。

working-class [ˈwɜːkɪŋˈklɑːs] a. 工人阶级的

working-classize [ˈwɜːkɪŋˈklɑːsaɪz] vt. 使工人阶级化 ‖ **working-classization** [ˈwɜːkɪŋˈklɑːsɪˈzeɪʃən] n.

workingman, working man [ˈwɜːkɪŋmən] n. 工人

working-out [ˈwɜːkɪŋˈaut] n. 规划,制订,作成,算出

working-set [ˈwɜːkɪŋˈset] n.【计】工作组〔区〕

workingwoman [ˈwɜːkɪŋwumən] n. 女工

workload [ˈwɜːkləud] n. 工作负荷,工作量,射线源

能量

workman ['wɜːkmən] (pl. workmen) n. 工人,劳动者,职工,工作者

workmanlike ['wɜːkmənlaik] a. 工人似的,有技巧的,熟练的

workmanship ['wɜːkmənʃip] n. ①工作质量 ②手艺,技巧 ③制造物,作品,工艺(品)

workmaster ['wɜːkmɑːstə] n. 工长,监工

workmate ['wɜːkmeit] n. 同事,共同工作者

workout ['wɜːkaut] n. (工作)能力测验,(体育)锻炼〔测验〕

workpeople ['wɜːkpiːpl] n. (pl.)工人们,劳动人民,体力劳动者

workpiece ['wɜːkpiːs] n. 工(作)件; 轧件

workplace ['wɜːkpleis] n. 工作面,工作位置〔场所〕,车间,工厂

workpoint ['wɜːkpɔint] n. 工分

workroom ['wɜːkruːm] n. 工间,工作室

workseat ['wɜːksiːt] n. 工件座

workshop ['wɜːkʃɔp] n. ①车间,工场,工厂,创作室 ②专题研究组,专门小组,学部,(专题)讨论会,学习班,讨论会会议记录

work-shy ['wɜːk-'ʃai] ❶ a. 工作懒惰的 ❷ n. 懒汉

worksite ['wɜːksait] n. 工地

work-soiled ['wɜːk'sɔild] a. 由于工作而弄脏的

work-song ['wɜːk'sɔŋ] n. 劳动号子

workspace ['wɜːk,speis] n. 工作空间

work-reconditioned ['wɜːk'riːkən'diʃənd] a. 在工厂修理好的,厂修的

workstone ['wɜːkstəun] n. (炼铅膛式炉)工作板

workstoppage ['wɜːkstɔpidʒ] n. (工人的)停工斗争

workstudy ['wɜːkstʌdi] n. 工(作)效(率)研究

worktable ['wɜːkteibl] n. 工作台

workticket ['wɜːktikit] n. 工票

work-to-rule ['wɜːk'tuːruːl] n. 按章工作

work-up ['wɜːk'ʌp] n. (印刷物表面的)污迹

workweek ['wɜːkwiːk] n. 工作周,一周的总工时

workwoman ['wɜːkwumən] (pl. workwomen) n. 女工,女工作者

world [wɜːld] n. ①世界,万物 ②地球,宇宙 ③众人,世人 ④…界,领域 ⑤大量,许多 ☆ *a world of* 一个…的世界,无数的; *a world too many (much)* 太多,过多; *all the world* 全世界,举世; *(all) the world over* 或 *all over the world* (在)全世界,遍天下; *All the world (The whole world) knows* 人皆知道; *be all the world to* 对…是最重要的事,对…是无价之宝; *before the world* 全世界面前,公然地; *carry the world before one* 迅速全面地成功; *come into (to) the world* 问世,(被)出版;*for all the world* 完全,一点不差; (用于否定句)决(不); *give to the world* 出版,发表; *in the world* 世界上,天下; 到底; *not ... for the world* 或 *not for*

anything in the world 决不; *the world's end* 天涯海角; *world without end* 永远

〖用法〗注意下面例句中该词的含义: The brain must keep in touch with the <u>world</u> around. 大脑必须与外界保持联系。/Electronic mail enables one to establish contact with the people half a <u>world</u> away. 电子邮件使得我们能够与另一半球的人们建立联系。/In the <u>real world</u> there are many other types of errors that can occur. 在现实世界中,可能会发生其它许多类型的误差。/There are <u>real-world</u> constraints on our ability to hold temperature, time, and areal density constant. 事实上,我们使温度、时间和面积密度保持恒定的能力是受到限制的。

world-beater ['wɜːld'biːtə] n. 举世无双的事物

world-class ['wɜːld'klɑːs] a. 世界第一流水平的,世界级的,具有国际名望或质量的

world-famous ['wɜːld'feiməs] a. 世界闻名的

world-invariant ['wɜːldin'veəriənt] a. 世界〔洛伦兹,相对论性〕不变量的

worldly ['wɜːldli] a. ①物质的,世间的 ②世故的,善于处世的

world-old ['wɜːld'əuld] a. 极其古老的

world-power ['wɜːld'pauə] n. 世界强国

worldshaking ['wɜːld'ʃeikiŋ] a. 震撼世界的

worldwide ['wɜːldwaid] ❶ a. (遍及)全世界的,全球的,轰动全世界的 ❷ ad. 在世界范围内

worm [wɜːm] ❶ n. ①(蠕)虫,蚯蚓 ②螺(涡)杆 ③螺纹,螺旋(推进器,输送机) ④旋管,蛇管 ⑤(pl.)滑移线 ❷ a. 蛇形的 ❸ v. ①蠕动,缓慢前进 ②除虫; 被虫侵蚀

worm-drive ['wɜːm'draiv] n.;v 蜗杆传动

worm-eaten ['wɜːm'iːtn] a. ①虫蛀的 ②过时的

worm-gear ['wɜːm'giə] n.【机】涡轮(传动装置)

worm-gearing ['wɜːm'giəriŋ] n. 涡轮传动装置

wormhole ['wɜːmhəul] n. 条虫状气孔,虫孔

wormholed ['wɜːmhəuld] a. 多蛀孔的,虫蚀的

worming ['wɜːmiŋ] n. ①龟裂 ②参看 worm 词条

worm-pipe ['wɜːm'paip] n. 蜗(蛇)形管,盘管

wormwheel ['wɜːmwiːl] n.【机】涡轮

wormy ['wɜːmi] a. 生虫的,虫蛀的

worn [wɔːn] ❶ wear 的过去分词 ❷ a. ①(用)旧的,磨损的 ②耗尽的

wornout ['wɔːnaut] a. ①磨损的,用旧〔坏〕的 ②精疲力竭的,耗尽的

worried ['wʌrid] a. 烦恼的,焦虑的

worriment ['wʌrimənt] n. 烦恼,焦虑

worrisome ['wʌrisəm] a. 为难的,令人忧虑的

worry ['wʌri] ❶ v.n. (使)烦〔苦〕恼,(使)担心,(使)焦虑 ②反复推(拉),塞住 ☆*worry about ...* 操〔关〕心…,为…担心; *worry along (through)* 不顾困难设法进行; *worry out* 绞尽脑汁解决〔想出〕

worrying ['wʌriiŋ] a. 使人担心的,着急的 ‖ **-ly** ad.

worse [wɜːs] ❶ (bad, badly, ill 的比较级) a.;ad.

更坏〔糟,差〕(的),更恶劣(的) ❷ n. 更坏的事情〔方面〕,不利,损失,失败 ☆**a change for the worse** 每况愈下,(更加)恶化; **(and) what is worse** 或 **to make matters worse** (而)更糟的是; **(be) worse off** 情况更坏,处境更糟; **for better (or) for worse** 不论好坏,不管怎么样; **go from bad to worse** 日益恶化,每况愈下; **have the worse** 遭到失败; **none the worse** 并不更差,仍然; **so much the worse** 更加糟糕; **worse and worse** 愈来愈坏,每况愈下; **worse off** 恶化〖用法〗注意该词可以用作插入语。如: Worse, a 'file' isn't a concept that is part of the C and C++ language definitions. 糟糕的是,"文件"并不是属于 C 语言和 C++语言定义的一个概念。

worsen [ˈwɜːsn] v. (使)恶化,损害

worship [ˈwɜːʃɪp] n.;v. 崇拜,尊敬

worshipful [ˈwɜːʃɪpful] a. 可尊敬的

worship(p)er [ˈwɜːʃɪpə] n. 崇拜者

worst [wɜːst] ❶ (bad,badly,ill 的最高级) a.;ad. ①最坏(的),最差(的),最恶劣(的) ②最不利(的),最不适合(的),效能最低(的) ❷ n. 最坏的事,的部分,的情况,的结果 ❸ vt. 打败,战胜 ☆**at (the) worst** (即使)坏到极点,(就是)在最坏的情况下; **be prepared for the worst** 准备万一,作最坏的打算; **if (the) worst comes to (the) worst** 如果情况坏到极点,如果发生最坏的情况; **(in) the worst way** 十分,强烈地; **make the worst of** 作最坏的打算; **the worst of it is that** 最坏〔最不幸〕的是; **worst of all** 最糟的是

worst-case [ˈwɜːstˈkeɪs] n. 最坏情况〔条件〕

worsted [ˈwɜːstɪd] n.;a. 毛线(织)的,精纺(的,毛织物),厚呢

wort [wɜːt] n. ①草本植物 ②麦芽汁 ③越橘(树)

worth [wɜːθ] ❶ n. ①(价)值,(货币,物质,精神)价值 ②性能,有用成分 ❷ a. (作定语时,放在名词后面) ①值…的,相当于…的价值的 ②值得…的,有…的价值的 ☆**be worth it** 是值得的; **be worth much (little)** 价值很大〔小〕; **be worth nothing** 毫无价值; **be worth one's while doing (to do)** ; 值得(做); **for what it is worth** 不论真伪
〖用法〗❶ 注意句型"it is worth + 动名词 + A(动名词的宾语)"或"A is worth + 动名词(主动形式)"。 如: It is worth reading this book. 阅读这本书是值得的。/This book is worth reading. 这本书值得一读。(后一句属于"反射式的动名词"句型,即主语"this book"是句尾名词"reading"的逻辑宾语。) ❷ 句型"It is〔seems〕worth while + 动词不定式"。如: It is worth while to develop the technique of dealing with such cases. 研发出处理这种情况的方法是值得的。/It seems worth while to list the main types of microphones and summarize briefly their properties. 列出话筒的主要类型及简单地概述其特点似乎是值得的。

worthful [ˈwɜːθful] a. ①有价值的 ②有很大功劳的

worthily [ˈwɜːðɪlɪ] ad. 值得地

worthiness [ˈwɜːðɪnɪs] n. 值得,有价值

worthite [ˈwɜːθaɪt] n. 沃赛特镍铬耐蚀合金,镍铬钼耐热不锈钢

worthless [ˈwɜːθlɪs] a. 没有价值的,无用的,不足取的 ‖**-ly** ad. ~**ness** n.

worthwhile [ˈwɜːθˈwaɪl] a. 值得做的,值得花时间〔精力〕的,很好的
〖用法〗❶ 注意句型"it is worthwhile +动词不定式(有时用动名词)"。如: It is worthwhile, in many applications, to devote considerable effort to the security of the computer system. 在许多应用场合,花很大的精力在计算机安全方面是值得的。/Before we leave this topic, it is worthwhile to mention a classic analogy offered by Shockley. 在结束这个内容的讨论之前,提一下由肖克利提供的经典模拟是值得的。/ It is worthwhile taking a look at some common situations in which bridges are used. 看一下使用电桥的一些普通情况是值得的。❷ 注意下面例句的含义: There is no way of knowing how thorough an analysis a user will find worthwhile. 没有方法了解用户感到分析得如何透彻才是值得的〔好的〕。

worthy [ˈwɜːðɪ] ❶ a. 有价值的,值得…的,应受…的(of),相称的 ❷ n. 杰出人物,知名人士
〖用法〗❶ 注意句型"主语+ is 〔are〕worthy + 动词不定式被动形式"(也有人用动名词被动式)。如: This situation is worthy to be considered. 这一情况值得加以考虑。❷ 该词也可用于句型"主语 + is 〔are〕worthy + 动词不定式 + 宾语"。如: That phenomenon is worthy to receive our attention. 那一现象值得我们注意。 ❸ "worthy of …" 意为"值得…; 相称的"。如: This point is worthy of note. 这一点是值得注意的。/It is worthy of note that measurement of a receiver's noise bandwidth may be made more easily by a determination of sensitivity and noise figure. 值得注意的是通过确定灵敏度和噪声系数就能容易地测出接收机的噪声带宽。

wortle [ˈwɜːtl] n.【冶】拉丝模(板)

would [wʊd](will 的过去式) v. aux. (否定式为 would not, 缩约为 wouldn't) (过去)会,(将,想)要,愿,打算; 大概,想必 ☆**it would seem** 好像,看来; **would that** 但愿,要是…就好了; **would (much) rather (sooner) A than B** 宁愿 A 也不愿 B〖用法〗在科技文中,该词主要用于条件式虚拟语气句的主句中。如: If there were no gravitation, everything would fly off the earth into space. 如果没有引力,那么一切东西都会飞离地球而进入太空。/If this new method had been adopted, much time would have been saved. 如果早就采用这种新方法,就会节省好多时间。/If one were to walk along a horizontal floor carrying weight, no work would be done. 要是一个人携带重物沿着水平地

面行走,则并没有做功。

would-be ['wʊd'bi:] *a.* ①将要〔想要〕成为…的,自封的,所谓的 ②冒充的

wound [wu:nd] ❶ *n.;vt.* 伤(害,口),损〔创〕伤 ❷ wind 的过去式及过去分词 ❸ *a.* (缠)绕的,绕制的

wounded ['wu:ndɪd] ❶ *a.* 受伤的 ❷ *n.* 受伤者

woundless ['wu:ndlɪs] *a.* 没有受伤的

wove [wəʊv] ❶ weave 的过去式 ❷ *a.* 布纹的,纸的网纹

woven ['wəʊvn] ❶ weave 的过去分词 ❷ *a.* 织〔编〕成的

wow [waʊ] *n.* ①摇晃,(频率)颤动 ②(复制录音时因速度变化引起的)失真,变音,抖动变调 ③巨大的成功,十分有趣的事物

wrack [ræk] *n.;vt.* ①(彻底)毁坏,(严重)破坏,失事(船只) ②残骸,失事船只,打上岸的海草 ☆ ***wrack and ruin*** 毁灭

wracking ['rækɪŋ] *n.* 菱形畸变,彻底毁坏

wraith [reɪθ] *n.* ①幽灵,幻影 ②一股稀薄的烟雾

wrap [ræp] ❶ (wrapped 或 wrapt; wrapping) *v.* ①包(裹,装,扎),打包,卷,缠绕(in,up) ②遮蔽 ③包围,掩饰,伪装(up) ④重〔互〕叠(up) ❷ *n.* ①外〔罩〕,(线)匣,包裹物,包装纸 ②(包裹物的)一层,(带卷的)一圈 ③(pl.)限制,秘密 ④(pl.)罩衫,头巾 ☆ ***be wrapped (up) in*** 隐蔽在,(被)包(封)在…中,被牵涉在…之中;专心于,对…有极大兴趣

wraparound ['ræpə,raʊnd] *a.* 卷绕的,包括一切的

wrappage ['ræpɪdʒ] *n.* 包(卷),包皮,封套,外壳

wrapper ['ræpə] *n.* ①包装,包纸,封皮,包裹料,助卷机 ②壳,外套 ③包裹〔装〕者

wrapping ['ræpɪŋ] *n.* ①包,缠绕 ②包层,护层,封套 ③包装材料

wrapt [ræpt] wrap 的过去式和过去分词

wrap-up ['ræpʌp] *n.;a.* 总结性的(新闻报道);收卷装置

wrath [rɒθ] *n.* 愤怒

wreak [ri:k] *vt.* 报(仇),施加

wreath [ri:θ] *n.* ①花圈〔环〕 ②(烟,雾)圈,圈(状物),涡卷(of)

wreathe [ri:ð] *v.* ①把…做成花圈,编环(into) ②环绕,旋卷(round),拧 ③覆盖,包围

wreck [rek] *n.;v.* ①(使)失事,(使)遇难,事故 ②(使)破坏,幻灭 ③沉船,失事的船只〔飞机〕,残骸,遭严重破坏的建筑物 ☆ ***go to wreck*** 遭到毁灭

wreckage ['rekɪdʒ] *n.* ①失事(船),遇难 ②破坏,毁灭 ③漂流物,残骸,失事后的货物

wrecker ['rekə] *n.* ①救险车〔船〕,打捞〔营救〕船 ②打捞者 ③(船只)破坏分子

wrecking ['rekɪŋ] ❶ *n.* ①失事,遇难,毁灭 ②营救(工作),打捞(业) ❷ *a.* ①破坏性的,使失事的 ②救险的,营救的,打捞的

wrench [rentʃ] *n.;vt.* ①扳手 ②(猛)拧,拧去(off,away),扳紧,猛然一扭 ③歪扭 ☆ ***throw a***

(monkey) wrench into 阻碍,破坏

wrest [rest] *vt.;n.* ①拧,扭(曲),夺取 ②歪曲

wrestle ['resl] *n.;v.* ①角力,摔(交)(with) ②(与…作)斗争,全力对付(with) ③斟酌,仔细考虑(with)

wretched ['retʃɪd] *a.* ①可怜的 ②劣质的,恶劣的,肮脏的 ③极大的,严重的 ‖ **~ly** *ad.* **~ness** *n.*

wrick [rɪk] *vt.;n.* (轻度)扭伤

wriggle ['rɪgl] *v.;n.* ①蠕〔扭〕动,蜿蜒(而行),起伏 ②摆脱,混入

wring [rɪŋ] ❶ (wrung) *vt.* ①拧(出,入),绞(出),扭(紧),榨(取),勒索(out) ②(块)黏合 ③歪曲 ④折磨,使苦恼 ☆ ***wring A from (out of) B*** 把 B 中的 A 绞〔拧〕出来,榨取 B 的 A; ***wring off*** 拧掉 ❷ *n.* 拧,绞,挤,扭动

wringer ['rɪŋə] *n.* ①绞拧器,榨干机 ②绞拧者,勒索者

wringing-wet ['rɪŋɪŋ'wet] *a.* 湿得可拧出水来的,湿得需要拧的

wrinkle ['rɪŋkl] ❶ *n.* ①皱(折) ②缺点,错误 ③好建议〔主意〕,妙计 ④方法,技巧,创新 ❷ *v.* 使皱,折叠

wrinkly ['rɪŋklɪ] *a.* 有(多)皱纹的,(易)皱的

wrist [rɪst] ❶ *n.* ①腕(关节) ②肘节 ③(销,枢,耳)轴 ❷ *v.* 用腕力移动

wristband ['rɪstbænd] *n.* 袖口

wristlet ['rɪstlɪt] *n.* ①腕带,表带 ②手铐,手镯

wristwatch ['rɪstwɒtʃ] *n.* 手表

writ [rɪt] *n.* ①写作,作品 ②命令,令状,票

writable ['raɪtəbl] *a.* 可写的

write ['raɪt] (wrote, written) *v.* ①写,写信 ②记录,填写,【计】写数(入),存储 ③写作,著(书) ☆ ***write about (of, on)*** 写(关于),记述; ***write down*** 记录〔下〕,笔伐,贬低,减低…的账面价值; ***write for*** 函购,写稿…订稿; ***write A for B*** 把 B 写成 A,用 A 表示 B; ***write in*** (把…)写入,记入; ***write off*** 抹去,取消,划掉,迅速记述; ***write out*** 誊写〔清〕,(全部,详细)写出; ***write out fair*** 誊清; ***write over*** 改〔重〕写,写满; ***write up*** (补)写…到最近日期(为止),详细描写,(写文章)赞扬,把…写得有吸引力; ***written large*** 显而易见,容易识别

〖用法〗 ❶ 在科技文中经常用句型 "A is written (as) B"。如: Ohm's law can be written (as) V=IR. 欧姆定律可以被写成 V=IR。 ❷ 在计算机技术中,该词经常用作名词。如: One time <u>write</u> of the desired data <u>into</u> an erased PROM is all that is required to store information quickly and permanently. 为了迅速而永久地存储信息,只需要把所要的数据一次性地写入擦净了的 PROM(可编程序只读存储器)中。 ❸ 注意英美科技人员喜欢采用的下面句型的译法: It is generally possible to write down more node and loop equations than are needed. 一般(来说)可能写出的节点和回路方程式的数目比需要的来得多。

write-enable ['raɪtɪ'neɪbl] *v.* 【计】写入启动,允许写入

write-enable-ring ['raɪtɪ'neɪbl'rɪŋ] *n.*【计】允许写入环

write-in ['raɪt'ɪn] *n.* 写入

write-off ['raɪt'ɒf] *n.* (因严重损坏而) 报废,销账,取消

writer ['raɪtə] *n.* ①作者,作家,撰稿者 ②文书,抄写员 ③打字机 ④写作手册

write-up ['raɪt'ʌp] *n.* (事件的) 书面记录 〔述〕,捧场文章

write-while-read ['raɪt'waɪl'ri:d] *n.* 同时读写

writing ['raɪtɪŋ] *n.* ①书写,写(入) ②记录 ③书法,手迹 ④文件,信件,(pl.) 著作,作品 ☆*in writing* 用书面写; *put ... (down) in writing* 写成书面文字; *the writing on the wall* 危机 〔灾祸〕降临的预兆

writing-case ['raɪtɪŋ'keɪs] *n.* 文具盒

writing-chair ['raɪtɪŋ'tʃeə] *n.* 写字椅

writing-desk ['raɪtɪŋ'desk], **writing-table** ['raɪtɪŋ-'teɪbl] *n.* 写字台,书 〔办公〕桌

writing-ink ['raɪtɪŋ'ɪŋk] *n.* 墨水

writing-machine ['raɪtɪŋmə'ʃi:n] *n.* 打字机

writing-paper ['raɪtɪŋ'peɪpə] *n.* 写字纸,信纸

writing-telegraph ['raɪtɪŋ'teliɡrɑ:f] *n.* 打字电报机,传真电报

written ['rɪtn] ❶ write 的过去分词 ❷ *a.* 写成的,书面的

wrong [rɒŋ] ❶ *a.;ad.;n.* ①错误(的),有毛病(的) ②(相)反的 ❷ *vt.* 中伤,冤枉,委屈 ☆*get (have) hold of the wrong end of the stick* 搞错,误解,颠倒; *get it wrong* 算 〔弄〕错,误解; *go*

wrong 出毛病,发生故障,失败; *in the wrong* 不对,(犯)错误,理亏; *right or wrong* 不管怎样,(不管) 对错; *Something is （goes） wrong with ...* ⋯有点毛病; *take the wrong way* 走错了路; *wrong side out* 翻转,里面朝外 〖用法〗注意下面例句的含义: It is always easier to say that something is <u>wrong</u> than to find a way to make it right that will be in agreement with experimental evidence. 说某事错了总是比找到改正它、使其符合实验证据的方法来得容易。

wrongful ['rɒŋful] *a.* 恶劣的,违法的,不正当的 ‖ ~**ly** *ad.*

wrongly [rɒŋli] *ad.* 错误地,不恰当地,不公正地

wrote [rəʊt] write 的过去式

wrought [rɔ:t] ❶ work 的过去式和过去分词 ❷ *a.* 锻(制)的,可锻的,精制的 ❸ *n.* 锻件

wry [raɪ] ❶ *v.* 扭曲 ❷ *a.* ①扭歪的 ②荒谬的,曲解的,坚持错误的

wulfenite ['wulfənaɪt] *n.*【矿】钼铅矿

wulstchialas ['wulstʃaɪləs] *n.* 海水细碧岩

wurst [wɜ:st] *n.* 香肠,红腊肠

wurtzilite ['wɜ:tsɪlaɪt] *n.*【地质】韧沥青

wurtzite ['wɜ:tsaɪt] *n.*【矿】纤(维)锌矿

wustite ['wɜ:staɪt] *n.*【矿】方铁矿,方铁 〔魏氏〕体

wuther ['wʌðə] *v.* (风等)呼啸,咆哮

wychelm ['wɪtʃelm] *n.*【植】榆木

wydase ['waɪdeɪs] *n.*【生化】透明质酸酶

wye [waɪ] *n.* Y字,Y形,三通,Y形管接头,星形(连接)

Wyoming [waɪ'əʊmɪŋ] *n.* (美国)怀俄明(州)

X x

xacorin ['zækərɪn] *n.* 【化】茶碱胆碱
Xanadu ['zænə,dju:] *n.* 世外桃源
Xantal ['zæntəl] *n.* 铝青铜
xanthyletin [,zænθə'li:tɪn] *n.* 美洲花椒素
xaser ['zeɪzə] *n.* X 射线激射(器)
xenate ['zi:neɪt] *n.* 【化】氙酸盐
xenia ['zi:nɪə] *n.* 【植】(种子)直感,异粉性(指胚乳)
xenobiology [,zenəubaɪ'ɒlədʒɪ] *n.* 宇宙生物学
xenobiotics [,zenəubaɪ'ɒtɪks] *n.* 宾主共栖生物
xenoblast ['zenəblɑ:st] *n.* 【矿】他形变晶
xenocryst(al) ['zenəkrɪst(əl)] *n.* 捕获晶
xenogamy [zi:'nɒgəmɪ] *n.* 异株异花受精,杂交配合
xenogeneic [,zenəudʒɪ'ni:ɪk] *a.* 异种的
xenograft ['zenəgrɑ:ft] *n.* 异种移植
xenolite ['zenəlaɪt] *n.* 重硅线石
xenolith ['zenəlɪθ] *n.* 捕房岩〔体〕;异晶体
xenology [zi'nɒlədʒɪ] *n.* 氙测年法
xenomania [,zenə'meɪnɪə] *n.* 国外迷,外国狂
xenomorphic [,zenəu'mɔ:fɪk] *a.* (结晶岩石的组成部分)他形的
xenon ['zenɒn] *n.* 【化】氙
xenoparasite [,zenə'pærəsaɪt] *n.* 异体〔宿主〕寄生物
xenophile ['zenəfaɪl] *n.* 亲外者
xenotime ['zenətaɪm] *n.* 【矿】磷钇矿
xerad ['zerəd] *n.* 旱生植物
xeransis [zɪə'rænsɪs] *n.* 干燥,除湿
xerantic [zɪə'ræntɪk] *a.* 致干燥的,除湿的
xeraphium ['zerəfɪəm] *n.* 干燥粉,除湿粉
xeric ['zɪərɪk] *a.* 旱生的,干旱的,沙漠般的
xerochasy [zə'rɒksɪ] *n.* 干裂
xerocole ['zi:rə,kəul] *n.* 旱生动物
xerocolous [zɪərə'kʌləs] *a.* 喜旱的,旱生的
xerocopy ['zɪərə,kɒpɪ] *n.* (静电)复印件
xeroform ['zɪərəufɔ:m] *n.* 【药】干仿,三溴酚铋,塞罗仿
xerogel ['zɪərədʒel] *n.* 干凝胶
xerogram ['zɪərəgræm] *n.* 【印】静电复印副本
xerographic [zɪərə'græfɪk] *a.* 【印】静电印刷的,干印的,硒鼓复印的
xerography [zɪə'rɒgrəfɪ] *n.* 【印】静电印刷(术),干印(术),硒板摄影,硒鼓复印
xeromorphosis [,zɪərəmɔ:'fəusɪs] *n.* 【植】适旱变态

xeromorphy ['zɪərəu,mɔ:fɪ] *n.* 【植】旱性形态
xerophil ['zi:rə,faɪl] *n.* 【植】适〔喜〕旱植物
xerophile ['zɪərəu,faɪl] *n.* 【植】嗜旱生物
xerophilization [,zɪərəfaɪlɪ'zeɪʃən] *n.* 旱生化
xerophilous [zɪ'rɒfɪləs] *a.* 适〔喜〕旱的,旱生的
xerophily [zɪ'rɒfəlɪ] *n.* 【植】适旱性
xerophobous [zɪ'rɒfəbəs] *a.* 【植】避〔嫌〕旱的
xerophthalmia [,zɪərɒf'θælmɪə] *n.* 【医】干眼症
xerophyte ['zɪərəufaɪt] *n.* 【植】旱地〔生〕植物
xerophytia [,zi:rə'fɪʃɪə] *n.* 旱生植物群落
xerophytic [,zɪərəu'fɪtɪk] *a.* 适〔好〕干燥的,旱生植物的
xerophytism [,zɪərəu'faɪtɪzm] *n.* 旱生性
xeroprinting ['zi:rə,prɪntɪŋ] *n.;a.* 静电印刷(的),静电复印
xeroradiography [,zɪərəureɪdɪ'ɒgrəfɪ] *n.* 干式射线照相术,干法射线〔X 光干法〕照相
xerosere ['zɪərəusɪə] *n.* 旱生演替系列
xerosis [zɪ'rəusɪs] *n.* 干燥病(症)
xerothermic [,zɪərəu'θɜ:mɪk] *a.* 干热的,适应干热环境的
xerox ['zɪərɒks] *v.* 【印】干印,(用)静电印刷(术复制),硒鼓复印(机)
xi [ksaɪ, gzaɪ, saɪ, zaɪ] *n.* (第十四个希腊字母) ξ
xiphin ['zɪfɪn] *n.* 箭〔剑〕鱼精蛋白
Xiphosura [zɪfə'sjuərə] *n.* 剑尾目
Xite [zaɪt] *n.* 【冶】耐热镍铬铁合金
X-ray ['eks'reɪ] ❶ *a.;n.* X 射线(的),X 光机,X 光照片 ❷ *vt.* 用 X 光检查〔照相,照射,处理〕
x-raying ['eks'reɪɪŋ] *n.* X 射线分析〔检查,照射,透视〕
x-rayogram ['eks'reɪəgræm] *n.* 【医】X 射线图式〔照片〕
x-rotation ['eksrəu'teɪʃən] *n.* 绕 X 轴旋转
X-section ['eks'sekʃən] *n.* 【化】横截面;交叉截面
X-shape ['eks'ʃeɪp] *n.* X〔交叉〕形
X-shift ['eks'ʃɪft] *n.* 沿 X 方向的位移〔移动〕
X-spread ['eks'spred] *n.* 十字排列
X-stopper ['eks'stɒpə] *n.* (收音时)消除〔限制〕大气干扰的设备
X-tilt ['eks'tɪlt] *n.* X 倾角
X-time ['eks'taɪm] *n.* 发射瞬间,火箭发射的准确时间

X-type ['eks'taɪp] *a.* X 形的,交叉形的
X-unit ['eks'juːnɪt] *n.*【物】X(射线光波)单位(波长单位)
X-wave ['eks'weɪv] *n.*【电子】X(轴向)波
xylan ['zaɪlæn] *n.*【化】木聚糖,木糖胶,多木醛;树脂
xylanase ['zaɪləneɪs] *n.*【化】木聚糖酶
xylanthrax [zaɪ'lænθræks] *n.* 木炭
xylem ['zaɪlem] *n.*【植】木(质)部
xylene ['zaɪliːn] *n.*【化】二甲苯
xylenol ['zaɪlənɒl] *n.*【化】二甲苯(酚)
xylidin(e) ['zaɪlɪdiːn] *n.* 二甲基苯胺
xylitol ['zaɪlɪˌtɒl] *n.*【化】木糖醇
xylium ['zaɪlɪəm] *n.* 树木群落
xylochlore ['zaɪləklɔː] *n.* 鱼眼石
xylogen ['zaɪlədʒən] *n.* 木质,木纤维
xylograph ['zaɪləʊˌgrɑːf] *n.* 木刻,(木)版(印)画
xylographic(al) [ˌzaɪləʊ'græfɪk(əl)] *a.* 木刻的,木版(画,印刷)的
xylography [zaɪ'lɒgrəfɪ] *n.* 木刻术,木版(印刷)术,版画印画法
xyloid ['zaɪlɔɪd] *a.* (似)木质的
xyloketose [ˌzaɪlə'ketəʊs] *n.* 木酮糖
xylol ['zaɪləʊl] *n.*【化】(混合)二甲苯

xylolite ['zaɪləlaɪt] *n.* (水泥和锯屑制成的)木花板
xyloma [zaɪ'ləʊmə] *n.* 菌丝瘤,产孢菌结木质瘤
xylometer [zaɪ'lɒmɪtə] *n.* 木材比重计〔测容器〕
xylometry [zaɪ'lɒmɪtrɪ] *n.* 木材测容术
xylon ['zaɪlən] *n.* 木质,木纤维
xylonite ['zaɪləʊnaɪt] *n.* 赛璐珞,假象牙
xylophagan [zaɪ'lɒfəgən] *n.*【动】蚀木虫
xylophagous [zaɪ'lɒfəgəs] *a.* 蚀〔蛀,毁,噬〕木的,食木的
xylophone ['zaɪləfəʊn] *n.*【音】木琴,八管发射机
xylophyta *n.*【植】木本植物
xylopyranose *n.*【化】【医】吡喃木糖
xylose ['zaɪləʊs] *n.*【化】木糖
xyloside ['zaɪləsaɪd] *n.*【化】木糖苷
xylosone ['zaɪləsəʊn] *n.* 酮木(醛)糖
xylotomous [zaɪ'lɒtəməs] *a.* 能蛀〔钻〕木的
xylotomy [zaɪ'lɒtəmɪ] *n.* 木材解剖〔截片〕术
xylulokinase [ˌzaɪlʊlə'kɪneɪs] *n.* 木酮糖激酶
xylulose ['zaɪləˌləʊs] *n.*【化】木酮糖
xylyl ['zaɪlɪl] *n.*【化】二甲苯基
xylylene ['zaɪlɪliːn] *n.*【化】苯(撑)二甲基
xyptal ['zaɪptəl] *n.* 醇酸塑料
xyster ['zɪstə] *n.* 刮刀

Y y

Y [waɪ] n. ①Y 形 ②【数】第二未知数;纵坐标 ③ 亮度信号 ④导纳 ⑤原型,样板模型

yabber ['jæbə] ❶ n. 无聊的闲谈 ❷ v. 急促不清楚地说

yacht [jɒt] ❶ n. 快艇,游艇 ❷ vi. 乘〔驾驶〕快艇

yack [jæk] n. 闲扯

Yado ['jeɪdəu] n. 轰炸引导系统

Y-alloy ['waɪˌælɔɪ] n. Y 合金,铝合金

yank [jæŋk] v. 突然拉动,用力猛拉

Yaounde [jaːuŋ'deɪ] n. 雅温得(喀麦隆首都)

yapp [jæp] n. 卷边装订

yard [jaːd] ❶ n. ①码(英美长度单位) ②院子 ③工场,仓库,(铁路)车场,工地 ❷ v. 把(材料)保存在仓库里,把(木料)暂时集中堆放

yardage ['jaːdɪdʒ] n. ①方码数,平方码 ②(英制)土方数 ③码数

yardang ['jaːdaːŋ] n. 风蚀土脊

yard-crane ['jaːd'kreɪn] n. 移动吊车,场内(移动)起重机

yardmaster ['jaːdˌmaːstə] n. (铁路)调度长,车场场长

yardmeasure ['jaːdmeʒə] n. 码尺

yardstick ['jaːdstɪk] n. 尺度,(衡量的)标准,码尺,杖尺

yardwand ['jaːdwɒnd] n. 码尺(指直尺)

yare [jeə] a. 轻快的,容易操纵的

yarn [jaːn] n. ①纱,(纱,毛)线,细股(绳) ②故事,奇谈

yarovization [jaːrəvaɪˈzeɪʃən] n. (=vernalization) 春化作用,春化处理

yaw [jɔː] ❶ n. 偏航(角,运动),侧滑(角),(垂直尾翼的)迎角 ❷ vi. ①偏航(飞行),航向不稳定,摇摆 ②偏转 ③起泡沫

yawed [jɔːd] a. 偏航的

yawer ['jɔːə] n. 偏航控制器

yawhead ['jɔːhed] n. 【航】偏航传感器

yawing ['jɔːɪŋ] n. 偏航(飞行),摆头,偏摇〔转〕

yawl [jɔːl] n. 小帆船,船载小艇,杂用艇,水雷艇

yawmeter ['jɔːˌmiːtə] n. 偏航计,测向计

yawn [jɔːn] n.;v. ①开口,裂缝,间隙 ②令人厌烦的人〔物〕 ∥ ~ing a. ~ingly ad.

yea [jeɪ] ❶ ad. ①是 ②而且 ❷ n. 肯定,赞成(票) ☆**yea and nay** 犹豫不决,优柔寡断

year [jɪə] n. ①(一)年 ②(pl.)年龄,数年,长久 ☆**a**

year and a day 满一年,一整年; **(all) the year round** 一年到头; **for years** 好几年; **from year to year** 或 **year after (by) year** 年(复一)年,每年; **give ... year(s) of service** 使用…年; **in the year one** 很久以前,早年; **in (the) years to come** 在未来的岁月里,将来; **of recent (late) years** 近几年来; **over (through) the years** 这些年来,长年间; **year in (and) year out** 一年到头,始终

〖用法〗❶ 在该词后面的定语从句中可以省去引导词或用关系副词"that"引导。如: In the 16 years that I have been a professional programmer, I have learnt from my co-workers. 在我担任职业程序员的 16 年期间,我向同事们学习了许多东西。❷ "the year"可以后跟一个句子修饰它,意为"在…的那一年",整个短语作状语。如: The year this device was invented, World War II broke out. 在发明这种设备的那年,爆发了第二次世界大战 ❸ "…years of …"意为"…年的…"。如: Many years of effort have devised new ways to reduce the density of such 'surface states' to negligible values.多年的努力已经发明了把这种"表面状态"的密度降到可忽略不计的一些方法。

year-book ['jɪəbuk] n. 年鉴〔刊,报〕

year-end ['jɪə'end] n.;a. 年终(的)

yearling ['jɪəlɪŋ] ❶ a. 一岁的 ❷ n. 一岁小兽,一龄鱼,一岁的孩子;一年期债券

yearlong ['jɪə'lɒŋ] a. 一年间的,整整一年的,常年的

yearly ['jɪəlɪ] a.;ad. 一年一次的,每〔按〕年(的),一年间的

yearn [jɜːn] vi. 想〔怀〕念,向往(to, towards),极想(for,after)

yearning ['jɜːnɪŋ] n.;a. 怀念(的),向往的 ∥ ~ly ad.

year-round ['jɪə'raund] a. 全〔整〕年的,一年到头的

yeast [jiːst] ❶ n. ①酵母(菌),发酵粉 ②泡沫 ❷ vi. 发酵,起泡沫

yeastiness ['jiːstɪnɪs] n. 起泡沫,发酵

yeast-like ['jiːst'laɪk] a. 似酵母的

yeastone ['jiːstəun] n. 炼酵母

yeasty ['jiːstɪ] a. 酵母似的,会发酵的,(会)起泡沫的;不安定的,空虚的

Yehudi ['jehudɪ] n. 指向标触发发射机

yell [jel] n.;v. 呼喊,号叫

yellow ['jeləʊ] **❶** *a.;n.* 黄的,黄色(的颜料),黄种人,
黄化病,蛋黄 **❷** *v.* (使)变黄,染黄
yellowbrush ['jeləʊˌbrʌʃ] *n.* 金黄菊木
yellowcake ['jeləʊkeɪk] *n.* 黄饼
yellowish ['jeləʊɪʃ] *a.* 带〔淡〕黄色的
yellowly ['jeləʊlɪ] *ad.* 成黄色,带黄
yellowness ['jeləʊnɪs] *n.* 黄(色)
Yellowstone ['jeləʊstəʊn] *n.* (美国)黄石河,黄石
公园
yellowy ['jeləʊɪ] *a.* 黄(色)的,带〔淡〕黄的
Yemeni ['jemənɪ], **Yemenite** ['jemənaɪt] *a.;n.*
也门的,也门人(的)
yen [jen] **❶** *n.* (日本币)圆 **❷** (yenned; yenning)
vi. 热望,渴望
yerbine ['jɜːbiːn] *n.* 巴拉圭茶碱
yes [jes] **❶** *ad.* ①是(的) ②是吗?真的吗,怎么啦,
不会吧 ③对不对,是不是,好不好 **❷** *n.* (pl. yeses)
是,同意,赞成（票）☆**say yes (to)** 同意,允诺
〖用法〗**❶** 它用于答句时,只与回答的肯定相
一致,而与问句无关。如: Can't you conduct such a
test? <u>Yes</u>, we can. 你们不会进行这种试验吗? 不,
我们会的。**❷** 注意下面例句的含义: The answer to
this fundamental question is <u>an emphatic 'yes'</u>. 这
个基本问题的回答是一个强势的“是的”。
yesterday ['jestədeɪ] *ad.;n.* ①昨天 ②最近 ③
(pl.)过去,往昔
yet [jet] **❶** *ad.* ①仍(然),尚,至今,迟早(会) ②已经
③(与比较级连用)更,(与 once, again 连用)再 ④
然而 **❷** *conj.* 可是,(然)而 ☆**and yet** 可是,但;
another and yet another 一个又一个; **as yet**
到目前为止(仍),到当时为止(还); **but yet** (虽
然…)但还是; **hardly yet** 几乎还没有; **nor yet**
也不,连…没有,何况; **not yet** 尚未; **yet again** 再
一次; **yet another** (除第二个外)还有另一个;
yet once (more) 再一次
〖用法〗**❶** 它作副词时常与“not”连用时,一般
要放在其后面。如: It is <u>not clear yet</u> 〔It is still not
clear〕whether the method works here. 尚不清楚该
方法在此是否适用。/It is <u>not clear yet</u> under what
conditions it is that this method may be used. 尚不
清楚到底在什么条件下才能使用这种方法。(本句
中,强调句型强调了主语从句中的状语“under
what conditions”,而由于连接代词“what”要引导
从句,所以它所在的整个短语“under what
conditions”被放在主语从句句首了。)/The nature
of the forces which act in these processes is <u>not yet</u>
completely understood. 尚没有完全搞清楚在这些
过程中起作用的那些力的本质。**❷** 它作并列连
词的情况: Code Ⅲ does not satisfy the prefix
condition, <u>yet</u> it is uniquely decodable. 码 3 并不满
足前束条件,然而它是唯一可译的。
yew [juː] *n.* 水松(木材),紫杉(木材),紫杉属树木
yield [jiːld] **❶** *v.* ①屈服于(to),(被迫)放弃(up) ②
让步,给予 ③产生,(生)产出,提供,(使我们)得出
(to) ④受到(压力等)弯曲〔凹陷〕,有弹力 **❷** *n.*

①产量,成品,流量,回收量, 生产率 ②输出 ③回
收〔收获,成品,合格〕率 ④屈服(点),极限 ⑤ 弯
曲,沉陷 ⑥流(动)性,塑流 ☆**yield a (the)**
point 让步; **yield consent to …** 答应…; **yield**
no success 不(能)成功; **yield one's consent**
同意; **yield precedence to** 让…居先; **yield**
submission 服从,屈服
〖用法〗该词在科技中的主要意思是“(使我们)
得到〔出〕”。如: Integration <u>yields</u> the following
result. 通过积分就得出了下面的结果。(这里的
yield 可以换成 produce、give、result in、lead to
等,它们可以交替使用。) /This analysis <u>yields</u> a
thermal resistance from the ferrite to the coolant channel
wall of approximately 36℃/W. 这一分析得出从铁氧
体向冷却剂通道壁的热阻近似为 36℃/W。(注意本
句的汉译法,“of …”是修饰“a thermal resistance”
的。)
yieldability [ji:ldə'bɪlətɪ] *n.* 可屈服性,沉陷性
yielding ['ji:ldɪŋ] *a.;n.* ①易弯曲的,易受影响的 ②
屈服(性的),流动性的,可塑性变形的,沉陷(的)
③产生,形成;出产的
yield-limit ['ji:ld'lɪmɪt] *n.* 屈服极限
yield-power ['ji:ld'paʊə] *n.* 生产力
yield-weighted ['ji:ld'weɪtɪd] *a.* 按产额量度的
ylem ['aɪləm] *n.* 伊仑,基质(全部化学元素的假想原
始物质)
ylid(e) ['ɪlɪd] *n.* 叶立德,内盐
yobi ['jɒbɪ] *n.* 岳比(妇女美容保健药)
yodowall ['jəʊdəʊwɔ:l] *n.* 搪瓷面冷轧钢板
yog(h)urt ['jɒgət] *n.* 酸奶
yogi ['jəʊgɪ] *n.* 瑜伽信徒
yoke [jəʊk] **❶** *n.* 【物】轭(铁,状物),横木 ②叉
臂卡箍 ③【无】偏转线圈 ④ 横舵柄,飞机操纵
杆 ⑤磁头组 ⑥束缚,管辖,奴役,羁绊 **❷** *v.* ①加
〔上〕轭,束缚 ②结合,匹配(to) ☆**come (pass)**
under the yoke 屈服,承认失败; **shake (throw)**
off the yoke 摆脱枷锁〔束缚〕,反抗
yokefellow ['jəʊkˌfeləʊ], **yokemate** ['jəʊkmeɪt]
n. 同事,搭档
yokelines ['jəʊklaɪnz], **yokeropes** ['jəʊkrəʊps]
n. 舵柄操舵索
Yokohama [ˌjəʊkə'hɑ:mə] *n.* 横滨(日本港口)
Yokosuka [ˌjəʊkə'su:kə] *n.* 横须贺(日本港口)
yolk [jəʊk] *n.* 蛋黄,卵黄,羊毛油(脂)
yolky ['jəʊkɪ] *a.* 蛋黄(质)的,有羊毛脂的,油腻的
Yoloy ['jəʊlɔɪ] *n.* 铜镍低合金高强度钢
yomawood ['jəʊməˌwʊd] *n.* 亚洲紫檀材
yomesan [jɒ'mezən] *n.* 灭绦灵
yon [jɒn], **yonder** ['jɒndə] **❶** *a.;ad.* (在)那一边
(的),在远处的 **❷** *pron.* 那边(的东西),远处(的
东西)
Yorcalbro ['jɔ:kælbrəʊ] *n.* 尤凯尔布柔铝黄铜
Yorcalnic ['jɔ:kəlnɪk] *n.* 尤凯尔尼克铝镍青铜
York(shire) ['jɔ:k(ʃə)] *n.* (英国)约克(夏,郡)
you [ju:] *pron.* (所有格 your, 宾格 you) ①你,您,你

们 ②一个人,任何人

young [jʌŋ] *a.* ①年轻的,青年的,幼小的 ②未成熟的 ③初期的,新兴的 ④幼年的,受侵蚀尚少的

Young [jʌŋ] *n.* 三色系中 Y 刺激素用的单位

younger [ˈjʌŋgə] ❶ young 的比较级 ❷ *a.* 较年轻的 ❸ *n.* ①年纪较小的人 ②年轻人,(pl.) 子女

youngest [ˈjʌŋgɪst] ❶ young 的最高级 ❷ *n.* 年纪最小的人

youngish [ˈjʌŋɪʃ] *a.* 还年轻的

youngling [ˈjʌŋlɪŋ] *n.;a.* ①年轻人〔的〕②没有经验的(人),新手

youngster [ˈjʌŋstə] *n.* 年轻人,小伙子,少〔青〕年

your [jɔ:] (you 的所有格) *pron.* ①你(们)的 ②任何人的

yours [jɔ:z] (you 的物主代词) *pron.* 你〔您,你们〕的(东西,来信)

yourself [jɔ:ˈself] (pl. yourselves) *pron.* ①(反身代词)(你,您) 自己 ②(加强语气)(你,您) 亲自,你本人 ☆ *(all) by yourself* 单独,独立地; *for yourself* 独立地

〖用法〗注意下面例句的含义： A short do-it-yourself section on the gamma function has been added to Chapter 8. 第 8 章加了一节有关伽玛函数的简要内容,供自学用。

yourselves [jɔ:ˈselvz] *pron.* ①你们自己 ②(加强语气)你们亲自,你们本人

youth [ju:θ] *n.* ①青年(人),青春(时期),青少年时期 ②幼年

youthen [ˈju:θən] *v.* (使)变年轻

youthful [ˈju:θful] *a.* ①年轻的,青年的,朝气蓬勃的 ②幼年的,受侵蚀尚少的 ‖ **~ly** *ad.* **~ness** *n.*

yo-yo [ˈjəuˈjəu] ❶ *a.* 起伏不定的 ❷ *vi.* 动摇,起伏

❸ *n.* 蠢人,溜溜球 (一种线轴般的玩具)

yperite [ˈi:pəraɪt] *n.* 【化】芥子气,双氯乙基硫

ypsiliform [ɪpˈsɪlɪˌfɔ:m] *a.* V 字形的,倒人字形的

ypsiloid [ˈi:psɪlɔɪd] *a.* V 字形的,倒人字形的

Y-stay [ˈwaɪˌsteɪ] *n.* Y 形拉线

Y-tilt [ˈwaɪˌtɪlt] *n.* Y 倾角

ytterbia [ɪˈtɜ:bɪə] *n.* 【化】氧化镱

ytterbic [ɪˈtɜ:bɪk] *a.* 含镱的

ytterbium [ɪˈtɜ:bɪəm] *n.* 【化】镱

yttria [ˈɪtrɪə] *n.* 【化】氧化钇

yttrialite [ˈɪtrɪəˌlaɪt] *n.* 【矿】硅钍钇矿

yttric [ˈɪtrɪk] *a.* (三价)钇的

yttriferous [ɪˈtrɪfərəs] *a.* 含钇的

yttrious [ˈɪtrɪəs] *a.* (含)钇的

yttrium [ˈɪtrɪəm] *n.* 【化】钇

yttrocolumbite [ˌɪtrəuˌkəˈlʌmbaɪt] *n.* 【矿】钇铌铁矿

yttrocrasite [ˌɪtrəuˈkreɪsaɪt] *n.* 【矿】钛钇钍矿

yttrofluoride [ˌɪtrəuˈfluəraɪd] *n.* 【矿】钇萤石

yttrogummite [ˌɪtrəˈgʌmɪt] *n.* 【矿】钇脂铅铀矿

yttrotantalite [ˌɪtrəˈtæntəlaɪt] *n.* 【矿】钇(铌)钽(铁)矿

yuan [juˈɑ:n] *n.* (人民币)圆

Yukawian [ˈju:kəwɪən] *n.* 汤川量

Yukon [ˈju:kɒn] *n.* ①汤川子 ②【医】重电子

yule [ju:l] *n.* 圣诞节(期)

yurotin [ˈju:rətɪn] *n.* 【医】败菌素

yurt(a) [juət] *n.* 圆顶帐篷,蒙古包

yusho [ˈju:ʃəu] *n.* 油症(由聚氯联苯引起的一种皮肤瘙痒症)

yuzen [ˈju:zən] *n.* 花纹绸

Z z

Z, z [zi:] *n.* ①Z 形 ②第三未知数 ③原子(序)数 ④
方位角 ⑤阻抗 ⑥相对黏度 ⑦断面模量 ☆
from A to Z 从头至尾,彻底地

zacate [zəˈkɑːtɪ] *n.* 草本植物饲料

zaccab [ˈzækəb] *n.* 白泥石灰浆

zaffer, zaffre [ˈzæfə] *n.* 钴蓝釉,砷酸钴和氧化钴
混合物,钴焙砂

zag [zæg] ❶ (zagged; zagging) *vi.* 急转〔变〕 ❷ *n.*
急弯

Zaire [zəˈiːrə, ˈzaɪreɪ] *n.* ①扎伊尔 ②扎伊尔河

zaire [zaɪˈiə] *n.* 【医】流行性霍乱

zala [ˈzælə] *n.* 【医】硼砂

Zamak [ˈzæmək] *n.* 【冶】锌基压铸合金

Zambia [ˈzæmbɪə] *n.* 赞比亚

Zambian [ˈzæmbɪən] *a.;n.* 赞比亚的,赞比亚人
(的)

zanthogenate [ˌzænθəˈdʒeneɪt] *n.* 黄(原)酸盐

zany [ˈzeɪnɪ] *n.;a.* ①小丑 ②糊涂虫 ③滑稽的 ④
愚蠢的 ‖ **zanily** *ad.*

Zanzibar [ˌzænzɪˈbɑː] *n.* (坦桑尼亚)桑给巴尔(岛,
市)

Zanzibari [ˌzænzɪˈbɑː] *a.;n.* 桑给巴尔的,桑给巴
尔人(的)

zap [zæp] ❶ *v.* 迅速制造〔移动;离去〕;击溃 ❷ *n.*
活力;攻击,弄死
〖用法〗注意下面例句中该词的含义: You may get
zapped by a computer virus. 你可能由于计算机病
毒而死机。

zapon [ˈzæpən] *n.* 硝化纤维清漆,硝基清漆

zaratite [ˈzɑːrə,taɪt] *n.* 【矿】翠镍矿

zawn [zɔːn] *n.* 【矿】地下岩洞

zax [zæks] *n.* 石斧

zazen [ˈzɑːzen] *n.* (佛教)禅宗之打坐

zeal [ziːl] *n.* 热心〔情,忱〕

zealous [ˈzeləs] *a.* 热心的,积极的 ‖ **~ly** *ad.*

zeatin [ˈziːətɪn] *n.* 【生化】玉米素;N-异戊烯腺嘌呤

zeaxanthin [ziːəˈzænθɪn] *n.* 【生化】玉米〔玉黍〕
黄质

zebra [ˈzebrə] ❶ *n.* ①【动】斑马 ②单枪彩色电
视显像管 ③小型电子计算机 ❷ *a.* 有斑马一样
斑纹的

zed [zed, ziː] *n.* (英语字母)Z, z;Z 形铁〔钢〕

zein [ˈziːɪn] *n.* 【生化】玉米(胶)蛋白

zeitgeber [ˈzaɪtˌgeɪbə] *n.* 【化】同步〔定时〕因素

zeitter-ion [ˈzaɪtˈaɪən] *n.* 两性离子

Zelco [ˈzelkəu] *n.* 铝焊料

zelling [ˈzelɪŋ] *n.* 零长导轨发射

zellon [ˈzelɒn] *n.* 四氯乙烯,泽隆塑料

zelotypia [ziːləuˈtɪpɪə] *n.* 妒忌〔热中〕癖

Zen [zen] *n.* 禅宗

zena [ˈzenə] *n.* 扑热息痛

Zener, zener [ˈziːnə] *n.* 齐纳

zenith [ˈzenɪθ] *n.* ①天顶,绝顶 ②顶点,顶峰

zenithal [ˈzenɪθəl] *a.* ①天顶的 ②顶点的

zeolite [ˈziːəlaɪt] *n.* 沸石

zeolitization [ziːəˌlaɪtɪˈzeɪʃən] *n.* 沸石化(作用)

zephyr [ˈzefə] *n.* ①西〔微〕风 ②轻飘的东西

zergal [ˈzɜːgəl] *n.* 铝基合金

zerk [zɜːk] *n.* 加油嘴

zerkelite [ˈzɜːkəˌlaɪt] *n.* 【矿】钛锆钍矿

zermattite [ˈzɜːmətaɪt] *n.* 叶蛇纹石

zero [ˈzɪərəu] ❶ (pl. zero(e)s) *n.* ①【数】零 ②零
度,冰点,零值,零位,零号 ③坐标原点,计算起点,零
元〔素〕④【天】最低点,天底 ⑤乌有 ⑥没价值
的东西 ❷ *a.* ①零的 ②(云幕高度)小于 50 英尺
的,(能见度)小于 165 英尺的 ❸ *vt.* ①调(整)零
(位),对准零点 ②把…的调节器调整归零,把…降
低〔减少〕到零点 ③把…调整归零(in),把矛头集
中指向(in, on)
〖用法〗注意下面例句的含义: Here m is any
number not zero. 这里 m 是一个不为零的任意
数。("not zero" 在此作后置定语。)

zeroaxial [ˌzɪərəuˈæksɪəl] *a.* 通过零点的,通过坐
标原点的

zeroed [ˈzɪərəud] *a.* (经过)调零点的(的),已归零的

zerofill [ˈzɪərəufɪl] *v.* 填充零,补零

zerograph [ˈzɪərəugrɑːf] *n.* 一种打字电报机

zerography [zɪəˈrɒgrəfɪ] *n.* 静电印刷术,干印术,
一种早期电报

zero-gravity [ˌzɪərəuˈgrævɪtɪ], **zero-g** [ˌzɪərəu-
ˈdʒiː] *n.* 无重量〔力〕,失重(状态)

zero-hour [ˈzɪərəuˈauə] *n.* (预定)行动开始〔进攻
发起〕时刻,零时

zeroing [ˈzɪərəuɪŋ] *n.* 零位调整,调整零点

zeroish [ˈzɪərəuɪʃ] *a.* 接近零点

zeroize [ˈzɪərəuaɪz] *v.* 填零,补零;拨回零点

zerology [zɪəˈrɒlədʒɪ] *n.* 零位分析

zeroth [ˈzɪərəuθ] *a.* 【数】(第)零的

zeroth-order [ˈzɪərəʊðˈɔːdə] *a.* 零次〔级,阶〕的
zero-working [ˈzɪərəʊˈwɜːkɪŋ] *n.* 零下加工
zero-zero [ˈzɪərəʊˈzɪərəʊ] *a.;n.* 零视度(的),没
有视程的,云层很低和能见度极差的,咫尺莫辨
的
zest [zest] *n.* ①滋〔风〕味 ②热心〔情〕
zestful [ˈzestfʊl] *a.* 有滋〔风〕味的,热心〔情〕的 ‖
~**ly** *ad.* ~**ness** *n.*
zetar [ˈzetə] *n.* 煤焦油
zetetic [zeˈtetɪk] *a.* 探索性的
Zetmeter [ˈzetmiːtə] *n.* 拉丝模圆柱孔长度测量表
zeugite [ˈzuːˌgaɪt] *n.* 并〔偶〕核细胞
Zeuto [ˈzuːˌtəʊ] *n.* 双测量范围的α粒子计数管
Z-even [ˈzedˈiːvn] *a.* 带偶 Z 的,Z 为偶数的
zeyssatite [ˈzeɪsəˌtaɪt] *n.* 硅藻石
zianite [ˈzɪənaɪt] *n.* 蓝晶石
Zicral [ˈzɪkrəl] *n.* 高强度铝合金
zig [zɪg] ❶ *n.* ①锯齿形转角 ②改变方向,急转 ❷
(zigged; zigging) *vi.* (作之字形)转弯
zigzag [ˈzɪgzæg] ❶ *n.;a.;ad.* ①锯齿形(的),Z 〔之〕
字形(的),曲折(的,物),之字线,(作)锯齿状 ②交
错 ③变压器中的一种绕组连接方式 ④蜿蜒曲折,
盘旋弯曲 ❷ (zigzagged; zigzagging) *v.* (弄)成 Z
〔之〕形,作 Z 字形运行,(使)曲折盘旋
zilch [zɪltʃ] *n.* 无,乌有,零
zillion [ˈzɪljən] *n.* 无穷(量)数
zillionaire [ˌzɪljəˈneə] *n.* 亿万富翁
Zilloy [ˈzɪlɔɪ] *n.* 齐洛伊锻造锌基合金
Zimal [ˈzɪməl] *n.* 齐马尔锌基合金
Zimalium [ˈzɪməlɪəm] *n.* 齐马铝镁锌合金
Zimbabwe [zɪmˈbɑːbweɪ] *n.* 津巴布韦
zinc [zɪŋk] ❶ *n.* 【化】锌 ❷ (zinc(k)ed; zinc(k)ing)
vt. 在…上镀(以)锌,加锌,镀锌包,用锌处理
zincate [ˈzɪŋkeɪt] *n.* 锌酸盐
zincative [ˈzɪŋkətɪv] *n.* 负电的
zincblende [ˈzɪŋkblend] *n.* 【矿】闪锌矿
zinccoated [ˈzɪŋkˈkəʊtɪd] *n.* 镀锌的
zinc-crust [ˈzɪŋkˈkrʌst] *n.* 锌壳
zincic [ˈzɪŋkɪk] *a.* (含)锌的
zinciferous [zɪŋˈkɪfərəs] *a.* 含〔产〕锌的
zincification [ˌzɪŋkɪfɪˈkeɪʃən] *n.* 镀〔包,加,渗〕锌
(法),锌腐蚀
zincify [ˈzɪŋkɪfaɪ] *vt.* 在…上镀以锌,在…上包以锌,
在…中加锌
zincilate [ˈzɪŋkəˌleɪt] *n.* 锌渣,含锌粉
zincite [ˈzɪŋkaɪt] *n.* 【矿】红锌矿,锌石,氧化锌
zincity [ˈzɪŋkɪ] *n.* 镀锌
zincky [ˈzɪŋkɪ] *a.* (含)锌的
zincode [ˈzɪŋkəʊd] *n.* (电池的)锌极
zincograph [ˈzɪŋkəgrɑːf] ❶ *n.* 【印】锌版(画,印
刷品) ❷ *v.* 把…刻在锌版上,用锌版印,制〔刻〕
锌版,用锌版复制 ‖ ~**ic** *a.*
zincographer [zɪŋˈkɒgrəfə] *n.* 【印】制锌版者
zincography [zɪŋˈkɒgrəfɪ] *n.* 【印】锌版术(术)
zincoid [ˈzɪŋkɔɪd] *a.* (似)锌的,像锌版的

zincolith [ˈzɪŋkəlɪθ] *n.* 白色颜料,锌白
zincotype [ˈzɪŋkəʊtaɪp] *n.* 【印】锌版(画,印刷品)
zincous [ˈzɪŋkəs] *a.* 含锌的,(电池)阳极的
zing [zɪŋ] *n.;v.* (发)尖啸声 ☆**zing up** 使充满活力
zinger [ˈzɪŋə] *n.* 生气勃勃的人;正中要害的反击;超
乎寻常的事
zingerone [ˈzɪndʒərəʊn] *n.* 姜油酮
zingy [ˈzɪŋɪ] *a.* 极漂亮的,充满活力的
zinkenite [ˈzɪŋkɪˌnaɪt] *n.* 【矿】辉锑铅矿
zinkify [ˈzɪŋkɪfaɪ] *v.* 包〔镀〕锌
zinking [ˈzɪŋkɪŋ] *n.* 包〔镀〕锌
Zinn [zɪn] *n.* 齐因锡基轴承合金
Zinnal [ˈzɪnæl] *n.* 双面包锡双金属轧制耐蚀铝板
zinnober [ˈzɪnəbə] *n.* 【矿】辰砂,朱砂
Zionism [ˈzaɪənɪzəm] *n.* 犹太复国主义
Zionist [ˈzaɪənɪst] *n.;a.* 犹太复国主义者(的)
zip [zɪp] ❶ *n.;vi.* ①拉链 ②给…速度〔力量〕③(发)
嘘嘘(飕飕)声 ❷ (zipped;zipping) *vt.* 拉开〔扣
上〕(…的)拉链 ❸ *n.* (=zip code) 划分美国邮区
分美国邮区的制度,划分美国邮区的五位号码 ☆
zip across the horizon 平地一声雷,一鸣惊人
Zipax [ˈzɪpæks] *n.* 一种液相色谱用载体的商品名
zip-code [ˈzɪpˈkəʊd] *v.* 以邮区代码划分;写上邮区
代码
zip-fastener [ˈzɪpˈfɑːsənə] *n.* 拉链〔锁〕
zippeite [ˈzɪpəˌaɪt] *n.* 【矿】水铀钒
zipper [ˈzɪpə] ❶ *n.* 拉链〔锁〕,闪光环 ❷ *v.* (被)
用拉链扣上
zippered [ˈzɪpəd] *a.* 装有拉链的,拉链式的
zip-top [ˈzɪpˈtɒp] *a.* 拉边开盖的
ziram [ˈzaɪəræm] *n.* 【化】(农药)福美锌
zircaloy [ˈzɜːkəlɔɪ] *n.* 锆锡合金,(海绵)锆合金
zircite [ˈzɜːkaɪt] *n.* 【化】氧化锆
zircon [ˈzɜːkɒn] *n.* 【矿】锆石〔土〕
zirconate [ˈzɜːkəneɪt] *n.* 【化】锆酸盐
zirconia [zɜːˈkəʊnɪə] *n.* 【化】(二)氧化锆,锆氧〔土,
砂〕
zirconic [zɜːˈkɒnɪk] *a.* (像,含)锆的
zirconite [ˈzɜːkəˌnaɪt] *n.* (灰棕色)锆英石
Zirten [ˈzɜːtən] *n.* 锆碳(烧结)合金
Zisium [ˈzɪsɪəm] *n.* 兹西高强度铝合金
Ziskon [ˈzɪskɒn] *n.* 兹司康铝锌合金
zither [ˈzɪðə] *n.* 【音】齐特拉琴
Z-lay [zedleɪ] *n.* 右捻
zoccola [ˈzəʊkələ] *n.* 座石,雕塑像的基座
zocle [ˈzɒkl] *n.* 座石,柱脚
Z-odd [ˈzedˈɒd] *a.* 奇 Z 的,Z 为奇数的
zodiac [ˈzəʊdɪæk] *n.* 黄道带
Zodiac [ˈzəʊdɪæk] *n.* 佐迪阿克电阻合金
zodiacal [zəʊˈdaɪəkəl] *a.* 黄道带的
zoea [zəʊˈiːə] *n.* 【动】(=zoaea)蚤状幼虫(十足目甲
壳动物幼体)
zoesite [ˈzəʊəˌsaɪt] *n.* 纤硅石
zoid [zɔɪd] *n.* 游动细胞
zoisite [ˈzɔɪsaɪt] *n.* 【矿】黝帘石

Z

zoism ['zəʊɪzm] *n.* 活力论
Zomba ['zɒmbə] *n.* 松巴(马拉维首都)
zonal ['zəʊnl] *a.* ①区域的,分区的,地区性的 ②带(状)的,(形成)地带的
zonality [zəʊ'nælətɪ] *n.* 【地理】区分,分带,地带性
zonary ['zəʊnərɪ] *a.* 带(状)的,成带的
zonate(d) ['zəʊneɪtɪd] *a.* (有)环带的,有条〔环〕纹的
zonation [zəʊ'neɪʃən] *n.* 成〔环〕带(现象),分区(制)
zone [zəʊn] ❶ *n.* ①(地)带,晶带 ②区域,范围,存储区,信息段 ③层,圈,环带 ❷ *v.* ①(将…)分成区 ②(用带子)围绕 ☆ *loose the maiden zone of ...* 破坏…的童贞
zone-bundle ['zəʊn'bʌndl] *n.* 晶带束
zoned [zəʊnd] *a.* 分区的
zone-leveled ['zəʊn'levld] *a.* 区域匀化的
zone-leveler ['zəʊn'levlə] *n.* 区熔匀化〔夷平〕器
zone-plate ['zəʊn'pleɪt] *n.* 波带(域)片,同心圆绕射板
zoner ['zəʊnə] *n.* 区域提绘器
zone-refine ['zəʊnrɪ'faɪn] *v.* 区域〔区熔,逐区〕提纯〔精炼〕
zone-refiner ['zəʊnrɪ'faɪnə] *n.* 区熔提纯器
zone-segregation ['zəʊnsegrɪ'geɪʃən] *n.* 熔区偏析
zone-transport ['zəʊn'trænspɔ:t] *n.* (区域熔炼)熔区传输〔输运〕
zone-void ['zəʊn'vɔɪd] *n.* (区域熔炼)熔区空段
zoning ['zəʊnɪŋ] *n.* ①区域精炼,分区取样 ②分区(制,规则),地带性 ③透镜天线相位波前修整
zonite ['zəʊnaɪt] *n.* 【地质】花碧玉
zonked [zɒŋkt] *a.* (因麻醉而)失去知觉的
zonolite ['zəʊnəlaɪt] *n.* 烧〔金,钛水〕蛭石
zonule ['zəʊnju:l] *n.* 【医】小带,小环,小区域 ‖ **zonular** *a.*
zoo [zu:] *n.* 动物园
zooarchaeology [zu:,ɑ:kɪ'ɒlədʒɪ] *n.* 动物考古学
zoobenthos [,zəʊə'benθɒs] *n.* 【动】底栖动物
zoobiocenose [,zəʊəbaɪə'si:nəʊs] *n.* 动物群落
zoobiotic [,zəʊəbaɪ'ɒtɪk] *n.* 动物寄生菌
zooblast ['zəʊəblɑ:st] *n.* 【生】动物细胞
zoochore ['zəʊəkɔ:] *n.* 【植】动物传布(植物种子)
zoocoenosis [,zəʊəsɪ'nəʊsɪs] *n.* 动物群落
zooecology [,zəʊəɪ'kɒlədʒɪ] *n.* 动物生态学
zoogamete ['zəʊə,gæmi:t] *n.* 【生】游动配子
zoogamy [zəʊ'ɒgəmɪ] *n.* 【生】动物配子生殖,有性生殖
zoogene ['zəʊə,dʒi:n] *n.* 生物沉积环境
zoogenic [,zəʊə'dʒenɪk] *a.* 动物(生成)的
zoogeographic(al) [,zəʊədʒɪə'græfɪk(əl)] *a.* 动物地理学的
zoogeography [,zəʊədʒɪ'ɒgrəfɪ] *n.* 动物地理学
zoogloea [,zəʊə'gli:ə] *n.* 菌胶团,细菌凝集团
zoogonidium [,zəʊəgə'nɪdɪəm] *n.* 游动微生子,游动细胞

zoography [zəʊ'ɒgrəfɪ] *n.* 动物态
zoolite ['zəʊəlaɪt] *n.* 动物化石
zoological [,zəʊə'lɒdʒɪkəl] *a.* 动物学(上)的 ‖ **~ly** *ad.*
zoologist [zəʊ'ɒlədʒɪst] *n.* 动物学家
zoology [zəʊ'ɒlədʒɪ] *n.* 动物学
zoom [zu:m] *v.;n.* ①【摄】将电视摄像机〔电影摄影机〕迅速移向〔离〕目标,(快速)变焦距 ②图像(电子)放大 ③(使飞机)陡直上升 ④激增 ⑤(发)嗡嗡声(而动) ☆ *zoom away* 移离目标,拉变焦距镜头; *zoom down* 急降; *zoom in* 移向; *zoom out* 移离; *zoom to* 陡直地升到
zoomar, zoomer ['zu:mə] *n.* (电视)可变焦距透镜系统,可变焦距物镜
zoomfinder ['zu:mfaɪndə] *n.* 可变焦距录像器
zooming ['zu:mɪŋ] *n.* (飞机利用)动能攀升
zoomorphic [,zəʊəʊ'mɔ:fɪk] *a.* 兽〔动物〕形的
zoomy ['zu:mɪ] *a.* 用可变焦距镜头拍摄的
zoonosis [,zəʊə'nəʊsɪs] *n.* 【医】人兽传染病,动物病,寄生虫病
zoop['zu:p] *n.* 调制噪声
zooparasite [,zəʊəʊ'pærəsaɪt] *n.* 【动】寄生动物
zoophagous [zəʊ'ɒfəgəs] *a.* 【动】食肉的,食动物的
zoophyte ['zəʊəfaɪt] *n.* 【动】植物形动物
zooplankton [,zəʊə'plæŋktən] *n.* 【动】浮游动物
zoosphere ['zəʊəʊsfɪə] *n.* 【生】动物圈
zoosporangium [,zəʊəspə'rændʒɪəm] *n.* 【植】游动孢子囊
zoospore ['zəʊəspɔ:] *n.* 【植】游动孢子
zoosporocyst [,zəʊəʊ'spɔ:rəsɪst] *n.* 游动孢囊
zoosterol [zəʊ'ɒstərɒl] *n.* 【生化】动物甾醇
zootaxy ['zəʊtæksɪ] *n.* 【动】动物分类学
zootope ['zəʊətəʊp] *n.* 【动】动物生境
zootoxin [,zəʊə'tɒksɪn] *n.* 动物毒素
zootrophic [,zəʊə'trɒfɪk] *a.* 动物(式)营养的
zoozygosphere [,zəʊəzɪ'gɒsfɪə] *n.* 【医】动接合子
Zorite ['zəʊraɪt] *n.* 左利特耐热合金
Z-pinch ['zed'pɪntʃ] *n.* Z-箍缩,Z-收缩,Z 向箍缩效应
Z-section ['zed'sekʃən] *n.* Z 形截面
Z-truss ['zed'trʌs] *n.* Z 形桁架
Z-twist ['zed'twɪst] *n.* Z 捻度,右捻
zugunruhe ['zu:gənru:ə] *n.* 【动】迁徙兴奋
Zulu ['zu:lu:] *n.* 通信中代表字母 Z 的词;祖鲁语,祖鲁族人
ZULU ['zu:lu:] *n.* 格林尼治平均时
zwitterion ['zwɪtəraɪən] *n.* 两性〔阴阳〕离子 ‖ **~ic** *a.*
zyglo ['zɪgləʊ] *n.* 荧光探伤(器)
zygology [zaɪ'gɒlədʒɪ] *n.* 接合工艺学
zygomite ['zaɪgəmaɪt] *n.* 接合线
zygomorphous [,zaɪgəʊ'mɔ:fəs] *a.* 两侧对称的

Z

zygomorphy [ˌzaɪgəˈmɔːfɪ] n.【植】左右对称
zygophase [ˈzaɪgəfeɪz] n.【生】接合期,接合阶段
zygophore [ˈzaɪgəˈfɔː] n.【植】接合子梗
zygosis [zaɪˈgəʊsɪs] n.【植】接合
zygosperm [ˈzaɪgəspɜːm] n.【生】接合孢子
zygosporangium [ˌzaɪgəspəˈrændʒɪəm] n. 接合孢子囊
zygospore [ˈzaɪgəˌspɔː] n. 接合孢子
zygosporophore [ˌzaɪgəʊˈspɔːrəfɔː] n.【植】接合孢子柄
zygotaxis [ˌzaɪgəˈtæksɪs] n.【动】接合向性
zygote [ˈzaɪgəʊt] n.【生】接合子,受精卵
zygotic [zaɪˈgɒtɪk] a.【生】(接)合子的
zygotonucleus [zaɪˌgəʊtəˈnjuːklɪəs] n. 合子核
zygotropism [ˌzaɪgəʊˈtrɒpɪzəm] n. 向合子性
zylonite [ˈzaɪləˌnaɪt] n. 赛璐珞(的别名),(外科及牙科用)赛璐液
zymase [ˈzaɪmeɪs] n.【生化】酿〔酒化〕酶
zyme [zaɪm] n.【生化】酶,酵母
zymic [ˈzaɪmɪk] a. 酵母的,酶的
zymin [ˈzaɪmɪn] n. 胰提出物;酶制剂,致病酶
zymine [ˈzaɪmaɪn] n. 胰酶制剂
zymochemistry [ˌzaɪməʊˈkemɪstrɪ] n. 酶化学
zymocyte [ˈzaɪməˌsaɪt] n. 发酵体
zymo-exciter [ˈzaɪməɪkˈsaɪtə] n.【生化】促酶素
zymogen [ˈzaɪməʊdʒən] n.【生化】酶原 ‖ ~ic 或

~ous a.
zymogene [ˈzaɪmədʒen] n. 发酵菌
zymogenesis [ˌzaɪməˈdʒenɪsɪs] n.【生化】酶生成作用
zymogram [ˈzaɪməgræm] n.【生化】酶谱
zymohexase [ˌzaɪməʊˈhekseɪs] n.【生化】醛缩酶,醛醇缩合酶
zymohexose [ˌzaɪməʊˈheksəʊs] n. 发酵己糖
zymoid [ˈzaɪmɔɪd] a. 类酶的
zymological [ˌzaɪməˈlɒdʒɪkəl] a. 发酵学的,酶学的
zymology [zaɪˈmɒlədʒɪ] n. 酶学,发酵学
zymolysis [zaɪˈmɒlɪsɪs] n.【生化】发酵,酶解(作用) ‖ **zymolytic** [ˈzaɪməʊˈlɪtɪk] a.
zymophore [ˈzaɪməˌfɔː] n.【生化】酶活性部位
zymoprotein [ˌzaɪməˈprəʊtɪn] n. 酶蛋白
zymosan [ˈzaɪməsæn] n.【生化】酵母聚糖
zymosimeter [ˌzaɪməʊˈsɪmɪtə] n. 发酵计,发酵检验器
zymosis [zaɪˈməʊsɪs] n. ①发酵 ②【医】发酵病,传染病
zymosterol [ˌzaɪˈmɒstərɒl] n.【化】酵母甾醇
zymotechnique [ˌzaɪməʊtekˈniːk] n. 发酵工艺,酿造术
zymotic [zaɪˈmɒtɪk] a. 发酵的,发酵病的,传染病的
zymurgy [ˈzaɪmɜːdʒɪ] n. 酿造法〔学〕

附　录

科技英语语法核心内容

附 录 目 录

第一章 词 类

英语的词类，类同于一台机器中的部件。只有对每个部件的功能有了正确的了解，才能对整机的工作原理有一个清晰的理解；同样，只有对英语的每种词类在句中的功能有了清晰的了解，才能对整个句子的确切含义有正确的理解。有的读者往往对英语词类及其功能很不重视，只记住了某个单词的孤独词义而不问其词类、它与别的词的搭配关系及可使用的句型，因而遇到一个句子往往就分析不清，理解不确切，英语水平提高不快。希望读者在背记每个英语单词时，一定要记住它的词类及其对应的词义、搭配模式等，这对分析理解句子是极为重要的。下面我们仅对每个词类的特点和在阅读科技书刊时特别需要注意的地方加以比较详细的介绍。

第一节 冠 词

冠词的用法比较复杂，但对于致力于阅读科技文的读者来说，最主要应掌握以下四点。

一、基本用法

(1) 在泛指时，可数名词单数前一定要有冠词，一般多为不定冠词；而物质名词前则不用冠词。如：

A computer consists of several units.

"计算机是由几部分构成的。"

Iron is *a* metal.

"铁是金属。"

(2) 在特指时(一般是带有后置定语的名词或心目中特定的那个东西，或者是第二次提到的名词)，可数或不可数名词前一般都应有定冠词。如：

The collector of this transistor must be connected to *the* positive terminal of *the* power supply.

"这只晶体管的集电极必须(被)连接到电源的正端。"

If *a* voltage is applied across *the* terminals of *a* closed circuit, *a* current will flow in *the* circuit.

　　"如果把电压加在闭合电路的两端，在电路中就会有电流流动。"

　　但在不少情况下，英美科技人员在特指的复数名词前不用定冠词。如：

It is necessary to measure the potential difference across *two terminals* of the battery.

　　"(我们)必须测出该电池两端的电位差。"

　　当然，如何判断复数名词是否为"强调特指"，有时完全取决于写作者自己的意愿，也就是说，有时加不加定冠词都是可以的。下面举一本美国中学化学书上在同一段中类似的两个句子，一个加了定冠词，而另一个则没有加定冠词：

The elements in Group 1 are called alkali metals.

　　"第一组中的元素被称为碱金属。"

Elements in the same main group show very similar chemical reactions.

　　"同一大组中的元素显示出非常类似的化学反应。"

　　(3) 用 a 还是用 an 完全取决于该名词读音的第一个音素，而不是取决于它的第一个字母，不少人在写论文时经常出错。如：

A magnet has *an* S pole and *an* N pole.

　　"磁铁有一个 S 极和一个 N 极。"

An 18-volt battery must be used here.

　　"这里必须使用 18 伏的电池。"

二、汉译法

　　不定冠词内含"一"的意思，在译成汉语时，要根据其后跟的名词，加汉语的量词"种、本、个、支、块"等；而定冠词则内含"这，那(种、本、个、支、块…)；这些，那些"的意思。不少读者遇到冠词往往不予理睬，这是不对的。应根据汉语表达习惯来处理它，有时一定要把冠词的含义译出来，有时不得译出来，有时可译可不译。到底怎么处理，要根据汉语通顺与否来试探。现举例说明如下：

An example follows.（= Here is *an* example.）

　　"下面举一个例子。"(要译)

Here, x is *a* variable.

　　"这里，x 是(一个)变量。"(可译可不译)

A battery is *a* device which gives *a* constant voltage.

　　"电池是产生恒定电压的一种器件。"(第一、三个不译。)

There is *a* book on *the* desk. *The* book deals with computer software.

　　"那张书桌上有一本书。该书是论述计算机软件的。"(全要译。)

The proof of ***the*** theorem is very complicated.

"该定律的证明是很复杂的。"（第一个不译；第二个要译。）

The voltage between ***the*** base and ***the*** emitter is small.

"基极与发射极之间的电压很小。"（全不译。）

三、冠词的特殊位置

一般来说，冠词处于名词及其前置修饰语的前面。但在以下情况时，冠词并不处在名词的前置修饰语的前面，而是"钻"到其后面去了，望读者写作时要特别小心。

1. 定冠词的特殊位置

$$\left. \begin{array}{l} all \\ both \\ half \end{array} \right\} + the + 名词$$

All the terms are positive.

"各项均为正。"

Both the instruments are good in quality.

"这两台仪器的质量都很好。"

This average velocity is just ***half the final velocity***.

"这个平均速度正好是末速度的一半。"

2. 不定冠词的特殊位置

（1）第一种情况：

$$\left. \begin{array}{l} such \\ what(多么) \end{array} \right\} + a / an(+形容词)+名词(单数)$$

In ***such a case*** there is no current flowing in the circuit.

"在这种情况下，电路中没有电流流动。"

What an important instrument is one that adequately display the Fourier transform of a function of time, even when the interval of integration is not infinity!

"甚至在积分区间并不是无限的时候，能很好地显示出时函数傅里叶变换的仪器是多么重要的一种仪器啊！"

（2）第二种情况：

$$\left.\begin{array}{l} how(多么) \\ as(那么) \\ so(如此) \\ too(太) \end{array}\right\} +形容词+a/an+名词（单数）$$

这一情况在科技文中出现得很频繁，是读者学习和写作时的重点。如：

Sensitivity is a measure of ***how small a signal*** a receiver can pick up and amplify to a level useful for communications.

"灵敏度是接收机所能接收并把它放大到适用于通讯程度的最小信号的一种度量。"（汉译时，对 how 引导的介词宾语从句进行了意译。）

Any preexisting illness, even ***as mild a one*** as the common cold, increases the chances of contracting another disease.

"任何先前存在的病，甚至像普通感冒这样一种轻微的病，都会增加染上另一种病的机会。"

The elderly do not produce heat in the body so easily nor to ***so great an extent***.

"老年人在体内产生热量并不这么容易，也达不到这么高的程度。"

Often the data cover ***too large a range*** of values to be plotted on ordinary graph paper.

"这些数据所涉及的数值范围往往太宽了，以致于在普通的曲线图纸上是描绘不下的。"

（3）第三种情况：

$$\left.\begin{array}{l} quite \\ rather \end{array}\right\} +a/an+形容词+名词（单数）$$

（但 quite 和 rather 也可直接位于形容词前。）

The method used is ***quite an effective one***.

"采用的方法是十分有效的。"

It is ***rather a high antenna***.

"那根天线相当高。"

（4）第四种情况：

half +a/an+名词（单数）

（但 half 也可直接位于名词前。）

This relation involves ***half an angle***.

"这一关系式涉及半角。"

有些情况下，知道是不定冠词特殊位置，但难以理解其确切的含义。如在一本电路书的前言中有这么一句话：

We find that we are dealing with **too large a class** of circuits.

"我们发现我们所要讨论的这类电路的范围太广了。"

四、不定冠词的特殊用法

（1）在某些一般为不可数的抽象名词前，特别当表示"分析一下，计算一下，了解一下；作一研究，作一考察，作一比较"等含义时，英美人喜欢用不定冠词。如：

The scope of this book does not permit **a detailed discussion** of all of these mathematical devices.

"本书的范围不允许对所有这些数学方法作一详细的讨论。"

A short calculation will convince you that this is indeed true.

"略为计算一下就会使你相信这的确是正确的。"

There is **a growing awareness** that this technique is of great value.

"人们越来越认识到，这一方法是很有价值的。"

An increase of pressure always causes **a decrease** in volume.

"压力的增加总会引起体积的减小。"

但有时候即使同一作者也有不用冠词的。如：

Inspection of Fig. 3-8 shows that the two signals differ in phase.

"检查一下图 3-8 可看出，两个信号的相位是不同的。"

（2）在名词"increase, decrease, rise, fall, reduction, drop"等前往往用不定冠词。如：

The Early effect causes **a** 2% **decrease** in q_B, and the Kirk effect causes **a** 4% **increase**, producing **a net increase** of 2%.

"厄雷效应使 q_B 降低 2%，而柯克效应使它提高 4%，从而使它纯增加 2%。"

五、科技文中不加冠词（或省去冠词）的常见情况

（1）除了泛指的物质名词及抽象名词前不加冠词外，表示一类的泛指的复数名词前也不加冠词。如：

Engineers can create what has never existed before.

"工程师能创造原来没有的东西。"

（2）论文的标题、书籍各节的名称等开头的冠词可以省去（现在国内学报要求论文标题第一个名词前的冠词要省略）。如：

2-6   ***(The) Component Method*** of Vector Addition

"第 2-6 节   矢量相加的分量法"

(An) Introduction to Radio Communications

"无线电通信入门"

但标题若是可数名词的话，多用复数形式表示，也可用定冠词加单数名词表示。
如：

5-2   Electron ***orbits***

"第 5-2 节   电子轨道"

3-11   ***The*** telescope

"第 3-11 节   望远镜"

（3）专有名词前的情况。专有名词主要涉及人名、地名、单位或机构名称和国家名称等。下面分别加以说明。

① 在人名前不加冠词，如：Mao Zedong（毛泽东）、Deng Xiaoping（邓小平）（请注意我国人名的拼写方法，见《中国人名汉语拼音字母拼写法》相关规定）、Faraday（法拉第）、Einstein（爱因斯坦）。

② 只有一个词的地点名词前不加冠词，如：Beijing（北京）、Xi'an（西安）（注意：由于拼音的关系，在"i"和"an"之间要加"'"，表示这两者不能拼读在一起；同样，"延安"应该写成"Yan'an"）、Shaanxi（陕西）（注意：由于英语中没有四声，所以无法区分"陕西"和"山西"，我国特规定，"陕西"的英语为"Shaanxi"，即比"山西 Shanxi"的拼写多一个字母"a"，以示区别）、New York（纽约）。（中国地名的拼写见《中国地名汉语拼音拼写规则（汉语地名部分）》。）

③ 单位或机构名称和国家名称需要注意以下几点：只由一个单词表示的国家名称绝大多数不加定冠词，但如果由多个词构成国家名称或单位、机构名称，则其前面要加定冠词（若单位或机构名称写在信封上或在发表的论文作者下面，一般可省去冠词），如：

China

"中国"

the People's Republic of China

"中华人民共和国"

the Chinese Academy of Sciences

"中国科学院"

④ 有关大学名称前的情况：凡是大学名称中有两个及两个以上普通词汇时要加定冠词。如：

Peking University

"北京大学"

the Massachusetts Institute of Technology

"麻省理工学院"

但个别情况也有例外，主要看外国人自己的习惯用法。如：

the George Washington University

"乔治•华盛顿大学"

(4) 图示中一般可省去冠词(当然也可以加上)。如：

Fig. 1.1   ***Keyboard*** with ***attached printer*** and ***oscilloscope display***.

"图 1.1   键盘及其附带的打印机和示波显示器"

在"Keyboard"前面省去了"The"或"A"；在"attached printer"前面省去了"an"；在"oscilloscope display"前省去了"an"。(注意：英美人对于图示的说明，不论是否是一个句子，末尾均要加上一个句号。)

(5) 某些可数名词单数形式泛指时可省去冠词(特别是在"between A and B"、"from A to B"、"the variation of A with B"、"the response of A to B"等表达式中，在"A"和"B"之前可以省去定冠词)。如：

The variation of ***output*** with ***input*** is shown in Fig.1.

"输出随输入的变化情况示于图 1 中。"

Experiment indicates that Ohm's law holds only for metallic conductors. (也有人写成：***Experiments*** indicate that …)

"实验表明欧姆定律只适用于金属导体。"(注意：句中"only"一般要放在不及物动词与介词之间。)

(6) 表示独一无二的人之前一般不用冠词。如：

The unit of power is a joule per second, which is called a watt (W), in honor of James Watt, ***developer*** of the steam engine.

"功率的单位是 1 焦耳每秒，这被称为 1 瓦特(W)，以纪念蒸汽机的研发者詹姆斯•瓦特。"

如果不是"独一无二"的话，则通常要加上冠词，如：

'Scientists see this as the last industrial moment', said Frank Y. Fradin, ***a physicist*** at the Argonne National Laboratory near Chicago.

"'科学家们视之为最后的工业契机，'弗兰克•Y•弗拉丁说，他是位于芝加哥附近的阿贡国家实验室的(一位)物理学家。"

（7）在人名的所有格之前不用冠词（至于何时用所有格、何时用普通格，完全要遵从英美人的习惯，一定要在阅读时善于观察）。如：

Ohm's law

"欧姆定律"

但如果人名直接修饰普通名词，一般在它之前要用定冠词。如：

the Laplace equation

"拉普拉斯方程"

（8）方程、表达式、公式、图表、章节、页码等后跟数字表示"第…"时，其前面不得加冠词。如：

Equation（2-1）

"方程（2-1）"

Chapter 3

"第三章"

Fig. 3.2

"图 3-2"

page 5（注意："p"要小写）

"第 5 页"

（9）在解释方程、公式、表达式中的参数时，一般可以不用冠词。如：

$$S = vt$$

where S = **distance**

v = **velocity**

t = **time**

"S = vt，式中 S 表示距离，v 表示速度，t 表示时间。"

（10）在学科名称前不用冠词。如：

Mathematics is a very useful tool in science.

"数学是科学上非常有用的工具。"

注意：当遇到"the mathematics"时，则一般表示"数学内容〔知识〕"。

（11）表示"在某一方面"时一般不用冠词。如：

Computers differ greatly **in size**.

"计算机的体积各不相同。"

（12）在用"系表"结构定义某个参数或名称时，可以不用冠词，也可以用冠词。如：

Absolute error is the actual difference between the measured value and the accepted value.

"绝对误差是测得值与认可值之间的实际差别。"

A scalar quantity is one that possesses magnitude only.

"标量是只具有大小的一个量。"

另外，英美科技人员用"in ... form"和"in ... order"时其中不用定冠词。但是，在用"domain"时，却要在其前面用定冠词；在用"fashion"时可用不定冠词。如：

The number is transmitted to the receiver *in binary form*.

"该数以二进制形式传送到接收机。"

They are arranged *in alphabetic order.*

"它们按字母表顺序排列。"

After transformation, the signal *in the time domain* is changed into the signal *in the frequency domain.*

"经过转换，时域信号转变成了频域信号。"

六、一般要用定冠词的特殊情况

（1）表示某个参数的单位时，一般要用定冠词。如：

The unit of resistance is *the ohm.*

"电阻的单位为欧姆。"

（2）带有同位语的参数等名词前多数人使用定冠词。如：

"系数 μ"→ *the coefficient* μ

"下标 i"→ *the subscript* i

（3）在"same"前习惯上都要用定冠词。如：

These two names are *the same* in meaning.

"这两个名称的含义是相同的。"

（4）在以下情况一定要用定冠词（不少读者在写作时往往出错）："any（none, neither, either all, most, one, each, the rest 等）+of *the* +名词（复数）"。如：

All of *the* devices here are home made.

"这里的所有设备都是国产的。"

None of *the* texts available mention this problem.

"现有的教科书均没有提到这个问题。"

七、几个名词并列时可以共用第一个名词前的冠词

Here D1 is replaced by *a silicon and germanium diode* in series.

"这里 D1 由串联在一起的一只硅二极管和一只锗二极管所替代。"

After ***the hot and cold water*** have been mixed, we have 2 kg of water at a temperature of 50℃.

"在把冷水和热水混合后，我们得到了 2 千克温度为 50℃的水。"

八、在序数词并不强调次序而一般表示"另一个"的含义时，不用定冠词而用不定冠词，但仍可汉译成"第一"、"第二"、"第三"等

A third distortion is called nonlinear distortion.

"另一种(第三种)失真被称为非线性失真。"

第二节　连　接　词

一、并列连接词

1．功能

并列连接词是用来连接词与词、短语与短语或句子与句子的。它们本身在句中不作语法成分。这类连接词较容易掌握，一般只要作为单词记忆就可以了，关键一点是要弄清它们连接的是哪两个或哪几个东西。由于它们连接的成分是并列的，所以在特殊情况下辨别不清某个并列连接词所连接的东西时，一定要记住"看它后面是什么东西就到它的前面去找相应的东西"。如：

For this purpose, ***either*** x must be kept small, ***or*** Q_T must be increases.

"为此目的，或者必须使 x 保持很小，或者必须增大 Q_T 值。"（"either … or …"连接两个并列的简单句。）

在并列连接词中，and 和 or 有多种词义，所以往往会给读者带来一些困难；另外，for 作并列连接词的情况也比较难理解。下面就对它们分别作一说明。

2．and 的不同词义

这个词有多种词义，切勿一见到它就译成"和"字。

（1）词义的大致判断方法。

① 当它连接两个词或两个短语时，一般可译成"和"、"与"，"并且"、"以及"，"而"、"又"、"且"等。如：

A change of crop ***and*** the use of a good fertilizer will keep the land in good condition.

"更换作物<u>以及</u>使用优质肥料，能使土地保持良好的状态。"

This computer is large ***and*** complicated.

"这台计算机大<u>而</u>复杂。"

② 当它连接两个动作或两个分句时，可表示进一步说明、对比或结果等。此时一般可译成"并且"、"同时"，"而"，"于是"、"从而"、"因此"等。(只能根据整个句子的逻辑含义来试探其确切的意思，没有固定的规则可循。)如：

Humus contains materials from dead plants, **and** the waste matter from animals also falls on it.

"腐殖土含有枯死植物的物质，<u>同时</u>动物粪便也掉在它上面。"

Air has weight **and** occupies space.

"空气具有重量，<u>并且</u>占有空间。"

In practice, the transformer is not ideal, **and** power losses occur in it.

"实际上，变压器并不是理想的，<u>所以</u>其中会有功率损耗。"

On the second half-cycle, T2 is cut off, **and** T1 conducts.

"在第二个半周，T2 截<u>止而</u>T1 导通。"

③ 放在句首起承上启下的作用时，可译成"于是"、"而且"、"那么"、"同时"等；还可表示对比，译成"而"；有时也可不译。

And something unusual happened.

"<u>于是</u>出现了异常情况。"

Certain materials, such as silver and copper, have many free electrons. **And** some materials have practically no free electrons.

"某些物质，例如银和铜，具有许多自由电子。<u>而</u>有些物质则几乎没有自由电子。"

④ 有些情况下，and 可以不译出来，特别是当它与 go、come、try、pause、stop、stay、write、run、send、hurry up 等动词连用表示目的时，这时它与后面的动词一起等效于一个动词不定式的作用。如：

This material attracts iron objects **and** can even magnetize such objects.

"这种物质能吸引铁质物体，甚至能使它们磁化。"

Now let us go one step further **and** differentiate the unit step function.

"现在让我们进一步对该单位阶跃函数微分一下。"

(2) and 的使用方法。当它连接三个或三个以上的成分时，一般只在最后两个之间加 and，而前面每两个之间用逗号分开。当特别强调时，也可在每两个之间加一个 and，这时就不能有逗号了。如：

This circuit consists of a battery, a resistor, **and** a capacitor.

"该电路是由一个电池、一个电阻器和一个电容器构成的。"

Another well-known method is due to Korringa **and** Kohn **and** Rostocker.

"大家熟悉的另一种方法是由科林厄、科恩和罗斯托克三人研究出来的。"

（3）一个句型：

> 祈使句+and … = if 条件句+主句

Press this button, and you will start the machine.

"按一下这个按钮，你就可以启动这台机器了。"

Take a handful of sand and you will hold millions of atoms.

"如果你抓上一把沙子，你就会抓着千百万个原子了。"

Whitney has invented molds and machines for making all the pieces of his locks as exactly equal, that **take a hundred locks to pieces and mingle their parts and** the hundred locks may be put together by taking the pieces that come co hand.

"惠特尼发明了一些模具和机器，可使得其枪机的所有零件制造得如此一模一样，以致于如果把一百个枪机拆开并把其零件混在一起的话，你可以用随手拿到的零件把这一百个枪机装配起来。"（句中的"as"相当于"so"；"that"引导结果状语从句。）

有时还会有以下的形式：

A drop of oil and (= if you apply a drop of oil) the machine will be as new.

"加一滴油，这机器就会像新的一样。"

Living things must have just right amount of oxygen. **Too much, and** they would burn. **Too little, and** they would die.

"生物必须具有适量的氧气。如果太多的话，它们就会燃烧。如果太少的话，它们就会死亡。"

（4）一定要搞清楚 and 到底连接了什么成分（一般从 and 后面的东西可容易地判断出它所连接的成分）。如：

Chapter 3 introduces the electron theory of metals **and** the elements of wave mechanics.

"第三章介绍了金属的电子理论及波动力学的要点。"（and 连接了两个名词短语，因为在 and 后是一个名词短语。）

Chemists have been using the laws of the atom **and** of heat transfer to deal with the reactions they study.

"化学家们一直在使用有关原子的规律和有关热传递的规律，来处理他们所研究的反应。"（and 连接的是两个介词短语，因为在 and 后是一个 of 短语。）

The first step in analyzing a physical situation is to select those aspects of it which are essential ***and*** disregard the others.

"分析一个物理现象的第一步，就是选择其最本质的那些因素而忽略其它因素。"（and 连接两个不定式短语，disregard 与 select 共用一个"to"。）

Note that Eq. (5) is similar to Eq. (2) ***and*** that Eq. (6) has the same form.

"请注意：式(5)相似于式(2)，并且式(6)与式(2)的形式相同。"（and 连接两个由 that 引导的宾语从句，因为 and 后是一个 that 从句。）

Another point of view which may be adopted, ***and*** which is sometimes more convenient, is illustrated in Fig. 3-5.

"图 3-5 说明了可采用的另一种观点，这种观点有时更为方便。"（and 连接了两个由 which 引导的定语从句。）

The Telstar satellite was used for communications between the United States ***and*** Great Britain, France ***and*** Italy.

"Telstar 通讯卫星用于美国与英、法、意三国之间的通讯。"（第一个 and 连接的是 between 要求的两个介词宾语，表示某两方之间；而第二个 and 则连接的是表示第二方的三个国家。）

3. or 的不同词义

（1）词义的大致判别法。

① 表示选择，译成"或，或者"。（这时一般在两个名词或名词短语之间，且一般在 or 之前没有逗号。or 也可用于多个名词，这时它与 and 的用法相同，即一般把 or 放在最后两个名词之间，其前面可以有逗号；为了强调也可在每两个名词之间加一个 or，这时不得有逗号存在。）如：

Accuracy is expressed as absolute error ***or*** relative error.

"精度可以表示为绝对误差<u>或者</u>相对误差。"

② 表示同位关系，译成"即，也就是"。（这时一般用在两个词、两个短语之间，一般在 or 之前有逗号，但不是绝对的，在这种情况下，要靠科技概念来判别了。它也可用在两个分句之间，表示后一句用来进一步说明前一句的内容，可译成"也就是说，换句话说"。）如：

The center, ***or*** nucleus, of an atom contains positively charged particles called protons.

"原子的中心部分，<u>即</u>原子核，含有称为质子的带正电的微粒。"

There are three main laws of mechanics ***or*** three laws of Newton.

"力学有三大定律，<u>即</u>牛顿三定律。"（注意：在 or 之前并没有逗号。）

The greater the resistivity, the greater the field needed to establish a given current density, *or* the smaller the current density caused by a given field.

"电阻率越高，为建立给定的电流密度所需的电场就越强，或者说，由给定的电场所产生的电流密度就越小。"

③ 表示"要不然，否则"。（这时 or 处于两个并列动作或分句之间，其前面一般有逗号，且在第一个分句中一般存在有"must, important, essential, necessary, imperative"等词。）如：

Computers are particularly useful in such systems as telemetry, where signals must be quickly recorded *or* be lost.

"计算机在像遥测技术这样的系统中特别有用，因为在那里，必须把信号迅速地记录下来，要不然就丢失了。"（注意：在 or 前面没有逗号。）

A body must be made to move, *or* no work will be done.

"必须使物体运动，否则便没有做功。"

It is important for the reader to learn and understand the basic concepts presented here, *or* the development and the applications of later topics will be difficult to comprehend.

"重要的是，读者要学懂此处所讲的基本概念，要不然对于后面内容的讲述及应用就会难于理解。"

④ 有时 or 也可表示列举，译成"和；以及；又…又…"。如：

All these processes (speeding up, slowing down, *or* changing direction) involve a change in either the magnitude or direction of the velocity.

"所有这些过程(加速、减速、以及改变方向)都涉及速度的大小或方向的变化。"

（2）or 的使用方法。当它用来连接多个事物时，一般只在最后两个事物之间加 or，而前面每两个事物之间用逗号分开。当特别强调时，也可在每两个事物之间加 or，但不得有逗号。如：

Matter is anything like air, water *or* metals.

"物质是像空气、水或金属那样的东西。"

Input may be supplied via punched paper tape *or* magnetic tape *or* disks.

"我们可以通过打了孔的纸带或磁带或磁盘来提供输入。"

（3）"not 等否定词…A or B"表示全否定，译成"既不…A 也不…B"。如：

Rockets do *not* operate by 'pushing' against the air, *or* anything else.

"火箭既不是靠'推斥'空气，也不是靠'推斥'别的什么东西来运行的。"

（4）一个特殊句型：

祈使句+or（或 or else，或 otherwise）+主语+一般将来时

这个句型中的"祈使句+or"就等效于否定形式的"if"条件句。如：

Decrease the applied voltage, or the equipment will be burned down.

"如果不降低外加电压，该设备就会被烧坏。"

4. for 的使用

for 主要放在两个并列分句的中间，也可以单独使用。其作为连接词的判别方法是在它后面是一个完整的句子（否则就是一个介词了）。它不能用来回答"why"问句。如：

A transformer is not a machine, ***for*** it has no moving parts.

"变压器并不是机器，因为它没有运动的部件。"

Or perhaps, as is more likely, we shall no longer feel the need for philosophy. ***For*** what is philosophy but intellectual speculation turned into belief, and what place is there for speculation except to develop premises to be tested?

"也许很可能，我们将不再感到需要哲学了，因为除了是转换成信念的明智的推测外，哲学是什么东西呢？而推测除了是导出要加以考证的前提外，还有什么地位呢？"

二、从属连接词

从属连接词是用来引出从句的。根据作用不同，它们可以分为：

(1) 引导名词从句的从属连接词，主要有 that（无词义）、whether（是否）和 if（是否）。

(2) 引导状语从句的从属连接词，这种连接词有许多。

第三节 数 词

学习数词时，读者应掌握以下几点。

一、数词的用法

(1) 数词可作数量状语。如：

The sum becomes ***two*** less than the total of the operands.

"和数比运算数的总数少了2。"

(2) first 可与复数名词连用。（这时可把 first 看成一个普通的形容词，意为"开头的，首批的，初始的，最初的，最早的"等。）如：

The *first* seven chapters are organized for use in a one-semester course.

"<u>头</u>七章构成了用于一个学期的课程。"

(3) 年代表示法：

the 1990s = the 1990's = the nineteen nineties

"20 世纪 90 年代"

注意：表示年代有两个标志是不能少的，一个是数词前的定冠词，另一个是数词一定用复数，即要加"s"。至于"s"左上方的一撇，则可有可无。

二、分数表示法

（1）表示确定的分数值的公式：

> 分子(用基数词) / 分母(用序数词，分子超过 1 时要用复数)

one-third

"三分之一"（中间的连词符号"-"可以不用。）

five sevenths

"七分之五"

a〔one〕half

"二分之一"（注意：英美人是不用"one-second"来表示"二分之一"的。）

（2）表示不确定的分数值的公式(不少读者对此并不熟悉)：

> a few〔several〕tenths〔hundredths,thousandths,millionths,…〕(+of+a/an+单位)

这个公式表示"零点几〔零点零几，零点零零几…〕"的意思，分子为 a few〔several〕，分母为 tenths, hundredths, thousandths, millionths 等。如：

The voltage across the capacitor is *a few tenths* of a volt.

"这电容器上的电压为<u>零点几伏</u>。"

（3）常在科技文中使用的公式，主要用于表示比较小的分数值。

① 分子为"基数词+parts"(基数词为 1 则用单数形式 part)；分母为"in a〔one〕+数词"或"per+数词"或"in+10 的幂数"。如：

The error is *3 parts in a million*.

"其误差为<u>百万分之三</u>。"

This standard oscillator has a short term stability of *±5 parts in 10^8*.

"这台标准振荡器的短期稳定度为±5×10^{-8}。"

② 分子用"a+序数词+part"表示，分母的表示方式与上面相同(这不常见)。如：

a third part in 10^4

"万分之三"

三、分数、倍数、百分数修饰名词等时的句型

$$\left.\begin{array}{l}\text{分数}\\\text{倍数}\\\text{百分数}\end{array}\right\}\text{后接}\left\{\begin{array}{l}the\,(\text{或物主代词})+\text{名词}\\that+\text{后置定语}(\text{常为}\,of\,\text{短语})\\what\,\text{从句}\end{array}\right.$$

（这一句型可看成在两部分之间省去了"as large (great,...) as"。）

The Fahrenheit degree is only *5/9 the size* of the Celsius degree.

"华氏度仅为摄氏度数值的 5/9。"

The volume coefficient of a solid is almost exactly *three times its linear coefficient.*

"固体的体膨胀系数几乎就等于其线膨胀系数的三倍。"

The mass of the moon is *1/80 that* of the earth.

"月球的质量为地球的 1/80。"

The demand for this kind of equipment in the near future will be *20 times what it is*.

"不久的将来，对这种设备的需求量将为目前的 20 倍。"

四、倍数增减的一些句型和译法

(1) 句型 1：

$$\boxed{n\text{ times }\,\text{比较级}\,=n\text{ times as }\,\text{原级}\,\text{ as}}$$

This machine is *five times heavier* than that one.

"这台机器比那台重四倍。"（或：这台机器是那台的五倍重。）

请读者注意：这一句型比较特殊，很容易引起人们的误解。有人把上句译成"这台机器比那台重五倍"，这是错误的。在纯正的英美科技工作者的著作中，在英美数学、物理及各工程教科书中，在 VOA 的广播中，在英美词典的例句中，均遵循上面公式所表达的含义。在这种情况下，请记住："**英译汉减一倍；汉译英加一倍**"。

(2) 句型 2：

$$\boxed{\text{increase (by) }n\text{ times }\text{或 increase }n\,fold\text{ 或 increase (by) }a\,factor\,of\,n}$$

该句型中，三者均表示"增加到 n 倍；增加了 $(n-1)$ 倍"（若表示"降低"或"减少"，情况类同）。如：

From 1990 to 2000 the production of computers was increased *(by) six times*.

"从 1990 到 2000 年间，计算机的产量增长了 5 倍。"

In this case, its gain will be increased *by a factor of 5*.

"在这种情况下，其增益将提高 4 倍。"

Since the first transatlantic telephone cable was laid the annual total of telephone calls between UK and Canada has increased *seven fold*.

"自从铺设了第一条横跨大西洋的电话电缆以来，英国与加拿大之间的年通话量增加了 6 倍。"

This factor is now equal to 9, a reduction *by a factor of 11*.

"这个因子现在等于 9，它降低为原来的 1/11。"

第四节　介　　词

一、介词短语的构成

介词在句中不能单独存在，它一定要与它的宾语(称为"介词宾语")一起构成一个整体——"介词短语"而出现在句中。介词短语在文章中随处可见，但有些读者对它的语法功能很不重视或对其词义选择不当，结果严重地影响了对句子的理解(特别要注意常用的几个具有多个词义的介词"of, with, for, over, by, on，upon，in"的用法)。

二、介词短语的主要语法功能

1. 状语[**]

介词短语作状语时，它可置于句首、句中或句尾，但汉译时一般要译在主语或谓语前。

We shall use real numbers *throughout this text, with one important exception*.

"除了一个重要的例外之外，在这整本教科书中我们将使用实数。"

请注意以下两点：

① "with+某些抽象名词" = 抽象名词相应的副词。如：

It is now possible to change AC into DC *with great ease*.

"现在能够很容易地把交流电变成直流电。"

② "of 短语"可以充当一种补充说明的同位语性质的状语(也可看成是表语性的状语)，它表示"具有(某个数值)"。如：

Their channel resistances will be relatively low, *of the order of 500 Ω*.

"它们的沟道电阻是比较低的，大约为 500 欧姆。"

注：文中**号表示最常见的情况；*表示次常见的情况。

2. 定语[**]

介词短语作定语时,只能作后置定语,也就是说只能放在被修饰词(名词或代词)的后面。如:

The distance *from the radar set to the target* is called the range.

"<u>从雷达机到目标</u>的距离被称为作用范围 (range)。"

3. 表语[*]

介词短语作表语时,介词短语位于连系动词之后(也有人认为这属于状语)。如:

The MKS system is also *in common use*.

"千克·米·制也是<u>常用的</u>。"

The usefulness of logarithms in advanced mathematics remains *of great importance*.

"对数在高等数学中的用处仍然是<u>很重要的</u>。"

The authors are *with the IBM laboratories*.

"这些作者是 <u>IBM 实验室的</u>。(本句是介绍论文作者的常用句型,它本来是"The authors are associated with the IBM laboratories.",现在把"associated"一词省去了。)

4. 补足语

介词短语作补足语主要是一些与及物动词或及物性短语动词搭配的 as 短语,也可能是"of+某些抽象名词"(= 该抽象名词对应的形容词)以及与 set、keep、see、leave、force、find 等动词连用的介词短语。如:

Speed is defined *as the ratio of distance to time*.

"速度被定义为<u>距离与时间之比</u>。"

Long ago compasses were found *of great help* to travel.

"很久以前人们就发现,指南针对旅行是<u>大有帮助</u>的。"

If you let your pencil drop to the floor, you can see gravity *in action*.

"如果你让你铅笔掉向地面,你就能看到重力<u>在起作用</u>。"

5. 插入语[*]

作插入语的介词短语多为一些固定词组。它们在句中位置灵活;汉译时与作状语时类同,一般应放在主语或谓语之前。如:

These problems are, *of course*, oversimplified.

"<u>当然</u>,这些问题是过于简化了的。"

For instance, A^5 is read as 'A to the fifth power'.

"<u>例如</u>,A^5 读成 'A 的 5 次方'。"

6. 构成各种短语**

介词构成各种短语主要在某些动词、形容词和个别副词之后构成固定的搭配，介词短语在其中当然均作状语。重要的是要记住这种搭配关系而把整个短语作为一个整体对待，不必单独分析介词短语的功能。如：

The resistance of a conductor *depends on* a number of factors.

"导体的电阻<u>取决于</u>好几个因素。"

7. 介词宾语

只有极少数介词(最常见的有 from、except、until、to 等)后可以跟有介词短语作其介词宾语，甚至有时一个介词后可接一个状语从句(在 except 后常有此类情况发生)。如：

Most of the fuel we use today comes from *under the ground*.

"我们今天所用的燃料大部分<u>来自地下</u>。"

Except *in special cases* the displacement and length of path of a moving body are not numerically equal.

"除<u>特殊情况</u>外，运动物体的位移与路径的长度在数值上是不等的。"

In this case, the ratio drops to *between 2 and 1*.

"在这种情况下，该比值下降到<u>2 和 1 之间</u>。"

8. 表示近似数

在个别情况下，介词短语"from … to …"、"between … and …"、"over …"、"above …"、"under …"等可用来表示近似数，这时它们处在被修饰的名词的前面。如：

The earth is *between 4 and 5* billion years old.

"地球的年龄<u>在 40 到 50 亿岁之间</u>。"

极个别介词后还可跟形容词或分词短语(如介词 as)、副词(如介词 except、until)或动词不定式(如介词 except、but)。如：

This kind of communication was regarded *as impossible*.

"这种通讯在过去被认为<u>是不可能的</u>。"

This solid-state device did not appear commercially *until nearly 40 years later*.

"这种固态器件<u>直到将近 40 年之后</u>才出现在市场上。"

Nothing can be done about the external noise *except change the geographical position of the receiver*.

"对于这种外部噪声，我们<u>只有改变接收机的地理位置</u>才能(将其)消除掉。"

第五节 动　　词

一、动词的分类

通常，动词可以分为以下六类。

1．连系动词

连系动词不能单独作谓语，而要与其后面的表语构成名词性合成谓语。

（1）常见的连系动词有 be、become。

（2）由其它实义动词演变来的连系动词有 remain、look、appear、seem、prove、get、go、stay、sound、turn 等。

连系动词一般的判别公式：

$$\boxed{\text{动词（主动式）+形容词}}$$

这时，这些动词原有的词义往往弱化了，甚至消失了，不少动词的词义十分接近于 "become" 的含义，特别是 turn、go、get 等。如：

This graph **looks** puzzling.

"这个曲线图看起来令人费解。"

If $V_2 = 0$, the output can never **swing** negative.

"若 $V_2 = 0$，则输出绝不会变成负的。"

2．助动词

助动词用来构成动词的各种时态、语态、疑问、否定等，它们与主要动词一起构成动词性合成谓语。主要的助动词有 be、do、have、will、shall 等。

3．半助动词

有些不及物动词（主要有 appear、seem、happen、remain、prove、turn out 等）可起半助动词的作用。它们与动词不定式一起构成动词性合成谓语。

半助动词一般的判别公式为：

$$\boxed{\text{少数几个不及物动词（主动式）+动词不定式}}$$

In the universe, there **appear** to be only two kinds of electric charge.

"在宇宙中，似乎只有两种电荷。"

This technological problem **remains** to be solved.

"这个技术问题有待于解决。"

4．情态动词

这类动词一般用来表示说话人的情感，它们没有人称和数的变化。科技文中常见的情态动词有 can、may、must、need、should 等。它们与其后面的主要动词构成动词性合成谓语。

5．实义动词

英语中大部分动词属于实义动词。它们表示具体的动作或状态，含有明确的词义，可分为及物和不及物两类。它们可单独作谓语。

英语中有些及物动词可带有两个宾语，一般一个为直接宾语，另一个为间接宾语。科技文中常见的实义动词有 give、show、tell、convince、inform 等。

A handbook *informs* us that the planet Mars has a mass 0.1065 times the mass of the earth.

"有一本手册告诉我们，火星的质量为地球的 0.1065 倍。"

6．代动词

这类动词主要是 do（does, did）。它用来避免动词的重复，在科技文中最经常地出现在由 than 和 as 引导的比较状语从句中以及由 as 引导的方式状语从句和限制性定语从句中；有时也可出现在其它场合。它既可以只代替一个动词，也可以代替一个动词及其宾语等。当从句中的主语为名词时，为了加强语气，可以把代动词放在主语前。如：

Bones absorb the X rays much more than *do* the soft skin and muscle tissue.

"骨头吸收 X 射线比柔软的皮肤和肌肉组织吸收的多得多。"（do 代替 absorb，放在从句主语前了。）

It takes a body precisely as long to fall from a height h as it *does* to rise that high.

"一物体从高度 h 下落所需的时间与它上升到那一高度所需的时间完全相同。"（does 代替 takes。）

二、动词的语法功能

(1) 构成谓语（单独或合成）。

(2) 构成非谓语形式。实义动词、连系动词、半助动词以及个别助动词可以有非谓语形式，起多种语法作用，这将在后面详述。

三、注意事项

1．cannot 或 can+scarcely 等否定副词的特殊用法

当这一形式与某些副词（too、enough、perfectly、sufficiently 等）或某些副词、形

容词的比较级或某些动词(overemphasize、overrate、overestimate、exaggerate 等)连用时，表示"无论…都不过分"、"越…越好"之意。如：

In doing an experiment, one *cannot* be careful *enough*.

"在做实验时，我们越细心越好。"

This point *cannot be overemphasized*.

"这一点无论怎么强调都不过分。"

2. "情态动词(科技文中常见 could 和 might)+动词完成式"的用法

（1）"could+动词完成式"。

这一形式在科技文中主要表示过去或原来有能力或有可能做，但实际上未做的动作或行为。(这也属于虚拟语气的一种形式。)如：

This equation *could have been solved* by factoring.

"(本来)也可以通过因式分解来解这个方程。"

（2）"may 或 might+动词完成式"。

这一形式在科技文中主要表示对过去的动作或行为的推测。如：

You *may have noticed* that the atomic mass of carbon is a bit larger than 12, 12.011 to be exact.

"读者也许已经注意到了，碳的原子质量比 12 大一点点，确切地说是 12.011。"

有时"may+动词的进行式"可以表示"可能"，指现在时间或将来时间。如：

Such a particle *may be moving* along a straight path at constant speed.

"这样一个质点可能在作匀速直线运动。"

第六节 副　　词

一、位置

副词的位置是很灵活的，可处于句首、句中或句尾。一定要注意汉译时其正确的位置。如：

The elapsed time $t - t_0$ is positive *always*.

"消逝的时间 $t - t_0$ 总是为正的。"

二、功能

1. 状语**

这是副词最主要的语法功能，它可修饰动词、形容词、副词、介词短语、句子等。如：

Electrons move round the nucleus *much* as the earth moves round the sun.

　"电子绕原子核的运动很像地球绕太阳运行。"（修饰由 as 引导的方式状语从句。）

　　副词作状语时的位置很灵活，希望读者在阅读英美科技书刊时多留意观察。特别要注意下面几点：

　　(1) 凡"不及物动词与介词"构成的短语动词或"形容词+介词"构成的形容词词组的情况，副词（甚至作状语的介词短语）一般放在动词与介词、形容词与介词之间，这一点许多读者在写作时并不清楚。如：

The device consists *mainly* of five parts.

　"该设备主要由五部分组成。"

This phenomenon is due *largely* to the skin effect.

　"这一现象基本上是由于集肤效应引起的。"

　　(2) 表示"显然"含义的 clearly、obviously、apparently、evidently 等一般要放在句首，其后面要加逗号（它们分别等效于"It is clear that …"、"It is obvious that …"、"It is apparent that …" 和 "It is evident that …"）。如：

Clearly, the current in a circuit depends on the applied voltage. (= It is clear that the current in a circuit depends on the applied voltage.)

　"显然，电路中的电流取决于外加电压。"

　　(3) 在祈使句中，一般把副词放在动词后，也有放在动词前的。如：

Suppose *next* that the circuit consists of a capacitor.

　"然后假设该电路是由一个电容器组成的。"

Now consider that all inputs are HIGH.

　"现在考虑一下所有的输入均为高电位的情况。"

　　(4) 在系表结构的情况下，一般副词放在 is、are 等连系动词之后，若有 will、can、may 等词，则副词一般放在 be 之前。如：

The reverse voltage gain is *usually* negligible.

　"反向电压增益通常是可以忽略不计的。"

Our logic equation for L will *thus* be a sum of products containing eight terms.

　"因此 L 的逻辑方程将是含有八项的乘积之和。"

　　(5) 修饰不定式的副词一般可放在"to"之后，但也可放在该动词或其短语后，有时还可放在"to"之前。如：

A better solution is to *effectively* reduce R_c by replacing it by an active resistance.

"一个较好的解决办法是用一个有源电阻代替 R_c 来<u>有效地</u>降低 R_c 的数值。"

2．表语

副词作表语时，在科技文中主要表示状态，偶尔表示地点。如：

Operational amplifiers have been *around* since the 1940s.

"自从 20 世纪 40 年代以来，就一直<u>存在着</u>运算放大器。"

3．补足语

这时的副词主要表示状态。如：

This signal can make transistor Q2 *off*.

"这个信号能使晶体管 Q2 <u>截止</u>。"

4．定语*

副词作定语时一定要把副词放在被修饰的名词之后(即作后置定语)。它又可分为以下两种情况：

(1) 一些表示地点、少数表示时间的单个副词，如 above、below、here、there、nearby、down、up、thereof、ahead、then now、today 等。如：

The two equations *below* are of great importance.

"<u>下面</u>的两个式子极为重要。"

The equations of science are a sort of universal language easily understood by scientists *everywhere*.

"科学上的各种方程式，是一种为<u>各地</u>的科学家容易理解的通用语言。"

Scientists *today* will solve problem *tomorrow*.

"<u>今天</u>的科学家们将解决<u>未来</u>的问题。"

(2) "状语(特别是数量状语)+副词(很少数)"。如：

Electronic mail enables one to establish contact with people *half a world away*.

"电子邮件能使我们跟<u>地球另一端</u>的人们建立联系。"

The force between two charges of 1 coul each *a distance of 1 m apart* is 9×10^9 N.

"带电量各为 1 库仑、<u>相隔距离为 1 米</u>的两个电荷之间的作用力为 9×10^9 牛顿。"

三、副词 much 和 very 用法上的主要差异

(1) 修饰动词时只能用 much 或 very much，而不能用 very。如：

It does not *much* matter in which direction this type of transistor is operated.

"朝哪个方向运用这类晶体管关系<u>不大</u>。"

(2) 修饰形容词或副词的比较级时可用 much 或 very much，而不能用 very。如：

This machine works ***much*** better than that one.

"这台机器的性能比那台好<u>得多</u>。"

(3) very 一般用来修饰可分等级的形容词和副词，而 much 一般用来修饰只能作表语的形容词以及副词 too。如：

This equation is ***very*** difficult to solve.

"这个方程<u>很</u>难解。"

The two models are very ***much*** alike.

"这两种型号<u>很</u>相像。"

The unit 'farad' is ***much*** too large.

"'法拉'这个单位<u>实在</u>太大了。"

(4) very 可修饰完全变成了形容词的现在分词或过去分词，而 much 可修饰带有动词意义的过去分词。如：

Professor Smith is a ***very*** celebrated expert in physics.

"史密斯教授是一位<u>很</u>有名的物理学家。"

This is a ***much*** used type of multimeter.

"这是<u>常用</u>的一种万用表。"

四、"typically"的译法及表示"最后"的副词

(1) 多数英美科技工作者喜欢用副词"typically"来表示"典型值"的含义。如：

The overall thermal efficiency of a nuclear plant is ***typically*** 30 percent.

"核电厂总的热效率的<u>典型值</u>为百分之三十。"

(2) 在科技文中表示"最后"的含义时，绝大多数英美人使用副词"finally"，极少数人用副词"last"或"lastly"，其后面一般加逗号。但绝不能用"at last"或"in the end"，许多读者写作时经常出错。要知道前面三个副词这时的含义是"最后一点；最后一项内容"，而后面两个词组的确切词义为"最终；终于"（当然，"finally"也可以表示此意）。

Finally, this paper outlines some technical problems which remain to be solved.

"<u>最后</u>，本文概述了有待于解决的一些技术问题。"

Last, I-V output characteristics are plotted in Fig. 4-14.

"<u>最后</u>，I-V 输出特性曲线画在图 4-14 中.

第七节 形 容 词

一、形容词作后置定语的特殊情况

在下列情况下，形容词常见作为后置定语或一定要作后置定语：

(1) 以-able 或-ible 结尾的一些形容词（如 available、obtainable、achievable、attainable、receivable、usable、possible、responsible 等）以及 corresponding、total、similar 等作后置定语，主要表示强调之意。如：

In a measuring instrument the degree of precision *obtainable* is called the tolerance of the device.

"在测量仪器中，所能获得的精度就称为该设备的容差。"

注：在杂志等名称中，"international"一词也常后置。如：

Pulp and Paper ***International***

"国际造纸杂志"

China Radio ***International***

"中国国际广播电台"

(2) 少数形容词一般只作后置定语，如：present（意为"存在的；在场的"时）、whatever 和 whatsoever（名词前已有 no 或 any 修饰时，意为"任何的"）、else（在疑问代词或不定代词后用，意为"其它的"）、inclusive（"首末包括在内的"）、concerned（"有关的"）等。如：

The nucleus contains a total positive charge equal to the number of protons *present*.

"原子核中含有的正电荷的总数与存在(于该原子核中)的质子数相等。"

In Chapters 9 to 14, *inclusive*, the detailed design of each of the components shown in Fig. 1-4 is treated.

"在第 9 到第 14 章(第 9 章和第 14 章包括在内)中，对图 1-4 所示的每个部件的详细设计作了论述。"（这是非限制性定语，因为 inclusive 前面有一个逗号。）

(3) 修饰 something、anything、everything、nothing, somebody、anybody、everybody、nobody, someone、anyone、everyone、no one 等不定代词时形容词必须后置。如：

Everything *electronic* will be done digitally.

"将来所有的电子设备都得数字化。"

(4) "副词(或数量状语)+形容词"往往作后置定语。如：

Let us consider two parallel wires *50 cm long*.

"让我们来考虑一下长度为 50 厘米的两根平行导线。"

二、形容词作状语的情况

某些单个形容词(主要是 un~ed 形式的形容词)可以作状语(一般是方式状语)，一般读者对此是不熟悉的。如：

With the help of a computer, this machine can work **unattended**.

"借助于计算机，这台机器能自动地工作。"

Even if a student can follow every line of every example in this book, that doesn't mean that he or she can solve problems **unaided**.

"即使学生能看懂本书中每一个例题的每一句话，这也不能说明他就能独立地解题了。"

When a picture is taken of an object at a great distance, the rays from any one point on the object come to the lens almost **parallel**.

"当对很远处的物体照相时，来自物体上每一点的光线几乎是平行地进入相机镜头的。"

注意：在极个别情况下，形容词(主要是 long 和 much)兼有名词的作用，这主要出现在比较句型中。如：

In operating rooms and delivery rooms especially, as **much** of the environment is kept sterile as is practicable.

"特别在手术室和分娩室中，要使尽可能多的周围环境得以消毒。"(much 一词既作了句子的主语，又被同等比较句型修饰。)

It takes a body precisely as **long** to fall from a height h as it does to rise that high.

"一个物体下降 h 高度与它上升同样高度所需的时间完全相等。"(long 一词既作了 takes 的宾语，又被同等比较句型修饰。)

三、形容词短语(简称"形短")**

1. 形式

我们这里所介绍的"形容词短语"是一种狭隘的、不少读者不熟悉的概念，其主要形式如下：

(1) "形容词+介词短语"(这一类是最大量的)，如 similar to …、familiar with …、capable of …、different from …、dependent on …等。

(2) "形容词+动词不定式"(常见的有几个)，如 able to (do …)、necessary to (do…)、free to (do …)、ready to (do …)、too … to (do …)等。

(3) "形容词+状语从句(尤其是比较状语从句)"。

(4) 由等立连接词连接的两个或多个形容词。

2.形容词短语的语法功能

它们与单个形容词的功能类同。

(1) 定语**。形容词短语只能作后置定语。如：

A quantity *greater than any number* is called infinity.

"大于任何数的一个量被称为无穷大。"

注：① 形容词短语作后置定语时，也可以是非限制性的。如：

Einstein put up the principle of relativity, *valid not only in mechanics but in all physics*.

"爱因斯坦提出了相对论，它不仅适用于力学，而且适用于整个物理学。"

A successful scientist is a good observer, *accurate, patient and objective*.

"一位成功的科学家是一位很好的观察家，一丝不苟、耐心而又客观。"

The absence of atmosphere in space will allow the space telescope to show scientists light sources as far as 14-billion light years away, *some seven times farther out than those visible to the biggest ground-based optical telescopes*.

"由于太空中没有大气，所以科学家们可以通过太空望远镜观察到离我们远达140 亿光年的光源，这些光源比地球上最大的光学望远镜所能观察到的光源还要远出大约6 倍。"(本句有几个语言点："as far as 14-billion light years away"为"数量状语+副词"作后置定语，修饰"light sources"；"some"处在数词前时为副词，意为"大约"；"seven times farther out than …"意为"比…远出6 倍"；"some seven times farther out than …"这个形容词短语是"light sources"的非限制性定语；"those"代替"light sources"；"visible to …"也是形容词短语，在此作后置定语修饰"those"。)

② 有时候，形容词与其搭配的介词短语可以是分开的。如：

This has a *similar* mathematical form *to the gravitational one*.

"其数学形式与引力的数学形式类同。"

③ 个别情况下形容词可以不译成定语，而按词序进行汉译。如：

Fig. 5-8 shows the hoop and disk *ready to start their trip down*.

"图 5-8 显示了铁环和圆盘正要开始往下运动。"

In this case there is no positive root *larger than 1*.

"在这种情况下，没有一个正根是大于 1 的。"

(2) 表语。如：

LSI chips have become *available to the design engineer*.

"现在设计工程师<u>可获得大规模集成电路芯片了</u>。"

（3）补足语。如：

These properties make laser beams *different from other light beams*.

"这些特性使得激光射束<u>不同于其它光束</u>。"（形容词短语作宾语补足语。）

The given function is set *equal to zero*.

"把给定的函数设成<u>等于零</u>。"（形容词短语作主语补足语。）

（4）状语**。当形容词短语作状语时，一般来说其逻辑主语一定是句子的主语（有时是其后面或前面整个句子的含义），这是典型的书面语言形式。

① 位于主语之前时：往往表示原因**、条件、时间、方式、让步、对主语的附加说明*或对后面句子的一种评注性状语，这只能通过"试探"来确定其确切的含义。如：

Accurate in operation and high in speed, computers can save man a lot of time and labor.

"<u>由于计算机运算准确、速度快</u>，所以能节省人类大量的时间和劳力。"

Free from the attack of moisture, a piece of iron will not rust very fast.

"<u>若铁块不受潮</u>，则不易生锈。"

Large or small, all the circuits will contain the same kinds of components.

"所有的电路，<u>不论大小</u>，都含有同种元件。"

Analogous to the technique used in discussing power averaging, define a new random variable W.

"<u>以类似于在讨论求功率平均值时所使用的方法</u>，我们来定义一个新的随机变量 W。"

Analogous to the eyelid, the camera shutter opens for a predetermined length of time to allow to enter through the lens and expose the film.

"<u>照相机的快门类似于眼睑</u>，它开启预定的一段时间，让光线进入镜头而使胶片曝光。"（这是对主语的一种说明。）

Contrary to common belief, forces are not transmitted only by 'direct contact'.

"<u>与普遍的观念相反</u>，力并不是仅仅靠'直接接触'来传递的。"（这是对其后面句子的一种说明。）

② 位于句尾：这时往往是对其前面句子主语或整句的一种说明（当它说明整句时，也可把它看成是在形容词短语前省去了"which is"的一种非限制性定语从句），也可作方式状语等。如：

As long as the stone is elevated, the work done on it is stored, ***ready to be released*** whenever the stone is lowered.

　　"只要把石块升高，对它做的功就被储存了起来，无论什么时候把石块降下来，这功就会被释放出来。"

The efficiency must be carefully considered, ***consistent with the other requirements of the system.***

　　"我们必须仔细地考虑效率问题，使其兼顾系统的其它要求。"

The video signal can be recorded on magnetic tape for picture reproduction, ***similar to audio tape recording for the reproduction of sound.***

　　"视频信号可以录在磁带上以供重播图像，这类似于音频磁带录音供播放声音一样。"（这是对其前面整句的一种附加说明。）

The force acts ***perpendicular to the surface of the earth***.

　　"该力垂直于地球表面起作用。"（形容词短语作方式状语。）

第八节　代　　词

　　代词的类别很多，有人称代词、物主代词、自身代词、指示代词、疑问代词、不定代词、连接代词、关系代词等。总的来说，代词大致可分成名词性和形容词性两种(有的两者兼之)。不少读者可能对以下几点并不熟悉。

一、形容词性物主代词作定语的情况

　　形容词性物主代词(在科技文中常用的是 its 和 their 两词)作定语时，与被修饰词之间存在有以下几种主要的逻辑关系。搞清楚这些关系，对正确理解原文以及使译文通顺是很有帮助的。

1. 所属关系(有时为相关的关系)

　　这种关系是大家所熟悉的。如：

The energy of a body is ***its*** power to do work.

　　"物体的能量就是它做功的能力。"

2. 主表关系

　　这时其修饰的名词来自于相应的形容词，两者的关系在逻辑概念上是"主语与表语"的关系。汉译时多数情况下把它们译成人称代词，即多数译成 it、they 等。如：

Because of *its* simplicity, this circuit is widely used in power supplies.

"由于该电路结构简单，所以广泛用于电源中。"（"Because of its simplicity"可等效于"Because it is simple"。）

Water and carbon dioxide are among the substances that absorb in the infrared. *Their* presence in the atmosphere has an insulating effect.

"水和二氧化碳属于能吸收红外线的物质，所以它们存在于大气中就产生了绝缘〔隔离〕效应。"

3. 主谓关系

这时一般要把形容词性物主代词译成人称代词，即 it、they 等。

(1) 被修饰的名词来自于不及物动词。如：

It is estimated that during the 5 billion years of *its* existence, the core of our sun has used about half of its original supply of hydrogen.

"据估计，在太阳存在的 50 亿年间，太阳核已用去了大约它原来氢的储存量的一半。"（existence 来自于 exist。）

(2) 被修饰的名词来自于及物动词。这时，在该名词后要有一个一般由 of 引出的逻辑宾语（个别情况有可能跟有一个同位语从句）。汉译时一般要把该名词译成及物动词。如：

This property justifies *our* choice of the above constant as positive.

"这一性质证明我们把上述常数选为正是合理的。"（choice 来自于 choose；the above constant 是其逻辑宾语，as positive 是其逻辑宾语补足语。）

Aiken's machine was limited in speed by *its* use of relays rather than electronic devices.

"艾肯机的速度受到了限制，是因为它使用的是继电器而不是电子器件。"（"relays rather than electronic devices"是名词 use 的逻辑宾语。）

This is possible because of *our* assumption that the transistor is a linear amplifier over the range of voltages and currents of interest.

"之所以能这样，是因为我们假设了晶体管在我们感兴趣的电压、电流范围内是一个线性放大器。"（assumption 来自于 assume；"that the transistor is …"是它的逻辑上的宾语从句，而在语法上是它的同位语从句。）

4. 动宾关系(有时可看成被动的主谓关系)

这时物主代词所修饰的名词来自于及物动词。汉译时要该名词译成及物动词，而把物主代词译成人称代词。如：

These equations are called differential equations, and ***their*** study forms one of the most challenging branches of mathematics.

"这些方程被称为微分方程，对它们的研究形成了数学中最具挑战性的分支之一。"（"their"是"study"的对象。）

The result of an experiment forced the abandonment of Thomson's model and ***its*** replacement by a new model.

"一个实验的结果迫使人们放弃了汤姆森模型，而用一个新的模型来代替它。"

二、代词 one 和 that 在用法上的主要区别

1. one 的用法

（1）one 可表示"（一个）人"，在科技文中一般可译成"人们、我们、大家、有人"，但在语法上只表示单数。one 在句中主要作主语，偶尔也作宾语用。如：

If ***one*** were to apply the final-value theorem to Eq. (2.9), the incorrect final value of 1.75 would be obtained.

"如果我们把终值定理应用于式(2.9)，就会得到一个不正确的终值 1.75。"

Television, it is often said, keeps ***one*** informed about current events.

"人们常说，电视能使我们随时了解时事。"（在本句中 one 作宾语。）

（2）one 可用来代替可数名词，复数用 ones。它一般带有前置定语，带有后置定语的情况比较少。如：

A working equation expresses the unknown quantity in terms of the known ***ones***.

"一个运算方程利用一些已知量来表示未知量。"

This problem is ***one*** of great importance.

"这个问题是个极为重要的问题。"

注意：one 和 it 的区别在于，前者只指同类事物中的任何一个；而后者则指同名同物，即特定的某物，且其前后均不能带任何修饰语。

2. that 的用法

（1）that 既可代替可数名词(复数用 those)又可代替不可数名词，但它绝不能带前置修饰语，而其后面一定要有后置定语(最常见的是 of 短语，也可以是分词短语、定语从句等)。它常用来代替抽象名词。如：

The conductivity of silver is higher than ***that*** of copper.

"银的导电率比铜的导电率高。"

The force needed to set a body in motion against friction is more than ***that*** needed to maintain it in motion at constant speed.

　　"为克服摩擦力而使物体开始运动所需的力大于为维持它作匀速运动所需的<u>力</u>。"

　　The electrodes in a cathode-ray tube are not the same as ***those*** in an electron tube.

　　"阴极射线管中的电极与电子管中的电极是不同的。"

　　注意：在代替可数名词时，one 和 that 往往可以互换。如：

　　This second result agrees with ***that***〔the ***one***〕obtained in Example A.

　　"这第二个结果与例题 A 中所得的<u>结果</u>相一致。"

　　（2）that 可以代替前述内容，译成"这"。如：

　　The sun is much nearer to us than the other stars. ***That*** is why it looks the brightest.

　　"太阳离我们要比其它星星近得多。<u>这</u>就是为什么太阳看起来最亮的原因。"

三、代词的代后问题

　　代词的代后与我们汉语中的用法是不同的，所以有时候会引起读者的误解，同时还要注意其汉译法。

　　（1）形容词性物主代词经常出现在句首的介词短语中，以代替后面作主语的名词的所有格。如：

　　Because of ***its*** capacity to handle large volumes of data in a very short time, a computer may be the only means of resolving problems when time is limited.

　　"由于<u>计算机</u>能在很短的时间内处理大量的数据，所以在时间有限的情况下计算机也许是解题的唯一工具。"（"its capacity"等效于"the capacity of a computer"。）

　　In ***their*** study of electricity, physicists defined the electric field intensity E at a point in space as E=F/q.

　　"<u>物理学家们</u>在研究电学的时候，把空间任何一点处的电场强度 E 定义为 E=F/q。"（their 指的是 physicists。）

　　（2）人称代词出现在句前的从句中，一般代替后面句中的主语。如：

　　When ***they*** get hot, all metals melt.

　　"<u>所有金属</u>受热时都会熔化。"（they 代替 all metals。）

　　Although ***it*** has been a long time coming, a greater marriage of the monolithic and hybrid technologies is inevitable.

　　"虽然<u>单片式技术和混合式技术的结合</u>姗姗来迟，但它们更进一步的结合是不可避免的。"（it 是指 marriage。）

　　（3）在科技文中，第一个并列分句中或状语从句中的 it（一般是主语）可以代替后面一个并列分句或主句的整个含义。如：

Strange as *it* may sound, the heat of the sun can be used to produce cold.

"虽然可能听起来奇怪，但太阳的热的确是能够用来制冷的。"（it 在此指后面整个主句的含义。）

第九节 名 词

关于名词的语法功能，读者还需特别注意以下几点。

一、名词作定语时的特殊情况

1．少数场合用复数名词作前置定语

到底什么时候该用复数形式，没有规则可循，望读者在阅读英语书刊时多留心、多观察英美人的习惯用法（有时单复数都可以）。以下为常见复数名词作前置定语的示例：

materials science	"材料学"
machines hall	"机器展览大厅"
commodities fair	"商品交易会"
parts list	"零件目录"
standards body	"制订标准的组织"
solutions manual	"习题解答集"

2．有时可由一个名词短语作前置定语

这种表示法是现代科技英语的一种趋势，它表达的科技性、专业性很强，特别是国际会议和某些杂志的名称更是如此。如：

The University of Utah artificial arm is good in quality.

"犹他大学的人造手臂质量很好。"

They have the *factor of 2* difference.

"它们相差一个因子 2。"

Aerospace Applications of Artificial Intelligence Annual Conference

"人工智能在航空方面的应用年会"

3．名词短语作后置定语[**]

这时该名词短语主要表示尺寸、大小、数值等，事实上可看成在该名词短语前省去了介词 of。如：

Oxygen has a mass *about 16 times the mass of a hydrogen atom*.

"氧的质量约为<u>氢原子的 16 倍</u>。"

If an atom could be expanded to cover this page, its nucleus would be barely visible as a tiny dot *one tenth the size of the period at the end of this sentence*.

"如果我们能够把一个原子放大到能盖住这一页的话，其原子核只能被看到是<u>本句末尾句号的十分之一</u>那么一个小点。"

二、名词作状语的情况

(1) 名词或名词短语作状语时，最常见的是用来表示时间、距离、倍数、数量、程度、方式、方向、价格、频度等。如：

In time dt each free electron advances *a distance vdt*.

"在 dt 这一段时间内，每个自由电子前进了 <u>vdt 这么一段距离</u>。"

It is often necessary to multiply a quantity by itself *a number of times*.

"我们常常需要把一个量自乘<u>数次</u>。"

(2) 不带任何冠词的单个名词可作状语，表示"方式、方面"等，主要位于某些形容词或动词之前。

这种状语实际上是从构词法演变来的。原来在这种名词与形容词或动词之间有一连字符号形成一个组合词，但在现代科技英语中，往往把连字符号省去了，变成了名词作状语的一种特殊形式。如：

Air cooling the equipment is necessary.

"需要对该设备进行<u>空气冷却</u>。"

The container is *water* resistant.

"该容器是防<u>水</u>的。"

The material in this volume has been *class* tested.

"本书的内容经过了<u>课堂</u>试用。"

三、名词短语作其前面整个句子（或其一部分）的同位语的情况[**]

名词短语作其前面整个句子（或其一部分）的同位语这种现象在科技文中屡见不鲜，但许多读者对它并不熟悉。这时核心名词一般为单数形式（极个别情况下也可以是一个复数名词），其前面一般有不定冠词，同时大多数情况下由逗号（偶尔用破折号）与前面句子分开。这种同位语实际上是一种附加说明，可以看成是一个修饰整个主句的非限制性定语从句省去了"which is"。下面分两种情况来说明。（这是典型的书面语言形式。）

(1) 句型 1:

> ～（句子），a/an+形容词+名词（偶尔跟有介词短语）

译法：① "这是"+形容词+名词。

② "这个〔种〕"+名词+"是"+形容词。

到底选用哪一种译法，全看译文通顺与否。如：

A magnet attracts iron materials, *a familiar phenomenon*.

"磁体能吸引铁质材料，<u>这是大家熟悉的一种现象</u>〔这种现象是大家所熟悉的〕。"

The independent particle model of the nucleus is able to explain the origin of these magic number, *a strong point in its favor*.

"有关原子核的这种独立的粒子模型，能说明这些神奇数字的起源，<u>这是该模型的一大优点</u>。"

Upon making use of this equation, the exact frequencies found in the hydrogen spectrum are obtained — *a remarkable achievement*.

"利用了这一方程式后，就得到了在氢的频谱中所发现的那些频率，<u>这是一个了不起的成就</u>。"（这里用了破折号。）

(2) 句型 2:

> ～（句子），a/an +名词+后置定语 {
> 过去分词短语
> 形容词短语
> 定语从句
> 同位语从句
> }

注意：① 以定语从句和过去分词短语为多见。

② 其中 "a/an+名词" 有时为 "something" 一词，它与 "a fact" 类同，可译成 "这一点〔现象，概念〕" 等。

译法：一般不按语法译，而应按词序顺译，即 "这一〔个〕…"。如：

At extremely low temperatures, near absolute zero, some conductors lose the last vestige of resistance, *a phenomenon referred to as superconductivity*.

"在接近绝对零度的极低温度时，有些导体失去了最后一点点电阻，<u>这一现象被称为超导性</u>。"

In every atom in its normal state, the number of protons equals the number of electrons, *a fact which is directly related to the electrical properties of the proton and the electron.*

"在处于正常状态下的每个原子中，质子数是等于电子数的，<u>这一点是与质子和电子的电性质直接相关的</u>。"

It should be obvious from this example that sin(α+β) is not equal to sinα+sinβ, *something which many students assume before they are familiar with the formulas and ideas of this section.*

"从这个例子应该可以明显地看出，sin(α+β)并不等于 sinα+sinβ，<u>而许多学生在熟悉本节的这些公式和概念之前却以为这两者是相等的</u>。"（注意本句的汉译法。）

From equation (11-2), KE = (1/2)Iω², *a relation which is exactly analogous to* **KE = (1/2)mv²** *in linear motion.*

"由式(11-2)得到 KE = (1/2)Iω²，<u>这一关系式与直线运动的 KE = (1/2)mv² 完全类同</u>。"

Faraday was unable to calculate the velocity of propagation of electromagnetic waves, *a task which required the mathematical precision of Maxwell*, which Faraday entirely lacked.

"法拉第未能计算出电磁波的传播速度来，<u>因为要进行这一任务需要有麦克斯韦的数学头脑</u>，而法拉第是根本不具备的。"（a task 与不定式短语"to calculate the velocity of propagation of electromagnetic waves"同位，请注意其汉译法。）

Computers are electronic devices capable of processing information — *a process which previously could be accomplished only inside our heads.*

"计算机是能够处理信息的电子设备，<u>而处理信息这一过程以前只能在我们的头脑里完成</u>。"（本句中，a process 与动名词短语"processing information"同位。注意汉译时要重复一下与它同位的短语。）

注：① 有时会遇到以下这种句型：

This yields an increase in resistivity, in agreement with observations.

"这就引起了电阻率的上升，这与我们观察到的情况相吻合。"（本句逗号后可看成是省去了"a fact that is"或"which is"。）

② 有时一个名词的同位语类似于下述两种结构：

Fig. 2.7 shows that when $i_c = 0$, $v_{CE} = V_T \ln(1/\alpha_R)$, *a positive voltage.*

"图 2.7 表明，当 $i_c = 0$ 时，$v_{CE} = V_T \ln(1/\alpha_R)$，<u>这个电压是正的</u>。"

In this case, $V_{CE} = 0.12$ V, *a value which is closer to our assumption of 0.1 V.*

"在这种情况下，$v_{CE} = 0.12$ V，<u>这个值比较接近于我们假设的值 0.1V</u>。"

四、注意事项

(1) 关于名词的复数问题(在写作时要特别注意),有以下要注意的:

① 前面讲过,频率的单位"赫兹"没有复数形式;

② 注意"亨利"的复数形式有两种:henrys 或 henries;

③ 缩略词和一些字符等的复数是用"s"来表示的**。如:

There are two *emf's* in this circuit.

"在这个电路中有两个电动势。"(也会出现 EMFs、EMF's 或 EMF'S 等形式。)

Here the *h's* are the hybrid parameters.

"这里含有 h 的参数都是混合型参数。"

The computer can interpret the same binary configuration of *0's* and *1's* as data or as an instruction.

"计算机能把同样的 0 和 1 的二进制排列翻译成数据或翻译成一条指令。"

④ 注意一些缩写词的复数形式(在写作时注意这一点)**:

Eqs. (1-3) and (1-4) describe this point.

"式(1-3)和(1-4)说明了这一点。"

Figs. (2-5) and (2-6) show two special kinds of robot.

"图(2-5)和(2-6)画出了两种特殊的机器人。"

Problems are given on *pp*. 1-6.

"习题列在第 1-6 页上。"(注意不是 ps.。)

⑤ 其它情况。如:

The effect of this parameter is negligible in this (and most) *examples*.

"这个参数的影响在这个(以及大多数)例子中是可以忽略不计的。"

In this case, both the resistor and the source absorb 0 *watts*.

"在这种情况下,电阻器和电源吸收的功率均为零瓦。"

(2) 当人名的词尾带有 s 时,其所有格一般仍加 's(读做[iz])。如:

Gauss's law   "高斯定律"

(3) 在少数情况下,英语两个名词(甚至两个形容词或副词)由等立连词连接时,其词序与汉语的词序是不同的(望读者阅读时留意观察)。如:

iron and steel	钢铁	plants and animals	动植物
fire and water	水火	right and left	左右
north and south	南北	width and depth	深广度

第十节 词 的 搭 配

　　词的搭配是英语学习中一个极为重要的内容，它对阅读理解和科技英语写作是特别重要的。各种搭配关系要靠读者在长期学习和阅读过程中逐个记忆、不断积累才能掌握好。在此只能纲要性地提出以下几点，供读者参考。

一、通常的两种搭配关系

1. 固定词组

　　这些固定词组的数量极多，在大、中型词典中均用黑体或斜体标出，它们的构成是不得变动的，词义是固定的。如：

in other words　　换句话说　　　take place　　发生；举行

take the place of　代替　　　　　for example　例如

2. 习惯性搭配

　　这种搭配尚未成为固定词组，要在文章中、词典提供的例句中去体会和寻找。

　　(1) 某些名词要与特定的动词相搭配。如：

improve the quality　　　　　提高质量

raise the efficiency　　　　　提高效率

increase the ability　　　　　提高能力

enhance the vigilance　　　　提高警惕

　　从上面的例子可以看出，汉语中是同一个"提高"，但在英语中根据不同的名词要用不同的动词。

　　(2) 某些动词、形容词、名词后要跟有特定的介词。

　　① 动词。如：

Laser beams *are emitted at* the moon.

　　"把激光射束<u>射向</u>月球。"（这里的 at 与 emit 连用时表示"朝向"之意。此时一般不能把它换成 to 或 toward。）

　　要与 at 这样相搭配的常见动词还有 throw、aim、send、point 等。

　　② 形容词。如：

This model *is descriptive of* the behavior of an atom.

　　"这个模型<u>描述了</u>原子的情况。"

　　类似的情况有：

（be）representative = represent　　　　　　表示；代表

（be）characteristic of = characterize　　　表示〔成为〕…的特征

（be）indicative of = indicate　　　　　　　表明

（be）aware of = know　　　　　　　　　　知道，了解

又如：

similar to	类似于	equal to	等于
equivalent to	等效于	perpendicular to	垂直于
vertical to	垂直于	normal to	垂直于
parallel to	平行于	proportional to	正比于
tangent（tangential）to	正切于		

③ 名词。如：

That professor will deliver a **lecture on** mobile communication.

"那位教授将作有关移动通讯方面的讲座。"

She gives undergraduates **lessons in** the C++ programming language.

"她给本科生上 C++程序设计语言课。"

These students are making an **experiment in** physics.

"这些学生在做物理实验。"（一般来说 in 后跟大的学科。）

They are doing an **experiment on** electricity.

"他们在做电学实验。"（一般来说 on 后跟比较小的学科，"电学"属于"物理学"的一部分。在 expert 后的介词与 experiment 类同。）

The professor has played an important role in the **research on** the Walsh Functions.

"该教授对沃氏函数的研究起了重要的作用。"（在 research 后常跟 on，也可跟 into、with 等，但不能跟 of，有的读者写作时常用错。）

（3）某些名词前要用特定的介词。如：

Radio waves travel **in all directions**.

"无线电波朝四面八方传播。"（表示"朝…方向"要用 in。）

For this purpose, we must connect a capacitor across the load.

"为此，我们必须在负载两端接一个电容器。"（在 purpose 前用 for。）

At this temperature the metal will melt.

"在这个温度下该金属就会熔化。"（在 temperature 前用 at。）

The expert will read an important academic paper **at the conference**.

"该专家将在会议上宣读一篇重要的学术论文。"（在各种大小会议上均要用 at。）

二、名词与介词的一个重要搭配模式

有些读者对此模式并不熟悉。若能熟练地掌握这种搭配模式，就能使英汉互译通顺而地道。这种搭配模式是：

$$\boxed{\text{名词 of A \quad 介词 \quad B}}\quad \text{（这里的 A 和 B 也是名词）}$$

对于这种搭配关系，下面分三种情况来说明，请注意每种情况的汉译法。

(1) 上述模式中的"名词"是一般的抽象名词(或与形容词同根的抽象名词)。整个模式一般汉译成"A…B 的…"。如：

The Speed is the *ratio* of distance *to* time.

"速度等于距离与时间之比。"

The *distance* of the sun *from* the earth is very great.

"太阳离地球的距离是很远的。"

The *effect* of temperature *on* conductivity of metals is small.

"温度对金属导电率的影响是很小的。"

This section deals with the *advantages* of transistor *over* electron tubes.

"本节论述晶体管与电子管相比的优点。"

(2) 该"名词"来自于不及物动词，与其搭配的介词一般与原来动词所要求的介词相同。整个模式一般汉译成"A…B 的…"。如：

The *variation* of g *with* latitude is due in part to the earth's rotation.

"重力加速度 g 随纬度的变化，部分原因是由于地球的自转。"(动词时为 vary with …，"随…而变化"。)

The *dependence* of y *on* x is expressed by y = f (x).

"y 对于 x 的依从关系用 y = f (x)来表示。"(动词时为 depend on …，"取决于…"。)

注意：由表示变化的不及物动词变来的名词(如 increase、decrease、rise、fall、reduction、variation 等)，其与介词的搭配关系也可变成如下形式：

$$\boxed{\text{名词 in A \quad with \quad B}}$$

也就是说，把前面模式中的 of 换成了 in，当然用 of 仍然是可以的。如：

In the troposphere there is a steady *fall* in temperature *with* increasing altitude.

"在对流层，温度随着高度的增加而不断地下降。"

A gradual *increase* in resistance *with* speed is characteristic of friction between the boat's bottom and the water.

"船底与水之间的摩擦力的特点是，阻力随速度的增加而不断增大。"

(3) 该"名词"由及物动词变来，与其搭配的介词一般与动词时所要求的相同。汉译时，一般要把该名词译成及物动词。如：

A *comparison* of Eq. (4) *with* Eq. (6) leads to the following relations.

"把式(4)与式(6)相比较，我们就得到以下几个关系式。"(动词时为 compare A with B，"把 A 与 B 相比较"。)

The *resolution* of a force *into* x- and y-components is possible.

"我们可以把一个力分解成 x 分量和 y 分量。"(动词时为 resolve A into B，"把 A 分解成 B"。)

The *definition* of an electric current *as* the flow of electric charge is familiar to all of us.

"把电流定义为电荷的流动对我们大家(来说)都是熟悉的。"(动词时为 define A as B，"把 A 定义为 B"。)

注意：如果在上述情况下要表示该名词的逻辑主语，则要使用 by 短语，其模式如下：

名词(来自及物动词) of A〔逻辑宾语〕 (介词 B〔逻辑状语〕) by C〔逻辑主语〕

一般情况下"介词 B"这一部分是不出现的，若有的话也有可能放在"by C"之后。如：

What is the date of the *discovery* of America *by Columbus*?

"哥伦布发现美洲是在哪一天？"

The *formation* of the theory of relativity *by Einstein* is one of the most significant events of the 20th century.

"爱因斯坦确立了相对论是 20 世纪最重要的事件之一。"

第二章　句子成分、句子的否定和疑问

第一节　句 子 成 分

搞清楚句子成分对正确理解句子的含义是极为重要的。当然分析句子的成分也不需过细，特别是对一些句型和固定用法，只要懂得其含义就行了，切不要为分析而分析，因为分析的目的在于理解。但当你对某个句子(特别是长句)的结构及含义无法理解时，应该借助于语法把句子分析清楚。

在进行句子成分分析时，希望读者注意下面几点。

一、谓语和宾语

1．主谓一致的注意事项

（1）"not only A but also B"作主语时，句子的谓语与 B 一致。

（2）"A as well as B"作主语时，句子的谓语与 B 一致。

（3）"either A or B"或"neither A nor B"作主语时，句子的谓语与 B 一致。

（4）"A rather than〔together with，but，except，plus，…〕B"作主语时，句子的谓语与 A 一致。

（5）表示时间、距离、温度等的复数名词作主语时，句子的谓语常用单数形式(但表示时间的复数名词作主语时，有时句子的谓语也可用复数形式)。

（6）"more than one+单数名词"作主语时，句子的谓语用单数形式。

（7）"one and half+复数名词"作主语时，句子的谓语用单数形式，但"one or two+复数名词"作主语时，句子的谓语用复数形式。

（8）"a set〔kind, piece, type, sort, form, pair,…〕of +复数名词"作主语时，句子的谓语一般要用单数形式。

（9）"there be"的单复数形式一般与其靠近的第一个名词一致。

（10）如果在由 and 连接作主语的两个单数名词前有 every、each 或 no 等修饰词，谓语用单数形式(这在科技文中很少遇到)。

（11）有些集合名词作主语时，如果作为一个整体看待，则谓语用单数形式；若强调其一个一个成员，则谓语用复数形式(这在科技会议的通知书中偶尔会遇到)。

2. 带有双宾语的动词

带有双宾语的句子转换成被动语态后，其中一个宾语充当了被动句的主语，另一个宾语则留在被动句的谓语之后，称为"保留宾语"（这一点在被动语态中还要论述）。

二、补足语和同位语

1. 补足语的判别法

凡符合以下两个必要条件（缺一不可）的成分即为补足语：

（1）动词要求（这是最关键的因素）。英语中有不少动词或动词短语可以要求带有补足语（特别需要注意这时动词的词义），如：let（让；令；设），make（使得），have（使得），get（使得），cause（使得），find（发现；觉得），call（把…称为），allow（允许），enable（使…能够），keep（使…保持），consider（认为），等等。

（2）宾（或主）语与其补足语之间的关系必定存在以下两种逻辑关系中的一种：

① 主表关系，即宾语与其补足语之间相当于主语与表语之间的关系，也就是说，若把这两部分单独取出来并在其两者之间加一个连系动词"是"（is 或 are），则其表达的意思是讲得通的。这种情况下的补足语主要由形容词、名词、介词短语、副词、动名词、起形容词作用的单个分词、what 从句等承担。如：

We call a magnet of this kind *an electromagnet*.

"我们把这种磁铁称为电磁铁。"（若把宾语和宾语补足语单独取出来并在其间加上"是"的话，其意思为"这种磁铁是电磁铁"，这句话在逻辑上是讲得通的，所以"an electromagnet"在此是宾语补足语。）

The slope of the line is drawn *tangent to the curve at P*.

"把该线的斜率画在 P 点与曲线相切。"

② 主谓关系。如果把相关的两部分单独取出来的话，它们之间的关系好像是主语与谓语之间的关系一样，逻辑概念上同样是通顺的。这时，补足语主要是由动词不定式和表示动作的分词来承担的。如：

Metals let the electric current *flow through them easily*.

"金属允许电流容易地流过它们。"（若把有关的两部分单独取出来，则其意思为"电流容易地流过它们"，这概念在逻辑上是讲得通的，所以"flow through them easily"为宾语补足语。）

The turning effect of a force about a pivot is found *to depend on the distance of the force from the pivot*.

"人们发现，一个力绕某一支点的转动效应取决于该力离支点的距离。"

注意：i. 若上述两个条件中有一个不满足则不可能存在补足语。如：

They should know the time *to start the experiment*.

"他们应该知道开始做实验的时间。"（虽然 know 可以带有补足语，但在 "the time" 和 "to start the experiment" 之间并不存在 "主谓关系"，前者并不是后者这一动作的逻辑主语，所以 "to start the experiment" 并不是宾语补足语，而是后置定语。）

ii. 个别情况下可能两个条件好像都满足，但也不一定是补足语，应根据整个句子的具体含义来判断。如：

To find the current *flowing in a dc circuit*, we must know the applied voltage and the resistance in the circuit.

"为了求出在某一直流电路中流动的电流，我们必须知道外加电压和该电路中的电阻。"（在本句中，虽然动词 find 有可能带有补足语，但它的词义必须是 "发现；感到"，而在此的含义为 "求出"，所以它不能带有补足语。"flowing in a dc circuit" 为分词短语作后置定语。）

This causes a phenomenon *known as resonance*.

"这就产生了称为 "谐振" 的一种现象。"（动词 cause 需要补足语时的词义为 "使得"，而且它的补足语只能由动词不定式来承担。但在本句中它的含义是 "产生"，所以不需要补足语，同时分词短语 "known as resonance" 也不能作它要求的补足语，在此只能作后置定语。）

2. 同位语的位置

（1）通常的位置。在科技文中由名词或代词充当的同位语的通常位置是：

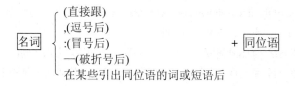

在上述五种情况中，位于逗号后的情况对有些读者来说是不太熟悉的，同时要注意它的汉译法（往往可把它译成一个并列的分句）。如：

The word *radar* comes from radio detection and ranging.

"雷达这个词来自于无线电探测与测距。"

Arithmetic, *the science of numbers*, is the base of mathematics.

"算术是一门有关数的科学，它是数学的基础。"（译成了一个并列的分句。）

Salt water, *a mixture*, is made up of two compounds, *salt and water*.

"盐水是一种混合物，它是由盐和水两种化合物构成的。"（第一个同位语译成了一个并列的分句。）

The derivative x′(t) of this function is the velocity of the particle, *a quantity* usually denoted by v.

"这个函数的导数 x′(t) 就是该点的速度，这个量通常用 v 表示。"（译成了一个并列分句。）

The above analysis describes the steady-state condition of a circuit, *the condition* that prevails after the circuit has been connected to the source for a long time.

"上述分析描述了电路的稳态情况，也就是在把该电路连接到电源上很长时间以后所出现的情况。"

In this, *a general course*, our major goal is to introduce the principles that underlie all of chemistry.

"在作为一门普通课程的这本教科书中，我们的主要目的在于介绍构成整个化学基础的那些原理。"

In this case the spacing between the two points is very small, *one or two thousandths of an inch.*

"在这种情况下，两点之间的间隔是很小的，约为千分之一二英寸。"（这个同位语是说明形容词短语 "very small" 的。）

（2）特殊的位置。

① 当主语的同位语比主语长得多，或为了强调这个同位语（一般这两者是兼而有之）时，可以把同位语放在主语之前，并用逗号分开。这种同位语一般汉译成一个并列的分句，也可以译成 "as 短语"（即 "作为…"）。如：

One of the foremost pioneers in the development of military electronics, Westinghouse had produced over 35,000 radars for air, sea, ground and space applications.

"'西屋' 公司是研制军事电子装备最重要的先驱者之一，它为海、陆、空以及空间应用生产了 35,000 多部雷达。"（或译成："作为研制…之一，'西屋' 公司为…。"）

A new technology introduced in the 1960's, laser can pierce the hardest substance such as diamond.

"激光是在 20 世纪 60 年代发展起来的一项新技术，它能穿透像金刚石这样的最坚硬的物质。"

An instrument for measuring electric resistance, the ohmmeter is widely used in electrical engineering.

"<u>欧姆表是测量电阻的一种仪表</u>，它被广泛地用在电气工程中。"

② 作其前面整个句子(或一部分)的同位语的一个名词短语，要放在句尾并用逗号(少数情况下用破折号)分开。(参见第一章的"名词"一节。)

三、插入语

1．定义

插入语是句子的一种独立成分，它与句子的其它部分没有任何语法关系，只是作某种附加的说明，或起承上启下的作用，也常用来表示作者的态度与看法等。有些插入语与状语很相似。

2．特点

(1) 由于插入语与整个句子其它部分没有直接语法关系，所以没有它也不会影响句子的结构及概念的完整性。

(2) 一般用逗号将插入语与句子其它部分分开(有时可没有逗号，这时读者要特别小心)。

(3) 其位置及译法与状语相似，它可位于句首、句中或句尾；译成汉语时一般要放在句子的主语或谓语前。例如：

Conversly, substances of small resistivity are good conductors.

"<u>相反</u>，电阻率低的物质为良导体。"

This device consists ***in fact*** of five parts.

"<u>事实上</u>这个设备是由五部分构成的。"

Air and other gases are very easily compressible, ***however***.

"<u>然而</u>，空气和其它气体都是很容易压缩的。"

3．表示法

在科技文中，常见的可作插入语的有以下几种词：

(1) 某些副词：however, therefore, thus, though, then 等。

(2) 某些固定的介词短语：in fact, for example, for instance, of course 等。

(3) 少数其它固定词组：generally speaking, to begin with, to be exact 等。如：

Roughly speaking, microwaves are radio waves whose wavelength is less than 30.

"<u>大致来说</u>，微波是其波长小于 30 厘米的无线电波。"

(4) 少数形容词(一般位于句首)：true, more important, even worse 等。如：

True, the outputs may not agree with the input conditions immediately following an input change.

"诚然，输出也许不能立即随输入的改变而与输入的条件一致。"（我们可把 true 看成是 "It is true that" 的省略。）

Most important, there is promise of a significant reduction in the costs of these elements.

"极为重要的是，这些元件的成本有望会有明显的下跌。"

（5）插入句：个别动词及一些具有主谓结构的成分（我们在此将其称为"插入句"）。经常见到的有 say = let us say, remember, we think, we hope, he notices, you will remember, they claim, it will be found, it will be noticed, it was predicted, what is equivalent, what is important, what is more, what is the same thing 等。

① 在主句中，一般是用逗号把插入句与句子的其它部分分开的。如：

$\sqrt{-1}\ \sqrt{-1}$, ***it was agreed***, should be replaceable at will by -1.

"当时数学界一致同意，$\sqrt{-1}\ \sqrt{-1}$ 应该可以任意地用-1 来替代。"

Potential energy, ***it is true***, might not affect the sense of touch in the same way as kinetic energy would.

"不错（诚然），势能不会像动能那样影响触觉。"

This book is, ***we hope***, a concise introduction to communications systems.

"我们希望，本书是对通讯系统的简明扼要的介绍。"

Nuclear fission, ***it has been claimed***, will be a cheap, clean, and almost inexhaustible source of power.

"人们断言，核裂变将是一种便宜、干净，而且几乎是用之不尽的能源。"

Well-grounded students can absorb Chapters 4 and 5 in ***say*** three weeks.

"基础好的学生，在譬如说三个星期内就能掌握第四、五章的内容了。"（注意在 say 的前后可以有逗号，也可以没有逗号。）

Now we connect a conductor charged with, ***let us say***, positive electricity, to the ground.

"现在我们把带有比如说正电的导体接地。"

The pressure will be proportional to the kinetic energy of molecular motion, or ***what is the same***, to absolute temperature of the gas.

"压力将正比于分子运动的动能，或同样可以说成正比于气体的绝对温度。"

The atomic number is equal to the number of electrons per atom or, ***what is equivalent***, the number of protons per nucleus.

"原子序数等于每个原子的电子数，或者说，等于每个原子核的质子数。"

② 在从句中（大多在定语从句中），在插入句前后往往没用逗号把它与句子的其

它部分分开，所以读者要对此特别注意。如：

Last year, RCA demonstrated a new technique for a wall-hung TV that *it was predicted* would be on the consumer market 'close to 1990'.

"去年，美国无线电公司展示了壁挂电视的一项新技术，人们预计这种电视将'接近于 1990 年'问世于市场。"

The following table lists some of the ways *I feel* the book may be used to teach either undergraduates or graduate students.

"下面的表格列出了我感到本书可用来教本科生或研究生的一些方法。"（在 I feel 之前省去了定语从句引导词 that 或 in which。）

One of the major problems which faced me in writing this book was 'digesting' the vast literature on computer-aided library systems and presenting it in what *I hope* is a clear and concise manner.

"我在撰写本书过程中所面临的主要问题之一，是"消化"有关计算机辅助图书馆系统的大量文献资料，并且以我希望的清晰、简洁的方式来介绍它们。"（I hope 插在由 what 引导的介词宾语从句中。）

第二节　句子的否定

一、否定的分类

1. 部分否定[**]

当 all、every、both 等词（在科技文中最常见的是"all"一词）在句中与 not 同时使用时，通常表示部分否定，其意思是"并非都"，即等效于 not all、not every、not both 等的含义。对这一点不少读者是不熟悉的。如：

In a thermal power plant, *all* the chemical energy of the fuel is *not* converted into heat.

"在热电厂中，燃料的化学能并非都转换成了热。"

All these high-capacity systems would *not* be in service unless they were needed.

"除非需要，所有这些高容量系统并不都在用着。"

The velocity of a viscous fluid flowing through a tube is *not* the same at *all* points of a cross section.

"流过管子的黏滞流体的速度，在横截面的各点处并非都是相同的。"

Eq. (5-18) can*not* be satisfied for *all* values of x and t unless both sides of the equation are equal to a constant, say, $-\lambda^2$.

"对所有 x 和 t 的值<u>不可能都</u>〔并非都能〕满足式(5-18)，除非等式两边都等于一个常数，比如说 $-\lambda^2$。"

注：① "not 等否定词+…A and B"也可表示部分否定，译成"并非；或是 A 或是 B"（参见并列连词"and"部分）。

② whole 与 not 同时出现在句中时，也表示部分否定，译成"并非"。如：

The *whole* design was *not* completed at that time.

"该设计在当时<u>并非全部</u>完成。"

③ 在少数情况下，有的英美人也把"all"和"not"用在句中当成全否定，这只能根据具体情况来判断了。如：

All the stable states are circled and *all* unstable present states are *not*.

"所有的稳定状态都圈起来了，而所有非稳定的目前状态都<u>没有</u>圈起来。"

2. 全否定

要表示全否定，一般使用 none、no、neither 等词。如：

No ordinary window can withstand so large a force.

"普通的窗户均<u>受不了</u>这么大的力。"

None of the inert gases will combine with other substances to form compounds.

"惰性气体均<u>不会</u>和其它物质化合成化合物。"

Neither of the devices are good in quality.

"这两台设备的质量都<u>不好</u>。"

注：① "not 等否定词+…A or B"也可表示全否定，译成"既不 A…也不 B"（参见并列连词 or 部分）。

② 极个别场合还可用"not … any more than"或"no more … than"来表示"既不…也不；两者都不；同…一样不"之意。如：

This computer is *not* capable of solving this complicated differential equation *any more than* that one is.

"这台计算机和那台计算机都<u>不能</u>解这个复杂的微分方程。"

二、否定的转移**

所谓"否定的转移"，指的是主句中的(或句子前部的)否定在汉译时转移到了从句中(或句子)的后部。这主要包括以下两个方面的内容。

(1) happen、seem、appear 等的否定式+主语从句(或动词不定式)。如：

At first glance it *does not* appear that this integral fits any of the forms presented up to this point.

"初看起来，似乎这个积分<u>并不</u>符合到目前为止所讲过的任何形式。"

This computer *does not* seem to be as good as that one.

"这台计算机似乎<u>不</u>如那台好。"

(2) "否定式的主句（可由 not、no、rather than、instead of、un-等表示否定）+as 从句（主要是方式状语从句，或是 as 引导的定语从句，或是 "as+分词短语或介词短语"；也可是 the way 后跟一个句子）"，一定要译成 "并不像…那样"，也就是说，等于是把否定词译在 as 或 the way 之前**。如：

The Maxwell relations are *not* modified by relativity *as* Newton's relations are when particle velocities approach the speed of light.

"当质点速度趋于光速时，麦克斯韦关系式<u>并不像</u>牛顿关系式<u>那样</u>要用相对论来加以修正。"

The sun does *not* twinkle *as* the other stars do.

"太阳<u>并不像</u>其它星星<u>那样</u>闪烁。"

Tycho and Johannes Kepler had proved that all known planets traveled in ellipses *rather than* in circles *as* everyone thought.

"Tycho 和 Johannes Kepler 证明了，所有已知的行星都是在椭圆轨道上运行的，<u>而不是像人人认为的那样</u>是在圆形轨道上运行的。"

The HIGH-level output voltages for both OR and NOR are between −0.81 and −0.96 V *rather than* −0.8 V, *as* predicted by Eq. (2-9).

"给'或'门和'或非'门的高电平输出电压，处于−0.81 和−0.96 伏之间，<u>而不是像</u>由式(2-9)所预计的<u>那样</u>是−0.8 伏。"

For ac signals the collector-emitter circuit impedance is *not* R_L+R_e, *as* in Sec. 2.3, but simply R_L.

"对交流信号来说，集电极-发射极电路的阻抗<u>并不是像</u> 2.3 节所说的那样为 R_L+R_e，而只是 R_L。"

This disease does *not* affect most animals *the way* it does humans.

"这种疾病<u>并不像</u>影响人类<u>那样</u>影响大多数动物。"（the way 的作用类同于 as 的作用。）

No simple electric component acts as a current source *the way* a battery acts as a voltage source.

"任何一个简单的电气元件，均<u>不能像</u>电池用作为电压源<u>那样</u>用作为电流源。"

三、形式否定实际肯定

有些句子在形式上是否定的，而在意义上却是肯定的。比较常见的有以下几种：

(1) "cannot 与 too+形容词或副词(或与 enough 等副词，或与 overemphasize 等动词)连用"时，意为"无论怎么也不过分"(请参见第一章中"动词"一节。)

(2) "cannot but+动词不定式"，意为"不得不；只好"。如：

In this case we *cannot but* determine k first.

"在这种情况下，我们只好先确定 k 的数值。"

(3) "not+终止性动词(即动作发生后很快就结束的那些动词，如 leave、come、go、receive、finish、stop 等)与 until 连用"时(not until 也可放在一起)，意为"直到…才…"。如：

This fundamental equation did *not* receive an adequate answer *until* little more than a century ago.

"这个基本问题直到一个世纪多一点以前才获得了合适的答案。"

(4) 仅用于过去动作的"no sooner … than …"或"hardly … when …"，意为"一…就…"。

Hardly was Resistor-Transistor Logic well launched *when* Diode-Transisitor Logic appeared.

"电阻-晶体管逻辑电路刚发展成熟，就出现了二极管-晶体管逻辑电路。"(注意：当 hardly 处于句首时，主句要部分倒装。)

第三节 疑 问 句

一、疑问句的构成

通常，疑问句中只有复合谓语中的第一个助动词或情态动词要放在主语前，但在科技文中有时由于主语较长等原因，"助动词(或情态动词)+连系动词 be"可位于主语前。如：

What *will be* its downward acceleration?

"它的向下加速度将是多大？"(本来应该为"What will its downward acceleration be?"。)

What *must be* the coefficient of friction between the foot of the ladder and the ground, if the man is to be able to climb to the top without the ladder slipping?

"如果这个人要能够爬到顶上而梯子不滑倒，那么梯脚与地面之间的摩擦系数必须为多大？"

二、(个别情况下)疑问词的后置情况

疑问词后置并不常见。如：

Seven multiplied by *what* makes twenty-one?

"7 乘以什么数可得到 21？"

三、疑问代词 what 与 which 表示"哪个"时的用法差异

what 表示一般没有确定范围的选择；which 表示在某一确定范围内的选择。不过，在科技文中，这两个词有时可以互换。

第三章 动词的时态和语态

第一节 动词的时态

一、种类

英语中，谓语动词可有 16 种时态。它们是：

一般现在时**	一般将来时**	一般过去时**	一般过去将来时
现在完成时**	将来完成时	过去完成时	过去将来完成时
现在进行时**	将来进行时	过去进行时	过去将来进行时
现在完成进行时	将来完成进行时	过去完成进行时	过去将来完成进行时

其中最常用的只有带**的 5 种。（当然在虚拟语气中，还要用到过去将来时、过去完成时、过去将来完成时，不过它们并不表示其时态的真实含义，而是借用来表示某种假设情况。）

二、一般现在时

在时间、条件状语从句中，要用一般现在时来表示将来的时间概念。它还可表示按计划或根据科学规律必将发生的动作。它一般无特殊的译法，有时可加"能；会；将"等字。如：

If you **stretch** a rubber band, you will make it longer.

"如果你<u>拉</u>一根橡皮筋，你就会使它伸长。"

An electric current **flows** easily through a metal conductor.

"电流<u>能</u>容易地<u>流</u>过金属导体。"

In this chapter, the process of measurement, the most fundamental operation in physics, **is discussed** briefly.

"本章<u>将</u>简要地<u>讨论</u>测量方法，它是物理学中最基本的操作。"（这表示按教科书的编排必定会发生的动作。）

Tungsten **does not melt** easily when it gets hot.

"钨受热时<u>不易熔化</u>。"（按科学规律必然会发生的事。）

三、一般过去时

在科技文中，表示在文章或书籍前面部分已讲到的内容时，应该使用一般过去时(少数人也有用现在完成时的)。如：

In Section 2.7 we *discussed* linear functions.

在 2.7 节中，我们讨论了线性函数。"

四、一般将来时

对一般将来时的句子，汉译时往往可加"要；将；会"这类字。

In this chapter we *shall introduce* the basic trigonometric functions.

"在这一章，我们要介绍基本的三角函数。"

After it is released, the stretched rubber band *will return* to its original state.

"把拉长的橡皮筋释放后，它就会恢复原状。"

注：在科技文中，我们还会遇到以下两种形式表示将来时：

① "be+不定式"，表示事先安排好的动作(译成"将要；准备；预定")、主观的态度(译成"应该；必须；可能")、预期要达到的目标(译成"希望；想要")。如：

Suppose that the meter *is to be used* as an ammeter with a full-scale deflection of 2 A.

"现在假设要把该仪表用作为满刻度偏转为 2 安培的一只电流表。"

② 用现在进行时来表示事先安排好的或即将发生的动作或科技上必定会发生的将来动作。如：

We *are beginning to see* how electromagnetic interactions are much more complicated than gravitational interactions.

"我们即将会了解到，电磁的相互作用是如何比万有引力的相互作用复杂得多。"

We find that we *are going to deal with* too large a class of circuits.

"我们发现，我们所要讨论的电路的范围太广了。"

五、现在进行时

当现在进行时与"always, forever, constantly, repeated"等副词连用时，可表示对现在的一种惯常动作作具有感情色彩的评述。如：

Matter *is always changing*.

"物质总是在变化着。"

六、现在完成时

使用现在完成时的时候，要注意以下几点：

(1) 终止性动词（如 start、begin、open、finish、stop、fall、put、arrive、reach、join、enter、jump、leave、come go、die 等）的现在完成时一般不能用于带有 "for …" 或 "since …" 等表示时间长度的时间状语。如："他们完成那次试验已有三个月了。" 绝不能把这个句子译成 "They have finished that test for three months."，而应该使用以下三个句型之一：

① They finished that test three months ago.

② It is（或 has been）three months since they finished that test.

③ Their test has been over for three months.

(2) 在以下两个句型的定语从句中，一般要求使用现在完成时：

① "主语+is/are+the+形容词最高级+名词+由 that 引导的定语从句"。如：

This is the best computer that our laboratory *has* ever *had*.

"这是我们实验室里所曾有过的最好的计算机。"

② "主语+is+the+序数词+time+定语从句"。如：

This is the first time we *have* ever *seen* this new type of rocket.

"这是我们第一次见到这种新型火箭。"

七、将来进行时

这种时态在科技文中非常类似于一般将来时。如：

When we learn about the kind of research that is going on in the sciences today, we *will be getting* some insight into things that *will be affecting* our lives in the future.

"当我们了解当今各门学科中正在进行的那种研究工作时，我们就要比较深入地研究那些将会影响到我们未来生活的事物。"

八、将来完成时

这种时态表示在将来某时刻时已经完成的动作。如：

The authors hope that as you reach this final section of the course, you *will have caught* the excitement of physics.

"编者们希望，当你学到本教程的这最后一部分时，你会领略到物理学使人激动之所在。"

九、现在完成进行时

它用来强调一段时间以来（直到现在）一直在进行着的动作。如：

So far we *have been talking* about the interaction between currents and magnetic fields.

"迄今为止，我们一直在讨论电流和磁场之间的关系。"

第二节　被 动 语 态

被动语态在科技文中使用得极为频繁，读者务必熟练掌握它的各种形式和译法。

一、被动句的译法

被动句中的"by"可视具体情况译成"由，被，受；用，以，遭，挨，靠，为…所通过"等。由于汉语中被动句用得比英语少得多，所以译成汉语时，往往译成主动句。如果原句中没有出现动作执行者(即没有"by 短语"时)，往往可以添加"我们；人们；大家"等作主语，也可译成无人称句，或译成"…是…的"句型。总之，在译文中应少出现"被"字。如：

The needle *is said* to have been magnetized.

"我们说，该针已磁化了。"

Where *must* the lens *be placed* in order to obtain this magnification?

"为获得这样大的放大倍数，应该把该透镜放在什么位置上呢？"

In actual practice separate subtractors *are* not *used*.

"在实践中是不使用单独的减法器的。"

二、带有双宾语动词的被动句句型

带有双宾语动词的被动句句型：

> 主语+被动态谓语+保留宾语(+其它成分)

例如：

A thorough exposition is accorded *principles of a computer* in this book.

"本书详细地论述了计算机原理。"

In actuality, the reader will be spared *a lot of grief* if he or she never attempts a short circuit directly across a voltage source in a laboratory or field situation either.

"事实上，不论在实验室还是在野外，如果读者永不直接将电压源两端接成短路的话，就会免遭许多麻烦〔灾难〕。"

The reader must be warned *that merely reading a book will not make him a service man*.

"必须告诫读者：只阅读一本书，是不可能使他成为一名修理人员的。"(that 引出的是一个"保留宾语从句"。)

Given **how far the car has gone**, we can determine the amount of time that was required if its speed is constant.

"已知小汽车行驶的距离，若其速度恒定的话，我们就能确定它所需的时间。"（由 how 引导的从句为过去分词 given 的"保留宾语从句"，两者一起构成分词短语，处于句首作条件状语。）

三、短语动词的被动句句型

(1) "不及物动词+介词 = 及物动词"的被动句句型：

> 主语+be 的时态形式+过去分词+**介词**（+其它成分）

例如：

This topic will be dealt **with** in the next chapter.

"这个内容将在下一章论述。"

Actually, this result could have been arrived **at** intuitively.

"实际上，这一结果（本来）也可以用直观的方法获得。"

(2) "及物动词+名词+介词 = 及物动词"的被动句句型。

① "主语（短语动词中的名词）+be 的时态形式+过去分词+留下的介词短语（+其它成分）"。

② "主语（词组中的介词宾语）+be 的时态形式+过去分词+留下的成分（+其它成分）"。

以第一种句型为多见。在科技文中，最常见的是"make use of"的被动式，其次是"pay attention to"的被动式。（由于"make use of"的被动式中出现了"be made of"的形式，不少读者对此并不熟悉，以为它是"由…制成"这个词组，所以理解不了句子的意思。）如：

Full use **must be made of the computers available**.

"我们必须充分利用现有的计算机。"（主动句为"We must make full use of the computers available."，其被动句也可写成"The computers available must be made full use of."。）

In the quantum theory of the atom, no use **is made of these models**.

"在原子的量子理论中，并不使用这些模型。"

四、由"get, become, remain, come 等 + 过去分词"构成的被动句

这种句子主要侧重于状态，但仍保留了被动的含义。（由"get+过去分词"构成的被动态已被语法学家们认可了。）如：

If the flow is fast enough, the heat *gets carried* away by convection.

"若流动足够快的话，热量就通过对流给带走了。"

The air throughout a room *becomes heated* by convection currents.

"对流的气流使整个房间里的空气变热了。"

The gate *will remain closed* by the low input until the clock pulse arrives.

"该门电路将保持被低电位输入所关闭，直到时钟脉冲到达为止。"

五、不能构成被动句的几种主要情况

以下几种情况下，动词不能构成被动句：

(1) 不及物动词。

(2) 表示状态或思想感情等的及物动词(如：have"有", lack"缺少", afford "买得起", fit"适合于", resemble "类似", equal "相等", hold "容纳",wish "希望", like "喜欢"等)。

(3) 及物动词+名词=不及物动词(如：take place"发生")。

(4) 不及物动词+介词=被动含义(如：consist of "由…构成", serve as "用作为", result from "由…引起", arise from "由…引起"等。要注意，也不能用它们的过去分词形式作后置定语，这一点不少读者是不清楚的，在写作时经常出错)。

(5) 及物动词+名词=被动含义(如：find use〔application〕"得到了应用")。

(6) 反身代词、相互代词、同源宾语。

(7) 宾语为动词不定式或动名词。

(8) 某些固定词组(如：lose heart "丧失信心", catch fire "着火")。

(9) 宾语带有主语的物主代词(如：shook one's head "摇头晃脑")。

第四章 形容词和副词的比较等级

第一节 比较级的注意事项

一、"than+比较对象"省略式比较状语从句有时可不出现

Evidently the pressure in the part of the pipe having a large diameter is *the greater*.

"显然，管径大的那部分中的压力就<u>比较大</u>。"（在形容词比较级前加有"the"时，主要是特指两个被比较的人或事物中的一个，有关的名词可以省略，本句就省去了。）

二、"is, are, do, does, can, …"等词一般可不出现

要加强语气时，可把这些助动词或情态动词放在从句主语后；当需要特别强调时，可把它们放在从句主语前，但这时的从句主语绝不能是人称代词。

Liquids transmit sound more rapidly than gases〔than gases do; than do gases〕.

"液体传播声音比气体快。"

三、表示"…得多"的句型

程度副词+比较级

常见的程度副词有：much[**], far[*], very much, well, a lot, a great deal, considerably, greatly, enormously, significantly, substantially, appreciably, incredibly 等。如：

Sound travels *much more rapidly* in hydrogen than in air.

"声音在氢气中传播，要比在空气中<u>快得多</u>。"

Brass expands *considerably more* than zinc when heated.

"受热时，黄铜膨胀要比锌<u>厉害得多</u>。"

注：① 当表示"得多"的比较级修饰可数名词时，一般要用 many，也可用 far。

There are *a great many more* compounds than elements.

"化合物的种类要比元素<u>多得多</u>。"

② 句尾的 by much、by a great deal 等与句中的比较级连用，也表示"得多"的

概念。如：

This computer works *better* than that one *by much* 〔*by a great deal*〕.

"这台计算机的性能要比那台<u>好得多</u>。"

四、表示"越来越…"的句型

1. 最通常的方法

对单音节词来说：比较级+and+比较级

对多音节词来说：more and more+原级

Electronic devices are becoming *smaller and smaller*, but *more and more complicated*.

"电子设备正变得<u>越来越小</u>，但<u>越来越复杂</u>了。"

2. ever+比较级

这主要用于单音节词。如：

The applications of computers are *ever wider*.

"计算机的应用<u>越来越广泛</u>。"

3. increasingly+原级

这主要用于多音节词。

Large computers have become *increasingly complex*.

"大型计算机变得<u>越来越复杂</u>了。"

4. 带有比较级的主句+as 引导的时间状语从句

The skin effect is *more pronounced as* the frequency increases.

"随着频率的升高，集肤效应<u>越来越明显</u>。"（这个句型也可译成"越…，越…"，所以本句也可译成"频率越高，集肤效应越明显"。）

注：本句型有时简化成如下的形式。

Personal computers are becoming *more popular*.

"个人计算机正变得<u>越来越普及</u>了。"

五、表达"越(愈)…，越(愈)…"的句型

1. 普通句型

the + 比较级(+ 其它成分)，the + 比较级(+ 其它成分)

　　（条件句部分）　　　　　　　（主句部分）

特点：① 本句型由两部分构成：前面为"条件句部分"（所以只能用一般现在

时）；后面为"主句部分"（所以可用一般将来时或一般现在时）。

② 本句型在汉译时，一定要译成"越（愈）…，越（愈）…"。

③ 两部分开头必须是"the+比较级"。

④ 当任一部分中的谓语为"连系动词+表语"时，多数情况下"be"可以省去（有时被动态中的"be"也可省去）。但当主语为代词时，"be"一般不能省的。如果主句部分的主语是名词的话，"will"、"is/are"、"will be"、"does/do，can"等还可放在主语前。

⑤ 形容词比较级在句中作宾语等的定语时，该宾语必须随比较级一同提到句首。**

⑥ 第一个 the 为"关联副词"，而第二个 the 为"指示副词"。它们并不是一般的"冠词"，读者不必管它，只要记住句型即可。如：

The thicker the wire（is）, ***the smaller*** its resistance（will be, is）〔the smaller will be its resistance〕.

"导线<u>越粗</u>，其电阻就<u>越小</u>。"

The smaller the wire, ***the more*** resistance you have.

"导线<u>越细</u>，你得到的电阻就<u>越大</u>。"（主句部分的宾语被拉到句首了。）

The more branches added in parallel, ***the less*** opposition there is to the flow of current from the supply source.

"并联的支路<u>越多</u>，对由电源产生的电流流动所呈现的阻力就<u>越小</u>。"（在 added 之前省去了 are，主句部分 there be 句型的主语被提到了句首。）

The smaller the particles, ***the more freely*** do they move.

"粒子<u>越小</u>，它们运动得<u>越自由</u>。"（为加强语气，主句部分的主语前加有助动词 do。）

注：有时下面这种句子也可译成"越…，越…"。

Higher frequencies correspond to ***shorter*** wavelengths.

"频率<u>越高</u>，其相应的波长就<u>越短</u>。"

2. 特殊句型**

> ～+比较级（，）the+比较级（+其它成分）
> （主句部分）　　　（条件从句部分）

特点：① 主句部分在前，从句部分在后。

② 主句部分不发生倒装现象，"比较级"处于正常的位置，且其前面一般没有"the"。

③ 主句部分与从句部分之间一般没有逗号。

The spacing between magnetic lines of force is *smaller the stronger* the field.

"磁场<u>越强</u>，磁力线之间的间隙就<u>越小</u>。"

下面这句也可按本句型来汉译：

The temperature of the earth increases *the deeper* you go.

"<u>越</u>趋近于地心，地球的温度就<u>越高</u>。"

六、其它句型

(1) $\boxed{\text{still (even)+比较级}}$ 意为"更加…；还要…"。如：

When x = 6 the graph is *even steeper*.

"当 x = 6 时，该曲线就<u>更陡</u>了。"

(2) $\boxed{\text{less+原级+than}}$ 意为"不如〔没有〕…来得…"（相当于"not so … as …"）。如：

These two units are *less basic than* the others.

"这两种单位<u>不如</u>其它的<u>来得基本</u>。"

(3) $\boxed{\text{n times+比较级(+than)＝n times as+原级(+as)}}$（见第一章"数词"部分）。如：

Alpha particles weigh about *four times more* than neutrons.

"α 粒子比中子重大约 <u>3 倍</u>。"

(4) $\boxed{\text{more A than B}}$ 意为"与其说 B 不如说 A"。这个句型用来比较同一个人或同一事物的两种不同性质，其中 A 不论是单音节词还是多音节词，前面一律用 more。该句型反过来的含义用 $\boxed{\text{less A than B}}$ （= not so much A as B）来表示，译成"与其说 A 不如说 B"。这里的 A、B 可为形容词、副词、名词等。如：

This method is *more simple than practical*.

"这种方法<u>与其说实用，不如说简单</u>。"

第二节　最高级的用法

最高级用于三方或三方以上进行比较。

1. 句型

$$\boxed{\text{(the+)最高级(+比较范围)}}$$

注意：① 在副词最高级前，一般不加 the。

② 比较范围可出现在句首或句尾，有时根据上下文而不出现。

③ 表示比较范围的方式有以下三种(它们均表示"在…之中"的意思):

"of 短语":在 of 后一般跟可数名词复数。

"in 短语":在 in 后只能跟集合名词单数。

"among 短语":在 among 后只能跟可数名词复数(在现代英语中,它往往用 of 来替代)。

2.译法

一般应译成"在…之中最…"。

Of all the functions encountered in electrical engineering, perhaps *the single most important* one is the sinusoid.

"在电工学中所遇到的所有函数中,也许最最重要的一种是正弦曲线。"(single 放在形容词或副词最高级前表示强调。)

The pressure in the liquid is *least* where the speed is *greatest*.

"在速度最大的地方,液体的压力为最小。"(当形容词最高级作表语时,其前面可省去"the"。)

The planet *nearest* the sun is Mercury.

"最靠近太阳的行星是水星。"(本句中 nearest 后省去了介词 to,这样 nearest 就起了介词和形容词的双重作用。)

注:① 当 most 作"极其"讲时,其前面可用不定冠词。如:

Mathematics plays *a most important* role in the various fields of technology.

"数学在技术的各个领域,起着极为重要的作用。"

② "最高级+possible"意为"尽可能…的;可能的最…"。

The truck is running down the road at the *highest possible* speed〔at the *highest* speed *possible*〕.

"那辆卡车正以尽可能高的速度〔以可能的最高速度〕沿着大道驶去。"

第三节　同等比较句型

一、普通句型

1.肯定形式

> as+原级+as+比较对象等

本句型汉译成"如…一样…"。

注意:本句型中的第一个 as 为副词,意为"那样";第二个 as 为比较状语从句连接词，意为"如；像"。在比较对象后面可出现"is/are, was/were, do/does, did/can"等，其情况与第一节中 than 后面的情况完全一样。如：

Any molecule has *as **much*** chance of losing energy in a collision with a nearby molecule *as* it has of gaining energy.

"每个分子在与邻近分子的碰撞过程中，失去能量的机会<u>与</u>获得能量的机会<u>是相同的</u>。"

There are twice *as **many*** hydrogen atoms *as* oxygen atoms in water.

"水的氢原子数<u>为</u>氧原子<u>的两倍</u>。"（说明程度的副词只能像本句的 twice 那样，放在第一个 as 的前面而不是后面。）

注意：① 有时第二个"as"完全不出现，它可以由上文或本句的前面部分体现出来。如：

Measuring anything means comparing it with some standard to see how many times *as **big*** it is.

"测量某个东西，意味着把它与某个标准相比较，看看它是该标准的多少倍（那<u>么大</u>）。"

② 在阅读时要把下面一些固定词组（它们属于状语从句的复合连接词或等立连接词）与真正的比较级区分开来。

as long as "只要"

as soon as "一当…就"

as far as … (is/are concerned) "就…而论"

as well as "以及；和；除…外（还有）"

2．否定形式

> not   as（或 so）+原级+as+比较对象等

本句型汉译成"不如…那样…"。如：

Tin does *not* have *as **high*** a melting point *as* lead（does）.

"锡的熔点<u>没有</u>铅的<u>高</u>。"

二、特殊句型

(1)　as … as+表示数量的短语　意为"…达〔到〕…"。如：

The distance of the earth from the moon is *as great as 240,000 mi*.

"地球离月球的距离<u>远达 24 万英里</u>。"

(2)　as many（+名词 A）as there are+名词 B　意为"有多少个 B，就有多少个（A）"。

There are *as many partial derivatives of the first order as there are independent variables*.

"<u>有多少个自变量</u>，<u>就有多少个一阶偏导数</u>。"

(3) as+形容词 A+as+形容词 B 意为"既 B 又 A"。如：

This design method is *as simple as practical*.

"这种设计方法<u>既实用</u>，<u>又简单</u>。"

第五章　动词非谓语形式

第一节　动词不定式

动词不定式一般可分为三种：普通不定式（包括反射式不定式和分裂式不定式）、不定式复合结构、名词性不定式。

一、普通不定式

1. 形式

(1) 肯定式。动词不定式共有以下几种形式（以及物动词"do"为例）。

动词不定式(肯定式)	主动形式	被动形式
一般式	to do	to be done
完成式	to have done	to have been done
进行式	to be doing	无
完成进行式	to have been doing	无

在科技文中，最常用的形式是一般式的主动形式和被动形式两种（如果与不定式发生关系的那个名词是不定式表示的动作的承受者，则不定式一般要用被动式）。读者应熟练掌握这两种形式。如：

To do this, it is necessary **to decide** the type of lamination **to be used.**

"为此，我们必须确定所要采用的铁芯片的类型。"

当动词不定式表示的动作与句子谓语表示的动作同时或几乎同时或在其后发生时，就用一般式；若动词不定式表示的动作发生在句子谓语动词表示的动作之前，则就要用完成式。若谓语动词表示的动作发生时动词不定式表示的动作正在进行，则不定式用进行式；若不定式表示的动作在谓语动词表示的动作前一直进行着，则不定式要用完成进行式（不过不定式的完成进行式在文章中是极少遇到的）。如：

We can in general consider rocks **to have been formed** in two ways.

"通常我们可以认为，岩石是以两种方式形成的。"（动词不定式的完成被动式。）

Such reactions in the sun are believed *to have been taking* place for billions of years.

"太阳中的这种反应，据信已进行了数十亿年了。"(动词不定式的完成进行式。)

(2) 否定式。动词不定式的否定式的构成是在不定式标志 "to" 前加否定副词 "not"。如：

Man finally learned *not to impose* his beliefs on nature.

"人类最终懂得了不要把他的看法强加于自然界。"(一般式的否定式。)

Even the students unfortunate enough *not to have had* calculus can understand most of the material.

"即使没有学过微积分的学生也能理解本书的大部分内容。"(完成式的否定式。)

The intensity of this probe signal is small enough *so as not to perturb* the system appreciably.

"这个探测信号的强度是足够小的，不会明显地影响该系统。"("so as to" 的否定形式。)

2. 语法功能

动词不定式是动词非谓语形式中最复杂且用途最广的一种。它在句中可起名词、形容词、副词等作用，即通常可作主语、宾语、表语、定语、状语、补足语等六大成分。下面对这六种功能分别加以说明。

（1）作主语。

① 动词不定式作主语时的特点。

A. 不定式作主语时表示的是一件事，所以句子的谓语必定是单数第三人称形式。如：

To lift a body of mass m to a height h above its starting point <u>requires</u> the amount of work mgh.

"把质量为 m 的物体提升到离其起点 h 这一高度需要做的功为 mgh。"

B. 动词不定式作主语时，在很多情况下可使用"形式〔先行〕主语 it"的句型。需要别注意的是，这个"it"是没有任何词义的，绝不能把它译成"它"字。(用不用形式主语都不会改变句子的含义。)如：

② 四种形式主语"it"的句型。

A. "It+连系动词+表语〔形容词，名词，介词短语〕+主语(不定式)"。

这一句型最常用，且以形容词作表语最常见。(句型中的"介词短语"一般为可以等效于形容词的那些短语。)如：

_It is_ always _a good policy to check the results by substituting the values of the unknowns into the original equations to see that the values satisfy the equations._

"通过把未知数的数值代入原方程看看这些值是否能满足该方程来检验所得结果，这总是一种好方法。"

B.　"It +谓语（少数及物动词）+宾语+主语（不定式）"。

这类及物动词中最常用的是 take 和 require，其次是 make、do 等。

It takes about 20 pounds of plant proteins to produce 1 pound of edible beef protein.

"生产一磅食用牛肉蛋白质，需要大约 20 磅植物蛋白质。"

C.　"It +谓语（少数不及物动词）+主语（不定式）"。

这类不及物动词中最常见的是 remain、help、suffice、occur、work 等。不过，总的来说，这一句型在科技文中出现得不多。

It suffices to consider the following case.

"只要考虑下面这一情况就够了。"

D.　"It+谓语（少数及物动词的被动语态）〔+状语或主语补足语〕+主语（不定式）"。

这类动词中常见的有 desire、find、leave、propose 等。如：

It will be left as an exercise for the reader _to show that the work done in stretching a spring from an elongation x_1 _to an elongation x_2 _is equal to the increase in potential energy of the spring._

"把弹簧从长度 x_1 拉长到长度 x_2 所做的功，等于该弹簧位能的增加，这一点的证明将作为一个练习留给读者去做。"

(2) 作宾语。许多及物动词后可以接动词不定式作为它们的宾语，这时不定式所表示的动作一般是由句子的主语（有时是由泛指的"人们，我们"）发出的。如果句子的主语接受不定式所表示的动作，则该不定式要用被动式。如：

We wish _to find the resultant of F_1 _and F_2.

"我们想要求出 F_1 和 F_2 的合力。"

注意：① 在动词 help 之后作宾语的动词不定式的标志"to"可以省去。如：

Precise measurements in spectroscopy have helped _reveal the atom's structure._

"光谱的精确测量，帮助（人们）揭示了原子的结构。"

② 如果动词不定式作句子的宾语而句子本身又有宾语补足语（多数情况下是由某些形容词担任的，如 possible、difficult、easy、desirable、important、necessary、essential、imperative 等，有时是"of+抽象名词"），则一定要采用带有"形式〔先行〕"宾语 it 的句型。同样这个 it 是没有任何词义的，所以绝不能把它译成"它"。

这时的句型为：

$$\boxed{\text{主}+\text{谓}+\text{it}+\text{宾补}+\text{宾（不定式）}}$$

用于这一句型最常见的谓语动词是 find、consider、think 和 make。如：

By means of the calculus we <u>find it possible</u> ***to find the area between curves for which we know the equations.***

"利用积分学，我们将发现能够求出我们所知方程的曲线之间(所围)的面积。"

③ 在介词 except 和 but〔except〕之后可以由动词不定式作其介词宾语。(参见第一章"介词"部分。)

(3) 作表语。动词不定式作表语时属名词性，也就是说，在含义上句子的主语与表语是等同的，而且它只能是主动形式。这时，句子的主语一般是一些抽象名词(如用途、目的、计划、影响、方案、功能、任务、作用、因素、困难、步骤等)、主语从句或动词非谓语形式。最关键的一点是，be 的各种时态形式一般均能译成"是"，也就是说 be 在此为连系动词。如：

One common effect of a force <u>is</u> ***to alter the state of motion of a body.***

"力的一个通常的效应，就是改变物体的运动状态。"

注意：① 若在由"what"引导的主语从句中，或在修饰主语的定语或定语从句中含有实义动词"do(做)"的任何形式，则作表语的动词不定式的标志"to"可以省去(英美人经常把它省去)。但若主语从句中动词 do 用了进行时形式，则主句的表语通常用动名词表语(这在科技文中很少见)。如：

All you need to <u>do</u> is ⟨***to***⟩ ***press this button.***

"你只需要按一下这个按钮。"

What the transmitter <u>is doing</u> is ***sending a coded message.***

"发射机正在做的是发送编码信息。"

② 需要注意的是，有时候"be+不定式"表示的是一种将来时，意为"将，打算，想要，可能，必须，要，应该"。其简单判别法是：凡"be"不能译成"是"的，一般就是将来时了。

(4) 作定语。动词不定式作定语时，一定要位于被修饰的名词〔代词〕后。其特点是：

① 动词不定式的一般式，通常可表示"将来"或"能力"，往往含有"要，能，会，需，该"等意。(这在科技文中很常见。)如：

A generator is a machine ***to change mechanical energy into electrical energy.***

"发电机是一种能把机械能转变成电能的机器。"

The television camera scans the subject ***to be transmitted.***

"电视摄像机对<u>要发送的</u>对象进行扫描。"

注意：一般式的动词不定式作定语时，也可表示没有一定时间界限的经常性动作、与谓语同时发生的动作、过去的动作或已完成的动作。如：

Energy is the ability *to do work*.

"能量是<u>做功的</u>能力。"（表示经常性动作，无时间界限。）

Galileo Galilei（1564—1642）was the first scientist *to understand clearly the concept of acceleration*.

"加利莱奥·加利莱(1564—1642)是<u>清晰地理解加速度概念的</u>第一位科学家。"（表示过去的动作，等效于"who understood …"。）

② 不定式与被修饰词之间存在着以下四种逻辑关系：

A．主谓关系。这时不定式可以是主动形式，也可以是被动形式。其前面的被修饰词就是动词不定式所表示的动作的逻辑主语。也就是说，这种不定式可以扩展成定语从句。如：

This is a special-purpose computer *to solve only one kind of problem*.

"这是一台<u>只能解一类题的</u>专用计算机。"（这是主动的"主谓关系"，相当于"… which can solve only one kind of problem."）。

B．动宾关系。这时的不定式只能是主动的形式，其前面的被修饰词就是不定式所表示的动作的承受者（即"逻辑宾语"），动作的发出者一般就是句子的主语或泛指任何人。这种动词不定式也可以扩展成定语从句。如：

'Weight' is a difficult thing *to define*.

"'重量'是一个难以<u>定义的</u>概念。"（相当于"… that one can define."）。

C．动词不定式中的介词与其介词宾语的关系[**]。这种逻辑关系是许多读者感到最难理解的。这时动词不定式为主动形式，动作的发出者是句子的主语或泛指的"人们"。这种不定式能被扩展成"介词+which"开头的定语从句。如：

This device collects the heat of the sun *to cook by*.

"这个设备从太阳那儿收集<u>用于烧煮的</u>热量。"（在正式的科技文中，一般使用"by which to cook"。）

Each member has a switch *with which to indicate a YES or NO vote*.

"每个成员都有一个用来<u>表示投赞成票或投反对票</u>的开关。"

D．纯修饰关系。这时的动词不定式一般为主动一般式，它修饰的一般为一些抽象名词，如"目的"(aim, objective)、"用途"(use)、"能力"(ability, capability, capacity, power)、"趋势"(tendency)、"机会"(chance, opportunity)、"时间"(time)、"尝试"(attempt)、"方式，方法"(way, manner)等。如：

There are several ways *to take an average*.

"取平均值的方法有几种。"

注意：有些动词不定式修饰由动词转化成的名词，这种定语实际上是逻辑上的状语(大多数表示目的)。在科技文中常见的是与名词"use"连用。如：

The <u>use</u> of trigonometry *to describe the electrical signal* has proved very valuable for engineers.

"<u>用三角学来描述电信号</u>，对工程师们来说被证明是非常有用的。"

(5) 作状语。在科技文中，动词不定式作状语主要有以下三种情况：

① 位于主语前。这时的动词不定式一般只表示目的，译成"为了；(如果)要"。如：

To understand and use physics, we must have a knowledge of basic mathmatics.

"<u>为了理解并应用物理学</u>，我们必须具备基础数学知识。"

Finally *so as to facilitate better understanding of the program examples*, comments are appended to selected instruction lines by preceding them with a ':'.

"最后，<u>为了有助于读者更好地理解所给程序例子</u>，对所选的指令行加了说明，在指令行前放了一个符号 ':'。"(注意：本句中"so as to"这一短语放在句首了，它在此与"in oder to"一样表示目的，译成"为了"。)

② 位于句尾。这时动词不定式既可表示目的(译成"来；以便于")，也可表示结果(译成"从而；以致于")，这一般要通过对全句逻辑概念的试探来确定其到底属于哪一种状语。有时在此位置上的不定式还可表示附加说明或在哪一方面。

A. 位于不及物动词后。如：

Solid bodies <u>tend</u> *to maintain their shape*.

"固态物体趋向于<u>保持其形状</u>。"

B. 位于形容词后。如：

Pouring boiling water into an ordinary glass of thick walls is almost <u>certain</u> *to cause the glass to break*.

"把开水倒入普通的厚玻璃杯，几乎必定会<u>使玻璃杯破裂</u>。"

注意：有人把下面这种情况(我们称之为"反射不定式"结构，请参阅后边有关内容)也归于这一类，把动词不定式看成作"方面"状语。如：

This equation is very <u>difficult</u> *to solve*.

"这个方程很难<u>解</u>。"

C. 修饰及物动词或及物性短语动词(主动形式或被动形式)，主要表示目的或结果，偶尔可表示一种附加说明。如：

The following examples illustrate how the above information _is put_ together *to obtain the graph of a function.*

"下面的几个例子说明了如何把上面的信息结合在一起<u>来获得函数的曲线图</u>。"（目的）

Most elements in the entire universe <u>are combined</u> with others *to form compounds*.

"整个宇宙中的大多数元素，相互化合<u>成各种化合物</u>。"（结果）

Waste products <u>are removed</u> from the cells, *to be carried away by the blood and other fluids.*

"废物从细胞中排泄出去，<u>由血液和其它液体运走</u>。"（附加说明）

③ 构成一些固定词组或搭配（读者应特别注意动词不定式与相搭配的词分隔较远的情况，因为这时不易看出来）。常见的固定词组或搭配有以下一些：

in order to（do）	为了…
too … to（do）	太…以致于不能…
sufficient（ly）to（do）	足以…
enough to（do）	足以…
so as to（do）	以便于；以致于
so … as to（do）	如此…以致于
such as to（do）	这样的以致于…
such … as to（do）	这样的…以致于…
require〔need〕to（do）	需要…来…
able to（do）	能够…
use … to（do）	用…来…

The velocity of light is *too* great *to be measured in simple units*.

"光速<u>太</u>快了，<u>以致于不能用简单的单位来测量</u>。"

Science and technology are *so* interwinding with measurement *as to be totally inseparable from it.*

"科学技术与测量之间的关系是<u>如此地紧密，以致于完全离不开它</u>。"（"so"在此是副词，作"interwined"的状语，它与"as to"分离了。）

In a liquid, *enough* intermolecular forces exist *to keep the volume of the liquid constant*.

"在液体中，<u>分子之间存在着一些力</u>，这些力足以使液体的体积保持恒定。"（"enough"与动词不定式短语相隔比较远。）

It is our hope that, after taking a course using this text, students will have <u>sufficient</u> understanding of system analysis and electronics design ***to be able to master more advanced material, as needed, either on their own or with minimal guidance.***

"我们希望，在用本教材学完一门课后，学生将会对系统分析和电子设计有<u>足够的了解，以致于若需要的话，学生自己或经稍加辅导就能够掌握更高深的内容</u>。"（"sufficient"与动词不定式短语相隔比较远。）

注意：A. 下面这一例句并不属于"too … to (do)"句型。

It should not be too surprising to find that a charge that is moving in a magnetic field experiences a force.

"如果发现在磁场中运动的电荷会受到力的作用，这不应该使人感到太惊讶。"（本句中，"It"是形式主语，而动词不定式短语"to find that …"是真正的主语。）

B. 偶尔我们会遇到处在句尾的"only to (do) …"类型的不定式短语作结果状语（它一般处于逗号后），它主要表示一个未曾料到的、不愉快的、令人失望的结果。这时一般可译成"不料，想不到，结果却，反而"等。当然，有时有可能表示目的，可译成"仅为了，只为了"，这只能根据全句的概念来判断。如：

Too often, the designer finds he has done a splendid job in meeting the specifications for size, weight, and electrical performance, ***only to find that the equipment cannot be easily manufactured.***

"设计师常常会发现，他在满足尺寸、重量和电气性能等技术指标方面的工作完成得很出色，<u>但却发现这个设备制造起来可不容易</u>。"

(6) 作补足语。补足语是某些及物动词要求的（一定要注意这时这些动词的词义）。动词不定式作补足语时，它与被修饰词（宾语或主语）之间必定存在逻辑上的"主谓关系"（可以是主动的，也可以是被动的）。如：

Solar cells <u>enable</u> the power ***to be obtained from the sun.***

"太阳能电池使电能可从太阳那儿获得。"（作宾语补足语。）

Ordinary matter <u>is said</u> ***to be electrically neutral.***

"普通的物质被说成是电中性的。"（作主语补足语，"is said"一般可译成"被说成，我们说，据说"等。）

注意：① 在科技文中，特别要注意能熟练地判断出"let"（让，设，令）、"make"（使得）、"have"（使得）、"see"（看到）等动词要求的、由不定式承担的宾语补足语，此时一定要省去不定式的标志"to"（但作主语补足语时"to"是不能省去的）。

<u>Let</u> it ***be required (proposed)*** to develop f (x) into a Fourier's series.

"设需要我们把 f(x) 展开成傅氏级数。"（"it"为形式宾语，而真正的宾语是动词不定式短语"to develop …"。）

② 动词"help"在要求动词不定式作宾语补足语时，不定式的标志"to"可以省去，也可以不省。一般认为，如果句子的主语参与了宾语补足语这一动作，则一般省去"to"。如：

Computers help us（to）**manage factories**.

"计算机帮助我们管理工厂。"

③ 在科技文中，有一些比较固定的不定式或不定式短语起插入语的作用，它们主要出现在句首，一般都由逗号把它们与句子其它部分分开。常见的有：to begin with（首先），to sum up 或 to summarize（总之，总起来说，结束语），to take an example（举例来说），to be（more）exact（（更）精确地说），to be sure（的确，固然），to be（more）specific（（更）具体地说）等。如：

To be more exact, electric current in a wire is the flow of electrons.

"更确切地说，导线中的电流是电子的流动。"

3. 反射式不定式[**]

所谓"反射式不定式"，就是句子的主语（有时为宾语）为句尾动词不定式的逻辑宾语（或不定式短语中的介词的逻辑宾语）这样一种结构，它在英语中出现得特别频繁。最常见的情况是句子的形式主语（或形式宾语）"it"被句尾不定式（或其短语中的介词）的宾语所替代，这时的不定式一般只能是主动的形式。如：

These numbers are inconvenient **to write** and difficult **to read**.

"这些数字写起来不方便，读起来也困难。"（"these numbers"是"to write"和"to read"的逻辑宾语。本句可转换成"It is inconvenient to write and difficult to read these numbers."。）

Copper is easy **to work with**.

"铜容易加工处理。"（"copper"是句尾"with"的逻辑宾语。本句可转换成"It is easy to work with copper."。）

We find the theory of relativity very difficult **to explain**.

"我们发现相对论是很难解释的。"（本句可转换成"We find it very difficult to explain the theory of relativity."。）

This type of table is unfit for a student **to make an experiment on**.

"这类桌子不适宜学生在上面做实验。"（"this type of table"是句尾"on"的逻辑宾语。）

注：在"too … to（do）"，"enough to（do）"，"ready to（do）"等句型中，不定式可以是主动形式，也可以是被动形式。如：

Atoms are <u>too</u> small *to see* *(to be seen)* .

"原子太小了，以致于看不见。"

4．分裂式不定式

所谓"分裂式不定式"，指的是在不定式的标志"to"与动词原形之间插入了一个副词的那种形式。它一般不会给读者造成理解上的困难。如：

These measures are taken *in order to <u>further</u> reduce its size.*

"采取这些措施的目的在于<u>进一步</u>减小它的体积。"

二、动词不定式复合结构

1．定义

动词不定式带有自己的逻辑主语时的一种固定形式，就叫做"动词不定式复合结构"，这种结构作为不可分割的一个整体在句中起语法作用。

2．构成

> for+名词(或人称代词宾格)+不定式
> (不定式的逻辑主语)

由此看出，不定式的逻辑主语是由介词"for"引出的，这时"for"已没有任何词义，不能把它译成"对于"（在个别情况下汉译时可能有"对于"这样的字眼出现，这主要是考虑到汉语通顺的原因）。

3．功能

动词不定式复合结构在句中的语法功能与普通不定式基本相同，它可以作主语、宾语、表语、定语和状语。（与普通不定式相比，只是少了一个功能——补足语，这是为什么呢？其原因是：不定式作补足语时，它与被修饰的成分在逻辑概念上必定存在"主谓关系"，而不定式复合结构本身已具备了"主谓关系"，所以不可能再与别的词发生主谓关系了。）其判别法与普通不定式基本相同，在此不再赘述。不定式复合结构在科技文中以作主语、状语和定语为多见。

（1）作主语。不定式复合结构作主语时，绝大多数场合采用形式主语"it"的句型。如：

The farther away the target is, the longer it takes *for the echo to return*.

"目标越远，<u>回波返回</u>所需的时间就越长。"

（2）作宾语。动词不定式复合结构作宾语时，只出现在有形式主语"it"的句型中，特别是出现在"make+it+形容词+不定式复合结构"这一句型中。如：

Machines make it possible *for us to develop a large force with a small one.*

"机器使我们能用<u>一个小的力来产生一个大的力</u>。"

（3）作表语(在科技文中很少出现)。

The main job now is *for scientists to continue measuring and studying the build-up of carbon dioxide in the atmosphere.*

"目前的主要任务是，<u>科学家们要继续测量和研究大气层中二氧化碳的聚积情况</u>。"

（4）作定语。动词不定式复合结构作定语时，与其修饰的词之间只存在"动宾关系"(包括不定式短语中的介词与介词宾语的关系)或"纯修饰关系"，同样不可能存在"主谓关系"。如：

The job *for a computer to do* is to count or measure.

"<u>计算机所能做的</u>工作，不是计算就是测量。"

The applied scientists find the 'problems' *for the theoretical scientists to work on.*

"应用科学家提出<u>供理论科学家研究的</u>'问题'。"

This is a necessary condition *for the electric field to be zero.*

"这是<u>使电场为零的</u>一个必要条件。"

（5）作状语。当动词不定式复合结构作状语(特别是表示目的)时，汉译时往往要译成"使…(能)"，"从而使…"，"以便使…"等等。如：

For two forces to cancel, they must act on the same object.

"<u>为了使两个力能相互抵消</u>，它们必须作用在同一物体上。"

In order for such a phenomenon to be possible, there must be device nonlinearity.

"<u>为了使这一现象能够发生</u>，就必须存在器件的非线性。"(这是"in order to"的不定式复合结构形式。注意：凡是一个固定词组或词汇搭配形式的不定式复合结构，都是在其不定式的标志"to"之前加"for 短语"，从而把原来的词组形式改变了，这使有些读者分辨不出原来的词组了。)

For the series, therefore, *to be convergent and represent* ln　(1+x)　–1<x≤1.

"因此，为了<u>使该级数收敛并能表示</u> ln(1+x)，则必须有–1<x≤1。"(注意：这个不定式复合结构整体被插入语 therefore 拆开了。)

4．注意事项

（1）不定式复合结构也有反射式。如：

These problems will take years *for people to do*.

"这些题靠人工来解的话，需要花费数年的时间。"（本句可转换成"It will take years for people to do these problems."。）

The Atlantic was too dangerous *for Americans to send enough men and war materials across*.

"当时大西洋太危险了，以致于美国人无法把足够的人员和战争物资运送过去。"（主语是句尾介词的逻辑宾语。下面的例句情况类似。）

A 300 lb safe on frictionless casters is to be raised 4 ft off the ground to the bed of a truck. Planks 12 ft long are available *for the safe to roll along*.

"要把置于没有摩擦的自位轮上的一个 300 磅的保险柜，升离地面 4 英尺到达卡车车台上。现有 12 英尺长的一些木板供保险柜沿其滚动用。"

（2）一种特殊的不定式复合结构形式。在某些场合，我们也可以把"of+、名词（或代词）+不定式"看成是一种不定式复合结构。也就是说，不定式的逻辑主语由"of"引出，而不是由"for"引出。它主要有以下两种情况：

① 当以某些表示主语性格特征、情感态度的形容词（如 nice、good、kind、right、impolite、wrong 等）作句子的表语时，要使用句型"It+be（通常是 is）+形容词+of+名词（或代词）+不定式"，它一定能转换成句型"名词（或代词）+be+形容词+不定式"。（该句型主要用在日常生活用语中，科技文中极少见到。）如：

It's very kind *of you to repair the instrument for us*.

"十分感谢你为我们修理这台仪器。"（本句可转换成"You are very kind to repair the instrument for us."。）

注：如果作表语的形容词是说明一个行为（即不定式所表示的动作）的话（如 possible、impossible、difficult、convenient、dangerous 等），则上述句型中的"of"只能换成"for"。如：

It is impossible *for them to solve this differential equation*.

"他们不可能解出这个微分方程来。"（本句绝不能转换成"They are impossible to solve this differential equation."，因为形容词"impossible"是不能用来修饰人的。）

② 在某些抽象名词（科技文中最常见的是 ability "能力"，其次是 tendency "趋势"，其它还有 capability "能力"，failure "未能，无法"，intention "意图"，reluctance "不愿，反对"，capacity "能力"，desire "愿望"，right "权利" 等等）之后、作定语的不定式之前，通常可用 "of+名词" 引出不定式的逻辑主语，形成一种特殊的不定式复合结构。这种结构在科技文中大量出现，望读者能熟练掌握它。如：

Energy is defined as the <u>ability</u> *of a body to do work*.

"能量被定义为物体做功的能力。"

The greater the tendency *of an object to resist a change of velocity*, the greater the inertia.

"物体阻止速度变化的趋势越大，其惯性就越大。"

The desire *of man to control nature's forces successfully* has been the catalyst for progress throughout history.

"人类想要成功地控制大自然的各种力的愿望，一直是推动整个历史进程的催化剂。"

注意：A. 在科技文中发现，个别英美科技人员在这一结构中也有用"for"来代替"of"的(特别常见于"tendency"之后)。如：

The tendency *for a satellite to keep moving round the earth* is an example of inertia.

"卫星连续不断地绕地球运行的趋势，就是惯性的一个例子。"

B. 这种特殊的不定式结构形式，实际上可看成是由两部分构成的，即一个是"of"短语作定语，另一个是不定式作定语，只不过这两个定语是修饰同一个名词的，所以我们在书刊上会遇到以下这样的结构：

The receiver's ability *to discriminate between signals of different frequencies* is called receiver sensitivity.

"接收机区别不同频率信号的能力，被称为接收机的选择性。"

Substances are quite different in their ability *to transmit an electrical charge*.

"各种物质在传送电荷能力方面是十分不同的。"

(3) 判别是不是属于不定式复合结构，不应该只从形式上观察，还应从整句的逻辑概念上加以考虑。下面这个句子，就不属于不定式复合结构：

For reasons *to be explained*, Δx and Δy can be replaced by dx and dy.

"根据后面将要说明的理由，Δx 和 Δy 可以用 dx 和 dy 来替代。"（这里 to be explained 是普通的动词不定式作后置定语；而 for reasons 意为"由于这些理由"。）

三、名词性不定式

1. 定义

名词性不定式是只起名词的主要语法功能的一种不定式的特殊形式。这种不定式作为一个不可分割的整体在句中作语法成分。(这种不定式结构实际上是名词从句的缩略形式。)

2．构成

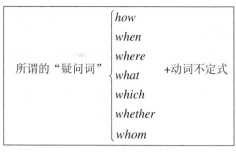

所谓的"疑问词"
{
how
when
where
what
which
whether
whom
}
+动词不定式

由于这一结构实质上是名词的缩略形式，因此"how"等词实际上是名词从句的引导词(应分别称为"从属连接词、连接代词、连接副词"；但为便于学习者记忆，不少书上把它们通称为"疑问词"了)，其中以"how"为最常见。需要指出的是，"why"这个词一般是不能用于这一结构的，这是英美人的习惯问题，但也发现有人把它与上面那些词一起使用。

3．译法

(1)"疑问副词+不定式"的情况：采用"顺译法"，即按词序译下去。(这一译法是大家都熟悉的，对读者不会产生任何困难。)

(2)"疑问代词+不定式"或"疑问词+别的词+不定式"的情况：一定要按"动词→宾语→补足语等"这一顺序来译。(这是不少读者可能会感到困难的地方。)

4．功能

名词性不定式在句中主要作主语、宾语、表语、介词宾语，偶尔还可作同位语。(在科技文中以作宾语和介词宾语最为常见。)

(1) 作主语(一般不用形式主语"it"的句型)。如：

How to determine the weight and size of an atom is a question interesting to many of us.

"如何测定原子的重量和体积，是我们很多人感兴趣的一个问题。"(how 是修饰 determine 的状语。)

(2) 作宾语。如：

We have now to consider ***what path of integration to take.***

"我们现在必须考虑取哪一条积分路径。"(what 作 path 的定语，而 what path of integration 作 take 的宾语。)

In practice we usually have to find ***how large to make r*** so as for $R_r(b)$ to be less than some permissible error.

"实际上，我们通常得求出到底使 r 为多大，才能使 $R_r(b)$ 小于某个允许的误差值。"（how 修饰 large 作状语，而 large 是 make 要求的宾语补足语，so as for $R_r(b)$ to be … 是 so as to…的不定式复合结构形式。）

In some experiments you will be told *what to measure*, *what instruments to use* and *even how many significant figures to use*.

"在有些实验中，将会告诉你测量什么东西，使用什么仪器，甚至使用多少个有效数位。"（句中的三个名词性不定式均作保留宾语。）

（3）作表语。如：

The problem is *how to solve the equation*.

"问题是如何解这个方程。"

（4）作介词宾语。如：

We can get some light on *what to expect* by taking ΔS as a small square.

"通过把 ΔS 取作为一个小的正方形，我们可以对期望的结果有所了解。"

This book attempts to present not only the major technical solutions for controlling Internet security, but also the necessary business and managerial perspectives on *why, when, and how to implement these controls*.

"本书力图不仅介绍控制因特网安全的主要技术解决方案，而且介绍关于为什么、何时以及如何来实现这些控制的必要的商务和管理的前景。"（本句中，why 与 when 和 how 在一起使用，引出了名词性不定式。）

（5）作同位语。如：

The reader may have no idea *which type of flip-flop to use*.

"读者可能不知道该采用哪一类触发器。"（实际上是在 idea 后省去了介词 on、of、about 或 as to 而形成了这种特殊的同位语，本来应该是介词宾语，而整个介词短语作后置定语。）

四、"there be"句型的动词不定式形式

这是不少读者的一个难点，但并不常见。它也是一种典型的书面表达方法，在科技文中，主要出现以下两种情况：

（1）不定式复合结构形式：

> for there to be …

它仍然保留"存在，有"的含义。如：

For there to be life, there must be air and water.

"为了使生命能够存在，必须要有空气和水。"（处在主语前作目的状语。）

It is possible *for there to be a current in the circuit under such a condition*.

"在这种条件下，电路中有可能存在电流。"（作主语。）

The number of electrons or protons necessary *in order for there to be a negative or positive charge equal to one coulomb* is $1/1.6021×10^{-18} = 6.2418×10^{18}$.

"为获得一库仑的负电荷或正电荷，所需的电子数或质子数为 $6.2418×10^{18}$ 个。"（是 in order to …类型的 there be 句型的不定式复合结构形式，作目的状语修饰 necessary，它们合在一起构成形容词短语作后置定语，修饰 electrons or protons。）

(2) 复合宾语或复合主语形式：

$$\boxed{\text{there }(\dots)\text{ to be }\dots}$$

它仍然保留"存在，有"的含义。如：

Now we assume *there to be just two variables in the function*.

"现在我们假设，在这个函数中只存在两个变量。"（构成复合宾语，there 充当了宾语的角色，而 "to be…" 为宾语补足语。）

When one of the charged bodies has a polarity opposite to the other, *there* is said *to be a difference of potential between them*.

"当两个带电体极性相反时，我们就说，在它们之间存在一个电位差。"（构成复合主语，there 充当主语，而 "to be …" 充当主语补足语。）

第二节 分　词

分词可以分两个专题进行讨论：普通分词和分词独立结构。另外，本节还要介绍"with(独立)结构"。

一、普通分词

1. 形式

(1) 肯定式(以动词 do 为例)。

时态	主动形式	被动形式
现在分词一般式	doing	being done
现在分词完成式	having done	having been done
过去分词	无	done

从上表可以看出，作非谓语动词用的现在分词不是一种形式，而是有四种形式，当然最常见的是主动形式一般式(这与作谓语动词时的现在分词的形式一样)。

注意：① 现在分词的被动形式一般式和过去分词都表示被动，其区别在于：前者强调动作现在"正在进行"、当时"正在进行"（主要用作定语）、与谓语动词表示的动作同时或几乎同时进行（主要用作状语，但有时与过去分词没有多大区别）；后者只表示被动或动作的完成。如：

Computers now use the major share of the electronics components ***being manufactured***.

"现在计算机所使用的电子组件，占了<u>目前在制造的</u>电子组件的大部分。"

Being heated, magnetized steel will lose its magnetism.

"磁化了的钢，<u>一受热就会失去磁性</u>。"

② 现在分词完成式一般只用在作状语时，表示该动作发生在句子谓语动词的动作之前，强调"已完成"之意。如：

Having defined the units for length, mass, and time, we can express through them the units for other physical quantities.

"<u>由于我们已定义了长度、质量和时间的单位</u>，所以就能够通过它们来表示其它物理量的单位。"

(2) 否定式。分词的否定式的构成是在分词前直接加一个否定副词 not。如：

This manual shows the reader the many other uses for existing logic ICs ***not found on the manufacturer's datasheet***.

"本手册给读者介绍了有关现有逻辑电路集成块<u>在厂商的一览表上没有提到的</u>其它许多用途。"

Not having completed the program, the computer continues to perform the remaining part.

"<u>由于没有执行完该程序</u>，计算机继续执行余下的部分。"（注意：not 只能处于 having 之前。）

2. 语法功能

由于分词作为非谓语动词时具有形容词和副词的性质，所以在句中主要起定语和状语的作用。分词还可以作表语和补足语。下面就对这四种功能分别加以说明。

(1) 作定语。这是分词最重要的功能，在科技文中出现得极频繁，读者一定要将其掌握好。

单个分词（或"副词+分词"）位于被修饰词之前；分词短语一定要位于被修饰词之后（读者对此要特别注意，因为它与汉语中定语的位置不同了）。但单个过去分词在现代科技文中也常位于被修饰词之后作后置定语，主要是为了强调动作（不过汉译时一般是没有多大区别的)。为方便读者记忆，在多数情况下，对于分词作定语时的位置，我们可以概括为一句话："单分在前，分短在后"。如：

The gauss is a ***very commonly used*** unit for the measurement of flux density.

"高斯是测量磁通量密度的一个<u>很常用的</u>单位。"（前置定语。）

A capacitor is a device ***consisting of two conductors separated by a non-conductor***.

"电容器是<u>由非导体隔开的两个导体组成的</u>一种组件。"（后置定语。本句有一个现在分词短语和一个过去分词短语，分别修饰其前面的名词。）

The greater the force ***applied***, the greater the acceleration.

"<u>外（加的）</u>力越大，加速度就越大。"（单个过去分词作后置定语。）

Hydrogen is the lightest element ***known***.

"氢是<u>人们所知的</u>最轻的元素。"

注意：① 极少数不及物动词的单个现在分词也有作后置定语的情况，常见的有 remaining、flowing、acting、existing 等。如：

Some technical problems ***remaining*** are outlined after discussion of some problems such as frequency allocations for satellites that have been overcome.

"在讨论了像卫星频率分配这样一些已克服了的问题之后，概述了一些<u>有待解决的</u>技术问题。"

② 个别不及物动词的过去分词也可作定语（前置和后置均有），这时它与被修饰词之间并不是被动的主谓关系，而一般表示"完成"之意，常见的有 elapsed、worked、moved 等。如：

Speed is the distance ***moved*** divided by the time ***elapsed***.

"速度等于<u>运动的</u>距离除以<u>所花的</u>时间。"

③ 个别情况下，分词短语（最常见的是"using …"）可用作表示动作的抽象名词的定语，实际上是该抽象名词的逻辑状语（表示方式）。如：

This chapter deals with the implementation of Boolean functions ***using these types of gates***.

"本章论述<u>用这些类型的</u>门电路来实现布尔函数。"（修饰 implementation。）

④ 在少数情况下，分词（尤其是过去分词）作定语时的汉译往往不按定语来处理，可译成名词、动词或采用"顺译法"。如：

Distance is equal to speed ***multiplied by time***.

"距离等于<u>速度乘以时间</u>。"

Current is voltage ***divided by resistance***.

"电流等于<u>电压除以电阻</u>。"

This will result in *increased* distortion.

"这会使失真<u>加大</u>。"

The waves become weaker with *increasing（increased）* distance.

"这些波随着<u>距离</u>的<u>增大</u>而变得越来越弱。"

A lamp *connected across a dry cell* is an example of a simple electric circuit.

"<u>把一个灯泡跨接在干电池两端</u>就是简单电路的一个例子。"

（2）作状语。分词作状语也是分词很重要的一个语法功能。

① 分词作状语时的特点。

A. 分词作状语也是典型书面语言的一种体现，这时它表示的动作的逻辑主语一般应该就是该句子的主语本身（但在科技文中有时也会出现不一致的情况）；在句尾作状语时，其逻辑主语还可能是分词前的整个句子。所以，应根据句子与该分词表示的动作之间的主、被动关系使用现在分词或是过去分词（包括被动形式的现在分词，详见后面的例句）。

B. 分词作状语时常处于句首和句尾，一般由逗号将其与句子其它部分分开，有时也可位于句中（多处于主谓之间），这时其前后必定有逗号存在。

② 分词作状语时的三种不同位置及其表达的含义。

A. 在主语前。在科技文中，分词短语以表示时间和条件（分别译成"当…时候"和"如果"）居多，其次是表示原因（译成"因为，由于"），个别情况下可表示让步（译成"虽然"）。分词为完成式时，一般译为"在…以后"（有时也可能是原因）。在某些情况下，分词短语还可表示对主语的附加说明（有人称之为主语的同位语）或作插入语用。汉译时，读者只能按上述分词出现概率大小的顺序来试探其确切的含义。如：

Flowing through a circuit, the current will lose part of its energy.

"<u>当</u>电流<u>流过电路时</u>，要损耗掉一部分能量。"（由于"电流"会"流动"，所以用现在分词"flowing"。）

Expressed in a formula, the relationship between voltage, current, and resistance in a circuit can be written as V=IR.

"<u>若用公式表示的话</u>，电路中的电压、电流、电阻之间的关系可写成 V=IR。"（这儿的"关系"是"被表示"的，所以用过去分词"expressed"。）

Neglecting air resistance, all bodies fall with the same constant acceleration at the same location on the earth's surface.

"<u>如果忽略空气阻力</u>，则所有物体均会在离地球表面的同一位置上以相同的匀加速度下落。"（本句中"neglecting"的逻辑主语并不是句子的主语"all bodies"，而是泛指的"人们，我们"。)

Being a good conductor of electricity, copper is widely used in electrical engineering.

"<u>由于铜是电的良导体</u>，所以被广泛地用在电工技术中。"

Depending on the voltage across the two vertical plates, the beam will move close to one or the other.

"<u>根据这两块垂直板之间的电压情况</u>，电子束将偏向某一块板。"

Having obtained the initial conditions, we go on to solve the network differential equations.

"<u>获得了初始条件后</u>，我们接下去就要解这些网络微分方程了。"

Having been given a wrong instruction, the computer could not give the correct answer.

"<u>由于给错了指令</u>，计算机无法给出正确的答案。"

Beginning with Chapter 4, simple differentiation and integration are introduced.

"<u>从第 4 章开始</u>，介绍简单的微积分。"（这是一个插入语。）

B. 在句中（主要在主谓之间）。这时分词作状语的情况与在主语前类似，可表示时间、条件、原因等（不过似乎表示原因的情况更多一些）。如：

Mars, ***moving more slowly than Earth, and also having a longer distance to go***, must necessarily have a period greater than an Earth-year.

"<u>由于火星运行得比地球慢且走的路程比地球长</u>，所以其运行周期必定比'地球年'来得长。"

This device, ***properly designed***, can be controlled by radio.

"这一设备，<u>如果设计得当</u>，就可以用无线电来进行控制。"

The maximum efficiency, ***neglecting the loss in R_e***, is only 40%.

"<u>即使〔如果〕忽略 R_e 上的损耗</u>，最高效率也只有 40%。"

C. 在句尾。这时分词短语主要表示伴随状况或进一步说明（一般只需按词序翻译），还可表示结果（译成"因此，从而，这样就"，有时在分词前有表示结果的副词"thus, thereby, so, therefore"），偶尔还可表示方式、条件、原因等。如：

Silver is the best conductor, ***followed by copper***.

"银是最好的导体，<u>其次是铜</u>。"（"silver"是"followed"的逻辑主语。）

Σ is the Greek letter sigma, ***meaning 'the sum of'***.

"Σ 是希腊字母'西格玛'，<u>它的意思是'…之和'</u>。"（"Σ"是"meaning"的逻辑主语。）

These points are plotted and joined, ***thus forming the curve which represents the function***.

"把这些点描起来并联在一起，这样就构成了表示该函数的曲线。"（"forming"的逻辑主语应该是前面整个句子。）

This reduction of Boolean expressions eliminates unnecessary gates, ***thereby saving cost, space and weight***.

"布尔表达式经过这样的简化后，去掉了不必要的门电路，从而降低了成本，缩小了体积，减轻了重量。"

The advantage of a machine equals the ratio of the developed force to the applied force, ***neglecting friction***.

"如果把摩擦力忽略不计，则机器的效益等于产生的力与外力之比。"

In its output, the sidebands of the wanted signal exactly cancel each other, ***being of opposite sign***.

"在其输出端，所需信号的边带正好相互抵消，因为它们的符号相反。"

注意： i . 分词短语在句尾作状语时，经常会遇到没有用逗号与句子其它部分分开的情况，这时不要以为它是作后置定语的。如：

In Fig. 13, forces A and B are combined by the triangle method ***giving a resultant C***.

"在图 13 中，用三角形法把 A、B 两个力结合了起来，从而得到了合力 C。"

The design problem may be solved ***using a microprocessor***.

"这个设计题可以用微处理机来解。"

If you walk along a horizontal floor ***carrying a weight***, no work will be done.

"如果你提着一个重物在水平的地面上行走的话，你并没有做功。"

ii . 分词作状语时，有时可在分词前加一个状语从句连接词，常见的有 when、while、if、though 等有限的几个词。如：

When calculating the weight of a body, we have to multiply its specific gravity by its volume.

"当我们计算物体的重量时，必须用其比重乘以其体积。"

iii. 在 busy、spend、trouble、difficulty、use 等少数词汇后，由于省去了介词"in"，有人把原来作"in"的介词宾语的动名词看成是分词作状语（表示"在…方面"）。如：

There is no use ***grounding this point***.

"把这一点接地是没有用的。"

They are busy ***designing a new type of computer***.

"他们正忙于<u>设计一种新型的计算机</u>。"

We have spent a lot of time *finding the engine trouble*.

"我们花了大量的时间来<u>找出发动机的故障</u>。"

Given the initial angle of incidence, we should have no trouble *calculating the angle of refraction into the water*.

"若已知初始的入射角，则我们就能容易地<u>求出进入水的折射角</u>了。"

ⅳ. 要把分词位于主谓之间作状语〔位于句尾作状语〕与分词位于主谓之间作非限制性定语区别开来。若分词短语处于主谓之间，则只能根据全句的逻辑概念来判别，也就是说要从概念上试探一下(这种非限制性定语是对主语的一种附加说明)。如：

Potential difference, *sometimes called electromotive force*, is measured in volts.

"<u>电位差有时也被称为电动势</u>，它是以伏特为单位来度量的。"(这是非限制性定语。)

This book, *properly used*, will be a great help to the reader.

"这本书<u>如果使用得当</u>，会对读者大有帮助。"(这是状语。)

若分词短语在句尾(一般有逗号分开)，其逻辑主语是其前面的某个名词而不是句子的主语或整个句子的含义或暗指的"我们，人们，读者"时，则为非限制性定语。如：

The voltage between any two points on a conductor may be measured by an electrical instrument, *called the voltmeter*.

"导体上任何两点之间的电压可用<u>称为'伏特计'的电气仪器</u>来测量。"(其逻辑主语为"an electrical instrument"，所以是非限制性定语。)

(3) 作表语。

① 特点。分词作表语相当于一个形容词，它并不表示动作，只表示事物的性质和状态，其后面不能带有自己的宾语、时间状语等。所以一些词典已把常作表语的分词单独标注为形容词了。科技文中以过去分词作表语为多见(主要出现在 be、become、remain、get、appear、stay 等连系动词后)。如：

This bar of iron has become *magnetized*.

"这根铁棒已<u>磁化了</u>。"

② 注意事项。

A. 下面这种情况，句中的过去分词可看成是"表语性状语"。

We live *immersed* in an ocean of air on which our lives depend.

"我们生活<u>浸沉</u>在我们的生活所依赖的空气海洋之中。"

The output came out *distorted* as shown in waveform 2.

"(得到的)输出失真了，如波形 2 所示的那样。"

B. 现在分词在 be 后作表语时，形式上与进行时态类似，只能从句子的逻辑概念上来加以辨别。如：

This academic report is *moving*.

"这场学术报告很感人。"（形容词性，作表语。）

That body is *moving*.

"那个物体在运动。"（表示动作，构成进行时态。）

C. 过去分词在 be 后作表语时，形式上与被动语态类似，主要从逻辑概念上加以辨别。另外，被动语态由于强调动作，所以有时态变化，并可带有时间状语、by 短语等。如：

This text is well *written*.

"这本教科书写得很好。"（表示特点，作表语。）

This text was *written* by a famous professor.

"这本教科书是一位著名教授写的。"（表示动作，构成被动语态。）

(4) 作补足语。分词作补足语时既可表示特点和状态(即形容词性)，也可表示动作。在科技文中，可要求分词作补足语的最常见的动词有 keep、leave、have、make、get、find、see 等。以过去分词作补足语为多见。如：

Much of electricity is wasted in keeping the current *flowing through the coils of the electromagnets*.

"许多电能被浪费在使电流保持在电磁铁的线圈中流动。"

It is often convenient to have Eq. 1-3 *written specifically for use with logarithms to the base 10*.

"把式(1-3)写成专门用于以 10 为底的对数形式往往是比较方便的。"

二、分词独立结构

1. 定义

分词作状语时，绝大多数情况下其逻辑主语就是句子的主语。如果不是，则可以在分词前加上它自己的逻辑主语，这种带有逻辑主语的分词结构就叫分词独立结构(又称主格分词，实质上是一种分词复合结构)。所谓"独立"，指的是这种分词与句子的主语没有关系了，因而该分词"独立"了。

2. 构成

名词(个别情况下为代词)(这是分词的逻辑主语)+分词(或分词短语)

这是一个整体。特别需要注意的是，绝不能把这个分词当成是其前面名词的后置定语，否则整个句子的概念就组织不起来了，同时那个名词在句中也没有它的语法位置。

3. 功能

由于分词独立结构是从分词作状语演变来的，所以它在句中只能作状语。它在句中的位置、译法与普通分词作状语类同，这里不再重复。不过它很少出现在主谓之间，因为这会把主语和谓语分开得太远。

(1) 在主语前(具体表示什么状语也只能通过"试探"来了解)。

The current changing（There being a change in the current）, the magnetic field will change as well.

"若电流发生变化，磁场也将变化。"(括号中的是"there be"句型的分词独立结构形式。)

The sun's rays falling upon photo-electric cells, the whole apparatus will automatically go into operation.

"当阳光照射在光电池上时，整个设备就会自动工作起来。"

The speed of light being extremely great, we cannot measure it by ordinary methods.

"由于光速极大，所以我们不能用普通的方法来测量它。"

This（having been）done, the function becomes much simpler.

"这样处理了以后，该函数变得简单多了。"(其逻辑主语是指示代词"this"。)

注意：在下面这个句子中，并不存在分词独立结构，不要被表面现象所迷惑。句中的分词短语是其前面名词的后置定语，而该名词是句子主语的同位语，为了强调，同时由于它带有定语而比较长，所以倒置在主语之前了(请参见第一章"名词"部分)。

A new technology *introduced in the 1960s*, laser can pierce the hardest substance, such as diamond.

"激光是20世纪60年代发展起来的一项新技术，它能穿透像金刚石这样最坚硬的物质。"(a new technology 与 laser 是同一个东西，而分词独立结构中分词的逻辑主语绝不能与句子主语相同。)

(2) 在句尾(常见的是表示进一步说明)。

Almost all metals are good conductors, *silver being the best*.

"几乎所有的金属都是良导体，而银为最好。"

The sign of the integral depends on the direction of the path taken, *a counter-clockwise direction being taken as positive.*

"积分的符号取决于所取路径的方向，我们把逆时针方向取为正。"

Now let us determine the path of a projectile, *the resistance of the air being neglected.*

"现在让我们计算一下在空气阻力忽略不计的情况下抛物体的路径。"

注意：在分词独立结构中由连系动词"be"变来的"being"屡见省去。如：

In the past several comsats were launched, *all of them high-altitude satellites.*

"过去发射了几颗通讯卫星，它们都是高空卫星。"（在"all of them"后省去了"being"。）

In Group Ⅰ, we have hydrogen and the alkali metals, *all of low density and chemically very active.*

"处在第一组中的是氢和碱金属，它们的密度都比较低，而化学性能都很活跃。"（在"all"后省去了"being"。）

（3）在主谓之间（极少见）。如：

Laser, *its creation being thought to be one of today's wonders*, is nothing more than a light that differs from ordinary lights.

"虽然激光的产生被认为是当今奇迹之一，其实它不过是与普通光不同的一种光而已。"

三、"with（独立）结构"**

在英语中，有一种以"with"引出的特殊结构，我们在此不妨把它叫做"with结构"（有人称它为"with 独立结构"），在句中要把它作为一个整体来对待。这种结构在现代科技英语书刊（以及一般英语）中用得非常广泛。

1．构成

在科技文中经常遇到的"with 结构"有以下六种形式：

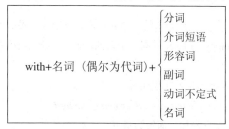

根据在科技文中出现的概率，以带有分词（或分词短语）和介词短语这两种形式为最常见；其次是带有形容词的形式。

2. 特点

(1) 该结构中的"with"在一般情况下(特别是该结构作状语时)是没有具体词义的，只起引导的作用。

(2) 该结构的否定形式通常由以下两种方式构成：

① 将"with"改成"without"。如：

Without the temperature or pressure changed, matter can never change from one state to another.

"如果温度或压力不发生变化，物质的状态是永远不能改变的。"

② 在名词前加"no"或使用"neither, none, nothing, not"等否定词，如：

Each change in the input signals will produce a single change in the output signals, ***with <u>no</u> instabilities or uncertainties being possible***.

"输入信号的每一变化将产生输出信号的单一变化，<u>而不可能存在任何的不稳定性或不确定性</u>。"

Whenever two algebraic quantities are written together ***with <u>nothing</u> between them***, it is understood that they are to be multiplied together.

"每当两个代数量写在一起<u>而中间没有什么东西</u>时，就应理解为它们要相乘在一起。"

Silver has the smallest resistivity of any metal, ***with that of copper <u>not</u> much greater***.

"银在金属中电阻率为最低，<u>而铜的电阻率比它高不了很多</u>。"

(3) 这一结构中，with 后的"名词"与其后的成分之间在逻辑概念上存在以下两种关系之一：

① 主表关系：当该"名词"后跟"介词短语，形容词，副词，名词"时，前后两者之间一般为"主表关系"。

② 主谓关系：当该"名词"后跟"分词，动词不定式"时，前后两者之间一般为"主谓关系"。

3. 功能

这种结构在句中主要作状语，其次作定语，在极个别情况下还可作表语和补足语。

(1) 作状语。"with 结构"作状语时，类似于分词独立结构。这时可由逗号使其与句子其它部分分开，也可不用逗号分开。作状语时，它有三个位置，现分述如下：

① 在主语前。按出现概率的大小排列(以前两个为多见)为：条件状语、时间状语、原因状语、让步状语、方式状语、附加说明。具体到底表达哪一种含义，只能通过对全句意思的试探来确定。如：

Without the air to stop some of the sun's heat, every part of the earth would be burning hot when the sun's rays strike it.

　"要不是<u>空气挡住一部分太阳的热量</u>，在阳光照射时地球的任何一部分都会灼热不堪。"

With electronic systems becoming more complex, the achievement of reliability has become an increasingly difficult problem.

　"<u>由于电子系统越来越复杂</u>，实现可靠性已成为一个越来越困难的问题。"

With O as its center, draw a circle of radius equal to A.

　"<u>以 O 点为圆心</u>，画一个半径为 A 的圆。"

　② 在句中(多数位于主谓之间)。"<u>with 结构</u>"在这个位置出现的概率比较低。它与处于主语前的情况类似，可表示条件、时间、原因、方式、让步等。如：

Gate A, ***with at least one of its inputs 0***, must have a 1 out.

　"<u>当在 A 门的输入端中至少有一个为零时</u>，其输出必为 1。"

Let us construct, ***with the origin as center***, a semicircle of radius R.

　"让我们<u>以原点为圆心</u>、作一个半径为 R 的半圆。"

Two bodies at a great distance from one another, ***with only empty, featureless space between them***, can nevertheless influence one another's motion.

　"间隔很远的两个天体，<u>虽然它们之间只有毫无特色的真空</u>，却能影响彼此的运动。"

　③ 在句尾。"with 结构"出现在句尾的概率最大。这时它可表示附加说明**、结果、方式、条件。

With a telescope, two lenses are involved, ***with an eyepiece to enlarge the image produced by the objective.***

　"对于望远镜，要使用两个透镜，<u>目镜用来放大由物镜产生的物像</u>。"

Both practical design techniques and theoretical problems are covered ***with emphasis on general concepts.***

　"(本书)既讲了实际的设计方法，同时还讲了一些理论问题，<u>而侧重点则放在一般概念上</u>。"

The current gain β_n shall be measured ***with E_p grounded.***

　"应该<u>在 E_p 接地的情况下</u>来测量电流增益 β_n。"

When two nuclei come close enough together, it is possible for a rearrangement of their nucleons to occur ***with one or more nuclei formed.***

　"当两个原子核靠得足够近时，它们的核子就可能进行重新排列，<u>从而形成一</u>

个或多个原子核。"

Systems should always be designed ***with the user and repairman in mind***.

"设计系统时总应考虑到用户和修理人员的方便。"（注意本句的译法。）

The Internet Protocol（IP）was not designed ***with security in mind***.

"当时设计'因特网协议书'时并没有考虑安全问题。"（注意本句译法。）

（2）作定语。"with 结构"作定语时，一般紧跟在被修饰的名词之后。

Equations ***with radicals in them*** are normally solved by squaring both sides of the equation.

"内部含有根式的方程通常是通过对方程两边进行平方来解的。"

This is a triangle ***with the apex up***.

"这是一个顶点朝上的三角形。"

注意：有时候"with"引出的并不是"with 结构"，而是普通的"with"介词短语，这时"with"具有明确的词义，跟在其后面的名词的分词短语、介词短语等均为该名词的后置定语。是否为"with 结构"只能从整个句子的逻辑概念上进行判断，并没有固定的规则可循。如：

The performance and efficiency of electronic devices have greatly improved ***with*** the improvements ***in IC technology***.

"电子设备的性能和效率随着集成电路技术的改进而得到了很大的提高。"

第三节　动　名　词

动名词也可按两个专题进行讨论：普通动名词和动名词复合结构。

一、普通动名词

1. 形式

（1）肯定式。动名词的形式与现在分词的形式完全一样，只能通过分析其在句中的语法功能才能把它们区分开来。

动名词的形式有以下几种（以及物动词"do"为例）：

时态	主动形式	被动形式
一般式	doing	being done
完成式	having done	having been done

　　动名词的一般式表示的动作一般没有明确的时间界限；其完成式则强调动名词的动作发生在谓语动词的动作之前。在科技文中，以一般式的主动形式为最常见，其次是一般式的被动形式(这种形式对某些读者来说会感到比较陌生)。完成式在科技书刊中出现得少一些。

　　(2) 否定式。动名词的否定形式只要在其前面加表示否定的副词"not"就可以了。如：

Overshoots, as a result of *the control loop not operating quickly enough*, are limited to a maximum amplitude of 2dB by two silicon clipper diodes.

　　"由于控制环动作不够迅速，所以尖头信号被两只硅削波二极管限于最大幅度为 2dB。"

2．功能

　　动名词在句中主要起名词的四种主要作用，即主语、宾语、表语、介词宾语。它在科技文中以作介词宾语最为常见。

　　(1) 作介词宾语。动名词作介词宾语时，在介词后主要表示一种动作(其前面不能有任何冠词、形容词、代词等)。它与介词一起构成"介词短语"，在句中作定语、状语、补足语、表语等。如：

Blood is capable of *being broken down into various components*.

　　"血液能够被分解成各种成分。"(被动一般式。)

Some materials are known as elastic because they return to their original shape after *having been bent*.

　　"有些材料被称为弹性体，因为它们被弯曲后仍能恢复原状。"(被动完成式。)

　　注意：读者应熟悉以下三种结构的汉译法：

　　① ┃by +动名词┃ 一般译成"通过…"(不少读者往往用"through+动名词"，这是错误的；但可以用"through+动作性名词"。)如：

By finding two points on the straight line, we can draw the line.

　　"通过找到该直线上的两点，我们就能把这直线画出来。"

　　② ┃on (upon)+动名词┃ 译成"在…以后"**、"一当…(就)"、"在…时"。如：

On integrating this equation, we obtain a formula whereby the exponent of the cosine factor is unchanged.

　　"对这个方程积分后，我们得到了一个公式，根据这个公式，余弦因子的指数并不改变。"

A light beam is deflected *upon entering or leaving that medium*.

"光束进入或离开那媒介时，就会被折射。"

On being compressed, the volume of a substance will be reduced.

"物质<u>一经挤压</u>，其体积就会缩小。"

③ in+动名词 译成"在…时候(期间)"、"在…方面"、"在…过程中"。如：

This atomic model is still useful ***in 'visualizing' the structure of an atom***.

"这个原子模型<u>在使原子结构'形象化'方面</u>仍是有用的。"

We often group certain terms together ***in writing algebraic expressions***.

"<u>在写代数式时</u>，我们经常把某些项归在一起。"

(2) 作主语。动名词作主语时，与动词不定式作主语一样，句子的谓语必定为单数第三人称形式，因为它表示的是一个概念或一件事。如：

Multiplying a and b together to give e may be written a × b = e.

"<u>把 a 和 b 乘起来得到 e</u> 可以写成 a × b = e。"（主动一般式。）

The wheel makes it possible to transport loads from one place to another without the enormous forces that ***dragging them*** would require.

"轮子使得人们能够把负荷从一地运送到另一地而不需要花费<u>拖拉它们</u>所需的巨大的力。"（这是在定语从句里作主语。）

注意：① 一般来说，动名词作主语时不采用形式主语"it"的句型，但当其表语为"(of) no use, no good, worth, worth while"时，往往采用"it"句型(有时表语为"important, useless, dangerous, unexpected, difficult, a waste of time 等"时也可这样使用)。如：

It is (of) no use ***grounding this point***.

"<u>把这一点接地</u>是没有用的。"

It is worth ***noting that a lens has two focal points, one on each side of the lens the distance f from its center***.

"值得注意的是，<u>一个透镜有两个焦点，它们分别在透镜的两边离其中心 f 这一距离处</u>。"

② 动名词也可作"there be"句型的主语，其句型是"there is no doing …"。如：

There is no ***denying the fact that this method has greatly raised the efficiency of designing antenna structures***.

"<u>不容否认</u>，这个方法大大提高了设计天线结构的效率。"

③ 若动名词作主语而句子谓语是由实义动词承担的话，这种动名词有时可含有条件之意，这时可译成"如果…就会…"。如：

Substituting Eq. (1-7) in Eq. (1-5) yields the following expression.

"<u>如果把式(1-7)代入式(1-5)</u>，我们就得到下面这个表达式。"

④ 动名词和不定式都可作主语，它们的主要区别在于：

A. 前者主要表示不涉及时间的、比较抽象的一般事实，而后者主要表示具体的、一次性的动作或将来的动作(不过有时二者的区别并不明显)。

B. 前者一般不使用"it"句型，而后者一般使用"it"句型。

(3) 作宾语。动名词可位于某些及物动词后作宾语。(写作时就需要记住这些动词。)如：

Let us consider *designing a voting machine.*

"让我们考虑<u>设计一台投票机</u>。"

注意：① 有些动词后跟有非谓语动词时，一定要用动名词作其宾语。在科技文中常见的这类动词有 suggest(建议，暗示，启发)、finish(完成)、avoid(避免)、require(需要)、consider(考虑)、practise(实践)、involve(涉及)、resist(反抗，阻止)、facilitate(便于，有助于)等。

② 有些动词(如 begin、start、continue 等)后既可跟动词不定式，也可跟动名词作为宾语，其含义没多大区别。不过，begin 和 start 在以下三种情况下只能跟动词不定式：其主语为无生命的事物；它们处于进行时态；后跟表示精神活动或心理状态的动词(如 think, feel 等)。

③ 有些动词(如 like 等)后接动词不定式时指一时一地的(即比较具体的)动作，而接动名词时则表示惯常的行为。

④ 少数几个动词后跟动名词与跟动词不定式是有所不同的(或在形式上或在概念上)。如：

A. need (当其主语为它的宾语所表示的动作的对象时)接动名词时，用主动式表示被动的含义；接不定式时，要用被动式(但表示的含义与上面一样)。如：

This computer needs *repairing*. = This computer needs *to be repaired.*

"这台计算机需要<u>修理</u>了。"

B. stop 接动名词时，"stop"为及物动词，其后的动名词为它的宾语；接不定式时，"stop"为不及物动词，其后的不定式为它的目的状语。如：

The earth will never stop *moving round the sun*.

"地球永远不会停止<u>绕太阳运行</u>。"

We should stop *to check the solution*.

"我们该停下来<u>验证一下这个解</u>。"

C. remember 接动名词时，表示记得或记起过去发生的动作(动作发生在"remember"之前)；接不定式时，表示记住〔得〕要去做的动作(动作发生在"remember"之后)。如：

The reader may remember *meeting this equation in Chapter 2*.

"读者也许还记得<u>在第二章已见过这个方程了</u>。"

Remember *to check the solution after the equation is solved*.

"记住<u>在方程解出之后要验证一下解</u>。"

注意以下几个词的用法：

cease to do sth	暂停一个动作
cease doing sth	长久性"不再…"
propose to do sth	"打算…"
propose doing sth	"建议…"
hate to do sth	"不愿…"
hate doing sth	"讨厌…"
prefer to do sth	"愿意…"
prefer doing sth	"喜欢(宁可)…"

(4) 作表语。动名词处于连系动词 be(一般为 is)之后作表语，与动词不定式作表语时类同，属名词性。两者的一般区别仍然是：动名词表示一种客观情况或比较抽象的动作；而不定式主要表示一种暂时性的动作或将来的动作(实际使用中没有多少区别，科技文中以动词不定式作表语为多见)。这时的主语也主要是一些抽象名词(如 use(用途)、purpose(目的)、task(任务)等)，有时候也可能是另一个动名词。如：

The principal difficulty which arises in these problems is *finding this function*.

"这些题目中出现的主要困难在于<u>把这个函数找出来</u>。"

(5) 作补足语(很少出现)。在极少数场合，会出现动名词作补足语的情况。动名词作补足语是名词性的。在科技文中这种情况基本上只出现在动词"call"所要求的句型中。如：

This is called *'isolating' the chosen body*.

"这就叫做'<u>隔离体法</u>'。"

We call this process *discharging the charged body*.

"我们把这一过程称为<u>使带电体放电</u>。"

(6) 作定语(只能是单个动名词作前置定语)。单个动名词作定语只表示一种目的或用途。其特点是它所修饰的名词并不能发出它所表示的动作，这是与单个现在分词作定语的关键性的区别。如：

The working conditions here are satisfactory.

这里的"工作条件"令人满意。("条件"并不会"工作"。)

3．注意事项

（1）在形容词"worth"（值得的）后必须使用主动形式的动名词。如：

Making a sketch whenever possible in solving a problem is another habit *worth cultivating*.

"在解题时只要有可能，作一个草图是<u>值得养成</u>的另一个习惯。"

（2）在形容词"worth"、及物动词"need, deserve, bear 等"的情况下，会出现"反射式"的动名词结构（即句子的主语是句尾动名词或其短语尾部介词的逻辑宾语，这与"反射不定式"类同）。如：

This book is worth *reading*.

"这本书值得一读。"（"This book"是"reading"的逻辑宾语，它来自于"It is worth reading this book."。）

An old house badly maintained would not be worth *spending money on*.

"一幢维护不好的旧房子似乎不值得在上面花钱了。"（"An old house badly maintained"是"on"的逻辑宾语，它来自于"It would not be worth spending money on an old house badly maintained."。）

二、动名词复合结构

1．定义

当动名词前面带有自己的逻辑主语时，这种结构就叫做动名词复合结构。

2．构成

其逻辑主语可有以下三种形式：物主代词（its、their、our 等），名词所有格（即名词's）（+动名词），名词普通格（即名词的普通形式）。

3．特点

（1）这里的物主代词（its、their、our 等）或名词所有格仅仅是表示动名词逻辑主语的一种形式，它绝不表示"所属"。在汉译时，一定要把它们分别译成人称代词（it, they 或 them, we 或 us 等）或名词普通格。

（2）在动名词的逻辑主语为名词普通格时（这在科技文中最常见），一定要把动名词复合结构与现在分词短语作其前面名词的后置定语区别开来，其唯一的判别法是根据整个句子的概念是否合乎逻辑来确定。例如：

A circuit can be broken by a switch <u>being opened</u>.

"电路可以通过打开开关来断开。"（这是动名词复合结构作介词"by"的宾语的情况。若把"being opened"看成是现在分词被动式作后置定语的话，则该句应译成"电路可以由正在被打开的开关来断开",这显然不合逻辑!)

The energy absorbed by a circuit can be represented by the current <u>flowing in the circuit</u>.

"电路消耗的能量可用在该电路中流动的电流来表示。"(这并不是动名词复合结构作"by"的介词宾语,因为从技术概念上判断出"flowing in the circuit"是现在分词短语作"current"的后置定语。若把它看成是动名词复合结构,则该句子就该译成"电路所消耗的能量可以通过电流在该电路中流动来表示",这显然不合逻辑!)

4. 功能

动名词复合结构在句中的主要功能、判别法均与普通动名词相同。它在科技文中主要作介词宾语,还可以作主语、宾语和表语。(总的来说,动名词复合结构在书刊中出现得并不频繁)。

(1) 作介词宾语。如:

If cancerous tissue is removed surgically, there is always the possibility of *a few hidden cells being left behind, to grow anew*.

"如果用外科手术把癌组织去掉的话,总是有可能<u>留下几个暗藏的癌细胞而重新生长起来</u>。"

Electrical pulses pass along the nerves of the human brain, rather like *an electric current passing through insulated wires*.

"电脉冲沿着人脑的神经传输,颇像<u>电流通过绝缘的导线</u>。"

The wonder of the computer lies in *its being very quick and accurate in doing complicated calculations*.

"计算机的神奇之处在于<u>它能非常迅速而准确地进行复杂计算</u>。"

This increases the probability of *a person's becoming ill*.

"这就增加了<u>一个人得病</u>的可能性。"

A slow sampling rate is likely to lead to *the end station not receiving the bits correctly*.

"抽样速度慢,就有可能导致<u>终端站不能正确地接收到这些比特</u>。"

注意:① "there be"句型的动名词复合结构形式(一般是作介词宾语):

The chances of *there being one civilization close to us* are not very great.

"<u>在我们地球附近存在一个文明社会</u>的可能性并不是很大的。"

② 名词复合结构作介词宾语(偶尔作宾语)时,其逻辑主语可以用人称代词(them, it)来代替物主代词。如:

The probability of ***them coming to rest on contact 7*** would be 1/50.

　"它们停留在触点 7 上的概率为 1/50。"

　③ 动名词复合结构作介词宾语时，由连系动词"be"变来的分词"being"有时会省掉。如：

Look about you and you will see proof of ***electrically generated energy in action***.

　"若朝周围环视一下，你就会看到电能在起作用的证据。"（在"electrically generated energy"后省去了"being"。）

　(2) 作主语。如：

Like poles repelling each other is a very useful physical phenomenon.

　"同性磁极相互排斥，是一种很有用的物理现象。"

　(3) 作宾语。如：

This justifies ***our setting i∆l equal to qv***.

　"这就使我们有理由把 i∆l 设成等于 qv。"

　(4) 作表语(极少出现)。如：

The first step in a nuclear reaction between two colliding nuclear particles is ***their joining together to form a compound nucleus***.

　"两个碰撞的核粒子之间的核反应中的第一步，就是它们结合在一起形成一个合成的原子核。

第六章 从 句

第一节 状 语 从 句

状语从句是各类从句中最容易掌握的。一般来说，学习状语从句的关键是要记住各类状语从句的每个连接词及其词义。

一、时间状语从句

下面介绍 until〔till〕、before 和 since 的特殊译法。

(1) until〔till〕。"not … until〔till〕"一般可译成"直到…才"，如：

The machine will **not** work **until it receives a signal**.

"该机器<u>直到</u>接收到信号<u>才</u>能工作。"

A body at rest will **never** move **till force compels it**.

"静止的物体<u>直到</u>有力迫使它运动<u>时才</u>会运动。"

(2) before。含有"before"从句(包括其介词短语)的句子中，若强调从句(或介词短语中)的动作发生得晚或慢，则把主句译成"after"从句的含义，而把"before"从句内的含义译成主句。如：

Nearly 100 years passed **before the existence of subatomic particles was confirmed by experiment.**

"在过了将近 100 年之后才由实验证实了亚原子粒子的存在。"

Bohr kept the manuscript locked in his desk for almost two years **before deciding to send it in for publication.**

"波尔把手稿锁在他的书桌里几乎两年后才决定交付出版。"

(3) since。在由"since"引导的时间状语从句中的谓语若是持续性动词(如 work、stay、move、study 等)的过去时，则从句表示的时间是"从那持续动作结束时算起"。如：

It is two years **since Mr. Smith worked in the Bell Company.**

"<u>史密斯先生离开贝尔公司</u>已有两年了。

注意：以下构成形式也可引导时间状语从句。

① "the+表示瞬间的名词（moment、instant、minute 等）"以及"directly, instantly, immediately 等"等效于"as soon as"之意。如：

It is not always necessary to replace a set of belts *the instant one breaks or becomes too badly worn for use.*

"当一条皮带断裂或磨损得太厉害而不能使用时，并不总是需要把一组皮带都换掉。"

Diode D_2 conducts *directly the input voltage becomes more negative than V_2.*

"一旦输入电压变得比 V_2 更负，二极管 D_2 就导通。"

② " the+序数词+time"。如：

The first time they designed an electronic computer, scientists encountered many difficulties.

"科学家们初次设计电子计算机时，碰到了许多困难。"

③ "不定代词（each、every、any、next 等）+time"。如：

These double-angle formulas can be used *any time we have expressed one angle as twice another.*

"每当我们把一个角表示成另一个角的两倍时，就可使用这些倍角公式。"

④ "the+年、月、日、星期、季节的名词"。如：

The year this device was invented, World War II broke out.

"在发明这种设备的那年，爆发了第二次世界大战。"

二、where 和 if 的特殊含义

1. where

在科技文中，有时"where"引导的从句并不真正表示地点，而是表示一种条件，因而可译成"若；在…情况下；当…时候"。如：

A condition of equilibrium exists *where the resultant of all external forces is zero.*

"如果所有外力的合力为零，就会出现平衡状态。"

2. if

If air is matter, it must act like other matter.

"既然空气是物质，它的性能就必然与其它物质的性能一样。"

三、方式状语从句

1. 由 the way 引导的从句

"the way"也能起到方式状语从句连接词的作用。如：

Current flows in a circuit ***the way water flows in a pipe***.

"电流在电路中流动，<u>就像水在水管中流动一样</u>。"

2. 一个特殊句型

| A is to B what C is to D | 意为"A 之于 B 正如 C 之于 D"。如：

Seven is to fourteen what eight is to sixteen.

"七之于十四，犹如八之于十六。"

四、"so that" 和 "such that" 的特殊情况

1. so that

"so that"既可引导目的状语从句，又可引导结果状语从句，其通常的判别法是：如果在从句中有表示主观意愿的情态动词"can（could）"、"may（might）"等的话，则多为目的状语，否则为结果状语从句；如果"so that"之前有逗号的话，它一般引导结果状语从句。它引导的目的状语从句也可以处于主句前。如：

So that you may have in mind the goal towards which you are working, there are shown below the circuit diagrams of the two types of TRF receiver.

"<u>为了使你对设计的目标心中有数</u>，在下面画出了两种类型的射频调谐接收机的电路图。"（注意："so that"从句放在句首是为了强调这个目的状语从句。在从句中，"have"的宾语是"the goal"，由于它带有一个定语从句，所以把它放在状语"in mind"之后了；在主句中，其主语是"the circuit diagrams"，谓语是"are shown"，"below"在此是副词作状语。）

2. such that

现代科技文中，英美科技人员不时地用"such that"来替代"so that"，引出结果状语从句，译成"因此，所以，从而，以致于"等。如：

This signal is common to both terminals, ***such that*** $V_1 = V_2$.

"这个信号对两个端点来说是公共的，<u>所以 $V_1 = V_2$</u>。"

A current alters the properties of space in its vicinity ***such that a piece of iron there experiences a force***.

"电流改变了其周围空间的性质，<u>从而使那儿的一块铁经受了一个力</u>。"

注意：① "so … that"和"such … that"均可引导结果状语从句，其区别在于：

"so"是副词,在主句中作状语;而"such"是形容词,在主句中作定语、表语或补足语。在带有形容词的单数名词前"so"和"such"都能用,但侧重点不同,前者强调被修饰的形容词,而后者强调被修饰的名词短语。在复数名词或不可数名词前只能用"such",而名词前有"much"、"many"、"few"、"little"等限定词时只能用"so"。

② 在个别场合,"so … that"引导的状语从句中"that"可以省去。如:

Knowledge has *so* increased *new devices are pouring out.*

"知识发展得<u>如此</u>之快,<u>以致新器件在不断地涌现出来</u>。"

五、"while"的用法

由于"while"这个从属连接词在科技文中较为常见,且有些读者对它不甚熟悉,所以这里单独对它加以说明。

1. 表示时间

这时其含义是"当…时候,在…期间",它的谓语往往是进行时态(但不是绝对的)。如:

It is possible for a body to remain in one place *while it is rotating*.

"<u>当物体转动时</u>,它能够保持在某一地点不动。"

Whenever a force produces motion in a body, the body undergoes a displacement *while the force acts on it.*

"每当力使物体运动时,该物体<u>在力作用在其上面期间</u>,经历了一段位移。"

2. 表示让步

这时从句一般处在主句前或主句的主谓之间。如:

While direct current has many applications, alternating currents have even more.

"<u>虽然直流电有许多应用</u>,但交流电的应用更广。"

A liquid, *while it adapts its shape to that of the container*, has a definite volume.

"<u>虽然液体呈现其容器的形状</u>,但它具有确定的体积。"

3. 表示对比

这时主句和从句的句型一般是相同的,从句往往处在主句后。但若为了强调从句,从句可以出现在主句前。如:

At this time the kinetic energy approached infinity, *while the potential energy approaches the minimum.*

"这时动能趋于无穷大,<u>而位能则趋于最小值</u>。"

While energy is the capacity to do work, power is the quantity of work in unit time.

"能量是做功的能力，而功率则是单位时间内所做功的数量。"（注意汉译法。）

第二节 同位语从句

一、分类

(1) 多数同位语从句纯粹用来补充说明其前面那个名词所含的具体内容。

(2) 有一些同位语从句在逻辑概念上是其前面那个名词(这种名词来自于可带有宾语从句的及物动词，如 suggestion(建议)、requirement(要求)、assurance(保证)等)逻辑上的"宾语从句"。

注意：同位语从句一般只有"that"一个引导词，它被称为"从属连接词"，在从句中不作句子成分，本身无词义。

二、译法

同位语从句的译法通常有以下三种(汉译时还应根据具体情况来处理)：

(1) 把同位语从句译在被修饰的抽象名词之前，通常在这个名词前加上"这一"两字(有时只加个"的"字)。如：

The relation *that voltage is the product of current and resistance* applies to all the dc circuits.

"电压等于电流和电阻的乘积这一关系，适用于一切直流电路。"

These arguments do not preclude the possibility *that some kind of primitive life forms exist elsewhere in the solar system.*

"这些论点并不排除在太阳系的其它地方存在某种原始生命形态的可能性。"

(2) 采用"顺译法"，在抽象名词前加上"这一"或"以下"两字，然后加冒号再接同位语从句的内容。(有时可把同位语从句另译一句。)如：

The observed forces between protons and electrons then lead to the familiar statement *that like charges repel one another, unlike charges attract one another.*

"(人们)在质子和电子之间所观察到的作用力，就导致了大家所熟悉的说法：同性电荷相互排斥，异性电荷相互吸引。"

There is this difference, however, *that while in gravitation we find only forces of attraction, electrical forces of both attraction and repulsion exist.*

"然而存在着这样一种差别：在万有引力中我们只发现了吸引力，而电力则既存在吸引力，同时也存在排斥力。"

(3) 采用"动宾"译法[**]，也就是把来自可带有宾语从句的及物动词的抽象名词译成动词，这样同位语从句就译成了宾语从句。如：

The advent of electronics is reckoned from the discovery *that the current in a vacuum diode can be controlled by introducing a third electrode.*

"电子学的诞生，是从发现了真空二极管中的电流，可以通过引入第三个电极来加以控制这个时候算起的。"

Among the most noteworthy achievements of 19th-century science was the realization *that light consists of electromagnetic waves.*

"19 世纪科学上最显著的成就之一，是人们认识到了光是由电磁波构成的。"

During the past several years, there has been an increasing recognition within business and academic circles *that certain nations have evolved into information societies.*

"在过去几年间，在商界和学术界，人们逐渐地认识到某些国家已步入了信息社会。"

三、注意事项

(1) 三个句型。

① "there is evidence that …" 或 "… have (has) evidence that …" 译成"有证据表明…"，而 "… is the evidence that …" 译成"…证明了…"。如：

There is an ample experimental evidence that actually the mass of a body is a function of the velocity of the body.

"有充分的实验证据表明：实际上，物体的质量是该物体速度的函数。"

We have direct experimental evidence that the force of repulsion between a pair of atomic nuclei obeys coulomb's law.

"我们有直接的实验证据表明：一对原子核之间的斥力遵循库仑定律。"

The repulsion which is observed between two charged pith balls *is evidence that bodies having like charges repel one another.*

"在两个带电木髓球之间所观察到的排斥现象，证明了带同种电荷的物体相互排斥。"

② "there is no doubt that …" 译成"毫无疑问…"。如：

There is no doubt that this MKS system will eventually receive world-wide adoption.

"<u>毫无疑问</u>，这种'米·千克·秒'制终将会被全世界所采用。"

③ "there is every possibility that …"译成"完全有可能〔完全能够〕…"。如：

There is every possibility that this newly designed elevator will pass the safety test.

"这新设计出来的电梯<u>完全能</u>通过安检。"

(2) 同位语从句有时还可由"破折号+that"或由冒号引出。如：

Finding the solution of systems of equations by graphical methods has one difficulty: ***the results are usually approximate.***

"用图解法求方程组的解，会遇到一个困难：<u>其结果通常是近似的</u>。"

(3) 科技文中，在少数几个名词(常见的有 question[**]、problem、idea、doubt、clue)后，有时会直接跟有 whether、what、when、how 等引导的名词从句。此时，这些名词从句就成了同位语从句，实质上是因为在这些名词后省去了一个介词(一般为 of、on、about 或 as to)之故。如：

<u>The question</u> arises ***whether this result applies to all cases***.

"现在出现了这么个问题〔现在问题是〕：<u>这个结果是否适用于各种情况呢？</u>"（这里由"whether"引导的从句没有紧跟在名词"question"后面，主要是因为主句的谓语仅仅是一个不及物动词，为避免句子结构产生头重脚轻现象，把从句置于主句谓语之后，这就造成了"句子成分的分隔"。）

There is <u>no doubt</u> ***how the points are to be connected***.

"<u>至于如何把这些点连起来</u>，是<u>没有疑问的</u>。"

(4) 有时某些从句貌似同位语从句，实质上并不是同位语从句，望读者留意。如：

It has been our experience ***that the viewpoints that we find useful are often somewhat slighted there.***

"我们的以往经验是，<u>我们发现很有用的一些内容往往在一些书里被忽视了</u>。"（这是主语从句，"our experience"是主句中的表语。）

The heat produced in a conductor by an electric current is proportional to the time ***that the current is flowing.***

"电流在导体中产生的热量，正比于<u>电流流动</u>的时间。"（"that"引导的是定语从句，它起关系副词"when"的作用。）

Hooke's law for each kind of stress can be expressed in ***such*** a way ***that only a single constant need be known for a particular material in order to relate the force applied to any object of this material to the resulting deformation.***

"每种应力的虎克定律可以被表示成这样，<u>以致于对于某种特殊的材料，为了把加给由这种材料构成的物体的力与产生的形变相联系起来，只需要知道一个常数</u>

就够了。"（"that"引导的是结果状语从句，它与主句中的"such"相连用。）

第三节 名词从句

一、主要引导词

名词从句的引导词主要有以下三类（要注意其名称、在从句中的功能及汉译法）：

(1) 从属连接词。它们在从句中均不作语法成分。

that**：本身无词义（引导表语从句、宾语从句及带有形式主语"it"的主语从句时可以省去，不过在科技文中一般不省略）；它是不能用来引导介词宾语从句的（这时英美人在介词后往往使用"the fact that …"，语法上讲"that"引导了一个同位语从句修饰"fact"，不过一般汉译时不必把"fact"的词义译出来的。如：

This is due to ***the fact that*** *there exists a capacitance across the PN junction.*

"这是由于在 PN 结两端存在一个电容的缘故。"（这里"the fact"是绝不能省去的。）

whether：有词义，译为"是否"（绝不要与它引导让步状语从句时的词义"无论"相混淆）。

if：有词义，也译为"是否"（主要用于口语和科普文章中，常见于引导宾语从句，偶尔出现在带有形式主语"it"的主语从句中，这时与上述的"whether"的作用相同，切不可与它引导状语从句时的词义"如果"相混淆）。

注意：① 从句中有"or not"时一般不用"if"，而应该使用"whether"。

② 在"discuss"、"decide"等一些及物动词后不能用"if"引导宾语从句。

③ "if"一般不能用来引导特殊的同位语从句，也不能用在名词性不定式中。但宾语从句为否定形式时，一般要用"if"，而不用"whether"，不过这种情况在科技文中极少出现。

(2) 连接代词。它们都有词义，并且在从句中一定要作某一成分（一般为主语、宾语、表语、定语或介词宾语）。

what**：译成"什么样；多大；哪个〔种〕"或"…的（内容，东西，原因，…）"。

which：译成"哪个〔种，本，…〕"或"哪些"。

who〔whom〕：译成"谁"（科技文中极少出现）。

whose：译成"谁的"（科技文中极少出现）。

(3) 连接副词。它们都有词义，在从句中一般作状语。

how**：译成"如何"或"…的方式〔原理〕"。

why：译成"为什么"或"…的理由〔原因〕"。

where：译成"在哪里"或"…的地方"。

when：译成"何时"或"…的时间"。

二、分类

1. 主语从句

它位于主句谓语前，这时主句的谓语必定为单数第三人称形式。

That this limit exists is clear from Dubamel's Theorem.

"从杜巴梅尔定理可清楚地看出，<u>这个极限是存在的</u>。"

How large this error is depends upon the nature of the measuring device and the skill with which we use it.

"<u>这误差值到底为多大</u>，取决于测量仪器的性质和我们使用该仪器的技巧。"

注意：主语从句与动词不定式作主语时类同，多数情况下可采用形式主语"it"（它无任何词义）的句型。常见的有以下四种（第一种出现得最频繁）：

（1）句型为"It +连系动词+表语（形容词；名词；个别介词短语）+主语从句"。（这里以"形容词"为最常见，而"介词短语"主要是等效于形容词的"of 短语"。）

It is clear ***that the sum, the difference, and the product of two polynomials are polynomials***.

"<u>显然，两个多项式之和、差、积均为多项式</u>。"

It is a familiar fact ***that atmospheric pressure decreases with increasing altitude***.

"大家熟悉的是，<u>大气压是随高度的增加而下降的</u>。"

The periodicity of all functions involved shows that it is immaterial ***over which interval we integrate***, as long as its length is 2π.

"所涉及的所有函数的周期性表明，只要区间长度为 2π，<u>我们在哪个区间上积分</u>是没有关系的。"（注意：这是一个由介词开头的主语从句。）

It is of interest ***that every function can be approximated by simple functions***.

"有趣的是，<u>每个函数均可用一些简单函数来近似</u>。"（句中"of interest"="interesting"。）

这一句型中有一些常用句的汉译法应熟记：

It is necessary/essential/imperative that …   "必须…，有必要…"

It is important that …   "重要的是…"

It is possible that…   "能够…，…是可能的"

It is impossible that …   "不能够…，…是不可能的"

It is likely that …   "很可能…"

It is clear/obvious/evident/apparent that   "显然…，很清楚…"

（2）句型为"It+被动语态(be(或 get 等)+过去分词)+主语从句"。如：

It is said *that mathematics is the base of all other sciences*.

"人们说，<u>数学是其它各类科学的基础</u>。"

It remains to be seen *when Hamiltonian satisfies (2)*.

"有待于查明<u>哈密尔顿函数何时能满足式(2)</u>。"（"remain"在此为半助动词，
意为"有待于"，"when"引导主语从句。）

这一句型中有一些常用句的汉译法应熟记：

It is known that …   "我们(大家)知道…"

It is well known that …   "众所周知…；大家知道…"

It is said that …   "人们说…，据说…"

It is reported that …   "据报道…"

It is believed that …   "据信…"

It can be seen that …   "可以看出…"

It has been shown that …   "已经表明…"

It has been found that …   "人们已发现…"

It must be remembered that …   "必须记住…"

It must be pointed out that …   "必须指出…"

It should be noted that …   "应当注意…"

在上述两种主语从句句型中，我们发现在个别情况下从属连接词"that"也有省
去的。如：

It is assumed *the student has a basic understanding of mechanical drawing*.

"作者认为，<u>学生对机械制图已有了基本的了解</u>。"

（3）句型为"It+不及物动词(follow, happen, appear, seem, matter, occur, turn out)+
主语从句"。如：

With the complex number the point exists. So it came about *that mathematicians
were easier in their minds concerning complex numbers*.

"对于复数,点是存在的。所以似乎<u>当时数学家们关于复数心中是比较坦然的</u>。"
（"come about"意为"出现，发生"。）

A radio transmitter has a vertical antenna. Does it matter *whether the receiving
antenna is vertical or horizontal?*

"无线电发射机具有垂直天线。那么<u>接收天线是垂直还是水平</u>是否有关系呢？"

It follows from Maxwell's hypothesis *that whenever there is a change in an electric field, a magnetic field is produced.*

"由麦克斯韦的假设可知，<u>每当电场发生变化时就产生出磁场</u>。"（"it follows that …"意为"由此得知〔到〕…，因此…"。）

If two numbers are to be added, it does not matter *in which order they are added.*

"若要把两个数加起来，那么<u>按哪种顺序相加</u>是没有关系的。"（这里特别要注意的是，连接代词"which"并没有处于主语从句句首，因为它在从句中作介词"in"的介词宾语"order"的定语。绝不要把由"which"引导的主语从句误认为是介词宾语从句。所谓"介词宾语从句"，是在介词后的一个完整的句子。）

（4）句型为"It+个别及物动词+宾语+主语从句"。从科技文中出现的概率看，这一句型在绝大多数情况下是"it makes no（或 little）difference+主语从句"这个句型，意为"…是没有〔没什么〕区别〔关系〕的"。如：

It makes no difference *which point is chosen as the origin.*

"<u>把哪一点取作为原点</u>是没有区别的。"

2. 宾语从句

宾语从句一般紧跟在及物动词或及物性短语动词之后。（由"that"引导宾语从句时，它可以省去，不过科技写作中一般不将它省去。）如：

As an example, let us work out *how many times larger than a hydrogen atom the sun is.*

"作为一个例子，让我们来计算一下<u>太阳的体积为氢原子的多少倍</u>。"（注意：本从句的表语"many times larger than a hydrogen atom"由于受到"how"的修饰而倒置在从句主语之前了。）

学习宾语从句时，还须注意以下几点：

（1）当主句带有宾语补足语时，与动词不定式作宾语时相同，一定要用形式宾语"it"，而把宾语从句置于宾语补足语之后。如：

They consider <u>it</u> necessary *that the applied voltage should be high enough.*

"他们认为<u>外加电压</u>必须足够高。"

（2）有时候宾语从句可能是以介词而不是以引导词开头的，切不可把它误认为是介词宾语从句。（这时引导词一般在从句中作介词宾语或介词宾语的定语。）其最简单的判别法是：以某介词开头的一个从句直接处于及物动词之后时，这个从句必定为该及物动词的宾语从句。如：

Temperature determines *in what direction the transfer of heat will take place.*

"温度确定了<u>热传递的方向</u>。"

(3) 由一个从句作直接宾语的、带有双宾语的动词变成被动态后，那个从句一般就留在被动句的谓语后变成了"保留宾语从句"。如：

We are given *that D = εE and B = μH*.

"我们已知 <u>D = εE 和 B = μH</u>。"（注意等式在此表示具有主谓结构的句子。）

(4) 科技文中不时地会遇到在少数形容词(certain、sure、aware、unaware、confident等)后跟有"that"引导的从句(有时"that"也可省去)的情况。从逻辑概念上看该从句类似于一个宾语从句，因而有人称它为"形容词宾语从句"(也有人认为由于这种从句是修饰其前面的形容词的，所以从纯语法角度上看应属于状语从句之列)。如：

Even if we were *sure* *all the forces acting on a body added up to zero*, this alone would not guarantee that the body would be in equilibrium.

"即使我们确信<u>作用在某物体上的所有的力加起来为零</u>，仅这点也不能保证该物体处于平衡状态。"（在"sure"之后省去了"that"。）

(5) 科技文中还往往会遇到动词"have (有时 get)"之后跟有宾语从句的情况。如：

For the voltage and current expression above, we <u>have</u> *that the time constant is* $\tau =$ *RC*.

"对于上面的电压和电流表达式来说，我们<u>得到</u>时常数为 $\tau = RC$。

3. 表语从句

表语从句在科技文中出现的概率不大。我们在前面提到过，在由"that"引导的表语从句中"that"是可以被省去的，不过科技文中一般不省去。如：

Predictions are *that electronics will continue to grow at a rapid rate for some time to come*.

"预测表明，<u>在未来一段时间内，电子学将会继续高速发展</u>。"

That is *how a computer works*.

"这就是<u>计算机的工作原理</u>。"（本句中的"that"应汉译成"这"。）

Let the point at which the slope is equal to that of PQ be *where x = c*.

"设其斜率与线段 PQ 的斜率相等的那个点位于 <u>x = c 处</u>。"（注意：这是省去了"to"的动词不定式"be"的表语从句。）

注意：个别情况下，状语从句也可充当表语从句(特别是句型"This is because …"。如：

This is *because y is negative if this point is below the x-axis*.

"这是因为若该点位于 x 轴的下方，则 y 为负。"

The reason you are being taught valves is not *so that you will be able to repair one which has become unserviceable*, but is to make sure that you understand the circuits which use them.

"给你们讲解电子管的理由，并不是为了你们将来能修理出了故障的电子管，而是为了确保你们能懂得使用电子管的电路。"

4．介词宾语从句

这是位于介词后的一个完整的句子(即介词不算在内)。要注意，"that"是不能引导介词宾语从句的。如果 that 处于介词之后，则英美人要用"the fact that …"。如：

The potential energy of a body depends upon *where we choose the base height h = 0 to be*.

"物体的位能取决于我们把基高 h = 0 选在什么地方。"("where"引出"upon"的介词宾语从句，其本身在从句中作"to be"的表语，而"to be+where"在从句中作动词"choose"要求的宾语补足语。)

注意：(1) 我们在前面讲到，"that"是不能引导介词宾语从句的。对于词组"in that(由于；在于)"和"except that (除…之外)"，有人把其中的"that"从句看成是由"that"引导的介词宾语从句。如：

Reactance differs from resistance *in that it does not dissipate energy*.

"电抗不同于电阻，在于电抗并不消耗能量。"

(2) 在介词"except"后常可接状语从句作其介词宾语。如：

Eq. (4-3) is not true, in general, except *when the acceleration is constant*.

"一般来说，除了当加速度为恒定时外，式(4-3)是不成立的。"("when"引导状语从句时为从属连接词，意为"当…时候"；它引导名词从句时为连接副词，意为"何时，…的时间"。)

三、"what"从句的汉译法

"what"从句属于名词从句，所以它可以作主语从句、宾语从句、表语从句和介词宾语从句。不过它作主语从句时，除极个别情况外(常见的是"what"在主语从句中作定语)，一般不采用形式主语"it"的句型。"what"从句在普通英语和科技英语中均使用得极为广泛。

"what"在引导名词从句时被称为"连接代词"，它在从句中一定要作某一句子成分。有些读者在汉译和理解"what"从句时感到困难，根据本书作者的观察，主要是不清楚如何正确处理"what"这个词，未能摆脱原文语言形式的约束。不少读者一看到"what",就会自然地在脑海中浮现出"什么"的含义来,而事实上在许多情况下,它并不表示"什么"之意。下面根据本书作者多年教学的体会,分几种情况进行讨论。

1. 最通常的"what"从句

这时,对"what"一词一般有以下两种译法:

(1) 将"what"译成"什么"。当"what"表示数值、大小、尺寸时,通常可译成"多大〔多宽,多高〕";当"what"在从句中作定语时,可译成"什么样的"、"何种"、"哪个〔些〕"等。这种从句从本质上讲来自于疑问句,所以"what"按疑问代词的词义来选择。

① "what"在从句中作定语(即起形容词作用)时的情况:

In 1911 Geiger and Marson performed an experiment to find out ***what is inside an atom***.

"在 1911 年,盖格和马森做了一个实验,以便发现原子内部到底有什么东西。"

It is interesting to see ***what information can be deduced from Eq. (13)***.

"有趣的是,看到从式(13)可以推断出什么样的信息。"

Equation (21-4) tells us ***what the electric field intensity is at the distance r from a charge of magnitude q***.

"式(21-4)告诉我们,在离电量为 q 的电荷 r 这段距离处电场强度为多大。"

The plate potential determines only ***what fraction of the space current is transmitted to the plate***.

"板极电位只能确定空间电流有多大的比例被传送到板极。"

② "what"在从句中作主语、宾语、表语、介词宾语(即起名词作用)时的情况:

It is necessary to understand ***what inertia is***.

"必须懂得惯性是什么〔什么叫惯性〕。"

We must determine ***what the energy required for this purpose is***.

"我们必须确定,为此目的所需的能量为多大。"

(2) 把"what"译在从句末尾,译成一个"的"字,往往在"的"之后还可根据汉语的通顺情况适当加上"事情,话,内容,概念,方向,东西,原因"等。不少读者对这种译法比较生疏且感到困惑。这种从句从本质上讲是由"what"引导的一种特殊的定语从句,"what"本身是"先行词+关系代词 that 或 which"的一种结合,等效于"that〔those〕which"、"the thing(s) which"、"the(any) that"等,所以有的书上把这种情况下的"what"称为"关系代词",把这种"what"从句称为"定语从句"。也有人把某种作主语的"what 从句"称为"假拟分裂句"(这时主句的谓语为"系表结构"形式，实际上属于一种强调句型)。如：

Matter is *what can occupy space*.

"物质是<u>能够占据空间</u>的东西。"

What we believe now is that the atom consists of a very small core and a number of very small particles.

"<u>现在我们相信的</u>是，原子是由一个很小的核以及一些很小的粒子构成的。"

What this book deals with is very useful.

"<u>本书所讲的内容</u>非常有用。"

Its actual direction is opposite to *what has been assumed*.

"其实际方向与<u>假设的方向</u>相反。"

This is close to *what has been observed*.

"这接近于<u>观察到的情况</u>。"

Gas takes the shape of *what is holding it*.

"气体呈现<u>存放它的容器</u>的形状。"

注意：(1) 对于上述两种译法，到底选用哪一种呢？从句子结构本身是判断不出来的，一般只能通过对整句概念的"试探"看看是否合乎逻辑、是否讲得通来确定(简单地说，先用"什么"这一词义试一下，如果讲不通就换成"的…")，我们称之为"试探法"。例如，在下面两个句子中的"what 从句"，从形式上看是完全一样的，但"what"的含义却是不同的。

They do not know *what we need*.

"他们不知道<u>我们需要什么</u>。"(这个"what"根据全句概念试探应译成"什么"。)

What we need is an oscilloscope.

"<u>我们需要的</u>是一台示波器。"(这个"what"根据全句概念试探应译成"的"。)

(2) 若"what"从句中谓语为"系表"结构(特别是表语为名词)，往往把整个从句只译出表语。(如果"what"在从句中作表语(特别是表示大小、数值)，有时只要汉译从句主语就可以了。)如：

These basic virtues of personal computing have resulted in the growth of *what was <u>a cottage industry in the early 1980s</u>* to the multi-billion-dollar PC hardware and software industries today.

"由于个人计算的这些基本优点，促使 <u>20 世纪 80 年代初期的家庭工业</u>成长为今天上百亿美元的 PC 硬件和软件工业。"

This concept can be introduced in *what is <u>a clear and concise manner</u>*.

"这个概念可以以清晰简明的方式来介绍。"

有时候"what+半助动词(appear 等)+to be+名词或形容词"和"what+被动语态〔what+主语+主动语态〕+to be+名词或形容词"的情况在汉译时也可像上面那样作类似处理。如：

What seems to be one's left hand in a mirror is actually one's right hand.

"在镜子中似乎是人的左手，实际上是人的右手。"

(3) 为了加强语气，还可由"whatever"引导名词从句，在汉译时可以按下列方式来等效：

① 在从句中作名词用时，"whatever = anything that"。如：

During these expansions the piston exerts a force on ***whatever it is attached to***, and thereby performs work.

"在这些膨胀期间，活塞对与其相连的东西施加了一个力，从而做了功。"

② 在从句中作形容词用时，"whatever = any+被修饰词+that"。如：

Pressure is always perpendicular to ***whatever surface is being acted upon***.

"压力总是垂直于受作用的任何表面。"（"whatever surface = any surface that"。）

(4) 有些常用句型的译法要熟记。如：

What is desired is …	"人〔我〕们所希望的是…"
What has been discussed above is …	"上面所讨论的是…"
What should be pointed out is …	"应该指出的是……"
What is important is …	"重要的是…"

(5) 有几个"what 从句"还可充当插入句(参见前面"插入句"部分内容)。

(6) "whatever"还可引导让步状语从句，这时它等效于"no matter what"之意。"what"在个别情况下还能引导方式状语从句，相当于"just as"的含义(参见"方式状语从句"部分内容)。

(7) 由于"what"这个引导词的特殊性，它在个别场合还可引导"补足语从句"(实际上见到的主要是"宾语补足语从句")。如：

A clever man discovered the use of air-filled tyres and this helped to make the bike ***what it is today.***

"一位聪明人发现了充气轮胎的用途，这就促使自行车变成了现在〔今天〕这个样子。"

It was the genius that made Faraday ***what he was.***

"是天才造就了法拉第(其人)。"

2．其它几个句型及其汉译法

（1）一个常用的特殊句型**。若"what"在从句中作动词"称呼"、"描述"（即 call**、know、name、term、describe、refer to、speak of、say 等）的动作对象并带有补足语，则该动词与"what"合在一起译成"所称〔说〕的，所谓的，称谓的"等放在补足语之前，其句型可表示成如下的形式（以被动式为例）：

> what is called〔termed, named, described as, referred to as, spoken of as 等〕+补足语
> 所谓的，人们所说〔称〕的，人们称谓的+补足语

What is spoken of as absolute zero is the temperature 273℃ below zero.

"所谓‘绝对零度’就是摄氏零下 273 度。"

What we call a robot is no more than a special type of electronic device.

"我们所说的‘机器人’只不过是一种特殊的电子设备。"

Late in 1947, they discovered ***what was later to be named the 'transistor' effect***.

"在 1947 年后期，他们发现了后来人们所称谓的‘晶体管’效应。"

注意："what"在从句中作补足语时，不能按上述句型来汉译。如：

It does not matter what we call it.

"我们如何称呼〔谓〕它是没有关系的。"

（2）"in what follows"和"in what is to follow"译成"下面，在下文中"，它等同于"in the following"的含义。从语法上讲，"what"引导的是"in"的介词宾语从句。如：

In what follows, the expression 'the velocity of a body' is understood to mean its velocity relative to the earth.

"在下文中，‘物体的速度’这一说法，应理解为指物体相对于地球的速度。"

In what is to follows we will study whichever process is the most convenient to analyze.

"下面，我们将研究最便于分析的那种过程。"（"whichever"在此的作用和含义类同于"whatever"，引导宾语从句，在从句中作主语"process"的定语，所以"whichever process = any process that"。注意，要将它与"whichever"引导让步状语从句区分开来，这时它等同于"no matter which"。）

（3）"what it is" 或 "what they are"译成"现在这个样子〔状态，情况，数值等〕"或"it〔they〕"所代的名词；"what it was"或 "what they were"译成"原来〔过去〕那个样子〔状态，情况，数值等〕"或译成"it〔they〕"所代的名词。如：

On the surface of the moon, the gravitational force on a body is only 1/6 ***what it is*** *here on earth.*

"在月球的表面，对物体的引力仅为<u>地球这儿(引力)的</u>六分之一。"

After a chemical change, a substance is changed to something different from ***what it***
was.

"物质经过了化学变化后，就变成了与<u>原来</u>不同的某种东西了。"

(4)"what is"译成"现在〔目前〕存在的情况〔东西〕"；"what was"译成"原来〔过去〕存在的情况〔东西〕"。(这儿的"is"和"was"为不及物动词，分别等效于"exists"和"existed"，意为"存在"。)(这种句型出现得很少。)如：

It is necessary to compare ***what is*** with ***what ought to be***.

"必须将实际〔现在，目前〕<u>存在的情况</u>与应该<u>存在的情况</u>作一比较。"

第四节　定　语　从　句

一、主要引导词

1. 种类

(1) 关系代词。常见的关系代词有以下几个。

that[**]：用于人或事物，在从句中主要作主语和宾语，个别情况下还可作介词宾语(这时介词一定要位于从句末尾)和表语。它一般不能用来引导非限制性定语从句。

which[**]：只用于事物，它在从句中主要作主语、宾语和介词宾语，个别情况下也可作表语和定语。(它在科技文中用得极为广泛。)

whose：用于人或事物，它在定语从句中只能作定语(表示所属，译成"其")。

who：只能用于人，它在从句中作主语(作宾语和介词宾语时要用"whom"，这在科技文中极少出现)。

as[**]：科技文中主要用于事物，它在从句中主要作主语和宾语(其本身有词义，译成"正如…那样(的)")。

but：(= who 或 that … not)在科技文中，它主要出现在句型"there is not〔no〕…but…"中。(它在文章中很少出现。)

注意：① 在修饰事物的限制性定语从句中，若关系代词在从句中作主语或宾语，那么"that"和"which"的用法在一般情况下是完全一样的，因此它们可以互换。但在下列场合，只能用"that"而不能用"which"：

A. 先行词为不定代词(如 all、little、everything、nothing、anything 等)时(不过对于"something"，也有外国人仍用"which"的)。如：

All ***that the user has to do in order to access the records*** is start a web browser and visit the web site.

"为了访问这些记录，用户只需要启动网浏览器来访问一下网址。"

Anything ***that is hot*** radiates heat.

"任何热的东西均辐射热量。"

B. 先行词被序数词修饰时。如：

The first component ***that will be chosen in design*** is the transistor.

"设计时所要选择的第一个元件是晶体管。"

C. 先行词被形容词最高级修饰时。如：

Computers are the most efficient assistants ***that man has ever had***.

"计算机是人类所曾过的效率最高的助手。"

D. 先行词被"only, no, very, any, the same 等"修饰时。如：

The only measure ***that one can take in this case*** is to connect a capacitor across R_1.

"在这种情况下人们所能采取的唯一措施，是在 R_1 两端并接一个电容器。"

② 若先行词有两个，一个指人，一个指物，则关系代词只能用"that"（这在科技文中极少遇到）。

(2) 关系副词。关系副词在从句中主要作状语。在科技文中常见的关系副词有以下三个：

where[**]：主要用来修饰方程式(equation)、公式(formula)、表达式(expression)、关系式(relation)等，译成"这里，其中，式中"。当然还可修饰地点、场合、情况、程度等名词(如 place、point、situation、degree、extent、case)。

when：用来修饰表示时间的名词(如 time, moment, instant, cycle, occasion, point)。

why：用来修饰表示理由的名词(主要是 reason 一词)。

科技文中还会出现以下一些不十分常见的关系副词：

as：主要出现在"in the same way/manner/direction as …"表达式中。

that：主要用来代替"when"、"why"以及"少数几个介词+which"。[**]

whence：(= from which)从句中的谓语动词"come(s)"往往是省去的。

where-某些介词：其单词重音总是落在"介词"部分。它们只用于书面语言中。其中有：

whereafter = after which 或 upon which

whereat = at which

whereby= by which

wherefore = for which = why

wherefrom = from which

wherein= in which

whereinto = into which

whereof = of which

whereon = on which

wherethrough = through which

whereto = to which

whereunder = under which

whereupon = upon which 或 after which

wherewith = with which

在文章中常见的是 whereby 和 wherein。

2．注意事项

(1) 上述两类"关系词"绝不能与引出疑问句的疑问词，引导状语从句、名词从句或同位语从句的引导词相混淆。它们各自的名称、作用及译法都是不同的，希望读者一定要把它们区分开来。

(2) 关系词的双重作用。

① 关系词在定语从句中一定要作某一句子成分。

② 关系词一定要代替主句中的某个名词或代词(甚至代替整个主句或其一部分)，即抓住关键一点"关系词代替哪个词，定语从句就修饰那个词"，就绝不会搞错。这一点望读者一定要牢记。

(3) 除"as"外，关系词均无固定词义。它代替哪个词就具有那个词的词义，定语从句通常就从那个词后面开始。当然也应注意可能存在的分隔现象，即：

> 名词+定语(个别情况下可能是状语)+定语从句

(4) "关系词"的译法。

① 如果定语从句(主要是限制性的)比较短，则汉译时一般就直接把定语从句译在被修饰词的前面。这时关系词往往只要在从句末尾译成一个"的"字即可(对于"介词+which"开头的定语从句，"介词+which"一般也只要在从句末尾译成一个"的"字，有时可根据该"介词"的词义适当加有关的词，以便使译文更通顺些)。如：

Maxwell was the great scientist *who discovered the phenomenon of electromagnetic induction*.

"麦克斯韦是发现电磁感应现象的伟大科学家。"

A target is the object *whose position is to be determined*.

"目标就是<u>其位置要加以测定</u>的物体。"

It is necessary to determine the time ***when the y-component has decreased to zero***.

"需要确定 y 分量降为零的时间。"

The circulatory system is the system ***whereby blood is pumped to all the body tissues***.

"血液循环系统，是<u>把血液输送到所有人体组织去</u>的系统。"

Two like poles of two magnets repelling each other is the theory ***on which electric motors work***.

"两个同性磁极相互排斥，是<u>电动机工作**所依据**</u>的理论基础。"

② 如果限制性定语从句比较长，在不影响句子原意的前提下，可以把它译成单独的一句，这时一定要把"关系词"译成所代的那个词，同时还应适当加些"润滑"词(非限制性定语从句则多数应译成单独的一句)。如：

During a fever there is <u>an increase</u> in metabolism ***that is usually proportional to the amount of fever***.

"在发烧期间，新陈代谢就会增强，<u>其增强的程度</u><u>通常与热度的高低成正比</u>。"

The other scale in general use nowadays is <u>the binary</u> ***in which numbers are expressed by combinations of only two digits 0 and 1***.

"目前通用的另一种进位制是二进制，<u>在这种二进制中，数字只用 0 和 1 这两个数的各种组合来表示</u>。"

注意：有些限制性定语从句虽然并不长，但当它们含有"then(于是，然后)，however(然而)，in turn(反过来)"等或是将来时时，其动作或含义实际上发生在主句动作之后，所以应该把它们单独译成一句。如：

During this contraction the forces of gravity acting between different parts of the solar body do mechanical work ***that is **then** turned into heat***.

"在这种收缩过程中，在太阳体各个不同部分之间作用的重力做了机械功，<u>这种机械功于是就转变成了热</u>。"

These signals are fed to the mixer ***where they will be mixed***.

"这些信号被馈送到混频器，<u>**在那里**它们将进行混频</u>。"

③ 前面已提到过，在"there be+主语+定语从句"的情况下，一般用"顺译法"按词序译下去，这时定语从句的关系词经常不译出来。如：

There are many functions ***which cannot be integrated***.

"有许多函数是不能积分的。"

④ 在少数情况下，定语从句(特别是非限制性定语从句)还可译成状语从句，主

要表示原因、结果，有时也可表示条件、让步、时间、目的等。如：

Rockets perform best in space, *where there is no atmosphere to impede their motion*.

"火箭在太空中运行最佳，<u>因为那儿不存在阻止它们运动的大气</u>。"

In this case Q3 will be turned off, *which will cause Q1 to turn off*.

"在这种情况下，Q3 将被截止，<u>从而使 Q1 截止</u>。"

The melting point of steel *the carbon content of which is lower* is higher.

"<u>如果钢的含碳量较低</u>，其熔点就较高。"

Potential energy *that is not so obvious as kinetic energy* exists in many things.

"<u>势能虽然不像动能那样明显</u>，但是它存在于许多物体中。"

A pipe will be used *through which the laser beam will be sent*.

"人们将使用管道<u>来传送激光射束</u>。"

(5) "关系词"可以省略的场合(只能发生在限制性定语从句中)。

判断"关系词"在定语从句中被省略的最简单的方法，就是在一个大句子中有两个或多个并不等立的谓语(既没有任何等立连接词，又没有任何从句引导词)时，如果发现有两个紧挨着的、看起来互不相干的名词(或两个代词，或一个名词一个代词)，就可知道这里隐藏了定语从句，这时可以把这两个词分开来，定语从句就从后面那个词开始。

在科技文中，关系词可以省略的场合主要有以下三种：

① 关系代词"that"或"which"作及物动词(不管是谓语还是非谓语)的宾语时可以省去，这是最常见的情况。如：

The Leaning Tower of Pisa is also inseparably connected with the history of physics because of the part *it played in an experiment* that was alleged to have been performed more than three centuries ago by the famous Italian scientist Galileo.

"比萨斜塔由于<u>在一个实验中所起的作用</u>也是与物理学的历史密切相关的，这个实验据说是在三个多世纪以前由著名的意大利科学家伽利略所做的。"(从句中出现了"play a part in"这一词组，而关系代词因代替了"the part"而被省去了。)

All *the user has to do in order to access the records* is start a web browser and visit the web site.

"为了访问这些记录，用户只需要<u>启动网浏览器来访问一下网址就行了</u>。"

These basic rules are all *we need to solve a wide variety of network problems*.

"<u>我们为解各种各样的网络题，只需要</u>用到这些基本规则。"(注意本句的汉译法。)

In this case the power in the load will be the maximum *the source is capable of supplying*.

"在这种情况下，负载上的功率是<u>电源所能提供的</u>最大功率。"（关系代词作了动名词"supplying"的宾语而被省去了。）

② 关系代词"which"在从句中作单个介词（而不是"by means of, in terms of, according to"等短语介词）的介词宾语，而且"介词+which"在从句中作状语时可以省去（作定语时是绝不能省的），其条件是一定要把介词置于从句末尾（只有在这种情况下"which"才可以用"that"来代替）。不过这种省略情况在科技文中不多见，而大量出现在口语及科普文章中。如：

Iron is one of the metals *we are most familiar <u>with</u>*.

"铁是<u>我们最熟悉的</u>金属之一。"

When an object is being pushed or pulled horizontally, the normal force N holding it against the surface *it is <u>on</u>* is simply its weight mg.

"当水平地推、拉物体时，使它贴住<u>它所在</u>表面的法向力 N 就是它的重量 mg。"

注意：一般来说，当"which"之前的介词与从句中的动词、形容词或名词没有直接的关联时，该介词一般不能放在从句末尾；但是，如果从句中使用的短语动词属于"动词(+副词)+介词"型而具有了完全新的词义（也就是说该词义与短语动词中任何一个词的词义无关），则短语动词中的介词不能放在"which"之前而只能放在从句末尾。如：

Weightlessness is one of the conditions（that）*nobody except astronauts can <u>put up with</u>*.

"失重是<u>除了宇航员外，任何人都不能忍受的</u>条件之一。"（"put up with = endure"，其词义与词组中哪个词都没有关系，所以"with"只能放在从句末尾。）

③ 特殊的省略场合。

A. 在以下一些名词后经常省去"关系副词"或"介词+which"；也可用关系副词"that"来引导定语从句。[**]

the time（moment, instant, point, period, interval, cycle 等）

the way（manner）

the reason

the distance

the direction

the amount

the number of times（units, places, days 等）

如：

The way *we represent numbers today* has been evolving for thousands of years.

　　"我们今天表示数的方法，已经历了数千年的演变。"（从句前可看成省去了"in which"。）

Work is the product of the force and the distance *that a body moves*.

　　"功是力与物体运动的距离之乘积。"（"that"在此是关系副词，等效于"through which"，不要把它误认为是引导的同位语从句。）

In this case we may use the notation a^n, where n is the number of times *a appears in the product*.

　　"在这种情况下，我们可以采用 a^n 这一标记法，其中 n 为 a 在乘积中出现的次数。"（从句前可看成省去了"by which"。）

The amount *a solid material will expand when heated* is measured by its coefficient of linear expansion.

　　"固体物质受热时膨胀的量，是由其线性膨胀系数来度量的。"（从句前可看成省去了"by which"。）

　　注意：我们发现，有时在地点名词"place"、速度名词"speed, rate"、程度名词"extent, degree, point"、次序名词"order"等后用"that"引导定语从句（还有人把"that"省去）。如：

You have to find any place *the virus might have made copies of itself*.

　　"你得找到计算机病毒可能自我复制的地方。"

　　B. 关系代词在从句中作表语时可以省去。如：

Communicating via satellite is no longer the novelty *it once was*.

　　"卫星通信不再是原来曾经那样的新奇事了。"

In the case of the theory of relativity, space and time are not the independent entities *they were always believed to be*.

　　"在相对论的情况下，空间和时间并不是人们原来总是把它们认为的那种独立的东西了。"（关系代词因在从句中作动词不定式"to be"的表语而被省去了。）

　　C. 关系代词在从句中作"there be"句型的主语时可以省去。例如：

The thermometer does not tell us about the amount of heat *there is in the liquids*.

　　"温度计并不能告诉我们液体中所存在的热量。"

　　D. 如果定语从句修饰"there/here be"的主语，则在从句中作主语的关系代词可以省去（这种情况并不常见）。如：

There is something *worries digital designers*.

"有件事使数字电路设计师们感到烦恼。"（注意本句的汉译法。）

Here are <u>some ideas</u> ***will help you to realize how small atoms are***.

"下面一些概念将有助于你了解原子有多小。"（注意本句的汉译法。）

二、"介词+which"的情况

这种情况实际上就是"which"在从句中作介词宾语的情况。（这就是有些书中为了便于读者理解而介绍的"介词+which"引导的定语从句，不过这种提法不够确切。）这种定语从句仍然一定遵循"关系代词代替哪个词，定语从句就修饰那个词"这一原则。对于这类定语从句，我们从以下三个方面来论述。

1."介词+which"在从句中作状语

这种情况是最常见的。这时，在少数情况下也可以是"短语介词+which"的形式。当"介词+which"在从句中作状语时，"介词+which"必定处于从句的句首，定语从句就从该介词开始。如：

（1）"单个介词+which"的情况。如：

The force of gravity means the force ***<u>with which</u> the earth attracts a body***.

"重力指的是，<u>地球吸引物体的</u>力。"

The body contains a few large cavities ***<u>within which</u> various organs are located***.

"人体含有几个<u>容纳各种器官的</u>大型空腔。"

This is a closed contour ***<u>on and within which</u> there are no other singularities***.

"这是一个<u>在其上面和内部均没有其它奇点的</u>闭合等值线。"

注意：在写作时该"介词"的正确选择方法如下：

① 由从句中的动词、形容词或名词所确定。如：

The resistance of a conductor is also determined by the material ***<u>of which</u> it is made***.

"导体的电阻还取决于<u>制成它的</u>材料。"（这个"of"是动词词组"be made of"所要求的。）

Copper is one of the metals ***<u>with which</u> we are most familiar***.

"铜是<u>我们最熟悉的</u>金属之一。"（这个"with"是形容词"familiar"所要求跟的。）

How to live longer is a question ***<u>to which</u> man has tried to find a good answer for thousands of years***.

"如何活得长一些，是<u>人类数百年来力图寻求获得良好答案的</u>一个问题。"（这个"to"是名词"answer"所要求跟的。）

② 由被修饰的词所确定。如：

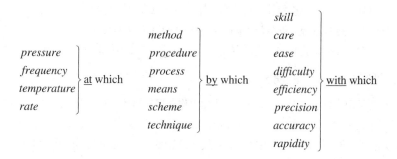

One of the great advantages of AC is the ease **_with which its voltage can be changed._**

　　"交流电的突出优点之一是，<u>其电压能容易改变</u>。"（with ease）

The frequency depends on the purpose **_for which the device is designed_**.

　　"频率取决于<u>设计该设备的</u>目的。"（for the purpose）

　　③ 根据整个句子所要表达的含义来确定。如：

The substance **_in which there are many electrons_** is a good conductor.

　　"<u>含有大量自由电子的</u>物质，是良导体。"（这个"in"并不是哪个词所特需的。）

　　（2）"短语介词+which"的情况，常见的形式有：

　　in terms of which, by means of which, as a result of which, with respect to which, according to which, in accordance with which, on the basis of which, because of which, by virtue of which, by the help of which, relative to which, on board which，等等。

　　例如：

Inertia is that property of matter **_because of which a force must be exerted on a body in order to accelerate it_**.

　　"惯性是物质的一种特性，<u>由于它而要使物体加速，就必须对该物体施加一个力</u>。"

　　We keep all the variables of the function constant except one **_with respect to which we are differentiating_**.

　　"除了<u>我们要对其微分的那个变量</u>外，我们把该函数的其它所有的变量均看成常数。"（注意本句的译法。）

　　2."介词+which"在从句中作定语

　　这时，该"介词"只能是单个介词而不能是短语介词。这种情况对一些读者来说是不怎么熟悉的，主要是因为这时"介词+which"一般并不出现在从句的句首，而是"钻"在从句里，也就是说，定语从句并不是从该介词开始的。关键点仍然是抓住"关系代词（主要是"which"）代替哪个词，从句一般就从那个词后面开始"这一原则。如：

The mathematicians of the middle of the nineteenth century formulated a problem in the calculus of variations *the answer to which seemed to them self-evident*.

"十九世纪中叶的数学家们，对变分学方面的一个问题列出了方程式，其解对他们来说似乎是自明的。"（"to which"在从句中修饰从句的主语"the answer"；由于"which"代替了"a problem"，所以整个定语从句是修饰"problem"的，但由于在"problem"后面还有一个修饰它的介词短语"in the calculus of variations"，所以从句是从"the answer"开始的。）

What we understand by a field is a region *at every point of which there is a corresponding value of some physical function*.

"所谓'域'，我们指的是在其每一点上均存在某一物理函数对应值的一个区域。"（"of which"在此修饰从句中的一个介词宾语"every point"；由于"which"代替了"region"，所以整个定语从句是修饰"region"的，从句就从它后面开始。）

$a^2+b^2 = c^2$ is the equation to a circle *the coordinates of points on which could be written as (c cos x, c sin x)*.

"$a^2+b^2 = c^2$ 是其各点的坐标均可写成（c cos x, c sin x）的圆的方程。"（"on which"在从句中作"points"的定语，而"which"代替了"a circle"。）

3. "of which"在定语从句中的情况

不少读者对带有"of which"的定语从句不太熟悉，现在我们专门对它进行简要的介绍。"of which"与上述一般的"介词+which"的情况是一样的，它在从句中有以下两种功能：

（1）"of which"在从句中作状语。

这种情况并不很常见。这时，"of which"只能位于从句的句首。"of"主要是从句中的少数动词或形容词所要求的一种搭配关系。常见的这类动词词组和形容词词组如下：

consist of   capable of

be composed of   aware of

be made of   sure of

be made up of   descriptive of

be constructed of   representative of

be built of   charcteristic of

例如：

A compound usually shows properties different from those of the elements ***of which it is made up.***

"化合物的性质，通常是不同于构成它的元素的性质的。"（"of which"在从句中修饰"is made up"作状语，这属于词组"is made up of"。）

(2) "of which"在从句中作定语。这种情况比较常见。

① "of which"在从句中修饰主语的情况。

A. 表示"所属"：这种情况最常见。这时，"of which"一般处于从句的主语后，如：

The element immediately following hydrogen is helium, ***the atom of which contains two electrons.***

"紧跟在氢后面的元素是氦，其原子具有两个电子。"

注意：i. 如果"of which"所修饰的词前没有"no, any, 各种代词"等，它一般可用"whose"来替代，但"whose"只能放在被修饰的词前面，且被修饰词前面的冠词要去掉，即（最常见的情况）：

"被修饰词+'从句主语+of which+从句谓语等'= 被修饰词+ 'whose+从句主语+从句谓语等'"

Mechanics is the physical theory ***the task of which*** (= ***whose task***) ***is to describe motion.***

"力学，是一种旨在描述运动的物理理论。"

ii. 个别情况下，在从句主语前一般没有什么词修饰时，为了加强语气，也有把"of which"放在从句主语之前的。如：

The earth is a planet ***of which the surface*** (= the surface of which = whose surface) ***is surrounded by a layer of atmosphere.***

"地球是一颗其表面被一层大气包围着的行星。"

B. "of which"表示"其中"（即部分与整体的关系）之意时，绝不能用"whose"来替代。常见的形式是"不定代词、数词等+of which"，主要有：

one of which …	either of which …
each of which …	neither of which …
some of which …	many of which …
a few of which …	much of which …
both of which …	most of which …

all of which …   none of which …

any of which …   the first of which …

a part of which …   the most important of which …

例如:

Here we have neglected the extremely small external forces exerted on the solar system by the stars, ***the nearest of which** is 4.3 light years from the sun*.

"这里我们忽略了其它星体对太阳系施加的极其微弱的外力, <u>这些星体中最近的离太阳 4.3 光年</u>。"

This vast field of science and engineering, ***only a part of which has been mentioned above***, is usually called electronics.

"科学和工程的这一广泛领域(<u>上面仅提到了其中的一小部分</u>)通常被称为电子学。"

注意:

ⅰ. 若为了加强"其中"的含义,并且从句主语不是不定代词或未被"no, any, 各种代词"修饰,可以把"of which"放在从句主语前。如:

The first stage of the rocket has a total mass of 12,000 kg, ***of which** 9,000 kg*(= 9,000 kg of which)***is fuel***.

"该火箭第一级的总质量为 12,000 千克, <u>其中 9,000 千克是燃料</u>。"

ⅱ. 如果"of which"在从句中修饰"there be"句型的主语,那么它只能放在从句的句首。如:

There are different substances, ***of which there is indeed an enormous number***.

"(世界上)有着许多不同的物质,事实上其种类甚多。"("of which"在从句中是修饰"an enormous number"的。)

② "of which"在从句中修饰表语时,一定要放在从句的句首。如:

Antilogarithm is the number ***of which a given number is the logarithm***.

"反对数,就是<u>一个给定数是其对数</u>的那个数。"

Point C is the center of the hollow sphere ***of which the mirror is a part***.

"C 点是<u>该镜子所在</u>空心球体的球心。"("of which"在从句中修饰"a part"。注意本定语从句的汉译法。)

I am particularly grateful to the editors of the series ***of which this book is a part***.

"我要特别感谢<u>本书所属</u>的那套丛书的编辑们。"(注意本定语从句的汉译法。)

③ "of which"修饰从句中的宾语而该宾语并没有提前时,它一定要放在从句句首(这种情况并不多见)。如:

The vector sum is the diagonal of a parallelogram ***of which*** ***the given vectors form two sides***.

　　"矢量和,是<u>给定的(两个)矢量构成其两边的</u>一个平行四边形的对角线。"("of which"在从句中修饰"two sides"。)

　　④　"of which"在从句中修饰介词宾语的情况。如:

An equipotential surface is one ***at all points*** ***of which*** ***the potential has the same value***.

　　"等位面,就是<u>其各点电位具有相同值</u>的一个面。"("of which"修饰"all points"。)

A^3 is called 'A cubed' because it is the volume of a cube ***each of*** ***whose*** ***sides*** (= each of the sides ***of which***) ***is A long***.

　　"A^3称为'A的立方',因为它是<u>其每边长度为 A 的</u>一个立方体的体积。"

三、"which"引导修饰整个主句(或其一部分)的非限制性定语从句

　　有时,由"which"引导的定语从句是修饰其前面的整个主句(或其一部分)的,这种定语从句一般是非限制性的(即由逗号分开的),我们只能把它单独译成一个分句。这时,"which"一般等效于"this"的含义,但有时也等效于"that"的含义。

　　1. 修饰整个主句的情况

　　(1)　"which"在从句中作主语的句型:

$$\boxed{\sim(主句),\ which+谓语\dots}$$

例如:

n^2 is even, ***which implies that n is even***.

　　"n^2是偶数,<u>这表明 n 是偶数</u>。"

The motion of a rocket does not depend on the presence of air, ***which was proved in*** ***1916***.

　　"火箭的运行并不取决于空气存在与否,<u>这一点在 1916 年就得到了证实</u>。"

　　注意:在以下的句子中,可看成在逗号后省去了"which is"。(也可看成省去了"a fact which〔that〕is,这在第一章名词部分提到过。)

The output voltage is the integral of the input signal, ***in conformity with harmonic*** ***circuit analysis***.

　　"输出电压就是对输入信号的积分,<u>这与谐波电路分析相一致</u>。"

　　(2)　"which"在从句中作介词宾语的定语:

　　　　　　in which case (condition; state)**... "在这种情况〔状态〕下"

$\sim$(主句), at which time (instant; point)*... "在这〔那〕时"

for which reason …   "由于这个原因；因此"

例如：

I_1 is much greater than I_2, ***in which case*** I_2 ***can be neglected***.

"I_1 比 I_2 大得多，<u>在这种情况下</u>，I_2 <u>可以忽略不计</u>。"

This circuit was analyzed previously (see Fig. 5. 21), ***at which time*** ***we obtained the*** ***following equation***.

"这个电路在前面分析过了(参见图 5. 21)，<u>当时〔那时〕我们得到了下面这个</u> <u>方程式</u>。"

注意：偶尔我们会遇到如下的句子，"which"在从句中修饰从句主语(单数或复数)，汉译时把它等效成"this"或"these"。如：

Science and engineering students should have a working familiarity with computers, ***which knowledge is very important today***.

"理工科学生应熟悉计算机的实用知识，<u>(因为)这种知识在当今很重要</u>。"

The rest of the chapter is dealing with convergency (Sec. 3 – 3) and its application to find approximations (Sec. 3 – 7), ***which sections will be mainly of interest to students***.

"这一章的其余部分讲述收敛性(3 – 3 节)及应用它来求近似值(3 – 7 节)，<u>这两</u> <u>节内容</u>主要是学生感兴趣的。"

(3) "which"在从句中作介词宾语：

	from which …	"由此"
	after which …	"在这之后；然后"
～(主句)，	because of which …	"由于这个原因；因此"
	as a result of which …	"由于这个原因；因此"

例如：

A beam of white light is separated into beams of various colors, ***from which we*** ***conclude that white light is actually a mixture of light of these different colors***.

"我们可以把一束白光分解成不同颜色的光束，<u>由此我们得出结论：白光实际</u> <u>上是由这些不同的颜色混合而成的</u>。"

Charging requires an external source to furnish electric energy, ***after which the*** ***battery again can supply energy in chemical form***.

"(对电池)充电，需要外部电源提供电能，<u>在这之后该电池就能再次以化学方</u> <u>式供能了</u>。"

Some materials have a very high resistance, ***because of which they can be used as*** ***insulators to prevent the leakage of current***.

"有些物质的电阻很高，<u>因此</u>可以用作绝缘体来防止漏电。"

(4) "which" 在从句中作宾语(很少遇到)。如：

This equation must be put in standard form first, ***which we do by dividing through by 64***.

"首先必须把这个方程变成标准型，<u>我们可以通过对其上下除以 64 来做到这一点</u>。"

2．修饰主句的某一部分(而不是某个名词)

Doing so, ***which requires a much greater analysis effort***, yields the following expression.

"这样做(以后)就能得到下面的表达式，<u>不过分析起来要费劲得多</u>。"("which" 代表了在主句中作主语的动名词短语 "doing so"，在从句中作主语。)

Here we neglect the constant of integration, ***which, in future, we should do always.***

"这里我们忽略了积分常数，<u>今后我们都应这么处理</u>。"("which"代表了"neglect the constant of integration"，在从句中作宾语。)

Water changes to vapor at 100℃, ***which wood does not***.

"水在 100℃ 时会变成蒸汽，<u>而木头则不行</u>。"("which" 代表了"change to vapor at 100℃"，从句中省去了谓语动词 "do"。)

This means that if θ is small, ***which it is in this case***, then tan θ = θ.

"这表明，如果θ很小(<u>在这种情况下就是如此</u>)，那么 tan θ = θ。"（"which"代表了"small"，在从句中作表语。)

四、由 "as" 引导的定语从句

这时 "as" 通常是一个 "关系代词"，它引导定语从句时有以下几种情况。

1．由 "as" 引导的非限制性定语从句(一般用逗号与主句分开)

通常的情况是，"as" 在从句中一般作主语或宾语，偶尔也有作表语的。从句的位置灵活，可处在主句的前面、句中或句尾。这种从句修饰的是整个主句而不是修饰某一个名词或代词。"as" 有自己固定的词义，一般意为 "正如…那样"(但实际汉译时不必按此硬套，可用 "如…" 来表示，甚至可以不译出来；在主句尾部时还可译成 "这一点")。这类定语从句与由 "as" 引导的方式状语从句的主要区别在于它引导方式状语从句时其本身在从句中是不能作句子成分的。

(1) 在主句前。

① "as" 在从句中作宾语。如：

As we shall see, acids and bases play an important role in the functioning of the human organism.

"<u>我们将会看到</u>，酸和碱在人体组织的活动方面起着十分重要的作用。"

注意：表示"顾名思义"的句型为：

> as the/its/their name shows/implies/indicates/suggests

As the name implies, a fluid is a substance that flows readily.

"<u>顾名思义</u>，流体就是一种容易流动的物质。"

② "as"在从句中作主语。如：

As will be explained in Chapter 21, the body has natural defenses against these organisms.

"<u>正如在第 21 章将要说明的那样</u>，人体具有抵抗这些生物体的天然防御设施。"

(2) 插在主句中(不常见)。如：

The direction of the acceleration, *as has been pointed out*, is the same as that of the change in velocity.

"<u>正如已指出的那样</u>，加速度的方向与速度变化的方向是一致的。"

(3) 在主句末尾。如：

Transistors are small and efficient, *as is well known to us*.

"晶体管体积小、效率高，<u>这一点大家都是熟知的</u>。"

This equation is of great help in solving problems on acceleration, *as will be shown later*.

"<u>以后会看到</u>，这个式子对求解有关加速度的题目是很有帮助的。"

注意：当主句为否定形式且处于从句之前时，否定的含义通常要译在"as"前，译成"不像…那样"，这与"as"引导方式状语从句时类同(参见第二章中"否定的转移"部分)。不过有时候却不发生"否定的转移"，这一般只能从整个句子的含义来确定。如：

The sign of the charge <u>does not</u> affect the conclusion, *as may readily be seen*.

"电荷的符号并不会影响这个结论，<u>这一点可容易看出来</u>。"

2. 引导限制性定语从句(这时 as 一定处于某个名词后)

这种定语从句只能修饰其前面的某个名词或代词。"as"意为"像…那样的"，它往往可与其前面的"the same"或"such"搭配使用，它们可以紧靠在一起，也可以分开。"as"在从句中仍然主要作主语或宾语(当从句修饰"way, manner, time, direction 等"时，"as"起关系副词的作用，这时它等效于"in which"的含义，它在从句中作状语）。

（1）"as" 与 "the same" 搭配的情况。如：

It is possible to find a single force which will produce the same effect *as is produced by the simultaneous action of the given forces*.

"我们能够找到一个力，这个力所产生的效应与给定的几个力同时作用所产生的效应相同。"

A planet of any mass at the same distance from the sun *as is the earth*, would revolve about the sun in the same time *as does the earth*.

"处在与地球离太阳相同距离上的任何质量的一颗行星，能与地球以相同周期绕太阳运行。"（第一个 "as" 从句是个倒装句，本应为 "as the earth is"，这个 "as" 为关系副词，它等效于 "at which"；第二个 "as" 从句也是倒装句，"does" 在此为代动词，代替 "revolves about the sun"，这个 "as" 也是关系副词，它等效于 "in which"。）

注意：在有些场合，"as" 引导的定语从句可能是不完整的。读者只要把词的搭配及其译法记住就可以了，不必分析其从句内的成分。如：

Radio waves travel at the same speed *as light*.

"无线电波传播的速度与光速相同。"（从句是一个省略形式，省去了谓语动词 "travels"，"as" 在此为关系副词，等效于 "at which"。）

（2）"as" 与 "such" 搭配的情况。如：

Such meters *as we use to measure current* are called ammeters.

"我们用来测量电流的这类仪表，被称为电流表。"

We have studied in this chapter the devices for solving differential equations such *as occur in physics and geometry*.

"我们在这一章讨论了解像在物理和几何学中所出现的微分方程的方法。"（句中 "such" 与 "as" 紧靠在一起了，"such" 是形容词作其前面名词的后置定语。）

（3）"as" 单独使用时的情况（不常见）。如：

Instead of lengths dx, dy, and dz *as we use in the Cartesian system* we shall have dr, rdϕ, and dz.

"在此我们不用像笛卡尔坐标系中所用的那些长度 dx, dy, dz，而是使用 dr, rdϕ, dz。"

3. 引导一种特殊的定语从句**

在这种句型中，"as" 在从句中作补足语。该句型多数处于被修饰的名词后（可由逗号与被修饰的词分开，也可没有逗号），也有处于被修饰的名词前的情况（这时一定由逗号与被修饰的名词分开)。从句中常见的动词是"call",有时还有"know, refer to, state 等"(用这几个动词时,引出补足语的介词"as"与引出定语从句的关系代词"as"合在一起了),该句型译成"…(人们)所说〔称〕的"。

(1) 与"or(即,也就是)"连用的情况。如:

These flaws, *or* 'bugs' *as they are often called*, must be found out and corrected.

"这些缺陷,也就是<u>人们通常所说的</u>'虫子',必须要找出来并加以改正。"

We show several elements of interest, with concentric orbits *or*, *as they are more frequently called*, rings or shells.

"我们对感兴趣的几个元素画出了一些同心轨道,也就是<u>现在人们更为经常地所说的</u>'电子环'或'电子层'。"(注意:定语从句处于被修饰的名词之前了。)

This revision resulted in the creation of 'high-speed mechanics' *or*, *as it is called*, relativistic mechanics.

"这一修正就导致形成了'高速力学',也就是<u>现在人们所说的</u>'相对论力学'。"

(2) 单独使用的情况。如:

This radar relay, *as it has come to be called*, is described in some detail in Chap. 17.

"<u>现在人们所称的</u>这种雷达中继站,将在第 17 章比较详细地讨论。"

4. 注意事项

(1) 由"as"引出的一种特殊结构(它实际上源由"as"引导的限制性和非限制性定语从句)。

① 构成形式:

> as+过去分词/介词短语/副词

② 特点:这一结构可看成在"as"引导的定语从句中省去了某些东西(有时候到底省去了什么并不是十分清楚)。所以"as"的译法与它引导定语从句时相同,即译成"正如…那样(的)"。我们只需懂得该结构的功能和译法即可,不必对它本身进行详细的语法分析,因为有时是根本分析不清的。

③ 功能:这种结构在句中主要作状语和定语,有时还可作表语和补足语。

A. 作状语(可看成是来自于原来由"as"引导的、修饰整个主句的非限制性定语从句)。如:

As pointed out in the last chapter, the emf of a battery is generated by the chemical action within it.

"<u>正如上一章所指出的</u>,电池的电动势是由其内部的化学作用产生的。"

As with many other physical quantities, the mass of a body can be measured in several different ways.

"<u>正如对于其它许多物理量那样</u>，物体的质量可以用几种不同的方法来度量。"

As before, F₁ and F₂ have different lines of action.

"<u>如以前那样</u>，F_1 和 F_2 的作用线是不同的。"

These data are plotted on log-log paper, *as shown in Fig. 2 – 6*.

"这些数据<u>如图 2 – 6 所示那样</u>画在双对数纸上。"

B. 作定语。如：

The second law of motion *as stated above* is interesting but not especially useful.

"<u>上面所述的</u>第二运动定律是很有趣的，不过并不特别有用。"

C. 作表语。如：

The block diagram of a radio receiver is *as shown in Fig. 1 – 1*.

"无线电接收机的方框图，<u>如图 1 – 1 所示</u>。"

D. 作补足语(很少见)。如：

x_1, x_2, x_3, and x_4 are defined **as shown below**.

"x_1, x_2, x_3, x_4 被定义成<u>下面所示那样</u>。"（这里 as 作主语补足语。）

(2) 在某些情况下，由"as"引导的同等比较状语从句或方式状语从句，也可能含有定语从句的因素，也就是说，"as"在从句中充当了一个句子成分。如：

The flow of air over the earth's surface is not <u>as</u> smooth and regular *as our oversimplified model might imply*.

"空气在地球表面上方的流动，并不是<u>像我们过于简化了的模型所能显示的那样</u>平滑和规则。"（"as"在从句中作宾语。）

(3) 有时会遇到下面这种含糊不清的"as"从句：

Physics *as it exists today* has been called the science of measurement.

"<u>现今的</u>物理学，已被称为测量科学了。"

五、类似定语从句的状语从句

1. 由"than"引导的定语从句(已被语法学家们认可)

(1) 特点："than"在从句中一定作某一句子成分(一般作主语或宾语)；"than"仍具有"比"的词义；在主句中必定存在有比较级。

(2) 译法：仍按比较状语从句的译法处理。如：

Many <u>more</u> problems are presented *than need be given as homework assignments*.

"书中列出的习题，远多于<u>布置作业所需的</u>数目。"（than 在从句中作主语。）

The book doesn't go into <u>more</u> detail *than a student wants*.

"本书讲述的深度，不超过<u>学生所需的</u>程度。"（"than"在从句中作宾语。）

2. 由时间状语从句转变成的"定语从句"

（1）形式：

> 名词+由 since, when, while, as, after, before 等引导的从句

（2）特点：这些引导词在从句中不作句子成分；它们仍具有原来从属连接词的词义。如：

Let us consider the case *when the torque is zero*.

"让我们来研究一下<u>当转矩为零的</u>情况。"

We must first determine the limit *as c → ∞*.

"我们必须首先求出<u>当 c 趋于无穷大时的</u>极限值。"

In the ten years *since this book was first published*, significant changes have been seen in metal-working.

"<u>自从本书首次出版以来的</u>这十年间，金属加工业发生了巨大变化。"

第七章　虚　拟　语　气

第一节　概　　述

语气分为三类：陈述语气、祈使语气和虚拟语气。

1. 陈述语气

这种语气用来对事实进行一般性叙述，它可分为肯定、否定和疑问三种形式。

2. 祈使语气

这种语气可表示命令、劝告、请求等。它通常省去主语。它有肯定和否定两种形式。否定时一般用"Don't+动词原形"；若否定语气要减弱，则可用"Let us not+动词原形"；若否定语气要加强，则可用"Don't you+动词原形"或"Never+动词原形"。

在科技书刊中，常用于祈使句的动词有"let, consider, suppose, assume, imagine, take, note, see"等；在习题中还常用"find（求），show（证明），solve（解），evaluate（计算），compute（计算），prove（证明），determine（确定，计算），draw（画出），construct（作〔图〕，画出）"等。如：

Switch off the power.

"请关掉电源。"

Let t_0 equal to zero.

"设 t_0 等于零。"

Don't touch the tuning knob.

"不要碰按钮。"

3. 虚拟语气

一般来说，在科技文中，虚拟语气主要用于以下三种情况：

（1）与事实相反，或不可能实现、难以实现的事。

（2）表示主观愿望、要求、建议、命令等。

（3）表示语气委婉或主观的推测。

第二节　科技文中虚拟语气的主要形式

一、条件式虚拟语气形式

这属于上面提到的第一类虚拟情况。它一般用于表示与事实不符、不能实现或难以实现的事。根据假设条件所涉及的时间，它又可分成三类，现列表如下(均以主动语态为例)。

假设时间	条件句中的谓语	主句的谓语
涉及现在或将来	用过去时 1. be 用 were (也有用 was 的) 2. 其它动词用过去式	用过去将来时 $\begin{cases} should \\ would \\ could \\ might \end{cases}$+动词原形
涉及过去	用过去完成时 (had+过去分词)	用过去将来完成时 $\begin{cases} should \\ would \\ could \\ might \end{cases}$+have+过去分词
涉及将来(有时是可能实现的，这时一般表示婉转的推测或告诫)	1. (should+)动词原形 2. were+动词不定式 ("万一；一旦；若要；如果)	用过去将来时(对于不易实现的事)或用一般将来时及一般现在时(对于能够实现的事)

注意：在"涉及将来"的条件从句的第一种情况下，一般来说英国人用"should"，而美国人则不用"should"，但在书刊中出现的多数采用美国式(如果省去"if"的话，英美人都得把"should"放在从句的句首)。如：

If you *were told* that some day practically everything electronic will be done digitally, you *might think* you were being kidded.

"如果有人告诉你说，有一天几乎所有的电子设备都将数字化，你<u>也许会认为</u>别人在逗你呢。"

If the circuit *be* purely resistive, X_L *would be* equal to X_C.

"如果该电路是纯电阻性的话，则 X_L 就等于 X_C。"

If the orbital motion of the earth *were to cease* it *would fall* toward the sun.

"如果地球停止其轨道式运动的话，它就会栽入太阳之中。"

注意：① 在汉译含有虚拟语气的句子时，绝不能按时态的本来含义进行翻译。这些时态仅是借用来表示虚拟语气的。

② 在实际的文章中，主从句的时态有时与上表中所列的不一致，它们是根据各自动作发生的时间来确定的，这叫"交错虚拟条件句"。如：

If Einstein **didn't have** all these qualities, he **could never have done** what he has done or have the chance of succeeding in what he is trying to do.

"如果爱因斯坦不具备所有这些品质，他就不可能做到他所做的那些事情，或者他就不可能在他努力奋斗的工作中取得成功的机会。"

③ "if"条件句中若有"were, had, should, could 等"这类动词，从属连接词"if"可以省去，这时从句要发生部分倒装现象(其倒装方法与构成一般疑问句类同)。如：

We **would have obtained** a positive current **had** we **assumed** the opposite direction.

"如果我们当时假定的方向反过来的话，我们就会得到一个正的电流。"（本句的从句在主句后面。）

Could a pin **be drawn** into a wire of the thickness of one atom, it **would encircle** the earth thousands of times.

"若能把一颗大头针拉成一个原子那么粗细的一根细丝的话，它就可以绕地球数千圈。"

Should these bombers **encounter** such an air-defense system, the results **could be** fatal.

"一旦这些轰炸机遇到这样的空防系统的话，其后果是致命的。"

④ 虚拟语气句中的条件从句，可由"provided (that)(若)，in case(假如)，unless(除非)等"引导；还可以由介词"without(若没有)，under(在…情况下)，by(通过)，but for = were it not for(要不是)，in the absence of(在缺乏…的情况下)等"引出介词短语来表示条件；个别情况还可由个别副词(如 otherwise)引出条件状语；甚至也可以不出现条件状语，这是读者所能够理解的。如：

I also would like to thank the whole of my family, for this book **could never have been written** without their tolerance.

"我还要感谢我全家老小，因为如果没有他们的宽容，我永远也不可能写成这本书。"（注意：为什么原作者用了"tolerance(宽容)"这个词？因为特别在美国，丈夫在业余时间，尤其是在周末和节假日，一般要与妻儿老小在一起娱乐游玩消遣。而由于作者要写书，就要花费大量的业余时间，就不可能陪伴他们了，而家人表示了理解与支持，并没有提出"埋怨"或"抗议"等，所以作者要在序言中对此表示感谢。）

Too small a tube diameter *would increase* significant diffraction loss.

"管径太小的话，就会大大增加绕射损耗。"（本句的主语在逻辑上是一个条件。）

二、名词从句中的虚拟语气形式

这主要出现在主语从句、宾语从句、表语从句、同位语从句中。它主要表示要求、建议、可能性、必要性、重要性、条件、命令等。（在书刊中发现，有的英美人也有不用虚拟语气的情况。）

这种虚拟语气主要与主句中出现了某些形容词（在主句中作表语）、某些及物动词或某些名词有关。在科技文中常见的有（读者为了写作就要记住这些词）：

形容词：necessary, essential, important, imperative, possible, impossible, natural, desirable, reasonable, better, preferable 等。

及物动词：require, demand, suggest（意为"建议"时）, desire, propose, order, recommend, request, necessitate 等。

名词：requirement, suggestion, necessity, importance, recommendation, request, order, condition, constraint, restriction, restraint, desire, philosophy 等。

其虚拟的形式均是：

> 从句引导词"that"+从句谓语"(should+) 动词原形"+…

注意：一般来说，英国人用"should"而美国人则不用"should"，目前在书刊中出现的多数情况采用美国式。

It is very <u>important</u> that all solutions *be checked* in the original equation.

"非常重要的是，所有的解均应在原方程式中检验一下。"

It is my <u>philosophy</u> that a text *include* many examples, and that these examples *be worked* in sufficient detail so that the reader can follow each example from beginning to end.

"我的看法〔哲理〕是，一本教科书应包括许多例题，并且这些例题要详细地推演出来，使得读者能从头至尾地看懂每个例题。"

In the year 1791, the French Academy of Science <u>suggested</u> that the unit of length *be based* on the size of the earth.

"法国科学院在 1791 年提出建议，长度的单位应以地球的大小为基础。"

They consider it <u>important</u> that proper attention *be paid* to the algebraic signs of distances, velocities, and accelerations.

"他们认为，重要的是应注意距离、速度和加速度的代数符号。"

The <u>condition</u> that x – a **divide** the numerator is that x = a **be** a root.

"x – a 能够除尽分子的条件是，x = a 是一个根。"（注意：本句中的同位语从句和表语从句均由于"condition"的关系而采用了虚拟语气。）

The <u>requirement</u> that energy *be conserved* must be fulfilled.

"能量应守恒这一要求必须得到满足。"

三、状语从句中的虚拟语气形式

在某些状语从句中也应使用虚拟语气。在科技文中常见的有以下几种：

(1) 出现在由"as if (= as though)（好像）"引导的从句中。

其形式是：如果涉及现在，"be"用"were"（也有人用"was"的），其它动词用过去时；如果涉及过去，谓语动词用过去完成时。如：

We have for simplicity been speaking of the current in a conductor <u>as if</u> all of the free electrons *moved* with the same constant velocity.

"为了简单起见，我们一直把导体中的电流说成好像所有的电子都以相同的恒速运动。"（"speak of … as"与"as if"共用了"as"。）

In this case, the leaves of the eletrometer will diverge just <u>as if</u> they *had been charged* from a body electrified by contact.

"在这种情况下，静电计上的叶片将会岔开，就好像它们曾由于接触了带电的物体而充了电似的。"

(2) 出现在由"whether … or …"引导的让步状语从句中。

重要的是，最常见的情况是省略"whether"时，从句一定要采用"be it〔they〕…or …"，其中的"it"或"they"指的是主句的主语。如：

Everything around us, *be* it air, water, or wood, is matter.

"我们周围的一切东西，不论是空气、水还是木头，均为物质。"

All such problems, *be* they easy or difficult, can be solved by a computer.

"所有这样的题，不论容易还是困难，都可以用计算机来解。"

(3) 有人在由"in order that"和"so that"引导的目的状语从句中使用虚拟语气。

其形式是：从句谓语用 (should+)动词原形 。如：

In order that this expression *be* a definite form, the necessary and sufficient condition is as follows.

"为了使这表达式是一个定界形式，其充分必要条件如下。"

(4) 出现在由"lest，in case"和"for fear that"等表示"以免"的从句中。

其谓语形式常用 (should)+动词原形 。如：

Batteries should be kept in dry place <u>lest</u> electricity ***leak*** away.

"电池应该放置在干燥的地方，以免漏电。"

(5) 有人在由"no matter"引导的让步状语从句中使用虚拟语气。

其谓语形式是：(should)+动词原形。如：

This equation holds, <u>no matter</u> what (= whatever) the independent variable ***be***.

"无论自变量是什么，这个方程总是成立的。"

四、在主句或某些从句中的虚拟语气形式

这种虚拟语气主要表示主观推测或语气委婉。其谓语形式为：

should/would/could/might+动词原形

(1) 出现在主句中。如：

It ***would*** not ***be*** difficult to prevent road accidents with the help of electronic apparatus.

"借助于电子设备来防止车祸，<u>想来</u>是并不困难的。"

One ***might think*** that friction is always undesirable.

"人们<u>也许认为</u>，摩擦总是不希望有的。"

(2) 出现在从句中。如：

Planets that are very far from the sun are not places where living things ***could exist***.

"离太阳很远的行星，并不是<u>可能存在</u>生物的地方。"

Since the limit is not greater than unity, the series diverges although at first sight it ***might appear*** to converge.

"由于极限不大于 1，所以该级数发散，尽管乍看起来它<u>好像是收敛</u>似的。"

注意：在由"if only"(但愿；要是…就好)、"wish"(但愿)和"would rather"(倒希望，要是…就好)后跟的句子中也要使用虚拟语气，其形式是：如涉及现在或将来的动作，谓语动词用过去时；如果涉及过去，则谓语动词用过去完成时。另外，在句型"it is time (that)…"(该…(的时候)了)的定语从句中，谓语要用一般过去时。由于这些句型在科技文中极少出现，所以在此不举例说明了。

第八章　句子成分的强调手段

　　英语中强调句子成分的手段有多种，我们在这里只简单介绍在科技文中最常见的几种。

第一节　强 调 句 型

一、一个常用句型

二、译法

　　(1) 一般情况下译成"正是…"、"就是…"或"是…"。

　　(2) 当强调引出疑问句的"疑问词"、引导名词从句的"连接代词"和"连接副词"时，一般要译成"究竟；到底"。

三、注意事项

　　(1) 此句型的特点是：把"it is〔was〕… that〔which, who〕"这三个词去掉后留下来的部分仍是一个语法结构完整的句子，"it"既不是代词，也不是"形式主语"，它没有任何词义。它有肯定、否定和疑问三种形式。

　　(2) 无论强调上述哪种成分，均可使用"that"；当强调表示事物的主语或宾语时，也可以使用"which"；当强调作主语的人时，英美人多用"who"。在极少数情况下强调介词宾语时，用"介词+which〔whom〕"，也可以用"that"，不过这时一定要把"介词"放在句尾。(一定要用上述第一条来把强调介词宾语的句型与定语从句区分开来。)被强调的状语可以是"副词"、"介词短语"、"状语从句"以及表示目的的"动词不定式"(这不多见)。有时还出现用"whose"的句子。在某些写得不规范的文章中，也有人在强调时间状语时用"when"，而在强调地点状语时用"where"。

(3) 不论强调什么成分，句型中的"be"均用单数第三人称形式。当被强调的句子的谓语为现在的任何时态和将来时时，一般用"is"；当是过去的任何时态时，一般用"was"。不过在具体的文章中，英美科技人员也有用"has been"、"will be"、"may be"、"can be"、"must be"、"must have been"等。

四、举例说明

1. 强调主语

It is their rendering of electrical charges as a visible pattern *that* makes oscilloscopes so useful in modern laboratories.

"正是示波器能够把电荷显示成一种可见的图案，而使它们在现代实验室中如此有用。"

No one knows what *it is that* composes the field itself.

"没有人知道，到底是什么东西构成了场本身。"(强调句型出现在宾语从句中，强调了从句引导词"what"。由于"what"要引导宾语从句，所以它处于从句句首了，而并没有放在"is"和"that"之间。)

About how many elements *is it that* make up most of the substances we meet in everyday life?

"到底大约有多少个元素构成了我们日常生活中所遇到的大多数物质？"(本句中强调的是疑问句中的主语"how many elements"；由于是疑问句，所以"is"放在"it"之前了。)

When an electron and a proton attract each other, *it will be* the tiny electron *that* will do most of the actual moving.

"当电子和质子相互吸引时，实际上将主要是微小的电子产生运动。"

It may well *be* the weakness of this block in children, the "uneducated," and science fiction writers *that* explains the ability of these individuals occasionally to spark an idea in the mind of a professional engineer charged with a problem-solving task.

"很可能正是由于儿童、'没有受过教育的人'以及科学幻想作家们的这种障碍比较小，使得他们能够偶然地在负有解题使命的职业工程师的脑海中激发出一个主意来。"

2. 强调宾语(不多见)

It is the losses caused by friction *that* we must try to overcome by various means.

"我们必须想各种办法来克服的，正是由摩擦引起的各种损耗。"（本句中强调的是动词不定式"to overcome"的宾语。）

By convention, we call whatever *it is that* the rubber rod possesses by virtue of having been stroked with the fur negative electrical charge.

"习惯上，我们把那种由于与毛皮的摩擦而在橡胶棒上所带的电荷称为负电荷。"（本句中强调的是引导宾语从句且在从句中作宾语的连接代词"whatever"，由于它要引导从句，所以把它放在从句之首了。）

3. 强调状语

It is to observe the earth *that* satellites carry TV cameras far into space.

"正是为了观测地球，卫星把电视摄像机带入遥远的太空。"

It is not clear yet under what conditions *it is that* this method may be used.

"尚不清楚到底在什么条件下才能使用这种方法。"（本句中，强调了主语从句中的状语"under what conditions"，而由于连接代词"what"要引导从句，所以它所在的整个短语"under what conditions"被放在主语从句句首了。）

It must have been much later *that* Man learned to cook food by heating it with boiling water or with steam.

"想必是很久以后，人类才学会用开水或蒸汽加热的方法来烧煮食物。"

4. 强调介词宾语(不常见，但容易使读者感到困惑)

However, *it is* just this distinction <u>with</u> *which* the second law of thermodynamics is concerned.

"然而，热力学第二定律所涉及的正是这一特性。"（本句也可写成：However, *it is* just this distinction *which (that)* the second law of thermodynamics is concerned <u>with</u>.）

It is the nurse <u>with</u> *whom* the patients spend most of the time in a ward room.

"病人在病房里大部分时间与其打交道的正是护士。"（本句也可写成：*It is* the nurse *who (that)* the patients spend most of the time in a ward room <u>with</u>.）

It is the processing of information into new patterns *that (which)* the human brain is so good at.

"人类大脑极为擅长的，就是把信息处理成新的模式。"

注意：① 下面的句子从形式上看很像强调句型，而从全句的逻辑概念上看，这个句子实际上不是强调句型，"it"在句中为代词，代替前面出现过的某个名词，它有具体的含义。

Computer software has become a driving force. It is the engine that drives business decision making.

　　"计算机软件已经成了一种推动力。它是驱动商务决策的发动机。"（"that"是引导定语从句的；"it"代表了"computer software"。）

　　② 强调句型中的"that"，偶尔可以省去。如：

To design the computer, we must state very precisely what *it is* we wish to do.

　　"为了设计这台计算机，我们必须非常精确地说明我们到底想要做什么。"（在"is"后省去了"that"。）

　　③ 下面句子中是强调定语的情况：

It is the electric fields of light waves *whose* interations with matter produce nearly all common optical effects.

　　"正是光波的电场与物质的相互作用产生了几乎所有普通的光学效应。"（注意本句的译法。）

第二节　　用助动词"do"强调谓语动词

一、构成形式

　　助动词"do (does, did)"可用在肯定句中强调一般现在时和一般过去时的谓语动词。其构成形式为： do (does, did)+动词原形 。

二、译法

　　这种强调形式在科技文中一般要译成"的确；确实"，有时还可译成"实际；真的；一定；务必"等。如：

If the positive charges *did move*, they would flow through the wire from the positive terminal to the negative one.

　　"若正电荷<u>的确能运动</u>的话，它们就会从正端通过导线流到负端。"（这是一个虚拟语气句型。）

Though mathematical analysis and experiment show that these methods *do work*, it is not so far clear how it is that the overlapping sidebands are disentangled.

　　"虽然数学分析和实验均表明：这些方法<u>是确实可行的</u>，但至今尚不清楚究竟如何才能把重叠的边带分开。"（注意：本句中，"how"是引导主语从句的连接副词，它本身又被强调句型所强调。）

第三节　用形容词"very"强调某个名词

一、构成形式

其构成形式为：

> the/this/no/物主代词+very+名词

二、译法

根据具体情况，我们可以把"very"译成"正是；就是；最；一；那个"等。如：

Tungsten is *the very* metal to be used as the filament of electric lamps.

"钨<u>就</u>是被用作为电灯灯丝的<u>那种</u>金属。"

The very gravity prevents us from flying beyond the atmosphere.

"<u>正是</u>这重力，使我们不致于飞离大气层。"

Although charging occurs at an exponential rate, *the very* beginning of the exponential curve approximates a straight line.

"虽然充电是按指数形式进行的，但指数的<u>最</u>开始<u>那</u>一部分近似于一根直线。"

注意：句子成分的强调手段还可以通过倒装法(全倒装和部分倒装)、某些句型(如"what"从句、"no matter"开头的让步状语从句等)、某些副词(如 right、only、never、alone、simply、even 等)等来实施。倒装问题将在下一章论述，而其它内容读者是容易理解的，所以在此不加讨论了。

第九章　句子成分的倒装

第一节　倒装的分类

一、全倒装

全倒装就是与正常的语序完全相反的句型。全倒装又可以分为以下四种情况：

1. 表语（介词短语[**]；形容词；副词）+连系动词+主语

Of the more common elements are hydrogen, oxygen, carbon, iron, copper, etc.

　"<u>比较常见的元素</u>有：氢、氧、碳、铁、铜等。"

Not as familiar is the fact that any substance whatever will be influenced by the magnetic field, although to an extent which is extremely small compared with a substance like iron.

　"大家不怎么熟悉的是，任何物质都会受磁场的影响，尽管受影响的程度与像铁这样的物质相比是极小的。"

Below is a table of resistivities of some substances.

　"下面是某些物质电阻率的一个表。"

2. 状语（介词短语[**]；副词；there）+不及物动词+主语

To the formulas for the circle correspond the following formulas for the hyperbola.

　"下面这些双曲线的公式，<u>相应于圆的公式</u>。"

The center of mass is the point ***through which*** passes the resultant of the reaction forces when a body is accelerated.

　"质量中心，就是当物体被加速时各反作用的合力所通过的那一点。"（本句倒装出现在定语从句中。）

Thus commenced the era of solid-state electronics.

　"由此开创了固态电子学时代。"

When these muscles contract, ***there*** results the skin condition that we call gooseflesh.

　"当这些肌肉收缩时，就出现了我们称之为鸡皮疙瘩的皮肤状况。"

3. 分词+助动词 be(is/are)+主语

注意：① 以过去分词处于句首为常见。这里的助动词"be"有时也可以是将来时形式"will be"或现在完成时形式"has〔have〕been"。

② 汉译时，一般可把"分词"看成"what"从句来译，而把助动词"be"当成连系动词来译（见下面的例子）。

Shown in Fig. 1 – 1 is the block diagram of a digital computer.

"在图 1 – 1 中画出的是数字计算机的方框图。"（汉译时可等效于"What is shown in Fig. 1 – 1 is …"。）

Orbiting the nucleus are negative charged particles called electrons.

"绕原子核作轨道运行的是称为电子的带负电的微粒。"（汉译时可等效于"What orbit the nucleus are …"。）

4. 状语或 there+被动态谓语+主语

注意：① 这种句型从被动句的主语与谓语两者的位置倒置来说，属于"全倒装"；但由于其谓语部分本身并没有发生倒装（也就是说，过去分词并没有倒放在助动词"be"之前），所以也可把这种句型看成属于"部分倒装"。它与上面讲到的"分词+助动词'be'+主语"全倒装句型是不完全一样的。

② 这里的"状语"主要是"介词短语"，个别情况下是"副词"。

下面是"介词短语"处于句首的情况[**]。

By linear operation is meant the ability of an amplifier to amplify a signal with little or no distortion.

"所谓'线性工作'，指的是放大器能以很小的失真或无失真地放大信号的能力。"

Fig. 2-1 represents a solid conductor of irregular shape, ***to which*** has been given a charge q.

"图 2-1 画出了一个具有不规则形状的、带有电荷 q 的固体导体。"（倒装出现在定语从句中。）

Above is shown the circuit for anode neutralization.

"上面画出了用于阳极中和的电路。"

There are left only the lowest group of frequencies and the highest group.

"留下的只是最低频率段和最高频率段。"（注意：不要把该句型误认为是"there be（存在）"句型，这里的"be（is, are, has been 等）"是助动词，它与"there"没有关系，而是与其后面的过去分词构成被动语态。这个"there"从语法上说可看成是一个"形式主语"。)

5. 引导词"there"+is〔are〕+少数几个形容词(表语)+主语

注意：这个"there"从语法上分析可看成是"形式主语"。

It is quite possible to have a force exerted on a charge even in the absence of any other charged bodies, provided only that ***there*** is present a magnetic field which varies with time.

　　"完全有可能甚至在不存在其它任何带电物体的情况下，使一个力施加在一个电荷上，只要存在有一个随时间而变化的磁场就行。"

There are accessible to you, in libraries, any number of books about different kinds of communication equipment.

　　"在各图书馆里，你可以借阅到许多有关各种通讯设备的书籍。"

6. "so+表语(一般为形容词)+is〔are〕+主语+that 从句"

So small are atoms that we cannot see them with our naked eyes.

　　"原子实在太小了，以致于我们用肉眼是看不见它们的。"

Not ***so certain***, however, is the popular theory that basal metabolic rate increases temporarily after exercise.

　　"不过有一点却不能十分肯定，那就是目前有一种很普遍的理论，说是在体育锻炼后基础代谢率会暂时性升高。"

二、部分倒装

科技英语中，部分倒装主要有以下两种情况(在下一节将较为详细地加以讨论)：

1. 谓语的一部分放在主语前

这种倒装方式，与构成一般疑问句的方式相同。

Only when x is 5 *is* ***it*** ***true*** that 3x+12 = 27.

　　"只有 x 为 5 时，3x+12 = 27 才成立。"

Not only *do* transistors ***raise*** efficiency, but reduce the size of equipment.

　　"晶体管不仅提高了设备的效率，而且缩小了体积。"

2. 被强调的成分或较短的成分提前

最常见的是把宾语放在主语前和把宾语补足语或作状语的介词短语放在宾语前这两种情况。如：

This point we shall discuss in detail later.

　　"这一点我们将在后面详细讨论。"(宾语提前。)

Where science will take us in the future, no one knows.

"科学将来到底会发展到什么程度，谁也不知道。"（宾语从句放在主句主语前了。）

We can take ***as a second example*** the case shown in Fig. 2-5.

"我们可以把图 2-5 所示的情况作为第二个例子。"（宾语补足语提前。）

第二节　科技文中句子成分倒装的主要场合

（略去句型要求的倒装）

一、为了使句子平衡、紧凑、上下文连贯或兼有强调之意

Also ***shown*** on this page ***is*** a sketch of a hydraulic forging press.

"这一页上还画出了水力锻压机的略图。"

This interrelationship between magnetic and electric fields makes ***possible*** such things as the electromagnet and the electric motor.

"磁场和电场之间的这种相互关系，使得（制造出）像电磁铁和电动机这样的东西成为了可能。"

二、需要部分倒装的几种特殊情况

这种倒装方式与构成一般疑问句相同。

1. only+状语（副词；介词短语；状语从句）处于句首

Only if the lens has an infinite diameter ***can*** a point source give rise to a point image.

"只有当透镜的直径为无穷大时，点光源才能形成点像。"

Discussion of this material is deferred until the final chapter because only then ***is*** the feedback, circuit, and application background necessary to fully appreciate the subtleties of compensating modern operational amplifiers available.

"对于这一内容的讨论要推迟到最后一章，因为只有在那时读者才具备了为充分理解补偿现代运算放大器的精巧技术所需的有关反馈、反馈电路及其应用方面的基础知识。"（注意："available" 这个形容词在此是 "because" 从句里的表语，而不是 "modern operational amplifiers" 的后置定语，这是理解本句的关键。）

2. 句子以具有否定含义的副词或介词短语开头时

常见的 "具有否定含义的副词" 及 "含有否定意义的介词短语" 有以下一些（通常只有在它们修饰谓语动词时句子才会出现部分倒装现象）：

never 从不，用不   hardly 几乎不

scarcely 几乎不   seldom 很少，难得

rarely 很少；难得   little 几乎没有；毫不；难得

not always 不总是   not only 不仅

not until 直到…(后才)   by no means 决不，绝不

in no way 决不，绝不   at no time 决不，绝不

in no case 决不，绝不   on no account 决不，绝不

under〔in〕no conditions 决不，绝不   under〔in〕no circumstances 决不，绝不

on no condition 决不，绝不

（1）句子以"具有否定含义的副词"开头的情况。如：

<u>Nowhere</u> in the definition of computer viruses *is* there any mention of nonprompted, secret operations, of destructive actions, or of spreading across multiple computer installations.

"在定义计算机病毒时，任何地方都没有提到无提示的秘密操作、破坏性的行为或者在多台计算机设施间传播。"

<u>Not</u> always *does* the addition or removal of heat to or from a sample of matter lead to a change in its temperature.

"把热量加给某一物质或从中取走热量，并不总会导致其温度的变化。"

（2）句子以"具有否定意义的介词短语"开头的情况。如：

<u>During no portion of this curve</u> *is* the stress proportional to the strain.

"在这曲线的任何一部分，应力均不与应变成正比。"

<u>By no means</u> *do* positive charges flow in a wire.

"正电荷是绝不会在导线中流动的。"

3. 句子以 "so（也）" 或 "neither〔nor〕（也不）" 开头时

这种倒装句一般是省略式的，读者对其是很熟悉的，所以在此不举例了。但要注意句型 "So it is with+名词或代词" 表示 "…(的情况)也是如此"，这时句子并不发生部分倒装现象。如：

Wood is an insulator and cannot conduct electricity and heat. *So it is with* plastics.

"木头是绝缘体，因而不能导电和导热。塑料也是如此。"

三、纯粹为了强调而产生的倒装

最常见的是把要强调的成分(主要是宾语或作状语的介词短语)放在主语前。

1. 宾语(包括宾语从句)提前的情况

Any magnetic body possesses an attraction. ***This attraction*** we call magnetism.

"任何磁体都具有一种吸引力。这种吸引力我们称之为磁性。"

My wife Judith I wish to thank for maintaining the life support systems and providing joy to counter the gloom and darkness which periodically descend on most authors.

"我要感谢我的夫人朱迪思,她使家庭生活有条不紊地进行着,同时每当我遇到大多数作者都会周期性地碰到的心情忧郁和情绪低落时,给予鼓励以振奋我的士气。"("My wife Judith"是动词不定式"to thank"的宾语。这种类似的句型经常出现在美国科技人员撰写的书籍的序言中。)

What an actual weight of the stone is we do not know and cannot compute until we have some way of taking into account exactly how strong the pull of gravity is at the particular location we are interested in.

"直到我们有了某种方法来考虑在我们感兴趣的特定位置上到底重力的拉力为多大后,我们才能知道并计算出这块石头的实际重量为多少。"("What an actual weight of the stone is"是两个动词"know"和"compute"的宾语从句。)

2. 作状语的介词短语提前的情况

With pressure the gaps decrease.

"这些间隙会随着压力的加大而减小。"

Of one thing we can be sure: if the charges are at rest, there is no electric field at any point with the metal ball.

"有一点我们是可以肯定的:如果电荷处于静止状态,则在该金属球内部的任一处均没有电场存在。"("Of one thing"是与形容词"sure"搭配使用的一种状语。)

3. 表语提前的情况(很少见)

Certain it is that all essential processes of plant growth and development occur in water.

"确定无疑的是,植物生长和发育的一切关键过程,均发生在水中。"

4. 谓语动词提前的情况(很少见)

These particles make up all the atoms in the universe. ***Varies*** only their number and arrangement, and it is the number and arrangement which gives each atom its own characteristics.

"这些微粒构成了宇宙中所有的原子。不同的只是它们的数目和排列,而正是这数目和排列使每种原子具有自己的特性。"

Said Dr. Samuel Rankin, head of the mathematical sciences department at Worcester Polytechnic Institute in Worcester, Mass.: 'The farther you go out into the scientific and technological frontiers, especially in the kinds of things we are seeing today, you are going to find mathematics.'

"位于麻省伍斯特市的伍斯特工业学院数学科学系主任塞缪尔·兰金博士说，'你在科学技术的新领域(特别是在你现今目睹的那些事物中)研究得越深入，你就会要用到数学。'"

5. 连系动词提前的情况(不常见)

The same law of force holds whatever *may be* the sign of the charges q and q'.

"不论电荷 q 和 q'的符号可能是怎么样的，力的这一定律总是成立的。"(本来"may be"应处在从句末尾。这样倒装一方面是为了加强语气，另一方面是由于从句主语比较长的关系。这与疑问句中经常出现的情况类同，如：What *will be* the charging current if the battery is connected directly across the line? "如果把电池直接接在该电源线两端的话，充电电流为多大？")

四、把较短的东西前置

最常见的是把宾语补足语(通常是几个形容词和"as"介词短语)和状语(一般是介词短语)放在较长的宾语前。

1. 宾语补足语提前的情况

Electromagnetic waves make *possible* radio broadcast and television.

"电磁波使得无线电广播和电视成为可能了。"

That still leaves *to be explored* an area ten times as great as the continents of the earth.

"这仍然留有十倍于地球五大洲那么大的一块面积有待于探索。"

2. 状语提前的情况

Only when we exert *on an object* an upward force sufficient in magnitude can we lift it.

"只有当我们对物体施加一个足够大的向上的力时，我们才能把它提起来。"

A concave mirror has the valuable property of concentrating *into a parallel beam* light from a source placed at a certain point in front of it.

"凹面镜具有一种很有价值的性质：它能使来自于其前方某一点的光，集中成一束平行光线。"

第十章　句子成分的省略

(略去某些句型允许的省略)

第一节　并列复合句中的省略

一、特点

在并列复合句中，后一个分句中与前一个分句中相同的部分可以省去，以避免重复，使句子更紧凑。

二、判别法

判断这种省略的关键是，一定要搞清等立连接词(最常见的是"and")是否是连接两个分句的(同时可借助于科技概念来帮助判断)。一般来说，如果发现在"and"之后的东西似乎是"乱七八糟"的样子，则存在省略现象。这时就要对照前一分句的句子结构，看第二个分句中哪些东西被省略了，因为只有这两个分句的结构完全相同时才能出现省略现象。如：

Matter <u>consists</u> of molecules ***and molecules of atoms***.

"物质是由分子构成的，而分子则是由原子构成的。"(在"and"后，"molecules of atoms"似乎"乱七八糟"，也不成概念。实际上在"molecules"后省去了与第一个分句中一样的动词"consist"。)

In this case no standard <u>is needed</u>, ***but only a numerical convention***.

"在这种情况下，并不需要什么标准，而只需要数字的约定就行了。"(在"but"后似乎不成句。实际上，在"convention"后省去了"is needed"。)

The load resistance <u>may be</u> small ***and the applied voltage of the order of several volts***.

"负载电阻可能比较小，而外加电压大约为几伏特。"(在"the applied voltage"后省去了"may be"。)

Imagine how different human history might have been <u>had</u> Aristarchus of Samos <u>had</u> a telescope and spectroscope, ***and Hippocrates a microscope***!

"设想一下，如果当时萨摩斯的阿里斯塔克斯有一台望远镜和分光仪，而希波克雷蒂斯有一台显微镜的话，人类历史可能会与现在的情况有多么的不同啊！"（省略发生在虚拟语气的两个并列的条件从句中，后一个条件句写成完整的话应该是："had Hippocrates had a microscope"，注意引出条件句的"if"省去了，所以过去完成时的助动词"had"倒放在从句主语前了。）

In the table, <u>a notation of</u> infinite <u>impedance indicates</u> that the terminating impedance should be a minimum of 10 to 100 times the nominal impedance at the specific port, <u>***and***</u> ***zero that it should be well less than a tenth the nominal impedance at the port and less than a hundredth if possible.***

"在该表中，阻抗为无穷大这一标记表明，终端阻抗至少应该为特定端口标称阻抗值的 10 到 100 倍；而阻抗为零这一标记则表明，它应该远低于特定端口标称阻抗值的十分之一，如果可能的话，应低于百分之一。"（"and zero that"完整的话应写成"a notation of zero impedance indicates that"；另外，句中"should be a minimum of"应理解为"至少应该为"，这里"of"表示同位关系。）

第二节　两个介词共用介词宾语的情况^{**}

一、省略的特点

当两个介词（或一个介词、一个及物动词等）共用一个宾语时，第一个介词后就没有跟介词宾语而是跟了一个等立连接词。

二、判别法

判断这种省略的关键，一般是发现一个介词后跟有一个等立连接词（主要是"and"）时，这个介词必定与后面某个介词或别的东西（如一个及物动词、"than"或关系副词"as"等）共用一个宾语了。如：

It is necessary to find out the current <u>through</u>, and the voltage <u>across</u>, ***the resistor***.

"（我们）必须求出这个电阻上的电流和电压。"

The accuracy of the location depends on the distance <u>from</u> and the direction <u>of</u> ***the shore stations***.

"定位的精度，取决于离海岸电台的距离和海岸电台的方向。"

Chapter 4 deals with measurements <u>of</u>, <u>with</u>, and in the presence <u>of</u> ***noise***.

"第四章论述对噪声的测量、用噪声进行测量以及在噪声的情况下进行测量。"（本句中三个介词共用了一个宾语。）

In the primary the induced voltage is practically equal <u>to</u>, and <u>opposes</u>, ***the applied voltage***.

"在初级，感应电压几乎等于外加电压，而极性相反。"(这是一个介词与一个及物动词共用一个宾语的情况。)

This voltage is always greater <u>than</u> or equal <u>to</u> ***0.4 V***.

"这个电压总是大于或等于 0.4 伏。"(这是状语从句连接词"than"与介词"to"共用一个对象的情况。)

The acceleration is directly proportional <u>to</u>, and in the same direction <u>as</u>, ***the applied force***.

"加速度是与外力成正比的，且方向相同。"(这是介词"to"与关系副词"as"共用一个对象的情况。)

It is the existence <u>of</u> and the ability <u>to control</u> precisely ***these two independent charge-transport mechanisms*** that make possible all junction semiconductor devices.

"正是由于存在了这两种独立的运载电荷的机制以及精确控制它们的能力，才使得一切结型半导体器件成为可能了。"(这是介词"of"和动词不定式"to control"共用了一个宾语的情况。)

第三节　状语从句中的省略情况

一、常见的形式

> 状语从句连接词+过去分词**(或形容词*、介词短语、名词)

在绝大多数情况下，这等效于在从句中省去了"it is〔was〕"或"they are〔were〕"。这里的"it"和"they"一般指的是主语中的主语。如：

Every measurement, ***no matter how carefully made***, is subject to experimental error.

"每一种测量，不论进行得如何仔细，均存在有实验误差。"

A constant number, ***however large***, is never spoken of as infinite.

"一个常数不论有多大，永远不能被称为无穷大。"

Most, ***if not all***, communication circuits are available as integrated circuits.

"大多数(即使不是所有的)通讯电路已有集成块了。"(注意："Most"和"all"两者都是修饰"communication circuits"的，"if not all"插在"Most"和"communication circuits"之间了。)

This leads to the conclusion that the charges of a proton and an electron, ***while of*** *opposite sign*, are equal in magnitude.

　　"这就导致了这一结论：质子和电子的电荷虽然符号相反，但大小相等。"

　　Let us consider distances positive *if to the right of O*.

　　"让我们把距离（如果处于原点右边的话）看做为正。"

　　A substance, *whether a solid, a liquid or a gas*, may be an insulator or a conductor.

　　"物质不论是固体、液体还是气体，可能是绝缘体，也可能是导体。"

二、某些固定的特殊的省略式状语从句

　　由 "if, when, whenever, where, wherever" 等分别与 "necessary" 和 "possible" 的各种组合，以及 "if any"（"如果有的话；即使有也"）、"if so"（"如果是这样的话"）、"if not"（"要是不"）等状语从句中省略主语和谓语（或其一部分）。如：

　　Each new development is naturally at first very imperfect and few, *if any*, people recognize its possibilities.

　　"每一种新的发展，开始的时候自然是很不完善的，而且如果有人的话，也没有几个人会认识到它的可行性。"（注意："and" 是用来连接两个并列的分句而不是连接 "imperfect" 和 "few" 的；"few" 是修饰 "people" 的，而 "if any" 插在它们之间把它们分开了。）

三、由 "no matter …（= ~ ever）" 引导的让步状语从句中的省略

　　在由 "no matter what = whatever" 和 "no matter how = however" 引导的让步状语从句中，经常省去 "may be" 或 "is, are" 等。如：

　　All bodies radiate electromagnetic energy continuously, *whatever their temperature*.

　　"不论温度如何，所有的物体都在连续不断地辐射出电磁能。"

　　Zero times *whatever the value of the determinant* will give the product of zero.

　　"零乘以任何数值的行列式，得到的乘积为零。"（注意："times" 在此意为 "乘"；"whatever" 在此引导的是一个名词从句，不过在其中出现了与让步状语从句中同样的省略现象。）

第四节　特殊的省略

一、由 "hence" 引出的省略句

　　由 "hence"（有时也可由 "thus"）引出的句子经常省去谓语动词 "come"（或

"result"），一般可译成"因而得到了…"。如：

The stream of electrons is emitted from the cathode of the electron gun, <u>hence</u> *the name 'cathode ray'*.

"电子流是从电子枪的阴极发射出来的，因而获得了'阴极射线'这一名称。"

In most computers the program is stored in the memory unit. <u>Thus</u> *the term 'stored program computer'*.

"在大多数计算机中，程序是存储在存储器中的，因而得到了'存储程序计算机'这一术语。"

When the blood becomes viscous, it is difficult for the heart to pump it through the capillaries. <u>Hence</u> *the increase in blood pressure*.

"当血液变成黏性后，心脏就难以把血液泵压通过毛细血管，因而血压就升高了。"

Proteins are essential to the growth and the rebuilding of body tissues —<u>hence</u> *their importance*.

"蛋白质对于人体组织的生长和恢复是必不可少的，因而它们极其重要。"

This chapter is almost purely mathematical, but the concepts introduced in it are essential for the understanding of Chapter 9, <u>hence</u> *its inclusion here*.

"这一章几乎是纯数学内容，但由于它所介绍的概念对理解第九章极为重要，所以在此编入了这一章。"

二、从上下文可以理解的某些省略

1. 状语从句中与主语相同的部分可以省去

在这种情况下，从句一般位于主语之后。如：

b_n will be <u>convergent</u> *if a_n is*.

"如果 a_n 收敛的话，b_n 就收敛。"

Being a giant sphere of hot gas that loses its energy through radiation from the surface, the sun is bound to <u>contract</u>, *though very slowly*.

"由于太阳是一个从其表面通过辐射而失去能量的、由灼热气体构成的巨大球体，所以它必定会缩小，尽管缩小得很慢。"（这儿实际上省去了"it contracts"。）

2. 定语从句中与主句相同的部分可以省去

The current does not increase because the cathode is emitting all the electrons *it can*.

"电流不再增加，是因为阴极已发射出了它所能发射的全部电子了。"（在"can"

后省去了"emit"。)

3. 主句中与从句相同的部分也可以省去

这时，主句应位于从句之后。如：

Although the proof of Fourier's theorem is <u>beyond the scope of this book</u>, ***the application is not***.

"虽然对于傅氏定理的证明超出了本书的范围，但其应用在本书是要讲的。"

Although mechanical energy is never <u>completely conserved in any collisions between real bodies</u>, ***momentum always is***.

"虽然机械能在实体之间的任何碰撞中永远不是完全守恒的，但动量总是守恒的。"

4. 其它省略情况

<u>The materials</u> of the plates and ***of the electrolyte*** alone determine the voltage of a battery cell.

"只是极板和电解液的材料决定了电池的电压。"（两个"of"短语共同修饰作主语的"The materials"。）

Solid-state amplifiers began ***to*** and have continue to <u>replace TWT amplifiers</u>.

"固态放大器开始并继续替代行波管放大器。"（两个不定式的标志"to"共用了"replace TWT amplifiers"。）

To many people it is not very clear just ***what the distinction between 'heat' and 'temperature'***.

"对许多人来说，并不清楚'热'与'温度'之间的区别到底是什么。"（在从句末尾省去了"is"。）

If the core <u>is made</u> of a ferromagnetic material, <u>the measured flux density will be</u> tremendously larger and ***if of a paramagnetic material very slightly larger***.

"若铁芯由铁磁材料制成，那么所测得的磁通密度（比没有铁芯时）将会大得多，而若由顺磁材料制成，则磁通密度仅大一点点。"（注意：后一并列分句中从句和主句部分分别省去了前一并列分句中从句和主句中的相同部分。）

The world of the atom and the photon cannot be described in the same terms we use to describe the behavior of the macroscopic world of matter in bulk. ***That we cannot*** is attested to by the wave-particle dilemma and the contradictions of a similar nature we run into when we try.

"原子和光子世界，不能用与描述整体物质宏观世界性能相同的术语来描述。

之所以不能这样，是因为波动-微粒困境，以及当我们试图这样做时所遇到的与此类似的一些矛盾。"（省去了"describe it in the same terms we use to describe the behavior of the macroscopic world of matter in bulk"。）

Did you learn the functions of direct control inputs? *Of clocked control inputs*?

"你曾了解直接控制输入的功能吗？知道不知道时钟控制输入的功能？"（在"of"前省去了"Did you learn the functions"。）

Finally, we close *this* book survey and chapter by noting that, at the end of each of the following chapters, there are problems designed to exercise the reader's grasp of the principles discussed.

"最后，我们在结束本书的概述这一章时，请大家注意：在后面每一章的末尾均列出了一些习题，旨在使读者能掌握所讲的原理。"（"this"既修饰"book survey"，又修饰"chapter"。）

Chemically the isotopes of an element differ but little *if at all*.

"一个元素的各种同位素，在化学性质方面若有不同的话，也只是很微小的。"（这里的"but"是副词，意为"仅仅"。）

第十一章　句子成分的分隔

　　所谓"分隔"，指的是一般应该紧靠在一起的两个句子成分(如主语与谓语，及物动词与其宾语，宾语与宾语补足语，定语与其修饰的名词或代词等)，由于在这两者之间插入了状语、定语、插入语或由于句子成分的倒装因素而被分隔开了。这种分隔现象往往会使有的读者在分析句子成分及阅读理解原文时感到困难或误解句子的意思。下面我们介绍在科技文中最常见的一些分隔现象。

第一节　名词与其修饰语的分隔

　　在科技文中，最常见的有以下两种情况。

一、"主语+谓语+主语的修饰语"的情况

　　这一句型主要用于避免句子发生"头重脚轻"现象。这时主语的修饰语主要是：介词短语**，定语从句*，同位语从句现在分词短语、形容词短语、不定式短语。

1. 谓语为不及物动词的情况

　　这时最常见的不及物动词有"arise, occur, take place, differ, appear"等。如：

A feeling has developed in society *that technology must be controlled*.

　　"社会上产生了这么一种感觉：技术必须加以控制。"

The question arises *whether this result applies to all cases*.

　　"现在出现了这么个问题：这一结果是否适用于所有情况呢？"（"whether"引导的是"The question"的同位语从句，实际上可看成在"whether"前省去了复合介词"as to"，也可看成省去了介词"about, of 或 on"，因此原来的介词宾语从句演变成了同位语从句。）

The problem often arises *of dividing one polynomial by another*.

　　"往往出现这样的问题：要用一个多项式除以另一个多项式。"

Scalars $\lambda_1, \ldots, \lambda_n$ exist *satisfying (4-1)*.

　　"存在着满足式（4-1）的标量$\lambda_1, \cdots, \lambda_n$。"

Very wonderful changes in matter take place before our eyes every day *to which we pay little attention*.

"十分奇妙的物质变化天天都在我们的眼前发生，可是我们几乎没有注意到。"

2. 谓语为及物动词被动语态的情况

A study will be made *of the percentages of usable and defective parts produced by a particular machine*.

"我们将对某一特定机器制造的成品和次品的百分比作一研究。"

A telescope can be constructed *that produces an erect image if a third lens is introduced between the objective and the eyepiece*.

"我们可以制造出这样的望远镜：如果在物镜和目镜之间引入第三个透镜的话，它能产生一个正像。"

Let a curve C be given *passing through a point P*.

"设通过 P 点的一条曲线 C 为已知。"（这里是宾语与其定语的分隔，由于其补足语为动词不定式的被动形式，所以与本句型类同。）

The law is well known *that to every action there is an equal and opposite reaction*.

"大家都了解这一定律：对每一个作用力，都存在一个与其大小相等、方向相反的反作用力。"

In this way, two lines may be located *at whose point of intersection the center of gravity of the body must lie*.

"这样就可以定出两条线来，该物体的重心必定处在这两条线的交点上。"

3. 谓语为"系表结构"的情况（"表语"多为形容词）

The theory is of great importance *that the hotter the body is, the more energy it radiates*.

"物体越热，其辐射的能量就越多，这一理论极为重要。"（"of great importance" = very important。）

Simple circuits are available *to generate such pulses*.

"现在已有了产生这种脉冲的一些简单电路。"

Several excellent texts are available *covering the theoretical bases for the design of digital electronics*.

"现在已出版了几种很好的教科书，它们论述了设计数字电子设备的理论基础。"

We will study what the probability will be *of a certain happening taking place*.

"我们将研究某一事件发生的概率为多大。"

二、"名词+两个后置定语"的情况

当两个后置定语(它们可能都是短语,也可能都是从句,还可能一个是短语而另一个是从句)修饰同一个名词时,后一个定语就被前一个定语分隔开了。

名词+定语①(有时是状语)+定语②

(1)**	短语	短语(特别要注意"of 短语")
(2)*	短语	从句
(3)	从句	从句
(4)	从句	短语

1. 两个后置定语均为短语的情况(最为常见)

This illustrates <u>the coupling</u> between input and output terminals *inherent in transistors*.

"这阐明了晶体管所固有的、输入端和输出端之间的耦合。"

The gravitational field of a body is <u>the alteration</u> in the properties of the region around it *caused by its presence*.

"一个物体的重力场,就是由于物体的存在而引起其周围区域性质的改变。"

Gear drives have <u>the advantage</u> over belt drives *of being able to transmit very high torques with no chance of slippage*.

"齿轮传动与皮带传动相比的优点是:前者能够传送很高的力矩而不会打滑。"

Instability is <u>the tendency</u> in certain systems *of a quantity associated with energy, such as current, to increase indefinitely in the absence of excitation*.

"不稳定性,就是在某些系统中与能量有关的某个量,比如电流,在没有外部激励的情况下会有无限增大的趋势。"(从"of"开始直到句子结束,是"tendency"所要求的一种特殊的"不定式复合结构"作它的后置定语。)

A magnetic field is <u>the space</u> around a magnet *occupied by magnetic lines of force*.

"磁场,就是磁铁周围、由磁力线所占据的空间。"

注意:在本句型中,还有以下两种情况常见且重要。

(1) 名词+介词短语+of 短语(表示数值)。

这个"of 短语"引出该"名词"的同位语(注意其汉译法)。如:

This assumption would lead to <u>a battery voltage</u> in the model of Fig. 5－7 *of 840 mV*.

"这样假设后,就可得出图5－7模型中的电池电压为840毫伏。"

This analysis yields <u>a thermal resistance</u> from the ferrite to the coolant channel wall *of approximately 36 ℃/W.*

"通过这一分析，就得到了从铁氧体到冷却通道壁的热阻近似为 36 摄氏度每瓦。"

(2) 我们在第一章的"名词与介词搭配模式"中已介绍过"名词+of A+介词 B"这样的句型，望读者要特别注意以下两种情况(这是一个难点)：**

① 由于"of A"比较长而"介词 B"比较短，它们两个的位置作了调换，也就是说句型由"名词+of A+介词 B"转变成了"名词+介词 B+of A"。(这时千万不要误以为"of A"是修饰"B"的，它仍然是修饰那个"名词"的。)如：

What the forward bias achieves essentially is the injection into the depletion layer *of electrons from the conduction band of the N-type material.*

"正向偏置的主要功能，是把来自 N 型材料导带的电子注入到耗尽层中去。"(原来的句型是"the injection of A into B"，现在变成了"the injection into B of A"。)

Evaporation from the soil and transpiration from vegetation are responsible for the direct return to the atmosphere *of more than half the water that falls on the land.*

"土壤的蒸发和植物的蒸腾，促使降在大地上的一半以上的水分直接回到了大气中。"(原来的句型为"the return of A to B"，现在变成了"the return to B of A"。)

从上面两个例子可以看出，如果那个"名词"来自于及物动词，就应在其后面去找出由"of"引出的它的逻辑宾语，这样就不会搞错了。

② 当要同时表示由及物动词变来的某个名词的逻辑宾语和逻辑主语时，一般使用"名词+of A(逻辑宾语)+by B(逻辑主语)"的形式(从纯语法上说，"of A"和"by B"都是该名词的定语)。若"by B"比"of A"来得短，则往往把它们的位置调换一下，从而就变成了"名词+by B+of A"。

The second aspect to determine our progress is the application by all members of society *of the special methods of thought and action that scientists use in their work.*

"决定我们进步的第二个方面，是所有的社会成员应用科学家们在他们的工作中所采用的思维和行动的特殊方法的程度。"

The free expression by design team members *of 'half-baked' ideas* is crucial to the success of group conceptualization.

"设计小组成员能否畅所欲言地说出自己'不成熟'的想法，这对课题组设计方案的成功与否是至关重要的。"

2. 第一个定语(有时是状语)是短语(个别情况只是一个词)而第二个定语是从句的情况

A transformer is <u>a device</u> based upon this effect *which is used to change the voltage in an ac circuit from one value to another*.

"变压器是基于这一效应之上的一种设备,它用来把交流电路中的电压从一个值转变成另一个值。"

The floor exerts <u>a force</u> on the bottom of the box *which opposes the force we apply*.

"地面对箱子的底部施加一个力,这个力反抗我们所施加的力。"

This paper describes <u>a transmission and switching method</u> using digital signals *which is able to transmit coded or analogue information*.

"本文论述了使用数字信号而能传送编码信息或模拟信息的发送和转换方法。

3. 定语均为从句的情况(不多见)

There are <u>a great many problems</u> which arise in the various fields of technology *which require for their solution methods beyond those available for algebra and trigonometry*.

"在技术的各个领域出现了许许多多的问题,而解决这些问题需要用到超出代数和三角所能提供的方法。"(注意:"require"的宾语是"methods beyond …",由于它比较长而放在状语"for their solution"之后了;该状语意为"为了解它们",所以"their"与"solution"两词之间存在逻辑上的"动宾关系"。)

There are <u>a number of other striking examples</u> that can be given *which bear upon heat and temperature*.

"我们可以举出其它一些与热和温度有关的明显例子来。"

The greater the number and variety of <u>such deductions</u> we can make *that are in accord with experimental facts*, the more reason we have to believe in the generalization.

"我们所能作的、与实验情况相符的这种推断的数目越大、种类越多,则我们越有理由相信这种通则。"

The material exhibited <u>unique properties</u> as it melted from a solid to a liquid state *that could not be explained by the naive understanding of matter at the time*.

"当该物质由固态熔化为液态时表现出了一些独特的性质,这些性质在当时无法根据对物质的天真理解来解释的。"(注意:"as it melted from a solid to a liquid state"是一个状语从句而不是定语从句。)

4．第一个定语为从句而第二个定语为短语的情况（很少见）

The picture most of us have *of a light ray* is a narrow pencil of light.

"我们大多数人对光线的概念，是一条窄窄的光锥。"

Now we shall study the effects that forces have *on motion*.

"现在我们将研究一下力对运动的影响。"

Light that is of one frequency *with the waves in step* is called coherent light.

"具有一个频率、所有的波都是同步的光，被称为相干光。"

The opposition that a conductor offers *tending to impede the transmission of electricity* is called electrical resistance.

"由导体产生的、趋于阻止导电的阻力就称为电阻。"

第二节　其它的分隔现象

一、固定词组的分隔

We *have made use*, in statics, *of* Newton's first law.

"我们已在静力学中使用了牛顿第一定律。"

Both of these are *equal* numerically *to* one.

"这两者的值均等于 1。"

In order, therefore, *to* reduce the unreliability, a lot of measures must be taken.

"因此，为了降低不可靠性，必须采取许多措施。"

Some physical disturbances are *due* either directly or indirectly *to* emotional upsets.

"某些身体方面的失调，直接或间接地是由情绪上的混乱引起的。"

Attention is called, when appropriate, *to* the modification of theory-based dimensions to meet manufacturing requirements.

"在适当的时候，需要注意把理论计算出来的尺寸修改一下以满足加工要求。"

二、主语与谓语的分隔

Einstein was able to predict a host of peculiar effects —*all of which*, no matter how strange to us, *have been confirmed by experiment*.

"爱因斯坦能预言许许多多的特殊效应，不管它们对我们来说有多么新奇，均由实验证实了。"（分隔现象发生在定语从句中。）

The weight of the body, when expressed in terms of the force unit of any system, *is* numerically *equal* to the mass of the body, in the mass unit of that system, multiplied by the corresponding value of the acceleration of gravity.

"某个物体的重量，当用任一单位制的力的单位表示时，在数值上等于以同一单位制的质量单位表示的该物体的质量，乘以重力加速度的相应值。"

This limit, if it exists, *will be the sum* of the Fourier series.

"这个极限若存在的话，将是傅里叶级数的和值。"

Bones, however, although they contain appreciable amounts of water, *are composed* largely of calcium phosphate, $Ca_3(PO_4)_2$.

"然而，虽然骨头含有不少水分，但它们主要是由磷酸钙 $Ca_3(PO_4)_2$ 构成的。"

This practice, while it may have accelerated Maxwell's unification of electric and magnetic theory, also *led* to much confusion by concealing the fundamental physical difference between the electric field strength E and the electric displacement density D.

"这一做法，虽然可能会加速麦克斯韦对电和磁这两种理论的统一，但同时由于掩盖了电场强度 E 和电位移密度 D 之间的基本物理差异而引起了许多混乱。"

When we read that *Erotosthenes*, in the third century B.C., having measured the angle of the sun's rays in Alexandria at the moment the sun was directly overhead in Syene, and knowing the north-and-south distance between these cities, *computed* the circumference of the earth as 250,000 stadia, we can only admire his genius, but we cannot check this result with certainty.

"当我们读到在公元前三世纪，当太阳在赛恩当空照时埃罗托斯西恩斯测出了在亚历山大太阳光线的角度，并由于知道了这两个城市的南北距离而计算出了地球的周长为 250,000 视距尺的时候，我们只能钦佩他的才华，而无法肯定地检验他所得到的这一结果。"（在由"when"引导的状语从句中的宾语从句中，发生了主语与谓语的分隔现象。）

三、复合谓语的分隔

The curve *is* for the most part quite *straight*, indicating fairly constant dynamic resistance.

"该曲线的大部分是十分挺直的，这表明动态电阻相当稳定。"

We *can* in a similar way *obtain* the roots of this vector.

"我们可以用类似的方法获得该矢量的根值。"

四、及物动词与其宾语的分隔

Coulomb *utilized* for the measurement of forces *a tension balance of the type employed 13 years later by Cavendish in measuring gravitational forces.*

　　"为测定各种力，库仑采用了一种扭力天平，13 年后卡文迪什用这种扭力天平来测定重力。"

We must *find* in magnitude and phase with respect to the applied voltage, *the current* through, and *the potential difference* across the impedance.

　　"我们必须以外加电压为基准，求出流过这个阻抗的电流及其两端的电位差的数值和相位。"（注意：句中两个介词"through"和"across"共用了一个介词宾语"the impedance"。）

Let us *use* for the upper limit on the integral *the variable t*.

　　"让我们对积分的上限使用变量 t。"

The purpose of this text is *to present* at an intermediate level, in a similar manner to its previous editions, *a comprehensive study* of the principles of operation of solid-state devices and electron tubes, their basic circuits, and the application of these circuits to electronic communication systems.

　　"本书的目的在于，按中等水平、以与其前几个版本类似的方式，全面地研究固态器件和电子管的工作原理、它们的基本电路以及把这些电路应用于电子通信系统的问题。"（这是动词不定式与其宾语的分隔。）

五、宾语与宾语补足语的分隔

We now *set* the decrease in potential energy of the body, as it descends a distance y, *equal to the sum of the increase in translational kinetic energy of the body and the increase in rotational kinetic energy of the wheel.*

　　"我们现在设当物体下降 y 这么一段距离时，其位能的减少等于该物体平移动能的增加和轮子转动动能的增加之和。"

We can refer to *the potential difference* between the ends of a resistance through which a current flows *as the 'IR drop across the resistance'.*

　　"我们可以把电流流过的电阻两端之间的电位差，称做'该电阻两端的 IR 压降'。"

The use of these laws enables *many problems* into which friction enters *to be solved* with sufficient accuracy for most practical purposes.

　　"应用这些定律，就能使含有摩擦的许多问题对大多数实用目的来说获得足够精确的解。"

六、前置定语与其修饰的词之间的分隔

A number of ***different*** and in some cases mutual exclusive ***assumptions*** have been made in the literature [1] – [5].

"在文献资料[1]到[5]中，作了一些不同的、在某些情况下是相互排斥的假设。"

There is a ***measurable***, although comparatively very small, ***reverse current***.

"存在一个可测量的反向电流，虽然这个反向电流相对来说是很小的。"

Of ***equal*** if not more ***importance*** is the attenuation of externally induced thermal perturbations.

"同样重要的(若不是更重要的话)是要衰减由外界引起的热骚动。"

Many — in fact, all — ***network elements*** are slightly nonlinear.

"有许多(事实上所有的)网络元件都是略呈非线性的。"

七、名词与其同位语的分隔

At this time ***an important innovation*** in electronics appeared—***transistor***.

"这时出现了电子学中的一个重要发明——晶体管。"

Most decimal arithmetic has been performed by using one of ***two BCD codes*** that are closely related to natural binary numbers, ***the 8421 BCD and XS3 codes***.

"运用与自然二进制数密切相关的两种 BCD 码——8421BCD 码和 XS3 码中的一种而完成了大多数十进制运算。"

八、其它情况

The effect of resistance is ***to dissipate*** part of electrical energy that passes through it ***into heat***.

"电阻的效应，是把通过它的部分电能消耗成热。"(这是动词不定式与其状语的分隔。)

We can ***resolve*** the weight of the block, which is a force of magnitude mg that acts downward, ***into a component F parallel to the plane and a component N perpendicular to the plane***.

"我们可以把该木块的重量(它是向下作用的、数值为 mg 的一个力)，分解成平行于平面的分量 F 和垂直于平面的分量 N。"(这是动词与其状语的分隔。)

A centripetal force is required to change the direction of motion of a particle ***from*** the straight line which it would normally follow ***to*** a curved path.

"我们需要一个向心力，来使质点的运动方向以通常所遵循的直线变成一条曲

线路径。"（这是"from … to …"搭配关系的分隔。）

We **use** the fact that opposite sides of a rectangle are equal and parallel **to find the solution**.

"我们使用了矩形对边相等且平行这一概念来求解。"（这是"use"与它的目的状语"to find the solution"的分隔。）

A radar set can be considered as **separable**, for the purposes of design and description, **into** several major components concerned with different functions.

"为了设计和描述的目的，雷达机可看成为可分解成与不同功能有关的几个主要部件。"（这是形容词与其搭配的介词的分隔。）

If so, the ore must be treated to remove **most** if not all **of the impurities**.

"如果是这样的话，我们必须把矿石处理一下，以便去掉大多数（即使不是所有的）杂质。"

Notice that we performed **the same** calculations when considering the common-emitter amplifier circuits of Secs. 2.5 and 2.6 **as** when handling the emitter follower.

"要注意：当我们考虑第 2.5 节和第 2.6 节的共发射极放大电路时所进行的计算，与当我们处理射极跟随器时所进行的计算是一样的。"

After the metric system was adopted in France in 1749, its measures of length and mass were gradually **accepted**, along with the already established unit of time, the second, **as** the units in which scientific findings in mechanics were reported.

"在法国，于 1749 年采用了米制之后，其对长度和质量的度量，与早已确立的时间单位'秒'一起，逐渐地被当作为报道力学方面的科学发现所采用的单位。"

An alternative determination for the subscript **uses** the subscript of the minterm that when complemented via De Morgan's theorem yields the particular maxterm **as** the maxterm subscript.

"另一种下标确定法，是把当通过狄·摩根定理取补时产生的特殊的最大项的最小项下标，取作为最大项的下标。"

We can **apply** the formulas we derived earlier for motion under constant acceleration **to** bodies in free fall.

"我们可以把早些时候为匀加速运动所导出的那些公式，应用于自由落体。"

Only **those things** have meaning in mathematics **which have been defined**.

"只有已被定义了的那些东西，在数学上才有意义。"（这是主语与其定语从句的分隔，这种情况很少见，因为定语从句是跳过了宾语去修饰主语的。）